《现代机械设计手册》
第二版卷目

“十三五”国家重点出版物
出版规划项目

现代机械设计手册

第二版

秦大同　谢里阳　主编

MODERN HANDBOOK OF MECHANICAL DESIGN

化学工业出版社
·北京·

《现代机械设计手册》第二版是顺应“中国制造2025”智能装备设计新要求、技术先进、数据可靠的一部现代化的机械设计大型工具书，涵盖现代机械零部件及传动设计、智能装备及控制设计、现代机械设计方法三部分内容。第二版重点加强机械智能化产品设计（3D打印、智能零部件、节能元器件）、智能装备（机器人及智能化装备）控制及系统设计、现代设计方法及应用等内容。

《现代机械设计手册》共6卷，其中第1卷包括机械设计基础资料，零件结构设计，机械制图和几何精度设计，机械工程材料，连接件与紧固件；第2卷包括轴和联轴器，滚动轴承，滑动轴承，机架、箱体及导轨，弹簧，机构，机械零部件设计禁忌，带传动、链传动；第3卷包括齿轮传动，减速器、变速器，离合器、制动器，润滑，密封；第4卷包括液力传动，液压传动与控制，气压传动与控制；第5卷包括智能装备系统设计，工业机器人系统设计，传感器，控制元器件和控制单元，电动机；第6卷包括机械振动与噪声，疲劳强度设计，可靠性设计，优化设计，逆向设计，数字化设计，人机工程与产品造型设计，创新设计，绿色设计。

新版手册从新时代机械设计人员的实际需求出发，追求现代感，兼顾实用性、通用性、准确性，涵盖了各种常规和通用的机械设计技术资料，贯彻了最新的国家和行业标准，推荐了国内外先进、智能、节能、通用的产品，体现了便查易用的编写风格。

《现代机械设计手册》可作为机械装备研发、设计技术人员和有关工程技术人员的工具书，也可供高等院校相关专业师生参考使用。

图书在版编目（CIP）数据

现代机械设计手册. 第2卷/秦大同，谢里阳主编. —2版. —北京：化学工业出版社，2019.3
ISBN 978-7-122-33380-3

Ⅰ.①现… Ⅱ.①秦… ②谢… Ⅲ.①机械设计-手册 Ⅳ.①TH122-62

中国版本图书馆CIP数据核字（2018）第267809号

责任编辑：张兴辉 王烨 贾娜 邢涛 项潋 曾越 金林茹
责任校对：边涛 王静　　装帧设计：尹琳琳

出版发行：化学工业出版社（北京市东城区青年湖南街13号 邮政编码100011）
印　　装：中煤（北京）印务有限公司
787mm×1092mm 1/16 印张115 字数3983千字 2019年3月北京第2版第1次印刷

购书咨询：010-64518888　　售后服务：010-64518899
网　　址：http://www.cip.com.cn
凡购买本书，如有缺损质量问题，本社销售中心负责调换。

定　　价：199.00元　

京化广临字2019——01

撰稿和审稿人员

手册主编　　秦大同（重庆大学）　　谢里阳（东北大学）

卷	篇	篇主编	撰稿人	审稿人
第1卷	第1篇	化学工业出版社组织编写	张红燕、刘　梅、李　翔、董　敏	王建军
	第2篇	翟文杰（哈尔滨工业大学）	翟文杰	王连明
	第3篇	郑　鹏（郑州大学） 方东阳（郑州大学）	郑　鹏、方东阳、张琳娜、赵凤霞、焦利敏、职占新、刘栋梁、吴江昊、王　敏、尹浩田、辛传福、武钰瑾	张爱梅
	第4篇	方昆凡（东北大学）	方昆凡、单宝峰、石加联、梁　京、夏永发、陈述平、崔虹雯、黄　英	谭建荣
	第5篇	王三民（西北工业大学）	王三民、袁　茹、高　举、李洲洋	陈国定
第2卷	第6篇	吴立言（西北工业大学）	刘　岚、李洲洋、吴立言	陈国定
	第7篇	郭宝霞 （洛阳轴承研究所有限公司）	郭宝霞、周　宇、勇泰芳、张小玲、秦汉涛、陈庆熙、张　松	杨晓蔚
	第8篇	徐　华（西安交通大学）	徐　华、诸文俊、谢振宇、郭宝霞、冯　凯、张胜伦	朱　均
	第9篇	王　瑜（哈尔滨工业大学） 翟文杰（哈尔滨工业大学）	王　瑜、翟文杰、郭宝霞	王连明
	第10篇	姜洪源（哈尔滨工业大学） 敖宏瑞（哈尔滨工业大学）	姜洪源、敖宏瑞、李胜波、王廷剑	陈照波
	第11篇	李瑰贤（哈尔滨工业大学） 郝振洁（陆军军事交通学院）	李瑰贤、郝振洁、孙开元、张丽杰、徐来春、马　超、李改玲、孙爱丽、王文照、刘雅倩、赵永强	李瑰贤 孙开元
	第12篇	向敬忠（哈尔滨理工大学）	向敬忠、潘承怡、宋　欣	于惠力 向敬忠
	第13篇	姜洪源（哈尔滨工业大学） 闫　辉（哈尔滨工业大学）	姜洪源、闫　辉	曲建俊 郭建华
第3卷	第14篇	秦大同（重庆大学） 陈兵奎（重庆大学）	张光辉、郭晓东、林腾蛟、林　超、秦大同、陈兵奎、石万凯、邓效忠、罗文军、廖映华、张卫青、欧阳志喜	李钊刚
	第15篇	秦大同（重庆大学） 龚仲华（常州机电职业技术学院）	孙冬野、刘振军、秦大同、廖映华、龚仲华	吴晓铃
	第16篇	秦大同（重庆大学）	秦大同、朱春梅、田兴林	孔庆堂
	第17篇	吴晓铃（郑州大学）	吴晓铃、刘　杰、吴启东	陈大融
	第18篇	郝木明（中国石油大学）	郝木明、孙鑫晖、王淮维、刘馥瑜	陈大融

卷	篇	篇主编	撰稿人	审稿人
第4卷	第 19 篇	马文星(吉林大学)	马文星、杨乃乔、王宏卫、邹铁汉、宋　斌、刘春宝、卢秀泉、王松林、宋春涛、曹晓宇、熊以恒、潘志勇、邓洪超、才　委、何延东、赵紫苓、姜丽英、侯继海、王佳欣、魏亚宵	方佳雨 刘春朝 刘伟辉
	第 20 篇	高殿荣(燕山大学)	刘　涛、吴晓明、张　伟、张齐生、赵静一、高殿荣	高殿荣 姚晓先 吴晓明
	第 21 篇	吴晓明(燕山大学)	吴晓明、包　钢、杨庆俊、向　东	姚晓先
第5卷	第 22 篇	孟新宇(沈阳工业大学) 郝长中(沈阳理工大学)	孟新宇、刘慧芳、杨国哲、王　剑、勾　轶、谷艳玲、郝长中、王铁军、吴东生、杨　青、高启扬	于国安
	第 23 篇	吴成东(东北大学) 姜　杨(东北大学)	吴成东、姜　杨、房立金、王　斐、迟剑宁	贾子熙 丁其川
	第 24 篇	孙红春(东北大学)	王明赞、李　佳、孙红春、胡智勇、叶大勇	林贵瑜
	第 25 篇	王　洁(沈阳工业大学)	王　洁、王野牧、谷艳玲、杨国哲、孙洪林、张　靖	徐　方
	第 26 篇	时献江(哈尔滨理工大学)	时献江、杜海艳、王　昕、柴林杰	邵俊鹏
第6卷	第 27 篇	华宏星(上海交通大学)	华宏星、陈　锋、谌　勇、董兴建、黄修长、黄　煜、焦素娟、蒋伟康、雷　敏、李富才、刘树英、龙新华、饶柱石、塔　娜、吴海军、严　莉、张文明、张志谊	胡宗武 塔　娜
	第 28 篇	谢里阳(东北大学)	谢里阳、王　雷	赵少汴
	第 29 篇	谢里阳(东北大学)	谢里阳、钱文学、吴宁祥	孙志礼
	第 30 篇	何雪浤(东北大学)	何雪浤、张　翔、张瑞金	颜云辉
	第 31 篇	盛忠起(东北大学) 朱建宁(大连交通大学)	盛忠起、谢华龙、许之伟、李　飞、朱建宁、尤学文、韩朝建、徐　超、葛亦凡、李照祥	卢碧红 隋天中
	第 32 篇	李卫民(辽宁工业大学)	李卫民、刘淑芬、赵文川、刘　阳、刘志强、唐兆峰、宋小龙、于晓丹、邢　颖	刘永贤
	第 33 篇	曾　红(辽宁工业大学)	曾　红、陈　明	刘永贤
	第 34 篇	赵新军(东北大学)	赵新军、钟　莹、孙晓枫	李赤泉
	第 35 篇	张秀芬(内蒙古工业大学)	张秀芬、蔚　刚	胡志勇

前言

FORWORD

《现代机械设计手册》第一版自2011年3月出版以来，赢得了机械设计人员、工程技术人员和高等院校专业师生广泛的青睐和好评，荣获了2011年全国优秀畅销书（科技类）。同时，因其在机械设计领域重要的科学价值、实用价值和现实意义，《现代机械设计手册》还荣获2009年国家出版基金资助和2012年中国机械工业科学技术奖。

《现代机械设计手册》第一版出版距今已经8年，在这期间，我国的装备制造业发生了许多重大的变化，尤其是2015年国家部署并颁布了实现中国制造业发展的十年行动纲领——中国制造2025，发布了针对“中国制造2025”的五大“工程实施指南”，为机械制造业的未来发展指明了方向。在国家政策号召和驱使下，我国的机械工业获得了快速的发展，自主创新的能力不断加强，一批高技术、高性能、高精尖的现代化装备不断涌现，各种新材料、新工艺、新结构、新产品、新方法、新技术不断产生、发展并投入实际应用，大大提升了我国机械设计与制造的技术水平和国际竞争力。《现代机械设计手册》第二版最重要的原则就是紧密结合“中国制造2025”国家规划和创新驱动发展战略，在内容上与时俱进，全面体现创新、智能、节能、环保的主题，进一步呈现机械设计的现代感。鉴于此，《现代机械设计手册》第二版被列入了“十三五国家重点出版物规划项目”。

在本版手册的修订过程中，我们广泛深入机械制造企业、设计院、科研院所和高等院校进行调研，听取各方面读者的意见和建议，最终确定了《现代机械设计手册》第二版的根本宗旨：一方面，新版手册进一步加强机、电、液、控制技术的有机融合，以全面适应机器人等智能化装备系统设计开发的新要求；另一方面，随着现代机械设计方法和工程设计软件的广泛应用和普及，新版手册继续促进传动设计与现代设计的有机结合，将各种新的设计技术、计算技术、设计工具全面融入传统的机械设计实际工作中。

《现代机械设计手册》第二版共6卷35篇，它是一部面向“中国制造2025”，适应智能装备设计开发新要求、技术先进、数据可靠、符合现代机械设计潮流的现代化的机械设计大型工具书，涵盖现代机械零部件及传动设计、智能装备及控制设计、现代机械设计方法及应用三部分内容，具有以下六大特色。

1. 权威性。《现代机械设计手册》阵容强大，编、审人员大都来自于设计、生产、教学和科研第一线，具有深厚的理论功底、丰富的设计实践经验。他们中很多人都是所属领域的知名专家，在业内有广泛的影响力和知名度，获得过多项国家和省部级科技进步奖、发明奖和技术专利，承担了许多机械领域国家重要的科研和攻关项目。这支专业、权威的编审队伍确保了手册准确、实用的内容质量。

2. 现代感。追求现代感，体现现代机械设计气氛，满足时代要求，是《现代机械设计手册》的基本宗旨。“现代”二字主要体现在：新标准、新技术、新材料、新结构、新工艺、新产品、智能化、现代的设计理念、现代的设计方法和现代的设计手段等几个方面。第二版重点加强机械智能化产品设计（3D打印、智能零部件、节能元器件）、智能装备（机器人及智能化装备）控制及系统设计、数字化设计等内容。

（1）“零件结构设计”等篇进一步完善零部件结构设计的内容，结合目前的3D打印（增材制造）技术，增加3D打印工艺下零件结构设计的相关技术内容。

“机械工程材料”篇增加3D打印材料以及新型材料的内容。

(2) 机械零部件及传动设计各篇增加了新型智能零部件、节能元器件及其应用技术，例如“滑动轴承”篇增加了新型的智能轴承，“润滑”篇增加了微量润滑技术等内容。

(3) 全面增加了工业机器人设计及应用的内容：新增了“工业机器人系统设计”篇；“智能装备系统设计”篇增加了工业机器人应用开发的内容；“机构”篇增加了自动化机构及机构创新的内容；“减速器、变速器”篇增加了工业机器人减速器选用设计的内容；“带传动、链传动”篇增加并完善了工业机器人适用的同步带传动设计的内容；“齿轮传动”篇增加了RV减速器传动设计、谐波齿轮传动设计的内容等。

(4) “气压传动与控制”“液压传动与控制”篇重点加强并完善了控制技术的内容，新增了气动系统自动控制、气动人工肌肉、液压和气动新型智能元器件及新产品等内容。

(5) 继续加强第5卷机电控制系统设计的相关内容：除增加“工业机器人系统设计”篇外，原“机电一体化系统设计”篇充实扩充形成“智能装备系统设计”篇，增加并完善了智能装备系统设计的相关内容，增加智能装备系统开发实例等。

“传感器”篇增加了机器人传感器、航空航天装备用传感器、微机械传感器、智能传感器、无线传感器的技术原理和产品，加强传感器应用和选用的内容。

“控制元器件和控制单元”篇和“电动机”篇全面更新产品，重点推荐了一些新型的智能和节能产品，并加强产品选用的内容。

(6) 第6卷进一步加强现代机械设计方法应用的内容：在3D打印、数字化设计等智能制造理念的倡导下，“逆向设计”“数字化设计”等篇全面更新，体现了“智能工厂”的全数字化设计的时代特征，增加了相关设计应用实例。

增加“绿色设计”篇；“创新设计”篇进一步完善了机械创新设计原理，全面更新创新实例。

(7) 在贯彻新标准方面，收录并合理编排了目前最新颁布的国家和行业标准。

3. 实用性。新版手册继续加强实用性，内容的选定、深度的把握、资料的取舍和章节的编排，都坚持从设计和生产的实际需要出发：例如机械零部件数据资料主要依据最新国家和行业标准，并给出了相应的设计实例供设计人员参考；第5卷机电控制设计部分，完全站在机械设计人员的角度来编写——注重产品如何选用，摒弃或简化了控制的基本原理，突出机电系统设计，控制元器件、传感器、电动机部分注重介绍主流产品的技术参数、性能、应用场合、选用原则，并给出了相应的设计选用实例；第6卷现代机械设计方法中简化了繁琐的数学推导，突出了最终的计算结果，结合具体的算例将设计方法通俗地呈现出来，便于读者理解和掌握。

为方便广大读者的使用，手册在具体内容的表述上，采用以图表为主的编写风格。这样既增加了手册的信息容量，更重要的是方便了读者的查阅使用，有利于提高设计人员的工作效率和设计速度。

为了进一步增加手册的承载容量和时效性，本版修订将部分篇章的内容放入二维码中，读者可以用手机扫描查看、下载打印或存储在PC端进行查看和使用。二维码内容主要涵盖以下几方面的内容：即将被废止的旧标准（新标准一旦正式颁布，会及时将二维码内容更新为新标

前言

FORWORD

准的内容)；部分推荐产品及参数；其他相关内容。

4. 通用性。本手册以通用的机械零部件和控制元器件设计、选用内容为主，主要包括机械设计基础资料、机械制图和几何精度设计、机械工程材料、机械通用零部件设计、机械传动系统设计、液压和气压传动系统设计、机构设计、机架设计、机械振动设计、智能装备系统设计、控制元器件和控制单元等，既适用于传统的通用机械零部件设计选用，又适用于智能化装备的整机系统设计开发，能够满足各类机械设计人员的工作需求。

5. 准确性。本手册尽量采用原始资料，公式、图表、数据力求准确可靠，方法、工艺、技术力求成熟。所有材料、零部件和元器件、产品和工艺方面的标准均采用最新公布的标准资料，对于标准规范的编写，手册没有简单地照抄照搬，而是采取选用、摘录、合理编排的方式，强调其科学性和准确性，尽量避免差错和谬误。所有设计方法、计算公式、参数选用均经过长期检验，设计实例、各种算例均来自工程实际。手册中收录通用性强、标准化程度高的产品，供设计人员在了解企业实际生产品种、规格尺寸、技术参数，以及产品质量和用户的实际反映后选用。

6. 全面性。本手册一方面根据机械设计人员的需要，按照“基本、常用、重要、发展”的原则选取内容，另一方面兼顾了制造企业和大型设计院两大群体的设计特点，即制造企业侧重基础性的设计内容，而大型的设计院、工程公司侧重于产品的选用。因此，本手册力求实现零部件设计与整机系统开发的和谐统一，促进机械设计与控制设计的有机融合，强调产品设计与工艺技术的紧密结合，重视工艺技术与选用材料的合理搭配，倡导结构设计与造型设计的完美统一，以全面适应新时代机械新产品设计开发的需要。

经过广大编审人员和出版社的不懈努力，新版《现代机械设计手册》将以崭新的风貌和鲜明的时代气息展现在广大机械设计工作者面前。值此出版之际，谨向所有给过我们大力支持的单位和各界朋友表示衷心的感谢！

主　编

目录

CONTENTS

第6篇 轴和联轴器

第1章 轴

第2章 软 轴

第3章 联 轴 器

第7篇 滚动轴承

第1章 滚动轴承的分类、结构型式及代号

第2章 滚动轴承的特点与选用

第3章 滚动轴承的计算

第4章　滚动轴承的应用设计

第5章　常用滚动轴承的基本尺寸及性能参数

第8篇 滑动轴承

第1章 滑动轴承分类、特点与应用及选择

第2章 滑动轴承材料

第3章 不完全流体润滑轴承

第 4 章 液体动压润滑轴承

第 5 章 液体静压轴承

第 6 章 气体润滑轴承

第7章 气体箔片轴承

第8章 流体动静压润滑轴承

第9章 电磁轴承

第10章 智能轴承

第9篇 机架、箱体及导轨

第1章 机架结构设计基础

第 2 章 机架的设计与计算

第 3 章 齿轮传动箱体的设计与计算

第 4 章 机架与箱体的现代设计方法

第 5 章 导轨

第 10 篇 弹簧

第 1 章 弹簧的基本性能、类型及应用

第 2 章 圆柱螺旋弹簧

第 3 章 非线性特性线螺旋弹簧

第4章 多股螺旋弹簧

第5章 碟形弹簧

第6章 环形弹簧

第7章 片弹簧及线弹簧

第8章 板弹簧

第9章 发条弹簧

第10章 扭杆弹簧

第11章 弹簧的热处理、强化处理和表面处理

第 12 章 橡胶弹簧

第 13 章 空气弹簧

第 14 章 膜片及膜盒

第 15 章 压力弹簧管

第 16 章 弹簧的疲劳强度

第 17 章 弹簧的失效及预防

第 11 篇 机构

第 1 章 机构的基本知识和结构分析

第 2 章 基于杆组解析法对平面机构的运动分析和受力分析

第 3 章 连杆机构的设计及运动分析

第 4 章 齿轮机构设计

第5章 凸轮机构设计

第6章 间歇机构设计

第7章 空间机构设计

第 8 章 组合机构设计

第 9 章 机构选型范例

第 12 篇 机械零部件设计禁忌

第 1 章 连接零部件设计禁忌

第 2 章 传动零部件设计禁忌

第3章 轴系零部件设计禁忌

第 13 篇 带传动、链传动

第 1 章 带 传 动

第2章 链 传 动

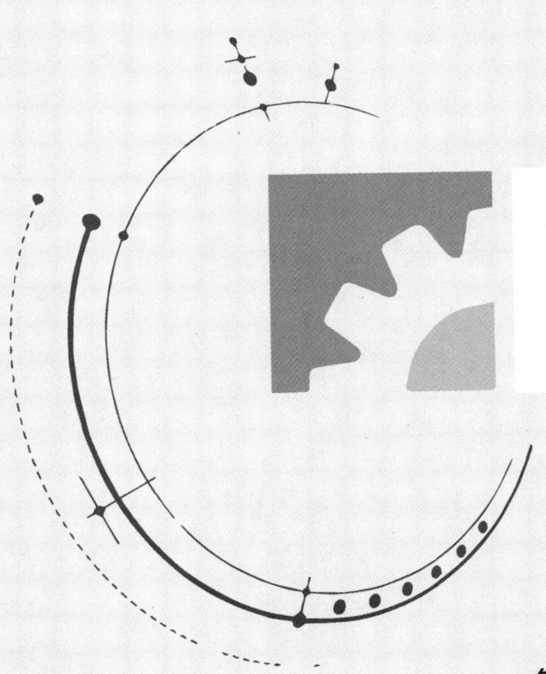

第 6 篇
轴和联轴器

篇主编：吴立言
撰　稿：刘　岚　李洲洋　吴立言
审　稿：陈国定

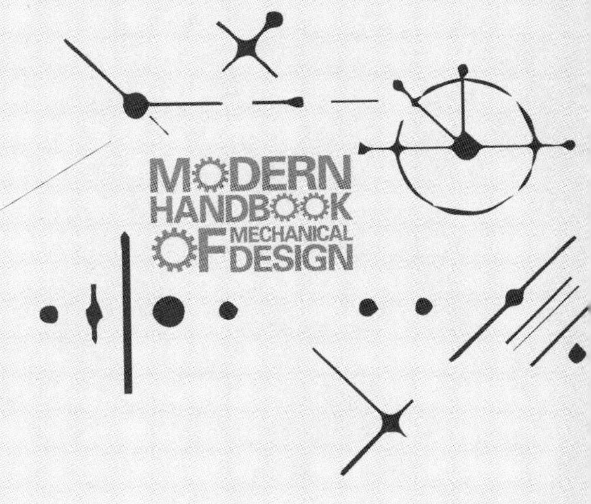

第 1 章　轴

1.1　轴的分类、材料和设计方法

轴是组成机械的重要零件之一，各类做回转运动的传动零件都是通过轴来传递运动和动力。通常轴与轴承和机架一同支承着回转零件，再通过联轴器或离合器实现运动和动力的传递。在轴的设计中，必须将轴与构成轴系部件的轴承、联轴器、机架以及传动零件等的设计要求一并考虑。

1.1.1　轴的分类

可以从轴所受载荷的不同、轴的形状以及轴的应用场合等方面对轴进行分类。

1）按轴所受载荷的不同，可将轴分为心轴、传动轴和转轴。

只承受弯矩不传递转矩的轴称为心轴。心轴又可分为工作时轴不转动的固定心轴和工作时轴转动的转动心轴两种。心轴主要用于支承各类机械零件。

只传递转矩不承受弯矩的轴称为传动轴。传动轴主要通过承受转矩作用来传递动力。

既传递转矩又承受弯矩的轴称为转轴。各类传动零件主要是通过转轴进行动力传递。

2）按结构形状的不同，可将轴分为光轴、阶梯轴、实心轴、空心轴等。由于空心轴的制造工艺较复杂，所以通常用于轴的直径较大并有减重要求的场合。

3）按几何轴线形状的不同，可将轴分为直轴和曲轴等。

此外，还有一类结构刚度较低的轴——软轴。软轴主要用于两个传动机件的轴线不在同一直线上时的传动。关于软轴的设计与使用，详见本篇第 2 章。

1.1.2　轴的常用材料

轴的材料种类很多，设计时主要根据对轴的强度、刚度、耐磨性等要求，以及为实现这些要求而采用的热处理方式，同时考虑制造工艺问题加以选用。由于轴在工作时通常受到交变应力的作用，轴最常见的失效形式是因交变应力的作用而产生断裂，因此轴的材料应具有一定的韧性和较好的抗疲劳性能，这是对轴的材料的基本要求。

轴的常用材料是含碳量适中的优质碳素结构钢。对于受载较小或不太重要的轴，也可用普通碳素结构钢。对于受力较大，轴的尺寸和重量受到限制，以及有某些特殊要求的轴，可采用中碳合金钢。合金钢对应力集中的敏感性高，所以采用合金钢的轴的结构形状应尽量减少应力集中源，并要求表面粗糙度值低。

由于铸铁的韧性较差，所以应尽量少用铸铁作为轴的材料。但对于结构复杂且不太重要的轴，也可选用球墨铸铁或高强度铸铁作为轴的材料。

虽然强度极限高的材料，其弹性模量也稍大，但由于各类钢材弹性模量的差异不大，所以只为了提高轴的刚度而选用强度极限高的材料是不合适的。

轴一般由轧制圆钢或锻件经切削加工制造。直径较小的轴，可用轧制圆钢制造。对于直径大或重要的轴，常采用锻件制造。

轴的常用材料及力学性能见表 6-1-1。

表 6-1-1　轴的常用材料及力学性能

材料牌号	热处理	毛坯直径 /mm	硬度 HBS	抗拉强度 $R_m(\sigma_b)$ /MPa	屈服强度 σ_s /MPa	弯曲疲劳极限 σ_{-1} /MPa	剪切疲劳极限 τ_{-1} /MPa	许用弯曲应力 $[\sigma_{-1}]$ /MPa	备　注
Q235A	热轧或锻后空冷	≤100		400～420	225	170	105	40	用于不重要及受载荷不大的轴
		>100～250		375～390	215				
20	正火	25	≤156	420	250	180	100	40	用于载荷不大、要求韧性较高的轴
	正火	≤100	103～156	400	220	165	95		
		>100～300		380	200	155	90		
		>300～500		370	190	150	85		
	回火	>500～700		360	180	145	80		

续表

材料牌号	热处理	毛坯直径/mm	硬度HBS	抗拉强度 $R_m(\sigma_b)$/MPa	屈服强度 σ_s/MPa	弯曲疲劳极限 σ_{-1}/MPa	剪切疲劳极限 τ_{-1}/MPa	许用弯曲应力 $[\sigma_{-1}]$/MPa	备　注
35	正火	25	≤187	540	320	230	130	45	应用较广泛
	正火 回火	≤100 >100～300 >300～500 >500～700 >750～1000	149～187 143～187 137～187	520 500 480 460 440	270 260 240 230 220	210 205 190 185 175	120 115 110 105 100		
	调质	≤100 >100～300	156～207	560 540	300 280	230 220	130 125	50	
45	正火	25	≤241	610	360	260	150	55	应用最广泛
	正火 回火	≤100 >100～300 >300～500 >500～750	170～217 162～217 156～217	600 580 560 540	300 290 280 270	240 235 225 215	140 135 130 125		
	调质	≤200	217～255	650	360	270	155	60	
35SiMn (42SiMn)	调质	25		900	750	445	255	70	性能接近于40Cr,用于中小型轴
		≤100 >100～300 >300～400 >400～500	229～286 217～269 217～255 196～255	800 750 700 650	520 450 400 380	355 320 295 275	205 185 170 160		
40MnB	调质	25		1000	800	485	280	70	性能接近于40Cr,用于重要的轴
		≤200	241～286	750	500	335	195		
40Cr	调质	25		1000	800	485	280	70	用于载荷较大而无很大冲击的重要轴
		≤100 >100～300 >300～500 >500～800	241～286 229～269 217～255	750 700 650 600	550 500 450 350	350 320 295 255	200 185 170 145		
40CrNi	调质	25		1000	800	485	280	75	用于很重要的轴
		≤100 >100～300	270～300 240～270	900 785	735 570	430 370	260 210		
35CrMo	调质	25		1000	850	500	285	70	性能接近于40CrNi,用于重载荷的轴
		≤100 >100～300 >300～500 >500～800	207～269	750 700 650 600	550 500 450 400	350 320 295 270	200 185 170 155		
38SiMnMo	调质	≤100 >100～300 >300～500 >500～800	229～286 217～269 196～241 187～241	750 700 650 600	600 550 500 400	360 335 310 270	210 195 175 155	70	性能接近于40CrNi,用于重载荷的轴
38CrMoAlA	调质	30	229	1000	850	495	285	75	用于要求高耐磨性、高强度且热处理(氮化)变形很小的轴
		>30～60	293～321	930	785	440	280		
		>60～100	277～302	835	685	410	270		
		>100～160	241～277	785	590	375	220		
20Cr	渗碳 淬火 回火	15 30 ≤60	渗碳 56～62 HRC	850 650 650	550 400 400	375 280 280	215 160 160	60	用于要求强度及韧性均较高的轴,如齿轮轴、蜗杆等

续表

材料牌号	热处理	毛坯直径/mm	硬度HBS	抗拉强度 $R_m(\sigma_b)$/MPa	屈服强度 σ_s/MPa	弯曲疲劳极限 σ_{-1}/MPa	剪切疲劳极限 τ_{-1}/MPa	许用弯曲应力 $[\sigma_{-1}]$/MPa	备注
20CrMnTi	渗碳 淬火 回火	15	渗碳 56～62 HRC	1100	850	525	300	100	
1Cr13	调质	≤60	182～217	600	420	275	155		用于腐蚀条件下工作的轴
2Cr13	调质	≤100	197～248	660	450	295	170		
3Cr13	调质	≤100	≥241	835	635	395	230	75	
1Cr18Ni9Ti	淬火	≤60 >60～100 >100～200	≤192	550 540 500	220 200 200	205 195 185	120 115 105	45	用于高、低温及腐蚀条件下工作的轴
QT400-15			156～197	400	300	145	125		用于制造复杂外形的轴
QT450-10			170～207	450	330	160	140		
QT500-7			187～255	500	380	180	155		
QT600-3			190～270	600	370	215	185		
QT800-2			245～335	800	480	290	250		

1.1.3 轴的设计方法概述

轴的设计必须考虑多方面因素和要求，主要包括材料选择、结构设计、强度和刚度分析。对于高速轴还应考虑振动稳定性问题。

轴的设计是以满足结构功能要求为出发点的，首先根据轴在具体系统中的作用，设计出满足功能要求的结构，然后再根据载荷与工作要求进行相应的承载能力验算。

事实上，在轴的具体结构未确定之前，轴上力的作用点是难以精确确定的，弯矩的大小和分布情况不能求出。所以，轴的计算通常都是在初步完成结构设计后进行校核计算，计算准则主要包括轴的强度准则、刚度准则以及轴的振动稳定性准则等。轴的设计通常是按照“结构设计—承载能力验算—结构改进设计—承载能力再验算—…”的顺序进行的。

通常轴设计的具体程序是：a. 根据机械传动方案的整体布局，拟定轴上零件的布置和装配方案；b. 选择轴的材料；c. 估算轴的最小直径；d. 进行轴的结构设计；e. 进行承载能力验算，通常包括强度验算、刚度验算和振动稳定性验算等；f. 根据承载能力验算结果，或者确定设计，或者改进设计；g. 绘制轴的零件工作图。

除了上述设计内容以外，还有键或花键的连接强度校核、滚动轴承的寿命验算、滑动轴承的承载能力验算等项工作，与轴的设计有一定的关系，需在轴的设计过程中一并考虑。

就设计方法而论，轴的设计可分为常规设计与计算机辅助设计。这两类设计方法的主要差异在于，常规设计中针对轴的承载能力的计算方法主要采用了较为简化的力学模型，计算结果通常欠准确，通常需要用经验数据对计算结果进行一定的校正。但常规设计方法已为广大工程设计人员熟悉，并为此积累了大量有价值的经验数据，在目前的工程设计中仍占主导地位。因此，本章仍以介绍轴的常规设计方法为主。

在采用计算机辅助设计轴时，其承载能力计算主要采用有限元法，可以获得较为准确的计算结果。对结构复杂的轴运用计算机辅助分析的手段具有明显的优势。关于轴的计算机辅助设计与辅助分析方法，详见本章1.8节的叙述。

通常，轴所传递的载荷、轴的极限应力等因素具有一定的随机性。在常规设计中，视这些因素为确定性变量，在判定轴的承载能力时，通过计入一定的安全系数来确保结构的安全裕度。若在设计中考虑载荷与极限应力的随机性，就可确定轴安全工作的概率——可靠度，这就有了轴的可靠性设计。可靠性设计方法是现代设计方法的重要内容，关于轴的可靠性设计方法的基本概念，详见本章1.7节的叙述。

1.2 轴的结构设计

轴的结构取决于轴的工作要求，包括轴上零件的类型、尺寸、布置和固定方式等。同时，轴的毛坯、制造和装配工艺、安装和运输等因素也会影响到轴的结构设计。

轴的结构设计首先应尽量使轴上零件定位准确、

固定可靠、装拆方便，以及有良好的工艺性。为了提高轴的强度，应考虑受力合理和减小应力集中。为了保证轴的刚度，应着重从轴的结构和支承点位置着手，达到减小轴的变形的目的。

由于轴的应用场合极为广泛，影响轴结构的因素较多，因此轴不可能有标准的结构型式。轴的结构应根据具体情况进行分析，确定合理的结构方案。

1.2.1 零件在轴上的定位与固定

安装在轴上的零件的位置通常是通过轴上的定位结构来保证的，定位准确是定位结构设计的基本要求。零件装到确定的位置后，应保证其受到工作载荷后不会改变原定的位置，这就需要设计轴上零件的固定措施。零件在轴上通常需从轴向和周向加以固定。

（1）轴上零件的轴向定位与固定

表 6-1-2 **轴上零件轴向定位与固定方法及特点**

方法	简图	特点
轴肩轴环	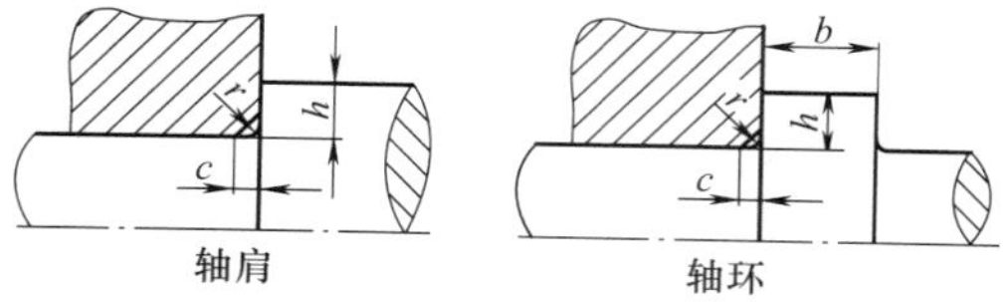 轴肩　轴环	结构简单，定位可靠，可承受较大的轴向力。常用于齿轮、链轮、带轮、联轴器和轴承等定位 为确保零件可靠定位，轴肩高度、圆角半径、轴环宽度应符合表 6-1-3 的规定
轴套	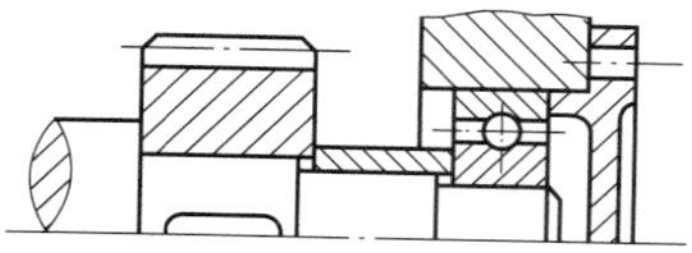	结构简单，定位可靠，可承受较大的轴向力。一般用于零件间距较小的场合，以免增加结构重量。轴的转速很高时不宜采用
锁紧挡圈	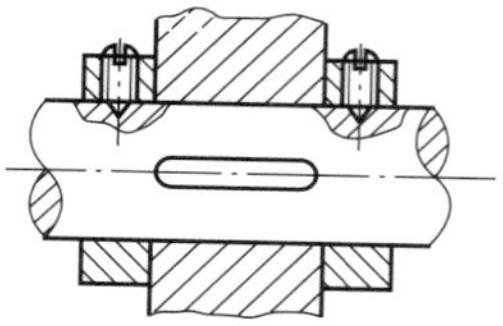	结构简单，不能承受大的轴向力，不宜用于高速。常用于光轴上零件的固定 螺钉锁紧挡圈的结构尺寸见 GB/T 884—1986
圆锥面	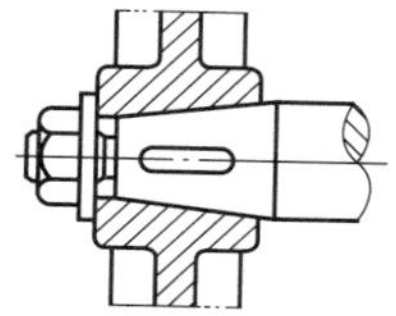	能消除轴与轮毂间的径向间隙，装拆方便，可兼作周向固定，能承受冲击载荷。多用于轴伸处的零件固定，可与轴端压板或螺母联合使用 圆锥形轴伸的结构尺寸见 1.2.3 的(2)
圆螺母	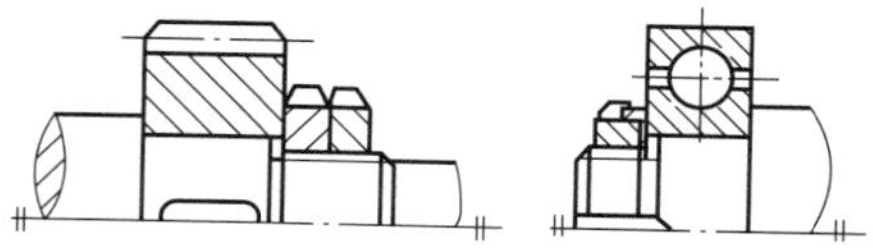	固定可靠，装拆方便，可承受较大的轴向力。由于轴上切制螺纹，会使轴的疲劳强度降低。用双圆螺母或圆螺母与止动垫圈固定轴端零件时，具有较好的防松作用 圆螺母和止动垫圈的结构尺寸见 GB/T 810—1988、GB/T 812—1988 及 GB/T 858—1988
轴端挡圈	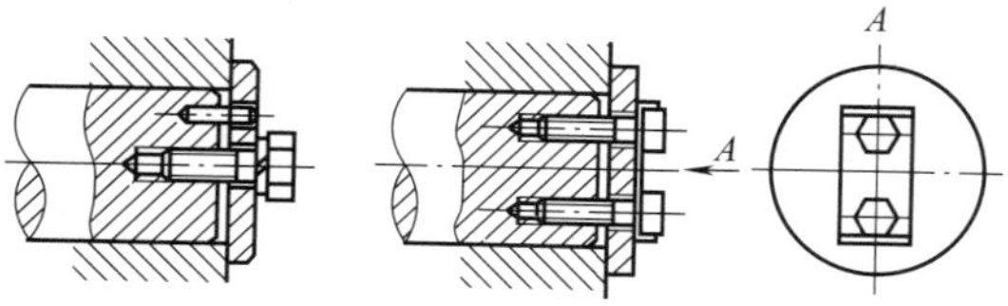	适于固定轴端零件，可承受剧烈振动和冲击载荷。轴端挡圈结构尺寸见 GB/T 891—1986、GB/T 892—1986
轴端挡板	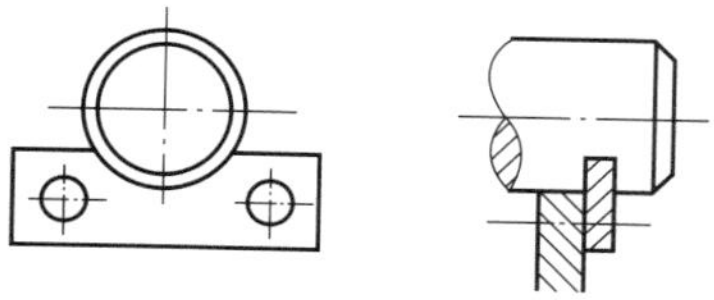	适用于对心轴的固定或轴端零件的固定

续表

方法	简　图	特　点
弹性挡圈		结构简单紧凑，使用方便。只能承受很小的轴向力，常用于固定滚动轴承内圈。轴用弹性挡圈的结构尺寸见GB/T 894—2017
紧定螺钉		适用于轴向力很小、转速很低或仅为防止零件偶然沿轴向滑动的场合。为防止螺钉松动，可加锁圈。紧定螺钉同时亦起周向固定作用

表 6-1-3　轴肩配合处倒圆半径与倒角尺寸推荐值（GB/T 6403.4—2008）　mm

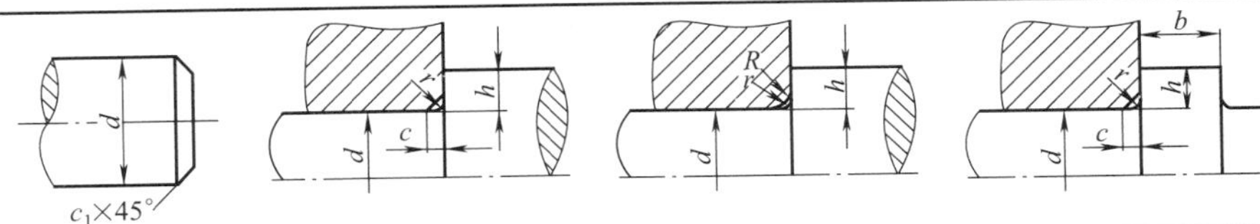

轴直径 d	<3	>3～6	>6～10	>10～18	>18～30	>30～50	>50～80	>80～120	>120～180
R、c 或 c_1	0.2	0.4	0.6	0.8	1.0	1.6	2.0	2.5	3.0
轴直径 d	>180～250	>250～320	>320～400	>400～500	>500～630	>630～800	>800～1000	>1000～1250	>1250～1600
R、c 或 c_1	4.0	5.0	6.0	8.0	10	12	16	20	25

注：1. 为确保零件可靠定位，应使 $r<c$ 或 $r<R$；轴肩高度 $h=(2\sim3)R$ 或 $h=(2\sim3)c$。轴环宽度 $b\approx1.4h$。

2. 与滚动轴承相配合处的 h 与 r 值应根据滚动轴承的类型与尺寸确定（见滚动轴承篇）。

（2）轴上零件的周向定位与固定

表 6-1-4　轴上零件的周向定位与固定方法及特点

方法	简　图	特　点
平键		制造简单，装拆方便，对中性好。用于较高精度、高转速及受冲击或变载荷作用下的固定连接，还可用于一般要求的导向连接 齿轮、蜗轮、带轮与轴的连接常用此形式 普通平键尺寸见 GB/T 1096—2003，导向平键尺寸见 GB/T 1097—2003，键槽尺寸见 GB/T 1095—2003
楔键		能同时传递转矩和承受单向轴向力。由于装配后造成轴上零件的偏心或偏斜，故不适于要求严格对中、有冲击载荷及高速传动连接 楔键及键槽的结构尺寸见 GB/T 1563—2017、GB/T 1564—2003 和 GB/T 1565—2003
切向键	120°	可传递较大的转矩，对中性差，对轴的削弱较大，常用于重型机械中。一个切向键只能传递一个方向的转矩，传递双向转矩时，需用两个并互成 120°，切向键及键槽的结构尺寸见 GB/T 1974—2003
花键	A　A—A　A	有矩形和渐开线花键之分。承载能力高、定心性及导向性好，制造困难，成本较高。适于载荷较大、对定心精度要求较高的滑动连接或固定连接 花键尺寸和公差见 GB/T 1144—2001(矩形花键)和 GB/T 3478.1～9—2008(渐开线花键)

续表

方法	简图	特点
滑键	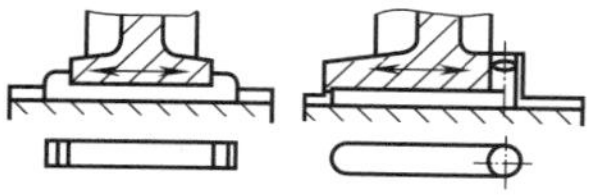	键固定在轮毂上，键随轮毂一同沿轴上键槽作轴向移动。常用于轴向移动距离较大的场合
半圆键	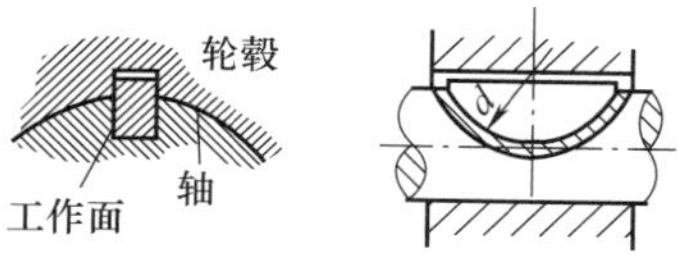 轮毂 轴 工作面	键在轴上键槽中能绕其几何中心摆动，故便于轮毂往轴上装配，但轴上键槽很深，削弱了轴的强度 用于载荷较小的连接或作为辅助性连接，也用于锥形轴及轮毂连接 半圆键的尺寸见 GB/T 1098—2003、GB/T 1099.1—2003
圆柱销	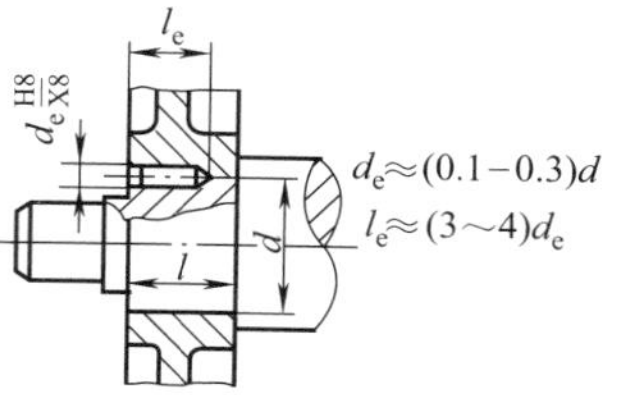 $d_e\frac{H8}{x8}$ l_e l d $d_e\approx(0.1-0.3)d$ $l_e\approx(3\sim4)d_e$	适用于轮毂宽度较小、用键连接难以保证轮毂和轴可靠固定的场合。这种连接一般采用过盈配合，并可同时采用几只圆柱销。为避免钻孔时钻头偏斜，要求轴和轮毂的硬度差不大
圆锥销	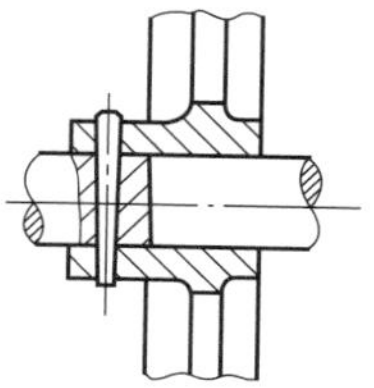	用于不太重要和受力不大的场合。同时具有周向和轴向固定作用，或可作安全装置用。因在轴上钻孔，对强度削弱较大，故对重载的轴不宜采用。有冲击或振动时需采用开尾圆锥销
过盈配合	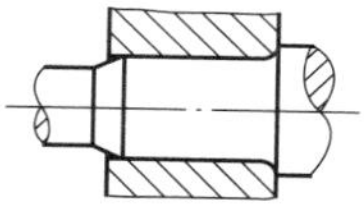	结构简单，对中性好，承载能力高，同时起到对零件的周向和轴向固定作用。对于过盈量在中等以下的配合，常与平键连接同时采用，以承受较大的交变、振动和冲击载荷。不宜用于常拆卸的场合

1.2.2 轴的结构与工艺性

结构的工艺性是指设计的结构应该便于加工、测量、装配和维修。为了达到良好的工艺性，在轴的结构设计时，应考虑以下几个主要问题。

1）考虑加工工艺所必需的结构要素，如中心孔、螺尾退刀槽和砂轮越程槽等。

2）合理确定轴与零件的配合性质、加工精度和表面粗糙度。

3）在轴上要求安装标准件（如滚动轴承、联轴器等）时，相应轴段的直径应按标准件的直径要求设计。其他有配合要求轴段的直径，应尽量按 GB/T 2822—2005 规定的标准尺寸系列设计。

4）确定各轴段长度时，既要保证必要的工作空间，又应尽可能使结构紧凑。例如，要保证零件所需的滑动距离、装配或调整所需空间、转动件不得与其他零件相碰撞、与轮毂配装的轴段长度应略小于轮毂 2～3mm，以保证轴向定位可靠等。

5）为了保证轴上零件安装方便，在到达配合轴段前，零件的孔与轴不应有过盈；轴的端部及有过盈配合的轴肩处都应制成倒角。

6）为了便于轴上零件的拆卸，定位轴肩直径的设计既要考虑定位的可靠，又要确保留出拆卸零件所需的施力空间。

7）为减少加工刀具种类和提高劳动生产率，轴上的倒角、圆角、键槽等应尽可能取相同尺寸。

1.2.3 轴伸的结构尺寸

（1）圆柱形轴伸的结构尺寸

圆柱形轴伸直径的基本尺寸、极限偏差及长度系列应符合表 6-1-5 的规定。

表 6-1-5　　**圆柱形轴伸结构尺寸**（GB/T 1569—2005）　　mm

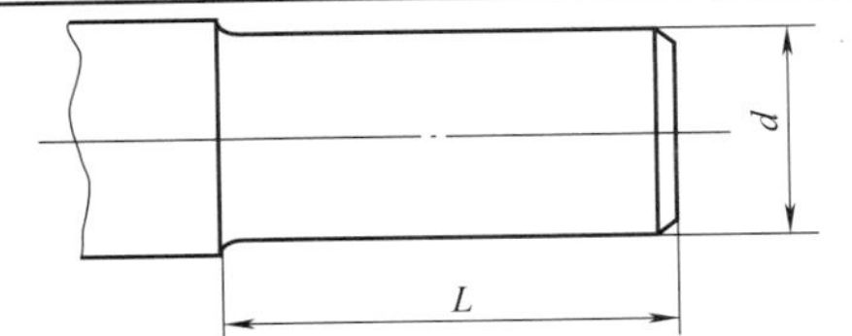

轴伸直径 d			轴伸长度 L	
基本尺寸	极限偏差		长系列	短系列
6	+0.006 −0.002	j6	16	—
7				
8	+0.007 −0.002		20	
9				
10			23	20
11	+0.008 −0.003			
12			30	25
14				
16			40	28
18				
19	+0.009 −0.004			
20			50	36
22				
24				
25			60	42
28				
30			80	58
32	+0.018 +0.002	k6		
35				
38				
40			110	82
42				
45				
48				
50				
55	+0.030 +0.011	m6		
56				
60			140	105
63				
65				
70				
71				
75				
80			170	130

轴伸直径 d			轴伸长度 L	
基本尺寸	极限偏差		长系列	短系列
85	+0.035 +0.013	m6	170	130
90				
95				
100			210	165
110				
120				
125	+0.040 +0.015			
130			250	200
140				
150				
160			300	240
170				
180				
190	+0.046 +0.017		350	280
200				
220				
240			410	330
250				
260	+0.052 +0.020			
280			470	380
300				
320	+0.057 +0.021			
340			550	450
360				
380				
400			650	540
420	+0.063 +0.023			
440				
450				
460				
480				
500				
530	+0.070 +0.026		800	680
560				
600				
630				

注：1. 直径大于 630～1250mm 的轴伸直径和长度系列可参见标准 GB/T 1569—2005 的附录 A。

2. 本表适用于一般机器之间的连接并传递运动和转矩的场合。

（2）圆锥形轴伸的结构尺寸

圆锥形轴伸分为长系列和短系列两种，可制成带键槽和不带键槽的。直径不大于 220mm 的圆锥形轴伸的结构型式和尺寸见表 6-1-6。直径大于 220mm 的圆锥形轴伸的结构型式和尺寸见表 6-1-7。

对于键槽底面平行于轴线的键槽，当按大端直径检验键槽深度时，应按表 6-1-8 对 t_2 的规定。此时，表 6-1-6 中的 t_1 作为参考尺寸。

圆锥形轴伸长度 L_1 的极限偏差见表 6-1-9；基本直径 d 的公差选用 GB/T 1800.2 中的 IT8；1∶10 圆锥角公差选用 GB/T 11334 中的 AT6。

表 6-1-6　直径≤220mm 圆锥形轴伸的结构型式和尺寸（GB/T 1570—2005）　mm

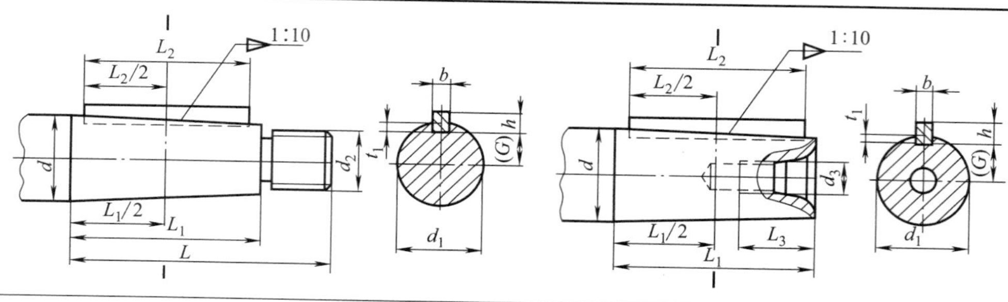

长系列圆锥形轴伸的尺寸

d	L	L_1	L_2	b	h	d_1	t_1	(G)	d_2	d_3	L_3
6	16	10	6	—	—	5.5	—	—	M4	—	—
7						6.5					
8	20	12	8			7.4			M6		
9						8.4					
10	23	15	12			9.25					
11				2	2	10.25	1.2	3.9			
12	30	18	16			11.1		4.3	M8×1	M4	10
14				3	3	13.1	1.8	4.7			
16	40	28	25			14.6		5.5	M10×1.25		
18				4	4	16.6	2.5	5.8		M5	13
19						17.6		6.3			
20	50	36	32			18.2		6.6	M12×1.25	M6	16
22						20.2		7.6			
24				5	5	22.2		8.1			
25	60	42	36			22.9	3	8.4	M16×1.5	M8	19
28						25.9		9.9			
30	80	58	50			27.1		10.5	M20×1.5	M10	22
32				6	6	29.1	3.5	11.0			
35						32.1		12.5			
38						35.1		14.0	M24×2	M12	28
40	110	82	70	10	8	35.9	5	12.9			
42				10	8	37.9	5	13.9	M24×2	M12	28
45				12	8	40.9		15.4	M30×2	M16	36
48						43.9		16.9			
50						45.9		17.9	M36×2		
55				14	9	50.9	5.5	19.9		M20	42
56						51.9		20.4			
60	140	105	100	16	10	54.75	6	21.4	M42×3		
63						57.75		22.9			
65						59.75		23.9			
70				18	11	64.75	7	25.4	M48×3	M24	50
71						65.75		25.9			
75						69.75		27.9			
80	170	130	110	20	12	73.5	7.5	29.2	M56×4	—	—
85						78.5		31.7			

续表

长系列圆锥形轴伸的尺寸

d	L	L_1	L_2	b	h	d_1	t_1	(G)	d_2	d_3	L_3
90	170	130	110	22	14	83.5	9	32.7	M64×4	—	—
95						88.5		35.2			
100	210	165	140	25		91.75		36.9	M74×4		
110						101.75		41.9	M80×4		
120				28	16	111.75	10	45.9	M90×4		
125						116.75		48.3			
130	250	200	180			120		50	M100×4		
140				32	18	130	11	54			
150						140		59	M110×4		
160	300	240	220	36	20	148	12	62	M125×4		
170						158		67			
180				40	22	168	13	71	M140×6		
190	350	280	250			176		75			
200						186		80	M160×6		
220				45	25	206	15	88			

短系列圆锥形轴伸的尺寸

d	L	L_1	L_2	b	h	d_1	t_1	(G)	d_2	d_3	L_3
16	28	16	14	3	3	15.2	1.8	5.8	M10×1.25	M4	10
18				4	4	17.2	2.5	6.1		M5	13
19						18.2		6.6			
20	36	22	20			18.9		6.9	M12×1.25	M6	16
22						20.9		7.9			
24				5	5	22.9	3	8.4			
25	42	24	22			23.8		8.9	M16×1.5	M8	19
28						26.8		10.4			
30	58	36	32			28.2		11.1	M20×1.5	M10	22
32				6	6	30.2	3.5	11.6			
35						33.2		13.1			
38						36.2		14.6	M24×2	M12	28
40	82	54	50	10	8	37.3	5	13.6			
42						39.3		14.6			
45				12	8	42.3		16.1	M30×2	M16	36
48						45.3		17.6			
50						47.3		18.6	M36×3		
55				14	9	52.3	5.5	20.6		M20	42
56						53.3		21.1			
60	105	70	63	16	10	56.5	6	22.2	M42×3		
63						59.5		23.7			
65						61.5		24.7			
70				18	11	66.5	7	26.2	M48×3	M24	50
71						67.5		26.7			
75						71.5		28.7			
80	130	90	80	20	12	75.5	7.5	30.2	M56×4		
85						80.5		32.7			
90				22	14	85.5	9	33.7	M64×4		
95						90.5		36.2			
100	165	120	110	25	14	94		38	M72×4		
110						104		43	M80×4		

第6篇

续表

短系列圆锥形轴伸的尺寸											
d	L	L_1	L_2	b	h	d_1	t_1	(G)	d_2	d_3	L_3
120	165	120	110	28	16	114	10	47	M90×4		
125						119		49.5			
130	200	150	125	28	16	122.5		51.2	M100×4		
140				32	18	132.5	11	55.2			
150						142.5		60.2	M110×4		
160	240	180	160	36	20	151	12	63.5	M125×4		
170						161		68.5			
180				40	22	171	13	72.5	M140×6		
190	280	210	180			179.5		76.7			
200						189.5		81.7	M160×6		
220				45	25	209.5	15	89.7			

注：1. 键槽深度 t_1 可用测量 G 来代替，或按表 6-1-7 的规定。

2. L_2 可根据需要选取表中的数值。

表 6-1-7　直径＞220mm 的圆锥形轴伸的结构型式和尺寸（GB/T 1570—2005）　mm

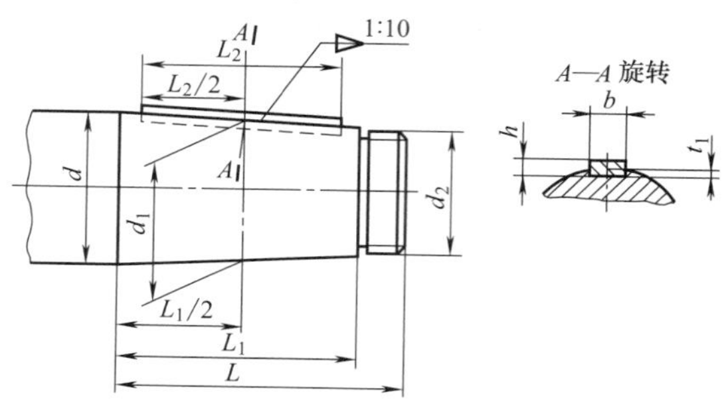

d	L	L_1	L_2	b	h	d_1	t_1	d_2
240	410	330	280	50	28	223.5	17	M180×6
250						233.5		
260						243.5		M200×6
280	470	380	320	56	32	261	20	M220×6
300				63		281		
320						301		M250×6
340	550	450	400	70	36	317.5	22	M280×6
360						337.5		
380						357.5		M300×6
400	650	540	450	80	40	373	25	M320×6
420						393		
440						413		M350×6
450				90	45	423	28	
460						433		M380×6
480						453		
500						473		M420×6
530	800	680	500	100	50	496	31	
560						526		M450×6
600						566		M500×6
630						596		M550×6

注：L_2 可根据需要选取表中的数值。

表 6-1-8　　圆锥形轴伸大端处键槽深度尺寸　　mm

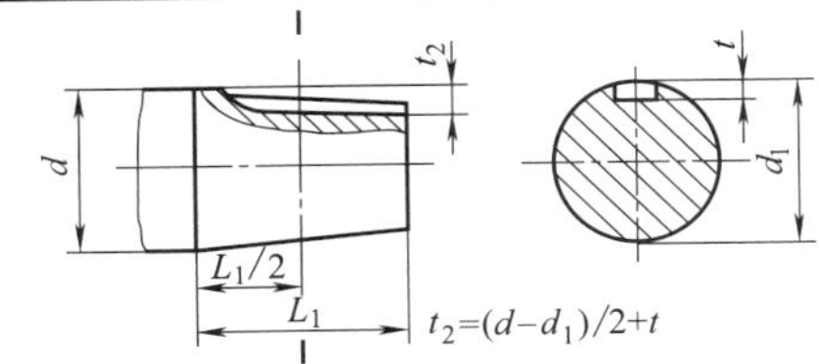

d	t_2 长系列	t_2 短系列	d	t_2 长系列	t_2 短系列	d	t_2 长系列	t_2 短系列
11	1.6	—	40	7.1	6.4	95	12.3	11.3
12	1.7	—	42			100	13.1	12.0
14	2.3	—	45			110		
16	2.5	2.2	48			120	14.1	13.0
18	3.2	2.9	50			125		
19			55	7.6	6.9	130	15.0	13.8
20	3.4	3.1	56			140	16.0	14.8
22			60	8.6	7.8	150		
24	3.9	3.6	65			160	18.0	16.5
25	4.1		70	9.6	8.8	170		
28			71			180	19.0	17.5
30	4.5	3.9	75			190	20.0	18.3
32	5.0	4.4	80	10.8	9.8	200		
35			85			220	22.0	20.3
38			90	12.3	11.3			

表 6-1-9　　圆锥形轴伸长度 L_1 的极限偏差　　mm

直径 d	L_1 的轴向极限偏差	直径 d	L_1 的轴向极限偏差	直径 d	L_1 的轴向极限偏差
6～10	0 −0.22	55～80	0 −0.46	260～300	0 −0.81
11～18	0 −0.27	85～120	0 −0.54	320～400	0 −0.89
19～30	0 −0.33	125～180	0 −0.63	420～500	0 −0.97
32～50	0 −0.39	190～250	0 −0.72	530～630	0 −1.10

1.2.4　提高轴疲劳强度的结构措施

在轴的设计阶段，除了采取提高轴强度的一般措施（如选用更好的材料、适当增大结构的尺寸等）外，还应重视通过以下一些设计措施来提高轴的疲劳强度。

1）尽可能降低轴上的应力集中的影响，是提高轴疲劳强度的首要措施。轴结构形状和尺寸的突变是应力集中的结构根源。为了降低应力集中，应尽量减少轴结构形状和尺寸的突变或使其变化尽可能地平滑和均匀。为此，要尽可能地增大过渡处的圆角半径；轴上相邻截面处的刚性变化应尽可能地小等。

2）选用疲劳强度高的材料和采用能够提高材料疲劳强度的热处理方法及强化工艺。表面强化处理的方法有：表面高频淬火等热处理；表面渗碳、氰化、氮化等化学热处理；碾压、喷丸等强化处理。通过碾压、喷丸进行表面强化处理时，可使轴的表层产生预压应力，从而提高轴的抗疲劳能力。

3）提高轴的表面质量。如将处在应力较高区域的轴表面加工得较为光洁；对于工作在腐蚀性介质中的轴，规定适当的表面保护等。

4）尽可能地减小或消除轴表面可能发生的初始裂纹的尺寸，对于延长轴的疲劳寿命有着比提高材料性能更为显著的作用。因此，对于重要的轴，在设计图纸上应规定出严格的检验方法及要求。

表 6-1-10 列出了降低轴上应力集中的主要措施。

表 6-1-10　　**降低轴上应力集中的主要措施举例**

结构名称	简图	措施
圆角		加大圆角半径 $r/d>0.1$ 减小直径差 $D/d<1.15\sim1.2$
		加内凹圆角
		加大圆角半径，设中间环
		加退刀槽
横孔		盲孔改成通孔，弯曲的有效应力集中系数减小15%～25%
		压入弹性的衬套
		孔上倒角或用滚珠碾压
配合		增大配合处直径，弯曲的有效应力集中系数减小30%～40% $r>(0.1\sim0.2)d$
键槽		底部加圆角
		用圆盘铣刀
花键		增大花键直径 $d_1=(1.1\sim1.3)d$
		花键加退刀槽
卸载槽		用加开环槽的办法来降低轴肩处的应力集中
		轴上开卸载槽并辊压，弯曲的有效应力集中系数减小约40% $d_1=(1.06\sim1.08)d$
		轮毂上开卸载槽，弯曲的有效应力集中系数减小15%～25%
		减小轮毂端部厚度，弯曲的有效应力集中系数减小15%～25%

1.2.5　轴的结构示例

滚动轴承支承的轴的典型结构如图 6-1-1 所示。

滑动轴承支承的轴结构与滚动轴承的轴结构相仿，只是轴颈结构不同。滑动轴承支承的轴颈结构尺寸见表 6-1-11。

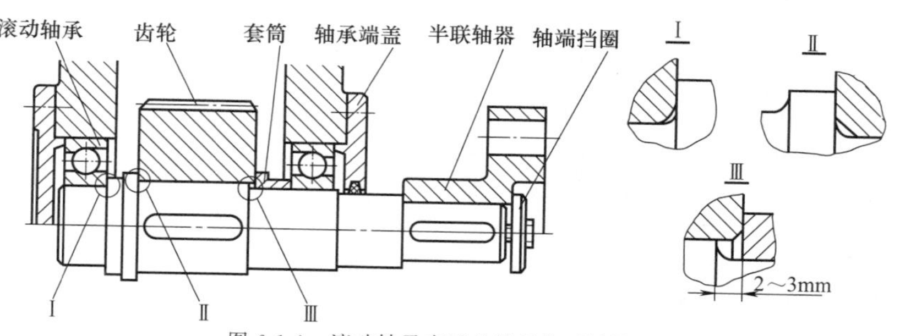

图 6-1-1　滚动轴承支承的轴的典型结构

表 6-1-11　**滑动轴承支承的轴颈结构尺寸**

向心滑动轴承支承的轴颈结构尺寸

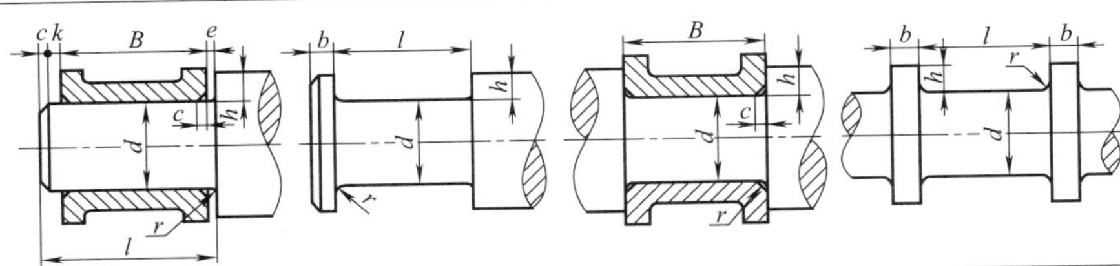

代　号	名　　称	说　　明
d	轴颈直径	由计算确定，并按 GB/T 2822—2005 规定的标准尺寸系列设计
$c(r_1)$	轴承孔边倒角（倒圆半径，图中未标）	根据孔径大小，按零件倒角或倒圆半径标准系列确定
h	轴肩（环）高度	$h\approx(2\sim3)c$，或 $h\approx(0.07\sim0.1)d$，$d+2h$ 最好圆整为整数值
b	轴环宽度	$b\approx1.4h$
r	轴肩（环）圆角半径	为减小应力集中程度，应尽量取较大值，但必须满足 $r<c$（或 r_1）
B	轴承宽度	由轴承设计确定
l	轴颈长度	$l=B+k+e+c$，e 和 k 分别由热膨胀量和安装误差确定

止推滑动轴承支承的轴颈结构尺寸

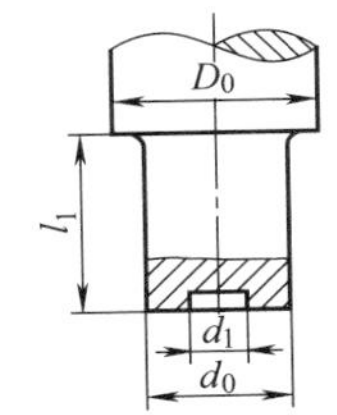

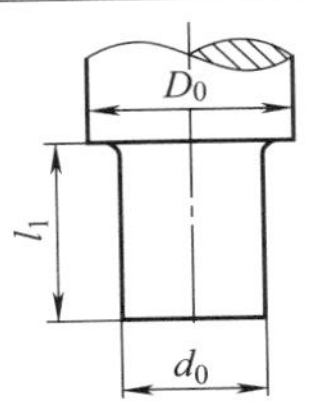

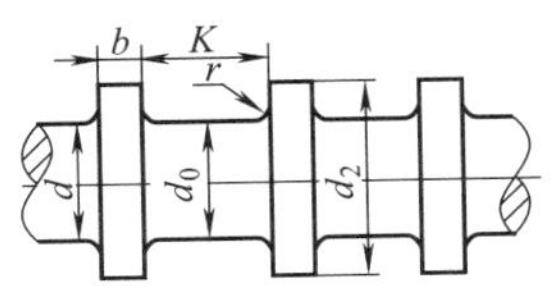

代号	名　　称	说　　明	代号	名　　称	说　　明
D_0	轴直径	计算确定	b	轴环宽度	$b=(0.1\sim0.15)d$
d	轴直径	计算确定	K	轴环距离	$K=(2\sim3)b$
d_0	止推轴颈直径	计算确定	l_1	止推轴颈长度	由计算和推力轴承结构确定
d_1	空心轴颈内径	$d_1=(0.4\sim0.6)d_0$	n	轴环数	$n\geqslant1$ 由计算和推力轴承结构确定
d_2	轴环外径	$d_2=(1.2\sim1.6)d$	r	轴环根部圆角半径	按 GB/T 6403.4—2008 选取，参见表 6-1-3

1.3　轴的强度校核计算

轴的强度计算主要是在初步完成轴的结构设计后进行的，因此称为强度校核计算。但也有一些强度计算是在轴结构的初步设计时进行的。

进行轴的强度校核计算时，应根据轴的具体受载及应力情况，采取相应的计算方法，并恰当地选取其许用应力。对于仅仅（或主要）承受转矩的传动轴，应按扭转强度条件计算；对于只承受弯矩的心轴，应按弯曲强度条件计算；对于既承受弯矩又承受转矩的转轴，应按弯扭合成强度条件进行计算，必要时还应按疲劳强度条件进行校核。

1.3.1　仅受扭转的强度校核计算

这种方法用于主要承受转矩轴的强度计算，或在初步设计轴的结构时，估算最小轴径。若主要承受转矩的轴还受有不大的弯矩，则可用降低许用扭转切应力的办法予以考虑。轴的扭转强度条件为

$$\tau_T=\frac{T}{W_T}\approx\frac{9550000\dfrac{P}{n}}{0.2d^3}\leqslant[\tau_T] \qquad (6\text{-}1\text{-}1)$$

式中　τ_T——扭转切应力，MPa；

T——轴所受的转矩，N·mm；

W_T——轴的抗扭截面系数，mm^3；

n——轴的转速，r/min；

P——轴传递的功率，kW；

d——计算截面处轴的直径，mm；

$[\tau_T]$——许用扭转切应力，MPa，见表6-1-12。

式(6-1-1)是轴的扭转强度验算公式。在初步设计轴的结构时，可由式(6-1-1)得到轴径的估算公式

$$d \geqslant \sqrt[3]{\frac{9550000}{0.2[\tau_T]}} \times \sqrt[3]{\frac{P}{n}} = A\sqrt[3]{\frac{P}{n}} \quad (6\text{-}1\text{-}2)$$

式中，$A=\sqrt[3]{9550000/(0.2[\tau_T])}$，是与许用扭转切应力$[\tau_T]$相关的系数，可查表6-1-12。对于空心轴，则有

$$d \geqslant A\sqrt[3]{\frac{P}{(1-\beta^4)n}} \quad (6\text{-}1\text{-}3)$$

式中，$\beta=\frac{d_1}{d}$，是空心轴的内径d_1与外径d之比，通常取$\beta=0.5\sim0.6$。

当轴截面上开有键槽时，应增大轴径以考虑键槽对轴强度的削弱。对于直径$d>100$mm的轴，有一个键槽时，轴径增大3%；有两个键槽时，应增大7%。对于直径$d\leqslant100$mm的轴，有一个键槽时，轴径增大5%～7%；有两个键槽时，应增大10%～15%。这样求出的直径，只能作为承受转矩作用轴段的最小直径d_{min}。

1.3.2 受弯扭联合作用的强度校核计算

只有通过轴的结构设计，确定了轴的主要结构尺寸、轴上零件的位置以及外载荷和支反力的作用位置等后，轴上的弯矩和转矩才可确定。这时，才能按弯扭合成强度条件对轴进行强度校核计算。

轴所受的载荷是从轴上零件传来的。计算时，常将轴上的分布载荷简化为集中力，其作用点取为载荷分布段的中点。作用在轴上的转矩，一般从传动件轮毂宽度的中点算起。通常把轴当作置于铰链支座上的梁，支反力的作用点与轴承的类型和布置方式有关，可按图6-1-2来确定。图6-1-2(b)中的a值可查滚动轴承样本或手册，图6-1-2(d)中的e值与滑动轴承的宽径比B/d有关。当$B/d\leqslant1$时，取$e=0.5B$；当$B/d>1$时，取$e=0.5d$，但不小于$(0.25\sim0.35)B$；对于调心轴承，$e=0.5B$。

轴上零件所受的载荷通常为空间力系，计算时应把零件所受的空间力分解为圆周力、径向力和轴向力，然后把它们全部转化到轴线上，并将其分解为水平分力和垂直分力。在力的转化过程中，将圆周力平移到轴线上的同时，分解出轴所受到的转矩T。

根据轴所受的水平分力和垂直分力，可分别按水平面和垂直面计算各力产生的弯矩，并按式(6-1-4)计算总弯矩。

$$M=\sqrt{M_H^2+M_V^2} \quad (6\text{-}1\text{-}4)$$

式中 M_H——轴在水平面所受到的弯矩；

M_V——轴在垂直面所受到的弯矩。

求得轴的弯矩和转矩后，可针对某些危险截面(即弯矩和转矩大而轴径可能不足的截面)作弯扭合成强度校核计算。若按第三强度理论确定计算应力σ_{ca}：

对于转轴，同时承受弯矩和转矩，应满足

$$\sigma_{ca}=\sqrt{\left(\frac{M}{W}\right)^2+4\left(\frac{\alpha T}{W_T}\right)^2} \approx \frac{\sqrt{M^2+(\alpha T)^2}}{W} \leqslant [\sigma_{-1}] \quad (6\text{-}1\text{-}5)$$

对于心轴，仅承受弯矩，应满足

$$\sigma_{ca}=\frac{M}{W}\leqslant[\sigma_{-1}] \quad (6\text{-}1\text{-}6)$$

对于传动轴，仅承受转矩，应满足

$$\sigma_{ca}=\frac{2\alpha T}{W_T}\leqslant[\sigma_{-1}] \quad (6\text{-}1\text{-}7)$$

式中 σ_{ca}——轴的计算应力，MPa；

M，T——轴所受的弯矩和转矩，N·mm；

W，W_T——轴的抗弯和抗扭截面系数，mm³，计算公式见表6-1-13；

$[\sigma_{-1}]$——对称循环变应力时轴的许用弯曲应力，其值按表6-1-1选用；

α——扭转切应力特性当量系数，当扭转切应力为静应力时，取$\alpha\approx0.3$，当扭转切应力为脉动循环变应力时，取$\alpha\approx0.6$，若扭转切应力亦为对称循环变应力时，则取$\alpha=1$。

表6-1-12 轴常用几种材料的$[\tau_T]$及A值

轴的材料	Q235、20	Q275、35	45	1Cr18Ni9Ti	40Cr、35SiMn、42SiMn 40MnB、38SiMnMo、3Cr13
$[\tau_T]$/MPa	15～25	20～35	25～45	15～25	35～55
A	149～126	135～112	126～103	148～125	112～97

注：1. 表中$[\tau_T]$值是考虑了弯矩影响而降低了的许用扭转切应力。

2. 在下述情况时，$[\tau_T]$取较大值，A取较小值：弯矩较小或只受转矩作用、载荷较平稳、无轴向载荷或只有较小的轴向载荷、减速器的低速轴、轴只作单向旋转；反之，$[\tau_T]$取较小值，A取较大值。

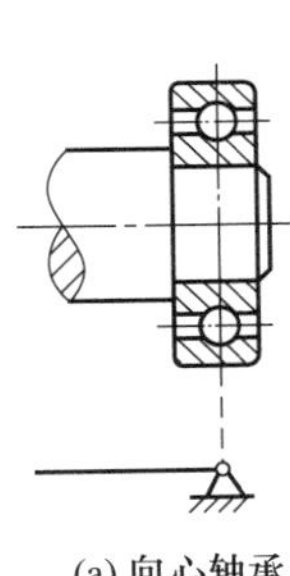
(a) 向心轴承

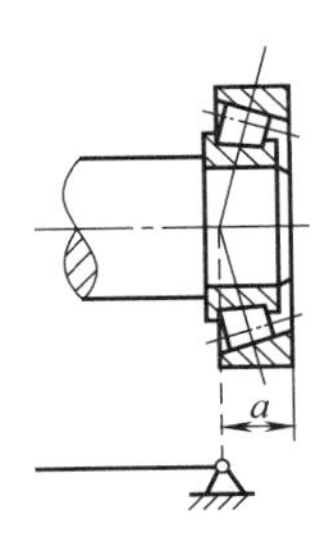

(b) 向心推力轴承

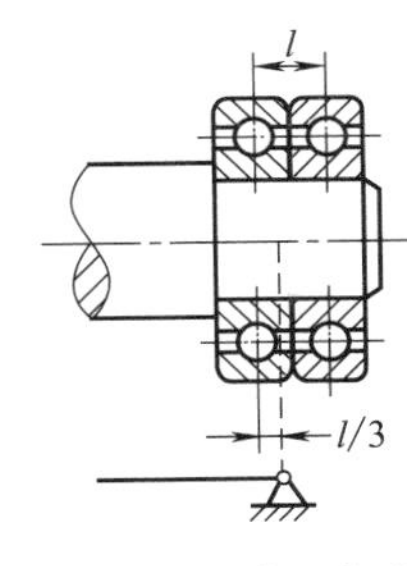

(c) 并列向心轴承

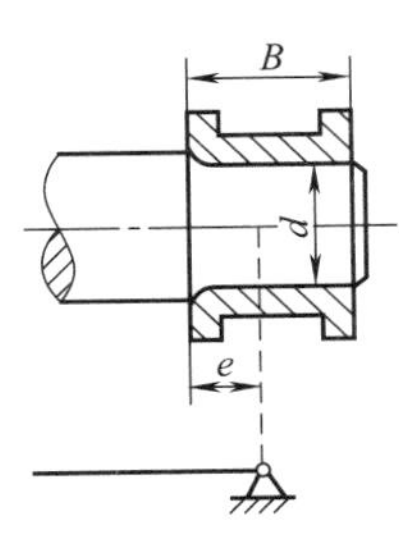

(d) 滑动轴承

图 6-1-2　轴的支反力作用点

表 6-1-13　**常用截面的抗弯、抗扭截面系数计算公式**

截面形状	抗弯截面系数 W	抗扭截面系数 W_T	截面形状	抗弯截面系数 W	抗扭截面系数 W_T
	$\dfrac{\pi d^3}{32}$	$\dfrac{\pi d^3}{16}$		$\dfrac{\pi d^3}{32}-\dfrac{bt(d-t)^2}{d}$	$\dfrac{\pi d^3}{16}-\dfrac{bt(d-t)^2}{d}$
	$\dfrac{\pi d^3}{32}(1-\beta^4)$	$\dfrac{\pi d^3}{16}(1-\beta^4)$		$\dfrac{\pi d^3}{32}\left(1-1.54\dfrac{d_1}{d}\right)$	$\dfrac{\pi d^3}{16}\left(1-\dfrac{d_1}{d}\right)$
	$\dfrac{\pi d^3}{32}-\dfrac{bt(d-t)^2}{2d}$	$\dfrac{\pi d^3}{16}-\dfrac{bt(d-t)^2}{2d}$		$[\pi d^4+(D-d)(D+d)^2zb]/32D$ z——花键齿数	$[\pi d^4+(D-d)(D+d)^2zb]/16D$ z——花键齿数

注：1. 近似计算时，单、双键槽一般可忽略，花键轴截面可视为直径等于平均直径的圆截面。

2. $\beta=\dfrac{d_1}{d}$，是空心轴的内径 d_1 与外径 d 之比，通常取 $\beta=0.5\sim0.6$。

1.3.3　考虑应力集中的强度校核计算

这种校核计算的实质在于计入应力集中等因素对轴的安全程度的影响。校核计算的主要工作是，在已知轴的外形、尺寸及载荷的基础上，通过分析确定出一个或几个危险截面。在考虑应力集中、绝对尺寸、表面质量和表面强化等因素对交变应力影响的基础上，计算出弯矩和转矩在危险截面引起的交变应力大小。求出计算安全系数，并应使其稍大于或至少等于设计安全系数 S。以安全系数表达的强度条件式为：

对于心轴，仅承受弯曲应力，应满足

$$S_\sigma=\frac{\sigma_{-1}}{K_\sigma\sigma_a+\varphi_\sigma\sigma_m}\geqslant S \tag{6-1-8}$$

对于传动轴，仅承受扭转切应力，应满足

$$S_\tau=\frac{\tau_{-1}}{K_\tau\tau_a+\varphi_\tau\tau_m}\geqslant S \tag{6-1-9}$$

对于转轴，同时承受弯曲应力和扭转切应力，应满足

$$S_{ca}=\frac{S_\sigma S_\tau}{\sqrt{S_\sigma^2+S_\tau^2}}\geqslant S \tag{6-1-10}$$

式中　S_σ，S_τ，S_{ca}——心轴、传动轴、转轴的计算安全系数；

S——轴的设计安全系数，对于材料均匀、载荷与应力计算精确的轴，$S=1.3\sim1.5$，对于材料不够均匀、计算精确度较低的轴，$S=1.5\sim1.8$，对于材料均匀性及计算精确度很低或直径 $d>200$mm 的轴，$S=1.8\sim2.5$；

σ_{-1}，τ_{-1}——对称循环交变应力时轴的弯曲和扭转剪切疲劳极限，其值按表 6-1-1 选用；

σ_a，σ_m——轴所受弯曲交变应力的应力幅值和平均应力；

τ_a，τ_m——轴所受扭转剪切交变应力的应力幅值和平均应力；

φ_σ，φ_τ——弯曲和扭转时的平均应力折合为应力幅的折算系数，是材料常数，根据试验，对碳钢，$\varphi_\sigma \approx 0.1 \sim 0.2$，对合金钢，$\varphi_\sigma \approx 0.2 \sim 0.3$，$\varphi_\tau \approx 0.5\varphi_\sigma$；

K_σ，K_τ——弯曲和剪切疲劳极限的综合影响系数，其值按式（6-1-11）计算。

$$K_\sigma=\left(\frac{k_\sigma}{\varepsilon_\sigma}+\frac{1}{\beta_\sigma}-1\right)\frac{1}{\beta_q},K_\tau=\left(\frac{k_\tau}{\varepsilon_\tau}+\frac{1}{\beta_\tau}-1\right)\frac{1}{\beta_q} \tag{6-1-11}$$

式中 k_σ，k_τ——弯曲和扭转时的有效应力集中系数，其值可查表 6-1-14 和表 6-1-15 或按式（6-1-12）计算；

ε_σ，ε_τ——弯曲和扭转时的绝对尺寸影响系数，其值可查表 6-1-15 或查图 6-1-3和图 6-1-4；

β_σ，β_τ——弯曲和扭转时的表面质量系数，弯曲疲劳时的钢材表面质量系数值 β_σ 可查图 6-1-5，当无试验资料时，扭转剪切疲劳的表面质量系数 β_τ 可取近似等于 β_σ；

β_q——影响疲劳强度的强化系数，其值可查表 6-1-16。

$$k_\sigma=1+q_\sigma(\alpha_\sigma-1),k_\tau=1+q_\tau(\alpha_\tau-1) \tag{6-1-12}$$

式中 α_σ，α_τ——弯曲和扭转时的理论应力集中系数，其值可查表 6-1-17；

q_σ，q_τ——弯曲和扭转时材料对应力集中的敏性系数，其值可查图 6-1-6。

表 6-1-14　轴上的有效应力集中系数

轴上键槽处的有效应力集中系数									
轴材料的 R_m/MPa		400	500	600	700	800	900	1000	1200
k_σ	A 型键槽	1.5	1.64	1.76	1.89	2.01	2.14	2.26	2.50
	B 型键槽	1.30	1.38	1.46	1.54	1.62	1.69	1.77	1.92
k_τ（A、B 型键槽）		1.20	1.37	1.54	1.71	1.88	2.05	2.22	2.39
轴上外花键的有效应力集中系数									
轴材料的 R_m/MPa		400	500	600	700	800	900	1000	1200
k_σ		1.35	1.45	1.55	1.60	1.65	1.70	1.72	1.75
k_τ	矩形齿	2.10	2.25	2.35	2.45	2.55	2.65	2.70	2.80
	渐开线形齿	1.40	1.43	1.46	1.49	1.52	1.55	1.58	1.60

注：公称应力按照扣除键槽的净截面面积来计算。

表 6-1-15　零件与轴过盈配合处的 $k_\sigma/\varepsilon_\sigma$（$k_\tau/\varepsilon_\tau$）值

直径 d/mm	配合	$k_\sigma/\varepsilon_\sigma$								k_τ/ε_τ							
		R_m/MPa															
		400	500	600	700	800	900	1000	1200	400	500	600	700	800	900	1000	1200
30	H7/r6	2.25	2.50	2.75	3.00	3.25	3.50	3.75	4.25	1.75	1.90	2.05	2.20	2.35	2.50	2.65	2.95
	H7/n6	2.25	2.50	2.75	3.00	3.25	3.50	3.75	4.25	1.75	1.90	2.05	2.20	2.35	2.50	2.65	2.95
	H7/m6	1.86	2.07	2.26	2.48	2.68	2.90	3.10	3.51	1.52	1.64	1.76	1.89	2.01	2.14	2.26	2.51
	H7/k6	1.69	1.88	2.06	2.25	2.44	2.63	2.82	3.19	1.41	1.53	1.64	1.75	1.86	1.98	2.09	2.31
	H7/h6	1.46	1.63	1.79	1.95	2.11	2.28	2.44	2.76	1.28	1.38	1.47	1.57	1.67	1.77	1.86	2.06
50	H7/r6	2.75	3.05	3.36	3.66	3.96	4.28	4.60	5.20	2.05	2.23	2.42	2.60	2.78	2.97	3.16	3.52
	H7/n6	2.75	3.05	3.36	3.66	3.96	4.28	4.60	5.20	2.05	2.23	2.42	2.60	2.78	2.97	3.16	3.52
	H7/m6	2.44	2.70	2.99	3.26	3.53	3.80	4.10	4.63	1.86	2.02	2.20	2.36	2.52	2.68	2.86	3.18
	H7/k6	2.06	2.28	2.52	2.76	2.97	3.20	3.45	3.90	1.64	1.77	1.93	2.05	2.18	2.32	2.48	2.74
	H7/h6	1.80	1.98	2.18	2.38	2.57	2.78	3.00	3.40	1.48	1.59	1.70	1.83	1.94	2.07	2.20	2.44
>100	H7/r6	2.95	3.28	3.60	3.94	4.25	4.60	4.90	5.60	2.17	2.37	2.56	2.76	2.95	3.16	3.34	3.76
	H7/n6	2.80	3.12	3.42	3.74	4.04	4.37	4.65	5.32	2.08	2.27	2.45	2.64	2.82	3.02	3.19	3.60
	H7/m6	2.54	2.83	3.10	3.39	3.66	3.96	4.21	4.81	1.92	2.10	2.26	2.44	2.60	2.78	2.93	3.29
	H7/k6	2.22	2.46	2.70	2.96	3.20	3.46	3.98	4.20	1.73	1.88	2.02	2.18	2.32	2.48	2.80	2.92
	H7/h6	1.92	2.13	2.34	2.56	2.76	3.00	3.18	3.64	1.55	1.68	1.80	1.94	2.06	2.20	2.31	2.58

注：1. 滚动轴承与轴配合处按表内所列 H7/r6 配合的 $k_\sigma/\varepsilon_\sigma$ 值。

2. 表中无相应的数值时，可按插值计算。

表 6-1-16　影响疲劳强度的强化系数 β_q

表面高频淬火的强化系数 β_q		
试件类型	试件直径/mm	β_q
无应力集中	7～20	1.3～1.6
	30～40	1.2～1.5
有应力集中	7～20	1.6～2.8
	30～40	1.5～2.5
备注：表中系数值用于旋转弯曲，淬硬层厚度为 0.9～1.5mm。应力集中严重时，强化系数较高		

化学热处理的强化系数 β_q			
化学热处理方法	试件类型	试件直径/mm	β_q
氮化，氮化层厚度 0.1～0.4mm，表面硬度 64HRC 以上	无应力集中	8～15	1.15～1.25
		30～40	1.10～1.15
	有应力集中	8～15	1.9～3.0
		30～40	1.3～2.0
渗碳，渗碳层厚度 0.2～0.6mm	无应力集中	8～15	1.2～2.1
		30～40	1.1～1.5
	有应力集中	8～15	1.5～2.5
		30～40	1.2～2.0
氰化，氰化层厚度 0.2mm	无应力集中	10	1.8

表面硬化加工的强化系数 β_q			
加工方法	试件类型	试件直径/mm	β_q
滚子滚压	无应力集中	7～20	1.2～1.4
		30～40	1.1～1.25
	有应力集中	7～20	1.5～2.2
		30～40	1.3～1.8
喷丸	无应力集中	7～20	1.1～1.3
		30～40	1.1～1.2
	有应力集中	7～20	1.4～2.5
		30～40	1.1～1.5

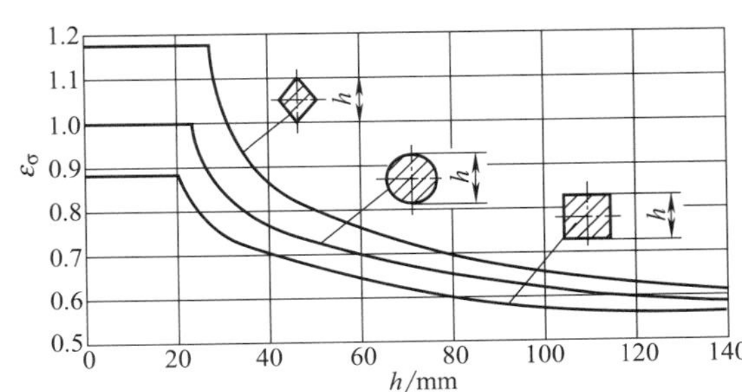

图 6-1-3　钢材的弯曲尺寸形状系数 ε_σ

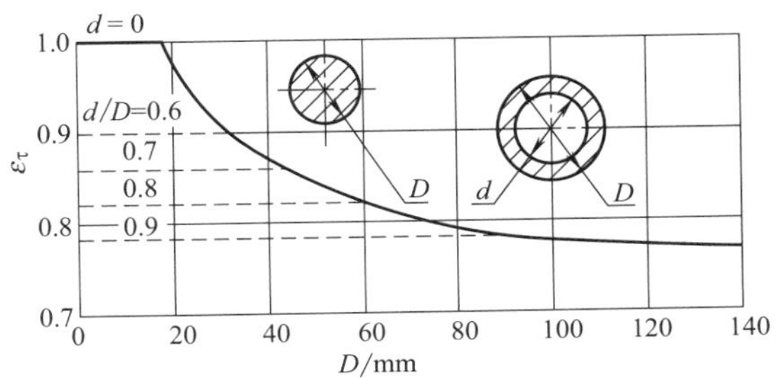

图 6-1-4　圆截面钢材的扭转剪切尺寸系数 ε_τ

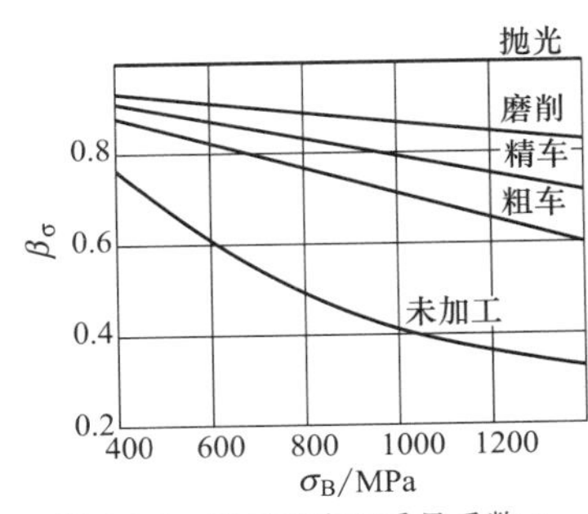

图 6-1-5　钢材的表面质量系数 β_σ

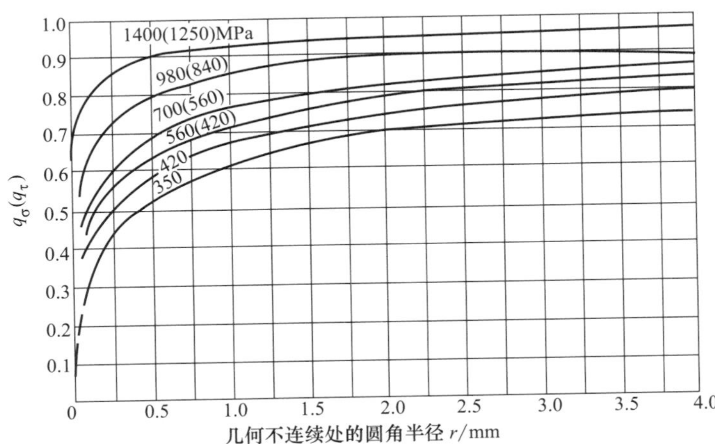

曲线上的数字为材料的强度极限，查q_σ时用不带括号的数字，查 q_τ时用括号内的数字

图 6-1-6　钢材的敏性系数

表 6-1-17

轴上的理论应力集中系数

轴上环槽处的理论应力集中系数

简图	应力	公称应力公式	r/d	α_σ（拉伸、弯曲）或 α_τ（扭转剪切）D/d									
	拉伸	$\sigma=\frac{4F}{\pi d^2}$		∞	2.00	1.50	1.30	1.20	1.10	1.05	1.03	1.02	1.01
			0.04						2.70	2.37	2.15	1.94	1.70
			0.10	2.45	2.39	2.33	2.27	2.18	2.01	1.81	1.68	1.58	1.42
			0.15	2.08	2.04	1.99	1.95	1.90	1.78	1.64	1.55	1.47	1.33
			0.20	1.86	1.83	1.80	1.77	1.73	1.65	1.54	1.46	1.40	1.28
			0.25	1.72	1.69	1.67	1.65	1.62	1.55	1.46	1.40	1.34	1.24
			0.30	1.61	1.59	1.58	1.55	1.53	1.47	1.40	1.36	1.31	1.22
	弯曲	$\sigma_b=\frac{32M}{\pi d^3}$	r/d	∞	2.00	1.50	1.30	1.20	1.10	1.05	1.03	1.02	1.01
			0.04	2.83	2.79	2.74	2.70	2.61	2.45	2.22	2.02	1.88	1.66
			0.10	1.99	1.98	1.96	1.92	1.89	1.81	1.70	1.61	1.53	1.41
			0.15	1.75	1.74	1.72	1.70	1.69	1.63	1.56	1.49	1.42	1.33
			0.20	1.61	1.59	1.58	1.57	1.56	1.51	1.46	1.40	1.34	1.27
			0.25	1.49	1.48	1.47	1.46	1.45	1.42	1.38	1.34	1.29	1.23
			0.30	1.41	1.41	1.40	1.39	1.38	1.36	1.33	1.29	1.24	1.21
	扭转剪切	$\tau_T=\frac{16T}{\pi d^3}$	r/d	∞	2.00	1.30	1.20	1.10	1.05	1.02	1.01		
			0.04	1.97	1.93	1.89	1.85	1.74	1.61	1.45	1.33		
			0.10	1.52	1.51	1.48	1.46	1.41	1.35	1.27	1.20		
			0.15	1.39	1.38	1.37	1.35	1.32	1.27	1.21	1.16		
			0.20	1.32	1.31	1.30	1.28	1.26	1.22	1.18	1.14		
			0.25	1.27	1.26	1.25	1.24	1.22	1.19	1.16	1.13		
			0.30	1.22	1.22	1.21	1.20	1.19	1.17	1.15	1.12		

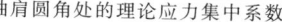

轴肩圆角处的理论应力集中系数

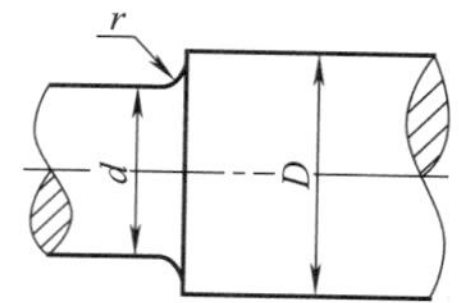

应力	公称应力公式	r/d	α_σ（拉伸、弯曲）或 α_τ（扭转剪切）D/d									
拉伸	$\sigma=\frac{4F}{\pi d^2}$		2.00	1.50	1.30	1.20	1.15	1.10	1.07	1.05	1.02	1.01
		0.04	2.80	2.57	2.39	2.28	2.14	1.99	1.92	1.82	1.56	1.42
		0.10	1.99	1.89	1.79	1.69	1.63	1.56	1.52	1.46	1.33	1.23
		0.15	1.77	1.68	1.59	1.53	1.48	1.44	1.40	1.36	1.26	1.18
		0.20	1.63	1.56	1.49	1.44	1.40	1.37	1.33	1.31	1.22	1.15
		0.25	1.54	1.49	1.43	1.37	1.34	1.31	1.29	1.27	1.20	1.13
		0.30	1.47	1.43	1.39	1.33	1.30	1.28	1.26	1.24	1.19	1.12
弯曲	$\sigma_b=\frac{32M}{\pi d^3}$	r/d	6.0	3.0	2.0	1.50	1.20	1.10	1.05	1.03	1.02	1.01
		0.04	2.59	2.40	2.33	2.21	2.09	2.00	1.88	1.80	1.72	1.61
		0.10	1.88	1.80	1.73	1.68	1.62	1.59	1.53	1.49	1.44	1.36
		0.15	1.64	1.59	1.55	1.52	1.48	1.46	1.42	1.38	1.34	1.26
		0.20	1.49	1.46	1.44	1.42	1.39	1.38	1.34	1.31	1.27	1.20
		0.25	1.39	1.37	1.35	1.34	1.33	1.31	1.29	1.27	1.22	1.17
		0.30	1.32	1.31	1.30	1.29	1.27	1.26	1.25	1.23	1.20	1.14

续表

应力	公称应力公式	α_σ(拉伸、弯曲)或 α_τ(扭转剪切)										
		r/d	D/d									
			2.0	1.33	1.20	1.09						
扭转剪切	$\tau_T=\frac{16T}{\pi d^3}$	0.04	1.84	1.79	1.66	1.32						
		0.10	1.46	1.41	1.33	1.17						
		0.15	1.34	1.29	1.23	1.13						
		0.20	1.26	1.23	1.17	1.11						
		0.25	1.21	1.18	1.14	1.09						
		0.30	1.18	1.16	1.12	1.09						

轴上径向孔处的理论应力集中系数

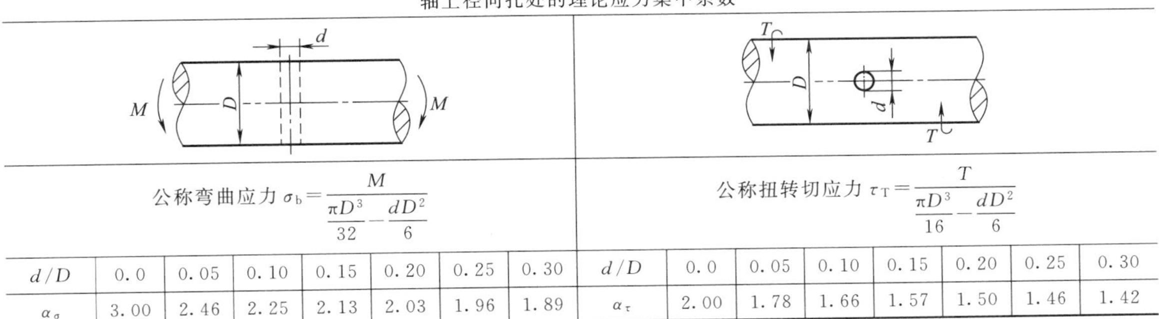

公称弯曲应力 $\sigma_b=\frac{M}{\frac{\pi D^3}{32}-\frac{dD^2}{6}}$

d/D	0.0	0.05	0.10	0.15	0.20	0.25	0.30
α_σ	3.00	2.46	2.25	2.13	2.03	1.96	1.89

公称扭转切应力 $\tau_T=\frac{T}{\frac{\pi D^3}{16}-\frac{dD^2}{6}}$

d/D	0.0	0.05	0.10	0.15	0.20	0.25	0.30
α_τ	2.00	1.78	1.66	1.57	1.50	1.46	1.42

1.4　轴的刚度校核计算

轴在载荷作用下，将产生弯曲或扭转变形。若变形量超过允许的限度，就会影响轴上零件的正常工作，甚至会丧失机器应有的工作性能。因此，在设计有刚度要求的轴时，必须进行刚度的校核计算。

轴的弯曲刚度以挠度或偏转角来度量，扭转刚度以扭转角来度量。轴的刚度校核计算通常是计算出轴在受载时的变形量，并控制其不大于允许值。

1.4.1　轴的扭转刚度校核计算

轴的扭转变形以单位长度上的扭转角 φ [单位为(°)/m] 来表示。圆截面轴扭转角 φ 的计算公式为

光轴　$$\varphi=5.73\times10^4\frac{T}{GI_p}\qquad(6\text{-}1\text{-}13)$$

阶梯轴　$$\varphi=5.73\times10^4\frac{1}{LG}\sum_{i=1}^{z}\frac{T_i l_i}{I_{pi}}\qquad(6\text{-}1\text{-}14)$$

式中　T——轴所承受的转矩，N·mm；

G——轴的材料的剪切弹性模量，MPa，对于钢材，$G=8.1\times10^4$ MPa；

I_p——轴截面的极惯性矩，mm^4，对于圆轴，$I_p=\frac{\pi d^4}{32}$；

L——阶梯轴受转矩作用的长度，mm；

T_i，l_i，I_{pi}——阶梯轴第 i 段上所受的转矩、长度和极惯性矩；

z——阶梯轴受转矩作用的轴段数。

轴的扭转刚度条件为

$$\varphi\leqslant[\varphi]\qquad(6\text{-}1\text{-}15)$$

允许扭转角 $[\varphi]$ 的大小与轴的使用场合有关。对于一般传动轴，可取 $[\varphi]=0.5°\sim1°/m$；对于精密传动轴，可取 $[\varphi]=0.25°\sim0.5°/m$；对于精度要求不高的轴，$[\varphi]$ 可大于 1°/m。

1.4.2　轴的弯曲刚度校核计算

常见的轴大多可视为简支梁。若是光轴，可直接用材料力学中的公式计算其挠度或偏转角；若是阶梯轴，如果对计算精度要求不高，则可用当量直径法作近似计算。即把阶梯轴看成是当量直径为 d_v 的光轴，然后再按材料力学中的公式计算。当量直径 d_v（单位为 mm）为

$$d_v=\sqrt[4]{\frac{L}{\sum_{i=1}^{z}\frac{l_i}{d_i^4}}}\qquad(6\text{-}1\text{-}16)$$

式中　l_i——阶梯轴第 i 段的长度，mm；

d_i——阶梯轴第 i 段的直径，mm；

L——阶梯轴的计算长度，mm；

z——阶梯轴计算长度内的轴段数。

当载荷作用于两支承之间时，$L=l$（l 为支承跨距）；当载荷作用于悬臂端时，$L=l+K$（K 为轴的悬臂长度，mm）。

表 6-1-18　　**轴的允许挠度及允许偏转角**

名称	允许挠度[y]/mm	名称	允许偏转角[θ]/rad
一般用途的轴	(0.0003～0.0005) l	滑动轴承	0.001
刚度要求较严的轴	$0.0002l$	向心球轴承	0.005
感应电动机轴	0.1Δ	调心球轴承	0.05
安装齿轮的轴	$(0.01\sim0.03)m_n$	圆柱滚子轴承	0.0025
安装蜗轮的轴	$(0.02\sim0.05)m_a$	圆锥滚子轴承	0.0016
		安装齿轮处轴的截面	0.001～0.002

注：l 为轴的跨距，mm；Δ 为电动机定子与转子间的气隙，mm；m_n 为齿轮的法面模数，mm；m_a 为蜗轮的端面模数，mm。

表 6-1-19　　**光轴的挠度 y 及偏转角 θ 的计算公式**

轴受载情况简图	挠度 y/mm	最大挠度 y_{max}/mm	偏转角 θ/rad
	$y=-\frac{Fbx}{6EIl}(l^2-x^2-b^2),0\leqslant x\leqslant a$ $y=-\frac{Fa(l-x)}{6EIl}[l^2-a^2-(l-x)^2]$，$a\leqslant x\leqslant l$	设 $a>b$，在 $x=\sqrt{\frac{l^2-b^2}{3}}$ 处 $y_{max}=-\frac{\sqrt{3}Fb}{27EIl}(l^2-b^2)^{3/2}$ 在 $x=\frac{l}{2}$ 处 $y_c=-\frac{Fb}{48EI}(3l^2-4b^2)$	$\theta_A=-\frac{Fab}{6EIl}(l+b)$ $\theta_B=\frac{Fab}{6EIl}(l+a)$
	$y=\frac{Mx}{6EIl}(l^2-x^2-3b^2),0\leqslant x\leqslant a$ $y=-\frac{M(l-x)}{6EIl}[l^2-3a^2-(l-x)^2]$，$a\leqslant x\leqslant l$	设 $a>b$ 在 $x=\sqrt{\frac{l^2-3b^2}{3}}$ 处 $y_{max}=-\frac{\sqrt{3}M}{27EIl}(l^2-3b^2)^{3/2}$	$\theta_A=\frac{M}{6EIl}(l^2-3b^2)$ $\theta_B=\frac{M}{6EIl}(l^2-3a^2)$
	$y=\frac{Fax}{6EIl}(l^2-x^2),0\leqslant x\leqslant l$ $y=-\frac{F(x-l)}{6EI}[a(3x-l)-(x-l)^2]$，$l\leqslant x\leqslant l+a$	$y_D=-\frac{Fa^2}{3EI}(l+a)$ 在 $x=0.57735l$ 处 $y_{max}=\frac{Fal^2}{15.55EI}$	$\theta_A=-\frac{1}{2}\theta_B=\frac{Fal}{6EI}$ $\theta_D=-\frac{Fa}{6EI}(2l+3a)$
	$y=\frac{Mx}{6EIl}(l^2-x^2),0\leqslant x\leqslant l$ $y=-\frac{M}{6EI}(3x-l)(x-l),l\leqslant x\leqslant l+a$	$y_D=-\frac{Ma}{6EI}(2l+3a)$ 在 $x=0.57735l$ 处 $y_{max}=\frac{Ml^2}{15.55EI}$	$\theta_A=-\frac{1}{2}\theta_B=\frac{Ml}{6EI}$ $\theta_D=-\frac{M}{3EI}(l+3a)$

轴的弯曲刚度条件为

挠度　　$y\leqslant[y]$　　(6-1-17)

偏转角　　$\theta\leqslant[\theta]$　　(6-1-18)

式中　$[y]$——轴的允许挠度，mm，见表 6-1-18；

$[\theta]$——轴的允许偏转角，rad，见表 6-1-18。

光轴的挠度 y 和偏转角 θ 的常用计算公式见表6-1-19。

1.5　轴的临界转速校核计算

轴是一个弹性体，当其旋转时，当由于某种原因在轴和轴上零件作用有周期性的干扰力时，会引起轴的振动。如果这种干扰力的频率与轴的自振频率相重合时，则会出现共振现象。

轴在引起共振时的转速称为轴的临界转速。当轴在临界转速或靠近临界转速运转时，轴将产生剧烈振动，从而破坏机器的正常工作状态，甚至会造成轴承或转子的损坏。而当轴在临界转速一定的范围之外工作时，轴将趋于平稳运转。因此，对于转速较高、跨度较大而刚性较小或外伸端较长的轴，应该进行临界转速校核计算。临界转速可以有许多个，最低的一个称为一阶临界转速，其余为二阶、三阶……。在一阶临界转速下，振动激烈，最为危险，所以通常主要计算一阶临界转速。但是，在某些情况下还需要计算高于一阶的临界转速。

校核计算就是要使轴的工作转速 n 在其临界转速 n_c 一定范围之外。当轴工作转速低于一阶临界转速时，其工作转速应取 $n<0.75n_{c1}$，工程上称这种轴为刚性轴；当轴工作转速高于一阶临界转速时，其工作转速应选在 $1.4n_{c1}<n<0.7n_{c2}$ 之间，通常称这种轴为挠性轴。满足上述条件的轴就具有了弯曲振动的稳定性。

轴的临界转速是轴的固有特性，其数值与轴的形状和尺寸、轴和轴上零件质量、轴的支承形式以及轴的材料特性等有关。

轴的振动类型有弯曲振动（横向振动）、扭转振动和纵向振动。轴的弯曲振动现象较扭转振动更为常见，纵向振动则由于轴的纵向自振频率很高，而常予以忽略，所以下面只对轴的弯曲振动问题加以说明。

运用有限元法可以对阶梯轴的临界转速做出精确计算（参见本章 1.8.4 节），作为近似计算，则可将阶梯轴视为当量直径为 d_v 的光轴进行计算，当量直径 d_v 按式（6-1-19）计算。

$$d_v=\xi\frac{\sum d_i\Delta l_i}{\sum\Delta l_i}\tag{6-1-19}$$

式中　d_i——第 i 段轴的直径，mm；

Δl_i——第 i 段轴的长度，mm；

ξ——经验修正系数，若阶梯轴最粗一段或几段的轴段长度超过轴全长的 50%时，可取 $\xi=1$，小于 15%时，此段当作轴环，另按次粗轴段来考虑，在一般情况下，最好按照同系列机器的计算对象，选取有准确解的轴试算几例，从中找出 ξ 值，例如一般的压缩机、离心机、鼓风机转子可取 $\xi=1.094$。

1.5.1　不带圆盘均质轴的临界转速

各种支承条件下，等直径轴弯曲振动时第 1～3 阶临界转速的计算公式见表 6-1-20。

1.5.2　带圆盘的轴的临界转速

带单个圆盘且不计轴自重时轴的一阶临界转速 n_{c1} 的计算公式见表 6-1-20。

带 k 个圆盘且需计入轴自重时，可按式（6-1-20）计算轴的一阶临界转速 n_{c1}。

$$\frac{1}{n_{c1}^2}\approx\frac{1}{n_0^2}+\frac{1}{n_{01}^2}+\frac{1}{n_{02}^2}+\cdots+\frac{1}{n_{0k}^2}\tag{6-1-20}$$

式中，n_0 为只考虑轴自重时轴的一阶临界转速；n_{01}，n_{02}，…，n_{0k} 分别表示轴上只装一个圆盘（盘 1，2，…，k）且不计轴自重时的一阶临界转速，均可按表 6-1-20 所列公式分别计算。

带有多个圆盘的轴，若在各圆盘重力的作用下，轴的挠度曲线或轴上各圆盘处的挠度值已知时，可用式（6-1-21）近似求得其一阶临界转速。阶梯轴可视为一种特殊的带有多个圆盘的轴，按式（6-1-21）近似求得其一阶临界转速。

$$n_{c1}=946\sqrt{\frac{\sum_{i=1}^{k}W_iy_i}{\sum_{i=1}^{k}W_iy_i^2}}\tag{6-1-21}$$

式中　W_i——轴上所装各个圆盘（零件）的重力，N；

y_i——在 W_i 作用的截面内，由全部载荷（W_1～W_k）引起的轴的挠度，mm。

表 6-1-20　　**轴弯曲振动时的临界转速 n_c**　　r/min

均匀质量轴的临界转速 $n_{ci}=946\lambda_i\sqrt{\frac{EI}{W_0L^3}}$　（$i=1,2,3$ 为临界转速阶数）		带圆盘但不计轴自重时轴的一阶临界转速 $n_{c1}=946\sqrt{\frac{K}{W_1}}$	
L	$\lambda_1=3.52$ $\lambda_2=22.43$ $\lambda_3=61.83$	W_1　L	$K=\frac{3EI}{L^3}$
L	$\lambda_1=9.87$ $\lambda_2=39.48$ $\lambda_3=88.83$	W_1　μL　L	$K=\frac{3EI}{\mu^2(1-\mu)^2L^3}$
L	$\lambda_1=15.42$ $\lambda_2=49.97$ $\lambda_3=104.2$	W_1　μL　L	$K=\frac{12EI}{\mu^3(1-\mu)^2(4-\mu)L^3}$

第 6 篇

续表

均匀质量轴的临界转速 $n_{ci}=946\lambda_i\sqrt{\dfrac{EI}{W_0L^3}}$　（$i=1,2,3$ 为临界转速阶数）	带圆盘但不计轴自重时轴的一阶临界转速 $n_{c1}=946\sqrt{\dfrac{K}{W_1}}$
L $\lambda_1=22.37$ $\lambda_2=61.67$ $\lambda_3=120.9$	W_1　μL　L $K=\dfrac{3EI}{\mu^3(1-\mu)^3L^3}$
μL　L	W_1　μL　L $K=\dfrac{3EI}{(1-\mu)^2L^3}$

μ	0.5	0.55	0.6	0.65	0.7	0.75
λ_1	8.716	9.983	11.50	13.13	14.57	15.06
μ	0.8	0.85	0.9	0.95	1.0	
λ_1	14.44	13.34	12.11	10.92	9.87	

注：W_0 为轴自重，N；W_1 为圆盘所受重力，N；L 为轴的长度，mm；λ_i 为支座形式系数；E 为轴材料的弹性模量，MPa；I 为轴截面的惯性矩，mm^4；μ 为支承间距离或圆盘处轴段长度与轴总长度之比；K 为轴的刚度系数，N/mm。

1.6　设计计算举例及轴的工作图

例 1　某设备中以圆锥-圆柱齿轮减速器作为减速装置，减速器输出轴的简图见图 6-1-7。输出轴通过弹性柱销联轴器与工作机相连，输出轴为单向旋转（从装有半联轴器的一端看为顺时针方向）。输送装置运转平稳，工作转矩变化很小，试设计该减速器的输出轴。

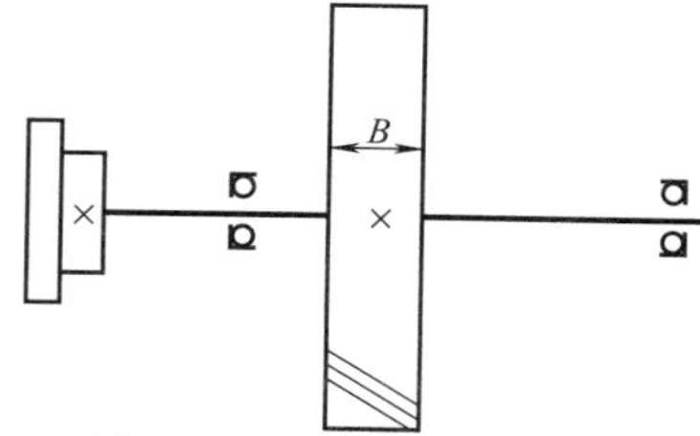

图 6-1-7　减速器输出轴的简图

（1）确定设计原始数据

根据减速器设计资料，可求得输出轴设计相关数据，见表 6-1-21。

圆周力 F_t、径向力 F_r 及轴向力 F_a 的方向如图 6-1-8 所示。

（2）初步确定轴的最小直径

先按式（6-1-2）初步估算轴的最小直径。选取轴的材料为 45 钢，调质处理。根据表 6-1-12，取 $A_0=112$，于是得

$$d_{min}=A_0\sqrt[3]{\frac{P}{n}}=112\times\sqrt[3]{\frac{9.41}{93.61}}=52.1\text{mm}$$

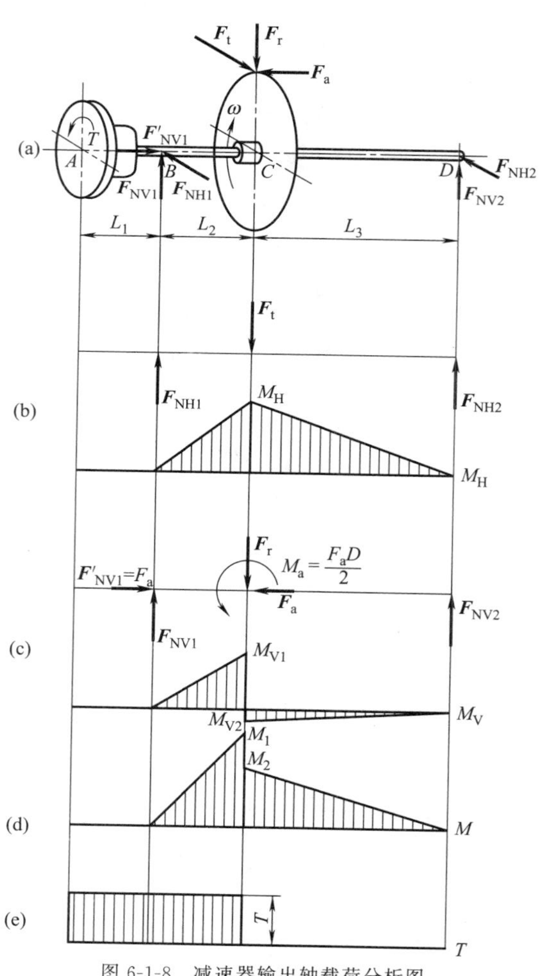

图 6-1-8　减速器输出轴载荷分析图

表 6-1-21　输出轴设计相关数据

传递功率 P/kW	转速 n/r·min^{-1}	齿宽 B/mm	转矩 T/N·mm	齿轮分度圆直径 d/mm	齿轮受到的力/N		
					圆周力 F_t	径向力 F_r	轴向力 F_a
9.41	93.61	80	960000	383.84	5002	1839	713

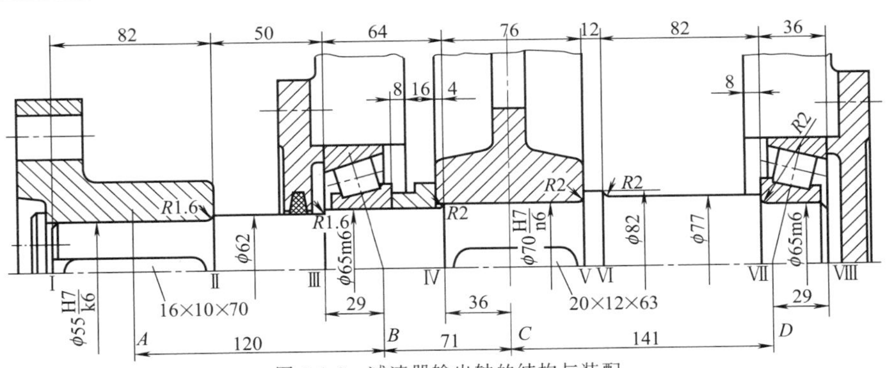

图 6-1-9　减速器输出轴的结构与装配

输出轴的最小直径应是安装联轴器处轴的直径 $d_{\text{I-II}}$（图 6-1-9）。为了使所选的轴直径 $d_{\text{I-II}}$ 与联轴器的孔径相适应，需同时选取联轴器型号。

联轴器的计算转矩 $T_{ca}=K_A T$，考虑到转矩变化很小，故取 $K_A=1.3$，则：

$$T_{ca}=K_A T=1.3\times960000=1248000\text{N}\cdot\text{mm}$$

按照计算转矩 T_{ca} 应小于联轴器公称转矩的条件，查标准 GB/T 5014 或本篇第 3 章，选用 LX4 型弹性柱销联轴器，其公称转矩为 2500000N·mm。半联轴器的孔径 $d_{\text{I}}=55$mm，故取 $d_{\text{I-II}}=55$mm；半联轴器长度 $L=112$mm，半联轴器与轴配合的毂孔长度 $L_1=84$mm。

（3）轴的结构设计

1）根据轴向定位的要求确定轴的各段直径和长度　为了满足半联轴器的轴向定位要求，Ⅰ-Ⅱ轴段右端需制出一轴肩，故取Ⅱ-Ⅲ段的直径 $d_{\text{II-III}}=62$mm；左端用轴端挡圈定位，按轴端直径取挡圈直径 $D=65$mm。半联轴器与轴配合的毂孔长度 $L_1=84$mm，为了保证轴端挡圈只压在半联轴器上而不压在轴的端面上，故Ⅰ-Ⅱ段的长度应比 L_1 略短一些，现取 $l_{\text{I-II}}=82$mm。

考虑轴承同时受有径向力和轴向力的作用，故选用单列圆锥滚子轴承。根据 $d_{\text{II-III}}=62$mm，由滚动轴承样本初步选取代号为 30313 的单列圆锥滚子轴承，其尺寸为 $d\times D\times T=65\text{mm}\times140\text{mm}\times36\text{mm}$，故 $d_{\text{III-IV}}=d_{\text{VII-VIII}}=65$mm；而 $l_{\text{VII-VIII}}=36$mm。

右端滚动轴承采用轴肩进行轴向定位。由滚动轴承样本查得 30313 型轴承的定位轴肩高度 $h=6$mm，因此，取 $d_{\text{VI-VII}}=77$mm。

取安装齿轮处的轴段Ⅳ-Ⅴ的直径 $d_{\text{IV-V}}=70$mm；齿轮的左端与左轴承之间采用套筒定位。已知齿轮轮毂的宽度为 80mm，为了使套筒端面可靠地压紧齿轮，此轴段应略短于轮毂宽度，故取 $l_{\text{IV-V}}=76$mm。齿轮的右端采用轴肩定位，轴肩高度 $h>0.07d$，故取 $h=6$mm，则轴环处的直径 $d_{\text{V-VI}}=82$mm。轴环宽度 $b>1.4h$，取 $l_{\text{V-VI}}=12$mm。

由减速器箱体结构及轴承端盖的结构设计，取轴承端盖的总宽度为 20mm。根据轴承端盖的装拆及便于对轴承添加润滑脂的要求，取端盖的外端面与半联轴器右端面间的距离 30mm，故取 $l_{\text{II-III}}=50$mm。

考虑齿轮、轴承等零件本身的轴向尺寸，以及各自需距箱体内壁一定距离等要求，取 $l_{\text{III-IV}}=64$mm，$l_{\text{VI-VII}}=82$mm。

至此，已初步确定了轴的各段直径和长度。

2）轴上零件的周向定位　齿轮、半联轴器与轴的周向定位均采用平键连接。按 $d_{\text{IV-V}}=70$mm 可查得平键截面 $b\times h=20\text{mm}\times12\text{mm}$，取键槽长为 63mm。为了保证齿轮与轴配合有良好的对中性，选择齿轮轮毂与轴的配合为 H7/n6；同样，半联轴器与轴的连接，选用平键为 16mm×10mm×70mm，半联轴器与轴的配合为 H7/k6。滚动轴承与轴的周向定位是由过渡配合来保证的，此处选轴的直径尺寸公差为 m6。

（4）求轴上的载荷

首先根据轴的结构图（图 6-1-9）做出轴的载荷分析简图（图 6-1-8）。在确定轴承的支点位置时，应从机械设计手册中查取 a 值（参看图6-1-2）。对于 30313 型圆锥滚子轴承，由手册中查得 $a=29$mm。

第6篇

表 6-1-22　　**输出轴截面 C 处的载荷数据**

载　荷	水平面 H	垂直面 V
支反力 F	$F_{NH1}=3327N, F_{NH2}=1675N$	$F_{NV1}=1869N, F_{NV2}=-30N$
弯矩 M	$M_H=236217N\cdot mm$	$M_{V1}=132699N\cdot mm, M_{V2}=-4140N\cdot mm$
总弯矩	$M_1=\sqrt{236217^2+132699^2}=270938N\cdot mm; M_2=\sqrt{236217^2+4140^2}=236253N\cdot mm$	
转矩 T	$T=960000N\cdot mm$	

因此，作为简支梁的轴的支承跨距 $L_2+L_3=71mm+141mm=212mm$。根据轴的计算简图做出轴的弯矩图和转矩图（图 6-1-8）。

从轴的结构图以及弯矩和转矩图中可以看出，截面 C 是轴的危险截面。现将计算出的截面 C 处的 M_H、M_V 及 M 的值列于表 6-1-22（参看图 6-1-8）。

（5）按弯扭合成应力校核轴的强度

进行校核时，通常只校核轴上承受最大弯矩和转矩的截面（即危险截面 C）的强度。根据式（6-1-5）及表 6-1-21 中的数据，以及轴单向旋转，扭转切应力为脉动循环变应力，取 $\alpha=0.6$，轴的计算应力

$$\sigma_{ca}=\frac{\sqrt{M_1^2+(\alpha T)^2}}{W}=\frac{\sqrt{270938^2+(0.6\times960000)^2}}{0.1\times70^3}\text{ MPa}$$
$$=18.6MPa$$

前已选定轴的材料为 45 钢，调质处理，由表 6-1-1查得 $[\sigma_{-1}]=60MPa$。因此 $\sigma_{ca}<[\sigma_{-1}]$，故安全。

（6）精确校核轴的疲劳强度

首先应判断危险截面。从应力集中对轴的疲劳强度的影响来看，截面Ⅳ和Ⅴ处过盈配合引起的应力集中最严重；从受载的情况来看，截面 C 上的应力最大。截面Ⅴ的应力集中的影响和截面Ⅳ的相近，但截面Ⅴ不受转矩作用，同时轴径也较大，故不必作强度校核。截面 C 上虽然应力最大，但应力集中不大，而且这里轴的直径最大，故截面 C 也不必校核。由于键槽的应力集中系数比过盈配合的小，因而该轴只需校核截面Ⅳ左右两侧即可。

计算截面Ⅳ左侧截面系数、载荷、应力，并对其进行强度校核。

抗弯截面系数　$W=0.1d^3=0.1\times65^3=27463mm^3$

抗扭截面系数　$W_T=0.2d^3=0.2\times65^3=54925mm^3$

弯矩　$M=270938\times\frac{71-36}{71}=133561N\cdot mm$

转矩　$T=960000N\cdot mm$

弯曲应力　$\sigma_b=\frac{M}{W}=\frac{133561}{27463}=4.86MPa$

扭转切应力　$\tau_T=\frac{T}{W_T}=\frac{960000}{54925}=17.48\text{ MPa}$

轴的材料为 45 钢，调质处理。由表 6-1-1 查得 $\sigma_B=640MPa$，$\sigma_{-1}=275MPa$，$\tau_{-1}=155MPa$。

由轴肩形成的理论应力集中系数 α_σ 及 α_τ 按表 6-1-15查取。因 $\frac{r}{d}=\frac{2.0}{65}=0.031$，$\frac{D}{d}=\frac{70}{65}=1.08$，经插值后可查得

$$\alpha_\sigma=2.0,\ \alpha_\tau=1.31$$

又由图 6-1-3 可得轴的材料的敏性系数为

$$q_\sigma=0.82,\ q_\tau=0.85$$

故有效应力集中系数按式（6-1-12）为

$$k_\sigma=1+q_\sigma(\alpha_\sigma-1)=1+0.82\times(2.0-1)=1.82$$
$$k_\tau=1+q_\tau(\alpha_\tau-1)=1+0.85\times(1.31-1)=1.26$$

由图 6-1-4 的尺寸系数 $\varepsilon_\sigma=0.67$；由图 6-1-5 的扭转尺寸系数 $\varepsilon_\tau=0.82$。

轴按磨削加工，由图 6-1-6 得表面质量系数为

$$\beta_\sigma=\beta_\tau=0.92$$

轴未经表面强化处理，即 $\beta_q=1$，则按式（6-1-11）得综合系数为

$$K_\sigma=\frac{k_\sigma}{\varepsilon_\sigma}+\frac{1}{\beta_\sigma}-1=\frac{1.82}{0.67}+\frac{1}{0.92}-1=2.80$$

$$K_\tau=\frac{k_\tau}{\varepsilon_\tau}+\frac{1}{\beta_\tau}-1=\frac{1.26}{0.82}+\frac{1}{0.92}-1=1.62$$

确定碳钢的特性系数，$\varphi_\sigma=0.1\sim0.2$，取 $\varphi_\sigma=0.1$；$\varphi_\tau=0.05\sim0.1$，取 $\varphi_\tau=0.05$。于是，计算安全系数 S_{ca}值，按式（6-1-8）～式（6-1-10）得

$$S_\sigma=\frac{\sigma_{-1}}{K_\sigma\sigma_a+\varphi_\sigma\sigma_m}=\frac{275}{2.80\times4.86+0.1\times0}=20.21$$

$$S_\tau=\frac{\tau_{-1}}{K_\tau\tau_a+\varphi_\tau\tau_m}=\frac{155}{1.62\times\frac{17.48}{2}+0.05\times\frac{17.48}{2}}=10.62$$

$$S_{ca}=\frac{S_\sigma S_\tau}{\sqrt{S_\sigma^2+S_\tau^2}}=\frac{20.21\times10.62}{\sqrt{20.21^2+10.62^2}}=9.40>S=1.5$$

故可知其安全。

与截面Ⅳ左侧的计算类似，对截面Ⅳ右侧计算可得安全系数为 $S_{ca}=7.75>S=1.5$，同样是安全的。

故该轴在截面Ⅳ右侧的强度也是足够的。因本例无大的瞬时过载及严重的应力循环不对称性，故可略去静强度校核。至此，轴的设计计算即告结束。

（7）绘制轴的工程图

根据上述设计，运用计算机绘图软件，绘制的输出轴的二维工程图如图 6-1-10 所示。

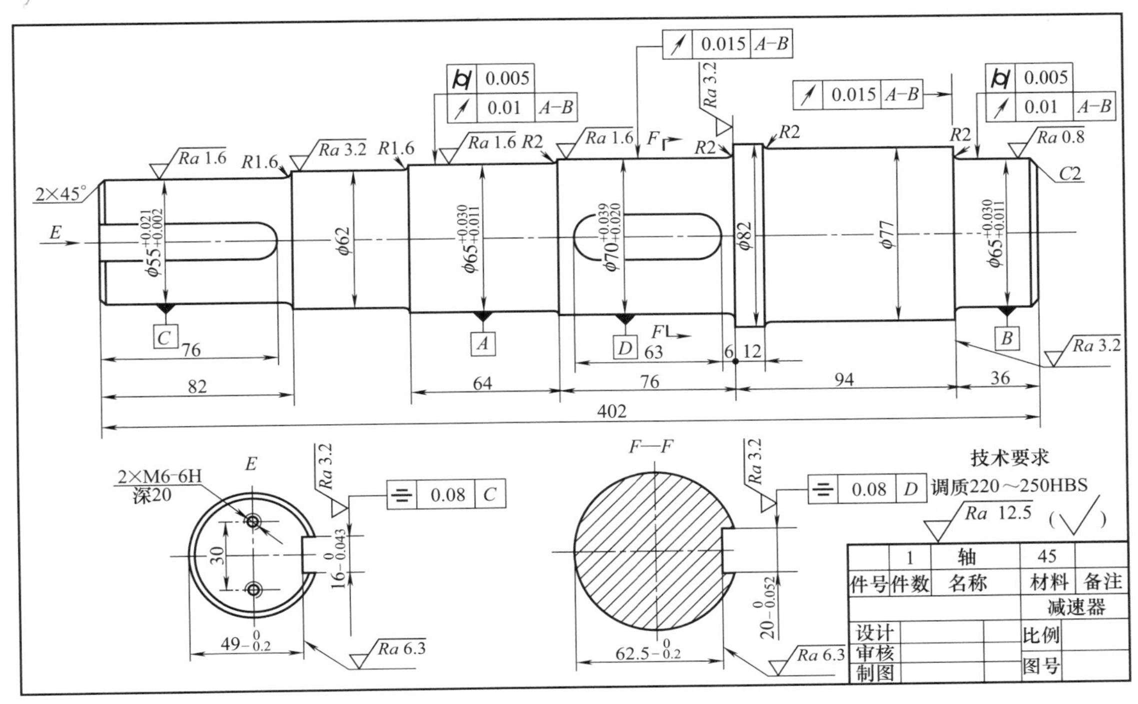

图 6-1-10　减速器输出轴的工程图

1.7　轴的可靠度计算

若从广义的概念把引起零件失效的外部因素称作应力，把零件自身抵抗失效的能力称作强度，则常规设计中就是通过判断应力是否超过强度来判断零件的安全性。若将应力与强度视为随机变量，通过计算强度高于应力的概率，就得到零件的可靠度。这就是机械零件可靠度计算的应力-强度干涉模型的基本概念。轴的可靠度计算可按这一基本概念进行。

1.7.1　轴可靠度计算的基本方法

将应力-强度干涉模型具体应用在轴的可靠度计算时，就是以轴的强度指标（例如轴的极限应力 $\sigma_{\lim}$）和作用应力 σ 都是随机变量的事实为基础。当用 r 表示轴的强度指标、s 表示作用应力时，轴安全的条件可描述为：

$$y=r-s>0 \qquad (6\text{-}1\text{-}22)$$

式中，y 可理解为轴的安全裕度。这时，轴安全的概率 P（$y>0$）就是轴的工作可靠度 R，即：

$$R=P(y>0)=P(r>s) \qquad (6\text{-}1\text{-}23)$$

若轴的应力和强度均服从正态分布，即强度 $r\sim N(\mu_r,\sigma_r^2)$，应力 $s\sim N(\mu_s,\sigma_s^2)$，则安全裕度 $y=r-s$ 也服从正态分布，即 $y\sim N(\mu_y,\sigma_y^2)$。其中：

$$\mu_y=\mu_r-\mu_s,\sigma_y=\sqrt{\sigma_r^2+\sigma_s^2} \qquad (6\text{-}1\text{-}24)$$

式中　μ_r，μ_s——强度 r 和应力 s 的数学期望（均值）；

σ_r，σ_s——强度 r 和应力 s 的标准差（均方差）。

安全裕度 y 的概率密度函数为

$$f(y)=\frac{1}{\sqrt{2\pi}\sigma_y}\exp\left[-\frac{(y-\mu_y)^2}{2\sigma_y^2}\right] \qquad (6\text{-}1\text{-}25)$$

因此，轴的可靠度为

$$R=P(y>0)=\int_0^\infty f(y)\mathrm{d}y=\phi\left(\frac{\mu_r-\mu_s}{\sqrt{\sigma_r^2+\sigma_s^2}}\right) \qquad (6\text{-}1\text{-}26)$$

式中，ϕ 为标准正态分布随机变量的积分函数值，若令

$$\beta=\frac{\mu_r-\mu_s}{\sqrt{\sigma_r^2+\sigma_s^2}} \qquad (6\text{-}1\text{-}27)$$

则有

$$R=\phi(\beta) \qquad (6\text{-}1\text{-}28)$$

式（6-1-27）称为可靠性连接方程，β 称为可靠性系数或可靠度指数。β 的值取决于轴的强度和应力的均值与均方差。

利用式（6-1-27）和式（6-1-28），可以根据已知的 μ_r、μ_s、σ_r 和 σ_s 来决定强度及应力均服从正态分布时

轴的可靠度 R，这属于轴的可靠性评估或可靠性分析问题；也可以根据轴的可靠度要求，来决定 μ_r、μ_s、σ_r 和 σ_s 中的任何一个值，这属于轴的可靠性设计问题。

1.7.2 轴可靠度计算举例

例 某轴在工作时受到交变的弯曲应力作用，危险截面处弯曲应力的均值 $\mu_s=325\text{MPa}$，均方差为 $\sigma_s=30\text{MPa}$。轴用材料的弯曲疲劳极限的均值 $\mu_r=425\text{MPa}$，均方差 $\sigma_r=40\text{MPa}$。若弯曲疲劳极限和弯曲应力均是服从正态分布的随机变量，试求该轴弯曲疲劳强度的可靠度。

解 按式（6-1-27）给出的连接方程，求出可靠性系数 β

$$\beta=\frac{\mu_r-\mu_s}{\sqrt{\sigma_r^2+\sigma_s^2}}=\frac{425-325}{\sqrt{40^2+30^2}}=2.0$$

由机械设计手册可查得对应的可靠度 $R=\phi(\beta)=0.97725$。

例 有一轴在工作中受到扭转载荷的作用，扭转载荷的均值 $\mu_T=560\text{N}\cdot\text{m}$，其均方差 $\sigma_T=33.6\text{N}\cdot\text{m}$。轴用材料屈服极限的均值为 $\mu_r=240\text{MPa}$，其均方差 $\sigma_r=19.2\text{MPa}$。若扭转载荷与轴用材料屈服极限均为服从正态分布的随机变量，试按可靠度为 90% 的要求设计轴危险截面的直径 d。

解 设轴危险截面处的抗扭截面模量为 W_T，则轴危险截面处剪应力的均值 μ_s 及均方差 σ_s 分别为：

$$\mu_s=\frac{\mu_T}{W_T}\quad \sigma_s=\frac{\sigma_T}{W_T}$$

按照可靠度为 90% 的要求，由机械设计手册可查得 $R=\phi(\beta)=0.9$ 时，其对应的可靠性系数 $\beta=1.28$，于是按式（6-1-27）有

$$1.28=\frac{\mu_r-\mu_s}{\sqrt{\sigma_r^2+\sigma_s^2}}=\frac{240-\dfrac{560000}{W_T}}{\sqrt{19.2^2+\left(\dfrac{33600}{W_T}\right)^2}}$$

由上式可解出轴危险截面处的抗扭截面模量 $W_T\approx5689\text{mm}^3$。

则轴危险截面处的直径

$$d\approx\sqrt[3]{\frac{16W_T}{\pi}}=\sqrt[3]{\frac{16\times5689}{\pi}}=30.71\text{mm}$$

显然，只要将轴危险截面处的直径设计得大于 31mm，就可保证轴的工作可靠度不低于 90%。

1.8 轴的计算机辅助设计与分析

1.8.1 轴的计算机辅助设计

针对轴的计算机辅助设计与分析，在设计中需要用到二维或三维图形软件；在强度、刚度校核以及临界转速的计算中需要用到有限元分析软件；在从三维造型到有限元分析软件的数据交换中则要使用标准数据接口模块等。

使用 AutoCAD 软件设计绘制的轴的二维工程图如图 6-1-10 所示。本节重点介绍轴的三维设计。

一般来说，零件设计首先是零件形状体的设计，零件三维设计常采用基于特征的技术，它主要是通过形状特征的定义和组合实现，轴类零件也是一样。

（1）通用三维 CAD 系统的基本形状特征功能

当前的商业三维 CAD 系统，从构建各种形体的通用要求出发，一般都提供表 6-1-23 所列基本类型形状特征的定义和调用功能。

表 6-1-23 通用三维 CAD 系统的基本形状特征功能

特 征	功能说明
辅助(基准)特征	辅助特征不直接参与零件的形成，但是在其他特征的生成和组合过程中起到基准定义作用，也称基准特征。主要有基准面、基准轴、基准曲线、基准点和局部坐标系等
基特征	基特征是造型过程中第一个调用的特征，相当于零件的毛坯，其他特征直接或间接地以基特征为参考。在基特征上不断添加新的特征，即可构造出整个零件
附加特征	附加特征定义附加在被造型零件上的形体，可依附到基本的形状特征上，并对其存在有一定的修饰作用，如圆角、倒角、肋、阵列、镜像等
草图特征	草图特征是由横截面经过拉伸、旋转、扫描、放样等方式生成的几何形体，因为其生成横截面以草图方式绘制，故称草图特征。横截面草图生成往往与二维参数化技术联系在一起，通过截面二维轮廓的参数化实现特征的截面尺寸修改 草图特征是生成几何形体最基本的形状特征，可以单独或与其他特征组合成零件
专用的和自定义特征	对用户工作领域内通用、具有特定工程语义的形体或零件组件，将其定义为特征，可方便和加快构型过程。例如，造型软件通常可提供的键槽、阶梯孔、肋板等。此外，系统还允许用户另外自行扩充定义它所需要的特征

（2）轴类零件三维 CAD 建模过程

以图 6-1-10 所示的减速器输出轴为例，说明轴的三维 CAD 模型的建立过程。

图 6-1-10 所示的轴是一阶梯轴，轴上有两个键槽以及若干圆角与倒角。阶梯轴可以看成是连接在一起的多个直径不等的圆柱体的组合。因此，可以选择其中一段圆柱体作为基特征，该基特征通过圆形横截面的草图拉伸构建。在此基础上，经各级的拉伸获得其他圆柱体构成阶梯轴。其他的形体构成，如键槽、圆角、倒角等，可通过附加特征生成。

另外，阶梯轴也可以通过具有阶梯形状的矩形截面旋转构建而成，整个阶梯轴作为基特征，在此基础上生成键槽、圆角、倒角等附加特征。其具体过程如下。

1）采用草图特征创建基本特征

① 选取基准，勾画截面轮廓。在零件建模环境中，选取前视基准面作为草图轮廓的生成平面，在其上绘制二维草图，可不按比例绘制，因为尺寸可在其后调整。

② 定义轮廓组成约束及尺寸。定义二维草图轮廓的几何约束，如平行、垂直、等长、共线等。

添加驱动尺寸。在满足约束的情况下，调整二维轮廓的驱动尺寸，即可确定草图的几何形状。在欠约束或过约束的情况下，系统将给出提示。

③ 旋转草图截面，即可生成草图特征。

2）生成键槽特征

① 创建轴端键槽的基准面。创建一平面平行于前视基准面，并与轴端外圆相切，作为轴端键槽草图平面。

② 生成轴端键槽的拉伸截面。在轴端键槽的基准面上勾画键槽截面轮廓，定义轮廓约束及尺寸。

③ 选取拉伸方向，给定拉伸高度，即可生成轴端键槽。

④ 采用以上同样方法，生成中间键槽特征。

3）生成圆角及倒角特征。选取需要倒圆角的轴肩，定义圆弧半径生成圆角特征；选取轴端的倒角边，定义倒角的角度及尺寸，生成倒角特征。

图 6-1-11 就是对应于图 6-1-10 所示轴的三维 CAD 模型。这个三维 CAD 模型一方面具备了所设计轴的所有几何特征，同时也可作为轴的各类计算机辅助分析的原始模型。

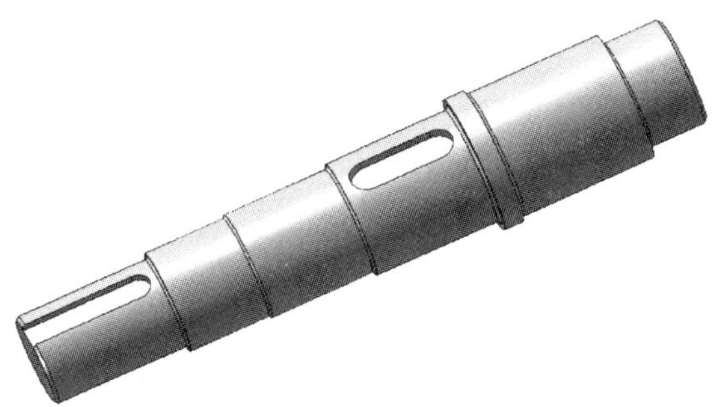

图 6-1-11　轴的三维 CAD 模型

1.8.2　轴的强度校核的有限元计算

有限元法的基本思路是通过连续体离散化的方法，用有限个通过节点相互连接的简单单元来表示复杂的对象，然后根据变形协调条件综合求解。它的具体做法是，先将物体离散化成许多小单元，用节点未知量通过插值函数近似地表征单元内部的各种物理量，并使它们在单元内部以积分的形式满足问题的控制方程，从而将每个单元对整体的影响和贡献转化到各自单元的节点上。将这些单元总装成一个整体，并使它们满足整个求解区域的边界条件和连续条件，得到一组有关节点未知量的联立方程。方程解出后，再用插值函数和有关公式，求得物体内部各节点所要求的各种物理量。

在有限元分析实际应用中，大量的工作是数据准备和整理计算结果。目前，许多软件都提供前后处理程序，自动生成有限元模型数据，自动处理分析结果数据并赋予图形显示。因此，利用有限元求解的过程就是正确使用有限元软件的过程。

（1）建立有限元模型的一般过程

建立有限元模型的一般过程见表 6-1-24。

表 6-1-24　建立有限元模型的一般过程

步　骤	说　明
1. 问题性质的确定	确定分析对象属于哪一类性质的问题，是线性问题还是非线性问题，是静力学问题还是动力学问题，是小变形问题还是大变形问题等。对此必须做出正确无误的判断，从而选择相应的分析方案 常用的有限元分析类型包括：静力分析、模态分析、频率响应分析、时域响应分析、弹塑性分析、接触分析、屈曲分析、几何非线性问题、物理非线性问题和热应力分析等
2. 结构模型的合理简化	一个好的有限元模型，首先应在几何上逼近原始结构，即选取的有限元网格模型尽可能与实际结构相一致。但是，在实际结构与有限元模型之间，几何形状上不可避免地存在某些不一致。这就是说，用有限元模型模拟实际结构时，在几何上要引入某些近似，如曲线的折线逼近、曲线边界的等参元逼近等

续表

步　骤	说　明
2. 结构模型的合理简化	另外，在分析处理一个大型复杂结构问题之前，应仔细分析结构的各个部分，按其几何上以及载荷分布上的特点，将其简化成杆、梁、板、壳、块体等典型构件来处理，这样做既减少了计算工作量，又不失去构件本来的力学特性，使得计算模型简单 此外，利用对称性和反对称性、周期性条件、子结构技术，对一个复杂的结构或构件，可根据它们在几何上、力学上、传热学上的特点，进行降维处理，用来缩小有限元的解题规模
3. 网格划分	网格划分得越细，计算精度越高，成本也越高。但如果网格划分得不适当，也不一定有好的结果。有限元网格一定要根据力学性能进行合理划分，这样解题的规模才不至于过大。在应力梯度大的区域，网格要细；在应力变化平缓的区域，网格可以粗一些；在网格疏密相交区域，可使用过渡单元。此外，还要根据问题性质及求解精度的要求选择合理的有限元单元
4. 边界条件的处理	边界条件包括位移约束条件和力边界条件。对于基于位移模式的有限元法，在结构的边界上必须严格满足已知的位移约束条件。例如某些边界上的位移、转角等于零或者已知值，计算模型必须让它能实现这一点。对于自由边的条件则可不予考虑。施加载荷的时候要尽量考虑与原结构实际受载情况保持一致，同时也可利用圣维南原理施加等效载荷
5. 有限元计算	在给有限元模型赋予一定的材料属性参数后，即可进行有限元计算。有限元计算主要是对含有物体内部各节点的各种物理量与边界条件的一组方程的求解。计算前应该检查各参数单位是否一致
6. 计算结果的后处理	后处理的主要目的是通过对结果的分析处理，获得响应量关键点的数值，包括最大值、最小值等；显示和输出响应量的分布情况；按照规范和标准，校核强度、刚度、稳定性等安全性指标是否满足要求，并将校核过程和结果输出 后处理显示和输出结果的方式主要有：列表输出；图形输出，如等值线、彩色云图等输出响应量的分布规律。分布规律不仅应包含物体表面的分布，还应包含典型的内部切面上的分布；计算机动画模拟结构的动态特性和时变响应。计算可视化技术为有限元分析的后处理提供了非常有效的工具。很多有限元分析软件配有图形及专业后处理模块，用户应了解其功能和特点，并充分加以利用

（2）轴强度的校核过程

针对上述三维CAD软件所设计的轴，给出有限元强度校核过程。

1）问题分析与模型修改　对轴进行有限元分析，首先要分析轴的受载情况。该轴为减速器的输出轴，轴所受的载荷从轴上的齿轮传递而来，如图6-1-8所示。如果在有限元中仅对轴计算，则需要将齿轮上的载荷移植到轴上。此时，轴上除了集中力系（切向力 F_t、径向力 F_r、轴向力 F_a）外，还会有由此产生的转矩和弯矩。但是在很多有限元软件中，难以直接施加转矩和弯矩载荷。考虑到加载的方便，同时为了后期计算带齿轮轴的临界转速，给轴配合上一直径与齿轮分度圆直径相同的圆盘，然后在分度圆表面一母线上加载。这样做可使得在模型简化的情况下，最大限度地模拟齿轮与轴的受载情况。根据圣维南原理，虽然齿轮部分的计算结果与原始结构有一定差别，但是轴的计算结果不会受到影响。

2）导入轴的实体模型　为了建立有限元分析模型，需将由三维造型软件建立的轴的实体模型导入有限元分析软件中。这时，通常可在三维造型软件中，将轴的实体模型存储为“IGES”（*.igs）格式或“Parasolid”（*.x_t）格式的模型文件，然后在有限元分析软件中将模型文件导入。将轴以及带圆盘轴的实体模型导入有限元分析软件后的模型如图6-1-12所示。

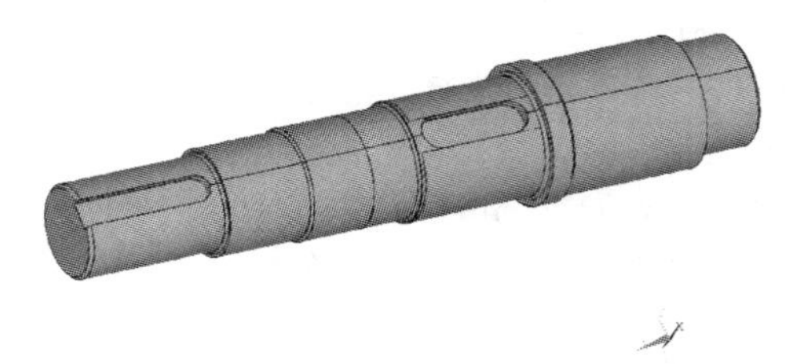

(a) 轴的实体模型

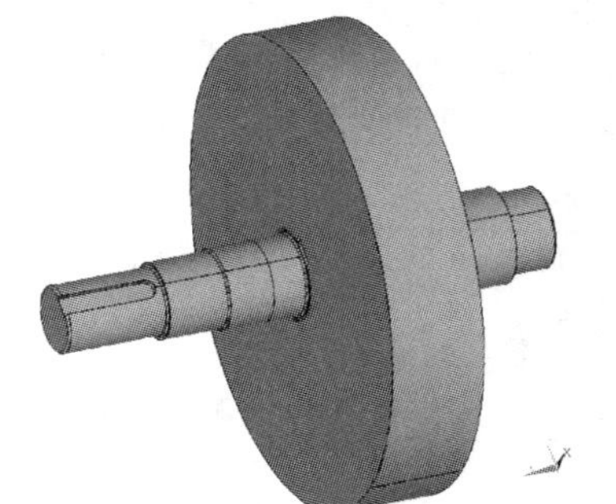

(b) 带圆盘轴实体模型

图6-1-12　轴的实体模型

3）划分有限元网格　虽然轴类零件可以简化成杆、梁单元进行计算，但是考虑到更精确地反映轴肩过渡圆角应力分布以及轴体内的应力分布，最常用的是直接对轴的三维实体进行有限元计算。对于三维实体来说，可以通过三维体单元离散来描述。常用的体单元有：四节点四面体单元、八节点六面体单元以及二十节点曲面六面体单元等。考虑到计算规模及精度要求，轴的有限元网格划分只需用到简单的四节点四面体单元或八节点六面体单元。

划分网格前需给定轴材料系数。例如，弹性模量 $E=210\text{GPa}$，泊松比 $\mu=0.3$ 等。

在划分网格的时候还需预计到轴的应力分布，比如轴肩圆角处或许有应力集中，则圆角处的网格需要更密化一些。划分的有限元网格如图 6-1-13 所示。

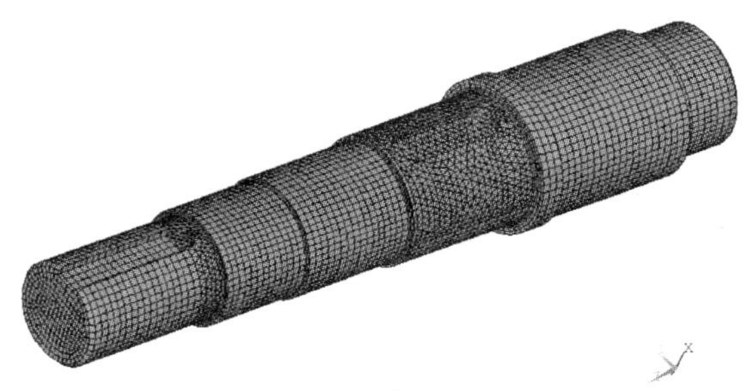

图 6-1-13　轴的有限元模型

4）给定边界条件　边界条件包括载荷边界条件和位移边界条件。施加边界条件前，应设定合适的坐标系。对于轴类零件，采用柱坐标系为宜。将载荷（切向力 $F_t=5002\text{N}$、径向力 $F_r=1839\text{N}$、轴向力 $F_a=713\text{N}$）施加在圆盘外圆柱表面的一条母线上。位移边界条件的设定则需要考虑轴的结构与装配方案，如图 6-1-14 所示。轴在联轴器配合部位以及两个轴承的配合部位受到约束，在与轴承配合的表面上施加径向约束，在与联轴器配合的表面上施加径向与周向约束，轴肩端面施加轴向约束。

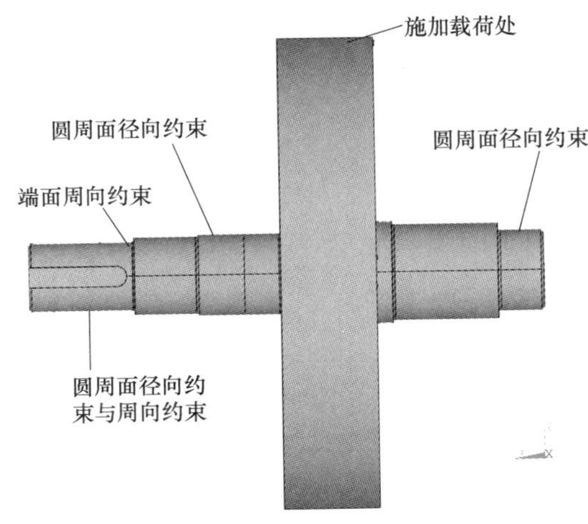

图 6-1-14　施加约束后轴的有限元模型

5）有限元计算　选择有限元软件中的静力分析模块，并进行有限元计算。

6）有限元后处理及强度校核

① 轴的静强度校核。单独取出轴的有限元模型，显示其 Von misses 应力（按第四强度理论的合成应力）分布云图，如图 6-1-15 所示。通常，Von misses 应力可以作为静强度校核的依据。从图 6-1-15 中可以看出，轴的薄弱环节在截面Ⅱ处与截面Ⅳ处。最大的 Von misses 应力在截面Ⅱ处，其值为 207MPa。若轴的材料为 45 钢，调质处理，由表 6-1-1 查得 $\sigma_s=355\text{MPa}$，满足静强度条件。

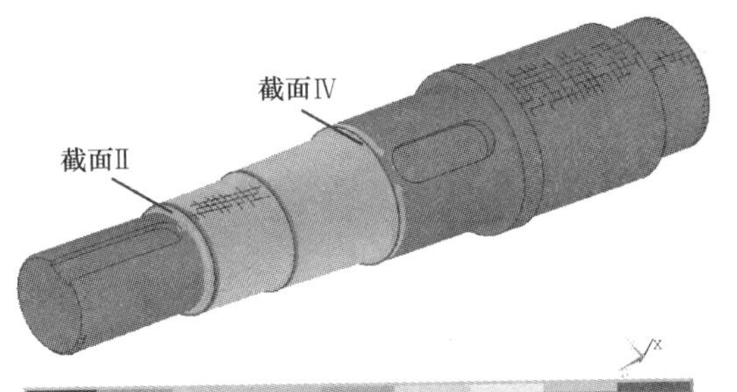

图 6-1-15　轴的 Von misses 应力云图

② 轴的疲劳强度校核。为了按弯扭合成进行轴的疲劳强度校核，应分别取出危险截面Ⅱ处和Ⅳ处的扭转切应力与弯曲应力，在计算出弯扭合成应力后进行轴的疲劳强度校核。运用有限元软件的后处理模块得到的整个轴段的扭转切应力与弯曲应力云图分别如图 6-1-16、图 6-1-17 所示。由图可知，截面Ⅱ处的扭转剪切应力较大，截面Ⅳ处的弯曲应力较大。

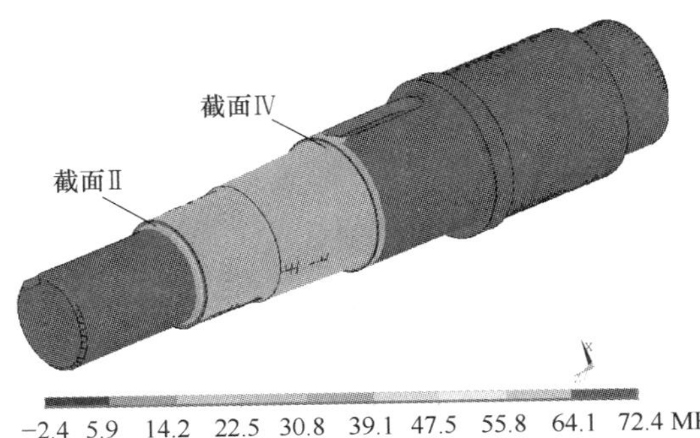

图 6-1-16　轴的扭转切应力云图

运用有限元软件中的后处理模块，可取出危险截面的最大应力。截面Ⅱ上最大切应力与最大弯曲应力分别为：$\tau=72.4\text{MPa}$，$\sigma=3\text{MPa}$；截面Ⅳ上最大切应力与最

第6篇

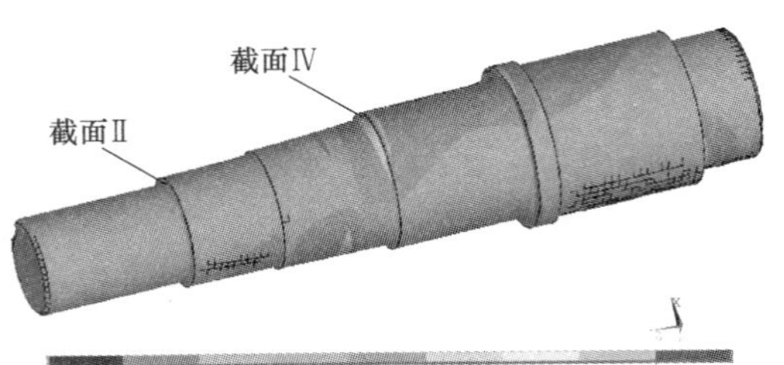

图 6-1-17 轴的弯曲应力云图

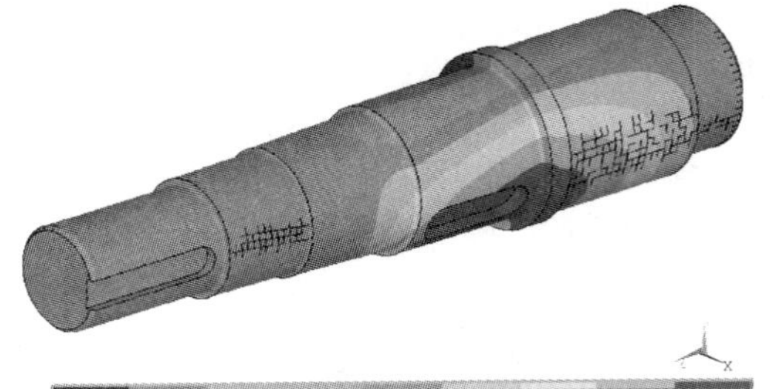

图 6-1-18 轴的弯曲变形云图

大弯曲应力分别为：$\tau=33.3\text{MPa}$，$\sigma=13.4\text{MPa}$。

为了将脉动循环的扭转剪切应力与对称循环的弯曲应力合成，需用式（6-1-5）计算弯扭合成应力。

对于截面Ⅱ：

$$\sigma_{ca\text{II}}=\sqrt{\sigma^2+4(\alpha\tau)^2}=\sqrt{3^2+4\times(0.6\times72.4)^2}=86.9\text{MPa}$$

对于截面Ⅳ：

$$\sigma_{ca\text{IV}}=\sqrt{\sigma^2+4(\alpha\tau)^2}=\sqrt{13.4^2+4\times(0.6\times33.3)^2}=42.1\text{MPa}$$

若轴的材料为45钢，调质处理，由表6-1-1查得$[\sigma_{-1}]=60\text{MPa}$。对于截面Ⅱ，$\sigma_{ca\text{II}}>[\sigma_{-1}]$，不满足强度条件，其主要原因是此处的扭转剪切应力较大；而对于截面Ⅳ，$\sigma_{ca\text{IV}}<[\sigma_{-1}]$，满足强度条件。

需要特别说明的是，运用有限元方法计算得到的结构应力已经包含了应力集中效应，但是无法计入绝对尺寸、表面质量以及强化措施等对疲劳极限的影响。因此，上述对轴的疲劳强度的校核还是不够完善的。

1.8.3 轴的刚度校核的有限元计算

在上述有限元静力分析中，除了计算出应力分布外，还计算出了轴的变形。因此可在上述计算结果中直接进入后处理模块提取轴的变形量。

（1）轴的弯曲刚度校核

取出轴的有限元模型，显示其径向变形云图，如图6-1-18所示。图中所示最大弯曲变形区在齿轮的配合轴段上，轴的最大挠度值为0.0015mm。作为简支梁的轴的支撑跨距$l=L_2+L_3=71\text{mm}+141\text{mm}=212\text{mm}$。查表6-1-18可知，允许挠度为$(0.0003\sim0.0005)l=0.0636\sim0.106\text{mm}$。因此，该轴满足弯曲刚度要求。

（2）轴的扭转刚度校核

取出轴的有限元模型，显示其扭转变形云图，如图6-1-19所示。图中所示最大扭转变形区在对齿轮定位的轴环上。取出截面Ⅴ的最大切向位移值为0.041mm，根据轴环的直径可换算出截面Ⅴ的最大扭转角为$0.001\text{rad}=0.057°$。轴的扭转变形用每米长的扭转角φ来表示，由于Ⅱ-Ⅴ轴段长为190mm，因此$\varphi=0.3°/\text{m}$。对于一般传动轴，许用扭转角$[\varphi]=0.5°\sim1°/\text{m}$。因此$\varphi<[\varphi]$，满足扭转刚度要求。

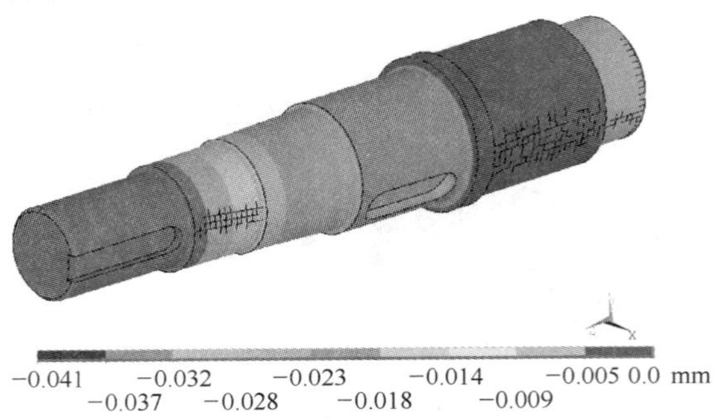

图 6-1-19 轴的扭转变形云图

1.8.4 轴临界转速的有限元计算

轴在引起共振时的转速称为临界转速，所以计算临界转速也就是计算轴引起共振的固有频率，需要用到有限元中的模态分析模块。考虑到轴上齿轮的质量对轴振动的影响，一般在计算轴的固有频率时都要带上齿轮，否则计算单一轴的模态没有意义。因此，在进行轴的临界转速有限元计算时可使用前面强度与刚度校核时的装配模型。

带齿轮盘的轴的有限元模态分析过程为：①将实体模型导入有限元系统；②划分有限元网格；③确定边界条件；④输入材料常数；⑤进入模态分析模块，选择计算方法；⑥确定需要计算模态的阶数，然后计算；⑦进入后处理模块，输出固有频率与振型。

上述过程中，第①步、第②步与前面强度校核时完全一致，第③步确定边界条件时只需要定义位移边界条件，第④步材料常数除了弹性模量与泊松比外，还需输入材料密度。

计算轴的前10阶模态后结果列于表6-1-25中。

工作转速低于1阶临界转速的轴称为刚性轴（工

作于亚临界区），超过 1 阶临界转速的轴称为挠性轴（工作在超临界区）。该减速器输出轴的工作转速为 n=1450r/min，故属于刚性轴，而且其工作转速避开了所有临界转速，不会出现共振现象。

表 6-1-25　**轴的临界转速计算结果**

阶　数	固有频率/Hz	临界转速/r·min^{-1}	振　　型
1	142.71	8562	扭转
2	825.46	49527	齿轮一节径
3	838.35	50301	齿轮一节径(方向与第 2 阶垂直)
4	1095.6	65736	轴向振动
5	1265.3	75918	轴一阶弯曲
6	1281.2	76872	轴一阶弯曲(弯曲方向与第 5 阶垂直)
7	2488.7	149322	齿轮二节径
8	2490.5	149430	齿轮二节径(方向与第 7 阶垂直)
9	4068.1	244086	齿轮伞形
10	5012.4	300744	齿轮三节径

第2章 软 轴

2.1 软轴的结构组成和规格

软轴主要用于两个传动机件的轴线不在同一直线上，或工作时彼此要求有相对运动的空间传动。也适合于受连续振动的场合以缓和冲击。软轴的适用场合如表6-2-1所示，它广泛应用于可移式机械化工具、主轴可调位的机床、混凝土振动器、砂轮机、医疗器械、里程表以及遥控仪等产品的传动系统。

软轴安装简便、结构紧凑、工作适应性较强。适用于高转速、小转矩场合。当转速低、转矩大时，从动端的转速往往不均匀，且扭转刚度也不易保证。

软轴传递功率可达几十千瓦，转速可达20000r/min，最高甚至可达50000r/min。

2.1.1 软轴

一根完整的软轴应该由软轴、软管、软轴接头以及软管接头等几部分组成，如图6-2-1所示。

软轴一般都为钢丝软轴，其结构如图6-2-2所示。它是由几层弹簧钢丝紧绕在一起而成，而每一层又用若干根钢丝卷绕而成。相邻钢丝层的缠绕方向相反。外层钢丝比内层的要选得粗些。当传递转矩时，相邻两层钢丝中的一层趋于绕紧，另一层趋于旋松，使各层钢丝相互压紧。轴的旋转方向应使表层钢丝趋于绕紧为合理。

钢丝软轴有左旋和右旋两种，区别在于不同层数

表6-2-1 软轴的适用场合

适用场合	说明	适用场合	说明
	作为无保护或者复杂结构传动装置的代用件，例如角传动、链式传动、万向节头等		用于操控危险区域的器械
	当传动或从动不在同一直线上或不足以对准时		远距离传动装置的器械必须进行机械或者手工操控
	动力传输到的位置不可能进行直线连接		用于减轻传动机的冲撞或者工具的振荡
	连接或者传动相互之间运动的元件		用于减轻手提工具的重量

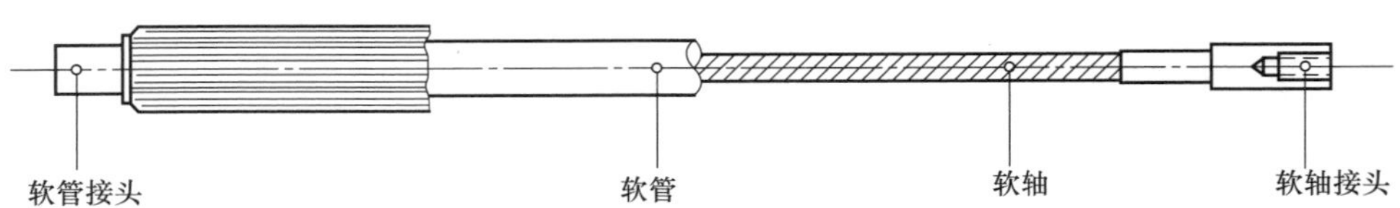

图6-2-1 软轴的组成

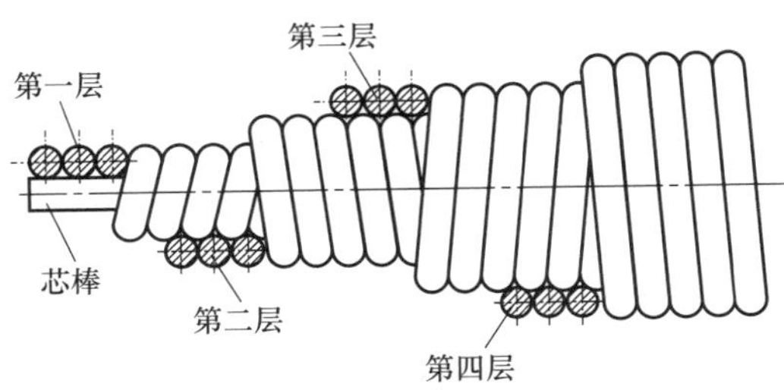

图 6-2-2 钢丝软轴的结构

的结构和其缠绕的方向。左旋软轴（指最外层钢丝为向左旋缠绕）在顺时针旋转时可以比在逆时针旋转时传输的转矩高；右旋软轴在逆时针旋转时可以比在顺时针旋转时传输的转矩高。钢丝软轴旋向与运动旋转方向的关系如图 6-2-3 所示。采用不同的设计，也可以实现在两个旋转方向达到基本相同的负载能力。

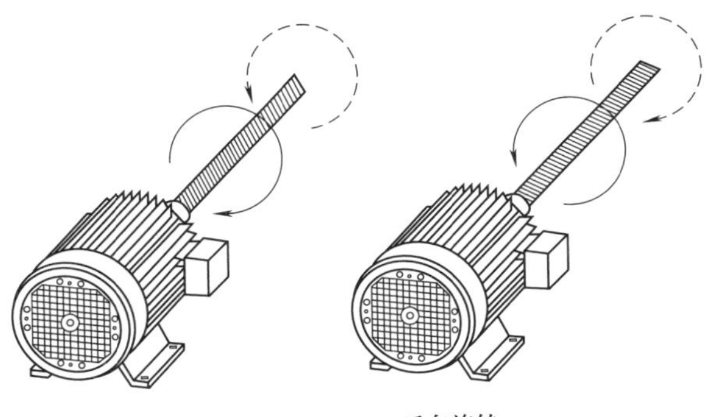

图 6-2-3 钢丝软轴旋向与运动旋转方向的关系

功率型钢丝软轴外层钢丝直径较大，有的不带芯棒，因而耐磨性和挠性都较好。控制型钢丝软轴都有芯棒，钢丝层数和每层钢丝的根数较多，扭转刚度较大。

此外，还出现了一些新兴的软轴结构型式，如齿条形软轴。齿条形软轴的结构如图 6-2-4 所示，该软轴的轴心结构与一般软轴结构类似，在最外圈绕有螺旋线，可以与齿轮相啮合。在螺旋线中间加入柔软的毛质材料，可以减小传动时的振动和噪声。该类软轴的传动原理如图 6-2-5 所示。在该传动中，若以软轴为主动件，软轴可以绕自身轴线转动，从而带动齿轮转动；软轴也可沿轴线方向运动，从而带动齿轮转动。若齿轮为主动件，则可带动软轴沿轴向运动。

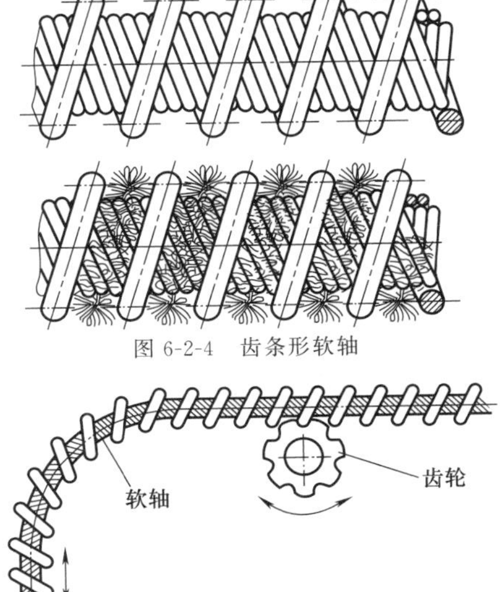

图 6-2-4 齿条形软轴

图 6-2-5 齿条形软轴的传动原理

常用钢丝软轴的规格及尺寸见表 6-2-2。

表 6-2-2 钢丝软轴规格及尺寸

公称直径/mm	1.8	2	2.2	2.5	3	3.3	3.8	4
最小弯曲半径/mm	35	40	45	50	60	65	75	80
最高转速/$r \cdot min^{-1}$	50000	50000	50000	50000	45000	45000	40000	40000
最大转矩/N·m	0.12	0.15	0.18	0.20	0.39	0.38	0.33	0.42
理论质量/$kg \cdot m^{-1}$	0.015	0.020	0.023	0.030	0.040	0.050	0.069	0.075
公称直径/mm	4.75	5	6	6.4	7	8	10	12
最小弯曲半径/mm	95	100	120	200	140	160	200	240
最高转速/$r \cdot min^{-1}$	30000	30000	25000	25000	20000	18000	15000	12000
最大转矩/N·m	0.95	1.20	2.30	5.00	2.40	3.45	4.70	10.0
理论质量/$kg \cdot m^{-1}$	0.105	0.116	0.165	0.179	0.229	0.302	0.460	0.660

注：由于目前尚未有软轴统一标准，各厂家生产的规格尺寸不尽相同，设计选用时应以各厂的产品样本为准，表中所列仅是部分产品规格。

2.1.2　软管

软管的作用是保护钢丝软轴，以免与外界零件接触，并保存润滑剂和防止尘垢侵入。工作时软管还起支承作用，使软轴便于操作。常用软管的结构型式与规格尺寸见表 6-2-3。

表 6-2-3　常用软管的结构型式与规格尺寸

类型	结构简图	软管主要尺寸/mm				特点
		软轴直径 d	软管内径 d_0	软管外径 D	最小弯曲半径 R_{min}	
金属软管	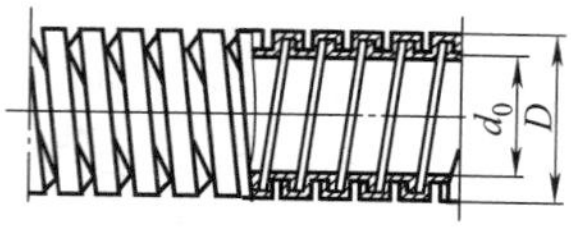 d_0　D	13 16 19	20±0.5 25±0.5 32±0.5	25±0.5 32±0.5 38±0.5	270 300 375	由镀锌的低碳钢带卷成，钢带镶口内填以石棉或棉纱绳，结构较简单，重量轻，但强度和耐磨性较差
橡胶金属软管	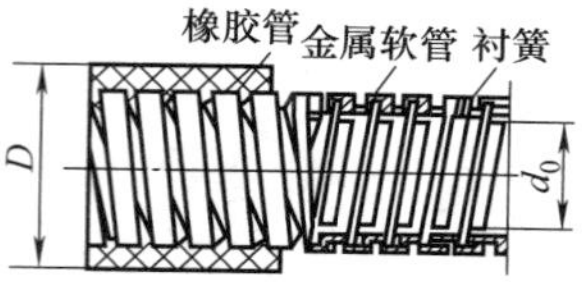 橡胶管　金属软管　衬簧 D　d_0	13	19±0.5 21±0.5	36^{+1}_{0} 40^{+1}_{0}	300 325	在金属软管内衬以衬簧、外面包上橡胶保护层。耐磨性及密封性比金属软管好
衬簧橡胶软管	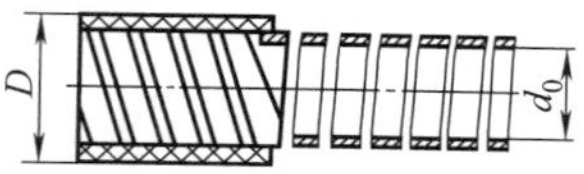 D　d_0	8 10 13 16	$14^{+0.5}_{0}$ $16^{+0.5}_{0}$ $20^{+0.5}_{0}$ $24^{+0.5}_{0}$	22^{+1}_{0} 30^{+1}_{0} 36^{+1}_{0} 40^{+1}_{0}	225 320 360 400	在橡胶管内衬以衬簧，比橡胶金属软管结构简单。混凝土振动器多用此种软管
衬簧编织软管	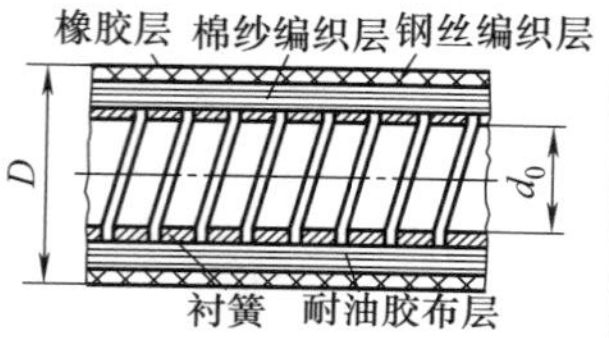 橡胶层　棉纱编织层　钢丝编织层 D　d_0 衬簧　耐油胶布层	13	$20^{+0.5}_{0}$	36^{+1}_{0}	360	衬簧由弹簧钢带卷成，外面依次包上耐油胶布层、棉纱、钢丝编织层和耐磨橡胶。强度、挠度、耐磨性、密封性均较好
小金属软管	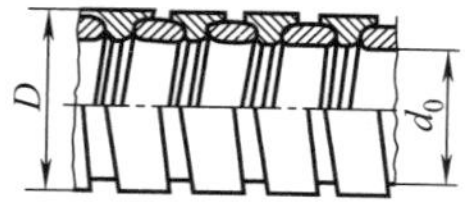 D　d_0	3.3 5	5.5±0.1 8±0.2	8±0.1 10.5±0.2	150 175	由两层成形钢带卷成，挠性较好，密封性较差，用于控制型软轴
合成材料软管	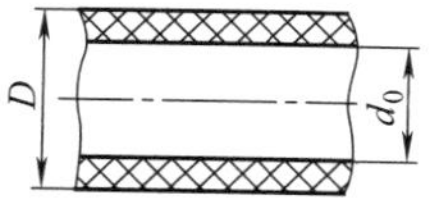 D　d_0	3 6	4.1 7.5	8.1 10.0		聚丁烯材料制成的合成材料软管，用于简单用途

注：由于目前尚未有软管统一标准，各厂家生产的规格尺寸不尽相同，设计选用时应以各厂的产品样本为准，表中所列仅是部分产品规格。

2.1.3　软轴接头

软轴接头用于连接动力输出轴及工作部件。其连接方式分固定式和滑动式两种。固定式多用于软轴较短或工作中弯曲半径变化不大的场合。当工作中弯曲半径变化较大时，滑动式允许软轴在软管内有较大的轴向窜动，以补偿软管弯曲时的长度变化。但弯曲半径不能过小，以防止接头滑出。常用软轴接头结构型式见表 6-2-4。常用软轴接头与轴端连接方式见表 6-2-5。为便于软轴拆卸检查和润滑，应使软轴接头一端的外径小于软管和软管接头的内径。

表 6-2-4　常用软轴接头结构型式

型式	结构简图	特点	型式	结构简图	特点
固定式		用紧定螺钉连接，装拆方便	滑动式		用鸭舌形插头连接，制造容易，装拆方便
		用螺纹连接，简单可靠，装拆较费时			用键连接，能传递较大转矩
		用内螺纹连接，简单可靠，装拆较费时			用方形插头连接，制造容易，装拆方便
				A—A 放大	用非圆形型面连接，装拆方便，允许有轴向位移，避免软轴产生拉应力

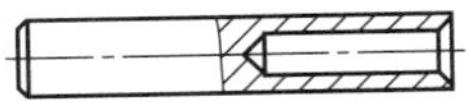

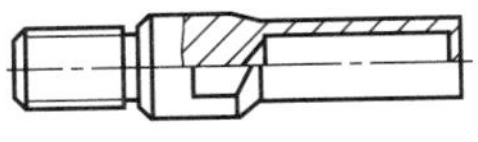

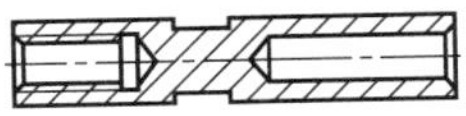

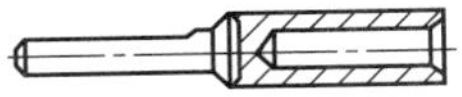

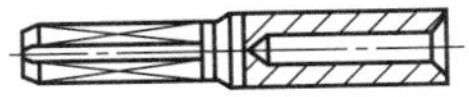

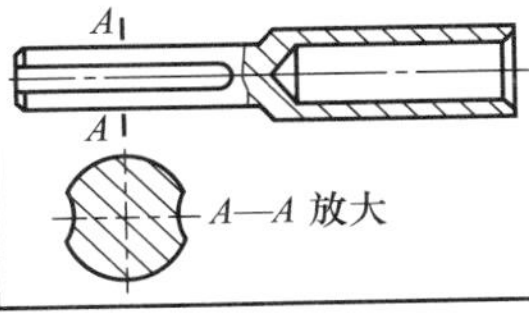

表 6-2-5　常用软轴接头与轴端连接方式

方　式	结构简图	特　点
焊接	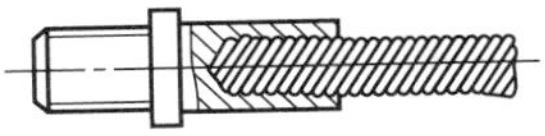	接头用锡焊，可重复使用，但费工费料，使用渐少
镦压	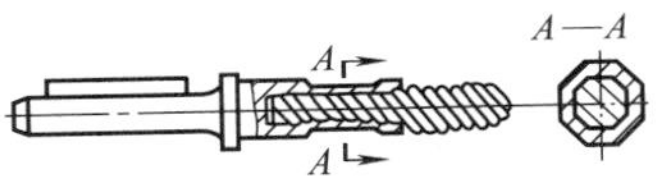 A—A	工艺简单，应用广泛
滚压	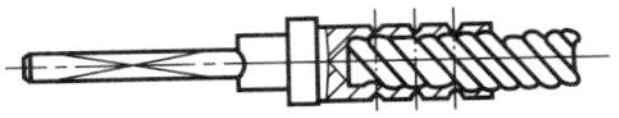	工艺简单，应用广泛

2.1.4　软管接头

软管接头是连接传动装置及工作部件的机体，有时也是软轴接头的轴承座。其连接方式分固定式和滑动式两种。软管与软管接头常用的连接方式见表 6-2-6。

表 6-2-6　常用软管接头型式及连接方式

方式		结构简图	特点	方式		结构简图	特点
固定式	焊接		用锡焊，用于金属软管与接头的连接	固定式	滚压		工艺简单，用于有橡胶保护层的软管与接头的连接
	镦压	A—A	工艺简单，用于金属软管与接头的连接	滑动式			软管接头为伸缩套式，用于钢丝软轴两端均为固定式连接的场合
	嵌套连接		装拆较方便，但结构较复杂，用于有橡胶保护层的软管与接头的连接				

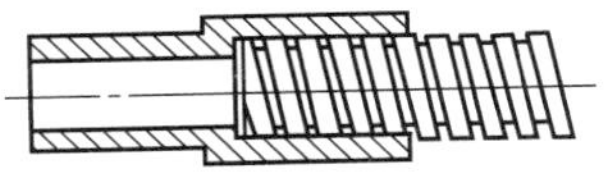

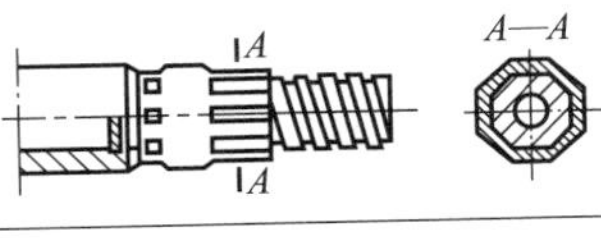

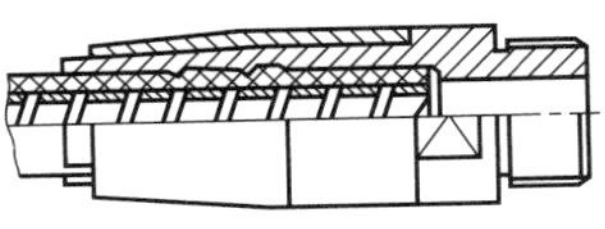

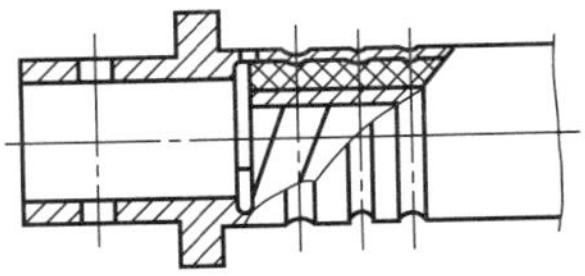

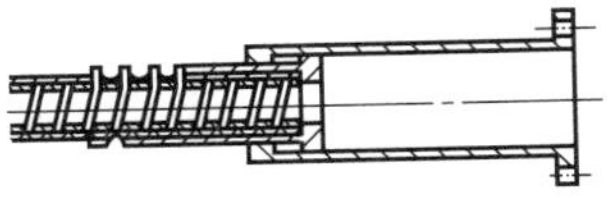

2.2　常用软轴的典型结构

按照用途不同，软轴又分功率型（CG 型）和控制型（CK 型）两种。功率型软轴一般有防逆转装置，以保证单向传动。表 6-2-7 是 G 型和 K 型软轴的常用结构型式。

表 6-2-7 **软轴常用的结构型式**

类　型	结　　构	特　　点
功率型 G 型软轴	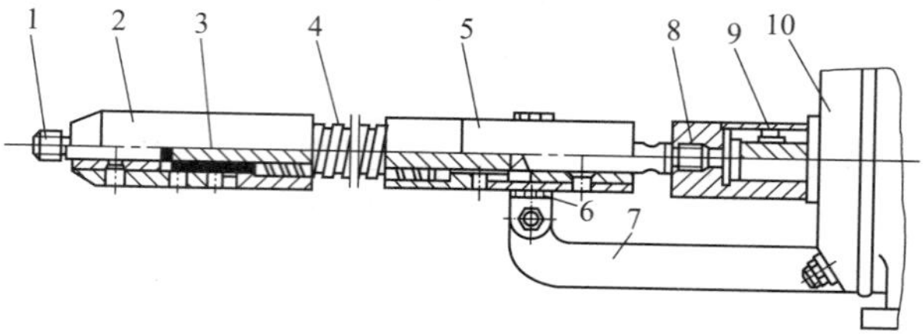 1,8—软轴接头；2,5—管接头；3—钢丝软轴；4—软管；6—卡箍；7—托架；9—联轴器；10—电动机	钢丝软轴接头端部为固定式（螺纹连接），软管接头内带滑动轴套
控制型 K 型软轴	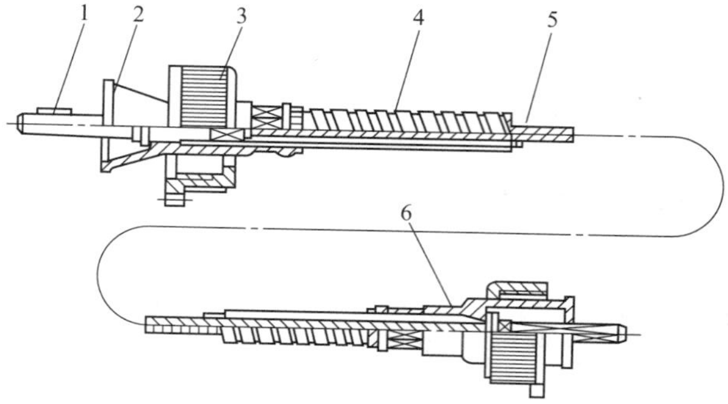 1—软轴接头；2,6—软管接头；3—连接螺母；4—软管；5—钢丝软轴	钢丝软轴接头端部为滑动式，软管接头为镦压连接

2.3 防逆转装置

对于传递动力的软轴，需要配装防逆转装置，以确保软轴单向传递转矩。工程中，通常利用各种超越离合器的单向连接功能，实现软轴的防逆转。图6-2-6所示为某型软轴砂轮机所采用的防逆转装置。该装置的原理是利用齿轮端面的斜槽（参见 $B—B$ 展开）与传动销之间构成的单向连接作用，使电机轴只能单方向输出转矩。

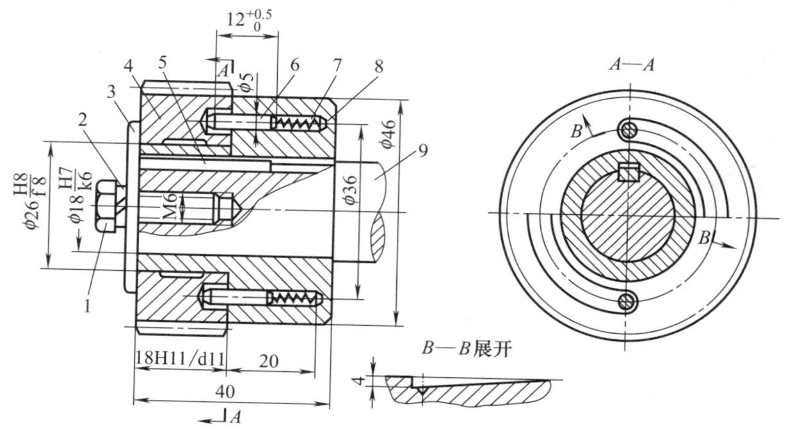

图 6-2-6　防逆转装置

1—螺钉；2—弹簧垫圈；3—垫圈；4—齿轮；5—键；6—传动销；7—弹簧；8—传动盘；9—电机主轴

2.4　软轴的选择与使用

2.4.1　软轴的选择

软轴规格应根据所需传递的转矩、转速、旋转方向、工作中的弯曲半径以及传递距离等使用要求选择。

软轴工作时的弯曲半径对软轴在该工况条件下的最大功率、最大转矩以及所能达到的最高转速都有影响，具体的影响关系见图 6-2-7～图 6-2-9 所示的影响曲线。图中 R_{min} 为该软轴所允许的最小弯曲半径。

低于额定转速时，软轴按恒转矩传递动力；高于额定转速时，按恒功率传递动力。软轴在额定转速下所能传递的最大转矩列于表 6-2-8。

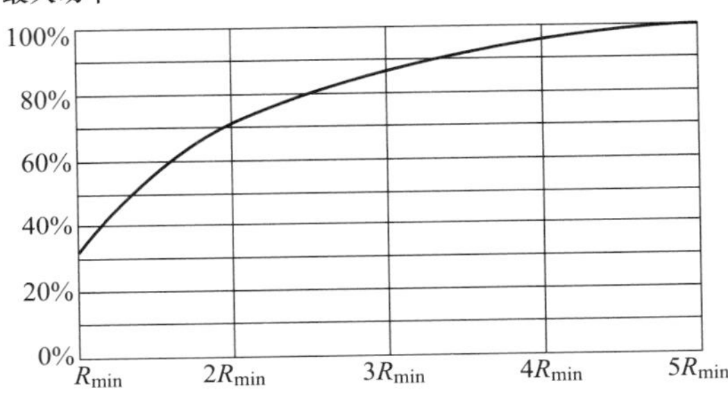

图 6-2-7　弯曲半径对最大功率的影响曲线

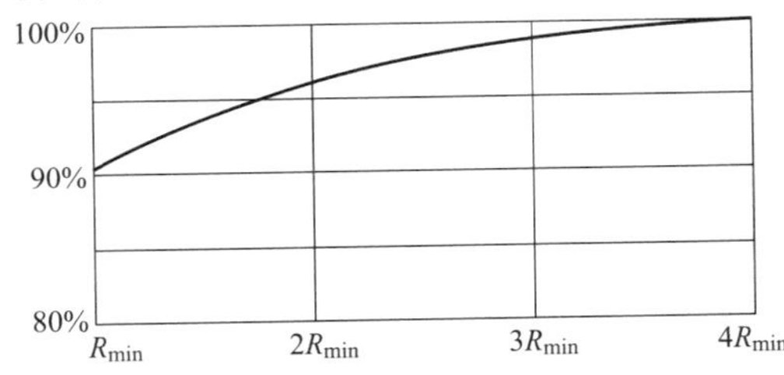

图 6-2-8　弯曲半径对最大转矩的影响曲线

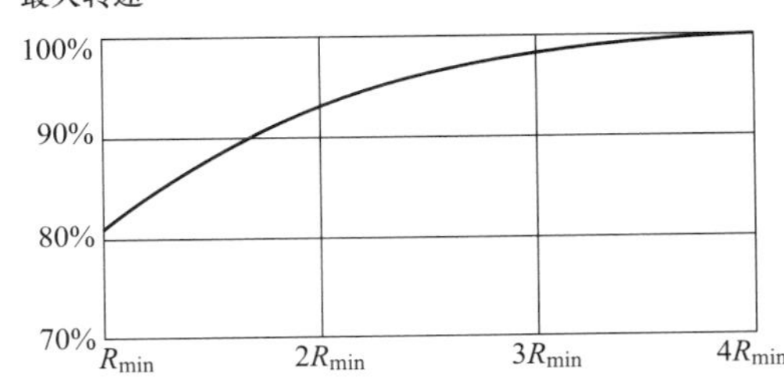

图 6-2-9　弯曲半径对最大转速的影响曲线

软轴直径按下式可从表 6-2-8 中选定

$$T_{t0} \geqslant T_t \frac{k_1 k_2 k_3 n}{\eta n_0}$$

式中　T_{t0}——软轴能传递的最大转矩，N·m；

n_0——额定转速，即以表 6-2-8 中 T_{t0} 相应的转速，r/min；

T_t——软轴从动端所需传递的转矩，N·m；

n——软轴的工作转速，r/min，当 $n < n_0$ 时，用 n_0 代入；

k_1——过载系数，当短时最大转矩小于软轴无弯曲时所能传递的最大转矩时，$k_1 = 1$；当大于此值时，k_1 可取此值与最大额定转矩的比值；

k_2——软轴转向系数，当旋转时，若软轴最外层钢丝趋于绕紧，$k_2 = 1$，如趋于旋松，则 $k_2 \approx 1.5$；

k_3——软轴支承情况系数，当钢丝软轴在软管内，其支承跨距与软轴直径之比小于 50 时，$k_3 \approx 1$，当比值大于 150 时，$k_3 \approx 1.25$；

η——软轴传动效率，通常 $\eta = 1 \sim 0.7$，当软轴无弯曲工作时，$\eta = 1$，弯曲半径越小，弯曲段越多，η 值越接近下限。

表 6-2-8　　软轴在额定转速 n_0 时能传递的最大转矩 T_{t0}

软轴直径 /mm	无弯曲时	工作中弯曲半径/mm									额定转速 n_0	最高转速 n_{max}
		1000	750	600	450	350	250	200	150	120		
	T_{t0}/N·m										r/min	
6	1.5	1.4	1.3	1.2	1.0	0.8	0.6	0.5	0.4	0.3	3200	13000
8	2.4	2.2	2.0	1.8	1.6	1.4	1.2	0.9	0.6	—	2500	10000
10	4.0	3.6	3.3	3.0	2.6	2.3	1.9	1.5	—	—	2100	8000
13	7.0	6.0	5.2	4.6	4.0	3.4	2.8	—	—	—	1750	6000
16	13.0	12.0	10.0	8.0	6.0	4.5	—	—	—	—	1350	4000
19	20.0	17.0	14.0	11.0	8.0	5.5	—	—	—	—	1150	3000
25	33.0	26.0	19.0	13.0	9.0	—	—	—	—	—	950	2000
30	50.0	38.0	25.0	16.5	10.0	—	—	—	—	—	800	1600

2.4.2 软轴使用时的注意事项

软轴通常用在传动系统中转速较高的一级，并使其工作转速尽可能接近额定转速。软轴传动的距离一般是几米到十几米，如果要求更长时，建议只在弯曲处采用软轴。

在使用软轴时的注意事项：

① 钢丝软轴必须定期涂润滑脂。润滑脂类型按工作温度选择。软管应定期清洗。

② 切勿将控制型软轴与功率型软轴相互替代使用。

③ 在运输和安装过程中，不得使软轴的弯曲半径小于允许最小弯曲半径。运转时应尽可能使软管固定位置，并使其在靠近接头部分伸直。

④ 钢丝软轴和软管要分别与接头牢固连接。当工作中弯曲半径变化较大时，应使钢丝软轴或软管的接头有一端可以滑动，以补偿软轴弯曲时的长度变化。

第3章 联 轴 器

3.1 联轴器的分类、特点及应用

联轴器是用于连接两轴或轴与回转件，以传递转矩和运动，并在传动过程中不能分开的一种机械装置。

联轴器可分为刚性联轴器和挠性联轴器。刚性联轴器是不能补偿两轴间有相对位移的联轴器。挠性联轴器是能适当补偿两轴间相对位移的联轴器。

挠性联轴器可分为无弹性元件挠性联轴器和有弹性元件挠性联轴器两类。无弹性元件挠性联轴器是没有起缓冲作用的弹性连接件的挠性联轴器。有弹性元件挠性联轴器是利用弹性元件的弹性变形以实现补偿两轴间相对位移，缓和冲击与吸收振动的挠性联轴器。有弹性元件挠性联轴器中的弹性元件又有金属弹性元件和非金属弹性元件两类。

金属弹性元件具有强度较高、结构紧凑、使用寿命长的特点。金属弹性元件多为膜片、波纹管、连杆、金属弹簧等。金属弹性元件联轴器广泛地应用于大功率和高转速传动（如泵、风机、压气机、燃气轮机等）、具有冲击和负载变化剧烈的传动（如破碎机械）、有高精度要求或在高温环境下的传动（如数控机床、印刷、包装、纺织、造纸机械等）。

与金属弹性元件相比，非金属弹性元件具有弹性模量范围大、重量轻、内摩擦大、阻尼性能好、单位体积储存的变形能多、无机械摩擦、不需润滑等优点。但非金属弹性元件承载能力低、耐高低温性能差、易老化变质、使用寿命短和动力性能较难控制。联轴器中的非金属弹性元件常用橡胶、聚氨酯和尼龙等材料制成。

非金属弹性元件挠性联轴器主要用于对减振缓冲有要求的传动。目前，非金属弹性元件挠性联轴器品种多、数量大、应用广，在标准联轴器中占有较大的比例。

此外，具有过载保护功能的联轴器，称为安全联轴器。当安全联轴器传递的转矩超过预先设定的极限转矩 T_{lim} 时，联轴器自动分离或发生打滑或其中某一连接件被剪断而使传动中断，从而起到保护传动系统中的其他零部件的作用。

各类联轴器的简图符号见表 6-3-1，联轴器的详细分类和名称见图 6-3-1。

表 6-3-1 联轴器简图符号

(GB/T 3931—2010)

序号	词 汇	简 图 符 号
1	联轴器	
2	刚性联轴器	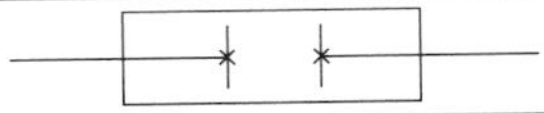
3	挠性联轴器	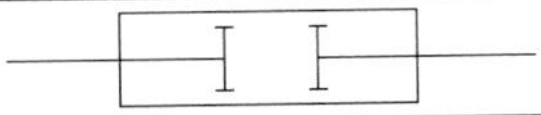
4	弹性联轴器	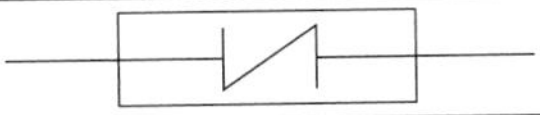
5	万向联轴器	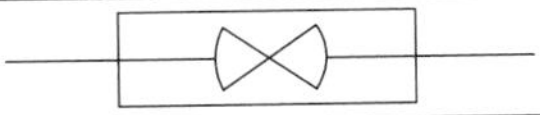
6	安全联轴器	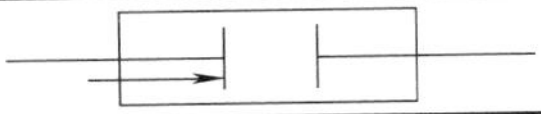

3.2 联轴器的选用（JB/T 7511—1994）

选用标准联轴器时，应根据具体的工作要求，综合考虑两轴间的相对偏移、联轴器的载荷特性、工作转速、联轴器的外廓尺寸、工作环境、经济性等方面的因素，参考国家标准或企业产品说明书，先选择联轴器的品种、类型，再根据计算转矩 T_c，从标准系列中选定相近的公称转矩 T_n，选型时应满足 $T_n \geqslant T_c$。根据公称转矩 T_n 初步选定联轴器型号，并从标准中查得其许用转速 $[n]$ 和最大径向尺寸 D、轴向尺寸 L_0。

初步选定的联轴器尺寸（孔径 d、轴孔长 L）应符合主、从动端轴径的要求，否则应根据轴径 d 调整联轴器的规格。当转矩、转速相同，主、从动轴径不同时，可按大轴径选择联轴器型号。根据公称转矩、连接形式、轴孔直径和长度选定了型号后，应确认轴的工作转速、相对偏移量等是否在所选联轴器的允许范围内，并对轴和键连接进行强度校核。此外，还应确定高速联轴器的平衡精度。

3.2.1 联轴器的转矩

联轴器的主参数是公称转矩 T_n，选用时各转矩间应符合以下关系：

$$T<T_c \leqslant T_n \leqslant [T]<[T_{max}]<T_{max} \quad (6\text{-}3\text{-}1)$$

式中 T——理论转矩，N·m；

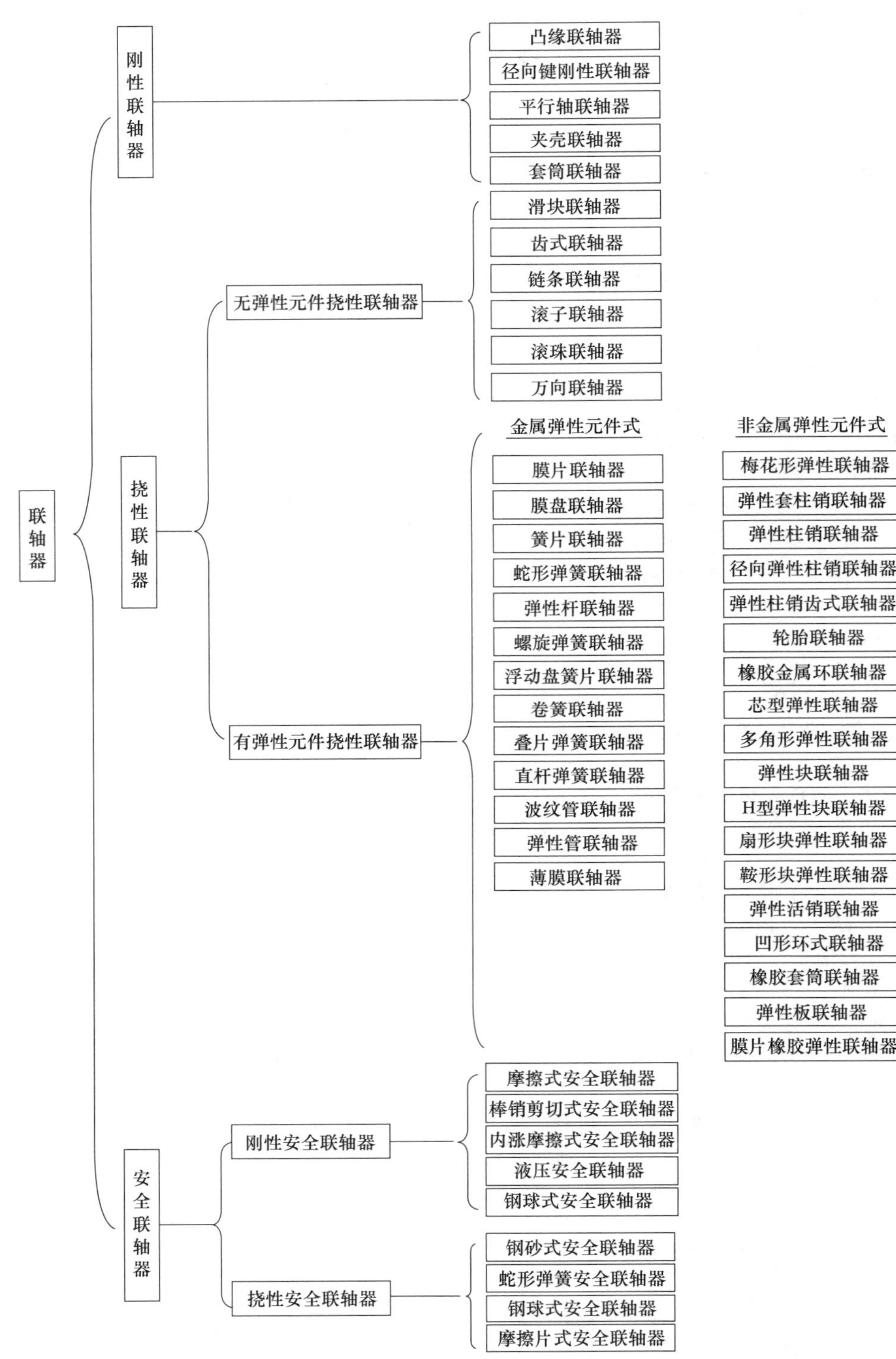

图 6-3-1　联轴器的类型（GB/T 12458—2017）

T_c——计算转矩，N·m；

T_n——公称转矩，N·m；

$[T]$——许用转矩，N·m；

$[T_{max}]$——许用最大转矩，N·m；

T_{max}——最大转矩，N·m。

联轴器的理论转矩 T 是由功率和工作转速计算而得，即：

$$T=9550\frac{P_W}{n} \tag{6-3-2}$$

式中 P_W——驱动功率，kW；

n——工作转速，r/min。

联轴器的计算转矩 T_c 是由理论转矩 T 和动力机系数 K_W、工况系数 K、启动系数 K_Z 及温度系数 K_t 计算而得，即：

$$T_c=TK_WKK_ZK_t \tag{6-3-3}$$

式中 K_W——动力机系数，见表6-3-2；

K——工况系数，见表6-3-4；

K_Z——启动系数，见表6-3-5；

K_t——温度系数，见表6-3-6。

3.2.2 挠性或弹性联轴器计算

当需要减振、缓冲、改善传动系统对中性能时，应选用挠性或弹性联轴器，且机组系统中联轴器为唯一弹性部件，主、从动机可简化为两个质量系统，此时可采用以下计算，其他情况则需引入振动计算。

1）均匀载荷时，由式（6-3-2）计算得理论转矩 T，在各种不同工作温度情况下，动力机计算转矩 T_{AC}（主动端）不得小于工作机计算转矩 T_{LC}（从动端），即：

$$T_{AC}\geqslant T_{LC}K_t \tag{6-3-4}$$

式中 T_{AC}——动力机计算转矩，N·m；

T_{LC}——工作机计算转矩，N·m；

K_t——温度系数，见表6-3-6。

2）冲击载荷时，在各种不同工作温度和频繁的冲击载荷情况下，弹性联轴器的最大转矩 T_{max} 不得小于工作中的冲击转矩 T_S，即：

主动端的冲击

$$T_{Amax}\geqslant T_{AS}K_{AJ}K_{AS}K_tK_Z \tag{6-3-5}$$

从动端的冲击

$$T_{Lmax}\geqslant T_{LS}K_{LJ}K_{LS}K_tK_Z \tag{6-3-6}$$

两端的冲击

$$T_{Lmax}\geqslant(T_{AS}K_{AJ}K_{AS}+T_{LS}K_{LJ}K_{LS})K_tK_Z \tag{6-3-7}$$

式中 T_{AS}——主动端冲击转矩，N·m；

T_{LS}——从动端冲击转矩，N·m；

K_{AJ}——主动端质量系数，$K_{AJ}=\frac{J_L}{J_A+J_L}$；

K_{LJ}——从动端质量系数，$K_{LJ}=\frac{J_A}{J_A+J_L}$；

J_A——主动端转动惯量；

J_L——从动端转动惯量；

K_{AS}——主动端冲击系数，一般取1.8；

K_{LS}——从动端冲击系数，一般取1.8；

K_t——温度系数，见表6-3-6；

K_Z——启动系数，见表6-3-5。

以上计算适用于各种无扭转间隙联轴器。对于存在扭转间隙的联轴器，还需考虑由于振动、冲击而产生的过载因素。

3）周期性交变载荷时，在工作转速内很快通过共振区时，仅出现较小的共振峰值。因此，在共振时的交变转矩可与联轴器的最大转矩相比较。

主动端的激振

$$T_{Amax}\geqslant T_{Ai}K_AK_{VR}K_tK_Z \tag{6-3-8}$$

从动端的激振

$$T_{Lmax}\geqslant T_{Li}K_LK_{VR}K_tK_Z \tag{6-3-9}$$

式中 T_{Ai}——主动端激振转矩，N·m；

T_{Li}——从动端激振转矩，N·m；

K_{VR}——共振系数，$K_{VR}\approx\frac{2\pi}{\psi}$；

ψ——相对阻尼，$\psi=\frac{A_D}{A_e}$；

A_D——一个振动周期内的阻尼功；

A_e——一个振动周期内的弹性变形功。

有持续交变转矩时，在工作频率以内，该交变转矩必须与联轴器的交变疲劳转矩 T_K 相比较。

主动端的激振

$$T_{AK}\geqslant T_{Ai}K_{AJ}K_VK_tK_Z \tag{6-3-10}$$

从动端的激振

$$T_{LK}\geqslant T_{Li}K_{LJ}K_VK_tK_Z \tag{6-3-11}$$

式中 T_{AK}——主动端交变疲劳转矩，N·m；

T_{LK}——从动端交变疲劳转矩，N·m；

K_V——放大系数，$K_V=\sqrt{\dfrac{1+\left(\dfrac{\psi}{2\pi}\right)^2}{\left(1-\dfrac{n^2}{n_R^2}\right)^2+\left(\dfrac{\psi}{2\pi}\right)^2}}$

在共振点附近 $f\approx f_e$ 时，$K_V\approx\frac{2\pi}{\psi}$

在共振点外时，$K_V\approx\dfrac{1}{\left|1-\left(\dfrac{f}{f_e}\right)^2\right|}=\dfrac{1}{\left|1-\left(\dfrac{n}{n_R}\right)^2\right|}$；

n——转速；

n_R——当系统固有频率 f_e 与振动频率 f 一致时的共振转速，$n_R=\frac{60}{i}f_e$；

i——每一转的振动次数；

f_e——固有频率，若联轴器为唯一弹性部件时，对于质量系统，可为 $f_e=\frac{1}{2\pi}\sqrt{C\frac{J_A+J_L}{J_AJ_L}}$；

C——联轴器动态扭转刚度。

当轴向偏移在联轴器上仅产生静载荷时，径向和角向位移产生交变载荷，此交变载荷与频率系数有关，为此交变转矩应按下列条件：

$$\Delta X \geqslant \Delta X_{max} K_t \tag{6-3-12}$$

$$\Delta Y \geqslant \Delta Y_{max} K_t K_f \tag{6-3-13}$$

$$\Delta\alpha \geqslant \Delta\alpha_{max} K_t K_f \tag{6-3-14}$$

式中 ΔX——联轴器许用轴向补偿量；

ΔY——联轴器许用径向补偿量；

$\Delta\alpha$——联轴器许用角向补偿量；

ΔX_{max}——轴系最大轴向补偿量；

ΔY_{max}——轴系最大径向补偿量；

$\Delta\alpha_{max}$——轴系最大角向补偿量。

K_f——频率系数，$f\leqslant 10\text{Hz}$，$K_f=1$，$f>10\text{Hz}$，$K_f=\sqrt{\frac{f}{10}}$；

轴偏移而产生的恢复力和转矩，是联轴器轴向刚度 C_X、径向刚度 C_Y 和扭转刚度 C 的函数。这些力和转矩增加了邻近部件（轴、轴承）的载荷。

轴向恢复力

$$F_X=\Delta X_{max} C_X \tag{6-3-15}$$

径向恢复力

$$F_Y=\Delta Y_{max} C_Y \tag{6-3-16}$$

角度方向恢复力矩

$$T_\alpha=\Delta\alpha_{max} C \tag{6-3-17}$$

3.2.3 选用联轴器有关的系数

选用联轴器时应考虑动力机系数 K_W 和工况系数 K；当选用挠性或弹性联轴器用于有冲击、振动和需要轴线补偿的工况时，应考虑启动系数 K_Z、温度系数 K_t、频率系数 K_f、放大系数 K_V、冲击系数 K_S 等系数对传动系统的综合影响。

根据动力机类别不同，其动力机系数 K_W 见表6-3-2。

表 6-3-2 动力机系数 K_W

动力机类别代号	动力机名称	动力机系数 K_W
Ⅰ	电动机、涡轮机	1.0
Ⅱ	四缸及四缸以上内燃机	1.2
Ⅲ	两缸内燃机	1.4
Ⅳ	单缸内燃机	1.6

根据传动系统的工作状态，将联轴器载荷分为如表 6-3-3 所示四类。

表 6-3-3 联轴器载荷类别

载荷类别代号	Ⅰ	Ⅱ	Ⅲ	Ⅳ
载荷分类	均匀载荷	中等冲击载荷	重冲击载荷	特重冲击载荷

不同工作机的载荷类别及工况系数 K 见表 6-3-4。表中所列 K 值是传动系统在不同工作状态下的平均值，具体选用时可根据实际情况适当增加。所列 K 值，其动力机为电动机和涡轮机，若为其他动力机时，应考虑动力机系数 K_W。在配有制动器的传动系统中，当制动器的理论转矩超过动力机的理论转矩时，应根据制动器的理论转矩来计算选择联轴器。

表 6-3-4 联轴器工况系数 K

工作机名称		工况系数 K	工作机名称		工况系数 K
载荷类别代号：Ⅰ类 均匀载荷					
转向机构		1.00	废水处理设备	网筛，化学处理设备，环形集尘器，脱水筛，砂粒集尘器，废渣破碎机，快、慢搅拌机，污泥收集器，浓缩机，真空过滤器	1.25
加煤机		1.00			
风筛		1.00			
装罐机械		1.00	纺织机械	清棉机	1.00
鼓风机	离心式	1.00		定量给料机，印花机，浆纱机，染色机，压光机，起毛机	1.25
	轴流式	1.50			
风扇	离心式	1.00		压榨机，轧光机，黄化机，罐蒸机，织布机，梳理机，卷取机，棉花精整机（清洗、拉幅、碾压机等）	1.50
	轴流式	1.50			
泵	离心泵	1.00	均匀加载运输机	组装运输机，带式运输机	1.00
	回转泵（齿轮泵、螺杆泵、滑片泵、叶形泵）	1.50		斗式运输机，板式运输机，链条式运输机，链板式运输机，箱式运输机，螺旋式运输机	1.25
搅拌设备	纯液体	1.00	不均匀加载运输机	组装运输机，带式运输机	1.25
	液体加固体 液体可变密度	1.25		斗式运输机，链条式运输机，链板式运输机，箱式运输机	1.50

续表

工作机名称		工况系数 K
载荷类别代号:Ⅰ类 均匀载荷		
给料机	板式给料机,带式给料机,圆盘给料机,螺旋给料机	1.25
压缩机	离心式	1.25
	轴流式	1.50
酿造和蒸馏设备	装瓶机械	1.00
	过滤桶	1.25
造纸设备	漂白机	1.00
	校平机	1.25
	卷取机,清洗机	1.50
流动水进料网滤器		1.25
提升机械	自动升降机	1.25
	重力卸料提升机	1.50
食品机械	瓶装罐装机械	1.00
	谷类脱粒机	1.25
石油机械冷却装置		1.25
印刷机械		1.50
其他机床	辅助传动装置	1.25
	主传动装置	1.50
载荷类别代号:Ⅱ类 中等冲击载荷		
通风机	冷却塔式,引风机(无风门控制)	2.00
泵	三缸或多缸单动活塞泵	1.75
	双动活塞泵	2.00
	单缸或双缸单动活塞泵	2.25
搅拌机	筒形搅拌机	1.50
	混凝土搅拌机	1.75
搅拌器和破碎机	卷绕机	1.50
	叠层机,卷筒装置,烘干机,吸入滚轧机	1.75
食品机械	甜菜切割机,搅面机,绞肉机	1.75
	甘蔗切割机	2.00
木材加工机械	分料机	1.50
	板坯运输机 刨床进给装置 刨面传动装置 剪切机进给装置	1.75
	剥皮机(筒形),修边机,传动辊装置,拖木机(倾斜式),拖木机(竖式),送料辊装置	2.00
轧制设备	纵剪切机	1.50
	绕线机	1.75
	拉拔机小车架,拉拔机主传动,成形机,拉线机和压延机	2.00
	不可逆输送辊道	2.25
挖泥机	运输机,通用绞车	1.50
	电缆盘装置,机动绞车,泵,网筛传动装置,堆积机	1.75
	切割头传动装置,夹具传动装置	2.25
洗衣机	可逆式洗衣机,滚筒式洗衣机	2.00
往复多缸式压缩机		2.00
旋转式筛石机		1.50
提升机械	离心式卸料机	1.50
	料斗式提升机	1.75
	普通货车用提升机	2.00
不均匀加载运输机	板式运输机,螺旋运输机	1.50
	往复式运输机	2.50
石油机械	石蜡过滤机	1.75
	油井泵,旋转窑	2.00
造纸设备	液压式剥皮机,机械式剥皮机,压光机,切断机,打捆机,圆木拖运机,压力机	2.00
	压皮滚筒	2.25
工具机	刨床	1.50
	弯曲机,冲压机(齿轮驱动装置)	2.00
	攻螺纹机	2.50
旋转式粉碎机	水泥窑,干燥机和冷却机,烘干机,砂石粉碎机,棒式粉碎机,滚筒式粉碎机	2.00
	球磨机	2.25
橡胶机械	橡胶压延机,压片机	2.00
	胶料粉碎机	2.25
	密闭式冷冻机 轮胎式成形机	2.50
起重机和卷扬机	斜坡式卷扬机	1.50
	抓斗起重机,吊钩起重机,桥式起重机	1.75
	主卷扬机,可逆式卷扬机	2.00
拖拉式卸货机(间断负载)		1.50
绞车(纺织绞车),黏土加工机械		1.75
球团机(压坯机械)		2.00
锤式粉碎机		2.00
载荷类别代号:Ⅲ类 重冲击载荷		
摆动运输机		2.50
往复式给料机		2.50
破碎机	碎矿机,碎石机	2.75
载荷类别代号:Ⅳ类 特重冲击载荷		
可逆输送辊道		2.50
重型机械	初轧机,中厚板轧机,机架辊,剪切机,冲压机	>2.75

表 6-3-5 启动系数 K_Z

每小时启动次数 Z/次	≤120	>120～240	>240
K_Z	1.0	1.3	由制造厂确定

表 6-3-6 温度系数 K_t

环境温度 t /℃	对复合材料 K_t	
	天然橡胶 (NR)	聚氨酯弹性体 (PUR)
−20～30	1.0	1.0
>30～40	1.1	1.2
>40～60	1.4	1.5
>60～80	1.8	不允许

主动端启动频率 Z 形成附加载荷，其影响以启动系数 K_Z 表示，按表 6-3-5 考虑。

传动系统选用带非金属弹性材料（橡胶）联轴器时，应考虑在温度影响下橡胶弹性材料强度降低的因素，以温度系数 K_t 表示，见表 6-3-6；温度 t 与联轴器的工作环境有关，在辐射热的作用下，尤其要考虑 K_t 的影响。

3.2.4 联轴器选用示例

例 1 动力机为电动机，均匀载荷情况下弹性联轴器选用示例。

(1) 已知动力机参数

160M 型三相交流电动机功率 $P_W=11$kW，转速 $n=1450$r/min。

理论转矩：

$$T=9550\times\frac{P_W}{n}=9550\times\frac{11}{1450}=72.5\text{N}\cdot\text{m}$$

转子转动惯量 $J_A=0.0736$kg·m²；每小时启动次数$Z=150$ 次；环境温度 $t=40$℃；

主动端冲击转矩即启动转矩 $T_{AS}=2T=145$N·m。

(2) 已知工作机参数

负载平均转矩 $T_L=68$N·m，负载转动惯量 $J_L=0.0883$kg·m²。

(3) 选用带天然橡胶弹性元件联轴器时，载荷均匀时，理论转矩 T 由式 (6-3-4) 应满足：

$$T\geqslant T_LK_t=68\times1.1=75\text{N}\cdot\text{m}$$

(4) 初选 GB 4323 中 LT5 型弹性套柱销联轴器，弹性套为天然橡胶。

其主要参数为：公称转矩 $T_n=125$N·m；最大转矩 $T_{max}=2T_n=250$N·m；半联轴器转动惯量 $J_1=J_2=0.012$kg·m²。

由表 6-3-5 查得，启动系数 $K_Z=1.3$；由表 6-3-6 查得，温度系数 $K_t=1.1$；冲击系数 $K_{AS}=1.8$。

质量系数 $K_{AJ}=\frac{J_L}{J_A+J_L}=\frac{0.1003}{0.0856+0.1003}=0.54$

冲击载荷时由式 (6-3-5) 得主动端的冲击转矩：

$$T_{Amax}\geqslant T_{AS}K_{AJ}K_{AS}K_tK_Z=145\times0.54\times1.8\times1.3\times1.1=202\text{N}\cdot\text{m}<250\text{N}\cdot\text{m}$$

主动端冲击转矩小于弹性联轴器的最大转矩，故安全，可以选用。

选定联轴器时，还应校核在给定工况条件下的许用偏移量。

例 2 动力机为柴油机，周期性交变载荷情况下弹性联轴器选用示例。

(1) 已知动力机参数

四缸四冲程直列式柴油机，功率 $P_W=28$kW，转速 $n=1500$r/min，理论转矩 $T=9550\times\frac{28}{1500}=168$N·m；周期性交变转矩 $T_{A2}=\pm536$N·m，每转振动次数 $i=2$；

每小时启动次数 $Z\leqslant60$ 次；环境温度 $t=40$℃；发动机转动惯量 $J_A=2.36$kg·m²。

(2) 已知工作机参数

负载平均转矩 $T_L=148$N·m；负载转动惯量 $J=1.01$kg·m²。

(3) 选用带天然橡胶弹性元件联轴器时，载荷均匀时，理论转矩 T 由式 (6-3-4) 应满足：

$$T\geqslant T_LK_t=148\times1.1=162\text{N}\cdot\text{m}$$

(4) 初选 GB 4323 中 LT6 型弹性套柱销联轴器，弹性套为天然橡胶。

其主要参数为：公称转矩 $T_n=250$N·m；最大转矩 $T_{max}=2T_n=500$N·m；交变疲劳转矩 $T_K=\pm100$N·m；动态扭转刚度 $C=2900$N·m/弧度；放大系数 $K_V=6$；转动惯量 $J_1=0.0294$kg·m²；$J_2=0.00785$kg·m²。

由表 6-3-5 查得，启动系数 $K_Z=1$；由表 6-3-6 查得，温度系数 $K_t=1.1$。

质量系数 $K_{AJ}=\dfrac{J_L}{J_A+J_L}=\dfrac{1.0178}{2.389+1.0178}=0.298$

考虑共振转速时，由式（6-3-8）应满足：

$T_{Amax}=T_{A2}K_{AJ}K_VK_ZK_t=536\times0.298\times6\times1\times1.1$
$=1055N\cdot m>T_{max}=500N\cdot m$

由以上计算可见，初选 LT6 型联轴器偏小。

重新选取 LT8 型联轴器，其主要参数为：公称转矩 $T_n=710N\cdot m$；最大转矩 $T_{max}=2T_n=1420N\cdot m$；交变疲劳转矩 $T_K=\pm150N\cdot m$；动态扭转刚度 $C=5500N\cdot m$/弧度；放大系数 $K_V=6$；转动惯量 $J_1=0.053kg\cdot m^2$；$J_2=0.0236kg\cdot m^2$；

质量系数 $K_{AJ}=\dfrac{J_L}{J_A+J_L}=\dfrac{1.0336}{2.413+1.0336}=0.3$

用新参数计算可得：

在共振区，$T_{Amax}=536\times0.3\times6\times1\times1.1\approx1061N\cdot m<T_{max}=1420N\cdot m$

固有频率

$$f_e=\frac{1}{2\pi}\sqrt{C\frac{J_A+J_L}{J_AJ_L}}=\frac{1}{2\pi}\sqrt{5500\times\frac{2.413+1.0336}{2.413\times1.0336}}$$
$$=13.9Hz$$

共振转速 $n_R=f_e\times\dfrac{60}{i}=13.9\times\dfrac{60}{2}=417r/min$；

振动频率 $f=\dfrac{n}{60}i=\dfrac{1500}{60}\times2=50$

在工作区，放大系数 $K_V=\dfrac{1}{\left|1-\left(\dfrac{f}{f_e}\right)^2\right|}=\dfrac{1}{\left|1-\left(\dfrac{50}{13.9}\right)^2\right|}=0.0833$；频率系数 $K_f=\sqrt{\dfrac{f}{10}}=\sqrt{\dfrac{50}{10}}=2.24$

交变疲劳转矩 $T_K=T_{A2}K_{AJ}K_VK_tK_f=536\times0.3\times0.0833\times1.1\times2.24=33N\cdot m<T_K=150N\cdot m$

以上所有计算得到的转矩值均在联轴器允许转矩值范围内，故安全，可以选用。对选定的弹性联轴器应按给定工况校核其许用偏移量。

3.3 联轴器的性能、参数及尺寸

表 6-3-7 常用联轴器的主要性能参数

序号	名称		公称转矩 /N·m	许用转速 /r·min⁻¹	轴颈或法兰直径范围 /mm	许用相对偏移量		
						径向 Δy /mm	轴向 Δx /mm	角向 $\Delta\alpha$ /(°)
1	凸缘联轴器		25～1×10^5	12000～1600	12～250	—	—	—
2	鼓形齿式联轴器	GCLD 型	1600～5.6×10^4	5600～2450	22～220	1～8.5	—	3
		GⅡCL 型、GⅡCLZ 型	630～5.6×10^4	6500～420	16～1040	1～8.5	—	3
		GⅠCL 型、GⅠCLZ 型	800～3.2×10^6	7100～700	16～670	1.96～21.7	—	3
3	滚子链联轴器		40～2.5×10^4	4500～200	16～190	0.19～1.27	1.4～9.5	1
4	十字轴万向联轴器	SWZ 型	2×10^4～8.3×10^5	6000～1100	160～550	—	—	≤10
		SWP 型	20000～1.6×10^6	3200～933	160～650	—	—	5～15
5	膜片联轴器		25～10×10^7	10700～350	14～950	—	1～6	0.5～1
6	蛇形弹簧联轴器		45～8×10^5	10000～540	12～500	0.15～1.02	±0.3～±1.3	0.25～4.65
7	梅花形联轴器		28～1.4×10^4	15000～760	10～160	0.5～1.8	1.2～5.0	1～2
8	弹性套柱销联轴器		16～2.24×10^4	8800～1000	10～170	0.2～0.6	—	0.5～1.5
9	弹性柱销齿式联轴器		112～2.8×10^6	5000～460	12～850	0.15～1.5	1～10	0.5
10	弹性柱销联轴器		250～1.8×10^5	8500～950	12～340	0.15～0.25	±0.5～±3	≤0.5
11	弹性块联轴器		1×10^4～3.15×10^6	1950～130	85～850	0.5～1	±1.5～±3	0.25～0.5

续表

序号	名　　称	公称转矩 /N·m	许用转速 /r·min^{-1}	轴颈或法兰直径范围 /mm	许用相对偏移量		
					径向 Δy /mm	轴向 Δx /mm	角向 $\Delta\alpha$ /(°)
12	弹性环联轴器	710～1×10^5	4000～1000	90～520	1.2～6.2	0.7～3.2	<3.2
13	弹性阻尼簧片联轴器	1830～2.35×10^6	25～990①	285～2260	0.18～2	1.5～6	—
14	钢球式节能安全联轴器	3.18～35335	3000～600	19～220	0.2～0.6	—	0.5～1.5
15	蛇形弹簧安全联轴器	1.6～5×10^4	5000～650	16～300	0.15～0.4	—	0.5～1.5
16	轮胎式联轴器	10～2.5×10^4	5000～800	12～180	1～5	1～8	1～1.5

① 此数据为弹性阻尼簧片联轴器的特征频率，单位为 rad/s。

3.3.1　联轴器轴孔和连接型式与尺寸（GB/T 3852—2017）

GB/T 3852—2017 规定了联轴器的轴孔和连接型式、尺寸及标记。本标准适用于键连接圆柱形轴孔、1∶10 圆锥形轴孔和花键连接的花键孔联轴器。

联轴器的轴孔型式及代号见表 6-3-8，联轴器的连接型式及代号见表 6-3-9。

表 6-3-8　　联轴器轴孔型式及代号

型式名称	代号	轴孔型式图示	备注	型式名称	代号	轴孔型式图示	备注
圆柱形轴孔	Y 型	d, L	适用于长、短系列，推荐选用短系列	有沉孔的长圆锥形轴孔	Z 型	1∶10, d_2, d_1, R, L, L_1	适用于长、短系列
有沉孔的短圆柱形轴孔	J 型	d, d_1, R, L, L_1	推荐选用	圆锥形轴孔	Z_1 型	1∶10, d_2, L	适用于长、短系列

表 6-3-9　　联轴器连接型式及代号

型式名称	型式代号	连接型式图示
平键单键槽	A 型	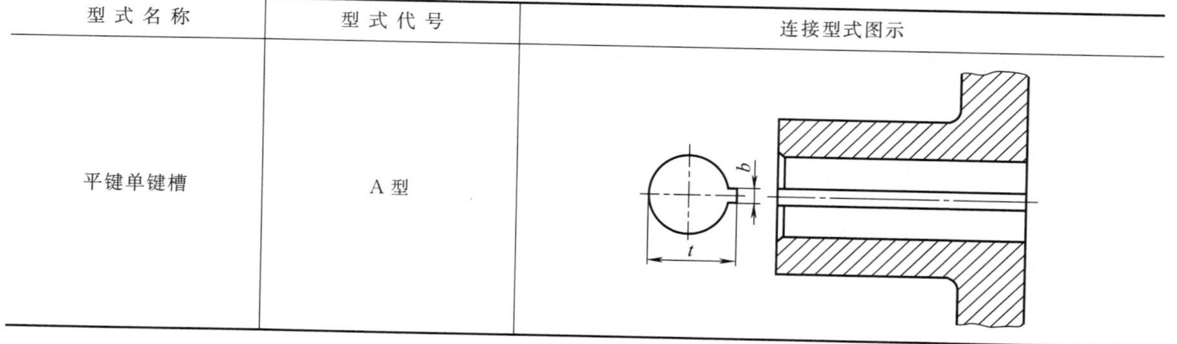

续表

型式名称	型式代号	连接型式图示
120°布置 平键双键槽	B型	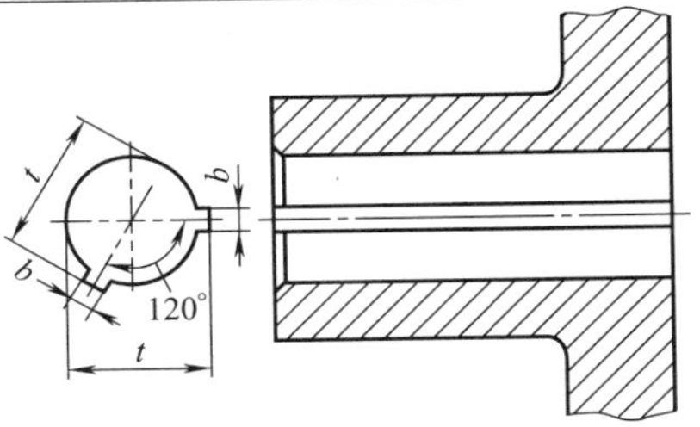
180°布置 平键双键槽	B_1 型	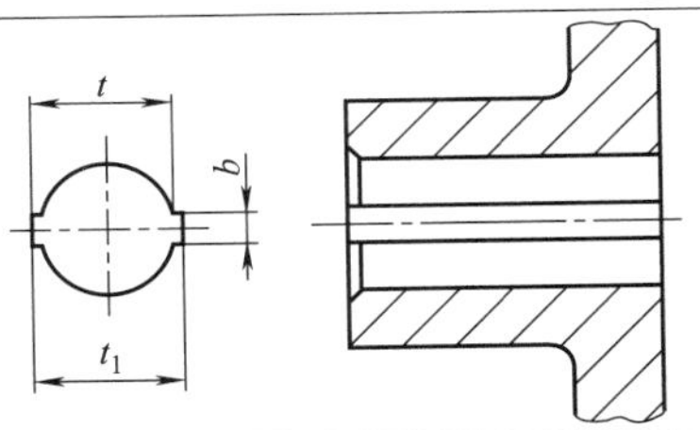
圆锥形轴孔 平键单键槽	C型	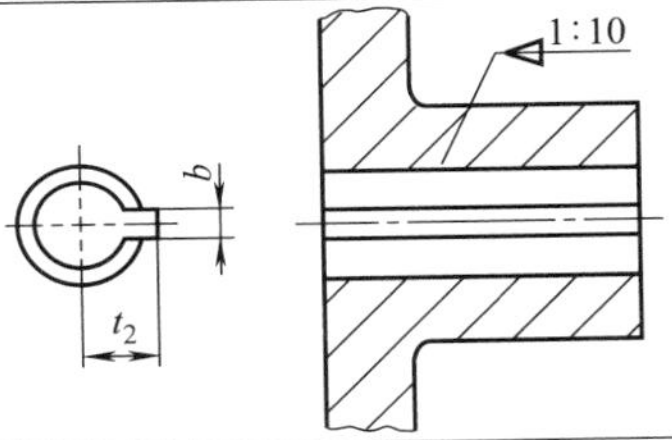
圆柱形轴孔 普通切向键键槽	D型	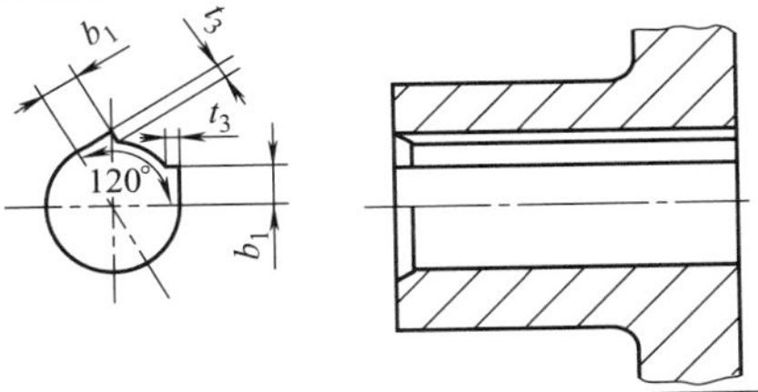
矩形花键	符合 GB/T 1144	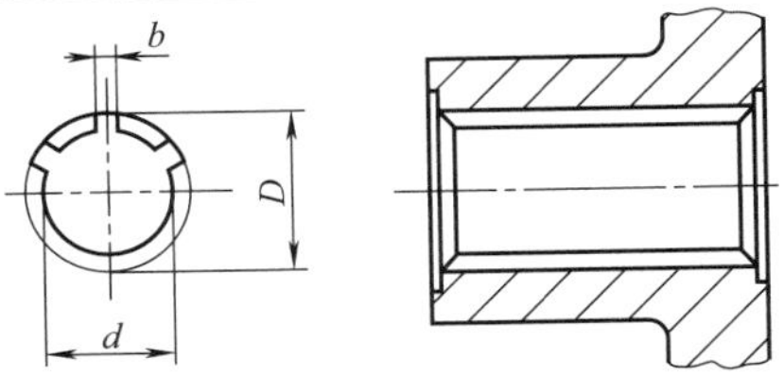
圆柱直齿 渐开线花键	符合 GB/T 3478.1	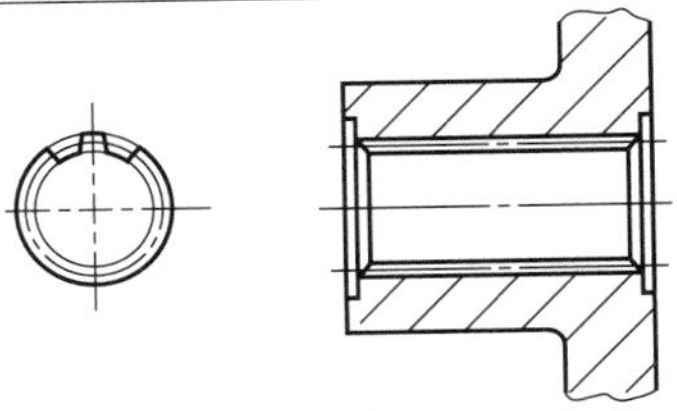

Y型、J型圆柱形轴孔的直径与长度应符合表6-3-10的规定。Z型、Z_1 型圆锥形轴孔的直径与长度应符合表6-3-11的规定。轴孔的A、B、B_1 及D型键槽尺寸应符合表6-3-10的规定，C型键槽尺寸应符合表6-3-11的规定。轴孔的矩形花键尺寸按GB/T 1144的规定，圆柱直齿渐开线花键尺寸按GB/T 3478.1的规定。花键连接的轴孔长度 L 一般按表6-3-10中轴孔长度的短系列选取。

表 6-3-10　　Y 型、J 型圆柱形轴孔的尺寸　　mm

直径 d		长度			沉孔尺寸		A 型、B 型、B_1 型键槽						B 型键槽	D 型键槽		
公称尺寸	极限偏差 H7	L		L_1	d_1	R	b		t		t_1		T	t_3		b_1
		长系列	短系列				公称尺寸	极限偏差 P9	公称尺寸	极限偏差	公称尺寸	极限偏差	位置度公差	公称尺寸	极限偏差	
6	+0.012 0	16	—	—	—	—	2	−0.006 −0.031	7.0	+0.100 0	8.0	+0.200 0	—	—	—	—
7	+0.015 0								8.0		9.0					
8		20							9.0		10.0					
9							3		10.4		11.8					
10		25	22						11.4		12.8					
11	+0.018 0						4	−0.012 −0.042	12.8		14.6		0.03			
12		32	27						13.8		15.6					
14							5		16.3		18.6					
16		42	30	42	38	1.5			18.3		20.6					
18							6		20.8		23.6					
19	+0.021 0	52	38	52					21.8		24.6					
20									22.8		25.6					
22									24.8		27.6					
24		62	44	62	48		8	−0.015 −0.051	27.3	+0.200 0	30.6	+0.400 0	0.04			
25									28.3		31.6					
28		82	60	82	55				31.3		34.6					
30									33.3		36.6					
32	+0.025 0					2.0	10		35.3		38.6					
35									38.3		41.6					
38					65				41.3		44.6					
40		112	84	112			12	−0.018 −0.061	43.3		46.6		0.05			
42									45.3	+0.200 0	48.6	+0.400 0				
45					80		14		48.8		52.6					
48									51.8		55.6					
50					95				53.8		57.6					
55	+0.030 0					2.5	16		59.3		63.6					
56									60.3		64.6					
60		142	107	142	105		18		64.4		68.6			7	0 −0.200	19.3
63									67.4		71.8					19.8
65									69.4		73.8					20.1
70					120		20	−0.022 −0.074	74.9		79.8		0.06			21.0
71									75.9		80.8			8		22.4
75									79.9		84.8					23.2
80		172	132	172	140		22		85.4		90.8					24.0
85	+0.035 0					3.0			90.4		95.8					24.8
90					160		25		95.4		100.8					25.6
95									100.4		105.8			9		27.8

续表

直径 d		长度			沉孔尺寸		A型、B型、B_1型键槽						B型键槽	D型键槽		
		L		L_1	d_1	R	b		t		t_1		T	t_3		b_1
公称尺寸	极限偏差H7	长系列	短系列				公称尺寸	极限偏差P9	公称尺寸	极限偏差	公称尺寸	极限偏差	位置度公差	公称尺寸	极限偏差	
100	+0.035 0	212	167	212	180	3.0	28	−0.022 −0.074	106.4	+0.200 0	112.8	+0.400 0	0.06	9	0 −0.200	28.6
110									116.4		122.8					30.1
120					210		32	−0.026 −0.088	127.4		134.8		0.08	10		33.2
125	+0.040 0					4.0			132.4		139.8					33.9
130		252	202	252	235				137.4		144.8					34.6
140							36		148.4	+0.300 0	156.8	+0.600 0		11		37.7
150					265				158.4		166.8					39.1
160		302	242	302			40		169.4		178.8			12	0 −0.30	42.1
170					330				179.4		188.8					43.5
180							45		190.4		200.8					44.9
190	+0.046 0	352	282	352		5.0			200.4		210.8			14		49.6
200									210.4		220.8					51.0
220							50		231.4		242.8			16		57.1
240		410	330	—	—	—	56	−0.032 −0.106	252.4		264.8					59.9
250									262.4		274.8		0.10	18		64.6
260	+0.052 0	470	380						272.4		284.8					66.0
280							63		292.4		304.8			20		72.1
300							70		314.4		328.8					74.8
320	+0.057 0	550	450						334.4		348.8			22		81.0
340							80		355.4		370.8					83.6
360									375.4		390.8			26		93.2
380									395.4		410.8					95.9
400		650	540				90	−0.037 −0.124	417.4		434.8		0.12			98.6
420	+0.063 0								437.4		454.8			30		108.2
440									457.4		474.8					110.9
450							100		469.5		489.0					112.3
460									479.5		499.0			34		120.1
480									499.5		519.0					123.1
500									519.5		539.0					125.9
530	+0.070 0	800	680				110		552.2		574.4			38		136.7
560									582.2		604.4					140.8
600							120		624.5		649.0			42		153.1
630									654.5		679.0					157.1
670	+0.080 0	900	780				—	—	—	—	—	—	—	67	0 −0.40	201.0
710														71		213.0
750														75		225.0
800		1000	880											80		240.0
850	+0.090 0	—	980											85		255.0
900														90		270.0
950														95		285.0
1000			1100											100		300.0
1060	+0.150 0													—		—
1120			1200													
1180																
1250			1300													

注：键槽宽度 b 的极限偏差，也可采用 GB/T 1095 中规定的 JS9。

表 6-3-11　　Z 型、Z_1 型圆锥形轴孔的尺寸　　mm

直径 d_z		长度				沉孔尺寸		C 型键槽				
		长系列		短系列				b		t_2		
公称尺寸	极限偏差 H8	L	L_1	L	L_1	d_1	R	公称尺寸	极限偏差 P9	长系列	短系列	极限偏差
6	+0.022 0	12	18	—	—	16	1.5	—	—	—	—	—
7												
8		14	22			24						
9												
10		17	25									
11	+0.027 0							2	−0.006 −0.031	6.1		+0.1 0
12		20	32			28				6.5		
14								3		7.9		
16		30	42	18	30	38				8.7	9.0	
18								4	−0.012 −0.042	10.1	10.4	
19	+0.033 0									10.6	10.9	
20		38	52	24	38					10.9	11.2	
22										11.9	12.2	
24								5		13.4	13.7	
25		44	62	26	44	48				13.7	14.2	
28										15.2	15.7	
30		60	82	38	60	55				15.8	16.4	
32	+0.039 0						2.0	6		17.3	17.9	
35										18.8	19.4	
38						65				20.3	20.9	
40		84	112	56	84			10	−0.015 −0.051	21.2	21.9	+0.2 0
42										22.2	22.9	
45						80		12	−0.018 −0.061	23.7	24.4	
48										25.2	25.9	
50						95				26.2	26.9	
55	+0.046 0						2.5	14		29.2	29.9	
56										29.7	30.4	
60		107	142	72	107	105		16		31.7	32.5	
63										33.2	34.0	
65										34.2	35.0	
70						120		18		36.8	37.6	
71										37.3	38.1	
75										39.3	40.1	
80		132	172	92	132	140		20	−0.022 −0.074	41.6	42.6	
85	+0.054 0						3.0			44.1	45.1	
90						160		22		47.1	48.1	
95										49.6	50.6	
100		167	212	122	167	180		25		51.3	52.4	
110										56.3	57.4	
120						210		28		62.3	63.4	
125	+0.063 0						4.0			64.7	65.9	
130		202	252	152	202	235				66.4	67.6	
140								32	−0.026 −0.088	72.4	73.6	
150						265				77.4	78.6	
160		242	302	182	242			36		82.4	83.9	+0.3 0
170										87.4	88.9	
180						330		40		93.4	94.9	
190	+0.072 0	282	352	212	282		5.0			97.4	99.9	
200										102.4	104.1	
220								45		113.4	115.1	

注：键槽宽度 b 的极限偏差，也可采用 GB/T 1095 中规定的 JS9。

圆柱形轴孔与轴伸的配合按表 6-3-12 的规定。圆锥形轴孔与轴伸配合时，轴孔直径及轴孔长度的极限偏差按表 6-3-13 的规定，圆锥角公差应符合 GB/T 11334 中 AT6 级的规定。

表 6-3-12　圆柱形轴孔与轴伸的配合

直径 d_z/mm	配合代号	
>6～30	H7/j6	根据使用要求，也可采用 H7/n6、H7/p6 和 H7/r6
>30～50	H7/k6	
>50	H7/m6	

表 6-3-13　圆锥形轴孔与轴伸的配合　mm

圆锥孔直径 d_z	孔 d_z 极限偏差	长度 L 极限偏差
>6～10	H8/k8	0 −0.220
>10～18		0 −0.270
>18～30		0 −0.330
>30～50		0 −0.390
>50～80		0 −0.460
>80～120		0 −0.540
>120～180		0 −0.630
>180～250		0 −0.720

注：配合代号是对 GB/T 1570 规定的标准圆锥轴伸的配合。

采用键连接的联轴器轴孔型式与尺寸的标记见图 6-3-2。其中，Y 型孔、A 型键槽的代号，在标记中可省略不注；联轴器两端轴孔和键槽的型式与尺寸相同时，只标记一端，另一端省略不注。

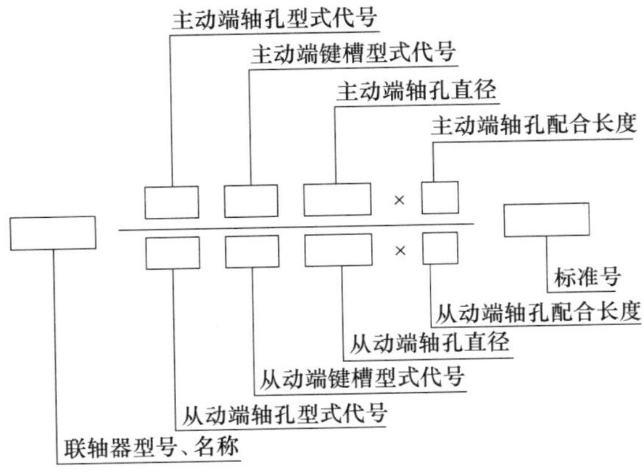

图 6-3-2　采用键连接联轴器的标记方法

采用花键连接的联轴器轴孔型式与尺寸的标记见图 6-3-3。其中，联轴器两端花键型式与尺寸相同时，只标记一端，另一端省略不注。

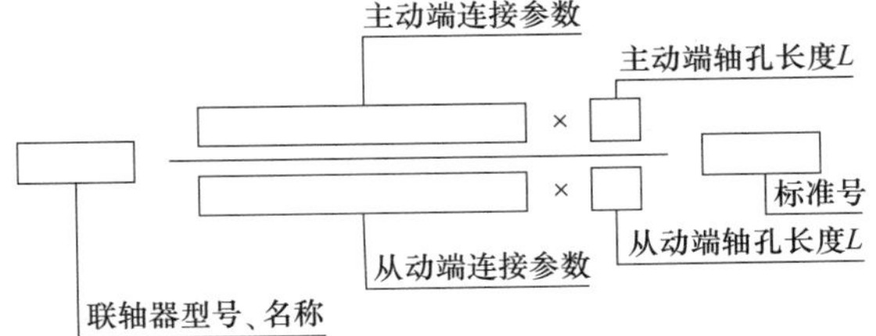

图 6-3-3　采用花键连接联轴器的标记方法

当联轴器一端为花键孔，另一端为其他连接型式时，按图 6-3-3 中主、从动端位置分别标记。

标记示例 1：LX2 弹性柱销联轴器

主动端：Y 型轴孔，B 型键槽，$d=20$mm，$L=38$mm；

从动端：J 型轴孔，B_1 型键槽，$d=22$mm，$L=38$mm。

$$\text{LX2 联轴器}\frac{\text{YB}20\times38}{\text{JB}_1 22\times38}\text{GB/T 5014—2017}$$

标记示例 2：LX5 弹性柱销联轴器

主动端：J 型轴孔，B 型键槽，$d=70$mm，$L=107$mm；

从动端：J 型轴孔，B 型键槽，$d=70$mm，$L=107$mm。

LX5 联轴器　JB70×107　GB/T 5014—2017

标记示例 3：LZ8 弹性柱销齿式联轴器

主动端：Y 型轴孔，A 型键槽，$d=100$mm，$L=167$mm；

从动端：矩形花键轴孔，10×82H7×88H10×12H11，$L=132$mm。

$$\text{LZ8 联轴器}\frac{100\times167}{10\times82\text{H7}\times88\text{H10}\times12\text{H11}\times132}$$

GB/T 5015—2017

标记示例 4：GⅡCLZ4 型鼓形齿式联轴器

主动端：花键孔齿数 24，模数 2.5，30°平齿根，公差等级为 6 级，$L=107$mm；

从动端：J 型轴孔，A 型键槽，$d=70$mm，$L=107$mm。

$$\text{GⅡCLZ4 联轴器}\frac{1\text{NT}24z\times2.5m\times30P\times6H\times107}{\text{J}70\times107}$$

GB/T 26103.1—2010

3.3.2　凸缘联轴器（GB/T 5843—2003）

凸缘联轴器适用于连接两同轴线的传动轴系，其传递公称转矩范围为 25～100000N·m。凸缘联轴器分为 GY、GYS 和 GYH 三种型式。凸缘联轴器型号与标记按 GB/T 12458 的规定。

GY 型凸缘联轴器、GYS 型有对中榫凸缘联轴器、GYH 型有对中环凸缘联轴器的结构型式、基本参数和主要尺寸见表 6-3-14。凸缘联轴器主要零件的材料见表 6-3-15。

表 6-3-14 凸缘联轴器的基本参数和主要尺寸 mm

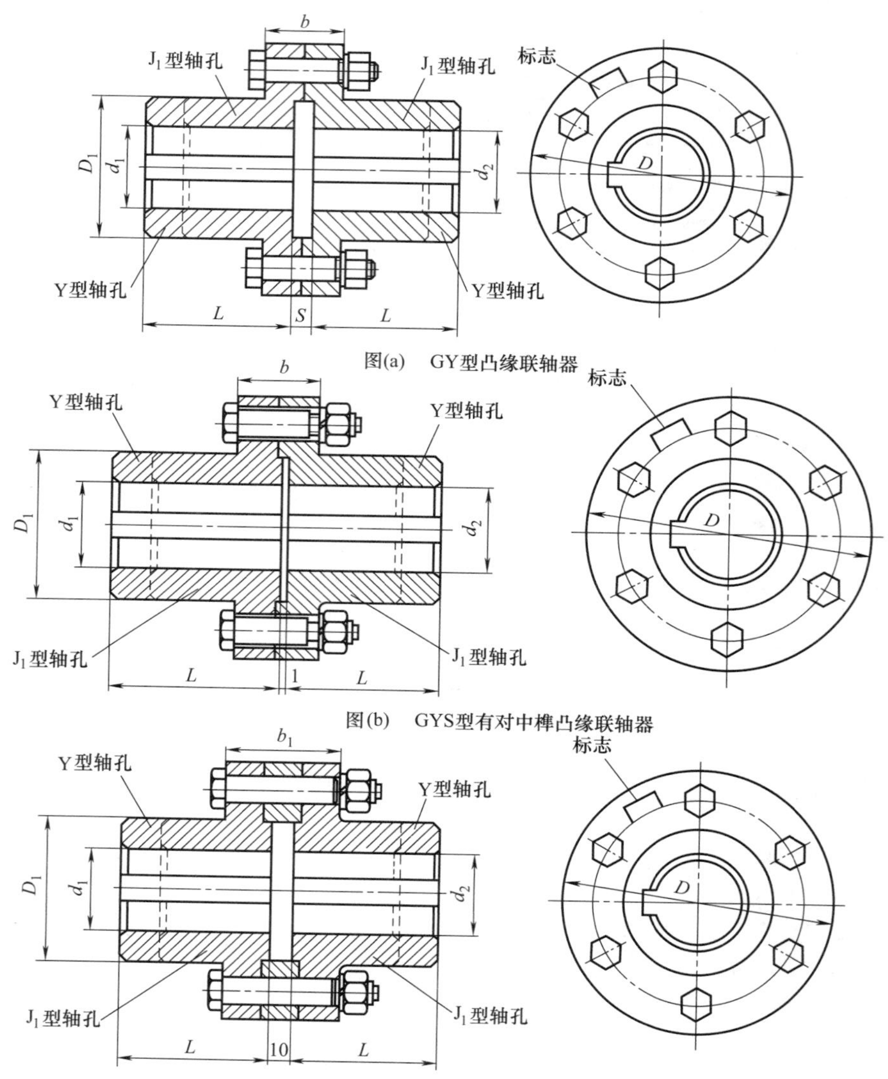

型号	公称转矩 T_n /N·m	许用转速[n] /r·min^{-1}	轴孔直径 d_1、d_2	轴孔长度 L		D	D_1	b	b_1	S	转动惯量 I /kg·m^2	质量 m /kg
				Y 型	J_1 型							
GY1 GYS1 GYH1	25	12000	12	32	27	80	30	26	42	6	0.0008	1.16
			14									
			16	42	30							
			18									
			19									

续表

型号	公称转矩 T_n /N·m	许用转速[n] /r·min^{-1}	轴孔直径 d_1、d_2	轴孔长度 L		D	D_1	b	b_1	S	转动惯量 I /kg·m^2	质量 m /kg
				Y 型	J_1 型							
GY2 GYS2 GYH2	63	10000	16	42	30	90	40	28	44	6	0.0015	1.72
			18									
			19									
			20	52	38							
			22									
			24									
			25	62	44							
GY3 GYS3 GYH3	112	9500	20	52	38	100	45	30	46	6	0.0025	2.38
			22									
			24									
			25	62	44							
			28									
GY4 GYS4 GYH4	224	9000	25	62	44	105	55	32	48	6	0.003	3.15
			28									
			30	82	60							
			32									
			35									
GY5 GYS5 GYH5	400	8000	30	82	60	120	68	36	52	8	0.007	5.43
			32									
			35									
			38									
			40	112	84							
			42									
GY6 GYS6 GYH6	900	6800	38	82	60	140	80	40	56	8	0.015	7.59
			40	112	84							
			42									
			45									
			48									
			50									
GY7 GYS7 GYH7	1600	6000	48	112	84	160	100	40	56	8	0.031	13.1
			50									
			55									
			56									
			60	142	107							
			63									
GY8 GYS8 GYH8	3150	4800	60	142	107	200	130	50	68	10	0.103	27.5
			63									
			65									
			70									
			71									
			75	172	132							
			80									
GY9 GYS9 GYH9	6300	3600	75	142	107	260	160	66	84	10	0.319	47.8
			80	172	132							
			85									
			90									
			95									
			100	212	167							

续表

型号	公称转矩 T_n /N·m	许用转速[n] /r·min^{-1}	轴孔直径 d_1、d_2	轴孔长度 L		D	D_1	b	b_1	S	转动惯量 I /kg·m^2	质量 m /kg
				Y 型	J_1 型							
GY10 GYS10 GYH10	10000	3200	90	172	132	300	200	72	90	10	0.720	82.0
			95									
			100	212	167							
			110									
			120									
			125									
GY11 GYS11 GYH11	25000	2500	120	212	167	380	260	80	98	10	2.278	162.2
			125									
			130	252	202							
			140	252	202	380	260	80	98	10	2.278	162.2
			150									
			160	302	242							
GY12 GYS12 GYH12	50000	2000	150	252	202	460	320	92	112	12	5.923	285.6
			160	302	242							
			170									
			180									
			190	352	282							
			200									
GY13 GYS13 GYH13	100000	1600	190	352	282	590	400	110	130	12	19.978	611.9
			200									
			220									
			240	410	330							
			250									

注：质量、转动惯量是按 GY 型联轴器 Y/J_1 轴孔组合型式和最小轴孔直径计算的。

表 6-3-15　　凸缘联轴器主要零件的材料

序　　号	零件名称	材　　料	备　　注
1	半联轴器	35	GB/T 699
2	对中环		
3	螺栓	性能等级 8.8 级	GB/T 5782
4			GB/T 27
5	螺母	性能等级 8 级	GB/T 6170

3.3.3　弹性柱销联轴器（GB/T 5014—2017）

弹性柱销联轴器适用于连接两同轴线的传动轴系，并具有补偿两轴间相对偏移和一般减振性能。适用工作温度－20～70℃，传递公称转矩范围为 250～180000N·m。

弹性柱销联轴器分为 LX、LXZ 两种型式。LX 型弹性柱销联轴器的结构型式、基本参数和主要尺寸见表 6-3-16。LXZ 型为带制动轮弹性柱销联轴器，其结构型式、基本参数和主要尺寸见表 6-3-17。

表 6-3-16　　LX 型弹性柱销联轴器基本参数和主要尺寸　　mm

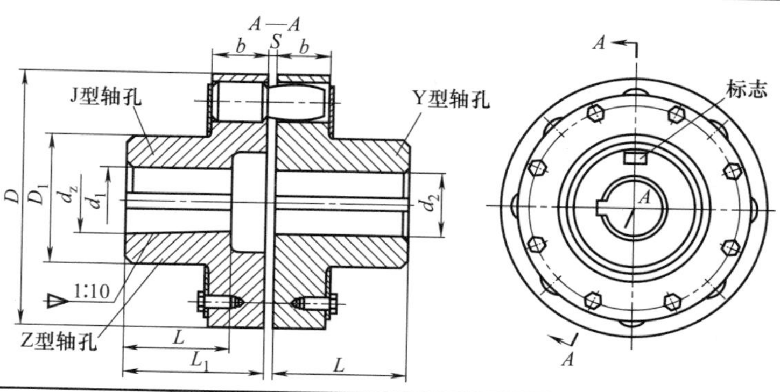

续表

型号	公称转矩 T_n /N·m	许用转速 $[n]$ /r·min^{-1}	轴孔直径 d_1、d_2、d_z	轴孔长度 Y 型 L	J、Z 型 L	J、Z 型 L_1	D	D_1	b	S	转动惯量 I /kg·m^2	质量 m /kg
LX1	250	8500	12	32	27	—	90	40	20	2.5	0.002	2
			14									
			16	42	30	42						
			18									
			19									
			20	52	38	52						
			22									
			24									
LX2	560	6300	20	52	38	52	120	55	28	2.5	0.009	5
			22									
			24									
			25	62	44	62						
			28									
			30	82	60	82						
			32									
			35									
LX3	1250	4750	30	82	60	82	160	75	36	2.5	0.026	8
			32									
			35									
			38									
			40	112	84	112						
			42									
			45									
			48									
LX4	2500	3870	40	112	84	112	195	100	45	3	0.109	22
			42									
			45									
			48									
			50									
			55									
			56									
			60	142	107	142						
			63									
LX5	3150	3450	50	112	84	112	220	120	45	3	0.191	30
			55									
			56									
			60	142	107	142						
			63									
			65									
			70									
			71									
			75									
LX6	6300	2720	60	142	107	142	280	140	56	4	0.543	53
			63									
			65									
			70									
			71									
			75									
			80	172	132	172						
			85									

第6篇

续表

型号	公称转矩 T_n /N·m	许用转速 $[n]$ /r·min^{-1}	轴孔直径 d_1、d_2、d_z	轴孔长度			D	D_1	b	S	转动惯量 I /kg·m^2	质量 m /kg
				Y型	J、Z型							
				L	L	L_1						
LX7	11200	2360	70	142	107	142	320	170	56	4	1.314	98
			71									
			75									
			80	172	132	172						
			85									
			90									
			95									
			100	212	167	212						
			110									
LX8	16000	2120	80	172	132	172	360	200	56	5	2.023	119
			85									
			90									
			95									
			100	212	167	212						
			110									
			120									
			125									
LX9	22400	1850	100	212	167	212	410	230	63	5	4.386	197
			110									
			120									
			125									
			130	252	202	252						
			140									
LX10	35500	1600	110	212	167	212	480	280	75	6	9.760	322
			120									
			125									
			130	252	202	252						
			140									
			150									
			160	302	242	302						
			170									
			180									
LX11	50000	1400	130	252	202	252	540	340	75	6	20.05	520
			140									
			150									
			160	302	242	302						
			170									
			180									
			190	352	282	352						
			200									
			220									
LX12	80000	1220	160	302	242	302	630	400	90	7	37.71	714
			170									
			180									
			190	352	282	352						
			200									
			220									
			240	410	330	—						
			250									
			260									

续表

型号	公称转矩 T_n /N·m	许用转速 [n] /r·min^{-1}	轴孔直径 d_1、d_2、d_z	轴孔长度 Y型 L	J、Z型 L	J、Z型 L_1	D	D_1	b	S	转动惯量 I /kg·m^2	质量 m /kg
LX13	125000	1080	190	352	282	352	710	465	100	8	71.37	1057
			200									
			220									
			240	410	330	—						
			250									
			260									
			280	470	380	—						
			300									
LX14	180000	950	240	410	330	—	800	530	110	8	170.6	1956
			250									
			260									
			280	470	380	—						
			300									
			320									
			340	550	450	—						

注：质量、转动惯量是按J/Y轴孔组合型式和最小轴孔直径计算的。

表 6-3-17 LXZ 型带制动轮弹性柱销联轴器基本参数和主要尺寸 mm

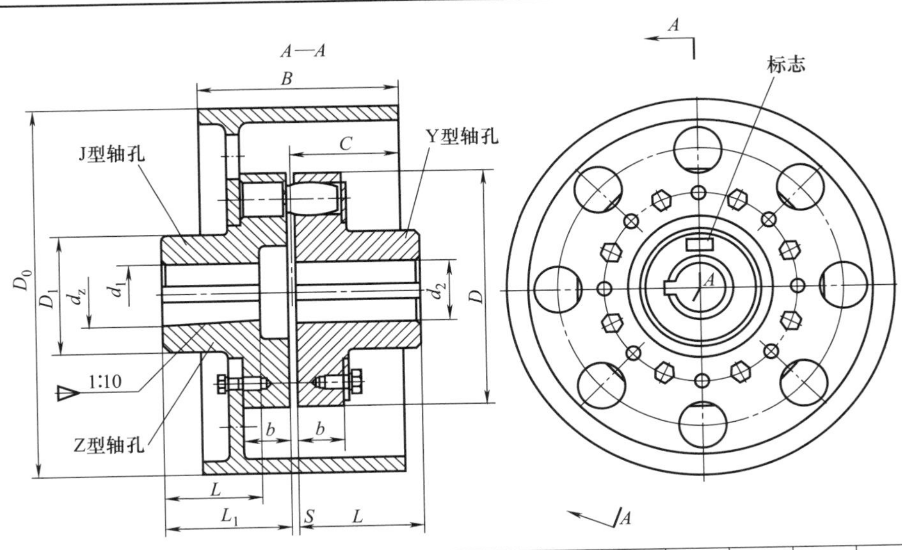

型号	公称转矩 T_n /N·m	许用转速 [n] /r·min^{-1}	轴孔直径 d_1、d_2、d_z	轴孔长度 Y型 L	J、Z型 L	J、Z型 L_1	D_0	D	D_1	B	b	S	C	转动惯量 I /kg·m^2	质量 m /kg
LXZ1	560	5600	20	52	38	52	200	120	55	85	28	2.5	42	0.055	11
			22												
			24												
			25	62	44	62									
			28												
			30	82	60	82									
			32												
			35												

续表

型号	公称转矩 T_n /N·m	许用转速[n] /r·min^{-1}	轴孔直径 d_1、d_2、d_z	轴孔长度 Y 型 L	轴孔长度 J、Z 型 L	轴孔长度 J、Z 型 L_1	D_0	D	D_1	B	b	S	C	转动惯量 I /kg·m^2	质量 m /kg
LXZ2	1250	3750	30	82	60	82	200	160	75	85	36	2.5	40	0.072	14
			32												
			35												
			38												
			40	112	84	112									
			42												
			45												
			48												
LXZ3	1250	2430	30	82	60	82	315	160	75	132	36	2.5	66	0.313	25
			32												
			35												
			38												
			40	112	84	112									
			42												
			45												
			48												
LXZ4	2500	2430	40	112	84	112	315	195	100	132	45	3	66	0.504	40
			42												
			45												
			48												
			50												
			56												
			60	142	107	142									
			63												
LXZ5	2500	1900	40	112	84	112	400	195	100	168	45	3	84	1.192	59
			42												
			45												
			48												
			50												
			55												
			56												
			60	142	107	142									
			63												
LXZ6	3150	1900	50	112	84	112	400	220	120	168	45	3	84	1.402	69
			55												
			56												
			60	142	107	142									
			63												
			65												
			70												
			71												
			75												

续表

型号	公称转矩 T_n /N·m	许用转速[n] /r·min^{-1}	轴孔直径 d_1、d_2、d_z	轴孔长度			D_0	D	D_1	B	b	S	C	转动惯量 I /kg·m^2	质量 m /kg
				Y型 L	J、Z型 L	L_1									
LXZ7	3150	1500	50	112	84	112	500	220	120	210	45	3	105	2.872	91
			55												
			56												
			60	142	107	142									
			63												
			65												
			70												
			71												
			75												
LXZ8	6300	1900	60	142	107	142	400	280	140	168	56	4	84	1.800	88
			63												
			65												
			70												
			71												
			75												
			80	172	132	172									
			85												
LXZ9	6300	1500	60	142	107	142	500	280	140	210	56	4	105	3.582	113
			63												
			65												
			70												
			71												
			75												
			80	172	132	172									
			85												
LXZ10	11200	1500	70	142	107	142	500	320	170	210	56	4	105	4.970	156
			71												
			75												
			80	172	132	172									
			85												
			90												
			95												
			100	212	167	212									
			110												
LXZ11	11200	1220	70	142	107	142	630	320	170	265	56	4	132	9.392	187
			71												
			75												
			80	172	132	172									
			85												
			90												
			95												
			100	212	167	212									
			110												

续表

型号	公称转矩 T_n /N·m	许用转速[n] /r·min^{-1}	轴孔直径 d_1、d_2、d_z	轴孔长度 Y型 L	轴孔长度 J、Z型 L	轴孔长度 J、Z型 L_1	D_0	D	D_1	B	b	S	C	转动惯量 I /kg·m^2	质量 m /kg
LXZ12	16000	1220	80	172	132	172	630	360	200	265	56	5	132	16.43	326
			85												
			90												
			95												
			100	212	167	212									
			110												
			120												
			125												
LXZ13	22400	1080	100	212	167	212	710	410	230	298	63	5	149	21.66	337
			110												
			120												
			125												
			130	252	202	252									
			140												
LXZ14	35500	1080	110	212	167	212	710	480	280	298	75	6	149	29.55	458
			120												
			125												
			130	252	202	252									
			140												
			150												
			160	302	242	302									
			170												
			180												
LXZ15	35500	950	110	212	167	212	800	480	280	335	75	6	168	41.08	504
			120												
			125												
			130	252	202	252									
			140												
			150												
			160	302	242	302									
			170												
			180												

注：质量、转动惯量是按 J/Y 轴孔组合型式和最小轴孔直径计算的。

弹性柱销联轴器使用时，被连接两轴的相对偏移量不得大于表 6-3-18 的数值。

表 6-3-18 弹性柱销联轴器许用补偿量

项目	型号													
	LX1	LX2	LX3	LX4	LX5	LX6	LX7	LX8	LX9	LX10	LX11	LX12	LX13	LX14
		LXZ1	LXZ2 LXZ3	LXZ4 LXZ5	LXZ6 LXZ7	LXZ8 LXZ9	LXZ10 LXZ11	LXZ12	LXZ13	LXZ14 LXZ15	—	—	—	—
横向 ΔX/mm	±0.5	±1	±1	±1.5	±1.5	±2	±2	±2	±2	±2.5	±2.5	±2.5	±3	±3
径向 ΔY/mm	0.15	0.15	0.15	0.15	0.15	0.20	0.20	0.20	0.20	0.25	0.25	0.25	0.25	0.25
角向 $\Delta\alpha$	≤0°30′													

注：1. 径向补偿量的测量部位在半联轴器最大外圆宽度的二分之一处。

2. 表中所列补偿量是指由于安装误差、冲击、振动、变形、温度变化等因素形成的两轴相对偏移量，其安装误差必须小于表中数值。

弹性柱销联轴器主要零件的材料应符合表 6-3-19 的要求，其中 MC 尼龙的力学性能应符合表 6-3-20 的要求。柱销不得有缩孔、气泡、夹杂以及其他影响性能的缺陷存在。制动轮外圆表面应淬火，其硬度应控制在 35～45HRC，深度 2～3mm。

表 6-3-19 弹性柱销联轴器主要零件材料

序号	零件名称	材 料	备 注
1	半联轴器	45	GB/T 699
2	制动器	ZG270-500	GB/T 11352
		QT500-7	GB/T 1348
3	柱销	MC 尼龙	—
4	螺栓	性能等级 8.8 级	GB/T 5783

表 6-3-20 MC 尼龙的力学性能

序号	力学性能	单 位	指 标
1	拉伸强度	MPa	≥90
2	弯曲强度	MPa	≥100
3	压缩强度	MPa	≥105
4	冲击韧性(缺口)	J/cm²	≥5
5	伸长率	%	20～30
6	布氏硬度	HB	14～21
7	脆化温度	℃	≤−30
8	热变形温度	℃	≥150

3.3.4 弹性套柱销联轴器（GB/T 4323—2017）

弹性套柱销联轴器用于连接两同轴线的传动轴系，具有一定补偿两轴间相对偏移和一般减振性能，工作温度为 −30～100℃；传递公称转矩为 16～22400N·m。

弹性套柱销联轴器分为 LT 型和 LTZ 型两种型式，详见表 6-3-21。

表 6-3-21 联轴器型式

代号	型式	规格代号	图 示	结构型式基本参数和主要尺寸
LT 型	基本型	1～13		表 6-3-22
LTZ 型	制动轮型	1～9		表 6-3-23

表 6-3-22 LT 型联轴器基本参数和主要尺寸

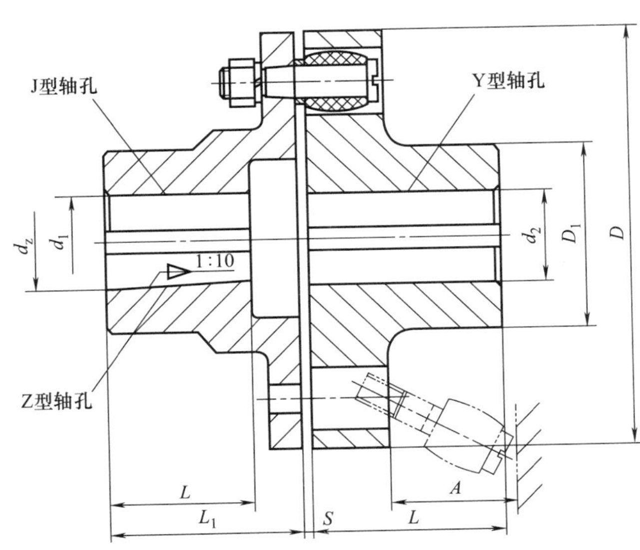

续表

型号	公称转矩 T_n /N·m	许用转速 $[n]$ /r·min^{-1}	轴孔直径 d_1、d_2、d_z /mm	轴孔长度 Y型	轴孔长度 J、Z型		D /mm	D_1 /mm	S /mm	A /mm	转动惯量 /kg·m^2	质量 /kg
				L	L_1	L						
				mm								
LT1	16	8800	10,11	22	25	22	71	22	3	18	0.0004	0.7
			12,14	27	32	27						
LT2	25	7600	12,14	27	32	27	80	30	3	18	0.001	1.0
			16,18,19	30	42	30						
LT3	63	6300	16,18,19	30	42	30	95	35	4	35	0.002	2.2
			20,22	38	52	38						
LT4	100	5700	20,22,24	38	52	38	106	42	4	35	0.004	3.2
			25,28	44	62	44						
LT5	224	4600	25,28	44	62	44	130	56	5	45	0.011	5.5
			30,32,35	60	82	60						
LT6	355	3800	32,35,38	60	82	60	160	71	5	45	0.026	9.6
			40,42	84	112	84						
LT7	560	3600	40,42,45,48	84	112	84	190	80	5	45	0.06	15.7
LT8	1120	3000	40,42,45,48,50,55	84	112	84	224	95	6	65	0.13	24.0
			60,63,65	107	142	107						
LT9	1600	2850	50,55	84	112	84	250	110	6	65	0.20	31.0
			60,63,65,70	107	142	107						
LT10	3150	2300	63,65,70,75	107	142	107	315	150	8	80	0.64	60.2
			80,85,90,95	132	172	132						
LT11	6300	1800	80,85,90,95	132	172	132	400	190	10	100	2.06	114
			100,110	167	212	167						
LT12	12500	1450	100,110,120,125	167	212	167	475	220	12	130	5.00	212
			130	202	252	202						
LT13	22400	1150	120,125	167	212	167	600	280	14	180	16.0	416
			130,140,150	202	262	202						
			160,170	242	302	242						

注：1. 转动惯量和质量是按 Y 型最大轴孔长度、最小轴孔直径计算的数值。

2. 轴孔型式组合为：Y/Y、J/Y、Z/Y。

表 6-3-23　　LTZ 型联轴器基本参数和主要尺寸　　mm

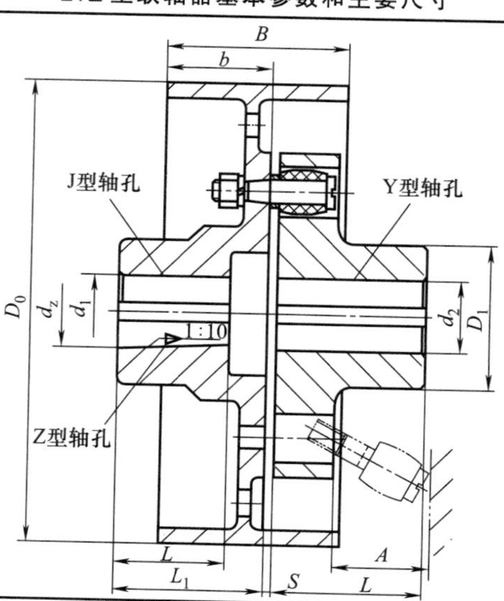

续表

型号	公称转矩 T_n /N·m	许用转速 $[n]$ /r·min^{-1}	轴孔直径 d_1、d_2、d_z /mm	轴孔长度 Y型 L	轴孔长度 J、Z型 L_1	轴孔长度 J、Z型 L	D_0 /mm	D_1 /mm	B/mm	b /mm	S /mm	A /mm	转动惯量 /kg·m^2	质量 /kg
				mm	mm	mm								
LTZ1	224	3800	25,28	44	62	44	200	56	85	40	5	45	0.05	8.3
			30,32,35	60	82	60								
LTZ2	355	3000	32,35,38	60	82	60	250	71	105	50	5	45	0.15	15.3
			40,42	84	112	84								
LTZ3	560	2400	40,42,45,48	84	112	84	315	80	135	65	5	45	0.45	30.3
LTZ4	1120	2400	45,48,50,55	84	112	84	315	95	135	65	6	65	0.50	40.0
			60,63	107	142	107								
LTZ5	1600	2400	50,55	84	112	84	315	110	135	65	6	65	1.26	47.3
			60,63,65,70	107	142	107								
LTZ6	3150	1900	63,65,70,75	107	142	107	400	150	170	81	8	80	1.63	93.0
			80,85,90,95	132	172	132								
LTZ7	6300	1500	80,85,90,95	132	172	132	500	190	210	100	10	100	4.04	172
			100,110	167	212	167								
LTZ8	12500	1200	100,110,120,125	167	212	167	630	220	265	127	12	130	15.0	304
			130	202	252	202								
LTZ9	22400	1000	120,125	167	212	167	710	280	300	143	14	180	33.0	577
			130,140,150	202	252	205								
			160,170	242	302	242								

注：1. 转动惯量和质量是按 Y 型最大轴孔长度、最小轴孔直径计算的数值。

2. 轴孔型式组合为：Y/Y、J/Y、Z/Y。

弹性套柱销联轴器的弹性套、挡圈、柱销的结构型式和主要尺寸参考表 6-3-24。

表 6-3-24　　弹性套、挡圈、柱销的主要尺寸　　mm

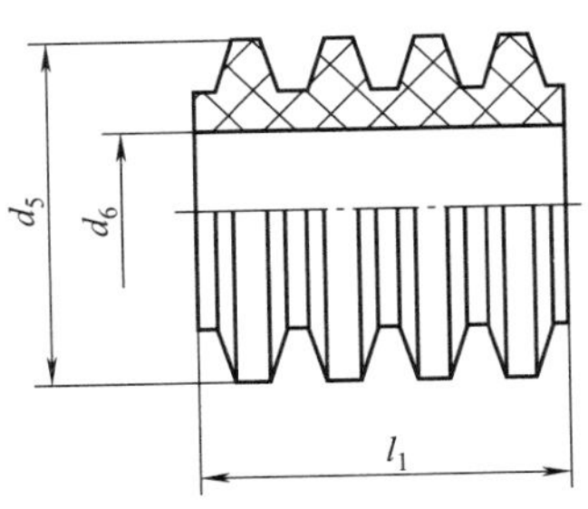

图(a)　弹性套柱销联轴器弹性套

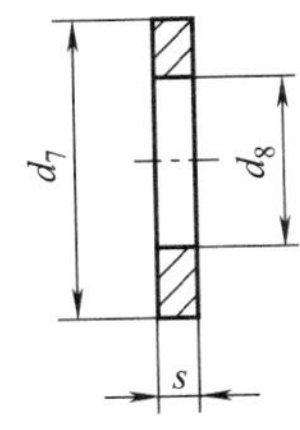

图(b)　弹性套柱销联轴器挡圈

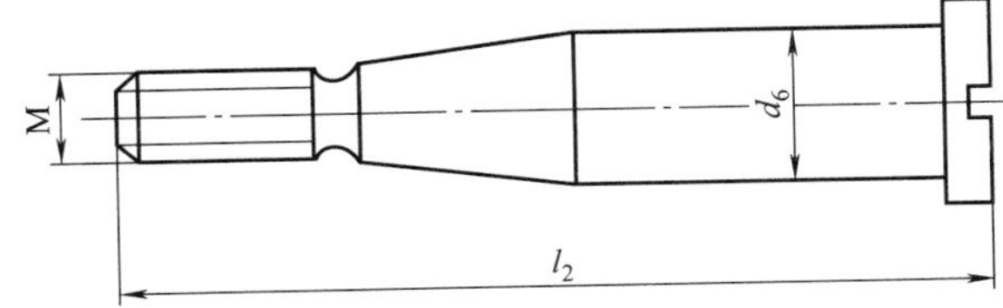

图(c)　弹性套柱销联轴器柱销

续表

型号		弹性套			挡圈			柱销	
		d_5	d_6	l_1	d_7	s	d_8	l_2	M
LT1		16	8	10	12	3	8.2	40	M6
LT2									
LT3		19	10	15	15	4	10.4	55	M6
LT4									
LT5	LTZ1	26	14	28	20	5	14.5	72	M12
LT6	LTZ2								
LT7	LTZ3								
LT8	LTZ4	35	18	36	25	6	18.6	88	M16
LT9	LTZ5								
LT10	LTZ6	45	24	44	32	8	24.8	110	M20
LT11	LTZ7	56	30	56	40	10	30.8	140	M24
LT12	LTZ8	71	38	72	50	12	39	170	M30
LT13	LTZ9	85	45	88	60	14	46	210	M36

用弹性套柱销联轴器连接的两轴间允许的最大轴线误差不得大于表 6-3-25 中的值。表中的最大运转补偿量是指在工作状态下允许的由于制造误差、安装误差、工作载荷变化引起的振动、冲击、变形、温度变化等综合因素形成的两轴间相对偏移量。

表 6-3-25 LT 型、LTZ 型弹性套柱销联轴器允许最大轴线误差

型号		允许最大安装误差		允许最大运转补偿量	
		径向 ΔY /mm	角向 $\Delta\alpha$	径向 ΔY /mm	角向 $\Delta\alpha$
LT1		0.1	45′	0.2	1°30′
LT2					
LT3					
LT4					
LT5	LTZ1	0.15		0.3	
LT6	LTZ2		30′		1°
LT7	LTZ3				
LT8	LTZ4	0.2		0.4	
LT9	LTZ5				
LT10	LTZ6				
LT11	LTZ7	0.25	15′	0.5	30′
LT12	LTZ8				
LT13	LTZ9	0.3		0.6	

弹性套柱销联轴器零件材料性能应不低于表 6-3-26 的要求。弹性套的材料力学性能应符合表 6-3-27 的要求。

3.3.5 弹性柱销齿式联轴器（GB/T 5015—2017）

弹性柱销齿式联轴器适用于连接两同轴线的传动轴系，并具有补偿两轴相对偏移和一般减振性能。工作温度 $-20\sim70$℃，传递公称转矩的范围为 112～2800000N·m。

弹性柱销齿式联轴器分为 LZ 型、LZD 型和 LZZ 型，详见表 6-3-28。

表 6-3-26 弹性套柱销联轴器零件材料

零件名称	材料	备注
半联轴器	ZG270-500	GB/T 11352
	45	GB/T 699
制动轮	ZG270-500	GB/T 11352
	45	GB/T 699
垫圈	65Mn	GB/T 93
挡圈	Q235	GB/T 700
弹性套	聚氨酯	
柱销	35	GB/T 699
螺母	性能等级 8 级	GB/T 3098.2

表 6-3-27 弹性套材料力学性能

名称	单位	数值	测试方法
硬度	ShoreA	75±3	GB/T 531.1
拉伸强度	MPa	＞35	GB/T 528
拉断伸长率	%	＞420	GB/T 528
撕裂强度	kN/m	＞45	GB/T 529
回弹性	%	＞18	GB/T 1681
脆性温度	℃	＜−40	GB/T 1682
压缩永久变形率(70℃、22h)	%	＜33	GB/T 7759.1
磨耗量	cm^3	＜0.05	GB/T 1689
耐油 Δm(ASTM No. 3 OIL 70℃×7d)	%	＜2	GB/T 1690

表 6-3-28 弹性柱销齿式联轴器的型式

型式代号	名 称	图 示	结构型式 基本参数和主要尺寸
LZ	基本型弹性柱销齿式联轴器		表 6-3-29
LZD	锥形轴孔弹性柱销齿式联轴器		表 6-3-30
LZZ	带制动轮弹性柱销齿式联轴器		表 6-3-31

表 6-3-29 LZ 型弹性柱销齿式联轴器基本参数和主要尺寸 mm

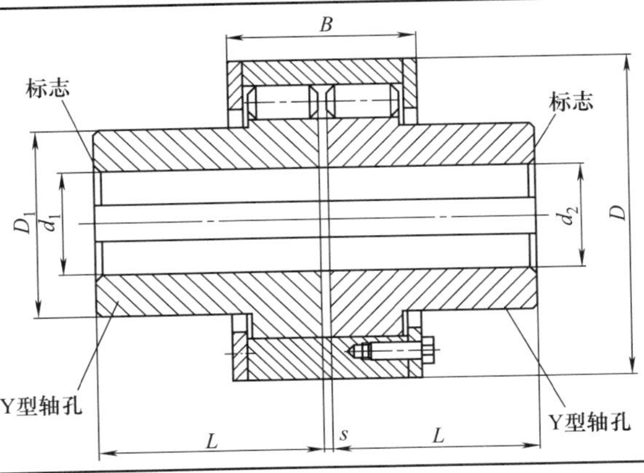

续表

<table>
<tr><th rowspan="2">型号</th><th rowspan="2">公称转矩
T_n
/N·m</th><th rowspan="2">许用转速
[n]
/r·min^{-1}</th><th rowspan="2">轴孔直径
d_1、d_2</th><th colspan="2">轴孔长度 L</th><th rowspan="2">D</th><th rowspan="2">D_1</th><th rowspan="2">B</th><th rowspan="2">s</th><th rowspan="2">转动惯量
I
/kg·m^2</th><th rowspan="2">质量
m
/kg</th></tr>
<tr><th>长系列</th><th>短系列</th></tr>
<tr><td rowspan="8">LZ1</td><td rowspan="8">112</td><td rowspan="8">5000</td><td>12</td><td rowspan="2">32</td><td rowspan="2">27</td><td rowspan="8">76</td><td rowspan="8">40</td><td rowspan="8">42</td><td rowspan="8">2.5</td><td rowspan="8">0.001</td><td rowspan="2">1.53</td></tr>
<tr><td>14</td></tr>
<tr><td>16</td><td rowspan="3">42</td><td rowspan="3">30</td><td rowspan="3">1.60</td></tr>
<tr><td>18</td></tr>
<tr><td>19</td></tr>
<tr><td>20</td><td rowspan="3">52</td><td rowspan="3">38</td><td rowspan="3">1.67</td></tr>
<tr><td>22</td></tr>
<tr><td>24</td></tr>
<tr><td rowspan="10">LZ2</td><td rowspan="10">250</td><td rowspan="10">5000</td><td>16</td><td rowspan="3">42</td><td rowspan="3">30</td><td rowspan="10">90</td><td rowspan="10">50</td><td rowspan="10">50</td><td rowspan="10">2.5</td><td rowspan="6">0.002</td><td rowspan="3">2.70</td></tr>
<tr><td>18</td></tr>
<tr><td>19</td></tr>
<tr><td>20</td><td rowspan="3">52</td><td rowspan="3">52</td><td rowspan="3">2.76</td></tr>
<tr><td>22</td></tr>
<tr><td>24</td></tr>
<tr><td>25</td><td rowspan="2">62</td><td rowspan="2">44</td><td rowspan="4">0.003</td><td rowspan="2">2.79</td></tr>
<tr><td>28</td></tr>
<tr><td>30</td><td rowspan="2">82</td><td rowspan="2">60</td><td rowspan="2">3.00</td></tr>
<tr><td>32</td></tr>
<tr><td rowspan="8">LZ3</td><td rowspan="8">630</td><td rowspan="8">4500</td><td>25</td><td rowspan="2">62</td><td rowspan="2">44</td><td rowspan="8">118</td><td rowspan="8">65</td><td rowspan="8">70</td><td rowspan="8">3</td><td rowspan="6">0.011</td><td rowspan="2">6.49</td></tr>
<tr><td>28</td></tr>
<tr><td>30</td><td rowspan="4">82</td><td rowspan="4">60</td><td rowspan="4">7.05</td></tr>
<tr><td>32</td></tr>
<tr><td>35</td></tr>
<tr><td>38</td></tr>
<tr><td>40</td><td rowspan="2">112</td><td rowspan="2">84</td><td rowspan="2">0.012</td><td rowspan="2">7.31</td></tr>
<tr><td>42</td></tr>
<tr><td rowspan="8">LZ4</td><td rowspan="8">1800</td><td rowspan="8">4200</td><td>40</td><td rowspan="7">112</td><td rowspan="7">84</td><td rowspan="8">158</td><td rowspan="8">90</td><td rowspan="8">90</td><td rowspan="8">4</td><td rowspan="7">0.044</td><td rowspan="7">16.20</td></tr>
<tr><td>42</td></tr>
<tr><td>45</td></tr>
<tr><td>48</td></tr>
<tr><td>50</td></tr>
<tr><td>55</td></tr>
<tr><td>56</td></tr>
<tr><td>60</td><td>142</td><td>107</td><td>0.045</td><td>15.25</td></tr>
<tr><td rowspan="10">LZ5</td><td rowspan="10">4500</td><td rowspan="10">4000</td><td>50</td><td rowspan="3">112</td><td rowspan="3">84</td><td rowspan="10">192</td><td rowspan="10">120</td><td rowspan="10">90</td><td rowspan="10">4</td><td rowspan="3">0.100</td><td rowspan="3">24.82</td></tr>
<tr><td>55</td></tr>
<tr><td>56</td></tr>
<tr><td>60</td><td rowspan="6">142</td><td rowspan="6">107</td><td rowspan="6">0.107</td><td rowspan="6">27.02</td></tr>
<tr><td>63</td></tr>
<tr><td>65</td></tr>
<tr><td>70</td></tr>
<tr><td>71</td></tr>
<tr><td>75</td></tr>
<tr><td>80</td><td>172</td><td>132</td><td>0.108</td><td>25.44</td></tr>
</table>

续表

型号	公称转矩 T_n /N·m	许用转速 [n] /r·min^{-1}	轴孔直径 d_1、d_2	轴孔长度 L		D	D_1	B	s	转动惯量 I /kg·m^2	质量 m /kg
				长系列	短系列						
LZ6	8000	3300	60	142	107	230	130	112	5	0.238	40.89
			63								
			65								
			70								
			71								
			75								
			80	172	132					0.242	40.15
			85								
			90								
			95								
LZ7	11200	2900	70	142	107	260	160	112	5	0.406	54.93
			71								
			75								
			80	172	132					0.428	59.14
			85								
			90								
			95								
			100	212	167					0.443	59.60
			110								
LZ8	18000	2500	80	172	132	300	190	128	6	0.860	89.35
			85								
			90								
			95								
			100	212	167					0.911	94.67
			110								
			120								
			125								
			130	252	202					0.908	87.43
LZ9	25000	2300	90	172	132	335	220	150	7	1.559	113.9
			95								
			100	212	167					1.678	138.1
			110								
			120								
			125								
			130	252	202					1.733	136.6
			140								
			150								
LZ10	31500	2100	100	212	167	355	245	152	8	2.236	165.5
			110								
			120								
			125								
			130	252	202					2.362	169.3
			140								
			150								
			160	302	242					2.422	164.0
			170								

续表

型号	公称转矩 T_n /N·m	许用转速 [n] /r·min^{-1}	轴孔直径 d_1、d_2	轴孔长度 L		D	D_1	B	s	转动惯量 I /kg·m^2	质量 m /kg
				长系列	短系列						
LZ11	40000	2000	110	212	167	380	260	172	8	3.054	190.9
			120								
			125								
			130	252	202					3.249	203.1
			140								
			150								
			160	302	242					3.369	202.1
			170								
			180								
LZ12	63000	1700	130	252	202	445	290	182	8	6.146	288.5
			140								
			150								
			160	302	242					6.432	296.6
			170								
			180								
			190	352	282					6.524	288.0
			200								
LZ13	100000	1500	150	252	202	515	345	218	8	12.76	413.6
			160	302	242					13.62	469.2
			170								
			180								
			190	352	282					14.19	480.0
			200								
			220								
			240	410	330					13.98	436.1
LZ14	125000	1400	170	302	242	560	390	218	8	19.90	581.5
			180								
			190	352	282					21.17	621.7
			200								
			220								
			240	410	330					21.67	599.4
			250								
			260								
LZ15	160000	1300	190	352	282	590	420	240	10	28.08	736.9
			200								
			220								
			240	410	330					29.18	730.5
			250								
			260								
			280	470	380					29.52	702.1
			300								
LZ16	250000	1000	220	352	282	695	490	265	10	56.21	1045
			240	410	330					60.05	1129
			250								
			260								
			280	470	380					60.56	1144
			300								
			320								
			340	550	450					62.47	1064

续表

型号	公称转矩 T_n /N·m	许用转速 [n] /r·min^{-1}	轴孔直径 d_1、d_2	轴孔长度 L		D	D_1	B	s	转动惯量 I /kg·m^2	质量 m /kg
				长系列	短系列						
LZ17	355000	950	240	410	330	770	550	285	10	105.5	1500
			250								
			260								
			280	470	380					102.3	1557
			300								
			320								
			340	550	450					106.0	1535
			360								
			380								
LZ18	450000	850	250	410	330	860	605	300	13	152.3	1902
			260								
			280	470	380					161.5	2025
			300								
			320								
			340	550	450					169.9	2062
			360								
			380								
			400	650	540					175.4	2029
			420								
LZ19	630000	750	280	470	380	970	695	322	14	283.7	2818
			300								
			320								
			340	550	450					303.4	2963
			360								
			380								
			400	650	540	970	695	322	14	323.2	3068
			420								
			440								
			450								
LZ20	1120000	650	320	470	380	1160	800	355	15	581.2	4010
			340	550	450					624.5	4426
			360								
			380								
			400	650	540					669.4	4715
			420								
			440								
			450								
			460								
			480								
			500								

续表

型号	公称转矩 T_n /N·m	许用转速 $[n]$ /r·min^{-1}	轴孔直径 d_1、d_2	轴孔长度 L		D	D_1	B	s	转动惯量 I /kg·m^2	质量 m /kg
				长系列	短系列						
LZ21	1800000	530	380	550	450	1440	1020	360	18	1565	7293
			400	650	540					1715	8228
			420								
			440								
			450								
			460								
			480								
			500								
			530	800	680					1880	8699
			560								
			600								
			630								
LZ22	2240000	500	420	650	540	1520	1100	405	19	2338	9736
			440								
			450								
			460								
			480								
			500								
			530	800	680					2596	10631
			560								
			600								
			630			1520	1100	405	19		
			670	—	780					2522	9473
			710								
			750								
LZ23	2800000	460	480	650	540	1640	1240	440	20	3490	11946
			500								
			530	800	680					3972	13822
			560								
			600								
			630								
			670	—	780					3949	12826
			710								
			750								
			800	—	880					3982	12095
			850								

注：1. 质量、转动惯量是按 Y/J_1 轴孔组合型式和最小轴孔直径计算的。
2. 短时过载不得超过公称转矩 T_n 值的 2 倍。

表 6-3-30 LZD 型锥形轴孔弹性柱销齿式联轴器基本参数和主要尺寸 mm

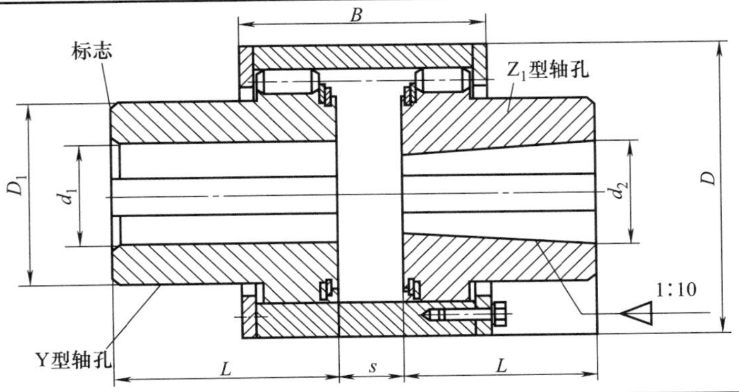

型号	公称转矩 T_n/N·m	许用转速[n] /r·min^{-1}	轴孔直径 d_1、d_2	轴孔长度 L Y型	轴孔长度 L Z_1型	D	D_1	B	s	转动惯量 I/kg·m^2	质量 m/kg
LZD1	112	5000	16	42	30	78	40	65	14.5	0.002	2.08
			18								
			19								
			20	52	38			70	16.5		2.25
			22								
			24								
			25	62	44			75	20.5		2.30
			28								
LZD2	250	5000	25	62	44	90	50	88	20.5	0.004	3.74
			28								
			30	82	60			92	24.5		3.98
			32								
LZD3	630	4500	30	82	60	118	65	115	25	0.015	9.43
			32								
			35								
			38								
			40	112	84			125	31	0.016	10.30
			42								
LZD4	1800	4200	40	112	84	158	90	145	32	0.052	22.46
			42								
			45								
			48								
			50								
			55								
			56								
			60	142	107			152	39	0.061	22.36
LZD5	4500	4000	50	112	84	192	120	145	32	0.131	29.24
			55								
			56								
			60	142	107			152	39	0.141	31.71
			63								
			65								
			70								
			71								
			75								
			80	172	132			158	44	0.143	30.45

续表

型号	公称转矩 T_n/N·m	许用转速[n] /r·min^{-1}	轴孔直径 d_1、d_2	轴孔长度 L		D	D_1	B	s	转动惯量 I/kg·m^2	质量 m/kg
				Y 型	Z_1 型						
LZD6	8000	3300	60	142	107	230	130	175	40	0.309	48.16
			63								
			65								
			70								
			71								
			75								
			80	172	132			178	45	0.312	47.25
			85								
			90								
			95								
LZD7	11200	2900	70	142	107	260	160	178	40	0.535	64.13
			71								
			75								
			80	172	132			182	45	0.546	68.38
			85								
			90								
			95								
			100	212	167			188	50	0.570	69.42
			110								
LZD8	18000	2500	80	172	132	300	190	202	46	1.091	102.7
			85								
			90								
			95								
			100	212	167			208	51	1.157	108.8
			110								
			120								
			125								
			130	252	202			212	56	1.105	101.7
LZD9	25000	2300	90	172	132	335	220	232	47	1.957	142.4
			95								
			100	212	167			238	52	2.097	157.5
			110								
			120								
			125								
			130	252	202			242	57	2.728	184.2
			140								
			150								
LZD10	31500	2100	100	212	167	355	245	240	53	2.728	184.2
			110								
			120								
			125								
			130	252	202			245	58	2.840	188.5
			140								
			150								
			160	302	242			255	68	2.926	184.1
			170								

续表

型号	公称转矩 T_n/N·m	许用转速[n] /r·min^{-1}	轴孔直径 d_1、d_2	轴孔长度 L Y型	轴孔长度 L Z_1型	D	D_1	B	s	转动惯量 I/kg·m^2	质量 m/kg
LZD11	40000	2000	110	212	167	380	260	260	53	3.659	212.3
			120								
			125								
			130	252	202			265	58	3.870	225.0
			140								
			150								
			160	302	242			275	68	4.021	224.8
			170								
			180								
LZD12	63000	1700	130	252	202	445	290	282	58	7.548	325.7
			140								
			150								
			160	212	167			292	68	7.94	335.2
			170								
			180								
			190	352	282			302	78	8.051	327.9
			200								
LZD13	100000	1500	150	252	202	515	345	313	58	14.925	468.4
			160	302	242			323	68	15.892	513.1
			170								
			180								
			190	352	282			332	78	16.514	524.5
			200								
			220								

注：1. 质量、转动惯量是按 Y/Z_1 轴孔组合型式、最大轴孔长度和最小轴孔直径计算的。

2. Z_1 型轴孔长度 L 也适用于 Y 型短系列轴孔长度。

3. 短时过载不得超过公称转矩 T_n 值的 2 倍。

表 6-3-31　LZZ 型带制动轮弹性柱销齿式联轴器基本参数和主要尺寸　mm

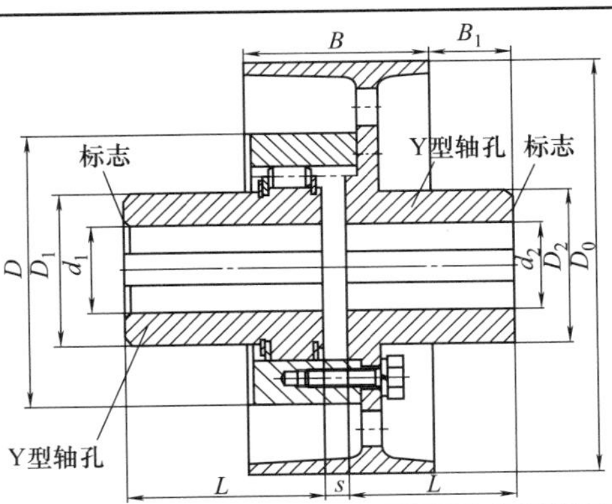

型号	公称转矩 T_n/N·m	许用转速[n] /r·min^{-1}	轴孔直径 d_1	轴孔直径 d_2	轴孔长度 L 长系列	轴孔长度 L 短系列	D_0	D	D_1	D_2	B	B_1	s	转动惯量 I/kg·m^2	质量 m/kg
LZZ1	250	4500	16	16	42	—	160	98	50	56	70	9	2	0.018	5.82
			18	18											
			19	19											
			20	20	52	38						19			6.05
			22	22											
			24	24											
			25	25	62	44						29			6.17
			28	28											
			30	30	82	60						49			6.64
			32	32											
			—	35											
			—	38											

续表

型号	公称转矩 T_n/N·m	许用转速[n] /r·min^{-1}	轴孔直径		轴孔长度 L		D_0	D	D_1	D_2	B	B_1	s	转动惯量 I/kg·m^2	质量 m/kg
			d_1	d_2	长系列	短系列									
LZZ2	630	3800	25	25	62	—	200	124	65	70	85	30	2	0.053	11.15
			28	28											
			30	30	82	60						50			11.77
			32	32											
			35	35											
			38	38											
			40	40	112	84						80			12.04
			42	42											
			—	45											
			—	48											
LZZ3	1800	3000	40	40	112	84	250	166	90	105	105	48.5	3	0.181	28.09
			42	42											
			45	45											
			48	48											
			50	50											
			55	55											
			56	56											
			60	60	142	107						78.5		0.183	27.54
			—	63											
			—	65											
			—	70											
LZZ4	4500	2450	50	50	112	84	315	214	120	130	135	40	3	0.534	48.75
			55	55											
			56	56											
			60	60	142	107						70		0.543	51.69
			63	63											
			65	65											
			70	70											
			71	71											
			75	75											
			80	80	172	132						100		0.547	50.21
			—	85											
			—	90											
LZZ5	8000	1900	60	60	142	107	400	240	130	145	170	44	3	1.404	76.51
			63	63											
			65	65											
			70	70											
			71	71											
			75	75											
			80	80	172	132						74		1.413	76.25
			85	85											
			90	90											
			—	95											

续表

型号	公称转矩 T_n/N·m	许用转速[n] /r·min^{-1}	轴孔直径		轴孔长度 L		D_0	D	D_1	D_2	B	B_1	s	转动惯量 I/kg·m^2	质量 m/kg
			d_1	d_2	长系列	短系列									
LZZ6	11200	1500	70	70	142	107	500	280	160	170	210	40	4	3.812	124.65
			71	71											
			75	75											
			80	80	172	132						70		3.841	129.73
			85	85											
			90	90											
			95	95											
			100	100	212	167						110		3.865	130.61
			110	110											
			—	120											
LZZ7	18000	1200	80	80	172	132	630	330	190	200	265	42	4	10.674	216.43
			85	85											
			90	90											
			95	95											
			100	100	212	167						82		10.742	222.63
			110	110											
			120	120											
			125	125											
			130	130	252	202						112		10.753	215.03
LZZ8	25000	1050	90	90	172	132	710	380	220	220	300	35	4	18.960	293.01
			95	95											
			100	100	212	167						45		19.089	307.92
			110	110											
			120	120											
			125	125											
			130	130	252	202						85		19.156	305.42
			140	140											
			150	150											
LZZ9	31500	950	100	100	212	167	800	400	245	245	340	40	5	33.258	403.84
			110	110											
			120	120											
			125	125											
			130	130	252	202						80		33.385	405.88
			140	140											
			150	150											
			160	160	302	242						130		33.446	398.57
			170	170											
			180	180											

注：1. 质量、转动惯量是按 Y/Y 轴孔组合型式、最大轴孔长度和最小轴孔直径计算的。
2. 短时过载不得超过公称转矩 T_n 值的 2 倍。

弹性柱销齿式联轴器使用时，被连接两轴的相对偏移量不得大于表 6-3-32 的规定。

表 6-3-32　联轴器许用补偿量

型　号	径向 ΔY/mm	轴向 ΔX/mm	角向 Δα
LZ1～LZ3 LZD1～LZD3	0.30	±1.5	0°30′
LZ4～LZ7 LZD4～LZD7	0.40		
LZ8～LZ13 LZD8～LZD13	0.60	±2.5	
LZ14～LZ17	1.0		
LZ18～LZ21		±5.0	
LZ22～LZ23	1.5		
LZZ1～LZZ2	0.15	+1	0°30′
LZZ3～LZZ5	0.20	+3	
LZZ6～LZZ7		+5	
LZZ8～LZZ9	0.30	+10	

注：1. 径向补偿量的测量部位在半联轴器最大外圆宽度的二分之一处。

2. 表中所列补偿量是指由于安装误差、冲击、振动、变形、温度变化等因素形成的两轴相对偏移量，其安装误差必须小于表中数值。

弹性柱销齿式联轴器主要零件的材料应满足表 6-3-33的要求，其中 MC 尼龙的力学性能应满足表 6-3-20的要求。柱销不得有缩孔、气泡、夹杂以及其他影响性能的缺陷存在。制动轮外圆表面应淬火，其硬度应控制在 35～45HRC，深度 2～3mm。

表 6-3-33　弹性柱销齿式联轴器主要零件材料

序号	零件名称	材料	备注
1	外齿轴套	45	GB/T 699
2	内齿套		
3	半联轴器		
4	制动轮	ZG270-500	GB/T 11352
5	柱销	MC 尼龙	—
6	螺栓	性能等级 8.8 级	GB/T 5783

3.3.6　弹性块联轴器（JB/T 9148—1999）

弹性块联轴器适用于连接两同轴线的大、中功率的振动冲击较大的传动轴系，具有一定补偿两轴间相对偏移、减振、缓冲、无噪声和不用润滑等特点。适用的工作温度为－30～120℃，传递公称转矩的范围为 10000～3150000N · m。

弹性块联轴器分为 LK 型（基本型）和 LKA 型（安全型）两种型式，具体尺寸参数见表 6-3-34～表 6-3-37。

表 6-3-34　LK 型弹性块联轴器基本参数和主要尺寸　mm

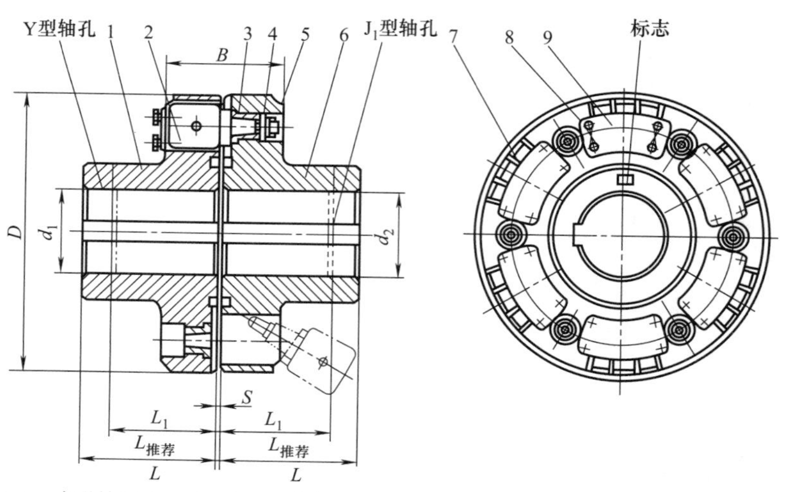

1,6—半联轴器；2—传力臂；3—锥套；4—垫圈；5—螺母；7—弹性块；8—螺栓；9—压板

续表

型号	公称转矩 T_n/N·m	许用转速[n] /r·min^{-1}	轴孔直径 d_1、d_2	轴孔长度 Y型 L	轴孔长度 J_1型 L_1	$L_{推荐}$	D	B	S	质量 m/kg	转动惯量 I /kg·m^2
LK1	10000	1950	85,90,95	172	132	150	370	190	5	125	4
			100,110,120	212	167						
LK2	16000	1750	95	172	132	170	415	208		200	5.2
			100,110,120,125	212	167						
			130	252	202						
LK3	25000	1600	110,120,125	212	167	185	450	225		265	6.3
			130,140,150	252	202						
LK4	40000	1400	130,140,150			210	520	260		338	21.5
			160,170,180	302	242						
LK5	63000	1200	160,170,180			230	600	275	6	580	26.6
			190,200,220	352	282						
LK6	100000	1170	190,200,220			260	620	285		625	29.3
			240,250,260	410	330						
LK7	125000	1080	220	352	282	280	670	295		780	55
			240,250,260	410	330						
			280	470	380						
LK8	160000	990	240,250,260	410	330	300	730	305		880	80
			280,300,320	470	380						
LK9	200000	950	260	410	330	320	760	315		1075	100
			280,300,320	470	380						
			340	550	450						
LK10	250000	920	280,300,320	470	380	345	790	345	7	1270	120
			340,360	550	450						
LK11	315000	820	300,320	470	380	360	850	380		1545	192
			340,360,380	550	450						
LK12	400000	790	320	470	380	380	910	420		1820	255
			340,360,380	550	450						
			400	650	540						
LK13	500000	750	360,380	550	450	400	960	460	8	2245	332
			400,420,440	650	540						
LK14	630000	690	400,420,440,450,460,480			450	1050	505		2670	520
LK15	900000	600	440,450,460,480,500			500	1200	550	10	4401	708
			530	800	680						
LK16	1250000	535	460,480,500	650	540	520	1350	570		4870	1248
			530,560	800	680						
LK17	1600000	480	530,560,600,630			600	1500	650	12	5900	1930
LK18	2000000	450	560,600,630			650	1600	730		7000	2650
			670	900	780						
LK19	2500000	420	630	800	680	680	1700	780		8850	4080
			670,710,750	900	780						
LK20	3150000	380	710,750			750	1900	820		12060	5500
			800,850	1000	880						

注：1. 质量、转动惯量是近似值。

2. 瞬时最大转矩不得超过公称转矩 T_n 的 1.5 倍。

第6篇

表 6-3-35 LKA 型弹性块联轴器基本参数和主要尺寸 mm

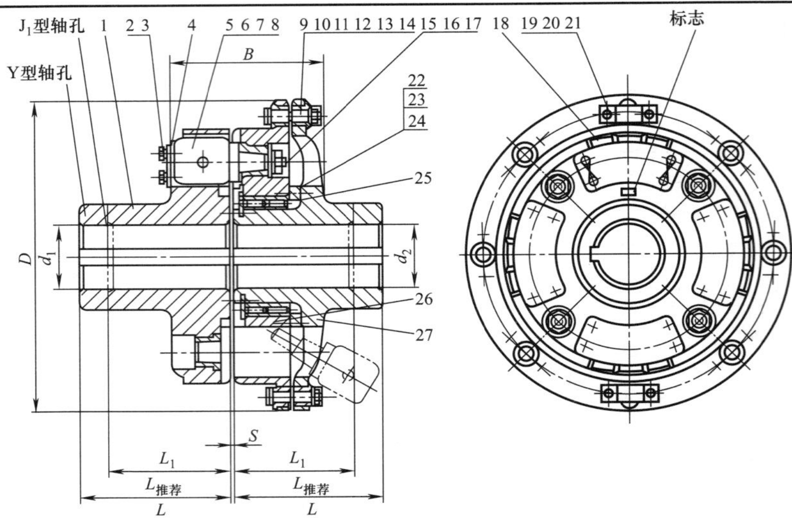

1,27—半联轴器；2,16,21,23—螺栓；3,14,17,20,24—垫圈；4—压板；5—传力臂；6—锥套；7—垫；8,13—螺母；9—安全销；10—销套；11—碟簧；12—压环；15—摩擦环；18—弹性块；19—销罩；22—止推环；25—轴承；26—中间盘

<table>
<tr><th rowspan="3">型号</th><th rowspan="3">公称转矩
T_n/N·m</th><th rowspan="3">许用转速[n]
/r·min^{-1}</th><th rowspan="3">轴孔直径
d_1、d_2</th><th colspan="3">轴孔长度</th><th rowspan="3">D</th><th rowspan="3">B</th><th rowspan="3">S</th><th rowspan="3">质量
m/kg</th><th rowspan="3">转动惯量
I
/kg·m^2</th></tr>
<tr><th>Y 型</th><th>J_1 型</th><th rowspan="2">$L_{推荐}$</th></tr>
<tr><th>L</th><th>L_1</th></tr>
<tr><td rowspan="2">LKA1</td><td rowspan="2">10000</td><td rowspan="2">1275</td><td>85,90,95</td><td>172</td><td>132</td><td rowspan="2">150</td><td rowspan="2">500</td><td rowspan="2">244</td><td rowspan="11">5</td><td rowspan="2">258</td><td rowspan="2">4.32</td></tr>
<tr><td>100,110,120</td><td>212</td><td>167</td></tr>
<tr><td rowspan="3">LKA2</td><td rowspan="3">16000</td><td rowspan="3">1195</td><td>95</td><td>172</td><td>132</td><td rowspan="3">170</td><td rowspan="3">550</td><td rowspan="3">250</td><td rowspan="3">364</td><td rowspan="3">6.1</td></tr>
<tr><td>100,110,120,125</td><td>212</td><td>167</td></tr>
<tr><td>130</td><td>252</td><td>202</td></tr>
<tr><td rowspan="2">LKA3</td><td rowspan="2">25000</td><td rowspan="2">1100</td><td>110,120,125</td><td>212</td><td>167</td><td rowspan="2">185</td><td rowspan="2">600</td><td rowspan="2">260</td><td rowspan="2">452</td><td rowspan="2">7.32</td></tr>
<tr><td>130,140,150</td><td rowspan="2">252</td><td rowspan="2">202</td></tr>
<tr><td rowspan="2">LKA4</td><td rowspan="2">40000</td><td rowspan="2">1020</td><td>130,140,150</td><td rowspan="2">210</td><td rowspan="2">700</td><td rowspan="2">280</td><td rowspan="2">700</td><td rowspan="2">22.35</td></tr>
<tr><td>160,170,180</td><td rowspan="2">302</td><td rowspan="2">242</td></tr>
<tr><td rowspan="2">LKA5</td><td rowspan="2">63000</td><td rowspan="2">955</td><td>160,170,180</td><td rowspan="2">230</td><td rowspan="2">750</td><td rowspan="2">300</td><td rowspan="2">790</td><td rowspan="2">35.1</td></tr>
<tr><td>190,200,220</td><td rowspan="2">352</td><td rowspan="2">282</td></tr>
<tr><td rowspan="2">LKA6</td><td rowspan="2">100000</td><td rowspan="2">890</td><td>190,200,220</td><td rowspan="2">260</td><td rowspan="2">800</td><td rowspan="2">325</td><td rowspan="5">6</td><td rowspan="2">850</td><td rowspan="2">65.3</td></tr>
<tr><td>240,250,260</td><td>410</td><td>330</td></tr>
<tr><td rowspan="3">LKA7</td><td rowspan="3">125000</td><td rowspan="3">750</td><td>220</td><td>352</td><td>282</td><td rowspan="3">280</td><td rowspan="3">900</td><td rowspan="3">345</td><td rowspan="3">930</td><td rowspan="3">83.2</td></tr>
<tr><td>240,250,260</td><td>410</td><td>330</td></tr>
<tr><td>280</td><td>470</td><td>380</td></tr>
<tr><td rowspan="2">LKA8</td><td rowspan="2">160000</td><td rowspan="2">630</td><td>240,250,260</td><td>410</td><td>330</td><td rowspan="2">300</td><td rowspan="2">1000</td><td rowspan="2">370</td><td rowspan="5">7</td><td rowspan="2">1200</td><td rowspan="2">100</td></tr>
<tr><td>280,300,320</td><td>470</td><td>380</td></tr>
<tr><td rowspan="3">LKA9</td><td rowspan="3">200000</td><td rowspan="3">595</td><td>260</td><td>410</td><td>330</td><td rowspan="3">320</td><td rowspan="3">1100</td><td rowspan="3">395</td><td rowspan="3">1500</td><td rowspan="3">140</td></tr>
<tr><td>280,300,320</td><td>470</td><td>380</td></tr>
<tr><td>340</td><td>550</td><td>450</td></tr>
<tr><td rowspan="2">LKA10</td><td rowspan="2">250000</td><td rowspan="2">560</td><td>280,300,320</td><td>470</td><td>380</td><td rowspan="2">345</td><td rowspan="2">1150</td><td rowspan="2">425</td><td rowspan="7">8</td><td rowspan="2">1810</td><td rowspan="2">185</td></tr>
<tr><td>340,360</td><td>550</td><td>450</td></tr>
<tr><td rowspan="2">LKA11</td><td rowspan="2">315000</td><td rowspan="2">500</td><td>300,320</td><td>470</td><td>380</td><td rowspan="2">360</td><td rowspan="2">1200</td><td rowspan="2">450</td><td rowspan="2">2300</td><td rowspan="2">249</td></tr>
<tr><td>340,360,380</td><td>550</td><td>450</td></tr>
<tr><td rowspan="3">LKA12</td><td rowspan="3">400000</td><td rowspan="3">450</td><td>320</td><td>470</td><td>380</td><td rowspan="3">380</td><td rowspan="3">1300</td><td rowspan="3">485</td><td rowspan="3">2800</td><td rowspan="3">382</td></tr>
<tr><td>340,360,380</td><td>550</td><td>450</td></tr>
<tr><td>400</td><td>650</td><td>540</td></tr>
</table>

续表

型号	公称转矩 T_n/N·m	许用转速[n] /r·min^{-1}	轴孔直径 d_1、d_2	轴孔长度 Y 型 L	轴孔长度 J_1 型 L_1	$L_{推荐}$	D	B	S	质量 m/kg	转动惯量 I /kg·m^2
LKA13	500000	410	360,380	550	450	400	1400	520	10	3400	515
			400,420,440	650	540						
LKA14	630000	320	400,420,440,450,460,480			450	1550	570		4520	902
LKA15	900000	250	440,450,460,480,500			500	1750	650		6610	1630
			530	800	680						
LKA16	1250000	225	460,480,500	650	540	520	1900	720	12	9300	2790
			530,560	800	680						
LKA17	1600000	220	530,560,600,630			600	2080	765	15	11700	3950
LKA18	2000000	190	560,600,630			650	2200	800		13400	5300
			670	900	780						
LKA19	2500000	155	630	800	680	680	2300	915		15670	7296
			670,710,750	—	780						
LKA20	3150000	130	710,750			750	2500	1040		19890	10650
			800,850		880						

注：1. 质量、转动惯量为近似值。

2. 瞬时最大转矩不得超过公称转矩 T_n 的 1.5 倍。

表 6-3-36　LK 型弹性块主要尺寸　mm

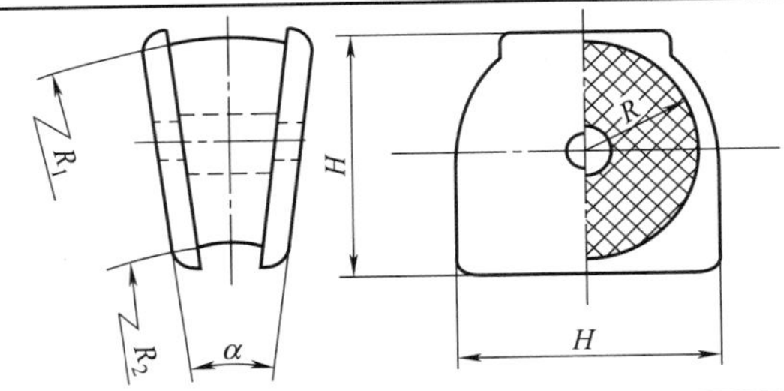

型号	H	R	R_1	R_2	α
LK1	90	42	172	88	15°
LK2	98	46	194	102	
LK3	106	49	205	107	10°
LK4	123	58	238	122	
LK5	130	60	275	155	
LK6	136	63	283	157	
LK7	140	65	312	182	
LK8	145	67	342	208	
LK9	155	72	368	224	8°30′
LK10	169	79	396	238	
LK11	186	88	431	255	
LK12	206	98	462	266	
LK13	220	105	505	295	
LK14	240	115	555	325	
LK15	260	125	620	370	
LK16	280	134	677	409	
LK17	319	152	742	438	
LK18	355	169	809	471	
LK19	380	180	872	512	
LK20	400	190	958	578	

表 6-3-37　LKA 型弹性块主要尺寸　mm

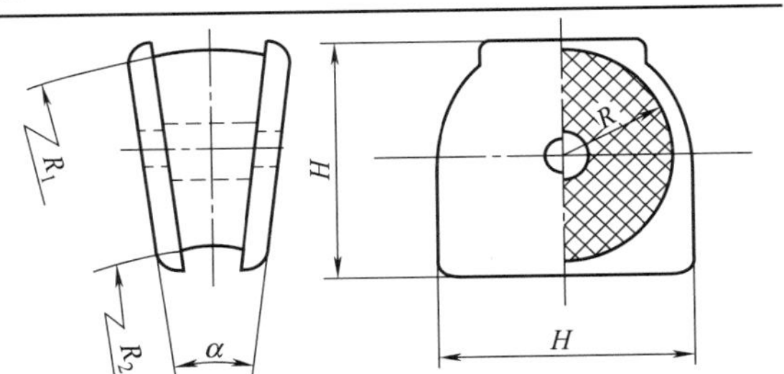

型号	H	R	R_1	R_2	α
LKA1	80	32	180	116	8°30′
LKA2	92	35	200	130	
LKA3	100	38	220	144	
LKA4	105	43	246	160	
LKA5	108	48	274	174	
LKA6	112	53	304	198	
LKA7	116	55	353	243	
LKA8	120	56	386	274	
LKA9	125	58	425	309	
LKA10	130	60	442	322	
LKA11	140	65	465	335	
LKA12	147	70	505	365	
LKA13	155	72	545	400	
LKA14	170	80	612	452	
LKA15	190	90	690	510	
LKA16	215	102	752	548	
LKA17	235	110	830	610	
LKA18	250	118	884	648	
LKA19	265	125	949	699	
LKA20	285	135	1005	735	

表 6-3-38 LK型、LKA型弹性块联轴器许用补偿量

许用补偿量	型号			
	LK1～LK4 LKA1	LK5～LK15 LKA2～LKA11	LK16～LK18 LKA12～LKA14	LK19～LK20 LKA15～LKA20
轴向 ΔX/mm	±1.5	±2	±2.5	±3
径向 ΔY/mm	0.5	0.8		1
角向 $\Delta\alpha$	0°30′		0°15′	

注：表中所列许用补偿量是指工作状态允许的由于制造误差、安装误差、工作载荷变化所引起的冲击、振动、机座变形、温度变化等综合因素所形成的两轴间相对偏移的补偿能力。

弹性块联轴器的许用补偿量见表6-3-38，安装误差应小于许用补偿量的二分之一。

联轴器零件材料性能应满足表6-3-39的要求，其中橡胶弹性块物理力学性能应符合表6-3-40的要求。联轴器表面应没有裂纹、缩孔、气泡、夹渣及其他影响强度的缺陷。橡胶弹性件表面应光滑、平整。

表 6-3-39 弹性块联轴器零件材料性能

序号	零件名称	材料	备注
1	半联轴器	ZG270-500	GB/T 11352
2	传力臂	45、42CrMo	JB/T 6397
3	弹性块	橡胶	表6-3-42
4	螺栓	性能等级8.8级	GB/T 3098.1
5	螺母	性能等级8级	GB/T 3098.2
6	垫圈	65Mn	GB/T 93
7	安全销	35、45	GB/T 119

表 6-3-40 弹性块联轴器橡胶弹性块物理力学性能

序号	力学性能	单位	指标	试验方法
1	硬度(邵尔A型)	度	35～85	GB/T 531
2	扯断伸长率	%	100～300	GB/T 528
3	扯断强度	MPa	10～14	GB/T 528
4	老化:70℃×70h硬度变化	%	10	GB/T 3512
5	压缩永久变形常温22h最大	%	40～50	GB/T 1683

3.3.7 弹性环联轴器（GB/T 2496—2008）

弹性环联轴器适用于连接两同轴线传动轴系，具有一定补偿相对偏移和减振缓冲性能。适用的工作温度为－10～60℃，传递公称转矩的范围为710～100000N·m。弹性环联轴器只有XL型一种型式。

表 6-3-41 XL型弹性环联轴器的结构型式、基本参数和主要尺寸

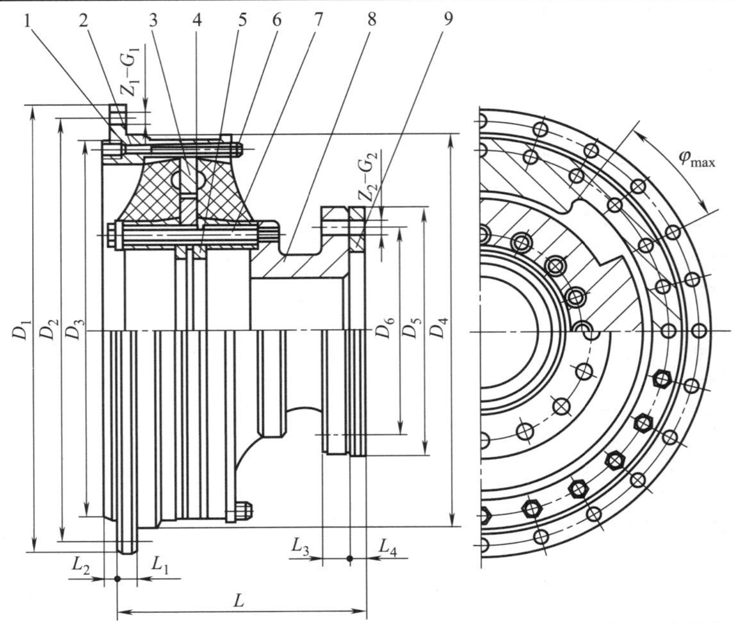

1—橡胶弹性环；2—连接盘；3—外限制盘；4—内限制盘；5—定位环；6，7—螺栓；8—连接法兰；9—圆盘

续表

<table>
<tr><th rowspan="2">型号</th><th rowspan="2">公称转矩
T_n/kN·m</th><th rowspan="2">瞬时最大转矩
T_{max}/kN·m</th><th rowspan="2">许用振动转矩
T_{v5}/kN·m</th><th rowspan="2">许用转速
n/r·min^{-1}</th><th colspan="2">静态扭转角/(°)</th><th rowspan="2">静态扭转刚度
C_s/kN·m·rad^{-1}</th></tr>
<tr><th>T_n 时 φ_n</th><th>T_{max}时 φ_{max}</th></tr>
<tr><td>XL7</td><td>0.71</td><td>1.78</td><td>±0.18</td><td>4000</td><td rowspan="16">10</td><td rowspan="16">25</td><td>4.07</td></tr>
<tr><td>XL11</td><td>1.12</td><td>2.80</td><td>±0.28</td><td>3800</td><td>6.42</td></tr>
<tr><td>XL18</td><td>1.80</td><td>4.50</td><td>±0.45</td><td>3500</td><td>10.31</td></tr>
<tr><td>XL28</td><td>2.80</td><td>7.00</td><td>±0.70</td><td>3000</td><td>16.04</td></tr>
<tr><td>XL40</td><td>4.00</td><td>10.00</td><td>±1.00</td><td>2800</td><td>22.92</td></tr>
<tr><td>XL56</td><td>5.60</td><td>14.00</td><td>±1.40</td><td>2500</td><td>32.09</td></tr>
<tr><td>XL80</td><td>8.00</td><td>20.00</td><td>±2.00</td><td>2200</td><td>45.84</td></tr>
<tr><td>XL110</td><td>11.20</td><td>28.00</td><td>±2.80</td><td>1950</td><td>64.17</td></tr>
<tr><td>XL160</td><td>16.00</td><td>40.00</td><td>±4.00</td><td>1750</td><td>91.67</td></tr>
<tr><td>XL180</td><td>18.00</td><td>45.00</td><td>±4.50</td><td>1650</td><td>103.13</td></tr>
<tr><td>XL250</td><td>25.00</td><td>62.50</td><td>±6.25</td><td>1500</td><td>143.24</td></tr>
<tr><td>XL315</td><td>31.50</td><td>78.75</td><td>±7.88</td><td>1400</td><td>180.48</td></tr>
<tr><td>XL400</td><td>40.00</td><td>100.00</td><td>±10.00</td><td>1300</td><td>229.18</td></tr>
<tr><td>XL560</td><td>56.00</td><td>140.00</td><td>±14.00</td><td>1200</td><td>320.86</td></tr>
<tr><td>XL710</td><td>71.00</td><td>177.50</td><td>±17.75</td><td>1100</td><td>406.80</td></tr>
<tr><td>XL1000</td><td>100.00</td><td>250.00</td><td>±25.00</td><td>1000</td><td>572.96</td></tr>
</table>

<table>
<tr><th rowspan="2">型号</th><th colspan="15">主要尺寸/mm</th><th colspan="3">转动惯量/kg·m^2</th><th rowspan="2">质量
m/kg</th></tr>
<tr><th>D_1</th><th>D_2</th><th>D_3</th><th>D_4</th><th>D_5</th><th>D_6</th><th>G_1</th><th>Z_1</th><th>G_2</th><th>Z_2</th><th>L</th><th>L_1</th><th>L_2</th><th>L_3</th><th>L_4</th><th>外部 J_1</th><th>内部 J_2</th><th>总体 J</th></tr>
<tr><td>XL7</td><td>295</td><td>275</td><td>240</td><td>250</td><td>150</td><td>130</td><td rowspan="3">12</td><td>12</td><td>11</td><td rowspan="5">12</td><td>150</td><td rowspan="2">10</td><td rowspan="7">5</td><td>12</td><td rowspan="3">10</td><td>0.14</td><td>0.04</td><td>0.18</td><td>20</td></tr>
<tr><td>XL11</td><td>335</td><td>315</td><td>275</td><td>285</td><td>170</td><td>145</td><td rowspan="4">16</td><td rowspan="2">13</td><td>170</td><td>15</td><td>0.28</td><td>0.07</td><td>0.35</td><td>30</td></tr>
<tr><td>XL18</td><td>390</td><td>365</td><td>320</td><td>330</td><td>190</td><td>165</td><td>200</td><td>12</td><td rowspan="2">20</td><td>0.51</td><td>0.16</td><td>0.67</td><td>45</td></tr>
<tr><td>XL28</td><td>440</td><td>415</td><td>370</td><td>380</td><td>220</td><td>180</td><td rowspan="3">14</td><td rowspan="3">17</td><td>230</td><td rowspan="4">15</td><td rowspan="2">15</td><td>1.02</td><td>0.33</td><td>1.35</td><td>70</td></tr>
<tr><td>XL40</td><td>490</td><td>465</td><td>410</td><td>420</td><td>250</td><td>210</td><td>265</td><td>25</td><td>1.74</td><td>0.58</td><td>2.32</td><td>100</td></tr>
<tr><td>XL56</td><td>530</td><td>500</td><td>450</td><td>460</td><td>290</td><td>240</td><td>24</td><td>16</td><td>300</td><td rowspan="2">30</td><td rowspan="4">20</td><td>2.59</td><td>1.04</td><td>3.63</td><td>135</td></tr>
<tr><td>XL80</td><td>600</td><td>565</td><td>510</td><td>520</td><td>320</td><td>270</td><td rowspan="2">18</td><td rowspan="2">16</td><td rowspan="2">21</td><td>12</td><td>315</td><td>4.35</td><td>1.77</td><td>6.12</td><td>180</td></tr>
<tr><td>XL110</td><td>680</td><td>640</td><td>580</td><td>600</td><td>380</td><td>320</td><td>16</td><td>355</td><td>20</td><td rowspan="9">10</td><td rowspan="3">35</td><td>8.85</td><td>3.36</td><td>12.21</td><td>282</td></tr>
<tr><td>XL160</td><td>760</td><td>720</td><td>640</td><td>655</td><td>420</td><td>370</td><td rowspan="3">22</td><td>24</td><td rowspan="3">25</td><td rowspan="2">12</td><td>380</td><td rowspan="3">25</td><td>14.52</td><td>5.56</td><td>20.08</td><td>350</td></tr>
<tr><td>XL180</td><td>810</td><td>770</td><td>690</td><td>705</td><td>450</td><td>400</td><td>16</td><td>410</td><td rowspan="2">25</td><td>19.62</td><td>8.12</td><td>27.78</td><td>415</td></tr>
<tr><td>XL250</td><td>860</td><td>820</td><td>750</td><td>765</td><td>480</td><td>430</td><td>24</td><td>16</td><td>440</td><td rowspan="2">40</td><td>26.45</td><td>12.57</td><td>39.02</td><td>500</td></tr>
<tr><td>XL315</td><td>950</td><td>900</td><td>820</td><td>835</td><td>530</td><td>460</td><td rowspan="3">26</td><td>16</td><td rowspan="2">31</td><td>12</td><td>475</td><td rowspan="3">30</td><td rowspan="5">30</td><td>45.52</td><td>19.4</td><td>64.92</td><td>700</td></tr>
<tr><td>XL400</td><td>1000</td><td>950</td><td>870</td><td>885</td><td>570</td><td>500</td><td rowspan="4">24</td><td rowspan="4">16</td><td>515</td><td>45</td><td>60.8</td><td>26.98</td><td>87.78</td><td>845</td></tr>
<tr><td>XL560</td><td>1120</td><td>1040</td><td>935</td><td>955</td><td>600</td><td>520</td><td rowspan="2">37</td><td>570</td><td>50</td><td>96.2</td><td>46.82</td><td>143.02</td><td>1120</td></tr>
<tr><td>XL710</td><td>1210</td><td>1130</td><td>1020</td><td>1040</td><td>650</td><td>570</td><td rowspan="2">32</td><td>630</td><td rowspan="2">40</td><td>60</td><td>149.2</td><td>68.2</td><td>217.5</td><td>1410</td></tr>
<tr><td>XL1000</td><td>1340</td><td>1270</td><td>1170</td><td>1190</td><td>700</td><td>620</td><td>49</td><td>680</td><td>70</td><td>254.46</td><td>103.5</td><td>357.96</td><td>2120</td></tr>
</table>

注：许用振动转矩 T_{v5}适用于工作频率 5Hz 以下。当工作频率 f 高于 5Hz，许用振动转矩 T_v 应按 $T_v=\pm T_{v5}\sqrt{5/f}$ 计算。

第6篇

表 6-3-42　　**弹性环联轴器橡胶弹性块主要尺寸和质量**　　mm

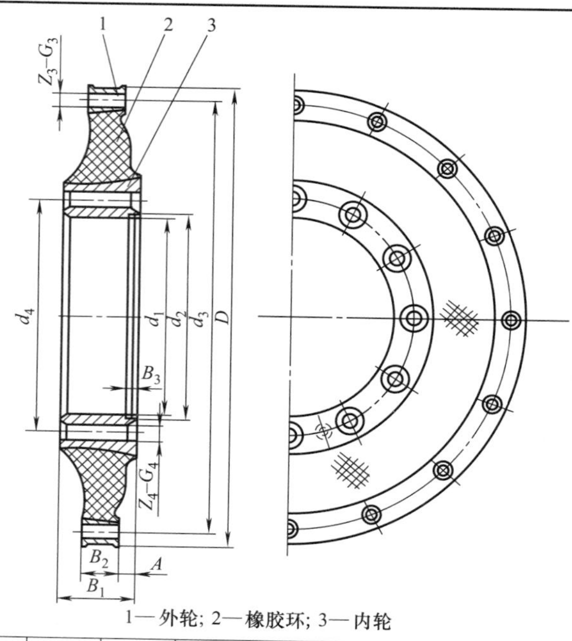

1—外轮；2—橡胶环；3—内轮

<table>
<tr><th>橡胶弹性环件号</th><th>D</th><th>d_1</th><th>d_2</th><th>d_3</th><th>d_4</th><th>B_1</th><th>B_2</th><th>B_3</th><th>A</th><th>G_3</th><th>Z_3</th><th>G_4</th><th>Z_4</th><th>质量 m /kg</th></tr>
<tr><td>XL7-01</td><td>240</td><td>90</td><td>95</td><td>220</td><td>110</td><td>35</td><td>19.5</td><td rowspan="3">3</td><td>6</td><td rowspan="3">11</td><td>12</td><td>11</td><td rowspan="5">12</td><td>4</td></tr>
<tr><td>XL11-01</td><td>275</td><td>105</td><td>110</td><td>255</td><td>130</td><td>40</td><td>22</td><td>7</td><td rowspan="4">16</td><td rowspan="2">13</td><td>6</td></tr>
<tr><td>XL18-01</td><td>320</td><td>130</td><td>135</td><td>300</td><td>155</td><td>47</td><td>25</td><td>8</td><td>10</td></tr>
<tr><td>XL28-01</td><td>370</td><td>150</td><td>155</td><td>350</td><td>180</td><td>55</td><td>31</td><td rowspan="2">4</td><td>9</td><td rowspan="3">13</td><td rowspan="3">17</td><td>15</td></tr>
<tr><td>XL40-01</td><td>410</td><td>170</td><td>175</td><td>385</td><td>200</td><td>63</td><td>34</td><td>10</td><td>20</td></tr>
<tr><td>XL56-01</td><td>450</td><td>195</td><td>200</td><td>425</td><td>225</td><td>70</td><td>39</td><td>6</td><td>11</td><td>24</td><td>16</td><td>27</td></tr>
<tr><td>XL80-01</td><td>510</td><td>210</td><td>220</td><td>480</td><td>250</td><td>75</td><td>42</td><td>7</td><td>12</td><td rowspan="2">17</td><td>16</td><td rowspan="2">21</td><td>12</td><td>38</td></tr>
<tr><td>XL110-01</td><td>580</td><td>250</td><td>260</td><td>550</td><td>290</td><td>85</td><td>48</td><td rowspan="6">8</td><td>14</td><td>24</td><td>16</td><td>52</td></tr>
<tr><td>XL160-01</td><td>640</td><td>270</td><td>280</td><td>605</td><td>320</td><td>95</td><td>53</td><td>16</td><td rowspan="3">21</td><td rowspan="2">16</td><td rowspan="3">25</td><td rowspan="2">12</td><td>75</td></tr>
<tr><td>XL180-01</td><td>690</td><td>300</td><td>310</td><td>655</td><td>350</td><td>100</td><td>56</td><td>17</td><td>90</td></tr>
<tr><td>XL250-01</td><td>750</td><td>340</td><td>350</td><td>715</td><td>390</td><td>110</td><td>62</td><td>19</td><td>24</td><td>16</td><td>110</td></tr>
<tr><td>XL315-01</td><td>820</td><td>350</td><td>360</td><td>770</td><td>410</td><td>120</td><td>67</td><td>20.5</td><td rowspan="5">25</td><td>16</td><td rowspan="2">31</td><td>12</td><td>160</td></tr>
<tr><td>XL400-01</td><td>870</td><td>380</td><td>390</td><td>830</td><td>440</td><td>130</td><td>73</td><td>22</td><td rowspan="3">24</td><td>16</td><td>190</td></tr>
<tr><td>XL560-01</td><td>935</td><td>400</td><td>420</td><td>900</td><td>455</td><td>145</td><td>80</td><td rowspan="3">10</td><td>27.5</td><td rowspan="3">37</td><td rowspan="2">24</td><td>260</td></tr>
<tr><td>XL710-01</td><td>1020</td><td>440</td><td>460</td><td>935</td><td>500</td><td>160</td><td>87</td><td>31</td><td>326</td></tr>
<tr><td>XL1000-01</td><td>1170</td><td>520</td><td>540</td><td>1125</td><td>580</td><td>177</td><td>98</td><td>35</td><td>32</td><td>32</td><td>475</td></tr>
</table>

弹性环联轴器一般应装有扭转角限制器，特殊情况亦可不装。联轴器使用时，被连接两轴间相对偏移量不得大于表 6-3-43 中的许用补偿量。

弹性环联轴器选用橡胶的物理力学性能应符合表 6-3-44 的要求。橡胶表面应无瘤块、裂纹、缺胶等缺陷。橡胶与金属粘接处不应有扯离现象、深度超过 1.0mm 的压模痕迹、轻微凹凸和毛刺，不应有深度超过 1.5mm 的气泡。橡胶表面应涂防老化涂层。弹性环联轴器连接螺栓的紧固力矩应符合表 6-3-45 的要求。

表 6-3-43　　弹性环联轴器的许用补偿量

型号	轴向 ΔX/mm	径向 ΔY/mm	角向 $\Delta\alpha$/(°)	型号	轴向 ΔX/mm	径向 ΔY/mm	角向 $\Delta\alpha$/(°)
XL7	0.7	1.2	3.2	XL160	1.8	3.2	3.2
XL11	0.8	1.5		XL180	2.0	3.6	
XL18	0.9	1.7		XL250	2.2	4.0	
XL28	1.0	2.0		XL315	2.4	4.4	
XL40	1.2	2.2		XL400	2.6	4.8	
XL56	1.3	2.4		XL560	2.8	5.2	
XL80	1.4	2.6		XL710	3.0	5.8	
XL110	1.6	3.0		XL1000	3.2	6.2	

注：1. 表中所列补偿量是指允许的由于安装误差、冲击、振动、变形、温度变化等因素所形成的两轴线相对偏移。
2. 表中所列轴向、径向、角向许用补偿量为单方向最大允许值。

表 6-3-44　　弹性环联轴器橡胶的物理力学性能

序号	性　能	单位	指标	试验方法
1	拉伸强度(扯断强度)	MPa	≥17	GB/T 528
2	扯断伸长率	%	≥350	
3	扯断永久变形	%	≤25	
4	热空气老化系数(70℃×96h)	—	≥0.7	GB/T 3512
5	橡胶与金属的黏合强度	MPa	≥4.0	GB/T 11211

表 6-3-45　　弹性环联轴器连接螺栓的紧固力矩

螺栓直径/mm	M10	M12	M16	M20	M24	M30	M36	M48
紧固力矩/N·m	42	74	176	358	618	1210	2129	3600

3.3.8　梅花形弹性联轴器（GB/T 5272—2017）

梅花形弹性联轴器由两个带凸爪形状相同的半联轴器和梅花形弹性元件组成。梅花形弹性联轴器适用于连接两同轴线的传动轴系，具有一定补偿两轴间相对偏移和一般减振性能，以及减振、缓冲、径向尺寸小、结构简单、不用润滑、维护方便等特点。适用工作温度为－35～80℃，传递公称转矩范围为28～14000N·m。

梅花形弹性联轴器分为LM型、LMS型、LML型和LMP型四种型式。

表 6-3-46　　LM型梅花形弹性联轴器（基本型）基本参数和主要尺寸

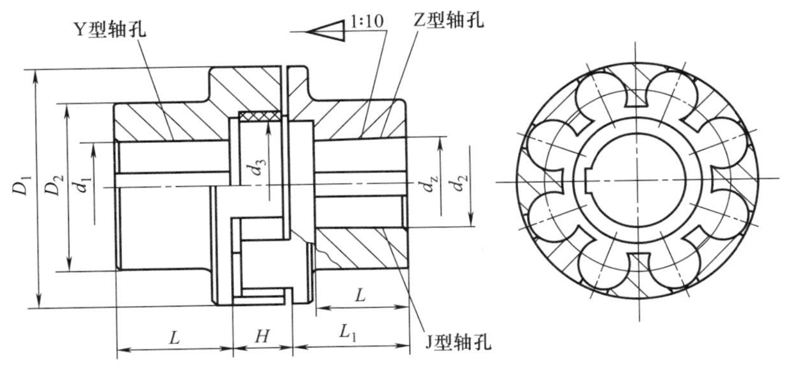

续表

型号	公称转矩 T_n /N·m	最大转矩 T_{max} /N·m	许用转速 [n] /r·min⁻¹	轴孔直径 d_1、d_2、d_z /mm	轴孔长度 Y型 L	轴孔长度 J、Z型 L_1	轴孔长度 J、Z型 L	D_1 /mm	D_2 /mm	H /mm	转动惯量 /kg·m²	质量 /kg
					mm							
LM50	28	50	15000	10,11	22	—	—	50	42	16	0.0002	1.00
				12,14	27	—	—					
				16,18,19	30	—	—					
				20,22,24	38	—	—					
LM70	112	200	11000	12,14	27	—	—	70	55	23	0.0011	2.50
				16,18,19	30	—	—					
				20,22,24	38	—	—					
				25,28	44	—	—					
				30,32,35,38	60	—	—					
LM85	160	288	9000	16,18,19	30	—	—	85	60	24	0.0022	3.42
				20,22,24	38	—	—					
				25,28	44	—	—					
				30,32,35,38	60	—	—					
LM105	355	640	7250	18,19	30	—	—	105	65	27	0.0051	5.15
				20,22,24	38	—	—					
				25,28	44	—	—					
				30,32,35,38	60	—	—					
				40,42	84	—	—					
LM125	450	810	6000	20,22,24	38	52	38	125	85	33	0.014	10.1
				25,28	44	62	44					
				30,32,35,38①	60	82	60					
				40,42,45,48,50,55	84	—	—					
LM145	710	1280	5250	25,28	44	62	44	145	95	39	0.025	13.1
				30,32,35,38	60	82	60					
				40,42,45①,48①,50①,55①	84	112	84					
				60,63,65	107	—	—					
LM170	1250	2250	4500	30,32,35,38	60	82	60	170	120	41	0.055	21.2
				40,42,45,48,50,55	84	112	84					
				60,63,65,70,75	107	—	—					
				80,85	132	—	—					
LM200	2000	3600	3750	35,38	60	82	60	200	135	48	0.119	33.0
				40,42,45,48,50,55	84	112	84					
				60,63,65,70①,75①	107	142	107					
				80,85,90,95	132	—	—					
LM230	3150	5670	3250	40,42,45,48,50,55	84	112	84	230	150	50	0.217	45.5
				60,63,65,70,75	107	142	107					
				80,85,90,95	132	—	—					
LM260	5000	9000	3000	45,48,50,55	84	112	84	260	180	60	0.458	75.2
				60,63,65,70,75	107	142	107					
				80,85,90①,95①	132	172	132					
				100,110,120,125	167	—	—					
LM300	7100	12780	2500	60,63,65,70,75	107	142	107	300	200	67	0.804	99.2
				80,85,90,95	132	172	132					
				100,110,120,125	167	—	—					
				130,140	202	—	—					

续表

型号	公称转矩 T_n /N·m	最大转矩 T_{max} /N·m	许用转速 $[n]$ /r·min^{-1}	轴孔直径 d_1、d_2、d_z /mm	轴孔长度 Y型 L /mm	轴孔长度 J、Z型 L_1 /mm	轴孔长度 J、Z型 L /mm	D_1 /mm	D_2 /mm	H /mm	转动惯量 /kg·m^2	质量 /kg
LM360	12500	22500	2150	60,63,65,70,75	107	142	107	360	225	73	1.73	148.1
				80,85,90,95	132	172	132					
				100,110,120①,125①	167	212	167					
				130,140,150	202	—	—					
LM400	14000	25200	1900	80,85,90,95	132	172	132	400	250	73	2.84	197.5
				100,110,120,125	167	212	167					
				130,140,150	202	—	—					
				160	242	—	—					

① 无J、Z型轴孔型式。

注：转动惯量和质量是按Y型最大轴孔长度、最小轴孔直径计算的数值。

表 6-3-47　　LMS型梅花形弹性联轴器（法兰型）基本参数和主要尺寸

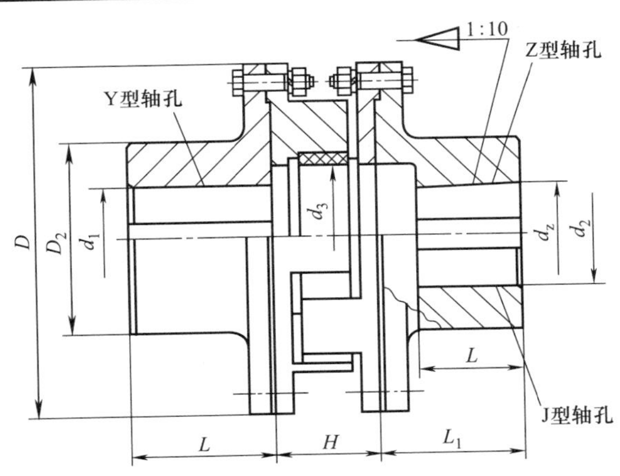

型号	公称转矩 T_n /N·m	最大转矩 T_{max} /N·m	许用转速 $[n]$ /r·min^{-1}	轴孔直径 d_1、d_2、d_z /mm	轴孔长度 Y型 L /mm	轴孔长度 J、Z型 L_1 /mm	轴孔长度 J、Z型 L /mm	D /mm	D_2 /mm	H /mm	转动惯量 /kg·m^2	质量 /kg
LMS105	355	640	5260	18,19	30	—	—	145	65	44	0.018	8.72
				20,22,24	38	—	—					
				25,28	44	—	—					
				30,32,35,38	60	—	—					
				40,42	84	—	—					
LMS125	450	810	4490	20,22,24	38	52	38	170	85	51	0.043	14.9
				25,28	44	62	44					
				30,32,35,38①	60	82	60					
				40,42,45,48,50,55	84	—	—					
LMS145	710	1280	3910	25,28	44	62	44	195	95	59	0.078	20.4
				30,32,35,38	60	82	60					
				40,42,45①,48①,50①,55①	84	112	84					
				60,63,65	107	—	—					

续表

型号	公称转矩 T_n /N·m	最大转矩 T_{max} /N·m	许用转速 [n] /r·min⁻¹	轴孔直径 d_1、d_2、d_z /mm	轴孔长度 Y型 L	轴孔长度 J、Z型 L_1	轴孔长度 J、Z型 L	D /mm	D_2 /mm	H /mm	转动惯量 /kg·m²	质量 /kg
					mm							
LMS170	1250	2250	3470	30,32,35,38	60	82	60	220	120	63	0.151	31.1
				40,42,45,48,50,55	84	112	84					
				60,63,65,70,75	107	—	—					
				80,85	132	—	—					
LMS200	2000	3600	2930	35,38	60	82	60	260	135	74	0.319	47.2
				40,42,45,48,50,55	84	112	84					
				60,63,65,70①,75①	107	142	107					
				80,85,90,95	132	—	—					
LMS230	3150	5670	2630	40,42,45,48,50,55	84	112	84	290	150	82	0.54	64.0
				60,63,65,70,75	107	142	107					
				80,85,90,95	132	—	—					
LMS260	5000	9000	2280	45,48,50,55	84	112	84	335	180	100	1.18	105.4
				60,63,65,70,75	107	142	107					
				80,85,90①,95①	132	172	132					
				100,110,120,125	167	—	—					
LMS300	7100	12780	1980	60,63,65,70,75	107	142	107	385	200	117	2.24	151.0
				80,85,90,95	132	172	132					
				100,110,120,125	167	—	—					
				130,140	202	—	—					
LMS360	12500	22500	1660	60,63,65,70,75	107	142	107	460	225	129	4.94	233.5
				80,85,90,95	132	172	132					
				100,110,120①,125①	167	212	167					
				130,140,150	202	—	—					
LMS400	14000	25200	1250	80,85,90,95	132	172	132	500	250	129	7.33	293.3
				100,110,120,125	167	212	167					
				130,140,150	202	—	—					
				160	242	—	—					

① 无J、Z型轴孔型式。

注：转动惯量和质量是按Y型最大轴孔长度、最小轴孔直径计算的数值。

表 6-3-48　　LML 型梅花形弹性联轴器（带制动轮型）基本参数和主要尺寸

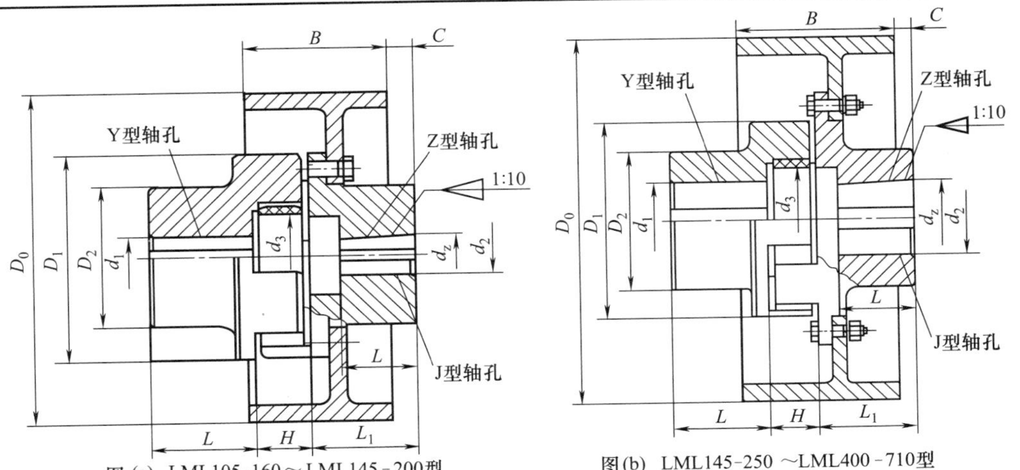

图 (a) LML105-160～LML145-200型　　图(b) LML145-250 ～LML400-710型

型号	公称转矩 T_n /N·m	最大转矩 T_{max} /N·m	许用转速 [n] /r·min⁻¹	轴孔直径 d_1、d_2、d_z /mm	轴孔长度 Y型 L (mm)	轴孔长度 J、Z型 L_1 (mm)	轴孔长度 J、Z型 L (mm)	D_0 /mm	B /mm	C[①] /mm	D_2 /mm	H /mm	转动惯量 /kg·m²	质量 /kg
LML105-160	355	640	4750	20,22,24	—	—	—	160	70	7.5	65	20	0.025	8.7
				25,28	—	—	—			17.5				
				30,32,35,38	60	—	—			37.5				
				40,42	84	—	—			67.5				
LML105-200	355	640	3800	20,22,24	—	—	—	200	85	4.5	65	20	0.048	10.8
				25,28	—	—	—			14.5				
				30,32,35,38	60	—	—			34.5				
				40,42	84	—	—			64.5				
LML125-200	450	810	3800	25,28	—	62	44	200	85	14	85	25	0.07	15.6
				30,32,35,38[②]	60	82	60			34				
				40,42,45,48,50,55	84	—	—			64				
LML145-200	710	1280	3800	30,32,35,38	60	82	60	200	85	33	95	30	0.084	18.6
				40,42,45[②],48[②],50[②],55[②]	84	112	84			63				
				60,63,65	107	—	—			93				
LML145-250	710	1280	3000	30,32,35,38	60	82	60	250	105	24	95	30	0.172	24.5
				40,42,45[②],48[②],50[②],55[②]	84	112	84			54				
				60,63,65	107	—	—			84				
LML170-250	1250	2250	3000	40,42,45,48,50,55	84	112	84	250	105	53	120	30	0.227	32.3
				60,63,65,70,75	107	—	—			83				
				80,85	132	—	—			113				
LML170-315	1250	2250	2400	40,42,45,48,50,55	84	112	84	315	135	41	120	30	0.444	39.7
				60,63,65,70,75	107	—	—			71				
				80,85	132	—	—			101				
LML200-315	2000	3600	2400	40,42,45,48,50,55	84	112	84	315	135	40	135	35	0.578	51.8
				60,63,65,70[①],75[①]	107	142	107			70				
				80,85,90,95	132	—	—			100				
LML200-400	2000	3600	1900	40,42,45,48,50,55	84	112	84	400	170	28	135	35	1.244	69.2
				60,63,65,70[②],75[②]	107	142	107			58				
				80,85,90,95	132	—	—			88				

续表

型号	公称转矩 T_n /N·m	最大转矩 T_{max} /N·m	许用转速 [n] /r·min^{-1}	轴孔直径 d_1、d_2、d_z /mm	轴孔长度 Y型 L (mm)	轴孔长度 J、Z型 L_1 (mm)	轴孔长度 J、Z型 L (mm)	D_0 /mm	B /mm	C① /mm	D_2 /mm	H /mm	转动惯量 /kg·m^2	质量 /kg
LML230-400	3150	5670	1900	40,42,45,48,50,55	—	112	84	400	170	26.5	150	35	1.460	81.1
				60,63,65,70,75	107	142	107			56.5				
				80,85,90,95	132	—	—			86.5				
LML230-500	3150	5670	1500	40,42,45,48,50,55	—	112	84	500	210	5	150	35	3.072	109.2
				60,63,65,70,75	107	142	107			35				
				80,85,90,95	132	—	—			65				
LML260-500	5000	9000	1500	60,63,65,70,75	107	142	107	500	210	35	180	45	3.898	138.6
				80,85,90②,95②	132	172	132			65				
				100,110,120,125	167	—	—			105				
LML300-630	7100	11160	1200	80,85,90,95	132	172	132	630	265	43	200	50	9.719	217.4
				100,110,120,125	167	—	—			83				
				130,140	202	—	—			123				
LML360-630	12500	20200	1200	80,85,90,95	132	172	132	630	265	41	225	55	11.95	267.7
				100,110,120②,125②	167	212	167			81				
				130,140,150	202	—	—			121				
LML360-710	12500	20200	1100	80,85,90,95	—	172	132	710	300	26	225	55	18.03	318.0
				100,110,120②,125②	167	212	167			66				
				130,140,150	202	—	—			106				
LML400-710	14000	22580	1100	80,85,90,95	—	172	132	710	300	26	250	55	20.65	364.1
				100,110,120,125	167	212	167			66				
				130,140,150	202	—	—			106				
				160	242	—	—			156				

① C 为 Y 型最大轴孔长度及 J、Z 型轴孔长度的数值。

② 无 J、Z 型轴孔型式。

注：1. 转动惯量和质量是按 Y 型最大轴孔长度、最小轴孔直径计算的数值。

2. 尺寸 D_1 见表 6-3-46。

表 6-3-49　　LMP 型梅花形弹性联轴器（带制动盘型）基本参数和主要尺寸

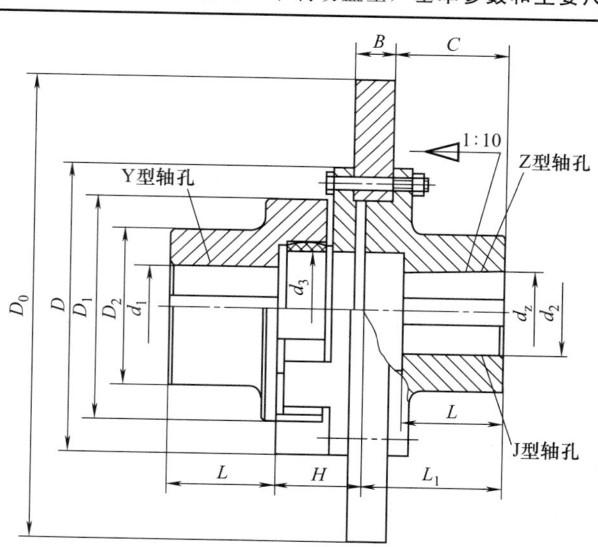

续表

型号	公称转矩 T_n /N·m	最大转矩 T_{max} /N·m	许用转速 [n] /r·min⁻¹	轴孔直径 d_1、d_2、d_z /mm	轴孔长度 Y型 L	J、Z型 L_1	J、Z型 L	D_0 /mm	D /mm	C[①] /mm	D_2 /mm	H /mm	转动惯量 /kg·m²	质量 /kg
					mm	mm	mm							
			2100	30,32,35,38	60	82	60	355		24				
LMP145	710	1230	1900	40,42,45[②],48[②],50[②],55[②]	84	112	84	400	195	54	95	30	0.17	24.5
			1700	60,63,65	107	—	—	450		84				
			1900	40,42,45,48,50,55	84	112	84	400		53				
LMP170	1250	2040	1700	60,63,65,70,75	107	—	—	450	220	83	120	30	0.22	32.3
			1500	80,85	132	—	—	500		113				
			1700	40,42,45,48,50,55	84	112	84	450		28				
LMP200	2000	3180	1500	60,63,65,70[②],75[②]	107	142	107	500	260	58	135	35	1.24	69.2
			1360	80,85,90,95	132	—	—	560		88				
			1500	40,42,45,48,50,55	84	112	84	500		26.5				
LMP230	3150	5160	1360	60,63,65,70,75	107	142	107	560	290	56.5	150	35	1.46	81.1
			1200	80,85,90,95	132	—	—	630		86.5				
			1200	60,63,65,70,75	107	142	107	630		35				
LMP260	5000	8400	1100	80,85,90[②],95[②]	132	172	132	710	335	65	180	45	3.89	138
				100,110,120,125	167	—	—			105				
			1100	80,85,90,95	132	172	132	710		43				
LMP300	7100	11160	950	100,110,120,125	167	—	—	800	385	83	200	50	9.71	217
				130,140	202	—	—			123				
			950	80,85,90,95	132	172	132	800		41				
LMP360	12500	20200	850	100,110,120[②],125[②]	167	212	167	900	460	81	225	55	11.9	267
			760	130,140,150	202	—	—	1000		121				
			950	80,85,90,95	132	172	132	800		26				
LMP400	14000	22580	850	100,110,120,125	167	212	167	900	500	66	250	55	20.6	364
			760	130,140,150	202	—	—	1000		106				
				160	242	—	—			156				

① C 为 Y 型最大轴孔长度及 J、Z 型轴孔长度的数值。

② 无 J、Z 型轴孔型式。

注：1. 转动惯量和质量是按 Y 型最大轴孔长度、最小轴孔直径计算的数值，未包括制动盘。制动盘相关数据见表 6-3-50。

2. 尺寸 D_1 见表 6-3-46。

表 6-3-50　　制动盘基本参数和主要尺寸

型号	制动盘直径 D_0/mm	制动盘厚度 B/mm	转动惯量 /kg·m²	质量 /kg
LMP145	355	30	0.36	19.4
	400	30	0.58	25.7
	450	30	0.94	33.6
LMP170	400	30	0.57	24.3
	450	30	0.93	32.1
	500	30	1.43	40.9
LMP200	450	30	0.91	30.0
	500	30	1.41	38.8
	560	30	2.24	50.6
LMP230	500	30	1.38	36.5
	560	30	2.21	48.2
	630	30	3.58	63.6

续表

型号	制动盘直径 D_0/mm	制动盘厚度 B/mm	转动惯量 /kg·m²	质量 /kg
LMP260	630	30	3.54	60.9
	710	30	5.77	80.7
LMP300	710	30	5.69	76.5
	800	30	9.28	101.7
LMP360	800	30	9.08	94.4
	900	30	14.8	125.8
	1000	30	22.7	161
LMP400	800	30	8.88	88.8
	900	30	14.6	120.2
	1000	30	22.5	155.4

梅花形弹性联轴器所连接两轴间允许最大轴线误差不应大于表6-3-51的规定。表中的最大运转补偿量是指在工作状态允许的由于制造误差、安装误差、工作载荷变化引起的振动、冲击、变形、温度变化等综合因素形成的两轴间相对偏移量。

表6-3-51　　LM型、LMS型、LML型、LMP型梅花形弹性联轴器许用补偿量

联轴器型号				Δα/(°)	ΔY/mm	ΔX/mm
LM50	—	—	—	2	0.5	1.2
LM70	—	—	—		0.8	1.5
LM85	—	—	—			2.0
LM105	LMS105	LML105	—			2.5
LM125	LMS125	LML125	—	1.5	1.0	3.0
LM145	LMS145	LML145	LMP145			
LM170	LMS170	LML170	LMP170			3.5
LM200	LMS200	LML200	LMP200		1.5	4.0
LM230	LMS230	LML230	LMP230	1.0		4.5
LM260	LMS260	LML260	LMP260			5.0
LM300	LMS300	LML300	LMP300		1.8	
LM360	LMS360	LML360	LMP360			
LM400	LMS400	LML400	LMP400			

表6-3-52　　梅花形弹性联轴器弹性元件结构型式、主要尺寸　　mm

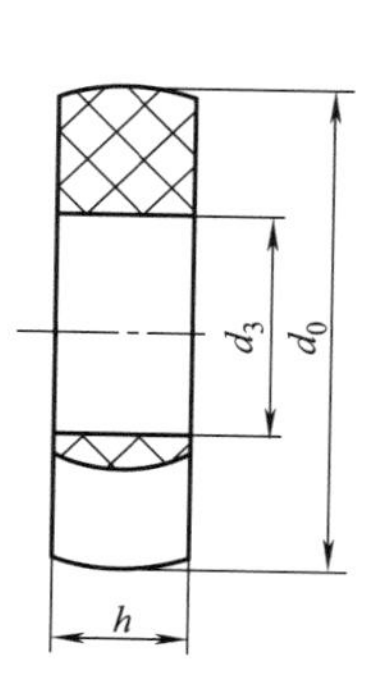

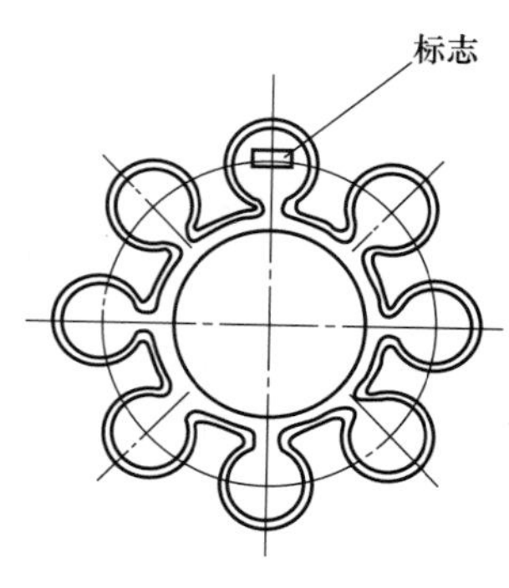

第6篇

续表

型号	d_0/mm	d_3/mm	h/mm	质量/kg
T50	48	19	12	0.014
T70	68	28	18	0.048
T85	82	34	18	0.064
T105	100	42	20	0.110
T125	122	52	25	0.188
T145	140	64	30	0.282
T170	166	90	30	0.380
T200	196	100	35	0.594
T230	225	115	35	0.911
T260	255	140	45	1.412
T300	295	170	50	1.757
T360	356	215	55	2.917
T400	391	250	55	3.145

表 6-3-53 梅花形弹性联轴器弹性件材料性能

名称	单位	数值	测试方法
硬度	Shore A	94±2	GB/T 531.1
拉伸强度	MPa	>48	GB/T 528
扯断伸长率	%	>420	GB/T 528
撕裂强度	kN/m	>95	GB/T 529
回弹性	%	>18	GB/T 1681
脆性温度	℃	<−40	GB/T 1682
压缩永久变形率(70℃、22h)	%	<33	GB/T 7759.1
磨耗量	cm^3	<0.05	GB/T 1689
耐油 Δm(ASTM No. 3 OIL 70℃×7d)	%	<2	GB/T 1690

表 6-3-54 梅花形弹性联轴器螺栓预紧力矩

螺栓规格/mm	M8	M10	M12	M16	M20
预紧力矩/N·m	26	45	80	200	400

表 6-3-55 梅花形弹性联轴器零件材料

零件名称	材 料	备 注
半联轴器	ZG270-500、QT400	GB/T 11352、GB/T 1348
弹性体	聚氨酯	性能见表 6-3-55
法兰连接件	ZG270-500	GB/T 11352
法兰半联轴器	ZG270-500	GB/T 11352
制动轮	ZG310-570	GB/T 11352
制动盘	45、QT500	GB/T 699、GB/T 1348

3.3.9 膜片联轴器（JB/T 9147—1999）

膜片联轴器是由几组不锈钢薄板（膜片）用螺栓交错地与两半联轴器连接而构成的。膜片联轴器适用于连接两同轴线的传动轴系，靠膜片的弹性变形来补偿所连两轴的相对位移。膜片联轴器适用的工作环境温度为－20～250℃，传递公称转矩范围为 25～10000000N·m。

膜片联轴器的型式见表 6-3-56。

表 6-3-56 膜片联轴器的型式

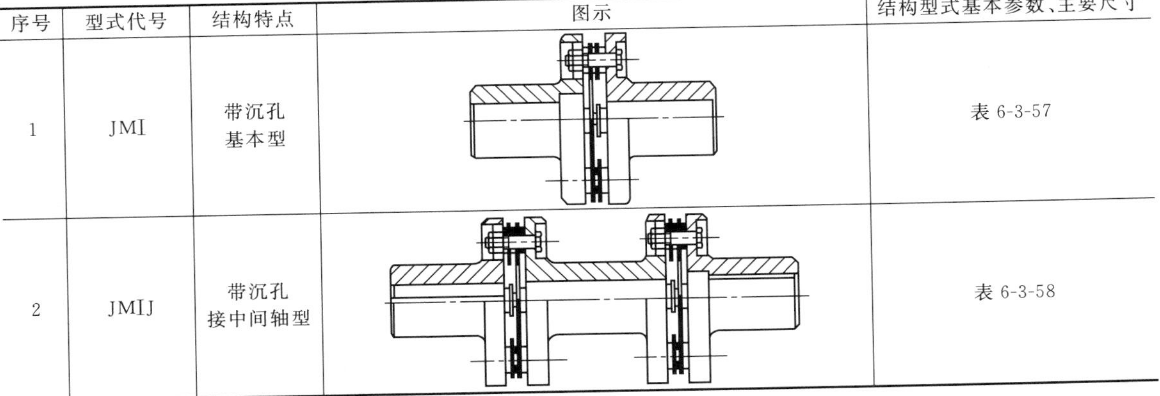

序号	型式代号	结构特点	图示	结构型式基本参数、主要尺寸
1	JMI	带沉孔基本型		表 6-3-57
2	JMIJ	带沉孔接中间轴型		表 6-3-58

续表

序号	型式代号	结构特点	图示	结构型式基本参数、主要尺寸
3	JMⅡ	无沉孔 基本型		表 6-3-59
4	JMⅡJ	无沉孔 接中间轴型		表 6-3-60

表 6-3-57 JMⅠ型膜片联轴器基本参数和主要尺寸 mm

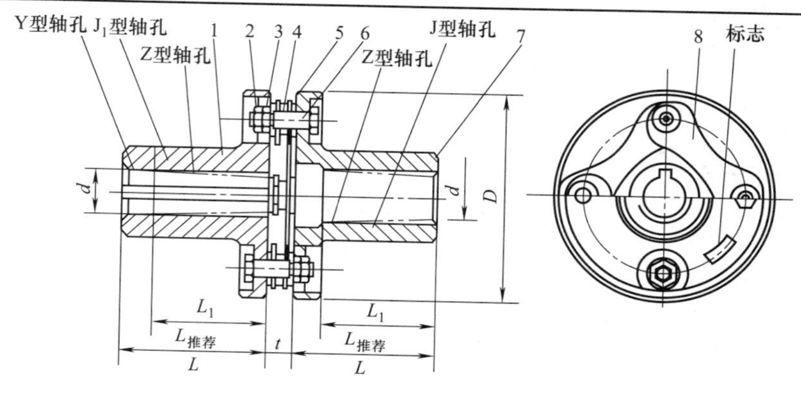

1,7—半联轴器；2—扣紧螺母；3—六角螺母；4—隔圈；5—支撑圈；6—铰制孔用螺栓；8—膜片

型号	公称转矩 T_n/N·m	瞬时最大转矩 T_{max}/N·m	许用转速[n]/r·min^{-1}	轴孔直径 d	轴孔长度 Y型 L	轴孔长度 J、J_1、Z、Z_1型 L	轴孔长度 J、J_1、Z、Z_1型 L_1	$L_{推荐}$	D	t	扭转刚度 C/N·m·rad^{-1}	质量 m/kg	转动惯量 I/kg·m^2
JMⅠ1	25	80	6000	14	32	—	J_1型为27 Z_1型为20	35	90	8.8	1×10^4	1	0.0007
				16,18,19	42		30						
				20,22	52		38						
JMⅠ2	63	180	5000	18,19	42		30	45	100	9.5	1.4×10^4	1.3	0.001
				20,22,24	52		38						
				25	62		44						
JMⅠ3	100	315	5000	20,22,24	52		38	50	120	11	1.87×10^4	2.3	0.0024
				25,28	62		44						
				30	82		60						
JMⅠ4	160	500	4500	24	52		38	55	130	12.5	3.12×10^4	3.3	0.0037
				25,28	62		44						
				30,32,35	82		60						
JMⅠ5	250	510	4000	28	62		44	60	150	14	4.32×10^4	5.3	0.0083
				30,32,35,38	82		60						
				40	112		84						

续表

型号	公称转矩 T_n/N·m	瞬时最大转矩 T_{max}/N·m	许用转速[n]/r·min^{-1}	轴孔直径 d	轴孔长度 Y型 L	轴孔长度 J、J_1、Z、Z_1型 L	轴孔长度 J、J_1、Z、Z_1型 L_1	$L_{推荐}$	D	t	扭转刚度 C/N·m·rad^{-1}	质量 m/kg	转动惯量 I/kg·m^2
JMⅠ6	400	1120	3600	32,35,38	82	82	60	65	170	15.5	6.88×10^4	8.7	0.0159
				40,42,45,48,50	112	112	84						
JMⅠ7	630	1800	3000	40,42,45,48			107	70	210	19	10.35×10^4	14.3	0.0432
				50,55,56,60	142	—							
JMⅠ8	1000	2500	2800	45,48,50,55,56	112	112	84	80	240	22.5	16.11×10^4	22	0.0879
				60,63,65,70	142		107						
JMⅠ9	1600	4000	2500	55,56	112		84	85	260	24	26.17×10^4	29	0.1415
				60,63,70,71,75	142		107						
				80	172		132						
JMⅠ10	2500	6300	2000	63,65,70,71,75	142	142	107	90	280	17	7.88×10^4	52	0.2974
				80,85,90,95	172	—	132						
JMⅠ11	4000	9000	1800	75	142	142	107	95	300	19.5	10.49×10^4	69	0.4782
				80,85,90,95	172	172	132						
				100,110	212	—	167						
JMⅠ12	6300	12500	1600	90,95	172		132	120	340	23	14.07×10^4	94	0.8067
				100,110,120,125	212		167						
JMⅠ13	10000	18000	1400	100,110,120,125				135	380	28	19.2×10^4	128	1.7053
				130,140	252		202						
JMⅠ14	16000	28000	1200	120,125	212		167	150	420	31	30.0×10^4	184	2.6832
				130,140,150	252		202						
				160	302		242						
JMⅠ15	25000	40000	1120	140,150	252		202	180	480	37.5	47.46×10^4	263	4.8015
				160,170,180	302		242						
JMⅠ16	40000	56000	1000	160,170,180				200	560	41	68.09×10^4	384	9.4118
				190,200	352		282						
JMⅠ17	63000	80000	900	190,200,220				200	630	47	101.3×10^4	561	18.3753
				240	410		330						
JMⅠ18	100000	125000	800	220	352		282	250	710	54.5	161.4×10^4	723	28.2033
				240,250,260	410		330						
JMⅠ19	160000	200000	710	250,260				280	800	48	79.8×10^4	1267	66.5813
				280,300,320	470		380						

注：1. 轴孔和键槽型式及尺寸应符合 GB 3852 的规定，轴孔型式及长度 L、L_1 根据需要选取。

2. 各规格的轮毂直径不小于规格中最大孔径的 1.6 倍。

3. 质量、转动惯量是计算近似值。

表 6-3-58　JMⅠJ 型膜片联轴器基本参数和主要尺寸　mm

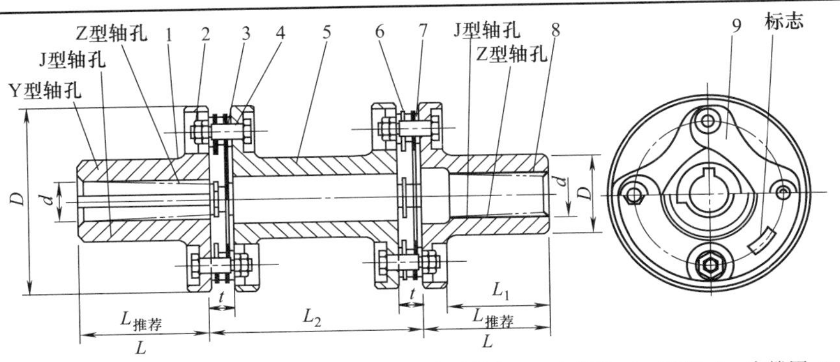

1,8—半联轴器；2—扣紧螺母；3—六角螺母；4—铰制孔用螺栓；5—中间轴；6—隔圈；7—支撑圈；9—膜片

续表

型号	公称转矩 T_n/N·m	瞬时最大转矩 T_{max}/N·m	许用转速[n]/r·min^{-1}	轴孔直径 d	轴孔长度 Y型 L	轴孔长度 J、J_1、Z、Z_1 型 L	轴孔长度 J、J_1、Z、Z_1 型 L_1	$L_{推荐}$	D	t	L_2 min	质量 m/kg	转动惯量 I/kg·m^2
JMⅠJ1	25	80	6000	14	32	—	J_1 型为 27 Z_1 型为 20	35	90	8.8	100	1.8	0.0013
				16,18,19	42		30						
				20,22	52		38						
JMⅠJ2	63	180	5000	18,19	42		30	45	100	9.5		2.4	0.002
				20,22,24	52		38						
				25	62		44						
JMⅠJ3	100	315		20,22,24	54		38	50	120	11	120	4.1	0.0047
				25,28	62		44						
				30	82		60						
JMⅠJ4	160	500	4500	24	52		38	55	130	12.5		5.4	0.0069
				25,28	62		44						
				30,32,35	82		60						
JMⅠJ5	250	710	4000	28	62		44	60	150	14	140	8.8	0.0153
				30,32,35,38	82		60						
				40	112		84						
JMⅠJ6	400	1120	3600	32,35,38	82	82	60	65	170	15.5		13.4	0.0281
				40,42,45,48,50	112	112	84						
JMⅠJ7	630	1800	3000	40,42,45,48,50,55,56	112	112	84	70	210	19	150	22.3	0.076
				60	142	—	107						
JMⅠJ8	1000	2500	2800	45,48,50,55,56	112	112	84	80	240	22.5	180	36	0.1602
				60,63,65,70	142	—	107						
JMⅠJ9	1600	4000	2500	55,56	112	112	84	85	260	24	220	48	0.2509
				60,63,65,70,71,75	142	—	107						
				80	172		132						
JMⅠJ10	2500	6300	2000	63,65,70,71,75	142	142	107	90	280	17	250	85	0.5195
				80,85,90,95	172	—	132						
JMⅠJ11	4000	9000	1800	75	142	142	107	95	300	19.5	290	112	0.8223
				80,85,90,95	172	172	132						
				100,110	212	—	167						
JMⅠJ12	6300	12500	1600	90,95	172		132	120	340	23	300	152	1.4109
				100,110,120,125	212		167						

注：1. 轴孔和键槽型式及尺寸应符合 GB 3852 的规定，轴孔型式及长度 L、L_1 可根据需要选取。

2. 表中 L_2 按要求也可与制造厂家另行商定。

3. 各规格的轮毂直径不小于规格中最大轴孔直径的 1.6 倍。

4. 质量、转动惯量是计算近似值。

表 6-3-59　　JMⅡ型膜片联轴器基本参数和主要尺寸　　mm

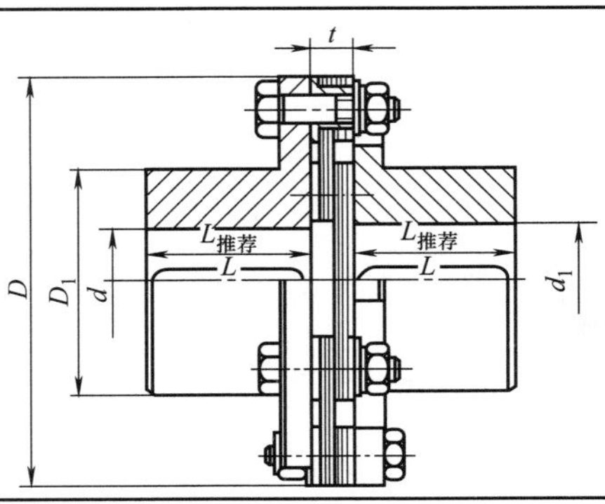

续表

型号	公称转矩 T_n/N·m	瞬时最大转矩 T_{max}/N·m	最大转速 n_{max}/r·min^{-1}	轴孔直径 d、d_1	轴孔长度 J$_1$型 L	轴孔长度 Y型 L	$L_{推荐}$	D	D_1	t	扭转刚度/10^6N·m·rad^{-1}	质量 m/kg	转动惯量 I/kg·m^2
JMⅡ1	40	63	10700	14	27	32	35	80	39	8±0.2	0.37	0.9	0.0005
				16,18,19	30	42							
				20,22,24	38	52							
				25,28	44	62							
JMⅡ2	63	100	9300	20,22,24	38	52	40	92	53		0.45	1.4	0.0011
				25,28	44	62							
				30,32,35,38	60	82							
JMⅡ3	100	200	8400	25,28	44	62	45	102	63		0.56	2.1	0.002
				30,32,35,38	60	82							
				40,42,45	84	112							
JMⅡ4	250	400	6700	30,32,35,38	60	82	55	128	77	11±0.2	0.81	4.2	0.006
				40,42,45,48,50,55	84	112							
JMⅡ5	500	800	5900	35,38	60	82	65	145	91		1.2	6.4	0.012
				40,42,45,48,50,55,56	84	112							
				60,63,65	107	142							
JMⅡ6	800	1250	5100	40,42,45,48,50,55,56	84	112	75	168	105	14±0.3	1.42	9.6	0.024
				60,63,65,70,71,75	107	142							
JMⅡ7	1000	2000	4750	45,48,50,55,56	84	112	80	180	112	15±0.4	1.9	12.5	0.0365
				60,63,65,70,71,75	107	142							
				80	132	172							
JMⅡ8	1600	3150	4300	50,55,56	84	112		200	120		2.35	15.5	0.057
				60,63,65,70,71,75	107	142							
				80,85	132	172							
JMⅡ9	2500	4000	4200	55,56	84	112		205		20±0.4	2.7	16.5	0.065
				60,63,65,70,71,75	107	142							
				80,85	132	172							
JMⅡ10	3150	5000	4000	55,56	84	112	90	215	128		3.02	19.5	0.083
				60,63,65,70,71,75	107	142							
				80,85,90	132	172							
JMⅡ11	4000	6300	3650	60,63,65,70,71,75	107	142	100	235	132	23±0.5	3.46	25	0.131
				80,85,90,95	132	172							
JMⅡ12	5000	8000	3400	60,63,65,70,71,75	107	142		250	145		3.67	30	0.174
				80,85,90,95	132	172							
				100	167	212							
JMⅡ13	6300	10000	3200	63,65,70,71,75	107	142	110	270	155		5.2	36	0.239
				80,85,90,95	132	172							
				100,110	167	212							
JMⅡ14	8000	12500	2850	65,70,71,75	107	142	115	300	162	27±0.6	7.8	45	0.38
				80,85,90,95	132	172							
				100,110	167	212							
JMⅡ15	10000	16000	2700	70,71,75	107	142	125	320	176		8.43	55	0.5
				80,85,90,95	132	172							
				100,110,120,125	167	212							

第6篇

续表

型号	公称转矩 T_n/N·m	瞬时最大转矩 T_{max}/N·m	最大转速 n_{max}/r·min^{-1}	轴孔直径 d、d_1	轴孔长度 J$_1$型 L	轴孔长度 Y型 L	$L_{推荐}$	D	D_1	t	扭转刚度 /10^6N·m·rad^{-1}	质量 m/kg	转动惯量 I/kg·m^2
JMⅡ16	12500	20000	2450	75	107	142	140	350	186	32±0.7	10.23	75	0.85
				80,85,90,95	132	172							
				100,110,120,125	167	212							
				130	202	252							
JMⅡ17	16000	25000	2300	80,85,90,95	132	172	145	370	203		10.97	85	1.1
				100,110,120,125	167	212							
				130,140	202	252							
JMⅡ18	20000	31500	2150	90,95	132	172	165	400	230		13.07	115	1.65
				100,110,120,125	167	212							
				130,140,150	202	252							
				160	242	302							
JMⅡ19	25000	40000	1950	100,110,120,125	167	212	175	440	245	38±0.9	14.26	150	2.69
				130,140,150	202	252							
				160,170	242	302							
JMⅡ20	31500	50000	1850	110,120,125	167	212	185	460	260		22.13	170	3.28
				130,140,150	202	252							
				160,170,180	242	302							
JMⅡ21	35500	56000	1800	120,125	167	212	200	480	280		23.7	200	4.28
				130,140,150	202	252							
				160,170,180	242	302							
				190,200	282	352							
JMⅡ22	40000	63000	1700	130,140,150	202	252	210	500	295		24.6	230	5.18
				160,170,180	242	302							
				190,200	282	302							
JMⅡ23	50000	80000	1600	140,150	202	252	220	540	310	44±1	29.71	275	7.7
				160,170,180	242	302							
				190,200,220	282	302							
JMⅡ24	63000	100000	1450	150	202	252	240	600	335	50±1.2	32.64	380	9.3
				160,170,180	242	302							
				190,200,220	282	352							
				240	330	410							
JMⅡ25	80000	125000	1400	160,170,180	242	302	255	620	350		37.69	410	15.3
				190,200,220	282	352							
				240,250	330	410							
JMⅡ26	90000	140000	1300	180	242	302	275	660	385		50.43	510	20.9
				190,200,220	282	352							
				240,250,260	330	410							
JMⅡ27	112000	180000	1200	190,200,220	282	352	295	720	410	60±1.4	71.52	620	32.4
				240,250,260	330	410							
				280	380	470							
JMⅡ28	140000	200000	1150	220	282	352	300	740	420		93.37	680	36
				240,250,260	330	410							
				280,300	380	470							
JMⅡ29	160000	224000	1100	240,250,260	330	410	320	770	450		114.53	780	43.9
				280,300,320	380	470							
JMⅡ30	180000	280000	1050	250,260	330	410	350	820	490		130.76	950	60.5
				280,300,320	380	470							
				340	450	550							

注：1. 优先选用 $L_{推荐}$ 轴孔长度。

2. 质量、转动惯量是按 $L_{推荐}$ 计算近似值。

表 6-3-60　　JMⅡJ 型膜片联轴器基本参数和主要尺寸　　mm

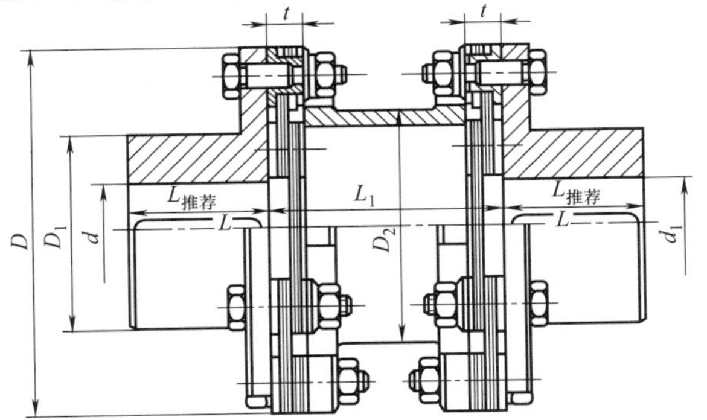

图(a)　JMⅡJ30~JMⅡJ42型

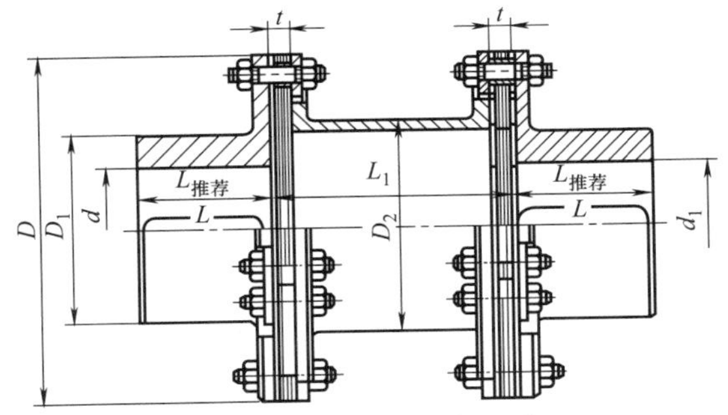

图(b)　JMⅡJ1~JMⅡJ29型

型号	公称转矩 T_n /N·m	瞬时最大转矩 T_{max} /N·m	最大转速 n_{max} /r·min^{-1}	轴孔直径 d、d_1	轴孔长度 J₁型 L	轴孔长度 Y型 L	$L_{推荐}$	D	D_1	D_2	L_1 min	t	质量 m/kg L_1 min 质量	质量 m/kg 每增加1m质量	转动惯量 I /kg·m²
JMⅡJ1	63	100	9300	20,22,24	38	52	40	92	53	45	70	8±0.2	2	4.1	0.002
				25,28	44	62									
				30,32,35,38	60	82									
JMⅡJ2	100	200	8400	25,28	44	62	45	102	63		80		2.9		0.003
				30,32,35,38	60	82									
				40,42,45	84	112									
JMⅡJ3	250	400	6700	30,32,35,38	60	82	55	128	77	76	96	11±0.3	5.7	8	0.009
				40,42,45,48,50,55	84	112									
JMⅡJ4	500	800	5900	35,38	60	82	65	145	91		116		8.5		0.017
				40,42,45,48,50,55,56	84	112									
				60,63,65	107	142									
JMⅡJ5	800	1250	5100	40,42,45,48,50,55,56	84	112	75	168	105	102	136	14±0.3	12.5	12	0.034
				60,63,65,70,71,75	107	142									
JMⅡJ6	1250	2000	4750	45,48,50,55,56	84	112	80	180	112		140	15±0.4	16.5		0.053
				60,63,65,70,71,75	107	142									
				80	132	172									

续表

型号	公称转矩 T_n /N·m	瞬时最大转矩 T_{max} /N·m	最大转速 n_{max} /r·min^{-1}	轴孔直径 d、d_1	轴孔长度			D	D_1	D_2	L_1 min	t	质量 m/kg		转动惯量 I /kg·m^2
					J_1 型 L	Y 型 L	$L_{推荐}$						L_1 min 质量	每增加1m质量	
				50,55,56	84	112									
JMⅡJ7	2000	3150	4300	60,63,65,70,71,75	107	142		200				15±0.4	21		0.082
				80,85	132	172	80		120	114	140			19	
				55,56	84	112									
JMⅡJ8	2500	4000	4200	60,63,65,70,71,75	107	142		205					23		0.092
				80,85	132	172						20±0.4			
				55,56	84	112									
JMⅡJ9	3150	5000	4000	60,63,65,70,71,75	107	142	90	215	128		160		27		0.117
				80,85,90	132	172				127				21	
JMⅡJ10	4000	6300	3650	60,63,65,70,71,75	107	142		235	132				36		0.191
				80,85,90,95	132	172									
				60,63,65,70,71,75	107	142	100				170				
JMⅡJ11	5000	8000	3400	80,85,90,95	132	172		250	145			23±0.5	42		0.252
				100	167	212				140				26	
				60,63,65,70,71,75	107	142									
JMⅡJ12	6300	10000	3200	80,85,90,95	132	172	110	270	155		190		50		0.349
				100,110	167	212									
				65,70,71,75	107	142									
JMⅡJ13	8000	12500	2850	80,85,90,95	132	172	115	300	162		200		66		0.56
				100,110	167	212									
				70,71,75	107	142						27±0.6		47	
JMⅡJ14	10000	16000	2700	80,85,90,95	132	172	125	320	176		220		78		0.75
				100,110,120,125	167	212				165					
				75	107	142									
JMⅡJ15	12500	20000	2450	80,85,90,95	132	172	140	350	186		240		110	51	1.26
				100,110,120,125	167	212									
				130	202	252									
				80,85,90,95	132	172									
JMⅡJ16	16000	25000	2300	100,110,120,125	167	212	145	370	203		250	32±0.7	125		1.63
				130,140	202	252									
				90,95	132	172									
JMⅡJ17	20000	31500	2150	100,110,120,125	167	212	165	400	230	219	290		160	72	2.45
				130,140,150	202	252									
				160	242	302									
				100,110,120,125	167	212									
JMⅡJ18	25000	40000	1950	130,140,150	202	252	175	440	245		300		220		3.99
				160,170	242	302									
				100,110,120,125	167	212						38±0.9			
JMⅡJ19	31500	50000	1850	130,140,150	202	252	185	460	260	267	320		245	89	4.98
				160,170,180	242	302									

续表

型号	公称转矩 T_n /N·m	瞬时最大转矩 T_{max} /N·m	最大转速 n_{max} /r·min^{-1}	轴孔直径 d、d_1	轴孔长度 J₁型 L	轴孔长度 Y型 L	$L_{推荐}$	D	D_1	D_2	L_1 min	t	质量 m/kg L_1 min质量	质量 m/kg 每增加1m质量	转动惯量 I /kg·m^2
JMⅡJ20	35500	56000	1800	120,125	167	212	200	480	280	267	350	38±0.9	275	89	6.28
				130,140,150	202	252									
				160,170,180	242	302									
				190,200	282	352									
JMⅡJ21	40000	63000	1700	120,125	167	212	210	500	295		370		320		7.68
				130,140,150	202	252									
				160,170,180	242	302									
				190,200	282	352									
JMⅡJ22	50000	80000	1600	140,150	202	252	220	540	310	299	380	44±1	400	110	11.6
				160,170,180	242	302									
				190,200,220	282	352									
JMⅡJ23	63000	100000	1450	140,150	202	252	240	600	335	356	410	50±1.2	560	145	19.8
				160,170,180	242	302									
				190,200,220	282	352									
				240	330	410									
JMⅡJ24	80000	125000	1400	160,170,180	242	302	255	620	350		440		620		23.6
				190,200,220	282	352									
				240,250	330	410									
JMⅡJ25	90000	140000	1300	180	242	302	275	660	385		480		740		31.9
				190,200,220	282	352									
				240,250,260	330	410									
				280	380	470									
JMⅡJ26	112000	180000	1200	180	242	302	295	720	410	406	510	60±1.4	970	190	50.4
				190,200,220	282	352									
				240,250,260	330	410									
				280,300	380	470									
JMⅡJ27	140000	200000	1150	220	282	352	300	740	420		520		1050		57
				240,250,260	330	410									
				280,300	380	470									
JMⅡJ28	160000	224000	1100	240,250,260	330	410	320	770	450	457	560		1200	215	69.4
				280,300	380	470									
JMⅡJ29	180000	280000	1050	250,260	330	410	350	820	490		620		1400	215	95.5
				280,300,320	380	470									
				340	450	550									
JMⅡJ30	280000	450000	1000	280,300,320	380	470		875	480	559	620	50±1.6		235	96.5
				340,360	450	550			550						109.5
JMⅡJ31	400000	630000	930	300,320	380	470		935	520	610	630	60±1.9	1800	290	142
				340,360,380	450	550			560						152
				400	540	650			600						162
JMⅡJ32	450000	710000	880	320	380	470	380	1030	480	622	690		2250	330	194
				340,360,380	450	550			600						224
				400,420	540	650			640						240

续表

型号	公称转矩 T_n /N·m	瞬时最大转矩 T_{max} /N·m	最大转速 n_{max} /r·min^{-1}	轴孔直径 d、d_1	轴孔长度 J₁型	轴孔长度 Y型	轴孔长度 $L_{推荐}$	D	D_1	D_2	L_1 min	t	质量 m/kg L_1 min 质量	质量 m/kg 每增加1m质量	转动惯量 I /kg·m^2
					L	L									
JMⅡJ33	560000	900000	820	360,380	450	550	400	1080	580	660	726	66±2.2	2750	390	271
				400,420,440,450,460	540	650			700						325
JMⅡJ34	1000000	1600000	740	400,420,440,450			460	1160	620	750	836	70±2.2	3500	450	387
				460,480,500					750						465
JMⅡJ35	1400000	2240000	680	440,450,460,480,500			520	1290	790	820	946	82±2.6	5000	570	750
				530,560	680	800			840						810
JMⅡJ36	2000000	3150000	620	480,500	540	650	570	1410	760	900	1040	92±2.8	6600	710	1050
				530,560,600	680	800			920						1290
JMⅡJ37	2800000	4000000	570	450,460,480,500	540	650	610	1530	810	1000	1100	105±3	8400	880	1630
				530,560,600,630	680	800			980						1950
JMⅡJ38	4000000	6000000	520	560,600,630			670	1670	950	1100	1210	115±3.4	11000	1050	2670
				670,710	780	—			1070						3030
JMⅡJ39	5000000	8000000	480	600,630	680	800	730	1830	970	1200	1320	125±3.7	14500	1350	4060
				670,710,750	780	—			1170						4800
JMⅡJ40	6300000	10000000	430	670,710,750	780		800	2000	1140	1300	1450	130±4	19000	1600	6600
				800,850	880				1290						7500
JMⅡJ41	8000000	12500000	400	750	780			2200	1260	1400	1600	140±4.4	25000	1850	10400
				800,850	880				1420						11900
JMⅡJ42	10000000	16000000	350	800,850			960	2400	1370	1500	1760		32000	2100	15200
				900,950	980				1550						17400

注：1. 优先选用 $L_{推荐}$。

2. 质量、转动惯量按 $L_{推荐}$ 计算近似值。

膜片联轴器的膜片型式分为连杆式（见图 6-3-4）和整体式（见图 6-3-5）两种。膜片的厚度应符合 GB/T 708 的规定。整体式膜片的形状可分别组成为四边形、六边形、八边形等偶数形状。

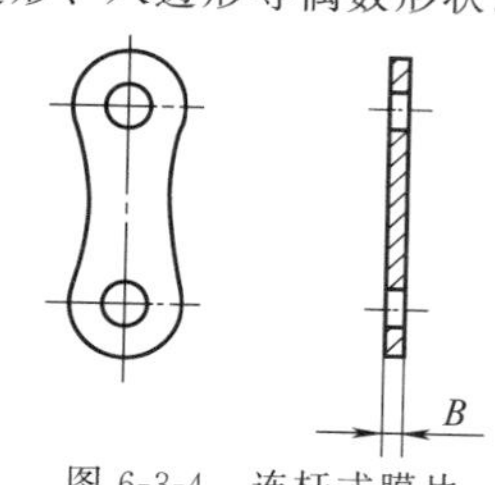

图 6-3-4　连杆式膜片

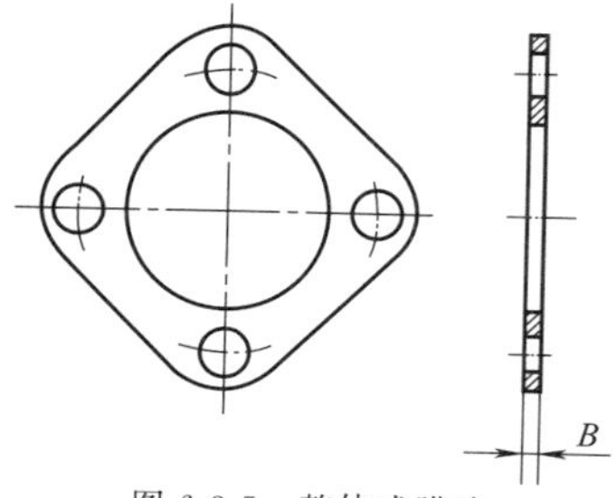

图 6-3-5　整体式膜片

JMⅠ型膜片联轴器许用补偿量见表 6-3-61，JMⅡ型膜片联轴器许用补偿量见表 6-3-62。JMⅠJ 型膜片联轴器许用补偿量为 JMⅠ型补偿量的 2 倍，JMⅡJ 型膜片联轴器许用补偿量为 JMⅡ型补偿量的 2 倍。表 6-3-61、表 6-3-62 中所列许用补偿量是指在工作状态允许的由于制造误差、安装误差、工作载荷变化引起的振动、冲击、变形、温度变化等综合因素形成的两轴间相对偏移量。最大允许安装角向偏差应不超过±5′。

表 6-3-61　JMⅠ型膜片联轴器许用补偿量

许用补偿量 \ 型号	JMⅠ1～JMⅠ6	JMⅠ7～JMⅠ10	JMⅠ11～JMⅠ19
轴向 ΔX/mm	1	1.5	2
角向 $\Delta\alpha$	1°		30′

表 6-3-62　JMⅡ型膜片联轴器许用补偿量

许用补偿量 \ 型号	JMⅡ1～JMⅡ8	JMⅡ9～JMⅡ17	JMⅡ18～JMⅡ26	JMⅡ27～JMⅡ30
轴向 ΔX/mm	1	2.5	4	6
角向 $\Delta\alpha$	1°			

表 6-3-63 膜片联轴器零件材料性能

序号	零件名称	材料	应符合的标准
1	半联轴器	45 ZG310-570	GB/T 700 GB/T 11352
2	膜片	1Cr18Ni9 1Cr18Ni9Ti	GB/T 4239
3	六角头铰制孔用螺栓	性能等级 8.8 级	GB/T 3098.1
4	六角螺母	性能等级 8 级	GB/T 3098.2
5	扣紧螺母	65Mn	GB/T 805
6	隔圈	45	GB/T 700
7	支承圈	45	GB/T 700
8	中间轴	45	GB/T 700

表 6-3-64 膜片材料力学性能

序号	性能名称	单位	指标	试验方法
1	屈服强度 σ_s	MPa	840	按 GB/T 228 的规定采用 DSS-25t 电子万能试验机或其他相应的试验机，精度 1%，每次试验至少三片以上标准试件，重复试验取得平均试验值
2	抗拉强度 σ_b	MPa	1050	
3	弹性模量 E	MPa	1.96×10^5	
4	伸长率 δ_s	%	>8	

膜片联轴器零件材料性能应不低于表 6-3-63 的要求，其中膜片材料力学性能应符合表 6-3-64 的要求。半联轴器轴孔公差按 GB/T 3852 的规定，轴孔表面粗糙度 Ra 为 1.6μm。半联轴器与中间轴形位公差应符合：垂直度公差按 8 级，圆柱度公差按 8 级，同轴度公差按 8 级。膜片表面应光滑、平整，不得有裂纹等缺陷。

3.3.10 蛇形弹簧联轴器（JB/T 8869—2000）

蛇形弹簧联轴器适用于连接两同轴线的中、大功率的传动轴系，具有一定补偿两轴间相对偏移和减振、缓冲性能。适用工作温度为－30～150℃，传递公称转矩范围为 45～800000N·m。

蛇形弹簧联轴器分为 JS 型、JSB 型、JSS 型、JSD 型、JSJ 型、JSG 型、JSZ 型、JSP 型、JSA 型 9 种型式，见表 6-3-65～表 6-3-77。

表 6-3-65 蛇形弹簧联轴器的型式

序号	代号	型式	规格代号	图示	结构型式基本参数、主要尺寸
1	JS	罩壳径向安装型（基本型）	1～25	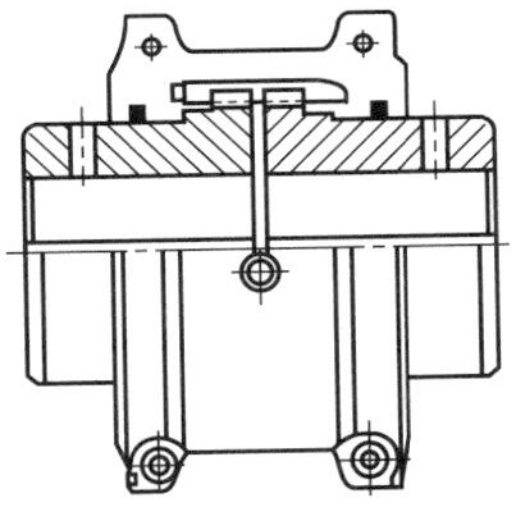	表 6-3-66
2	JSB	罩壳轴向安装型	1～16	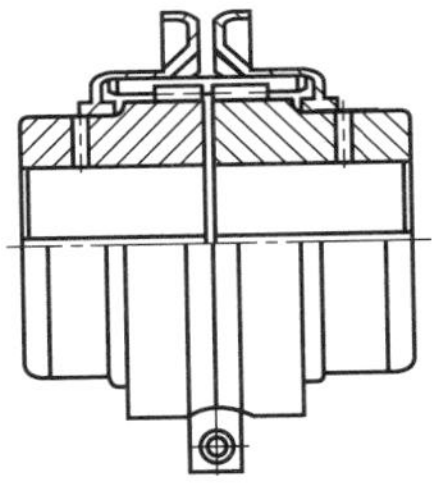	表 6-3-67
3	JSS	双法兰连接型	1～19	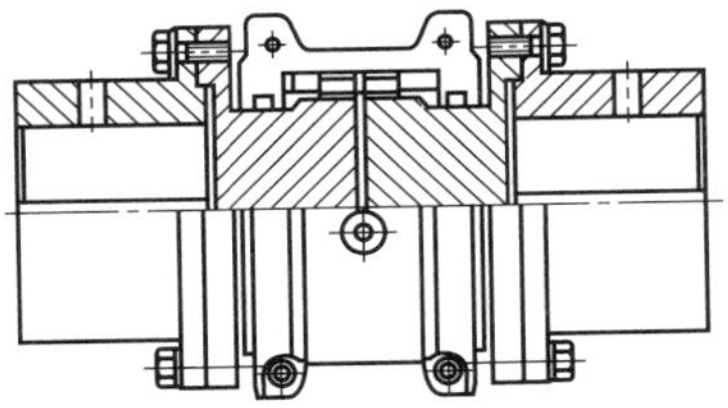	表 6-3-68

续表

序号	代号	型式	规格代号	图　示	结构型式 基本参数、主要尺寸
4	JSD	单法兰连接型	1～19	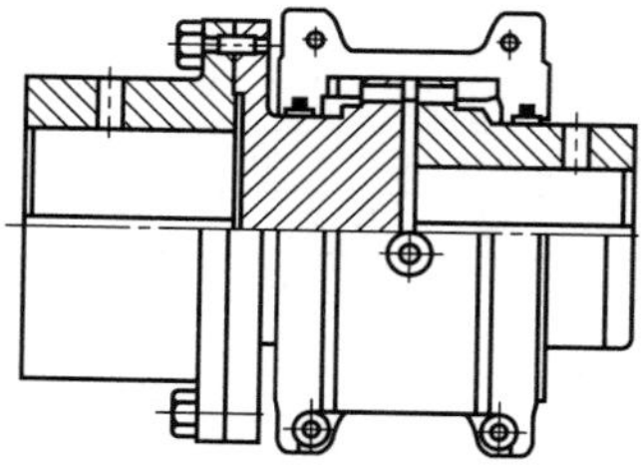	表 6-3-69
5	JSJ	接中间轴型	1～16	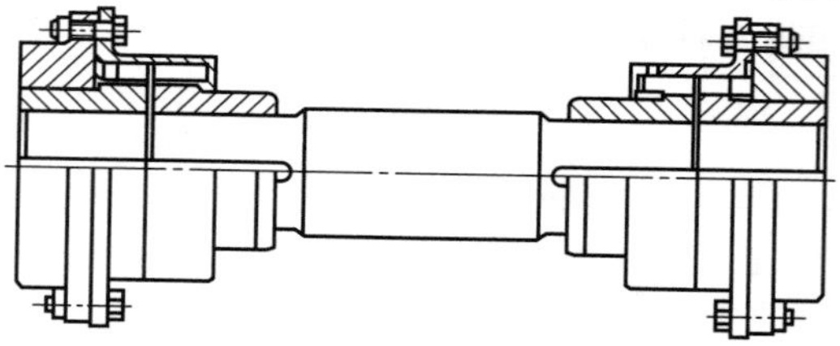	表 6-3-70
6	JSG	高速型	1～10	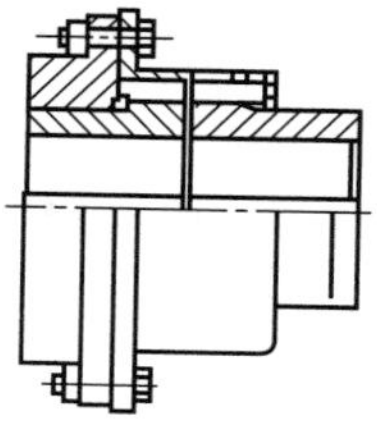	表 6-3-71
7	JSZ	带制动轮型	1～8	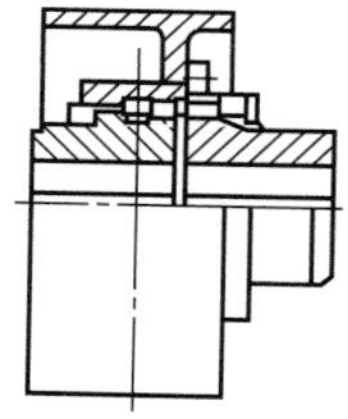	表 6-3-72
8	JSP	带制动盘型	1～11	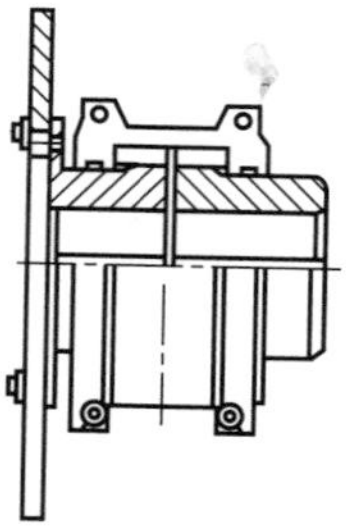	表 6-3-73
9	JSA	安全型	1～19	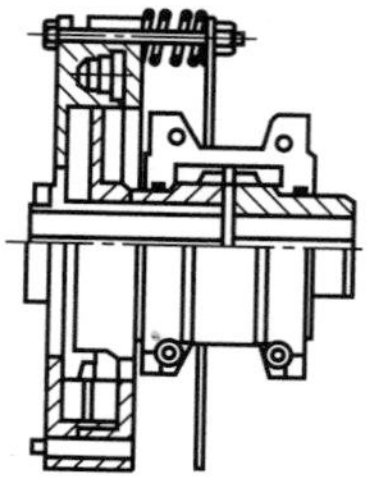	表 6-3-74

表 6-3-66　　JS 型罩壳径向安装型（基本型）蛇形弹簧联轴器性能和主要参数尺寸　　mm

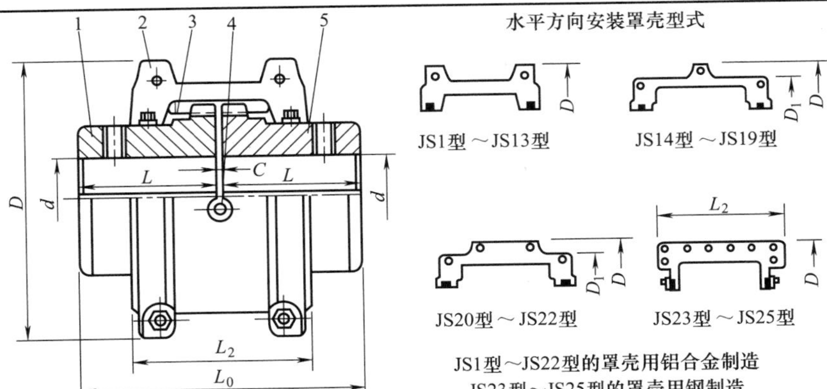

1,5—半联轴器；2—罩壳；3—蛇形弹簧；4—润滑孔

型号	公称转矩 T_n/N·m	许用转速 [n] /r·min^{-1}	轴孔直径 d	轴孔长度 L	总长 L_0	L_2	D	D_1	间隙 C	质量 m/kg	转动惯量 I/kg·m^2	润滑油 /kg
JS1	45	4500	18,19 20,22,24 25,28	47	97	66	95	—	3	1.91	0.0014	0.027
JS2	140		22,24 25,28 30,32,35			68	105			2.59	0.0022	0.041
JS3	224		25,28 30,32,35,38 40,42	50	103	70	115			3.36	0.0033	0.054
JS4	400		32,35,38 40,42,45,48,50	60	123	80	130			5.45	0.0073	0.068
JS5	630	4350	40,42,45,48,50,55,56	63	129	92	150			7.26	0.0119	0.086
JS6	900	4125	48,50,55,56 60,63,65	76	155	95	160			10.44	0.0185	0.113
JS7	1800	3600	55,56 60,63,65,70,71,75 80	89	181	116	190			17.70	0.0451	0.172
JS8	3150		65,70,71,75 80,85,90,95	98	199	122	210			25.42	0.0787	0.254
JS9	5600	2440	75 80,85,90,95 100,110	120	245	155	250		5	42.22	0.1780	0.426
JS10	8000	2250	85,90,95 100,110,120	127	259	162	270			54.45	0.2700	0.508
JS11	12500	2025	90,95 100,110,120,125 130,140	149	304	192	310		6	81.27	0.5140	0.735
JS12	18000	1800	110,120,125 130,140,150 160,170	162	330	195	346			121.00	0.9890	0.908
JS13	25000	1650	120,125 130,140,150 160,170,180 190,200	184	374	201	384	391		178.00	1.8500	1.135

续表

型号	公称转矩 T_n/N·m	许用转速 $[n]$ /r·min^{-1}	轴孔直径 d	轴孔长度 L	总长 L_0	L_2	D	D_1	间隙 C	质量 m/kg	转动惯量 I/kg·m^2	润滑油 /kg
JS14	35500	1500	140,150 160,170,180 190,200	183	372	271	450	431	6	234.26	3.4900	1.952
JS15	50000	1350	160,170,180 190,200,220 240	198	402	279	500	487		316.89	5.8200	2.815
JS16	6300	1225	180 190,200,220 240,250,260 280	216	438	307	566			448.10	10.4000	3.496
JS17	90000	1100	200,220 240,250,260 280,300	239	484	322	630	555		619.71	18.3000	3.768
JS18	125000	1050	240,250,260 280,300,320	260	526	325	675	608		776.34	26.1000	4.400
JS19	160000	900	280,300,320 340,360	280	566	355	756	660		1057.27	43.5000	5.630
JS20	224000	820	300,320 340,360,380	305	623	432	845	751	13	1425.56	75.5000	10.530
JS21	315000	730	320 340,360,380 400,420	325	663	490	920	822		1786.49	113.0000	16.070
JS22	400000	680	340,360,380 400,420,440,450	345	703	546	1000	905		2268.64	175.0000	24.060
JS23	500000	630	360,380 400,420,440,450,460,480	368	749	648	1087	—		2950.82	339.0000	33.820
JS24	630000	580	400,420,440,450,460	401	815	698	1180			3836.30	524.0000	50.170
JS25	800000	540	420,440,450,460,480,500	432	877	762	1260			4686.19	711.0000	67.240

注：1. 若按 GB/T 3852 轴孔型式，与制造厂协商。

2. 质量、转动惯量是按无孔计算。

表 6-3-67　　JSB 型罩壳轴向安装型蛇形弹簧联轴器性能和主要参数尺寸　　mm

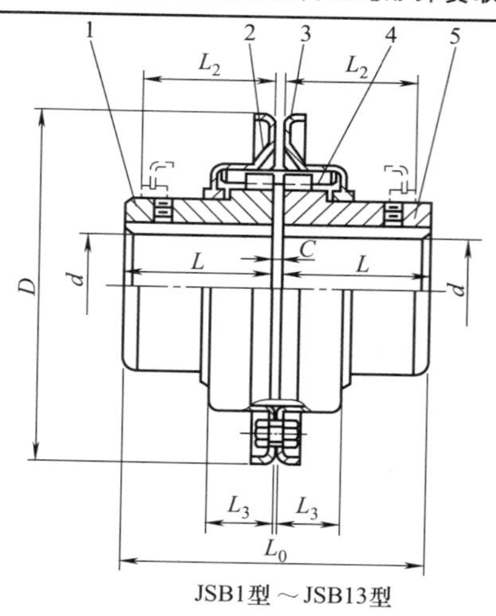

JSB1型～JSB13型

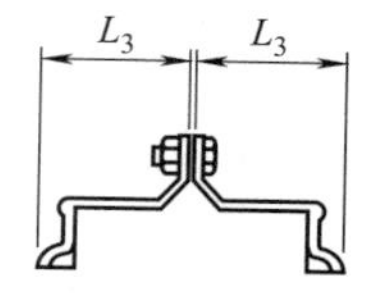

JSB14型～JSB16型

1,5—半联轴器;2—润滑孔;3—罩壳;4—蛇形弹簧

续表

型号	公称转矩 T_n/N·m	许用转速 [n]/r·min^{-1}	轴孔直径 d	轴孔长度 L	总长 L_0	L_2	L_3	D	间隙 C	质量 m/kg	润滑油 /kg
JSB1	45	6000	18,19	47	97	48	24	112	3	1.95	0.027
			20,22,24								
			25,28								
JSB2	140		22,24				25	122		2.59	0.041
			25,28								
			30,32,35								
JSB3	224		25,28	50	103	51	26	130		3.36	0.054
			30,32,35,38								
			40,42								
JSB4	400		32,35,38	60	123	61	31	149		5.45	0.068
			40,42,45,48,50								
JSB5	630		40,42,45,48,50,55,56	63	129	64	32	163		7.26	0.086
JSB6	900	5500	48,50,55,56	76	155	67	34	174		10.44	0.113
			60,63,65								
JSB7	1800	4750	55,56	89	181	89	44	200		17.70	0.172
			60,63,65,70,71,75								
			80								
JSB8	3150	4000	65,70,71,75	98	199	96	47	233		25.42	0.254
			80,85,90,95								
JSB9	5600	3250	75	120	245	121	60	268	6	42.22	0.427
			80,85,90,95								
			100,110							42.20	0.420
JSB10	8000	3000	80,85,90,95	127	259	124	63	287		54.48	0.508
			100,110,120								
JSB11	12500	2700	90,95	149	304	143	74	320		81.72	0.735
			100,110,120,125								
			130,140								
JSB12	18000	2400	110,120,125	162	330	146	75	379		122.58	0.908
			130,140,150								
			160,170								
JSB13	25000	2200	120,125	184	374	156	78	411		180.24	1.135
			130,140,150								
			160,170,180								
			190,200								
JSB14	35500	2000	140,150	183	372	204	107	476		230.18	1.952
			160,170,180								
			190,200								
JSB15	50000	1750	160,170,180	216	438	216	115	533		321.43	2.815
			190,200,220								
			240								
JSB16	63000	1600	180			226	120	584		448.55	3.496
			190,200,220								
			240,250,260								

注：1. 若按 GB/T 3852 轴孔型式，与制造厂协商。

2. 质量是按无孔计算。

表 6-3-68　　JSS 型双法兰连接型蛇形弹簧联轴器性能和主要参数尺寸　　mm

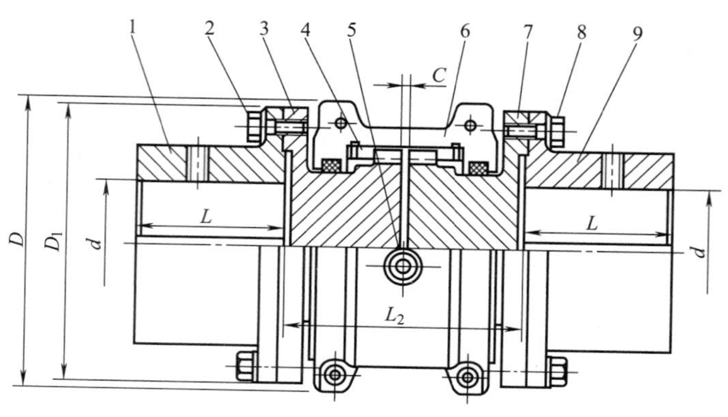

1,9—连接凸缘;2,8—螺栓;3,7—半联轴器;4—蛇形弹簧;5—润滑孔;6—罩壳

<table>
<tr><th rowspan="2">型号</th><th rowspan="2">公称转矩
T_n
/N·m</th><th rowspan="2">许用转速
[n]
/r·min^{-1}</th><th rowspan="2">轴孔直径
d</th><th rowspan="2">轴孔长度 L</th><th colspan="2">两轴端距离
L_2</th><th rowspan="2">D</th><th rowspan="2">D_1</th><th rowspan="2">间隙
C</th><th rowspan="2">质量
m/kg</th><th rowspan="2">润滑油
/kg</th></tr>
<tr><th>最小</th><th>最大</th></tr>
<tr><td rowspan="4">JSS1</td><td rowspan="4">45</td><td rowspan="26">3600</td><td>18,19</td><td rowspan="4">35</td><td rowspan="11">89</td><td rowspan="4">203</td><td rowspan="4">97</td><td rowspan="4">86</td><td rowspan="26">5</td><td rowspan="4">3.86</td><td rowspan="4">0.027</td></tr>
<tr><td>20,22,24</td></tr>
<tr><td>25,28</td></tr>
<tr><td>30,32,35</td></tr>
<tr><td rowspan="4">JSS2</td><td rowspan="4">140</td><td>22,24</td><td rowspan="4">42</td><td rowspan="10">216</td><td rowspan="4">106</td><td rowspan="4">94</td><td rowspan="4">5.27</td><td rowspan="4">0.041</td></tr>
<tr><td>25,28</td></tr>
<tr><td>30,32,35,38</td></tr>
<tr><td>40,42</td></tr>
<tr><td rowspan="3">JSS3</td><td rowspan="3">224</td><td>25,28</td><td rowspan="3">54</td><td rowspan="3">114</td><td rowspan="3">112</td><td rowspan="3">8.44</td><td rowspan="3">0.054</td></tr>
<tr><td>30,32,35,38</td></tr>
<tr><td>40,42,45,48,50,55,56</td></tr>
<tr><td rowspan="3">JSS4</td><td rowspan="3">400</td><td>32,35,38</td><td rowspan="3">60</td><td rowspan="3">111</td><td rowspan="3">135</td><td rowspan="3">125</td><td rowspan="3">12.53</td><td rowspan="3">0.068</td></tr>
<tr><td>40,42,45,48,50,55</td></tr>
<tr><td>60,63,65</td></tr>
<tr><td rowspan="3">JSS5</td><td rowspan="3">630</td><td>40,42,45,48,50,55,56</td><td rowspan="3">73</td><td rowspan="6">127</td><td rowspan="6">330</td><td rowspan="3">148</td><td rowspan="3">144</td><td rowspan="3">19.61</td><td rowspan="3">0.086</td></tr>
<tr><td>60,63,65,70,71,75</td></tr>
<tr><td>80</td></tr>
<tr><td rowspan="3">JSS6</td><td rowspan="3">900</td><td>48,50,55,56</td><td rowspan="3">80</td><td rowspan="3">159</td><td rowspan="3">152</td><td rowspan="3">24.65</td><td rowspan="3">0.114</td></tr>
<tr><td>60,63,65,70,71,75</td></tr>
<tr><td>80,85</td></tr>
<tr><td rowspan="3">JSS7</td><td rowspan="3">1800</td><td>55,56</td><td rowspan="3">89</td><td rowspan="6">184</td><td rowspan="13">406</td><td rowspan="3">190</td><td rowspan="3">178</td><td rowspan="3">39.40</td><td rowspan="3">0.173</td></tr>
<tr><td>60,63,65,70,71,75</td></tr>
<tr><td>80,85,90,95</td></tr>
<tr><td rowspan="3">JSS8</td><td rowspan="3">3150</td><td>65,70,71,75</td><td rowspan="3">102</td><td rowspan="3">211</td><td rowspan="3">209</td><td rowspan="3">60.38</td><td rowspan="3">0.254</td></tr>
<tr><td>80,85,90,95</td></tr>
<tr><td>100,110</td></tr>
<tr><td rowspan="4">JSS9</td><td rowspan="4">5600</td><td rowspan="4">2440</td><td>75</td><td rowspan="4">90</td><td rowspan="4">203</td><td rowspan="4">251</td><td rowspan="4">250</td><td rowspan="7">6</td><td rowspan="4">98.97</td><td rowspan="4">0.427</td></tr>
<tr><td>80,85,90,95</td></tr>
<tr><td>100,110,120,125</td></tr>
<tr><td>130</td></tr>
<tr><td rowspan="3">JSS10</td><td rowspan="3">8000</td><td rowspan="3">2250</td><td>80,85,90,95</td><td rowspan="3">104</td><td rowspan="3">210</td><td rowspan="3">270</td><td rowspan="3">276</td><td rowspan="3">137.56</td><td rowspan="3">0.508</td></tr>
<tr><td>100,110,120,125</td></tr>
<tr><td>130,140,150</td></tr>
</table>

续表

型号	公称转矩 T_n /N·m	许用转速 $[n]$ /r·min^{-1}	轴孔直径 d	轴孔长度 L	两轴端距离 L_2 最小	两轴端距离 L_2 最大	D	D_1	间隙 C	质量 m/kg	润滑油 /kg
JSS11	12500	2025	90,95 100,110,120,125 130,140,150 160,170	120	246	406	308	319	10	196.58	0.735
JSS12	18000	1800	110,120,125 130,140,150 160,170,180 190	135	257		346	346		259.69	0.908
JSS13	25000	1650	120,125 130,140,150 160,170,180 190,200	152	267		384	386		340.50	1.135
JSS14	35500	1500	100,110,120,125 130,140,150 160,170,180 190,200,220 240,250	173	345	371	453	426		442.70	1.950
JSS15	50000	1350	110,120,125 130,140,150 160,170,180 190,200,220 240,250,260 280	186	356	406	501	457		552.06	2.810
JSS16	63000	1220	125 130,140,150 160,170,180 190,200,220 240,250,260 280,300,320	220	384	444	566	527		836.27	3.490
JSS17	90000	1100	100,110,120,125 130,140,150 160,170,180 190,200,220 240,250,260 280,300,320	249	400	491	630	591		1099.58	3.770
JSS18	125000	1050	110,120,125 130,140,150 160,170,180 190,200,220 240,250,260 280,300,320 340,360	276	411	530	676	660		1479.59	4.400
JSS19	160000	900	110,120,125 130,140,150 160,170,180 190,200,220 240,250,260 280,300,320 340,360,380	305	444	576	757	711		1856.86	5.630

注：1. 若按 GB/T 3852 轴孔型式，与制造厂协商。

2. 质量是按无孔计算。

表 6-3-69　　**JSD 型单法兰连接型蛇形弹簧联轴器性能和主要参数尺寸**　　mm

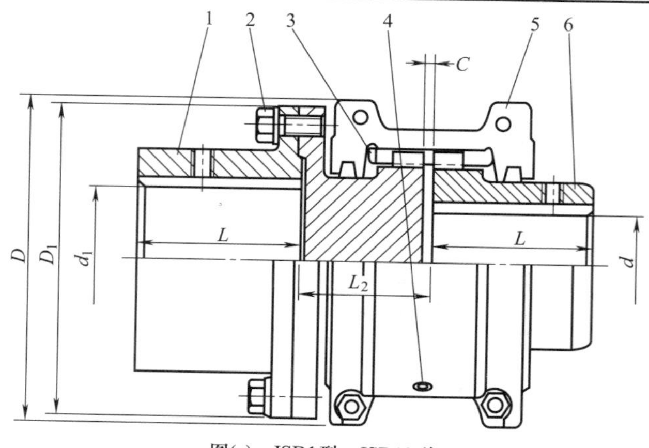

图(a)　JSD1型～JSD13型

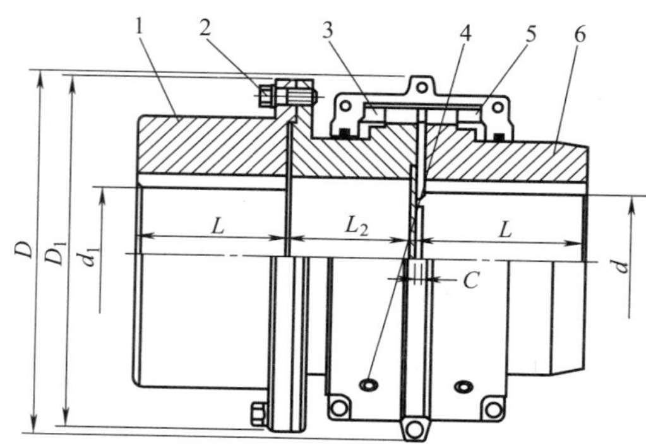

图(b)　JSD14型～JSD19型

1—连接凸缘；2—螺栓；3—蛇形弹簧；4—润滑孔；5—罩壳；6—半联轴器

<table>
<tr><th rowspan="2">型号</th><th rowspan="2">公称转矩 T_n /N·m</th><th rowspan="2">许用转速 [n]/r·min^{-1}</th><th colspan="2">轴孔直径</th><th colspan="2">轴孔长度</th><th colspan="2">两轴端距离 L_2</th><th rowspan="2">D</th><th rowspan="2">D_1</th><th rowspan="2">间隙 C</th><th rowspan="2">质量 m/kg</th><th rowspan="2">润滑油/kg</th></tr>
<tr><th>连接凸缘 d_1</th><th>半联轴器 d</th><th>法兰 L</th><th>半联轴器 L</th><th>最小</th><th>最大</th></tr>
<tr><td rowspan="4">JSD1</td><td rowspan="4">45</td><td rowspan="17">3600</td><td colspan="2">18,19</td><td rowspan="4">35</td><td rowspan="8">47</td><td rowspan="11">45</td><td rowspan="4">102</td><td rowspan="4">97</td><td rowspan="4">86</td><td rowspan="17">3</td><td rowspan="4">2.90</td><td rowspan="4">0.027</td></tr>
<tr><td colspan="2">20,22,24</td></tr>
<tr><td colspan="2">25,28</td></tr>
<tr><td>30,32,35</td><td>—</td></tr>
<tr><td rowspan="4">JSD2</td><td rowspan="4">140</td><td colspan="2">22,24</td><td rowspan="4">41</td><td rowspan="10">109</td><td rowspan="4">106</td><td rowspan="4">94</td><td rowspan="4">3.90</td><td rowspan="4">0.041</td></tr>
<tr><td colspan="2">25,28</td></tr>
<tr><td>30,32,35,38</td><td>30,32,35</td></tr>
<tr><td>40,42</td><td>—</td></tr>
<tr><td rowspan="3">JSD3</td><td rowspan="3">224</td><td colspan="2">25,28</td><td rowspan="3">54</td><td rowspan="3">50</td><td rowspan="3">114</td><td rowspan="3">113</td><td rowspan="3">5.90</td><td rowspan="3">0.054</td></tr>
<tr><td colspan="2">30,32,35,38</td></tr>
<tr><td>40,42,45,48,50,55,56</td><td>40,42</td></tr>
<tr><td rowspan="3">JSD4</td><td rowspan="3">400</td><td colspan="2">32,35,38</td><td rowspan="3">60</td><td rowspan="3">60</td><td rowspan="3">56</td><td rowspan="3">135</td><td rowspan="3">125</td><td rowspan="3">8.98</td><td rowspan="3">0.068</td></tr>
<tr><td>40,42,45,48,50,55</td><td>40,42,45,48,50</td></tr>
<tr><td>60,63,65</td><td>—</td></tr>
<tr><td rowspan="3">JSD5</td><td rowspan="3">630</td><td colspan="2">40,42,45,48,50,55,56</td><td rowspan="3">73</td><td rowspan="3">63</td><td rowspan="3">64</td><td rowspan="3">166</td><td rowspan="3">148</td><td rowspan="3">144</td><td rowspan="3">13.50</td><td rowspan="3">0.086</td></tr>
<tr><td>60,63,65,70,71,75</td><td>—</td></tr>
<tr><td>80</td><td>—</td></tr>
</table>

续表

<table>
<tr><th rowspan="2">型号</th><th rowspan="2">公称转矩 T_n /N·m</th><th rowspan="2">许用转速 $[n]$/r·min^{-1}</th><th colspan="2">轴孔直径</th><th colspan="2">轴孔长度</th><th colspan="2">两轴端距离 L_2</th><th rowspan="2">D</th><th rowspan="2">D_1</th><th rowspan="2">间隙 C</th><th rowspan="2">质量 m/kg</th><th rowspan="2">润滑油/kg</th></tr>
<tr><th>连接凸缘 d_1</th><th>半联轴器 d</th><th>法兰 L</th><th>半联轴器 L</th><th>最小</th><th>最大</th></tr>
<tr><td rowspan="3">JSD6</td><td rowspan="3">900</td><td rowspan="9">3600</td><td colspan="2">48,50,55,56</td><td rowspan="3">79</td><td rowspan="3">76</td><td rowspan="3">64</td><td rowspan="3">166</td><td rowspan="3">159</td><td rowspan="3">152</td><td rowspan="9">3</td><td rowspan="3">17.50</td><td rowspan="3">0.113</td></tr>
<tr><td>60,63,65,70,71,75</td><td>60,63,65</td></tr>
<tr><td>80,85</td><td>—</td></tr>
<tr><td rowspan="3">JSD7</td><td rowspan="3">1800</td><td colspan="2">55,56</td><td rowspan="3">89</td><td rowspan="3">89</td><td rowspan="6">93</td><td rowspan="6">204</td><td rowspan="3">190</td><td rowspan="3">178</td><td rowspan="3">28.60</td><td rowspan="3">0.172</td></tr>
<tr><td colspan="2">60,63,65,70,71,75</td></tr>
<tr><td>80,85,90,95</td><td>80</td></tr>
<tr><td rowspan="3">JSD8</td><td rowspan="3">3150</td><td colspan="2">65,70,71,75</td><td rowspan="3">102</td><td rowspan="3">99</td><td rowspan="3">211</td><td rowspan="3">210</td><td rowspan="3">42.90</td><td rowspan="3">0.254</td></tr>
<tr><td colspan="2">80,85,90,95</td></tr>
<tr><td>100,110</td><td>—</td></tr>
<tr><td rowspan="3">JSD9</td><td rowspan="3">5600</td><td rowspan="3">2440</td><td colspan="2">80,85,90,95</td><td rowspan="3">90</td><td rowspan="3">120</td><td rowspan="3">103</td><td rowspan="18">205</td><td rowspan="3">251</td><td rowspan="3">251</td><td rowspan="6">5</td><td rowspan="3">70.80</td><td rowspan="3">0.426</td></tr>
<tr><td>100,110,120,125</td><td>100,110</td></tr>
<tr><td>130</td><td>—</td></tr>
<tr><td rowspan="3">JSD10</td><td rowspan="3">8000</td><td rowspan="3">2250</td><td colspan="2">90,95</td><td rowspan="3">104</td><td rowspan="3">127</td><td rowspan="3">106</td><td rowspan="3">270</td><td rowspan="3">276</td><td rowspan="3">196.70</td><td rowspan="3">0.508</td></tr>
<tr><td>100,110,120,125</td><td>100,110,120</td></tr>
<tr><td>130,140,150</td><td>—</td></tr>
<tr><td rowspan="4">JSD11</td><td rowspan="4">12500</td><td rowspan="4">2025</td><td colspan="2">95</td><td rowspan="4">119</td><td rowspan="4">149</td><td rowspan="4">125</td><td rowspan="4">308</td><td rowspan="4">319</td><td rowspan="8">6</td><td rowspan="4">139.00</td><td rowspan="4">0.735</td></tr>
<tr><td colspan="2">100,110,120,125</td></tr>
<tr><td>130,140,150</td><td>130,140</td></tr>
<tr><td>160,170</td><td>—</td></tr>
<tr><td rowspan="4">JSD12</td><td rowspan="4">18000</td><td rowspan="4">1800</td><td colspan="2">110,120,125</td><td rowspan="4">135</td><td rowspan="4">162</td><td rowspan="4">130</td><td rowspan="4">346</td><td rowspan="4">346</td><td rowspan="4">190.00</td><td rowspan="4">0.907</td></tr>
<tr><td colspan="2">130,140,150</td></tr>
<tr><td colspan="2">160,170,180</td></tr>
<tr><td colspan="2">190</td></tr>
<tr><td rowspan="4">JSD13</td><td rowspan="4">25000</td><td rowspan="4">1650</td><td colspan="2">120,125</td><td rowspan="4">152</td><td rowspan="4">184</td><td rowspan="4">135</td><td rowspan="4">384</td><td rowspan="4">359</td><td rowspan="24">10</td><td rowspan="4">259.00</td><td rowspan="4">1.130</td></tr>
<tr><td colspan="2">130,140,150</td></tr>
<tr><td colspan="2">160,170,180</td></tr>
<tr><td colspan="2">190,200</td></tr>
<tr><td rowspan="5">JSD14</td><td rowspan="5">35500</td><td rowspan="5">1500</td><td colspan="2">100,110,120,125</td><td rowspan="5">173</td><td rowspan="5">183</td><td rowspan="5">175</td><td rowspan="5">185</td><td rowspan="5">453</td><td rowspan="5">426</td><td rowspan="5">342.77</td><td rowspan="5">1.950</td></tr>
<tr><td colspan="2">130,140,150</td></tr>
<tr><td colspan="2">160,170,180</td></tr>
<tr><td>190,200,220</td><td>190,200</td></tr>
<tr><td>240,250</td><td>—</td></tr>
<tr><td rowspan="6">JSD15</td><td rowspan="6">50000</td><td rowspan="6">1350</td><td>110,120,125</td><td>120,125</td><td rowspan="6">186</td><td rowspan="6">198</td><td rowspan="6">180</td><td rowspan="6">205</td><td rowspan="6">501</td><td rowspan="6">457</td><td rowspan="6">434.48</td><td rowspan="6">2.810</td></tr>
<tr><td colspan="2">130,140,150</td></tr>
<tr><td colspan="2">160,170,180</td></tr>
<tr><td colspan="2">190,200,220</td></tr>
<tr><td>240,250,260</td><td>—</td></tr>
<tr><td>280</td><td>—</td></tr>
<tr><td rowspan="6">JSD16</td><td rowspan="6">63000</td><td rowspan="6">1220</td><td>125</td><td>—</td><td rowspan="6">220</td><td rowspan="6">216</td><td rowspan="6">194</td><td rowspan="6">224</td><td rowspan="6">566</td><td rowspan="6">527</td><td rowspan="6">641.96</td><td rowspan="6">3.490</td></tr>
<tr><td colspan="2">130,140,150</td></tr>
<tr><td colspan="2">160,170,180</td></tr>
<tr><td colspan="2">190,200,220</td></tr>
<tr><td>240,250,260</td><td>240,250</td></tr>
<tr><td>280,300,320</td><td>—</td></tr>
<tr><td rowspan="3">JSD17</td><td rowspan="3">90000</td><td rowspan="3">1100</td><td>100,110,120,125</td><td>—</td><td rowspan="3">249</td><td rowspan="3">239</td><td rowspan="3">202</td><td rowspan="3">247</td><td rowspan="3">630</td><td rowspan="3">590</td><td rowspan="3">859.88</td><td rowspan="3">3.770</td></tr>
<tr><td colspan="2">130,140,150</td></tr>
<tr><td colspan="2">160,170,180</td></tr>
</table>

第6篇

续表

型号	公称转矩 T_n /N·m	许用转速 $[n]$/r·min^{-1}	轴孔直径 连接凸缘 d_1	轴孔直径 半联轴器 d	轴孔长度 法兰 L	轴孔长度 半联轴器 L	两轴端距离 L_2 最小	两轴端距离 L_2 最大	D	D_1	间隙 C	质量 m/kg	润滑油/kg
JSD17	90000	1100	190,200,220		249	239	202	247	630	590	10	859.88	3.770
			240,250,260										
			280,300,320	280									
JSD18	125000	1050	110,120,125	—	276	259	207	267	676	660		1127.74	4.400
			130,140,150	150									
			160,170,180										
			190,200,220										
			240,250,260										
			280,300,320	280,300									
			340,360	—									
JSD19	160000	900	110,120,125	—	305	279	224	289	757	711		1240.00	5.630
			130,140,150	—									
			160,170,180	170,180									
			190,200,220										
			240,250,260										
			280,300,320										
			340,360,380	—									

注：1. 若按 GB/T 3852 轴孔型式，与制造厂协商。

2. 质量是按无孔计算。

表 6-3-70　JSJ 型接中间轴型蛇形弹簧联轴器性能和主要参数尺寸　mm

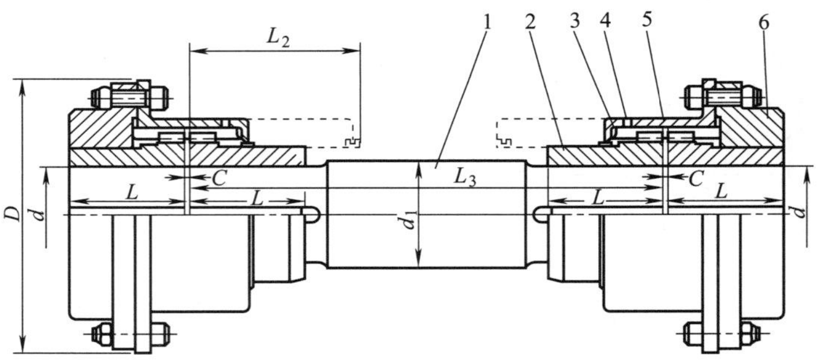

1—中间轴；2—半联轴器；3—蛇形弹簧；4—润滑孔；5—罩壳；6—连接凸缘

型号	公称转矩 T_n/N·m	轴孔直径 d	中间轴 d_1	轴孔长度 L	中间轴 L_{3min}	D	L_2	间隙 C	质量 m/kg	润滑油(每端)/kg
JSJ1	140	22,24	28	48	162	116	78	3	3.90	0.041
		25,28								
		30,32,35								
JSJ2	400	32,35,38	35	60	195	158	94		8.85	0.068
		40,42,45,48,50								
JSJ3	900	48,50,55,56	50	76	213	183	103		15.62	0.113
		60,63,65								
JSJ4	1800	55,56	63	89	275	218	134		26.42	0.172
		60,63,65,70,71,75								
		80								
JSJ5	3150	65,70,71,75	75	98	294	245	144		37.23	0.254
		80,85								

续表

型号	公称转矩 T_n/N·m	轴孔直径 d	中间轴 d_1	轴孔长度 L	中间轴 L_{3min}	D	L_2	间隙 C	质量 m/kg	润滑油(每端)/kg
JSJ6	5600	75 80,85,90,95 100,110	90	120	372	286	182	5	63.11	0.427
JSJ7	8000	80,85,90,95 100,110,120	100	127	391	324	191		83.54	0.508
JSJ8	12500	90,95 100,110,120,125 130,140	120	150	453	327	—	6	98.06	0.735
JSJ9	18000	110,120,125 130,140,150 160,170	130	162	463	365	—		140.29	0.908
JSJ10	25000	120,125 130,140,150 160,170,180 190,200	140	184	482	419	235		209.75	1.135
JSJ11	35500	140,150 160,170,180 190,200	160	183	549	478	268		276.94	1.952
JSJ12	50000	160,170,180 190,200,220 240	200	198	587	548	287		381.36	2.815
JSJ13	63000	180 190,200,220 240,250		216	622	604	305		519.38	3.496
JSJ14	90000	200,220 240,250,260 280	220	239	673	665	330		718.68	3.768
JSJ15	125000	240,250,260 280,300,320	250	259	711	708	350		898.47	4.400
JSJ16	160000	280,300,320 340,360	280	289	744	782	366		1206.28	5.630

注：1. 若按 GB/T 3852 轴孔型式，与制造厂协商。
2. 质量是按无孔计算。

表 6-3-71　JSG 型高速型蛇形弹簧联轴器性能和主要参数尺寸　mm

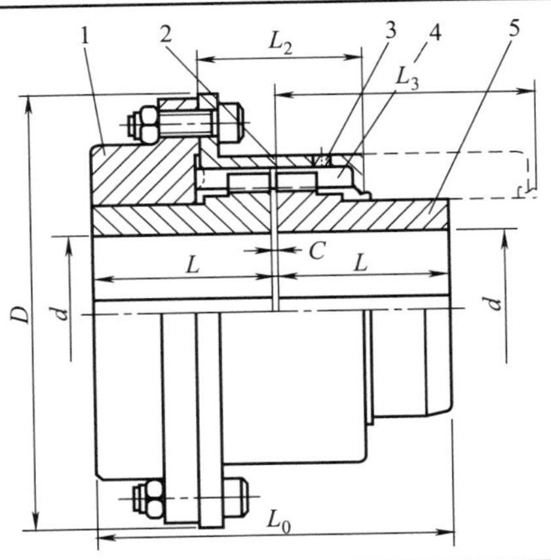

1,5—半联轴器；2—罩壳；
3—润滑孔；4—蛇形弹簧

续表

型号	公称转矩 T_n/N·m	许用转速 [n]/r·min^{-1}	轴孔直径 d	轴孔长度 L	总长 L_0	D	L_2	L_3	间隙 C	质量 m/kg	润滑油/kg
JSG1	140	10000	12,14	47	97	115	78	50	3	3.90	0.041
			16,18,19								
			20,22,24								
			25,28								
			30,32,35								
JSG2	400	9000	16,18,19	60	123	157	94	59		8.85	0.068
			20,22,24								
			25,28								
			30,32,35,38								
			40,42,45,48,50								
JSG3	900	8200	19	76	155	182	103	86		15.62	0.114
			20,22,24								
			25,28								
			30,32,35,38								
			40,42,45,48,50,55,56								
			60,63,65								
JSG4	1800	7100	28	88	179	218	134	86		26.42	0.173
			30,32,35,38								
			40,42,45,48,50,55,56								
			60,63,65,70,71,75								
			80								
JSG5	3150	6000	28	98	199	244	144	92		37.23	0.254
			30,32,35,38								
			40,42,45,48,50,55,56								
			60,63,65,70,71,75								
			80,85,90,95								
JSG6	5600	4900	42,45,48,50,55,56	120	245	286	181	117	5	63.11	0.427
			60,63,65,70,71,75								
			80,85,90,95								
			100,110								
JSG7	8000	4500	42,45,48,50,55,56	127	259	324	190	122		83.54	0.509
			60,63,65,70,71,75								
			80,85,90,95								
			100,110,120								
JSG8	12500	4000	60,63,65,70,71,75	149	304	327	220	146	6	98.06	0.735
			80,85,90,95								
			100,110,120,125								
			130,140								
JSG9	18000	3600	65,70,71,75	162	330	365	225	150		140.29	0.908
			80,85,90,95								
			100,110,120,125								
			130,140,150								
			160,170								
JSG10	25000	3300	65,70,71,75	184	374	419	345	156		209.75	1.135
			80,85,90,95								
			100,110,120,125								
			130,140,150								
			160,170,180								
			190,200								

注：1. 若按 GB/T 3852 轴孔型式，与制造厂协商。
2. 质量是按无孔计算。

表 6-3-72 JSZ 型带制动轮型蛇形弹簧联轴器性能和主要参数尺寸 mm

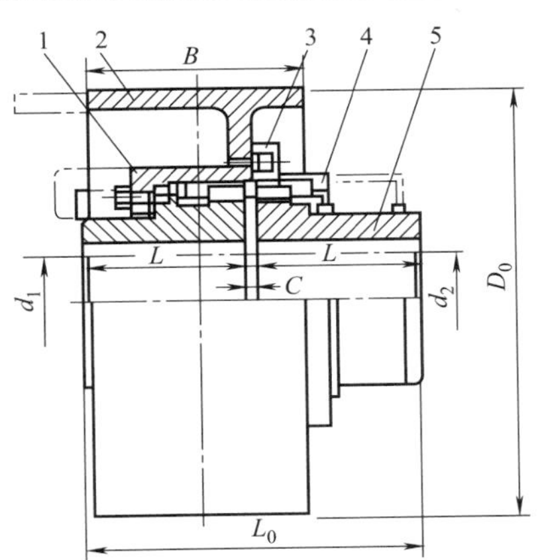

1，5—半联轴器；2—制动轮；3—罩壳；4—蛇形弹簧

<table>
<tr><th rowspan="2">型号</th><th rowspan="2">公称转矩 T_n /N·m</th><th rowspan="2">许用转速[n] /r·min^{-1}</th><th colspan="2">制动轮</th><th colspan="2">轴孔直径</th><th rowspan="2">轴孔长度 L</th><th rowspan="2">总长 L_0</th><th rowspan="2">间隙 C</th><th rowspan="2">质量 m/kg</th><th rowspan="2">润滑油 /kg</th></tr>
<tr><th>直径 D_0</th><th>宽度 B</th><th>d_1</th><th>d_2</th></tr>
<tr><td rowspan="6">JSZ1</td><td rowspan="6">125</td><td rowspan="6">3820</td><td rowspan="6">160</td><td rowspan="6">65</td><td>—</td><td>12,14</td><td rowspan="6">54</td><td rowspan="6">111</td><td rowspan="16">3</td><td rowspan="6">10.44</td><td rowspan="6">0.085</td></tr>
<tr><td>—</td><td>16,18,19</td></tr>
<tr><td colspan="2">20,22,24</td></tr>
<tr><td colspan="2">25,28</td></tr>
<tr><td colspan="2">30,32,35,38</td></tr>
<tr><td colspan="2">40,42,45,48,50</td></tr>
<tr><td rowspan="6">JSZ2</td><td rowspan="6">250</td><td rowspan="6">2870</td><td rowspan="6">200</td><td rowspan="6">70</td><td>—</td><td>16,18,19</td><td rowspan="6">76</td><td rowspan="6">155</td><td rowspan="6">23.61</td><td rowspan="6">0.142</td></tr>
<tr><td colspan="2">20,22,24</td></tr>
<tr><td colspan="2">25,28</td></tr>
<tr><td colspan="2">30,32,35,38</td></tr>
<tr><td colspan="2">40,42,45,48,50,55,56</td></tr>
<tr><td>—</td><td>60,63,65</td></tr>
<tr><td rowspan="4">JSZ3</td><td rowspan="4">355</td><td rowspan="4">2300</td><td rowspan="4">250</td><td rowspan="4">90</td><td>25,28</td><td>—</td><td rowspan="4">82</td><td rowspan="4">167</td><td rowspan="4">28.60</td><td rowspan="4">0.170</td></tr>
<tr><td colspan="2">30,32,35,38</td></tr>
<tr><td colspan="2">40,42,45,48,50,55,56</td></tr>
<tr><td>60,63</td><td>60,63,65,70,71</td></tr>
<tr><td rowspan="5">JSZ4</td><td rowspan="5">1000</td><td rowspan="5">1730</td><td rowspan="5">315</td><td rowspan="5">110</td><td>25,28</td><td>—</td><td rowspan="5">95</td><td rowspan="5">195</td><td rowspan="15">5</td><td rowspan="5">59.93</td><td rowspan="5">0.284</td></tr>
<tr><td colspan="2">30,32,35,38</td></tr>
<tr><td colspan="2">40,42,45,48,50,55,56</td></tr>
<tr><td colspan="2">60,63,65,70,71,75</td></tr>
<tr><td>80,85</td><td>80,85,90,95</td></tr>
<tr><td rowspan="6">JSZ5</td><td rowspan="6">1400</td><td rowspan="6">1350</td><td rowspan="6">400</td><td rowspan="6">140</td><td>25,28</td><td>—</td><td rowspan="6">98</td><td rowspan="6">201</td><td rowspan="6">85.81</td><td rowspan="6">0.340</td></tr>
<tr><td>30,32,35,38</td><td>—</td></tr>
<tr><td>40,42,45,48,50,55,56</td><td>50,55,56</td></tr>
<tr><td colspan="2">60,63,65,70,71,75</td></tr>
<tr><td colspan="2">80,85,90,95</td></tr>
<tr><td colspan="2">100</td></tr>
<tr><td rowspan="4">JSZ6</td><td rowspan="4">2800</td><td rowspan="4">1145</td><td rowspan="4">500</td><td rowspan="4">180</td><td>40,42,45,48,50,55,56</td><td>—</td><td rowspan="4">124</td><td rowspan="4">253</td><td rowspan="4">144.37</td><td rowspan="4">0.681</td></tr>
<tr><td colspan="2">60,63,65,70,71,75</td></tr>
<tr><td colspan="2">80,85,90,95</td></tr>
<tr><td>100,110,120</td><td>100,110,120,125</td></tr>
</table>

续表

型号	公称转矩 T_n /N·m	许用转速[n] /r·min^{-1}	制动轮 直径 D_0	制动轮 宽度 B	轴孔直径 d_1	轴孔直径 d_2	轴孔长度 L	总长 L_0	间隙 C	质量 m/kg	润滑油 /kg
JSZ7	5600	915	630	225	60,63,65,70,71,75	75	130	266	6	255.60	1.249
					80,85,90,95						
					100,110,120,125						
					130,140						
					150,160	150					
JSZ8	9000	820	710	255	75	—	190	386		485.33	3.632
					80,85,90,95	—					
					100,110,120,125						
					130,140,150						
					160,170,180						
					190	190,200					

注：1. 若按 GB/T 3852 轴孔型式，与制造厂协商。
2. 质量是按无孔计算。

表 6-3-73　JSP 型带制动盘型蛇形弹簧联轴器性能和主要参数尺寸　mm

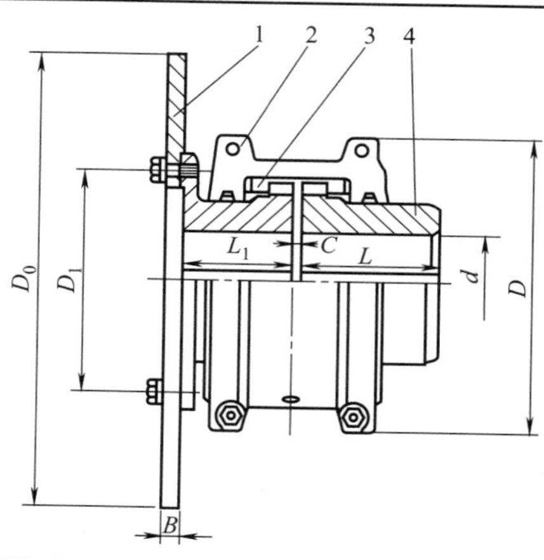

1—制动盘；2—罩壳；
3—蛇形弹簧；4—半联轴器

型号	公称转矩 T_n /N·m	许用转速 [n] /r·min^{-1}	制动轮 直径 D_0	制动轮 宽度 B	轴孔直径 d	轴孔长度 L	轴孔长度 L_1	D	D_1	间隙 C	质量 m /kg	润滑油 /kg
JSP1	200	3800	315	30	20,22,24	63	88	150	125	3	9.58	0.086
					25,28							
					30,32,35,38							
					40,42,45,48,50							
JSP2	315	3200			25,28	76		162	133		12.35	0.114
					30,32,35,38							
					40,42,45,48,50,55,56							
					60,63							
JSP3	630	2800			30,32,35,38	88		193	152		19.79	0.173
					40,42,45,48,50,55,56, 60,63,65,70,71,75							
JSP4	1000	2700	400		35,38	98		212	179		28.42	0.254
					40,42,45,48,50,55,56							
					60,63,65,70,71,75							
					80,85							

第6篇

续表

型号	公称转矩 T_n /N·m	许用转速 [n] /r·min⁻¹	制动轮 直径 D_0	制动轮 宽度 B	轴孔直径 d	轴孔长度 L	轴孔长度 L_1	D	D_1	间隙 C	质量 m /kg	润滑油 /kg
JSP5	1800	2400	400	30	40,42,45,48,50,55,56	120	119	250	216	5	47.76	0.427
					60,63,65,70,71,75							
					80,85,90,95							
					100							
JSP6	2800	2200	450		50,55,56	127	146	270	241		64.92	0.509
					60,63,65,70,71,75							
					80,85,90,95							
					100,110							
JSP7	4500	2000	500		60,63,65,70,71,75	150	149	308	276	6	91.36	0.729
					80,85,90,95							
					100,110,120,125							
JSP8	6300	1800	560		70,71,75	162	152	346	295		131.66	0.908
					80,85,90,95							
					100,110,120,125							
					130,140,150							
JSP9	9000	1600	630		80,85,90,95	184	158	384	330		184.80	1.135
					100,110,120,125							
					130,140,150							
					160,170,180							
JSP10	12500	1500	800		90,95	182	183	453	368		253.33	1.907
					100,110,120,125							
					130,140,150							
					160,170,180							
					190,200							
JSP11	16000	1300	900		100,110,120,125	198	198	500	400		336.41	2.815
					130,140,150							
					160,170,180							
					190,200,220							

注：1. 若按 GB/T 3852 轴孔型式，与制造厂协商。
2. 质量是按无孔计算。

表 6-3-74 JSA 型安全型蛇形弹簧联轴器性能和主要参数尺寸 mm

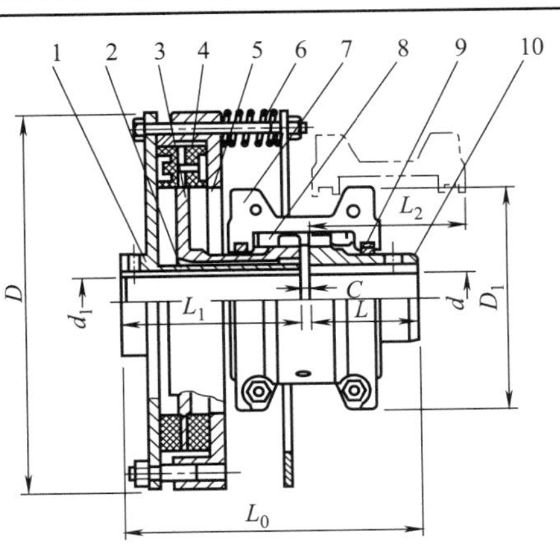

1—摩擦盘轴套；2—内轴套；3—夹盘轴套；4—摩擦片；5—摩擦盘；6—压力调整装置；
7—罩壳；8—蛇形弹簧；9—密封圈；10—半联轴器

续表

型号	公称转矩调整范围 T_n/N·m	许用转速 [n] /r·min^{-1}	轴孔直径 轴套 d_{1max}	轴孔直径 半联轴器 d	轴孔长度 轴套 L_1	轴孔长度 半联轴器 L	总长 L_0	最大外径 D	D_1	L_2	间隙 C	质量 m /kg	润滑油 /kg
JSA1	4～35.5	3600	25	20,22,24 25,28	79	48	130	178	102	48	3	6.17	0.027
JSA2	12.5～100	3600	30	25,28 30,32,35	79	48	130	202	111	50	3	8.17	0.040
JSA3	20～160	3600	35	25,28 30,32,35,38 40	79	51	133	232	117	63	3	11.53	0.054
JSA4	31.5～250	3600	42	30,32,35,38 40,42,45,48	87	60	150	270	138	63	3	16.44	0.068
JSA5	56～450	3600	45	35,38 40,42,45,48,50	97	63	163	301	151	76	3	21.97	0.086
JSA6	80～630	3600	56	40,42,45,48,50,55,56 60,63	104	76	183	324	162	83	3	28.24	0.114
JSA7	140～1250	2800	65	45,48,50,55,56 60,63,65,70,71,75	114	89	206	362	194	92	3	41.04	0.172
JSA8	250～2000	2500	75	50,55,56 60,63,65,70,71,75 80,85	129	99	231	414	213	109	3	62.65	0.254
JSA9	450～3550	2100	90	70,71,75 80,85,90,95 100,110	144	121	270	491	251	147	5	100.79	0.426
JSA10	630～5600	1850	100	80,85,90,95 100,110	156	127	288	543	270	152	5	128.03	0.499
JSA11	1000～8000	1750	110	90,95 100,110,120,125	185	149	340	590	308	178	6	182.96	0.726
JSA12	1400～11200	1450	130	100,110,120,125 130,140,150	193	162	361	684	346	185	6	260.14	0.908
JSA13	2000～16000	1300	160	120,125 130,140,150 160,170,180	199	184	389	767	384	213	6	375.91	1.135
JSA14	2800～22400	1100	170	130,140,150 160,170,180 190,200	245	183	434	864	453	254	6	502.12	1.907
JSA15	4000～31500	950	200	160,170,180 190,200,220	250	198	454	989	501	254	6	652.40	2.815
JSA16	5600～45000	870	240	180 190,200,220 240,250	268	216	490	1066	566	267	6	869.86	3.495
JSA17	7100～63000	760	280	200,220 240,250,260 280	292	239	537	1161	630	267	6	1162.24	3.768
JSA18	10000～80000	720	300	240,250,260 280,300	297	259	562	1264	673	279	6	1426.92	4.404
JSA19	14000～100000	670	320	250,260 280,300,320	315	279	600	1377	757	279	6	1806.92	5.629

注：1. 若按 GB/T 3852 轴孔型式，与制造厂协商。
2. 质量是按无孔计算。

表 6-3-75 蛇形弹簧的结构型式和主要尺寸 mm

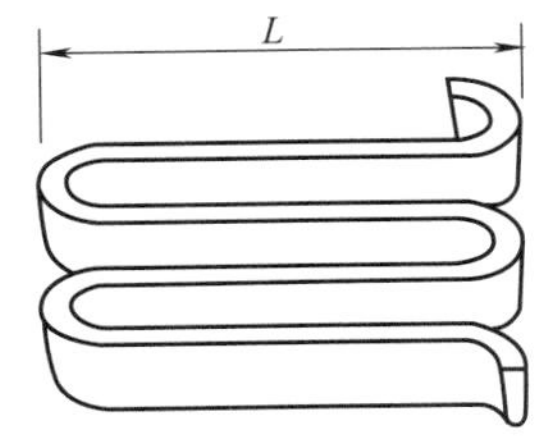

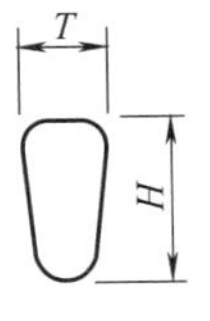

型号	T	H	L	型号	T	H	L
JS1	2	5	43	JS14	7	25	168
JS2			45	JS15			178
JS3			46	JS16			188
JS4	3	8	56	JS17	8	32	200
JS5			57	JS18			208
JS6			60	JS19			218
JS7	4	13	81	JS20	12	38	279
JS8			87	JS21			318
JS9	5	16	111	JS22	14	45	368
JS10			118	JS23			419
JS11	6	19	137	JS24	16	51	470
JS12			140	JS25			533
JS13			146				

表 6-3-76 JS 型、JSB 型、JSS 型、JSD 型、JSJ 型、JSG 型蛇形弹簧联轴器许用补偿量 mm

公称转矩 T_n/N·m	最大允许安装误差				最大运转补偿量			轴向 Δx	
	径向 Δy			角向 $\Delta\alpha$	径向 Δy		角向 $\Delta\alpha$		
	型式			$\Delta\alpha=0.25°$ 时 $A-A_1$	型式		$\Delta\alpha=0.5°$ 时 $A-A_1$		
	JS型、JSB型 JSS型、JSD型	JSJ型	JSG型		JS型、JSB型 JSS型、JSD型	JSG型		JS型、JSB型 JSD型、JSJ型 JSG型	JSS型
45	0.15	—	—	0.076	0.31	—	0.25	±0.3	±0.5
140		0.05	0.076			0.15	0.31		
224		—	—			—	0.33		
400	0.2	0.05	0.1	0.1	0.41	0.2	0.4		
630		—	—	0.127		—	0.45		
900		0.05	0.1			0.2	0.5		
1800				0.15			0.6		
3150		0.076		0.18			0.7		
5600	0.25		0.127	0.2	0.51	0.28	0.84	±0.5	±0.6
8000				0.23			0.9		
12500	0.28	0.1	0.15	0.25	0.56	0.3	1	±0.6	±1
18000				0.3			1.2		
25000				0.33			1.35		
35500	0.3	0.127		0.4	0.61	0.38	1.57		
50000				0.45			1.78		
63000				0.5			2		
90000	0.38		0.2	0.56	0.76	—	2.26		
125000		0.15		0.6			2.46		
160000				0.68			2.72		

续表

公称转矩 T_n/N·m	最大允许安装误差				最大运转补偿量			轴向 Δx	
	径向 Δy			角向 $\Delta\alpha$ $\Delta\alpha=0.25°$ 时 $A-A_1$	径向 Δy		角向 $\Delta\alpha$ $\Delta\alpha=0.5°$ 时 $A-A_1$		
	型式				型式				
	JS型、JSB型 JSS型、JSD型	JSJ型	JSG型		JS型、JSB型 JSS型、JSD型	JSG型		JS型、JSB型 JSD型、JSJ型 JSG型	JSS型
224000	0.46	—	—	0.74	0.92	—	2.99	±1.3	—
315000				0.8			3.28		
400000	0.48			0.89	0.97		3.6		
500000				0.96			3.9		
630000	0.5			1.07	1.02		4.29		
800000				1.77			4.65		

注：1. 最大运转补偿量是指工作状态下允许的由于安装误差、振动、冲击、温度变化等综合因素所形成的两轴间相对的偏移量

2. 角向 $\Delta\alpha=x°$时 $A-A_1$、径向 Δy 和轴向 Δx 的含义见下图

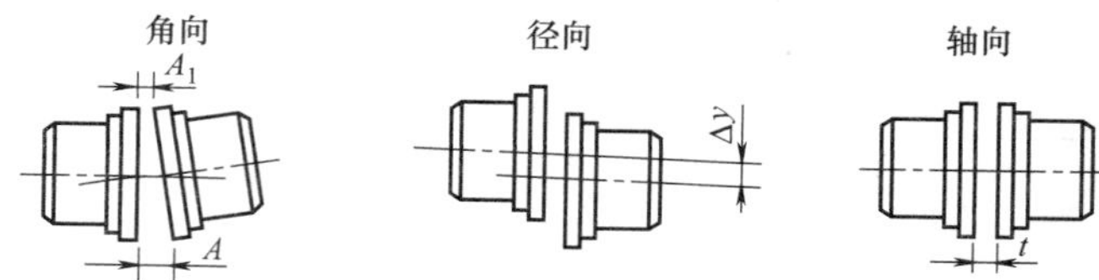

表 6-3-77 蛇形弹簧联轴器主要零件材料

序号	零件名称	材料	备注
1	半联轴器	45、ZG310-570	JB/T 6397、GB/T 11352
2	连接法兰	45、ZG310-570	JB/T 6397、GB/T 11352
3	中间轴	40Cr	JB/T 6397
4	制动轮	ZG310-570	GB/T 11352
5	罩壳	铸铝、15Mn	GB/T 1173、GB/T 1591
6	蛇形弹簧	60Si2Mn、50CrVA	GB/T 1222
7	螺栓	力学性能 8.8 级	GB/T 3098.1
8	螺母	力学性能 8 级	GB/T 3098.2
9	内轴套	ZCuSn5Pb5Zn5	GB/T 1176

两半联轴器凸缘齿面与弹簧接触面表面粗糙度 *Ra* 值为 6.3μm。半联轴器轴孔公差 H7，轴孔表面粗糙度 *Ra* 值为 1.6μm。弹簧材料热处理硬度 43～47HRC，弹簧表面不允许有裂纹、结疤、压痕和划伤等缺陷。半联轴器、罩壳、连接凸缘、中间轴、制动轮等不允许有裂纹、缩孔、气泡、夹渣及其他影响强度的缺陷，制动轮外圆表面应淬火，硬度不低于 35HRC。联轴器进行机械平衡试验时，平衡精度不低于 G16。

3.3.11 弹性阻尼簧片联轴器（GB/T 12922—2008）

弹性阻尼簧片联轴器的弹性元件是由若干组簧片组成，簧片组沿径向呈辐射状分布，每组簧片的一端为固定端，与支承块构成固定连接，另一端为自由端，与相连零件构成可动连接。当联轴器传递转矩时，簧片发生弯曲变形，使两半联轴器相对扭转某一角度。

弹性阻尼簧片联轴器有较好的阻尼特性，弹性好，弹性元件变形大，结构紧凑，安全可靠，但价格较高。弹性阻尼簧片联轴器适用于载荷变化较大、有扭转振动的轴系，可用以调节轴系传动系统扭转振动的自振频率，降低共振时的振幅。弹性阻尼簧片联轴器的适用环境温度为−10～70℃。传递额定转矩的范围为 1830～2350000N·m。

适用于弹性阻尼簧片联轴器的有关术语和定义见表 6-3-78。

弹性阻尼簧片联轴器由内部构件和外部构件组成，见图 6-3-6。内部构件包括花键轴、O 形橡胶密封圈、密封圈座，其余的零件组合为外部构件。

表 6-3-78 弹性阻尼簧片联轴器的有关术语和定义

序号	术 语	符号	英文术语	定 义
1	特征频率	ω_0	characteristic frequency	计算联轴器动扭转刚度和阻尼系数的一个特征值
2	静扭转刚度	C_s	static torsional stiffness	联轴器在静载荷作用下的扭转刚度
3	动扭转刚度	C_d	dynamic torsional stiffness	联轴器在动载荷作用下的扭转刚度
4	额定扭转角	φ	nominal torsional angle	联轴器在额定转矩下内外构件相对扭转角的值
5	许用阻尼转矩	$[T_d]$	permitted damping vibratory torque	联轴器长期承受阻尼振动力矩的许用值
6	许用功率损失	$[P_v]$	permitted power loss	联轴器承受功率损失的许用值
7	许用径向补偿量	$[\Delta y]$	permitted radial compensation	联轴器补偿所连两轴在运动时产生的径向相对偏移量的许用值
8	许用轴向补偿量	$[\Delta x]$	permitted axial compensation	联轴器补偿所连两轴在运动时产生的轴向相对偏移量的许用值

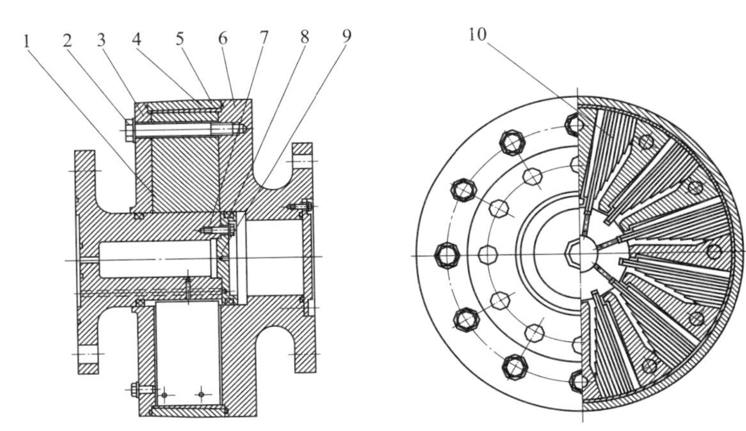

图 6-3-6 弹性阻尼簧片联轴器的基本结构

外部构件：1—中间块；2—六角头螺栓；3—侧板；4—中间圈；5—紧固圈；6—法兰；10—簧片组件

内部构件：7—花键轴；8—O 形橡胶密封圈；9—密封圈座

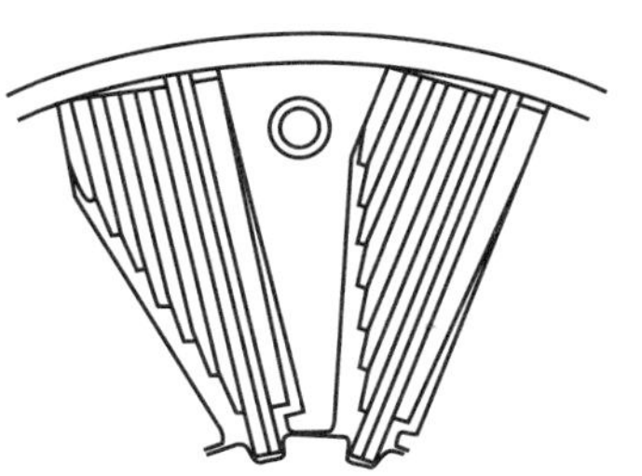

(a) 不可逆转的N型联轴器

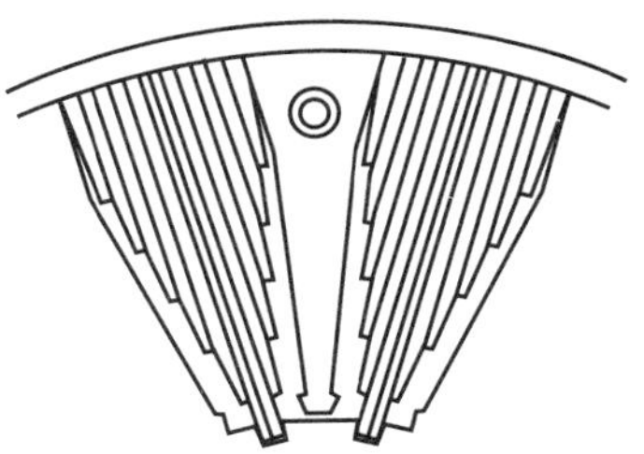

(b) 可逆转的U型联轴器

图 6-3-7 按簧片组结构型式分类

弹性阻尼簧片联轴器按其簧片组的结构分为不可逆转的 N 型和可逆转的 U 型两种型式，见图 6-3-7。按额定转矩作用下内外构件之间的相对扭转角的大小，弹性阻尼簧片联轴器分为 55、85、140 和 55U、85U、140U 等系列。按连接法兰的结构型式，弹性阻尼簧片联轴器分为 B、BC、BE 等连接型式。

弹性阻尼簧片联轴器的标记由法兰连接型式、紧固圈外径、簧片组宽度、系列、结构型式组成，其表示形式如下：

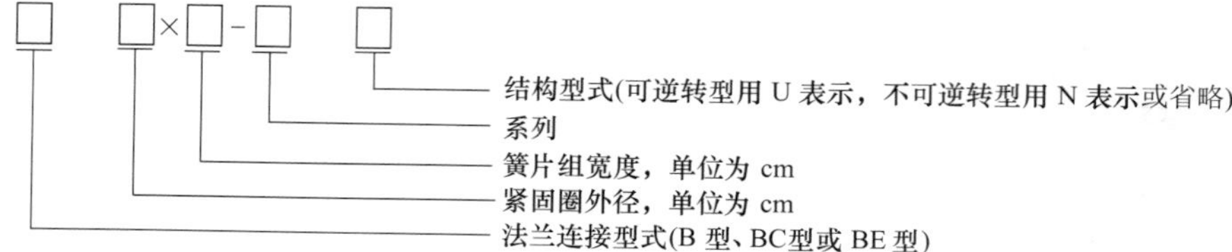

标记示例：紧固圈外径 90cm、簧片组宽度 20cm、140 系列、BC 连接形式的可逆转联轴器标记为

联轴器 GB/T 12922—2008　BC90×20-140U

紧固圈外径 90cm、簧片组宽度 20cm、140 系列、BC 连接形式的不可逆转联轴器标记为

联轴器 GB/T 12922—2008　BC90×20-140

各系列弹性阻尼簧片联轴器的基本参数分别见表 6-3-79～表 6-3-84。其连接型式见表 6-3-85～表6-3-87。

表 6-3-79　　55 系列弹性阻尼簧片联轴器基本参数

规格系列	额定转矩 T_n/kN·m	静扭转刚度 C_s/MN·m·rad^{-1}	特征频率 ω_0 /rad·s^{-1}	许用阻尼转矩[T_d] /N·m·kPa^{-1}	许用功率损失[P_v] /kW	许用径向补偿量[Δy] /mm	许用轴向补偿量[Δx] /mm
41×2.5-55	4.29	0.079	160	1.72	1.1	0.24	1.5
41×5-55	8.58	0.158	350	3.44	1.2	0.31	
41×7.5-55	12.90	0.237	500	5.16	1.3	0.35	
41×10-55	17.20	0.315	690	6.88	1.4	0.39	
48×7.5-55	17.90	0.323	460	7.08	1.7	0.39	2.0
48×10-55	23.90	0.430	610	9.45	1.9	0.43	
48×12.5-55	29.90	0.538	800	11.80	2.0	0.47	
56×10-55	32.10	0.588	530	12.80	2.5	0.48	2.5
56×12.5-55	40.20	0.735	630	15.90	2.6	0.51	
56×15-55	48.20	0.883	800	19.10	2.8	0.55	
63×12.5-55	52.10	0.980	630	20.10	3.2	0.56	
63×15-55	62.50	1.180	770	24.10	3.4	0.60	
63×17.5-55	73.00	1.370	890	28.10	3.6	0.63	
72×15-55	80.10	1.480	650	31.10	4.2	0.65	3
72×17.5-55	93.40	1.730	750	36.30	4.4	0.68	
72×20-55	107.00	1.980	850	41.50	4.7	0.71	
80×17.5-55	110.00	2.040	580	45.30	5.3	0.72	
80×20-55	126.00	2.330	660	51.80	5.5	0.75	
80×22.5-55	141.00	2.620	740	58.30	5.8	0.78	
90×20-55	166.00	3.070	650	65.50	6.8	0.82	3.5
90×22.5-55	186.00	3.450	750	73.70	7	0.86	
90×25-55	207.00	3.840	830	81.90	7.3	0.89	
100×22.5-55	233.00	4.330	660	91.70	8.4	0.92	
100×25-55	259.00	4.810	750	102.00	8.7	0.96	
110×25-55	315.00	5.840	660	123.00	10.0	1.00	4.0
110×30-55	379.00	7.010	880	148.00	11.0	1.10	
125×25-55	419.00	7.870	630	158.00	13.0	1.10	
125×30-55	502.00	9.440	820	190.00	13.0	1.20	
125×35-55	586.00	11.00	990	222.00	14.0	1.30	
140×30-55	619.00	11.50	730	237.00	16.0	1.30	5.0
140×35-55	722.00	13.40	730	277.00	17.0	1.30	
140×40-55	825.00	15.30	910	315.00	18.0	1.40	
160×35-55	925.00	17.00	720	364.00	21.0	1.50	
160×40-55	1060.00	19.50	720	416.00	22.0	1.50	
160×45-55	1190.00	21.90	870	468.00	23.0	1.60	

续表

规格系列	额定转矩 T_n/kN·m	静扭转刚度 C_s/MN·m·rad^{-1}	特征频率 ω_0 /rad·s^{-1}	许用阻尼转矩[T_d] /N·m·kPa^{-1}	许用功率损失[P_v] /kW	许用径向补偿量[Δy] /mm	许用轴向补偿量[Δx] /mm
180×35-55	1220.00	22.90	670	457.00	26.0	1.60	6.0
180×40-55	1400.00	26.20	800	522.00	27.0	1.70	
180×45-55	1570.00	29.50	800	587.00	28.0	1.70	
180×50-55	1750.00	32.80	950	653.00	29.0	1.80	
200×45-55	1920.00	35.60	800	726.00	33.0	1.90	
200×50-55	2130.00	39.50	800	807.00	35.0	1.90	
200×55-55	2350.00	43.50	930	887.00	36.0	2.00	

表 6-3-80　85 系列弹性阻尼簧片联轴器基本参数

规格系列	额定转矩 T_n/kN·m	静扭转刚度 C_s/(MN·m·rad^{-1}	特征频率 ω_0 /rad·s^{-1}	许用阻尼转矩[T_d] /N·m·kPa^{-1}	许用功率损失[P_v] /kW	许用径向补偿量[Δy] /mm	许用轴向补偿量[Δx] /mm
41×2.5-85	4.02	0.049	74	1.28	1.1	0.24	1.5
41×5-85	8.04	0.098	150	2.57	1.2	0.30	
41×7.5-85	12.10	0.147	210	3.85	1.3	0.34	
48×7.5-85	17.2	0.206	220	5.11	1.7	0.39	2.0
48×10-85	22.9	0.275	290	6.81	1.9	0.43	
56×10-85	28.7	0.345	210	9.04	2.5	0.46	2.5
56×12.5-85	35.9	0.431	260	11.3	2.6	0.49	
63×12.5-85	44.6	0.536	230	14.3	3.2	0.53	
63×15-85	53.6	0.643	290	17.2	3.4	0.57	
72×15-85	72.6	0.875	280	22.1	4.2	0.63	3.0
72×17.5-85	84.7	1.020	320	25.8	4.4	0.66	
80×15-85	83.4	0.998	200	27.6	5.1	0.66	
80×17.5-85	97.3	1.160	230	32.2	5.3	0.69	
80×20-85	111.0	1.330	260	36.8	5.5	0.72	
90×20-85	147.0	1.76	260	46.7	6.8	0.79	3.5
90×22.5-85	165.0	1.98	290	52.5	7	0.82	
100×20-85	184.0	2.23	240	57.8	8.1	0.85	
100×22.5-85	207.0	2.51	280	65.0	8.4	0.89	
110×20-85	221.0	2.64	220	70.2	9.5	0.91	4.0
110×25-85	276.0	3.30	210	87.7	10.0	0.98	
125×20-85	292.0	3.54	210	90.2	12.0	1.00	
125×25-85	365.0	4.42	280	113.0	13.0	1.10	
125×30-85	438.0	5.31	280	135.0	13.0	1.10	
140×25-85	461.0	5.55	270	141.0	15.0	1.20	5.0
140×30-85	553.0	6.66	270	169.0	16.0	1.20	
140×35-85	646.0	7.77	340	197.0	17.0	1.30	
160×30-85	710.0	8.53	210	222.0	20.0	1.30	
160×35-85	828.0	9.95	270	259.0	21.0	1.40	
160×40-85	946.0	11.40	330	296.0	22.0	1.50	
180×35-85	1070.0	12.80	240	325.0	26.0	1.50	6.0
180×40-85	1220.0	14.70	290	372.0	27.0	1.60	
180×45-85	1370.0	16.50	350	418.0	28.0	1.70	
200×40-85	1520.0	18.30	260	459.0	32.0	1.70	
200×45-85	1710.0	20.60	310	516.0	33.0	1.80	
200×50-85	1900.0	22.90	360	574.0	35.0	1.90	

表 6-3-81 **140 系列弹性阻尼簧片联轴器基本参数**

规格系列	额定转矩 T_n/kN·m	静扭转刚度 C_s/MN·m·rad^{-1}	特征频率 ω_0 /rad·s^{-1}	许用阻尼转矩[T_d] /N·m·kPa^{-1}	许用功率损失[P_v] /kW	许用径向补偿量[Δy] /mm	许用轴向补偿量[Δx] /mm
41×2.5-140	2.35	0.017	32	1.24	1.1	0.20	1.5
41×5-140	4.70	0.034	62	2.47	1.2	0.25	
41×7.5-140	7.06	0.051	97	3.71	1.3	0.29	
41×10-140	9.41	0.069	130	4.95	1.4	0.32	
48×7.5-140	11.10	0.080	110	4.86	1.7	0.33	2.0
48×10-140	14.80	0.107	160	6.48	1.9	0.37	
48×12.5-140	18.60	0.134	200	8.10	2.0	0.4	
56×10-140	19.40	0.140	130	8.56	2.5	0.40	2.5
56×12.5-140	24.20	0.175	160	10.70	2.6	0.43	
56×15-140	29.00	0.210	190	12.80	2.8	0.46	
63×12.5-140	30.90	0.226	150	13.50	3.2	0.47	
63×15-140	37.10	0.271	180	16.20	3.4	0.50	
63×17.5-140	43.20	0.316	220	18.90	3.6	0.53	
72×15-140	47.40	0.346	150	21.00	4.2	0.54	3.0
72×17.5-140	55.30	0.403	170	24.50	4.4	0.57	
72×20-140	63.20	0.461	200	28.00	4.7	0.60	
80×17.5-140	68.20	0.500	150	30.50	5.3	0.61	
80×20-140	78.00	0.571	180	34.90	5.5	0.64	
80×22.5-140	87.70	0.642	200	39.20	5.8	0.67	
90×20-140	98.50	0.721	160	44.10	6.8	0.69	3.5
90×22.5-140	111.00	0.811	180	49.60	7.0	0.72	
90×25-140	123.00	0.901	200	55.10	7.3	0.75	
100×22.5-140	141.00	1.030	170	61.50	8.4	0.78	
100×25-140	156.00	1.150	200	68.40	8.7	0.81	
110×25-140	189.00	1.380	170	82.50	10.0	0.86	4.0
110×30-140	226.00	1.660	200	99.00	11.0	0.91	
125×25-140	251.00	1.840	160	107.00	13.0	0.95	
125×30-140	301.00	2.210	190	128.00	13.0	1.00	
125×35-140	351.00	2.580	260	149.00	14.0	1.10	
140×30-140	368.00	2.690	180	160.00	16.0	1.10	5.0
140×35-140	429.00	3.140	180	186.00	17.0	1.10	
140×40-140	491.00	3.590	230	213.00	18.0	1.20	
160×35-140	553.00	4.040	150	245.00	21.0	1.20	
160×40-140	632.00	4.620	190	280.00	22.0	1.30	
160×45-140	711.00	5.200	190	315.00	23.0	1.30	
180×35-140	743.00	5.480	180	304.00	26.0	1.40	6.0
180×40-140	849.00	6.270	180	347.00	27.0	1.40	
180×45-140	955.00	7.050	230	390.00	28.0	1.50	
180×50-140	1060.00	7.830	230	434.00	29.0	1.50	
200×45-140	1210.00	8.920	200	483.00	33.0	1.60	
200×50-140	1340.00	9.910	250	537.00	35.0	1.70	
200×55-140	1480.00	10.900	250	591.00	36.0	1.70	

表 6-3-82 55U系列弹性阻尼簧片联轴器基本参数

规格系列	额定转矩 T_n/kN·m	静扭转刚度 C_s/MN·m·rad^{-1}	特征频率 ω_0 /rad·s^{-1}	许用阻尼转矩[T_d] /N·m·kPa^{-1}	许用功率损失[P_v] /kW	许用径向补偿量[Δy] /mm	许用轴向补偿量[Δx] /mm
41×2.5-55U	3.91	0.071	110	1.31	1.1	0.24	1.5
41×5-55U	7.83	0.142	210	2.61	1.2	0.30	
41×7.5-55U	11.70	0.213	300	3.92	1.3	0.34	
41×10-55U	15.70	0.284	420	5.23	1.4	0.38	
48×7.5-55U	15.90	0.295	280	5.26	1.7	0.38	2.0
48×10-55U	21.20	0.393	380	7.02	1.9	0.42	
48×12.5-55U	26.50	0.492	470	8.77	2.0	0.45	
56×10-55U	28.90	0.540	330	9.26	2.5	0.46	2.5
56×12.5-55U	36.10	0.675	430	11.60	2.6	0.50	
56×15-55U	43.30	0.810	510	13.90	2.8	0.53	
63×12.5-55U	43.50	0.805	330	14.60	3.2	0.53	
63×15-55U	52.20	0.966	390	17.60	3.4	0.56	
63×17.5-55U	60.90	1.130	460	20.60	3.6	0.59	
72×15-55U	70.10	1.300	380	22.70	4.2	0.62	3.0
72×17.5-55U	81.80	1.510	440	26.50	4.4	0.65	
72×20-55U	93.40	1.730	510	30.30	4.7	0.68	
80×17.5-55U	96.00	1.770	350	32.20	5.3	0.69	
80×20-55U	110.00	2.030	400	37.90	5.5	0.72	
80×22.5-55U	123.00	2.280	450	42.60	5.8	0.75	
90×20-55U	145.00	2.700	400	47.80	6.8	0.79	3.5
90×22.5-55U	163.00	3.040	440	53.80	7.0	0.82	
90×25-55U	181.00	3.370	490	59.70	7.3	0.85	
100×22.5-55U	203.00	3.760	390	67.00	8.4	0.88	
100×25-55U	225.00	4.180	440	74.50	8.7	0.91	
110×22.5-55U	251.00	4.670	390	80.70	9.8	0.95	4.0
110×25-55U	279.00	5.190	430	89.70	10.0	0.98	
110×30-55U	334.00	6.230	460	108.00	11.0	1.00	
125×25-55U	361.00	6.700	430	116.00	13.0	1.10	
125×30-55U	433.00	8.040	430	139.00	13.0	1.10	
125×35-55U	505.00	9.390	540	162.00	14.0	1.20	
140×30-55U	544.00	10.100	390	173.00	16.0	1.20	5.0
140×35-55U	634.00	11.800	500	202.00	17.0	1.30	
140×40-55U	725.00	13.500	500	231.00	18.0	1.30	
160×35-55U	822.00	15.400	410	264.00	21.0	1.40	
160×40-55U	940.00	17.600	500	302.00	22.0	1.50	
160×45-55U	1060.00	19.800	500	340.00	23.0	1.50	
180×40-55U	1200.00	24.000	440	381.00	27.0	1.60	6.0
180×45-55U	1350.00	25.200	520	429.00	28.0	1.70	
180×50-55U	1500.00	28.000	520	477.00	29.0	1.70	
200×45-55U	1690.00	31.500	470	529.00	33.0	1.80	
200×50-55U	1880.00	35.000	550	588.00	35.0	1.90	
200×55-55U	2070.00	38.500	550	647.00	36.0	1.90	

表 6-3-83　　**85U 系列弹性阻尼簧片联轴器基本参数**

规格系列	额定转矩 T_n/kN·m	静扭转刚度 C_s/MN·m·rad^{-1}	特征频率 ω_0 /rad·s^{-1}	许用阻尼转矩[T_d] /N·m·kPa^{-1}	许用功率损失[P_v] /kW	许用径向补偿量[Δy] /mm	许用轴向补偿量[Δx] /mm
41×2.5-85U	2.76	0.030	41	1.36	1.1	0.20	1.5
41×5-85U	5.52	0.066	87	2.72	1.2	0.27	
41×7.5-85U	8.29	0.099	120	4.07	1.3	0.30	
41×10-85U	11.00	0.132	160	5.43	1.4	0.33	
48×7.5-85U	11.30	0.135	110	5.49	1.7	0.34	2.0
48×10-85U	15.10	0.180	150	7.32	1.9	0.37	
48×12.5-85U	18.80	0.226	180	9.15	2.0	0.40	
56×10-85U	20.90	0.251	130	9.59	2.5	0.41	2.5
56×12.5-85U	26.10	0.313	160	12.00	2.6	0.44	
56×15-85U	31.30	0.376	190	14.40	2.8	0.47	
63×12.5-85U	33.30	0.404	150	15.10	3.2	0.48	
63×15-85U	40.00	0.484	180	18.20	3.4	0.51	
63×17.5-85U	46.70	0.565	210	21.20	3.6	0.54	
72×15-85U	53.20	0.641	170	23.50	4.2	0.56	3.0
72×17.5-85U	62.10	0.748	200	27.40	4.4	0.59	
72×20-85U	71.00	0.855	230	31.40	4.7	0.62	
80×17.5-85U	70.30	0.838	140	34.30	5.3	0.62	
80×20-85U	80.40	0.958	170	39.10	5.5	0.65	
80×22.5-85U	90.40	1.080	180	44.00	5.8	0.67	
90×20-85U	110.00	1.320	180	49.50	6.8	0.72	3.5
90×22.5-85U	123.00	1.490	200	55.70	7.0	0.75	
90×25-85U	137.00	1.650	220	61.90	7.3	0.77	
100×22.5-85U	153.00	1.860	170	69.30	8.4	0.80	
100×25-85U	170.00	2.060	190	77.33	8.7	0.83	
110×22.5-85U	182.00	2.190	150	83.30	9.8	0.85	4.0
110×25-85U	202.00	2.430	170	92.50	10.0	0.88	
110×30-85U	242.00	2.920	210	111.00	11.0	0.94	
125×25-85U	272.00	3.320	170	119.00	13.0	0.97	
125×30-85U	326.00	3.990	180	143.00	13.0	1.00	
125×35-85U	380.00	4.650	240	167.00	14.0	1.10	
140×30-85U	407.00	4.920	180	179.00	16.0	1.10	5.0
140×35-85U	474.00	5.740	230	209.00	17.0	1.20	
140×40-85U	542.00	6.560	230	239.00	18.0	1.20	
160×35-85U	606.00	7.280	180	275.00	21.0	1.30	
160×40-85U	693.00	8.320	180	315.00	22.0	1.30	
160×45-85U	780.00	9.360	230	354.00	23.0	1.40	
180×40-85U	876.00	10.400	160	396.00	27.0	1.40	6.0
180×45-85U	985.00	11.700	200	445.00	28.0	1.50	
180×50-85U	1090.00	13.000	200	495.00	29.0	1.50	
200×45-85U	1250.00	15.100	190	549.00	33.0	1.60	
200×50-85U	1390.00	16.800	220	609.00	35.0	1.70	
200×55-85U	1530.00	18.500	220	670.00	36.0	1.70	

表 6-3-84 140U系列弹性阻尼簧片联轴器基本参数

规格系列	额定转矩 T_n/kN·m	静扭转刚度 C_s/MN·m·rad^{-1}	特征频率 ω_0 /rad·s^{-1}	许用阻尼转矩[T_d] /N·m·kPa^{-1}	许用功率损失[P_v] /kW	许用径向补偿量[Δy] /mm	许用轴向补偿量[Δx] /mm
41×2.5-140U	1.83	0.013	25	1.28	1.1	0.18	1.5
41×5-140U	3.66	0.027	53	2.55	1.2	0.23	
41×7.5-140U	5.49	0.040	76	3.83	1.3	0.26	
41×10-140U	7.32	0.053	110	5.10	1.4	0.29	
48×7.5-140U	7.67	0.056	76	5.13	1.7	0.30	2.0
48×10-140U	10.20	0.074	100	6.84	1.9	0.33	
48×12.5-140U	12.80	0.093	120	8.55	2.0	0.35	
56×10-140U	15.00	0.109	100	8.91	2.5	0.37	2.5
56×12.5-140U	18.70	0.137	130	11.10	2.6	0.40	
56×15-140U	22.50	0.164	150	13.40	2.8	0.42	
63×12.5-140U	23.50	0.170	110	14.10	3.2	0.43	
63×15-140U	28.20	0.205	140	16.90	3.4	0.46	
63×17.5-140U	32.90	0.239	160	19.70	3.6	0.48	
72×15-140U	36.80	0.266	120	22.10	4.2	0.50	3.0
72×17.5-140U	42.90	0.310	140	25.70	4.4	0.53	
72×20-140U	49.00	0.355	160	29.40	4.7	0.55	
80×17.5-140U	51.00	0.379	120	31.80	5.3	0.56	
80×20-140U	59.20	0.433	130	36.30	5.5	0.58	
80×22.5-140U	66.60	0.487	150	40.80	5.8	0.61	
90×20-140U	77.20	0.570	130	45.90	6.8	0.64	3.5
90×22.5-140U	86.80	0.641	140	51.60	7.0	0.66	
90×25-140U	96.50	0.712	160	57.30	7.3	0.69	
100×22.5-140U	120.00	0.836	140	64.00	8.4	0.72	
100×25-140U	125.00	0.929	160	71.00	8.7	0.75	
110×22.5-140U	129.00	0.947	120	77.40	9.8	0.76	4.0
110×25-140U	144.00	1.050	130	86.00	10.0	0.79	
110×30-140U	173.00	1.260	150	103.00	11.0	0.83	
125×25-140U	191.00	1.400	120	111.00	13.0	0.86	
125×30-140U	229.00	1.680	150	133.00	13.0	0.92	
125×35-140U	267.00	1.960	170	156.00	14.0	0.97	
140×30-140U	285.00	2.090	130	167.00	16.0	0.99	5.0
140×35-140U	332.00	2.440	130	195.00	17.0	1.00	
140×40-140U	380.00	2.790	180	223.00	18.0	1.10	
160×35-140U	436.00	3.300	120	255.00	21.0	1.10	
160×40-140U	498.00	3.660	150	291.00	22.0	1.20	
160×45-140U	560.00	4.110	150	328.00	23.0	1.20	
180×40-140U	671.00	4.940	150	367.00	27.0	1.30	6.0
180×45-140U	755.00	5.560	180	413.00	28.0	1.40	
180×50-140U	838.00	6.180	180	458.00	29.0	1.40	
200×45-140U	912.00	6.750	160	506.00	33.0	1.50	
200×50-140U	1010.00	7.510	160	562.00	35.0	1.50	
200×55-140U	1120.00	8.260	190	618.00	36.0	1.60	

表 6-3-85 B型弹性阻尼簧片联轴器连接尺寸、转动惯量和质量

mm

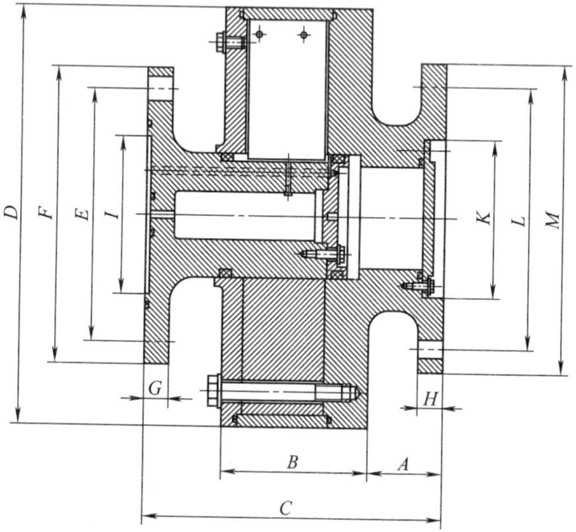

规格	B	C						A	D	E	F	G	H	I	K	L	M	转动惯量/kg·m²		质量/kg		
		55	85	140	55U	85U	140U											内部	外部	内部	外部	总和
41×2.5	90	245	245	245	245	245	245	75	410	230	285	20	25	120	175	265	315	0.14	3.36	22	125	147
41×5	116	270	270	270	270	270	270											0.15	3.87	24	145	169
41×7.5	141	295	295	295	295	295	295											0.16	4.36	27	165	192
41×10	166	320	—	320	320	320	320											0.17	4.87	29	185	214
48×7.5	152	335	335	335	335	335	335	90	480	275	335	25	30	160	195	300	355	0.39	9.03	47	245	292
48×10	177	360	360	360	360	360	360											0.41	9.98	50	275	325
48×12.5	202	385	—	360	360	360	360											0.43	10.93	54	305	359
56×10	190	400	400	400	400	400	400	100	560	315	390	30	35	180	220	345	405	0.89	19.15	78	390	468
56×12.5	215	425	425	425	425	425	425											0.92	20.90	83	430	513
56×15	240	450	—	450	450	450	450											0.95	22.70	88	470	558
63×12.5	224	455	455	455	455	455	455	110	630	355	430	35	40	180	250	385	460	1.55	37.65	125	610	735
63×15	249	480	480	480	480	480	480											1.60	40.55	135	655	790
63×17.5	274	505	—	505	505	505	505											1.65	43.35	140	700	840
72×15	256	505	505	505	505	505	505	125	720	400	470	40	45	190	280	440	525	2.70	69.00	167	865	1032
72×17.5	281	530	530	530	530	530	530											2.75	73.90	176	930	1106
72×20	306	555	—	555	555	555	555											2.85	78.70	185	995	1180
80×15	264	—	530	—	—	—	—	140	800	445	530	45	50	190	315	490	580	4.55	108.00	230	1110	1340
80×17.5	289	555	555	545	565	545	540											4.70	115.00	240	1190	1430
80×20	314	580	580	570	590	570	565											4.85	123.00	250	1270	1520
80×22.5	339	605	—	595	615	595	590											5.00	130.00	260	1350	1610

续表

规格	B	C 55	C 85	C 140	C 55U	C 85U	C 140U	A	D	E	F	G	H	I	K	L	M	转动惯量/kg·m² 内部	转动惯量/kg·m² 外部	质量/kg 内部	质量/kg 外部	质量/kg 总和
90×20	322	620	620	615	625	615	600	145	900	500	590	50	55	220	350	580	670	8.15	202.00	310	1675	1985
90×22.5	347	645	645	640	650	640	625											8.35	214.00	325	1775	2100
90×25	372	670	—	665	675	665	650											8.55	226.00	340	1875	2215
100×20	328	—	650	—	—	—	—	155	1000	555	655	55	60	220	395	640	730	12.85	321.00	365	2130	2495
100×22.5	353	675	675	660	675	660	650											13.15	339.00	380	2255	2635
100×25	378	700	—	685	700	685	675											13.45	357.00	395	2380	2775
110×20	343	—	705	—	—	—	—	175	1100	605	720	60	65	220	430	710	830	21.20	507.00	530	2760	3290
110×22.5	368	—	—	—	730	710	700											21.70	533.00	550	2910	3460
110×25	393	755	755	735	755	735	725											22.20	560.00	570	3060	3630
110×30	443	805	—	785	825	785	775											23.10	613.00	610	3360	3970
125×20	342	—	725	—	—	—	—	190	1250	690	820	70	75	250	485	820	925	40.20	849.00	800	3620	4420
125×25	392	780	805	780	815	780	770											41.80	937.00	850	4010	4860
125×30	442	855	855	830	865	830	820											43.40	1025.00	900	4400	5300
125×35	492	905	—	880	915	900	870											45.00	1113.00	950	4790	5740
140×25	409	—	880	—	—	—	—	220	1400	775	920	80	85	280	515	900	1050	73.30	1505.00	1180	5270	6450
140×30	459	930	930	890	945	920	890											75.90	1645.00	1250	5760	7010
140×35	509	980	980	955	995	970	940											78.50	1785.00	1320	6240	7560
140×40	559	1030	—	1005	1045	1020	990											81.10	1925.00	1390	6730	8120
160×30	469	—	995	—	—	—	—	240	1600	885	1050	90	95	320	605	1020	1160	140.00	2880.00	1630	7710	9340
160×35	519	1035	1045	1020	1050	1025	980											144.00	3120.00	1710	8350	10060
160×40	569	1085	1095	1070	1100	1075	1050											148.00	3360.00	1790	8980	10770
160×45	619	1135	—	1120	1150	1125	1100											152.00	3600.00	1870	9610	11480
180×35	539	1115	1125	1100	—	—	—	265	1800	990	1180	100	105	350	650	1160	1350	255.00	5020.00	2510	10950	13460
180×40	589	1165	1175	1150	1175	1150	1125											260.00	5400.00	2630	11750	14380
180×45	639	1215	1225	1200	1225	1200	1175											265.00	5780.00	2750	12560	15310
180×50	689	1265	—	1250	1275	1250	1225											270.00	6160.00	2870	13360	16230
200×40	613	—	1235	—	—	—	—	275	2000	1100	1310	110	115	400	725	1280	1490	255.00	5020.00	2510	10950	13460
200×45	663	1275	1285	1260	1300	1270	1235											260.00	5400.00	2630	11750	14380
200×50	713	1325	1335	1310	1350	1320	1285											265.00	5780.00	2750	12560	15310
200×55	763	1375	—	1360	1400	1370	1335											270.00	6160.00	2870	13360	16230

注：1. 刚度系列对尺寸、重量和转动惯量的影响较小，故在规格中省略。

2. E、F、I、K、L、M 为推荐值，根据所连接零件的具体尺寸来确定。

表 6-3-86 BC 型弹性阻尼簧片联轴器连接尺寸、转动惯量和质量

mm

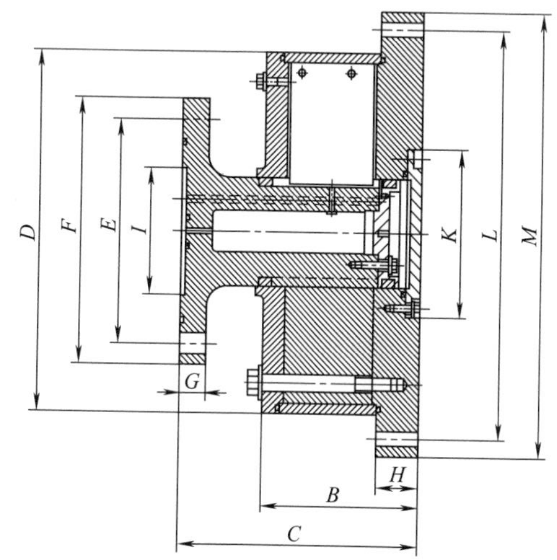

规格	B	C						D	E	F	G	H	I	K	L	M	转动惯量/kg·m²		质量/kg		
		55	85	140	55U	85U	140U										内部	外部	内部	外部	总和
41×2.5	91	170	170	170	170	170	170	410	230	285	20	40	120	200	465	510	0.14	3.14	22	105	127
41×5	116	195	195	195	195	195	195										0.15	3.65	24	125	149
41×7.5	141	220	220	220	220	220	220										0.16	4.14	27	145	172
41×10	166	245	—	245	245	245	245										0.17	4.65	29	165	194
48×7.5	152	245	245	245	245	245	245	480	275	335	25	47	160	230	545	595	0.39	8.59	47	215	262
48×10	177	270	270	270	270	270	270										0.41	9.54	50	245	295
48×12.5	202	295	—	295	295	295	295										0.43	10.49	54	275	329
56×10	190	300	300	300	300	300	300	560	315	390	30	50	180	270	630	685	0.89	18.30	78	350	428
56×12.5	215	325	325	325	325	325	325										0.92	20.05	83	390	473
56×15	240	350	—	350	350	350	350										0.95	21.85	88	430	518
63×12.5	224	345	345	345	345	345	345	630	355	430	35	55	180	300	715	780	1.55	36.05	125	550	675
63×15	249	370	370	370	370	370	370										1.60	38.95	135	595	730
63×17.5	274	395	—	395	395	395	395										1.65	41.75	140	640	780
72×15	256	380	380	380	380	380	380	720	400	475	40	60	190	335	810	885	2.70	66.00	167	780	947
72×17.5	281	405	405	405	405	405	405										2.75	70.90	176	845	1021
72×20	306	430	—	430	430	430	430										2.85	75.70	185	910	1095

续表

规　格	B	C						D	E	F	G	H	I	K	L	M	转动惯量/kg·m²		质量/kg		
		55	85	140	55U	85U	140U										内部	外部	内部	外部	总和
80×15	264	—	390	—	—	—	—	800	445	530	45	64	190	370	900	975	4.55	103.00	230	990	1220
80×17.5	289	415	415	405	425	405	400										4.70	110.00	240	1070	1310
80×20	314	440	440	430	450	430	425										4.85	118.00	250	1150	1400
90×20	322	475	475	475	480	470	455	900	500	590	50	69	220	460	1000	1085	8.15	192.00	310	1490	1800
90×22.5	347	500	500	495	505	495	480										8.35	204.00	325	1590	1915
90×25	372	525	—	520	530	520	505										8.55	216.00	340	1690	2030
100×20	328	—	495	—	—	—	—	1000	555	655	55	77	220	510	1115	1205	12.85	305.00	365	1890	2255
100×22.5	353	520	520	505	520	505	495										13.15	323.00	380	2015	2395
100×25	378	545	—	530	545	530	520										13.45	341.00	395	2140	2535
110×20	343	—	530	—	—	—	—	1100	605	720	60	88	220	555	1225	1330	21.20	479.00	530	2430	2960
110×22.5	368	—	—	—	555	535	525										21.70	505.00	550	2580	3130
110×25	393	580	580	560	580	560	550										22.20	532.00	570	2730	3300
110×30	443	630	—	610	650	610	600										23.10	585.00	610	3030	3640
125×20	342	—	535	—	—	—	—	1250	690	820	70	82	250	635	1395	1525	40.20	796.00	800	3120	3920
125×25	392	590	615	590	625	590	580										41.80	884.00	850	3510	4360
125×30	442	665	665	640	675	640	630										43.40	972.00	900	3900	4800
125×35	492	715	—	690	725	710	680										45.00	1060.00	950	4290	5240
140×25	409	—	660	—	—	—	—	1400	775	920	80	94	280	695	1540	1660	73.30	1410.00	1180	4570	5750
140×30	459	710	710	670	725	700	670										75.90	1550.00	1250	5050	6300
140×35	509	760	760	735	775	750	720										78.50	1690.00	1320	5540	6860
140×40	559	810	—	785	825	800	770										81.10	1830.00	1390	6020	7410
160×30	469	—	755	—	—	—	—	1600	885	1050	90	99	320	780	1765	1895	140.00	2720.00	1630	6750	8380
160×35	519	795	805	780	810	780	740										144.00	2960.00	1710	7390	9100
160×40	569	845	855	830	860	835	810										148.00	3200.00	1790	8020	9810
160×45	619	895	—	880	910	885	860										152.00	3440.00	1870	8660	10530
180×35	539	850	860	835	—	—	—	1800	990	1180	100	114	350	900	1930	2035	255.00	4710.00	2510	9540	12050
180×40	589	900	910	885	910	885	860										250.00	5090.00	2630	10350	12980
180×45	639	950	960	935	960	935	910										265.00	5470.00	2750	11150	13900
180×50	689	1000	—	985	1010	985	960										270.00	5850.00	2870	11960	14830
200×40	613	—	960	—	—	—	—	2000	1100	1310	110	132	400	970	2140	2260	425.00	8170.00	3380	13400	16780
200×45	663	1000	1010	985	1025	995	960										435.00	8750.00	3520	14390	17910
200×50	713	1050	1060	1035	1075	1045	1010										445.00	9330.00	3660	15380	19040
200×55	763	1100	—	1085	1125	1095	1060										455.00	9910.00	3800	16370	20170

表 6-3-87 BE 型弹性阻尼簧片联轴器连接尺寸、转动惯量和质量

mm

规格	B	C						D	E	F	G	H	I	K	L	M	转动惯量/kg·m²		质量/kg		
		55	85	140	55U	85U	140U										内部	外部	内部	外部	总和
41×2.5	100	180	180	180	180	180	180	410	230	285	20	1	120	200	265	320	0.14	2.14	22	90	112
41×5	125	205	205	205	205	205	205										0.15	2.64	24	110	134
41×7.5	150	230	230	230	230	230	230										0.16	3.14	27	130	157
41×10	175	255	—	255	255	255	255										0.17	3.64	29	150	179
48×7.5	161	255	255	255	255	255	255	480	275	335	25	1	160	230	300	360	0.39	6.35	47	190	237
48×10	186	280	280	280	280	280	280										0.41	7.30	50	220	270
48×12.5	211	305	—	305	305	305	305										0.43	8.25	54	250	304
56×10	199	310	310	310	310	310	310	560	315	390	30	1	180	270	345	425	0.89	14.50	78	320	398
56×12.5	224	335	335	335	335	335	335										0.92	16.25	83	360	443
56×15	249	360	—	360	360	360	360										0.95	18.00	88	400	488
63×12.5	233	350	350	350	350	350	350	630	355	430	35	1	180	300	385	465	1.55	27.15	125	475	600
63×15	258	375	375	375	375	375	375										1.60	30.00	135	525	660
63×17.5	283	400	—	400	400	400	400										1.65	32.85	140	575	715
72×15	269	390	395	395	395	395	395	720	400	475	40	2	190	335	440	535	2.70	53.70	167	720	887
72×17.5	294	425	420	420	420	420	420										2.75	58.55	176	785	961
72×20	319	440	—	445	445	445	445										2.85	63.40	185	850	1035

续表

规格	B	C						D	E	F	G	H	I	K	L	M	转动惯量/kg·m²		质量/kg		
		55	85	140	55U	85U	140U										内部	外部	内部	外部	总和
80×15	277	—	400	—	—	—	—	800	445	530	45	2	190	370	490	585	4.55	84.30	230	920	1150
80×17.5	302	430	435	420	440	420	415										4.70	91.70	240	1000	1240
80×20	327	455	450	445	465	445	440										4.85	99.10	250	1080	1330
80×22.5	352	480	—	470	490	470	465										5.00	106.50	260	1160	1420
90×20	335	490	490	485	495	485	470	900	500	590	50	2	220	460	580	675	8.15	162.00	310	1400	1710
90×22.5	360	515	515	510	520	510	495										8.35	174.00	325	1500	1825
90×25	385	540	—	535	545	535	520										8.55	186.00	340	1600	1940
100×20	341	—	510	—	—	—	—	1000	555	655	55	2	220	510	640	750	12.85	252.00	365	1760	2125
100×22.5	366	535	535	520	535	520	510										13.15	270.00	380	1880	2260
100×25	391	560	—	545	560	545	535										13.45	288.00	395	2000	2395
110×20	350	—	540	—	—	—	—	1100	605	720	60	3	220	555	710	820	21.20	380.00	530	2190	2720
110×22.5	375	—	—	—	565	545	535										21.70	407.00	550	2340	2890
110×25	400	590	590	570	590	570	560										22.20	433.00	570	2490	3060
110×30	450	640	—	620	660	620	610										23.10	486.00	610	2790	3400
125×20	359	—	555	—	—	—	—	1250	690	820	70	3	280	630	820	930	40.20	652.00	800	2910	3710
125×25	409	610	635	610	645	610	600										41.80	740.00	850	3300	4150
125×30	459	685	685	660	660	660	650										43.40	828.00	900	3690	4590
125×35	509	735	—	710	745	730	700										45.00	916.00	950	4080	5030
140×25	421	—	675	—	—	—	—	1400	775	920	80	3	280	695	900	1030	73.30	1200.00	1180	4720	5450
140×30	471	725	725	685	740	715	685										75.90	1340.00	1250	4760	6010
140×35	521	775	775	750	790	765	735										78.50	1480.00	1320	5250	6570
140×40	571	825	—	800	840	815	785										81.10	1620.00	1390	5740	7130
160×30	486	—	775	—	—	—	—	1600	885	1050	90	3	320	780	1020	1160	140.00	2360.00	1630	6420	8050
160×35	536	815	825	800	830	805	760										144.00	2590.00	1710	7060	8770
160×40	586	865	875	850	880	855	830										148.00	2830.00	1790	7690	9480
160×45	636	915	—	900	930	905	880										152.00	3070.00	1870	8330	10200
180×35	551	865	875	850	—	—	—	1800	990	1180	100	3	350	900	1160	1320	255.00	4270.00	2510	9180	11690
180×40	601	915	925	900	925	900	875										260.00	4650.00	2630	9990	12620
180×45	651	965	975	950	975	950	925										265.00	5030.00	2750	10790	13540
180×50	701	1015	—	1000	1025	1000	975										270.00	5410.00	2870	11600	14470
200×40	614	—	965	—	—	—	—	2000	1100	1310	110	4	400	970	1280	1450	425.00	7260.00	3380	12630	16010
200×45	664	1005	1015	990	1030	1000	965										435.00	7840.00	3520	13620	17140
200×50	714	1055	1065	1040	1080	1050	1015										445.00	8420.00	3660	14610	18270
200×55	764	1105	—	1090	1130	1100	1065										455.00	9000.00	3800	15600	19400

弹性阻尼簧片联轴器主要零件材料宜按表6-3-88的规定选用，也可选用性能不低于表6-3-88规定，且证明同样适用的其他材料。联轴器的各外露表面粗糙度不应超过$Ra6.3\mu m$。联轴器表面不应有碰伤、划痕、锈蚀等缺陷。

表6-3-88　　弹性阻尼簧片联轴器主要零件材料选用

零件名称	材料牌号	标　准　号
六角头螺栓	40Cr	GB/T 3077—1999
紧固件	42CrMo	
簧片组件	50CrVA	
花键轴	40Cr	

弹性阻尼簧片联轴器内的润滑油压力通常为0.1～0.5MPa，联轴器内的润滑油不应有泄漏现象。联轴器的静转矩刚度的测定值与规定值的偏差应不大于±4%。联轴器在承受3.25倍额定转矩的静转矩下应不被破坏。工作转速高于1500r/min时，联轴器外部构件的动平衡等级应达到JB/T 9239.1规定的G6.3级。

3.3.12　鼓形齿式联轴器

齿式联轴器是由齿数相同的内齿圈和带外齿的凸缘半联轴器等零件组成。外齿分为直齿和鼓形齿两种齿形。鼓形齿即为将外齿制成球面，球面中心在齿轮轴线上，齿侧间隙较一般齿轮大。鼓形齿联轴器可允许较大的角位移（相对于直齿联轴器），可改善齿的接触条件，提高传递转矩的能力，延长使用寿命。

（1）GCLD型鼓形齿式联轴器（GB/T 26103.3—2010）

GCLD型鼓形齿式联轴器适用于连接电机与机械两水平轴线传动轴系，具有一定角向补偿两轴间相对偏移性能。适用工作环境温度−20～80℃，传递公称转矩范围为1.60～56.00kN·m。

GCLD型鼓形齿式联轴器的结构型式、基本参数和主要尺寸见表6-3-89。GCLD型鼓形齿式联轴器的选用及计算按GB/T 26103.1—2010的规定进行。

表6-3-89　　GCLD型鼓形齿式联轴器基本参数和主要尺寸　　mm

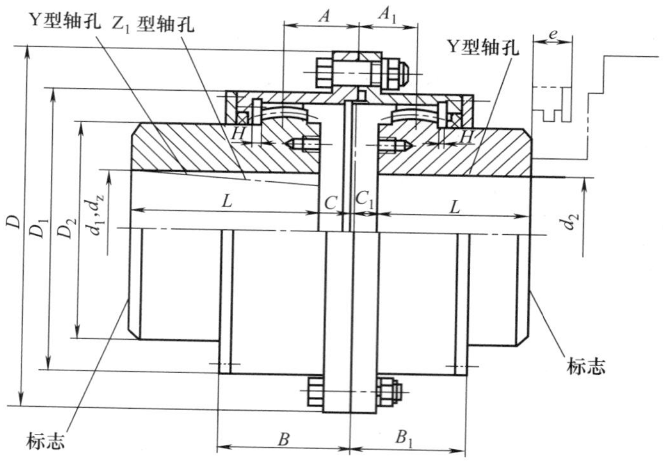

型　号	公称转矩 T_n /kN·m	许用转速 $[n]$ /r·min^{-1}	轴孔直径 d_1、d_2、d_z	轴孔长度L Y	轴孔长度L Z_1、Y（短系列）	D	D_1	D_2	C	C_1	H	A	A_1	B	B_1	e	转动惯量 /kg·m^2	润滑脂用量 /mL	质量 /kg
GCLD1	1.60	5600	22,24	52	38	127	95	75	27	4	2.0	43	22	66	45	42	0.00875	107	6.2
			25,28	62	44												0.01025		7.2
			30,32,35,38	82	60												0.011		7.8
			40,42,45,48,50,55,56	112	84												0.01175		9.6

续表

型号	公称转矩 T_n /kN·m	许用转速 [n] /r·min^{-1}	轴孔直径 d_1、d_2、d_z	轴孔长度 L		D	D_1	D_2	C	C_1	H	A	A_1	B	B_1	e	转动惯量 /kg·m^2	润滑脂用量 /mL	质量 /kg
				Y	Z_1、Y（短系列）														
GCLD2	2.80	5100	38	82	60	149	116	90	26.5	4	2.0	49.5	24.5	70	49	42	0.02125	137	11.2
			40,42,45,48,50,55,56	112	84												0.02425		14.0
			60,63,65	142	107				33								0.0215		16.4
GCLD3	4.50	4600	40,42,45,48,50,55,56	112	84	167	134	105	33	5	2.5	53.5	27.5	80	54	42	0.0400	201	17.2
			60,63,65,70,71,75	142	107												0.0475		22.4
GCLD4	6.30	4300	45,48,50,55,56	112	84	187	153	125	33.5	5	2.5	54	28	81	55	42	0.0725	238	25.2
			60,63,65,70,71,75	142	107												0.0825		26.4
			80,85,90	172	132				38								0.095		35.6
GCLD5	8.00	4000	50,55,56	112	84	204	170	140	37.5	5	2.5	60	30	89	59	42	0.1125	298	31.6
			60,63,65,70,71,75	142	107												0.1175		38.0
			80,85,90,95	172	132												0.1450		44.6
			100,(105)	212	167				43.5								0.1674		53.9
GCLD6	11.20	3700	55,56	112	84	230	186	155	43.5	6	3.0	68.5	33.5	106	71	47	0.1875	465	40.5
			60,63,65,70,71,75	142	107												0.21		49.8
			80,85,90,95	172	132												0.235		56.3
			100,110,(115)	212	167												0.2675		67.5
GCLD7	18.00	3350	60,63,65,70,71,75	142	107	256	212	180	48	6	3.0	73.5	34.5	112	73	47	0.13575	561	63.9
			80,85,90,95	172	132												0.40		74.7
			100,110,120,125	212	167												0.4625		88.0
			130,(135)	252	202												0.5275		106.7
GCLD8	25.00	3000	65,70,71,75	142	107	287	239	200	40.5	7	3.5	75	39	118	82	47	0.560	734	81.7
			80,85,90,95	172	132												0.6275		95.5
			100,110,120,125	212	167				48								0.72		114
			130,140,150	252	202												0.8125		123
GCLD9	35.50	2700	70,71,75	142	107	325	276	235	49.5	7	3.5	87.5	40.5	132	85	47	1.0775	956	112
			80,85,90,95	172	132												1.2075		130
			100,110,120,125	212	167												1.3825		156
			130,140,150	252	202												1.56		181
			160,170,(175)	302	242				58								1.77		212

第6篇

续表

型号	公称转矩 T_n /kN·m	许用转速 [n] /r·min^{-1}	轴孔直径 d_1、d_2、d_z	轴孔长度 L Y	轴孔长度 L Z_1、Y（短系列）	D	D_1	D_2	C	C_1	H	A	A_1	B	B_1	e	转动惯量 /kg·m^2	润滑脂用量 /mL	质量 /kg
GCLD10	56.00	2450	75	142	107	362	313	270	65	8	4.0	98.5	44.5	149	95	49	1.97	1320	161
			80,85,90,95	172	132												2.0725		172
			100,110,120,125	212	167												2.38		206
			130,140,150	252	202												2.5625		239
			160,170,180	302	242												3.055		280
			190,200,220	352	282				68								3.4225		319

注：1. 表中转动惯量与质量是按 Y（短系列）型轴孔的最小轴径计算的。
2. e 为更换密封所需要的尺寸。
3. 带括号的轴孔直径新设计时，建议不选用。

GCLD 型鼓形齿式联轴器的轴孔和键槽型式及尺寸按 GB/T 3852 的规定。其键槽型式有 A、B、B_1、C 和 D 型；轴孔组合有 $\frac{Y}{Y}$、$\frac{Z_1}{Y}$。

当两轴线无径向位移时，GCLD 型鼓形齿式联轴器两端轴线间的许用角向补偿量 $\Delta\alpha$（见图 6-3-8）不超过 1°；当两轴无角向位移时，GCLD 型鼓形齿式联轴器的径向补偿量 Δy 见表 6-3-90。

GCLD 型鼓形齿式联轴器两端轴线偏角、安装和装配误差不得超过±5′。

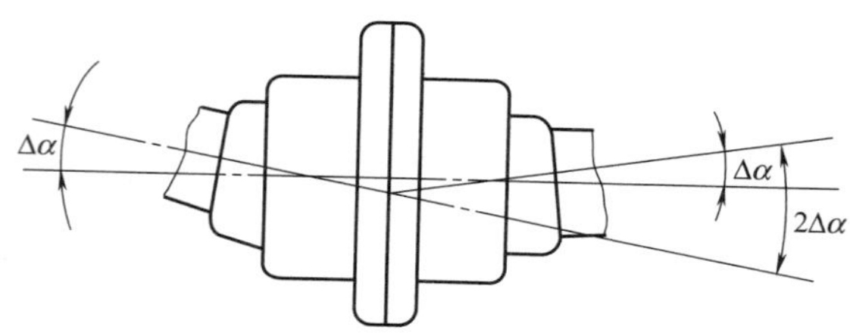

图 6-3-8 鼓形齿式联轴器角向补偿量 $\Delta\alpha$ 示意图

鼓形齿式联轴器的内齿圈、外齿轴套的材料和热处理应符合表 6-3-91 的规定。

鼓形齿式联轴器法兰连接铰孔螺栓强度等级按 GB/T 3098.1 规定的 8.8 级。

鼓形齿式联轴器的鼓形齿外齿轴套齿根处鼓肚量偏差按 JS7 级规定。

鼓形齿式联轴器的内、外齿啮合在油浴中工作，不得有漏油现象。一般情况采用润滑脂，其牌号为 4 号合成锂基润滑脂 ZL-4。高速时也可采用 46 号或 68 号机械油。正常工作条件下六个月换油一次，每半个月检查油耗情况及时补充。

（2）GⅡCL 型鼓形齿式联轴器（摘自 GB/T 26103.1—2010）

GⅡCL 型鼓形齿式联轴器适用于连接水平两同轴线传动轴系，具有一定角向补偿两轴间相对偏移性能。适用工作环境温度为－20～80℃，传递公称转矩范围为 0.63～5600kN·m。

GⅡCL 型鼓形齿式联轴器的结构型式、基本参数和主要尺寸见表 6-3-92。GⅡCL 型鼓形齿式联轴器的选用及计算按 GB/T 26103.1—2010 的规定进行。

表 6-3-90 GCLD 型齿式联轴器的径向补偿量 mm

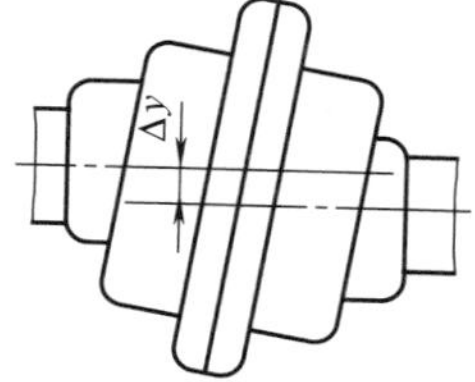

联轴器型号	GCLD1	GCLD2	GCLD3	GCLD4	GCLD5	GCLD6	GCLD7	GCLD8	GCLD9	GCLD10
许用径向补偿量 Δy	0.76	0.86	0.96	0.98	1.05	1.16	1.2	1.3	1.4	1.6

表 6-3-91 鼓形齿式联轴器外齿轴套和内齿圈材料和热处理要求

序号	名称	材料	热处理	备注
1	外齿轴套	42CrMo	286～321HBS	JB/T 6396
2	内齿圈	42CrMo	269～302HBS	JB/T 6396

表 6-3-92 GⅡCL 型鼓形齿式联轴器基本参数和主要尺寸 mm

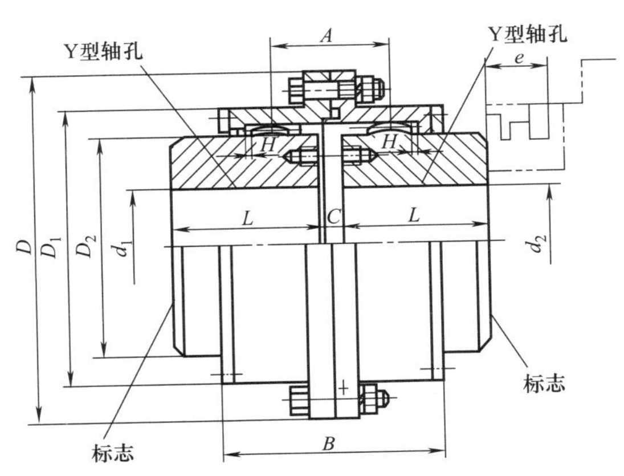

图(a) GⅡCL1～GⅡCL13型

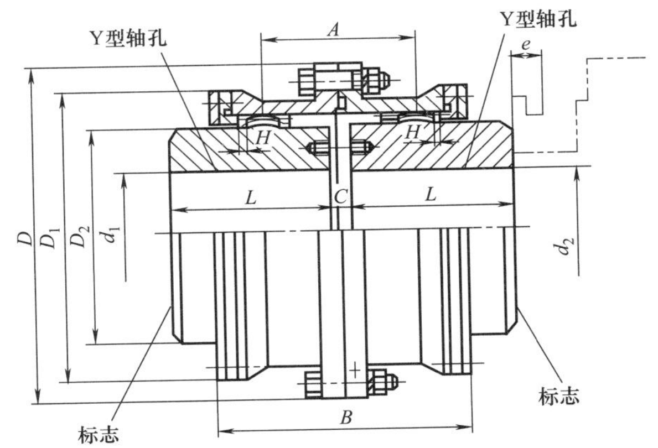

图(b) GⅡCL14～GⅡCL25型

型号	公称转矩 T_n /kN·m	许用转速 [n] /r·min⁻¹	轴孔直径 d_1、d_2	轴孔长度 L Y(长系列)	轴孔长度 L Y(短系列)	D	D_1	D_2	C	H	A	B	e	转动惯量 /kg·m²	润滑脂用量 /mL	质量 /kg
GⅡCL1	0.63	6500	16,18,19	42	—	103	71	50	8	2.0	36	76	38	0.0016	51	3.4
			20,22,24	52	38									0.0030		3.2
			25,28	62	44									0.0031		3.3
			30,32,35	82	60									0.0032		3.5
GⅡCL2	1.00	6000	20,22,24	52	—	115	83	60	8	2.0	42	88	42	0.0024	70	4.6
			25,28	62	44									0.0023		4.1
			30,32,35,38	82	60									0.0024		4.5
			40,42,45	112	84									0.0025		4.6
GⅡCL3	1.60	5600	22,24	52	—	127	95	75	8	2.0	44	90	42	0.0044	68	6.1
			25,28	62	44									0.0042		5.5
			30,32,35,38	82	60									0.0045		6.3
			40,42,45,48,50,55,56	112	84									0.0101		6.9
GⅡCL4	2.80	5100	38	82	60	149	116	90	8	2.0	49	98	42	0.0205	87	9.5
			40,42,45,48,50,55,56	112	84									0.0228		11.3
			60,63,65	142	107									0.0234		10.5
GⅡCL5	4.50	4600	40,42,45,48,50,55,56	112	84	167	134	105	10	2.5	55	108	42	0.0418	125	15.9
			60,63,65,70,71,75	142	107									0.0444		16.0

续表

型　号	公称转矩 T_n /kN·m	许用转速 $[n]$ /r·min^{-1}	轴孔直径 d_1、d_2	轴孔长度 L Y(长系列)	Y(短系列)	D	D_1	D_2	C	H	A	B	e	转动惯量 /kg·m^2	润滑脂用量 /mL	质量 /kg
GⅡCL6	6.30	4300	45,48,50,55,56	112	84	187	153	125	10	2.5	56	110	42	0.0706	148	21.2
			60,63,65,70,71,75	142	107									0.0777		23.0
			80,85,90	172	132									0.0809		22.1
GⅡCL7	8.00	4000	50,55,56	112	84	204	170	140	10	2.5	60	118	42	0.103	175	27.6
			60,63,65,70,71,75	142	107									0.115		33.1
			80,85,90,95	172	132									0.1298		39.2
			100,(105)	212	167									0.151		47.5
GⅡCL8	11.20	3700	55,56	112	84	230	186	155	12	3.0	67	142	47	0.167	268	35.5
			60,63,65,70,71,75	142	107									0.188		42.3
			80,85,90,95	172	132									0.210		49.7
			100,110,(115)	212	167									0.241		60.2
GⅡCL9	18.00	3350	60,63,65,70,71,75	142	107	256	212	180	12	3.0	69	146	47	0.316	310	55.6
			80,85,90,95	172	132									0.356		65.6
			100,110,120,125	212	167									0.413		79.6
			130,(135)	252	202									0.470		95.8
GⅡCL10	25.00	3000	65,70,71,75	142	107	287	239	200	14	3.5	78	164	47	0.511	472	72.0
			80,85,90,95	172	132									0.573		84.4
			100,110,120,125	212	167									0.659		101
			130,140,150	252	202									0.745		119
GⅡCL11	35.50	2700	70,71,75	142	107	325	276	235	14	3.5	81	170	47	1.454	550	97
			80,85,90,95	172	132									1.096		114
			100,110,120,125	212	167									1.235		138
			130,140,150	252	202									1.340		161
			160,170,(175)	302	242									1.588		189
GⅡCL12	56	2450	75	142	107	362	313	270	16	4.0	89	190	49	1.623	695	128
			80,85,90,95	172	132									1.828		150
			100,110,120,125	212	167									2.113		205
			130,140,150	252	202									2.400		213
			160,170,180	302	242									2.728		248
			190,200	352	282									3.055		285
GⅡCL13	80	2200	150	252	202	412	350	300	18	4.5	98	208	49	3.951	1019	222
			160,170,180,(185)	302	242									4.363		246
			190,200,220,(225)	352	282									4.541		242

续表

型 号	公称转矩 T_n /kN·m	许用转速 [n] /r·min^{-1}	轴孔直径 d_1、d_2	轴孔长度 L		D	D_1	D_2	C	H	A	B	e	转动惯量 /kg·m^2	润滑脂用量 /mL	质量 /kg
				Y(长系列)	Y(短系列)											
GⅡCL14	125	2000	170,180,(185)	302	242	462	420	335	22	5.5	172	296	63	8.025	2900	421
			190,200,220	352	282									8.800		476
			240,250	410	330									9.275		544
GⅡCL15	180	1800	190,200,220	352	282	512	470	380	22	5.5	182	316	63	14.300	3700	608
			240,250,260	410	330									15.850		696
			280,(285)	470	380									17.450		786
GⅡCL16	250	1600	220	352	282	580	522	430	28	7.0	209	354	67	23.925	4500	799
			240,250,260	410	330									26.450		913
			280,300,320	470	380									29.100		1027
GⅡCL17	355	1400	250,260	410	330	644	582	490	28	7.0	198	364	67	43.095	4900	1176
			280,(295),300,320	470	380									47.525		1322
			340,360,(365)	550	450									53.725		1352
GⅡCL18	500	1210	280,(295),300,320	470	380	726	658	540	28	8.0	222	430	75	78.525	7000	1698
			340,360,380	550	450									87.750		1948
			400	650	540									99.500		2278
GⅡCL19	710	1050	300,320	470	380	818	748	630	32	8.0	232	440	75	136.750	8900	2249
			340,(350),360,380,(390)	550	450									153.750		2591
			400,420,440,450,460,(470)	650	540									175.500		3026
GⅡCL20	1000	910	360,380,(390)	550	450	928	838	720	32	10.5	247	470	75	261.750	11000	3384
			400,420,440,450,460,480,500	650	540									299.000		3984
			530,(540)	800	680									360.750		4430
GⅡCL21	1400	800	400,420,440,450,460,480,500	650	540	1022	928	810	40	11.5	255	490	75	461.600	13000	3912
			530,560,600	800	680									449.400		3754
GⅡCL22	1800	700	450,460,480,500	650	540	1134	1036	915	40	13.0	265	510	75	734.300	16000	4970
			530,560,600,630	800	680									837.000		5408
			670,(680)	—	780									785.400		4478
GⅡCL23	2500	610	530,560,600,630	800	680	1282	1178	1030	50	14.5	299	580	80	1517.00	28000	10013
			670,(700),710,750,(770)	—	780									1725.00	28000	11553

续表

型 号	公称转矩 T_n /kN·m	许用转速 [n] /r·min^{-1}	轴孔直径 d_1、d_2	轴孔长度 L		D	D_1	D_2	C	H	A	B	e	转动惯量 /kg·m^2	润滑脂用量 /mL	质量 /kg
				Y(长系列)	Y(短系列)											
GⅡCL24	3550	500	560,600,630	800	680	1428	1322	1175	50	16.5	317	610	80	2486.00	33000	12915
			670,(700),710,750	—	780									2838.50		15015
			800,850	—	880									3131.75		16615
GⅡCL25	5600	420	670,(700),710,750	—	780	1644	1538	1390	50	19.0	325	620	80	5082.00	43000	15760
			800,850	—	880									5344.10		15515
			900,950	—	980									5484.00		15054
			1000,(1040)	—	1100									5615.20		14513

注：1. 表中转动惯量与质量是按 Y（短系列）型轴孔的最小轴径。
2. 轴孔长度推荐用 Y（短系列）型。
3. 带括号的轴孔直径新设计时，建议不选用。
4. e 为更换密封所需要的尺寸。

GⅡCL 型鼓形齿式联轴器的轴孔和键槽型式及尺寸按 GB/T 3852 的规定。其键槽形式有 A、B、B_1 和 D 型；轴孔组合为$\frac{Y}{Y}$。

当两轴线无径向位移时，GⅡCL 型鼓形齿式联轴器两端轴线间的许用角向补偿量 $\Delta\alpha$（见图 6-3-8）为 1°；当两轴无角向位移时，GⅡCL 型鼓形齿式联轴器的径向补偿量 Δy 见表 6-3-93。

GⅡCL 型鼓形齿式联轴器两端轴线偏角、安装和装配误差不得超过±5′。

鼓形齿式联轴器的内齿圈、外齿轴套的材料和热处理应符合表 6-3-91 的规定。

鼓形齿式联轴器法兰连接铰孔螺栓强度等级按 GB/T 3098.1 规定的 8.8 级。

鼓形齿式联轴器的鼓形齿外齿轴套齿根处鼓肚量偏差按 JS7 级规定。

鼓形齿式联轴器的内、外齿啮合在油浴中工作，不得有漏油现象。一般情况采用润滑脂，其牌号为 4 号合成锂基润滑脂 ZL-4。高速时也可采用 46 号或 68 号机械油。正常工作条件下六个月换油一次，每半个月检查油耗情况并及时补充。

(3) GⅠCL、GⅠCLZ 型鼓形齿式联轴器（摘自JB/T 8854.3—2001）

GⅠCL 型和 GⅠCLZ 型鼓形齿式联轴器适于连接水平两同轴线的传动轴系，具有一定角向补偿两轴间相对偏移性能。当被连接两轴端间相距较远时，适于采用 GⅠCLZ 型。适用工作环境温度为－20～80℃，传递公称转矩范围为 800～3200000N·m。

GⅠCL 型鼓形齿式联轴器的结构型式、基本参数和主要尺寸见表 6-3-94、GⅠCLZ 型鼓形齿式联轴器的结构型式、基本参数和主要尺寸见表 6-3-95。GⅠCL型和 GⅠCLZ 型鼓形齿式联轴器的选用及计算按 JB/T 8854.3 的规定进行。

表 6-3-93　GⅡCL 型联轴器的径向补偿量　mm

联轴器型号	GⅡCL1	GⅡCL2	GⅡCL3	GⅡCL4	GⅡCL5	GⅡCL6	GⅡCL7	GⅡCL8	GⅡCL9
许用径向补偿量 Δy	0.63	0.72	0.76	0.86	0.96	0.98	1.05	1.16	1.20
联轴器型号	GⅡCL10	GⅡCL11	GⅡCL12	GⅡCL13	GⅡCL14	GⅡCL15	GⅡCL16	GⅡCL17	GⅡCL18
许用径向补偿量 Δy	1.30	1.40	1.60	1.70	3.00	3.20	3.60	3.70	3.90
联轴器型号	GⅡCL19	GⅡCL20	GⅡCL21	GⅡCL22	GⅡCL23	GⅡCL24	GⅡCL25	—	—
许用径向补偿量 Δy	4.00	4.30	4.50	4.70	5.20	5.50	5.70	—	—

表 6-3-94　　GⅠCL型鼓形齿式联轴器基本参数和主要尺寸　　mm

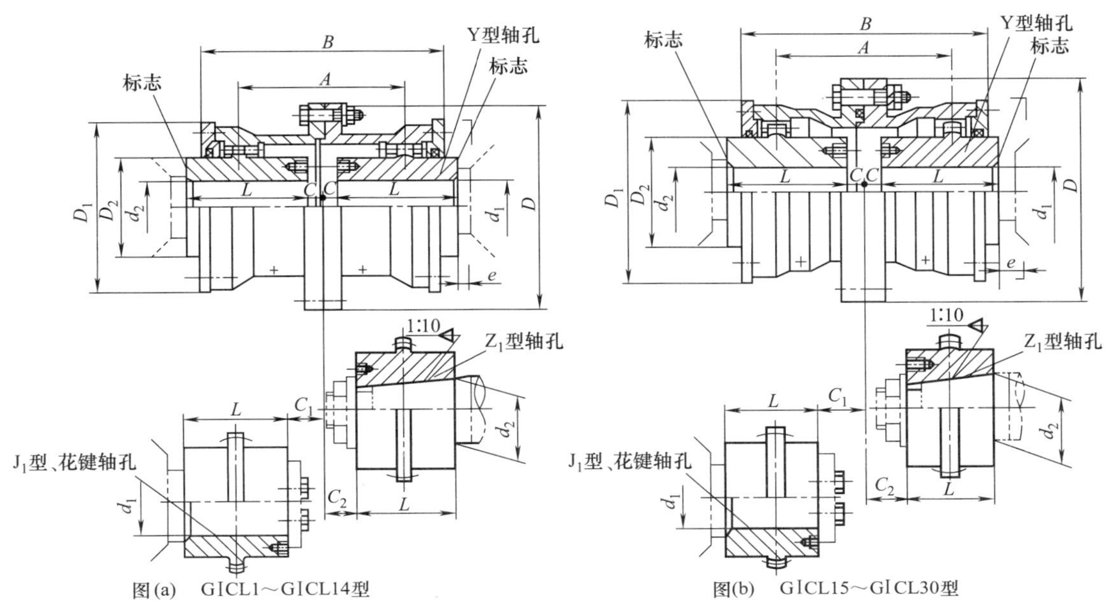

图(a)　GⅠCL1～GⅠCL14型　　　　图(b)　GⅠCL15～GⅠCL30型

<table>
<tr><th rowspan="2">型号</th><th rowspan="2">公称转矩 T_n /N·m</th><th rowspan="2">许用转速[n] /r·min⁻¹</th><th rowspan="2">轴孔直径 d_1、d_2</th><th colspan="2">轴孔长度 L</th><th rowspan="2">D</th><th rowspan="2">D_1</th><th rowspan="2">D_2</th><th rowspan="2">B</th><th rowspan="2">A</th><th rowspan="2">C</th><th rowspan="2">C_1</th><th rowspan="2">C_2</th><th rowspan="2">e</th><th rowspan="2">润滑脂用量 /mL</th><th rowspan="2">质量 m /kg</th><th rowspan="2">转动惯量 I /kg·m²</th></tr>
<tr><th>Y</th><th>J_1、Z_1</th></tr>
<tr><td rowspan="4">GⅠCL1</td><td rowspan="4">800</td><td rowspan="4">7100</td><td>16,18,19</td><td>42</td><td>—</td><td rowspan="4">125</td><td rowspan="4">95</td><td rowspan="4">60</td><td rowspan="4">117</td><td rowspan="4">37</td><td>20</td><td>—</td><td>—</td><td rowspan="4">30</td><td rowspan="4">55</td><td rowspan="4">5.9</td><td rowspan="4">0.009</td></tr>
<tr><td>20,22,24</td><td>52</td><td>38</td><td>10</td><td>—</td><td>24</td></tr>
<tr><td>25,28</td><td>62</td><td>44</td><td rowspan="2">2.5</td><td>—</td><td>19</td></tr>
<tr><td>30,32,35,38</td><td>82</td><td>60</td><td>15</td><td>22</td></tr>
<tr><td rowspan="3">GⅠCL2</td><td rowspan="3">1200</td><td rowspan="3">6300</td><td>25,28</td><td>62</td><td>44</td><td rowspan="3">145</td><td rowspan="3">120</td><td rowspan="3">75</td><td rowspan="3">135</td><td rowspan="3">88</td><td>10.5</td><td>—</td><td>29</td><td rowspan="3">30</td><td rowspan="3">100</td><td rowspan="3">9.7</td><td rowspan="3">0.02</td></tr>
<tr><td>30,32,35,38</td><td>82</td><td>60</td><td rowspan="2">2.5</td><td>12.5</td><td>30</td></tr>
<tr><td>40,42,45,48</td><td>112</td><td>84</td><td>13.5</td><td>28</td></tr>
<tr><td rowspan="3">GⅠCL3</td><td rowspan="3">2800</td><td rowspan="3">5900</td><td>30,32,35,38</td><td>82</td><td>60</td><td rowspan="3">174</td><td rowspan="3">140</td><td rowspan="3">95</td><td rowspan="3">155</td><td rowspan="3">106</td><td rowspan="3">3</td><td>24.5</td><td>25</td><td rowspan="3">30</td><td rowspan="3">140</td><td rowspan="3">17.2</td><td rowspan="3">0.047</td></tr>
<tr><td>40,42,45,48,50,55,56</td><td>112</td><td>84</td><td rowspan="2">17</td><td>28</td></tr>
<tr><td>60</td><td>142</td><td>107</td><td>35</td></tr>
<tr><td rowspan="3">GⅠCL4</td><td rowspan="3">5000</td><td rowspan="3">5400</td><td>32,35,38</td><td>82</td><td>60</td><td rowspan="3">196</td><td rowspan="3">165</td><td rowspan="3">115</td><td rowspan="3">178</td><td rowspan="3">125</td><td>14</td><td>37</td><td>32</td><td rowspan="3">30</td><td rowspan="3">170</td><td rowspan="3">24.9</td><td rowspan="3">0.091</td></tr>
<tr><td>40,42,45,48,50,55,56</td><td>112</td><td>84</td><td rowspan="2">3</td><td rowspan="2">17</td><td>28</td></tr>
<tr><td>60,63,65,70</td><td>142</td><td>107</td><td>35</td></tr>
<tr><td rowspan="3">GⅠCL5</td><td rowspan="3">8000</td><td rowspan="3">5000</td><td>40,42,45,48,50,55,56</td><td>112</td><td>84</td><td rowspan="3">225</td><td rowspan="3">183</td><td rowspan="3">130</td><td rowspan="3">198</td><td rowspan="3">142</td><td rowspan="3">3</td><td>25</td><td>28</td><td rowspan="3">30</td><td rowspan="3">270</td><td rowspan="3">38</td><td rowspan="3">0.167</td></tr>
<tr><td>60,63,65,70,71,75</td><td>142</td><td>107</td><td>20</td><td>35</td></tr>
<tr><td>80</td><td>172</td><td>132</td><td>22</td><td>43</td></tr>
<tr><td rowspan="3">GⅠCL6</td><td rowspan="3">11200</td><td rowspan="3">4800</td><td>48,50,55,56</td><td>112</td><td>84</td><td rowspan="3">240</td><td rowspan="3">200</td><td rowspan="3">145</td><td rowspan="3">218</td><td rowspan="3">160</td><td>6</td><td>35</td><td rowspan="2">35</td><td rowspan="3">30</td><td rowspan="3">380</td><td rowspan="3">48.2</td><td rowspan="3">0.267</td></tr>
<tr><td>60,63,65,70,71,75</td><td>142</td><td>107</td><td rowspan="2">4</td><td>20</td></tr>
<tr><td>80,85,90</td><td>172</td><td>132</td><td>22</td><td>43</td></tr>
</table>

续表

型号	公称转矩 T_n /N·m	许用转速[n] /r·min^{-1}	轴孔直径 d_1、d_2	轴孔长度 L Y	轴孔长度 L J_1、Z_1	D	D_1	D_2	B	A	C	C_1	C_2	e	润滑脂用量 /mL	质量 m /kg	转动惯量 I /kg·m^2
GⅠCL7	15000	4500	60,63,65,70,71,75	142	107	260	230	160	244	180	4	25	35	30	570	68.9	0.453
			80,85,90,95	172	132							22	43				
			100	212	167								48				
GⅠCL8	21200	4000	65,70,71,75	142	107	280	245	175	264	193	5	35	35	30	660	83.3	0.646
			80,85,90,95	172	132							22	43				
			100,110	212	167								48				
GⅠCL9	26500	3500	70,71,75	142	107	315	270	200	284	208	10	45	45	30	700	110	1.036
			80,85,90,95	172	132						5	22	43				
			100,110,120,125	212	167								49				
GⅠCL10	42500	3200	80,85,90,95	172	132	345	300	220	330	249	5	43	43	30	900	156.7	1.88
			100,110,120,125	212	167							22	49				
			130,140	252	202							29	54				
GⅠCL11	60000	3000	100,110,120	212	167	380	330	260	260	267	6	296	49	40	1200	217.1	3.28
			130,140,150	252	202								54				
			160	302	242								64				
GⅠCL12	80000	2600	120	212	167	440	380	290	416	313	6	57	57	40	2000	305.15	5.08
			130,140,150	252	202							29	55				
			160,170,180	302	242								68				
GⅠCL13	112000	2300	140,150	252	202	482	420	320	476	364	7	54	57	40	3000	419.4	10.06
			160,170,180	302	242							32	70				
			190,200	352	282								80				
GⅠCL14	160000	2100	160,170,180	302	242	520	465	360	532	415	8	42	70	40	4500	593.9	16.774
			190,200,220	352	282							32	80				
GⅠCL15	224000	1900	190,200,220	352	282	580	510	400	556	429	10	34	80	40	5000	783.3	26.55
			240,250	410	330							38	80				
GⅠCL16	355000	1600	200,220	352	282	680	595	465	640	501	10	58	80	50	8000	1134.4	52.22
			240,250,260	410	330							38	—				
			280	470	380												
GⅠCL17	400000	1500	220	352	282	720	645	495	672	512	10	74	80	50	10000	1305	69
			240,250,260	410	330							39	—				
			280,300	470	380												
GⅠCL18	500000	1400	240,250,260	410	330	775	675	520	702	524	10	46	—	50	11000	1626	96.16
			280,300,320	470	380							41					
GⅠCL19	630000	1300	260	410	330	815	715	560	744	560	10	67	—	50	13000	1773	115.6
			280,300,320	470	380							41					
			340	550	450												
GⅠCL20	710000	1200	280,300,320	470	380	855	755	585	786	595	13	44	—	50	16000	2263	167.41
			340,360	550	450												
GⅠCL21	900000	1100	300,320	470	380	915	795	620	808	611	13	59	—	50	20000	2593	215.7
			340,360,380	550	450							44					
GⅠCL22	950000	950	340,360,380	550	450	960	840	665	830	632	13	44	—	60	26000	3036	278.07
			400	650	540												
GⅠCL23	1120000	900	360,380	550	450	1010	890	710	870	666	13	44	—	60	29000	3668	379.4
			400,420	650	540							48					

续表

型号	公称转矩 T_n /N·m	许用转速[n] /r·min⁻¹	轴孔直径 d_1、d_2	轴孔长度 L Y	轴孔长度 L J_1、Z_1	D	D_1	D_2	B	A	C	C_1	C_2	e	润滑脂用量 /mL	质量 m /kg	转动惯量 I /kg·m²
GⅠCL24	1250000	875	380	550	450	1050	925	730	890	685	15	46	—	60	32000	3964	448.1
			400,420,450	650	540							50					
GⅠCL25	1400000	850	400,420,450,480	650	540	1120	970	770	930	724	15	50	—	60	34000	4443	564.64
GⅠCL26	1600000	825	420,450,480,500	650	540	1160	990	800	950	733	15	50	—	60	37000	4791	637.4
GⅠCL27	1800000	800	450,480,500	650	540	1210	1060	850	958	739	15	50	—	70	45000	5758	866.26
			530	800	680												
GⅠCL28	2000000	770	480,500	650	540	1250	1080	890	1034	805	20	50	—	70	47000	6232	1020.76
			530,560	800	680												
GⅠCL29	2800000	725	500	650	540	1340	1200	960	1034	792	20	57	—	80	50000	7549	1450.84
			530,560,600	800	680							55					
GⅠCL30	3200000	700	560,600,630	800	680	1390	1240	1005	1050	806	20	55	—	80	59000	9541	1974.17

注：1. 联轴器质量和转动惯量是按各型号中轴孔最小直径的最大长度计算的近似值。
2. $D_2 \geqslant 465$mm，其O形密封圈采用圆形断面橡胶条粘接而成。
3. J_1 型轴孔根据需要，也可以不使用轴端挡圈。
4. d_z 最大直径为220mm。
5. 当齿面采用氮化或表面淬火处理时，相应的公称转矩值由表中对应值乘以1.3。

表 6-3-95　　GⅠCLZ型鼓形齿式联轴器基本参数和主要尺寸　　mm

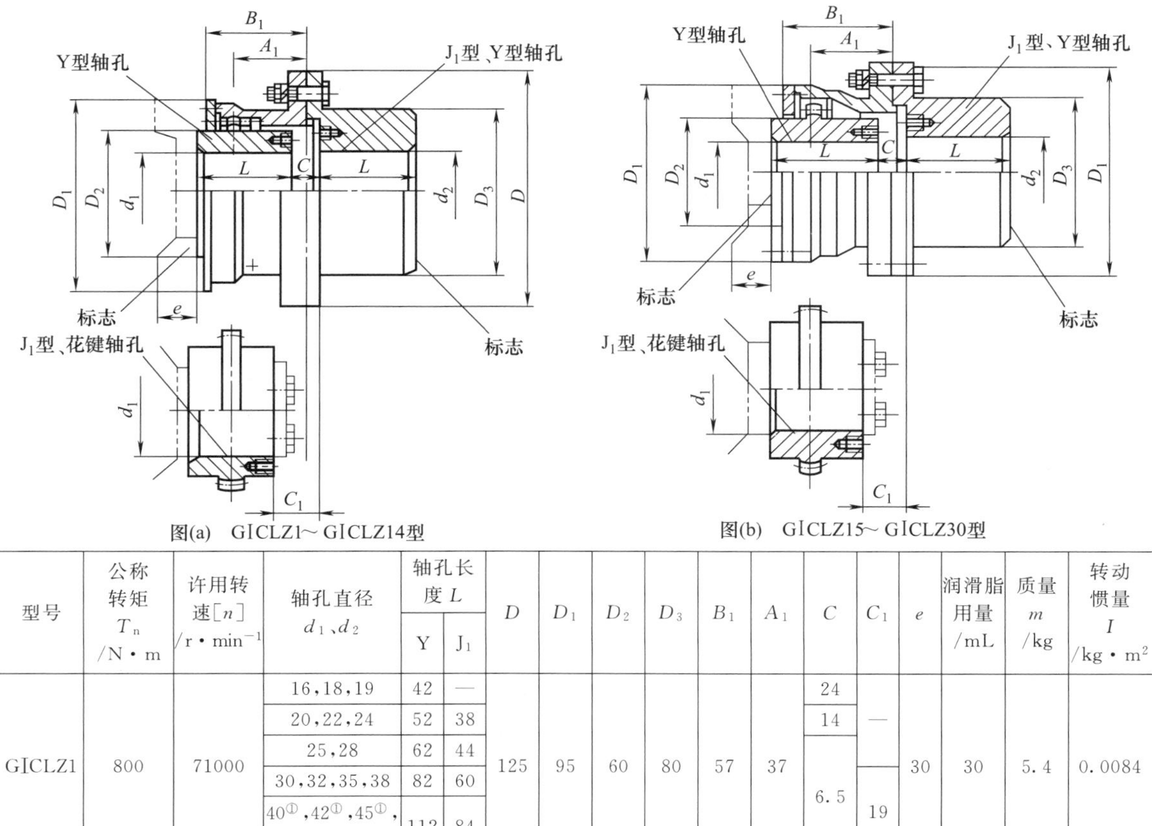

图(a)　GⅠCLZ1～GⅠCLZ14型

图(b)　GⅠCLZ15～GⅠCLZ30型

型号	公称转矩 T_n /N·m	许用转速[n] /r·min⁻¹	轴孔直径 d_1、d_2	轴孔长度 L Y	轴孔长度 L J_1	D	D_1	D_2	D_3	B_1	A_1	C	C_1	e	润滑脂用量 /mL	质量 m /kg	转动惯量 I /kg·m²
GⅠCLZ1	800	71000	16,18,19	42	—	125	95	60	80	57	37	24	—	30	30	5.4	0.0084
			20,22,24	52	38							14					
			25,28	62	44							6.5					
			30,32,35,38	82	60								19				
			40①,42①,45①,48①,50①	112	84												

续表

型号	公称转矩 T_n /N·m	许用转速[n] /r·min^{-1}	轴孔直径 d_1、d_2	轴孔长度 L Y	J_1	D	D_1	D_2	D_3	B_1	A_1	C	C_1	e	润滑脂用量 /mL	质量 m /kg	转动惯量 I /kg·m^2
GⅠCLZ2	1400	6300	25,28	62	44	145	120	75	95	67	44	16	—	30	60	9.2	0.018
			30,32,35,38	82	60							8	18				
			40,42,45,48,50①,55①,56①	112	84								19				
			60①	142	107												
GⅠCLZ3	2800	5900	30,32,35,38	82	60	70	140	95	115	77	53	7	29	30	80	16.4	0.0427
			40,42,45,48,50,55,56	112	84								22				
			60,63①,65①,70①	142	107												
GⅠCLZ4	5000	5400	32,35,38	82	60	95	165	115	130	89	62	19	42	30	90	22.7	0.076
			40,42,45,48,50,55,56	112	84							8.5	22				
			60,63,65,70,71①,75①	142	107												
			80①	172	132												
GⅠCLZ5	8000	5000	40,42,45,48,50,55,56	112	84	225	183	130	150	99	71	9.5	31	30	140	36.2	0.0149
			60,63,65,70,71,75	142	107								26				
			80,85①,90①	172	132								28				
GⅠCLZ6	11200	4800	48,50,55,56	112	84	240	200	145	170	109	80	11.5	41	30	200	46.2	0.24
			60,63,65,70,71,75	142	107							9.5	26				
			80,85,90,95①	172	132								28				
			100①	212	167												
GⅠCLZ7	15000	4500	60,63,65,70,71,75	142	107	260	230	160	195	122	90	10.5	31	30	290	68.4	0.43
			80,85,90,95	172	132								28				
			100,110①,120①	212	167												
GⅠCLZ8	21200	4000	65,70,71,75	142	107	280	245	175	210	132	96	12	41	30	350	81.1	0.61
			80,85,90,95	172	132								28				
			100,110,120①	212	167												
			130①	252	202												
GⅠCLZ9	26500	3500	70,71,75	142	107	315	270	200	225	142	104	18	53	30	370	100.1	0.94
			80,85,90,95	172	132							13	30				
			100,110,120,125	212	167												
			130①,140①	252	202												
GⅠCLZ10	42500	3200	80,85,90,95	172	132	345	300	220	250	165	124	14	51	30	500	147.1	1.67
			100,110,120,125	212	167								30				
			130,140,150①	252	202								37				
			160①	302	242												

续表

型号	公称转矩 T_n /N·m	许用转速 $[n]$ /r·min^{-1}	轴孔直径 d_1,d_2	轴孔长度 L Y	轴孔长度 L J_1	D	D_1	D_2	D_3	B_1	A_1	C	C_1	e	润滑脂用量 /mL	质量 m /kg	转动惯量 I /kg·m^2
GⅠCLZ11	60000	3000	100,110,120	212	167	380	330	260	285	180	133	14	37	40	650	206.3	2.98
			130,140,150	252	202												
			160,170①,180①	302	242												
GⅠCLZ12	80000	2600	120	212	167	440	380	290	325	208	158	14	65	40	1100	284.5	5.31
			130,140,150	252	202								37				
			160,170,180	302	242												
			190①,200①	352	282												
GⅠCLZ13	112000	2300	140,150	252	202	480	420	320	360	238	182	15	62	40	1600	402	9.16
			160,170,180	302	242								40				
			190,200,220①	352	282												
GⅠCLZ14	160000	2100	160,170,180	302	242	520	465	360	420	266	207	16	50	40	2300	582.2	15.92
			190,200,220	352	282								40				
			240①,250①	410	330												
GⅠCLZ15	224000	1900	190,200,220	352	282	580	510	400	450	278	214	17	41	40	2600	778.2	25.78
			240,250,260①	410	330								45				
			280①	470	380												
GⅠCLZ16	355000	1600	200,220	352	282	680	595	465	500	320	250	16.5	65	50	4100	1071	46.89
			240,250,260	410	330							15.5	45				
			280,300①,320①	470	380												
GⅠCLZ17	400000	1500	220	352	282	720	645	495	530	336	256	17	81	50	5100	1210	60.59
			240,250,260	410	330								46				
			280,300,320	470	380												
GⅠCLZ18	500000	1400	240,250,260	410	330	775	675	520	540	351	262	16.5	53	50	6000	1475	81.75
			280,300,320	470	380								48				
			340①	550	450												
GⅠCLZ19	630000	1300	260	410	330	815	715	560	580	372	280	17	74	50	6700	1603	101.57
			280,300,320	470	380								48				
			340,360①	550	450												
GⅠCLZ20	710000	1200	280,300,320	470	380	855	755	585	600	393	297	20	51	50	8100	2033	140.03
			340,360,380①	550	450												
GⅠCLZ21	900000	1100	300,320	470	380	915	795	620	640	404	305	20	51	50	10500	2385	183.49
			340,360,380	550	450												
			400①	650	540												
GⅠCLZ22	950000	950	340,360,380	550	450	960	840	665	680	415	316	20	51	60	14000	2452	235.04
			400,420①	650	540												
GⅠCLZ23	1120000	900	360,380	550	450	1010	890	710	720	435	333	20	51	60	15000	3332	323.16
			400,420,450①	650	540								55				
GⅠCLZ24	1250000	875	380	550	450	1050	925	730	760	445	342	22	53	60	16500	3639	389.97
			400,420,450,480①	650	540								57				
GⅠCLZ25	1400000	850	400,420,450,480,500①	650	540	1120	970	770	800	465	362	22	58	60	18000	4073	485.96
GⅠCLZ26	1600000	825	420,450,480,500	650	540	1160	990	800	850	475	366	22	58	60	19000	4527	573.64
			530①	650	540												

续表

型号	公称转矩 T_n /N·m	许用转速[n] /r·min^{-1}	轴孔直径 d_1,d_2	轴孔长度 L Y	轴孔长度 L J_1	D	D_1	D_2	D_3	B_1	A_1	C	C_1	e	润滑脂用量 /mL	质量 m /kg	转动惯量 I /kg·m^2
GⅠCLZ27	1800000	800	450,480,500	650	540	1210	1060	850	900	479	369	22	58	70	23000	5485	789.74
			530,560[①]	800	680												
GⅠCLZ28	2000000	770	480,500	650	540	1250	1080	890	960	517	402	28	63	70	24000	6050	960.26
			530,560,600[①]	800	680												
GⅠCLZ29	2800000	725	500	650	540	1340	1200	960	1010	517	396	28	65	80	26000	7090	1268.98
			530,560,600,630[①]	800	680								63				
GⅠCLZ30	3500000	700	560,600,630	800	680	1390	1240	1005	1070	525	403	28	63	80	30000	9264	1822.02
			670[①]	—	780												

① 轴孔尺寸只适合 d_2 选用。

注：1. 联轴器质量和转动惯量是按各型号中最小轴孔直径的最大长度计算的近似值。

2. D_2≥465mm，其 O 形密封圈采用圆形断面橡胶条粘接而成。

3. d_z 最大直径为 220mm。

4. 表中的公称转矩值，当齿面氮化或表面淬火时，本标准中的公称转矩值乘以 1.3。

表 6-3-96　GⅠCL、GⅠCLZ 型联轴器渐开线花键孔的连接尺寸

型号	公称转矩 T_n/N·m	许用转速[n] /r·min^{-1}	30° 渐开线花键 模数 m/mm	齿数 z	孔长 L/mm
GⅠCL1 GⅠCLZ1	800	7100	1.5	15～17	38
				18～20	44
				21～26	60
GⅠCL2 GⅠCLZ2	1400	6300	1.5	18～20	44
				21～26	60
				27～33	84
GⅠCL3 GⅠCLZ3	2800	5900	1.5	21～26	60
			2	21～29	84
				31	107
GⅠCL4 GⅠCLZ4	5000	5400	2	17～20	60
				21～29	84
			3	21～24	107
GⅠCL5 GⅠCLZ5	8000	5000	2	21～29	84
			3	21～26	107
				27	132
GⅠCL6 GⅠCLZ6	11200	4800	2	25～29	84
			3	21～26	107
				27～31	132
GⅠCL7 GⅠCLZ7	15000	4500	3	21～26	107
				27～32	132
				34	167
GⅠCL8 GⅠCLZ8	21200	4000	3	22～26	107
				27～32	132
				34～37	167
GⅠCL9 GⅠCLZ9	26500	3500	3	25～26	107
				27～32	132
			4	26～32	167
GⅠCL10 GⅠCLZ10	42500	3200	3	27～32	132
			4	26～32	167
				33～36	202

续表

型 号	公称转矩 T_n/N·m	许用转速[n] /r·min^{-1}	30°渐开线花键		
			模数 m/mm	齿数 z	孔长 L/mm
GⅠCL11 GⅠCLZ11	60000	3000	4	26～32	167
				33～38	202
GⅠCL12 GⅠCLZ12	80000	2600	4	33～38	202
				40～46	242
GⅠCL13 GⅠCLZ13	112000	2300	4	36～38	202
				41～46	242
				48～51	282
GⅠCL14 GⅠCLZ14	160000	2100	4	41～46	242
			5	39～45	282
GⅠCL15 GⅠCLZ15	224000	1900	5	39～45	282
				49～51	330
GⅠCL16 GⅠCLZ16	355000	1600	5	41～45	282
				49～53	330
GⅠCL17 GⅠCLZ17	400000	1500	5	49～53	330
				57～61	380
GⅠCL18 GⅠCLZ18	500000	1400	5	49～53	330
			6	47～54	380
GⅠCL19 GⅠCLZ19	630000	1300	6	47～54	380
				57	450
GⅠCL20 GⅠCLZ20	710000	1200	6	47～54	380
				57～61	450
GⅠCL21 GⅠCLZ21	900000	1100	6	51～54	380
				57～64	450
GⅠCL22 GⅠCLZ22	950000	950	6	57～64	450
			8	51	540
GⅠCL23 GⅠCLZ23	1120000	900	8	46～48	450
				51～53	540
GⅠCL24 GⅠCLZ24	1250000	875	8	48	450
				51～57	540
GⅠCL25 GⅠCLZ25	1400000	850	10	41～49	540
GⅠCL26 GⅠCLZ26	1600000	825	10	43～51	540
GⅠCL27 GⅠCLZ27	1800000	800	10	46～51	540
				54	680
GⅠCL28 GⅠCLZ28	2000000	770	10	49～51	540
				54～57	680

当两轴线无径向位移时，GⅠCL、GⅠCLZ型鼓形齿式联轴器两端轴线间的许用角向补偿量 $\Delta\alpha$（见图6-3-8）不超过1°30′；当两轴无角向位移时，GⅠCL型鼓形齿式联轴器的径向补偿量 Δy 见表6-3-97。当两轴无角向位移时，GⅠCLZ型联轴器的许用径向补偿量 Δy 见图6-3-9，并按 $\Delta y=A\tan\Delta\alpha=A\tan 1°30'$ 计算。

GⅠCL、GⅠCLZ型鼓形齿式联轴器两端轴线偏角、安装和装配误差不得超过±5′。

鼓形齿式联轴器的内齿圈、外齿轴套的材料和热处理应符合表6-3-91的规定。

鼓形齿式联轴器法兰连接铰孔螺栓强度等级按GB/T 3098.1规定的10.9级。

鼓形齿式联轴器的鼓形齿外齿轴套齿根处鼓肚量偏差按JS7级规定。

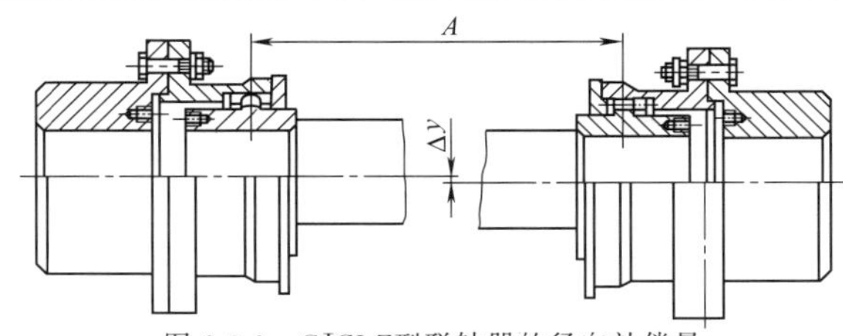

图6-3-9 GⅠCLZ型联轴器的径向补偿量

鼓形齿式联轴器的内、外齿啮合在油浴中工作，不得有漏油现象。一般情况采用润滑脂，其牌号为4号合成锂基润滑脂ZL-4。高速时也可采用46号或68号机械油。正常工作条件下六个月换油一次，并定期检查油耗情况及时补充。

表 6-3-97 **GⅠCL 型联轴器的径向补偿量** mm

联轴器型号	GⅠCL1	GⅠCL2	GⅠCL3	GⅠCL4	GⅠCL5	GⅠCL6	GⅠCL7	GⅠCL8	GⅠCL9	GⅠCL10
许用径向补偿量 Δy	1.96	2.36	2.75	3.27	3.8	4.3	4.7	5.24	5.63	6.81
联轴器型号	GⅠCL11	GⅠCL12	GⅠCL13	GⅠCL14	GⅠCL15	GⅠCL16	GⅠCL17	GⅠCL18	GⅠCL19	GⅠCL20
许用径向补偿量 Δy	7.46	8.77	10.08	11.15	11.36	13.3	13.87	14.53	15.71	16.49
联轴器型号	GⅠCL21	GⅠCL22	GⅠCL23	GⅠCL24	GⅠCL25	GⅠCL26	GⅠCL27	GⅠCL28	GⅠCL29	GⅠCL30
许用径向补偿量 Δy	17.02	17.28	18.06	18.6	19.4	19.9	19.92	21.2	21.1	21.7

3.3.13 滚子链联轴器（GB/T 6069—2017）

滚子链联轴器是利用滚子链同时与两个齿数相同的并列链轮啮合，实现两同轴线的传动轴系的连接。滚子链联轴器对两轴线的偏移具有一定补偿能力，且具有结构简单、装拆方便、尺寸紧凑、重量轻、对安装精度要求不高、工作可靠、寿命较长、成本较低等特点。可用于纺织、农机、起重运输、矿山、轻工、化工等机械的轴系传动。适用于高温、潮湿和多尘工况环境，不适用于高速、有剧烈冲击载荷和传递轴向力的场合。滚子链联轴器应在良好的润滑并有防护罩的条件下工作。

滚子链联轴器传递公称转矩范围为 40～25000N·m。

表 6-3-98 **滚子链联轴器结构型式、基本参数和主要尺寸** mm

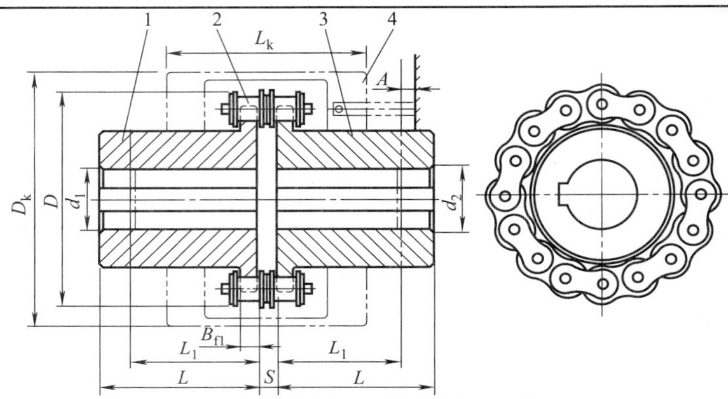

1,3—半联轴器;2—双排滚子链;4—罩壳

型号	公称转矩 T_n /N·m	许用转速 [n] 不装罩壳 /r·min⁻¹	许用转速 [n] 安装罩壳 /r·min⁻¹	轴孔直径 d_1、d_2	轴孔长度 L	链号	链条节距 p	齿数 z	D	B_{f1}	S	A	D_k max	L_k max	总质量 m /kg	转动惯量 I /kg·m²
GL1	40	1400	4500	16、18、19	42	06B	9.525	14	51.06	5.3	4.9	—	70	70	0.40	0.0001
				20	52							4				
GL2	63	1250	4500	19	42	06B	9.525	16	57.08	5.3	4.9	—	75	75	0.70	0.0002
				20、22、24	52							4				
GL3	100	1000	4000	20、22、24	52	08B	12.7	14	68.88	7.2	6.7	12	85	80	1.1	0.00038
				25	62							6				
GL4	160	1000	4000	24	52	08B	12.7	16	76.91	7.2	6.7	—	95	88	1.8	0.00086
				25、28	62							6				
				30、32	82							—				
GL5	250	800	3150	28	62	10A	15.875	16	94.46	8.9	9.2	—	112	100	3.2	0.0025
				30、32、35、38	82											
				40	112											
GL6	400	630	2500	32、35、38	82	10A	15.875	20	116.57	8.9	9.2	—	140	105	5.0	0.0058
				40、42、45、48、50	112											
GL7	630	630	2500	40、42、45、48、50、55	112	12A	19.05	18	127.78	11.9	10.9	—	150	122	7.4	0.012
				60	142											
GL8	1000	500	2240	45、48、50、55	112	16A	25.4	16	154.33	15	14.3	12	180	135	11.1	0.025
				60、65、70	142							—				
GL9	1600	400	2000	50、55	112	16A	25.4	20	186.5	15	14.3	12	215	145	20	0.061
				60、65、70、75	142							—				
				80	172											

续表

<table>
<tr><th rowspan="3">型号</th><th rowspan="3">公称转矩 T_n /N·m</th><th colspan="2">许用转速 [n]</th><th rowspan="3">轴孔直径 d_1、d_2</th><th rowspan="3">轴孔长度 L</th><th rowspan="3">链号</th><th rowspan="3">链条节距 p</th><th rowspan="3">齿数 z</th><th rowspan="3">D</th><th rowspan="3">B_{f1}</th><th rowspan="3">S</th><th rowspan="3">A</th><th rowspan="3">D_k max</th><th rowspan="3">L_k max</th><th rowspan="3">总质量 m /kg</th><th rowspan="3">转动惯量 I /kg·m²</th></tr>
<tr><th>不装罩壳</th><th>安装罩壳</th></tr>
<tr><th colspan="2">/r·min⁻¹</th></tr>
<tr><td rowspan="2">GL10</td><td rowspan="2">2500</td><td rowspan="2">315</td><td rowspan="2">1600</td><td>60、65、70、75</td><td>142</td><td rowspan="2">20A</td><td rowspan="2">31.75</td><td rowspan="2">18</td><td rowspan="2">213.02</td><td rowspan="2">18</td><td rowspan="2">17.8</td><td>6</td><td rowspan="2">245</td><td rowspan="2">165</td><td rowspan="2">26.1</td><td rowspan="2">0.079</td></tr>
<tr><td>80、85、90</td><td>172</td><td>—</td></tr>
<tr><td rowspan="3">GL11</td><td rowspan="3">4000</td><td rowspan="3">250</td><td rowspan="3">1500</td><td>75</td><td>142</td><td rowspan="3">24A</td><td rowspan="3">38.1</td><td rowspan="3">16</td><td rowspan="3">231.49</td><td rowspan="3">24</td><td rowspan="3">21.5</td><td>35</td><td rowspan="3">270</td><td rowspan="3">195</td><td rowspan="3">39.2</td><td rowspan="3">0.188</td></tr>
<tr><td>80、85、90、95</td><td>172</td><td>10</td></tr>
<tr><td>100</td><td>212</td><td>10</td></tr>
<tr><td rowspan="2">GL12</td><td rowspan="2">6300</td><td rowspan="2">250</td><td rowspan="2">1250</td><td>85、90、95</td><td>172</td><td rowspan="2">28A</td><td rowspan="2">44.45</td><td rowspan="2">16</td><td rowspan="2">270.08</td><td rowspan="2">24</td><td rowspan="2">24.9</td><td>20</td><td rowspan="2">310</td><td rowspan="2">205</td><td rowspan="2">59.4</td><td rowspan="2">0.38</td></tr>
<tr><td>100、110、120</td><td>212</td><td>—</td></tr>
<tr><td rowspan="2">GL13</td><td rowspan="2">10000</td><td rowspan="2">200</td><td rowspan="2">1120</td><td>100、110、120、125</td><td>212</td><td rowspan="2">32A</td><td rowspan="2">50.8</td><td rowspan="2">18</td><td rowspan="2">340.8</td><td rowspan="2">30</td><td rowspan="2">28.6</td><td>14</td><td rowspan="2">380</td><td rowspan="2">230</td><td rowspan="2">86.5</td><td rowspan="2">0.869</td></tr>
<tr><td>130、140</td><td>252</td><td>—</td></tr>
<tr><td rowspan="3">GL14</td><td rowspan="3">16000</td><td rowspan="3">200</td><td rowspan="3">1000</td><td>120、125</td><td>212</td><td rowspan="3">32A</td><td rowspan="3">50.8</td><td rowspan="3">22</td><td rowspan="3">405.22</td><td rowspan="3">30</td><td rowspan="3">28.6</td><td>14</td><td rowspan="3">450</td><td rowspan="3">250</td><td rowspan="3">150.8</td><td rowspan="3">2.06</td></tr>
<tr><td>130、140、150</td><td>252</td><td rowspan="2">—</td></tr>
<tr><td>160</td><td>302</td></tr>
<tr><td rowspan="3">GL15</td><td rowspan="3">25000</td><td rowspan="3">200</td><td rowspan="3">900</td><td>140、150</td><td>252</td><td rowspan="3">40A</td><td rowspan="3">63.5</td><td rowspan="3">20</td><td rowspan="3">466.25</td><td rowspan="3">36</td><td rowspan="3">35.6</td><td>18</td><td rowspan="3">510</td><td rowspan="3">285</td><td rowspan="3">234.4</td><td rowspan="3">4.37</td></tr>
<tr><td>160、170、180</td><td>302</td><td rowspan="2">—</td></tr>
<tr><td>190</td><td>352</td></tr>
</table>

注：1. 有罩壳时，在型号后加“F”，例 GL5 型联轴器，有罩壳时改为 GL5F。

2. 表中联轴器质量、转动惯量是近似值。

滚子链联轴器用双排滚子链，采用 GB/T 1243 规定的链条。半联轴器链轮应符合以下规定：半联轴器链轮的轴向连接段应符合图 6-3-10 和表 6-3-98 的规定；半联轴器链轮齿形参数和公差按 GB/T 1243 规定；轮毂外圆的径向圆跳动（见图 6-3-10）按 GB/T 1184 中的 8 级公差值；半联轴器链轮的齿顶圆直径 d_e 应符合表 6-3-99 的规定。联轴器罩壳的结构和其余尺寸，可根据需要确定。

滚子链联轴器使用时，被连接两轴的相对偏移量不得大于表 6-3-100 规定的许用补偿值。半联轴器材料的强度极限和齿面硬度应符合表 6-3-101 的规定。联轴器的润滑对性能有重大影响，无论有无罩壳，均应涂润滑脂。半联轴器和罩壳不允许有裂纹、夹渣等影响强度的缺陷。

3.3.14 十字轴式万向联轴器

万向联轴器是适用于有较大角向偏移的两轴间连接的联轴器，它在运转过程中可以随时改变两轴间的夹角。根据轴承座的不同，十字轴式万向联轴器分为 SWP 型（剖分式轴承座）和 SWZ 型（整体式轴承座）两种类型。

万向联轴器通常是由两个单万向联轴器（主动轴 1 和从动轴 2）和一个中间轴组成的双万向联轴器。要使主动轴、从动轴角速度相等，即 $\omega_1=\omega_2$，必须满足以下三个条件：

a. 中间轴与主动轴、从动轴间的折角相等，即 $\beta_1=\beta_2$；

b. 中间轴两端的叉头在同一平面内；

c. 中间轴、主动轴和从动轴三轴线在同一平面内。

当不满足上述条件时，联轴器为不等角速度传动。不等角速度传动时，主、从动轴角位移的计算方法以及万向联轴器的选用计算方法见 GB/T 26661—2011 或 GB/T 28700—2012。

表 6-3-99 半联轴器链轮齿顶圆直径

型号	GL1	GL2	GL3	GL4	GL5	GL6	GL7	GL8	GL9	GL10	GL11	GL12	GL13	GL14	GL15
d_e/mm	43	49	58	66	82	102	110	131	163	183	196	228	293	357	406

表 6-3-100 滚子链联轴器许用补偿量 mm

项目	型号														
	GL1	GL2	GL3	GL4	GL5	GL6	GL7	GL8	GL9	GL10	GL11	GL12	GL13	GL14	GL15
径向 Δy	0.19	0.19	0.25	0.25	0.32	0.32	0.38	0.50	0.50	0.63	0.76	0.88	1.00	1.00	1.27
轴向 Δx	1.40	1.40	1.90	1.90	2.30	2.30	2.80	3.80	3.80	4.70	5.70	6.60	7.60	7.60	9.50
角向 $\Delta\alpha$	1°														

注：径向偏移量的测量部位，在半联轴器轮毂外圆宽度的二分之一处。

表 6-3-101 半联轴器材料的强度极限和硬度

抗拉强度 R_m/MPa	齿面硬度	适用工况
≥650	≥241HBS	载荷平稳，速度较低
	≥45HRC	载荷波动较大，速度较高

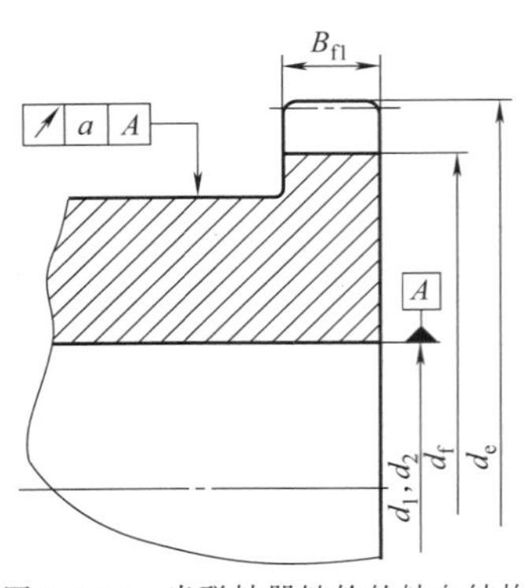

图 6-3-10 半联轴器链轮的轴向结构

(1) SWP 型十字轴式万向联轴器（JB/T 3241—2005）

SWP 型十字轴式万向联轴器的轴承座设计为剖分式轴承座，以便于更换轴承。适用于轧制机械、起重运输机械以及其他重型机械中，连接两个不同轴线的传动轴系。回转直径 160～650mm，传递公称转矩范围为 20～1600kN·m，联轴器的轴线折角范围为 5°～15°。

SWP 型剖分轴承座十字轴式万向联轴器型式分为 9 种，见表 6-3-102。

表 6-3-102 SWP 型十字轴式万向联轴器型式

型式代号	名称	图示	结构型式基本参数和主要尺寸
A	有伸缩长型	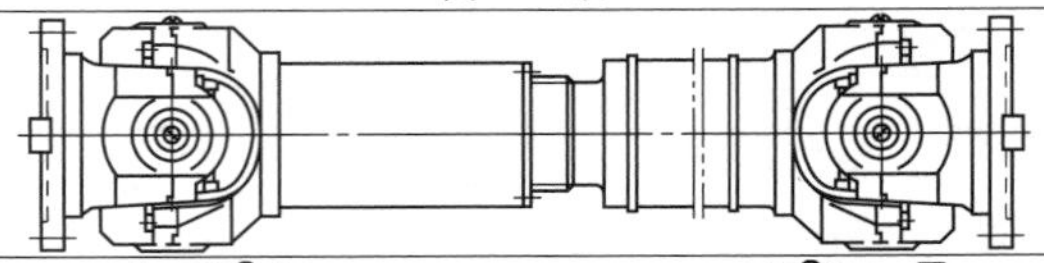	表 6-3-103
B	有伸缩短型	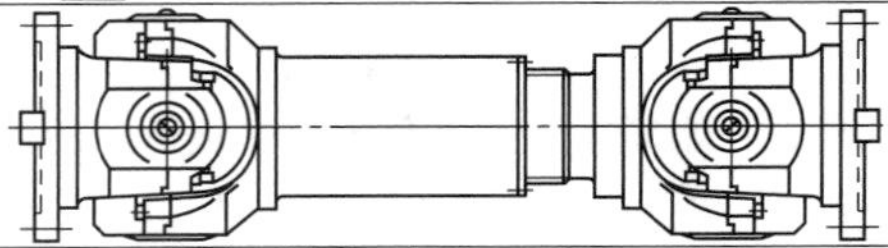	表 6-3-104
C	无伸缩短型	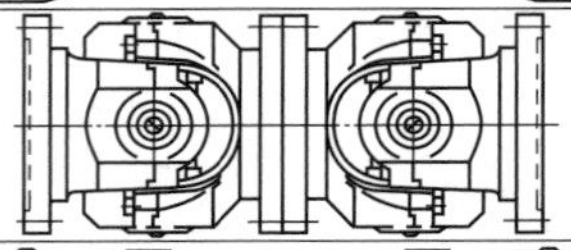	表 6-3-105
D	无伸缩长型	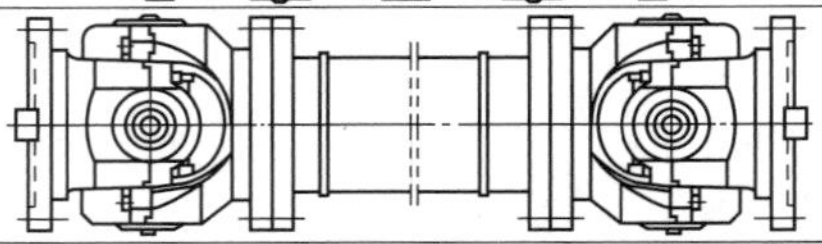	表 6-3-106
E	有伸缩双法兰长型	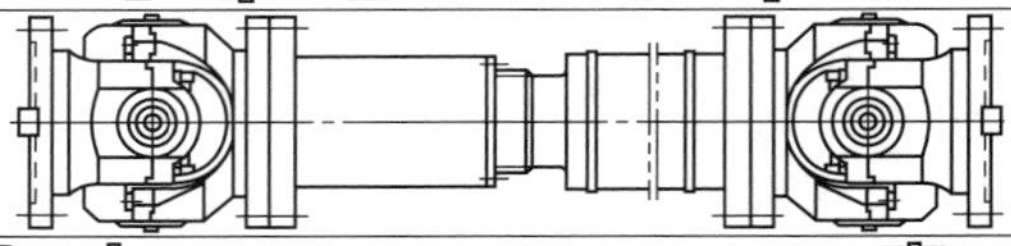	表 6-3-107
F	大伸缩长型	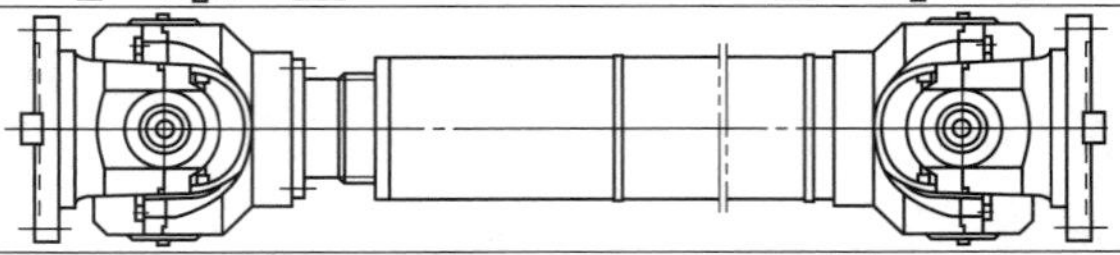	表 6-3-108
G	有伸缩超短型	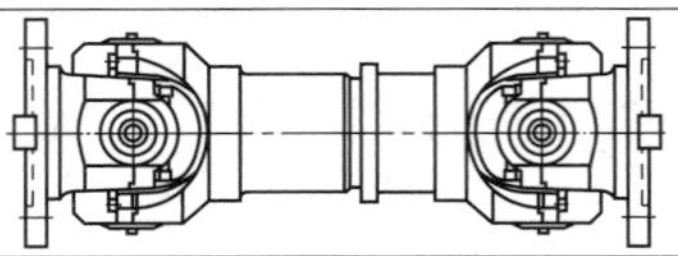	表 6-3-109
ZG	正装贯通型	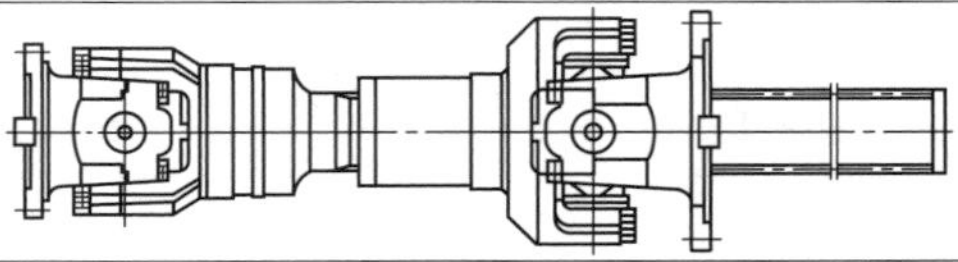	表 6-3-110
FG	反装贯通型	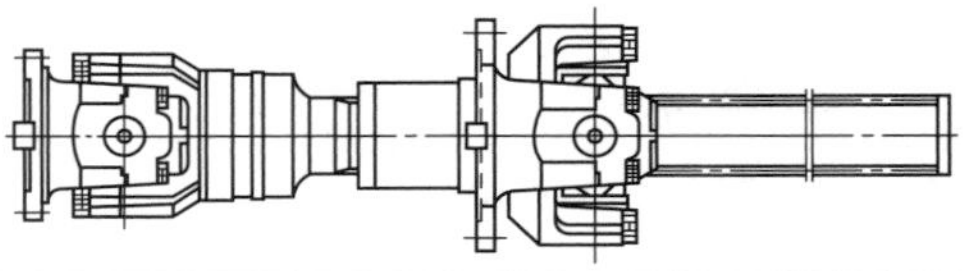	表 6-3-111

表 6-3-103 A型（有伸缩长型）十字轴式万向联轴器的结构型式、基本参数和主要尺寸 mm

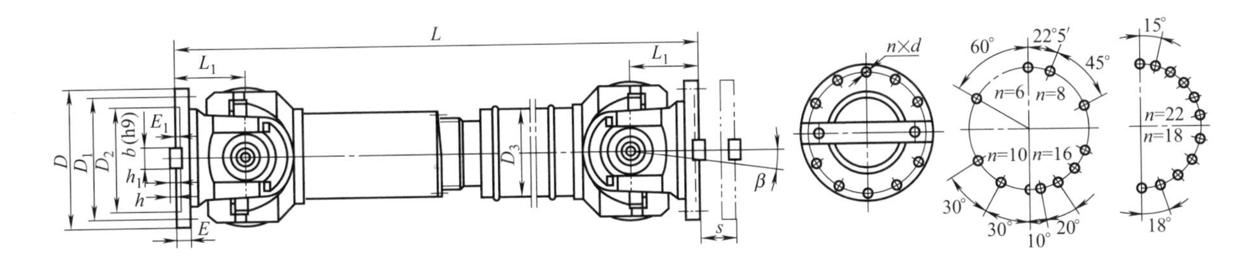

型号	回转直径 D	公称转矩 T_n /kN·m	脉动疲劳转矩 T_p /kN·m	交变疲劳转矩 T_f /kN·m	轴线折角 β/(°)	伸缩量 S	尺寸										转动惯量/kg·m²		质量/kg	
							L_{min}	D_1	D_2 (H7)	D_3	E	E_1	$b\times h$	h_1	L_1	$n\times d$	L_{min}时	增长0.1m的增量	L_{min}时	增长0.1m的增量
SWP160A	160	20	14	10	≤15	50	655	140	95	121	15	4	20×12	6	90	6×ϕ13	0.167	0.008	52	2.5
SWP180A	180	28	20	14	≤15	60	760	155	105	127	15	4	24×14	7	105	6×ϕ15	0.304	0.012	75	3.4
SWP200A	200	40	28	20	≤15	70	825	175	125	140	17	5	28×16	8	120	8×ϕ15	0.490	0.016	98	3.8
SWP225A	225	56	40	28	≤15	80	950	196	135	168	20	5	32×18	9	145	8×ϕ17	0.916	0.039	143	6.2
SWP250A	250	80	56	40	≤15	90	1055	218	150	219	25	5	40×25	12.5	165	8×ϕ19	1.763	0.079	226	7.2
SWP285A	285	112	78	56	≤15	100	1200	245	170	219	27	7	40×30	15	180	8×ϕ21	3.193	0.099	313	9.4
SWP315A	315	160	112	80	≤15	110	1330	280	185	273	32	7	40×30	15	205	10×ϕ23	5.270	0.219	425	12.8
SWP350A	350	224	157	112	≤15	120	1480	310	210	273	35	8	50×32	16	225	10×ϕ23	8.645	0.226	565	13.9
SWP390A	390	315	220	158	≤10	120	1480	345	235	273	40	8	70×36	18	215	10×ϕ25	12.92	0.303	680	21.1
SWP435A	435	450	315	225	≤10	150	1670	385	255	325	42	10	80×40	20	245	16×ϕ28	24.24	0.545	1010	25.7
SWP480A	480	630	440	315	≤10	170	1860	425	275	351	47	12	90×45	22.5	275	16×ϕ31	38.74	0.755	1345	30.7
SWP550A	550	90	630	450	≤10	190	2100	492	320	426	50	12	100×45	22.5	305	16×ϕ31	76.57	1.435	2015	38.1
SWP600A	600	1250	875	625	≤10	210	2520	544	380	480	55	15	90×55	27.5	370	22×ϕ34	134.1	2.493	2980	53.2
SWP650A	650	1600	1120	800	≤10	230	2630	585	390	500	60	15	100×60	30	405	18×ϕ38	192.7	3.210	3650	65.1

注：$L(\geqslant L_{min})$ 为缩短后的最小长度，不包括伸长量 S。安装长度（L 加分配 S 的缩短量值）按需要确定。

表 6-3-104 B型（有伸缩短型）十字轴式万向联轴器的结构型式、基本参数和主要尺寸

mm

型号	回转直径 D	公称转矩 T_n /kN·m	脉动疲劳转矩 T_p /kN·m	交变疲劳转矩 T_f /kN·m	轴线折角 β/(°)	伸缩量 S	尺寸									转动惯量/kg·m²		质量/kg	
							L_{min}	D_1	D_2 (H7)	E	E_1	b×h	h_1	L_1	n×d	L_{min}时	增长0.1m的增量	L_{min}时	增长0.1m的增量
SWP160B	160	20	14	10	≤15	50	575	140	95	15	4	20×12	6	90	6×ϕ13	0.148	0.004	46	3.92
SWP180B	180	28	20	14		60	650	155	105	15	4	24×14	7	105	6×ϕ15	0.268	0.006	66	4.75
SWP200B	200	40	28	20		70	735	175	125	17	5	28×16	8	120	8×ϕ15	0.430	0.009	86	6.46
SWP225B	225	56	40	28		76	850	196	135	20	5	32×18	9	145	8×ϕ17	0.826	0.013	129	8.05
SWP250B	250	80	56	40		80	920	218	150	25	5	40×25	12.5	165	8×ϕ19	1.553	0.026	199	12.54
SWP285B	285	112	78	56		100	1070	245	170	27	7	40×30	15	180	8×ϕ21	2.856	0.043	280	15.18
SWP315B	315	160	112	80		110	1200	280	185	32	7	40×30	15	205	10×ϕ23	4.774	0.078	385	19.25
SWP350B	350	224	157	112		120	1330	310	210	35	8	50×32	16	225	10×ϕ23	7.788	0.097	509	22.75
SWP390B	390	315	220	158	≤10	120	1290	345	235	40	8	70×36	18	215	10×ϕ25	11.628	0.122	612	25.62
SWP435B	435	450	3158	225		150	1520	385	255	42	10	80×40	20	245	16×ϕ28	22.032	0.176	918	29.12
SWP480B	480	630	440	315		170	1690	425	275	47	12	90×45	22.5	275	16×ϕ31	35.482	0.238	1232	35.86
SWP550B	550	900	630	450		190	1850	492	320	50	12	100×45	22.5	300	16×ϕ31	67.868	0.341	1786	40.33
SWP600B	600	1250	875	625		210	2480	544	380	55	15	90×55	27.5	370	22×ϕ34	137.115	0.467	3047	47.65
SWP650B	640	1600	1120	800		230	2580	585	390	60	15	100×60	30	405	18×ϕ38	194.991	0.623	3693	54.48

注：L（≥L_{min}）为缩短后的最小长度，不包括伸长量 S。安装长度（L 加分配 S 的缩短量值）按需要确定。

表 6-3-105 C型（无伸缩短型）十字轴式万向联轴器的结构型式、基本参数和主要尺寸 mm

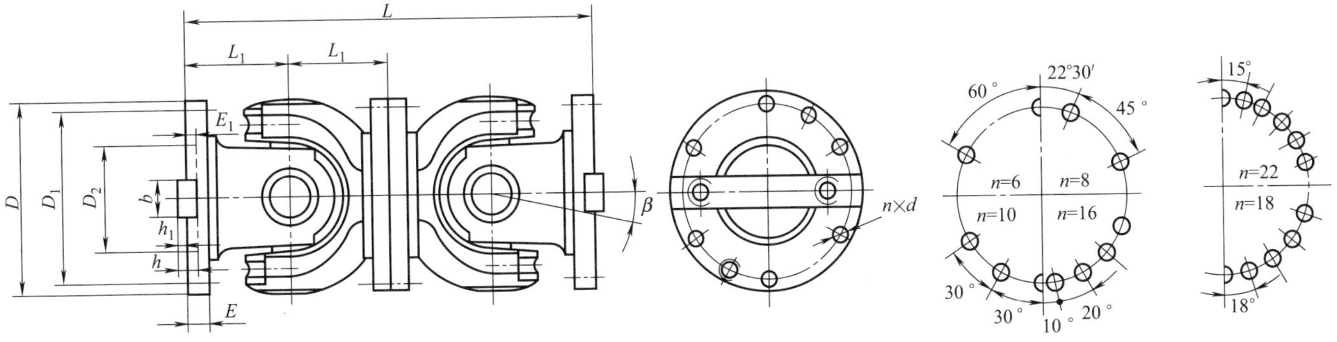

型号	回转直径 D	公称转矩 T_n /kN·m	脉动疲劳转矩 T_p /kN·m	交变疲劳转矩 T_f /kN·m	轴线折角 β /(°)	尺寸									转动惯量 /kg·m²	质量 /kg
						L	D_1	D_2 (H7)	E	E_1	$b\times h$	h_1	L_1	$n\times d$		
SWP160C	160	20	14	10	≤15	360	140	95	15	4	20×12	6	90	6×ϕ13	0.103	32
SWP180C	180	28	20	14		420	155	105	15	4	24×14	7	105	6×ϕ15	0.195	48
SWP200C	200	40	28	20		480	175	125	17	5	28×16	8	120	8×ϕ15	0.325	65
SWP225C	225	56	40	28		580	196	135	20	5	32×18	9	145	8×ϕ17	0.628	98
SWP250C	250	80	56	40		660	218	150	25	5	40×25	12.5	165	8×ϕ19	1.163	149
SWP285C	285	112	78	56		720	245	170	27	7	40×30	15	180	8×ϕ21	2.163	212
SWP315C	315	160	112	80		820	280	185	32	7	40×30	15	205	10×ϕ23	3.671	296
SWP350C	350	224	157	112		900	310	210	35	8	50×32	16	225	10×ϕ23	6.197	405
SWP390C	390	315	220	158	≤10	860	345	235	40	8	70×36	18	215	10×ϕ25	9.728	512
SWP435C	435	450	315	225		980	385	255	42	10	80×40	20	245	16×ϕ28	17.112	713
SWP480C	480	630	440	315		1100	425	275	47	12	90×45	22.5	275	16×ϕ31	27.072	940
SWP550C	550	900	630	450		1220	492	320	50	12	100×45	22.5	305	16×ϕ31	56.050	1475
SWP600C	600	1250	875	625		1480	544	380	55	15	90×55	27.5	370	22×ϕ34	95.760	2128
SWP650C	650	1600	1120	800		1620	575	385	60	15	100×60	30	405	18×ϕ38	144.408	2735

表 6-3-106　D型（无伸缩长型）十字轴式万向联轴器的结构型式、基本参数和主要尺寸　mm

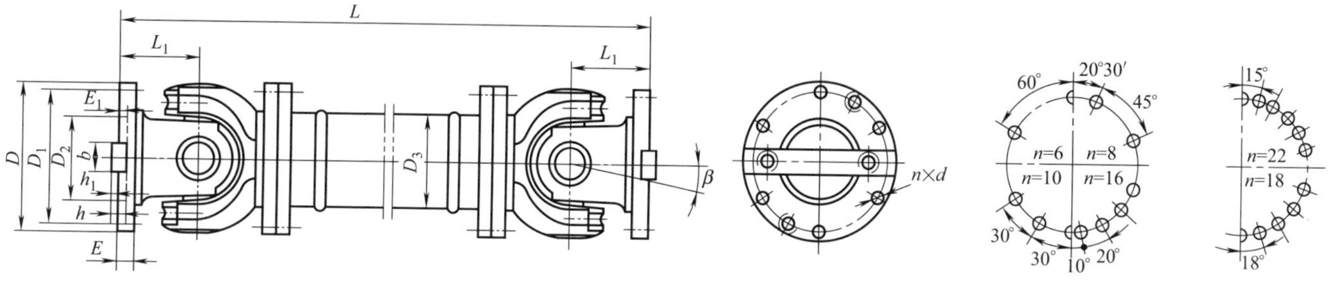

型号	回转直径 D	公称转矩 T_n /kN·m	脉动疲劳转矩 T_p /kN·m	交变疲劳转矩 T_f /kN·m	轴线折角 β/(°)	尺寸										转动惯量/kg·m²		质量/kg	
						L_{min}	D_1	D_2(H7)	D_3	E	E_1	$b\times h$	h_1	L_1	$n\times d$	L_{min}时	增长0.1m的增量	L_{min}时	增长0.1m的增量
SWP160D	160	20	14	10	≤15	450	140	95	121	15	4	20×12	6	90	6×ϕ13	0.116	0.008	36	2.5
SWP180D	180	28	20	14		515	155	105	127	15	4	24×14	7	105	6×ϕ15	0.211	0.012	52	3.4
SWP200D	200	40	28	20		585	175	125	140	17	5	28×16	8	120	8×ϕ15	0.345	0.016	69	3.8
SWP225D	225	56	40	28		700	196	135	168	20	5	32×18	9	145	8×ϕ17	0.692	0.039	108	6.2
SWP250D	250	80	56	40		810	218	150	219	25	5	40×25	12.5	165	8×ϕ19	1.373	0.079	176	7.2
SWP285D	285	112	78	56		880	245	170	219	27	7	40×30	15	180	8×ϕ21	2.367	0.099	232	9.4
SWP315D	315	160	112	80		1000	280	185	273	32	7	40×30	15	205	10×ϕ23	3.993	0.219	322	12.8
SWP350D	350	224	157	112		1100	310	210	273	35	8	50×32	16	225	10×ϕ23	6.426	0.226	420	13.9
SWP390D	390	315	220	158	≤10	1100	345	235	273	40	8	70×36	18	215	10×ϕ25	9.690	0.303	510	21.1
SWP435D	435	450	315	225		1220	385	255	325	42	10	80×40	20	245	16×ϕ28	17.712	0.545	738	25.7
SWP480D	480	630	440	315		1400	425	275	351	47	12	90×45	22.5	275	16×ϕ31	29.088	0.755	1010	30.7
SWP550D	550	900	630	450		1520	492	320	426	50	12	100×45	22.5	305	16×ϕ31	55.252	1.435	1454	38.1
SWP600D	600	1250	875	625		1880	544	380	480	55	15	90×55	27.5	370	22×ϕ34	100.575	2.493	2235	53.2
SWP650D	650	1600	1120	800		2040	585	390	500	60	15	100×60	30	405	18×ϕ38	152.064	3.210	2880	65.1

注：$L(\geqslant L_{min})$ 按需要确定。

表 6-3-107 E型（有伸缩双法兰长型）十字轴式万向联轴器的结构型式、基本参数和主要尺寸 mm

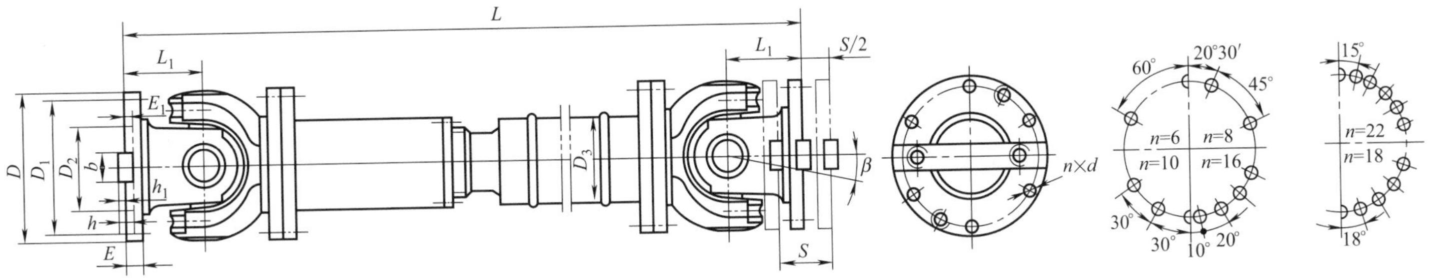

型号	回转直径 D	公称转矩 T_n /kN·m	脉动疲劳转矩 T_p /kN·m	交变疲劳转矩 T_f /kN·m	轴线折角 β/(°)	伸缩量 S	尺寸										转动惯量/kg·m²		质量/kg	
							L_{min}	D_1	D_2 (H7)	D_3	E	E_1	$b \times h$	h_1	L_1	$n \times d$	L_{min}时	增长0.1m的增量	L_{min}时	增长0.1m的增量
SWP160E	160	20	14	10	≤15	50	710	140	95	121	15	4	20×12	6	90	6×ϕ13	0.192	0.008	60	2.5
SWP180E	180	28	20	14		60	810	155	105	127	15	4	24×14	7	105	6×ϕ15	0.245	0.012	85	3.4
SWP200E	200	40	28	20		70	885	175	125	140	17	5	28×16	8	120	8×ϕ15	0.540	0.016	108	3.8
SWP225E	225	56	40	28		76	1020	196	135	168	20	5	32×18	9	145	8×ϕ17	1.024	0.039	160	6.2
SWP250E	250	80	56	40		80	1135	218	150	219	25	5	40×25	12.5	165	8×ϕ19	1.997	0.079	256	7.2
SWP285E	285	112	78	56		100	1280	245	170	219	27	7	40×30	15	180	8×ϕ21	3.560	0.099	349	9.4
SWP315E	315	160	112	80		110	1430	280	185	273	32	7	40×30	15	205	10×ϕ23	5.952	0.219	480	12.8
SWP350E	350	224	157	112		120	1580	310	210	273	35	8	50×32	16	225	10×ϕ23	9.639	0.226	630	13.9
SWP390E	390	315	220	158	≤10	120	1600	345	235	273	40	8	70×36	18	215	10×ϕ25	14.687	0.303	773	21.1
SWP435E	435	450	315	225		150	1825	385	255	325	42	10	80×40	20	245	16×ϕ28	27.576	0.545	1149	25.7
SWP480E	480	630	440	315		170	2080	425	275	351	47	12	90×45	22.5	275	16×ϕ31	45.274	0.755	1572	30.7
SWP550E	550	900	630	450		190	2300	492	320	426	50	12	100×45	22.5	305	16×ϕ31	87.172	1.435	3394	38.1
SWP600E	600	1250	875	625		210	2865	544	380	480	55	15	90×55	27.5	370	22×ϕ34	160.155	2.493	3559	53.2
SWP650E	650	1600	1120	800		230	3140	585	390	500	60	15	100×60	30	405	18×ϕ38	241.930	3.210	4582	65.1

注：L（$\geqslant L_{min}$）为缩短后的最小长度，不包括伸长量 S。安装长度（L 加分配 S 的缩短量值）按需要确定。

表 6-3-108　　F型（大伸缩长型）十字轴式联轴器的结构型式、基本参数和主要尺寸　　mm

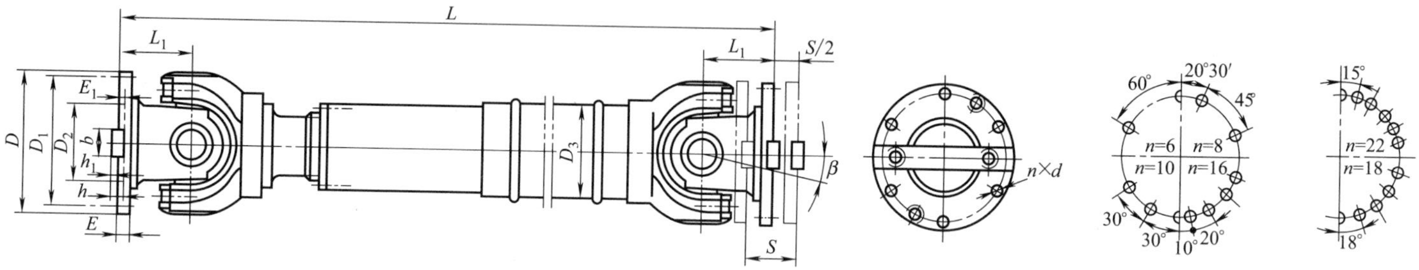

型号	回转直径 D	公称转矩 T_n /kN·m	脉动疲劳转矩 T_p /kN·m	交变疲劳转矩 T_f /kN·m	轴线折角 β/(°)	伸缩量 S	尺寸										转动惯量/kg·m²		质量/kg	
							L_{min}	D_1	D_2 (H7)	D_3	E	E_1	$b \times h$	h_1	L_1	$n \times d$	L_{min}时	增长 0.1m 的增量	L_{min}时	增长 0.1m 的增量
SWP160F	160	20	14	10	≤15	150	715	140	95	121	15	4	20×12	6	90	6×ϕ13	0.179	0.008	56	kg2.5
SWP180F	180	28	20	14		170	785	155	105	127	15	4	24×12	7	105	6×ϕ15	0.312	0.012	77	3.4
SWP200F	200	40	28	20		190	955	175	125	140	17	5	28×16	8	120	8×ϕ15	0.520	0.016	104	3.8
SWP225F	225	56	40	28		210	1025	196	135	168	20	5	32×18	9	145	8×ϕ17	0.979	0.039	153	6.2
SWP250F	250	80	56	40		220	1120	218	150	219	25	5	40×25	12.5	165	8×ϕ19	1.872	0.079	240	7.2
SWP285F	285	112	78	56		240	1270	245	170	219	27	7	40×30	15	180	8×ϕ21	3.366	0.099	330	9.4
SWP315F	315	160	112	80		270	1415	280	185	273	32	7	40×30	15	205	10×ϕ23	5.555	0.219	448	12.8
SWP350F	350	224	157	112		290	1555	310	210	273	35	8	50×32	16	225	10×ϕ23	9.027	0.226	590	13.9
SWP390F	390	315	220	158	≤10	315	1522.5	345	235	273	40	8	70×36	18	215	10×ϕ25	13.623	0.303	717	21.1
SWP435F	435	450	315	225		335	1712.5	385	255	325	42	10	80×40	20	245	16×ϕ28	25.200	0.545	1050	25.7
SWP480F	480	630	440	315		350	1905	425	275	351	47	12	90×45	22.5	275	16×ϕ31	40.320	0.755	1400	30.7
SWP550F	550	900	630	450		360	2050	492	320	426	50	12	100×45	22.5	305	16×ϕ31	76.152	1.435	2004	38.1
SWP600F	600	1250	875	625		370	2655	544	380	480	55	15	90×55	27.5	370	22×ϕ34	141.300	2.493	3140	53.2
SWP650F	650	1600	1120	800		380	2750	585	390	500	60	15	100×60	30	405	18×ϕ38	205.498	3.210	3892	65.1

注：$L(\geqslant L_{min})$ 为缩短后的最小长度，不包括伸长量 S。安装长度（L 加分配 S 的缩短量值）按需要确定。

表 6-3-109　　G型（有伸缩超短型）十字轴式联轴器的结构型式、基本参数和主要尺寸　　mm

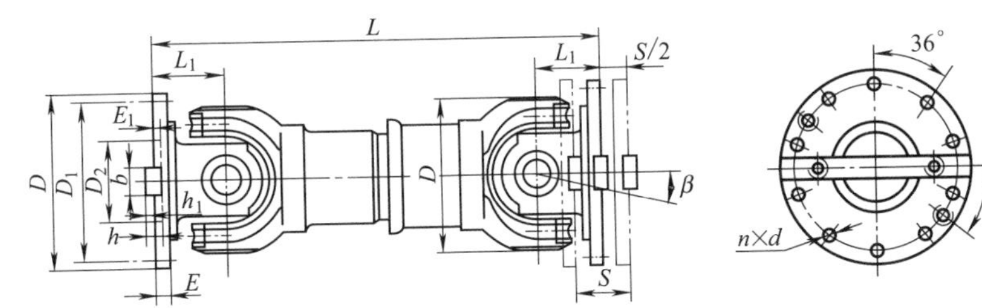

型号	回转直径 D	公称转矩 T_n /kN·m	脉动疲劳转矩 T_p /kN·m	交变疲劳转矩 T_f /kN·m	轴线折角 β/(°)	伸缩量 S	尺寸										转动惯量 /kg·m²	质量/kg
							L	D	D_1	D_2 (H7)	E	E_1	$b \times h$	h_1	L_1	$n \times d$		
SWP225G	225	56	40	28	≤5	40	470	275	248	135	15	5	32×18	9	80	10×ϕ15	0.512	78
SWP250G	250	80	56	40		40	600	305	275	150	15	5	40×18	9	100	10×ϕ17	1.128	142
SWP285G	285	112	78	56		40	665	348	314	170	18	7	40×24	12	120	10×ϕ19	1.956	190
SWP315G	315	160	112	80		40	740	360	328	185	18	7	40×24	12	135	10×ϕ19	3.264	260
SWP350G	350	224	157	112		55	850	405	370	210	22	8	50×32	16	150	10×ϕ21	5.461	355

注：安装长度（L 加分配 S 的缩短量值）按需要确定。

表 6-3-110　　ZG型（正装贯通型）十字轴式万向联轴器的结构型式、基本参数和主要尺寸　　mm

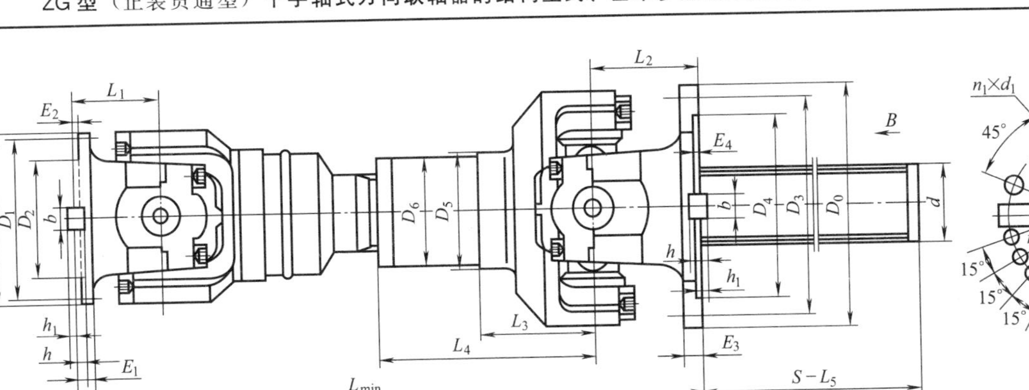

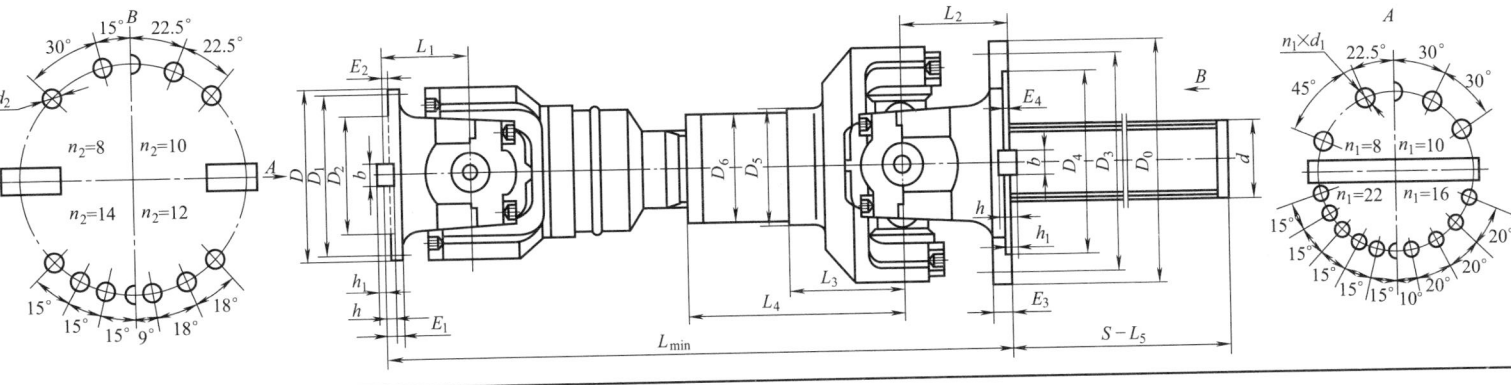

续表

型号	回转直径 D/D_0	公称转矩 T_n /kN·m	脉动疲劳转矩 T_p /kN·m	交变疲劳转矩 T_f /kN·m	轴线折角 β /(°)	伸缩量 S	尺寸										
							L_{min}	D	D_0	D_1 (JS11)	D_2 (H7)	D_3 (JS11)	D_4 (H7)	D_5	D_6	d	E_1
SWP200ZG	200/285	40	22	16	≤10	600	820	200	285	175	90	260	195	135	120	90	17
SWP225ZG	225/315	56	32	23		650	925	225	315	196	105	285	220	155	130	100	20
SWP250ZG	250/350	80	50	36		700	1020	250	350	218	115	315	240	170	155	115	25
SWP285ZG	285/390	112	78	55		750	1140	285	390	245	135	355	270	190	175	132	27
SWP315ZG	315/435	160	112	80		750	1300	315	435	280	150	390	300	215	205	150	32
SWP350ZG	350/480	224	150	105		800	1445	350	480	310	165	435	335	240	230	165	35
SWP395ZG	390/550	315	210	150		800	1605	390	550	345	185	500	385	275	250	185	40
SWP435ZG	435/600	400	295	210		900	1760	435	600	385	200	550	420	300	280	210	42
SWP480ZG	480/640	560	365	260		900	1955	480	640	425	225	580	450	325	310	230	47
SWP550ZG	550/710	800	560	400		1000	2165	550	710	492	260	650	510	370	350	260	50
SWP600ZG	600/810	1120	730	520		1200	2300	600	810	555	350	745	550	460	430	300	55

型号	回转直径 D/D_0	尺寸												转动惯量/kg·m²		质量/kg	
		E_2	E_3	E_4	$b\times h$	h_1	$n_1\times d_1$	$n_2\times d_2$	L_1	L_2	L_3	L_4	L_5	L_{min}时	增长0.1m的增量	L_{min}时	增长0.1m的增量
SWP200ZG	200/285	5	25	7	28×16	8	8×ϕ15	8×ϕ15	110	130	125	360	170	0.821	0.005	182	4.9
SWP225ZG	225/315	5	30	7	32×18	9	8×ϕ17	8×ϕ17	120	145	140	395	190	1.260	0.008	252	6.0
SWP250ZG	250/350	5	35	7	40×25	12.5	8×ϕ19	8×ϕ19	135	165	160	435	215	2.215	0.013	335	7.9
SWP285ZG	285/390	7	40	8	40×30	15	8×ϕ21	8×ϕ21	150	185	180	480	240	3.316	0.021	450	10.1
SWP315ZG	315/435	7	42	8	40×30	15	10×ϕ23	10×ϕ23	170	205	195	565	270	6.115	0.038	624	13.5
SWP350ZG	350/480	8	47	10	50×32	16	10×ϕ23	10×ϕ23	185	230	220	630	300	12.17	0.056	894	16.4
SWP395ZG	390/550	8	50	10	70×36	18	10×ϕ25	10×ϕ25	205	260	250	695	335	20.76	0.088	1213	20.5
SWP435ZG	435/600	10	55	12	80×40	20	16×ϕ28	12×ϕ28	235	290	275	735	375	35.93	0.146	1710	26.4
SWP480ZG	480/640	12	60	15	90×45	22.5	16×ϕ31	12×ϕ31	265	310	295	810	410	59.10	0.209	2335	31.6
SWP550ZG	550/710	12	65	15	100×45	22.5	16×ϕ31	12×ϕ31	290	345	330	880	455	104.3	0.340	3246	40.2
SWP600ZG	600/810	15	75	15	90×55	27.5	22×ϕ34	14×ϕ37	330	390	400	950	510	172.8	0.624	3840	55.5

注：1. 长度 L_{min}为允许的最小尺寸。其实际尺寸可按需要确定，但必须≥L_{min}。

2. 缩短量 S 根据实际需要可增加或减少。

3. 联轴器总长为 $L+(S-L_5)$。

表 6-3-111 FG型（反装贯通型）十字轴式万向联轴器的结构型式、基本参数和主要尺寸 mm

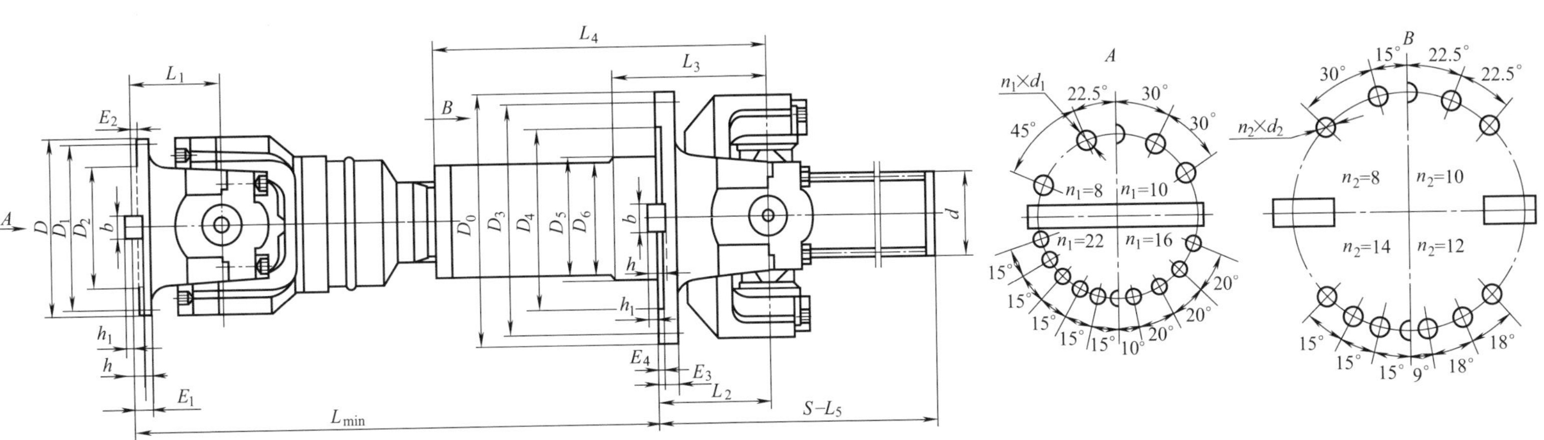

型号	回转直径 D/D_0	公称转矩 T_n /kN·m	脉动疲劳转矩 T_p /kN·m	交变疲劳转矩 T_f /kN·m	轴线折角 β /(°)	伸缩量 S	尺寸 L_{min}	D	D_0	D_1 (JS11)	D_2 (H7)	D_3 (JS11)	D_4 (H7)	D_5	D_6	d	E_1
SWP200FG	200/285	40	22	16	≤10	600	630	200	285	175	90	260	195	135	120	90	17
SWP225FG	225/315	56	32	23		650	740	225	315	196	105	285	220	155	130	100	20
SWP250FG	250/350	80	50	36		700	820	250	350	218	115	315	240	170	155	115	25
SWP285FG	285/390	112	78	55		750	925	285	390	245	135	355	270	190	175	132	27
SWP315FG	315/435	160	112	80		750	1050	315	435	280	150	390	300	215	205	150	32
SWP350FG	350/480	224	150	105		800	1140	350	480	310	165	435	335	240	230	165	35
SWP395FG	390/550	315	210	150		800	1250	390	550	345	185	500	385	275	250	185	40
SWP435FG	435/600	400	295	210		900	1385	435	600	385	200	550	420	300	280	210	42
SWP480FG	480/640	560	365	260		900	1535	480	640	425	225	580	450	325	310	230	47
SWP550FG	550/710	800	560	400		1000	1690	550	710	492	260	650	510	370	350	260	50
SWP600FG	600/810	1120	730	520		1200	1760	600	810	555	350	745	550	460	430	300	55

第6篇

续表

型号	回转直径 D/D_0	尺寸												转动惯量/kg·m²		质量/kg	
		E_2	E_3	E_4	$b \times h$	h_1	$n_1 \times d_1$	$n_2 \times d_2$	L_1	L_2	L_3	L_4	L_5	L_{min}时	增长0.1m的增量	L_{min}时	增长0.1m的增量
SWP200FG	200/285	5	25	7	28×16	8	8×ϕ15	8×ϕ15	110	130	125	360	90	0.811	0.005	173	4.9
SWP225FG	225/315	5	30	7	32×18	9	8×ϕ17	8×ϕ17	120	145	140	395	100	1.246	0.008	241	6.0
SWP250FG	250/350	5	35	7	40×25	12.5	8×ϕ19	8×ϕ19	135	165	160	435	115	2.189	0.013	319	7.9
SWP285FG	285/390	7	40	8	40×30	15	8×ϕ21	8×ϕ21	150	185	180	480	130	3.271	0.021	428	10.1
SWP315FG	315/435	7	42	8	40×30	15	10×ϕ23	10×ϕ23	170	205	195	565	140	6.020	0.038	590	13.5
SWP350FG	350/480	8	47	10	50×32	16	10×ϕ23	10×ϕ23	185	230	220	630	160	11.95	0.056	844	16.4
SWP395FG	390/550	8	50	10	70×36	18	10×ϕ25	10×ϕ25	205	260	250	695	185	20.43	0.088	1140	20.5
SWP435FG	435/600	10	55	12	80×40	20	16×ϕ28	12×ϕ28	235	290	275	735	205	35.38	0.146	1611	26.4
SWP480FG	480/640	12	60	15	90×45	22.5	16×ϕ31	12×ϕ31	265	310	295	810	210	58.22	0.209	2202	31.6
SWP550FG	550/710	12	65	15	100×45	22.5	16×ϕ31	12×ϕ31	290	345	330	880	235	102.68	0.340	3055	40.2
SWP600FG	600/810	15	75	15	90×55	27.5	22×ϕ34	14×ϕ37	330	390	400	950	265	169.43	0.624	3540	55.5

注：1. 长度 L_{min} 为允许的最小尺寸。其实际尺寸可按需要确定，但必须 $\geqslant L_{min}$。

2. 缩短量 S 根据实际需要可增加或减少。

3. 联轴器总长为 $L+(S-L_5)$。

SWP 型剖分轴承座十字轴式万向联轴器是通过高强度螺栓及螺母把两端的法兰连接在其他机械构件上。万向联轴器的法兰与相配件的连接尺寸及螺栓预紧力矩见表 6-3-112。

螺栓只能从与联轴器相配的法兰侧装入，螺母由万向联轴器的法兰侧拧紧。螺栓的力学性能应符合 GB/T 3098.1 中 10.9 级，螺母的力学性能应符合 GB/T 3098.4 中 10 级的规定。其螺纹公差应符合 GB/T 197 中 6H/6g 的规定。

SWP 型剖分轴承座十字轴式万向联轴器轴承内部和花键处应涂 2 号工业锂基润滑脂。待装好后，再从注油嘴打入相同油脂，直至充满为止。

工作转速低于 500r/min 的万向联轴器一般不进行动平衡试验。工作转速高于 500r/min（包括 500r/min）的万向联轴器一般应进行动平衡试验。平衡品质等级应符合 GB/T 9239 中 G16 的规定。

大规格的 SWP 型剖分轴承座十字轴式万向联轴器型式、基本参数与尺寸见 GB/T 26661—2011。

（2）SWZ 型整体轴承座十字轴式万向联轴器（GB/T 28700—2012）

SWZ 型十字轴式万向联轴器的轴承座是整体式轴承座，结构较 SWP 型十字轴式万向联轴器紧凑。适用于轧钢机械、起重运输机械及其他重型机械，连接两个不同轴线的传动轴系。回转直径为 160～550mm，传递公称转矩范围为 20～830kN·m，轴线折角 $\beta \leqslant 10°$。

表 6-3-112　SWP 型十字轴式万向联轴器连接尺寸　mm

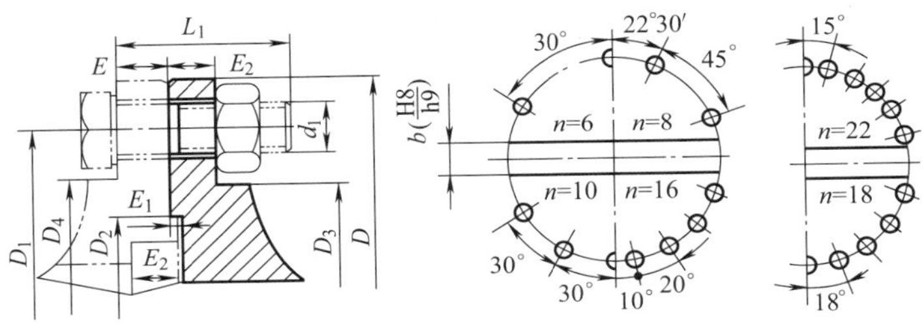

法兰直径 D	螺栓数 n	螺栓规格 $d_1 \times L_1$	预紧力矩 M_a/N·m	D_1	D_2(f8)	D_3	D_4	E	E_1	E_2	b(H8)
160	6	M12×1.5×50	120	140	95	118	121	15	3.5	12	20
180	6	M14×1.5×50	190	155	105	128	133	15	3.5	13	24
200	8	M14×1.5×55	190	175	125	146	153	17	4.5	15	28
225	8	M16×1.5×65	295	196	135	162	171	20	4.5	16	32
250	8	M18×1.5×75	405	218	150	180	190	25	4.5	20	40
285	8	M20×1.5×85	580	245	170	205	214	27	6.0	23	40
315	10	M22×1.5×95	780	280	185	235	245	32	6.0	23	40
350	10	M22×1.5×100	780	310	210	260	280	35	7.0	25	50
390	10	M24×2×110	1000	345	235	290	308	40	7.0	28	70
435	16	M27×2×120	1500	385	255	325	342	42	9.0	32	80
480	16	M30×2×130	2000	425	275	370	377	47	11	36	90
550	16	M30×2×140	2000	492	320	435	444	50	11	36	100
600	22	M33×2×150	2650	544	380	480	492	55	13	43	100
650	18	M36×3×165	3170	585	390	515	528	60	13	45	100
700	22	M36×3×165	3170	635	420	565	578	60	13	45	100

SWZ型整体轴承座十字轴式万向联轴器型式分为7种，见表6-3-113。

表6-3-113 SWZ型十字轴式万向联轴器型式

序号	型式代号	名称	图示	结构型式基本参数和主要尺寸
1	BH	标准伸缩焊接型	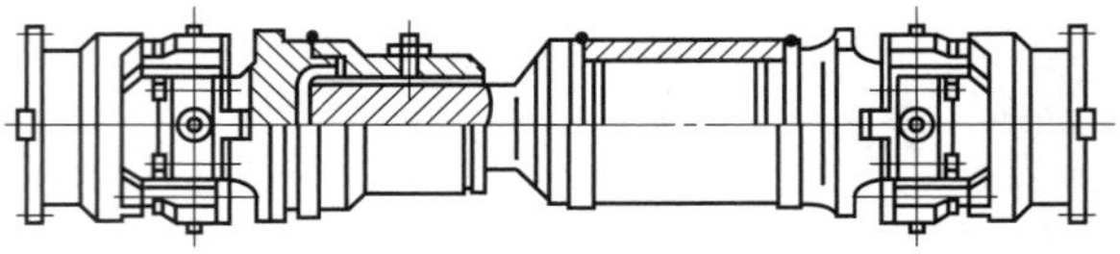	表6-3-114
2	WH	无伸缩焊接型	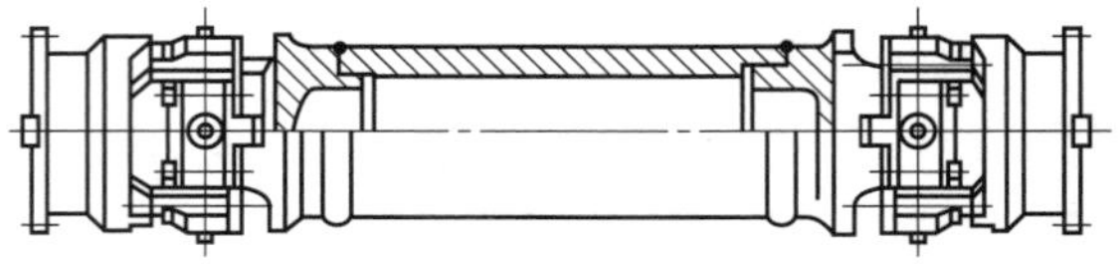	表6-3-115
3	CH	长伸缩焊接型	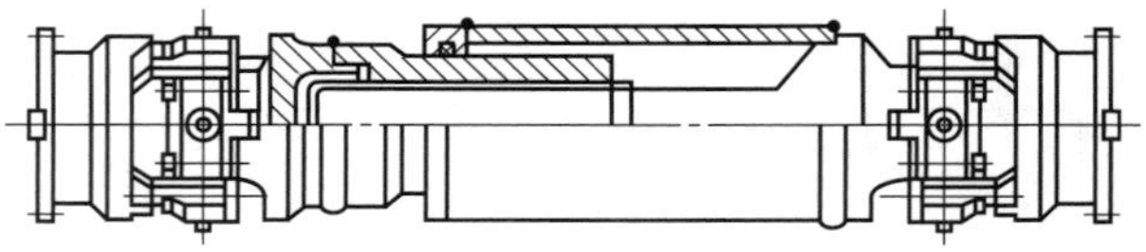	表6-3-116
4	WD	无伸缩短型	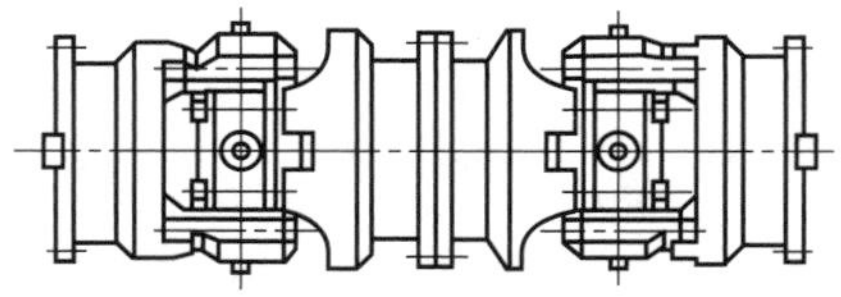	表6-3-117
5	BF	标准伸缩法兰型	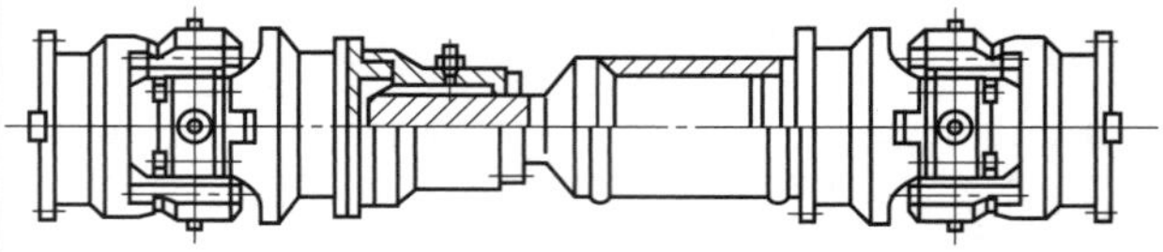	表6-3-118
6	WF	无伸缩法兰型	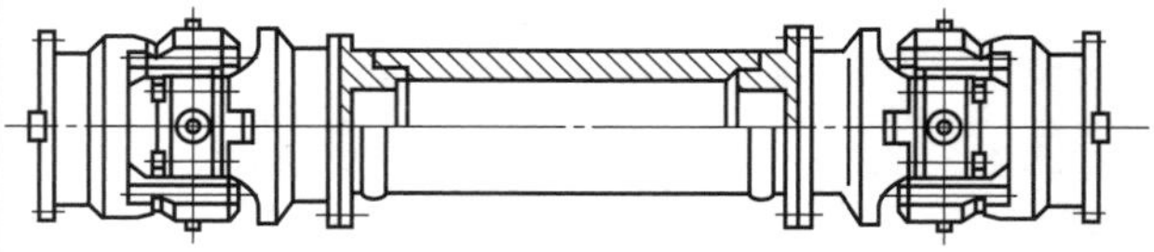	表6-3-119
7	CF	长伸缩法兰型	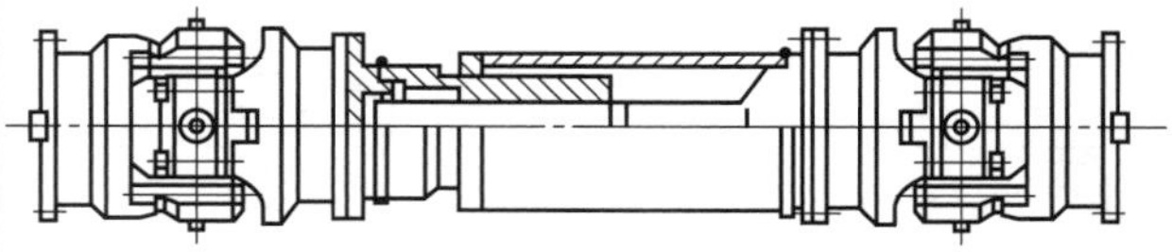	表6-3-120

表 6-3-114 BH型（标准伸缩焊接型）十字轴式万向联轴器基本参数和主要尺寸 mm

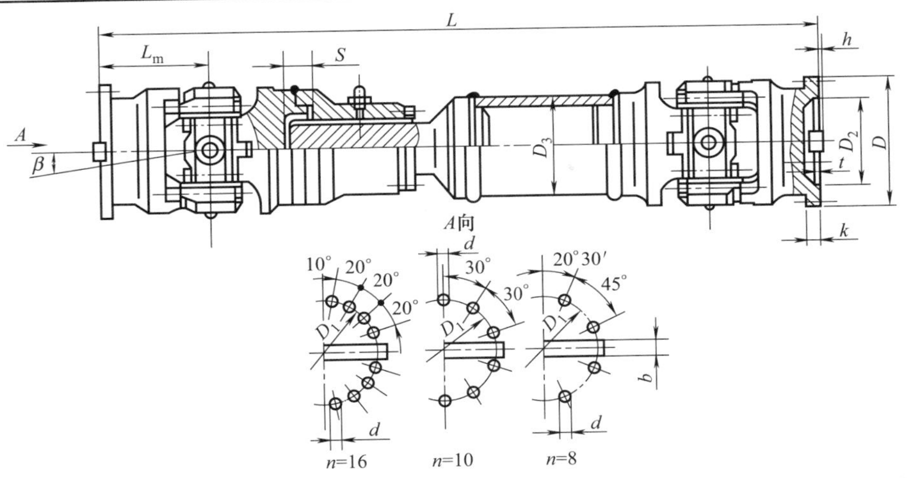

型号	回转直径 D	公称转矩 T_n /kN·m	疲劳转矩 T_f /kN·m	轴线折角 β /(°)	伸缩量 S	尺寸 L_{min}	L_m	D_1	D_2 (H7)	D_3	k	t	b (h9)	h	$n\times d$	转动惯量 /kg·m² L_{min}时	转动惯量 增长0.1m的增量	质量 /kg L_{min}时	质量 增长0.1m的增量
SWZ160BH	160	20	9	≤10	75	850	120	138	95	114	15	5	20	6	8×13	0.207	0.008	80	3.02
SWZ190BH	190	34	16		80	935	135	165	115	133	17	5	25	7	8×15	0.458	0.015	126	4.11
SWZ220BH	220	53	22		100	1085	155	190	130	159	20	6	32	9	8×17	0.973	0.031	198	5.96
SWZ260BH	260	86	40		115	1220	180	228	155	194	25	6	40	12.5	8×19	2.249	0.061	323	7.82
SWZ300BH	300	135	63		120	1455	215	260	180	219	30	7	40	15	10×23	4.473	0.093	477	9.37
SWZ350BH	350	215	100		130	1585	235	310	210	273	35	8	50	16	10×23	9.958	0.216	767	13.62
SWZ400BH	400	315	140		145	1785	270	358	240	299	40	8	70	18	10×25	18.749	0.347	1125	18.72
SWZ425BH	425	380	180		145	1865	295	376	255	325	42	10	80	20	16×28	25.797	0.432	1351	19.18
SWZ450BH	450	450	224		185	1990	300	400	270	351	44	10	80	20	16×28	34.681	0.586	1627	22.31
SWZ500BH	500	625	315		200	2200	340	445	300	377	47	12	90	22.5	16×31	58.038	0.854	2227	28.76
SWZ550BH	550	830	400		210	2345	355	492	320	426	50	12	100	22.5	16×31	90.588	1.272	2835	32.87

注：1. T_f 为在交变负荷下按疲劳强度所允许的转矩。

2. L_{min} 为缩短后的最小长度。

3. L 为安装长度，按需要确定。

表 6-3-115 WH型（无伸缩焊接型）万向联轴器基本参数和主要尺寸 mm

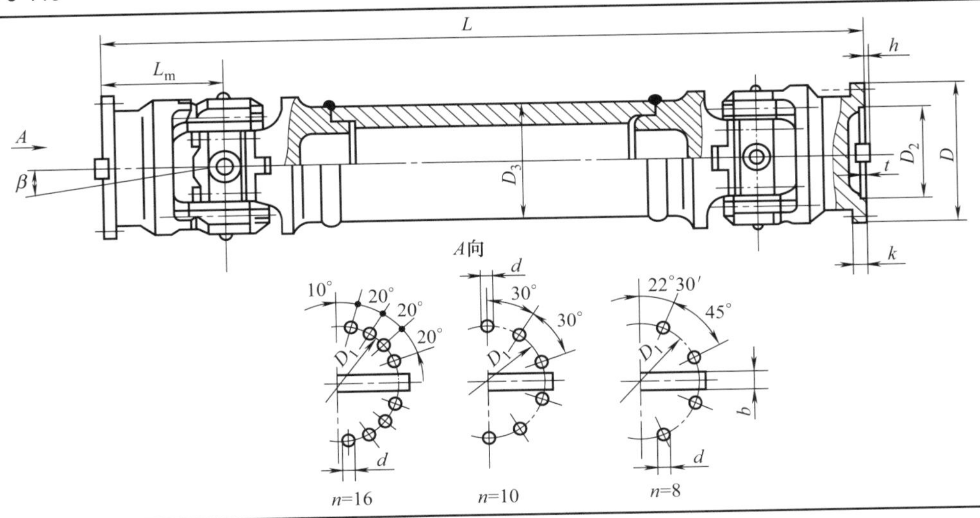

续表

型号	回转直径 D	公称转矩 T_n /kN·m	疲劳转矩 T_f /kN·m	轴线折角 β /(°)	尺寸										转动惯量 /kg·m²		质量 /kg	
					L_{min}	L_m	D_1	D_2 (H7)	D_3	k	t	b (h9)	h	$n\times d$	L_{min}时	增长0.1m的增量	L_{min}时	增长0.1m的增量
SWZ160WH	160	20	9		580	120	138	95	114	15	5	20	6	8×13	0.176	0.008	61	3.02
SWZ190WH	190	34	16		650	135	165	115	133	17	5	25	7	8×15	0.392	0.015	96	4.11
SWZ220WH	220	53	22		760	155	190	130	159	20	6	32	9	8×17	0.824	0.031	151	5.96
SWZ260WH	260	86	40		880	180	228	155	194	25	6	40	12.5	8×19	1.893	0.061	248	7.82
SWZ300WH	300	135	63		1010	215	260	180	219	30	7	40	15	10×23	3.885	0.095	319	9.37
SWZ350WH	350	215	100	≤10	1120	235	310	210	273	35	8	50	16	10×23	8.309	0.216	590	13.62
SWZ400WH	400	315	140		1270	270	358	240	299	40	8	70	18	10×25	15.81	0.347	862	18.72
SWZ420WH	420	380	180		1350	295	376	255	325	42	10	80	20	16×28	21.697	0.432	940	19.18
SWZ450WH	450	450	224		1450	300	400	270	351	44	10	80	20	16×28	28.967	0.586	1256	22.31
SWZ500WH	500	625	315		1630	340	445	300	377	47	12	90	22.5	16×31	49.12	0.854	1725	28.76
SWZ550WH	550	830	400		1710	355	492	320	426	50	12	100	22.5	16×31	76.478	1.272	2213	32.87

注：1. T_f 为在交变负荷下按疲劳强度所允许的转矩。
2. L 为安装长度，按需要确定。

表 6-3-116 CH 型（长伸缩焊接型）万向联轴器基本参数和主要尺寸 mm

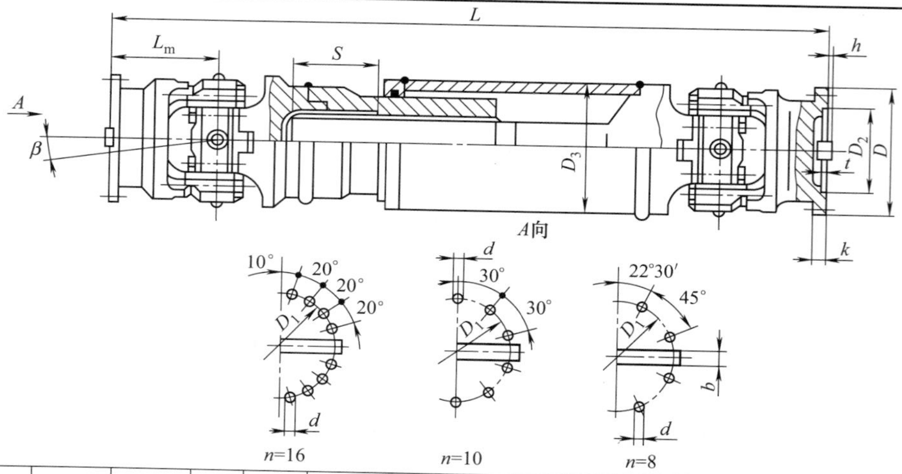

型号	回转直径 D	公称转矩 T_n /kN·m	疲劳转矩 T_f /kN·m	轴线折角 β /(°)	伸缩量 S	尺寸										转动惯量 /kg·m²		质量 /kg	
						L_{min}	L_m	D_1	D_2 (H7)	D_3	k	t	b (h9)	h	$n\times d$	L_{min}时	增长0.1m的增量	L_{min}时	增长0.1m的增量
SWZ160CH	160	20	9		170	1010	120	138	95	135	15	5	20	6	8×13	0.232	0.01	95	5.75
SWZ190CH	190	34	16		210	1170	135	165	115	155	17	5	25	7	8×15	0.516	0.017	152	7.53
SWZ220CH	220	53	22		250	1370	155	190	130	180	20	6	32	9	8×17	1.127	0.03	247	10.12
SWZ260CH	260	86	40		290	1540	180	228	115	220	25	6	40	12.5	8×19	2.623	0.051	403	14.73
SWZ300CH	300	135	63		290	1680	215	260	180	250	30	7	40	15	10×23	5.079	0.093	578	18.41
SW350CH	350	215	100	≤10	340	1920	235	310	210	290	35	8	50	16	10×23	11.746	0.185	959	27.19
SW400CH	400	315	140		390	2240	270	358	240	320	40	8	70	18	10×25	21.800	0.262	1398	32.38
SW425CH	425	380	180		390	2310	295	376	255	350	42	10	80	20	16×28	30.022	0.34	1671	38.01
SW450CH	450	450	224		460	2480	300	400	270	370	44	10	80	20	16×28	41.087	0.461	2043	43.65
SW500CH	500	625	315		460	2720	340	445	300	400	47	12	90	22.5	16×31	66.122	0.613	2682	50.48
SW550CH	550	830	400		550	2950	355	492	320	450	50	12	100	22.5	16×31	108.055	0.984	3605	63.22

注：1. T_f 为在交变负荷下按疲劳强度所允许的转矩。
2. L_{min} 为缩短后的最小长度。
3. L 为安装长度，按需要确定。

表 6-3-117　　**WD 型（无伸缩短型）万向联轴器基本参数和主要尺寸**　　mm

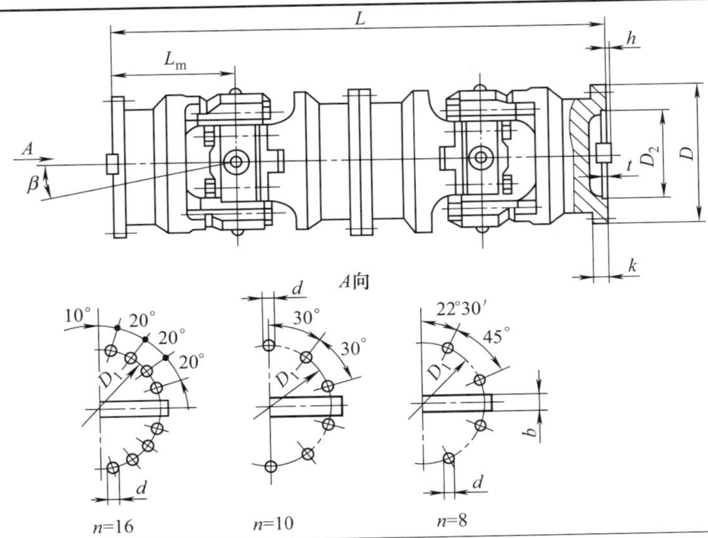

型号	回转直径 D	公称转矩 T_n /kN·m	疲劳转矩 T_f /kN·m	轴线折角 β/(°)	尺寸									转动惯量 /kg·m^2	质量 /kg
					L	L_m	D_1	D_2 (H7)	b (h9)	k	t	h	$n\times d$		
SWZ160WD	160	20	9	≤10	480	120	138	95	20	15	5	6	8×13	0.179	56
SWZ190WD	190	34	16		540	135	165	115	25	17	5	7	8×13	0.406	90
SWZ220WD	220	53	22		620	155	190	130	32	20	6	9	8×17	0.835	138
SWZ260WD	260	86	40		720	180	228	155	40	25	6	12.5	8×19	1.910	226
SWZ300WD	300	135	63		860	215	260	180	40	30	7	15	10×23	4.005	356
SWZ350WD	350	215	100		940	235	310	210	50	35	8	16	10×23	8.148	532
SWZ400WD	400	315	140		1080	270	358	240	70	40	8	18	10×25	16	800
SWZ425WD	425	380	180		1180	295	376	255	80	42	10	20	16×28	22.217	984
SWZ450WD	450	450	224		1200	300	400	270	80	44	10	20	16×28	28.451	1124
SWZ500WD	500	625	315		1360	340	445	300	90	47	12	22.5	16×31	49.125	1572
SWZ550WD	550	830	400		1420	355	492	320	100	50	12	22.5	16×31	75.096	1986

注：T_f 为在交变负荷下按疲劳强度所允许的转矩。

表 6-3-118　　**BF 型（标准伸缩法兰型）万向联轴器基本参数和主要尺寸**　　mm

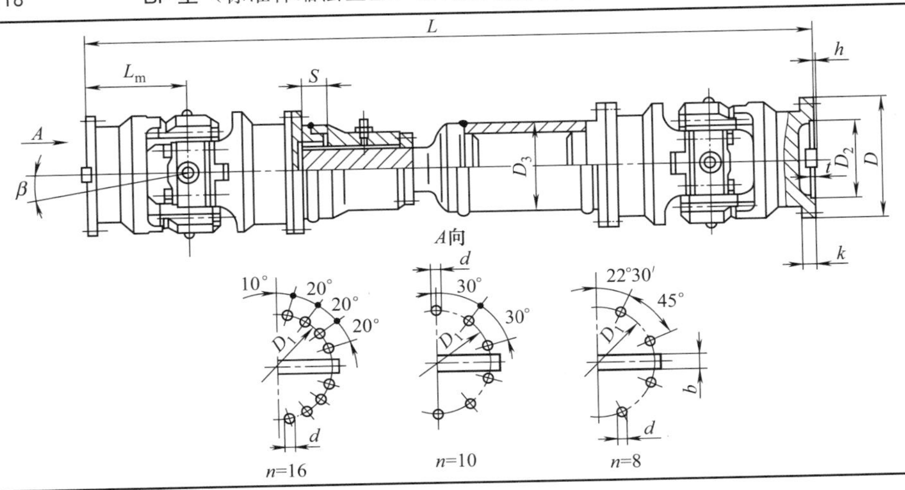

续表

型号	回转直径 D	公称转矩 T_n /kN·m	疲劳转矩 T_f /kN·m	轴线折角 β /(°)	伸缩量 S	尺寸										转动惯量 /kg·m²		质量 /kg	
						L_{min}	L_m	D_1	D_2 (H7)	D_3	k	t	b (h9)	h	$n\times d$	L_{min}时	增长 0.1m 的增量	L_{min}时	增长 0.1m 的增量
SWZ160BF	160	20	9		75	980	120	138	95	114	15	5	20	6	8×13	0.244	0.008	96	3.02
SWZ190BF	190	34	16		80	1090	135	165	115	133	17	5	25	7	8×15	0.539	0.015	150	4.11
SWZ220BF	220	53	22		100	1260	155	190	130	159	20	6	32	9	8×17	1.151	0.031	238	5.96
SWZ260BF	260	86	40		115	1420	180	228	115	194	25	6	40	12.5	8×19	2.672	0.061	388	7.82
SWZ300BF	300	135	63		120	1600	215	260	180	219	30	7	40	15	10×23	5.312	0.096	574	9.37
SWZ350BF	350	215	100	≤10	130	1760	235	310	210	273	35	8	50	16	10×23	11.649	0.216	908	13.62
SWZ400BF	400	315	140		145	2040	270	358	240	299	40	8	70	18	10×25	21.87	0.347	1329	18.72
SWZ425BF	425	380	180		145	2150	295	376	255	325	42	10	80	20	16×28	30.548	0.432	1615	19.18
SWZ450BF	450	450	224		185	2300	300	400	270	351	44	10	80	20	16×28	41.31	0.586	1959	22.31
SWZ500BF	500	625	315		200	2600	340	445	300	377	47	12	90	22.5	16×31	68.419	0.854	2658	28.76
SWZ550BF	550	830	400		210	2670	355	492	320	426	50	12	100	22.5	16×31	106.809	1.272	3384	32.87

注：1. T_f 为在交变负荷下按疲劳强度所允许的转矩。

2. L_{min}为缩短后的最小长度。

3. L 为安装长度，按需要确定。

表 6-3-119　WF 型（无伸缩法兰型）万向联轴器基本参数和主要尺寸　mm

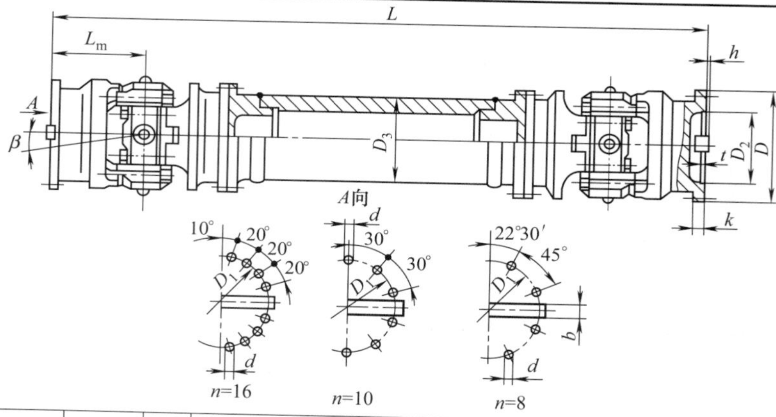

型号	回转直径 D	公称转矩 T_n /kN·m	疲劳转矩 T_f /kN·m	轴线折角 β /(°)	尺寸										转动惯量 /kg·m²		质量 /kg	
					L_{min}	L_m	D_1	D_2 (H7)	D_3	k	t	b (h9)	h	$n\times d$	L_{min}时	增长 0.1m 的增量	L_{min}时	增长 0.1m 的增量
SWZ160WF	160	20	9		680	120	138	95	114	15	5	20	6	8×13	0.205	0.008	72	3.02
SWZ190WF	190	34	16		750	135	165	115	133	17	5	25	7	8×15	0.455	0.015	112	4.11
SWZ220WF	220	53	22		880	155	190	130	159	20	6	32	9	8×17	0.961	0.031	178	5.96
SWZ260WF	260	86	40		1010	180	228	155	194	25	6	40	12.5	8×19	2.225	0.061	293	7.82
SWZ300WF	300	135	63		1170	215	260	180	219	30	7	40	15	10×23	4.551	0.095	447	9.37
SWZ350WF	350	215	100	≤10	1280	235	310	210	273	35	8	50	16	10×23	9.6	0.216	688	13.62
SWZ400WF	400	315	140		1450	270	358	240	299	40	8	70	18	10×25	18.28	0.347	1004	18.72
SWZ425WF	425	380	180		1570	295	376	255	325	42	10	80	20	16×28	25.57	0.432	1238	19.18
SWZ450WF	450	450	224		1670	300	400	270	351	44	10	80	20	16×28	28.451	0.586	1481	22.31
SWZ500WF	500	625	315		1870	340	445	300	377	47	12	90	22.5	16×31	57.067	0.854	2019	28.76
SWZ550WF	550	830	400		1950	355	492	320	426	50	12	100	22.5	16×31	88.526	1.272	2.578	32.87

注：1. T_f 为在交变负荷下按疲劳强度所允许的转矩。

2. L 为安装长度，按需要确定。

表 6-3-120 **CF 型（长伸缩法兰型）万向联轴器基本参数和主要尺寸** mm

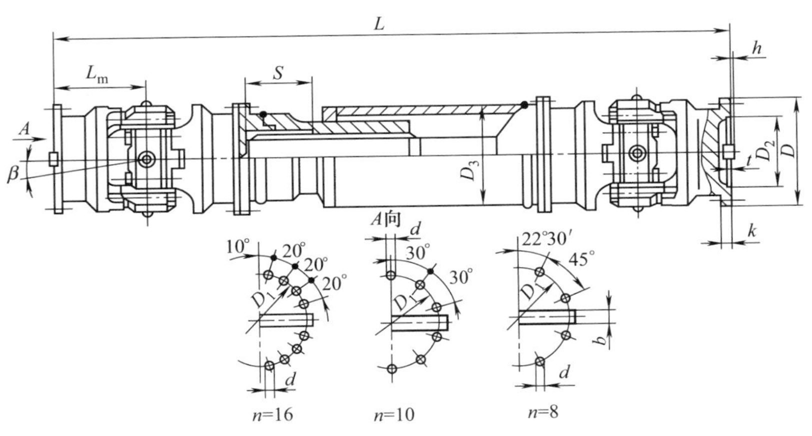

型号	回转直径 D	公称转矩 T_n /kN·m	疲劳转矩 T_f /kN·m	轴线折角 β /(°)	伸缩量 S	尺寸 L_{min}	L_m	D_1	D_2 (H7)	D_3	k	t	b (h9)	h	$n\times d$	转动惯量 /kg·m² L_{min}时	增长0.1m的增量	质量 /kg L_{min}时	增长0.1m的增量
SWZ160CF	160	20	9	≤10	170	1160	120	138	95	135	15	5	20	6	8×13	0.267	0.01	110	5.075
SWZ190CF	190	34	16		210	1340	135	165	115	155	17	5	25	7	8×15	0.536	0.017	177	7.53
SWZ220CF	220	53	22		250	1560	155	190	130	180	20	6	32	9	8×17	1.296	0.03	284	10.12
SWZ260CF	260	86	40		290	1770	180	228	115	220	25	6	40	12.5	8×19	3.389	0.051	470	14.73
SWZ300CF	300	135	63		290	1930	215	260	180	250	30	7	40	15	10×23	5.9	0.093	672	18.41
SWZ350CF	350	215	100		340	2180	235	310	210	290	35	8	50	16	10×23	13.456	0.185	1102	27.19
SWZ400CF	400	315	140		390	2530	270	358	240	320	40	8	70	18	10×25	24.93	0.262	1599	32.38
SWZ425CF	425	380	180		390	2640	395	376	255	350	42	10	80	20	16×28	34.76	0.34	1934	38.01
SWZ450CF	450	450	224		460	2850	300	400	270	370	44	10	80	20	16×28	47.748	0.461	2377	43.55
SWZ500CF	500	625	315		460	3110	340	445	300	400	47	12	90	22.5	16×31	76.361	0.613	3105	50.48
SWZ550CF	550	830	400		550	3350	355	492	320	450	50	12	100	22.5	16×31	124.071	0.984	4145	63.22

注：1. T_f 为在交变负荷下按疲劳强度所允许的转矩。
2. L_{min} 为缩短后的最小长度。
3. L 为安装长度，按需要确定。

SWZ 型整体轴承座十字轴式万向联轴器与相配件的连接是法兰连接。

法兰连接是通过高强度螺栓及螺母把两端法兰连接在其他相配件上。其相配件的连接尺寸及螺栓预紧力矩见表 6-3-121。连接螺栓只能从相配件的法兰侧装入，螺母由另一侧预紧。

SWZ 型整体轴承座十字轴式万向联轴器的轴承座连接螺栓的力学性能按 GB 3098.1 中规定的 12.9 级，螺纹公差按 GB 197 中规定的 6g 级。法兰连接螺栓的力学性能按 GB 3098.1 中规定的 10.9 级，螺纹公差按 GB 197 中规定的 6g 级。法兰连接螺母的力学性能按 GB 3098.4 中规定的 10 级，螺纹公差按 GB 197 中规定的 6H 级。法兰螺孔的位置度按 GB 1804 中 f（精密级）公差规定。

表 6-3-121　　SWZ 型万向联轴器用法兰与相配件连接的尺寸及螺栓预紧力矩　　mm

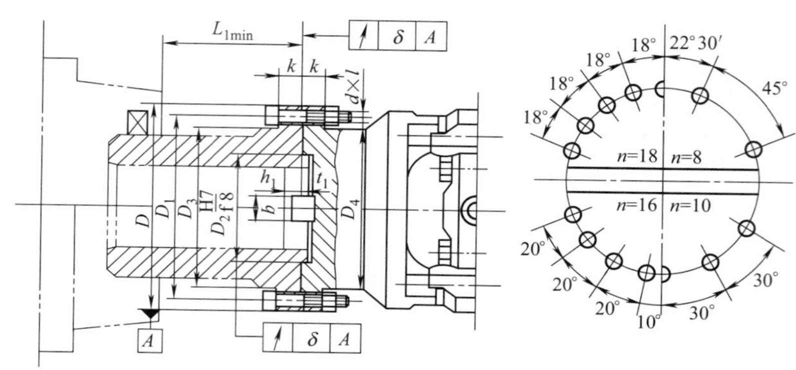

型号	回转直径 D	螺栓数 n	螺栓规格 $d\times l$	预紧力矩 T_a/N·m	D_1	D_2 (f8)	D_3	$D_{4\ -0.3}^{\ 0}$	k	b (JS8)	h_1	$t_{1\ 0}^{+0.5}$	δ	L_{1min}
SWZ160	160	8	M12×50	120	138	95	114	116	15	20	6.5	4	0.05	60
SWZ190	190	8	M14×60	190	165	115	135	142	17	25	7.5	4	0.05	70
SWZ220	220	8	M16×65	295	190	130	158	164	20	32	9.8	5	0.05	78
SWZ260	260	8	M18×75	405	228	155	190	200	25	40	13	5	0.06	90
SWZ300	300	10	M22×90	780	260	180	214	224	30	40	15.5	6	0.06	108
SWZ350	350	10	M22×100	780	310	210	266	274	35	50	16.5	7	0.06	118
SWZ400	400	10	M24×120	1000	358	240	310	320	40	70	18.5	7	0.06	138
SWZ425	425	16	M27×120	1500	376	255	324	334	42	80	20.5	9	0.06	140
SWZ450	450	16	M27×120	1500	400	270	348	356	44	80	20.5	9	0.06	140
SWZ500	500	16	M30×140	2000	445	300	380	396	47	90	23	11	0.06	162
SWZ550	550	16	M30×140	2000	492	320	435	392	50	100	23	11	0.08	162

SWZ 型整体轴承座十字轴式万向联轴器的花键与花键套两端底盘叉头键槽的轴心线应在同一平面上，其偏差不得超过 1°。万向联轴器组装后，花键应伸缩灵活，无卡滞现象。轴承和花键均采用 2 号工业锂基润滑脂润滑。待装好后，再从注油嘴打入相同油脂，直至充满为止。

大规格的 SWZ 型整体轴承座十字轴式万向联轴器型式、基本参数与尺寸见 GB/T 29028—2012。

3.3.15　钢球式节能安全联轴器

钢球式节能安全联轴器适用于连接两共轴线的带负载启动或频繁启动、需要安全保护、无需调速的中、高速传动轴系，具有将重载启动转变为空载启动、传递转矩可调节和容易实现过载保护的性能，具有一定补偿被连接两轴间的相对偏移、减振等特点。转速范围为 600～3000r/min，传递功率范围为 0.3～5550kW，适用的工作温度为－20～＋90℃。由于钢球式节能安全联轴器是靠钢球的离心压力产生的摩擦力实现转矩传递的，因此，能传递的功率与联轴器的转速和钢球量有关。转速高、钢球数多时能传递的功率大。

钢球式节能安全联轴器分为 AQ 型、AQZ 型和 AQD 型三种型式（表 6-3-122～表 6-3-125）。

表 6-3-122 AQ 型（基本型）钢球式节能安全联轴器基本参数和主要尺寸 mm

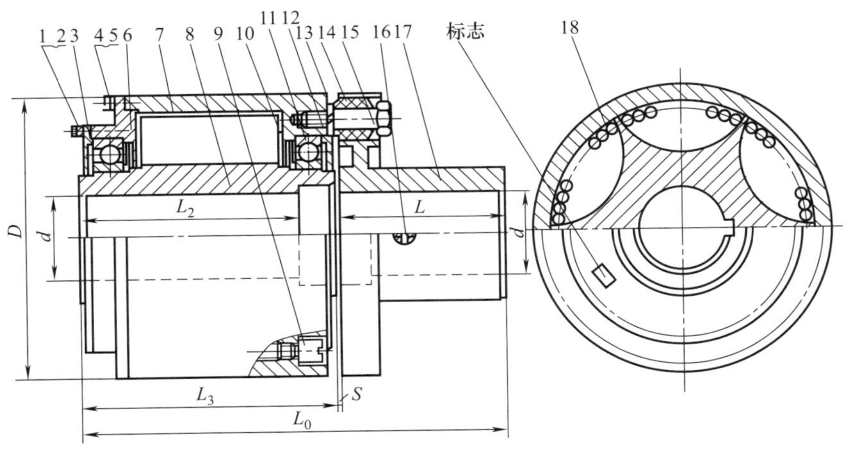

1,2—螺栓；3,12—轴承盖；4,5,13—弹簧垫圈；6—端盖；7—壳体；8—转子；9—沉头螺塞；10—密封圈；11—滚动轴承；14—弹性套；15—柱销；16—定位螺钉；17—半联轴器；18—钢球

型号	各种转速下所能传递的功率/kW					轴孔直径 d H7	主动端轴孔长度		从动端轴孔长度 L	D	L_0 ⩽	S	许用转速 $[n]$/r·min^{-1}	
	600 r/min	750 r/min	1000 r/min	1500 r/min	3000 r/min		L_2	L_3	J_1、Z_1 型				铸铁	铸钢
AQ1	—	—	—	0.5	4	19	42	100	30	80	166	3～4	7160	9550
						24	52		38					
						28	62		44					
AQ2	—	—	—	1	7.5	19	42	110	30	100	176	3～4	5730	7640
						24	52		38					
						28	62		44					
						38	82		60					
AQ3	—	—	0.87	3	24	24	52	150	38	130	238	3～4	4410	5880
						28	62		44					
						38	82		60					
						42	112		84					
						45	112		84					
AQ4	—	—	1.3	4.5	36	28	62		44	150	238	3～4	3820	5090
						38	82		60					
						42	112		84					
						48	112		84					
						55	112		84					

续表

型号	各种转速下所能传递的功率/kW					轴孔直径 d H7	主动端轴孔长度		从动端轴孔长度 L	D	L_0 ≤	S	许用转速 $[n]$/r·min^{-1}	
	600 r/min	750 r/min	1000 r/min	1500 r/min	3000 r/min		L_2	L_3	J_1、Z_1 型				铸铁	铸钢
AQ5	—	—	3.6	12	96	38	82	150	60	180	262	4～5	3180	4240
						42	112		84					
						48	112		84					
						55	112		84					
						60	142		107					
						65	142		107					
AQ6	—	2.53	6	20	162	38	82		60	200	262	4～5	2860	3820
						42	112		84					
						48	112		84					
						55	142		107					
						60	142		107					
						65	142		107					
						70	142		107					
AQ7	—	65	14.6	49	393	42	112	210	84	220	322	4～5	2600	3470
						48								
						55								
						60	142		107					
						65								
						70								
						75								
AQ8	—	10	24	80	644	48	112		84	250	347	4～5	2290	3060
						55								
						60	142		107					
						65								
						70								
						75								
						80	172		132					
						85								
AQ9	—	21	77	173	1380	60	142	250	107	280	387	4～5	2140	2850
						65								
						70								
						75								
						80	172		132					
						85								
AQ10	—	25	60	200	1600①	60	142		107	300	423	5～6	1830	2240
						65								
						70								
						75								
						80	172		132					
						85								
						90								
						100	212		167					

续表

型号	各种转速下所能传递的功率/kW					轴孔直径 d H7	主动端轴孔长度		从动端轴孔长度 L	D	L_0 ≤	S	许用转速 $[n]/r\cdot min^{-1}$	
	600 r/min	750 r/min	1000 r/min	1500 r/min	3000 r/min		L_2	L_3	J_1、Z_1 型				铸铁	铸钢
AQ11	23	46	110	360	—	75	142	250	107	350	423	5～6	1600	2140
						80	172		132					
						85								
						90								
						100	212		167					
						110								
AQ12	45	95	240	830	—	80	172	300	132	400	508	5～6	1400	1870
						85								
						90								
						100	212		167					
						110								
						120								
						125								
						130	252		202					
AQ13	58	113	267	902	—	80	172		132	450	508	5～6	1250	1660
						85								
						90								
						95								
						100	212		167					
						110								
						120								
						125								
						130	252		202					
						140								
						150								
AQ14	126	247	585	1975	—	90	172	350	132	500	600	6～8	1120	1400
						95								
						100	212		167					
						110								
						120								
						125								
						130	252		202					
						140								
						150								
						160	302		242					
						170								
AQ15	296	586	1372	4632①	—	110	212	450	167	550	700	6～8	1020	1360
						120								
						125								
						130	252		202					
						140								
						150								
						160	302		242					
						170								
						180								

续表

型号	各种转速下所能传递的功率/kW					轴孔直径 d H7	主动端轴孔长度		从动端轴孔长度 L	D	L_0 ≤	S	许用转速[n]/r·min⁻¹	
	600 r/min	750 r/min	1000 r/min	1500 r/min	3000 r/min		L_2	L_3	J_1、Z_1 型				铸铁	铸钢
AQ16	355	694	1645	5550①	—	125	212	450	167	600	740	6～8	940	1250
						130	252		402					
						140								
						150								
						160	302		247					
						170								
						180								
						190	352		282					
						200								
AQ17	630	1230①	2916①	—	—	140	252	500	202	650	792	8～10	860	1150
						150								
						160	302		242					
						170								
						180								
						190	352		282					
						200								
						220								

① 联轴器材料为锻钢。

表 6-3-123　AQZ 型（带制动轮型）钢球式节能安全联轴器基本参数和主要尺寸　mm

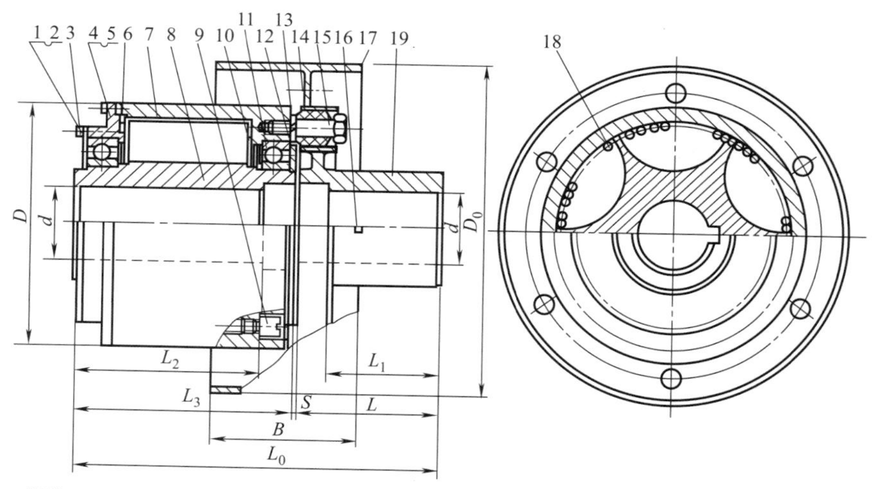

1,2—螺栓；3,12—轴承盖；4,5,13—弹簧垫圈；6—端盖；7—壳体；8—转子；9—沉头螺塞；10—密封圈；11—滚动轴承；14—弹性套；15—柱销；16—定位螺钉；17—制动轮；18—钢球；19—半联轴器

型号	各种转速下所能传递的功率/kW					轴孔直径 d H7	主动端轴孔长度		从动端轴孔长度 L	D	L_0	S	D_0	B	L_1	许用转速[n]/r·min⁻¹	
	600 r/min	750 r/min	1000 r/min	1500 r/min	3000 r/min		L_2	L_3	J_1、Z_1 型							铸铁	铸钢
AQZ1	—	—	—	0.5	4	19	42	100	30	80	166	3～4	160	70	30	3580	4770
						24	52		38								
						28	62		44								

续表

型号	各种转速下所能传递的功率/kW					轴孔直径 d H7	主动端轴孔长度		从动端轴孔长度 L	D	L_0	S	D_0	B	L_1	许用转速[n] /r·min^{-1}	
	600 r/min	750 r/min	1000 r/min	1500 r/min	3000 r/min		L_2	L_3	J_1、Z_1 型							铸铁	铸钢
AQZ2	—	—	—	1	7.5	19	42	110	30	100	176	3～4	160	70	30	3580	4770
						24	52		38								
						28	62		44								
						38	82		60								
AQZ3	—	—	0.87	3	24	24	52	150	38	130	238	3～4	160	70	47	3580	4770
						28	62		44								
						38	82		60								
						42	112		84								
						45											
AQZ4	—	—	1.3	4.5	36	28	62		44	150	238	3～4	200	85	47	2060	3020
						38	82		60								
						42	112		84								
						48											
						55											
AQZ5	—	—	3.6	12	96	38	82		60	180	262	4～5	250	105	42	2290	3060
						42	112		84								
						48											
						55											
						60	142		107								
						65											
AQZ6	—	2.53	6	20	162	38	82		60	200	262	4～5	250	105	47	2290	3060
						42	112		84								
						48											
						55	142		107								
						60											
						65											
						70											
AQZ7	—	6	14.6	49	393	42	112	210	84	220	327	4～5	250	105	57	2290	3060
						48											
						55											
						60	142		107								
						65											
						70											
						75											
AQZ8	—	10	24	80	644	48	112		84	250	357	4～5	315	135	72	1820	2430
						55											
						60	142		107								
						65											
						70											
						75											
						80	172		132								
						85											
AQZ9	—	21	77	173	1380	60	142		107	280	378	4～5	400	170	72	1430	1910
						65											
						75											
						80	172		132								
						90											
						95											

续表

型号	各种转速下所能传递的功率/kW 600 r/min	750 r/min	1000 r/min	1500 r/min	3000 r/min	轴孔直径 d H7	主动端轴孔长度 L_2	L_3	从动端轴孔长度 L J_1、Z_1 型	D	L_0	S	D_0	B	L_1	许用转速[n]/r·min⁻¹ 铸铁	铸钢
AQZ10	—	25	60	200	1600[①]	60	142	250	107	300	423	5～6	400	170	97	1430	1910
						65											
						75											
						80	172		132								
						85											
						90											
						100	212		167								
AQZ11	23	46	110	360	—	75	142		107	350	423	5～6	400	170	97	1430	1910
						80	172		132								
						85											
						90											
						100	212		167								
						110											
AQZ12	45	95	240	830	—	80	172	300	132	400	508	5～6	558	210	102	1150	1530
						85											
						90											
						100	212		167								
						110											
						120											
						125											
						130	252		202								
AQZ13	58	113	267	902	—	80	172		132	450	508	5～6	500	210	102	1150	1530
						85											
						90											
						95											
						100	212		167								
						110											
						120											
						125											
						130	252		202								
						140											
AQZ14	126	247	585	1975[①]	—	90	172	350	132	500	600	6～8	630	265	122	910	1210
						95											
						100	212		167								
						110											
						120											
						125											
						130	252		402								
						140											
						150											
						160	302		242								
						170											

续表

型号	各种转速下所能传递的功率/kW					轴孔直径 d H7	主动端轴孔长度		从动端轴孔长度 L	D	L_0	S	D_0	B	L_1	许用转速[n] /r·min^{-1}	
	600 r/min	750 r/min	1000 r/min	1500 r/min	3000 r/min		L_2	L_3	J_1、Z_1 型							铸铁	铸钢
AQZ15	296	585	1372	4632①	—	110	212	450	167	550	700	6～8	630	265	122	910	1210
						120											
						125											
						130	252		202								
						140											
						150											
						160	302		242								
						170											
						180											
AQZ16	355	694	1645①	5550①	—	125	212		167	600	740	6～8	810	340	720	950	1250
						130	252		202								
						140											
						150											
						160	302		242								
						170											
						180											
						190	352		282								
AQZ17	630	1230①	2916①	—	—	140	252	500	202	650	792	8～10	800	340	182	720	1150
						150											
						160	302		242								
						170											
						180											
						190	352		282								
						200											
						220											

① 联轴器材料为锻钢。

注：从动端轴孔型式按 GB 3852 的规定。

表 6-3-124　AQD 型（有带轮型）钢球式节能安全联轴器基本参数和主要尺寸　mm

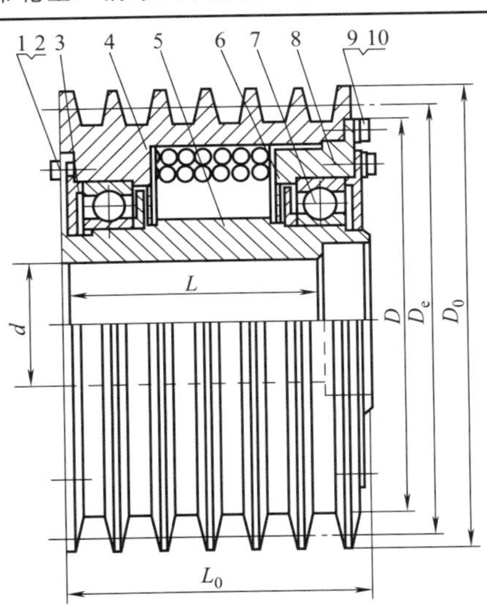

1,9—螺栓；2,10—弹簧垫圈；3—轴承盖；4—带轮式壳体；5—转子；6—密封盖；7—滚动轴承；8—端盖

续表

型号	各种转速下所能传递的功率/kW					轴孔直径 d H7	轴孔长度 L	D	L_0	D_0	D_e	许用转速 $[n]$/r·min^{-1}	
	600 r/min	750 r/min	1000 r/min	1500 r/min	3000 r/min							铸铁	铸钢
AQD1	—	—	—	0.5	4	19	42	80	100	125	118	4580	6110
						24	52						
						28	62						
AQD2	—	—	—	1	7.5	19	42	100	110	130	125	4410	5880
						24	52						
						28	62						
						38	82						
AQD3	—	—	0.87	3	24	24	52	130	150	150	140	3825	5090
						28	62						
						38	82						
						42	112						
						45							
AQD4	—	—	1.3	4.5	36	28	62	150	150	190	180	3020	4020
						38	82						
						42	112						
						48							
						55							
AQD5	—	—	3.6	12	96	38	82	180	150	212	200	2700	3600
						42	112						
						48							
						55							
						60	142						
						65							
AQD6	—	2.53	6	20	162	38	82	200	150	248	236	2310	3080
						42	112						
						48							
						55	142						
						60							
						65							
						70							
AQD7	—	6	14.6	49	393	42	112	220	210	262	250	2190	2920
						48							
						55							
						60	142						
						65							
						70							
						75							
AQD8	—	10	24	80	644	48	112	250	210	292	280	1960	2620
						55							
						60	142						
						65							
						70							
						75							
						80	172						
						85							

续表

型号	各种转速下所能传递的功率/kW					轴孔直径 d H7	轴孔长度 L	D	L_0	D_0	D_e	许用转速 $[n]$/r·min^{-1}	
	600 r/min	750 r/min	1000 r/min	1500 r/min	3000 r/min							铸铁	铸钢
AQD9	—	21	51	173	1380	60	142	280	250	332	315	1730	2300
						65							
						75							
						80	172						
						90							
AQD10	—	25	60	200	1600[①]	60	142	300	250	372	355	1540	2050
						65							
						75							
						80	172						
						85							
						90							
						100	212						
AQD11	23	46	110	360	—	75	142	350	250	417	400	1370	1830
						80	172						
						85							
						90							
						100	212						
						110							
						120							
AQD12	45	95	240	830	—	80	172	400	300	467	450	1230	1640
						85							
						90							
						100	212						
						110							
						120							
						125							
						130	252						
						140							
AQD13	58	113	267	902	—	80	172	450	300	520	500	1100	1470
						85							
						90							
						95							
						100	212						
						110							
						120							
						125							
						130	252						
						140							
AQD14	126	247	585	1975	—	90	172	500	350	580	560	990	1320
						95							
						100	212						
						110							
						120							
						125							
						130	252						
						140							
						150							
						160	302						
						170							

第6篇

续表

型号	各种转速下所能传递的功率/kW					轴孔直径 d H7	轴孔长度 L	D	L_0	D_0	D_e	许用转速 $[n]$/r·min^{-1}	
	600 r/min	750 r/min	1000 r/min	1500 r/min	3000 r/min							铸铁	铸钢
AQD15	296	585	1372	4632①	—	110	212	550	450	620	600	920	1230
						120							
						125							
						130	252						
						140							
						150							
						160	302						
						170							
						180							
AQD16	355	694	1645	5550①	—	125	212	600	450	690	670	830	1110
						130	252						
						140							
						150							
						160	302						
						170							
						180							
						190							
AQD17	630	1230①	2916①	—	—	140	252	650	500	730	710	780	1050
						150							
						160	302						
						170							
						180							
						190	352						
						200							
						220							

① 联轴器材料为锻钢。

表 6-3-125　　AQ、AQZ 型钢球式安全联轴器许用补偿量

许用补偿量	型号			
	AQ1～AQ6 AQZ1～AQZ6	AQ7～AQ10 AQZ7～AQZ10	AQ11～AQ14 AQZ11～AQZ14	AQ15～AQ17 AQZ15～AQZ17
径向 Δy/mm	0.2	0.3	0.4	0.6
角向 $\Delta\alpha$	1°30′	1°		30′

注：表中所列补偿量是指由于制造误差、安装误差、工作时载荷变化等所引起的冲击、振动以及轴及其支承结构受力变形和温度变化等综合因素所形成的两轴线相对偏移量的补偿能力。

钢球式安全联轴器零件材料性能应符合表 6-3-126 的要求。鼓形弹性套的结构型式、主要尺寸和材料应符合 GB 4323 的规定。

3.3.16　蛇形弹簧安全联轴器（JB/T 7682—1995）

蛇形弹簧安全联轴器适用于连接两同轴线的传动轴系，具有一定补偿两轴间相对偏移和减振、缓冲性能，并能在一定范围内调整安全转矩，其调整范围为 1.6～12.5N·m 至 4500～50000N·m，适用工作环境温度为－30～100℃。蛇形弹簧安全联轴器按刚度特性分为 AMS 型和 AMSB 型两种类型。AMS 型为恒刚度蛇形弹簧安全联轴器，AMSB 型为变刚度蛇形弹簧安全联轴器（表 6-3-127）。

表 6-3-126　AQ、AQZ 型钢球式安全联轴器零件材料

零件名称	材料	应符合标准
转子	HT200	GB/T 9439
壳体、端盖	ZG270-500	GB/T 11352
半联轴器	45	GB/T 3078
鼓形弹性套	橡胶或聚氨酯	GB/T 4323
柱销	45(调质)	GB/T 3078
轴承盖、密封盘	HT200 或 Q235	GB/T 9439
滚动轴承	45	GB/T 276
螺栓	性能等级 8.8 级	GB/T 3098.1
弹簧垫圈	65Mn	GB/T 93
钢球	钢(或铸铁)	ϕ4～6mm

表 6-3-127 AMS 型、AMSB 型蛇形弹簧安全联轴器的结构型式、基本参数和主要尺寸 mm

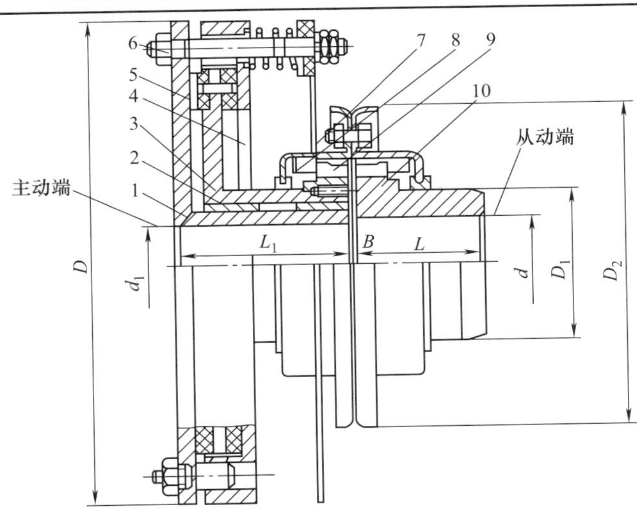

1—摩擦盘轴套；2—内轴套；3—夹盘轴套；4—摩擦盘；5—摩擦片；6—压力调整装置；7—弹簧罩；8—蛇形弹簧；9—槽形套；10—半联轴器轴套

型号	公称转矩调整范围 /N·m	许用转速 n /r·min^{-1}	轴孔直径 H7		轴孔长度		D	D_1	D_2	B	质量 m /kg	转动惯量 I /kg·m^2
			d_{1max}	d	L_1	L						
AMS1 AMSB1	1.6～12.5	5000	16	20 22	62	38	175	40	94	3.2	6.0	0.0057
				24 25		44						
AMS2 AMSB2	5～28	4800	22	25 28	82	44	181	46	103	3.2	7.2	0.0125
				30 32		60						
AMS3 AMSB3	8～45	4200	25	32 35 38	82	60	200	54	114	3.2	8.8	0.0198
AMS4 AMSB4	8～63	3900	32	38	82	60	216	66	126	3.2	10	0.0356
				40 42 45		84						
AMS5 AMSB5	16～125	3400	35	45 48 50 55	82	84	241	75	142	3.2	14	0.0598
AMS6 AMSB6	31.5～250	2800	42	55 56	107	84	289	92	186	3.2	25	0.1867
				60 63 65		107						
AMS7 AMSB7	45～355	2700	48	65 70 71	107	107	320	97	199	3.2	36	0.2450
AMS8 AMSB8	56～500	2400	50	71 75	132	107	350	114	210	3.2	51	0.4183
				80		132						

续表

型号	公称转矩调整范围/N·m	许用转速 n /r·min^{-1}	轴孔直径 H7		轴孔长度		D	D_1	D_2	B	质量 m /kg	转动惯量 I /kg·m^2
			d_{1max}	d	L_1	L						
AMS9 AMSB9	80～710	2200	60	80 85 90	132	132	370	125	226	4.8	56	0.6183
AMS10 AMSB10	112～1250	2000	70	85 90 95	142	132	420	137	246	4.8	72	0.9433
AMS11 AMSB11	140～1500	1800	80	90 95 100	142	132 167	465	156	278	4.8	87	1.610
AMS12 AMSB12	224～2500	1700	85	95 100 110	167	132 167	510	171	302	4.8	132	2.728
AMS13 AMSB13	250～3550	1500	95	110 120 125	167	167	570	184	349	6.4	169	3.805
AMS14 AMSB14	355～4500	1300	110	125 130 140	167	167 202	620	210	387	6.4	203	5.632
AMS15 AMSB15	450～5600	1200	120	130 140 150	167	202	680	237	425	6.4	249	9.950
AMS16 AMSB16	560～8000	1100	140	150 160 170	172	202 242	740	271	476	6.4	320	16.62
AMS17 AMSB17	710～11200	1000	160	170 180 190 200	242	242 282	850	305	546	6.4	560	33.88
AMS18 AMSB18	1120～18000	910	180	190 200 220	282	282	950	337	600	6.4	820	64.12
AMS19 AMSB19	2240～28000	800	190	200 220 240	302	282 330	1030	356	692	6.4	880	110.5
AMS20 AMSB20	3550～31500	750	190	220 240 250	330	282 330	1040	375	743	6.4	1190	166.7
AMS21 AMSB21	3550～35500	700	200	240 250 260	330	330	1220	394	797	6.4	1420	300.1
AMS22 AMSB22	4500～50000	650	220	260 280 300	410	330 380	1300	470	867	6.4	2050	500.2

注：在转矩调整范围内每次调整转矩的误差应小于5%。

蛇形弹簧的结构型式与尺寸应符合表6-3-128的规定。蛇形弹簧安全联轴器的许用补偿量参见表6-3-129。蛇形弹簧安全联轴器主要零件的材质应符合表6-3-130的要求。蛇形弹簧表层及内部不允许有任何裂纹、结疤、划伤、夹杂等缺陷。在高速运转工况下使用的联轴器应符合主机轴系要求，联轴器必须进行动平衡试验，其精度不低于主机的要求。工作时应对蛇形弹簧和内轴套加复合钙基 ZFG-4 润滑脂，其填脂量参考表 6-3-131。摩擦材料应符合有关规定，不得有裂纹、缺口、分层、起泡等缺陷。联轴器在安装时应设置安全防护罩。

表 6-3-128 蛇形弹簧的结构型式、主要尺寸 mm

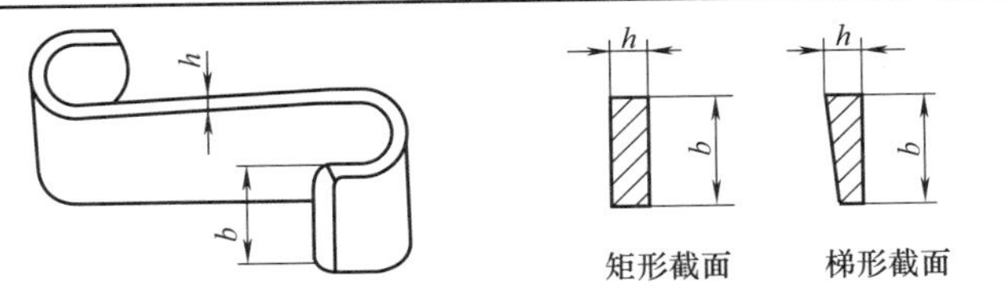

h	1	1.5	2	3	4	5	6	8	10	12
b	4	6	8	12	16	20	24	32	40	48

表 6-3-129 蛇形弹簧安全联轴器的许用补偿量

型号 / 许用补偿量	AMS1～AMS5 AMSB1～AMSB5	AMS6～AMS9 AMSB6～AMSB9	AMS10～AMS16 AMSB10～AMSB16	AMS17～AMS22 AMSB17～AMSB22
径向 Δy/mm	0.15	0.25	0.30	0.40
角向 $\Delta\alpha$	1°30′	1°	30′	

表 6-3-130 联轴器主要零件的材质

零件名称	材质	应符合的标准
半联轴器	45	JB/T 6397
蛇形弹簧	50CrVA	轧制状态 GB 1222。热处理：淬火，回火 42～52HRC
摩擦盘	铁基粉末冶金 铜基粉末冶金	工作压力 $p\leqslant1.47$MPa，应用温度范围 $\theta_A\leqslant400$℃，$\theta_v\leqslant250$℃ 摩擦因数为 0.25～0.28
内轴套	ZCuSn5Pb5Zn5	GB 1176
蛇形弹簧外罩	16Mn	GB 1591

表 6-3-131 润滑脂填脂量 g

型号	AMS1 AMSB1	AMS2 AMSB2	AMS3 AMSB3	AMS4 AMSB4	AMS5 AMSB5	AMS6 AMSB6	AMS7 AMSB7	AMS8 AMSB8
填脂量	30	45	55	95	85	140	170	170
型号	AMS9 AMSB9	AMS10 AMSB10	AMS11 AMSB11	AMS12 AMSB12	AMS13 AMSB13	AMS14 AMSB14	AMS15 AMSB15	AMS16 AMSB16
填脂量	225	285	340	680	680	910	1250	1500
型号	AMS17 AMSB17	AMS18 AMSB18	AMS19 AMSB19	AMS20 AMSB20	AMS21 AMSB21	AMS22 AMSB22		
填脂量	3600	4600	6000	6500	6500	6800		

3.3.17 联轴器标准一览表

表 6-3-132 中收集了最新的联轴器国家标准和行业标准的名称与编号，以作为在本篇收集的内容不能满足读者需要时的指南。

表 6-3-132 联轴器标准一览表

分类	标准号及名称
通用基础	GB/T 3931—2010 联轴器 术语 GB/T 12458—2017 联轴器 分类 GB/T 3507—2008 联轴器公称转矩系列 GB/T 3852—2017 联轴器轴孔和连接型式与尺寸

续表

分类	标准号及名称
通用基础	JB/T 7511—1994 机械式联轴器选用计算 JB/T 7937—1995 用户和制造厂对弹性联轴器技术性能项目要求 JB/T 8556—1997 选用联轴器的技术资料 JB/T 8557—1997 挠性联轴器平衡分类
刚性联轴器	GB/T 5843—2003 凸缘联轴器 JB/T 7006—2006 平行轴联轴器
挠性联轴器	GB/T 4323—2017 弹性套柱销联轴器 GB/T 5014—2017 弹性柱销联轴器 GB/T 5015—2017 弹性柱销齿式联轴器 GB/T 5272—2017 梅花形弹性联轴器 GB/T 5844—2002 轮胎式联轴器 GB/T 6069—2017 滚子链联轴器 GB/T 2496—2008 弹性环联轴器 GB/T 10614—2008 芯型弹性联轴器 GB/T 12922—2008 弹性阻尼簧片联轴器 GB/T 14653—2008 挠性杆联轴器 GB/T 26103.1—2010 GⅡCL 型鼓形齿式联轴器 GB/T 26103.3—2010 GCLD 型鼓形齿式联轴器 GB/T 26103.4—2010 NGCL 型带制动轮鼓形齿式联轴器 GB/T 26103.5—2010 NGCLZ 型带制动轮鼓形齿式联轴器 GB/T 26104—2010 WGJ 型接中间轴鼓形齿式联轴器 GB/T 33516—2017 LZG 型鼓形齿式联轴器 GB/T 29027—2012 大型鼓形齿式联轴器 GB/T 26661—2011 SWP 大型十字轴式万向联轴器 GB/T 28700—2012 SWZ 型整体轴承座十字轴式万向联轴器 GB/T 29028—2012 SWZ 型大型整体轴承座十字轴式万向联轴器 GB/T 26660—2011 SWC 大型整体叉头十字轴式万向联轴器 GB/T 7549—2008 球笼式同步万向联轴器 GB/T 7550—2008 球笼式同步万向联轴器 试验方法 GB/T 26664—2011 金属线簧联轴器 JB/T 9147—1999 膜片联轴器 JB/T 5511—2006 H形弹性块联轴器 JB/T 9148—2017 弹性块联轴器 JB/T 10466—2004 星形弹性联轴器 JB/T 7684—2007 LAK 鞍形块弹性联轴器 JB/T 5512—1991 多角形橡胶联轴器 JB/T 5514—2007 TGL 鼓形齿式联轴器 JB/T 8854.3—2001 GⅠCL、GⅠCLZ 型鼓形齿式联轴器 JB/T 7001—2007 WGP 型带制动盘鼓形齿式联轴器 JB/T 7002—2007 WGC 型垂直安装鼓形齿式联轴器 JB/T 7003—2007 WGZ 型带制动轮鼓形齿式联轴器 JB/T 7004—2007 WGT 型接中间套鼓形齿式联轴器 JB/T 10540—2005 GSL 伸缩型鼓形齿式联轴器 JB/T 5901—2017 十字销万向联轴器 JB/T 7341.1—2005 十字轴式万向联轴器用十字包 SWP 型 JB/T 7341.2—2006 十字轴式万向联轴器用十字包 SWC 型 JB/T 6139—2007 球铰式万向联轴器 JB/T 6140—1992 重型机械用球笼式同步万向联轴器 JB/T 7849—2007 径向弹性柱销联轴器 JB/T 8869—2000 蛇形弹簧联轴器 JB/T 7009—2007 卷筒用球面滚子联轴器

续表

分　类	标准号及名称
安全联轴器	GB/T 26663—2011 大型液压安全联轴器 JB/T 5986—2017 钢砂式安全联轴器 JB/T 5987—2017 钢球式节能安全联轴器 JB/T 6138—2007 AMN 内张摩擦式安全联轴器 JB/T 7355—2007 AYL 液压安全联轴器 JB/T 7682—1995 蛇形弹簧安全联轴器 JB/T 10476—2004 MAL 型摩擦安全联轴器
专用联轴器	GB/T 35147—2017 石油天然气工业 机械动力传输挠性联轴器 一般用途 GB/T 34027—2017 热连轧主传动十字轴式万向联轴器 GB/T 33506—2017 冷轧机组主传动鼓形齿式联轴器 GB/T 33507—2017 冷轧机组主传动十字轴式万向联轴器 JB/T 3923—2018 柴油机 喷油泵联轴器 型式及基本尺寸 JB/T 7009—2007 卷筒用球面滚子联轴器 JB/T 7846.1—2007 矫正机用滑块型万向联轴器 JB/T 7846.2—2007 矫正机用十字轴型万向联轴器 JB/T 10541—2005 冶金设备用轮胎式联轴器 JB/T 9559—2016 工业汽轮机用挠性联轴器

参考文献

[1] 成大先. 机械设计手册：第2卷. 第6版. 北京：化学工业出版社，2016.
[2] 全国机器轴与附件标准化技术委员会. 零部件及相关标准汇编：联轴器卷. 北京：中国标准出版社，2010.
[3] 机械设计手册编委会. 机械设计手册：第3卷. 新版. 北京：机械工业出版社，2004.
[4] 濮良贵. 机械设计. 第9版. 北京：高等教育出版社，2013.
[5] 阮忠唐. 联轴器、离合器设计与选用指南. 北京：化学工业出版社，2006.

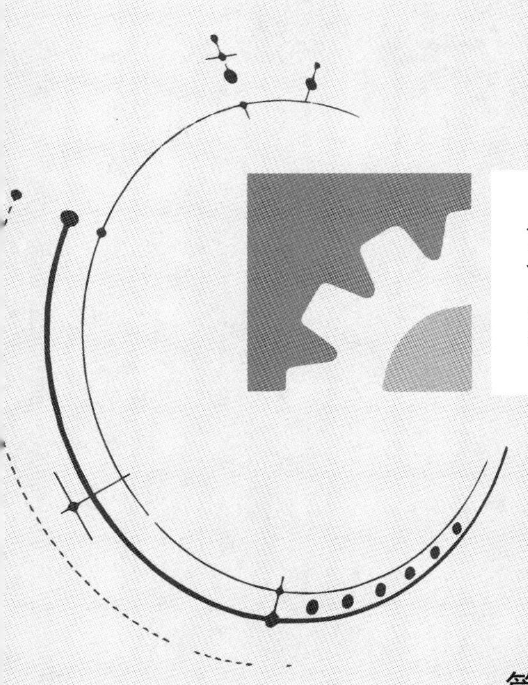

第 7 篇
滚动轴承

篇主编：郭宝霞

撰　稿：郭宝霞　周　宇　勇泰芳　张小玲

秦汉涛　陈庆熙　张　松

审　稿：杨晓蔚

第1章　滚动轴承的分类、结构型式及代号

1.1　滚动轴承的常用分类

表 7-1-1　　滚动轴承的常用分类

分类方法	名称	
按尺寸大小		公称外径 D/mm
	微型轴承	$D \leqslant 26$
	小型轴承	$26 < D < 60$
	中小型轴承	$60 \leqslant D < 120$
	中大型轴承	$120 \leqslant D < 200$
	大型轴承	$200 \leqslant D \leqslant 440$
	特大型轴承	$440 < D \leqslant 2000$
	重大型轴承	$D > 2000$
滚动轴承按其所能承受的载荷方向或公称接触角 α	向心轴承——主要用于承受径向载荷（$0° \leqslant \alpha \leqslant 45°$）	径向接触轴承（$\alpha = 0°$） 角接触向心轴承（$0° < \alpha \leqslant 45°$）
	推力轴承——主要用于承受轴向载荷（$45° < \alpha \leqslant 90°$）	轴向接触轴承（$\alpha = 90°$） 角接触推力轴承（$45° < \alpha < 90°$）
按滚动体的种类	球轴承——滚动体为球	
	滚子轴承——滚动体为滚子	圆柱滚子轴承——滚动体是圆柱滚子 滚针轴承——滚动体是滚针 圆锥滚子轴承——滚动体是圆锥滚子 调心滚子轴承——滚动体是球面滚子 长弧面滚子轴承——滚动体是长弧面滚子
按滚动体的列数	单列轴承——具有一列滚动体的轴承 双列轴承——具有两列滚动体的轴承 多列轴承——具有多于两列的滚动体并承受同一方向载荷的轴承	
按能否调心	调心轴承——滚道是球面形的，能适应两滚道轴心线间的角偏差及角运动的轴承 非调心轴承——能阻抗滚道间轴心线角偏移的轴承	
按主要用途	通用轴承——用于通用机械或一般用途的轴承 专用轴承——专门用于或主要用于特定主机或特殊工况的轴承。如汽车轴承、铁路轴承等	
按应用领域	民品轴承——用于民用领域的轴承 军品轴承——专门或主要用于国防军工装备的轴承	
按外形尺寸是否符合标准尺寸系列	标准轴承——外形尺寸符合标准尺寸系列规定的轴承 非标轴承——外形尺寸中任一尺寸不符合标准尺寸系列规定的轴承	
按是否有密封圈或防尘盖	开式轴承——无防尘盖及密封圈的轴承 闭式轴承——带有一个或两个防尘盖、一个或两个密封圈、一个防尘盖和一个密封圈的轴承	
按外形尺寸及公差的表示单位	公制（米制）轴承——外形尺寸及公差采用公制（米制）单位表示的轴承 英制轴承——外形尺寸及公差采用英制单位表示的轴承	

续表

<table>
<tr><th>分类方法</th><th colspan="2">名称</th></tr>
<tr><td>按组件能否分离</td><td colspan="2">可分离轴承——具有可分离组件的轴承
不可分离轴承——轴承在最终配套后，套圈均不能任意自由分离的轴承</td></tr>
<tr><td>按基本结构特征</td><td colspan="2">深沟球轴承
调心球轴承
角接触球轴承
圆柱滚子轴承
滚针轴承
调心滚子轴承
圆锥滚子轴承
推力球轴承
推力滚子轴承</td></tr>
<tr><td rowspan="3">按产品扩展分类</td><td colspan="2">轴承</td></tr>
<tr><td>组合轴承——不同类型轴承组合而成的轴承</td><td>滚针和推力球组合轴承
滚针和角接触球组合轴承
滚针和双向角接触球组合轴承
滚针和推力圆柱滚子组合轴承
滚针和双向推力圆柱滚子组合轴承</td></tr>
<tr><td>轴承单元——以轴承为核心零件，对相关的其他功能零、部件进行集成所形成的轴承功能部件(或组件、总成等)</td><td>铁路轴承单元
机床主轴轴承单元
汽车轮毂轴承单元
汽车离合器轴承单元
汽车张紧轮轴承单元
计算机磁盘驱动器主轴轴承单元
纺织轴承单元
洗衣机轴承单元
牙钻轴承单元等</td></tr>
<tr><td>按其结构形状</td><td colspan="2">可以分为多种结构类型。如：有无内外圈、有无保持架、有无装填槽、套圈的形状、挡边的结构等</td></tr>
<tr><td>综合分类</td><td colspan="2">滚动轴承
├ 轴承
│ ├ 向心轴承
│ │ ├ 径向接触轴承
│ │ │ ├ 径向接触球轴承—深沟球轴承
│ │ │ └ 径向接触滚子轴承：圆柱滚子轴承；滚针轴承
│ │ └ 角接触向心轴承
│ │   ├ 角接触向心球轴承：调心球轴承；角接触球轴承
│ │   └ 角接触向心滚子轴承：圆锥滚子轴承；调心滚子轴承
│ └ 推力轴承
│   ├ 轴向接触轴承
│   │ ├ 轴向接触球轴承—推力球轴承
│   │ └ 轴向接触滚子轴承：推力圆柱滚子轴承；推力滚针轴承
│   └ 角接触推力轴承
│   ├ 角接触推力球轴承—推力角接触球轴承
│   └ 角接触推力滚子轴承：推力圆锥滚子轴承；推力调心滚子轴承
├ 组合轴承
└ 轴承单元</td></tr>
</table>

1.2　滚动轴承其他分类

表 7-1-2　滚动轴承其他分类

分类方法	名　称	分类方法	名　称
按应用主机	汽车轴承(汽车轮毂轴承、水泵轴承、汽车离合器轴承、张紧轮轴承、汽车变速箱轴承、汽车发动机轴承等) 铁路轴承(铁路机车轴承、铁路货车轴承、铁路客车轴承等) 机床轴承(机床主轴轴承、机床丝杠轴承等) 电机轴承 摩托车轴承 轧机轴承 计算机轴承 精密仪器轴承 机器人轴承 输送机械轴承 风机轴承 农机轴承 纺织轴承	按使用性能	高速轴承 精密轴承 高温轴承 低温轴承 低噪声轴承 长寿命轴承 耐腐蚀轴承 绝缘轴承 无磁轴承 涂覆轴承 传感器轴承:具有一个或多个由机电或电子元件组成的集成传感器的滚动轴承 自润滑轴承 真空轴承
按结构和使用特点	外球面轴承 外调心轴承 锥孔轴承 轴连轴承 薄壁轴承 剖分轴承 凸缘轴承 带座轴承 满滚动体轴承 非磨轴承	按使用材料	铬钢轴承 不锈钢轴承 碳钢轴承 陶瓷轴承: ①全陶瓷轴承:滚动体和套圈都是陶瓷材料制造 ②混合陶瓷轴承:滚动体是陶瓷材料制造,至少一个套圈是轴承钢制造 塑料轴承
		按组配方式	配对轴承 组配轴承 万能组配轴承

1.3　带座外球面球轴承分类

表 7-1-3　带座外球面球轴承分类

分类方法	名　称	分类方法	名　称
按轴承座的加工方式	带铸造座轴承 带冲压座轴承	按轴承座的形状	带立式座轴承 带方形座轴承 带菱形座轴承 带圆形座轴承 带滑块座轴承 带环形座轴承 带悬挂式座轴承 带悬吊式座轴承 带三角形座轴承
按座内的轴承结构型式	带座顶丝外球面球轴承 带座偏心套外球面球轴承 带座紧定套外球面球轴承		
按轴承座的材料	带铸铁座轴承 带铸钢座轴承 带不锈钢座轴承 带塑料座轴承		

1.4　滚动轴承的代号

滚动轴承代号是用字母加数字来表示滚动轴承的结构、尺寸、公差等级、技术性能等特征的产品符号。

轴承代号由基本代号、前置代号和后置代号构成，其排列顺序见表 7-1-4。

表 7-1-4　轴承代号的构成及排列

前置代号（成套轴承分部件）			基本代号							后置代号（组）							
			通用轴承（滚针轴承除外）					滚针轴承		1	2	3	4	5	6	7	8
			类型代号														
代号	含义	示例	现代号	轴承类型	原代号	尺寸系列代号	内径代号	类型代号	表示轴承配合安装特征尺寸	内部结构	密封与防尘套圈变型	保持架及其材料	轴承材料	公差等级	游隙	配置	振动噪声及其他
L	可分离轴承的可分离内圈或外圈	LNU 207	0	双列角接触球轴承	6	见表 7-1-5	见表 7-1-6	见表 7-1-8		见表 7-1-9	见表 7-1-10	见表 7-1-11、表 7-1-12	见表 7-1-13	见表 7-1-14	见表 7-1-15	见表 7-1-16	见表 7-1-17
		LN 207	1	调心球轴承	1												
R	不带可分离内圈或外圈的轴承（滚针轴承仅适用于 NA 型）	RNU 207	2	调心滚子轴承	3												
		RNA 6904		推力调心滚子轴承	9												
			3	圆锥滚子轴承[①]	7												
K	滚子和保持架组件	K 81107	4	双列深沟球轴承	0												
WS	推力圆柱滚子轴承轴圈	WS 81107	5	推力球轴承	8												
			6	深沟球轴承	0												
GS	推力圆柱滚子轴承座圈	GS 81107	7	角接触球轴承	6												
F	凸缘外圈的向心球轴承（仅适用于 $d \leqslant 10$mm）	F 618/4	8	推力圆柱滚子轴承	9												
			N	圆柱滚子轴承	2												
FSN	凸缘外圈分离型微型角接触球轴承（仅适用于 $d \leqslant 10$mm）	FSN 719/5-Z		双列或多列用字母 NN 表示													
KOW-	无轴圈推力轴承	KOW-51108	U	外球面球轴承	0												
KIW-	无座圈推力轴承	KIW-51108	QJ	四点接触球轴承	6												
LR	带可分离的内圈或外圈与滚动体组件轴承	—	C	长弧面滚子轴承（圆环轴承）													
			滚动轴承的基本结构型式和代号构成见表 7-1-7														

① 符合 GB/T 273.1 的圆锥滚子轴承代号见 1.4.10。

1.4.1　基本代号

滚动轴承（滚针轴承除外）基本代号由轴承的类型代号、尺寸系列代号和内径代号构成，是轴承代号的基础，见表 7-1-4～表 7-1-7。

滚针轴承基本代号由轴承类型代号和表示轴承配合安装特征的尺寸构成，见表 7-1-4 和表 7-1-8。

（1）尺寸系列代号（见表 7-1-5）

表 7-1-5　**轴承尺寸系列代号**

直径系列代号	向心轴承								推力轴承			
	宽度系列代号								高度系列代号			
	8	0	1	2	3	4	5	6	7	9	1	2
	尺寸系列代号											
7	—	—	17	—	37	—	—	—	—	—	—	—
8	—	08	18	28	38	48	58	68	—	—	—	—
9	—	09	19	29	39	49	59	69	—	—	—	—
0	—	00	10	20	30	40	50	60	70	90	10	—
1	—	01	11	21	31	41	51	61	71	91	11	—
2	82	02	12	22	32	42	52	62	72	92	12	22
3	83	03	13	23	33	—	—	—	73	93	13	23
4	—	04	—	24	—	—	—	—	74	94	14	24
5	—	—	—	—	—	—	—	—	—	95	—	—

（2）内径代号（见表 7-1-6）

表 7-1-6　**轴承内径代号**

轴承公称内径/mm		内径代号	示例
0.6～10(非整数)		用公称内径毫米数直接表示，在其与尺寸系列代号之间用“/”分开	深沟球轴承　618/2.5 d=2.5mm
1～9(整数)		用公称内径毫米数直接表示，对深沟及角接触球轴承 7、8、9 直径系列，内径与尺寸系列代号之间用“/”分开	深沟球轴承　625　618/5 d=5mm
10～17	10	00	深沟球轴承　6200 d=10mm
	12	01	
	15	02	
	17	03	
20～480 (22、28、32 除外)		公称内径除以 5 的商数为个位数，需在商数左边加“0”，如 08	调心滚子轴承　23208 d=40mm
≥500 以及 22、28、32		用公称内径毫米数直接表示，但在与尺寸系列之间用“/”分开	调心滚子轴承　230/500 d=500mm 深沟球轴承　62/22 d=22mm

1.4.2 常用滚动轴承的基本结构型式和代号构成

表 7-1-7 **滚动轴承的基本结构型式和代号构成**

轴承类型		简图	类型代号	尺寸系列代号	组合代号	标准号
深沟球轴承	深沟球轴承	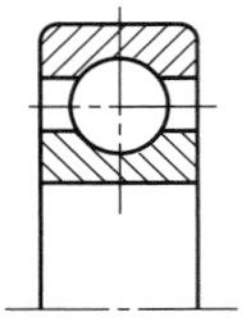	6 6 6 6 16 6 6 6 6	17 37 18 19 (0)0 (1)0 (0)2 (0)3 (0)4	61700 63700 61800 61900 16000 6000 6200 6300 6400	GB/T 276—2013
	有装球缺口的带保持架深沟球轴承	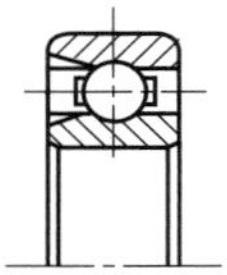	(6)	(0)2 (0)3	200 300	—
	双列深沟球轴承	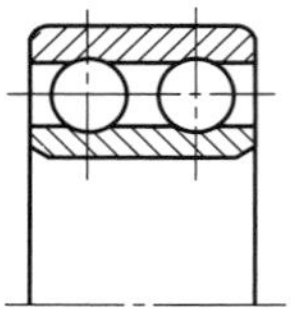	4 4	(2)2 (2)3	4200 4300	—
外球面球轴承	带顶丝外球面球轴承	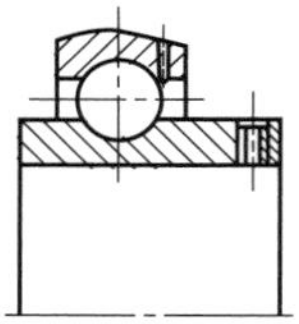	UC UC	2 3	UC 200 UC 300	GB/T 3882—2017
	带偏心套外球面球轴承	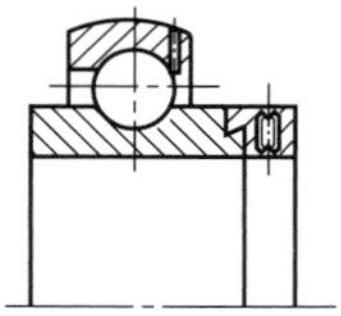	UEL UEL	2 3	UEL 200 UEL 300	
	圆锥孔外球面球轴承	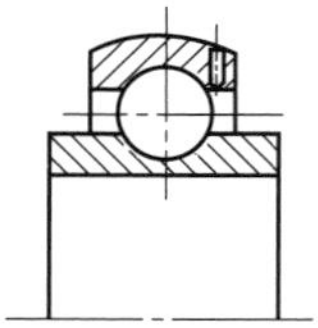	UK UK	2 3	UK 200 UK 300	
调心球轴承		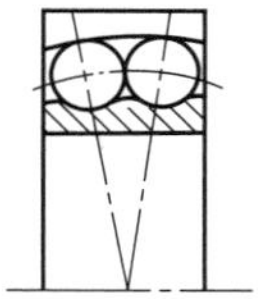	1 1 1 1 (1) 1 (1)	39 (1)0 30 (0)2 22 (0)3 23	13900 1000 13000 1200 2200 1300 2300	GB/T 281—2013

续表

轴承类型		简　图	类型代号	尺寸系列代号	组合代号	标准号
圆柱滚子轴承	外圈无挡边圆柱滚子轴承		N N N N N N	10 (0)2 22 (0)3 23 (0)4	N1000 N200 N2200 N300 N2300 N400	GB/T 283—2007
	内圈无挡边圆柱滚子轴承		NU NU NU NU NU NU	10 (0)2 22 (0)3 23 (0)4	NU 1000 NU 200 NU 2200 NU 300 NU 2300 NU 400	
	内圈单挡边圆柱滚子轴承		NJ NJ NJ NJ NJ	(0)2 22 (0)3 23 (0)4	NJ 200 NJ 2200 NJ 300 NJ 2300 NJ 400	
	内圈单挡边并带平挡圈圆柱滚子轴承		NUP NUP NUP NUP	(0)2 22 (0)3 23	NUP 200 NUP 2200 NUP 300 NUP 2300	
	外圈单挡边圆柱滚子轴承		NF	(0)2 (0)3 23	NF 200 NF 300 NF 2300	
	无挡边的圆柱滚子轴承		NB		NB 0000	—
	外圈有单挡边并带平挡圈的圆柱滚子轴承		NFP		NFP 0000	—
	内圈无挡边但带平挡圈的圆柱滚子轴承		NJP		NJP 0000	—
	外圈无挡边带双锁圈的无保持架圆柱滚子轴承		NCL		NCL 0000 V	—

续表

轴承类型		简图	类型代号	尺寸系列代号	组合代号	标准号
圆柱滚子轴承	内圈单挡边、大端面凸出外圈的圆柱滚子轴承	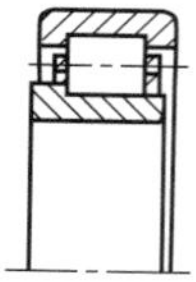	NJG		NJG 0000	—
	外圈单挡边带锁圈的无保持架圆柱滚子轴承	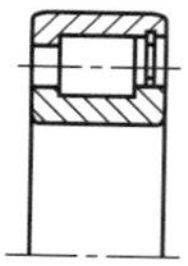	NFL		NFL 0000 V	—
	套圈无挡边外圈带双锁圈的无保持架圆柱滚子轴承	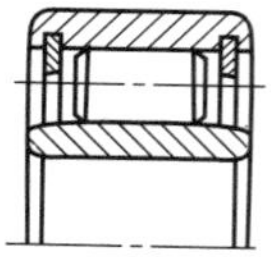	NBCL		NBCL 0000 V	—
	内圈无挡边但带双锁圈的无保持架圆柱滚子轴承	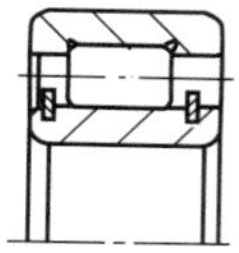	NUCL		NUCL 0000 V	—
	双列圆柱滚子轴承	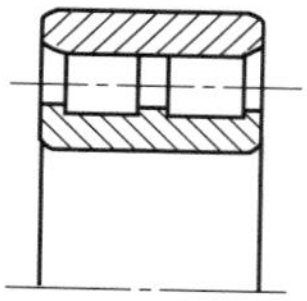	NN	49 30	NN 4900 NN 3000	GB/T 285—2013
	内圈无挡边双列圆柱滚子轴承	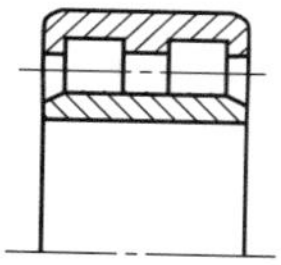	NNU	49 41	NNU 4900 NNU 4100	GB/T 285—2013
	内圈无挡边两面带平挡圈的无保持架双列圆柱滚子轴承	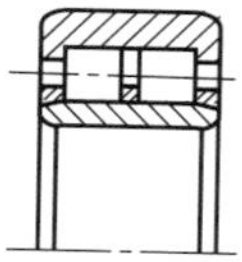	NNUP		NNUP 0000 V	—
	外圈两面带平挡圈的双列圆柱滚子轴承	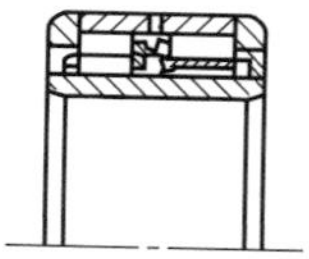	NNP		NNP 0000	—
	外圈有止动槽两面带密封圈的双内圈无保持架双列圆柱滚子轴承	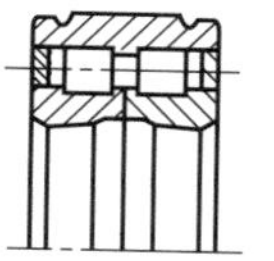	NNF		NNF 0000 —2LSNV	—

续表

轴承类型		简图	类型代号	尺寸系列代号	组合代号	标准号
圆柱滚子轴承	外圈有单挡边并带单平挡圈的双列圆柱滚子轴承	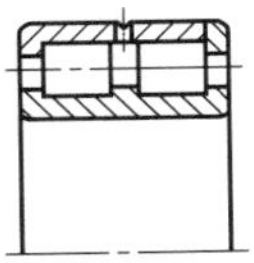	NNFP		NNFP 0000	—
	外圈无挡边带双锁圈的无保持架双列圆柱滚子轴承	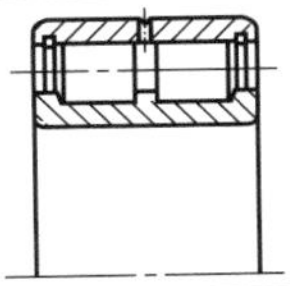	NNCL		NNCL 0000 V	—
	外圈有单挡边并带锁圈的双列圆柱滚子轴承	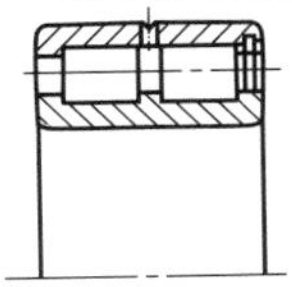	NNFL		NNFL 0000	—
	外圈有挡边、双外圈的无保持架双列圆柱滚子轴承	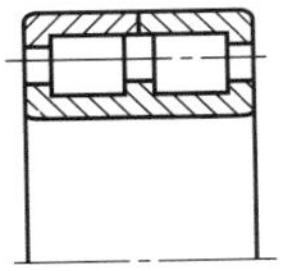	NNC		NNC 0000 V	—
	无挡边双列圆柱滚子轴承	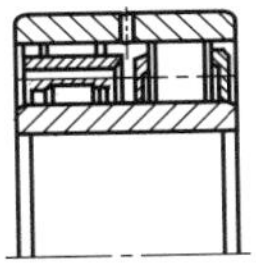	NNB		NNB 0000	—
	内圈单挡边的双列圆柱滚子轴承	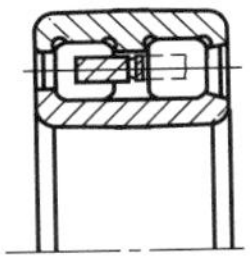	NNJ		NNJ 0000	—
	无挡边三列圆柱滚子轴承	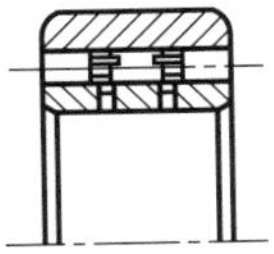	NNTB		NNTB 0000	—
	内圈无挡边两面带平挡圈的无保持架三列圆柱滚子轴承	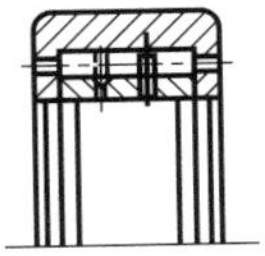	NNTUP		NNTUP 0000 V	—
	外圈带平挡圈的四列圆柱滚子轴承	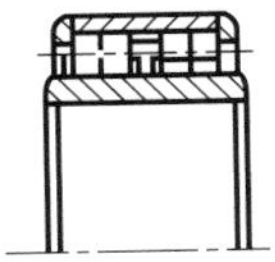	NNQP		NNQP 0000	—
	无挡边四列圆柱滚子轴承	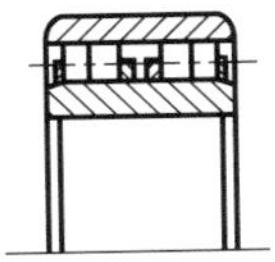	NNQB		NNQB 0000	—

续表

轴承类型		简图	类型代号	尺寸系列代号	组合代号	标准号
调心滚子轴承	调心滚子轴承	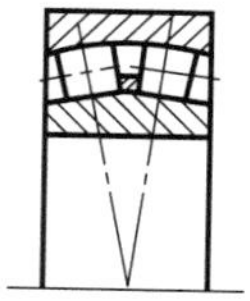	2 2 2 2 2 2 2 2 2 2 2 2	03① 22 23 30 31 32 40 41 38 39 48 49	21300 22200 22300 23000 23100 23200 24000 24100 23800 23900 24800 24900	GB/T 288—2013
	单列调心滚子轴承	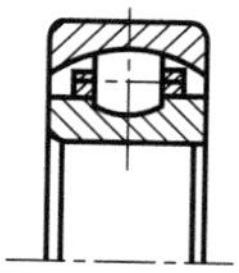	2	02 03 04	20200 20300 20400	—
角接触球轴承	角接触球轴承	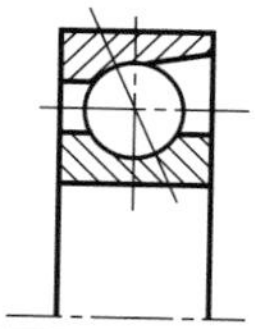	7 7 7 7 7 7	18 19 (1)0 (0)2 (0)3 (0)4	71800 71900 7000 7200 7300 7400	GB/T 292—2007
	分离型角接触球轴承	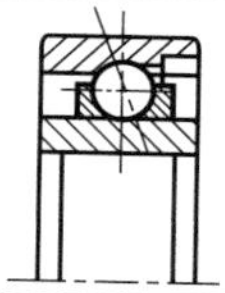	S7		S70000	—
	锁圈在内圈上的角接触球轴承	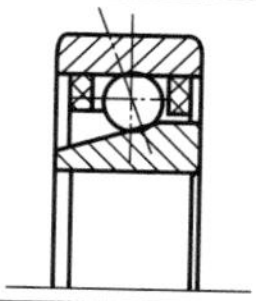	B7	(1)0 (0)2 (0)3	B7000 B7200 B7300	GB/T 292—2007
	内圈分离型角接触球轴承	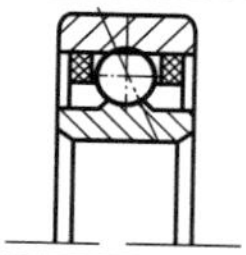	SN7		SN70000	—
	四点接触球轴承	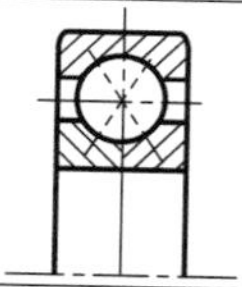	QJ	(0)2 (0)3 10	QJ 200 QJ 300 QJ 1000	GB/T 294—2015
	双半外圈四点接触球轴承	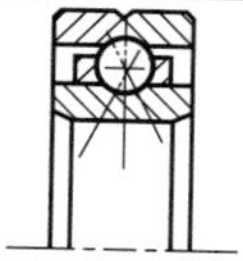	QJF	(0)2 (0)3 10	QJF 200 QJF 300 QJF 1000	GB/T 294—2015
	双半外圈三点接触球轴承	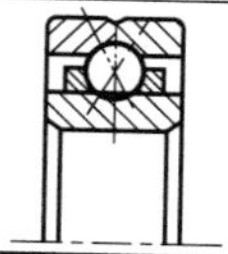	QJT		QJT 0000	—

续表

轴承类型		简　图	类型代号	尺寸系列代号	组合代号	标准号
角接触球轴承	双半内圈三点接触球轴承		QJS	(0)2 (0)3 10	QJS 200 QJS 300 QJS 1000	GB/T 294—2015
	双列角接触球轴承		(0) (0)	32 33	3200 3300	GB/T 296—2015
圆锥滚子轴承	单列圆锥滚子轴承		3 3 3 3 3 3 3 3 3 3	02 03 13 20 22 23 29 30 31 32	30200 30300 31300 32000 32200 32300 32900 33000 33100 33200	GB/T 297—2015
	双内圈双列圆锥滚子轴承		35	19 29 10 20 11 21 22 13	351900 352900 351000 352000 351100 352100 352200 351300	GB/T 299—2008
	双外圈双列圆锥滚子轴承		37		370000	—
	四列圆锥滚子轴承		38	19 29 10 20 11 21	381900 382900 381000 382000 381100 382100	GB/T 300—2008
长弧面滚子轴承			C	29 39 49 59 69 30 40 50 60 31 41 22 32	C2900 C3900 C4900 C5900 C6900 C3000 C4000 C5000 C6000 C3100 C4100 C2200 C3200	—

续表

轴承类型		简图	类型代号	尺寸系列代号	组合代号	标准号
推力球轴承	推力球轴承		5	11 12 13 14	51100 51200 51300 51400	GB/T 301—2015
	双向推力球轴承		5 5 5	22 23 24	52200 52300 52400	GB/T 301—2015
	带球面座圈的推力球轴承		5 5 5	12② 13 14	53200 53300 53400	GB/T 28697—2012
	带球面座圈的双向推力球轴承		5 5 5	22③ 23 24	54200 54300 54400	GB/T 28697—2012
推力角接触球轴承	推力角接触球轴承		56 76		560000 760000	JB/T 8717—2009 GB/T 24604—2009
	双向推力角接触球轴承		23	44④ 47 49	234400 234700 234900	JB/T 6362—2007
推力圆柱滚子轴承	推力圆柱滚子轴承		8 8	11 12	81100 81200	GB/T 4663—2017
	双列或多列推力圆柱滚子轴承		8	93 74 94	89300 87400 89400	—
	双向推力圆柱滚子轴承		8	22 23	82200 82300	GB/T 4663—2017
推力圆锥滚子轴承			9	11 12	91100 91200	JB/T 7751—2016
			9	21	92100	
推力调心滚子轴承			2 2 2	92 93 94	29200 29300 29400	GB/T 5859—2008

① 尺寸系列实为03，用13表示。
② 尺寸系列实为12、13、14，分别用32、33、34表示。
③ 尺寸系列实为22、23、24，分别用42、43、44表示。
④ 尺寸系列不同于表7-1-5。
注：表中用“（　）”括住的数字表示在组合代号中省略。

1.4.3　滚针轴承的基本结构型式和代号构成

表 7-1-8　　滚针轴承的基本结构型式和代号构成

轴承类型		简图	类型代号	配合安装特征尺寸表示	轴承基本代号	标准号
滚针和保持架组件	向心滚针和保持架组件	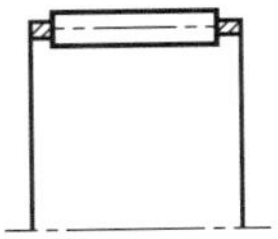	K	$F_w \times E_w \times B_c$	K $F_w \times E_w \times B_c$	GB/T 20056—2015
滚针和保持架组件	推力滚针和保持架组件	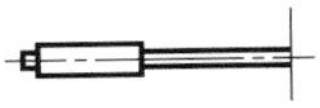	AXK	$D_{c1}D_c$	AXK $D_{c1}D_c$	GB/T 4605—2003
滚针和保持架组件	带冲压中心套的推力滚针和保持架组件	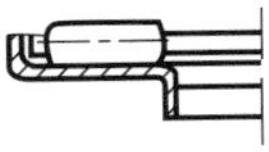	AXW	D_1	AXW D_1	—
滚针轴承	滚针轴承	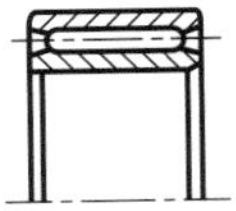	NKI	d/B	NKI d/B	GB/T 5801—2006
滚针轴承	滚针轴承		NA	用尺寸系列代号、内径代号表示 尺寸系列代号：48、49、69 内径代号见表 7-1-6	NA 4800 NA 4900 NA 6900	GB/T 5801—2006
滚针轴承	无内圈滚针轴承 轻系列	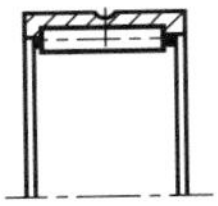	NK	F_w/B	NK F_w/B	—
滚针轴承	无内圈滚针轴承 重系列		NKS NKH	F_w F_w	NKS F_w NKH F_w	—
滚针轴承	外圈无挡边滚针轴承	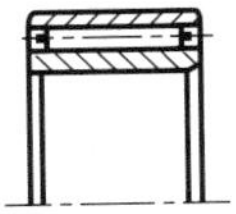	NAO	$d \times D \times B$	NAO $d \times D \times B$	—
滚针轴承	满装滚针轴承	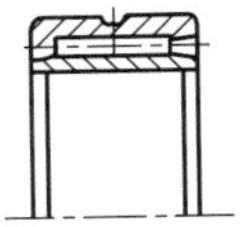	NAV	用尺寸系列代号、内径代号表示 尺寸系列代号：40、48、49 内径代号见表 7-1-6	NAV 4000 NAV 4800 NAV 4900	JB/T 3588—2007
滚针轴承	穿孔型冲压外圈滚针轴承	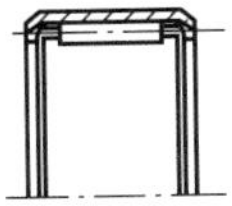	HK	F_wC	HK F_wC	GB/T 290—2017
滚针轴承	封口型冲压外圈滚针轴承	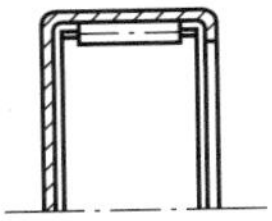	BK	F_wC	BK F_wC	GB/T 290—2017
滚针轴承	穿孔型冲压外圈满装滚针轴承 （1 系列） （2 系列）	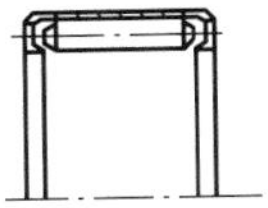	F- FH-	F_wC ①	F-F_wC FH-F_wC	GB/T 290—2017 GB/T 12764—2009

续表

轴承类型		简图	类型代号	配合安装特征尺寸表示	轴承基本代号	标准号
滚针轴承	封口型冲压外圈满装滚针轴承（1系列）（2系列）	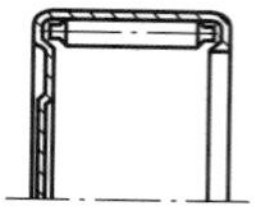	MF- MFH-	F_wC ①	MF-F_wC MFH-F_wC	GB/T 290—2017 GB/T 12764—2009
	穿孔型冲压外圈满装滚针轴承（油脂限位）（1系列）（2系列）	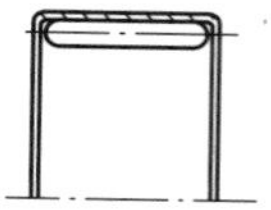	FY- FYH-	F_wC ①	FY-F_wC FYH-F_wC	
	封口型冲压外圈满装滚针轴承（油脂限位）（1系列）（2系列）	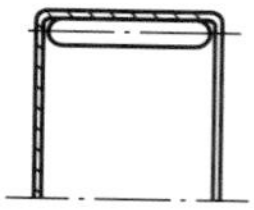	MFY- MFYH-	F_wC ①	MFY-F_wC MFYH-F_wC	
滚针组合轴承	滚针和推力圆柱滚子组合轴承	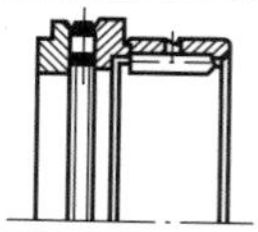	NKXR	F_w	NKXR F_w	GB/T 16643—2015
	滚针和推力球组合轴承	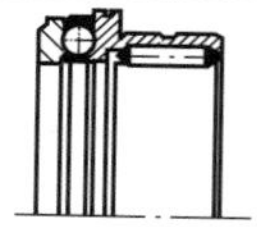	NKX	F_w	NKX F_w	GB/T 25760—2010
	带外罩的滚针和满装推力球组合轴承（油润滑）	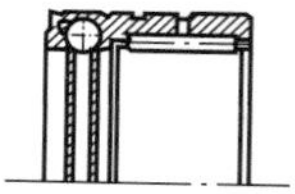	NX	F_w	NX F_w	
	滚针和角接触球组合轴承（单向）	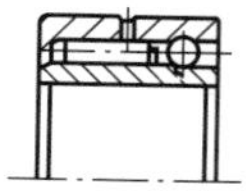	NKIA	用尺寸系列代号、内径代号表示 尺寸系列代号 59 内径代号见表 7-1-6	NKIA 5900	GB/T 25761—2010
	滚针和角接触球组合轴承（双向）	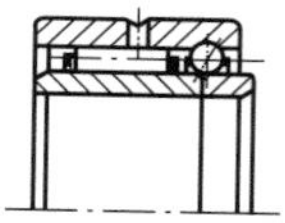	NKIB		NKIB 5900	
	滚针和双向推力圆柱滚子组合轴承	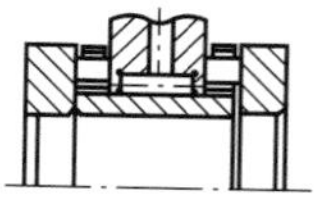	ZARN	dD	ZARN dD	GB/T 25768—2010
	带法兰盘的滚针和双向推力圆柱滚子组合轴承	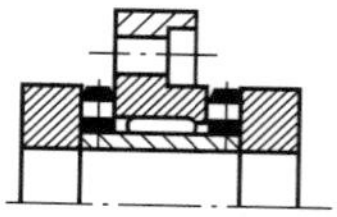	ZARF	dD	ZARF dD	
	圆柱滚子和双向推力滚针组合轴承	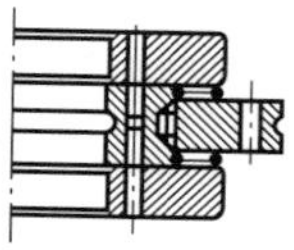	YRT	d	YRT d	—

续表

轴承类型		简　图	类型代号	配合安装特征尺寸表示	轴承基本代号	标准号
长圆柱滚子轴承	长圆柱滚子轴承	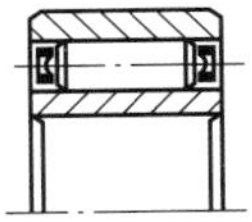	NAOL	用尺寸系列代号、内径代号表示	NAOL 0000	—
	外圈带双挡边的长圆柱滚子轴承	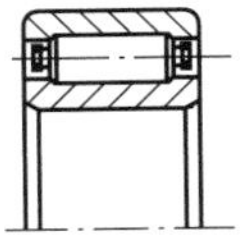	NAL	用尺寸系列代号、内径代号表示	NAL 0000	—
滚轮滚针轴承	无挡边滚轮滚针轴承	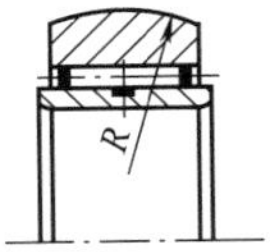	STO	*d*	STO *d*	—
	两面带密封圈、外圈双挡边的滚轮滚针轴承		NA	用尺寸系列代号、内径代号表示 尺寸系列代号 22 | 内径[2]代号	NA 2200-2RS	—
滚轮轴承	平挡圈滚轮滚针轴承 （轻系列） （重系列）	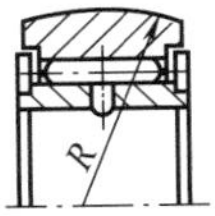	NATR	*d* *dD*	NATR *d* NATR *dD*	GB/T 6445—2007
	平挡圈滚轮满装滚针轴承 （轻系列） （重系列）	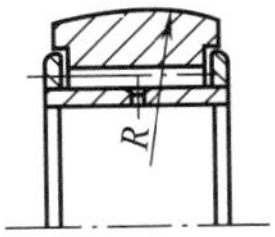	NATV	*d* *dD*	NATV *d* NATV *dD*	
	带螺栓轴滚轮滚针轴承 （轻系列） （重系列）	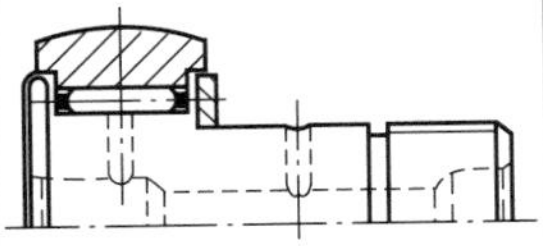	KR[3]	*D* Dd_1	KR *D* KR Dd_1	
	带螺栓轴满装滚轮滚针轴承 （轻系列） （重系列）	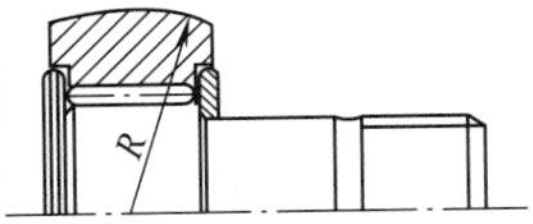	KRV[3]	*D* Dd_1	KRV *D* KRV Dd_1	
	平挡圈型双列满装圆柱滚子滚轮轴承 （轻系列） （重系列）	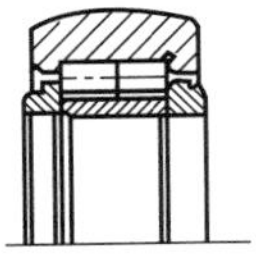	NUTR	*d* *dD*	NUTR *d* NUTR *dD*	JB/T 7754—2007

续表

轴承类型		简图	类型代号	配合安装特征尺寸表示	轴承基本代号	标准号
滚轮轴承	螺栓型双列满装圆柱滚子滚轮轴承	R=500	NUKR[3]	D	NUKR D	JB/T 7754—2007
特种滚针轴承	调心滚针轴承		PNA	d/D	PNA d/D	—

① 尺寸直接用毫米数表示时，如是个位数，需在其左边加“0”。如 8mm 用 08 表示。

② 内径代号除 $d<10$mm 用“/实际公称毫米数”表示外，其余按表 7-1-6。

③ KR、KRV、NUKR 型轴承带偏心套时，应在该类型代号后加 E，则代号分别变为 KRE、KRVE、NUKRE。

注：表中 F_w——无内圈滚针轴承滚针总体内径（滚针保持架组件内径）；E_w——滚针保持架组件外径；B——轴承公称宽度；B_c——滚针保持架组件宽度；D_{c1}——推力滚针保持架组件内径；D_c——推力滚针保持架组件外径。

1.4.4 前置代号

前置代号用字母表示，代号及其含义见表 7-1-4。

1.4.5 后置代号

后置代号用字母（或加数字）表示，代号及其含义见表 7-1-9～表 7-1-17，排列顺序见表 7-1-4。

（1）内部结构代号（后置代号第 1 组）

表 7-1-9 内部结构变化代号

代号	含义	示例
A、B C、D E	1)表示内部结构改变 2)表示标准设计，其含义随不同类型、结构而异	
	A ①无装球缺口的双列角接触或深沟球轴承 ②滚针轴承外圈带双锁圈($d>9$mm，$F_w>12$mm) ③套圈直滚道的深沟球轴承 B ① 角接触球轴承 公称接触角 $\alpha=40°$ ② 圆锥滚子轴承 接触角加大 C ① 角接触球轴承 公称接触角 $\alpha=15°$ ② 调心滚子轴承 C 型 E 加强型 即内部结构设计改进，增大轴承承载能力	3205 A — — 7210 B 32310 B 7005 C 23122 C NU 207 E
AC D ZW	角接触球轴承 公称接触角 $\alpha=25°$ 剖分式轴承 滚针保持架组件 双列	7210 AC K 50×55×20 D K 20×25×40 ZW
CA CC CAB CABC CAC	C 型调心滚子轴承，内圈带挡边，活动中挡圈，实体保持架 C 型调心滚子轴承，滚子引导方式有改进 CA 型调心滚子轴承，滚子中部穿孔，带柱销式保持架 CAB 型调心滚子轴承，滚子引导方式有改进 CA 型调心滚子轴承，滚子引导方式有改进	23084 CA/W33 22205 CC — — 22252 CACK

（2）密封、防尘与外部形状变化代号（后置代号第 2 组）

表 7-1-10　**密封、防尘与外部形状变化代号**

代号		含义	示例
密封与防尘	-RS	轴承一面带骨架式橡胶密封圈(接触式)	6210-RS
	-2RS	轴承两面带骨架式橡胶密封圈(接触式)	6210-2RS
	-RZ	轴承一面带骨架式橡胶密封圈(非接触式)	6210-RZ
	-2RZ	轴承两面带骨架式橡胶密封圈(非接触式)	6210-2RZ
	-RSL	轴承一面带骨架式橡胶密封圈(轻接触式)	6210-RSL
	-2RSL	轴承两面带骨架式橡胶密封圈(轻接触式)	6210-2RSL
	-Z	轴承一面带防尘盖	6210-Z
	-2Z	轴承两面带防尘盖	6210-2Z
	-RSZ	轴承一面带骨架式橡胶密封圈(接触式)、一面带防尘盖	6210-RSZ
	-RZZ	轴承一面带骨架式橡胶密封圈(非接触式)、一面带防尘盖	6210-RZZ
	-ZN	轴承一面带防尘盖,另一面外圈有止动槽	6210-ZN
	-ZNR	轴承一面带防尘盖,另一面外圈有止动槽并带止动环	6210-ZNR
	-ZNB	轴承一面带防尘盖,同一面外圈有止动槽	6210-ZNB
	-2ZN	轴承两面带防尘盖,外圈有止动槽	6210-2ZN
	-FS	轴承一面带毡圈密封	6203-FS
	-2FS	轴承两面带毡圈密封	6206-2FSWB
	-LS	轴承一面带骨架式橡胶密封圈(接触式,套圈不开槽)	—
	-2LS	轴承两面带骨架式橡胶密封圈(接触式,套圈不开槽)	NNF 5012-2LSNV
	PP	轴承两面带软质橡胶密封圈	NATR 8 PP
	Z	①带防尘罩的滚针组合轴承 ②带外罩的滚针和满装推力球组合轴承(脂润滑)	NK 25 Z —
	ZH	推力轴承,座圈带防尘罩	—
	ZS	推力轴承,轴圈带防尘罩	—
	SC	带外罩向心轴承	—
外部形状变化	K	圆锥孔轴承　锥度 1∶12(外球面球轴承除外)	1210 K
	K30	圆锥孔轴承　锥度 1∶30	24122 K30
	-2K	双圆锥孔轴承,锥度 1∶12	QF 2308-2K
	R	轴承外圈有止动挡边(凸缘外圈)(不适用于内径小于 10mm 的向心球轴承)	30307 R
	N	轴承外圈上有止动槽	6210 N
	NR	轴承外圈上有止动槽,并带止动环	6210 NR
	N1	轴承外圈有一个定位槽口	—
	N2	轴承外圈有两个或两个以上的定位槽口	—
	N4	N+N2　定位槽口和止动槽不在同一侧	—
	N6	N+N2　定位槽口和止动槽在同一侧	—
	P	双半外圈的调心滚子轴承	—
	PR	同 P,两半外圈间有隔圈	—
	-2PS	滚轮轴承,滚轮两端为多片卡簧式密封	—
	SK	螺栓型滚轮轴承①,螺栓轴端部有内六角盲孔	—
	U	推力球轴承　带球面垫圈	53210 U
	D	①双列角接触球轴承,双内圈 ②双列圆锥滚子轴承,无内隔圈,端面不修磨	 3307 D
	DC	双列角接触球轴承,双外圈	3924-2KDC
	D1	双列圆锥滚子轴承,无内隔圈,端面修磨	—
	DH	有两个座圈的单向推力轴承	—
	DS	有两个轴圈的单向推力轴承	—
	S	①轴承外圈表面为球面(球面球轴承和滚轮轴承除外) ②游隙可调(滚针轴承)	NA 4906 S —
	WB	宽内圈轴承(双面宽);WB1—单面宽	—
	WC	宽外圈轴承	—
	X	滚轮滚针轴承外圈表面为圆柱面	KR 30 X

① 对螺栓型滚轮轴承，滚轮两端为多片卡簧式密封，螺栓轴端部有内六角盲孔，后置代号可简化为-2PSK。

注：密封圈代号与防尘盖代号同样可以与止动槽代号进行多种组合。

（3）保持架代号（后置代号第3组）

表 7-1-11

保持架代号

代号		含义	备注
保持架材料代号	F	钢、球墨铸铁或粉末冶金实体保持架	
	Q	青铜实体保持架	
	M	黄铜实体保持架	
	L	轻合金实体保持架	
	T	酚醛层压布管实体保持架	
	TH	玻璃纤维增强酚醛树脂保持架(筐形)	
	TN	工程塑料模注保持架	
	J	钢板冲压保持架	
	Y	铜板冲压保持架	
	ZA	锌铝合金保持架	
	SZ	保持架由弹簧丝或弹簧制造	
保持架结构型式及表面处理代号	H	自锁兜孔保持架	注：本条的代号只能与保持架材料代号结合使用。例：MPS—有拉孔或冲孔（窗形保持架）的黄铜实体保持架，外圈或内圈引导，引导面有润滑油槽 JA—钢板冲压保持架，外圈引导 FE—经磷化处理的钢制实体保持架
	W	焊接保持架	
	R	铆接保持架(用于大型轴承)	
	E	磷化处理保持架	
	D	碳氮共渗保持架	
	D1	渗碳保持架	
	D2	渗氮保持架	
	D3	低温碳氮共渗保持架	
	C	有镀层的保持架(C1—镀银)	
	A	外圈引导	
	B	内圈引导	
	P	由内圈或外圈引导的拉孔或冲孔的窗形保持架	
	S	引导面有润滑槽	
无保持架代号	V	满装滚动体(无保持架)	6208V—满装球深沟球轴承
不编制保持架代号的轴承		凡轴承的保持架采用表7-1-12规定的结构和材料时，不编制保持架材料改变的后置代号	见表7-1-12

表 7-1-12

不编制保持架后置代号的轴承

序号	轴承类型	保持架的结构和材料
1	深沟球轴承	1)当轴承外径 $D\leqslant400$mm 时，采用钢板(带)或黄铜板(带)冲压保持架 2)当轴承外径 $D>400$mm 时，采用黄铜实体保持架
2	调心球轴承	1)当轴承外径 $D\leqslant200$mm 时，采用钢板(带)冲压保持架 2)当轴承外径 $D>200$mm 时，采用黄铜实体保持架
3	圆柱滚子轴承	1)圆柱滚子轴承：轴承外径 $D\leqslant400$mm 时，采用钢板(带)冲压保持架，轴承外径 $D>400$mm 时，采用钢制实体保持架 2)双列圆柱滚子轴承，采用黄铜实体保持架
4	调心滚子轴承	1)对称调心滚子轴承(带活动中挡圈)，采用钢板(带)冲压保持架 2)其他调心滚子轴承，采用黄铜实体保持架
5	滚针轴承 长圆柱滚子轴承	采用钢板或硬铝冲压保持架 采用钢板(带)冲压保持架

续表

序号	轴承类型	保持架的结构和材料
6	角接触球轴承	1)分离型角接触球轴承采用酚醛层压布管实体保持架 2)双半内圈或双半外圈(三点、四点接触)球轴承采用铜制实体保持架 3)角接触球轴承及其变形： 当轴承外径 $D \leqslant 250$mm 时，接触角 ——$\alpha=15°$、25°采用酚醛层压布管实体保持架 ——$\alpha=40°$采用钢板冲压保持架 当轴承外径 $D>250$mm 时，采用黄铜或硬铝制实体保持架 ——5、4、2 级公差轴承采用酚醛层压布管实体保持架 ——锁口在内圈的角接触球轴承及其变形采用酚醛层压布管实体保持架 4)双列角接触球轴承，采用钢板(带)冲压保持架
7	圆锥滚子轴承	1)当轴承外径 $D \leqslant 650$mm 时，采用钢板冲压保持架 2)当轴承外径 $D>650$mm 时，采用钢制实体保持架
8	推力球轴承	1)当轴承外径 $D \leqslant 250$mm 时，采用钢板(带)冲压保持架 2)当轴承外径 $D>250$mm 时，采用实体保持架
9	推力滚子轴承	1)推力圆柱滚子轴承、推力调心滚子轴承、推力圆锥滚子轴承，采用实体保持架 2)推力滚针轴承，采用冲压保持架

(4) 轴承材料（后置代号第 4 组）

表 7-1-13　轴承材料代号

代号	含　义	示　例
/HE	套圈、滚动体和保持架或仅是套圈和滚动体由电渣重熔轴承钢 GCr15Z 制造	6204/HE
/HA	套圈、滚动体和保持架或仅是套圈和滚动体由真空冶炼轴承钢制造	6204/HA
/HU	套圈、滚动体和保持架或仅是套圈和滚动体由不可淬硬不锈钢 1Cr18Ni9Ti 制造	6004/HU
/HV	套圈、滚动体和保持架或仅是套圈和滚动体由可淬硬不锈钢(/HV—9Cr18;/HV1—9Cr18Mo;/HV2—GCr18Mo)制造	6014/HV
/HN	套圈、滚动体由高温轴承钢(/HN—Cr4Mo4V;/HN1—Cr14Mo4;/HN2—Cr15Mo4V;/HN3—W18Cr4V)制造	NU 208/HN
/HC	套圈和滚动体或仅是套圈由高温渗碳轴承钢(/HC—20Cr2Ni4A;/HC1—20Cr2Mn2MoA;/HC2—15Mn)制造	—
/HP	套圈和滚动体由铍青铜或其他防磁材料制造	—
/HQ	套圈和滚动体由非金属材料(/HQ—塑料;/HQ1—陶瓷)制造	—
/HG	套圈和滚动体或仅是套圈由其他轴承钢(/HG—5CrMnMo;/HG1—55SiMoVA)制造	—
/CS	轴承零件采用碳素结构钢制造	—

(5) 公差等级代号（后置代号第 5 组）

表 7-1-14　公差等级代号

代　号	含　义	示　例
/PN	公差等级符合标准规定的普通级，代号中省略不表示	6203
/P6	公差等级符合标准规定的 6 级	6203/P6
/P6x	公差等级符合标准规定的 6x 级	30210/P6x
/P5	公差等级符合标准规定的 5 级	6203/P5
/P4	公差等级符合标准规定的 4 级	6203/P4
/P2	公差等级符合标准规定的 2 级	6203/P2
/SP	尺寸精度相当于 5 级，旋转精度相当于 4 级	234420/SP
/UP	尺寸精度相当于 4 级，旋转精度高于 4 级	234730/UP

注：/SP、/UP 公差等级主要用于精密机床主轴轴承。

第7篇

（6）游隙代号（后置代号第6组）

表 7-1-15　　游隙代号

代号	含义	示例
/C1	游隙符合标准规定的1组	NN 3006 K/C1
/C2	游隙符合标准规定的2组	6210/C2
/CN	游隙符合标准规定的N组，代号中省略不表示 N组游隙。/CN与字母H、M和L组合，表示游隙范围减半，或与P组合，表示游隙范围偏移，如： /CNH　N组游隙减半，位于上半部 /CNM　N组游隙减半，位于中部 /CNL　N组游隙减半，位于下半部 /CNP　游隙范围位于N组的上半部及3组的下半部	6210
/C3	游隙符合标准规定的3组	6210/C3
/C4	游隙符合标准规定的4组	NN 3006 K/C4
/C5	游隙符合标准规定的5组	NNU 4920 K/C5
/CM	电机深沟球轴承游隙	—
/C9	轴承游隙不同于现标准	6205-2RS/C9

注：公差等级代号与游隙代号需同时表示时，可进行简化，取公差等级代号加上游隙组号（N组不表示）组合表示。例：/P63表示轴承公差等级6级，径向游隙3组；/P52表示轴承公差等级5级，径向游隙2组。

（7）配置代号（后置代号第7组）

表 7-1-16　　配置代号

代号	含义		示例
/DB /DF /DT	成对配置	成对背对背安装 成对面对面安装 成对串联安装	7210 C/DB 32208/DF 7210 C/DT
/D /T /Q /P /S	配置组中轴承数目	两套轴承 三套轴承 四套轴承 五套轴承 六套轴承	这两条可以组合成多种配置方式： 三套配置：/TBT、/TFT、/TT 四套配置：/QBC、/QFC、/QT、/QBT、/QFT等 7210 C/PT——接触角 $\alpha=15°$ 的角接触球轴承7210 C，五套串联配置 7210 C/TFT——接触角 $\alpha=15°$ 的角接触球轴承7210 C，三套配置，两套串联和一套面对面 7210 AC/QBT——接触角 $\alpha=25°$ 的角接触球轴承7210 AC，四套成组配置，三套串联和一套背对背
B F T G BT FT BC FC	配置组中轴承排列	背对背 面对面 串联 万能组配 背对背和串联 面对面和串联 成对串联的背对背 成对串联的面对面	
GA GB GC G××× G CA CB CC CG R	配置时的轴向游隙、预紧及轴向载荷分配	在配置代号后加文字表示轴承配置后具有： 轻预紧，预紧值较小（深沟及角接触球轴承） 中预紧，预紧值大于GA（深沟及角接触球轴承） 重预紧，预紧值大于GB（深沟及角接触球轴承） 预载荷为×××的特殊预紧（代号后直接加预载荷值，单位为N） 用于角接触球轴承时，“G”可省略。特殊预紧，附加数字直接表示预紧的大小 轴向游隙较小（深沟及角接触球轴承） 轴向游隙大于CA（深沟及角接触球轴承） 轴向游隙大于CB（深沟及角接触球轴承） 轴向游隙为零（圆锥滚子轴承） 径向载荷均匀分配	6210/DFGA——深沟球轴承6210，修磨端面后，成对面对面配置，有轻预紧 7210 C/G325——接触角 $\alpha=15°$ 的角接触球轴承7210 C，特殊预载荷为325N NU 210/QTR——圆柱滚子轴承NU 210，四套串联配置，均匀预紧

(8) 其他特性代号（后置代号第 8 组）

表 7-1-17　其他特性代号

代　号	含　　义	示　　例
/Z	轴承的振动加速度级极值组别。附加数字表示极值不同：	
	Z1—轴承的振动加速度级极值符合有关标准中规定的 Z1 组	6204/Z1
	Z2—轴承的振动加速度级极值符合有关标准中规定的 Z2 组	6205-2RS/Z2
	Z3—轴承的振动加速度级极值符合有关标准中规定的 Z3 组	—
	Z4—轴承的振动加速度级极值符合有关标准中规定的 Z4 组	—
/V	轴承的振动速度级极值组别。附加数字表示极值不同：	—
	V1—轴承的振动速度级极值符合有关标准中规定的 V1 组	6306/V1
	V2—轴承的振动速度级极值符合有关标准中规定的 V2 组	6304/V2
	V3—轴承的振动速度级极值符合有关标准中规定的 V3 组	—
	V4—轴承的振动速度级极值符合有关标准中规定的 V4 组	—
/VF3	振动速度达到 V3 组且振动速度波峰因数达到 F 组	—
/VF4	振动速度达到 V4 组且振动速度波峰因数达到 F 组	—
	F—低频振动速度波峰因数不大于 4，中、高频振动速度波峰因数不大于 6	
/ZF3	振动加速度级达到 Z3 组，且振动加速度峰值与振动加速度级之差不大于 15dB	
/ZF4	振动加速度级达到 Z4 组，且振动加速度峰值与振动加速度级之差不大于 15dB	
/ZC	轴承噪声极值有规定，附加数字表示极值不同	—
/T	对启动力矩有要求的轴承，后接数字表示启动力矩	—
/RT	对转动力矩有要求的轴承，后接数字表示转动力矩	—
/S0	轴承套圈经过高温回火处理，工作温度可达 150℃	N 210/S0
/S1	轴承套圈经过高温回火处理，工作温度可达 200℃	NUP 212/S1
/S2	轴承套圈经过高温回火处理，工作温度可达 250℃	NU 214/S2
/S3	轴承套圈经过高温回火处理，工作温度可达 300℃	NU 308/S3
/S4	轴承套圈经过高温回火处理，工作温度可达 350℃	NU 214/S4
/W20	轴承外圈上有三个润滑油孔	—
/W26	轴承内圈上有六个润滑油孔	—
/W33	轴承外圈上有润滑油槽和三个润滑油孔	23120 CC/W33
/W33X	轴承外圈上有润滑油槽和六个润滑油孔	—
/W513	W26＋W33	—
/W518	W20＋W26	—
/AS	外圈有油孔，附加数字表示油孔数（滚针轴承）	HK 2020/AS1
/IS	内圈有油孔，附加数字表示油孔数（滚针轴承）	NAO 17×30×13/IS1
	在 AS、IS 后加“R”分别表示内圈或外圈上有润滑油孔和沟槽	NAO 15×28×13/ASR
/HT	轴承内充特殊高温润滑脂。当轴承内润滑脂的装填量和标准值不同时附加字母表示：A—润滑脂的装填量少于标准值；　B—润滑脂的装填量多于标准值；　C—润滑脂的装填量多于 B（充满）	NA 6909/ISR/HT
/LT	轴承内充特殊低温润滑脂	—
/MT	轴承内充特殊中温润滑脂	—
/LHT	轴承内充特殊高、低温润滑脂	—
/Y	Y 和另一个字母（如 YA、YB）组合用来识别无法用现有后置代号表达的非成系列的改变 YA—结构改变（综合表达）；YB—技术条件改变（综合表达）	

注：凡轴承代号中有 Y 的后置代号，应查阅图纸或补充技术条件以便了解其改变的具体内容。

1.4.6 代号编制规则

表 7-1-18 代号编制规则

代号	编制规则	示例
基本代号	基本代号中当轴承类型代号用字母表示时，编排时应与表示轴承尺寸的系列代号、内径代号或安装配合特征尺寸的数字之间空半个汉字距	NJ 230、AXK 0821
后置代号	1)后置代号置于基本代号的右边并与基本代号空半个汉字距(代号中有符号“-”、“/”除外)。当改变项目多，具有多组后置代号，按表 7-1-4 所列从左至右的顺序排列	
	2)改变为 4 组(含 4 组)以后的内容，则在其代号前用“/”与前面代号隔开	6205-2Z/P6 22308/P63
	3)改变内容为第 4 组后的两组，在前组与后组代号中的数字或文字表示含义可能混淆时，两代号间空半个汉字距	6208/P63 V1

1.4.7 带附件轴承代号

带附件的轴承是轴承带有紧定套、退卸套和挡圈等，其代号由轴承代号＋附件代号构成，见表7-1-19。

1.4.8 非标准轴承代号

当轴承内径或轴承外径、宽（高）度尺寸不符合 GB/T 273.1—2011、GB/T 273.2—2006、GB/T 273.3—2015 或其他有关标准规定的轴承外形尺寸时，称为非标准尺寸轴承（以下简称非标准轴承）。

非标准轴承的类型代号、前置和后置代号同前所述。尺寸表示有两种方法：

1）用尺寸系列代号和内径代号表示的非标准轴承（见表 7-1-20～表 7-1-22）。

2）用表征配合安装特征尺寸表示的非标准轴承。

轴承的尺寸表示为：“/内径×外径×宽度 （实际尺寸的毫米数）”。

表 7-1-19 带附件轴承代号

所带附件名称	带附件轴承代号①	示例
紧定套	轴承代号 ＋ 紧定套代号	22208 K＋H 308
退卸套	轴承代号 ＋ 退卸套代号	22208 K＋AH 308
内圈	适用于无内圈的滚针轴承、滚针组合轴承 轴承代号 ＋ IR	NKX 30＋IR
斜挡圈	适用于圆柱滚子轴承 轴承代号 ＋ 斜挡圈代号②	NJ 210＋HJ 210

① 仅适用于带附件轴承的包装及图纸、设计文件、手册的标记，不适用于轴承标志。

② 可组合简化 NJ…＋HJ…＝NH…，例：NH 210。

表 7-1-20 尺寸系列代号

字母	含义	字母	含义
X1	外径非标准	X3	外径、宽(高)度非标准(标准内径)
X2	宽度(高度)非标准		

注：非标准外径或宽（高）度尺寸用对照标准尺寸的方法或按 GB/T 273.2—2006、GB/T 273.3—2015 规定的外形尺寸延伸的规则，取最接近的直径系列或宽（高）度系列，并在基本代号后加字母表示。

表 7-1-21 不定系列代号

轴承类型	不定系列		备注
	宽(高)度系列代号	直径系列代号	
向心轴承	0(4)	6	1)双列角接触球轴承不定系列为 46 2)不定系列 06 与类型代号组合时“0”省略(圆锥滚子轴承、双列深沟球轴承除外)
推力轴承	1 2	7	单向推力轴承、不定系列 17 双向推力轴承、不定系列 27

注：非标准内径、外径、宽（高）度，尺寸无法采用对照标准尺寸的方法或按 GB/T 273.2—2006、GB/T 273.3—2015 规定的外形尺寸延伸的规则时，用不定系列表示。轴承的直径系列和宽度系列无法确定的尺寸系列为不定系列。

表 7-1-22 内径代号

内径	表示法
标准尺寸	按表 7-1-6 的规定
非标准尺寸	500mm 以下能用 5 整除的整数，用除以 5 的商数表示，其他尺寸用实际内径毫米数直接表示，但应与尺寸系列代号间用“/”分开

1.4.9 非标准轴承代号示例

表 7-1-23 非标准轴承代号示例

代号	轴承类型	说明
66/6.4	深沟球轴承	不定系列，内径 6.4mm
61700X1	深沟球轴承	外径非标准，接近直径系列 7
62/14.5	深沟球轴承	尺寸系列 02，内径 14.5mm
52706	双向推力球轴承	不定系列，内径 30mm
K/13×17×13	滚针和保持架组件	F_w=13mm，D=17mm，B=13mm

1.4.10 符合 GB/T 273.1—2011 规定的圆锥滚子轴承代号

1.4.10.1 圆锥滚子轴承代号构成

按 GB/T 273.1—2011 规定的系列代号表示时，圆锥滚子轴承代号由基本代号和后置代号构成（大接触角后置代号 B 不适用）。

1.4.10.2 基本代号

1）圆锥滚子轴承基本代号由三部分组成：类型代号＋尺寸系列代号＋内径代号。

2）类型代号用英文字母“T”表示圆锥滚子轴承。

3）尺寸系列代号由三个符号组成（表 7-1-24～表 7-1-26），为角度系列、直径系列与宽度系列的组合，如 2AC。第一个符号为数字，为接触角系列代号，表示接触角的范围；第二个符号为英文字母，为直径系列代号，表示外径对内径相互关系的数值范围；第三个符号为英文字母，为宽度系列代号，表示单列轴承宽度对高度相互关系的数值范围。尺寸系列代号按 GB/T 273.1—2011 中的规定。

表 7-1-24 接触角系列代号

接触角系列代号	α	
	>	≤
1	备用	
2	10°	13°52′
3	13°52′	15°59′
4	15°59′	18°55′
5	18°55′	23°
6	23°	27°
7	27°	30°

表 7-1-25 直径系列代号

直径系列代号	$\frac{D}{d^{0.77}}$	
	>	≤
A	备用	
B	3.4	3.8
C	3.8	4.4
D	4.4	4.7
E	4.7	5
F	5	5.6
G	5.6	7

表 7-1-26 宽度系列代号

宽度系列代号	$\frac{T}{(D-d)^{0.95}}$	
	>	≤
A	备用	
B	0.5	0.68
C	0.68	0.8
D	0.8	0.88
E	0.88	1

4）轴承内径代号用轴承内径毫米数的三位数字表示。

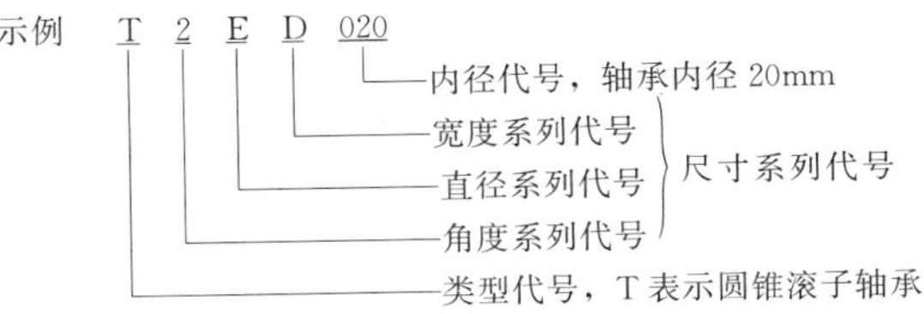

1.4.10.3 后置代号

后置代号如前述。

1.5　带座外球面球轴承代号

1.5.1　带座轴承代号的构成及排列

表 7-1-27　带座轴承代号的构成及排列

前置代号		基本代号						后置代号	
		带座轴承结构型式代号				尺寸系列代号	内径代号		
		外球面球轴承结构型式代号		外球面球轴承座结构型式代号					
代号	含义	代号	含义	代号	含义			代号	含义
C-	带座轴承两侧(对法兰座只有一侧)为铸造通盖	UC	带顶丝外球面球轴承	P	铸造立式座			/RS	密封结构改变
				PH	铸造高中心立式座			/R3	带三唇密封圈
		UEL	带偏心套外球面球轴承	PA	铸造窄立式座			—	轴承与轴承座的球面内径采用H7公差相配合
CM-	带座轴承一侧为铸造通盖，而另一侧(对法兰座只有这一侧)为铸造盲盖			FU	铸造方形座				
		UK	有圆锥孔外球面球轴承	FS	铸造凸台方形座				
				FLU	铸造菱形座			/J	轴承与轴承座的球面内径采用J7公差相配合
		UB	一端平头带顶丝外球面球轴承	FA	铸造可调菱形座				
S-	带座轴承两侧(对法兰座只有一侧)为钢板冲压通盖			FC	铸造凸台圆形座	2	见表		
		UE	一端平头带偏心套外球面球轴承	K	铸造滑块座	3	7-1-6	/K	轴承与轴承座的球面内径采用K7公差相配合
				C	铸造环形座				
SM-	带座轴承一侧为钢板冲压通盖，而另一端(对法兰座只有这一侧)为钢板冲压盲盖	UD	两端平头外球面球轴承	FT	铸造三角形座				
				FB	铸造悬挂式座			G	轴承外圈上有润滑油槽
				HA	铸造悬吊式座				
				PP	冲压立式座				
				PF	冲压圆形座				
				PFT	冲压三角形座				
				PFL	冲压菱形座				
方形、菱形、圆形、三角形座属法兰座		带座轴承基本结构及代号构成见表 7-1-28						其后置代号同通用滚动轴承	

1.5.2　带座轴承基本结构及代号构成

表 7-1-28　带座轴承基本结构及代号构成

轴承结构类型		结构简图	带座轴承结构型式代号		尺寸系列代号	基本代号	标准号
			轴承结构型式代号	轴承座结构型式代号			
带铸造座轴承	带立式座顶丝外球面球轴承		UC	P	2 3	UCP 200 UCP 300	GB/T 7810—2017
	带立式座偏心套外球面球轴承		UEL	P	2 3	UELP 200 UELP 300	

续表

轴承结构类型		结构简图	带座轴承结构型式代号		尺寸系列代号	基本代号	标准号
			轴承结构型式代号	轴承座结构型式代号			
带铸造座轴承	带高中心立式座顶丝外球面球轴承		UC	PH	2	UCPH 200	JB/T 5303—2002
	带窄立式座顶丝外球面球轴承		UC	PA	2	UCPA 200	
	带方形座顶丝外球面球轴承		UC	FU	2 3	UCFU 200 UCFU 300	GB/T 7810—2017
	带方形座偏心套外球面球轴承		UEL	FU	2 3	UELFU 200 UELFU 300	
	带凸台方形座顶丝外球面球轴承		UC	FS	3	UCFS 300	—
	带菱形座顶丝外球面球轴承		UC	FLU	2 3	UCFLU 200 UCFLU 300	GB/T 7810—2017
	带菱形座偏心套外球面球轴承		UEL	FLU	2 3	UELFLU 200 UELFLU 300	
	带可调菱形座顶丝外球面球轴承		UC	FA	2	UCFA 200	JB/T 5303—2002
	带凸台圆形座顶丝外球面球轴承		UC	FC	2	UCFC 200	GB/T 7810—2017
	带凸台圆形座偏心套外球面球轴承		UEL	FC	2	UELFC 200	

续表

轴承结构类型		结构简图	带座轴承结构型式代号		尺寸系列代号	基本代号	标准号
			轴承结构型式代号	轴承座结构型式代号			
带铸造座轴承	带滑块座顶丝外球面球轴承	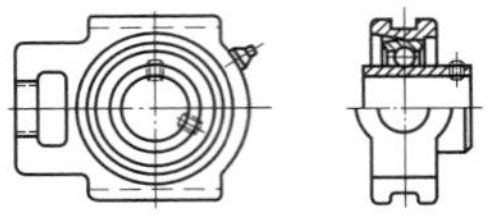	UC	K	2 3	UCK 200 UCK 300	—
	带滑块座偏心套外球面球轴承	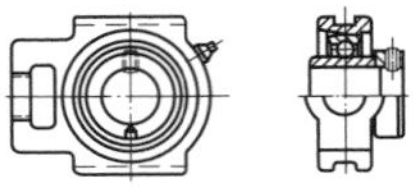	UEL	K	2 3	UELK 200 UELK 300	GB/T 7810—2017
	带环形座顶丝外球面球轴承	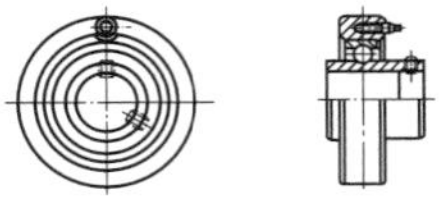	UC	C	2 3	UCC 200 UCC 300	
	带环形座偏心套外球面球轴承	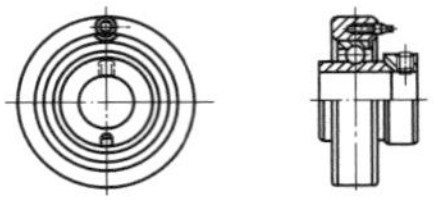	UEL	C	2 3	UELC 200 UELC 300	
	带悬挂式座顶丝外球面球轴承	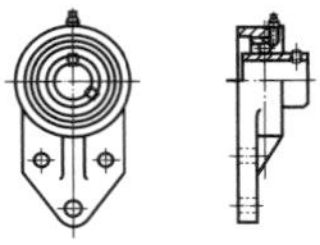	UC	FB	2	UCFB 200	JB/T 5303—2002
	带悬吊式座顶丝外球面球轴承	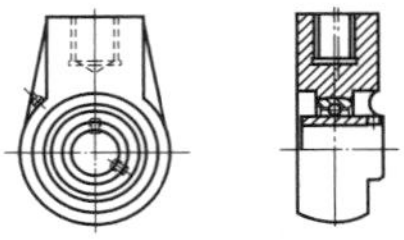	UC	HA	2	UCHA 200	
带冲压座轴承	带冲压立式座顶丝外球面球轴承	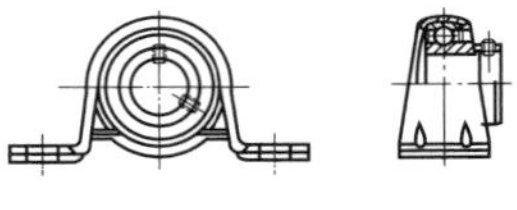	UB	PP	2	UBPP 200	GB/T 7810—2017
	带冲压立式座偏心套外球面球轴承	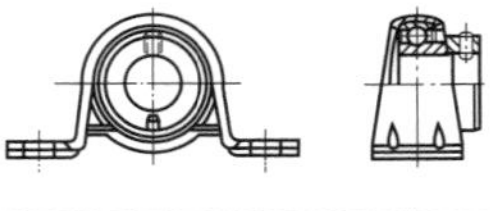	UE	PP	2	UEPP 200	
	带冲压圆形座顶丝外球面球轴承	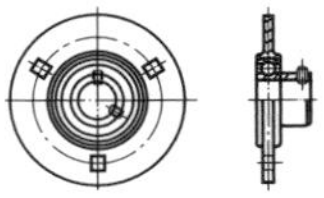	UB	PF	2	UBPF 200	
	带冲压圆形座偏心套外球面球轴承	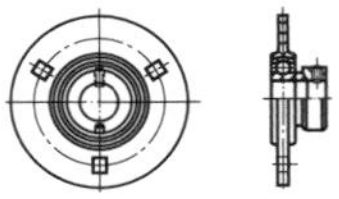	UE	PF	2	UEPF 200	GB/T 7810—2017
	带冲压三角形座顶丝外球面球轴承	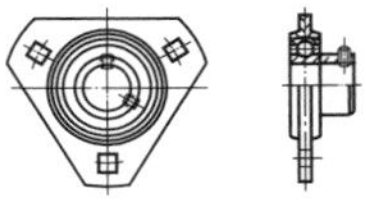	UB	PFT	2	UBPFT 200	

续表

轴承结构类型		结构简图	带座轴承结构型式代号		尺寸系列代号	基本代号	标准号
			轴承结构型式代号	轴承座结构型式代号			
带冲压座轴承	带冲压三角形座偏心套外球面球轴承	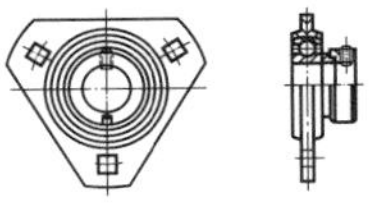	UE	PFT	2	UEPFT 200	GB/T 7810—2017
	带冲压菱形座顶丝外球面球轴承	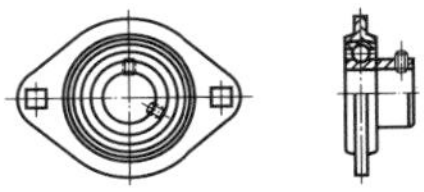	UB	PFL	2	UBPFL 200	
	带冲压菱形座偏心套外球面球轴承	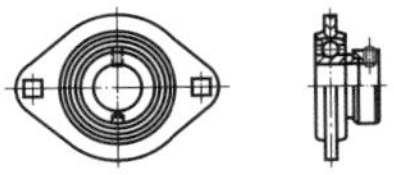	UE	PFL	2	UEPFL 200	

1.5.3　带附件的带座轴承代号

表 7-1-29　带紧定套的带座轴承代号

结构型式	带座轴承结构型式代号	紧定套代号	组合代号
带立式座紧定套外球面球轴承	UKP	H 000	UKP 000+H 000
带方形座紧定套外球面球轴承	UKFU	H 000	UKFU 000+H 000
带菱形座紧定套外球面球轴承	UKFL	H 000	UKFL 000+H 000
带凸台圆形座紧定套外球面球轴承	UKFC	H 000	UKFC 000+H 000
带滑块座紧定套外球面球轴承	UKK	H 000	UKK 000+H 000

1.6　专用轴承的分类和代号

一些专用轴承的分类、结构和代号有其特殊的要求，主要规定在以下标准中。

机床丝杠用推力角接触球轴承的代号，按 GB/T 24604—2009 的规定。

摩托车连杆支承用滚针和保持架组件的代号，按 GB/T 25762—2010 的规定。

汽车变速箱用滚针轴承的代号，按 GB/T 25763—2010 的规定。

汽车变速箱用滚子轴承的代号，按 GB/T 25764—2010 的规定。

汽车变速箱用球轴承的代号，按 GB/T 25765—2010 的规定。

铁路货车轴承的代号，按 GB/T 25770—2010 的规定。

铁路机车轴承的代号，按 GB/T 25771—2010 的规定。

铁路客车轴承的代号，按 GB/T 25772—2010 的规定。

机床主轴用圆柱滚子轴承的代号，按 GB/T 27559—2011 的规定。

风力发电机组偏航、变桨轴承的代号，按 GB/T 29717—2013 的规定。

风力发电机组主轴轴承的代号，按 GB/T 29718—2013 的规定。

风力发电机组齿轮箱轴承的代号，按 GB/T 33623—2017 的规定。

工业机器人谐波齿轮减速器用柔性轴承的代号，按 GB/T 34884—2017 的规定。

工业机器人 RV 减速器用精密轴承的代号，按 GB/T 34897—2017 的规定。

万向节滚针轴承的代号，按 JB/T 3232—2017 的规定。

万向节圆柱滚子轴承的代号，按JB/T 3370—2011的规定。

轧机压下机构用满装圆锥滚子推力轴承的代号，按JB/T 3632—2015的规定。

汽车离合器分离轴承单元的代号，按JB/T 5312—2011的规定。

轧机用四列圆柱滚子轴承的代号，按JB/T 5389.1—2016的规定。

轧机用双列和四列圆锥滚子轴承的代号，按JB/T 5389.2—2017的规定。

机床主轴用双向推力角接触球轴承的代号，按JB/T 6362—2007的规定。

变速传动用轴承的代号，按JB/T 6635—2007的规定。

机器人用薄壁密封轴承的代号，按JB/T 6636—2007的规定。

水泵轴连轴承的代号，按JB/T 8563—2010的规定。

输送链用圆柱滚子滚轮轴承的代号，按JB/T 8568—2010的规定。

转向器用推力角接触球轴承的代号，按JB/T 8717—2010的规定。

磁电机球轴承的代号，按JB/T 8721—2010的规定。

煤矿输送机械用轴承的代号，按JB/T 8722—2010的规定。

汽车转向节用推力轴承的代号，按JB/T 10188—2010的规定。

汽车用等速万向节及其总成的代号，按JB/T 10189—2010的规定。

汽车轮毂轴承单元的代号，按JB/T 10238—2017的规定。

转盘轴承的代号，按JB/T 10471—2017的规定。

汽车空调电磁离合器用双列角接触球轴承的代号，按JB/T 10531—2005的规定。

农机用圆盘轴承的代号，按JB/T 10857—2008的规定。

汽车发动机张紧轮和惰轮轴承及其单元的代号，按JB/T 10859—2008的规定。

摩托车用超越离合器的代号，按JB/T 11086—2011的规定。

冲压外圈滚针离合器的代号，按JB/T 11251—2011的规定。

圆柱滚子离合器和球轴承组件的代号，按JB/T 11252—2011的规定。

汽/柴油发动机起动机用滚针轴承的代号，按JB/T 11613—2013的规定。

电梯曳引机用轴承的代号，按JB/T 13348—2017的规定。

汽车发电机单向皮带轮轴承组件的代号，按JB/T 13350—2017的规定。

汽车缓速器用轴承的代号，按JB/T 13351—2017的规定。

汽车减振器用轴承的代号，按JB/T 13352—2017的规定。

第2章　滚动轴承的特点与选用

2.1　滚动轴承结构类型的特点及适用范围

表 7-2-1　滚动轴承的主要结构类型特点及适用范围

序号	类型	主要结构型式	结构特点	适用范围
1	深沟球轴承	基本型深沟球轴承 60000 型	1)结构简单,使用方便,密封和防尘轴承在安装使用时不用清洗和添加润滑剂,应用范围广 2)主要用于承受径向载荷,也可承受一定的轴向载荷。当深沟球轴承的径向游隙加大时,具有角接触球轴承的功能,可承受较大的轴向载荷 3)摩擦因数小,振动与噪声较低,极限转速高 4)不耐冲击,不适应承受较重载荷 5)带止动槽的轴承,装入止动环后可简化轴承在轴承座孔内的轴向定位,缩小部件的轴向尺寸	主要应用于汽车、拖拉机、机床、电机、水泵、农业机械、纺织机械等
2		外圈有止动槽的深沟球轴承 60000 N 型		
3		带防尘盖的深沟球轴承 60000-Z 和 60000-2Z 型		
4		带密封圈的深沟球轴承(接触式)60000-RS60000-2RS		
5		带密封圈的深沟球轴承(非接触式)60000-RZ 和 60000-2RZ		
6		外圈有止动槽的深沟球轴承 60000 N 型		
7	调心球轴承	圆柱孔调心球轴承 10000 型	1)主要承受径向载荷,同时,也可承受较小的轴向载荷,一般不承受纯轴向载荷 2)具有自动调心的性能,可以自动补偿由于轴的挠曲和轴承座孔变形产生的同轴误差,适用于支承座孔不能保证严格同轴度的部件中 3)极限转速较深沟球轴承低 4)装在紧定套上的调心球轴承,适于安装在无轴肩的光轴上,安装和拆卸都很方便。用紧定套还可调整轴承的径向游隙	主要用在联合收割机等农业机械、鼓风机、造纸机、纺织机械、木工机械、桥式吊车走轮及传动轴上
8		圆锥孔(锥度 1 : 12)调心球轴承 10000 K 型		
9		装在紧定套上的调心球轴承 10000 K+H 型		
10	角接触球轴承	不可分离型锁口在外圈角接触球轴承 70000 C 型、70000 AC 型、70000 B 型	1)可以同时承受径向载荷和轴向载荷,也可以承受纯轴向载荷,接触角越大,承受轴向载荷的能力也越大 2)载荷能力在球轴承中最大,刚性大,且可预调,制造精度是各类轴承中最高的类型之一,尤其适用于高速、高精度的场合 3)单列角接触球轴承只能承受单向轴向载荷,在承受径向载荷时,由于在轴承内部产生轴向分力而导致内外圈分离,因此必须对置、配对或组配使用 4)双半内圈角接触球轴承可承受任一方向的轴向载荷,也可承受以轴向载荷为主的轴向径向联合载荷,在纯轴向载荷作用下,可承受双向轴向载荷。还可以承受力矩载荷,不宜承受以径向为主的载荷	适用于支承间距不大、刚性好的双支承轴上,如机床主轴,尤其是磨床砂轮轴,内燃机液力变速箱、蜗杆减速器、电钻、离心机和增压器等
11		三点和四点接触球轴承(双半内圈)QJS 0000 型和 QJ 0000 型		
12		成对安装角接触球轴承		
13		外圈可分离型角接触球轴承 S70000 型		
14		双列角接触球轴承 3200 型、3300 型		
15	圆柱滚子轴承	单列圆柱滚子轴承 N 0000 型和 NU 0000 型、NF 0000 型、NJ 0000 +HJ 0000 型、NUP 0000 型	1)径向承载能力高,若内外圈都有挡边,可承受一定的轴向载荷 2)在滚子轴承中,摩擦因数最小,极限转速高 3)属于可分离型轴承。安装、拆卸方便,尤其是当要求内、外圈与轴、轴承座孔都是过盈配合时更显其优点	主要用于大型电机、机床主轴、车轴轴箱、柴油机曲轴以及汽车、拖拉机、轧机等
16		双列圆柱滚子轴承 NN 0000 型、NNU 0000 型		
17		四列圆柱滚子轴承 FC 型、FCD 型和 FCDP 型		

续表

序号	类型	主要结构型式	结构特点	适用范围
18	调心滚子轴承	圆柱孔调心滚子轴承20000型	1)主要承受径向载荷，同时也能承受任一方向的轴向载荷，但不能承受纯轴向载荷 2)具有自动调心性能，能补偿同轴度误差 3)适于在重载或振动载荷下工作	主要用于承受较大冲击载荷或挠曲度、同心度误差较大的支承部位，如矿山、冶金和海运等重型机械
19		圆锥孔(锥度1∶12)调心滚子轴承20000 K型		
20		装在紧定套上的调心滚子轴承20000 K+H型		
21	圆锥滚子轴承	单列圆锥滚子轴承30000型	1)主要适用于承受以径向载荷为主的径向与轴向联合载荷，接触角越大，轴向载荷能力也越大 2)与单列角接触球轴承相同，在承受径向载荷时，需对置、配对或组配使用 3)为分离型轴承，装拆方便	用于汽车后桥轮毂、大型机床主轴、大功率减速器、车轴轴箱、输送装置的滚轮，以及轧钢机上的支承辊和工作辊等
22		双列圆锥滚子轴承350000型		
23		四列圆锥滚子轴承380000型		
24	滚针轴承	滚针和保持架组件K 000000型	1)径向结构紧凑 2)极限转速较低，带保持架的滚针轴承，适用于较高转速 3)径向承载能力大，刚性较高，摩擦力矩较大	适用于径向安装尺寸受限制的支承结构。用于万向节轴、液压泵、薄板轧机、凿岩机、机床齿轮箱、汽车及拖拉机变速箱、连杆和轴(或外壳)有摆动运动的机械部件以及纺织设备
25		实体套圈滚针轴承NA 0000型		
26		冲压外圈滚针轴承HK型、BK型		
27	推力球轴承	单向推力球轴承51000型	1)只能承受一个方向的轴向载荷，可以限制轴和外壳一个方向和轴向移动 2)极限转速低	用于立式钻床、立式水泵、车床顶针座、机床主轴、汽车离合器、蜗杆减速器、千斤顶、阀门、钻探机转盘、起重机和天车吊钩等机械中
28		双向推力球轴承52000型	1)能承受两个方向的轴向载荷，可限制轴和外壳两个方向的轴向移动 2)极限转速低	
29	推力滚子轴承	推力调心滚子轴承29000型	1)承受轴向载荷为主的轴、径向联合载荷。但径向载荷不得超过轴向载荷的55% 2)具有调心性能 3)与其他推力滚子轴承相比，此种轴承摩擦因数较低，转速较高	用于石油钻机、远洋货轮螺旋桨轴、联合掘进机、高架起重机、大型塔吊转盘、钻探机转盘
30		推力圆柱滚子轴承80000型	1)能承受单向轴向载荷，双向推力圆柱滚子轴承可以承受双向轴向载荷 2)载荷能力较大 3)极限转速低	用于重型机床、大功率船用齿轮箱、石油钻机、立式钻机等
31		推力圆锥滚子轴承90000型		
32		推力滚针轴承AXK型	1)能承受轴向载荷，能限制轴承单向轴向位移 2)轴向尺寸较小	用于轴向尺寸受限制的机械
33	组合轴承	滚针和推力球组合轴承NKX型	1)能承受较大的径向和轴向的联合载荷 2)能限制轴或外壳的轴向位移 3)结构紧凑，极限转速较低	适用于径向尺寸特别受限制的部件
34		滚针和推力圆柱滚子组合轴承NKXR型		
35		滚针和角接触球组合轴承NKIA5900型(单向)、NKIB 5900型(双向)		

续表

序号	类型	主要结构型式	结构特点	适用范围
36	外球面球轴承	带顶丝外球面球轴承 UC	1)结构紧凑,重量轻、体积小,装拆方便 2)具有良好的自动调心性能 3)承载能力同深沟球轴承	适用于多支承轴、长轴、刚度小易变形的轴的主机,如采矿、冶金、农业、化工、输送机械
37		带偏心套外球面球轴承 UEL		
38		带紧定套外球面球轴承 UK		

2.2　滚动轴承的选用

2.2.1　轴承的类型选用

（1）按安装空间选用

一般是根据轴的尺寸选用轴承，通常小轴选用球轴承；大轴选用滚子轴承。对于小直径的轴，所有种类的球轴承都适合，最常用的是深沟球轴承，滚针轴承也很适合。对于大直径的轴，圆柱、圆锥、调心滚子和深沟球轴承都适合。

若轴承的安装空间在径向受限制，应选用径向截面高度尺寸较小的轴承，如滚针和保持架组件、冲压外圈滚针轴承和无内圈或甚至带有内圈的滚针轴承、单套圈或无套圈轴承、直径系列为 7、8、9 的轴承或专用的薄壁轴承以及一些系列的深沟和角接触球轴承，圆柱、圆锥、调心滚子轴承等。

若轴承的安装空间在轴向受限制，应选用宽度尺寸较小的轴承，如宽度系列为 8、0、1 的轴承或高度系列为 7、9 的轴承。如果是单纯的轴向载荷，可以用滚针轴承和保持架推力组件（带或不带垫圈），以及推力球轴承和推力圆柱滚子轴承。

（2）按载荷选用

载荷大小通常是决定选用轴承的因素之一。轻载荷或中等载荷时大部分用球轴承。在重载荷和大轴径情况下，滚子轴承通常是更合适的选择，而满装滚动体的轴承比带保持架的轴承可承受更大的载荷。在基本外形尺寸相同的情况下，滚子轴承的承载能力为球轴承的 1.5～3 倍。即球轴承一般适用于承受轻、中载荷，滚子轴承一般适用于承受中、重载荷以及冲击载荷。

各类向心轴承都适用于承受纯径向载荷，但单列角接触球轴承和单列圆锥滚子轴承不能单独使用；各类推力轴承都适用于承受纯轴向载荷，但单向推力轴承只能承受一个方向的轴向载荷，双向推力轴承则可以承受两个方向的轴向载荷。

以径向载荷为主的联合载荷，一般可选用角接触球轴承和圆锥滚子轴承；若轴向载荷较小时，还可选用深沟球轴承和内、外圈都有挡边的圆柱滚子轴承。以轴向载荷为主的联合载荷，一般可选用推力角接触球轴承、四点接触球轴承、推力调心滚子轴承等。当联合载荷中的轴向载荷为双向交替时，单列角接触球轴承、圆锥滚子轴承需对置或配对、组配使用。

对于力矩载荷，一般可选用配对角接触球轴承和配对圆锥滚子轴承，也可选用交叉滚子轴承、双列深沟球轴承或双列角接触球轴承。

（3）按转速选用

滚动轴承的工作转速主要取决于其允许运转温度。摩擦阻力低、内部发热较少的轴承适用于高速运转的场合。

仅承受径向载荷时，深沟球轴承和圆柱滚子轴承适应于较高转速。当承受联合载荷时，可选用角接触球轴承。高精度角接触球轴承可以达到很高转速，尤其是装有陶瓷球的深沟球轴承和角接触球轴承。

一般各种推力轴承的极限转速均低于相应类型的向心轴承。

（4）按精度选用

对于多数用途而言，采用普通级公差轴承已足以满足要求，只有在对轴的旋转精度、运转平稳性、转速、振动和噪声、摩擦力矩有更高要求时，如机床主轴、计算机磁盘驱动器主轴、精密仪器、涡轮增压器等所用轴承，才选用更高公差等级的轴承。一般称 5 级公差轴承为精密轴承；4 级公差轴承为高精密轴承；2 级公差轴承为超精密轴承。

深沟球轴承、角接触球轴承和圆柱滚子轴承，适宜于制造高精密轴承，适用于高旋转精度的用途，但轴和外壳的精度和刚度也应与之匹配。

（5）按不对中选用

由于轴和轴承座或外壳孔的制造误差、安装误差以及轴在承载后出现的挠曲等，常使轴承内、外圈之间产生倾斜即不对中现象。对于有较大不对中的情况，可选用调心球轴承、调心滚子轴承、带座外球面球轴承、推力调心滚子轴承等具有调心功能的轴承。常用轴承允许的偏斜量见表 7-2-2。

表 7-2-2　常用轴承允许的偏斜量

轴承类型	允许的偏斜量
深沟球轴承(基本组游隙)	2′～10′
圆柱滚子轴承	3′～4′
单列圆锥滚子轴承	2′～4′
调心球轴承	1.5°～3°
调心滚子轴承	1.5°～3.5°

(6) 按刚性选用

在尺寸相同的情况下，滚子轴承的刚度比球轴承大。在大多数应用场合不需要考虑刚性问题。只有在旋转精度要求高的场合，如主轴轴承、薄板轧机等轴承对刚度有要求。对于选定的轴承，特别是角接触类轴承和带紧定套的轴承，还可以通过适当的预紧来提高轴承的刚度。

(7) 按振动与噪声选用

对于要求低振动与低噪声的工况，可选用深沟球轴承、圆柱滚子轴承和圆锥滚子轴承等低噪声轴承。其中深沟球轴承可制造的振动和噪声限值最低。

(8) 按轴向移动选用

在轴的支承中，通常轴的一端采用一个定位轴承限制轴的自由游动，另一端采用一个可自由移动的游动轴承，以此来补偿轴在使用中，因热胀冷缩而引起轴向伸长或缩短。定位轴承宜选用深沟球轴承、双列或配对角接触球轴承等，或仅承受轴向载荷的双向推力轴承等来实现轴向限位；游动轴承通常选用内圈或外圈无挡边的 NU 型及 N 型圆柱滚子轴承，也可使用 NJ 型圆柱滚子轴承或滚针轴承。若采用深沟球轴承、调心滚子轴承等不可分离型轴承，内圈或外圈的配合应采用间隙配合。

(9) 按摩擦力矩选用

一般情况下，球轴承比滚子轴承的摩擦力矩小。受纯径向载荷作用时，径向接触轴承的摩擦力矩小；受纯轴向载荷作用时，轴向接触轴承的摩擦力矩小；受径向和轴向联合载荷作用时，轴承接触角与载荷角相近的角接触球轴承摩擦力矩最小。在需要低摩擦力矩的仪器和机械中，选用球轴承或圆柱滚子轴承较适宜。

(10) 按便于安装与拆卸选用

圆柱滚子轴承、圆锥滚子轴承、滚针轴承、推力轴承、四点接触球轴承等内、外圈可分离的轴承，安装或拆卸较为方便，适用于经常定期检查、拆装频繁的场合。

有锥形内孔的轴承，若适宜紧定套或退卸套，安装和拆卸轴承也较方便。

(11) 综合工作性能比较（表 7-2-3）

表 7-2-3　滚动轴承综合工作性能比较

轴承类型		承载能力		高速性能	旋转精度	振动噪声	摩擦性能	刚性	调心性	耐冲击性	可分离性	固定轴承	游动轴承	内圈有锥孔
		径向	轴向											
深沟球轴承		中	双向	优	优	优	优	中	中	差	不可	可	可	不可
角接触球轴承		中	单向	优	优	优	优	中	中	差	不可	可	不可	不可
四点接触球轴承		差	双向	良	中	中	良	中	无	差	可	可	不可	不可
双列角接触球轴承		良	双向	中	良	中	中	良	差	中	不可	可	可	不可
成对安装角接触球轴承		良	双向	良	优	良	良	良	中	差	不可	可	可	不可
调心球轴承		中	双向	中	差	中	良	差	优	无	不可	可	可	可
圆柱滚子轴承	内圈无挡边	良	无	优	优	良	良	良	中	良	可	不可	可	不可
	内圈单挡边	良	单向	良	良	良	中	良	中	良	可	不可	可	不可
	内圈单挡边并带平挡圈	良	双向	良	中	良	中	良	中	良	可	可	可	不可
	双列	优	无	良	优	良	中	优	差	良	可	不可	可	可
滚针轴承		良	无	良	中	良	差	良	差	良	可	不可	可	不可
圆锥滚子轴承		良	单向	良	优	中	中	良	中	良	可	可	不可	不可
双、四列圆锥滚子轴承		优	双向	中	中	中	中	优	差	优	可	可	可	不可
调心滚子轴承		优	双向	中	差	中	中	优	优	优	不可	可	可	可
推力球轴承		无	单向	差	中	中	中	差	无	差	可	不可	不可	不可
带调心垫圈的推力球轴承		无	单向	差	差	中	中	差	优	差	可	不可	不可	不可

续表

轴承类型	承载能力		高速性能	旋转精度	振动噪声	摩擦性能	刚性	调心性	耐冲击性	可分离性	固定轴承	游动轴承	内圈有锥孔
	径向	轴向											
推力圆柱滚子轴承	无	单向	差	差	中	中	优	无	优	可	不可	不可	不可
推力圆锥滚子轴承	无	单向	差	差	中	中	优	—	—	可	不可	不可	不可
推力调心滚子轴承	差	单向	差	差	中	中	优	优	优	可	不可	不可	不可
双向推力角接触球轴承	无	双向	良	优	中	中	良	无	无	可	不可	不可	不可
推力滚针轴承	无	单向	差	差	中	中	良	无	—	可	不可	不可	不可
外球面球轴承	中	双向	差	差	差	差	中	中	—	不可	可	不可	不可

2.2.2　滚动轴承的尺寸选择

轴承的类型确定后，轴承尺寸的选择主要是根据轴承所承受的载荷、轴承的寿命及可靠性等要求。一般而言，轴承的尺寸越大，其所能承受的载荷越大。基本额定载荷是评定轴承承载能力的技术指标，各类轴承的基本额定动载荷和基本额定静载荷的数值列入第 5 章的轴承尺寸性能表中。

（1）轴承寿命与承载能力的基本概念

寿命：指轴承的一个套圈（或垫圈）或滚动体材料上出现第一个疲劳扩展迹象之前，轴承的一个套圈（或垫圈）相对另一个套圈（或垫圈）旋转的转数。寿命还可用在给定的恒定转速下运转的小时数表示。

可靠度（属轴承寿命范畴）：指一组在相同条件下运转、近于相同的滚动轴承期望达到或超过规定寿命的百分率。单个滚动轴承的可靠度为该轴承达到或超过规定寿命的概率。

额定寿命：以径向基本额定动载荷或轴向基本额定动载荷为基础的寿命的预测值。

基本额定寿命：对于单个滚动轴承或一组在相同条件下运转、近于相同的滚动轴承，其寿命是与 90% 的可靠度、当代常用材料和加工质量以及常规运转条件相关的。所谓基本额定寿命，即一组相同轴承，逐个地在同一运转条件下运转，其中 90%（可靠度 90%）的轴承不发生滚动疲劳性剥落的运转总转数。在旋转速度一定的情况下，则以总运转时间来表示。

修正额定寿命：考虑到 90% 以外的可靠度和（或）非惯用材料特性和非常规运转条件而对基本额定寿命进行修正所得到的额定寿命。

中值寿命：在同一条件下运转的一组近于相同的滚动轴承的 50% 达到或超过的寿命。

中值额定寿命：与 50% 可靠度关联的额定寿命，即以径向基本额定动载荷或轴向基本额定动载荷为基础的预测中值寿命。

静载荷：轴承套圈或垫圈彼此相对旋转速度为零时（向心或推力轴承）或滚动元件在滚动方向无运动时（直线轴承），作用在轴承上的载荷。

动载荷：轴承套圈或垫圈彼此相对旋转时（向心或推力轴承）或滚动元件间沿滚动方向运动时（直线轴承），作用在轴承上的载荷。

静载荷或动载荷可以是恒定载荷，也可以是可变载荷。所谓静和动，是指轴承的工作状态，而不是指载荷的性质。

径向基本额定动载荷 C_r：指一套滚动轴承理论上所能承受的恒定的径向载荷。在该载荷作用下，轴承的基本额定寿命为一百万转。对于单列角接触轴承，该载荷是指引起轴承套圈相互间产生纯径向位移的载荷的径向分量。

轴向基本额定动载荷 C_a：是指一套滚动轴承理论上所能承受的恒定的中心轴向载荷。在该载荷作用下，轴承的基本额定寿命为一百万转。

径向当量动载荷 P_r：是指一恒定的径向载荷，在该载荷作用下，滚动轴承具有与实际载荷条件下相同的寿命。

轴向当量动载荷 P_a：是指一恒定的中心轴向载荷，在该载荷作用下，滚动轴承具有与实际载荷条件下相同的寿命。

径向基本额定静载荷 C_{0r}：在最大载荷滚动体和滚道接触中心处产生与下列计算接触应力相当的径向静载荷。

——4600 MPa　调心球轴承；

——4200 MPa　其他类型的向心球轴承；

——4000 MPa　向心滚子轴承。

对于单列角接触球轴承，径向额定静载荷是指引起轴承套圈相互间纯径向位移的载荷的径向分量。

轴向基本额定静载荷 C_{0a}：在最大载荷滚动体和滚道接触中心处产生与下列计算接触应力相当的中心轴向静载荷。

——4200 MPa 推力球轴承；

——4000 MPa 推力滚子轴承。

上述这些接触应力是指引起滚动体与滚道产生总永久变形量约为滚动体直径的0.0001倍时的应力。换言之，轴承基本额定静载荷就是对应于最大载荷滚动体与滚道接触中心处产生的总永久变形量约为滚动体直径的万分之一时的载荷。

径向当量静载荷 P_{0r}：是指在最大载荷滚动体与滚道接触中心处产生与实际载荷条件下相同接触应力的径向静载荷。

轴向当量静载荷 P_{0a}：是指在最大载荷滚动体与滚道接触中心处产生与实际载荷条件下相同接触应力的中心轴向静载荷。

(2) 按额定动载荷选择轴承尺寸

根据 GB/T 6391—2010，轴承基本额定寿命为：

$$L_{10}=\left(\frac{C}{P}\right)^{\varepsilon} \tag{7-2-1}$$

式中 L_{10}——基本额定寿命，10^6 转（百万转）；

C——基本额定动载荷，N；

P——当量动载荷，N；

ε——寿命指数（球轴承 $\varepsilon=3$，滚子轴承 $\varepsilon=10/3$）。

当轴承转速不变时，可用时间来表示轴承的疲劳寿命：

$$L_{10h}=\frac{10^6}{60n}\left(\frac{C}{P}\right)^{\varepsilon} \quad 或 \quad L_{10h}=\frac{10^6}{60n}L_{10} \tag{7-2-2}$$

式中 L_{10h}——基本额定寿命，h；

n——轴承转速，r/min。

汽车、车辆等用轴承，基本额定寿命可用其行驶千米数表示：

$$L_{10k}=\pi D\left(\frac{C}{P}\right)^{\varepsilon} \quad 或 \quad L_{10k}=\pi D\, L_{10} \tag{7-2-3}$$

式中 L_{10k}——基本额定寿命，km；

D——车轮直径，mm。

可以根据不同工况条件下轴承的预期寿命选取轴承尺寸，再根据式（7-2-1）～式（7-2-3）验算所选定的轴承是否满足寿命的要求。一般情况下，轴承的尺寸越大，其疲劳寿命也越长。各类机械所需轴承使用寿命的推荐值见表7-2-4。

轴承的预期寿命确定后，再进行额定动载荷和额定静载荷的计算。

由式（7-2-2）

$$L_{10h}=\frac{10^6}{60n}L_{10}=\frac{L_{10}\times500\times33\frac{1}{3}\times60}{n\times60}$$

则

$$\frac{L_{10h}}{500}=\left(\frac{C}{P}\right)^{\varepsilon}\times\left(\frac{33\frac{1}{3}}{n}\right) \tag{7-2-4}$$

表7-2-4 不同类型机械用轴承疲劳寿命推荐值

使用条件	使用寿命/h
不经常使用的仪器和设备，如家用机器、农用机械、仪器、医疗设备	300～3000
短期或间断使用的机械，中断使用不致引起严重后果，如手动机械、农业机械、装配吊车；自动送料装置、车间里的卷扬机，建筑设备等	3000～8000
间断使用机械，中断使用将引起严重后果，如发电站辅助设备、流水线传动装置、皮带运输机、电梯、车间起重机等	8000～12000
每天8h但非经常满负荷工作的机械，如电机、一般齿轮装置、起重机、旋转粉碎机及一般用途的齿轮传动装置等	10000～25000
每天8h满负荷工作的机械，如机床、木工机械、工程机械、印刷机械、通风机风扇、传送带、印刷设备、分离机和离心机等	20000～30000
24h连续工作的机械，如压缩机、泵、电机、轧机齿轮装置、纺织机械、中型电力机械、矿用升降机泵等	40000～50000
风能机械，包括主轴，侧滑，俯仰齿轮箱，发电机轴承	30000～100000
自来水厂机械，转炉，电缆绞线机，远洋轮船的推进机器	60000～100000
24h连续工作的机械，中断使用将引起严重后果，如纤维机械、造纸机械、电站主设备、大型电机、矿用泵、矿用通风机风扇、远洋轮船的中间轴等	>100000

为了简化计算，引入速度系数 f_n 和寿命系数 f_h，取 $f_h=1$ 时，额定寿命为500h，则

速度系数
$$f_n=\left(\frac{33\frac{1}{3}}{n}\right)^{\frac{1}{\varepsilon}} \tag{7-2-5}$$

寿命系数
$$f_h=\left(\frac{L_{10h}}{500}\right)^{\frac{1}{\varepsilon}} \tag{7-2-6}$$

由此轴承的额定寿命、速度系数和寿命系数的关系为：

$$C=\frac{f_h}{f_n}P \tag{7-2-7}$$

球轴承和滚子轴承的寿命系数 f_h 和速度系数 f_n 见表7-2-5和表7-2-6，可以从本篇的第5章中选定轴承的基本额定动载荷不小于式（7-2-7）中的计算值。

表 7-2-5　**寿命系数 f_h**

L_{10h} /h	f_h 球轴承	f_h 滚子轴承	L_{10h} /h	f_h 球轴承	f_h 滚子轴承	L_{10h} /h	f_h 球轴承	f_h 滚子轴承	L_{10h} /h	f_h 球轴承	f_h 滚子轴承
100	0.585	0.617	600	1.06	1.06	3800	1.97	1.84	22000	3.53	3.11
110	0.604	0.635	650	1.09	1.08	4000	2	1.87	24000	3.63	3.19
120	0.622	0.652	700	1.12	1.11	4200	2.03	1.89	26000	3.37	3.27
130	0.639	0.668	750	1.14	1.13	4400	2.06	1.92	28000	3.83	3.35
140	0.654	0.683	800	1.17	1.15	4600	2.1	1.95	30000	3.91	3.42
150	0.67	0.697	850	1.19	1.17	4800	2.13	1.97	32000	4	3.48
160	0.684	0.71	900	1.22	1.19	5000	2.15	2	34000	4.08	3.55
170	0.698	0.723	950	1.24	1.21	5500	2.22	2.05	36000	4.16	3.61
180	0.712	0.736	1000	1.26	1.23	6000	2.29	2.11	38000	4.24	3.67
190	0.724	0.748	1100	1.3	1.27	6500	2.35	2.16	40000	4.31	3.72
200	0.737	0.76	1200	1.34	1.3	7000	2.41	2.21	42000	4.38	3.78
220	0.761	0.782	1300	1.38	1.33	7500	2.47	2.25	44000	4.45	3.83
240	0.783	0.802	1400	1.41	1.36	8000	2.52	2.3	46000	4.51	3.88
260	0.804	0.822	1500	1.44	1.39	8500	2.57	2.34	48000	4.58	3.93
280	0.824	0.84	1600	1.47	1.42	9000	2.62	2.38	50000	4.64	3.98
300	0.843	0.858	1700	1.5	1.44	9500	2.67	2.42	55000	4.79	4.1
320	0.861	0.875	1800	1.53	1.47	10000	2.71	2.46	60000	4.93	4.2
340	0.879	0.891	1900	1.56	1.49	11000	2.8	2.53	65000	5.07	4.31
360	0.896	0.906	2000	1.59	1.52	12000	2.88	2.59	70000	5.19	4.4
380	0.913	0.921	2200	1.64	1.56	13000	2.96	2.66	75000	5.31	4.5
400	0.928	0.935	2400	1.69	1.6	14000	3.04	2.72	80000	5.43	4.58
420	0.944	0.949	2600	1.73	1.64	15000	3.11	2.77	85000	5.54	4.68
440	0.959	0.962	2800	1.78	1.68	16000	3.17	2.83	90000	5.65	4.75
460	0.973	0.975	3000	1.82	1.71	17000	3.24	2.88	100000	5.85	4.9
480	0.987	0.988	3200	1.86	1.75	18000	3.3	2.93			
500	1	1	3400	1.89	1.78	19000	3.36	2.98			
550	1.03	1.03	3600	1.93	1.81	20000	3.42	3.02			

注：表中 L_{10h}为轴承的预期的额定寿命（以小时计），根据不同设备的预期，先确定轴承的预期额定寿命，查出相应的寿命系数 f_h，再根据公式（7-2-7）求出额定动载荷 C，确定轴承的型号。反之，知道轴承的型号，可以计算出轴承的寿命。

表 7-2-6　**速度系数 f_n**

n/r·min^{-1}	f_n 球轴承	f_n 滚子轴承	n/r·min^{-1}	f_n 球轴承	f_n 滚子轴承	n/r·min^{-1}	f_n 球轴承	f_n 滚子轴承	n/r·min^{-1}	f_n 球轴承	f_n 滚子轴承
10	1.494	1.435	20	1.186	1.166	30	1.036	1.032	40	0.941	0.947
11	1.447	1.395	21	1.166	1.149	31	1.024	1.022	41	0.933	0.940
12	1.406	1.359	22	1.149	1.133	32	1.014	1.012	42	0.926	0.933
13	1.369	1.326	23	1.132	1.118	33	1.003	1.003	43	0.919	0.927
14	1.335	1.297	24	1.116	1.104	34	0.993	0.994	44	0.912	0.920
15	1.305	1.271	25	1.110	1.090	35	0.984	0.985	45	0.905	0.914
16	1.277	1.246	26	1.086	1.077	36	0.975	0.977	46	0.898	0.908
17	1.252	1.224	27	1.073	1.065	37	0.966	0.969	47	0.892	0.902
18	1.228	1.203	28	1.060	1.054	38	0.957	0.961	48	0.886	0.896
19	1.206	1.184	29	1.048	1.043	39	0.949	0.954	49	0.880	0.891

续表

n/r·min⁻¹	f_n		n/r·min⁻¹	f_n		n/r·min⁻¹	f_n		n/r·min⁻¹	f_n	
	球轴承	滚子轴承		球轴承	滚子轴承		球轴承	滚子轴承		球轴承	滚子轴承
50	0.874	0.885	180	0.570	0.603	640	0.737	0.412	2300	0.244	0.281
52	0.862	0.875	185	0.565	0.598	660	0.370	0.408	2400	0.240	0.277
54	0.851	0.865	190	0.560	0.593	680	0.366	0.405	2500	0.237	0.274
56	0.841	0.856	195	0.555	0.589	700	0.363	0.401	2600	0.234	0.271
58	0.831	0.847	200	0.550	0.584	720	0.539	0.398	2700	0.231	0.268
60	0.822	0.838	210	0.541	0.576	740	0.356	0.395	2800	0.228	0.265
62	0.813	0.830	220	0.533	0.568	760	0.353	0.391	2900	0.226	0.262
64	0.805	0.822	230	0.525	0.560	780	0.350	0.388	3000	0.223	0.259
66	0.797	0.815	240	0.518	0.553	800	0.347	0.385	3100	0.221	0.257
68	0.788	0.807	250	0.511	0.546	820	0.344	0.383	3200	0.218	0.254
70	0.781	0.800	260	0.504	0.540	840	0.341	0.380	3300	0.216	0.252
72	0.774	0.794	270	0.498	0.534	860	0.338	0.377	3400	0.214	0.250
74	0.767	0.787	280	0.492	0.528	880	0.336	0.375	3500	0.212	0.248
76	0.760	0.781	290	0.486	0.523	900	0.333	0.372	3600	0.210	0.246
78	0.753	0.775	300	0.481	0.517	920	0.331	0.370	3700	0.208	0.243
80	0.747	0.769	310	0.476	0.512	940	0.329	0.367	3800	0.206	0.242
82	0.741	0.763	320	0.471	0.507	960	0.326	0.366	3900	0.205	0.240
84	0.735	0.758	330	0.466	0.503	980	0.324	0.363	4000	0.203	0.238
86	0.729	0.753	340	0.461	0.498	1000	0.322	0.360	4100	0.201	0.236
88	0.724	0.747	350	0.457	0.494	1050	0.317	0.355	4200	0.199	0.234
90	0.718	0.742	360	0.452	0.490	1100	0.312	0.350	4300	0.198	0.233
92	0.713	0.737	370	0.448	0.486	1150	0.307	0.346	4400	0.196	0.231
94	0.708	0.733	380	0.444	0.482	1200	0.303	0.341	4500	0.195	0.230
96	0.703	0.728	390	0.441	0.478	1250	0.299	0.337	4600	0.193	0.228
98	0.698	0.724	400	0.437	0.475	1300	0.295	0.333	4700	0.192	0.227
100	0.693	0.719	410	0.433	0.471	1350	0.291	0.329	4800	0.191	0.225
105	0.682	0.709	420	0.430	0.467	1400	0.288	0.326	4900	0.190	0.224
110	0.672	0.699	430	0.426	0.464	1450	0.284	0.322	5000	0.188	0.222
115	0.662	0.690	440	0.423	0.461	1500	0.281	0.319	5200	0.186	0.220
120	0.652	0.681	450	0.420	0.458	1550	0.278	0.316	5400	0.183	0.217
125	0.644	0.673	460	0.417	0.455	1600	0.275	0.313	5600	0.181	0.215
130	0.635	0.665	470	0.414	0.452	1650	0.272	0.310	5800	0.179	0.213
135	0.627	0.657	480	0.411	0.449	1700	0.270	0.307	6000	0.177	0.211
140	0.620	0.650	490	0.408	0.447	1750	0.267	0.305	6200	0.175	0.209
145	0.613	0.643	500	0.405	0.444	1800	0.265	0.302	6400	0.173	0.207
150	0.606	0.637	520	0.400	0.439	1850	0.262	0.300	6600	0.172	0.205
155	0.599	0.631	540	0.395	0.434	1900	0.260	0.297	6800	0.170	0.203
160	0.953	0.625	560	0.390	0.429	1950	0.258	0.295	7000	0.168	0.201
165	0.587	0.619	580	0.386	0.424	2000	0.255	0.293	7200	0.167	0.199
170	0.581	0.613	600	0.382	0.420	2100	0.251	0.289	7400	0.165	0.198
175	0.575	0.608	620	0.377	0.416	2200	0.247	0.285	7600	0.164	0.196

续表

n/r·min^{-1}	f_n		n/r·min^{-1}	f_n		n/r·min^{-1}	f_n		n/r·min^{-1}	f_n	
	球轴承	滚子轴承		球轴承	滚子轴承		球轴承	滚子轴承		球轴承	滚子轴承
7800	0.162	0.195	10000	0.140	0.181	15500	0.129	0.158	22000	0.115	0.143
8000	0.161	0.193	10500	0.147	0.178	16000	0.128	0.157	23000	0.113	0.141
8200	0.160	0.192	11000	0.145	0.176	16500	0.126	0.155	24000	0.112	0.139
8400	0.158	0.190	11500	0.143	0.173	17000	0.125	0.154	25000	0.110	0.137
8600	0.157	0.189	12000	0.141	0.171	17500	0.124	0.153	26000	0.109	0.136
8800	0.156	0.188	12500	0.139	0.169	18000	0.123	0.151	27000	0.107	0.134
9000	0.155	0.187	13000	0.137	0.167	18500	0.122	0.150	28000	0.106	0.133
9200	0.154	0.185	13500	0.135	0.165	19000	0.121	0.149	29000	0.105	0.131
9400	0.153	0.184	14000	0.134	0.163	19500	0.120	0.148	30000	0.104	0.130
9600	0.152	0.183	14500	0.132	0.162	20000	0.119	0.147			
9800	0.150	0.182	15000	0.131	0.160	21000	0.117	0.146			

(3) 按额定静载荷选择轴承尺寸

对低速旋转（$n\leqslant 10$r/min）或缓慢摆动的轴承，其主要破坏形式不是疲劳失效，而是滚动体和滚道接触处产生的塑性变形，这时要根据额定静载荷而不是轴承寿命来选择轴承的尺寸，静载荷计算主要是验证是否选用了承载能力合适的轴承。

按静载荷选择轴承的基本公式为：

$$S_0=\frac{C_0}{P_0} \tag{7-2-8}$$

式中　S_0——静载荷安全系数；

C_0——基本额定静载荷，N；

P_0——当量静负荷，N。

一般情况下，轴承安全系数参照表 7-2-7 选取，一些主机轴承的安全系数参照表 7-2-8 选取。如果求得的 S_0 值小于所推荐的指导值，应选一个基本额定静载荷更高的轴承。

表 7-2-7　　静载荷安全系数 S_0

工作条件	$S_{0\min}$	
	球轴承	滚子轴承
运转条件平稳：运转平稳、无振动、旋转精度高	2	3
运转条件正常：运转平稳、无振动、正常旋转精度	1	1.5
承受冲击载荷条件：显著的冲击载荷 ①	1.5	3

① 当载荷大小是未知的时，球轴承 S_0 值至少取 1.5，滚子轴承 S_0 值至少取 3；当冲击载荷的大小可精确地得到时，可采用较小的 S_0 值。

注：对于推力球面滚子轴承在所有的工作条件下，S_0 的最小推荐值为 4。对于表面硬化的冲压外圈滚子轴承在所有的工作条件下，S_0 的最小推荐值为 3。

2.2.3　滚动轴承的游隙选择

所谓游隙就是轴承内圈、外圈、滚动体之间的间隙量。滚动轴承的游隙分为径向游隙和轴向游隙。即在不同的角度方向，不承受任何外载荷，一套圈相对另一套圈从一个径向（轴向）偏心极限位置移到相反的极限位置的径向（轴向）距离的算术平均值即为径向（轴向）游隙，见图 7-2-1。

表 7-2-8　　主机轴承的静载荷安全系数

轴承使用场合	S_0
飞机变距螺旋桨叶片	≥0.5
水坝闸门装置	≥1
吊桥	≥1.5
附加动载荷较小的大型起重机吊钩	≥1
附加动载荷较大的小型起重机吊钩	≥1.6

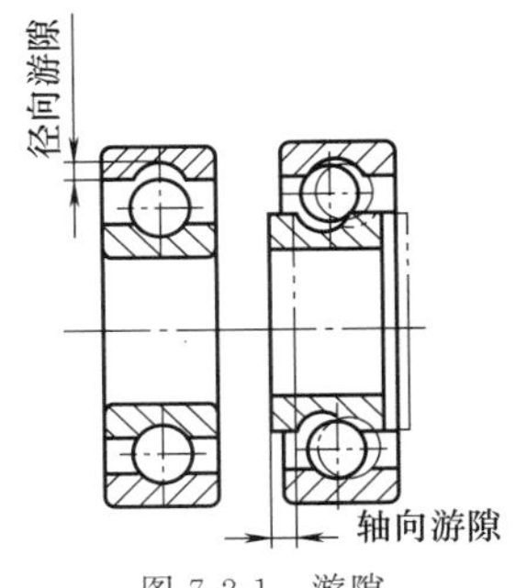

图 7-2-1　游隙

轴向游隙与径向游隙有一定的对应关系：

向心球轴承

$$G_a=\sqrt{4G_r(r_i+r_e-D_w)-G_r^2}\approx 2\sqrt{G_r(r_i+r_e-D_w)} \tag{7-2-9}$$

式中　G_a——轴向游隙，mm；

G_r——径向游隙，mm；

D_w——钢球直径，mm；

r_i——内圈沟道曲率半径，mm；

r_e——外圈沟道曲率半径，mm。

双、四列圆锥滚子轴承

$$G_a=G_r\cot\alpha \tag{7-2-10}$$

式中 α——接触角。

在实际工作中，常常又把游隙分为原始游隙、安装游隙和工作游隙。原始游隙指安装前的游隙；安装游隙是轴承安装后的游隙，轴承安装到轴上和轴承座中之后由于过盈配合，内圈膨胀，外圈收缩，导致径向游隙减小。安装游隙为理论径向游隙减去内圈和轴的配合引起的游隙减少量（近似取为其配合过盈量的80%），再减去外圈和轴承座的配合引起的游隙减少量（近似取为其配合过盈量的70%）；工作游隙是轴承在实际运转条件下的游隙。轴承在工作时，由于内、外圈温度差的原因使安装游隙减小，而工作载荷的作用使滚动体与套圈产生弹性变形导致原始游隙增大，工作游隙为安装游隙减去由于内外套圈温差引起的游隙减小量与由于内圈高速旋转引起的游隙减小量之和，再加上由于载荷引起的游隙增量。

在一般情况下，安装游隙小于原始游隙，工作游隙大于安装游隙。轴承的游隙与轴承的寿命、温升、振动以及噪声有着密切的关系，严格说来，轴承的基本额定动载荷是随游隙的大小而变化的，轴承产品样本上所列的额定载荷是工作游隙为零时的载荷数值。

（1）轴承游隙的选择原则

① 在实际运转时，球轴承的径向游隙应接近于零，滚子轴承应保留一定的径向游隙。滚子轴承的径向游隙之所以要求比球轴承的略大一些，是因为滚子轴承的刚性比球轴承大，若内外圈出现温差时，径向卡死的危险性较大，因此，要采用略大的径向游隙予以避免。对于刚性或运转精度有一定要求的部分类型轴承，还需要施加一定的预载荷，形成所谓的“负游隙”。总之，根据合适的工作游隙，考虑安装游隙的因素，才能确定出合理的原始游隙。

② 对于轻载荷、高转速、高精度、轴承工作温度较低的场合可选择较小的游隙组别，对于重载荷、冲击载荷、工作温度较高的场合可选择较大的游隙组别。

③ 轴承在工作时，由于内、外圈温度差的原因使安装游隙减小，而工作载荷的作用使滚动体与套圈产生弹性变形导致原始游隙增大。

④ 轴承与轴和外壳孔配合的松紧会导致轴承游隙值的变化，一般轴承安装后游隙值会缩小；在轴承运转过程中，由于轴与外壳的散热条件不同，使内圈和外圈之间产生温度差，也会导致轴承游隙值缩小；轴和外壳材料因膨胀系数不同，游隙值会缩小或增大。

（2）轴承游隙的分组

向心轴承的径向游隙一般分为2组、N组、3组、4组、5组，游隙值依次由小到大，代号用C表示。N组适用于一般使用条件。

电机轴承的径向游隙为CM组，其径向游隙范围较小，以降低电机的噪声。

四点接触球轴承的轴向游隙分为2组、N组、3组、4组，游隙值依次由小到大。

（3）轴承游隙值

轴承的常用径向游隙值见表7-2-9～表7-2-19（GB/T 4604《滚动轴承 径向游隙》），对配对用单列角接触球轴承和圆锥滚子轴承、双列角接触球轴承和四点接触球轴承，给出的是轴向游隙值，而不是径向游隙值，因为这些轴承类型在实际应用中轴向游隙更为重要。标准中所给出的是原始游隙值，轴承安装前的游隙。

表7-2-9 深沟球轴承径向游隙值 μm

公称内径 d/mm		2组		N组		3组		4组		5组	
超过	到	min	max	min	max	min	max	min	max	min	max
2.5	6	0	7	2	13	8	23	—	—	—	—
6	10	0	7	2	13	8	23	14	29	20	37
10	18	0	9	3	18	11	25	18	33	25	45
18	24	0	10	5	20	13	28	20	36	28	48
24	30	1	11	5	20	13	28	23	41	30	53
30	40	1	11	6	20	15	33	28	46	40	64
40	50	1	11	6	23	18	36	30	51	45	73
50	65	1	15	8	28	23	43	38	61	55	90
65	80	1	15	10	30	25	51	46	71	65	105
80	100	1	18	12	36	30	58	53	84	75	120
100	120	2	20	15	41	36	66	61	97	90	140
120	140	2	23	18	48	41	81	71	114	105	160

续表

公称内径 d/mm		2 组		N 组		3 组		4 组		5 组	
超过	到	min	max	min	max	min	max	min	max	min	max
140	160	2	23	18	53	46	91	81	130	120	180
160	180	2	25	20	61	53	102	91	147	135	200
180	200	2	30	25	71	63	117	107	163	150	230
200	225	2	35	25	85	75	140	125	195	175	265
225	250	2	40	30	95	85	160	145	225	205	300
250	280	2	45	35	105	90	170	155	245	225	340
280	315	2	55	40	115	100	190	175	270	245	370
315	355	3	60	45	125	110	210	195	300	275	410
355	400	3	70	55	145	130	240	225	340	315	460
400	450	3	80	60	170	150	270	250	380	350	510
450	500	3	90	70	190	170	300	280	420	390	570
500	560	10	100	80	210	190	330	310	470	440	630
560	630	10	110	90	230	210	360	340	520	490	690
630	710	20	130	110	260	240	400	380	570	540	760
710	800	20	140	120	290	270	450	430	630	600	840
800	900	20	160	140	320	300	500	480	700	670	940
900	1000	20	170	150	350	330	550	530	770	740	1040
1000	1120	20	180	160	380	360	600	580	850	820	1150
1120	1250	20	190	170	410	390	650	630	920	890	1260
1250	1400	30	200	190	440	420	700	680	1000	—	—
1400	1600	30	210	210	470	450	750	730	1060	—	—

表 7-2-10　电机用深沟球轴承径向游隙　μm

轴承公称内径 d/mm		径向游隙		轴承公称内径 d/mm		径向游隙	
超过	到	min	max	超过	到	min	max
3①	10	3	10	30	50	9	17
10	18	4	11	50	80	12	22
18	30	5	12	80	120	18	30

① 包括 3mm。

表 7-2-11　调心球轴承径向游隙　μm

公称内径 d/mm		圆柱孔										圆锥孔									
		2 组		N 组		3 组		4 组		5 组		2 组		N 组		3 组		4 组		5 组	
超过	到	min	max	min	max	min	max	min	max	min	max	min	max	min	max	min	max	min	max	min	max
2.5	6	1	8	5	15	10	20	15	25	21	33										
6	10	2	9	6	17	12	25	19	33	27	42	—	—	—	—	—	—	—	—	—	—
10	14	2	10	6	19	13	26	21	35	30	48										
14	18	3	12	8	21	15	28	23	37	32	50	—	—	—	—	—	—	—	—	—	—
18	24	4	14	10	23	17	30	25	39	34	52	7	17	13	26	20	33	28	42	37	55
24	30	5	16	11	24	19	35	29	46	40	58	9	20	15	28	23	39	33	50	44	62
30	40	6	18	13	29	23	40	34	53	46	66	12	24	19	35	29	46	40	59	52	72
40	50	6	19	14	31	25	44	37	57	50	71	14	27	22	39	33	52	45	65	58	79
50	65	7	21	16	36	30	50	45	69	62	88	18	32	27	47	41	61	56	80	73	99
65	80	8	24	18	40	35	60	54	83	76	108	23	39	35	57	50	75	69	98	91	123
80	100	9	27	22	48	42	70	64	96	89	124	29	47	42	68	62	90	84	116	109	144
100	120	10	31	25	56	50	83	75	114	105	145	35	56	50	81	75	108	100	139	130	170

续表

公称内径 d/mm		圆柱孔										圆锥孔									
		2组		N组		3组		4组		5组		2组		N组		3组		4组		5组	
超过	到	min	max	min	max	min	max	min	max	min	max	min	max	min	max	min	max	min	max	min	max
120	140	10	38	30	68	60	100	90	135	125	175	40	68	60	98	90	130	120	165	155	205
140	160	15	44	35	80	70	120	110	161	150	210	45	74	65	110	100	150	140	191	180	240
160	180	15	50	40	92	82	138	126	185	—	—	50	85	75	127	117	173	161	220	—	—
180	200	17	57	47	105	93	157	144	212	—	—	55	95	85	143	131	195	182	250	—	—
200	225	18	62	50	115	100	170	155	230	—	—	63	107	95	160	145	215	200	275	—	—
225	250	20	70	57	130	115	195	175	255	—	—	70	120	107	180	165	245	230	310	—	—
250	280	23	78	65	145	125	220	200	295	—	—	78	133	120	200	180	275	255	350	—	—
280	315	27	90	75	165	145	250	230	335	—	—	87	150	135	225	205	310	280	385	—	—
315	355	32	100	85	185	165	285	260	380	—	—	97	165	150	250	220	340	310	430	—	—
355	400	35	110	90	205	185	325	295	430	—	—	105	180	160	275	245	350	335	470	—	—
400	450	38	125	100	230	205	345	315	465	—	—	115	200	170	300	260	400	360	510	—	—
450	500	40	135	110	255	230	380	345	510	—	—	120	215	180	325	275	425	380	545	—	—

表 7-2-12　**圆柱滚子轴承和滚针轴承径向游隙**　μm

d/mm		圆柱孔圆柱滚子轴承和滚针轴承										圆锥孔圆柱滚子轴承							
		2组		N组		3组		4组		5组		2组		N组		3组		4组	
超过	到	min	max	min	max	min	max	min	max	min	max	min	max	min	max	min	max	min	max
—	10	0	25	20	45	35	60	50	75	—	—	15	40	30	55	40	65	50	75
10	24	0	25	20	45	35	60	50	75	65	90	15	40	30	55	40	65	50	75
24	30	0	25	20	45	35	60	50	75	70	95	20	45	35	60	45	70	55	80
30	40	5	30	25	50	45	70	60	85	80	105	20	45	40	65	55	80	70	95
40	50	5	35	30	60	50	80	70	100	95	125	25	55	45	75	60	90	75	105
50	65	10	40	40	70	60	90	80	110	110	140	30	60	50	80	70	100	90	120
65	80	10	45	40	75	65	100	90	125	130	165	35	70	60	95	85	120	110	145
80	100	15	50	50	85	75	110	105	140	155	190	40	75	70	105	95	130	120	155
100	120	15	55	50	90	85	125	125	165	180	220	50	90	90	130	115	155	140	180
120	140	15	60	60	105	100	145	145	190	200	245	55	100	100	145	130	175	160	205
140	160	20	70	70	120	115	165	165	215	225	275	60	110	110	160	145	195	180	230
160	180	25	75	75	125	120	170	170	220	250	300	75	125	125	175	160	210	195	245
180	200	35	90	90	145	140	195	195	250	275	330	85	140	140	195	180	235	220	275
200	225	45	105	105	165	160	220	220	280	305	365	95	155	155	215	200	260	245	305
225	250	45	110	110	175	170	235	235	300	330	395	105	170	170	235	220	285	270	335
250	280	55	125	125	195	190	260	260	330	370	440	115	185	185	255	240	310	295	365
280	315	55	130	130	205	200	275	275	350	410	485	130	205	205	280	265	340	325	400
315	355	65	145	145	225	225	305	305	385	455	535	145	225	225	305	290	370	355	435
355	400	100	190	190	280	280	370	370	460	510	600	165	255	255	345	330	420	405	495
400	450	110	210	210	310	310	410	410	510	565	665	185	285	285	385	370	470	455	555
450	500	110	220	220	330	330	440	440	550	625	735	205	315	315	425	410	520	505	615
500	560	120	240	240	360	360	480	480	600	—	—	230	350	350	470	455	575	560	680
560	630	140	260	260	380	380	500	500	620	—	—	260	380	380	500	500	620	620	740
630	710	145	285	285	425	425	565	565	705	—	—	295	435	435	575	565	705	695	835
710	800	150	310	310	470	470	630	630	790	—	—	325	485	485	645	630	790	775	935
800	900	180	350	350	520	520	690	690	860	—	—	370	540	540	710	700	870	860	1030

续表

d/mm		圆柱孔圆柱滚子轴承和滚针轴承										圆锥孔圆柱滚子轴承							
		2 组		N 组		3 组		4 组		5 组		2 组		N 组		3 组		4 组	
超过	到	min	max	min	max	min	max	min	max	min	max	min	max	min	max	min	max	min	max
900	1000	200	390	390	580	580	770	770	960	—	—	410	600	600	790	780	970	960	1150
1000	1120	220	430	430	640	640	850	850	1060	—	—	455	665	665	875	865	1075	1065	1275
1120	1250	230	470	470	710	710	950	950	1190	—	—	490	730	730	970	960	1200	1200	1440
1250	1400	270	530	530	790	790	1050	1050	1310	—	—	550	810	810	1070	1070	1330	1330	1590
1400	1600	330	610	610	890	890	1170	1170	1450	—	—	640	920	920	1200	1200	1480	1480	1760
1600	1800	380	700	700	1020	1020	1340	1340	1660	—	—	700	1020	1020	1340	1340	1660	1660	1980
1800	2000	400	760	760	1120	1120	1480	1480	1840	—	—	760	1120	1120	1480	1480	1840	1840	2200

注：滚针轴承的径向游隙值仅适用于带内圈、按成套轴承制造和交货的组合件。对于内圈作为一个分离零件交货的滚针轴承，其径向游隙由内圈滚道直径和滚针总体内径决定。

表 7-2-13　调心滚子轴承径向游隙　μm

公称内径 d/mm		圆柱孔										圆锥孔									
		2 组		N 组		3 组		4 组		5 组		2 组		N 组		3 组		4 组		5 组	
超过	到	min	max	min	max	min	max	min	max	min	max	min	max	min	max	min	max	min	max	min	max
14	18	10	20	20	35	35	45	45	60	60	75	—	—	—	—	—	—	—	—	—	—
18	24	10	20	20	35	35	45	45	60	60	75	15	25	25	35	35	45	45	60	60	75
24	30	15	25	25	40	40	55	55	75	75	95	20	30	30	40	40	55	55	75	75	95
30	40	15	30	30	45	45	60	60	80	80	100	25	35	35	50	50	65	65	85	85	105
40	50	20	35	35	55	55	75	75	100	100	125	30	45	45	60	60	80	80	100	100	130
50	65	20	40	40	65	65	90	90	120	120	150	40	55	55	75	75	95	95	120	120	160
65	80	30	50	50	80	80	110	110	145	145	180	50	70	70	95	95	120	120	150	150	200
80	100	35	60	60	100	100	135	135	180	180	225	55	80	80	110	110	140	140	180	180	230
100	120	40	75	75	120	120	160	160	210	210	260	65	100	100	135	135	170	170	220	220	280
120	140	50	95	95	145	145	190	190	240	240	300	80	120	120	160	160	200	200	260	260	330
140	160	60	110	110	170	170	220	220	280	280	350	90	130	130	180	180	230	230	300	300	380
160	180	65	120	120	180	180	240	240	310	310	390	100	140	140	200	200	260	260	340	340	430
180	200	70	130	130	200	200	260	260	340	340	430	110	160	160	220	220	290	290	370	370	470
200	225	80	140	140	220	220	290	290	380	380	470	120	180	180	250	250	320	320	410	410	520
225	250	90	150	150	240	240	320	320	420	420	520	140	200	200	270	270	350	350	450	450	570
250	280	100	170	170	260	260	350	350	460	460	570	150	220	220	300	300	390	390	490	490	620
280	315	110	190	190	280	280	370	370	500	500	630	170	240	240	330	330	430	430	540	540	680
315	355	120	200	200	310	310	410	410	550	550	690	190	270	270	360	360	470	470	590	590	740
355	400	130	220	220	340	340	450	450	600	600	750	210	300	300	400	400	520	520	650	650	820
400	450	140	240	240	370	370	500	500	660	660	820	230	330	330	440	440	570	570	720	720	910
450	500	140	260	260	410	410	550	550	720	720	900	260	370	370	490	490	630	630	790	790	1000
500	560	150	280	280	440	440	600	600	780	780	1000	290	410	410	540	540	680	680	870	870	1100
560	630	170	310	310	480	480	650	650	850	850	1100	320	460	460	600	600	760	760	980	980	1230
630	710	190	350	350	530	530	700	700	920	920	1190	350	510	510	670	670	850	850	1090	1090	1360
710	800	210	390	390	580	580	770	770	1010	1010	1300	390	570	570	750	750	960	960	1220	1220	1500
800	900	230	430	430	650	650	860	860	1120	1120	1440	440	640	640	840	840	1070	1070	1370	1370	1690
900	1000	260	480	480	710	710	930	930	1220	1220	1570	490	710	710	930	930	1190	1190	1520	1520	1860

表 7-2-14 长弧面滚子轴承的径向游隙

μm

公称内径 d/mm		圆柱孔										圆锥孔									
		2组		N组		3组		4组		5组		2组		N组		3组		4组		5组	
超过	到	min	max	min	max	min	max	min	max	min	max	min	max	min	max	min	max	min	max	min	max
18	24	15	30	25	40	35	55	50	65	65	85	15	35	30	45	40	55	55	70	65	85
24	30	15	35	30	50	45	60	60	80	75	95	20	40	35	55	50	65	65	85	80	100
30	40	20	40	35	55	55	75	70	95	90	120	25	50	45	65	60	80	80	100	100	125
40	50	25	45	45	65	65	85	85	110	105	140	30	55	50	75	70	95	90	120	115	145
50	65	30	55	50	80	75	105	100	140	135	175	40	65	60	90	85	115	110	150	145	185
65	80	40	70	65	100	95	125	120	165	160	210	50	80	75	110	105	140	135	180	175	220
80	100	50	85	80	120	120	160	155	210	205	260	60	100	95	135	130	175	170	220	215	275
100	120	60	100	100	145	140	190	185	245	240	310	75	115	115	155	155	205	200	255	255	325
120	140	75	120	115	170	165	215	215	280	280	350	90	135	135	180	180	235	230	295	290	365
140	160	85	140	135	195	195	250	250	325	320	400	100	155	155	215	210	270	265	340	335	415
160	180	95	155	150	220	215	280	280	365	360	450	115	175	170	240	235	305	300	385	380	470
180	200	105	175	170	240	235	310	305	395	390	495	130	195	190	260	260	330	325	420	415	520
200	225	115	190	185	265	260	340	335	435	430	545	140	215	210	290	285	365	360	460	460	575
225	250	125	205	200	285	280	370	365	480	475	605	160	235	235	315	315	405	400	515	510	635
250	280	135	225	220	310	305	410	405	520	515	655	170	260	255	345	340	445	440	560	555	695
280	315	150	240	235	330	330	435	430	570	570	715	195	285	280	380	375	485	480	620	615	765
315	355	160	260	255	360	360	485	480	620	620	790	220	320	315	420	415	545	540	680	675	850
355	400	175	280	280	395	395	530	525	675	675	850	250	350	350	475	470	600	595	755	755	920
400	450	190	310	305	435	435	580	575	745	745	930	280	385	380	525	525	655	650	835	835	1005
450	500	205	335	335	475	475	635	630	815	810	1015	305	435	435	575	575	735	730	915	910	1115
500	560	220	360	360	520	510	690	680	890	890	1110	330	480	470	640	630	810	800	1010	1000	1230
560	630	240	400	390	570	560	760	750	980	970	1220	380	530	530	710	700	890	880	1110	1110	1350
630	710	260	440	430	620	610	840	830	1080	1070	1340	420	590	590	780	770	990	980	1230	1230	1490
710	800	300	500	490	680	680	920	920	1200	1200	1480	480	680	670	860	860	1100	1100	1380	1380	1660
800	900	320	540	530	760	750	1020	1010	1330	1320	1660	520	740	730	960	950	1220	1210	1530	1520	1860
900	1000	370	600	590	830	830	1120	1120	1460	1460	1830	580	820	810	1040	1040	1340	1340	1670	1670	2050
1000	1120	410	660	660	930	930	1260	1260	1640	1640	2040	640	900	890	1170	1160	1500	1490	1880	1870	2280
1120	1250	450	720	720	1020	1020	1380	1380	1800	1800	2240	700	980	970	1280	1270	1640	1630	2060	2050	2500
1250	1400	490	800	800	1130	1130	1510	1510	1970	1970	2460	770	1080	1080	1410	1410	1790	1780	2250	2250	2740
1400	1600	570	890	890	1250	1250	1680	1680	2200	2200	2740	870	1200	1200	1550	1550	1990	1990	2500	2500	3050
1600	1800	650	1010	1010	1390	1390	1870	1870	2430	2430	3000	950	1320	1320	1690	1690	2180	2180	2730	2730	3310

表 7-2-15 机床用圆柱滚子轴承径向游隙

μm

公称内径 d/mm		圆柱孔						圆锥孔					
		2组		CN组		CA①组		2组		CN组		CA①组	
超过	到	min	max	min	max	min	max	min	max	min	max	min	max
18	24	0	25	20	45	5	15	15	40	30	55	10	20
24	30	0	25	20	45	5	15	20	45	35	60	15	25
30	40	5	30	25	50	5	15	20	45	40	65	15	25
40	50	5	35	30	60	5	18	25	55	45	75	17	30
50	65	10	40	40	70	5	20	30	60	50	80	20	35
65	80	10	45	40	75	10	25	35	70	60	95	25	40

续表

公称内径 d/mm		圆柱孔						圆锥孔					
		2 组		CN 组		CA[①] 组		2 组		CN 组		CA[①] 组	
超过	到	min	max	min	max	min	max	min	max	min	max	min	max
80	100	15	50	50	80	10	30	40	75	70	105	35	55
100	120	15	55	50	90	10	30	50	90	90	130	40	60
120	140	15	60	60	105	10	35	55	100	100	145	45	70
140	160	20	70	70	120	10	35	60	110	110	160	50	75
160	180	25	75	75	125	10	40	75	125	125	175	55	85
180	200	35	90	90	145	15	45	85	140	140	195	60	90
200	225	45	105	105	165	15	50	95	155	155	215	60	95
225	250	45	110	110	175	15	50	105	170	170	235	65	100
250	280	55	125	125	195	20	55	115	185	185	255	75	110
280	315	55	130	130	205	20	60	130	205	205	280	80	120
315	355	65	145	145	225	20	65	145	225	225	305	90	135
355	400	100	190	190	280	25	75	165	255	255	345	100	150
400	450	110	210	210	310	25	85	185	285	285	385	110	170
450	500	110	220	220	330	25	95	205	315	315	425	120	190
500	560	120	240	240	360	25	100	230	350	350	470	130	210
560	630	140	260	260	380	30	110	260	380	380	500	140	230
630	710	145	285	285	425	30	130	295	435	435	575	160	260
710	800	150	310	310	470	35	140	325	485	485	645	170	290

① 适用于公差等级为 SP 和 UP 的单列和双列圆柱滚子轴承。

表 7-2-16　轧机用四列圆柱滚子轴承（圆柱孔）径向游隙　　μm

公称内径 d/mm		2 组		N 组		3 组		4 组		5 组	
超过	到	min	max	min	max	min	max	min	max	min	max
80	100	15	50	50	85	75	110	105	140	155	190
100	120	15	55	50	90	85	125	125	165	180	220
120	140	15	60	60	105	100	145	145	190	200	245
140	160	20	70	70	120	115	165	165	215	225	275
160	180	25	75	75	125	120	170	170	220	250	300
180	200	35	90	90	145	140	195	195	250	275	330
200	225	45	105	105	165	160	220	220	280	305	365
225	250	45	110	110	175	170	235	235	300	330	395
250	280	55	125	125	195	190	260	260	330	370	440
280	315	55	130	130	205	200	275	275	350	410	485
315	355	65	145	145	225	225	305	305	385	455	535
355	400	100	190	190	280	280	370	370	460	510	600
400	450	110	210	210	310	310	410	410	510	565	665
450	500	110	220	220	330	330	440	440	550	625	735
500	560	120	240	240	360	360	480	480	600	—	—
560	630	140	260	260	380	380	500	500	620	—	—
630	710	145	285	285	425	425	565	565	705	—	—
710	800	150	310	310	470	470	630	630	790	—	—
800	900	180	350	350	520	520	690	690	860	—	—
900	1000	200	390	390	580	580	770	770	960	—	—
1000	1120	220	430	430	640	640	850	850	1060	—	—
1120	1250	230	470	470	710	710	950	950	1190	—	—

表 7-2-17　　双列和四列圆锥滚子轴承径向游隙　　μm

公称内径 d/mm		1 组		2 组		N 组		3 组		4 组		5 组	
超过	到	min	max	min	max	min	max	min	max	min	max	min	max
—	30	0	10	10	20	20	30	40	50	50	60	70	80
30	40	0	12	12	25	25	40	45	60	60	75	80	95
40	50	0	15	15	30	30	45	50	65	65	80	90	110
50	65	0	15	15	30	30	50	50	70	70	90	90	120
65	80	0	20	20	40	40	60	60	80	80	110	110	150
80	100	0	20	20	45	45	70	70	100	100	130	130	170
100	120	0	25	25	50	50	80	80	110	110	150	150	200
120	140	0	30	30	60	60	90	90	120	120	170	170	230
140	160	0	30	30	65	65	100	100	140	140	190	190	260
160	180	0	35	35	70	70	110	110	150	150	210	210	280
180	200	0	40	40	80	80	120	120	170	170	230	230	310
200	225	0	40	40	90	90	140	140	190	190	260	260	340
225	250	0	50	50	100	100	150	150	210	210	290	290	380
250	280	0	50	50	110	110	170	170	230	230	320	320	420
280	315	0	60	60	120	120	180	180	250	250	350	350	460
315	355	0	70	70	140	140	210	210	280	280	390	390	510
355	400	0	70	70	150	150	230	230	310	310	440	440	580
400	450	0	80	80	170	170	260	260	350	350	490	490	650
450	500	0	90	90	190	190	290	290	390	390	540	540	720
500	560	0	100	100	210	210	320	320	430	430	590	590	790
560	630	0	110	110	230	230	350	350	480	480	660	660	880
630	710	0	130	130	260	260	400	400	540	540	740	740	910
710	800	0	140	140	290	290	450	450	610	610	830	830	1100
800	900	0	160	160	330	330	500	500	670	670	920	920	1240
900	1000	0	180	180	360	360	540	540	720	720	980	980	1300
1000	1120	0	200	200	400	400	600	600	820	—	—	—	—
1120	1250	0	220	220	450	450	670	670	900	—	—	—	—
1250	1400	0	250	250	500	500	750	750	980	—	—	—	—

表 7-2-18　　外球面球轴承径向游隙　　μm

公称内径 d/mm		圆柱孔						圆锥孔					
		2 组		N 组		3 组		2 组		N 组		3 组	
超过	到	min	max	min	max	min	max	min	max	min	max	min	max
10	18	3	18	10	25	18	33	10	25	18	33	25	45
18	24	5	20	12	28	20	36	12	28	20	36	28	48
24	30	5	20	12	28	23	41	12	28	23	41	30	53
30	40	6	20	13	33	28	46	13	33	28	46	40	64
40	50	6	23	14	36	30	51	14	36	30	51	45	73
50	65	8	28	18	43	38	61	18	43	38	61	55	90
65	80	10	30	20	51	46	71	20	51	46	71	65	105
80	100	12	36	24	58	53	84	24	58	53	84	75	120
100	120	15	41	28	66	61	97	28	66	61	97	90	140
120	140	18	48	33	81	71	114	33	81	71	114	105	160

表 7-2-19　**接触角为 35°的四点接触球轴承轴向游隙**　μm

公称内径 d/mm		2 组		N 组		3 组		4 组	
超过	到	min	max	min	max	min	max	min	max
10	18	15	65	50	95	85	130	120	165
18	40	25	75	65	110	100	150	135	185
40	60	35	85	75	125	110	165	150	200
60	80	45	100	85	140	125	175	165	215
80	100	55	110	95	150	135	190	180	235
100	140	70	130	115	175	160	220	205	265
140	180	90	155	135	200	185	250	235	300
180	220	105	175	155	225	210	280	260	330
220	260	120	195	175	250	230	305	290	360
260	300	135	215	195	275	255	335	315	390
300	350	155	240	220	305	285	370	350	430
350	400	175	265	245	330	310	400	380	470
400	450	190	285	265	360	340	435	415	510
450	500	210	310	290	390	365	470	445	545
500	560	225	335	315	420	400	505	485	595
560	630	250	365	340	455	435	550	530	645
630	710	270	395	375	500	475	600	580	705
710	800	290	425	405	540	520	655	635	770
800	900	315	460	440	585	570	715	695	840
900	1000	335	490	475	630	615	770	755	910

2.2.4　滚动轴承公差等级的选用

轴承的公差等级按尺寸公差和旋转精度分级，目前我国轴承采用 ISO 公差等级，代号用“P”表示。向心轴承（圆锥滚子轴承除外）公差等级分为五级，即：N（普通）、6、5、4、2 级；圆锥滚子轴承公差等级分为五级，即：N（普通）、6（6x）、5、4、2 级；推力轴承公差等级共分为四级，即：N（普通）、6、5、4 级。其精度均依次由低到高。我国轴承公差的主要标准：GB/T 307.1—2017《滚动轴承　向心轴承　产品几何技术规范（GPS）和公差值》（等同采用 ISO 492）；GB/T 307.4—2017《滚动轴承　推力轴承　产品几何技术规范（GPS）和公差值》（等同采用 ISO 104）。

各主要类型轴承的制造公差等级如表 7-2-20 所示。对于一些特殊要求的主机，也可生产超出标准规定的精度，如所谓的“超 2 级”轴承等。

对于一些专用轴承，还规定有特殊公差等级，主要有：

机床用精密轴承——SP、UP；4A、2A 级。

仪器用精密轴承——5A、4A 级。

表 7-2-20　**轴承的制造公差等级**

轴承类型	公差等级				
	N	6(6x)	5	4	2
深沟球轴承	√	√	√	√	√
调心球轴承	√	√	√	—	—
角接触球轴承	√	√	√	√	√
圆柱滚子轴承	√	√	√	√	√
滚针轴承	√	√	√	—	—
调心滚子轴承	√	√	√	—	—
圆锥滚子轴承	√	√	√	√	—
推力球轴承	√	√	√	√	—
推力调心滚子轴承	√	—	—	—	—

使用高精度等级的轴承，其与之相配的轴和外壳孔的加工精度也应提高。

2.2.5　滚动轴承公差

轴承公称尺寸符号、特性符号和规范修饰符见表

7-2-21、表 7-2-22 和图 7-2-2～图 7-2-6（圆柱孔为例），与特性相关的公差值用 t 加特性符号表示，如 t_{VBs}。详细内容见 GB/T 307.1—2017《滚动轴承　向心轴承　产品几何技术规范（GPS）和公差值》（等同采用 ISO 492）；GB/T 307.4—2017《滚动轴承　推力轴承　产品几何技术规范（GPS）和公差值》（等同采用 ISO 104）。

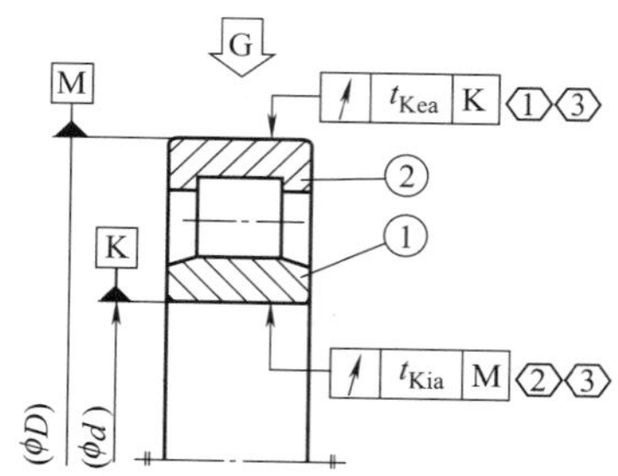

⟨1⟩ = FP ① −MP ②, G

⟨2⟩ = FP ② −MP ①, G

⟨3⟩ = 滚动体和内、外圈滚道均接触

图 7-2-2　圆柱孔成套轴承的几何公差——圆柱滚子轴承、调心滚子轴承、长弧面滚子轴承和调心球轴承

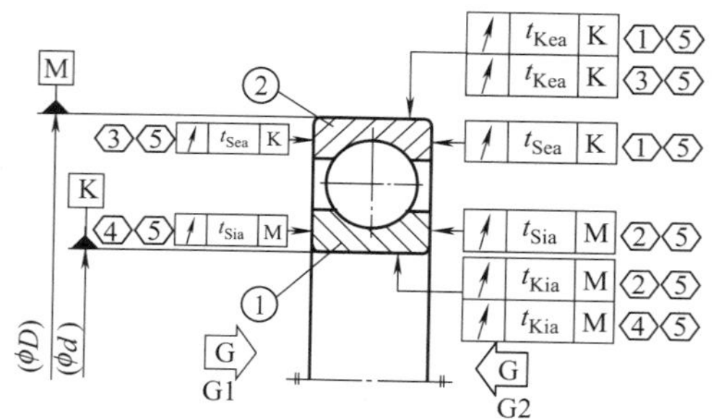

⟨1⟩ = FP ① −MP ②, G2

⟨2⟩ = FP ② −MP ①, G2

⟨3⟩ = FP ① −MP ②, G1

⟨4⟩ = FP ② −MP ①, G1

⟨5⟩ = 滚动体和内、外圈滚道均接触

图 7-2-3　圆柱孔成套轴承的几何公差——深沟球轴承、双列深沟球轴承、双列角接触球轴承和四点接触球轴承

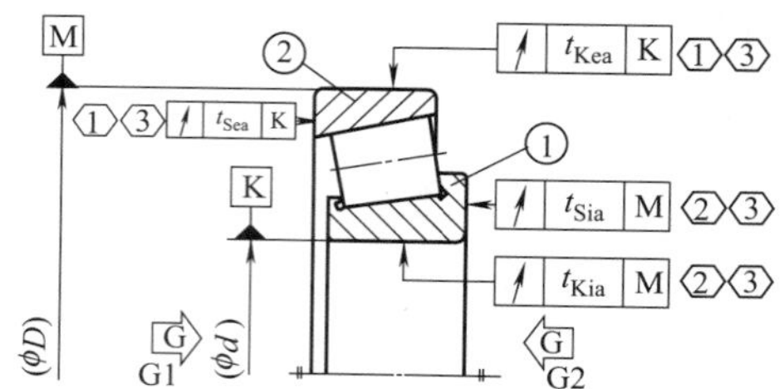

⟨1⟩ = FP ① −MP ②, G1

⟨2⟩ = FP ② −MP ①, G2

⟨3⟩ = 滚动体和内、外圈滚道均接触；对于圆锥滚子轴承，滚动体和内圈背面挡边也接触

图 7-2-4　圆柱孔成套轴承的几何公差——单列角接触球轴承和圆锥滚子轴承

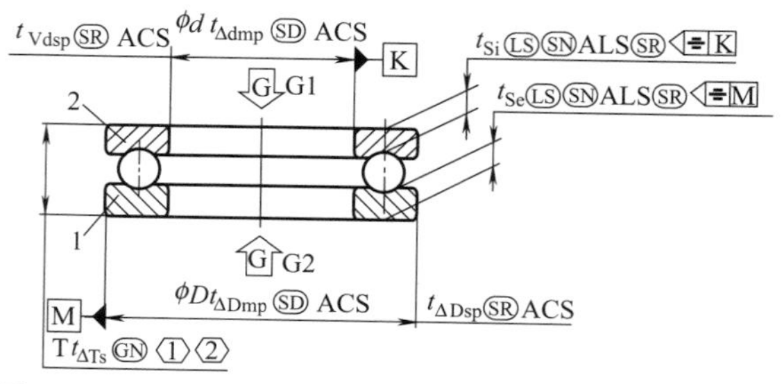

⟨1⟩ =G1或G2

⟨2⟩ =滚动体和轴、座圈滚道均接触

图 7-2-5　单向轴承尺寸规范——推力球轴承

1—座圈；2—轴圈

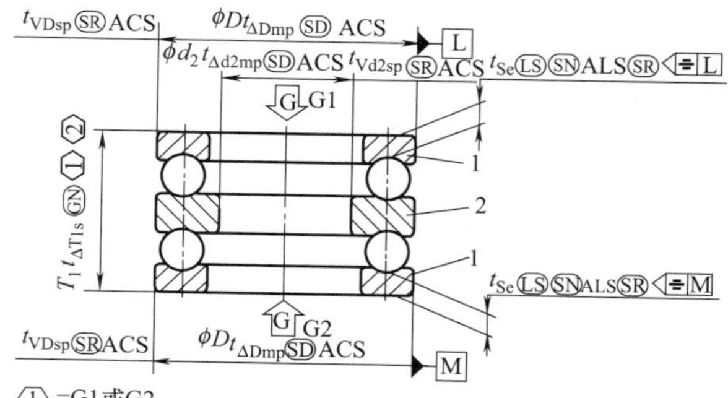

⟨1⟩ =G1或G2

⟨2⟩ =滚动体和轴、座圈滚道均接触

图 7-2-6　双向轴承尺寸规范——推力球轴承

1—座圈；2—轴圈

表 7-2-21　　向心轴承公称尺寸符号、特性符号和规范修饰符

公称尺寸（尺寸和距离）符号	特性符号	GPS 符号和规范修饰符	说　明	上一版标准中的术语
B			内圈公称宽度	内圈公称宽度
	VBs	(LP)(SR)	对称套圈：内圈宽度的两点尺寸的范围	内圈宽度变动量

续表

公称尺寸（尺寸和距离）符号	特性符号	GPS符号和规范修饰符	说　明	上一版标准中的术语
B	VBs	(GN) ALS (SR)	非对称套圈：由通过内圈内孔轴线的任意纵向截面得到的两相对直线之间的内圈宽度的最小外接尺寸的范围	内圈宽度变动量
	ΔBs	(LP)	对称套圈：内圈宽度的两点尺寸与其公称尺寸的偏差	内圈单一宽度偏差
		(GN) ALS	非对称套圈，上极限：由通过内圈内孔轴线的任意纵向截面得到的两相对直线之间的内圈宽度的最小外接尺寸与其公称尺寸的偏差	
		(LP)	非对称套圈，下极限：内圈宽度的两点尺寸与其公称尺寸的偏差	
C			外圈公称宽度	外圈公称宽度
	VCs	(LP)(SR)	对称套圈：外圈宽度的两点尺寸的范围	外圈宽度变动量
		(GN) ALS (SR)	非对称套圈：由通过外圈外表面轴线的任意纵向截面得到的两相对直线之间的外圈宽度的最小外接尺寸的范围	
	ΔCs	(LP)	对称套圈：外圈宽度的两点尺寸与其公称尺寸的偏差	外圈单一宽度偏差
		(GN) ALS	非对称套圈，上极限：由通过外圈外表面轴线的任意纵向截面得到的两相对直线之间的外圈宽度的最小外接尺寸与其公称尺寸的偏差	
		(LP)	非对称套圈，下极限：外圈宽度的两点尺寸与其公称尺寸的偏差	
C_1			外圈凸缘公称宽度	外圈凸缘公称宽度
	VC1s	(LP)(SR)	外圈凸缘宽度的两点尺寸的范围	外圈凸缘宽度变动量
	ΔC1s	(LP)	外圈凸缘宽度的两点尺寸与其公称尺寸的偏差	外圈凸缘单一宽度偏差
d			圆柱孔或圆锥孔理论小端的公称内径	公称内径
	Vdmp	(LP)(SD)ACS (SR)	由圆柱孔任意截面得到的内径的平均尺寸（出自两点尺寸）的范围	平均内径变动量
	Δdmp	(LP)(SD)ACS	圆柱孔：任意截面内，内径的平均尺寸（出自两点尺寸）与其公称尺寸的偏差	单一平面平均内径偏差
		(LP)(SD)SCS	圆锥孔：理论小端内径的平均尺寸（出自两点尺寸）与其公称尺寸的偏差	内孔理论小端单一平面平均内径偏差
	Vdsp	(LP)(SR)ACS	圆柱孔或圆锥孔任意截面内，内径的两点尺寸的范围	单一平面内径变动量
	Δds	(LP)	圆柱孔内径的两点尺寸与其公称尺寸的偏差	单一内径偏差
d_1			圆锥孔理论大端的公称内径	基本圆锥孔理论大端直径
	Δd1mp	(LP)(SD) SCS	圆锥孔理论大端内径的平均尺寸（出自两点尺寸）与其公称尺寸的偏差	基本圆锥孔理论大端的单一平面平均内径偏差
D			公称外径	公称外径
	VDmp	(LP)(SD)ACS (SR)	由任意截面得到的外径的平均尺寸（出自两点尺寸）的范围	平均外径变动量
	ΔDmp	(LP)(SD) ACS	任意截面内，外径的平均尺寸（出自两点尺寸）与其公称尺寸的偏差	单一平面平均外径偏差

续表

公称尺寸(尺寸和距离)符号	特性符号	GPS符号和规范修饰符	说明	上一版标准中的术语
D	VDsp	(LP)(SR) ACS	任意截面内,外径的两点尺寸的范围	单一平面外径变动量
	ΔDs	(LP)	外径的两点尺寸与其公称尺寸的偏差	单一外径偏差
D_1			外圈凸缘公称外径	外圈凸缘公称外径
	ΔD1s	(LP)	外圈凸缘外径的两点尺寸与其公称尺寸的偏差	外圈凸缘单一外径偏差
	Kea	↗	成套轴承外圈外表面对基准(即由内圈内孔表面确定的轴线)的径向圆跳动	成套轴承外圈径向跳动
	Kia	↗	成套轴承内圈内孔表面对基准(即由外圈外表面确定的轴线)的径向圆跳动	成套轴承内圈径向跳动
	Sd	↗	内圈端面对基准(即由内圈内孔表面确定的轴线)的轴向圆跳动	内圈端面对内孔的垂直度
	SD	⊥	外圈外表面轴线对基准(由外圈端面确定)的垂直度	外圈外表面对端面的垂直度
	SD1	⊥	外圈外表面轴线对基准(由外圈凸缘背面确定)的垂直度	外圈外表面对凸缘背面的垂直度
	Sea	↗	成套轴承外圈端面对基准(即由内圈内孔表面确定的轴线)的轴向圆跳动	成套轴承外圈轴向跳动
	Sea1	↗	成套轴承外圈凸缘背面对基准(即由内圈内孔表面确定的轴线)的轴向圆跳动	成套轴承外圈凸缘背面轴向跳动
	Sia	↗	成套轴承内圈端面对基准(即由外圈外表面确定的轴线)的轴向圆跳动	成套轴承内圈轴向跳动
SL			圆锥坡高,即圆锥孔理论大端和小端公称直径之差(d_1-d)	—
	ΔSL		锥形内圈的圆锥坡高与其公称尺寸的偏差	—
T			成套轴承公称宽度	成套轴承宽度
	ΔTs	(GN)	成套轴承宽度的最小外接尺寸与其公称尺寸的偏差	(成套)轴承实际宽度偏差
T_1			内组件与标准外圈装配后的公称有效宽度	内组件与标准外圈装配后的有效宽度
	ΔT1s	(GN)	有效宽度(内组件与标准外圈装配后)的最小外接尺寸与其公称尺寸的偏差	内组件与标准外圈装配后的实际有效宽度偏差
T_2			外圈与标准内组件装配后的公称有效宽度	外圈与标准内组件装配后的公称有效宽度
	ΔT2s	(GN)	有效宽度(外圈与标准内组件装配后)的最小外接尺寸与其公称尺寸的偏差	有效宽度(外圈与标准内组件装配后)的最小外接尺寸与其公称尺寸的偏差
T_F			成套凸缘轴承公称宽度	成套凸缘轴承公称宽度
	ΔTFs	(GN)	成套凸缘轴承宽度的最小外接尺寸与其公称尺寸的偏差	成套凸缘轴承宽度的最小外接尺寸与其公称尺寸的偏差
T_{F2}			外圈与标准内组件装配后的公称有效宽度	外圈与标准内组件装配后的公称有效宽度
	ΔTF2s	(GN)	有效宽度(凸缘外圈与标准内组件装配后)的最小外接尺寸与其公称尺寸的偏差	有效宽度(凸缘外圈与标准内组件装配后)的最小外接尺寸与其公称尺寸的偏差

续表

公称尺寸(尺寸和距离)符号	特性符号	GPS 符号和规范修饰符	说　明	上一版标准中的术语
α			截头圆锥内孔的角度	截头圆锥内孔的角度
a			端面到 SD 或 SD1 约束区边界的距离	端面到 SD 或 SD1 约束区边界的距离

表 7-2-22　推力轴承公称尺寸符号、特性符号和规范修饰符

公称尺寸符号	特性符号	GPS 符号和规范修饰符	说　明	上一版标准中的术语
d			单向轴承轴圈公称内径	单向轴承轴圈公称内径
	Δdmp	(LP)(SD)ACS	任意截面内，轴圈内径的平均尺寸(出自两点尺寸)与其公称尺寸的偏差	单向轴承轴圈单一平面平均内径偏差
	Vdsp	(LP)(SR)ACS	任意截面内，轴圈内径的两点尺寸的范围	单向轴承轴圈单一平面内径变动量
d_2			双向轴承中轴圈公称内径	双向轴承中轴圈公称内径
	Δd2mp	(LP)(SD)ACS	任意截面内，中轴圈内径的平均尺寸(出自两点尺寸)与其公称尺寸的偏差	双向轴承中轴圈单一平面平均内径偏差
	Vd2sp	(LP)(SR)ACS	任意截面内，中轴圈内径的两点尺寸的范围	双向轴承中轴圈单一平面内径变动量
D			座圈公称外径	座圈公称外径
	ΔDmp	(LP)(SD)ACS	任意截面内，座圈外径的平均尺寸(出自两点尺寸)与其公称尺寸的偏差	座圈单一平面平均外径偏差
	VDsp	(LP)(SR)ACS	任意截面内，座圈外径的两点尺寸的范围	座圈单一平面外径变动量
T			单向轴承成套轴承公称高度	单向轴承公称高度
	ΔTs	(GN)	单向轴承成套轴承高度的最小外接尺寸与其公称尺寸的偏差	单向轴承实际高度偏差
T_1			双向轴承成套轴承公称高度	双向轴承公称高度
	ΔT1s	(GN)	双向轴承成套轴承高度的最小外接尺寸与其公称尺寸的偏差	双向轴承实际高度偏差
—	Se	(LP)(SR)	推力圆柱滚子轴承：座圈滚道和背面之间厚度的两点尺寸的范围	座圈滚道与背面间的厚度变动量
		(LS)(SN)ALS(SR)◁≡	推力球轴承：由通过座圈外表面轴线的任意纵向截面得到的滚道和座圈背面的对应点之间的最小球形尺寸的范围	
—	Si	(LS)(SR)	推力圆柱滚子轴承：轴圈滚道和背面之间厚度的两点尺寸的范围	轴圈滚道与背面间的厚度变动量
		(LS)(SN)ALS(SR)◁≡	推力球轴承：由通过轴圈内孔轴线的任意纵向截面得到的滚道和轴圈背面的对应点之间的最小球形尺寸的范围	

2.2.5.1　向心轴承公差（圆锥滚子轴承除外）

圆柱孔轴承的内径极限偏差和公差值见表 7-2-23～表 7-2-32。

表 7-2-23　　**普通级轴承内圈公差**　　μm

d/mm		$t_{\Delta dmp}$		t_{Vdsp}			t_{Vdmp}	t_{Kia}	$t_{\Delta Bs}$			t_{VBs}
				直径系列					全部	正常	修正①	
超过	到	上偏差	下偏差	9	0、1	2、3、4			上偏差	下偏差		
—	0.6	0	−8	10	8	6	6	10	0	−40	—	12
0.6	2.5	0	−8	10	8	6	6	10	0	−40	—	12
2.5	10	0	−8	10	8	6	6	10	0	−120	−250	15
10	18	0	−8	10	8	6	6	10	0	−120	−250	20
18	30	0	−10	13	10	8	8	13	0	−120	−250	20
30	50	0	−12	15	12	9	9	15	0	−120	−250	20
50	80	0	−15	19	19	11	11	20	0	−150	−380	25
80	120	0	−20	25	25	15	15	25	0	−200	−380	25
120	180	0	−25	31	31	19	19	30	0	−250	−500	30
180	250	0	−30	38	38	23	23	40	0	−300	−500	30
250	315	0	−35	44	44	26	26	50	0	−350	−500	35
315	400	0	−40	50	50	30	30	60	0	−400	−630	40
400	500	0	−45	56	56	34	34	65	0	−450	—	50
500	630	0	−50	63	63	38	38	70	0	−500	—	60
630	800	0	−75	—	—	—	—	80	0	−750	—	70
800	1000	0	−100	—	—	—	—	90	0	−1000	—	80
1000	1250	0	−125	—	—	—	—	100	0	−1250	—	100
1250	1600	0	−160	—	—	—	—	120	0	−1600	—	120
1600	2000	0	−200	—	—	—	—	140	0	−2000	—	140

① 适用于成对或成组安装时单个轴承的内、外圈，也适用于 $d \geqslant 50$mm 锥孔轴承的内圈。

表 7-2-24　　**普通级轴承外圈公差**　　μm

D/mm		$t_{\Delta Dmp}$		t_{VDsp}①				t_{VDmp}①	t_{Kea}	$t_{\Delta Cs}$ $t_{\Delta C1s}$②		t_{VCs} t_{VC1s}②
				开 型 轴 承			闭型轴承					
				直 径 系 列								
超过	到	上偏差	下偏差	9	0、1	2、3、4	2、3、4			上偏差	下偏差	
—	2.5	0	−8	10	8	6	10	6	15	与同一轴承内圈的 $t_{\Delta Bs}$ 及 t_{VBs} 相同		
2.5	6	0	−8	10	8	6	10	6	15			
6	18	0	−8	10	8	6	10	6	15			
18	30	0	−9	12	9	7	12	7	15			
30	50	0	−11	14	11	8	16	8	20			
50	80	0	−13	16	13	10	20	10	25			
80	120	0	−15	19	19	11	26	11	35			
120	150	0	−18	23	23	14	30	14	40			
150	180	0	−25	31	31	19	38	19	45			
180	250	0	−30	38	38	23	—	23	50			
250	315	0	−35	44	44	26	—	26	60			

续表

D/mm		$t_{\Delta Dmp}$		t_{VDsp}①				t_{VDmp}①	t_{Kea}	$t_{\Delta Cs}$ $t_{\Delta C1s}$②		t_{VCs} t_{VC1s}②
				开型轴承			闭型轴承					
				直径系列								
超过	到	上偏差	下偏差	9	0、1	2、3、4	2、3、4			上偏差	下偏差	
315	400	0	−40	50	50	30	—	30	70	与同一轴承内圈的 $t_{\Delta Bs}$ 及 t_{VBs} 相同		
400	500	0	−45	56	56	34	—	34	80			
500	630	0	−50	63	63	38	—	38	100			
630	800	0	−75	94	94	55	—	55	120			
800	1000	0	−100	125	125	75	—	75	140			
1000	1250	0	−125	—	—	—	—	—	160			
1250	1600	0	−160	—	—	—	—	—	190			
1600	2000	0	−200	—	—	—	—	—	220			
2000	2500	0	−250	—	—	—	—	—	250			

① 适用于内、外止动环安装前或拆卸后。

② 仅适用于沟型球轴承。

表 7-2-25　　6 级轴承内圈公差　　μm

d/mm		$t_{\Delta dmp}$		t_{Vdsp}			t_{Vdmp}	t_{Kia}	$t_{\Delta Bs}$			t_{VBs}
				直径系列					全部	正常	修正①	
超过	到	上偏差	下偏差	9	0、1	2、3、4			上偏差	下偏差		
—	0.6	0	−7	9	7	5	5	5	0	−40	—	12
0.6	2.5	0	−7	9	7	5	5	5	0	−40	—	12
2.5	10	0	−7	9	7	5	5	6	0	−120	−250	15
10	18	0	−7	9	7	5	5	7	0	−120	−250	20
18	30	0	−8	10	8	6	6	8	0	−120	−250	20
30	50	0	−10	13	10	8	8	10	0	−120	−250	20
50	80	0	−12	15	15	9	9	10	0	−150	−380	25
80	120	0	−15	19	19	11	11	13	0	−200	−380	25
120	180	0	−18	23	23	14	14	18	0	−250	−500	30
180	250	0	−22	28	28	17	17	20	0	−300	−500	30
250	315	0	−25	31	31	19	19	25	0	−350	−500	35
315	400	0	−30	38	38	23	23	30	0	−400	−630	40
400	500	0	−35	44	44	26	26	35	0	−450	—	45
500	630	0	−40	50	50	30	30	40	0	−500	—	50

① 适用于成对或成组安装时单个轴承的内、外圈，也适用于 $d \geqslant 50$mm 锥孔轴承的内圈。

表 7-2-26　　6 级轴承外圈公差　　μm

D/mm		$t_{\Delta Dmp}$		t_{VDsp}①				t_{VDmp}①	t_{Kea}	$t_{\Delta Cs}$ $t_{\Delta C1s}$②		t_{VCs} t_{VC1s}②
				开型轴承			闭型轴承					
				直径系列								
超过	到	上偏差	下偏差	9	0、1	2、3、4	0、1、2、3、4			上偏差	下偏差	
—	2.5	0	−7	9	7	5	9	5	8	与同一轴承内圈的 $t_{\Delta Bs}$ 及 t_{VBs} 相同		
2.5	6	0	−7	9	7	5	9	5	8			

第7篇

续表

D/mm		$t_{\Delta Dmp}$		t_{VDsp}①				t_{VDmp}①	t_{Kea}	$t_{\Delta Cs}$ $t_{\Delta C1s}$②		t_{VCs} t_{VC1s}②
				开型轴承			闭型轴承					
				直径系列								
超过	到	上偏差	下偏差	9	0、1	2、3、4	0、1、2、3、4			上偏差	下偏差	
6	18	0	−7	9	7	5	9	5	8	与同一轴承内圈的 $t_{\Delta Bs}$ 及 t_{VBs} 相同		
18	30	0	−8	10	8	6	10	6	9			
30	50	0	−9	11	9	7	13	7	10			
50	80	0	−11	14	11	8	16	8	13			
80	120	0	−13	16	16	10	20	10	18			
120	150	0	−15	19	19	11	25	11	20			
150	180	0	−18	23	23	14	30	14	23			
180	250	0	−20	25	25	15	—	15	25			
250	315	0	−25	31	31	19	—	19	30			
315	400	0	−28	35	35	21	—	21	35			
400	500	0	−33	41	41	25	—	25	40			
500	630	0	−38	48	48	29	—	29	50			
630	800	0	−45	56	56	34	—	34	60			
800	1000	0	−60	75	75	45	—	45	75			

① 适用于内、外止动环安装前或拆卸后。

② 仅适用于沟型球轴承。

表 7-2-27　5级轴承内圈公差

μm

d/mm		$t_{\Delta dmp}$		t_{Vdsp}		t_{Vdmp}	t_{Kia}	t_{Sd}	t_{Sia}①	$t_{\Delta Bs}$			t_{VBs}
				直径系列						全部	正常	修正②	
超过	到	上偏差	下偏差	9	0、1、2、3、4					上偏差	下偏差		
—	0.6	0	−5	5	4	3	4	7	7	0	−40	−250	5
0.6	2.5	0	−5	5	4	3	4	7	7	0	−40	−250	5
2.5	10	0	−5	5	4	3	4	7	7	0	−40	−250	5
10	18	0	−5	5	4	3	4	7	7	0	−80	−250	5
18	30	0	−6	6	5	3	4	8	8	0	−120	−250	5
30	50	0	−8	8	6	4	5	8	8	0	−120	−250	5
50	80	0	−9	9	7	5	5	8	8	0	−150	−250	6
80	120	0	−10	10	8	5	6	9	9	0	−200	−380	7
120	180	0	−13	13	10	7	8	10	10	0	−250	−380	8
180	250	0	−15	15	12	8	10	11	13	0	−300	−500	10
250	315	0	−18	18	14	9	13	13	15	0	−350	−500	13
315	400	0	−23	23	18	12	15	15	20	0	−400	−630	15

① 仅适用于沟型球轴承。

② 适用于成对或成组安装时单个轴承的内、外圈，也适用于 $d \geqslant 50$mm 锥孔轴承的内圈。

表 7-2-28　**5 级轴承外圈公差**　μm

D/mm		$t_{\Delta Dmp}$		t_{VDsp}①② 直径系列		t_{VDmp}②	t_{Kea}	t_{SD}③⑤ t_{SD1}④⑤	t_{Sea}③④	t_{Sea1}④	$t_{\Delta Cs}$ $t_{\Delta C1s}$④		t_{VCs} t_{VC1s}④
超过	到	上偏差	下偏差	9	0、1、2、3、4						上偏差	下偏差	
—	2.5	0	−5	5	4	3	5	4	8	11	与同一轴承内圈的 $t_{\Delta Bs}$ 相同		5
2.5	6	0	−5	5	4	3	5	4	8	11			5
6	18	0	−5	5	4	3	5	4	8	11			5
18	30	0	−6	6	5	3	6	4	8	11			5
30	50	0	−7	7	5	4	7	4	8	11			5
50	80	0	−9	9	7	5	8	4	10	14			6
80	120	0	−10	10	8	5	10	4.5	11	16			8
120	150	0	−11	11	8	6	11	5	13	18			8
150	180	0	−13	13	10	7	13	5	14	20			8
180	250	0	−15	15	11	8	15	5.5	15	21			10
250	315	0	−18	18	14	9	18	6.5	18	25			11
315	400	0	−20	20	15	10	20	6.5	20	28			13
400	500	0	−23	23	17	12	23	7.5	23	33			15
500	630	0	−28	28	21	14	25	9	25	35			18
630	800	0	−35	35	26	18	30	10	30	42			20

① 对闭型轴承未规定数值。

② 适用于内、外止动环安装前或拆卸后。

③ 不适用于凸缘外圈轴承。

④ 仅适用于沟型球轴承。

⑤ 与上一版标准相比，公差值已变为原数值的一半，因为本版已将 SD 和 SD1 定义为外圈外表面轴线对基准（由外圈端面或外圈凸缘背面确定）的垂直度。

表 7-2-29　**4 级轴承内圈公差**　μm

d/mm		$t_{\Delta dmp}$① $t_{\Delta ds}$②		t_{Vdsp} 直径系列		t_{Vdmp}	t_{Kia}	t_{Sd}	t_{Sia}③	$t_{\Delta Bs}$ 全部	正常	修正④	t_{VBs}
超过	到	上偏差	下偏差	9	0、1、2、3、4					上偏差	下偏差		
—	0.6	0	−4	4	3	2	2.5	3	3	0	−40	−250	2.5
0.6	2.5	0	−4	4	3	2	2.5	3	3	0	−40	−250	2.5
2.5	10	0	−4	4	3	2	2.5	3	3	0	−40	−250	2.5
10	18	0	−4	4	3	2	2.5	3	3	0	−80	−250	2.5
18	30	0	−5	5	4	2.5	3	4	4	0	−120	−250	2.5
30	50	0	−6	6	5	3	4	4	4	0	−120	−250	3
50	80	0	−7	7	5	3.5	4	5	5	0	−150	−250	4
80	120	0	−8	8	6	4	5	5	5	0	−200	−380	4
120	180	0	−10	10	8	5	6	6	7	0	−250	−380	5
180	250	0	−12	12	9	6	8	7	8	0	−300	−500	6

① 这些偏差仅适用于直径系列 9。

② 这些偏差仅适用于直径系列 0、1、2、3 和 4。

③ 仅适用于沟型球轴承。

④ 适用于成对或成组安装时单个轴承的内、外圈。

表 7-2-30 **4 级轴承外圈公差** μm

D/mm		$t_{\Delta Dmp}$① $t_{\Delta Ds}$②		t_{VDsp}③④		t_{VDmp}④	t_{Kea}	t_{SD}⑤⑥ t_{SD1}⑥⑦	t_{Sea}⑤⑦	t_{Sea1}⑦	$t_{\Delta Cs}$ $t_{\Delta C1s}$⑦		t_{VCs} t_{VC1s}⑦
				直径系列									
超过	到	上偏差	下偏差	9	0、1、2、3、4						上偏差	下偏差	
—	2.5	0	−4	4	3	2	3	2	5	7	与同一轴承内圈的 $t_{\Delta Bs}$ 相同		2.5
2.5	6	0	−4	4	3	2	3	2	5	7			2.5
6	18	0	−4	4	3	2	3	2	5	7			2.5
18	30	0	−5	5	4	2.5	4	2	5	7			2.5
30	50	0	−6	6	5	3	5	2	5	7			2.5
50	80	0	−7	7	5	3.5	5	2	5	7			3
80	120	0	−8	8	6	4	6	2.5	6	8			4
120	150	0	−9	9	7	5	7	2.5	7	10			5
150	180	0	−10	10	8	5	8	2.5	8	11			5
180	250	0	−11	11	8	6	10	3.5	10	14			7
250	315	0	−13	13	10	7	11	4	10	14			7
315	400	0	−15	15	11	8	13	5	13	18			8

① 这些偏差仅适用于直径系列 9。

② 这些偏差仅适用于直径系列 0、1、2、3 和 4。

③ 对闭型轴承未规定数值。

④ 适用于内、外止动环安装前或拆卸后。

⑤ 不适用于凸缘外圈轴承。

⑥ 与上一版标准相比，公差值已变为原数值的一半，因为本版已将 SD 和 SD1 定义为外圈外表面轴线对基准（由外圈端面或外圈凸缘背面确定）的垂直度。

⑦ 仅适用于沟型球轴承。

表 7-2-31 **2 级轴承内圈公差** μm

d/mm		$t_{\Delta dmp}$① $t_{\Delta ds}$②		t_{Vdsp}	t_{Vdmp}	t_{Kia}	t_{Sd}	t_{Sia}③	$t_{\Delta Bs}$			t_{VBs}
									全部	正常	修正④	
超过	到	上偏差	下偏差						上偏差	下偏差		
—	0.6	0	−2.5	2.5	1.5	1.5	1.5	1.5	0	−40	−250	1.5
0.6	2.5	0	−2.5	2.5	1.5	1.5	1.5	1.5	0	−40	−250	1.5
2.5	10	0	−2.5	2.5	1.5	1.5	1.5	1.5	0	−40	−250	1.5
10	18	0	−2.5	2.5	1.5	1.5	1.5	1.5	0	−80	−250	1.5
18	30	0	−2.5	2.5	1.5	2.5	1.5	2.5	0	−120	−250	1.5
30	50	0	−2.5	2.5	1.5	2.5	1.5	2.5	0	−120	−250	1.5
50	80	0	−4	4	2	2.5	1.5	2.5	0	−150	−250	1.5
80	120	0	−5	5	2.5	2.5	2.5	2.5	0	−200	−380	2.5
120	150	0	−7	7	3.5	2.5	2.5	2.5	0	−250	−380	2.5
150	180	0	−7	7	3.5	5	4	5	0	−250	−380	4
180	250	0	−8	8	4	5	5	5	0	−300	−500	5

① 这些偏差仅适用于直径系列 9。

② 这些偏差仅适用于直径系列 0、1、2、3 和 4。

③ 仅适用于沟型球轴承。

④ 适用于成对或成组安装时单个轴承的内、外圈。

表 7-2-32　　**2 级轴承外圈公差**　　μm

D/mm		$t_{\Delta Dmp}$① $t_{\Delta Ds}$②		t_{VDsp}③④	t_{VDmp}④	t_{Kea}	t_{SD}⑤⑥ t_{SD1}⑤⑦	t_{Sea}⑤⑦	t_{Sea1}⑦	$t_{\Delta Cs}$ $t_{\Delta C1s}$⑦		t_{VCs} t_{VC1s}⑦
超过	到	上偏差	下偏差							上偏差	下偏差	
—	2.5	0	−2.5	2.5	1.5	1.5	0.75	1.5	3	与同一轴承内圈的 $t_{\Delta Bs}$ 相同		1.5
2.5	6	0	−2.5	2.5	1.5	1.5	0.75	1.5	3			1.5
6	18	0	−2.5	2.5	1.5	1.5	0.75	1.5	3			1.5
18	30	0	−4	4	2	2.5	0.75	2.5	4			1.5
30	50	0	−4	4	2	2.5	0.75	2.5	4			1.5
50	80	0	−4	4	2	4	0.75	4	6			1.5
80	120	0	−5	5	2.5	5	1.25	5	7			2.5
120	150	0	−5	5	2.5	5	1.25	5	7			2.5
150	180	0	−7	7	3.5	5	1.25	5	7			2.5
180	250	0	−8	8	4	7	2	7	10			4
250	315	0	−8	8	4	7	2.5	7	10			5
315	400	0	−10	10	5	8	3.5	8	11			7

① 这些偏差仅适用于直径系列 9。
② 这些偏差仅适用于直径系列 0、1、2、3 和 4。
③ 对闭型轴承未规定数值。
④ 适用于内、外止动环安装前或拆卸后。
⑤ 不适用于凸缘外圈轴承。
⑥ 与上一版标准相比，公差值已变为原数值的一半，因为本版已将 SD 和 SD1 定义为外圈外表面轴线对基准（由外圈端面或外圈凸缘背面确定）的垂直度。
⑦ 仅适用于沟型球轴承。

2.2.5.2　圆锥滚子轴承公差

圆锥滚子轴承的内径公差适用于基本圆柱孔（见表 7-2-33～表 7-2-45）。

表 7-2-33　　**普通级圆锥滚子轴承内圈公差**　　μm

d/mm		$t_{\Delta dmp}$		t_{Vdsp}	t_{Vdmp}	t_{Kia}
超过	到	上偏差	下偏差			
—	10	0	−12	12	9	15
10	18	0	−12	12	9	15
18	30	0	−12	12	9	18
30	50	0	−12	12	9	20
50	80	0	−15	15	11	25
80	120	0	−20	20	15	30
120	180	0	−25	25	19	35
180	250	0	−30	30	23	50
250	315	0	−35	35	26	60
315	400	0	−40	40	30	70
400	500	0	−45	45	34	80
500	630	0	−60	60	40	90
630	800	0	−75	75	45	100
800	1000	0	−100	100	55	115
1000	1250	0	−125	125	65	130
1250	1600	0	−160	160	80	150
1600	2000	0	−200	200	100	170

表 7-2-34 普通级圆锥滚子轴承外圈公差 μm

D/mm		$t_{\Delta Dmp}$		t_{VDsp}	t_{VDmp}	t_{Kea}
超过	到	上偏差	下偏差			
—	18	0	−12	12	9	18
18	30	0	−12	12	9	18
30	50	0	−14	14	11	20
50	80	0	−16	16	12	25
80	120	0	−18	18	14	35
120	150	0	−20	20	15	40
150	180	0	−25	25	19	45
180	250	0	−30	30	23	50
250	315	0	−35	35	26	60
315	400	0	−40	40	30	70
400	500	0	−45	45	34	80
500	630	0	−50	60	38	100
630	800	0	−75	80	55	120
800	1000	0	−100	100	75	140
1000	1250	0	−125	130	90	160
1250	1600	0	−160	170	100	180
1600	2000	0	−200	210	110	200
2000	2500	0	−250	265	120	220

表 7-2-35 普通级圆锥滚子轴承宽度公差——内、外圈，单列轴承及组件 μm

d/mm		$t_{\Delta Bs}$		$t_{\Delta Cs}$		$t_{\Delta Ts}$ $t_{\Delta TFs}$		$t_{\Delta T1s}$		$t_{\Delta T2s}$ $t_{\Delta TF2s}$	
超过	到	上偏差	下偏差	上偏差	下偏差	上偏差	下偏差	上偏差	下偏差	上偏差	下偏差
—	10	0	−120	0	−120	+200	0	+100	0	+100	0
10	18	0	−120	0	−120	+200	0	+100	0	+100	0
18	30	0	−120	0	−120	+200	0	+100	0	+100	0
30	50	0	−120	0	−120	+200	0	+100	0	+100	0
50	80	0	−150	0	−150	+200	0	+100	0	+100	0
80	120	0	−200	0	−200	+200	−200	+100	−100	+100	−100
120	180	0	−250	0	−250	+350	−250	+150	−150	+200	−100
180	250	0	−300	0	−300	+350	−250	+150	−150	+200	−100
250	315	0	−350	0	−350	+350	−250	+150	−150	+200	−100
315	400	0	−400	0	−400	+400	−400	+200	−200	+200	−200
400	500	0	−450	0	−450	+450	−450	+225	−225	+225	−225
500	630	0	−500	0	−500	+500	−500	—	—	—	—
630	800	0	−750	0	−750	+600	−600	—	—	—	—
800	1000	0	−1000	0	−1000	+750	−750	—	—	—	—
1000	1250	0	−1250	0	−1250	+900	−900	—	—	—	—
1250	1600	0	−1600	0	−1600	+1050	−1050	—	—	—	—
1600	2000	0	−2000	0	−2000	+1200	−1200	—	—	—	—

表 7-2-36　**6X 级圆锥滚子轴承公差宽度——内、外圈，单列轴承及组件**　μm

d/mm		$t_{\Delta Bs}$		$t_{\Delta Cs}$		$t_{\Delta Ts}$ $t_{\Delta TFs}$		$t_{\Delta T1s}$		$t_{\Delta T2s}$ $t_{\Delta TF2s}$	
超过	到	上偏差	下偏差	上偏差	下偏差	上偏差	下偏差	上偏差	下偏差	上偏差	下偏差
—	10	0	−50	0	−100	+100	0	+50	0	+50	0
10	18	0	−50	0	−100	+100	0	+50	0	+50	0
18	30	0	−50	0	−100	+100	0	+50	0	+50	0
30	50	0	−50	0	−100	+100	0	+50	0	+50	0
50	80	0	−50	0	−100	+100	0	+50	0	+50	0
80	120	0	−50	0	−100	+100	0	+50	0	+50	0
120	180	0	−50	0	−100	+150	0	+50	0	+100	0
180	250	0	−50	0	−100	+150	0	+50	0	+100	0
250	315	0	−50	0	−100	+200	0	+100	0	+100	0
315	400	0	−50	0	−100	+200	0	+100	0	+100	0
400	500	0	−50	0	−100	+200	0	+100	0	+100	0

注：本公差级内圈和外圈的直径公差和径向跳动与普通级公差规定的数值相同。

表 7-2-37　**5 级圆锥滚子轴承内圈公差**　μm

d/mm		$t_{\Delta dmp}$		t_{Vdsp}	t_{Vdmp}	t_{Kia}	t_{Sd}
超过	到	上偏差	下偏差				
—	10	0	−7	5	5	5	7
10	18	0	−7	5	5	5	7
18	30	0	−8	6	5	5	8
30	50	0	−10	8	5	6	8
50	80	0	−12	9	6	7	8
80	120	0	−15	11	8	8	9
120	180	0	−18	14	9	11	10
180	250	0	−22	17	11	13	11
250	315	0	−25	19	13	13	13
315	400	0	−30	23	15	15	15
400	500	0	−35	28	17	20	17
500	630	0	−40	35	20	25	20
630	800	0	−50	45	25	30	25
800	1000	0	−60	60	30	37	30
1000	1250	0	−75	75	37	45	40
1250	1600	0	−90	90	45	55	50

表 7-2-38　**5 级圆锥滚子轴承外圈公差**　μm

D/mm		$t_{\Delta Dmp}$		t_{VDsp}	t_{VDmp}	t_{Kea}	t_{SD} ①② t_{SD1} ②
超过	到	上偏差	下偏差				
—	18	0	−8	6	5	6	4
18	30	0	−8	6	5	6	4
30	50	0	−9	7	5	7	4
50	80	0	−11	8	6	8	4
80	120	0	−13	10	7	10	4.5
120	150	0	−15	11	8	11	5
150	180	0	−18	14	9	13	5

续表

D/mm		$t_{\Delta Dmp}$		t_{VDsp}	t_{VDmp}	t_{Kea}	t_{SD} ①② t_{SD1} ②
超过	到	上偏差	下偏差				
180	250	0	−20	15	10	15	5.5
250	315	0	−25	19	13	18	6.5
315	400	0	−28	22	14	20	6.5
400	500	0	−33	26	17	24	8.5
500	630	0	−38	30	20	30	10
630	800	0	−45	38	25	36	12.5
800	1000	0	−60	50	30	43	15
1000	1250	0	−80	65	38	52	19
1250	1600	0	−100	90	50	62	25
1600	2000	0	−125	120	65	73	32.5

① 不适用于凸缘外圈轴承。

② 与上一版标准相比，公差值已变为原数值的一半，因为本版已将SD和SD1定义为外圈外表面轴线对基准（由外圈端面或外圈凸缘背面确定）的垂直度。

表 7-2-39　5级圆锥滚子轴承宽度公差——内、外圈，单列轴承及组件　μm

d/mm		$t_{\Delta Bs}$		$t_{\Delta Cs}$		$t_{\Delta Ts}$ $t_{\Delta TFs}$		$t_{\Delta T1s}$		$t_{\Delta T2s}$ $t_{\Delta TF2s}$	
超过	到	上偏差	下偏差	上偏差	下偏差	上偏差	下偏差	上偏差	下偏差	上偏差	下偏差
—	10	0	−200	0	−200	+200	−200	+100	−100	+100	−100
10	18	0	−200	0	−200	+200	−200	+100	−100	+100	−100
18	30	0	−200	0	−200	+200	−200	+100	−100	+100	−100
30	50	0	−240	0	−240	+200	−200	+100	−100	+100	−100
50	80	0	−300	0	−300	+200	−200	+100	−100	+100	−100
80	120	0	−400	0	−400	+200	−200	+100	−100	+100	−100
120	180	0	−500	0	−500	+350	−250	+150	−150	+200	−100
180	250	0	−600	0	−600	+350	−250	+150	−150	+200	−100
250	315	0	−700	0	−700	+350	−250	+150	−150	+200	−100
315	400	0	−800	0	−800	+400	−400	+200	−200	+200	−200
400	500	0	−900	0	−900	+450	−450	+225	−225	+225	−225
500	630	0	−1100	0	−1100	+500	−500	—	—	—	—
630	800	0	−1600	0	−1600	+600	−600	—	—	—	—
800	1000	0	−2000	0	−2000	+750	−750	—	—	—	—
1000	1250	0	−2000	0	−2000	+750	−750	—	—	—	—
1250	1600	0	−2000	0	−2000	+900	−900	—	—	—	—

表 7-2-40　4级圆锥滚子轴承内圈公差　μm

d/mm		$t_{\Delta dmp}$ $t_{\Delta ds}$		t_{Vdsp}	t_{Vdmp}	t_{Kia}	t_{Sd}	t_{Sia}
超过	到	上偏差	下偏差					
—	10	0	−5	4	4	3	3	3
10	18	0	−5	4	4	3	3	3
18	30	0	−6	5	4	3	4	4
30	50	0	−8	6	5	4	4	4
50	80	0	−9	7	5	4	5	4
80	120	0	−10	8	5	5	5	5
120	180	0	−13	10	7	6	6	7
180	250	0	−15	11	8	8	7	8
250	315	0	−18	12	9	9	8	9

表 7-2-41　　4 级圆锥滚子轴承外圈公差　　μm

D/mm		$t_{\Delta Ds}$		t_{VDsp}	t_{VDmp}	t_{Kea}	t_{SD}②① t_{SD1}②	t_{Sea}①	t_{Sea1}
超过	到	上偏差	下偏差						
—	18	0	−6	5	4	4	2	5	7
18	30	0	−6	5	4	2	2	5	7
30	50	0	−7	5	5	5	2	5	7
50	80	0	−9	7	5	5	2	5	7
80	120	0	−10	8	5	6	2.5	6	8
120	150	0	−11	8	6	7	2.5	7	10
150	180	0	−13	10	7	8	2.5	8	11
180	250	0	−15	11	8	10	3.5	10	14
250	315	0	−18	14	9	11	4	10	14
315	400	0	−20	15	10	13	5	13	18

① 不适用于凸缘外圈轴承。

② 与上一版标准相比，公差值已变为原数值的一半，因为本版已将 SD 和 SD1 定义为外圈外表面轴线对基准（由外圈端面或外圈凸缘背面确定）的垂直度。

表 7-2-42　　4 级圆锥滚子轴承宽度公差——内、外圈，单列轴承及组件　　μm

d/mm		$t_{\Delta Bs}$		$t_{\Delta Cs}$		$t_{\Delta Ts}$ $t_{\Delta TFs}$		$t_{\Delta T1s}$		$t_{\Delta T2s}$ $t_{\Delta TF2s}$	
超过	到	上偏差	下偏差	上偏差	下偏差	上偏差	下偏差	上偏差	下偏差	上偏差	下偏差
—	10	0	−200	0	−200	+200	−200	+100	−100	+100	−100
10	18	0	−200	0	−200	+200	−200	+100	−100	+100	−100
18	30	0	−200	0	−200	+200	−200	+100	−100	+100	−100
30	50	0	−240	0	−240	+200	−200	+100	−100	+100	−100
50	80	0	−300	0	−300	+200	−200	+100	−100	+100	−100
80	120	0	−400	0	−400	+200	−200	+100	−100	+100	−100
120	180	0	−500	0	−500	+350	−250	+150	−150	+200	−100
180	250	0	−600	0	−600	+350	−250	+150	−150	+200	−100
250	315	0	−700	0	−700	+350	−250	+150	−150	+200	−100

表 7-2-43　　2 级圆锥滚子轴承内圈公差　　μm

d/mm		$t_{\Delta ds}$		t_{Vdsp}	t_{Vdmp}	t_{Kia}	t_{Sd}	t_{Sia}
超过	到	上偏差	下偏差					
—	10	0	−4	2.5	1.5	2	1.5	2
10	18	0	−4	2.5	1.5	2	1.5	2
18	30	0	−4	2.5	1.5	2.5	1.5	2.5
30	50	0	−5	3	2	2.5	2	2.5
50	80	0	−5	4	2	3	2	3
80	120	0	−6	5	2.5	3	2.5	3
120	180	0	−7	7	3.5	4	3.5	4
180	250	0	−8	7	4	5	5	5
250	315	0	−8	8	5	6	5.5	6

第 7 篇

表 7-2-44　　**2 级圆锥滚子轴承外圈公差**　　μm

D/mm		$t_{\Delta Ds}$		t_{VDsp}	t_{VDmp}	t_{Kea}	t_{SD} ①②、t_{SD1} ②	t_{Sea} ①	t_{Sea1}
超过	到	上偏差	下偏差						
—	18	0	−5	4	2.5	2.5	1.5	2.5	4
18	30	0	−5	4	2.5	2.5	1.5	2.5	4
30	50	0	−5	4	2.5	2.5	2	2.5	4
50	80	0	−6	4	2.5	4	2.5	4	6
80	120	0	−6	5	3	5	3	5	7
120	150	0	−7	5	3.5	5	3.5	5	7
150	180	0	−7	7	4	5	4	5	7
180	250	0	−8	8	5	7	5	7	10
250	315	0	−9	8	5	7	6	7	10
315	400	0	−10	10	6	8	7	8	11

① 不适用于凸缘外圈轴承。

② 与上一版标准相比，公差值已变为原数值的一半，因为本版已将 SD 和 SD1 定义为外圈外表面轴线对基准（由外圈端面或外圈凸缘背面确定）的垂直度。

表 7-2-45　　**2 级圆锥滚子轴承宽度公差——内、外圈，单列轴承及组件**　　μm

d/mm		$t_{\Delta Bs}$		$t_{\Delta Cs}$		$t_{\Delta Ts}$ $t_{\Delta TFs}$		$t_{\Delta T1s}$		$t_{\Delta T2s}$ $t_{\Delta TF2s}$	
超过	到	上偏差	下偏差	上偏差	下偏差	上偏差	下偏差	上偏差	下偏差	上偏差	下偏差
—	10	0	−200	0	−200	+200	−200	+100	−100	+100	−100
10	18	0	−200	0	−200	+200	−200	+100	−100	+100	−100
18	30	0	−200	0	−200	+200	−200	+100	−100	+100	−100
30	50	0	−240	0	−240	+200	−200	+100	−100	+100	−100
50	80	0	−300	0	−300	+200	−200	+100	−100	+100	−100
80	120	0	−400	0	−400	+200	−200	+100	−100	+100	−100
120	180	0	−500	0	−500	+200	−250	+100	−100	+100	−150
180	250	0	−600	0	−600	+200	−300	+100	−150	+100	−150
250	315	0	−700	0	−700	+200	−300	+100	−150	+100	−150

2.2.5.3　向心轴承外圈凸缘公差

表 7-2-46　　**向心轴承外圈凸缘公差**　　μm

D_1/mm		$t_{\Delta D1s}$			
		定位凸缘		非定位凸缘	
超过	到	上偏差	下偏差	上偏差	下偏差
—	6	0	−36	+220	−36
6	10	0	−36	+220	−36
10	18	0	−43	+270	−43
18	30	0	−52	+330	−52
30	50	0	−62	+390	−62
50	80	0	−74	+460	−74
80	120	0	−87	+540	−87
120	180	0	−100	+630	−100
180	250	0	−115	+720	−115
250	315	0	−130	+810	−130

续表

D_1/mm		$t_{\Delta D1s}$			
		定位凸缘		非定位凸缘	
超过	到	上偏差	下偏差	上偏差	下偏差
315	400	0	−140	+890	−140
400	500	0	−155	+970	−155
500	630	0	−175	+1100	−175
630	800	0	−200	+1250	−200
800	1000	0	−230	+1400	−230
1000	1250	0	−260	+1650	−260
1250	1600	0	−310	+1950	−310
1600	2000	0	−370	+2300	−370
2000	2500	0	−440	+2800	−440

注：凸缘外径公差适用于向心球轴承和圆锥滚子轴承。

2.2.5.4　圆锥孔公差

表 7-2-47　**圆锥孔（锥度 1∶12）普通级公差**　μm

d/mm		$t_{\Delta dmp}$		$t_{\Delta SL}$		t_{Vdsp}①②
超过	到	上偏差	下偏差	上偏差	下偏差	max
—	10	+22	0	+15	0	9
10	18	+27	0	+18	0	11
18	30	+33	0	+21	0	13
30	50	+39	0	+25	0	16
50	80	+46	0	+30	0	19
80	120	+54	0	+35	0	22
120	180	+63	0	+40	0	40
180	250	+72	0	+46	0	46
250	315	+81	0	+52	0	52
315	400	+89	0	+57	0	57
400	500	+97	0	+63	0	63
500	630	+110	0	+70	0	70
630	800	+125	0	+80	0	—
800	1000	+140	0	+90	0	—
1000	1250	+165	0	+105	0	—
1250	1600	+195	0	+125	0	—

① 适用于内孔的任一单一径向平面。

② 不适用于直径系列 7 和 8。

表 7-2-48　**圆锥孔（锥度 1∶30）普通级公差**　μm

d/mm		$t_{\Delta dmp}$		$t_{\Delta SL}$		t_{Vdsp}①②
超过	到	上偏差	下偏差	上偏差	下偏差	max
—	50	+15	0	+30	0	19
50	80	+15	0	+30	0	19
80	120	+20	0	+35	0	22
120	180	+25	0	+40	0	40

续表

d/mm		$t_{\Delta dmp}$		$t_{\Delta SL}$		t_{Vdsp} ①②
超过	到	上偏差	下偏差	上偏差	下偏差	max
180	250	+30	0	+46	0	46
250	315	+35	0	+52	0	52
315	400	+40	0	+57	0	57
400	500	+45	0	+63	0	63
500	630	+50	0	+70	0	70

① 适用于内孔的任一单一径向平面。
② 不适用于直径系列7和8。

2.2.5.5 推力轴承公差

表 7-2-49 普通级轴承轴圈和轴承高度公差 μm

d 和 d_2/mm		$t_{\Delta dmp}$、$t_{\Delta d2mp}$		t_{Vdsp}、t_{Vd2sp}	t_{Si} ①	$t_{\Delta Ts}$		$t_{\Delta T1s}$	
超过	到	上偏差	下偏差			上偏差	下偏差	上偏差	下偏差
—	18	0	−8	6	10	+20	−250	+150	−400
18	30	0	−10	8	10	+20	−250	+150	−400
30	50	0	−12	9	10	+20	−250	+150	−400
50	80	0	−15	11	10	+20	−300	+150	−500
80	120	0	−20	15	15	+25	−300	+200	−500
120	180	0	−25	19	15	+25	−400	+200	−600
180	250	0	−30	23	20	+30	−400	+250	−600
250	315	0	−35	26	25	+40	−400	—	—
315	400	0	−40	30	30	+40	−500	—	—
400	500	0	−45	34	30	+50	−500	—	—
500	630	0	−50	38	35	+60	−600	—	—
630	800	0	−75	55	40	+70	−750	—	—
800	1000	0	−100	75	45	+80	−1000	—	—
1000	1250	0	−125	95	50	+100	−1400	—	—
1250	1600	0	−160	120	60	+120	−1600	—	—
1600	2000	0	−200	150	75	+140	−1900	—	—
2000	2500	0	−250	190	90	+160	−2300	—	—

① 仅适用于接触角为90°的推力球和推力圆柱滚子轴承。
注：对于双向轴承，公差值只适用于 $d_2 \leqslant 190$mm 的轴承。

表 7-2-50 普通级轴承座圈公差 μm

D/mm		$t_{\Delta Dmp}$		t_{VDsp}	t_{Se} ①
超过	到	上偏差	下偏差		
10	18	0	−11	8	与同一轴承轴圈的 t_{Si} 值相同
18	30	0	−13	10	
30	50	0	−16	12	
50	80	0	−19	14	
80	120	0	−22	17	
120	180	0	−25	19	
180	250	0	−30	23	
250	315	0	−35	26	
315	400	0	−40	30	
400	500	0	−45	34	
500	630	0	−50	38	
630	800	0	−75	55	

续表

D/mm		$t_{\Delta Dmp}$		t_{VDsp}	t_{Se}
超过	到	上偏差	下偏差		
800	1000	0	−100	75	与同一轴承轴圈的 t_{Si} 值相同
1000	1250	0	−125	95	
1250	1600	0	−160	120	
1600	2000	0	−200	150	
2000	2500	0	−250	190	
2500	2850	0	−300	225	

① 仅适用于接触角为 90°的推力球和推力圆柱滚子轴承。

注：对于双向轴承，公差值只适用于 $D \leqslant 360$mm 的轴承。

表 7-2-51　　**6 级轴承轴圈和轴承高度公差**　　μm

d 和 d_2/mm		$t_{\Delta dmp}$、$t_{\Delta d2mp}$		t_{Vdsp}、t_{Vd2sp}	t_{Si}①	$t_{\Delta Ts}$		$t_{\Delta T1s}$	
超过	到	上偏差	下偏差			上偏差	下偏差	上偏差	下偏差
—	18	0	−8	6	5	+20	−250	+150	−400
18	30	0	−10	8	5	+20	−250	+150	−400
30	50	0	−12	9	6	+20	−250	+150	−400
50	80	0	−15	11	7	+20	−300	+150	−500
80	120	0	−20	15	8	+25	−300	+200	−500
120	180	0	−25	19	9	+25	−400	+200	−600
180	250	0	−30	23	10	+30	−400	+250	−600
250	315	0	−35	26	13	+40	−400	—	—
315	400	0	−40	30	15	+40	−500	—	—
400	500	0	−45	34	18	+50	−500	—	—
500	630	0	−50	38	21	+60	−600	—	—
630	800	0	−75	55	25	+70	−750	—	—
800	1000	0	−100	75	30	+80	−1000	—	—
1000	1250	0	−125	95	35	+100	−1400	—	—
1250	1600	0	−160	120	40	+120	−1600	—	—
1600	2000	0	−200	150	45	+140	−1900	—	—
2000	2500	0	−250	190	50	+160	−2300	—	—

① 仅适用于接触角为 90°的推力球和推力圆柱滚子轴承。

注：对于双向轴承，公差值只适用于 $d_2 \leqslant 190$mm 的轴承。

表 7-2-52　　**6 级轴承座圈公差**　　μm

D/mm		$t_{\Delta Dmp}$		t_{VDsp}	t_{Se}①
超过	到	上偏差	下偏差		
10	18	0	−11	8	与同一轴承轴圈的 t_{Si} 值相同
18	30	0	−13	10	
30	50	0	−16	12	
50	80	0	−19	14	
80	120	0	−22	17	
120	180	0	−25	19	
180	250	0	−30	23	
250	315	0	−35	26	
315	400	0	−40	30	
400	500	0	−45	34	
500	630	0	−50	38	
630	800	0	−75	55	

续表

D/mm		$t_{\Delta Dmp}$		t_{VDsp}	t_{Se}①
超过	到	上偏差	下偏差		
800	1000	0	−100	75	与同一轴承轴圈的 t_{Si} 值相同
1000	1250	0	−125	95	
1250	1600	0	−160	120	
1600	2000	0	−200	150	
2000	2500	0	−250	190	
2500	2850	0	−300	225	

① 仅适用于接触角为90°的推力球和推力圆柱滚子轴承。

注：对于双向轴承，公差值只适用于 $D \leqslant 360$mm 的轴承。

表 7-2-53　　5级轴承轴圈和轴承高度公差　　μm

d 和 d_2/mm		$t_{\Delta dmp}$, $t_{\Delta d2mp}$		t_{Vdsp}, t_{Vd2sp}	t_{Si}①②	$t_{\Delta Ts}$		$t_{\Delta T1s}$	
超过	到	上偏差	下偏差			上偏差	下偏差	上偏差	下偏差
—	18	0	−8	6	3	+20	−250	+150	−400
18	30	0	−10	8	3	+20	−250	+150	−400
30	50	0	−12	9	3	+20	−250	+150	−400
50	80	0	−15	11	4	+20	−300	+150	−500
80	120	0	−20	15	4	+25	−300	+200	−500
120	180	0	−25	19	5	+25	−400	+200	−600
180	250	0	−30	23	5	+30	−400	+250	−600
250	315	0	−35	26	7	+40	−400	—	—
315	400	0	−40	30	7	+40	−500	—	—
400	500	0	−45	34	9	+50	−500	—	—
500	630	0	−50	38	11	+60	−600	—	—
630	800	0	−75	55	13	+70	−750	—	—
800	1000	0	−100	75	15	+80	−1000	—	—
1000	1250	0	−125	95	18	+100	−1400	—	—
1250	1600	0	−160	120	25	+120	−1600	—	—
1600	2000	0	−200	150	30	+140	−1900	—	—
2000	2500	0	−250	190	40	+160	−2300	—	—

① 仅适用于接触角为90°的推力球和推力圆柱滚子轴承。

② 不适用于中轴圈。

注：对于双向轴承，公差值只适用于 $d_2 \leqslant 190$mm 的轴承。

表 7-2-54　　5级轴承座圈公差　　μm

D/mm		$t_{\Delta Dmp}$		t_{VDsp}	t_{Se}①
超过	到	上偏差	下偏差		
10	18	0	−11	8	与同一轴承轴圈的 t_{Si} 值相同
18	30	0	−13	10	
30	50	0	−16	12	
50	80	0	−19	14	
80	120	0	−22	17	
120	180	0	−25	19	
180	250	0	−30	23	
250	315	0	−35	26	
315	400	0	−40	30	
400	500	0	−45	34	
500	630	0	−50	38	
630	800	0	−75	55	

续表

D/mm		$t_{\Delta Dmp}$		t_{VDsp}	t_{Se}[①]
超过	到	上偏差	下偏差		
800	1000	0	−100	75	与同一轴承轴圈的 t_{Si} 值相同
1000	1250	0	−125	95	
1250	1600	0	−160	120	
1600	2000	0	−200	150	
2000	2500	0	−250	190	
2500	2850	0	−300	225	

① 仅适用于接触角为 90°的推力球和推力圆柱滚子轴承。

注：对于双向轴承，公差值只适用于 $D \leqslant 360$mm 的轴承。

表 7-2-55　4 级轴承轴圈和轴承高度公差　μm

d 和 d_2/mm		$t_{\Delta dmp}$, $t_{\Delta d2mp}$		t_{Vdsp}, t_{Vd2sp}	t_{Si}[①②]	$t_{\Delta Ts}$		$t_{\Delta T1s}$	
超过	到	上偏差	下偏差			上偏差	下偏差	上偏差	下偏差
—	18	0	−7	5	2	+20	−250	+150	−400
18	30	0	−8	6	2	+20	−250	+150	−400
30	50	0	−10	8	2	+20	−250	+150	−400
50	80	0	−12	9	3	+20	−300	+150	−500
80	120	0	−15	11	3	+25	−300	+200	−500
120	180	0	−18	14	4	+25	−400	+200	−600
180	250	0	−22	17	4	+30	−400	+250	−600
250	315	0	−25	19	5	+40	−400	—	—
315	400	0	−30	23	5	+40	−500	—	—
400	500	0	−35	26	6	+50	−500	—	—
500	630	0	−40	30	7	+60	−600	—	—
630	800	0	−50	40	8	+70	−750	—	—

① 仅适用于接触角为 90°的推力球和推力圆柱滚子轴承。

② 不适用于中轴圈。

注：对于双向轴承，公差值只适用于 $d_2 \leqslant 190$mm 的轴承。

表 7-2-56　4 级轴承座圈公差　μm

D/mm		$t_{\Delta Dmp}$		t_{VDsp}	t_{Se}[①]
超过	到	上偏差	下偏差		
10	18	0	−7	5	与同一轴承轴圈的 t_{Si} 值相同
18	30	0	−8	6	
30	50	0	−9	7	
50	80	0	−11	8	
80	120	0	−13	10	
120	180	0	−15	11	
180	250	0	−20	15	
250	315	0	−25	19	
315	400	0	−28	21	
400	500	0	−33	25	
500	630	0	−38	29	
630	800	0	−45	34	
800	1000	0	−60	45	

① 仅适用于接触角为 90°的推力球和推力圆柱滚子轴承。

注：对于双向轴承，公差值只适用于 $D \leqslant 360$mm 的轴承。

第3章　滚动轴承的计算

3.1　滚动轴承寿命计算

疲劳寿命是滚动轴承最重要的性能指标之一，轴承的设计和应用都需要分析和计算疲劳寿命。对给定尺寸和载荷条件的轴承，最长疲劳寿命是通用轴承设计的目标。基本额定寿命是与90%的可靠度、常用优质材料和良好加工质量以及常规运转条件相关的寿命。此外，寿命计算还考虑了不同可靠度、润滑条件、被污染的润滑剂和轴承疲劳载荷的修正额定寿命的计算方法。该方法是等同采用国际标准（ISO 281：2007）的国家标准（GB/T 6391—2010）。

3.1.1　基本概念和术语

1）寿命（单个滚动轴承的）：指轴承的一个套圈或垫圈或滚动体材料上出现第一个疲劳扩展迹象之前，轴承的一个套圈或垫圈相对另一个套圈或垫圈旋转的转数。寿命也可用某一给定的恒定转速下运转的小时数表示。

2）可靠度（属轴承寿命范畴）：指一组在相同条件下运转、近于相同的滚动轴承期望达到或超过规定寿命的百分率。单个滚动轴承的可靠度为该轴承达到或超过规定寿命的概率。

3）静载荷：轴承套圈或垫圈彼此相对旋转速度为零时（向心或推力轴承）或滚动元件沿在滚动方向无运动时（直线轴承），作用在轴承上的载荷。

4）动载荷：轴承套圈或垫圈彼此相对旋转时（向心或推力轴承）或滚动元件间沿滚动方向运动时（直线轴承），作用在轴承上的载荷。

5）额定寿命：以径向基本额定动载荷或轴向基本额定动载荷为基础的寿命的预测值。

6）基本额定寿命：对于采用当代常用优质材料和具有良好加工质量并在常规运转条件下运转的轴承系指与90%的可靠度相关的额定寿命。

7）修正额定寿命：考虑90%或其他可靠度水平、轴承疲劳载荷和（或）特殊的轴承性能和（或）被污染的润滑剂和（或）其他非常规运转条件，而对基本额定寿命进行修正所得到的额定寿命。

8）径向基本额定动载荷：系指一套滚动轴承理论上所能承受的恒定不变的径向载荷。在该载荷作用下，轴承的基本额定寿命为一百万转。对于单列角接触轴承，该载荷系指引起轴承套圈相互间产生纯径向位移的载荷的径向分量。

9）轴向基本额定动载荷：系指一套滚动轴承理论上所能承受的恒定的中心轴向载荷。在该载荷作用下，轴承的基本额定寿命为一百万转。

10）径向（轴向）当量动载荷：系指一恒定的径向（中心轴向）载荷，在该载荷作用下，滚动轴承具有与实际载荷条件下相同的寿命。

11）径向基本额定静载荷：在最大载荷滚动体和滚道接触中心处产生与下列计算接触应力相当的径向静载荷。对于单列角接触球轴承，径向额定静载荷是指引起轴承套圈相互间纯径向位移的载荷的径向分量。

4600MPa——调心球轴承；

4200MPa——其他类型的向心球轴承；

4000MPa——向心滚子轴承。

12）轴向基本额定静载荷：在最大载荷滚动体和滚道接触中心处产生与下列计算接触应力相当的中心轴向静载荷。

4200MPa——推力球轴承；

4000MPa——推力滚子轴承。

上述这些接触应力系指引起滚动体与滚道产生总永久变形量约为滚动体直径的0.0001倍时的应力。

13）径向（轴向）当量静载荷：系指在最大载荷滚动体与滚道接触中心处产生与实际载荷条件下相同接触应力的径向（中心轴向）静载荷。

14）常规运转条件：可以假定这种运转条件为：轴承正确安装，无外来物侵入，润滑充分，按常规加载，工作温度不很苛刻，运转速度不是特别高或特别低。

15）疲劳载荷极限：滚道最大承载接触处应力刚好达到疲劳应力极限 σ_u 时的轴承载荷。

16）黏度比：工作温度下油的实际运动黏度除以为达到充分润滑所需的参考运动黏度。

17）油膜参数：油膜厚度与综合表面粗糙度之比，用于评定润滑对轴承寿命的影响。

18）黏压系数：表征滚动体接触处油压对油黏度影响的参数。

19）黏度指数：表征温度对润滑油黏度影响程度的指数。

3.1.2　符号

表 7-3-1　计算轴承寿命和额定载荷的符号

符号	含　义	单位	符号	含　义	单位
a_{ISO}	寿命修正系数，基于寿命计算的系统方法		S	可靠度（幸存概率）	%
a_1	可靠度寿命修正系数		X	径向动载荷系数	
b_m	当代常用优质淬硬轴承钢和良好加工方法的额定系数，该值随轴承类型和设计不同而异		Y	轴向动载荷系数	
			X_0	径向静载荷系数	
			Y_0	轴向静载荷系数	
C_a	轴向基本额定动载荷	N	Z	单列轴承中的滚动体数；每列滚动体数相同的多列轴承中的每列滚动体数	
C_r	径向基本额定动载荷	N			
C_u	疲劳载荷极限	N	α	公称接触角	(°)
C_{0a}	轴向基本额定静载荷	N	κ	黏度比，ν/ν_1	
C_{0r}	径向基本额定静载荷	N	Λ	油膜参数	
D	轴承外径	mm	ν	工作温度下润滑剂的实际运动黏度	mm^2/s
D_{pw}	球组或滚子组节圆直径	mm	ν_1	为达到充分润滑条件所要求的参考运动黏度	mm^2/s
D_w	球公称直径	mm			
D_{we}	用于额定载荷计算的滚子直径	mm	σ	用于疲劳判据的实际应力	N/mm^2
d	轴承内径	mm	σ_u	滚道材料的疲劳应力极限	N/mm^2
e	适用于不同 X 和 Y 系数值的 F_a/F_r 的极限值		E	弹性模量	N/mm^2
			$E(\chi)$	第二类完全椭圆积分	
e_C	污染系数		e	外圈或座圈的下标	
F_a	轴承轴向载荷（轴承实际载荷的轴向分量）	N	$F(\rho)$	相对曲率差	
F_r	轴承径向载荷（轴承实际载荷的径向分量）	N	i	内圈或轴圈的下标	
f_c	与轴承零件几何形状、制造精度及材料有关的系数		$K(\chi)$	第一类完全椭圆积分	
f_0	用于基本额定静载荷计算的系数		Q_u	单个接触处的疲劳载荷极限	N
i	滚动体列数		r_e	外圈沟曲率半径	mm
L_{nm}	修正额定寿命	百万转	r_i	内圈沟曲率半径	mm
L_{we}	用于额定载荷计算的滚子有效长度	mm	χ	接触椭圆长半轴与短半轴之比	
L_{10}	基本额定寿命	百万转	γ	辅助参数，$\gamma=\dfrac{D_w\cos\alpha}{D_{pw}}$	
n	转速	r/min			
n	失效概率的下标	%	φ	滚动体的角位置	(°)
P	当量动载荷	N	υ_E	泊松比	
P_a	轴向当量动载荷	N	ρ	接触表面的曲率	mm^{-1}
P_r	径向当量动载荷	N	$\sum\rho$	曲率和	mm^{-1}
P_{0r}	径向当量静载荷	N	σ_{Hu}	达到滚道材料疲劳载荷极限时的赫兹接触应力	N/mm^2
P_{0a}	轴向当量静载荷	N			

3.1.3 基本额定寿命的计算

$$L_{10}=\left(\frac{C}{P}\right)^{\varepsilon} \tag{7-3-1}$$

式中 C——基本额定动载荷，N（向心轴承为径向基本额定动载荷 C_r，推力轴承为轴向基本额定动载荷 C_a）；

P——当量动载荷，N（向心轴承为径向当量动载荷 P_r，推力轴承为轴向当量动载荷 P_a）；

ε——寿命指数（球轴承 $\varepsilon=3$，滚子轴承$\varepsilon=10/3$）。

轴承以一定的转速使用时，轴承的疲劳寿命用时间来表示比较方便。

如将轴承的基本额定寿命以时间表示，此时式（7-3-1）为：

$$L_{10h}=\frac{10^6}{60n}\left(\frac{C}{P}\right)^{\varepsilon} \quad 或 \quad L_{10h}=\frac{10^6}{60n}L_{10} \tag{7-3-2}$$

式中 L_{10h}——基本额定寿命，h。

汽车等用轴承，基本额定寿命可用其行驶公里数表示：

$$L_{10s}=\pi D\left(\frac{C}{P}\right)^{\varepsilon} \quad 或 \quad L_{10s}=\pi DL_{10} \tag{7-3-3}$$

式中 L_{10s}——基本额定寿命，km；

D——车轮直径，mm。

3.1.4 修正额定寿命的计算

通常，采用基本额定寿命 L_{10} 作为衡量轴承性能的准则就足以满足要求，然而，有时需要计算更高可靠度下的寿命。对于许多应用场合，还希望更精确、更完善地计算特定润滑和清洁条件下、采用更优质轴承钢的轴承寿命，修正额定寿命则考虑了这些因素。

$$L_{nm}=a_1 a_{ISO} L_{10} \tag{7-3-4}$$

可靠度寿命修正系数 a_1 的数值见表 7-3-2。

表 7-3-2 可靠度寿命修正系数 a_1

可靠度 S	L_{nm}	a_1	可靠度 S	L_{nm}	a_1
90	L_{10m}	1	99.2	$L_{0.8m}$	0.22
95	L_{5m}	0.64	99.4	$L_{0.6m}$	0.19
96	L_{4m}	0.55	99.6	$L_{0.4m}$	0.16
97	L_{3m}	0.47	99.8	$L_{0.2m}$	0.12
98	L_{2m}	0.37	99.9	$L_{0.1m}$	0.093
99	L_{1m}	0.25	99.92	$L_{0.08m}$	0.087
			99.94	$L_{0.06m}$	0.080
			99.95	$L_{0.05m}$	0.077

3.1.5 系统方法的寿命修正系数 a_{ISO}

轴承寿命的不同影响因素之间是相互关联的。由于在系统方法中考虑到相关因素的变化和相互作用对系统寿命的影响，因此，采用系统方法计算疲劳寿命是恰当的，这些方法考虑了轴承钢的疲劳应力极限，并易于估算出润滑和污染对轴承寿命的影响。

a_{ISO}用 σ_u/σ（疲劳应力极限与实际应力之比）的函数表示，它包含了所能考虑到的诸多影响因素（图 7-3-1）。

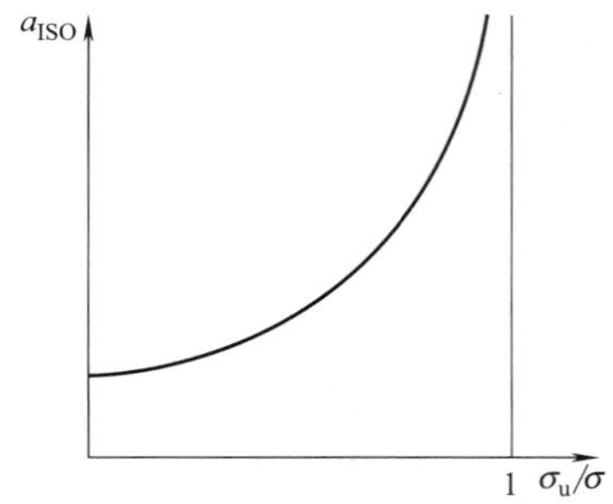

图 7-3-1 寿命修正系数 a_{ISO}

图 7-3-1 中，对于某一给定的润滑条件，曲线表明了使用疲劳判据时，如果实际应力 σ 降至疲劳应力极限 σ_u，a_{ISO}如何逐渐趋近于无限大。传统的轴承寿命计算是将正交剪切应力作为疲劳判据，图 7-3-1 中的曲线也是基于剪切疲劳强度的。

图 7-3-1 中的曲线可用下列公式表示：

$$a_{ISO}=f\left(\frac{\sigma_u}{\sigma}\right) \tag{7-3-5}$$

滚道上决定性的疲劳应力主要取决于轴承内部载荷分布和最大承载接触处次表面应力的分布，比值 σ_u/σ 十分接近比值 C_u/P，寿命修正系数 a_{ISO}则可表示为：

$$a_{ISO}=f\left(\frac{C_u}{P}\right) \tag{7-3-6}$$

3.1.6 疲劳载荷极限 C_u

计算轴承疲劳载荷极限 C_u 有两种方法。一种精确方法和一种估算方法，计算结果可能有显著差异，应优先采用先进方法得出的结果。

（1）C_u 的简化计算方法（表 7-3-3）

（2）C_u 的精确计算方法

1）单个接触的 C_u。单个接触的疲劳载荷极限是滚道表面的应力刚好达到该材料的疲劳极限时的载荷，推荐的滚动体和滚道间的接触应力为 1500MPa（$1\text{MPa}=1\text{N/mm}^2$）。对于点接触，该载荷可解析计

表 7-3-3　C_u 的简化计算方法

轴承类型	计算公式	
球轴承	$C_u=\dfrac{C_0}{22}$	$D_{pw}\leqslant 100\text{mm}$
	$C_u=\dfrac{C_0}{22}\left(\dfrac{100}{D_{pw}}\right)^{0.5}$	$D_{pw}>100\text{mm}$
滚子轴承	$C_u=\dfrac{C_0}{8.2}$	$D_{pw}\leqslant 100\text{mm}$
	$C_u=\dfrac{C_0}{8.2}\left(\dfrac{100}{D_{pw}}\right)^{0.3}$	$D_{pw}>100\text{mm}$

注：比率 $C_0/C_u=8.2$ 部分考虑了滚子轮廓的影响。

算；但对于修形的线接触，则需要进行更复杂的数值分析。

计算内圈（轴圈）滚道最大承载接触处的疲劳载荷极限 Q_{ui} 和外圈（座圈）滚道最大承载接触处的疲劳载荷极限 Q_{ue} 时，应考虑实际的接触几何形状，即滚动体和滚道的轮廓和实际的曲率半径。

单个内圈（轴圈）滚道接触处和单个外圈（座圈）滚道接触处的疲劳载荷极限按下式计算：

$$Q_{u\,i,e}=\sigma_{Hu}{}^{3}\times\frac{32\pi\chi_{i,e}}{3}\left[\frac{1-\nu_E{}^{2}}{E}\times\frac{E(\chi_{i,e})}{\sum\rho_{i,e}}\right]^{2}\tag{7-3-7}$$

接触椭圆长半轴与短半轴之比可从式（7-3-8）推出：

$$1-\frac{2}{\chi^2-1}\left[\frac{K(\chi)}{E(\chi)}-1\right]-F(\rho)=0\tag{7-3-8}$$

式（7-3-8）中的第一类完全椭圆积分为：

$$K(\chi)=\int_0^{\frac{\pi}{2}}\left[1-\left(1-\frac{1}{\chi^2}\right)(\sin\varphi)^2\right]^{-\frac{1}{2}}\mathrm{d}\varphi\tag{7-3-9}$$

第二类完全椭圆积分为：

$$E(\chi)=\int_0^{\frac{\pi}{2}}\left[1-\left(1-\frac{1}{\chi^2}\right)(\sin\varphi)^2\right]^{\frac{1}{2}}\mathrm{d}\varphi\tag{7-3-10}$$

式（7-3-7）中内圈（轴圈）滚道接触处的曲率和为：

$$\sum\rho_i=\frac{2}{D_w}\left(2+\frac{\gamma}{1-\gamma}-\frac{D_w}{2r_i}\right)\tag{7-3-11}$$

外圈（座圈）滚道接触处的曲率和为：

$$\sum\rho_e=\frac{2}{D_w}\left(2-\frac{\gamma}{1+\gamma}-\frac{D_w}{2r_e}\right)\tag{7-3-12}$$

内圈（轴圈）滚道接触处的相对曲率差为：

$$F_i(\rho)=\frac{\dfrac{\gamma}{1-\gamma}+\dfrac{D_w}{2r_i}}{2+\dfrac{\gamma}{1-\gamma}-\dfrac{D_w}{2r_i}}\tag{7-3-13}$$

外圈（座圈）滚道接触处的相对曲率差为：

$$F_e(\rho)=\frac{\dfrac{-\gamma}{1+\gamma}+\dfrac{D_w}{2r_e}}{2-\dfrac{\gamma}{1+\gamma}-\dfrac{D_w}{2r_e}}\tag{7-3-14}$$

计算疲劳载荷极限 C_u 时，使用计算值 Q_{ui} 和 Q_{ue} 两者的最小值，即

$$Q_u=\min(Q_{ui},Q_{ue})\tag{7-3-15}$$

对于调心球轴承，外圈滚道接触处的疲劳载荷极限允许高于向心球轴承相应值的 60%。

2）成套轴承的 C_u。成套轴承的疲劳载荷极限 C_u 可通过最大承载接触处的疲劳载荷极限的最小值 Q_u 计算，见表 7-3-4。

表 7-3-4　成套轴承的 C_u 的精确计算方法

轴承类型	计算公式	
向心球轴承	$C_u=0.2288ZQ_u i\cos\alpha$	$D_{pw}\leqslant$ 100mm
	$C_u=0.2288ZQ_u i\cos\alpha\left(\dfrac{100}{D_{pw}}\right)^{0.5}$	$D_{pw}>$ 100mm
推力球轴承	$C_u=ZQ_u\sin\alpha$	$D_{pw}\leqslant$ 100mm
	$C_u=ZQ_u\sin\alpha\left(\dfrac{100}{D_{pw}}\right)^{0.5}$	$D_{pw}>$ 100mm
向心滚子轴承	$C_u=0.2453ZQ_u i\cos\alpha$	$D_{pw}\leqslant$ 100mm
	$C_u=0.2453ZQ_u i\cos\alpha\left(\dfrac{100}{D_{pw}}\right)^{0.3}$	$D_{pw}>$ 100mm
推力滚子轴承	$C_u=ZQ_u\sin\alpha$	$D_{pw}\leqslant$ 100mm
	$C_u=ZQ_u\sin\alpha\left(\dfrac{100}{D_{pw}}\right)^{0.3}$	$D_{pw}>$ 100mm

3.1.7　寿命修正系数 a_{ISO} 的简化方法

可从下列公式中推导出轴承寿命修正系数 a_{ISO}：

$$a_{ISO}=f\left(\frac{e_C C_u}{P},\kappa\right)\tag{7-3-16}$$

第 7 篇

各类轴承的修正系数 $a_{\rm ISO}$ 的简化计算方法可按图 7-3-2～图 7-3-5 或表 7-3-5 确定。

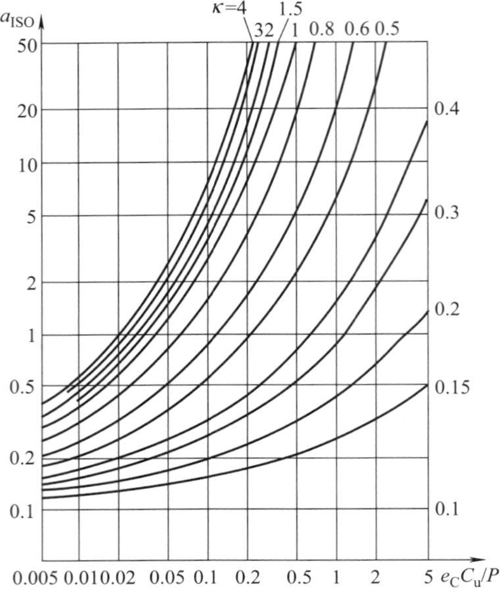

图 7-3-2 向心球轴承的 $a_{\rm ISO}$

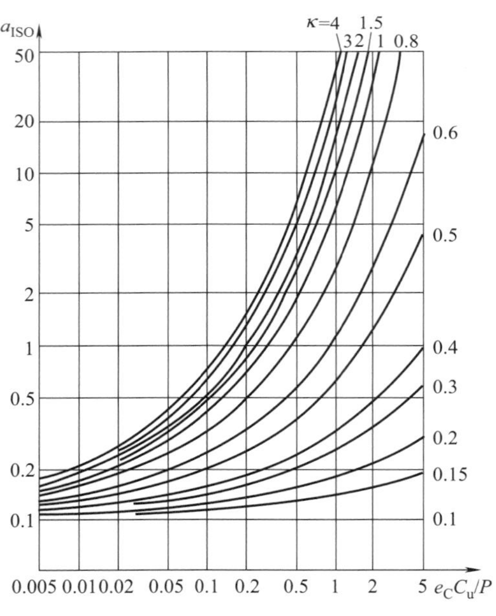

图 7-3-3 向心滚子轴承的 $a_{\rm ISO}$

计算 $a_{\rm ISO}$ 时除须考虑轴承类型、疲劳载荷和轴承载荷外，还应考虑以下影响因素：

——润滑（如润滑剂类型、黏度、轴承转速、轴承尺寸、添加剂）；

——环境（如污染程度、密封）；

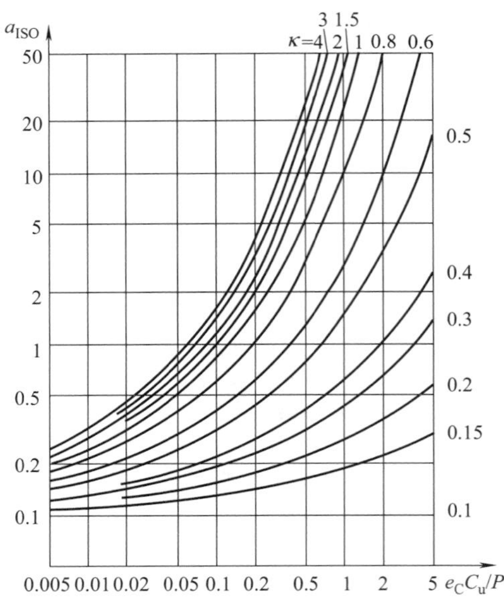

图 7-3-4 推力球轴承的 $a_{\rm ISO}$

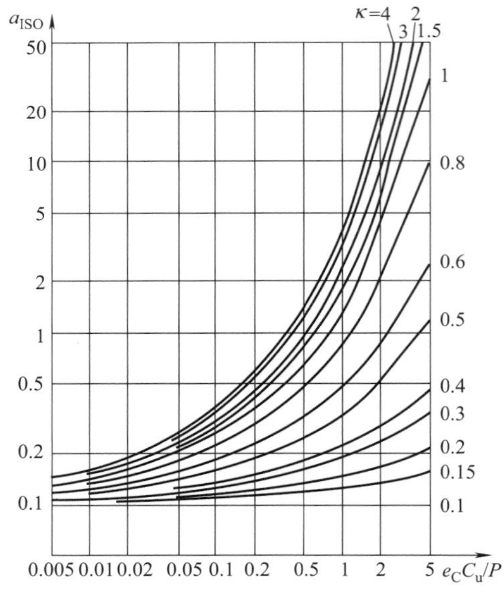

图 7-3-5 推力滚子轴承的 $a_{\rm ISO}$

——污染物颗粒（如硬度、相对于轴承尺寸的颗粒尺寸、润滑方法、过滤法）；

——安装（安装中的清洁度，如仔细清洗，过滤供给油）。

考虑到实际情况，寿命修正系数 $a_{\rm ISO}$ 应限制到 $a_{\rm ISO}\leqslant 50$ 的范围内，该极限也适用于 $\dfrac{e_C C_u}{P}>5$ 时。

$\kappa>4$ 时，按 $\kappa=4$ 计。

$\kappa<0.1$ 时，按目前的经验无法计算 a_{ISO} 系数，$\kappa<0.1$ 的 a_{ISO} 值超出了公式和线图的范围。

图 7-3-2～图 7-3-5 中的曲线是基于表 7-3-5 中的公式。

表 7-3-5　寿命修正系数 a_{ISO} 计算方法

轴承类型	计算公式	
向心球轴承	$a_{ISO}=0.1\left[1-\left(2.5671-\dfrac{2.2649}{\kappa^{0.054381}}\right)^{0.83}\left(\dfrac{e_CC_u}{P}\right)^{\frac{1}{3}}\right]^{-9.3}$	$0.1\leqslant\kappa<0.4$
	$a_{ISO}=0.1\left[1-\left(2.5671-\dfrac{1.9987}{\kappa^{0.19087}}\right)^{0.83}\left(\dfrac{e_CC_u}{P}\right)^{\frac{1}{3}}\right]^{-9.3}$	$0.4\leqslant\kappa<1$
	$a_{ISO}=0.1\left[1-\left(2.5671-\dfrac{1.9987}{\kappa^{0.071739}}\right)^{0.83}\left(\dfrac{e_CC_u}{P}\right)^{\frac{1}{3}}\right]^{-9.3}$	$1\leqslant\kappa\leqslant4$
向心滚子轴承	$a_{ISO}=0.1\left[1-\left(1.5859-\dfrac{1.3993}{\kappa^{0.054381}}\right)\left(\dfrac{e_CC_u}{P}\right)^{0.4}\right]^{-9.185}$	$0.1\leqslant\kappa<0.4$
	$a_{ISO}=0.1\left[1-\left(1.5859-\dfrac{1.2348}{\kappa^{0.19087}}\right)\left(\dfrac{e_CC_u}{P}\right)^{0.4}\right]^{-9.185}$	$0.4\leqslant\kappa<1$
	$a_{ISO}=0.1\left[1-\left(1.5859-\dfrac{1.2348}{\kappa^{0.071739}}\right)\left(\dfrac{e_CC_u}{P}\right)^{0.4}\right]^{-9.185}$	$1\leqslant\kappa\leqslant4$
推力球轴承	$a_{ISO}=0.1\left[1-\left(2.5671-\dfrac{2.2649}{\kappa^{0.054381}}\right)^{0.83}\left(\dfrac{e_CC_u}{3P}\right)^{\frac{1}{3}}\right]^{-9.3}$	$0.1\leqslant\kappa<0.4$
	$a_{ISO}=0.1\left[1-\left(2.5671-\dfrac{1.9987}{\kappa^{0.19087}}\right)^{0.83}\left(\dfrac{e_CC_u}{3P}\right)^{\frac{1}{3}}\right]^{-9.3}$	$0.4\leqslant\kappa<1$
	$a_{ISO}=0.1\left[1-\left(2.5671-\dfrac{1.9987}{\kappa^{0.071739}}\right)^{0.83}\left(\dfrac{e_CC_u}{3P}\right)^{\frac{1}{3}}\right]^{-9.3}$	$1\leqslant\kappa\leqslant4$
推力滚子轴承	$a_{ISO}=0.1\left[1-\left(1.5859-\dfrac{1.3993}{\kappa^{0.054381}}\right)\left(\dfrac{e_CC_u}{2.5P}\right)^{0.4}\right]^{-9.185}$	$0.1\leqslant\kappa<0.4$
	$a_{ISO}=0.1\left[1-\left(1.5859-\dfrac{1.2348}{\kappa^{0.19087}}\right)\left(\dfrac{e_CC_u}{2.5P}\right)^{0.4}\right]^{-9.185}$	$0.4\leqslant\kappa<1$
	$a_{ISO}=0.1\left[1-\left(1.5859-\dfrac{1.2348}{\kappa^{0.071739}}\right)\left(\dfrac{e_CC_u}{2.5P}\right)^{0.4}\right]^{-9.185}$	$1\leqslant\kappa\leqslant4$

3.1.8　污染系数 e_C

（1）估算 e_C 的简化方法

污染系数的参考值见表 7-3-6，表 7-3-6 仅列出了润滑良好的轴承的常见的污染级别。严重污染（$e_C\rightarrow0$）时，将产生磨损失效，轴承的寿命将远远低于计算的修正额定寿命。

表 7-3-6　污染系数 e_C

污染级别	e_C	
	$D_{pw}<100$mm	$D_{pw}\geqslant100$mm
极度清洁 颗粒尺寸约为润滑油膜厚度 实验室条件	1	1
高度清洁 油经过极精细的过滤器过滤 密封型脂润滑（终身润滑）轴承的一般情况	0.8～0.6	0.9～0.8

续表

污染级别	e_C	
	$D_{pw}<100mm$	$D_{pw}\geqslant 100mm$
一般清洁 油经过精细的过滤器过滤 防尘型脂润滑(终身润滑)轴承的一般情况	0.6～0.5	0.8～0.6
轻度污染 润滑剂轻度污染	0.5～0.3	0.6～0.4
常见污染 非整体密封轴承的一般情况；一般过滤 有磨损颗粒并从周围侵入	0.3～0.1	0.4～0.2
严重污染 轴承环境被严重污染且轴承配置密封不合适	0.1～0	0.1～0
极严重污染	0	0

(2) 估算 e_C 的详细方法

1) 使用在线过滤器的循环油润滑的污染系数 e_C。污染系数 e_C 可用图 7-3-6～图 7-3-9 中的线图或公式确定。线图或公式的选用基本上由过滤比 $\beta_{x(c)}$ 决定，而且所选 x(c) 的 $\beta_{x(c)}$ 值应等于或大于每一线图中的示值。润滑油系统的清洁度也应在清洁度代号（符合 GB/T 14039—2002 的规定）所示范围内。

2) 未经过滤或使用离线过滤器的油润滑的污染系数 e_C。对于未经过滤或使用离线过滤器的油润滑，污染系数 e_C 可用图 7-3-10～图 7-3-14 中的线图或公式确定。每一线图中所示的清洁度代号（符合 GB/T 14039—2002 的规定）用于选择适用的线图或公式。

3) 脂润滑的污染系数 e_C。脂润滑的污染系数 e_C 可用图 7-3-15～图 7-3-19 中的线图或公式确定。表 7-3-7用于选择适用的线图或公式。

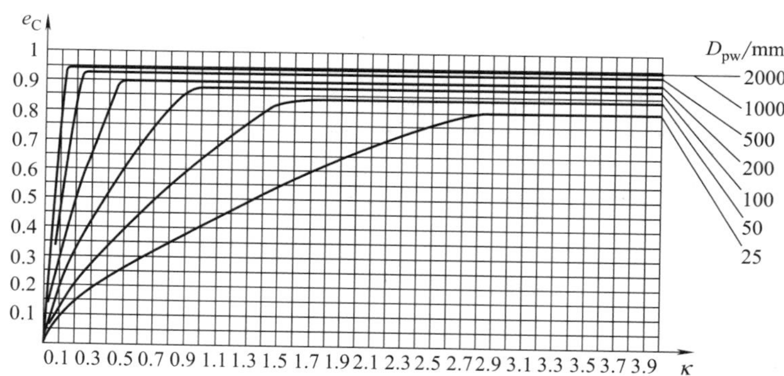

公式：$e_C=a\left(1-\frac{0.5663}{D_{pw}^{1/3}}\right)$，式中，$a=0.0864\kappa^{0.68}D_{pw}^{0.55}$ 且 $a\leqslant 1$

GB/T 14039—2002 代号范围：—/13/10，—/12/10，—/13/11，—/14/11

式中　x——按照 GB/T 18854—2015 标定的污染物颗粒尺寸，μm (c)；

$\beta_{x(c)}$——对污染物颗粒尺寸 x 的过滤比；

代号 (c) 表示计数尺寸为 x 的颗粒计数器是按照 GB/T 18854—2015 校准的自动光学单粒计数器 (APC)。

图 7-3-6　使用在线过滤器的循环油润滑的 e_C 系数

$\beta_{6(c)}=200$，GB/T 14039—2002 代号—/13/10

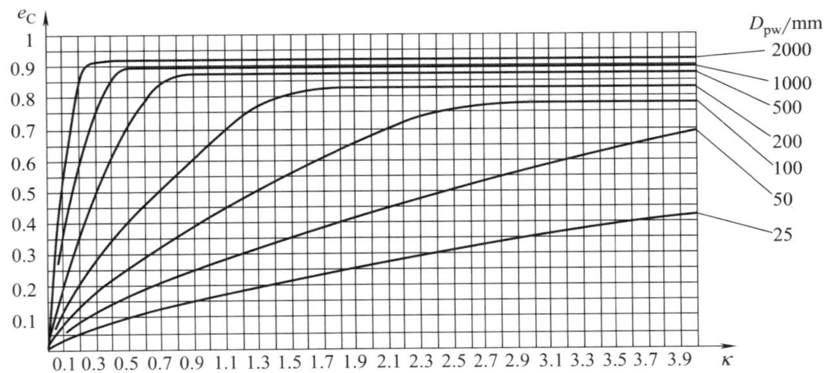

公式：$e_C=a\left(1-\frac{0.9987}{D_{pw}^{\frac{1}{3}}}\right)$，式中，$a=0.0432\kappa^{0.68}D_{pw}^{0.55}$且$a\leqslant1$

GB/T 14039—2002 代号范围：—/15/12，—/16/12，—/15/13，—/16/13

图 7-3-7　使用在线过滤器的循环油润滑的 e_C 系数

$\beta_{12(c)}=200$，GB/T 14039—2002 代号—/15/12

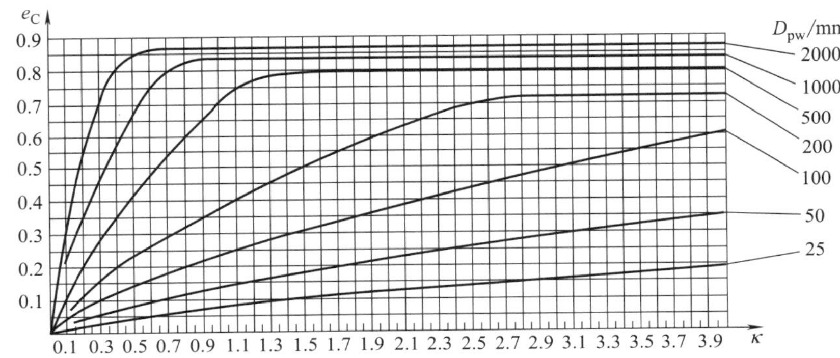

公式：$e_C=a\left(1-\frac{1.6329}{D_{pw}^{\frac{1}{3}}}\right)$，式中，$a=0.0288\kappa^{0.68}D_{pw}^{0.55}$且$a\leqslant1$

GB/T 14039—2002 代号范围：—/17/14，—/18/14，—/18/15，—/19/15

图 7-3-8　使用在线过滤器的循环油润滑的 e_C 系数

$\beta_{25(c)}\geqslant75$，GB/T 14039—2002 代号—/17/14

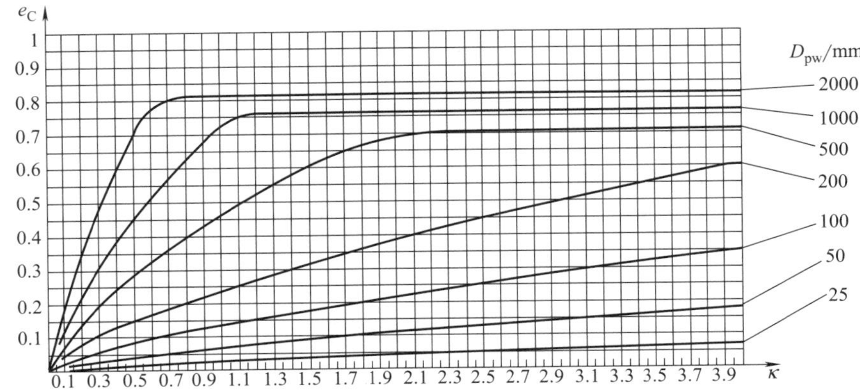

公式：$e_C=a\left(1-\frac{2.3362}{D_{pw}^{\frac{1}{3}}}\right)$，式中，$a=0.0216\kappa^{0.68}D_{pw}^{0.55}$且$a\leqslant1$

GB/T 14039—2002 代号范围：—/19/16，—/20/17，—/21/18，—/22/18

图 7-3-9　使用在线过滤器的循环油润滑的 e_C 系数

$\beta_{40(c)}\geqslant75$，GB/T 14039—2002 代号—/19/16

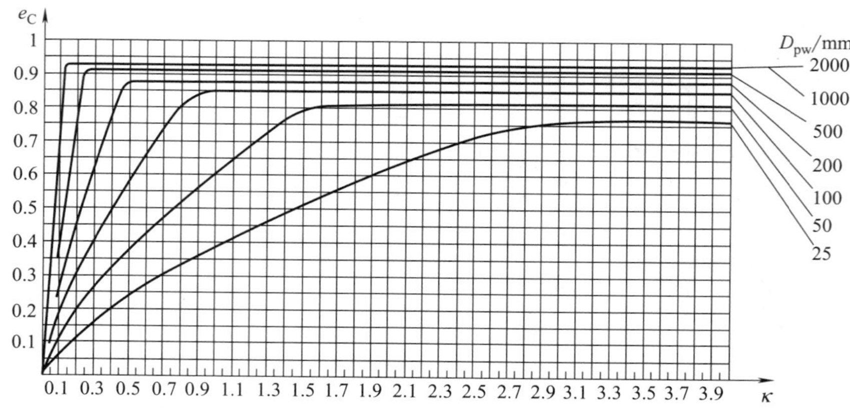

公式：$e_C=a\left(1-\frac{0.6796}{D_{pw}^{\frac{1}{3}}}\right)$，式中，$a=0.0864\kappa^{0.68}D_{pw}^{0.55}$ 且 $a\leqslant1$

GB/T 14039—2002 代号范围：—/13/10，—/12/10，—/11/9，—/12/9

图 7-3-10 未经过滤或使用离线过滤器的油润滑的 e_C 系数

GB/T 14039—2002 代号—/13/10

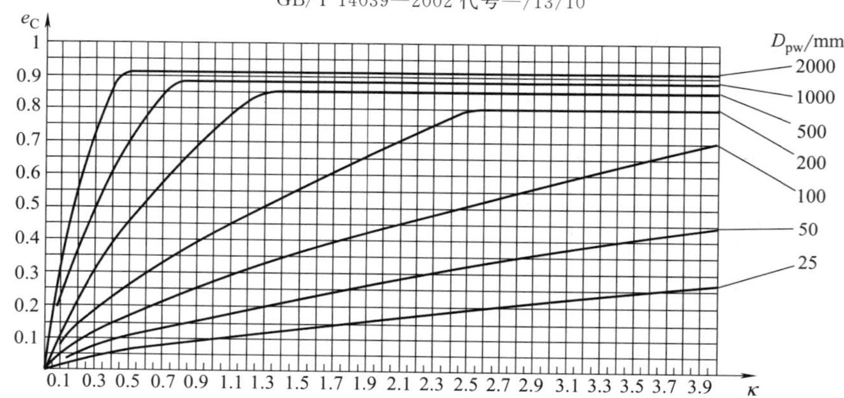

公式：$e_C=a\left(1-\frac{1.141}{D_{pw}^{\frac{1}{3}}}\right)$，式中，$a=0.0288\kappa^{0.68}D_{pw}^{0.55}$ 且 $a\leqslant1$

GB/T 14039—2002 代号范围：—/15/12，—/14/12，—/16/12，—/16/13

图 7-3-11 未经过滤或使用离线过滤器的油润滑的 e_C 系数

GB/T 14039—2002 代号—/15/12

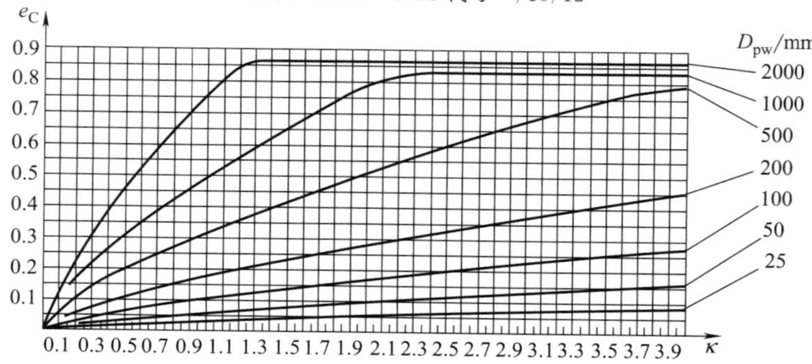

公式：$e_C=a\left(1-\frac{1.67}{D_{pw}^{\frac{1}{3}}}\right)$，式中，$a=0.0133\kappa^{0.68}D_{pw}^{0.55}$ 且 $a\leqslant1$

GB/T 14039—2002 代号范围：—/17/14，—/18/14，—/18/15，—/19/15

图 7-3-12 未经过滤或使用离线过滤器的油润滑的 e_C 系数

GB/T 14039—2002 代号—/17/14

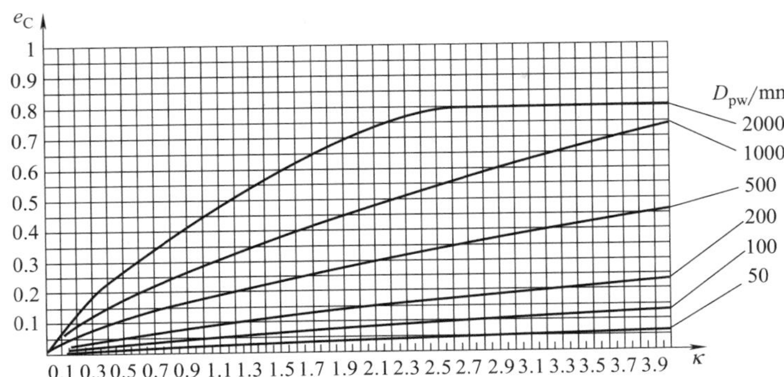

公式：$e_C=a\left(1-\frac{2.5164}{D_{pw}^{\frac{1}{3}}}\right)$，式中，$a=0.00864\kappa^{0.68}D_{pw}^{0.55}$ 且 $a\leqslant 1$

GB/T 14039—2002 代号范围：—/19/16，—/18/16，—/20/17，—/21/17

图 7-3-13 未经过滤或使用离线过滤器的油润滑的 e_C 系数
GB/T 14039—2002 代号—/19/16

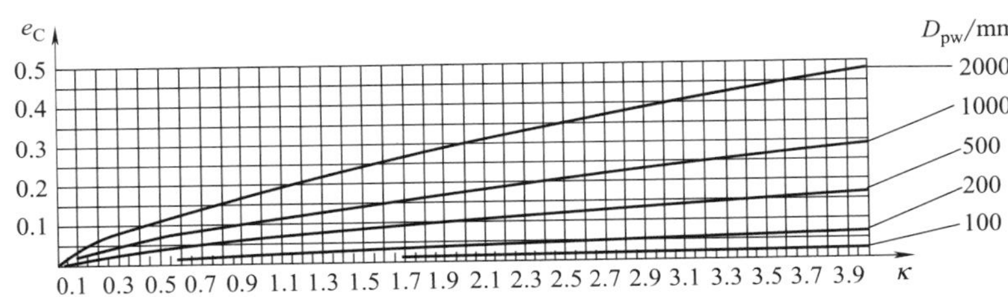

公式：$e_C=a\left(1-\frac{3.8974}{D_{pw}^{\frac{1}{3}}}\right)$，式中，$a=0.00411\kappa^{0.68}D_{pw}^{0.55}$ 且 $a\leqslant 1$

GB/T 14039—2002 代号范围：—/21/18，—/21/19，—/22/19，—/23/19

图 7-3-14 未经过滤或使用离线过滤器的油润滑的 e_C 系数
GB/T 14039—2002 代号—/21/18

表 7-3-7 **脂润滑选用的线图和公式**

工作条件	污染级别
仔细清洗、极洁净安装；密封相对工作条件优良；连续或在很短的间隔内再加脂 脂润滑(终身润滑)密封轴承，且密封能力相对工作条件有效	高度清洁 图 7-3-15
清洗、洁净安装；密封相对工作条件良好；按照制造厂的规定再加脂 脂润滑(终身润滑)密封轴承，密封能力相对工作条件适当，如防尘轴承	一般清洁 图 7-3-16
洁净安装；密封能力相对工作条件一般；按照制造厂的规定再加脂	轻度至常见污染 图 7-3-17
在车间安装；安装后，轴承和应用场合未充分清洗；密封能力相对工作条件较差；再加脂间隔长于制造厂推荐的时间	严重污染 图 7-3-18
在污染的环境下安装；密封不适；再加脂间隔长	极严重污染 图 7-3-19

第7篇

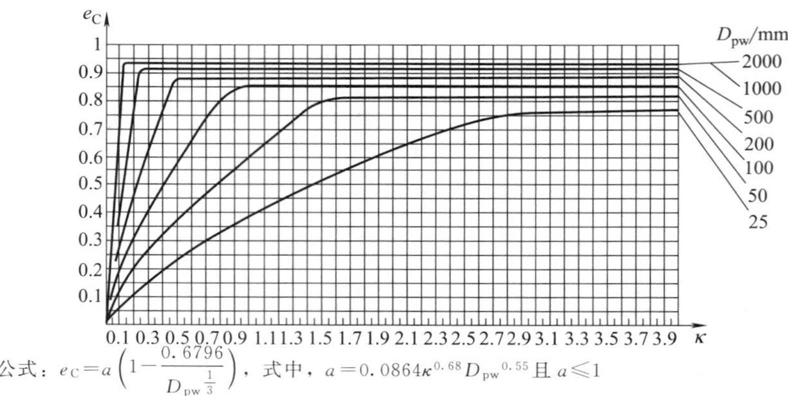

公式：$e_C = a\left(1 - \frac{0.6796}{D_{pw}^{\frac{1}{3}}}\right)$，式中，$a = 0.0864\kappa^{0.68} D_{pw}^{0.55}$ 且 $a \leqslant 1$

图 7-3-15　高度清洁的脂润滑的 e_C 系数

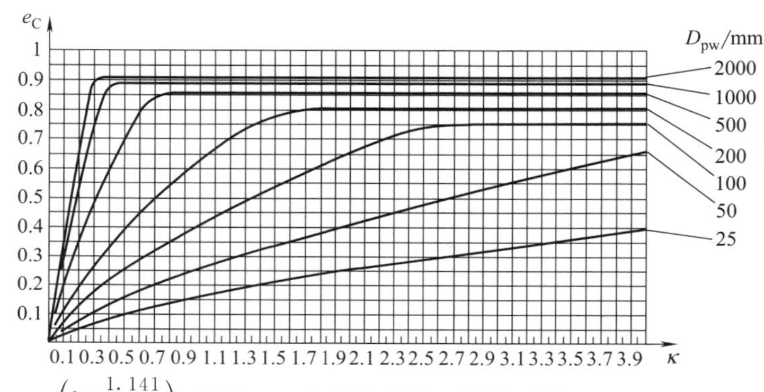

公式：$e_C = a\left(1 - \frac{1.141}{D_{pw}^{\frac{1}{3}}}\right)$，式中，$a = 0.0432\kappa^{0.68} D_{pw}^{0.55}$ 且 $a \leqslant 1$

图 7-3-16　一般清洁的脂润滑的 e_C 系数

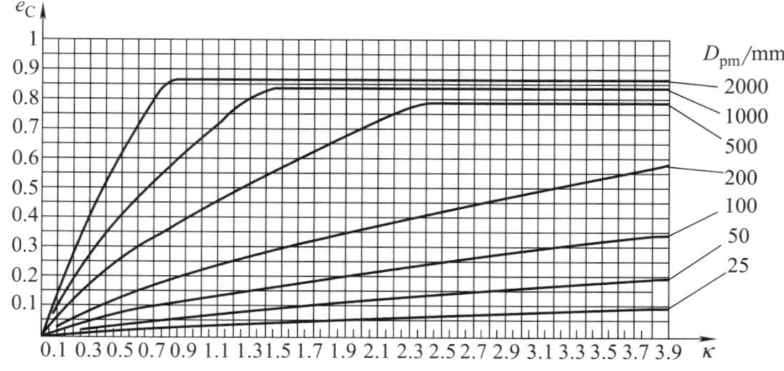

公式：$D_{pw} < 500\text{mm}$ 时，$e_C = a\left(1 - \frac{1.887}{D_{pw}^{\frac{1}{3}}}\right)$，式中，$a = 0.0177\kappa^{0.68} D_{pw}^{0.55}$ 且 $a \leqslant 1$

$D_{pw} \geqslant 500\text{mm}$ 时，$e_C = a\left(1 - \frac{1.677}{D_{pw}^{\frac{1}{3}}}\right)$，式中，$a = 0.0177\kappa^{0.68} D_{pw}^{0.55}$ 且 $a \leqslant 1$

图 7-3-17　轻度至常见污染的脂润滑的 e_C 系数

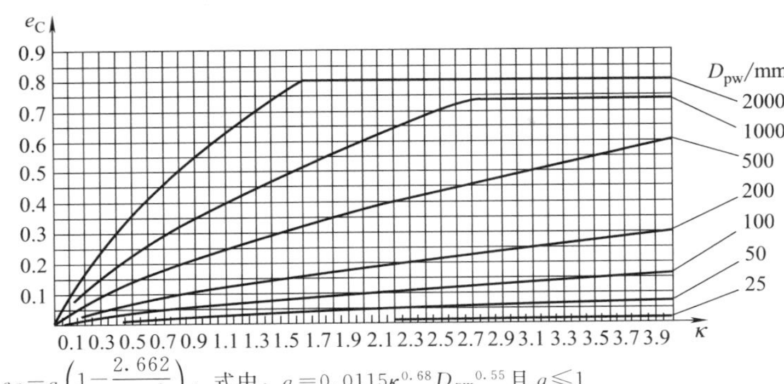

公式：$e_C=a\left(1-\frac{2.662}{D_{pw}^{\frac{1}{3}}}\right)$，式中，$a=0.0115\kappa^{0.68}D_{pw}{}^{0.55}$且 $a\leqslant1$

图 7-3-18　严重污染的脂润滑的 e_C 系数

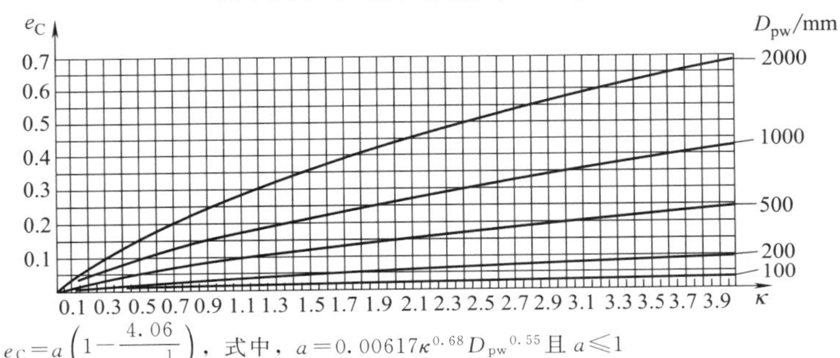

公式：$e_C=a\left(1-\frac{4.06}{D_{pw}^{\frac{1}{3}}}\right)$，式中，$a=0.00617\kappa^{0.68}D_{pw}{}^{0.55}$且 $a\leqslant1$

图 7-3-19　极严重污染的脂润滑的 e_C 系数

3.1.9　黏度比 κ 的计算

润滑剂的有效性主要取决于滚动接触表面的分离程度。若要形成充分润滑分离油膜，润滑剂在达到其工作温度时应具有一定的最小黏度。润滑剂将表面分离所需的条件可用黏度比（实际运动黏度 ν 与参考运动黏度 ν_1 之比）来表示。实际运动黏度 ν 是指润滑剂在工作温度下的运动黏度。

参考运动黏度 ν_1 可利用图 7-3-20 中的线图来估算，它取决于轴承转速和节圆直径 D_{pw}［也可采用轴承平均直径 $0.5(d+D)$］，或按式（7-3-17）和式（7-3-18）来计算：

$n<1000$r/min

$$\nu_1=45000n^{-0.83}D_{pw}{}^{-0.5} \tag{7-3-17}$$

$n\geqslant1000$r/min

$$\nu_1=4500n^{-0.5}D_{pw}{}^{-0.5} \tag{7-3-18}$$

如果需要更精确地估算 κ 值，如：尤其是对于机加工滚道表面的粗糙度、特殊的黏压系数和特殊的密度等，可使用油膜参数。

计算出 Λ 后，κ 值可用下列公式近似地估算：

$$\kappa\approx\Lambda^{1.3} \tag{7-3-19}$$

① κ 的计算是基于矿物油和具有良好加工质量的轴承滚道表面的。合成烃（SHC）类的合成油

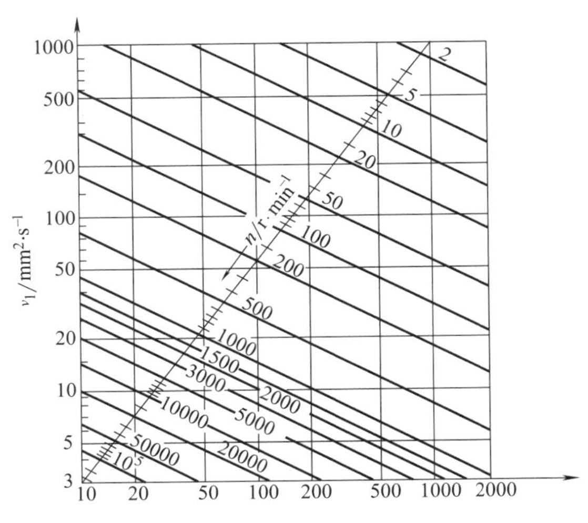

图 7-3-20　参考运动黏度 ν_1

也可参照使用图 7-3-20 中的线图以及式（7-3-17）和式（7-3-18）。相对于矿物油，其较大的黏度指数（黏度随温度变化不大），可通过其较大的黏压系数来补偿。因此，虽然两种类型的油在 40℃ 时具有相同的黏度，但其形成相同油膜的工作温度却不相同。

② κ 的计算也适用于润滑脂的基础油黏度。

③ 黏度比 $\kappa<1$、污染系数 $e_C \geqslant 0.2$ 时，如果润滑剂中加入了经证实是有效的极压（EP）添加剂，则可在 e_C 和 a_{ISO} 的计算中采用 $\kappa=1$。此时，相对于按实际 κ 值计算出来的使用正常润滑剂的寿命修正系数 a_{ISO}，如果该 $a_{ISO}>3$，也应将 a_{ISO} 限制在 $a_{ISO}\leqslant 3$ 的范围内。

④ 如果使用一种有效的 EP 添加剂，能产生对接触表面有利的磨平效应，则可增大 κ 值。严重污染（$e_C<0.2$）时，应根据润滑剂的实际污染程度，确认 EP 添加剂的有效性。

3.2 基本额定动载荷的计算

3.2.1 轴承的基本额定动载荷 C

表 7-3-8 滚动轴承基本额定动载荷的计算公式

<table>
<tr><th colspan="3" rowspan="2">轴承类型</th><th rowspan="2">名称</th><th colspan="2">计算公式</th><th rowspan="2">说明</th></tr>
<tr><th>$D_w \leqslant 25.4$mm</th><th>$D_w \leqslant 25.4$mm</th></tr>
<tr><td rowspan="2">向心轴承</td><td colspan="2">球轴承</td><td rowspan="2">径向基本额定动载荷 C_r</td><td>$C_r=b_m f_c(i\cos\alpha)^{0.7}Z^{2/3}D_w^{1.8}$</td><td>$C_r=3.647b_m f_c(i\cos\alpha)^{0.7}Z^{\frac{2}{3}}D_w^{1.4}$</td><td rowspan="6">$b_m$ 见表 7-3-9；f_c 见表 7-3-10、表 7-3-11</td></tr>
<tr><td colspan="2">滚子轴承</td><td colspan="2">$C_r=b_m f_c(iL_{we}\cos\alpha)^{7/9}Z^{3/4}D_{we}^{29/27}$</td></tr>
<tr><td rowspan="4">单列推力轴承</td><td rowspan="2">球轴承</td><td>$\alpha=90°$</td><td rowspan="4">轴向基本额定动载荷 C_a</td><td>$C_a=b_m f_c Z^{\frac{2}{3}}D_w^{1.8}$</td><td>$C_a=3.647b_m f_c Z^{\frac{2}{3}}D_w^{1.4}$</td></tr>
<tr><td>$\alpha\neq 90°$</td><td>$C_a=b_m f_c(\cos\alpha)^{0.7}\tan\alpha Z^{\frac{2}{3}}D_w^{1.8}$</td><td>$C_a=3.647b_m f_c(\cos\alpha)^{0.7}\tan\alpha Z^{\frac{2}{3}}D_w^{1.4}$</td></tr>
<tr><td rowspan="2">滚子轴承</td><td>$\alpha=90°$</td><td colspan="2">$C_a=b_m f_c L_{we}^{\frac{7}{9}}Z^{\frac{3}{4}}D_{we}^{\frac{29}{27}}$</td></tr>
<tr><td>$\alpha\neq 90°$</td><td colspan="2">$C_a=b_m f_c(L_{we}\cos\alpha)^{\frac{7}{9}}\tan\alpha Z^{\frac{3}{4}}D_{we}^{\frac{29}{27}}$</td></tr>
</table>

注：表中公式适用于内圈滚道沟曲率半径不大于 $0.52D_w$、外圈滚道沟曲率半径不大于 $0.53D_w$ 的深沟球和角接触球轴承，内圈滚道沟曲率半径不大于 $0.53D_w$ 的调心球轴承和沟曲率半径不大于 $0.54D_w$ 的推力球轴承。采用更小的滚道曲率半径未必能提高轴承的承载能力，但采用大于上述值的沟曲率半径，则会降低承载能力。

表 7-3-9 系数 b_m 值

<table>
<tr><th colspan="3">轴承类型</th><th>b_m</th></tr>
<tr><td rowspan="5">向心轴承</td><td rowspan="2">向心球轴承</td><td>径向接触和角接触球轴承(有装填槽的轴承除外)以及调心球轴承和外球面轴承</td><td>1.3</td></tr>
<tr><td>有装填槽的球轴承</td><td>1.1</td></tr>
<tr><td rowspan="3">向心滚子轴承</td><td>圆柱滚子轴承、圆锥滚子轴承和机制套圈滚针轴承</td><td>1.1</td></tr>
<tr><td>冲压外圈滚针轴承</td><td>1.0</td></tr>
<tr><td>调心滚子轴承</td><td>1.15</td></tr>
<tr><td rowspan="4">推力轴承</td><td>推力球轴承</td><td>推力球轴承</td><td>1.3</td></tr>
<tr><td rowspan="3">推力滚子轴承</td><td>推力圆柱滚子轴承和推力滚针轴承</td><td>1.0</td></tr>
<tr><td>推力圆锥滚子轴承</td><td>1.1</td></tr>
<tr><td>推力调心滚子轴承</td><td>1.15</td></tr>
</table>

表 7-3-10 向心轴承 f_c 值

$\frac{D_w\cos\alpha}{D_{pw}}$	单列深沟球轴承和单、双列角接触球轴承	双列深沟球轴承	单、双列调心球轴承	分离型单列径向接触球轴承(磁电机轴承)	向心滚子轴承
0.01	29.1	27.5	9.9	9.4	52.1
0.02	35.8	33.9	12.4	11.7	60.8
0.03	40.3	38.2	14.3	13.4	66.5
0.04	43.8	41.5	15.9	14.9	70.7
0.05	46.7	44.2	17.3	16.2	74.1
0.06	49.1	46.5	18.6	17.4	76.9
0.07	51.1	48.4	19.9	18.5	79.2
0.08	52.8	50	21.1	19.5	81.2
0.09	54.3	51.4	22.3	20.6	82.8
0.1	55.5	52.6	23.4	21.5	84.2

续表

$\frac{D_w\cos\alpha}{D_{pw}}$	单列深沟球轴承和单、双列角接触球轴承	双列深沟球轴承	单、双列调心球轴承	分离型单列径向接触球轴承(磁电机轴承)	向心滚子轴承
0.11	56.6	53.6	24.5	22.5	85.4
0.12	57.5	54.5	25.6	23.4	86.4
0.13	58.2	55.2	26.6	24.4	87.1
0.14	58.8	55.7	27.7	25.3	87.7
0.15	59.3	56.1	28.7	26.2	88.2
0.16	59.6	56.5	29.7	27.1	88.5
0.17	59.8	56.7	30.7	27.9	88.7
0.18	59.9	56.8	31.7	28.8	88.8
0.19	60	56.8	32.6	29.7	88.8
0.2	59.9	56.8	33.5	30.5	88.7
0.21	59.8	56.6	34.4	31.3	88.5
0.22	59.6	56.5	35.2	32.1	88.2
0.23	59.3	56.2	36.1	32.9	87.9
0.24	59	55.9	36.8	33.7	87.5
0.25	58.6	55.5	37.5	34.5	87
0.26	58.2	55.1	38.2	35.2	86.4
0.27	57.7	54.6	38.8	35.9	85.8
0.28	57.1	54.1	39.4	36.6	85.2
0.29	56.6	53.6	39.9	37.2	84.5
0.3	56	53	40.3	37.8	83.8
0.31	55.3	52.4	40.6	38.4	—
0.32	54.6	51.8	40.9	38.9	—
0.33	53.9	51.1	41.1	39.4	—
0.34	53.2	50.4	41.2	39.8	—
0.35	52.4	49.7	41.3	40.1	—
0.36	51.7	48.9	41.3	40.4	—
0.37	50.9	48.2	41.2	40.7	—
0.38	50	47.4	41	40.8	—
0.39	49.2	46.6	40.7	40.9	—
0.4	48.4	45.8	40.4	40.9	—

注：对于$\frac{D_w\cos\alpha}{D_{pw}}$的中间值，其 f_c 值可由线性内插法求得。

表 7-3-11　　**推力轴承的 f_c 值**

$\frac{D_w}{D_{pw}}$	f_c		$\frac{D_w\cos\alpha}{D_{pw}}$	f_c					
	球轴承	滚子轴承 max		球轴承			滚子轴承 max		
	$\alpha=90°$			$\alpha=45°$	$\alpha=60°$	$\alpha=75°$	$\alpha=50°$ $45°<\alpha<60°$	$\alpha=65°$ $60°\leqslant\alpha<75°$	$\alpha=80°$ $75°\leqslant\alpha<90°$
0.01	36.7	105.4	0.01	42.1	39.2	37.3	109.7	107.1	105.6
0.02	45.2	122.9	0.02	51.7	48.1	45.9	127.8	124.7	123
0.03	51.1	134.5	0.03	58.2	54.2	51.7	139.5	136.2	134.3
0.04	55.7	143.4	0.04	63.3	58.9	56.1	148.3	144.7	142.8
0.05	59.5	150.7	0.05	67.3	62.6	59.7	155.2	151.5	149.4
0.06	62.9	156.9	0.06	70.7	65.8	62.7	160.9	157	154.9

续表

$\frac{D_w}{D_{pw}}$	f_c		$\frac{D_w\cos\alpha}{D_{pw}}$	f_c					
	球轴承	滚子轴承 max		球轴承			滚子轴承 max		
	$\alpha=90°$			$\alpha=45°$	$\alpha=60°$	$\alpha=75°$	$\alpha=50°$ $45°<\alpha<60°$	$\alpha=65°$ $60°\leqslant\alpha<75°$	$\alpha=80°$ $75°\leqslant\alpha<90°$
0.07	65.8	162.4	0.07	73.5	68.4	65.2	165.6	161.6	159.4
0.08	68.5	167.2	0.08	75.9	70.7	67.3	169.5	165.5	163.2
0.09	71	171.7	0.09	78	72.6	69.2	172.8	168.7	166.4
0.1	73.3	175.7	0.1	79.7	74.2	70.7	175.5	171.4	169
0.11	75.4	179.5	0.11	81.1	75.5		177.8	173.6	171.2
0.12	77.4	183	0.12	82.3	76.6		179.7	175.4	173
0.13	79.3	186.3	0.13	83.3	77.5		181.1	176.8	174.4
0.14	81.1	189.4	0.14	84.1	78.3		182.3	177.9	175.5
0.15	82.7	192.3	0.15	84.7	78.8		183.1	178.8	176.3
0.16	84.4	195.1	0.16	85.1	79.2		183.7	179.3	
0.17	85.9	197.7	0.17	85.4	79.5		184	179.6	
0.18	87.4	200.3	0.18	85.5	79.6		184.1	179.7	
0.19	88.8	202.7	0.19	85.5	79.6		184	179.6	
0.2	90.2	205	0.2	85.4	79.5		183.7	179.3	
0.21	91.5	207.2	0.21	85.2			183.2		
0.22	92.8	209.4	0.22	84.9			182.6		
0.23	94.1	211.5	0.23	84.5			181.8		
0.24	95.3	213.5	0.24	84			180.9		
0.25	96.4	215.4	0.25	83.4			179.8		
0.26	97.6	217.3	0.26	82.8			178.7		
0.27	98.7	219.1	0.27	82					
0.28	99.8	220.9	0.28	81.3					
0.29	100.8	222.7	0.29	80.4					
0.3	101.9	224.3	0.3	79.6					
0.31	102.9								
0.32	103.9								
0.33	104.8								
0.34	105.8								
0.35	106.7								

注：对于$\frac{D_w}{D_{pw}}$或$\frac{D_w\cos\alpha}{D_{pw}}$或接触角非表中所列值时，其 f_c 值可用线性内插法求得。

对于 $\alpha>45°$的推力轴承，$\alpha=45°$的值可用于 α 在 45°～60°之间的内插计算。

3.2.2 双列或多列推力轴承轴向基本额定动载荷 C_a

承受同一方向载荷的双列或多列推力球轴承的 C_a：

$$C_a=(Z_1+Z_2+\cdots+Z_n)\times\left[\left(\frac{Z_1}{C_{a1}}\right)^{\frac{10}{3}}+\left(\frac{Z_2}{C_{a2}}\right)^{\frac{10}{3}}+\cdots+\left(\frac{Z_n}{C_{an}}\right)^{\frac{10}{3}}\right]^{-\frac{3}{10}} \tag{7-3-20}$$

承受同一方向载荷的双列或多列推力滚子轴承的 C_a：

$$C_a=(Z_1L_{we1}+Z_2L_{we2}+\cdots+Z_nL_{wen})\times\left[\left(\frac{Z_1L_{we1}}{C_{a1}}\right)^{\frac{9}{2}}+\left(\frac{Z_2L_{we2}}{C_{a2}}\right)^{\frac{9}{2}}+\cdots+\left(\frac{Z_nL_{wen}}{C_{an}}\right)^{\frac{9}{2}}\right]^{-\frac{2}{9}} \tag{7-3-21}$$

式中 Z_1、Z_2、…、Z_n——各列轴承的滚动体数；

C_{a1}、C_{a2}、…、C_{an}——单列轴承的轴向基本额定动载荷；

L_{we1}、L_{we2}、…、L_{wen}——各列滚子的有效长度。

3.3 基本额定静载荷的计算

对于缓慢运动、低速旋转（$n\leqslant10$r/min）或载荷变动较大（尤其是受严重冲击载荷）的轴承，其允许的工作载荷取决于滚动接触处产生的永久变形量，即塑性变形。通常，塑性变形量不允许超过滚动体直径的万分之一。这类应用场合一般不必考虑轴承的疲劳寿命。

滚动轴承基本额定静载荷的计算公式见表 7-3-12。

表 7-3-12　**基本额定静载荷的计算公式**

轴承类型	名称	计算公式	说明
向心球轴承	径向基本额定静载荷 C_{0r}	$C_{0r}=f_0 iZD_w^2\cos\alpha$	f_0 见表 7-3-13
向心滚子轴承		$C_{0r}=44\left(1-\dfrac{D_{we}\cos\alpha}{D_{pw}}\right)iZL_{we}D_{we}\cos\alpha$	
单向或双向推力球轴承	轴向基本额定静载荷 C_{0a}	$C_{0a}=f_0 ZD_w^2\sin\alpha$	
单向和双向推力滚子轴承		$C_{0a}=220\left(1-\dfrac{D_{we}\cos\alpha}{D_{pw}}\right)ZL_{we}D_{we}\sin\alpha$	

注：对于球轴承，公式适用于内圈滚道沟曲率半径不大于 $0.52D_w$、外圈滚道沟曲率半径不大于 $0.53D_w$ 的深沟球轴承和角接触球轴承，内圈滚道沟曲率半径不大于 $0.53D_w$ 的调心球轴承和沟曲率半径不大于 $0.54D_w$ 的推力球轴承。

表 7-3-13　**球轴承的 f_0 值**

$\dfrac{D_w\cos\alpha}{D_{pw}}$	f_0			$\dfrac{D_w\cos\alpha}{D_{pw}}$	f_0		
	深沟球轴承、角接触球轴承	调心球轴承	推力球轴承		深沟球轴承、角接触球轴承	调心球轴承	推力球轴承
0	14.7	1.9	61.6	0.21	13.7	2.8	45
0.01	14.9	2	60.8	0.22	13.5	2.9	44.2
0.02	15.1	2	59.9	0.23	13.2	2.9	43.5
0.03	15.3	2.1	59.1	0.24	13	3	42.7
0.04	15.5	2.1	58.3	0.25	12.8	3	41.9
0.05	15.7	2.1	57.5	0.26	12.5	3.1	41.2
0.06	15.9	2.2	56.7	0.27	12.3	3.1	40.5
0.07	16.1	2.2	55.9	0.28	12.1	3.2	39.7
0.08	16.3	2.3	55.1	0.29	11.8	3.2	39
0.09	16.5	2.3	54.3	0.3	11.6	3.3	38.2
0.1	16.4	2.4	53.5	0.31	11.4	3.3	37.5
0.11	16.1	2.4	52.7	0.32	11.2	3.4	36.8
0.12	15.9	2.4	51.9	0.33	10.9	3.4	36
0.13	15.6	2.5	51.2	0.34	10.7	3.5	35.3
0.14	15.4	2.5	50.4	0.35	10.5	3.5	34.6
0.15	15.2	2.6	49.6	0.36	10.3	3.6	—
0.16	14.9	2.6	48.8	0.37	10	3.6	—
0.17	14.7	2.7	48	0.38	9.8	3.7	—
0.18	14.4	2.7	47.3	0.39	9.6	3.8	—
0.19	14.2	2.8	46.5	0.4	9.4	3.8	—
0.2	14	2.8	45.7				

3.4　当量载荷的计算

表 7-3-14　**滚动轴承当量载荷的计算公式**

轴承类型		名称	计算公式	说明
向心轴承	$\alpha\neq0°$	径向当量动载荷 P_r	$P_r=XF_r+YF_a$	系数 X_0 和 Y_0：见表 7-3-15 系数 X 和 Y：推力轴承见表 7-3-16 向心轴承见表 7-3-17
	$\alpha=0°$		$P_r=F_r$	
	取两式计算值的较大者	径向当量静载荷 P_{0r}	$P_{0r}=X_0F_r+Y_0F_a$	
			$P_{0r}=F_r$	
推力轴承	$\alpha\neq90°$	轴向当量动载荷 P_a	$P_a=XF_r+YF_a$	
	$\alpha=90°$		$P_a=F_a$	
	$\alpha\neq90°$	轴向当量静载荷 P_{0a}	$P_{0a}=2.3F_r\tan\alpha+F_a$	
	$\alpha=90°$		$P_{0a}=F_a$	

表 7-3-15　　**向心轴承的 X_0 和 Y_0 值**

轴承类型		单列轴承		双列轴承	
		X_0	Y_0	X_0	Y_0
深沟球轴承[①]		0.6	0.5	0.6	0.5
角接触球轴承	$\alpha=5°$	0.5	0.52	1	1.04
	10°	0.5	0.5	1	1
	15°	0.5	0.46	1	0.92
	20°	0.5	0.42	1	0.84
	25°	0.5	0.38	1	0.76
	30°	0.5	0.33	1	0.66
	35°	0.5	0.29	1	0.58
	40°	0.5	0.26	1	0.52
	45°	0.5	0.22	1	0.44
调心球轴承 $\alpha\neq0°$		0.5	$0.22\cot\alpha$	1	$0.44\cot\alpha$
向心滚子轴承 $\alpha\neq0°$		0.5	$0.22\cot\alpha$	1	$0.44\cot\alpha$

① 允许的 F_a/C_{0r} 最大值与轴承设计（内部游隙和沟道深度）有关。

表 7-3-16　　**推力轴承的 X 和 Y 值**

轴承类型	α	单向轴承		双向轴承				e
		$F_a/F_r>e$		$F_a/F_r\leqslant e$		$F_a/F_r>e$		
		X	Y	X	Y	X	Y	
推力球轴承	45°	0.66	1	1.18	0.59	0.66	1	1.25
	50°	0.73		1.37	0.57	0.73		1.49
	55°	0.81		1.6	0.56	0.81		1.79
	60°	0.92		1.9	0.55	0.92		2.17
	65°	1.06		2.3	0.54	1.06		2.68
	70°	1.28		2.9	0.53	1.28		3.43
	75°	1.66		3.89	0.52	1.66		4.67
	80°	2.43		5.86	0.52	2.43		7.09
	85°	4.8		11.75	0.51	4.8		14.29
	$\alpha\neq90°$	$1.25\tan\alpha\left(1-\frac{2}{3}\sin\alpha\right)$	1	$\frac{20}{13}\tan\alpha\left(1-\frac{1}{3}\sin\alpha\right)$	$\frac{10}{13}\left(1-\frac{1}{3}\sin\alpha\right)$	$1.25\tan\alpha\left(1-\frac{2}{3}\sin\alpha\right)$	1	$1.25\tan\alpha$
推力滚子轴承	$\alpha\neq90°$	$\tan\alpha$	1	$1.5\tan\alpha$	0.67	$\tan\alpha$	1	$1.5\tan\alpha$

注：1. 对于 α 的中间值，X、Y 和 e 的值由线性内插法求得。

2. $\dfrac{F_a}{F_r}\leqslant e$ 不适用于单向轴承。

3. 对于 $\alpha>45°$ 的推力轴承，$\alpha=45°$ 的值可用于 α 在 45°～50°之间的内插计算。

表 7-3-17　　**向心轴承的 X 和 Y 值**

轴承类型	相对轴向载荷		单列轴承				双列轴承				e
	$\frac{f_0F_a}{C_{0r}}$	$\frac{F_a}{iZD_w^2}$	$F_a/F_r\leqslant e$		$F_a/F_r>e$		$F_a/F_r\leqslant e$		$F_a/F_r>e$		
			X	Y	X	Y	X	Y	X	Y	
深沟球轴承	0.172	0.172	1	0	0.56	2.3	1	0	0.56	2.3	0.19
	0.345	0.345				1.99				1.99	0.22
	0.689	0.689				1.71				1.71	0.26
	1.03	1.03				1.55				1.55	0.28
	1.38	1.38				1.45				1.45	0.3
	2.07	2.07				1.31				1.31	0.34
	3.45	3.45				1.15				1.15	0.38
	5.17	5.17				1.04				1.04	0.42
	6.89	6.89				1				1	0.44

续表

轴承类型		相对轴向载荷		单列轴承				双列轴承				e
		$\frac{f_0 iF_a}{C_{0r}}$	$\frac{F_a}{ZD_w^2}$	$F_a/F_r \leqslant e$		$F_a/F_r > e$		$F_a/F_r \leqslant e$		$F_a/F_r > e$		
				X	Y	X	Y	X	Y	X	Y	
角接触球轴承	$\alpha=5°$	0.173	0.172	1	0	此类轴承的 X、Y 和 e 值用单列径向接触沟型球轴承的值		1	2.78	0.78	3.74	0.23
		0.346	0.345						2.4		3.23	0.26
		0.692	0.689						2.07		2.78	0.3
		1.04	1.03						1.87		2.52	0.34
		1.38	1.38						1.75		2.36	0.36
		2.08	2.07						1.58		2.13	0.4
		3.46	3.45						1.39		1.87	0.45
		5.19	5.17						1.26		1.69	0.5
		6.92	6.89						1.21		1.63	0.52
	$\alpha=10°$	0.175	0.172	1	0	0.46	1.88	1	2.18	0.75	3.06	0.29
		0.35	0.345				1.71		1.98		2.78	0.32
		0.7	0.689				1.52		1.76		2.47	0.36
		1.05	1.03				1.41		1.63		2.29	0.38
		1.4	1.38				1.34		1.55		2.18	0.4
		2.1	2.07				1.23		1.42		2	0.44
		3.50	3.45				1.1		1.27		1.79	0.49
		5.25	5.17				1.01		1.17		1.64	0.54
		7	6.89				1		1.16		1.63	0.54
	$\alpha=15°$	0.178	0.172	1	0	0.44	1.47	1	1.65	0.72	2.39	0.38
		0.357	0.345				1.4		1.57		2.28	0.4
		0.714	0.689				1.3		1.46		2.11	0.43
		1.07	1.03				1.23		1.38		2	0.46
		1.43	1.38				1.19		1.34		1.93	0.47
		2.14	2.07				1.12		1.26		1.82	0.5
		3.57	3.45				1.02		1.14		1.66	0.55
		5.35	5.17				1		1.12		1.63	0.56
		7.14	6.89				1		1.12		1.63	0.56
	$\alpha=20°$	—	—	1	0	0.43	1	1	1.09	0.7	1.63	0.57
	$\alpha=25°$	—	—			0.41	0.87		0.92	0.67	1.41	0.68
	$\alpha=30°$	—	—			0.39	0.76		0.78	0.63	1.24	0.8
	$\alpha=35°$	—	—			0.37	0.66		0.66	0.6	1.07	0.95
	$\alpha=40°$	—	—			0.35	0.57		0.55	0.57	0.93	1.14
	$\alpha=45°$	—	—			0.33	0.5		0.47	0.54	0.81	1.34
调心球轴承				1	0	0.4	$0.4\cot\alpha$	1	$0.42\cot\alpha$	0.65	$0.65\cot\alpha$	$1.5\tan\alpha$
分离型单列径向接触球轴承（磁电机轴承）				1	0	0.5	2.5	—	—	—	—	0.2
向心滚子轴承	$\alpha \neq 0$			1	0	0.4	$0.4\cot\alpha$	1	$0.45\cot\alpha$	0.67	$0.67\cot\alpha$	$1.5\tan\alpha$

注：对于相对轴向载荷或接触角的中间值，其 X、Y 和 e 值可由线性内插法求得。

第7篇

3.5　轴承组的基本额定载荷和当量载荷

表 7-3-18　　轴承组的静载荷计算公式

轴承类型	额定静载荷 C_0		当量静载荷 P_0		F_r、F_a
	轴承组配方式				
	面对面或背靠背	串联	面对面或背靠背	串联	
单列角接触滚子轴承	—	—	X_0 和 Y_0 取双列轴承的值	X_0 和 Y_0 取单列轴承的值	取作用在该轴承组上的总载荷
径向接触或角接触沟型球轴承	一套单列轴承径向基本额定静载荷的两倍	一套单列轴承的径向基本额定静载荷乘以轴承套数			
向心滚子轴承			—	—	
推力滚子轴承	—	一套单向轴承的轴向基本额定静载荷乘以轴承套数	—	—	

表 7-3-19　　轴承组的动载荷计算公式

轴承类型	额定动载荷 C			当量动载荷 P	
	轴承组配方式				
	面对面或背靠背	串联	两套作为一个整体	面对面或背靠背	串联
径向接触或角接触沟型球轴承		轴承套数的0.7次幂乘以一套单列轴承的 C_r	按一套双列轴承的 C_r		取单列轴承的 X 和 Y 值,"相对轴向载荷"按 $i=1$ 和一套轴承的 F_a、C_{0r}
角接触球轴承	按一套双列轴承的 C_r			按一套双列轴承的 P_r	
向心滚子轴承		轴承套数的7/9次幂乘以一套单列轴承的 C_r			
角接触滚子轴承				按一套双列轴承的 P_r	取单列轴承的 X 和 Y 值
推力滚子轴承		轴承套数的7/9次幂乘以一套单列轴承的 C_a			

3.6　变化工作条件下的平均载荷

每个载荷周期内的工作条件可和公称值稍有不同。假定工作条件如速度和载荷方向相当稳定，而且载荷的大小始终在最低值 F_{min} 和最高值 F_{max} 之间变化（图 7-3-21），可用公式计算其平均载荷：

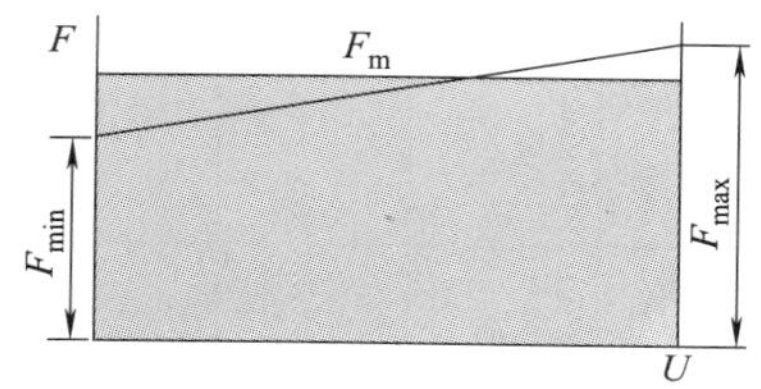

图 7-3-21　变化工作条件下的平均载荷（一）

$$F_m=(F_{最小}+2F_{最大})/3 \tag{7-3-22}$$

如果作用在轴承上的载荷由大小和方向不变的载荷 F_1（如转子的重量）和一个固定的转动载荷 F_2（如不平衡载荷）组成（图 7-3-22），则平均载荷由下式计算：

$$F_m=f_m(F_1+F_2) \tag{7-3-23}$$

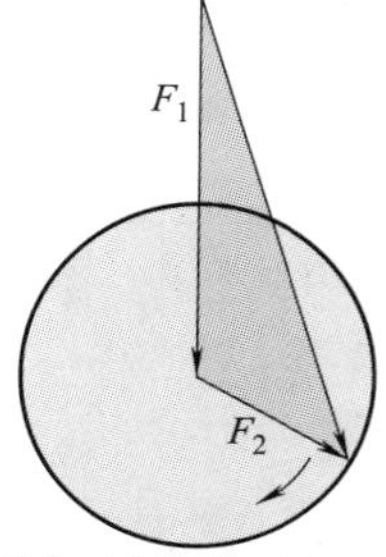

图 7-3-22　变化工作条件下的平均载荷（二）

f_m 的数值可从图 7-3-23 得出。

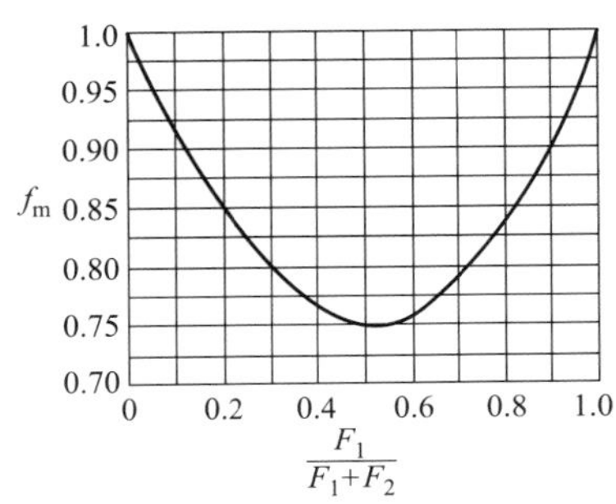

图 7-3-23　变化工作条件下的平均载荷（三）

3.7　变化工作条件下的寿命计算

在一些应用中，轴承载荷的大小和方向会随时间而改变，速度、温度、润滑条件和污染程度也会发生变化，此时，轴承寿命不能直接计算，须对变化的载荷条件分阶段进行当量载荷的计算。

变化的工作条件下，需要将载荷变化的范围或周期简化为更简单的载荷情况（图 7-3-24）。对于持续变动的载荷，根据不同的载荷情况累计，将其简化为恒定载荷段的柱状图，每个载荷段都以运行的百分比或分数表示。由于冲击载荷和重载荷对轴承寿命的影响要比轻载荷大得多，所以必须将其分离出来，即使这些载荷作用的时间很短。

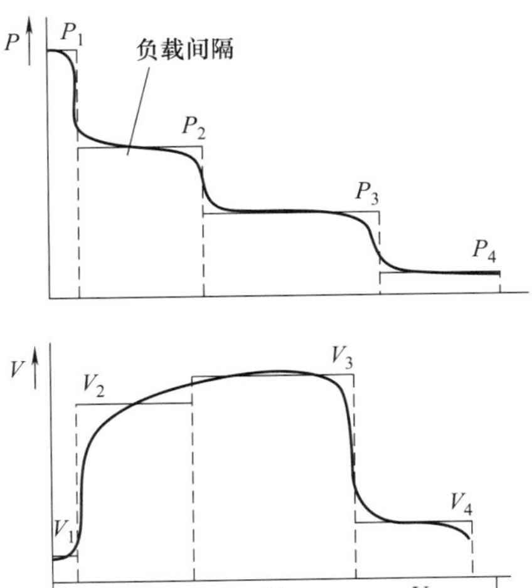

图 7-3-24　变化工作条件下的寿命计算

在每个载荷段内，把轴承载荷和工作条件用恒定的平均值表示。然后根据每个载荷段所需的工作小时数或转数，计算该载荷段的分段寿命。例如 N_1 表示载荷条件 P_1 所需要的转数，N 表示整个寿命周期的总转数，则载荷条件 P_1 分段寿命 $U_1=N_1/N$，其计算寿命为 L_{10m1}。在变化的工作条件下，轴承的寿命可用以下公式估算：

$$L_{10m}=\frac{1}{\frac{U_1}{L_{10m1}}+\frac{U_2}{L_{10m2}}+\frac{U_3}{L_{10m3}}+\cdots} \tag{7-3-24}$$

式中　L_{10m}——额定寿命（90%可靠性），百万转；

L_{10m1}、L_{10m2}、…——恒定条件 1、2、…下的额定寿命（90%可靠性），百万转；

U_1、U_2、…——条件 1、2、…下的分段寿命，$U_1+U_2+\cdots+U_n=1$。

3.8　轴承极限转速的确定方法

滚动轴承的极限转速是在一定载荷、润滑条件下允许的最高转速。与轴承类型、尺寸、载荷大小和方向、润滑、游隙、保持架及冷却条件等诸多因素有关。由于问题的复杂性，没有精确的计算方法来确定各类轴承的极限转速，只能进行近似计算。列于滚动轴承样本中的极限转速分别是在脂润滑和油润滑条件下确定的，仅适用于：轴承当量动载荷 $P\leqslant 0.1C$（C 为轴承额定动载荷）；润滑冷却条件正常；向心轴承仅承受径向载荷，推力轴承仅承受轴向载荷；轴承公差为 N 级；刚性轴承座和轴。

在上述假定条件下，轴承的极限转速可由下式计算：

向心轴承：

$$n_g=\frac{f_1 A}{D_m} \tag{7-3-25}$$

推力轴承：

$$n_g=\frac{f_1 A}{\sqrt{DH}} \tag{7-3-26}$$

式中　n_g——轴承极限转速，r/min；

D_m——轴承平均直径，mm；

H——推力轴承高度，mm；

D——轴承外径，mm；

f_1——尺寸系数，由图 7-3-25 根据向心轴承的 D_m 或推力轴承的 $\sqrt{DH}$ 查出；

A——结构系数，由表 7-3-20 查出。

当轴承在 $P>0.1C$ 载荷条件下运转时，滚动体与滚道的接触面的接触应力增大，温升增高，影响润滑剂的性能。因此，应将样本中极限转速的数值乘以载荷系数 f_2，见图 7-3-26。

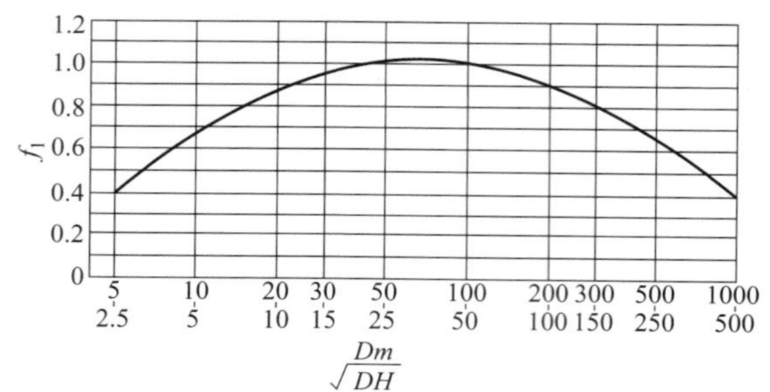

图 7-3-25 尺寸系数 f_1

表 7-3-20 结构系数 A 10^4

轴承类型		脂润滑	油润滑
深沟球轴承	带防尘盖	48	60
	带密封圈	34	—
	有装球缺口	38	48
	双列有装球缺口	30	38
角接触球轴承	单列	45	60
	双列	32	43
	成对安装	32	43
	四点接触	36	48
	磁电机轴承	48	60
圆柱滚子轴承		43	53
滚针轴承	无保持架	9	12
	有保持架	24	36
	有保持架带冲压外圈	20	28
调心滚子轴承		28	34
圆锥滚子轴承	单列	30	38
	双列	22	28
	四列	18	22
推力球轴承		9	13
推力圆柱滚子轴承、推力圆锥滚子轴承		6.7	9
推力调心滚子轴承		—	18

对于承受联合载荷作用的向心轴承，由于承受载荷的滚动体数量增加，摩擦发热大，润滑条件变差。因此，应根据轴承类型和载荷角大小，将样本中极限转速的数值乘以载荷系数 f_3，见图 7-3-27。

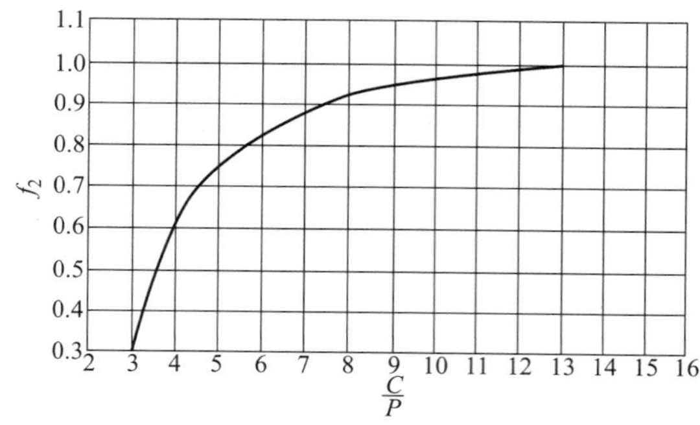

图 7-3-26 载荷系数 f_2

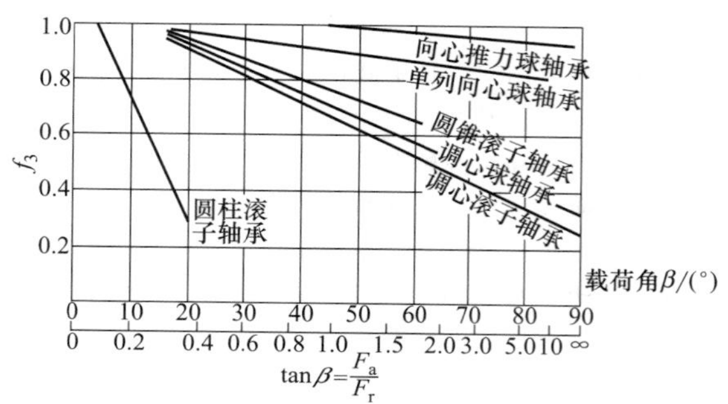

图 7-3-27 载荷系数 f_3

3.9 额定热转速

轴承的最大许用转速受到各种不同限制判据的限制，例如：许用温度（最常见的一种限制准则）、考虑到离心力时确保充足的润滑、避免任何轴承零件的断裂、滚动运动学、振动、噪声的产生以及轴承密封唇的运动速度等。

转速能力可以用额定热转速表示，采用统一的参照条件（参照条件主要是根据最常用的类型和尺寸的轴承在常规工作条件下确定的）进行计算。额定热转速就是将轴承温度作为限制准则来判定轴承的转速能力。轴承的摩擦损耗转换为热能，从而导致温度升高直至由摩擦产生的热量与轴承散发的热量达到平衡。

额定热转速为轴承在参照温度下热平衡时的转速。在这个转速时，轴承的摩擦发热量与通过轴承座散热量速率相等，达到热平衡。其计算方法是依据 GB/T 24609—2009《滚动轴承 额定热转速 计算方法和系数》（等同采用 ISO 15312：2003），适用于N组游隙的开式轴承。

3.9.1　定义及符号

表 7-3-21　额定热转速定义及符号

名称	定　义	名称	定　义
额定热转速	指在参照条件下由轴承摩擦产生的热量与通过轴承座(轴或座孔)散发的热量达到平衡时的内圈或轴圈的转速	参照热流量	参照条件下运转的轴承,由摩擦力产生的热量以热传导方式通过轴承散热参照表面散发的热量
参照条件	与额定热转速有关的条件:1)参照温度。2)决定轴承摩擦损失的因素:①轴承载荷的大小和方向;②润滑方式、润滑剂类型以及运动黏度和剂量;③其他通用参照条件。3)轴承的散热量:"轴承的散热参照表面积"和"轴承的参照热流密度"的乘积	参照载荷	由参照条件决定的轴承载荷,是引起与载荷有关的摩擦力矩的载荷 向心轴承:一个稳定的径向载荷,径向基本额定静载荷 C_{0r} 的 5%作为纯径向载荷 推力滚子轴承:一个稳定的轴向载荷,轴向基本额定静载荷 C_{0a} 的 2%作为中心轴向载荷
参照热流密度	单位散热参照表面积的参照热流量	散热参照表面积	通过内圈(轴圈)与轴之间及外圈(座圈)与座孔之间散发热量的接触面积的总和
参照温度	参照条件下,轴承静止的外圈或座圈的平均温度 $\theta_r=70℃$	环境温度	参照条件下,轴承配置的平均环境温度 $\theta_{Ar}=20℃$
A_r	散热参照表面积,mm^2	Φ_r	参照热流量,W
B	轴承宽度,mm	$n_{\theta r}$	额定热转速,min^{-1}
C_{0a}	GB/T 4662 中的轴向基本额定静载荷,N	α	接触角,(°)
C_{0r}	GB/T 4662 中的径向基本额定静载荷,N	N_r	在参照条件及额定热转速 $n_{\theta r}$ 下轴承功率损耗,W
d	轴承内径,mm	P_{1r}	参照载荷,N
d_m	轴承平均直径 $d_m=0.5(D+d)$,mm	q_r	参照热流密度,W/mm^2
d_1	推力调心滚子轴承内圈外径,mm	T	圆锥滚子轴承总宽度,mm
D	轴承外径,mm	θ_{Ar}	参照环境温度,℃
D_1	推力调心滚子轴承外圈内径,mm	θ_r	参照温度,℃
f_{0r}	参照条件下与载荷无关的摩擦力矩的系数	ν_r	在参照条件(滚动轴承的参照温度 θ_r)下润滑剂的运动黏度,mm^2/s
f_{1r}	参照条件下与载荷有关的摩擦力矩的系数	M_1	与载荷有关的摩擦力矩,N・mm
M_0	与载荷无关的摩擦力矩,N・mm	M_{1r}	在参照条件及额定热转速 $n_{\theta r}$ 下与载荷有关的摩擦力矩,N・mm
M_{0r}	在参照条件及额定热转速 $n_{\theta r}$ 下与载荷无关的摩擦力矩,N・mm		

3.9.2　额定热转速的计算

额定热转速的计算是基于在参照条件下，轴承系统的能量达到平衡。即轴承所产生的摩擦热等于轴承所散发的热流量：

$$N_r=\Phi_r \tag{7-3-27}$$

参照热流密度 q_r 为：

$$q_r=\frac{\Phi_r}{A_r} \tag{7-3-28}$$

(1) 散热参照表面积 A_r

各类轴承散热参照表面积 A_r（图 7-3-28）的计算见表 7-3-22。

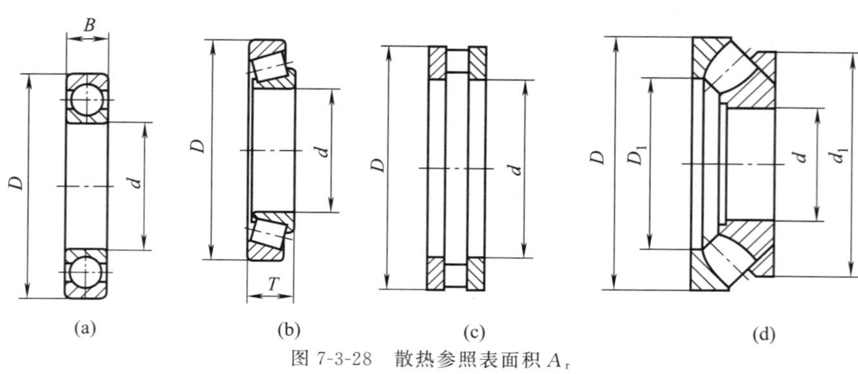

图 7-3-28 散热参照表面积 A_r

表 7-3-22 **散热参照表面积 A_r 计算公式**

轴承类型	计算公式	运动黏度 ν_r
图(a)向心轴承(圆锥滚子轴承除外)	$A_r=\pi B(D+d)$	$\nu_r=12\text{mm}^2/\text{s}$(ISO VG32)
图(b)圆锥滚子轴承	$A_r=\pi T(d+D)$	
图(c)推力圆柱滚子轴承和推力滚针轴承	$A_r=0.5\pi(D^2-d^2)$	$\nu_r=24\text{mm}^2/\text{s}$(ISO VG68)
图(d)推力调心滚子轴承	$A_r=0.25\pi(D^2+d_1{}^2-D_1{}^2-d^2)$	

注：计算时采用轴承的总宽度而不采用单个套圈的宽度，这样计算的结果更接近于经验数据。

(2) 参照热流密度 q_r 计算（表 7-3-23）

表 7-3-23 **参照热流密度 q_r 计算公式**

轴承类型	计算公式		说明
向心轴承	$q_r=0.016\text{W/mm}^2$	$A_r\leqslant50000\text{mm}^2$	见图 7-3-29 曲线 1
	$q_r=0.016\times\left(\frac{A_r}{50000}\right)^{-0.34}\text{W/mm}^2$	$A_r>50000\text{mm}^2$	
推力轴承	$q_r=0.020\text{W/mm}^2$	$A_r\leqslant50000\text{mm}^2$	见图 7-3-29 曲线 2
	$q_r=0.020\times\left(\frac{A_r}{50000}\right)^{-0.16}\text{W/mm}^2$	$A_r>50000\text{mm}^2$	

正常应用的场合，温差 $\theta_r-\theta_{A_r}=50℃$。

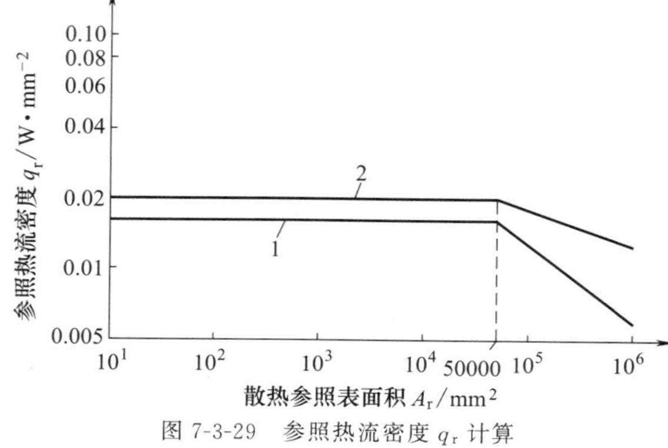

图 7-3-29 参照热流密度 q_r 计算

(3) 轴承的摩擦热计算 N_r

$$N_r=\frac{\pi n_{\theta r}}{30\times10^3}(M_{0r}+M_{1r})$$
$$=\frac{\pi n_{\theta r}}{30\times10^3}[10^{-7}f_{0r}(\nu_r n_{\theta r})^{2/3}d_m{}^3+f_{1r}P_{1r}d_m] \quad (7\text{-}3\text{-}29)$$

$$M_{0r}=10^{-7}f_{0r}(\nu_r n_{\theta r})^{2/3}d_m{}^3 \quad (7\text{-}3\text{-}30)$$

$$M_{1r}=f_{1r}P_{1r}d_m \quad (7\text{-}3\text{-}31)$$

轴承的散热量根据参照热流密度 q_r 和散热参照表面积 A_r 计算：

$$\Phi_r=q_rA_r \quad (7\text{-}3\text{-}32)$$

由摩擦热公式（7-3-29）和散热量公式（7-3-32）可得出额定热转速 $n_{\theta r}$ 的计算公式：

$$\frac{\pi n_{\theta r}}{30\times10^3}[10^{-7}f_{0r}(\nu_r n_{\theta r})^{2/3}d_m{}^3+f_{1r}P_{1r}d_m]=q_rA_r \quad (7\text{-}3\text{-}33)$$

额定热转速 $n_{\theta r}$ 通过迭代法，由式（7-3-33）确定。

与载荷无关的摩擦力矩 M_0 考虑了轴承的黏滞摩擦，取决于滚动轴承的类型、尺寸（轴承的平均直径）、速度以及润滑条件的影响。润滑条件包括润滑方式、润滑剂类型、运动黏度和润滑剂注入量等。

与载荷有关的摩擦力矩 M_1 考虑了机械摩擦，取决于轴承类型、尺寸（轴承的平均直径）以及载荷的大小及方向。

该计算方法不包括推力球轴承，因为推力球轴承在高速运转时，其性能是由运动学准则而非热应力确定的，该方法虽然是为油润滑制定的，其润滑剂为含有矿物基油的常规锂皂油脂润滑，基油的运动黏度在40℃时为 100～200mm²/s（ISO VG150）。润滑脂剂量大约是轴承内部有效空间的 30%。

该计算方法对油脂润滑同样有效。在脂润滑轴承启动时，可能出现一次温度峰值。因此，轴承可能需要运转 10～20h 后方可达到正常运行温度。在这些特定的条件下，油润滑和脂润滑的参考速度相等。在外圈转动的情况下，能达到的转速会比较低。

（4）系数 f_{0r} 和 f_{1r}（表 7-3-24）

表 7-3-24　系数 f_{0r} 和 f_{1r}

轴承类型	尺寸系列	f_{0r}	f_{1r}
单列深沟球轴承	18	1.7	0.00010
	28	1.7	0.00010
	38	1.7	0.00010
	19	1.7	0.00015
	39	1.7	0.00015
	00	1.7	0.00015
	10	1.7	0.00015
	02	2	0.00020
	03	2.3	0.00020
	04	2.3	0.00020
调心球轴承	02	2.5	0.00008
	22	3	0.00008
	03	3.5	0.00008
	23	4	0.00008
单列角接触球轴承 22°＜α≤45°	02	2	0.00025
	03	3	0.00035
双列或组配单列角接触球轴承	32	5	0.00035
	33	7	0.00035
滚针轴承	48	5	0.00050
	49	5.5	0.00050
	69	10	0.00050
调心滚子轴承	39	4.5	0.00017
	30	4.5	0.00017
	40	6.5	0.00027
	31	5.5	0.00027
	41	7	0.00049
	22	4	0.00019
	32	6	0.00036
	03	3.5	0.00019
	23	4.5	0.00030
推力调心滚子轴承	92	3.7	0.00030
	93	4.5	0.00040
	94	5	0.00050
推力滚针轴承		5	0.00150
四点接触球轴承	02	2	0.00037
	03	3	0.00037
有保持架的单列圆柱滚子轴承	10	2	0.00020
	02	2	0.00030
	22	3	0.00040
	03	2	0.00035
	23	4	0.00040
	04	2	0.00040
满装单列圆柱滚子轴承	18	5	0.00055
	29	6	0.00055
	30	7	0.00055
	22	8	0.00055
	23	12	0.00055
满装双列圆柱滚子轴承	48	9	0.00055
	49	11	0.00055
	50	13	0.00055
推力圆柱滚子轴承	11	3	0.00150
	12	4	0.00150
圆锥滚子轴承	02	3	0.00040
	03	3	0.00040
	30	3	0.00040
	29	3	0.00040
	20	3	0.00040
	22	4.5	0.00040
	23	4.5	0.00040
	13	4.5	0.00040
	31	4.5	0.00040
	32	4.5	0.00040
修正结构推力调心滚子轴承(优化内部结构)	92	2.5	0.00023
	93	3	0.00030
	94	3.3	0.00033

3.10 滚动轴承的摩擦计算

滚动轴承的摩擦主要有滚动体与滚道之间的滚动摩擦和滑动摩擦；保持架与滚动体及套圈引导面之间的滑动摩擦；滚子端面与套圈挡边之间的滑动摩擦；润滑剂的黏性阻力；密封装置的滑动摩擦等。其大小取决于轴承的类型、尺寸、载荷、转速、润滑、密封等多方面因素。用于评定轴承的摩擦性能的方法一般有两种，即摩擦力矩法和摩擦因数法。通常将轴承中的总摩擦，即滚动摩擦、滑动摩擦和润滑剂摩擦的总和产生的阻滞轴承运转的力矩称为摩擦力矩。

3.10.1 轴承的摩擦力矩

轴承的摩擦力矩一般可按下式计算：

$$M=M_0+M_1 \tag{7-3-34}$$

式中　M——轴承摩擦力矩，N·mm；

M_0——与载荷无关的摩擦力矩，又称为速度项摩擦力矩，N·mm；

M_1——与载荷有关的摩擦力矩，又称为载荷项摩擦力矩，N·mm。

M_0 主要与轴承类型、润滑剂的黏度和数量、轴承转速有关。在高速轻载的应用场合，M_0 起主要作用。

$\nu n \geqslant 2000$

$$M_0=10^{-7} f_0 (\nu n)^{2/3} D_m^3 \tag{7-3-35}$$

$\nu n<2000$

$$M_0=160\times 10^{-7} f_0 D_m^3 \tag{7-3-36}$$

式中　D_m——轴承平均直径，mm，$D_m=0.5(D+d)$；

f_0——与轴承类型和润滑有关的系数，列入表7-3-25中；

n——轴承转速，r/min；

ν——在轴承工作温度下润滑剂的运动黏度（对润滑脂取基油的黏度），mm²/s。

M_1 主要是弹性滞后和接触表面差动滑动的摩擦损耗，由下式计算：

$$M_1=f_1 P_1 D_m \tag{7-3-37}$$

式中　f_1——与轴承类型和载荷有关的系数，列入表7-3-25中；

P_1——计算轴承摩擦力矩时的轴承载荷，N，列入表7-3-25中。

表7-3-25　　系数 f_0、f_1、P_1

轴承类型		f_0			f_1	P_1 ①
		油雾润滑	油浴润滑或脂润滑	立式轴油浴润滑或喷油润滑		
深沟球轴承		0.7～1	1.5～2	3～4	$0.0009(P_0/C_0)^{0.55}$	$3F_a-0.1F_r$
调心球轴承					$0.0003(P_0/C_0)^{0.4}$	$1.4Y_2F_a-0.1F_r$
角接触球轴承	单列	1	2	4	$0.0013(P_0/C_0)^{0.33}$	$F_a-0.1F_r$
	双列	2	4	8	$0.001(P_0/C_0)^{0.33}$	$1.4F_a-0.1F_r$
向心圆柱滚子轴承	带保持架	1～1.5	2～3	4～6	0.00025～0.0003②	F_r
	满装滚子	—	2.5～4	—	0.00045	F_r
调心滚子轴承		2～3	4～6	8～12	0.0005②	$1.2Y_2F_a$
圆锥滚子轴承		1.5～2	3～4	6～8	0.0004～0.0005②	$2YF_a$
推力球轴承		0.7～1	1.5～2	3～4	$0.0012(P_0/C_0)^{0.33}$	F_a
推力圆柱滚子轴承		—	2.5	5	0.0018	F_a
推力调心滚子轴承		—	3～4	6～8	0.0005～0.0006②	$F_a(F_{rmax}\leqslant 0.55F_a)$

① 若 $P_1<F_r$，则取 $P_1=F_r$。

② 对轻系列轴承，取偏小的值；对重系列轴承，取偏大值。

注：圆柱滚子轴承若承受轴向载荷，则应考虑附加力矩 M_2。

表中　P_0——当量静载荷，N；

C_0——轴承额定静载荷，N；

F_a——轴向载荷，N；

F_r——径向载荷，N；

Y、Y_2——$F_a/F_r>e$ 和 $F_a/F_r\leqslant e$ 时的轴向载荷系数。

圆柱滚子轴承同时承受径向载荷和轴向载荷，则应考虑附加力矩 M_2，即在此的摩擦力矩为

$$M=M_0+M_1+M_2 \tag{7-3-38}$$

$$M_2=f_2F_aD_m \tag{7-3-39}$$

式中　f_2——与轴承结构及润滑方式有关的系数，见表 7-3-26。

表 7-3-26　系数 f_2

轴承结构	油润滑	脂润滑	说明
带保持架	0.006	0.009	适用于 $K_\nu=\nu/\nu_1=1.5$ 以及 $F_a/F_r\leqslant 4$ 的情况，ν 为轴承工作温度下润滑油的运动黏度，ν_1 为形成润滑油膜所必需的润滑油最小黏度
满装滚子	0.003	0.006	

3.10.2　轴承的摩擦因数

轴承摩擦因数一般按下式计算：

$$\mu=\frac{2M}{Pd} \tag{7-3-40}$$

式中　μ——轴承摩擦因数；

d——轴承内径，mm；

P——轴承当量动载荷，N。

在 $P\approx 1$、$n=0.5n_g$（n_g 为极限转速）、润滑充足、运转正常的情况下，μ 的数值可参考表 7-3-27 选取。对主要承受径向载荷的向心轴承，μ 取较小值；对主要承受轴向载荷的向心轴承，μ 取较大值；对推力轴承，由于作用于滚动体的离心力随转速而变化，μ 值变化范围较大。若轴承承受力矩载荷，就一般情况而言，随着轴承的载荷增加、转速增高、润滑油量增多，μ 值会相应增大。

表 7-3-27　滚动轴承摩擦因数 μ

轴承类型	μ
深沟球轴承	0.0015～0.0022
调心球轴承	0.0010～0.0018
角接触球轴承	0.0018～0.0025
圆柱滚子轴承	0.0011～0.002
滚针轴承	0.0025～0.0040
调心滚子轴承	0.0018～0.0025
圆锥滚子轴承	0.0018～0.0028
推力球轴承	0.0013～0.0020
推力调心滚子轴承	0.0018～0.0030

3.11　圆柱滚子轴承的轴向承载能力

内、外圈带有挡边的圆柱滚子轴承，如 NJ、NUP 和 NF 型轴承，主要用于承受径向载荷，也能承受一定的单向轴向载荷，因此这些轴承可作为固定支承使用。

这些轴承的轴向承载能力取决于滚子端面与套圈引导挡边之间滑动摩擦面的承载能力，即由滑动摩擦面之间的润滑状态、工作温度、轴承散热条件所决定。下面的经验公式供选用轴承时估算其轴向承载能力：

$$F_{aP}=\frac{K_1C_0\times 10^4}{n(d+D)}-K_2F_r \tag{7-3-41}$$

式中　F_{aP}——最大允许轴向载荷，N；

C_0——基本额定静载荷，N；

F_r——轴承径向载荷，N；

n——轴承转速，r/min；

d——轴承内径，mm；

D——轴承外径，mm；

K_1、K_2——系数，见表 7-3-28。

表 7-3-28　系数 K_1、K_2

轴承型式	脂润滑		油润滑	
	K_1	K_2	K_1	K_2
EC 型轴承	1.5	0.15	1	0.1
其他轴承	0.5	0.05	0.3	0.03

注：以上公式适用于下列轴承工作条件：

1）作用于轴承上的轴向载荷是连续作用的稳定载荷；

2）轴承工作温度与环境的温差不大于 60℃；

3）轴承温度升高引起的功率损失为 0.5mW/(mm²·℃)；

4）黏度比 $k=2$。

3.12　轴承需要的最小轴向载荷的计算

为保证轴承正常工作，必须施加一定的轴向载荷预紧。各类推力轴承所需的最小轴向载荷的计算公式列于表 7-3-29 中。

在多数情况下，推力轴承的实际载荷大于最小轴向载荷的计数值，此时轴承不需要预紧。但当实际载荷小于最小轴向载荷的计数值，轴承必须预紧。

表 7-3-29 最小轴向载荷 F_{amin}

<table>
<tr><th colspan="2">轴承类型</th><th>F_{amin}</th><th>说明</th></tr>
<tr><td colspan="2">推力球轴承</td><td>$F_{amin} > A\left(\frac{n}{1000}\right)^2$</td><td rowspan="6">式中 F_{amin}——最小轴向载荷,N
F_r——径向载荷,N
n——轴承转速,r/min
C_{0a}——轴向基本额定静载荷,N
α——接触角
A——最小载荷常数,$A=k\left(\frac{C_{0a}}{10^4}\right)^2$
推力球轴承,$k=0.01$
推力角接触球轴承,$k=0.004$
推力调心滚子轴承,$k=0.0004$
推力圆柱滚子轴承,$k=0.0004$
推力圆锥滚子轴承,$k=0.0002$</td></tr>
<tr><td rowspan="2">推力角接触球轴承</td><td>$\alpha=45°$</td><td>$F_{amin} > 0.19F_r + A\left(\frac{n}{1000}\right)^2$</td></tr>
<tr><td>$\alpha=60°$</td><td>$F_{amin} > 0.33F_r + A\left(\frac{n}{1000}\right)^2$</td></tr>
<tr><td colspan="2">推力调心滚子轴承</td><td>$\frac{C_{0a}}{10^4} \leqslant F_{amin} > 0.18F_r + A\left(\frac{n}{1000}\right)^2$
F_{amin}取两者较小值</td></tr>
<tr><td colspan="2">推力滚子轴承</td><td>$\frac{C_{0a}}{10^4} \leqslant F_{amin} > A\left(\frac{n}{1000}\right)^2$
F_{amin}取两者较小值</td></tr>
</table>

第 4 章　滚动轴承的应用设计

4.1　滚动轴承的配合

轴承配合是指轴承内圈与轴、外圈与外壳孔之间的配合。配合的目的是防止轴承在运转时，在内圈与轴、外圈与外壳孔之间产生径向、轴向和圆周切向的滑动现象。

4.1.1　滚动轴承配合的特点

轴承内圈与轴的配合采用基孔制，外圈与外壳孔的配合采用基轴制。与一般机器制造采用的配合不同，轴承内外径公差带均为单向制，即上偏差为零、下偏差为负的分布，所以，轴承内圈与轴相配合时，要比其他同类基孔制配合紧得多，许多过渡配合变成了过盈配合，有些间隙配合变成了过渡配合。轴承外圈的公差虽为负公差，但其公差取值也与一般公差制不同。

相配零件的加工精度应与轴承精度相对应。一般轴的加工精度取轴承同级精度或高一级精度；外壳孔则取低一级精度或同级精度。

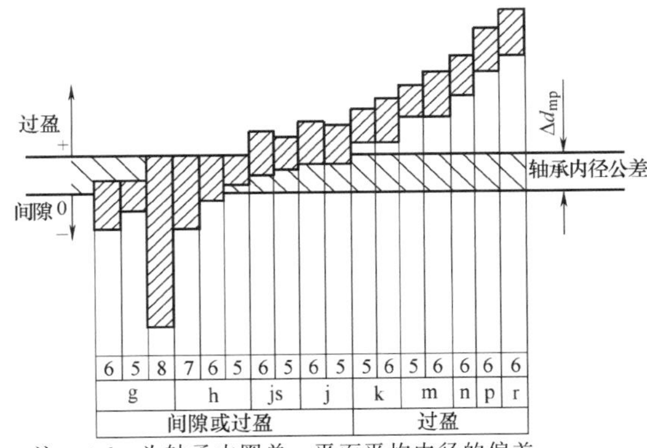

注：Δd_{mp}为轴承内圈单一平面平均内径的偏差。

图 7-4-1　轴承与轴配合的常用公差带

4.1.2　轴承（普通、6 级）与轴和外壳配合的常用公差带

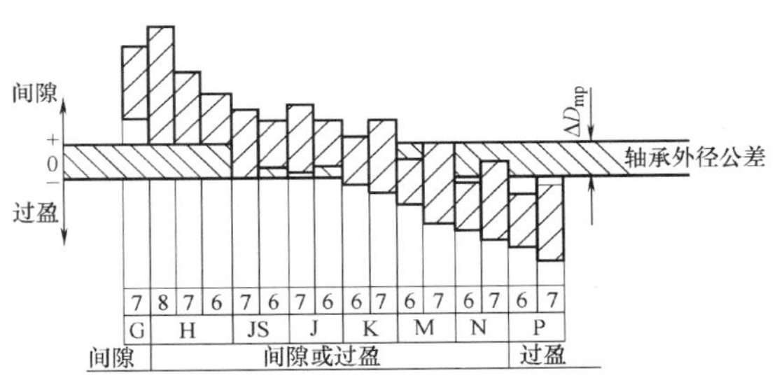

注：ΔD_{mp}为轴承外圈单一平面平均外径的偏差。

图 7-4-2　轴承与外壳配合常用公差带

4.1.3　轴承配合的选择

表 7-4-1　轴承配合选择的基本原则

考虑因素	配合选择	
载荷类型	旋转载荷 载荷作用的方向相对轴承某一套圈是旋转的	对承受旋转载荷的套圈，应采用过盈配合或过渡配合 对承受静止载荷的套圈，一般可采用间隙配合，不宜采用过盈配合 对承受不定载荷的套圈，应采用与旋转载荷相同的配合 对承受冲击和振动载荷的套圈，应采用过盈配合。对于需要采用过盈配合但由于工作条件等因素的限制不得不采用间隙配合时，应考虑对配合面进行润滑，以防止滑动磨损和烧黏
	静止载荷 载荷作用的方向相对轴承某一套圈是静止的	
	不定载荷 载荷作用的方向相对轴承某一套圈是不定的	

续表

<table>
<tr><th>考虑因素</th><th colspan="5">配合选择</th></tr>
<tr><td rowspan="4">载荷大小</td><td>P</td><td>球轴承</td><td>滚子轴承(圆锥滚子轴承除外)</td><td>圆锥滚子轴承</td><td rowspan="4">作用在轴承上的载荷会使配合表面发生局部变形，从而导致配合处的有效过盈量减小，若发生松动，在压力作用下则会产生蠕动磨损。因此，一般而言，载荷越大，配合越紧。载荷的大小一般用轴承径向当量动载荷 P 与额定动载荷 C 之比作为参考</td></tr>
<tr><td>轻载荷</td><td>$P\leqslant0.07C$</td><td>$P\leqslant0.08C$</td><td>$P\leqslant0.13C$</td></tr>
<tr><td>正常载荷</td><td>$0.07C<P\leqslant0.15C$</td><td>$0.08C<P\leqslant0.18C$</td><td>$0.13C<P\leqslant0.26C$</td></tr>
<tr><td>重载荷</td><td>$P>0.15C$</td><td>$P>0.18C$</td><td>$P>0.26C$</td></tr>
<tr><td>工作温度</td><td colspan="5">轴承在运转时，其温度通常要比相邻零件的温度高。因此，轴承内圈可能因为热膨胀而与轴的配合松动，轴承外圈可能因为热膨胀而影响轴承的轴向游动。所以，在选择配合时必须注意考虑相关温差及热传导的方向。若轴承内圈与轴的误差大，应考虑选择更紧一些的过盈配合；若要保证轴承的轴向游动，外圈的配合间隙则应略大一些</td></tr>
<tr><td>旋转精度</td><td colspan="5">对轴承的旋转精度和运转平稳性要求较高时，为了消除弹性变形及振动的影响，应尽量避免采用间隙配合。在提高轴承公差等级的同时，轴承配合部位也应按相应精度提高。与轴承配合的轴应采用公差等级IT5制造，外壳孔至少应采用IT7制造</td></tr>
<tr><td>轴和轴承座的结构与材料</td><td colspan="5">对于对开式轴承座，与轴承外圈的配合不宜采用过盈配合，但也应保证轴承外圈不在轴承座孔内转动。当轴承安装于空心轴或薄壁、轻合金轴承座孔时，应采用比安装于实心轴或厚壁轴承座、铸铁轴承座上更紧一些的配合</td></tr>
<tr><td>便于安装和拆卸</td><td colspan="5">对于运转精度要求不高的应用场合，可采用间隙配合。对于必须采用过盈配合且经常装拆的应用场合，可采用分离型轴承或锥形内孔轴承</td></tr>
<tr><td>非固定端的轴向移动</td><td colspan="5">安装在非固定端的轴承，要求在轴向应用一定的游动量，因此，通常对承受固定载荷的套圈(一般为外圈)采用间隙配合。若采用内圈或外圈无挡边的圆柱滚子轴承或滚针轴承作为非固定端轴承，则指出的内、外圈均采用过盈配合</td></tr>
</table>

4.1.4 轴承与轴和外壳孔的配合公差带选择

表 7-4-2　　安装向心轴承的轴公差带

<table>
<tr><th colspan="2">内圈工作条件</th><th rowspan="2">应用举例</th><th>深沟球轴承
调心球轴承
角接触球轴承</th><th>圆柱滚子轴承
圆锥滚子轴承</th><th>调心滚子轴承</th><th rowspan="2">公差带</th></tr>
<tr><th>旋转状态</th><th>载荷</th><th colspan="3">轴承公称内径 d/mm</th></tr>
<tr><td colspan="7">圆柱孔轴承</td></tr>
<tr><td rowspan="3">内圈相对于载荷方向旋转或静止或不定</td><td>轻载荷</td><td>仪器仪表、机床(主轴)、精密机械泵、通风机传送带</td><td>≤18
>18～100
>100～200
—</td><td>—
≤40
>40～140
>140～200</td><td>—
≤40
>40～100
>100～200</td><td>h5
j6①
k6①
m6①</td></tr>
<tr><td>正常载荷</td><td>一般通用机械、电动机、涡轮机、泵、内燃机变速箱、木工机械</td><td>≤18
>18～100
>100～140
>140～200
>200～280
—
—</td><td>—
≤40
>40～100
>100～140
>140～200
>200～400
—</td><td>—
≤40
>40～65
>65～100
>100～140
>140～280
>280～500</td><td>j5
k5②
m5②
m6
n6
p6
r6</td></tr>
<tr><td>重载荷</td><td>铁路机车车辆轴箱、牵引电机、轧机、破碎机等重型机械</td><td>—</td><td>>50～140
>140～200
>200
—</td><td>>50～100
>100～140
>140～200
>200</td><td>n6③
p6③
r6③
r7③</td></tr>
</table>

续表

内圈工作条件		应用举例	深沟球轴承 调心球轴承 角接触球轴承	圆柱滚子轴承 圆锥滚子轴承	调心滚子轴承	公差带
旋转状态	载荷		轴承公称内径 d/mm			
圆柱孔轴承						
内圈相对于载荷方向静止	所有载荷：内圈须在轴向容易移动	静止轴上的各种轮子	所有尺寸			g6①
	所有载荷：内圈不必在轴向移动	张紧滑轮、绳索轮	所有尺寸			h6①
纯轴向载荷		所有应用场合	所有尺寸			j6 或 js6
圆锥孔轴承（带锥形套）						
所有载荷		铁路机车车辆轴箱	装在退卸套上的所有尺寸			h8(IT5)④
		一般机械或传动轴	装在紧定套上的所有尺寸			h9(IT5)⑤

① 对精度要求较高的场合，应选用 j5、k5、m5 代替 j6、k6、m6。

② 单列圆锥滚子轴承和单列角接触球轴承，因内部游隙的影响不太重要，可用 k6、m6 代替 k5、m5。

③ 应选用轴承径向游隙大于基本组的滚子轴承。

④ 凡有较高精度或转速要求的场合，应选用 h7，轴颈形状公差为 IT5。

⑤ 尺寸≥500mm，轴颈形状公差为 IT7。

表 7-4-3　安装向心轴承的外壳孔公差带

外圈工作条件				应用举例	公差带①
旋转状态	载荷	轴向位移要求	其他情况		
外圈相对于载荷方向静止	轻载荷 正常载荷 重载荷	轴向容易移动	轴处于高温	烘干筒、采用调心滚子轴承的大型电动机	G7
			剖分式外壳	一般机械 铁路车辆轴箱	H7②
	冲击载荷	轴向能移动	整体或剖分式外壳	铁路车辆轴箱	J7②
载荷方向不定	轻载荷 正常载荷			电动机、泵、曲轴主轴承	
	正常或重载荷	轴向不移动	整体式外壳	电动机、泵、曲轴主轴承	K7②
	重冲击载荷			牵引电动机	M7②
外圈相对于载荷方向旋转	轻载荷			张紧滑轮	M7②
	正常或重载荷			装用球轴承的轮毂	N7②
	重冲击载荷		薄壁、整体式外壳	装用滚子轴承的轮毂	P7②

① 对于轻合金外壳应选择比钢和铸铁外壳较紧的配合组别。

② 对精度要求较高的场合，应选用标准公差 P6、N6、M6、K6、H6、J6、H6 代替 P7、N7、M7、K7、H7、J7、H7，并应选用整体式外壳。

表 7-4-4　安装推力轴承的轴公差带

轴圈工作条件		推力球和推力圆柱滚子轴承	推力调心滚子轴承	公差带
		轴承公称内径 d/mm		
纯轴向载荷		所有尺寸		j6、js6
径向和轴向联合载荷	轴圈相对于载荷方向静止	— —	≤250 >250	j6 js6
	轴圈相对于载荷方向旋转或不定	— — —	≤200 >200～400 >400	k6 m6 n6

表 7-4-5　　安装推力轴承的外壳孔公差带

座圈工作条件		轴承类型	公差带	备注
纯轴向载荷		推力球轴承	H8	
		推力圆柱滚子轴承	H7	
		推力调心滚子轴承	—	外壳孔与座圈间的配合间隙为0.001D(D 为轴承公称外径)
径向和轴向联合载荷	座圈相对于载荷方向静止或载荷方向不定	推力调心滚子轴承	H7	
	座圈相对于载荷方向旋转		M8	

4.1.5　配合表面的形位公差与表面粗糙度

轴颈和外壳孔表面的圆柱度公差、轴肩及外壳孔肩的端面圆跳动（见图 7-4-3）可参考表 7-4-6 选定。轴与外壳孔配合表面的表面粗糙度可参考表 7-4-7 选定。

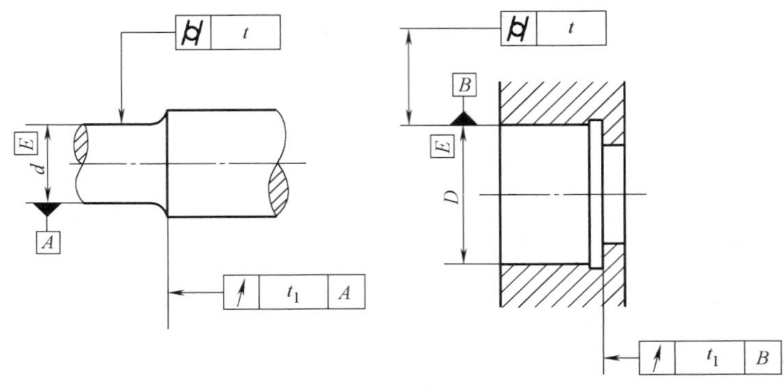

图 7-4-3　轴和外壳孔配合表面的形位公差

表 7-4-6　　轴和外壳的形位公差

基本尺寸/mm		圆柱度 t				端面圆跳动 t_1			
		轴颈		外壳孔		轴肩		外壳孔肩	
		轴承公差等级							
		普通	6(6X)	普通	6(6X)	普通	6(6X)	普通	6(6X)
超过	到	公差值/μm							
—	6	2.5	1.5	4	2.5	5	3	8	5
6	10	2.5	1.5	4	2.5	6	4	10	6
10	18	3.0	2.0	5	3.0	8	5	12	8
18	30	4.0	2.5	6	4.0	10	6	15	10
30	50	4.0	2.5	7	4.0	12	8	20	12
50	80	5.0	3.0	8	5.0	15	10	25	15
80	120	6.0	4.0	10	6.0	15	10	25	15
120	180	8.0	5.0	12	8.0	20	12	30	20
180	250	10.0	7.0	14	10.0	20	12	30	20
250	315	12.0	8.0	16	12.0	25	15	40	25
315	400	13.0	9.0	18	13.0	25	15	40	25
400	500	15.0	10.0	20	15.0	25	15	40	25
500	630	—	—	22	16.0	—	—	50	30
630	800	—	—	25	18.0	—	—	50	30
800	1000	—	—	28	20.0	—	—	60	40
1000	1250	—	—	33	24.0	—	—	60	40

表 7-4-7　　配合面和端面的表面粗糙度　　μm

轴或轴承座孔直径/mm		轴或轴承座孔配合表面直径公差等级					
		IT7		IT6		IT5	
		表面粗糙度 Ra /μm					
超过	到	磨	车	磨	车	磨	车
—	80	1.6	3.2	0.8	1.6	0.4	0.8
80	500	1.6	3.2	1.6	3.2	0.8	1.6
500	1250	3.2	6.3	1.6	3.2	1.6	3.2
端面		3.2	6.3	6.3	6.3	6.3	3.2

4.1.6　轴承与空心轴、铸铁和轻金属轴承座配合的选择

如果轴承是以过盈配合安装在空心轴上，当空心轴的直径比 $C_i \geqslant 0.5$ 时，壁厚对所选配合才有影响，影响的大小则与轴承内圈的直径比 C_e 有关；当空心轴的直径比 $C_i < 0.5$ 时，所取的过盈量与实心轴相同。

$$C_i = d_i / d$$

$$C_e = d / d_e \approx \frac{d}{K(D-d)+d}$$

式中　C_i——空心轴的直径比；

C_e——轴承内圈的直径比；

d——轴承内径及空心轴的外径，mm；

d_i——空心轴的内径，mm；

d_e——轴承内圈的外径，mm；

D——轴承外径，mm；

K——轴承类型系数，圆柱滚子轴承和调心滚子轴承 $K=0.25$，其他轴承 $K=0.3$。

按照实心轴选好配合查出相应的平均过盈量 ΔV 后，根据轴承内圈直径比 C_e，在图 7-4-4 的曲线上由 C_i 查出对应的 $\Delta H/\Delta V$，即可计算空心轴所需的平均过盈量 ΔH，查出对应的配合。

例　深沟球轴承 6208 装于直径比 $C_i=0.8$ 的空心轴上，载荷正常、精度一般，试选空心轴的配合。

解　根据表 7-4-2 的推荐取 k5 配合。由 GB/T 275 查出轴颈为 40mm 的轴配合为 k5 时的实心轴平均过盈量 $\Delta V = (2+25)/2 = 13.5\mu m$

$$C_e = \frac{d}{K(D-d)+d} = \frac{40}{0.3\times(80-40)+40} = 0.77$$

在图 7-4-4 上查出，当 $C_i=0.8$，$C_e=0.77$ 时，$\Delta H/\Delta V = 1.7$。$\Delta H = 1.7\Delta V = 1.7\times13.5 = 23\mu m$。

由 GB/T 275 查出平均过盈量 23μm 的配合为 m6，所以空心轴与轴承内圈的配合应选 m6。

4.1.7　轴承与实心轴配合过盈量的估算

轴承与实心轴采用过盈配合时，其所需配合的过盈量与轴承载荷的大小、工作温度及轴的精度有关。通常是根据轴承的使用情况和经验，用类比法并参考标准的推荐进行选择。但也可根据表 7-4-8 所列公式进行估算，用所需最小过盈量作为选择配合的依据，或对已选配合进行最小过盈量的校核计算。

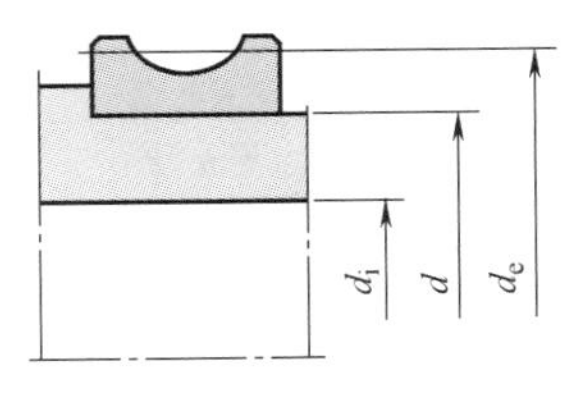

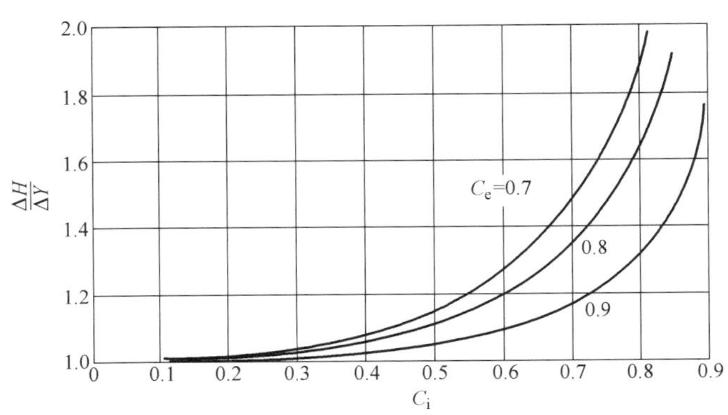

图 7-4-4　空心轴与实心轴过盈量的关系

表 7-4-8 名义过盈量 Δd 的估算

名称	计算公式	符号
有效过盈量 Δd_y/μm	$\Delta d_y=\dfrac{d}{d+A}\Delta d$	d——轴承内径,mm Δd——名义过盈量,μm A——常数,磨削轴 $A=3$,精研轴 $A=2$
由载荷引起的过盈量的减小值 Δd_F/μm	$\Delta d_F=0.08\sqrt{\dfrac{d}{B}F_r}$	B——轴承内圈宽度,mm F_r——径向载荷,N
由温差引起的过盈量的减小值 Δd_T/μm	$\Delta d_T\approx 0.0015\Delta Td$	ΔT——轴承内部与周围环境温差,℃
过盈条件	$\Delta d_y-\Delta d_F-\Delta d_T\geqslant 0$	
名义过盈量 Δd/μm	$\Delta d\geqslant\dfrac{d+A}{d}\left(0.08\sqrt{\dfrac{d}{B}F_r}+0.0015\Delta Td\right)$	

注：当轴承及其环境不受冷或热时，其内、外圈温差一般为5～10℃。

4.2 滚动轴承的轴向紧固

轴承的轴向紧固包括轴向定位和轴向固定。为了防止轴承在轴上和外壳孔内移动，轴承内圈或外圈应作轴向紧固。

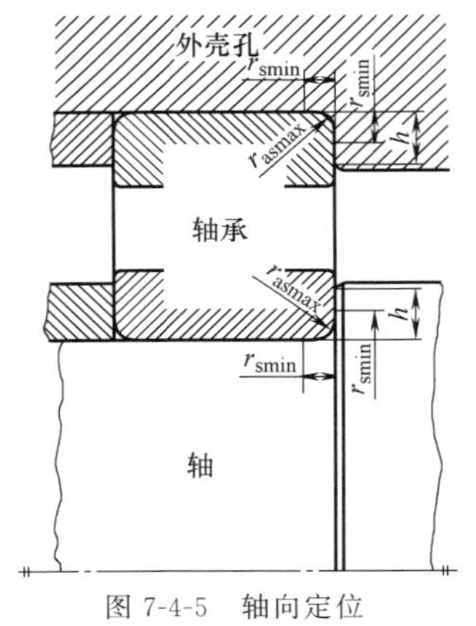

图 7-4-5 轴向定位

4.2.1 轴向定位

轴承内外圈，一般采用轴和外壳孔的挡肩定位。为了确保轴肩和挡肩的定位作用，应使轴承内外圈端面贴紧轴肩和挡肩，防止过渡圆角与轴承倒角相碰（图7-4-5），轴和外壳孔的最大单一圆角半径 r_{asmax}（表7-4-9）不应大于轴承最小单一倒角尺寸 r_{smin}。轴肩和挡肩的高度也应按标准选取，既保证定位强度又便于装拆，轴肩和挡肩高度最小值取表7-4-10的规定值。

表 7-4-9 轴和外壳孔的最大单一圆角半径

mm

r_{smin}	r_{asmax}	r_{smin}	r_{asmax}
0.05	0.05	2	2
0.08	0.08	2.1	2
0.1	0.1	3	2.5
0.15	0.15	4	3
0.2	0.2	5	4
0.3	0.3	6	5
0.6	0.6	7.5	6
1	1	9.5	8
1.1	1.1	12	10
1.5	1.5	15	12

表 7-4-10 轴肩和挡肩高度最小值 mm

r_{smin}	h		r_{smin}	h	
	一般情况	特殊情况[①]		一般情况	特殊情况[①]
0.05	0.2	—	2	5	4.5
0.08	0.3	—	2.1	6	5.5
0.1	0.4	—	3	7	6.5
0.15	0.6	—	4	9	8
0.2	0.8	—	5	11	10
0.3	1.2	1	6	14	12
0.6	2.5	2	7.5	18	—
1	3	2.5	9.5	22	—
1.1	3.5	3.3	12	27	—
1.5	4.5	4	15	32	—

① 特殊情况是指推力载荷极小，或设计上要求挡肩必须小的情况。

4.2.2 轴向固定

轴承的轴向固定，是为了使轴承始终处于定位面所限定的位置上，应根据轴承的单向限位支承、双向限位支承或游动支承选择不同的轴向固定结构。

4.2.3 轴向紧固装置

轴承的紧固装置种类很多，一般根据轴承类型、轴向载荷、转速以及在轴上的位置和装拆条件等决定。轴向载荷越大，转速越高，轴承的紧固应精确可靠。轴承内、外圈紧固方式及其特点见表7-4-11。

表7-4-11 轴承的紧固方式

	简图	紧固方法	特点
内圈的紧固	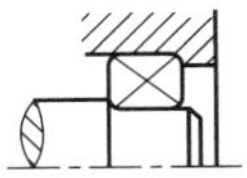	外壳有凸肩时，利用轴肩作为内圈的单面支承	结构简单，轴向尺寸小，可承受单向的轴向载荷
	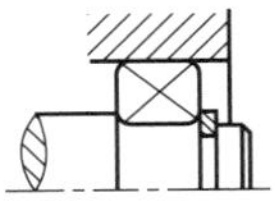	用弹性挡圈	结构简单，轴向尺寸紧凑，可承受不大的轴向载荷
	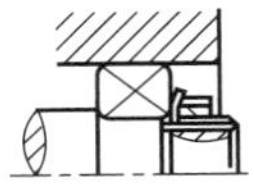	用圆螺母和止动垫圈	可承受较大的轴向载荷
	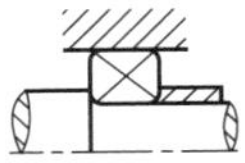	用轴套和其他零件压紧	可同时固定轴承和其他零件，能承受较大的轴向载荷
	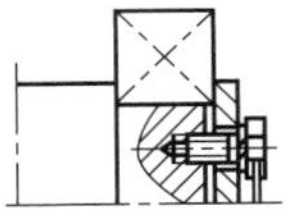	用轴端挡圈、螺栓和铁丝	用于轴端切削螺纹有困难的场合，可承受较大的轴向载荷
	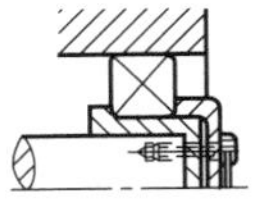	用带挡边的套筒和端盖	用于光轴，可承受较大的轴向载荷
	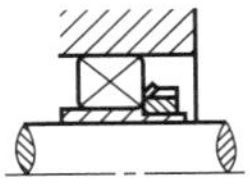	用紧定衬套、圆螺母和止动垫圈	用于带锥孔的轴承，安装在光轴上，便于调整轴向尺寸，结构简单，适用于转速不高、轴向载荷不大的条件下
	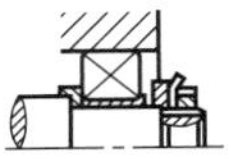	用退卸套、圆螺母和止动垫圈	用于带锥孔的轴承，装拆方便，能承受一定的轴向载荷
	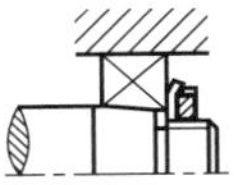	用圆螺母和止动垫圈	把带有锥孔的轴承直接装在锥形轴颈上
外圈的紧固	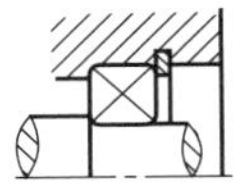	用弹性挡圈	结构简单、装拆方便，尺寸小，下图内孔为通孔，加工方便
	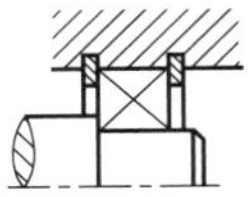	用两个弹性挡圈	
	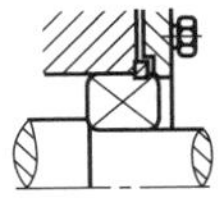	用止动环和轴承盖	用于外圈有止动槽的轴承，结构简单，轴向尺寸小，内孔无凸肩
	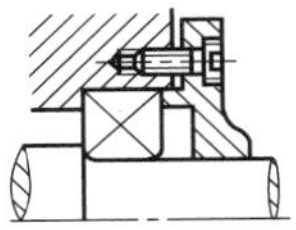	用轴承盖	可承受较大的轴向载荷
	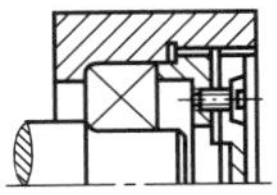	用外圆柱表面有螺纹和开口的轴承盖	在径向尺寸小、不宜使用轴承盖的情况下采用，可承受较大的轴向载荷
	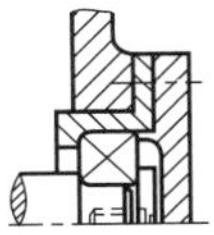	用衬套和轴承盖	壳体可做成通孔，轴上零件可在壳体外安装，可用增减垫片的方法调整轴向尺寸
	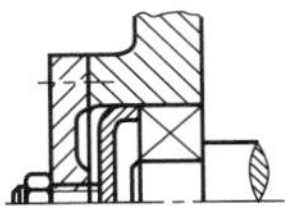	用轴承盖、压盖和调节螺钉	常用于角接触轴承，可调整轴向游隙，能承受较大的轴向载荷
	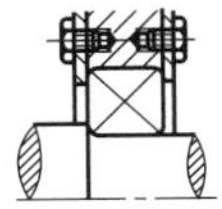	用两个压环	用于内孔不能加工凸肩时

4.3 滚动轴承的预紧

滚动轴承的预紧是将轴承装入轴和外壳孔后，施加一定的预载荷，使轴承滚动体和内、外套圈产生一定的预变形，以保持内、外圈处于压紧状态。相对于滑动轴承一般不能在预紧状态下工作，预紧则是滚动轴承的使用特点之一。

预紧的目的是增加轴承的刚性；提高轴承的定位精度和旋转精度、降低轴承的振动和噪声；减小由于惯性力矩所引起的滚动体相对于内、外圈滚道的滑动等。

在很多情况下，例如机床主轴轴承、汽车车轴传动器上的小齿轮轴承、小型电动机轴承或作摇摆运动的轴承等，需要负的工作游隙，即要加预载荷，来提高轴承配置的刚性或提高运行精度。

4.3.1 预紧方式

轴承的预紧分为轴向预紧和径向预紧，轴向预紧又分为定位预紧和定压预紧。

圆柱滚子轴承由于其设计特点只能承受径向预紧，而推力球轴承与推力圆柱滚子轴承则只能承受轴向预紧，大多向心轴承采用轴向预紧，目的是提高轴承的径向刚度和角刚度。

4.3.2 定位预紧

通过控制轴向预紧量来实现预紧的方法称为定位预紧，如图7-4-6所示。常用的配对或组配角接触球轴承，所用的就是定位预紧。

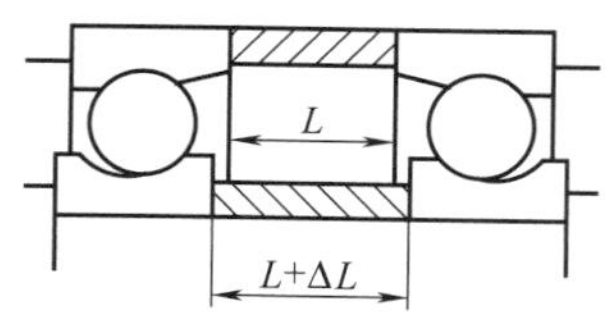

图7-4-6　定位预紧

4.3.3 定压预紧

通过预紧力实现预紧的方法称为定压预紧，如图7-4-7所示。定压预紧的轴承不会卸紧，且预紧量不受温度变化的影响。对于刚度的提高，定压预紧比定位预紧要小。所以，在要求高刚度时，可选择定位预紧；在高速运转时，可选用定压预紧。

4.3.4 卸紧载荷

采用定位预紧的以“背对背、面对面”方式安装的角接触球轴承或圆锥滚子轴承，都存在一个“卸紧载荷”。当外加轴向载荷大于卸紧载荷时，轴向载荷完全由一套轴承承受。此时，安装的轴承相当于单套轴承，失去了预紧的作用。

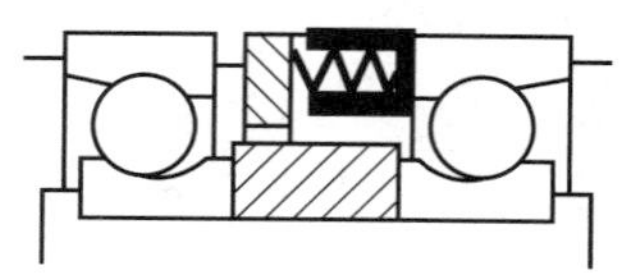

图7-4-7　定压预紧

两个相同型号的成对安装的角接触球轴承和圆锥滚子轴承的卸紧载荷，分别为：

$$F_{au}=2.83F_{a0} \tag{7-4-1}$$

$$F_{au}=2F_{a0} \tag{7-4-2}$$

式中　F_{au}——轴承卸紧载荷，N；

F_{a0}——轴承预载荷，N。

4.3.5 最小轴向预紧载荷

预载荷的选取，应根据载荷情况和使用要求确定。在高速轻载条件下，为了减小支承系统的振动和提高旋转精度，应选择较轻预紧；在中速中载或低速重载条件下，为了增加支承系统的刚度，应选择较重的预紧。预载荷过小将达不到预紧的目的，预载荷过大，又会使轴承中的接触应力和摩擦阻力增大，从而导致轴承寿命的降低。一般应通过精确计算并结合使用经验决定预紧量和预载荷的大小。轴承轴向变形量与最小预紧载荷的计算见表7-4-12。

按照预紧载荷的大小，轴向预紧分为轻、中、重预载荷，GB/T 32334—2015《滚动轴承　组配角接触球轴承　技术条件》给出了配对角接触球轴承（DB型）或（DF型）的轻（A）、中（B）、重（C）预载荷值，见表7-4-13和表7-4-14。

4.3.6 径向预紧

径向预紧是指利用过盈配合使轴承内圈膨胀或外圈紧缩，消除径向游隙，使轴承处于预紧状态的一种预紧方法。圆柱滚子轴承和滚针轴承只能承受径向预紧。

径向预紧的目的是增加载荷区内的滚动体数，提高支承刚度。在高速圆柱滚子轴承中，径向预紧可以减小在离心力作用下滚动体与滚道打滑的现象。圆锥形内孔的轴承，可采用锁紧螺母调整内圈与紧定套的相对位置，以减小轴承的径向游隙，实现径向预紧。

表 7-4-12　**轴承轴向变形量与最小预紧载荷**

轴承类型	轴向变形量 δ_a	最小预紧载荷 F_{a0}	
角接触球轴承	$\delta_a=\dfrac{0.00044F_a^{2/3}}{D_w^{1/3}Z^{2/3}\sin^{5/3}\alpha}$	$F_{a0}\geqslant 0.35F_a$	轴向载荷
		$F_{a0}\geqslant 1.7F_{rⅠ}\tan\alpha_Ⅰ-F_a/2$ $F_{a0}\geqslant 1.7F_{rⅡ}\tan\alpha_Ⅱ-F_a/2$	径向轴向 联合载荷
圆锥滚子轴承	$\delta_a=\dfrac{0.000077F_a^{0.9}}{Z^{0.9}L_{we}^{0.8}\sin^{1.9}\alpha}$	$F_{a0}\geqslant 0.5F_a$	轴向载荷
		$F_{a0}\geqslant 1.9F_{rⅠ}\tan\alpha_Ⅰ-F_a/2$ $F_{a0}\geqslant 1.9F_{rⅡ}\tan\alpha_Ⅱ-F_a/2$	径向轴向 联合载荷

注：Z 为滚动体数；D_w 为滚动体直径；L_{we}为滚动体有效接触长度；$F_{rⅠ}$、$\alpha_Ⅰ$ 和 $F_{rⅡ}$、$\alpha_Ⅱ$ 分别为轴承Ⅰ和轴承Ⅱ的径向载荷和接触角；F_a 为轴向载荷。

表 7-4-13　**公称接触角 $\alpha=15°$配对轴承（DB 和 DF 型）的预载荷**　N

内径代号	(B)71800 C			(B)71900 C			(B)7000 C			(B)7200 C		
	A	B	C	A	B	C	A	B	C	A	B	C
6	—	—	—	—	—	—	7	13	25	—	—	—
7	—	—	—	—	—	—	9	18	35	12	24	48
8	—	—	—	—	—	—	10	20	40	14	28	56
9	—	—	—	—	—	—	10	20	40	15	30	60
00	10	30	60	10	20	40	15	30	60	20	40	80
01	11	33	66	10	20	40	15	30	60	20	40	80
02	12	36	72	15	30	60	20	40	80	30	60	120
03	12	37	75	15	30	60	25	50	100	35	70	140
04	20	60	120	25	50	100	35	70	140	45	90	180
05	22	66	132	25	50	100	35	70	140	50	100	200
06	23	70	140	25	50	100	50	100	200	90	180	360
07	25	75	150	35	70	140	60	120	240	120	240	480
08	26	78	155	45	90	180	60	120	240	150	300	600
09	27	80	160	50	100	200	110	220	440	160	320	640
10	40	120	240	50	100	200	110	220	440	170	340	680
11	55	165	330	70	140	280	150	300	600	210	420	840
12	70	210	420	70	140	280	150	300	600	250	500	1000
13	71	215	430	80	160	320	160	320	640	290	580	1160
14	73	220	440	130	260	520	200	400	800	300	600	1200
15	76	225	450	130	260	520	200	400	800	310	620	1240
16	78	235	470	140	280	560	240	480	960	370	740	1480
17	115	345	690	170	340	680	250	500	1000	370	740	1480
18	116	350	700	180	360	720	300	600	1200	480	960	1920
19	117	355	710	190	380	760	310	620	1240	520	1040	2080
20	120	360	720	230	460	920	310	620	1240	590	1180	2360
21	130	390	780	230	460	920	360	720	1440	650	1300	2600
22	160	500	1000	230	460	920	420	840	1680	670	1340	2680
24	180	550	1100	290	580	1160	430	860	1720	750	1500	3000
26	210	620	1230	350	700	1400	560	1120	2240	800	1600	3200
28	240	720	1440	360	720	1440	570	1140	2280	—	—	—
30	270	820	1630	470	940	1880	650	1300	2600	—	—	—
32	280	850	1700	490	980	1960	730	1460	2920	—	—	—
34	—	—	—	500	1000	2000	800	1600	3200	—	—	—
36	—	—	—	630	1260	2520	900	1800	3600	—	—	—
38	—	—	—	640	1280	2560	950	1900	3800	—	—	—
40	—	—	—	800	1600	3200	1100	2200	4400	—	—	—
44	—	—	—	850	1700	3400	1250	2500	5000	—	—	—

续表

内径代号	(B)71800 C			(B)71900 C			(B)7000 C			(B)7200 C		
	A	B	C	A	B	C	A	B	C	A	B	C
48	—	—	—	860	1720	3440	1300	2600	5200	—	—	—
52	—	—	—	1050	2110	4220	1550	3100	6200	—	—	—
56	—	—	—	1090	2180	4360	—	—	—	—	—	—
60	—	—	—	1400	2800	5600	—	—	—	—	—	—
64	—	—	—	1400	2800	5600	—	—	—	—	—	—

表 7-4-14　公称接触角 α＝25°和 α＝40°配对轴承（DB 和 DF 型）的预载荷　N

内径代号	(B)71900 AC			(B)7000 AC			(B)7200 AC			7200 B、7300 B		
	A	B	C	A	B	C	A	B	C	A	B	C
8	—	—	—	20	40	80	—	—	—	—	—	—
9	—	—	—	20	40	80	—	—	—	—	—	—
00	15	30	60	25	50	100	35	70	140	80	330	660
01	15	30	60	25	50	100	35	70	140	80	330	660
02	25	50	100	30	60	120	45	90	180	80	330	660
03	25	50	100	40	80	160	60	120	240	80	330	660
04	35	70	140	50	100	200	70	140	280	120	480	970
05	40	80	160	60	120	240	80	160	320	120	480	970
06	40	80	160	90	180	360	150	300	600	120	480	970
07	60	120	240	90	180	360	190	380	760	160	630	1280
08	70	140	280	100	200	400	240	480	960	160	630	1280
09	80	160	320	170	340	680	260	520	1040	160	630	1280
10	80	160	320	180	360	720	260	520	1040	160	630	1280
11	120	240	480	230	460	920	330	660	1320	380	1500	3050
12	120	240	480	240	480	960	400	800	1600	380	1500	3050
13	120	240	480	240	480	960	450	900	1800	380	1500	3050
14	200	400	800	300	600	1200	480	960	1920	380	1500	3050
15	210	420	840	310	620	1240	500	1000	2000	380	1500	3050
16	220	440	880	390	780	1560	580	1160	2320	380	1500	3050
17	270	540	1080	400	800	1600	600	1200	2400	410	1600	3250
18	280	560	1120	460	920	1840	750	1500	3000	410	1600	3250
19	290	580	1160	480	960	1920	850	1700	3400	410	1600	3250
20	360	720	1440	500	1000	2000	950	1900	3800	410	1600	3250
21	360	720	1440	560	1120	2240	1000	2000	4000	410	1600	3250
22	370	740	1480	650	1300	2600	1050	2100	4200	410	1600	3250
24	450	900	1800	690	1380	2760	1200	2400	4800	410	1600	3250
26	540	1080	2160	900	1800	3600	1250	2500	5000	540	2150	4300
28	560	1120	2240	900	1800	3600	—	—	—	540	2150	4300
30	740	1480	2960	1000	2000	4000	—	—	—	540	2150	4300
32	800	1600	3200	1150	2300	4600	—	—	—	540	2150	4300
34	800	1600	3200	1250	2500	5000	—	—	—	540	2150	4300
36	1000	2000	4000	1450	2900	5800	—	—	—	540	2150	4300
38	1000	2000	4000	1450	2900	5800	—	—	—	940	3700	7500
40	1250	2500	5000	1750	3500	7000	—	—	—	940	3700	7500
44	1300	2600	5200	2000	4000	8000	—	—	—	940	3700	7500
48	1430	2860	5720	2050	4100	8200	—	—	—	940	3700	7500
52	1730	3510	7020	—	—	—	—	—	—	—	—	—
56	1820	3640	7280	—	—	—	—	—	—	—	—	—
60	2200	4400	8800	—	—	—	—	—	—	—	—	—
64	2200	4400	8800	—	—	—	—	—	—	—	—	—

4.4　滚动轴承的密封

滚动轴承密封的作用是防止润滑剂的泄漏，同时确保尘埃、金属或非金属颗粒以及其他杂物、水分等侵入轴承，以保证轴承具有良好的润滑条件和正常的工作环境。对轴承密封装置的要求是能够达到长期密封和防尘作用，同时要求摩擦和安装误差小、安装和拆卸方便，维修和保养简单。

4.4.1　选择轴承密封形式应考虑的因素

选择正确的密封件对轴承性能至关重要，在选择轴承密封形式时，应考虑以下因素：

1）轴承外部工作环境；

2）轴承的转速与工作温度；

3）轴承的支承结构与特点；

4）润滑剂的种类与性能。

4.4.2　轴承的主要密封形式

按密封的结构型式，轴承的密封装置一般分为接触式密封和非接触式密封。

按密封装置的安装部位，一般分为轴承的支承密封和轴承的自身密封。

轴承接触式密封的主要形式有毛毡圈密封、外向式唇形密封、内向式唇形密封、双唇形密封、填料密封，以上几种形式为径向接触式密封。同时，接触式密封还有外侧密封、内侧密封、外侧双密封、浮动油封密封和自润滑材料密封等端面接触式密封形式。

轴承非接触式密封的主要形式有缝隙密封、沟槽密封、迷宫密封、斜向迷宫密封、冲压钢片式迷宫密封及甩油环密封等。非接触式密封多用于脂润滑场合，为提高密封的可靠性，可以将两种或两种以上的密封形式组合起来应用。

4.4.3　轴承的自身密封

轴承的自身密封是指轴承本身设置密封圈或防尘盖等密封件。轴承在装配时已填入适量的润滑脂，无需保养。能防止润滑脂泄漏和外部杂质进入轴承内部，轴承外部不需加装密封装置，既简化结构又节省空间。

4.4.4　轴承的支承密封

轴承支承密封是指在轴承外部，如轴承的外壳体部位、轴颈部位及端盖处所附加的密封装置。支承密封的主要结构型式与特点见表 7-4-15。

表 7-4-15　支承密封的主要结构型式与特点

密封形式			简图	特点
非接触式密封 这类密封件由于没有接触，几乎不发生摩擦，也不会磨损。一般不容易被固体杂质破坏，特别适合于高速和高温场合。为了增强其密封效果，可将油脂压入迷宫游隙	间隙式	缝隙式		轴与端盖配合面之间，间隙越小，轴向宽度越长，密封效果越好。一般间隙在 0.1～0.3mm。适用于环境比较干净的脂润滑的工作条件
		沟槽式		在端盖配合面上，开有三个以上的宽为 3～4mm、深为 4～5mm 的沟槽，充填润滑脂，以提高密封效果
		螺旋沟槽式		螺旋线方向与轴的旋转方向相反，沿着轴泄逸的油又被输回轴承中
		W 形沟槽式		用于油润滑。在轴上或套上开有“W”形槽，借以甩回渗漏出来的润滑油。端盖孔壁上相应开有回油槽，将甩到孔壁上的油回收流入轴承内(或箱内)

续表

密封形式			简图	特点
非接触式密封 这类密封件由于没有接触，几乎不发生摩擦，也不会磨损。一般不容易被固体杂质破坏，特别适合于高速和高温场合。为了增强其密封效果，可将油脂压入迷宫游隙	迷宫式	轴向式	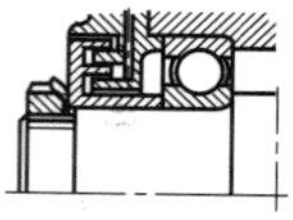	轴向迷宫曲路是由套和端盖的轴向间隙组成。但迷宫曲路沿径向展开，故曲路折回次数不宜过多。由于装拆方便，端盖不需剖分，因此轴向迷宫比径向迷宫应用广泛
	迷宫式	径向式	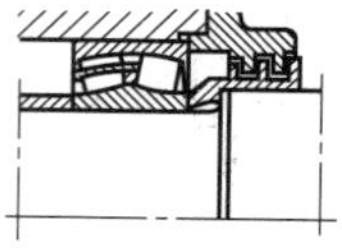	径向迷宫曲路是由套和端盖的径向间隙组成。端盖应剖分 迷宫曲路沿轴向展开，故径向尺寸比较紧凑。曲路折回次数越多，密封越可靠。适用于比较脏的工作环境，如金属切削机床的工作端多采用此种密封形式
	迷宫式	斜向式	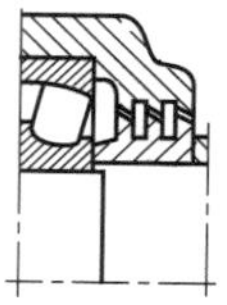	其倾斜面可绕轴承中心作一定摆动，适用于轴摆动较大的地方，如调心轴承支承
	迷宫式	组合式	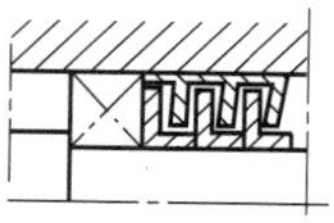	组合式迷宫曲路是由两组“Γ”形垫圈组成。占用空间小，成本低。适用于成批生产的条件。此类垫圈成组安装，数量越多，密封效果越好
	垫圈式	旋转垫圈	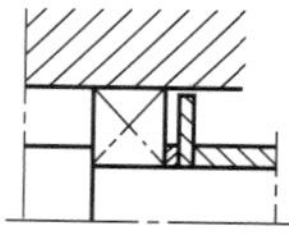	工作时，垫圈与轴一起转动，轴的转速越高，密封效果越好。旋转垫圈既可用来阻挡油的泄出，也可用来阻挡杂物的侵入，视垫圈所在位置而定
	垫圈式	静止垫圈	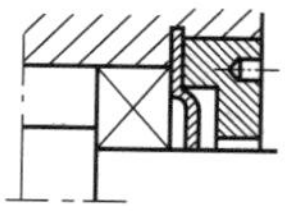	固定在轴承外圈上的垫圈工作时静止不动。主要用来阻挡外界灰尘、杂物的侵入
	甩油环式		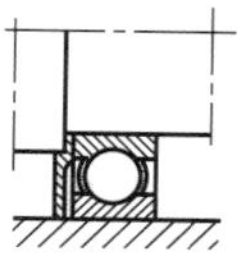	靠甩油环旋转将油甩出进行密封，转速越高，密封效果越好。一般多用于油润滑的地方
	挡油圈式		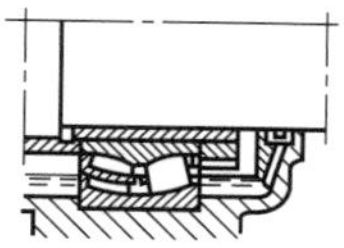	靠挡油圈挡住油并借离心力将油甩入箱内，然后由油道流回，转速越高，密封效果越好。适用于油润滑处

续表

密封形式		简图	特点
接触式密封 必须有一定贴合压力使密封圈贴附滑动面，但摩擦力矩大、温升较高、转速较低	毡封式	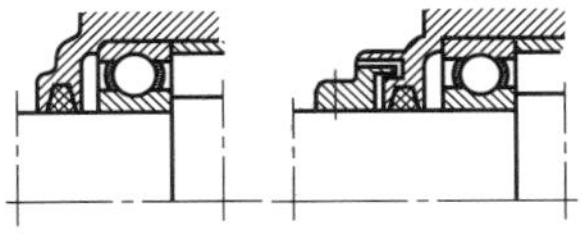	主要用于脂润滑，工作环境比较干净的轴承密封。一般接触处的圆周速度不超过 4～5m/s，允许工作温度可达 90℃。如果轴表面经过抛光，毛毡质量较好，圆周速度可允许到 7～8m/s 毡圈与轴之间的摩擦较大，长期使用易把轴磨出沟槽。因此，一般多采用轴套与毛毡圈接触，以保护轴 毛毡式密封效果欠佳，虽然多毡圈式比单、双毡圈式密封效果要好一些，但因为外面的毡圈首先与污物接触却得不到轴承内部的润滑剂，逐渐干燥失去弹性
	油封式（皮碗式）	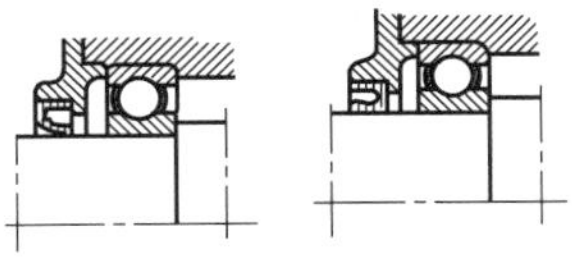 图(a)　图(b)	油封密封圈是用耐油橡胶制成。用于脂润滑或油润滑的轴承密封中。接触处的圆周速度不大于 7m/s，适用于温度－40～100℃ 为了保持密封圈的压力，皮碗用弹簧圈紧箍在轴上，使密封唇呈锐角状。图(a)的密封唇面向轴承，主要用于防止润滑油的泄出。图(b)的密封唇背向轴承，主要用于阻止灰尘杂物的侵入 同时采用两个油封相对安装。面向轴承者为阻止润滑油流出，背向轴承者为阻止灰尘杂物的侵入
	V 形圈密封件	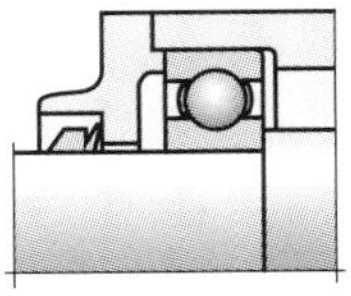	可用于油润滑和脂润滑。密封件的弹性橡胶圈（体）抱住轴并随轴旋转，而密封唇对静止部件（如轴承座）施加轻的轴向压力。根据使用的材料，V 形圈可用于－40～150℃的运行温度。V 形圈容易安装，在低速下允许轴相对较大的角位移。与密封唇接触的表面，表面粗糙度 Ra 在 2～3μm 就足够了。圆周速度超过 8m/s 时，V 形圈在轴上必须轴向固定在轴上。在使用油润滑时，V 形圈一般配置安装在轴承座外面；而使用油润滑时，一般安装在轴承座内部，密封唇背向轴承
组合式密封		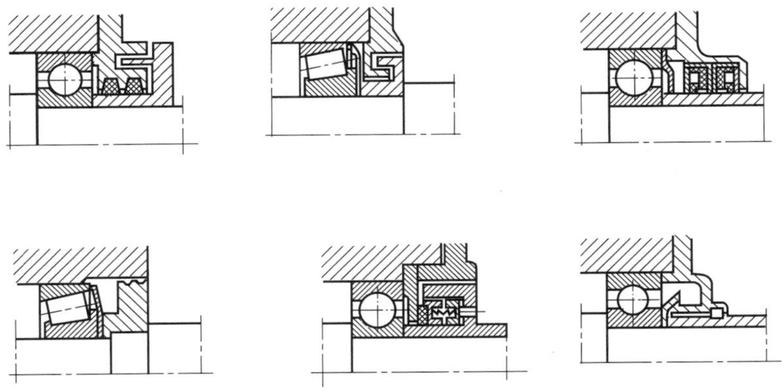	

4.5　滚动轴承的安装与拆卸

轴承装拆方法不正确是导致轴承早期损坏的原因之一。因此在设计支承时，必须考虑轴承如何装拆和便于装拆的问题。轴承的安装和拆卸方法，应根据轴承的结构、尺寸及配合性质而定。一般情况下，轴承的装拆主要通过两种途径：一是将过盈套圈压入轴上或压入轴承座孔内；二是通过加热轴承使其内径胀大，或冷却轴承使其外径缩小，将轴承轻易装在轴上或推入座孔内。但无论采用哪种方法，都不可直接敲击轴承套圈、保持架和滚动部件或密封件等，且不可通过滚动体传递安装力。轴承安装的过程也是轴承游隙调整的过程，轴承安装可采用机械、加热或液压的方法。

4.5.1　圆柱孔轴承的安装

1）内、外圈不可分离的向心轴承，内圈与轴紧配合，外圈与外壳孔配合较松，可用压力将轴承先压装在轴上，然后将轴及轴承一起装入外壳孔内，如图7-4-8（a）所示。

2）图7-4-8（b）所示为不可分离型轴承须同时装入轴上和外壳孔内。

3）对于过盈量较大的中、大型轴承，常采用加热安装的方法。轴承套圈和轴或轴承箱之间的温差，取决于过盈量和轴承直径。轴承加热时，温度不应超过125℃，否则轴承材料结构的变化可引起尺寸的变化。装有防尘罩或密封件的轴承，由于采用润滑脂填充或密封材料，加热时不应超过80℃。加热时，应避免局部过热。

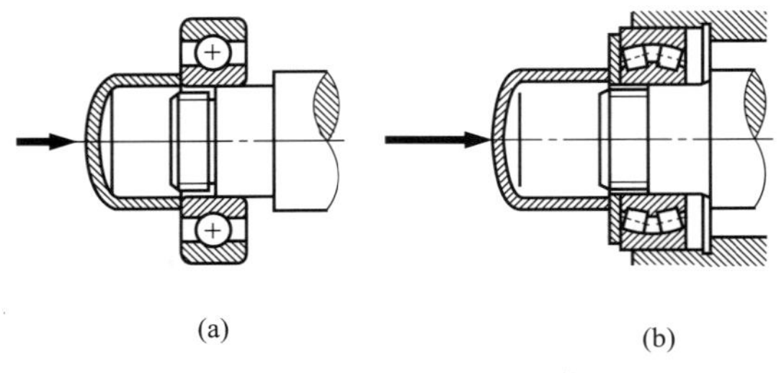

(a)　(b)

图7-4-8　圆柱孔轴承的安装

4.5.2　圆锥孔轴承的安装

圆锥孔轴承内圈的安装始终采用过盈配合，圆锥孔轴承的过盈量不是由选定的轴配合公差决定的，而是由轴承压进有锥形配合面上产生的挤压来实现的。当轴承压进有锥度的轴颈上时，由于内圈膨胀使轴承径向游隙减小，因此可用径向游隙减小值来衡量配合的松紧程度。对于实心轴，当锥度为1∶12时，轴承在锥面上的轴向移动量约为径向游隙减小量的15倍。

圆锥孔轴承可以直接装在有锥度的轴颈上［图7-4-9（a）］，或装在紧定套［图7-4-9（b）］或退卸套［图7-4-9（c）］的锥面上。

直接装在有锥度的轴颈上的圆锥孔轴承，可以和圆柱孔轴承一样采用装配套管和加热安装，也可以采用锁紧螺母安装［图7-4-9（d）］。

通过紧定套或退卸套安装的圆锥孔轴承，一般采用锁紧螺母安装。

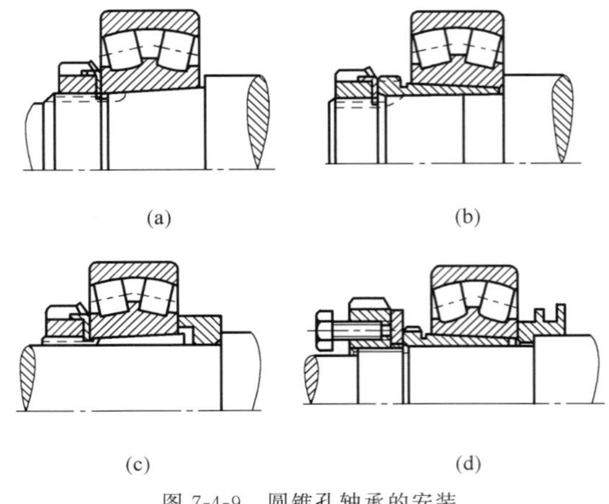

(a)　(b)　(c)　(d)

图7-4-9　圆锥孔轴承的安装

4.5.3　角接触轴承的安装

角接触球轴承一般采用圆柱孔轴承的安装方法。安装这类轴承时，应仔细调整轴承的轴向游隙和预紧量。轴向游隙的调整是用轴承外圈轴向移动量来实现的，游隙可通过端盖、端盖垫圈和锁紧螺母调整。

4.5.4　推力轴承的安装

无论是单向推力轴承，还是双向推力轴承，都不能径向定位，只能轴向限位。推力轴承的轴圈和轴一般采用过渡配合，座圈与外壳孔一般采用间隙配合。推力轴承安装时，其轴向游隙要进行调整，一般用垫圈、孔用螺纹套筒和弹簧调整。

4.5.5　滚动轴承的拆卸

如果拆卸下来的轴承需要再次使用，在拆卸时施加在轴承套圈上的作用力，绝对不可以通过滚动体来传递。

对于不可分离型轴承，先将轴连同轴承从外壳孔中取出，然后再将轴承从轴上拆下，见图7-4-10。

对于分离型轴承，先将轴连同内圈拆下，然后再将内圈从轴上拆下，见图7-4-11。

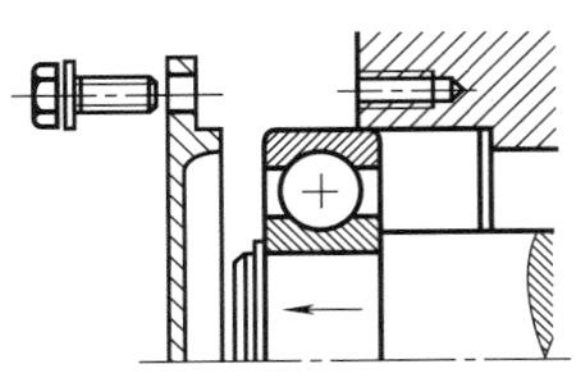
图 7-4-10　滚动轴承的拆卸（一）

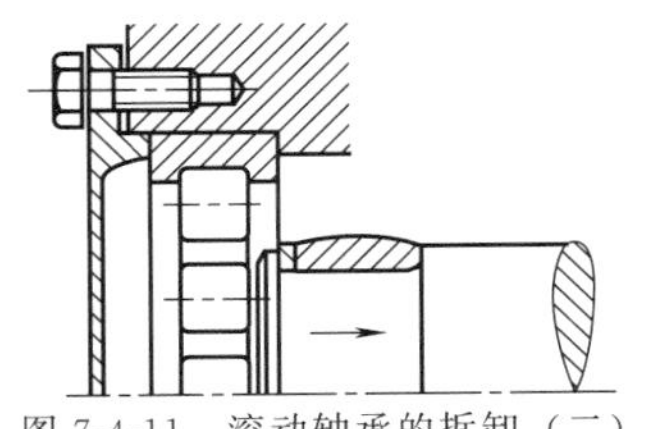
图 7-4-11　滚动轴承的拆卸（二）

轴承拆卸的方法与轴承安装方法类似，也有压力法、温差法和液压法等，但使用的工具有所不同。其中温差法可以采用电磁感应加热或热油浇淋零件（可分离轴承）加热，加热后将零件卸下。

4.6　游隙的调整方法

表 7-4-16　　游隙的调整方法

机器部位及工况	简　图	调整方法
轿车前轮轮毂中的圆锥滚子轴承内圈		一般采用带有开口销的冠状螺母、带翅垫圈、止动垫圈调整固定(使用背螺母来锁紧轴颈螺母是不可取的，因为调整好的轴承游隙会因螺纹的啮合间隙变化而改变)，使支承带有少量预过盈
运输矿车的游动轮对中		类似于汽车轮毂；差别在于行驶的冲击力较大，转速较低，所以需要进行较紧一些的调整。调整固定方法同上
静止状态下以及较小回转运动中都会承受很强振动的轴承		不能有游隙，否则滚子就会撞击滚道。所以安装前的轴承径向游隙应小于 N 组游隙。可由原来的径向游隙值、轴承圆锥配合面的锥度和压紧螺钉螺纹的螺距算出，需要将压紧螺钉旋多少转才能达到轴承无间隙配合所要求的预过盈
转速低、受力大的起重机重型钢绳支架	M	用螺母 M 来紧定调整圆锥滚子轴承，使带有必要的预过盈
转向器主销轴承，承受冲击载荷，轴承中的游隙是有害的	S	对于这里的推力轴承、转向节叉和轴卡爪的结构高度公差，在装配时用垫圈 S 调整。因而应备有各种不同厚度的垫圈

续表

机器部位及工况	简图	调整方法
车床主轴中的圆柱滚子轴承及推力球轴承。支承的游隙越小,其刚度和工作精度越高	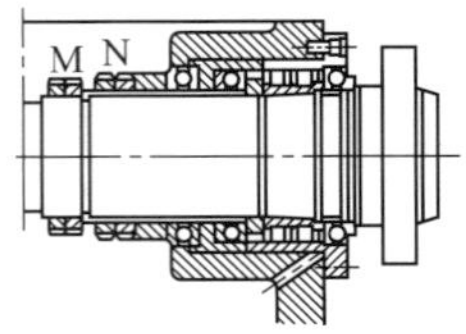 M N	工作温度随游隙的减小而上升。因此安装时要找出游隙与温度的最佳配合关系。用螺母M将圆柱滚子轴承的内圈紧固于锥形轴颈上,从而减小其径向游隙;同时用螺母N将推力轴承组调整至无游隙。配置在两推力轴承之间的弹簧可使因工作压力而卸载的轴承保持要求的预过盈
主要承受静载荷并工作在振动之下的圆柱滚子轴承	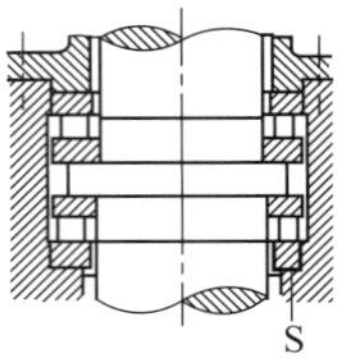 S	装入精整片S进行调整,必须带有少量预过盈
双向推力球轴承	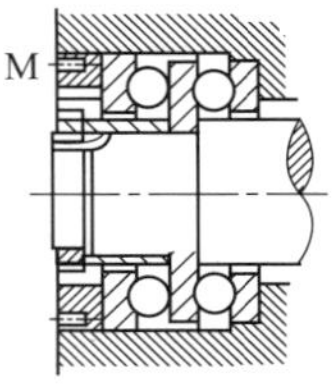 M	用螺母M进行调整。调整后轴承应有相当的预过盈,使工作中卸载的一列球仍能可靠地沿着沟底运动
推力球轴承	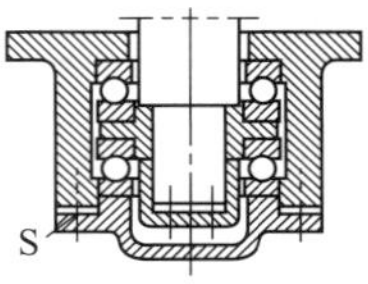 S	通常也用装有垫片S的固定盖进行游隙调整。推力球轴承最好装在立轴上,因为这样钢球保持架能与套圈保持相对同心

4.7 轴承的组合设计

4.7.1 轴承的配置

轴承的支承结构对于保证轴的旋转精度和充分发挥轴承的应用特性有着重要的作用。轴一般采用双支承结构,每个支承中由单套或两套轴承组成。轴的径向位置一般由两个支承共同限定,每个支承处应有起径向定位作用的向心或角接触轴承。而轴向位置可由两个支承各限制一个方向的轴向位移,也可由一个支承限制两个方向的位移,同时承受径向载荷和轴向载荷的轴,支承通常采用同型号的角接触球轴承和圆锥滚子轴承成对安装,轴承的配置方式见表7-4-17。

表7-4-17　轴承配置与支承结构的基本形式

形式			简图	特点
轴承配置形式	背对背	载荷作用中心处于轴承中心线之外	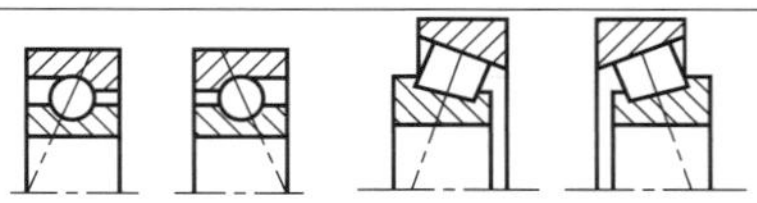 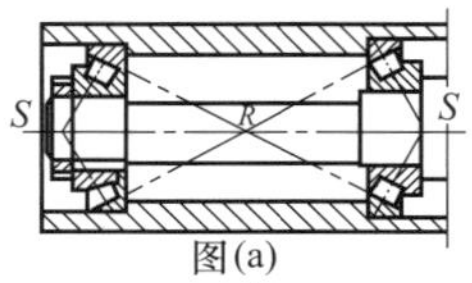 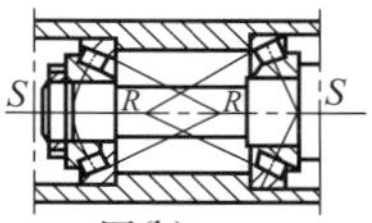 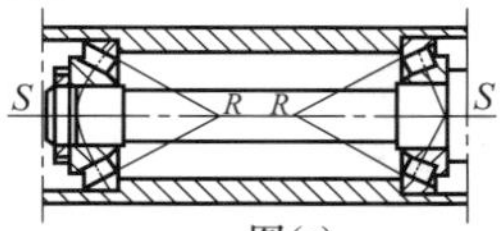 S R S 图(a) S R R S 图(b) S R R S 图(c)	交点间跨距较大,悬臂长度较小,故悬臂端刚性较大,当轴受热伸长时,轴承游隙增大,轴承不会卡死破坏 对于背对背排列的圆锥滚子轴承支承结构,其游隙变化如下: 1)外滚道锥尖重合时[图(a)],轴向膨胀量和径向膨胀量基本平衡,预调游隙保持不变 2)外滚道锥尖交错时[图(b)],径向膨胀量大于轴向膨胀量,工作游隙减小 3)外滚道锥尖不相交时[图(c)],轴向膨胀量大于径向膨胀量,工作游隙增大,如果采用预紧安装,当轴受热伸长时,预紧量将减小

续表

形式			简图	特点
轴承配置形式	面对面	载荷作用中心处于轴承中心线之内	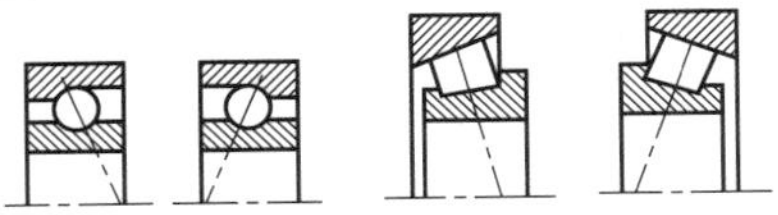	结构简单，装拆方便，当轴受热伸长时，轴承游隙减小，容易造成轴承卡死，因此要特别注意轴承游隙的调整
	串联	载荷作用中心处于轴承中心线同一侧	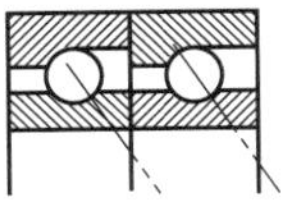	适合于轴向载荷大，需多个轴承联合承担的情况，采用此种排列应注意使每个轴承均匀承受载荷
轴承支承结构型式	两端固定支承	指两个支承端各限制一个方向的轴向位移的支承	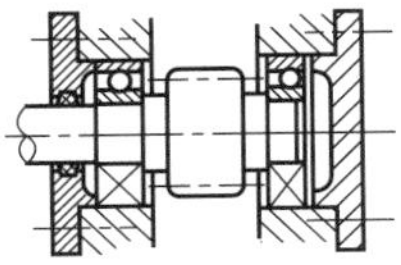	承受纯径向载荷或轴向载荷较小的联合载荷作用的轴 一般采用向心型轴承组成两端固定支承，并在其中一个支承端，使轴承外圈与外壳孔间采用较松的配合，同时在外圈与端盖间留出适当空隙，以适应轴的受热伸长
			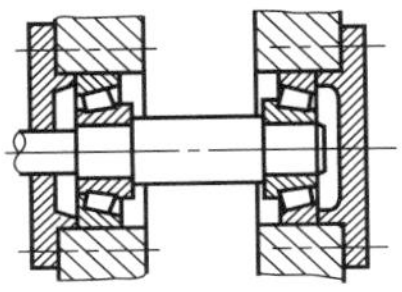	承受径向和轴向载荷联合作用的轴 多采用角接触型轴承面对面或背对背排列组成两端固定支承。这种支承可通过调整某个轴承套圈的轴向位置，使轴承达到所要求的游隙或预紧量，所以特别适合于旋转精度要求高的机械
	固定-游动支承	指在轴的一个支承端使轴承与轴及外壳孔的位置相对固定，以实现轴向定位，另一端轴承与轴或外壳孔可相对移动	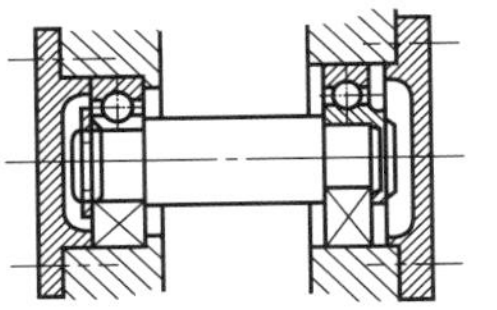	一般精密机床主轴或要求高速、高热、高精度及承受载荷较大的轴，多采用该支承形式 轴的轴向定位精度取决于固定端轴承的轴向游隙大小。因此用一对角接触球轴承或圆锥滚子轴承组成的固定端的轴向定位精度，比用一套深沟球轴承的高 固定端轴承通常选用： 1)受径向载荷和一定的轴向载荷——深沟球轴承 2)受径向载荷和双向轴向载荷——一对角接触球轴承或圆锥滚子轴承 3)分别受径向载荷和轴向载荷——向心轴承与推力轴承组合，或不同类型角接触轴承组合
	两端游动支承	两个支承端的轴承对轴都不作精确的轴向定位	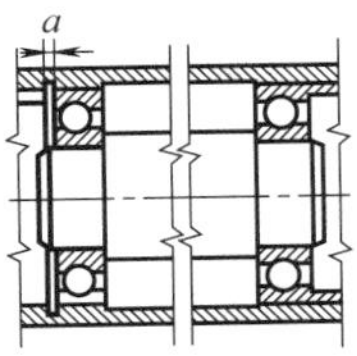 图(a) 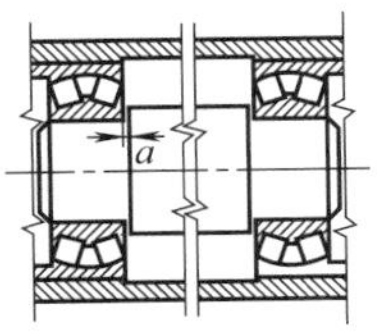　图(b) 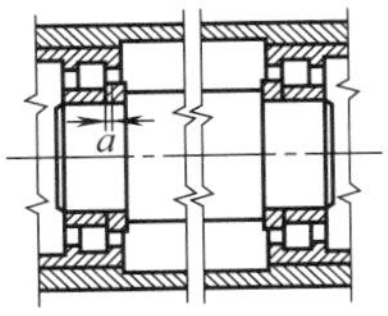　图(c)	图(a)工作中，即使处于不利的发热状态，轴承也不会被卡死 图(b)常用于轴的位置已由其他零件限定的场合，如人字齿轮轴支承 图(c)几乎所有不需要调整的轴承，均可作游动支承。角接触球轴承不宜作游动支承

4.7.2 常见的支承结构简图

表 7-4-18 常见的支承结构简图

序号	支承形式	配置简图	轴承配置		承受载荷情况	轴热伸长补偿方式	其他特点
			固定端	游动端			
1	两端固定支承		深沟球轴承		能承受单向轴向载荷(应指向不留间隙的一端)	外圈端面与端盖间隙	转速高，结构简单，调整方便
2			外球面球轴承		能承受双向轴向载荷	轴承游隙	
3			角接触球轴承(面对面)				
4			角接触球轴承(背对背)				
5			外圈带单挡边的圆柱滚子轴承		能承受较小的双向轴向载荷	外圈端面与端盖间隙	结构简单，调整方便
6			圆锥滚子轴承(面对面)		能承受双向轴向载荷	轴承游隙	
7			圆锥滚子轴承(背对背)				
8			深沟球轴承和推力球轴承组合				用于转速较低的立轴
9		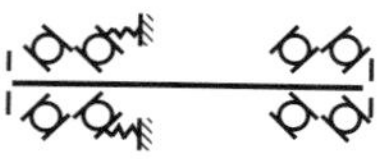	角接触球轴承串联后背对背排列			轴热伸长后轴承游隙增大，靠预紧弹簧保持预紧量补偿方式	用于转速较高的场合
10		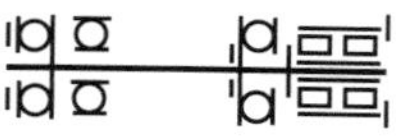	深沟球轴承、推力球轴承与圆锥孔的双列圆锥滚子轴承组合			轴承游隙	通过径向预紧可提高刚性
11	一端固定一端游动支承		深沟球轴承			右端向心球轴承外圈与外壳孔为间隙配合	转速高，结构简单，调整方便
12			深沟球轴承	外圈无挡边圆柱滚子轴承		右端轴承滚子相对外圈滚道轴向移动	结构简单，调整方便
13			成对安装角接触球轴承(背对背)	外圈无挡边圆柱滚子轴承			通过轴向预紧可提高支承刚性
14			成对安装角接触球轴承(面对面)	外圈无挡边圆柱滚子轴承			

续表

序号	支承形式	配置简图	轴承配置		承受载荷情况	轴热伸长补偿方式	其他特点
			固定端	游动端			
15	一端固定一端游动支承	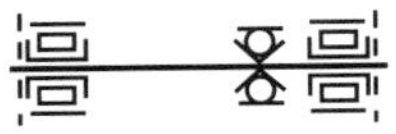	双半内圈角接触球轴承与外圈无挡边圆柱滚子轴承	外圈无挡边圆柱滚子轴承	能承受双向轴向载荷	左端轴承滚子相对外圈滚道轴向移动	转速较高，能承受较大的径向载荷，结构紧凑
16		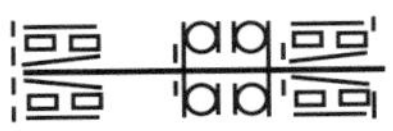	圆锥孔双列圆柱滚子轴承与双向推力球轴承	圆锥孔双列圆柱滚子轴承			可承受较大的径、轴向载荷，支承刚性好
17			成对安装圆锥滚子轴承（背对背）	外圈无挡边圆柱滚子轴承			可承受较大的径、轴向载荷，结构简单，调整方便
18			成对安装圆锥滚子轴承（面对面）	外圈无挡边圆柱滚子轴承			
19		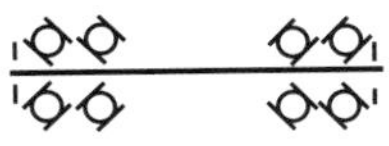	成对安装角接触球轴承（串联）	成对安装角接触球轴承（串联）		右端轴承外圈与外壳孔为间隙配合	转速较高
20		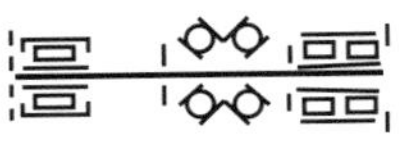	双向推力角接触球轴承与圆锥孔双列圆柱滚子轴承	内圈无挡边圆柱滚子轴承		左端轴承滚子相对内圈滚道轴向移动	旋转精度较高，可承受较大的径、轴向载荷，刚性好
21		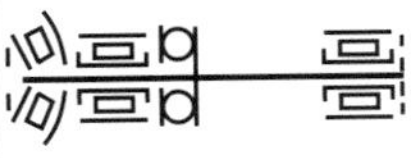	推力调心滚子轴承、外圈无挡边圆柱滚子轴承与推力球轴承	外圈无挡边圆柱滚子轴承	能承受双向轴向载荷，一个方向的轴向载荷可较大	右端轴承滚子相对外圈滚道轴向移动	用于承受两个方向轴向载荷的悬臂轴
22			内外圈均带挡边的圆柱滚子轴承	外圈无挡边圆柱滚子轴承	能承受较小的双向轴向载荷	右端各支承处滚子相对外圈滚道轴向移动	适用于主要承受径向载荷的多支点轴，结构简单，调整方便
23			调心滚子轴承			右端轴承外圈与外壳孔为间隙配合	适用于径向载荷较大的轴，具有调心性能
24	两端游动支承		外圈无挡边圆柱滚子轴承		不能承受轴向载荷	两端轴承的滚子相对外圈滚道轴向移动	用于要求轴能够轴向游动的场合
25			无内圈滚针轴承			两端支承处的滚针相对轴移动	

4.7.3 滚动轴承组合设计的典型结构

表 7-4-19　　滚动轴承组合设计的典型结构

型号	结构型式	其他组合	特点
1	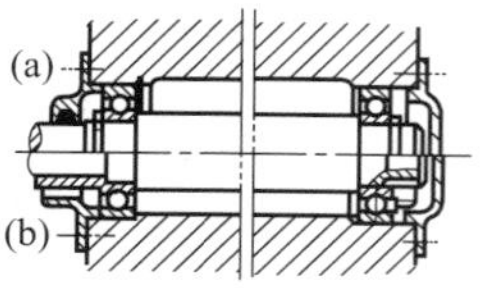 (a) (b)	左端:深沟球轴承 右端:单列圆柱滚子轴承	左端为固定支点,右端为浮动支点。结构简单,拧紧轴承盖时轴承不会被压紧。(a)型箱体为通孔,便于加工,(b)型可承受稍大的轴向载荷。本结构用以承受径向载荷和不大的轴向载荷。广泛用于各种机械 当右端使用圆柱滚子轴承时,其外圈也应做轴向固定
2	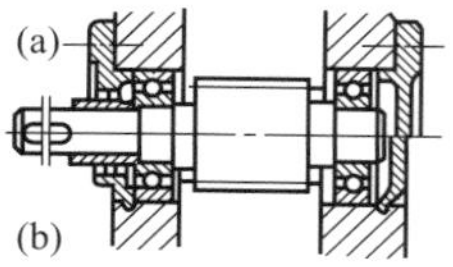 (a) (b)	带单挡边的单列圆柱滚子轴承	轴承靠端盖轴向固定。右端轴承外圈与端盖间留有不大的间隙(0.5～1mm),以便游动。主要用于承受径向力。结构简单,加工及安装均方便
3	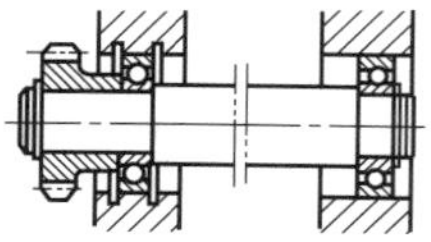		左端为固定支点,右端为游动支点。结构简单,装卸容易,外壳为通孔,便于加工,广泛用于轴向力较小的场合
4	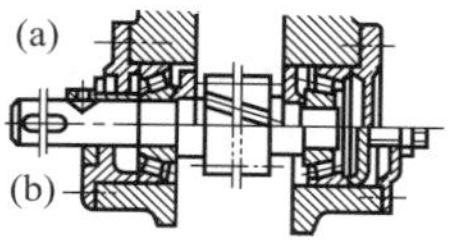 (a) (b)	推力球轴承	(a)型用轴承盖与箱体间的垫片,(b)型用螺钉和压盖调整轴向间隙或预紧。结构简单,装拆简便,箱体为通孔,加工容易,能同时承受径向载荷和较大的轴向载荷
5	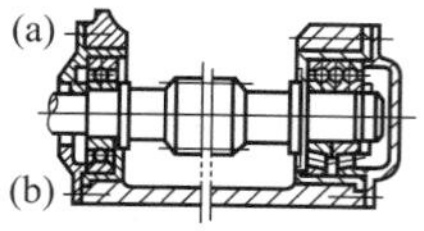 (a) (b)		右端为固定支点,用两个圆锥滚子轴承承受轴向载荷,左端为游动支点。轴承装在套筒中,便于提高轴承孔的配合精度,但加工面增多。能承受较大的径向和轴向载荷
6	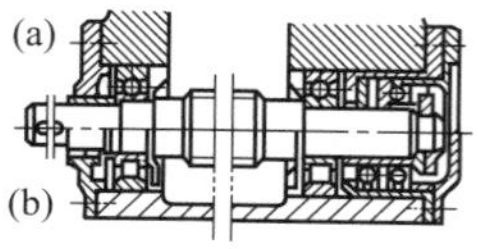 (a) (b)	单列圆柱滚子轴承	左端是游动支点,右端是固定支点,(a)型使用双向推力球轴承,(b)型使用两个单向推力球轴承。本结构能承受很大的轴向和径向载荷 当采用圆柱滚子轴承时,应考虑外圈的轴向固定问题
7	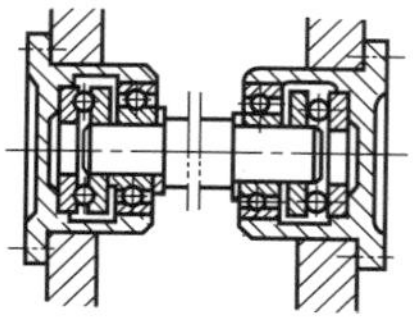	单列圆柱滚子轴承	用对称安装的两个单向推力球轴承承受轴向载荷,用套筒与箱体间的垫片调整轴向间隙。当采用圆柱滚子轴承时,应注意外圈的轴向固定问题

续表

型号	结构型式	其他组合	特　　点
8	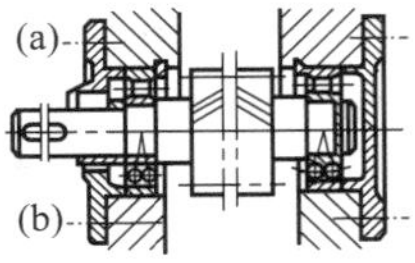 (a) (b)	调心滚子轴承	本方案轴是游动的，常用在人字齿轮传动中（往往是高速轴），用以自动调节两边齿的受力。一般用于重载
9	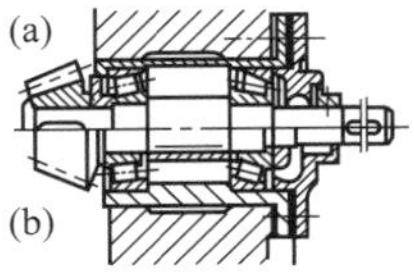 (a) (b)	推力球轴承	适用于小圆锥齿轮的支承，(a)型：①轴向载荷由受径向载荷小的右端轴承承受；②结构简单；③用轴承盖与套筒间的垫片调整轴向间隙，调整方便。(b)型：①结构刚性大；②允许轴的热胀量大
10	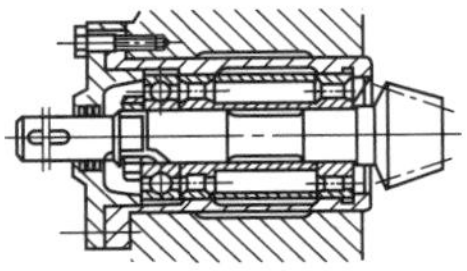		向心球轴承只承受轴向载荷，为便于装配，外圈与套筒的内孔之间留有径向间隙。适用于径向载荷较大，轴向载荷较小，精度要求较高的情况下
11	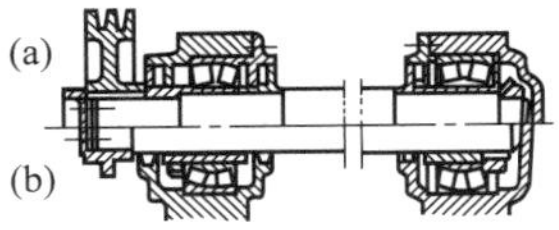 (a) (b)	圆锥孔调心球轴承	采用自动调心型轴承，适用于两轴承座不同轴度较大，轴的刚性较小的场合。左端为固定支点，右端为游动支点。(a) 型能承受较大的轴向载荷，(b) 型装在光轴上，便于调整轴向尺寸，但不能用于轴向载荷较大的场合（图中所用轴承座为对开式）
12	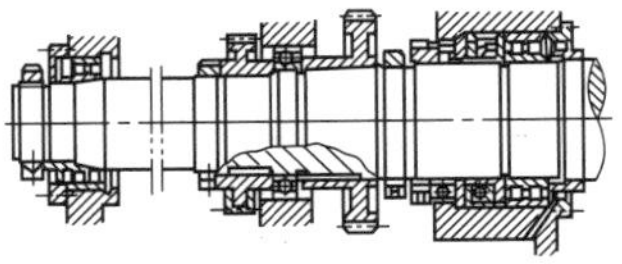		车床主轴的一种典型结构。为增加轴的刚性，采用三点支撑，右端为固定支点，其余两支点皆可游动。用两个单向推力球轴承承受轴向载荷，用套筒压紧带锥孔的双列圆柱滚子轴承，并以此来调整径向游隙。右端有退卸套，便于拆卸。此结构能承受较大的径向和轴向载荷且精度较高

4.8　滚动轴承通用技术规则

滚动轴承的通用技术规则适用于一般用途的滚动轴承。

4.8.1　外形尺寸

轴承的外形尺寸按 GB/T 273.1—2011、GB/T 273.2—2006、GB/T 273.3—2015 的规定。

4.8.2　公差等级与公差

轴承按尺寸公差与旋转精度分级。公差等级依次由低到高排列，其公差值按 GB/T 307.1—2017、GB/T 307.4—2017 的规定。

向心轴承（圆锥滚子轴承除外）分为普通级、6、5、4、2 五级。

圆锥滚子轴承分为普通级、6X、5、4、2 五级。

推力轴承分为普通级、6、5、4 四级。

4.8.3　倒角尺寸最大值

轴承的倒角尺寸最大值按 GB/T 274—2000 的规定。

4.8.4　游隙

向心轴承的径向游隙按 GB/T 4604.1—2012 的规定。

四点接触球轴承的轴向游隙按 GB/T 4604.2—2013 的规定。

双列和四列圆锥滚子轴承游隙按 JB/T 8236—2010 的规定。

4.8.5　表面粗糙度

轴承配合表面和端面的表面粗糙度按表 7-4-20 的规定。

表 7-4-20　　轴承配合表面和端面的表面粗糙度

表面名称	轴承公差等级	轴承公称直径①/mm					
		>	30	80	200	500	1600
		≤30	80	200	500	1600	2500
		Ra max/μm					
内圈内孔表面	普通级	0.8	0.8	0.8	1	1.25	1.6
	6X(6)	0.63	0.63	0.8	1	1.25	—
	5	0.5	0.5	0.63	0.8	1	—
	4	0.25	0.25	0.4	0.5	—	—
	2	0.16	0.2	0.32	0.4	—	—
外圈外圆柱表面	普通级	0.63	0.63	0.63	0.8	1	1.25
	6X(6)	0.32	0.32	0.5	0.63	1	—
	5	0.32	0.32	0.5	0.63	0.8	—
	4	0.25	0.25	0.4	0.5	—	—
	2	0.16	0.2	0.32	0.4	—	—
套圈端面	普通级	0.8	0.8	0.8	1	1.25	1.6
	6X(6)	0.63	0.63	0.8	1	1	—
	5	0.5	0.5	0.63	0.8	0.8	—
	4	0.4	0.4	0.5	0.63	—	—
	2	0.32	0.32	0.4	0.4	—	—

① 内圈内孔及其端面按内孔直径查表，外圈外圆柱表面及其端面按外径查表。单向推力轴承垫圈及其端面，按轴圈内孔直径查表，双向推力轴承垫圈（包括中圈）及其端面按座圈圆整的内孔直径查表。

4.8.6　轴承套圈和滚动体材料及热处理

轴承套圈和滚动体的材料一般采用符合 GB/T 18254—2016 规定的高碳铬轴承钢，热处理质量按 GB/T 34891—2017 的规定；也可采用满足性能要求的其他材料，热处理质量按相关标准的规定。

4.8.7　残磁限值

轴承残磁限值按 JB/T 6641—2017 的规定。

4.8.8　振动限值

轴承振动限值分别按 GB/T 32325—2015、GB/T 32333—2015、JB/T 8922—2011、JB/T 10236—2014、JB/T 10237—2014 的规定。

4.8.9　密封性

密封轴承应具有良好的密封性能，密封深沟球轴承的技术条件按 JB/T 7752—2017 的规定。

4.8.10　清洁度

轴承的清洁度按 GB/T 33624—2017 和 JB/T 7050—2005 的规定。

4.8.11　外观质量

轴承不允许有裂纹、锈蚀、明显的磕碰伤等影响安装或使用性能的表面缺陷。

4.8.12　互换性

普通级公差的分离型角接触球轴承（S70000 型），普通级、6X 级公差的圆锥滚子轴承，其分部件应能互换。

普通级公差的圆柱滚子轴承，有内、外圈及保持架的滚针轴承，当用户有互换性要求时，应按互换提交。

4.8.13　额定载荷、额定寿命和额定热转速

轴承的基本额定动载荷与额定寿命的计算方法按 GB/T 6391—2010 的规定。

轴承的基本额定静载荷的计算方法按 GB/T 4662—2012 的规定。

轴承的额定热转速的计算方法按 GB/T 24609—2009 的规定。

4.8.14　测量方法

轴承的尺寸公差和旋转精度的测量按 GB/T 307.2—2005 的规定。

下列轴承允许用成品零件检查代替成套轴承的检查。零件的各项公差值按成品零件技术要求执行。

1）分离型角接触球轴承（S70000 型）；

2）内径小于 10mm 的调心球轴承；

3）滚道表面带凸度的圆锥滚子轴承；

4）直径系列 7 的向心轴承；

5）外径大于 300mm 或内径小于 3mm 的其他类型的轴承；

6）推力轴承。

轴承游隙的测量按 GB/T 25769—2010、GB/T 32323—2015 和 JB/T 8236—2010 的规定。

轴承表面粗糙度的测量按 JB/T 7051—2006 的规定。

轴承热处理质量的检测按 GB/T 34891—2017 的规定。

轴承残磁的测量按 JB/T 6641—2017 的规定。

轴承振动的测量按 GB/T 24610.2—2009、GB/T 24610.3—2009、GB/T 24610.4—2009 或 GB/T 32333—2015 的规定。

轴承清洁度的测试按 GB/T 33624—2017 和 JB/T 7050—2005 的规定。

轴承的外观质量在散光灯下目视检查。

轴承寿命的试验与评定按 GB/T 24607—2009 的规定。

4.8.15　标志

轴承的标志按 GB/T 24605—2009 的规定。

4.8.16　检验规则

轴承成品应由制造厂质量管理部门进行检验。提交给用户的轴承，其检验规则按 GB/T 24608—2009 的规定。

质量合格的产品，应附有质量合格证，合格证上应注明：

1）制造厂厂名（或商标）；

2）轴承代号；

3）本标准编号或补充技术条件编号；

4）包装日期。

4.8.17　包装

轴承的包装按 GB/T 8597—2013 的规定。

4.8.18　轴承用零件和附件

（1）滚动体

轴承用钢球按 GB/T 308.1—2013 的规定；陶瓷球按 GB/T 308.2—2010 的规定；圆柱滚子按 GB/T 4661—2015 的规定；滚针按 GB/T 309—2000 的规定；圆锥滚子按 GB/T 25767—2010 的规定。

（2）保持架

冲压保持架按 GB/T 28268—2012 的规定；金属实体保持架按 JB/T 11841—2014 的规定；工程塑料保持架按 JB/T 7048—2011 的规定。

（3）密封圈和防尘盖

密封圈按 JB/T 6639—2015 的规定；防尘盖按 JB/T 10239—2011 的规定。

（4）止动环

轴承用止动环按 GB/T 305—1998 的规定。

（5）轴承座

轴承用轴承座按 GB/T 7813—2008 和 JB/T 8874—2010 的规定。

（6）紧定套和退卸衬套

轴承用紧定套和退卸衬套按 GB/T 9160.1—2017 的规定。

（7）锁紧螺母和锁紧装置

轴承用锁紧螺母和锁紧装置按 GB/T 9160.2—2017 的规定。

4.9　轴承的应用

轴承的安装尺寸按 GB/T 5868—2003 的规定。

轴承的配合按 GB/T 275—2015 的规定。

轴承在使用中出现的失效模式分类和原因分析见 GB/T 24611—2009。

第5章 常用滚动轴承的基本尺寸及性能参数

5.1 深沟球轴承

表 7-5-1　　深沟球轴承（GB/T 276—2013）

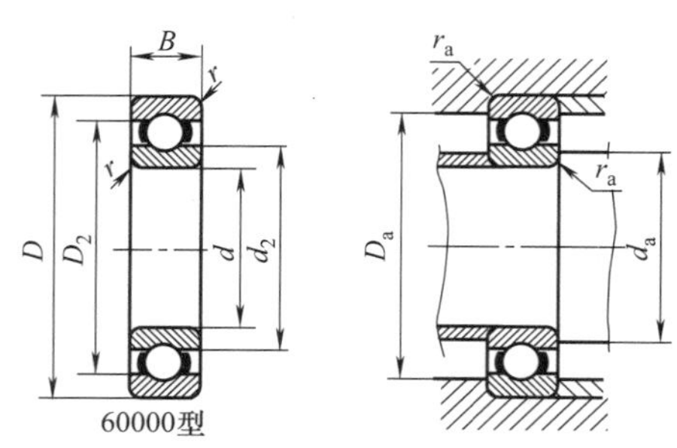

径向当量动载荷　$P_r=XF_r+YF_a$

径向当量静载荷

单列、双列：$P_{0r}=0.6F_r+0.5F_a$

当 $P_{0r}<F_r$ 时取 $P_{0r}=F_r$

相对轴向载荷			0.172	0.345	0.689	1.03	1.38	2.07	3.45	5.17	6.89
	f_0F_a/C_{0r}		0.172	0.345	0.689	1.03	1.38	2.07	3.45	5.17	6.89
	$F_a/(iZD_w^2)$		0.172	0.345	0.689	1.03	1.38	2.07	3.45	5.17	6.89
深沟球轴承	$F_a/F_r\leqslant e$	X	1								
		Y	0								
	$F_a/F_r>e$	X	0.56								
		Y	2.3	1.99	1.71	1.55	1.45	1.31	1.15	1.04	1
e			0.19	0.22	0.26	0.28	0.30	0.34	0.38	0.42	0.44

表 7-5-2　　深沟球轴承

轴承型号	基本尺寸/mm			基本额定载荷/kN		极限转速/r·min^{-1}		质量/kg	安装尺寸/mm			其他尺寸/mm		
60000 型	d	D	B	C_r	C_{0r}	脂	油	W ≈	d_a min	D_a max	r_a max	d_2 ≈	D_2 ≈	r min
619/3	3	8	3	0.45	0.15	38000	48000	0.0008	4.2	6.8	0.15	4.5	6.5	0.15
623		10	4	0.65	0.22	38000	48000	0.002	4.2	8.8	0.15	5.2	8.1	0.15
628/4	4	9	3.5	0.55	0.18	38000	48000	0.0008	4.8	8.2	0.1	5.52	7.48	0.1
619/4		11	4	0.95	0.35	36000	45000	0.002	5.2	9.8	0.15	5.9	9.1	0.15
624		13	5	1.15	0.40	36000	45000	0.0003	5.6	11.4	0.2	6.7	10.1	0.2
634		16	5	1.88	0.68	32000	40000	0.005	6.4	13.6	0.3	8.4	10.1	0.3
619/5	5	13	4	1.08	0.42	34000	43000	0.0025	6.6	11.4	0.2	7.35	10.1	0.2
605		14	5	1.05	0.50	30000	38000	0.0045	6.6	12.4	0.2	7.35	10.1	0.2
625		16	5	1.88	0.68	32000	40000	0.004	7.4	13.6	0.3	8.4	12.6	0.3
635		19	6	2.80	1.02	28000	36000	0.008	7.4	17.0	0.3	10.7	15.3	0.3
628/6	6	13	5	1.08	0.42	34000	43000	0.0021	7.2	11.8	0.15	7.9	11.1	0.15
619/6		15	5	1.48	0.60	32000	40000	0.0045	7.6	13.4	0.2	8.6	12.4	0.2
606		17	6	1.95	0.72	30000	38000	0.006	8.4	14.6	0.3	9.0	14	0.3
626		19	6	2.80	1.05	28000	36000	0.008	8.4	17.0	0.3	10.7	15.7	0.3
628/7	7	14	5	1.18	0.50	32000	40000	0.0024	8.2	12.8	0.15	9.0	12	0.15
619/7		17	5	2.02	0.80	30000	38000	0.0057	9.4	15.2	0.3	9.6	14.4	0.3
607		19	6	2.88	1.08	28000	36000	0.007	9.4	16.6	0.3	10.7	15.3	0.3
627		22	7	3.28	1.35	26000	34000	0.014	9.4	19.6	0.3	11.8	18.2	0.3

续表

轴承型号	基本尺寸/mm			基本额定载荷/kN		极限转速/r·min^{-1}		质量/kg	安装尺寸/mm			其他尺寸/mm		
60000 型	d	D	B	C_r	C_{0r}	脂	油	W ≈	d_a min	D_a max	r_a max	d_2 ≈	D_2 ≈	r min
628/8	8	16	5	1.32	0.65	30000	38000	0.004	9.6	14.4	0.2	10.8	14	0.2
619/8		19	6	2.25	0.92	28000	36000	0.0085	10.4	17.2	0.3	11.0	16	0.3
608		22	7	2.32	1.38	26000	34000	0.015	10.4	19.6	0.3	11.8	18.2	0.3
628		24	8	3.35	1.40	24000	32000	0.016	10.4	21.6	0.3	12.8	19.2	0.3
628/9	9	17	5	1.60	0.72	28000	36000	0.0042	10.6	15.4	0.2	11.1	14.9	0.2
619/9		20	6	2.48	1.08	27000	34000	0.0092	11.4	18.2	0.3	12.0	17	0.3
609		24	7	3.35	1.40	22000	30000	0.016	11.4	21.6	0.3	14.2	19.2	0.3
629		26	8	4.45	1.95	22000	30000	0.019	11.4	23.6	0.3	14.4	21.1	0.3
61800	10	19	5	1.80	0.93	28000	36000	0.005	12.0	17	0.3	12.6	16.4	0.3
61900		22	6	2.70	1.30	25000	32000	0.011	12.4	20	0.3	13.5	18.5	0.3
6000		26	8	4.58	1.98	22000	30000	0.019	12.4	23.6	0.3	14.9	21.3	0.3
6200		30	9	5.10	2.38	20000	26000	0.032	15.0	26.0	0.6	17.4	23.8	0.6
6300		35	11	7.65	3.48	18000	24000	0.053	15.0	30.0	0.6	19.4	27.6	0.6
61801	12	21	5	1.90	1.00	24000	32000	0.007	14.0	19	0.3	14.6	18.4	0.3
61901		24	6	2.90	1.50	22000	28000	0.013	14.4	22	0.3	15.5	20.6	0.3
16001		28	7	5.10	2.40	20000	26000	0.019	14.4	25.6	0.3	16.7	23.3	0.3
6001		28	8	5.10	2.38	20000	26000	0.022	14.4	25.6	0.3	17.4	23.8	0.3
6201		32	10	6.82	3.05	19000	24000	0.035	17.0	28	0.6	18.3	26.1	0.6
6301		37	12	9.72	5.08	17000	22000	0.057	18.0	32	1	19.3	29.7	1
61802	15	24	5	2.10	1.30	22000	30000	0.008	17	22	0.3	17.6	21.4	0.3
61902		28	7	4.30	2.30	20000	26000	0.018	17.4	26	0.3	18.3	24.7	0.3
16002		32	8	5.60	2.80	19000	24000	0.025	17.4	29.6	0.3	20.2	26.8	0.3
6002		32	9	5.58	2.85	19000	24000	0.031	17.4	29.6	0.3	20.4	26.6	0.3
6202		35	11	7.65	3.72	18000	22000	0.045	20.0	32	0.6	21.6	59.4	0.6
6302		42	13	11.5	5.42	16000	20000	0.080	21.0	37	1	24.3	34.7	1
61803	17	26	5	2.20	1.5	20000	28000	0.008	19.0	24	0.3	19.6	23.4	0.3
61903		30	7	4.60	2.6	19000	24000	0.020	19.4	28	0.3	20.3	26.7	0.3
16003		35	8	6.00	3.3	18000	22000	0.027	19.4	32.6	0.3	22.7	29.3	0.3
6003		35	10	6.00	3.25	17000	21000	0.040	19.4	32.6	0.3	22.9	29.1	0.3
6203		40	12	9.58	4.78	16000	20000	0.064	22.0	36	0.6	24.6	33.4	0.6
6303		47	14	13.5	6.58	15000	18000	0.109	23.0	41.0	1	26.8	38.2	1
6403		62	17	22.7	10.8	11000	15000	0.268	24.0	55.0	1	31.9	47.1	1.1
61804	20	32	7	3.50	2.20	18000	24000	0.020	22.4	30	0.3	23.5	28.6	0.3
61904		37	9	6.40	3.70	17000	22000	0.040	22.4	34.6	0.3	25.2	31.8	0.3
16004		42	8	7.90	4.50	16000	19000	0.050	22.4	39.6	0.3	27.1	34.9	0.3
6004		42	12	9.38	5.02	16000	19000	0.068	25.0	38	0.6	26.9	35.1	0.6
6204		47	14	12.8	6.65	14000	18000	0.103	26.0	42	1	29.3	39.7	1
6304		52	15	15.8	7.88	13000	16000	0.142	27.0	45.0	1	29.8	42.2	1.1
6404		72	19	31.0	15.2	9500	13000	0.400	27.0	65.0	1	38.0	56.1	1.1
61805	25	37	7	4.3	2.90	16000	20000	0.022	27.4	35	0.3	28.2	33.8	0.3
61905		42	9	7.0	4.50	14000	18000	0.050	27.4	40	0.3	30.2	36.8	0.3
16005		47	8	8.8	5.60	13000	17000	0.060	27.4	44.6	0.3	33.1	40.9	0.3
6005		47	12	10.0	5.85	13000	17000	0.078	30	43	0.6	31.9	40.1	0.6
6205		52	15	14.0	7.88	12000	15000	0.127	31	47	1	33.8	44.2	1
6305		62	17	22.2	11.5	10000	14000	0.219	32	55	1	36.0	51.0	1.1

续表

轴承型号	基本尺寸/mm			基本额定载荷/kN		极限转速/r·min^{-1}		质量/kg	安装尺寸/mm			其他尺寸/mm		
60000型	d	D	B	C_r	C_{0r}	脂	油	W ≈	d_a min	D_a max	r_a max	d_2 ≈	D_2 ≈	r min
6405	25	80	21	38.2	19.2	8500	11000	0.529	34	71	1.5	42.3	62.7	1.5
61806	30	42	7	4.70	3.60	13000	17000	0.026	32.4	40	0.3	33.2	38.8	0.3
61906		47	9	7.20	5.00	12000	16000	0.060	32.4	44.6	0.3	35.2	41.8	0.3
16006		55	9	11.2	7.40	11000	14000	0.085	32.4	52.6	0.3	38.1	47.0	0.3
6006		55	13	13.2	8.30	11000	14000	0.110	36	50.0	1	38.4	47.7	1
6206		62	16	19.5	11.5	9500	13000	0.200	36	56	1	40.8	52.2	1
6306		72	19	27.0	15.2	9000	11000	0.349	37	65	1	44.8	59.2	1.1
6406		90	23	47.5	24.5	8000	10000	0.710	39	81	1.5	48.6	71.4	1.5
61807	35	47	7	4.90	4.00	11000	15000	0.030	37.4	45	0.3	38.2	43.8	0.3
61907		55	10	9.50	6.80	10000	13000	0.086	40	51	0.6	41.1	48.9	0.6
16007		62	9	12.2	8.80	9500	12000	0.100	37.4	59.6	0.3	44.6	53.5	0.3
6007		62	14	16.2	10.5	9500	12000	0.148	41	56	1	43.3	53.7	1
6207		72	17	25.5	15.2	8500	11000	0.288	42	65	1	46.8	60.2	1.1
6307		80	21	33.4	19.2	8000	9500	0.455	44	71	1.5	50.4	66.6	1.5
6407		100	25	56.8	29.5	6700	8500	0.926	44	91	1.5	54.9	80.1	1.5
61808	40	52	7	5.10	4.40	10000	13000	0.034	42.4	50	0.3	43.2	48.8	0.3
61908		62	12	13.7	9.90	9500	12000	0.110	45	58	0.6	46.3	55.7	0.6
16008		68	9	12.6	9.60	9000	11000	0.130	42.4	65.6	0.3	49.6	58.5	0.3
6008		68	15	17.0	11.8	9000	11000	0.185	46	62	1	48.8	59.2	1
6208		80	18	29.5	18.0	8000	10000	0.368	47	73	1	52.8	67.2	1.1
6308		90	23	40.8	24.0	7000	8500	0.639	49	81	1.5	56.5	74.6	1.5
6408		110	27	65.5	37.5	6300	8000	1.221	50	100	2	63.9	89.1	2
61809	45	58	7	6.40	5.60	9000	12000	0.040	47.4	56	0.3	48.3	54.7	0.3
61909		68	12	14.1	10.90	8500	11000	0.140	50	63	0.6	51.8	61.2	0.6
16009		75	10	15.6	12.2	8000	10000	0.170	50	70	0.6	55.5	65.0	0.6
6009		75	16	21.0	14.8	8000	10000	0.230	51	69	1	54.2	65.9	1
6209		85	19	31.5	20.5	7000	9000	0.416	52	78	1	58.8	73.2	1.1
6309		100	25	52.8	31.8	6300	7500	0.837	54	91	1.5	63.0	84.0	1.5
6409		120	29	77.5	45.5	5600	7000	1.520	55	110	2	70.7	98.3	2
61810	50	65	7	6.6	6.1	8500	10000	0.057	52.4	62.6	0.3	54.3	60.7	0.3
61910		72	12	14.5	11.7	8000	9500	0.140	55	68	0.6	56.3	65.7	0.6
16010		80	10	16.1	13.1	8000	9500	0.180	55	75	0.6	60.0	70.0	0.6
6010		80	16	22.0	16.2	7000	9000	0.258	56	74	1	59.2	70.9	1
6210		90	20	35.0	23.2	6700	8500	0.463	57	83	1	62.4	77.6	1.1
6310		110	27	61.8	38.0	6000	7000	1.082	60	100	2	69.1	91.9	2
6410		130	31	92.2	55.2	5300	6300	1.855	62	118	2.1	77.3	107.8	2.1
61811	55	72	9	9.1	8.4	8000	9500	0.083	57.4	69.6	0.3	60.2	66.9	0.3
61911		80	13	15.9	13.2	7500	9000	0.19	61	75	1	62.9	72.2	1
16011		90	11	19.4	16.2	7000	8500	0.260	60	85	0.6	67.3	77.7	0.6
6011		90	18	30.2	21.8	7000	8500	0.362	62	83	1	65.4	79.7	1.1
6211		100	21	43.2	29.2	6000	7500	0.603	64	91	1.5	68.9	86.1	1.5
6311		120	29	71.5	44.8	5600	6700	1.367	65	110	2	76.1	100.9	2
6411		140	33	100	62.5	4800	6000	2.316	67	128	2.1	82.8	115.2	2.1

续表

轴承型号	基本尺寸/mm			基本额定载荷/kN		极限转速/r·min⁻¹		质量/kg	安装尺寸/mm			其他尺寸/mm		
60000型	d	D	B	C_r	C_{0r}	脂	油	W ≈	d_a min	D_a max	r_a max	d_2 ≈	D_2 ≈	r min
61812	60	78	10	9.1	8.7	7000	8500	0.11	62.4	75.6	0.3	66.2	72.9	0.3
61912		85	13	16.4	14.2	6700	8000	0.230	66	80	1	67.9	77.2	1
16012		95	11	19.9	17.5	6300	7500	0.280	65	90	0.6	72.3	82.7	0.6
6012		95	18	31.5	24.2	6300	7500	0.385	67	89	1	71.4	85.7	1.1
6212		110	22	47.8	32.8	5600	7000	0.789	69	101	1.5	76.0	94.1	1.5
6312		130	31	81.8	51.8	5000	6000	1.710	72	118	2.1	81.7	108.4	2.1
6412		150	35	109	70.0	4500	5600	2.811	72	138	2.1	87.9	122.2	2.1
61813	65	85	10	11.9	11.5	6700	8000	0.13	69	81	0.6	71.1	78.9	0.6
61913		90	13	17.4	16.0	6300	7500	0.22	71	85	1	72.9	82.2	1
16013		100	11	20.5	18.6	6000	7000	0.300	70	95	0.6	77.3	87.7	0.6
6013		100	18	32.0	24.8	6000	7000	0.410	72	93	1	75.3	89.7	1.1
6213		120	23	57.2	40.0	5000	6300	0.990	74	111	1.5	82.5	102.5	1.5
6313		140	33	93.8	60.5	4500	5300	2.100	77	128	2.1	88.1	116.9	2.1
6413		160	37	118	78.5	4300	5300	3.342	77	148	2.1	94.5	130.6	2.1
61814	70	90	10	12.1	11.9	6300	7500	0.114	74	86	0.6	76.1	83.9	0.6
61914		100	16	23.7	21.1	6000	7000	0.35	76	95	1	79.3	90.7	1
16014		110	13	27.9	25.0	5600	6700	0.430	75	105	0.6	83.8	96.2	0.6
6014		110	20	38.5	30.5	5600	6700	0.575	77	103	1	82.0	98.0	1.1
6214		125	24	60.8	45.0	4800	6000	1.084	79	116	1.5	89.0	109.0	1.5
6314		150	35	105	68.0	4300	5000	2.550	82	138	2.1	94.8	125.3	2.1
6414		180	42	140	99.5	3800	4500	4.896	84	166	2.5	105.6	146.4	3
61815	75	95	10	12.5	12.8	6000	7000	0.150	79	91	0.6	81.1	88.9	0.6
61915		105	16	24.3	22.5	5600	6700	0.420	81	100	1	84.3	95.7	1
16015		115	13	28.7	26.8	5300	6300	0.460	80	110	0.6	88.8	101.2	0.6
6015		115	20	40.2	33.2	5300	6300	0.603	82	108	1	88.0	104.0	1.1
6215		130	25	66.0	49.5	4500	5600	1.171	84	121	1.5	94.0	115.0	1.5
6315		160	37	113	76.8	4000	4800	3.050	87	148	2.1	101.3	133.7	2.1
6415		190	45	154	115	3600	4300	5.739	89	176	2.5	112.1	155.9	3
61816	80	100	10	12.7	13.3	5600	6700	0.160	84	96	0.6	86.1	93.9	0.6
61916		110	16	24.9	23.9	5300	6300	0.440	86	105	1	89.3	100.7	1
16016		125	14	33.1	31.4	5000	6000	0.600	85	120	0.6	95.8	109.2	0.6
6016		125	22	47.5	39.8	5000	6000	0.821	87	118	1	95.2	112.8	1.1
6216		140	26	71.5	54.2	4300	5300	1.448	90	130	2	100.0	122.0	2
6316		170	39	123	86.5	3800	4500	3.610	92	158	2.1	107.9	142.2	2.1
6416		200	48	163	125	3400	4000	6.740	94	186	2.5	117.1	162.9	3
61817	85	110	13	19.2	19.8	5000	6300	0.285	90	105	1	92.5	102.5	1
61917		120	18	31.9	29.7	4800	6000	0.620	92	113.5	1	95.8	109.2	1.1
16017		130	14	34	33.3	4500	5600	0.630	90	125	0.6	100.8	114.2	0.6
6017		130	22	50.8	42.8	4500	5600	0.848	92	123	1	99.4	117.6	1.1
6217		150	28	83.2	63.8	4000	5000	1.803	95	140	2	107.1	130.9	2
6317		180	41	132	96.5	3600	4300	4.284	99	166	2.5	114.4	150.6	3
6417	85	210	52	175	138	3200	3800	7.933	103	192	3	123.5	171.5	4

续表

轴承型号	基本尺寸/mm			基本额定载荷/kN		极限转速/r·min⁻¹		质量/kg	安装尺寸/mm			其他尺寸/mm		
60000型	d	D	B	C_r	C_{0r}	脂	油	W ≈	d_a min	D_a max	r_a max	d_2 ≈	D_2 ≈	r min
61818	90	115	13	19.5	20.5	4800	6000	0.28	95	110	1	97.5	107.5	1
61918		125	18	32.8	31.5	4500	5600	0.650	97	118.5	1	100.8	114.5	1.1
16018		140	16	41.5	39.3	4300	5300	0.850	96	134	1	107.3	122.8	1
6018		140	24	50.8	49.8	4300	5300	1.10	99	131	1.5	107.2	126.8	1.5
6218		160	30	95.8	71.5	3800	4800	2.17	100	150	2	111.7	138.4	2
6318		190	43	145	108	3400	4000	4.97	104	176	2.5	120.8	159.2	3
6418		225	54	192	158	2800	3600	9.56	108	207	3	131.8	183.2	4
61819	95	120	13	19.8	21.3	4500	5600	0.30	100	115	1	102.5	112.5	1
61919		130	18	33.7	33.3	4300	5300	0.56	102	124	1	105.8	119.2	1.1
16019		145	16	42.7	41.9	4000	5000	0.89	101	139	1	112.3	127.8	1
6019		145	24	57.8	50.0	4000	5000	1.15	104	136	1.5	110.2	129.8	1.5
6219		170	32	110	82.8	3600	4500	2.62	107	158	2.1	118.1	146.9	2.1
6319		200	45	157	122	3200	3800	5.74	109	186	2.5	127.1	167.9	3
61820	100	125	13	20.1	22.0	4300	5300	0.31	105	120	1	107.5	117.5	1
61920		140	20	42.7	41.9	4000	5000	0.92	107	133	1	112.3	127.8	1.1
16020		150	16	43.8	44.3	3800	4800	0.91	106	144	1	118.3	133.8	1
6020		150	24	64.5	56.2	3800	4800	1.18	109	141	1.5	114.6	135.4	1.5
6220		180	34	122	92.8	3400	4300	3.19	112	168	2.1	124.8	155.3	2.1
6320		215	47	173	140	2800	3600	7.07	114	201	2.5	135.6	179.4	3
6420		250	58	223	195	2400	3200	12.9	118	232	3	146.4	203.6	4
61821	105	130	13	20.3	22.7	4000	5000	0.34	110	125	1	112.5	122.5	1
61921		145	20	43.9	44.3	3800	4800	0.96	112	138	1	117.3	132.8	1.1
16021		160	18	51.8	50.6	3600	4500	1.20	111	154	1	123.7	141.3	1
6021		160	26	71.8	63.2	3600	4500	1.52	115	150	2	121.5	143.6	2
6221		190	36	133	105	3200	4000	3.78	117	178	2.1	131.3	163.7	2.1
6321		225	49	184	153	2600	3200	8.05	119	211	2.5	142.1	187.9	3
61822	110	140	16	28.1	30.7	3800	5000	0.60	115	135	1	119.3	130.7	1
61922		150	20	43.6	44.4	3600	4500	1.00	117	143	1	122.3	137.8	1.1
16022		170	19	57.4	50.7	3400	4300	1.42	116	164	1	130.7	149.3	1
6022		170	28	81.8	72.8	3400	4300	1.89	120	160	2	129.1	152.9	2
6222		200	38	144	117	3000	3800	4.42	122	188	2.1	138.9	173.2	2.1
6322		240	50	205	178	2400	3000	9.53	124	226	2.5	150.2	199.8	3
6422		280	65	225	238	2000	2800	18.34	128	262	3	163.6	226.5	4
61824	120	150	16	28.9	32.9	3400	4300	0.65	125	145	1	129.3	140.7	1
61924		165	22	55.0	56.9	3200	4000	1.40	127	158	1	133.7	151.3	1.1
16024		180	19	58.8	60.4	3000	3800	1.80	126	174	1	140.7	159.3	1
6024		180	28	87.5	79.2	3000	3800	1.99	130	170	2	137.7	162.4	2
6224		215	40	155	131	2600	3400	5.30	132	203	2.1	149.4	185.6	2.1
6324		260	55	228	208	2200	2800	12.2	134	246	2.5	163.3	216.7	3

续表

轴承型号	基本尺寸/mm			基本额定载荷/kN		极限转速/r·min⁻¹		质量/kg	安装尺寸/mm			其他尺寸/mm		
60000 型	d	D	B	C_r	C_{0r}	脂	油	W ≈	d_a min	D_a max	r_a max	d_2 ≈	D_2 ≈	r min
61826	130	165	18	37.9	42.9	3200	4000	0.736	137	158	1	140.8	154.2	1.1
61926		180	24	65.1	67.2	3000	3800	1.8	139	171	1.5	145.2	164.8	1.5
16026		200	22	79.7	79.2	2800	3600	2.63	137	193	1	153.6	176.4	1.1
6026		200	33	105	96.8	2800	3600	3.08	140	190	2	151.4	178.7	2
6226		230	40	165	148.0	2400	3200	6.12	144	216	2.5	162.9	199.1	3
6326		280	58	253	242	2000	2600	14.77	148	262	3	176.2	233.8	4
61828	140	175	18	38.2	44.3	3000	3800	0.784	147	168	1	150.8	164.2	1.1
61928		190	24	66.6	71.2	2800	3600	1.90	149	181	1.5	155.2	174.8	1.5
16028		210	22	82.1	85	2400	3200	3.08	147	203	1	163.6	186.4	1.1
6028		210	33	116	108	2400	3200	3.17	150	200	2	160.6	189.5	2
6228		250	42	179	167	2000	2800	7.77	154	236	2.5	175.8	214.2	3
6328		300	62	275	272	1900	2400	18.33	158	282	3	189.5	250.5	4
61830	150	190	20	49.1	57.1	2800	3400	1.114	157	183	1	162.3	177.8	1.1
61930		210	28	84.7	90.2	2600	3200	2.454	160	180	2	168.6	191.4	2
16030		225	24	91.9	98.5	2200	3000	3.580	157	218	1	175.6	199.4	1.1
6030		225	35	132	125	2200	3000	3.940	162	213	2.1	172.0	203.0	2.1
6230		270	45	203	199	1900	2600	9.779	164	256	2.5	189.0	231.0	3
6330		320	65	288	295	1700	2200	21.87	168	302	3	203.6	266.5	4
61832	160	200	20	49.6	59.1	2600	3200	1.250	167	193	1	172.3	187.8	1
61932		220	28	86.9	95.5	2400	3000	2.589	170	190	2	178.6	201.4	2
16032		240	25	98.7	107	2000	2800	4.32	169	231	1.5	187.6	212.4	1.5
6032		240	38	145	138	2000	2800	4.83	172	228	2.1	183.8	216.3	2.1
6232		290	48	215	218	1800	2400	12.22	174	276	2.5	203.1	246.9	3
6332		340	68	313	340	1600	2000	26.43	178	322	3	221.6	284.5	4
61834	170	215	22	61.5	73.3	2200	3000	1.810	177	208	1.1	183.7	201.3	1
61934		230	28	88.8	100	2000	2800	3.40	180	220	2	188.6	211.4	2
16034		260	28	118	130	1900	2600	5.770	179	251	1.5	201.4	228.7	1.5
6034		260	42	170	170	1900	2600	6.50	182	248	2.1	196.8	233.2	2.1
6234		310	52	245	260	1700	2200	15.241	188	292	3	216.0	264.0	4
6334		360	72	335	378	1500	1900	31.43	188	342	3	237.0	303.0	4
61836	180	225	22	62.3	75.9	2000	2800	2.00	187	218	1.1	193.7	211.3	1
61936		250	33	118	133	1900	2600	4.80	190	240	2	201.6	228.5	2
16036		280	31	144	157	1800	2400	7.60	190	270	2	214.5	245.5	2
6036		280	46	188	198	1800	2400	8.51	192	268	2.1	212.4	251.6	2.1
6236		320	52	262	285	1600	2000	15.518	198	302	3	227.5	277.9	4
61838	190	240	24	75.1	91.6	1900	2600	2.38	199	231	1.5	205.2	224.9	1.5
61938		260	33	117	133	1800	2400	5.25	200	250	2	211.6	238.5	2
16038		290	31	149	168	1700	2200	7.89	200	280	2	224.5	255.5	2

续表

轴承型号	基本尺寸/mm			基本额定载荷/kN		极限转速/r·min⁻¹		质量/kg	安装尺寸/mm			其他尺寸/mm		
60000型	d	D	B	C_r	C_{0r}	脂	油	W ≈	d_a min	D_a max	r_a max	d_2 ≈	D_2 ≈	r min
6038	190	290	46	188	200	1700	2200	8.865	202	278	2.1	220.4	259.7	2.1
6238		340	55	285	322	1500	1900	18.691	208	322	3	241.2	294.6	4
61840	200	250	24	74.2	91.2	1800	2400	8.28	209	241	1.5	215.2	234.9	1.5
61940		280	38	149	168	1700	2200	7.4	212	268	2.1	224.5	255.5	2.1
16040		310	34	167	191	1800	2000	10.10	210	300	2	238.5	271.6	2
6040		310	51	205	225	1600	2000	11.64	212	298	2.1	234.2	275.8	2.1
6240		360	58	288	332	1400	1800	22.577	218	342	3	253.0	307.0	4
61844	220	270	24	76.4	97.8	1700	2200	3.00	229	261	1.5	235.2	254.9	1.5
61944		300	38	152	178	1600	2000	7.60	232	288	2.1	244.5	275.5	2.1
16044		340	37	181	216	1400	1800	11.5	232	328	2.1	262.5	297.6	2.1
6044		340	56	252	268	1400	1800	18.0	234	326	3	257.0	304.0	2.5
6244		400	65	355	365	1200	1600	36.5	238	382	3	282.0	336.0	4
61848	240	300	28	83.5	108	1500	1900	4.50	250	290	2	259.0	282.0	2
61948		320	38	142	178	1400	1800	8.2	252	308	2.1	266.0	294.0	2.1
16048		360	37	172	210	1200	1600	14.5	252	348	2.1	281.0	319.0	2.1
6048		360	56	270	292	1200	1600	20.0	254	346	3	277.0	324.0	2.5
6248		440	72	358	467	1000	1400	53.9	258	422	3	308.0	373.0	4
61852	260	320	28	95	128	1300	1700	4.85	270	310	2	279.0	302.0	2
61952		360	46	210	268	1200	1600	13.70	272	348	2.1	292.0	328.0	2.1
16052		400	44	235	310	1100	1500	22.5	274	386	2.5	306.0	354.0	3
6052		400	65	292	372	1100	1500	28.80	278	382	3	304.0	357.0	4
61856	280	350	33	135	178	1100	1500	7.4	290	340	2	302.0	329.0	2
61956		380	46	210	268	1000	1400	15.0	292	368	2.1	312.0	349.0	2.1
6056		420	65	305	408	950	1300	32.10	298	402	3	324.0	376.0	4
61860	300	380	38	162	222	1000	1400	11.0	312	368	2.1	326.0	356.0	2.1
61960		420	56	270	370	950	1300	21.10	314	406	2.5	338.0	382.0	3
61864	320	400	38	168	235	950	1300	11.80	332	388	2.1	346.0	375.0	2.1
61964		440	56	275	392	900	1200	23.0	334	426	2.5	358.0	402.0	3
6064		480	74	345	510	850	1100	48.4	338	462	3	370.0	431.0	4
61968	340	460	56	292	418	850	1100	27.0	354	446	2.5	378.0	422.0	3
6072	360	540	82	400	622	750	950	68.0	382	518	4	416.0	485.0	5
61876	380	480	46	235	348	800	1000	20.5	392	468	2.1	412.0	449.0	2.1
6080	400	600	90	512	868	630	800	89.4	422	478	4	462.0	536.0	5
61892	460	580	56	322	538	600	750	36.28	474	566	2.5	498.0	542.0	3
619/500	500	670	78	445	808	500	630	79.50	522	648	4	555.0	615.0	5
60/500		720	100	625	1178	450	560	117.00	528	692	5	568.0	650.0	6

表 7-5-3　**带防尘盖的深沟球轴承**（GB/T 276—2013）

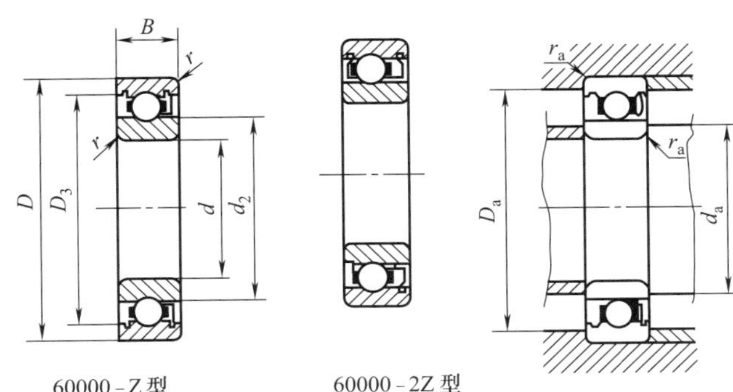

60000-Z 型　　60000-2Z 型

轴承型号		基本尺寸/mm			基本额定载荷/kN		极限转速/r·min^{-1}		质量/kg	安装尺寸/mm			其他尺寸/mm		
60000-Z 型	60000-2Z 型	d	D	B	C_r	C_{0r}	脂	油	W ≈	d_a min	D_a max	r_a max	d_2 ≈	D_3 ≈	r min
619/3-Z	619/3-2Z	3	8	3	0.45	0.15	38000	48000	0.0008	4.2	6.8	0.15	4.5	—	0.15
623-Z	623-2Z		10	4	0.65	0.22	38000	48000	0.002	4.2	8.8	0.15	5.2	8.2	0.15
628/4-Z	628/4-2Z	4	9	3.5	0.55	0.18	38000	48000	0.0008	4.8	8.2	0.1	5.52	—	0.1
619/4-Z	619/4-2Z		11	4	0.95	0.35	36000	45000	0.002	5.2	9.8	0.15	5.9	—	0.15
624-Z	624-2Z		13	5	1.15	0.40	36000	45000	0.0003	5.6	11.4	0.2	6.7	11.2	0.2
634-Z	634-2Z		16	5	1.88	0.68	32000	40000	0.005	6.4	13.6	0.3	8.4	13.3	0.3
619/5-Z	619/5-2Z	5	13	4	1.08	0.42	34000	43000	0.0025	6.6	11.4	0.2	7.35	—	0.2
605-Z	605-2Z		14	5	1.05	0.50	30000	38000	0.0045	6.6	12.4	0.2	7.35	—	0.2
625-Z	625-2Z		16	5	1.88	0.68	32000	40000	0.004	7.4	13.6	0.3	8.4	13.3	0.3
635-Z	635-2Z		19	6	2.80	1.02	28000	36000	0.008	7.4	16.6	0.3	10.7	16.5	0.3
628/6-Z	628/6-2Z	6	13	5	1.08	0.42	34000	43000	0.0021	7.2	11.8	0.15	7.9	—	0.15
619/6-Z	619/6-2Z		15	5	1.48	0.60	32000	40000	0.0045	7.6	13.4	0.2	8.6	—	0.2
606-Z	606-2Z		17	6	1.95	0.72	30000	38000	0.006	8.4	14.6	0.3	9.0	—	0.3
626-Z	626-2Z		19	6	2.80	1.05	28000	36000	0.008	8.4	16.6	0.3	10.7	16.5	0.3
628/7-Z	628/7-2Z	7	14	5	1.18	0.50	32000	40000	0.0024	8.2	12.8	0.15	—	—	0.15
619/7-Z	619/7-2Z		17	5	2.02	0.80	30000	38000	0.0057	9.4	15.2	0.3	—	—	0.3
607-Z	607-2Z		19	6	2.88	1.08	28000	36000	0.007	9.4	16.6	0.3	10.7	16.5	0.3
627-Z	627-2Z		22	7	3.28	1.35	26000	34000	0.014	9.4	19.6	0.3	11.8	19	0.3
628/8-Z	628/8-2Z	8	16	5	1.32	0.65	30000	38000	0.004	9.6	14.4	0.2	—	—	0.2
619/8-Z	619/8-2Z		19	6	2.25	0.92	28000	36000	0.0085	10.4	16.6	0.3	—	—	0.3
608-Z	608-2Z		22	7	2.32	1.38	26000	34000	0.015	10.4	19.6	0.3	11.8	19	0.3
628-Z	628-2Z		24	8	3.35	1.40	24000	32000	0.016	10.4	21.6	0.3	—	—	0.3
628/9-Z	628/9-2Z	9	17	5	1.60	0.72	28000	36000	0.0042	10.6	15.4	0.2	—	—	0.2
619/9-Z	619/9-2Z		20	6	2.48	1.08	27000	34000	0.0092	11.4	17.6	0.3	—	—	0.3
609-Z	609-2Z		24	7	3.35	1.40	22000	30000	0.016	11.4	21.6	0.3	14.2	21.2	0.3
629-Z	629-2Z		26	8	4.45	1.95	22000	30000	0.019	11.4	23.6	0.3	14.4	22.6	0.3
61800-Z	61800-2Z	10	19	5	1.80	0.93	28000	36000	0.005	12.0	17	0.3	12.6	17.3	0.3
62800-Z	62800-2Z		19	6	1.6	0.75	26000	34000	0.0063	12.0	17	0.3	12.6	16.4	0.3
61900-Z	61900-2Z		22	6	2.70	1.30	25000	32000	0.011	12.4	20	0.3	13.5	19.4	0.3
62900-Z	62900-2Z		22	8	2.70	1.30	25000	32000	0.008	12.4	20	0.3	13.5	18.5	0.3
6000-Z	6000-2Z		26	8	4.58	1.98	22000	30000	0.015	12.4	23.6	0.3	14.9	22.6	0.3
6200-Z	6200-2Z		30	9	5.10	2.38	20000	26000	0.030	15.0	26.0	0.6	17.4	25.2	0.6
6300-Z	6300-2Z		35	11	7.65	3.48	18000	24000	0.050	15.0	30.0	0.6	19.4	29.5	0.6

续表

轴承型号		基本尺寸/mm			基本额定载荷/kN		极限转速/r·min^{-1}		质量/kg	安装尺寸/mm			其他尺寸/mm		
60000-Z型	60000-2Z型	d	D	B	C_r	C_{0r}	脂	油	W ≈	d_a min	D_a max	r_a max	d_2 ≈	D_3 ≈	r min
61801-Z	61801-2Z	12	21	5	1.90	1.00	24000	32000	0.005	14.0	19	0.3	14.6	19.3	0.3
61901-Z	61901-2Z		24	6	2.90	1.50	22000	28000	0.008	14.4	22	0.3	15.5	21.5	0.3
6001-Z	6001-2Z		28	8	5.10	2.38	20000	26000	0.022	14.4	25.6	0.3	17.4	24.8	0.3
6201-Z	6201-2Z		32	10	6.82	3.05	19000	24000	0.040	17.0	28	0.6	18.3	28.0	0.6
6301-Z	6301-2Z		37	12	9.72	5.08	17000	22000	0.060	18.0	32	1	19.3	31.6	1
61802-Z	61802-2Z	15	24	5	2.10	1.30	22000	30000	0.005	17	22	0.3	17.6	22.3	0.3
61902-Z	61902-2Z		28	7	4.30	2.30	20000	26000	0.012	17.4	26	0.3	18.3	25.6	0.3
6002-Z	6002-2Z		32	9	5.58	2.85	19000	24000	0.030	17.4	29.6	0.3	20.4	28.5	0.3
6202-Z	6202-2Z		35	11	7.65	3.72	18000	22000	0.040	20.0	32	0.6	21.6	31.3	0.6
6302-Z	6302-2Z		42	13	11.5	5.42	16000	20000	0.080	21.0	37	1	24.3	36.6	1
61803-Z	61803-2Z	17	26	5	2.20	1.5	20000	28000	0.007	19.0	24	0.3	19.6	24.3	0.3
61903-Z	61903-2Z		30	7	4.60	2.6	19000	24000	0.014	19.4	28	0.3	20.3	27.6	0.3
6003-Z	6003-2Z		35	10	6.00	3.25	17000	21000	0.040	19.4	32.6	0.3	22.9	31.0	0.3
6203-Z	6203-2Z		40	12	9.58	4.78	16000	20000	0.060	22.0	36	0.6	24.6	35.3	0.6
6303-Z	6303-2Z		47	14	13.5	6.58	15000	18000	0.110	23.0	41.0	1	26.8	40.1	1
61804-Z	61804-2Z	20	32	7	3.50	2.20	18000	24000	0.015	22.4	30	0.3	23.5	29.7	0.3
61904-Z	61904-2Z		37	9	6.40	3.70	17000	22000	0.031	22.4	34.6	0.3	25.2	32.9	0.3
6004-Z	6004-2Z		42	12	9.38	5.02	16000	19000	0.070	25.0	38	0.6	26.9	37.0	0.6
6204-Z	6204-2Z		47	14	12.8	6.65	14000	18000	0.10	26.0	42	1	29.3	41.6	1
6304-Z	6304-2Z		52	15	15.8	7.88	13000	16000	0.140	27.0	45.0	1	29.8	44.4	1.1
61805-Z	61805-2Z	25	37	7	4.3	2.90	16000	20000	0.017	27.4	35	0.3	28.2	34.9	0.3
61905-Z	61905-2Z		42	9	7.0	4.50	14000	18000	0.038	27.4	40	0.3	30.2	37.9	0.3
6005-Z	6005-2Z		47	12	10.0	5.85	13000	17000	0.080	30	43	0.6	31.9	42.0	0.6
6205-Z	6205-2Z		52	15	14.0	7.88	12000	15000	0.120	31	47	1	33.8	46.4	1
6305-Z	6305-2Z		62	17	22.2	11.5	10000	14000	0.220	32	55	1	36.0	53.2	1.1
61806-Z	61806-2Z	30	42	7	4.70	3.60	13000	17000	0.019	32.4	40	0.3	33.2	39.9	0.3
61906-Z	61906-2Z		47	9	7.20	5.00	12000	16000	0.043	32.4	44.6	0.3	35.2	42.9	0.3
6006-Z	6006-2Z		55	13	13.2	8.30	11000	14000	0.120	36	50.0	1	38.4	49.9	1
6206-Z	6206-2Z		62	16	19.5	11.5	9500	13000	0.190	36	56	1	40.8	54.4	1
6306-Z	6306-2Z		72	19	27.0	15.2	9000	11000	0.350	37	65	1	44.8	61.4	1.1
61807-Z	61807-2Z	35	47	7	4.90	4.00	11000	15000	0.023	37.4	45	0.3	38.2	44.9	0.3
61907-Z	61907-2Z		55	10	9.50	6.80	10000	13000	0.078	40	51	0.6	41.1	50.3	0.6
6007-Z	6007-2Z		62	14	16.2	10.5	9500	12000	0.160	41	56	1	43.3	55.9	1
6207-Z	6207-2Z		72	17	25.5	15.2	8500	11000	0.270	42	65	1	46.8	62.4	1.1
6307-Z	6307-2Z		80	21	33.4	19.2	8000	9500	0.420	44	71	1.5	50.4	68.8	1.5
61808-Z	61808-2Z	40	52	7	5.10	4.40	10000	13000	0.026	42.4	50	0.3	43.2	49.9	0.3
61908-Z	61908-2Z		62	12	13.7	9.90	9500	12000	0.103	45	58	0.6	46.3	57.1	0.6
6008-Z	6008-2Z		68	15	17.0	11.8	9000	11000	0.190	46	62	1	48.8	61.4	1
6208-Z	6208-2Z		80	18	29.5	18.0	8000	10000	0.370	47	73	1	52.8	69.4	1.1
6308-Z	6308-2Z		90	23	40.8	24.0	7000	8500	0.630	49	81	1.5	56.5	77.0	1.5
61809-Z	61809-2Z	45	58	7	6.40	5.60	9000	12000	0.030	47.4	56	0.3	48.3	55.8	0.3
61909-Z	61909-2Z		68	12	14.1	10.90	8500	11000	0.123	50	63	0.6	51.8	62.6	0.6
6009-Z	6009-2Z		75	16	21.0	14.8	8000	10000	0.230	51	69	1	54.2	68.1	1
6209-Z	6209-2Z		85	19	31.5	20.5	7000	9000	0.420	52	78	1	58.8	75.7	1.1
6309-Z	6309-2Z		100	25	52.8	31.8	6300	7500	0.830	54	91	1.5	63.0	86.5	1.5

续表

轴承型号		基本尺寸/mm			基本额定载荷/kN		极限转速/r·min^{-1}		质量/kg	安装尺寸/mm			其他尺寸/mm		
60000-Z 型	60000-2Z 型	d	D	B	C_r	C_{0r}	脂	油	W ≈	d_a min	D_a max	r_a max	d_2 ≈	D_3 ≈	r min
61810-Z	61810-2Z	50	65	7	6.6	6.1	8500	10000	0.043	52.4	62.6	0.3	54.3	61.8	0.3
61910-Z	61910-2Z		72	12	14.5	11.7	8000	9500	0.122	55	68	0.6	56.3	67.1	0.6
6010-Z	6010-2Z		80	16	22.0	16.2	7000	9000	0.280	56	74	1	59.2	73.1	1
6210-Z	6210-2Z		90	20	35.0	23.2	6700	8500	0.470	57	83	1	62.4	80.1	1.1
6310-Z	6310-2Z		110	27	61.8	38.0	6000	7000	1.080	60	100	2	69.1	94.4	2
61811-Z	61811-2Z	55	72	9	9.1	8.4	8000	9500	0.070	57.4	69.6	0.3	60.2	68.3	0.3
61911-Z	61911-2Z		80	13	15.9	13.2	7500	9000	0.170	61	75	1	62.9	73.6	1
6011-Z	6011-2Z		90	18	30.2	21.8	7000	8500	0.380	62	83	1	65.4	82.2	1.1
6211-Z	6211-2Z		100	21	43.2	29.2	6000	7500	0.580	64	91	1.5	68.9	88.6	1.5
6311-Z	6311-2Z		120	29	71.5	44.8	5600	6700	1.370	65	110	2	76.1	103.4	2
61812-Z	61812-2Z	60	78	10	9.1	8.7	7000	8500	0.093	62.4	75.6	0.3	66.2	74.6	0.3
61912-Z	61912-2Z		85	13	16.4	14.2	6700	8000	0.181	66	80	1	67.9	78.6	1
6012-Z	6012-2Z		95	18	31.5	24.2	6300	7500	0.390	67	89	1	71.4	88.2	1.1
6212-Z	6212-2Z		110	22	47.8	32.8	5600	7000	0.770	69	101	1.5	76.0	96.5	1.5
6312-Z	6312-2Z		130	31	81.8	51.8	5000	6000	1.710	72	118	2.1	81.7	111.1	2.1
61813-Z	61813-2Z	65	85	10	11.9	11.5	6700	8000	0.130	69	81	0.6	71.1	80.6	0.6
61913-Z	61913-2Z		90	13	17.4	16.0	6300	7500	0.196	71	85	1	72.9	83.6	1
6013-Z	6013-2Z		100	18	32.0	24.8	6000	7000	0.420	72	93	1	75.3	92.2	1.1
6213-Z	6213-2Z		120	23	57.2	40.0	5000	6300	0.980	74	111	1.5	82.5	105.0	1.5
6313-Z	6313-2Z		140	33	93.8	60.5	4500	5300	2.090	77	128	2.1	88.1	119.7	2.1
61814-Z	61814-2Z	70	90	10	12.1	11.9	6300	7500	0.138	74	86	0.6	76.1	85.6	0.6
61914-Z	61914-2Z		100	16	23.7	21.1	6000	7000	0.336	76	95	1	79.3	92.6	1
6014-Z	6014-2Z		110	20	38.5	30.5	5600	6700	0.570	77	103	1	82.0	100.5	1.1
6214-Z	6214-2Z		125	24	60.8	45.0	4800	6000	1.040	79	116	1.5	89.0	111.8	1.5
6314-Z	6314-2Z		150	35	105	68.0	4300	5000	2.60	82	138	2.1	94.8	128.0	2.1
61815-Z	61815-2Z	75	95	10	12.5	12.8	6000	7000	0.147	79	91	0.6	81.1	90.6	0.6
61915-Z	61915-2Z		105	16	24.3	22.5	5600	6700	0.355	81	100	1	84.3	97.6	1
6015-Z	6015-2Z		115	20	40.2	33.2	5300	6300	0.640	82	108	1	88.0	106.5	1.1
6215-Z	6215-2Z		130	25	66.0	49.5	4500	5600	1.180	84	121	1.5	94.0	117.8	1.5
6315-Z	6315-2Z		160	37	113	76.8	4000	4800	3.050	87	148	2.1	101.3	136.5	2.1
61816-Z	61816-2Z	80	100	10	12.7	13.3	5600	6700	0.155	84	96	0.6	86.1	95.6	0.6
61916-Z	61916-2Z		110	16	24.9	23.9	5300	6300	0.375	86	105	1	89.3	102.6	1
6016-Z	6016-2Z		125	22	47.5	39.8	5000	6000	0.830	87	118	1	95.2	115.6	1.1
6216-Z	6216-2Z		140	26	71.5	54.2	4300	5300	1.380	90	130	2	100.0	124.8	2
6316-Z	6316-2Z		170	39	123	86.5	3800	4500	3.620	92	158	2.1	107.9	144.9	2.1
61817-Z	61817-2Z	85	110	13	19.2	19.8	5000	6300	0.245	90	105	1	92.5	104.4	1
61917-Z	61917-2Z		120	18	31.9	29.7	4800	6000	0.507	92	113.5	1	95.8	111.1	1.1
6017-Z	6017-2Z		130	22	50.8	42.8	4500	5600	0.860	92	123	1	99.4	120.4	1.1
6217-Z	6217-2Z		150	28	83.2	63.8	4000	5000	1.750	95	140	2	107.1	133.7	2
6317-Z	6317-2Z		180	41	132	96.5	3600	4300	4.270	99	166	2.5	114.4	153.4	3
61818-Z	61818-2Z	90	115	13	19.5	20.5	4800	6000	0.258	95	110	1	97.5	109.4	1
61918-Z	61918-2Z		125	18	32.8	31.5	4500	5600	0.533	97	118.5	1	100.8	116.1	1.1
6018-Z	6018-2Z		140	24	50.8	49.8	4300	5300	1.10	99	131	1.5	107.2	129.6	1.5
6218-Z	6218-2Z		160	30	95.8	71.5	3800	4800	2.20	100	150	2	111.7	141.1	2

续表

轴承型号		基本尺寸/mm			基本额定载荷/kN		极限转速/r·min^{-1}		质量/kg	安装尺寸/mm			其他尺寸/mm		
60000-Z 型	60000-2Z 型	d	D	B	C_r	C_{0r}	脂	油	W ≈	d_a min	D_a max	r_a max	d_2 ≈	D_3 ≈	r min
61819-Z	61819-2Z	95	120	13	19.8	21.3	4500	5600	0.27	100	115	1	102.5	114.4	1
61919-Z	61919-2Z		130	18	33.7	33.3	4300	5300	0.558	102	124	1	105.8	121.1	1.1
6019-Z	6019-2Z		145	24	57.8	50.0	4000	5000	1.14	104	136	1.5	110.2	132.6	1.5
6219-Z	6219-2Z		170	32	110	82.8	3600	4500	2.62	107	158	2.1	118.1	149.7	2.1
61820-Z	61820-2Z	100	125	13	20.1	22.0	4300	5300	0.283	105	120	1	107.5	119.4	1
61920-Z	61920-2Z		140	20	42.7	41.9	4000	5000	0.774	107	133	1	112.3	130.1	1.1
6020-Z	6020-2Z		150	24	64.5	56.2	3800	4800	1.25	109	141	1.5	114.6	138.2	1.5
6220-Z	6220-2Z		180	34	122	92.8	3400	4300	3.20	112	168	2.1	124.8	158.0	2.1
61821-Z	61821-2Z	105	130	13	20.3	22.7	4000	5000	0.295	110	125	1	112.5	124.4	1
61921-Z	61921-2Z		145	20	43.9	44.3	3800	4800	0.808	112	138	1	117.3	135.1	1.1
6021-Z	6021-2Z		160	26	71.8	63.2	3600	4500	1.52	115	150	2	121.5	146.4	2
61822-Z	61822-2Z	110	140	16	28.1	30.7	3800	5000	0.496	115	135	1	119.3	133.0	1
61922-Z	61922-2Z		150	20	43.6	44.4	3600	4500	0.835	117	143	1	122.3	140.1	1.1
6022-Z	6022-2Z		170	28	81.8	72.8	3400	4300	1.87	120	160	2	129.1	155.7	2
61824-Z	61824-2Z	120	150	16	28.9	32.9	3400	4300	0.536	125	145	1	129.3	143.0	1
61924-Z	61924-2Z		165	22	55.0	56.9	3200	4000	1.131	127	158	1	133.7	153.6	1.1
6024-Z	6024-2Z		180	28	87.5	79.2	3000	3800	2.00	130	170	2	137.7	165.2	2
61826-Z	61826-2Z	130	165	18	37.9	42.9	3200	4000	0.736	137	158	1	140.8	156.5	1.1
61926-Z	61926-2Z		180	24	65.1	67.2	3000	3800	1.496	139	171	1.5	145.2	167.1	1.5
61828-Z	61828-2Z	140	175	18	38.2	44.3	3000	3800	0.784	147	168	1	150.8	166.5	1.1

表 7-5-4 带密封圈的深沟球轴承（GB/T 276—2013）

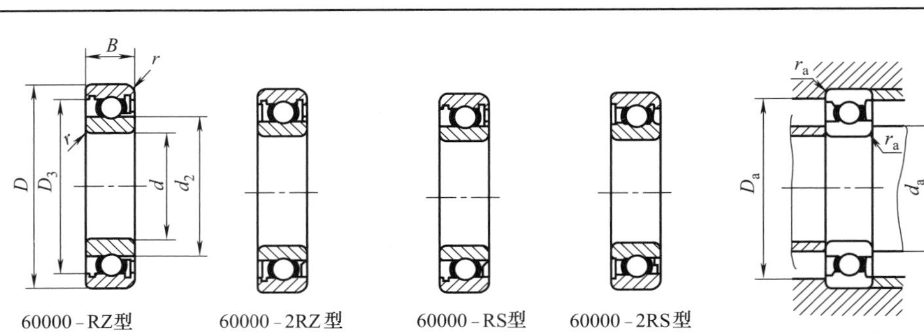

60000-RZ型 60000-2RZ型 60000-RS型 60000-2RS型

轴承型号		基本尺寸/mm			基本额定载荷/kN		极限转速/r·min^{-1}		质量/kg	安装尺寸/mm			其他尺寸/mm		
60000-RZ 型 60000-RS 型	60000-2RZ 型 60000-2RS 型	d	D	B	C_r	C_{0r}	脂	油	W ≈	d_a min	D_a max	r_a max	d_2 ≈	D_3 ≈	r min
61800-RS	61800-2RS	10	19	5	1.80	0.93	21000	—	0.005	12.0	17	0.3	12.6	17.3	0.3
61800-RZ	61800-2RZ		19	5	1.80	0.93	28000	36000	0.005	12.0	17	0.3	12.6	17.3	0.3
61900-RS	61900-2RS		22	6	2.70	1.30	19000	—	0.008	12.4	20	0.3	13.5	19.4	0.3
61900-RZ	61900-2RZ		22	6	2.70	1.30	25000	32000	0.008	12.4	20	0.3	13.5	19.4	0.3
6000-RS	6000-2RS		26	8	4.58	1.98	15000	—	0.019	12.4	23.6	0.3	14.9	22.6	0.3
6000-RZ	6000-2RZ		26	8	4.58	1.98	22000	28000	0.019	12.4	23.6	0.3	14.9	22.6	0.3
6200-RS	6200-2RS		30	9	5.10	2.38	14000	—	0.032	15.0	26.0	0.6	17.4	25.4	0.6
6200-RZ	6200-2RZ		30	9	5.10	2.38	20000	26000	0.032	15.0	26.0	0.6	17.4	25.4	0.6
6300-RS	6300-2RS		35	11	7.65	3.48	12000	—	0.053	15.0	30.0	0.6	19.4	29.5	0.6
6300-RZ	6300-2RZ		35	11	7.65	3.48	18000	24000	0.053	15.0	30.0	0.6	19.4	29.5	0.6

续表

轴承型号		基本尺寸/mm			基本额定载荷/kN		极限转速/r·min⁻¹		质量/kg	安装尺寸/mm			其他尺寸/mm		
60000-RZ 型 60000-RS 型	60000-2RZ 型 60000-2RS 型	d	D	B	C_r	C_{0r}	脂	油	W ≈	d_a min	D_a max	r_a max	d_2 ≈	D_3 ≈	r min
61801-RS	61801-2RS	12	21	5	1.90	1.00	18000	—	0.007	14.0	19	0.3	14.6	19.3	0.3
61801-RZ	61801-2RZ		21	5	1.90	1.00	24000	32000	0.007	14.0	19	0.3	14.6	19.3	0.3
61901-RS	61901-2RS		24	6	2.90	1.50	17000	—	0.013	14.4	22	0.3	15.5	21.5	0.3
61901-RZ	61901-2RZ		24	6	2.90	1.50	22000	28000	0.013	14.4	22	0.3	15.5	21.5	0.3
6001-RS	6001-2RS		28	8	5.10	2.38	14000	—	0.020	14.4	25.6	0.3	17.4	24.8	0.3
6001-RZ	6001-2RZ		28	8	5.10	2.38	20000	26000	0.020	14.4	25.6	0.3	17.4	24.8	0.3
6201-RS	6201-2RS		32	10	6.82	3.05	13000	—	0.040	17.0	28	0.6	18.3	28.0	0.6
6201-RZ	6201-2RZ		32	10	6.82	3.05	19000	24000	0.040	17.0	28	0.6	18.3	28.0	0.6
6301-RS	6301-2RS		37	12	9.72	5.08	12000	—	0.060	18.0	32	1	19.3	31.6	1
6301-RZ	6301-2RZ		37	12	9.72	5.08	17000	22000	0.060	18.0	32	1	19.3	31.6	1
61802-RS	61802-2RS	15	24	5	2.10	1.30	17000	—	0.005	17	22	0.3	17.6	22.3	0.3
61802-RZ	61802-2RZ		24	5	2.10	1.30	22000	30000	0.005	17	22	0.3	17.6	22.3	0.3
61902-RS	61902-2RS		28	7	4.30	2.30	15000	—	0.012	17.4	26	0.3	18.3	25.6	0.3
61902-RZ	61902-2RZ		28	7	4.30	2.30	20000	26000	0.012	17.4	26	0.3	18.3	25.6	0.3
6002-RS	6002-2RS		32	9	5.58	2.85	13000	—	0.030	17.4	29.6	0.3	20.4	28.5	0.3
6002-RZ	6002-2RZ		32	9	5.58	2.85	19000	24000	0.030	17.4	29.6	0.3	20.4	28.5	0.3
6202-RS	6202-2RS		35	11	7.65	3.72	12000	—	0.040	20.0	32	0.6	21.6	31.3	0.6
6202-RZ	6202-2RZ		35	11	7.65	3.72	18000	22000	0.040	20.0	32	0.6	21.6	31.3	0.6
6302-RS	6302-2RS		42	13	11.5	5.42	11000	—	0.080	21.0	37	1	24.3	36.6	1
6302-RZ	6302-2RZ		42	13	11.5	5.42	16000	20000	0.080	21.0	37	1	24.3	36.6	1
61803-RS	61803-2RS	17	26	5	2.20	1.5	15000	—	0.007	19.0	24	0.3	19.6	24.3	0.3
61803-RZ	61803-2RZ		26	5	2.20	1.5	20000	28000	0.007	19.0	24	0.3	19.6	24.3	0.3
61903-RS	61903-2RS		30	7	4.60	2.6	14000	—	0.014	19.4	28	0.3	20.3	27.6	0.3
61903-RZ	61903-2RZ		30	7	4.60	2.6	19000	24000	0.014	19.4	28	0.3	20.3	27.6	0.3
6003-RS	6003-2RS		35	10	6.00	3.25	12000	—	0.040	19.4	32.6	0.3	22.9	31.0	0.3
6003-RZ	6003-2RZ		35	10	6.00	3.25	17000	21000	0.040	19.4	32.6	0.3	22.9	31.0	0.3
6203-RS	6203-2RS		40	12	9.58	4.78	11000	—	0.060	22.0	36	0.6	24.6	35.3	0.6
6203-RZ	6203-2RZ		40	12	9.58	4.78	16000	20000	0.060	22.0	36	0.6	24.6	35.3	0.6
6303-RS	6303-2RS		47	14	13.5	6.58	10000	—	0.110	23.0	41.0	1	26.8	40.1	1
6303-RZ	6303-2RZ		47	14	13.5	6.58	15000	18000	0.110	23.0	41.0	1	26.8	40.1	1
61804-RS	61804-2RS	20	32	7	3.50	2.20	14000	—	0.015	22.4	30	0.3	23.5	29.7	0.3
61804-RZ	61804-2RZ		32	7	3.50	2.20	18000	24000	0.015	22.4	30	0.3	23.5	29.7	0.3
61904-RS	61904-2RS		37	9	6.40	3.70	13000	—	0.031	22.4	34.6	0.3	25.2	32.9	0.3
61904-RZ	61904-2RZ		37	9	6.40	3.70	17000	22000	0.031	22.4	34.6	0.3	25.2	32.9	0.3
6004-RS	6004-2RS		42	12	9.38	5.02	11000	—	0.070	25.0	38	0.6	26.9	37.0	0.6
6004-RZ	6004-2RZ		42	12	9.38	5.02	16000	19000	0.070	25.0	38	0.6	26.9	37.0	0.6
6204-RS	6204-2RS		47	14	12.8	6.65	9500	—	0.100	26.0	42	1	29.3	41.6	1
6204-RZ	6204-2RZ		47	14	12.8	6.65	14000	18000	0.100	26.0	42	1	29.3	41.6	1
6304-RS	6304-2RS		52	15	15.8	7.88	9000	—	0.140	27.0	45.0	1	29.8	44.4	1.1
6304-RZ	6304-2RZ		52	15	15.8	7.88	13000	16000	0.140	27.0	45.0	1	29.8	44.4	1.1
61805-RS	61805-2RS	25	37	7	4.3	2.90	12000	—	0.017	27.4	35	0.3	28.2	34.9	0.3
61805-RZ	61805-2RZ		37	7	4.3	2.90	16000	20000	0.017	27.4	35	0.3	28.2	34.9	0.3
61905-RS	61905-2RS		42	9	7.0	4.50	11000	—	0.038	27.4	40	0.3	30.2	37.9	0.3
61905-RZ	61905-2RZ		42	9	7.0	4.50	14000	18000	0.038	27.4	40	0.3	30.2	37.9	0.3
6005-RS	6005-2RS		47	12	10.0	5.85	9000	—	0.080	30	43	0.6	31.9	42.0	0.6
6005-RZ	6005-2RZ		47	12	10.0	5.85	13000	17000	0.080	30	43	0.6	31.9	42.0	0.6
6205-RS	6205-2RS		52	15	14.0	7.88	8000	—	0.120	31	47	1	33.8	46.4	1
6205-RZ	6205-2RZ		52	15	14.0	7.88	12000	15000	0.120	31	47	1	33.8	46.4	1
6305-RS	6305-2RS		62	17	22.2	11.5	6800	—	0.220	32	55	1	36.0	53.2	1.1
6305-RZ	6305-2RZ		62	17	22.2	11.5	10000	14000	0.220	32	55	1	36.0	53.2	1.1
61806-RS	61806-2RS	30	42	7	4.70	3.60	11000	—	0.019	32.4	40	0.3	33.2	39.9	0.3
61806-RZ	61806-2RZ		42	7	4.70	3.60	13000	17000	0.019	32.4	40	0.3	33.2	39.9	0.3
61906-RS	61906-2RS		47	9	7.20	5.00	9000	—	0.043	32.4	44.6	0.3	35.2	42.9	0.3

续表

轴承型号		基本尺寸/mm			基本额定载荷/kN		极限转速/r·min^{-1}		质量/kg	安装尺寸/mm			其他尺寸/mm		
60000-RZ型 60000-RS型	60000-2RZ型 60000-2RS型	d	D	B	C_r	C_{0r}	脂	油	W ≈	d_a min	D_a max	r_a max	d_2 ≈	D_3 ≈	r min
61906-RZ	61906-2RZ	30	47	9	7.20	5.00	12000	16000	0.043	32.4	44.6	0.3	35.2	42.9	0.3
6006-RS	6006-2RS		55	13	13.2	8.30	7500	—	0.120	36	50.0	1	38.4	49.9	1
6006-RZ	6006-2RZ		55	13	13.2	8.30	11000	14000	0.120	36	50.0	1	38.4	49.9	1
6206-RS	6206-2RS		62	16	19.5	11.5	6700	—	0.190	36	56	1	40.8	54.4	1
6206-RZ	6206-2RZ		62	16	19.5	11.5	9500	13000	0.190	36	56	1	40.8	54.4	1
6306-RS	6306-2RS		72	19	27.0	15.2	6000	—	0.350	37	65	1	44.8	61.4	1.1
6306-RZ	6306-2RZ		72	19	27.0	15.2	9000	11000	0.350	37	65	1	44.8	61.4	1.1
61807-RS	61807-2RS	35	47	7	4.90	4.00	9000	—	0.023	37.4	45	0.3	38.2	44.9	0.3
61807-RZ	61807-2RZ		47	7	4.90	4.00	11000	15000	0.023	37.4	45	0.3	38.2	44.9	0.3
61907-RS	61907-2RS		55	10	9.50	6.80	7500	—	0.078	40	51	0.6	41.1	50.3	0.6
61907-RZ	61907-2RZ		55	10	9.50	6.80	10000	13000	0.078	40	51	0.6	41.1	50.3	0.6
6007-RS	6007-2RS		62	14	16.2	10.5	6500	—	0.160	41	56	1	43.3	55.9	1
6007-RZ	6007-2RZ		62	14	16.2	10.5	9500	12000	0.160	41	56	1	43.3	55.9	1
6207-RS	6207-2RS		72	17	25.5	15.2	5800	—	0.270	42	65	1	46.8	62.4	1.1
6207-RZ	6207-2RZ		72	17	25.5	15.2	8500	11000	0.270	42	65	1	46.8	62.4	1.1
6307-RS	6307-2RS		80	21	33.4	19.2	5400	—	0.420	44	71	1.5	50.4	68.8	1.5
6307-RZ	6307-2RZ		80	21	33.4	19.2	8000	9500	0.420	44	71	1.5	50.4	68.8	1.5
61808-RS	61808-2RS	40	52	7	5.10	4.40	7500	—	0.026	42.4	50	0.3	43.2	49.9	0.3
61808-RZ	61808-2RZ		52	7	5.10	4.40	10000	13000	0.026	42.4	50	0.3	43.2	49.9	0.3
61908-RS	61908-2RS		62	12	13.7	9.90	7000	—	0.103	45	58	0.6	46.3	57.1	0.6
61908-RZ	61908-2RZ		62	12	13.7	9.90	9500	12000	0.103	45	58	0.6	46.3	57.1	0.6
6008-RS	6008-2RS		68	15	17.0	11.8	6000	—	0.190	46	62	1	48.8	61.4	1
6008-RZ	6008-2RZ		68	15	17.0	11.8	9000	11000	0.190	46	62	1	48.8	61.4	1
6208-RS	6208-2RS		80	18	29.5	18.0	5400	—	0.370	47	73	1	52.8	69.4	1.1
6208-RZ	6208-2RZ		80	18	29.5	18.0	8000	10000	0.370	47	73	1	52.8	69.4	1.1
6308-RS	6308-2RS		90	23	40.8	24.0	4800	—	0.630	49	81	1.5	56.5	77.0	1.5
6308-RZ	6308-2RZ		90	23	40.8	24.0	7000	8500	0.630	49	81	1.5	56.5	77.0	1.5
61809-RS	61809-2RS	45	58	7	6.40	5.60	6800	—	0.030	47.4	56	0.3	48.3	55.8	0.3
61809-RZ	61809-2RZ		58	7	6.40	5.60	9000	12000	0.030	47.4	56	0.3	48.3	55.8	0.3
61909-RS	61909-2RS		68	12	14.1	10.90	6400	—	0.123	50	63	0.6	51.8	62.6	0.6
61909-RZ	61909-2RZ		68	12	14.1	10.90	8500	11000	0.123	50	63	0.6	51.8	62.6	0.6
6009-RS	6009-2RS		75	16	21.0	14.8	5400	—	0.240	51	69	1	54.2	68.1	1
6009-RZ	6009-2RZ		75	16	21.0	14.8	8000	10000	0.240	51	69	1	54.2	68.1	1
6209-RS	6209-2RS		85	19	31.5	20.5	4800	—	0.420	52	78	1	58.8	75.7	1.1
6209-RZ	6209-2RZ		85	19	31.5	20.5	4300	9000	0.420	52	78	1	58.8	75.7	1.1
6309-RS	6309-2RS		100	25	52.8	31.8	6300	—	0.830	54	91	1.5	63.0	86.5	1.5
6309-RZ	6309-2RZ		100	25	52.8	31.8	6300	7500	0.830	54	91	1.5	63.0	86.5	1.5
61810-RS	61810-2RS	50	65	7	6.6	6.1	6400	—	0.043	52.4	62.6	0.3	54.3	61.8	0.3
61810-RZ	61810-2RZ		65	7	6.6	6.1	8500	10000	0.043	52.4	62.6	0.3	54.3	61.8	0.3
61910-RS	61910-2RS		72	12	14.5	11.7	6000	—	0.122	55	68	0.6	56.3	67.1	0.6
61910-RZ	61910-2RZ		72	12	14.5	11.7	8000	9500	0.122	55	68	0.6	56.3	67.1	0.6
6010-RS	6010-2RS		80	16	22.0	16.2	4800	—	0.280	56	74	1	59.2	80.1	1
6010-RZ	6010-2RZ		80	16	22.0	16.2	7000	9000	0.280	56	74	1	59.2	80.1	1
6210-RS	6210-2RS		90	20	35.0	23.2	4600	—	0.470	57	83	1	62.4	80.1	1.1
6210-RZ	6210-2RZ		90	20	35.0	23.2	6700	8500	0.470	57	83	1	62.4	80.1	1.1
6310-RS	6310-2RS		110	27	61.8	38.0	4100	—	1.080	60	100	2	69.1	94.4	2
6310-RZ	6310-2RZ		110	27	61.8	38.0	6000	7000	1.080	60	100	2	69.1	94.4	2
61811-RS	61811-2RS	55	72	9	9.1	8.4	6000	—	0.070	57.4	69.6	0.3	60.2	68.3	0.3
61811-RZ	61811-2RZ		72	9	9.1	8.4	8000	9500	0.070	57.4	69.6	0.3	60.2	68.3	0.3
61911-RS	61911-2RS		80	13	15.9	13.2	5600	—	0.170	61	75	1	62.9	73.6	1
61911-RZ	61911-2RZ		80	13	15.9	13.2	7500	9000	0.170	61	75	1	62.9	73.6	1
6011-RS	6011-2RS		90	18	30.2	21.8	4800	—	0.380	62	83	1	65.4	82.2	1.1
6011-RZ	6011-2RZ		90	18	30.2	21.8	7000	8500	0.380	62	83	1	65.4	82.2	1.1

续表

轴承型号		基本尺寸/mm			基本额定载荷/kN		极限转速/r·min⁻¹		质量/kg	安装尺寸/mm			其他尺寸/mm		
60000-RZ型 60000-RS型	60000-2RZ型 60000-2RS型	d	D	B	C_r	C_{0r}	脂	油	W ≈	d_a min	D_a max	r_a max	d_2 ≈	D_3 ≈	r min
6211-RS	6211-2RS	55	100	21	43.2	29.2	4100	—	0.580	64	91	1.5	68.9	88.6	1.5
6211-RZ	6211-2RZ		100	21	43.2	29.2	6000	7500	0.580	64	91	1.5	68.9	88.6	1.5
6311-RS	6311-2RS		120	29	71.5	44.8	3800	—	1.370	65	110	2	76.1	103.4	2
6311-RZ	6311-2RZ		120	29	71.5	44.8	5600	6700	1.370	65	110	2	76.1	103.4	2
61812-RS	61812-2RS	60	78	10	9.1	8.7	5300	—	0.093	62.4	75.6	0.3	66.2	74.6	0.3
61812-RZ	61812-2RZ		78	10	9.1	8.7	7000	8500	0.093	62.4	75.6	0.3	66.2	74.6	0.3
61912-RS	61912-2RS		85	13	16.4	14.2	5000	—	0.181	66	80	1	67.9	78.6	1
61912-RZ	61912-2RZ		85	13	16.4	14.2	6700	8000	0.181	66	80	1	67.9	78.6	1
6012-RS	6012-2RS		95	18	31.5	24.2	4300	—	0.410	67	89	1	71.4	88.2	1.1
6012-RZ	6012-2RZ		95	18	31.5	24.2	6300	7500	0.410	67	89	1	71.4	88.2	1.1
6212-RS	6212-2RS		110	22	47.8	32.8	3800	—	0.770	69	101	1.5	76.0	96.5	1.5
6212-RZ	6212-2RZ		110	22	47.8	32.8	5600	7000	0.770	69	101	1.5	76.0	96.5	1.5
6312-RS	6312-2RS		130	31	81.8	51.8	3400	—	1.710	72	118	2.1	81.7	111.1	2.1
6312-RZ	6312-2RZ		130	31	81.8	51.8	5000	6000	1.710	72	118	2.1	81.7	111.1	2.1
61813-RS	61813-2RS	65	85	10	11.9	11.5	5000	—	0.130	69	81	0.6	71.1	80.6	0.6
61813-RZ	61813-2RZ		85	10	11.9	11.5	6700	8000	0.130	69	81	0.6	71.1	80.6	0.6
61913-RS	61913-2RS		90	13	17.4	16.0	4700	—	0.196	71	85	1	72.9	83.6	1
61913-RZ	61913-2RZ		90	13	17.4	16.0	6300	7500	0.196	71	85	1	72.9	83.6	1
6013-RS	6013-2RS		100	18	32.0	24.8	4100	—	0.410	72	93	1	75.3	92.2	1.1
6013-RZ	6013-2RZ		100	18	32.0	24.8	6000	7000	0.410	72	93	1	75.3	92.2	1.1
6213-RS	6213-2RS		120	23	57.2	40.0	3400	—	0.980	74	111	1.5	82.5	105.0	1.5
6213-RZ	6213-2RZ		120	23	57.2	40.0	5000	6300	0.980	74	111	1.5	82.5	105.0	1.5
6313-RS	6313-2RS		140	33	93.8	60.5	3000	—	2.090	77	128	2.1	88.1	119.7	2.1
6313-RZ	6313-2RZ		140	33	93.8	60.5	4500	5300	2.090	77	128	2.1	88.1	119.7	2.1
61814-RS	61814-2RS	70	90	10	12.1	11.9	4700	—	0.138	74	86	0.6	76.1	85.6	0.6
61814-RZ	61814-2RZ		90	10	12.1	11.9	6300	7500	0.138	74	86	0.6	76.1	85.6	0.6
61914-RS	61914-2RS		100	16	23.7	21.1	4500	—	0.336	76	95	1	79.3	92.6	1
61914-RZ	61914-2RZ		100	16	23.7	21.1	6000	7000	0.336	76	95	1	79.3	92.6	1
6014-RS	6014-2RS		110	20	38.5	30.5	3800	—	0.60	77	103	1	82.0	100.5	1.1
6014-RZ	6014-2RZ		110	20	38.5	30.5	5600	6700	0.60	77	103	1	82.0	100.5	1.1
6214-RS	6214-2RS		125	24	60.8	45.0	3300	—	1.04	79	116	1.5	89.0	111.8	1.5
6214-RZ	6214-2RZ		125	24	60.8	45.0	4800	6000	1.04	79	116	1.5	89.0	111.8	1.5
6314-RS	6314-2RS		150	35	105	68.0	2900	—	2.60	82	138	2.1	94.8	128.0	2.1
6314-RZ	6314-2RZ		150	35	105	68.0	4300	5000	2.60	82	138	2.1	94.8	128.0	2.1
61815-RS	61815-2RS	75	95	10	12.5	12.8	4500	—	0.147	79	91	0.6	81.1	90.6	0.6
61815-RZ	61815-2RZ		95	10	12.5	12.8	6000	7000	0.147	79	91	0.6	81.1	90.6	0.6
61915-RS	61915-2RS		105	16	24.3	22.5	4200	—	0.355	81	100	1	84.3	97.6	1
61915-RZ	61915-2RZ		105	16	24.3	22.5	5600	6700	0.355	81	100	1	84.3	97.6	1
6015-RS	6015-2RS		115	20	40.2	33.2	3600	—	0.64	82	108	1	88.0	106.5	1.1
6015-RZ	6015-2RZ		115	20	40.2	33.2	5300	6300	0.64	82	108	1	88.0	106.5	1.1
6215-RS	6215-2RS		130	25	66.0	49.5	3000	—	1.18	84	121	1.5	94.0	117.8	1.5
6215-RZ	6215-2RZ		130	25	66.0	49.5	4500	5600	1.18	84	121	1.5	94.0	117.8	1.5
6315-RS	6315-2RS		160	37	113	76.8	2800	—	3.0	87	148	2.1	101.3	136.5	2.1
6315-RZ	6315-2RZ		160	37	113	76.8	4000	4800	3.0	87	148	2.1	101.3	136.5	2.1
61816-RS	61816-2RS	80	100	10	12.7	13.3	4200	—	0.155	84	96	0.6	86.1	95.6	0.6
61816-RZ	61816-2RZ		100	10	12.7	13.3	5600	6700	0.155	84	96	0.6	86.1	95.6	0.6
61916-RS	61916-2RS		110	16	24.9	23.9	4000	—	0.375	86	105	1	89.3	102.6	1
61916-RZ	61916-2RZ		110	16	24.9	23.9	5300	6300	0.375	86	105	1	89.3	102.6	1
6016-RS	6016-2RS		125	22	47.5	39.8	3400	—	1.05	87	118	1	95.2	115.6	1.1
6016-RZ	6016-2RZ		125	22	47.5	39.8	5000	6000	1.05	87	118	1	95.2	115.6	1.1
6216-RS	6216-2RS		140	26	71.5	54.2	2900	—	1.38	90	130	2	100.0	124.8	2
6216-RZ	6216-2RZ		140	26	71.5	54.2	4300	5300	1.38	90	130	2	100.0	124.8	2
6316-RS	6316-2RS		170	39	123	86.5	2600	—	3.62	92	158	2.1	107.9	144.9	2.1
6316-RZ	6316-2RZ		170	39	123	86.5	3800	4500	3.62	92	158	2.1	107.9	144.9	2.1

续表

轴承型号		基本尺寸/mm			基本额定载荷/kN		极限转速/r·min^{-1}		质量/kg	安装尺寸/mm			其他尺寸/mm		
60000-RZ 型 60000-RS 型	60000-2RZ 型 60000-2RS 型	d	D	B	C_r	C_{0r}	脂	油	W ≈	d_a min	D_a max	r_a max	d_2 ≈	D_3 ≈	r min
61817-RS	61817-2RS	85	110	13	19.2	19.8	3800	—	0.245	90	105	1	92.5	104.4	1
61817-RZ	61817-2RZ		110	13	19.2	19.8	5000	6300	0.245	90	105	1	92.5	104.4	1
61917-RS	61917-2RS		120	18	31.9	29.7	3600	—	0.507	92	113.5	1	95.8	111.1	1.1
61917-RZ	61917-2RZ		120	18	31.9	29.7	4800	6000	0.507	92	113.5	1	95.8	111.1	1.1
6017-RS	6017-2RS		130	22	50.8	42.8	3200	—	1.10	92	123	1	99.4	120.4	1.1
6017-RZ	6017-2RZ		130	22	50.8	42.8	4500	5600	1.10	92	123	1	99.4	120.4	1.1
6217-RS	6217-2RS		150	28	83.2	63.8	2800	—	1.75	95	140	2	107.1	133.7	2
6217-RZ	6217-2RZ		150	28	83.2	63.8	4000	5000	1.75	95	140	2	107.1	133.7	2
6317-RS	6317-2RS		180	41	132	96.5	2400	—	4.27	99	166	2.5	114.4	153.4	3
6317-RZ	6317-2RZ		180	41	132	96.5	3600	4300	4.27	99	166	2.5	114.4	153.4	3
61818-RS	61818-2RS	90	115	13	19.5	20.5	3600	—	0.258	95	110	1	97.5	109.4	1
61818-RZ	61818-2RZ		115	13	19.5	20.5	4800	6000	0.258	95	110	1	97.5	109.4	1
61918-RS	61918-2RS		125	18	32.8	31.5	3400	—	0.533	97	118.5	1	100.8	116.1	1.1
61918-RZ	61918-2RZ		125	18	32.8	31.5	4500	5600	0.533	97	118.5	1	100.8	116.1	1.1
6018-RS	6018-2RS		140	24	50.8	49.8	3000	—	1.16	99	131	1.5	107.2	129.6	1.5
6018-RZ	6018-2RZ		140	24	50.8	49.8	4300	5300	1.16	99	131	1.5	107.2	129.6	1.5
6218-RS	6218-2RS		160	30	95.8	71.5	2600	—	2.18	100	150	2	111.7	141.1	2
6218-RZ	6218-2RZ		160	30	95.8	71.5	3800	4800	2.18	100	150	2	111.7	141.1	2
6318-RS	6318-2RS		190	43	145	108	2200	—	4.96	104	176	2.5	120.8	164.0	3
6318-RZ	6318-2RZ		190	43	145	108	3400	4000	4.96	104	176	2.5	120.8	164.0	3
61819-RS	61819-2RS	95	120	13	19.8	21.3	3400	—	0.27	100	115	1	102.5	114.4	1
61819-RZ	61819-2RZ		120	13	19.8	21.3	4500	5600	0.27	100	115	1	102.5	114.4	1
61919-RS	61919-2RS		130	18	33.7	33.3	3200	—	0.558	102	124	1	105.8	121.1	1.1
61919-RZ	61919-2RZ		130	18	33.7	33.3	4300	5300	0.558	102	124	1	105.8	121.1	1.1
6019-RS	6019-2RS		145	24	57.8	50.0	2800	—	1.21	104	136	1.5	110.2	132.6	1.5
6019-RZ	6019-2RZ		145	24	57.8	50.0	4000	5000	1.21	104	136	1.5	110.2	132.6	1.5
6219-RS	6219-2RS		170	32	110	82.8	2400	—	2.62	107	158	2.1	118.1	149.7	2.1
6219-RZ	6219-2RZ		170	32	110	82.8	3600	4500	2.62	107	158	2.1	118.1	149.7	2.1
61820-RS	61820-2RS	100	125	13	20.1	22.0	3200	—	0.283	105	120	1	107.5	119.4	1
61820-RZ	61820-2RZ		125	13	20.1	22.0	4300	5300	0.283	105	120	1	107.5	119.4	1
61920-RS	61920-2RS		140	20	42.7	41.9	3000	—	0.774	107	133	1	112.3	130.1	1.1
61920-RZ	61920-2RZ		140	20	42.7	41.9	4000	5000	0.774	107	133	1	112.3	130.1	1.1
6020-RS	6020-2RS		150	24	64.5	56.2	2600	—	1.25	109	141	1.5	114.6	138.2	1.5
6020-RZ	6020-2RZ		150	24	64.5	56.2	3800	4800	1.25	109	141	1.5	114.6	138.2	1.5
6220-RS	6220-2RS		180	34	122	92.8	2200	—	3.20	112	168	2.1	124.8	158.0	2.1
6220-RZ	6220-2RZ		180	34	122	92.8	3400	4300	3.20	112	168	2.1	124.8	158.0	2.1
61821-RS	61821-2RS	105	130	13	20.3	22.7	3000	—	0.295	110	125	1	112.5	124.4	1
61821-RZ	61821-2RZ		130	13	20.3	22.7	4000	5000	0.295	110	125	1	112.5	124.4	1
61921-RS	61921-2RS		145	20	43.9	44.3	2900	—	0.808	112	138	1	117.3	135.1	1.1
61921-RZ	61921-2RZ		145	20	43.9	44.3	3800	4800	0.808	112	138	1	117.3	135.1	1.1
6021-RS	6021-2RS		160	26	71.8	63.2	2400	—	1.52	115	150	2	121.5	146.4	2
6021-RZ	6021-2RZ		160	26	71.8	63.2	3600	4500	1.52	115	150	2	121.5	146.4	2
61822-RS	61822-2RS	110	140	16	28.1	30.7	2900	—	0.496	115	135	1	119.3	133.0	1
61822-RZ	61822-2RZ		140	16	28.1	30.7	3800	5000	0.496	115	135	1	119.3	133.0	1
61922-RS	61922-2RS		150	20	43.6	44.4	2700	—	0.835	117	143	1	122.3	140.1	1.1
61922-RZ	61922-2RZ		150	20	43.6	44.4	3600	4500	0.835	117	143	1	122.3	140.1	1.1
6022-RS	6022-2RS		170	28	81.8	72.8	2200	—	1.87	120	160	2	129.1	155.7	2
6022-RZ	6022-2RZ		170	28	81.8	72.8	3400	4300	1.87	120	160	2	129.1	155.7	2
61824-RS	61824-2RS	120	150	16	28.9	32.9	2600	—	0.536	125	145	1	129.3	143.0	1
61824-RZ	61824-2RZ		150	16	28.9	32.9	3400	4300	0.536	125	145	1	129.3	143.0	1
61924-RS	61924-2RS		165	22	55.0	56.9	2400	—	1.131	127	158	1	133.7	153.6	1.1
61924-RZ	61924-2RZ		165	22	55.0	56.9	3200	4000	1.131	127	158	1	133.7	153.6	1.1
6024-RS	6024-2RS		180	28	87.5	79.2	2000	—	2	130	170	2	137.7	165.2	2
6024-RZ	6024-2RZ		180	28	87.5	79.2	3000	3800	2	130	170	2	137.7	165.2	2

表 7-5-5　带止动槽的深沟球轴承（GB/T 276—2013）

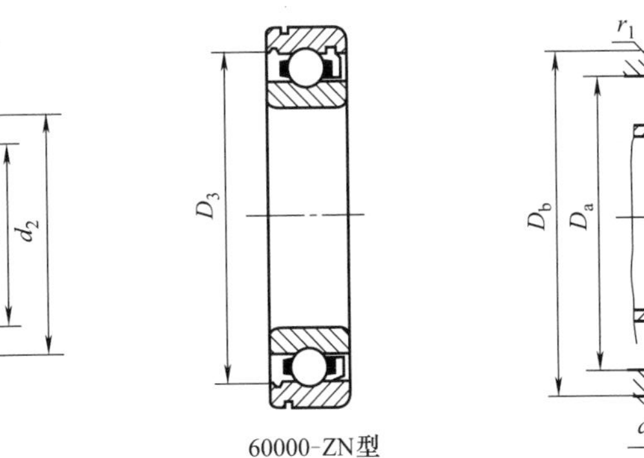

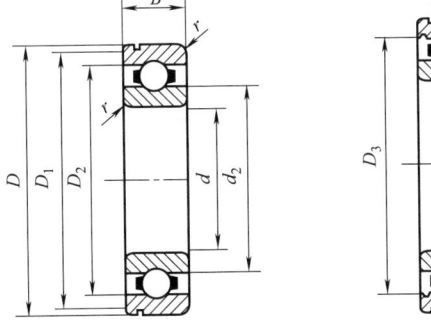

60000 N型　外圈有止动槽深沟球轴承

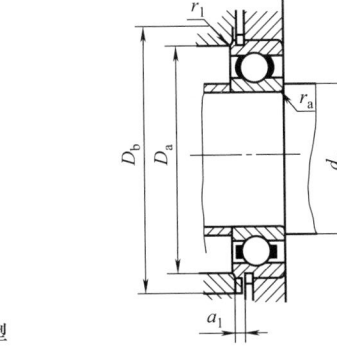

60000-ZN型　一面带防尘盖、另一面外圈有止动槽的深沟球轴承

轴承型号		基本尺寸/mm			基本额定载荷/kN		极限转速/r·min⁻¹		质量/kg	安装尺寸/mm						其他尺寸/mm				
60000 N 型	60000-ZN 型	d	D	B	C_r	C_{0r}	脂	油	W ≈	d_a min	D_a max	D_b	a_1	r_a max	r_1 max	d_2 ≈	D_2	D_1 max	D_3 ≈	r min
61800 N	61800-ZN	10	19	5	1.80	0.93	28000	36000	0.005	12.0	17	—	—	0.3	—	12.6	16.4	—	17.3	0.3
61900 N	61900-ZN		22	6	2.70	1.30	25000	32000	0.008	12.4	20	26	0.8	0.3	0.2	13.5	18.5	20.8	19.4	0.3
6000 N	6000-ZN		26	8	4.58	1.98	22000	30000	0.019	12.4	23.6	31	1.4	0.3	0.3	14.9	21.3	25.15	22.6	0.3
6200 N	6200-ZN		30	9	5.10	2.38	20000	26000	0.030	15.0	26.0	36	1.6	0.6	0.5	17.4	23.8	28.17	25.2	0.6
6300 N	6300-ZN		35	11	7.65	3.48	18000	24000	0.050	15.0	30.0	41	1.6	0.6	0.5	19.4	27.6	33.17	29.5	0.6
61801 N	61801-ZN	12	21	5	1.90	1.00	24000	32000	0.005	14.0	19	—	—	0.3	—	14.6	18.4	—	19.3	0.3
61901 N	61901-ZN		24	6	2.90	1.50	22000	28000	0.008	14.4	22	28	0.8	0.3	0.2	15.5	20.6	22.8	21.5	0.3
6001 N	6001-ZN		28	8	5.10	2.38	20000	26000	0.020	14.4	25.6	32	1.4	0.3	0.3	17.4	23.8	26.7	24.8	0.3
6201 N	6201-ZN		32	10	6.82	3.05	19000	24000	0.035	17.0	28	38	1.6	0.6	0.5	18.3	26.1	30.15	28.0	0.6
6301 N	6301-ZN		37	12	9.72	5.08	17000	22000	0.050	18.0	32	43	1.6	1	0.5	19.3	29.7	34.77	31.6	1
61802 N	61802-ZN	15	24	5	2.10	1.30	22000	30000	0.005	17	22	28	—	0.3	—	17.6	21.4	22.8	22.3	0.3
61902 N	61902-ZN		28	7	4.30	2.30	20000	26000	0.012	17.4	26	32	1.1	0.3	0.3	18.3	24.7	25.6	25.6	0.3
6002 N	6002-ZN		32	9	5.58	2.85	19000	24000	0.030	17.4	29.6	38	1.6	0.3	0.3	20.4	26.6	28.5	28.5	0.3
6202 N	6202-ZN		35	11	7.65	3.72	18000	22000	0.040	20.0	32	41	1.6	0.6	0.5	21.6	59.4	31.3	31.3	0.6
6302 N	6302-ZN		42	13	11.5	5.42	1 000	20000	0.080	21.0	37	48	1.6	1	0.5	24.3	34.7	36.6	36.6	1
61803 N	61803-ZN	17	26	5	2.20	1.5	20000	28000	0.007	19.0	24	—	—	0.3	—	19.6	23.4	—	24.3	0.3
61903 N	61903-ZN		30	7	4.60	2.6	19000	24000	0.014	19.4	28	34	1.1	0.3	0.2	20.3	26.7	28.7	27.6	0.3

续表

轴承型号		基本尺寸/mm			基本额定载荷/kN		极限转速/r·min^{-1}		质量/kg	安装尺寸/mm						其他尺寸/mm				
60000 N 型	60000-ZN 型	d	D	B	C_r	C_{0r}	脂	油	W ≈	d_a min	D_a max	D_b	a_1	r_a max	r_1 max	d_2 ≈	D_2	D_1 max	D_3 ≈	r min
6003 N	6003-ZN	17	35	10	6.00	3.25	17000	21000	0.040	19.4	32.6	42	1.6	0.3	0.3	22.9	29.1	33.17	31.0	0.3
6203 N	6203-ZN		40	12	9.58	4.78	16000	20000	0.060	22.0	36	46	1.6	0.6	0.5	24.6	33.4	38.1	35.3	0.6
6303 N	6303-ZN		47	14	13.5	6.58	15000	18000	0.110	23.0	41.0	54	2	1	0.5	26.8	38.2	44.6	40.1	1
6403 N	6403-ZN		62	17	22.7	10.8	11000	15000	0.268	24.0	55.0	69	2.7	1	0.5	31.9	47.1	59.61	—	1.1
61804 N	61804-ZN	20	32	7	3.50	2.20	18000	24000	0.015	22.4	30	36	1.1	0.3	0.3	23.5	28.6	30.7	29.7	0.3
61904 N	61904-ZN		37	9	6.40	3.70	17000	22000	0.031	22.4	34.6	41	1.4	0.3	0.3	25.2	31.8	35.7	32.9	0.3
6004 N	6004-ZN		42	12	9.38	5.02	16000	19000	0.070	25.0	38	49	1.6	0.6	0.5	26.9	35.1	39.75	37.0	0.6
6204 N	6204-ZN		47	14	12.8	6.65	14000	18000	0.100	26.0	42	54	2	1	0.5	29.3	39.7	44.6	41.6	1
6304 N	6304-ZN		52	15	15.8	7.88	13000	16000	0.140	27.0	45.0	59	2	1	0.5	29.8	42.2	49.73	44.4	1.1
6404 N	6404-ZN		72	19	31.0	15.2	9500	13000	0.400	27.0	65.0	80	2.7	1	0.5	38.0	56.1	68.81	—	1.1
61805 N	61805-ZN	25	37	7	4.3	2.90	16000	20000	0.017	27.4	35	41	1.1	0.3	0.3	28.2	33.8	35.7	34.9	0.3
61905 N	61905-ZN		42	9	7.0	4.50	14000	18000	0.038	27.4	40	46	1.4	0.3	0.3	30.2	36.8	40.7	37.9	0.3
6005 N	6005-ZN		47	12	10.0	5.85	13000	17000	0.080	30	43	54	1.6	0.6	0.5	31.9	40.1	44.6	42.0	0.6
6205 N	6205-ZN		52	15	14.0	7.88	12000	15000	0.120	31	47	59	2	1	0.5	33.8	44.2	49.73	46.4	1
6305 N	6305-ZN		62	17	22.2	11.5	10000	14000	0.220	32	55	69	2.6	1	0.5	36.0	51.0	59.61	53.2	1.1
6405 N	6405-ZN		80	21	38.2	19.2	8500	11000	0.529	34	71	88	2.7	1.5	0.5	42.3	62.7	76.81	—	1.5
61806 N	61806-ZN	30	42	7	4.70	3.60	13000	17000	0.019	32.4	40	46	1.1	0.3	0.3	33.2	38.8	40.7	39.9	0.3
61906 N	61906-ZN		47	9	7.20	5.00	12000	16000	0.043	32.4	44.6	51	1.4	0.3	0.3	35.2	41.8	45.7	42.9	0.3
6006 N	6006-ZN		55	13	13.2	8.30	11000	14000	0.120	36	50.0	62	1.6	1	0.5	38.4	47.7	52.6	49.9	1
6206 N	6206-ZN		62	16	19.5	11.5	9500	13000	0.190	36	56	69	2.6	1	0.5	40.8	52.2	59.61	54.4	1
6306 N	6306-ZN		72	19	27.0	15.2	9000	11000	0.350	37	65	80	2.6	1	0.5	44.8	59.2	68.81	61.4	1.1
6406 N	6406-ZN		90	23	47.5	24.5	8000	10000	0.710	39	81	98	2.7	1.5	0.5	48.6	71.4	86.79	—	1.5
61807 N	61807-ZN	35	47	7	4.90	4.00	11000	15000	0.023	37.4	45	46	1.1	0.3	0.3	38.2	43.8	45.7	44.9	0.3
61907 N	61907-ZN		55	10	9.50	6.80	10000	13000	0.078	40	51	54	1.4	0.6	0.5	41.1	48.9	53.7	50.3	0.6
6007 N	6007-ZN		62	14	16.2	10.5	9500	12000	0.160	41	56	69	1.6	1	0.5	43.3	53.7	59.61	55.9	1
6207 N	6207-ZN		72	17	25.5	15.2	8500	11000	0.270	42	65	80	2.6	1	0.5	46.8	60.2	68.81	62.4	1.1
6307 N	6307-ZN		80	21	33.4	19.2	8000	9500	0.420	44	71	88	2.6	1.5	0.5	50.4	66.6	76.81	68.8	1.5
6407 N	6407-ZN		100	25	56.8	29.5	6700	8500	0.926	44	91	108	2.7	1.5	0.5	54.9	80.1	96.8	—	1.5
61808 N	61808-ZN	40	52	7	5.10	4.40	10000	13000	0.026	42.4	50	51	1.1	0.3	0.3	43.2	48.8	50.7	49.9	0.3
61908 N	61908-ZN		62	12	13.7	9.90	9500	12000	0.103	45	58	61	1.4	0.6	0.5	46.3	55.7	60.7	57.1	0.6
6008 N	6008-ZN		68	15	17.0	11.8	9000	11000	0.190	46	62	76	2	1	0.5	48.8	59.2	64.82	61.4	1
6208 N	6208-ZN		80	18	29.5	18.0	8000	10000	0.370	47	73	88	2.6	1	0.5	52.8	67.2	76.81	69.4	1.1
6308 N	6308-ZN		90	23	40.8	24.0	7000	8500	0.630	49	81	98	2.6	1.5	0.5	56.5	74.6	86.79	77.0	1.5
6408 N	6408-ZN		110	27	65.5	37.5	6300	8000	1.221	50	100	118	2.7	2	0.5	63.9	89.1	106.81	—	2

续表

轴承型号		基本尺寸/mm			基本额定载荷/kN		极限转速/r·min^{-1}		质量/kg	安装尺寸/mm						其他尺寸/mm				
60000 N 型	60000-ZN 型	d	D	B	C_r	C_{0r}	脂	油	W ≈	d_a min	D_a max	D_b	a_1	r_a max	r_1 max	d_2 ≈	D_2	D_1 max	D_3 ≈	r min
61809 N	61809-ZN	45	58	7	6.40	5.60	9000	12000	0.030	47.4	56	57	1.1	0.3	0.3	48.3	54.7	56.7	55.8	0.3
61909 N	61909-ZN		68	12	14.1	10.90	8500	11000	0.123	50	63	66	1.4	0.6	0.5	51.8	61.2	66.7	62.6	0.6
6009 N	6009-ZN		75	16	21.0	14.8	8000	10000	0.230	51	69	83	2	1	0.5	54.2	65.9	71.83	68.1	1
6209 N	6209-ZN		85	19	31.5	20.5	7000	9000	0.420	52	78	93	2.6	1	0.5	58.8	73.2	81.81	75.7	1.1
6309 N	6309-ZN		100	25	52.8	31.8	6300	7500	0.837	54	91	108	2.6	1.5	0.5	63.0	84.0	96.8	86.5	1.5
6409 N	6409-ZN		120	29	77.5	45.5	5600	7000	1.520	55	110	131	3.4	2	0.5	70.7	98.3	115.21	—	2
61810 N	61810-ZN	50	65	7	6.6	6.1	8500	10000	0.043	52.4	62.6	69	1.1	0.3	0.3	54.3	60.7	63.7	61.8	0.3
61910 N	61910-ZN		72	12	14.5	11.7	8000	95000	0.122	55	68	76	1.4	0.6	0.5	56.3	65.7	70.7	67.1	0.6
6010 N	6010-ZN		80	16	22.0	16.2	7000	9000	0.280	56	74	88	2	1	0.5	59.2	70.9	76.81	80.1	1
6210 N	6210-ZN		90	20	35.0	23.2	6700	8500	0.470	57	83	98	2.6	1	0.5	62.4	77.6	86.79	94.4	1.1
6310 N	6310-ZN		110	27	61.8	38.0	6000	7000	1.080	60	100	118	2.6	2	0.5	69.1	91.9	106.81	80.1	2
6410 N	6410-ZN		130	31	92.2	55.2	5300	6300	1.855	62	118	141	3.4	2.1	0.5	77.3	107.8	125.22	—	2.1
61811 N	61811-ZN	55	72	9	9.1	8.4	8000	9500	0.070	57.4	69.6	76	1.4	0.3	0.3	60.2	66.9	70.7	68.3	0.3
61911 N	61911-ZN		80	13	15.9	13.2	7500	9000	0.170	61	75	86	1.7	1	0.5	62.9	72.2	77.9	73.6	1
6011 N	6011-ZN		90	18	30.2	21.8	7000	8500	0.380	62	83	98	2.2	1	0.5	65.4	79.7	86.79	82.2	1.1
6211 N	6211-ZN		100	21	43.2	29.2	6000	7500	0.580	64	91	108	2.6	1.5	0.5	68.9	86.1	96.8	88.6	1.5
6311 N	6311-ZN		120	29	71.5	44.8	5600	6700	1.370	65	110	131	3.2	2	0.5	76.1	100.9	115.21	103.4	2
6411 N	6411-ZN		140	33	100	62.5	4800	6000	2.316	67	128	151	4.1	2.1	0.5	82.8	115.2	135.23	—	2.1
61812 N	61812-ZN	60	78	10	9.1	8.7	7000	8500	0.093	62.4	75.6	84	1.4	0.3	0.3	66.2	72.9	76.2	74.6	0.3
61912 N	61912-ZN		85	13	16.4	14.2	6700	8000	0.181	66	80	91	1.7	1	0.5	67.9	77.2	82.9	78.6	1
6012 N	6012-ZN		95	18	31.5	24.2	6300	7500	0.390	67	89	103	2.2	1	0.5	71.4	85.7	91.82	88.2	1.1
6212 N	6212-ZN		110	22	47.8	32.8	5600	7000	0.770	69	101	118	2.6	1.5	0.5	76.0	94.1	106.81	96.5	1.5
6312 N	6312-ZN		130	31	81.8	51.8	5000	6000	1.710	72	118	141	3.2	2.1	0.5	81.7	108.4	125.22	111.1	2.1
6412 N	6412-ZN		150	35	109	70.0	4500	5600	2.811	72	138	161	4.1	2.1	0.5	87.9	122.2	145.24	—	2.1
61813 N	61813-ZN	65	85	10	11.9	11.5	6700	8000	0.130	69	81	91	1.4	0.6	0.5	71.1	78.9	82.9	80.6	0.6
61913 N	61913-ZN		90	13	17.4	16.0	6300	7500	0.196	71	85	96	1.7	1	0.5	72.9	82.2	87.9	83.6	1
6013 N	6013-ZN		100	18	32.0	24.8	6000	7000	0.420	72	93	108	2.2	1	0.5	75.3	89.7	96.8	92.2	1.1
6213 N	6213-ZN		120	23	57.2	40.0	5000	6300	0.980	74	111	131	3.2	1.5	0.5	82.5	102.5	115.21	105.0	1.5
6313 N	6313-ZN		140	33	93.8	60.5	4500	5300	2.090	77	128	151	3.9	2.1	0.5	88.1	116.9	135.23	119.7	2.1
6413 N	6413-ZN		160	37	118	78.5	4300	5300	3.342	77	148	171	4.1	2.1	0.5	94.5	130.6	155.22	—	2.1
61814 N	61814-ZN	70	90	10	12.1	11.9	6300	7500	0.138	74	86	96	1.4	0.6	0.5	76.1	83.9	87.9	85.6	0.6
61914 N	61914-ZN		100	16	23.7	21.1	6000	7000	0.336	76	95	106	2.1	1	0.5	79.3	90.7	97.9	92.6	1
6014 N	6014-ZN		110	20	38.5	30.5	5600	6700	0.57	77	103	118	2.2	1	0.5	82.0	98.0	106.81	100.5	1.1
6214 N	6214-ZN		125	24	60.8	45.0	4800	6000	1.04	79	116	136	3.2	1.5	0.5	89.0	109.0	120.22	111.8	1.5

第7篇

续表

轴承型号		基本尺寸/mm			基本额定载荷/kN		极限转速/r·min^{-1}		质量/kg	安装尺寸/mm						其他尺寸/mm				
60000 N 型	60000-ZN 型	d	D	B	C_r	C_{0r}	脂	油	W ≈	d_a min	D_a max	D_b	a_1	r_a max	r_1 max	d_2 ≈	D_2	D_1 max	D_3 ≈	r min
6314 N	6314-ZN	70	150	35	105	68.0	4300	5000	2.60	82	138	161	3.9	2.1	0.5	94.8	125.3	145.24	128.0	2.1
6414 N	6414-ZN		180	42	140	99.5	3800	4500	4.896	84	166	194	4.8	2.5	0.5	105.6	146.4	173.66	—	3
61815 N	61815-ZN	75	95	10	12.5	12.8	6000	7000	0.147	79	91	101	1.4	0.6	0.5	81.1	88.9	92.9	90.6	0.6
61915 N	61915-ZN		105	16	24.3	22.5	5600	6700	0.355	81	100	112	2.1	1	0.5	84.3	95.7	102.6	97.6	1
6015 N	6015-ZN		115	20	40.2	33.2	5300	6300	0.64	82	108	123	2.2	1	0.5	88.0	104.0	111.81	106.5	1.1
6215 N	6215-ZN		130	25	66.0	49.5	4500	5600	1.180	84	121	141	3.2	1.5	0.5	94.0	115.0	125.22	117.8	1.5
6315 N	6315-ZN		160	37	113	76.8	4000	4800	3.050	87	148	171	3.9	2.1	0.5	101.3	133.7	155.22	136.5	2.1
6415 N	6415-ZN		190	45	154	115	3600	4300	5.739	89	176	204	4.8	2.5	0.5	112.1	155.9	183.64	—	3
61816 N	61816-ZN	80	100	10	12.7	13.3	5600	6700	0.155	84	96	106	1.4	0.6	0.5	86.1	93.9	97.9	95.6	0.6
61916 N	61916-ZN		110	16	24.9	23.9	5300	6300	0.375	86	105	117	2.1	1	0.5	89.3	100.7	107.6	102.6	1
6016 N	6016-ZN		125	22	47.5	39.8	5000	6000	0.830	87	118	136	2.2	1	0.5	95.2	112.8	120.22	115.6	1.1
6216 N	6216-ZN		140	26	71.5	54.2	4300	5300	1.448	90	130	151	3.9	2	0.5	100.0	122.0	135.23	124.8	2
6316 N	6316-ZN		170	39	123	86.5	3800	4500	3.620	92	158	184	4.6	2.1	0.5	107.9	142.2	163.65	144.9	2.1
6416 N	6416-ZN		200	48	163	125	3400	4000	6.740	94	186	214	4.8	2.5	0.5	117.1	162.9	193.65	—	3
61817 N	61817-ZN	85	110	13	19.2	19.8	5000	6300	0.245	90	105	91	1.7	1	0.5	92.5	102.5	107.6	104.4	1
61917 N	61917-ZN		120	18	31.9	29.7	4800	6000	0.507	92	113.5	127	2.6	1	0.5	95.8	109.2	117.6	111.1	1.1
6017 N	6017-ZN		130	22	50.8	42.8	4500	5600	0.860	92	123	141	2.2	1	0.5	99.4	117.6	125.22	120.4	1.1
6217 N	6217-ZN		150	28	83.2	63.8	4000	5000	1.750	95	140	161	3.9	2	0.5	107.1	130.9	145.24	133.7	2
6317 N	6317-ZN		180	41	132	96.5	3600	4300	4.270	99	166	191	4.6	2.5	0.5	114.4	150.6	173.66	153.4	3
6417 N	6417-ZN		210	52	175	138	3200	3800	7.933	103	192	224	4.8	3	0.5	123.5	171.5	203.6	—	4
61818 N	61818-ZN	90	115	13	19.5	20.5	4800	6000	0.258	95	110	122	1.7	1	0.5	97.5	107.5	112.6	109.4	1
61918 N	61918-ZN		125	18	32.8	31.5	4500	5600	0.533	97	118.5	132	2.6	1	0.5	100.8	114.5	122.6	116.1	1.1
6018 N	6018-ZN		140	24	50.8	49.8	4300	5300	1.10	99	131	151	2.8	1.5	0.5	107.2	126.8	135.23	129.6	1.5
6218 N	6218-ZN		160	30	95.8	71.5	3800	4800	2.20	100	150	171	3.9	2	0.5	111.7	138.4	155.22	141.1	2
61819 N	61819-ZN	95	120	13	19.8	21.3	4500	5600	0.270	100	115	127	1.7	1	0.5	102.5	112.5	117.6	114.4	1
61919 N	61919-ZN		130	18	33.7	33.3	4300	5300	0.558	102	124	137	2.8	1	0.5	105.8	119.2	127.6	121.1	1.1
6019 N	6019-ZN		145	24	57.8	50.0	4000	5000	1.140	104	136	156	2.8	1.5	0.5	110.2	129.8	140.23	132.6	1.5
6219 N	6219-ZN		170	32	110	82.8	3600	4500	2.350	107	158	184	4.6	2.1	0.5	118.1	146.9	163.65	149.7	2.1
61820 N	61820-ZN	100	125	13	20.1	22.0	4300	5300	0.283	105	120	132	1.7	1	0.5	107.5	117.5	122.6	119.4	1
61920 N	61920-ZN		140	20	42.7	41.9	4000	5000	0.774	107	133	147	2.8	1	0.5	112.3	127.8	137.6	130.1	1.1
6020 N	6020-ZN		150	24	64.5	56.2	3800	4800	1.250	109	141	161	2.8	1.5	0.5	114.6	135.4	145.24	138.2	1.5
6220 N	6220-ZN		180	34	122	92.8	3400	4300	3.120	112	168	194	4.6	2.1	0.5	124.8	155.3	173.66	158.0	2.1

5.2 调心球轴承

表 7-5-6 调心球轴承（GB/T 281—2013）

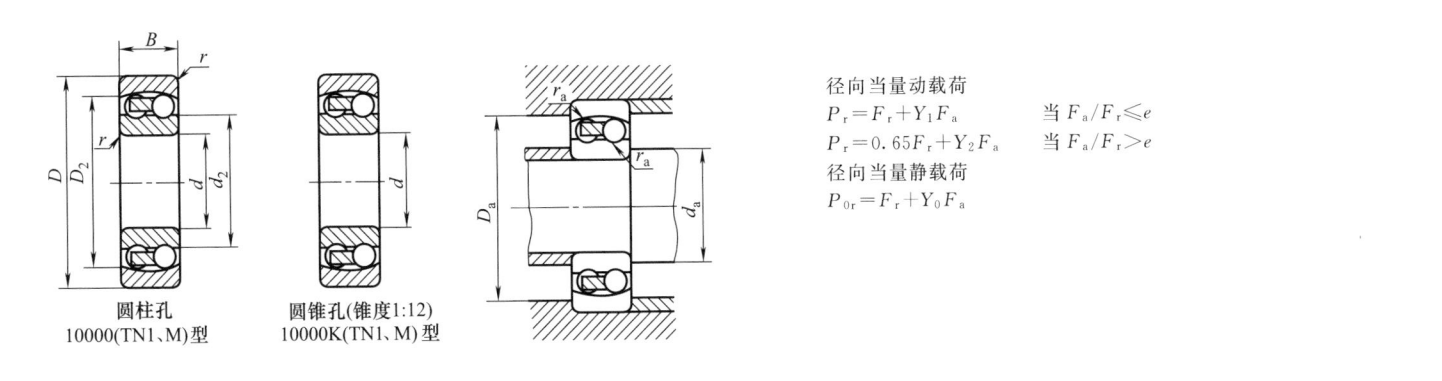

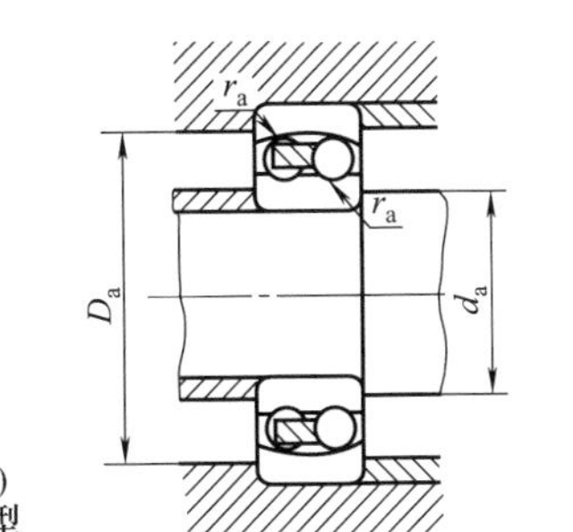

径向当量动载荷

$P_r = F_r + Y_1 F_a$ 当 $F_a/F_r \leq e$

$P_r = 0.65F_r + Y_2 F_a$ 当 $F_a/F_r > e$

径向当量静载荷

$P_{0r} = F_r + Y_0 F_a$

轴承型号		基本尺寸/mm			基本额定载荷/kN		极限转速/r·min^{-1}		质量/kg	安装尺寸/mm			其他尺寸/mm			计算系数			
10000（TN1、M）型	10000K（TN1、M）型	d	D	B	C_r	C_{0r}	脂	油	W ≈	d_a min	D_a max	r_a max	d_2 ≈	D_2 ≈	r min	e	Y_1	Y_2	Y_0
1200	1200 K	10	30	9	5.48	1.20	24000	28000	0.035	15	25	0.6	16.7	24.4	0.6	0.32	2.0	3.0	2.0
1200 TN1	1200 KTN1		30	9	5.40	1.20	24000	28000	0.035	15	25	0.6	16.7	23.5	0.6	0.31	2.1	3.17	2.1
2200	2200 K		30	14	7.12	1.58	24000	28000	0.050	15	25	0.6	15.3	25.2	0.6	0.62	1.0	1.6	1.1
2200 TN1	2200 KTN1		30	14	8.00	1.70	24000	28000	0.054	15	25	0.6	15.6	23.0	0.6	0.48	1.3	2.0	1.4
1300	1300 K		35	11	7.22	1.62	20000	24000	0.06	15	30	0.6	—	—	0.6	0.33	1.9	3.0	2.0
1300 TN1	1300 K TN1		35	11	7.30	1.60	20000	24000	0.061	15	30	0.6	18.5	26.4	0.6	0.33	1.9	3.0	2.0
2300	2300 K		35	17	11.0	2.45	18000	22000	0.09	15	30	0.6	—	—	0.6	0.66	0.95	1.5	1.0
2300 TN1	2300 KTN1		35	17	10.8	2.40	18000	22000	0.097	15	30	0.6	17.0	25.4	0.6	0.56	1.1	1.7	1.1
1201	1201 K	12	32	10	5.55	1.25	22000	26000	0.042	17	27	0.6	18.5	26.2	0.6	0.33	1.9	2.9	2.0
1201 TN1	1201 K TN1		32	10	6.20	1.40	22000	26000	0.042	17	27	0.6	18.4	25.5	0.6	0.33	1.9	2.9	2.0
2201	2201 K		32	14	8.80	1.80	22000	26000	—	17	27	0.6	—	—	0.6	—	—	—	—
2201 TN1	2201 KTN1		32	14	8.50	1.90	22000	26000	0.059	17	27	0.6	17.6	25.5	0.6	0.45	1.4	2.2	1.5
1301	1301 K		37	12	9.42	2.12	18000	22000	0.07	18	31	1	20.0	30.8	1	0.35	1.8	2.8	1.9

续表

轴承型号		基本尺寸/mm			基本额定载荷/kN		极限转速/r·min^{-1}		质量/kg	安装尺寸/mm			其他尺寸/mm			计算系数			
10000(TN1、M)型	10000K(TN1、M)型	d	D	B	C_r	C_{0r}	脂	油	W ≈	d_a min	D_a max	r_a max	d_2 ≈	D_2 ≈	r min	e	Y_1	Y_2	Y_0
1301 TN1	1301 KTN1	12	37	12	9.40	2.10	18000	22000	0.071	18	31	1	20.0	29.2	1	0.34	1.8	2.8	1.9
2301	2301 K		37	17	12.5	2.72	17000	22000	—	18	31	1	—	—	1	—	—	—	—
2301 TN1	2301 KTN1		37	17	11.5	2.60	17000	22000	0.104	18	31	1	18.9	27.6	1	0.53	1.1	1.9	1.3
1202	1202 K	15	35	11	7.48	1.75	18000	22000	0.051	20	30	0.6	20.9	29.9	0.6	0.33	1.9	3.0	2.0
1202 TN1	1202 KTN1		35	11	7.40	1.70	18000	22000	0.051	20	30	0.6	21.0	28.9	0.6	0.30	2.1	3.2	2.2
2202	2202 K		35	14	7.65	1.80	18000	22000	0.06	20	30	0.6	20.8	30.4	0.6	0.50	1.3	2.0	1.3
2202 TN1	2202 KTN1		35	14	9.20	2.10	18000	22000	0.063	20	30	0.6	20.5	29.2	0.6	0.39	1.6	2.5	1.7
1302	1302 K		42	13	9.50	2.28	16000	20000	0.1	21	36	1	23.6	34.1	1	0.33	1.9	2.9	2.0
1302 TN1	1302 KTN1		42	13	10.8	2.60	16000	20000	0.097	21	36	1	23.9	33.7	1	0.31	2.0	3.1	2.1
2302	2302 K		42	17	12.0	2.88	14000	18000	0.11	21	36	1	23.2	35.2	1	0.51	1.2	1.9	1.3
2302 TN1	2302 KTN1		42	17	11.8	2.90	14000	18000	0.125	21	36	1	23.9	30.5	1	0.46	1.4	2.1	1.4
1203	1203 K	17	40	12	7.90	2.02	16000	20000	0.076	22	35	0.6	24.2	33.7	0.6	0.31	2.0	3.2	2.1
1203 TN1	1203 KTN1		40	12	8.90	2.20	16000	20000	0.075	22	35	0.6	24.1	32.7	0.6	0.30	2.1	3.2	2.2
2203	2203 K		40	16	9.00	2.45	16000	20000	0.09	22	35	0.6	23.5	34.3	0.6	0.50	1.2	1.9	1.3
2203 TN1	2203 KTN1		40	16	10.8	2.50	16000	20000	0.095	22	35	0.6	23.6	33.1	0.6	0.40	1.6	2.4	1.6
1303	1303 K		47	14	12.5	3.18	14000	17000	0.14	23	41	1	26.4	38.3	1	0.33	1.9	3.0	2.0
1303 TN1	1303 KTN1		47	14	12.8	3.40	14000	17000	0.13	23	41	1	28.9	39.5	1	0.30	2.1	3.2	2.2
2303	2303 K		47	19	14.5	3.58	13000	16000	0.17	23	41	1	25.8	39.4	1	0.52	1.2	1.9	1.3
2303 TN1	2303 KTN1		47	19	14.5	3.60	13000	16000	0.175	23	41	1	26.5	37.5	1	0.50	1.3	1.9	1.3
1204	1204 K	20	47	14	9.95	2.65	14000	17000	0.12	26	41	1	28.9	39.1	1	0.27	2.3	3.6	2.4
1204 TN1	1204 KTN1		47	14	12.8	3.40	14000	17000	0.12	26	41	1	29.2	39.5	1	0.30	2.1	3.2	2.2
2204	2204 K		47	18	12.5	3.28	14000	17000	0.15	26	41	1	28.0	40.4	1	0.48	1.3	2.0	1.4
2204 TN1	2204 KTN1		47	18	16.8	4.20	14000	17000	0.15	26	41	1	27.4	39.3	1	0.40	1.6	2.4	1.6
1304	1304 K		52	15	12.5	3.38	12000	15000	0.17	27	45	1	31.3	43.6	1.1	0.29	2.2	3.4	2.3
1304 TN1	1304 KTN1		52	15	14.2	4.00	12000	15000	0.17	27	45	1	32.4	43.4	1.1	0.28	2.2	3.4	2.3
2304	2304 K		52	21	17.8	4.75	11000	14000	0.22	27	45	1	28.8	43.7	1.1	0.51	1.2	1.9	1.3
2304 TN1	2304 KTN1		52	21	18.2	4.70	11000	14000	0.22	27	45	1	29.5	40.9	1.1	0.44	1.4	2.2	1.5
1205	1205 K	25	52	15	12.0	3.30	12000	14000	0.14	31	46	1	33.1	44.9	1	0.27	2.3	3.6	2.4
1205 TN1	1205 KTN1		52	15	14.2	4.00	12000	14000	0.148	31	46	1	33.3	44.2	1	0.28	2.3	3.5	2.4

续表

轴承型号		基本尺寸/mm			基本额定载荷/kN		极限转速/r·min^{-1}		质量/kg	安装尺寸/mm			其他尺寸/mm			计算系数			
10000(TN1、M)型	10000K(TN1、M)型	d	D	B	C_r	C_{0r}	脂	油	W ≈	d_a min	D_a max	r_a max	d_2 ≈	D_2 ≈	r min	e	Y_1	Y_2	Y_0
2205	2205 K	25	52	18	12.5	3.40	12000	14000	0.19	31	46	1	33.0	44.7	1	0.41	1.5	2.3	1.5
2205 TN1	2205 KTN1		52	18	16.8	4.40	12000	14000	0.169	31	46	1	32.6	44.6	1	0.33	1.9	3.0	2.0
1305	1305 K		62	17	17.8	5.05	10000	13000	0.26	32	55	1	37.8	52.5	1.1	0.27	2.3	3.5	2.4
1305 TN1	1305 KTN1		62	17	18.8	5.50	10000	13000	0.26	32	55	1	37.3	50.3	1.1	0.28	2.2	3.5	2.3
2305	2305 K		62	24	24.5	6.48	9500	12000	0.35	32	55	1	35.2	52.5	1.1	0.47	1.3	2.1	1.4
2305 TN1	2305 K TN1		62	24	24.5	6.50	9500	12000	0.35	32	55	1	36.1	49.9	1.1	0.41	1.5	2.3	1.6
1206	1206 K	30	62	16	15.8	4.70	10000	12000	0.23	36	56	1	40.1	53.2	1	0.24	2.6	4.0	2.7
1206 TN1	1206 KTN1		62	16	15.5	4.70	10000	12000	0.22	36	56	1	40.0	51.6	1	0.25	2.5	3.9	2.7
2206	2206 K		62	20	15.2	4.60	10000	12000	0.26	36	56	1	40.0	53.0	1	0.39	1.6	2.4	1.7
2206 TN1	2206 KTN1		62	20	23.8	6.60	10000	12000	0.274	36	56	1	38.8	53.4	1	0.33	1.9	3.0	2.0
1306	1306 K		72	19	21.5	6.28	8500	11000	0.4	37	65	1	44.9	60.9	1.1	0.26	2.4	3.8	2.6
1306 TN1	1306 KTN1		72	19	21.2	6.30	8500	11000	0.398	37	65	1	44.9	59.0	1.1	0.25	2.5	3.9	2.6
2306	2306 K		72	27	31.5	8.68	8000	10000	0.5	37	65	1	41.7	60.9	1.1	0.44	1.4	2.2	1.5
2306 TN1	2306 KTN1		72	27	31.5	8.70	8000	10000	0.555	37	65	1	41.9	58.4	1.1	0.43	1.5	2.3	1.5
1207	1207 K	35	72	17	15.8	5.08	8500	10000	0.32	42	65	1	47.5	60.7	1.1	0.23	2.7	4.2	2.9
1207 TN1	1207 KTN1		72	17	18.8	5.90	8500	10000	0.327	42	65	1	47.1	60.2	1.1	0.23	2.7	4.2	2.9
2207	2207 K		72	23	21.8	6.65	8500	10000	0.44	42	65	1	46.0	62.2	1.1	0.38	1.7	2.6	1.8
2207 TN1	2207 KTN1		72	23	30.5	8.70	8500	10000	0.423	42	65	1	45.1	61.8	1.1	0.31	2.0	3.1	2.1
1307	1307 K		80	21	25.0	7.95	7500	9500	0.54	44	71	1.5	51.5	69.5	1.5	0.25	2.6	4.0	2.7
1307 TN1	1307 KTN1		80	21	26.2	8.50	7500	9500	0.533	44	71	1.5	51.7	67.1	1.5	0.25	2.5	3.9	2.6
2307	2307 K		80	31	39.2	11.0	7100	9000	0.68	44	71	1.5	46.5	68.4	1.5	0.46	1.4	2.1	1.4
2307 TN1	2307 KTN1		80	31	39.5	11.2	7100	9000	0.761	44	71	1.5	47.7	65.9	1.5	0.39	1.6	2.5	1.7
1208	1208 K	40	80	18	19.2	6.40	7500	9000	0.41	47	73	1	53.6	68.8	1.1	0.22	2.9	4.4	3.0
1208 TN1	1208 KTN1		80	18	20.0	6.90	7500	9000	0.429	47	73	1	53.6	66.7	1.1	0.22	2.9	4.5	3.0
2208	2208 K		80	23	22.5	7.38	7500	9000	0.53	47	73	1	52.4	68.8	1.1	0.24	1.9	2.9	2.0
2208 TN1	2208 KTN1		80	23	31.8	10.2	7500	9000	0.521	47	73	1	52.1	69.2	1.1	0.29	2.2	3.4	2.3
1308	1308 K		90	23	29.5	9.50	6700	8500	0.71	49	81	1.5	57.5	76.8	1.5	0.24	2.6	4.0	2.7
1308 TN1	1308 KTN1		90	23	32.5	11.0	6700	8500	0.727	49	81	1.5	61.3	78.7	1.5	0.24	2.6	4.1	2.8
2308	2308 K		90	33	44.8	13.2	6300	8000	0.93	49	81	1.5	53.5	76.8	1.5	0.43	1.5	2.3	1.5
2308 TN1	2308 KTN1		90	33	54.0	15.8	6300	8000	1.01	49	81	1.5	53.4	76.1	1.5	0.40	1.6	2.5	1.7

续表

轴承型号		基本尺寸/mm			基本额定载荷/kN		极限转速/r·min^{-1}		质量/kg	安装尺寸/mm			其他尺寸/mm			计算系数			
10000(TN1、M)型	10000K(TN1、M)型	d	D	B	C_r	C_{0r}	脂	油	W ≈	d_a min	D_a max	r_a max	d_2 ≈	D_2 ≈	r min	e	Y_1	Y_2	Y_0
1209	1209 K	45	85	19	21.8	7.32	7100	8500	0.49	52	78	1	57.3	73.7	1.1	0.21	2.9	4.6	3.1
1209 TN1	1209 KTN1		85	19	23.5	8.30	7100	8500	0.488	52	78	1	57.4	71.7	1.1	0.22	2.9	4.5	3.0
2209	2209 K		85	23	23.2	8.00	7100	8500	0.55	52	78	1	57.5	74.1	1.1	0.31	2.1	3.2	2.2
2209 TN1	2209 KTN1		85	23	32.5	10.5	7100	8500	0.572	52	78	1	55.3	72.4	1.1	0.26	2.4	3.8	2.5
1309	1309 K		100	25	38.0	12.8	6000	7500	0.96	54	91	1.5	63.7	85.7	1.5	0.25	2.5	3.9	2.6
1309 TN1	1309 KTN1		100	25	38.8	13.5	6000	7500	0.975	54	91	1.5	67.7	86.9	1.5	0.23	2.7	4.2	2.8
2309	2309 K		100	36	55.0	16.2	5600	7100	1.25	54	91	1.5	60.2	86.0	1.5	0.42	1.5	2.3	1.6
2309 TN1	2309 KTN1		100	36	63.8	19.2	5600	7100	1.347	54	91	1.5	60.0	84.9	1.5	0.37	1.7	2.6	1.8
1210	1210 K	50	90	20	22.8	8.08	6300	8000	0.54	57	83	1	62.3	78.7	1.1	0.20	3.1	4.8	3.3
1210 TN1	1210 K TN1		90	20	26.5	9.50	6300	8000	0.548	57	83	1	62.3	77.4	1.1	0.21	3.0	4.6	3.1
2210	2210 K		90	23	23.2	8.45	6300	8000	0.68	57	83	1	62.5	79.3	1.1	0.29	2.2	3.4	2.3
2210 TN1	2210 K TN1		90	23	33.5	11.2	6300	8000	0.594	57	83	1	61.3	79.3	1.1	0.24	2.7	4.1	2.8
1310	1310 K		110	27	43.2	14.2	5600	6700	1.21	60	100	2	70.1	95.0	2	0.24	2.7	4.1	2.8
1310 TN1	1310 KTN1		110	27	43.8	15.2	5600	6700	1.297	60	100	2	70.3	90.5	2	0.24	2.7	4.1	2.8
2310	2310 K		110	40	64.5	19.8	5000	6300	1.64	60	100	2	65.8	94.4	2	0.43	1.5	2.3	1.6
2310 TN1	2310 KTN1		110	40	64.8	20.2	5000	6300	1.835	60	100	2	67.7	91.3	2	0.34	1.9	2.9	2.0
1211	1211 K	55	100	21	26.8	10.0	6000	7100	0.72	64	91	1.5	70.1	88.4	1.5	0.20	3.2	5.0	3.4
1211 TN1	1211 KTN1		100	21	27.8	10.5	6000	7100	0.715	64	91	1.5	70.7	86.4	1.5	0.19	3.3	5.1	3.4
2211	2211 K		100	25	26.8	9.95	6000	7100	0.81	64	91	1.5	69.7	87.8	1.5	0.28	2.3	3.5	2.4
2211 TN1	2211 KTN1		100	25	39.2	13.5	6000	7100	0.806	64	91	1.5	67.6	87.4	1.5	0.23	2.7	4.2	2.8
1311	1311 K		120	29	51.5	18.2	5000	6300	1.58	65	110	2	77.7	104.0	2	0.23	2.7	4.2	2.8
1311 TN1	1311 KTN1		120	29	52.8	18.8	5000	6300	1.636	65	110	2	78.7	101.5	2	0.23	2.7	4.2	2.8
2311	2311 K		120	43	75.2	23.5	4800	6000	2.1	65	110	2	72.0	103.0	2	0.41	1.5	2.4	1.6
2311 TN1	2311 KTN1		120	43	75.2	24.0	4800	6000	2.341	65	110	2	73.9	99.7	2	0.33	1.9	3.0	2.0
1212	1212 K	60	110	22	30.2	11.5	5300	6300	0.9	69	101	1.5	77.8	97.5	1.5	0.19	3.4	5.3	3.6
1212 TN1	1212 KTN1		110	22	31.2	12.2	5300	6300	0.915	69	101	1.5	78.6	95.6	1.5	0.18	3.4	5.3	3.6
2212	2212 K		110	28	34.0	12.5	5300	6300	1.1	69	101	1.5	75.5	96.1	1.5	0.28	2.3	3.5	2.4
2212 TN1	2212 KTN1		110	28	38.2	17.2	5300	6300	1.122	69	101	1.5	74.8	90.5	1.5	0.24	2.6	4.0	2.7
1312	1312 K		130	31	57.2	20.8	4500	5600	1.96	72	118	2.1	87.0	115.0	2.1	0.23	2.8	4.3	2.9

续表

轴承型号		基本尺寸/mm			基本额定载荷/kN		极限转速/r·min^{-1}		质量/kg	安装尺寸/mm			其他尺寸/mm			计算系数			
10000(TN1、M)型	10000K(TN1、M)型	d	D	B	C_r	C_{0r}	脂	油	W ≈	d_a min	D_a max	r_a max	d_2 ≈	D_2 ≈	r min	e	Y_1	Y_2	Y_0
1312 TN1	1312 KTN1	60	130	31	58.2	21.2	4500	5600	2.019	72	118	2.1	87.1	111.4	2.1	0.23	2.8	4.3	2.9
2312	2312 K		130	46	86.8	27.5	4300	5300	2.6	72	118	2.1	76.9	112.0	2.1	0.41	1.6	2.5	1.6
2312 TN1	2312 KTN1		130	46	87.5	28.2	4300	5300	2.912	72	118	2.1	80.0	108.4	2.1	0.33	1.9	3.0	2.0
1213	1213 K	65	120	23	31.0	12.5	4800	6000	0.92	74	111	1.5	85.3	105.0	1.5	0.17	3.7	5.7	3.9
1213 TN1	1213 KTN1		120	23	35.0	13.8	4800	6000	1.152	74	111	1.5	85.7	104.0	1.5	0.18	3.6	5.6	3.8
2213	2213 K		120	31	43.5	16.2	4800	6000	1.5	74	111	1.5	81.9	105.0	1.5	0.28	2.3	3.5	2.4
2213 TN1	2213 KTN1		120	31	59.2	21.5	4800	6000	1.504	74	111	1.5	80.9	104.9	1.5	0.24	2.6	4.0	2.7
1313	1313 K		140	33	61.8	22.8	4300	5300	2.39	77	128	2.1	92.5	122.0	2.1	0.23	2.8	4.3	2.9
1313 TN1	1313 KTN1		140	33	65.8	24.2	4300	5300	2.533	77	128	2.1	89.8	115.7	2.1	0.23	2.7	4.2	2.9
2313	2313 K		140	48	96.0	32.5	3800	4800	3.2	77	128	2.1	85.5	122.0	2.1	0.38	1.6	2.6	1.7
2313 TN1	2313 KTN1		140	48	97.2	31.8	3800	4800	3.472	77	128	2.1	87.6	118.4	2.1	0.32	2.0	3.1	2.1
1214	1214 K	70	125	24	34.5	13.5	4800	5600	1.29	79	116	1.5	87.4	109	1.5	0.18	3.5	5.4	3.7
1214 M	1214 KM		125	24	34.5	13.5	4800	5600	1.345	79	116	1.5	88.7	106.9	1.5	0.18	3.5	5.4	3.7
2214	2214 K		125	31	44.0	17.0	4500	5600	1.62	79	116	1.5	87.5	111	1.5	0.27	2.4	3.7	2.5
2214 TN1	2214 KTN1		125	31	54.2	20.8	4500	5600	1.575	79	116	1.5	88.1	110.7	1.5	0.23	2.7	4.2	2.9
1314	1314 K		150	35	74.5	27.5	4000	5000	3.0	82	138	2.1	97.7	129	2.1	0.22	2.8	4.4	2.9
1314 M	1314 KM		150	35	75.0	28.5	4000	5000	3.267	82	138	2.1	97.7	125.1	2.1	0.23	2.8	4.3	2.9
2314	2314 K		150	51	110	37.5	3600	4500	3.9	82	138	2.1	91.6	130	2.1	0.38	1.7	2.6	1.8
2314 M	2314 KM		150	51	112	37.2	3600	4500	5.358	82	138	2.1	91.7	126.0	2.1	0.37	1.7	2.6	1.8
1215	1215 K	75	130	25	38.8	15.2	4300	5300	1.35	84	121	1.5	93	116	1.5	0.17	3.6	5.6	3.8
1215 M	1215 KM		130	25	38.8	15.2	4300	5300	1.461	84	121	1.5	93.9	113.2	1.5	0.17	3.7	5.7	3.8
2215	2215 K		130	31	44.2	18.0	4300	5300	1.72	84	121	1.5	93.1	117	1.5	0.25	2.5	3.9	2.6
2215 TN1	2215 KTN1		130	31	52.8	20.2	4300	5300	1.627	84	121	1.5	93.2	115.9	1.5	0.22	2.9	4.4	3.0
1315	1315 K		160	37	79.0	29.8	3800	4500	3.6	87	148	2.1	104	138	2.1	0.22	2.8	4.4	3.0
1315 M	1315 KM		160	37	81.5	31.5	3800	4500	3.911	87	148	2.1	106.0	135.0	2.1	0.22	2.8	4.4	3.0
2315	2315 K		160	55	122	42.8	3400	4300	4.7	87	148	2.1	97.8	139	2.1	0.38	1.7	2.6	1.7
2315 M	2315 KM		160	55	125	42.2	3400	4300	6.535	87	148	2.1	98.8	135.2	2.1	0.37	1.7	2.7	1.8
1216	1216 K	80	140	26	39.5	16.8	4000	5000	1.65	90	130	2	101	125	2	0.18	3.6	5.5	3.7
1216 M	1216 KM		140	26	39.5	16.2	4000	5000	1.792	90	130	2	102	121.7	2	0.17	3.7	5.7	3.9

续表

轴承型号		基本尺寸/mm			基本额定载荷/kN		极限转速/r·min^{-1}		质量/kg	安装尺寸/mm			其他尺寸/mm			计算系数			
10000(TN1、M)型	10000K(TN1、M)型	d	D	B	C_r	C_{0r}	脂	油	W ≈	d_a min	D_a max	r_a max	d_2 ≈	D_2 ≈	r min	e	Y_1	Y_2	Y_0
2216	2216 K	80	140	33	48.8	20.2	4000	5000	2.19	90	130	2	98.8	124	2	0.25	2.5	3.9	2.6
2216 TN1	2216 KTN1		140	33	65.2	25.5	4000	5000	2.053	90	130	2	98.9	124.5	2	0.22	2.9	4.4	3.0
1316	1316 K		170	39	88.5	32.8	3600	4300	4.2	92	158	2.1	109	147	2.1	0.22	2.9	4.5	3.1
1316 M	1316 KM		170	39	89.8	35.0	3600	4300	4.652	92	158	2.1	110.6	141	2.1	0.22	2.8	4.4	3.0
2316	2316 K		170	58	128	45.5	3200	4000	5.7	92	158	2.1	104	148	2.1	0.39	1.6	2.5	1.7
2316 M	2316 KM		170	58	135	47.5	3200	4000	7.785	92	158	2.1	105.4	144.3	2.1	0.37	1.7	2.6	1.8
1217	1217 K	85	150	28	48.8	20.5	3800	4500	2.1	95	140	2	107	134	2	0.17	3.7	5.7	3.9
1217 M	1217 KM		150	28	47.8	19.5	3800	4500	2.240	95	140	2	107.1	129	2	0.17	3.6	5.6	3.8
2217	2217 K		150	36	58.2	23.5	3800	4500	2.53	95	140	2	105	133	2	0.25	2.5	3.8	2.6
2217 TN1	2217 KTN1		150	36	65.5	26.2	3800	4500	2.606	95	140	2	104.7	130.3	2	0.22	2.9	4.5	3.0
1317	1317 K		180	41	97.8	37.8	3400	4000	5.0	99	166	2.5	117	158	3	0.22	2.9	4.5	3.0
1317 M	1317 KM		180	41	97.8	38.5	3400	4000	5.475	99	166	2.5	117.4	149.4	3	0.22	2.9	4.5	3.0
2317	2317 K		180	60	140	51.0	3000	3800	6.70	99	166	2.5	111	157	3	0.38	1.7	2.6	1.7
2317 M	2317 KM		180	60	140	51.5	3000	3800	8.982	99	166	2.5	114.6	153.5	3	0.36	1.8	2.7	1.8
1218	1218 K	90	160	30	56.5	23.2	3600	4300	2.5	100	150	2	112	142	2	0.17	3.8	5.7	4.0
1218 M	1218 KM		160	30	52.5	21.7	3600	4300	2.753	100	150	2	113.9	137.3	2	0.18	3.6	5.5	3.7
2218	2218 K		160	40	70.0	28.5	3600	4300	3.22	100	150	2	112	142	2	0.27	2.4	3.7	2.5
2218 M	2218 KM		160	40	70.2	28.5	3600	4300	4.073	100	150	2	112.6	139	2	0.26	2.4	3.7	2.5
1318	1318 K		190	43	115	44.5	3200	3800	6.0	104	176	2.5	122	165	3	0.22	2.8	4.4	2.9
1318 M	1318 KM		190	43	115.8	46.2	3200	3800	6.418	104	176	2.5	126.7	162.4	3	0.23	2.7	4.2	2.9
2318	2318 K		190	64	142	57.2	2800	3600	7.9	104	176	2.5	115	164	3	0.39	1.6	2.5	1.7
2318 M	2318 KM		190	64	152	57.8	2800	3600	10.722	104	176	2.5	119.4	160.5	3	0.37	1.7	2.6	1.8
1219	1219 K	95	170	32	63.5	27.0	3400	4000	3.0	107	158	2.1	120	151	2.1	0.17	3.7	5.7	3.9
1219 M	1219 KM		170	32	63.8	26.8	3400	4000	3.314	107	158	2.1	121.8	147.6	2.1	0.17	3.7	5.7	3.8
2219	2219 K		170	43	82.8	33.8	3400	4000	4.2	107	158	2.1	118	151	2.1	0.26	2.4	3.7	2.5
2219 M	2219 KM		170	43	83.2	34.2	3400	4000	5.024	107	158	2.1	119.1	147.9	2.1	0.27	2.3	3.6	2.5
1319	1319 K		200	45	132	50.8	3000	3600	7.0	109	186	2.5	127	174	3	0.23	2.8	4.3	2.9

续表

轴承型号		基本尺寸/mm			基本额定载荷/kN		极限转速/r·min^{-1}		质量/kg	安装尺寸/mm			其他尺寸/mm			计算系数			
10000(TN1、M)型	10000K(TN1、M)型	d	D	B	C_r	C_{0r}	脂	油	W ≈	d_a min	D_a max	r_a max	d_2 ≈	D_2 ≈	r min	e	Y_1	Y_2	Y_0
1319 M	1319 KM	95	200	45	125	50.2	3000	3600	7.450	109	186	2.5	133.0	170.1	3	0.24	2.6	4.0	2.7
2319	2319 K		200	67	162	64.2	2800	3400	9.2	109	186	2.5	—	—	3	0.38	1.7	2.6	1.8
2319 M	2319 KM		200	67	165	64.2	2800	3400	12.414	109	186	2.5	125.1	168.7	3	0.37	1.7	2.7	1.8
1220	1220 K	100	180	34	68.5	29.2	3200	3800	3.7	112	168	2.1	127	159	2.1	0.18	3.5	5.4	3.7
1220 M	1220 KM		180	34	69.2	29.5	3200	3800	3.979	112	168	2.1	128.5	155.4	2.1	0.17	3.7	5.7	3.8
2220	2220 K		180	46	97.2	40.5	3200	3800	5.0	112	168	2.1	125	160	2.1	0.27	2.3	3.6	2.5
2220 M	2220 KM		180	46	97.5	40.5	3200	3800	6.605	112	168	2.1	125.7	156.8	2.1	0.27	2.4	3.7	2.5
1320	1320 K		215	47	142	57.2	2800	3400	8.64	114	201	2.5	136	185	3	0.24	2.7	4.1	2.8
1320 M	1320 KM		215	47	145	59.5	2800	3400	9.240	114	201	2.5	140.3	181	3	0.24	2.7	4.1	2.8
2320	2320 K		215	73	192	78.5	2400	3200	12.4	114	201	2.5	—	—	3	0.37	1.7	2.6	1.8
2320 M	2320 KM		215	73	192	78.5	2400	3200	15.949	114	201	2.5	134.5	182.5	3	0.37	1.7	2.6	1.8
1221	1221 K	105	190	36	74	32.2	3000	3600	4.4	117	178	2.1	134	167	2.1	0.18	3.5	5.5	3.7
1221 M	1221 KM		190	36	74.5	32.2	3000	3600	4.727	117	178	2.1	135.6	163.7	2.1	0.17	3.7	5.7	3.9
2221	2221 K		190	50	—	—	3000	3600	—	117	178	2.1	—	—	2.1	—	—	—	—
2221 M	2221 KM		190	50	101	46.5	3000	3600	7.391	117	178	2.1	131.9	164.8	2.1	0.27	2.3	—	2.4
1321	1321 K		225	49	152	64.5	2600	3200	9.55	119	211	2.5	—	—	3	0.24	2.6	4.1	2.7
1321 M	1321 KM		225	49	150	63.5	2600	3200	10.544	119	211	2.5	148.5	190.8	3	0.24	2.7	4.3	2.8
2321 M	2321 KM		225	77	218	92.5	2400	3000	18.485	119	211	2.5	139	190	3	0.36	1.7	2.7	1.8
1222	1222 K	110	200	38	87.2	37.5	2800	3400	5.2	122	188	2.1	140	176	2.1	0.17	3.6	5.6	3.8
1222 M	1222 KM		200	38	88.0	38.5	2800	3400	5.578	122	188	2.1	142.5	173.1	2.1	0.17	3.6	5.6	3.8
2222	2222 K		200	53	125	52.2	2800	3400	7.2	122	188	2.1	137	177	2.1	0.28	2.2	3.5	2.4
2222 M	2222 KM		200	53	125	52.2	2800	3400	8.759	122	188	2.1	138.3	174.1	2.1	0.28	2.3	3.5	2.4
1322	1322 K		240	50	162	72.8	2400	3000	11.8	124	226	2.5	154	206	3	0.23	2.8	4.3	2.9
1322 M	1322 KM		240	50	162	72.5	2400	3000	12.452	124	226	2.5	157.8	201.9	3	0.23	2.8	4.3	2.9
2322	2322 K		240	80	215	94.2	2200	2800	17.6	124	226	2.5	—	—	3	0.39	1.6	2.5	1.7
2322 M	2322 KM		240	80	215	94.2	2200	2800	21.967	124	226	2.5	149.8	202.0	3	0.37	1.7	2.7	1.8

第7篇

表 7-5-7

带紧定套的调心球轴承（GB/T 281—2013）

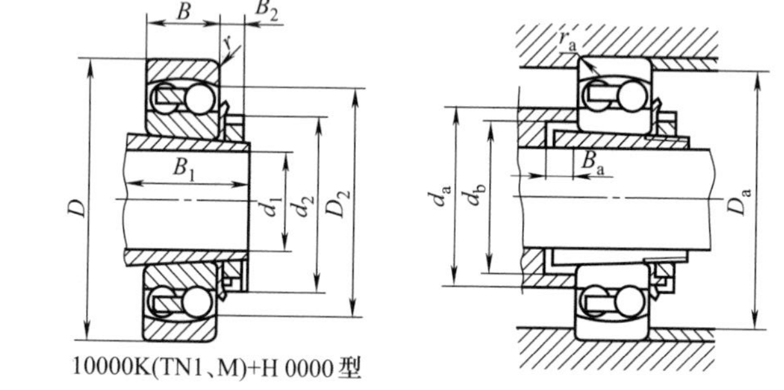

10000K(TN1、M)+H 0000型

轴承型号	基本尺寸/mm			基本额定载荷/kN		极限转速/r·min^{-1}		质量/kg	安装尺寸/mm					其他尺寸/mm					计算系数			
10000K(TN1、M)+H 0000 型	d_1	D	B	C_r	C_{0r}	脂	油	W ≈	d_a max	d_b min	D_a max	B_a min	r_a max	d_2	D_2	B_1	B_2	r min	e	Y_1	Y_2	Y_0
1204 K+H 204	17	47	14	9.95	2.65	14000	17000	—	28	23	41	5	1	32	39.1	24	7	1	0.27	2.3	3.6	2.4
1204 KTN1+H 204		47	14	12.8	3.40	14000	17000	—	29	23	41	5	1	32	39.5	24	7	1	0.30	2.1	3.2	2.2
2204 K+H 304		47	18	12.5	3.28	14000	17000	—	28	23	41	5	1	32	40.4	28	7	1	0.48	1.3	2.0	1.4
2204 KTN1+H 304		47	18	16.8	4.20	14000	17000	—	27	23	41	5	1	32	39.3	28	7	1	0.40	1.6	2.4	1.6
1304 K+H 304		52	15	12.5	3.38	12000	15000	—	31	23	45	8	1	32	43.6	28	7	1.1	0.29	2.2	3.4	2.3
1304 KTN1+H 304		52	15	14.2	4.00	12000	15000	—	32	23	45	8	1	32	43.4	28	7	1.1	0.28	2.2	3.4	2.3
2304 K+H 2304		52	21	17.8	4.75	11000	14000	—	28	24	45	5	1	32	43.7	31	7	1.1	0.51	1.2	1.9	1.3
2304 KTN1+H 2304		52	21	18.2	4.70	11000	14000	—	29	25	45	5	1	32	40.9	31	7	1.1	0.44	1.4	2.2	1.5
1205 K+H 205	20	52	15	12.0	3.30	12000	14000	0.21	33	28	46	5	1	45	44.9	26	8	1	0.27	2.3	3.6	2.4
1205 KTN1+H 205		52	15	14.2	4.00	12000	14000	0.218	33	28	46	5	1	45	44.2	26	8	1	0.28	2.3	3.5	2.4
2205 K+H 305		52	18	12.5	3.40	12000	14000	0.35	33	28	46	5	1	45	44.7	29	8	1	0.41	1.5	2.3	1.5
2205 KTN1+H 305		52	18	16.8	4.40	12000	14000	0.329	32	28	46	5	1	45	44.6	29	8	1	0.33	1.9	3.0	2.0
1305 K+H 305		62	17	17.8	5.05	10000	13000	0.51	37	28	55	6	1	45	52.5	29	8	1.1	0.27	2.3	3.5	2.4
1305 KTN1+H 305		62	17	18.8	5.50	10000	13000	0.521	37	28	55	6	1	45	50.3	29	8	1.1	0.28	2.2	3.5	2.3
2305 K+H 2305		62	24	24.5	6.48	9500	12000	—	34	30	55	5	1	45	52.5	35	8	1.1	0.47	1.3	2.1	1.4
2305 KTN1+H 2305		62	24	24.5	6.50	9500	12000	—	36	30	55	5	1	45	49.9	35	8	1.1	0.41	1.5	2.3	1.6

续表

轴承型号	基本尺寸/mm			基本额定载荷/kN		极限转速/r·min⁻¹		质量/kg	安装尺寸/mm					其他尺寸/mm					计算系数			
10000K(TN1、M)+H 0000 型	d_1	D	B	C_r	C_{0r}	脂	油	W ≈	d_a max	d_b min	D_a max	B_a min	r_a max	d_2	D_2	B_1	B_2	r min	e	Y_1	Y_2	Y_0
1206 K+H 206	25	62	16	15.8	4.70	10000	12000	0.33	40	33	56	5	1	45	53.2	27	8	1	0.24	2.6	4.0	2.7
1206 KTN1+H 206		62	16	15.5	4.70	10000	12000	0.328	40	33	56	5	1	45	51.6	27	8	1	0.25	2.5	3.9	2.7
2206 K+H 306		62	20	15.2	4.60	10000	12000	0.37	40	33	56	5	1	45	53.0	31	8	1	0.39	1.6	2.4	1.7
2206 KTN1+H 306		62	20	23.8	6.60	10000	12000	0.384	38	33	56	5	1	45	53.4	31	8	1	0.33	1.9	3.0	2.0
1306 K+H 306		72	19	21.5	6.28	8500	11000	0.51	44	33	65	6	1	45	60.9	31	8	1.1	0.26	2.4	3.8	2.6
1306 KTN1+H 306		72	19	21.2	6.30	8500	11000	0.504	44	33	65	6	1	45	59.0	31	8	1.1	0.25	2.5	3.9	2.6
2306 K+H 2306		72	27	31.5	8.68	8000	10000	0.63	41	35	65	5	1	45	60.9	38	8	1.1	0.44	1.4	2.2	1.5
2306 KTN1+H 2306		72	27	31.5	8.70	8000	10000	0.685	41	35	65	5	1	45	58.4	38	8	1.1	0.43	1.5	2.3	1.5
1207 K+H 207	30	72	17	15.8	5.08	8500	10000	0.45	47	38	65	5	1	52	60.7	29	9	1.1	0.23	2.7	4.2	2.9
1207 KTN1+H 207		72	17	18.8	5.90	8500	10000	0.457	47	38	65	5	1	52	60.2	29	9	1.1	0.23	2.7	4.2	2.9
2207 K+H 307		72	23	21.8	6.65	8500	10000	0.58	46	39	65	5	1	52	62.2	35	9	1.1	0.38	1.7	2.6	1.8
2207 KTN1+H 307		72	23	30.5	8.70	8500	10000	0.563	45	39	65	5	1	52	61.8	35	9	1.1	0.31	2.0	3.1	2.1
1307 K+H 307		80	21	25.0	7.95	7500	9500	0.68	51	39	71	7	1.5	52	69.5	35	9	1.5	0.25	2.6	4.0	2.7
1307 KTN1+H 307		80	21	26.2	8.50	7500	9500	0.673	51	39	71	7	1.5	52	67.1	35	9	1.5	0.25	2.5	3.9	2.6
2307 K+H 2307		80	31	39.2	11.0	7100	9000	0.85	46	40	71	5	1.5	52	68.4	43	9	1.5	0.46	1.4	2.1	1.4
2307 KTN1+H 2307		80	31	39.5	11.2	7100	9000	0.931	47	40	71	5	1.5	52	65.9	43	9	1.5	0.39	1.6	2.5	1.7
1208 K+H 208	35	80	18	19.2	6.40	7500	9000	0.58	53	43	73	6	1	58	68.8	31	10	1.1	0.22	2.9	4.4	3.0
1208 KTN1+H 208		80	18	20.0	6.90	7500	9000	0.599	53	43	73	6	1	58	66.7	31	10	1.1	0.22	2.9	4.5	3.0
2208 K+H 308		80	23	22.5	7.38	7500	9000	0.72	52	44	73	6	1	58	68.8	36	10	1.1	0.24	1.9	2.9	2.0
2208 KTN1+H 308		80	23	31.8	10.2	7500	9000	0.711	52	44	73	6	1	58	69.3	36	10	1.1	0.29	2.2	3.4	2.3
1308 K+H 308		90	23	29.5	9.50	6700	8500	0.9	57	44	81	6	1.5	58	76.8	36	10	1.5	0.24	2.6	4.0	2.7
1308 KTN1+H 308		90	23	32.5	11.0	6700	8500	0.917	61	44	81	6	1.5	58	78.7	36	10	1.5	0.24	2.6	4.1	2.8
2308 K+H 2308		90	33	44.8	13.2	6300	8000	1.15	53	45	81	6	1.5	58	76.8	46	10	1.5	0.43	1.5	2.3	1.5
2308 KTN1+H 2308		90	33	54.0	15.8	6300	8000	1.23	53	45	81	6	1.5	58	76.2	46	10	1.5	0.40	1.6	2.5	1.7
1209 K+H 209	40	85	19	21.8	7.32	7100	8500	0.72	57	48	78	6	1	65	73.7	33	11	1.1	0.21	2.9	4.6	3.1
1209 KTN1+H 202		85	19	23.5	8.30	7100	8500	0.718	59	48	78	6	1	65	71.7	33	11	1.1	0.22	2.9	4.5	3.0
2209 K+H 309		85	23	23.2	8.00	7100	8500	0.8	57	50	78	8	1	65	74.1	39	11	1.1	0.31	2.1	3.2	2.2
2209 KTN1+H 309		85	23	32.5	10.5	7100	8500	0.822	55	50	78	8	1	65	72.4	39	11	1.1	0.26	2.4	3.8	2.5
1309 K+H 309		100	25	38.0	12.8	6000	7500	1.21	63	50	91	6	1.5	65	85.7	39	11	1.5	0.25	2.5	3.9	2.6
1309 KTN1+H 309		100	25	38.8	13.5	6000	7500	1.225	67	50	91	6	1.5	65	87.0	39	11	1.5	0.23	2.7	4.2	2.8
2309 K+H 2309		100	36	55.0	16.2	5600	7100	1.51	60	50	91	6	1.5	65	86	50	11	1.5	0.42	1.5	2.3	1.6
2309 KTN1+H 2309		100	36	63.8	19.2	5600	7100	1.625	60	50	91	6	1.5	65	85	50	11	1.5	0.37	1.7	2.6	1.8

续表

轴承型号	基本尺寸/mm			基本额定载荷/kN		极限转速/r·min^{-1}		质量/kg	安装尺寸/mm					其他尺寸/mm					计算系数			
10000K(TN1、M)+H 0000 型	d_1	D	B	C_r	C_{0r}	脂	油	W ≈	d_a max	d_b min	D_a max	B_a min	r_a max	d_2	D_2	B_1	B_2	r min	e	Y_1	Y_2	Y_0
1210 K+H 210	45	90	20	22.8	8.08	6300	8000	0.81	62	53	83	6	1	70	78.7	35	12	1.1	0.20	3.1	4.8	3.3
1210 K TN1+H 210		90	20	26.5	9.50	6300	8000	0.816	62	53	83	6	1	70	78.5	35	12	1.1	0.21	3.0	4.6	3.1
2210 K +H 310		90	23	23.2	8.45	6300	8000	0.98	62	55	83	10	1	70	77.5	42	12	1.1	0.29	2.2	3.4	2.3
2210 KTN1+H 310		90	23	33.5	11.2	6300	8000	0.859	61	55	83	10	1	70	79.3	42	12	1.1	0.24	2.7	4.1	2.8
1310 K+H 310		110	27	43.2	14.2	5600	6700	1.51	70	55	100	6	2	70	95.0	42	12	2	0.24	2.7	4.1	2.8
1310 KTN1+H 310		110	27	43.8	15.2	5600	6700	1.602	70	55	100	6	2	70	90.6	42	12	2	0.24	2.7	4.1	2.8
2310 K+H 2310		110	40	64.5	19.8	5000	6300	2	65	56	100	6	2	70	94.4	55	12	2	0.43	1.5	2.3	1.6
2310 KTN1+H 2310		110	40	64.8	20.2	5000	6300	2.097	67	56	100	6	2	70	91.4	55	12	2	0.34	1.9	2.9	2.0
1211 K+H 211	50	100	21	26.8	10.0	6000	7100	1.03	70	60	91	7	1.5	75	88.4	37	12	1.5	0.20	3.2	5.0	3.4
1211 KTN1+H 211		100	21	27.8	10.5	6000	7100	1.025	70	60	91	7	1.5	75	86.4	37	12	1.5	0.19	3.3	5.1	3.4
2211 K+H 311		100	25	26.8	9.95	6000	7100	1.2	69	60	91	11	1.5	75	87.8	45	12	1.5	0.28	2.3	3.5	2.4
2211 KTN1+H 311		100	25	39.2	13.5	6000	7100	1.196	67	60	91	11	1.5	75	87.4	45	12	1.5	0.24	2.7	4.1	2.8
1311 K+H 311		120	29	51.5	18.2	5000	6300	1.97	77	60	110	7	2	75	104.0	45	12	2	0.23	2.7	4.2	2.8
1311 KTN1+H 311		120	29	52.5	18.8	5000	6300	2.026	78	60	110	7	2	75	101.5	45	12	2	0.23	2.7	4.2	2.8
2311 K+H 2311		120	43	75.2	23.5	4800	6000	2.52	72	61	110	7	2	75	103.0	59	12	2	0.41	1.5	2.4	1.6
2311 KTN1+H 2311		120	43	75.2	24.0	4800	6000	2.761	73	61	110	7	2	75	99.7	59	12	2	0.33	1.9	3.0	2.0
1212 K+H 212	55	110	22	30.2	11.5	5300	6300	1.25	77	64	101	7	1.5	80	97.5	38	13	1.5	0.19	3.4	5.3	3.6
1212 KTN1+H 212		110	22	31.2	12.2	5300	6300	1.265	78	64	101	7	1.5	80	95.6	38	13	1.5	0.18	3.4	5.3	3.6
2212 K+H 312		110	28	34.0	12.5	5300	6300	1.49	75	65	101	10	1.5	80	96.1	47	13	1.5	0.28	2.3	3.5	2.4
2212 KTN1+H 312		110	28	48.2	17.2	5300	6300	1.512	74	65	101	10	1.5	80	96.5	47	13	1.5	0.24	2.6	4.0	2.7
1312 K+H 312		130	31	57.2	21.2	4500	5600	2.35	87	65	118	7	2.1	80	115.0	47	13	2.1	0.23	2.8	4.3	2.9
1312 KTN1+H 312		130	31	58.2	21.2	4500	5600	2.49	87	65	118	7	2.1	80	111.5	47	13	2.1	0.23	2.8	4.3	2.9
2312 K+H 2312		130	46	86.8	27.5	4300	5300	3.09	76	66	118	7	2.1	80	112.0	62	13	2.1	0.41	1.6	2.5	1.6
2312 KTN1+H 2312		130	46	87.5	28.2	4300	5300	3.402	80	66	118	7	2.1	80	108.4	62	13	2.1	0.33	1.9	3.0	2.0
1213 K+H 213	60	120	23	31.0	12.5	4800	6000	1.32	85	70	111	7	1.5	85	105.0	40	14	1.5	0.17	3.7	5.7	3.9
1213 KTN1+H 213		120	23	35.0	13.8	4800	6000	1.552	85	70	111	7	1.5	85	104.0	40	14	1.5	0.18	3.6	5.6	3.8
2213 K+H 313		120	31	43.5	16.2	4800	6000	1.96	81	70	111	9	1.5	85	105.0	50	14	1.5	0.28	2.3	3.5	2.4
2213 KTN1+H 313		120	31	59.2	21.5	4800	6000	1.964	80	70	111	9	1.5	85	104.9	50	14	1.5	0.24	2.6	4.0	2.7
1313 K+H 313		140	33	61.8	22.8	4300	5300	2.85	92	70	128	7	2.1	85	122.0	50	14	2.1	0.23	2.8	4.3	2.9
1313 KTN1+H 313		140	33	65.8	24.2	4300	5300	2.993	89	70	128	7	2.1	85	115.7	50	14	2.1	0.23	2.7	4.2	2.9
2313 K+H 2313		140	48	96.0	32.5	3800	4800	3.75	85	72	128	7	2.1	85	122.0	65	14	2.1	0.38	1.6	2.6	1.7
2313 KTN1+H 2313		140	48	97.2	31.8	3800	4800	4.022	87	72	128	7	2.1	85	118.4	65	14	2.1	0.32	2.0	3.0	2.1

续表

轴承型号	基本尺寸/mm			基本额定载荷/kN		极限转速/r·min^{-1}		质量/kg	安装尺寸/mm					其他尺寸/mm					计算系数			
10000K(TN1、M)+H 0000 型	d_1	D	B	C_r	C_{0r}	脂	油	W ≈	d_a max	d_b min	D_a max	B_a min	r_a max	d_2	D_2	B_1	B_2	r min	e	Y_1	Y_2	Y_0
1215 K+H 215	65	130	25	38.8	15.2	4300	5300	2.06	93	80	121	7	1.5	98	116	43	15	1.5	0.17	3.6	5.6	3.8
1215 KM+H 215		130	25	38.8	15.2	4300	5300	2.171	93	80	121	7	1.5	98	113.3	43	15	1.5	0.17	3.7	5.7	3.8
2215 K+H 315		130	31	44.2	18.0	4300	5300	2.55	93	80	121	13	1.5	98	117	55	15	1.5	0.25	2.5	3.9	2.6
2215 KTN1+H 315		130	31	52.8	20.2	4300	5300	2.457	93	80	121	13	1.5	98	115.9	55	15	1.5	0.22	2.9	4.4	3.0
1315 K+H 315		160	37	79.0	29.8	3800	4500	4.43	104	80	148	7	2.1	98	138	55	15	2.1	0.22	2.8	4.4	3.0
1315 KM+H 315		160	37	81.5	31.5	3800	4500	4.741	106	80	148	7	2.1	98	135.0	55	15	2.1	0.22	2.8	4.4	3.0
2315 K+H 2315		160	55	122	42.8	3400	4300	5.75	97	82	148	7	2.1	98	139	73	15	2.1	0.38	1.7	2.6	1.7
2315 KM+H 2315		160	55	125	42.2	3400	4300	7.587	98	82	148	7	2.1	98	135.2	73	15	2.1	0.37	1.7	2.7	1.8
1216 K+H 216	70	140	26	39.5	16.8	4000	5000	2.53	101	85	130	7	2	105	125	46	17	2	0.18	3.6	5.5	3.7
1216 KM+H 216		140	26	39.5	16.2	4000	5000	2.672	102	85	130	7	2	105	121.7	46	17	2	0.17	3.7	5.7	3.9
2216 K+H 316		140	33	48.8	20.2	4000	5000	3.19	98	85	130	13	2	105	124	59	17	2	0.25	2.5	3.9	2.6
2216 KTN1+H 316		140	33	65.2	25.5	4000	5000	3.053	98	85	130	13	2	105	124.5	59	17	2	0.22	2.9	4.4	3.0
1316 K+H 316		170	39	88.5	32.8	3600	4300	5.2	109	85	158	7	2.1	105	147	59	17	2.1	0.22	2.9	4.5	3.1
1316 KM+H 316		170	39	89.8	35.0	3600	4300	5.652	110	85	158	7	2.1	105	141	59	17	2.1	0.22	2.8	4.4	3.0
2316 K+H 2316		170	58	128	45.5	3200	4000	7.0	104	88	158	7	2.1	105	148	78	17	2.1	0.39	1.6	2.5	1.7
2316 KM+H 2316		170	58	135	47.5	3200	4000	9.085	105	88	158	7	2.1	105	144.4	78	17	2.1	0.37	1.7	2.6	1.8
1217 K+H 217	75	150	28	48.8	20.5	3800	4500	3.1	107	90	140	8	2	110	134	50	18	2	0.17	3.7	5.7	3.9
1217 KM+H 217		150	28	47.8	19.5	3800	4500	3.24	107	90	140	8	2	110	129	50	18	2	0.17	3.6	5.6	3.8
2217 K+H 317		150	36	58.2	23.5	3800	4500	3.73	105	91	140	13	2	110	133	63	18	2	0.25	2.5	3.8	2.6
2217 KTN1+H 317		150	36	66.2	26.2	3800	4500	3.805	104	91	140	13	2	110	130.3	63	18	2	0.22	2.9	4.5	3.0
1317 K+H 317		180	41	97.8	37.8	3400	4000	6.7	117	91	166	8	2.1	110	158	63	18	3	0.22	2.9	4.5	3.0
1317 KM+H 317		180	41	97.5	38.5	3400	4000	7.175	117	91	166	8	2.1	110	149.4	63	18	3	0.22	2.9	4.5	3.0
2317 K+H 2317		180	60	140	51.0	3000	3800	8.15	111	94	166	8	2.5	110	157	82	18	3	0.38	1.7	2.6	1.7
2317 KM+H 2317		180	60	140	51.5	3000	3800	10.432	114	94	166	8	2.5	110	153.6	82	18	3	0.36	1.8	2.7	1.8
1218 K+H 218	80	160	30	56.5	23.2	3600	4300	3.7	112	95	150	8	2	120	142	52	18	2	0.17	3.8	5.7	4.0
1218 KM+H 218		160	30	52.5	21.7	3600	4300	3.953	113	95	150	8	2	120	137.3	52	18	2	0.17	3.6	5.5	3.7
2218 K+H 318		160	40	70.0	28.5	3600	4300	4.57	112	96	150	11	2	120	142	65	18	2	0.27	2.4	3.7	2.5
2218 KM+H 318		160	40	70.2	28.5	3600	4300	5.423	112	96	150	11	2	120	139	65	18	2	0.26	2.4	3.7	2.5
1318 K+H 318		190	43	115	44.5	3200	3800	7.35	122	96	176	8	2.5	120	165	65	18	3	0.22	2.8	4.4	2.9
1318 KM+H 318		190	43	115.8	46.2	3200	3800	7.768	126	96	176	8	2.5	120	162.4	65	18	3	0.23	2.7	4.2	2.9
2318 K+H 2318		190	64	142	57.2	2800	3600	9.6	115	100	176	8	2.5	120	164	86	18	3	0.39	1.6	2.5	1.7
2318 KM+H 2318		190	64	152	57.8	2800	3600	12.422	119	100	176	8	2.5	120	160.5	86	18	3	0.37	1.7	2.6	1.8

续表

轴承型号	基本尺寸/mm			基本额定载荷/kN		极限转速/r·min^{-1}		质量/kg	安装尺寸/mm					其他尺寸/mm					计算系数			
10000K(TN1、M)+H 0000 型	d_1	D	B	C_r	C_{0r}	脂	油	W ≈	d_a max	d_b min	D_a max	B_a min	r_a max	d_2	D_2	B_1	B_2	r min	e	Y_1	Y_2	Y_0
1219 K+H 219	85	170	32	63.5	27.0	3400	4000	4.35	120	100	158	8	2.1	125	151	55	19	2.1	0.17	3.7	5.7	3.9
1219 KM+H 219		170	32	63.8	26.8	3400	4000	4.664	121	100	158	8	2.1	125	147.6	55	19	2.1	0.17	3.7	5.7	3.8
2219 K+H 319		170	43	82.8	33.8	3400	4000	5.75	118	102	158	10	2.1	125	157	68	19	2.1	0.26	2.4	3.7	2.7
2219 KM+H 319		170	43	83.2	34.2	3400	4000	6.574	119	102	158	10	2.1	125	147.9	68	19	2.1	0.27	2.3	3.6	2.5
1319 K+H 319		200	45	132	50.8	3000	3600	8.55	126	102	186	8	2.5	125	174	68	19	3	0.23	2.8	4.3	2.9
1319 KM+H 319		200	45	125	50.2	3000	3600	9.0	133	102	186	8	2.5	125	170.1	68	19	3	0.24	2.6	4.0	2.7
2319 K+H 2319		200	67	162	64.2	2800	3400	—	—	105	186	8	2.5	125	—	90	19	3	0.38	1.7	2.6	1.8
2319 KM+H 2319		200	67	165	64.8	2800	3400	—	125	105	186	8	2.5	125	168.6	90	19	3	0.37	1.7	2.7	1.8
1220 K+H 220	90	180	34	68.5	29.2	300	3800	5.2	127	106	168	8	2.1	130	159	58	20	2.1	0.18	3.5	5.4	3.7
1220 KM+H 220		180	34	69.2	29.5	3200	3800	5.479	128	106	168	8	2.1	130	155.4	58	20	2.1	0.17	3.7	5.7	3.7
2220 K+H 320		180	46	97.2	40.5	3200	3800	6.7	125	108	168	9	2.1	130	160	71	20	2.1	0.27	2.3	3.6	2.5
2220 KM+H 320		180	46	97.5	40.5	3200	3800	8.305	125	108	168	9	2.1	130	156.8	71	20	2.1	0.27	2.4	3.7	2.5
1320 K+H 320		215	47	142	57.2	2800	3400	10.34	136	108	201	8	2.5	130	185	71	20	3	0.24	2.7	4.1	2.8
1320 KM+H 320		215	47	145	59.5	2800	3400	10.94	140	108	201	8	2.5	130	181	71	20	3	0.24	2.7	4.1	2.8
2320 K+H 2320		215	73	192	78.5	2400	3200	—	—	110	201	7	2.5	130	—	97	20	3	0.37	1.7	2.6	1.8
2320 KM+H 2320		215	73	192	78.5	2400	3200	—	134	110	201	8	2.5	130	182.5	97	20	3	0.37	1.7	2.6	1.8
1222 K+H 222	100	200	38	87.2	37.5	2800	3400	7.1	140	116	188	8	2.1	145	176	63	21	2.1	0.17	3.6	5.6	3.8
1222 KM+H 222		200	38	88.0	38.5	2800	3400	7.478	142	116	188	8	2.1	145	173.2	63	21	2.1	0.17	3.6	5.6	3.8
2222 K+H 322		200	53	125	52.2	2800	3400	9.4	137	118	188	7	2.1	145	177	77	21	2.1	0.28	2.2	3.5	2.4
2222 KM+H 322		200	53	125	52.2	2800	3400	10.959	138	118	188	7	2.1	145	174.1	77	21	2.1	0.28	2.3	3.5	2.4
1322 K+H 322		240	50	162	72.8	2400	3000	14	154	118	226	10	2.5	145	206	77	21	3	0.23	2.8	4.3	2.9
1322 KM+H 322		240	50	162	72.5	2400	3000	14.652	157	118	226	10	2.5	145	201.9	77	21	3	0.23	2.8	4.3	2.9

5.3 角接触球轴承

表 7-5-8 当量载荷计算公式

接触角	当量载荷	单个轴承或串联安装	背对背、面对面安装	载荷条件
15°	当量动载荷	$P_r=F_r$ $P_r=0.44F_r+YF_a$	$P_r=F_r+Y_1F_a$ $P_r=0.72F_r+Y_2F_a$	$F_a/F_r\leqslant e$ $F_a/F_r>e$
	当量静载荷	$P_{0r}=0.5F_r+0.46F_a$ 当 $P_{0r}<F_r$，取 $P_{0r}=F_r$	$P_{0r}=F_r+0.92F_a$	
25°	当量动载荷	$P_r=F_r$ $P_r=0.41F_r+0.87F_a$	$P_r=F_r+0.92F_a$ $P_r=0.67F_r+1.41F_a$	$F_a/F_r\leqslant 0.68$ $F_a/F_r>0.68$
	当量静载荷	$P_{0r}=0.5F_r+0.38F_a$ 当 $P_{0r}<F_r$，取 $P_{0r}=F_r$	$P_{0r}=F_r+0.76F_a$	
40°	当量动载荷	$P_r=F_r$ $P_r=0.35F_r+0.57F_a$	$P_r=F_r+0.55F_a$ $P_r=0.57F_r+0.93F_a$	$F_a/F_r\leqslant 1.14$ $F_a/F_r>1.14$
	当量静载荷	$P_{0r}=0.5F_r+0.26F_a$ 当 $P_{0r}<F_r$，取 $P_{0r}=F_r$	$P_{0r}=F_r+0.52F_a$	

表 7-5-9 计算系数

F_a/C_{0r}	e	Y	Y_1	Y_2	F_a/C_{0r}	e	Y	Y_1	Y_2	F_a/C_{0r}	e	Y	Y_1	Y_2
0.015	0.38	1.47	1.65	2.39	0.087	0.46	1.23	1.38	2.00	0.29	0.55	1.02	1.14	1.66
0.029	0.40	1.40	1.57	2.28	0.12	0.47	1.19	1.34	1.93	0.44	0.56	1.00	1.12	1.63
0.058	0.43	1.30	1.46	2.11	0.17	0.50	1.12	1.26	1.82	0.58	0.56	1.00	1.12	1.63

表 7-5-10 单列角接触球轴承（GB/T 292—2007）

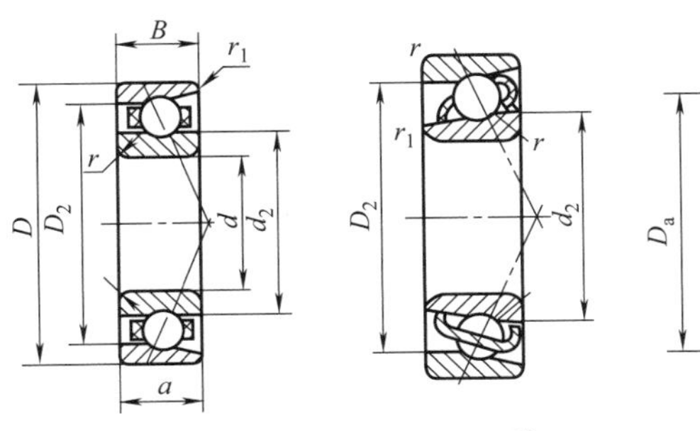

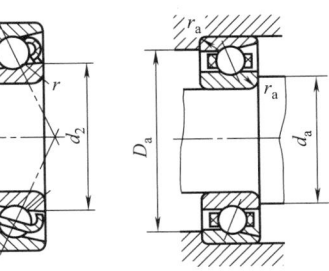

70000 C (AC) 型　　70000 B 型

轴承型号	基本尺寸/mm			基本额定载荷/kN		极限转速/r·min⁻¹		质量/kg	安装尺寸/mm			其他尺寸/mm				
70000 C 型 70000 AC 型 70000 B 型	d	D	B	C_r	C_{0r}	脂	油	W ≈	d_a min	D_a max	r_a max	d_2 ≈	D_2 ≈	a	r min	r_1 min
7000 C	10	26	8	4.92	2.25	1900	2800	0.018	12.4	23.6	0.3	14.9	21.1	6.4	0.3	0.1
7000 AC		26	8	4.75	2.12	1900	2800	0.018	12.4	23.6	0.3	14.9	21.1	8.2	0.3	0.1
7200 C		30	9	5.82	2.95	1800	2600	0.03	15	25	0.6	17.4	23.6	7.2	0.6	0.3
7200 AC		30	9	5.58	2.82	1800	2600	0.03	15	25	0.6	17.4	23.6	9.2	0.6	0.3
7001 C	12	28	8	5.42	2.65	1800	2600	0.02	14.4	25.6	0.3	17.4	23.6	6.7	0.3	0.1
7001 AC		28	8	5.20	2.55	1800	2600	0.02	14.4	25.6	0.3	17.4	23.6	8.7	0.3	0.1

续表

轴承型号	基本尺寸/mm			基本额定载荷/kN		极限转速/r·min⁻¹		质量/kg	安装尺寸/mm			其他尺寸/mm				
70000 C 型 70000 AC 型 70000 B 型	d	D	B	C_r	C_{0r}	脂	油	W ≈	d_a min	D_a max	r_a max	d_2 ≈	D_2 ≈	a	r min	r_1 min
7201 C	12	32	10	7.35	3.52	1700	2400	0.035	17	27	0.6	18.3	26.1	8	0.6	0.3
7201 AC		32	10	7.10	3.35	1700	2400	0.035	17	27	0.6	18.3	26.1	10.2	0.6	0.3
7002 C	15	32	9	6.25	3.42	17000	24000	0.028	17.4	29.6	0.3	20.4	26.6	7.6	0.3	0.1
7002 AC		32	9	5.95	3.25	17000	24000	0.028	17.4	29.6	0.3	20.4	26.6	10	0.3	0.1
7202 C		35	11	8.68	4.62	16000	22000	0.043	20	30	0.6	21.6	29.4	8.9	0.6	0.3
7202 AC		35	11	8.35	4.40	16000	22000	0.043	20	30	0.6	21.6	29.4	11.4	0.6	0.3
7003 C	17	35	10	6.60	3.85	16000	22000	0.036	19.4	32.6	0.8	22.9	29.1	8.5	0.3	0.1
7003 AC		35	10	6.30	3.68	16000	22000	0.036	19.4	32.6	0.3	22.9	29.1	11.1	0.3	0.1
7203 C		40	12	10.8	5.95	15000	20000	0.062	22	35	0.6	24.6	33.4	9.9	0.6	0.3
7203 AC		40	12	10.5	5.65	15000	20000	0.062	22	35	0.6	24.6	33.4	12.8	0.6	0.3
7004 C	20	42	12	10.5	6.08	14000	19000	0.064	25	37	0.6	26.9	35.1	10.2	0.6	0.3
7004 AC		42	12	10.0	5.78	14000	19000	0.064	25	37	0.6	26.9	35.1	13.2	0.6	0.3
7204 C		47	14	14.5	8.22	13000	18000	0.1	26	41	1	29.3	39.7	11.5	1	0.3
7204 AC		47	14	14.0	7.82	13000	18000	0.1	26	41	1	29.3	39.7	14.9	1	0.3
7204 B		47	14	14.0	7.85	13000	18000	0.11	26	41	1	30.5	37	21.1	1	0.6
7005 C	25	47	12	11.5	7.45	12000	17000	0.074	30	42	0.6	31.9	40.1	10.8	0.6	0.3
7005 AC		47	12	11.2	7.08	12000	17000	0.074	30	42	0.6	31.9	40.1	14.4	0.6	0.3
7205 C		52	15	16.5	10.5	11000	16000	0.12	31	46	1	33.8	44.2	12.7	1	0.3
7205 AC		52	15	15.8	9.88	11000	16000	0.12	31	46	1	33.8	44.2	16.4	1	0.3
7205 B		52	15	15.8	9.45	11000	16000	0.13	31	46	1	35.4	42.1	23.7	1	0.6
7305 B		62	17	26.2	15.2	9500	14000	0.3	32	55	1	39.2	48.4	26.8	1.1	0.6
7006 C	30	55	13	15.2	10.2	9500	14000	0.11	36	49	1	38.4	47.7	12.2	1	0.3
7006 AC		55	13	14.5	9.85	9500	14000	0.11	36	49	1	38.4	47.7	16.4	1	0.3
7206 C		62	16	23.0	15.0	9000	13000	0.19	36	56	1	40.8	52.2	14.2	1	0.3
7206 AC		62	16	22.0	14.2	9000	13000	0.19	36	56	1	40.8	52.2	18.7	1	0.3
7206 B		62	16	20.5	13.8	9000	13000	0.21	36	56	1	42.8	50.1	27.4	1	0.3
7306 B		72	19	31.0	19.2	8500	12000	0.37	37	65	1	46.5	56.2	31.1	1.1	0.6
7007 C	35	62	14	19.5	14.2	8500	12000	0.15	41	56	1	43.3	53.7	13.5	1	0.3
7007 AC		62	14	18.5	13.5	8500	12000	0.15	41	56	1	43.3	53.7	18.3	1	0.3
7207 C		72	17	30.5	20.0	8000	11000	0.28	42	65	1	46.8	60.2	15.7	1.1	0.3
7207 AC		72	17	29.0	19.2	8000	11000	0.28	42	65	1	46.8	60.2	21	1.1	0.3
7207 B		72	17	27.0	18.8	8000	11000	0.3	42	65	1	49.5	58.1	30.9	1.1	0.6
7307 B		80	21	38.2	24.5	7500	10000	0.51	44	71	1.5	52.4	63.4	24.6	1.5	1
7008 C	40	68	15	20.0	15.2	8000	11000	0.18	46	62	1	48.8	59.2	14.7	1	0.3
7008 AC		68	15	19.0	14.5	8000	11000	0.18	46	62	1	48.8	59.2	20.1	1	0.3
7208 C		80	18	36.8	25.8	7500	10000	0.37	47	73	1	52.8	67.2	17	1.1	0.6
7208 AC		80	18	35.2	24.5	7500	10000	0.37	47	73	1	52.8	67.2	23	1.1	0.6
7208 B		80	18	32.5	23.5	7500	10000	0.39	47	73	1	56.4	65.7	34.5	1.1	0.6
7308 B		90	23	46.2	30.5	6700	9000	0.67	49	81	1.5	59.3	71.5	38.8	1.5	1
7408 B		110	27	67.0	47.5	6000	8000	1.4	50	100	2	64.6	85.4	37.7	2	1

续表

轴承型号	基本尺寸/mm			基本额定载荷/kN		极限转速/r·min^{-1}		质量/kg	安装尺寸/mm			其他尺寸/mm				
70000 C 型 70000 AC 型 70000 B 型	d	D	B	C_r	C_{0r}	脂	油	W ≈	d_a min	D_a max	r_a max	d_2 ≈	D_2 ≈	a	r min	r_1 min
7009 C	45	75	16	25.8	20.5	7500	10000	0.23	51	69	1	54.2	65.9	16	1	0.3
7009 AC		75	16	25.8	19.5	7500	10000	0.23	51	69	1	54.2	65.9	21.9	1	0.3
7209 C		85	19	38.5	28.5	6700	9000	0.41	52	78	1	58.8	73.2	18.2	1.1	0.6
7209 AC		85	19	36.8	27.2	6700	9000	0.41	52	78	1	58.8	73.2	24.7	1.1	0.6
7209 B		85	19	36.0	26.2	6700	9000	0.44	52	78	1	60.5	70.2	36.8	1.1	0.6
7309 B		100	25	59.5	39.8	6000	8000	0.9	54	91	1.5	66	80	42.9	1.5	1
7010 C	50	80	16	26.5	22.0	6700	9000	0.25	56	74	1	59.2	70.9	16.7	1	0.3
7010 AC		80	16	25.2	21.0	6700	9000	0.25	56	74	1	59.2	70.9	23.2	1	0.3
7210 C		90	20	42.8	32.0	6300	8500	0.46	57	83	1	62.4	77.7	19.4	1.1	0.6
7210 AC		90	20	40.8	30.5	6300	8500	0.46	57	83	1	62.4	77.7	26.3	1.1	0.6
7210 B		90	20	37.5	29.0	6300	8500	0.49	57	83	1	65.5	75.2	39.4	1.1	0.6
7310 B		110	27	68.2	48.0	5600	7500	1.15	60	100	2	74.2	88.8	47.5	2	1
7410 B		130	31	95.2	64.2	5000	6700	2.08	62	118	2.1	77.6	102.4	46.2	2.1	1.1
7011 C	55	90	18	37.2	30.5	6000	8000	0.38	62	83	1	65.4	79.7	18.7	1.1	0.6
7011 AC		90	18	35.2	39.2	6000	8000	0.38	62	83	1	65.4	79.7	25.9	1.1	0.6
7211 C		100	21	52.8	40.5	5600	7500	0.61	64	91	1.5	68.9	86.1	20.9	1.5	0.6
7211 AC		100	21	50.5	38.5	5600	7500	0.61	64	91	1.5	68.9	86.1	28.6	1.5	0.6
7211 B		100	21	46.2	36.0	5600	7500	0.65	64	91	1.5	72.4	83.4	43	1.5	1
7311 B		120	29	78.8	56.5	5000	6700	1.45	65	110	2	80.5	96.3	51.4	2	1
7012 C	60	95	18	38.2	32.8	5600	7500	0.4	67	88	1	71.4	85.7	19.38	1.1	0.6
7012 AC		95	18	36.2	31.5	5600	7500	0.4	67	88	1	71.4	85.7	27.1	1.1	0.6
7212 C		110	22	61.0	48.5	5300	7000	0.8	69	101	1.5	76	94.1	22.4	1.5	0.6
7212 AC		110	22	58.2	46.2	5300	7000	0.8	69	101	1.5	76	94.1	30.8	1.5	0.6
7212 B		110	22	56.0	44.5	5300	7000	0.84	69	101	1.5	79.3	91.5	46.7	1.5	1
7312 B		130	31	90.0	66.3	4800	6300	1.85	72	118	2.1	87.1	104.2	55.4	2.1	1.1
7412 B		150	35	118	85.5	4300	5600	3.56	72	138	2.1	91.4	118.6	55.7	2.1	1.1
7013 C	65	100	18	40.4	35.5	5300	7000	0.43	72	93	1	75.3	89.8	20.1	1.1	0.6
7013 AC		100	18	38.0	33.8	5300	7000	0.43	72	93	1	75.3	89.8	28.2	1.1	0.6
7213 C		120	23	69.8	55.2	4800	6300	1	74	111	1.5	82.5	102.5	24.2	1.5	0.6
7213 AC		120	23	66.5	52.5	4800	6300	1	74	111	1.5	82.5	402.5	33.5	1.5	0.6
7213 B		120	23	62.5	53.2	4800	6300	1.05	74	111	1.5	88.4	101.2	51.1	1.5	1
7313 B		140	33	102	77.8	4300	5600	2.25	77	128	2.1	93.9	112.4	59.5	2.1	1.1
7014 C	70	110	20	48.2	43.5	5000	6700	0.6	77	103	1	82	98	22.1	1.1	0.6
7014 AC		110	20	45.8	41.5	5000	6700	0.6	77	103	1	82	98	30.9	1.1	0.6
7214 C		125	24	70.2	60.0	4500	6700	1.1	79	116	1.5	89	109	25.3	1.5	0.6
7214 AC		125	24	69.2	57.5	4500	6700	1.1	79	116	1.5	89	109	35.1	1.5	0.6
7214 B		125	24	70.2	57.2	4500	6700	1.15	79	116	1.5	91.1	104.9	52.9	1.5	1
7314 B		150	35	115	87.2	4000	5300	2.75	82	138	2.1	100.9	120.5	63.7	2.1	1.1
7015 C	75	115	20	49.5	46.5	4800	6300	0.63	82	108	1	88	104	22.7	1.1	0.6
7015 AC		115	20	46.8	44.2	4800	6300	0.63	82	108	1	88	104	32.2	1.1	0.6

续表

轴承型号	基本尺寸/mm			基本额定载荷/kN		极限转速/r·min^{-1}		质量/kg	安装尺寸/mm			其他尺寸/mm				
70000 C型 70000 AC型 70000 B型	d	D	B	C_r	C_{0r}	脂	油	W ≈	d_a min	D_a max	r_a max	d_2 ≈	D_2 ≈	a	r min	r_1 min
7215 C	75	130	25	79.2	65.8	4300	5600	1.2	84	121	1.5	94	115	26.4	1.5	0.6
7215 AC		130	25	75.2	63.0	4300	5600	1.2	84	121	1.5	94	115	36.6	1.5	0.6
7215 B		130	25	72.8	62.0	4300	5600	1.3	84	121	1.5	96.1	109.9	55.5	1.5	1
7315 B		160	37	125	98.5	3800	5000	3.3	87	148	2.1	107.9	128.0	68.4	2.1	1.1
7016 C	80	125	22	58.5	55.8	4500	6000	0.85	87	118	1	95.2	112.8	24.7	1.1	0.6
7016 AC		125	22	55.5	53.2	4500	6000	0.85	87	118	1	95.2	112.8	34.9	1.1	0.6
7216 C		140	26	89.5	78.2	4000	5300	1.45	90	130	2	100	122	27.7	2	1
7216 AC		140	26	85.0	74.5	4000	5300	1.45	90	130	2	100	122	38.9	2	1
7216 B		140	26	80.2	69.5	4000	5300	1.55	90	130	2	103.2	117.8	59.2	2	1
7316 B		170	39	135	110	3600	4800	3.9	92	158	2.1	114.8	136.3	71.9	2.1	1.1
7017 C	85	130	22	62.5	60.2	4300	5600	0.89	92	123	1	99.4	117.6	25.4	1.1	0.6
7017 AC		130	22	59.2	57.2	4300	5600	0.89	92	123	1	99.4	117.6	36.1	1.1	0.6
7217 C		150	28	99.8	85.0	3800	5000	1.8	95	140	2	107.1	131	29.9	2	1
7217 AC		150	28	94.8	81.5	3800	5000	1.8	95	140	2	107.1	131	41.6	2	1
7217 B		150	28	93.0	81.5	3800	5000	1.95	95	140	2	110.1	126	63.3	2	1
7317 B		180	41	148	122	3400	4500	4.6	99	166	2.5	121.2	145.6	76.1	3	1.1
7018 C	90	140	24	71.5	69.8	4000	5300	1.15	99	131	1.5	107.2	126.8	27.4	1.5	0.6
7018 AC		140	24	67.5	66.5	4000	5300	1.15	99	131	1.5	107.2	126.8	38.8	1.5	0.6
7218 C		160	30	122	105	3600	4800	2.25	100	150	2	111.7	138.4	31.7	2	1
7218 AC		160	30	118	100	3600	4800	2.25	100	150	2	111.7	138.4	44.2	2	1
7218 B		160	30	105	94.5	3600	4800	2.4	100	150	2	118.1	135.2	67.9	2	1
7318 B		190	43	158	138	3200	4300	5.4	104	176	2.5	128.6	153.2	80.8	3	1.1
7019 C	95	145	24	73.5	73.2	3800	5000	1.2	104	136	1.5	110.2	129.8	28.1	1.5	0.6
7019 AC		145	24	69.5	69.8	3800	5000	1.2	104	136	1.5	110.2	129.8	40	1.5	0.6
7219 C		170	32	135	115	3400	4500	2.7	107	158	2.1	118.1	147	33.8	2.1	1.1
7219 AC		170	32	128	108	3400	4500	2.7	107	158	2.1	118.1	147	46.9	2.1	1.1
7219 B		170	32	120	108	3400	4500	2.9	107	158	2.1	126.1	144.4	72.5	2.1	1.1
7319 B		200	45	172	155	3000	4000	6.25	109	186	2.5	135.4	161.5	84.4	3	1.1
7020 C	100	150	24	79.2	78.5	3800	5000	1.25	109	141	1.5	114.6	135.4	28.7	1.5	0.6
7020 AC		150	24	75	74.8	3800	5000	1.25	109	141	1.5	114.6	135.4	41.2	1.5	0.6
7220 C		180	34	148	128	3200	4300	3.25	112	168	2.1	124.8	155.3	35.8	2.1	1.1
7220 AC		180	34	142	122	3200	4300	3.25	112	168	2.1	124.8	155.3	49.7	2.1	1.1
7220 B		180	34	130	115	2600	3600	3.45	112	168	2.1	130.9	150.5	75.7	2.1	1.1
7320 B		215	47	188	180	2400	3400	7.75	114	201	2.5	144.5	172.5	89.6	3	1.1
7021 C	105	160	26	88.5	88.8	3600	4800	1.6	115	150	2	121.5	143.6	30.8	2	1
7021 AC		160	26	83.8	84.2	3600	4800	1.6	115	150	2	121.5	143.6	43.9	2	1
7221 C		190	36	162	145	3000	4000	3.85	117	178	2.1	131.1	163.8	37.8	2.1	1.1
7221 AC		190	36	155	138	3000	4000	3.85	117	178	2.1	131.1	163.8	52.4	2.1	1.1

续表

轴承型号	基本尺寸/mm			基本额定载荷/kN		极限转速/r·min^{-1}		质量/kg	安装尺寸/mm			其他尺寸/mm				
70000 C 型 70000 AC 型 70000 B 型	d	D	B	C_r	C_{0r}	脂	油	W ≈	d_a min	D_a max	r_a max	d_2 ≈	D_2 ≈	a	r min	r_1 min
7221 B	105	190	36	142	130	2600	3600	4.1	117	178	2.1	137.5	159	79.9	2.1	1.1
7321 B		225	49	202	195	2200	3200	8.8	119	211	2.5	151.4	180.7	93.7	3	1.1
7022 C	110	170	28	100	102	3600	4800	1.95	120	160	2	129.1	152.9	32.8	2	1
7022 AC		170	28	95.5	97.2	3600	4800	1.95	120	160	2	129.1	152.9	46.7	2	1
7222 C		200	38	175	162	2800	3800	4.55	122	188	2.1	138.9	173.2	39.8	2.1	1.1
7222 AC		200	38	168	155	2800	3800	4.55	122	188	2.1	138.9	173.2	55.2	2.1	1.1
7222 B		200	38	155	145	2400	3400	4.8	122	188	2.1	144.8	166.8	84	2.1	1.1
7322 B		240	50	225	225	2000	3000	10.5	124	226	2.5	160.3	192	98.4		
7024 C	120	180	28	108	110	2800	3800	2.1	130	170	2	137.7	162.4	34.1	2	1
7024 AC		180	28	102	105	2800	3800	2.1	130	170	2	137.7	162.4	48.9	2	1
7224 C		215	40	188	180	2400	3400	5.4	132	203	2.1	149.4	185.7	42.4	2.1	1.1
7224 AC		215	40	180	172	2400	3400	5.4	132	203	2.1	149.4	185.7	59.1	2.1	1.1
7026 C	130	200	33	128	135	2600	3600	3.2	140	190	2	151.4	178.7	38.6	2	1
7026 AC		200	33	122	128	2600	3600	3.2	140	190	2	151.4	178.7	54.9	2	1
7226 C		230	40	205	210	2200	3200	6.25	144	216	2.5	162.9	199.2	44.3	3	1.1
7226 AC		230	40	195	200	2200	3200	6.25	144	216	2.5	162.9	199	62.2	3	1.1
7028C	140	210	33	140	145	2400	3400	3.62	150	200	2	162	188	40	2	1
7028 AC		210	33	140	150	2200	3200	3.62	150	200	2	162	188	59.2	2	1
7228 C		250	42	230	245	1900	2800	9.36	154	236	2.5	—	—	41.7	3	1.1
7228 AC		250	42	230	235	1900	2800	9.24	154	236	2.5	—	—	68.6	3	1.1
7328 B		300	62	288	315	1700	2400	22.44	158	282	3	—	—	111	4	1.5
7030 C	150	225	35	160	155	2200	3200	4.83	162	213	2.1	174	201	43	2.1	1
7030 AC		225	35	152	168	2000	3000	4.83	162	213	2.1	174	201	63.2	2.1	1
7232 C	160	290	48	262	298	1700	2400	14.5	174	276	2.5	—	—	47.9	3	1.1
7232 AC		290	48	248	278	1700	2400	14.5	174	276	2.5	—	—	78.9	3	1.1
7034 AC	170	260	42	192	222	1800	2600	8.25	182	248	2.1	—	—	73.4	2.1	1.1
7234 C		310	52	322	390	1600	2200	19.2	188	292	3	—	—	51.5	4	1.5
7234 AC		310	52	305	368	1600	2200	17.2	188	292	3	—	—	84.5	4	1.5
7236 C	180	320	52	335	415	1500	2000	18.1	198	302	3	—	—	52.6	4	1.5
7236 AC		320	52	315	388	1500	2000	18.1	198	302	3	—	—	87	4	1.5
7038 AC	190	290	46	215	262	1600	2200	10.7	202	278	2.1	—	—	81.5	2.1	1.1
7040 AC	200	310	51	252	325	1500	2000	14.04	212	298	2.1	—	—	87.7	2.1	1.1
7240 C		360	58	360	475	1300	1800	25.2	218	342	3	—	—	58.8	4	1.5
7240 AC		360	58	345	448	1300	1800	25.2	218	342	3	—	—	97.3	4	1.5
7244 AC	220	400	65	358	482	1100	1600	38.5	238	382	3	—	—	108.1	4	1.5

表 7-5-11 成对安装角接触球轴承

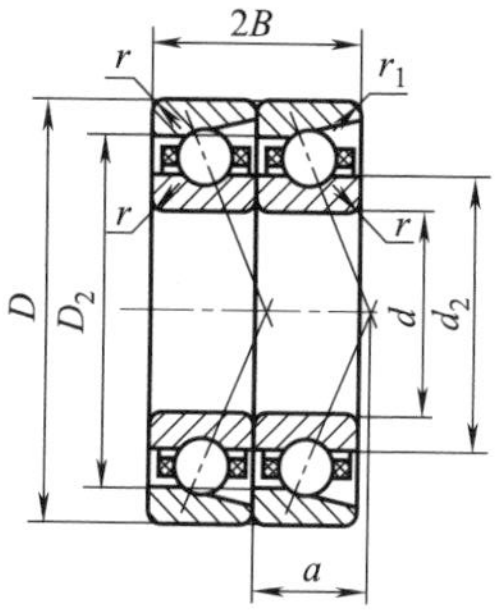

70000 C (AC、B)/DT型

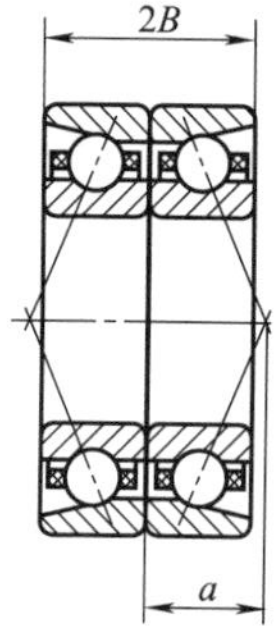

70000 C (AC、B)/DB型

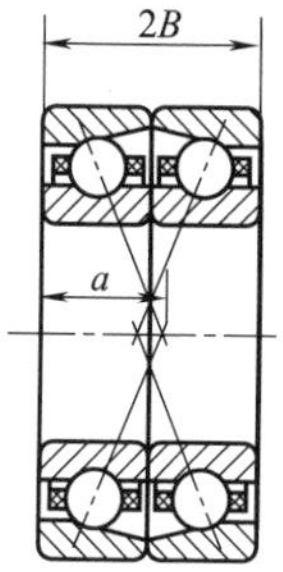

70000 C (AC、B)/DF型

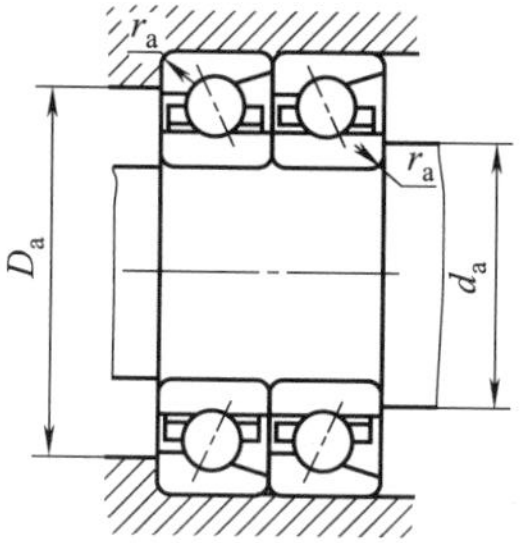

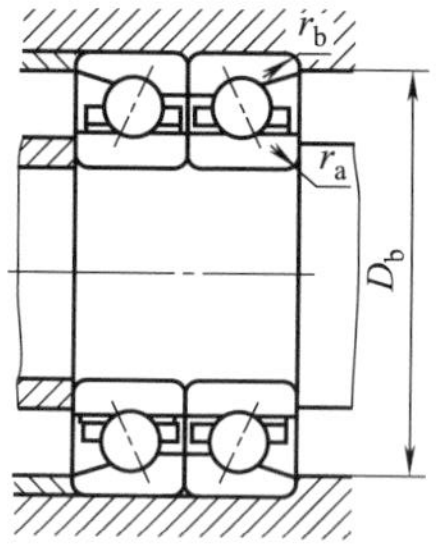

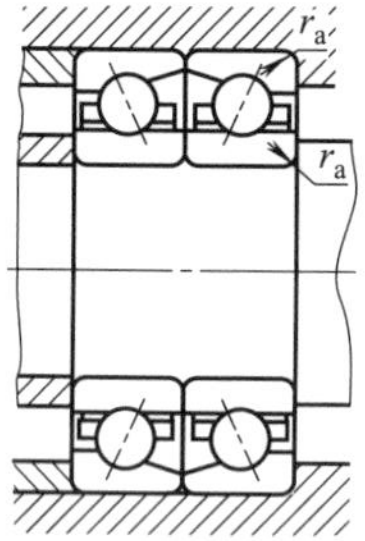

轴承型号			基本尺寸/mm			基本额定载荷/kN		极限转速/r·min^{-1}		质量/kg	安装尺寸/mm					其他尺寸/mm				
70000 C/DT 型 70000 AC/DT 型 70000 B/DT 型	70000 C/DB 型 70000 AC/DB 型 70000 B/DB 型	70000 C/DF 型 70000 AC/DF 型 70000 B/DF 型	d	D	$2B$	C_r	C_{0r}	脂	油	W ≈	d_a min	D_a max	D_b max	r_a max	r_b max	d_2 ≈	D_2 ≈	a	r min	r_1 min
7000 C/DT	7000 C/DB	7000 C/DF	10	26	16	7.98	4.50	14000	20000	0.036	12.4	23.6	24.8	0.3	0.15	14.9	21.1	6.4	0.3	0.1
7000 AC/DT	7000 AC/DB	7000 AC/DF		26	16	7.68	5.25	14000	20000	0.036	12.4	23.6	24.8	0.3	0.15	14.9	21.1	8.2	0.3	0.1
7200 C/DT	7200 C/DB	7200 C/DF		30	18	9.42	5.90	13000	18000	0.06	15	25	28.8	0.6	0.15	17.4	23.6	7.2	0.6	0.3
7200 AC/DT	7200 AC/DB	7200 AC/DF		30	18	9.02	5.65	13000	18000	0.06	15	25	28.8	0.6	0.15	17.4	23.6	9.2	0.6	0.3
7001 C/DT	7001 C/DB	7001 C/DF	12	28	16	8.78	5.30	13000	18000	0.04	14.4	25.6	26.8	0.3	0.15	17.4	23.6	6.7	0.3	0.1
7001 AC/DT	7001 AC/DB	7001 AC/DF		28	16	8.42	5.20	13000	18000	0.04	14.4	25.6	26.8	0.3	0.15	17.4	23.6	8.7	0.3	0.1
7201 C/DT	7201 C/DB	7201 C/DF		32	20	11.8	7.05	12000	17000	0.07	17	27	30.8	0.6	0.15	18.3	26.1	8	0.6	0.3
7201 AC/DT	7201 AC/DB	7201 AC/DF		32	20	11.5	6.70	12000	17000	0.07	17	27	30.8	0.6	0.15	18.3	26.1	10.2	0.6	0.3
7002 C/DT	7002 C/DB	7002 C/DF	15	32	18	10.0	6.85	12000	15000	0.056	17.4	29.6	30.8	0.3	0.15	20.4	26.6	7.6	0.3	0.1
7002 AC/DT	7002 AC/DB	7002 AC/DF		32	18	9.65	6.50	12000	15000	0.056	17.4	29.6	30.8	0.3	0.15	20.4	26.6	10	0.3	0.1
7202 C/DT	7202 C/DB	7202 C/DF		35	22	14.0	9.25	11000	15000	0.086	20	30	33.8	0.6	0.15	21.6	29.4	8.9	0.6	0.3
7202 AC/DT	7202 AC/DB	7202 AC/DF		35	22	13.5	8.80	11000	15000	0.086	20	30	33.8	0.6	0.15	21.6	29.4	11.4	0.6	0.3
7003 C/DT	7003 C/DB	7003 C/DF	17	35	20	10.8	7.70	11000	15000	0.072	19.4	32.6	33.8	0.8	0.15	22.9	29.1	8.5	0.3	0.1
7003 AC/DT	7003 AC/DB	7003 AC/DF		35	20	10.2	7.35	11000	15000	0.072	19.4	32.6	33.8	0.3	0.15	22.9	29.1	11.1	0.3	0.1
7203 C/DT	7203 C/DB	7203 C/DF		40	24	17.5	11.8	10000	14000	0.124	22	35	37.6	0.6	0.3	24.6	33.4	9.9	0.6	0.3
7203 AC/DT	7203 AC/DB	7203 AC/DF		40	24	17.0	11.5	10000	14000	0.124	22	35	37.6	0.6	0.3	24.6	33.4	12.8	0.6	0.3

续表

轴承型号			基本尺寸/mm			基本额定载荷/kN		极限转速/r·min^{-1}		质量/kg	安装尺寸/mm					其他尺寸/mm				
70000 C/DT 型 70000 AC/DT 型 70000 B/DT 型	70000 C/DB 型 70000 AC/DB 型 70000 B/DB 型	70000 C/DF 型 70000 AC/DF 型 70000 B/DF 型	d	D	$2B$	C_r	C_{0r}	脂	油	W ≈	d_a min	D_a max	D_b max	r_a max	r_b max	d_2 ≈	D_2 ≈	a	r min	r_1 min
7004 C/DT	7004 C/DB	7004 C/DF	20	42	24	17.0	12.2	9500	13000	0.128	25	37	40.8	0.6	0.15	26.9	35.1	10.2	0.6	0.3
7004 AC/DT	7004 AC/DB	7004 AC/DF		42	24	16.2	11.5	9500	13000	0.128	25	37	40.8	0.6	0.15	26.9	35.1	13.2	0.6	0.3
7204 C/DT	7204 C/DB	7204 C/DF		47	28	23.8	16.5	9500	13000	0.2	26	41	44.6	1	0.3	29.3	39.7	11.5	1	0.3
7204 AC/DT	7204 AC/DB	7204 AC/DF		47	28	22.8	15.5	9500	13000	0.2	26	41	44.6	1	0.3	29.3	39.7	14.9	1	0.3
7204 B/DT	7204 B/DB	7204 B/DF		47	28	22.8	15.8	9500	13000	0.22	26	41	44.6	1	0.3	30.5	37	21.1	1	0.6
7005 C/DT	7005 C/DB	7005 C/DF	25	47	24	18.8	14.8	9500	13000	0.148	30	42	45.8	0.6	0.15	31.9	40.1	10.8	0.6	0.3
7005 AC/DT	7005 AC/DB	7005 AC/DF		47	24	18.0	14.2	9500	13000	0.148	30	42	45.8	0.6	0.15	31.9	40.1	14.4	0.6	0.3
7205 C/DT	7205 C/DB	7205 C/DF		52	30	26.8	21.0	8000	11000	0.24	31	46	49.6	1	0.3	33.8	44.2	12.7	1	0.3
7205 AC/DT	7205 AC/DB	7205 AC/DF		52	30	25.5	19.8	8000	11000	0.24	31	46	49.6	1	0.3	33.8	44.2	16.4	1	0.3
7205 B/DT	7205 B/DB	7205 B/DF		52	30	25.5	18.8	8000	11000	0.26	31	46	49.6	1	0.3	35.4	42.1	23.7	1	0.6
7305 B/DT	7305 B/DB	7305 B/DF		62	34	42.5	30.5	6700	10000	—	32	55	57	1	0.3	39.2	48.4	26.8	1.1	0.6
7006 C/DT	7006 C/DB	7006 C/DF	30	55	26	24.5	20.5	6700	10000	0.22	36	49	52.6	1	0.3	38.4	47.7	12.2	1	0.3
7006 AC/DT	7006 AC/DB	7006 AC/DF		55	26	23.0	19.8	6700	10000	0.22	36	49	52.6	1	0.3	38.4	47.7	16.4	1	0.3
7206 C/DT	7206 C/DB	7206 C/DF		62	32	37.2	30.0	6300	9500	0.38	36	56	59.6	1	0.3	40.8	52.2	14.2	1	0.3
7206 AC/DT	7206 AC/DB	7206 AC/DF		62	32	35.5	28.5	6300	9000	0.38	36	56	59.6	1	0.3	40.8	52.2	18.7	1	0.3
7206 B/DT	7206 B/DB	7206 B/DF		62	32	33.2	27.5	6300	9000	0.42	36	56	59.6	1	0.3	42.8	50.1	27.4	1	0.3
7306 B/DT	7306 B/DB	7306 B/DF		72	38	50.2	38.5	6000	8500	0.74	37	65	67	1	0.6	46.5	56.2	31.1	1.1	0.6
7007 C/DT	7007 C/DB	7007 C/DF	35	62	28	31.5	28.5	6000	8500	0.3	41	56	59.6	1	0.3	43.3	53.7	13.5	1	0.3
7007 AC/DT	7007 AC/DB	7007 AC/DF		62	28	30.0	27.0	6000	8500	0.3	41	56	59.6	1	0.3	43.3	53.7	18.3	1	0.3
7207 C/DT	7207 C/DB	7207 C/DF		72	34	49.0	40.0	5600	7500	0.56	42	65	67	1	0.6	46.8	60.2	15.7	1.1	0.3
7207 AC/DT	7207 AC/DB	7207 AC/DF		72	34	47.0	38.5	5600	7500	0.56	42	65	67	1	0.6	46.8	60.2	21	1.1	0.3
7207 B/DT	7207 B/DB	7207 B/DF		72	34	43.7	37.5	5600	7500	0.6	42	65	67	1	0.6	49.5	58.1	30.9	1.1	0.6
7307 B/DT	7307 B/DB	7307 B/DF		80	42	61.8	49.0	5300	7000	1.02	44	71	75	1.5	0.6	52.4	63.4	24.6	1.5	1
7008 C/DT	7008 C/DB	7008 C/DF	40	68	30	32.5	30.5	5600	7500	0.36	46	62	65.6	1	0.3	48.8	59.2	14.7	1	0.3
7008 AC/DT	7008 AC/DB	7008 AC/DF		68	30	30.8	29.0	5600	7500	0.36	46	62	65.6	1	0.3	48.8	59.2	20.1	1	0.3
7208 C/DT	7208 C/DB	7208 C/DF		80	36	59.5	51.5	5300	7000	0.74	47	73	75	1	0.6	52.8	67.2	17	1.1	0.6
7208 AC/DT	7208 AC/DB	7208 AC/DF		80	36	57.0	49.0	5300	7000	0.74	47	73	75	1	0.6	52.8	67.2	23	1.1	0.6
7208 B/DT	7208 B/DB	7208 B/DF		80	36	52.5	47.0	5300	7000	0.78	47	73	75	1	0.6	56.4	65.7	34.5	1.1	0.6
7308 B/DT	7308 B/DB	7308 B/DF		90	46	74.8	61.0	4500	6300	1.34	49	81	85	1.5	0.6	59.3	71.5	38.8	1.5	1

续表

轴承型号			基本尺寸/mm			基本额定载荷/kN		极限转速/r·min^{-1}		质量/kg	安装尺寸/mm					其他尺寸/mm				
70000 C/DT 型 70000 AC/DT 型 70000 B/DT 型	70000 C/DB 型 70000 AC/DB 型 70000 B/DB 型	70000 C/DF 型 70000 AC/DF 型 70000 B/DF 型	d	D	$2B$	C_r	C_{0r}	脂	油	W ≈	d_a min	D_a max	D_b max	r_a max	r_b max	d_2 ≈	D_2 ≈	a	r min	r_1 min
7009 C/DT	7009 C/DB	7009 C/DF	45	75	32	41.8	41.0	5300	7000	0.46	51	69	72.6	1	0.3	54.2	65.9	16	1	0.3
7009 AC/DT	7009 AC/DB	7009 AC/DF		75	32	41.8	39.0	5300	7000	0.46	51	69	72.6	1	0.3	54.2	65.9	21.9	1	0.3
7209 C/DT	7209 C/DB	7209 C/DF		85	38	62.5	57.0	4500	6300	0.82	52	78	80	1	0.6	58.8	73.2	18.2	1.1	0.6
7209 AC/DT	7209 AC/DB	7209 AC/DF		85	38	59.5	54.5	4500	6300	0.82	52	78	80	1	0.6	58.8	73.2	24.7	1.1	0.6
7209 B/DT	7209 B/DB	7209 B/DF		85	38	58.2	52.5	4500	6300	0.88	52	78	80	1	0.6	60.5	70.2	36.8	1.1	0.6
7309 B/DT	7309 B/DB	7309 B/DF		100	50	96.5	79.5	4000	5600	1.8	54	91	95	1.5	0.6	66	80	42.9	1.5	1
7010 C/DT	7010 C/DB	7010 C/DF	50	80	32	43.0	44.0	4500	6300	0.5	56	74	77.6	1	0.3	59.2	70.9	16.7	1	0.3
7010 AC/DT	7010 AC/DB	7010 AC/DF		80	32	40.8	42.0	4500	6300	0.5	56	74	77.6	1	0.3	59.2	70.9	23.2	1	0.3
7210 C/DT	7210 C/DB	7210 C/DF		90	40	69.2	64.0	4300	6000	0.92	57	83	85	1	0.6	62.4	77.7	19.4	1.1	0.6
7210 AC/DT	7210 AC/DB	7210 AC/DF		90	40	66.2	61.0	4300	6000	0.92	57	83	85	1	0.6	62.4	77.7	26.3	1.1	0.6
7210 B/DT	7210 B/DB	7210 B/DF		90	40	60.8	58.0	4300	6000	0.98	57	83	85	1	0.6	65.5	75.2	39.4	1.1	0.6
7310 B/DT	7310 B/DB	7310 B/DF		110	54	110	96.0	3800	5300	2.3	60	100	104	2	1	74.2	88.8	47.5	2	1
7011 C/DT	7011 C/DB	7011 C/DF	55	90	36	60.2	64.0	4000	5600	0.76	62	83	85	1	0.6	65.4	79.7	18.7	1.1	0.6
7011 AC/DT	7011 AC/DB	7011 AC/DF		90	36	57.0	58.5	4000	5600	0.76	62	83	85	1	0.6	65.4	79.7	25.9	1.1	0.6
7211 C/DT	7211 C/DB	7211 C/DF		100	42	85.5	81.0	3800	5300	1.22	64	91	95	1.5	0.6	68.9	86.1	20.9	1.5	0.6
7211 AC/DT	7211 AC/DB	7211 AC/DF		100	42	81.8	77.0	3800	5300	1.22	64	91	95	1.5	0.6	68.9	86.1	28.6	1.5	0.6
7211 B/DT	7211 B/DB	7211 B/DF		100	42	74.8	72.0	3800	5300	1.3	64	91	9	1.5	0.6	72.4	83.4	43	1.5	1
7311 B/DT	7311 B/DB	7311 B/DF		120	58	128	112	3400	4800	2.9	65	110	114	2	1	80.5	96.3	51.4	2	1
7012 C/DT	7012 C/DB	7012 C/DF	60	95	36	61.8	65.5	3800	5300	0.8	67	88	90	1	0.6	71.4	85.7	19.38	1.1	0.6
7012 AC/DT	7012 AC/DB	7012 AC/DF		95	36	58.6	63.0	3800	5300	0.8	67	88	90	1	0.6	71.4	85.7	27.1	1.1	0.6
7212 C/DT	7212 C/DB	7212 C/DF		110	44	98.8	97.0	3600	5000	1.6	69	101	105	1.5	0.6	76	94.1	22.4	1.5	0.6
7212 AC/DT	7212 AC/DB	7212 AC/DF		110	44	94.2	92.5	3600	5000	1.6	69	101	105	1.5	0.6	76	94.1	30.8	1.5	0.6
7212 B/DT	7212 B/DB	7212 B/DF		110	44	90.8	89.0	3600	5000	1.68	69	101	105	1.5	0.6	79.3	91.5	46.7	1.5	1
7312 B/DT	7312 B/DB	7312 B/DF		130	62	145	135	3400	4500	3.7	72	118	123	2.1	1	87.1	104.2	55.4	2.1	1.1
7013 C/DT	7013 C/DB	7013 C/DF	65	100	36	64.8	71.0	3600	5000	0.86	72	93	95	1	0.6	75.3	89.8	20.1	1.1	0.6
7013 AC/DT	7013 AC/DB	7013 AC/DF		100	36	61.5	67.5	3600	5000	0.86	72	93	95	1	0.6	75.3	89.8	28.2	1.1	0.6
7213 C/DT	7213 C/DB	7213 C/DF		120	46	112	110	3400	4500	2	74	111	115	1.5	0.6	82.5	102.5	24.2	1.5	0.6
7213 AC/DT	7213 AC/DB	7213 AC/DF		120	46	108	105	3400	4500	2	74	111	115	1.5	0.6	82.5	402.5	33.5	1.5	0.6
7213 B/DT	7213 B/DB	7213 B/DF		120	46	102	105	3400	4500	2.1	74	111	115	1.5	0.6	88.4	101.2	51.1	1.5	1
7313 B/DT	7313 B/DB	7313 B/DF		140	66	165	155	3000	4000	4.5	77	128	133	2.1	1	93.9	112.4	59.5	2.1	1.1

续表

轴承型号			基本尺寸/mm			基本额定载荷/kN		极限转速/r·min⁻¹		质量/kg	安装尺寸/mm					其他尺寸/mm				
70000 C/DT 型 70000 AC/DT 型 70000 B/DT 型	70000 C/DB 型 70000 AC/DB 型 70000 B/DB 型	70000 C/DF 型 70000 AC/DF 型 70000 B/DF 型	d	D	$2B$	C_r	C_{0r}	脂	油	W ≈	d_a min	D_a max	D_b max	r_a max	r_b max	d_2 ≈	D_2 ≈	a	r min	r_1 min
7014 C/DT	7014 C/DB	7014 C/DF	70	110	40	78.0	87.0	3400	4800	1.2	77	103	105	1	0.6	82	98	22.1	1.1	0.6
7014 AC/DT	7014 AC/DB	7014 AC/DF		110	40	74.2	83.0	3400	4800	1.2	77	103	105	1	0.6	82	98	30.9	1.1	0.6
7214 C/DT	7214 C/DB	7214 C/DF		125	48	115	120	3200	4300	2.2	79	116	120	1.5	0.6	89	109	25.3	1.5	0.6
7214 AC/DT	7214 AC/DB	7214 AC/DF		125	48	112	115	3200	4300	2.2	79	116	120	1.5	0.6	89	109	35.1	1.5	0.6
7214 B/DT	7214 B/DB	7214 B/DF		125	48	115	115	3200	4300	2.3	79	116	120	1.5	0.6	91.1	104.9	52.9	1.5	1
7314 B/DT	7314 B/DB	7314 B/DF		150	70	185	175	3000	3600	5.5	82	138	143	2.1	1	100.9	120.5	63.7	2.1	1.1
7015 C/DT	7015 C/DB	7015 C/DF	75	115	40	80.2	93.0	3400	4500	1.26	82	108	110	1	0.6	88	104	22.7	1.1	0.6
7015 AC/DT	7015 AC/DB	7015 AC/DF		115	40	75.8	88.5	3400	4500	1.26	82	108	110	1	0.6	88	104	32.2	1.1	0.6
7215 C/DT	7215 C/DB	7215 C/DF		130	50	128	132	3000	4000	2.4	84	121	125	1.5	0.6	94	115	26.4	1.5	0.6
7215 AC/DT	7215 AC/DB	7215 AC/DF		130	50	122	125	3000	4000	2.4	84	121	125	1.5	0.6	94	115	36.6	1.5	0.6
7215 B/DT	7215 B/DB	7215 B/DF		130	50	118	125	3000	4000	2.6	84	121	125	1.5	0.6	96.1	109.9	55.5	1.5	1
7315 B/DT	7315 B/DB	7315 B/DF		160	74	202	198	2600	3400	6.6	87	148	153	2.1	1	107.9	128.0	68.4	2.1	1.1
7016 C/DT	7016 C/DB	7016 C/DF	80	125	44	94.8	112	3200	4300	1.7	87	118	120	1	0.6	95.2	112.8	24.7	1.1	0.6
7016 AC/DT	7016 AC/DB	7016 AC/DF		125	44	90.0	105	3200	4300	1.7	87	118	120	1	0.6	95.2	112.8	34.9	1.1	0.6
7216 C/DT	7216 C/DB	7216 C/DF		140	52	145	155	2800	3600	2.9	90	130	134	2	1	100	122	27.7	2	1
7216 AC/DT	7216 AC/DB	7216 AC/DF		140	52	138	148	2800	3600	2.9	90	130	134	2	1	100	122	38.9	2	1
7216 B/DT	7216 B/DB	7216 B/DF		140	52	130	138	2800	3600	3.1	90	130	134	2	1	103.2	117.8	59.2	2	1
7316 B/DT	7316 B/DB	7316 B/DF		170	78	218	220	2400	3400	7.8	92	158	163	2.1	1	114.8	136.3	71.9	2.1	1.1
7017 C/DT	7017 C/DB	7017 C/DF	85	130	44	102	120	3000	4000	1.78	92	123	125	1	0.6	99.4	117.6	25.4	1.1	0.6
7017 AC/DT	7017 AC/DB	7017 AC/DF		130	44	95.8	115	3000	4000	1.78	92	123	125	1	0.6	99.4	117.6	36.1	1.1	0.6
7217 C/DT	7217 C/DB	7217 C/DF		150	56	162	170	2600	3400	3.6	95	140	144	2	1	107.1	131	29.9	2	1
7217 AC/DT	7217 AC/DB	7217 AC/DF		150	56	152	162	2600	3400	3.6	95	140	144	2	1	107.1	131	41.6	2	1
7217 B/DT	7217 B/DB	7217 B/DF		150	56	150	162	2600	3400	3.9	95	140	144	2	1	110.1	126	63.3	2	1
7317 B/DT	7317 B/DB	7317 B/DF		180	82	240	245	2400	3200	9.2	99	166	173	2.5	1	121.2	145.6	76.1	3	1.1
7018 C/DT	7018 C/DB	7018 C/DF	90	140	48	115	140	2800	3600	2.3	99	131	135	1.5	0.6	107.2	126.8	27.4	1.5	0.6
7018 AC/DT	7018 AC/DB	7018 AC/DF		140	48	110	132	2800	3600	2.3	99	131	135	1.5	0.6	107.2	126.8	38.8	1.5	0.6
7218 C/DT	7218 C/DB	7218 C/DF		160	60	198	210	2400	3400	4.5	100	150	154	2	1	111.7	138.4	31.7	2	1
7218 AC/DT	7218 AC/DB	7218 AC/DF		160	60	192	200	2400	3400	4.5	100	150	154	2	1	111.7	138.4	44.2	2	1
7218 B/DT	7218 B/DB	7218 B/DF		160	60	170	188	2400	3400	4.8	100	150	154	2	1	118.1	135.2	67.9	2	1
7318 B/DT	7318 B/DB	7318 B/DF		190	86	255	275	2200	3000	10.8	104	176	183	2.5	1	128.6	153.2	80.8	3	1.1

第7篇

续表

轴承型号			基本尺寸/mm			基本额定载荷/kN		极限转速/r·min^{-1}		质量/kg	安装尺寸/mm					其他尺寸/mm				
70000 C/DT 型 70000 AC/DT 型 70000 B/DT 型	70000 C/DB 型 70000 AC/DB 型 70000 B/DB 型	70000 C/DF 型 70000 AC/DF 型 70000 B/DF 型	d	D	$2B$	C_r	C_{0r}	脂	油	W ≈	d_a min	D_a max	D_b max	r_a max	r_b max	d_2 ≈	D_2 ≈	a	r min	r_1 min
7019 C/DT	7019 C/DB	7019 C/DF	95	145	48	118	145	2600	3400	2.4	104	136	140	1.5	0.6	110.2	129.8	28.1	1.5	0.6
7019 AC/DT	7019 AC/DB	7019 AC/DF		145	48	112	138	2600	3400	2.4	104	136	140	1.5	0.6	110.2	129.8	40	1.5	0.6
7219 C/DT	7219 C/DB	7219 C/DF		170	64	218	228	2400	3200	5.4	107	158	163	2.1	1	118.1	147	33.8	2.1	1.1
7219 AC/DT	7219 AC/DB	7219 AC/DF		170	64	208	218	2400	3200	5.4	107	158	163	2.1	1	118.1	147	46.9	2.1	1.1
7219 B/DT	7219 B/DB	7219 B/DF		170	64	195	218	2400	3200	5.8	107	158	163	2.1	1	126.1	144.4	72.5	2.1	1.1
7319 B/DT	7319 B/DB	7319 B/DF		200	90	278	310	2000	2800	12.5	109	186	193	2.5	1	135.4	161.5	84.4	3	1.1
7020 C/DT	7020 C/DB	7020 C/DF	100	150	48	128	158	2600	3400	2.5	109	141	145	1.5	0.6	114.6	135.4	28.7	1.5	0.6
7020 AC/DT	7020 AC/DB	7020 AC/DF		150	48	122	150	2600	3400	2.5	109	141	145	1.5	0.6	114.6	135.4	41.2	1.5	0.6
7220 C/DT	7220 C/DB	7220 C/DF		180	68	240	255	2200	3000	6.5	112	168	173	2.1	1	124.8	155.3	35.8	2.1	1.1
7220 AC/DT	7220 AC/DB	7220 AC/DF		180	68	230	245	2200	3000	6.5	112	168	173	2.1	1	124.8	155.3	49.7	2.1	1.1
7220 B/DT	7220 B/DB	7220 B/DF		180	68	210	230	2200	3000	6.9	112	168	173	2.1	1	130.9	150.5	75.7	2.1	1.1
7320 B/DT	7320 B/DB	7320 B/DF		215	94	305	360	1800	2400	15.5	114	201	208	2.5	1	144.5	172.5	89.6	3	1.1
7021 C/DT	7021 C/DB	7021 C/DF	105	160	52	142	178	2600	3400	3.2	115	150	154	2	1	121.5	143.6	30.8	2	1
7021 AC/DT	7021 AC/DB	7021 AC/DF		160	52	135	168	2600	3400	3.2	115	150	154	2	1	121.5	143.6	43.9	2	1
7221 C/DT	7221 C/DB	7221 C/DF		190	72	262	290	2000	2800	7.7	117	178	183	2.1	1	131.1	163.8	37.8	2.1	1.1
7221 AC/DT	7221 AC/DB	7221 AC/DF		190	72	250	275	2000	2800	7.7	117	178	183	2.1	1	131.1	163.8	52.4	2.1	1.1
7221 B/DT	7221 B/DB	7221 B/DF		190	72	230	258	2000	2800	8.2	117	178	183	2.1	1	137.5	159	79.9	2.1	1.1
7321 B/DT	7321 B/DB	7321 B/DF		225	98	328	392	1700	2400	17.6	119	211	218	2.5	1	151.4	180.7	93.7	3	1.1
7022 C/DT	7022 C/DB	7022 C/DF	110	170	56	162	205	2400	3400	3.9	120	160	164	2	1	129.1	152.9	32.8	2	1
7022 AC/DT	7022 AC/DB	7022 AC/DF		170	56	155	195	2400	3400	3.9	120	160	164	2	1	129.1	152.9	46.7	2	1
7222 C/DT	7222 C/DB	7222 C/DF		200	76	285	325	1900	2600	9.1	122	188	193	2.1	1	138.9	173.2	39.8	2.1	1.1
7222 AC/DT	7222 AC/DB	7222 AC/DF		200	76	272	310	1900	2600	9.1	122	188	193	2.1	1	138.9	173.2	55.2	2.1	1.1
7222 B/DT	7222 B/DB	7222 B/DF		200	76	250	290	1900	2600	9.6	122	188	193	2.1	1	144.8	166.8	84	2.1	1.1
7322 B/DT	7322 B/DB	7322 B/DF		240	100	365	450	1500	2200	22.56	124	226	233	2.5	1	160.3	192	98.4		
7024 C/DT	7024 C/DB	7024 C/DF	120	180	56	175	222	1900	2600	4.2	130	170	174	2	1	137.7	162.4	34.1	2	1
7024 AC/DT	7024 AC/DB	7024 AC/DF		180	56	165	210	1900	2600	4.2	130	170	174	2	1	137.7	162.4	48.9	2	1
7224 C/DT	7224 C/DB	7224 C/DF		215	80	305	362	1700	2400	10.8	132	203	208	2.1	1	149.4	185.7	42.4	2.1	1.1
7224 AC/DT	7224 AC/DB	7224 AC/DF		215	80	292	345	1700	2400	10.8	132	203	208	2.1	1	149.4	185.7	59.1	2.1	1.1

续表

轴承型号			基本尺寸/mm			基本额定载荷/kN		极限转速/r·min^{-1}		质量/kg	安装尺寸/mm					其他尺寸/mm				
70000 C/DT 型 70000 AC/DT 型 70000 B/DT 型	70000 C/DB 型 70000 AC/DB 型 70000 B/DB 型	70000 C/DF 型 70000 AC/DF 型 70000 B/DF 型	d	D	$2B$	C_r	C_{0r}	脂	油	W ≈	d_a min	D_a max	D_b max	r_a max	r_b max	d_2 ≈	D_2 ≈	a	r min	r_1 min
7026 C/DT	7026 C/DB	7026 C/DF	130	200	66	208	272	1800	2400	6.4	140	190	194	2	1	151.4	178.7	38.6	2	1
7026 AC/DT	7026 AC/DB	7026 AC/DF		200	66	198	258	1800	2400	6.4	140	190	194	2	1	151.4	178.7	54.9	2	1
7226 C/DT	7226 C/DB	7226 C/DF		230	80	332	418	1500	2200	12.5	144	216	223	2.5	1	162.9	199.2	44.3	3	1.1
7226 AC/DT	7226 AC/DB	7226 AC/DF		230	80	315	400	1500	2200	12.5	144	216	223	2.5	1	162.9	199	62.2	3	1.1
7028 C/DT	7028 C/DB	7028 C/DF	140	210	66	228	290	1700	2400	7.24	150	200	204	2	1	162	188	40	2	1
7028 AC/DT	7028 AC/DB	7028 AC/DF		210	66	228	300	1500	2200	7.84	150	200	204	2	1	162	188	59.2	2	1
7228 C/DT	7228 C/DB	7228 C/DF		250	84	372	490	1300	2000	18.72	154	236	243	2.5	1	—	—	41.7	3	1.1
7228 AC/DT	7228 AC/DB	7228 AC/DF		250	84	372	470	1300	2000	18.48	154	236	243	2.5	1	—	—	68.6	3	1.1
7328 B/DT	7328 B/DB	7328 B/DF		300	124	465	630	1200	1700	44.88	158	282	291	3	1.5	—	—	111	4	1.5
7030 C/DT	7030 C/DB	7030 C/DF	150	225	70	260	312	1500	2200	9.66	162	213	218	2.1	1	174	201	43	2.1	1
7030 AC/DT	7030 AC/DB	7030 AC/DF		225	70	245	335	1400	2000	9.66	162	213	218	2.1	1	174	201	63.2	2.1	1
7232 C/DT	7232 C/DB	7232 C/DF	160	290	96	425	595	1200	1700	29	174	276	283	2.5	1	—	—	47.9	3	1.1
7232 AC/DT	7232 AC/DB	7232 AC/DF		290	96	402	555	1200	1700	29	174	276	283	2.5	1	—	—	78.9	3	1.1
7034 AC/DT	7034 AC/DB	7034 AC/DF	170	260	84	310	445	1200	1800	16.5	182	248	253	2.1	1	—	—	73.4	2.1	1.1
7234 C/DT	7234 C/DB	7234 C/DF		310	104	522	780	1100	1500	38.4	188	292	301	3	1.5	—	—	51.5	4	1.5
7234 AC/DT	7234 AC/DB	7234 AC/DF		310	104	495	735	1100	1500	34.4	188	292	301	3	1.5	—	—	84.5	4	1.5
7236 C/DT	7236 C/DB	7236 C/DF	180	320	104	542	830	1000	1400	36.2	198	302	311	3	1.5	—	—	52.6	4	1.5
7236 AC/DT	7236 AC/DB	7236 AC/DF		320	104	510	775	1000	1400	36.2	198	302	311	3	1.5	—	—	87	4	1.5
7038 AC/DT	7038 AC/DB	7038 AC/DF	190	290	92	348	525	1100	1500	21.4	202	278	283	2.1	1	—	—	81.5	2.1	1.1
7040 AC/DT	7040 AC/DB	7040 AC/DF	200	310	102	410	650	1000	1400	28.08	212	298	302	2.1	1	—	—	87.7	2.1	1.1
7240 C/DT	7240 C/DB	7240 C/DF		360	116	585	950	900	1300	50.4	218	342	351	3	1.5	—	—	58.8	4	1.5
7240 AC/DT	7240 AC/DB	7240 AC/DF		360	116	558	895	900	1300	50.4	218	342	351	3	1.5	—	—	97.3	4	1.5
7244 AC/DT	7244 AC/DB	7244 AC/DF	220	400	130	580	965	750	1100	77	238	382	391	3	1.5	—	—	108.1	4	1.5

表 7-5-12　　　　**双列角接触球轴承**（GB/T 296—2015）

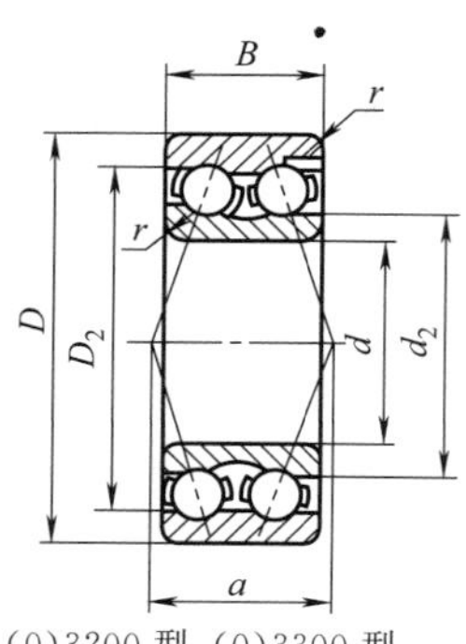

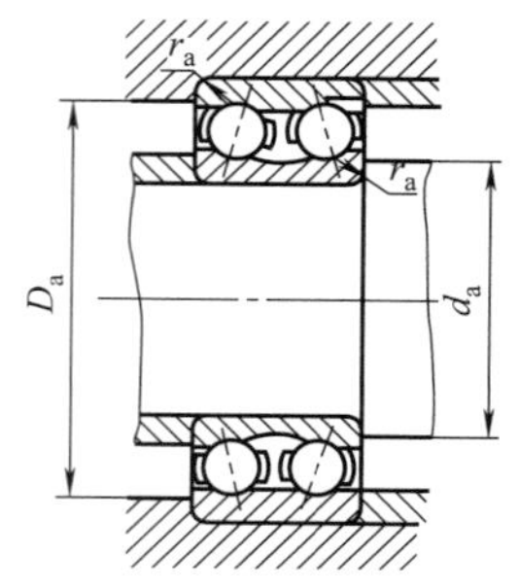

(0)3200 型、(0)3300 型

当量动载荷

$P_r = F_r + 0.78F_a$　　$F_a/F_r \leqslant 0.8$

$P_r = 0.63F_r + 1.24F_a$　　$F_a/F_r > 0.8$

当量静载荷

$P_{0r} = F_r + 0.66F_a$

轴承型号	基本尺寸/mm			基本额定载荷/kN		极限转速/r·min^{-1}		质量/kg	安装尺寸/mm			其他尺寸/mm			
3200 型 3300 型	d	D	B	C_r	C_{0r}	脂	油	W ≈	d_a min	D_a max	r_a max	d_2 ≈	D_2 ≈	a	r min
3200	10	30	14.3	7.42	4.30	16000	22000	0.054	15	25	0.6	17.7	23.6	18	0.6
3201	12	32	15.9	10.2	5.60	15000	20000	0.058	17	27	0.6	19.1	26.5	20	0.6
3202	15	35	15.9	11.2	6.80	12000	17000	0.066	20	30	0.6	22.1	29.5	22	0.6
3203	17	40	17.5	14.0	8.65	10000	15000	0.1	22	35	0.6	25.2	33.6	25	0.6
3204	20	47	20.6	18.5	12.0	9000	13000	0.16	26	41	1	29.6	39.5	30	1
3304		52	22.2	22.2	14.2	8500	12000	0.22	27	45	1	31.8	42.6	32	1.1
3205	25	52	20.6	20.2	14.0	8000	11000	0.18	31	46	1	34.6	44.5	33	1
3305		62	25.4	31.2	20.8	7500	10000	0.35	32	55	1	38.4	51.4	38	1.1
3206	30	62	23.8	25.2	20.0	7000	9500	0.29	36	56	1	41.4	53.2	38	1
3306		72	30.2	36.8	28.5	6300	8500	0.53	37	65	1	39.8	64.1	44	1.1
3207	35	72	27	33.5	27.5	6000	8000	0.44	42	65	1	48.1	61.9	45	1.1
3307		80	34.9	44.0	34.0	5600	7500	0.73	44	71	1.5	44.6	70.1	49	1.5
3208	40	80	30.2	40.5	33.5	5600	7500	0.58	47	73	1	47.8	72.1	49	1.1
3308		90	36.5	53.2	43.0	5000	6700	0.95	49	81	1.5	50.8	80.1	56	1.5
3209	45	85	30.2	42.8	38.0	5000	6700	0.63	52	78	1	52.8	77.1	52	1.1
3309		100	39.7	79.2	73.5	4500	6000	1.40	54	91	1.5	63.8	86.3	64	1.5
3210	50	90	30.2	42.8	39.0	4800	6300	0.66	57	83	1	57.8	82.1	56	1.1
3310		110	44.4	79.2	96.5	4000	5300	1.95	60	100	2	73.3	97.0	73	2
3211	55	100	33.3	51.5	67.0	4300	5600	1.05	64	91	1.5	70.4	88.3	64	1.5
3311		120	49.2	85.8	108	3800	5000	2.55	65	110	2	81.0	110	80	2
3212	60	110	36.5	65.0	85.0	3800	5000	1.4	69	101	1.5	78.0	98.3	71	1.5
3312		130	54	100	128	3400	4500	3.25	72	118	2.1	87.2	115	86	2.1
3213	65	120	38.1	70.2	95.0	3600	4800	1.75	74	111	1.5	83.7	105	76	1.5
3313		140	58.7	115	150	3200	4300	4.1	77	128	2.1	92.5	122	94	2.1
3214	70	125	39.7	68.8	98.0	3200	4300	1.90	79	116	1.5	90.6	111	81	1.5
3314		150	63.5	132	172	2800	3800	5.05	82	138	2.1	99.2	131	101	2.1
3215	75	130	41.3	75.8	110	3200	4300	2.10	84	121	1.5	94.7	116	84	1.5
3315		160	68.3	142	185	2600	3600	6.15	87	148	2.1	106	139	107	2.1

续表

轴承型号	基本尺寸/mm			基本额定载荷/kN		极限转速/r·min^{-1}		质量/kg	安装尺寸/mm			其他尺寸/mm			
3200 型 3300 型	d	D	B	C_r	C_{0r}	脂	油	W ≈	d_a min	D_a max	r_a max	d_2 ≈	D_2 ≈	a	r min
3216	80	140	44.4	90.8	135	2800	3800	2.65	90	130	2	102	127	91	2
3316		170	68.3	158	212	2400	3400	6.95	92	158	2.1	113	148	112	2.1
3217	85	150	49.2	98	145	2600	3600	3.40	95	140	2	107	133	97	2
3317		180	73	175	240	2200	3200	8.30	99	166	2.5	120	157	119	3
3218	90	160	52.4	115	172	2400	3400	4.15	100	150	2	115	143	104	2
3318		190	73	198	285	2000	3000	9.25	104	176	2.5	128	169	125	3
3219	95	170	55.6	132	205	2200	3200	5.00	107	158	2.1	124	154	111	2.1
3319		200	77.8	215	315	1900	2800	11.0	109	186	2.5	135	178	133	3
3220	100	180	60.3	142	220	2000	3000	6.10	112	168	2.1	129	160	118	2.1
3320		215	82.6	230	355	1800	2600	13.5	114	201	2.5	142	187	139	3
3222	110	200	69.8	170	270	1900	2800	8.80	122	188	2.1	143	178	132	2.1
3322		240	92.1	262	425	1700	2400	19.0	124	226	2.5	155	205	153	3

表 7-5-13　　四点接触球轴承（GB/T 294—2015）

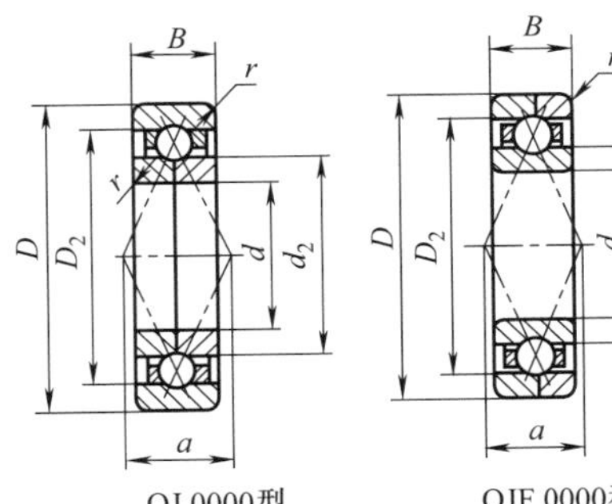

QJ 0000型　　QJF 0000型

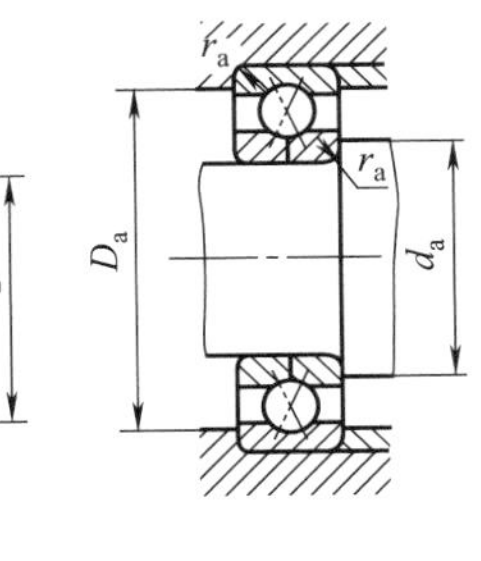

当量动载荷

$P_r=F_r+0.66F_a$　　$F_a/F_r \leqslant 0.95$

$P_r=0.6F_r+1.07F_a$　　$F_a/F_r>0.95$

当量静载荷

$P_{0r}=F_r+0.58F_a$

轴承型号	基本尺寸/mm			基本额定载荷/kN		极限转速/r·min^{-1}		质量/kg	安装尺寸/mm			其他尺寸/mm			
QJ 0000 型 QJF 0000 型	d	D	B	C_r	C_{0r}	脂	油	W ≈	d_a min	D_a max	r_a max	d_2 ≈	D_2 ≈	a	r min
QJ 306	30	72	19	44.5	31.2	6700	9000	0.42	37	65	1	45.8	58.2	36	1.1
QJF 207	35	72	17	28.0	25.8	6300	8500	0.356	42	65	1	—	—	—	1.1
QJ 307		80	21	53.2	37.2	6000	8000	0.57	44	71	1.5	50.7	64.3	40	1.5
QJF 208	40	80	18	36.0	32.0	6000	8000	0.394	47	73	1	—	—	—	1.1
QJ 208		80	18	40.5	37.0	6700	9000	0.391	47	73	1	54	66	42	1.1
QJF 209	45	85	19	40.0	37.8	5300	7000	0.43	52	78	1	—	—	—	1.1
QJF 309		100	25	55.5	50.2	4800	6300	0.923	54	91	1.5	—	—	—	1.5
QJF 210	50	90	20	41.8	40.2	5000	6700	0.514	57	83	1	—	—	—	1.1
QJ 210		90	20	55.5	44.8	5600	6700	0.52	57	83	1	63.5	76.5	49	1.1
QJF 310		110	27	73.5	72.2	4500	6000	1.2	60	100	2	—	—	—	2
QJ 310		110	27	85.0	80.0	5000	6700	1.33	60	100	2	70	90	56	2
QJF 211	55	100	21	50.2	50.2	4500	6000	0.76	64	91	1.5	—	—	—	1.5
QJ 211		100	21	71.0	62.0	5300	7000	0.769	64	91	1.5	70.3	84.7	54	1.5
QJF 311		120	29	86.5	85.0	4000	5300	1.48	65	110	2	—	—	—	2
QJ 311		120	29	115	86.5	4000	5300	1.48	65	110	2	77.2	97.8	61	2

续表

轴承型号	基本尺寸/mm			基本额定载荷/kN		极限转速/r·min^{-1}		质量/kg	安装尺寸/mm			其他尺寸/mm			
QJ 0000 型 QJF 0000 型	d	D	B	C_r	C_{0r}	脂	油	W ≈	d_a min	D_a max	r_a max	d_2 ≈	D_2 ≈	a	r min
QJF 212	60	110	22	62.8	63.8	4300	5600	1.0	69	101	1.5	—	—	—	1.5
QJ 212		110	22	81.0	71.0	4800	6300	0.99	69	101	1.5	77	93	60	1.5
QJ 312		130	31	93.5	93.2	3800	5000	2.2	72	118	2.1	—	—	—	2.1
QJF 213	65	120	23	65.2	67.8	3800	5000	1.12	74	111	1.5	—	—	—	1.5
QJ 213		120	23	90.0	83.0	4300	5600	1.2	74	111	1.5	84.5	101	65	1.5
QJ 313		140	33	105	102	3400	4500	2.32	77	128	2.1	—	—	—	2.1
QJ 214	70	125	24	98.0	91.5	4300	5600	2.32	79	116	1.5	89	1.6	68	1.5
QJ 314		150	35	168	132	3200	4300	3.15	82	138	2.1	97.3	123	77	2.1
QJ 215	75	130	25	108	98.0	4000	5300	1.45	84	121	1.5	93.8	112	72	1.5
QJ 317	85	180	41	210	188	2600	3600	5.5	99	166	2.5	117	148	93	3
QJ 1018	90	140	24	102	130	3200	4300	—	99	131	1.5	—	—	—	1.5
QJ 218		160	30	165	150	3200	4300	2.91	100	150	2.0	114	136	88	2
QJ 318		190	43	238	228	2400	3400	6.41	104	176	2.5	124	156	98	3
QJ 220	100	180	34	212	192	2800	3800	4.05	112	168	2.1	127	153	98	2.1
QJ 1022	110	170	28	150	195	3000	4000	—	120	160	2	—	—	—	2
QJ 222		200	38	255	245	2400	3400	5.76	122	188	2.1	141	169	109	2.1
QJ 322		240	50	328	345	2000	3000	12.4	122	188	2.1	154	196	23	3
QJ 1024	120	180	28	152	208	2200	3200	—	130	170	2	—	—	—	2
QJ 224		215	40	280	275	2200	3200	6.49	132	203	2.1	152	183	117	2.1
QJ 324		260	55	352	392	1600	2200	15.3	134	246	2.5	169	211	133	3
QJ 1026	130	200	33	202	230	2000	2700	—	140	190	2	—	—	—	2
QJ 226		230	40	288	290	1900	2800	7.28	144	216	2.5	165	195	126	3
QJ 1028	140	210	33	205	242	1900	2600	—	150	200	2	—	—	—	2
QJ 228		250	42	292	352	1500	2000	10.5	154	236	2.5	179	211	137	3
QJ 328		300	62	422	512	1300	1800	22.4	158	282	3	196	244	154	4
QJ 1030	150	225	35	225	275	1800	2400	4.59	162	213	2.1	174	201	131	2.1
QJ 230		270	45	302	372	1400	1900	12.4	164	256	2.5	194	226	147	3
QJ 1032	160	240	38	260	318	1600	2200	—	172	228	2.1	—	—	140	2.1
QJ 232		290	48	352	455	1300	1800	14.7	174	276	2.5	207	243	158	3
QJ 1034	170	260	42	200	350	1500	2000	7.45	182	248	2.1	198.8	231.2	151	2.1
QJ 234		310	52	358	480	1200	1700	18.1	188	292	3	222	258	168	4
QJ 1036	180	280	46	335	408	1400	1800	10.7	192	268	2.1	212.7	247.8	161	2.1
QJ 236		320	52	392	545	1100	1600	—	198	302	3	231	269	175	4
QJ 1038	190	290	46	348	430	1300	1700	—	202	278	2.1	—	—	168	2.1
QJ 1040	200	310	51	382	498	1200	1600	—	212	298	2.1	—	—	179	2.1
QJ 1044	220	340	56	448	622	1000	1400	18	234	326	2.5	259	301	196	3
QJ 1048	240	360	56	458	655	950	1300	21	254	346	2.5	282.2	318	210	3
QJ 1052	260	400	65	510	765	850	1200	—	278	382	3	—	—	—	4
QJ 1056	280	420	65	540	835	800	1000	—	298	402	3	—	—	245	4
QJ 1060	300	460	74	630	1040	700	950	—	318	442	3	—	—	—	4
QJ 1064	320	480	74	650	1090	650	850	—	338	462	3	—	—	280	4
QJ 1068	340	520	82	725	1270	600	800	—	362	498	4	—	—	301	5
QJ 1072	360	540	82	768	1380	530	700	—	382	518	4	—	—	—	5
QJ 1076	380	560	82	805	1430	500	670	—	402	538	4	—	—	—	5

5.4 圆柱滚子轴承

表 7-5-14 圆柱滚子轴承（GB/T 283—2007）

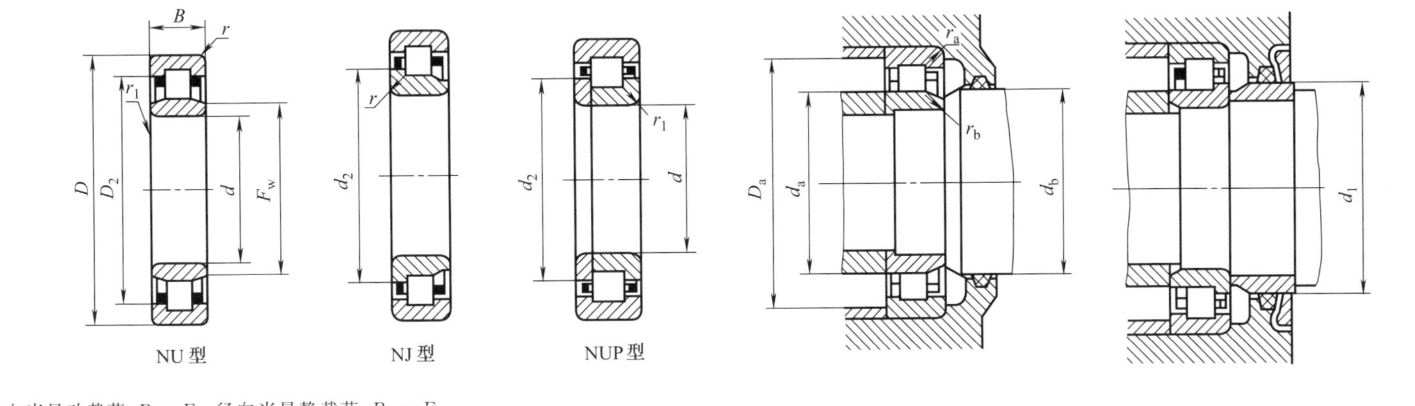

径向当量动载荷：$P_r=F_r$；径向当量静载荷：$P_{0r}=F_r$

对于轴向承载圆柱滚子轴承的径向当量动载荷

2、3 系列：

$P_r=F_r+0.3F_a$　　$0\leqslant F_a/F_r<0.12$

$P_r=0.94F_r+0.8F_a$　　$0.12\leqslant F_a/F_r<0.3$

22、23 系列：

$P_r=F_r+0.2F_a$　　$0\leqslant F_a/F_r<0.18$

$P_r=0.94F_r+0.53F_a$　　$0.18\leqslant F_a/F_r<0.3$

轴承型号			基本尺寸/mm				基本额定载荷/kN		极限转速/r·min⁻¹		质量/kg	安装尺寸/mm							其他尺寸/mm			
NU 型	NJ 型	NUP 型	d	D	B	F_w	C_r	C_{0r}	脂	油	W ≈	d_a max	d_a min	d_b min	d_c min	D_a max	r_a max	r_b max	d_2	D_2	r min	r_1 min
NU 202	NJ 202	—	15	35	11	19.3	7.98	5.5	15000	19000	—	—	17	21	23	31	0.6	0.3	22	26.4	0.6	0.3
NU 203	NJ 203	NUP 203	17	40	12	22.9	9.12	7.0	14000	18000	—	—	19	24	27	36	0.6	0.3	25.5	30.9	0.6	0.3
NU 303	NJ 303	—		47	14	27	12.8	10.8	13000	17000	0.147	—	21	27	30	42	1	0.6	—	—	1	0.6
NU 1004	—	—	20	42	12	25.5	10.5	9.2	13000	17000	0.09	—	22	27	—	38	0.6	0.3	—	—	0.6	0.3
NU 204 E	NJ 204 E	NUP 204 E		47	14	26.5	25.8	24.0	12000	16000	0.117	26	24	29	32	42	1	0.6	29.7	38.5	1	0.6
NU 2204 E	NJ 2204 E	NUP 2204 E		47	18	26.5	30.8	30.0	12000	16000	0.149	26	24	29	32	42	1	0.6	29.7	38.5	1	0.6
NU 304 E	NJ 304 E	NUP 304 E		52	15	27.5	29.0	25.5	11000	15000	0.155	27	24	30	33	45.5	1	0.6	31.2	42.3	1.1	0.6
NU 2304 E	NJ 2304 E	NUP 2304 E		52	21	27.5	39.2	37.5	10000	14000	0.216	27	24	30	33	45.5	1	0.6	29.7	38.5	1.1	0.6

续表

轴承型号			基本尺寸/mm				基本额定载荷/kN		极限转速/r·min^{-1}		质量/kg	安装尺寸/mm							其他尺寸/mm			
NU型	NJ型	NUP型	d	D	B	F_w	C_r	C_{0r}	脂	油	W ≈	d_a max	d_a min	d_b min	d_c min	D_a max	r_a max	r_b max	d_2	D_2	r min	r_1 min
NU 1005	—	—	25	47	12	30.5	11.0	10.2	11000	15000	0.1	30	27	32	—	43	0.6	0.3	—	38.8	0.6	0.3
NU 205 E	NJ 205 E	NUP 205 E		52	15	31.5	27.5	26.8	11000	14000	0.14	31	29	34	37	47	1	0.6	34.7	43.5	1	0.6
NU 2205 E	NJ 2205 E	NUP 2205 E		52	18	31.5	32.8	33.8	11000	14000	0.168	31	29	34	37	47	1	0.6	34.7	43.5	1	0.6
NU 305 E	NJ 305 E	NUP 305 E		62	17	34	38.5	35.8	9000	12000	0.251	33	31.5	37	40	55.5	1	1	38.1	50.4	1.1	1.1
NU 2305 E	NJ 2305 E	NUP 2303 E		62	24	34	53.2	54.5	9000	12000	0.355	33	31.5	37	40	55.5	1	1	38.1	50.4	1.1	1.1
NU 1006	—	—	30	55	13	36.5	13.0	12.8	9500	12000	0.12	35	34	38	—	50	1	0.6	—	45.6	1	0.6
NU 206 E	NJ 206 E	NUP 206 E		62	16	37.5	36.0	35.5	8500	11000	0.214	37	34	40	44	57	1	0.6	41.3	52.3	1	0.6
NU 2206 E	NJ 2206 E	NUP 2206 E		62	20	37.5	45.5	48.0	8500	11000	0.268	37	34	40	44	57	1	0.6	41.3	52.3	1	0.6
NU 306 E	NJ 306 E	NUP 306 E		72	19	40.5	49.2	48.2	8000	10000	0.377	40	36.5	44	48	65.5	1	1	45	58.6	1.1	1.1
NU 2306 E	NJ 2306 E	NUP 2306 E		72	27	40.5	70.0	75.5	8000	10000	0.538	40	36.5	44	48	65.5	1	1	45	58.6	1.1	1.1
NU 406	NJ 406	NUP 406		90	23	45	57.2	53.0	7000	9000	0.73	44	38	47	52	82	1.5	1.5	50.5	65.8	1.5	1.5
NU 1007	—	—	35	62	14	42	19.5	18.8	8500	11000	0.16	41	39	44	—	57	1	0.6	—	54.5	1	0.6
NU 207 E	NJ 207 E	NUP 207 E		72	17	44	46.5	48.0	7500	9500	0.311	43	39	46	50	65.5	1	0.6	48.3	60.5	1.1	0.6
NU 2207 E	NJ 2207 E	NUP 2207 E		72	23	44	57.5	63.0	7500	9500	0.414	43	39	46	50	65.5	1	0.6	48.3	60.5	1.1	0.6
NU 307 E	NJ 307 E	NUP 307 E		80	21	46.2	62.0	63.2	7000	9000	0.501	45	41.5	48	53	72	1.5	1	51.1	66.3	1.5	1.1
NU 2307 E	NJ 2307 E	NUP 2307 E		80	31	46.2	87.5	98.2	7000	9000	0.738	45	41.5	48	53	72	1.5	1	51.1	66.3	1.5	1.1
NU 407	NJ 407	NUP 407		100	25	53	70.8	68.2	6000	7500	0.94	52	43	55	61	92	1.5	1.5	59	75.3	1.5	1.5
NU 1008	NJ 1008	—	40	68	15	47	21.2	22.0	7500	9500	0.22	46	44	49	—	63	1	0.6	—	57.6	1	0.6
NU 208 E	NJ 208 E	NUP 208 E		80	18	49.5	51.5	53.0	7000	9000	0.394	49	46.5	52	56	73.5	1	1	54.2	67.6	1.1	1.1
NU 2208 E	NJ 2208 E	NUP 2208 E		80	23	49.5	67.5	75.2	7000	9000	0.507	49	46.5	52	56	73.5	1	1	54.2	67.6	1.1	1.1
NU 308 E	NJ 308	NUP 308 E		90	23	52	76.8	77.8	6300	8000	0.68	51	48	55	60	82	1.5	1.5	57.7	75.4	1.5	1.5
NU 2308 E	NJ 2308 E	NUP 2308 E		90	33	52	105	118	6300	8000	0.974	51	48	55	60	82	1.5	1.5	57.7	75.4	1.5	1.5
NU 408	NJ 408	NUP 408		110	27	58	90.5	89.8	5600	7000	1.25	57	49	60	67	101	2	2	64.8	83.3	2	2
NU 1009	NJ 1009	—	45	75	16	52.5	23.2	23.8	6500	8500	0.26	52	49	54	—	70	1	0.6	—	63.9	1	0.6
NU 209 E	NJ 209 E	NUP 209 E		85	19	54.5	58.5	63.8	6300	8000	0.45	54	51.5	57	61	78.5	1	1	59.2	72.6	1.1	1.1
NU 2209 E	NJ 2209 E	NUP 2209 E		85	23	54.5	71.0	82.0	6300	8000	0.55	54	51.5	57	61	78.5	1	1	59.2	72.6	1.1	1.1
NU 309 E	NJ 309 E	NUP 309 E		100	25	58.5	93.0	98.0	5600	7000	0.93	57	53	60	66	92	1.5	1.5	64.7	83.6	1.5	1.5
NU 2309 E	NJ 2309 E	NUP 2309 E		100	36	58.5	130	152	5600	7000	1.34	57	53	60	66	92	1.5	1.5	64.7	83.6	1.5	1.5
NU 409	NJ 409 E	NUP 409		120	29	64.5	102	100	5000	6300	1.8	63	54	66	74	111	2	2	71.8	91.4	2	2

续表

轴承型号			基本尺寸/mm				基本额定载荷/kN		极限转速/r·min⁻¹		质量/kg	安装尺寸/mm							其他尺寸/mm			
NU 型	NJ 型	NUP 型	d	D	B	F_w	C_r	C_{0r}	脂	油	W ≈	d_a max	d_a min	d_b min	d_c min	D_a max	r_a max	r_b max	d_2	D_2	r min	r_1 min
NU 1010	NJ 1010	—	50	80	16	57.5	25.0	27.5	6300	8000	—	57	54	59	—	75	1	0.6	—	68.9	1	0.6
NU 210 E	NJ 210 E	NUP 210 E		90	20	59.5	61.2	69.2	6000	7500	0.505	58	56.5	62	67	83.5	1	1	64.2	77.6	1.1	1.1
NU 2210 E	NJ 2210 E	NUP 2210 E		90	23	59.5	74.2	88.8	6000	7500	0.59	58	56.5	62	67	83.5	1	1	64.2	77.6	1.1	1.1
NU 310 E	NJ 310 E	NUP 310 E		110	27	65	105	112	5300	6700	1.2	63	59	67	73	101	2	2	71.2	91.7	2	2
NU 2310 E	NJ 2310 E	NUP 2310 E		110	40	65	155	185	5300	6700	1.79	63	59	67	73	101	2	2	71.2	91.7	2	2
NU 410	NJ 410	NUP 410		130	31	70.8	120	120	4800	6000	2.3	69	61	73	81	119	2.1	2.1	78.8	101	2.1	2.1
NU 1011	NJ 1011	—	55	90	18	64.6	35.8	40.0	5600	7000	0.45	63	60	66	—	83.5	1	1	—	79	1.1	1
NU 211 E	NJ 211 E	NUP 211 E		100	21	66	80.2	95.5	5300	6700	0.68	65	61.5	68	73	92	1.5	1	70.9	86.2	1.5	1.1
NU 2211 E	NJ 2211 E	NUP 2211 E		100	25	66	94.8	118	5300	6700	0.81	65	61.5	68	73	92	1.5	1	70.9	86.2	1.5	1.1
NU 311 E	NJ 311 E	NUP 311 E		120	29	70.5	128	138	4800	6000	1.53	69	64	72	80	111	2	2	77.4	100.6	2	2
NU 2311 E	NJ 2311 E	NUP 2311 E		120	43	70.5	190	228	4800	6000	2.28	69	64	72	80	111	2	2	77.4	100.6	2	2
NU 411	NJ 411	NUP 411		140	33	77.2	128	132	4300	5300	2.8	76	66	79	87	129	2.1	2.1	85.2	108	2.1	2.1
NU 1012	NJ 1012	—	60	95	18	69.5	38.5	45.0	5300	6700	0.48	68	65	71	—	88.5	1	1	—	81.6	1.1	1
NU 212 E	NJ 212 E	NUP 212 E		110	22	72	89.8	102	5000	6300	0.86	71	68	75	80	102	1.5	1.5	77.7	95.8	1.5	1.5
NU 2212 E	NJ 2212 E	NUP 2212 E		110	28	72	122	152	5000	6300	1.12	71	68	75	80	102	1.5	1.5	77.7	95.8	1.5	1.5
NU 312 E	NJ 312E	NUP 312 E		130	31	77	142	155	4500	5600	1.87	75	71	79	86	119	2.1	2.1	84.3	109.9	2.1	2.1
NU 2312 E	NJ 2312 E	NUP 2312 E		130	46	77	212	260	4500	5600	2.81	75	71	79	86	119	2.1	2.1	84.3	109.9	2.1	2.1
NU 412	NJ 412	NUP 412		150	35	83	155	162	4000	5000	3.4	82	71	85	94	139	2.1	2.1	91.8	116	2.1	2.1
NU 1013	NJ 1013	—	65	100	18	74.5	39	46.5	4800	6000	0.51	73	70	76	—	93.5	1	1	—	86.6	1.1	1
NU 213 E	NJ 213 E	NUP 213 E		120	23	78.5	102	118	4500	5600	1.08	77	73	81	87	112	1.5	1.5	84.6	104	1.5	1.5
NU 2213 E	NJ 2213 E	NUP 2213 E		120	31	78.5	142	180	4500	5600	1.48	77	73	81	87	112	1.5	1.5	84.6	104	1.5	1.5
NU 313 E	NJ 313 E	NUP 313 E		140	33	82.5	170	188	4000	5000	2.31	81	76	85	93	129	2.1	2.1	90.6	118.8	2.1	2.1
NU 2313 E	NJ 2313 E	NUP 2313 E		140	48	82.5	235	285	4000	5000	3.34	81	76	85	93	129	2.1	2.1	90.6	118.8	2.1	2.1
NU 413	NJ 413	NUP 413		160	37	89.5	170	178	3800	4800	4	88	76	91	100	149	2.1	2.1	98.5	124	2.1	2.1
NU 1014	NJ 1014	—	70	110	20	80	47.5	57.0	4800	6000	0.71	78	75	82	—	103.5	1	1	—	95.4	1.1	1
NU 214 E	NJ 214 E	NUP 214 E		125	24	83.5	112	135	4300	5300	1.2	82	78	86	92	117	1.5	1.5	89.6	109	1.5	1.5
NU 2214 E	NJ 2214 E	NUP 2214 E		125	31	83.5	148	192	4300	5300	1.56	82	78	86	92	117	1.5	1.5	89.6	109	1.5	1.5
NU 314 E	NJ 314 E	NUP 314 E		150	35	89	195	220	3800	4800	2.86	87	81	92	100	139	2.1	2.1	97.5	127	2.1	2.1
NU 2314 E	NJ 2314 E	NUP 2314 E		150	51	89	260	320	3800	4800	4.1	87	81	92	100	139	2.1	2.1	97.5	127	2.1	2.1
NU 414	NJ 414	NUP 414		180	42	100	215	232	3400	4300	5.9	99	83	102	112	167	2.5	2.5	110	139	3	3

第7篇

续表

轴承型号			基本尺寸/mm				基本额定载荷/kN		极限转速/r·min^{-1}		质量/kg	安装尺寸/mm							其他尺寸/mm			
NU型	NJ型	NUP型	d	D	B	F_w	C_r	C_{0r}	脂	油	W ≈	d_a max	d_a min	d_b min	d_c min	D_a max	r_a max	r_b max	d_2	D_2	r min	r_1 min
NU 1015	NJ 1015	—	75	115	20	85	51.5	61.2	4500	5600	0.74	83	80	87	—	108.5	1	1	—	101	1.1	1
NU 215 E	NJ 215 E	NUP 215 E		130	25	88.5	125	155	4000	5000	1.32	87	83	90	96	122	1.5	1.5	94.6	114	1.5	1.5
NU 2215 E	NJ 2215 E	NUP 2215 E		130	31	88.5	155	205	4000	5000	1.64	87	83	90	96	122	1.5	1.5	94.6	114	1.5	1.5
NU 315 E	NJ 315 E	NUP 315 E		160	37	95	228	260	3600	4500	3.43	93	86	97	106	149	2.1	2.1	104.2	136.5	2.1	2.1
NU 2315	NJ 2315 E	NUP 2315		160	55	95.5	245	308	3600	4500	5.4	93	86	98	107	149	2.1	2.1	104	129	2.1	2.1
NU 415	NJ 415	NUP 415		190	45	104.5	250	272	3200	4000	7.1	103	88	107	118	177	2.5	2.5	116	147	3	3
NU 1016	NJ 1016	—	80	125	22	91.5	59.2	77.8	4300	5300	1	90	85	94	—	118.5	1	1	—	109	1.1	1
NU 216 E	NJ 216 E	NUP 216 E		140	26	95.3	132	165	3800	4800	1.58	94	89	97	104	131	2	2	101.1	123.1	2	2
NU 2216 E	NJ 2216 E	NUP 2216 E		140	33	95.3	178	242	3800	4800	2.05	94	89	97	104	131	2	2	101.1	123.1	2	2
NU 316 E	NJ 316 E	NUP 316 E		170	39	101	245	282	3400	4300	4.05	99	91	105	114	159	2.1	2.1	110.1	144.2	2.1	2.1
NU 2316	NJ 2316	NUP 2316		170	58	103	258	328	3400	4300	6.4	99	91	106	114	159	2.1	2.1	111	136	2.1	2.1
NU 416	NJ 416	NUP 416		200	48	110	285	315	3000	3800	8.3	109	93	112	124	187	2.5	2.5	122	156	3	3
NU 1017	NJ 1017	—	85	130	22	96.5	64.5	81.6	4000	5000	1.05	95	90	99	—	123.5	1	1	—	114	1.1	1
NU 217 E	NJ 217 E	NUP 217 E		150	28	100.5	158	192	3600	4500	2	99	94	104	110	141	2	2	107.1	131.7	2	2
NU 2217 E	NJ 2217 E	NUP 2217 E		150	36	100.5	205	272	3600	4500	2.58	99	94	104	110	141	2	2	107.1	131.7	2	2
NU 317 E	NJ 317 E	NUP 317 E		180	41	108	280	332	3200	4000	4.82	106	98	110	119	167	2.5	2.5	117.4	153	3	3
NU 2317	NJ 2317	NUP 2317		180	60	108	295	380	3200	4000	7.4	106	98	111	120	167	2.5	2.5	117	144	3	3
NU 417	NJ 417	NUP 417		210	52	113	312	345	2800	3600	9.8	111	101	115	128	194	3	3	126	162	4	4
NU 1018	NJ 1018	—	90	140	24	103	74.0	94.8	3800	4800	1.36	101	96.5	106	—	132	1.5	1	—	122	1.5	1.1
NU 218 E	NJ 218 E	NUP 218 E		160	30	107	172	215	3400	4300	2.44	105	99	109	116	151	2	2	113.9	140	2	2
NU 2218 E	NJ 2218 E	NUP 2218 E		160	40	107	230	312	3400	4300	3.26	105	99	109	116	151	2	2	113.9	140	2	2
NU 318 E	NJ 318 E	NUP 318 E		190	43	113.5	298	348	3000	3800	5.59	111	103	117	127	177	2.5	2.5	123.7	161.9	3	3
NU 2318	NJ 2318	NUP 2318		190	64	115	310	395	3000	3800	8.4	111	103	118	128	177	2.5	2.5	125	153	3	3
NU 418	NJ 418	NUP 418		225	54	123.5	352	392	2400	3200	11	122	106	125	139	209	3	3	137	175	4	4
NU 1019	NJ 1019	—	95	145	24	108	75.5	98.5	3600	4500	1.4	106	101.5	111	—	137	1.5	1	—	127	1.5	1.1
NU 219 E	NJ 219 E	NUP 219 E		170	32	112.5	208	262	3200	4000	2.96	111	106	116	123	159	2.1	2.1	120.2	148.9	2.1	2.1
NU 2219 E	NJ 2219 E	NUP 2219 E		170	43	112.5	275	368	3200	4000	3.97	111	106	116	123	159	2.1	2.1	120.2	148.9	2.1	2.1
NU 319 E	NJ 319 E	NUP 319 E		200	45	121.5	315	380	2800	3600	6.52	119	108	124	134	187	2.5	2.5	131.7	169.9	3	3
NU 2319	NJ 2319	NUP 2319		200	67	121.5	370	500	2800	3600	10.4	119	108	124	135	187	2.5	2.5	132	161	3	3
NU 419	NJ 419	NUP 419		240	55	133.5	378	428	2200	3000	14	132	111	136	149	224	3	3	147	185	4	4

续表

轴承型号			基本尺寸/mm				基本额定载荷/kN		极限转速/r·min^{-1}		质量/kg	安装尺寸/mm							其他尺寸/mm			
NU型	NJ型	NUP型	d	D	B	F_w	C_r	C_{0r}	脂	油	W ≈	d_a max	d_a min	d_b min	d_c min	D_a max	r_a max	r_b max	d_2	D_2	r min	r_1 min
NU 1020	NJ 1020	—	100	150	24	113	78.0	102	3400	4300	1.5	111	106.5	116	—	142	1.5	1	—	132	1.5	1.1
NU 220 E	NJ 220 E	NUP 220 E		180	34	119	235	302	3000	3800	3.58	117	111	122	130	169	2.1	2.1	127	157.2	2.1	2.1
NU 2220 E	NJ 2220 E	NUP 2220 E		180	46	119	318	440	3000	3800	4.86	117	111	122	130	169	2.1	2.1	127	157.2	2.1	2.1
NU 320 E	NJ 320 E	NUP 320 E		215	47	127.5	365	425	2600	3200	7.89	125	113	132	143	202	2.5	2.5	139.1	182.3	3	3
NU 2320	NJ 2320	NUP 2320		215	73	129.5	415	558	2600	3200	13.5	125	113	132	143	202	2.5	2.5	140	172	3	3
NU 420	NJ 420	NUP 420		250	58	139	418	480	2000	2800	16	137	116	141	156	234	3	3	153	194	4	4
NU 1021	NJ 1021	—	105	160	26	119.5	91.5	122	3200	4000	1.9	118	112	122	—	151	2	1	—	140	2	1.1
NU 221	NJ 221	NUP 221		190	36	126.8	185	235	2800	3600	4	124	116	129	137	179	2.1	2.1	135	159	2.1	2.1
NU 321	NJ 321	NUP 321		225	49	135	322	392	2200	3000	—	132	118	137	149	212	2.5	2.5	147	181	3	3
NU 421	NJ 421	NUP 421		260	60	144.5	508	602	1900	2600	—	143	121	147	162	244	3	3	159	202	4	4
NU 1022	NJ 1022	—	110	170	28	125	115	155	3000	3800	2.3	124	116.5	128	—	161	2	1	131	149	2	1.1
NU 222 E	NJ 222 E	NUP 222 E		200	38	132.5	278	360	2600	3400	5.02	130	121	135	144	189	2.1	2.1	141.3	174.1	2.1	2.1
NU 2222	NJ 2222	NUP 2222		200	53	132.5	312	445	2600	3400	7.5	130	121	135	144	189	2.1	2.1	141	167	2.1	2.1
NU 322	NJ 322	NUP 322		240	50	143	352	428	2000	2800	11	140	123	145	158	227	2.5	2.5	155	192	3	3
NU 2322	NJ 2322	NUP 2322		240	80	143	535	740	2000	2800	17.5	140	123	145	158	227	2.5	2.5	155	201	3	3
NU 422	NJ 422	NUP 422		280	65	155	515	602	1800	2400	22	153	126	157	173	264	3	3	171	216	4	4
NU 1024	NJ 1024	—	120	180	28	135	130	168	2600	3400	2.96	134	126.5	138	—	171	2	1	—	159	2	1.1
NU 224 E	NJ 224 E	NUP 224 E		215	40	143.5	322	422	2200	3000	6.11	141	131	146	156	204	2.1	2.1	153	188.1	2.1	2.1
NU 2224	NJ 2224	NUP 2224		215	58	143.5	345	522	2200	3000	9.5	141	131	146	156	204	2.1	2.1	153	180	2.1	2.1
NU 324	NJ 324	NUP 324		260	55	154	440	552	1900	2600	14	151	133	156	171	247	2.5	2.5	168	209	3	3
NU 2324	NJ 2324	NUP 2324		260	86	154	632	868	1900	2600	22.5	151	133	156	171	247	2.5	2.5	168	219	3	3
NU 424	NJ 424	NUP 424		310	72	170	642	772	1700	2200	30	168	140	172	190	290	4	4	188	238	5	5
NU 1026	NJ 1026	—	130	200	33	148	152	212	2400	3200	3.7	146	136.5	151	—	191	2	1	—	175	2	1.1
NU 226	NJ 226	NUP 226		230	40	156	258	352	2000	2800	7	151	143	158	168	217	2.5	2.5	165	192	3	3
NU 2226	NJ 2226	NUP 2226		230	64	156	368	552	2000	2800	11.5	151	143	158	168	217	2.5	2.5	—	—	3	3
NU 326	NJ 326	NUP 326		280	58	167	492	620	1700	2200	18	164	146	169	184	264	3	3	182	225	4	4
NU 2326	NJ 2326	NUP 2326		280	93	167	748	1060	1700	2200	28.5	164	146	169	184	264	3	3	182	236	4	4
NU 426	NJ 426	NUP 426		340	78	185	782	942	1500	1900	39	183	150	187	208	320	4	4	—	—	5	5
NU 1028	NJ 1028	—	140	210	33	158	158	220	2000	2800	4	156	146.5	161	—	201	2	1	—	185	2	1.1
NU 228	NJ 228	NUP 228		250	42	169	302	415	1800	2400	9.1	166	153	171	182	237	2.5	2.5	179	208	3	3

续表

轴承型号			基本尺寸/mm				基本额定载荷/kN		极限转速/r·min^{-1}		质量/kg	安装尺寸/mm							其他尺寸/mm			
NU型	NJ型	NUP型	d	D	B	F_w	C_r	C_{0r}	脂	油	W ≈	d_a max	d_a min	d_b min	d_c min	D_a max	r_a max	r_b max	d_2	D_2	r min	r_1 min
NU 2228	NJ 2228	NUP 2228	140	250	68	169	438	700	1800	2400	15	166	153	171	182	237	2.5	2.5	179	208	3	3
NU 328	NJ 328	NUP 328		300	62	180	545	690	1600	2000	22	176	156	182	198	284	3	3	196	241	4	4
NU 2328	NJ 2328	NUP 2328		300	102	180	825	1180	1600	2000	37	176	156	182	198	284	3	3	192	252	4	4
NU 428	NJ 428	NUP 428		360	82	196	845	1020	1400	1800	—	195	160	200	222	340	4	4	—	—	5	5
NU 1030	NJ 1030	—	150	225	35	169.5	188	268	1900	2600	4.8	167	158	173	—	214	2.1	1.5	—	198	2.1	1.5
NU 230	NJ 230	NUP 230		270	45	182	360	490	1700	2200	11	179	163	184	196	257	2.5	2.5	193	225	3	3
NU 2230	NJ 2230	NUP 2230		270	73	182	530	772	1700	2200	17	179	163	184	196	257	2.5	2.5	193	225	3	3
NU 330	NJ 330	NUP 330		320	65	193	595	765	1500	1900	26	190	166	195	213	304	3	3	209	270	4	4
NU 2330	NJ 2330	NUP 2330		320	108	193	930	1340	1500	1900	45	190	166	195	213	304	3	3	209	270	4	4
NU 430	NJ 430	NUP 430		380	85	209	912	1100	1300	1700	53	210	170	216	237	360	4	4	—	—	5	5
NU 1032	NJ 1032	—	160	240	38	180	212	302	1800	2400	6	178	168	184	—	229	2.1	1.5	—	211	2.1	1.5
NU 232	NJ 232	NUP 232		290	48	195	405	552	1600	2000	14	192	173	197	210	277	2.5	2.5	206	250	3	3
NU 2232	NJ 2232	NUP 2232		290	80	195	590	898	1600	2000	25	190	173	196	209	277	2.5	2.5	205	252	3	3
NU 332	NJ 332	NUP 332		340	68	208	628	825	1400	1800	31.6	200	176	211	228	324	3	3	—	—	4	4
NU 2332	NJ 2332	NUP 2332		340	114	208	972	1430	1400	1800	55.8	200	176	211	228	324	3	3	—	—	4	4
NU 1034	NJ 1034	—	170	260	42	193	255	365	1700	2200	8.14	190	181	197	—	249	2.1	2.1	—	227	2.1	2.1
NU 234	NJ 234	NUP 234		310	52	208	425	650	1500	1900	17.1	204	186	211	223	294	3	3	220	269	4	4
NU 334	NJ 334	NUP 334		360	72	220	715	952	1300	1700	36	216	186	223	241	344	3	3	—	290	4	4
NU 2334	NJ 2334	NUP 2334		360	120	220	1110	1650	1300	1700	63	212	186	223	241	344	3	3	—	290	4	4
NU 1036	NJ 1036	—	180	280	46	205	300	438	1600	2000	10.1	203	191	209	—	269	2.1	2.1	215	244	2.1	2.1
NU 236	NJ 236	NUP 236		320	52	218	425	650	1400	1800	18	214	196	221	233	304	3	3	230	279	4	4
NU 336	NJ 336	NUP 336		380	75	232	835	1100	1200	1600	42	227	196	235	255	364	3	3	252	306	4	4
NU 2336	NJ 2336	NUP 2336		380	126	232	1210	1780	1200	1600	71.2	222	196	236	255	364	3	3	252	306	4	4
NU 1038	NJ 1038	—	190	290	46	215	335	495	1500	1900	—	213	201	219	—	279	2.1	2.1	—	254	2.1	2.1
NU 238	NJ 238	NUP 238		340	55	231	512	745	1300	1700	23	227	206	234	247	324	3	3	244	295	4	4
NU 2238	NJ 2238	NUP 2238		340	92	231	975	1570	1300	1700	38.5	227	206	234	247	324	3	3	—	295	4	4
NU 338	NJ 338	NUP 338		400	78	245	882	1190	1100	1500	50	240	210	248	268	380	4	4	—	322	5	5
NU 1040	NJ 1040	—	200	310	51	229	408	615	1400	1800	14.3	226	211	233	—	299	2.1	2.1	239	269	2.1	2.1
NU 240	NJ 240	NUP 240		360	58	244	570	842	1200	1600	26	240	216	247	261	344	3	3	258	312	4	4

续表

轴承型号			基本尺寸/mm				基本额定载荷/kN		极限转速/r·min^{-1}		质量/kg	安装尺寸/mm							其他尺寸/mm			
NU 型	NJ 型	NUP 型	d	D	B	F_w	C_r	C_{0r}	脂	油	W ≈	d_a max	d_a min	d_b min	d_c min	D_a max	r_a max	r_b max	d_2	D_2	r min	r_1 min
NU 2240	NJ 2240	NUP 2240	200	360	98	244	1120	1725	1200	1600	—	—	216	247	261	344	3	3	—	—	4	4
NU 340	NJ 340	NUP 340		420	80	260	972	1290	1000	1400	—	254	220	263	283	400	4	4	—	—	5	5
NU 1044	NJ 1044	—	220	340	56	250	448	685	1200	1600	—	248	233	254	—	327	2.5	2.5	262	297	3	3
NU 244	NJ 244	NUP 244		400	65	270	702	1050	1000	1400	36	266	236	273	289	384	3	3	286	332	4	4
NU 2244	NJ 2244	NUP 2244		400	108	270	1360	2330	1000	1400	62	—	236	274	—	384	3	3	—	332	4	4
NU 344	NJ 344	—		460	88	284	1080	1465	900	1200	75	278	240	287	—	440	4	4	307	371	5	5
NU 1048	NJ 1048	—	240	360	56	270	470	745	1000	1400	21	268	253	275	—	347	2.5	2.5	282	317	3	3
NU 248	NJ 248	NUP 248		440	72	295	880	1345	900	1200	48.2	293	256	298	316	424	3	3	313	365	4	4
NU 348	NJ 348	—		500	95	310	1290	1810	800	1000	97.1	296	260	313	—	480	4	4	335	403	5	5
NU 1052	NJ 1052	—	260	400	65	296	592	932	950	1300	31	292	276	300	—	384	3	3	309	349	4	4
NU 1056	NJ 1056	—	280	420	65	316	600	965	850	1100	33	311	296	320	—	404	3	3	329	369	4	4
NU 1060	NJ 1060	—	300	460	74	340	880	1470	800	1000	44.4	335	316	344	—	444	3	3	356	402	4	4
NU 260	NJ 260	—		540	85	364	1360	2190	700	900	87.2	358	320	368	392	520	4	4	387	451	5	5
NU 1064	NJ 1064	—	320	480	74	360	890	1520	750	950	47	355	336	364	—	464	3	3	376	422	4	4
NU 1080	NJ 1080	—	400	600	90	450	1420	2480	560	700	88.8	446	420	455	—	580	4	4	470	527	5	5

表 7-5-15　圆柱滚子轴承（GB/T 283—2007）

续表

轴承型号			基本尺寸/mm			基本额定载荷/kN		极限转速/r·min^{-1}		质量/kg	安装尺寸/mm				其他尺寸/mm					
N型	NF型	NH(NJ+HJ)型	d	D	B	C_r	C_{0r}	脂	油	W ≈	d_a min	D_a max	r_a max	r_b max	E_w	d_2	D_2	B_1	r min	r_1 min
N 202	NF 202	—	15	35	11	7.98	5.5	15000	19000	—	19	—	0.6	0.3	29.3	22	26.4	—	0.6	0.3
N 203	NF 203	—	17	40	12	9.12	7.0	14000	18000	—	21	—	0.6	0.3	33.9	25.5	30.9	—	0.6	0.3
N 1004	—	—	20	42	12	10.5	8.0	13000	17000	0.09	24	—	0.6	0.3	36.5	28.3	—	—	0.6	0.3
—	NF 204	NJ 204+HJ 204		47	14	12.5	11.0	12000	16000	0.11	25	42	1	0.6	40	29.9	36.7	3	1	0.6
N 204 E	—	—		47	14	25.8	24.0	12000	16000	0.117	25	42	1	0.6	41.5	29.7	—	—	1	0.6
N 2204 E	—	—		47	18	30.8	30.0	12000	16000	0.149	25	42	1	0.6	41.5	29.7	—	—	1	0.6
—	NF 304	NJ 304+HJ 304		52	15	18.0	15.0	11000	15000	0.17	26.5	47	1	0.6	44.5	31.8	39.8	4	1.1	0.6
N 304 E	—	—		52	15	29.0	25.5	11000	15000	0.155	26.5	47	1	0.6	45.5	31.2	—	—	1.1	0.6
N 2304 E	—	—		52	21	39.2	37.5	10000	14000	0.216	26.5	47	1	0.6	45.5	31.2	—	—	1.1	0.6
N 1005	—	—	25	47	12	11.0	10.2	11000	15000	0.1	29	—	0.6	0.3	41.5	—	—	—	0.6	0.3
—	NF 205	NJ 205+HJ 205		52	15	14.2	12.8	11000	14000	0.16	30	47	1	0.6	45	34.9	41.6	3	1	0.6
N 205 E	—	—		52	15	27.5	26.8	11000	14000	0.14	30	47	1	0.6	46.5	34.7	—	—	1	0.6
—	—	NJ 2205+HJ 2205		52	18	21.2	19.8	11000	14000	—	30	—	1	0.6	—	34.9	41.6	3	1	0.6
N 2205 E	—	—		52	18	32.8	33.8	11000	14000	0.168	30	47	1	0.6	46.5	34.7	—	—	1	0.6
—	NF 305	NJ 305+HJ 305		62	17	25.5	22.5	9000	12000	0.2	31.5	55	1	1	53	39	48	4	1.1	1.1
N 305 E	—	—		62	17	38.5	35.8	9000	12000	0.251	31.5	55	1	1	54	38.1	—	—	1.1	1.1
—	NF 2305	—		62	24	38.5	39.2	9000	12000	—	31.5	55	1	1	53	39	48	—	1.1	1.1
N 2305 E	—	—		62	24	53.2	54.5	9000	12000	0.355	31.5	55	1	1	54	38.1	—	—	1.1	1.1
—	NF 206	NJ 206+HJ 206	30	62	16	19.5	18.2	8500	11000	0.2	36	56	1	0.6	53.5	41.8	49.1	4	1	0.6
N 206 E	—	—		62	16	36.0	35.5	8500	11000	0.214	36	56	1	0.6	55.5	41.3	—	—	1	0.6
—	—	NJ 2206+HJ 2206		62	20	28.8	30.2	8500	11000	0.29	36	—	1	0.6	—	41.8	49.1	4	1	0.6
N 2206 E	—	—		62	20	45.5	48.0	8500	11000	0.268	36	56	1	0.6	55.5	41.3	—	—	1	0.6
—	NF 306	NJ 306+HJ 306		72	19	33.5	31.5	8000	10000	0.3	37	64	1	1	62	45.9	56.7	5	1.1	1.1
N 306 E	—	—		72	19	49.2	48.2	8000	10000	0.377	37	64	1	1	62.5	45	—	—	1.1	1.1
—	NF 2306	—		72	27	46.5	47.5	8000	10000	0.6	37	64	1	1	62	45.9	56.7	—	1.1	1.1
N 2306 E	—	—		72	27	70.0	75.5	8000	10000	0.538	37	64	1	1	62.5	45	—	—	1.1	1.1
N 406	—	NJ 406+HJ 406		90	23	57.2	53.0	7000	9000	0.73	39	—	1.5	1.5	73	50.5	65.8	7	1.5	1.5
—	NF 207	NJ 207+HJ 207	35	72	17	28.5	28.0	7500	9500	0.3	42	64	1	0.6	61.8	47.6	56.8	4	1.1	0.6
N 207 E	—	—		72	17	46.5	48.0	7500	9500	0.311	42	64	1	0.6	64	48.3	—	—	1.1	0.6

续表

轴承型号			基本尺寸/mm			基本额定载荷/kN		极限转速/r·min^{-1}		质量/kg	安装尺寸/mm				其他尺寸/mm					
N 型	NF 型	NH(NJ +HJ)型	d	D	B	C_r	C_{0r}	脂	油	W ≈	d_a min	D_a max	r_a max	r_b max	E_w	d_2	D_2	B_1	r min	r_1 min
—	—	NJ 2207+HJ 2207	35	72	23	43.8	48.5	7500	9500	0.45	42	—	1	0.6	—	47.6	56.8	4	1.1	0.6
N 2207 E	—	—		72	23	57.5	63.0	7500	9500	0.414	42	64	1	0.6	64	48.3	—	—	1.1	0.6
—	NF 307	NJ 307+HJ 307		80	21	41.0	39.2	7000	9000	0.56	44	71	1.5	1	68.2	50.8	62.4	6	1.5	1.1
N 307 E	—	—		80	21	62.0	63.2	7000	9000	0.501	44	71	1.5	1	70.2	51.1	—	—	1.5	1.1
—	NF 2307	—		80	31	54.8	57.0	7000	9000	0.85	44	71	1.5	1	—	50.8	62.4	—	1.5	1.1
N 2307 E	—	—		80	31	87.5	98.2	7000	9000	0.738	44	71	1.5	1	70.2	51.5	—	—	1.5	1.1
N 407	—	NJ 407+HJ 407		100	25	70.8	68.2	6000	7500	0.94	44	—	1.5	1.5	83	59	75.3	8	1.5	1.5
N 1008	—	—	40	68	15	21.2	22.0	7500	9500	0.22	45	—	1	0.6	61	50.3	—	—	1	0.6
—	NF 208	NJ 208+HJ 208		80	18	37.5	38.2	7000	9000	0.4	47	72	1	1	70	54.2	64.7	5	1.1	1.1
N 208 E	—	—		80	18	51.5	53.0	7000	9000	0.394	47	72	1	1	71.5	54.2	—	—	1.1	1.1
—	—	NJ 2208+HJ 2208		80	23	52.0	57.8	7000	9000	0.53	47	—	1	1	—	54.2	64.7	5	1.1	1.1
N 2208 E	—	—		80	23	67.5	75.2	7000	9000	0.507	47	72	1	1	71.5	54.2	—	—	1.1	1.1
—	NF 308	NJ 308+ HJ 308		90	23	48.8	47.5	6300	8000	0.7	49	80	1.5	1.5	77.5	58.4	71.2	7	1.5	1.5
N 308 E	—	—		90	23	76.8	77.8	6300	8000	0.68	49	80	1.5	1.5	80	57.7	—	—	1.5	1.5
—	NF 2308	—		90	33	70.8	76.8	6300	8000	1.1	49	80	1.5	1.5	77.5	58.4	71.2	—	1.5	1.5
N 2308 E	—	—		90	33	105	118	6300	8000	0.974	49	80	1.5	1.5	80	57.7	—	—	1.5	1.5
N 408	—	NJ 408+HJ 408		110	27	90.5	89.8	5600	7000	1.25	50	—	2	2	92	64.8	83.3	8	2	2
—	NF 209	NJ 209+HJ 209	45	85	19	39.8	41.0	6300	8000	0.5	52	77	1	1	75	59	69.7	5	1.1	1.1
N 209 E	—	—		85	19	58.5	63.8	6300	8000	0.45	52	77	1	1	76.5	59.2	—	—	1.1	1.1
—	—	NJ 2209+HJ 2209		85	23	54.8	62.2	6300	8000	0.59	52	—	1	1	—	59	69.7	5	1.1	1.1
N 2209 E	—	—		85	23	71.0	82.0	6300	8000	0.55	52	77	1	1	76.5	59.2	—	—	1.1	1.1
—	NF 309	NJ 309+HJ 309		100	25	66.8	66.8	5600	7000	0.9	54	89	1.5	1.5	86.5	64	79.3	7	1.5	1.5
N 309 E	—	—		100	25	93.0	98.0	5600	7000	0.93	54	89	1.5	1.5	88.5	64.7	—	—	1.5	1.5
—	NF 2309	—		100	36	91.5	100	5600	7000	1.5	54	89	1.5	1.5	86.5	64	79.6	—	1.5	1.5
N 2309 E	—	—		100	36	130	152	5600	7000	1.34	54	89	1.5	1.5	88.5	64.7	—	—	1.5	1.5
N 409	—	N 409+HJ 109		120	29	102	100	5000	6300	1.8	55	—	2	2	100.5	71.8	91.4	8	2	2
N 1010	—	—	50	80	16	25.0	27.5	6300	8000	—	55	—	1	0.6	72.5	—	—	—	1	0.6
—	NF 210	NJ 210+ HJ 210		90	20	43.2	48.5	6000	7500	0.6	57	83	1	1	80.4	64.6	75.1	5	1.1	1.1
N 210 E	—	—		90	20	61.2	69.2	6000	7500	0.505	57	83	1	1	81.5	64.2	—	—	1.1	1.1
—	—	NJ 2210+HJ 2210		90	23	57.2	69.2	6000	7500	0.65	57	—	1	1	—	64.6	75.1	5	1.1	1.1

续表

轴承型号			基本尺寸/mm			基本额定载荷/kN		极限转速/r·min^{-1}		质量/kg	安装尺寸/mm				其他尺寸/mm					
N型	NF型	NH(NJ+HJ)型	d	D	B	C_r	C_{0r}	脂	油	W ≈	d_a min	D_a max	r_a max	r_b max	E_w	d_2	D_2	B_1	r min	r_1 min
N 2210 E	—	—	50	90	23	74.2	88.8	6000	7500	0.59	57	83	1	1	81.5	64.2	—	—	1.1	1.1
—	NF 310	NJ 310+HJ 310		110	27	76.0	79.5	5300	6700	1.2	60	98	2	2	95	71	87.3	8	2	2
N 310 E	—	—		110	27	105	112	5300	6700	1.2	60	98	2	2	97	71.2	—	—	2	2
—	NF 2310	NJ 2310+HJ 2310		110	40	112	132	5300	6700	1.85	60	98	2	2	95	71	87.3	8	2	2
N 2310 E	—	—		110	40	155	185	5300	6700	1.79	60	98	2	2	97	71.2	—	—	2	2
N 410	—	NJ 410+HJ 410		130	31	120	120	4800	6000	2.3	62	—	2.1	2.1	110.8	78.8	101	9	2.1	2.1
N 1011	—	—	55	90	18	35.8	40.0	5600	7000	0.45	61.5	—	1	1	81.5	—	—	—	1.1	1
—	NF 211	NJ 211+ HJ 211		100	21	52.8	60.2	5300	6700	0.7	64	91	1.5	1	88.5	70.8	82.7	6	1.5	1.1
N 211 E	—	—		100	21	80.2	95.5	5300	6700	0.68	64	91	1.5	1	90.0	70.2	—	—	1.5	1.1
—	—	NJ 2211+HJ 2211		100	25	70.8	87.5	5300	6700	0.86	64	—	1.5	1	—	70.8	82.7	6	1.5	1.1
N 2211 E	—	—		100	25	94.8	118	5300	6700	0.81	64	91	1.5	1	90.0	70.9	—	—	1.5	1.1
—	NF 311	NJ 311+HJ 311		120	29	97.8	105	4800	6000	1.7	65	107	2	2	104.5	77.2	95.8	9	2	2
N 311 E	—	—		120	29	128	138	4800	6000	1.53	65	107	2	2	106.5	77.4	—	—	2	2
—	NF 2311	NJ 2311+HJ 2311		120	43	130	148	4800	6000	2.4	65	107	2	2	104.5	77.2	95.8	9	2	2
N 2311 E	—	—		120	43	190	228	4800	6000	2.28	65	107	2	2	106.5	77.4	—	—	2	2
N 411	—	NJ 411+HJ 411		140	33	128	132	4300	5300	2.8	67	—	2.1	2.1	117.2	85.2	108	10	2.1	2.1
N 1012	—	—	60	95	18	38.5	45.0	5300	6700	0.48	66.5	—	1	1	86.5	72.9	—	—	1.1	1
—	NF 212	NJ 212+HJ 212		110	22	62.8	73.5	5000	6300	0.9	69	100	1.5	1.5	97	—	—	6	1.5	1.5
N 212 E	—	—		110	22	89.8	102	5000	6300	0.86	69	100	1.5	1.5	100	77.7	—	—	1.5	1.5
—	—	NJ 2212+HJ 2212		110	28	91.2	118	5000	6300	1.25	69	—	1.5	1.5	—	—	—	6	1.5	1.5
N 2212 E	—	—		110	28	122	152	5000	6300	1.12	69	100	1.5	1.5	100	77.7	—	—	1.5	1.5
—	NF 312	NJ 312+HJ 312		130	31	118	128	4500	5600	2	72	116	2.1	2.1	113	84.2	104	9	2.1	2.1
N 312 E	—	—		130	31	142	155	4500	5600	1.87	72	116	2.1	2.1	115	84.3	—	—	2.1	2.1
—	NF 2312	NJ 2312+HJ 2312		130	46	155	195	4500	5600	2	72	116	2.1	2.1	113	84.2	104	9	2.1	2.1
N 2312 E	—	—		130	46	212	260	4500	5600	2.81	72	116	2.1	2.1	115	84.3	—	—	2.1	2.1
N 412	—	NJ 412+HJ 412		150	35	155	162	4000	5000	3.4	72	—	2.1	2.1	127	91.8	116	10	2.1	2.1
—	NF 213	NJ 213+HJ 213	65	120	23	73.2	87.5	4500	5600	1.1	74	108	1.5	1.5	105.5	84.8	98.9	6	1.5	1.5
N 213 E	—	—		120	23	102	118	4500	5600	1.08	74	108	1.5	1.5	108.5	84.6	—	—	1.5	1.5
—	—	N 2213+HJ 2213		120	31	108	145	4500	5600	—	74	—	1.5	1.5	—	84.8	98.6	6	1.5	1.5
N 2213 E	—	—		120	31	142	180	4500	5600	1.48	74	108	1.5	1.5	108.5	84.6	—	—	1.5	1.5

续表

轴承型号			基本尺寸/mm			基本额定载荷/kN		极限转速/r·min^{-1}		质量/kg	安装尺寸/mm				其他尺寸/mm					
N型	NF型	NH(NJ+HJ)型	d	D	B	C_r	C_{0r}	脂	油	W ≈	d_a min	D_a max	r_a max	r_b max	E_w	d_2	D_2	B_1	r min	r_1 min
—	NF 313	NJ 313+HJ 313	65	140	33	125	135	4000	5000	2.5	77	125	2.1	2.1	121.5	91	112	10	2.1	2.1
N 313 E	—	—		140	33	170	188	4000	5000	2.31	77	125	2.1	2.1	124.5	90.6	—	—	2.1	2.1
—	NF 2313	NJ 2313+HJ 2313		140	48	175	210	4000	5000	4	77	125	2.1	2.1	121.5	91	112	10	2.1	2.1
N 2313 E	—	—		140	48	235	285	4000	5000	3.34	77	125	2.1	2.1	124.5	90.6	—	—	2.1	2.1
N 413	—	NJ 413+HJ 413		160	37	170	178	3800	4800	4	77	—	2.1	2.1	135.3	98.5	124	11	2.1	2.1
N 1014	—	—	70	110	20	47.5	57.0	4800	6000	0.71	76.5	—	1	1	100	84.5	—	—	1.1	1
—	NF 214	NJ 214+HJ 214		125	24	73.2	87.5	4300	5300	1.3	79	114	1.5	1.5	110.5	89.6	104	7	1.5	1.5
N 214 E	—	—		125	24	112	135	4300	5300	1.2	79	114	1.5	1.5	113.5	89.6	—	—	1.5	1.5
—	—	NJ 2214+HJ 2214		125	31	108	145	4300	5300	1.7	79	—	1.5	1.5	—	89.6	104	7	1.5	1.5
N 2214 E	—	—		125	31	148	192	4300	5300	1.56	79	114	1.5	1.5	113.5	89.6	—	—	1.5	1.5
—	NF 314	NJ 314+HJ 314		150	35	145	162	3800	4800	3.1	82	134	2.1	2.1	130	98	120	10	2.1	2.1
N 314 E	—	—		150	35	195	220	3800	4800	2.86	82	134	2.1	2.1	133	97.5	—	—	2.1	2.1
—	NF 2314	NJ 2314+HJ 2314		150	51	212	260	3800	4800	4.4	82	134	2.1	2.1	130	98	120	10	2.1	2.1
N 2314 E	—	—		150	51	260	320	3800	4800	4.1	82	134	2.1	2.1	133	97.5	—	—	2.1	2.1
N 414	—	NJ 414+HJ 414		180	42	215	232	3400	4300	5.9	84	—	2.5	2.5	152	110	139	12	3	3
—	NF 215	NJ 215+HJ 215	75	130	25	89.0	110	4000	5000	1.4	84	120	1.5	1.5	118.3	94	110	7	1.5	1.5
N 215 E	—	—		130	25	125	155	4000	5000	1.32	84	120	1.5	1.5	118.5	94.6	—	—	1.5	1.5
—	—	NJ 2215+HJ 2215		130	31	125	165	4000	5000	1.8	84	—	1.5	1.5	—	94	110	7	1.5	1.5
N 2215 E	—	—		130	31	155	205	4000	5000	1.64	84	120	1.5	1.5	118.5	94.6	—	—	1.5	1.5
—	NF 315	NJ 315+HJ 315		160	37	165	188	3600	4500	3.7	87	143	2.1	2.1	139.5	104	129	11	2.1	2.1
N 315 E	—	—		160	37	228	260	3600	4500	3.43	87	143	2.1	2.1	143	104.2	—	—	2.1	2.1
N 2315	NF 2315	NJ 2315+HJ 2315		160	55	245	308	3600	4500	5.4	87	143	2.1	2.1	142.1	104	129	11	2.1	2.1
N 415	—	NJ 415+HJ 415		190	45	250	272	3200	4000	7.1	89	—	2.5	2.5	160.5	116	147	13	3	3
N 1016	—	—	80	125	22	59.2	77.8	4300	5300	1	86.5	—	1	1	113.5	—	—	—	1.1	1
—	NF 216	NJ 216+HJ 216		140	26	102	125	3800	4800	1.7	90	128	2	2	125	101	118	8	2	2
N 216 E	—	—		140	26	132	165	3800	4800	1.58	90	128	2	2	127.3	101.1	—	—	2	2
—	—	NJ 2216+HJ 2216		140	33	145	195	3800	4800	2.2	90	—	2	2	—	101	118	8	2	2
N 2216 E	—	—		140	33	178	242	3800	4800	2.05	90	128	2	2	127.3	101.1	—	—	2	2

第7篇

续表

轴承型号			基本尺寸/mm			基本额定载荷/kN		极限转速/r·min^{-1}		质量/kg	安装尺寸/mm				其他尺寸/mm					
N型	NF型	NH(NJ+HJ)型	d	D	B	C_r	C_{0r}	脂	油	W ≈	d_a min	D_a max	r_a max	r_b max	E_w	d_2	D_2	B_1	r min	r_1 min
—	NF 316	NJ 316+HJ 316	80	170	39	175	200	3400	4300	4.4	92	151	2.1	2.1	147	111	136	11	2.1	2.1
N 316 E	—	—		170	39	245	282	3400	4300	4.05	92	151	2.1	2.1	151	110.1	—	—	2.1	2.1
N 2316	NF 2316	NJ 2316+HJ 2316		170	58	258	328	3400	4300	6.4	92	151	2.1	2.1	147	111	136	11	2.1	2.1
N 416	—	NJ 416+HJ 416		200	48	285	315	3000	3800	8.3	94	—	2.5	2.5	170	122	156	13	3	3
—	NF 217	NJ 217+HJ 217	85	150	28	115	145	3600	4500	2.1	95	137	2	2	135.5	108	126	8	2	2
N 217 E	—	—		150	28	158	192	3600	4500	2	95	137	2	2	136.5	107.1	—	—	2	2
—	—	NJ 2217+HJ 2217		150	36	165	230	3600	4500	2.8	95	—	2	2	—	108	126	8	2	2
N 2217 E	—	—		150	36	205	272	3600	4500	2.58	95	137	2	2	136.5	107.1	—	—	2	2
—	NF 317	NJ 317+HJ 317		180	41	212	242	3200	4000	5.2	99	160	2.5	2.5	156	117	144	12	3	3
N 317 E	—	—		180	41	280	332	3200	4000	4.82	99	160	2.5	2.5	160	117.4	—	—	3	3
N 2317	NF 2317	NJ 2317+HJ 2317		180	60	295	380	3200	4000	7.4	99	160	2.5	2.5	156.5	117	144	12	3	3
N 417	—	NJ 417+HJ 417		210	52	312	345	2800	3600	9.8	103	—	3	3	179.5	126	162	14	4	4
N 1018	—	—	90	140	24	74.0	94.8	3800	4800	1.36	98	—	1.5	1	127	—	—	—	1.5	1.1
—	NF 218	NJ 218+HJ 218		160	30	142	178	3400	4300	2.5	100	146	2	2	143	114	134	9	2	2
N 218 E	—	—		160	30	172	215	3400	4300	2.44	100	146	2	2	145	113.9	—	—	2	2
—	—	NJ 2218+HJ 2218		160	40	192	268	3400	4300	3.5	100	—	2	2	—	114	134	9	2	2
N 2218E	—	—		160	40	230	312	3400	4300	3.26	100	146	2	2	145	113.9	—	—	2	2
—	NF 318	NJ 318+HJ 318		190	43	228	265	3000	3800	6.1	104	169	2.5	2.5	165	125	153	12	3	3
N 318 E	—	—		190	43	298	348	3000	3800	5.59	104	169	2.5	2.5	169.5	123.7	—	—	3	3
N 2318	NF 2318	NJ 2318+HJ 2318		190	64	310	395	3000	3800	8.4	104	169	2.5	2.5	165	125	153	12	3	3
N 418	—	NJ 418+HJ 418		225	54	352	392	2400	3200	11	108	—	3	3	191.5	137	175	14	4	4
—	NF 219	NJ 219+HJ 219	95	170	32	152	190	3200	4000	3.2	107	155	2.1	2.1	151.5	121	142	9	2.1	2.1
N 219 E	—	—		170	32	208	262	3200	4000	2.96	107	155	2.1	2.1	154.5	120.2	—	—	2.1	2.1
—	—	NJ 2219+HJ 2219		170	43	215	298	3200	4000	4.5	107	—	2.1	2.1	—	121	142	9	2.1	2.1
N 2219 E	—	—		170	43	275	368	3200	4000	3.97	107	155	2.1	2.1	154.5	120.2	—	—	2.1	2.1
—	NF 319	NJ 319+HJ 319		200	45	245	288	2800	3600	7	109	178	2.5	2.5	173.5	132	161	13	3	3
N 319 E	—	—		200	45	315	380	2800	3600	6.52	109	178	2.5	2.5	177.5	131.7	—	—	3	3
N 2319	NF 2319	NJ 2319+HJ 2319		200	67	370	500	2800	3600	10.4	109	178	2.5	2.5	173.5	132	161	13	3	3

续表

轴承型号			基本尺寸/mm			基本额定载荷/kN		极限转速/r·min⁻¹		质量/kg	安装尺寸/mm				其他尺寸/mm					
N 型	NF 型	NH(NJ＋HJ)型	d	D	B	C_r	C_{0r}	脂	油	W ≈	d_a min	D_a max	r_a max	r_b max	E_w	d_2	D_2	B_1	r min	r_1 min
N 419	—	NJ 419＋HJ 419	95	240	55	378	428	2200	3000	14	113	—	3	3	201.5	147	185	15	4	4
N 1020	—	—	100	150	24	78.0	102	3400	4300	1.5	108	—	1.5	1	137	—	—	—	1.5	1.1
—	NF 220	NJ 220＋HJ 220		180	34	168	212	3000	3800	3.5	112	164	2.1	2.1	160	128	150	10	2.1	2.1
N 220 E	—	—		180	34	235	302	3000	3800	3.58	112	164	2.1	2.1	163	127	—	—	2.1	2.1
—	—	NJ 2220＋HJ 2220		180	46	240	335	3000	3800	5.2	112	—	2.1	2.1	—	128	150	10	2.1	2.1
N 2220 E	—	—		180	46	318	440	3000	3800	4.86	112	164	2.1	2.1	163	127	—	—	2.1	2.1
—	NF 320	NJ 320＋HJ 320		215	47	282	340	2600	3200	8.6	114	190	2.5	2.5	185.5	140	172	13	3	3
N 320 E	—	—		215	47	365	425	2600	3200	7.89	114	190	2.5	2.5	191.5	139.1	—	—	3	3
N 2320	NF 2320	NJ 2320＋HJ 2320		215	73	415	558	2600	3200	13.5	114	190	2.5	2.5	185.5	140	172	13	3	3
N 420	—	NJ 420＋HJ 420		250	58	418	480	2000	2800	16	118	—	3	3	211	153	194	16	4	4
N 1021	—	—	105	160	26	91.5	122	3200	4200	1.9	114	—	2	1	145.5	125.5	—	—	2	1.1
N 221	NF 221	NJ 221＋HJ 221		190	36	185	235	2800	3600	4	117	173	2.1	2.1	168.8	135	159	10	2.1	2.1
N 321	NF 321	NJ 321＋HJ 321		225	49	322	392	2200	3000	—	119	199	2.5	2.5	196	147	181	13	3	3
N 421	—	NJ 421＋HJ 421		260	60	508	602	1900	2600	—	123	—	3	3	220.5	159	202	16	4	4
N 1022	—	—	110	170	28	115	155	3000	3800	2.3	119	—	2	1	155	131	—	—	2	1.1
—	NF 222	NJ 222＋HJ 222		200	38	220	285	2600	3400	5	122	182	2.1	2.1	178.5	141	167	11	2.1	2.1
N 222 E	—	—		200	38	278	360	2600	3400	5.02	122	182	2.1	2.1	180.5	141.3	—	—	2.1	2.1
N 2222	NF 2222	NJ 2222＋HJ 2222		200	53	312	445	2600	3400	7.5	122	—	2.1	2.1	178.5	141	167	11	2.1	2.1
N 322	NF 322	NJ 322＋HJ 322		240	50	352	428	2000	2800	11	124	211	2.5	2.5	207	155	192	14	3	3
N 2322	NF 2322	NJ 2322＋HJ 2322		240	80	535	740	2000	2800	17.5	124	211	2.5	2.5	207	155	201	14	3	3
N 422	—	NJ 422＋HJ 422		280	65	515	602	1800	2400	22	128	—	3	3	230.5	171	216	17	4	4
N 1024	—	—	120	180	28	130	168	2600	3400	2.96	129	—	2	1	165	156	—	—	2	1.1
—	NF 224	NJ 224＋HJ 224		215	40	230	332	2200	3000	6.4	132	196	2.1	2.1	191.5	153	180	11	2.1	2.1
N 224 E	—	—		215	40	322	422	2200	3000	6.11	132	196	2.1	2.1	195.5	153	—	—	2.1	2.1
N 2224	—	NJ 2224＋HJ 2224		215	58	345	522	2200	3000	9.5	132	—	2.1	2.1	191.5	153	180	11	2.1	2.1
N 324	NF 324	NJ 324＋HJ 324		260	55	440	552	1900	2600	14	134	230	2.5	2.5	226	168	209	14	3	3
N 2324	NF 2324	NJ 2324＋HJ 2324		260	86	632	868	1900	2600	22.5	134	230	2.5	2.5	226	168	219	14	3	3
N 424	—	NJ 424＋HJ 424		310	72	642	772	1700	2200	30	142	—	4	4	260	188	238	17	3	5

第 7 篇

续表

轴承型号			基本尺寸/mm			基本额定载荷/kN		极限转速/r·min^{-1}		质量/kg	安装尺寸/mm				其他尺寸/mm					
N型	NF型	NH(NJ+HJ)型	d	D	B	C_r	C_{0r}	脂	油	W ≈	d_a min	D_a max	r_a max	r_b max	E_w	d_2	D_2	B_1	r min	r_1 min
N 1026	—	—	130	200	33	152	212	2400	3200	3.7	139	—	2	1	182	156	—	—	2	1.1
N 226	NF 226	NJ 226+HJ 226		230	40	258	352	2000	2800	7	144	208	2.5	2.5	204	165	192	11	3	
N 2226	NF 2226	NJ 2226+HJ 2226		230	64	368	552	2000	2800	11.5	144	—	2.5	2.5	204	167	195	11	3	3
N 326	NF 326	NJ 326+HJ 326		280	58	492	620	1700	2200	18	148	247	3	3	243	182	225	14	4	4
N 2326	NF 2326	NJ 2326+HJ 2326		280	93	748	1060	1700	2200	28.5	148	247	3	3	243	182	236	14	4	4
N 426		NJ 426+HJ 426		340	78	782	942	1500	1900	39	152	—	4	4	289	—	—	18	5	5
N 1028	—	—	140	210	33	158	220	2000	2800	4	149	—	2	1	192	—	—	—	2	1.1
N 228	NF 228	NJ 228+HJ 228		250	42	302	415	1800	2400	9.1	154	—	2.5	2.5	221	179	208	11	3	3
N 2228	—	NJ 2228+HJ 2228		250	68	438	700	1800	2400	15	154	—	2.5	2.5	221	179	208	11	3	3
N 328	NF 328	NJ 328+HJ 328		300	62	545	690	1600	2000	22	158	—	3	3	260	196	241	15	4	4
N 2328	NF 2328	NJ 2328+HJ 2328		300	102	825	1180	1600	2000	37	158	—	3	3	260	192	252	15	4	4
N 428	—	NJ 428+HJ 428		360	82	845	1020	1400	1800	—	162	—	4	4	304	—	—	18	5	5
N 1030	—	—	150	225	35	188	268	1900	2600	4.8	161	—	2.1	1.5	206.5	177	—	—	2.1	1.5
N 230	NF 230	NJ 230+HJ 230		270	45	360	490	1700	2200	11	164	—	2.5	2.5	238	193	225	12	3	3
N 2230	NF 2230	NJ 2230+HJ 2230		270	73	530	772	1700	2200	17	164	—	2.5	2.5	238	193	225	12	3	3
N 330	NF 330	NJ 330+HJ 330		320	65	595	765	1500	1900	26	168	—	3	3	277	209	270	15	4	4
N 2330	NF 2330	NJ 2330+HJ 2330		320	108	930	1340	1500	1900	45	168	—	3	3	277	209	270	15	4	4
N 430	—	NJ 430+HJ 430		380	85	912	1100	1300	1700	53	172	—	4	4	321	—	—	20	5	5
N 1032	—	—	160	240	38	212	302	1800	2400	6	171	—	2.1	1.5	220	—	—	—	2.1	1.5
N 232	NF 232	NJ 232+HJ 232		290	48	405	552	1600	2000	14	174	—	2.5	2.5	257	206	250	12	3	3
N 2232	—	NJ 2232+HJ 2232		290	80	590	898	1600	2000	25	174	—	2.5	2.5	257	205	252	12	3	3
N 332	NF 332	NJ 332+HJ 332		340	68	628	825	1400	1800	31.6	178	—	3	3	292	—	—	—	4	4
N 2332	NF 2332	—		340	114	972	1430	1400	1800	55.8	178	—	3	3	—	—	—	—	4	4
N 1034	—	—	170	260	42	255	365	1700	2200	8.14	181	—	2.1	2.1	238	201	—	—	2.1	2.1
N 234	NF 234	NJ 234+HJ 234		310	52	425	650	1500	1900	17.1	188	—	3	3	272	220	269	12	4	4
N 334	—	—		360	72	715	952	1300	1700	36	188	—	3	3	310	—	—	—	4	4
N 2334	NF 2334	—		360	120	1110	1650	1300	1700	63	188	—	3	3	310	—	290	—	4	4

续表

轴承型号			基本尺寸/mm			基本额定载荷/kN		极限转速/r·min^{-1}		质量/kg	安装尺寸/mm				其他尺寸/mm					
N 型	NF 型	NH(NJ＋HJ)型	d	D	B	C_r	C_{0r}	脂	油	W ≈	d_a min	D_a max	r_a max	r_b max	E_w	d_2	D_2	B_1	r min	r_1 min
N 1036	—	—	180	280	46	300	438	1600	2000	10.1	191	—	2.1	2.1	255	215	—	—	2.1	2.1
N 236	—	NJ 236＋HJ 236		320	52	425	650	1400	1800	18	198	—	3	3	282	230	279	12	4	4
N 336	—	—		380	75	835	1100	1200	1600	42	198	—	3	3	328	252	—	—	4	4
N 2336	NF 2336	—		380	126	1210	1780	1200	1600	71.2	198	—	3	3	330	—	306	—	4	4
N 1038	—	—	190	290	46	335	495	1500	1900	10.0	201	—	2.1	2.1	—	225	—	—	2.1	2.1
N 238	—	NJ 238＋HJ 238		340	55	512	745	1300	1700	23	208	—	3	3	299	244	295	13	4	4
N 2238	—	NJ 2238＋HJ 2238		340	92	975	1570	1300	1700	38.5	208	—	3	3	299	—	295	13	4	4
N 338	—	—		400	78	882	1190	1100	1500	50	212	—	4	4	345	264	—	—	5	5
N 1040	—	—	200	310	51	408	615	1400	1800	14.3	211	—	2.1	2.1	283	239	—	—	2.1	2.1
N 240	—	NJ 240＋HJ 240		360	58	570	842	1200	1600	26	218	—	3	3	316	258	312	14	4	4
N 2240	—	NJ 2240＋HJ 2240		360	98	1120	1725	1200	1600	—	218	—	3	3	316	256	313	14	4	4
N 340	—	—		420	80	972	1290	1000	1400	—	222	—	4	4	—	280	—	—	5	5
N 1004	—	—	220	340	56	448	685	1200	1600	—	233	—	2.5	2.5	—	—	—	—	3	3
N 244	—	NJ 244＋HJ 244		400	65	702	1050	1000	1400	36	238	—	3	3	350	286	332	15	4	4
N 2244	—	—		400	108	1360	2330	1000	1400	62	238	—	3	3	350	—	—	—	4	4
N 1048	—	—	240	360	56	470	745	1000	1400	21	253	—	2.5	2.5	330	282	—	—	3	3
N 248	—	NJ 248＋HJ 248		440	72	880	1345	900	1200	48.2	258	—	3	3	385	313	365	16	4	4
N 348	—	—		500	95	1290	1810	800	1000	97.1	262	—	4	4	430	—	—	—	5	5
N 1052	—	—	260	400	65	592	932	950	1300	31	276	—	3	3	369.6	309	—	—	4	4
N 1056	—	—	280	420	65	600	965	850	1100	33	296	—	3	3	384	329	—	—	4	4
N 1060	—	—	300	460	74	880	1470	800	1000	44.4	316	—	3	3	420	356	—	—	4	4
N 260	—	—		540	85	1360	2190	700	900	87.2	322	487	4	4	475	—	—	—	5	5
N 1064	—	—	320	480	74	890	1520	750	950	47	336	—	3	3	440	376	—	—	4	4
N 1080	—	—	400	600	90	1420	2480	560	700	88.8	420	—	4	4	552	470	—	—	5	5

表 7-5-16 无内圈圆柱滚子轴承（GB/T 283—2007）

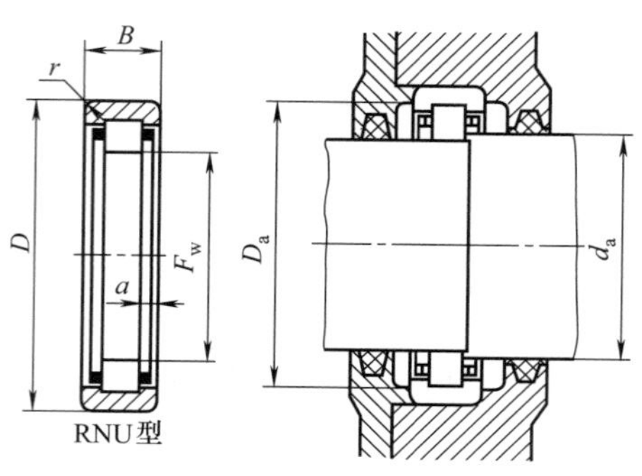

轴承型号	基本尺寸/mm			基本额定载荷/kN		极限转速/r·min^{-1}		质量/kg	安装尺寸/mm			其他尺寸/mm	
RNU 型	F_w	D	B	C_r	C_{0r}	脂	油	W ≈	d_a min	D_a max	r_a max	a	r min
RNU 202	20	35	11	7.98	5.5	15000	19000	0.038	22.4	31	0.6	3	0.6
RNU 203	22.9	40	12	9.12	7.0	14000	18000	—	25.3	36	0.6	3.25	0.6
RNU 204 E	26.5	47	14	25.8	24.0	12000	16000	0.089	29.8	42	1	2.5	1
RNU 2204 E		47	18	30.8	30.0	12000	16000	0.113	29.8	42	1	3.5	1
RNU 304 E	27.5	52	15	29.0	25.5	11000	15000	0.12	32	45.5	1	2.5	1.1
RNU 2304 E		52	21	39.2	37.5	10000	14000	0.168	32	45.5	1	3.5	1.1
RNU 1005	30.5	47	12	11.0	10.2	11000	15000	—	32.6	43	0.6	3.25	0.6
RNU 205 E	31.5	52	15	27.5	26.8	11000	14000	0.104	34.9	47	1	3	1
RNU 2205 E		52	18	32.8	33.8	11000	14000	0.124	34.9	47	1	3.5	1
RNU 305 E	34	62	17	38.5	35.8	9000	12000	0.193	39	55.5	1	3	1.1
RNU 2305 E		62	24	53.2	54.5	9000	12000	0.272	39	55.5	1	4	1.1
RNU 206 E	37.5	62	16	36.0	35.5	8500	11000	0.159	41.8	57	1	3	1
RNU 2206 E		62	20	45.5	48.0	8500	11000	0.202	41.8	57	1	3.5	1
RNU 306 E	40.5	72	19	49.2	48.2	8000	10000	0.285	46.2	61.5	1	3.5	1.1
RNU 2306 E		72	27	70.0	75.5	8000	10000	0.409	46.2	61.5	1	4.5	1.1
RNU 207 E	44	72	17	46.5	48.0	7500	9500	0.233	47.4	61.5	1	3	1.1
RNU 2207 E		72	23	57.5	63.0	7500	9500	0.307	47.4	61.5	1	4.5	1.1
RNU 307 E	46.2	80	21	62.0	63.2	7000	9000	0.379	50.3	72	1.5	3.5	1.5
RNU 2307 E		80	31	87.5	98.2	7000	9000	0.557	50.3	72	1.5	5	1.5
RNU 208 E	49.5	80	18	51.5	53.0	7000	9000	0.294	54.2	73.5	1	3.5	1.1
RNU 2208 E		80	23	67.5	75.2	7000	9000	0.38	54.2	73.5	1	4	1.1
RNU 308 E	52	90	23	76.8	77.8	6300	8000	0.515	58.3	82	1.5	4	1.5
RNU 2308 E		90	33	105	118	6300	8000	0.738	58.3	82	1.5	5.5	1.5
RNU 209 E	54.5	85	19	58.5	63.8	6300	8000	0.335	59	78.5	1	3.5	1.1
RNU 2209 E		85	23	71.0	82.0	6300	8000	0.407	59	78.5	1	4	1.1
RNU 309 E	58.5	100	25	93.0	98.0	5600	7000	0.703	64	92	1.5	4.5	1.5
RNU 2309 E		100	36	130	152	5600	7000	1.01	64	92	1.5	6	1.5
RNU 210 E	59.5	90	20	61.2	69.2	6000	7500	0.369	64.1	83.5	1	4	1.1
RNU 2210 E		90	23	74.2	88.8	6000	7500	0.433	64.1	83.5	1	4	1.1

续表

轴承型号	基本尺寸/mm			基本额定载荷/kN		极限转速/r·min⁻¹		质量/kg	安装尺寸/mm			其他尺寸/mm	
RNU 型	F_w	D	B	C_r	C_{0r}	脂	油	W ≈	d_a min	D_a max	r_a max	a	r min
RNU 310 E	65	110	27	105	112	5300	6700	0.896	71	101	2	5	2
RNU 2310 E		110	40	155	185	5300	6700	1.34	71	101	2	6.5	2
RNU 211 E	66	100	21	80.2	95.5	5300	6700	0.508	70	92	1.5	3.5	1.5
RNU 2211 E		100	25	94.8	118	5300	6700	0.601	70	92	1.5	4	1.5
RNU 311 E	70.5	120	29	128	138	4800	6000	1.16	77.2	111	2	5	2
RNU 2311 E		120	43	190	228	4800	6000	1.74	77.2	111	2	6.5	2
RNU 212 E	72	110	22	89.8	102	5000	6300	0.632	77.6	102	1.5	4	1.5
RNU 2212 E		110	28	122	152	5000	6300	0.831	77.6	102	1.5	4	1.5
RNU 312 E	77	130	31	142	155	4500	5600	1.40	82.5	119	2.1	5.5	2.1
RNU 2312 E		130	46	212	260	4500	5600	2.12	82.5	119	2.1	7	2.1
RNU 213 E	78.5	120	23	102	118	4500	5600	0.796	84	112	1.5	4	1.5
RNU 2213 E		120	31	142	180	4500	5600	1.09	84	112	1.5	4.5	1.5
RNU 1014	80	110	20	47.5	57.0	4800	6000	—	83.8	103.5	1	5	1.1
RNU 313 E	82.5	140	33	170	188	4000	5000	1.75	90.8	129	2.1	5.5	2.1
RNU 2313 E		140	48	235	285	4000	5000	2.54	90.8	129	2.1	8	2.1
RNU 214 E	83.5	125	24	112	135	4300	5300	0.878	88.6	117	1.5	4	1.5
RNU 2214 E		125	31	148	192	4300	5300	1.15	88.6	117	1.5	4.5	1.5
RNU 215 E	88.5	130	25	125	155	4000	5000	0.964	92.9	122	1.5	4	1.5
RNU 2215 E		130	31	155	205	4000	5000	1.21	92.9	122	1.5	4.5	1.5
RNU 314 E	89	150	35	195	220	3800	4800	2.18	97.5	139	2.1	5.5	2.1
RNU 2314 E		150	51	260	320	3800	4800	3.11	97.5	139	2.1	8.5	2.1
RNU 315 E	95	160	37	228	260	3600	4500	2.62	103.5	149	2.1	5.5	2.1
RNU 216 E	95.3	140	26	132	165	3800	4800	1.14	100	131	2	4.5	2
RNU 2216 E		140	33	178	242	3800	4800	1.49	100	131	2	4.5	2
RNU 2315	95.5	160	55	245	308	3600	4500	4.54	103.5	149	2.1	—	2.1
RNU 1017	96.5	130	22	64.5	81.6	4000	5000	0.72	100.8	123.5	1	5.5	1.1
RNU 217 E	100.5	150	28	158	192	3600	4500	1.48	107	141	2	4.5	2
RNU 2217 E		150	36	205	272	3600	4500	1.93	107	141	2	5	2
RNU 316 E	101	170	39	245	282	3400	4300	3.1	111.8	159	2.1	6	2.1
RNU 1018	103	140	24	74.0	94.8	3800	4800	0.98	107.8	132	1.5	6	1.5
RNU 218 E	107	160	30	172	215	3400	4300	1.79	114.2	151	2	5	2
RNU 2218 E		160	40	230	312	3400	4300	2.41	114.2	151	2	6	2
RNU 317 E	108	180	41	280	332	3200	4000	3.66	115.5	167	2.5	6.5	3
RNU 2317		180	60	295	380	3200	4000	6.47	115.5	167	2.5	—	3
RNU 219 E	112.5	170	32	208	262	3200	4000	2.22	120	159	2.1	5	2.1
RNU 2219 E		170	43	275	368	3200	4000	2.97	120	159	2.1	6.5	2.1
RNU 318 E	113.5	190	43	298	348	3000	3800	4.27	125	177	2.5	6.5	3
RNU 220 E	119	180	34	235	302	3000	3800	2.68	128	169	2.1	5	2.1
RNU 2220 E		180	46	318	440	3000	3800	3.65	128	169	2.1	6	2.1
RNU 319 E	121.5	200	45	315	380	2800	3600	4.86	132	187	2.5	7.5	3

续表

轴承型号	基本尺寸/mm			基本额定载荷/kN		极限转速/r·min^{-1}		质量/kg	安装尺寸/mm			其他尺寸/mm	
RNU 型	F_w	D	B	C_r	C_{0r}	脂	油	W ≈	d_a min	D_a max	r_a max	a	r min
RNU 1022	125	170	28	115	155	3000	3800	1.91	130.7	161	2	6.5	2
RNU 320 E	127.5	215	47	365	425	2600	3200	5.98	140.5	202	2.5	7.5	3
RNU 222 E	132.5	200	38	278	360	2600	3400	3.69	141.5	189	2.1	6	2.1
RNU 1024	135	180	28	130	168	2600	3400	2.31	140.7	171	2	6.5	2
RNU 321		225	49	322	392	2200	3000	—	147	212	2.5	9.5	3
RNU 322	143	240	50	352	428	2000	2800	—	155.5	227	2.5	9	3
RNU 224 E	143.5	215	40	322	422	2200	3000	4.52	153	204	2.1	6	2.1
RNU 324	154	260	55	440	552	1900	2600	—	168.5	247	2.5	9.5	3
RNU 226	156	230	40	258	352	2000	2800	5.6	165.5	217	2.5	8	3
RNU 1028	158	210	33	158	220	2000	2800	—	164.5	201	2	8	2
RNU 326	167	280	58	492	620	1700	2200	—	182	264	3	10	4
RNU 228	169	250	42	302	415	1800	2400	—	179.5	237	2.5	8	3
RNU 1030	169.5	225	35	188	268	1900	2600	3.64	176.7	214	2.1	8.5	2.1
RNU 328	180	300	62	545	690	1600	2000	—	196	284	3	11	4
RNU 230	182	270	45	360	490	1700	2200	—	193	257	2.5	8.5	3
RNU 330	193	320	65	595	765	1500	1900	—	210	304	3	11.5	4
RNU 232	195	290	48	405	552	1600	2000	—	205	277	2.5	9	3
RNU 1036	205	280	46	300	438	1600	2000	—	214.5	269	2.1	10.5	2.1
RNU 332	208	340	68	628	825	1400	1800	—	225	324	3	13	4
RNU 234		310	52	425	650	1500	1900	—	219.8	294	3	10	4
RNU 236	218	320	52	425	650	1400	2800	—	230.5	304	3	10	4
RNU 334	220	360	72	715	952	1300	1700	—	238	344	3	13.5	4
RNU 238	231	340	55	512	745	1300	1700	—	244.5	324	3	10.5	4
RNU 336	232	380	75	835	1100	1200	1600	—	251	364	3	13.5	4
RNU 240	244	360	58	570	842	1200	1600	—	258	344	3	11	4
RNU 338	245	400	78	882	1190	1100	1500	—	265	380	4	14	5
RNU 340	260	420	80	972	1290	1000	1400	—	280	400	4	15	5
RNU 244	270	400	65	702	1050	1000	1400	—	286	384	3	12.5	4

表 7-5-17　　无外圈圆柱滚子轴承（GB/T 283—2007）

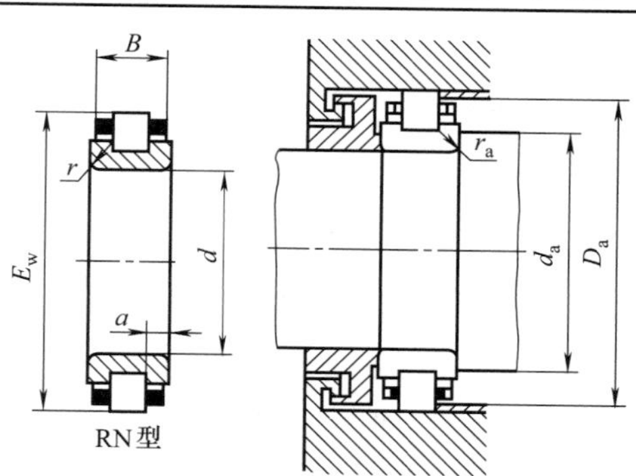

续表

轴承型号	基本尺寸/mm			基本额定载荷/kN		极限转速/r·min^{-1}		质量/kg	安装尺寸/mm			其他尺寸/mm	
RN 型	d	E_w	B	C_r	C_{0r}	脂	油	W ≈	d_a min	D_a max	r_a max	a	r min
RN 204 E	20	41.5	14	25.8	24.0	12000	16000	—	25	37.3	1	2.5	1
RN 2204 E		41.5	18	30.8	30.0	12000	16000	—	25	37.3	1	3.5	1
RN 304 E		45.5	15	29.0	25.5	11000	15000	—	26.5	41.2	1	2.5	1.1
RN 2304 E		45.5	21	39.2	37.5	10000	14000	—	26.5	41.2	1	3.5	1.1
RN 205 E	25	46.5	15	27.5	26.8	11000	14000	—	30	42.3	1	3	1
RN 2205 E		46.5	18	32.8	33.8	11000	14000	—	30	42.3	1	3.5	1
RN 305 E		54	17	38.5	35.8	9000	12000	—	31.5	49.4	1	3	1.1
RN 2305 E		54	24	53.2	54.5	9000	12000	—	31.5	49.4	1	4	1.1
RN 206 E	30	55.5	16	36.0	35.5	8500	11000	—	36	50.5	1	3	1
RN 2206 E		55.5	20	45.0	48.0	8500	11000	—	36	50.5	1	3.5	1
RN 306 E		62.5	19	49.2	48.2	8000	10000	—	37	58.2	1	3.5	1.1
RN 2306 E		62.5	27	70.0	75.5	8000	10000	—	37	58.2	1	4.5	1.1
RN 207 E	35	64	17	46.5	48.0	7500	9500	—	42	59	1	3	1.1
RN 2307 E		64	23	57.5	63.0	7500	9500	—	42	59	1	4.5	1.1
RN 307 E		70.2	21	62.0	63.2	7000	9000	—	44	64.3	1.5	3.5	1.5
RN 2307 E		70.2	31	87.5	98.2	7000	9000	—	44	64.3	1.5	5	1.5
RN 407		83	25	70.8	68.2	6000	7500	0.64	44	—	1.5	—	1.5
RN 208 E	40	71.5	18	51.5	53.0	7000	9000	—	47	66.2	1	3.5	1.1
RN 2308 E		71.5	23	67.5	75.2	7000	9000	—	47	66.2	1	4	1.1
RN 308 E		80	23	76.8	77.8	6300	8000	—	49	73.3	1.5	4	1.5
RN 2308 E		80	33	105	118	6300	8000	—	49	73.3	1.5	5.5	1.5
RN 408		92	27	90.5	89.8	5600	7000	—	50	—	2	—	2
RN 209 E	45	76.5	19	58.5	63.8	6300	8000	—	52	71.2	1	3.5	1.1
RN 2209 E		76.5	23	71.0	82.0	6300	8000	—	52	71.2	1	4	1.1
RN 309 E		88.5	25	93.0	98.0	5600	7000	—	54	81.5	1.5	4.5	1.5
RN 2309 E		88.5	36	130	152	5600	7000	—	54	81.5	1.5	6	1.5
RN 1010	50	72.5	16	25.0	27.5	6300	8000	—	55	—	1	—	1
RN 210 E		81.5	20	61.2	69.6	6000	7500	—	57	77	1	4	1.1
RN 2210 E		81.5	23	74.2	88.8	6000	7500	—	57	77	1	4	1.1
RN 310 E		97	27	105	112	5300	6700	—	60	89.6	2	5	2
RN 2310 E		97	40	155	185	5300	6700	—	60	89.6	2	6.5	2
RN 211 E	55	90	21	80.2	95.5	5300	6700	—	64	85	1.5	3.5	1.5
RN 2211 E		90	25	94.8	118	5300	6700	—	64	85	1.5	4	1.5
RN 311 E		106.5	29	128	138	4800	6000	—	65	98.2	2	5	2
RN 2311 E		106.5	43	190	228	4800	6000	—	65	98.2	2	6.5	2
RN 1012	60	86.5	18	38.5	45.0	5300	6700	0.303	66.5	—	1	—	1.1
RN 212 E		100	22	89.8	102	5000	6300	—	69	93.2	1.5	4	1.5
RN 2212 E		100	28	122	152	5000	6300	—	69	93.2	1.5	4	1.5
RN 312		115	31	142	155	4500	5600	—	72	106.5	2.1	5.5	2.1
RN 2312 E		115	46	212	260	4500	5600	—	72	106.5	2.1	7	2.1
RN 213 E	65	108.5	23	102	118	4500	5600	—	74	101	1.5	4	1.5
RN 2213 E		108.5	31	142	180	4500	5600	—	74	101	1.5	4.5	1.5
RN 313 E		124.5	33	170	188	4000	5000	—	77	114.6	2.1	5.5	2.1
RN 2313 E		124.5	48	235	285	4000	5000	—	77	114.6	2.1	8	2.1
RN 1014	70	100	20	47.5	57.0	4800	6000	—	76.5	—	1	—	1.1
RN 214 E		113.5	24	112	135	4300	5300	—	79	105.8	1.5	4	1.5
RN 2214 E		113.5	31	148	192	4300	5300	—	79	105.8	1.5	4.5	1.5
RN 314 E		133	35	195	220	3800	4800	—	82	123.5	2.1	5.5	2.1

续表

轴承型号	基本尺寸/mm			基本额定载荷/kN		极限转速/r·min⁻¹		质量/kg	安装尺寸/mm			其他尺寸/mm	
RN型	d	E_w	B	C_r	C_{0r}	脂	油	W ≈	d_a min	D_a max	r_a max	a	r min
RN 2314 E	70	133	51	260	320	3800	4800	—	82	123.5	2.1	8.5	2.1
RN 215 E	75	118.5	25	125	155	4000	5000	—	84	111.4	1.5	4	1.5
RN 2215 E		118.5	31	155	205	4000	5000	—	84	111.4	1.5	4.5	1.5
RN 315 E		143	37	228	260	3600	4500	—	87	131.6	2.1	5.5	2.1
RN 216 E	80	127.5	26	132	165	3800	4800	—	90	119.8	2	4.5	2
RN 2216 E		127.5	33	178	242	3800	4800	—	90	119.8	2	4.5	2
RN 316 E		151	39	245	282	3400	4300	—	92	139	2.1	6	2.1
RN 217 E	85	136.5	28	158	192	3600	4500	—	95	129	2	4.5	2
R 2217 E		136.5	36	205	272	3600	4500	—	95	129	2	5	2
RN 317 E		160	41	280	332	3200	4000	—	99	147	3	6.5	3
RN 218 E	90	145	30	172	215	3400	4300	—	100	136.4	2	5	2
RN 2218 E		145	40	230	312	3400	4300	—	100	136.4	2	6	2
RN 318 E		169.5	43	298	348	3000	3800	—	104	155.5	3	6.5	3
RN 219 E	95	154.5	32	208	262	3200	4000	—	107	145.5	2.1	5	2.1
RN 2219 E		154.5	43	275	368	3200	4000	—	107	145.5	2.1	6.5	2.1
RN 319 E		177.5	45	315	380	2800	3600	—	109	163.5	2.5	7.5	3
RN 220 E	100	163	34	235	302	3000	3800	—	112	152.8	2.1	5	2.1
RN 2220 E		163	46	318	440	3000	3800	—	112	152.8	2.1	6	2.1
RN 320 E		191.5	47	365	425	2600	3200	—	114	175	2.5	7.5	3
RN 221	105	168.8	36	185	235	2800	3600	2.76	117	161.2	2.1	7.5	2.1
RN 321		195	49	322	392	2200	3000	—	119	184	2.5	9.5	3
RN 222 E	110	180.5	38	278	360	2600	3400	—	122	170.2	2.1	6	2.1
RN 322		207	50	352	428	2000	2800	—	124	195	2.5	9	3
RN 224 E	120	195.5	40	322	422	2200	3000	—	132	183.5	2.1	6	2.1
RN 324		226	55	440	552	1900	2600	—	134	213	2.5	9.5	3
RN 226	130	204	40	258	352	2000	2800	4.48	144	195	2.5	8	3
RN 326		243	58	492	620	1700	2200	—	148	229	3	10	4
RN 228	140	221	42	302	415	1800	2400	5.94	154	211.5	2.5	8	3
RN 328		260	62	545	690	1600	2000	13.2	158	245	3	11	4
RN 230	150	238	45	360	490	1700	2200	—	164	228	2.5	8.5	3
RN 230		277	65	595	765	1500	1900	17.04	168	262	3	11.5	4
RN 232	160	255	48	405	552	1600	2000	—	174	245	2.5	9	3
RN 332		292	68	628	825	1400	1800	—	178	276	3	13	4
RN 234	170	272	52	425	650	1500	1900	—	188	262	3	10	4
RN 334		310	72	715	952	1300	1700	—	188	293	3	13.5	4
RN 236	180	282	52	425	650	1400	1800	—	198	270	3	10	4
RN 336		328	75	835	1100	1200	1600	35.9	198	309	3	13.5	4
RN 238	190	299	55	512	745	1300	1700	—	208	286.5	3	10.5	4
RN 338		345	78	882	1190	1100	1500	31.6	212	325	4	14	5
RN 240	200	316	58	570	842	1200	1600	—	218	302.5	3	11.5	4
RN 340		360	80	972	1290	1000	1400	—	222	340	4	15	5
RN 244	220	350	65	702	1050	1000	1400	—	238	335	3	12.5	4

表 7-5-18　**双列圆柱滚子轴承**（GB/T 285—2013）

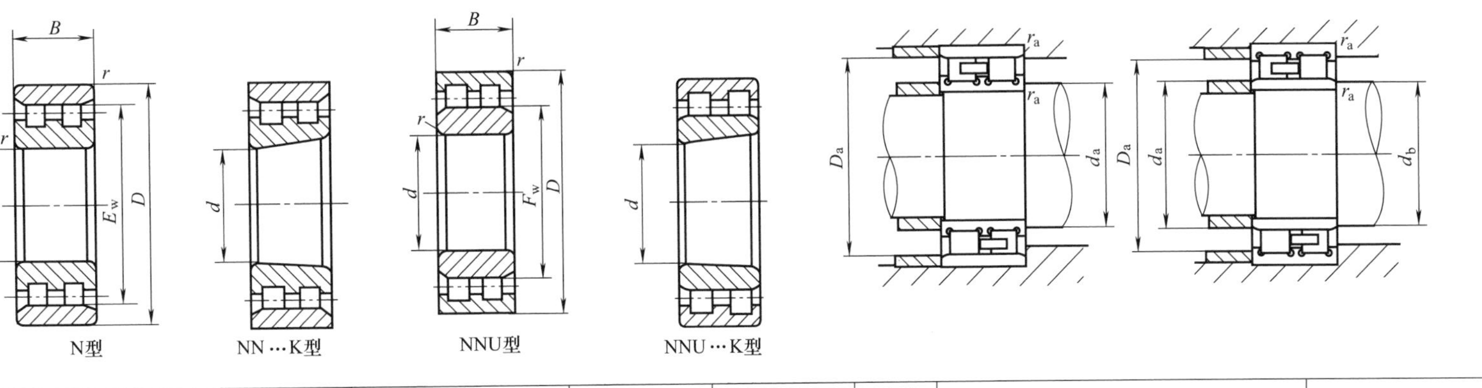

轴承型号		基本尺寸/mm			基本额定载荷/kN		极限转速/r·min^{-1}		质量/kg	安装尺寸/mm						其他尺寸/mm		
NN 0000 型 NNU 0000 型	NN 0000 K 型 NNU 0000 K 型	d	D	B	C_r	C_{0r}	脂	油	W ≈	d_a min	d_a max	d_b min	D_a min	D_a max	r_a max	E_w	F_w	r min
—	NN 3005 K	25	47	16	24.8	28.5	13000	16000	0.12	29	—	—	42	43	0.6	41.3	—	0.6
NN 3006	NN 3006 K	30	55	19	29.2	35.5	11000	14000	0.19	35	—	—	49	50	1	48.5	—	1
NN 3007	NN 3007 K	35	62	20	37.2	47.5	10000	13000	0.25	40	—	—	56	57	1	55	—	1
NN 3008	NN 3008 K	40	68	21	40.8	53.2	9000	12000	0.30	45	—	—	62	63	1	61	—	1
NN 3009	NN 3009 K	45	75	23	47.5	62.2	8000	10000	0.38	50	—	—	69	70	1	67.5	—	1
NN 3010/W33	NN 3010 K/W33	50	80	23	50.2	69.8	7500	9000	0.42	55	—	—	74	75	1	72.5	—	1
NN 3011/W33	NN 3011 K/W33	55	90	26	65.8	91.8	6700	8000	0.62	61.5	—	—	82	83.5	1	81	—	1.1
NN 3012/W33	NN 3012 K/W33	60	95	26	70.0	100	6300	7500	0.66	66.5	—	—	87	88.5	1	86.1	—	1.1
NN 3013/W33	NN 3013 K/W33	65	100	26	72.5	110	6000	7000	0.71	71.5	—	—	92	93.5	1	91	—	1.1
NN 3014/W33	NN 3014 K/W33	70	110	30	92.0	142	5300	6700	1.00	76.5	—	—	101	103.5	1	100	—	1.1
NN 3015/W33	NN 3015 K/W33	75	115	30	92.0	142	5000	6000	1.10	81.5	—	—	106	108.5	1	105	—	1.1
NN 3016/W33	NN 3016 K/W33	80	125	34	112	175	4800	5600	1.50	86.5	—	—	114	118.5	1	113	—	1.1
NN 3017/W33	NN 3017 K/W33	85	130	34	118	195	4500	5300	1.60	91.5	—	—	119	123.5	1	118	—	1.1
NN 3018/W33	NN 3018 K/W33	90	140	37	132	205	4300	5000	2.00	98	—	—	129	132	1.5	127	—	1.5
NN 3019/W33	NN 3019 K/W33	95	145	37	135	220	4000	4800	2.10	103	—	—	134	137	1.5	132	—	1.5

续表

轴承型号		基本尺寸/mm			基本额定载荷/kN		极限转速/r·min^{-1}		质量/kg	安装尺寸/mm						其他尺寸/mm		
NN 0000 型 NNU 0000 型	NN 0000 K 型 NNU 0000 K 型	d	D	B	C_r	C_{0r}	脂	油	W ≈	d_a min	d_a max	d_b min	D_a min	D_a max	r_a max	E_w	F_w	r min
NNU 4920/W33	NNU 4920 K/W33	100	140	40	122	242	4000	4800	1.90	106.5	111	116	—	133.5	1	—	113	1.1
NN 3020/W33	NN 3020 K/W33		150	37	142	238	3800	4500	2.20	108	—	—	139	142	1.5	137	—	1.5
NNU 4921/W33	NNU 4921 K/W33	105	145	40	122	248	3800	4500	2.00	111.5	116	121	—	138.5	1	—	118	1.1
NN 3021/W33	NN 3021 K/W33		160	41	180	290	3600	4300	2.80	114	—	—	148	151	2	146	—	2
NNU 4922/W33	NNU 4922 K/W33	110	150	40	125	258	3800	4500	2.05	116.5	121	126	—	143.5	1	—	123	1.1
NN 3022/W33	NN 3022 K/W33		170	45	208	342	3400	4000	3.55	119	—	—	157	161	2	155	—	2
NNU 4924/W33	NNU 4924 K/W33	120	165	45	168	322	3400	4000	2.80	126.5	133	137	—	158.5	1	—	134.5	1.1
NN 3024/W33	NN 3024 K/W33		180	46	218	370	3200	3800	3.85	129	—	—	167	171	2	165	—	2
NNU 4926/W33	NNU 4926 K/W33	130	180	50	178	370	3000	3600	3.85	138	144	149	—	172	1.5	—	146	1.5
NN 3026/W33	NN 3026 K/W33		200	52	272	452	2800	3400	5.75	139	—	—	183	191	2	182	—	2
NNU 4928/W33	NNU 4928 K/W33	140	190	50	180	380	2800	3400	4.10	148	154	159	—	182	1.5	—	156	1.5
NN 3028/W33	NN 3028 K/W33		210	53	282	495	2600	3200	6.20	149	—	—	194	201	2	192	—	2
NNU 4930/W33	NNU 4930 K/W33	150	210	60	312	622	2600	3200	6.25	159	166	172	—	201	2	—	168.5	2
NN 3030/W33	NN 3030 K/W33		225	56	312	542	2400	3000	7.50	161	—	—	208	214	2.1	2.6	—	2.1
NNU 4932/W33	NNU 4932 K/W33	160	220	60	312	645	2400	3000	6.60	169	176	182	—	211	2	—	178.5	2
NN 3032/W33	NN 3032 K/W33		240	60	350	622	2200	2800	9.10	171	—	—	221	229	2.1	219	—	2.1
NNU 4934/W33	NNU 4934 K/W33	170	230	60	320	660	2200	2800	6.95	179	186	192	—	221	2	—	188.5	2
NN 3034/W33	NN 3034 K/W33		260	67	435	775	2000	2600	12.5	181	—	—	238	249	2.1	236	—	2.1
NNU 4936/W33	NNU 4936 K/W33	180	250	69	382	808	1900	2600	10.5	189	199	205	—	241	2	—	202	2
NN 3036/W33	NN 3036 K/W33		280	74	532	950	1900	2400	16.5	191	—	—	257	269	2.1	255	—	2.1
NNU 4938/W33	NNU 4938 K/W33	190	260	69	382	835	1800	2400	11.0	199	209	215	—	251	2	—	212	2
NN 3038/W33	NN 3038 K/W33		290	75	565	1030	1800	2400	17.0	201	—	—	267	279	2.1	265	—	2.1
NNU 4940/W33	NNU 4940 K/W33	200	280	80	460	988	1900	2400	15.0	211	222	228	—	269	2.1	—	225	2.1
NN 3040/W33	NN 3040 K/W33		310	82	612	1080	1800	2200	22.0	211	—	—	285	299	2.1	282	—	2.1
NNU 4944/W33	NNU 4944 K/W33	220	300	80	485	1080	1800	2200	17.0	231	242	249	—	289	2.1	—	245	2.1
NN 3044/W33	NN 3044 K/W33		340	90	768	1390	1700	2000	28.5	233	—	—	313	327	2.5	310	—	3
NNU 4948/W33	NNU 4948 K/W33	240	320	80	502	1060	1700	2000	17.5	251	262	269	—	309	2.1	—	265	2.1
NN 3048/W33	NN 3048 K/W33		360	92	800	1480	1500	1800	32.0	253	—	—	333	347	2.5	330	—	3
NNU 4952/W33	NNU 4952 K/W33	260	360	100	710	1620	1400	1700	30.5	271	288	296	—	349	2.1	—	292	2.1
NN 3052/W33	NN 3052 K/W33		400	104	970	1830	1300	1600	46.0	276	—	—	367	384	3	364	—	4
NNU 4956/W33	NNU 4956 K/W33	280	380	100	725	1710	1300	1600	32.0	291	308	316	—	369	2.1	—	312	2.1
NN 3056/W33	NN 3056 K/W33		420	106	1030	1980	1200	1500	49.5	296	—	—	387	404	3	384	—	4

续表

轴承型号		基本尺寸/mm			基本额定载荷/kN		极限转速/r·min^{-1}		质量/kg	安装尺寸/mm						其他尺寸/mm		
NN 0000 型 NNU 0000 型	NN 0000 K 型 NNU 0000 K 型	d	D	B	C_r	C_{0r}	脂	油	W ≈	d_a min	d_a max	d_b min	D_a min	D_a max	r_a max	E_w	F_w	r min
NNU 4960/W33	NNU 4960 K/W33	300	420	118	970	2240	1100	1000	50.9	313	335	343	—	407	2.5	—	339	3
NN 3060/W33	NN 3060 K/W33		460	118	1190	2280	900	1200	68.5	316	—	—	421	444	3	418	—	4
NNU 4964	NNU 4964 K	320	440	118	1455	3335	—	—	53	334	355	363	426	—	—	—	359	3
—	NN 3064 K		480	121	1760	3520	—	—	71	—	—	—	442	464	3	438	—	4
NNU 4968	NNU 4968 K	340	460	118	1500	3525	—	—	56	354	375	383	—	446	2.5	—	379	3
—	NN 3068 K/W33		520	133	1570	3290	800	900	97.5	360	—	—	477	500	4	473	—	5
NNU 4972	NNU 4972 K	360	480	118	1540	3715	—	—	58.5	374	395	403	—	466	2.5	—	399	3
—	NN 3072 K/W33		540	134	1630	3280	700	800	105	380	—	—	497	520	4	493	—	5
NNU 4976	NNU 4976 K	380	520	140	1980	4695	—	—	83.5	396	421	431	—	504	3	—	426	4
—	NN 3076 K/W33		560	135	1600	3280	600	700	110	400	—	—	517	540	4	513		5
NNU 4980	NNU 4980 K	400	540	140	2030	4920	—	—	87.5	416	441	451	—	524	3	—	446	4
—	NN 3080 K		600	148	2620	5380	—	—	135	—	—	—	553	580	4	549	—	5
NNU 4984	NNU 4984 K	420	560	140	2075	5145	—	—	91	436	461	471	—	544	3	—	466	4
NN 3084	NN 3084 K		620	150	2710	5695	—	—	140	—	—	—	574	600	4	569	—	5
NNU 4988	NNU 4988 K	440	600	160	2550	6205	—	—	125	456	484	495	—	584	3	—	490	4
NN 3088	NN 3088 K		650	157	2955	6250	—	—	165	—	—	—	600	624	5	597	—	6
NNU 4992	NNU 4992 K	460	620	160	2605	6460	—	—	130	476	504	515	—	604	3	—	510	4
—	NN 3092 K/W33		680	163	2470	5230	450	560	195	486	—	—	627	654	5	624	—	6
NNU 4996	NNU 4996 K	480	650	170	2890	7175	—	—	154	500	528	539	—	630	4	—	534	5
NN 3096	NN 3096 K		700	165	3290	7135	—	—	193	—	—	—	648	674	5	644	—	6
NNU 49/500	NNU 49/500 K	500	670	170	2950	7450	—	—	158	520	548	559	—	650	4	—	554	5
NN 30/500	NN 30/500 K		720	167	3390	7490	—	—	210	526	—	—	668	694	5	664	—	6
NNU 49/530	NNU 49/530 K	530	710	180	3280	8360	—	—	190	550	582	593	720	690	4	588	—	5
NN 30/530	NN 30/530 K		780	185	4070	8855	—	—	260	556			720	754	5	715	—	6
NNU 49/560	NNU 49/560 K	560	750	190	3625	9320	—	—	225	580	619	628	—	730	4	—	623	5
—	NN 30/560 K/W33		820	195	2460	6560	340	430	319	588	—	—	—	—	5	755	—	6
NNU 49/600	NNU 49/600 K	600	800	200	4020	10500	—	—	257	620	662	672	—	780	4	—	666	5
NN 30/600	NN 30/600 K		870	200	4805	10785	—	—	340	626	—	—	808	844	5	803	—	6
NNU 49/630	NNU 49/630 K	630	850	218	4655	12060	—	—	340	656	699	710	—	824	5	—	704	6
NN 30/630	NN 30/630 K		920	212	5370	12035	—	—	415	664	—	—	851	886	6	845	—	7.5
NNU 49/670	NNU 49/670 K	670	900	230	5135	13515	—	—	390	696	732	744	—	874	5	—	738	6
—	NN 30/670 K/W33		980	230	4620	9360	220	300	560	705	—	—	—	—	6	900	—	7.5

第 7 篇

表 7-5-19　　**四列圆柱滚子轴承**（JB/T 5389.1—2016）

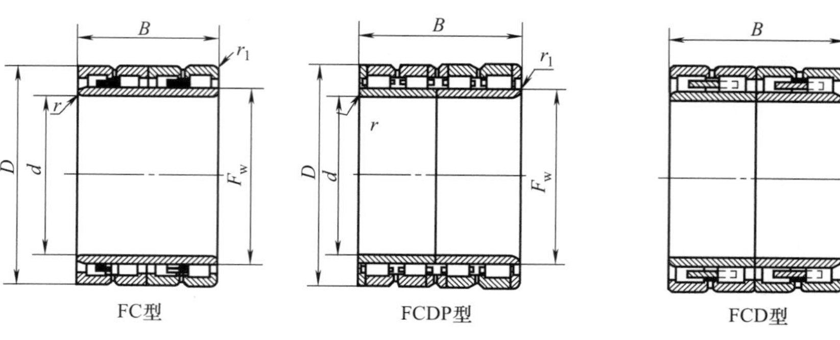

轴承型号	主要尺寸/mm						基本额定载荷/kN	
FC、FCDP、FCD 型	d	D	B	F_w	r min	r_1 min	C_r	C_{0r}
FC 2028104	100	140	104	111	1.5	1.1	395	925
FC 202970		145	70	113	1.5	1.1	218	432
FC 2234120	110	170	120	127	2	2	605	1060
FC 2436105	120	180	105	135	2	2	550	1145
FC 2640104	130	200	104	149	2	2	620	1240
FC 2640125		200	125	149	2	2	738	1220
FC 2842116	140	210	116	160	2	2	700	1475
FC 2842125		210	125	158	2	2	622	1270
FC 2842155		210	155	158	2	2	786	1710
FC 2942155	145	210	155	166	2	2	855	2020
FC 2945156		225	156	169	2	2	975	2080
FC 3045120	150	225	120	169	2	2	788	1290
FC 3046156		230	156	174	2	2	990	2145
FC 3246130	160	230	130	180	2.1	2.1	815	1865
FC 3248168		240	168	183	2.1	2.1	942	1950
FC 3248124		240	124	183	2.1	2.1	690	1310
FC 3450170	170	250	170	192	2.1	2.1	1070	2080
FC 3452120		260	120	196	2.1	2.1	648	1020
FC 3652168	180	260	168	202	2.1	2.1	1145	2715
FC 3656180		280	180	207	2.1	2.1	1460	2340
FC 3852168	190	260	168	212	2.1	2.1	1085	2815
FC 3854200		270	200	212	2.1	2.1	1360	3395
FC 4056200	200	280	200	222	2.1	2.1	1340	3375
FC 4058192		290	192	226	2.1	2.1	1430	3450
FC 4260210	210	300	210	234	2.1	2.1	1540	3400
FC 4462192	220	310	192	246	2.1	2.1	1230	3120
FC 4464210		320	210	248	2.1	2.1	1510	3330
FC 4666206	230	330	206	260	2.1	2.1	1350	3510
FC 4668260		340	260	261	2.1	2.1	2000	4400
FC 4866220	240	330	220	270	2.1	2.1	1735	4665
FC 4872220		360	220	272	2.1	2.1	2070	4800

续表

轴承型号	主要尺寸/mm						基本额定载荷/kN	
FC、FCDP、FCD 型	d	D	B	F_w	r min	r_1 min	C_r	C_{0r}
FC 5070220	250	350	220	278	3	3	1885	4885
FC 5274220	260	370	220	292	3	3	2030	5110
FC 5276280		380	280	294	3	3	2580	6560
FC 5476230	270	380	230	298	3	3	2140	4750
FC 5678220	280	390	220	312	3	3	2105	5465
FC 5684280		420	280	319	4	4	2930	7130
FC 5882240	290	410	240	320	4	4	2470	5330
FC 5884300		420	300	327	4	4	3010	7815
FC 6084218	300	420	218	332	4	4	1980	4680
FC 6084240		420	240	332	4	4	2170	5280
FCD 6084300①		420	300	332	3	3	2920	7370
FC 6490240	320	450	240	355			2220	5320
FC 6496290		480	290	364	4	4	2980	5980
FCD 6496350①		480	350	364	4	4	3970	8320
FC 6692340	330	460	340	365	4	4	3300	9140
FC 6892260	340	460	260	370	4	4	2650	7000
FCD 6896350①		480	350	378	4	4	3570	9560
FCD 72102370①	360	510	370	392	4	4	4040	10000
FCD 76108400①	380	540	400	422	4	4	4930	12200
FCD 80112410①	400	560	410	445	5	5	4480	13100
FCD 84120440①	420	600	440	470	5	5	5450	14800
FCD 88124450	440	620	450	487	5	5	6060	16000
FCD 92130470	460	650	470	509	5	5	6890	17800
FCD 96130450	480	650	450	525	6	6	5710	18100
FCD 96136500		680	500	532	6	6	7220	18900
FCD 100144530	500	720	530	568	6	6	6180	19900
FCD 106156570	530	780	570	601	6	6	8630	22300
FCD 112164630	560	820	630	625	6	6	12500	28300
FCDP 114163594	570	815	594	628	6	6	12200	28200
FCDP 120164575	600	820	575	660	6	6	9340	31400
FCDP 120174640		870	640	682	6	6	10400	33800
FCDP 126180670	630	900	670	698	6	6	15900	41400
FCDP 134190700	670	950	700	750	7.5	7.5	13100	41900
FCDP 142200715	710	1000	715	787.5	7.5	7.5	15000	44800
FCDP 150200670	750	1000	670	813	7.5	7.5	13800	47800
FCDP 160216700	800	1080	700	878	7.5	7.5	14000	52200
FCDP 160230850		1150	850	905	7.5	7.5	17900	62400
FCDP 170230840	850	1150	840	928	7.5	7.5	20100	70400
FCD 180244840	900	1220	840	989	7.5	7.5	19500	74400
FCDP 1902721000	950	1360	1000	1075	7.5	7.5	22900	82400
FCDP 200272800	1000	1360	800	1101	7.5	7.5	18700	67300

① FCDP 型轴承同 FCD 型轴承外形尺寸和额定载荷相同。

5.5 调心滚子轴承

表 7-5-20 调心滚子轴承（GB/T 288—2013）

圆柱孔 20000型

圆柱孔 20000 C(CC)型

圆锥孔 20000 CK(CCK)型 20000 CK30(CCK30)型

径向当量动载荷

$P_r=F_r+Y_1F_a$ $F_a/F_r \leqslant e$

$P_r=0.67F_r+Y_2F_a$ $F_a/F_r>e$

径向当量静载荷

$P_{0r}=F_r+Y_0F_a$

轴承型号		基本尺寸/mm			基本额定载荷/kN		极限转速/r·min^{-1}		质量/kg	安装尺寸/mm			其他尺寸/mm				计算系数			
圆柱孔	圆锥孔	d	D	B	C_r	C_{0r}	脂	油	W ≈	d_a min	D_a max	r_a max	d_2 ≈	D_2 ≈	B_0	r min	e	Y_1	Y_2	Y_0
21304 CC	21304 CCK	20	52	15	30.8	31.2	6000	7500	0.175	27	45	1	29.5	42	—	1.1	0.31	2.2	3.3	2.2
21304 TN1	21304 KTN1		52	15	34.8	34.2	6000	7500	0.161	27	45	1	30.5	44.1	—	1.1	0.29	2.3	3.4	2.2
22205 CC/W33	—	25	52	18	35.8	36.8	8000	10000	0.177	30	46	1	30.9	43.9	5.5	1	0.35	1.9	2.9	1.9
22205 TN1/W33	—		52	18	44.0	44.0	8000	10000	0.178	30	46	1	28.8	42.8	5.5	1	0.36	1.9	2.8	1.8
21305 CC	21305 CCK		62	17	41.5	44.2	5300	6700	0.277	32	55	1	36.4	50.8	—	1.1	0.29	2.4	3.5	2.3
21305 TN1	21305 KTN1		62	17	44.2	44.5	5300	6700	0.257	32	55	1	35.9	51.3	—	1.1	0.29	2.4	3.5	2.3
22206	—	30	62	20	30.5	38.2	5300	6700	—	36	56	1	40.6	52.1	—	1	0.35	1.9	2.8	1.9
22206 C	—		62	20	51.8	56.8	6300	8000	0.3	36	56	1	40.0	52.7	—	1	0.33	2.0	3.0	2.0
22206 CC/W33	—		62	20	50.5	55.0	6700	8500	0.283	36	56	1	37.9	52.7	5.5	1	0.32	2.1	3.1	2.1
22206 TN1/W33	—		62	20	56.8	59.5	6700	8500	0.271	35	56	1	37.4	53.3	5.5	1	0.32	2.1	3.1	2.1
21306 CC	21306 CCK		72	19	55.8	62.0	4500	6000	0.412	37	65	1	43.3	59.6	—	1.1	0.27	2.5	3.7	2.4
21306 TN1	21306 KTN1		72	19	62.0	63.5	4500	6000	0.391	37	65	1	41.2	59.6	—	1.1	0.28	2.4	3.6	2.4

续表

轴承型号		基本尺寸/mm			基本额定载荷/kN		极限转速/r·min^{-1}		质量/kg	安装尺寸/mm			其他尺寸/mm				计算系数			
圆柱孔	圆锥孔	d	D	B	C_r	C_{0r}	脂	油	W ≈	d_a min	D_a max	r_a max	d_2 ≈	D_2 ≈	B_0	r min	e	Y_1	Y_2	Y_0
22207	—	35	72	23	45.2	59.5	4800	6000	0.43	42	65	1	44.5	59.3	—	1.1	0.36	1.9	2.8	1.8
22207 C/W33	—		72	23	66.5	76.0	5300	6700	0.45	42	65	1	46.5	61.1	5.5	1.1	0.31	2.1	3.2	2.1
22207 CC/W33	—		72	23	68.5	79.0	5600	7000	0.437	42	65	1	44.1	60.9	5.5	1.1	0.32	2.1	3.2	2.1
22207 TN1/W33	—		72	23	76.2	84.5	5600	7000	0.428	42	65	1	43.6	61.5	5.5	1.1	0.32	2.1	3.2	2.1
21307 CC	21307 CCK		80	21	63.5	73.2	4000	5300	0.542	44	71	1.5	49.1	66.3	—	1.5	0.27	2.5	3.8	2.5
21307 TN1	21307 KTN1		80	21	72.2	75.5	4000	5300	0.507	44	71	1.5	47.6	67.8	—	1.5	0.27	2.5	3.8	2.5
22208	22208 K	40	80	23	49.8	68.5	4500	5600	0.55	47	73	1	52.6	66.5	—	1.1	0.32	2.1	3.1	2.1
22208 C/W33	22208 CK/W33		80	23	78.5	90.8	5000	6000	0.54	47	73	1	52.6	69.4	5.5	1.1	0.28	2.4	3.6	2.3
22208 CC/W33	22208 CCK/W33		80	23	77.0	88.5	5000	6300	0.524	47	73	1	50.4	69.4	5.5	1.1	0.28	2.4	3.6	2.4
22208 TN1/W33	22208 KTN1/W33		80	23	92.5	102	5000	6300	0.524	47	73	1	49.4	70.5	5.5	1.1	0.28	2.4	3.6	2.4
21308 CC	21308 CCK		90	23	85.0	96.2	3600	4500	0.743	49	81	1.5	54.0	75.1	—	1.5	0.26	2.6	3.8	2.5
21308 TN1	21308 KTN1		90	23	91.2	99.0	3600	4500	0.717	49	81	1.5	53.5	75.6	—	1.5	0.26	2.6	3.8	2.5
22308	22308 K		90	33	73.5	90.5	4000	5000	1.03	49	81	1.5	—	—	—	1.5	0.42	1.6	2.4	1.6
22308 C/W33	22308 CK/W33		90	33	120	138	4300	5300	1.0	49	81	1.5	51.2	74.1	5.5	1.5	0.38	1.8	2.6	1.7
22308 CC/W33	22308 CCK/W33		90	33	120	138	4500	6000	1.02	49	81	1.5	51.4	74.3	5.5	1.5	0.38	1.8	2.7	1.8
22308 TN1/W33	22308 KTN1/W33		90	33	130	148	4500	6000	1.02	48	81	1.5	50.9	74.8	5.5	1.5	0.38	1.8	2.7	1.8
22209	22209 K	45	85	23	52.2	73.2	4000	5000	0.59	52	78	1	58.1	71.7	—	1.1	0.30	2.3	3.4	2.2
22209 C/W33	22209 CK/W33		85	23	82.0	97.5	4500	5600	0.58	52	78	1	56.6	73.5	5.5	1.1	0.27	2.5	3.8	2.5
22209 CC/W33	22209 CCK/W33		85	23	80.5	95.2	4500	6000	0.571	52	78	1	54.6	73.6	5.5	1.1	0.26	2.6	3.8	2.5
22209 TN1/W33	22209 KTN1/W33		85	23	92.5	102	4500	6000	0.555	52	78	1	53.6	74.7	5.5	1.1	0.26	2.6	3.8	2.5
21309 CC	21309 CCK		100	25	100	115	3200	4000	1.0	54	91	1.5	61.4	84.4	—	1.5	0.25	2.7	4.0	2.6
21309 TN1	21309 KTN1		100	25	108	120	3200	4000	0.949	54	91	1.5	60.4	84.4	—	1.5	0.25	2.7	4.0	2.6
22309	22309 K		100	36	108	140	3600	4500	1.4	54	91	1.5	—	—	—	1.5	0.41	1.6	2.4	1.6
22309 C/W33	22309 CK/W33		100	36	142	170	3800	4800	1.38	54	91	1.5	57.3	82	5.5	1.5	0.38	1.8	2.6	1.7
22309 CC/W33	22309 CCK/W33		100	36	142	170	4000	5300	1.37	54	91	1.5	57.6	82.2	5.5	1.5	0.37	1.8	2.7	1.8
22309 TN1/W33	22309 KTN1/W33		100	36	160	185	4000	5300	1.39	54	91	1.5	57.6	83.3	5.5	1.5	0.37	1.8	2.7	1.8
22210	22210 K	50	90	23	52.2	73.2	3800	4800	0.87	57	83	1	63.1	76.9	—	1.1	0.30	2.4	3.6	2.4
22210 C/W33	22210 CK/W33		90	23	84.5	105	4000	5000	0.62	57	83	1	61.6	78.7	5.5	1.1	0.24	2.8	4.1	2.7
22210 CC/W33	22210 CCK/W33		90	23	83.8	102	4300	5300	0.614	57	83	1	59.7	78.8	5.5	1.1	0.24	2.8	4.1	2.7

续表

轴承型号		基本尺寸/mm			基本额定载荷/kN		极限转速/r·min⁻¹		质量/kg	安装尺寸/mm			其他尺寸/mm				计算系数			
圆柱孔	圆锥孔	d	D	B	C_r	C_{0r}	脂	油	W ≈	d_a min	D_a max	r_a max	d_2 ≈	D_2 ≈	B_0	r min	e	Y_1	Y_2	Y_0
22210 TN1/W33	22210 KTN1/W33	50	90	23	96.5	110	4300	5300	0.596	57	83	1	58.7	79.8	5.5	1.1	0.24	2.8	4.1	2.7
21310 CC	21310 CCK		110	27	120	140	2800	3800	1.3	60	100	2	66.7	91.7	—	2	0.25	2.7	4.0	2.6
21310 TN1	21310 KTN1		110	27	125	140	2800	3800	1.22	60	100	2	67.3	93.3	—	2	0.25	2.7	4.1	2.7
22310	22310 K		110	40	128	170	3400	4300	1.9	60	100	2	66.5	90.9	—	2	0.41	1.6	2.4	1.6
22310 C/W33	22310 CK/W33		110	40	175	210	3400	4300	1.85	60	100	2	63.2	92.1	5.5	2	0.37	1.8	2.7	1.8
22310 CC/W33	22310 CCK/W33		110	40	178	212	3800	4800	1.79	60	100	2	63.4	91.9	5.5	2	0.37	1.8	2.7	1.8
22310 TN1/W33	22310 KTN1/W33		110	40	192	228	3800	4800	1.84	60	100	2	64.1	92.7	5.5	2	0.37	1.8	2.8	1.8
22211	22211 K	55	100	25	60	87.2	3400	4300	—	64	91	1.5	69.6	85	—	1.5	0.28	2.5	3.7	2.4
22211 C/W33	22211 CK/W33		100	25	102	125	3600	4500	0.84	64	91	1.5	68	87.9	5.5	1.5	0.24	2.8	4.1	2.7
22211 CC/W33	22211 CCK/W33		100	25	102	125	3800	5000	0.847	64	91	1.5	66	88	5.5	1.5	0.24	2.8	4.2	2.8
22211 TN1/W33	22211 KTN1/W33		100	25	118	140	3800	5000	0.823	63	91	1.5	65.5	88.5	5.5	1.5	0.24	2.8	4.2	2.8
21311 CC	21311 CCK		120	29	142	170	2600	3400	1.65	65	110	2	72.6	100.5	—	2	0.25	2.7	4.1	2.7
21311 TN1	21311 KTN1		120	29	145	165	2600	3400	1.57	65	110	2	74.1	102.1	—	2	0.24	2.8	4.2	2.7
22311	22311 K		120	43	155	198	3000	3800	2.4	65	110	2	—	—	—	2	0.39	1.7	2.6	1.7
22311 C/W33	22311 CK/W33		120	43	208	250	3000	3800	2.35	65	110	2	68.9	100.5	5.5	2	0.37	1.8	2.7	1.8
22311 CC/W33	22311 CCK/W33		120	43	210	252	3400	4300	2.31	65	110	2	69.2	100.5	5.5	2	0.36	1.9	2.8	1.8
22311 TN1/W33	22311 KTN1/W33		120	43	225	262	3400	4300	2.32	65	110	2	68.8	101.2	5.5	2	0.36	1.9	2.8	1.8
22212	22212 K	60	110	28	81.8	122	3200	4000	1.22	69	101	1.5	75.7	93.5	—	1.5	0.28	2.4	3.6	2.4
22212 C/W33	22212 CK/W33		110	28	122	155	3200	4000	1.2	69	101	1.5	75	96.4	5.5	1.5	0.24	2.8	4.1	2.7
22212 CC/W33	22212 CCK/W33		110	28	122	155	3600	4500	1.15	69	101	1.5	72.7	96.5	5.5	1.5	0.24	2.8	4.1	2.7
22212 TN1/W33	22212 KTN1/W33		110	28	150	185	3600	4500	1.14	69	101	1.5	72.7	98.6	5.5	1.5	0.24	2.8	4.2	2.7
21312 CC	21312 CCK		130	31	162	195	2400	3200	2.08	72	118	2.1	79.5	109.3	—	2.1	0.24	2.8	4.2	2.7
21312 TN1	21312 KTN1		130	31	170	195	2400	3200	1.96	72	118	2.1	80	110.8	—	2.1	0.24	2.8	4.2	2.8
22312	22312 K		130	46	168	225	2800	3600	3.0	72	118	2.1	79	107.9	—	2.1	0.40	1.7	2.5	1.6
22312 C/W33	22312 CK/W33		130	46	238	285	2800	3600	2.95	72	118	2.1	74.7	108.8	5.5	2.1	0.37	1.8	2.7	1.8
22312 CC/W33	22312 CCK/W33		130	46	242	292	3200	4000	2.88	72	118	2.1	74.9	109	5.5	2.1	0.36	1.9	2.8	1.8
22312 TN1/W33	22312 KTN1/W33		130	46	262	312	3200	4000	2.96	72	118	2.1	75.5	109.6	5.5	2.1	0.36	1.9	2.8	1.9
22213	22213 K	65	120	31	88.5	128	2800	3600	1.63	74	111	1.5	83	102.3	—	1.5	0.28	2.4	3.6	2.4
22213 C/W33	22213 CK/W33		120	31	150	195	2800	3600	1.6	74	111	1.5	81	103.9	5.5	1.5	0.25	2.7	4.0	2.6
22213 CC/W33	22213 CCK/W33		120	31	150	195	3200	4000	1.54	74	111	1.5	78.4	104	5.5	1.5	0.25	2.7	4.0	2.6

续表

轴承型号		基本尺寸/mm			基本额定载荷/kN		极限转速/r·min^{-1}		质量/kg	安装尺寸/mm			其他尺寸/mm				计算系数			
圆柱孔	圆锥孔	d	D	B	C_r	C_{0r}	脂	油	W ≈	d_a min	D_a max	r_a max	d_2 ≈	D_2 ≈	B_0	r min	e	Y_1	Y_2	Y_0
22213 TN1/W33	22213 KTN1/W33	65	120	31	172	212	3200	4000	1.53	74	111	1.5	77.4	105	5.5	1.5	0.25	2.7	4.0	2.6
21313 CC	21313 CCK		140	33	182	228	2200	3000	2.57	77	128	2.1	87.4	118.1	—	2.1	0.24	2.9	4.3	2.8
21313 TN1	21313 KTN1		140	33	198	235	2200	3000	2.45	77	128	2.1	86.4	119.1	—	2.1	0.24	2.9	4.3	2.8
22313	22313 K		140	48	188	252	2400	3200	3.6	77	128	2.1	—	—	—	2.1	0.39	1.7	2.6	1.7
22313 C/W33	22313 CK/W33		140	48	260	315	2400	3200	3.55	77	128	2.1	81.4	117.3	5.5	2.1	0.35	1.9	2.9	1.9
22313 CC/W33	22313 CCK/W333		140	48	265	320	3000	3800	3.47	77	128	2.1	81.5	117.4	5.5	2.1	0.35	1.9	2.9	1.9
22313 TN1/W33	22313 KTN1/W33		140	48	295	355	3000	3800	3.57	77	128	2.1	81.5	118.5	5.5	2.1	0.35	2.0	2.9	1.9
22214	22214 K	70	125	31	95	142	2600	3400	1.66	79	116	1.5	87.4	106	—	1.5	0.27	2.4	3.7	2.4
22214 C/W33	22214 CK/W33		125	31	158	205	2600	3400	1.7	79	116	1.5	85.8	109.5	5.5	1.5	0.23	2.9	4.3	2.8
22214 CC/W33	22214 CCK/W33		125	31	150	195	3000	3800	1.6	79	116	1.5	84.1	109.7	5.5	1.5	0.24	2.9	4.3	2.8
22214 TN1/W33	22214 KTN1/W33		125	31	180	225	3000	3800	1.6	79	116	1.5	83	110.6	5.5	1.5	0.24	2.9	4.3	2.8
21314 CC	21314 CCK		150	35	212	268	2000	2800	3.11	82	138	2.1	94.3	127.9	—	2.1	0.23	2.9	4.3	2.8
21314 TN1	21314 KTN1		150	35	220	265	2000	2800	2.97	82	138	2.1	92.8	127.4	—	2.1	0.23	2.9	4.3	2.8
22314	22314 K		150	51	230	315	2200	3000	4.4	82	138	2.1	92	126.6	—	2.1	0.37	1.8	2.7	1.8
22314 C/W33	22314 CK/W33		150	51	292	362	2200	3000	4.4	82	138	2.1	88.1	125.9	8.3	2.1	0.35	1.9	2.9	1.9
22314 CC/W33	22314 CCK/W33		150	51	312	395	2800	3400	4.34	82	138	2.1	88.2	125.9	8.3	2.1	0.34	2.0	2.9	1.9
22314 TN1/W33	22314 KTN1/W33		150	51	332	405	2800	3400	4.35	82	138	2.1	87.7	126.5	8.3	2.1	0.34	2.0	2.9	1.9
22215	22215 K	75	130	31	95	142	2400	3200	1.75	84	121	1.5	94	113.3	—	1.5	0.26	2.6	3.9	2.6
22215 C/W33	22215 CK/W33		130	31	162	215	2400	3200	1.8	84	121	1.5	90.5	114.7	5.5	1.5	0.22	3.0	4.5	2.9
22215 CC/W33	22215 CCK/W33		130	31	162	215	3000	3800	1.69	84	121	1.5	88.2	114.8	5.5	1.5	0.22	3.0	4.5	2.9
22215 TN1/W33	22215 KTN1/W33		130	31	180	232	3000	3800	1.67	84	121	1.5	87.7	115.4	5.5	1.5	0.22	3.0	4.5	2.9
21315 CC	21315 CCK		160	37	238	302	1900	2600	3.76	87	148	2.1	102.2	137.7	—	2.1	0.23	3.0	4.4	2.9
21315 TN1	21315 KTN1		160	37	252	310	1900	2600	3.63	87	148	2.1	99.5	136	—	2.1	0.23	2.9	4.3	2.9
22315	22315 K		160	55	262	388	2000	2800	5.4	87	148	2.1	—	—	—	2.1	0.36	1.7	2.6	1.7
22315 C/W33	22315 CK/W33		160	55	342	438	2000	2800	5.25	87	148	2.1	94.5	133.6	8.3	2.1	0.35	1.9	2.9	1.9
22315 CC/W33	22315 CCK/W33		160	55	348	448	2600	3200	5.28	87	148	2.1	94.5	133.8	8.3	2.1	0.35	2.0	2.9	1.9
22315 TN1/W33	22315 KTN1/W33		160	55	380	470	2600	3200	5.33	87	148	2.1	93.7	135.1	8.3	2.1	0.35	2.0	2.9	1.9
22216	22216 K	80	140	33	115	180	2200	3000	2.2	90	130	2	99	120.7	—	2	0.25	2.7	4.0	2.6
22216 C/W33	22216 CK/W33		140	33	175	238	2200	3000	2.2	90	130	2	97.6	120.7	5.5	2	0.22	3.0	4.5	2.9
22216 CC/W33	22216 CCK/W33		140	33	175	235	2800	3400	2.13	90	130	2	95.1	122.8	5.5	2	0.22	3.0	4.5	3.0

续表

轴承型号		基本尺寸/mm			基本额定载荷/kN		极限转速/r·min^{-1}		质量/kg	安装尺寸/mm			其他尺寸/mm				计算系数			
圆柱孔	圆锥孔	d	D	B	C_r	C_{0r}	脂	油	W ≈	d_a min	D_a max	r_a max	d_2 ≈	D_2 ≈	B_0	r min	e	Y_1	Y_2	Y_0
22216 TN1/W33	22216 KTN1/W33	80	140	33	212	275	2800	3400	2.09	90	130	2	93.5	124.2	5.5	2	0.22	3.0	4.5	3.0
21316 CC	21316 CCK		170	39	260	332	1800	2400	4.47	92	158	2.1	107	144.4	—	2.1	0.23	3.0	4.4	2.9
21316 TN1	21316 KTN1		170	39	280	350	1800	2400	4.33	92	158	2.1	105	143.4	—	2.1	0.23	2.9	4.3	2.9
22316	22316 K		170	58	288	405	1900	2600	6.4	92	158	2.1	105	143.7	—	2.1	0.37	1.8	2.7	1.8
22316 C/W33	22316 CK/W33		170	58	385	498	1900	2600	6.39	92	158	2.1	100.4	142.5	8.3	2.1	0.35	1.9	2.9	1.9
22316 CC/W33	22316 CCK/W33		170	58	392	508	2400	3000	6.32	92	158	2.1	100.4	142.5	8.3	2.1	0.34	2.0	2.9	1.9
22316 TN1/W33	22316 KTN1/W33		170	58	412	515	2400	3000	6.27	92	158	2.1	100.4	143.6	8.3	2.1	0.34	2.0	2.9	1.9
22217	22217 K	85	150	36	145	228	2000	2800	2.8	95	140	2	105	129.5	—	2	0.26	2.6	3.9	2.5
22217 C/W33	22217 CK/W33		150	36	210	278	2000	2800	2.7	95	140	2	103.4	132.1	8.3	2	0.22	3.0	4.4	2.9
22217 CC/W33	22217 CCK/W33		150	36	212	282	2600	3200	2.67	95	140	2	100.6	132.2	8.3	2	0.23	3.0	4.4	2.9
22217 TN1/W33	22217 KTN1/W33		150	36	262	340	2600	3200	2.64	95	140	2	101.3	135.9	8.3	2	0.22	3.0	4.5	2.9
21317 CC	21317 CCK		180	41	298	385	1700	2200	5.23	99	166	2.5	112.9	153.3	—	3	0.23	3.0	4.4	2.9
21317 TN1	21317 KTN1		180	41	310	390	1700	2200	5.07	99	166	2.5	111.9	152.3	—	3	0.23	3.0	4.4	2.9
22317	22317 K		180	60	308	440	1800	2400	7.4	99	166	2.5	—	—	—	3	0.37	1.8	2.7	1.8
22317 C/W33	22317 CK/W33		180	60	420	540	1800	2400	7.25	99	166	2.5	106.3	151.4	8.3	3	0.34	1.9	3.0	2.0
22317 CC/W33	22317 CCK/W33		180	60	430	555	2200	2800	7.27	99	166	2.5	106.3	151.6	8.3	3	0.34	2.0	3.0	2.0
22317 TN1/W33	22317 KTN1/W33		180	60	460	572	2200	2800	7.27	99	166	2.5	105.3	152.6	8.3	3	0.34	2.0	3.0	2.0
22218	22218 K	90	160	40	168	272	1900	2600	4.0	100	150	2	112	138.3	—	2	0.27	2.5	3.8	2.5
22218 C/W33	22218 CK/W33		160	40	240	322	1900	2600	3.28	100	150	2	111	141	8.3	2	0.23	2.9	4.4	2.8
22218 CC/W33	22218 CCK/W33		160	40	250	338	2400	3000	3.38	100	150	2	107.8	141	8.3	2	0.24	2.9	4.3	2.8
22218 TN1/W33	22218 KTN1/W33		160	40	280	378	2400	3000	3.35	100	150	2	107.8	142.1	8.3	2	0.24	2.9	4.3	2.8
23218 C/W33	23218 CK/W33		160	52.4	325	478	1700	2200	4.6	100	150	2	105.5	137	5.5	2	0.31	2.1	3.2	2.1
23218 CC/W33	23218 CCK/W33		160	52.4	330	482	1800	2400	4.4	100	150	2	105.5	137.2	5.5	2	0.31	2.2	3.2	2.1
21318 CC	21318 CCK		190	43	320	420	1600	2200	6.17	104	176	2.5	119.7	161	—	3	0.23	3.0	4.5	2.9
21318 TN1	21318 KTN1		190	43	330	420	1600	2200	5.88	104	176	2.5	119.7	161	—	3	0.23	3.0	4.5	2.9
22318	22318		190	64	365	542	1700	2200	8.8	104	176	2.5	118	159.2	—	3	0.37	1.8	2.7	1.8
22318 C/W33	22318 CK/W33		190	64	475	622	1800	2400	8.6	104	176	2.5	112.7	159.5	8.3	3	0.34	2.0	2.9	2.0
22318 CC/W33	22318 CCK/W33		190	64	482	640	2200	2600	8.63	104	176	2.5	112.8	159.7	8.3	3	0.34	2.0	3.0	2.0
22318 TN1/W33	22318 KTN1/W33		190	64	518	660	2200	2600	8.72	104	176	2.5	111.8	160.8	8.3	3	0.34	2.0	3.0	2.0

续表

轴承型号		基本尺寸/mm			基本额定载荷/kN		极限转速/r·min^{-1}		质量/kg	安装尺寸/mm			其他尺寸/mm				计算系数			
圆柱孔	圆锥孔	d	D	B	C_r	C_{0r}	脂	油	W ≈	d_a min	D_a max	r_a max	d_2 ≈	D_2 ≈	B_0	r min	e	Y_1	Y_2	Y_0
22219	22219 K	95	170	43	212	322	1800	2400	4.2	107	158	2.1	119	148.4	—	2.1	0.27	2.5	3.7	2.4
22219 C/W33	22219 CK/W33		170	43	278	380	1900	2600	4.1	107	158	2.1	117	148.4	8.3	2.1	0.24	2.9	4.4	2.7
22219 CC/W33	22219 CCK/W33		170	43	282	390	2200	2800	4.2	107	158	2.1	113.5	148.5	8.3	2.1	0.24	2.8	4.2	2.7
22219 TN1/W33	22219 KTN1/W33		170	43	310	420	2200	2800	4.1	107	158	2.1	113.5	149.6	8.3	2.1	0.24	2.8	4.2	2.7
21319 CC	21319 CCK		200	45	355	485	1700	2200	7.15	109	186	2.5	129.7	171.9	—	3	0.22	3.1	4.6	3.0
21319 TN1	21319 KTN1		200	45	365	482	1700	2200	6.9	109	186	2.5	127.6	169.8	—	3	0.22	3.0	4.5	3.0
22319	22319 K		200	67	385	570	1600	2000	10.3	109	186	2.5	—	—	—	3	0.38	1.8	2.7	1.8
22319 C/W33	22319 CK/W33		200	67	520	688	1700	2200	10.1	109	186	2.5	118.5	168	8.3	3	0.34	2.0	3.0	2.0
22319 CC/W33	22319 CCK/W33		200	67	530	705	2000	2600	9.97	109	186	2.5	118.5	168.2	8.3	3	0.34	2.0	3.0	2.0
22319 TN1/W33	22319 KTN1/W33		200	67	568	728	2000	2600	10.1	109	186	2.5	117.5	169.2	8.3	3	0.34	2.0	3.0	2.0
23120 C/W33	23120 CK/W33	100	165	52	320	505	1600	2000	5	110	155	2	115.4	144.1	5.5	2	0.30	2.3	3.4	2.2
23120 CC/W33	23120 CCK/W33		165	52	322	510	1700	2200	4.31	110	155	2	115.5	144.3	5.5	2	0.29	2.3	3.5	2.3
22220	22220 K		180	46	222	358	1700	2200	5	112	168	2.1	125	156.1	—	2.1	0.27	2.5	3.7	2.4
22220 C/W33	22220 CK/W33		180	46	310	425	1800	2400	5	112	168	2.1	124	158	8.3	2.1	0.23	2.9	4.3	2.8
22220 CC/W33	22220 CCK/W33		180	46	315	435	2200	2600	5.01	112	168	2.1	120.3	158.1	8.3	2.1	0.24	2.8	4.1	2.7
22220 TN1/W33	22220 KTN1/W33		180	46	368	492	2200	2600	4.97	112	168	2.1	119.3	159.1	8.3	2.1	0.24	2.8	4.1	2.7
23220 C/W33	23220 CK/W33		180	60.3	415	618	1600	2000	6.7	112	168	2.1	118.5	154.4	5.5	2.1	0.33	2.0	3.0	2.0
23220 CC/W33	23220 CCK/W33		180	60.3	420	630	1600	2200	6.52	112	168	2.1	118.6	154.5	5.5	2.1	0.32	2.1	3.2	2.1
21320 CC	21320 CCK		215	47	385	530	1600	2000	8.81	114	201	2.5	136.6	180.6	—	3	0.22	3.1	4.6	3.0
21320 TN1	21320 KTN1		215	47	425	575	1600	2000	8.63	114	201	2.5	136.6	181.7	—	3	0.22	3.1	4.6	3.0
22320	22320 K		215	73	450	668	1400	1800	13	114	201	2.5	135	181.5	—	3	0.37	1.8	2.7	1.8
22320 C/W33	22320 CK/W33		215	73	608	815	1400	1800	13.4	114	201	2.5	126.5	179.6	11.1	3	0.35	1.9	2.9	1.9
22320 CC/W33	22320 CCK/W33		215	73	618	832	1900	2400	12.8	114	201	2.5	126.7	179.8	11.1	3	0.34	2.0	2.9	1.9
22320 TN1/W33	22320 KTN1/W33		215	73	658	855	1900	2400	13	114	201	2.5	125.7	180.9	11.1	3	0.34	2.0	2.9	1.9
23121	23121 K	105	175	56	242	480	1400	1800	6.64	119	161	2.5	—	—	—	3	0.32	2.1	3.1	2.1
21321 CC	21321 CCK		225	49	408	558	1500	1900	10.0	119	211	2.5	140.4	186.3	—	3	0.22	3.1	4.5	3.0
21321 TN1	21321 KTN1		225	49	445	605	1500	1900	9.75	119	211	2.5	143.4	190.4	—	3	0.22	3.1	4.6	3.0
23022	23022 K	110	170	45	195	410	1400	1800	3.9	120	160	2	—	—	—	2	0.26	2.6	3.9	2.6
23022 C/W33	23022 CK/W33		170	45	270	448	1400	1800	3.9	120	160	2	125.4	152	5.5	2	0.24	2.8	4.2	2.8
23022 CC/W33	—		170	45	272	452	2000	2400	3.68	120	160	2	125.4	152.1	5.5	2	0.24	2.8	4.2	2.8

续表

轴承型号		基本尺寸/mm			基本额定载荷/kN		极限转速/r·min⁻¹		质量/kg	安装尺寸/mm			其他尺寸/mm				计算系数			
圆柱孔	圆锥孔	d	D	B	C_r	C_{0r}	脂	油	W ≈	d_a min	D_a max	r_a max	d_2 ≈	D_2 ≈	B_0	r min	e	Y_1	Y_2	Y_0
23122	23122 K	110	180	56	262	475	1300	1700	3.1	120	170	2	—	—	—	2	0.32	2.1	3.1	2.1
23122 C/W33	23122 CK/W33		180	56	375	595	1300	1700	6.25	120	170	2	126.3	157.8	5.5	2	0.29	2.3	3.4	2.3
23122 CC/W33	23122 CCK/W33		180	56	378	602	1600	2000	5.51	120	170	2	126.4	157.9	5.5	2	0.29	2.4	3.5	2.3
24122 CC/W33	24122 CCK30/W33		180	69	458	775	1600	2000	6.63	120	170	2	124.9	154.2	5.5	2	0.35	1.9	2.8	1.9
22222	22222 K		200	53	288	465	1500	1900	7.4	122	188	2.1	138	173.4	—	2.1	0.28	2.4	3.6	2.3
22222 C/W33	22222 CK/W33		200	53	405	575	1700	2200	7.2	122	188	2.1	137	173.6	8.3	2.1	0.25	2.7	4.0	2.6
22222 CC/W33	22222 CCK/W33		200	53	410	588	1900	2400	7.32	122	188	2.1	132.5	173.7	8.3	2.1	0.25	2.7	4.0	2.6
22222 TN1/W33	22222 KTN1/W33		200	53	450	635	1900	2400	7.25	122	188	2.1	132.5	174.8	8.3	2.1	0.25	2.7	4.0	2.6
23222 C/W33	23222 CK/W33		200	69.8	515	785	1400	1800	9.7	122	188	2.1	130.1	169	5.5	2.1	0.33	2.0	3.0	2.0
23222 CC/W33	23222 CCK/W33		200	69.8	520	800	1500	1900	9.46	122	188	2.1	130.2	169.1	5.5	2.1	0.34	2.0	3.0	2.0
21322 CC	21322 CCK		240	50	460	635	1400	1800	11.8	124	226	2.5	150.5	200.5	—	3	0.21	3.2	4.8	3.1
21322 TN1	21322 KTN1		240	50	512	695	1400	1800	11.7	124	226	2.5	150.5	201.5	—	3	0.21	3.2	4.8	3.1
22322	22322 K		240	80	545	832	1200	1600	18.1	124	226	2.5	149	201.1	—	3	0.37	1.9	2.7	1.8
22322 C/W33	22322 CK/W33		240	80	695	935	1500	1900	18	124	226	2.5	140.9	199.4	13.9	3	0.34	2.0	2.9	1.9
22322 CC/W33	22322 CCK/W33		240	80	715	968	1700	2200	17.5	124	226	2.5	141	199.6	13.9	3	0.34	2.0	3.0	2.0
22322 TN1/W33	22322 KTN1/W33		240	80	795	1058	1700	2200	18.2	124	226	2.5	140	200.7	13.9	3	0.34	2.0	3.0	2.0
23024	23024 K	120	180	46	212	470	1200	1600	4.3	130	170	2	—	—	—	2	0.25	2.7	4.0	2.6
23024 C/W33	23024 CK/W33		180	46	295	495	1400	1800	—	130	170	2	134.5	162.1	5.5	2	0.22	3.0	4.6	2.8
23024 CC/W33	23024 CCK/W33		180	46	300	500	1800	2200	3.98	130	170	2	133.5	162.2	5.5	2	0.23	2.9	4.4	2.9
24024 CC/W33	24024 CCK30/W33		180	60	380	675	1500	2000	5.05	130	170	2	133.1	159.9	5.5	2	0.30	2.3	3.4	2.2
23124	23124 K		200	62	290	572	1100	1500	7.63	130	190	2	139.1	175	—	2	0.32	2.1	3.1	2.0
23124 C/W33	23124 CK/W33		200	62	450	715	1300	1700	—	130	190	2	139.1	175	5.5	2	0.28	2.4	3.6	2.5
23124 CC/W33	23124 CCK/W33		200	62	450	722	1400	1800	7.67	130	190	2	140.1	175.1	5.5	2	0.29	2.4	3.5	2.3
24124 CC/W33	24124 CCK30/W33		200	80	575	998	1400	1800	9.65	130	190	2	138.2	170.2	5.5	2	0.37	1.8	2.7	1.8
22224	22224 K		215	58	342	565	1300	1700	9.2	132	203	2.1	149	187.7	—	2.1	0.29	2.4	3.5	2.3
22224 C/W33	22224 CK/W33		215	58	470	678	1600	2000	8.9	132	203	2.1	148	187.9	11.1	2.1	0.24	2.8	4.1	2.7
22224 CC/W33	22224 CCK/W33		215	58	480	690	1700	2200	9.0	132	203	2.1	143	187.9	11.1	2.1	0.26	2.6	3.9	2.6
22224 TN1/W33	22224 KTN1/W33		215	58	542	765	1700	2200	9.1	132	203	2.1	142	189	11.1	2.1	0.26	2.6	3.9	2.6
23224 C/W33	23224 CK/W33		215	76	602	940	1300	1700	12	132	203	2.1	141	182.5	8.3	2.1	0.35	1.9	2.9	1.9
23224 CC/W33	23224 CCK/W33		215	76	610	955	1300	1700	11.7	132	203	2.1	141.5	182.7	8.3	2.1	0.34	2.0	3.0	2.0
22324	22324 K		260	86	645	992	1100	1500	22	134	246	2.5	162	218.4	—	3	0.37	1.9	2.7	1.8

续表

轴承型号		基本尺寸/mm			基本额定载荷/kN		极限转速/r·min^{-1}		质量/kg	安装尺寸/mm			其他尺寸/mm				计算系数			
圆柱孔	圆锥孔	d	D	B	C_r	C_{0r}	脂	油	W ≈	d_a min	D_a max	r_a max	d_2 ≈	D_2 ≈	B_0	r min	e	Y_1	Y_2	Y_0
22324 C/W33	22324 CK/W33	120	260	86	822	1120	1300	1700	22	134	246	2.5	152	216.5	13.9	3	0.34	2.0	2.9	1.9
22324 CC/W33	22324 CCK/W33		260	86	845	1160	1500	1900	22.2	134	246	2.5	152.4	216.6	13.9	3	0.34	2.0	3.0	2.0
22324 TN1/W33	22324 KTN1/W33		260	86	910	1230	1500	1900	22.9	134	246	2.5	152.4	216.6	13.9	3	0.34	2.0	3.0	2.0
23026	23026 K	130	200	52	270	608	1100	1500	6.2	140	190	2	—	—	—	2	0.26	2.6	3.8	2.5
23026 C/W33	23026 CK/W33		200	52	372	625	1200	1600	—	140	190	2	148.5	180.3	5.5	2	0.23	2.9	4.4	2.8
23026 CC/W33	23026 CCK/W33		200	52	375	630	1700	2000	5.85	140	190	2	148.1	180.5	5.5	2	0.23	2.9	4.3	2.8
24026 CC/W33	24026 CCK30/W33		200	69	472	852	1400	1800	7.55	140	190	2	145.9	175.8	5.5	2	0.31	2.2	3.2	2.1
23126 C/W33	23126 CK/W33		210	64	478	788	1300	1700	—	140	200	2	148	183.8	8.3	2	0.28	2.4	3.6	2.5
23126 CC/W33	23126 CCK/W33		210	64	482	802	1300	1700	8.49	140	200	2	148	183.9	8.3	2	0.28	2.4	3.6	2.4
24126 CC/W33	24126 CCK30/W33		210	80	585	1030	1300	1700	10.3	140	200	2	147.7	181.1	8.3	2	0.35	1.9	2.9	1.9
22226	22226 K		230	64	408	708	1200	1600	11.2	144	216	2.5	161	201	—	3	0.29	2.3	3.4	2.3
22226 C/W33	22226 CK/W33		230	64	550	810	1400	1800	11.2	144	216	2.5	159	200.7	11.1	3	0.26	2.6	3.9	2.5
22226 CC/W33	22226 CCK/W33		230	64	562	832	1600	2000	11.2	144	216	2.5	153.3	200.9	11.1	3	0.26	2.6	3.8	2.5
22226 TN1/W33	22226 KTN1/W33		230	64	630	912	1600	2000	11.3	144	216	2.5	152.3	201.9	11.1	3	0.26	2.6	3.8	2.5
23226 C/W33	23226 CK/W33		230	80	668	1060	1200	1600	14	144	216	2.5	152.1	196.2	8.3	3	0.33	2.0	3.0	2.0
23226 CC/W33	23226 CCK/W33		230	80	678	1080	1200	1600	13.8	144	216	2.5	152.2	196.4	8.3	3	0.33	2.0	3.0	2.0
22326	22326 K		280	93	722	1140	950	1300	29	148	262	3	176	234.3	—	4	0.39	1.7	2.6	1.7
22326 C/W33	22326 CK/W33		280	93	942	1300	1200	1600	28.5	148	262	3	164	233.2	16.7	4	0.34	1.9	2.9	1.9
22326 CC/W33	22326 CCK/W33		280	93	965	1340	1400	1800	27.5	148	262	3	164.6	233.5	16.7	4	0.34	2.0	3.0	2.0
22326 TN1/W33	22326 KTN1/W33		280	93	1050	1440	1400	1800	28.6	148	262	3	164.6	233.5	16.7	4	0.34	2.0	3.0	2.0
23028	23028 K	140	210	53	285	635	950	1300	6.7	150	200	2	—	—	—	2	0.25	2.7	4.0	2.6
23028 C/W33	23028 CK/W33		210	53	402	698	1100	1500	—	150	200	2	158.2	190.2	8.3	2	0.22	3.0	4.6	2.8
23028 CC/W33	23028 CCK/W33		210	53	395	680	1600	1900	6.31	150	200	2	158	190.4	8.3	2	0.22	3.0	4.5	2.9
24028 CC/W33	24028 CCK30/W33		210	69	488	895	1300	1700	8.01	150	200	2	156.3	186.4	5.5	2	0.29	2.3	3.4	2.3
23128	23128 K		225	68	398	605	950	1300	10.9	152	213	2.1	—	—	—	2.1	0.29	2.3	3.4	2.3
23128 C/W33	23128 CK/W33		225	68	545	925	1100	1500	—	152	213	2.1	159.7	197.2	8.3	2.1	0.28	2.4	3.6	2.5
23128 CC/W33	23128 CCK/W33		225	68	538	905	1200	1600	10.2	152	213	2.1	159.7	197.4	8.3	2.1	0.28	2.4	3.6	2.4
24128 CC/W33	24128 CCK30/W33		225	85	670	1200	1200	1600	12.5	152	213	2.1	158.2	193.1	8.3	2.1	0.35	1.9	2.9	1.9
22228	22228 K		250	68	478	805	1000	1400	14.5	154	236	2.5	175	219.7	—	3	0.29	2.3	3.5	2.3
22228 C/W33	22228 CK/W33		250	68	628	930	1300	1700	14.5	154	236	2.5	173	218.3	11.1	3	0.25	2.7	3.9	2.5

续表

轴承型号		基本尺寸/mm			基本额定载荷/kN		极限转速/r·min^{-1}		质量/kg	安装尺寸/mm			其他尺寸/mm				计算系数			
圆柱孔	圆锥孔	d	D	B	C_r	C_{0r}	脂	油	W ≈	d_a min	D_a max	r_a max	d_2 ≈	D_2 ≈	B_0	r min	e	Y_1	Y_2	Y_0
22228 CC/W33	22228 CCK/W33	140	250	68	640	955	1400	1700	14.2	154	236	2.5	167.1	218.5	11.1	3	0.26	2.6	3.9	2.6
22228 TN1/W33	22228 KTN1/W33		250	68	725	1060	1400	1700	14.4	154	236	2.5	166.1	219.5	11.1	3	0.26	2.6	3.9	2.6
23228 C/W33	23228 CK/W33		250	88	802	1280	1000	1400	18.5	154	236	2.5	163.6	212.4	11.1	3	0.35	1.9	2.9	1.9
23228 CC/W33	23228 CCK/W33		250	88	812	1300	1100	1500	18.1	154	236	2.5	164.2	212.6	11.1	3	0.34	2.0	3.0	2.0
22328	22328 K		300	102	825	1340	900	1200	36	158	282	3	184.5	246.6	—	4	0.38	1.8	2.6	1.7
22328 C/W33	22328 CK/W33		300	102	1110	1570	1100	1500	34.5	158	282	3	177.2	250.1	16.7	4	0.34	1.9	2.9	1.9
22328 CC/W33	22328 CCK/W33		300	102	1130	1610	1300	1700	34.6	158	282	3	177.4	250.3	16.7	4	0.34	2.0	2.9	1.9
22328 TN1/W33	22328 KTN1/W33		300	102	1230	1720	1300	1700	36.2	158	282	3	176.3	250.3	16.7	4	0.34	2.0	2.9	1.9
23030	23030 K	150	225	56	328	768	900	1200	8.14	162	213	2.1	—	—	—	2.1	0.25	2.7	4.0	2.5
23030 C/W33	23030 CK/W33		225	56	438	762	1100	1400	—	162	213	2.1	168.8	202.9	8.3	2.1	0.22	3.0	4.6	2.8
23030 CC/W33	23030 CCK/W33		225	56	432	750	1400	1800	7.74	162	213	2.1	168.8	203	8.3	2.1	0.22	3.0	4.5	3.0
24030 CC/W33	24030 CCK30/W33		225	75	570	1070	1200	1500	10.1	162	213	2.1	167.6	199.2	5.5	2.1	0.30	2.3	3.4	2.2
23130	23130 K		250	80	512	1080	850	1100	16.1	162	238	2.1	—	—	—	2.1	0.33	2.0	3.0	2.0
23130 C/W33	23130 CK/W33		250	80	725	1230	1000	1300	—	162	238	2.1	173.1	216.3	11.1	2.1	0.30	2.3	3.4	2.2
23130 CC/W33	23130 CCK/W33		250	80	738	1250	1100	1400	15.7	162	238	2.1	173	216.5	11.1	2.1	0.30	2.3	3.4	2.2
24130 CC/W33	24130 CCK30/W33		250	100	890	1600	1100	1400	19.0	162	238	2.1	171.7	211.6	8.3	2.1	0.37	1.8	2.7	1.8
22230	22230 K		270	73	508	875	950	1300	18.5	164	256	2.5	188	236.2	—	3	0.29	2.3	3.5	2.3
22230 C/W33	22230 CK/W33		270	73	738	1100	1200	1600	18.6	164	256	2.5	185	234.7	13.9	3	0.26	2.6	3.9	2.5
22230 CC/W33	22230 CCK/W33		270	73	750	1130	1300	1600	18	164	256	2.5	178.7	234.7	13.9	3	0.26	2.6	3.9	2.6
22230 TN1/W33	22230 KTN1/W33		270	73	835	1230	1300	1600	18.4	164	256	2.5	178.7	236.8	13.9	3	0.26	2.6	3.9	2.6
23230 C/W33	23230 CK/W33		270	96	935	1520	950	1300	24	164	256	2.5	176.6	228.5	11.1	3	0.35	1.9	2.9	1.9
23230 CC/W33	23230 CCK/W33		270	96	948	1540	1100	1400	23.2	164	256	2.5	177.1	228.8	11.1	3	0.34	2.0	3.0	1.9
22330	22330 K		320	108	1020	1740	850	1100	43	168	302	3	198	269.2	—	4	0.36	1.9	2.8	1.8
22330 CC/W33	22330 CCK/W33		320	108	1270	1850	1200	1500	42	168	302	3	189.8	266.3	16.7	4	0.34	2.0	3.0	1.9
22330 TN1/W33	22330 KTN1/W33		320	108	1370	1970	1200	1500	43.6	168	302	3	190.8	267.3	16.7	4	0.34	2.0	3.0	1.9
23032	23032 K	160	240	60	368	825	850	1100	10	172	228	2.1	—	—	—	2.1	0.25	2.7	4.0	2.6
23032 C/W33	23032 CK/W33		240	60	500	875	1000	1300	—	172	228	2.1	179.5	216.3	11.1	2.1	0.22	3.0	4.6	2.8
23032 CC/W33	23032 CCK/W33		240	60	508	890	1300	1700	9.43	172	228	2.1	179.5	216.4	11.1	2.1	0.22	3.0	4.5	3.0
24032 CC/W33	24032 CCK30/W33		240	80	652	1230	1100	1400	12.2	172	228	2.1	178.1	212.2	8.3	2.1	0.30	2.3	3.4	2.2

续表

轴承型号		基本尺寸/mm			基本额定载荷/kN		极限转速/r·min^{-1}		质量/kg	安装尺寸/mm			其他尺寸/mm				计算系数			
圆柱孔	圆锥孔	d	D	B	C_r	C_{0r}	脂	油	W ≈	d_a min	D_a max	r_a max	d_2 ≈	D_2 ≈	B_0	r min	e	Y_1	Y_2	Y_0
23132	23132 K	160	270	86	520	1110	800	1000	19.7	172	258	2.1	—	—	—	2.1	0.34	2.0	2.9	2.0
23132 C/W33	23132 CK/W33		270	86	845	1420	900	1200	—	172	258	2.1	185.4	234.4	13.9	2.1	0.30	2.3	3.4	2.2
23132 CC/W33	23132 CCK/W33		270	86	845	1440	1000	1300	19.8	172	258	2.1	186.5	234.5	13.9	2.1	0.30	2.3	3.4	2.2
24132 CC/W33	24132 CCK30/W33		270	109	1040	1880	1000	1300	24.4	172	258	2.1	184.4	228.4	8.3	2.1	0.37	1.8	2.7	1.8
22232	22232 K		290	80	642	1140	900	1200	22.2	174	276	2.5	200	252.2	—	3	0.30	2.3	3.4	2.2
22232 C/W33	22232 CK/W33		290	80	825	1250	1000	1400	23.1	174	276	2.5	199	251.2	13.9	3	0.26	2.6	3.9	2.5
22232 CC/W33	22232 CCK/W33		290	80	848	1290	1200	1500	22.9	174	276	2.5	191.9	251.4	13.9	3	0.26	2.6	3.8	2.5
22232 TN1/W33	22232 KTN1/W33		290	80	952	1430	1200	1500	23.4	174	276	2.5	190.9	252.4	13.9	3	0.26	2.6	3.8	2.5
23232 C/W33	23232 CK/W33		290	104	1080	1760	900	1200	30	174	276	2.5	189	244.9	13.9	3	0.35	1.9	2.9	1.9
23232 CC/W33	23232 CCK/W33		290	104	1090	1780	1100	1400	29.4	174	276	2.5	189.1	244.9	13.9	3	0.34	2.0	2.9	1.9
22332	22332 K		340	114	1040	1770	800	1000	51	178	322	3	213	279.4	—	4	0.38	1.8	2.7	1.8
23034	23034 K	170	260	67	445	1010	800	1000	13	182	248	2.1	—	—	—	2.1	0.26	2.6	3.8	2.5
23034 C/W33	23034 CK/W33		260	67	608	1080	900	1200	—	182	248	2.1	192.8	233	11.1	2.1	0.23	2.9	4.4	2.8
23034 CC/W33	23034 CCK/W33		260	67	615	1100	1200	1600	12.8	182	248	2.1	192.8	233.2	11.1	2.1	0.23	2.9	4.3	2.9
24034 CC/W33	24034 CCK30/W33		260	90	792	1520	1000	1300	16.7	182	248	2.1	190.7	227.7	8.3	2.1	0.31	2.2	3.2	2.1
23134 C/W33	23134 CK/W33		280	88	885	1520	850	1100	—	182	268	2.1	195.5	244.3	13.9	2.1	0.30	2.3	3.4	2.2
23134 CC/W33	23134 CCK/W33		280	88	900	1550	1000	1300	21.1	182	268	2.1	195.5	244.4	13.9	2.1	0.29	2.3	3.5	2.3
24134 CC/W33	24134 CCK30/W33		280	109	1070	1930	1000	1300	25.5	182	268	2.1	192.9	238.2	8.3	2.1	0.36	1.9	2.8	1.8
22234	22234 K		310	86	720	1300	850	1100	29	188	292	3	212	267.5	—	4	0.30	2.3	3.4	2.2
22234 CC/W33	22234 CCK/W33		310	86	975	1500	1100	1400	28.1	188	292	3	205.4	269.6	16.7	4	0.26	2.6	3.8	2.5
22234 TN1/W33	22234 KTN1/W33		310	86	1090	1660	1100	1400	28.9	188	292	3	204.4	270.7	16.7	4	0.26	2.6	3.8	2.5
23234 CC/W33	23234 CCK/W33		310	110	1200	2030	900	1200	35.7	188	292	3	205.7	264.4	13.9	4	0.34	2.0	3.0	2.0
22334	22334 K		360	120	1150	2060	750	950	60	188	342	3	227.4	319	—	4	0.39	1.7	2.6	1.7
23036	23036 K	180	280	74	540	1230	750	950	17.6	192	268	2.1	—	—	—	2.1	0.26	2.6	3.8	2.5
23036 C/W33	23036 CK/W33		280	74	710	1260	800	1000	—	192	268	2.1	205	249.8	13.9	2.1	0.24	2.8	4.2	2.8
23036 CC/W33	23036 CCK/W33		280	74	718	1310	1200	1400	16.9	192	268	2.1	206.1	248.9	13.9	2.1	0.24	2.8	4.2	2.8
24036 CC/W33	24036 CCK30/W33		280	100	928	1820	950	1200	22.1	192	268	2.1	204.3	243.1	8.3	2.1	0.32	2.1	3.1	2.1
23136	23136 K		300	96	695	1480	750	900	27.1	194	286	2.5	—	—	—	3	0.32	2.1	3.1	2.1
23136 C/W33	23136 CK/W33		300	96	1030	1800	800	1000	—	194	286	2.5	208.6	260.7	13.9	3	0.30	2.3	3.4	2.2

第7篇

续表

轴承型号		基本尺寸/mm			基本额定载荷/kN		极限转速/r·min^{-1}		质量/kg	安装尺寸/mm			其他尺寸/mm				计算系数			
圆柱孔	圆锥孔	d	D	B	C_r	C_{0r}	脂	油	W ≈	d_a min	D_a max	r_a max	d_2 ≈	D_2 ≈	B_0	r min	e	Y_1	Y_2	Y_0
23136 CC/W33	23136 CCK/W33	180	300	96	1050	1830	900	1200	26.9	194	286	2.5	208.6	260.9	13.9	3	0.30	2.3	3.4	2.2
24136 CC/W33	24136 CCK30/W33		300	118	1210	2220	900	1200	32.0	194	286	2.5	207.8	256.4	11.1	3	0.36	1.9	2.8	1.8
22236	22236 K		320	86	735	1370	800	1000	30.0	198	302	3	222	276.9	—	4	0.29	2.3	3.5	2.3
22236 CC/W3	22236 CCK/W33		320	86	1010	1590	1100	1300	29.4	198	302	3	215.7	280.1	16.7	4	0.25	2.7	3.9	2.6
22236 TN1/W33	22236 KTN1/W33		320	86	1140	1760	1100	1300	30.2	198	302	3	214.7	281.1	16.7	4	0.25	2.7	3.9	2.6
23236 CC/W33	23236 CCK/W33		320	112	1280	2170	850	1100	37.9	198	302	3	213.7	274.3	13.9	4	0.33	2.0	3.0	2.0
22336	22336 K		380	126	1260	2270	700	900	70	198	362	3	240.8	336.5	—	4	0.38	1.8	2.6	1.7
23038	23038 K	190	290	75	555	1230	700	900	20	202	278	2.1	—	—	—	2.1	0.25	2.7	4.0	2.6
23038 C/W33	23038 CK/W33		290	75	745	1350	800	1000	—	202	278	2.1	215.2	260	13.9	2.1	0.23	2.9	4.4	2.8
23038 CC/W33	23038 CCK/W33		290	75	755	1380	1100	1400	17.7	202	278	2.1	215.2	260	13.9	2.1	0.23	2.9	4.3	2.8
24038 CC/W33	24038 CCK30/W33		290	100	975	1910	900	1200	23.0	202	278	2.1	213.7	254.9	8.3	2.1	0.31	2.2	3.3	2.1
23138	23138K		320	104	788	1830	670	850	35.3	204	306	2.5	—	—	—	3	0.33	2.0	3.0	2.0
23138 CC/W33	23138 CCK/W33		320	104	1200	2120	850	1100	33.6	204	306	2.5	222.6	279.2	13.9	3	0.30	2.2	3.3	2.2
24138 CC/W33	24138 CCK30/W33		320	128	1410	2590	850	1100	40.2	204	306	2.5	219.3	271.6	11.1	3	0.37	1.8	2.7	1.8
22238	22238 K		340	92	818	1510	750	950	35.3	208	322	3	238	295	—	4	0.29	2.3	3.5	2.3
23238 CC/W33	23238 CCK/W33		340	120	1450	2490	800	1100	46.1	208	322	3	227.7	291.6	16.7	4	0.33	2.0	3.0	2.0
22338	22338 K		400	132	1390	2530	670	850	81	212	378	4	255	328.4	—	5	0.36	1.8	2.7	1.8
23040	23040 K	200	310	82	580	1310	670	850	24	212	298	2.1	—	—	—	3.1	0.25	2.7	4.0	2.6
23040 CC/W33	23040 CCK/W33		310	82	890	1650	1000	1300	22.7	212	298	2.1	228.5	276.7	13.9	2.1	0.24	2.8	4.2	2.8
24040 CC/W33	24040 CCK30/W33		310	109	1120	2220	850	1100	29.3	212	298	2.1	226.5	270.8	11.1	2.1	0.32	2.1	3.2	2.1
23140	23140 K		340	112	910	2010	630	800	50.7	214	326	2.5	—	—	—	3	0.34	2.0	3.0	2.0
23140 CC/W33	23140 CCK/W33		340	112	1380	2460	800	1000	41.6	214	326	2.5	235.6	295.5	16.7	3	0.31	2.2	3.3	2.2
24140 CC/W33	24140 CCK30/W33		340	140	1580	2950	800	1000	49.9	214	326	2.5	231.2	285.8	11.1	3	0.38	1.8	2.6	1.7
22240	22240 K		360	98	920	1740	700	900	47.7	218	342	3	251	311.4	—	4	0.29	2.3	3.4	2.3
23240 CC/W33	23240 CCK/W33		360	128	1610	2790	750	1000	55.4	218	342	3	240.7	307.8	16.7	4	0.34	2.0	3.0	2.0
22340	22340 K		420	138	1490	2720	630	800	94	222	398	4	267.4	371.3	—	5	0.38	1.8	2.7	1.7
23044	23044 K	220	340	90	760	1810	600	750	28.8	234	326	2.5	—	—	—	3	0.25	2.7	4.0	2.6
23044 CC/W33	23044 CCK/W33		340	90	1060	1990	950	1200	29.7	234	326	2.5	252.9	305.8	13.9	3	0.24	2.9	4.3	2.8
24044 CC/W33	24044 CCK30/W33		340	118	1330	2680	750	1000	38.1	234	326	2.5	248.7	297.5	11.1	3	0.31	2.2	3.2	2.1

续表

轴承型号		基本尺寸/mm			基本额定载荷/kN		极限转速/r·min^{-1}		质量/kg	安装尺寸/mm			其他尺寸/mm				计算系数			
圆柱孔	圆锥孔	d	D	B	C_r	C_{0r}	脂	油	W ≈	d_a min	D_a max	r_a max	d_2 ≈	D_2 ≈	B_0	r min	e	Y_1	Y_2	Y_0
23144	23144 K	220	370	120	1030	2350	600	750	55	238	352	3	—	—	—	4	0.34	2.0	3.0	2.0
23144 CC/W33	23144 CCK/W33		370	120	1570	2820	700	950	51.5	238	352	3	258	323.7	16.7	4	0.30	2.3	3.4	2.2
24144 CC/W33	24144 CCK30/W33		370	150	1850	3490	700	950	62.3	238	352	3	253.3	313.5	11.1	4	0.38	1.8	2.7	1.8
22244	22244 K		400	108	1170	2220	630	800	61.5	238	382	3	274	344.4	—	4	0.29	2.3	3.4	2.2
23244 CC/W33	23244 CCK/W33		400	144	2070	3620	670	900	78.5	238	382	3	263.6	340.2	16.7	4	0.34	2.0	2.9	1.9
22344	22344 K		460	145	1690	3200	560	700	120	242	438	4	295.2	406.1	—	5	0.35	1.9	2.8	1.9
23048	23048 K	240	360	92	792	2060	530	670	35.5	254	346	2.5	—	—	—	3	0.25	2.7	4.1	2.7
23048 CC/W33	23048 CCK/W33		360	92	1130	2160	850	1100	32.4	254	346	2.5	271	325	13.9	3	0.23	3.0	4.4	2.9
24048 CC/W33	24048 CCK30/W33		360	118	1400	2850	700	950	40.8	254	346	2.5	267.5	317.8	11.1	3	0.29	2.3	3.4	2.3
23148	23148 K		400	128	1200	2830	500	630	55.5	258	382	3	—	—	—	4	0.32	2.1	3.1	2.1
23148 CC/W33	23148 CCK/W33		400	128	1790	3220	670	850	63.7	258	382	3	278.4	350.6	16.7	4	0.30	2.3	3.4	2.2
24148 CC/W33	24178 CCK30/W33		400	160	2100	3980	670	850	76.9	258	382	3	274.4	340.9	11.1	4	0.37	1.8	2.7	1.8
23248 CC/W33	23248 CCK/W33		440	160	2490	4490	630	800	107.3	258	422	3	289.6	372.5	22.3	4	0.35	2.0	2.9	1.9
22348	22348 K		500	155	1730	3250	500	630	153	262	478	4	322.2	440.9	—	5	0.35	1.9	2.8	1.9
23052	23052 K	260	400	104	1000	2450	500	630	51.5	278	382	3	—	—	—	4	0.26	2.6	3.8	2.5
23052 CC/W33	23052 CCK/W33		400	104	1420	2770	800	950	47.7	278	382	3	297.9	358.1	16.7	4	0.23	2.9	4.3	2.8
24052 CC/W33	24052 CCK30/W33		400	140	1790	3740	630	850	62.4	278	382	3	293.3	348.2	11.1	4	0.31	2.1	3.2	2.1
23152	23152 K		440	144	1430	3320	450	560	95.3	278	422	3	—	—	—	4	0.34	2.0	2.9	1.9
23152 CC/W33	23152 CCK/W33		440	144	2210	4070	600	800	88.2	278	422	3	306.5	385.2	16.7	4	0.30	2.2	3.3	2.2
24152 CC/W33	24152 CCK30/W33		440	180	2660	5180	600	800	107.6	278	422	3	300.4	372.4	13.9	4	0.38	1.8	2.7	1.7
22352	22352 K		540	165	2200	4190	480	600	191	288	512	5	351	446.5	—	6	0.34	2.0	2.9	1.9
23056	23056 K	280	420	106	1080	2680	450	560	62	298	402	3	—	—	—	4	0.25	2.7	4.0	2.6
23056 CC/W33	23056 CCK/W33		420	106	1540	3000	700	900	50.9	298	402	3	315	379.4	16.7	4	0.22	3.0	4.5	2.9
24056 CC/W33	24056 CCK30/W33		420	140	1910	3980	600	800	65.8	298	402	3	310	369.6	11.1	4	0.30	2.3	3.4	2.2
23156	23156 K		460	146	1590	3630	430	530	103	302	438	4	—	—	—	5	0.33	2.0	3.0	2.0
23156 CC/W33	23156 CCK/W33		460	146	2310	4290	560	750	94.1	302	438	4	324.8	406.1	16.7	5	0.29	2.3	3.5	2.3
24156 CC/W33	24156 CCK30/W33		460	180	2730	5330	560	750	113.2	302	438	4	318.4	393.8	13.9	5	0.36	1.9	2.8	1.8
22256	22256 K		500	130	1690	3380	500	630	—	302	478	4	355	431.1	—	5	0.28	2.4	3.6	2.4
22356	22356 K		580	175	2420	4650	450	560	238	308	552	5	—	—	—	6	0.34	2.0	3.0	1.9

续表

轴承型号		基本尺寸/mm			基本额定载荷/kN		极限转速/r·min^{-1}		质量/kg	安装尺寸/mm			其他尺寸/mm				计算系数			
圆柱孔	圆锥孔	d	D	B	C_r	C_{0r}	脂	油	W ≈	d_a min	D_a max	r_a max	d_2 ≈	D_2 ≈	B_0	r min	e	Y_1	Y_2	Y_0
23060	23060 K	300	460	118	1260	3070	430	530	75.2	318	442	3	—	—	—	4	0.26	2.6	3.9	2.6
23060 CC/W33	23060 CCK/W33		460	118	1860	3690	670	850	71.4	318	442	3	344	414.4	16.7	4	0.23	3.0	4.4	2.9
24060 CC/W33	24060 CCK30/W33		460	160	2360	5010	530	700	94.1	318	442	3	337	401.6	13.9	4	0.31	2.2	3.2	2.1
23160	23160 K		500	160	1940	4420	400	500	133	322	478	4	—	—	—	5	0.32	2.1	3.1	2.0
22260	22260 K		540	140	1840	3450	450	560	134	322	518	4	378	464.2	—	5	0.28	2.4	3.6	2.4
23064	23064 K	320	480	121	1380	3260	400	500	81.5	338	462	3	—	—	—	4	0.26	2.6	3.8	2.5
23068	23068 K	340	520	133	1580	3810	380	480	109	362	498	4	—	—	—	5	0.25	2.7	4.0	2.6
23072	23072 K	360	540	134	1710	4180	360	450	114	382	518	4	—	—	—	5	0.25	2.7	4.0	2.6
23076	23072 K	380	560	135	1710	4240	340	430	120	402	538	4	—	—	—	5	0.24	2.8	4.1	2.7
23176	23176 K		620	194	2620	6240	300	380	244	402	598	4	—	—	—	5	0.24	2.0	3.0	2.0
23080	23080 K	400	600	148	2060	5110	300	380	154	422	578	4	—	—	—	5	0.25	2.6	3.8	2.5
22380	22380 K		820	243	4530	9290	240	320	644	436	784	6	—	—	—	7.5	0.33	2.1	3.1	2.0
23084	23084 K	420	620	150	2060	5110	280	360	160	442	598	4	—	—	—	5	0.24	2.8	4.3	2.8
23088	23088 K	440	650	157	2170	5740	260	340	192	468	622	5	—	—	—	6	0.24	2.8	4.2	2.8
23092	23092 K	460	680	163	2460	6670	220	300	232	488	652	5	—	—	—	6	0.23	2.9	4.4	2.9
23192	23192 K		760	240	3920	9190	190	260	479	496	724	6	—	—	—	7.5	0.33	2.0	3.0	2.0
23096	23096 K	480	700	165	2500	6440	200	280	232	508	672	5	—	—	—	6	0.24	2.8	4.2	2.8
230/500	230/500 K	500	720	167	2700	7180	190	260	235	528	692	5	—	—	—	6	0.23	3.0	4.4	2.9
230/530	230/530 K	530	780	185	3180	8310	170	220	304	558	752	5	—	—	—	6	0.23	2.9	4.3	2.8
230/560	230/560 K	560	820	195	3490	9950	160	200	364	588	792	5	—	—	—	6	0.23	2.9	4.3	2.8
230/600	230/600 K	600	870	200	3760	10400	130	170	417	628	842	5	—	—	—	6	0.22	3.0	4.5	2.9
230/630	230/630 K	630	920	212	4170	11500	120	160	511	666	884	6	—	—	—	7.5	0.23	3.0	4.4	2.9
230/850	230/850 K	850	1220	272	7760	22200	75	95	1388	886	1184	6	—	—	—	7.5	0.28	2.4	3.5	2.3

表 7-5-21 带紧定套调心滚子轴承（GB/T 288—2013）

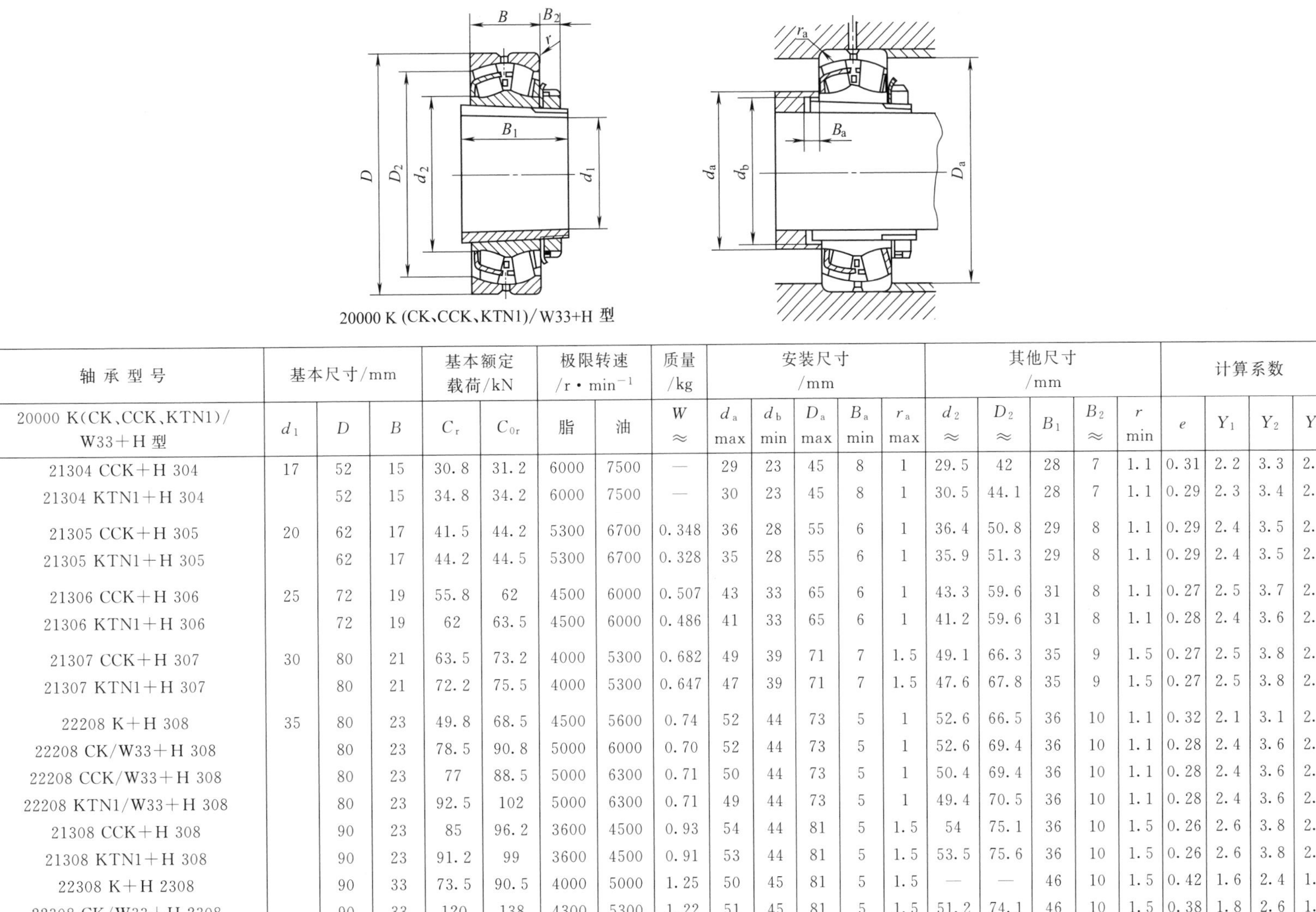

20000 K (CK、CCK、KTN1)/W33+H 型

轴承型号	基本尺寸/mm			基本额定载荷/kN		极限转速/r·min^{-1}		质量/kg	安装尺寸/mm					其他尺寸/mm					计算系数			
20000 K(CK、CCK、KTN1)/W33+H 型	d_1	D	B	C_r	C_{0r}	脂	油	W ≈	d_a max	d_b min	D_a max	B_a min	r_a max	d_2 ≈	D_2 ≈	B_1	B_2 ≈	r min	e	Y_1	Y_2	Y_0
21304 CCK+H 304	17	52	15	30.8	31.2	6000	7500	—	29	23	45	8	1	29.5	42	28	7	1.1	0.31	2.2	3.3	2.2
21304 KTN1+H 304		52	15	34.8	34.2	6000	7500	—	30	23	45	8	1	30.5	44.1	28	7	1.1	0.29	2.3	3.4	2.2
21305 CCK+H 305	20	62	17	41.5	44.2	5300	6700	0.348	36	28	55	6	1	36.4	50.8	29	8	1.1	0.29	2.4	3.5	2.3
21305 KTN1+H 305		62	17	44.2	44.5	5300	6700	0.328	35	28	55	6	1	35.9	51.3	29	8	1.1	0.29	2.4	3.5	2.3
21306 CCK+H 306	25	72	19	55.8	62	4500	6000	0.507	43	33	65	6	1	43.3	59.6	31	8	1.1	0.27	2.5	3.7	2.4
21306 KTN1+H 306		72	19	62	63.5	4500	6000	0.486	41	33	65	6	1	41.2	59.6	31	8	1.1	0.28	2.4	3.6	2.4
21307 CCK+H 307	30	80	21	63.5	73.2	4000	5300	0.682	49	39	71	7	1.5	49.1	66.3	35	9	1.5	0.27	2.5	3.8	2.5
21307 KTN1+H 307		80	21	72.2	75.5	4000	5300	0.647	47	39	71	7	1.5	47.6	67.8	35	9	1.5	0.27	2.5	3.8	2.5
22208 K+H 308	35	80	23	49.8	68.5	4500	5600	0.74	52	44	73	5	1	52.6	66.5	36	10	1.1	0.32	2.1	3.1	2.1
22208 CK/W33+H 308		80	23	78.5	90.8	5000	6000	0.70	52	44	73	5	1	52.6	69.4	36	10	1.1	0.28	2.4	3.6	2.3
22208 CCK/W33+H 308		80	23	77	88.5	5000	6300	0.71	50	44	73	5	1	50.4	69.4	36	10	1.1	0.28	2.4	3.6	2.4
22208 KTN1/W33+H 308		80	23	92.5	102	5000	6300	0.71	49	44	73	5	1	49.4	70.5	36	10	1.1	0.28	2.4	3.6	2.4
21308 CCK+H 308		90	23	85	96.2	3600	4500	0.93	54	44	81	5	1.5	54	75.1	36	10	1.5	0.26	2.6	3.8	2.5
21308 KTN1+H 308		90	23	91.2	99	3600	4500	0.91	53	44	81	5	1.5	53.5	75.6	36	10	1.5	0.26	2.6	3.8	2.5
22308 K+H 2308		90	33	73.5	90.5	4000	5000	1.25	50	45	81	5	1.5	—	—	46	10	1.5	0.42	1.6	2.4	1.6
22308 CK/W33+H 2308		90	33	120	138	4300	5300	1.22	51	45	81	5	1.5	51.2	74.1	46	10	1.5	0.38	1.8	2.6	1.7

第7篇

续表

轴承型号	基本尺寸/mm			基本额定载荷/kN		极限转速/r·min^{-1}		质量/kg	安装尺寸/mm					其他尺寸/mm					计算系数			
20000 K(CK、CCK、KTN1)/W33+H 型	d_1	D	B	C_r	C_{0r}	脂	油	W ≈	d_a max	d_b min	D_a max	B_a min	r_a max	d_2 ≈	D_2 ≈	B_1	B_2 ≈	r min	e	Y_1	Y_2	Y_0
22308 CCK/W33+H 2308	35	90	33	120	138	4500	6000	1.24	51	45	81	5	1.5	51.4	74.3	46	10	1.5	0.38	1.8	2.7	1.8
22308 KTN1/W33+H 2308		90	33	130	148	4500	6000	1.24	50	45	81	5	1.5	50.9	74.8	46	10	1.5	0.38	1.8	2.7	1.8
22209 K+H 309	40	85	23	52.2	73.2	4000	5000	0.84	58	50	78	7	1	58.1	71.7	39	11	1.1	0.30	2.3	3.4	2.2
22209 CK/W33+H 309		85	23	82.0	97.5	4500	5600	0.8	56	50	78	7	1	56.6	73.5	39	11	1.1	0.27	2.5	3.8	2.5
22209 CCK/W33+H 309		85	23	80.5	95.2	4500	6000	0.79	54	50	78	7	1	54.6	73.6	39	11	1.1	0.26	2.6	3.8	2.5
22209 KTN1/W33+H 309		85	23	92.5	102	4500	6000	0.78	53	50	78	7	1	53.6	74.7	39	11	1.1	0.26	2.6	3.8	2.5
21309 CCK+H 309		100	25	100	115	3200	4000	1.22	61	50	91	5	1.5	61.4	84.4	39	11	1.5	0.25	2.7	4.0	2.6
21309 KTN1+H 309		100	25	108	120	3200	4000	1.17	60	50	91	5	1.5	60.4	84.4	39	11	1.5	0.25	2.7	4.0	2.6
22309 K+H 2309		100	36	108	140	3600	4500	1.68	57	51	91	5	1.5	—	—	50	11	1.5	0.41	1.6	2.4	1.6
22309 CK/W33+H 2309		100	36	142	170	3800	4800	1.63	57	51	91	5	1.5	57.3	82	50	11	1.5	0.38	1.8	2.6	1.7
22309 CCK/W33+H 2309		100	36	142	170	4000	5300	1.65	57	51	91	5	1.5	57.6	82.2	50	11	1.5	0.37	1.8	2.7	1.8
22309 KTN1/W33+H 2309		100	36	160	185	4000	5300	1.67	57	51	91	5	1.5	57.6	83.3	50	11	1.5	0.37	1.8	2.7	1.8
22210 K+H 310	45	90	23	52.2	73.2	3800	4800	1.17	63	55	83	9	1	63.1	76.9	42	12	1.1	0.30	2.4	3.6	2.4
22210 CK/W33+H 310		90	23	84.5	105	4000	5000	0.89	61	55	83	9	1	61.6	78.7	42	12	1.1	0.24	2.8	4.1	2.7
22210 CCK/W33+H 310		90	23	85	102	4300	5300	0.914	59	55	83	9	1	59.7	78.8	42	12	1.1	0.24	2.8	4.1	2.7
22210 KTN1/W33+H 310		90	23	96.5	110	4300	5300	0.896	58	55	83	9	1	58.7	79.8	42	12	1.1	0.24	2.8	4.1	2.7
21310 CCK+H 310		110	27	120	140	2800	3800	1.60	66	55	100	5	2	66.7	91.7	42	12	2	0.25	2.7	4.0	2.6
21310 KTN1+H 310		110	27	125	140	2800	3800	1.52	67	55	100	5	2	67.3	93.3	42	12	2	0.25	2.7	4.1	2.7
22310 K+H 2310		110	40	128	170	3400	4300	2.26	66	56	100	5	2	66.5	90.9	55	12	2	0.41	1.6	2.4	1.6
22310 CK/W33+H 2310		110	40	175	210	3400	4300	2.16	63	56	100	5	2	63.2	92.1	55	12	2	0.37	1.8	2.7	1.8
22310 CCK/W33+H 2310		110	40	178	212	3800	4800	2.15	63	56	100	5	2	63.4	91.9	55	12	2	0.37	1.8	2.7	1.8
22310 KTN1/W33+H 2310		110	40	192	228	3800	4800	2.2	64	56	100	5	2	64.1	92.7	55	12	2	0.37	1.8	2.8	1.8
22211 K+H 311	50	100	25	60	87.2	3400	4300	—	69	60	91	10	1.5	69.6	85	45	12	1.5	0.28	2.5	3.7	2.4
22211 CK/W33+H 311		100	25	102	125	3600	4500	1.19	68	60	91	10	1.5	68	87.9	45	12	1.5	0.24	2.8	4.1	2.7
22211 CCK/W33+H311		100	25	102	125	3800	5000	1.20	66	60	91	10	1.5	66	88	45	12	1.5	0.24	2.8	4.2	2.8
22211 KTN1+H 311		100	25	118	140	3800	5000	1.17	65	60	91	10	1.5	65.5	88.5	45	12	1.5	0.24	2.8	4.2	2.8
21311 CCK+H 311		120	29	142	170	2600	3400	2.00	72	60	110	6	2	72.6	100.5	45	12	2	0.25	2.7	4.1	2.7
21311 KTN1+H 311		120	29	145	165	2600	3400	1.92	74	60	110	6	2	74.1	102.1	45	12	2	0.24	2.8	4.2	2.7
22311 K+H 2311		120	43	155	198	3000	3800	2.82	69	61	110	6	2	—	—	59	12	2	0.39	1.7	2.6	1.7
22311 CK/W33+H 2311		120	43	208	250	3000	3800	2.72	68	61	110	6	2	68.9	100.5	59	12	2	0.37	1.8	2.7	1.8

续表

轴承型号	基本尺寸/mm			基本额定载荷/kN		极限转速/r·min^{-1}		质量/kg	安装尺寸/mm					其他尺寸/mm					计算系数			
20000 K(CK、CCK、KTN1)/W33+H 型	d_1	D	B	C_r	C_{0r}	脂	油	W ≈	d_a max	d_b min	D_a max	B_a min	r_a max	d_2 ≈	D_2 ≈	B_1	B_2 ≈	r min	e	Y_1	Y_2	Y_0
22311 CCK/W33+H 2311	50	120	43	210	252	3400	4300	2.73	69	61	110	6	2	69.2	100.5	59	12	2	0.36	1.9	2.8	1.8
22311 KTN1/W33+H 2311		120	43	225	262	3400	4300	2.74	68	61	110	6	2	68.8	101.2	59	12	2	0.36	1.9	2.8	1.8
22212 K+H 312	55	110	28	81.8	122	3200	4000	1.31	75	65	101	9	1.5	75.7	93.5	47	13	1.5	0.28	2.4	3.6	2.4
22212 CK/W33+H 312		110	28	122	155	3200	4000	1.49	75	65	101	9	1.5	75	96.4	47	13	1.5	0.24	2.8	4.1	2.7
22212 CCK/W33+H 312		110	28	122	155	3600	4500	1.24	72	65	101	9	1.5	72.7	96.5	47	13	1.5	0.24	2.8	4.1	2.7
22212 KTN1/W33+H 312		110	28	150	185	3600	4500	1.23	72	65	101	9	1.5	72.7	98.6	47	13	1.5	0.24	2.8	4.2	2.7
21312 CCK+H 312		130	31	162	195	2400	3200	2.17	79	65	118	6	2.1	79.5	109.3	47	13	2.1	0.24	2.8	4.2	2.7
21312 KTN1+H 312		130	31	170	195	2400	3200	2.05	80	65	118	6	2.1	80	110.8	47	13	2.1	0.24	2.8	4.2	2.8
22312 K+H 2312		130	46	168	225	2800	3600	3.48	79	67	118	6	2.1	79	107.9	62	13	2.1	0.40	1.7	2.5	1.6
22312 CK/W33+H 2312		130	46	238	285	2800	3600	3.33	74	67	118	6	2.1	74.7	108.8	62	13	2.1	0.37	1.8	2.7	1.8
22312 CCK/W33+H 2312		130	46	242	292	3200	4000	3.36	74	67	118	6	2.1	74.9	109	62	13	2.1	0.36	1.9	2.8	1.8
22312 KTN1/W33+H 2312		130	46	262	312	3200	4000	3.44	75	67	118	6	2.1	75.5	109.6	62	13	2.1	0.36	1.9	2.8	1.9
22213 K+H 313	60	120	31	88.5	128	2800	3600	2.09	83	70	111	8	1.5	83	102.3	50	14	1.5	0.28	2.4	3.6	2.4
22213 CK/W33+H 313		120	31	150	195	2800	3600	1.91	81	70	111	8	1.5	81	103.9	50	14	1.5	0.25	2.7	4.0	2.6
22213 CCK/W33+H 313		120	31	150	195	3200	4000	2	78	70	111	8	1.5	78.4	104	50	14	1.5	0.25	2.7	4.0	2.6
22213 KTN1/W33+H 313		120	31	172	212	3200	4000	1.99	77	70	111	8	1.5	77.4	105	50	14	1.5	0.25	2.7	4.0	2.6
21313 CCK+H 313		140	33	182	228	2200	3000	3.03	87	70	128	6	2.1	87.4	118.1	50	14	2.1	0.24	2.9	4.3	2.8
21313 KTN1+H 313		140	33	198	235	2200	3000	2.91	86	70	128	6	2.1	86.4	119.1	50	14	2.1	0.24	2.9	4.3	2.8
22313 K+H 2313		140	48	188	252	2400	3200	4.15	79	72	128	5	2.1	—	—	65	14	2.1	0.39	1.7	2.6	1.7
22313 CK/W33+H 2313		140	48	260	315	2400	3200	4.00	81	72	128	5	2.1	81.4	117.3	65	14	2.1	0.35	1.9	2.9	1.9
22313 CCK/W33+H 2313		140	48	265	320	3000	3800	4.02	81	72	128	5	2.1	81.5	117.4	65	14	2.1	0.35	1.9	2.9	1.9
22313 KTN1/W33+H 2313		140	48	295	355	3000	3800	4.12	81	72	128	5	2.1	81.5	118.5	65	14	2.1	0.35	2.0	2.9	1.9
22214 K+H 314		125	31	95	142	2600	3400	1.66	87	76	116	9	1.5	87.4	106	52	14	1.5	0.27	2.4	3.7	2.4
22214 CK/W33+H 314		125	31	158	205	2600	3400	1.7	85	76	116	9	1.5	85.8	109.5	52	14	1.5	0.23	2.9	4.3	2.8
22214 CCK/W33+H 314		125	31	150	195	3000	3800	1.6	84	76	116	9	1.5	84.1	109.7	52	14	1.5	0.24	2.9	4.3	2.8
22214 KTN1/W33+H 314		125	31	180	225	3000	3800	1.6	83	76	116	9	1.5	83	110.6	52	14	1.5	0.24	2.9	4.3	2.8
21314 CCK+H 314		150	35	212	268	2000	2800	3.11	94	76	138	6	2.1	94.3	127.9	52	14	2.1	0.23	2.9	4.3	2.8
21314 KTN1+H 314		150	35	220	265	2000	2800	2.97	92	76	138	6	2.1	92.8	127.4	52	14	2.1	0.23	2.9	4.3	2.8
22314 K+H 2314		150	51	230	315	2200	3000	4.4	92	77	138	6	2.1	92	126.6	68	14	2.1	0.37	1.8	2.7	1.8
22314 CK/W33+H 2314		150	51	292	362	2200	3000	4.4	88	77	138	6	2.1	88.1	125.9	68	14	2.1	0.35	1.9	2.9	1.9

续表

轴承型号	基本尺寸/mm			基本额定载荷/kN		极限转速/r·min^{-1}		质量/kg	安装尺寸/mm					其他尺寸/mm					计算系数			
20000 K(CK、CCK、KTN1)/W33+H 型	d_1	D	B	C_r	C_{0r}	脂	油	W ≈	d_a max	d_b min	D_a max	B_a min	r_a max	d_2 ≈	D_2 ≈	B_1	B_2 ≈	r min	e	Y_1	Y_2	Y_0
22314 CCK/W33+H 2314	60	150	51	312	395	2800	3400	4.34	88	77	138	6	2.1	88.2	125.9	68	14	2.1	0.34	2.0	2.9	1.9
22314 KTN1/W33+H 2314		150	51	332	405	2800	3400	4.35	87	77	138	6	2.1	87.7	126.5	68	14	2.1	0.34	2.0	2.9	1.9
22215 K+H 315	65	130	31	95	142	2400	3200	2.58	94	81	121	12	1.5	94	113.3	55	15	1.5	0.26	2.6	3.9	2.6
22215 CK/W33+H 315		130	31	162	215	2400	3200	2.43	90	81	121	12	1.5	90.5	114.7	55	15	1.5	0.22	3.0	4.5	2.9
22215 CCK/W33+H 315		130	31	162	215	3000	3800	2.52	88	81	121	12	1.5	88.2	114.8	55	15	1.5	0.22	3.0	4.5	2.9
22215 KTN1/W33+H 315		130	31	180	232	3000	3800	2.5	87	81	121	12	1.5	87.7	115.4	55	15	1.5	0.22	3.0	4.5	2.9
21315 CCK+H 315		160	37	238	302	1900	2600	4.59	102	81	148	6	2.1	102.2	137.7	55	15	2.1	0.23	3.0	4.4	2.9
21315 KTN1+H 315		160	37	252	310	1900	2600	4.46	99	81	148	6	2.1	99.5	136	55	15	2.1	0.23	2.9	4.3	2.9
22315 K+H 2315		160	55	262	388	2000	2800	6.45	94	82	148	5	2.1	—	—	73	15	2.1	0.36	1.7	2.6	1.7
22315 CK/W33+H 2315		160	55	342	438	2000	2800	6.20	94	82	148	5	2.1	94.5	133.6	73	15	2.1	0.35	1.9	2.9	1.9
22315 CCK/W33+H 2315		160	55	348	448	2600	3200	6.33	94	82	148	5	2.1	94.5	133.8	73	15	2.1	0.35	2.0	2.9	1.9
22315 KTN1/W33+H 2315		160	55	380	470	2600	3200	6.38	93	82	148	5	2.1	93.7	135.1	73	15	2.1	0.35	2.0	2.9	1.9
22216 K+H 316	70	140	33	115	180	2200	3000	3.20	99	86	130	12	2	99	120.7	59	17	2	0.25	2.7	4.0	2.6
22216 CK/W33+H 316		140	33	175	238	2200	3000	3.00	97	86	130	12	2	97.6	120.7	59	17	2	0.22	3.0	4.5	2.9
22216 CCK/W33 H 316		140	33	175	235	2800	3400	3.13	95	86	130	12	2	95.1	122.8	59	17	2	0.22	2.0	4.5	3.0
22216 KTN1/W33+H 316		140	33	212	275	2800	3400	3.09	93	86	130	12	2	93.5	124.2	59	17	2	0.22	3.0	4.5	3.0
21316 CCK+H 316		170	39	260	332	1800	2400	5.47	107	86	158	6	2.1	107	144.4	59	17	2.1	0.23	3.0	4.4	2.9
21316 KTN1+H 316		170	39	280	350	1800	2400	5.33	105	86	158	6	2.1	105	143.4	59	17	2.1	0.23	2.9	4.3	2.9
22316 K +H 2316		170	58	288	405	1900	2600	7.70	105	88	158	6	2.1	105	143.7	78	17	2.1	0.37	1.8	2.7	1.8
22316 CK/W33+H 2316		170	58	385	498	1900	2600	7.35	100	88	158	6	2.1	100.4	142.5	78	17	2.1	0.35	1.9	2.9	1.9
22316 CCK/W33+H 2316		170	58	392	508	2400	3000	7.62	100	88	158	6	2.1	100.4	142.5	78	17	2.1	0.34	2.0	2.9	1.9
22316 KTN1/W33+H 2316		170	58	412	515	2400	3000	7.57	100	88	158	6	2.1	100.4	143.6	78	17	2.1	0.34	2.0	2.9	1.9
22217 K+H 317	75	150	36	145	228	2000	2800	4.00	105	91	140	12	2	105	129.5	63	18	2	0.26	2.6	3.9	2.5
22217 CK/W33+H 317		150	36	210	278	2000	2800	3.75	103	91	140	12	2	103.4	132.1	63	18	2	0.22	3.0	4.4	2.9
22217 CCK/W33+H 317		150	36	212	282	2600	3200	3.87	100	91	140	12	2	100.6	132.2	63	18	2	0.23	3.0	4.4	2.9
22217 KTN1/W33 H 317		150	36	262	340	2600	3200	3.84	101	91	140	12	2	101.3	135.9	63	18	2	0.22	3.0	4.5	2.9
21317 CCK+H 317		180	41	298	385	1700	2200	6.43	112	91	166	7	2.5	112.9	153.3	63	18	3	0.23	3.0	4.4	2.9
21317 KTN1+H 317		180	41	310	390	1700	2200	6.27	111	91	166	7	2.5	111.9	152.3	63	18	3	0.23	3.0	4.4	2.9
22317 K+H 2317		180	60	308	440	1800	2400	8.70	106	93	166	7	2.5	—	—	82	18	3	0.37	1.8	2.7	1.8
22317 CK/W33+H 2317		180	60	420	540	1800	2400	8.55	106	93	166	7	2.5	106.3	151.4	82	18	3	0.34	1.9	3.0	2.0

续表

轴承型号	基本尺寸/mm			基本额定载荷/kN		极限转速/r·min^{-1}		质量/kg	安装尺寸/mm					其他尺寸/mm					计算系数			
20000 K(CK、CCK、KTN1)/W33+H 型	d_1	D	B	C_r	C_{0r}	脂	油	W ≈	d_a max	d_b min	D_a max	B_a min	r_a max	d_2 ≈	D_2 ≈	B_1	B_2 ≈	r min	e	Y_1	Y_2	Y_0
22317 CCK/W33+H 2317	75	180	60	430	555	2200	2800	8.57	106	93	166	7	2.5	106.3	151.6	82	18	3	0.34	2.0	3.0	2.0
22317 KTN1/W33+H 2317		180	60	460	572	2200	2800	8.57	105	93	166	7	2.5	105.3	152.6	82	18	3	0.34	2.0	3.0	2.0
22218 K+H 318	80	160	40	168	272	1900	2600	5.35	112	96	150	10	2	112	138.3	65	18	2	0.27	2.5	3.8	2.5
22218 CK/W33+H 318		160	40	240	322	1900	2600	4.55	111	96	150	10	2	111	141	65	18	2	0.23	2.9	4.4	2.8
22218 CCK/W33+H 318		160	40	250	338	2400	3000	4.73	107	96	150	10	2	107.8	141	65	18	2	0.24	2.9	4.3	2.8
22218 KTN1/W33+H 318		160	40	280	378	2400	3000	4.7	107	96	150	10	2	107.8	142.1	65	18	2	0.24	2.9	4.3	2.8
23218 CK/W33+H 2318		160	52.4	325	478	1700	2200	6.3	105	99	150	18	2	105.5	137	86	18	2	0.31	2.1	3.2	2.1
23218 CCK/W33+H 2318		160	52.4	330	482	1800	2400	6.1	105	99	150	18	2	105.5	137.2	86	18	2	0.31	2.2	3.2	2.1
21318 CCK+H 318		190	43	320	420	1700	2200	7.52	119	96	176	7	2.5	119.7	161	65	18	3	0.23	3.0	4.5	2.9
21318 KTN1+H 318		190	43	330	420	1700	2200	7.23	119	96	176	7	2.5	119.7	161	65	18	3	0.23	3.0	4.5	2.9
22318 K+H 2318		190	64	365	542	1700	2200	10.5	118	99	176	7	2.5	118	159.2	86	18	3	0.37	1.8	2.7	1.8
22318 CK/W33+H 2318		190	64	475	622	1800	2400	10.1	112	99	176	7	2.5	112.7	159.5	86	18	3	0.34	2.0	2.9	2.0
22318 CCK/W33+H 2318		190	64	482	640	2200	2600	10.3	112	99	176	7	2.5	112.8	159.7	86	18	3	0.34	2.0	3.0	2.0
22318 KTN1/W33+H 2318		190	64	518	660	2200	2600	10.4	111	99	176	7	2.5	111.8	160.8	86	18	3	0.34	2.0	3.0	2.0
22219 K+H 319	85	170	43	212	322	1800	2400	5.75	119	102	158	9	2.1	119	148.4	68	19	2.1	0.27	2.5	3.7	2.4
22219 CK/W33+H 319		170	43	278	380	1900	2600	5.45	117	102	158	9	2.1	117	148.4	68	19	2.1	0.24	2.9	4.4	2.7
22219 CCK/W33+H 319		170	43	282	390	2200	2800	5.75	113	102	158	9	2.1	113.5	148.5	68	19	2.1	0.24	2.8	4.2	2.7
22219 KTN1/W33+H 319		170	43	310	420	2200	2800	5.65	113	102	158	9	2.1	113.5	149.6	68	19	2.1	0.24	2.8	4.2	2.7
21319 CCK+H 319		200	45	355	485	1700	2200	8.7	129	102	186	7	2.5	129.7	171.9	68	19	3	0.22	3.1	4.6	3.0
21319 KTN1+H 319		200	45	365	482	1700	2200	8.45	127	102	186	7	2.5	127.6	169.8	68	19	3	0.22	3.0	4.5	3.0
22319 K+H 2319		200	67	385	570	1600	2000	12.2	118	104	186	7	2.5	—	—	90	19	3	0.38	1.8	2.7	1.8
22319 CK/W33+H 2319		200	67	520	688	1700	2000	11.7	118	104	186	7	2.5	118.5	168	90	19	3	0.34	2.0	3.0	2.0
22319 CCK/W33+H 2319		200	67	530	705	2000	2600	11.9	118	104	186	7	2.5	118.5	168.2	90	19	3	0.34	2.0	3.0	2.0
22319 KTN1/W33+H 2319		200	67	568	728	2000	2600	12	117	104	186	7	2.5	117.5	169.2	90	19	3	0.34	2.0	3.0	2.0
23120 CK/W33+H 3120	90	165	52	320	505	1600	2000	—	115	107	155	7	2	115.4	144.1	76	20	2	0.30	2.3	3.4	2.2
23120 CCK/W33+H 3120		165	52	322	510	1700	2200	—	115	107	155	7	2	115.5	144.3	76	20	2	0.29	2.3	3.5	2.3
22220 K+H 320		180	46	222	358	1700	2200	6.7	125	108	168	8	2.1	125	156.1	71	20	2.1	0.27	2.5	3.7	2.4
22220 CK/W33+H 320		180	46	310	425	1800	2400	6.45	124	108	168	8	2.1	124	158	71	20	2.1	0.23	2.9	4.3	2.8
22220 CCK/W33+H 320		180	46	315	435	2200	2600	6.71	120	108	168	8	2.1	120.3	158.1	71	20	2.1	0.24	2.8	4.1	2.7
22220 KTN1/W33+H 320		180	46	368	492	2200	2600	6.68	119	108	168	8	2.1	119.3	159.1	71	20	2.1	0.24	2.8	4.1	2.7

续表

轴承型号	基本尺寸/mm			基本额定载荷/kN		极限转速/r·min^{-1}		质量/kg	安装尺寸/mm					其他尺寸/mm					计算系数			
20000 K(CK、CCK、KTN1)/W33+H型	d_1	D	B	C_r	C_{0r}	脂	油	W ≈	d_a max	d_b min	D_a max	B_a min	r_a max	d_2 ≈	D_2 ≈	B_1	B_2 ≈	r min	e	Y_1	Y_2	Y_0
23220 CK/W33+H 2320	90	180	60.3	415	618	1600	2000	8.85	118	110	168	19	2.1	118.5	154.4	97	20	2.1	0.33	2.0	3.0	2.0
23220 CCK/W33+H 2320		180	60.3	420	630	1600	2200	8.67	118	110	168	19	2.1	118.6	154.5	97	20	2.1	0.32	2.1	3.2	2.1
21320 CCK+H 320		215	47	385	530	1600	2000	10.5	136	108	201	7	2.5	136.6	180.6	71	20	3	0.22	3.1	4.6	3.0
21320 KTN1+H 320		215	47	425	575	1600	2000	10.33	136	108	201	7	2.5	136.6	181.7	71	20	3	0.22	3.1	4.6	3.0
22320 K+H 2320		215	73	450	668	1400	1800	15.15	135	110	201	7	2.5	135	181.5	97	20	3	0.37	1.8	2.7	1.8
22320 CK/W33+H 2320		215	73	608	815	1400	1800	14.65	126	110	201	7	2.5	126.5	179.6	97	20	3	0.35	1.9	2.9	1.9
22320 CCK/W33+H 2320		215	73	618	832	1900	2400	14.95	126	110	201	7	2.5	126.7	179.8	97	20	3	0.34	2.0	2.9	1.9
22320 KTN1/W33+H 2320		215	73	658	855	1900	2400	15.15	125	110	201	7	2.5	125.7	180.9	97	20	3	0.34	2.0	2.9	1.9
23122 K+H 3122	100	180	56	262	475	1300	1700	5.2	126	117	170	7	2	—	—	81	21	2	0.32	2.1	3.1	2.1
23122 CK/W33+H 3122		180	56	375	595	1300	1700	8.35	126	117	170	7	2	126.3	157.8	81	21	2	0.29	2.3	3.4	2.3
23122 CCK/W33+H 3122		180	56	378	602	1600	2000	7.61	126	117	170	7	2	126.4	157.9	81	21	2	0.29	2.4	3.5	2.3
22222 K+H 322		200	53	288	465	1500	1900	9.60	138	118	188	6	2.1	138	173.4	77	21	2.1	0.28	2.4	3.6	2.3
22222 CK/W33+H 322		200	53	405	575	1700	2200	8.95	137	118	188	6	2.1	137	173.6	77	21	2.1	0.25	2.7	4.0	2.6
22222 CCK/W33+H 322		200	53	410	588	1900	2400	9.52	132	118	188	6	2.1	132.5	173.7	77	21	2.1	0.25	2.7	4.0	2.6
22222 KTN1/W33+H 322		200	53	450	635	1900	2400	9.45	132	118	188	6	2.1	132.5	174.8	77	21	2.1	0.25	2.7	4.0	2.6
23222 CK/W33+H 2322		200	69.8	515	785	1400	1800	12.45	130	121	188	17	2.1	130.1	169	105	21	2.1	0.33	2.0	3.0	2.0
23222 CCK/W33+H 2322		200	69.8	520	800	1500	1900	12.21	130	121	188	17	2.1	130.2	169.1	105	21	2.1	0.34	2.0	3.0	2.0
21322 CCK+H 322		240	50	460	635	1400	1800	14	150	118	226	9	2.5	150.5	200.5	77	21	3	0.21	3.2	4.8	3.1
21322 KTN1+H 322		240	50	512	695	1400	1800	13.9	150	118	226	9	2.5	150.5	201.5	77	21	3	0.21	3.2	4.8	3.1
22322 K+H 2322		240	80	545	832	1200	1600	20.85	149	121	226	7	2.5	149	201.1	105	21	3	0.37	1.9	2.7	1.8
22322 CK/W33+H 2322		240	80	695	935	1500	1900	20.25	140	121	226	7	2.5	140.9	199.4	105	21	3	0.34	2.0	2.9	1.9
22322 CCK/W33+H 2322		240	80	715	968	1700	2200	20.25	140	121	226	7	2.5	140.9	199.6	105	21	3	0.34	2.0	3.0	2.0
22322 KTN1/W33+H 2322		240	80	795	1058	1700	2200	20.95	140	121	226	7	2.5	140	200.7	105	21	3	0.34	2.0	3.0	2.0
23024 K+H 3024	110	180	46	212	470	1200	1600	6.00	133	127	170	7	2	—	—	72	22	2	0.25	2.7	4.0	2.6
23024 CK/W33+H 3024		180	46	295	495	1400	1800	—	134	127	170	7	2	134.5	162.1	72	22	2	0.22	3.0	4.6	2.8
23024 CCK/W33+H 3204		180	46	300	500	1800	2200	5.68	133	127	170	7	2	133.5	162.2	72	22	2	0.23	2.9	4.4	2.9
23124 K+H 3124		200	62	290	572	1100	1500	10.2	139	128	190	7	2	139.1	175	88	22	2	0.32	2.1	3.1	2.0
23124 CK/W33+H 3124		200	62	450	715	1300	1700	—	139	128	190	7	2	139.1	175	88	22	2	0.28	2.4	3.6	2.5
23124 CCK/W33+H 3124		200	62	450	722	1400	1800	10.24	140	128	190	7	2	140.1	175.1	88	22	2	0.29	2.4	3.5	2.3
22224 K+H 3124		215	58	342	565	1300	1700	11.85	149	128	203	11	2.1	149	187.7	88	22	2.1	0.29	2.4	3.5	2.3

续表

轴承型号	基本尺寸/mm			基本额定载荷/kN		极限转速/r·min^{-1}		质量/kg	安装尺寸/mm					其他尺寸/mm					计算系数			
20000 K(CK、CCK、KTN1)/W33+H 型	d_1	D	B	C_r	C_{0r}	脂	油	W ≈	d_a max	d_b min	D_a max	B_a min	r_a max	d_2 ≈	D_2 ≈	B_1	B_2 ≈	r min	e	Y_1	Y_2	Y_0
22224 CK/W33+H 3124	110	215	58	470	678	1600	2000	11.15	148	128	203	11	2.1	148	187.9	88	22	2.1	0.24	2.8	4.1	2.7
22224 CCK/W33+H 3124		215	58	480	690	1700	2200	11.65	143	128	203	11	2.1	143	187.9	88	22	2.1	0.26	2.6	3.9	2.6
22224 KTN1/W33+H 3124		215	58	542	765	1700	2200	11.75	142	128	203	11	2.1	142	189	88	22	2.1	0.26	2.6	3.9	2.6
23224 CK/W33+H 2324		215	76	602	940	1300	1700	15.2	141	131	203	17	2.1	141	182.5	112	22	2.1	0.35	1.9	2.9	1.9
23224 CCK/W33+H 2324		215	76	610	955	1300	1700	14.9	141	131	203	17	2.1	141.5	182.7	112	22	2.1	0.34	2.0	3.0	2.0
22324 K+H 2324		260	86	645	992	1100	1500	25.2	162	131	246	7	2.5	162	218.4	112	22	3	0.37	1.9	2.7	1.8
22324 CK/W33+H 2324		260	86	822	1120	1300	1700	24.7	152	131	246	7	2.5	152	216.5	112	22	3	0.34	2.0	2.9	1.9
22324 CCK/W33+H 2324		260	86	845	1160	1500	1900	25.4	152	131	246	7	2.5	152.4	216.6	112	22	3	0.34	2.0	3.0	2.0
22324 KTN1/W33+H 2324		260	86	910	1230	1500	1900	26.1	152	131	246	7	2.5	152.4	216.6	112	22	3	0.34	2.0	3.0	2.0
23026 K+H 3026	115	200	52	270	608	1100	1500	8.75	148	137	190	8	2	—	—	80	23	2	0.26	2.6	3.8	2.5
23026 CK/W33+H 3026		200	52	372	625	1200	1600	—	148	137	190	8	2	148.5	180.3	80	23	2	0.23	2.9	4.4	2.8
23026 CCK/W33+H 3026		200	52	375	630	1700	2000	8.4	148	137	190	8	2	148.1	180.5	80	23	2	0.23	2.9	4.3	2.8
23126 CK/W33+H 3126		210	64	478	788	1300	1700	—	148	138	200	8	2	148	183.8	92	23	2	0.28	2.4	3.6	2.5
23126 CCK/W33+H 3126		210	64	482	802	1300	1700	11.9	148	138	200	8	2	148	183.9	92	23	2	0.28	2.4	3.6	2.4
22226 K+H 3126		230	64	408	708	1200	1600	14.85	161	138	216	8	2.5	161	201	92	23	3	0.29	2.3	3.4	2.3
22226 CK/W33+H 3126		230	64	550	810	1400	1800	14.15	159	138	216	8	2.5	159	200.7	92	23	3	0.26	2.6	3.9	2.5
22226 CCK/W33+H 3126		230	64	562	832	1600	2000	14.85	153	138	216	8	2.5	153.3	200.9	92	23	3	0.26	2.6	3.8	2.5
22226 KTN1/W33+H 3126		230	64	630	912	1600	2000	14.95	152	138	216	8	2.5	152.3	201.9	92	23	3	0.26	2.6	3.8	2.5
23226 CK/W33+H 2326		230	80	668	1060	1200	1600	18.6	152	142	216	21	2.5	152.1	196.2	121	23	3	0.33	2.0	3.0	2.0
23226 CCK/W33+H 2326		230	80	678	1080	1200	1600	18.4	152	142	216	21	2.5	152.2	196.4	121	23	3	0.33	2.0	3.0	2.0
22326 K+H 2326		280	93	722	1140	950	1300	33.6	176	142	262	8	3	176	234.3	121	23	4	0.39	1.7	2.6	1.7
22326 CK/W33+H 2326		280	93	942	1300	1200	1600	32.6	164	142	262	8	3	164	233.2	121	23	4	0.34	1.9	2.9	1.9
22326 CCK/W33+H 2326		280	93	965	1340	1400	1800	32.1	164	142	262	8	3	164.6	233.5	121	23	4	0.34	2.0	3.0	2.0
22326 KTN1/W33+H 2326		280	93	1050	1440	1400	1800	33.2	164	142	262	8	3	164.6	233.5	121	23	4	0.34	2.0	3.0	2.0
23028 K+H 3028	125	210	53	285	635	950	1300	9.5	158	147	200	8	2	—	—	82	24	2	0.25	2.7	4.0	2.6
23028 CK/W33+H 3028		210	53	402	698	1100	1500	—	158	147	200	8	2	158.2	190.2	82	24	2	0.22	3.0	4.6	2.8
23028 CCK/W33+H 3028		210	53	395	680	1600	1900	9.11	158	147	200	8	2	158	190.4	82	24	2	0.22	3.0	4.5	2.9
23128 K+H 3128		225	68	398	605	950	1300	14.35	159	149	213	8	2.1	—	—	97	24	2.1	0.29	2.3	3.4	2.3
23128 CK/W33+H 3128		225	68	545	925	1100	1500	—	159	149	213	8	2.1	159.7	197.2	97	24	2.1	0.28	2.4	3.6	2.5
23128 CCK/W33+H 3128		225	68	538	905	1200	1600	13.65	159	149	213	8	2.1	159.7	197.4	97	24	2.1	0.28	2.4	3.6	2.4

第7篇

续表

轴承型号	基本尺寸/mm			基本额定载荷/kN		极限转速/r·min^{-1}		质量/kg	安装尺寸/mm					其他尺寸/mm					计算系数			
20000 K(CK、CCK、KTN1)/W33+H型	d_1	D	B	C_r	C_{0r}	脂	油	W ≈	d_a max	d_b min	D_a max	B_a min	r_a max	d_2 ≈	D_2 ≈	B_1	B_2 ≈	r min	e	Y_1	Y_2	Y_0
22228 K+H 3128	125	250	68	478	805	1000	1400	18.85	175	149	236	8	2.5	175	219.7	97	24	3	0.29	2.3	3.5	2.3
22228 CK/W33+H 3128		250	68	628	930	1300	1700	17.85	173	149	236	8	2.5	173	218.3	97	24	3	0.25	2.7	3.9	2.5
22228 CCK/W33+H 3128		250	68	640	955	1400	1700	18.55	167	149	236	8	2.5	167.1	218.5	97	24	3	0.26	2.6	3.9	2.6
22228 KTN1/W33+H 3128		250	68	725	1060	1400	1700	18.75	166	149	236	8	2.5	166.1	219.5	97	24	3	0.26	2.6	3.9	2.6
23228 CK/W33+H 2328		250	88	802	1280	1000	1400	24.05	163	152	236	22	2.5	163.6	212.4	131	24	3	0.35	1.9	2.9	1.9
23228 CCK/W33+H 2328		250	88	812	1300	1100	1500	23.65	164	152	236	22	2.5	164.2	212.6	131	24	3	0.34	2.0	3.0	2.0
22328 K+H 2328		300	102	825	1340	900	1200	41.55	184	152	282	8	3	184.5	246.6	131	24	4	0.38	1.8	2.6	1.7
22328 CK/W33+H 2328		300	102	1110	1570	1100	1500	39.55	177	152	282	8	3	177.2	250.1	131	24	4	0.34	1.9	2.9	1.9
22328 CCK/W33+H 2328		300	102	1130	1610	1300	1700	40.15	177	152	282	8	3	177.4	250.3	131	24	4	0.34	2.0	2.9	1.9
22328 KTN1/W33+H 2328		300	102	1230	1720	1300	1700	41.75	176	152	282	8	3	176.3	250.3	131	24	4	0.34	2.0	2.9	1.9
23030 K+H 3030	135	225	56	328	768	900	1200	11.6	169	158	213	8	2.1	—	—	87	26	2.1	0.25	2.7	4.0	2.5
23030 CK/W33+H 3030		225	56	438	762	1100	1400	—	168	158	213	8	2.1	168.8	202.9	87	26	2.1	0.22	3.0	4.6	2.8
23030 CCK/W33+H 3030		225	56	432	750	1400	1800	11.2	168	158	213	8	2.1	168.8	203	87	26	2.1	0.22	3.0	4.5	3.0
23130 K+H 3130		250	80	512	1080	850	1100	21.0	172	160	238	8	2.1	—	—	111	26	2.1	0.33	2.0	3.0	2.0
23130 CK/W33+H 3130		250	80	725	1230	1000	1300	—	173	160	238	8	2.1	173.1	216.3	111	26	2.1	0.30	2.3	3.4	2.2
23130 CCK/W33+H 3130		250	80	738	1250	1100	1400	20.6	173	160	238	8	2.1	173	216.5	111	26	2.1	0.30	2.3	3.4	2.2
22230 K+H 3130		270	73	508	875	950	1300	24.0	188	160	256	15	2.5	188	236.2	111	26	3	0.29	2.3	3.5	2.3
22230 CK/W33+H 3130		270	73	738	1100	1200	1600	23.0	185	160	256	15	2.5	185	234.7	111	26	3	0.26	2.6	3.9	2.5
22230 CCK/W33+H 3130		270	73	750	1130	1300	1600	23.5	178	160	256	15	2.5	178.7	234.7	111	26	3	0.26	2.6	3.9	2.6
22230 KTN1/W33+H 3130		270	73	835	1230	1300	1600	23.9	178	160	256	15	2.5	178.7	236.8	111	26	3	0.26	2.6	3.9	2.6
23230 CK/W33+H 2330		270	96	935	1520	950	1300	30.6	176	163	256	20	2.5	176.6	228.5	139	26	3	0.35	1.9	2.9	1.9
23230 CCK/W33+H 2330		270	96	948	1540	1100	1400	29.8	177	163	256	20	2.5	117.1	228.8	139	26	3	0.34	2.0	3.0	1.9
22330 K+H 2330		320	108	1020	1740	850	1100	49.6	198	163	302	8	3	198	269.2	139	26	4	0.36	1.9	2.8	1.8
22330 CCK/W33+H 2330		320	108	1270	1850	1200	1500	48.6	189	163	302	8	3	189.8	266.3	139	26	4	0.34	2.0	3.0	1.9
22330 KTN1/W33+H 2330		320	108	1370	1970	1200	1500	50.2	190	163	302	8	3	190.8	267.3	139	26	4	0.34	2.0	3.0	1.9
23032 K+H 3032	140	240	60	368	825	850	1100	14.6	180	168	228	8	2.1	—	—	93	28	2.1	0.25	2.7	4.0	2.6
23032 CK/W33+H 3032		240	60	500	875	1000	1300	—	179	168	228	8	2.1	179.5	216.3	93	28	2.1	0.22	3.0	4.6	2.8
23032 CCK/W33+H 3032		240	60	508	890	1300	1700	14.03	179	168	228	8	2.1	179.5	216.4	93	28	2.1	0.22	3.0	4.5	3.0
23132 K+H 3132		270	86	520	1110	800	1000	27.65	184	170	258	8	2.1	—	—	119	28	2.1	0.34	2.0	2.9	2.0
23132 CK/W33+H 3132		270	86	845	1420	900	1200	—	185	170	258	8	2.1	185.4	234.4	119	28	2.1	0.30	2.3	3.4	2.2
23132 CCK/W33+H 3132		270	86	845	1440	1000	1300	27.75	186	170	258	8	2.1	186.5	234.5	119	28	2.1	0.30	2.0	3.4	2.2
22232 K+H 3132		290	80	642	1140	900	1200	29.85	200	170	276	14	2.5	200	252.2	119	28	3	0.30	2.3	3.4	2.2
22232 CK/W33+H 3132		290	80	825	1250	1000	1400	29.65	199	170	276	14	2.5	199	251.2	119	28	3	0.26	2.6	3.9	2.5
22232 CCK/W33+H 3132		290	80	848	1290	1200	1500	30.55	191	170	276	14	2.5	191.9	251.4	119	28	3	0.26	2.6	3.8	2.5

续表

轴承型号	基本尺寸/mm			基本额定载荷/kN		极限转速/r·min^{-1}		质量/kg	安装尺寸/mm					其他尺寸/mm					计算系数			
20000 K(CK、CCK、KTN1)/W33+H型	d_1	D	B	C_r	C_{0r}	脂	油	W ≈	d_a max	d_b min	D_a max	B_a min	r_a max	d_2 ≈	D_2 ≈	B_1	B_2 ≈	r min	e	Y_1	Y_2	Y_0
22232 KTN1/W33+H 3132	140	290	80	952	1430	1200	1500	31.05	190	170	276	14	2.5	190.9	252.4	119	28	3	0.26	2.6	3.8	2.5
23232 CK/W33+H 2332		290	104	1080	1760	900	1200	39.15	189	174	276	18	2.5	189	244.9	147	28	3	0.35	1.9	2.9	1.9
23232 CCK/W33+H 2332		290	104	1090	1780	1100	1400	38.55	189	174	276	18	2.5	189.1	244.9	147	28	3	0.34	2.0	2.9	1.9
22332 K+H 2332		340	114	1040	1770	800	1000	60.15	213	174	322	8	3	213	279.4	147	28	4	0.38	1.8	2.7	1.8
23034 K+H 3034	150	260	67	445	1010	800	1000	18.5	191	179	248	8	2.1	—	—	101	29	2.1	0.26	2.6	3.8	2.5
23034 CK/W33+H 3034		260	67	608	1080	900	1200	—	192	179	248	8	2.1	192.8	233	101	29	2.1	0.23	2.9	4.4	2.8
23034 CCK/W33+H 3034		260	67	615	1100	1200	1600	18.3	192	179	248	8	2.1	192.8	233.2	101	29	2.1	0.23	2.9	4.3	2.9
23134 CK/W33+H 3134		280	88	885	1520	850	1100	—	195	180	268	8	2.1	195.5	244.3	122	29	2.1	0.30	2.3	3.4	2.2
23134 CCK/W33+H 3134		280	88	900	1550	1000	1300	29.5	195	180	268	8	2.1	195.5	244.4	122	29	2.1	0.29	2.3	3.5	2.3
22234 K+H 3134		310	86	720	1300	850	1100	37.4	212	180	292	10	3	212	267.5	122	29	4	0.30	2.3	3.4	2.2
22234 CCK/W33+H 3134		310	86	975	1500	1100	1400	36.5	205	180	292	10	3	205.4	269.6	122	29	4	0.26	2.6	3.8	2.5
22234 KTN1/W33+H 3134		310	86	1090	1660	1100	1400	37.3	204	180	292	10	3	204.4	270.7	122	29	4	0.26	2.6	3.8	2.5
23234 CCK/W33+H 2334		310	110	1200	2030	900	1200	45.7	205	185	292	18	3	205.7	264.4	154	29	4	0.34	2.0	3.0	2.0
22334 K+H 2334		360	120	1150	2060	750	950	70	227	185	342	8	3	227.4	319	154	29	4	0.39	1.7	2.6	1.7
23036 K+H 3036	160	280	74	540	1230	750	950	23.35	204	189	268	8	2.1	—	—	109	30	2.1	0.26	2.6	3.8	2.5
23036 CK/W33+H 3036		280	74	710	1260	800	1000	—	205	189	268	8	2.1	205	249.8	109	30	2.1	0.24	2.8	4.2	2.8
23036 CCK/W33+H 3036		280	74	718	1310	1200	1400	22.65	206	189	268	8	2.1	206.1	248.9	109	30	2.1	0.24	2.8	4.2	2.8
23136 K+H 3136		300	96	695	1480	750	900	29.4	207	191	286	8	2.5	—	—	131	30	3	0.32	2.1	3.1	2.1
23136 CK/W33+H 3136		300	96	1030	1800	800	1000	—	208	191	286	8	2.5	208.6	260.7	131	30	3	0.30	2.3	3.4	2.2
23136 CCK/W33+H 3136		300	96	1050	1830	900	1200	29.2	208	191	286	8	2.5	208.5	260.9	131	30	3	0.30	2.3	3.4	2.2
22236 K+H 3136		320	86	735	1370	800	1000	39.5	222	191	302	18	3	222	276.9	131	30	4	0.29	2.3	3.5	2.3
22236 CCK/W33+H 3136		320	86	1010	1590	1100	1300	38.9	215	191	302	18	3	215.7	280.1	131	30	4	0.25	2.7	3.9	2.6
22236 KTN1/W33+H 3136		320	86	1140	1760	1100	1300	39.7	214	191	302	18	3	214.7	281.1	131	30	4	0.25	2.7	3.9	2.6
23236 CCK/W33+H 2336		320	112	1280	2170	850	1100	48.9	213	195	302	22	3	213.7	274.3	161	30	4	0.33	2.0	3.0	2.0
22336 K+H 2336		380	126	1260	2270	700	900	81.0	240	195	362	8	3	240.8	336.5	161	30	4	0.38	1.8	2.6	1.7
23038 K+H 3038	170	290	75	555	1230	700	900	24.95	216	199	278	9	2.1	—	—	112	31	2.1	0.25	2.7	4.0	2.6
23038 CK/W33+H 3038		290	75	745	1350	800	1000	—	215	199	278	9	2.1	215.2	260	112	31	2.1	0.23	2.9	4.4	2.8
23038 CCK/W33+H 3038		290	75	755	1380	1100	1400	22.65	215	199	278	9	2.1	215.2	260	112	31	2.1	0.23	2.9	4.3	2.8
23138 K+H 3138		320	104	788	1830	670	850	44.5	220	202	306	9	2.5	—	—	141	31	3	0.33	2.0	3.0	2.0
23138 CCK/W33+H 3138		320	104	1200	2120	850	1100	42.8	222	202	306	9	2.5	222.6	279.2	141	31	3	0.30	2.2	3.3	2.2
22238 K+H 3138		340	92	818	1510	750	950	46.3	238	202	322	21	3	238	295	141	31	4	0.29	2.3	3.5	2.3
23238 CCK/W33+H 2338		340	120	1450	2490	800	1100	57.6	227	206	322	21	3	227.7	291.6	169	31	4	0.33	2.0	3.0	2.0
22338 K+H 2338		400	132	1390	2530	670	850	92.5	255	206	378	9	4	255	328.4	169	31	5	0.36	1.8	2.7	1.8

续表

轴承型号	基本尺寸/mm			基本额定载荷/kN		极限转速/r·min^{-1}		质量/kg	安装尺寸/mm					其他尺寸/mm					计算系数			
20000 K(CK、CCK、KTN1)/W33+H型	d_1	D	B	C_r	C_{0r}	脂	油	W ≈	d_a max	d_b min	D_a max	B_a min	r_a max	d_2 ≈	D_2 ≈	B_1	B_2 ≈	r min	e	Y_1	Y_2	Y_0
23040 K+H 3040	180	310	82	580	1310	670	850	31.7	228	210	298	9	2.1	—	—	120	32	2.1	0.25	2.7	4.0	2.6
23040 CCK/W33+H 3040		310	82	890	1650	1000	1300	30.4	228	210	298	9	2.1	228.5	276.7	120	32	2.1	0.24	2.8	4.2	2.8
23140 K+H 3140		340	112	910	2010	630	800	53.0	231	212	326	9	2.5	—	—	150	32	3	0.34	2.0	3.0	2.0
23140 CCK/W33+H 3140		340	112	1380	2460	800	1000	43.9	235	212	326	9	2.5	235.6	295.5	150	32	3	0.31	2.2	3.3	2.2
22240 K+H 3140		360	98	920	1740	700	900	59.7	251	212	342	24	3	251	311.4	150	32	4	0.29	2.3	3.4	2.3
23240 CCK/W33+H 2340		360	128	1610	2790	750	1000	69.4	240	216	342	19	3	240.7	307.8	176	32	4	0.34	2.0	3.0	2.0
22340 K+H 2340		420	138	1490	2720	630	800	108	267	216	398	9	4	267.4	371.3	176	32	5	0.38	1.8	2.7	1.7
23044 K+H 3044	200	340	90	760	1810	600	750	40.0	250	231	326	9	2.5	—	—	126	35	3	0.25	2.7	4.0	2.6
23044 CCK/W33+H 3044		340	90	1060	1990	950	1200	40.9	252	231	326	9	2.5	252.9	305.8	126	35	3	0.24	2.9	4.3	2.8
23144 K+H 3144		370	120	1030	2350	600	750	66.5	255	233	352	9	3	—	—	161	35	4	0.34	2.0	3.0	2.0
23144 CCK/W33+H 3144		370	120	1570	2820	700	950	62.7	258	233	352	9	3	258	323.7	161	35	4	0.30	2.3	3.4	2.2
22244 K+H 3144		400	108	1170	2220	630	800	76.5	274	233	382	21	3	274	344.4	161	35	4	0.29	2.3	3.4	2.2
23244 CCK/W33+H 2344		400	144	2070	3620	670	900	95.5	263	236	382	10	3	263.6	340.2	186	35	4	0.34	2.0	2.9	1.9
22344 K+H 2344		460	145	1690	3200	560	700	137	295	236	438	9	4	295.2	406.1	186	35	5	0.35	1.9	2.8	1.9
23048 K+H 3048	220	360	92	792	2060	530	670	45.5	271	251	346	11	2.5	—	—	133	37	3	0.25	2.7	4.1	2.7
23048 CCK/W33+H 3048		360	92	1130	2160	850	1100	42.4	271	251	346	11	2.5	271	325	133	37	3	0.23	3.0	4.4	2.9
23148 K+H 3148		400	128	1200	2830	500	630	81.5	277	254	382	11	3	—	—	172	37	4	0.32	2.1	3.1	2.1
23148 CCK/W33+H 3148		400	128	1790	3220	670	850	89.7	278	254	382	11	3	278.4	350.6	172	37	4	0.30	2.3	3.4	2.2
23248 CCK/W33+H 2348		440	160	2490	4490	630	800	127.3	289	257	422	6	3	289.6	372.5	199	37	4	0.35	2.0	2.9	1.9
22348 K+H 2348		500	155	1730	3250	500	630	173	322	257	478	11	4	322.2	440.9	199	37	5	0.35	1.9	2.8	1.9
23052 K+H 3052	240	400	104	1000	2450	500	630	65	297	272	382	11	3	—	—	145	37	4	0.26	2.6	3.8	2.5
23052 CCK/W33+H 3052		400	104	1420	2770	800	950	61.2	297	272	382	11	3	297.9	358.1	145	37	4	0.23	2.9	4.3	2.8
23152 K+H 3152		440	144	1430	3320	450	560	116	—	276	422	11	3	—	—	190	39	4	0.34	2.0	2.9	1.9
23152 CCK/W33+H 3152		440	144	2210	4070	600	800	109	306	276	422	11	3	306.5	385.2	190	39	4	0.30	2.2	3.3	2.2
22352K H 2352		540	165	2200	4190	480	600	214	351	278	512	11	5	351	446.5	211	39	6	0.34	2.0	2.9	1.9
23056 K+H 3056	260	420	106	1080	2680	450	560	78	—	292	402	12	3	—	—	152	41	4	0.25	2.7	4.0	2.6
23056 CCK/W33+H 3056		420	106	1540	3000	700	900	66.9	315	292	402	12	3	315	379.4	152	41	4	0.22	3.0	4.5	2.9
23156 K+H 3156		460	146	1590	3630	430	530	126	—	296	438	12	4	—	—	195	41	5	0.33	2.0	3.0	2.0
23156 CCK/W33+H 3156		460	146	2310	4290	560	750	117	324	296	438	12	4	324.8	406.1	195	41	5	0.29	2.3	3.5	2.3
22356 K+H 2356		580	175	2420	4650	450	560	265	355	299	552	12	5	355	431.1	224	41	6	0.34	2.0	3.0	1.9
23060 K+H 3060	280	460	118	1260	3070	430	530	95.7	—	313	442	12	3	—	—	168	42	4	0.26	2.6	3.9	2.6
23060 CCK/W33+H 3060		460	118	1860	3690	670	850	91.9	344	313	442	12	3	344	414.4	168	42	4	0.23	3.0	4.4	2.9
23160 K+H 3160		500	160	1940	4420	400	500	162	—	318	478	12	4	—	—	208	40	5	0.32	2.1	3.1	2.0
22260 K+H 3160		540	140	1840	3450	450	560	163	378	318	518	32	4	378	464.2	208	40	5	0.28	2.4	3.6	2.4

第7篇

5.6 滚针轴承

表 7-5-22 向心滚针和保持架组件（GB/T 20056—2015）

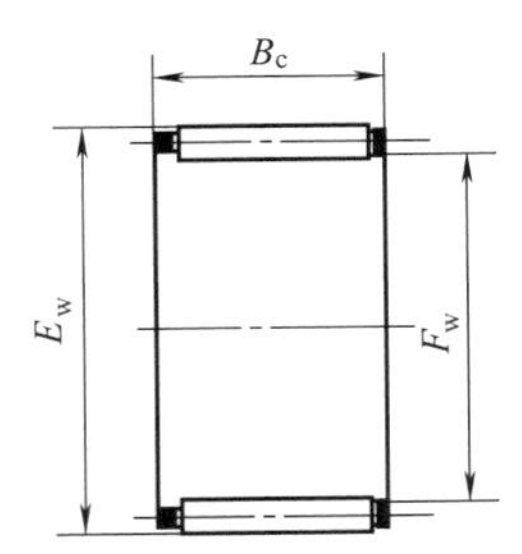

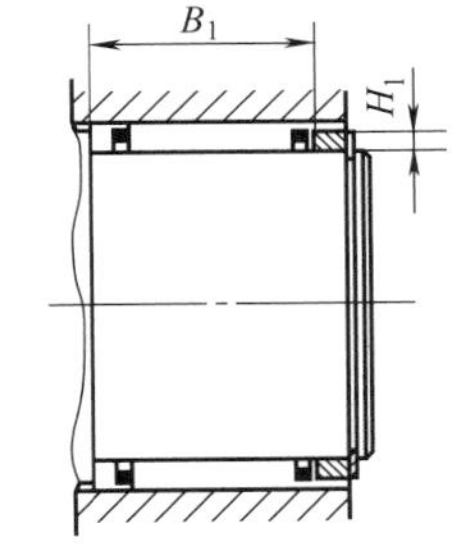

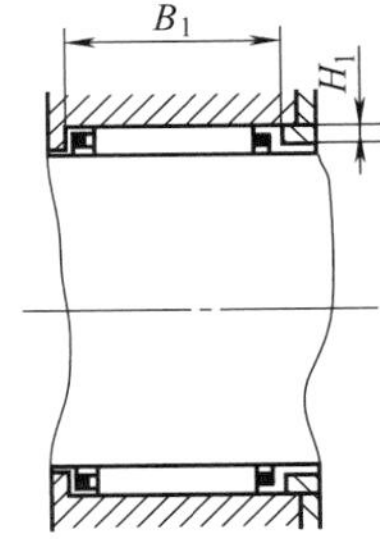

K 000000 型

轴承型号	基本尺寸/mm			基本额定载荷/kN		极限转速/r·min^{-1}		质量/g	安装尺寸/mm	
K 000000 型	F_w	E_w	B_c	C_r	C_{0r}	脂	油	W ≈	B_1	H_1
K 5×8×8	5	8	8	2.28	2.08	18000	28000	—	8.1	1
K 5×8×10		8	10	2.98	2.88	18000	28000	0.1	10.1	1
K 5×9×10		9	10	3.08	2.62	18000	28000	—	10.1	1.4
K 6×9×8	6	9	8	2.52	2.42	18000	28000	1.4	8.1	1
K 6×9×10		9	10	3.28	3.38	18000	28000	—	10.1	1
K 7×10×8	7	10	8	2.75	2.78	18000	28000	—	8.1	1
K 7×10×10		10	10	3.55	3.85	18000	28000	—	10.1	1
K 8×11×10	8	11	10	3.80	4.35	18000	28000	1.8	10.1	1
K 8×11×13		11	13	5.00	6.18	18000	28000	—	13.12	1
K 9×12×10	9	12	10	4.02	4.82	17000	26000	—	10.1	1
K 9×12×13		12	13	5.30	6.85	17000	26000	2.7	13.12	1
K 10×13×8	10	13	8	3.45	4.10	17000	26000	—	1500	2200
K 10×13×10		13	10	4.48	5.70	17000	26000	2.3	10.1	1
K 10×13×13		13	13	5.88	8.12	17000	26000	3.0	13.12	1
K 10×14×10		14	10	5.05	5.58	17000	26000	3.4	10.1	1.4
K 10×14×13		14	13	6.70	7.98	17000	26000	4.4	13.12	1.4
K 10×14×17		14	17	8.72	11.2	17000	26000	—	17.12	1.4
K 12×15×8	12	15	8	3.75	4.78	16000	24000	—	8.1	1
K 12×15×10		15	10	4.85	6.65	16000	24000	3.0	10.1	1
K 12×15×13		15	13	6.40	9.48	16000	24000	3.6	13.12	1
K 12×15×17		15	17	8.28	13.2	16000	24000	—	17.12	1
K 12×16×10		16	10	5.68	6.78	16000	24000	—	10.1	1.4
K 12×16×13		16	13	7.52	9.72	16000	24000	4.5	13.12	1.4
K 12×16×17		16	17	9.82	13.5	16000	24000	—	17.12	1.4
K 14×18×10	14	18	10	6.25	7.98	15000	22000	4.6	10.1	1.4
K 14×18×13		18	13	8.28	11.5	15000	22000	6.3	13.12	1.4
K 14×18×17		18	17	10.8	16.0	15000	22000	8.1	17.12	1.4
K 14×19×10		19	10	6.05	6.62	15000	22000	—	10.1	1.7
K 14×19×13		19	13	8.35	9.98	15000	22000	—	13.12	1.7

续表

轴承型号	基本尺寸/mm			基本额定载荷/kN		极限转速/r·min⁻¹		质量/g	安装尺寸/mm	
K 000000 型	F_w	E_w	B_c	C_r	C_{0r}	脂	油	W ≈	B_1	H_1
K 14×19×17	14	19	17	11.2	14.5	15000	22000	—	17.12	1.7
K 14×20×12		20	12	8.72	9.45	15000	22000	8.6	12.1	2
K 14×20×17		20	17	12.8	15.5	15000	22000	—	17.12	2
K 15×19×10	15	19	10	6.52	8.58	14000	20000	—	10.1	1.4
K 15×19×13		19	13	8.62	12.2	14000	20000	—	13.12	1.4
K 15×19×17		19	17	11.2	11.2	14000	20000	8.8	17.12	1.4
K 15×20×10		20	10	6.40	7.22	14000	20000	—	10.1	1.7
K 15×20×13		20	13	8.82	10.8	14000	20000	8.9	13.12	1.7
K 15×20×17		20	17	11.8	15.8	14000	20000	—	17.12	1.7
K 15×21×20		21	20	12.8	15.8	14000	20000	—	17.12	2
K 16×20×10	16	20	10	6.78	9.18	13000	19000	5.7	10.1	1.4
K 16×20×13		20	13	8.98	13.2	13000	19000	7.1	13.12	1.4
K 16×20×17		20	17	11.5	18.5	13000	19000	9.2	17.12	1.4
K 16×22×13		22	13	9.25	10.5	13000	19000	—	12.1	2
K 16×22×17		22	17	13.5	17.2	13000	19000	—	17.12	2
K 16×22×20		22	20	16.0	21.2	13000	19000	—	20.14	2
K 17×21×10	17	21	10	7.02	9.78	12000	18000	5.8	10.1	1.4
K 17×21×13		21	13	9.28	14.0	12000	18000	7.5	13.12	1.4
K 17×21×17		21	17	12.0	19.8	12000	18000	9.5	17.12	1.4
K 17×23×17		23	17	14.5	18.8	12000	18000	—	17.12	2
K 17×23×20		23	20	16.8	23.2	12000	18000	—	20.14	2
K 18×22×10	18	22	10	7.25	10.2	11000	17000	6.1	10.1	1.4
K 18×22×13		22	13	9.60	14.8	11000	17000	7.7	13.12	1.4
K 18×22×17		22	17	12.5	21.0	11000	17000	11	17.12	1.4
K 18×24×17		24	17	14.2	19.0	11000	17000	16	17.12	2
K 18×24×20		24	20	16.8	23.5	11000	17000	19	20.14	2
K 18×24×30		24	30	24.5	38.2	11000	17000	—	30.14	2
K 20×24×10	20	24	10	7.42	11.0	10000	16000	7.0	10.1	1.4
K 20×24×13		24	13	9.82	15.8	10000	16000	8.5	13.12	1.4
K 20×24×17		24	17	12.8	22.2	10000	16000	11	17.12	1.4
K 20×26×17		26	17	15.8	22.2	10000	16000	18	17.12	2
K 20×26×20		26	20	18.5	27.5	10000	16000	20	20.14	2
K 22×26×10	22	26	10	7.85	12.2	9500	15000	7.1	10.1	1.4
K 22×26×13		26	13	10.5	17.5	9500	15000	9.4	13.12	1.4
K 22×26×17		26	17	13.5	24.8	9500	15000	12	17.12	1.4
K 22×28×17		28	17	16.5	24.0	9500	15000	20	17.12	2
K 22×28×20		28	20	19.2	29.5	9500	15000	—	20.14	2
K 25×29×10	25	29	10	8.45	14.0	9000	14000	8.3	10.1	1.4
K 25×29×13		29	13	11.2	20.2	9000	14000	10.5	13.12	1.4
K 25×29×17		29	17	14.5	28.2	9000	14000	14	17.12	1.4
K 25×31×17		31	17	17.8	27.5	9000	14000	22	17.12	2
K 25×31×20		31	20	20.8	33.8	9000	14000	25	20.14	2
K 25×32×16		32	16	16.0	21.8	9000	14000	25	16.12	2.3

续表

轴承型号	基本尺寸/mm			基本额定载荷/kN		极限转速/r·min^{-1}		质量/g	安装尺寸/mm	
K 000000 型	F_w	E_w	B_c	C_r	C_{0r}	脂	油	W ≈	B_1	H_1
K 28×33×13	28	33	13	12.5	20.8	8500	13000	15	13.12	1.7
K 28×33×17		33	17	16.8	30.0	8500	13000	20	17.12	1.7
K 28×33×27		33	27	26.2	53.2	8500	13000	32	27.14	1.7
K 28×34×17		34	17	18.8	30.8	8500	13000	—	17.12	2
K 28×35×20		35	20	22.2	34.2	8500	13000	35	24.14	2.3
K 30×35×13	30	35	13	12.8	21.5	8000	12000	16	13.12	1.7
K 30×35×17		35	17	17.0	31.5	8000	12000	21	17.12	1.7
K 30×35×27		35	27	26.8	55.8	8000	12000	33	27.14	1.7
K 30×37×20		37	20	23.0	36.5	8000	12000	40	20.14	2.3
K 30×38×20		38	20	25.8	38.8	8000	12000	—	20.14	2.7
K 32×37×13	32	37	13	13.5	23.5	7500	11000	18	13.12	1.7
K 32×37×17		37	17	18.0	34.2	7500	11000	22	17.12	1.7
K 32×37×27		37	27	28.0	60.8	7500	11000	37	27.14	1.7
K 32×39×20		39	20	23.8	38.8	7500	11000	42	20.14	2.3
K 32×39×30		39	30	35.5	65.2	7500	11000	—	30.14	2.3
K 35×40×13	35	40	13	14.0	25.5	7000	10000	19	13.12	1.7
K 35×40×17		40	17	18.0	37.0	7000	10000	25	17.12	1.7
K 35×40×27		40	27	29.2	65.8	7000	10000	39	27.14	1.7
K 35×42×20		42	20	25.2	43.2	7000	10000	41	20.14	2.3
K 35×42×30		42	30	37.8	72.5	7000	10000	62	30.14	2.3
K 38×43×13	38	43	13	14.5	27.5	6700	9500	—	13.12	1.7
K 38×43×17		43	17	19.5	39.8	6700	9500	—	17.12	1.7
K 38×43×27		43	27	30.2	71.0	6700	9500	—	27.14	1.7
K 38×46×20		46	20	29.5	49.2	6700	9500	46	20.14	2.7
K 38×46×30		46	30	44.0	82.5	6700	9500	—	30.14	2.7
K 40×45×13	40	45	13	15.0	29.5	6300	9000	22	13.12	1.7
K 40×45×17		45	17	20.2	42.8	6300	9000	27	17.12	1.7
K 40×45×27		45	27	31.5	75.8	6300	9000	44	27.14	1.7
K 40×48×20		48	20	30.2	51.8	6300	9000	52	20.14	2.7
K 40×48×25		48	25	38.0	69.2	6300	9000	—	25.14	2.7
K 40×48×30		48	30	45.2	86.8	6300	9000	—	30.14	2.7
K 42×47×13	42	47	13	15.2	30.5	6000	8500	22	13.12	1.7
K 42×47×17		47	17	20.5	44.2	6000	8500	28	17.12	1.7
K 42×47×27		47	27	31.8	78.5	6000	8500	47	27.14	1.7
K 42×50×20		50	20	31.0	54.2	6000	8500	54	20.14	2.7
K 42×50×30		50	30	46.5	91.2	6000	8500	—	30.14	2.7
K 45×50×13	45	50	13	16.2	33.5	5600	8000	24	13.12	1.7
K 45×50×17		50	17	21.5	48.5	5600	8000	31	17.12	1.7
K 45×50×27		50	27	33.5	86.0	5600	8000	50	27.14	1.7
K 45×50×20		53	20	31.8	57.0	5600	8000	62	20.14	2.7
K 45×50×25		53	25	39.8	76.5	5600	8000	—	25.14	2.7
K 45×50×30		53	30	47.5	95.8	5600	8000	82	30.14	2.7

续表

轴承型号	基本尺寸/mm			基本额定载荷/kN		极限转速/r·min^{-1}		质量/g	安装尺寸/mm	
K 000000 型	F_w	E_w	B_c	C_r	C_{0r}	脂	油	W ≈	B_1	H_1
K 48×53×13	48	53	13	16.5	35.5	5300	7500	—	13.12	1.7
K 48×53×17		53	17	22.2	51.2	5300	7500	32	17.12	1.7
K 48×53×27		53	27	34.5	91.0	5300	7500	—	27.14	1.7
K 48×56×20		56	20	33.2	62.0	5300	7500	—	20.14	2.7
K 48×56×30		56	30	49.8	105	5300	7500	—	30.14	2.7
K 50×55×13	50	55	13	16.8	36.5	5000	7000	—	13.12	1.7
K 50×55×17		55	17	22.5	52.8	5000	7000	32	17.12	1.7
K 50×55×20		55	20	26.2	65.0	5000	7000	39	20.14	1.7
K 50×55×27		55	27	35.0	93.5	5000	7000	—	27.14	1.7
K 50×57×16		57	16	23.8	44.5	5000	7000	50	16.12	2.3
K 50×58×20		58	20	34.0	64.8	5000	7000	65	20.14	2.7
K 50×58×25		58	25	42.8	88.8	5000	7000	—	25.14	2.7
K 50×58×30		58	30	50.8	108	5000	7000	95	30.14	2.7
K 52×55×13	52	57	17	23.0	55.5	4800	6700	—	17.12	1.7
K 52×55×13		57	20	27.2	68.5	4800	6700	—	20.14	1.7
K 52×55×13		60	20	34.8	67.2	4800	6700	—	20.14	2.7
K 52×55×13		60	30	52.0	112	4800	6700	—	30.14	2.7
K 55×61×20	55	61	20	31.2	73.5	4800	6700	—	20.14	2
K 55×61×30		61	30	45.8	120	4800	6700	—	30.14	2
K 55×62×40		62	40	62.5	160	4800	6700	—	40.17	2.3
K 55×63×20		63	20	35.2	69.8	4800	6700	73	20.14	2.7
K 55×63×25		63	25	44.2	93.8	4800	6700	90	25.14	2.7
K 55×63×30		63	30	52.8	118	4800	6700	110	30.14	2.7
K 58×66×20	58	66	20	36.8	75.0	4500	6300	—	20.14	2.7
K 58×66×30		66	30	55.0	125	4500	6300	—	30.14	2.7
K 60×66×20	60	66	20	33.2	88.0	4300	6000	—	20.14	2
K 60×66×30		66	30	48.5	132	4300	6000	—	30.14	2
K 60×68×20		68	20	37.5	77.5	4300	6000	—	20.14	2.7
K 60×68×25		68	25	47.0	105	4300	6000	—	25.14	2.7
K 60×68×30		68	30	56.0	130	4300	6000	136	30.14	2.7
K 63×71×20	63	71	20	38.0	80.2	4000	5600	80	20.14	2.7
K 63×71×25		71	25	47.5	108	4000	5600	—	25.14	2.7
K 63×71×30		71	30	56.8	135	4000	5600	—	30.14	2.7
K 65×73×20	65	73	20	38.5	82.8	4000	5600	—	20.14	2.7
K 65×73×25		73	25	48.5	112	4000	5600	—	25.14	2.7
K 65×73×30		73	30	57.8	140	4000	5600	126	30.14	2.7
K 68×74×20	68	74	20	35.2	92.5	3800	5300	65	20.14	2
K 68×74×30		74	30	51.5	150	3800	5300	97	30.14	2
K 68×76×20		76	20	39.8	88	3800	5300	—	20.14	2.7
K 68×76×25		76	25	50.0	118	3800	5300	—	25.14	2.7
K 68×76×30		76	30	59.8	148	3800	5300	—	30.14	2.7
K 70×76×20	70	76	20	35.8	94.2	3800	5300	70	20.14	2
K 70×76×30		76	30	52.2	155	3800	5300	100	30.14	2

续表

轴承型号	基本尺寸/mm			基本额定载荷/kN		极限转速/r·min⁻¹		质量/g	安装尺寸/mm	
K 000000 型	F_w	E_w	B_c	C_r	C_{0r}	脂	油	W ≈	B_1	H_1
K 70×78×20	70	78	20	40.5	90.5	3800	5300	—	20.14	2.7
K 70×78×25		78	25	50.8	122	3800	5300	115	25.14	2.7
K 70×78×30		78	30	60.5	152	3800	5300	136	30.14	2.7
K 72×78×20	72	78	20	36.5	98.8	3600	5000	90	20.14	2
K 72×78×30		78	30	53.5	160	3600	5000	—	30.14	2
K 72×80×20		80	20	41.0	93.2	3600	5000	94	20.14	2.7
K 72×80×25		80	25	51.5	125	3600	5000	—	25.14	2.7
K 72×80×30		80	30	61.5	155	3600	5000	—	30.14	2.7
K 75×81×20	75	81	20	37.5	102	3400	4800	75	20.14	2
K 75×81×30		81	30	54.8	168	3400	4800	106	30.14	2
K 75×83×20		83	20	72.5	98.2	3400	4800	100	20.14	2.7
K 75×83×25		83	25	53.2	132	3400	4800	123	25.14	2.7
K 75×83×30		83	30	63.5	165	3400	4800	147	30.14	2.7
K 80×86×20	80	86	20	38.5	108	3200	4500	76	20.14	2
K 80×86×30		86	30	56.2	178	3200	4500	110	30.14	2
K 80×88×25		88	25	54.5	138	3200	4500	130	25.14	2.7
K 80×88×30		88	30	65	172	3200	4500	141	30.14	2.7
K 80×88×35		88	35	75	210	3200	4500	—	35.17	2.7
K 85×92×20	85	92	20	40.5	105	3000	4300	96	20.14	2.3
K 85×92×30		92	30	60.8	178	3000	4300	142	30.14	2.3
K 85×93×20		93	20	45.0	112	3000	4300	130	20.14	2.7
K 85×93×25		93	25	56.5	148	3000	4300	140	25.14	2.7
K 85×93×30		93	30	67.5	185	3000	4300	160	30.14	2.7
K 85×95×45		95	45	108	290	3000	4300	—	45.17	3.3
K 90×97×20	90	97	20	41.8	112	2800	4000	103	20.14	2.3
K 90×97×30		97	30	62.8	190	2800	4000	151	30.14	2.3
K 90×98×25		98	25	57.8	156	2800	4000	140	20.14	2.7
K 90×98×30		98	30	69.0	195	2800	4000	172	25.14	2.7
K 95×102×20	95	102	20	43.2	120	2600	3800	110	20.14	2.3
K 95×102×30		102	30	64.5	202	2600	3800	165	30.14	2.3
K 95×103×20		103	20	71.5	208	2600	3800	165	30.14	2.7
K 100×107×20	100	107	20	44.5	125	2400	3600	95	20.14	2.3
K 100×107×30		107	30	66.5	212	2400	3600	170	30.14	2.3
K 100×108×20		108	20	72.8	218	2400	3600	190	30.14	2.7
K 105×112×20	105	112	20	45.2	132	2000	3400	115	20.14	2.3
K 105×112×30		112	30	67.5	220	2000	3400	170	30.14	2.3
K 105×115×30		115	30	81.8	218	2000	3400	205	30.14	2.3
K 110×117×25	110	117	25	58.2	185	2000	3200	150	25.14	2.3
K 110×117×35		117	35	80.2	278	2000	3200	211	35.17	2.3
K 110×117×30		120	30	85.0	228	2000	3200	—	30.14	2.3
K 115×122×25	115	122	25	59.8	195	2000	3200	—	25.14	2.3
K 115×122×35		122	35	82.2	292	2000	3200	—	35.17	2.3
K 115×125×35		125	35	99.5	290	2000	3200	—	35.17	2.3

第7篇

续表

轴承型号	基本尺寸/mm			基本额定载荷/kN		极限转速/r·min^{-1}		质量/g	安装尺寸/mm	
K 000000 型	F_w	E_w	B_c	C_r	C_{0r}	脂	油	W ≈	B_1	H_1
K 120×127×25	120	127	25	61.2	202	1900	3000	168	25.14	2.3
K 120×127×35		127	35	84.2	305	1900	3000	243	35.17	2.3
K 125×135×35	125	135	35	105	315	1900	3000	360	35.17	3.3
K 130×137×25	130	137	25	63.2	218	1800	2800	180	25.14	2.3
K 130×137×35		137	35	87.2	328	1800	2800	250	35.17	2.3
K 145×153×30	145	153	30	88.5	315	1600	2400	262	30.14	2.7
K 155×163×30	155	163	30	91.5	338	1500	2200	304	30.14	2.7
K 165×173×35	165	173	35	108	432	1500	2200	322	35.17	2.7
K 175×183×35	175	183	35	112	460	1400	2000	390	35.17	2.7
K 185×195×40	185	195	40	145	548	1200	1800	590	40.17	3.3
K 195×205×40	195	205	40	150	585	1100	1700	650	40.17	3.3

表 7-5-23 **单、双列滚针轴承**（GB/T 5801—2006）

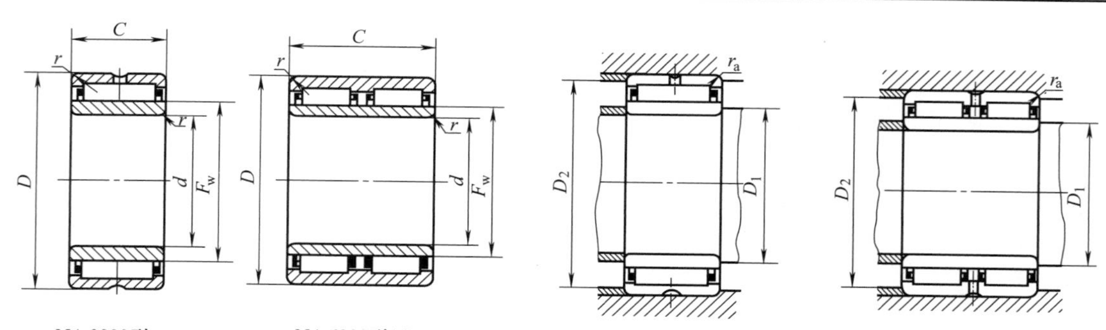

NA 0000型　　NA 6900型(d≥32mm)

轴承型号	基本尺寸/mm			基本额定载荷/kN		极限转速/r·min^{-1}		质量/g	其他尺寸/mm		安装尺寸/mm		
NA 型	d	D	B	C_r	C_{0r}	脂	油	W ≈	F_w	r min	D_1 min	D_2 max	r_a max
NA 4900	10	22	13	8.60	9.2	15000	22000	24.3	14	0.3	12	20	0.3
NA 4901	12	24	13	9.60	10.8	13000	19000	27.6	16	0.3	14	22	0.3
NA 6901		24	22	16.2	21.5	13000	19000	46.9	16	0.3	14	22	0.3
NA 4902	15	28	13	10.2	12.8	10000	16000	35.9	20	0.3	17	26	0.3
NA 6902		28	23	17.5	25.2	10000	16000	63.7	20	0.3	17	26	0.3
NA 4903	17	30	13	11.2	14.5	9500	15000	39.4	22	0.3	19	28	0.3
NA 6903		30	23	19.0	28.8	9500	15000	69.9	22	0.3	19	28	0.3
NA 4904	20	37	17	21.2	25.2	9000	14000	79.9	25	0.3	22	35	0.3
NA 6904		37	30	35.2	48.5	9000	14000	141	25	0.3	22	35	0.3
NA 49/22	22	39	17	23.2	29.2	9000	13000	85.4	28	0.3	24	37	0.3
NA 69/22		39	30	38.5	56.2	9000	13000	151	28	0.3	24	37	0.3

续表

轴承型号	基本尺寸/mm			基本额定载荷/kN		极限转速/r·min^{-1}		质量/g	其他尺寸/mm		安装尺寸/mm		
NA 型	d	D	B	C_r	C_{0r}	脂	油	W ≈	F_w	r min	D_1 min	D_2 max	r_a max
NA 4905	25	42	17	24.0	31.2	8000	12000	94.7	30	0.3	27	40	0.3
NA 6905		42	30	40.0	60.2	8000	12000	167	30	0.3	27	40	0.3
NA 49/28	28	45	17	24.8	33.2	7500	11000	104	32	0.3	30	43	0.3
NA 69/28		45	30	41.5	64.2	7500	11000	183	32	0.3	30	43	0.3
NA 4906	30	47	17	25.5	35.5	7000	10000	108	35	0.3	32	45	0.3
NA 6906		47	30	42.8	68.5	7000	10000	191	35	0.3	32	45	0.3
NA 49/32	32	52	20	31.5	48.5	6300	9000	168	40	0.6	36	48	0.6
NA 69/32		52	36	48.0	83.2	6300	9000		40	0.6	36	48	0.6
NA 4907	35	55	20	32.5	51	6000	8500	181	42	0.6	39	51	0.6
NA 6907		55	36	49.5	87.2	6000	8500	310	42	0.6	39	51	0.6
NA 4908	40	62	22	43.5	66.2	5000	7000	240	48	0.6	44	58	0.6
NA 6908		62	40	62.8	108	5000	7000	430	48	0.6	44	58	0.6
NA 4909	45	68	22	46.0	73	4800	6700	284	52	0.6	49	64	0.6
NA 6909		68	40	67.2	118	4800	6700	500	52	0.6	49	64	0.6
NA 4910	50	72	22	48.2	80	4500	6300	287	58	0.6	54	68	0.6
NA 6910		72	40	70.2	128	4500	6300	520	58	0.6	54	68	0.6
NA 4911	55	80	25	58.2	99	4000	5600	416	63	1	60	75	1
NA 6911		80	45	87.8	168	4000	5600	780	63	1	60	75	1
NA 4912	60	85	25	61.2	108	3800	5300	448	68	1	65	80	1
NA 6912		85	45	90.8	182	3800	5300	810	68	1	65	80	1
NA 4913	65	90	25	62.2	112	3600	5000	479	72	1	70	85	1
NA 6913		90	45	93.2	188	3600	5000	830	72	1	70	85	1
NA 4914	70	100	30	84	152	3200	4500	762	80	1	75	95	1
NA 6914		100	54	130	260	3200	4500	1350	80	1	75	95	1
NA 4915	75	105	30	85.5	158	3000	4300	805	85	1	80	100	1
NA 6915		105	54	130	270	3000	4300	1450	85	1	80	100	1
NA 4916	80	110	30	89	170	2800	4000	852	90	1	85	105	1
NA 6916		110	54	135	292	2800	4000	1500	90	1	85	105	1
NA 4917	85	120	35	112	235	2400	3600	1280	100	1.1	91.5	113.5	1
NA 6917		120	63	155	365	2400	3600	2200	100	1.1	91.5	113.5	1
NA 4918	90	125	35	115	250	2200	3400	1340	105	1.1	96.5	118.5	1
NA 6918		125	63	165	388	2200	3400	2300	105	1.1	96.5	118.5	1
NA 4919	95	130	35	120	265	2000	3200	1410	110	1.1	101.5	123.5	1
NA 6919		130	63	172	412	2000	3200	2500	110	1.1	101.5	123.5	1
NA 4920	100	140	40	130	270	2000	3200	1960	115	1.1	106.5	133.5	1
NA 6920		140	71	202	480	2000	3200	3400	115	1.1	106.5	133.5	1
NA 4822	110	140	30	93	210	2000	3200	1130	120	1	115	135	1
NA 4922		150	40	138	295	1900	3000	2120	125	1.1	116.5	143.5	1
NA 4824	120	150	30	96.2	225	1900	3000	1220	130	1	125	145	1
NA 4924		165	45	180	382	1800	2800	2910	135	1.1	126.5	158.5	1

续表

轴承型号	基本尺寸/mm			基本额定载荷/kN		极限转速/r·min^{-1}		质量/g	其他尺寸/mm		安装尺寸/mm		
NA型	d	D	B	C_r	C_{0r}	脂	油	W ≈	F_w	r min	D_1 min	D_2 max	r_a max
NA 4826	130	165	35	118	302	1700	2600		145	1.1	136.5	158.5	1
NA 4926		180	50	202	460	1600	2400	3960	150	1.5	138	172	1.5
NA 4828	140	175	35	122	320	1600	2400	1980	155	1.1	146.5	168.5	1
NA 4928		190	50	210	488	1500	2200	4220	160	1.5	148	182	1.5
NA 4830	150	190	40	152	395	1500	2200	2800	165	1.1	156.5	183.5	1
NA 4832	160	200	40	158	418	1500	2200	2970	175	1.1	166.5	193.5	1
NA 4834	170	215	45	192	520	1300	2000	4080	185	1.1	176.5	208.5	1
NA 4836	180	225	45	198	552	1200	1900	4290	195	1.1	186.5	218.5	1
NA 4838	190	240	50	230	688	1200	1800	5700	210	1.5	198	232	1.5
NA 4840	200	250	50	235	725	1100	1700	5970	220	1.5	208	242	1.5
NA 4844	220	270	50	245	785	950	1500	6500	240	1.5	228	262	1.5
NA 4848	240	300	60	352	1050	900	1400	10100	265	2	249	291	2
NA 4852	260	320	60	368	1130	800	1200	10800	285	2	269	311	2
NA 4856	280	350	69	445	1310	750	1100	15800	305	2	289	341	2
NA 4860	300	380	80	608	1700	750	1100	22200	330	2.1	311	369	2.1
NA 4864	320	400	80	630	1820	700	1000	23500	350	2.1	331	389	2.1
NA 4868	340	420	80	642	1900	670	950	24800	370	2.1	351	409	2.1
NA 4872	360	440	80	662	2010	630	900	26100	390	2.1	371	429	2.1

表 7-5-24 无内圈单、双列滚针轴承（GB/T 5801—2006）

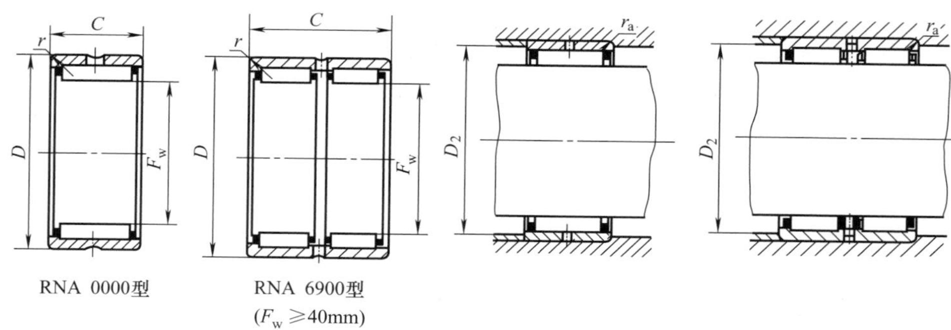

RNA 0000型

RNA 6900型 ($F_w \geqslant 40$mm)

轴承型号	基本尺寸/mm				基本额定载荷/kN		极限转速/r·min^{-1}		质量/g	安装尺寸/mm	
RNA 0000 型	F_w	D	C	r min	C_r	C_{0r}	脂	油	W ≈	D_2 max	r_a max
RNA 4900	14	22	13	0.3	8.6	9.2	15000	22000	16.8	20	0.3
RNA 4901	16	24	13	0.3	9.6	10.8	13000	19000	18.8	22	0.3
RNA 6901		24	22	0.3	16.2	21.5	13000	19000	32.1	22	0.3

续表

轴承型号	基本尺寸/mm				基本额定载荷/kN		极限转速/r·min^{-1}		质量/g	安装尺寸/mm	
RNA 0000 型	F_w	D	C	r min	C_r	C_{0r}	脂	油	W ≈	D_2 max	r_a max
RNA 4902	20	28	13	0.3	10.2	10.8	10000	16000	22.2	26	0.3
RNA 6902		28	23	0.3	17.5	25.2	10000	16000	63.7	26	0.3
RNA 4903	22	30	13	0.3	11.2	14.5	9500	15000	24.1	28	0.3
RNA 6903		30	23	0.3	19.0	28.8	9500	15000	43.1	28	0.3
RNA 4904	25	37	17	0.3	21.2	25.2	9000	14000	56.7	35	0.3
RNA 6904		37	30	0.3	35.2	48.5	9000	14000	101	35	0.3
RNA 49/22	28	39	17	0.3	23.2	29.2	9000	13000	54.4	37	0.3
RNA 69/22		39	30	0.3	38.5	56.2	9000	13000	96.5	37	0.3
RNA 4905	30	42	17	0.3	24	31.2	8000	12000	66.2	40	0.3
RNA 6905		42	30	0.3	40	60.2	8000	12000	117	40	0.3
RNA 49/28	32	45	17	0.3	24.8	33.2	7500	11000	79	43	0.3
RNA 69/28		45	30	0.3	41.5	64.2	7500	11000	140	43	0.3
RNA 4906	35	47	17	0.3	25.5	35.5	7000	10000	74.7	45	0.3
RNA 6906		47	30	0.3	42.8	68.5	7000	10000	133	45	0.3
RNA 49/32	40	52	20	0.6	31.5	48.5	6300	9000	98.7	48	0.6
RNA 69/32		52	36	0.6	48	83.2	6300	9000		48	0.6
RNA 4907	42	55	20	0.6	32.5	51	6000	8500	116	51	0.6
RNA 6907		55	36	0.6	49.5	87.2	6000	8500		51	0.6
RNA 4908	48	62	22	0.6	43.5	66.2	5000	7000	146	58	0.6
RNA 6908		62	40	0.6	62.8	108	5000	7000		58	0.6
RNA 4909	52	68	22	0.6	46	73	4800	6700	194	64	0.6
RNA 6909		68	40	0.6	67.2	118	4800	6700		64	0.6
RNA 4910	58	72	22	0.6	48.2	80	4500	6300	172	68	0.6
RNA 6910		72	40	0.6	70.2	128	4500	6300		68	0.6
RNA 4911	63	80	25	1	58.5	99	4000	5600	274	75	1
RNA 6911		80	45	1	87.8	168	4000	5600		75	1
RNA 4912	68	85	25	1	61.2	108	3800	5300	294	80	1
RNA 6912		85	45	1	90.8	182	3800	5300		80	1
RNA 4913	72	90	25	1	62.2	112	3600	5000	335	85	1
RNA 6913		90	45	1	93.2	188	3600	5000		85	1
RNA 4914	80	100	30	1	84	152	3200	4500	491	95	1
RNA 6914		100	54	1	130	260	3200	4500		95	1
RNA 4915	85	105	30	1	85.5	158	3000	4300	515	100	1
RNA 6915		105	54	1	130	270	3000	4300		100	1
RNA 4916	90	110	30	1	89	170	2800	4000	544	105	1
RNA 6916		110	54	1	135	292	2800	4000		105	1
RNA 4917	100	120	35	1.1	112	235	2400	3600	687	113.5	1
RNA 6917		120	63	1.1	155	365	2400	3600		113.5	1
RNA 4918	105	125	35	1.1	115	250	2200	3400	721	118.5	1

续表

轴承型号	基本尺寸/mm				基本额定载荷/kN		极限转速/r·min^{-1}		质量/g	安装尺寸/mm	
RNA 0000 型	F_w	D	C	r min	C_r	C_{0r}	脂	油	W ≈	D_2 max	r_a max
RNA 6918	105	125	63	1.1	165	388	2200	3400		118.5	1
RNA 4919	110	130	35	1.1	120	265	2000	3200	754	123.5	1
RNA 6919		130	63	1.1	172	412	2000	3200		123.5	1
RNA 4920	115	140	40	1.1	130	270	2000	3200	1180	133.5	1
RNA 6920		140	70	1.1	202	480	2000	3200		133.5	1
RNA 4822	120	140	30	1	93	210	2000	3200	718	135	1
RNA 4922	125	150	40	1.1	138	295	1900	3000	1275	143.5	1

表 7-5-25 无内圈、冲压外圈滚针轴承（GB/T 290—2017、GB/T 12764—2009）

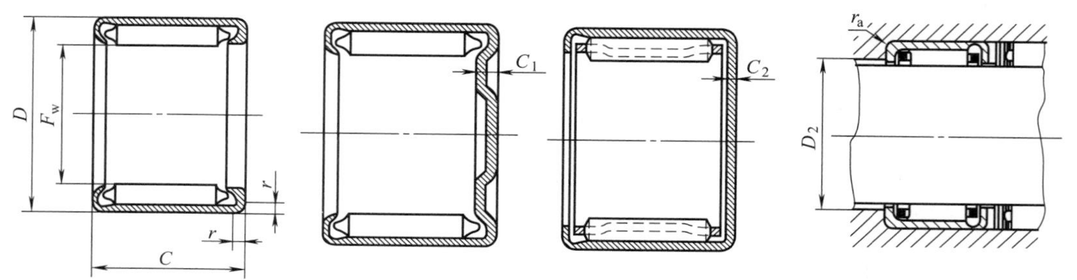

开口(HK)型 封口(BK)型

轴承型号		基本尺寸/mm			基本额定载荷/kN		极限转速/r·min^{-1}		质量/g		安装尺寸/mm		其他尺寸/mm		
HK 型	BK 型	F_w	D	C	C_r	C_{0r}	脂	油	HK 型	BK 型	D_2 max	r_a max	C_1 max	C_2 max	r min
HK 0408	BK 0408	4	8	8	1.50	1.20	20000	28000	1.40	1.50	5	0.6	1.9	1	0.3
HK 0409	BK 0409		8	9	1.80	1.40	20000	28000	1.60	1.70	5	0.6	1.9	1	0.3
HK 0508	BK 0508	5	9	8	1.90	1.60	17000	24000	1.70	1.80	5.3	0.6	1.9	1	0.4
HK 0509	BK 0509		9	9	2.30	2.00	17000	24000	1.90	2.00	5.3	0.6	1.9	1	0.4
HK 0608	BK 0608	6	10	8	2.10	1.90	16000	22000	1.90	2.10	6.3	0.6	1.9	1	0.4
HK 0609	BK 0609		10	9	2.50	2.40	16000	22000	2.10	2.30	6.3	0.6	1.9	1	0.4
HK 0610	BK 0910		10	10	2.90	2.90	16000	22000	2.40	2.50	6.3	0.6	1.9	1	0.4
HK 0708	BK 0708	7	11	8	2.30	2.20	15000	20000	2.10	2.30	7.3	0.6	1.9	1	0.4
HK 0709	BK 0709		11	9	2.70	2.70	15000	20000	2.40	2.50	7.3	0.6	1.9	1	0.4
HK 0710	BK 0710		11	10	3.10	3.30	15000	20000	2.70	2.90	7.3	0.6	1.9	1	0.4
HK 0712	BK 0712		11	12	3.90	4.30	15000	20000	3.30	3.40	7.3	0.6	1.9	1	0.4
HK 0808	BK 0808	8	12	8	2.40	2.40	14000	19000	2.40	2.60	8.3	0.6	1.9	1	0.4
HK 0809	BK 0809		12	9	2.90	3.10	14000	19000	2.70	2.90	8.3	0.6	1.9	1	0.4
HK 0810	BK 0810		12	10	3.30	3.70	14000	19000	2.90	3.20	8.3	0.6	1.9	1	0.4
HK 0812	BK 0812		12	12	4.20	4.90	14000	19000	3.60	3.80	8.3	0.6	1.9	1	0.4
HKH 0810	BKH 0810		14	10	3.40	3.20	14000	19000	5.50	5.90	9	0.6	1.9	1	0.4

续表

轴承型号		基本尺寸/mm			基本额定载荷/kN		极限转速/r·min⁻¹		质量/g		安装尺寸/mm		其他尺寸/mm		
HK 型	BK 型	F_w	D	C	C_r	C_{0r}	脂	油	HK 型	BK 型	D_2 max	r_a max	C_1 max	C_2 max	r min
HKH 0812	BKH 0812	8	14	12	4.40	4.40	14000	19000	6.60	7.10	9	0.6	1.9	1	0.4
HKH 0814	BKH 0814		14	14	5.40	5.70	14000	19000	7.90	8.30	9	0.6	1.9	1	0.4
HK 0908	BK 0908	9	13	8	2.70	2.90	13000	18000	2.70	2.90	9.3	0.6	1.9	1	0.4
HK 0909	BK 0909		13	9	3.30	3.70	13000	18000	2.90	3.20	9.3	0.6	1.9	1	0.4
HK 0910	BK 0910		13	10	3.70	4.40	13000	18000	3.30	3.50	9.3	0.6	1.9	1	0.4
HK 0912	BK 0912		13	12	4.70	5.90	13000	18000	4.10	4.30	9.3	0.6	1.9	1	0.4
HK 0914	BK 0914		13	14	5.60	7.40	13000	18000	4.90	5.20	9.3	0.6	1.9	1	0.4
HKH 0910	BKH 0910		15	10	3.70	3.60	13000	18000	5.90	6.40	10	0.6	1.9	1	0.4
HKH 0912	BKH 0912		15	12	4.80	5.00	13000	18000	7.20	7.70	10	0.6	1.9	1	0.4
HKH 0914	BKH 0914		15	14	5.80	6.50	13000	18000	8.40	9.00	10	0.6	1.9	1	0.4
HKH 0916	BKH 0916		15	16	6.80	7.90	13000	18000	9.80	10.4	10	0.6	1.9	1	0.4
HK 1008	BK 1008	10	14	8	2.90	3.20	11000	17000	2.90	3.20	10.3	0.6	1.9	1	0.4
HK 1009	BK 1009		14	9	3.40	4.00	11000	17000	3.10	3.50	10.3	0.6	1.9	1	0.4
HK 1010	BK 1010		14	10	3.90	4.80	11000	17000	3.60	3.90	10.3	0.6	1.9	1	0.4
HK 1012	BK 1012		14	12	4.90	6.40	11000	17000	4.40	4.80	10.3	0.6	1.9	1	0.4
HK 1014	BK 1014		14	14	5.80	8.00	11000	17000	5.30	5.60	10.3	0.6	1.9	1	0.4
HKH 1010	BKH 1010		16	10	3.90	4.00	11000	17000	6.40	7.00	11	0.6	1.9	1	0.4
HKH 1012	BKH 1012		16	12	5.10	5.60	11000	17000	7.80	8.50	11	0.6	1.9	1	0.4
HKH 1014	BKH 1014		16	14	6.20	7.30	11000	17000	9.10	9.80	11	0.6	1.9	1	0.4
HKH 1016	BKH 1016		16	16	7.30	8.90	11000	17000	10.6	11.2	11	0.6	1.9	1	0.4
HK 1208	BK 1208	12	16	8	3.10	3.80	9500	15000	3.30	3.80	12.3	0.6	1.9	1	0.4
HK 1209	BK 1209		16	9	3.70	4.70	9500	15000	3.70	4.20	12.3	0.6	1.9	1	0.4
HK 1210	BK 1210		16	10	4.30	5.60	9500	15000	4.10	4.60	12.3	0.6	1.9	1	0.4
HK 1212	BK 1212		16	12	5.30	7.50	9500	15000	5.10	5.50	12.3	0.6	1.9	1	0.4
HK 1214	BK 1214		16	14	6.30	9.40	9500	15000	6.00	6.50	12.3	0.6	1.9	1	0.4
HKH 1210	BKH 1210		18	10	4.40	4.90	9500	15000	7.30	8.30	13	0.6	1.9	1	0.4
HKH 1212	BKH 1212		18	12	5.80	6.90	9500	15000	9.00	9.90	13	0.6	1.9	1	0.4
HKH 1214	BKH 1214		18	14	7.00	8.80	9500	15000	10.6	11.5	13	0.6	1.9	1	0.4
HKH 1216	BKH 1216		18	16	8.20	10.8	9500	15000	12.2	13.2	13	0.6	1.9	1	0.4
HKH 1218	BKH 1218		18	18	9.30	12.8	9500	15000	13.8	14.7	13	0.6	1.9	1	0.4
HK 1410	BK 1410	14	20	10	4.90	5.80	9500	15000	8.30	9.60	15	0.6	2.8	1.3	0.4
HK 1412	BK 1412		20	12	6.30	8.10	9500	15000	10.1	11.3	15	0.6	2.8	1.3	0.4
HK 1414	BK 1414		20	14	7.70	10.5	9500	15000	12.0	13.2	15	0.6	2.8	1.3	0.4
HK 1416	BK 1416		20	16	9.00	12.8	9500	15000	13.9	15.2	15	0.6	2.8	1.3	0.4
HK 1418	BK 1418		20	18	10.2	15.0	9500	15000	15.6	16.9	15	0.6	2.8	1.3	0.4
HK 1420	BK 1420		20	20	11.5	17.2	9500	15000	17.5	18.7	15	0.6	2.8	1.3	0.4
HKH 1412	BKH 1412		22	12	7.00	7.20	9500	15000	13.2	14.5	16	1	2.8	1.3	0.4
HKH 1414	BKH 1414		22	14	8.80	9.60	9500	15000	15.7	17.0	16	1	2.8	1.3	0.4
HKH 1416	BKH 1416		22	16	10.5	12.0	9500	15000	18.1	19.4	16	1	2.8	1.3	0.4
HKH 1418	BKH 1418		22	18	12.2	14.2	9500	15000	20.5	21.8	16	1	2.8	1.3	0.4
HKH 1420	BKH 1420		22	20	13.5	16.8	9500	15000	23.1	24.4	16	1	2.8	1.3	0.4
HK 1510	BK 1510	15	21	10	5.10	6.20	9000	14000	8.70	10.2	16	1	2.8	1.3	0.4
HK 1512	BK 1512		21	12	6.60	8.70	9000	14000	10.7	12.1	16	1	2.8	1.3	0.4
HK 1514	BK 1514		21	14	8.00	11.2	9000	14000	12.7	14.1	16	1	2.8	1.3	0.4

续表

轴承型号		基本尺寸/mm			基本额定载荷/kN		极限转速/r·min⁻¹		质量/g		安装尺寸/mm		其他尺寸/mm		
HK型	BK型	F_w	D	C	C_r	C_{0r}	脂	油	HK型	BK型	D_2 max	r_a max	C_1 max	C_2 max	r min
HK 1516	BK 1516	15	21	16	9.40	13.8	9000	14000	14.5	16.0	16	1	2.8	1.3	0.4
HK 1518	BK 1518		21	18	10.8	16.2	9000	14000	16.5	18.0	16	1	2.8	1.3	0.4
HK 1520	BK 1520		21	20	12.0	18.5	9000	14000	18.5	20.0	16	1	2.8	1.3	0.4
HKH 1512	BKH 1512		23	12	7.50	7.90	9000	14000	13.9	15.4	17	1	2.8	1.3	0.4
HKH 1514	BKH 1514		23	14	9.40	10.5	9000	14000	16.6	18.1	17	1	2.8	1.3	0.4
HKH 1516	BKH 1516		23	16	11.2	13.2	9000	14000	19.3	20.8	17	1	2.8	1.3	0.4
HKH 1518	BKH 1518		23	18	12.8	15.8	9000	14000	21.8	23.3	17	1	2.8	1.3	0.4
HKH 1520	BKH 1520		23	20	14.5	18.5	9000	14000	24.4	25.9	17	1	2.8	1.3	0.4
HK 1610	BK 1610	16	22	10	5.30	6.60	8500	13000	9.00	10.6	17	1	2.8	1.3	0.4
HK 1612	BK 1612		22	12	6.80	9.30	8500	13000	11.0	12.6	17	1	2.8	1.3	0.4
HK 1614	BK 1614		22	14	8.30	12.0	8500	13000	13.0	14.7	17	1	2.8	1.3	0.4
HK 1616	BK 1616		22	16	9.70	14.5	8500	13000	15.1	16.7	17	1	2.8	1.3	0.4
HK 1618	BK 1618		22	18	11.2	17.2	8500	13000	17.2	18.8	17	1	2.8	1.3	0.4
HK 1620	BK 1620		22	20	12.5	20.0	8500	13000	19.2	20.9	17	1	2.8	1.3	0.4
HKH 1612	BKH 1612		24	12	7.50	8.00	8500	13000	14.1	15.8	18	1	2.8	1.3	0.4
HKH 1614	BKH 1614		24	14	9.40	10.8	8500	13000	17.0	18.6	18	1	2.8	1.3	0.4
HKH 1616	BKH 1616		24	16	11.2	13.2	8500	13000	19.6	21.3	18	1	2.8	1.3	0.4
HKH 1618	BKH 1618		24	18	12.8	16.0	8500	13000	22.3	24.0	18	1	2.8	1.3	0.4
HKH 1620	BKH 1620		24	20	14.5	18.8	8500	13000	24.9	26.6	18	1	2.8	1.3	0.4
HK 1710	BK 1710	17	23	10	5.50	7.10	8000	12000	9.30	11.2	18	1	2.8	1.3	0.4
HK 1712	BK 1712		23	12	7.10	9.90	8000	12000	11.5	13.4	18	1	2.8	1.3	0.4
HK 1714	BK 1714		23	14	8.60	12.8	8000	12000	13.7	15.6	18	1	2.8	1.3	0.4
HK 1716	BK 1716		23	16	10.2	15.5	8000	12000	15.9	17.7	18	1	2.8	1.3	0.4
HK 1718	BK 1718		23	18	11.5	18.5	8000	12000	18.1	19.9	18	1	2.8	1.3	0.4
HK 1720	BK 1720		23	20	13.5	22.5	8000	12000	20.5	22.4	18	1	2.8	1.3	0.4
HKH 1712	BKH 1712		25	12	7.90	8.80	8000	12000	14.9	16.8	19	1	2.8	1.3	0.4
HKH 1714	BKH 1714		25	14	9.90	11.8	8000	12000	17.8	19.7	19	1	2.8	1.3	0.4
HKH 1716	BKH 1716		25	16	11.8	14.5	8000	12000	20.7	22.6	19	1	2.8	1.3	0.4
HKH 1718	BKH 1718		25	18	13.5	17.5	8000	12000	23.5	25.4	19	1	2.8	1.3	0.4
HKH 1720	BKH 1720		25	20	15.2	20.5	8000	12000	26.4	28.3	19	1	2.8	1.3	0.4
HK 1810	BK 1810	18	24	10	5.60	7.50	7500	11000	9.90	12.0	19	1	2.8	1.3	0.4
HK 1812	BK 1812		24	12	7.30	10.5	7500	11000	12.1	14.2	19	1	2.8	1.3	0.4
HK 1814	BK 1814		24	14	8.90	13.5	7500	11000	14.5	16.5	19	1	2.8	1.3	0.4
HK 1816	BK 1816		24	16	10.5	16.5	7500	11000	16.7	18.8	19	1	2.8	1.3	0.4
HK 1818	BK 1818		24	18	12.0	19.5	7500	11000	19.0	21.1	19	1	2.8	1.3	0.4
HK 1820	BK 1820		24	20	13.2	22.5	7500	11000	21.2	23.3	19	1	2.8	1.3	0.4
HKH 1812	BKH 1812		26	12	8.30	9.50	7500	11000	15.7	17.9	20	1	2.8	1.3	0.4
HKH 1814	BKH 1814		26	14	10.5	12.8	7500	11000	18.8	20.9	20	1	2.8	1.3	0.4
HKH 1816	BKH 1816		26	16	12.5	15.8	7500	11000	21.8	23.9	20	1	2.8	1.3	0.4
HKH 1818	BKH 1818		26	18	14.2	19.0	7500	11000	24.8	26.9	20	1	2.8	1.3	0.4
HKH 1820	BKH 1820		26	20	16.2	22.2	7500	11000	27.8	30.0	20	1	2.8	1.3	0.4
HK 2010	BK 2010	20	26	10	6.00	8.40	7000	10000	10.8	13.3	21	1	2.8	1.3	0.4
HK 2012	BK 2012		26	12	7.80	11.8	7000	10000	13.3	15.8	21	1	2.8	1.3	0.4
HK 2014	BK 2014		26	14	9.50	15.2	7000	10000	15.7	18.3	21	1	2.8	1.3	0.4

续表

轴承型号		基本尺寸/mm			基本额定载荷/kN		极限转速/r·min^{-1}		质量/g		安装尺寸/mm		其他尺寸/mm		
HK 型	BK 型	F_w	D	C	C_r	C_{0r}	脂	油	HK 型	BK 型	D_2 max	r_a max	C_1 max	C_2 max	r min
HK 2016	BK 2016	20	26	16	11.2	18.5	7000	10000	18.2	20.8	21	1	2.8	1.3	0.4
HK 2018	BK 2018		26	18	12.5	21.8	7000	10000	20.8	23.3	21	1	2.8	1.3	0.4
HK 2020	BK 2020		26	20	14.2	25.2	7000	10000	23.3	25.8	21	1	2.8	1.3	0.4
HKH 2012	BKH 2012		28	12	8.70	10.2	7000	10000	17.1	19.7	22	1	2.8	1.3	0.4
HKH 2014	BKH 2014		28	14	11.0	13.8	7000	10000	20.3	22.9	22	1	2.8	1.3	0.4
HKH 2016	BKH 2016		28	16	13.0	17.2	7000	10000	23.6	26.2	22	1	2.8	1.3	0.4
HKH 2018	BKH 2018		28	18	15.0	20.8	7000	10000	26.8	29.4	22	1	2.8	1.3	0.4
HKH 2020	BKH 2020		28	20	16.8	24.2	7000	10000	30.2	32.8	22	1	2.8	1.3	0.4
HK 2210	BK 2210	22	28	10	6.30	9.30	6700	9500	11.7	14.8	23	1	2.8	1.3	0.4
HK 2212	BK 2212		28	12	8.20	13.0	6700	9500	14.4	17.5	23	1	2.8	1.3	0.4
HK 2214	BK 2214		28	14	10.0	16.8	6700	9500	17.2	20.2	23	1	2.8	1.3	0.4
HK 2216	BK 2216		28	16	11.8	20.5	6700	9500	19.9	22.9	23	1	2.8	1.3	0.4
HK 2218	BK 2218		28	18	13.2	24.2	6700	9500	22.5	25.6	23	1	2.8	1.3	0.4
HK 2220	BK 2220		28	20	15.0	27.8	6700	9500	25.3	28.4	23	1	2.8	1.3	0.4
HKH 2212	BKH 2212		30	12	9.10	11.2	6700	9500	18.4	21.5	24	1	2.8	1.3	0.4
HKH 2214	BKH 2214		30	14	11.2	15.0	6700	9500	21.9	25.0	24	1	2.8	1.3	0.4
HKH 2216	BKH 2216		30	16	13.5	18.5	6700	9500	25.3	28.4	24	1	2.8	1.3	0.4
HKH 2218	BKH 2218		30	18	15.5	22.2	6700	9500	28.9	32.1	24	1	2.8	1.3	0.4
HKH 2220	BKH 2220		30	20	17.5	26.0	6700	9500	32.4	35.6	24	1	2.8	1.3	0.4
HK 2512	BK 2512	25	32	12	9.10	13.2	6300	9000	18.3	22.2	27	1	2.8	1.3	0.8
HK 2514	BK 2514		32	14	11.5	17.5	6300	9000	21.9	25.9	27	1	2.8	1.3	0.8
HK 2516	BK 2516		32	16	13.5	22.0	6300	9000	25.2	29.2	27	1	2.8	1.3	0.8
HK 2518	BK 2518		32	18	15.5	26.5	6300	9000	28.8	32.8	27	1	2.8	1.3	0.8
HK 2520	BK 2520		32	20	17.5	30.8	6300	9000	32.3	36.3	27	1	2.8	1.3	0.8
HK 2524	BK 2524		32	24	21.2	39.5	6300	9000	39.3	43.2	27	1	2.8	1.3	0.8
HKH 2514	BKH 2514		35	14	12.2	14.0	6300	9000	29.9	34.0	28	1	2.8	1.3	0.8
HKH 2516	BKH 2516		35	16	15.0	18.2	6300	9000	35.0	39.0	28	1	2.8	1.3	0.8
HKH 2518	BKH 2518		35	18	17.5	22.5	6300	9000	40.0	44.1	28	1	2.8	1.3	0.8
HKH 2520	BKH 2820		35	20	20.2	26.8	6300	9000	44.9	49.0	28	1	2.8	1.3	0.8
HKH 2524	BKH 2824		35	24	25.0	35.2	6300	9000	54.8	58.9	28	1	2.8	1.3	0.8
HK 2812	BK 2812	28	35	12	9.50	14.5	6300	9000	20.0	24.9	30	1	2.8	1.3	0.8
HK 2814	BK 2814		35	14	12.0	19.5	6300	9000	24.0	29.0	30	1	2.8	1.3	0.8
HK 2816	BK 2816		35	16	14.2	24.2	6300	9000	27.6	32.6	30	1	2.8	1.3	0.8
HK 2818	BK 2818		35	18	16.2	29.2	6300	9000	31.7	36.6	30	1	2.8	1.3	0.8
HK 2820	BK 2820		35	20	18.5	34.0	6300	9000	35.5	40.5	30	1	2.8	1.3	0.8
HK 2824	BK 2824		35	24	22.5	43.5	6300	9000	43.2	48.1	30	1	2.8	1.3	0.8
HKH 2814	BKH 2814		38	14	13.2	16.2	6300	9000	33.2	38.3	31	1	2.8	1.3	0.8
HKH 2816	BKH 2816		38	16	16.5	21.2	6300	9000	38.8	43.9	31	1	2.8	1.3	0.8
HKH 2818	BKH 2818		38	18	19.2	26.2	6300	9000	44.4	49.5	31	1	2.8	1.3	0.8
HKH 2820	BKH 2820		38	20	22.2	31.0	6300	9000	49.8	54.9	31	1	2.8	1.3	0.8
HKH 2824	BKH 2824		38	24	27.5	41.0	6300	9000	60.8	65.8	31	1	2.8	1.3	0.8
HK 3012	BK 3012	30	37	12	10.0	15.8	5600	8000	21.4	27.1	32	1	2.8	1.3	0.8
HK 3014	BK 3014		37	14	12.5	21.2	5600	8000	25.5	31.2	32	1	2.8	1.3	0.8
HK 3016	BK 3016		37	16	15.0	26.5	5600	8000	29.6	35.3	32	1	2.8	1.3	0.8

续表

轴承型号		基本尺寸/mm			基本额定载荷/kN		极限转速/r·min^{-1}		质量/g		安装尺寸/mm		其他尺寸/mm		
HK型	BK型	F_w	D	C	C_r	C_{0r}	脂	油	HK型	BK型	D_2 max	r_a max	C_1 max	C_2 max	r min
HK 3018	BK 3018	30	37	18	17.2	31.8	5600	8000	33.6	39.3	32	1	2.8	1.3	0.8
HK 3020	BK 3020		37	20	19.2	37.0	5600	8000	37.9	43.6	32	1	2.8	1.3	0.8
HK 3024	BK 3024		37	24	23.5	47.5	5600	8000	46.0	51.7	32	1	2.8	1.3	0.8
HKH 3014	BKH 3014		40	14	13.8	17.5	5600	8000	35.2	41.0	33	1	2.8	1.3	0.8
HKH 3016	BKH 3016		40	16	17.0	22.8	5600	8000	41.1	46.9	33	1	2.8	1.3	0.8
HKH 3018	BKH 3018		40	18	20.2	28.0	5600	8000	47.0	52.8	33	1	2.8	1.3	0.8
HKH 3020	BKH 3020		40	20	23.0	33.2	5600	8000	52.8	58.6	33	1	2.8	1.3	0.8
HKH 3024	BKH 3024		40	24	28.5	43.8	5600	8000	64.4	70.2	33	1	2.8	1.3	0.8
HK 3212	BK 3212	32	39	12	10.5	17.2	5300	7500	22.7	29.2	34	1	2.8	1.3	0.8
HK 3214	BK 3214		39	14	13.2	23.0	5300	7500	27.2	33.7	34	1	2.8	1.3	0.8
HK 3216	BK 3216		39	16	15.5	28.5	5300	7500	31.3	37.8	34	1	2.8	1.3	0.8
HK 3218	BK 3218		39	18	18.0	34.2	5300	7500	35.8	42.3	34	1	2.8	1.3	0.8
HK 3220	BK 3220		39	20	20.2	40.0	5300	7500	40.4	46.8	34	1	2.8	1.3	0.8
HK 3224	BK 3224		39	24	24.5	51.5	5300	7500	49.0	55.5	34	1	2.8	1.3	0.8
HKH 3214	BKH 3214		42	14	14.5	18.5	5300	7500	37.2	43.7	35	1	2.8	1.3	0.8
HKH 3216	BKH 3216		42	16	17.8	24.2	5300	7500	43.5	50.1	35	1	2.8	1.3	0.8
HKH 3218	BKH 3218		42	18	20.8	29.8	5300	7500	49.7	56.3	35	1	2.8	1.3	0.8
HKH 3220	BKH 3220		42	20	23.8	35.5	5300	7500	55.8	62.4	35	1	2.8	1.3	0.8
HKH 3224	BKH 3224		42	24	29.5	46.8	5300	7500	68.1	74.7	35	1	2.8	1.3	0.8
HK 3512	BK 3512	35	42	12	10.8	18.5	5000	7000	24.5	32.3	37	1	2.8	1.3	0.8
HK 3514	BK 3514		42	14	13.5	24.5	5000	7000	29.3	37.1	37	1	2.8	1.3	0.8
HK 3516	BK 3516		42	16	16.2	30.8	5000	7000	33.9	41.6	37	1	2.8	1.3	0.8
HK 3518	BK 3518		42	18	18.5	37.0	5000	7000	38.7	46.4	37	1	2.8	1.3	0.8
HK 3520	BK 3520		42	20	21.0	43.2	5000	7000	43.5	51.2	37	1	2.8	1.3	0.8
HK 3524	BK 3524		42	24	25.5	55.5	5000	7000	52.8	60.5	37	1	2.8	1.3	0.8
HKH 3514	BKH 3514		45	14	14.8	19.8	5000	7000	39.8	47.6	38	1	2.8	1.3	0.8
HKH 3516	BKH 3516		45	16	18.2	25.8	5000	7000	46.5	54.4	38	1	2.8	1.3	0.8
HKH 3518	BKH 3518		45	18	21.5	31.8	5000	7000	53.2	61.0	38	1	2.8	1.3	0.8
HKH 3520	BKH 3520		45	20	24.5	37.8	5000	7000	59.8	67.7	38	1	2.8	1.3	0.8
HKH 3524	BKH 3524		45	24	30.2	49.8	5000	7000	72.9	80.8	38	1	2.8	1.3	0.8
HK 3812	BK 3812	38	45	12	11.2	19.8	4500	6300	26.4	35.2	40	1	2.8	1.3	0.8
HK 3814	BK 3814		45	14	14.0	26.5	4500	6300	31.5	40.6	40	1	2.8	1.3	0.8
HK 3816	BK 3816		45	16	16.8	33.0	4500	6300	36.4	45.4	40	1	2.8	1.3	0.8
HK 3818	BK 3818		45	18	19.2	39.5	4500	6300	41.5	50.6	40	1	2.8	1.3	0.8
HK 3820	BK 3820		45	20	21.8	46.2	4500	6300	46.7	55.7	40	1	2.8	1.3	0.8
HK 3824	BK 3824		45	24	26.2	59.5	4500	6300	56.7	65.8	40	1	2.8	1.3	0.8
HKH 3814	BKH 3814		48	14	15.8	22.2	4500	6300	43.1	52.3	41	1	2.8	1.3	0.8
HKH 3816	BKH 3816		48	16	19.5	28.8	4500	6300	50.4	59.6	41	1	2.8	1.3	0.8
HKH 3818	BKH 3818		48	18	22.8	35.5	4500	6300	57.6	66.8	41	1	2.8	1.3	0.8
HKH 3820	BKH 3820		48	20	26.2	42.2	4500	6300	64.7	73.9	41	1	2.8	1.3	0.8
HKH 3824	BKH 3824		48	24	32.2	55.5	4500	6300	78.9	88.1	41	1	2.8	1.3	0.8
HK 4012	BK 4012	40	47	12	11.5	21.2	4500	6300	27.6	37.7	42	1	2.8	1.3	0.8
HK 4014	BK 4014		47	14	14.5	28.2	4500	6300	33.1	43.1	42	1	2.8	1.3	0.8
HK 4016	BK 4016		47	16	17.2	35.2	4500	6300	38.1	48.2	42	1	2.8	1.3	0.8
HK 4018	BK 4018		47	18	20.0	42.2	4500	6300	43.7	53.7	42	1	2.8	1.3	0.8
HK 4020	BK 4020		47	20	22.5	49.2	4500	6300	49.0	59.1	42	1	2.8	1.3	0.8
HK 4024	BK 4024		47	24	27.2	63.5	4500	6300	59.6	69.7	42	1	2.8	1.3	0.8

续表

轴承型号		基本尺寸/mm			基本额定载荷/kN		极限转速/r·min⁻¹		质量/g		安装尺寸/mm		其他尺寸/mm		
HK 型	BK 型	F_w	D	C	C_r	C_{0r}	脂	油	HK 型	BK 型	D_2 max	r_a max	C_1 max	C_2 max	r min
HKH 4014	BKH 4014	40	50	14	16.2	23.2	4500	6300	45.1	55.2	43	1	2.8	1.3	0.8
HKH 4016	BKH 4016		50	16	20.0	30.2	4500	6300	52.7	62.8	43	1	2.8	1.3	0.8
HKH 4018	BKH 4018		50	18	23.5	37.2	4500	6300	60.3	70.4	43	1	2.8	1.3	0.8
HKH 4020	BKH 4020		50	20	26.8	44.5	4500	6300	67.7	77.8	43	1	2.8	1.3	0.8
HKH 4024	BKH 4024		50	24	33.2	58.5	4500	6300	82.7	92.8	43	1	2.8	1.3	0.8
HK 4212	BK 4212	42	49	12	12.0	22.5	4300	6000	29.0	40.1	44	1	2.8	1.3	0.8
HK 4214	BK 4214		49	14	15.0	30.0	4300	6000	34.7	45.7	44	1	2.8	1.3	0.8
HK 4216	BK 4216		49	16	18.0	37.5	4300	6000	40.1	51.2	44	1	2.8	1.3	0.8
HK 4218	BK 4218		49	18	20.5	45.0	4300	6000	45.8	56.8	44	1	2.8	1.3	0.8
HK 4220	BK 4220		49	20	23.2	52.2	4300	6000	51.4	62.5	44	1	2.8	1.3	0.8
HK 4224	BK 4224		49	24	28.2	67.2	4300	6000	62.5	73.6	44	1	2.8	1.3	0.8
HKH 4214	BKH 4214		52	14	16.5	24.5	4300	6000	47.0	58.2	46	1	2.8	1.3	0.8
HKH 4216	BKH 4216		52	16	20.5	31.8	4300	6000	54.9	66.1	46	1	2.8	1.3	0.8
HKH 4218	BKH 4218		52	18	24.0	39.2	4300	6000	62.9	74.1	46	1	2.8	1.3	0.8
HKH 4220	BKH 4220		52	20	27.5	46.5	4300	6000	70.6	81.8	46	1	2.8	1.3	0.8
HKH 4224	BKH 4224		52	24	34.2	61.5	4300	6000	86.2	97.4	46	1	2.8	1.3	0.8
HK 4512	BK 4512	45	52	12	12.2	23.8	3800	5300	30.8	43.5	47	1	2.8	1.3	0.8
HK 4514	BK 4514		52	14	15.5	31.8	3800	5300	36.8	49.5	47	1	2.8	1.3	0.8
HK 4516	BK 4516		52	16	18.5	39.5	3800	5300	42.5	55.2	47	1	2.8	1.3	0.8
HK 4518	BK 4518		52	18	21.2	47.5	3800	5300	48.6	61.3	47	1	2.8	1.3	0.8
HK 4520	BK 4520		52	20	24.0	55.5	3800	5300	54.7	67.4	47	1	2.8	1.3	0.8
HK 4524	BK 4524		52	24	29.0	71.2	3800	5300	66.4	79.1	47	1	2.8	1.3	0.8
HKH 4514	BKH 4514		55	14	17.0	25.5	3800	5300	49.6	62.5	49	1	2.8	1.3	0.8
HKH 4516	BKH 4516		55	16	20.8	33.5	3800	5300	58.1	70.9	49	1	2.8	1.3	0.8
HKH 4518	BKH 4518		55	18	24.5	41.2	3800	5300	66.4	79.3	49	1	2.8	1.3	0.8
HKH 4520	BKH 4520		55	20	28.2	50.0	3800	5300	74.6	87.4	49	1	2.8	1.3	0.8
HKH 4524	BKH 4524		55	24	34.8	64.5	3800	5300	91.1	104	49	1	2.8	1.3	0.8
HK 5016	BK 5016	50	58	16	21.2	43.5	3400	4800	52.7	68.4	53	1	2.8	1.6	0.8
HK 5018	BK 5018		58	18	24.5	52.2	3400	4800	60.0	75.6	53	1	2.8	1.6	0.8
HK 5020	BK 5020		58	20	27.8	61.0	3400	4800	67.3	82.9	53	1	2.8	1.6	0.8
HK 5024	BK 5024		58	24	33.8	78.5	3400	4800	82.3	97.9	53	1	2.8	1.6	0.8
HK 5516	BK 5516	55	63	16	22.2	47.5	3200	4500	57.3	76.2	58	1	2.8	1.6	0.8
HK 5518	BK 5518		63	18	25.8	57.2	3200	4500	65.3	84.2	58	1	2.8	1.6	0.8
HK 5520	BK 5520		63	20	29.0	66.5	3200	4500	73.3	92.2	58	1	2.8	1.6	0.8
HK 5524	BK 5524		63	24	35.2	85.5	3200	4500	89.6	109	58	1	2.8	1.6	0.8
HK 6016	BK 6016	60	68	16	23.5	52.8	2800	4000	62.4	84.9	63	1	2.8	1.6	0.8
HK 6018	BK 6018		68	18	27.2	63.5	2800	4000	71.1	93.6	63	1	2.8	1.6	0.8
HK 6020	BK 6020		68	20	30.5	74.0	2800	4000	79.8	102	63	1	2.8	1.6	0.8
HK 6024	BK 6024		68	24	37.2	95.0	2800	4000	97.6	120	63	1	2.8	1.6	0.8
HK 6516	BK 6516	65	73	16	24.5	56.8	2800	4000	67.1	93.5	68	1	2.8	1.6	0.8
HK 6518	BK 6518		73	18	28.2	68.2	2800	4000	76.5	103	68	1	2.8	1.6	0.8
HK 6520	BK 6520		73	20	31.8	79.5	2800	4000	85.8	112	68	1	2.8	1.6	0.8
HK 6524	BK 6524		73	24	38.6	102	2800	4000	105	131	68	1	2.8	1.6	0.8
HK 7016	BK 7016	70	78	16	25.2	60.8	2600	3800	71.8	102	73	1	2.8	1.6	0.8
HK 7018	BK 7018		78	18	29.2	73.0	2600	3800	81.8	112	73	1	2.8	1.6	0.8
HK 7020	BK 7020		78	20	32.8	85.2	2600	3800	91.9	122	73	1	2.8	1.6	0.8
HK 7024	BK 7024		78	24	40.0	110	2600	3800	112	143	73	1	2.8	1.6	0.8

5.7 圆锥滚子轴承

表 7-5-26

单列圆锥滚子轴承（GB/T 297—2015）

30000型

径向当量动载荷

$P_r=F_r$　　$F_a/F_r\leqslant e$

$P_r=0.4F_r+YF_a$　　$F_a/F_r>e$

径向当量静载荷

$P_{0r}=0.5F_r+Y_0F_a$

$P_{0r}=F_r$（当 $P_{0r}<F_r$ 时）

轴承型号	ISO 尺寸系列	基本尺寸/mm							基本额定载荷/kN		极限转速 /r·min⁻¹		质量 /kg	安装尺寸/mm									其他尺寸/mm			计算系数		
30000 型		d	D	T	B	C	α	E	C_r	C_{0r}	脂	油	W ≈	d_a min	d_b max	D_a min	D_a max	D_b max	a_1 min	a_2 min	r_a max	r_b max	a ≈	r min	r_1 min	e	Y	Y_0
30302	2FB	15	42	14.25	13	11	10°45′29″	33.272	22.8	21.5	9000	12000	0.094	21	22	36	36	38	2	3.5	1	1	9.6	1	1	0.29	2.1	1.2
30203	2DB	17	40	13.25	12	11	12°57′10″	31.408	20.8	21.8	9000	12000	0.079	23	23	34	34	37	2	2.5	1	1	9.9	1	1	0.35	1.7	1
30303	2FB		47	15.25	14	12	10°45′29″	37.42	28.2	27.2	8500	11000	0.129	23	25	40	41	43	3	3.5	1	1	10.4	1	1	0.29	2.1	1.2
32303	2FD		47	20.25	19	16	10°45′29″	36.09	35.2	36.2	8500	11000	0.173	23	24	39	41	43	3	4.5	1	1	12.3	1	1	0.29	2.1	1.2
32904	2BD	20	37	12	12	9	12°	29.621	13.2	17.5	9500	13000	0.056	—	—	—	—	—	—	—	0.3	0.3	8.2	0.3	0.3	0.32	1.9	1
32004	3CC		42	15	15	12	14°	32.781	25.0	28.2	8500	11000	0.095	25	25	36	37	39	3	3	0.6	0.6	10.3	0.6	0.6	0.37	1.6	0.9
30204	2DB		47	15.25	14	12	12°57′10″	37.304	28.2	30.5	8000	10000	0.126	26	27	40	41	43	2	3.5	1	1	11.2	1	1	0.35	1.7	1
30304	2FB		52	16.25	15	13	11°18′36″	41.318	33.0	33.2	7500	9500	0.165	27	28	44	45	48	3	3.5	1.5	1.5	11.1	1.5	1.5	0.3	2	1.1
32304	2FD	20	52	22.25	21	18	11°18′36″	39.518	42.8	46.2	7500	9500	0.230	27	26	43	45	48	3	4.5	1.5	1.5	13.6	1.5	1.5	0.3	2	1.1
329/22	2BC	22	40	12	12	9	12°	32.665	15.0	20.0	8500	11000	0.065	—	—	—	—	—	—	—	0.3	0.3	8.5	0.3	0.3	0.32	1.9	1
320/22	3CC		44	15	15	11.5	14°50′	34.708	26.0	30.2	8000	10000	0.100	27	27	38	39	41	3	3.5	0.6	0.6	10.8	0.6	0.6	0.40	1.5	0.8

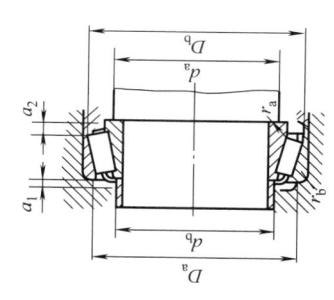

续表

轴承型号	ISO	基本尺寸/mm							基本额定载荷/kN		极限转速/r·min^{-1}		质量/kg	安装尺寸/mm									其他尺寸/mm			计算系数		
30000型	尺寸系列	d	D	T	B	C	α	E	C_r	C_{0r}	脂	油	W ≈	d_a min	d_b max	D_a min	D_a max	D_b max	a_1 min	a_2 min	r_a max	r_b max	a ≈	r min	r_1 min	e	Y	Y_0
32905	2BD	25	42	12	12	9	12°	34.608	16.0	21.0	6300	10000	0.064	—	—	—	—	—	—	—	0.3	0.3	8.7	0.3	0.3	0.32	1.9	1
32005			47	15	15	11.5			28.0	34.0	7500	9500	0.11	30	30	40	42	44	3	3.5	0.6	0.6	11.6	0.6	0.6	0.43	1.4	0.8
33005	2CE		47	17	17	14	10°55′	38.278	32.5	42.5	7500	9500	0.129	30	30	40	42	45	3	3	0.6	0.6	11.1	0.6	0.6	0.29	2.1	1.1
30205	3CC		52	16.25	15	13	14°02′10″	41.135	32.2	37.0	7000	9000	0.154	31	31	44	46	48	2	3.5	1	1	12.5	1	1	0.37	1.6	0.9
33205	2DE		52	22	22	18	13°10′	40.441	47.0	55.8	7000	9000	0.216	31	30	43	46	49	4	4	1	1	14.0	1	1	0.35	1.7	0.9
30305	2FB		62	18.25	17	15	11°18′36″	50.637	46.8	48.0	6300	8000	0.263	32	34	54	55	58	3	3.5	1.5	1.5	13.0	1.5	1.5	0.3	2	1.1
31305	7FB		62	18.25	17	13	28°48′39″	44.13	40.5	46.0	6300	8000	0.262	32	31	47	55	59	3	5.5	1.5	1.5	20.1	1.5	1.5	0.83	0.7	0.4
32305	2FD		62	25.25	24	20	11°18′36″	48.637	61.5	68.8	6300	8000	0.368	32	32	52	55	58	3	5.5	1.5	1.5	15.9	1.5	1.5	0.3	2	1.1
329/28	2BD	28	45	12	12	9	12°	37.639	16.8	22.8	7500	9500	0.069	—	—	—	—	—	—	—	0.3	0.3	9.0	0.3	0.3	0.32	1.9	1
320/28	4CC		52	16	16	12	16°	41.991	31.5	40.5	6700	8500	0.142	34	33	45	46	49	3	4	1	1	12.6	1	1	0.43	1.4	0.8
332/28	2DE		58	24	24	19	12°45′	45.846	58.0	68.2	6300	8000	0.286	34	33	49	52	55	4	5	1	1	15.0	1	1	0.34	1.8	1.0
32906	2BD	30	47	12	12	9	12°	39.617	17.0	23.2	7000	9000	0.072	—	—	—	—	—	—	—	0.3	0.3	9.2	0.3	0.3	0.32	1.9	1
32006X2	—		55	16	16	14	—	—	27.8	35.5	6300	8000	0.16	—	—	—	—	—	3	5	—	—	12.0	1	1	0.26	2.3	1.3
32006	4CC		55	17	17	13	16°	44.438	35.8	46.8	6300	8000	0.170	36	35	48	49	52	3	4	1	1	13.3	1	1	0.43	1.4	0.8
33006	2CE		55	20	20	16	11°	45.283	43.8	58.8	6300	8000	0.201	36	35	48	49	52	3	4	1	1	12.8	1	1	0.29	2.1	1.1
30206	3DB		62	17.25	16	14	14°02′10″	49.99	43.2	50.5	6000	7500	0.231	36	37	53	56	58	2	3.5	1	1	13.8	1	1	0.37	1.6	0.9
32206	3DC		62	21.25	20	17	14°02′10″	48.982	51.8	63.8	6000	7500	0.287	36	36	52	56	58	3	4.5	1	1	15.6	1	1	0.37	1.6	0.9
33206	2DE		62	25	25	19.5	12°50′	49.524	63.8	75.5	6000	7500	0.342	36	36	53	56	59	5	5.5	1	1	15.7	1	1	0.34	1.8	1
30306	2FB	30	72	20.75	19	16	11°51′35″	58.287	59.0	63.0	5600	7000	0.387	37	40	62	65	66	3	5	1.5	1.5	15.3	1.5	1.5	0.31	1.9	1.1
31306	7FB		72	20.75	19	14	28°48′39″	51.771	52.5	60.5	5600	7000	0.392	37	37	55	65	68	3	7	1.5	1.5	23.1	1.5	1.5	0.83	0.7	0.4
32306	2FD		72	28.75	27	23	11°51′35″	55.767	81.5	96.5	5600	7000	0.562	37	38	59	65	66	4	6	1.5	1.5	18.9	1.5	1.5	0.31	1.9	1.1
329/32	2BD	32	52	14	15	10	12°	44.261	23.8	32.5	6300	8000	0.106	37	37	46	47	49	3	4	0.6	0.6	10.2	0.6	0.6	0.32	1.9	1
320/32	4CC		58	17	17	13	16°50′	46.708	36.5	49.2	6000	7500	0.187	38	38	50	52	55	3	4	1	1	14.0	1	1	0.45	1.3	0.7
332/32	2DB		65	26	26	20.5	13°	51.791	68.8	82.2	5600	7000	0.385	38	38	55	59	62	5	5.5	1	1	16.6	1	1	0.35	1.7	1
32907	2BD	35	55	14	14	11.5	11°	47.22	25.8	34.8	6000	7500	0.114	40	40	49	50	52	3	2.5	0.6	0.6	10.1	0.6	0.6	0.29	2.1	1.1

续表

轴承型号	ISO尺寸系列	基本尺寸/mm							基本额定载荷/kN		极限转速/r·min^{-1}		质量/kg	安装尺寸/mm									其他尺寸/mm			计算系数		
30000型		d	D	T	B	C	α	E	C_r	C_{0r}	脂	油	W ≈	d_a min	d_b max	D_a min	D_a max	D_b max	a_1 min	a_2 min	r_a max	r_b max	a ≈	r min	r_1 min	e	Y	Y_0
32007X2	—		62	18	17	15	—	—	33.8	47.2	5600	7000	0.21	—	—	—	—	—	3	5	1	1	14.0	1	1	0.29	2.1	1.1
32007	4CC		62	18	18	14	16°50′	50.51	43.2	59.2	5600	7000	0.224	41	40	54	56	59	4	4	1	1	15.1	1	1	0.44	1.4	0.8
33007	2CE		62	21	21	17	11°30′	51.32	46.8	63.2	5600	7000	0.254	41	41	54	56	59	3	4	1	1	13.5	1	1	0.31	2	1.1
30207	3DB		72	18.25	17	15	14°02′10″	58.844	54.2	63.5	5300	6700	0.331	42	44	62	65	67	3	3.5	1.5	1.5	15.3	1.5	1.5	0.37	1.6	0.9
32207	3DC		72	24.25	23	19	14°02′10″	57.087	70.5	89.5	5300	6700	0.445	42	42	61	65	68	3	3.5	1.5	1.5	17.9	1.5	1.5	0.37	1.6	0.9
33207	2DE		72	28	28	22	13°15′	57.186	82.5	102	5300	6700	0.515	42	42	61	65	68	5	6	1.5	1.5	18.2	1.5	1.5	0.35	1.7	0.9
30307	2FB		80	22.75	21	18	11°51′35″	65.769	75.2	82.5	5000	6300	0.515	44	45	70	71	74	3	5	2	1.5	16.8	2	1.5	0.31	1.9	1.1
31307	7FB		80	22.75	21	15	28°48′39″	58.861	65.8	76.8	5000	6300	0.514	44	42	62	71	76	4	8	2	1.5	25.8	2	1.5	0.83	0.7	0.4
32307	2FE		80	32.75	31	25	11°51′35″	62.829	99.0	118	5000	6300	0.763	44	43	66	71	74	4	8.5	2	1.5	20.4	2	1.5	0.31	1.9	1.1
32908X2	—	40	62	15	14	12	—	—	21.2	28.2	5600	7000	0.14	—	—	—	—	—	3	5	0.6	0.6	12.0	0.6	0.6	0.28	2.1	1.2
32908	2BC		62	15	15	12	10°55′	53.388	31.5	46.0	5600	7000	0.155	45	45	55	57	59	3	3	0.6	0.6	11.1	0.6	0.6	0.29	2.1	1.1
32008X2	—		68	19	18	16	—	—	39.8	55.2	5300	6700	0.27	—	—	—	—	—	3	5	1	1	15.0	1	1	0.3	2	1.1
32008	3CD		68	19	19	14.5	10°40′	56.897	51.8	71.0	5300	6700	0.267	46	46	60	62	65	4	4.5	1	1	14.9	1	1	0.38	1.6	0.9
33008	2BE		68	22	22	18	10°40′	57.29	60.2	79.5	5300	6700	0.306	46	46	60	62	64	3	4	1	1	14.1	1	1	0.28	2.1	1.2
33108	2CE		75	26	26	20.5	13°20′	61.169	84.8	110	5000	6300	0.496	47	47	65	68	71	4	5.5	1.5	1.5	18.0	1.5	1.5	0.36	1.7	0.9
30208	3DB	40	80	19.75	18	16	14°02′10″	65.73	63.0	74.0	5000	6300	0.422	47	49	69	73	75	3	4	1.5	1.5	16.9	1.5	1.5	0.37	1.6	0.9
32208	3DC		80	24.75	23	19	14°02′10″	64.715	77.8	97.2	5000	6300	0.532	47	48	68	73	75	3	6	1.5	1.5	18.9	1.5	1.5	0.37	1.6	0.9
33208	2DE		80	32	32	25	13°25′	63.405	105	135	5000	6300	0.715	47	47	67	73	76	5	7	1.5	1.5	20.8	1.5	1.5	0.36	1.7	0.9
30308	2FB		90	25.25	23	20	12°57′10″	72.703	90.8	108	4500	5600	0.747	49	52	77	81	84	3	5.5	2	1.5	19.5	2	1.5	0.35	1.7	1
31308	7FB		90	25.25	23	17	28°48′39″	66.984	81.5	96.5	4500	5600	0.727	49	48	71	81	87	4	8.5	2	1.5	29.0	2	1.5	0.83	0.7	0.4
32308	2FD		90	35.25	33	27	12°57′10″	69.253	115	148	4500	5600	1.04	49	49	73	81	83	4	8.5	2	1.5	23.3	2	1.5	0.35	1.7	1
32909X2	—	45	68	15	14	12	—	—	22.2	32.8	5300	6700	—	—	—	—	—	—	3	5	0.6	0.6	13.0	0.6	0.6	0.31	1.9	1.1
32909	2BC		68	15	15	12	12°	58.852	32.0	48.5	5300	6700	0.180	50	50	61	63	65	3	3	0.6	0.6	12.2	0.6	0.6	0.32	1.9	1
32009X2	—		75	20	19	16	—	—	44.5	62.5	5000	6300	0.32	—	—	—	—	—	4	6	1	1	16.0	1	1	0.3	2	1.1
32009	3CC		75	20	20	15.5	14°40′	63.248	58.5	81.5	5000	6300	0.337	51	51	67	69	72	4	4.5	1	1	16.5	1	1	0.39	1.5	0.8

续表

轴承型号	ISO尺寸系列	基本尺寸/mm							基本额定载荷/kN		极限转速/r·min^{-1}		质量/kg	安装尺寸/mm									其他尺寸/mm			计算系数		
30000型		d	D	T	B	C	α	E	C_r	C_{0r}	脂	油	W ≈	d_a min	d_b max	D_a min	D_a max	D_b max	a_1 min	a_2 min	r_a max	r_b max	a ≈	r min	r_1 min	e	Y	Y_0
33009	2CE		75	24	24	19	11°05′	63.116	72.5	100	5000	6300	0.398	51	51	67	69	72	4	5	1	1	15.9	1	1	0.32	1.9	1
33109	3CE		80	26	26	20.5	14°20′	65.7	87.0	118	4500	5600	0.535	52	52	69	73	77	4	5.5	1.5	1.5	19.1	1.5	1.5	0.38	1.6	1
30209	3DB		85	20.75	19	16	15°06′34″	70.44	67.8	83.5	4500	5600	0.474	52	53	74	78	80	3	5	1.5	1.5	18.6	1.5	1.5	0.4	1.5	0.8
32209	3DC		85	24.75	23	19	15°06′34″	69.61	80.8	105	4500	5600	0.573	52	53	73	78	81	3	6	1.5	1.5	20.1	1.5	1.5	0.4	1.5	0.8
33209	3DE		85	32	32	25	14°25′	68.075	110	145	4500	5600	0.771	52	52	72	78	81	5	7	1.5	1.5	21.9	1.5	1.5	0.39	1.5	0.9
30309	2FB		100	27.25	25	22	12°57′10″	81.78	108	130	4000	5000	0.984	54	59	86	91	94	3	5.5	2	1.5	21.3	2	1.5	0.35	1.7	1
31309	5FD		100	27.25	25	18	20°	71.639	95.5	115	4000	5000	0.944	54	54	79	91	96	4	9.5	2.0	1.5	31.7	2	1.5	0.83	0.7	0.4
32309	2FD		100	38.25	36	30	12°57′10″	78.33	145	188	4000	5000	1.40	54	56	82	91	93	4	8.5	2.0	1.5	25.6	2	1.5	0.35	1.7	1
32910X2	—	50	72	15	14	12	—	—	22.2	32.8	5000	6300	0.7	—	—	—	—	—	3	5	0.6	0.6	15.0	0.6	0.6	0.35	1.7	0.9
32910	2BC		72	15	15	12	12°50′	62.748	36.8	56.0	5000	6300	0.181	55	55	64	67	69	3	3	0.6	0.6	13.0	0.6	0.6	0.34	1.8	1
32010X2	—		80	20	19	16	—	—	45.8	66.2	4500	5600	0.31	—	—	—	—	—	4	6	1	1	17.0	1	1	0.32	1.9	1
32010	3CC		80	20	20	15.5	15°45′	67.841	61.0	89.0	4500	5600	0.366	56	56	72	74	77	4	4.5	1	1	17.8	1	1	0.42	1.4	0.8
33010	2CE		80	24	24	19	11°55′	67.775	76.8	110	4500	5600	0.433	56	56	72	74	76	4	5	1	1	17.0	1	1	0.32	1.9	1
33110	3CE	50	85	26	26	20	15°20′	70.214	89.2	125	4300	5300	0.572	57	56	74	78	82	4	6	1.5	1.5	20.4	1.5	1.5	0.41	1.5	0.8
30210	3DB		90	21.75	20	17	15°38′32″	75.078	73.2	92.0	4300	5300	0.529	57	58	79	83	86	3	5	1.5	1.5	20.0	1.5	1.5	0.42	1.4	0.8
32210	3DC		90	24.75	23	19	15°38′32″	74.226	82.8	108	4300	5300	0.626	57	57	78	83	86	3	6	1.5	1.5	21.0	1.5	1.5	0.42	1.4	0.8
33210	3DE		90	32	32	24.5	15°25′	72.727	112	155	4300	5300	0.825	57	57	77	83	87	5	7.5	1.5	1.5	23.2	1.5	1.5	0.41	1.5	0.8
30310	2FB		110	29.25	27	23	12°57′10″	90.633	130	158	3800	4800	1.28	60	65	95	100	103	4	6.5	2	2	23.0	2.5	2	0.35	1.7	1
31310	7FB		110	29.75	27	19	28°48′39″	82.747	108	128	3800	4800	1.21	60	58	87	100	105	4	10.5	2	2	34.8	2.5	2	0.83	0.7	0.4
32310	2FD		110	42.25	40	33	12°57′10″	86.263	178	235	3800	4800	1.89	60	61	90	100	102	5	9.5	2	2	28.2	2.5	2	0.35	1.7	1
32911	2BC	55	80	17	17	14	11°39′	69.503	41.5	66.8	4800	6000	0.262	61	60	71	74	77	3	3	1	1	14.3	1	1	0.31	1.9	1.1
32011X2			90	23	22	19			63.8	93.2	4000	5000	0.53	—	—	—	—	—	4	6	1.5	1.5	19.0	1.5	1.5	0.31	1.9	1.1
32011	3CC		90	23	23	17.5	15°10′	76.505	80.2	118	4000	5000	0.551	62	63	81	83	86	4	5.5	1.5	1.5	19.8	1.5	1.5	0.41	1.5	0.8
33011	2CE		90	27	27	21	11°45′	76.656	94.8	145	4000	5000	0.651	62	63	81	83	86	5	6	1.5	1.5	19.0	1.5	1.5	0.31	1.9	1.1
33111	3CE		95	30	30	23	14°	78.893	115	165	3800	4800	0.843	62	62	83	88	91	5	7	1.5	1.5	21.9	1.5	1.5	0.37	1.6	0.9

第7篇

续表

轴承型号	ISO尺寸系列	基本尺寸/mm							基本额定载荷/kN		极限转速/r·min^{-1}		质量/kg	安装尺寸/mm									其他尺寸/mm			计算系数		
30000型		d	D	T	B	C	α	E	C_r	C_{0r}	脂	油	W ≈	d_a min	d_b max	D_a min	D_a max	D_b max	a_1 min	a_2 min	r_a max	r_b max	a ≈	r min	r_1 min	e	Y	Y_0
30211	3DB		100	22.75	21	18	15°06′34″	84.197	90.8	115	3800	4800	0.713	64	64	88	91	95	4	5	2	1.5	21.0	2	1.5	0.4	1.5	0.8
32211	3DC		100	26.75	25	21	15°06′34″	82.837	108	142	3800	4800	0.853	64	62	87	91	96	4	6	2	1.5	22.8	2	1.5	0.4	1.5	0.8
33211	3DE		100	35	35	27	14°55′	81.24	142	198	3800	4800	1.15	64	62	85	91	96	6	8	2	1.5	25.1	2	1.5	0.4	1.5	0.8
30311	2FB		120	31.5	29	25	12°57′10″	94.316	152	188	3400	4300	1.63	65	70	104	110	112	4	6.5	2.5	2	24.9	2.5	2	0.35	1.7	1
31311	7FB		120	31.5	29	21	28°48′39″	89.563	130	158	3400	4300	1.56	65	63	94	110	114	4	10.5	2.5	2	37.5	2.5	2	0.83	0.7	0.4
32311	2FD		120	45.5	43	35	12°57′10″	94.316	202	270	3400	4300	2.37	65	66	99	110	111	5	10	2.5	2	30.4	2.5	2	0.35	1.7	1
32912X2	—	60	85	17	16	14	—	—	34.5	56.5	4000	5000	0.24	—	—	—	—	—	3	5	1	1	18.0	1	1	0.38	1.6	0.9
32912	2BC		85	17	17	14	12°27′	74.185	46.0	73.0	4000	5000	0.279	66	65	75	79	82	3	3	1	1	15.1	1	1	0.33	1.8	1
32012X2	—		95	23	22	19	—	—	64.8	98.0	3800	4800	0.56	—	—	—	—	—	4	6	1.5	1.5	20.0	1.5	1.5	0.33	1.8	1
32012	4CC		95	23	23	17.5	16°	80.634	81.8	122	3800	4800	0.584	67	67	85	88	91	4	5.5	1.5	1.5	20.9	1.5	1.5	0.43	1.4	0.8
33012	2CE		95	27	27	21	12°20′	80.422	96.8	150	3800	4800	0.691	67	67	85	88	90	5	6	1.5	1.5	19.8	1.5	1.5	0.33	1.8	1
33112	3CE	60	100	30	30	23	14°50′	83.522	118	172	3600	4500	0.895	67	67	88	93	96	5	7	1.5	1.5	23.1	1.5	1.5	0.4	1.5	0.8
30212	3EB		110	23.75	22	19	15°06′34″	91.876	102	130	3600	4500	0.904	69	69	96	101	103	4	5	2	1.5	22.3	2	1.5	0.4	1.5	0.8
32212	3EC		110	29.75	28	24	15°06′34″	90.236	132	180	3600	4500	1.17	69	68	95	101	105	4	6	2	1.5	25.0	2	1.5	0.4	1.5	0.8
33212	3EE		110	38	38	29	15°05′	89.032	165	230	3600	4500	1.51	69	69	93	101	105	6	9	2	1.5	27.5	2	1.5	0.4	1.5	0.8
30312	2FB		130	33.5	31	26	12°57′10″	107.769	170	210	3200	4000	1.99	72	76	112	118	121	5	7.5	2.5	2.1	26.6	3	2.5	0.35	1.7	1
31312	7FB		130	33.5	31	22	28°48′39″	98.236	145	178	3200	4000	1.90	72	69	103	118	124	5	11.5	2.5	2.1	40.4	3	2.5	0.83	0.7	0.4
32312	2FD		130	48.5	46	37	12°57′10″	102.939	228	302	3200	4000	2.90	72	72	107	118	122	6	11.5	2.5	2.1	32.0	3	2.5	0.35	1.7	1
32913	2BC	65	90	17	17	14	13°15′	78.849	45.5	73.2	3800	4800	0.295	71	70	80	84	87	3	3	1	1	16.2	1	1	0.35	1.7	0.9
32013X2	—		100	23	22	19	—	—	67.0	102	3600	4500	0.63	—	—	—	—	—	4	6	1.5	1.5	21.0	1.5	1.5	0.35	1.7	0.9
32013	4CC		100	23	23	17.5	17°	85.567	82.8	128	3600	4500	0.620	72	72	90	93	97	4	5.5	1.5	1.5	22.4	1.5	1.5	0.46	1.3	0.7
33013	2CE		100	27	27	21	13°05′	85.257	98.0	158	3600	4500	0.732	72	72	89	93	96	5	6	1.5	1.5	20.9	1.5	1.5	0.35	1.7	1
33113	3DE		110	34	34	26.5	14°30′	91.653	142	220	3400	4300	1.30	72	73	96	103	106	6	7.5	1.5	1.5	26.0	1.5	1.5	0.39	1.6	0.9
30213	3EB		120	24.75	23	20	15°06′34″	101.934	120	152	3200	4000	1.13	74	77	106	111	114	4	5	2	1.5	23.8	2	1.5	0.4	1.5	0.8
32213	3EC		120	32.75	31	27	15°06′34″	99.484	160	222	3200	4000	1.55	74	75	104	111	115	4	6	2	1.5	27.3	2	1.5	0.4	1.5	0.8
33213	3EE		120	41	41	32	14°35′	97.863	202	282	3200	4000	1.99	74	74	102	111	115	7	9	2	1.5	29.5	2	1.5	0.39	1.5	0.9

续表

轴承型号	ISO	基本尺寸/mm							基本额定载荷/kN		极限转速/r·min^{-1}		质量/kg	安装尺寸/mm									其他尺寸/mm			计算系数		
30000 型	尺寸系列	d	D	T	B	C	α	E	C_r	C_{0r}	脂	油	W ≈	d_a min	d_b max	D_a min	D_a max	D_b max	a_1 min	a_2 min	r_a max	r_b max	a ≈	r min	r_1 min	e	Y	Y_0
30313	2GB		140	36	33	28	12°57′10″	116.846	195	242	2800	3600	2.44	77	83	122	128	131	5	8	2.5	2.1	28.7	3	2.5	0.35	1.7	1
31313	7GB		140	36	33	23	28°48′39″	106.359	165	202	2800	3600	2.37	77	75	111	128	134	5	13	2.5	2.1	44.2	3	2.5	0.83	0.7	0.4
32313	2GD		140	51	48	39	12°57′10″	111.786	260	350	2800	3600	3.51	77	79	117	128	131	6	12	2.5	2.1	34.3	3	2.5	0.35	1.7	1
32914X2	—	70	100	20	19	16	—	—	53.2	85.5	3600	4500	—	—	—	—	—	—	4	6	1	1	19.0	1	1	0.33	1.8	1
32914	2BC		100	20	20	16	11°53′	88.59	70.8	115	3600	4500	0.471	76	76	90	94	96	4	4	1	1	17.6	1	1	0.32	1.9	1
32014X2	—		110	25	24	20	—	—	83.8	128	3400	4300	0.85	—	—	—	—	—	5	7	1.5	1.5	23.0	1.5	1.5	0.34	1.8	1
32014	4CC		110	25	25	19	16°10′	93.633	105	160	3400	4300	0.839	77	78	98	103	105	5	6	1.5	1.5	23.8	1.5	1.5	0.43	1.4	0.8
33014	2CE		110	31	31	25.5	10°45′	95.021	135	220	3400	4300	1.07	77	79	99	103	105	5	5.5	1.5	1.5	22.0	1.5	1.5	0.28	2	1
33114	3DE	70	120	37	37	29	14°10′	99.733	172	268	3200	4000	1.70	79	79	104	111	115	6	8	2	1.5	28.2	2	1.5	0.39	1.5	1.2
30214	3EB		125	26.25	24	21	15°38′32″	105.748	132	175	3000	3800	1.26	79	81	110	116	119	4	5.5	2	1.5	25.8	2	1.5	0.42	1.4	0.8
32214	3EC		125	33.25	31	27	15°38′32″	103.765	168	238	3000	3800	1.64	79	79	108	116	120	4	6.5	2	1.5	28.8	2	1.5	0.42	1.4	0.8
33214	3EE		125	41	41	32	15°15′	102.275	208	298	3000	3800	2.10	79	79	107	116	120	7	9	2	1.5	30.7	2	1.5	0.41	1.5	0.8
30314	2GB		150	38	35	30	12°57′10″	125.244	218	272	2600	3400	2.98	82	89	130	138	141	5	8	2.5	2.1	30.7	3	2.5	0.35	1.7	1
31314	7GB		150	38	35	25	28°48′39″	113.449	188	230	2600	3400	2.86	82	80	118	138	143	5	13	2.5	2.1	46.8	3	2.5	0.83	0.7	0.4
32314	2GD		150	54	51	42	12°57′10″	119.724	298	408	2600	3400	4.34	82	84	125	138	141	6	12	2.5	2.1	36.5	3	2.5	0.35	1.7	1
32915	2BC	75	105	20	20	16	12°31′	93.223	78.2	125	3400	4300	0.490	81	81	94	99	102	4	4	1	1	18.5	1	1	0.33	1.8	1
32015X2	—		115	25	24	20	—	—	85.2	135	3200	4000	0.88	—	—	—	—	—	5	7	1.5	1.5	24.0	1.5	1.5	0.35	1.7	0.9
32015	4CC		115	25	25	19	17°	98.58	102	160	3200	4000	0.875	82	83	103	108	110	5	6	1.5	1.5	25.2	1.5	1.5	0.46	1.3	0.7
33015	2CE		115	31	31	25.5	11°15′	99.4	132	220	3200	4000	1.12	82	83	103	108	110	6	5.5	1.5	1.5	22.8	1.5	1.5	0.3	2	1
33115	3DE		125	37	37	29	14°50′	104.358	175	280	3000	3800	1.78	84	84	109	116	120	6	8	2	1.5	29.4	2	1.5	0.4	1.5	0.8
30215	4DB		130	27.25	25	22	16°10′20″	110.408	138	185	2800	3600	1.36	84	85	115	121	125	4	5.5	2	1.5	27.4	2	1.5	0.44	1.4	0.8
32215	4DC		130	33.25	31	27	16°10′20″	108.932	170	242	2800	3600	1.74	84	84	115	121	126	4	6.5	2	1.5	30.0	2	1.5	0.44	1.4	0.8
33215	3EE		130	41	41	31	15°55′	106.675	208	300	2800	3600	2.17	84	83	111	121	125	7	10	2	1.5	31.9	2	1.5	0.43	1.4	0.8
30315	2GB		160	40	37	31	12°57′10″	134.097	252	318	2400	3200	3.57	87	95	139	148	150	5	9	2.5	2.1	32.0	3	2.5	0.35	1.7	1
31315	7GB		160	40	37	26	28°48′39″	122.122	208	258	2400	3200	3.38	87	86	127	148	153	6	14	2.5	2.1	49.7	3	2.5	0.83	0.7	0.4
32315	2GD		160	58	55	45	12°57′10″	127.887	348	482	2400	3200	5.37	87	91	133	148	150	7	13	2.5	2.1	39.4	3	2.5	0.35	1.7	1

续表

轴承型号	ISO	基本尺寸/mm							基本额定载荷/kN		极限转速/r·min^{-1}		质量/kg	安装尺寸/mm									其他尺寸/mm			计算系数		
30000型	尺寸系列	d	D	T	B	C	α	E	C_r	C_{0r}	脂	油	W ≈	d_a min	d_b max	D_a min	D_a max	D_b max	a_1 min	a_2 min	r_a max	r_b max	a ≈	r min	r_1 min	e	Y	Y_0
32916	2BC	80	110	20	20	16	13°10′	97.974	79.2	128	3200	4000	0.514	86	85	99	104	107	4	4	1	1	19.6	1	1	0.35	1.7	0.9
32016X2	—		125	29	27	23	—	—	102	162	3000	3800	1.18	—	—	—	—	—	5	8	1.5	1.5	26.0	1.5	1.5	0.34	1.8	1
32016	3CC		125	29	29	22	15°45′	107.334	140	220	3000	3800	1.27	87	89	112	117	120	6	7	1.5	1.5	26.8	1.5	1.5	0.42	1.4	0.8
33016	2CE		125	36	36	29.5	10°30′	107.750	182	305	3000	3800	1.63	87	90	112	117	119	6	7	1.5	1.5	25.2	1.5	1.5	0.28	2.2	1.2
33116	3DE		130	37	37	29	15°30′	108.970	180	292	2800	3600	1.87	89	89	114	121	126	6	8	2	1.5	30.7	2	1.5	0.42	1.4	0.8
30216	3EB	80	140	28.25	26	22	15°38′32″	119.169	160	212	2600	3400	1.67	90	90	124	130	133	4	6	2.1	2	28.1	2.5	2	0.42	1.4	0.8
32216	3EC		140	35.25	33	28	15°38′32″	117.466	198	278	2600	3400	2.13	90	89	122	130	135	5	7.5	2.1	2	31.4	2.5	2	0.42	1.4	0.8
33216	3EE		140	46	46	35	15°50′	114.582	245	362	2600	3400	2.83	90	89	119	130	135	7	11	2.1	2	35.1	2.5	2	0.43	1.4	0.8
30316	2GB		170	42.5	39	33	12°57′10″	143.174	278	352	2200	3000	4.27	92	102	148	158	160	5	9.5	2.5	2.1	34.4	3	2.5	0.35	1.7	1
31316	7GB		170	42.5	39	27	28°48′39″	129.213	230	288	2200	3000	4.05	92	91	134	158	161	6	15.5	2.5	2.1	52.8	3	2.5	0.83	0.7	0.4
32316	2GD		170	61.5	58	48	12°57′10″	136.504	388	542	2200	3000	6.38	92	97	142	158	160	7	13.5	2.5	2.1	42.1	3	2.5	0.35	1.7	1
32917X2	—	85	120	23	22	29	—	—	74.2	125	3400	3800	0.73	—	—	—	—	—	4	6	1.5	1.5	21.0	1.5	1.5	0.26	2.3	1.3
32917	2BC		120	23	23	18	12°18′	106.599	96.8	165	3400	3800	0.767	92	92	111	113	115	4	5	1.5	1.5	21.1	1.5	1.5	0.33	1.8	1
32017X2	—		130	29	27	23	—	—	105	170	2800	3600	1.25	—	—	—	—	—	5	8	1.5	1.5	27.0	1.5	1.5	0.35	1.7	0.9
32017	4CC		130	29	29	22	16°25′	111.788	140	220	2800	3600	1.32	92	94	117	122	125	6	7	1.5	1.5	28.1	1.5	1.5	0.44	1.4	0.8
33017	2CE		130	36	36	29.5	11°	112.838	180	305	2800	3600	1.69	92	94	118	122	125	6	6.5	1.5	1.5	26.2	1.5	1.5	0.29	2.1	1.1
33117	3DE		140	41	41	32	15°10′	117.097	215	355	2600	3400	2.43	95	95	122	130	135	7	9	2.1	2	33.1	2.5	2	0.41	1.5	0.8
30217	3EB		150	30.5	28	24	15°38′32″	126.685	178	238	2400	3200	2.06	95	96	132	140	142	5	6.5	2.1	2	30.3	2.5	2	0.42	1.4	0.8
32217	3EC		150	38.5	36	30	15°38′32″	124.970	228	325	2400	3200	2.68	95	95	130	140	143	5	8.5	2.1	2	33.9	2.5	2	0.42	1.4	0.8
33217	3EE		150	49	49	37	15°35′	122.894	282	415	2400	3200	3.52	95	95	128	140	144	7	12	2.1	2	36.9	2.5	2	0.42	1.4	0.8
30317	2GB		180	44.5	41	34	12°57′10″	150.433	305	388	2000	2800	4.96	99	107	156	166	168	6	10.5	3	2.5	35.9	4	3	0.35	1.7	1
31317	7GB		180	44.5	41	28	28°48′39″	137.4.3	255	318	2000	2800	4.69	99	96	143	166	171	6	16.5	3	2.5	55.6	4	3	0.83	0.7	0.4
32317	2GD		180	63.5	60	49	12°57′10″	144.223	422	592	2000	2800	7.31	99	102	150	166	168	8	14.5	3	2.5	43.5	4	3	0.35	1.7	1
32918X2	—	90	125	23	22	19	—	—	77.8	140	3200	3600	—	—	—	—	—	—	4	6	1.5	1.5	25.0	1.5	1.5	0.38	1.6	0.9
32918	2BC		125	23	23	18	12°51′	111.282	95.8	165	3200	3600	0.796	97	96	113	117	121	4	5	1.5	1.5	22.2	1.5	1.5	0.34	1.8	1
32018X2	—		140	32	30	26	—	—	122	192	2600	3400	1.7	—	—	—	—	—	5	8	2	1.5	29.0	2	1.5	0.34	1.8	1

续表

轴承型号	ISO	基本尺寸/mm							基本额定载荷/kN		极限转速/r·min^{-1}		质量/kg	安装尺寸/mm									其他尺寸/mm			计算系数		
30000型	尺寸系列	d	D	T	B	C	α	E	C_r	C_{0r}	脂	油	W ≈	d_a min	d_b max	D_a min	D_a max	D_b max	a_1 min	a_2 min	r_a max	r_b max	a ≈	r min	r_1 min	e	Y	Y_0
32018	3CC		140	32	32	24	15°45′	119.948	170	270	2600	3400	1.72	99	100	125	131	134	6	8	2	1.5	30.0	2	1.5	0.42	1.4	0.8
33018	2CE		140	39	39	32.5	10°10′	122.363	232	388	2600	3400	2.20	99	100	127	131	135	7	6.5	2	1.5	27.2	2	1.5	0.27	2.2	1.2
33118	3DE	90	150	45	45	35	14°50′	125.283	252	415	2400	3200	3.13	100	100	130	140	144	7	10	2.1	2	34.9	2.5	2	0.4	1.5	0.8
30218	3FB		160	32.5	30	26	15°38′32″	134.901	200	270	2200	3000	2.54	100	102	140	150	151	5	6.5	2.1	2	32.3	2.5	2	0.42	1.4	0.8
32218	3FC		160	42.5	40	34	15°38′32″	132.615	270	395	2200	3000	3.44	100	101	138	150	153	5	8.5	2.1	2	36.8	2.5	2	0.42	1.4	0.8
33218	3FE		160	55	55	42	15°40′	129.820	330	500	2200	3000	4.55	100	100	134	150	154	8	13	2.1	2	40.8	2.5	2	0.4	1.5	0.8
30318	2GB		190	46.5	43	36	12°57′10″	159.061	342	440	1900	2600	5.80	104	113	165	176	178	6	10.5	3	2.5	37.5	4	3	0.35	1.7	1
31318	7GB		190	46.5	43	30	28°48′39″	145.527	282	358	1900	2600	5.46	104	102	151	176	181	6	16.5	3	2.5	58.5	4	3	0.83	0.7	0.4
32318	2GD		190	67.5	64	53	12°57′10″	151.701	478	682	1900	2600	8.81	104	107	157	176	178	8	14.5	3	2.5	46.2	4	3	0.35	1.7	1
32919	2BC	95	130	23	23	18	13°25′	116.082	97.2	170	2600	3400	0.831	102	101	117	122	126	4	5	1.5	1.5	23.4	1.5	1.5	0.36	1.7	0.9
32019X2	—		145	32	30	26	—	—	122	192	2400	3200	1.7	—	—	—	—	—	5	8	2	1.5	30.0	2	1.5	0.36	1.7	0.9
32019	4CC		145	32	32	24	16°25′	124927	175	280	2400	3200	1.79	104	105	130	136	140	6	8	2	1.5	31.4	2	1.5	0.44	1.4	0.8
33019	2CE		145	39	39	32.5	10°30′	126.346	230	390	2400	3200	2.26	104	104	131	136	139	7	6.5	2	1.5	28.4	2	1.5	0.28	2.2	1.2
33119	3EE		160	49	49	38	14°35′	133.240	298	498	2200	3000	3.94	105	105	138	150	154	7	11	2.1	2	37.3	2.5	2	0.39	1.5	0.8
30219	3FB		170	34.5	32	27	15°38′32″	143.385	228	308	2000	2800	3.04	107	108	149	158	160	5	7.5	2.5	2.1	34.2	3	2.5	0.42	1.4	0.8
32219	3FC		170	45.5	43	37	15°38′32″	140.259	302	448	2000	2800	4.24	107	106	145	158	163	5	8.5	2.5	2.1	39.2	3	2.5	0.42	1.4	0.8
33219	3FE		170	58	58	44	15°15′	138.642	378	568	2000	2800	5.48	107	105	144	158	163	9	14	2.5	2.1	42.7	3	2.5	0.41	1.5	0.8
30319	2GB		200	49.5	45	38	12°57′10″	165.861	370	478	1800	2400	6.80	109	118	172	186	185	6	11.5	3	2.5	40.1	4	3	0.35	1.7	1
31319	7GB		200	49.5	45	32	28°48′39″	151.584	310	400	1800	2400	6.46	109	107	157	186	189	6	17.5	3	2.5	61.2	4	3	0.83	0.7	0.4
32319	2GD		200	71.5	67	55	12°57′10″	160.318	515	738	1800	2400	10.1	109	114	166	186	187	8	16.5	3	2.5	49.0	4	3	0.35	1.7	1
32920	2CC	100	140	25	25	20	12°23′	125.717	128	218	2400	3200	1.12	107	108	128	132	136	4	5	1.5	1.5	24.3	1.5	1.5	0.33	1.8	1
32020X2	—		150	32	30	26	—	—	125	205	2200	3000	1.79	—	—	—	—	—	5	8	2	1.5	32.0	2	1.5	0.37	1.6	0.9
32020	4CC		150	32	32	24	17°	129.269	172	282	2200	3000	1.85	109	109	134	141	144	6	8	2	1.5	32.8	2	1.5	0.46	1.3	0.7
33020	2CE		150	39	39	32.5	10°50′	130.323	230	390	2200	3000	2.33	109	108	135	141	143	7	6.5	2	1.5	29.1	2	1.5	0.29	2.1	1.2
33120	3EE		165	52	52	40	15°10′	137.129	308	528	2000	2800	4.31	110	110	142	155	159	8	12	2.1	2	40.3	2.5	2	0.41	1.5	0.8
30220	3FB	100	180	37	34	29	15°38′32″	151.310	255	350	1900	2600	3.72	112	114	157	168	169	5	8	2.5	2.1	36.4	3	2.5	0.42	1.4	0.8

续表

轴承型号	ISO	基本尺寸/mm							基本额定载荷/kN		极限转速/r·min^{-1}		质量/kg	安装尺寸/mm									其他尺寸/mm			计算系数		
30000型	尺寸系列	d	D	T	B	C	α	E	C_r	C_{0r}	脂	油	W ≈	d_a min	d_b max	D_a min	D_a max	D_b max	a_1 min	a_2 min	r_a max	r_b max	a ≈	r min	r_1 min	e	Y	Y_0
32220	3FC		180	49	46	39	15°38′32″	148.184	340	512	1900	2600	5.10	112	113	154	168	172	5	10	2.5	2.1	41.9	3	2.5	0.42	1.4	0.8
33220	3FE		180	63	63	48	15°05′	145.949	438	665	1900	2600	6.71	112	112	151	168	172	10	15	2.5	2.1	45.5	3	2.5	0.4	1.5	0.8
30320	2GB		215	51.5	47	39	12°57′10″	178.578	405	525	1600	2000	8.22	114	127	184	201	199	6	12.5	3	2.5	42.2	4	3	0.35	1.7	1
31320	7GB		215	56.5	51	35	28°48′39″	162.739	372	488	1600	2000	8.59	114	115	168	201	204	7	21.5	3	2.5	68.4	4	3	0.83	0.7	0.4
32320	2GD		215	77.5	73	60	12°57′10″	171.650	600	872	1600	2000	13.0	114	122	177	201	201	8	17.5	3	2.5	52.9	4	3	0.35	1.7	1
32921	2CC	105	145	25	25	20	12°51′	130.359	128	225	2200	3000	1.16	112	112	132	137	141	5	5	1.5	1.5	25.4	1.5	1.5	0.34	1.8	1
32021X2	—		160	35	33	28	—	—	162	270	2000	2800	2.5	—	—	—	—	—	6	9	2.1	2	33.0	2.5	2	0.36	1.7	0.9
32021	4DC		160	35	35	26	16°30′	137.685	205	335	2000	2800	2.40	115	116	143	150	154	6	9	2.1	2	34.6	2.5	2	0.44	1.4	0.7
33021	2DE		160	43	43	34	10°40′	139.304	258	438	2000	2800	2.97	115	116	145	150	153	7	9	2.1	2	30.8	2.5	2	0.28	2.1	1.2
33121	3EE		175	56	56	44	15°05′	144.427	352	608	1900	2600	5.29	115	115	149	165	170	8	12	2.1	2	42.9	2.5	2	0.4	1.5	0.8
30221	3FB		190	39	36	30	15°38′32″	159.795	285	398	1800	2400	4.38	117	121	165	178	178	6	9	2.5	2.1	38.5	3	2.5	0.42	1.4	0.8
32221	3FC		190	53	50	43	15°38′32″	155.269	380	578	1800	2400	6.26	117	118	161	178	182	5	10	2.5	2.1	45.0	3	2.5	0.42	1.4	0.8
33221	3FE		190	68	68	52	15°	153.622	498	770	1800	2400	8.12	117	117	159	178	182	12	16	2.5	2.1	48.6	3	2.5	0.4	1.5	0.8
30321	2GB		225	53.5	49	41	12°57′10″	186.752	432	562	1500	1900	9.38	119	133	193	211	208	7	12.5	3	2.5	43.6	4	3	0.35	1.7	1
31321	7GB		225	58	53	36	28°48′39″	170.724	398	525	1500	1900	9.58	119	121	176	211	213	7	22	3	2.5	70.0	4	3	0.83	0.7	0.4
32321	2GD		225	81.5	77	63	12°57′10″	179.359	648	945	1500	1900	14.8	119	128	185	211	210	8	18.5	3	2.5	55.1	4	3	0.35	1.7	1
32922X2	—	110	150	25	24	20	—	—	85.5	148	2000	2800	1.1	—	—	—	—	—	5	7	1.5	1.5	25	1.5	1.5	0.28	2.1	1.2
32922	2CC		150	25	25	20	13°20′	135.182	130	232	2000	2800	1.20	117	117	137	142	146	5	5	1.5	1.5	26.5	1.5	1.5	0.36	1.7	0.9
32022X2	—		170	38	36	31	—	—	182	302	1900	2600	3.1	—	—	—	—	—	6	9	2.1	2	35	2.5	2	0.35	1.7	0.9
32022	4DC		170	38	38	29	16°	146.290	245	402	1900	2600	3.02	120	122	152	160	163	7	9	2.1	2	36.6	2.5	2	0.43	1.4	0.8
33022	2DE		170	47	47	37	10°50′	146.265	288	502	1900	2600	3.74	120	123	152	160	161	7	10	2.1	2	33.2	2.5	2	0.29	2.1	1.2
33122	3EE		180	56	56	43	15°35′	149.127	372	638	1800	2400	5.50	120	121	155	170	174	9	13	2.1	2	44.0	2.5	2	0.42	1.4	0.8
30222	3FB	110	200	41	38	32	15°38′32″	168.548	315	445	1700	2200	5.21	122	128	174	188	189	6	9	2.5	2.1	40.4	3	2.5	0.42	1.4	0.8
32222	3FC		200	56	53	46	15°38′32″	164.022	430	665	1700	2200	7.43	122	124	170	188	192	6	10	2.5	2.1	47.3	3	2.5	0.42	1.4	0.8
30322	2GB		240	54.5	50	42	12°57′10″	199.925	472	612	1400	1800	11.0	124	142	206	226	222	8	12.5	3	2.5	45.1	4	3	0.35	1.7	1
31322	7GB		240	63	57	38	28°48′39″	182.014	458	610	1400	1800	12.1	124	129	188	226	226	7	25	3	2.5	75.3	4	3	0.83	0.7	0.4

续表

轴承型号	ISO	基本尺寸/mm							基本额定载荷/kN		极限转速/r·min^{-1}		质量/kg	安装尺寸/mm									其他尺寸/mm			计算系数		
30000型	尺寸系列	d	D	T	B	C	α	E	C_r	C_{0r}	脂	油	W ≈	d_a min	d_b max	D_a min	D_a max	D_b max	a_1 min	a_2 min	r_a max	r_b max	a ≈	r min	r_1 min	e	Y	Y_0
32322	2GD		240	84.5	80	65	12°57′10″	192.071	725	1060	1400	1800	17.8	124	137	198	226	224	9	19.5	3	2.5	57.8	4	3	0.35	1.7	1
32924	2CC	120	165	29	29	23	13°05′	148.464	172	318	1800	2400	1.78	127	128	150	157	160	6	6	1.5	1.5	29.3	1.5	1.5	0.35	1.7	1
32024X2	—		180	38	36	31	—	—	198	338	1700	2200	3.1	—	—	—	—	—	6	9	2.1	2	38.0	2.5	2	0.37	1.6	0.9
32024	4DC		180	38	38	29	17°	155.239	242	405	1700	2200	3.18	130	131	161	170	173	7	9	2.1	2	39.3	2.5	2	0.46	1.3	0.7
33024	2DE		180	48	48	38	11°30′	154.777	298	535	1700	2200	4.07	130	132	160	170	171	6	10	2.1	2	35.5	2.5	2	0.31	2	1.1
33124	3FE		200	62	62	48	14°50′	166.144	448	778	1600	2000	7.68	130	130	172	190	192	10	14	2.1	2	47.6	2.5	2	0.40	1.5	0.8
30224	4FB		215	43.5	40	34	16°10′20″	181.257	338	482	1500	1900	6.20	132	139	187	203	203	6	9.5	2.5	2.1	44.1	3	2.5	0.44	1.4	0.8
32224	4FD		215	61.5	58	50	16°10′20″	174.825	478	758	1500	1900	9.26	132	134	181	203	206	7	11.5	2.5	2.1	52.3	3	2.5	0.44	1.4	0.8
30324	2GB		260	59.5	55	46	12°57′10″	214.892	562	745	1300	1700	14.2	134	153	221	246	238	8	13.5	3	2.5	49.0	4	3	0.35	1.7	1
31324	7GB		260	68	62	42	28°48′39″	197.022	535	725	1300	1700	15.3	134	140	203	246	246	9	26	3	2.5	81.8	4	3	0.83	0.7	0.4
32324	2GD		260	90.5	86	69	12°57′10″	207.039	825	1230	1300	1700	22.1	134	147	213	246	240	9	21.5	3	2.5	61.6	4	3	0.35	1.7	1
32926X2	—	130	180	32	30	26	—	—	142	260	1700	2200	2.31	—	—	—	—	—	5	8	2	1.5	30.0	2	1.5	0.27	2.2	1.2
32926	2CC		180	32	32	25	12°45′	161.652	205	380	1700	2200	2.34	140	139	164	171	174	6	7	2	1.5	31.6	2	1.5	0.34	1.8	1
32026X2	—		200	45	42	36	—	—	242	418	1600	2000	4.46	—	—	—	—	—	7	11	2.1	2	42.0	2.5	2	0.35	1.7	0.9
32026	4EC		200	45	45	34	16°10′	172.043	335	568	1600	2000	4.94	140	144	178	190	192	8	11	2.1	2	43.3	2.5	2	0.43	1.4	0.8
33026	2EE		200	55	55	43	12°50′	172.017	400	728	1600	2000	6.14	140	140	178	190	192	8	12	2.1	2	42.0	2.5	2	0.34	1.8	1
30226	4FB		230	43.75	40	34	16°10′20″	196.420	365	520	1400	1800	6.94	144	150	203	216	219	7	10	3	2.5	46.1	4	3	0.44	1.4	0.8
32226	4FD		230	67.75	64	54	16°10′20″	187.088	552	888	1400	1800	11.4	144	143	193	216	221	7	14	3	2.5	56.6	4	3	0.44	1.4	0.8
30326	2GB	130	280	63.75	58	49	12°57′10″	232.028	640	855	1100	1500	17.3	145	165	239	262	258	8	15	4	3	53.2	5	4	0.35	1.7	1
31326	7GB		280	72	66	44	28°48′39″	211.753	592	805	1100	1500	18.4	147	150	218	262	263	9	28	4	3	87.2	5	4	0.83	0.7	0.4
32928X2	—	140	190	32	30	26	—	—	145	265	1600	2000	2.43	—	—	—	—	—	5	8	2	1.5	32.0	2	1.5	0.29	2.1	1.1
32928	2CC		190	32	32	25	13°30′	171.032	208	392	1600	2000	2.47	150	150	177	181	184	6	6	2	1.5	33.8	2	1.5	0.36	1.7	0.9
32028X2	—		210	45	42	36	—	—	258	452	1400	1800	5.21	—	—	—	—	—	7	11	2.1	2	44.0	2.5	2	0.37	1.6	0.9
32028	4DC		210	45	45	34	17°	180.720	330	568	1400	1800	5.15	150	153	187	200	202	8	11	2.1	2	46.0	2.5	2	0.46	1.3	0.7
33028	2DE		210	56	56	44	13°30′	180.353	408	755	1400	1800	6.57	150	150	186	200	202	8	12	2.1	2	45.1	2.5	2	0.36	1.7	0.9

续表

轴承型号	ISO尺寸系列	基本尺寸/mm							基本额定载荷/kN		极限转速/r·min^{-1}		质量/kg	安装尺寸/mm									其他尺寸/mm			计算系数		
30000型		d	D	T	B	C	α	E	C_r	C_{0r}	脂	油	W ≈	d_a min	d_b max	D_a min	D_a max	D_b max	a_1 min	a_2 min	r_a max	r_b max	a ≈	r min	r_1 min	e	Y	Y_0
30228	4FB		250	45.75	42	36	16°10′20″	212.270	408	585	1200	1600	8.73	154	162	219	236	236	9	11	3	2.5	49.0	4	3	0.44	1.4	0.8
32228	4FD		250	71.75	68	58	16°10′20″	204.046	645	1050	1200	1600	14.4	154	156	210	236	240	8	14	3	2.5	60.7	4	3	0.44	1.4	0.8
30328	2GB		300	67.75	62	53	12°57′10″	247.910	722	975	1000	1400	21.4	155	176	255	282	275	9	15	4	3	56.5	5	4	0.35	1.7	1
31328	7GB		300	77	70	47	28°48′39″	227.999	678	928	1000	1400	22.8	157	162	235	282	283	9	30	4	3	94.1	5	4	0.83	0.7	0.4
32930X2	—	150	210	38	36	31	—	—	198	368	1400	1800	—	—	—	—	—	—	6	9	2.1	2	35.6	2.5	2	0.27	2.2	1.2
32930	2DC		210	38	38	30	12°20′	187.926	260	510	1400	1800	3.87	160	162	192	200	202	7	8	2.1	2	36.4	2.5	2	0.33	1.8	1
32030X2	—		225	48	45	38	—	—	292	525	1300	1700	6.2	—	—	—	—	—	7	12	2.5	2.1	47.0	3	2.5	0.37	1.6	0.9
32030	4EC		225	48	48	36	17°	193.674	368	635	1300	1700	6.25	162	164	200	213	216	8	12	2.5	2.1	49.2	3	2.5	0.46	1.3	0.7
33030	2EE		225	59	59	46	13°40′	194.260	460	875	1300	1700	7.98	162	162	200	213	218	9	13	2.5	2.1	48.2	3	2.5	0.36	1.7	0.9
30230	4GB		270	49	45	38	16°10′20″	227.408	450	645	1100	1500	10.8	164	174	234	256	252	9	11	3	2.5	52.4	4	3	0.44	1.4	0.8
32230	4GD		270	77	73	60	16°10′20″	219.17	720	1180	1100	1500	18.2	164	168	226	256	256	8	17	3	2.5	65.4	4	3	0.44	1.4	0.8
30330	2GB		320	72	62	55	12°57′10″	265.955	802	1090	950	1300	25.2	165	190	273	302	294	9	17	4	3	60.6	5	4	0.35	1.7	1
31330	7GB		320	82	75	50	28°48′39″	244.244	772	1070	950	1300	27.4	167	173	251	302	302	9	32	4	3	100.1	5	4	0.83	0.7	0.4
32932X2	—	160	220	38	36	31	—	—	218	405	1300	1700	3.79	—	—	—	—	—	6	9	2.1	2	36.0	2.5	2	0.27	2.2	1.2
32932	2DC		220	38	38	30	13°	197.962	262	525	1300	1700	4.07	170	170	199	210	214	7	8	2.1	2	38.7	2.5	2	0.35	1.7	1
32032X2	—	160	240	51	48	41	—	—	345	632	1200	1600	7.7	—	—	—	—	—	7	12	2.5	2.1	50.0	3	2.5	0.37	1.6	0.9
32032	4EC		240	51	51	38	17°	207.209	420	735	1200	1600	7.66	172	175	213	228	231	8	13	2.5	2.1	52.6	3	2.5	0.46	1.3	0.7
30232	4GB		290	52	48	40	16°10′20″	244.958	512	738	1000	1400	13.3	174	189	252	276	271	9	12	3	2.5	55.5	4	3	0.44	1.4	0.8
32232	4GD		290	84	80	67	16°10′20″	234.942	858	1430	1000	1400	23.3	174	180	242	276	276	10	17	3	2.5	70.9	4	3	0.44	1.4	0.8
30332	2GB		340	75	68	58	12°57′10″	282.751	878	1190	900	1200	29.5	175	202	290	320	312	9	17	4	3	63.3	5	4	0.35	1.7	1
32934X2	—	170	230	38	36	31	—	—	222	418	1200	1600	3.84	—	—	—	—	—	6	6	2.1	2	38.0	2.5	2	0.28	2.1	1.2
32934	3DC		230	38	38	30	14°20′	206.564	280	560	1200	1600	4.33	180	183	213	220	222	7	8	2.1	2	41.9	2.5	2	0.38	1.6	0.9
32034X2	—		260	57	54	46	—	—	385	728	1100	1500	10.1	—	—	—	—	—	8	13	2.5	2.1	51.0	3	2.5	0.31	1.9	1.1
32034	4EC		260	57	57	43	16°30′	223.031	520	920	1100	1500	10.4	182	187	230	248	249	10	14	2.5	2.1	56.4	3	2.5	0.44	1.4	0.7
30234	4GB		310	57	52	43	16°10′20″	262.483	590	865	1000	1300	16.6	188	201	269	292	290	9	14	4	3	60.4	5	4	0.44	1.4	0.8

续表

轴承型号	ISO尺寸系列	基本尺寸/mm							基本额定载荷/kN		极限转速/r·min^{-1}		质量/kg	安装尺寸/mm									其他尺寸/mm			计算系数		
30000型		d	D	T	B	C	α	E	C_r	C_{0r}	脂	油	W ≈	d_a min	d_b max	D_a min	D_a max	D_b max	a_1 min	a_2 min	r_a max	r_b max	a ≈	r min	r_1 min	e	Y	Y_0
32234	4GD		310	91	86	71	16°10′20″	251.873	968	1640	1000	1300	28.6	188	194	259	292	296	10	20	4	3	76.3	5	4	0.44	1.4	0.8
30334	2GB		360	80	72	62	12°57′10″	299.991	995	1370	850	1100	35.6	185	214	307	342	331	10	18	4	3	68.0	5	4	0.35	1.7	1
32936	4DC	180	250	45	45	34	17°45′	218.571	340	708	1100	1500	6.44	190	193	225	240	241	8	11	2.1	2	54.0	2.5	2	0.48	1.3	0.7
32036X2	—		280	64	60	52	—	—	502	890	1000	1400	14.7	—	—	—	—	—	8	14	2.5	2.1	63	3	2.5	0.4	1.5	0.8
32036	3FD		280	64	64	48	15°45′	239.898	640	1150	1000	1400	14.1	192	199	247	268	267	10	16	2.5	2.1	60.1	3	2.5	0.42	1.4	0.8
30236	4GB		320	57	52	43	16°41′57″	270.928	610	912	900	1200	17.3	198	209	278	302	300	9	14	4	3	62.8	5	4	0.45	1.3	0.7
32236	4GD		320	91	86	71	16°41′57″	259.938	998	1720	900	1200	29.9	198	201	267	302	306	10	20	4	3	78.8	5	4	0.45	1.3	0.7
30336	2GB		380	83	75	64	12°57′10″	319.070	1090	1500	900	1100	40.7	198	228	327	362	351	10	19	4	3	70.9	5	4	0.35	1.7	1
32938X2	—	190	260	45	42	36	—	—	292	580	1000	1400	6.52	—	—	—	—	—	7	11	2.1	2	52.0	2.5	2	0.38	1.6	0.9
32938	4DC		260	45	45	34	17°39′	228.578	360	740	1000	1400	6.66	200	204	235	250	251	8	11	2.1	2	55.2	2.5	2	0.48	1.3	0.7
32038X2	—		290	64	60	52	—	—	502	932	950	1300	14.1	—	—	—	—	—	8	14	2.5	2.1	56.0	3	2.5	0.29	2.1	1.1
32038	4FD		290	64	64	48	16°25′	249.853	652	1180	950	1300	14.6	202	209	257	278	279	10	16	2.5	2.1	62.8	3	2.5	0.44	1.4	0.8
30238	4GB	190	340	60	55	46	16°10′20″	291.083	698	1030	850	1100	20.8	208	223	298	322	321	9	14	4	3	65.0	5	4	0.44	1.4	0.8
32238	4GD		340	97	92	75	16°10′20″	279024	1120	1900	850	1100	36.1	208	214	286	322	326	10	22	4	3	82.1	5	4	0.44	1.4	0.8
32940X2	—	200	280	51	48	41	—	—	345	710	950	1300	8.86	—	—	—	—	—	7	12	2.5	2.1	57.0	3	2.5	0.39	1.5	0.8
32940	3EC		280	51	51	39	14°45′	249.698	460	950	950	1300	9.43	212	214	257	268	271	9	12	2.5	2.1	54.2	3	2.5	0.39	1.5	0.8
32040X2	—		310	70	66	56	—	—	575	1120	900	1200	17.4	—	—	—	—	—	10	16	2.5	2.1	67.0	3	2.5	0.37	1.6	0.9
32040	4FD		310	70	70	53	16°	266.039	782	1420	900	1200	18.9	212	221	273	298	297	11	17	2.5	2.1	66.9	3	2.5	0.43	1.4	0.8
30240	4GB		360	64	58	48	16°10′20″	307.196	765	1140	800	1000	24.7	218	236	315	342	338	9	16	4	3	69.3	5	4	0.44	1.4	0.8
32240	3GD		360	104	98	82	15°10′	294.880	1320	2180	800	1000	43.2	218	222	302	342	342	11	22	4	3	85.1	5	4	0.41	1.5	0.8
32944X2	—	220	300	51	48	41	—	—	372	795	900	1200	10.1	—	—	—	—	—	7	12	2	2.5	53.0	3	2.5	0.31	1.9	1.1
32944	3EC		300	51	51	39	15°50′	267.685	470	978	900	1200	10.0	232	234	275	288	290	10	12	2.5	2.1	59.1	3	2.5	0.43	1.4	0.8
32044X2	—		340	76	72	62	—	—	702	1330	800	1000	22.3	—	—	—	—	—	10	16	3.5	2.5	71.0	4	3	0.35	1.7	0.9
32044	4FD		340	76	76	57	16°	292.464	908	1670	800	1000	24.4	234	243	300	326	326	12	19	3	2.5	73.0	4	3	0.43	1.4	0.8

续表

轴承型号	ISO	基本尺寸/mm							基本额定载荷/kN		极限转速/r·min^{-1}		质量/kg	安装尺寸/mm									其他尺寸/mm			计算系数		
30000型	尺寸系列	d	D	T	B	C	α	E	C_r	C_{0r}	脂	油	W ≈	d_a min	d_b max	D_a min	D_a max	D_b max	a_1 min	a_2 min	r_a max	r_b max	a ≈	r min	r_1 min	e	Y	Y_0
32948X2	—	240	320	51	48	41	—	—	390	860	800	1000	10.9	—	—	—	—	—	7	12	2.5	2.1	67.0	3	2.5	0.45	1.3	0.7
32948	4EC		320	51	51	39	17°	286.852	520	1060	800	1000	10.7	252	254	290	308	311	10	12	2.5	2.1	64.7	3	2.5	0.46	1.3	0.7
32048X2			360	76	72	62	—	—	710	1420	700	900	25.5	—	—	—	—	—	10	16	3	2.5	70.0	4	3	0.32	1.9	1
32048	4FD		360	76	76	57	17°	310.356	920	1730	700	900	25.9	254	261	318	346	346	12	19	3	2.5	78.4	4	3	0.46	1.3	0.7
32952X2	—	260	360	63.5	60	52	—	—	525	1150	700	900	19.2	—	—	—	—	—	8	14	2.5	2.1	64.0	3	2.5	0.3	2	1.1
32952	3EC		360	63.5	63.5	48	15°10′	320.783	688	1470	700	900	18.6	272	279	328	348	347	11	15.5	2.5	2.1	69.6	3	2.5	0.41	1.5	0.8
32052X2	—		400	87	82	71	—	—	902	1810	670	850	37.8	—	—	—	—	—	12	18	4	3	76.0	5	4	0.3	2	1.1
32052	4FC		400	87	87	65	16°10′	344.432	1120	2170	670	850	38.0	278	287	352	382	383	14	22	4	3	85.6	5	4	0.43	1.4	0.8
32956	4EC	280	380	63.5	63.5	48	16°05′	339.778	745	1580	630	800	19.7	292	298	344	368	368	11	15	2.5	2.1	74.5	3	2.5	0.43	1.4	0.7
32056X2	—	280	420	87	82	71	—	—	622	1940	600	750	39.6	—	—	—	—	—	12	18	4	3	87.0	5	4	0.37	1.6	0.9
32056	4FC		420	87	87	65	17°	361.811	1190	2290	600	750	40.2	298	305	370	402	402	14	22	4	3	90.3	5	4	0.46	1.3	0.7
32960X2	—	300	420	76	72	62	—	—	778	1700	600	750	30.2	—	—	—	—	—	10	16	3	2.5	72.0	4	3	0.28	2.1	1.2
32960	3FD		420	76	76	57	14°45′	374.706	1020	2200	600	750	31.5	315	324	379	406	405	13	19	3	2.5	80.0	4	3	0.39	1.5	0.8
32060X2	—		460	100	95	82	—	—	1050	2190	560	700	55.9	—	—	—	—	—	14	20	4	3	90.0	5	4	0.31	1.9	1.1
32060	4GD		460	100	100	74	16°10′	395.676	1520	2940	560	700	57.5	318	329	404	442	439	15	26	4	3	97.7	5	4	0.43	1.4	0.8
32964X2	—	320	440	76	72	62	—	—	798	1760	560	700	44.7	—	—	—	—	—	10	16	3	2.5	76.0	4	3	0.3	2	1.1
32964	3FD		440	76	76	57	15°30′	393.406	1040	2320	560	700	33.3	335	343	398	426	426	13	19	3	2.5	85.1	4	3	0.42	1.4	0.8
32064X2	—		480	100	95	82	—	—	1050	2190	530	670	59.1	—	—	—	—	—	14	20	4	3	106	5	4	0.42	1.4	0.8
32064	4GD		480	100	100	74	17°	415.640	1540	3000	530	670	60.6	338	350	424	462	461	15	26	4	3	103.5	5	4	0.46	1.3	0.7
32968X2	—	340	460	76	72	62	—	—	805	1830	530	670	34.3	—	—	—	—	—	10	16	3	2.5	80.0	4	3	0.31	1.9	1.1
32968	4FD		460	76	76	57	16°15′	412.043	1050	2380	530	670	34.8	355	362	417	446	446	13	19	3	2.5	90.5	4	3	0.44	1.4	0.8
32972X2	—	360	480	76	72	62	—	—	838	1940	500	630	35.8	—	—	—	—	—	10	16	3	2.5	84.0	4	3	0.33	1.8	1
32972	4FD		480	76	76	57	17°	430.612	1060	2430	500	630	36.3	375	381	436	466	466	13	19	3	2.5	96.2	4	3	0.46	1.3	0.7

表 7-5-27　**双列圆锥滚子轴承**（GB/T 299—2008）

350000型

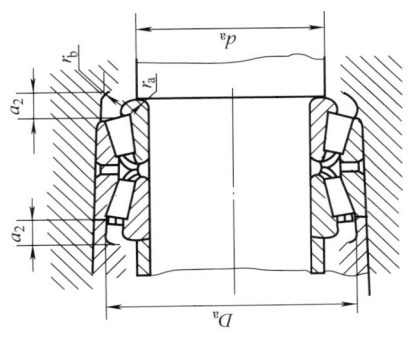

径向当量动载荷
$P_r=F_r+Y_1F_a$　　$F_a/F_r\leqslant e$
径向当量静载荷
$P_{0r}=F_r+Y_0F_a$

轴承型号	ISO 尺寸系列	基本尺寸/mm			基本额定载荷/kN		极限转速/r·min⁻¹		质量/kg	安装尺寸/mm					其他尺寸/mm				计算系数			
350000 型		d	D	B_1	C_r	C_{0r}	脂	油	W ≈	d_a min	D_a min	a_2 min	r_a max	r_b max	C_1	b_1	r min	r_1 min	e	Y_1	Y_2	Y_0
351305	7FB	25	62	42	66.5	100	4600	5600	—	32	59	5.5	1.5	0.6	31.5	8	1.5	0.6	0.83	0.8	1.2	0.8
351306	7FB	30	72	47	85	125	4000	5000	—	37	68	7	1.5	0.6	33.5	9	1.5	0.6	0.83	0.8	1.2	0.8
351307	7FB	35	80	51	108	160	3600	4500	—	44	76	8	2	0.6	35.5	9	2	0.6	0.83	0.8	1.2	0.8
352208X2	—	40	80	55	108	65.8	3800	4500	—	48	74	8	1.5	0.6	40	8	1.5	0.6	0.38	1.8	2.6	1.7
352208	—		80	55	128	188	3800	4500	1.18	47	75	6	1.5	0.6	43.5	9	1.5	0.6	0.37	1.8	2.7	1.8
351308	7FB		90	56	132	170	3200	4000	1.56	49	87	8.5	2	0.6	39.5	10	2	0.6	0.83	0.8	1.2	0.8
352209	—	45	85	55	135	200	3200	4000	1.27	52	81	6	1.5	0.6	43.5	9	1.5	0.6	0.4	1.7	2.5	1.6
351309	7FB		100	60	152	218	2900	3600	2.11	54	96	9.5	2	0.6	41.5	10	2	0.6	0.83	0.8	1.2	0.8
352210	—	50	90	55	145	218	3200	3800	1.36	57	86	6	1.5	0.6	43.5	9	1.5	0.6	0.42	1.6	2.4	1.6
351310	7FB		110	64	175	260	2700	3400	2.65	60	105	10.5	2.1	0.6	43.5	10	2.5	0.6	0.83	0.8	1.2	0.8
352211	—	55	100	60	175	270	2800	3400	1.85	64	96	6	2	0.6	48.5	10	2	0.6	0.4	1.7	2.5	1.6
351311	7FB		120	70	208	305	2400	3000	3.92	65	114	10.5	2.1	0.6	49	12	2.5	0.6	0.83	0.8	1.2	0.8
352212	—	60	110	66	215	330	2600	3200	—	69	105	6	2	0.6	54.5	10	2	0.6	0.4	1.7	2.5	1.6
351312	7FB		130	74	235	350	2300	2800	—	72	124	11.5	2.5	1	51	12	3	1	0.83	0.8	1.2	0.8

续表

轴承型号	ISO尺寸系列	基本尺寸/mm			基本额定载荷/kN		极限转速/r·min^{-1}		质量/kg	安装尺寸/mm					其他尺寸/mm				计算系数			
350000 型		d	D	B_1	C_r	C_{0r}	脂	油	W ≈	d_a min	D_a min	a_2 min	r_a max	r_b max	C_1	b_1	r min	r_1 min	e	Y_1	Y_2	Y_0
352213X2	—	65	120	70	220	365	2200	3000	—	74	114	7.5	2	0.6	55	8	2	0.6	0.37	1.8	2.7	1.8
352213	—		120	73	260	410	2200	3000	2.49	74	115	6	2	0.6	61.5	11	2	0.6	0.4	1.7	2.5	1.6
351313	7GB		140	79	268	410	2000	2600	5.16	77	134	13	2.5	1	53	13	3	1	0.83	0.8	1.2	0.8
352214X2	—	70	125	70	230	388	2200	2800	—	79	118	8	2	0.6	55	8	2	0.6	0.39	1.7	2.6	1.7
352214	—		125	74	272	440	2200	2800	3.56	79	120	6.5	2	0.6	61.5	12	2	0.6	0.42	1.6	2.4	1.6
351314	7GB		150	83	302	460	1900	2400	6.23	82	143	13	2.5	1	57	13	3	1	0.83	0.8	1.2	0.8
352215	—	75	130	74	275	445	2000	2600	3.68	84	126	6.5	2	0.6	61.5	12	2	0.6	0.44	1.6	2.3	1.5
352215X2	—		130	75	235	412	2000	2600	3.6	84	124	7	2	0.6	62	8	2	0.6	0.41	1.7	2.5	1.6
351315	7GB		160	88	338	510	1700	2200	—	87	153	14	2.5	1	60	14	3	1	0.83	0.8	1.2	0.8
352216	—	80	140	78	320	530	1900	2400	4.58	90	135	7.5	2.1	0.6	63.5	12	2.5	0.6	0.42	1.6	2.4	1.6
352216X2	—		140	80	270	480	1900	2400	4.97	90	133	8	2.1	0.6	65	10	2.5	0.6	0.4	1.7	2.5	1.6
351316	7GB		170	94	370	590	1600	2200	—	92	161	15.5	2.5	1	63	16	3	1	0.83	0.8	1.2	0.8
352217X2	—	85	150	85	315	560	1700	2200	6.01	95	142	11	2.1	0.6	65	10	2.5	0.6	0.4	1.7	2.5	1.6
352217	—		150	86	368	600	1700	2200	5.85	95	143	8.5	2.1	0.6	69	14	2.5	0.6	0.42	1.6	2.4	1.6
351317	7GB		180	99	408	660	1400	2000	—	99	171	16.5	3	1	66	17	4	1	0.83	0.8	1.2	0.8
352218	—	90	160	94	440	720	1600	2200	7.35	100	153	8.5	2.1	0.6	77	14	2.5	0.6	0.42	1.6	2.4	1.6
352218X2	—		160	95	358	630	1600	2200	7.46	100	152	9.5	2.1	0.6	78	10	2.5	0.6	0.39	1.7	2.6	1.7
351318	7GB		190	103	455	738	1300	1900	—	104	181	16.5	3	1	70	17	4	1	0.83	0.8	1.2	0.8
352219	—	95	170	100	492	835	1400	2000	9.04	107	163	8.5	2.5	1	83	14	3	1	0.42	1.6	2.4	1.6
351319	7GB		200	109	502	830	1300	1700	—	109	189	17.5	3	1	74	19	4	1	0.83	0.8	1.2	0.8
352220	—	100	180	107	555	925	1400	1900	10.7	112	172	10	2.5	1	87	15	3	1	0.42	1.6	2.4	1.6
352220X2	—		180	112	458	860	1400	1900	11.5	111	172	11	2.5	1	92	10	3	1	0.39	1.7	2.6	1.7
351320	7GB		215	124	602	1010	1100	1400	—	114	204	21.5	3	1	81	22	4	1	0.83	0.8	1.2	0.8
352221	—	105	190	115	618	1080	1300	1700	13.1	117	182	10	2.5	1	95	15	3	1	0.42	1.6	2.4	1.6
352221X2	—		190	118	532	982	1300	1700	13	116	181	12	2.5	1	96	12	3	1	0.4	1.7	2.5	1.7
351321	7GB		225	127	640	1080	1100	1400	—	119	213	22	3	1	83	21	4	1	0.83	0.8	1.2	0.8
352122	—	110	180	95	422	840	1300	1700	10	120	173	10.5	2	0.6	76	11	2	0.6	0.25	2.7	4	2.6
352222	—		200	121	698	1210	1200	1600	15.5	122	192	10	2.5	1	101	15	3	1	0.42	1.6	2.4	1.6
352222X2	—		200	125	595	1120	1200	1600	16.4	121	191	11.5	2.5	1	102	12	3	1	0.39	1.7	2.6	1.7
351322	7GB		240	137	752	1290	1000	1300	—	124	226	25	3	1	87	23	4	0.6	0.83	0.8	1.2	0.8
352124	—	120	200	110	508	910	1100	1500	12.6	130	194	11	2	0.6	90	14	2	0.6	0.3	2.2	3.3	2.2

续表

轴承型号	ISO尺寸系列	基本尺寸/mm			基本额定载荷/kN		极限转速/r·min^{-1}		质量/kg	安装尺寸/mm					其他尺寸/mm				计算系数			
350000型		d	D	B_1	C_r	C_{0r}	脂	油	W ≈	d_a min	D_a min	a_2 min	r_a max	r_b max	C_1	b_1	r min	r_1 min	e	Y_1	Y_2	Y_0
352224	—	120	215	132	775	1360	1100	1400	18.9	132	206	11.5	2.5	1	109	16	3	1	0.44	1.6	2.3	1.5
352224X2	—		215	132	698	1340	1100	1400	19.1	132	206	14	2.5	1	106	12	3	1	0.41	1.6	2.5	1.6
351324	7GB		260	148	862	1490	900	1200	—	134	246	26	3	1	96	24	4	1	0.83	0.8	1.2	0.8
352926X2	—	130	180	70	258	565	1200	1600	4.88	139	174	11	2	0.6	50	10	2	0.6	0.27	2.5	3.7	2.4
352026X2	—		200	95	422	830	1100	1500	9.72	140	194	11	2.1	0.6	75	10	2.5	0.6	0.35	1.9	2.9	1.9
352126	—		210	110	540	1000	1000	1400	12.9	141	203	11	2	0.6	90	14	2	0.6	0.26	2.6	3.8	2.5
352226	—		230	145	895	1630	1000	1300	24.1	144	221	14	3	1	117.5	17	4	1	0.44	1.6	2.3	1.5
352226X2	—		230	150	700	1400	1000	1300	26.2	142	222	16	3	1	120	12	4	1	0.39	1.7	2.6	1.7
351326	7GB		280	156	968	1640	800	1100	—	147	263	28	4	1	100	24	5	1.1	0.83	0.8	1.2	0.8
352028X2	—	140	210	95	448	900	950	1300	8.35	150	204	11	2.1	0.6	75	12	2.5	0.6	0.37	1.8	2.7	1.8
352128	—		225	115	560	1110	950	1300	15.3	151	217	13.5	2.1	1	90	15	2.5	1	0.34	2	3	2
352228	—		250	153	1050	1840	850	1100	30.1	154	240	14	3	1	125.5	17	4	1	0.44	1.6	2.3	1.5
352228X2	—		250	158	985	1840	850	1100	30.6	153	241	16	3	1	128	12	4	1	0.33	2.1	3.1	2
351328	7GB		300	168	1110	1940	700	1000	—	157	283	30	4	1	108	28	5	1.1	0.83	0.8	1.2	0.8
352930X2	—	150	210	80	352	790	950	1300	9.32	159	204	10	2.1	0.6	62	10	2.5	0.6	0.27	2.5	3.7	2.4
352130	—		250	138	778	1560	850	1100	25.8	163	242	14	2.1	1	112	18	2.5	1	0.3	2.2	3.3	2.2
352230	—		270	164	1170	2140	800	1100	37.3	164	256	17	3	1	130	18	4	1	0.44	1.6	2.3	1.5
352230X2	—		270	172	1070	2180	800	1100	38.9	164	260	18	3	1	138	12	4	1	0.39	1.7	2.6	1.7
351330	7GB		320	178	1260	2250	670	950	—	167	302	32	4	1	114	28	5	1.1	0.83	0.8	1.2	0.8
352032X2	—	160	240	115	608	1260	850	1100	16.5	171	234	13.5	2.5	1	90	12	3	1	0.37	1.8	2.7	1.8
352132	—		270	150	872	1720	800	1000	28.2	174	262	16	2.1	1	120	18	2.5	1	0.36	1.9	2.8	1.8
352232	—		290	178	1390	2840	700	1000	46.9	174	276	17	3	1	144	18	4	1	0.44	1.6	2.3	1.5
352934X2	—	170	230	82	395	922	850	1100	8.11	180	223	9.5	2.1	0.6	65	10	2.5	0.6	0.28	2.4	3.6	2.3
352034X2	—		260	120	672	1460	800	1000	20.4	183	252	13.5	2.5	1	95	12	3	1	0.31	2.2	3.2	2.1
352134	—		280	150	962	2000	750	950	35.6	184	271	16	2.1	1	120	18	2.5	1	0.38	1.8	2.6	1.7
352234	—		310	192	1580	3200	750	950	58.2	188	296	20	4	1	152	20	5	1.1	0.44	1.6	2.3	1.5
352936X2	—	180	250	95	468	1080	800	1000	13	190	243	11.5	2.1	0.6	74	10	2.5	0.6	0.37	1.8	2.7	1.8
352036X2	—		280	134	742	1540	750	950	28.5	191	272	14	2.5	1	108	12	3	1	0.28	2.4	3.6	2.4
352136	—		300	164	1100	2350	700	900	39.9	196	287	16	2.5	1	134	20	3	1	0.26	2.6	3.8	2.6

续表

轴承型号	ISO尺寸系列	基本尺寸/mm			基本额定载荷/kN		极限转速/r·min⁻¹		质量/kg	安装尺寸/mm					其他尺寸/mm				计算系数			
350000 型		d	D	B_1	C_r	C_{0r}	脂	油	W ≈	d_a min	D_a min	a_2 min	r_a max	r_b max	C_1	b_1	r min	r_1 min	e	Y_1	Y_2	Y_0
352236X2	—	180	320	190	1390	2770	670	850	51.5	196	308	23.5	4	1	145	12	5	1.1	0.36	1.9	2.8	1.8
352236	—		320	192	1620	3350	670	850	63.8	198	306	20	4	1	152	20	5	1.1	0.45	1.5	2.2	1.5
352938X2	—	190	260	95	522	1270	750	950	13.3	200	253	11	2.1	0.6	75	12	2.5	0.6	0.38	1.8	2.6	1.7
352038X2	—		290	134	742	1540	700	900	28.8	202	282	16	2.5	1	104	12	3	1	0.45	1.5	2.2	1.5
352138	—		320	170	1160	2420	670	850	52	207	306	21	2.5	1	130	14	3	1	0.31	2.2	3.2	2.1
352238	—		340	204	1740	3350	600	800	69.8	208	326	22	4	1	160	20	5	1.1	0.44	1.6	2.3	1.5
352940X2	—	200	280	105	610	1520	700	900	18.1	211	273	13.5	2.5	1	80	12	3	1	0.39	1.8	2.6	1.7
352040X2	—		310	152	912	2140	670	850	39	212	300	17	2.5	1	120	12	3	1	0.39	1.7	2.6	1.7
352140	—		340	184	1450	2970	630	800	63.8	220	326	18	2.5	1	150	20	3	1	0.25	2.7	4	2.7
352240	—		360	218	2140	3950	560	700	90.7	218	342	22	4	1	174	22	5	1.1	0.41	1.7	2.5	1.6
352944X2	—	220	300	110	660	1710	670	850	21.7	231	292	12	2.5	1	88	12	3	1	0.31	2.2	3.2	2.1
352044X2	—		340	165	1240	2680	600	750	49	234	331	18.5	3	1	130	12	4	1	0.35	1.9	2.9	1.9
352144	—		370	195	1540	3240	600	750	76.3	238	356	23.5	3	1	150	19	4	1.1	0.37	1.8	2.7	1.8
352948X2	—	240	320	110	660	1580	600	750	22.2	251	312	11	2.5	1	90	12	3	1	0.32	2.1	3.1	2.1
352048X2	—		360	165	1240	2820	530	670	52.8	256	349	18.5	3	1	130	12	4	1	0.33	2	3	2
352148	—		400	210	1870	4050	500	630	98.1	261	384	25	3	1	163	20	4	1.1	0.31	2.2	3.2	2.1
352952X2	—	260	360	134	942	2490	530	670	37	274	350	14.5	2.5	1	108	12	3	1	0.37	1.8	2.7	1.8
352052X2	—		400	186	1570	3600	500	630	79.3	277	386	21.5	4	1	146	12	5	1.1	0.3	2.3	3.3	2.2
352152	—		440	225	2210	4720	450	560	124	284	421	24	3	1	180	13	4	1.1	0.24	2.8	4.2	2.8
352956X2	—	280	380	134	1080	2810	480	600	41.3	294	371	14.5	2.5	1	108	12	3	1	0.29	2.3	3.4	2.3
352056X2	—		420	186	1700	3880	450	560	81.5	297	409	21.5	4	1	146	16	5	1.1	0.37	1.8	2.7	1.8
352960X2	—	300	420	160	1360	3610	450	560	60.8	317	408	17.5	3	1	128	16	4	1	0.28	2.4	3.6	2.3
352060X2	—		460	210	1830	4390	430	530	117	320	445	24	4	1	165	16	5	1.1	0.31	2.2	3.2	2.1
351160	—		500	205	2110	4460	400	500	143	327	480	28	4	1.5	165	25	5	1.5	0.32	2.1	3.2	2.1
352964X2	—	320	440	160	1410	3830	430	530	67	335	427	17.5	3	1	128	16	4	1	0.3	2.3	3.3	2.2
352064X2	—		480	210	1830	4390	400	500	122	340	468	26.5	4	1	160	16	5	1.1	0.42	1.6	2.4	1.6
352968X2	—	340	460	160	1450	4050	400	500	71	355	448	17.5	3	1	128	16	4	1	0.31	2.2	3.2	2.1
351068	—		520	180	1870	4070	380	480	128	360	501	24	4	1.5	135	16	5	1.5	0.29	2.3	3.4	2.3
351168	—		580	242	2870	5970	340	430	235	365	555	37.5	4	1.5	170	30	5	1.5	0.42	1.6	2.4	1.6
352972X2	—	360	480	160	1490	4270	380	480	74.3	376	468	17.5	3	1	128	16	4	1	0.33	2.1	3.1	2
351072	—		540	185	2120	4910	360	450	132	380	522	24	4	1.5	140	21	5	1.5	0.3	2.3	3.3	2.2
351172	—		600	242	2950	6270	320	400	235	390	572	37.5	4	1.5	170	30	5	1.5	0.44	1.5	2.3	1.5
351976	—	380	520	145	1210	3250	360	450	80.3	402	505	21.5	3	1	105	15	4	1.1	0.43	1.6	2.3	1.6

续表

轴承型号	ISO 尺寸系列	基本尺寸/mm			基本额定载荷/kN		极限转速/r·min^{-1}		质量/kg	安装尺寸/mm					其他尺寸/mm				计算系数			
350000 型		d	D	B_1	C_r	C_{0r}	脂	油	W ≈	d_a min	D_a min	a_2 min	r_a max	r_b max	C_1	b_1	r min	r_1 min	e	Y_1	Y_2	Y_0
351076	—	380	560	190	2150	5090	340	430	146	406	542	26.5	4	1.5	140	26	5	1.5	0.31	2.2	3.2	2.1
351176	—		620	242	3310	7430	300	380	264	406	598	37.5	4	1.5	170	30	5	1.5	0.46	1.5	3.2	1.4
351980	—	400	540	150	1210	3110	320	400	86.9	420	525	21.5	3	1	105	20	4	1.1	0.45	1.5	2.2	1.5
351080	—		600	206	2620	6380	300	380	180	420	580	29.5	4	1.5	150	26	5	1.5	0.4	1.7	2.5	1.7
351984	—	420	560	145	1450	3740	300	380	88.8	440	546	21.5	3	1	105	15	4	1.1	0.31	2.2	3.2	2.1
351084	—		620	206	2650	6600	280	360	196	448	601	29.5	4	1.5	150	26	5	1.5	0.41	1.6	2.5	1.6
351184	—		700	275	4270	8810	240	320	392	460	670	39	5	2.5	200	31	6	2.5	0.32	2.1	3.2	2.1
351988	—	440	600	170	1890	4860	280	360	114	462	585	21.5	3	1	125	22	4	1.1	0.39	1.8	2.6	1.7
351088	—		650	212	2750	7020	260	340	213	469	629	31.5	5	2.1	152	24	6	2.5	0.43	1.6	2.3	1.5
351992	—	460	620	174	1910	4990	260	340	128	480	605	23.5	3	1	130	26	4	1.1	0.4	1.7	2.5	1.7
351092	—		680	230	3320	8160	220	300	253	489	657	29	5	2.1	175	30	6	2.5	0.31	2.2	3.2	2.1
351996	—	480	650	180	1950	5270	240	320	133	502	633	26.5	4	1.5	130	24	5	1.5	0.42	1.6	2	1.6
351096	—		700	240	3330	8190	200	280	281	511	677	31.5	5	2.1	180	40	6	2.5	0.32	2.1	3.1	2.1
351196	—		790	310	5000	11990	180	240	561	520	755	44.5	6	2.5	224	38	7.5	3	0.41	1.6	2.5	1.6
3519/500	—	500	670	180	2150	6120	220	300	129	524	650	26.5	4	1.6	130	24	5	1.5	0.44	1.5	2.3	1.5
3510/500	—		720	236	3390	8450	190	260	289	530	700	29.5	5	2.1	180	36	6	2.5	0.33	2	3	2
3519/530	—	530	710	190	2390	6800	190	260	192	554	693	28.5	4	1.5	136	26	5	1.5	0.41	1.6	2.5	1.6
3519/560	—	560	750	213	2550	7060	170	220	235	586	731	30	4	1.5	156	43	5	1.5	0.44	1.5	2.3	1.5
3510/560	—		820	260	4340	10800	160	200	410	594	795	39	5	2.1	185	30	6	2.5	0.4	1.7	2.5	1.7
3519/600	—	600	800	205	3210	9460	150	190	265	625	779	26	4	1.5	156	35	5	1.5	0.33	2.1	3.1	2
3510/600	—		870	270	4880	12730	130	170	500	630	845	37.5	5	2.1	198	42	6	2.5	0.41	1.6	2.5	1.6
3519/630	—	630	850	242	3730	10390	130	170	368	657	829	31.5	5	2.1	182	42	6	2.5	0.4	1.7	2.5	1.7
3511/670	—	670	1090	410	9680	23200	90	120	1370	719	1050	59	6	2.5	295	40	7.5	3	0.32	2.1	3.2	2.1
3519/710	—	710	950	240	4070	12400	100	140	444	743	925	34	5	2.1	175	28	6	2.5	0.49	1.5	2.2	1.4
3510/710	—		1030	315	6560	17930	90	120	810	752	1000	49	6	2.5	220	35	7.5	3	0.43	1.6	2.3	1.5
3519/750	—	750	1000	264	5020	14480	90	120	499	783	978	36.5	5	2.1	194	40	6	2.5	0.4	1.7	2.5	1.6
3519/800	—	800	1060	270	5020	15000	80	100	604	838	1031	34.5	5	2.1	204	40	6	2.5	0.35	1.9	2.9	1.9
3519/850	—	850	1120	268	5460	16860	75	95	636	886	1093	40.5	5	2.1	188	32	6	2.5	0.46	1.5	2.2	1.5
3519/900	—	900	1180	275	5000	16200	70	90	730	940	1146	36.5	5	2.1	205	31	6	2.5	0.39	1.7	2.6	1.7
3519/950	—	950	1250	300	6790	21100	—	—	910	994	1220	41.5	6	2.5	220	36	7.5	3	0.33	2	3	2
3519/1120	—	1120	1460	335	8570	27900	—	—	1340	1170	1427	44	8	3	250	—	9.5	4	0.35	1.9	2.9	1.9

第7篇

表 7-5-28 四列圆锥滚子轴承（GB/T 300—2008）

380000型

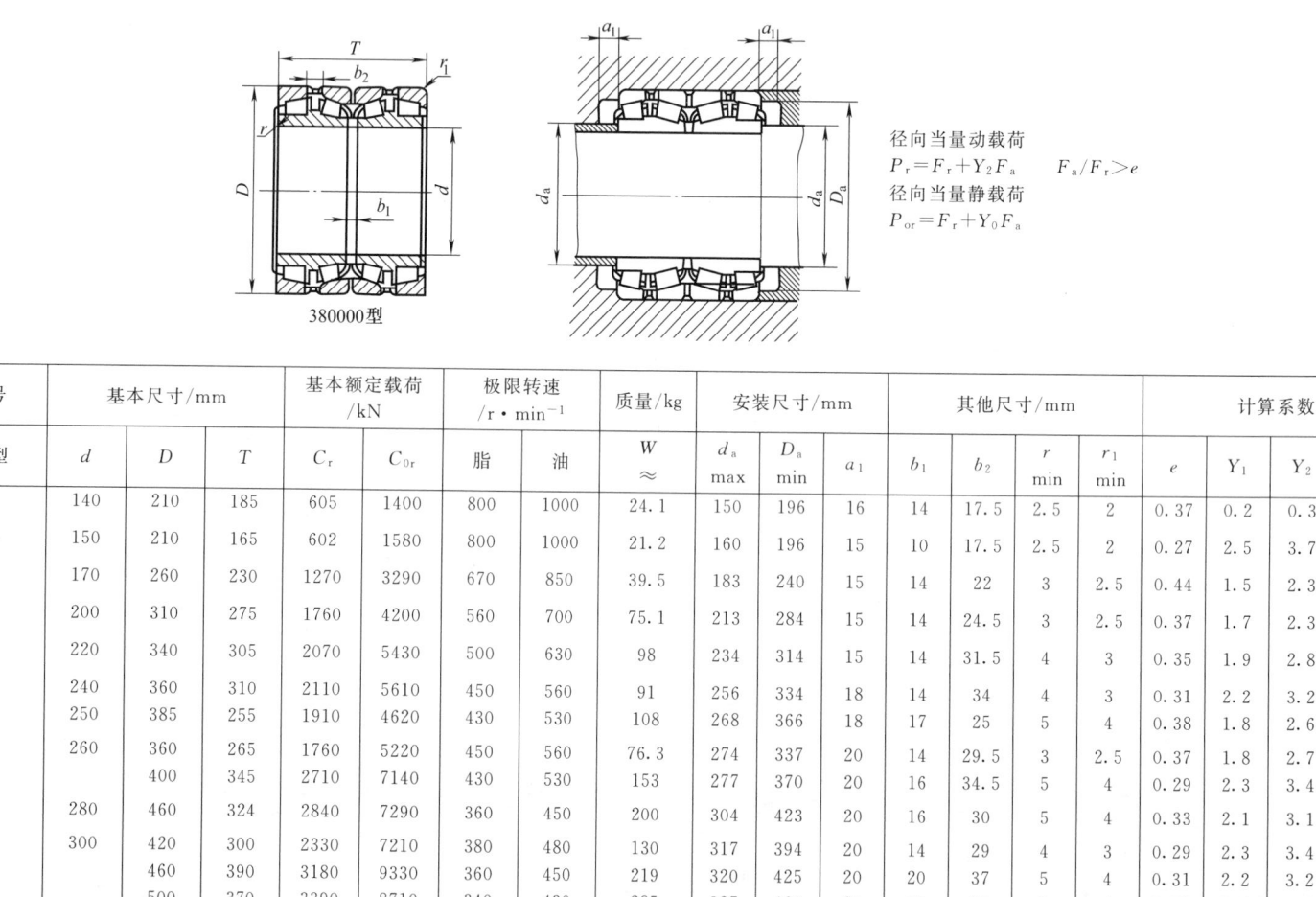

径向当量动载荷
$P_r = F_r + Y_2 F_a$ $F_a/F_r > e$
径向当量静载荷
$P_{or} = F_r + Y_0 F_a$

轴承代号	基本尺寸/mm			基本额定载荷/kN		极限转速/r·min^{-1}		质量/kg	安装尺寸/mm			其他尺寸/mm				计算系数			
380000 型	d	D	T	C_r	C_{0r}	脂	油	W ≈	d_a max	D_a min	a_1	b_1	b_2	r min	r_1 min	e	Y_1	Y_2	Y_0
382028	140	210	185	605	1400	800	1000	24.1	150	196	16	14	17.5	2.5	2	0.37	0.2	0.3	2
382930	150	210	165	602	1580	800	1000	21.2	160	196	15	10	17.5	2.5	2	0.27	2.5	3.7	2.4
382034	170	260	230	1270	3290	670	850	39.5	183	240	15	14	22	3	2.5	0.44	1.5	2.3	1.5
382040	200	310	275	1760	4200	560	700	75.1	213	284	15	14	24.5	3	2.5	0.37	1.7	2.3	2.1
382044	220	340	305	2070	5430	500	630	98	234	314	15	14	31.5	4	3	0.35	1.9	2.8	1.9
382048	240	360	310	2110	5610	450	560	91	256	334	18	14	34	4	3	0.31	2.2	3.2	2.1
381050	250	385	255	1910	4620	430	530	108	268	366	18	17	25	5	4	0.38	1.8	2.6	1.7
382952	260	360	265	1760	5220	450	560	76.3	274	337	20	14	29.5	3	2.5	0.37	1.8	2.7	1.8
382052		400	345	2710	7140	430	530	153	277	370	20	16	34.5	5	4	0.29	2.3	3.4	2.3
381156	280	460	324	2840	7290	360	450	200	304	423	20	16	30	5	4	0.33	2.1	3.1	2
382960	300	420	300	2330	7210	380	480	130	317	394	20	14	29	4	3	0.29	2.3	3.4	2.3
382060		460	390	3180	9330	360	450	219	320	425	20	20	37	5	4	0.31	2.2	3.2	2.1
381160		500	370	3390	8710	340	430	285	327	460	20	15	39	5	4	0.32	2.1	3.2	2.1
382064	320	480	390	3180	9330	340	430	234	340	440	20	20	37	5	4	0.42	1.6	2.4	1.6
382968	340	460	310	2480	8100	340	430	145	355	434	20	14	34	4	3	0.31	2.2	3.2	2.1
381068		520	325	3100	8620	320	400	234	360	486	20	8	31	5	4	0.29	2.3	3.4	2.3
381168		580	425	4580	11700	280	360	441	365	531	20	16	50.5	5	4	0.42	1.6	2.4	1.6

续表

轴承代号	基本尺寸/mm			基本额定载荷/kN		极限转速/r·min^{-1}		质量/kg	安装尺寸/mm			其他尺寸/mm				计算系数			
380000 型	d	D	T	C_r	C_{0r}	脂	油	W ≈	d_a max	D_a min	a_1	b_1	b_2	r min	r_1 min	e	Y_1	Y_2	Y_0
381072	360	540	325	3360	8840	300	380	248	380	504	20	13	28.5	5	4	0.3	2.3	3.3	2.2
381076	380	560	325	3360	8840	280	380	281	405	530	20	16	30.5	5	4	0.31	2.1	3.2	2.1
381176		620	420	4710	12300	240	360	487	405	570	20	20	48	6	4	0.46	1.5	2.2	1.4
381080	400	600	356	4160	10400	240	320	317	420	560	20	16	36	5	4	0.4	1.7	2.5	1.7
381084	420	620	356	4160	10400	220	300	358	450	570	20	16	36	5	4	0.41	1.6	2.4	1.6
381184		700	480	6780	18500	190	260	760	460	645	25	15	48	6	5	0.32	2.1	3.2	2.1
381088	440	650	376	4290	12390	200	280	401	469	606	20	16	44	6	5	0.43	1.6	2.3	1.5
381992	460	620	310	3360	10200	200	280	173	480	590	25	14	32	4	3	0.4	1.7	2.5	1.7
381092		680	410	5130	14200	180	240	476	489	636	25	20	39	6	5	0.31	2.2	3.2	2.1
381996	480	650	338	3390	10500	190	260	301	502	613	25	20	39	5	4	0.42	1.6	2.4	1.6
381096		700	420	5780	16900	170	220	547	510	655	25	20	40	6	5	0.32	2.1	3.1	2.1
3810/500	500	720	420	5880	17400	160	200	565	530	674	25	16	38	6	5	0.33	2.1	3.1	2
3810/530	530	780	450	7520	21500	140	180	744	560	742	25	20	49	6	5	0.38	1.8	2.6	1.7
3811/530		870	590	9320	26100	120	160	1422	570	794	25	24	60	7.5	6	0.46	1.5	2.2	1.4
3819/560	560	750	368	4370	13300	140	180	456	586	710	30	28	42	5	4	0.43	1.6	2.3	1.5
3811/560		920	620	11200	26100	100	140	1635	604	848	25	20	70	7.5	6	0.39	1.7	2.6	1.7
3819/600	600	800	380	5500	18900	120	160	536	625	760	30	13	40.5	5	4	0.33	2.1	3.1	2
3810/600		870	480	8370	25400	100	140	995	630	821	30	20	52	6	5	0.41	1.7	2.5	1.6
3811/600		980	650	12700	36700	90	120	1970	644	908	25	22	71	7.5	6	0.32	2.1	3.2	2.1
3819/630	630	850	418	6440	19800	100	140	720	657	800	30	26	40	6	5	0.4	1.7	2.5	1.7
3810/630		920	515	9170	26800	95	130	1158	669	858	30	25	57	7.5	6	0.42	1.6	2.4	1.6
3811/630		1030	670	14400	39900	85	110	2201	673	959	30	22	78	7.5	6	0.3	2.2	3.3	2.2
3819/670	670	900	412	6940	22300	95	130	959	700	855	30	24	38	6	5	0.44	1.5	2.3	1.5
3811/670		1090	710	15700	39900	75	95	2665	719	1020	30	26	72	7.5	6	0.32	2.1	3.2	2.1
3810/710	710	1030	555	11200	35800	75	95	1568	752	962	30	23	70	7.5	6	0.43	1.6	2.3	1.5
3811/710		1150	750	17100	50900	67	85	3227	762	1078	30	26	74	9.5	8	0.32	2.1	3.2	2.1
3810/750	750	1090	605	13100	42400	70	90	1874	793	1020	30	25	74	7.5	6	0.43	1.6	2.4	1.6
3811/750		1220	840	21900	68000	48	80	3994	807	1130	30	30	65	9.5	8	0.32	2.1	3.2	2.1
3810/850	850	1360	900	25900	84200	—	—	5168	900	1300	30	44	88	12	9.5	0.34	2	3	2.0
3820/950	950	1360	880	23300	83600	—	—	4087	1000	1290	30	40	60	7.5	6	0.26	2.6	3.8	2.6
3820/1060	1060	1500	1000	29100	105000	—	—	5896	1117	1420	30	40	70	9.5	8	0.26	2.6	3.8	2.6

第7篇

5.8 推力球轴承

表 7-5-29 单向推力球轴承（GB/T 301—2015）

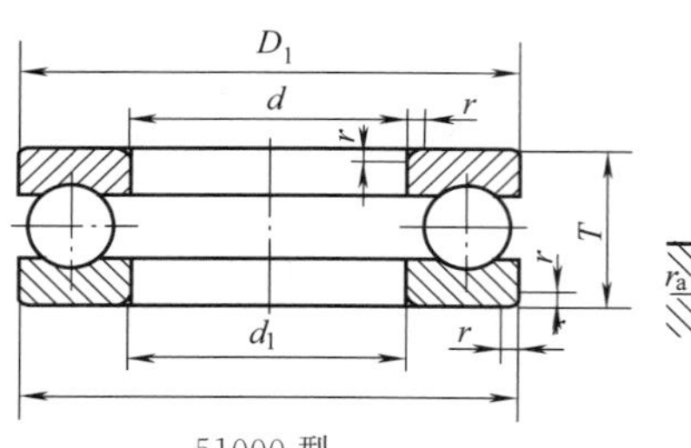

51000 型

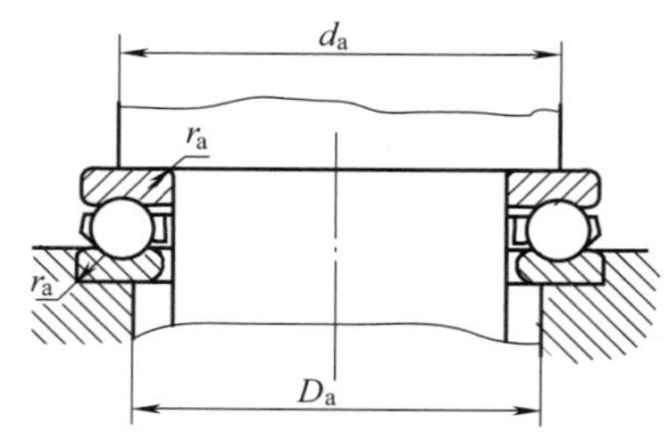

轴向当量动载荷

$P_a = F_a$

轴向当量静载荷

$P_{0a} = F_a$

最小轴向载荷

$F_{amin} > A\left(\frac{n}{1000}\right)^2$

轴承型号	基本尺寸/mm			基本额定载荷/kN		最小载荷常数	极限转速/r·min^{-1}		质量/kg	安装尺寸/mm			其他尺寸/mm		
51000 型	d	D	T	C_a	C_{0a}	A	脂	油	W ≈	d_a min	D_a max	r_a max	d_1 min	D_1 max	r min
51100	10	24	9	10.0	14.0	0.001	6300	9000	0.019	18	16	0.3	11	24	0.3
51200		26	11	12.5	17.0	0.002	6000	8000	0.028	20	16	0.6	12	26	0.6
51101	12	26	9	10.2	15.2	0.001	6000	8500	0.021	20	18	0.3	13	26	0.3
51201		28	11	13.2	19.0	0.002	5300	7500	0.031	22	18	0.6	14	28	0.6
51102	15	28	9	10.5	16.8	0.002	5600	8000	0.022	23	20	0.3	16	28	0.3
51202		32	12	16.5	24.8	0.003	4800	6700	0.041	25	22	0.6	17	32	0.6
51103	17	30	9	10.8	18.2	0.002	5300	7500	0.024	25	22	0.3	18	30	0.3
51203		35	12	17.0	27.2	0.004	4500	6300	0.048	28	24	0.6	19	35	0.6
51104	20	35	10	14.2	24.5	0.004	4800	6700	0.036	29	26	0.3	21	35	0.3
51204		40	14	22.2	37.5	0.007	3800	5300	0.075	32	28	0.6	22	40	0.6
51304		47	18	35.0	55.8	0.016	3600	4500	0.15	36	31	1	22	47	1
51105	25	42	11	15.2	30.2	0.005	4300	6000	0.055	35	32	0.6	26	42	0.6
51205		47	15	27.8	50.5	0.013	3400	4800	0.11	38	34	0.6	27	47	0.6
51305		52	18	35.5	61.5	0.021	3000	4300	0.17	41	36	1	27	52	1
51405		60	24	55.5	89.2	0.044	2200	3400	0.31	46	39	1	27	60	1
51106	30	47	11	16.0	34.2	0.007	4000	5600	0.062	40	37	0.6	32	47	0.6
51206		52	16	28.0	54.2	0.016	3200	4500	0.13	43	39	0.6	32	52	0.6
51306		60	21	42.8	78.5	0.033	2400	3600	0.26	48	42	1	32	60	1
51406		70	28	72.5	125	0.082	1900	3000	0.51	54	46	1	32	70	1
51107	35	52	12	18.2	41.5	0.010	3800	5300	0.077	45	42	0.6	37	52	0.6
51207		62	18	39.2	78.2	0.033	2800	4000	0.21	51	46	1	37	62	1
51307		68	24	55.2	105	0.059	2000	3200	0.37	55	48	1	37	68	1
51407		80	32	86.8	155	0.13	1700	2600	0.76	62	53	1	37	80	1.1
51108	40	60	13	26.8	62.8	0.021	3400	4800	0.11	52	48	0.6	42	60	0.6
51208		68	19	47.0	98.2	0.050	2400	3600	0.26	57	51	1	42	68	1
51308		78	26	69.2	135	0.096	1900	3000	0.53	63	55	1	42	78	1
51408		90	36	112	205	0.22	1500	2200	1.06	70	60	1	42	90	1.1
51109	45	65	14	27.0	66.0	0.024	3200	4500	0.14	57	53	0.6	47	65	0.6
51209		73	20	47.8	105	0.059	2200	3400	0.30	62	56	1	47	73	1
51309		85	28	75.8	150	0.130	1700	2600	0.66	69	61	1	47	85	1

续表

轴承型号	基本尺寸/mm			基本额定载荷/kN		最小载荷常数	极限转速/r·min^{-1}		质量/kg	安装尺寸/mm			其他尺寸/mm		
51000 型	d	D	T	C_a	C_{0a}	A	脂	油	W ≈	d_a min	D_a max	r_a max	d_1 min	D_1 max	r min
51409	45	100	39	140	262	0.36	1400	2000	1.41	78	67	1	47	100	1.1
51110	50	70	14	27.2	69.2	0.027	3000	4300	0.15	62	58	0.6	52	70	0.6
51210		78	22	48.5	112	0.068	2000	3200	0.37	67	61	1	52	78	1
51310		95	31	96.5	202	0.21	1600	2400	0.92	77	68	1	52	95	1.1
51410		110	43	160	302	0.50	1300	1900	1.86	86	74	1.5	52	110	1.5
51111	55	78	16	33.8	89.2	0.043	2800	4000	0.22	69	64	0.6	57	78	0.6
51211		90	25	67.5	158	0.13	1900	3000	0.58	76	69	1	57	90	1
51311		105	35	115	242	0.31	1500	2200	1.28	85	75	1	57	105	1.1
51411		120	48	182	355	0.68	1100	1700	2.51	94	81	1.5	57	120	1.5
51112	60	85	17	40.2	108	0.063	2600	3800	0.27	75	70	1	62	85	1
51212		95	26	73.5	178	0.16	1800	2800	0.66	81	74	1	62	95	1
51312		110	35	118	262	0.35	1400	2000	1.37	90	80	1	62	110	1.1
51412		130	51	200	395	0.88	1000	1600	3.08	102	88	1.5	62	130	1.5
51113	65	90	18	40.5	112	0.07	2400	3600	0.31	80	75	1	67	90	1
51213		100	27	74.8	188	0.18	1700	2600	0.72	86	79	1	67	100	1
51313		115	36	115	262	0.38	1300	1900	1.48	95	85	1	67	115	1.1
51413		140	56	215	448	1.14	900	1400	3.91	110	95	2	68	140	2
51114	70	95	18	40.8	115	0.078	2200	3400	0.33	85	80	1	72	95	1
51214		105	27	73.5	188	0.19	1600	2400	0.75	91	84	1	72	105	1
51314		125	40	148	340	0.60	1200	1800	1.98	103	92	1	72	125	1.1
51414		150	60	255	560	1.71	850	1300	4.85	118	102	2	73	150	2
51115	75	100	19	48.2	140	0.11	2000	3200	0.38	90	85	1	77	100	1
51215		110	27	74.8	198	0.21	1500	2200	0.82	96	89	1	77	110	1
51315		135	44	162	380	0.77	1100	1700	2.58	111	99	1.5	77	135	1.5
51415		160	65	268	615	2.00	800	1200	6.08	125	110	2	78	160	2
51116	80	105	19	48.5	145	0.12	1900	3000	0.40	95	90	1	82	105	1
51216		115	28	83.8	222	0.27	1400	2000	0.90	101	94	1	82	115	1
51316		140	44	160	380	0.81	1000	1600	2.69	116	104	1.5	82	140	1.5
51416		170	68	292	692	2.55	750	1100	7.12	133	117	2.1	83	170	2.1
51117	85	110	19	49.2	150	0.13	1800	2800	0.42	100	95	1	87	110	1
51217		125	31	102	280	0.41	1300	1900	1.21	109	101	1	88	125	1
51317		150	49	208	495	1.28	950	1500	3.47	124	111	1.5	88	150	1.5
51417		180	72	318	782	3.24	700	1000	8.28	141	124	2.1	88	177	2.1
51118	90	120	22	65.0	200	0.21	1700	2600	0.65	108	102	1	92	120	1
51218		135	35	115	315	0.52	1200	1800	1.65	117	108	1	93	135	1.1
51318		155	50	205	495	1.34	900	1400	3.69	129	116	1.5	93	155	1.5
51418		190	77	325	825	3.71	670	950	9.86	149	131	2.5	93	187	2.1
51120	100	135	25	85.0	268	0.37	1600	2400	0.95	121	114	1	102	135	1
51220		150	38	132	375	0.75	1100	1700	2.21	130	120	1	103	150	1.1
51320		170	55	235	595	1.88	800	1200	4.86	142	128	1.5	103	170	1.5
51420		210	85	400	1080	6.17	600	850	13.3	165	145	2.5	103	205	3
51122	110	145	25	87.0	288	0.43	1500	2200	1.03	131	124	1	112	145	1
51222		160	38	138	412	0.89	1000	1600	2.39	140	130	1	113	160	1.1

第7篇

续表

轴承型号	基本尺寸/mm			基本额定载荷/kN		最小载荷常数	极限转速/r·min⁻¹		质量/kg	安装尺寸/mm			其他尺寸/mm		
51000型	d	D	T	C_a	C_{0a}	A	脂	油	W ≈	d_a min	D_a max	r_a max	d_1 min	D_1 max	r min
51322	110	190	63	278	755	2.97	700	1100	7.05	158	142	2	113	187	2
51422		230	95	490	1390	10.4	530	750	20.0	181	159	2.5	113	225	3
51124	120	155	25	87.0	298	0.48	1400	2000	1.10	141	134	1	122	155	1
51224		170	39	135	412	0.96	950	1500	2.62	150	140	1	123	170	1.1
51324		210	70	330	945	4.58	670	950	9.54	173	157	2.1	123	205	2.1
51424		250	102	412	1220	12.4	480	670	25.5	196	174	3	123	245	4
51126	130	170	30	108	375	0.74	1300	1900	1.70	154	146	1	132	170	1
51226		190	45	188	575	1.75	900	1400	3.93	166	154	1.5	133	187	1.5
51326		225	75	358	1070	5.91	600	850	11.7	186	169	2.1	134	220	2.1
51426		270	110	630	2010	21.1	430	600	32.0	212	188	3	134	265	4
51128	140	180	31	110	402	0.84	1200	1800	1.85	164	156	1	142	178	1
51228		200	46	190	598	1.96	850	1300	4.27	176	164	1.5	143	197	1.5
51328		240	80	395	1230	7.84	560	800	14.1	199	181	2.1	144	235	2.1
51428		280	112	630	2010	22.2	400	560	32.2	222	198	3	144	275	4
51130	150	190	31	110	415	0.93	1100	1700	1.95	174	166	1	152	188	1
51230		215	50	242	768	3.06	800	1200	5.52	189	176	1.5	152	212	1.5
51330		250	80	405	1310	8.80	530	750	14.9	209	191	2.1	154	245	2.1
51430		300	120	670	2240	27.9	380	530	38.2	238	212	3	154	295	4
51132	160	200	31	110	428	1.01	1000	1600	2.06	184	176	1	162	198	1
51232		225	51	240	768	3.23	750	1100	5.91	199	186	1.5	163	222	1.5
51332		270	87	470	1570	12.8	500	700	18.9	225	205	2.5	164	265	3
51134	170	215	34	135	528	1.48	950	1500	2.71	197	188	1	172	213	1.1
51234		240	55	280	915	4.48	700	1000	7.31	212	198	1.5	173	237	1.5
51334		280	87	470	1580	13.8	480	670	22.5	235	215	2.5	174	275	3
51136	180	225	34	135	528	1.56	900	1400	2.77	207	198	1	183	222	1.1
51236		250	56	285	958	4.91	670	950	7.84	222	208	1.5	183	247	1.5
51336		300	95	518	1820	17.9	430	600	28.7	251	229	2.5	184	295	3
51138	190	240	37	172	678	2.41	850	1300	3.61	220	210	1	193	237	1.1
51238		270	62	328	1160	6.97	630	900	10.5	238	222	2	194	267	2
51338		320	105	600	2220	26.7	400	560	41.1	266	244	3	195	315	4
51140	200	250	37	172	698	2.60	800	1200	3.77	230	220	1	203	247	1.1
51240		280	62	332	1210	7.59	600	850	11.0	248	232	2	204	277	2
51340		340	110	608	2220	28.0	360	500	44	282	258	3	205	335	4
51144	220	270	37	188	782	3.35	750	1100	4.60	250	240	1	223	267	1.1
51244		300	63	365	1360	10.3	560	800	13.7	268	252	2	224	297	2
51148	240	300	45	258	1040	5.95	700	1000	7.6	276	264	1.5	243	297	1.5
51248		340	78	468	1870	19.0	450	630	23.6	299	281	2.1	244	335	2.1
51348		380	112	692	2870	44.1	320	450	51	322	298	3	245	375	4
51152	260	320	45	270	1140	6.99	670	950	8.10	296	284	1.5	263	317	1.5
51252		360	79	488	2050	22.3	430	600	25.5	319	301	2.1	264	355	2.1
51156	280	350	53	338	1430	11.2	560	800	12.2	322	308	1.5	283	347	1.5
51256		380	80	490	2140	24.7	400	560	27.8	339	321	2.1	284	375	2.1

续表

轴承型号	基本尺寸/mm			基本额定载荷/kN		最小载荷常数	极限转速/r·min^{-1}		质量/kg	安装尺寸/mm			其他尺寸/mm		
51000 型	d	D	T	C_a	C_{0a}	A	脂	油	W ≈	d_a min	D_a max	r_a max	d_1 min	D_1 max	r min
51160	300	380	62	415	1860	18.5	500	700	17.5	348	332	2	304	376	2
51260		420	95	578	2670	39.3	360	560	42.5	371	349	2.5	304	415	3
51164	320	400	63	418	1920	20.2	480	670	18.9	368	352	2	324	396	2
51264		440	95	612	2920	45.3	340	480	45.5	391	369	2.5	325	435	3
51168	340	420	64	428	2050	22.7	450	630	20.5	388	372	2	344	416	2
51268		460	96	620	3040	49.6	320	450	52	411	389	2.5	345	455	3
51368		540	160	1120	5720	175	150	220	145	460	420	4	345	535	5
51172	360	440	65	432	2110	24.6	430	600	22	408	392	2	364	436	2
51272		500	110	775	3940	84.0	260	380	70.9	442	418	3	365	495	4
51176	380	460	65	440	2210	26.0	430	600	23.0	428	412	2	384	456	2
51276		520	112	788	4120	91.5	240	360	73.0	463	437	3	385	515	4
51180	400	480	65	452	2320	28.0	400	560	23.7	448	432	2	404	476	2
51280		540	112	802	4310	99.0	220	340	76	482	458	3	405	535	4
51184	420	500	65	462	2480	33.3	380	530	25.2	468	452	2	424	495	2
51188	440	540	80	527	3000	47.0	360	500	42.0	499	481	2.1	444	536	2.1
51288		600	130	808	4430	105	180	280	112	536	504	4	455	595	5
51192	460	560	80	578	3310	58.9	320	450	43	519	501	2.1	464	555	2.1
51292		620	130	892	5230	148	170	260	119	556	524	4	465	615	5
51196	480	580	80	592	3490	53.0	300	430	43.9	539	521	2.1	484	575	2.1
511/500	500	600	80	595	3570	68.8	280	400	47.2	559	541	2.1	504	595	2.1
512/500		670	135	1020	6200	212	150	220	140	600	570	4	505	665	5
511/530	530	640	85	708	4000	80.0	260	380	57.3	595	575	2.5	534	635	3
512/630	630	850	175	1320	9300	481	100	160	252	762	718	5	635	845	6
511/670	670	800	105	860	5020	206	160	240	105	747	723	3	674	795	4
511/750	750	900	120	768	5900	220	160	240	112.2	838	812	3	755	895	4

表 7-5-30　双向推力球轴承（GB/T 301—2015）

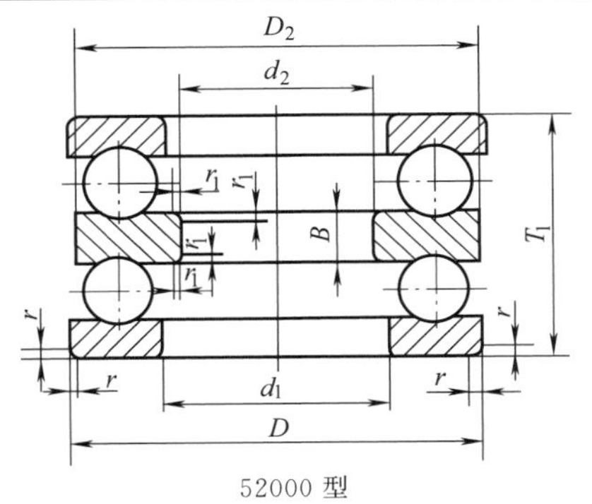

52000 型

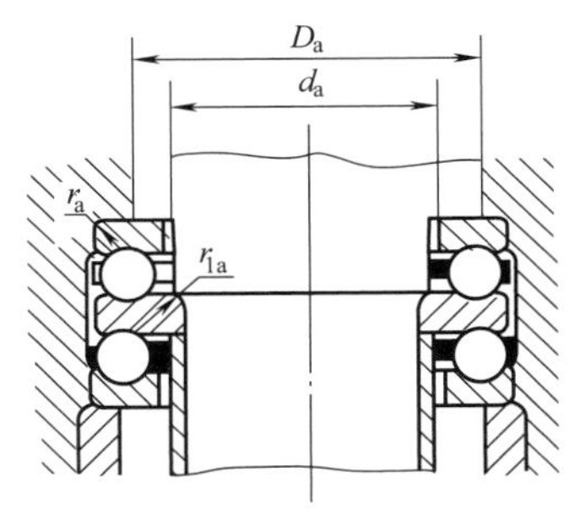

续表

轴承型号	基本尺寸/mm			基本额定载荷/kN		最小载荷常数	极限转速/$r \cdot min^{-1}$		质量/kg	安装尺寸/mm				其他尺寸/mm				
52000 型	d[①]	D	T_1	C_a	C_{0a}	A	脂	油	W ≈	d_a max	D_a min	r_a max	r_{1a} max	d_1 min	D_2 max	B	r min	r_1 min
52202	15	32	22	16.5	24.8	0.003	4800	6700	0.08	15	22	0.6	0.3	17	32	5	0.6	0.3
52204	20	40	26	22.2	37.5	0.007	3800	5300	0.15	20	28	0.6	0.3	22	40	6	0.6	0.3
52205	25	47	28	27.8	50.5	0.013	3400	4800	0.21	25	34	0.6	0.3	27	47	7	0.6	0.3
52305		52	34	35.5	61.5	0.021	3000	4300	0.32	25	36	1	0.3	27	52	8	1	0.3
52405		60	45	55.5	89.2	0.044	2200	3400	0.61	25	39	1	0.6	27	60	11	1	0.6
52206	30	52	29	28.0	54.2	0.016	3200	4500	0.24	30	39	0.6	0.3	32	52	7	0.6	0.3
52306		60	38	42.8	78.5	0.033	2400	3600	0.47	30	42	1	0.3	32	60	9	1	0.3
52406		70	52	72.5	125	0.082	1900	3000	0.97	30	46	1	0.6	32	70	12	1	0.6
52207	35	62	34	39.2	78.2	0.033	2800	4000	0.41	35	46	1	0.3	37	62	8	1	0.3
52307		68	44	55.2	105	0.059	2000	3200	0.68	35	48	1	0.3	37	68	10	1	0.3
52407		80	59	86.8	155	0.13	1700	2600	1.41	35	53	1	0.6	37	80	14	1.1	0.6
52208	40	68	36	47.0	98.2	0.050	2400	3600	0.53	40	51	1	0.6	42	68	9	1	0.6
52308		78	49	69.2	135	0.098	1900	3000	1.03	40	55	1	0.6	42	78	12	1	0.6
52408		90	65	112	205	0.22	1500	2200	1.94	40	60	1	0.6	42	90	15	1.1	0.6
52209	45	73	37	47.8	105	0.059	2200	3400	0.59	45	56	1	0.6	47	73	9	1	0.6
52309		85	52	75.8	150	0.13	1700	2600	1.25	45	61	1	0.6	47	85	12	1	0.6
52409		100	72	140	262	0.36	1400	2000	2.64	45	67	1	0.6	47	100	17	1.1	0.6
52210	50	78	39	48.5	112	0.068	2000	3200	0.69	50	61	1	0.6	52	78	9	1	06
52310		95	58	96.5	202	0.21	1600	2400	1.76	50	68	1	0.6	52	95	14	1.1	06
52410		110	78	160	302	0.50	1300	1900	3.40	50	74	1.5	0.6	52	110	18	1.5	06
52211	55	90	45	67.5	158	0.13	1900	3000	1.17	55	69	1	0.6	57	90	10	1	06
52311		105	64	115	242	0.31	1500	2200	2.38	55	75	1	0.6	57	105	15	1.1	06
52411		120	87	182	355	0.68	1100	1700	4.54	55	81	1.5	0.6	57	120	20	1.5	06
52212	60	95	46	73.5	178	0.16	1800	2800	1.21	60	74	1	0.6	62	95	10	1	06
52312		110	64	118	262	0.35	1400	2000	2.54	60	80	1	0.6	62	110	15	1.1	06
52412		130	93	200	395	0.88	1000	1600	5.58	60	88	1.5	0.6	62	130	21	1.5	06
52413	65	140	101	215	448	1.14	900	1400	7.07	65	95	2	1	68	140	23	2	1
52213		100	47	74.8	188	0.18	1700	2600	1.32	65	79	1	0.6	67	100	10	1	06
52313		115	65	115	262	0.38	1300	1900	2.72	65	85	1	0.6	67	115	15	1.1	06
52214	70	105	47	73.5	188	0.19	1600	2400	1.42	70	84	1	1	72	105	10	1	1
52314		125	72	148	340	0.60	1200	1800	3.64	70	92	1	1	72	125	16	1.1	1
52414		150	107	255	560	1.71	850	1300	8.71	70	102	2	1	73	150	24	2	1
52215	75	110	47	74.8	198	0.21	1500	2200	1.50	75	89	1	1	77	110	10	1	1
52315		135	79	162	380	0.77	1100	1700	4.72	75	99	1.5	1	77	135	18	1.5	1
52415		160	115	268	615	2.00	800	1200	10.7	75	110	2	1	78	160	26	2	1

续表

轴承型号	基本尺寸/mm			基本额定载荷/kN		最小载荷常数	极限转速/r·min^{-1}		质量/kg	安装尺寸/mm				其他尺寸/mm				
52000 型	d①	D	T_1	C_a	C_{0a}	A	脂	油	W ≈	d_a max	D_a min	r_a max	r_{1a} max	d_1 min	D_2 max	B	r min	r_1 min
52216	80	115	48	83.8	222	0.27	1400	2000	1.63	80	94	1	1	82	115	10	1	1
52316		140	79	160	380	0.81	1000	1600	4.92	80	104	1.5	1	82	140	18	1.5	1
52217	85	125	55	102	280	0.41	1300	1900	2.27	85	109	1	1	88	125	12	1	1
52317		150	87	208	495	1.28	950	1500	6.26	85	114	1.5	1	88	150	19	1.5	1
52417		180	128	318	782	3.24	700	1000	14.8	85	124	2.1	1	88	179.5	29	2.1	1.1
52218	90	135	62	115	315	0.52	1200	1800	3.05	90	108	1	1	93	135	14	1.1	1
52318		155	88	205	495	1.34	900	1400	6.56	90	116	1.5	1	93	155	19	1.5	1
52418		190	135	325	825	3.71	670	950	17.3	90	131	2.1	1	93	189.5	30	2.1	1.1
52220	100	150	67	132	375	0.75	1100	1700	4.03	100	120	1	1	103	150	15	1.1	1
52320		170	97	235	595	1.88	800	1200	8.62	100	128	1.5	1	103	170	21	1.5	1
52420		210	150	400	1080	6.17	600	850	23.5	100	145	2.5	1	103	209.5	33	3	1.1
52222	110	160	67	138	412	0.89	1000	1600	4.38	110	130	1	1	113	160	15	1.1	1
52322		190	110	278	755	2.97	700	1100	12.4	110	142	2	1	113	189.5	24	2	1
52422		230	166	490	1390	10.4	530	750	33.0	110	159	2.5	1	113	229	37	3	1.1
52224	120	170	68	135	412	0.96	950	1500	4.82	120	140	1	1	123	170	15	1.1	1.1
52324		210	123	330	945	4.58	670	950	17.1	120	157	2.1	1	123	209.5	27	2.1	1.1
52226	130	190	80	188	575	1.75	900	1400	7.36	130	154	1.5	1	133	189.5	18	1.5	1.1
52326		225	130	358	1070	5.91	600	850	20.8	130	169	2.1	1	134	224	30	2.1	1.1
52426		270	192	630	2010	21.1	430	600	55.0	130	188	3	2	134	269	42	4	2
52228	140	200	81	190	598	1.96	850	1300	7.80	140	164	1.5	1	143	199.5	18	1.5	1.1
52328		240	140	395	1230	7.84	560	800	25.0	140	181	2.1	1	144	239	31	2.1	1.1
52428		280	196	630	2010	22.2	400	560	61.2	140	198	3	2	144	279	44	4	2
52230	150	215	89	242	768	3.06	800	1200	10.3	150	176	1.5	1	153	214.5	20	1.5	1.1
52330		250	140	405	1310	8.80	530	750	26.4	150	191	2.1	1	154	249	31	2.1	1.1
52430		300	209	670	2240	27.9	380	530	68.1	150	212	3	2	154	299	46	4	2
52232	160	225	90	240	768	3.23	750	1100	10.9	160	186	1.5	1	163	224.5	20	1.5	1.1
52332		270	153	470	1570	12.8	500	700	33.6	160	205	2.5	1	164	269	33	3	1.1
52234	170	240	97	280	915	4.48	700	1000	13.4	170	198	1.5	1	173	239.5	21	1.5	1.1
52334		280	153	470	1580	13.8	480	670	15.0	170	215	2.5	1	174	279	33	3	1.1
52236	180	250	98	285	958	4.91	670	950	14.6	180	208	1.5	2	183	249	21	1.5	2
52336		300	165	518	1820	17.9	430	600	49.0	180	229	2.5	2	184	299	37	3	2
52238	190	270	109	328	1160	6.97	630	900	19.5	190	222	2	2	194	269	24	2	2
52240	200	280	109	332	1210	7.59	500	850	20.4	200	232	2	2	204	279	24	2	2

① 对应于单向推力球轴承（表 7-5-29）的轴圈公称内径 d。

第 7 篇

表 7-5-31 带调心座垫圈的单向推力球轴承（GB/T 301—2015）

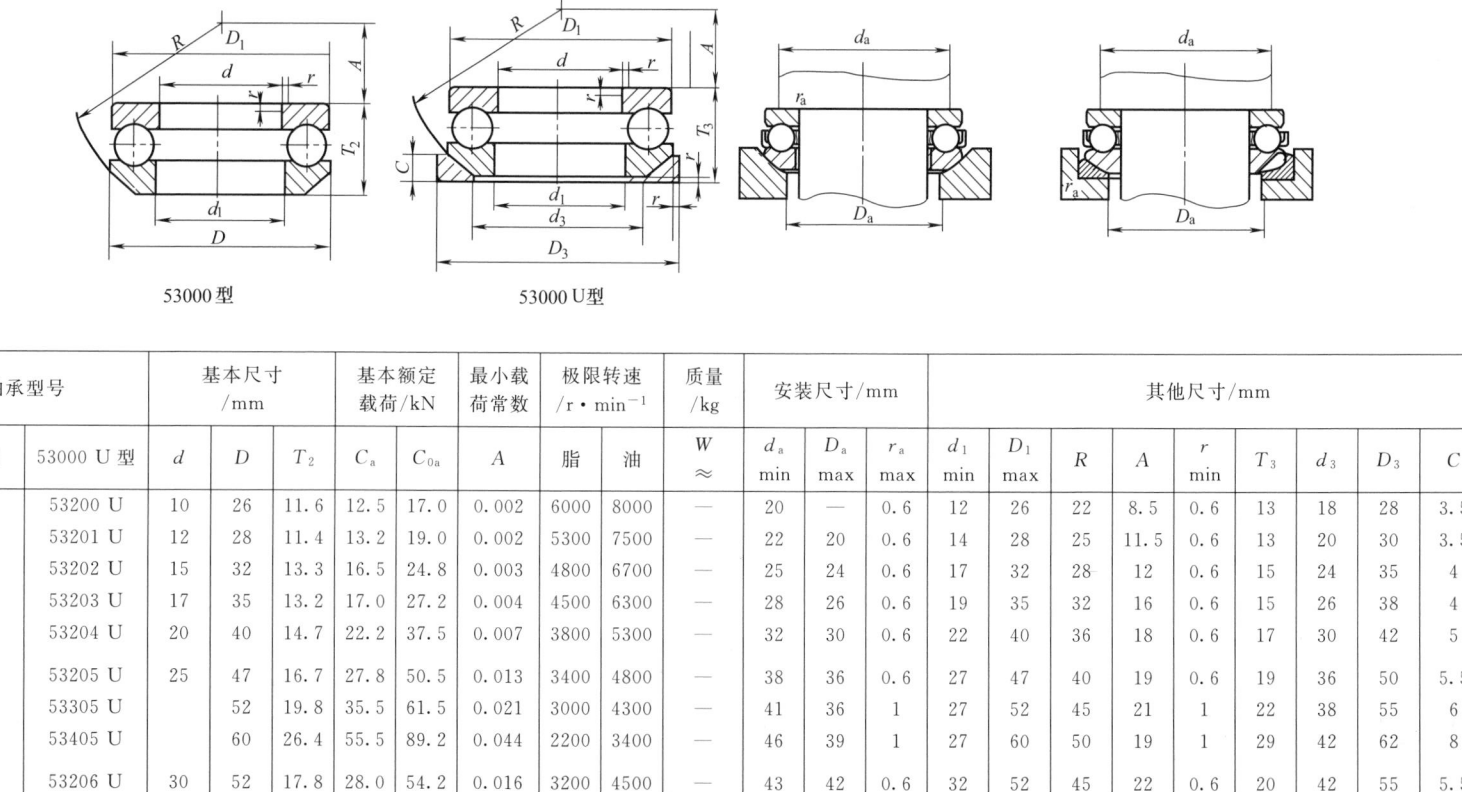

53000型

53000 U型

轴承型号		基本尺寸/mm			基本额定载荷/kN		最小载荷常数	极限转速/r·min^{-1}		质量/kg	安装尺寸/mm			其他尺寸/mm								
53000 型	53000 U 型	d	D	T_2	C_a	C_{0a}	A	脂	油	W ≈	d_a min	D_a max	r_a max	d_1 min	D_1 max	R	A	r min	T_3	d_3	D_3	C
53200	53200 U	10	26	11.6	12.5	17.0	0.002	6000	8000	—	20	—	0.6	12	26	22	8.5	0.6	13	18	28	3.5
53201	53201 U	12	28	11.4	13.2	19.0	0.002	5300	7500	—	22	20	0.6	14	28	25	11.5	0.6	13	20	30	3.5
53202	53202 U	15	32	13.3	16.5	24.8	0.003	4800	6700	—	25	24	0.6	17	32	28	12	0.6	15	24	35	4
53203	53203 U	17	35	13.2	17.0	27.2	0.004	4500	6300	—	28	26	0.6	19	35	32	16	0.6	15	26	38	4
53204	53204 U	20	40	14.7	22.2	37.5	0.007	3800	5300	—	32	30	0.6	22	40	36	18	0.6	17	30	42	5
53205	53205 U	25	47	16.7	27.8	50.5	0.013	3400	4800	—	38	36	0.6	27	47	40	19	0.6	19	36	50	5.5
53305	53305 U		52	19.8	35.5	61.5	0.021	3000	4300	—	41	36	1	27	52	45	21	1	22	38	55	6
53405	53405 U		60	26.4	55.5	89.2	0.044	2200	3400	—	46	39	1	27	60	50	19	1	29	42	62	8
53206	53206 U	30	52	17.8	28.0	54.2	0.016	3200	4500	—	43	42	0.6	32	52	45	22	0.6	20	42	55	5.5
53306	53306 U		60	22.6	42.8	78.5	0.033	2400	3600	—	48	45	1	32	60	50	22	1	25	45	62	7
53406	53406 U		70	30.1	72.5	125	0.082	1 900	3000	—	54	—	1	32	70	56	20	1	33	50	75	9
53207	53207 U	35	62	19.9	39.2	78.2	0.033	2800	4000	—	51	48	1	37	62	50	24	1	22	48	65	7
53307	53307 U		68	25.6	55.2	105	0.059	2000	3200	—	55	52	1	37	68	56	24	1	28	52	72	7.5
53407	53407 U		80	34	86.8	155	0.13	1700	2600	—	62	—	1	37	80	64	23	1.1	37	58	85	10
53208	53208 U	40	68	20.3	47.0	98.2	0.050	2400	3600	—	57	55	1	42	68	56	28.5	1	23	55	72	7
53308	53308 U		78	28.5	69.2	135	0.096	1900	3000	—	63	60	1	42	78	64	28	1	31	60	82	8.5
53408	53408 U		90	38.2	112	205	0.22	1500	2200	—	70	65	1	42	90	72	26	1.1	42	65	95	12

续表

轴承型号		基本尺寸/mm			基本额定载荷/kN		最小载荷常数	极限转速/r·min^{-1}		质量/kg	安装尺寸/mm			其他尺寸/mm								
53000 型	53000 U 型	d	D	T_2	C_a	C_{0a}	A	脂	油	W ≈	d_a min	D_a max	r_a max	d_1 min	D_1 max	R	A	r min	T_3	d_3	D_3	C
53209	53209 U	45	73	21.3	47.8	105	0.059	2200	3400	—	62	60	1	47	73	56	26	1	24	60	78	7.5
53309	53309 U		85	30.1	75.8	150	0.130	1700	2600	—	69	65	1	47	85	64	25	1	33	65	90	10
53409	53409 U		100	42.4	140	262	0.36	1400	2000	—	78	72	1	47	100	80	29	1.1	46	72	105	12.5
53210	53210 U	50	78	23.5	48.5	112	0.068	2000	3200	—	67	62	1	52	78	64	32.5	1	26	62	82	7.5
53310	53310 U		95	34.3	96.5	202	0.21	1600	2400	—	77	72	1	52	95	72	28	1.1	37	72	100	11
53410	53410U		110	45.6	160	302	0.50	1300	1900	—	86	80	1.5	52	110	90	35	1.5	50	80	115	14
53211	53211 U	55	90	27.3	67.5	158	0.13	1900	3000	—	76	72	1	57	90	72	35	1	30	72	95	9
53311	53311 U		105	39.3	115	242	0.31	1500	2200	—	85	80	1	57	105	80	30	1.1	42	80	110	11.5
53411	53411 U		120	50.5	182	355	0.68	1100	1700	—	94	88	1.5	57	120	90	28	1.5	55	88	125	15.5
53212	53212 U	60	95	28	73.5	178	0.16	1800	2800	—	81	78	1	62	95	72	32.5	1	31	78	100	9
53312	53312 U		110	38.3	118	262	0.35	1400	2000	—	90	85	1	62	110	90	41	1.1	42	85	115	11.5
53412	53412 U		130	54	200	395	0.88	1000	1600	—	102	95	1.5	62	130	100	34	1.5	58	95	135	16
53213	53213 U	65	100	28.7	74.8	188	0.18	1700	2600	—	86	82	1	67	100	80	40	1	32	82	105	9
53313	53313 U		115	39.4	115	262	0.38	1300	1900	—	95	90	1	67	115	90	38.5	1.1	43	90	120	12.5
53413	53413 U		140	60.2	215	448	1.14	900	1400	—	110	—	2	68	140	112	40	2	65	100	145	17.5
53214	53214 U	70	105	28.8	73.5	188	0.19	1600	2400	—	91	88	1	72	105	80	38	1	32	88	110	9
53314	53314 U		125	44.2	148	340	0.60	1200	1800	—	103	98	1	72	125	100	43	1.1	48	98	130	13
53414	53414 U		150	63.6	255	560	1.71	850	1300	—	118	110	2	73	150	112	34	2	69	110	155	19.5
53215	53215 U	75	110	28.3	74.8	198	0.21	1500	2200	—	96	92	1	77	110	90	49	1	32	92	115	9.5
53315	53315 U		135	48.1	162	380	0.77	1100	1700	—	111	105	1.5	77	135	100	37	1.5	52	105	140	15
53415	53415 U		160	69	268	615	2.00	800	1200	—	125	115	2	78	160	125	42	2	75	115	165	21
53216	53216 U	80	115	29.5	83.8	222	0.27	1400	2000	—	101	98	1	82	115	90	46	1	33	98	120	10
53316	53316 U		140	47.6	160	380	0.81	1000	1600	—	116	110	1.5	82	140	112	50	1.5	52	110	145	15
53416	53416 U		170	72.2	292	692	2.55	750	1100	—	133	—	2.1	83	170	125	36	2.1	78	125	175	22
53217	53217 U	85	125	33.1	102	280	0.41	1300	1900	—	109	105	1	88	125	100	52	1	37	105	130	11
53317	53317 U		150	53.1	208	495	1.28	950	1500	—	124	115	1.5	88	150	112	43	1.5	58	115	155	17.5

续表

轴承型号		基本尺寸/mm			基本额定载荷/kN		最小载荷常数	极限转速/r·min^{-1}		质量/kg	安装尺寸/mm			其他尺寸/mm								
53000 型	53000 U 型	d	D	T_2	C_a	C_{0a}	A	脂	油	W ≈	d_a min	D_a max	r_a max	d_1 min	D_1 max	R	A	r min	T_3	d_3	D_3	C
53417	53417 U	85	180	77	318	782	3.24	700	1000	—	141	—	2	88	177	140	47	2.1	83	130	185	23
53218	53218 U	90	135	38.5	115	315	0.52	1200	1800	—	117	110	1	93	135	100	45	1.1	42	110	140	13.5
53318	53318 U		155	54.6	205	495	1.34	900	1400	—	129	120	1.5	93	155	112	40	1.5	59	120	160	18
53418	53418 U		190	81.2	325	825	3.71	670	950	—	133	125	2	93	187	140	40	2.1	88	140	195	25.5
53220	53220 U	100	150	40.9	132	375	0.75	1100	1700	—	130	125	1	103	150	112	52	1.1	45	125	155	14
53320	53320 U		170	59.2	235	595	1.88	800	1200	—	142	135	1.5	103	170	125	46	1.5	64	135	175	18
53420	53420 U		210	90	400	1080	6.17	600	850	—	165	155	2.5	103	205	160	50	3	98	155	220	27
53222	53222 U	110	160	40.2	138	412	0.89	1000	1600	—	140	135	1	113	160	125	65	1.1	45	135	165	14
53322	53322 U		190	67.2	278	755	2.97	700	1100	—	158	150	2	113	187	140	51	2	72	150	195	20.5
53422	53422 U		230	99.7	490	1390	10.4	530	750	—	181	—	2.5	113	225	180	59	3	109	170	240	29
53224	53224 U	120	170	40.8	135	412	0.96	950	1500	—	150	145	1	123	170	125	61	1.1	46	145	175	15
53324	53324 U		210	74.1	330	945	4.58	670	950	—	173	165	2	123	205	160	63	2.1	80	165	220	22
53424	53424 U		250	107.3	412	1220	12.4	480	670	—	196	174	3	123	245	200	70	4	118	185	260	32
53226	53226 U	130	190	47.9	188	575	1.75	900	1400	—	166	160	1.5	133	187	140	67	1.5	53	160	195	17
53326	53326 U		225	80.3	358	1070	5.91	600	850	—	186	—	2.1	134	220	160	53	2.1	86	177	235	26
53426	53426 U		270	115.2	630	2010	21.1	430	600	—	212	—	3	134	265	200	58	4	128	200	280	38
53228	53228 U	140	200	48.6	190	598	1.96	850	1300	—	176	170	1.5	143	197	160	87	1.5	55	170	210	17
53328	53328 U		240	84.9	395	1230	7.84	560	800	—	199	—	2.1	144	235	180	68	2.1	92	190	250	26
53428	53428 U		280	117	630	2010	22.2	400	560	—	222	—	3	144	275	225	83	4	131	206	290	38
53230	53230 U	150	215	53.3	242	768	3.06	800	1200	—	189	176	1.5	153	212	160	79	1.5	60	180	225	20.5
53330	53330 U		250	83.7	405	1310	8.80	530	750	—	209	191	2.1	154	245	200	89.5	2.1	92	200	260	26
53430	53430 U		300	125.9	670	2240	27.9	380	530	—	238	212	3	154	295	225	69	4	140	225	310	41
53232	53232 U	160	225	54.7	240	768	3.23	750	1100	—	199	186	1.5	163	222	160	74	1.5	61	190	235	21
53332	53332 U		270	91.7	470	1 570	12.8	500	700	—	225	205	2.5	164	265	200	77	3	100	215	280	29

续表

轴承型号		基本尺寸/mm			基本额定载荷/kN		最小载荷常数	极限转速/r·min^{-1}		质量/kg	安装尺寸/mm			其他尺寸/mm								
53000型	53000 U型	d	D	T_2	C_a	C_{0a}	A	脂	油	W ≈	d_a min	D_a max	r_a max	d_1 min	D_1 max	R	A	r min	T_3	d_3	D_3	C
53432	53432 U	160	320	135.3	—	—	—	—	—	—	—	—	—	164	315	250	84	5	150	240	330	41.5
53234	53234 U	170	240	58.7	280	915	4.48	700	1000	—	212	198	1.5	173	237	180	91	1.5	65	200	250	21.5
53334	53334 U		280	91.3	470	1580	13.8	480	670	—	235	215	2.5	174	275	225	105	3	100	220	290	29
53434	53434 U		340	141	—	—	—	—	—	—	—	—	—	174	335	250	74	5	156	255	350	46
53236	53236 U	180	250	58.2	285	958	4.91	670	950	—	222	208	1.5	183	247	200	112	1.5	66	210	260	21.5
53336	53336 U		300	99.3	518	1820	17.9	430	600	—	251	229	2.5	184	295	225	91	3	109	240	310	32
53436	53436 U		360	148.3	—	—	—	—	—	—	—	—	—	184	355	280	97	5	164	270	370	46.5
53238	53238 U	190	270	65.6	328	1160	6.97	630	900	—	238	222	2	194	267	200	98	2	73	230	280	23
53338	53338 U		320	111	608	2220	26.7	400	560	—	266	244	3	195	315	250	104	4	121	255	330	33
53240	53240 U	200	280	65.3	332	1210	7.59	600	850	—	248	232	2	204	277	225	125	2	74	240	290	23
53340	53340 U		340	118.4	600	2220	28.0	360	500	—	282	258	3	205	335	250	92	4	130	270	350	38
53244	53244 U	220	300	65.6	365	1360	10.3	560	800	—	268	252	2	224	297	225	118	2	75	260	310	25
53248	53248 U	240	340	81.7	468	1870	19.0	450	630	—	299	281	2.1	244	335	250	122	2.1	92	290	350	30
53252	53252 U	260	360	82.8	488	2050	22.3	430	600	—	319	301	2.1	264	355	280	152	2.1	93	305	370	30
53256	53256 U	280	380	85	490	2140	24.7	400	560	—	339	321	2.1	284	375	280	143	2.1	94	325	390	31
53260	53260 U	300	420	100.5	578	2670	39.3	360	560	—	371	349	2.5	304	415	320	164	3	112	360	430	34
53264	53264 U	320	440	100.5	612	2920	45.3	340	480	—	391	369	2.5	325	435	320	157	3	112	380	450	36
53268	53268 U	340	460	100.3	620	3040	49.6	320	450	—	411	389	2.5	345	455	360	199	3	113	400	470	36
53272	53272 U	360	500	116.7	775	3940	84.0	260	380	—	442	418	3	365	495	360	172	4	130	430	510	43

表 7-5-32 带调心座垫圈双向推力球轴承（GB/T 301—2015）

54000型

54000 U型

轴承型号		基本尺寸/mm				基本额定载荷/kN		最小载荷常数	极限转速/r·min^{-1}		质量/kg	安装尺寸/mm				其他尺寸/mm										
54000型	54000 U型	d[①]	d_2	D	T_4	C_a	C_{0a}	A	脂	油	W ≈	d_a max	D_a min	r_a max	r_{1a} max	d_1 min	D_2 max	B	r min	R	A_1	r_1 min	T_5	d_3	D_3	C
54202	54202 U	15	10	32	24.6	16.5	24.8	0.003	4800	6700	—	15	22	0.6	0.3	17	32	5	0.6	28	10.5	0.3	28	24	35	4
54204	54204 U	20	15	40	27.4	22.2	37.5	0.007	3800	5300	—	20	28	0.6	0.3	22	40	6	0.6	36	16	0.3	32	30	42	5
54205	54205 U	25	20	47	31.4	27.8	50.5	0.013	3400	4800	—	25	34	0.6	0.3	27	47	7	0.6	40	16.5	0.3	36	36	50	5.5
54305	54305 U		20	52	37.6	35.5	61.5	0.021	3000	4300	—	25	36	1	0.3	27	52	8	1	45	18	0.3	42	38	55	6
54405	54405 U		15	60	49.7	55.5	89.2	0.044	2200	3400	—	25	39	1	0.6	27	60	11	1	50	15	0.6	55	42	62	8
54206	54206 U	30	25	52	32.6	28.0	54.2	0.016	3200	4500	—	30	39	0.6	0.3	32	52	7	0.6	45	20	0.3	37	42	55	5.5
54306	54306 U		25	60	41.3	42.8	78.5	0.033	2400	3600	—	30	42	1	0.3	32	60	9	1	50	19.5	0.3	46	45	62	7
54406	54406 U		20	70	56.2	72.5	125	0.082	1900	3000	—	30	46	1	0.6	32	70	12	1	56	16	0.6	62	50	75	9
54207	54207 U	35	30	62	37.8	39.2	78.2	0.033	2800	4000	—	35	46	1	0.3	37	62	8	1	50	21	0.3	42	48	65	7
54307	54307 U		30	68	47.2	55.2	105	0.059	2000	3200	—	35	48	1	0.3	37	68	10	1	56	21	0.3	52	52	72	7.5
54407	54407 U		25	80	63.1	86.8	155	0.13	1700	2600	—	35	53	1	0.6	37	80	14	1.1	64	18.5	0.6	69	58	85	10
54208	54208 U	40	30	68	38.6	47.0	98.2	0.050	2400	3600	—	40	51	1	0.6	42	68	9	1	56	25	0.6	44	55	72	7

续表

轴承型号		基本尺寸/mm				基本额定载荷/kN		最小载荷常数	极限转速/r·min⁻¹		质量/kg	安装尺寸/mm				其他尺寸/mm											
54000型	54000 U型	d①	d_2	D	T_4	C_a	C_{0a}	A	脂	油	W ≈	d_a max	D_a min	r_a max	r_{1a} max	d_1 min	D_2 max	B	r min	R	A_1	r_1 min	T_5	d_3	D_3	C
54308	54308 U	40	30	78	54.1	69.2	135	0.098	1900	3000	—	40	55	1	0.6	42	78	12	1	64	23.5	0.6	59	60	82	8.5
54408	54408 U		30	90	69.5	112	205	0.22	1500	2200	—	40	60	1	0.6	42	90	15	1.1	72	22	0.6	77	65	95	12
54209	54209 U	45	35	73	39.6	47.8	105	0.059	2200	3400	—	45	56	1	0.6	47	73	9	1	56	23	0.6	45	60	78	7.5
54309	54309 U		35	85	56.3	75.8	150	0.13	1700	2600	—	45	61	1	0.6	47	85	12	1	64	21	0.6	62	65	90	10
54409	54409 U		35	100	78.9	140	262	0.36	1400	2000	—	45	67	1	0.6	47	100	17	1.1	80	23.5	0.6	86	72	105	12.5
54210	54210 U	50	40	78	42	48.5	112	0.068	2000	3200	—	50	61	1	0.6	52	78	9	1	64	30.5	0.6	47	62	82	7.5
54310	54310 U		40	95	64.7	96.5	202	0.21	1600	2400	—	50	68	1	0.6	52	95	14	1.1	72	23	0.6	70	72	100	11
54410	54410 U		40	110	83.2	160	302	0.50	1300	1900	—	50	74	1.5	0.6	52	110	18	1.5	90	30	0.6	92	80	115	14
54211	54211 U	55	45	90	49.6	67.5	158	0.13	1900	3000	—	55	69	1	0.6	57	90	10	1	72	32.5	0.6	55	72	95	9
54311	54311 U		45	105	72.6	115	242	0.31	1500	2200	—	55	75	1	0.6	57	105	15	1.1	80	25.5	0.6	78	80	110	11.5
54411	54411 U		45	120	92	182	355	0.68	1100	1700	—	55	81	1.5	0.6	57	120	20	1.5	90	22.5	0.6	101	88	125	15.5
54212	54212 U	60	50	95	50	73.5	178	0.16	1800	2800	—	60	74	1	0.6	62	95	10	1	72	30.5	0.6	56	78	100	9
54312	54312 U		50	110	70.7	118	262	0.35	1400	2000	—	60	80	1	0.6	62	110	15	1.1	90	36.5	0.6	78	85	115	11.5
54412	54412 U		50	130	99	200	395	0.88	1000	1600	—	60	88	1.5	0.6	62	130	21	1.5	100	28	0.6	107	95	135	16
54213	54213 U	65	55	100	50.4	215	448	1.14	1700	2600	—	65	95	2	1	67	100	10	1	80	38.5	0.6	57	82	105	9
54313	54313 U		55	115	71.9	74.8	188	0.18	1300	1900	—	65	79	1	0.6	67	115	15	1.1	90	34.5	0.6	79	90	120	12.5
54413	54413 U		50	140	109.4	115	262	0.38	900	1400	—	65	85	1	0.6	68	140	23	2	112	34	1	119	100	145	17.5
54214	54214 U	70	55	105	50.6	73.5	188	0.19	1600	2400	—	70	84	1	1	72	105	10	1	80	36.5	1	57	88	110	9
54314	54314 U		55	125	80.3	148	340	0.60	1200	1800	—	70	92	1	1	72	125	16	1.1	100	39	1	88	98	130	13
54414	54414 U		55	150	114.1	255	560	1.71	850	1300	—	70	102	2	1	73	150	24	2	112	28.5	1	125	110	155	19.5
54215	54215 U	75	60	110	49.6	74.8	198	0.21	1500	2200	—	75	89	1	1	77	110	10	1	90	47.5	1	57	92	115	9.5
54315	54315 U		60	135	87.2	162	380	0.77	1100	1700	—	75	99	1.5	1	77	135	18	1.5	100	32.5	1	95	105	140	15
54415	54415 U		60	160	123	268	615	2.00	800	1200	—	75	110	2	1	78	160	26	2	125	36.5	1	135	115	165	21
54216	54216 U	80	65	115	51	83.8	222	0.27	1400	2000	—	80	94	1	1	82	115	10	1	90	45	1	58	98	120	10
54316	54316 U		65	140	86.1	160	380	0.81	1000	1600	—	80	104	1.5	1	82	140	18	1.5	112	45.5	1	95	110	145	15
54416	54416 U		65	170	128.5	—	—	—	—	—	—	—	—	—	—	83	170	27	2.1	125	30.5	1	140	125	175	22

第7篇

续表

轴承型号		基本尺寸/mm				基本额定载荷/kN		最小载荷常数	极限转速/r·min^{-1}		质量/kg	安装尺寸/mm				其他尺寸/mm										
54000型	54000 U型	d[①]	d_2	D	T_4	C_a	C_{0a}	A	脂	油	W ≈	d_a max	D_a min	r_a max	r_{1a} max	d_1 min	D_2 max	B	r min	R	A_1	r_1 min	T_5	d_3	D_3	C
54217	54217 U	85	70	125	59.2	102	280	0.41	1300	1900	—	85	109	1	1	88	125	12	1	100	49.5	1	67	105	130	11
54317	54317 U		70	150	95.2	208	495	1.28	950	1500	—	85	114	1.5	1	88	150	19	1.5	112	39	1	105	115	155	17.5
54417	54417 U		65	180	138	318	782	3.24	700	1000	—	85	124	2.1	1	88	179.5	29	2.1	140	40.5	1.1	150	130	185	23
54218	54218 U	90	75	135	69	115	315	0.52	1200	1800	—	90	108	1	1	93	135	14	1.1	100	42	1	76	110	140	13.5
54318	54318 U		75	155	97.1	205	495	1.34	900	1400	—	90	116	1.5	1	93	155	18	1.5	112	36.5	1	106	120	160	18
54418	54418 U		70	190	143.5	325	825	3.71	670	950	—	90	131	2.1	1	93	189.5	30	2.1	140	34.5	1.1	157	140	195	25.5
54220	54220 U	100	85	150	72.8	132	375	0.75	1100	1700	—	100	120	1	1	103	150	15	1.1	112	49	1	81	125	155	14
54320	54320 U		85	170	105.4	235	595	1.88	800	1200	—	100	128	1.5	1	103	170	21	1.5	125	42	1	115	135	175	18
54420	54420 U		80	210	159.9	400	1080	6.17	600	850	—	100	145	2.5	1	103	209.5	33	3	160	43.5	1.1	176	155	220	27
54222	54222 U	110	95	160	71.4	138	412	0.89	1000	1600	—	110	130	1	1	113	160	15	1.1	125	62	1	81	135	165	14
54322	54322 U		95	190	118.4	278	755	2.97	700	1100	—	110	142	2	1	113	189.5	24	2	140	55	1	128	150	195	20.5
54224	54224 U	120	100	170	71.6	135	412	0.96	950	1500	—	120	140	1	1	123	170	15	1.1	125	58.5	1.1	82	145	175	15
54324	54324 U		100	210	131.2	330	945	4.58	670	950	—	120	157	2.1	1	123	209.5	27	2.1	160	58	1.1	143	165	220	22
54226	54226 U	130	110	190	85.8	188	575	1.75	900	1400	—	130	154	1.5	1	133	189.5	18	1.5	140	63	1.1	96	160	195	17
54228	54228 U	140	120	200	86.2	190	598	1.96	850	1300	—	140	164	1.5	1	143	199.5	18	1.5	160	83.5	1.1	99	170	210	17
54230	54230 U	150	130	215	95.6	242	768	3.06	800	1200	—	150	176	1.5	1	153	214.5	20	1.5	160	74.5	1.1	109	180	225	20.5
54232	54232 U	160	140	225	97.4	240	768	3.23	750	1100	—	160	186	1.5	1	163	224.5	20	1.5	180	70	1.1	110	190	235	21
54234	54234 U	170	150	240	104.4	280	915	4.48	700	1000	—	170	198	1.5	1	173	239.5	21	1.5	180	87	1.1	117	200	250	21.5
54236	54236 U	180	150	250	102.4	285	958	4.91	670	950	—	180	208	1.5	2	183	249	21	1.5	200	108.5	2	118	210	260	21.5
54238	54238 U	190	160	270	116.4	328	1160	6.97	630	900	—	190	222	2	2	194	269	24	2	200	93.5	2	131	230	280	23
54240	54240 U	200	170	280	115.6	332	1210	7.59	500	850	—	200	232	2	2	204	279	24	2	225	120.5	2	133	240	290	23
54244	54244 U	220	190	300	115.2	—	—	—	—	—	—	—	—	—	—	224	299	24	2	225	114	2	134	260	310	25

① 对应于带调心座垫圈的单向推力球轴承（表7-5-31）的轴圈公称内径 d。

5.9　推力角接触球轴承

表 7-5-33　　双向推力角接触球轴承（JB/T 6362—2007）

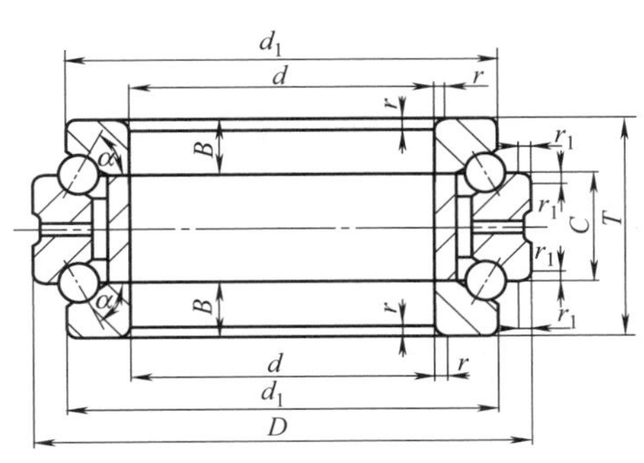

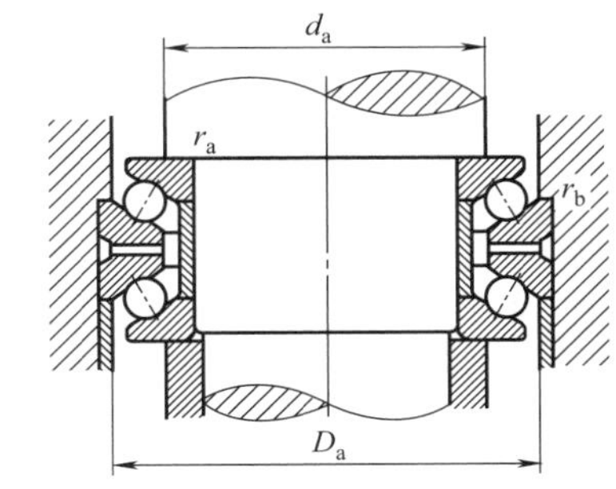

230000 型

轴承型号	外形尺寸/mm								基本额定载荷/kN		极限转速/r·min^{-1}		质量/kg	安装尺寸/mm			
230000 型	d	D	T	d_1 max	B	C	r_{smin}	r_{1smin}	C_a	C_{0a}	脂	油	W ≈	d_a min	D_a max	r_a max	r_b max
234405	25	47	28	40	7	14	0.6	0.15	10.19	24.1	7500	10000	0.186	33	43.5	0.6	0.15
234705	27	47	28	40	7	14	0.6	0.15	10.19	24.1	7500	10000	0.168	33	43.5	0.6	0.15
234406	30	55	32	47	8	16	1	0.15	10.78	28.2	6700	9000	0.286	39	51	1	0.15
234706	32	55	32	47	8	16	1	0.15	10.78	28.2	6700	9000	0.262	39	51	1	0.15
234407	35	62	34	53	8.5	17	1	0.15	15.19	42.1	6000	8000	0.375	45	58	1	0.15
234707	37	62	34	53	8.5	17	1	0.15	15.19	42.1	6000	8000	0.345	45	58	1	0.15
234408	40	68	36	58.5	9	18	1	0.15	18.3	49.9	5600	7500	0.457	50	64	1	0.15
234708	42	68	34	53	8.5	17	1	0.15	18.3	49.9	5600	7500	0.419	50	64	1	0.15
234409	45	75	38	65	9.5	19	1	0.15	20.0	59.8	5300	7000	0.551	56	71	1	0.15
234709	47	75	38	65	9.5	19	1	0.15	20.0	59.8	5300	7000	0.510	56	71	1	0.15
234410	50	80	38	70	9.5	19	1	0.15	20.5	64.6	5000	6700	0.624	61	76	1	0.15
234710	52	80	38	70	9.5	19	1	0.15	20.5	64.6	5000	6700	0.577	61	76	1	0.15
234411	55	90	44	78	11	22	1.1	0.3	28.6	85.7	4500	6000	0.949	68	85	1	0.3
234711	57	90	44	78	11	22	1.1	0.3	28.6	85.7	4500	6000	0.889	68	85	1	0.3
234413	65	100	44	88	11	22	1.1	0.3	29.8	97.5	4300	5600	1.08	78	95	1	0.3
234713	67	100	44	88	11	22	1.1	0.3	29.8	97.5	4300	5600	1.01	78	95	1	0.3
234414	70	110	48	97	12	24	1.1	0.3	36.2	122.5	3800	5000	1.51	85	105	1	0.3
234714	73	110	48	97	12	24	1.1	0.3	36.2	122.5	3800	5000	1.38	85	105	1	0.3
234415	75	115	48	102	12	24	1.1	0.3	37.7	131.3	3800	5000	1.59	90	110	1	0.3
234715	78	115	48	102	12	24	1.1	0.3	37.7	131.3	3800	5000	1.45	90	110	1	0.3
234416	80	125	54	110	13.5	27	1.1	0.3	44.1	156.8	3400	4500	2.23	97	119	1	0.3
234716	83	125	54	110	13.5	27	1.1	0.3	44.1	156.8	3400	4500	2.06	97	119	1	0.3
234417	85	130	54	115	13.5	27	1.1	0.3	44.6	162.6	3200	4300	2.36	102	124	1	0.3
234717	88	130	54	115	13.5	27	1.1	0.3	44.6	162.6	3200	4300	2.18	102	124	1	0.3
234418	90	140	60	123	15	30	1.5	0.3	51.9	190.0	3000	4000	3.01	109	132	1.5	0.3
234718	93	140	60	123	15	30	1.5	0.3	51.9	190.0	3000	4000	2.81	109	132	1.5	0.3
234419	95	145	60	128	15	30	1.5	0.3	52.4	196.9	2800	3800	3.13	114	137	1.5	0.3
234719	98	145	60	128	15	30	1.5	0.3	52.4	196.9	2800	3800	2.92	114	137	1.5	0.3

续表

轴承型号	外形尺寸/mm								基本额定载荷/kN		极限转速/r·min⁻¹		质量/kg	安装尺寸/mm			
230000型	d	D	T	d_1 max	B	C	r_{smin}	r_{1smin}	C_a	C_{0a}	脂	油	W ≈	d_a min	D_a max	r_a max	r_b max
234420	100	150	60	133	15	30	1.5	0.3	52.9	203.8	2800	3800	3.19	119	142	1.5	0.3
234720	103	150	30	133	15	30	1.5	0.3	52.9	203.8	2800	3800	2.97	119	142	1.5	0.3
234421	105	160	66	142	16.5	33	2	0.6	60.2	236.1	2400	3400	4.53	125	151	2	0.6
234721	109	160	66	142	16.5	33	2	0.6	60.2	236.1	2400	3400	—	125	151	2	0.6
234422	110	170	72	150	18	36	2	0.6	73.5	279.3	2200	3200	5.32	132	161	2	0.6
234722	114	170	72	150	18	36	2	0.6	73.5	279.3	2200	3200	—	132	161	2	0.6
234424	120	180	72	160	18	36	2	0.6	75.4	298.9	2200	3200	5.54	142	171	2	0.6
234724	124	180	72	160	18	36	2	0.6	75.4	298.9	2200	3200	5.11	142	171	2	0.6
234426	130	200	84	177	21	42	2	0.6	106.8	406.7	1900	2800	10.1	156	190	2	0.6
234726	135	200	84	177	21	42	2	0.6	106.8	406.7	1900	2800	8.90	156	190	2	0.6
234428	140	210	84	187	21	42	2.1	0.6	110.7	436.7	1800	2600	9.16	166	200	2	0.6
234728	145	210	84	187	21	42	2.1	0.6	110.7	436.7	1800	2600	8.44	166	200	2	0.6
234430	150	225	90	200	22.5	45	2.1	0.6	112.7	465.5	1700	2400	11.1	178	213	2	0.6
234730	155	225	90	200	22.5	45	2.1	0.6	112.7	465.5	1700	2400	10.3	178	213	2	0.6
234432	160	240	96	212	24	48	2.1	0.6	132.3	543.9	1600	2200	13.6	190	227	2	0.6
234732	165	240	96	212	24	48	2.1	0.6	132.3	543.9	1600	2200	12.6	190	227	2	0.6
234434	170	260	108	230	27	54	2.1	0.6	—	—	—	—	17.7	—	—	—	—
234734	176	260	108	230	27	54	2.1	0.6	—	—	—	—	16.3	—	—	—	—
234436	180	280	120	248	30	60	2.1	0.6	—	—	—	—	23.4	—	—	—	—
234736	187	280	120	248	30	60	2.1	0.6	—	—	—	—	21.5	—	—	—	—
234438	190	290	120	258	30	60	2.1	0.6	181.3	788.9	1400	1900	25.7	229	280	2	1.0
234738	197	290	120	258	30	60	2.1	0.6	181.3	788.9	1400	1900	23.7	229	280	2	1.0
234440	200	310	132	274	33	66	2.1	0.6	208.7	916.3	1300	1700	33.6	243	300	2	1.0
234740	207	310	132	274	33	66	2.1	0.6	208.7	916.3	1300	1700	31.3	243	300	2	1.0
234444	220	340	144	304	36	72	3	1	—	—	—	—	—	—	—	—	—
234744	228	340	144	304	36	72	3	1	—	—	—	—	—	—	—	—	—
234448	240	360	144	322	36	72	3	1	—	—	—	—	—	—	—	—	—
234748	248	360	144	322	36	72	3	1	—	—	—	—	—	—	—	—	—
234452	260	400	164	354	41	82	3	1.5	—	—	—	—	—	—	—	—	—
234752	269	400	164	354	41	82	3	1.5	—	—	—	—	—	—	—	—	—
234456	280	420	164	374	41	82	3	1.5	—	—	—	—	—	—	—	—	—
234756	289	420	164	374	41	82	3	1.5	—	—	—	—	—	—	—	—	—
234460	300	460	190	406	47.5	95	3	1.5	—	—	—	—	—	—	—	—	—
234760	310	460	190	406	47.5	95	3	1.5	—	—	—	—	—	—	—	—	—
234464	320	480	190	426	47.5	95	3	1.5	—	—	—	—	—	—	—	—	—
234764	330	480	190	426	47.5	95	3	1.5	—	—	—	—	—	—	—	—	—
234468	340	520	212	459	53	106	3	1.5	—	—	—	—	—	—	—	—	—
234768	350	520	212	459	53	106	3	1.5	—	—	—	—	—	—	—	—	—
234472	360	540	212	479	53	106	3	1.5	—	—	—	—	—	—	—	—	—
234772	370	540	212	479	53	106	3	1.5	—	—	—	—	—	—	—	—	—
234476	380	560	212	499	53	106	3	1.5	—	—	—	—	—	—	—	—	—
234776	390	560	212	499	53	106	3	1.5	—	—	—	—	—	—	—	—	—
234480	400	600	236	532	59	118	3	1.5	—	—	—	—	—	—	—	—	—
234780	410	600	236	532	59	118	3	1.5	—	—	—	—	—	—	—	—	—

5.10 推力调心滚子轴承

表 7-5-34　　**推力调心滚子轴承**（GB/T 5859—2008）

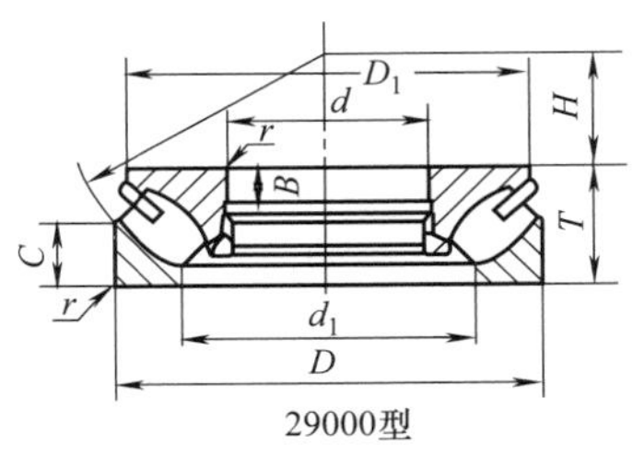

29000型

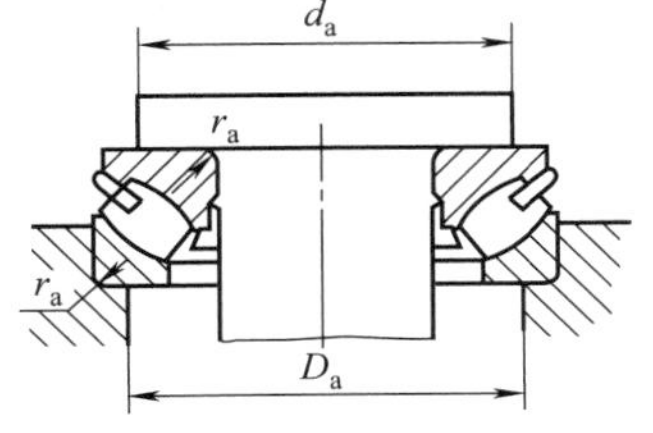

轴向当量动载荷

$P_a = F_a + 1.2F_r$

轴向当量静载荷

$P_{0a} = F_a + 2.7F_r$

轴承型号	基本尺寸/mm			基本额定载荷/kN		最小载荷常数	极限转速/r·min^{-1}	安装尺寸/mm			其他尺寸/mm					
29000 型	d	D	T	C_a	C_{0a}	A	油	d_a min	D_a max	r_a max	d_1 max	D_1 max	B min	C	H	r min
29412	60	130	42	368	950	0.086	2400	90	107	1.5	89	123	15	20	38	1.5
29413	65	140	45	390	1110	0.118	2200	100	115	2	96	133	16	21	42	2
29414	70	150	48	438	1260	0.155	2000	105	124	2	103	142	17	23	44	2
29415	75	160	51	490	1430	0.21	1900	115	132	2	109	152	18	24	47	2
29416	80	170	54	555	1600	0.263	1800	120	141	2.1	117	162	19	26	50	2.1
29317	85	150	39	335	1070	0.105	2200	115	129	1.5	114	143.5	13	19	50	1.5
29417		180	58	600	1750	0.304	1700	130	150	2.1	125	170	21	28	54	2.1
29318	90	155	39	345	1120	0.116	2200	118	135	1.5	117	148.5	13	19	52	1.5
29418		190	60	665	1980	0.392	1600	135	158	2.1	132	180	22	29	56	2.1
29320	100	170	42	412	1370	0.166	2000	132	148	1.5	129	163	14	20.8	58	1.5
29420		210	67	808	2430	0.588	1400	150	175	2.5	146	200	24	32	62	3
29322	110	190	48	520	1750	0.279	1800	145	165	2	143	182	16	23	64	2
29422		230	73	945	2910	0.724	1300	165	192	3	162	220	26	35	69	3
29324	120	210	54	648	2160	0.44	1600	160	182	2.1	159	200	18	26	70	2.1
29424		250	78	1100	3370	0.933	1200	180	210	3	174	236	29	37	74	4
29326	130	225	58	708	2400	0.543	1500	170	195	2.1	171	215	19	28	76	2.1
29426		270	85	1270	3930	1.64	1100	195	227	3	189	255	31	41	81	4
29328	140	240	60	790	2720	0.71	1400	185	208	2.1	183	230	20	29	82	2.1
29428		280	85	1310	4200	1.796	1000	205	237	3	199	268	31	41	86	4
29330	150	250	60	812	2870	0.774	1300	195	220	2.1	194	240	20	29	87	2.1
29430		300	90	1480	4730	2.285	950	220	253	3	214	285	32	44	92	4
29332	160	270	67	965	3390	1.063	1200	210	236	2.5	208	260	23	32	92	3
29432		320	95	1620	5380	2.969	900	230	271	4	229	306	34	45	99	5
29334	170	280	67	988	3550	1.16	1100	220	247	2.5	216	270	23	32	96	3
29434		340	103	1880	6220	4.015	850	245	288	4	243	324	37	50	104	5
29336	180	300	73	1140	4170	1.628	1000	235	263	2.5	232	290	25	35	103	3
29436		360	109	2080	6920	4.936	750	260	305	4	255	342	39	52	110	5
29338	190	320	78	1320	4910	2.294	900	250	281	3	246	308	27	38	110	4

续表

轴承型号	基本尺寸/mm			基本额定载荷/kN		最小载荷常数	极限转速/$r \cdot min^{-1}$	安装尺寸/mm			其他尺寸/mm					
29000型	d	D	T	C_a	C_{0a}	A	油	d_a min	D_a max	r_a max	d_1 max	D_1 max	B min	C	H	r min
29438	190	380	115	2310	7760	6.228	700	275	322	4	271	360	41	55	117	5
29240	200	280	48	660	2720	0.759	1400	235	258	2	236	271	15	24	108	2
29340		340	85	1490	5420	2.827	900	265	298	3	261	325	29	41	116	4
29440		400	122	2540	8550	7.588	700	290	338	4	286	380	43	59	122	5
29244	220	300	48	672	2880	0.749	1300	260	277	2	254	292	15	24	117	2
29344		360	85	1560	5780	3.21	850	285	316	3	280	345	29	41	125	4
29444		420	122	2640	9140	8.583	670	310	360	5	308	400	43	58	132	6
29248	240	340	60	945	4090	1.483	1100	285	311	2.1	283	330	19	30	130	2.1
29348		380	85	1610	6130	3.569	800	300	337	3	300	365	29	41	135	4
29448		440	122	2740	9750	9.656	630	330	381	5	326	420	43	59	142	6
29252	260	360	60	990	4450	1.754	1000	305	331	2.1	302	350	19	30	139	2.1
29352		420	95	2000	7960	6.073	750	330	372	4	329	405	32	45	148	5
29452		480	132	3260	11800	14.45	530	360	419	5	357	460	48	64	154	6
29256	280	380	60	1000	4600	1.855	950	325	351	2.1	323	370	19	30	150	2.1
29356		440	95	2070	8410	6.782	670	350	394	4	348	423	32	46	158	5
29456		520	145	3850	14100	20.73	530	390	446	5	387	495	52	68	166	6
29260	300	420	73	1380	6210	3.43	900	355	386	2.5	353	405	21	38	162	3
29360		480	109	2530	10200	10.2	630	380	429	4	379	460	37	50	168	5
29460		540	145	3980	14900	22.95	480	410	471	5	402	515	52	70	175	6
29264	320	440	73	1420	6590	3.822	800	375	406	2.5	372	430	21	38	172	3
29364		500	109	2610	10700	11.15	600	400	449	4	399	482	37	53	180	5
29464		580	155	4610	17600	31.97	450	435	507	6	435	555	55	75	191	7.5
29268	340	460	73	1470	6980	4.27	800	395	427	2.5	395	445	21	37	183	3
29368		540	122	3100	12700	15.64	530	430	484	4	428	520	41	59	192	5
29468		620	170	5060	19200	38.98	430	465	541	6	462	590	61	82	201	7.5
29272	360	500	85	1850	8700	6.797	700	420	461	3	423	485	25	44	194	4
29372		560	122	3180	13300	16.33	500	450	504	4	448	540	41	59	202	5
29472		640	170	5310	20400	43.24	400	485	560	6	480	610	61	82	210	7.5
29276	380	520	85	1900	9170	7.536	670	440	480	3	441	505	27	42	202	4
29376		600	132	3720	15900	24.68	450	480	538	5	477	580	44	63	216	6
29476		670	175	5810	23100	55.3	380	510	587	6	504	640	63	85	230	7.5
29280	400	540	85	1930	9430	8.989	670	460	500	3	460	526	27	42	212	4
29380		620	132	3720	15900	24.52	450	500	557	5	494	596	44	64	225	6
29480		710	185	6420	25800	67.59	360	540	622	6	534	680	67	89	236	7.5
29284	420	580	95	2390	11700	12.6	600	490	534	4	489	564	30	46	225	5
29384		650	140	4160	17700	30.7	430	525	585	5	520	626	48	68	235	6
29484		730	185	6530	26200	70.27	340	560	643	6	556	700	67	89	244	7.5
29288	440	600	95	2460	12400	13.89	560	510	554	4	508	585	30	49	235	5
29388		680	145	4460	19200	36.0	400	548	614	5	548	655	49	70	245	6
29488		780	206	7470	29400	89.34	320	595	684	8	588	745	74	100	260	9.5
29292	460	620	95	2530	13000	15.32	530	530	575	4	530	605	30	46	245	5

续表

轴承型号	基本尺寸/mm			基本额定载荷/kN		最小载荷常数	极限转速/r·min⁻¹	安装尺寸/mm			其他尺寸/mm					
29000 型	d	D	T	C_a	C_{0a}	A	油	d_a min	D_a max	r_a max	d_1 max	D_1 max	B min	C	H	r min
29392	460	710	150	4850	21300	44.6	360	575	638	5	567	685	51	72	257	6
29492		800	206	7730	31100	99.15	300	615	704	8	608	765	74	100	272	9.5
29296	480	650	103	2760	13900	17.66	500	555	603	4	556	635	33	55	259	5
29396		730	150	4960	22200	48.02	340	593	660	5	590	705	51	72	270	6
29496		850	224	8950	35700	132.4	280	645	744	8	638	810	81	108	280	9.5
292/500	500	670	103	2790	14200	18.48	480	575	622	4	574	654	33	55	268	5
293/500		750	150	4930	22300	48.09	340	615	683	5	611	725	51	74	280	6
294/500		870	224	9260	39700	146.9	260	670	765	8	661	830	81	107	290	9.5
292/530	530	750	109	3140	16200	24.2	430	611	661	4	612	692	35	57	288	5
293/530		800	160	5790	26300	68.1	320	650	724	6	648	772	54	76	295	7.5
294/530		920	236	10100	41600	179.2	240	700	810	8	700	880	87	114	309	9.5
292/560	560	710	115	3470	18100	30.09	430	645	697	4	644	732	37	60	302	5
293/560		850	175	6480	29700	86.9	300	691	770	6	690	822	60	85	310	7.5
294/560		980	250	11400	47800	238	220	750	860	10	740	940	92	120	328	12
292/600	600	800	122	3830	20100	37.04	400	690	744	4	688	780	39	65	321	5
293/600		900	180	7110	32600	102.9	280	735	815	6	731	870	61	87	335	7.5
294/600		1030	258	12200	53000	290	200	800	900	10	785	990	92	127	347	12
292/630	630	850	132	4510	23900	52.95	360	730	786	5	728	830	42	67	338	6
293/630		950	190	7920	37000	122.2	260	780	857	8	767	920	65	92	345	9.5
294/630		1090	280	13800	58000	343	180	845	956	10	830	1040	100	136	365	12
292/670	670	900	140	4970	26500	65.18	340	780	830	5	773	880	45	74	364	6
293/670		1000	200	8650	40300	158.4	240	825	905	8	813	963	68	96	372	9.5
294/670		1150	290	14900	62900	405	170	900	1010	12	880	1105	106	138	387	15
292/710	710	950	145	5420	29400	80.47	300	825	880	5	815	930	46	75	380	6
293/710		1060	212	9600	45100	199.2	220	875	960	8	864	1028	72	102	394	9.5
294/710		1220	308	16800	73800	554.7	160	950	1070	12	925	1165	113	150	415	15
292/750	750	1000	150	5800	31900	94.72	280	870	928	5	861	976	48	81	406	6
293/750		1120	224	10500	50600	250.5	200	925	1010	8	910	1086	76	108	415	9.5
294/750		1280	315	18000	79800	650.6	150	1000	1125	12	983	1220	116	152	436	15
292/800	800	1060	155	6290	35300	116.2	260	925	985	6	915	1035	50	81	426	7.5
293/800		1180	230	11300	54900	295.8	190	985	1065	8	965	1146	78	112	440	9.5
294/800		1360	335	20200	90000	831.6	140	1070	1195	12	1040	1310	120	163	462	15
292/850	850	1120	160	6810	38900	140.9	240	980	1035	6	966	1095	51	82	453	7.5
293/850		1250	243	12500	61400	371.3	180	1040	1130	10	1024	1205	85	118	468	12
294/850		1440	354	22200	99800	1026	130	1130	1265	12	1060	1372	126	168	494	15
292/900	900	1180	170	7380	42000	165.4	220	1035	1095	6	1023	1150	54	84	477	7.5
293/900		1320	250	13800	69200	471	170	1110	1195	10	1086	1280	86	120	496	12

5.11　推力圆柱滚子轴承

表 7-5-35　推力圆柱滚子轴承（GB/T 4663—2017）

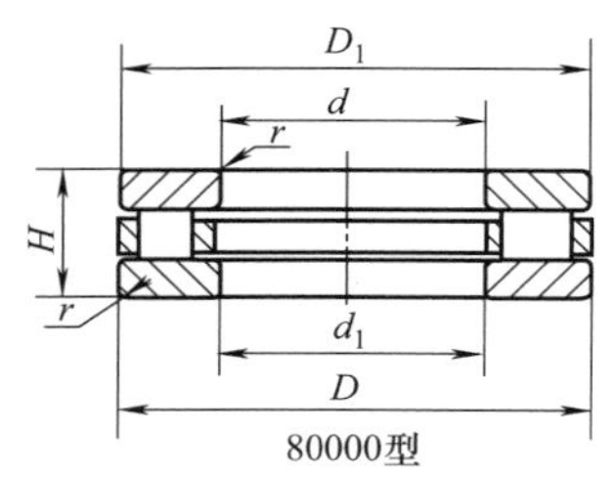

80000型

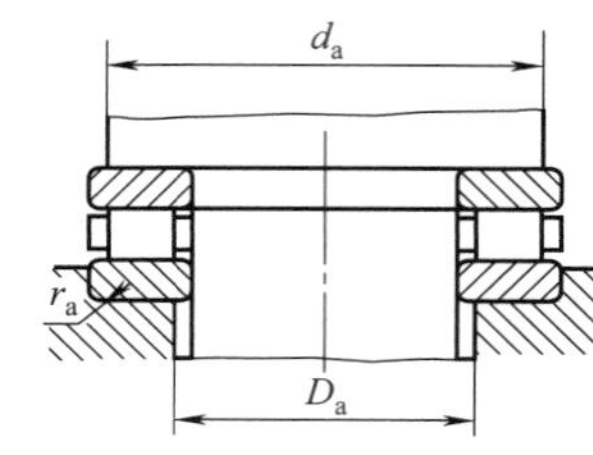

轴向当量动载荷
$P_a = F_a$
轴向当量静载荷
$P_{0a} = F_a$

轴承型号	基本尺寸/mm			基本额定载荷/kN		最小载荷常数	极限转速/r·min⁻¹		质量/kg	安装尺寸/mm			其他尺寸/mm		
80000型	d	D	H	C_a	C_{0a}	A	脂	油	W ≈	d_a min	D_a max	r_a max	d_1 max	D_1 max	r min
81108	40	60	13	37.2	115	0.002	1700	2400	0.12	58	42	0.6	42	60	0.6
81208		68	19	68.2	190	0.004	1200	1800	0.27	66	43	1	42	68	1
81210	50	78	22	77.0	235	0.005	1000	1600	0.45	75	53	1	52	78	1
81111	55	78	16	56.5	215	0.005	1400	2000	0.24	77	57	0.6	57	78	0.6
81211		90	25	104	318	0.009	950	1500	0.71	85	59	1	57	90	1
81113	65	90	18	65.8	235	0.006	1200	1800	0.381	87	67	1	67	90	1
81213		100	27	112	362	0.012	850	1300	0.874	96	69	1	67	100	1
81215	75	110	27	125	430	0.017	750	1100	0.98	106	79	1	77	110	1
81117	85	110	19	75.0	302	0.008	900	1400	0.45	108	87	1	87	110	1
81217		125	31	152	550	0.026	670	950	1.44	119	90	1	88	125	1
81118	90	120	22	105	408	0.015	850	1300	0.67	117	93	1	92	120	1
81220	100	150	38	228	840	0.059	560	850	2.58	142	107	1	103	150	1.1
81124	120	155	25	155	660	0.036	700	1000	1.36	151	124	1	122	155	1
81226	130	190	45	368	1420	0.164	450	700	4.59	181	137	1.5	133	187	1.5

5.12　推力圆锥滚子轴承

表 7-5-36　推力圆锥滚子轴承（JB/T 7751—2016）

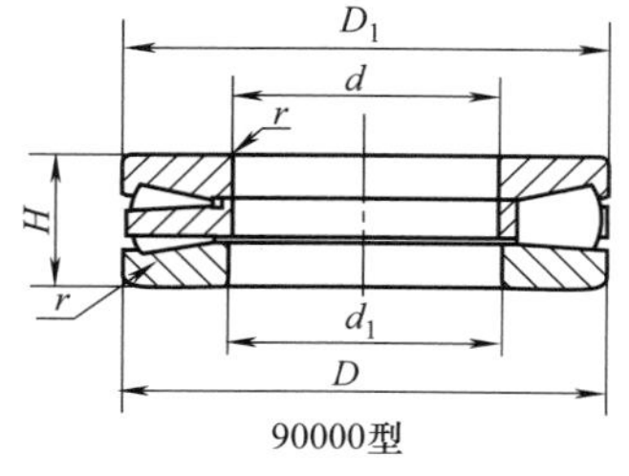

90000型

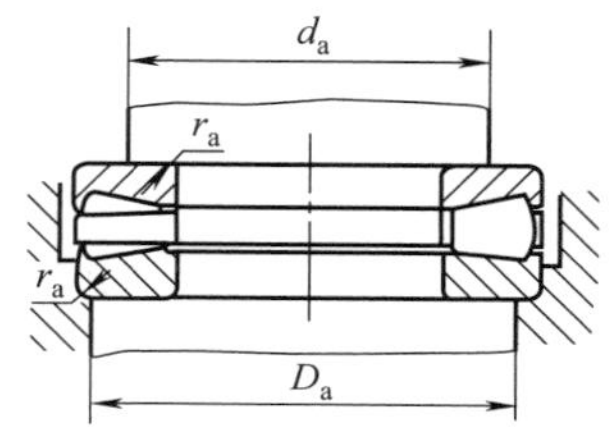

轴向当量动载荷
$P_a = F_a$
轴向当量静载荷
$P_{0a} = F_a$

续表

轴承型号	基本尺寸/mm			基本额定载荷/kN		最小载荷常数	极限转速/r·min^{-1}		质量/kg	安装尺寸/mm			其他尺寸/mm		
90000 型	d	D	H	C_a	C_{0a}	A	脂	油	W ≈	d_a min	D_a max	r_a max	d_1 max	D_1 max	r min
99426	130	270	85	1040	3780	0.638	380	500	28.5	195	227	3	134	265	4
99428	140	280	85	1120	4150	0.736	360	480	—	205	237	3	144	275	4
99434	170	340	103	1520	5750	1.38	280	380	58	245	288	4	174	335	5
99436	180	360	109	1630	5980	1.58	240	340	55.8	260	305	4	184	355	5
99440	200	400	122	1840	7210	2.256	200	300	75	290	338	4	205	395	5
99448	240	440	122	2320	9480	3.826	180	260	—	330	381	5	245	435	6
99452	260	480	132	2730	11400	5.50	160	220	—	360	419	5	265	475	6
99456	280	520	145	3150	13400	7.56	140	190	—	390	446	5	285	515	6
99464	320	580	155	4000	17200	12.6	110	160	—	435	507	6	325	575	7.5
99476	380	670	175	5040	22900	22.2	85	120	254	510	587	6	385	665	7.5

5.13　推力滚针轴承

表 7-5-37　　推力滚针和保持架组件及推力垫圈（GB/T 4605—2003）

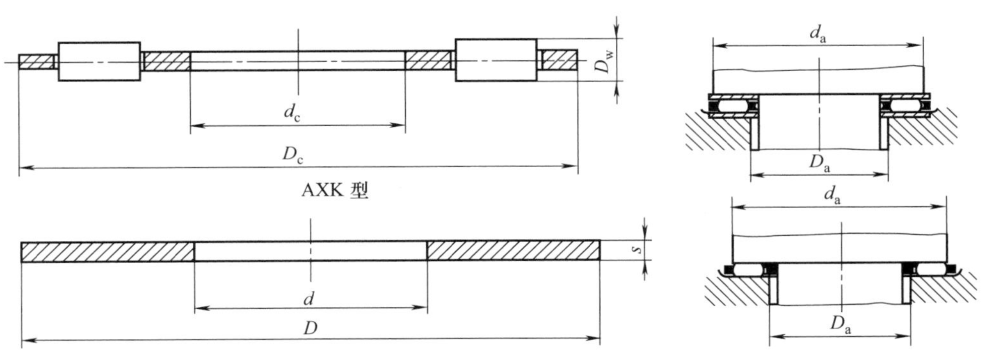

AS 型垫圈

组件型号	组件尺寸/mm			基本额定载荷/kN		极限转速/r·min^{-1}		质量/kg	垫圈型号	垫圈尺寸/mm			质量/kg	安装尺寸/mm	
	d_c	D_c	D_w	C_a	C_{0a}	脂	油	W ≈		d	D	s	W ≈	d_a min	D_a max
AXK 1730	17	30	2	7.28	29.5	3200	4300	0.004	AS 1730	17	30	1(0.8)	0.004	29	19
AXK 2035	20	35	2	9.0	38.0	2800	3800	0.005	AS 2035	20	35	1(0.8)	0.005	34	22
AXK 2542	25	42	2	13.0	48.2	2200	3200	0.007	AS 2542	25	42	1(0.8)	0.007	41	29
AXK 3047	30	47	2	15.8	74.0	2000	3000	0.008	AS 3047	30	47	1(0.8)	0.008	46	35
AXK 3552	35	52	2	16.0	80.2	1900	2800	0.01	AS 3552	35	52	1(0.8)	0.009	51	40
AXK 4060	40	60	3	25.0	110	1700	2400	0.016	AS 4060	40	60	1(0.8)	0.012	58	45
AXK 4565	45	65	3	26.0	122	1600	2200	0.018	AS 4565	45	65	1(0.8)	0.013	63	50
AXK 5070	50	70	3	27.5	135	1600	2200	0.02	AS 5070	50	70	1(0.8)	0.014	68	55
AXK 5578	55	78	3	30.2	162	1400	1900	0.028	AS 5578	55	78	1(0.8)	0.018	76	60
AXK 6085	60	85	3	35.5	228	1300	1800	0.033	AS 6085	60	85	1(0.8)	0.022	83	65
AXK 6590	65	90	3	36.0	242	1200	1700	0.035	AS 6590	65	90	1(0.8)	0.024	88	70

第 7 篇

5.14 带座外球面球轴承

带座外球面球轴承在不同配合下的极限转速见表 7-5-38。

轴承座的外形尺寸符合标准 GB/T 7809—2017，带座外球面球轴承的外形尺寸符合标准 GB/T 7810—2017。

表 7-5-38 带座外球面球轴承在不同配合下的极限转速 r/min

轴承内径 d/mm	轴的公差								轴承内径 d/mm	轴的公差							
	j7(h9/IT5)①		h7		h8		h9			j7(h9/IT5)①		h7		h8		h9	
	200系列	300系列	200系列	300系列	200系列	300系列	200系列	300系列		200系列	300系列	200系列	300系列	200系列	300系列	200系列	300系列
12	6700	—	5300	—	3800	—	1400	—	70	2200	1900	1600	1400	1100	1000	400	360
15	6700	—	5300	—	3800	—	1400	—	75	2000	1800	1500	1300	1000	900	380	340
17	6700	—	5300	—	3800	—	1400	—	80	1900	1700	1400	1200	950	850	340	320
20	6000	—	4800	—	3400	—	1200	—	85	1800	1600	1300	1100	900	800	320	300
25	5600	5000	4000	3600	3000	2600	1000	900	90	1700	1500	1200	1100	800	750	300	280
30	4500	4300	3400	3000	2400	2200	850	800	95	—	1400	—	1000	—	700	—	260
35	4000	3800	3000	2800	2000	2000	750	700	100	—	1300	—	950	—	670	—	240
40	3600	3400	2600	2400	1900	1700	670	630	105	—	1200	—	900	—	630	—	220
45	3200	3000	2400	2200	1700	1500	600	560	110	—	1200	—	800	—	600	—	200
50	3000	2600	2200	2000	1600	1400	560	500	120	—	1100	—	750	—	530	—	190
55	2600	2400	2000	1800	1400	1300	500	450	130	—	1000	—	670	—	480	—	180
60	2400	2200	1800	1700	1200	1100	450	430	140	—	900	—	600	—	430	—	160
65	2200	2000	1700	1500	1100	1100	430	400									

① h9/IT5 适用于带紧定套外球面球轴承，其余 j7～h9 适用于带顶丝和偏心套外球面球轴承。

表 7-5-39　**带立式座外球面球轴承**（带顶丝 UCP、带偏心套 UELP）（GB/T 7810—2017）

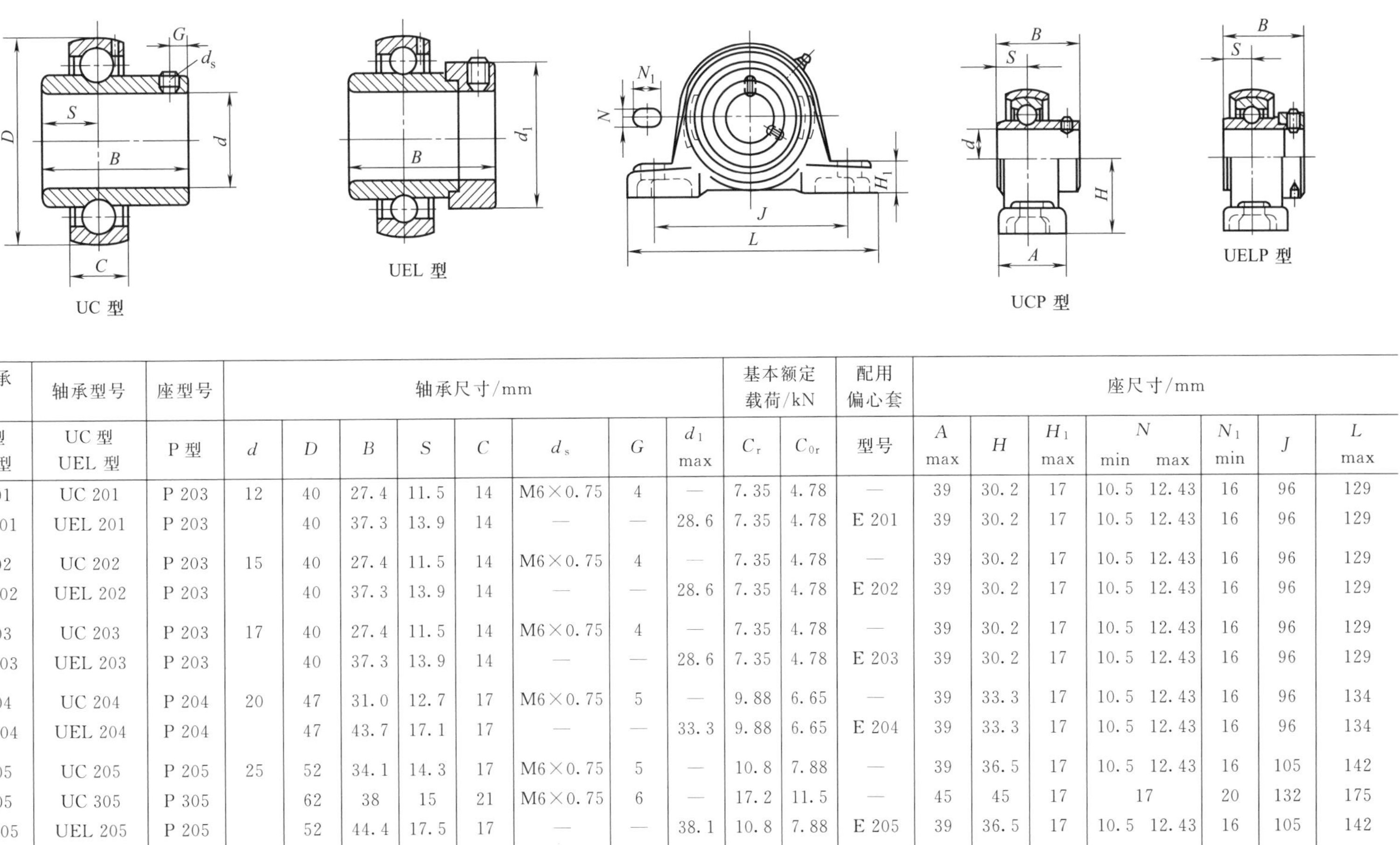

带座轴承型号	轴承型号	座型号	轴承尺寸/mm								基本额定载荷/kN		配用偏心套	座尺寸/mm							
UCP 型 UELP 型	UC 型 UEL 型	P 型	d	D	B	S	C	d_s	G	d_1 max	C_r	C_{0r}	型号	A max	H	H_1 max	N min	N max	N_1 min	J	L max
UCP 201	UC 201	P 203	12	40	27.4	11.5	14	M6×0.75	4	—	7.35	4.78	—	39	30.2	17	10.5	12.43	16	96	129
UELP 201	UEL 201	P 203		40	37.3	13.9	14	—	—	28.6	7.35	4.78	E 201	39	30.2	17	10.5	12.43	16	96	129
UCP 202	UC 202	P 203	15	40	27.4	11.5	14	M6×0.75	4	—	7.35	4.78	—	39	30.2	17	10.5	12.43	16	96	129
UELP 202	UEL 202	P 203		40	37.3	13.9	14	—	—	28.6	7.35	4.78	E 202	39	30.2	17	10.5	12.43	16	96	129
UCP 203	UC 203	P 203	17	40	27.4	11.5	14	M6×0.75	4	—	7.35	4.78	—	39	30.2	17	10.5	12.43	16	96	129
UELP 203	UEL 203	P 203		40	37.3	13.9	14	—	—	28.6	7.35	4.78	E 203	39	30.2	17	10.5	12.43	16	96	129
UCP 204	UC 204	P 204	20	47	31.0	12.7	17	M6×0.75	5	—	9.88	6.65	—	39	33.3	17	10.5	12.43	16	96	134
UELP 204	UEL 204	P 204		47	43.7	17.1	17	—	—	33.3	9.88	6.65	E 204	39	33.3	17	10.5	12.43	16	96	134
UCP 205	UC 205	P 205	25	52	34.1	14.3	17	M6×0.75	5	—	10.8	7.88	—	39	36.5	17	10.5	12.43	16	105	142
UCP 305	UC 305	P 305		62	38	15	21	M6×0.75	6	—	17.2	11.5	—	45	45	17	17		20	132	175
UELP 205	UEL 205	P 205		52	44.4	17.5	17	—	—	38.1	10.8	7.88	E 205	39	36.5	17	10.5	12.43	16	105	142
UELP 305	UEL 305	P 305		62	46.8	16.7	21	—	—	42.8	17.2	11.5	E 305	45	45	17	17		20	132	175
UCP 206	UC 206	P 206	30	62	38.1	15.9	19	M6×0.75	5	—	15.0	11.2	—	48	42.9	20	13	14.93	19	121	167
UCP 306	UC 306	P 306		72	43	17	23	M6×0.75	6	—	20.8	15.2	—	50	50	20	17		20	140	180
UELP 206	UEL 206	P 206		62	48.4	18.3	19	—	—	44.5	15.0	11.2	E 206	48	42.9	20	13	14.93	19	121	167
UELP 306	UEL 306	P 306		72	50	17.5	23	—	—	50	20.8	15.2	E 306	50	50	20	17		20	140	180

续表

带座轴承型号	轴承型号	座型号	轴承尺寸/mm								基本额定载荷/kN		配用偏心套	座尺寸/mm							
UCP 型 UELP 型	UC 型 UEL 型	P 型	d	D	B	S	C	d_s	G	d_1 max	C_r	C_{0r}	型号	A max	H	H_1 max	N min	N max	N_1 min	J	L max
UCP 207	UC 207	P 207	35	72	42.9	17.5	20	M8×1	7	—	19.8	15.2	—	48	47.6	20	13	14.93	19	126	172
UCP 307	UC 307	P 307	35	80	48	19	25	M8×1	8	—	25.8	19.2	—	56	56	22	17		25	160	210
UELP 207	UEL 207	P 207		72	51.1	18.8	20	—	—	55.6	19.8	15.2	E 207	48	47.6	20	13	14.93	19	126	172
UELP 307	UEL 307	P 307		80	51.6	18.3	25	—	—	55	25.8	19.2	E 307	56	56	22	17		25	160	210
UCP 208	UC 208	P 208	40	80	49.2	19	21	M8×1	8	—	22.8	18.2	—	55	49.2	20	13	14.93	19	136	186
UCP 308	UC 308	P 308		90	52	19	27	M10×1.25	10	—	31.2	24.0	—	60	60	24	17		27	170	220
UELP 208	UEL 208	P 208		80	56.3	21.4	21	—	—	60.3	22.8	18.2	E 208	55	49.2	20	13	14.93	19	136	186
UELP 308	UEL 308	P 308		90	57.1	19.8	27	—	—	63.5	31.2	24.0	E 308	60	60	24	17		27	170	220
UCP 209	UC 209	P 209	45	85	49.2	19	22	M8×1	8	—	24.5	20.8	—	55	54	22	13	14.93	19	146	192
UCP 309	UC 309	P 309		100	57	22	30	M10×1.25	10	—	40.8	31.8	—	67	67	26	20		30	190	245
UELP 209	UEL 209	P 209		85	56.3	21.4	22	—	—	63.5	24.5	20.8	E 209	55	54	22	13	14.93	19	146	192
UELP 309	UEL 309	P 309		100	58.7	19.8	30	—	—	70	40.8	31.8	E 309	67	67	26	20		30	190	245
UCP 210	UC 210	P 210	50	90	51.6	19	24	M10×1.25	10	—	27.0	23.2	—	61	57.2	23	17	19.05	20.5	159	208
UCP 310	UC 310	P 310		110	61	22	32	M12×1.5	12	—	47.5	37.8	—	75	75	29	20		35	212	275
UELP 210	UEL 210	P 210		90	62.7	24.6	24	—	—	69.9	27.0	23.2	E 210	61	57.2	23	17	19.02	20.5	159	208
UELP 310	UEL 310	P 310		110	66.6	24.6	32	—	—	76.2	47.5	37.8	E 310	75	75	29	20		35	212	275
UCP 211	UC 211	P 211	55	100	55.6	22.2	25	M10×1.25	10	—	33.5	29.2	—	61	63.5	25	17	19.02	20.5	172	233
UCP 311	UC 311	P 311		120	66	25	34	M12×1.5	12	—	55.0	44.8	—	80	80	32	20		38	236	310
UELP 211	UEL 211	P 211		100	71.4	27.8	25	—	—	76.2	33.5	29.2	E 211	61	63.5	25	17	19.02	20.5	172	233
UELP 311	UEL 311	P 311		120	73	27.8	34	—	—	83	55.0	44.8	E 311	80	80	32	20		38	236	310
UCP 212	UC 212	P 212	60	110	65.1	25.4	27	M10×1.25	10	—	36.8	32.8	—	71	69.9	27	17	19.02	22	186	243
UCP 312	UC 312	P 312		130	71	26	36	M12×1.5	12	—	62.8	51.8	—	85	85	34	25		38	250	330
UELP 212	UEL 212	P 212		110	77.8	31.0	27	—	—	84.2	36.8	32.8	E 212	71	69.9	27	17	19.02	22	186	243
UELP 312	UEL 312	P 312		130	79.4	30.95	36	—	—	89	62.8	51.8	E 312	85	85	34	25		38	250	330
UCP 213	UC 213	P 213	65	120	65.1	25.4	28	M10×1.25	10	—	44.0	40.0	—	73	76.2	34	21	24.52	24	203	268
UCP 313	UC 313	P 313		140	75	30	38	M12×1.5	12	—	72.2	60.5	—	90	90	37	25		38	260	340
UELP 213	UEL 213	P 213		120	85.7	34.1	28	—	—	86	44.0	40.0	E 213	73	76.2	34	21	24.52	24	203	268
UELP 313	UEL 313	P 313		140	85.7	32.55	38	—	—	97	72.2	60.5	E 313	90	90	37	25		38	260	340

续表

带座轴承型号	轴承型号	座型号	轴承尺寸/mm								基本额定载荷/kN		配用偏心套	座尺寸/mm						
UCP 型 UELP 型	UC 型 UEL 型	P 型	d	D	B	S	C	d_s	G	d_1 max	C_r	C_{0r}	型号	A max	H	H_1 max	N min max	N_1 min	J	L max
UCP 214	UC 214	P 214	70	125	74.6	30.2	29	M12×1.5	12	—	46.8	45.0	—	74	79.4	34	21 24.52	24	210	274
UCP 314	UC 314	P 314	70	150	78	33	40	M12×1.5	12	—	80.2	68.0	—	90	95	41	27	40	280	360
UELP 214	UEL 214	P 214		125	85.7	34.1	29	—	—	90	46.8	45.0	E 214	74	79.4	34	21 24.52	24	210	274
UELP 314	UEL 314	P 314		150	92.1	34.15	40	—	—	102	80.2	68.0	E 314	90	95	41	27	40	280	360
UCP 215	UC 215	P 215	75	130	77.8	33.3	30	M12×1.5	12	—	50.8	49.5	—	83	82.6	35	21 24.52	24	217	300
UCP 315	UC 315	P 315		160	82	32	42	M14×1.5	14	—	87.2	76.8	—	100	100	41	27	40	290	380
UELP 215	UEL 215	P 215		130	92.1	37.3	30	—	—	102	50.8	49.5	E 215	83	82.6	35	21 24.52	24	217	300
UELP 315	UEL 315	P 315		160	100	37.3	42	—	—	113	87.2	76.8	E 315	100	100	41	27	40	290	380
UCP 216	UC 216	P 216	80	140	82.6	33.3	33	M12×1.5	12	—	55.0	54.2	—	84	88.9	38	21 24.52	24	232	305
UCP 316	UC 316	P 316		170	86	34	44	M14×1.5	14	—	94.5	86.5	—	110	106	46	27	40	300	400
UELP 316	UEL 316	P 316		170	106.4	40.5	44	—	—	119	94.5	86.5	E 316	110	106	46	27	40	300	400
UCP 217	UC 217	P 217	85	150	85.7	34.1	35	M12×1.5	12	—	64.0	63.8	—	95	95.2	41	21 24.52	24	247	330
UCP 317	UC 317	P 317		180	96	40	46	M16×1.5	16	—	102	96.5	—	110	112	46	33	45	320	420
UELP 317	UEL 317	P 317		180	109.5	42.05	46	—	—	127	102	96.5	E 317	110	112	46	33	45	320	420
UCP 218	UC 218	P 218	90	160	96	39.7	37	M12×1.5	12	—	73.8	71.5	—	100	101.6	44	25 28.52	34	262	356
UCP 318	UC 318	P 318		190	96	40	48	M16×1.5	16	—	110	108	—	110	118	51	33	45	330	430
UELP 318	UEL 318	P 318		190	115.9	43.65	48	—	—	133	110	108	E 318	110	118	51	33	45	330	430
UCP 319	UC 319	P 319	95	200	103	41	50	M16×1.5	16	—	120	122	—	120	125	51	36	50	360	470
UELP 319	UEL 319	P 319		200	122.3	38.9	50	—	—	140	120	122	E 319	120	125	51	36	50	360	470
UCP 220	UC 220	P 220	100	180	108	34	51	M12×1.5	12	—	95	92	—	111	115	46	25 28.52	34	308	390
UCP 320	UC 320	P 320		215	108	42	54	M18×1.5	18	—	132	140	—	120	140	56	36	50	380	490
UELP 320	UEL 320	P 320		215	128.6	50	54	—	—	146	132	140	E 320	120	140	56	36	50	380	490
UCP 321	UC 321	P 321	105	225	112	44	56	M18×1.5	18	—	142	152	—	120	140	56	36	50	380	490
UCP 322	UC 322	P 322	110	240	117	46	60	M18×1.5	18	—	158	178	—	140	150	61	40	55	400	520
UCP 324	UC 324	P 324	120	260	126	51	64	M18×1.5	18	—	175	208	—	140	160	71	40	55	450	570
UCP 326	UC 326	P 326	130	280	135	54	68	M20×1.5	20	—	195	242	—	140	180	81	40	55	480	600
UCP 328	UC 328	P 328	140	300	145	59	72	M20×1.5	20	—	212	272	—	140	200	81	40	55	500	620

表 7-5-40 带立式座外球面球轴承（带紧定套）(GB/T 7810—2017)

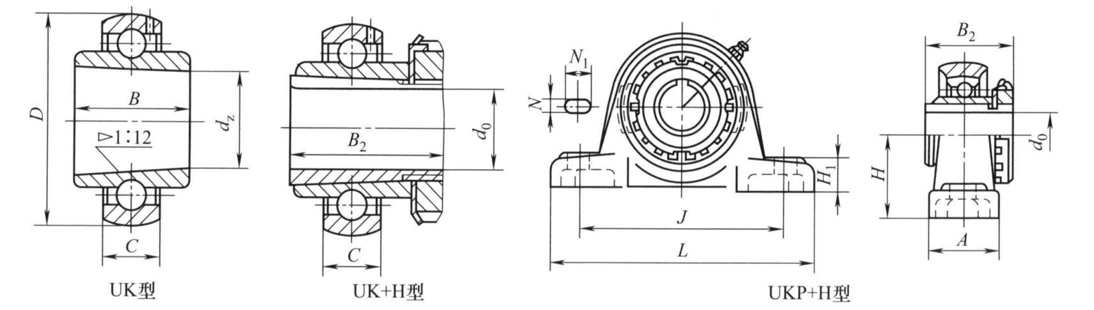

带座轴承型号	轴承型号	座型号	轴承尺寸/mm							配用件型号		基本额定载荷/kN		座尺寸/mm							
UKP+H 型	UK+H 型	P 型	d_z	D	d_0	B_2	B min	B max	C	轴承	紧定套	C_r	C_{0r}	A max	H	H_1 max	N min	N max	N_1 min	J	L max
UKP 205+H 2305	UK 205+H 2305	P 205	25	52	20	35	15	27	17	UK 205	H 2305	10.8	7.88	39	36.5	17	10.5	12.43	16	105	142
UKP 305+H 2305	UK 305+H 2305	P 305		62	20	35	21	27	21	UK 305	H 2305	17.2	11.5	45	45	17	17		20	132	175
UKP 206+H 2306	UK 206+H 2306	P 206	30	62	25	38	16	30	19	UK 206	H 2306	15.0	11.2	48	42.9	20	13	14.93	19	121	167
UKP 306+H 2306	UK 306+H 2306	P 306		72	25	38	23	30	23	UK 306	H 2306	20.8	15.2	50	50	20	17		20	140	180
UKP 207+H 2307	UK 207+H 2307	P 207	35	72	30	43	17	34	20	UK 207	H 2307	19.8	15.2	48	47.6	20	13	14.93	19	126	172
UKP 307+H 2307	UK 307+H 2307	P 307		80	30	43	26	34	25	UK 307	H 2307	25.8	19.2	56	56	22	17		25	160	210
UKP 208+H 2308	UK 208+H 2308	P 208	40	80	35	46	18	36	21	UK 208	H 2308	22.8	18.2	55	49.2	20	13	14.93	19	136	186
UKP 308+H 2308	UK 308+H 2308	P 308		90	35	46	26	36	27	UK 308	H 2308	31.2	24.0	60	60	24	17		27	170	220
UKP 209+H 2309	UK 209+H 2309	P 209	45	85	40	50	19	39	22	UK 209	H 2309	24.5	20.8	55	54	22	13	14.93	19	146	192
UKP 309+H 2309	UK 309+H 2309	P 309		100	40	50	28	39	30	UK 309	H 2309	40.8	31.8	67	67	26	20		30	190	245
UKP 210+H 2310	UK 210+H 2310	P 210	50	90	45	55	20	43	24	UK 210	H 2310	27.0	23.2	61	57.2	23	17	19.02	20.5	159	208
UKP 310+H 2310	UK 310+H 2310	P 310		110	45	55	30	43	32	UK 310	H 2310	47.5	37.8	75	75	29	20		35	212	275

续表

带座轴承型号	轴承型号	座型号	轴承尺寸/mm							配用件型号		基本额定载荷/kN		座尺寸/mm						
UKP+H 型	UK+H 型	P 型	d_z	D	d_0	B_2	B min	B max	C	轴承	紧定套	C_r	C_{0r}	A max	H	H_1 max	N min max	N_1 min	J	L max
UKP 211+H 2311	UK 211+H 2311	P 211	55	100	50	59	21	47	25	UK 211	H 2311	33.5	29.2	61	63.5	25	17　19.02	20.5	172	233
UKP 311+H 2311	UK 311+H 2311	P 311		120	50	59	33	47	34	UK 311	H 2311	55.0	44.8	80	80	32	20	38	236	310
UKP 212+H 2312	UK 212+H 2312	P 212	60	110	55	62	22	49	27	UK 212	H 2312	36.8	32.8	71	69.9	27	17　19.02	22	186	243
UKP 312+H 2312	UK 312+H 2312	P 312		130	55	62	34	49	36	UK 312	H 2312	62.8	51.8	85	85	34	25	38	250	330
UKP 213+H 2313	UK 213+H 2313	P 213	65	120	60	65	23	51	28	UK 213	H 2313	44.0	40.0	73	76.2	34	21　24.52	24	203	268
UKP 313+H 2313	UK 313+H 2313	P 313		140	60	65	36	51	38	UK 313	H 2313	72.2	60.5	90	90	37	25	38	260	340
UKP 215+H 2315	UK 215+H 2315	P 215	75	130	65	73	25	58	30	UK 215	H 2315	50.8	49.5	83	82.6	35	21　24.52	24	217	300
UKP 315+H 2315	UK 315+H 2315	P 315		160	65	73	40	58	42	UK 315	H 2315	87.2	76.8	100	100	41	27	40	290	380
UKP 216+H 2316	UK 216+H 2316	P 216	80	140	70	78	26	61	33	UK 216	H 2316	55.0	54.2	84	88.9	38	21　24.52	24	232	305
UKP 316+H 2316	UK 316+H 2316	P 316		170	70	78	42	61	44	UK 316	H 2316	94.5	86.5	110	106	46	27	40	300	400
UKP 217+H 2317	UK 217+H 2317	P 217	85	150	75	82	28	64	35	UK 217	H 2317	64.0	63.8	95	95.2	41	21　24.52	24	247	330
UKP 317+H 2317	UK 317+H 2317	P 317		180	75	82	45	64	46	UK 317	H 2317	102	96.5	110	112	46	33	45	320	420
UKP 218+H 2318	UK 218+H 2318	P 218	90	160	80	86	30	68	37	UK 218	H 2318	73.8	71.5	100	101.6	44	25　28.52	34	262	356
UKP 318+H 2318	UK 318+H 2318	P 318		190	80	86	47	68	48	UK 318	H 2318	110	108	110	118	51	33	45	330	430
UKP 319+H 2319	UK 319+H 2319	P 319	95	200	85	90	49	71	50	UK 319	H 2319	120	122	120	125	51	36	50	360	470
UKP 320+H 2320	UK 320+H 2320	P 320	100	215	90	97	51	77	54	UK 320	H 2320	132	140	120	140	56	36	50	380	490
UKP 322+H 2322	UK 322+H 2322	P 322	110	240	100	105	56	84	60	UK 322	H 2322	158	178	140	150	61	40	55	400	520
UKP 324+H 2324	UK 324+H 2324	P 324	120	260	110	112	60	90	64	UK 324	H 2324	175	208	140	160	71	40	55	450	570
UKP 326+H 2326	UK 326+H 2326	P 326	130	280	115	121	65	98	68	UK 326	H 2326	195	242	140	180	81	40	55	480	600
UKP 328+H 2328	UK 328+H 2328	P 328	140	300	125	131	70	107	72	UK 328	H 2328	212	272	140	200	81	40	55	500	620

表 7-5-41 带方形座外球面球轴承（带顶丝、带偏心套）（GB/T 7810—2017）

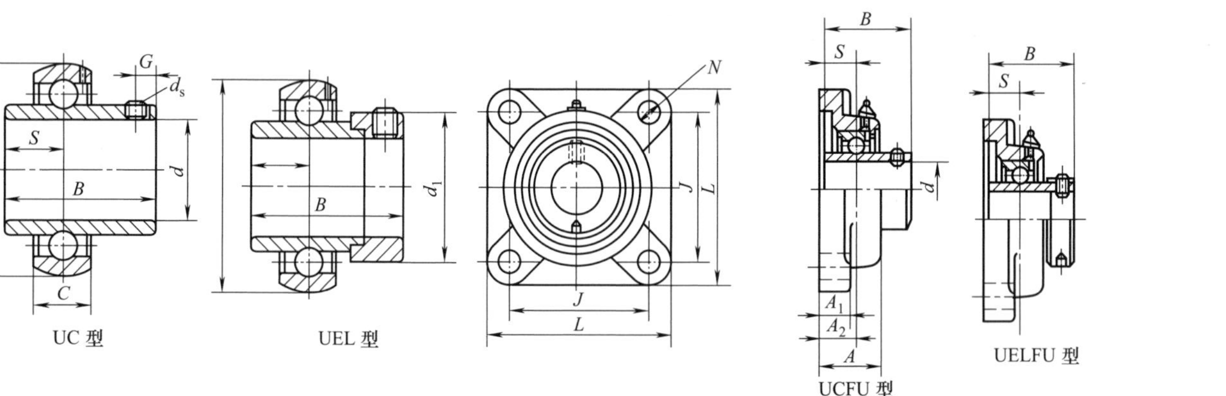

带座轴承型号	轴承型号	座型号	轴承尺寸/mm								基本额定载荷/kN		配用偏心套	座尺寸/mm					
UCFU 型 UELFU 型	UC 型 UEL 型	FU 型	d	D	B	S	C	d_s	G	d_1 max	C_r	C_{0r}	型号	A max	A_1 max	A_2	J	L max	N min max
UCFU 201	UC 201	FU 203	12	40	27.4	11.5	14	M6×0.75	4	—	7.35	4.78	—	32	13	17	54	78	10.5 12.43
UELFU 201	UEL 201	FU 203		40	37.3	13.9	14	—	—	28.6	7.35	4.78	E 201	32	13	17	54	78	11.5
UCFU 202	UC 202	FU 203	15	40	27.4	11.5	14	M6×0.75	4	—	7.35	4.78	—	32	13	17	54	78	10.5 12.43
UELFU 202	UEL 202	FU 203		40	37.3	13.9	14	—	—	28.6	7.35	4.78	E 202	32	13	17	54	78	11.5
UCFU 203	UC 203	FU 203	17	40	27.4	11.5	14	M6×0.75	4	—	7.35	4.78	—	32	13	17	54	78	10.5 12.43
UELFU 203	UEL 203	FU 203		40	37.3	13.9	14	—	—	28.6	7.35	4.78	E 203	32	13	17	54	78	11.5
UCFU 204	UC 204	FU 204	20	47	31.0	12.7	17	M6×0.75	5	—	9.88	6.65	—	34	15	19	63.5	88	10.5 12.43
UELFU 204	UEL 204	FU 204		47	43.7	17.1	17	—	—	33.3	9.88	6.65	E 204	34	15	19	63.5	88	11.5
UCFU 205	UC 205	FU 205	25	52	34.1	14.3	17	M6×0.75	5	—	10.8	7.88	—	35	15	19	70	97	11.5 12.43
UCFU 305	UC 305	FU 305		62	38	15	21	M6×0.75	6	—	17.2	11.5	—	29	13	16	80	110	16
UELFU 205	UEL 205	FU 205		52	44.4	17.5	17	—	—	38.1	10.8	7.88	E 205	35	15	19	70	97	11.5 12.43
UELFU 305	UEL 305	FU 305		62	46.8	16.7	21	—	—	42.8	17.2	11.5	E 305	29	13	16	80	110	16
UCFU 206	UC 206	FU 206	30	62	38.1	15.9	19	M6×0.75	5	—	15.0	11.2	—	38	16	20	82.5	110	11.5 12.43
UCFU 306	UC 306	FU 306		72	43	17	23	M6×0.75	6	—	20.8	15.2	—	32	15	18	95	125	16

续表

带座轴承型号	轴承型号	座型号	轴承尺寸/mm								基本额定载荷/kN		配用偏心套	座尺寸/mm						
UCFU 型 UELFU 型	UC 型 UEL 型	FU 型	d	D	B	S	C	d_s	G	d_1 max	C_r	C_{0r}	型号	A max	A_1 max	A_2	J	L max	N min	N max
UELFU 206	UEL 206	FU 206	30	62	48.4	18.3	19	—	—	44.5	15.0	11.2	E 206	38	16	20	82.5	110	11.5	12.3
UELFU 306	UEL 306	FU 306		72	50	17.5	23	—	—	50	20.8	15.2	E 306	32	15	18	95	125	16	
UCFU 207	UC 207	FU 207	35	72	42.9	17.5	20	M8×1	7	—	19.8	15.2	—	38	17	21	92	119	13	14.93
UCFU 307	UC 307	FU 307		80	48	19	25	M8×1	8	—	25.8	19.2	—	36	16	20	100	135	19	
UELFU 207	UEL 207	FU 207		72	51.1	18.8	20	—	—	55.6	19.8	15.2	E 207	38	17	21	92	119	13	14.93
UELFU 307	UEL 307	FU 307		80	51.6	18.3	25	—	—	55	25.8	19.2	E 307	36	16	20	100	135	19	
UCFU 208	UC 208	FU 208	40	80	49.2	19	21	M8×1	8	—	22.8	18.2	—	43	17	24	101.5	132	13	14.93
UCFU 308	UC 308	FU 308		90	52	19	27	M10×1.25	10	—	31.2	24.0	—	40	17	23	112	150	19	
UELFU 208	UEL 208	FU 208		80	56.3	21.4	21	—	—	60.3	22.8	18.2	E 208	43	17	24	101.5	132	13	14.93
UELFU 308	UEL 308	FU 308		90	57.1	19.8	27	—	—	63.5	31.2	24.0	E 308	40	17	23	112	150	19	
UCFU 209	UC 209	FU 209	45	85	49.2	19	22	M8×1	8	—	24.5	20.8	—	45	18	24	105	139	13	14.93
UCFU 309	UC 309	FU 309		100	57	22	30	M10×1.25	10	—	40.8	31.8	—	44	18	25	125	160	19	
UELFU 209	UEL 209	FU 209		85	56.3	21.4	22	—	—	63.5	24.5	20.8	E 209	45	18	24	105	139	13	14.93
UELFU 309	UEL 309	FU 309		100	58.7	19.8	30	—	—	70	40.8	31.8	E 309	44	18	25	125	160	19	
UCFU 210	UC 210	FU 210	50	90	51.6	19	24	M10×1.25	10	—	27.0	23.2	—	48	20	28	111	145	17	19.02
UCFU 310	UC 310	FU 310		110	61	22	32	M12×1.5	12	—	47.5	37.8	—	48	19	28	132	175	23	
UELFU 210	UEL 210	FU 210		90	62.7	24.6	24	—	—	69.9	27.0	23.2	E 210	48	20	28	111	145	17	19.02
UELFU 310	UEL 310	FU 310		110	66.6	24.6	32	—	—	76.2	47.5	37.8	E 310	48	19	28	132	175	23	
UCFU 211	UC 211	FU 211	55	100	55.6	22.2	25	M10×1.25	10	—	33.5	29.2	—	51	21	31	130	164	17	19.02
UCFU 311	UC 311	FU 311		120	66	25	34	M12×1.5	12	—	55.0	44.8	—	52	20	30	140	185	23	
UELFU 211	UEL 211	FU 211		100	71.4	27.8	25	—	—	76.2	33.5	29.2	E 211	51	21	31	130	164	17	19.02
UELFU 311	UEL 311	FU 311		120	73	27.8	34	—	—	83	55.0	44.8	E 311	52	20	30	140	185	23	
UCFU 212	UC 212	FU 212	60	110	65.1	25.4	27	M10×1.25	10	—	36.8	32.8	—	60	21	34	143	177	17	19.02
UCFU 312	UC 312	FU 312		130	71	26	36	M12×1.5	12	—	62.8	51.8	—	56	22	33	150	195	23	
UELFU 212	UEL 212	FU 212		110	77.8	31.	27	—	—	84.2	36.8	32.8	E 212	60	21	34	143	177	17	19.02
UELFU 312	UEL 312	FU 312		130	79.4	30.95	36	—	—	89	62.8	51.8	E 312	56	22	33	150	195	23	
UCFU 213	UC 213	FU 213	65	120	65.1	25.4	28	M10×1.25	10	—	44.0	40.0	—	52	24	35	150	188	17	19.02
UCFU 313	UC 313	FU 313		140	75	30	38	M12×1.5	12	—	72.2	60.5	—	58	25	33	166	208	23	

续表

带座轴承型号	轴承型号	座型号	轴承尺寸/mm								基本额定载荷/kN		配用偏心套	座尺寸/mm						
UCFU 型 UELFU 型	UC 型 UEL 型	FU 型	d	D	B	S	C	d_s	G	d_1 max	C_r	C_{0r}	型号	A max	A_1 max	A_2	J	L max	N min	N max
UELFU 213	UEL 213	FU 213	65	120	85.7	34.1	28	—	—	86	44.0	40.0	E 213	52	24	35	150	188	17	19.02
UELFU 313	UEL 313	FU 313		140	85.7	32.55	38	—	—	97	72.2	60.5	E 313	58	25	33	166	208		23
UCFU 214	UC 214	FU 214	70	125	74.6	30.2	29	M12×1.5	12	—	46.8	45.0	—	54	24	35	152	193	17	19.93
UCFU 314	UC 314	FU 314		150	78	33	40	M12×1.5	12	—	80.2	68.0	—	61	28	36	178	226		25
UELFU 214	UEL 214	FU 214		125	85.7	34.1	29	—	—	90	46.8	45.0	E 214	54	24	35	152	193	17	19.93
UELFU 314	UEL 314	FU 314		150	92.1	34.15	40	—	—	102	80.2	68.0	E 314	61	28	36	178	226		25
UCFU 215	UC 215	FU 215	75	130	77.8	33.3	30	M12×1.5	12	—	50.8	49.5	—	58	24	38	152	198	17	24.52
UCFU 315	UC 315	FU 315		160	82	32	42	M14×1.5	14	—	87.2	76.8	—	66	30	39	184	236		25
UELFU 215	UEL 215	FU 215		130	92.1	37.3	30	—	—	102	50.8	49.5	E 215	58	24	38	152	298	17	24.52
UELFU 315	UEL 315	FU 315		160	100	37.3	42	—	—	113	87.2	76.8	E 315	66	30	39	184	236		25
UCFU 216	UC 216	FU 216	80	140	82.6	33.3	33	M12×1.5	12	—	55.0	54.2	—	65	24	34	166	213	21	24.52
UCFU 316	UC 316	FU 316		170	86	34	44	M14×1.5	14	—	94.5	86.5	—	68	32	41	196	256		31
UELFU 316	UEL 316	FU 316		170	106.4	40.5	44	—	—	119	94.5	86.5	E 316	68	32	41	196	256		31
UCFU 217	UC 217	FU 217	85	150	85.7	34.1	35	M12×1.5	12	—	64	63.8	—	75	26	36	172	220	21	24.52
UCFU 317	UC 317	FU 317		180	96	40	46	M16×1.5	16	—	102	96.5	—	74	32	44	204	260		31
UELFU 317	UEL 317	FU 317		180	109.5	42.05	46	—	—	127	102	96.5	E 317	74	32	44	204	260		31
UCFU 218	UC 218	FU 218	90	160	96	39.7	37	M12×1.5	12	—	73.8	71.5	—	75	27	42	187	240	21	24.52
UCFU 318	UC 318	FU 318		190	96	40	48	M16×1.5	16	—	110	108	—	76	36	44	216	280		35
UELFU 318	UEL 318	FU 318		190	115.9	43.65	48	—	—	133	110	108	E 318	76	30	44	216	280		35
UCFU 319	UC 319	FU 319	95	200	103	41	50	M16×1.5	16	—	120	122	—	94	30	59	228	290		35
UELFU 319	UEL 319	FU 319		200	122.3	38.9	50	—	—	140	120	122	E 319	94	30	59	228	290		35
UCFU 220	UC 220	FU 220	100	180	108	42	51	M12×1.5	12	—	95	92	—	80	29	44	210	270	25	28.52
UCFU 320	UC 320	FU 320		215	108	42	54	M18×1.5	18	—	132	140	—	94	32	59	242	310		38
UELFU 320	UEL 320	FU 320		215	128.6	50	54	—	—	146	132	140	E 320	94	32	59	242	310		38
UCFU 321	UC 321	FU 321	105	225	112	44	56	M18×1.5	18	—	142	152	—	94	32	59	242	310		38
UCFU 322	UC 322	FU 322	110	240	117	46	60	M18×1.5	18	—	158	178	—	96	35	60	266	340		41
UCFU 324	UC 324	FU 324	120	260	126	51	64	M18×1.5	18	—	175	208	—	110	40	65	290	370		41
UCFU 326	UC 326	FU 326	130	280	135	54	68	M20×1.5	20	—	195	242	—	115	45	65	320	410		41
UCFU 328	UC 328	FU 328	140	300	145	59	72	M20×1.5	20	—	212	272	—	125	55	75	350	450		41

表 7-5-42 带方形座外球面球轴承（带紧定套）（GB/T 7810—2017）

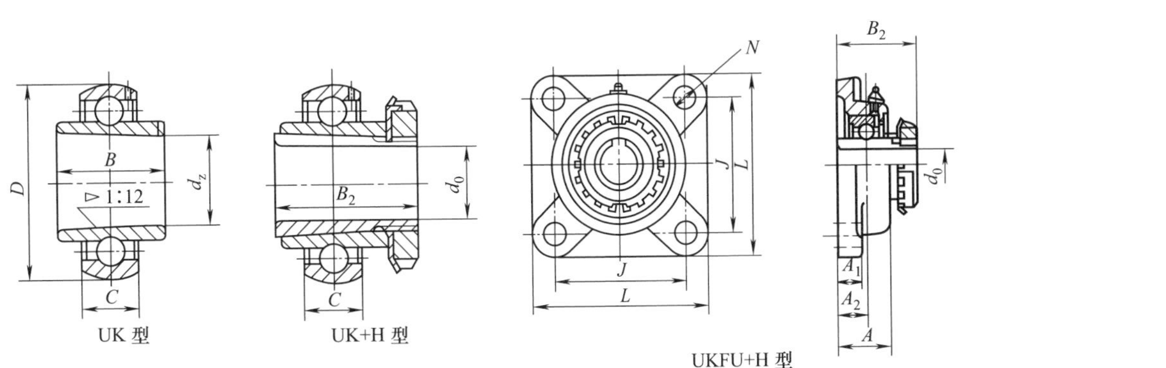

UK 型　UK+H 型　UKFU+H 型

带座轴承型号	轴承型号	座型号	轴承尺寸/mm							配用件型号		基本额定载荷/kN		座尺寸/mm						
UKFU+H 型	UK+H 型	FU 型	d_z	D	d_0	B_2	B min	B max	C	轴承	紧定套	C_r	C_{0r}	A max	A_1 max	A_2	J	L max	N min	N max
UKFU 205+H 2305	UK 205+H 2305	FU 205	25	52	20	35	15	27	17	UK 205	H 2305	10.8	7.88	35	15	19	70	97	11.5	12.43
UKFU 305+H 2305	UK 305+H 2305	FU 305		62	20	35	21	27	21	UK 305	H 2305	17.2	11.5	29	13	16	80	110	16	
UKFU 206+H 2306	UK 206+H 2306	FU 206	30	62	25	38	16	30	19	UK 206	H 2306	15.0	11.2	38	16	20	82.5	110	11.5	12.43
UKFU 306+H 2306	UK 306+H 2306	FU 306		72	25	38	23	30	23	UK 306	H 2306	20.8	15.2	32	15	18	95	125	16	
UKFU 207+H 2307	UK 207+H 2307	FU 207	35	72	30	43	17	34	20	UK 207	H 2307	19.8	15.2	38	17	21	92	119	13	14.93
UKFU 307+H 2307	UK 307+H 2307	FU 307		80	30	43	26	34	25	UK 307	H 2307	25.8	19.2	36	16	20	100	135	19	
UKFU 208+H 2308	UK 208+H 2308	FU 208	40	80	35	46	18	36	21	UK 208	H 2308	22.8	18.2	43	17	24	101.5	132	13	14.93
UKFU 308+H 2308	UK 308+H 2308	FU 308		90	35	46	26	36	27	UK 308	H 2308	31.2	24.0	40	17	23	112	150	19	
UKFU 209+H 2309	UK 209+H 2309	FU 209	45	85	40	50	19	39	22	UK 209	H 2309	24.5	20.8	45	18	24	105	139	13	14.93
UKFU 309+H 2309	UK 309+H 2309	FU 309		100	40	50	28	39	30	UK 309	H 2309	40.8	31.8	44	18	25	125	160	19	
UKFU 210+H 2310	UK 210+H 2310	FU 210	50	90	45	55	20	43	24	UK 210	H 2310	27.0	23.2	48	20	28	111	145	17	19.02
UKFU 310+H 2310	UK 310+H 2310	FU 310		110	45	55	30	43	32	UK 310	H 2310	47.5	37.8	48	19	28	132	175	23	
UKFU 211+H 2311	UK 211+H 2311	FU 211	55	100	50	59	21	47	25	UK 211	H 2311	33.5	29.2	51	21	31	130	164	17	19.02
UKFU 311+H 2311	UK 311+H 2311	FU 311		120	50	59	33	47	34	UK 311	H 2311	55.0	44.8	52	20	30	140	185	23	
UKFU 212+H 2312	UK 212+H 2312	FU 212	60	110	55	62	22	49	27	UK 212	H 2312	36.8	32.8	60	21	34	143	177	17	19.02

续表

带座轴承型号	轴承型号	座型号	轴承尺寸/mm							配用件型号		基本额定载荷/kN		座尺寸/mm						
UKFU+H 型	UK+H 型	FU 型	d_z	D	d_0	B_2	B min	B max	C	轴承	紧定套	C_r	C_{0r}	A max	A_1 max	A_2	J	L max	N min	N max
UKFU 312+H 2312	UK 312+H 2312	FU 312	60	130	55	62	34	49	36	UK 312	H 2312	62.8	51.8	56	22	33	150	195	23	
UKFU 213+H 2313	UK 213+H 2313	FU 213	65	120	60	65	23	51	28	UK 213	H 2313	44.0	40.0	52	24	34	149.5	189	17	19.02
UKFU 313+H 2313	UK 313+H 2313	FU 313		140	60	65	36	51	38	UK 313	H 2313	72.2	60.5	58	25	33	166	208	23	
UKFU 215+H 2315	UK 215+H 2315	FU 215	75	130	65	73	25	58	30	UK 215	H 2315	50.8	49.5	58	24	35	159	202	17	19.93
UKFU 315+H 2315	UK 315+H 2315	FU 315		160	65	73	40	58	42	UK 315	H 2315	87.2	76.8	66	25	39	184	236	25	
UKFU 216+H 2316	UK 216+H 2316	FU 216	80	140	70	78	26	61	33	UK 216	H 2316	55.0	54.2	65	24	35	165	213	21	24.52
UKFU 316+H 2316	UK 316+H 2316	FU 316		170	70	78	42	61	44	UK 316	H 2316	94.5	86.5	68	27	38	196	250	31	
UKFU 217+H 2317	UK 217+H 2317	FU 217	85	150	75	82	28	64	35	UK 217	H 2317	64.0	63.8	75	26	36	175	222	21	24.52
UKFU 317+H 2317	UK 317+H 2317	FU 317		180	75	82	45	64	46	UK 317	H 2317	102	96.5	74	27	44	204	260	31	
UKFU 318+H 2318	UK 318+H 2318	FU 318	95	200	85	90	49	71	50	UK 318	H 2318	120	122	76	30	44	216	280	35	
UKFU 319+H 2319	UK 319+H 2319	FU 319	100	215	90	97	51	77	54	UK 319	H 2319	132	140	94	30	59	228	290	35	
UKFU 320+H 2320	UK 320+H 2320	FU 320	100	215	90	97	51	77	54	UK 320	H 2320	132	140	94	32	59	242	310	38	
UKFU 322+H 2322	UK 322+H 2322	FU 322	110	240	100	105	56	84	60	UK 322	H 2322	158	178	96	35	60	266	340	41	
UKFU 324+H 2324	UK 324+H 2324	FU 324	120	260	110	112	60	90	64	UK 324	H 2324	175	208	110	40	65	290	370	41	
UKFU 326+H 2326	UK 326+H 2326	FU 326	130	280	115	121	65	98	68	UK 326	H 2326	195	242	115	45	65	320	410	41	
UKFU 328+H 2328	UK 328+H 2328	FU 328	140	300	125	131	70	107	72	UK 328	H 2328	212	272	125	55	75	350	450	41	

表 7-5-43 带菱形座外球面球轴承（带顶丝、带偏心套）（GB/T 7810—2017）

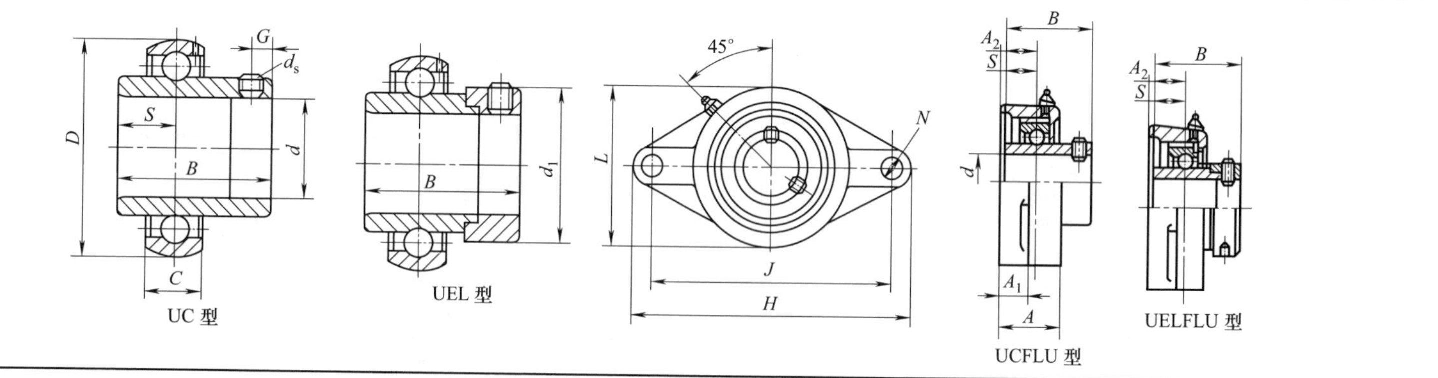

续表

带座轴承型号	轴承型号	座型号	轴承尺寸/mm								基本额定载荷/kN		配用偏心套	座尺寸/mm							
UCFLU 型 UELFLU 型	UC 型 UEL 型	FLU 型	d	D	B	S	C	d_s	G	d_1 max	C_r	C_{0r}	型号	A max	A_1 max	A_2	H max	J	L max	N min	N max
UCFLU 201	UC 201	FLU 203	12	40	27.4	11.5	14	M6×0.75	4	—	7.35	4.78	—	32	13	17	99	76.5	61	10.5	12.43
UELFLU 201	UEL 201	FLU 203		40	37.3	13.9	14	—	—	28.6	7.35	4.78	E 201	32	13	17	99	76.5	61	10.5	12.43
UCFLU 202	UC 202	FLU 203	15	40	27.4	11.5	14	M6×0.75	4	—	7.35	4.78	—	32	13	17	99	76.5	61	10.5	12.43
UELFLU 202	UEL 202	FLU 203		40	37.3	13.9	14	—	—	28.6	7.35	4.78	E 202	32	13	17	99	76.5	61	10.5	12.43
UCFLU 203	UC 203	FLU 203	17	40	27.4	11.5	14	M6×0.75	4	—	7.35	4.78	—	32	13	17	99	76.5	61	10.5	12.43
UELFLU 203	UEL 203	FLU 203		40	37.3	13.9	14	—	—	28.6	7.35	4.78	E 203	32	13	17	99	76.5	61	10.5	12.43
UCFLU 204	UC 204	FLU 204	20	47	31.0	12.7	17	M6×0.75	5	—	9.88	6.65	—	34	15	19	113	90	62	10.5	12.43
UELFLU 204	UEL 204	FLU 204		47	43.7	17.1	17	—	—	33.3	9.88	6.65	E 204	34	15	19	113	90	62	10.5	12.43
UCFLU 205	UC 205	FLU 205	25	52	34.1	14.3	17	M6×0.75	5	—	10.8	7.88	—	35	15	19	125	90	70	11.5	12.43
UCFLU 305	UC 305	FLU 305		62	38	15	21	M6×0.75	6	—	17.2	11.5	—	29	13	16	150	113	80	19	
UELFLU 205	UEL 205	FLU 205		52	44.4	17.5	17	—	—	38.1	10.8	7.88	E 205	35	15	19	125	99	70	11.5	12.3
UELFLU 305	UEL 305	FLU 305		62	46.8	16.7	21	—	—	42.8	17.2	11.5	E 305	29	13	16	150	113	80	19	
UCFLU 206	UC 206	FLU 206	30	62	38.1	15.9	19	M6×0.75	5	—	15.0	11.2	—	38	16	20	142	116.5	83	11.5	12.43
UCFLU 306	UC 306	FLU 306		72	43	17	23	M6×0.75	6	—	20.8	15.2	—	32	15	18	180	134	90	23	
UELFLU 206	UEL 206	FLU 206		62	48.4	18.3	19	—	—	44.5	15.0	11.2	E 206	38	16	20	142	116.5	83	11.5	12.3
UELFLU 306	UEL 306	FLU 306		72	50	17.5	23	—	—	50	20.8	15.2	E 306	32	15	18	180	134	90	23	
UCFLU 207	UC 207	FLU 207	35	72	42.9	17.5	20	M8×1	7	—	19.8	15.2	—	38	17	21	156	130	96	13	14.93
UCFLU 307	UC 307	FLU 307		80	48	19	25	M8×1	8	—	25.8	19.2	—	36	16	20	185	141	100	23	
UELFLU 207	UEL 207	FLU 207		72	51.1	18.8	20	—	—	55.6	19.8	15.2	E 207	38	17	21	156	130	96	13	14.93
UELFLU 307	UEL 307	FLU 307		80	51.6	18.3	25	—	—	55	25.8	19.2	E 307	36	16	20	185	141	100	23	
UCFLU 208	UC 208	FLU 208	40	80	49.2	19	21	M8×1	8	—	22.8	18.2	—	43	17	24	172	143.5	105	13	14.93
UCFLU 308	UC 308	FLU 308		90	52	19	27	M10×1.25	10	—	31.2	24.0	—	40	17	23	200	158	112	23	
UELFLU 208	UEL 208	FLU 208		80	56.3	21.4	21	—	—	60.3	22.8	18.2	E 208	43	17	24	172	143.5	105	13	14.93
UELFLU 308	UEL 308	FLU 308		90	57.1	19.8	27	—	—	63.5	31.2	24.0	E 308	40	17	23	200	158	112	23	
UCFLU 209	UC 209	FLU 209	45	85	49.2	19	22	M8×1	8	—	24.5	20.8	—	45	18	24	180	148.5	112	13	16.93
UCFLU 309	UC 309	FLU 309		100	57	22	30	M10×1.25	10	—	40.8	31.8	—	44	18	25	230	177	125	25	
UELFLU 209	UEL 209	FLU 209		85	56.3	21.4	22	—	—	63.5	24.5	20.8	E 209	45	18	24	180	148.5	112	13	16.93
UELFLU 309	UEL 309	FLU 309		100	58.7	19.8	30	—	—	70	40.8	31.8	E 309	44	18	25	230	177	125	25	
UCFLU 210	UC 210	FLU 210	50	90	51.6	19	24	M10×1.25	10	—	27.0	23.2	—	48	20	28	190	157	117	17	19.02
UCFLU 310	UC 310	FLU 310		110	61	22	32	M12×1.5	12	—	47.5	37.8	—	48	19	28	240	187	140	25	
UELFLU 210	UEL 210	FLU 210		90	62.7	24.6	24	—	—	69.9	27.0	23.2	E 210	48	20	28	190	157	117	17	19.02
UELFLU 310	UEL 310	FLU 310		110	66.6	24.6	32	—	—	76.2	47.5	37.8	E 310	48	19	28	240	187	140	25	

续表

带座轴承型号	轴承型号	座型号	轴承尺寸/mm								基本额定载荷/kN		配用偏心套	座尺寸/mm							
UCFLU 型 UELFLU 型	UC 型 UEL 型	FLU 型	d	D	B	S	C	d_s	G	d_1 max	C_r	C_{0r}	型号	A max	A_1 max	A_2	H max	J	L max	N min	N max
UCFLU 211	UC 211	FLU 211	55	100	55.6	22.2	25	M10×1.25	10	—	33.5	29.2	—	51	21	31	222	184	134	17	19.02
UCFLU 311	UC 311	FLU 311		120	66	25	34	M12×1.5	12	—	55.0	44.8	—	52	20	30	250	198	150		25
UELFLU 211	UEL 211	FLU 211		100	71.4	27.8	25	—	—	76.2	33.5	29.2	E 211	51	21	31	222	184	134	17	19.02
UELFLU 311	UEL 311	FLU 311		120	73	27.8	34	—	—	83	55.0	44.8	E 311	52	20	30	250	198	150		25
UCFLU 212	UC 212	FLU 212	60	110	65.1	25.4	27	M10×1.25	10	—	36.8	32.8	—	60	21	34	238	202	142	17	19.02
UCFLU 312	UC 312	FLU 312		130	71	26	36	M12×1.5	12	—	62.8	51.8	—	56	22	33	270	212	160		31
UELFLU 212	UEL 212	FLU 212		110	77.8	31.0	27	—	—	84.2	36.8	32.8	E 212	60	21	34	238	202	142	17	19.02
UELFLU 312	UEL 312	FLU 312		130	79.4	30.95	36	—	—	89	62.8	51.8	E 312	56	22	33	270	212	160		31
UCFLU 313	UC 313	FLU 313	65	140	75	30	38	M12×1.5	12	—	72.2	60.5	—	58	25	33	295	240	175		31
UELFLU 313	UEL 313	FLU 313		140	85.7	32.55	38	—	—	97	72.2	60.5	E 313	58	25	33	295	240	175		31
UCFLU 314	UC 314	FLU 314	70	150	78	33	40	M12×1.5	12	—	80.2	68.0	—	61	28	36	315	250	185		35
UELFLU 314	UEL 314	FLU 314		150	92.1	34.15	40	—	—	102	80.2	68.0	E 314	61	28	36	315	250	185		35
UCFLU 315	UC 315	FLU 315	75	160	82	32	42	M14×1.5	14	—	87.2	76.8	—	66	30	39	320	260	195		35
UELFLU 315	UEL 315	FLU 315		160	100	37.3	42	—	—	113	87.2	76.8	E 315	66	30	39	320	260	195		35
UCFLU 316	UC 316	FLU 316	80	170	86	34	44	M14×1.5	14	—	94.5	86.5	—	68	32	38	355	285	210		38
UELFLU 316	UEL 316	FLU 316		170	106.4	40.5	44	—	—	119	94.5	86.5	E 316	68	32	38	355	285	210		38
UCFLU 317	UC 317	FLU 317	85	180	96	40	46	M16×1.5	16	—	102	96.5	—	74	32	44	370	300	220		38
UELFLU 317	UEL 317	FLU 317		180	109.5	42.05	46	—	—	127	102	96.5	E 317	74	32	44	370	300	220		38
UCFLU 318	UC 318	FLU 318	90	190	96	40	48	M16×1.5	16	—	110	108	—	76	36	44	385	315	235		38
UELFLU 318	UEL 318	FLU 318		190	115.9	43.65	48	—	—	133	110	108	E 318	76	36	44	385	315	235		38
UCFLU 319	UC 319	FLU 319	95	200	103	41	50	M16×1.5	16	—	120	122	—	94	40	59	405	330	250		41
UELFLU 319	UEL 319	FLU 319		200	122.3	38.9	50	—	—	140	120	122	E 319	94	40	59	405	330	250		41
UCFLU 320	UC 320	FLU 320	100	215	108	42	54	M18×1.5	18	—	132	140	—	94	40	59	440	360	270		44
UELFLU 320	UEL 320	FLU 320		215	128.6	50	54	—	—	146	132	140	E 320	94	40	59	440	360	270		44
UCFLU 321	UC 321	FLU 321	105	225	112	44	56	M18×1.5	18	—	142	152	—	94	40	59	440	360	270		44
UCFLU 322	UC 322	FLU 322	110	240	117	46	60	M18×1.5	18	—	158	178	—	96	42	60	470	390	300		44
UCFLU 324	UC 324	FLU 324	120	260	126	51	64	M18×1.5	18	—	175	208	—	110	48	65	520	430	330		47
UCFLU 326	UC3 26	FLU 326	130	280	135	54	68	M20×1.5	20	—	195	242	—	115	50	65	550	460	360		47
UCFLU 328	UC 328	FLU 328	140	300	145	59	72	M20×1.5	20	—	212	272	—	125	60	75	600	500	400		51

注：FLU300 型座中 A、H、L 尺寸为公称尺寸，不是最大值，N 尺寸为公称尺寸，不是最小值。

表 7-5-44 带菱形座外球面球轴承（带紧定套）（GB/T 7810—2017）

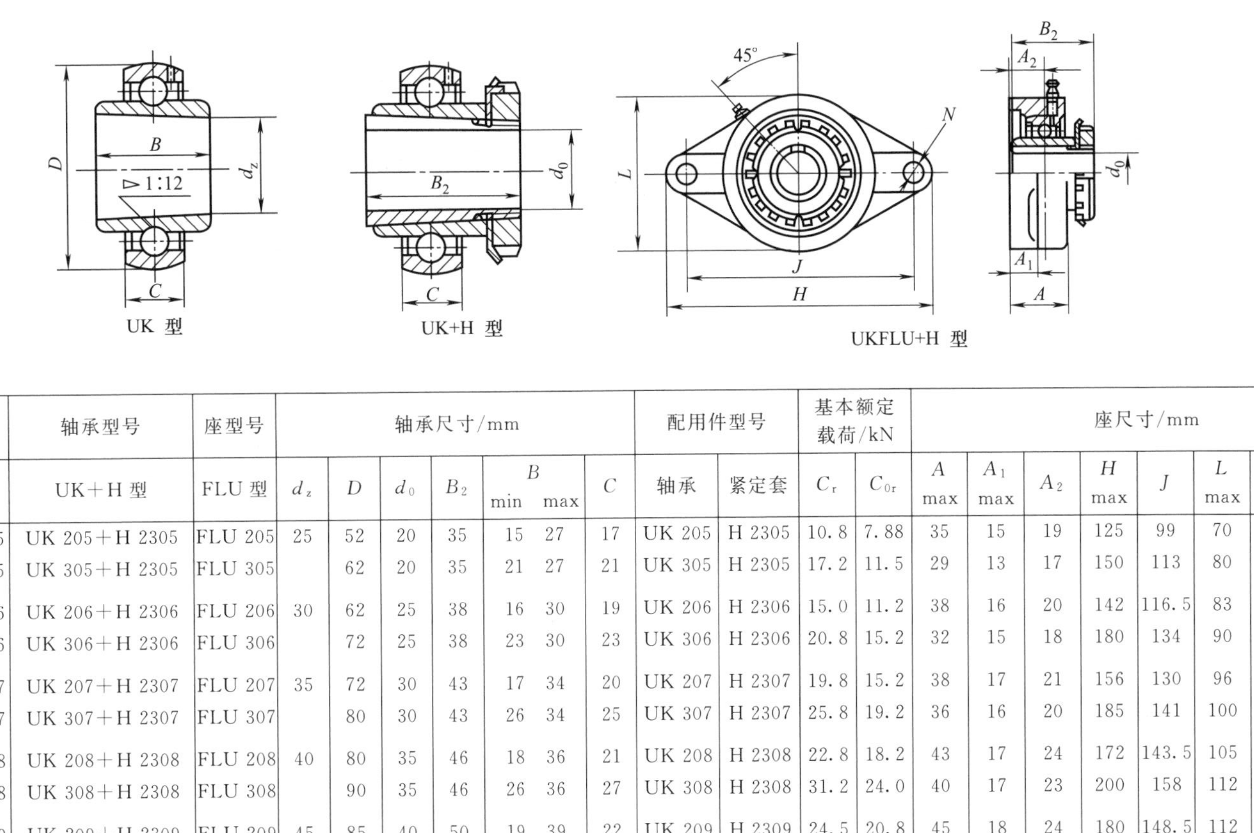

带座轴承型号	轴承型号	座型号	轴承尺寸/mm							配用件型号		基本额定载荷/kN		座尺寸/mm							
UKFLU+H 型	UK+H 型	FLU 型	d_z	D	d_0	B_2	B min	B max	C	轴承	紧定套	C_r	C_{0r}	A max	A_1 max	A_2	H max	J	L max	N min	N max
UKFLU 205+H 2305	UK 205+H 2305	FLU 205	25	52	20	35	15	27	17	UK 205	H 2305	10.8	7.88	35	15	19	125	99	70	11.5	12.43
UKFLU 305+H 2305	UK 305+H 2305	FLU 305		62	20	35	21	27	21	UK 305	H 2305	17.2	11.5	29	13	17	150	113	80		19
UKFLU 206+H 2306	UK 206+H 2306	FLU 206	30	62	25	38	16	30	19	UK 206	H 2306	15.0	11.2	38	16	20	142	116.5	83	11.5	12.43
UKFLU 306+H 2306	UK 306+H 2306	FLU 306		72	25	38	23	30	23	UK 306	H 2306	20.8	15.2	32	15	18	180	134	90		23
UKFLU 207+H 2307	UK 207+H 2307	FLU 207	35	72	30	43	17	34	20	UK 207	H 2307	19.8	15.2	38	17	21	156	130	96	13	14.93
UKFLU 307+H 2307	UK 307+H 2307	FLU 307		80	30	43	26	34	25	UK 307	H 2307	25.8	19.2	36	16	20	185	141	100		23
UKFLU 208+H 2308	UK 208+H 2308	FLU 208	40	80	35	46	18	36	21	UK 208	H 2308	22.8	18.2	43	17	24	172	143.5	105	13	14.93
UKFLU 308+H 2308	UK 308+H 2308	FLU 308		90	35	46	26	36	27	UK 308	H 2308	31.2	24.0	40	17	23	200	158	112		23
UKFLU 209+H 2309	UK 209+H 2309	FLU 209	45	85	40	50	19	39	22	UK 209	H 2309	24.5	20.8	45	18	24	180	148.5	112	13	16.93
UKFLU 309+H 2309	UK 309+H 2309	FLU 309		100	40	50	28	39	30	UK 309	H 2309	40.8	31.8	44	18	25	230	177	125		25
UKFLU 210+H 2310	UK 210+H 2310	FLU 210	50	90	45	55	20	43	24	UK 210	H 2310	27.0	23.2	48	20	28	190	157	117	17	19.02
UKFLU 310+H 2310	UK 310+H 2310	FLU 310		110	45	55	30	43	32	UK 310	H 2310	47.5	37.8	48	19	28	240	187	140		25
UKFLU 211+H 2311	UK 211+H 2311	FLU 211	55	100	50	59	21	47	25	UK 211	H 2311	33.5	29.2	51	21	31	222	184	134	17	19.02
UKFLU 311+H 2311	UK 311+H 2311	FLU 311		120	50	59	33	47	34	UK 311	H 2311	55.0	44.8	52	20	30	250	198	150		25
UKFLU 212+H 2312	UK 212+H 2312	FLU 212	60	110	55	62	22	49	27	UK 212	H 2312	36.8	32.8	60	21	34	238	202	142	17	19.02
UKFLU 312+H 2312	UK 312+H 2312	FLU 312		130	55	62	34	49	36	UK 312	H 2312	62.8	51.8	56	22	33	270	212	160		31

续表

带座轴承型号	轴承型号	座型号	轴承尺寸/mm							配用件型号		基本额定载荷/kN		座尺寸/mm						
UKFLU+H 型	UK+H 型	FLU 型	d_z	D	d_0	B_2	B min	B max	C	轴承	紧定套	C_r	C_{0r}	A max	A_1 max	A_2	H max	J	L max	N min max
UKFLU 313+H 2313	UK 313+H 2313	FLU 313	65	140	60	65	36	51	38	UK 313	H 2313	72.2	60.5	58	25	33	295	240	175	31
UKFLU 315+H 2315	UK 315+H 2315	FLU 315	75	160	65	73	40	58	42	UK 315	H 2315	87.2	76.8	66	30	39	320	260	195	35
UKFLU 316+H 2316	UK 316+H 2316	FLU 316	80	170	70	78	42	61	44	UK 316	H 2316	94.5	86.5	68	32	38	355	285	210	38
UKFLU 317+H 2317	UK 317+H 2317	FLU 317	85	180	75	82	45	64	46	UK 317	H 2317	102	96.5	74	32	44	370	300	220	38
UKFLU 318+H 2318	UK 318+H 2318	FLU 318	90	190	80	86	47	68	48	UK 318	H 2318	110	108	76	36	44	385	315	235	38
UKFLU 319+H 2319	UK 319+H 2319	FLU 319	95	200	85	90	49	71	50	UK 319	H 2319	120	122	94	40	59	405	330	250	41
UKFLU 320+H 2320	UK 320+H 2320	FLU 320	100	215	90	97	51	77	54	UK 320	H 2320	132	140	94	40	59	440	360	270	44
UKFLU 322+H 2322	UK 322+H 2322	FLU 322	110	240	100	105	56	84	60	UK 322	H 2322	158	178	96	42	60	470	390	300	44
UKFLU 324+H 2324	UK 324+H 2324	FLU 324	120	260	110	112	60	90	64	UK 324	H 2324	175	208	110	48	65	520	430	330	47
UKFLU 326+H 2326	UK 326+H 2326	FLU 326	130	280	115	121	65	98	68	UK 326	H 2326	195	242	115	50	65	550	460	360	47
UKFLU 328+H 2328	UK 328+H 2328	FLU 328	140	300	125	131	70	107	72	UK 328	H 2328	212	272	125	60	75	600	500	400	51

表 7-5-45 带凸台圆形座外球面球轴承（带顶丝、带偏心套）（GB/T 7810—2017）

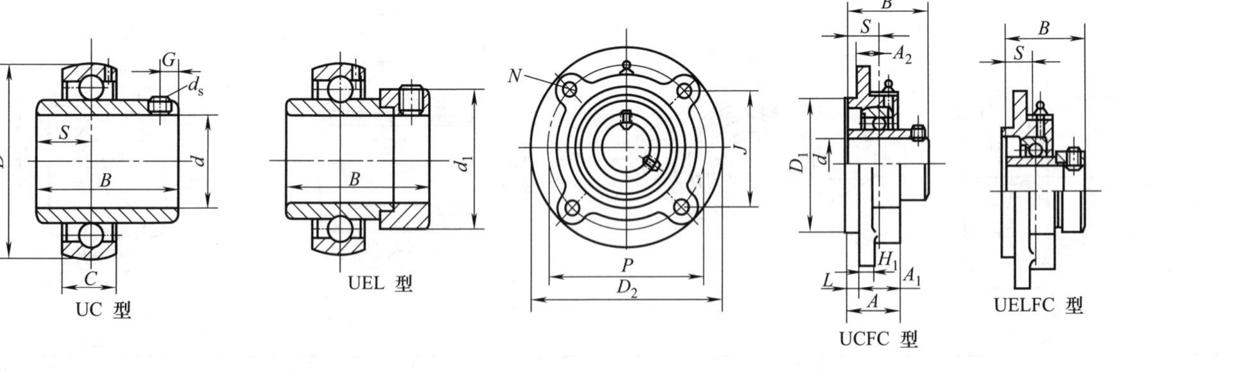

续表

带座轴承型号	轴承型号	座型号	轴承尺寸/mm								基本额定载荷/kN		配用偏心套	座尺寸/mm								
UCFC 型 UELFC 型	UC 型 UEL 型	FC 型	d	D	B	S	C	d_s	G	d_1 max	C_r	C_{0r}	型号	A max	A_1	A_2	D_1	D_2 max	H_1	J	N min	P
UCFC 201	UC 201	FC 203	12	40	27.4	11.5	14	M6×0.75	4	—	7.35	4.78	—	23	19	9	58	97	6	53.0	12	75
UELFC 201	UEL 201	FC 203		40	37.3	13.9	14	—	—	28.6	7.35	4.78	E 201	23	19	9	58	97	6	53.0	12	75
UCFC 202	UC 202	FC 203	15	40	27.4	11.5	14	M6×0.75	4	—	7.35	4.78	—	23	19	9	58	97	6	53.0	12	75
UELFC 202	UEL 202	FC 203		40	37.3	13.9	14	—	—	28.6	7.35	4.78	E 202	23	19	9	58	97	6	53.0	12	75
UCFC 203	UC 203	FC 203	17	40	27.4	11.5	14	M6×0.75	4	—	7.35	4.78	—	23	19	9	58	97	6	53.0	12	75
UELFC 203	UEL 203	FC 203		40	37.3	13.9	17	—	—	28.6	7.35	4.78	E 203	23	19	9	58	97	6	53.0	12	75
UCFC 204	UC 204	FC 204	20	47	31.0	12.7	17	M6×0.75	5	—	9.88	6.65	—	25.5	20.5	10	62	100	7	55.1	12	78
UELFC 204	UEL 204	FC 204		47	43.7	17.1	17	—	—	33.3	9.88	6.65	E 204	25.5	20.5	10	62	100	7	55.1	12	78
UCFC 205	UC 205	FC 205	25	52	34.1	14.3	17	M6×0.75	5	—	10.8	7.88	—	27	21	10	70	115	7	63.6	12	90
UELFC 205	UEL 205	FC 205		52	44.4	17.5	17	—	—	38.1	10.8	7.88	E 205	27	21	10	70	115	7	63.6	12	90
UCFC 206	UC 206	FC 206	30	62	38.1	15.9	19	M6×0.75	5	—	15.0	11.2	—	31	23	10	80	125	8	70.7	12	100
UELFC 206	UEL 206	FC 206		62	48.4	18.3	19	—	—	44.5	15.0	11.2	E 206	31	23	10	80	125	8	70.7	12	100
UCFC 207	UC 207	FC 207	35	72	42.9	17.5	20	M8×1	7	—	19.8	15.2	—	34	26	11	90	135	9	77.8	14	110
UELFC 207	UEL 207	FC 207		72	51.1	18.8	20	—	—	55.6	19.8	15.2	E 207	34	26	11	90	135	9	77.8	14	110
UCFC 208	UC 208	FC 208	40	80	49.2	19	21	M8×1	8	—	22.8	18.2	—	36	26	11	100	145	9	84.8	14	120
UELFC 208	UEL 208	FC 208		80	56.3	21.4	21	—	—	60.3	22.8	18.2	E 208	36	26	11	100	145	9	84.8	14	120
UCFC 209	UC 209	FC 209	45	85	49.2	19	22	M8×1	8	—	24.5	20.8	—	38	26	10	105	160	14	93.3	16	132
UELFC 209	UEL 209	FC 209		85	56.3	21.4	22	—	—	63.5	24.5	20.8	E 209	38	26	10	105	160	14	93.3	16	132
UCFC 210	UC 210	FC 210	50	90	51.6	19.0	24	M10×1.25	10	—	27.0	23.2	—	40	28	10	110	165	14	97.6	16	138
UELFC 210	UEL 210	FC 210		90	62.7	24.6	24	—	—	69.9	27.0	23.2	E 210	40	28	10	110	165	14	97.6	16	138
UCFC 211	UC 211	FC 211	55	100	55.6	22.2	25	M10×1.25	10	—	33.5	29.2	—	43	31	13	125	185	15	106.1	19	150
UELFC 211	UEL 211	FC 211		100	71.4	27.8	25	—	—	76.2	33.5	29.2	E 211	43	31	13	125	185	15	106.1	19	150
UCFC 212	UC 212	FC 212	60	110	65.1	25.4	27	M10×1.25	10	—	36.8	32.8	—	48	36	17	135	195	15	113.1	19	160
UELFC 212	UEL 212	FC 212		110	77.8	31.0	27	—	—	84.2	36.8	32.8	E 212	48	36	17	135	195	15	113.1	19	160
UCFC 213	UC 213	FC 213	65	120	65.1	25.4	28	M10×1.25	10	—	44.0	40.0	—	50	36	16	145	205	15	120.2	19	170
UELFC 213	UEL 213	FC 213		120	85.7	34.1	28	—	—	86	44.0	40.0	E 213	50	36	16	145	205	15	120.2	19	170

续表

带座轴承型号	轴承型号	座型号	轴承尺寸/mm								基本额定载荷/kN		配用偏心套	座尺寸/mm								
UCFC 型 UELFC 型	UC 型 UEL 型	FC 型	d	D	B	S	C	d_s	G	d_1 max	C_r	C_{0r}	型号	A max	A_1	A_2	D_1	D_2 max	H_1	J	N min	P
UCFC 214	UC 214	FC 214	70	125	74.6	30.2	29	M12×1.5	12	—	46.8	45.0	—	54	40	17	150	215	18	125.1	19	177
UELFC 214	UEL 214	FC 214		125	85.7	34.1	29	—	—	90	46.8	45.0	E 214	54	40	17	150	215	18	125.1	19	177
UCFC 215	UC 215	FC 215	75	130	77.8	33.3	30	M12×1.5	12	—	50.8	49.5	—	56	40	18	165	220	18	130.1	19	184
UELFC 215	UEL 215	FC 215		130	92.1	37.3	30	—	—	102	50.8	49.5	E 215	56	40	18	165	220	18	130.1	19	184
UCFC 216	UC 216	FC 216	80	140	82.6	33.3	33	M12×1.5	12	—	55.0	54.2	—	58	42	18	170	240	18	141.4	23	200
UCFC 217	UC 217	FC 217	85	150	85.7	34.1	35	M12×1.5	12	—	64.0	63.8	—	63	45	18	180	250	20	147.1	23	208
UCFC 218	UC 218	FC 218	90	160	96.0	39.7	37	M12×1.5	12	—	73.8	71.5	—	68	50	22	190	265	20	155.5	23	220

表 7-5-46　带凸台圆形座外球面球轴承（带紧定套）（GB/T 7810—2017）

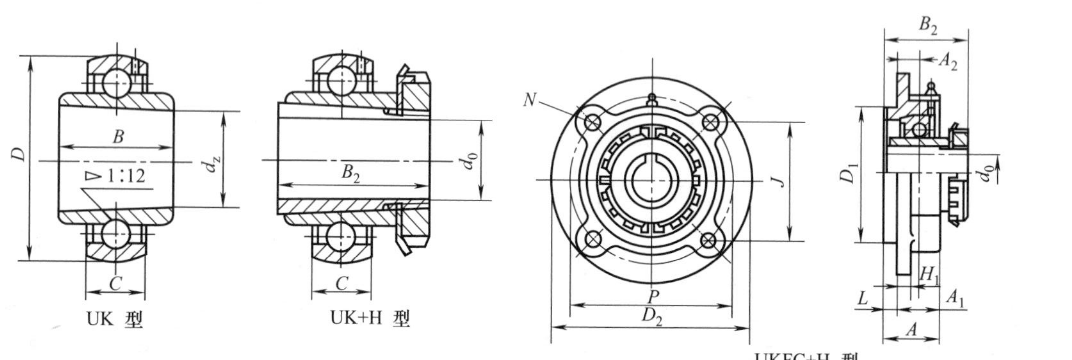

带座轴承代号	轴承代号	座代号	轴承尺寸/mm							配用件代号		基本额定载荷/kN		座尺寸/mm								
UKFC+H 型	UK+H 型	FC 型	d_z	D	d_0	B_2	B min	B max	C max	轴承	紧定套	C_r	C_{0r}	A	A_1	A_2	D_1	D_2 max	H_1	J	N max	P
UKFC 205+H 2305	UK 205+H 2305	FC 205	25	52	20	35	15	27	17	UK 205	H 2305	10.8	7.88	27	21	10	70	115	7	63.6	12	90
UKFC 206+H 2306	UK 206+H 2306	FC 206	30	62	25	38	16	30	19	UK 206	H 2306	15.0	11.2	31	23	10	80	125	8	70.7	12	100
UKFC 207+H 2307	UK 207+H 2307	FC 207	35	72	30	43	17	34	20	UK 207	H 2307	19.8	15.2	34	26	11	90	135	9	77.8	14	110

续表

带座轴承代号	轴承代号	座代号	轴承尺寸/mm							配用件代号		基本额定载荷/kN		座尺寸/mm								
UKFC+H型	UK+H型	FC型	d_z	D	d_0	B_2	B min	B max	C max	轴承	紧定套	C_r	C_{0r}	A	A_1	A_2	D_1	D_2 max	H_1	J	N max	P
UKFC 208+H 2308	UK 208+H 2308	FC 208	40	80	35	46	18	36	22	UK 208	H 2308	22.8	18.2	36	26	11	100	145	9	84.8	14	120
UKFC 209+H 2309	UK 209+H 2309	FC 209	45	85	40	50	19	39	22	UK 209	H 2309	24.5	20.8	38	26	10	105	160	14	93.3	16	132
UKFC 210+H 2310	UK 210+H 2310	FC 210	50	90	45	55	20	43	24	UK 210	H 2310	27.0	23.2	40	28	10	110	165	14	97.6	16	138
UKFC 211+H 2311	UK 211+H 2311	FC 211	55	100	50	59	21	47	25	UK 211	H 2311	33.5	29.2	43	31	13	125	185	15	106.1	19	150
UKFC 212+H 2312	UK 212+H 2312	FC 212	60	110	55	62	22	49	27	UK 212	H 2312	36.8	32.8	48	36	17	135	195	15	113.1	19	160
UKFC 213+H 2313	UK 213+H 2313	FC 213	65	120	60	65	23	51	32	UK 213	H 2313	44.0	40.0	50	36	16	145	205	15	120.2	19	170
UKFC 215+H 2315	UK 215+H 2315	FC 215	75	130	65	73	25	58	34	UK 215	H 2315	50.8	49.5	56	40	18	160	220	18	130.1	19	184
UKFC 216+H 2316	UK 216+H 2316	FC 216	80	140	70	78	26	61	35	UK 216	H 2316	55.0	54.2	58	42	18	170	240	18	141.4	23	200
UKFC 217+H 2317	UK 217+H 2317	FC 217	85	150	75	82	28	64	36	UK 217	H 2317	64.0	63.8	63	45	18	180	250	20	147.1	23	208
UKFC 218+H 2318	UK 218+H 2318	FC 218	90	160	80	86	30	68	38	UK 218	H 2318	73.8	71.5	68	50	22	190	265	20	155.5	23	220

表 7-5-47 带滑块座外球面球轴承（带顶丝、带偏心套）（GB/T 7810—2017）

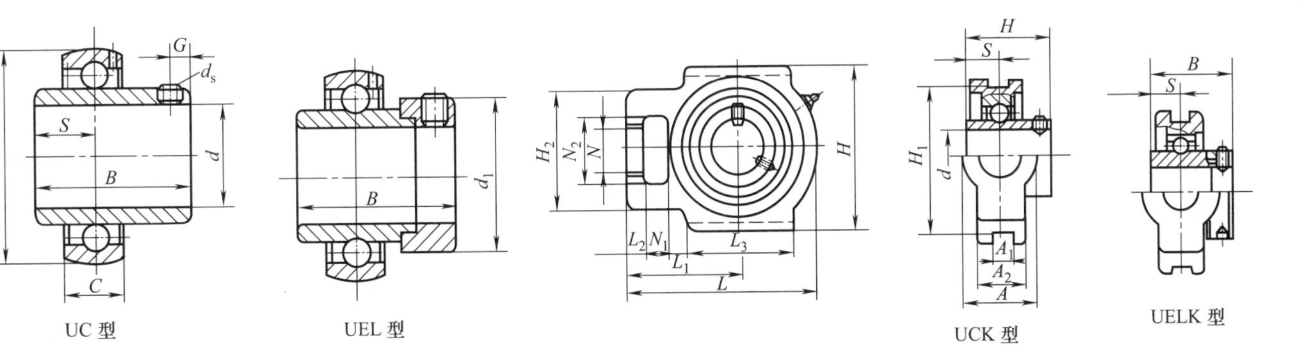

续表

带座轴承型号	轴承型号	座型号	轴承尺寸/mm								基本额定载荷/kN		配用偏心套	座尺寸/mm												
UCK 型 UELK 型	UC 型 UEL 型	K 型	d	D	B	S	C	d_s	G	d_1 max	C_r	C_{0r}	型号	A max	A_1	A_2 max	H max	H_1	H_2 max	L max	L_1 max	L_2 min	L_3 max	N min	N_1 min	N_2 min
UCK 204	UC 204	K 204	20	47	31.0	12.7	17	M6×0.75	5	—	9.88	6.65	—	51	13.5	36	94	76	64	104	69	9	59	18	15	30
UELK 204	UEL 204	K 204		47	43.7	17.1	17	—	—	33.3	9.88	6.65	E 204	51	13.5	36	94	76	64	104	69	9	59	18	15	30
UCK 205	UC 205	K 205	25	52	34.1	14.3	17	M6×0.75	5	—	10.8	7.88	—	51	13.5	38	94	76	64	104	69	9	59	18	15	30
UCK 305	UC 305	K 305		62	38	15	21	M6×0.75	6	—	17.2	11.5	—	36	12	26	89	80	62	122	76	12	65	26	16	36
UELK 205	UEL 205	K 205		52	44.4	17.5	17	—	—	38.1	10.8	7.88	E 205	51	13.5	38	94	76	64	104	69	9	59	18	15	30
UELK 305	UEL 305	K 305		62	46.8	16.7	21	—	—	42.8	17.2	11.5	E 305	36	12	26	89	80	62	122	76	12	65	26	16	36
UCK 206	UC 206	K 206	30	62	38.1	15.9	19	M6×0.75	5	—	15.0	11.2	—	53	13.5	38	107	89	66	118	74	9	66	19	15	36
UCK 306	UC 306	K 306		72	43	17	23	M6×0.75	6	—	20.8	15.2	—	41	16	28	100	90	70	137	85	14	74	28	18	41
UELK 206	UEL 206	K 206		62	48.4	18.3	19	—	—	44.5	15.0	11.2	E 206	53	13.5	38	107	89	66	118	74	9	66	19	15	36
UELK 306	UEL 306	K 306		72	50	17.5	23	—	—	50	20.8	15.2	E 306	41	16	28	100	90	70	137	85	14	74	28	18	41
UCK 207	UC 207	K 207	35	72	42.9	17.5	20	M8×1	7	—	19.8	15.2	—	53	13.5	38	107	89	66	132	81	10	72	19	15	36
UCK 307	UC 307	K 307		80	48	19	25	M8×1	8	—	25.8	19.2	—	45	16	32	111	100	75	150	94	15	80	30	20	45
UELK 207	UEL 207	K 207		72	51.1	18.8	20	—	—	55.6	19.8	15.2	E 207	53	13.5	38	107	89	66	132	81	10	72	19	15	36
UELK 307	UEL 307	K 307		80	51.6	18.3	25	—	—	55	25.8	19.2	E 307	45	16	32	111	100	75	150	94	15	80	30	20	45
UCK 208	UC 208	K 208	40	80	49.2	19	21	M8×1	8	—	22.8	18.2	—	67	17.5	44	124	101	85	146	91	14	84	27	18	47
UCK 308	UC 308	K 308		90	52	19	27	M10×1.25	10	—	31.2	24.0	—	50	18	34	124	112	83	162	100	17	89	32	22	50
UELK 208	UEL 208	K 208		80	56.3	21.4	21	—	—	60.3	22.8	18.2	E 208	67	17.5	44	124	101	85	146	91	14	84	27	18	47
UELK 308	UEL 308	K 308		90	57.1	19.8	27	—	—	63.5	31.2	24.0	E 308	50	18	34	124	112	83	162	100	17	89	32	22	50
UCK 209	UC 209	K 209	45	85	49.2	19	22	M8×1	8	—	24.5	20.8	—	67	17.5	44	124	101	85	149	91	14	84	27	18	47
UCK 309	UC 309	K 309		100	57	22	30	M10×1.25	10	—	40.8	31.8	—	55	18	38	138	125	90	178	110	18	97	34	24	55
UELK 209	UEL 209	K 209		85	56.3	21.4	22	—	—	63.5	24.5	20.8	E 209	67	17.5	44	124	101	85	149	91	14	84	27	18	47
UELK 309	UEL 309	K 309		100	58.7	19.8	30	—	—	70	40.8	31.8	E 309	55	18	38	138	125	90	178	110	18	97	34	24	55
UCK 210	UC 210	K 210	50	90	51.6	19	24	M10×1.25	10	—	27.0	23.2	—	67	17.5	50	124	101	85	153	92	14	88	27	18	47
UCK 310	UC 310	K 310		110	61	22	32	M12×1.5	12	—	47.5	37.8	—	61	20	40	151	140	98	191	117	20	106	37	27	61
UELK 210	UEL 210	K 210		90	62.7	24.6	24	—	—	69.9	27.0	23.2	E 210	67	17.5	50	124	101	85	153	92	14	88	27	18	47
UELK 310	UEL 310	K 310		110	66.6	24.6	32	—	—	76.2	47.5	37.8	E 310	61	20	40	151	140	98	191	117	20	106	37	27	61
UCK 211	UC 211	K 211	55	100	55.6	22.2	25	M10×1.25	10	—	33.5	29.2	—	72	27	56	152	130	104	191	120	17	104	34	24	62
UCK 311	UC 311	K 311		120	66	25	34	M12×1.5	12	—	55.0	44.8	—	66	22	44	163	150	105	207	127	21	115	39	29	66

续表

带座轴承型号	轴承型号	座型号	轴承尺寸/mm								基本额定载荷/kN		配用偏心套	座尺寸/mm												
UCK 型 UELK 型	UC 型 UEL 型	K 型	d	D	B	S	C	d_s	G	d_1 max	C_r	C_{0r}	型号	A max	A_1	A_2 max	H max	H_1	H_2 max	L max	L_1 max	L_2 min	L_3 max	N min	N_1 min	N_2 min
UELK 211	UEL 211	K 211	55	100	71.4	27.8	25	—	—	76.2	33.5	29.2	E 211	72	27	56	152	130	104	191	120	17	104	34	24	62
UELK 311	UEL 311	K 311		120	73	27.8	34	—	—	83	55.0	44.8	E 311	66	22	44	163	150	105	207	127	21	115	39	29	66
UCK 212	UC 212	K 212	60	110	65.1	25.4	27	M10×1.25	10	—	36.8	32.8	—	72	27	56	152	130	104	196	120	17	104	34	29	62
UCK 312	UC 312	K 312		130	71	26	36	M12×1.5	12	—	62.8	51.8	—	71	22	46	178	160	113	220	135	23	123	41	31	71
UELK 212	UEL 212	K 212		110	77.8	31	27	—	—	84.2	36.8	32.8	E 212	72	27	56	152	130	104	196	120	17	104	34	29	62
UELK 312	UEL 312	K 312		130	79.4	30.95	36	—	—	89	62.8	51.8	E 312	71	22	46	178	160	113	220	135	23	123	41	31	71
UCK 313	UC 313	K 313	65	140	75	30	38	M12×1.5	12	—	72.2	60.5	—	80	26	50	190	170	116	238	146	25	134	43	32	70
UELK 313	UEL 313	K 313		140	85.7	32.55	38	—	—	97	72.2	60.5	E 313	80	26	50	190	170	116	238	146	25	134	43	32	70
UCK 314	UC 314	K 314	70	150	78	33	40	M12×1.5	12	—	80.2	68.0	—	90	26	52	202	180	130	252	155	25	140	46	36	85
UELK 314	UEL 314	K 314		150	92.1	34.15	40	—	—	102	80.2	68.0	E 314	90	26	52	202	180	130	252	155	25	140	46	36	85
UCK 315	UC 315	K 315	75	160	82	32	42	M14×1.5	14	—	87.2	76.8	—	90	26	55	216	192	132	262	160	25	150	46	36	85
UELK 315	UEL 315	K 315		160	100	37.3	42	—	—	113	87.2	76.8	E 315	90	26	55	216	192	132	262	160	25	150	46	36	85
UCK 316	UC 316	K 316	80	170	86	34	44	M14×1.5	14	—	94.5	86.5	—	102	30	60	230	204	150	282	174	28	160	53	42	98
UELK 316	UEL 316	K 316		170	106.4	40.5	44	—	—	119	94.5	86.5	E 316	102	30	60	230	204	150	282	174	28	160	53	42	98
UCK 317	UC 317	K 317	85	180	96	40	46	M16×1.5	16	—	102	96.5	—	102	32	64	240	214	152	298	183	30	170	53	42	98
UELK 317	UEL 317	K 317		180	109.5	42.05	46	—	—	127	102	96.5	E 317	102	32	64	240	214	152	298	183	30	170	53	42	98
UCK 318	UC 318	K 318	90	190	96	40	48	M16×1.5	16	—	110	108	—	110	32	66	255	228	160	312	192	30	175	57	46	106
UELK 318	UEL 318	K 318		190	115.9	43.65	48	—	—	133	110	108	E 318	110	32	66	255	228	160	312	192	30	175	57	46	106
UCK 319	UC 319	K 319	95	200	103	41	50	M16×1.5	16	—	120	122	—	110	35	72	270	240	165	322	197	31	180	57	46	106
UELK 319	UEL 319	K 319		200	122.3	38.9	50	—	—	140	120	122	E 319	110	35	72	270	240	165	322	197	31	180	57	46	106
UCK 320	UC 320	K 320	100	215	108	42	54	M18×1.5	18	—	132	140	—	120	35	75	290	260	175	345	210	32	200	59	48	115
UELK 320	UEL 320	K 320		215	128.6	50	54	—	—	146	132	140	E 320	120	35	75	290	260	175	345	210	32	200	59	48	115
UCK 321	UC 321	K 321	105	225	112	44	56	M18×1.5	18	—	142	152	—	120	35	75	290	260	175	345	210	32	200	59	48	115
UCK 322	UC 322	K 322	110	240	117	46	60	M18×1.5	18	—	158	178	—	130	38	80	320	285	185	385	235	38	215	65	52	125
UCK 324	UC 324	K 324	120	260	126	51	64	M18×1.5	18	—	175	208	—	140	45	90	355	320	210	432	267	42	230	70	60	140
UCK 326	UC 326	K 326	130	280	135	54	68	M20×1.5	20	—	195	242	—	150	50	100	385	350	220	465	285	45	240	75	65	150
UCK 328	UC 328	K 328	140	300	145	59	72	M20×1.5	20	—	212	272	—	155	50	100	415	380	230	515	315	50	255	80	70	160

表 7-5-48 带滑块座外球面球轴承（带紧定套）（GB/T 7810—2017）

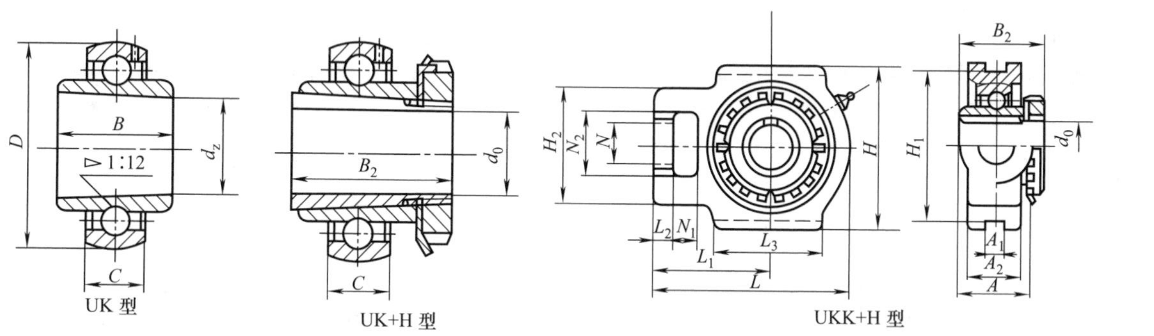

带座轴承型号	轴承型号	座型号	轴承尺寸/mm							配用件型号		基本额定载荷/kN		座尺寸/mm												
UKK+H 型	UK+H 型	K 型	d_z	D	d_0	B_2	B min	B max	C	轴承	紧定套	C_r	C_{0r}	A max	A_1	A_2 max	H max	H_1	H_2 max	L max	L_1 max	L_2 min	L_3 max	N min	N_1 min	N_2 min
UKK 205+H 2305	UK 205+H 2305	K 205	25	52	20	35	15	27	17	UK 205	H 2305	10.8	7.88	51	13.5	38	94	76	64	104	69	9	59	18	15	30
UKK 305+H 2305	UK 305+H 2305	K 305		62	20	35	21	27	21	UK 305	H 2305	17.2	11.5	36	12	26	89	80	62	122	76	12	65	26	16	36
UKK 206+H 2306	UK 206+H 2306	K 206	30	62	25	38	16	30	19	UK 206	H 2306	15.0	11.2	53	13.5	38	107	89	66	118	74	9	66	19	15	36
UKK 306+H 2306	UK 306+H 2306	K 306		72	25	38	23	30	23	UK 306	H 2306	20.8	15.2	41	16	28	100	90	70	137	85	14	74	28	18	41
UKK 207+H 2307	UK 207+H 2307	K 207	35	72	30	43	17	34	20	UK 207	H 2307	19.8	15.2	53	13.5	38	107	89	66	132	81	10	72	19	15	36
UKK 307+H 2307	UK 307+H 2307	K 307		80	30	43	26	34	25	UK 307	H 2307	25.8	19.2	45	16	32	111	100	75	150	94	15	80	30	20	45
UKK 208+H 2308	UK 208+H 2308	K 208	40	80	35	46	18	36	21	UK 208	H 2308	22.8	18.2	67	17.5	44	124	101	85	146	91	14	84	27	18	47
UKK 308+H 2308	UK 308+H 2308	K 308		90	35	46	26	36	27	UK 308	H 2308	31.2	24.0	50	18	34	124	112	83	162	100	17	89	32	22	50
UKK 209+H 2309	UK 209+H 2309	K 209	45	85	40	50	19	39	22	UK 209	H 2309	24.5	20.8	67	17.5	44	124	101	85	149	91	14	84	27	18	47
UKK 309+H 2309	UK 309+H 2309	K 309		100	40	50	28	39	30	UK 309	H 2309	40.8	31.8	55	18	38	138	125	90	178	110	18	97	34	24	55
UKK 210+H 2310	UK 210+H 2310	K 210	50	90	45	55	20	43	24	UK 210	H 2310	27.0	23.2	67	17.5	50	124	101	85	153	92	14	88	27	18	47
UKK 310+H 2310	UK 310+H 2310	K 310		110	45	55	30	43	32	UK 310	H 2310	47.5	37.8	61	20	40	151	140	98	191	117	20	106	37	27	61
UKK 211+H 2311	UK 211+H 2311	K 211	55	100	50	59	21	47	25	UK 211	H 2311	33.5	29.2	72	27	56	152	130	104	191	120	17	104	34	24	62
UKK 311+H 2311	UK 311+H 2311	K 311		120	50	59	33	47	34	UK 311	H 2311	55.0	44.8	66	22	44	163	150	105	207	127	21	115	39	29	66
UKK 212+H 2312	UK 212+H 2312	K 212	60	110	55	62	22	49	27	UK 212	H 2312	36.8	32.8	72	27	56	152	130	104	196	120	17	104	34	29	62
UKK 312+H 2312	UK 312+H 2312	K 312		130	55	62	34	49	36	UK 312	H 2312	62.8	51.8	71	22	46	178	160	113	220	135	23	123	41	31	71

续表

带座轴承型号	轴承型号	座型号	轴承尺寸/mm							配用件型号		基本额定载荷/kN		座尺寸/mm												
UKK+H型	UK+H型	K型	d_z	D	d_0	B_2	B min	B max	C	轴承	紧定套	C_r	C_{0r}	A max	A_1	A_2 max	H max	H_1	H_2 max	L max	L_1 max	L_2 min	L_3 max	N min	N_1 min	N_2 min
UKK 313+H 2313	UK 313+H 2313	K 313	65	140	60	65	36	51	38	UK 313	H 2313	72.2	60.5	80	26	50	190	170	116	238	146	25	134	43	32	70
UKK 315+H 2315	UK 315+H 2315	K 315	75	160	65	73	40	58	42	UK 315	H 2315	87.2	76.8	90	26	55	216	192	132	262	160	25	150	46	36	85
UKK 316+H 2316	UK 316+H 2316	K 316	80	170	70	78	42	61	44	UK 316	H 2316	94.5	86.5	102	30	60	230	204	150	282	174	28	160	53	42	98
UKK 317+H 2317	UK 317+H 2317	K 317	85	180	75	82	45	64	46	UK 317	H 2317	102	96.5	102	32	64	240	214	152	298	183	30	170	53	42	98
UKK 318+H 2318	UK318+H 2318	K 318	90	190	80	86	47	68	48	UK 318	H 2318	110	108	110	32	66	255	228	160	312	192	30	175	57	46	106
UKK 319+H 2319	UK 319+H 2319	K 319	95	200	85	90	49	71	50	UK 319	H 2319	120	122	110	35	72	270	240	165	322	197	31	180	57	46	106
UKK 320+H 2320	UK 320+H 2320	K 320	100	215	90	97	51	77	54	UK 320	H 2320	132	140	120	35	75	290	260	175	345	210	32	200	59	48	115
UKK 322+H 2322	UK 322+H 2322	K 322	110	240	100	105	56	84	60	UK 322	H 2322	158	178	130	38	80	320	285	185	385	235	38	215	65	52	125
UKK 324+H 2324	UK 324+H 2324	K 324	120	260	110	112	60	90	64	UK 324	H 2324	175	208	140	45	90	355	320	210	432	267	42	230	70	60	140
UKK 326+H 2326	UK 326+H 2326	K 326	130	280	115	121	65	98	68	UK 326	H 2326	195	242	150	50	100	385	350	220	465	285	45	240	75	65	150
UKK 328+H 2328	UK 328+H 2328	K 328	140	300	125	131	70	107	72	UK 328	H 2328	212	272	155	50	100	415	380	230	515	315	50	255	80	70	160

表 7-5-49 **带环形座外球面球轴承**（带顶丝、带偏心套）(GB/T 7810—2017)

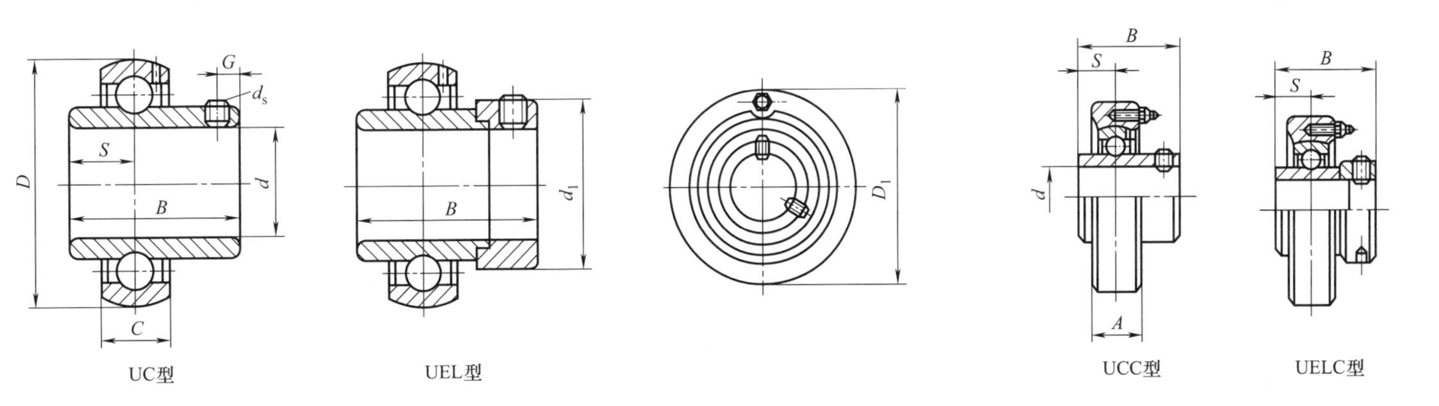

续表

带座轴承型号	轴承型号	座型号	轴承尺寸/mm								基本额定载荷/kN		配用偏心套	座尺寸/mm	
UCC 型 UELC 型	UC 型 UEL 型	C 型	d	D	B	S	C	d_s	G	d_1 max	C_r	C_{0r}	型号	A	D_1
UCC 201	UC 201	C 203	12	40	27.4	11.5	14	M6×0.75	4	—	7.35	4.78	—	20	67
UELC 201	UEL 201	C 203		40	37.3	13.9	14	—	—	28.6	7.35	4.78	E 201	20	67
UCC 202	UC 202	C 203	15	40	27.4	11.5	14	M6×0.75	4	—	7.35	4.78	—	20	67
UELC 202	UEL 202	C 203		40	37.3	13.9	14	—	—	28.6	7.35	4.78	E 202	20	67
UCC 203	UC 203	C 203	17	40	27.4	11.5	14	M6×0.75	4	—	7.35	4.78	—	20	67
UELC 203	UEL 203	C 203		40	37.3	13.9	14	—	—	28.6	7.35	4.78	E 203	20	67
UCC 204	UC 204	C 204	20	47	31	12.7	17	M6×0.75	5	—	9.88	6.65	—	20	72
UELC 204	UEL 204	C 204		47	43.7	17.1	17	—	—	33.3	9.88	6.65	E 204	20	72
UCC 205	UC 205	C 205	25	52	34.1	14.3	17	M6×0.75	5	—	10.8	7.88	—	22	80
UCC 305	UC 305	C 305		62	38	15	21	M6×0.75	6	—	17.2	11.5	—	26	90
UELC 205	UEL 205	C 205		52	44.4	17.5	17	—	—	38.1	10.8	7.88	E 205	22	80
UELC 305	UEL 305	C 305		62	46.8	16.7	21	—	—	42.8	17.2	11.5	E 305	26	90
UCC 206	UC 206	C 206	30	62	38.1	15.9	19	M6×0.75	5	—	15.0	11.2	—	27	85
UCC 306	UC 306	C 306		72	43	17	23	M6×0.75	6	—	20.8	15.2	—	28	100
UELC 206	UEL 206	C 206		62	48.4	18.3	19	—	—	44.5	15.0	11.2	E 206	27	85
UELC 306	UEL 306	C 306		72	50	17.5	23	—	—	50	20.8	15.2	E 306	28	100
UCC 207	UC 207	C 207	35	72	42.9	17.5	20	M8×1	7	—	19.8	15.2	—	28	90
UCC 307	UC 307	C 307		80	48	19	25	M8×1	8	—	25.8	19.2	—	32	110
UELC 207	UEL 207	C 207		72	51.1	18.8	20	—	—	55.6	19.8	15.2	E 207	28	90
UELC 307	UEL 307	C 307		80	51.6	18.3	25	—	—	55	25.8	19.2	E 307	32	110
UCC 208	UC 208	C 208	40	80	49.2	19	21	M8×1	8	—	22.8	18.2	—	30	100
UCC 308	UC 308	C 308		90	52	19	27	M10×1.25	10	—	31.2	24.0	—	34	120
UELC 208	UEL 208	C 208		80	56.3	21.4	21	—	—	60.3	22.8	18.2	E 208	30	100
UELC 308	UEL 308	C 308		90	57.1	19.8	27	—	—	63.5	31.2	24.0	E 308	34	120
UCC 209	UC 209	C 209	45	85	49.2	19.0	22	M8×1	8	—	24.5	20.8	—	31	110
UCC 309	UC 309	C 309		100	57	22	30	M10×1.25	10	—	40.8	31.8	—	38	130
UELC 209	UEL 209	C 209		85	56.3	21.4	22	—	—	60.3	24.5	20.8	E 209	31	110
UELC 309	UEL 309	C 309		100	58.7	19.8	30	—	—	63.5	40.8	31.8	E 309	38	130

续表

带座轴承型号	轴承型号	座型号	轴承尺寸/mm								基本额定载荷/kN		配用偏心套	座尺寸/mm	
UCC 型 UELC 型	UC 型 UEL 型	C 型	d	D	B	S	C	d_s	G	d_1 max	C_r	C_{0r}	型号	A	D_1
UCC 210	UC 210	C 210	50	90	51.6	19.0	24	M10×1.25	10	—	27.0	23.2	—	33	120
UCC 310	UC 310	C 310		110	61	22	32	M12×1.5	12	—	47.5	37.8	—	40	140
UELC 210	UEL 210	C 210		90	62.7	24.6	24	—	—	69.9	27.0	23.2	E 210	33	120
UELC 310	UEL 310	C 310		110	66.6	24.6	32	—	—	76.2	47.5	37.8	E 310	40	140
UCC 211	UC 211	C 211	55	100	55.6	22.2	25	M10×1.25	10	—	33.5	29.2	—	35	125
UCC 311	UC 311	C 311		120	66	25	34	M12×1.5	12	—	55.0	44.8	—	44	150
UELC 211	UEL 211	C 211		100	71.4	27.8	25	—	—	76.2	33.5	29.2	E 211	35	125
UELC 311	UEL 311	C 311		120	73	27.8	34	—	—	83	55.0	44.8	E 311	44	150
UCC 212	UC 212	C 212	60	110	65.1	25.4	27	M10×1.25	10	—	36.8	32.8	—	38	130
UCC 312	UC 312	C 312		130	71	26	36	M12×1.5	12	—	62.8	51.8	—	46	160
UELC 212	UEL 212	C 212		110	77.8	31	27	—	—	84.2	36.8	32.8	E 212	38	130
UELC 312	UEL 312	C 312		130	79.4	30.95	36	—	—	89	62.8	51.8	E 312	46	160
UCC 213	UC 213	C 213	65	120	65.1	25.4	28	M10×1.25	10	—	44.0	40.0	—	40	140
UCC 313	UC 313	C 313		140	75	30	38	M12×1.5	12	—	72.2	60.5	—	50	170
UELC 213	UEL 213	C 213		120	85.7	34.1	28	—	—	86	44.0	40.0	E 213	40	140
UELC 313	UEL 313	C 313		140	85.7	32.55	38	—	—	97	72.2	60.5	E 313	50	170
UCC 314	UC 314	C 314	70	150	78	33	40	M12×1.5	12	—	80.2	68.0	—	52	180
UELC 314	UEL 314	C 314		150	92.1	34.15	40	—	—	102	80.2	68.0	E 314	52	180
UCC 315	UC 315	C 315	75	160	82	32	42	M14×1.5	14	—	87.2	76.8	—	55	190
UELC 315	UEL 315	C 315		160	100	37.3	42	—	—	113	87.2	76.8	E 315	55	190
UCC 316	UC 316	C 316	80	170	86	34	44	M14×1.5	14	—	94.5	86.5	—	60	200
UELC 316	UEL 316	C 316		170	106.4	40.5	44	—	—	119	94.5	86.5	E 316	60	200
UCC 317	UC 317	C 317	85	180	96	40	46	M16×1.5	16	—	102	96.5	—	64	215
UELC 317	UEL 317	C 317		180	109.5	42.05	46	—	—	127	102	96.5	E 317	64	215
UCC 318	UC 318	C 318	90	190	96	40	48	M16×1.5	16	—	110	108	—	66	225
UELC 318	UEL 318	C 318		190	115.9	43.65	48	—	—	133	110	108	E 318	66	225
UCC 319	UC 319	C 319	95	200	103	41	50	M16×1.5	16	—	120	122	—	72	240
UELC 319	UEL 319	C 319		200	122.3	38.9	50	—	—	140	120	122	E 319	72	240

续表

带座轴承型号	轴承型号	座型号	轴承尺寸/mm								基本额定载荷/kN		配用偏心套	座尺寸/mm	
UCC型 UELC型	UC型 UEL型	C型	d	D	B	S	C	d_s	G	d_1 max	C_r	C_{0r}	型号	A	D_1
UCC 320	UC 320	C 320	100	215	108	42	54	M18×1.5	18	—	132	140	—	75	260
UELC 320	UEL 320	C 320		215	128.6	50	54	—	—	146	132	140	E 320	75	260
UCC 321	UC 321	C 321	105	225	112	44	56	M18×1.5	18	—	142	152	—	75	260
UCC 322	UC 322	C 322	110	240	117	46	60	M18×1.5	18	—	158	178	—	80	300
UCC 324	UC 324	C 324	120	260	126	51	64	M18×1.5	18	—	175	208	—	90	320
UCC 326	UC 326	C 326	130	280	135	54	68	M20×1.5	20	—	195	242	—	100	340
UCC 328	UC 328	C 328	140	300	145	59	72	M20×1.5	20	—	212	272	—	100	360

表 7-5-50 带冲压立式座外球面球轴承（带顶丝、带偏心套）（GB/T 7810—2017）

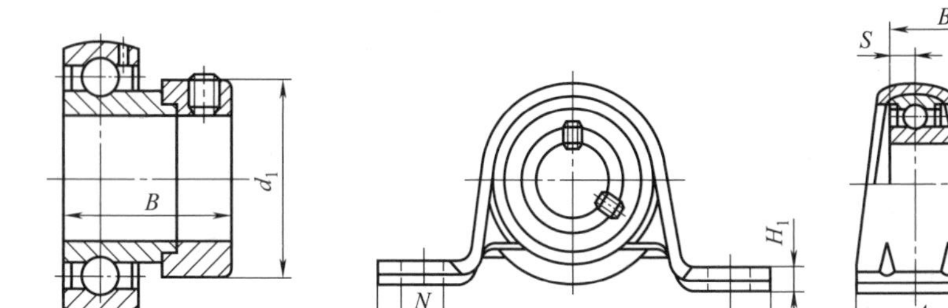

带座轴承型号	轴承型号	座型号	轴承尺寸/mm								基本额定载荷/kN		配用偏心套	座尺寸/mm						轴承座允许径向载荷/kN
UBPP型 UEPP型	UB型 UE型	PP型	d	D	B	S	C min max	d_s	G	d_1 max	C_r	C_{0r}	型号	A max	H max	H_1 max	J	L max	N	max
UBPP 201	UB 201	PP 203	12	40	22	6	12	M5×0.8	4.5	—	7.35	4.78	—	26	22.2	4	68	87	9.5	1.25
UEPP 201	UE 201	PP 203		40	28.6	6.5	12 13	—	—	28.6	7.35	4.78	E 201	26	22.2	4	68	87	9.5	1.25
UBPP 202	UB 202	PP 203	15	40	22	6	12	M5×0.8	4.5	—	7.35	4.78	—	26	22.2	4	68	87	9.5	1.25
UEPP 202	UE 202	PP 203		40	28.6	6.5	12 13	—	—	28.6	7.35	4.78	E 202	26	22.2	4	68	87	9.5	1.25

续表

带座轴承型号	轴承型号	座型号	轴承尺寸/mm								基本额定载荷/kN		配用偏心套	座尺寸/mm						轴承座允许径向载荷/kN
UBPP 型 UEPP 型	UB 型 UE 型	PP 型	d	D	B	S	C min　max	d_s	G	d_1 max	C_r	C_{0r}	型号	A max	H max	H_1 max	J	L max	N	max
UBPP 203	UB 203	PP 203	17	40	22	6	12	M5×0.8	4.5	—	7.35	4.78	—	26	22.2	4	68	87	9.5	1.25
UEPP 203	UE 203	PP 203		40	28.6	6.5	12　13	—	—	28.6	7.35	4.78	E 203	26	22.2	4	68	87	9.5	1.25
UBPP 204	UB 204	PP 204	20	47	25	7	14	M6×0.75	5	—	9.88	6.65	—	33	25.4	4	76	99	9.5	1.70
UEPP 204	UE 204	PP 204		47	31	7.5	14　15	—	—	33.3	9.88	6.65	E 204	33	25.4	4	76	99	9.5	1.70
UBPP 205	UB 205	PP 205	25	52	27	7.5	15	M6×0.75	5.5	—	10.8	7.88	—	33	28.6	4.5	86	109	11.5	1.80
UEPP 205	UE 205	PP 205		52	31.5	7.5	15	—	—	38.1	10.8	7.88	E 205	33	28.6	4.5	86	109	11.5	1.80
UBPP 206	UB 206	PP 206	30	62	30	8	16	M6×0.75	6	—	15.0	11.2	—	39	33.3	4.5	95	119	11.5	2.50
UEPP 206	UE 206	PP 206		62	35.7	9	16　18	—	—	44.5	15.0	11.2	E 206	39	33.3	4.5	95	119	11.5	2.50
UBPP 207	UB 207	PP 207	35	72	32	8.5	17	M8×1	6	—	19.8	15.2	—	43	39.7	5	106	130	11.5	3.30
UEPP 207	UE 207	PP 207		72	38.9	9.5	17　19	—	—	55.6	19.8	15.2	E 207	43	39.7	5	106	130	11.5	3.30
UBPP 208	UB 208	PP 208	40	80	34	9	18	M8×1	7	—	22.8	18.2	—	43	43.7	5	120	148	13	3.80
UEPP 208	UE 208	PP 208		80	43.7	11	18　22	—	—	60.3	22.8	18.2	E 208	43	43.7	5	120	148	13	3.80
UBPP 209	UB 209	PP 209	45	85	43.7	11	19　22	—	—	63.5	24.5	20.8	E 209	45	46.8	6	128	156	13	4.20

表 7-5-51　**带冲压圆形座外球面球轴承**（带顶丝、带偏心套）（GB/T 7810—2017）

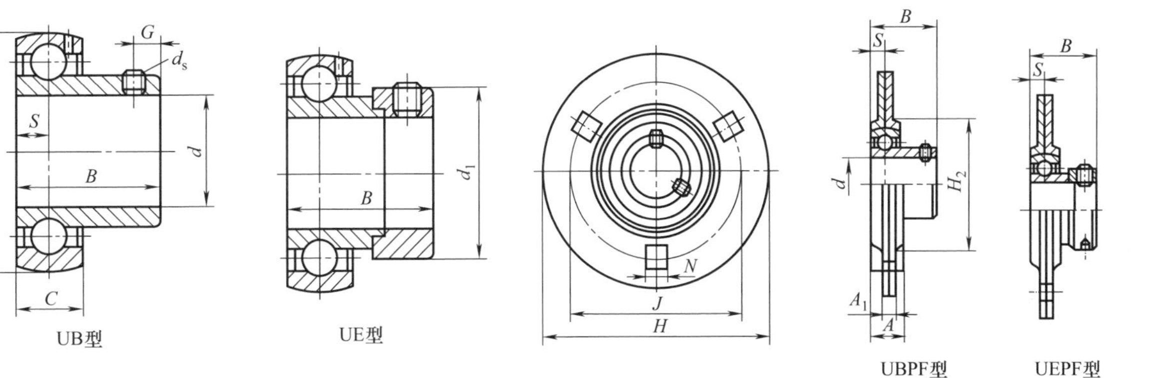

续表

带座轴承型号	轴承型号	座型号	轴承尺寸/mm								基本额定载荷/kN		配用偏心套	座尺寸/mm						轴承座允许径向载荷/kN
UBPF型 UEPF型	UB型 UE型	PF型	d	D	B	S	C min max	d_s	G	d_1 max	C_r	C_{0r}	型号	A max	A_1 max	H max	H_2 max	J	N	max
UBPF 201	UB 201	PF 203	12	40	22	6	12	M5×0.8	4.5	—	7.35	4.78	—	15	4.5	82	49	63.5	7.1	2.45
UEPF 201	UE 201	PF 203		40	28.6	6.5	12 13	—	—	28.6	7.35	4.78	E 201	15	4.5	82	49	63.5	7.1	2.45
UBPF 202	UB 202	PF 203	15	40	22	6	12	M5×0.8	4.5	—	7.35	4.78	—	15	4.5	82	49	63.5	7.1	2.45
UEPF 202	UE 202	PF 203		40	28.6	6.5	12 13	—	—	28.6	7.35	4.78	E 202	15	4.5	82	49	63.5	7.1	2.45
UBPF 203	UB 203	PF 203	17	40	22	6	12	M5×0.8	4.5	—	7.35	4.78	—	15	4.5	82	49	63.5	7.1	2.45
UEPF 203	UE 203	PF 203		40	28.6	6.5	12 13	—	—	28.6	7.35	4.78	E 203	15	4.5	82	49	63.5	7.1	2.45
UBPF 204	UB 204	PF 204	20	47	25	7	14	M6×0.75	5	—	9.88	6.65	—	17	4.5	91	56	71.5	9	3.29
UEPF 204	UE 204	PF 204		47	31	7.5	14 15	—	—	33.3	9.88	6.65	E 204	17	4.5	91	56	71.5	9	3.29
UBPF 205	UB 205	PF 205	25	52	27	7.5	15	M6×0.75	5.5	—	10.8	7.88	—	19	4.5	96	61	76	9	3.60
UEPF 205	UE 205	PF 205		52	31.5	7.5	15	—	—	38.1	10.8	7.88	E 205	19	4.5	96	61	76	9	3.60
UBPF 206	UB 206	PF 206	30	62	30	8	16	M6×0.75	6	—	15.0	11.2	—	20	5.5	114	72	90.5	11	5.00
UEPF 206	UE 206	PF 206		62	35.7	9	16 18	—	—	44.5	15.0	11.2	E 206	20	5.5	114	72	90.5	11	5.00
UBPF 207	UB 207	PF 207	35	72	32	8.5	17	M8×1	6	—	19.8	15.2	—	23	5.5	127	81	100	11	6.56
UEPF 207	UE 207	PF 207		72	38.9	9.5	17 19	—	—	55.6	19.8	15.2	E 207	23	5.5	127	81	100	11	6.56
UBPF 208	UB 208	PF 208	40	80	34	9	18	M8×1	7	—	22.8	18.2	—	23	7	149	91	119	13.5	7.56
UEPF 208	UE 208	PF 208		80	43.7	11	18 22	—	—	60.3	22.8	18.2	E 208	23	7	149	91	119	13.5	7.56
UBPF 209	UB 209	PF 209	45	85	43.7	11	19 22	—	—	63.5	24.5	20.8	E 209	23	7	150	98	120.5	13.5	8.13
UBPF 210	UB 210	PF 210	50	90	43.7	11	20 22	—	—	69.9	27.0	23.2	E 210	25	8	157	102	127	13.5	9.00
UBPF 211	UB 211	PF 211	55	100	48.4	12	21 25	—	—	76.2	33.5	29.2	E 211	26	8	168	113	138	13.5	11.1
UBPF 212	UB 212	PF 212	60	110	53.1	13.5	22 27	—	—	84.2	36.8	32.8	E 212	28	8	177	122	148	13.5	12.2

表 7-5-52　带冲压三角形座外球面球轴承（带顶丝、带偏心套）（GB/T 7810—2017）

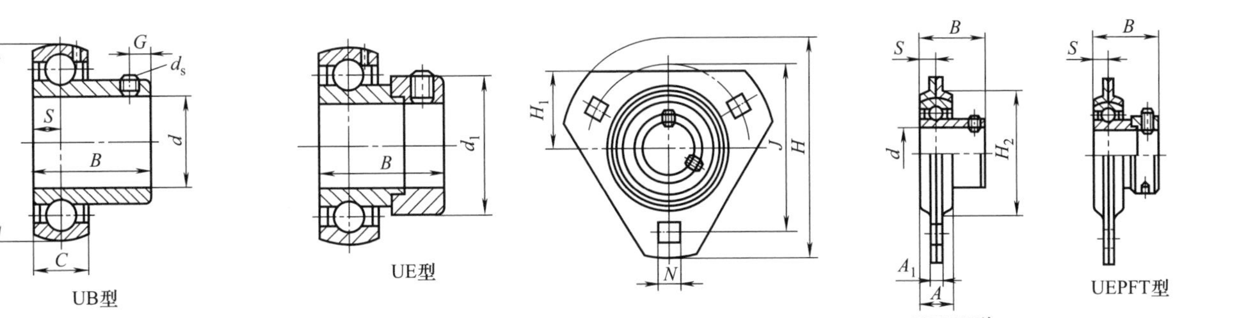

带座轴承型号	轴承型号	座型号	轴承尺寸/mm								基本额定载荷/kN		配用偏心套	座尺寸/mm							轴承座允许径向载荷/kN
UBPFT 型 UEPFT 型	UB 型 UE 型	PFT 型	d	D	B	S	C min　max	d_s	G	d_1 max	C_r	C_{0r}	型号	A max	A_1 max	H max	H_1 max	H_2 max	J	N	max
UBPFT 201	UB 201	PFT 203	12	40	22	6	12	M5×0.8	4.5	—	7.35	4.78	—	15	4.5	82	29	49	63.5	7.1	2.45
UEPFT 201	UE 201	PFT 203		40	28.6	6.5	12　13	—	—	28.6	7.35	4.78	E 201	15	4.5	82	29	49	63.5	7.1	2.45
UBPFT 202	UB 202	PFT 203	15	40	22	6	12	M5×0.8	4.5	—	7.35	4.78	—	15	4.5	82	29	49	63.5	7.1	2.45
UEPFT 202	UE 202	PFT 203		40	28.6	6.5	12　13	—	—	28.6	7.35	4.78	E 202	15	4.5	82	29	49	63.5	7.1	2.45
UBPFT 203	UB 203	PFT 203	17	40	22	6	12	M5×0.8	4.5	—	7.35	4.78	—	15	4.5	82	29	49	63.5	7.1	2.45
UEPFT 203	UE 203	PFT 203		40	28.6	6.5	12　13	—	—	28.6	7.35	4.78	E 203	15	4.5	82	29	49	63.5	7.1	2.45
UBPFT 204	UB 204	PFT 204	20	47	25	7	14	M6×0.75	5	—	9.88	6.65	—	17	4.5	91	34	56	71.5	9	3.29
UEPFT 204	UE 204	PFT 204		47	31	7.5	14　15	—	—	33.3	9.88	6.65	E 204	17	4.5	91	34	56	71.5	9	3.29
UBPFT 205	UB 205	PFT 205	25	52	27	7.5	15	M6×0.75	5.5	—	10.8	7.88	—	19	4.5	96	36	61	76	9	3.60
UEPFT 205	UE 205	PFT 205		52	31.5	7.5	15	—	—	38.1	10.8	7.88	E 205	19	4.5	96	36	61	76	9	3.60
UBPFT 206	UB 206	PFT 206	30	62	30	8	16	M6×0.75	6	—	15.0	11.2	—	20	5.5	114	41	72	90.5	11	5.00
UEPFT 206	UE 206	PFT 206		62	35.7	9	16　18	—	—	44.5	15.0	11.2	E 206	20	5.5	114	41	72	90.5	11	5.00
UBPFT 207	UB 207	PFT 207	35	72	32	8.5	17	M8×1	6	—	19.8	15.2	—	23	5.5	127	45	81	100	11	6.56
UEPFT 207	UE 207	PFT 207		72	38.9	9.5	17　19	—	—	55.6	19.8	15.2	E 207	23	5.5	127	45	81	100	11	6.56

表 7-5-53 带冲压菱形座外球面球轴承（带顶丝、带偏心套）（GB/T 7810—2017）

UB型 UE型 UBPFL型 UEPFL型

带座轴承型号	轴承型号	座型号	轴承尺寸/mm								基本额定载荷/kN		配用偏心套	座尺寸/mm							轴承座允许径向载荷/kN
UBPFL 型 UEPFL 型	UB 型 UE 型	PFL 型	d	D	B	S	C min max	d_s	G	d_1 max	C_r	C_{0r}	型号	A max	A_1 max	H max	H_2 max	J	L max	N	max
UBPFL 201	UB 201	PFL 203	12	40	22	6	12	M5×0.8	4.5	—	7.35	4.78	—	15	4.5	82	49	63.5	60	7.1	2.45
UEPFL 201	UE 201	PFL 203		40	28.6	6.5	12 13	—	—	28.6	7.35	4.78	E 201	15	4.5	82	49	63.5	60	7.1	2.45
UBPFL 202	UB 202	PFL 203	15	40	22	6	12	M5×0.8	4.5	—	7.35	4.78	—	15	4.5	82	49	63.5	60	7.1	2.45
UEPFL 202	UE 202	PFL 203		40	28.6	6.5	12 13	—	—	28.6	7.35	4.78	E 202	15	4.5	82	49	63.5	60	7.1	2.45
UBPFL 203	UB 203	PFL 203	17	40	22	6	12	M5×0.8	4.5	—	7.35	4.78	—	15	4.5	82	49	63.5	60	7.1	2.45
UEPFL 203	UE 203	PFL 203		40	28.6	6.5	12 13	—	—	28.6	7.35	4.78	E 203	15	4.5	82	49	63.5	60	7.1	2.45
UBPFL 204	UB 204	PFL 204	20	47	25	7	14	M6×0.75	5	—	9.88	6.65	—	17	4.5	91	56	71.5	68	9	3.29
UEPFL 204	UE 204	PFL 204		47	31	7.5	14 15	—	—	33.3	9.88	6.65	E 204	17	4.5	91	56	71.5	68	9	3.29
UBPFL 205	UB 205	PFL 205	25	52	27	7.5	15	M6×0.75	5.5	—	10.8	7.88	—	19	4.5	96	61	76	72	9	3.60
UEPFL 205	UE 205	PFL 205		52	31.5	7.5	15	—	—	38.1	10.8	7.88	E 205	19	4.5	96	61	76	72	9	3.60
UBPFL 206	UB 206	PFL 206	30	62	30	8	16	M6×0.75	6	—	15.0	11.2	—	20	5.5	114	72	90.5	85	11	5.00
UEPFL 206	UE 206	PFL 206		62	35.7	9	16 18	—	—	44.5	15.0	11.2	E 206	20	5.5	114	72	90.5	85	11	5.00
UBPFL 207	UB 207	PFL 207	35	72	32	8.5	17	M8×1	6	—	19.8	15.2	—	23	5.5	127	81	100	95	11	6.56
UEPFL 207	UE 207	PFL 207		72	38.9	9.5	17 19	—	—	55.6	19.8	15.2	E 207	23	5.5	127	81	100	95	11	6.56

5.15　组合轴承

表 7-5-54　**滚针和推力球组合轴承**（GB/T 25760—2010）

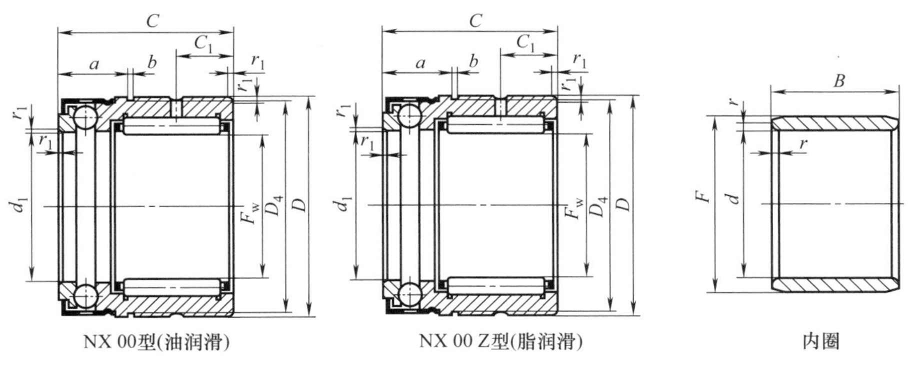

NX 00型(油润滑)　NX 00 Z型(脂润滑)　内圈

轴承型号	外形尺寸/mm									基本额定载荷/kN				极限转速/r·min⁻¹	质量/kg	适合的内圈型号
NX 00 型 NX 00 Z 型	F_w	C	D	d_1	C_1	D_4	a	b	r_1 min	C_r	C_{0r}	C_a	C_{0a}	油	W ≈	IR $d\times F\times B$
NX 7 TN	7	18	14	7	4.7	13.5	8.8	1.3	0.3	2.85	2.65	3.45	4.0	15000	0.014	—
NX 7 Z TN		18	14	7	4.7	13.5	8.8	1.3	0.3	2.85	2.65	3.45	4.0	—	0.014	—
NX 10	10	18	19	10	4.7	18.4	8.8	1.3	0.3	4.45	3.7	5.1	6.7	11000	0.025	IR 6×10×10
NX 10 Z		18	19	10	4.7	18.4	8.8	1.3	0.3	4.45	3.7	5.1	6.7	—	0.025	IR 6×10×10
NX 12	12	18	21	12	4.7	20.2	8.8	1.3	0.3	4.8	4.3	5.3	7.7	9500	0.028	IR 8×12×10
NX 12 Z		18	21	12	4.7	20.2	8.8	1.3	0.3	4.8	4.3	5.3	7.7	—	0.028	IR 8×12×10
NX 15	15	28	24	15	8	23	11	1.3	0.3	10.7	12.7	6.1	9.7	8000	0.048	IR 12×15×16
NX 15 Z		28	24	15	8	23	11	1.3	0.3	10.7	12.7	6.1	9.7	—	0.048	IR 12×15×16
NX 17	17	28	26	17	8	25	11	1.3	0.3	11.9	15.0	6.4	10.7	7500	0.053	IR 14×17×17
NX 17 Z		28	26	17	8	25	11	1.3	0.3	11.9	15.0	6.4	10.7	—	0.053	IR 14×17×17
NX 20	20	28	30	20	8	29	10.7	1.6	0.3	13.0	17.5	7.7	13.7	6500	0.068	IR 17×20×16
NX 20 Z		28	30	20	8	29	10.7	1.6	0.3	13.0	17.5	7.7	13.7	—	0.068	IR 17×20×16
NX 25	25	30	37	25	8	35.8	12.7	1.6	0.3	14.9	22.4	12.2	22.6	4900	0.115	IR 20×25×16
NX 25 Z		30	37	25	8	35.8	12.7	1.6	0.3	14.9	22.4	12.2	22.6	—	0.115	IR 20×25×16
NX 30	30	30	42	30	10	40.5	12.7	1.6	0.3	22.6	36.0	12.8	26.0	4300	0.130	IR 25×30×20
NX 30 Z		30	42	30	10	40.5	12.7	1.6	0.3	22.6	36.0	12.8	26.0	—	0.130	IR 25×30×20
NX 35	35	30	47	35	10	45.5	12.7	1.6	0.3	24.3	41.5	13.6	30.0	3700	0.160	IR 30×35×20
NX 35 Z		30	47	35	10	45.5	12.7	1.6	0.3	24.3	41.5	13.6	30.0	—	0.160	IR 30×35×20

注：脂润滑极限转速为表中数值的 60%。

表 7-5-55 **滚针和推力球组合轴承**（GB/T 25760—2010）

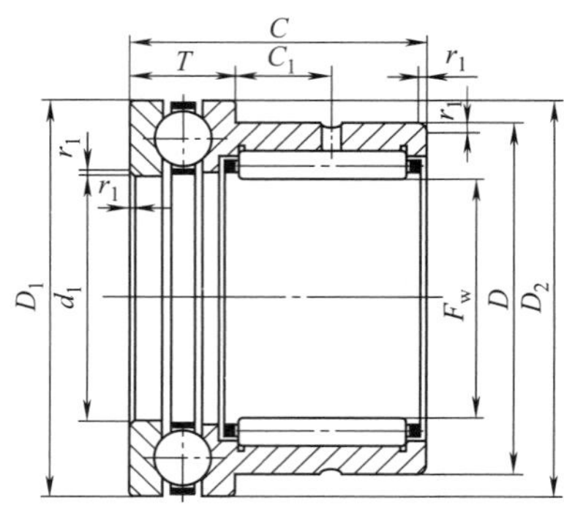

NKX 00型

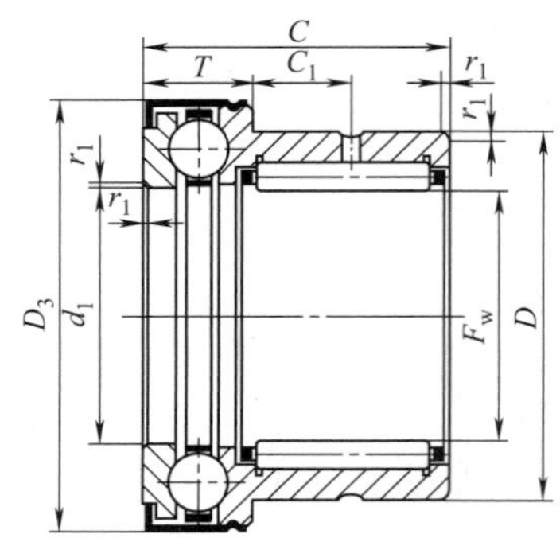

NKX 00 Z型(带外罩)

轴承型号	外形尺寸/mm										基本额定载荷/kN				极限转速/$r\cdot min^{-1}$	质量/kg	适合的内圈型号
NKX 00 型 NKX 00 Z 型	F_w	C	D	d_1	C_1	D_{1s} max	D_2	D_{3s} max	T	r_1 min	C_r	C_{0r}	C_a	C_{0a}	油	W ≈	IR $d\times F\times B$
NKX 10	10	23	19	10	6.5	24	24	25.2	9	0.3	6.2	7.8	10.0	12.1	12000	0.034	IR 7×10×16
NKX 10Z		23	19	10	6.5	24	24	25.2	9	0.3	6.2	7.8	10.0	12.1	12000	0.036	IR 7×10×16
NKX 12	12	23	21	12	6.5	26	26	27.2	9	0.3	9.2	11.0	10.3	13.3	11000	0.038	IR 9×12×16
NKX 12 Z		23	21	12	6.5	26	26	27.2	9	0.3	9.2	11.0	10.3	13.3	11000	0.040	IR 9×12×16
NKX 15	15	23	24	15	6.5	28	28	29.2	9	0.3	10.7	12.7	10.5	14.5	9500	0.044	IR 12×15×16
NKX 15 Z		23	24	15	6.5	28	28	29.2	9	0.3	10.7	12.7	10.5	14.5	9500	0.047	IR 12×15×16
NKX 17	17	25	26	17	8	30	30	31.2	9	0.3	11.9	15.0	10.8	15.7	8500	0.053	IR 14×17×17
NKX 17 Z		25	26	17	8	30	30	31.2	9	0.3	11.9	15.0	10.8	15.7	8500	0.055	IR 14×17×17
NKX 20	20	30	30	20	10.5	35	35	36.2	10	0.3	16.4	23.8	14.3	21.4	7500	0.083	IR 17×20×20
NKX 20 Z		30	30	20	10.5	35	35	36.2	10	0.3	16.4	23.8	14.3	21.4	7500	0.090	IR 17×20×20
NKX 25	25	30	37	25	9.5	42	42	43.2	11	0.6	18.8	30.5	19.6	32.0	6000	0.125	IR 20×25×20
NKX 25 Z		30	37	25	9.5	42	42	43.2	11	0.6	18.8	30.5	19.6	32.0	6000	0.132	IR 20×25×20
NKX 30	30	30	42	30	9.5	47	47	48.2	11	0.6	22.6	36.0	20.4	36.5	5000	0.141	IR 25×30×20
NKX 30 Z		30	42	30	9.5	47	47	48.2	11	0.6	22.6	36.0	20.4	36.5	5000	0.148	IR 25×30×20
NKX 35	35	30	47	35	9	52	52	53.2	12	0.6	24.3	41.5	21.2	41.0	4600	0.163	IR 30×35×20
NKX 35 Z		30	47	35	9	52	52	53.2	12	0.6	24.3	41.5	21.2	41.0	4600	0.168	IR 30×35×20
NKX 40	40	32	52	40	10	60	60	61.2	13	0.6	26.0	47.0	27.0	54.0	4000	0.200	IR 35×40×20
NKX 40 Z		32	52	40	10	60	60	61.2	13	0.6	26.0	47.0	27.0	54.0	4000	0.208	IR 35×40×20
NKX 45	45	32	58	45	9	65	65	66.5	14	0.6	27.5	53.0	28.0	60.0	3600	0.252	IR 40×45×20
NKX 45 Z		32	58	45	9	65	65	66.5	14	0.6	27.5	53.0	28.0	60.0	3600	0.265	IR 40×45×20
NKX 50	50	35	62	50	10	70	70	71.5	14	0.6	38.0	74.0	29.0	65.0	3300	0.280	IR 45×50×25
NKX 50 Z		35	62	50	10	70	70	71.5	14	0.6	38.0	74.0	29.0	65.0	3300	0.300	IR 45×50×25
NKX 60	60	40	72	60	12	85	85	86.5	17	1	42.0	90.0	41.5	97.0	2800	0.360	IR 50×60×25
NKX 60 Z		40	72	60	12	85	85	86.5	17	1	42.0	90.0	41.5	97.0	2800	0.380	IR 50×60×25
NKX 70	70	40	85	70	11	95	95	96.5	18	1	44.5	92.0	43.0	110.0	2400	0.500	IR 60×70×25
NKX 70 Z		40	85	70	11	95	95	96.5	18	1	44.5	92.0	43.0	110.0	2400	0.520	IR 60×70×25

注：脂润滑极限转速为表中数值的60%。

表 7-5-56 **滚针和角接触球组合轴承**（GB/T 25761—2010）

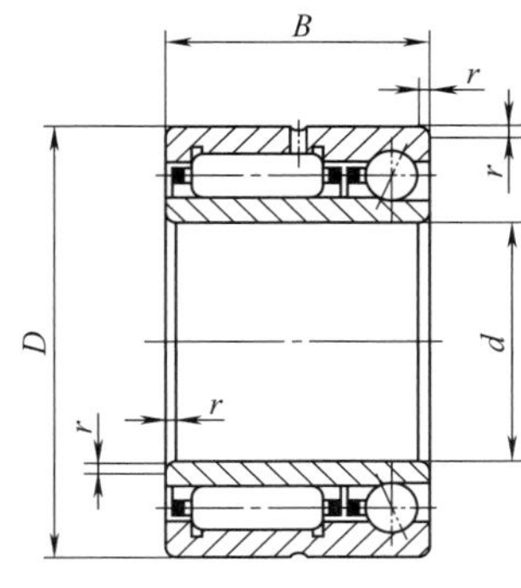

NKIA 0000型

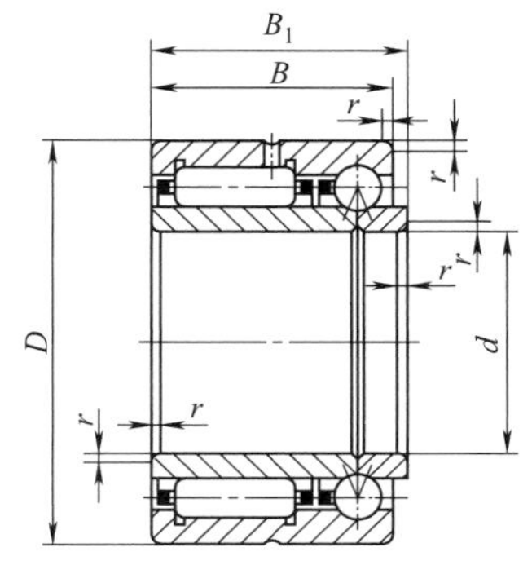
NKIB 0000型

轴承型号	外形尺寸/mm					基本额定载荷/kN				极限转速/r·min^{-1}	质量/kg
NKIA 0000 型 NKIB 0000 型	d	D	B	B_1	r min	C_r	C_{0r}	C_a	C_{0a}	油	W ≈
NKIA 5901	12	24	16	—	0.3	7.6	8.3	2.16	1.94	23000	0.040
NKIB 5901		24	16	17.5	0.3	7.6	8.3	2.16	1.94	23000	0.043
NKIA 5902	15	28	18	—	0.3	10.6	13.6	2.34	2.37	21000	0.050
NKIB 5902		28	18	20	0.3	10.6	13.6	2.34	2.37	21000	0.052
NKIA 5903	17	30	18	—	0.3	11.0	14.6	2.50	2.75	20000	0.056
NKIB 5903		30	18	20	0.3	11.0	14.6	2.50	2.75	20000	0.058
NKIA 5904	20	37	23	—	0.3	21.0	25.5	3.95	4.20	17000	0.103
NKIB 5904		37	23	25	0.3	21.0	25.5	3.95	4.20	17000	0.107
NKIA 59/22	22	39	23	—	0.3	22.8	29.5	4.25	4.85	15000	0.118
NKIB 59/22		39	23	25	0.3	22.8	29.5	4.25	4.85	15000	0.122
NKIA 5905	25	42	23	—	0.3	23.6	31.5	4.35	5.20	14000	0.130
NKIB 5905		42	23	25	0.3	23.6	31.5	4.35	5.20	14000	0.134
NKIA 5906	30	47	23	—	0.3	25.0	35.5	4.75	6.30	13000	0.147
NKIB 5906		47	23	25	0.3	25.0	35.5	4.75	6.30	13000	0.151
NKIA 5907	35	55	27	—	0.6	31.5	50.0	6.00	8.40	11000	0.243
NKIB 5907		55	27	30	0.6	31.5	50.0	6.00	8.40	11000	0.247
NKIA 5908	40	62	30	—	0.6	43.0	67.0	7.40	10.90	9000	0.315
NKIB 5908		62	30	34	0.6	43.0	67.0	7.40	10.90	9000	0.320
NKIA 5909	45	68	30	—	0.6	45.0	73.0	7.70	12.00	8500	0.375
NKIB 5909		68	30	34	0.6	45.0	73.0	7.70	12.00	8500	0.380
NKIA 5910	50	72	30	—	0.6	47.0	80.0	8.10	13.70	8000	0.380
NKIB 5910		72	30	34	0.6	47.0	80.0	8.10	13.70	8000	0.385
NKIA 5911	55	80	34	—	1	58.0	100.0	9.70	16.60	7000	0.550
NKIB 5911		80	34	38	1	58.0	100.0	9.70	16.60	7000	0.555
NKIA 5912	60	85	34	—	1	60.0	108.0	10.00	17.90	6500	0.590
NKIB 5912		85	34	38	1	60.0	108.0	10.00	17.90	6500	0.595

续表

轴承型号	外形尺寸/mm					基本额定载荷/kN				极限转速/r·min⁻¹	质量/kg
NKIA 0000 型 NKIB 0000 型	d	D	B	B_1	r min	C_r	C_{0r}	C_a	C_{0a}	油	W ≈
NKIA 5913	65	90	34	—	1	61.0	112.0	10.30	19.30	6500	0.635
NKIB 5913		90	34	38	1	61.0	112.0	10.30	19.30	6500	0.640
NKIA 5914	70	100	40	—	1	84.0	156.0	13.50	25.00	5500	0.980
NKIB 5914		100	40	45	1	84.0	156.0	13.50	25.00	5500	0.985
NKIA 5916	80	105	40	—	1	—	—	—	—	—	—

注：脂润滑极限转速为表中数值的60%。

表 7-5-57 滚针和推力圆柱滚子组合轴承（GB/T 16643—2015）

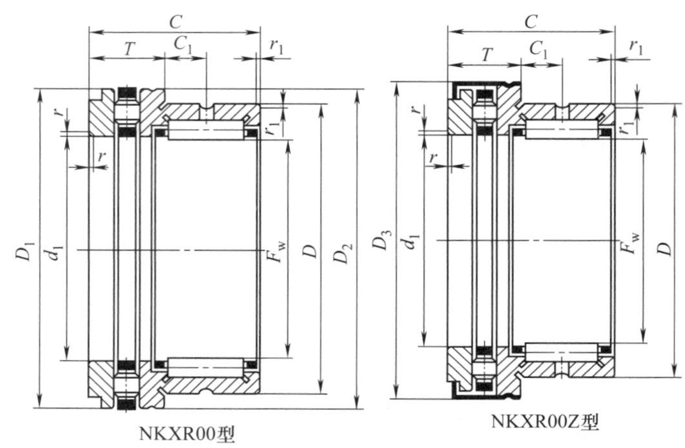

NKXR00型　　NKXR00Z型

轴承型号	外形尺寸/mm										基本额定载荷/kN				极限转速/r·min⁻¹	质量/kg	适合的内圈型号
NKXR00 型 NKXR00Z 型	F_w	d_1	C	D	D_1 max	D_2	D_3 max	T	C_1	r r_1 min	C_r	C_{0r}	C_a	C_{0a}	油	W ≈	IR $d\times F\times B$
NKXR 15	15	15	23	24	28	28	—	9	6.5	0.3	10.7	12.7	14.4	28.5	11000	0.042	IR 12×15×16
NKXR 15 Z		15	23	24	—	—	29.2	9	6.5	0.3	10.7	12.7	14.4	28.5	11000	0.045	IR 12×15×16
NKXR 17	17	17	25	26	30	30	—	9	8.0	0.3	11.9	15.0	15.9	33.5	10000	0.050	IR 14×17×17
NKXR 17 Z		17	25	26	—	—	31.2	9	8.0	0.3	11.9	15.0	15.9	33.5	10000	0.053	IR 14×17×17
NKXR 20	20	20	30	30	35	35	—	10	10.5	0.3	16.4	23.8	24.9	53.0	8500	0.080	IR 17×20×20
NKXR 20 Z		20	30	30	—	—	36.2	10	10.5	0.3	16.4	23.8	24.9	53.0	8500	0.084	IR 17×20×20
NKXR 25	25	25	30	37	42	42	—	11	9.5	0.6	18.8	30.5	33.5	76.0	7000	0.120	IR 20×25×20
NKXR 25 Z		25	30	37	—	—	43.2	11	9.5	0.6	18.8	30.5	33.5	76.0	7000	0.125	IR 20×25×20
NKXR 30	30	30	30	42	47	47	—	11	9.5	0.6	22.6	36.0	35.5	86.0	6000	0.135	IR 25×30×20
NKXR 30 Z		30	30	42	—	—	48.2	11	9.5	0.6	22.6	36.0	35.5	86.0	6000	0.141	IR 25×30×20
NKXR 35	35	35	30	47	52	52	—	12	9.0	0.6	24.3	41.5	39.0	101	5500	0.157	IR 30×35×20
NKXR 35 Z		35	30	47	—	—	53.2	12	9.0	0.6	24.3	41.5	39.0	101	5500	0.165	IR 30×35×20
NKXR 40	40	40	32	52	60	60	—	13	10.0	0.6	26.0	47.0	56.0	148	4800	0.204	IR 35×40×20
NKXR 40 Z		40	32	52	—	—	61.2	13	10.0	0.6	26.0	47.0	56.0	148	4800	0.214	IR 35×40×20
NKXR 45	45	45	32	58	65	65	—	14	9.0	0.6	27.5	53.0	59.0	163	4400	0.244	IR 40×45×20
NKXR 45 Z		45	32	58	—	—	66.5	14	9.0	0.6	27.5	53.0	59.0	163	4400	0.260	IR 40×45×20
NKXR 50	50	50	35	62	70	70	—	14	10.0	0.6	38.0	74.0	61.0	177	4000	0.268	IR 45×50×25
NKXR 50 Z		50	35	62	—	—	71.5	14	10.0	0.6	38.0	74.0	61.0	177	4000	0.288	IR 45×50×25

注：脂润滑极限转速为表中数值的25%。

表 7-5-58 滚针和双向推力圆柱滚子组合轴承（GB/T 25768—2010）

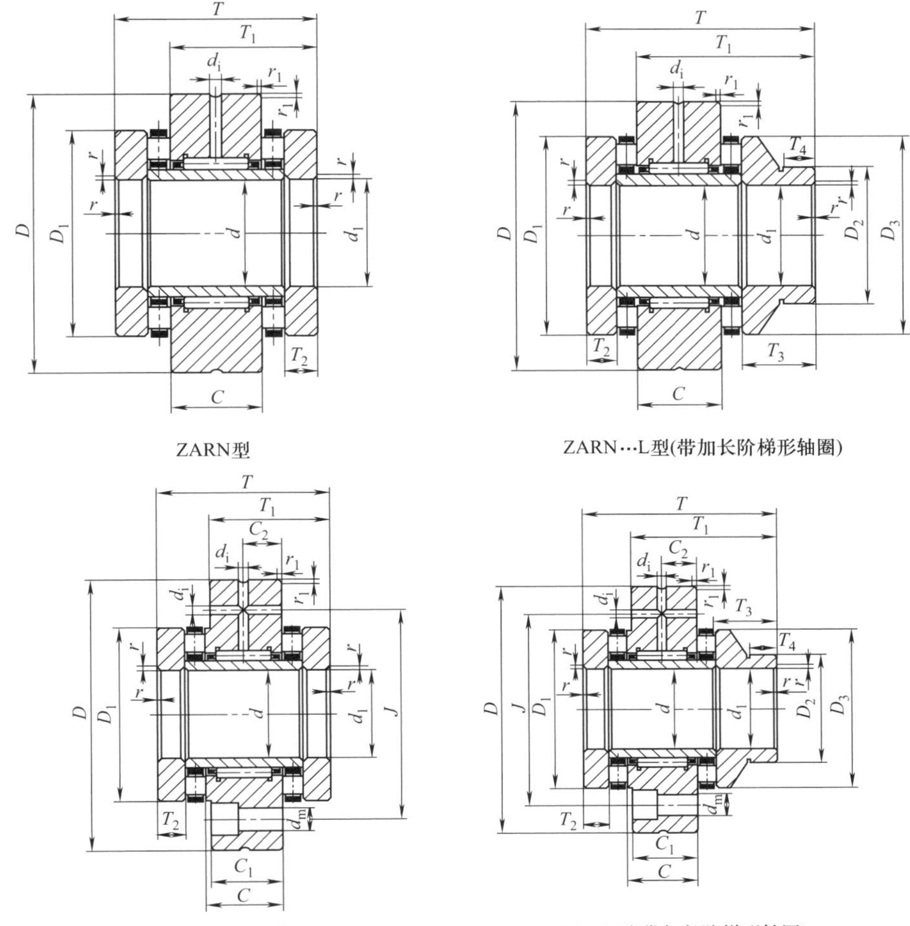

ZARN型　ZARN…L型(带加长阶梯形轴圈)
ZARF型　ZARF…L型(带加长阶梯形轴圈)

第7篇

	轴承型号	外形尺寸/mm																
	ZARN 型 ZARN…L 型 ZARF 型 ZARF…L 型	d	D	T	T_1	C	C_1	C_2	D_1	D_2	D_3	T_2	T_3	T_4	J	d_1	r min	r_1 min
轻系列	ZARN 1545	15	45	40	28	16	—	35	—	—	—	7.5	—	—	—	15	0.3	0.6
	ZARN 1545 L		45	53	41	16	—	35	—	24	34	7.5	20.5	11	—	15	0.3	0.6
	ZARF 1560		60	40	26	16	14	8	35	—	—	7.5	—	—	—	15	0.3	0.6
	ZARF 1560 L		60	53	39	16	14	8	35	24	34	7.5	20.5	11	46	15	0.3	0.6
	ZARN 1747	17	47	43	29.5	16	—	38	—	—	—	9	—	—	—	17	0.3	0.6
	ZARN 1747 L		47	57	43.5	16	—	38	—	28	38	9	23	11	—	17	0.3	0.6
	ZARF 1762		62	43	27.5	16	14	8	38	—	—	9	—	—	—	17	0.3	0.6
	ZARF 1762 L		62	57	41.5	16	14	8	38	28	38	9	23	11	48	17	0.3	0.6
	ZARN 2052	20	52	46	31	16	—	42	—	—	—	10	—	—	—	20	0.3	0.6
	ZARN 2052 L		52	60	45	16	—	42	—	30	40	10	24	11	—	20	0.3	0.6
	ZARF 2068		68	46	29	16	14	8	42	—	—	10	—	—	—	20	0.3	0.6
	ZARF 2068 L		68	60	43	16	14	8	42	30	40	10	24	11	53	20	0.3	0.6

续表

系列	轴承型号	外形尺寸/mm																
	ZARN 型 ZARN…L 型 ZARF 型 ZARF…L 型	d	D	T	T_1	C	C_1	C_2	D_1	D_2	D_3	T_2	T_3	T_4	J	d_1	r min	r_1 min
轻系列	ZARN 2557	25	57	50	35	20	—	47	—	—	—	10	—	—	—	25	0.3	0.6
	ZARN 2557 L		57	65	50	20	—	47	—	36	45	10	25	11	—	25	0.3	0.6
	ZARF 2575		75	50	33	20	18	10	47	—	—	10	—	—	—	25	0.3	0.6
	ZARF 2575 L		75	65	48	20	18	10	47	36	45	10	25	11	58	25	0.3	0.6
	ZARN 3062	30	62	50	35	20	—	52	—	—	—	10	—	—	—	30	0.3	0.6
	ZARN 3062 L		62	65	50	20	—	52	—	40	50	10	25	11	—	30	0.3	0.6
	ZARF 3080		80	50	33	20	18	10	52	—	—	10	—	—	—	30	0.3	0.6
	ZARF 3080 L		80	65	48	20	18	10	52	40	50	10	25	11	63	30	0.3	0.6
	ZARN 3570	35	70	54	37	20	—	60	—	—	—	11	—	—	—	35	0.3	0.6
	ZARN 3570 L		70	70	53	20	—	60	—	45	58	11	27	12	—	35	0.3	0.6
	ZARF 3590		90	54	35	20	18	10	60	—	—	11	—	—	—	35	0.3	0.6
	ZARF 3590 L		90	70	51	20	18	10	60	45	58	11	27	12	73	35	0.3	0.6
	ZARN 4075	40	75	54	37	20	—	65	—	—	—	11	—	—	—	40	0.3	0.6
	ZARN 4075 L		75	70	53	20	—	65	—	50	63	11	27	12	—	40	0.3	0.6
	ZARF 40100		100	54	35	20	18	10	65	—	—	11	—	—	—	40	0.3	0.6
	ZARF 40100 L		100	70	51	20	18	10	65	50	63	11	27	12	80	40	0.3	0.6
	ZARN 4580	45	80	60	42.5	25	—	70	—	—	—	11.5	—	—	—	45	0.3	0.6
	ZARN 4580 L		80	75	57.5	25	—	70	—	56	68	11.5	26.5	12	—	45	0.3	0.6
	ZARF 45105		105	60	40	25	22.5	12.5	70	—	—	11.5	—	—	—	45	0.3	0.6
	ZARF 45105 L		105	75	55	25	22.5	12.5	70	56	68	11.5	26.5	12	85	45	0.3	0.6
	ZARN 5090	50	90	60	42.5	25	—	78	—	—	—	11.5	—	—	—	50	0.3	0.6
	ZARN 5090 L		90	78	60.5	25	—	78	—	60	78	11.5	29.5	12	—	50	0.3	0.6
	ZARF 50115		115	60	40	25	22.5	12.5	78	—	—	11.5	—	—	—	50	0.3	0.6
	ZARF 50115 L		115	78	58	25	22.5	12.5	78	60	78	11.5	29.5	12	94	50	0.3	0.6

系列	轴承型号	外形尺寸/mm	基本额定载荷/kN				极限转速/r·min^{-1}		质量/kg	径向油孔		轴向油孔		螺孔		预紧力矩/N·m ≈
	ZARN 型 ZARN…L 型 ZARF 型 ZARF…L 型	d	C_r	C_{0r}	C_a	C_{0a}	油	脂	W ≈	d_i	数量	d_i	数量	d_m	数量	
轻系列	ZARN 1545	15	13.0	17.5	24.9	53.0	8500	2200	0.34	2.5	3	—	—	—	—	10
	ZARN 1545 L		13.0	17.5	24.9	53.0	8500	2200	0.37	2.5	3	—	—	—	—	10
	ZARF 1560		13.0	17.5	24.9	53.0	8500	2200	0.42	3.2	1	3.2	2	6.6	6	10
	ZARF 1560 L		13.0	17.5	24.9	53.0	8500	2200	0.45	3.2	1	3.2	2	6.6	6	10
	ZARN 1747	17	14.0	19.9	26.0	57.0	7800	2100	0.37	2.5	3	—	—	—	—	12
	ZARN 1747 L		14.0	19.9	26.0	57.0	7800	2100	0.41	2.5	3	—	—	—	—	12
	ZARF 1762		14.0	19.9	26.0	57.0	7800	2100	0.49	3.2	1	3.2	2	6.6	6	12
	ZARF 1762 L		14.0	19.9	26.0	57.0	7800	2100	0.52	3.2	1	3.2	2	6.6	6	12
	ZARN 2052	20	14.9	22.4	33.5	76.0	7000	2000	0.41	2.5	3	—	—	—	—	18
	ZARN 2052 L		14.9	22.4	33.5	76.0	7000	2000	0.46	2.5	3	—	—	—	—	18
	ZARF 2068		14.9	22.4	33.5	76.0	7000	2000	0.56	3.2	1	3.2	2	6.6	8	18
	ZARF 2068 L		14.9	22.4	33.5	76.0	7000	2000	0.61	3.2	1	3.2	2	6.6	8	18
	ZARN 2557	25	22.6	36.0	35.5	86.0	6000	1900	0.53	2.5	3	—	—	—	—	25

续表

系列	轴承型号	外形尺寸/mm	基本额定载荷/kN				极限转速/$r \cdot min^{-1}$		质量/kg	径向油孔		轴向油孔		螺孔		预紧力矩/N·m ≈
	ZARN 型 ZARN…L 型 ZARF 型 ZARF…L 型	d	C_r	C_{0r}	C_a	C_{0a}	油	脂	W ≈	d_i	数量	d_i	数量	d_m	数量	
轻系列	ZARN 2557 L	25	22.6	36.0	35.5	86.0	6000	1900	0.59	2.5	3	—	—	—	—	25
	ZARF 2575		22.6	36.0	35.5	86.0	6000	1900	0.78	3.2	1	3.2	2	6.6	8	25
	ZARF 2575 L		22.6	36.0	35.5	86.0	6000	1900	0.84	3.2	1	3.2	2	6.6	8	25
	ZARN 3062	30	24.3	41.5	39.0	101	5500	1800	0.6	2.5	3	—	—	—	—	32
	ZARN 3062 L		24.3	41.5	39.0	101	5500	1800	0.75	2.5	3	—	—	—	—	32
	ZARF 3080		24.3	41.5	39.0	101	5500	1800	0.85	3.2	1	3.2	2	6.6	12	32
	ZARF 3080 L		24.3	41.5	39.0	101	5500	1800	0.9	3.2	1	3.2	2	6.6	12	32
	ZARN 3570	35	26.0	47.0	56.0	148	4800	1700	0.8	3	3	—	—	—	—	42
	ZARN 3570 L		26.0	47.0	56.0	148	4800	1700	0.93	3	3	—	—	—	—	42
	ZARF 3590		26.0	47.0	56.0	148	4800	1700	1.12	3.2	1	3.2	2	6.6	12	42
	ZARF 3590 L		26.0	47.0	56.0	148	4800	1700	1.25	3.2	1	3.2	2	6.6	12	42
	ZARN 4075	40	27.5	53.0	59.0	163	4400	1600	0.9	3	3	—	—	—	—	55
	ZARN 4075 L		27.5	53.0	59.0	163	4400	1600	1.0	3	3	—	—	—	—	55
	ZARF 40100		27.5	53.0	59.0	163	4400	1600	1.35	3.2	1	3.2	2	9	8	55
	ZARF 40100 L		27.5	53.0	59.0	163	4400	1600	1.45	3.2	1	3.2	2	9	8	55
	ZARN 4580	45	38.0	74.0	61.0	177	4000	1500	1.12	3.5	3	—	—	—	—	65
	ZARN 4580 L		38.0	74.0	61.0	177	4000	1500	1.27	3.5	3	—	—	—	—	65
	ZARF 45105		38.0	74.0	61.0	177	4000	1500	1.7	6	1	6	2	9	8	65
	ZARF 45105 L		38.0	74.0	61.0	177	4000	1500	1.85	6	1	6	2	9	8	65
	ZARN 5090	50	40.0	82.0	90.0	300	3600	1200	1.43	3.5	3	—	—	—	—	85
	ZARN 5090 L		40.0	82.0	90.0	300	3600	1200	1.78	3.5	3	—	—	—	—	85
	ZARF 50115		40.0	82.0	90.0	300	3600	1200	2.1	6	1	6	2	9	12	85
	ZARF 50115 L		40.0	82.0	90.0	300	3600	1200	2.45	6	1	6	2	9	12	85

系列	轴承型号	外形尺寸/mm																
	ZARN 型 ZARN…L 型 ZARF 型 ZARF…L 型	d	D	T	T_1	C	C_1	C_2	D_1	D_2	D_3	T_2	T_3	T_4	J	d_1	r min	r_1 min
重系列	ZARN 2062	20	62	60	40	20	—	—	52	—	—	12.5	—	—	—	20	0.3	0.6
	ZARN 2062 L		62	75	55	20	—	—	52	40	50	12.5	27.5	11	—	20	0.3	0.6
	ZARF 2080		80	60	38	20	18	10	52	—	—	12.5	—	—	63	20	0.3	0.6
	ZARF 2080 L		80	75	53	20	18	10	52	40	40	12.5	27.5	11	63	20	0.3	0.6
	ZARN 2572	25	72	60	40	20	—	—	62	—	—	12.5	—	—	—	25	0.3	0.6
	ZARN 2572 L		72	75	55	20	—	—	62	48	60	12.5	27.5	11	—	25	0.3	0.6
	ZARF 2590		90	60	38	20	18	10	62	—	—	12.5	—	—	73	25	0.3	0.6
	ZARF 2590 L		90	75	53	20	18	10	62	48	48	12.5	27.5	11	73	25	0.3	0.6
	ZARN 3080	30	80	66	43	20	—	—	68	—	—	14	—	—	—	30	0.3	0.6
	ZARN 3080 L		80	82	59	20	—	—	68	52	66	14	30	12	—	30	0.3	0.6
	ZARF 30105		105	66	41	20	18	10	68	—	—	14	—	—	85	30	0.3	0.6
	ZARF 30105 L		105	82	57	20	18	10	68	52	52	14		12	85	30	0.3	0.6
	ZARN 3585	35	85	66	43	20	—	—	73	—	—	14	—	—	—	35	0.3	0.6
	ZARN 3585 L		85	82	59	20	—	—	73	60	73	14	30	12	—	35	0.3	0.6
	ZARF 35110		110	66	41	20	18	10	73	—	—	14	—	—	88	35	0.3	0.6
	ZARF 35110 L		110	82	57	20	18	10	73	60	60	14	30	12	88	35	0.3	0.6
	ZARN 4090	40	90	75	50	25	—	—	78	—	—	16	—	—	—	40	0.3	0.6
	ZARN 4090 L		90	93	68	25	—	—	78	60	78	16	34	12	—	40	0.3	0.6
	ZARF 40115		115	75	47.5	25	22.5	12.5	78	—	—	16	—	—	94	40	0.3	0.6
	ZARF 40115 L		115	93	65.5	25	22.5	12.5	78	60	60	16	34	12	94	40	0.3	0.6

续表

	轴承型号	外形尺寸/mm																
	ZARN 型 ZARN…L 型 ZARF 型 ZARF…L 型	d	D	T	T_1	C	C_1	C_2	D_1	D_2	D_3	T_2	T_3	T_4	J	d_1	r min	r_1 min
重系列	ZARN 45105	45	105	82	53.5	25	—	—	90	—	—	17.5	—	—	—	45	0.3	0.6
	ZARN 45105 L		105	103	74.5	25	—	—	90	70	88	17.5	38.5	14	—	40	0.3	0.6
	ZARF 45130		130	82	51	25	22.5	12.5	90	—	—	17.5	—	—	105	40	0.3	0.6
	ZARF 45130 L		130	103	72	25	22.5	12.5	90	70	70	17.5	38.5	14	105	40	0.3	0.6
	ZARN 50110	50	110	82	53.5	25	—	—	95	—	—	17.5	—	—	—	50	0.3	0.6
	ZARN 50110 L		110	103	74.5	25	—	—	95	75	93	17.5	38.5	14	—	50	0.3	0.6
	ZARF 50140		140	82	51	25	22.5	12.5	95	—	—	17.5	—	—	113	50	0.3	0.6
	ZARF 50140 L		140	103	72	25	22.5	12.5	95	75	75	17.5	38.5	14	113	50	0.3	0.6
	ZARN 55115	55	115	82	53.5	25	—	—	100	—	—	17.5	—	—	—	55	0.3	0.6
	ZARN 55115 L		115	103	74.5	25	—	—	100	80	98	17.5	38.5	14	—	55	0.3	0.6
	ZARF 55145		145	82	51	25	22.5	12.5	100	—	—	17.5	—	—	118	55	0.3	0.6
	ZARF 55145 L		145	103	72	25	22.5	12.5	100	80	80	17.5	38.5	14	118	55	0.3	0.6
	ZARN 60120	60	120	82	53.5	25	—	—	105	—	—	17.5	—	—	—	60	0.3	0.6
	ZARN 60120 L		120	103	74.5	25	—	—	105	90	105	17.5	38.5	16	—	60	0.3	0.6
	ZARF 60150		150	82	51	25	22.5	12.5	105	—	—	17.5	—	—	123	60	0.3	0.6
	ZARF 60150 L		150	103	72	25	22.5	12.5	105	90	90	17.5	38.5	16	123	60	0.3	0.6
	ZARN 65125	65	125	82	53.5	25	—	—	110	—	—	17.5	—	—	—	65	0.3	0.6
	ZARN 65125 L		125	103	74.5	25	—	—	110	90	108	17.5	38.5	16	—	65	0.3	0.6
	ZARF 65155		155	82	51	25	22.5	12.5	110			17.5			128	65	0.3	0.6
	ZARF 65155 L		155	103	72	25	22.5	12.5	110	90	90	17.5	38.5	16	128	65	0.3	0.6
	ZARN 70130	70	130	82	53.5	25	—	—	115	—	—	17.5	—	—	—	70	0.3	0.6
	ZARN 70130 L		130	103	74.5	25	—	—	115	100	115	17.5	38.5	16	—	70	0.3	0.6
	ZARF 70160		160	82	51	25	22.5	12.5	115	—	—	17.5	—	—	133	70	0.3	0.6
	ZARF 70160 L		160	103	72	25	22.5	12.5	115	100	100	17.5	38.5	16	133	70	0.3	0.6
	ZARN 75155	75	155	100	65	30	—	—	135	—	—	21	—	—	—	75	0.3	1
	ZARN 75155 L		155	125	90	30	—	—	135	115	135	21	46	16	—	75	0.3	1
	ZARF 75185		185	100	62	30	27	15	135	—	—	21	—	—	155	75	0.3	1
	ZARF 75185 L		185	125	87	30	27	15	135	115	115	21	46	16	155	75	0.3	1
	ZARN 90180	90	180	110	72.5	35	—	—	160	—	—	22.5	—	—	—	90	0.3	1
	ZARN 90180 L		180	135	97.5	35	—	—	160	130	158	22.5	47.5	16	—	90	0.3	1
	ZARF 90210		210	110	69.5	35	32	17.5	160			22.5	—	—	180	90	0.3	1
	ZARF 90210 L		210	135	94.5	35	32	17.5	160	130	130	22.5	47.5	16	180	90	0.3	1
	ZARN 110210	110	210	130	85	40	—	—	190	—	—	26	—	—	—	110	0.3	1
	ZARN 130240	130	240	150	100	50	—	—	215	—	—	29	—	—	—	130	0.3	1
	ZARN 150270	150	270	160	106	52	—	—	240	—	—	32	—	—	—	150	0.3	1

	轴承型号	外形尺寸/mm	基本额定载荷/kN				极限转速/$r \cdot min^{-1}$		质量/kg	径向油孔		轴向油孔		螺孔		预紧力矩/N·m ≈
	ZARN 型 ZARN…L 型 ZARF 型 ZARF…L 型	d	C_r	C_{0r}	C_a	C_{0a}	油	脂	W ≈	d_i	数量	d_i	数量	d_m	数量	
重系列	ZARN 2062	20	22.6	36.0	64.0	141	6000	1500	0.87	2.5	3	—	—	—	—	38
	ZARN 2062 L		22.6	36.0	64.0	141	6000	1500	0.99	2.5	3	—	—	—	—	38
	ZARF 2080		22.6	36.0	64.0	141	6000	1500	1.1	3.2	1	3.2	2	6.6	12	38
	ZARF 2080 L		22.6	36.0	64.0	141	6000	1500	1.22	3.2	1	3.2	2	6.6	12	38
	ZARN 2572	25	24.3	41.5	80.0	199	4900	1400	1.17	2.5	3	—	—	—	—	55
	ZARN 2572 L		24.3	41.5	80.0	199	4900	1400	1.32	2.5	3	—	—	—	—	55
	ZARF 2590		24.3	41.5	80.0	199	4900	1400	1.6	3.2	1	3.2	2	6.6	12	55
	ZARF 2590 L		24.3	41.5	80.0	199	4900	1400	1.75	3.2	1	3.2	2	6.6	12	55

续表

	轴承型号	外形尺寸/mm	基本额定载荷/kN				极限转速/r·min^{-1}		质量/kg	径向油孔		轴向油孔		螺孔		预紧力矩/N·m ≈
	ZARN 型 ZARN…L 型 ZARF 型 ZARF…L 型	d	C_r	C_{0r}	C_a	C_{0a}	油	脂	W ≈	d_i	数量	d_i	数量	d_m	数量	
重系列	ZARN 3080	30	26.0	47.0	107	265	4400	1300	1.5	3	3	—	—	—	—	75
	ZARN 3080 L		26.0	47.0	107	265	4400	1300	1.7	3	3	—	—	—	—	75
	ZARF 30105		26.0	47.0	107	265	4400	1300	1.95	3.2	1	3.2	2	9	12	75
	ZARF 30105 L		26.0	47.0	107	265	4400	1300	2.15	3.2	1	3.2	2	9	12	75
	ZARN 3585	35	27.5	53.0	105	265	4000	1250	1.65	3.5	3	—	—	—	—	100
	ZARN 3585 L		27.5	53.0	105	265	4000	1250	1.8	3.5	3	—	—	—	—	100
	ZARF 35110		27.5	53.0	105	265	4000	1250	1.6	3.2	1	3.2	2	9	12	100
	ZARF 35110 L		27.5	53.0	105	265	4000	1250	1.85	3.2	1	3.2	2	9	12	100
	ZARN 4090	40	38.0	74.0	117	315	3700	1200	2.09	3.5	3	—	—	—	—	120
	ZARN 4090 L		38.0	74.0	117	315	3700	1200	2.39	3.5	3	—	—	—	—	120
	ZARF 40115		38.0	74.0	117	315	3700	1200	2.7	6	1	6	2	9	12	120
	ZARF 40115 L		38.0	74.0	117	315	3700	1200	3.0	6	1	6	2	9	12	120
	ZARN 45105	45	40.0	82.0	154	405	3300	1150	3.02	3.5	3	—	—	—	—	150
	ZARN 45105 L		40.0	82.0	154	405	3300	1150	3.42	3.5	3	—	—	—	—	150
	ZARF 45130		40.0	82.0	154	405	3300	1150	3.9	6	1	6	2	9	12	150
	ZARF 45130 L		40.0	82.0	154	405	3300	1150	4.3	6	1	6	2	9	12	150
	ZARN 50110	50	42.0	90.0	172	480	3100	1100	3.3	3.5	3	—	—	—	—	180
	ZARN 50110 L		42.0	90.0	172	480	3100	1100	3.75	3.5	3	—	—	—	—	180
	ZARF 50140		42.0	90.0	172	480	3100	1100	4.2	6	1	6	2	11	12	180
	ZARF 50140 L		42.0	90.0	172	480	3100	1100	4.65	6	1	6	2	11	12	180
	ZARN 55115	55	44.0	98.0	177	500	2900	1000	3.5	3.5	3	—	—	—	—	220
	ZARN 55115 L		44.0	98.0	177	500	2900	1000	4.0	3.5	3	—	—	—	—	220
	ZARF 55145		44.0	98.0	177	500	2900	1000	4.5	6	1	6	2	11	12	220
	ZARF 55145 L		44.0	98.0	177	500	2900	1000	5.0	6	1	6	2	11	12	220
	ZARN 60120	60	44.5	92.0	187	550	2700	950	3.7	3.5	3	—	—	—	—	250
	ZARN 60120 L		44.5	92.0	187	550	2700	950	4.85	3.5	3	—	—	—	—	250
	ZARF 60150		44.5	92.0	187	550	2700	950	4.7	6	1	6	2	11	12	250
	ZARF 60150 L		44.5	92.0	187	550	2700	950	5.35	6	1	6	2	11	12	250
	ZARN 65125	65	54.0	104	172	500	2600	900	4.0	3.5	3	—	—	—	—	270
	ZARN 65125 L		54.0	104	172	500	2600	900	4.6	3.5	3	—	—	—	—	270
	ZARF 65155		54.0	104	172	500	2600	900	5.1	6	1	6	2	11	12	270
	ZARF 65155 L		54.0	104	172	500	2600	900	5.7	6	1	6	2	11	12	270
	ZARN 70130	70	56.0	119	201	630	2400	800	4.1	3.5	3	—	—	—	—	330
	ZARN 70130 L		56.0	119	201	630	2400	800	4.85	3.5	3	—	—	—	—	330
	ZARF 70160		56.0	119	201	630	2400	800	5.2	6	1	6	2	11	12	330
	ZARF 70160 L		56.0	119	201	630	2400	800	5.95	6	1	6	2	11	12	330
	ZARN 75155	75	72.0	132	290	890	2100	700	7.9	4	3	—	—	—	—	580
	ZARN 75155 L		72.0	132	290	890	2100	700	9.1	4	3	—	—	—	—	580
	ZARF 75185		72.0	132	290	890	2100	700	9.4	6	1	6	2	13.5	12	580
	ZARF 75185 L		72.0	132	290	890	2100	700	10.6	6	1	6	2	13.5	12	580
	ZARN 90180	90	98.0	210	300	940	1800	700	11.8	4	3	—	—	—	—	960
	ZARN 90180 L		98.0	210	300	940	1800	700	13.2	4	3	—	—	—	—	960
	ZARF 90210		98.0	210	300	940	1800	700	13.7	6	1	6	2	13.5	12	960
	ZARF 90210 L		98.0	210	300	940	1800	700	15.1	6	1	6	2	13.5	12	960
	ZARN 110210	110	—	—	—	—	—	—	—	4	3	—	—	—	—	—
	ZARN 130240	130	—	—	—	—	—	—	—	4	3	—	—	—	—	—
	ZARN 150270	150	—	—	—	—	—	—	—	4	3	—	—	—	—	—

5.16 智能轴承

智能轴承是近年来轴承产品新发展的一个分支，是在机械、电子、计算机通信与控制技术日益成熟的背景下，逐步发展起来的机电一体化新兴产品。智能轴承是由经过改进的轴承本体及相关辅件、微型传感器、处理传输电路、采集卡、信号处理与分析软件和轴承服役状态调控装置组成，可实现服役状态的自感知、自决策、自执行的轴承系统单元。

5.16.1 分类

智能轴承按其功能分为两大类，一类为初始型智能轴承，具有服役状态自感知、自决策功能，目前绝大多数市面上的智能轴承均属此类；另一类为全功能型智能轴承，不仅具有服役状态自感知、自决策功能，而且具有自调控、自执行功能，这一类智能轴承尚属于概念设计及研究阶段。

5.16.2 国内外情况

2015年，国外轴承公司首次展出了新型智能轴承，通过在轴承内部或配备轴承的产品外部集成振动传感器、加速度传感器和温度传感器，由这些传感器通过无线通信收集数据，来分析轴承的状态，从而诊断出异常。

2017年，国内首次展出了新概念集成检测、监督、数字传输功能于一体的智能轴承产品——高端数控机床主轴集成智能轴承单元。该产品是国内轴承企业首次公开的实体化的智能轴承概念产品。

5.16.3 市场应用

智能轴承作为一种新兴的高技术含量的创新产品，从最初的外挂式结构到今天高度集成的嵌入式结构，已应用于高速铁路、轨道交通、航空航天、能源装置、精密机床、新能源设备、新型汽车等领域，这些部位往往具有高性能、高可靠性的要求，同时，对轴承提出了更多的主观能动性的需求。目前所谓的智能轴承均处于智能轴承的初始型阶段，尚且限于初步的自我检测、自我分析阶段，可以称之为“会说话的轴承”，下一步将以自我调整、自我修复为重点发展方向，届时即可称之为“会自愈的轴承”。

(1) 高铁轴承

高铁使用的轮对轴承就是智能轴承的一个初步发展阶段产品，行走系统的转向架是保证列车高速、安全、稳定运行的核心零部件，转向架轮使轴承单元将传感器外挂于轴承侧面，对轴承的运转状态进行实时监控，同时通过数据传输系统，将轴承的运转状态参数传递到列车监控室，为列车监控人员提供珍贵的轴承运行资料。

(2) 汽车轮毂轴承单元

汽车轮毂轴承单元是应用传感器集成技术较早的产品，同样隶属于智能轴承的初级阶段，三代轿车轮毂轴承所集成的ABS传感器是通过数字码盘和传感器来实时监控轮毂轴承的旋转状态，从而为ABS系统的工作提供珍贵的可参考的输入数据。汽车轮毂轴承单元基本尺寸参见表7-5-59。

表 7-5-59 汽车轮毂轴承单元基本尺寸 mm

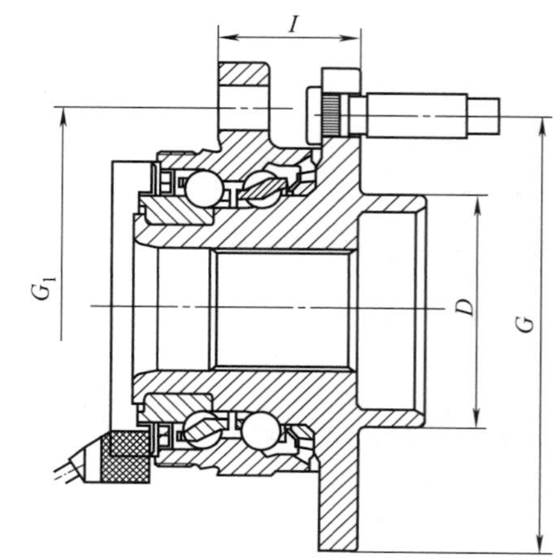

带传感器的轿车轮毂轴承单元 DAC2F 型

轮毂轴承单元型号	D	I	G	G_1
DAC2F 10009354	54	54	100	93
DAC2F 10009844	58	44	100	98
DAC2F 11412054	61	54	114	120
DAC2F 11511642	70	42	115	116
DAC2F 12112047	70	47	121	120
DAC2F 10811236	71	36	108	112
DAC2F 11411642	73	42	114	116

5.17 锥形衬套

锥形衬套（GB/T 9160.1—2017）、（GB/T 9160.2—2017）包括锥度为1∶12的紧定衬套和锥度为1∶12、锥度为1∶30的退卸衬套。

紧定套由紧定衬套、适配的锁紧螺母和锁紧垫圈或锁紧卡（大尺寸规格用）组成。

紧定套代号由紧定套类型代号H、尺寸系列代号和适用轴承的内径代号组成，并按此顺序排列。

示例

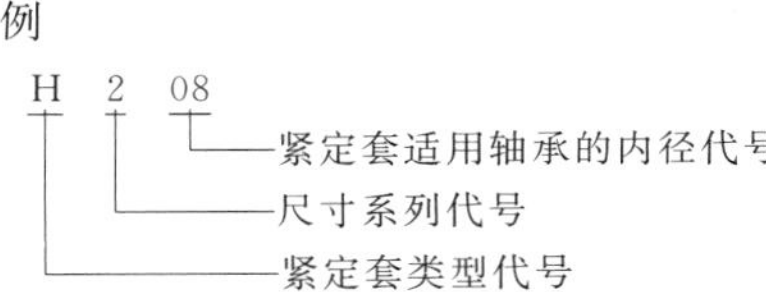

紧定衬套代号由紧定衬套类型代号 A、尺寸系列代号和适用轴承的内径代号及结构代号组成，并按此顺序排列。尺寸系列代号及内径代号同紧定套的表示方法，对于轴承内径代号 44 以下的窄切口紧定衬套，采用直内爪锁紧垫圈时，应加符号 X。

示例

A 23 08 X
——采用直内爪锁紧垫圈
——紧定衬套适用轴承的内径代号
——尺寸系列代号
——紧定衬套类型代号

退卸衬套代号由退卸衬套类型代号 AH、尺寸系列代号和适用轴承的内径代号组成，并按此顺序排列。AH 后加字母或数字表示退卸衬套的不同结构。

AH——锥度 1∶12 的退卸衬套代号；

AH2——锥度 1∶30 的退卸衬套代号；

AHX——锥度 1∶12 且螺纹尺寸与原来使用的不同的退卸衬套代号。

示例

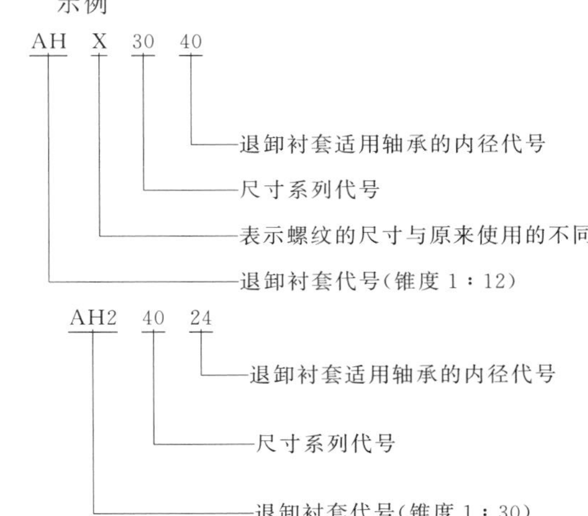

紧定套型号及尺寸见表 7-5-60、表 7-5-61。退卸衬套型号及尺寸见表 7-5-62、表 7-5-63。

表 7-5-60　　按轴承系列和轴承内径选用的紧定套

轴承内径/mm	紧定套内径/mm	用于各轴承系列的紧定套型号							
		39	30	31	02	22	32	03	23
15	12	—	—	—	H 202	H 302	—	H 302	H 2302
17	14	—	—	—	H 203	H 303	—	H 303	H 2303
20	17	—	—	—	H 204	H 304	—	H 304	H 2304
25	20	—	—	—	H 205	H 305	—	H 305	H 2305
30	25	—	—	—	H 206	H 306	—	H 306	H 2306
35	30	—	—	—	H 207	H 307	—	H 307	H 2307
40	35	—	—	—	H 208	H 308	—	H 308	H 2308
45	40	—	—	—	H 209	H 309	—	H 309	H 2309
50	45	—	—	—	H 210	H 310	—	H 310	H 2310
55	50	—	—	—	H 211	H 311	—	H 311	H 2311
60	55	—	—	—	H 212	H 312	—	H 312	H 2312
65	60	—	—	—	H 213	H 313	—	H 313	H 2313
70	60	—	—	—	H 214	H 314	—	H 314	H 2314
75	65	—	—	—	H 215	H 315	—	H 315	H 2315
80	70	—	—	—	H 216	H 316	—	H 316	H 2316
85	75	—	—	—	H 217	H 317	—	H 317	H 2317
90	80	—	—	—	H 218	H 318	H 2318	H 318	H 2318
95	85	—	—	—	H 219	H 319	H 2319	H 319	H 2319
100	90	—	—	H 3120	H 220	H 320	H 2320	H 320	H 2320
105	95	—	—	H 3121	H 221	H 321	H 2321	H 321	H 2321
110	100	—	—	H 3122	H 222	H 322	H 2322	H 322	H 2322
120	110	H 3924	H 3024	H 3124	H 3024	H 3124	H 2324	H 3124	H 2324
130	115	H 3926	H 3026	H 3126	H 3026	H 3126	H 2326	H 3126	H 2326
140	125	H 3928	H 3028	H 3128	H 3028	H 3128	H 2328	H 3128	H 2328
150	135	H 3930	H 3030	H 3130	H 3030	H 3130	H 2330	H 3130	H 2330

续表

轴承内径/mm	紧定套内径/mm	用于各轴承系列的紧定套型号							
		39	30	31	02	22	32	03	23
160	140	H 3932	H 3032	H 3132	H 3032	H 3132	H 2332	H 3132	H 2332
170	150	H 3934	H 3034	H 3134	H 3034	H 3134	H 2334	H 3134	H 2334
180	160	H 3936	H 3036	H 3136	H 3036	H 3136	H 2336	H 3136	H 2336
190	170	H 3938	H 3038	H 3138	H 3038	H 3138	H 2338	H 3138	H 2338
200	180	H 3940	H 3040	H 3140	H 3040	H 3140	H 2340	H 3140	H 2340
220	200	H 3944	H 3044	H 3144	H 3044	H 3144	H 2344	H 3144	H 2344
240	220	H 3948	H 3048	H 3148	H 3048	H 3148	H 2348	—	H 2348
260	240	H 3952	H 3052	H 3152	H 3052	H 3152	H 2352	—	H 2352
280	260	H 3956	H 3056	H 3156	H 3056	H 3156	H 2356	—	H 2356
300	280	H 3960	H 3060	H 3160	—	H 3160	H 3260	—	—
320	300	H 3964	H 3064	H 3164	—	H 3164	H 3264	—	—
340	320	H 3968	H 3068	H 3168	—	—	H 3268	—	—
360	340	H 3972	H 3072	H 3172	—	—	H 3272	—	—
380	360	H 3976	H 3076	H 3176	—	—	H 3276	—	—
400	380	H 3980	H 3080	H 3180	—	—	H 3280	—	—
420	400	H 3984	H 3084	H 3184	—	—	H 3284	—	—
440	410	H 3988	H 3088	H 3188	—	—	H 3288	—	—
460	430	H 3992	H 3092	H 3192	—	—	H 3292	—	—
480	450	H 3996	H 3096	H 3196	—	—	H 3296	—	—
500	470	H 39/500	H 30/500	H 31/500	—	—	H 32/500	—	—
530	500	H 39/530	H 30/530	H 31/530	—	—	H 32/530	—	—
560	530	H 39/560	H 30/560	H 31/560	—	—	H 32/560	—	—
600	560	H 39/600	H 30/600	H 31/600	—	—	H 32/600	—	—
630	600	H 39/630	H 30/630	H 31/630	—	—	H 32/630	—	—
670	630	H 39/670	H 30/670	H 31/670	—	—	H 32/670	—	—
710	670	H 39/710	H 30/710	H 31/710	—	—	H 32/710	—	—
750	710	H 39/750	H 30/750	H 31/750	—	—	H 32/750	—	—
800	750	H 39/800	H 30/800	H 31/800	—	—	H 32/800	—	—
850	800	H 39/850	H 30/850	H 31/850	—	—	H 32/850	—	—
900	850	H 39/900	H 30/900	H 31/900	—	—	H 32/900	—	—
950	900	H 39/950	H 30/950	H 31/950	—	—	H 32/950	—	—
1000	950	H 39/1000	H 30/1000	H 31/1000	—	—	H 32/1000	—	—
1060	1000	H 39/1060	H 30/1060	H 31/1060	—	—	—	—	—

表 7-5-61　紧定套（GB/T 9160.1—2017）

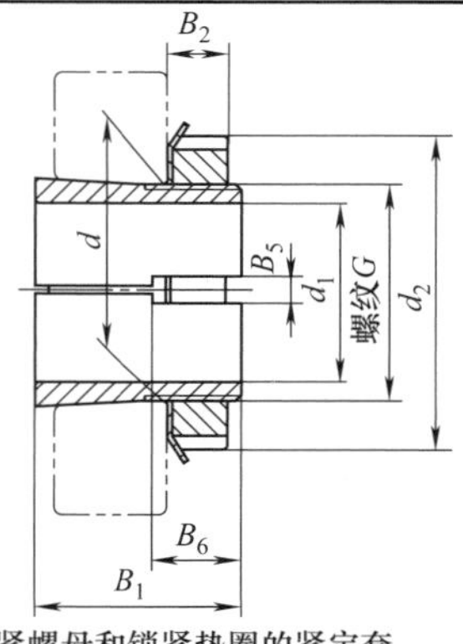

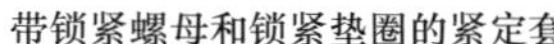

带锁紧螺母和锁紧垫圈的紧定套

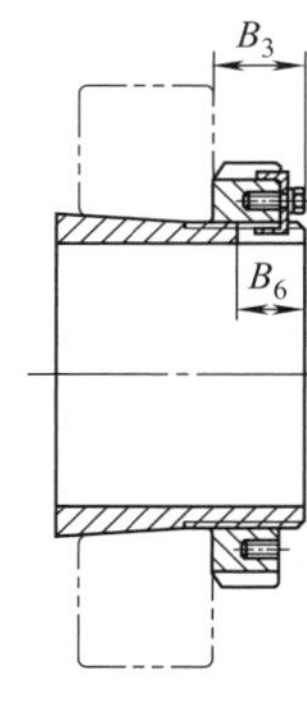

带锁紧螺母和锁紧卡组件的紧定套

H型

续表

紧定套型号	尺寸/mm									质量/kg	组成紧定套的零件代号			
	d_1	d	d_2	B_1	B_2 max	B_3 max	B_5 min	B_6	G	W ≈	紧定衬套	锁紧螺母	锁紧垫圈	锁紧卡
H 202	12	15	25	19	6	—	5	10	M 15×1	—	A 202 X	KM 02	MB 02	—
H 302			25	22	6	—	5	10	M 15×1	—	A 302 X	KM 02	MB 02	—
H 2302			25	25	6	—	5	10	M 15×1	—	A 2302 X	KM 02	MB 02	—
H 203	14	17	28	20	6	—	5	10	M 17×1	—	A 203 X	KM 03	MB 03	—
H 303			28	24	6	—	5	10	M 17×1	—	A 303 X	KM 03	MB 03	—
H 2303			28	27	6	—	5	10	M 17×1	—	A 2303 X	KM 03	MB 03	—
H 204	17	20	32	24	7	—	5	11	M 20×1	—	A 204 X	KM 04	MB 04	—
H 304			32	28	7	—	5	11	M 20×1	—	A 304 X	KM 04	MB 04	—
H 2304			32	31	7	—	5	11	M 20×1	—	A 2304 X	KM 04	MB 04	—
H 205	20	25	38	26	8	—	6	12	M 25×1.5	0.070	A 205 X	KM 05	MB 05	—
H 305			38	29	8	—	6	12	M 25×1.5	0.075	A 305 X	KM 05	MB 05	—
H 2305			38	35	8	—	6	12	M 25×1.5	—	A 2305 X	KM 05	MB 05	—
H 206	25	30	45	27	8	—	6	12	M 30×1.5	0.10	A 206 X	KM 06	MB 06	—
H 306			45	31	8	—	6	12	M 30×1.5	0.11	A 306 X	KM 06	MB 06	—
H 2306			45	38	8	—	6	12	M 30×1.5	—	A 2306 X	KM 06	MB 06	—
H 207	30	35	52	29	9	—	7	13	M 35×1.5	0.13	A 207 X	KM 07	MB 07	—
H 307			52	35	9	—	7	13	M 35×1.5	0.14	A 307 X	KM 07	MB 07	—
H 2307			52	43	9	—	7	13	M 35×1.5	0.17	A 2307 X	KM 07	MB 07	—
H 208	35	40	58	31	10	—	7	14	M 40×1.5	0.17	A 208 X	KM 08	MB 08	—
H 308			58	36	10	—	7	14	M 40×1.5	0.19	A 308 X	KM 08	MB 08	—
H 2308			58	46	10	—	7	14	M 40×1.5	0.22	A 2308 X	KM 08	MB 08	—
H 209	40	45	65	33	11	—	7	15	M 45×1.5	0.23	A 209 X	KM 09	MB 09	—
H 309			65	39	11	—	7	15	M 45×1.5	0.25	A 309 X	KM 09	MB 09	—
H 2309			65	50	11	—	7	15	M 45×1.5	0.28	A 2309 X	KM 09	MB 09	—
H 210	45	50	70	35	12	—	7	16	M 50×1.5	0.27	A 210 X	KM 10	MB 10	—
H 310			70	42	12	—	7	16	M 50×1.5	0.30	A 310 X	KM 10	MB 10	—
H 2310			70	55	12	—	7	16	M 50×1.5	0.36	A 2310 X	KM 10	MB 10	—
H 211	50	55	75	37	12	—	9	17	M 55×2	0.31	A 211 X	KM 11	MB 11	—
H 311			75	45	12	—	9	17	M 55×2	0.35	A 311 X	KM 11	MB 11	—
H 2311			75	59	12	—	9	17	M 55×2	0.42	A 2311 X	KM 11	MB 11	—
H 212	55	60	80	38	13	—	9	18	M 60×2	0.38	A 212 X	KM 12	MB 12	—
H 312			80	47	13	—	9	18	M 60×2	0.39	A 312 X	KM 12	MB 12	—
H 2312			80	62	13	—	9	18	M 60×2	0.48	A 2312 X	KM 12	MB 12	—
H 213	60	65	85	40	14	—	9	19	M 65×2	0.40	A 213 X	KM 13	MB 13	—
H 313			85	50	14	—	9	19	M 65×2	0.46	A 313 X	KM 13	MB 13	—
H 2313			85	65	14	—	9	19	M 65×2	0.55	A 2313 X	KM 13	MB 13	—
H 214	60	70	92	41	14	—	9	19	M 70×2	—	A 214 X	KM 14	MB 14	—
H 314			92	52	14	—	9	19	M 70×2	—	A 314 X	KM 14	MB 14	—
H 2314			92	68	14	—	9	19	M 70×2	0.99	A 2314 X	KM 14	MB 14	—
H 215	65	75	98	43	15	—	9	20	M 75×2	0.71	A 215 X	KM 15	MB 15	—
H 315			98	55	15	—	9	20	M 75×2	0.83	A 315 X	KM 15	MB 15	—
H 2315			98	73	15	—	9	20	M 75×2	1.05	A 2315 X	KM 15	MB 15	—

续表

紧定套型号	尺寸/mm									质量/kg	组成紧定套的零件代号			
	d_1	d	d_2	B_1	B_2 max	B_3 max	B_5 min	B_6	G	W ≈	紧定衬套	锁紧螺母	锁紧垫圈	锁紧卡
H 216	70	80	105	46	17	—	11	22	M 80×2	0.88	A 216 X	KM 16	MB 16	—
H 316			105	59	17	—	11	22	M 80×2	1.00	A 316 X	KM 16	MB 16	—
H 2316			105	78	17	—	11	22	M 80×2	1.30	A 2316 X	KM 16	MB 16	—
H 217	75	85	110	50	18	—	11	24	M 85×2	1.00	A 217 X	KM 17	MB 17	—
H 317			110	63	18	—	11	24	M 85×2	1.20	A 317 X	KM 17	MB 17	—
H 2317			110	82	18	—	11	24	M 85×2	1.45	A 2317 X	KM 17	MB 17	—
H 218	80	90	120	52	18	—	11	24	M 90×2	1.20	A 218 X	KM 18	MB 18	—
H 318			120	65	18	—	11	24	M 90×2	1.35	A 318 X	KM 18	MB 18	—
H 2318			120	86	18	—	11	24	M 90×2	1.70	A 2318 X	KM 18	MB 18	—
H 219	85	95	125	55	19	—	11	25	M 95×2	1.35	A 219 X	KM 19	MB 19	—
H 319			125	68	19	—	11	25	M 95×2	1.55	A 319 X	KM 19	MB 19	—
H 2319			125	90	19	—	11	25	M 95×2	1.90	A 2319 X	KM 19	MB 19	—
H 220	90	100	130	58	20	—	13	26	M 100×2	1.50	A 220 X	KM 20	MB 20	—
H 320			130	71	20	—	13	26	M 100×2	1.70	A 320 X	KM 20	MB 20	—
H 3120			130	76	20	—	13	26	M 100×2	—	A 3120 X	KM 20	MB 20	—
H 2320			130	97	20	—	13	26	M 100×2	2.15	A 2320 X	KM 20	MB 20	—
H 221	95	105	140	60	20	—	13	26	M 105×2	1.70	A 221 X	KM 21	MB 21	—
H 321			140	74	20	—	13	26	M 105×2	1.95	A 321 X	KM 21	MB 21	—
H 3121			140	80	20	—	13	26	M 105×2	—	A 3121 X	KM 21	MB 21	—
H 2321			140	101	20	—	—	—	M 105×2	—	A 2321 X	KM 21	MB 21	—
H 222	100	110	145	63	21	—	13	27	M 110×2	1.90	A 222 X	KM 22	MB 22	—
H 322			145	77	21	—	13	27	M 110×2	2.20	A 322 X	KM 22	MB 22	—
H 3122			145	81	21	—	13	27	M 110×2	—	A 3122 X	KM 21	MB 21	—
H 2322			145	105	21	—	13	27	M 110×2	2.75	A 2322 X	KM 22	MB 22	—
H 3024	110	120	145	72	22	—	15	32	M 120×2	1.95	A 3024 X	KML 24	MBL 24	—
H 3124			155	88	22	—	15	32	M 120×2	2.65	A 3124 X	KM 24	MB 24	—
H 2324			155	112	22	—	15	32	M 120×2	3.20	A 2324 X	KM 24	MB 24	—
H 3924			145	60	22	—	15	34	M 120×2	—	A 3924 X	KML 24	MBL 24	—
H 3026	115	130	155	80	23	—	15	33	M 130×2	2.85	A 3026 X	KML 26	MBL 26	—
H 3126			165	92	23	—	15	33	M 130×2	3.65	A 3126 X	KM 26	MB 26	—
H 2326			165	121	23	—	15	33	M 130×2	4.60	A 2326 X	KM 26	MB 26	—
H 3926			155	65	23	—	15	36	M 130×2	—	A 3926 X	KML 26	MBL 26	—
H 3028	125	140	165	82	24	—	17	34	M 140×2	3.15	A 3028 X	KML 28	MBL 28	—
H 3128			180	97	24	—	17	34	M 140×2	4.35	A 3128 X	KM 28	MB 28	—
H 2328			180	131	24	—	17	34	M 140×2	5.55	A 2328 X	KM 28	MB 28	—
H 3928			165	66	24	—	17	37	M 140×2	—	A 3928 X	KML 28	MBL 28	—
H 3030	135	150	180	87	26	—	17	36	M 150×2	3.90	A 3030 X	KML 30	MBL 30	—
H 3130			195	111	26	—	17	36	M 150×2	5.50	A 3130 X	KM 30	MB 30	—
H 2330			195	139	26	—	17	36	M 150×2	6.60	A 2330 X	KM 30	MB 30	—
H 3930			180	76	26	—	17	39	M 150×2	—	A 3930 X	KML 30	MBL 30	—
H 3032	140	160	190	93	28	—	19	38	M 160×3	5.20	A 3032 X	KML 32	MBL 32	—
H 3132			210	119	28	—	19	38	M 160×3	7.65	A 3132 X	KM 32	MB 32	—
H 2332			210	147	28	—	19	38	M 160×3	9.15	A 2332 X	KM 32	MB 32	—

续表

紧定套型号	尺寸/mm									质量/kg	组成紧定套的零件代号			
	d_1	d	d_2	B_1	B_2 max	B_3 max	B_5 min	B_6	G	W ≈	紧定衬套	锁紧螺母	锁紧垫圈	锁紧卡
H 3932	140	160	190	78	28	—	19	42	M 160×3	—	A 3932 X	KML 32	MBL 32	—
H 3034	150	170	200	101	29	—	19	39	M 170×3	6.00	A 3034 X	KML 34	MBL 34	—
H 3134			220	122	29	—	19	39	M 170×3	8.40	A 3134 X	KM 34	MB 34	—
H 2334			220	154	29	—	19	39	Tr 170×3	10.0	A 2334 X	KM 34	MB 34	—
H 3934			200	79	29	—	19	43	M 170×3	—	A 3934 X	KML 34	MBL 34	—
H 3036	160	180	210	109	30	—	21	40	M 180×3	6.85	A 3036 X	KML 36	MBL 36	—
H 3136			230	131	30	—	21	40	M 180×3	9.50	A 3136 X	KM 36	MB 36	—
H 2336			230	161	30	—	21	40	Tr 180×3	11.0	A 2336 X	KM 36	MB 36	—
H 3936			210	87	30	—	21	44	M 180×3	—	A 3936 X	KML 36	MBL 36	—
H 3038	170	190	220	112	31	—	21	41	M 190×3	7.45	A 3038 X	KML 38	MBL 38	—
H 3138			240	141	31	—	21	41	M 190×3	11.0	A 3138 X	KM 38	MB 38	—
H 2338			240	169	31	—	21	41	Tr 190×3	12.5	A 2338 X	KM 38	MB 38	—
H 3938			220	89	31	—	21	46	M 190×3	—	A 3938 X	KML 38	MBL 38	—
H 3040	180	200	240	120	32	—	21	42	M 200×3	9.20	A 3040 X	KML 40	MBL 40	—
H 3140			250	150	32	—	21	42	M 200×3	12.0	A 3140 X	KM 40	MB 40	—
H 2340			250	176	32	—	21	42	Tr 200×3	14.0	A 2340 X	KM 40	MB 40	—
H 3940			240	98	32	—	21	47	M 200×3	—	A 3940 X	KML 40	MBL 4	—
H 3044	200	220	260	126	—	41	20	18	Tr 220×4	10.5	A 3044	HML 44	—	MSL 44
H 3144			280	161	—	35	20	18	Tr 220×4	15.0	A 3144	HM 44	—	MS 44
H 2344			280	186	—	35	20	18	Tr 220×4	17.0	A 2344	HM 44	—	MS 44
H 3944			260	96	—	41	20	21	Tr 220×4	—	A 3944	HML 44	—	MSL 44
H 3048	220	240	290	133	—	46	20	18	Tr 240×4	13.0	A 3048	HML 48	—	MSL 48
H 3148			300	172	—	37	20	18	Tr 240×4	18.0	A 3148	HM 48	—	MS 44
H 2348			300	199	—	37	20	18	Tr 240×4	20.0	A 2348	HM 48	—	MS 44
H 3948			290	101	—	46	20	21	Tr 240×4	—	A 3948	HML 48	—	MSL 48
H 3052	240	260	310	145	—	46	20	18	Tr 260×4	15.5	A 3052	HML 52	—	MSL 48
H 3152			330	190	—	39	24	18	Tr 260×4	22.5	A 3152	HM 52	—	MS 52
H 2352			330	211	—	39	24	18	Tr 260×4	25.0	A 2352	HM 52	—	MS 52
H 3952			310	116	—	46	20	22	Tr 260×4	—	A 3952	HML 52	—	MSL 48
H 3056	260	280	330	152	—	50	24	18	Tr 280×4	17.5	A 3056	HML 56	—	MSL 56
H 3156			350	195	—	41	24	18	Tr 280×4	25.0	A 3156	HM 56	—	MS 52
H 2356			350	224	—	41	24	18	Tr 280×4	26.5	A 2356	HM 56	—	MS 52
H 3956			330	121	—	50	24	22	Tr 280×4	—	A 3956	HML 56	—	MSL 56
H 3060	280	300	360	168	—	54	24	18	Tr 300×4	23.0	A 3060	HML 60	—	MSL 60
H 3160			380	208	—	53	24	18	Tr 300×4	30.0	A 3160	HM 60	—	MS 60
H 3260			380	240	—	53	24	18	Tr 300×4	—	A 3260	HM 60	—	MS 60
H 3960			360	140	—	54	24	22	Tr 300×4	—	A 3960	HML 60	—	MSL 60
H 3064	300	320	380	171	—	55	24	25	Tr 320×5	24.5	A 3064	HML 64	—	MSL 64
H 3164			400	226	—	56	24	25	Tr 320×5	35.0	A 3164	HM 64	—	MS 64
H 3264			400	258	—	56	24	25	Tr 320×5	39.0	A 3264	HM 64	—	MS 64
H 3964			380	140	—	55	24	25	Tr 320×5	—	A 3964	HML 64	—	MSL 64
H 3068	320	340	400	187	—	58	24	25	Tr 340×5	28.5	A 3068	HML 68	—	MSL 64
H 3168			440	254	—	72	28	25	Tr 340×5	—	A 3168	HM 68	—	MS 68

续表

紧定套型号	尺寸/mm									质量/kg	组成紧定套的零件代号			
	d_1	d	d_2	B_1	B_2 max	B_3 max	B_5 min	B_6	G	W ≈	紧定衬套	锁紧螺母	锁紧垫圈	锁紧卡
H 3268	320	340	440	288	—	72	28	25	Tr 340×5	—	A 3268	HM 68	—	MS 68
H 3968			400	144	—	58	24	26	Tr 340×5	—	A 3968	HML 68	—	MSL 64
H 3072	340	360	420	188	—	58	28	25	Tr 360×5	30.5	A 3072	HML 72	—	MSL 72
H 3172			460	259	—	75	28	25	Tr 360×5	—	A 3172	HM 72	—	MS 68
H 3272			460	299	—	75	28	25	Tr 360×5	—	A 3272	HM 72	—	MS 68
H 3972			420	144	—	58	28	26	Tr 360×5	—	A 3972	HML 72	—	MSL 72
H 3076	360	380	450	193	—	62	28	25	Tr 380×5	36.0	A 3076	HML 76	—	MSL 76
H 3176			490	264	—	77	32	25	Tr 380×5	—	A 3176	HM 76	—	MS 76
H 3276			490	310	—	77	32	25	Tr 380×5	—	A 3276	HM 76	—	MS 76
H 3976			450	164	—	62	28	26	Tr 380×5	—	A 3976	HML 76	—	MSL 76
H 3080	380	400	470	210	—	66	28	25	Tr 400×5	41.5	A 3080	HML 80	—	MSL 76
H 3180			520	272	—	82	32	25	Tr 400×5	—	A 3180	HM 80	—	MS 80
H 3280			520	328	—	82	32	25	Tr 400×5	—	A 3280	HM 80	—	MS 80
H 3980			470	168	—	66	28	27	Tr 400×5	—	A 3980	HML 80	—	MSL 76
H 3084	400	420	490	212	—	66	32	25	Tr 420×5	43.5	A 3084	HML 84	—	MSL 84
H 3184			540	304	—	90	32	25	Tr 420×5	—	A 3184	HM 84	—	MS 80
H 3284			540	352	—	90	32	25	Tr 420×5	—	A 3284	HM 84	—	MS 80
H 3984			490	168	—	66	32	27	Tr 420×5	—	A 3984	HML 84	—	MSL 84
H 3088	410	440	520	228	—	77	32	25	Tr 440×5	—	A 3088	HML 88	—	MSL 88
H 3188			560	307	—	90	36	25	Tr 440×5	—	A 3188	HM 88	—	MS 88
H 3288			560	361	—	90	36	25	Tr 440×5	—	A 3288	HM 88	—	MS 88
H 3988			520	189	—	77	32	27	Tr 440×5	—	A 3988	HML 88	—	MSL 88
H 3092	430	460	540	234	—	77	32	25	Tr 460×5	—	A 3092	HML 92	—	MSL 88
H 3192			580	326	—	95	36	25	Tr 460×5	—	A 3192	HM 92	—	MS 88
H 3292			580	382	—	95	36	25	Tr 460×5	—	A 3292	HM 92	—	MS 88
H 3992			540	189	—	77	32	28	Tr 460×5	—	A 3992	HML 92	—	MSL 88
H 3096	450	480	560	237	—	77	36	25	Tr 480×5	73.5	A 3096	HML 96	—	MSL 96
H 3196			620	335	—	95	36	25	Tr 480×5	—	A 3196	HM 96	—	MS 96
H 3296			620	397	—	95	36	25	Tr 480×5	—	A 3296	HM 96	—	MS 96
H 3996			560	200	—	77	36	28	Tr 480×5	—	A 3996	HML 96	—	MSL 96
H 30/500	470	500	580	247	—	85	36	25	Tr 500×5	—	A 30/500	HML /500	—	MSL 96
H 31/500			630	356	—	100	40	25	Tr 500×5	—	A 31/500	HM/500	—	MS/500
H 32/500			630	428	—	100	40	25	Tr 500×5	—	A 32/500	HM/500	—	MS/500
H 39/500			580	208	—	85	36	28	Tr 500×5	—	A 39/500	HML /500	—	MSL 96
H 30/530	500	530	630	265	—	90	40	—	Tr 530×6	—	A 30/530	HML /530	—	MSL/530
H 31/530			670	364	—	105	40	—	Tr 530×6	—	A 31/530	HM/530	—	MS/530
H 32/530			670	447	—	105	40	—	Tr 530×6	—	A 32/530	HM/530	—	MS/530
H 39/530			630	216	—	90	40	—	Tr 530×6	—	A 39/530	HML /530	—	MSL/530
H 30/560	530	560	650	282	—	97	40	—	Tr 560×6	—	A 30/560	HML/560	—	MSL/560
H 31/560			710	377	—	110	45	—	Tr 560×6	—	A 31/560	HM/560	—	MS/560
H 32/560			710	462	—	110	45	—	Tr 560×6	—	A 32/560	HM/560	—	MS/560
H 39/560			650	227	—	97	40	—	Tr 560×6	—	A 39/560	HML /560	—	MSL/560

续表

紧定套型　号	尺 寸/mm									质量/kg	组成紧定套的零件代号			
	d_1	d	d_2	B_1	B_2 max	B_3 max	B_5 min	B_6	G	W ≈	紧定衬套	锁紧螺母	锁紧垫圈	锁紧卡
H 30/600	560	600	700	289	—	97	40	—	Tr 600×6	—	A 30/600	HML/600	—	MSL/560
H 31/600			750	399	—	110	45	—	Tr 600×6	—	A 31/600	HM/600	—	MS/560
H 32/600			750	487	—	110	45	—	Tr 600×6	—	A 32/600	HM/600	—	MS/560
H 39/600			700	239	—	97	40	—	Tr 600×6	—	A 39/600	HML /600	—	MSL/560
H 30/630	600	630	730	301	—	97	45	—	Tr 630×6	—	A 30/630	HML/630	—	MSL/630
H 31/630			800	424	—	120	50	—	Tr 630×6	—	A 31/630	HM/630	—	MS/630
H 32/630			800	521	—	120	50	—	Tr 630×6	—	A 32/630	HM/630	—	MS/630
H 39/630			730	254	—	97	45	—	Tr 630×6	—	A 39/630	HML /630	—	MSL/630
H 30/670	630	670	780	324	—	102	45	—	Tr 670×6	—	A 30/670	HML/670	—	MSL/670
H 31/670			850	456	—	131	50	—	Tr 670×6	—	A 31/670	HM/670	—	MS/670
H 32/670			850	558	—	131	50	—	Tr 670×6		A 32/670	HM/670		MS/670
H 39/670			780	264	—	102	45	—	Tr 670×6		A 39/670	HML /670		MSL/670
H 30/710	670	710	830	342	—	112	50	—	Tr 710×7	—	A 30/710	HML/710	—	MSL/710
H 31/710			900	467	—	135	55	—	Tr 710×7	—	A 31/710	HM/710	—	MS/710
H 32/710			900	572	—	135	55	—	Tr 710×7	—	A 32/710	HM/710	—	MS/710
H 39/710			830	286	—	112	50	—	Tr 710×7	—	A 39/710	HML /710	—	MSL/710
H 30/750	710	750	870	356	—	112	55	—	Tr 750×7	—	A 30/750	HML/750	—	MSL/750
H 31/750			950	493	—	141	60	—	Tr 750×7	—	A 31/750	HM/750	—	MS/750
H 32/750			950	603	—	141	60	—	Tr 750×7	—	A 32/750	HM/750	—	MS/750
H 39/750			870	291	—	112	55	—	Tr 750×7	—	A 39/750	HML /750	—	MSL/750
H 30/800	750	800	920	366	—	112	55	—	Tr 800×7	—	A 30/800	HML/800	—	MSL/750
H 31/800			1000	505	—	141	60	—	Tr 800×7	—	A 31/800	HM/800	—	MS/750
H 32/800			1000	618	—	141	60	—	Tr 800×7	—	A 32/800	HM/800	—	MS/800
H 39/800			920	303	—	112	55	—	Tr 800×7	—	A 39/800	HML /800	—	MSL/750
H 30/850	800	850	980	380	—	115	60	—	Tr 850×7	—	A 30/850	HML/850	—	MSL/850
H 31/850			1060	536	—	147	70	—	Tr 850×7	—	A 31/850	HM/850	—	MS/850
H 32/850			1060	651	—	147	70	—	Tr 850×7	—	A 32/850	HM/850	—	MS/850
H 39/850			980	308	—	115	60	—	Tr 850×7	—	A 39/850	HML /850	—	MSL/850
H 30/900	850	900	1030	400	—	125	60	—	Tr 900×7	—	A 30/900	HML/900	—	MSL/850
H 31/900			1120	557	—	154	70	—	Tr 900×7	—	A 31/900	HM/900	—	MS/900
H 32/900			1120	660	—	154	70	—	Tr 900×7	—	A 32/900	HM/900	—	MS/900
H 39/900			1030	326	—	125	60	—	Tr 900×7	—	A 39/900	HML /900	—	MSL/850
H 30/950	900	950	1080	420	—	125	60	—	Tr 950×8	—	A 30/950	HML/950	—	MSL/950
H 31/950			1170	583	—	154	70	—	Tr 950×8	—	A 31/950	HM/950	—	MS/950
H 32/950			1170	675	—	154	70	—	Tr 950×8	—	A 32/950	HM/950	—	MS/950
H 39/950			1080	344	—	125	60	—	Tr 950×8	—	A 39/950	HML /950	—	MSL/950
H 30/1000	950	1000	1140	430	—	125	60	—	Tr 1000×8	—	A 30/1000	HML/1000	—	MSL/1000
H 31/1000			1240	609	—	154	70	—	Tr 1000×8	—	A 31/1000	HM/1000	—	MS/1000
H 32/1000			1240	707	—	154	70	—	Tr 1000×8	—	A 32/1000	HM/1000	—	MS/1000
H 39/1000			1140	358	—	125	60	—	Tr 1000×8	—	A 39/1000	HML /1000	—	MSL/1000
H 30/1060	1000	1060	1200	447	—	125	60	—	Tr 1060×8	—	A 30/1060	HML/1060	—	MSL/1000
H 31/1060			1300	622	—	154	70	—	Tr 1060×8	—	A 31/1060	HM/1060	—	MS/1000
H 39/1060			1200	372	—	125	60	—	Tr 1060×8	—	A 39/1060	HML /1060	—	MSL/1000

表 7-5-62　**按轴承系列和轴承内径选用的退卸衬套**

轴承内径/mm	退卸衬套内径/mm	用于各轴承系列的退卸衬套型号									
		40	41	39	30	31	02	22	32	03	23
40	35	—	—	—	—	—	AH 208	AH 308	—	AH 308	AH 2308
45	40	—	—	—	—	—	AH 209	AH 309	—	AH 309	AH 2309
50	45	—	—	—	—	—	AH 210	AH 310	—	AH 310	AH 2310
55	50	—	—	—	—	—	AH 211	AH 311	—	AH 311	AH 2311
60	55	—	—	—	—	—	AH 212	AH 312	—	AH 312	AH 2312
65	60	—	—	—	—	—	AHX 213	AH 313	—	AHX 313	AHX 2313
70	65	—	—	—	—	—	AHX 214	AH 314	—	AHX 314	AHX 2314
75	70	—	—	—	—	—	AHX 215	AH 315	—	AHX 315	AHX 2315
80	75	—	—	—	—	—	AH 216	AH 316	—	AH 316	AH 2316
85	80	—	—	—	—	—	AH 217	AH 317	—	AH 317	AH 2317
90	85	—	—	—	—	—	AH 218	AH 318	AH 3218	AH 318	AH 2318
95	90	—	—	—	—	—	AH 219	AH 319	AH 3219	AH 319	AH 2319
100	95	—	—	—	—	AH 3120	AH 220	AH 320	AH 3220	AH 320	AH 2320
105	100	—	—	—	—	AH 3121	AH 221	AH 321	AH 3221	AH 321	AH 2321
110	105	—	AH 24122	—	—	AH 3122	AH 222	AH 3122	AHX 3222	AH 322	AHX 2322
120	115	AH 24024	AH 24124	—	AH 3024	AH 3124	AH 224	AH 3124	AHX 3224	AH 324	AHX 2324
130	125	AH 24026	AH 24126	—	AH 3026	AH 3126	AH 226	AH 3126	AHX 3226	AH 326	AHX 2326
140	135	AH 24028	AH 24128	—	AH 3028	AH 3128	AH 228	AH 3128	AHX 3228	AH 328	AHX 2328
150	145	AH 24030	AH 24130	—	AH 3030	AHX 3130	AH 230	AHX 3130	AHX 3230	AHX 330	AHX 2330
160	150	AH 24032	AH 24132	—	AH 3032	AHX 3132	AH 232	AHX 3132	AHX 3232	AHX 332	AHX 2332
170	160	AH 24034	AH 24134	AH 3934	AH 3034	AHX 3134	AH 234	AHX 3134	AHX 3234	AHX 334	AHX 2334
180	170	AH 24036	AH 24136	AH 3936	AH 3036	AHX 3136	AH 236	AHX 2236	AHX 3236	—	AHX 2336
190	180	AH 24038	AH 24138	AH 3938	AHX 3038	AHX 3138	AHX 238	AHX 2238	AHX 3238	—	AHX 2338
200	190	AH 24040	AH 24140	AH 3940	AHX 3040	AH 3140	AHX 240	AH 2240	AH 3240	—	AH 2340
220	200	AH 24044	AH 24144	AH 3944	AHX 3044	AH 3144	AHX 244	AH 2244	AH 2344	—	AH 2344
240	220	AH 24048	AH 24148	AH 3948	AH 3048	AH 3148	AHX 248	AH 2248	AH 2348	—	AH 2348
260	240	AH 24052	AH 24152	AH 3952	AH 3052	AHX 3152	AHX 252	AHX 2252	AHX 2352	—	AHX 2352
280	260	AH 24056	AH 24156	AH 3956	AH 3056	AHX 3156	AHX 256	AHX 2256	AHX 2356	—	AHX 2356
300	280	AH 24060	AH 24160	AH 3960	AH 3060	AHX 3160	—	AHX 2260	AHX 3260	—	—
320	300	AH 24064	AH 24164	AH 3964	AHX 3064	AHX 3164	—	AHX 2264	AHX 3264	—	—
340	320	AH 24068	AH 24168	AH 3968	AHX 3068	AHX 3168	—	—	AHX 3268	—	—
360	340	AH 24072	AH 24172	AH 3972	AHX 3072	AHX 3172	—	—	AHX 3272	—	—
380	360	AH 24076	AH 24176	AH 3976	AHX 3076	AHX 3176	—	—	AHX 3276	—	—
400	380	AH 24080	AH 24180	AH 3980	AHX 3080	AHX 3180	—	—	AHX 3280	—	—
420	400	AH 24084	AH 24184	AH 3984	AHX 3084	AHX 3184	—	—	AHX 3284	—	—
440	420	AH 24088	AH 24188	AH 3988	AHX 3088	AHX 3188	—	—	AHX 3288	—	—
460	440	AH 24092	AH 24192	AH 3992	AHX 3092	AHX 3192	—	—	AHX 3292	—	—
480	460	AH 24096	AH 24196	AH 3996	AHX 3096	AHX 3196	—	—	AHX 3296	—	—
500	480	AH 240/500	AH 241/500	AH 39/500	AHX 30/500	AHX 31/500	—	—	AHX 32/500	—	—

续表

轴承内径/mm	退卸衬套内径/mm	用于各轴承系列的退卸衬套型号									
		40	41	39	30	31	02	22	32	03	23
530	500	AH 240/530	AH 241/530	AH 39/530	AH 30/530	AH 31/530	—	—	AH 32/530	—	—
560	530	AH 240/560	AH 241/560	AH 39/560	AH 30/560	AH 31/560	—	—	AH 32/560	—	—
600	570	AH 240/600	AH 241/600	AH 39/600	AH 30/600	AH 31/600	—	—	AH 32/600	—	—
630	600	AH 240/630	AH 241/630	AH 39/630	AH 30/630	AH 31/630	—	—	AH 32/630	—	—
670	630	AH 240/670	AH 241/670	AH 39/670	AH 30/670	AH 31/670	—	—	AH 32/670	—	—
710	670	AH 240/710	AH 241/710	AH 39/710	AH 30/710	AH 31/710	—	—	AH 32/710	—	—
750	710	AH 240/750	AH 241/750	AH 39/750	AH 30/750	AH 31/750	—	—	AH 32/750	—	—
800	750	AH 240/800	AH 241/800	AH 39/800	AH 30/800	AH 31/800	—	—	AH 32/800	—	—
850	800	AH 240/850	AH 241/850	AH 39/850	AH 30/850	AH 31/850	—	—	AH 32/850	—	—
900	850	AH 240/900	AH 241/900	AH 39/900	AH 30/900	AH 31/900	—	—	AH 32/900	—	—
950	900	AH 240/950	AH 241/950	AH 39/950	AH 30/950	AH 31/950	—	—	AH 32/950	—	—
1000	950	AH 240/1000	AH 241/1000	AH 39/1000	AH 30/1000	AH 31/1000	—	—	AH 32/1000	—	—
1060	1000	AH 240/1060	AH 241/1060	AH 39/1060	AH 30/1060	AH 31/1060	—	—	—	—	—

表 7-5-63　　**退卸衬套**（GB/T 9160.1—2017）

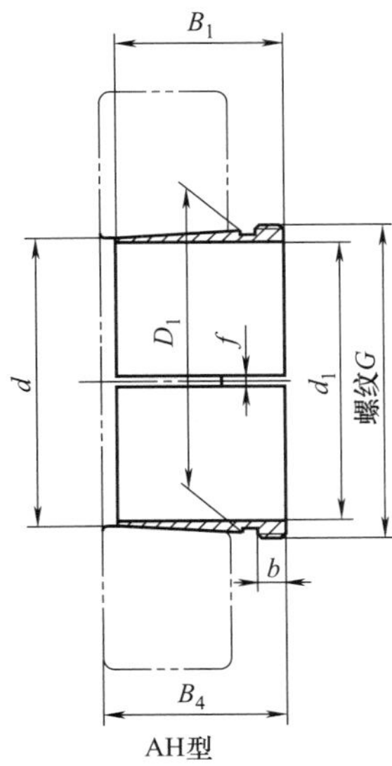

AH型

退卸衬套型号	尺寸/mm								质量/kg	适配的锁紧螺母型号
	d_1	d	B_1 max	B_4	b	f	D_1 ≈	G	W ≈	
AH 208	35	40	25	27	6	2	41.75	M 45×1.5	—	KM 09
AH 308			29	32	6	2	42.17	M 45×1.5	0.09	KM 09
AH 2308			40	43	7	2	43.00	M 45×1.5	0.128	KM 09
AH 209	40	45	26	29	6	2	46.83	M 50×1.5	—	KM 10
AH 309			31	34	6	2	47.33	M 50×1.5	0.109	KM 10
AH 2309			44	47	7	2	48.25	M 50×1.5	0.164	KM 10

续表

退卸衬套型号	尺寸/mm								质量/kg	适配的锁紧螺母型号
	d_1	d	B_1 max	B_4	b	f	D_1 ≈	G	W ≈	
AH 210	45	50	28	31	7	2	51.92	M 55×2	—	KM 11
AH 310			35	38	7	2	52.50	M 55×2	0.137	KM 11
AH 2310			50	53	9	2	53.58	M 55×2	0.209	KM 11
AH 211	50	55	29	32	7	3	57.08	M 60×2	—	KM 12
AH 311			37	40	7	3	57.75	M 60×2	0.161	KM 12
AH 2311			54	57	10	3	58.92	M 60×2	0.253	KM 12
AH 212	55	60	32	35	8	3	62.08	M 65×2	—	KM 13
AH 312			40	43	8	3	62.83	M 65×2	0.189	KM 13
AH 2312			58	61	11	3	64.08	M 65×2	0.297	KM 13
HX 213	60	65	32.5	36	8	3	67.17	M 70×2	—	KM 14
AHX 313			42	45	8	3	68.00	M 70×2	0.253	KM 14
AHX 2313			61	64	12	3	69.25	M 70×2	0.395	KM 14
AHX 214	65	70	33.5	37	8	3	72.25	M 75×2		KM 15
AHX 314			43	47	8	3	73.17	M 75×2	0.28	KM 15
AHX 2314			64	68	12	3	74.50	M 75×2	0.466	KM 15
AHX 215	70	75	34.5	38	8	3	77.33	M 80×2	—	KM 16
AHX 315			45	49	8	3	78.33	M 80×2	0.313	KM 16
AHX 2315			68	72	12	3	79.83	M 80×2	0.534	KM 16
AH 216	75	80	35.5	39	8	3	82.42	M 90×2	—	KM 18
AH 316			48	52	8	3	83.50	M 90×2	0.365	KM 18
AH 2316			71	75	12	3	85.08	M 90×2	0.597	KM 18
AH 217	80	85	38.5	42	9	3	87.67	M 95×2	—	KM 19
AH 317			52	56	9	3	88.75	M 95×2	0.429	KM 19
AH 2317			74	78	13	3	90.33	M 95×2	0.69	KM 19
AH 218	85	90	40	44	9	3	92.83	M 100×2	—	KM 20
AH 318			53	57	9	3	93.92	M 100×2	0.461	KM 20
AH 3218			63	67	10	3	—	M 100×2	0.576	KM 20
AH 2318			79	83	14	3	95.67	M 100×2	0.779	KM 20
AH 219	90	95	43	47	10	4	98.00	M 105×2		KM 21
AH 319			57	61	10	4	99.08	M 105×2	0.532	KM 21
AH 3219			67	71	11	4	—	M 105×2		KM 21
AH 2319			85	89	16	4	100.92	M 105×2	0.886	KM 21
AH 220	95	100	45	49	10	4	103.17	M 110×2	—	KM 22
AH 320			59	63	10	4	104.25	M 110×2	0.582	KM 22
AH 3120			64	68	11	4	—	M 110×2	0.65	KM 22
AH 3220			73	77	11	4	—	M 110×2	0.767	KM 22
AH 2320			90	94	16	4	106.42	M 110×2	0.998	KM 22
AH 221	100	105	47	51	11	4	108.34	M 115×2	—	KM 23
AH 321			62	66	12	4	109.50	M 115×2	—	KM 23
AH 3121			68	72	11	4	—	M 115×2	—	KM 23
AH 3221			78	82	11	4	—	M 115×2	—	KM 23
AH 2321			94	98	16	4	—	M 120×2	—	KM 24
AH 222	105	110	50	54	11	4	113.50	M 120×2	—	KM 24

续表

退卸衬套型号	尺寸/mm							质量/kg	适配的锁紧螺母型号
	d_1	d	B_1 max	B_4	b	f	D_1 ≈	G	W ≈	
AH 322	105	110	63	67	12	4	114.67	M 120×2	0.663	KM 24
AH 3122			68	72	11	4	—	M 120×2	0.76	KM 24
AHX 3222			82	86	11	4	—	M 120×2	0.883	KM 24
AH 24122			82	91	—	—	—	M 115×2	—	KM 23
AHX 2322			98	102	16	4	117.00	M 120×2	0.350	KM 24
AH 224	115	120	53	57	12	4	—	M 130×2	—	KM 26
AH 3024			60	64	13	4	—	M 130×2	0.75	KML 26
AH 324			69	73	13	4	—	M 130×2	—	KM 26
AH 24024			73	82	—	—	—	M 125×2	—	KM 25
AH 3124			75	79	12	4	—	M 130×2	0.95	KM 26
AHX 3224			90	94	13	4	—	M 130×2	1.11	KM 26
AH 24124			93	102	—	—	—	M 130×2	—	KM 26
AHX 2324			105	109	17	4	127.50	M 130×2	1.60	KM 26
AH 226	125	130	53	57	12	4	—	M 140×2	—	KM 28
AH 3026			67	71	14	4	—	M 140×2	0.93	KML 28
AH 326			74	78	14	4	—	M 140×2	—	KM 28
AH 3126			78	82	12	4	—	M 140×2	1.08	KM 28
AH 24026			83	93	—	—	—	M 135×2	—	KM 27
AH 24126			94	104	—	—	—	M 140×2	—	KM 28
AHX 3226			98	102	15	4	—	M 140×2	1.580	KM 28
AHX 2326			115	119	19	4	138.17	M 140×2	1.970	KM 28
AH 228	135	140	56	61	13	4	—	M 150×2	—	KM 30
AH 3028			68	73	14	4	—	M 150×2	1.01	KML 30
AH 328			77	82	14	4	—	M 150×2	—	KM 30
AH 3128			83	88	14	4	—	M 150×2	1.28	KM 30
AH 24028			83	93	—	—	—	M 145×2	—	KM 29
AH 24128			99	109	—	—	—	M 150×2	—	KM 30
AHX 3228			104	109	15	4	—	M 150×2	1.84	KM 30
AHX 2328			125	130	20	4	148.92	M 150×2	2.330	KM 30
AH 230	145	150	60	65	14	4	—	M 160×3	—	KM 32
AH 3030			72	77	15	4	—	M 160×3	1.15	KML 32
AHX 330			83	88	15	4	—	M 160×3	—	KM 32
AH 24030			90	101	—	—	—	M 155×3	—	KM 31
AHX 3130			96	101	15	4	—	M 160×3	1.79	KM 32
AHX 3230			114	119	17	4	—	M 160×3	2.22	KM 32
AH 24130			115	126	—	—	—	M 160×3	—	KM 32
AHX 2330			135	140	24	4	159.42	M 160×3	2.82	KM 32
AH 232	150	160	64	69	15	5	—	M 170×3	—	KM 34
AH 3032			77	82	16	5	—	M 170×3	2.06	KML 34
AHX 332			88	93	16	5	—	M 170×3	—	KM 34
AH 24032			95	106	—	—	—	M 170×3	—	KM 34
AHX 3132			103	108	16	5	—	M 170×3	2.87	KM 34
AHX 3232			124	130	20	5	—	M 170×3	4.08	KM 34
AH 24132			124	135	—	—	—	M 170×3	—	KM 34
AHX 2332			140	146	24	5	169.92	M 170×3	4.72	KM 34

续表

退卸衬套型号	尺寸/mm								质量/kg	适配的锁紧螺母型号
	d_1	d	B_1 max	B_4	b	f	D_1 ≈	G	W ≈	
AH 3934	160	170	59	64	13	5	—	M 180×3	—	KML 36
AH 234			69	74	16	5	—	M 180×3	—	KM 36
AH 3034			85	90	17	5	—	M 180×3	2.43	KML 36
AHX 334			93	98	17	5	—	M 180×3	—	KM 36
AHX 3134			104	109	16	5	—	M 180×3	3.04	KM 36
AH 24034			106	117	—	—	—	M 180×3	—	KM 36
AH 24134			125	136	—	—	—	M 180×3	—	KM 36
AHX 3234			134	140	24	5	—	M 180×3	4.80	KM 36
AHX 2334			146	152	24	5	180.42	M 180×3	5.25	KM 36
AH 3936	170	180	66	71	13	5	—	M 190×3	—	KML 38
AH 236			69	74	16	5	—	M 190×3	—	KM 38
AH 3036			92	98	17	5	—	M 190×3	2.81	KML 38
AHX 2236			105	110	17	5	—	M 190×3	—	KM 38
AHX 3136			116	122	19	5	—	M 190×3	3.76	KM 38
AH 24036			116	127	—	—	—	M 190×3	—	KM 38
AH 24136			134	145	—	—	—	M 190×3	—	KM 38
AHX 3236			140	146	24	5	—	M 190×3	5.32	KM 38
AHX 2336			154	160	26	5	190.92	M 190×3	5.83	KM 38
AH 3938	180	190	66	71	13	5	—	M 200×3	—	KML 40
AHX 238			73	78	17	5	—	M 200×3	—	KM 40
AHX 3038			96	102	18	5	—	M 200×3	3.32	KML 40
AHX 2238			112	117	18	5	—	M 200×3	—	KM 40
AH 24038			118	131	—	—	—	M 200×3	—	KM 40
AHX 3138			125	131	20	5	—	M 200×3	4.89	KM 40
AHX 3238			145	152	25	5	—	M 200×3	5.90	KM 40
AH 24138			146	159	—	—	—	M 200×3	—	KM 40
AHX 2338			160	167	26	5	201.50	M 200×3	6.63	KM 40
AHX 240	190	200	77	82	18	5	—	Tr 210×4	—	KM 42
AH 3940			77	83	16	5	—	Tr 210×4	—	KM 42
AHX 3040			102	108	19	5	—	Tr 210×4	3.80	KM 42
AH 2240			118	123	19	5	—	Tr 220×4	—	KM 44
AH 24040			127	140	—	—	—	Tr 210×4	—	KM 42
AH 3140			134	140	21	5	—	Tr 220×4	5.49	KM 44
AH 3240			153	160	25	5	—	Tr 220×4	6.68	KM 44
AH 24140			158	171	—	—	—	Tr 210×4	—	KM 42
AH 2340			170	177	30	5	212.00	Tr 220×4	7.54	KM 44
AH 3944	200	220	77	83	16	5	—	Tr 230×4	—	KM 46
AHX 244			85	91	18	5	—	Tr 230×4	—	KM 46
AHX 3044			111	117	20	5	—	Tr 230×4	7.40	KM 46
AH 2244			130	136	20	5	—	Tr 240×4	—	KM 48
AH 24044			138	152	—	—	—	Tr 230×4	—	KM 46
AH 3144			145	151	23	5	—	Tr 240×4	10.40	KM 48
AH 24144			170	184	—	—	—	Tr 230×4	—	KM 46
AH 2344			181	189	30	5	232.83	Tr 240×4	13.50	KM 48
AH 3948	220	240	77	83	16	8	—	Tr 250×4	—	KM 50

续表

退卸衬套型号	尺寸/mm								质量/kg	适配的锁紧螺母型号
	d_1	d	B_1 max	B_4	b	f	D_1 ≈	G	W ≈	
AHX 248	220	240	96	102	22	5	—	Tr 260×4	—	KM 52
AH 3048			116	123	21	5	—	Tr 260×4	8.75	HML 52
AH 24048			138	153	—	—	—	Tr 250×4	—	KM 50
AH 2248			144	150	21	5	—	Tr 260×4	—	KM 52
AH 3148			154	161	25	5	—	Tr 260×4	12.0	KM 52
AH 24148			180	195	—	—	—	Tr 260×4	—	KM 52
AH 2348			189	197	30	5	253.75	Tr 260×4	15.50	KM 52
AH 3952	240	260	94	100	18	8	—	Tr 280×4	—	HML 56
AHX 252			105	111	23	6	—	Tr 280×4	—	KM 56
AH 3052			128	135	23	6	—	Tr 280×4	10.70	HML 56
AHX 2252			155	161	23	6	—	Tr 280×4	—	KM 56
AH 24052			162	178	—	—	—	Tr 280×4	—	KM 56
AHX 3152			172	179	26	6	—	Tr 280×4	16.20	KM 56
AH 24152			202	218	—	—	—	Tr 280×4	—	KM 56
AHX 2352			205	213	30	6	274.58	Tr 280×4	19.60	KM 56
AH 3956	260	280	94	100	18	8	—	Tr 300×4	—	HML 60
AHX 256			105	113	23	6		Tr 300×4	—	HM 60
AH 3056			131	139	24	6	—	Tr 300×4	12.0	HML 60
AHX 2256			155	163	24	6	—	Tr 300×4	—	HM 60
AH 24056			162	179	—	—	—	Tr 300×4	—	HM 60
AHX 3156			175	183	28	6	—	Tr 300×4	17.50	HM 60
AH 24156			202	219	—	—	—	Tr 300×4	—	HM 60
AHX 2356			212	220	30	6	295.50	Tr 300×4	21.60	HM 60
AH 3960	280	300	112	119	21	8	—	Tr 320×5	—	HML 64
AH 3060			145	153	26	6	—	Tr 320×5	14.40	HML 64
AHX 2260			170	178	26	6	—	Tr 320×5	—	HM 64
AH 24060			184	202	—	—	—	Tr 320×5	—	HM 64
AHX 3160			192	200	30	6	—	Tr 320×5	20.80	HM 64
AH 24160			224	242	—	—	—	Tr 320×5	—	HM 64
AHX 3260			228	236	34	6	—	Tr 320×5	26.0	HM 64
AH 3964	300	320	112	119	21	8	—	Tr 340×5	—	HML 68
AHX 3064			149	157	27	6	—	Tr 340×5	16.0	HML 68
AHX 2264			180	190	27	6	—	Tr 340×5	—	HM 68
AH 24064			184	202	—	—	—	Tr 340×5	—	HM 68
AHX 3164			209	217	31	6	—	Tr 340×5	24.50	HM 68
AH 24164			242	260	—	—	—	Tr 340×5	—	HM 68
AHX 3264			246	254	36	6	—	Tr 340×5	30.60	HM 68
AH 3968	320	340	112	119	21	8	—	Tr 360×5	—	HML 72
AHX 3068			162	171	28	6	—	Tr 360×5	19.50	HML 72
AH 24068			206	225	—	—	—	Tr 360×5	—	HM 72
AHX 3168			225	234	33	6	—	Tr 360×5	29.0	HM 72
AHX 3268			264	273	38	6	—	Tr 360×5	35.40	HM 72
AH 24168			269	288	—	—	—	Tr 360×5	—	HM 72
AH 3972	340	360	112	119	21	10	—	Tr 380×5	—	HML 76

续表

退卸衬套型号	尺寸/mm								质量/kg	适配的锁紧螺母型号
	d_1	d	B_1 max	B_4	b	f	D_1 ≈	G	W ≈	
AHX 3072	340	360	167	176	30	6	—	Tr 380×5	21.0	HML 76
AH 24072			206	226	—	—	—	Tr 380×5	—	HM 76
AHX 3172			229	238	35	6	—	Tr 380×5	33.0	HM 76
AH 24172			269	289	—	—	—	Tr 380×5	—	HM 76
AHX 3272			274	283	40	6	—	Tr 380×5	41.50	HM 76
AH 3976	360	380	130	138	22	10	—	Tr 400×5	—	HML 80
AHX 3076			170	180	31	6	—	Tr 400×5	23.2	HML 80
AH 24076			208	228	—	—	—	Tr 400×5	—	HM 80
AHX 3176			232	242	36	6	—	Tr 400×5	35.7	HM 80
AH 24176			271	291	—	—	—	Tr 400×5	—	HM 80
AHX 3276			284	294	42	6	—	Tr 400×5	45.6	HM 80
AH 3980	380	400	130	138	22	10	—	Tr 420×5	—	HML 84
AHX 3080			183	193	33	6	—	Tr 420×5	27.3	HML 84
AH 24080			228	248	—	—	—	Tr 420×5	—	HM 84
AHX 3180			240	250	38	6	—	Tr 420×5	39.5	HM 84
AH 24180			278	298	—	—	—	Tr 420×5	—	HM 84
AHX 3280			302	312	44	6	—	Tr 420×5	51.7	HM 84
AH 3984	400	420	130	138	22	10	—	Tr 440×5	—	HML 88
AHX 3084			186	196	34	8	—	Tr 440×5	29.0	HML 88
AH 24084			230	252	—	—	—	Tr 440×5	—	HM 88
AHX 3184			266	276	40	8	—	Tr 440×5	46.5	HM 88
AH 24184			310	332	—	—	—	Tr 440×5	—	HM 88
AHX 3284			321	331	46	8	—	Tr 440×5	58.9	HM 88
AH 3988	420	440	145	153	25	10	—	Tr 460×5	—	HML 92
AHX 3088			194	205	35	8	—	Tr 460×5	32.0	HML 92
AH 24088			242	264	—	—	—	Tr 460×5	—	HM 92
AHX 3188			270	281	42	8	—	Tr 460×5	49.8	HM 92
AH 24188			310	332	—	—	—	Tr 460×5	—	HM 92
AHX 3288			330	341	48	8	—	Tr 460×5	63.8	HM 92
AH 3992	440	460	145	153	25	10	—	Tr 480×5	—	HML 96
AHX 3092			202	213	37	8	—	Tr 480×5	35.2	HML 96
AH 24092			250	273	—	—	—	Tr 480×5	—	HM 96
AHX 3192			285	296	43	8	—	Tr 480×5	57.9	HM 96
AH 24192			332	355	—	—	—	Tr 480×5	—	HM 96
AHX 3292			349	360	50	8	—	Tr 480×5	74.5	HM 96
AH 3996	460	480	158	167	28	10	—	Tr 500×5	—	HML/500
AHX 3096			205	217	38	8	—	Tr 500×5	39.2	HML/500
AH 24096			250	273	—	—	—	Tr 500×5	—	HM/500
AHX 3196			295	307	45	8	—	Tr 500×5	63.1	HM/500
AH 24196			340	363	—	—	—	Tr 500×5	—	HM/500
AHX 3296			364	376	52	8	—	Tr 500×5	82.1	HM/500
AH 39/500	480	500	162	172	32	10	—	Tr 530×6	—	HML/530
AHX 30/500			209	221	40	8	—	Tr 530×6	42.5	HML/530
AH 240/500			253	276	—	—	—	Tr 530×6	—	HM/530

续表

退卸衬套型号	尺寸/mm								质量/kg	适配的锁紧螺母型号
	d_1	d	B_1 max	B_4	b	f	D_1 ≈	G	W ≈	
AHX 31/500	480	500	313	325	47	8	—	Tr 530×6	70.9	HM/530
AH 241/500			360	383	—	—	—	Tr 530×6	—	HM/530
AHX 32/500			393	405	54	8	—	Tr 530×6	94.6	HM/530
AH 39/530	500	530	175	185	—	—	—	Tr 560×6	—	HML/560
AH 30/530			230	242	—	—	—	Tr 560×6	—	HML/560
AH 240/530			285	309	—	—	—	Tr 560×6	—	HM/560
AH 31/530			325	337	—	—	—	Tr 560×6	—	HM/560
AH 241/530			370	394	—	—	—	Tr 560×6	—	HM/560
AH 32/530			412	424	—	—	—	Tr 560×6	—	HM/560
AH 39/560	530	560	180	190	—	—	—	Tr 600×6	—	HML/600
AH 30/560			240	252	—	—	—	Tr 600×6	—	HML/600
AH 240/560			296	320	—	—	—	Tr 600×6	—	HM/600
AH 31/560			335	347	—	—	—	Tr 600×6	—	HM/600
AH 241/560			393	417	—	—	—	Tr 600×6	—	HM/600
AH 32/560			422	434	—	—	—	Tr 600×6	—	HM/600
AH 39/600	570	600	192	202	—	—	—	Tr 630×6	—	HML/630
AH 30/600			245	259	—	—	—	Tr 630×6	—	HML/630
AH 240/600			310	336	—	—	—	Tr 630×6	—	HM/630
AH 31/600			355	369	—	—	—	Tr 630×6	—	HM 630
AH 241/600			413	439	—	—	—	Tr 630×6	—	HM/630
AH 32/600			445	459	—	—	—	Tr 630×6	—	HM/630
AH 39/630	600	630	210	222	—	—	—	Tr 670×6	—	HML/670
AH 30/630			258	272	—	—	—	Tr 670×6	—	HML/670
AH 240/630			330	356	—	—	—	Tr 670×6	—	HM/670
AH 31/630			375	389	—	—	—	Tr 670×6	—	HM/670
AH 241/630			440	466	—	—	—	Tr 670×6	—	HM/670
AH 32/630			475	489	—	—	—	Tr 670×6	—	HM/670
AH 39/670	630	670	216	228	—	—	—	Tr 710×7	—	HML/710
AH 30/670			280	294	—	—	—	Tr 710×7	—	HML/710
AH 240/670			348	374	—	—	—	Tr 710×7	—	HM/710
AH 31/670			395	409	—	—	—	Tr 710×7	—	HM/710
AH 241/670			452	478	—	—	—	Tr 710×7	—	HM/710
AH 32/670			500	514	—	—	—	Tr 710×7	—	HM/710
AH 39/710	670	710	228	240	—	—	—	Tr 750×7	—	HML/750
AH 30/710			286	302	—	—	—	Tr 750×7	—	HML/750
AH 240/710			360	386	—	—	—	Tr 750×7	—	HM/750
AH 31/710			405	421	—	—	—	Tr 750×7	—	HM/750
AH 241/710			483	509	—	—	—	Tr 750×7	—	HM/750
AH 32/710			515	531	—	—	—	Tr 750×7	—	HM/750
AH 39/750	710	750	234	246	—	—	—	Tr 800×7	—	HML/800

续表

退卸衬套型号	尺寸/mm								质量/kg	适配的锁紧螺母型号
	d_1	d	B_1 max	B_4	b	f	D_1 ≈	G	W ≈	
AH 30/750	710	750	300	316	—	—	—	Tr 800×7	—	HML/800
AH 240/750			380	408	—	—	—	Tr 800×7	—	HM/800
AH 31/750			425	441	—	—	—	Tr 800×7	—	HM/800
AH 241/750			520	548	—	—	—	Tr 800×7	—	HM/800
AH 32/750			540	556	—	—	—	Tr 800×7	—	HM/800
AH 39/800	750	800	245	257	—	—	—	Tr 850×7	—	HML/850
AH 30/800			308	326	—	—	—	Tr 850×7	—	HML/850
AH 240/800			395	423	—	—	—	Tr 850×7	—	HM/850
AH 31/800			438	456	—	—	—	Tr 850×7	—	HM/850
AH 241/800			525	553	—	—	—	Tr 850×7	—	HM/850
AH 32/800			550	568	—	—	—	Tr 850×7	—	HM/850
AH 39/850	800	850	258	270	—	—	—	Tr 900×7	—	HML/900
AH 30/850			325	343	—	—	—	Tr 900×7	—	HML/900
AH 240/850			415	445	—	—	—	Tr 900×7	—	HM/900
AH 31/850			462	480	—	—	—	Tr 900×7	—	HM/900
AH 241/850			560	600	—	—	—	Tr 900×7	—	HM/900
AH 32/850			585	603	—	—	—	Tr 900×7	—	HM/900
AH 39/900	850	900	265	277	—	—	—	Tr 950×8	—	HML/950
AH 30/900			335	355	—	—	—	Tr 950×8	—	HML/950
H 240/900			430	475	—	—	—	Tr 950×8	—	HM/950
AH 31/900			475	495	—	—	—	Tr 950×8	—	HM/950
AH 241/900			575	620	—	—	—	Tr 950×8	—	HM/950
AH 32/900			585	605	—	—	—	Tr 950×8	—	HM/950
AH 39/950	900	950	282	297	—	—	—	Tr 1000×8	—	HML/1000
AH 30/950			355	375	—	—	—	Tr 1000×8	—	HML/1000
AH 240/950			467	512	—	—	—	Tr 1000×8	—	HM/1000
AH 31/950			500	520	—	—	—	Tr 1000×8	—	HM/1000
AH 32/950			600	620	—	—	—	Tr 1000×8	—	HM/1000
AH 241/950			605	650	—	—	—	Tr 1000×8	—	HM/1000
AH 39/1000	950	1000	296	311	—	—	—	Tr 1060×8	—	HML/1060
AH 30/1000			365	387	—	—	—	Tr 1060×8	—	HML/1060
AH 240/1000			469	519	—	—	—	Tr 1060×8	—	HM/1060
AH 31/1000			525	547	—	—	—	Tr 1060×8	—	HM/1060
AH 241/1000			645	695	—	—	—	Tr 1060×8	—	HM/1060
AH 32/1000			630	652	—	—	—	Tr 1060×8	—	HM/1060
AH 39/1060	1000	1060	310	325	—	—	—	Tr 1120×8	—	HML/1120
AH 30/1060			385	407	—	—	—	Tr 1120×8	—	HML/1120
AH 240/1060			498	548	—	—	—	Tr 1120×8	—	HM/1120
AH 31/1060			540	562	—	—	—	Tr 1120×8	—	HM/1120
AH 241/1060			665	715	—	—	—	Tr 1120×8	—	HM/1120

5.18 轴承座

5.18.1 二螺柱立式轴承座

表 7-5-64　适用于圆锥孔带紧定套的调心轴承（等径孔）（GB/T 7813—2008）　mm

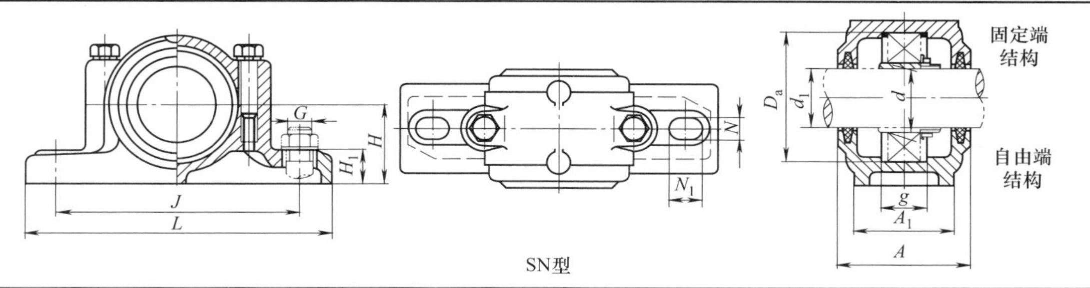

SN型

轴承座型号	d_1	d	D_a	g	A max	A_1	H	H_1 max	L max	J	G	N	N_1 min	质量 W ≈	适用轴承及附件		
															调心球轴承	调心滚子轴承	紧定套
SN 504	17	20	47	24	66	45	35	19	150	115	M 10	12	15	1.1			
SN 505	20	25	52	25	72	46	40	22	170	130	M 12	15	15	1.4	1205 K 2205 K	— —	H 205 H 305
SN 605			62	34	82	52	50	22	190	150	M 12	15	15	2.0	1305 K 2305 K	— —	H 305 H 2305
SN 506	25	30	62	30	82	52	50	22	190	150	M 12	15	15	1.9	1206 K 2206 K	— —	H 206 H 306
SN 606			72	37	85	52	50	22	190	150	M 12	15	15	2.2	1306 K 2306 K	— —	H 306 H 2306
SN 507	30	35	72	33	85	52	50	22	190	150	M 12	15	15	2.1	1207 K 2207 K	— —	H 207 H 307
SN 607			80	41	92	60	60	25	210	170	M 12	15	15	3.3	1307 K 2307 K	— —	H 307 H 2307
SN 508	35	40	80	33	92	60	60	25	210	170	M 12	15	15	3.1	1208 K 2208 K	— 22208 CK	H 208 H 308
SN 608			90	43	100	60	60	25	210	170	M 12	15	15	3.4	1308 K 2308 K	— 22308 CK	H 308 H 2308
SN 509	40	45	85	31	92	60	60	25	210	170	M 12	15	15	2.9	1209 K 2209 K	— 22209 CK	H 209 H 309
SN 609			100	46	105	70	70	28	270	210	M 16	18	18	4.7	1309 K 2309 K	— 22309 CK	H 309 H 2309
SN 510	45	50	90	33	100	60	60	25	210	170	M 12	15	15	3.3	1210 K 2210 K	— 22210 CK	H 210 H 310
SN 610			110	50	115	70	70	30	270	210	M 16	18	18	5.0	1310 K 2310 K	— 22310 CK	H 310 H 2310
SN 511	50	55	100	33	105	70	70	28	270	210	M 16	18	18	4.6	1211 K 2211 K	— 22211 CK	H 211 H 311
SN 611			120	53	120	80	80	30	290	230	M 16	18	18	6.6	1311 K 2311 K	— 22311 CK	H 311 H 2311
SN 512	55	60	110	38	115	70	70	30	270	210	M 16	18	18	5.4	1212 K 2212 K	— 22212 CK	H 212 H 312
SN 612			130	56	125	80	80	30	290	230	M 16	18	18	7.3	1312 K 2312 K	— 22312 CK	H 312 H 2312

续表

轴承座型号	d_1	d	D_a	g	A max	A_1	H	H_1 max	L max	J	G	N	N_1 min	质量 W ≈	适用轴承及附件		
															调心球轴承	调心滚子轴承	紧定套
SN 513	60	65	120	43	120	80	80	30	290	230	M 16	18	18	6.7	1213 K 2213 K	— 22213 CK	H 213 H 313
SN 613			140	58	135	90	95	32	330	260	M 20	22	22	9.9	1313 K 2313 K	— 22313 CK	H 313 H 2313
SN 515	65	75	130	41	125	80	80	30	290	230	M 16	18	18	7.3	1215 K 2215 K	— 22215 CK	H 215 H 315
SN 615			160	65	145	100	100	35	360	290	M 20	22	22	13.3	1315 K 2315 K	— 22315 CK	H 315 H 2315
SN 516	70	80	140	43	135	90	95	32	330	260	M 20	22	22	9.3	1216 K 2216 K	— 22216 CK	H 216 H 316
SN 616			170	68	150	100	112	35	360	290	M 20	22	22	14.3	1316 K 2316 K	— 22316 CK	H 316 H 2316
SN 517	75	85	150	46	140	90	95	32	330	260	M 20	22	22	9.8	1217 K 2217 K	— 22217 CK	H 217 H 317
SN 617			180	70	165	110	112	40	400	320	M 24	26	26	15	1317 K 2317 K	— 22317 CK	H 317 H 2317
SN 518	80	90	160	62.4	145	100	100	35	360	290	M 20	22	22	12.5	1218 K 2218 K —	— 22218 CK 23218 CK	H 218 H 318 H 2318
SN 618			190	74	165	110	112	40	405	320	M 24	26	26	—	1318 K 2318 K	— 22318 CK	H 318 H 2318
SN 619	85	95	200	77	117	120	125	45	420	350	M 24	26	26	—	1319 K 2319 K	— 22319 CK	H 319 H 2319
SN 520	90	100	180	70.3	165	110	112	40	400	320	M 24	26	26	17	1220 K 2220 K —	— 22220 CK 23220 CK	H 220 H 320 H 2320
SN 620			215	83	187	120	140	45	420	350	M 24	26	26	—	1320 K 2320 K	— 22320 CK	H 320 H 2320
SN 522	100	110	200	80	177	120	125	45	420	350	M 24	26	26	18.5	1222 K 2222 K —	— 22222 CK 23222 CK	H 222 H 322 H 2322
SN 622			240	90	195	130	150	50	475	390	M 24	28	28	—	1322 K 2322 K	— 22322 CK	H 322 H 2322
SN 524	110	120	215	86	187	120	140	45	420	350	M 24	26	26	24.5	—	22224 CK 23224 CK	H 3124 H 2324
SN 624			260	96	210	160	160	60	545	450	M 30	35	35	—	—	22324 CK	H 2324
SN 526	115	130	230	90	192	130	150	50	450	380	M 24	28	28	30	—	22226 CK 23226 CK	H 3126 H 2326
SN 626			280	103	225	160	170	60	565	470	M 30	35	35	—	—	22326 CK	H 2326
SN 528	125	140	250	98	207	150	150	50	510	420	M 30	35	35	38	—	22228 CK 23228 CK	H 3128 H 2328
SN 628			300	112	237	170	180	65	630	520	M 30	35	35	—	—	22328 CK	H 2328

续表

轴承座型号	d_1	d	D_a	g	A max	A_1	H	H_1 max	L max	J	G	N	N_1 min	质量 W ≈	适用轴承及附件		
															调心球轴承	调心滚子轴承	紧定套
SN 530	135	150	270	106	224	160	160	60	540	450	M 30	35	35	45.6	—	22230 CK 23230 CK	H 3130 H 2330
SN 630			320	118	245	180	190	65	680	560	M 30	35	35	—	—	22330 CK	H 2330
SN 532	140	160	290	114	237	160	170	60	560	470	M 30	35	35	53.8	—	22232 CK 23232 CK	H 3132 H 2332
SN 632			340	124	260	190	200	70	710	580	M 36	42	42	—	—	22332 CK	H 2332

注：SN 524～SN 532 和 SN 624～SN 632 应装有吊环螺钉。

表 7-5-65　适用于圆柱孔的调心轴承（等径孔）（GB/T 7813—2008）　mm

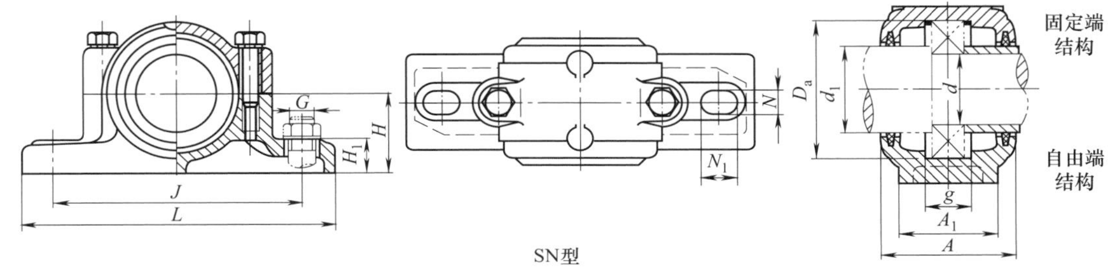

SN型

轴承座型号	d	D_a	g	A max	A_1	H	H_1 max	L max	J	G	N	N_1 min	d_1	质量 W ≈	适用轴承			
															调心球轴承		调心滚子轴承	
SN 205	25	52	25	72	46	40	22	170	130	M 12	15	15	30	1.3	1205	2205	22205 C	—
SN 305		62	34	82	52	50	22	185	150	M 12	15	20	30	1.9	1305	2305	—	—
SN 206	30	62	30	82	52	50	22	190	150	M 12	15	15	35	1.8	1206	2206	22206 C	—
SN 306		72	37	85	52	50	22	185	150	M 12	15	20	35	2.1	1306	2306	—	—
SN 207	35	72	33	85	52	50	22	190	150	M 12	15	15	45	2.1	1207	2207	22207 C	—
SN 307		80	41	92	60	60	25	205	170	M 12	15	20	45	3.0	1307	2307	—	—
SN 208	40	80	33	92	60	60	25	210	170	M 12	15	15	50	2.6	1208	2208	22208 C	—
SN 308		90	43	100	60	60	25	205	170	M 12	15	20	50	3.3	1308	2308	22308 C	21308 C
SN 209	45	85	31	92	60	60	25	210	170	M 12	15	15	55	2.8	1209	2209	22209 C	—
SN 309		100	46	105	70	70	28	255	210	M 16	18	23	55	4.6	1309	2309	22309 C	21309 C
SN 210	50	90	33	100	60	60	25	210	170	M 12	15	15	60	3.1	1210	2210	22210 C	—
SN 310		110	50	115	70	70	30	255	210	M 16	18	23	60	5.1	1310	2310	22310 C	21310 C
SN 211	55	100	33	105	70	70	28	270	210	M 16	18	18	65	4.3	1211	2211	22211 C	—
SN 311		120	53	120	80	80	30	275	230	M 16	18	23	65	6.5	1311	2311	22311 C	21311 C
SN 212	60	110	38	115	70	70	30	270	210	M 16	18	18	70	5.0	1212	2212	22212 C	—
SN 312		130	56	125	80	80	30	280	230	M 16	18	23	70	7.3	1312	2312	22312 C	21312 C
SN 213	65	120	43	120	80	80	30	290	230	M 16	18	18	75	6.3	1213	2213	22213 C	—
SN 313		140	58	135	90	95	32	315	260	M 20	22	27	75	9.7	1313	2313	22313 C	21313 C
SN 214	70	125	44	120	80	80	30	290	230	M 16	18	18	80	6.1	1214	2214	22214 C	—

续表

轴承座型号	d	D_a	g	A max	A_1	H	H_1 max	L max	J	G	N	N_1 min	d_1	质量 W ≈	适用轴承			
															调心球轴承		调心滚子轴承	
SN 314	70	150	61	140	90	95	32	320	260	M 20	22	27	80	11.0	1314	2314	22314 C	21314 C
SN 215	75	130	41	125	80	80	30	290	230	M 16	18	18	85	7.0	1215	2215	22215 C	—
SN 315		160	65	145	100	100	35	345	290	M 20	22	27	85	14.0	1315	2315	22315 C	21315 C
SN 216	80	140	43	135	90	95	32	330	260	M 20	22	22	90	9.3	1216	2216	22216 C	—
SN 316		170	68	150	100	112	35	345	290	M 20	22	27	90	13.8	1316	2316	22316 C	21316 C
SN 217	85	150	46	140	90	95	32	330	260	M 20	22	22	95	9.8	1217	2217	22217 C	—
SN 317		180	70	165	110	112	40	380	320	M 24	26	32	95	15.8	1317	2317	22317 C	21317 C
SN 218	90	160	62.4	145	100	100	35	360	290	M 20	22	22	100	12.3	1218	2218	22218 C	—
SN 220	100	180	70.3	165	110	112	40	400	320	M 24	26	26	115	16.5	1220	2220	22220 C	23220 C
SN 222	110	200	80	177	120	125	45	420	350	M 24	26	26	125	19.3	1222	2222	22222 C	23222 C
SN 224	120	215	86	187	120	140	45	420	350	M 24	26	26	135	24.6	—	—	22224 C	23224 C
SN 226	130	230	90	192	130	150	50	450	380	M 24	26	26	145	30.0	—	—	22226 C	23226 C
SN 228	140	250	98	207	150	150	50	510	420	M 30	35	35	155	37.0	—	—	22228 C	23228 C
SN 230	150	270	106	224	160	160	60	540	450	M 30	35	35	165	45.0	—	—	22230 C	23230 C
SN 232	160	290	114	237	160	170	60	560	470	M 30	35	35	175	53.0	—	—	22232 C	23232 C

表 7-5-66　适用于圆柱孔的调心轴承（异径孔）（GB/T 7813—2008） mm

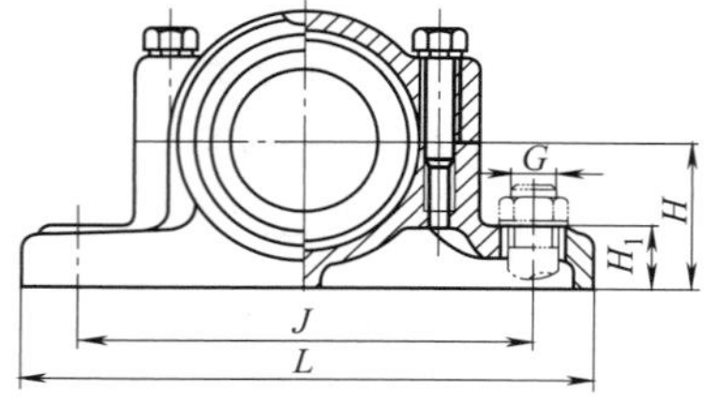

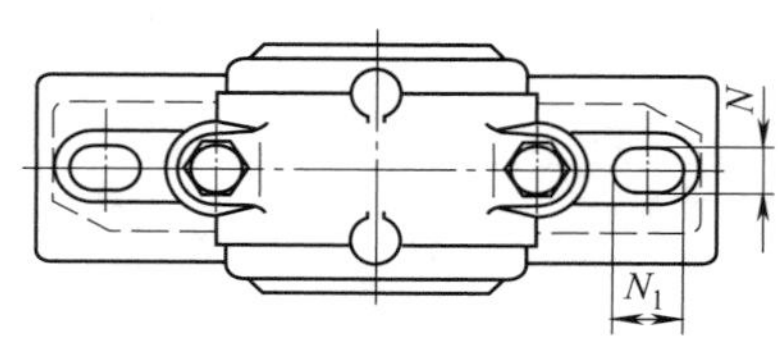

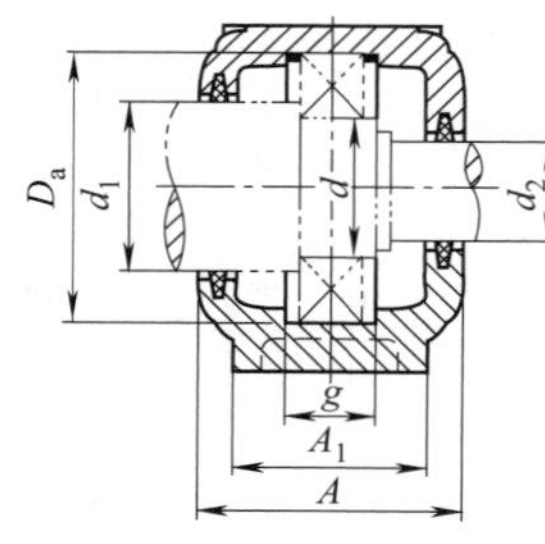

SNK型

轴承座型号	d	D_a	g	A max	A_1	H	H_1 max	L max	J	G	N	N_1 min	d_1	d_2	质量 W ≈	适用轴承			
																调心球轴承		调心滚子轴承	
SNK 205	25	52	25	72	46	40	22	170	130	M 12	15	15	30	20	1.3	1205	2205	22205 C	—
SNK 305		62	34	82	52	50	22	185	150	M 12	15	20	30	20	1.9	1305	2305	—	—
SNK 206	30	62	30	82	52	50	22	190	150	M 12	15	15	35	25	1.8	1206	2206	22206 C	—
SNK 306		72	37	85	52	50	22	185	150	M 12	15	20	35	25	2.1	1306	2306	—	—
SNK 207	35	72	33	85	52	50	22	190	150	M 12	15	15	45	30	2.1	1207	2207	22207 C	—
SNK 307		80	41	92	60	60	25	205	170	M 12	15	20	45	30	3.0	1307	2307	—	—
SNK 208	40	80	33	92	60	60	25	210	170	M 12	15	15	50	35	2.6	1208	2208	22208 C	—
SNK 308		90	43	100	60	60	25	205	170	M 12	15	20	50	35	3.3	1308	2308	22308 C	21308 C
SNK 209	45	85	31	92	60	60	25	210	170	M 12	15	15	55	40	2.8	1209	2209	22209 C	—
SNK 309		100	46	105	70	70	28	255	210	M 16	18	23	55	40	4.6	1309	2309	22309 C	21309 C
SNK 210	50	90	33	100	60	60	25	210	170	M 12	15	15	60	45	3.1	1210	2210	22210 C	—
SNK 310		110	50	115	70	70	30	255	210	M 16	18	23	60	45	5.1	1310	2310	22310 C	21310 C

续表

轴承座型号	d	D_a	g	A max	A_1	H	H_1 max	L max	J	G	N	N_1 min	d_1	d_2	质量 W ≈	适用轴承			
																调心球轴承		调心滚子轴承	
SNK 211	55	100	33	105	70	70	28	270	210	M 16	18	18	65	50	4.3	1211	2211	22211 C	—
SNK 311		120	53	120	80	80	30	275	230	M 16	18	23	65	50	6.5	1311	2311	22311 C	21311 C
SNK 212	60	110	38	115	70	70	30	270	210	M 16	18	18	70	55	5.0	1212	2212	22212 C	—
SNK 312		130	56	125	80	80	30	280	230	M 16	18	23	70	55	7.3	1312	2312	22312 C	21312 C
SNK 213	65	120	43	120	80	80	30	290	230	M 16	18	18	75	60	6.3	1213	2213	22213 C	—
SNK 313		140	58	135	90	95	32	315	260	M 20	22	27	75	60	9.7	1313	2313	22313 C	21313 C
SNK 214	70	125	44	120	80	80	30	290	230	M 16	18	18	80	65	6.1	1214	2214	22214 C	—
SNK 314		150	61	140	90	95	32	320	260	M 20	22	27	80	65	11.0	1314	2314	22314 C	21314 C
SNK 215	75	130	41	125	80	80	30	290	230	M 16	18	18	85	70	7.0	1215	2215	22215 C	—
SNK 315		160	65	145	100	100	35	345	290	M 20	22	27	85	70	14.0	1315	2315	22315 C	21315 C
SNK 216	80	140	43	135	90	95	32	330	260	M 20	22	22	90	75	9.3	1216	2216	22216 C	—
SNK 316		170	68	150	100	112	35	345	290	M 20	22	27	90	75	13.8	1316	2316	22316 C	21316 C
SNK 217	85	150	46	140	90	95	32	330	260	M 20	22	22	95	80	9.8	1217	2217	22217 C	—
SNK 317		180	70	165	110	112	40	380	320	M 24	26	32	95	80	15.8	1317	2317	22317 C	21317 C
SNK 218	90	160	62.4	145	100	100	35	360	290	M 20	22	22	100	85	12.3	1218	2218	22218 C	—
SNK 220	100	180	70.3	165	110	112	40	400	320	M 24	26	26	115	95	16.5	1220	2220	22220 C	23220 C
SNK 222	110	200	80	177	120	125	45	420	350	M 24	26	26	125	105	19.3	1222	2222	22222 C	23222 C
SNK 224	120	215	86	187	120	140	45	420	350	M 24	26	26	135	115	24.6	—	—	22224 C	23224 C
SNK 226	130	230	90	192	130	150	50	450	380	M 24	26	26	145	125	30.0	—	—	22226 C	23226 C
SNK 228	140	250	98	207	150	150	50	510	420	M 30	35	35	155	135	37.0	—	—	22228 C	23228 C
SNK 230	150	270	106	224	160	160	60	540	450	M 30	35	35	165	145	45.0	—	—	22230 C	23230 C
SNK 232	160	290	114	237	160	170	60	560	470	M 30	35	35	175	150	53.0	—	—	22232 C	23232 C

5.18.2　四螺柱立式轴承座

表 7-5-67　　适用于圆锥孔带紧定套的调心轴承（GB/T 7813—2008）　　mm

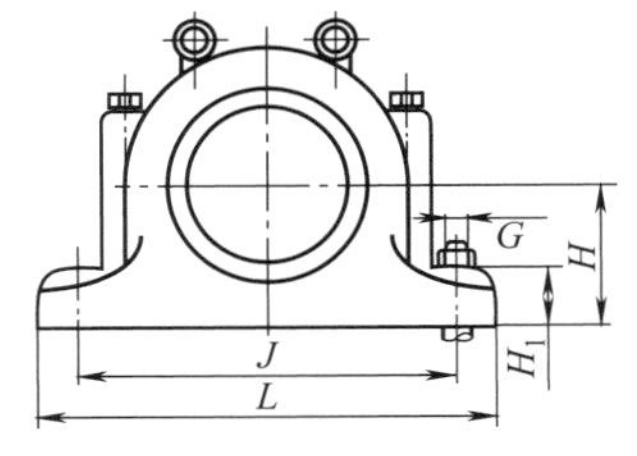

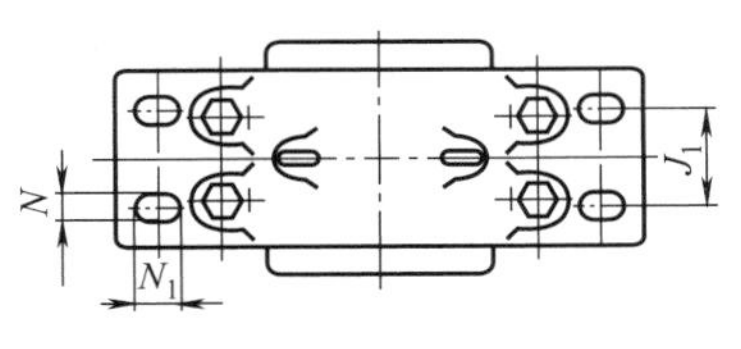

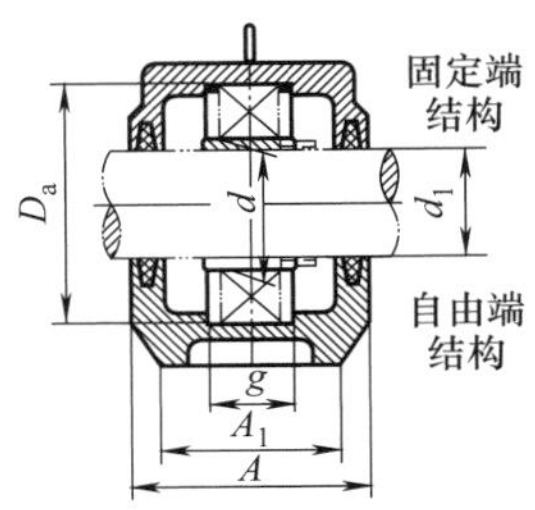

SD型

轴承座型号	d_1	d	D_a	H	g	J	J_1	A max	L max	A_1	H_1 max	G	N	N_1 min	适用轴承及附件	
															调心滚子轴承	紧定套
SD 3134 TS	150	170	280	170	108	430	100	235	515	180	70	M 24	28	28	23134 CK	H 3134
SD 534			310	180	96	510	140	270	620	250	60	M 30	35	35	22234 CK	H 3134
SD 634			360	210	130	610	170	300	740	290	65	M 30	35	35	22334 CK	H 2334
SD 3136 TS	160	180	300	180	116	450	110	245	535	190	75	M 24	28	28	23136 CK	H 3136
SD 536			320	190	96	540	150	280	650	260	60	M 30	35	35	22236 CK	H 3136

续表

轴承座型号	d_1	d	D_a	H	g	J	J_1	A max	L max	A_1	H_1 max	G	N	N_1 min	适用轴承及附件	
															调心滚子轴承	紧定套
SD 636	160	180	380	225	136	640	180	320	780	310	70	M 36	40	40	22336 CK	H 2336
SD 3138 TS	170	190	320	190	124	480	120	265	565	210	80	M 24	28	28	23138 CK	H 3138
SD 538			340	200	102	570	160	290	700	280	65	M 30	35	35	22238 CK	H 3138
SD 638			400	240	142	680	190	330	820	320	70	M 36	40	40	22338 CK	H 2338
SD 3140 TS	180	200	340	210	132	510	130	285	615	230	85	M 30	35	35	23140 CK	H 3140
SD 540			360	210	108	610	170	300	740	290	65	M 30	35	35	22240 CK	H 3140
SD 640			420	250	148	710	200	350	860	340	85	M 36	42	42	22340 CK	H 2340
SD 3144 TS	200	220	370	220	140	540	140	295	645	240	90	M 30	35	35	23144 CK	H 3144
SD 544			400	240	118	680	190	330	820	320	70	M 36	40	40	22244 CK	H 3144
SD 644			460	280	15	770	210	360	920	350	85	M 36	42	42	22344 CK	H 2344
SD 3148 TS	220	240	400	240	148	600	150	315	705	260	95	M 30	35	35	23148 CK	H 3148
SD 548			440	260	132	740	200	340	880	330	85	M 36	42	42	22248 CK	H 3148
SD 648			500	300	165	830	230	390	990	380	100	M 42	50	50	22348 CK	H 2348
SD 3152 TS	240	260	440	260	164	650	160	325	775	280	100	M 36	42	42	23152 CAK	H 3152
SD 552			480	280	140	790	210	370	940	360	85	M 36	42	42	22252 CAK	H 3152
SD 652			540	325	175	890	250	410	1060	400	100	M 42	50	50	22352 CAK	H 2352
SD 3156 TS	260	280	460	280	166	670	160	325	795	280	105	M 36	42	42	23156 CAK	H 3156
SD 556			500	300	140	830	230	390	990	380	100	M 42	50	50	22256 CAK	H 3156
SD 656			580	355	185	930	270	440	1110	430	110	M 48	57	57	22336 CAK	H 2356
SD 3160 TS	280	300	500	300	180	710	190	355	835	310	110	M 36	42	42	23160 CAK	H 3160
SD 560			540	325	150	890	250	410	1060	400	100	M 42	50	50	22260 CAK	H 3160
SD 3164 TS	300	320	540	320	196	750	200	375	885	330	115	M 36	42	42	23164 CAK	H 3164
SD 564			580	355	160	930	270	440	1110	430	110	M 48	57	57	22264 CA K	H 3164

注：不利用止推环使轴承在轴承座内固定时，g 值减小 20mm。

5.19 止推环

表 7-5-68　　止推环（GB/T 7813—2008）　　mm

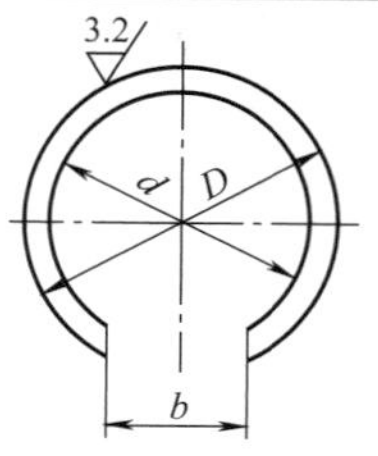

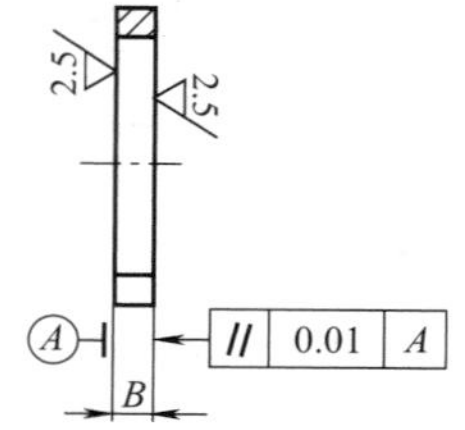

型　号	外形尺寸/mm				型　号	外形尺寸/mm			
	D	d	B	b		D	d	B	b
SR 52×5	52	45	5	32	SR 72×8	72	64	8	47
SR 52×7	52	45	7	32	SR 72×9	72	64	9	47
SR 62×7	62	54	7	38	SR 72×10	72	64	10	47
SR 62×8.5	62	54	8.5	38	SR 80×7.5	80	70	7.5	52
SR 62×10	62	54	10	38	SR 80×10	80	70	10	52

续表

型　号	外形尺寸/mm				型　号	外形尺寸/mm			
	D	d	B	b		D	d	B	b
SR 85×6	85	75	6	57	SR 260×10	260	238	10	170
SR 85×8	85	75	8	57	SR 270×10	270	248	10	170
SR 90×6.5	90	80	6.5	62	SR 270×16.5	270	248	16.5	170
SR 90×10	90	80	10	62	SR 280×10	280	255	10	170
SR 100×6	100	90	6	68	SR 290×10	290	268	10	180
SR 100×8	100	90	8	68	SR 290×17	290	268	17	180
SR 100×10	100	90	10	68	SR 300×10	300	275	10	190
SR 100×10.5	100	90	10.5	68	SR 310×5	310	285	5	190
SR 110×8	110	99	8	73	SR 310×10	310	285	10	190
SR 110×10	110	99	10	73	SR 320×5	320	296	5	200
SR 110×11.5	110	99	11.5	73	SR 320×10	320	296	10	200
SR 120×10	120	108	10	78	SR 340×5	340	314	5	210
SR 120×12	120	108	12	78	SR 340×10	340	314	10	210
SR 125×10	125	113	10	84	SR 360×5	360	332	5	210
SR 125×13	125	113	13	84	SR 360×10	360	332	10	210
SR 130×8	130	118	8	88	SR 370×10	370	337	10	210
SR 130×10	130	118	10	88	SR 380×5	380	342	5	210
SR 130×12.5	130	118	12.5	88	SR 400×5	400	369	5	210
SR 140×8.5	140	127	8.5	93	SR 400×10	400	369	10	210
SR 140×10	140	127	10	93	SR 420×5	420	379	5	220
SR 140×12.5	140	127	12.5	93	SR 160×11.2	160	144	11.2	105
SR 150×9	150	135	9	98	SR 160×14	160	144	14	105
SR 150×10	150	135	10	98	SR 160×16.2	160	144	16.2	105
SR 150×13	150	135	13	98	SR 170×10	170	154	10	112
SR 160×10	160	144	10	105	SR 170×10.5	170	154	10.5	112
SR 190×10	190	173	10	130	SR 170×14.5	170	154	14.5	112
SR 190×15.5	190	173	15.5	130	SR 180×10	180	163	10	120
SR 200×10	200	180	10	130	SR 180×12.1	180	163	12.1	120
SR 200×13.5	200	180	13.5	130	SR 180×14.5	180	163	14.5	120
SR 200×16	200	180	16	130	SR 180×18.1	180	163	18.1	120
SR 200×21	200	180	21	130	SR 440×5	440	420	5	220
SR 215×10	215	195	10	140	SR 440×10	440	420	10	220
SR 215×14	215	195	14	140	SR 460×5	460	430	5	200
SR 215×18	215	195	18	140	SR 460×10	460	430	10	200
SR 230×10	230	210	10	150	SR 480×5	480	451	5	240
SR 230×13	230	210	13	150	SR 500×5	500	461	5	220
SR 240×10	240	218	10	150	SR 500×10	500	461	10	220
SR 240×20	240	218	20	150	SR 540×5	540	487	5	240
SR 250×10	250	230	10	160	SR 540×10	540	487	10	240
SR 250×15	250	230	15	160	SR 580×5	580	524	5	260

附录

附录一 滚动轴承现行标准目录

附表 7-1 滚动轴承国家标准目录

序号	标准号	标准名称
1	GB/T 271—2017	滚动轴承 分类
2	GB/T 272—2017	滚动轴承 代号方法
3	GB/T 273.1—2011	滚动轴承 外形尺寸总方案 第1部分:圆锥滚子轴承
4	GB/T 273.2—2006	滚动轴承 推力轴承 外形尺寸总方案
5	GB/T 273.3—2015	滚动轴承 外形尺寸总方案 第3部分:向心轴承
6	GB/T 274—2000	滚动轴承 倒角尺寸最大值
7	GB/T 275—2015	滚动轴承 配合
8	GB/T 276—2013	滚动轴承 深沟球轴承 外形尺寸
9	GB/T 281—2013	滚动轴承 调心球轴承 外形尺寸
10	GB/T 283—2007	滚动轴承 圆柱滚子轴承 外形尺寸
11	GB/T 285—2013	滚动轴承 双列圆柱滚子轴承 外形尺寸
12	GB/T 288—2013	滚动轴承 调心滚子轴承 外形尺寸
13	GB/T 290—2017	滚动轴承 无内圈冲压外圈滚针轴承 外形尺寸
14	GB/T 292—2007	滚动轴承 角接触球轴承 外形尺寸
15	GB/T 294—2015	滚动轴承 三点和四点接触球轴承 外形尺寸
16	GB/T 296—2015	滚动轴承 双列角接触球轴承 外形尺寸
17	GB/T 297—2015	滚动轴承 圆锥滚子轴承 外形尺寸
18	GB/T 299—2008	滚动轴承 双列圆锥滚子轴承 外形尺寸
19	GB/T 300—2008	滚动轴承 四列圆锥滚子轴承 外形尺寸
20	GB/T 301—2015	滚动轴承 推力球轴承 外形尺寸
21	GB/T 304.1—2017	关节轴承 分类
22	GB/T 304.2—2015	关节轴承 代号方法
23	GB/T 304.3—2002	关节轴承 配合
24	GB/T 304.9—2008	关节轴承 通用技术规则
25	GB/T 305—1998	滚动轴承 外圈上的止动槽和止动环 尺寸和公差
26	GB/T 307.1—2017	滚动轴承 向心轴承 产品几何技术规范(GPS)和公差值
27	GB/T 307.2—2005	滚动轴承 测量和检验的原则及方法
28	GB/T 307.3—2017	滚动轴承 通用技术规则
29	GB/T 307.4—2017	滚动轴承 推力轴承产品几何技术规范(GPS)和公差值
30	GB/T 308.1—2013	滚动轴承 球 第1部分:钢球
31	GB/T 308.2—2010	滚动轴承 球 第2部分:陶瓷球
32	GB/T 309—2000	滚动轴承 滚针
33	GB/T 3882—2017	滚动轴承 外球面球轴承和偏心套 外形尺寸
34	GB/T 3944—2002	关节轴承 词汇

续表

序号	标准号	标准名称
35	GB/T 4199—2003	滚动轴承　公差　定义
36	GB/T 4604.1—2012	滚动轴承　游隙　第1部分：向心轴承的径向游隙
37	GB/T 4604.2—2013	滚动轴承　游隙　第2部分：四点接触球轴承的轴向游隙
38	GB/T 4605—2003	滚动轴承　推力滚针和保持架组件及推力垫圈
39	GB/T 4661—2015	滚动轴承　圆柱滚子
40	GB/T 4662—2012	滚动轴承　额定静载荷
41	GB/T 4663—2017	滚动轴承　推力圆柱滚子轴承　外形尺寸
42	GB/T 5800.1—2012	滚动轴承　仪器用精密轴承　第1部分：公制系列轴承的外形尺寸、公差和特性
43	GB/T 5800.2—2012	滚动轴承　仪器用精密轴承　第2部分：英制系列轴承的外形尺寸、公差和特性
44	GB/T 5801—2006	滚动轴承　48、49和69尺寸系列滚针轴承　外形尺寸和公差
45	GB/T 5859—2008	滚动轴承　推力调心滚子轴承　外形尺寸
46	GB/T 5868—2003	滚动轴承　安装尺寸
47	GB/T 6391—2010	滚动轴承　额定动载荷和额定寿命
48	GB/T 6445—2007	滚动轴承　滚轮滚针轴承　外形尺寸和公差
49	GB/T 6930—2002	滚动轴承　词汇
50	GB/T 7217—2013	滚动轴承　凸缘外圈向心球轴承　凸缘尺寸
51	GB/T 7218—2013	滚动轴承　凸缘外圈微型向心球轴承　外形尺寸
52	GB/T 7809—2017	滚动轴承　外球面球轴承座　外形尺寸
53	GB/T 7810—2017	滚动轴承　带座外球面球轴承　外形尺寸
54	GB/T 7811—2015	滚动轴承　参数符号
55	GB/T 7813—2008	滚动轴承　剖分立式轴承座　外形尺寸
56	GB/T 8597—2013	滚动轴承　防锈包装
57	GB/T 9160.1—2017	滚动轴承　附件　第1部分：紧定套和退卸衬套
58	GB/T 9160.2—2017	滚动轴承　附件　第2部分：锁紧螺母和锁紧装置
59	GB/T 9161—2001	关节轴承　杆端关节轴承
60	GB/T 9162—2001	关节轴承　推力关节轴承
61	GB/T 9163—2001	关节轴承　向心关节轴承
62	GB/T 9164—2001	关节轴承　角接触关节轴承
63	GB/T 12764—2009	滚动轴承　无内圈、冲压外圈滚针轴承　外形尺寸和公差
64	GB/T 12765—1991	关节轴承　安装尺寸
65	GB/T 16643—2015	滚动轴承　滚针和推力圆柱滚子组合轴承　外形尺寸
66	GB/T 16940—2012	滚动轴承　套筒型直线球轴承　外形尺寸和公差
67	GB/T 19673.1—2013	滚动轴承　套筒型直线球轴承附件　第1部分：1、3系列外形尺寸和公差
68	GB/T 19673.2—2013	滚动轴承　套筒型直线球轴承附件　第2部分：5系列外形尺寸和公差
69	GB/T 20056—2015	滚动轴承　向心滚针和保持架组件　外形尺寸和公差
70	GB/T 20057—2012	滚动轴承　圆柱滚子轴承　平挡圈和套圈无挡边端倒角尺寸
71	GB/T 20058—2017	滚动轴承　单列角接触球轴承　外圈非推力端倒角尺寸
72	GB/T 20060—2011	滚动轴承　圆柱滚子轴承 可分离斜挡圈　外形尺寸
73	GB/T 21559.1—2008	滚动轴承　直线运动滚动支承　第1部分：额定动载荷和额定寿命
74	GB/T 21559.2—2008	滚动轴承　直线运动滚动支承　第2部分：额定静载荷
75	GB/T 24604—2009	滚动轴承　机床丝杠用推力角接触球轴承
76	GB/T 24605—2009	滚动轴承　产品标志

续表

序号	标准号	标准名称
77	GB/T 24606—2009	滚动轴承　无损检测　磁粉检测
78	GB/T 24607—2009	滚动轴承　寿命与可靠性试验及评定
79	GB/T 24608—2009	滚动轴承及其商品零件检验规则
80	GB/T 24609—2009	滚动轴承　额定热转速 计算方法和系数
81	GB/T 24610.1—2009	滚动轴承　振动测量方法　第1部分:基础
82	GB/T 24610.2—2009	滚动轴承　振动测量方法　第2部分:具有圆柱孔和圆柱外表面的向心球轴承
83	GB/T 24610.3—2009	滚动轴承　振动测量方法　第3部分:具有圆柱孔和圆柱外表面的调心滚子轴承和圆锥滚子轴承
84	GB/T 24610.4—2009	滚动轴承　振动测量方法　第4部分:具有圆柱孔和圆柱外表面的圆柱滚子轴承
85	GB/T 24611—2009	滚动轴承　损伤和失效　术语、特征及原因
86	GB/T 25760—2010	滚动轴承　滚针和推力球组合轴承　外形尺寸
87	GB/T 25761—2010	滚动轴承　滚针和角接触球组合轴承　外形尺寸
88	GB/T 25762—2010	滚动轴承　摩托车连杆支承用滚针和保持架组件
89	GB/T 25763—2010	滚动轴承　汽车变速箱用滚针轴承
90	GB/T 25764—2010	滚动轴承　汽车变速箱用滚子轴承
91	GB/T 25765—2010	滚动轴承　汽车变速箱用球轴承
92	GB/T 25766—2010	滚动轴承　外球面球轴承　径向游隙
93	GB/T 25767—2010	滚动轴承　圆锥滚子
94	GB/T 25768—2010	滚动轴承　滚针和双向推力圆柱滚子组合轴承
95	GB/T 25769—2010	滚动轴承　径向游隙的测量方法
96	GB/T 25770—2010	滚动轴承　铁路货车轴承
97	GB/T 25771—2010	滚动轴承　铁路机车轴承
98	GB/T 25772—2010	滚动轴承　铁路客车轴承
99	GB/T 27554—2011	滚动轴承　带座外球面球轴承　代号方法
100	GB/T 27555—2011	滚动轴承　带座外球面球轴承　技术条件
101	GB/T 27556—2011	滚动轴承　向心轴承定位槽　尺寸和公差
102	GB/T 27557—2011	滚动轴承　直线运动滚动支承　代号方法
103	GB/T 27558—2011	滚动轴承　直线运动滚动支承　分类
104	GB/T 27559—2011	滚动轴承　机床主轴用圆柱滚子轴承
105	GB/T 27560—2011	滚动轴承　外球面球轴承铸造座　技术条件
106	GB/T 28268—2012	滚动轴承　冲压保持架技术条件
107	GB/T 28697—2012	滚动轴承　调心推力球轴承和调心座垫圈　外形尺寸
108	GB/T 28698—2012	滚动轴承　电机用深沟球轴承　技术条件
109	GB/T 28779—2012	滚动轴承　带座外球面球轴承　分类
110	GB/T 29717—2013	滚动轴承　风力发电机组偏航、变桨轴承
111	GB/T 29718—2013	滚动轴承　风力发电机组主轴轴承
112	GB/T 29719—2013	滚动轴承　直线运动滚动支承　词汇
113	GB /T 32321—2015	滚动轴承　密封深沟球轴承　防尘、漏脂及温升性能试验规程
114	GB/T 32322.1—2015	滚动轴承　直线运动滚动支承成型导轨副　第1部分:1、2、3系列外形尺寸和公差
115	GB/T 32322.2—2015	滚动轴承　直线运动滚动支承成型导轨副　第2部分:4、5系列外形尺寸和公差
116	GB/T 32323—2015	滚动轴承　四点接触球轴承轴向游隙的测量方法
117	GB/T 32324—2015	滚动轴承　圆度和波纹度误差测量及评定方法

续表

序号	标　准　号	标 准 名 称
118	GB/T 32325—2015	滚动轴承　深沟球轴承振动(速度)技术条件
119	GB/Z 32332.1—2015	滚动轴承　对 ISO 281 的注释　第 1 部分:基本额定动载荷和基本额定寿命
120	GB/Z 32332.2—2015	滚动轴承　对 ISO 281 的注释　第 2 部分:基于疲劳应力系统方法的修正额定寿命计算
121	GB/T 32333—2015	滚动轴承　振动(加速度)测量方法及技术条件
122	GB/T 32334—2015	滚动轴承　组配角接触球轴承　技术条件
123	GB/T 32562—2016	滚动轴承　摩擦力矩测量方法
124	GB/T 33623—2017	滚动轴承　风力发电机组齿轮箱轴承
125	GB/T 33624—2017	滚动轴承　清洁度测量及评定方法
126	GB/T 34884—2017	滚动轴承　工业机器人谐波齿轮减速器用柔性轴承
127	GB/T 34891—2017	滚动轴承　高碳铬轴承钢零件　热处理技术条件
128	GB/T 34897—2017	滚动轴承　工业机器人 RV 减速器用精密轴承

第
7
篇

附表 7-2　　滚动轴承机械行业标准目录

序号	标　准　号	标 准 名 称
1	JB/T 1460—2011	滚动轴承　高碳铬不锈钢轴承零件　热处理技术条件
2	JB/T 2781—2015	滚动轴承　微型球轴承　技术条件
3	JB/T 2850—2007	滚动轴承　Cr4Mo4V 高温轴承钢零件　热处理技术条件
4	JB/T 3016—2014	滚动轴承　包装箱　技术条件
5	JB/T 3232—2017	滚动轴承　万向节滚针轴承
6	JB/T 3370—2011	滚动轴承　万向节圆柱滚子轴承
7	JB/T 3588—2007	滚动轴承　满装滚针轴承　外形尺寸和公差
8	JB/T 3632—2015	滚动轴承　轧机压下机构用满装圆锥滚子推力轴承
9	JB/T 4036—2014	滚动轴承　运输用托盘和木箱
10	JB/T 4037—2007	滚动轴承　酚醛层压布管保持架　技术条件
11	JB/T 5301—2007	滚动轴承　碳钢球
12	JB/T 5302—2002	外球面球轴承座　补充结构　外形尺寸
13	JB/T 5303—2002	带座外球面球轴承　补充结构　外形尺寸
14	JB/T 5305—2006	滚动轴承　带调心座垫圈的推力球轴承　公差
15	JB/T 5306—2007	关节轴承　自润滑球头螺栓杆端关节轴承　外形尺寸和公差
16	JB/T 5312—2011	滚动轴承　汽车离合器分离轴承单元
17	JB/T 5388—2010	滚动轴承　套筒型直线球轴承　技术条件
18	JB/T 5389.1—2016	滚动轴承　轧机用滚子轴承　第 1 部分:四列圆柱滚子轴承
19	JB/T 5389.2—2017	滚动轴承　轧机用滚子轴承　第 2 部分:双列和四列圆锥滚子轴承
20	JB/T 5391—2007	滚动轴承　铁路机车和车辆滚动轴承零件磁粉探伤规程
21	JB/T 5392—2007	滚动轴承　铁路机车和车辆滚动轴承零件裂纹检验
22	JB/T 6362—2007	滚动轴承　机床主轴用双向推力角接触球轴承
23	JB/T 6363—2007	滚动轴承　外球面球轴承冲压座　技术条件
24	JB/T 6364—2005	直线运动滚动支承　循环式滚针、滚子导轨支承
25	JB/T 6366—2007	滚动轴承　中碳耐冲击轴承钢零件　热处理技术条件
26	JB/T 6635—2007	滚动轴承　变速传动轴承
27	JB/T 6636—2007	滚动轴承　机器人用薄壁密封轴承

续表

序号	标　准　号	标准名称
28	JB/T 6637—2014	滚动轴承　标准器技术条件
29	JB/T 6639—2015	滚动轴承　骨架式橡胶密封圈　技术条件
30	JB/T 6641—2017	滚动轴承　残磁及其评定方法
31	JB/T 7048—2011	滚动轴承　工程塑料保持架　技术条件
32	JB/T 7050—2005	滚动轴承　清洁度评定方法
33	JB/T 7051—2006	滚动轴承零件　表面粗糙度测量和评定方法
34	JB/T 7359—2007	直线运动滚动支承　滚针和平保持架组件
35	JB/T 7360—2007	滚动轴承　叉车门架用滚轮、链轮轴承　技术条件
36	JB/T 7361—2007	滚动轴承　零件硬度试验方法
37	JB/T 7362—2007	滚动轴承　零件脱碳层深度测定法
38	JB/T 7363—2011	滚动轴承　低碳钢轴承零件碳氮共渗　热处理技术条件
39	JB/T 7750—2007	滚动轴承　推力调心滚子轴承　技术条件
40	JB/T 7751—2016	滚动轴承　推力圆锥滚子轴承
41	JB/T 7752—2017	滚动轴承　密封深沟球轴承　技术条件
42	JB/T 7753—2007	滚动轴承　鼓风机轴承　技术条件
43	JB/T 7754—2007	滚动轴承　双列满装圆柱滚子滚轮轴承
44	JB/T 7755—2007	滚动轴承　附件　外球面球轴承用紧定螺钉
45	JB/T 8167—2017	滚动轴承　汽车发电机轴承　技术条件
46	JB/T 8211—2005	滚动轴承　推力圆柱滚子和保持架组件及推力垫圈
47	JB/T 8236—2010	滚动轴承　双列和四列圆锥滚子轴承游隙及调整方法
48	JB/T 8563—2010	滚动轴承　水泵轴连轴承
49	JB/T 8565—2010	关节轴承　额定动载荷与寿命
50	JB/T 8566—2008	滚动轴承　碳钢轴承零件　热处理技术条件
51	JB/T 8567—2010	关节轴承　额定静载荷
52	JB/T 8568—2010	滚动轴承　输送链用圆柱滚子滚轮轴承
53	JB/T 8570—2008	滚动轴承　碳钢深沟球轴承
54	JB/T 8717—2010	滚动轴承　转向器用推力角接触球轴承
55	JB/T 8721—2010	滚动轴承　磁电机球轴承
56	JB/T 8722—2010	滚动轴承　煤矿输送机械用轴承
57	JB/T 8874—2010	滚动轴承　剖分立式轴承座　技术条件
58	JB/T 8877—2011	滚动轴承　滚针组合轴承　技术条件
59	JB/T 8878—2011	滚动轴承　冲压外圈滚针轴承　技术条件
60	JB/T 8881—2011	滚动轴承　零件渗碳热处理技术条件
61	JB/T 8919—2010	滚动轴承　外球面球轴承和偏心套　技术条件
62	JB/T 8922—2011	滚动轴承　圆柱滚子轴承振动(速度)技术条件
63	JB/T 8923—2010	滚动轴承　钢球振动(加速度)技术条件
64	JB/T 8925—2017	滚动轴承　汽车万向节十字轴总成　技术条件
65	JB/T 9145—2010	滚动轴承　硬质合金球
66	JB/T 10188—2010	滚动轴承　汽车转向节用推力轴承
67	JB/T 10189—2010	滚动轴承　汽车用等速万向节及其总成
68	JB/T 10190—2010	滚动轴承　包装用塑料筒
69	JB/T 10236—2014	滚动轴承　圆锥滚子轴承振动(速度)　技术条件
70	JB/T 10237—2014	滚动轴承　圆锥滚子轴承振动(加速度)　技术条件
71	JB/T 10238—2017	滚动轴承　汽车轮毂轴承单元

续表

序号	标　准　号	标 准 名 称
72	JB/T 10239—2011	滚动轴承　深沟球轴承用卷边防尘盖　技术条件
73	JB/T 10336—2017	滚动轴承　补充技术条件
74	JB/T 10470—2004	滚动轴承零件　铆钉
75	JB/T 10471—2017	滚动轴承　转盘轴承
76	JB/T 10510—2005	滚动轴承材料接触疲劳试验方法
77	JB/T 10531—2005	滚动轴承　汽车空调电磁离合器用双列角接触球轴承
78	JB/T 10560—2017	滚动轴承　防锈油、清洗剂清洁度及评定方法
79	JB/T 10857—2008	滚动轴承　农机用圆盘轴承
80	JB/T 10858—2008	关节轴承　静载荷试验规程
81	JB/T 10859—2008	滚动轴承　汽车发动机张紧轮和惰轮轴承及其单元
82	JB/T 10860—2008	关节轴承　动载荷与寿命试验规程
83	JB/T 10861—2008	滚动轴承　钢球表面缺陷及评定方法
84	JB/T 11086—2011	滚动轴承　摩托车用超越离合器
85	JB/T 11087—2011	滚动轴承　钨系高温轴承钢零件　热处理技术条件
86	JB/T 11251—2011	滚动轴承　冲压外圈滚针离合器
87	JB/T 11252—2011	滚动轴承　圆柱滚子离合器和球轴承组件
88	JB/T 11613—2013	滚动轴承　汽/柴油发动机起动机用滚针轴承
89	JB/T 11841—2014	滚动轴承零件　金属实体保持架　技术条件
90	JB/T 12264—2015	滚动轴承和关节轴承　电子媒体查询结构　用特征词汇标识的特征和性能指标
91	JB/T 13347—2017	滚动轴承　高碳铬轴承钢零件热处理淬火介质　技术条件
92	JB/T 13348—2017	滚动轴承　电梯曳引机用轴承
93	JB/T 13349—2017	滚动轴承　角接触球轴承　接触角测量方法
94	JB/T 13350—2017	滚动轴承　汽车发电机单向皮带轮轴承组件
95	JB/T 13351—2017	滚动轴承　汽车缓速器用轴承
96	JB/T 13352—2017	滚动轴承　汽车减振器用轴承及其单元
97	JB/T 13353—2017	滚动轴承　汽车轮毂轴承单元试验及评定方法

附录二　轴承工业现行国际标准目录

附表 7-3　　轴承工业现行国际标准目录

序号	ISO 新标准号	ISO 标准名称	相应我国标准号	采标程度	备　注
1	ISO 15:2017	滚动轴承—向心轴承—外形尺寸总方案	GB/T 273.3—2015	等同	ISO 15:2011
2	ISO 76:2006	滚动轴承—额定静载荷	GB/T 4662—2012	等同	
3	ISO 76:2006/Amd.1:2017	—	—		
4	ISO 104:2015	滚动轴承—推力轴承—外形尺寸总方案	GB/T 273.2 已上报待批	等同	
5	ISO 113:2010	滚动轴承—立式轴承座—外形尺寸	GB/T 7813 已上报待批	非等效	
6	ISO 199:2014	滚动轴承—推力轴承—产品几何技术规范(GPS)和公差值	GB/T 307.4—2017	等同	

续表

序号	ISO新标准号	ISO标准名称	相应我国标准号	采标程度	备注
7	ISO 246:2007	滚动轴承—圆柱滚子轴承,可分离斜挡圈—外形尺寸	GB/T 20060—2011	等同	
8	ISO 281:2007	滚动轴承—额定动载荷和额定寿命	GB/T 6391—2010	等同	
9	ISO 355:2007	滚动轴承—圆锥滚子轴承—外形尺寸和系列代号	GB/T 273.1—2011	等同	
10	ISO 355:2007/Amd.1:2012	—	—	—	
11	ISO 464:2015	滚动轴承—带定位止动环的向心轴承—尺寸、产品几何技术规范(GPS)和公差值	GB/T 305—1998	等效	ISO 464:1995
12	ISO 492:2014	滚动轴承—向心轴承—产品几何技术规范(GPS)和公差值	GB/T 307.1—2017	等同	
13	ISO 582:1995	滚动轴承—倒角尺寸—最大值	GB/T 274—2000	等同	
14	ISO 582:1995/Amd.1:2013	—	—	—	
15	ISO 1132-1:2000	滚动轴承—公差—第1部分:术语和定义	GB/T 4199—2003	修改	
16	ISO 1132-2:2001	滚动轴承—公差—第2部分:测量和检验的原则及方法	GB/T 307.2—2005	修改	
17	ISO 1206:2001	滚动轴承—48、49和69尺寸系列滚针轴承—外形尺寸和公差	GB/T 5801—2006	修改	
18	ISO 1206:2001/Amd.1:2013	轴滚道公差	—	—	
19	ISO 2982-1:2013	滚动轴承—附件—第1部分:紧定套和退卸衬套的尺寸	GB/T 9160.1—2017	非等效	
20	ISO 2982-2:2013	滚动轴承—附件—第2部分:锁紧螺母和锁紧装置的尺寸	GB/T 9160.2—2017	非等效	
21	ISO 3030:2011	滚动轴承—向心滚针和保持架组件—外形尺寸和公差	GB/T 20056—2015	等同	
22	ISO 3031:2000	滚动轴承—推力滚针和保持架组件及推力垫圈—尺寸和公差	GB/T 4605—2003	非等效	
23	ISO 3096:1996	滚动轴承—滚针—尺寸和公差	GB/T 309—2000	非等效	
24	ISO 3096:1996/Cor.1:1999	—			
25	ISO 3228:2013	滚动轴承—外球面轴承铸造座和冲压座—外形尺寸和公差	GB/T 7809—2017	非等效	
26	ISO 3245:2015	滚动轴承—无内圈、冲压外圈滚针轴承—外形尺寸、产品几何技术规范(GPS)和公差值	GB/T 12764—2009	等同	ISO 3245:2007
27	ISO 3290-1:2014	滚动轴承—球—第1部分:钢球	GB/T 308.1—2013	非等效	ISO 3290-1:2008
28	ISO 3290-2:2014	滚动轴承—球—第2部分:陶瓷球	GB/T 308.2—2010	等同	ISO 3290-2:2008
29	ISO 5593:1997	滚动轴承—词汇	GB/T 6930—2002	等同	

续表

序号	ISO 新标准号	ISO 标准名称	相应我国标准号	采标程度	备 注
30	ISO 5593：1997/Amd. 1:2007	滚动轴承—词汇—修正案 1	—	—	
31	ISO 5753-1:2009	滚动轴承—游隙—第 1 部分:向心轴承的径向游隙	GB/T 4604.1—2012	等同	
32	ISO 5753-2:2010	滚动轴承—游隙—第 2 部分:四点接触球轴承的轴向游隙	GB/T 4604.2—2013	等同	
33	ISO 6811:1998	关节轴承—词汇	GB/T 3944—2002	等同	
34	ISO 6811：1998/Cor. 1:1999	—			
35	ISO 7063:2003	滚动轴承—滚轮滚针轴承—外形尺寸和公差	GB/T 6445—2007	修改	
36	ISO 8443:2010	滚动轴承—凸缘外圈向心球轴承—凸缘尺寸	GB/T 7217—2013	等同	
37	ISO 9628:2006	滚动轴承—外球面轴承和偏心套—外形尺寸和公差	GB/T 3882—2017	非等效	
38	ISO 9628：2006/Amd. 1:2011	直径系列 3			
39	ISO 10285:2007	滚动轴承 套筒型直线球轴承 外形尺寸和公差	GB/T 16940—2012	等同	
40	ISO 10285：2007/Amd. 1:2012	—			
41	ISO 10317:2008	滚动轴承—圆锥滚子轴承—代号系统	—	—	
42	ISO 10317:2008/Amd. 1:2013	结构变型代号和单列圆锥滚子轴承公差等级代号对照	—	—	
43	ISO 12043:2007	滚动轴承—单列圆柱滚子轴承—平挡圈和套圈无挡边端倒角尺寸	GB/T 20057—2012	等同	
44	ISO 12044:2014	滚动轴承—单列角接触球轴承—外圈非推力端倒角尺寸	GB/T 20058—2017	等同	
45	ISO 12090-1:2011	滚动轴承—直线运动滚动支承成型导轨副—第 1 部分:1、2、3 系列外形尺寸和公差	GB/T 32322.1—2015	等同	
46	ISO 12090-2:2011	滚动轴承—直线运动滚动支承成型导轨副—第 2 部分:4、5 系列外形尺寸和公差	GB/T 32322.2—2015	等同	
47	ISO 12240-1:1998	关节轴承—第 1 部分:向心关节轴承	GB/T 9163—2001	等效	
48	ISO 12240-2:1998	关节轴承—第 2 部分:角接触关节轴承	GB/T 9164—2001	等效	
49	ISO 12240-3:1998	关节轴承—第 3 部分:推力关节轴承	GB/T 9162—2001	等效	
50	ISO 12240-4:1998	关节轴承—第 4 部分:杆端关节轴承	GB/T 9161—2001	等效	
51	ISO 12240-4:1998/Cor. 1:1999	—			
52	ISO 12297:2012	滚动轴承—钢制圆柱滚子—尺寸和公差	GB/T 4661—2015	非等效	
53	ISO 13012-1:2009	滚动轴承—套筒型直线球轴承附件—第 1 部分:1、3 系列外形尺寸和公差	GB/T 19673.1—2013	等同	
54	ISO 13012-2:2009	滚动轴承—套筒型直线球轴承附件—第 2 部分:5 系列外形尺寸和公差	GB/T 19673.2—2013	等同	

续表

序号	ISO 新标准号	ISO 标准名称	相应我国标准号	采标程度	备　注
55	ISO 14728-1:2017	滚动轴承—直线运动滚动支承—第1部分:额定动载荷和额定寿命	GB/T 21559.1—2008	等同	ISO 14728-1:2004
56	ISO 14728-2:2017	滚动轴承—直线运动滚动支承—第2部分:额定静载荷	GB/T 21559.2—2008	等同	ISO 14728-2:2004
57	ISO 15241:2012	滚动轴承—参数符号	GB/T 7811—2015	等同	
58	ISO 15242-1:2015	滚动轴承—振动测量方法—第1部分:基础	GB/T 24610.1—2009	等同	ISO 15242-1:2004
59	ISO 15242-2:2015	滚动轴承—振动测量方法—第2部分:具有圆柱孔和圆柱外表面的向心球轴承	GB/T 24610.2—2009	等同	ISO 15242-2:2004
60	ISO 15242-3:2017	滚动轴承—振动测量方法—第3部分:具有圆柱孔和圆柱外表面的调心滚子轴承和圆锥滚子轴承	GB/T 24610.3—2009	等同	ISO 15242-3:2006
61	ISO 15242-4:2017	滚动轴承—振动测量方法—第4部分:具有圆柱孔和圆柱外表面的圆柱滚子轴承	GB/T 24610.4—2009	等同	ISO 15242-4:2007
62	ISO 15243:2017	滚动轴承—损伤和失效—术语、特征及原因	GB/T 24611—2009	等同	ISO 15243:2004
63	ISO 15312:2003	滚动轴承—额定热转速—计算方法和系数	GB/T 24609—2009	等同	
64	ISO 20015:2017	关节轴承—额定动、静载荷的计算方法	—	—	
65	ISO 20515:2012	滚动轴承—向心轴承,定位槽—尺寸和公差	GB/T 27556—2011	等同	ISO 20515:2007
66	ISO 20056-1:2017	滚动轴承—陶瓷滚动体混合轴承的额定载荷—第1部分:额定动载荷	—	—	
67	ISO 20056-2:2017	滚动轴承—陶瓷滚动体混合轴承的额定载荷—第2部分:额定静载荷	—	—	
68	ISO 20516:2007	滚动轴承—调心推力球轴承和调心座垫圈—外形尺寸	GB/T 28697—2012	等同	
69	ISO 21107:2015	滚动轴承和关节轴承—电子媒体用查询结构—用特征词汇标识的特征和性能指标	JB/T 12264—2015	等同	ISO 21107:2004
70	ISO 24393:2008	滚动轴承—直线运动滚动支承—词汇	GB/T 29719—2013	等同	
ISO/TC4 技术报告和技术规范					
1	ISO/TR 1281-1:2008	滚动轴承—对 ISO 281 的注释—第1部分:基本额定动载荷和基本额定寿命	GB/Z 32332.1—2015	等同	
2	ISO/TR 1281-1:2008/Cor.1:2009	—			
3	ISO/TR 1281-2:2008	滚动轴承—对 ISO 281 的注释—第2部分:基于疲劳应力系统方法的修正额定寿命计算	GB/Z 32332.2—2015	等同	
4	ISO/TR 1281-2:2008/Cor.1:2009	—			
5	ISO/TR 10657:1991	对 ISO 76 的注释	—	—	

续表

序号	ISO 新标准号	ISO 标准名称	相应我国标准号	采标程度	备　注
6	ISO/TS 16281:2008	滚动轴承—常规载荷条件下轴承修正参考额定寿命计算方法	已上报待批	等同	
7	ISO/TS 16281:2008/Cor. 1:2009	—			
8	ISO/TS 23768-1:2011	滚动轴承—零件库—第1部分:滚动轴承参考词典	—	—	

注："备注"栏内是目前我国现行标准采用的国际标准的版本，采标程度也是与这些版本对应的。

附录三　滚动轴承新旧标准代号对照

(1) 轴承类型

附表 7-4　　类型代号新旧标准对照

轴承类型	本标准	原标准	轴承类型	本标准	原标准
双列角接触球轴承	0	6	深沟球轴承	6	0
调心球轴承	1	1	角接触球轴承	7	6
调心滚子轴承	2	3	推力圆柱滚子轴承	8	9
推力调心滚子轴承	2	9	圆柱滚子轴承	N	2
圆锥滚子轴承	3	7	外球面球轴承	U	0
双列深沟球轴承	4	0	四点接触球轴承	QJ	6
推力球轴承	5	8	长弧面滚子轴承(圆环轴承)	C	—

(2) 尺寸系列

1) 向心轴承直径系列、宽度系列代号新旧标准对照。

附表 7-5　　向心轴承直径系列、宽度系列代号新旧标准对照

直径系列		宽度系列		直径系列		宽度系列	
本标准	原标准	本标准	原标准	本标准	原标准	本标准	原标准
7	超特轻 7	1 3	正常 1 特宽 3	1	特轻 7	0 1 2 3 4	窄 7 正常 1 宽 2 特宽 3 特宽 4
8	超轻 8	0 1 2 3 4 5 6	窄 7 正常 1 宽 2 特宽 3 特宽 4 特宽 5 特宽 6	2	轻 2 5①	8 0 1 2 3 4	特窄 8 窄 0 正常 1 宽 0① 特宽 3 特宽 4
9	超轻 9	0 1 2 3 4 5 6	窄 7 正常 1 宽 2 特宽 3 特宽 4 特宽 5 特宽 6	3	中 3 6②	8 0 1 2 3	特窄 8 窄 0 正常 1 宽 0② 特宽 3
0	特轻 1	0 1 2 3 4 5 6	窄 7 正常 0 宽 2 特宽 3 特宽 4 特宽 5 特宽 6	4	重 4	0 2	窄 0 宽 2

① 表示轻宽 5。
② 表示中宽 6。

2）推力轴承直径系列、高度系列代号新旧标准对照。

附表 7-6 推力轴承直径系列、高度系列代号新旧标准对照

直 径 系 列		宽 度 系 列		直 径 系 列		宽 度 系 列	
本标准	原标准	本标准	原标准	本标准	原标准	本标准	原标准
0	超轻 9	7	特低 7	3	中 3	7	特低 7
		9	低 9			9	低 9
		1	正常 1			1	正常 0
1	特轻 1	7	特低 7			2	正常 0[①]
		9	低 9	4	重 4	7	特低 7
		1	正常 1			9	低 9
2	轻 2	7	特低 7			1	正常 0
		9	低 9			2	正常 0[①]
		1	正常 0	5	特重 5	9	低 9
		2	正常 0[①]				

① 双向推力轴承高度系列。

3）轴承内径代号新旧标准相同。

4）常用轴承类型、结构及轴承代号新旧标准对照。

附表 7-7 外形尺寸用尺寸系列、内径代号表示的轴承

轴 承 名 称	本标准			原 标 准				
	类型代号	尺寸系列代号	轴承代号	宽度系列代号	结构代号	类型代号	直径系列代号	轴承代号
双列角接触球轴承	(0)	32	3200	3	05		2	3056200
	(0)	33	3300	3	05	6	3	3056300
调心球轴承	1	(0)2	1200	0	00		2	1200
	(1)	22	2200	0	00	1	5	1500
	1	(0)3	1300	0	00		3	1300
	(1)	23	2300	0	00		6	1600
调心滚子轴承	2	13	21300 C	0	05		3	53300
	2	22	22200 C	0	05		5	53500
	2	23	22300 C	0	05	3	6	53600
	2	30	23000 C	3	05		1	3053100
	2	31	23100 C	3	05		7	3053700
	2	32	23200 C	3	05		2	3053200
	2	40	24000 C	4	05		1	4053100
	2	41	24100 C	4	05		7	4053700
推力调心滚子轴承	2	92	29200	9	03		2	9039200
	2	93	29300	9	03	9	3	9039300
	2	94	29400	9	03		4	9039400
单列调心滚子轴承	2	02	20200	0	51	3	2	513200
		03	20300	0	51	3	3	513300
		04	20400	0	51	3	4	513400
双向推力角接触球轴承	23	44	234400	2	26	8	1	2268100
		47	234700	2	26	8	1	2268100K
		49	234900	—	—	—	—	—
圆锥滚子轴承	3	02	30200	0	00		2	7200
	3	03	30300	0	00		3	7300
	3	13	31300	0	02		3	27300
	3	20	32000	2	00	7	1	2007100
	3	22	32200	0	00		5	7500
	3	23	32300	0	00		6	7600

续表

轴承名称	本标准			原标准				
	类型代号	尺寸系列代号	轴承代号	宽度系列代号	结构代号	类型代号	直径系列代号	轴承代号
圆锥滚子轴承	3	29	32900	2	00	7	9	2007900
	3	30	33000	3	00		1	3007100
	3	31	33100	3	00		7	3007700
	3	32	33200	3	00		2	3007200
双内圈双列圆锥滚子轴承	35		350000		09	7		97000
双外圈双列圆锥滚子轴承	37		370000		08	7		98000
四列圆锥滚子轴承	38		380000		07	7		77000
双列深沟球轴承	4	(2)2	4200	0	81	0	5	810500
	4	(2)3	4300	0			6	810600
推力球轴承	5	11	51100	0	00	8	1	8100
	5	12	51200	0	00		2	8200
	5	13	51300	0	00		3	8300
	5	14	51400	0	00		4	8400
双向推力球轴承	5	22	52200	0	03	8	2	38200
	5	23	52300	0	03		3	38300
	5	24	52400	0	03		4	38400
带球面座圈推力球轴承	5	12①	53200	0	02	8	2	28200
	5	13	53300	0	02		3	28300
	5	14	53400	0	02		4	28400
带球面座圈双向推力球轴承	5	22②	54200	0	05	8	2	58200
	5	23	54300	0	05		3	58300
	5	24	54400	0	05		4	58400
推力角接触球轴承	56		560000		16	8		168000
深沟球轴承	6	17	61700	1	00	0	7	1000700
	6	37	63700	3	00		7	3000700
	6	18	61800	1	00		8	1000800
	6	19	61900	1	00		9	1000900
	16	(0)0	16000	7	00		1	7000100
	6	(1)0	6000	0	00		1	100
	6	(0)2	6200	0	00		2	200
	6	(0)3	6300	0	00		3	300
	6	(0)4	6400	0	00		4	400
有装球缺口的深沟球轴承	(6)	(0)2	200	0	37	0	2	370200
		(0)3	300	0	37	0	3	370300
角接触球轴承	7	19	71900	1	03	6	9	1036900
	7	(1)0	7000	0	03		1	3 ┌ 6100
	7	(0)2	7200	0	04		2	4 ┤ 6200
	7	(0)3	7300	0	06		3	6 │ 6300
	7	(0)4	7400	0			4	└ 6400
分离型角接触球轴承	S7		S70000		00	6		6000
内圈分离型角接触球轴承	SN7		SN70000		10	6		106000
锁圈在内圈上的角接触球轴承	B7	(1)0	B7000		13	6		136000
		(0)2	B7200		14	6		146000
		(0)3	B7300		16	6		166000

续表

轴承名称	本标准			原标准				
	类型代号	尺寸系列代号	轴承代号	宽度系列代号	结构代号	类型代号	直径系列代号	轴承代号
四点接触球轴承	QJ	(0)2	QJ 200	0	17	6	2	176200
	QJ	(0)3	QJ 300	0	17	6	3	176300
双半外圈四点接触球轴承	QJF		QJF 0000		11	6		116000
双半外圈三点接触球轴承	QJT		QJT 0000		21	6		216000
双半内圈三点接触球轴承	QJS		QJS 0000		27	6		276000
推力圆柱滚子轴承	8	11	81100	0	00	9	1	9100
	8	12	81200	0	00		2	9200
双列或多列推力圆柱滚子轴承	8	93	89300	9	54	9	3	9549300
	8	74	87400	7	54	9	4	7549400
	8	94	89400	9	55	9	4	9559400
双向推力圆柱滚子轴承	8	22	82200		05	9	2	59200
	8	23	82300		05	9	3	59300
推力圆锥滚子轴承	9		90000		01	9		19000
内圈无挡边圆柱滚子轴承	NU	10	NU 1000	0	03	2	1	32100
	NU	(0)2	NU 200	0	03		2	32200
	NU	22	NU 2200	0	03		5	32500
	NU	(0)3	NU 300	0	03		3	32300
	NU	23	NU 2300	0	03		6	32600
	NU	(0)4	NU 400	0	03		4	32400
内圈单挡边圆柱滚子轴承	NJ	(0)2	NJ 200	0	04	2	2	42200
	NJ	22	NJ 2200	0	04		5	42500
	NJ	(0)3	NJ 300	0	04		3	42300
	NJ	23	NJ 2300	0	04		6	42600
	NJ	(0)4	NJ 400	0	04		4	42400
内圈单挡边并带平挡圈圆柱滚子轴承	NUP	(0)2	NUP 200	0	09	2	2	92200
	NUP	22	NUP 2200	0	09		5	92500
	NUP	(0)3	NUP 300	0	09		3	92300
	NUP	23	NUP 2300	0	09		6	92600
外圈无挡边圆柱滚子轴承	N	10	N 1000	0	00	2	1	2100
	N	(0)2	N 200	0	00		2	2200
	N	22	N 2200	0	00		5	2500
	N	(0)3	N 300	0	00		3	2300
	N	23	N 2300	0	00		6	2600
	N	(0)4	N 400	0	00		4	2400
外圈单挡边圆柱滚子轴承	NF	(0)2	NF 200	0	01	2	2	12200
	NF	(0)3	NF 300	0	01		3	12300
	NF	23	NF 2300	0	01		6	12600
双列圆柱滚子轴承	NN	30	NN 3000	3	28	2	1	3282100
内圈无挡边双列圆柱滚子轴承	NNU	49	NNU 4900	4	48	2	9	4482900
无挡边的圆柱滚子轴承	NB		NB 0000		13	2		132000
外圈有单挡边并带平挡圈的圆柱滚子轴承	NFP		NFP 0000		02	2		22000
内圈无挡边但带平挡圈的圆柱滚子轴承	NJP		NJP 0000		15	2		152000

第7篇

续表

轴承名称	本标准			原标准				
	类型代号	尺寸系列代号	轴承代号	宽度系列代号	结构代号	类型代号	直径系列代号	轴承代号
外圈无挡边带双锁圈的无保持架圆柱滚子轴承	NCL		NCL 0000 V		10	2		102000
外圈单挡边带锁圈的无保持架圆柱滚子轴承	NFL		NFL 0000 V		51	2		512000
内圈无挡边两面带平挡圈的无保持架双列圆柱滚子轴承	NNUP		NNUP 0000 V		07	2		72000
外圈两面带平挡圈的双列圆柱滚子轴承	NNP		NNP 0000		98	2		982000
外圈有止动槽两面带密封圈的双内圈无保持架双列圆柱滚子轴承	NNF		NNF 0000 —2LSNV		37	2		372000
无挡边双列圆柱滚子轴承	NNB		NNB 0000		78	2		782000
无挡边四列圆柱滚子轴承	NNQB		NNQB 0000		77	2		772000
无挡边三列圆柱滚子轴承	NNTB		NNTB 0000		69	2		692000
内圈无挡边两面带平挡圈的无保持架三列圆柱滚子轴承	NNTUP		NNTUP 0000 V		79	2		792000
外圈带平挡圈的四列圆柱滚子轴承	NNQP		NNQP 0000		97	2		972
带顶丝外球面球轴承	UC	2	UC 200	0	09	0	5	90500
	UC	3	UC 300	0	09		6	90600
带偏心套外球面球轴承	UEL	2	UEL 200	0	39	0	5	390500
	UEL	3	UEL 300	0	39		6	390600
圆锥孔外球面球轴承	UK	2	UK 200	0	19	0	5	190500
	UK	3	UK 300	0	19		6	190600
四点接触球轴承	QJ	(0)2	QJ 200	0	17	6	2	176200
	QJ	(0)3	QJ 300	0	17		3	176300
滚针轴承	NA	48	NA 4800	4	54	4	8	4544800
		49	NA 4900	4	54		9	4544900
		69	NA 6900	6	25	4	9	6254900

① 尺寸系列分别为 12、13、14，表示成 32、33、34。
② 尺寸系列分别为 22、23、24，表示成 42、43、44。
注：表中“( )”表示该数字在代号中省略。

附表 7-8　外形尺寸用轴承配合安装特征尺寸表示的滚针轴承

轴承名称	本标准			原标准		
	类型代号	尺寸表示	示例	类型代号	尺寸表示	示例
滚针和保持架组件	K	$F_w \times E_w \times B_c$	K 8×12×10	K	$F_w E_w B_c$	K081210
推力滚针和保持架组件	AXK	$D_{c1} D_c$	AXK 2030	889	用尺寸系列，内径代号表示	889106
穿孔型冲压外圈滚针轴承	HK	$F_w B$	HK 0408	HK	$F_w DB$	HK040808
封口型冲压外圈滚针轴承	BK	$F_w B$	BK 0408	BK	$F_w DB$	BK040808

（3）前置代号

附表 7-9　　前置代号新旧标准对照示例

代号对照		示例对照	
本标准	原标准	本标准	原标准
L	—	LNU 207，表示 NU 207 轴承内圈	—
R	无代号，用	RNU 207，表示无内圈的 NU 207 轴承	292207
	轴承结构型	RNA 6904，表示无内圈的 NA 6904 轴承	6354904
K	式表示	K 81107，表示 81107 轴承的滚子与保持架组件	309707
WS	—	WS 81107，表示 81107 轴承轴圈	—
GS	—	GS 81107，表示 81107 轴承座圈	—

（4）后置代号

1）内部结构代号新旧标准对照。

附表 7-10　　内部结构代号新旧标准对照

代号对照		示例对照	
本标准	原标准	本标准	原标准
AC	无代号，用轴承	7210 AC，公称接触角 $\alpha=25°$的角接触球轴承	46210
B	结构型式表示	7210 B，公称接触角 $\alpha=40°$的角接触球轴承	66210
		32310 B，接触角加大的圆锥滚子轴承	—
C		7210 C，公称接触角 $\alpha=15°$的角接触球轴承	36210
		23122 C，C 型调心滚子轴承	3053722
E		NU 207 E，加强型内圈无挡边圆柱滚子轴承	32207 E
D		K 50×55×20 D	KS 505520
ZW		K 20×25×40 ZW　双列滚针保持架组件	KK 202540

2）密封、防尘与外部形状新旧标准变化对照。

附表 7-11　　密封、防尘与外部形状新旧标准变化对照

代号对照		示例对照	
本标准	原标准	本标准	原标准
K	无代号，用轴承结构型式表示	1210 K，有圆锥孔调心球轴承	111210
		23220 K，有圆锥孔调心滚子轴承	3153220
K 30		24122 K30，有圆锥孔（1∶30）调心滚子轴承	4453722
R		30307 R，凸缘外圈圆锥滚子轴承	67307
N		6210 N，外圈上有止动槽的深沟球轴承	50210
NR		6210 NR，外圈上有止动槽并带止动环的深沟球轴承	—
-RS		6210-RS，一面带密封圈（接触式）的深沟球轴承	160210
-2RS		6210-2RS，两面带密封圈（接触式）的深沟球轴承	180210
-RZ		6210-RZ，一面带密封圈（非接触式）的深沟球轴承	160210K
-2RZ		6210-2RZ，两面带密封圈（非接触式）的深沟球轴承	180210K
-Z		6210-Z，一面带防尘盖的深沟球轴承	60210
-2Z		6210-2Z，两面带防尘盖的深沟球轴承	80210
-RSZ		6210-RSZ，一面带密封圈（接触式），另一面带防尘盖的深沟球轴承	—
-RZZ		6210-RZZ，一面带密封圈（非接触式），另一面带防尘盖的深沟球轴承	—
-ZN		6210-ZN，一面带防尘盖，另一面外圈有止动槽的深沟球轴承	150210
-2ZN		6210-2ZN，两面带防尘盖，外圈有止动槽的深沟球轴承	250210
-ZNR		6210-ZNR，一面带防尘盖，另一面外圈有止动槽，并带止动环的深沟球轴承	—
-ZNB		6210-ZNB，防尘盖和止动槽在同一面上的深沟球轴承	—
U		53210 U，带球面座圈的推力球轴承	18210

3）公差等级代号新旧标准对照。

附表 7-12　**公差等级代号新旧标准对照**

代号对照		示例对照	
本标准	原标准	本标准	原标准
/PN	G	6203 公差等级为普通级的深沟球轴承	203
/P6	E	6203/P6 公差等级为 6 级的深沟球轴承	E203
/P6x	Ex	30210/P6x 公差等级为 6x 级的圆锥滚子轴承	Ex7210
/P5	D	6203/P5 公差等级为 5 级的深沟球轴承	D203
/P4	C	6203/P4 公差等级为 4 级的深沟球轴承	C203
/P2	B	6203/P2 公差等级为 2 级的深沟球轴承	B203

4）游隙代号新旧标准对照。

附表 7-13　**游隙代号新旧标准对照**

代号对照		示例对照	
本标准	原标准	本标准	原标准
/C1	1	NN 3006/C1，径向游隙为 1 组的双列圆柱滚子轴承	1G3282106
/C2	2	6210/C2，径向游隙为 2 组的深沟球轴承	2G210
/CN	—	6210，径向游隙为 N 组的深沟球轴承	210
/C3	3	6210/C3，径向游隙为 3 组的深沟球轴承	3G210
/C4	4	NN 3006K/C4，径向游隙为 4 组的圆锥孔双列圆柱滚子轴承	4G3182106
/C5	5	NNU 4920K/C5，径向游隙为 5 组的圆锥孔内圈无挡边的双列圆柱滚子轴承	5G4382920
/C9	U	6205-2RS/C9 两面带密封圈的深沟球轴承，轴承游隙不同于现标准	180205U

5）配置代号新旧标准对照示例。

附表 7-14　**配置代号新旧标准对照示例**

代号对照		示例对照	
本标准	原标准	本标准	原标准
/DB	无代号，用轴承结构型式表示	7210C/DB，背靠背成对安装的角接触球轴承	236210
/DF		7210C/DF，面对面成对安装的角接触球轴承	336210
/DT		7210C/DT，串联成对安装的角接触球轴承	436210

6）保持架代号新旧标准对照示例。

附表 7-15　**保持架代号新旧标准对照示例**

本标准	原标准	含　义
M	H	黄铜实体保持架
T	J	酚醛层压布管实体保持架
TN	A	工程塑料模注保持架
J	F	钢板冲压保持架

7）其他代号新旧标准对照示例。

附表 7-16　**其他代号新旧标准对照示例**

代号对照		示例对照	
本标准	原标准	本标准	原标准
/S0	T 或 T1	轴承套圈经过高温回火处理，工作温度可达 150℃	N 210/S0
/S1	T2	轴承套圈经过高温回火处理，工作温度可达 200℃	NUP 212/S1
/S2	T3	轴承套圈经过高温回火处理，工作温度可达 250℃	NU 214/S2
/S3	T4	轴承套圈经过高温回火处理，工作温度可达 300℃	NU 308/S3
/S4	T5	轴承套圈经过高温回火处理，工作温度可达 350℃	NU 214/S4

附录四 国外著名轴承公司通用轴承代号

（1）德国 FAG 公司

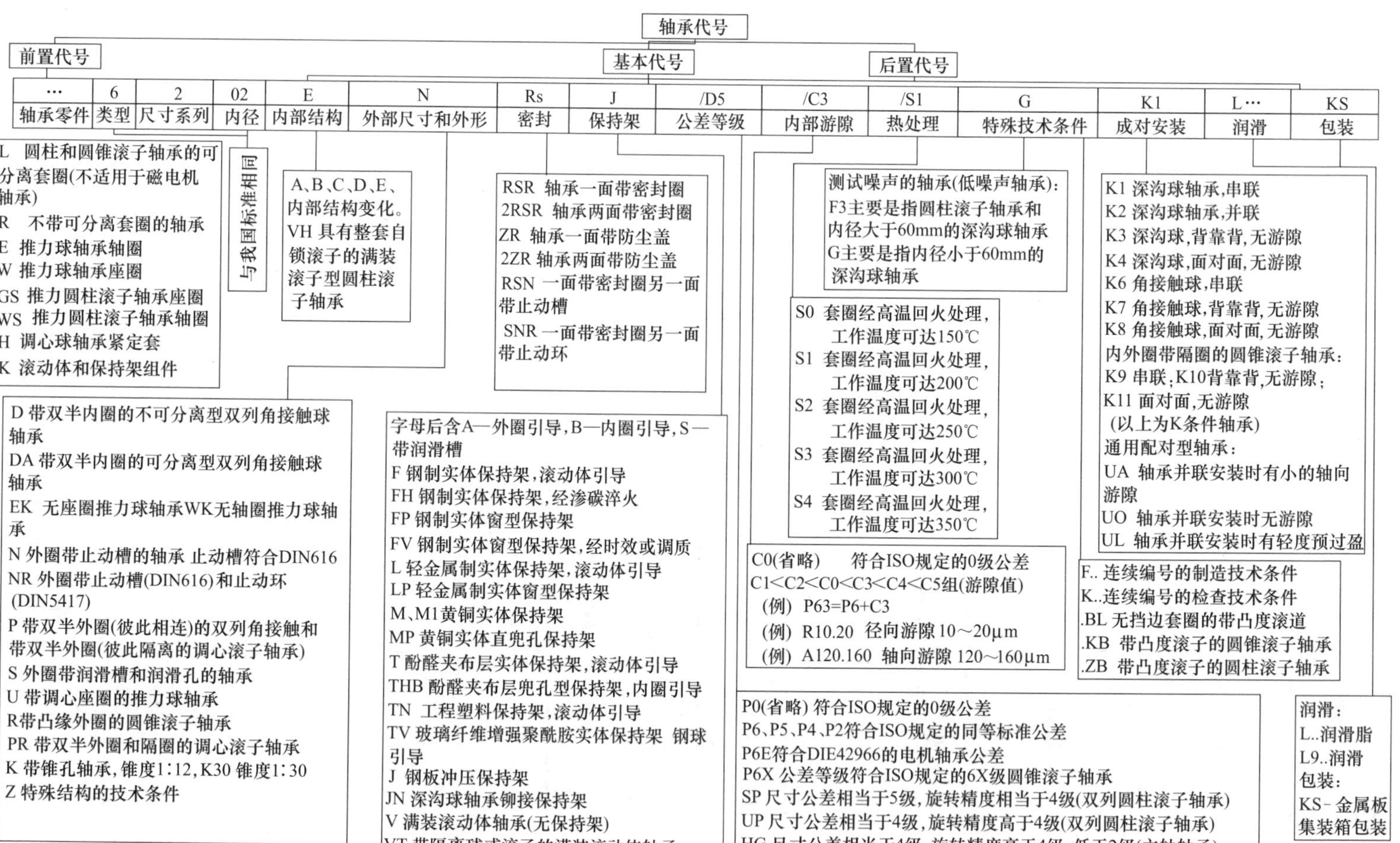

(2) NSK（日本精工株式会社）

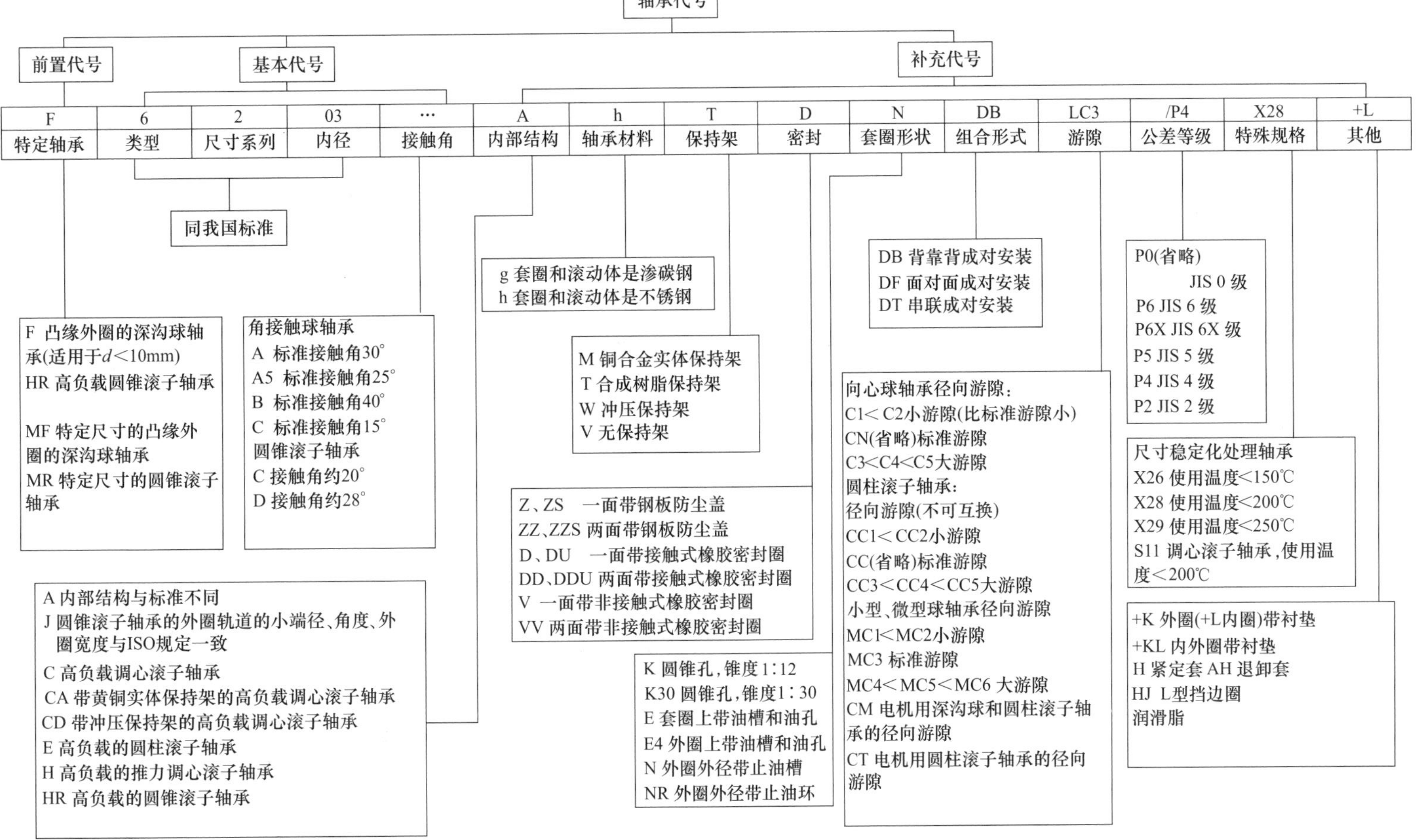

（3）SKF（瑞典斯凯孚公司）

轴承代号

前置代号	基本代号			后置代号									
…	6	3	02	B	NRS	M	P5	/C3	/QE5	CC	/S1	HT	…
轴承部件	类型	尺寸系列	内径	内部设计	外部设计	保持架	公差等级	内部游隙	特殊技术要求	轴承配置	热处理	润滑剂	其他特性

轴承部件：

L 可分离轴承的内圈或外圈
R 不带可分离内圈或外圈的轴承(滚针轴承仅适用NA型)

WS推力圆柱滚子轴承轴圈
GS推力圆柱滚子轴承轴圈
K 推力圆柱滚子轴承滚子和保持架组件
K-符合英制AFBMA标准系列带滚子和保持架组合件的内圈或外圈

类型：

0 双列角接触球轴承
1 调心球轴承
2 调心、推力调心滚子轴承
3 圆锥滚子轴承
4 双列深沟球轴承
5 推力球轴承
6、16深沟球轴承
7 角接触球轴承
8 推力圆柱滚子轴承
N 圆柱滚子轴承
NU—内圈无挡边
NJ—内圈单挡边
NUP—内圈单挡边带平挡圈
NF—外圈单挡边，NN—双列，
NNU—双列，内圈无挡边
R、NA滚针轴承
Y—单元 外球面球轴承
QJ 四点接触球轴承

尺寸系列、内径：

同我国标准

内部设计：

A、B、C、D、E表示轴承内部变化
B ①角接触球轴承，公称接触角 α=40° ②圆柱滚子轴承，采用表面处理滚子
C ①角接触球轴承，公称接触角 α=15° ②调心滚子轴承C型、C型、CC型滚子为对称型
E 加强型
ACD 角接触球轴承，公称接触角 α=25°

外部设计：

CA、CB、CC通用配对型角接触球轴承
K30 圆锥孔轴承，锥度1∶30 K为1∶12
PP 轴承(支承滚轮轴承，凸轮随动轴承)两侧具有接触式密封
N 外圈有止动槽
NR 外圈有止动槽并带止动环
-LS 一侧具有接触式密封，内圈无密封凹槽
-ZLS 两侧具有LS密封
-RZ 一面带骨架式合成橡胶低摩擦密封
-2RZ 两侧具有RZ密封
-Z 一面带防尘盖(非接触式)
-2Z 两面带防尘盖
-RS 轴承(滚针轴承)一侧具有合成橡胶接触式密封
PS1 轴承一侧具有骨架式接触橡胶密封圈
-ZRS1 轴承两侧具有RSL型密封
-ZN 一面带防尘盖，另一面外圈有止动槽
-ZNR 一面带防尘盖，另一面外圈有止动槽和环
-2ZNR 两面带防尘盖，一面外圈有止动槽
-2ZN 两面带防尘盖，外圈有止动槽

保持架：

F 钢或特殊铸铁制实体保持架
J 钢板冲压保持架
M 轻合金实体保持架
MP 黄铜实体保持架，窗型
L 轻合金实体保持架
TN 工程塑料模铸保持架
P 玻璃纤维增强尼龙保持架
Y 铜板冲压保持架
—A 表示保持架外圈引导
—B 表示保持架外圈引导
V 满滚子轴承(无保持架)
VH 由非分离型滚子组合件构成的满滚子轴承(圆柱滚子轴承)

公差等级：

/CLN 相当于ISO公差6X级，用于公制圆锥轴承(宽度公差有所降低)
/CL0 相当于ISO0级，用于英制圆锥滚子轴承
/CL3 相当于ISO3级，用于英制圆锥滚子轴承
/CL7A 符合差速器轴承配置标准的圆锥滚子轴承
/CL7C 特殊标准(同上)
/P4、P5、P6 尺寸精度符合ISO4、5、6级公差
/P4A 除上外，旋转精度相当于AFBMA9级
/PA9A 尺寸精度相当于ABEC9级，旋转精度高
/SP 尺寸精度约为P5，旋转精度约为P4
/UP 尺寸精度约为P4，旋转精度高于P4

内部游隙：

/C1、/C2、/C3、/C4、/C5 游隙分别符合标准规定的1、2、3、4、5组
0 组代号中省略

特殊技术要求：

/Q 最佳内部几何结构和表面粗糙度(用于圆锥滚子轴承)
/Q66 振动标准或峰值小于普通级标准
/QE5 符合电机用特别标准尺寸及旋转精度达P6，噪声极低
/QE6 符合电机用标准，低噪声值

轴承配置：

A 轻预载荷(角接触球轴承)
B 预载荷较A大(角接触球轴承)
C 预载荷较B大(角接触球轴承)
CA 内部间隙较小(深沟球轴承或角接触球轴承)
CB 内部间隙较CA大(深沟球轴承或角接触球轴承)
CG“零”游隙(圆锥滚子轴承)

CC 内部间隙较CB大(深沟球轴承或角接触球轴承)
C… 特殊轴向内部间隙CC后面的数字表示轴向间隙大小
GA 较轻预载荷(深沟球轴承)，GB预载荷大于GA(深沟球轴承)
G 特殊预载荷(G后面的数字表示预载荷的大小)
/DB 两套可配对单列深沟球轴承，单列角接触球轴承或单列圆锥滚子轴承以背靠背方式成对安装，DB后的数字表示轴向间隙或安装时预载
/DF 两套以面对面方式排列的配对单列深沟球轴承，单列角接触球轴承或单列圆锥滚子轴承
DT两套串联排列的深沟球轴承、单列角接触球轴承或单列圆锥滚子轴承

热处理：

轴承套圈稳定处理温度
/S0 150℃、/S1 200℃
/S2 250℃、/S3 300℃
/S4 350℃

润滑剂：

/W 不能补充润滑油(无润滑油槽及油孔)
/W20 轴承外圈有三个润滑油孔
/W33 轴承外圈有润滑油槽及三个油孔
/W33 X轴承外圈有润滑油槽及六个油孔
(润滑脂类型后缀由一个字母与两个数字组成，字母表示温度范围，两个数字表示实际所用的润滑剂类型)
HT 高温润滑脂 (-20～+30℃)
LHT低/高温润滑脂(-40～+140℃)
LT 低温润滑脂 (-50～+80℃)
NT 中温润滑脂 (-30～+110℃)
NT 后缀表示特定轴承使用非标润滑脂，轴承内润滑脂用量与标准填充量(内部自由空间的25%～30%) 不同时，可区别为
A: 润滑脂用量少于标准用量
B: 润滑脂用量大于标准用量
C: 润滑脂用量大于B

其他特性：

字母V和另一个字母(如VA)与三个数字组合，用来识别无法用现有其他后置代号表达的标准设计的变型

(4) SNFA (法国森法公司)

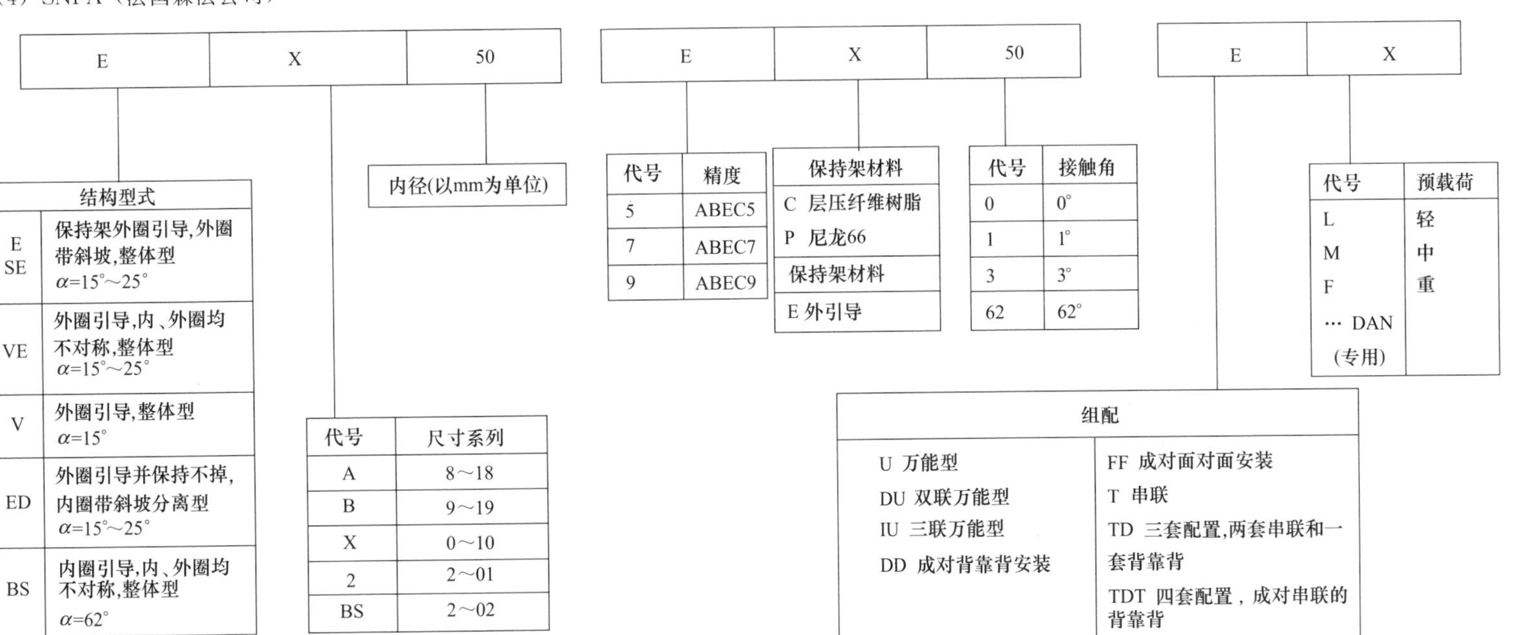

E X 50

结构型式	
E SE	保持架外圈引导,外圈带斜坡,整体型 α=15°～25°
VE	外圈引导,内、外圈均不对称,整体型 α=15°～25°
V	外圈引导,整体型 α=15°
ED	外圈引导并保持不掉,内圈带斜坡分离型 α=15°～25°
BS	内圈引导,内、外圈均不对称,整体型 α=62°

代号	尺寸系列
A	8～18
B	9～19
X	0～10
2	2～01
BS	2～02

50：内径(以mm为单位)

E X 50

代号	精度
5	ABEC5
7	ABEC7
9	ABEC9

保持架材料
C 层压纤维树脂
P 尼龙66
保持架材料
E 外引导

代号	接触角
0	0°
1	1°
3	3°
62	62°

E X

组配	
U 万能型 DU 双联万能型 IU 三联万能型 DD 成对背靠背安装	FF 成对面对面安装 T 串联 TD 三套配置,两套串联和一套背靠背 TDT 四套配置，成对串联的背靠背

代号	预载荷
L	轻
M	中
F	重
… DAN (专用)	

(5) TIMKEN(美国铁姆肯公司)圆锥滚子轴承代号

1) TIMKEN圆锥滚子轴承代号分为5个部分:

第1部分	第2部分	第3部分	第4部分	第5部分
前置代号	角度代号	基本系列代号	部件代号	后置代号

2) 新国际标准(ISO)355公制圆锥滚子轴承代号

此代号系统由类型代号(T)、角度系列(数字)、直径系列(字母)、宽度系列(字母)和内径五部分组成。3个字母和数字表示轴承系列,最后两位数字为轴承内径。

T	4		C		B		100
	角度系列代号	角度α(包括后者)	直径系列代号	$\frac{D}{d^{0.77}}$(包括后者)	宽度系列代号	$\frac{T}{(D-d)^{0.95}}$(包括后者)	
圆锥滚子轴承	1	为将来使用作保留	A	为将来使用作保留	A	为将来使用作保留	内圈孔径
	2	10°~13°52′	B	3.40~3.80	B	0.50~0.68	
	3	13°52′~15°59′	C	3.80~4.40	C	0.68~0.80	
	4	15°59′~18°55′	D	4.40~4.70	D	0.80~0.88	
	5	18°55′~23°	E	4.70~5.00	E	0.88~1.00	
	6	23°~27°	F	5.00~5.60			
	7	27°~30°	G	5.60~7.00			

3) 前置代号

前置代号由一个或两个字母组成,表示功能级别。

L——特轻型级 LL——加轻型级

L——轻型级 LM——轻中型级

M——中型级 HM——重中型级

H——重型级 HH——加重型级

EH——特重型级 T——推力级

4) 角度代号

前置代号后第一位数字表示角度代号。

1——0°及以上 2——24°以上

3——25°30′以上 4——27°以上

5——28°30′以上 6——30°30′以上

7——32°30′以上 8——36°以上

9——45°以上,但非推力轴承

0——90°推力轴承

5) 基本系列代号 前置代号后第2~4位数字表示基本系列代号:

系列代号	孔径/in	系列代号	孔径/in	系列代号	孔径/in	系列代号	孔径/in
00~19	含0~1	340~389	7~8	640~659	15~16	770~784	23~24
20~99	1~2	390~429	8~9	660~679	16~17	785~799	24~25
000~029		430~469	9~10	680~694	17~18	800~829	25~30
030~129	2~3	470~509	10~11	695~709	18~19	830~859	30~35
130~189	3~4	510~549	11~12	710~724	19~20	860~879	35~40
190~239	4~5	550~579	12~13	725~739	20~21	880~889	40~50
240~289	5~6	580~609	13~14	740~754	21~22	890~899	50~72.5
290~339	6~7	610~639	14~15	755~769	22~23	900~999	72.5以上

6) 部件代号 最后两位数字表示轴承的部件代号:

外圈代号用10~19的数字表示,同一系列中第一个外圈截面最小的从10开始,如外圈在该系列中超过了10个代号,可使用20~29。

内圈代号用0~49的数字表示,同一系列中第一个截面最小的内圈从49开始,如内圈在该系列中超过了20个代号,可使用20~29。

7) 后置代号 后置代号由1~3个字母表示外部形状或内部设计:

A	内圈	与基本代号不同的内径或圆角半径
A	外圈	不同的内径、宽度或圆角半径
AB	外圈	带凸缘外圈(与基本代号不可互换)
AC	内圈	不同的内径、圆角半径或内部结构
AC	外圈	不同的内径、宽度或圆角半径
AD	外圈	双外圈(与基本型号不可互换)
ADW	内圈	双内圈、两端带油槽和油孔
AH	内圈	特殊的保持架、滚子或内部组合

AS	内外圈	不同的内外径、宽度或圆角半径
AV	内外圈	用特殊钢材制成
AW	内外圈	带槽的内圈或外圈
AX	内圈	不同的内径和相同的圆角半径
AX	外圈	不同的外径和相同的圆角半径
AXD	外圈	ISO外圈,无油孔或油沟的双外圈
B	外圈	带法兰外圈(与基本代号不可互换)
B	内外圈	内部结构和外滚道角度不同

续表

C	内圈	单内圈，内部结构不同，同 CA	S	内外圈	同上
C	外圈	尺寸与基本代号不同（不可互换）	SH	内圈	有特殊保持架、滚子或内部几何形状
CD	外圈	有油孔、油沟和定位销的双外圈	SW	内外圈	带油槽或键槽（与基本代号不可互换）
CR	内外圈	外滚道有挡边的轴承系列	T	内外圈	圆锥内孔或外径
CX	内圈	尺寸与基本代号不同（不可互换）	TDE	内圈	带有圆锥孔的双列和延伸挡边的内圈
D	内外圈	双内圈或外圈（不可互换）	TDH	内圈	除上面以外，另使用特殊内部结构
DB	外圈	带法兰双外圈（不可互换）	TDV	内圈	除 TDE 外，另使用特殊钢材
DC	外圈	有定位销孔的双外圈	TE	内圈	单列、圆锥内孔，延伸大挡边
DE	内外圈	尺寸与特性不同的双内圈或外圈	TL	内圈	有互锁的锥形内孔
DH	内圈	使用特殊保持架、滚子的双内圈	U	内圈	一体化设计基本系列代号
DV	内外圈	用特殊钢材制成的双内圈或外圈	V	内外圈	用特殊钢材制造
DW	内外圈	带油槽或键槽等的双内圈或外圈	W	内外圈	开槽或带键槽，同 WA、WC、WS、X
F	内圈	使用聚合物保持架	XD	外圈	双外圈，无油孔或油槽
G	内圈	内孔有护槽	XP	内圈	用特殊钢材及特殊工艺制成
H	内圈	有特殊保持架、滚子或内部几何形状	XX	内外圈	单内圈或单外圈，用特殊钢材制造
HR	外圈	带油槽或键槽（与基本代号不可互换）	YD	外圈	双外圈带油孔，无油槽
R	内外圈	特殊轴承（与基本代号不可互换）	Z	内外圈	特殊座高

附录五　国内外轴承公差等级对照

附表 7-17　　国内外轴承公差等级对照

国别（公司）标准	公差等级①				
中国 GB/T 307.1，GB/T 307.4	普通级	P6（P6X②）	P5	P4	P2
ISO492，ISO199	普通级	Class6（6X）	Class5	Class4	Class2
瑞典 SKF 公司	P0	P6（CLN）	P5	P4	
德国 DIN 620	P0	P6（P6X）	P5	P4	
美国 AFBMA，Standard20	ABEC1	ABEC3	ABEC5	ABEC7	ABEC9
	RBEC1	RBEC3	ABEC5		
日本 JIS B1514		P6（P6X）	P5	P4	P2
英国 BS292			EP5	EP7	EP9
英国 RHP 公司			EP5	EP7	EP9
法国 SNFA 公司			ABEC5	ABEC7	ABEC9

① 中国、SKF 具有 SP、UP 公差等级，FAG 具有 HG 公差等级。
SP—尺寸精度相当于 P5 级，旋转精度相当于 P4 级；
HG、UP—尺寸精度相当于 P4 级，旋转精度高于 P4 级。
② P6X 仅适用于圆锥滚子轴承。

附录六　国内外轴承游隙对照

附表 7-18　　国内外轴承游隙对照

轴承类型	中国	SKF	FAG	NSK	NACHI	NTN	STEYR	美国
深沟球轴承	C2	C2	C2	C2	C2	C2	C2	2
	CN	普通	C0	普通	普通	CN	标准	0
	C3	C3	C3	C3	C3	C3	C3	3
	C4	C4	C4	C4	C4	C4	C4	4
	C5	C5	C5	C5	C5	C5	C5	—

第7篇

续表

轴承类型		中国	SKF	FAG	NSK	NACHI	NTN	STEYR	美国
调心滚子轴承	圆柱孔	C2	C2	C2	C2	C2	C2	—	—
		CN	普通	C0	普通	普通	CN	标准	—
		C3	C3	C3	C3	C3	C3	—	—
		C4	C4	C4	C4	C4	C4	—	—
		C5	—	—	C5	C5	C5	—	—
	圆锥孔	C2	C2	C2	C2	C2	C2	—	—
		CN	普通	C0	普通	普通	CN	标准	—
		C3	C3	C3	C3	C3	C3	C3	—
		C4	C4	C4	C4	C4	C4	C4	—
		C5	—	—	C5	—	C5	C5	—
		—	—	C1①	—	—	—	—	—
圆柱滚子轴承	可互换圆柱孔	C2	C2	C2	C2	C2	C2	C2	2
		CN	普通	C0	普通	普通	CN	标准	0
		C3	C3	C3	C3	C3	C3	C3	3
		C4	C4	C4	C4	C4	C4	C4	4
		C5	—	C5	C5	C5	C5	—	—
	不可互换圆柱孔	—	—	—	CC1	—	C1NA	—	—
		—	—	—	CC2	C2NA	C2NA	C2	—
		—	—	—	CC	CNA	CAN	标准	—
		—	—	—	CC3	C3NA	C3NA	C3	—
		—	—	—	CC4	C4NA	C4NA	C4	—
		—	—	—	CC5	C5NA	C5NA	—	—
调心球轴承	圆柱孔	C2	C2	—	C2	C2	C2	C2	2
		CN	普通	—	普通	普通	CN	标准	0
		C3	C3	—	C3	C3	C3	C3	3
		C4	C4	—	C4	C4	C4	C4	4
		C5	C5	—	C5	C5	C5	—	—
	圆锥孔	C2	C2	—	C2	C2	C2	C2	2
		CN	普通	—	普通	普通	CN	标准	0
		C3	C3	—	C3	C3	C3	C3	3
		C4	C4	—	C4	C4	C4	C4	4
		C5	C5	—	C5	C5	C5	—	—

① FAG 的 SP 级、UP 级双列圆柱滚子轴承具有 C1 组游隙。

参考文献

[1] 机械工程标准手册编委会编. 机械工程标准手册：轴承卷. 北京：中国标准出版社，2002.

[2] 蔡素然. 全国滚动轴承产品样本. 北京：机械工业出版社，2012.

[3] 成大先. 机械设计手册. 第六版. 第 2 卷. 北京：化学工业出版社，2016.

[4] 闻邦椿主编. 机械设计手册. 第六版. 第 3 卷. 北京：机械工业出版社，2007.

[5] 刘泽九. 滚动轴承应用手册. 第 2 版. 北京：机械工业出版社，2006.

[6] 郭宝霞. 滚动轴承知识问答. 北京：中国标准出版社，2007.

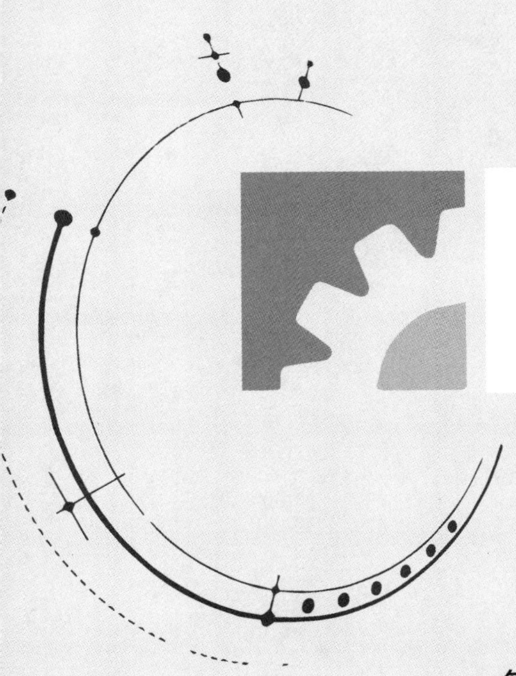

第 8 篇 滑动轴承

篇主编：徐 华

撰 稿：徐 华 诸文俊 谢振宇

郭宝霞 冯 凯 张胜伦

审 稿：朱 均

第 1 章　滑动轴承分类、特点与应用及选择

按承受载荷的方向分：径向轴承；止推轴承；径向止推轴承。

按承受载荷的性质分：静载轴承；动载轴承。

按承受载荷的大小分：轻载轴承（平均压强 $p<1\text{MPa}$）；中载轴承（平均压强 $p=1\sim10\text{MPa}$）；重载轴承（平均压强 $p>10\text{MPa}$）。

按润滑剂分：液体润滑轴承；气体润滑轴承；脂润滑轴承；固体润滑轴承。

按润滑（摩擦）状态分：流体润滑（摩擦）轴承；不完全流体润滑（摩擦）轴承；无润滑（干摩擦）轴承。

按承载（或润滑）机理分：流体膜（厚膜）承载轴承，如流体动压轴承、流体静压轴承、流体动静压轴承；不完全流体膜（薄膜）承载轴承，如不完全油膜轴承；电力、磁力承载，如静电轴承、磁力轴承；固体膜润滑轴承。

按轴承结构分：整体式轴承；剖分式轴承；自位式轴承。

按轴承材料分：金属轴承；粉末冶金轴承；非金属轴承。

按速度高低分：低速轴承（轴颈圆周速度 $v<5\text{m/s}$）；中速轴承（轴颈圆周速度 $v=5\sim60\text{m/s}$）；高速轴承（轴颈圆周速度 $v>60\text{m/s}$）。

1.1　各类滑动轴承的特点与应用

表 8-1-1　各类滑动轴承的特点与应用

分类			特点		应用
不完全流体润滑轴承	径向滑动轴承	整体式	一般采用润滑脂、油绳与滴油型式润滑，轴颈与轴承表面得不到足够润滑剂，液体油膜不连续。结构简单，摩擦因数较大，磨损较大	轴与轴瓦之间的间隙不能调整，结构简单，轴颈只能从轴端装拆	一般用于转速低、轻载而且装拆允许的机器上
		剖分式		轴与轴瓦之间的间隙可以调整，安装简单	当机器装拆有困难时，常采用这种结构型式
		自位式		轴瓦可在轴承座中适当地摆动，以适应轴在弯曲时所产生的偏斜	用于传动轴有偏斜的场合，其中关节轴承适用于相互有摆动的杆件铰接处承受径向载荷
	止推滑动轴承			常用平面止推滑动轴承，由于缺乏液体摩擦的条件，而处于不完全流体润滑状态，需与径向轴承同时使用	用于承受轴向力的场合
	粉末冶金轴承（含油轴承）			具有多孔性，油存于孔隙中，在较长的时间里不添加润滑油而能自动润滑，保证正常工作，但由于其材质比较松软，故承受载荷能力较低	用于轻载、低速和不易加油的场合
	塑料轴承			与金属轴承相比，塑料轴承重量轻，维护简便。化学稳定性好，耐磨性和耐疲劳强度高，且具有减振、吸声、自润滑性、绝缘和自熄性的特点。但热胀系数大，热导率低，吸湿性较大，强度和尺寸稳定性不如金属	用于速度不高或散热性好的场合，工作温度不宜超过 65℃，瞬时工作温度不超过 80℃
	橡胶轴承			能吸收振动和冲击力，在有杂质的环境中耐磨、耐腐蚀性好，但其单位强度较金属低，耐热性差，不适合在高温及与油类或有机溶剂相接触的环境中使用	用于船舶轴管中的轴承必须减振的场合及在腐蚀环境下工作
	木轴承			木轴承质轻价廉，能吸收冲击，对轴的偏斜敏感性小，但强度低，导热性及耐湿性、耐磨性差	用于轻载必须减振的场合，如农业机械圆盘耙轴承、大粒矿石输送泵轴承等

续表

分类		特点	应用
流体润滑轴承	液体动压轴承	轴颈与轴承工作表面间被油膜完全隔开。动压轴承必须具备：①轴承有足够的转速；②有足够的供油量，润滑油具有一定的黏度；③轴颈与轴承工作表面之间具有适当的间隙。多油楔动压轴承可满足轴的高精度回转要求，寿命长	用于高转速及高精度机械，如离心压缩机的轴承等
	液体静压轴承	轴颈与轴承被外界供给的一定压力的承载油膜完全隔开，油膜的形成不受相对滑动速度的限制，在各种速度(包括速度为零)下均有较大承载能力。轴的稳定性好，可满足轴的高精度回转要求，摩擦因数小，机械效率高，寿命长	主要用于：①低速难于形成油膜重载的地方，如立式车床、龙门卧铣、重型电机等；②要求回转精度高
	气体动压、静压轴承	气体动压、静压轴承，用空气或其他气体作润滑剂，摩擦因数小，机械效率高，可满足高速运转的要求	气体轴承用作陀螺转子、电视录像机轴承
无轴润承滑	塑料、碳石墨轴承	在无润滑油或油脂的状态下运转	应用较少
其他	固体润滑轴承	用石墨、二硫化钼、酞菁染料、聚四氟乙烯等固体润滑剂润滑	用于极低温、高温、高压、强辐射、太空、真空等特殊工况条件下
	磁流轴承 静电轴承 磁力轴承	用磁流体作润滑剂 用电力场使轴悬浮 用磁力场使轴悬浮	多用于高速机械及仪表中

注：1. 无润滑：滑动副的两表面之间无润滑剂或保护膜而直接接触，此时的摩擦状态称为干摩擦，工程实际中并不存在真正干摩擦，一般所称干摩擦轴承，仅指无润滑剂介入但可能存在自然污染膜的轴承。

2. 流体润滑：滑动副的两表面之间被一层较厚的连续的流体膜隔开，表面凸峰不直接接触，摩擦只发生于流体内部，称为流体摩擦，此时的润滑状态称为流体润滑，也称为完全润滑。

3. 边界润滑：滑动副的两表面之间有一层极薄的边界膜（吸附膜和化学反应膜统称为边界膜），强度低，不能避免两表面凸峰的直接接触，但摩擦和磨损情况比干摩擦大为改善，称为边界摩擦，此时的润滑状态称为边界润滑。

4. 混合润滑：润滑副的两表面之间处于边界摩擦与流体摩擦的混合状态时，称为混合摩擦，此时的润滑状态称为混合润滑。

5. 不完全流体润滑：边界润滑或混合润滑统称为不完全流体润滑，或不完全流体摩擦。

1.2　滑动轴承类型的选择

1.2.1　滑动轴承性能比较

表 8-1-2　　滑动轴承性能比较

比较项目	一般滑动轴承	含油轴承	液体动压轴承	液体静压轴承	气体动压轴承	气体静压轴承	无润滑轴承	滚动轴承
润滑	脂、油绳、滴油润滑，油膜不连续，得不到足够润滑	本身含油	用油较多，小型轴承润滑简单	用油量多，需专用压力供油系统	用气量少，需洁净气体	用气量多，需专用气源	未加润滑剂	脂润滑简单，用量有限

续表

比较项目	一般滑动轴承	含油轴承	液体动压轴承	液体静压轴承	气体动压轴承	气体静压轴承	无润滑轴承	滚动轴承
承载能力	①右图除滚动轴承较短外，所有轴承的轴直径均为 50mm，长度 50mm，对液体动压轴承，假设采用中等黏度的矿物油。由图可见，无润滑轴承和含油轴承在 300～1500r/min 之内的 p 比空气静压轴承的高；滚动轴承在其所允许的最高转速 9000r/min 之内的 p 都比空气静压轴承高；液体动压轴承在大约高于 20r/min 的所有转速下的 p 显著高于空气静压轴承的 p。②空气动压轴承的 p_{max} 一般小于 0.035MPa，空气静压轴承比空气动压轴承有较高的 p。③含油轴承的 p 和刚度比空气静压轴承的高得多。④液体动压轴承能在有限时间内承受相当大的过载，其他类型轴承不具备这种特性，因此，液体动压轴承常常被用在载荷不平稳的场合	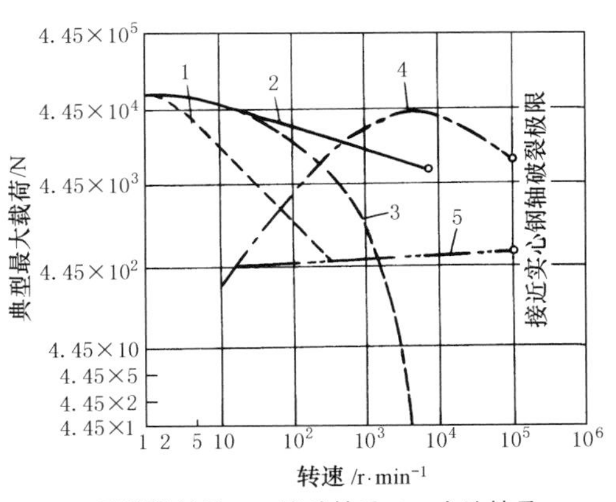 1—无润滑轴承；2—滚动轴承；3—含油轴承；4—液体动压轴承；5—空气静压轴承； ○—最大允许转速						
适用速度	低、中速	低、中速	中、高速	极低～高速	中、高速	极低～高速	低速	低、中速，高速需特殊要求
径向定位精度	较高	较高	高	极高	高	极高	差	高
运转平稳性	好	好	很好	极好	极好	极好	可以	好
噪声	小	很小	极小	极小	极小	极小	小	满意
低启动转矩	可以	可以	满意	极好	满意	极好	较差	很好
外界振动	在允许载荷下可用	在允许载荷下可用	满意吸收	很好吸收	满意吸收	很好吸收	在允许载荷下可用	需特殊结构，多数有限制
高温	受油氧化限制				极好		受轴瓦材料限制	>150℃，需特殊要求
低温	受油低温性能限制	好	受油低温性能限制		极好		好，温度限制决定于轴瓦材料	好
		启动转矩增大		好				
寿命	有限寿命	有限寿命，较无润滑轴承长	不频繁启动时较长，受不稳定载荷时受轴瓦疲劳的限制	理论上轴承为无限寿命，供油系统为有限寿命	不频繁启动时的寿命长	同液体静压轴承	有限寿命，受轴瓦磨损限制	有限寿命，受接触疲劳寿命限制
经常启停换向	适用	适用	不很适宜	极好	不很适宜	极好	适用	极好

续表

比较项目		一般滑动轴承	含油轴承	液体动压轴承	液体静压轴承	气体动压轴承	气体静压轴承	无润滑轴承	滚动轴承
功耗		较小或中等	较小或中等，与载荷有较大关系	较小	中速以下较小，另有泵功耗	极小	极小，另有供气功耗	较大，与轴瓦材料有较大关系	较小
使用场所	真空	可用，需特殊润滑剂			油影响真空度，不行	气体影响真空度，不行	难于保持一定真空度	极好	用特殊润滑剂时良好
	辐射	受润滑剂限制				满意			同含油轴承
	污染灰尘	可用，密封更好	需要密封	可用，要密封，需要过滤油		需要密封	可用	可用，密封更好	需要密封
标准化		较好	较好	有	没有			部分有	最好
运转费用		低	很低	取决于润滑方法	取决于压力供油费用	很低	取决于压力供气费用	最低	很低

1.2.2 选择轴承类型的特性曲线

表 8-1-3 选择轴承类型的特性曲线

选择径向轴承用的特性曲线

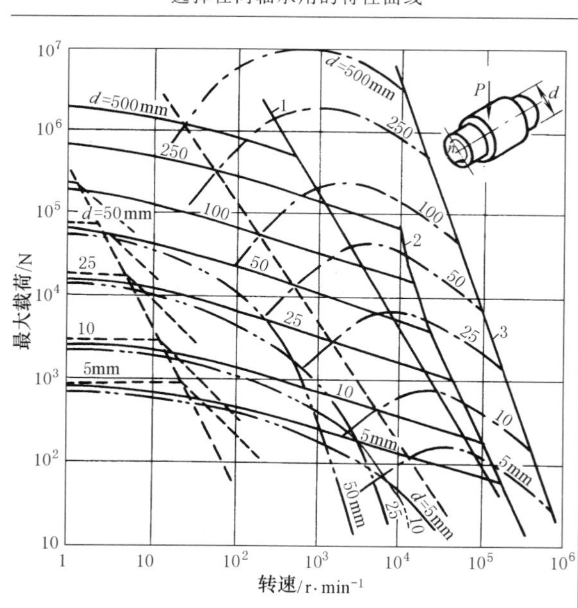

——滚动轴承；– – –无润滑轴承；–·–·–含油金属烧结轴承（多孔质金属轴承）；–··–流体动压轴承

1—滚动轴承的最大极限转速；2—高速球轴承的最大极限转速；3—轴断裂极限

备注：对于液体动压轴承，设 $b/d=1$、中等黏度矿物油；其他轴承，设寿命为10000h，降低速度和载荷能延长寿命；对于液体静压轴承在载荷、速度全范围内均适用

选择止推轴承用的特性曲线

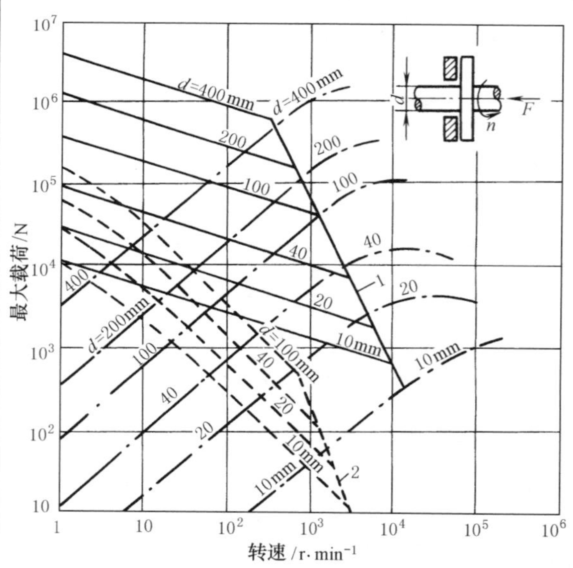

——滚动轴承；– – –无润滑轴承及含油金属烧结轴承（多孔质金属轴承）；–·–·–液体动压轴承

1—滚动轴承的最大极限转速；2—无润滑轴承及含油金属烧结轴承（多孔质金属轴承）的最大极限转速

备注：除滚动轴承外，其余轴承的内外径之比为1∶2。液体动压轴承的润滑油为中等黏度矿物油。除动压轴承外，其余轴承的寿命为10000h。液体静压轴承在载荷、速度全范围内均可用

续表

不同润滑状态的滑动轴承适用范围	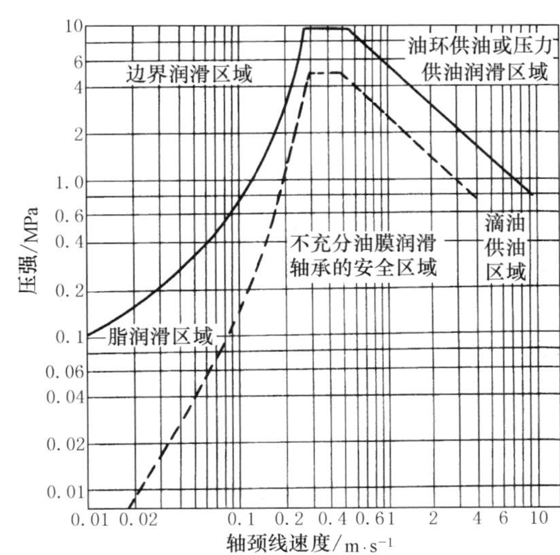

1.3　滑动轴承设计资料

表 8-1-4　　滑动轴承设计资料

机器名称	轴承名称	许用压强 p_p/MPa	许用速度 v_p/m·s^{-1}	许用 pv 值 $(pv)_p$ /MPa·m·s^{-1}	适宜黏度 η /Pa·s	许用最小 $\frac{\eta n}{p}\times10^9$ $/\frac{(Pa\cdot s)\cdot(r\cdot s^{-1})}{Pa}$	相对间隙 ψ	宽径比 B/D
金属切削机床	主轴承	0.5～5	—	1～5	0.04	2.5	<0.001	1～3
传动装置	轻载轴承 重载轴承	0.15～0.3 0.5～1.5	—	1～2	0.025～0.06	230 66	0.001	1～2
减速器	轴承	0.5～4	1.5～6	3～20	0.03～0.05	83	0.001	1～3
轧钢机	主轴承	5～30	0.5～30	50～80	0.05	23	0.0015	0.8～1.5
冲压机、钢床	主轴承 曲柄轴承	28 55	—	—	0.1	—	0.001	1～2
铁路车辆	货车轴承 客车轴承	3～5 3～4	1～3	10～15	0.1	116	0.001	1.4～2
发电机、电动机、离心压缩机	转子轴承	1～3	—	2～3	0.025	416	0.0013	0.8～1.5
汽轮机	主轴承	1～3	5～60	85	0.002～0.016	250	0.001	0.8～1.25
活塞式泵、压缩机	主轴承 连杆轴承 活塞销轴承	2～10 4～10 7～13	—	2～3 3～4 5	0.03～0.08	66 46 23	0.001 <0.001 <0.001	0.8～2 0.9～2 1.5～2

续表

机器名称	轴承名称	许用压强 p_p/MPa	许用速度 v_p/m·s^{-1}	许用 pv 值 $(pv)_p$ /MPa·m·s^{-1}	适宜黏度 η /Pa·s	许用最小 $\frac{\eta n}{p}\times 10^9$ /$\frac{(Pa\cdot s)\cdot(r\cdot s^{-1})}{Pa}$	相对间隙 ψ	宽径比 B/D
蒸汽机车	传动轴	10～16	—	30～50	0.1	66	0.001	1～1.8
	连杆轴承	8～14	—	20～25	0.04	12	<0.001	0.7～1.1
	活塞销轴承	20～35	—	—	0.03	12	<0.001	0.8～1.3
精纺机	锭子	0.01～0.02	—	—	0.002	25000	0.005	—
汽车发动机	主轴承	6～15	6～8	>50	0.007～0.008	33	0.001	0.35～0.7
	连杆轴承	6～20	6～8	>80		23	0.001	0.5～0.8
	活塞销轴承	18～40	—	—		16	<0.001	0.8～1
航空发动机	主轴承	12～22	8～10	>80	0.007～0.008	36	0.001	0.4～0.6
	连杆轴承(排形)	13～20	8～10	>100		23	0.001	0.7～1
	连杆轴承(星形)	20～26	8～10	>100		23	0.001	0.7～1
	活塞销轴承	50～85	—	>100		18	<0.001	0.8～0.9
柴油发动机（2冲程）	主轴承	5～9	1～5	10～15	0.02～0.065	58	0.001	0.6～0.75
	连杆轴承	7～10	1～5	15～20		28	<0.001	0.5～1
	活塞销轴承	9～13	—	—		23	<0.001	1.5～2
柴油发动机（4冲程）	主轴承	6～13	1～5	15～20	0.02～0.065	47	0.001	0.45～0.9
	连杆轴承	12～15		20～30		23	<0.001	0.5～0.8
	活塞销轴承	15～20		—		12	<0.001	1～2

注：1. 本表仅作参考。

2. p_p 与轴瓦材料和润滑方法有关：小值用于滴油、油环或飞溅润滑，轴瓦材料强度较低者；大值用于压力供油润滑，轴承材料强度较高者。

第 2 章　滑动轴承材料

2.1　对轴承材料的性能要求

对滑动轴承材料性能的要求主要是由滑动轴承的失效形式来决定的。除磁流轴承、静电轴承、磁力轴承外，一般滑动轴承的主要失效形式是磨损和胶合（俗称烧瓦），其次还有疲劳剥伤、刮伤、腐蚀和汽蚀等。因此轴承材料需具备以下性能：

1）良好的减摩性、耐磨性以及抗胶合性能，即与轴颈材料配偶的摩擦因数小、磨损小，易形成润滑油膜，耐热性和抗黏附性好。

2）良好的顺应性、嵌入性和磨合性。即轴承材料能通过其表面的弹塑性变形来补偿和适应轴颈的偏斜和变形；能容纳硬质颗粒嵌入以减轻轴承滑动表面发生刮伤或磨粒磨损；以及与轴瓦与轴颈表面之间经短期轻载运转即能形成相互吻合的表面粗糙度的性能。

3）良好的制造工艺性，包括易于浇铸和加工，以获得所需要的光滑摩擦表面。

4）足够的强度，包括疲劳强度、抗压强度和抗冲击能力，防止发生疲劳剥伤和大的塑性变形。

5）良好的导热性、耐腐蚀性和耐汽蚀性。

同时满足上述全部性能要求的轴承材料并不存在，设计时须根据轴承的具体工作条件对材料性能的主要要求，并考虑材料的供应情况与价格，合理选用。

2.2　滑动轴承材料及其性能

滑动轴承材料可分为金属材料、多孔质金属材料、非金属材料以及由上述材料组成的复合材料。目前金属材料的应用仍占主导地位。表 8-2-1～表 8-2-6 列出了常用滑动轴承材料性能和应用情况，供选择材料参考。

表 8-2-1　滑动轴承材料的物理性能

轴承材料	抗拉强度/MPa	弹性模量/GPa	硬度（HBW）	密度/kg·m^{-3}	热导率/W·(m·K)$^{-1}$	线胀系数/$10^{-6}K^{-1}$
锡基轴承合金	79	52	25	7400	35～45	23
铅基轴承合金	69	29	26	10100	24	25
锡青铜	200	110	70	8800	50～90	18
铅青铜	230	97	60	8900	47	18
铝合金	150	71	45	2900	210	24
银	160	76	25	10500	410	20
铸铁	240	160	180	7200	52	10
多孔青铜	120	—	40	6400	29	19
多孔铁	170	—	50	6100	28	12
尼龙	79	2.8	M79HR	1140	0.24	170
醛缩醇	69	2.8	M94HR	1420	0.22	80
聚四氟乙烯	21	0.4	D60HS	2170	0.24	170
酚醛树脂	69	6.9	M100HR	1360	0.28	28
聚酰亚胺	73	3.2	E52HS	1430	0.43	50
碳-石墨	14	14	75HS	1700	17	3.1
木	8	12	—	680	0.19	5
橡胶	—	—	—	1200	0.16	77
碳化钨	900	560	A91HR	14200	70	6
三氧化二铝	210	340	A85HR	3900	2.8	15

表 8-2-2 **滑动轴承材料性能比较**

性能比较	金属材料				非金属材料				多孔质金属含油材料
	轴承合金	锡青铜	铅青铜	铸铁	塑料	木材	橡胶	石墨	
承载能力	一般	良	良	良	一般	差	差	差	一般
减摩性	优	较好	良	较好	较好	优	优	良	较好
耐磨性	一般	优	较好	优	较好	一般	差	一般	较好
顺应性	优	一般	差	差	优	良	优	较好	差
嵌入性	优	一般	差	差	较好	良	优	良	一般
导热性	良(锡基) 较好(铅基)	良	良	良	差	差	差	一般	较好
热胀性	较好	良	较好	优	差	一般	差	良	优
高速安全性	优	较好	较好	差	差	差	差	良	差
高温安全性	差	较好	差	较好	差	差	差	优	较好
紧急安全性	优	较好	良	较好	优	一般	差	优	优
用油、脂润滑	优	优	优	优	优	优	较好	优	优
用水润滑	差	差	差	差	优	优	优	优	差
无润滑	差	差	差	差	优	差	差	优	差

表 8-2-3 **轴承用合金特性与用途**

合金牌号		制造方法	特性	一般用途
铸造铜合金(JB/T 7921—1995)	CuPb9Sn5 CuPb10Sn10	浇铸或烧结在钢背(带)上,或金属型浇铸	有高的疲劳强度和承载能力,高的硬度和耐磨性,好的耐腐蚀性。增加含锡量可提高合金的硬度和耐磨性,增加含铅量可改善合金经受装配不良和间歇润滑的能力。适用于中载、中到高速以及由于摆动或旋转运动引起有很大冲击载荷的轴承。与淬硬轴匹配,轴颈的硬度一般不低于250HBW	一般用于汽轮机、发动机、机床用轴承,内燃机活塞销、汽车转向器和差速器用轴套、止推垫圈等
	CuPb15Sn8	浇铸或烧结在钢背(带)上,或金属型浇铸	有高的疲劳强度和承载能力,较高的硬度与耐磨性,耐腐蚀。增加锡含量可提高合金的硬度与耐磨性,增加铅含量可改善合金经受装配不良和间歇润滑的能力。可用水润滑。相匹配轴颈的硬度一般不低于200HBW	适用于中载、中到高速的单层、双层金属轴承、轴套和单层金属止推垫圈,冷轧机用轴承
	CuPb20Sn5	浇铸或烧结在钢背(带)上	有较高的承载能力和疲劳强度。较高的含铅量可改善合金在高速下的表面性能,耐腐蚀性却略有下降;增加锡含量可提高合金硬度和耐磨性,可用水润滑。适用于中载,中到高速,以及因摆动或旋转运动引起有中等冲击载荷的轴承。相匹配轴颈的硬度一般不低于150HBW	一般用于汽车的变速箱、农机具和内燃机摇臂轴上的轴套
	CuAl10Fe5Ni5	金属型浇铸	是非常硬的轴承合金,耐海水腐蚀,潜藏性差。轴颈必须硬化,硬度不低于300HBW	适用于制造作滑动运动的结构元件,及在海洋环境中工作的轴承,高载荷轴套
	CuSn8Pb2 CuSn7Pb7Zn3	浇铸或烧结在钢背(带)上,或金属型浇铸	有较高的硬度、耐磨性和好的耐腐蚀性,相匹配轴颈的硬度不低于280HBW	用于低到高载荷的非重要用途的轴承的轴套,需充分润滑

续表

合金牌号			制造方法	特性	一般用途
铸造铜合金（JB/T 7921—1995）		CuSn10P	浇铸或烧结在钢背上或金属型浇铸	有高的硬度和耐腐蚀性，耐磨性好。轴颈要淬硬，硬度一般不低于300HBW。要求良好的润滑和装配	适用于中到重载、高速有冲击载荷工况条件下工作的轴承
		CuSn12Pb2	浇铸或烧结在钢背上或金属型浇铸	有高的硬度和耐腐蚀性，好的耐磨性。轴颈要淬硬，硬度一般不低于300HBW，要求良好的润滑和装配	适用于中到重载、高速、有冲击载荷工况条件下工作的轴承
		CuPb5Sn5Zn5	浇铸或烧结在钢背上或金属型浇铸	有较高的硬度、耐磨性和耐腐蚀性好，高的抗冲击和耐高温能力，较差的抗擦伤能力，相匹配轴颈的硬度一般不低于250HBW	作一般用途的轴承材料，适用于低载不重要工作条件下工作的轴承、止推垫圈，如汽车发动机活塞销、变速箱轴套等
锻造铜合金（JB/T 7922—1995）		CuSn8P	轧制或挤压	高的硬度、耐磨性和疲劳强度，好的耐腐蚀性，相匹配轴颈的硬度一般不低于55HRC	适用于重载荷、高滑动速度、冲击载荷或有振动的工况中；与淬硬轴配合时，要求充分润滑和良好的装配状态。按其工况条件选择其硬度
		CuZn31Si1		高的机械强度、耐磨性和疲劳强度，好的耐腐蚀性，相匹配轴颈的硬度一般不低于55HRC	
		CuZn37Mn2Al2Si		高的机械强度、耐磨性和疲劳强度，相匹配轴颈的硬度一般不低于55HRC	适用于润滑不良工作条件下的轴承，要求与淬火轴配合
		CuAl9Fe4Ni4		高的机械强度和耐磨性，高温下的耐腐蚀和抗氧化性及在大气、淡水和海水中的耐腐蚀性良好，潜藏性差、轴颈的硬度一般不低于55HRC	适用于滑动条件下的结构件，在海水中工作的轴承，要求与淬火轴配合
薄壁轴承用金属多层材料（GB/T 18326—2001）	铅基和锡基合金	PbSb10Sn6 PbSb15SnAs	静置或连续浇铸在钢、青铜或黄铜背上，或直接浇铸在轴承座孔内	软，耐腐蚀，较低的疲劳强度和承载能力，有较好的顺应性、潜藏性、相容性。可与软轴或硬轴配合，要求轴颈硬度不低于180HBW	适用于载荷较小的内燃机主轴和连杆轴承、止推垫圈、凸轮轴套
		PbSb15Sn10 SnSb8Cu4		软，耐腐蚀，有较好的顺应性、潜藏性、相容性，低的疲劳强度和承载能力，可与软轴或硬轴配合，要求轴颈硬度不低于220HBW	
	铜基合金	CuPb10Sn10	连续浇铸或烧结在铜背（带）上或金属型浇铸	有很高的疲劳强度和承载能力，高的抗冲击能力，好的耐腐蚀性和耐磨性。与淬硬轴配合，轴颈的硬度不低于53HRC	适用于中载、中到高速，以及有大冲击载荷的轴承，机械设备上用的卷制轴承、止推垫圈、内燃机连杆活塞销轴套
		CuPb17Sn5	连续浇铸或烧结在铜背（带）上	有很高的疲劳强度、承载能力，抗冲击能力，耐腐蚀性和耐磨性。相配轴颈的硬度不低于50HRC	当轴承滑动表面镀有软合金层时适用于重载内燃机的主轴和连杆轴承、卷制轴套、止推垫圈、蒸汽机车的浮动轴套等

续表

<table>
<tr><th colspan="3">合金牌号</th><th>制造方法</th><th>特性</th><th>一般用途</th></tr>
<tr><td rowspan="10">薄壁轴承用金属多层材料(GB/T 18326—2001)</td><td rowspan="3">铜基合金</td><td>CuPb24Sn4</td><td>连续浇铸或烧结在铜背(带)上</td><td>有高的疲劳强度、承载能力、抗冲击能力,耐腐蚀,有较好的轴承表面性能(潜藏性、顺应性、相容性),与淬硬轴配合,轴颈的硬度不低于48HRC</td><td>适用于高速、摆动和旋转工作条件下的轴承,轴承滑动表面镀有软合金层时,可用于高速、重载的内燃机主轴和连杆轴承、止推垫圈、卷制轴套、轧钢机用轴承、机床轴承等</td></tr>
<tr><td>CuPb24Sn</td><td>连续浇铸或烧结在钢背(带)上,静置或离心浇铸在钢背上</td><td>有较高疲劳强度和承载能力,较好的轴承表面性能,易受润滑油的腐蚀,浇铸合金的疲劳强度较烧结合金高约20%,有软合金镀层时可以与硬轴或软轴配合,轴颈的硬度不低于45HRC</td><td rowspan="2">常用于内燃机主轴和连杆轴承、止推垫圈、卷制轴承套</td></tr>
<tr><td>CuPb30</td><td>轧制到钢背(带)上</td><td>有中等疲劳强度和承载能力,较好的轴承表面性能,易受润滑油腐蚀,轴承工作表面必须镀软合金层,相匹配轴颈的硬度不低于270HBW</td></tr>
<tr><td rowspan="4">铝基合金</td><td>AlSn20Cu</td><td rowspan="4">轧制到钢背(带)上</td><td>有中等疲劳强度和承载能力,良好的抗腐蚀性,较好的轴承表面性能,可以与软轴配合,轴颈的硬度不低于250HBW</td><td>常用于内燃机主轴和连杆轴承、止推垫圈、卷制轴套或压气机、制冷机用轴承</td></tr>
<tr><td>AlSn6Cu</td><td>有中等到较高的疲劳强度和承载能力,良好的耐腐蚀性能,镀软合金层可与硬轴配合,轴颈的硬度不低于45HRC</td><td rowspan="3">常用于内燃机主轴和连杆轴承、止推垫圈、卷制轴套</td></tr>
<tr><td>AlSn12Si2.5Pb1.7</td><td>具有中等到较高的疲劳强度和承载能力,无需表面涂层,特别适用于球铁曲轴,轴颈的硬度不低于250HBW</td></tr>
<tr><td>AlSi11Cu</td><td>具有较高的疲劳强度和承载能力,好的耐腐蚀性和抗穴蚀能力,镀软合金层可与硬轴配合,轴颈的硬度不低于50HBW</td></tr>
<tr><td rowspan="2">镀层</td><td>PbSn10Cu2
PbSn10
PbIn7</td><td rowspan="2">电镀到轴瓦滑动表面上</td><td>软,有好的减摩性,良好的轴承表面性能和耐腐蚀性,疲劳强度取决于它的厚度</td><td>适用于各种轴承合金材料的轴承表面,镀层厚度一般为0.013～0.025mm,大型柴油机主轴轴承为0.05～0.07mm</td></tr>
<tr><td>AlZn5Si1.5
Cu1Pb1Mg</td><td>高的疲劳强度,通常应有镀层,可与硬轴、软轴配合,轴颈的硬度不低于45HRC</td><td>常用于内燃机主轴和连杆轴承</td></tr>
</table>

第8篇

续表

合金牌号		制造方法	特　性	一般用途
薄壁轴承用金属多层材料（JB/T 7924—1995）	AlSi4Cd	轧制到钢背（带）上	有中等到较高的疲劳强度和承载能力，经热处理可提高疲劳强度，有良好的耐腐蚀性能，镀软合金层可与硬轴配合，轴的硬度一般不低于 48HRC	常用于内燃机主轴和连杆轴承、止推垫圈、卷制轴套
	AlCd3CuNi		有中等到较高的疲劳强度和承载能力，在合金中添加锰元素后可提高疲劳强度，有良好的耐腐蚀性能，要镀镀软合金层，相匹配轴的硬度一般不低于 48HRC	

表 8-2-4　　主要滑动轴承材料的应用情况

应用范围	塑料	粉末冶金含油轴承	巴氏合金	铜铅合金	青铜			铝合金	层合复合材料	其余复合材料	备　注
					铅青铜	锡青铜	铝青铜				
汽油发动机主轴承，连杆轴承			●	●	●		●	●	●		现代高速、大功率发动机主轴承、连杆轴承多用三层复合材料，其中间层用铅青铜、铝青铜或铝合金，表面可用多种材料。巴氏合金表层只用于部分低速发动机
柴油发动机轴承				●	●		●	●	●		
凸轮轴轴承			●		●	●		●			
活塞销轴承					●	●					
冷轧机、锻压机械			●		●	●		●	●		水润滑条件下，热固性塑料轴承显示了优良的性能
轧辊轴承	●	●			●			●		●	
机车、活塞式压缩机			●		●	●		●			
水泵、热轧机、船机等润滑轴承	●									●	
齿轮箱轴承、涡轮机推力轴承			●		●	●			●	●	巴氏合金有时不能满足 pv 值的涡轮机轴承及齿轮箱轴承的需要，三层复合材料已开始在这种场合应用
汽轮机、压缩机、涡轮鼓风机轴承			●		●						
燃气轮机轴承			●		●						
大型电机轴承			●								
液压泵					●			●	●		
机床		●	●		●	●	●				
印刷机械		●			●				●	●	
传送（运输）装置		●								●	
纺织、医药、食品机械，家用电器	●	●			●					●	
建筑机械、农业机械	●	●			●					●	

表 8-2-5　　常用金属轴承材料的性能和许用值

轴瓦材料		许用值			最高工作温度 t/℃	硬度[②]（HBW）		特性及用途
名称	牌号	p_p /MPa	v_p /m·s^{-1}	$(pv)_p$[①] /MPa·m·s^{-1}		金属模	砂模	
灰铸铁	HT150 HT200 HT250	4 2 1	0.5 1 2		150	143～255		用于低速、轻载或不重要的轴承，价廉

续表

轴瓦材料		许用值			最高工作温度 t/℃	硬度[②](HBW)		特性及用途
名称	牌号	p_p /MPa	v_p /m·s^{-1}	$(pv)_p$[①] /MPa·m·s^{-1}		金属模	砂模	
耐磨铸铁	耐磨铸铁-1(HT-1)	0.05～9	0.2～2	0.1～1.8		180～229		铸造铬镍合金灰铸铁，用于与经热处理(淬火或正火)的轴相配合的轴承
	耐磨铸铁-2(HT-2)	0.1～6	0.75～3	0.3～4.5		190～229		铸造铬钨钛铜合金，用于与经热处理轴相配合的轴承
	耐磨铸铁-3(HT-3)					160～190		铸造钛铜合金，用于与不淬火的轴相配合的轴承
	耐磨铸铁-1(QT-1)	0.5～12	1.0～5	2.5～12		210～260		球墨铸铁，用于与经热处理的轴相配合的轴承
	耐磨铸铁-2(QT-2)					167～197		球墨铸铁，用于与不经淬火的轴相配合的轴承
	耐磨铸铁-1(KT-1)					197～217		可锻铸铁，用于与经热处理的轴相配合的轴承
	耐磨铸铁-2(KT-2)					167～197		可锻铸铁，用于与不经热处理的轴相配合的轴承
	HTMCu1CrMo(Cu-Cr-Mo合金铸铁)	0.05～9	2～0.2	0.1～1.8	150	200～255		铬钼合金灰铸铁，用于与经热处理(淬火或正火)的轴相配合的轴承
球墨铸铁	QT500-7	0.5～12	5～1.0	2.5～12		170～230		用于与经热处理的轴相配合的轴承
	QT450-10					160～210		用于与不经淬火的轴相配合的轴承
铜基合金	CuSn8Pb2	7(25)			280	60		制作不重要的轴承
	CuSn7Pb7Zn3					65		
	CuSn12Pb2					80		有冲击载荷的轴承
	CuSn8P					160		用于重载、高速、有冲击载荷的轴承
	CuZn31Si1					160		
	CuZn37Mn2Al2Si	10	1	10	200	150		用于润滑条件不良的轴承
	CuAl9Fe4Ni4	15	4	12	280	160		适宜制作在海洋中工作的轴承
铜基合金 锡青铜	ZCuSn10P1(10-1锡青铜)	15	10	15(25)	280	90～120	80～100	用于中速、重载及变载荷的轴承
	ZCuSn5Pb5Zn5(5-5-5锡青铜)	8	3	15	280	65～75	50	用于中速、中等载荷的轴承
铜基合金 铝青铜	ZCuAl10Fe3(10-3铝青铜)	30	8	12(60)	280	120～140	110	最适宜用于润滑充分的低速重载轴承，用于减速器、金属切削机床、起重机、离心泵、轧机等机器上
	ZCuAl10Fe3Mn2	20	5	15				
	ZCuAl10Fe5Ni5	15(30)	4(10)	12(60)	280	100～120(200)		
铜基合金 铅青铜	ZCuPb30(30铅青铜) ZCuPb10Sn10	冲击载荷			280	40～280(300)		用于变载荷和冲击载荷工作条件下的内燃机、空气压缩机及泵等机器的轴承
		15	8	40				
		平稳载荷						
		25	12	30(90)				
	ZCuPb5Sn5Zn5	8	3	15	280	50～100(200)		用于中速、中载轴承

续表

轴瓦材料			许用值			最高工作温度 t/℃	硬度[2](HBW)		特性及用途
名称		牌号	p_p /MPa	v_p /$m \cdot s^{-1}$	$(pv)_p$[1] /$MPa \cdot m \cdot s^{-1}$		金属模	砂模	
铜基合金	铅青铜	ZCuPb15Sn8	7(20)			280	65		中载、中到高速的冷轧机轴承
		ZCuPb9Sn5					60		一般用作汽轮机、发动机、机床、汽车转向器和差速器轴承
		ZCuPb20Sn5					55		汽车变速箱、内燃机摇臂轴轴套
	铸造黄铜	ZCuZn38Mn2Pb2	10	1	10	200	100	90	用于滑动速度小的稳定载荷或冲击载荷的轴承，如辊道、起重机、振动机、运输机、挖掘机的轴承
		ZCuZn40Mn2							
		ZCuZn25Al6Fe3Mn3					160		
		ZCuZn16Si4	12	2	10		100	90	
锡基轴承合金		ZSnSb4Cu4 ZSnSb8Cu4 ZSnSb11Cu6 ZSnSb12Pb10Cu4 ZnSb12Cu6Cd1	平稳载荷			150	20～30(150)		用于高速、重载下工作的重要轴承。变载荷下易于疲劳磨损，价高；用于高速重载的蒸汽透平机、透平发动机、功率大于750kW电动机、内燃机的轴承
			25(40)	80	20(100)				
			冲击载荷						
			20	60	15				
铅基轴承合金		ZPbSb16Sn16Cu2	12	12	10(50)	150	15～30(150)		用于无剧烈变载荷工作条件下的电动机、拖拉机、离心泵、空气压缩机、轧机等机器的轴承
		ZPbSb15Sn5Cu3Cd2	5	8	5				
		ZPbSb15Sn10	20	15	15				
		ZPbSb15Sn5				150	20		
		ZPbSb10Sn6	12				18		用于载荷较小的内燃机主轴和连杆轴承、凸轮轴套
		ZPbSb15SnAs					20		
		PbSb15Sn10	20	15	15		24		
		PbSn10Cu2							用作薄壁轴瓦的镀覆层
		PbSn10							
		PbIn7							
铝基轴承合金		20%高锡铝合金铝硅合金	28～35	14		140	45～50(300)		用于高速、中等轴承，是较新的轴承材料，强度高、耐腐蚀、表面性能好。可用于增加强化柴油机轴承
		AlSn20Cu	34	14		170	40		用于高速、中到重载轴承，如柴油机、压气机、制冷机轴承
		AlSn6Cu	41～51				45		
		AlSn12Si2.5Pb1.7					40		主要用于内燃机主轴和连杆轴承、止推垫圈、卷制轴套
		AlSi4Cd	47				40		
		ZAlCd3CuNi	—				55		
		AlSi11Cu					60		
		AlSn6CuNi4				200	40		用于高速、中到重载轴承，如柴油机、压气机、制冷机轴承
铸造锌合金		ZZnAl11Cu5Mg	20	3	100	80	100	80	可作为青铜和黄铜的代用新材料。适用于中、低速（≤7～11m/s）、重载（25～30MPa以下）条件下工作的轴承等；轴颈硬度可在180HBW以下

续表

轴瓦材料		许用值			最高工作温度 t/℃	硬度②(HBW)		特性及用途
名称	牌号	p_p /MPa	v_p /m·s^{-1}	$(pv)_p$① /MPa·m·s^{-1}		金属模	砂模	
三元电镀合金	铝-硅-镉镀层	14～35			170	(200～300)		镀铝锡青铜作中间层，再镀10～30μm三元减摩层，疲劳强度高，嵌藏性好
银	镀层	28～35			180	(300～400)		镀银，上附薄层铅，再在上镀铟，常用于飞机发动机、柴油机
粉末冶金	铁基	$\frac{69}{21}$	2	1.0				具有成本低、含油量较多、耐磨性好的特点，适用于低速机械
	铜基	$\frac{55}{14}$	6	1.8	80			孔隙度大的多用于高速轻载，孔隙度小的多用于摆动或往复运动情况，如长期不补充润滑剂需降低$(pv)_p$值，高温或连续工作情况，应不断补充润滑剂
	铝基	$\frac{28}{14}$	6	1.8				是近期发展的粉末冶金轴瓦材料。重量轻、耐磨系数低、温升小、寿命长的优点

① 括号内的数值为极限值，其余为一般值（润滑良好）。对于液体动压轴承，限制$(pv)_p$值没有任何意义（因其与散热等条件关系很大）。

② 括号外的数值为合金硬度，括号内的数值为最小轴颈硬度。

注：1.（　）中材料牌号为新标准中未列入的旧标准牌号，部分材料的新旧国家标准牌号及ISO 1338—1977合金牌号对照见下表。

GB 1176—1987	GB 1176—1974	ISO 1338—1977	GB/T 1174—1992	GB/T 1174—1974	GB/T 1175—1992	GB/T 1175—1974
ZCuSn10P1	ZQSn10-1	CuSn10P	ZSnSb4Cu4	ZChSnSb4-4	ZZnAl11Cu5Mg	ZZnAl10-5
ZCuSn5Pb5Zn5	ZQSn5-5-5	CuPb5Sn5Zn5	ZSnSb8Cu4	ZChSnSb8-4		
ZCuAl9Mn2	ZQAl9-2		ZSnSb11Cu6	ZChSnSb11-6		
ZCuAl10Fe3	ZQAl9-4	CuAl10Fe3	ZSnSb12Pb10Cu4	ZChSnSb12-4-10		
ZCuAl10Fe3Mn2	ZQAl10-3-1.5		ZPbSb16Sn16Cu2	ZChPbSb16-16-2		
ZCuPb30	ZQPb30		ZPbSb15Sn5Cu3Cd2	ZChPbSb15-5-3		
ZCuPb10Sn10	ZQPb10-10	CuPb10Sn10	ZPbSb15Sn10	ZChPb15-10		
ZCuZn38Mn2Pb2	ZHMn58-2-2					
ZCuZn40Mn2	ZHMn58-2					
ZCuZn25Al6Fe3Mn3	ZHAl66-6-3-2	CuZn25Al6Fe3Mn3				
ZCuZn16Si4	ZHSi80-3					

2. 粉末冶金p_p中分子为静载，分母为动载。

表 8-2-6　常用非金属轴承材料的许用值

轴瓦材料	许用值			最高工作温度 t/℃	特性及用途
名称	p_p /MPa	v_p /m·s^{-1}	$(pv)_p$ /MPa·m·s^{-1}		
酚醛树脂	39～41	12～13	0.18～0.5	110～120	由织物、石棉等为填料与酚醛树脂压制而成。抗咬性好，强度、抗震性好。能耐水、酸、碱，导热性差，重载时需用水或油充分润滑。易膨胀，轴承间隙宜取大些

续表

轴瓦材料	许用值			最高工作温度 t/℃	特性及用途
名称	p_p/MPa	v_p/m·s^{-1}	$(pv)_p$/MPa·m·s^{-1}		
尼龙	7～14	3～8	0.11(0.05m/s)	105～110	最常用的非金属轴承。摩擦因数低、耐磨性好、无噪声。金属瓦上覆以尼龙薄层，能受中等载荷，加入石墨、二硫化钼等填料可提高刚性和耐磨性。加入耐热成分，可提高工作温度
			0.09(0.5m/s)		
			＜0.09(5m/s)		
聚碳酸酯	7	5	0.03(0.05m/s)	105	聚碳酸酯、醛缩醇、聚酰亚胺等都是较新的塑料。物理性能好，易于喷射成型，比较经济。填充石墨的聚酰亚胺温度可达 280℃
			0.01(0.5m/s)		
			＜0.01(5m/s)		
醛缩醇	14	3	0.1	100	
聚酰亚胺			4(0.05m/s)	260	
聚四氟乙烯(PTFE)	3～3.4	0.25～1.3	0.04(0.05m/s)	250	摩擦因数很低、自润滑性能好，能耐任何化学药品的侵蚀，适用温度范围宽(＞250℃时放出少量有害气体)，但成本高，承载能力低。用玻璃纤维、石墨及其他惰性材料为填料，$(pv)_p$ 值可大为提高。用玻璃纤维填充时，要避免端头外露，否则易于磨损
			0.06(0.5m/s)		
			＜0.09(5m/s)		
加强聚四氟乙烯	16.7	5	0.3	250	
聚四氟乙烯织物	400	0.5	0.9		
填充聚四氟乙烯	17	5	0.5		
碳-石墨抗磨材料	4	13	0.5(干) 5.25(润滑)	440～170	有自润滑性，高温稳定性好，耐化学药品侵蚀，常用于要求清洁工作的机器中。长期工作 $(pv)_p$ 值应适当降低
橡胶	0.34	5	0.53	65	常用于有水、泥浆的设备中。橡胶能隔震，降低噪声，减少动载荷，补偿误差。但导热性差，需加强冷却。用丁二烯-丙烯腈共聚物等合成橡胶能耐油、耐水，一般常用水作润滑与冷却剂
木材	14	10	0.5	70	有自润滑性，能耐酸、油和其他强化学药品腐蚀。用于要求清洁工作的轴承

第3章　不完全流体润滑轴承

3.1　径向滑动轴承的选用与验算

表 8-3-1　　径向滑动轴承的选用与验算

选用原则	验算		
	项目	计算简图	计算范围
①轴承座的载荷方向应该在轴承中心线左、右35°的范围内，如下图所示。图中阴影部分是允许承受的径向载荷的范围 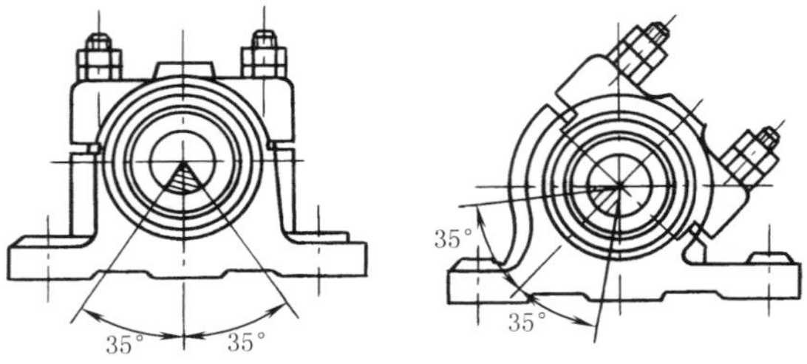 ②轴承允许通过轴肩承受不大的轴向载荷，当轴肩直径不小于轴瓦肩部外径时，允许承受的轴向载荷不大于最大径向载荷的30%	压强 p	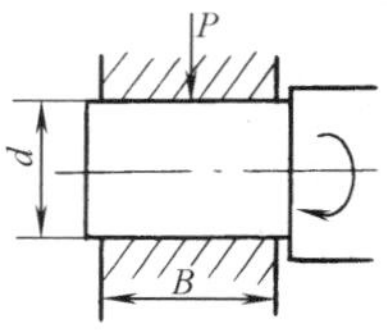	$p=\frac{P}{dB}\leqslant p_p$
	pv 值		$pv=\frac{Pn}{19100B}\leqslant(pv)_p$
	圆周速度		$v=\frac{\pi dn}{60\times1000}\leqslant v_p$
	符号意义	P——轴承径向载荷，N d，B——轴颈的直径和工作宽度，mm p_p——许用压强，MPa，见表8-2-5和表8-2-6 n——轴颈转速，r/min $(pv)_p$——许用 pv 值，MPa·m/s，见表8-2-5和表8-2-6 v_p——许用 v 值，m/s，见表8-2-5和表8-2-6	

注：由于滑动速度过高，会加速磨损，同时由于实际运行中因轴发生弯曲、不同轴、振动时，会影响轴承边缘产生相当大的压强，故应保证 v 不超过许用值。

3.2　推力滑动轴承的选用与验算

表 8-3-2　　止推滑动轴承的型式、特点与验算

型式	简图	结构尺寸	特点及应用	验算	
				项目	计算公式
空心止推轴承	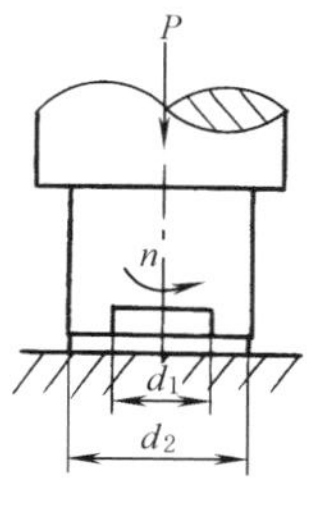	d_2 由轴的结构设计初步选定 若结构上无限制，应取 $d_1=0.5d_2$；一般可取 $d_1=(0.4\sim0.6)d_2$	接触面上压力分布比较均匀，因此润滑条件较实心有所改善 当 $d_1=0.5d_2$ 时，接触面上最大单位面积压力有最小值	压强 p	$p=\frac{P}{\frac{\pi}{4}(d_2^2-d_1^2)Z}\leqslant p_p$ 式中　P——轴承承受的轴向力，N d_2——轴承环形工作面外径，mm d_1——轴承环形工作面内径，mm Z——环的数目 p_p——许用压强，MPa，见表8-3-3

续表

型式	简图	结构尺寸	特点及应用	验算	
				项目	计算公式
环形止推轴承		d_1、d_2 由轴的结构设计初步选定	可利用轴套的端面止推，而且可以利用开通的纵向油沟引入润滑油。结构简单，润滑方便。广泛用于低速、轻载的部位	pv 值	环形 $pv=\frac{Pn}{60000bZ}\leqslant(pv)_p$ 式中 b ——轴承环形工作宽度，mm n ——轴颈的转速，r/min v ——轴颈的圆周速度，m/s $(pv)_p$ ——许用 pv 值，MPa · m/s，见表 8-3-3
	多环	d_1 由轴的结构设计初步选定 $b=(0.1\sim0.3)d_1$ $h=(0.12\sim0.15)d_1$ $d_2=(1.2\sim1.6)d_1$ $k=2\sim3$			

注：实心止推轴承在接触面上压力分布极不均匀，在中心处压强理论上达到无限大，对润滑极为不利，因此不推荐。

表 8-3-3　止推滑动轴承的 p_p、$(pv)_p$ 值

轴（轴环端面、凸缘）	轴承	许用值		轴（轴环端面、凸缘）	轴承	许用值	
		p_p /MPa	$(pv)_p$ /MPa · m · s^{-1}			p_p /MPa	$(pv)_p$ /MPa · m · s^{-1}
未淬火钢	铸铁	2～2.5	1～2.5	淬火钢	青铜	7.5～8	1～2.5
	青铜	4～5			轴承合金	8～9	
	轴承合金	5～6			淬火钢	12～15	

注：多环止推滑动轴承由于载荷在各环间分布不均匀，故取表中 p_p 值的 50%。

3.3 滑动轴承的常见型式

3.3.1 整体滑动轴承

表 8-3-4　整体有衬正滑动轴承（JB/T 2560—2007）　mm

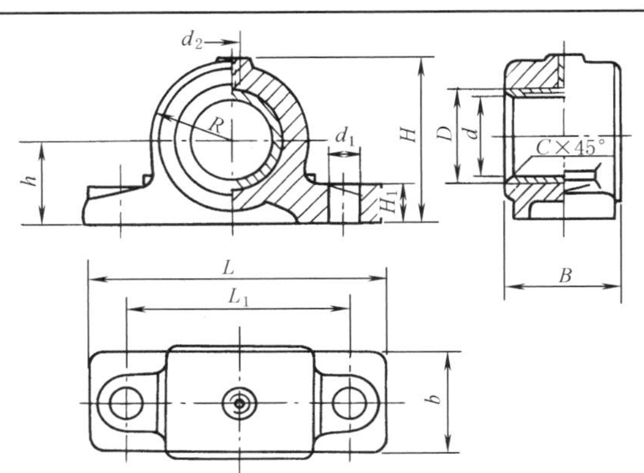

适于环境温度为 −20～80℃的工作条件

标记示例：

d＝30mm 的整体有衬正滑动轴承座：

HZ030 轴承座　JB/T 2560

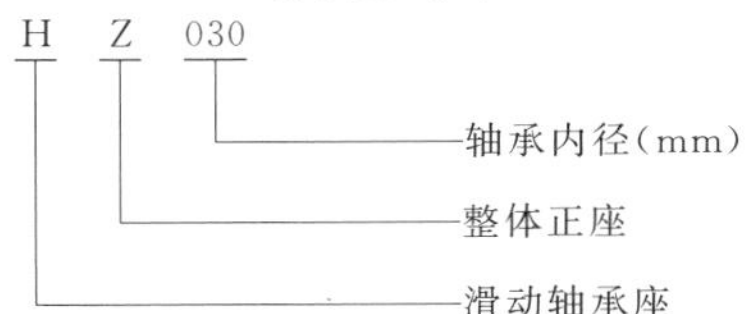

续表

型号	d (H8)	D	R	B	b	L	L_1	$H\approx$	h (h12)	H_1	d_1	d_2	C	质量/kg ≈
HZ020	20	28	26	30	25	105	80	50	30	14	12	M10×1	1.5	0.6
HZ025	25	32	30	40	35	125	95	60	35	16	14.5			0.9
HZ030	30	38		50	40	150	110	70		20	18.5			1.7
HZ035	35	45	38	55	45	160	120	84	42	20	18.5		2	1.9
HZ040	40	50	40	60	50	165	125	88	45	20	18.5			2.4
HZ045	45	55	45	70	60	185	140	90	50	25	24			3.6
HZ050	50	60	45	75	65	185	140	100	50	25	24			3.8
HZ060	60	70	55	80	70	225	170	120	60	30	28	M14×1.5	2.5	6.5
HZ070	70	85	65	100	80	245	190	140	70	30	28			9.0
HZ080	80	95	70	100	80	255	200	155	80	30	28			10.0
HZ090	90	105	75	120	90	285	220	165	85	40	35		3	13.2
HZ100	100	115	85	120	90	305	240	180	90	40	35			15.5
HZ110	110	125	90	140	100	315	250	190	95	40	35			21.0
HZ120	120	135	100	150	110	370	290	210	105	45	42			27.0
HZ140	140	160	115	170	130	400	320	240	120	45	42			38.0

注：1. 轴承座壳体和轴套可单独订货，但在订货时必须说明。
2. 技术条件应符合 JB/T 2564—2007 的规定。

表 8-3-5　　**整体无衬正滑动轴承**　　mm

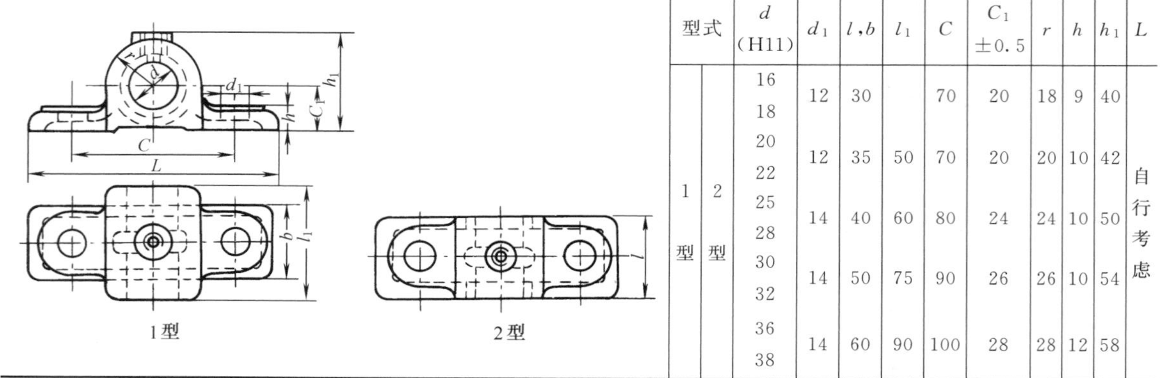

1型　　2型

型式		d (H11)	d_1	l,b	l_1	C	C_1 ±0.5	r	h	h_1	L
1型	2型	16	12	30		70	20	18	9	40	自行考虑
		18									
		20	12	35	50	70	20	20	10	42	
		22									
		25	14	40	60	80	24	24	10	50	
		28									
		30	14	50	75	90	26	26	10	54	
		32									
		36	14	60	90	100	28	28	12	58	
		38									

3.3.2　对开式滑动轴承

表 8-3-6　　**对开式二螺柱正滑动轴承**（JB/T 2561—2007）　　mm

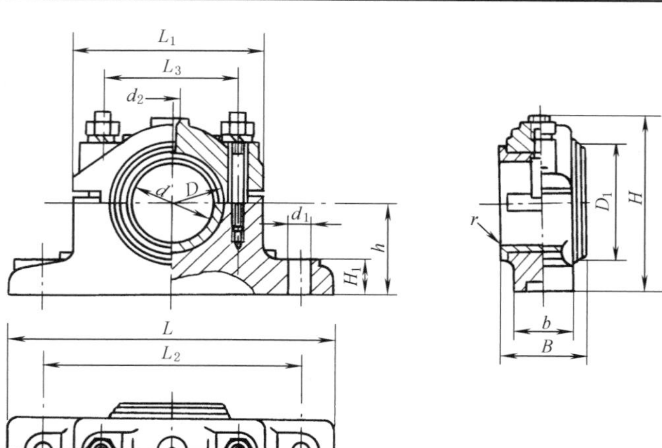

适用于环境温度−20～80℃的工作条件。

标记示例：

d＝50mm 的对开式二螺柱正滑动轴承座，标记为：H2050 轴承座　JB/T 2561

续表

型号	d (H8)	D	D_1	B	b	H≈	h (h12)	H_1	L	L_1	L_2	L_3	d_1	d_2	r	质量/kg ≈
H2030	30	38	48	34	22	70	35	15	140	85	115	60	10	M10×1	1.5	0.8
H2035	35	45	55	45	28	87	42	18	165	100	135	75	12		2	1.2
H2040	40	50	60	50	35	90	45	20	170	110	140	80	14.5			1.8
H2045	45	55	65	55	40	100	50	20	175	110	145	85	14.5			2.3
H2050	50	60	70	60	40	105	50	25	200	120	160	90	18.5			2.9
H2060	60	70	80	70	50	125	60	25	240	140	190	100	24	M14×1.5	2.5	4.6
H2070	70	85	95	80	60	140	70	30	260	160	210	120	24			7.0
H2080	80	95	110	95	70	160	80	35	290	180	240	140	28			10.5
H2090	90	105	120	105	80	170	85	35	300	190	250	150	28		3	12.5
H2100	100	115	130	115	90	185	90	40	340	210	280	160	35			17.5
H2110	110	125	140	125	100	190	95	40	350	220	290	170	35			19.5
H2120	120	135	150	140	110	205	105	45	370	240	310	190	35			25.0
H2140	140	160	175	160	120	230	120	50	390	260	330	210	35		4	33.5
H2160	160	180	200	180	140	250	130	50	410	280	350	230	35			45.5

注：1. 与轴承座配合的轴颈应进行表面硬化。

2. 轴颈圆角尺寸按 GB/T 6403.4—2008 选取。

3. 技术条件应符合 JB/T 2564—2007 的规定。

表 8-3-7　对开式四螺柱正滑动轴承（JB/T 2562—2007）　mm

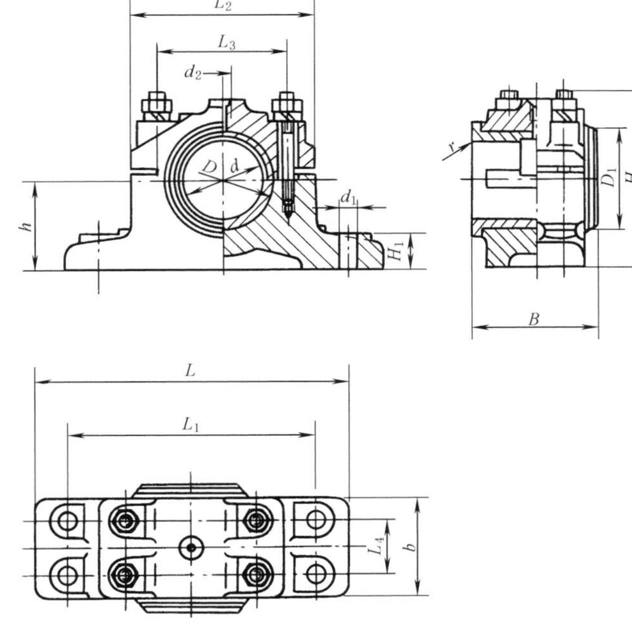

适用于环境温度 −20～80℃的工作条件。

标记示例：

d＝100mm 的对开式四螺柱正滑动轴承座，标记为：H4100 轴承座　JB/T 2562

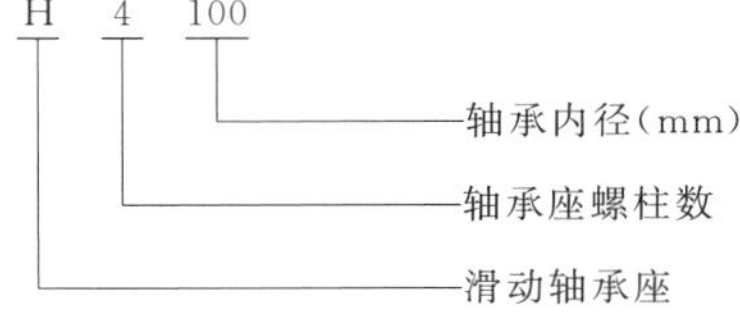

续表

型号	d (H8)	D	D_1	B	b	H≈	h (h12)	H_1	L	L_1	L_2	L_3	L_4	d_1	d_2	r	质量/kg ≈
H4050	50	60	70	75	60	105	50	25	200	160	120	90	30	14.5	M10×1	2.5	4.2
H4060	60	70	80	90	75	125	60	25	240	190	140	100	40	18.5			6.5
H4070	70	85	95	105	90	135	70	30	260	210	160	120	45	18.5			9.5
H4080	80	95	110	120	100	160	80	35	290	240	180	140	55	24	M14×1.5		14.5
H4090	90	105	120	135	115	165	85	35	300	250	190	150	70	24		3	18.0
H4100	100	115	130	150	130	175	90	40	340	280	210	160	80	24			23.0
H4110	110	125	140	165	140	185	95	40	350	290	220	170	85	24			30.0
H4120	120	135	150	180	155	200	105	40	370	310	240	190	90	28			41.5
H4140	140	160	175	210	170	230	120	45	390	330	260	210	100	28		4	51.0
H4160	160	180	200	240	200	250	130	50	410	350	280	230	120	28			59.5
H4180	180	200	220	270	220	260	140	50	460	400	320	260	140	35			73.0
H4200	200	230	250	300	245	295	160	55	520	440	360	300	160	42		5	98.0
H4220	220	250	270	320	265	360	170	60	550	470	390	330	180	42			125.0

注：1. 与轴承座配合的轴颈应进行表面硬化。
2. 轴颈圆角尺寸按 GB/T 6403.4—2008 选取。
3. 技术条件应符合 JB/T 2564—2007 的规定。

表 8-3-8　对开式四螺柱斜滑动轴承（JB/T 2563—2007）　mm

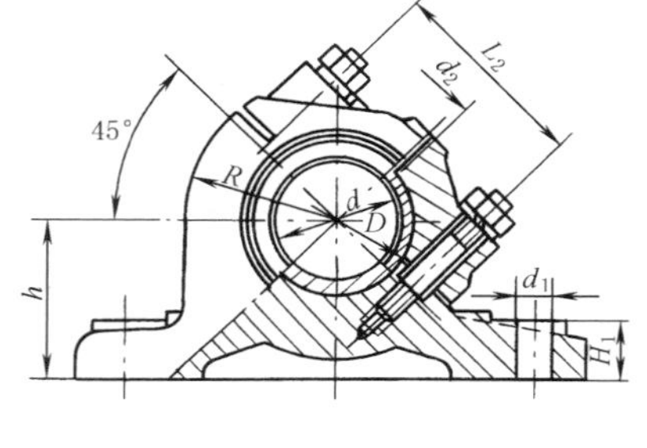

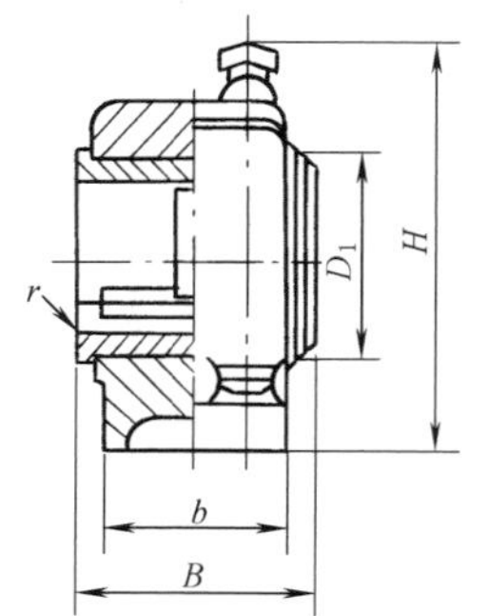

适用于环境温度－20～80℃的工作条件。

标记示例：

d＝80mm 的对开式四螺柱斜滑动轴承座，标记为：　HX080 轴承座　JB/T 2563

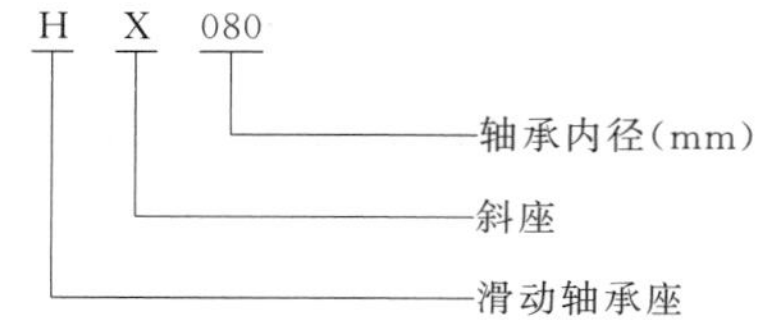

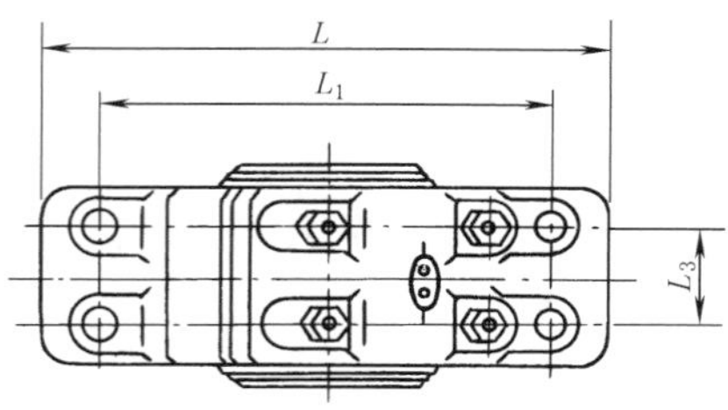

型号	d (H8)	D	D_1	B	b	H≈	h (h12)	H_1	L	L_1	L_2	L_3	R	d_1	d_2	r	质量/kg ≈
HX050	50	60	70	75	60	140	65	25	200	160	90	30	60	14.5	M10×1	2.5	5.1
HX060	60	70	80	90	75	160	75	25	240	190	100	40	70	18.5			8.1
HX070	70	85	95	105	90	185	90	30	260	210	120	45	80	18.5			12.5
HX080	80	95	110	120	100	215	100	35	290	240	140	55	90	24	M14×1.5		17.5
HX090	90	105	120	135	115	225	105	35	300	250	150	70	95	24		3	21.0
HX100	100	115	130	150	130	250	115	40	340	280	160	80	105	24			29.5
HX110	110	125	140	165	140	260	120	40	350	290	170	85	110	24			32.5
HX120	120	135	150	180	155	275	130	40	370	310	190	90	120	28			40.5
HX140	140	160	175	210	170	300	140	45	390	330	210	100	130	28		4	53.5
HX160	160	180	200	240	200	335	150	50	410	350	230	120	140	35			76.5
HX180	180	200	220	270	220	375	170	50	460	400	260	140	160	35			94.0
HX200	200	230	250	300	245	425	190	55	520	440	300	160	180	42		5	120.0
HX220	220	250	270	320	265	440	205	60	550	470	330	180	195	42			140.0

注：1. 与轴承座配合的轴颈应进行表面硬化。
2. 轴颈圆角尺寸按 GB/T 6403.4—2008 选取。
3. 技术条件应符合 JB/T 2564—2007 的规定。

3.3.3 法兰滑动轴承

表 8-3-9 **三螺栓法兰盘滑动轴承** mm

二螺栓法兰盘无轴套[图(a)]	d(H8)	d_1	D	l	h	K	C	b	b_1
	12 14	10	30	25	8	5	60	18	22
	16 18	12	34	30	9	5	70	20	24
	20 22	12	38	35	10	10	70	22	26

三螺栓法兰盘无轴套[图(b)]	d(H8)	d_1	D	l	R	K	h	h_1
	16 18	12	34	30	35	5	8	23
	20 22	12	38	35	35	10	9	25
	25 28	14	44	40	40	10	10	28

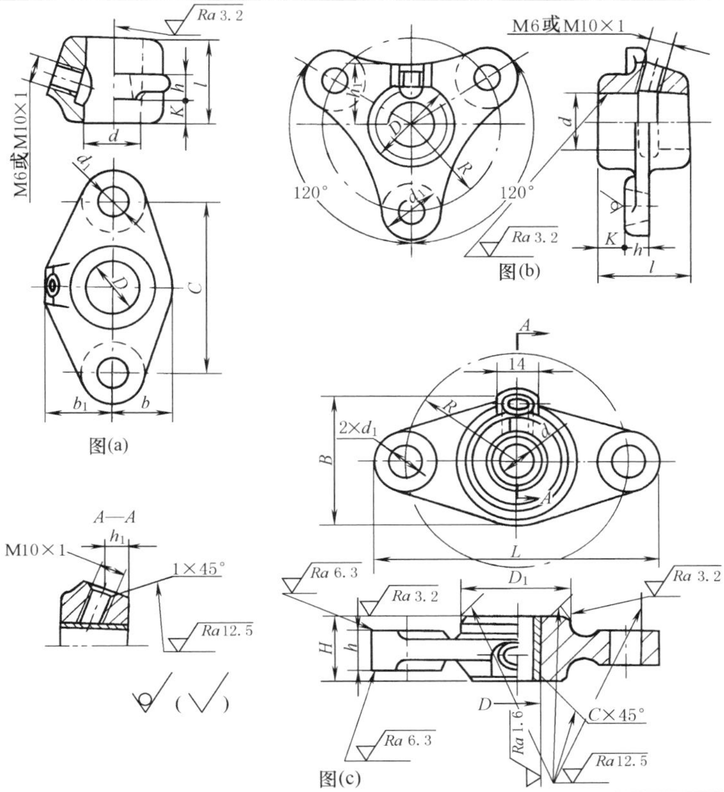

图(a)

图(b)

图(c)

二螺栓法兰盘镶轴套[图(c)]	d(H8)	D(H8/r6～s6)		D_1 (f9)	d_1	B	L	H	h	h_1	R		C
		最小	最大								公称	允差	
	10	13	16	36	9	40	84	20	12	7	32	±0.5	0.5
	11	14	18										
	12	15											
	14	17	20	42		48	90	24	14		35		
	16	19	22										
	18	21	25	50	11	55	109	30	18	11	42		
	20	24	28										
	22	25	30	55		60	115	34	20	13	45		
	25	28	32	60	13	65	121	38		14	48		
	28	32	36	65		70	129	42		15	52		
	(30)	34	38	70	17	75	155	48	22	18	60		0.7
	32	36	40										
	36	40	45	75		80	165	55	25	22	65		
	40	45	50	80		85		60		24			
	45	50	55	85	22	95	180	70		28	70	±1	1
	50	55	60	90		100	190	75		32	75		
	55	60	65	100		110	200	80	30	35	80		
	60	65	70	110	26	120	225	90			90		
	70	75	85	130		140	245	100	32	45	100		
	80	90	95	140		150	255				105		

注：1. 轴套尺寸见表 8-3-11，尺寸仅供参考。
2. 轴承材料：HT150。

表 8-3-10　　**四螺栓法兰盘镶轴套滑动轴承**　　mm

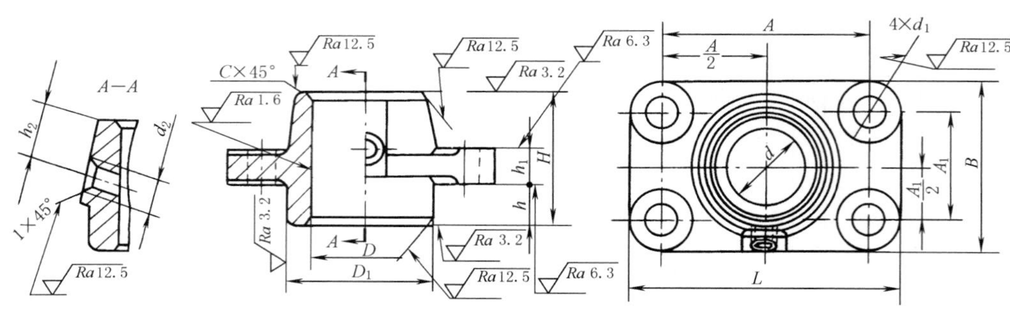

<table>
<tr><th rowspan="2">d(H8)</th><th colspan="2">D(H8)</th><th rowspan="2">D_1 (f9)</th><th rowspan="2">d_1</th><th rowspan="2">d_2</th><th rowspan="2">B</th><th rowspan="2">L</th><th rowspan="2">H</th><th rowspan="2">h</th><th rowspan="2">h_1</th><th rowspan="2">h_2</th><th colspan="2">A</th><th colspan="2">A_1</th><th rowspan="2">C</th></tr>
<tr><th>最小</th><th>最大</th><th>公称</th><th>允差</th><th>公称</th><th>允差</th></tr>
<tr><td>28</td><td>32</td><td>36</td><td>65</td><td>11</td><td rowspan="11">M10×1</td><td>70</td><td>120</td><td>42</td><td>10</td><td>20</td><td>14</td><td>95</td><td rowspan="8">±0.35</td><td>45</td><td rowspan="8">±0.35</td><td rowspan="20">1.5</td></tr>
<tr><td>(30)</td><td>34</td><td>38</td><td>65</td><td rowspan="2">12</td><td rowspan="2">75</td><td rowspan="2">125</td><td rowspan="2">48</td><td rowspan="2">12</td><td rowspan="2">22</td><td rowspan="2">18</td><td rowspan="2">100</td><td rowspan="2">50</td></tr>
<tr><td>32</td><td>36</td><td>40</td><td>70</td></tr>
<tr><td>36</td><td>40</td><td>45</td><td>75</td><td rowspan="2">13</td><td>80</td><td>135</td><td>55</td><td>14</td><td rowspan="4">25</td><td>22</td><td>110</td><td>55</td></tr>
<tr><td>40</td><td>45</td><td>50</td><td>80</td><td>85</td><td>145</td><td>60</td><td>18</td><td>24</td><td>120</td><td rowspan="2">60</td></tr>
<tr><td>45</td><td>50</td><td>55</td><td>85</td><td rowspan="3">17</td><td>95</td><td>165</td><td>70</td><td>22</td><td>28</td><td>130</td></tr>
<tr><td>50</td><td>55</td><td>60</td><td>90</td><td>100</td><td>175</td><td>75</td><td rowspan="2">25</td><td>32</td><td>140</td><td>65</td></tr>
<tr><td>55</td><td>60</td><td>65</td><td>100</td><td>110</td><td>185</td><td>80</td><td rowspan="2">30</td><td rowspan="2">35</td><td rowspan="2">150</td><td>75</td></tr>
<tr><td>60</td><td>65</td><td>70</td><td>110</td><td rowspan="3">22</td><td>120</td><td>190</td><td>90</td><td>30</td><td rowspan="12">±0.71</td><td>80</td><td rowspan="12">±0.71</td></tr>
<tr><td>70</td><td>75</td><td>85</td><td>130</td><td>140</td><td>220</td><td rowspan="2">100</td><td rowspan="5">34</td><td rowspan="4">32</td><td rowspan="2">45</td><td>180</td><td>100</td></tr>
<tr><td>80</td><td>90</td><td>95</td><td>140</td><td>150</td><td>230</td><td>190</td><td>110</td></tr>
<tr><td>90</td><td>100</td><td>105</td><td>160</td><td rowspan="3">26</td><td rowspan="9">M14×1.5</td><td>170</td><td>260</td><td rowspan="2">120</td><td rowspan="2">55</td><td>210</td><td>120</td></tr>
<tr><td>100</td><td>110</td><td>115</td><td>180</td><td>190</td><td>280</td><td>230</td><td>140</td></tr>
<tr><td>110</td><td>120</td><td>125</td><td>190</td><td>200</td><td>290</td><td>140</td><td rowspan="3">35</td><td>65</td><td>240</td><td>150</td></tr>
<tr><td>125</td><td>135</td><td>140</td><td rowspan="2">210</td><td rowspan="6">32</td><td rowspan="2">230</td><td rowspan="2">330</td><td rowspan="2">150</td><td rowspan="6">40</td><td rowspan="2">70</td><td rowspan="2">270</td><td rowspan="2">170</td></tr>
<tr><td>130</td><td>140</td><td>150</td></tr>
<tr><td>140</td><td>150</td><td>160</td><td rowspan="2">230</td><td rowspan="2">240</td><td rowspan="2">340</td><td rowspan="2">170</td><td rowspan="4">40</td><td rowspan="2">80</td><td rowspan="2">280</td><td rowspan="2">180</td></tr>
<tr><td>150</td><td>160</td><td>170</td></tr>
<tr><td>160</td><td>170</td><td>180</td><td>240</td><td>250</td><td>360</td><td>190</td><td>90</td><td>300</td><td>190</td></tr>
<tr><td>180</td><td>190</td><td>200</td><td>260</td><td>270</td><td>380</td><td>220</td><td>105</td><td>320</td><td>210</td></tr>
</table>

注：1. 轴套尺寸见表 8-3-11，尺寸仅供参考。

2. 轴承材料：HT150。

3.4　轴套与轴瓦

3.4.1　轴套

表 8-3-11　　铜合金轴套（GB/T 18324—2001）　　mm

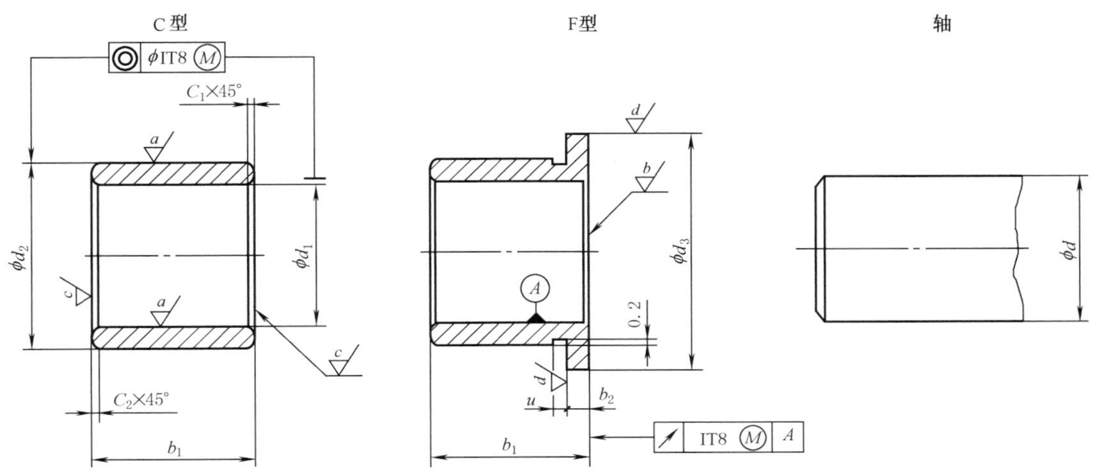

F 型其他尺寸和说明见 C 型。

材料：

铸造铜合金应符合 JB/T 7921—1995（铸造铜合金）的要求。

锻造铜合金应符合 JB/T 7922—1995（锻造铜合金）的要求。

（以上两标准分别为原标准 G 10448 和 G 10449）

标记示例：

C 型轴套内径 $d_1=20$mm，外径 $d_2=24$mm，宽度 $b_1=20$mm，协商而定的外圆倒角 C_2 为 15°（Y），材料为符合 GB/T 18324 的 CuSn8P，标记为：轴套 GB/T 18324—C20×24×20Y—CuSn8P

内径 d_1	外径 d_2			宽度 b_1			倒角 45° C_1,C_2 max	倒角 15° C_2 max	内径 d_1	外径 d_2			宽度 b_1			倒角 45° C_1,C_2 max	倒角 15° C_2 max
6	8	10	12	6	10	—	0.3	1	25	28	30	32	20	30	40	0.5	2
8	10	12	14	6	10	—	0.3	1	(27)	30	32	34	20	30	40	0.5	2
10	12	14	16	6	10	—	0.3	1	28	32	34	36	20	30	40	0.5	2
12	14	16	18	10	15	20	0.5	2	30	34	36	38	20	30	40	0.5	2
14	16	18	20	10	15	20	0.5	2	32	36	38	40	20	30	40	0.8	3
15	17	19	21	10	15	20	0.5	2	(33)	37	40	42	20	30	40	0.8	3
16	18	20	22	12	15	20	0.5	2	35	39	41	45	30	40	50	0.8	3
18	20	22	24	12	20	30	0.5	2	(36)	40	42	46	30	40	50	0.8	3
20	23	24	26	15	20	30	0.5	2	38	42	45	48	30	40	50	0.8	3
22	25	26	28	15	20	30	0.5	2	40	44	48	50	30	40	60	0.8	3
(24)	27	28	30	15	20	30	0.5	2	42	46	50	52	30	40	60	0.8	3

续表

内径 d_1	外径 d_2			宽度 b_1			倒角 45° C_1,C_2 max	倒角 15° C_2 max	内径 d_1	外径 d_2			宽度 b_1			倒角 45° C_1,C_2 max	倒角 15° C_2 max
45	50	53	55	30	40	60	0.8	3	100	110	115	120	80	100	120	1	4
48	53	56	58	40	50	60	0.8	3	105	115	120	125	80	100	120	1	4
50	55	58	60	40	50	60	0.8	3	110	120	125	130	80	100	120	1	4
55	60	63	65	40	50	70	0.8	3	120	130	135	140	100	120	150	1	4
60	65	70	75	40	60	80	0.8	3	130	140	145	150	100	120	150	2	5
65	70	75	80	50	60	80	1	4	140	150	155	160	100	150	180	2	5
70	75	80	85	50	70	90	1	4	150	160	165	170	120	150	180	2	5
75	80	85	90	50	70	90	1	4	160	170	180	185	120	150	180	2	5
80	85	90	95	60	80	100	1	4	170	180	190	195	120	180	200	2	5
85	90	95	100	60	80	100	1	4	180	190	200	210	150	180	250	2	5
90	100	105	110	60	80	120	1	4	190	200	210	220	150	180	250	2	5
95	105	110	115	60	100	120	1	4	200	210	220	230	180	200	250	2	5

注：1. 括号内的值仅作特殊用途，应尽可能避免使用。
2. 外圆倒角 C_2 为 45°的，不要求进行专门详细的标记。外圆倒角 C_2 为 15°的，规定在标记中另加 Y。

表 8-3-12 F型铜合金轴套

内径 d_1	外径 d_2	翻边外径 d_3	翻边宽度 b_2	外径 d_2	翻边外径 d_3	翻边宽度 b_2	宽度 b_1			倒角 45° C_1,C_2 max	倒角 15° C_2 max	退刀槽宽度 u
第一系列				第二系列								
6	8	10	1	12	14	3	—	10	—	0.3	1	1
8	10	12	1	14	18	3	—	10	—	0.3	1	1
10	12	14	1	16	20	3	—	10	—	0.3	1	1
12	14	16	1	18	22	3	10	15	20	0.5	2	1
14	16	18	1	20	25	3	10	15	20	0.5	2	1
15	17	19	1	21	27	3	10	15	20	0.5	2	1
16	18	20	1	22	28	3	12	15	20	0.5	2	1.5
18	20	22	1	24	30	3	12	20	30	0.5	2	1.5
20	23	26	1.5	26	32	3	15	20	30	0.5	2	1.5
22	25	28	1.5	28	34	3	15	20	30	0.5	2	1.5
(24)	27	30	1.5	30	36	3	15	20	30	0.5	2	1.5
25	28	31	1.5	32	38	4	20	30	40	0.5	2	1.5
(27)	30	33	1.5	34	40	4	20	30	40	0.5	2	1.5
28	32	36	2	36	42	4	20	30	40	0.5	2	1.5
30	34	38	2	38	44	4	20	30	40	0.5	2	2
32	36	40	2	40	46	4	20	30	40	0.8	3	2
(33)	37	41	2	42	48	5	20	30	40	0.8	3	2
35	39	43	2	45	50	5	30	40	50	0.8	3	2
(36)	40	44	2	46	52	5	30	40	50	0.8	3	2
38	42	46	2	48	54	5	30	40	50	0.8	3	2
40	44	48	2	50	58	5	30	40	60	0.8	3	2
42	46	50	2	52	60	5	30	40	60	0.8	3	2
45	50	55	2.5	55	63	5	30	40	60	0.8	3	2
48	53	58	2.5	58	66	5	40	50	60	0.8	3	2

续表

内径 d_1	外径 d_2	翻边外径 d_3	翻边宽度 b_2	外径 d_2	翻边外径 d_3	翻边宽度 b_2	宽度 b_1			倒角 45° C_1,C_2 max	倒角 15° C_2 max	退刀槽宽度 u
第一系列				第二系列								
50	55	60	2.5	60	68	5	40	50	60	0.8	3	2
55	60	65	2.5	65	73	5	40	50	70	0.8	3	2
60	65	70	2.5	75	83	7.5	40	60	80	0.8	3	2
65	70	75	2.5	80	88	7.5	50	60	80	1	4	2
70	75	80	2.5	85	95	7.5	50	70	90	1	4	2
75	80	85	2.5	90	100	7.5	50	70	90	1	4	3
80	85	90	2.5	95	105	7.5	60	80	100	1	4	3
85	90	95	2.5	100	110	7.5	60	80	100	1	4	3
90	100	110	5	110	120	10	60	80	120	1	4	3
95	105	115	5	115	125	10	60	100	120	1	4	3
100	110	120	5	120	130	10	80	100	120	1	4	3
105	115	125	5	125	135	10	80	100	120	1	4	3
110	120	130	5	130	140	10	80	100	120	1	4	3
120	130	140	5	140	150	10	100	120	150	1	4	3
130	140	150	5	150	160	10	100	120	150	2	5	4
140	150	160	5	160	170	10	100	150	180	2	5	4
150	160	170	5	170	180	10	120	150	180	2	5	4
160	170	180	5	185	200	12.5	120	150	180	2	5	4
170	180	190	5	195	210	12.5	120	180	200	2	5	4
180	190	200	5	210	220	15	150	180	250	2	5	4
190	200	210	5	220	230	15	150	180	250	2	5	4
200	210	220	5	230	240	15	180	200	250	2	5	4

注：1. 括号内的值仅作特殊用途，应尽可能避免使用。

2. F 型图见表 8-3-11 的表头图。

3. F 型翻边轴套是否带退刀槽（尺寸 u）应根据供需双方协议而定。

表 8-3-13　　公差与表面粗糙度

	内径 d_1	外径 d_2		翻边外径 d_3	宽度 b_1	轴承座孔	轴径 d
公差	E6①	≤120	s6	d11	h13	H7	e7 或 g7②
		>120	r6				
表面粗糙度	表面粗糙度应根据 GB/T 131 标注(见表 8-3-11 表头图)，如： a：$Ra=1.6\mu m$　c：$Ra=6.3\mu m$ b：$Ra=3.2\mu m$　d：$Ra=2.5\mu m$						

① 冲压后，d_1 通常可达到公差位置 H，公差等级大约为 IT8。

② 根据使用情况来推荐所用的公差。如果轴套与公差位置 h 的精密磨削轴制成品相配合，内径 d_1 的公差应为 D6，它装配后的概率公差为 F8；如果轴套内孔是装配后加工，内径 d_1 的尺寸公差应由供需双方协议而定。

注：用尺寸 d_2 来确定关于同轴度公差的 IT 值。用尺寸 d_3 来确定关于轴肩端面跳动的 IT 值。

表 8-3-14　　铸铁轴套　　mm

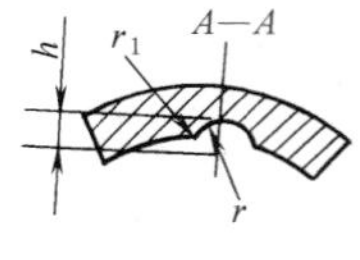

d(H8)	D(S7)	d_1	l	l_1	h	r	r_1	C	C_1
10	15	5	20	3	0.5	1	7	0.5	1
11	16								
12	18				1.0	2			
14	20		24						
16	22								
18	25		30						
20	28				1.5	3			
22	30		34						
25	32		38	4					
28	36		42						
30	38		48					1	1.5
32	40								
36	45		55	5					
40	50		60						
45	55		70						
50	60		75						
55	65	8	80	6	2.5	5	9		
60	70		90						
70	85		100						
80	95								
90	105		120					1.5	2
100	115								
110	125		140	8					
125	140		150						
130	150								
140	160		170						
150	170								
160	180		190						
180	200		200						

注：1. 直径 D 允许采用 n7、m7、k7、j7 配合。直径 d 允许采用 H7 配合。

2. 轴套和轴承座孔用螺钉固定，尺寸见表 8-3-18。

3. 压合后轴套的直径 d 可能缩小，因此装配后必须检查，必要时应进行精加工。

表 8-3-15　**整体轴套尺寸**（JB/ZQ 4613—2006）　mm

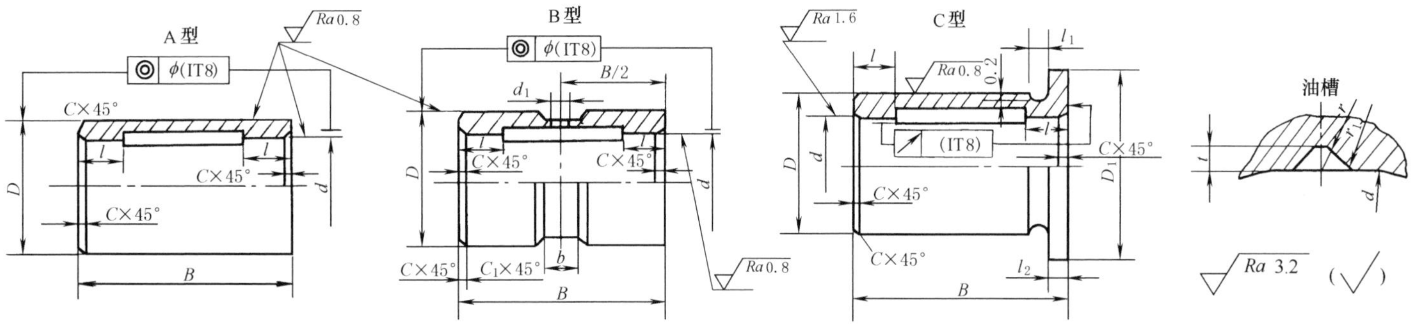

A型　B型　C型　油槽　$\sqrt{Ra\ 3.2}$ （$\sqrt{}$）

d	D	D_1	B				d_1	l_1	l_2 (h12)	t ($^{+0.2}_{0}$)	b	r	r_1	C	C_1	质量(每1000件)/kg						
																A型			B型	C型		
			1	2	3	4										1	2	3	4	1	2	3
20	26	32	15	20	30	30	6	1.5	3	1.2	12	2.5	6	0.5	1	28.6	38.2	57.2	57.2	35.8	45.4	64.4
22	28	34														31.1	41.5	62.2	62.2	38.8	49.2	69.9
25	32	38	20	30	40	40			4	1.6		3	9			55.2	82.7	110.3	110.3	66.8	94.3	121.9
28	36	42				50										70.8	106.2	141.5	176.8	83.7	119.1	154.4
30	38	44						2								75.2	112.8	150.4	188.0	88.8	126.4	164.0
32	40	46				55								0.8		79.6	119.4	159.2	218.9	93.8	133.6	173.4
35	45	50	30	40	50		8		5	2	16	4	12		1.5	165.9	221.2	276.5	304.1	182.3	237.6	292.9
(36)	46	52				60										170.0	226.7	283.4	311.7	190.3	247.0	303.7
40	50	58			60											186.6	248.8	373.2	373.2	216.4	278.6	403.0
45	55	63				70										207.3	276.5	414.7	483.8	239.9	309.1	447.3
50	60	68	40	50		75										304	380	456	570	339	415	491
55	65	73			70	80										332	415	581	664	370	453	619
60	75	83		60	80				7.5	2.5		5	15			560	840	1120	1120	625	905	1185
65	80	88	50			100								1		752	902	1203	1504	821	971	1272
70	85	95		70	90		10				20					803	1125	1446	1606	896	1218	1539
75	90	100														855	1197	1540	1711	953	1295	1638
80	95	105	60	80	100			3								1089	1451	1814	1814	1192	1554	1917
90	110	120			120	120			10	3.2		7	21			1659	2212	3318	3318	1817	2370	3476
100	120	130	80	100												2433	3041	3649	3649	2605	3213	3820
110	130	140				140										2654	3317	3981	4644	2840	3503	4167
120	140	150	100	120	150	150	12				25				2	3594	4313	5391	5359	3794	4513	5591
130	150	160				170										3871	4645	5806	6580	4085	4859	6020
140	160	170		150	180			4						2		4147	6220	7464	7049	4375	6448	7692
150	170	180	120			—	—				—				—	5308	6635	7962	—	5549	6876	8203
160	185	200							12.5	1		9	27			7153	8942	10730	—	7651	9440	11228
170	195	210		180	200											7568	11352	12614	—	8092	11876	13138
180	210	220	150		250				15	4				2		12130	14556	20216	—	12575	15001	20661
190	220	230														12751	15302	21253	—	13217	15768	21719
200	230	240	180	200												16049	17832	22290	—	16536	18319	22777

注：1. 当 $B=15\sim30$mm 时，$l=3$mm；当 $B>30\sim60$mm 时，$l=4$mm；当 $B>60\sim100$mm 时，$l=6$mm；当 $B>100$mm 时，$l=10$mm。2. 轴套的材料：ZCuAl10Fe3。3. B型轴套适用于 JB/T 2560—2007《整体有衬正滑动轴承座型式与尺寸》规定的轴承座。4. 油槽应符合 JB/ZQ 4615 的规定。5. 括号内尺寸尽量不选用。

表 8-3-16　　**整体轴套的公差配合**（JB/ZQ 4613—2006）

尺寸		装配形式					
		压入			粘合		
d	装入前	G7	E9	D10	H7	H8	E9
	装入后	H7	H8	E9			
	相配轴的公差	g6,f7,e9		h9,h11	g6,f7,e9		h9,h11
D	≤120mm	s6			g6		
	＞120mm	r6					
轴承座孔的公差		H7					

3.4.2　轴套的固定（JB/ZQ 4616—2006）

表 8-3-17　　**重载轴套固定方式**　　mm

轴套直径 $d(D)$	壁厚 S	键的尺寸 $b\times h$	轮毂槽深 t_1 及公差	轴套槽深 t 及公差	r
＞80～200	7.5～10	6×4～12×6	按 GB/T 1566～1567《薄型平键和键槽的剖面尺寸》规定		0.25
＞200～300	12.5～15	12×6～20×8			0.40
＞300～450	17.5～20	20×8～28×10			1.00
＞450～600	＞20～25	28×10～32×11			1.20
＞600～900 ＞900～1250	＞25	32×11			

注：外径小于等于 100mm，其极限偏差按 k6；外径大于 100mm 时见原标准。

表 8-3-18　　**轻载轴套固定方式**　　mm

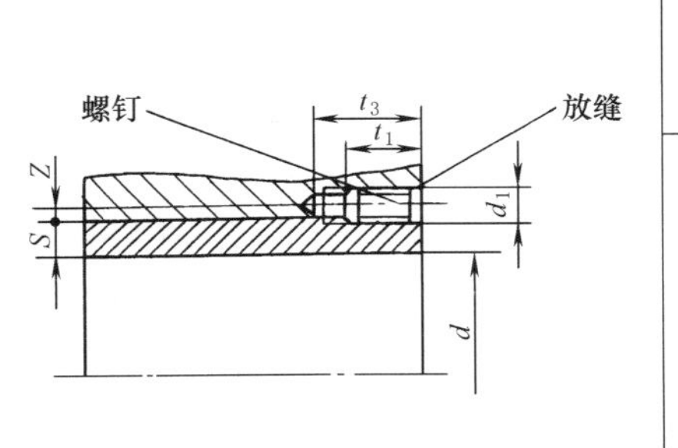

轴套直径 $d(D)$	壁厚 S	螺钉(GB/T 73) $d_1\times t_1$	螺钉(GB/T 73) 数量	t_3	Z
＞30～50	4	M6×15	1	20	1.5
＞50～80	5	M8×20	1	25	2
＞80～200	7.5～10	M8×20	2	25	2
＞200～300	12.5～15	M10×20	2	26	2
＞300～450	17.5～20	M12×25	2	31	3
＞450～600	＞20～25	M16×30	3	37	4

3.4.3　轴瓦

表 8-3-19　**轴瓦尺寸**　mm

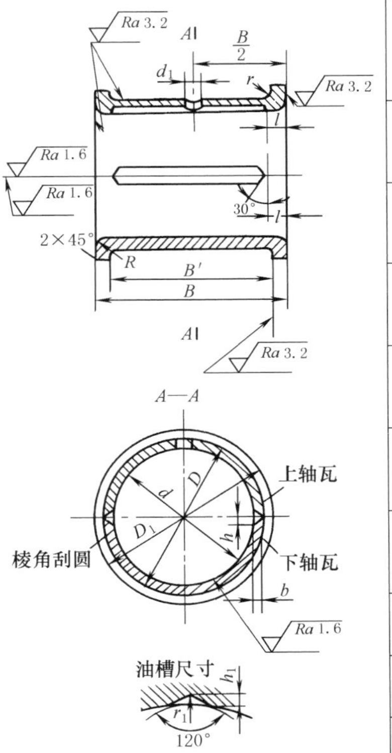

d (H8)	D (k6)	D_1	d_1	B' (H8)	B	l	b	h	h_1	R	r	r_1	轴颈圆角半径
30	40	50	10.5	50	60	8	1	7	1.5	2	2	1	1.5
35	45	55	10.5	50	60	8	1	7	1.5	2.5	2	1	2
40	50	60	10.5	60	70	8	1	7	1.5	2.5	2	1	
45	55	65	10.5	60	70	8	1	7	1.5	2.5	2.5	1	
50	60	70	10.5	65	80	10	1	7	2	2.5	2.5	1.5	
55	65	75	10.5	65	80	10	1	7	2	2.5	2.5	1.5	
60	70	80	10.5	65	80	10	1	8	2	2.5	2.5	1.5	
65	80	95	10.5	65	80	10	1	8	2	2.5	2.5	1.5	
70	85	100	10.5	75	90	10	1	8	2.5	2.5	3	2	
75	90	105	10.5	75	90	10	1	8	2.5	4	3	2	
80	95	110	10.5	75 120	90 140	10	1	8	2.5	4	3	2	3
85	100	115	10.5	85 140	100 160	12	1.5	10	3	4	3	2	
90	105	120	10.5	85 140	100 160	12	1.5	10	3	4	3	2	
95	115	130	10.5	90 140	110 160	12	1.5	10	3	4	3	2	
100	120	140	10.5	90 160	110 180	12	1.5	10	3	4	3	2	
110	130	150	10.5	100 160	120 180	12	2	13	3.5	5	4	2	4
120	140	160	10.5	110 180	130 200	12	2	13	3.5	5	4	2	
130	150	175	10.5	120 200	140 220	14	2	16	4	5	4	3	
140	165	190	10.5	130 200	150 220	14	2	16	4	5	4	3	
150	175	200	10.5	140 220	160 240	14	3	20	4.5	5	4	3	
160	185	210	10.5	155 220	170 240	14	3	20	4.5	5	5	3	
180	210	240	12.5	240	270	16	3	20	4.5	6	5	3	5
200	230	260	12.5	270	300	16	4	25	5	6	5	4	
220	250	280	12.5	270	300	16	4	25	5	8	5	4	6

轴瓦材料：铝青铜 ZCuAl10Fe3、锡青铜 ZCuSn6Zn6(ZQSn6-6-3)及耐磨铸铁

注：1. 加工时，上下轴瓦必须一起加工。

2. 与轴瓦配合的轴颈最好进行表面淬火。

表 8-3-20 **薄壁不翻边轴瓦外径与壁厚** mm

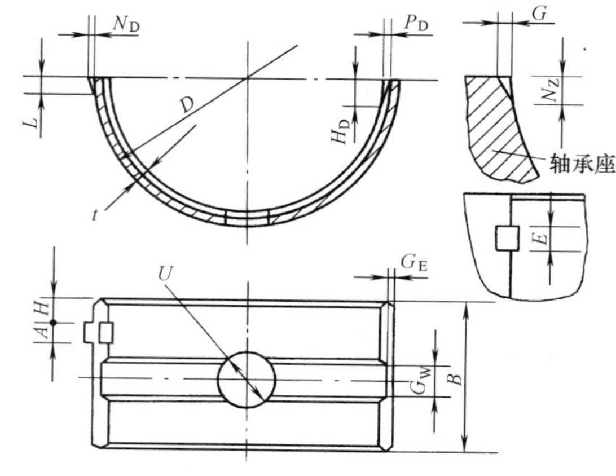

外 径 D	壁 厚 t	外 径 D	壁 厚 t
20,21,22,24,25,26,28,30	1.25,1.50,1.75	170,180,190,200	3.5,4.0,4.5,5.0
32,34,36,38	1.50,1.75,2.0	210,220,240,250,260	4.0,4.5,5.0,6.0
40,42,45,48,50,53,56,60,63	1.75,2.0,2.5	280,300,320,340	5.0,6.0,8.0
67,71,75,80,85	2.0,2.5,3.0	360,380,400	6.0,8.0,10.0
90,95,100,105,110,120	2.5,3.0,3.5	420,450,480,500	8.0,10.0,12.0
125,130,140,150,160	3.0,3.5,4.0		

注：1. 对于铸铁和钢质轴承座，座孔直径 D 公差按 GB/T 1801 规定的 H6；对高线胀系数材料的轴承座，其座孔直径公差可以不按 H6，但应按 IT6 级公差。

2. 轴瓦内圆表面粗糙度 Ra 最大值为 0.8μm。对于轴瓦外径大于 200mm 的轴瓦，内圆表面粗糙度 Ra 最大值为 1.6μm。

3. 轴瓦外圆表面粗糙度：外径 $D \leqslant 250$mm 时，$Ra=1.25$μm；$D>250 \sim 500$mm 时，$Ra=1.6$μm。

4. 油槽宽度 G_W 根据使用要求按下列数值选取：2.0mm、2.5mm、3.0mm、3.5mm、4.0mm、5.0mm、6.0mm、8.0mm、9.0mm、10mm，其极限偏差为±0.25mm。

5. 槽底壁厚 $G_E=(1/2 \sim 1/3)t$，但应取 $G_E \geqslant 0.7$mm（对应 G_W 为 2.0～6.0 倍的 G_E）和 $G_E \geqslant 1.2$mm（对应 G_W 为 8.0～10 倍的 G_E）。

6. 油孔直径 U 应根据使用要求确定，但不应等于油槽宽度。

表 8-3-21 **薄壁不翻边轴瓦各部位尺寸公差** mm

<table>
<tr><th colspan="2">轴瓦外径 D</th><th colspan="2">壁厚公差</th><th rowspan="2">半圆周长公差</th><th rowspan="2">宽度 B 公差带[①]</th><th colspan="4">定位唇尺寸与公差带</th><th colspan="3">座孔定位槽尺寸与公差带</th><th colspan="2">瓦口削薄尺寸与公差带</th></tr>
<tr><th>大于</th><th>至</th><th>双层瓦</th><th>三层瓦</th><th>宽度 A</th><th>长度 L</th><th>高度 H_D</th><th>位置[②] H</th><th>宽度 E</th><th>长度 N_Z</th><th>深度 G</th><th>削薄量 P_D</th><th>高度[③] H_D</th></tr>
<tr><td></td><td>38</td><td rowspan="2">0.008</td><td rowspan="2">0.013</td><td rowspan="2">0.030</td><td rowspan="4">$_{-0.25}^{0}$</td><td>$2.8_{-0.12}^{0}$</td><td>$4.0_{-1.2}^{0}$</td><td>$1.1_{-0.3}^{0}$</td><td rowspan="4">$_{0}^{+0.15}$</td><td>$2.9_{0}^{+0.12}$</td><td>$4.5_{0}^{+1.0}$</td><td>$1.0_{0}^{+0.4}$</td><td rowspan="2">$0.035_{-0.020}^{0}$</td><td rowspan="2">$_{-2.0}^{0}$</td></tr>
<tr><td>38</td><td>45</td><td>$3.8_{-0.12}^{0}$</td><td>$6.0_{-1.2}^{0}$</td><td>$1.2_{-0.3}^{0}$</td><td>$3.9_{0}^{+0.12}$</td><td>$7.0_{0}^{+1.5}$</td><td>$1.0_{0}^{+0.4}$</td></tr>
<tr><td>45</td><td>75</td><td>0.012</td><td>0.017</td><td>0.035</td><td>$4.8_{-0.14}^{0}$</td><td>$6.0_{-1.2}^{0}$</td><td>$1.5_{-0.3}^{0}$</td><td>$4.9_{0}^{+0.14}$</td><td>$8.0_{0}^{+2.0}$</td><td>$2.0_{0}^{+0.6}$</td><td>$0.040_{-0.025}^{0}$</td><td>$_{-3.0}^{0}$</td></tr>
<tr><td>75</td><td>110</td><td>0.013</td><td>0.018</td><td>0.040</td><td>$5.8_{-0.14}^{0}$</td><td>$7.0_{-1.2}^{0}$</td><td>$1.7_{-0.4}^{0}$</td><td>$5.9_{0}^{+0.14}$</td><td>$9.0_{0}^{+3.0}$</td><td>$2.5_{0}^{+0.8}$</td><td>$0.045_{-0.030}^{0}$</td><td>$_{-4.0}^{0}$</td></tr>
</table>

续表

轴瓦外径 D		壁厚公差		半圆周长公差	宽度 B 公差带①	定位唇尺寸与公差带				座孔定位槽尺寸与公差带			瓦口削薄尺寸与公差带	
大于	至	双层瓦	三层瓦			宽度 A	长度 L	高度 H_D	位置② H	宽度 E	长度 N_Z	深度 G	削薄量 P_D	高度③ H_D
110	160	0.018	0.025	0.045	$_{-0.40}^{0}$	$7.8_{-0.16}^{0}$	$10.0_{-1.5}^{0}$	$2.0_{-0.5}^{0}$	$_{0}^{+0.20}$	$7.9_{0}^{+0.16}$	$12.0_{0}^{+3.5}$	$3.0_{0}^{+1.0}$	$0.050_{-0.035}^{0}$	$_{-5.0}^{0}$
160	200			0.050										
200	250	0.025	0.035	0.055		$9.8_{-0.16}^{0}$	$13.0_{-1.5}^{0}$	$2.5_{-0.5}^{0}$		$9.9_{0}^{+0.16}$	$15.0_{0}^{+5.0}$	$3.5_{0}^{+1.2}$	$0.070_{-0.040}^{0}$	
250	300			0.060	$_{-0.52}^{0}$				$_{0}^{+0.30}$					
300	340			0.070										$_{-6.0}^{0}$
340	400					$14.70_{-0.20}^{0}$	$18.0_{-2.0}^{0}$	$3.5_{-0.5}^{0}$		$14.9_{0}^{+0.20}$	$20.0_{0}^{+6.0}$	$4.5_{0}^{+1.5}$	$0.080_{-0.050}^{0}$	
400	500	0.03	0.040	0.080									$0.10_{-0.060}^{0}$	$_{-8.0}^{0}$

① 轴瓦宽度 B 根据使用要求而定，本标准不予规定，但宽度极限偏差应按表中的规定。

② 尺寸 H 推荐按 $H \geqslant 1.5t$ 选用，但不得小于 3mm，并应使定位唇距油槽边缘不小于 2mm，否则取 $H=0$ 或使定位唇与油槽连通。

③ 瓦口削薄高度 H_D 推荐取 $D/6$，或由用户与制造者商定，其极限偏差应按表中的规定。

表 8-3-22　薄壁翻边轴瓦基本尺寸　mm

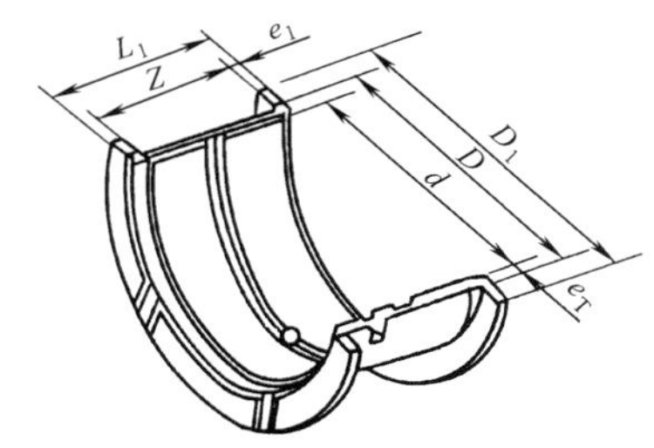

外径 D	壁厚 e_T 2.0	2.5	3.0	3.5	4.0	5.0	6.0	止推边外径 D_1	止推边间距 Z		
	内径 d										
40	36	35						52	15	17	21
42	38	37						54	16	18	22
45	41	40						57	17	19	24
48	44	43						60	18	21	25
50	46	45						62	18	21	26
53	49	48						65	19	23	28
56	52	51						68	20	24	30
60	56	55						72	22	25	31
63	59	58						79	23	27	33
67		62	61					83	24	28	34
71		66	65					87	25	29	36
75		70	69					91	26	31	38
80		75	74					96	28	33	41
85		80	79					105	30	35	43
90			84	83				110	31	37	45
95			89	88				115	33	39	48
100			94	93				120	34	41	50

外径 D	壁厚 e_T 2.0	2.5	3.0	3.5	4.0	5.0	6.0	止推边外径 D_1	止推边间距 Z		
	内径 d										
105		99	98				129	36	43	53	
110		104	103				134	38	45	55	
120		114	113				144	41	49	60	
125				118	117			149	42	50	62
130				123	122			154	44	52	65
140				132	132			170	47	56	70
150				142	142			180	51	60	75
160				152	152			190	54	64	80
170					162	160		200	57	68	84
180					172	170		210	60	72	89
190					182	180		220	64	76	94
200					192	190		230	67	80	99
210						200	198	250	70	83	103
220						210	208	260	73	87	108
240						230	228	280	80	95	118
250						240	238	290	83	99	123

注：1. 材料为铸铁或钢的轴承座孔直径 D_L（与瓦外径 D 配合）的公差为 GB/T 1801 规定的 H6、H7；其他材料时，其直径公差应达到 IT6～IT7 级。

2. 止推边外径 D_1 应小于轴肩直径。

3. 轴承座孔直径 D_L 应符合 GB 321《优先数和优先数系》R40 系列。

表 8-3-23 薄壁翻边轴瓦各部位要素尺寸与公差 mm

图(a) 定位唇

图(b) 座孔定位槽

瓦口壁削薄型式

图(c) 止推边削薄型式

图(d) 油槽

各部位尺寸公差		轴瓦内径 d																说明
		≤45	≤60	45~65	45~75	60~80	65~85	75~110	80~100	85~120	100~120	110~160	120~140	140~160	120~200	160~200	200~250	
轴瓦壁厚 e_T 公差	双层瓦	0.008			0.008			0.010				0.015				0.015	0.020	
	三层瓦	0.012			0.012			0.015				0.022				0.022	0.030	
测量高度 (S_N)公差		0.030			0.035			0.040				0.045				0.050	0.055	测量高出度是指在给定试验载荷下将轴瓦压入检验座孔时，轴瓦超过检验座孔半圆周长的尺寸
止推边间距 Z 的极限偏差		+0.05 0			+0.05 0			+0.07 0				+0.07 0				+0.07 0	+0.07 0	
轴承座孔宽度 L_L 极限偏差		−0.02 −0.07			−0.02 −0.07			−0.02 −0.07				−0.02 −0.10				−0.02 −0.10	−0.02 −0.10	
轴瓦总宽度 L_1 极限偏差		0 −0.12			0 −0.12			0 −0.12				0 −0.20				0 −0.20	0 −0.20	
止推边厚度 e_1 极限偏差		0 −0.05			0 −0.05			0 −0.05				0 −0.05				0 −0.05	0 −0.05	
止推边外径 D_1 极限偏差		±1			±1			±1				±1.5				±1.5	±1.5	

续表

各部位尺寸公差	轴瓦内径 d																说明
	≤45	≤60	45～65	45～75	60～80	65～85	75～110	80～100	85～120	100～120	110～160	120～140	140～160	120～200	160～200	200～250	
定位唇宽度 A 的尺寸	2.2～2.35		3.2～3.35			4.2～4.35			5.2～5.35					6.2～6.35		7.2～7.35	图(a)
定位唇长度 B 的尺寸	3～4		5～6			5～6			6～7					8.5～10		11.5～13	图(a)
定位唇高度 N_D 的尺寸	0.8～1.1		1～1.3			1.2～1.5			1.4～1.7					1.5～2		2～2.5	图(a)
定位唇与止推边的间距 H 的极限偏差	+0.15 0		+0.15 0			+0.15 0			+0.15 0					+0.2 0		+0.2 0	图(a)
轴承座孔定位槽宽度 E 的尺寸	3.06～2.94		4.06～3.94			5.07～4.93			6.07～5.93					8.08～7.92		10.08～9.92	图(b)
轴承座孔定位槽长度 N_Z 尺寸	5.5～4.5		8.5～7			10～8			12～9					15.5～12		20～15	图(b)
轴承座孔定位槽深度 G 尺寸	1.75～1.50		2.15～1.75			2.60～2			3～2.25					4～3		4.70～3.50	图(b)
瓦口削薄长度 H_D 极限偏差	0 −3		0 −3			0 −3			0 −4					0 −5		0 −6	图(c)
瓦口削薄深度 P_D 尺寸	0.012～0.025		0.012～0.025			0.012～0.025			0.015～0.020					0.020～0.040		0.055～0.080	图(c)
止推边削薄长度 l_1 公差带	5.5±2		5.5±2			5.5±2			5.5±2					8±2		8±2	图(c)
止推边削薄深度 t_1 公差带	$0.1^{+0.2}_{0}$		$0.1^{+0.2}_{0}$			$0.1^{+0.2}_{0}$			$0.1^{+0.2}_{0}$					$0.2^{+0.2}_{0}$		$0.2^{+0.2}_{0}$	图(c)
止推边上油槽宽度 G_W 的公差带		$3.5^{+0.5}_{0}$			$4.5^{+0.5}_{0}$			$4.5^{+0.5}_{0}$		$4.5^{+0.5}_{0}$		$4.5^{+0.5}_{0}$	$4.5^{+0.5}_{0}$				图(d)
止推边上油槽位置 G_X 的公差带		12.5±1.5			17.5±2.5			22.5±2.5		27.5±2.5		32.5±2.5	37.5±2.5				图(d)
止推边上油槽底壁厚 G_E 极限偏差		0 −0.3			0 −0.3			0 −0.3		0 −0.3		0 −0.3	0 −0.3				图(d)

注：图（a）中（$H-h$）值应不小于 2mm（$D_L \leqslant 120$ 时，$h=2$mm；$120 < D_L \leqslant 250$ 时，$h=3$mm）；J 应不小于 2mm 但允许定位唇与油槽重叠。

3.5 滑动轴承的结构要素

3.5.1 润滑槽

表 8-3-24 **润滑槽**（GB/T 6403.2—2008） mm

滑动轴承上用的润滑槽型式	平面上用的润滑槽型式

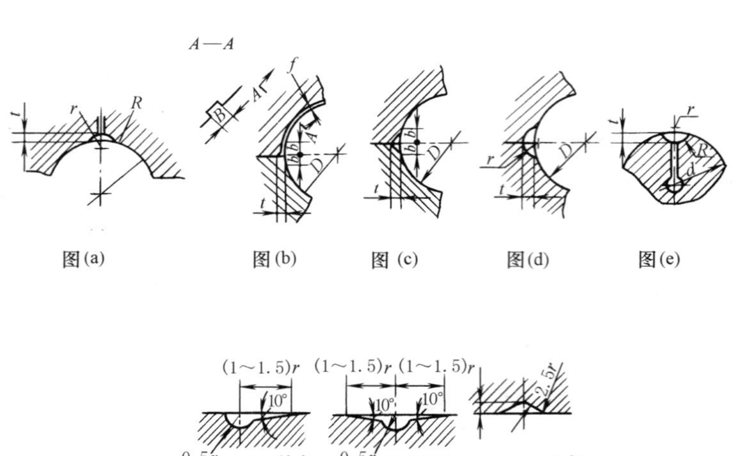

图(f) 图(g) 图(h)

图(a)～图(d)用于径向轴承的轴瓦上；图(e)用于径向轴承的轴上；图(f)、图(g)用于推力轴承上；图(h)用于推力轴承的轴端面上

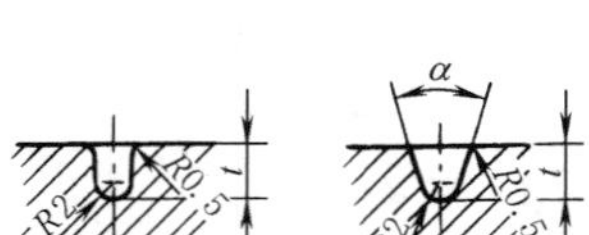

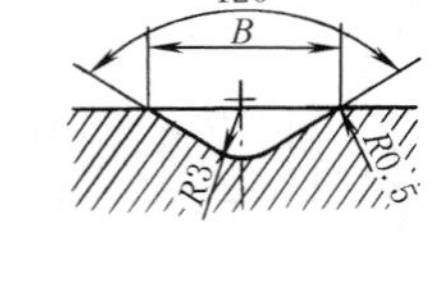

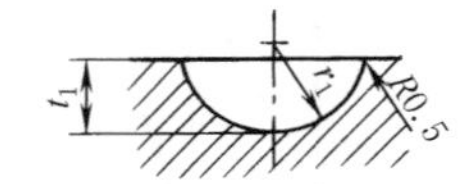

直径 D	直径 d	t	r	R	B	f	b	平面上用
≤50		0.8	1.0	1.0	—	—	—	B:4,6,10,12,16 α: 15°,30°,45° t: 3,4,5 t_1:1,1.6,2 r_1:1.6,2.5,4
		1.0	1.6	1.6	—	—	—	
		1.6	3.0	6.0	5.0	1.6	4.0	
>50～120		2.0	4.0	10	8.0	2.0	6.0	
		2.5	5.0	16	10	2.0	8.0	
		3.0	6.0	20	12	2.5	10	
>120		4.0	8.0	25	16	3.0	12	
		5.0	10	32	20	3.0	16	
		6.0	12	40	25	4.0	20	

注：标准中未注明尺寸的棱边，按小于 0.5mm 倒圆。

3.5.2 轴承合金浇铸槽

厚壁轴瓦（壁厚与外径的比值大于 0.05）的内表面可附有轴承衬，轴承合金浇铸用槽的结构和尺寸见表 8-3-25。

表 8-3-25　**轴承合金浇铸用槽**（JB/ZQ 4259—2006）　mm

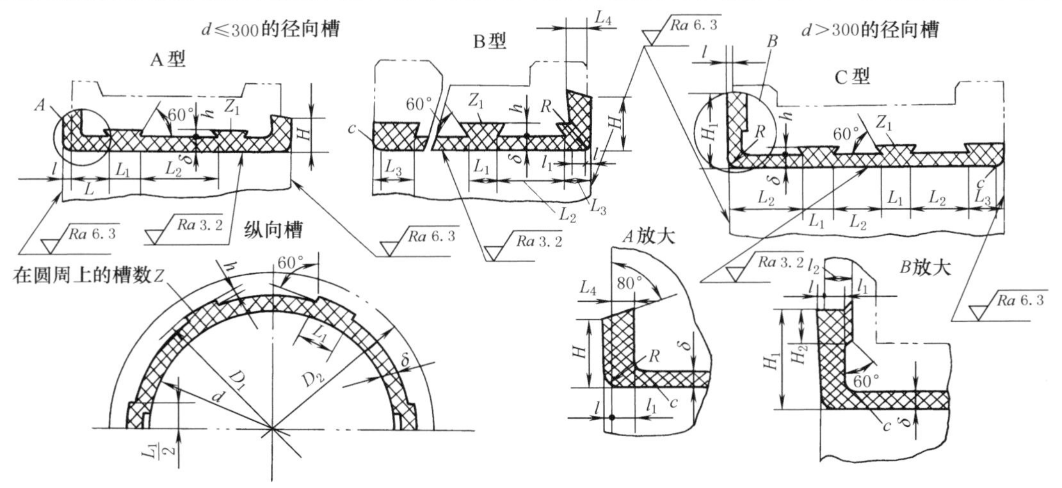

比例关系：$D_2 : D_1 \geqslant 1.2$（铸铁）

$D_2 : D_1 \approx 1.1 \sim 1.14$（钢）

轴径 d	浇铸尺寸																纵、径向槽数 Z、Z_1
	δ		h	H	H_1	H_2	L	L_1	L_2	L_3	L_4	l	l_1	l_2	R	c	
	铸铁	铜															
30～50	2.5	2	—	6	—	—	—	—	—	—	3	1	2	—	3	1	—
>50～80	3	2.5	2	8	—	—	20	9	50	10	4	1	3	—	4	1	2
>80～100	3.5	3	2	10	—	—	25	10	60	12	5	1.5	4	—	4	2	2
>100～150	3.5	3	2.5	12	—	—	30	10	80	14	6	1.5	5	—	6	2	3
>150～200	4	3.5	2.5	16	—	—	35	15	90	16	7	1.5	5	—	8	3	3
>200～300	5	4	3	20	—	—	40	18	100	18	8	2	6	—	12	5	3
>300～400	6	4	3	25	35	15	—	20	110	20	8	2	6	11	15	5	3
>400～500	7	5	3	30	40	15	—	25	150	22	10	2	8	12	20	6	3
>500～650	7	5	3	35	45	15	—	30	150	22	10	2.5	8	13	25	7	3
>650～800	7	5	3	40	50	20	—	30	160	22	12	2.5	9	13	30	10	3
>800～1000	8	6	4	45	55	20	—	35	160	24	12	3	9	15	30	10	4
>1000～1300	8	6	4	50	60	30	—	40	170	24	15	3	12	17	40	15	4

注：1. 纵向槽数 Z 平均分布于圆周上。

2. 本标准所规定的纵向槽数 Z 是必要的最少数量，但径向槽数 Z_1 在轴衬全长上不允许大于 4 个。

3. 轴承衬材料为铸铁时，径向槽和纵向槽的数量应按表内的规定增加 1.5～2 倍。

4. 对重要的轴承，受有相当的轴向力和冲击等的情况下，为取得较大的支承面，轴端结构型式应按 B、C 型选择，如无轴向力，可不带支承面。

5. 燕尾槽全部按表面粗糙度 Ra 的最大允许值为 25μm 加工。

6. 轴承合金层不应有气泡、气孔、杂质等缺陷。

3.6　滑动轴承间隙与配合的选择

（1）选用示例

表 8-3-26　**几种机床及通用设备滑动轴承的配合**

设备类别	配合
磨床与车床分度头主轴承	H7/g6
铣床、钻床及车床的轴承，汽车发动机曲轴的主轴承及连杆轴承，齿轮减速器及蜗杆减速器轴承	H7/f7
电机、离心泵、风扇及惰齿轮轴的轴承，蒸汽机与内燃机曲轴的主轴承和连杆轴承	H9/f9
农业机械用的轴承	H11/d11
汽轮发电机轴、内燃机凸轮轴、高速转轴、刀架丝杠、机车多支点轴等的轴承	H7/e8
农业机械用的轴承	H11/b11

表 8-3-27　活塞式发动机和油膜轴承的配合（JB/ZQ 4614—2006）　mm

本标准适用于活塞式发动机和油膜轴承。轴颈最大圆周速度为 10m/s；润滑油的黏度不大于 $118mm^2/s$。选择配合间隙时，应考虑到轴承的平均间隙为 $e=\frac{d}{1000}$

轴承直径 d	孔		轴	
	公差代号	极限偏差	公差代号	极限偏差
>30～50	H7	+0.025 0	f7	−0.025 −0.050
>50～80	H7	+0.030 0	f7	−0.030 −0.060
>80～120	H7	+0.035 0	e8	−0.072 −0.126
>120～180	H7	+0.040 0	e8	−0.085 −0.148
>180～250	H7	+0.046 0	e8	−0.100 −0.172

轴承直径 d	孔		轴		轴承直径 d	孔		轴	
	公差代号	极限偏差	给定尺寸 d_1	极限偏差		公差代号	极限偏差	给定尺寸 d_1	极限偏差
260	H7	+0.052 0	259.74	±0.03	480	H7	+0.063 0	479.52	±0.03
280			279.72		500			499.50	
300			299.70		530	H7	+0.070 0	529.47	
320	H7	+0.057 0	319.68		560			559.44	
340			339.66		600			599.40	
360			359.64		630			629.37	
380			379.62		670	H7	+0.080 0	669.33	
400			399.60		710			709.49	
420	H7	+0.063 0	419.58		750			749.45	
450			449.55		800			799.40	

注：轴的给定尺寸 d_1 按下式计算：

$$d_1=d-\frac{d}{1000}$$

表 8-3-28　活塞式发动机和油膜轴承的轴承间隙（JB/ZQ 4614—2006）　mm

轴承直径 d	最小间隙	平均间隙	最大间隙	轴承直径 d	最小间隙	平均间隙	最大间隙
>30～50	0.025	0.050	0.075	340	0.30	0.34	0.38
>50～80	0.030	0.060	0.090	360	0.32	0.36	0.40
>80～120	0.072	0.117	0.161	380	0.34	0.38	0.42
130	0.085	0.137	0.188	400	0.36	0.40	0.44
140	0.085	0.137	0.188	420	0.38	0.42	0.46
150	0.12	0.15	0.19	450	0.41	0.45	0.49
160	0.13	0.16	0.20	480	0.44	0.48	0.52
180	0.15	0.18	0.21	500	0.46	0.50	0.54
200	0.17	0.20	0.23	530	0.49	0.53	0.57
220	0.19	0.22	0.25	560	0.52	0.56	0.60
240	0.21	0.24	0.27	600	0.56	0.60	0.64
250	0.22	0.25	0.28	630	0.59	0.63	0.67
260	0.23	0.26	0.29	670	0.62	0.67	0.72
280	0.25	0.28	0.31	710	0.66	0.71	0.76
300	0.27	0.30	0.33	750	0.70	0.75	0.80
320	0.28	0.32	0.36	800	0.75	0.80	0.85

注：选用条件同表 8-3-29。

表 8-3-29　机械压力机整体式滑动轴承的配合及间隙选择（JB/ZQ 4616—2006）　mm

轴套外径公差

轴套外径 D_A	轴套外径 D_A 及极限偏差	轴套外径 D_A	轴套外径 D_A 及极限偏差	
>100～180	$D_A=D_{S}{}_{+0.015}^{+0.025}$	>630～800	$D_A=D_{S}{}_{+0.030}^{+0.050}$	$D_A \leqslant 100$ 的极限偏差按 k6。D_S 为与滑动轴套外径相配的孔的实测尺寸
>180～315	$D_A=D_{S}{}_{+0.025}^{+0.035}$	>800～1000	$D_A=D_{S}{}_{+0.035}^{+0.055}$	
>315～400	$D_A=D_{S}{}_{+0.030}^{+0.040}$	>1000～1250	$D_A=D_{S}{}_{+0.045}^{+0.065}$	
>400～630	$D_A=D_{S}{}_{+0.030}^{+0.045}$	>1250～1600	$D_A=D_{S}{}_{+0.055}^{+0.075}$	

润滑脂润滑的轴承间隙

轴承温升/℃	轴承直径 d	轴、孔偏差：孔	轴、孔偏差：轴径减小/‰	应用实例
<10	（≤80 时）>80～1000	H7（H7）	−0.8（轴偏差为 e8）	平锻机曲柄轴承，偏心轴承，辊锻机轧辊轴承
≥10～30		H7	−1.0	曲柄压力机压杆偏心轴承，冷压机、切边压力机的偏心轴承
≥30～50		H7	−1.2	热模锻压力机支架和压杆中的偏心轴承
>50		H7	−1.4	

轴颈加工的极限偏差 Δ

轴颈直径	Δ	轴颈直径	Δ	轴颈直径	Δ	轴颈直径	Δ	轴颈直径	Δ
>80～120	0 −0.02	>180～250	0 −0.03	>315～400	0 −0.05	>500～630	0 −0.07	>800～1000	0 −0.09
>120～180	0 −0.03	>250～315	0 −0.04	>400～500	0 −0.06	>630～800	0 −0.08		

一般宽度轴承间隙

轴承直径 d	极限偏差：孔	极限偏差：轴	轴承间隙	轴承直径 d	极限偏差：孔	极限偏差：轴	轴承间隙
>30～50	H7	−0.034 −0.050	0.034～0.075	>315～400	H7	−0.178 −0.214	0.178～0.271
>50～80		−0.061 −0.080	0.061～0.110	>400～500		−0.192 −0.232	0.192～0.295
>80～120		−0.088 −0.110	0.088～0.145	>500～630		−0.211 −0.255	0.211～0.325
>120～180		−0.115 −0.140	0.115～0.180	>630～800		−0.235 −0.285	0.235～0.365
>180～250		−0.143 −0.172	0.143～0.218	>800～1000		−0.254 −0.310	0.254～0.400
>250～315		−0.159 −0.191	0.159～0.243				

续表

	轴承直径	孔的极限偏差	轴直径的减小量（按轴直径的减小量与 B/d 的关系确定）
窄型轴承间隙 $\left(\frac{B}{d}<0.7, d\text{ 为轴径}, B\text{ 为轴承宽度}\right)$ 窄型轴承尺寸偏差计算见后面（2）计算示例	>80～1000	H7	公称直径的减小量/‰ 1.0 0.9 0.8 0.7 0.6 0.5；B/d 0.2 0.3 0.4 0.5 0.6 0.7 0.8 0.9；B/d与‰轴直径减小量之间的关系

注：对工作条件类似的轴承也适用。

（2）滑动轴承配合计算示例（JB/ZQ 4616—2006）

1）一般宽度轴承（图 8-3-1）

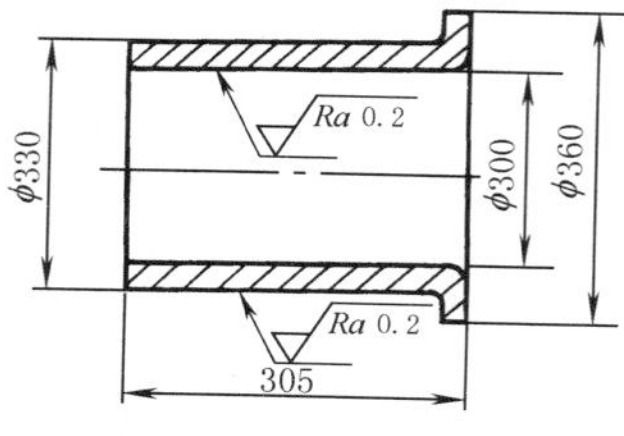

图 8-3-1

例　平锻机偏心轴套

① 轴套外径配合过盈　设轴承座孔的实测尺寸 $D_S=330$mm，由表 8-3-29 查得轴套外径为 $D_A=330$mm，配合过盈为 0.03～0.04mm。

② 轴与轴套的配合间隙　轴套孔径公差为 H7，即 $\phi300H7^{+0.052}_{0}$。轴径偏差：按轴承温升不超过 10℃，由表 8-3-29查得轴直径的减小量为公称直径的－0.8‰，即 $-\frac{0.8}{1000}\times300=-0.24$(mm)，再考虑到轴的制造极限偏差 $_{-0.04}^{\ 0}$mm（由表 8-3-29 查得）、轴径尺寸及极限偏差为 $\phi299.76_{-0.04}^{\ 0}$，轴径的图样标注尺寸为 $\phi300_{-0.28}^{-0.24}$。

③ 轴承间隙

最大间隙＝孔的上偏差－轴的下偏差
＝0.052－(－0.280)＝0.332(mm)

最小间隙＝孔的下偏差－轴的上偏差
＝0－(－0.240)＝0.240(mm)

2）窄轴承 $\left(\frac{B}{d}<0.7\text{，图 8-3-2}\right)$

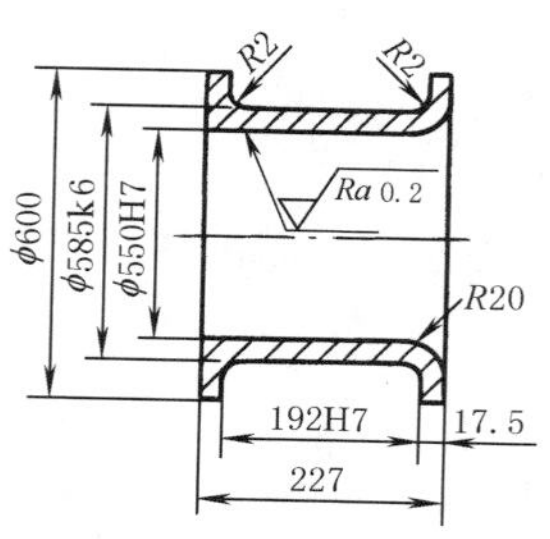

图 8-3-2

轴承接触宽度 $B=227-20=207$(mm)（其中 20 为圆角半径），$\frac{B}{d}=\frac{207}{550}=0.38$，由表 8-3-29 查得轴直径的减小量应为轴公称直径的－0.7‰，即 $-0.7\times550‰=-0.385$(mm)，轴的尺寸为 550－0.335＝549.615(mm)。

由表 8-3-29 查得附加极限偏差为 $_{-0.07}^{\ 0}$mm，即轴的尺寸及极限偏差为 $\phi549.615_{-0.07}^{\ 0}$，轴径的图样标注尺寸为 $\phi550_{-0.455}^{-0.385}$。

由于孔的极限偏差为 $\phi550H7=\phi550^{+0.07}_{0}$，所以

最大间隙＝0.07－(－0.455)＝0.525(mm)

最小间隙＝0－(－0.385)＝0.385(mm)

窄轴承的过盈计算与一般宽度轴承相同。

3.7　滑动轴承润滑

表 8-3-30　滑动轴承润滑方法的选择

K	润滑方法	K 值计算方法	说明
≤2	用润滑脂润滑(可用黄油杯)	$K=\sqrt{pv^3}$	p——轴颈上的平均压强，MPa
>2～15	用润滑油润滑(可用针阀油杯等)	$p=\frac{P}{d\times B}$	v——轴颈的圆周速度，m/s
>15～30	用油环，飞溅润滑，需用水或循环油冷却		P——轴承所受的最大径向载荷，N
>30	必须用循环压力润滑		d——轴颈直径，mm
			B——轴承工作宽度，mm

表 8-3-31　**滑动轴承对润滑脂的要求**

要求项目	对润滑脂要求
针入度	主要是根据加脂的方法来选定针入度的大小，以便于加入轴承，形成润滑膜，同时又不致往外流失。对于油集中润滑系统，为保证系统的泵送性能，润滑脂应适当软些，即针入度大些，一般应在270以上。手动油枪及脂杯用脂的针入度为240～260。轴承载荷大、转速低时，应选针入度小的润滑脂，反之要选针入度大的。高速轴承选针入度小的、机械安定性好的润滑脂
滴点	一般应高于工作温度20～30℃，以避免工作时由于温度影响使润滑脂变稀，造成过多流失浪费。同时引起轴承缺脂而过早磨损。高温连续运转情况，不要超过润滑脂允许的使用温度范围
轴承的工作环境	如有水淋和潮湿的地方，应选用具有抗水性的钙基、铝基或锂基润滑脂，不宜用钠基脂。如在高温、干燥环境下工作，应选用钠基脂、钙-钠基脂或高温合成脂。如在高温又有蒸汽的环境中工作，应选用复合锂（或铝）基脂；环境或温差范围变化很大时，则应采用温度范围适应较广的硅酸脂
承受特大载荷的轴承	采用有极压添加剂的润滑脂。如要求使用寿命较长的，采用加抗氧化添加剂的润滑脂。如要求对轴承周围环境气氛控制很严的，可采用挥发性较小的润滑脂
黏附性能	具有较好的黏附性能

表 8-3-32　**滑动轴承润滑脂的选择**

平均压强/MPa	圆周速度/$m \cdot s^{-1}$	最高工作温度/℃	选用润滑脂
<1	≤1	75	3号钙基脂
1～6.5	0.5～5	55	2号钙基脂
>6.5	≤0.5	75	3号钙基脂
>6.5	0.5～5	120	2号钠基脂
>6.5	≤0.5	110	1号钙-钠基脂
1～6.5	≤1	50～100	锂基脂
>6.5	0.5	60	2号压延机脂

注：1. 在潮湿环境，温度在75～120℃的条件下，应考虑用钙-钠基润滑脂。
2. 在潮湿环境，工作温度在75℃以下，没有3号钙基脂也可以用铝基脂。
3. 工作温度在110～120℃可用锂基脂或钡基脂。
4. 集中润滑时，稠度要小些。

表 8-3-33　**滑动轴承的加脂周期**

工作条件	轴的转速/$r \cdot min^{-1}$	加脂周期	工作条件	轴的转速/$r \cdot min^{-1}$	加脂周期
偶然工作，不重要的零件	<200 >200	5天1次 3天1次	连续工作，其工作温度<40℃	<200 >200	1天1次 每班1次
间断工作	<200 >200	2天1次 1天1次	连续工作，其工作温度40～100℃	<200 >200	每班1次 每班2次

表 8-3-34 **滑动轴承润滑油的选用**

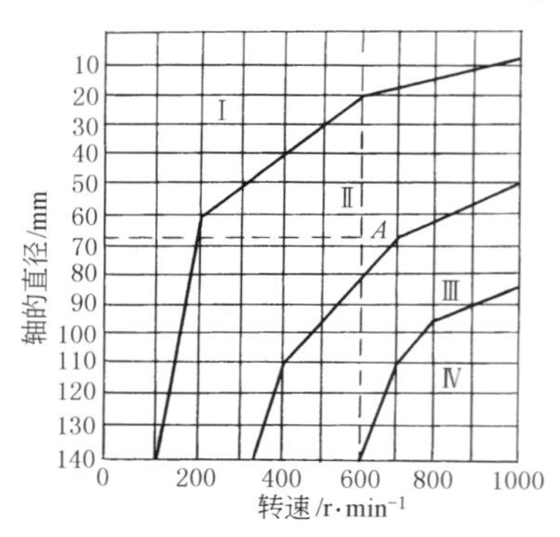

平均压力/MPa	机械油牌号			
	Ⅰ	Ⅱ	Ⅲ	Ⅳ
<0.5	20号	20号	10号	10号
0.5～6.5	50号	40号	30号	20号
6.5～15	70号	50号	40号	30号

1)在下列情况下应比本表内用油的黏度大 10～20mm²/s：①温度超过60℃的工作条件；②在工作过程中有严重振动、冲击和作往复运动；③经常启动及在运动中速度经常变化

2)在10℃以下的工作条件及用于循环系统时，则要比本表内用油的黏度小些

3.8 滑动轴承座技术条件（JB/T 2564—2007）

1）轴承座的材料采用HT200灰铸铁或ZG200～ZG400铸钢制造，其力学性能应符合GB/T 9439或GB/T 11352的规定。

2）轴瓦和轴套采用铝青铜ZCuAl10Fe3（ZQAl9-4）制造，轴套也可采用锡青铜ZCuSn6Zn6（ZQSn6-6-3）制造，其力学性能和化学成分应符合GB/T 1176的规定。

3）铸件上的型砂应清除干净，浇口、冒口、结疤及夹砂等应铲除或打磨掉，清理后毛坯表面应平整、光洁。

4）铸件不允许有裂纹，无损于强度和外观的其他缺陷，在下列范围内允许存在：

① 非加工表面的缩孔、气孔及渣孔等缺陷，深度不超过铸件壁厚的1/8，长×宽不大于5mm×5mm，缺陷总数不超过3个，但轴承座的主要受力断面（图8-3-3中a、b断面阴影部分）不允许有铸造缺陷；

② 加工后的表面不允许有砂眼等铸造缺陷。

5）轴承座毛坯应在机械加工前进行时效处理。

6）加工后的轴承座上盖与底座在自由状态下分合面应贴合良好，分合面对轴承座内径D的轴线位置度公差为0.05mm。

7）对开式斜滑动轴承座的45°分合面的角度公差应符合GB/T 11335中Ⅴ级精度的规定。

8）轴承座中心高h的公差为h12。

9）轴承座底平面的平面度公差应不大于GB/T 1184中规定的8级。

10）轴承座内径D的公差应符合GB/T 1801中H7的规定。

11）轴承座内径D的表面粗糙度Ra最大允许值为1.6μm。

12）轴承座轴线对底平面的平行度公差应不大于GB/T 1184中规定的8级。

13）轴承座内径D的圆柱度公差应不大于GB/T 1184中规定的8级。

14）轴承座两端面对内径D轴线的垂直度公差应不大于GB/T 1184中规定的8级。

15）轴瓦外径D的极限偏差应符合GB/T 1801中m6的规定。轴套外径D的极限偏差应符合GB/T 1801中S7的规定。

16）轴瓦和轴套内径d的极限偏差应符合GB/T 1801中H8的规定。

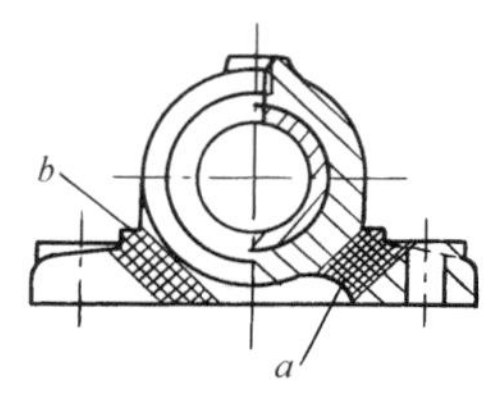

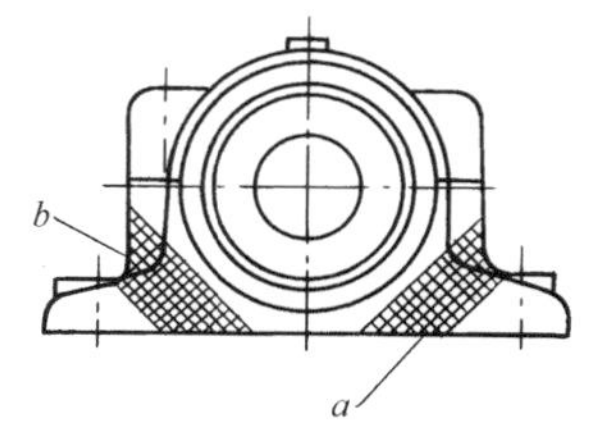

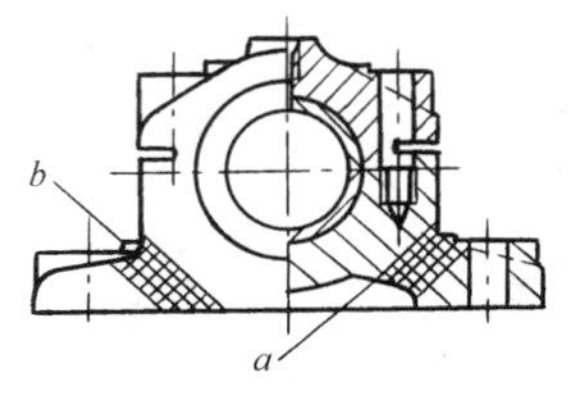

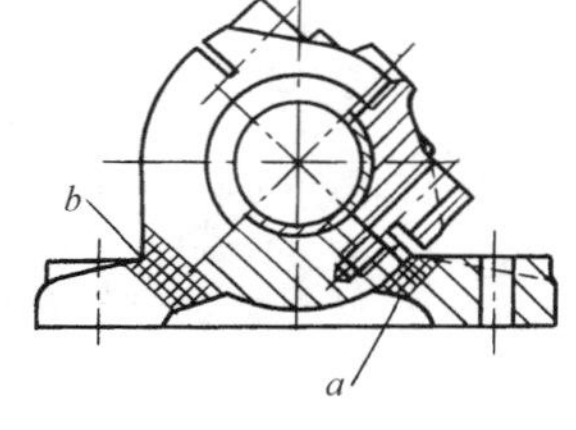

图 8-3-3

17）轴瓦和轴套内径 d、外径 D 的表面粗糙度 R_a 最大允许值为 1.6μm。

18）轴瓦和轴套外径 D 的圆柱度公差应不大于 GB/T 1184 中规定的 8 级。

19）轴瓦油槽棱边应倒钝、圆滑，内径 d 两端的圆角部位应圆滑，其圆角半径 R 应符合图样要求。

20）对开式斜滑动轴承座的 45°分合面的角度公差应符合 GB/T 1804—2000 中Ⅴ级精度的规定。

3.9　关节轴承

3.9.1　关节轴承的分类、结构型式与代号

关节轴承是球面滑动轴承，主要由一个外球面的内圈和一个内球面的外圈组成。滑动接触面为球面，主要适用于摆动运动、倾斜运动和速度较低的旋转运动。

3.9.1.1　关节轴承分类

表 8-3-35　　关节轴承分类

分类方法	名　　称	
按其所能承受载荷的方向或公称接触角 α	向心关节轴承——主要承受径向载荷(0°≤α≤30°)	径向接触向心关节轴承(α=0°) 适于承受径向载荷，同时也能承受不大的轴向载荷
		角接触向心关节轴承(0°<α≤30°) 适于承受径向载荷和轴向载荷同时作用的联合载荷
	推力关节轴承——主要承受轴向载荷(30°<α≤90°)	轴向接触推力关节轴承(α=90°) 适于承受纯轴向载荷
		角接触推力关节轴承(30°<α<90°) 适于承受轴向载荷，但也能承受联合载荷(此时其径向载荷值不得大于轴向载荷值的 0.5 倍)
按外圈的结构	整体外圈关节轴承	
	单缝外圈关节轴承	
	双缝外圈(剖分外圈)关节轴承	
	双半外圈关节轴承	
按是否附有杆端或装于杆端上	一般关节轴承	
	杆端关节轴承	
按滑动表面摩擦副材料的组合形式	钢/钢关节轴承	
	钢/铜合金关节轴承	
	钢/PTFE 复合物关节轴承	
	钢/PTFE 织物关节轴承	
	钢/增强塑料关节轴承	
	钢/锌基合金关节轴承	
按工作时是否需补充润滑剂	润滑型关节轴承——工作时需要再润滑的关节轴承	
	自润滑型关节轴承——工作时无需再润滑的关节轴承。通常是轴承零件含油或滑动表面有聚四氟乙烯织物或复合材料	
按其所能承受载荷的方向、公称接触角和结构型式综合分类	向心关节轴承	注：此种分类方法最常用
	角接触关节轴承	
	推力关节轴承	
	杆端关节轴承	

3.9.1.2　关节轴承代号方法

（1）代号构成

关节轴承代号由基本代号＋补充代号＋游隙组别代号构成。

基本代号由关节轴承类型代号、尺寸系列代号和内径代号、结构型式代号、材料代号构成。补充代号是关节轴承在材料、技术要求、结构等有改变时，在其基本代号右边添加的补充代号，用字母和数字表示，并用“/”相隔，最多允许采用三个字母。游隙组别代号标注在关节轴承代号的最右边，并以短线“-”相隔。关节轴承代号的构成及排列见表 8-3-36。

表 8-3-36　　**关节轴承代号**

基本代号								补充代号	游隙组别代号
类型代号		尺寸系列代号		内径代号	结构型式、材料代号				
代号	含义	代号	含义		代号	含义			
GE	向心关节轴承	C	大型和特大型向心关节轴承特轻系列	用内径毫米数表示，英制尺寸则取内径毫米数的整数部分表示，但不标单位	A	外圈为中碳钢，有固定滑动表面材料的固定器		代号及含义见表8-3-37	
GAC	角接触关节轴承	E	正常系列（代号中省略）		B	关节轴承内孔衬布			
GX	推力关节轴承	F	F系列		C	一套圈或一套圈滑动表面为烧结青铜复合材料			
SI	内螺纹组装型杆端关节轴承	G	G系列		DE1	挤压外圈（外圈为轴承钢，在内圈装配后挤压成形）			
SA	外螺纹组装型杆端关节轴承	H	向心关节轴承H系列		DEM1	同DE1，但外圈有端沟			
SIB	内螺纹整体型杆端关节轴承	K	K系列		DS	外圈有装配槽			
SAB	外螺纹整体型杆端关节轴承	W（EW）	宽内圈，内孔直径正公差		E	单缝外圈			
SQ	弯杆型球头杆端关节轴承	M（EM）	宽内圈，内孔直径负公差		F	一套圈滑动表面为以聚四氟乙烯为添加剂的玻璃纤维增强塑料或塑料圆片			
SQZ	直杆型球头杆端关节轴承	EH	杆端关节轴承EH系列（加强型）		F1	一套圈滑动表面为聚醚亚胺工程塑料			
SQD	单杆型球头杆端关节轴承	EG	杆端关节轴承EG系列（加强型）		F2	外圈为玻璃纤维增强塑料，其滑动表面同“F”			
SIL	左旋内螺纹组装型杆端关节轴承	Z	英制尺寸关节轴承正常系列		H	双半外圈			
SAL	左旋外螺纹组装型杆端关节轴承	JK	杆端关节轴承JK系列		I	内圈为中碳钢，有固定滑动表面材料的固定器			
SILB	左旋内螺纹整体型杆端关节轴承	P	P系列		L	套圈或杆端为特殊自润滑合金			
SALB	左旋外螺纹整体型杆端关节轴承				N	外圈有止动槽			
SQL	左旋弯杆型球头杆端关节轴承				S	套圈或杆端有润滑槽和润滑孔			
SQLD	左旋单杆型球头杆端关节轴承				T	外圈滑动表面为聚四氟乙烯织物			
SK	带圆柱焊接型杆端关节轴承（圆柱形）				X	双缝外圈（剖分外圈）			
SF	带平底座焊接型杆端关节轴承（方形）				-RS	关节轴承一面带密封圈			
SIR	带锁口型杆端关节轴承				-Z	关节轴承一面带防尘盖			
					-2RS	关节轴承两面带密封圈			
					-2Z	关节轴承两面带防尘盖			

表 8-3-37　　**补充代号及游隙组别代号**

补充代号			游隙组别代号	
特征改变	代号	含义	代号	含义
材料改变	X	套圈由不锈钢制造	CN	N组（关节轴承代号中省略不表示）
	S	套圈由渗碳钢制造	C2	游隙符合标准规定的2组
	V	套圈或滑动表面由不常采用的材料制造	C3	游隙符合标准规定的3组
	Q	套圈或滑动表面由青铜或青铜圆片制造	C9	游隙不同于现行标准
	P	套圈由铍青铜制造		
	L	套圈由铝合金制造		
特殊技术要求	T	零件的回火温度有特殊要求		
	R	关节轴承内填充特殊润滑脂		
	M	关节轴承的摩擦力矩及旋转灵活性有特殊要求		
	G	套圈滑动表面涂敷固体润滑剂干膜		
	B	关节轴承螺纹有特殊要求		
	D	滑动表面以外的表面需电镀		
	J	套圈滑动表面有交叉润滑槽		
	H	套圈滑动表面有环形润滑槽		
结构改变	K	零件的形状或尺寸改变		
其他	Y	关节轴承有上述各种改变特征以外的其他特征，或具有多项改变特征而无法用上述补充代号完全表示时		

(2) 代号示例

示例 1：

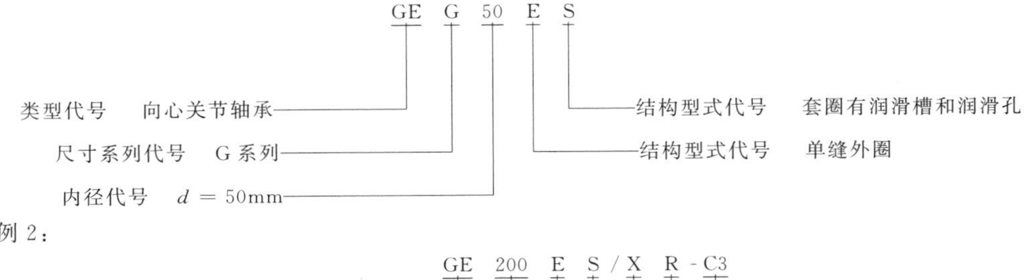

示例 2：

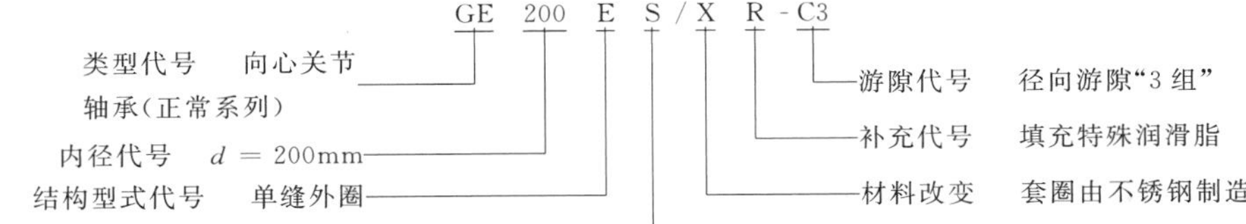

3.9.1.3　关节轴承主要类型的结构特点

表 8-3-38　润滑型关节轴承主要类型的结构特点及代号

轴承类型	结构简图	结构特点及代号
向心关节轴承		GE…E 型 单缝外圈；无润滑槽和润滑孔 能承受径向载荷和任一方向较小的轴向载荷
		GE…ES 型 单缝外圈；有润滑槽和润滑孔 承载能力同 GE…E 型
		GE…ES-2RS 型 单缝外圈；有润滑槽和润滑孔；两面带密封圈 承载能力同 GE…E 型
向心关节轴承		GEEW…ES-2RS 型 GEEM…ES-2RS 型 单缝外圈；有润滑槽和润滑孔；两面带密封圈 承载能力同 GE…E 型
		GE…ESN 型 单缝外圈；有润滑槽和润滑孔；外圈有止动槽 径向载荷和任一方向较小的轴向载荷，但轴向载荷由止动环承受时，其承受轴向载荷的能力降低
		GE…XS 型 双缝外圈(剖分外圈)；有润滑槽和润滑孔；外圈有一条或两条锁圈槽 承载能力同 GE…E 型

续表

轴承类型	结构简图	结构特点及代号
向心关节轴承	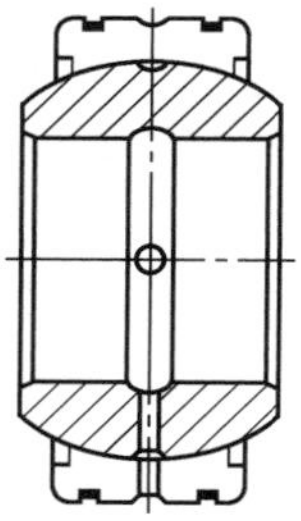	GE…XS-2RS 型 双缝外圈（剖分外圈）；有润滑槽和润滑孔；外圈有一条或两条锁圈槽；两面带密封圈 承载能力同 GE…E 型
	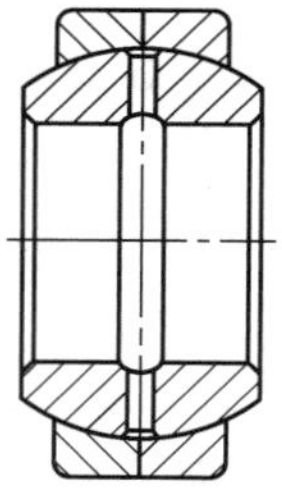	GE…HS 型 双半外圈；内圈有润滑槽和润滑孔；磨损后游隙可调整 承载能力同 GE…E 型
	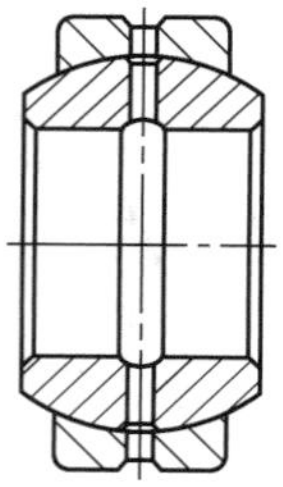	GE…DE1 型 挤压外圈；有润滑槽和润滑孔内径小于 15mm 的轴承，无润滑槽和润滑孔 承载能力同 GE…E 型
	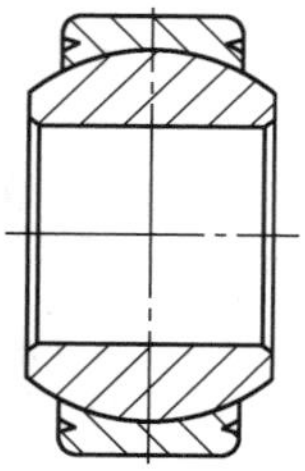	GE…DEM1 型 挤压外圈；在外圈上压出端沟使轴承轴向固定 承载能力同 GE…E 型
	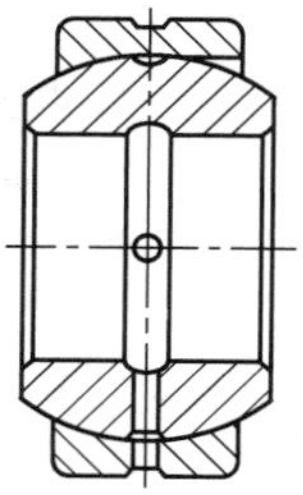	GE…DS 型 整体外圈；外圈有装配槽、内外圈均有润滑槽和润滑孔；只限于大尺寸的轴承 承载能力同 GE…E 型（装配槽一边不能承受轴向载荷）

轴承类型	结构简图	结构特点及代号
向心关节轴承	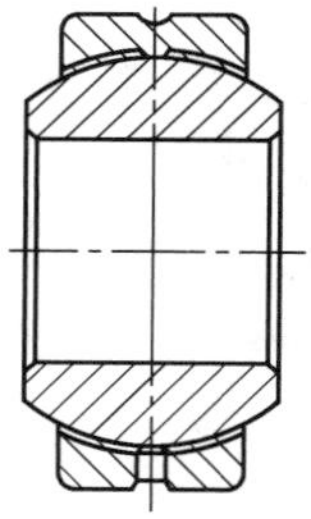	GE…S 型 外圈滑动表面为青铜；内圈滑动表面镀硬铬 方向不变的载荷；在承受径向载荷的同时能承受任一方向较小的轴向载荷
角接触关节轴承		GAC…S 型 外圈有润滑槽和润滑孔 承受径向载荷和一方向的轴向（联合）载荷
推力关节轴承	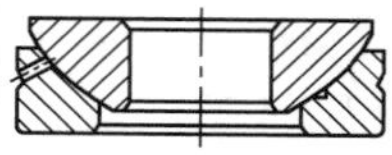	GX…S 型 轴圈和座圈均为淬硬轴承钢；座圈有润滑槽和润滑孔 一方向的轴向载荷或联合载荷（此时其径向载荷值不得大于轴向载荷的 0.5 倍）
杆端关节轴承	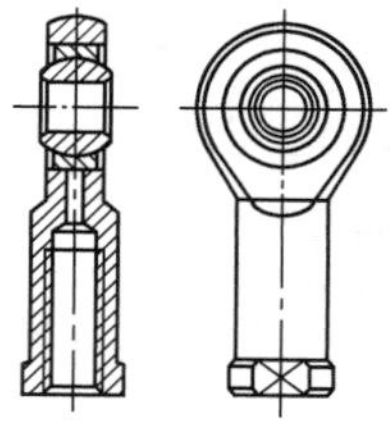	SI…E 型 GE…E 型轴承和杆端体的组装体，杆端体带内螺纹 径向载荷和任一方向小于或等于 0.2 倍径向载荷的轴向载荷
	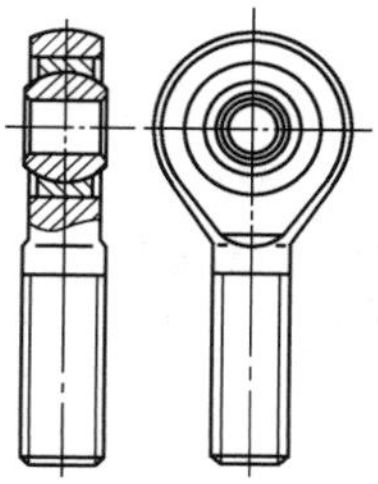	SA…E 型 GE…E 型轴承和杆端体的组装体，杆端体带外螺纹 载荷能力同 SI…E 型

续表

轴承类型	结构简图	结构特点及代号
杆端关节轴承	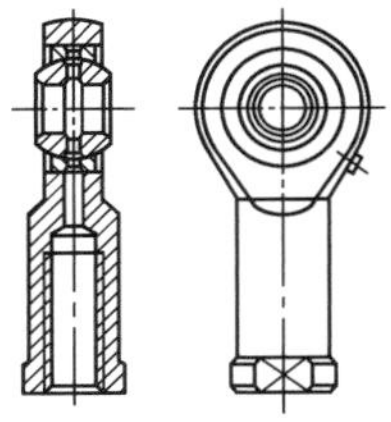	SI…ES 型 GE…ES 型轴承和杆端体的组装体，杆端体带内螺纹 载荷能力同 SI…E 型
	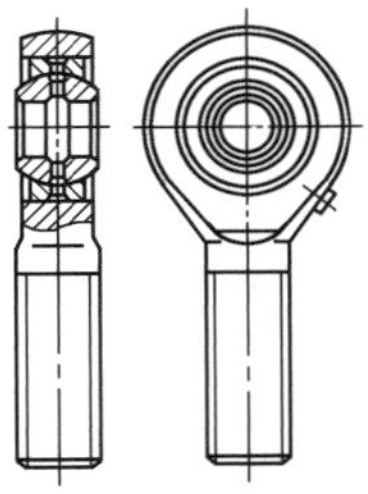	SA…ES 型 GE…ES 型轴承和杆端体的组装体，杆端体带外螺纹 载荷能力同 SI…E 型
	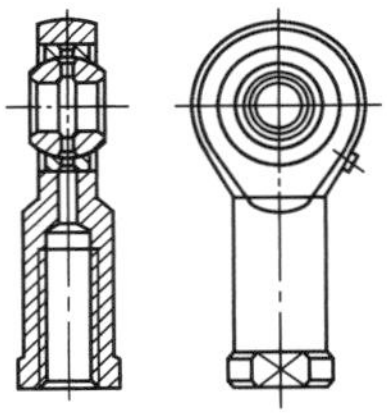	SI…ES-2RS 型 GE…ES-2RS 型轴承和杆端体的组装体，杆端体带内螺纹 载荷能力同 SI…E 型
	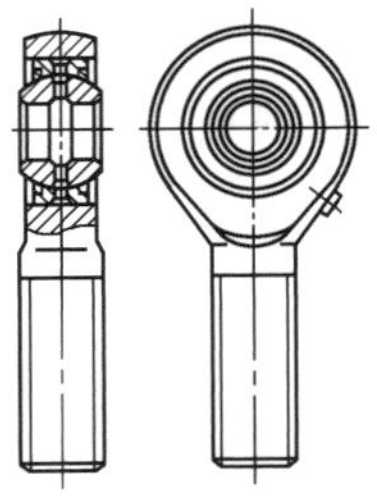	SA…ES-2RS 型 GE…ES-2RS 型轴承和杆端体的组装体，杆端体带外螺纹 载荷能力同 SI…E 型
	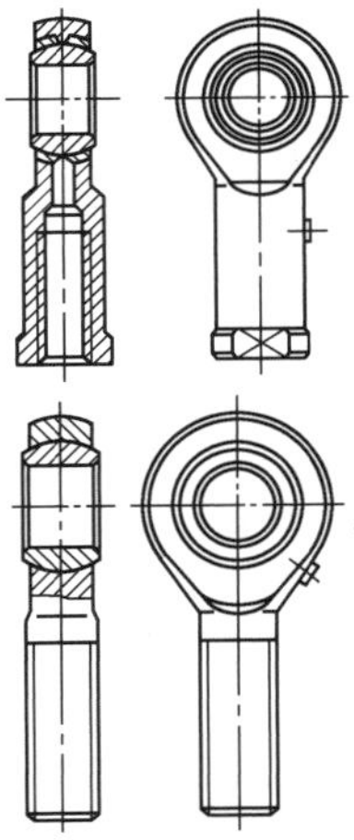	SIB…S 型、SAB…S 型 杆端体分别带内螺纹和外螺纹，有润滑槽和润滑孔 载荷能力同 SI…E 型
杆端关节轴承	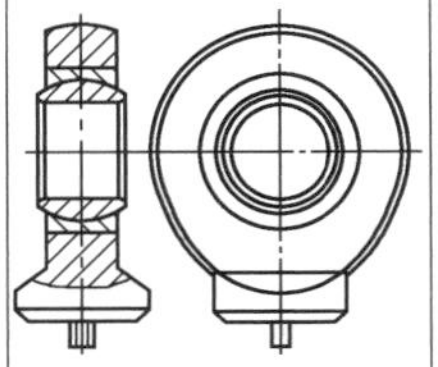	SK…E 型 GE…E 型轴承和杆端体的组装体，杆端体材料为焊接钢 载荷能力同 SI…E 型
	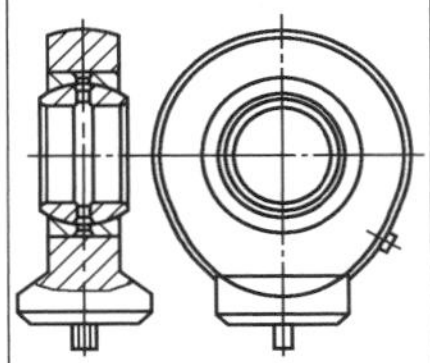	SK…ES 型 GE…ES 型轴承和杆端体的组装体，杆端体材料为焊接钢 载荷能力同 SI…E 型
	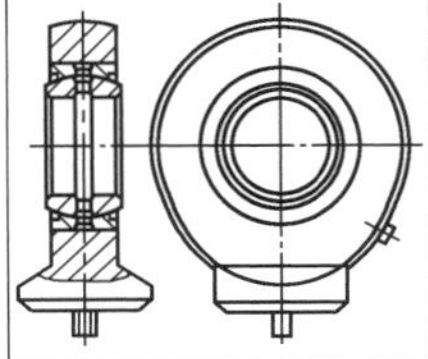	SK…ES-2RS 型 GE…ES-2RS 型轴承和杆端体的组装体，杆端体材料为焊接钢 载荷能力同 SI…E 型
	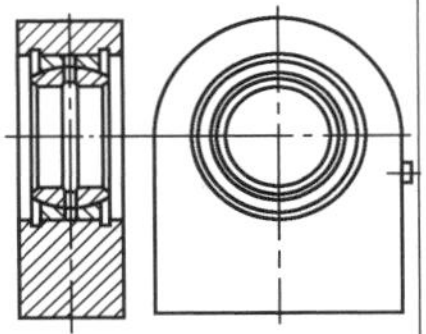	SF…ES 型 GE…ES 型轴承和杆端体的组装体，杆端体材料为焊接钢 载荷能力同 SI…E 型
	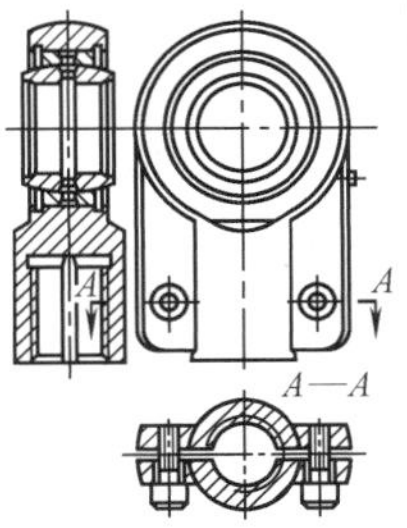 A—A	SIR…ES 型 GE…ES 型轴承和杆端体的组装体，杆端体材料为优质碳素结构钢或球墨铸铁 载荷能力同 SI…E 型
球头杆端关节轴承	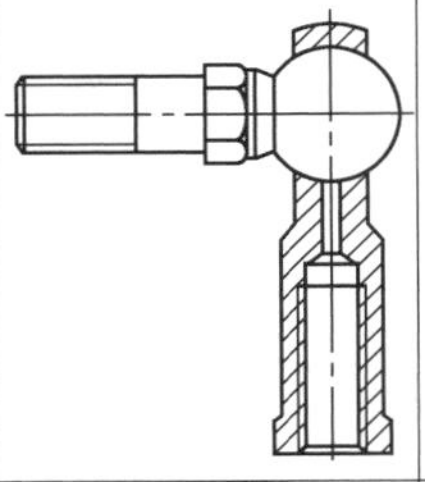	SQ…型 球头座为锌基合金；球头为渗碳钢 载荷能力同 SI…E 型
	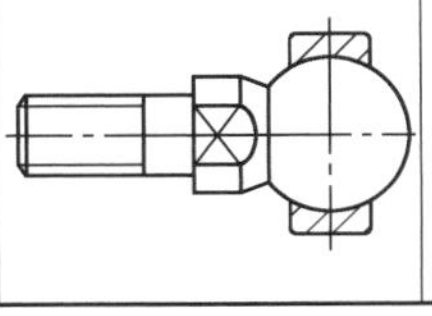	SQD…型 球头座为一向心关节轴承外圈，材料为锌基合金；球头为渗碳钢 载荷能力同 SI…E 型

表 8-3-39　　**自润滑型关节轴承主要类型的结构特点及代号**

轴承类型	结构简图	结构特点及代号
自润滑向心关节轴承	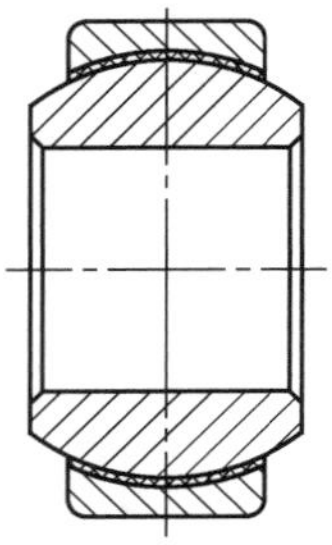	GE…C 型 整体挤压外圈，滑动表面为烧结青铜复合材料；内圈为淬硬轴承钢，滑动表面镀硬铬，只限于小尺寸的轴承
	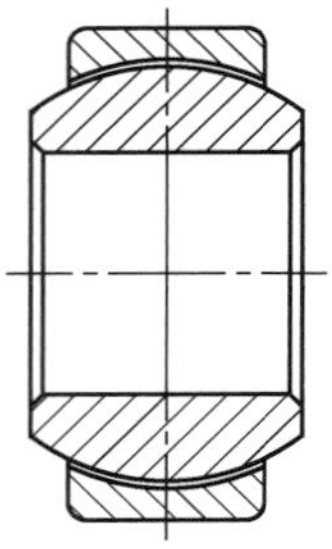	GE…T 型 整体挤压外圈，滑动表面为一层聚四氟乙烯织物；内圈为淬硬轴承钢，滑动表面镀硬铬，只限于小尺寸的轴承
	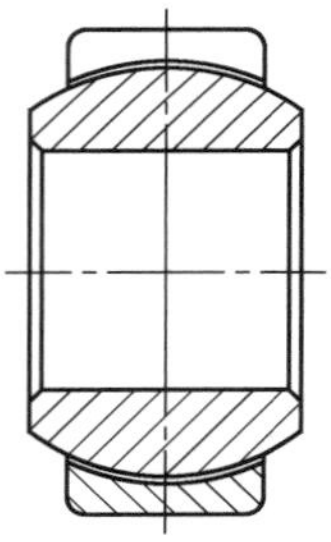	GE…ET-2RS 型 单缝外圈，外圈为轴承钢，滑动表面为一层聚四氟乙烯织物；内圈为淬硬轴承钢，滑动表面镀硬铬；两面带密封圈
	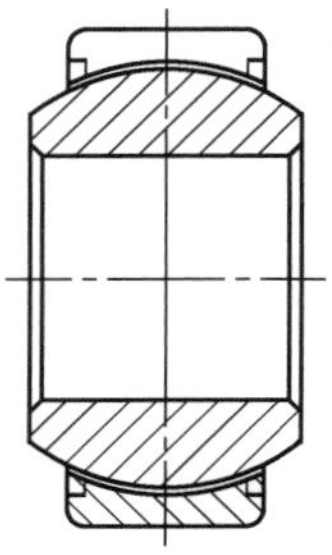	GE…XT-2RS 型 双缝外圈，外圈为轴承钢，滑动表面为一层聚四氟乙烯织物；内圈为淬硬轴承钢，滑动表面镀硬铬；两面带密封圈；外圈有一条或两条锁圈槽
	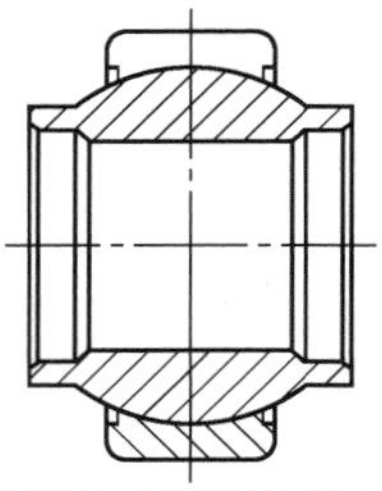	GEEW…ET-2RS 型 单缝外圈，外圈为轴承钢，滑动表面为一层聚四氟乙烯织物；内圈为淬硬轴承钢，滑动表面镀硬铬；两面带密封圈
自润滑向心关节轴承	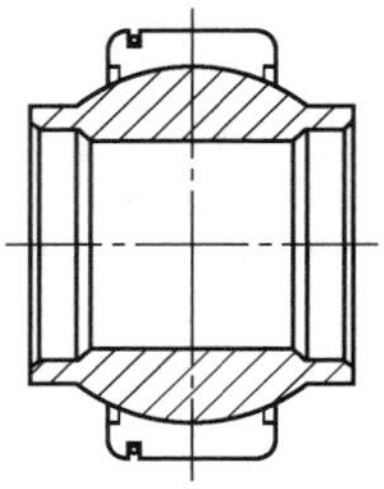	GEEW…XT-2RS 型 双缝外圈，外圈为轴承钢，滑动表面为一层聚四氟乙烯织物；内圈为淬硬轴承钢，滑动表面镀硬铬；两面带密封圈；外圈有一条或两条锁圈槽
	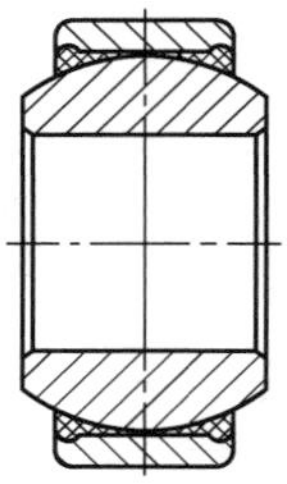	GE…F 型 外圈为轴承钢，滑动表面为以聚四氟乙烯为添加剂的玻璃纤维增强塑料；内圈为淬硬轴承钢，滑动表面镀硬铬 能承受方向不变的中等径向载荷
	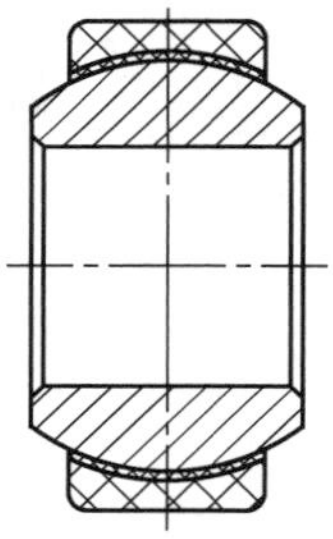	GE…F2 型 外圈为玻璃纤维增强塑料，滑动表面为以聚四氟乙烯为添加剂的玻璃纤维增强塑料；内圈为淬硬轴承钢，滑动表面镀硬铬 能承受方向不变的中等径向载荷
	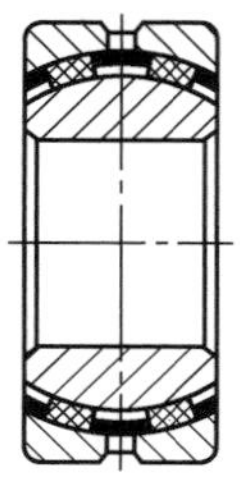	GE…FSA 型 外圈为中碳钢，滑动表面由以聚四氟乙烯为添加剂的玻璃纤维增强塑料圆片组成，并用固定器固定于外圈上；内圈为淬硬轴承钢。用于大型和特大型轴承 能承受重径向载荷
	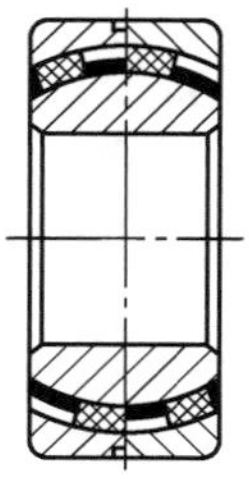	GE…F1H 型 双半外圈，外圈材料为淬硬轴承钢；内圈为中碳钢，滑动表面由以聚四氟乙烯为添加剂的玻璃纤维增强塑料圆片组成，并用固定器固定于外圈上；用于大型和特大型轴承 能承受重径向载荷

续表

轴承类型	结构简图	结构特点及代号
自润滑角接触关节轴承	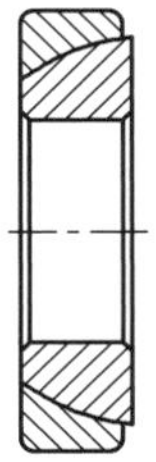	GAC…T 型 外圈为轴承钢，滑动表面为一层聚四氟乙烯织物；内圈为淬硬轴承钢，滑动表面镀硬铬 径向载荷和一方向的轴向(联合)载荷
	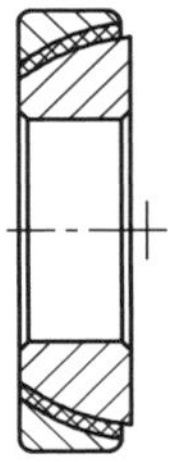	GAC…F 型 外圈为轴承钢，滑动表面为以聚四氟乙烯为添加剂的玻璃纤维增强塑料；内圈为淬硬轴承钢，滑动表面镀硬铬 径向载荷和一方向的轴向(联合)载荷
自润滑推力关节轴承	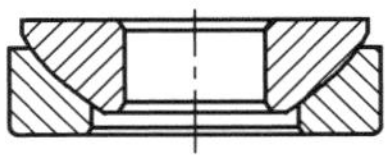	GX…T 型 座圈为轴承钢，滑动表面为一层聚四氟乙烯织物；轴圈为淬硬轴承钢，滑动表面镀硬铬 一方向的轴向载荷或联合载荷(此时其径向载荷值不得大于轴向载荷值的0.5倍)
	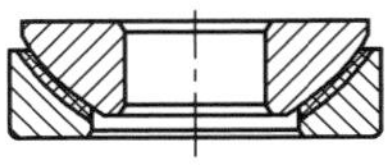	GX…F 型 座圈为轴承钢，滑动表面为以聚四氟乙烯为添加剂的玻璃纤维增强塑料；轴圈为淬硬轴承钢，滑动表面镀硬铬 载荷能力同 GX…T 型
自润滑杆端关节轴承	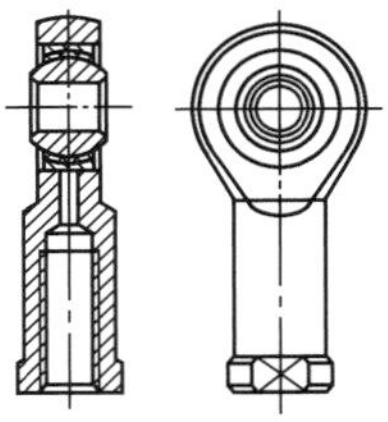	SI…C 型 GE…C 型轴承和杆端体的组装体，杆端体带内螺纹，材料为优质碳素结构钢
	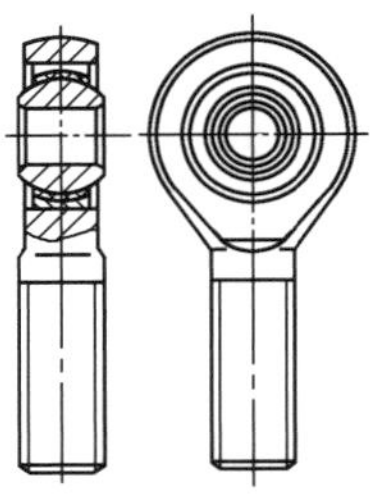	SA…C 型 GE…C 型轴承和杆端体的组装体，杆端体带外螺纹，材料为优质碳素结构钢
自润滑杆端关节轴承	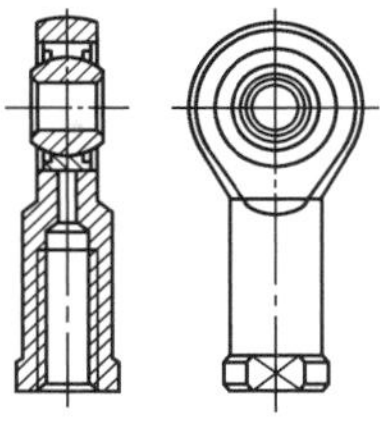	SI…ET-2RS 型 GE…ET-2RS 型轴承和杆端体的组装体，杆端体带内螺纹，材料为优质碳素结构钢
	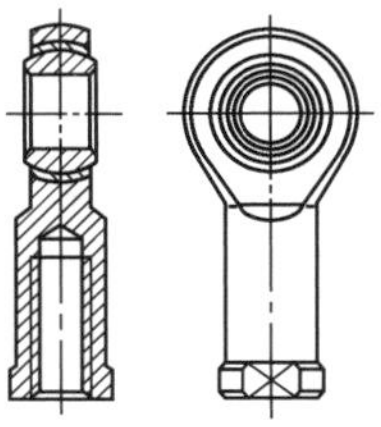	SIB…C 型 杆端体带内螺纹，材料为优质碳素结构钢，滑动表面为烧结青铜复合材料；内圈为淬硬轴承钢，滑动表面镀硬铬
	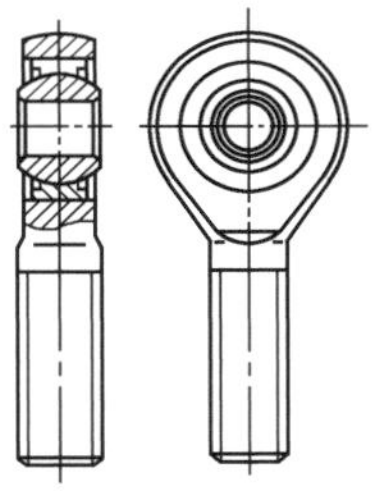	SA…ET-2RS 型 GE…ET-2RS 型轴承和杆端体的组装体，杆端体带外螺纹，材料为优质碳素结构钢
	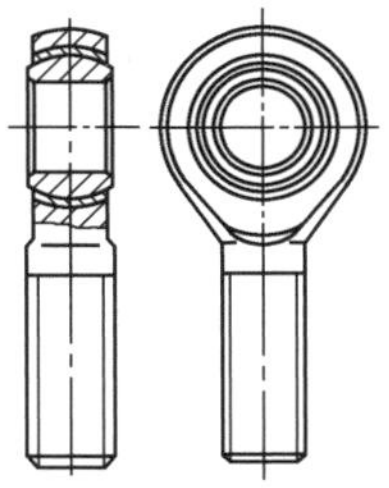	SAB…C 型 杆端体带外螺纹，材料为优质碳素结构钢，滑动表面为烧结青铜复合材料；内圈为淬硬轴承钢，滑动表面镀硬铬
	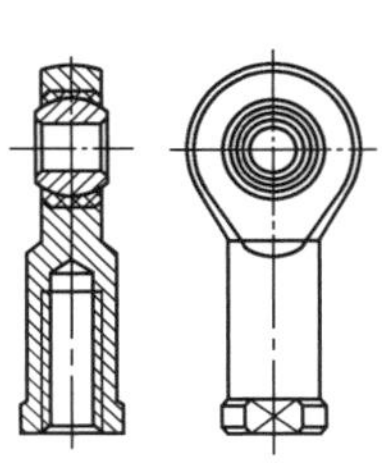	SIB…F 型 杆端体带内螺纹，材料为优质碳素结构钢，滑动表面为以聚四氟乙烯为添加剂的玻璃纤维增强塑料；内圈为淬硬轴承钢，滑动表面镀硬铬

续表

轴承类型	结构简图	结构特点及代号	轴承类型	结构简图	结构特点及代号
自润滑球头杆端关节轴承		SAB…F 型 杆端体带外螺纹，材料为优质碳素结构钢，滑动表面为以聚四氟乙烯为添加剂的玻璃纤维增强塑料；内圈为淬硬轴承钢，滑动表面镀硬铬	自润滑球头杆端关节轴承		SQ…L 型 由特殊自润滑合金材料制成

3.9.2 关节轴承寿命及载荷的计算

关节轴承的失效形式主要是摩擦磨损失效，与滚动轴承的区别主要是疲劳失效不同。在选择这类轴承时，一般是根据轴承所受载荷和抗摩擦磨损的能力，确定所需轴承的额定载荷，并据此来选择轴承的类型及型号。或是根据支承结构的要求和工况条件选定轴承型号后，验算轴承寿命是否满足要求。

3.9.2.1 定义

表 8-3-40 关节轴承寿命及载荷的定义

名称	含义
静载荷	轴承套圈间相对速度为零时，作用在轴承上的载荷
径向额定静载荷	轴承中滑动表面的静接触应力达到材料的应力极限值时的径向静载荷
轴向额定静载荷	轴承中滑动表面的静接触应力达到材料的应力极限值时的轴向静载荷
径向当量静载荷	引起与实际载荷条件相当的工作表面接触应力的径向静载荷
轴向当量静载荷	引起与实际载荷条件相当的工作表面接触应力的轴向静载荷
径向额定动载荷	关节轴承中的工作表面动态接触应力达到最大许用应力时的径向载荷
轴向额定动载荷	关节轴承中的工作表面动态接触应力达到最大许用应力时的轴向载荷
寿命	关节轴承的摩擦因数达到规定的极限值或轴承磨损量超过规定的极限值时轴承工作摆动的总次数
径向当量动载荷	一恒定的径向载荷，在该载荷作用下，关节轴承工作表面接触应力水平与实际载荷作用相当
轴向当量动载荷	一恒定的中心轴向载荷，在该载荷作用下，关节轴承工作表面接触应力水平与实际载荷作用相当
极限应力	对金属材料指其屈服极限应力，对非金属材料指其破坏极限应力
自润滑关节轴承	工作时无需再润滑的关节轴承。此种轴承通常是含油的或工作表面上有自润滑材料，如聚四氟乙烯(PTFE)织物或其复合材料等
极限摆动角度	摆动运动中，摆动套圈上某一直径摆动到两个极限位置间的夹角
常规运转条件	假定这些条件：轴承安装正确、无外来物侵入、充分润滑、按常规加载、常温下工作以及不以特别高或特别低的速度运转
摆次	摆动运动中，套圈上某一点摆动了两倍的极限摆动角度时为一摆次

3.9.2.2 符号

表 8-3-41 计算关节轴承寿命及额定载荷的符号

符号	含义	单位	符号	含义	单位
B	关节轴承内(轴)圈公称宽度	mm	f	关节轴承摆动频率	min^{-1}
C	关节轴承外(座)圈公称宽度	mm	f_a	推力关节轴承额定动载荷模量	N/mm^2
$\overline{C}$	关节轴承中工作表面有效接触宽度	mm	f_r	向心关节轴承额定动载荷模量	N/mm^2
C_d	关节轴承额定动载荷	N	f_{ra}	角接触关节轴承额定动载荷模量	N/mm^2
C_{da}	关节轴承轴向额定动载荷	N	f_p	载荷变化频率	min^{-1}
C_{dr}	关节轴承径向额定动载荷	N	f_s	额定静载荷系数	N/mm^2
C_s	向心关节轴承额定静载荷	N	H	推力关节轴承公称高度	mm
C_{sa}	推力关节轴承轴向额定静载荷	N	$I(\varepsilon)$	积分参数	
C_{sr}	角接触关节轴承径向额定静载荷	N	K_M	与摩擦副材料有关的系数	
d_k	关节轴承滑动球面公称直径	mm	k	耐压模数	N/mm^2
$\overline{d}_k$	关节轴承滑动球面等效直径	mm	L	关节轴承初润滑寿命	摆次
F_a	轴向载荷	N	L_i	第 i 段载荷下的计算寿命	摆次
F_r	径向载荷	N	L_R	关节轴承多次润滑寿命	摆次
F_{min}	最小载荷	N	L_W	关节轴承多次润滑间隔寿命	摆次
F_{max}	最大载荷	N	n	载荷的分段数	

续表

符号	含　义	单位	符号	含　义	单位
P	关节轴承当量动载荷	N	X_{sra}	角接触关节轴承当量静载荷系数	
p	名义接触应力	N/mm²	Y_a	推力关节轴承当量动载荷系数	
P_{sa}	轴向当量静载荷	N	Y_{sa}	推力关节轴承当量静载荷系数	
P_{sr}	径向当量静载荷	N	α_K	载荷特性寿命系数	
$[p]$	材料许用极限应力	N/mm²	α_P	载荷寿命系数	
T	角接触关节轴承公称宽度	mm	α_t	温度寿命系数	
T_m	载荷作用总时间	min	α_v	滑动速度寿命系数	
T_{mi}	第 i 段载荷的作用时间	min	α_z	润滑寿命系数	
t	温度	℃	α_h	多次润滑间隔寿命系数	
v	关节轴承球面滑动速度	mm/s	α_β	多次润滑摆角寿命系数	
X_r	向心关节轴承当量动载荷系数		β	摆角	(°)
X_{ra}	角接触关节轴承当量动载荷系数		ξ	折算系数	
X_{sr}	向心关节轴承当量静载荷系数				

3.9.2.3 额定载荷

关节轴承额定载荷计算见表 8-3-42。

表 8-3-42　关节轴承额定载荷计算公式

轴承类型	额定动载荷	额定静载荷	当量动载荷	当量静载荷
向心关节轴承	$C_{dr}=f_rCd_k$	$C_s=f_sCd_k$	$P=X_rF_r$	$P_{sr}=X_{sr}F_r$
角接触关节轴承	$C_{dr}=f_{ra}(B+C-T)d_k$	$C_{sr}=f_s(B+C-T)d_k$	$P=X_{ra}F_r$	$P_{sr}=X_{sra}F_r$
推力关节轴承	$C_{da}=f_a(B+C-H)d_k$	$C_{sa}=f_s(B+C-H)d_k$	$P=Y_aF_a$	$P_{sa}=Y_{sa}F_a$
杆端关节轴承	当杆端关节轴承为向心型时，采用向心关节轴承方法计算 当杆端关节轴承为球头型时，采用推力关节轴承方法计算 当轴承的 C_s 超过杆体材料的屈服许用应力时，取杆体材料的屈服许用应力值作为计算 C_s 的依据			

注：1. 当关节轴承在一个摆动周期内承受变载荷作用时，其当量动载荷为：$P=\sqrt{\dfrac{F_{min}^2+F_{max}^2}{2}}$。

2. f_r、f_{ra}、f_a、$f_s=f([p], \varepsilon, d_k)$ 值与轴承接触副的材料、结构尺寸、径向游隙等有关，各类轴承基本游隙值下的系数值见表 8-3-43～表 8-3-45，系数 X_r、X_{sr}、X_{ra}、X_{sra}、Y_a、Y_{sa}值按表 8-3-46 选取。

表 8-3-43　向心关节轴承的 f_r、f_s　N/mm²

d_k/mm		摩擦副材料							
		钢/钢		钢/铜		钢/PTFE 织物		钢/PTFE 复合物	
超过	到	f_r	f_s	f_r	f_s	f_r	f_s	f_r	f_s
5	100	85	425	50	125	120	242	90	225
100	200	86	428	51	126	121	244	91	226
200	300	87	430	51	128	122	246	92	228
300	400	87	430	52	130	123	250	93	230
400	500	88	435	54	130	125	261	94	231
500	700	90	454	55	130	136	268	95	232
700	1000	93	468	55	130	138	278	95	233
1000	1200		475		130		284		—

表 8-3-44　角接触关节轴承的 f_{ra}、f_s　N/mm²

d_k/mm		摩擦副材料			
		钢/钢		钢/PTFE 织物	
超过	到	f_{ra}	f_s	f_{ra}	f_s
5	55	86	426	128	254
55	500	88	440	132	264

第8篇

表 8-3-45 **推力关节轴承的 f_a、f_s** N/mm^2

d_k/mm		摩擦副材料			
		钢/钢		钢/PTFE 织物	
超过	到	f_a	f_s	f_a	f_s
5	60	170	855	255	512
60	100	185	924	280	560
100	110	185	966	280	575
110	150	190	966	288	575
150	200	180	920	275	550
200	220	180	768	275	462
220	300	155	768	230	462
300	500	143	710	222	425
500	700	143	—	256	529

表 8-3-46 **系数 X_r、X_{sr}、X_{ra}、X_{sra}、Y_a、Y_{sa} 值**

F_a/F_r	0	0.1	0.2	0.3	0.4
X_r、X_{sr}	1.00	1.30	1.70	2.45	3.50

F_a/F_r	0	0.5	1	1.5	2	2.5	3
X_{ra}、X_{sra}	1.000	1.220	1.510	1.860	2.265	2.630	3.000

F_r/F_a	0	0.1	0.2	0.3	0.4	0.5
Y_a、Y_{sa}	1.00	1.10	1.22	1.33	1.48	1.61

3.9.2.4 关节轴承寿命

表 8-3-47 **关节轴承寿命计算公式**

<table>
<tr><th colspan="2">计算公式</th><th colspan="5">备注</th></tr>
<tr><td>初始润滑寿命</td><td>$L=\alpha_k\alpha_t\alpha_p\alpha_v\alpha_z\dfrac{K_MC_d}{vP}$</td><td colspan="5">各系数分别按表 8-3-48 和表 8-3-49 选取</td></tr>
<tr><td>多次润滑寿命</td><td>$L_R=\alpha_h\alpha_\beta L$</td><td colspan="5">对于需维护的脂润滑关节轴承，应定期更换轴承中的润滑剂，α_h、α_β 分别按表 8-3-51 和表 8-3-52 选取</td></tr>
<tr><td>分段载荷下的寿命</td><td>$L=T_m/\sum\limits_{i=1}^{n}\dfrac{T_{mi}}{L_i}$</td><td colspan="5">$T_m=\sum\limits_{i=1}^{n}T_{mi}$</td></tr>
<tr><td rowspan="2">关节轴承工作球面的滑动速度</td><td rowspan="2">$v=2.9089\times10^{-4}\beta f\overline{d}_k$
$\overline{d}_k=\zeta d_k$</td><td colspan="2">轴承类型</td><td>向心轴承</td><td>角接触轴承</td><td>推力轴承</td></tr>
<tr><td colspan="2">ζ</td><td>1</td><td>0.9</td><td>0.7</td></tr>
<tr><td rowspan="2">关节轴承中的名义接触应力</td><td rowspan="2">$p=k\dfrac{P}{C_d}$</td><td>摩擦副材料</td><td>钢/钢</td><td>钢/铜</td><td>钢/PTFE 织物</td><td>钢/PTFE 复合物</td></tr>
<tr><td>$k/N\cdot mm^{-2}$</td><td>100</td><td>50</td><td>150</td><td>100</td></tr>
<tr><td>关节轴承工作表面上的 pv 值</td><td>$pv=2.9089\times10^{-4}\beta\overline{d}_kfk\dfrac{P}{C_d}$</td><td colspan="5">$pv$ 值应加以限制，否则轴承会过热，导致轴承寿命缩短。不同材料接触副的 pv 限值见表 8-3-48</td></tr>
</table>

注：C_d 应根据不同结构的关节轴承选取，向心关节轴承取 $C_d=C_{dr}$，推力关节轴承取 $C_d=C_{da}$。

表 8-3-48 **p、v、pv 值**

摩擦副材料		钢/钢	钢/铜	钢/PTFE 织物	钢/PTFE 复合物
$v/mm\cdot s^{-1}$	max	100	100	300	300
$p/N\cdot mm^{-2}$	max	100	50	150	100
$pv/N\cdot mm^{-2}\cdot mm\cdot s^{-1}$	max	400	400	300	300

表 8-3-49　**计算系数**

系数	摩擦副材料				
	钢/钢	钢/铜	钢/PTFE 织物	钢/PTFE 复合物	备　注
K_M	830	207600	2.592×10^5	2.946×10^5	—
α_k	1	1	1	1	恒定载荷
	1	1	$(0.6062\sim6.0207)\times10^{-3}f_p p^{1.11}$	$(0.6062\sim3.1309)\times10^{-3}f_p p^{1.25}$	脉动载荷
	2	2	$(0.433\sim4.3005)\times10^{-3}f_p p^{1.11}$	$(0.433\sim2.2364\times10^{-3})f_p p^{1.25}$	交变载荷
α_t	1	1	1	1	$t\leqslant60℃$
	0.9	$(1.15\sim2.5)\times10^{-3}t$	$(1.225\sim3.75)\times10^{-3}t$	$(2.2\sim0.02)t$	$60℃<t\leqslant100℃$
	0.8	$(2.1\sim0.012)t$	$(1.35\sim0.005)t$	—	$100℃<t\leqslant150℃$
	0.6	—	—	—	$150℃<t\leqslant200℃$
α_v	$v^{0.86}\beta^{0.84}f^{0.64}$	$v^{0.4}f^{0.8}$	$\dfrac{f}{(1.00475)^{\lambda v}\times1.0093^{\beta}}$	$\dfrac{f}{(1.00344)^{\lambda v}}$	—
α_p	G/P^b				
α_z	油脂润滑(无油槽取 0.1～0.5,有油槽取 0.3～1);自润滑取 0.5～1				
λ	—	—	1.0193^p	1.0399^p	—

注：表中的 λ、G、b 为计算变量，G、b 值在表 8-3-50 中查取。

表 8-3-50　**G、b 值**

$p/\mathrm{N\cdot mm^{-2}}$		摩擦副材料							
		钢/钢		钢/铜		钢/PTFE 织物		钢/PTFE 复合物	
超过	到	G	b	G	b	G	b	G	b
—	10	2.000	0	0.25	0	15.3460	0.0488	4.5102	0.2230
10	25	80.533	1.465	1.00	0.6	15.3460	0.0488	4.5102	0.2230
25	45	80.533	1.465	1.00	0.6	22.9060	0.1732	13.7170	0.5686
45	65	80.533	1.465	—	—	47.7259	0.3660	13.7170	0.5686
65	100	80.533	1.465	—	—	157.9193	0.6527	13.7170	0.5856
100	150	—	—	—	—	402.0115	0.8556	—	—

表 8-3-51　**系数 α_h**

L/L_w	1	5	10	20	30	40	50
α_h	1.00	2.00	2.85	4.00	4.90	5.45	5.45

表 8-3-52　**系数 α_β**

$\beta/(°)$	≤7	10	15	20	25	30	35	40
α_β	0.8	1	2.4	3.7	4.6	5.2	5.2	5.2

3.9.2.5　关节轴承的摩擦因数

关节轴承的摩擦因数不但比滚动轴承大，而且与滑动摩擦副材料的配对密切相关。常用的关节轴承摩擦副的摩擦因数如表 8-3-53 所示。

表 8-3-53　**关节轴承的摩擦因数**

关节轴承摩擦副	摩擦因数	
	最小	最大
钢/钢	0.08	0.20
钢/青铜	0.10	0.25
钢/烧结青铜复合材料	0.05	0.20
钢/聚四氟乙烯编织物	0.03	0.15
钢/聚四氟乙烯聚酰胺	0.05	0.20
钢/特殊青铜	0.07	0.15

3.9.3 关节轴承的应用设计

3.9.3.1 关节轴承的配合

关节轴承内圈与轴的配合采用基孔制，外圈与外壳孔的配合采用基轴制。与滚动轴承有所不同，尽管一般均采用上偏差为零、下偏差为负的分布，但部分类型中的部分系列如向心关节轴承的 K、W 系列的内径、杆端关节轴承的 K 系列的内径则采用上偏差为正、下偏差为零的分布。

（1）关节轴承的常用公差带

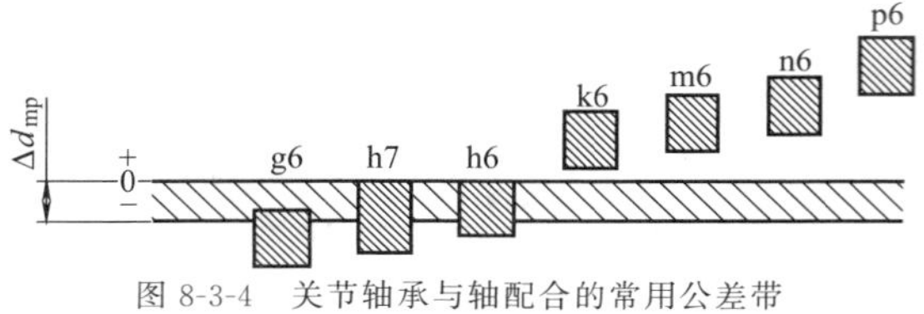

图 8-3-4 关节轴承与轴配合的常用公差带

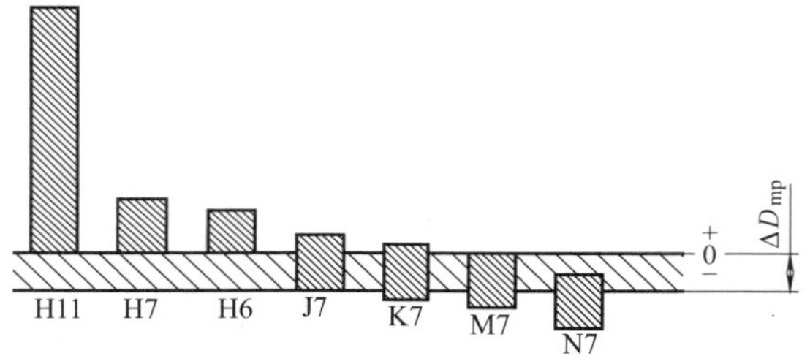

图 8-3-5 关节轴承与外壳孔配合的常用公差带

（2）轴承与轴和外壳孔的配合公差带选择

表 8-3-54 轴承与轴的配合 轴的公差带

轴承类型	工作条件	公差带	
		润滑型	自润滑型
向心关节轴承	各种载荷、浮动支承	h6、h7	h6、g6
	各种载荷、固定支承	m6	k6
角接触关节轴承	各种载荷	m6、n6	m6
推力关节轴承	各种载荷	m6、n6	m6
杆端关节轴承	不定向载荷	n6、p6	m6、n6
	一般条件	h6、h7	h6、g6

表 8-3-55 轴承与外壳孔的配合 孔的公差带

轴承类型	工作条件	公差带	
		润滑型	自润滑型
向心关节轴承	轻载荷、浮动支承	H6、H7	H7
	重载荷、固定支承	M7	K7
	轻合金外壳孔	N7	M7
角接触关节轴承	各种载荷、浮动支承	J7	J7
	各种载荷、固定支承	M7	M7
推力关节轴承	纯轴向载荷	H11	H11
	联合载荷	J7	J7

（3）关节轴承配合表面的表面粗糙度和形位公差

表 8-3-56 关节轴承配合表面的表面粗糙度

配合表面	轴承公称直径/mm		
	≤80	>80～500	>500～1000
	表面粗糙度 $Ra/\mu m$		
轴颈表面	1.6	3.2	6.3
外壳孔表面	1.6	3.2	6.3
轴肩、垫圈端面及外壳孔肩	3.2	3.2	12.5

表 8-3-57 关节轴承配合表面的形位公差 μm

轴承公称直径/mm		圆柱度 t		端面圆跳动 t_1		垫圈两端面平行度 t_2
		轴颈	外壳孔	轴肩	外壳孔肩	
超过	到	max				
3	6	4	—	8	—	12
6	10	4	4	9	9	15
10	18	5	5	11	11	18
18	30	6	6	13	13	21
30	50	7	7	16	16	25
50	80	8	8	19	19	30
80	120	10	10	22	22	35
120	150	12	12	25	25	40
150	180	12	12	25	25	40
180	250	14	14	29	29	46
250	315	16	16	32	32	52
315	400	18	18	36	36	57
400	500	20	20	40	40	63
500	630	22	22	44	44	70
630	800	25	25	50	50	80
800	1000	28	28	56	56	90

注：表面粗糙度和形位公差，轴肩端面圆跳动、内垫圈两端面平行度和轴颈表面圆柱度以内径查表确定；外壳孔肩端面圆跳动、外垫圈两端面平行度和外壳孔表面圆柱度以外径查表确定。

（4）关节轴承与轴和外壳孔的配合

表 8-3-58　关节轴承与轴的配合　μm

基本尺寸/mm		轴承内径的极限偏差 Δd_{mp}		轴公差带 p6		n6		m6		k6		h6		h7		g6	
				轴颈直径的极限偏差													
超过	到	上偏差	下偏差	上偏差	下偏差	上偏差	下偏差	上偏差	下偏差	上偏差	下偏差	上偏差	下偏差	上偏差	下偏差	上偏差	下偏差
3	6	0	−8	+20	+12	+16	+8	+12	+4	+9	+1	0	−8	0	−12	−4	−12
6	10	0	−8	+24	+15	+19	+10	+15	+6	+10	+1	0	−9	0	−15	−5	−14
10	18	0	−8	+29	+18	+23	+12	+18	+7	+12	+1	0	−11	0	−18	−6	−17
18	30	0	−10	+35	+22	+28	+15	+21	+8	+15	+2	0	−13	0	−21	−7	−20
30	50	0	−12	+42	+26	+33	+17	+25	+9	+18	+2	0	−16	0	−25	−9	−25
50	80	0	−15	+51	+32	+39	+20	+30	+11	+21	+2	0	−19	0	−30	−10	−29
80	120	0	−20	+59	+37	+45	+23	+35	+13	+25	+3	0	−22	0	−35	−12	−34
120	180	0	−25	+68	+43	+52	+27	+40	+15	+28	+3	0	−25	0	−40	−14	−39
180	250	0	−30	+79	+50	+60	+31	+46	+17	+33	+4	0	−29	0	−46	−15	−44
250	315	0	−35	+88	+56	+66	+34	+52	+20	+36	+4	0	−32	0	−52	−17	−49
315	400	0	−40	+98	+62	+73	+37	+57	+21	+40	+4	0	−36	0	−57	−18	−54
400	500	0	−45	+108	+68	+80	+40	+63	+23	+45	+5	0	−40	0	−63	−20	−60
500	630	0	−50	+122	+78	+88	+44	+70	+26	+44	0	0	−44	0	−70	−22	−66
630	800	0	−75	+138	+88	+100	+50	+80	+30	+50	0	0	−50	0	−80	−24	−74

基本尺寸/mm		过盈								间隙或过盈					
超过	到	最大	最小	最大	最小	最大	最小	最大	最小	最大过盈	最大间隙	最大过盈	最大间隙	最大过盈	最大间隙
3	6	28	12	24	8	20	4	17	1	8	8	8	12	4	12
6	10	32	15	27	10	23	6	18	1	8	9	8	15	3	14
10	18	37	18	31	12	26	7	20	1	8	11	8	18	2	17
18	30	45	22	38	15	31	8	25	2	10	13	10	21	3	20
30	50	54	26	45	17	37	9	30	2	12	16	12	25	3	25
50	80	66	32	54	20	45	11	36	2	15	19	15	30	5	29
80	120	79	37	65	23	55	13	45	3	20	22	20	35	8	34
120	180	93	43	77	27	65	15	53	3	25	25	25	40	11	39
180	250	109	50	90	31	76	17	63	4	30	29	30	46	15	44
250	315	123	56	101	34	87	20	71	4	35	32	35	52	18	49
315	400	138	62	113	37	97	21	80	4	40	36	40	57	22	54
400	500	153	68	125	40	108	23	90	5	45	40	45	63	25	60
500	630	172	78	138	44	120	26	94	0	50	44	50	70	28	66
630	800	213	88	175	50	155	30	125	0	75	50	75	80	51	74

表 8-3-59　关节轴承与外壳孔的配合　μm

基本尺寸/mm		轴承外径的极限偏差 ΔD_{mp}		孔公差带 N7		M7		K7		J7		H6		H7		H11	
				外壳孔直径的极限偏差													
超过	到	上偏差	下偏差	上偏差	下偏差	上偏差	下偏差	上偏差	下偏差	上偏差	下偏差	上偏差	下偏差	上偏差	下偏差	上偏差	下偏差
6	10	0	−8	−4	−19	0	−15	+5	−10	+8	−7	+9	0	+15	0	+90	0
10	18	0	−8	−5	−23	0	−18	+6	−12	+10	−8	+11	0	+18	0	+110	0
18	30	0	−9	−7	−28	0	−21	+6	−15	+12	−9	+13	0	+21	0	+130	0
30	50	0	−11	−8	−33	0	−25	+7	−18	+14	−11	+16	0	+25	0	+160	0
50	80	0	−13	−9	−39	0	−30	+9	−21	+18	−12	+19	0	+30	0	+190	0
80	120	0	−15	−10	−45	0	−35	+10	−25	+22	−13	+22	0	+35	0	+220	0

续表

基本尺寸/mm		轴承外径的极限偏差 ΔD_{mp}		孔公差带													
				N7		M7		K7		J7		H6		H7		H11	
				外壳孔直径的极限偏差													
超过	到	上偏差	下偏差	上偏差	下偏差	上偏差	下偏差	上偏差	下偏差	上偏差	下偏差	上偏差	下偏差	上偏差	下偏差	上偏差	下偏差
120	150	0	−18	−12	−52	0	−40	+12	−28	+26	−14	+25	0	+40	0	+250	0
150	180	0	−25	−12	−52	0	−40	+12	−28	+26	−14	+25	0	+40	0	+250	0
180	250	0	−30	−14	−60	0	−46	+13	−33	+30	−16	+29	0	+46	0	+290	0
250	315	0	−35	−14	−66	0	−52	+16	−36	+36	−16	+32	0	+52	0	+320	0
315	400	0	−40	−16	−73	0	−57	+17	−40	+39	−18	+36	0	+57	0	+360	0
400	500	0	−45	−17	−80	0	−63	+18	−45	+43	−20	+40	0	+63	0	+400	0
500	630	0	−50	−44	−114	−26	−96	0	−70	+35	−35	+44	0	+70	0	+440	0
630	800	0	−75	−50	−130	−30	−110	0	−80	+40	−40	+50	0	+80	0	+500	0
800	1000	0	−100	−56	−146	−34	−124	0	−90	+45	−45	+56	0	+90	0	+560	0
基本尺寸/mm				过盈或间隙								间　隙					
超过		到		最大间隙	最小过盈	最大间隙	最小过盈	最大间隙	最小过盈	最大间隙	最小过盈	最大	最小	最大	最小	最大	最小
6		10		4	19	8	15	13	10	16	7	17	0	23	0	98	0
10		18		3	23	8	18	14	12	18	8	19	0	26	0	118	0
18		30		2	28	9	21	15	15	21	9	22	0	30	0	139	0
30		50		3	33	11	25	18	18	25	11	27	0	36	0	171	0
50		80		4	39	13	30	22	21	31	2	32	0	43	0	203	0
80		120		5	45	15	35	25	25	37	13	37	0	50	0	235	0
120		150		6	52	18	40	30	28	44	14	43	0	58	0	268	0
150		180		13	52	25	40	37	28	51	14	50	0	65	0	275	0
180		250		16	60	30	46	43	33	60	16	59	0	76	0	320	0
250		315		21	66	35	52	51	36	71	16	67	0	87	0	355	0
315		400		24	73	40	57	57	40	79	18	76	0	97	0	400	0
400		500		28	80	45	63	63	45	88	20	85	0	108	0	445	0
500		630		6	114	76	96	50	70	85	35	94	0	120	0	490	0
630		800		25	130	105	110	75	80	115	40	125	0	155	0	575	0
800		1000		44	146	134	124	100	90	145	45	156	0	190	0	660	0

3.9.3.2　关节轴承的游隙

向心关节轴承和杆端关节轴承，其径向游隙如表 8-3-60～表 8-3-67 所示。

(1) 滑动接触表面：钢/钢（表 8-3-60～表 8-3-65）

表 8-3-60　　E、EH 系列径向游隙　　μm

d/mm		向心关节轴承 E 系列						杆端关节轴承 E、EH 系列					
		2 组		N 组		3 组		2 组		N 组		3 组	
超过	到	min	max	min	max	min	max	min	max	min	max	min	max
2.5	12	8	32	32	68	68	104	4	32	16	68	34	104
12	20	10	40	40	82	82	124	5	40	20	82	41	124
20	35	12	50	50	100	100	150	6	50	25	100	50	150
35	60	15	60	60	120	120	180	8	60	30	120	60	180
60	80	18	72	72	142	142	212	9	72	36	142	71	212
80	90	18	72	72	142	142	212	—	—	—	—	—	—
90	140	18	85	85	165	165	245	—	—	—	—	—	—
140	200	18	100	100	192	192	284	—	—	—	—	—	—
200	240	18	110	110	214	214	318	—	—	—	—	—	—
240	300	18	125	125	239	239	353	—	—	—	—	—	—

注：单缝或部分外圈杆端关节轴承，其游隙值与规定值可能略有差异。

表 8-3-61　　G、GH 系列径向游隙　　μm

d/mm		向心关节轴承 G 系列						杆端关节轴承 G、GH 系列					
		2 组		N 组		3 组		2 组		N 组		3 组	
超过	到	min	max	min	max	min	max	min	max	min	max	min	max
2.5	10	8	32	32	68	68	104	4	32	16	68	34	104
10	17	10	40	40	82	82	124	5	40	20	82	41	124
17	30	12	50	50	100	100	150	6	50	25	100	50	150
30	50	15	60	60	120	120	180	8	60	30	120	60	180
50	70	18	72	72	142	142	212	9	72	36	142	71	212
70	80	18	72	72	142	142	212	—	—	—	—	—	—
80	120	18	85	85	165	165	245	—	—	—	—	—	—
120	180	18	100	100	192	192	284	—	—	—	—	—	—
180	220	18	110	110	214	214	318	—	—	—	—	—	—
220	280	18	125	125	239	239	353	—	—	—	—	—	—

表 8-3-62　　C 系列向心关节轴承径向游隙　　μm

d/mm		N 组		d/mm		N 组	
超过	到	min	max	超过	到	min	max
300	340	125	239	850	1060	195	405
340	420	135	261	1060	1400	220	470
420	530	145	285	1400	1700	240	540
530	670	160	320	1700	2000	260	610
670	850	170	350				

表 8-3-63　　K 系列径向游隙　　μm

d/mm		2 组			N 组			3 组		
		min		max	min		max	min		max
超过	到	向心关节轴承	杆端关节轴承		向心关节轴承	杆端关节轴承		向心关节轴承	杆端关节轴承	
2.5	8	8	4	32	32	16	68	68	34	104
8	16	10	5	40	40	20	82	82	41	124
16	25	12	6	50	50	25	100	100	50	150
25	40	15	8	60	60	30	120	120	60	180
40	50	18	9	72	72	36	142	142	71	212

表 8-3-64　　H 系列向心关节轴承径向游隙　　μm

d/mm		2 组		N 组		3 组		d/mm		2 组		N 组		3 组	
超过	到	min	max	min	max	min	max	超过	到	min	max	min	max	min	max
90	120	18	85	85	165	165	245	380	480	—	—	145	285	—	—
120	180	18	100	100	192	192	284	480	600	—	—	160	320	—	—
180	240	18	110	110	214	214	318	600	750	—	—	170	350	—	—
240	300	18	125	125	239	239	353	750	950	—	—	195	405	—	—
300	380	—	—	135	261	—	—	950	1000	—	—	220	470	—	—

表 8-3-65　　W 系列向心关节轴承径向游隙　　μm

d/mm		2 组		N 组		3 组		d/mm		2 组		N 组		3 组	
超过	到	min	max	min	max	min	max	超过	到	min	max	min	max	min	max
2.5	12	8	32	32	68	68	104	90	125	18	85	85	165	165	245
12	20	10	40	40	82	82	124	125	200	18	100	100	192	192	284
20	32	12	50	50	100	100	150	200	250	18	125	125	239	239	353
32	50	15	60	60	120	120	180	250	320	18	135	135	261	261	387
50	90	18	72	72	142	142	212								

（2）滑动接触表面：钢/青铜（表8-3-66）

表8-3-66　　K系列径向游隙　　μm

d/mm		向心关节轴承						杆端关节轴承					
		2组		N组		3组		2组		N组		3组	
超过	到	min	max	min	max	min	max	min	max	min	max	min	max
2.5	6	4	34	10	50	42	72	2	34 (22)	5	50 (40)	21	72 (65)
6	10	5	41	13	61	52	88	3	41 (27)	7	61 (49)	26	88 (78)
10	18	6	49	16	75	64	107	3	49 (33)	8	75 (59)	32	107 (93)
18	30	7	59	20	92	77	120	4	59 (40)	10	92 (72)	39	120 (103)
30	50	9	71	25	112	98	150	5	71 (48)	13	112 (87)	49	150 (125)

注：对于装有向心关节轴承及只带内圈的等特殊结构的杆端关节轴承，允许采用括号内的值。

（3）自润滑向心关节轴承的径向游隙（表8-3-67）

表8-3-67　　C型自润滑向心关节轴承的径向游隙　　μm

d/mm		N组	
超过	到	min	max
4	12	4	28
12	20	5	35
20	30	6	44

3.9.3.3 关节轴承的公差

（1）向心关节轴承的公差

表8-3-68　　E、G、C、H系列的内圈公差　　μm

轴承公称内径 d/mm		单一平面平均内径偏差 Δd_{mp}		单一径向平面内径变动量 V_{dp}	平均内径变动量 V_{dmp}	内圈单一宽度偏差 ΔB_s	
超过	到	上偏差	下偏差	max	max	上偏差	下偏差
2.5	18	0	−8	8	6	0	−120
18	30	0	−10	10	8	0	−120
30	50	0	−12	12	9	0	−120
50	80	0	−15	15	11	0	−150
80	120	0	−20	20	15	0	−200
120	180	0	−25	25	19	0	−250
180	250	0	−30	30	23	0	−300
250	315	0	−35	35	26	0	−350
315	400	0	−40	40	30	0	−400
400	500	0	−45	45	34	0	−450
500	630	0	−50	50	38	0	−500
630	800	0	−75	75	56	0	−750
800	1000	0	−100	135	75	0	−1000
1000	1250	0	−125	190	125	0	−1250
1250	1600	0	−160	240	160	0	−1600
1600	2000	0	−200	300	200	0	−2000

注：1. 本标准规定的公差值适用于精加工后但在涂覆、电镀、部分和开裂工序前的向心关节轴承。
2. 经表面处理的向心关节轴承，其公差与本标准规定的公差值略有差异。

表 8-3-69　K、W 系列的内圈公差　μm

轴承公称内径 d/mm		单一平面平均内径偏差 Δd_{mp}		单一径向平面内径变动量 V_{dp}	平均内径变动量 V_{dmp}	内圈单一宽度偏差 ΔB_s			
		K、W		K、W	K、W	K		W	
超过	到	上偏差	下偏差	max	max	上偏差	下偏差	上偏差	下偏差
2.5	3	+10	0	10	6	0	−120	0	−100
3	6	+12	0	12	9	0	−120	0	−120
6	10	+15	0	15	11	0	−120	0	−150
10	18	+18	0	18	14	0	−120	0	−180
18	30	+21	0	21	16	0	−120	0	−210
30	50	+25	0	25	19	0	−120	0	−250
50	80	+30	0	30	22	—	—	0	−300
80	120	+35	0	35	26	—	—	0	−350
120	180	+40	0	40	30	—	—	0	−400
180	250	+46	0	46	35	—	—	0	−460
250	315	+52	0	52	39	—	—	0	−520
315	400	+57	0	57	43	—	—	0	−570

注：1. 本标准规定的公差值适用于精加工后但在涂覆、电镀、部分和开裂工序前的向心关节轴承。

2. 经表面处理的向心关节轴承，其公差与本标准规定的公差值略有差异。

表 8-3-70　E、G、C、W、H 系列的外圈公差　μm

轴承公称外径 D/mm		单一平面平均外径偏差 ΔD_{mp}		单一径向平面外径变动量 V_{Dp}	平均外径变动量 V_{Dmp}	外圈单一宽度偏差 ΔC_s	
超过	到	上偏差	下偏差	max	max	上偏差	下偏差
6	18	0	−8	10	6	0	−240
18	30	0	−9	12	7	0	−240
30	50	0	−11	15	8	0	−240
50	80	0	−13	17	10	0	−300
80	120	0	−15	20	11	0	−400
120	150	0	−18	24	14	0	−500
150	180	0	−25	33	19	0	−500
180	250	0	−30	40	23	0	−600
250	315	0	−35	47	26	0	−700
315	400	0	−40	53	30	0	−800
400	500	0	−45	60	34	0	−900
500	630	0	−50	67	38	0	−1000
630	800	0	−75	100	56	0	−1100
800	1000	0	−100	135	75	0	−1200
1000	1250	0	−125	190	125	0	−1300
1250	1600	0	−160	240	160	0	−1600
1600	2000	0	−200	300	200	0	−2000
2000	2500	0	−250	380	250	0	−2500
2500	3150	0	−300	480	320	0	−3200

注：1. 本标准规定的公差值适用于精加工后但在涂覆、电镀、部分和开裂工序前的向心关节轴承。

2. 经表面处理的向心关节轴承，其公差与本标准规定的公差值略有差异。

表 8-3-71 **K系列的外圈公差** μm

轴承公称外径 D/mm		单一平面平均外径偏差 ΔD_{mp}		单一径向平面外径变动量 V_{Dp}	平均外径变动量 V_{Dmp}	外圈单一宽度偏差 ΔC_s	
超过	到	上偏差	下偏差	max	max	上偏差	下偏差
5	18	0	−11	18	18	0	−240
18	30	0	−13	21	21	0	−240
30	50	0	−16	25	25	0	−240
50	80	0	−19	30	30	0	−300
80	120	0	−22	35	35	0	−400

注：1. 本标准规定的公差值适用于精加工后但在涂覆、电镀、部分和开裂工序前的向心关节轴承。
2. 经表面处理的向心关节轴承，其公差与本标准规定的公差值略有差异。

(2) 角接触关节轴承的公差

表 8-3-72 **角接触关节轴承内圈和轴承宽度公差** μm

轴承公称内径 d/mm		单一平面平均内径偏差 Δd_{mp}		单一径向平面内径变动量 V_{dp}	平均内径变动量 V_{dmp}	内圈单一宽度偏差 ΔB_s		轴承实际宽度偏差 ΔT_s	
超过	到	上偏差	下偏差	max	max	上偏差	下偏差	上偏差	下偏差
—	50	0	−12	12	9	0	−240	+250	−400
50	80	0	−15	15	11	0	−300	+250	−500
80	120	0	−20	20	15	0	−400	+250	−600
120	180	0	−25	25	19	0	−500	+350	−700
180	200	0	−30	30	23	0	−600	+350	−800

注：表中的公差值仅适用于表面处理前的角接触关节轴承。

表 8-3-73 **角接触关节轴承外圈公差** μm

轴承公称外径 D/mm		单一平面平均外径偏差 ΔD_{mp}		单一径向平面外径变动量 V_{Dp}	平均外径变动量 V_{Dmp}	外圈单一宽度偏差 ΔC_s	
超过	到	上偏差	下偏差	max	max	上偏差	下偏差
—	50	0	−14	14	11	0	−240
50	80	0	−16	16	12	0	−300
80	120	0	−18	18	14	0	−400
120	150	0	−20	20	15	0	−500
150	180	0	−25	25	19	0	−500
180	250	0	−30	30	23	0	−600
250	315	0	−35	35	26	0	−700

注：1. 本标准规定的公差值适用于精加工后但在涂覆、电镀、部分和开裂工序前的向心关节轴承。
2. 经表面处理的向心关节轴承，其公差与本标准规定的公差值略有差异。

(3) 推力关节轴承的公差

表 8-3-74 **推力关节轴承轴圈和轴承高度公差** μm

轴承公称内径 d/mm		单一平面平均内径偏差 Δd_{mp}		单一径向平面内径变动量 V_{dp}	平均内径变动量 V_{dmp}	轴圈单一高度偏差 ΔB_s		轴承实际高度偏差 ΔT_s	
超过	到	上偏差	下偏差	max	max	上偏差	下偏差	上偏差	下偏差
2.5	18	0	−8	8	6	0	−240	+250	−400
18	30	0	−10	10	8	0	−240	+250	−400
30	50	0	−12	12	9	0	−240	+250	−400
50	80	0	−15	15	11	0	−300	+250	−500
80	120	0	−20	20	15	0	−400	+250	−600
120	180	0	−25	25	19	0	−500	+350	−700
180	200	0	−30	30	23	0	−600	+350	−800

注：表中的公差值仅适用于表面处理前的推力关节轴承。

表 8-3-75　　推力关节轴承座圈公差　　μm

轴承公称外径 D/mm		单一平面平均外径偏差 ΔD_{mp}		单一径向平面外径变动量 V_{Dp}	平均外径变动量 V_{Dmp}	座圈单一高度偏差 ΔC_s	
超过	到	上偏差	下偏差	max	max	上偏差	下偏差
18	30	0	−9	12	7	0	−240
30	50	0	−11	15	8	0	−240
50	80	0	−13	17	10	0	−300
80	120	0	−15	20	11	0	−400
120	150	0	−18	24	14	0	−500
150	180	0	−25	33	19	0	−500
180	250	0	−30	40	23	0	−600
250	315	0	−35	47	26	0	−700
315	400	0	−40	53	30	0	−800

注：表中的公差值仅适用于表面处理前的推力关节轴承。

（4）杆端关节轴承的公差

表 8-3-76　　杆端关节轴承 E、EH、G、GH、K 系列公差　　μm

轴承公称内径 d/mm		单一平面平均内径偏差 Δd_{mp}				单一径向平面内径变动量 V_{dp}		平均内径变动量 V_{dmp}		螺纹直径 G①		杆端中心高 h, h_1, h_2	内圈单一宽度偏差 ΔB_s	
		E、EH、G、GH		K		E、EH、G、GH	K	E、EH、G、GH	K	符合 GB/T 197		E、EH、G、GH、K	E、EH、G、GH、K	
超过	到	上偏差	下偏差	上偏差	下偏差	max		max		M 型	F 型		上偏差	下偏差
2.5	3	0	−8	+10	0	8	10	6	6	6g	6H	±1 200	0	−120
3	6	0	−8	+12	0	8	12	6	9	6g	6H	±1 200	0	−120
6	10	0	−8	+15	0	8	15	6	11	6g	6H	±1 200	0	−120
10	18	0	−8	+18	0	8	18	6	14	6g	6H	±1200	0	−120
18	30	0	−10	+21	0	10	21	8	16	6g	6H	±1700	0	−120
30	50	0	−12	+25	0	12	25	9	19	6g	6H	±2100	0	−120
50	80	0	−15	+30	0	15	30	11	22	6g	6H	±2700	0	−150

① 螺纹可为右旋或左旋。

注：1. 本标准规定的公差值适用于精加工后但在涂覆、电镀、剖分和开裂工序前的杆端关节轴承。

2. 经表面处理的杆端关节轴承，其公差与本标准规定的公差值略有差异。

3.9.4　关节轴承的基本尺寸和性能参数

3.9.4.1　向心关节轴承（GB/T 9163—2001）

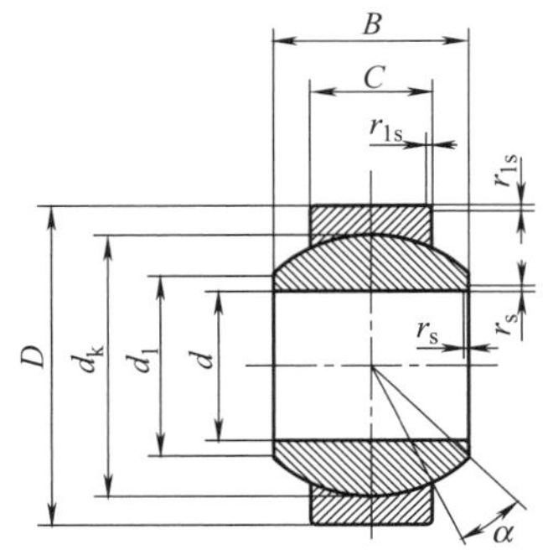

E、G、C、K、H 系列向心关节轴承

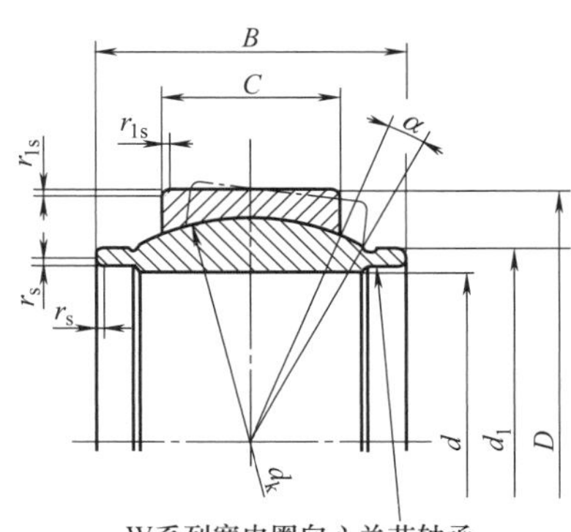

W 系列宽内圈向心关节轴承

图 8-3-6　向心关节轴承

表 8-3-77 向心关节轴承 E 系列

轴承型号			外形尺寸/mm									额定载荷/kN		质量/kg ≈
GE E型	GE C型	GE ES-2RS型	d	D	B	C	d_1 ≈	d_k①	r_{smin}	r_{1smin}	α/(°) ≈	C_r	C_{0r}	
GE4E	GE4C	—	4	12	5	3	6	8	0.3	0.3	16	2	10	0.003
GE5E	GE5C	—	5	14	6	4	8	10	0.3	0.3	13	3.4	17	0.004
GE6E	GE6C	—	6	14	6	4	8	10	0.3	0.3	13	3.4	17	0.004
GE8E	GE8C	—	8	16	8	5	10	13	0.3	0.3	15	5.5	27	0.008
GE10E	GE10C	—	10	19	9	6	13	16	0.3	0.3	12	8.1	40	0.011
GE12E	GE12C	—	12	22	10	7	15	18	0.3	0.3	10	10	53	0.015
GE15ES	GE15C	GE15ES-2RS	15	26	12	9	18	22	0.3	0.3	8	16	84	0.027
GE17ES	GE17C	GE17ES-2RS	17	30	14	10	20	25	0.3	0.3	10	21	106	0.041
GE20ES	GE20C	GE20ES-2RS	20	35	16	12	24	29	0.3	0.3	9	30	146	0.066
GE25ES	GE25C	GE25ES-2RS	25	42	20	16	29	35	0.6	0.6	7	48	240	0.119
GE30ES	GE30C	GE30ES-2RS	30	47	22	18	34	40	0.6	0.6	6	62	310	0.153
GE35ES	GE35C	GE35ES-2RS	35	55	25	20	39	47	0.6	1	6	79	399	0.233
GE40ES	GE40C	GE40ES-2RS	40	62	28	22	45	53	0.6	1	7	99	495	0.306
GE45ES	GE45C	GE45ES-2RS	45	68	32	25	50	60	0.6	1	7	127	637	0.427
GE50ES	GE50C	GE50ES-2RS	50	75	35	28	55	66	0.6	1	6	156	780	0.546
GE55ES	—	GE55ES-2RS	55	85	40	32	62	74	0.6	1	7	200	1000	0.864
GE60ES	—	GE60ES-2RS	60	90	44	36	66	80	1	1	6	245	1220	1.04
GE70ES	—	GE70ES-2RS	70	105	49	40	77	92	1	1	6	313	1560	1.55
GE80ES	—	GE80ES-2RS	80	120	55	45	88	105	1	1	6	400	2000	2.31
GE90ES	—	GE90ES-2RS	90	130	60	50	98	115	1	1	5	488	2440	2.75
GE100ES	—	GE100ES-2RS	100	150	70	55	109	130	1	1	7	607	3030	4.45
GE110ES	—	GE110ES-2RS	110	160	70	55	120	140	1	1	6	654	3270	4.82
GE120ES	—	GE120ES-2RS	120	180	85	70	130	160	1	1	6	950	4750	8.05
GE140ES	—	GE140ES-2RS	140	210	90	70	150	180	1	1	7	1070	5355	11.02
GE160ES	—	GE160ES-2RS	160	230	105	80	170	200	1	1	8	1360	6800	14.01
GE180ES	—	GE180ES-2RS	180	260	105	80	192	225	1.1	1.1	6	1530	7650	18.65
GE200ES	—	GE200ES-2RS	200	290	130	100	212	250	1.1	1.1	7	2120	10600	28.03
GE220ES	—	GE220ES-2RS	220	320	135	100	238	275	1.1	1.1	8	2320	1160	35.51
GE240ES	—	GE240ES-2RS	240	340	140	100	265	300	1.1	1.1	8	2550	12700	39.91
GE260ES	—	GE260ES-2RS	260	370	150	110	285	325	1.1	1.1	7	3038	15190	51.54
GE280ES	—	GE280ES-2RS	280	400	155	120	310	350	1.1	1.1	6	3570	17850	65.06
GE300ES	—	GE300ES-2RS	300	430	165	120	330	375	1.1	1.1	7	3800	19100	78.07

① 参考尺寸。

表 8-3-78 向心关节轴承 G 系列

轴承型号			外形尺寸/mm									额定载荷/kN		质量/kg ≈
GEG E型	GEG C型	GEG ES-2RS型	d	D	B	C	d_1 ≈	d_k①	r_{smin}	r_{1smin}	α/(°) ≈	C_r	C_{0r}	
GEG4E	GEG4C	—	4	14	7	4	7	10	0.3	0.3	20	3.4	17	0.005
GEG5E	GEG5C	—	5	14	7	4	7	10	0.3	0.3	20	3.4	27	0.008
GEG6E	GEG6C	—	6	16	9	5	9	13	0.3	0.3	21	5.5	27	0.006

续表

轴承型号			外形尺寸/mm									额定载荷/kN		质量/kg ≈
GEG E 型	GEG C 型	GEG ES-2RS 型	d	D	B	C	d_1 ≈	d_k①	r_{smin}	r_{1smin}	α/(°) ≈	C_r	C_{0r}	
GEG8E	GEG8C	—	8	19	11	6	11	16	0.3	0.3	21	8.1	40	0.014
GEG10E	GEG10C	—	10	22	12	7	13	18	0.3	0.3	18	10	53	0.021
GEG12E	GEG12C	—	12	26	15	9	16	22	0.3	0.3	18	16	84	0.033
GEG15ES	GEG15C	GEG15ES-2RS	15	30	16	10	19	25	0.3	0.3	16	21	106	0.049
GEG17ES	GEG17C	GEG17ES-2RS	17	35	20	12	21	29	0.3	0.3	19	30	146	0.083
GEG20ES	GEG20C	GEG20ES-2RS	20	42	25	16	24	35	0.3	0.6	17	48	240	0.153
GEG25ES	GEG25C	GEG25ES-2RS	25	47	28	18	29	40	0.6	0.6	17	62	310	0.203
GEG30ES	GEG30C	GEG30ES-2RS	30	55	32	20	34	47	0.6	1	17	79	399	0.304
GEG35ES	GEG35C	GEG35ES-2RS	35	62	35	22	39	53	0.6	1	16	99	495	0.408
GEG40ES	GEG40C	GEG40ES-2RS	40	68	40	25	44	60	0.6	1	17	127	637	0.542
GEG45ES	GEG45C	GEG45ES-2RS	45	75	43	28	50	66	0.6	1	15	156	780	0.713
GEG50ES	—	GEG50ES-2RS	50	90	56	36	57	80	0.6	1	17	245	1220	1.14
GEG60ES	—	GEG60ES-2RS	60	105	63	40	67	92	1	1	17	313	1560	2.05
GEG70ES	—	GEG70ES-2RS	70	120	70	45	77	105	1	1	16	400	2000	3.01
GEG80ES	—	GEG80ES-2RS	80	130	75	50	87	115	1	1	14	488	2440	3.64
GEG90ES	—	GEG90ES-2RS	90	150	85	55	98	130	1	1	15	607	3030	5.22
GEG100ES	—	GEG100ES-2RS	100	160	85	55	110	140	1	1	14	654	3270	6.05
GEG110ES	—	GEG110ES-2RS	110	180	100	70	122	160	1	1	12	950	4750	9.68
GEG120ES	—	GEG120ES-2RS	120	210	115	70	132	180	1	1	16	1070	5355	14.01
GEG140ES	—	GEG140ES-2RS	140	230	130	80	151	200	1	1	16	1360	6800	19.01
GEG160ES	—	GEG160ES-2RS	160	260	135	80	176	225	1	1.1	16	1530	7650	20.02
GEG180ES	—	GEG180ES-2RS	180	290	155	100	196	250	1.1	1.1	14	2120	10600	32.21
GEG200ES	—	GEG200ES-2RS	200	320	165	100	220	275	1.1	1.1	15	2320	11600	45.28
GEG220ES	—	GEG220ES-2RS	220	340	175	100	243	300	1.1	1.1	16	2550	12700	51.12
GEG240ES	—	GEG240ES-2RS	240	370	190	110	263	325	1.1	1.1	15	3038	15190	65.12
GEG260ES	—	GEG260ES-2RS	260	400	205	120	283	350	1.1	1.1	15	3570	17850	82.44
GEG280ES	—	GEG280ES-2RS	280	430	210	120	310	375	1.1	1.1	15	3800	19100	97.21

① 参考尺寸。

表 8-3-79　　向心关节轴承 K 系列

轴承类型	外形尺寸/mm								
GEK　S 型	d	D	B	C	d_1 ≈	d_k①	r_{smin}	r_{1smin}	α/(°) ≈
GEK3S	3	10	6	4.5	5.1	7.9	0.2	0.2	14
GEK5S	5	13	8	6	7.7	11.1	0.3	0.3	13
GEK6S	6	16	9	6.75	8.9	12.7	0.3	0.3	13
GEK8S	8	19	12	9	10.3	15.8	0.3	0.3	14
GEK10S	10	22	14	10.5	12.9	19	0.3	0.3	13
GEK12S	12	26	16	12	15.4	22.2	0.3	0.3	13
GEK14S	14	29	19	13.5	16.8	25.4	0.3	0.3	16
GEK16S	16	32	21	15	19.3	28.5	0.3	0.3	15
GEK18S	18	35	23	16.5	21.8	31.7	0.3	0.3	15

续表

轴承类型	外形尺寸/mm								
GEK S型	d	D	B	C	d_1 ≈	d_k①	r_{smin}	r_{1smin}	α/(°) ≈
GEK20S	20	40	25	18	24.3	34.9	0.3	0.6	14
GEK22S	22	42	28	20	25.8	38.1	0.3	0.6	15
GEK25S	25	47	31	22	29.5	42.8	0.3	0.6	15
GEK30S	30	55	37	25	34.8	50.8	0.3	0.6	17
GEK35S	35	65	43	30	40.3	59	0.6	1	16
GEK40S	40	72	49	35	44.2	66	0.6	1	16
GEK50S	50	90	60	45	55.8	82	0.6	1	14

① 参考尺寸。

表 8-3-80 向心关节轴承C系列

轴承型号	外形尺寸/mm									额定载荷/kN		质量/kg ≈
GEC HT型、GEC XT型、GEC HC型、GEC XS型、GEC…HCS型、GEC…XS-2RS型	d	D	B	C	d_1 ≈	d_k①	r_{smin}	r_{1smin}	α/(°) ≈	C_r	C_{0r}	
GEC320	320	440	160	135	340	375	1.1	3	4	5130	10260	78
GEC340	340	460	160	135	360	390	1.1	3	3	5400	10800	83
GEC360	360	480	160	135	380	410	1.1	3	3	5670	11340	87
GEC380	380	520	190	160	400	440	1.5	4	4	7200	14400	129
GEC400	400	540	190	160	425	465	1.5	4	3	7520	15040	135
GEC420	420	560	190	160	445	480	1.5	4	3	7840	15680	141
GEC440	440	600	218	185	465	515	1.5	4	3	9620	19240	196
GEC460	460	620	218	185	485	530	1.5	4	3	9990	19980	204
GEC480	480	650	230	195	510	560	2	5	3	11000	22000	239
GEC500	500	670	230	195	530	580	2	5	3	11400	22800	248
GEC530	530	710	243	205	560	610	2	5	3	12710	25420	294
GEC560	560	750	258	215	590	645	2	5	4	14080	28160	345
GEC600	600	800	272	230	635	690	2	5	3	16100	32200	413
GEC630	630	850	300	260	665	730	3	6	3	—	—	—
GEC670	670	900	308	260	710	770	3	6	3	—	—	—
GEC710	710	950	325	275	755	820	3	6	3	—	—	—
GEC750	750	1000	335	280	800	870	3	6	3	—	—	—
GEC800	800	1060	355	300	850	915	3	6	3	—	—	—
GEC850	850	1120	365	310	905	975	3	6	3	—	—	—
GEC900	900	1180	375	320	960	1030	3	6	3	—	—	—
GEC950	950	1250	400	340	1015	1090	4	7.5	3	—	—	—
GEC1000	1000	1320	438	370	1065	1150	4	7.5	3	—	—	—
GEC1060	1060	1400	462	390	1130	1220	4	7.5	3	—	—	—
GEC1120	1120	1460	462	390	1195	1280	4	7.5	3	—	—	—
GEC1180	1180	1540	488	410	1260	1350	4	7.5	3	—	—	—
GEC1250	1250	1630	515	435	1330	1425	4	7.5	3	—	—	—

续表

轴承型号	外形尺寸/mm									额定载荷/kN		质量 /kg ≈
GEC　HT 型、GEC　XT 型、GEC　HC 型、GEC　XS 型、GEC…HCS 型、GEC…XS-2RS 型	d	D	B	C	d_1 ≈	d_k[①]	r_{smin}	r_{1smin}	$\alpha/(°)$ ≈	C_r	C_{0r}	
GEC1320	1320	1720	545	460	1405	1510	4	7.5	3	—	—	—
GEC1400	1400	1820	585	495	1485	1600	5	9.5	3	—	—	—
GEC1500	1500	1950	625	530	1590	1710	5	9.5	3	—	—	—
GEC1600	1600	2060	670	565	1690	1820	5	9.5	3	—	—	—
GEC1700	1700	2180	710	600	1790	1925	5	9.5	3	—	—	—
GEC1800	1800	2300	750	635	1890	2035	6	12	3	—	—	—
GEC1900	1900	2430	790	670	2000	2150	6	12	3	—	—	—
GEC2000	2000	2570	835	705	2100	2260	6	12	3	—	—	—

① 参考尺寸。

表 8-3-81　　向心关节轴承 H 系列

轴承型号	外形尺寸/mm									额定载荷/kN		质量 /kg ≈
GEH　HT 型、GEH　XT 型、GEH　XF 型、GEH　HC 型、GEH　XT-2RS 型	d	D	B	C	d_1 ≈	d_k[①]	r_{smin}	r_{1smin}	$\alpha/(°)$ ≈	C_r	C_{0r}	
GEH100	100	150	71	67	114	135	1	1	2	1350	3250	5.07
GEH110	110	160	78	74	122	146	1	1	2	1600	3860	6.21
GEH120	120	180	85	80	135	160	1	1	2	1920	4600	8.87
GEH140	140	210	100	95	155	185	1	1	2	2630	6320	14.6
GEH160	160	230	115	109	175	210	1	1	2	3430	8240	18.6
GEH180	180	260	128	122	203	240	1.1	1.1	2	4390	10540	26.7
GEH200	200	290	140	134	219	260	1.1	1.1	2	5220	12540	37.1
GEH220	220	320	155	148	245	290	1.1	1.1	2	6430	15450	49.4
GEH240	240	340	170	162	259	310	1.1	1.1	2	7530	18070	57.9
GEH260	260	370	185	175	285	340	1.1	1.1	2	8920	21420	75.2
GEH280	280	400	200	190	311	370	1.1	1.1	2	10540	25300	96
GEH300	300	430	212	200	327	390	1.1	1.1	2	11700	28080	117
GEH320	320	460	230	218	344	414	1.1	3	2	16240	32480	148
GEH340	340	480	243	230	359	434	1.1	3	2	17960	35920	163
GEH360	360	520	258	243	397	474	1.1	4	2	20730	41460	213
GEH380	380	540	272	258	412	494	1.5	4	2	22940	45880	236
GEH400	400	580	280	265	431	514	1.5	4	2	24510	49020	290
GEH420	420	600	300	280	441	534	1.5	4	2	26910	53920	319
GEH440	440	630	315	300	479	574	1.5	4	2	30990	61980	379
GEH460	460	650	325	308	496	593	1.5	5	2	32870	65740	404
GEH480	480	680	340	320	522	623	2	5	2	35880	71760	463
GEH500	500	710	355	335	536	643	2	5	2	38770	77540	529
GEH530	530	750	375	355	558	673	2	5	2	43000	86000	620
GEH560	560	800	400	380	602	723	2	5	2	49450	98900	770

续表

轴承型号	外形尺寸/mm									额定载荷/kN		质量/kg ≈
GEH HT型、GEH XT型、GEH XF型、GEH HC型、GEH XT-2RS型	d	D	B	C	d_1 ≈	d_k①	r_{smin}	r_{1smin}	α/(°) ≈	C_r	C_{0r}	
GEH600	600	850	425	400	645	773	2	6	2	55650	111300	903
GEH630	630	900	450	425	677	813	3	6	2	62190	124380	1092
GEH670	670	950	475	450	719	862	3	6	2	69820	139640	1270
GEH710	710	1000	500	475	762	912	3	6	2	77970	155940	1465
GEH750	750	1060	530	500	814	972	3	6	2	87480	174960	1750
GEH800	800	1120	565	530	851	1022	3	6	2	97490	194980	2029
GEH850	850	1220	600	565	936	1112	3	7.5	2	—	—	—
GEH900	900	1250	635	600	949	1142	3	7.5	2	—	—	—
GEH950	950	1360	670	635	1045	1242	4	7.5	2	—	—	—
GEH1000	1000	1450	710	670	1103	1312	4	7.5	2	—	—	—

① 参考尺寸。

表 8-3-82　　向心关节轴承W系列

轴承型号	外形尺寸/mm									额定载荷/kN		质量/kg ≈
GEEW ES型	d	D	B	C	d_1 ≈	d_k①	r_{smin}	r_{1smin}	α/(°) ≈	C_r	C_{0r}	
GEEW12ES	12	22	12	7	15.5	18	0.3	0.3	4	10	53	0.017
GEEW15ES	15	26	15	9	18.5	—	0.3	0.3	4	16	84	0.028
GEEW16ES	16	28	16	9	20	23	0.3	0.3	4	17	85	0.034
GEEW17ES	17	30	17	10	21	—	0.3	0.3	7	21	106	0.043
GEEW20ES	20	35	20	12	25	29	0.3	0.3	4	30	146	0.069
GEEW25ES	25	42	25	16	30.5	35	0.6	0.6	4	48	240	0.124
GEEW30ES	30	47	30	18	34	—	0.6	0.6	4	62	310	0.159
GEEW32ES	32	52	32	18	38	44	0.6	1	4	65	328	0.207
GEEW35ES	35	55	35	20	40	—	0.6	1	4	79	399	0.248
GEEW40ES	40	62	40	22	46	53	0.6	1	4	99	495	0.349
GEEW45ES	45	68	45	25	52	—	0.6	1	4	127	637	0.468
GEEW50ES	50	75	50	28	57	66	0.6	1	4	156	780	0.62
GEEW60ES	60	90	60	36	68	—	1	1	3	245	1220	1.11
GEEW63ES	63	95	63	36	71.5	83	1	1	4	253	1260	1.27
GEEW70ES	70	105	70	40	78	—	1	1	4	313	1560	1.69
GEEW80ES	80	120	80	45	91	105	1	1	4	400	2000	2.55
GEEW90ES	90	130	90	50	99	115	1	1	4	488	2440	3.04
GEEW100ES	100	150	100	55	113	130	1	1	4	607	3030	4.87
GEEW110ES	110	160	110	55	124	140	1	1	4	654	3270	5.53
GEEW125ES	125	180	125	70	138	160	1	1	4	950	4750	8.19
GEEW160ES	160	230	160	80	177	200	1	1	4	1360	6800	15.8
GEEW200ES	200	290	200	100	221	250	1.1	1.1	4	2120	10600	31.7
GEEW250ES	250	400	250	120	317	350	2.5	1.1	4	3750	17800	101
GEEW320ES	320	520	320	160	405	450	2.5	4	4	6200	30500	225

① 参考尺寸。

表 8-3-83　向心关节轴承 M 系列

轴承型号	外形尺寸/mm									额定载荷/kN		质量 /kg ≈
GEEM　ES-2RS 型	d	D	B	C	d_1 ≈	d_k①	r_{smin}	r_{1smin}	$\alpha/(°)$ ≈	C_r	C_{0r}	
GEEM20ES-2RS	20	35	24	12	24	29	0.3	0.3	6	30	146	0.072
GEEM25ES-2RS	25	42	29	16	29	35.5	0.3	0.6	4	48	240	0.13
GEEM30ES-2RS	30	47	30	18	34	40.7	0.3	0.6	4	62	310	0.16
GEEM35ES-2RS	35	55	35	20	40	47	0.6	1	4	79	399	0.25
GEEM40ES-2RS	40	62	38	22	45	53	0.6	1	4	99	495	0.34
GEEM45ES-2RS	45	68	40	25	52	60	0.6	1	4	127	637	0.45
GEEM50ES-2RS	50	75	43	28	57	66	0.6	1	4	156	780	0.59
GEEM60ES-2RS	60	90	54	36	68	80	0.6	1	3	245	1220	1.06
GEEM70ES-2RS	70	105	65	40	78	92	0.6	1	4	313	1560	1.66
GEEM80ES-2RS	80	120	74	45	90	105	0.6	1	4	400	2000	2.47
GEEM90ES-2RS	90	130	80	50	99	115	1	1	4	488	2440	2.88
GEEM100ES-2RS	100	150	90	55	113	130	1	1	4	607	3030	4.65
GEEM120ES-2RS	120	180	108	70	133	160	1	1	4	950	4750	8.44

① 参考尺寸。

3.9.4.2　角接触关节轴承（GB/T 9164—2001）

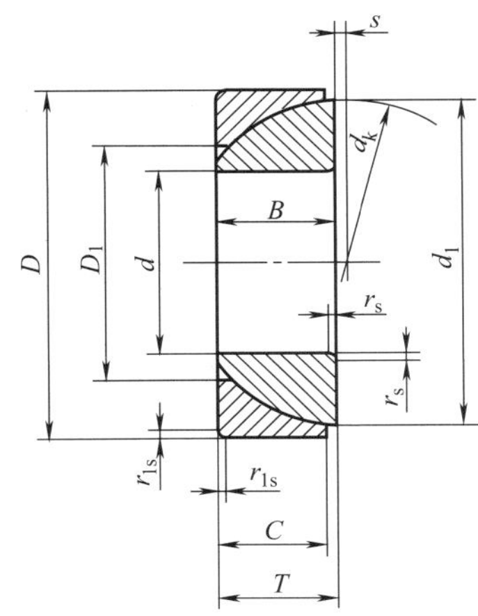

图 8-3-7　角接触关节轴承

表 8-3-84　GAC　S 型角接触关节轴承

轴承型号	外形尺寸/mm									额定载荷/kN		质量 /kg ≈
GAC　S 型	d	D	B max	C max	T	d_k①	d_1 ≈	D_1 max	s ≈	r_{smin}, r_{1smin}	C_r	C_{0r}	
GAC25S	25	47	15	14	15	42	41.5	32	1	0.6	50	250	0.148
GAC28S	28	52	16	15	16	47	46.5	36	1	1	60	300	0.186
GAC30S	30	55	17	16	17	50	49.5	37	2	1	63	315	0.208
GAC32S	32	58	17	16	17	52	51.5	40	2	1	71	354	0.241
GAC35S	35	62	18	17	18	56	55.5	43	2	1	78	390	0.268
GAC40S	40	68	19	18	19	61	60.5	48	2	1	92	463	0.327

第8篇

续表

轴承型号	外形尺寸/mm										额定载荷/kN		质量 /kg ≈
GAC S 型	d	D	B max	C max	T	d_k①	d_1 ≈	D_1 max	s ≈	r_{smin}, r_{1smin}	C_r	C_{0r}	
GAC45S	45	75	20	19	20	67	66.5	54	3	1	108	540	0.416
GAC50S	50	80	20	19	20	74	73.5	60	4	1	123	618	0.455
GAC55S	55	90	23	22	23	81	80	63	5	1.5	144	721	0.645
GAC60S	60	95	23	22	23	87	86	69	5	1.5	163	817	0.714
GAC65S	65	100	23	22	23	93	92	77	6	1.5	180	905	0.759
GAC70S	70	110	25	24	25	102	101	83	7	1.5	206	1030	1.04
GAC75S	75	115	25	24	25	106	105	87	7	1.5	220	1129	1.12
GAC80S	80	125	29	27	29	115	113.5	92	9	1.5	258	1290	1.54
GAC85S	85	130	29	27	29	121	119	98	10	1.5	284	1422	1.61
GAC90S	90	140	32	30	32	129	127	104	11	2	316	1580	2.09
GAC95S	95	145	32	30	32	133	131.5	109	9	2	350	1750	2.22
GAC100S	100	150	32	31	32	141	138.5	115	12	2	384	1923	2.34
GAC105S	105	160	35	33	35	149	146.5	120	13	2.5	423	2116	2.93
GAC110S	110	170	38	36	38	158	155	127	144	2.5	463	2318	3.68
GAC120S	120	180	38	37	38	169	165	137	16	2.5	547	2735	3.97
GAC130S	130	200	45	43	45	188	184	149	18	2.5	710	3550	5.92
GAC140S	140	210	45	43	45	198	194	162	19	2.5	740	3740	6.33
GAC150S	150	225	48	46	48	211	207	172	20	3	850	4270	8.01
GAC160S	160	240	51	49	51	225	221	183	20	3	970	4850	9.79
GAC170S	170	260	57	55	57	246	242	195	21	3	1190	5950	12.3
GAC180S	180	280	64	61	64	260	256	207	21	3	1395	6970	17.4
GAC190S	190	290	64	62	64	275	270	213	26	3	1500	7500	18.2
GAC200S	200	310	70	66	70	290	285	230	26	3	1680	8420	23.8

① 参考尺寸。

表 8-3-85 GAC T 型角接触关节轴承

轴承型号	外形尺寸/mm										额定载荷/kN		质量 /kg ≈
GAC T 型	d	D	B max	C max	T	d_k①	d_1 ≈	D_1 max	s ≈	r_{smin}, r_{1smin}	C_r	C_{0r}	
GAC25T	25	47	15	14	15	42	41.5	32	1	0.6	89	225	0.148
GAC28T	28	52	16	15	16	47	46.5	36	1	1	100	270	0.186
GAC30T	30	55	17	16	17	50	49.5	37	2	1	110	285	0.208
GAC32T	32	58	17	16	17	52	51.5	40	2	1	125	320	0.241
GAC35T	35	62	18	17	18	56	55.5	43	2	1	135	340	0.268
GAC40T	40	68	19	18	19	61	60.5	48	2	1	160	400	0.327
GAC45T	45	75	20	19	20	67	66.5	54	3	1	190	470	0.416
GAC50T	50	80	20	19	20	74	73.5	60	4	1	215	540	0.455
GAC55T	55	90	23	22	23	81	80	63	5	1.5	250	630	0.645
GAC60T	60	95	23	22	23	87	86	69	5	1.5	285	710	0.714
GAC65T	65	100	23	22	23	93	92	77	6	1.5	315	790	0.759
GAC70T	70	110	25	24	25	102	101	83	7	1.5	360	900	1.04
GAC75T	75	115	25	24	25	106	105	87	7	1.5	395	980	1.12

续表

轴承型号	外形尺寸/mm										额定载荷/kN		质量/kg
GAC　T 型	d	D	B max	C max	T	d_k①	d_1 ≈	D_1 max	s ≈	r_{smin}, r_{1smin}	C_r	C_{0r}	≈
GAC80T	80	125	29	27	29	115	113.5	92	9	1.5	450	1120	1.54
GAC85T	85	130	29	27	29	121	119	98	10	1.5	495	1240	1.61
GAC90T	90	140	32	30	32	129	127	104	11	2	550	1380	2.09
GAC95T	95	145	32	30	32	133	131.5	109	9	2	610	1530	2.22
GAC100T	100	150	32	31	32	141	138.5	115	12	2	670	1680	2.34
GAC105T	105	160	35	33	35	149	146.5	120	13	2.5	740	1850	2.93
GAC110T	110	170	38	36	38	158	155	127	14	2.5	810	2020	3.68
GAC120T	120	180	38	37	38	169	165	137	16	2.5	955	2390	3.97
GAC130T	130	200	45	43	45	188	184	149	18	2.5	1240	3110	5.92
GAC140T	140	210	45	43	45	198	194	162	19	2.5	1310	3270	6.33
GAC150T	150	225	48	46	48	211	207	172	20	3	1490	3730	8.01
GAC160T	160	240	51	49	51	225	221	183	20	3	1690	4240	9.79
GAC170T	170	260	57	55	57	246	242	195	21	3	2080	5200	12.3
GAC180T	180	280	64	61	64	260	256	207	21	3	2440	6100	17.4
GAC190T	190	290	64	62	64	275	270	213	26	3	2620	6560	18.2
GAC200T	200	310	70	66	70	290	285	230	26	3	2940	7360	23.8

① 参考尺寸。

表 8-3-86　　GAC　N 型角接触关节轴承

轴承型号	外形尺寸/mm										额定载荷/kN		质量/kg
GAC　N 型	d	D	B max	C max	T	d_k①	d_1 ≈	D_1 max	s ≈	r_{smin}, r_{1smin}	C_r	C_{0r}	≈
GAC25N	25	47	15	14	15	42	41.5	32	1	0.6	20	32	0.148
GAC28N	28	52	16	15	16	47	46.5	36	1	1	—	—	—
GAC30N	30	55	17	16	17	50	49.5	37	2	1	26	41	0.208
GAC32N	32	58	17	16	17	52	51.5	40	2	1	—	—	—
GAC35N	35	62	18	17	18	56	55.5	43	2	1	31	49	0.268
GAC40N	40	68	19	18	19	61	60.5	48	2	1	36	59	0.327
GAC45N	45	75	20	19	20	67	66.5	54	3	1	43	69	0.416
GAC50N	50	80	20	19	20	74	73.5	60	4	1	49	78	0.455
GAC55N	55	90	23	22	23	81	80	63	5	1.5	—	—	—
GAC60N	60	95	23	22	23	87	86	69	5	1.5	65	104	0.714
GAC65N	65	100	23	22	23	93	92	77	6	1.5	—	—	—
GAC70N	70	110	25	24	25	102	101	83	7	1.5	82	131	1.04
GAC75N	75	115	25	24	25	106	105	87	7	1.5	—	—	—
GAC80N	80	125	29	27	29	115	113.5	92	9	1.5	102	164	1.54
GAC85N	85	130	29	27	29	121	119	98	10	1.5	—	—	—
GAC90N	90	140	32	30	32	129	127	104	11	2	125	201	2.09
GAC95N	95	145	32	30	32	133	131.5	109	9	2	—	—	—
GAC100N	100	150	32	31	32	141	138.5	115	12	2	152	244	2.34
GAC105N	105	160	35	33	35	149	146.5	120	13	2.5	—	—	—
GAC110N	110	170	38	36	38	158	155	127	14	2.5	184	295	3.68
GAC120N	120	180	38	37	38	169	165	137	16	2.5	217	348	3.97

① 参考尺寸。

3.9.4.3 推力关节轴承（GB/T 9162—2001）

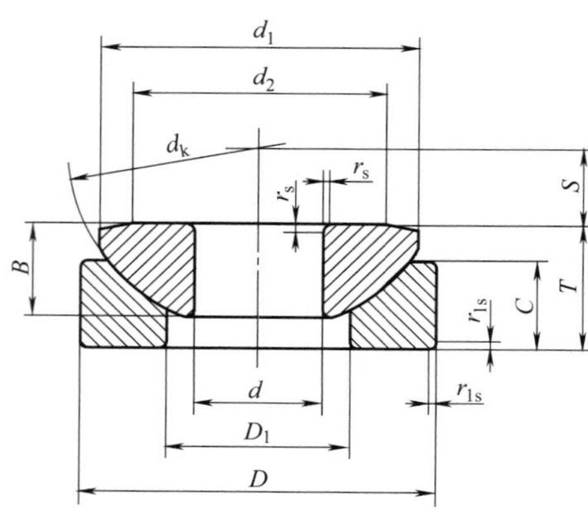

图 8-3-8 推力关节轴承

表 8-3-87 GX S 型推力关节轴承

轴承型号	外形尺寸/mm											额定载荷/kN		质量
GX S 型	d	D	B max	C max	T	d_k①	S ≈	d_1 min	d_2	D_1 max	r_{smin}，r_{1smin}	C_r	C_{0r}	/kg ≈
GX10S	10	30	8	7	9.5	32	7	27	21	17	0.6	27	136	0.036
GX12S	12	35	10	10	13	38	8	31.5	24	20	0.6	37	188	0.072
GX15S	15	42	11	11	15	46	10	38.5	29	24.5	0.6	53	267	0.108
GX17S	17	47	12	12	16	51	11	43	34	28.5	0.6	61	311	0.137
GX20S	20	55	15	14	20	60	12.5	49.5	40	34	1	84	425	0.246
GX25S	25	62	17	17	22.5	67	14	57	45	35	1	134	672	0.415
GX30S	30	75	19	20	26	81	17.5	68.5	56	44.5	1	182	909	0.614
GX35S	35	90	22	21	28	98	22	83.5	66	52.5	1	266	1330	0.973
GX40S	40	105	27	22	32	114	24.5	96	78	59.5	1	357	1810	1.59
GX45S	45	120	31	26	36.5	129	27.5	109	89	68.5	1	486	2470	2.24
GX50S	50	130	34	32	42.5	140	30	119	98	71	1	554	2810	3.14
GX60S	60	150	37	34	45	160	35	139	109	86.5	1	748	3820	4.63
GX70S	70	160	42	37	50	173	35	149	121	95.5	1	902	4610	5.37
GX80S	80	180	44	38	50	196	42.5	167	135	109	1	1110	5700	6.91
GX100S	100	210	51	46	59	221	45	194	155	134	1	1300	6470	11
GX120S	120	230	54	50	64	248	52.5	213	170	155	1	1530	7580	14
GX140S	140	260	61	54	72	274	52.5	243	198	177	1.5	1820	9040	19.1
GX160S	160	290	66	58	77	313	65	271	213	200	1.5	2100	10440	25
GX180S	180	320	74	62	86	340	67.5	299	240	225	1.5	2430	12070	32.8
GX200S	200	340	80	66	87	365	70	320	265	247	1.5	3070	15280	35.4

① 参考尺寸。

表 8-3-88 GX T 型推力关节轴承

轴承型号	外形尺寸/mm											额定载荷/kN		质量
GX T 型	d	D	B max	C max	T	d_k①	S ≈	d_1 min	d_2	D_1 max	r_{smin}，r_{1smin}	C_r	C_{0r}	/kg ≈
GX10T	10	30	8	7	9.5	32	7	27	21	17	0.6	45	120	0.036
GX12T	12	35	10	10	13	38	8	31.5	24	20	0.6	65	165	0.072

续表

轴承型号	外形尺寸/mm											额定载荷/kN		质量 /kg ≈
GX　T 型	d	D	B max	C max	T	d_k①	S ≈	d_1 min	d_2	D_1 max	r_{smin}, r_{1smin}	C_r	C_{0r}	
GX15T	15	42	11	11	15	46	10	38.5	29	24.5	0.6	95	235	0.108
GX17T	17	47	12	12	16	51	11	43	34	28.5	0.6	110	275	0.137
GX20T	20	55	15	14	20	60	12.5	49.5	40	34	1	150	380	0.246
GX25T	25	62	17	17	22.5	67	14	57	45	35	1	245	600	0.415
GX30T	30	75	19	20	26	81	17.5	68.5	56	44.5	1	335	820	0.614
GX35T	35	90	22	21	28	98	22	83.5	66	52.5	1	490	1220	0.973
GX40T	40	105	27	22	32	114	24.5	96	78	59.5	1	675	1640	1.59
GX45T	45	120	31	26	36.5	129	27.5	109	89	68.5	1	915	2240	2.24
GX50T	50	130	34	32	42.5	140	30	119	98	71	1	1040	2550	3.14
GX60T	60	150	37	34	45	160	35	139	109	86.5	1	1360	3470	4.63
GX70T	70	160	42	37	50	173	35	149	121	95.5	1	1640	4180	5.37
GX80T	80	180	44	38	50	196	42.5	167	135	109	1	2030	5180	6.91
GX100T	100	210	51	46	59	221	45	194	155	134	1	2230	5940	11
GX120T	120	230	54	50	64	248	52.5	213	170	155	1	2610	6960	14
GX140S	140	260	61	54	72	274	52.5	243	198	177	1.5	3120	8300	19.1
GX160T	160	290	66	58	77	313	65	271	213	200	1.5	3380	9560	25
GX180T	180	320	74	62	86	340	67.5	299	240	225	1.5	3910	11050	32.8
GX200T	200	340	80	66	87	365	70	320	265	247	1.5	4950	13990	35.4
GX220T	220	370	82	67	97	388	75	350	289	265	1.5	4640	13110	44.7
GX240T	240	400	87	73	103	420	77.5	382	314	294	1.5	5500	15560	56.9
GX260T	260	430	95	80	115	449	82.5	409	336	317	1.5	6190	17510	71.3
GX280T	280	460	100	85	110	480	80	445	366	337	3	8280	23400	84.7
GX300T	300	480	100	90	110	490	80	460	388	356	3	9010	25480	88.9
GX320T	320	520	105	91	116	540	95	500	405	380	4	11360	33260	111
GX340T	340	540	105	91	116	550	95	510	432	380	4	11570	33880	117
GX360T	360	560	115	95	125	575	95	535	452	400	4	12850	37630	132

① 参考尺寸。

表 8-3-89　　GX　N 型推力关节轴承

轴承型号	外形尺寸/mm											额定载荷/kN		质量 /kg ≈
GX　N 型	d	D	B max	C max	T	d_k①	S ≈	d_1 min	d_2	D_1 max	r_{smin}, r_{1smin}	C_r	C_{0r}	
GX10N	10	30	8	7	9.5	32	7	27	21	17	0.6	—	—	—
GX12N	12	35	10	10	13	38	8	31.5	24	20	0.6	—	—	—
GX15N	15	42	11	11	15	46	10	38.5	29	24.5	0.6	—	—	—
GX17N	17	47	12	12	16	51	11	43	34	28.5	0.6	32	52	0.137
GX20N	20	55	15	14	20	60	12.5	49.5	40	34	1	44	71	0.246
GX25N	25	62	17	17	22.5	67	14	57	45	35	1	65	104	0.415
GX30N	30	75	19	20	26	81	17.5	68.5	56	44.5	1	88	141	0.614
GX35N	35	90	22	21	28	98	22	83.5	66	52.5	1	129	207	0.973
GX40N	40	105	27	22	32	114	24.5	96	78	59.5	1	169	270	1.59

续表

轴承型号	外形尺寸/mm											额定载荷/kN		质量 /kg
GX　N型	d	D	B max	C max	T	d_k[①]	S ≈	d_1 min	d_2	D_1 max	r_{smin}，r_{1smin}	C_r	C_{0r}	≈
GX45N	45	120	31	26	36.5	129	27.5	109	89	68.5	1	230	368	2.24
GX50N	50	130	34	32	42.5	140	30	119	98	71	1	262	420	3.14
GX60N	60	150	37	34	45	160	35	139	109	86.5	1	374	599	4.63
GX70N	70	160	42	37	50	173	35	149	121	95.5	1	451	722	5.37
GX80N	80	180	44	38	50	196	42.5	167	135	109	1	558	893	6.91
GX100N	100	210	51	46	59	221	45	194	155	134	1	717	1140	11
GX120N	120	230	54	50	64	248	52.5	213	170	155	1	839	1340	14

① 参考尺寸。

3.9.4.4 杆端关节轴承（GB/T 9161—2001）

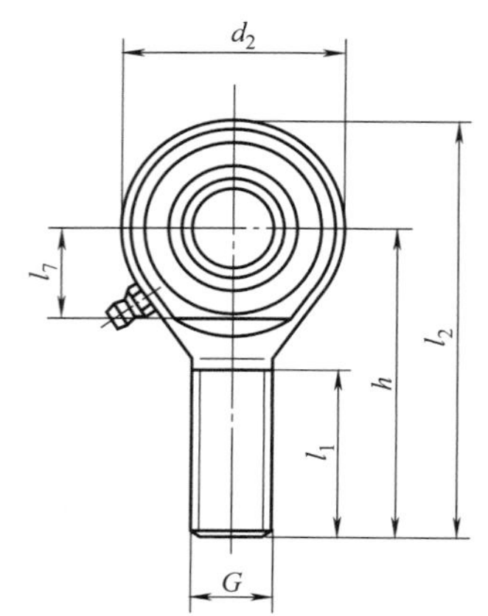

外螺纹杆端关节轴承

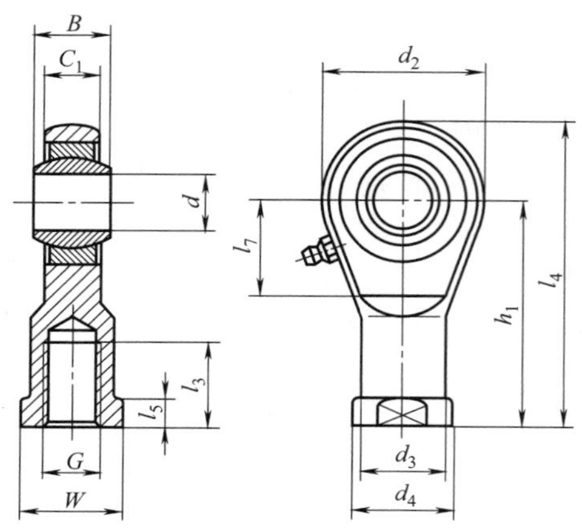

内螺纹杆端关节轴承

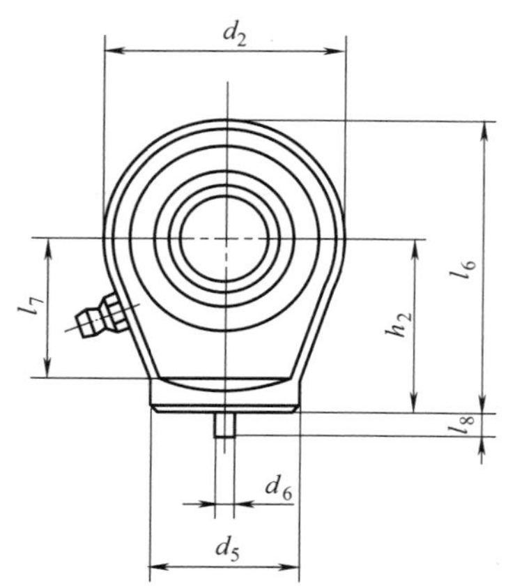

S型焊接柄杆端关节轴承

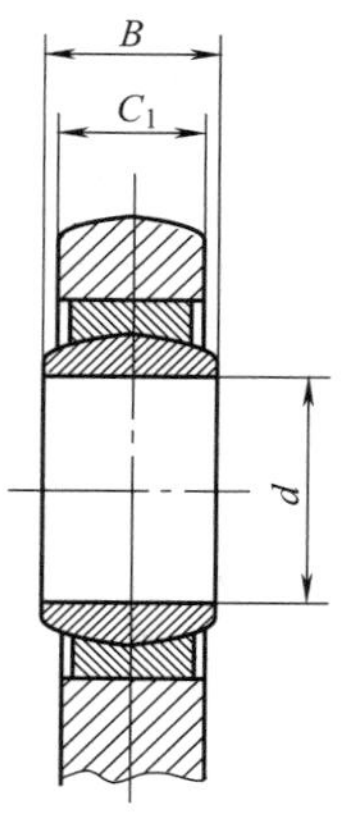

装有向心关节轴承的杆端关节轴承(组装结构)

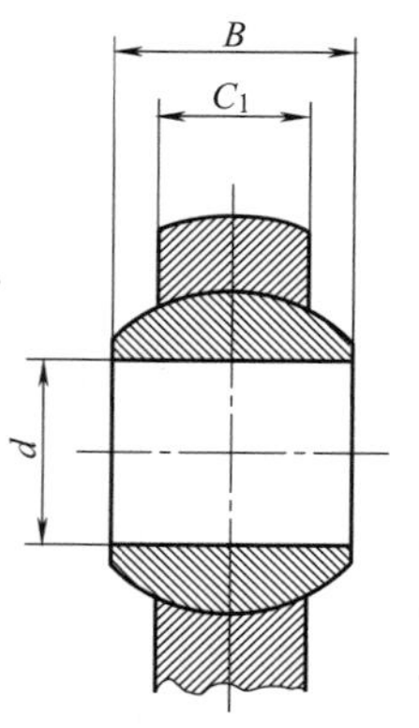

只带内圈的杆端关节轴承(整体结构)

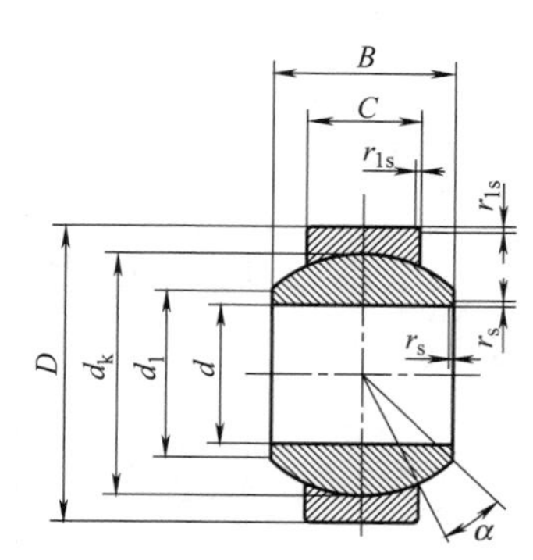

符合GB/T 9163的向心关节轴承

图 8-3-9　杆端关节轴承

表 8-3-90　**E 系列杆端关节轴承**　mm

d	带外螺纹或内螺纹或焊接柄												带外螺纹			带内螺纹						带焊接柄			
	D①	d_1 ≈	B	C①	d_k②	r_{smin}	r_{1smin}①	α/(°) ≈	G	C_1 max	d_2 max	l_7 min	h	l_1 min	l_2 max	h_1	l_3 min	l_4 max	l_5 ≈	d_3 ≈	d_4 max	h_2	l_6 max	d_5 max	d_6
5③	14	8	6	4	10	0.3	0.3	13	M5	4.5	22	10	36	16	49	30	11	43	5	11	14	—	—	—	—
6③	14	8	6	4	10	0.3	0.3	13	M6	4.5	22	10	36	16	49	30	11	43	5	11	14	—	—	—	—
8③	16	10	8	5	13	0.3	0.3	15	M8	6.5	25	11	42	21	56	36	15	50	5	13	17	—	—	—	—
10③	19	13	9	6	16	0.3	0.3	12	M10	7.5	30	13	48	26	65	43	15	60	6.5	16	20	24	40	16	3
12③	22	15	10	7	18	0.3	0.3	10	M12	8.5	35	17	54	28	73	50	18	69	6.5	19	23	27	45	19	3
15④	26	18	12	9	22	0.3	0.3	8	M14	10.5	41	19	63	34	85	61	21	83	8	22	27	31	52	22	4
17④	30	20	14	10	25	0.3	0.3	10	M16	11.5	47	22	69	36	94	67	24	92	10	25	31	35	59	25	4
20④	35	24	16	12	29	0.3	0.3	9	M20×1.5	13.5	54	24	78	43	107	77	30	106	10	28	36	38	66	29	4
25	42	29	20	16	35	0.6	0.6	7	M24×2	18	65	30	94	53	128	94	36	128	12	35	44	45	78	35	4
30	47	34	22	18	40	0.6	0.6	6	M30×2	20	75	34	110	45	149	110	45	149	15	42	52	51	89	42	4
35	55	39	25	20	47	0.6	1	6	M36×3	22	84	40	140	82	184	125	60	169	15	47	60	61	104	49	4
40	62	45	28	22	53	0.6	1	7	M39×3	24	94	46	150	86	199	142	65	191	18	52	67	69	118	54	4
45	68	50	32	25	60	0.6	1	7	M42×3	28	104	50	163	92	217	145	65	199	20	58	72	77	132	60	6
50	75	55	35	28	66	0.6	1	6	M45×3	31	114	58	185	104	244	160	68	219	20	62	77	88	150	64	6
60	90	66	44	36	80	1	1	6	M52×3	39	137	73	210	115	281	175	70	246	20	70	90	100	173	72	6
70	105	77	49	40	92	1	1	6	M56×4	43	162	85	235	125	319	200	80	284	20	80	100	115	199	82	6
80	120	88	55	45	105	1	1	6	M64×4	48	182	98	270	140	364	230	85	324	25	95	112	141	237	97	6

① 参考尺寸，不适用于整体结构。
② 参考尺寸。
③ 这些杆端关节轴承无再润滑装置。
④ 这些杆端关节轴承具有再润滑装置，是通过润滑孔而不是通过润滑接口进行再润滑的。

表 8-3-91　**符合尺寸系列 E、柄部为加强型的 EH 系列杆端关节轴承**　mm

d	带外螺纹或内螺纹												带外螺纹			带内螺纹				
	D①	d_1 ≈	B	C①	d_k②	r_{smin}	r_{1smin}①	α/(°) ≈	G	C_1 max	d_2 max	l_7 min	h	l_1 min	l_2 max	h_1	l_3 min	l_4 max	l_5 ≈	d_3 ≈
35	55	39	25	20	47	0.6	1	6	M36×3	22	84	40	130	82	174	130	60	174	25	49
40	62	45	28	22	53	0.6	1	7	M42×3	24	94	46	145	90	194	145	65	194	25	58
45	68	50	32	25	60	0.6	1	7	M45×3	28	104	50	165	95	219	165	65	219	30	65
50	75	55	35	28	66	0.6	1	6	M52×3	31	114	58	195	110	254	195	68	254	30	70
60	90	66	44	36	80	1	1	6	M60×4	39	137	73	225	120	296	225	70	296	35	82
70	105	77	49	40	92	1	1	6	M72×4	43	162	85	265	132	349	265	80	349	40	92
80	120	88	55	45	105	1	1	6	M80×4	48	182	98	295	147	389	295	85	389	45	105

① 参考尺寸，不适用于整体结构。
② 参考尺寸。

表 8-3-92　**G 系列杆端关节轴承**　mm

d	带外螺纹或内螺纹或焊接柄												带外螺纹			带内螺纹						带焊接柄			
	D①	d_1 ≈	B	C①	d_k②	r_{smin}	r_{1smin}①	α/(°) ≈	G	C_1 max	d_2 max	l_7 min	h	l_1 min	l_2 max	h_1	l_3 min	l_4 max	l_5 ≈	d_3 ≈	d_4 max	h_2	l_6 max	d_5 max	d_6
4③	14	7	7	4	10	0.3	0.3	20	M5	4.5	22	10	36	16	49	30	11	43	5	11	14	—	—	—	—
5③	14	7	7	4	10	0.3	0.3	20	M6	4.5	22	10	36	16	49	30	11	43	5	11	14	—	—	—	—
6③	16	9	9	5	13	0.3	0.3	21	M8	6.5	25	11	42	21	56	36	15	50	5	13	17	—	—	—	—

续表

d	带外螺纹或内螺纹或焊接柄												带外螺纹			带内螺纹						带焊接柄			
	D①	d_1 ≈	B	C①	d_k②	r_{smin}	r_{1smin}①	$\alpha/(°)$ ≈	G	C_1 max	d_2 max	l_7 min	h	l_1 min	l_2 max	h_1	l_3 min	l_4 max	l_5 ≈	d_3 ≈	d_4 max	h_2	l_6 max	d_5 max	d_6
8③	19	11	11	6	16	0.3	0.3	21	M10	7.5	30	13	48	26	65	43	15	60	6.5	16	20	24	40	16	3
10③	22	13	12	7	18	0.3	0.3	18	M12	8.5	35	17	54	28	73	50	18	69	6.5	19	23	27	45	19	3
12④	26	16	15	9	22	0.3	0.3	18	M14	10.5	41	19	63	34	85	61	21	83	8	22	27	31	52	22	4
15④	30	19	16	10	25	0.3	0.3	16	M16	11.5	47	22	69	36	94	67	24	92	10	25	31	35	59	25	4
17④	35	21	20	12	29	0.3	0.3	19	M20×1.5	13.5	54	24	78	43	107	77	30	106	10	28	36	38	66	29	4
20	42	24	25	16	35	0.3	0.6	17	M24×2	18	65	30	94	53	128	94	36	128	12	35	44	45	78	35	4
25	47	29	28	18	40	0.6	0.6	17	M30×2	20	75	34	110	65	149	110	45	149	15	42	52	51	89	42	4
30	55	34	32	20	47	0.6	1	17	M36×3	22	84	40	140	82	184	125	60	169	15	47	60	61	104	49	4
35	62	39	35	22	53	0.6	1	16	M39×3	24	94	46	150	86	199	142	65	191	18	52	67	69	118	54	4
40	68	44	40	25	60	0.6	1	17	M42×3	28	104	50	163	92	217	145	65	199	20	58	72	77	132	60	6
45	75	50	43	28	66	0.6	1	15	M45×3	31	114	58	185	104	244	160	68	219	20	62	77	88	150	64	6
50	90	57	56	36	80	0.6	1	17	M52×3	39	137	73	210	115	281	175	70	246	20	70	90	100	173	72	6
60	105	67	63	40	92	1	1	17	M56×4	43	162	85	235	125	319	200	80	284	20	80	100	115	199	82	6
70	120	77	70	45	105	1	1	16	M64×4	48	182	98	270	140	364	230	85	324	25	95	112	141	237	97	6

① 参考尺寸，不适用于整体结构。

② 参考尺寸。

③ 这些杆端关节轴承无再润滑装置。

④ 这些杆端关节轴承具有再润滑装置，是通过润滑孔而不是通过润滑接口进行再润滑的。

表 8-3-93　　K 系列杆端关节轴承　　mm

d	带外螺纹或内螺纹或焊接柄												带外螺纹			带内螺纹					
	D①	d_1 ≈	B	C①	d_k②	r_{smin}	r_{1smin}①	$\alpha/(°)$ ≈	G	C_1 max	d_2 max	l_7 min	h	l_1 min	l_2 max	h_1	l_3 min	l_4 max	l_5 ≈	d_3 ≈	d_4 max
5③	13	7.7	8	6	11.1	0.3	0.3	13	M5	7.5	19	9	33	19	44	27	8	38	4	9	12
6	16	8.9	9	6.75	12.7	0.3	0.3	13	M6	7.5	21	10	36	21	48	30	9	42	5	10	14
8	19	10.3	12	9	15.8	0.3	0.3	14	M8	9.5	25	12	42	25	56	36	12	50	5	12.5	17
10	22	12.9	14	10.5	19	0.3	0.3	13	M10	11.5	29	14	48	28	64	43	15	59	6.5	15	20
12	26	15.4	16	12	22.2	0.3	0.3	13	M12	12.5	33	16	54	32	72	50	18	68	6.5	17.5	23
14	29	16.8	19	13.5	25.4	0.3	0.3	16	M14	14.5	37	18	60	36	80	57	21	77	8	20	27
16	32	19.3	21	15	28.5	0.3	0.3	15	M16	15.5	43	21	66	37	89	64	24	87	8	22	29
18	35	21.8	23	16.5	31.7	0.3	0.3	15	M18×1.5	17.5	47	23	72	41	97	71	27	96	10	25	32
20	40	24.3	25	18	34.9	0.3	0.6	14	M20×1.5	18.5	51	25	78	45	106	77	30	105	10	27.5	37
22	42	25.8	28	20	38.1	0.3	0.6	15	M22×1.5	21	55	27	84	48	114	84	33	114	12	30	40
25	47	29.5	31	22	42.8	0.3	0.6	15	M24×2	23	61	30	94	55	127	94	34	127	12	33.5	44
30	55	34.8	37	25	50.8	0.3	0.6	17	M30×2	27	71	35	110	66	148	110	45	148	15	40	52
35	65	40.3	43	30	59	0.6	1	16	M36×2	32	81	40	140	85	183	125	56	168	20	49	60
40	72	44.2	49	35	66	0.6	1	16	M42×2	37	91	45	150	90	198	142	60	190	25	57	69
50	90	55.8	60	45	82	0.6	1	14	M48×2	47	117	58	185	105	246	160	65	221	25	65	78

① 参考尺寸，不适用于整体结构。

② 参考尺寸。

③ 这些杆端关节轴承无再润滑装置。

表 8-3-94　符合尺寸系列 G、柄部为加强型的 GH 系列杆端关节轴承　mm

d	带外螺纹或内螺纹												带外螺纹			带内螺纹				
	D①	d_1 ≈	B	C①	d_k②	r_{simn}	r_{1simn}①	α/(°) ≈	G	G_1 max	d_2 max	l_7 min	h	l_1 min	l_2 max	h_1	l_3 min	l_4 max	l_5 ≈	d_3 ≈
30	55	34	32	20	47	0.6	1	17	M36×3	22	84	40	130	82	174	130	60	174	25	49
35	62	39	35	22	53	0.6	1	17	M42×3	24	94	46	145	90	194	145	65	194	25	58
40	68	44	40	25	60	0.6	1	17	M45×3	28	104	50	165	95	219	165	65	219	30	65
45	75	50	43	28	66	0.6	1	15	M52×3	31	114	58	195	110	254	195	68	254	30	70
50	90	57	56	36	80	0.6	1	17	M60×4	39	137	73	225	120	296	225	70	296	35	82
60	105	67	63	40	92	1	1	17	M72×4	43	162	85	265	132	349	265	80	349	40	92
70	120	77	70	45	105	1	1	16	M80×4	48	182	98	295	147	389	295	85	389	45	105

① 参考尺寸，不适用于整体结构。
② 参考尺寸。

3.9.4.5　自润滑球头螺栓杆端关节轴承（JB/T 5306—2007）

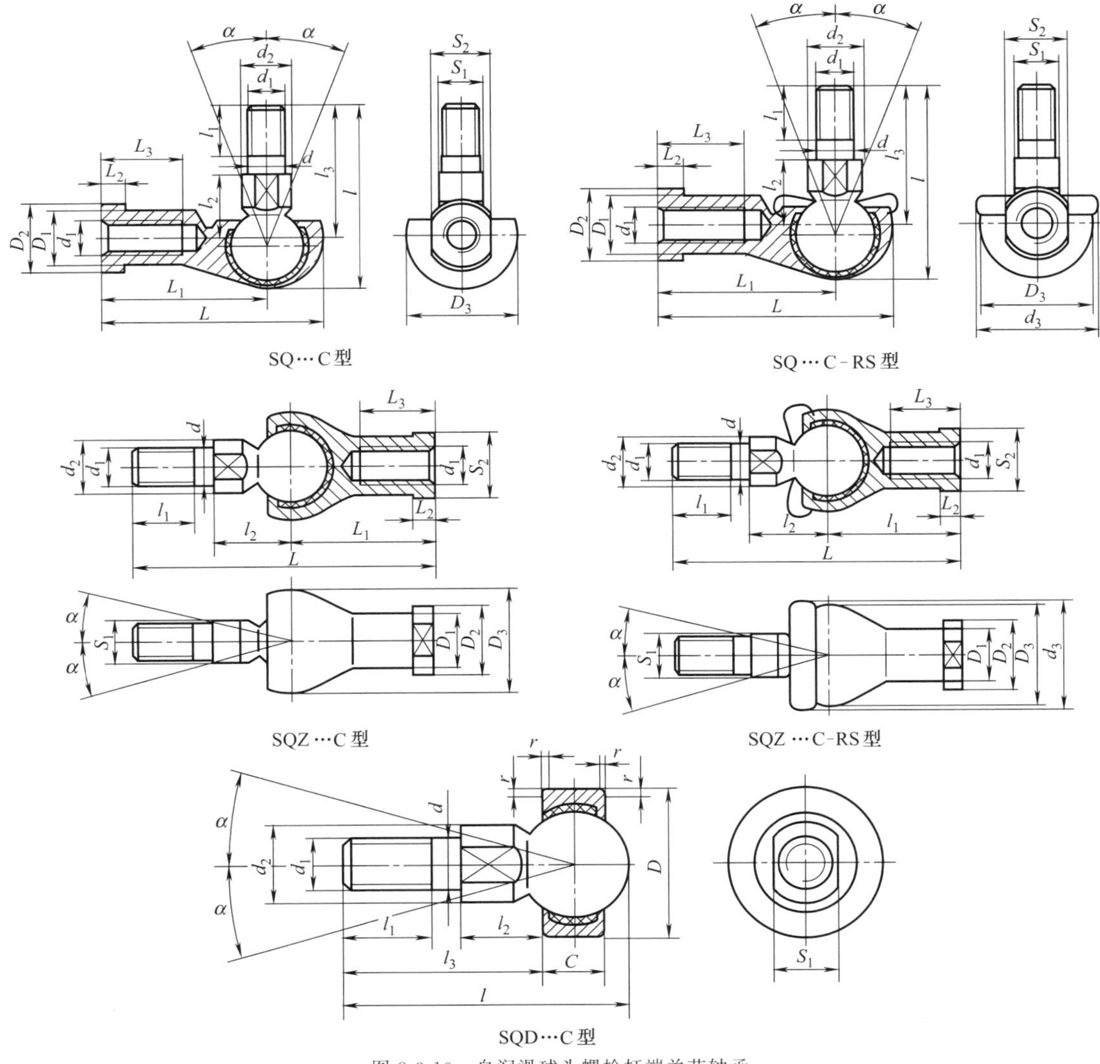

图 8-3-10　自润滑球头螺栓杆端关节轴承

表 8-3-95 SQ…C 型和 SQ…C-RS 型 mm

轴承型号		d	d_1	l max	d_3 max	球头杆				
						l_1 min	l_2	l_3 max	d_2 min	S_1
SQ5C	SQ5C-RS	5	M5	30	20	8	10	21	9	7
SQ6C	SQ6C-RS	6	M6	36	20	11	11	26	10	8
SQ8C	SQ8C-RS	8	M8	43.5	24	12	14	31	12	10
SQ10C	SQ10C-RS	10	M10×1.25	51.5	30	15	17	37	14	11
SQ12C	SQ12C-RS	12	M12×1.25	57.5	32	17	19	42	19	16
SQ14C	SQ14C-RS	14	M14×1.5	73.5	38	22	21.5	56	19	16
SQ16C	SQ16C-RS	16	M16×1.5	79.5	44	23	23.5	60	22	18
SQ18C	SQ18C-RS	18	M18×1.5	90	45	25	26.5	68	25	21
SQ20C	SQ20C-RS	20	M20×1.5	90	50	25	27	68	29	24
SQ22C	SQ22C-RS	22	M22×1.5	95	52	26	28	70	29	24

轴承型号		球头座杆								倾斜角 α/(°)	额定静载荷 /kN	质量 /kg ≈
		L max	L_1	L_2 max	L_3 min	D_1 max	D_2 max	D_3 max	S_2			
SQ5C	SQ5C-RS	36	27	4	14	9	12	18	10	25	2.2	0.026
SQ6C	SQ6C-RS	40.5	30	5	14	10	13	20	10	25	3.5	0.039
SQ8C	SQ8C-RS	49	36	5	17	12.5	16	25	13	25	6.6	0.068
SQ10C	SQ10C-RS	58	43	6.5	21	15	19	29	16	25	10	0.112
SQ12C	SQ12C-RS	66	50	6.5	25	17.5	22	31	18	25	16	0.164
SQ14C	SQ14C-RS	75	57	8	26	20	25	35	21	25	19	0.254
SQ16C	SQ16C-RS	84	64	8	32	22	27	39	24	20	26	0.336
SQ18C	SQ18C-RS	93	71	10	34	25	31	44	27	20	33	0.464
SQ20C	SQ20C-RS	99	77	10	35	27.5	34	44	30	20	45	0.538
SQ22C	SQ22C-RS	109	84	12	41	30	37	50	30	16	48	0.713

注：球头座杆的螺纹也可为左旋，若为左旋，轴承型号需加“L”、螺纹标记需加“左”，例如：SQL5C、M5 左-6H；SQL10C-RS、M10×1.25 左-6H。

表 8-3-96 SQD…C 型 mm

轴承型号	d	d_1	l max	球头杆					球头座			倾斜角 α/(°)	额定静载荷 /kN	质量 /kg ≈
				l_1 min	l_2	l_3 max	d_2 min	S_1	D	C	r min			
SQD5C	5	M5	27.5	8	8	19	9	7	16	6	0.5	25	2	0.014
SQD6C	6	M6	33.5	11	8.8	23.8	10	8	18	6.75	0.5	25	3.2	0.021
SQD8C	8	M8	41	12	11.6	28.6	12	10	22	9	0.5	25	5.7	0.042
SQD10C	10	M10×1.25	49	15	14.2	34.2	14	11	26	10.5	0.5	25	9.2	0.067
SQD12C	12	M12×1.25	55.1	17	15.1	38.1	17	15	30	12	0.5	25	14	0.108
SQD14C	14	M14×1.5	70.7	22	16.8	51.3	19	17	34	13.5	0.5	20	19	0.167
SQD16C	16	M16×1.5	76.3	23	18	54.5	22	19	38	15	0.5	20	26	0.238

表 8-3-97　SQZ…C 型和 SQZ…C-RS 型　mm

轴承型号		d	d_1	L max	d_3 max	球头杆 l_1 min	球头杆 l_2	球头杆 d_2 min	球头杆 S_1
SQZ5C	SQZ5C-RS	5	M5	46	20	8	11	9	7
SQZ6C	SQZ6C-RS	6	M6	55.2	20	11	12.2	10	8
SQZ8C	SQZ8C-RS	8	M8	65	24	12	16	12	10
SQZ10C	SQZ10C-RS	10	M10×1.25	74.5	30	15	19.5	14	11
SQZ12C	SQZ12C-RS	12	M12×1.25	84	32	17	21	19	16
SQZ14C	SQZ14C-RS	14	M14×1.5	104.5	38	22	23	19	16
SQZ16C	SQZ16C-RS	16	M16×1.5	112	44	23	25.5	22	18
SQZ18C	SQZ18C-RS	18	M18×1.5	130.5	45	25	31	25	21
SQZ20C	SQZ20C-RS	20	M20×1.5	133	50	25	31	29	24
SQZ22C	SQZ22C-RS	22	M22×1.5	145	52	26	33	29	24

轴承型号		球头座杆 L_1	球头座杆 L_2 max	球头座杆 L_3 min	球头座杆 D_1 max	球头座杆 D_2 max	球头座杆 D_3 max	球头座杆 S_2	倾斜角 α/(°)	额定静载荷/kN	质量/kg ≈
SQZ5C	SQZ5C-RS	24	4	12	9	12	17	10	15	2.8	0.025
SQZ6C	SQZ6C-RS	28	5	15	10	13	20	10	15	3.7	0.041
SQZ8C	SQZ8C-RS	32	5	16	12.5	16	24	13	15	5.8	0.075
SQZ10C	SQZ10C-RS	35	6.5	18	15	19	28	16	15	8.4	0.12
SQZ12C	SQZ12C-RS	40	6.5	20	17.5	22	32	18	15	11	0.18
SQZ14C	SQZ14C-RS	45	8	25	20	25	36	21	11	15	0.27
SQZ16C	SQZ16C-RS	50	8	27	22	27	40	24	11	15	0.36
SQZ18C	SQZ18C-RS	58	10	32	25	31	45	27	11	19	0.54
SQZ20C	SQZ20C-RS	63	10	38	27.5	34	45	27	7.5	19	0.57
SQZ22C	SQZ22C-RS	70	12	43	30	37	50	30	7.5	23	0.76

注：球头座杆螺纹也可为左旋，若为左旋，轴承型号需加“L”、螺纹标记需加“左”，例如：SQZL5C、M5 左-6H；SQZL12C-RS、M12×1.25 左-6H。

3.9.4.6　关节轴承安装尺寸

(1) 向心关节轴承（GB/T 12765—1991）

表 8-3-98　E（正常）系列向心关节轴承　mm

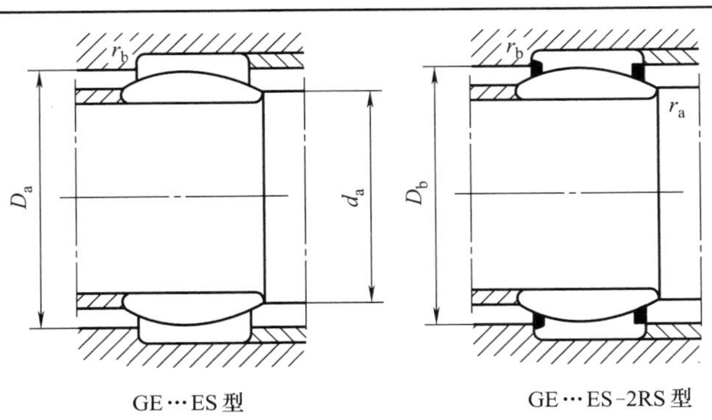

GE…ES 型　　GE…ES-2RS 型

续表

轴承公称直径		安装尺寸							
内径 d	外径 D	d_a		D_a		D_b		r_a	r_b
		max	min	max	min	max	min	max	min
4	12	6	6	10	8	—	—	0.3	0.3
5	14	7	7	12	10	—	—	0.3	0.3
6	14	8	8	12	10	—	—	0.3	0.3
8	16	10	10	14	13	—	—	0.3	0.3
10	19	13	13	17	17	—	—	0.3	0.3
12	22	15	15	19	18	—	—	0.3	0.3
15	26	18	18	23	21	23	22	0.3	0.3
17	30	20	20	27	24	27	25	0.3	0.3
20	35	24	23	31	28	31	30	0.3	0.3
25	42	29	28	38	33	38	36	0.6	0.6
30	47	34	33	43	38	43	40	0.6	0.6
35	55	39	38	50	44	50	47	0.6	1.0
40	62	45	44	57	50	57	53	0.6	1.0
45	68	50	49	63	56	63	59	0.6	1.0
50	75	55	54	70	61	70	64	0.6	1.0
60	90	66	65	84	73	84	77	1.0	1.0
70	105	77	75	99	84	99	89	1.0	1.0
80	120	88	85	114	97	114	102	1.0	1.0
90	130	98	96	124	106	124	110	1.0	1.0
100	150	109	106	144	120	144	127	1.0	1.0
110	160	120	116	154	131	154	138	1.0	1.0
140	210	160	146	204	168	204	177	1.0	1.0
160	230	170	166	224	186	224	196	1.0	1.0
180	260	192	187	253	214	253	224	1.0	1.0
200	290	212	207	283	233	283	245	1.0	1.0
220	320	238	227	313	260	313	272	1.0	1.0
240	340	265	247	333	286	333	299	1.0	1.0
260	370	280	267	363	310	363	323	1.0	1.0
280	400	310	287	393	333	393	346	1.0	1.0
300	430	330	307	423	360	423	373	1.0	1.0

表 8-3-99 W（宽内圈）系列向心关节轴承 mm

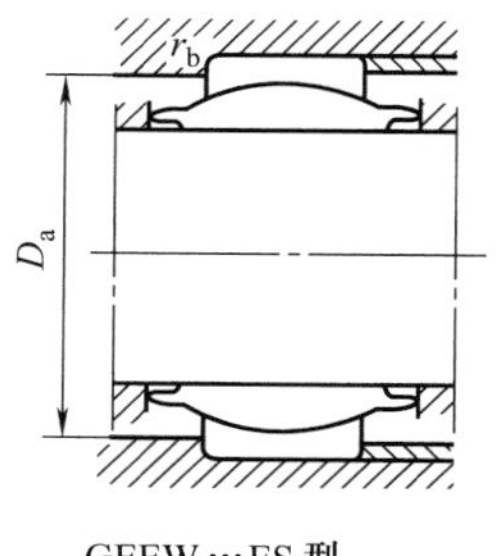

GEEW…ES型

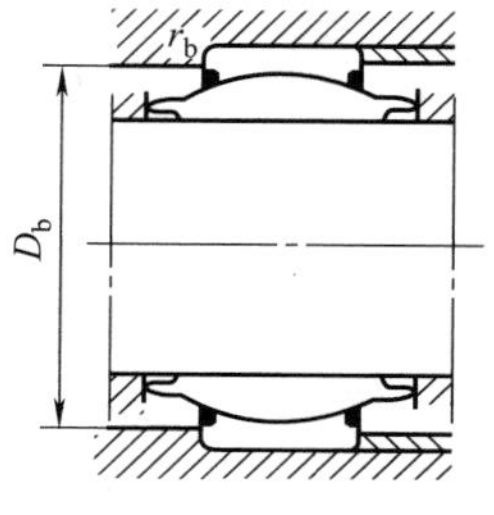

GEEW…ES-2RS型

续表

轴承公称直径		安装尺寸				
内径	外径	D_a		D_b		r_b
d	D	max	min	max	min	max
12	22	19	18	19	17	0.3
15	26	23	21	23	22	0.3
16	28	25	23	25	24	0.3
17	30	27	24	27	25	0.3
20	35	31	28	31	30	0.3
25	42	38	33	38	36	0.6
30	47	43	38	43	40	0.6
32	52	47	41	47	44	1.0
35	55	50	44	50	47	1.0
40	62	57	50	57	53	1.0
45	68	63	56	63	59	1.0
50	75	70	61	70	64	1.0
60	90	84	73	84	77	1.0
63	95	89	76	89	81	1.0
70	105	99	84	99	89	1.0
80	120	114	97	114	102	1.0
100	150	144	120	144	127	1.0

表 8-3-100　G（中）系列向心关节轴承　mm

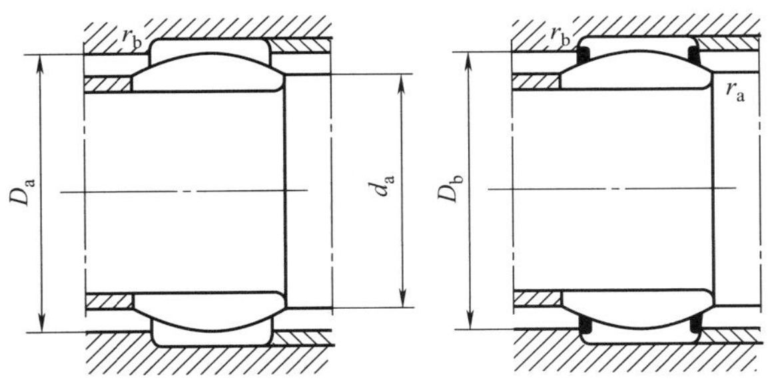

GEG…ES 型　　GEG…ES-2RS 型

轴承公称直径		安装尺寸							
内径	外径	d_a		D_a		D_b		r_a	r_b
d	D	max	min	max	min	max	min	max	min
4	14	7	6	12	10	—	—	0.3	0.3
5	16	8	7	14	12	—	—	0.3	0.3
6	16	9	8	14	12	—	—	0.3	0.3
8	19	11	10	17	15	—	—	0.3	0.3
10	22	13	13	20	18	—	—	0.3	0.3
12	26	16	15	23	21	—	—	0.3	0.3
15	30	19	18	27	24	27	25	0.3	0.3
17	35	21	20	32	28	32	30	0.3	0.3
20	42	24	23	38	33	38	36	0.3	0.3

续表

轴承公称直径		安装尺寸							
内径	外径	d_a		D_a		D_b		r_a	r_b
d	D	max	min	max	min	max	min	max	min
25	47	29	28	43	38	43	40	0.6	0.6
30	55	34	33	50	44	50	47	0.6	1.0
35	62	39	38	57	50	57	53	0.6	1.0
40	68	44	44	63	56	63	59	0.6	1.0
45	75	50	49	70	61	70	64	0.6	1.0
50	90	57	54	84	73	84	77	0.6	1.0
60	105	67	65	99	84	99	89	1.0	1.0
70	120	77	75	114	87	114	102	1.0	1.0
80	130	87	85	124	106	124	110	1.0	1.0
90	150	98	96	144	120	144	127	1.0	1.0
100	160	110	106	154	131	154	138	1.0	1.0
110	180	122	116	174	146	174	154	1.0	1.0
120	210	132	126	204	168	204	177	1.0	1.0
140	230	151	146	224	186	224	196	1.0	1.0
160	260	176	166	254	214	254	224	1.0	1.0
180	300	196	187	283	233	283	245	1.0	1.0
200	320	220	207	313	260	313	272	1.0	1.0
220	340	243	227	333	286	333	299	1.0	1.0
240	370	263	247	363	310	363	323	1.0	1.0
260	400	285	267	393	333	393	346	1.0	1.0
280	430	310	287	423	360	423	373	1.0	1.0

(2) 角接触关节轴承(GB/T 12765—1991)

表 8-3-101 **E(正常)系列角接触关节轴承** mm

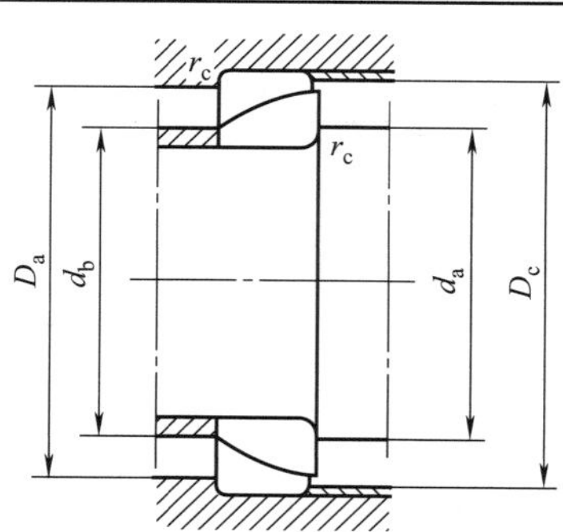

轴承公称直径		安装尺寸				
内径	外径	d_a	d_b	D_a	D_c	r_c
d	D	min	max	max	min	max
25	47	31	29	41	43	1.0
30	55	36	34	49	51	1.0
35	62	41	39	56	57	1.0
40	68	46	44	62	63	1.0
45	75	51	50	69	70	1.0
50	80	56	56	74	75	1.0

续表

轴承公称直径		安装尺寸				
内径 d	外径 D	d_a min	d_b max	D_a max	D_c min	r_c max
55	90	62	60	83	83	1.0
60	95	67	67	88	89	1.0
65	100	72	72	93	95	1.0
70	110	79	79	103	104	1.0
75	115	84	84	108	109	1.0
80	125	89	87	118	117	1.0
85	130	94	94	123	124	1.0
90	140	99	97	131	130	1.5
95	145	104	104	136	137	1.5
100	150	110	110	141	143	1.5
105	160	115	113	151	150	2
110	170	120	116	161	157	2
120	180	131	131	171	170	2

(3) 推力关节轴承（GB/T 12765—1991）

表 8-3-102　**E（正常）系列推力关节轴承**　mm

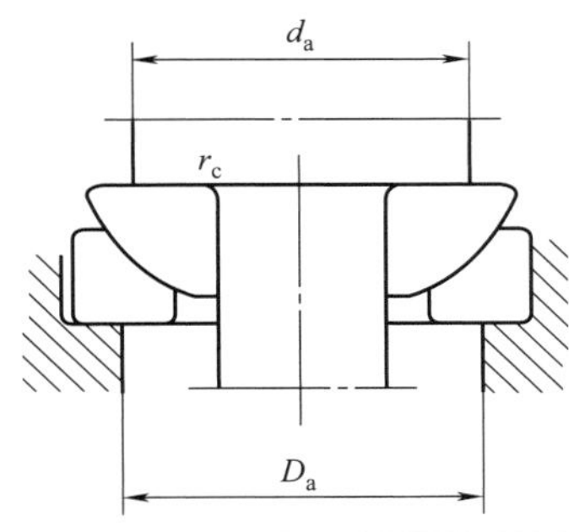

轴承公称直径		安装尺寸		
内径 d	外径 D	d_a min	D_a max	r_c max
10	30	22	23	0.6
12	36	25	27	0.6
15	42	31	32	0.6
17	47	34	37	0.6
20	55	38	44	1.0
25	62	47	47	1.0
30	75	55	59	1.0
35	90	65	71	1.0
40	105	75	84	1.0
45	120	84	97	1.0
50	130	93	104	1.0
60	150	109	119	1.0
70	160	123	124	1.0
80	180	137	141	1.0
100	210	157	171	1.0
120	230	176	187	1.0

3.10 自润滑轴承

3.10.1 自润滑镶嵌轴承

自润滑轴承是在金属基体上均匀地镶入固体润滑剂，可实现不需加油的自润滑，但初次使用需抹上润滑脂。自润滑轴承特别适用于：为避免污染而不能加油或处于封闭性结构内而不易加油的场合；往复、摇摆运动，频繁启动、制动，重载低速运转，微量滑动以及处于水中或腐蚀性液体中难以形成润滑油膜的场合；作业环境恶劣，注油润滑效果难以发挥的场合。具有耐高温、承重载、抗冲击、防腐蚀的特点。

表 8-3-103 ZRH镶嵌轴承主要性能参数

种类	ZRHQ（基体 ZCuSn5Pb5Zn5）		ZRHH（基体 ZCuZn25Al6Fe3Mn3）		ZRHT（基体 HT200）	
	不加油	定期供脂	不加油	定期供脂	不加油	定期供脂
允许极限载荷/MPa	15	15	25	25	5	8
允许速度/m·min^{-1}	25	150	15	50	15	96
允许 pv 值/MPa·m·min^{-1}	60	100	100	150	40	80
工作温度/℃	400		250		300	
摩擦因数 μ	0.08～0.25	0.08～0.20	0.08～0.25	0.08～0.20	0.08～0.25	0.06～0.20
适用范围	中载低速		通用		低载、价廉	

注：1. 订货时说明基体种类。结构型式分 WQZ、WQZD、WQPA 型和 WQPB 型。

2. 生产厂为武汉油缸厂自润滑分厂。

表 8-3-104 WQZ整体式镶嵌轴承尺寸 mm

标记示例：整体式镶嵌轴承 WQZ 030

代号	d（H7 或 H8）	D		B（h12）	C	质量/kg
WQZ 030	30	38	s6	50	1	0.190
WQZ 035	35	45		55	1	0.308
WQZ 040	40	50		60	1	0.378
WQZ 045	45	55		70	1	0.490
WQZ 050	50	60		75	1	0.578
WQZ 060	60	70		80	2	0.728
WQZ 070	70	85		100	2	1.628
WQZ 080	80	95		100	2	1.838
WQZ 090	90	105		120	2	2.457
WQZ 100	100	115		120	2	2.709
WQZ 110	110	125	r6	140	2	3.455
WQZ 120	120	135		150	2	4.016
WQZ 140	140	160		170	2	7.140

注：1. 轴承座采用整体有衬正滑动轴承座（JB/T 2560—2007）。

2. 与外径 D 相配的座孔偏差为 H7。

3. 轴承孔与轴颈间的间隙参考值（包括 WQZD、WQP）如下

mm

轴径		50	100	150	200	250	300
间隙	常温	0.15～0.20	0.16～0.25	0.20～0.30	0.25～0.45	0.27～0.50	0.30～0.55
	高温 250～400℃	0.17～0.23	0.35～0.45	0.42～0.56	0.50～0.60	0.52～0.65	0.60～0.75

表 8-3-105　　**WQZD 带挡边整体式镶嵌轴承尺寸**　　mm

标记示例：带挡边整体式镶嵌轴承 WQZD 030

代号	d (H7 或 H8)	D		D_1 (d11)	B (h12)	e	C	质量 /kg
WQZD 030	30	38	s6	48	34	6	1	0.1656
WQZD 035	35	45		55	45	6.5	1	0.2975
WQZD 040	40	50		60	50	7.5	1	0.3728
WQZD 045	45	55		65	55	7.5	1	0.4480
WQZD 050	50	60		70	60	7.5	1	0.5302
WQZD 060	60	70		80	70	10	2	0.7420
WQZD 070	70	85		95	80	10	2	1.428
WQZD 080	80	95		110	95	12.5	2	2.015
WQZD 090	90	105		120	105	12.5	2	2.445
WQZD 100	100	115		130	115	12.5	2	2.918
WQZD 110	110	125	r6	140	125	12.5	2	3.432
WQZD 120	120	135		150	140	15	2	4.197
WQZD 140	140	160		175	160	20	2	7.424
WQZD 160	160	180		200	180	20	2	9.632

注：1. 轴承采用整体有衬正滑动轴承座（JB/T 2560—2007）。

2. 与外径相配座孔的偏差为 H7。

表 8-3-106　　**WQP 剖分式镶嵌轴承 A 型尺寸**　　mm

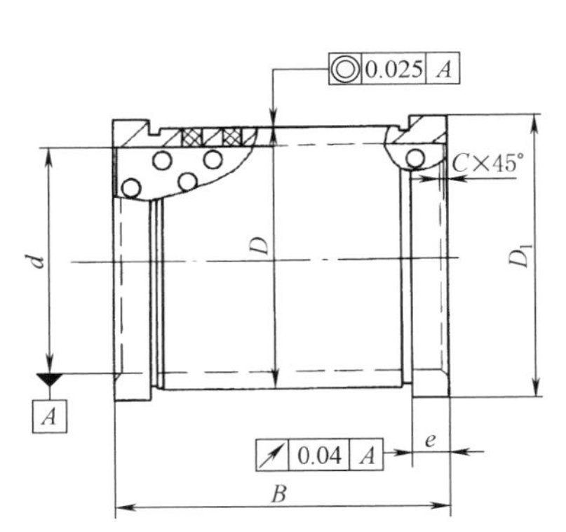

标记示例：剖分式镶嵌轴承 WQP 030　A 型

代号	d (H7 或 H8)	D		D_1 (d11)	B (h12)	e	C	质量 /kg
WQP 030	30	38	s6	48	34	6	1	0.201
WQP 035	35	45		55	45	6.5	1	0.343
WQP 040	40	50		60	50	7.5	1	0.406
WQP 045	45	55		65	55	7.5	1	0.511
WQP 050	50	60		70	60	7.5	1	0.598
WQP 060	60	70		80	70	10	2	0.847
WQP 070	70	85		95	80	10	2	1.554
WQP 080	80	95		110	95	12.5	2	2.284
WQP 090	90	105		120	105	12.5	2	2.741
WQP 100	100	115		130	115	12.5	2	3.239
WQP 110	110	125	r6	140	125	12.5	2	3.780
WQP 120	120	135		150	140	15	2	4.646
WQP 140	140	160		175	160	20	2	8.127
WQP 160	160	180		200	180	20	2	10.696

注：1. A 型轴承采用对开式二螺柱正滑动轴承座（JB/T 2561—2007）。

2. B 型采用对开式四螺柱正滑动轴承座（JB/T 2562—2007）或对开式四螺柱斜滑动轴承座（JB/T 2563—2007）。B 型尺寸见生产厂样本。

3. 与外径相配座孔偏差为 H7。

表 8-3-107　　**JHG镶嵌轴承性能参数**

型号	基体材料	极限动载荷/MPa	最高滑动速度（自润滑）/m·s^{-1}	极限 pv 值（自润滑）/MPa·m·s^{-1}	适用温度范围/℃	硬度(HB)	摩擦因数 μ	适用范围
JHG1	铝黄铜	95	0.4	1.4	<300	>200	0.06～0.2	适用于高载荷、低速、耐腐蚀、耐磨损的部位，如桥梁支承板、橡胶模具、塑料模具中的耐磨滑板、滑块、导向套管、轴承等
JHG2	铝青铜	50	0.2	1.0	<300	>160		适用于较高载荷、低速，在大气、淡水、海水中均有优良的耐腐蚀性。如船舶、码头机械、海洋机械等需耐腐蚀的滑板、轴承等
JHG3	锡青铜 ZCuSn5Zn5Pb5	40	0.4	0.6	<280	>60		适用于较高载荷、中等滑动速度下工作的耐磨、耐腐蚀零件，如轴承、滑板、滑块等
JHG4	铸铁 HT250	60	0.5	0.8	<400	>180		具有较好的耐热性和良好的减振性，适用于高的载荷，如支承板、耐磨滑板、滑块、轴承等
JHG5	不锈钢 SUS304	70	0.2	0.6	<400	>150		具有良好的耐腐蚀性能，主要用于耐腐蚀要求较高的部位，如食品加工、化学和印染工业以及一般机械制造中滑板、滑块、轴承等
JHG6	结构钢 S45C	95	0.2	1.0	<350	>40HRC		适用于高的载荷，有较高强度、塑性和韧性。常用于耐磨滑板、滑块、轴承等
JHG7	轴承钢 GCr15	240	0.1	1.0	<350	>60HRC		适用于高载荷、高强度的重型机械中支承轴承、耐磨滑板、滑块等

注：1. 订货时说明基体材料。

2. 初次使用应抹润滑脂，由产品厂方提供自制润滑脂。

3. 生产厂为北京市朝阳建华无油润滑轴承厂。

表 8-3-108　JHG 镶嵌轴承尺寸　mm

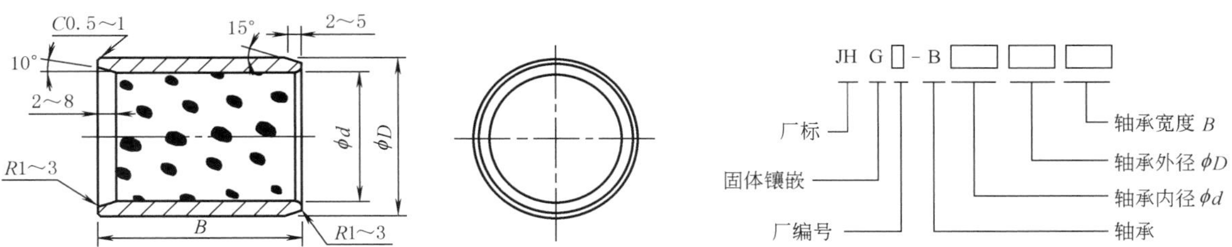

轴承内径 d(F7)		外径 D	推荐轴颈直径	推荐座孔直径(H7)		轴承宽度 $B_{-0.3}^{-0.1}$ 10 JHG	12 JHG	15 JHG	16 JHG	20 JHG	25 JHG	30 JHG	35 JHG	40 JHG	50 JHG	60 JHG	70 JHG	80 JHG	100 JHG	120 JHG	130 JHG	140 JHG	150 JHG
12	+0.034 +0.016	18	12	18	+0.018 0	●	●	●	●	●													
13		19	13	19	+0.021 0	●	●	●	●	●													
14		20	14	20		●	●	●	●	●													
15		21	15	21		●	●	●	●	●													
16		22	16	22		●	●	●	●	●	●	●											
18		24	18	24				●	●	●	●	●											
20	+0.041 +0.020	28	20	28				●	●	●	●	●	●	●									
20		30	20	30					●	●	●	●	●	●									
25		33	25	33	+0.025 0				●	●	●	●	●	●	●								
25		35	25	35					●	●	●	●	●	●	●								
30		38	30	38						●	●	●	●	●	●	●							
30		40	30	40						●	●	●	●	●	●	●							
35	+0.050 +0.025	44	35	44								●	●	●	●	●							
35		45	35	45							●	●	●	●	●	●							
40		50	40	50						●	●	●	●	●	●	●	●	●					
40		55	40	55	+0.030 0							●	●	●	●	●							
45		56	45	56								●	●	●	●	●							
45		60	45	60								●	●	●	●	●	●	●					
50		60	50	60								●	●	●	●	●	●	●					
50		62	50	62								●	●	●	●	●	●						
50		65	50	65								●	●	●	●	●	●	●	●				
55	+0.060 +0.030	70	55	70								●	●	●	●	●	●						
60		74	60	74								●	●	●	●	●	●	●					
60		75	60	75								●	●	●	●	●	●	●	●				
63		75	63	75											●	●	●	●					
65		80	65	80											●	●	●						
65		85	65	85	+0.035 0										●	●	●	●					
70		85	70	85									●	●	●	●	●	●	●				
70		90	70	90											●	●	●	●					
75		90	75	95												●	●	●					
75		95	75	95												●	●	●					
80		96	80	96										●	●	●	●	●	●	●			
80		100	80	100										●	●	●	●	●	●	●			
90	+0.071 +0.036	110	90	110												●		●	●	●			
100		120	100	120												●	●	●	●	●		●	
110		130	110	130	+0.040 0													●	●	●			
120		140	120	140														●	●	●		●	
125	+0.083 +0.043	145	125	145															●	●			
130		150	130	150															●		●		
140		160	140	160															●				
150		170	150	170															●			●	
160		180	160	180															●			●	●

注：1. 轴颈、轴承外径的推荐公差为，对于重载荷，轴颈 d8，外径 p7；对于轻载荷，轴颈 e7，外径 m6；对于精密配合，轴颈 f7，外径 m6。

2. 未列出的规格尺寸，可按用户要求定制。

3. JHG 固体镶嵌除轴套制品外，还可制成减摩止推垫圈、翻边轴套、内外球型轴承、滑板、导轨板等。可与生产厂家联系。

3.10.2 粉末冶金轴承（含油轴承）(GB/T 2688—2012、GB/T 18323—2001)

粉末冶金轴承是金属粉末和其他减摩材料粉末压制、烧结、整形和浸油而成的，具有多孔性结构，在热油中浸润后，孔隙间充满润滑油，工作时由于轴颈转动的抽吸作用和摩擦发热，使金属与油受热膨胀，把油挤出孔隙，进入摩擦表面起润滑作用，轴承冷却后，油又被吸回孔隙中。粉末冶金轴承可在较长时间内不需添加润滑油。粉末冶金轴承孔隙率愈高，储油愈多，但孔隙愈多，其强度愈低。这类轴承常处于混合润滑状态，有时也能形成薄膜润滑，常用于补充润滑油困难和轻载荷与低速的情况。如润滑条件具备也可代替铜轴承在重载荷和高速下工作。根据不同的工作条件，选用不同含油率的粉末冶金轴承。含油率大时，可在无补充润滑油和低载荷下应用；含油率小时，可在重载荷和高速度下应用。含石墨的粉末冶金轴承，因石墨本身有润滑性，可提高轴承的安全性，其缺点是强度较低。在无锈蚀情况下，可考虑选用价廉、强度较高的铁基粉末冶金轴承，但相配合的轴颈硬度应适当提高（铁基轴承可加防锈剂）。

表 8-3-109 粉末冶金轴承及其化学成分和物理力学性能（GB/T 2688—2012）

轴承的材料按合金成分与密度分类					
基体分类	基类号	合金分类	分类号	牌号标记	含油密度/g·cm^{-3}
铁基	1	铁	1	FZ11060	>5.7～6.2
				FZ11065	>6.2～6.6
		铁-石墨	2	FZ12058	>5.6～6.0
				FZ12062	>6.0～6.4
				FZ12158	>5.6～6.0
				FZ12162	>6.0～6.4
		铁-碳-铜	3	FZ13058	>5.6～6.0
				FZ13062	>6.0～6.4
				FZ13158	>5.6～6.0
				FZ13162	>6.0～6.4
				FZ13258	>5.6～6.0
				FZ13262	>6.0～6.4
				FZ13358	>5.6～6.0
				FZ13362	>6.0～6.4
				FZ13458	>5.6～6.0
				FZ13462	>6.0～6.4
				FZ13558	>5.6～6.0
				FZ13562	>6.0～6.4
				FZ13658	>5.6～6.0
				FZ13662	>6.0～6.4
		铁-铜	4	FZ14058	>5.6～6.0
				FZ14062	>6.0～6.4
				FZ14158	>5.6～6.0
				FZ14160	>5.8～6.2
				FZ14162	>6.0～6.4
				FZ14258	>5.6～6.0
				FZ14260	>5.8～6.2
				FZ14262	>6.0～6.4
铜基	2	铜-锡-锌-铅	1	FZ21070	>6.6～7.2
				FZ21075	>7.2～7.8
		铜-锡	2	FZ22062	>6.0～6.4
				FZ22066	>6.4～6.8
				FZ22070	>6.8～7.2
				FZ22074	>7.2～7.6
				FZ22162	>6.0～6.4

续表

轴承的材料按合金成分与密度分类

基体分类	基类号	合金分类	分类号	牌号标记	含油密度/g·cm^{-3}
铜基	2	铜-锡	2	FZ22166	>6.4～6.8
				FZ22170	>6.8～7.2
				FZ22174	>7.2～7.6
				FZ22260	>5.8～6.2
				FZ22264	>7.2～7.6
		铜-锡-铅	3	FZ23065	>6.3～6.9
		铜-锡-铁-碳	4	FZ24058	>5.6～6.0
				FZ24062	>6.0～6.4
				FZ24158	>5.6～6.0
				FZ24162	>6.0～6.4
				FZ24258	>5.6～6.0
				FZ24262	>6.0～6.4
				FZ24266	>6.4～6.8

轴承化学成分与物理-力学性能

牌号标记	化学成分/%								物理-力学性能	
	Fe	C 化合	C 总	Cu	Sn	Zn	Pb	其他	含油率/%	径向压惯强度/MPa
FZ11060	余量	0～0.25	0～0.5	—	—	—	—	<2	≥18	≥200
FZ11065									≥12	≥250
FZ12058	余量	0～0.5	2.0～3.5	—	—	—	—	<2	≥18	≥170
FZ12062									≥12	≥240
FZ12158	余量	0.5～1.0	2.0～3.5	—	—	—	—	<2	≥18	≥310
FZ12162									≥12	≥380
FZ13058	余量	0～0.3	0～0.3	0～1.5	—	—	—	<2	≥21	≥100
FZ13062									≥17	≥160
FZ13158	余量	0.3～0.6	0.3～0.6	0～1.5	—	—	—	<2	≥21	≥140
FZ13162									≥17	≥190
FZ13258	余量	0.6～0.9	0.6～0.9	0～1.5	—	—	—	<2	≥21	≥140
FZ13262									≥17	≥220
FZ13358	余量	0.3～0.6	0.3～0.6	1.5～3.9	—	—	—	<2	≥22	≥140
FZ13362									≥17	≥240
FZ13458	余量	0.6～0.9	0.6～0.9	1.5～3.9	—	—	—	<2	≥22	≥170
FZ13462									≥17	≥280
FZ13558	余量	0.6～0.9	0.6～0.9	4～6	—	—	—	<2	≥22	≥300
FZ13562									≥17	≥320
FZ13658	余量	0.6～0.9	0.6～0.9	18～22	—	—	—	<2	≥22	≥300
FZ13662									≥17	≥320
FZ14058	余量	0～0.3	0～0.3	1.5～3.9	—	—	—	<2	≥22	≥140
FZ14062									≥17	≥230
FZ14158	余量	0～0.3	0～0.3	9～11	—	—	—	<2	≥22	≥140
FZ14160									≥19	≥210
FZ14162									≥17	≥280
FZ14258	余量	0～0.3	0～0.3	18～22	—	—	—	<2	≥22	≥170
FZ14260									≥19	≥210
FZ14262									≥17	≥280
FZ21070	<0.5	—	0.5～2.0	余量	5～7	5～7	2～4	<1.5	≥18	≥150
FZ21075									≥12	≥200

续表

牌号标记	化学成分/%								物理-力学性能	
	Fe	C 化合	C 总	Cu	Sn	Zn	Pb	其他	含油率/%	径向压惯强度/MPa
FZ22062	—	—	0～0.3	余量	9.5～10.5	—	—	<2	≥24	>130
FZ22066									≥19	>180
FZ22070									≥12	>260
FZ22074									≥9	>280
FZ22162	—	—	0.5～1.8	余量	9.5～10.5	—	—	<2	≥22	>120
FZ22166									≥17	>160
FZ22170									≥9	>210
FZ22174									≥7	>230
FZ22260	—	—	2.5～5	余量	9.2～10.2	—	—	<2	≥11	>70
FZ22264									—	>100
FZ23065	<0.5	—	0.5～2.0	余量	6～10	<1	3～5	<1	≥18	>150
FZ24058	54.2～62		0.5～1.3	34～38	3.5～4.5				≥22	110～250
FZ24062									≥17	150～340
FZ24158	50.2～58		0.5～1.3	36～40	5.5～6.5				≥22	100～240
FZ24162									≥17	150～340
FZ24258	余量		0～0.1	17～19	1.5～2.5			<1	≥24	150
FZ24262									≥19	215
FZ24266									≥13	270

注：1. 铁基各类轴承的化学成分中允许有<1%的硫。
2. 化合碳含量允许用金相法评定。
3. 铜基各类轴承的化学成分中的总碳指游离石墨。
4. FZ24258、FZ24262、FZ24266 系采用铁-青铜扩散合金化粉末的原料制作。
5. 轴承材料牌号标记示例：
铁基1类铁铜碳含油轴承为 5.6～6.0g/cm³ 的粉末冶金轴承材料标记：

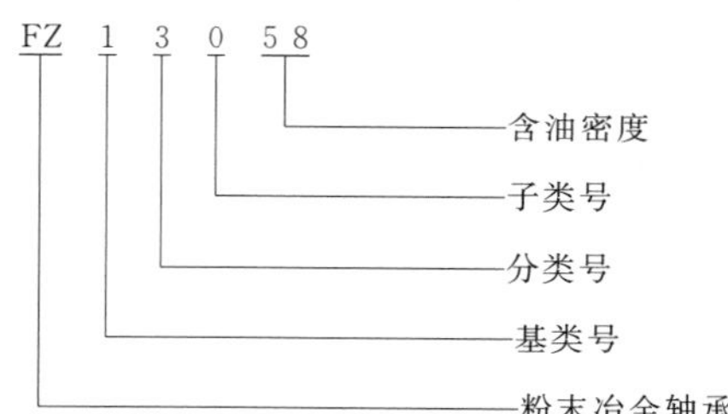

表 8-3-110　　**轴承允许负荷推荐值**（GB/T 2688—2012）

轴速 v/m · min^{-1}	允许负荷 P/N · mm^{-2}	
	铁　基	铜　基
慢而间断	230	225
～7.5	130	140
>	32	39
>	21	26
>	16	20
>	$P=1050/v$	

注：轴承在不同速度下的允许负荷受起动与加载荷方向、润滑条件、装配水平、结构状况以及轴的材质与表面状态等许多因素影响。在假定钢轴经过磨削加工的条件下，轴承允许负荷推荐值如本表。在设计选用时，应根据不同的使用条件，对允许负荷做必要的修正。

表 8-3-111　烧结圆柱轴套和翻边轴套尺寸（GB/T 18323—2001）　mm

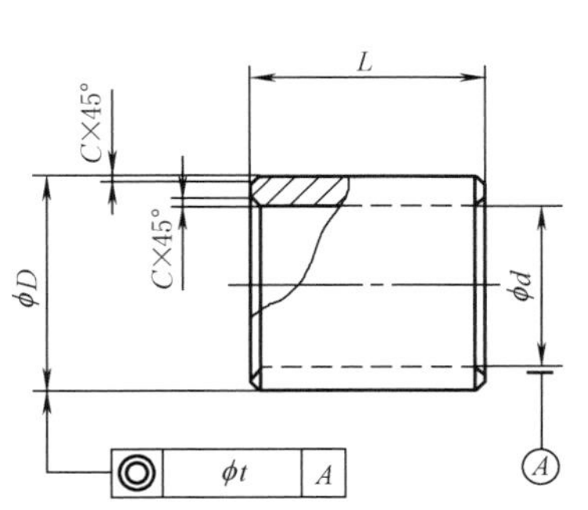

图(a)　圆柱轴套

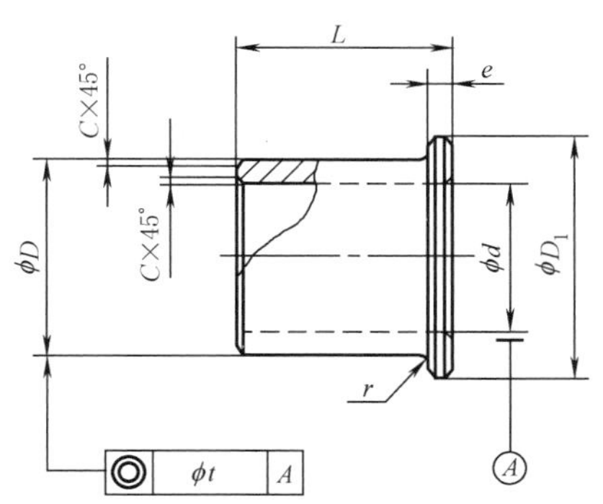

图(b)　翻边轴套

内径 d	外径 D	图(a)		图(b)						
		外径 D	长度 L (js13)	外径 D	翻边直径 D_1(js13)		翻边厚度 e(js13)		长度 L(js13)	
	常用系列	薄壁系列		薄壁	常用	薄壁	常用	薄壁	常用	薄壁
1	3	—	1.2		5		1		2	
1.5	4	—	1.2		6		1		2	
2	5	—	2.3		8		1.5		3	
2.5	6	—	3.3		9		1.5		3	
3	6	5	3.4		9		1.5		4	
4	8	7	3-4-6		12		2		3-4-6	
5	9	8	4-5-8		13		2		4-5-8	
6	10	9	4-6-10		14		2		4-6-10	
7	11	10	5-8-10		15		2		5-8-10	
8	12	11	6-8-12		16		2		6-8-12	
9	14	12	6-10-14		19		2.5		6-10-14	
10	16	14	8-10-16	14	22	18	3	2	8-10-16	8-10-16
12	18	16	8-12-20	16	24	20	3	2	8-12-20	8-12-20
14	20	18	10-14-20	18	26	22	3	2	10-14-20	10-14-20
15	21	19	10-15-25	19	27	23	3	2	10-15-25	10-15-25
16	22	20	12-16-25	20	28	24	3	2	12-16-25	12-16-25
18	24	22	12-18-30	22	30	26	3	2	12-18-30	12-18-30
20	26	25	15-20-25-30	25	32	30	3	2.5	15-20-25-30	15-20-25
22	28	27	15-20-25-30	27	34	32	3	2.5	15-20-25-30	15-20-25
25	32	30	20-25-30-35	30	39	35	3.5	2.5	20-25-30	20-25-30
28	36	33(34)	20-25-30-40		44		4		20-25-30	
30	38	35(36)	20-25-30-40		46		4		20-25-30	
32	40	38	20-25-30-40		48		4		20-25-30	
35	45	41	25-35-40-50		55		5		25-35-40	

续表

内径 d	外径 D	图(a)		图(b)						
		外径 D	长度 L (js13)	外径 D	翻边直径 D_1(js13)		翻边厚度 e(js13)		长度 L(js13)	
	常用系列	薄壁系列		薄壁	常用	薄壁	常用	薄壁	常用	薄壁
38	48	44	25-35-45-55		58		5		25-35-45	
40	50	46	30-40-50-60		60		5		30-40-50	
42	52	48	30-40-50-60		62		5		30-40-50	
45	55	51	35-45-55-65		65		5		35-45-55	
48	58	55	35-50-70		68		5		35-50	
50	60	58	35-50-70		70		5		35-50	
55	65	63	40-55-70		75		5		40-55	
60	72	68	50-60-70		84		6		50-60	

注：1. 内径从20mm（含20mm）开始，长度 L 的最后一个值不能用于薄壁系列；括号内尺寸为第二系列。

2. 圆柱轴套和翻边轴套的尺寸 C 如下：当壁厚（$D-d$）/2 分别为≤1、1～2、2～3、3～4、4～5、>5时，对应的尺寸 C（最大值）分别为0.2、0.3、0.4、0.6、0.7、0.8。翻边轴套的尺寸 r 如下：当壁厚（$D-d$）/2 分别为≤12、12～30、>30时，则对应的 r（最大值）分别为0.3、0.6、0.8。

3. 装配前内、外径的公差范围如下：D≤50mm时，d 为F7至G7，D 为r6至s7；D>50mm时，d 为F8至G8，D 为r7至s8。

4. 制造烧结轴套的材料应符合GB/T 2688的规定。

5. 生产厂为北京天桥粉末冶金有限责任公司。

表 8-3-112　　烧结球面轴套尺寸（GB/T 18323—2001）　　mm

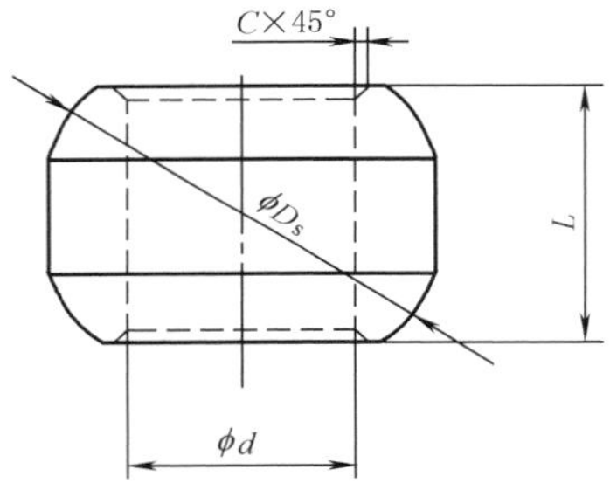

球面轴套

内径 d 的公差：H7。

球面直径 D_s 的公差：h11。

轴承长度 L 的公差：js13。

轴承座直径的公差一般应为H10，但这还要取决于装配的方法，如果要进行比较轻微的自调整，要优先使用比较松动的配合，建议使用G10。

内径 d	球面直径 D_s	长度 L	倒角 C 最大值
1	3	2	
1.5	4.5	3	
2	5	3	
2.5	6	4	0.3
3	8	6	
4	10	8	
5	12	9	
6	14	10	
7	16	11	
8	16	11	
9	18	12	
10	20	13	
10	22	14	0.5
12	22	15	
14	24	17	
15	27	20	
16	28	20	
18	30	20	
20	36	25	

注：1. 在轴承长度中间的球面上允许有一段圆柱表面，其直径应由供需双方协议而定。

2. 制造烧结轴套的材料应符合GB/T 2688的规定。

3. 生产厂为北京天桥粉末冶金有限责任公司。

表 8-3-113　　**粉末冶金轴承设计**

<table>
<tr><th>项目</th><th colspan="2">设计参数及注意事项</th></tr>
<tr><td>宽径比</td><td>因轴承两端的孔隙一般比中间小，故轴承不宜过窄，但也不宜过宽，B/D 最好接近 1</td><td rowspan="2"> 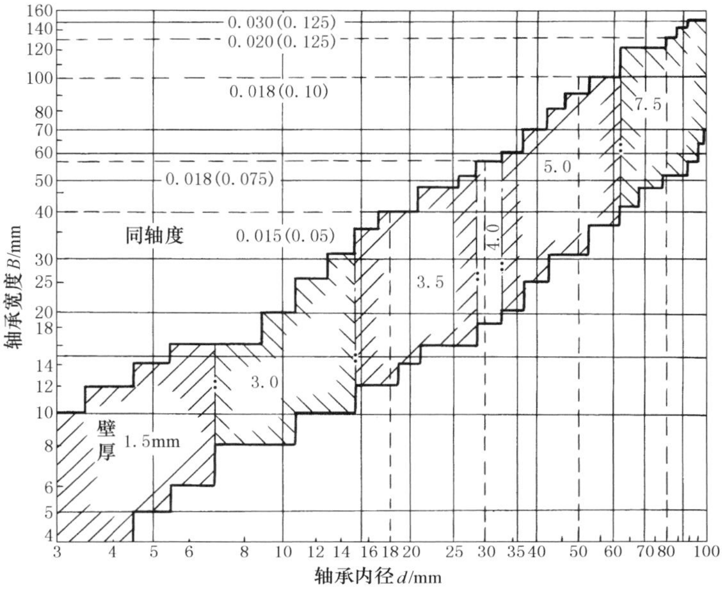含油轴承规格
—··—为不同厚度分隔区；— — —为分隔开内孔与外圆不同轴度的区域，该区括号内的数值是低精度等级的，可在烧结时直接达到，括号外的数值是高精度等级的，要在烧结时留出余量，由切削加工达到</td></tr>
<tr><td>压入过盈量</td><td>轴承压入轴承座内的平均过盈量为
$\delta=0.025+0.0075\sqrt{D}$　(mm)
式中　D——外径
选择轴承座孔径和外径公差时应注意：最大过盈不大于平均过盈的 2 倍，最小过盈不小于平均过盈的 1/2</td></tr>
<tr><td>孔径收缩量</td><td>轴承压入轴承孔后，轴承孔径会收缩。孔径收缩量与外径过盈量之比 K 与参数 $(D-d)^3/[4(D+d)]$ 有关。轴承材料弹性大或轴承座刚性较大者，其 K 值也大，轴承座刚性小，表面粗糙者，其 K 值较小</td><td> 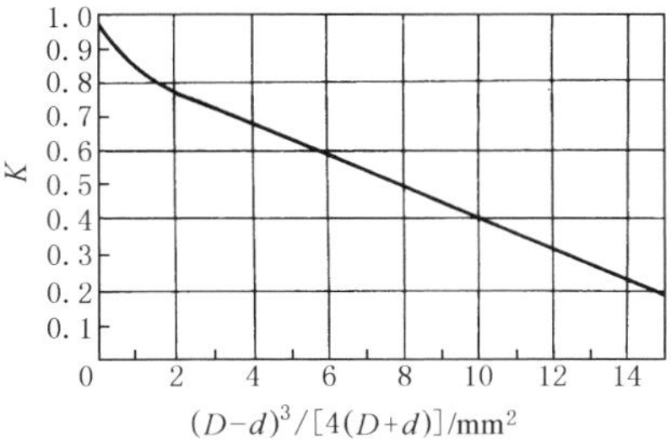孔径收缩量与过盈量之比 K
(铜基多孔质金属轴承)

禁止用锤把轴承打入轴承座，因冲击力一般都超过轴承的极限承载能力。可用压力机平稳地把轴承压入轴承座</td></tr>
<tr><td>轴承间隙</td><td>根据轴径和速度可从右图中选取相对间隙 ψ。间隙过大，在不平衡载荷的作用下，运转时会产生过大噪声；间隙过小，摩擦力矩增大，温度升高
$$\psi=\frac{D-d}{d}$$
式中，D 为孔径；d 为轴径</td><td> 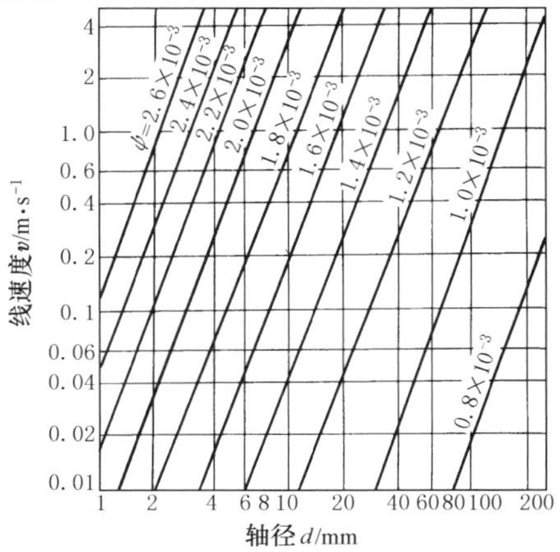相对间隙的选择线图</td></tr>
</table>

续表

项目	设计参数及注意事项
润滑方式选择	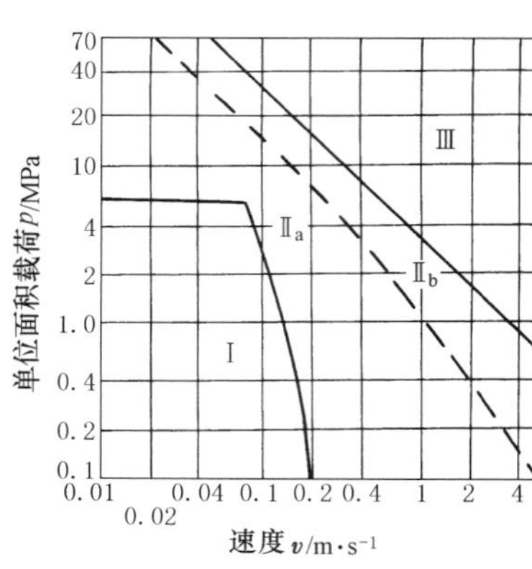 Ⅰ—无需供油；Ⅱ$_a$—需补充供油； Ⅱ$_b$—需补充供油并采用高孔隙率材料； Ⅲ—需连续供油 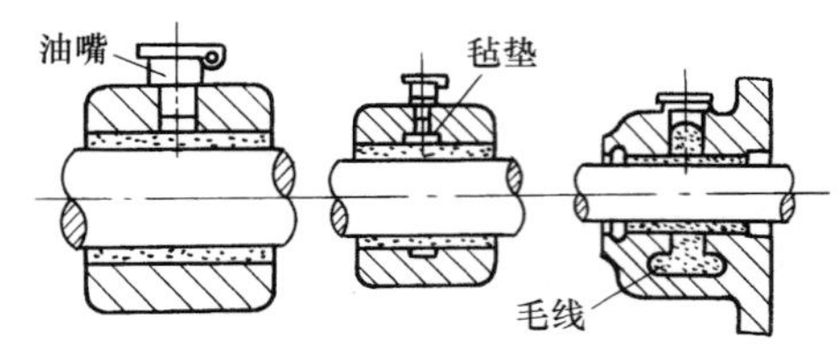 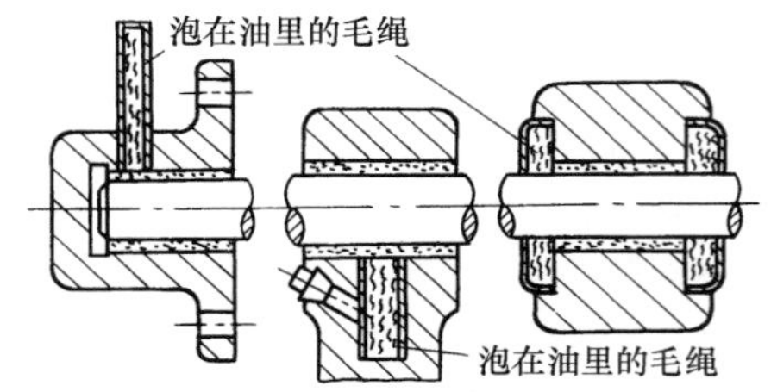 补充供油方法
润滑油的选择及重新浸油时间	含油轴承采用的润滑油必须有高的氧化安定性，千万不能采用润滑脂或悬浮有固体颗粒的润滑剂 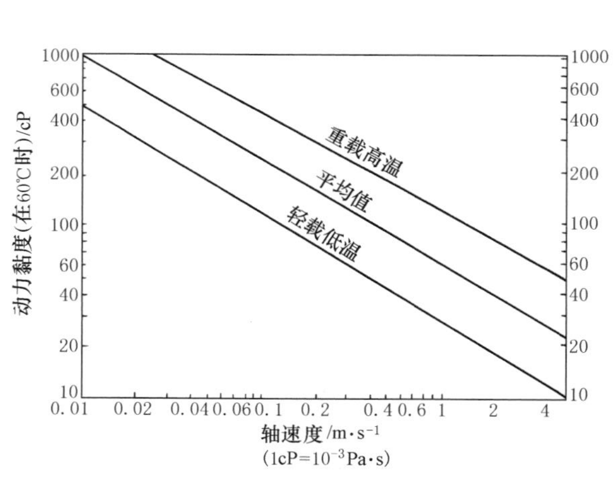 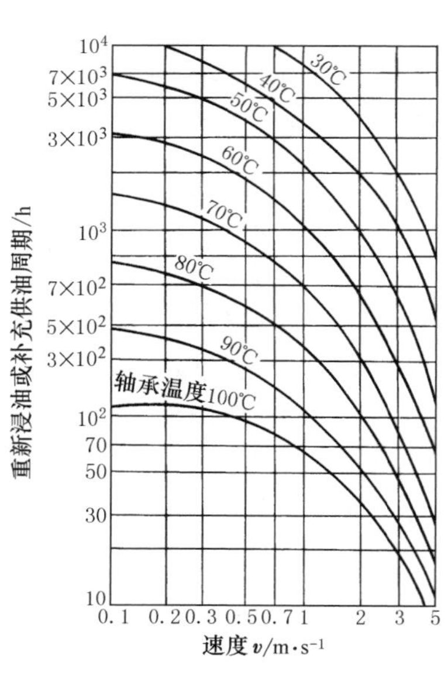 重新浸油时间

续表

<table>
<tr><td>项目</td><td colspan="5">设计参数及注意事项</td></tr>
<tr><td rowspan="5">润滑油的选择及重新浸油时间</td><td colspan="2">载　荷</td><td>轻　载　荷</td><td>中　载　荷</td><td>重　载　荷</td></tr>
<tr><td rowspan="3">圆周速度</td><td>高　速</td><td>22 号汽轮机油</td><td>32 号润滑油
10 号汽油机油</td><td>46 号润滑油
6 号汽油机油</td></tr>
<tr><td>中　速</td><td>46 号汽轮机油
10 号汽油机油</td><td>46 号润滑油
15 号汽油机油</td><td>46 号润滑油
22 号齿轮油</td></tr>
<tr><td>低　速</td><td>46 号润滑油
15 号汽油机油</td><td>68 号润滑油</td><td>22 号齿轮油</td></tr>
<tr><td>说明</td><td colspan="4">①新旧轴承均可按此表选用润滑油进行真空浸渍或热油浸渍。热油浸渍一般是将油加热到 70～150℃，将轴承放入，并随油冷却到室温
②重新浸油时间：因油损耗和变质情况，建议每工作 1000h 后或每年重新浸一次油。较准确的重新浸油时间，可参考上图按速度与温度关系查出</td></tr>
<tr><td>使用安装等（GB/T 2688—2012）</td><td colspan="5">①轴承成品工作表面一般应尽可能不切削加工，必要时非工作表面可进行切削加工
②轴承压入座孔后，若内径收缩过大，可采用光轴或钢球、无齿铰刀、无齿锥刀等以无切削加工方法进行扩孔。若内径必须切削加工，宜采用车、镗等方法，而不宜采用磨削等方法，以免细屑堵塞孔隙降低供油能力
③轴承装配前，轴承必须在规定的油中浸泡和清洗，但切忌用煤油、汽油以及能溶解所浸渍润滑油的其他溶剂等清洗
④轴承对偶轴的表面粗糙度应不大于 $Ra1.6\mu m$，硬度值推荐不低于 260HB</td></tr>
</table>

表 8-3-114　安装粉末冶金轴承的轴承座孔与轴的尺寸公差（GB/T 2688—2012）

<table>
<tr><td rowspan="2">轴承名称</td><td rowspan="2">轴承等级</td><td rowspan="2">推荐采用的轴承座孔公差</td><td colspan="2">推荐采用的轴的公差</td><td colspan="2">轴承公差</td></tr>
<tr><td>当轴承压入座孔后内径收缩量为过盈量的 0～50%</td><td>当轴承压入座孔后内径收缩量为过盈量的 0～100%</td><td>内　径</td><td>外　径</td></tr>
<tr><td>筒形及带挡边筒形轴承</td><td>7 级
8 级
9 级</td><td>H7
H8
H8</td><td>e6
d7
d8</td><td>d6
c7
c8</td><td>G7
E8
C9</td><td>r7
s8
t9</td></tr>
<tr><td>球形轴承</td><td>7 级
8 级</td><td>G10</td><td></td><td></td><td></td><td></td></tr>
</table>

3.10.3　自润滑复合材料卷制轴套

自润滑复合材料轴套是由塑料、青铜、钢背通过烧结、塑化、辊轧（塑料能压入多孔青铜球粉层内）等工艺卷制而成的。分 JH1 型和 JH2 型，二者其中间青铜层均是多孔青铜球粉层，外层均是带镀层的钢背。二者的主要区别是内层，JH1 内层是聚四氟乙烯（PTFE）＋铅（Pb）及其他充填物，适用温度范围大，使用较广；JH2 内层是改性聚甲醛（POM），表面轧出一定规律的储油坑，适用温度范围小一些，是较好的边界润滑材料，多用于停止、启动频繁的场合，安装时需在储油坑中填满润滑脂。二者主要性能及应用见表 8-3-115。卷制轴套的标准有 GB/T 12613.1—2011（尺寸）、GB/T 12613.2—2011（外径和内径的检测数据）、GB/T 12613.3—2011（润滑油孔、润滑油槽和润滑油穴）和 GB/T 12613.4—2011（材料）。

表 8-3-115　　自润滑复合材料卷制轴套的性能及应用

<table>
<tr><td></td><td></td><td>轴承承载能力
/MPa</td><td>适用温度范围
/℃</td><td>线胀系数
/℃$^{-1}$</td><td>热导率
/W·m^{-1}·K^{-1}</td><td>摩擦因数 μ</td><td>极限 pv 值
/MPa·m·s^{-1}</td></tr>
<tr><td rowspan="2">主要性能</td><td>JH1</td><td>连续运转　12
一般运转　60
低速运转　140</td><td>−200～280</td><td>≤30×10^{-6}</td><td>≥2.35</td><td>有油<0.06
无油<0.20</td><td>有油<50
无油<3.6</td></tr>
<tr><td>JH2</td><td>连续运转　50
低速运转　140</td><td>连续−40～90
断续−40～130</td><td>≤70×10^{-6}</td><td>≥1.7</td><td>有油<0.06</td><td>有油<22.0
干<2.8</td></tr>
<tr><td rowspan="2">应用特点</td><td>JH1型及其派生型</td><td colspan="6">①静、动摩擦因数接近，防爬、减爬(即防黏滑运动)性能优良。适用于机构中微量进给、低速运动和重复定位要求较高的地方
②摩擦因数小，并能在无油、少油的工况条件下正常工作，能简化润滑系统，减少维护。安装时抹上润滑脂，使用效果更好
③能吸收振动，减少运动中的噪声。不产生聚积静电
④化学性能稳定，在对钢背材料进行特殊处理或采用不锈钢后，能在酸、碱、盐水溶液中或SF6气体、电弧分解物的气氛中工作。如印刷，造纸机械、化工设备、海洋机械、高压开关等，在JH1基础上开发的其他型号有：
JH1G改进型——有更低的摩擦因数，能承受更大瞬时速度的变化和载荷的变化。适用边界润滑、无油、少油的轴承部位，如汽车减振器等
JH1Z增强型——有更高的承载能力和良好的抗磨损性能，是为高 pv 值而设计的，如齿轮泵、叶片泵、柱塞泵等
JH1W无铅型——采用不含铅的改性PTFE减摩层，适用于食品、医疗机械和家用电器等
JH1T铜背、JH1B不锈钢背等，具有良好的导热性和耐腐蚀性，可用于冶金、化工、海洋等环境，此外，还可制成翻边轴套、止推垫圈、球型轴承、机床导轨板等</td></tr>
<tr><td>JH2型</td><td colspan="6">安装时在油坑中充满润滑脂，使用中定期加入润滑脂或稀油，效果更好。具有优良的耐磨性，适用于边界润滑条件，特别适合重载、低速停止、启动频繁不能形成润滑膜的旋转运动、摆动等机械的轴承。轴套可根据使用精度要求，在安装后对减摩层进行精加工。除轴套外，还可制成止推垫圈、机床导轨板等，其派生型为JH2W无铅型、JH2G改进型。JH2含铅型较JH2W有较好的耐磨性</td></tr>
<tr><td>轴套安装</td><td colspan="7">JH1、JH2型自润滑复合材料轴套的安装注意事项：
①轴套座孔及轴颈尺寸偏差的选择，可按表8-3-116中的推荐值选取。特殊环境可由试验来决定其合理间隙
②与轴套内径相配合的轴颈表面粗糙度 Ra≤0.8μm，表面硬度≥46HRC
③轴套座孔的表面粗糙度要小于 Ra1.6μm。轴套座孔的压入端面应按 T×20°倒角，并去除毛刺，涂少量的润滑脂以利于压入。轴套压入时，应先自制一个导向杆，用专用工具或压力机垂直地压入轴套座孔，应避免直接敲打轴套的端面。对导向杆、座孔的要求见下图
④JH1轴套内颈工作表面(塑料面)不允许进行车、镗、磨、铰、刮等加工
⑤在安装轴套时，应避免轴套的接缝处在承受最大载荷的方向
⑥同一个座孔安装两个以上轴套时，轴套其接缝应在同一方向上，并对齐，且轴套之间应留有1～2mm的间隙
⑦当需要限制工作轴的轴向移动时，可加装止推垫圈或采用翻边轴套
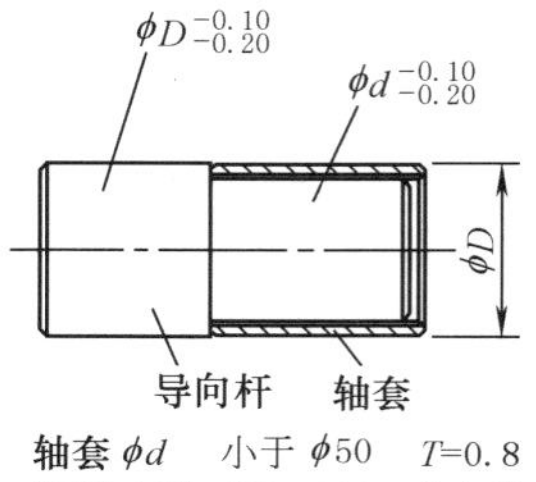
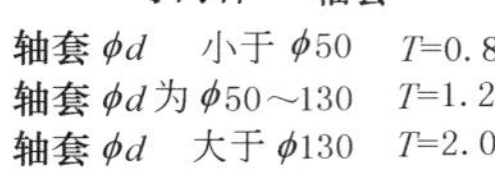
轴套 ϕd　小于 ϕ50　T=0.8
轴套 ϕd 为 ϕ50～130　T=1.2
轴套 ϕd　大于 ϕ130　T=2.0
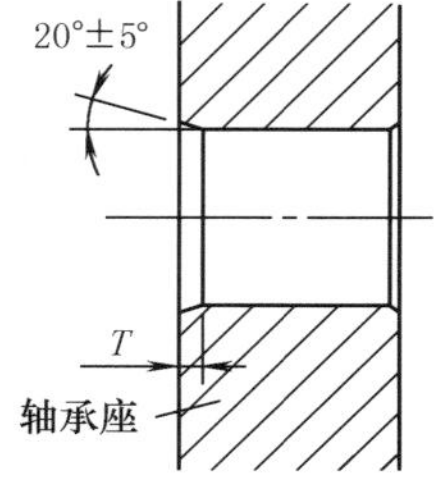
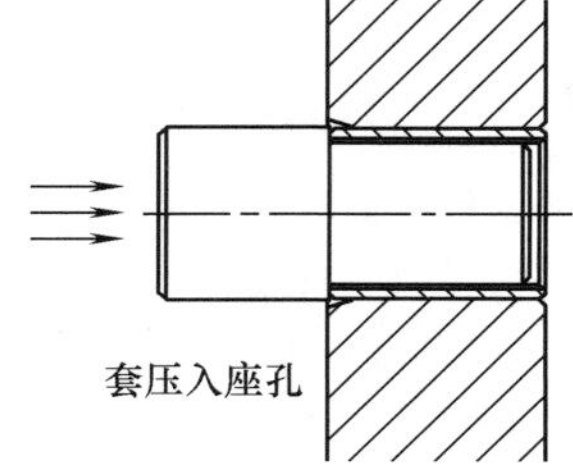</td></tr>
</table>

注：生产厂为北京市朝阳建华无油润滑轴承厂。

表 8-3-116 JH1 型轴套尺寸 mm

JH □ -B □ □
厂标
材料类型
轴套
轴套内径 ϕd
轴套宽度 B

轴套				推荐轴颈及轴套座孔				轴套宽度 $B\pm0.25$																	f_1	f_2
内径 ϕd		外径 ϕD		轴颈		座孔		6	8	10	12	15	20	25	30	35	40	45	50	60	70	80	90	100		
尺寸	(H9)	尺寸	偏差	尺寸	(f7)	尺寸	(H7)	JH	JH	JH	JH	JH	JH	JH	JH	JH	JH	JH	JH	JH	JH	JH	JH	JH		
6	+0.036 0	8	+0.055 +0.025	6	−0.010 −0.022	8	+0.015 0	0606	0608	0610															0.6 ±0.4	<0.4
8		10		8	−0.013 −0.028	10		0806	0808	0810	0812															
10		12		10		12		1006	1008	1010	1012	1015	1020													
12	+0.043 0	14	+0.065 +0.030	12		14	+0.018 0	1206	1208	1210	1212	1215	1220													
14		16		14	−0.016 −0.034	16				1410	1412	1415	1420													
15		17		15		17				1510	1512	1515	1520	1525												
16		18		16		18				1610	1612	1615	1620	1625												
18		20		18		20				1810	1812	1815	1820	1825												
20	+0.052 0	23	+0.075 +0.035	20	−0.020 −0.041	23	+0.021 0			2010	2012	2015	2020	2025	2030										0.6 ±0.4	0.4 ±0.3
22		25		22		25				2210	2212	2215	2220	2225	2230											
24		27		24		27						2415	2420	2425	2430											
25		28		25		28				2510	2512	2515	2520	2525	2530	2535										
28		32	+0.085 +0.050	28		32	+0.025 0				2812	2815	2820	2825	2830										1.2 ±0.4	0.4 ±0.3
30		34		30	−0.025 −0.050	34					3012	3015	3020	3025	3030		3040									
32	+0.062 0	36		32		36							3220	3225	3230		3240									
35		39		35		39					3512	3515	3520	3525	3530		3540	3545	3550							
38		42		38		42							3820	3825	3830		3840		3850							
40		44		40		44					4012	4015	4020	4025	4030		4040		4050							
45		50		45		50							4520	4525	4530		4540		4550	4560					1.8 ±0.6	0.6 ±0.4
50		55	+0.100 +0.055	50		55	+0.030 0						5020	5025	5030		5040			5060						

续表

轴套				推荐轴颈及轴套座孔				轴套宽度 $B\pm0.25$																	f_1	f_2
内径 ϕd		外径 ϕD		轴颈		座孔		6	8	10	12	15	20	25	30	35	40	45	50	60	70	80	90	100		
尺寸	(H9)	尺寸	偏差	尺寸	(f7)	尺寸	(H7)	JH	JH	JH	JH	JH	JH	JH	JH	JH	JH	JH	JH	JH	JH	JH	JH	JH		
55		60		55		60									5530		5540			5560	5570					
60		65	+0.100	60	−0.030	65	+0.030								6030		6040		6050	6060	6070	6080				
65	+0.074	70	+0.055	65	−0.060	70	0								6530		6540			6560						
70	0	75		70		75											7040			7060		7080				
75		80		75		80									7530		7540			7560		7580				
80		85		80	0 −0.046	85											8040			8060		8080				
85		90		85		90											8540			8560		8580				
90		95		90		95											9040			9060			9090			
95		100	+0.120	95		100	+0.035										9540		9550	9560		9580		95100		
100	+0.087	105	+0.070	100	0	105	0													10060				100100		
105	0	110		105	−0.054	110														10560				105100		
110		115		110		115														11060				110100		
115		120		115		120													11550	11560	11570				1.8	0.6
120		125		120		125													12050	12060				120100	±0.6	±0.4
125		130	+0.170	125		130														12560				125100		
130		135	+0.100	130		135														13060				130100		
135		140		135		140	+0.040													13560		13580				
140	+0.100	145		140	0	145	0													14060		14080		140100		
150	0	155		150	−0.063	155														15060		15080		150100		
160		165		160		165														16060		16080		160100		
170		175	+0.225	170		175														17060		17080		170100		
180		185	+0.125	180		185														18060		18080		180100		
190	+0.115	195		190	0	195	+0.046													19060		19080		190100		
200	0	205		200	−0.072	205	0													20060		20080				
250	+0.130	255		250	0	255	+0.052													25060		25080				
255	0	260		255	−0.081	260	0													25560		25580				

注：1. 表中尺寸系列符合 GB/T 12613.1—2011。
2. 生产厂也可提供翻边轴套和止推垫圈的系列产品。本表中没有的规格，可按用户要求定制。

表 8-3-117　　JH2、JH2W、JH2G 型轴套尺寸　　mm

轴套				推荐轴颈及轴套座孔				油孔	轴套宽度 $B\pm0.25$																			f_1	f_2
内径 ϕd		外径 ϕD		轴颈		座孔			8	10	12	15	20	25	30	35	40	45	50	60	65	70	80	90	95	100	110		
尺寸	偏差	尺寸	偏差	尺寸	(h8)	尺寸	(H7)	ϕd_1	JH	JH	JH	JH	JH	JH	JH	JH	JH	JH	JH	JH	JH	JH	JH	JH	JH	JH	JH		
8	+0.083 +0.025	10	+0.055 +0.026	8	0 −0.022	10	+0.015 0	4	0808	0810	0812																	0.6 ±0.4	<0.4
10	+0.102 +0.032	12	+0.065 +0.030	10		12	+0.018 0			1010	1012	1015	1020																
12		14		12	0 −0.027	14				1210	1212	1215	1220																
14		16		14		16						1415	1420																
15		17		15		17				1510	1512	1515	1520	1525															
16		18		16		18						1615	1620	1625															
18		20	+0.075 +0.035	18		20						1815	1820	1825															
20	+0.124 +0.040	23		20	0 −0.033	23	+0.021 0	6		2010	2012	2015	2020	2025	2030													0.6 ±0.4	0.4 ±0.3
22		25		22		25						2215	2220	2225	2230														
24		27		24		27						2415	2420	2425	2430														
25		28		25		28						2515	2520	2525	2530														
28		32	+0.085 +0.045	28		32	+0.025 0						2820	2825	2830													1.2 ±0.4	0.4 ±0.3
30		34		30		34							3020		3030		3040												
32	+0.150 +0.050	36		32	0 −0.039	36							3220		3230	3235	3240												
35		39		35		39							3520		3530	3535	3540		3550										
40		44		40		44		8					4020		4030		4040		4050										
45		50		45		50							4520		4530		4540	4545	4550	4560								1.8 ±0.6	0.6 ±0.4
50		55	+0.100 +0.055	50		55	+0.030 0										5040		5050	5060									
55	+0.180 +0.060	60		55	0 −0.046	60							5520	5525	5530		5540		5550	5560									
60		65		60		65									6030		6040			6060		6070							

续表

轴套				推荐轴颈及轴套座孔				油孔	轴套宽度 $B\pm0.25$																			f_1	f_2
内径 ϕd		外径 ϕD		轴颈		座孔			8	10	12	15	20	25	30	35	40	45	50	60	65	70	80	90	95	100	110		
尺寸	偏差	尺寸	偏差	尺寸	(h8)	尺寸	(H7)	ϕd_1	JH	JH	JH	JH	JH	JH	JH	JH	JH	JH	JH	JH	JH	JH	JH	JH	JH	JH	JH		
65		70	+0.100 +0.055	65		70	+0.030 0	8									6540		6550	6560		6570							
70	+0.180 +0.060	75		70	0 −0.046	75											7040		7050	7060	7065	7070	7080						
75		80		75		80		9.5									7540			7560			7580						
80		85		80		85											8040			8060			8080			80100			
85		90		85		90									8530		8540			8560			8580			85100			
90		95		90		95											9040			9060			9080	9090		90100			
95		100	+0.120 +0.070	95		100	+0.035 0													9560			9580			95100			
100	+0.212 +0.072	105		100	0 −0.054	105													10050	10060			10080		10095				
105		110		105		110														10560			10580				105110		
110		115		110		115														11060			11080				110110		
115		120		115		120													11550			11570				115100			
120		125		120		125														12060			12080			120100	120110		
125		130	+0.170 +0.100	125		130														12560			12580			125100	125110	1.8 ±0.6	0.6 ±0.4
130		135		130		135		11											13050	13060			13080			130100			
135		140		135		140	+0.040 0													13560			13580			135100			
140	+0.245 +0.085	145		140	0 −0.063	145													14050	14060			14080			140100			
150		155		150		155													15050	15060			15080			150100			
160		165		160		165													16050	16060			16080			160100			
170		175		170		175													17050	17060			17080			170100			
180		185	+0.225 +0.125	180		185													18050	18060			18080			180100			
190	+0.285 +0.100	195		190	0 −0.072	195	+0.046 0												19050	19060			19080			190100			
200		205		200		205													20050	20060			20080			200100			
250		255		250	0 −0.081	255	+0.052 0	12											25050	25060			25080			250100			
255	+0.320 +0.110	260		255		260													25550	25560			25580			255100			

注：1. 如组装后轴套内径有精加工要求时，应在订货时说明，厂家将留出加工余量。推荐精加工后轴套内径尺寸公差为：H7，轴颈尺寸公差为：d8。表中为推荐精加工后尺寸。

2. 表中未标出的规格及油孔 ϕd_1，可按用户要求定制，需在订货时说明。

3. 表中尺寸系列符合 GB/T 12613.1—2011。

3.11　双金属减摩卷制轴套

双金属减摩材料轴套是以优质碳素钢为基体，铜合金为耐磨层，经烧结、轧制等工艺使两种金属复合成一体的新型材料卷制成的轴套。具有合金成分不偏析且强度高、承载能力大、耐疲劳、热变形小、耐磨损等特点。在安装和使用期必须加润滑油或脂。在润滑条件下可长期稳定工作，已广泛用于各种机械。

表 8-3-118　　JHS 双金属减摩轴套

合金代号	耐磨层铜合金牌号	耐磨层硬度(HB)	要求相配轴颈硬度(HRC)	最高工作温度/℃	轴承承载能力/MPa 连续运转	轴承承载能力/MPa 低速运转	应　用
JHS1	CuPb10Sn10	60～90	>55	<250	40	120	有很高的抗疲劳强度和耐冲击能力，耐蚀性好，适用于与淬硬轴颈相配
JHS2	CuPb24Sn	40～60	>50	<200	30	80	有较高的抗疲劳强度和承载能力
JHS3	CuPb24Sn4	45～70	>50	<200	30	80	有高的抗疲劳强度和承载能力
JHS4	CuPb30	30～45	>270HB	<200	25	70	中等抗疲劳强度和承载能力

注：1. 生产厂为北京朝阳建华无油润滑轴承厂。
2. 表中合金牌号符合 GB/T 12613.4—2011。

表 8-3-119　　JHS 轴套尺寸　　mm

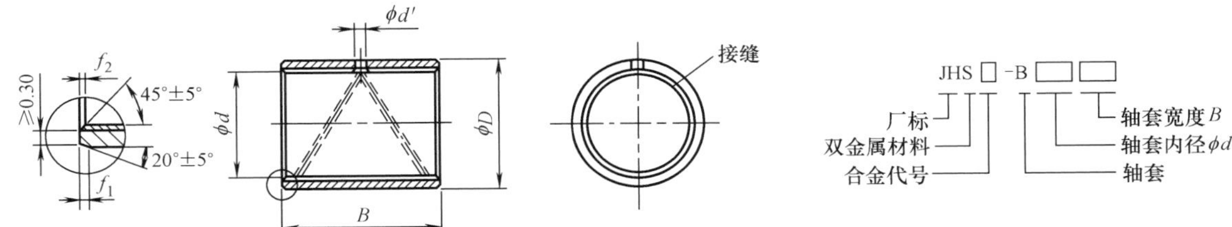

轴套尺寸与公差				推荐轴颈及轴套座孔				轴套宽度 $B\pm0.25$													f_1	f_2	$\phi d'$
内径 ϕd	偏差(H9)	外径 ϕD	偏差	轴颈		座孔		10	12	15	20	25	30	35	40	50	60	70	80	100			
				尺寸	(f7)	尺寸	(H7)	JHS	JHS	JHS	JHS	JHS	JHS	JHS	JHS	JHS	JHS	JHS	JHS	JHS			
10	+0.043 0	12	+0.065 +0.030	10	−0.013 −0.028	12	+0.018 0	1010	1012	1015	1020										0.6±0.4	<0.4	3
12		14		12	−0.016 −0.034	14		1210	1212	1215	1220												
14		16		14		16		1410	1412	1415	1420	1425											
15		17		15		17		1510	1512	1515	1520	1525											
16		18		16		18		1610	1612	1615	1620	1625											
18		20	+0.075 +0.035	18		20	+0.021 0			1815	1820	1825											
20	+0.052 0	23		20	−0.020 −0.041	23		2010		2015	2020	2025	2030								0.6±0.4	0.4±0.3	
22		25		22		25				2215	2220	2225	2230										4
24		27		24		27				2415	2420	2425	2430										
25		28		25		28				2515	2520	2525	2530										
28		32	+0.085 +0.045	28		32	+0.025 0				2820	2825	2830								1.2±0.4	0.4±0.3	
30		34		30		34				3015	3020	3025	3030		3040								

第 8 篇

续表

轴套尺寸与公差				推荐轴颈及轴套座孔				轴套宽度 $B\pm0.25$													f_1	f_2	$\phi d'$
内径 ϕd	偏差（H9）	外径 ϕD	偏差	轴颈		座孔		10	12	15	20	25	30	35	40	50	60	70	80	100			
				尺寸	（f7）	尺寸	（H7）	JHS	JHS	JHS	JHS	JHS	JHS	JHS	JHS	JHS	JHS	JHS	JHS	JHS			
32	+0.062 0	36	+0.085 +0.045	32	−0.025 −0.050	36	+0.025 0				3220		3230		3240						1.2 ± 0.4	0.4 ± 0.3	4
35		39		35		39					3520		3530	3535	3540	3550							
40		44		40		44					4020		4030		4040	4050							
45		50		45		50					4520		4530		4540	4550							
50		55	+0.100 +0.055	50		55	+0.030 0				5020		5030		5040	5050	5060				1.8 ± 0.6	0.6 ± 0.4	5
55	+0.074 0	60		55	−0.030 −0.060	60					5520		5530		5540	5550	5560						6
60		65		60		65							6030		6040	6050	6060	6070					
65		70		65		70							6530			6550	6560	6570					
70		75		70		75									7040	7050	7060	7070					
75		80		75		80									7540	7550	7560	7570	7580				
80		85	+0.120 +0.070	80		85	+0.035 0								8040		8060		8080				
85	+0.087 0	90		85	−0.036 −0.071	90											8560			85100			
90		95		90		95											9060		9080	90100			
95		100		95		100											9560		9580	95100			
100		105		100		105											10060			100100			
105		110		105		110											10560			105100			7
110		115		110		115											11060			110100			
115		120		115		120										11550	11560			115100			
120		125	+0.170 +0.100	120		125	+0.040 0										12060			120100			
125	+0.100 0	130		125	−0.043 −0.083	130											12560			125100			
130		135		130		135										13050	13060			130100			
135		140		135		140											13560			135100			
140		145	+0.225 +0.125	140		145										14050	14060			140100			
150		155		150		155										15050	15060			150100			
160		165		160		165										16050	16060			160100			
170		175		170		175										17050	17060			170100			

注：1. 如组装后轴套内径有精加工要求时（内径倒角 f_2 也相应加大），请在订货时说明，厂家将留出加工余量。

2. 油槽按用户要求由生产厂家加工。

3. 表中未标出的规格，可按用户要求定制。

4. 表中尺寸系列符合 GB/T 12613.1—2011。

3.12　塑料轴承

与金属轴承相比较，塑料轴承具有重量轻、摩擦因数小而耐磨性及耐疲劳强度较高、化学稳定性好等优点，并具有自润滑和吸声、减振等性能。但塑料的耐热性较差，有些塑料的吸湿性较大，热胀系数较大，其强度和尺寸配合精度不如金属材料，因而不宜在高温下工作或在高速下连续运行。轴承用塑料的性能见表 8-3-120。

各种塑料轴承均有其最高的使用速度 v 和载荷 p，即 pv^{α}＝常数，式中 $\alpha \geqslant 1$，不同塑料其 α 值也不相同，如尼龙 $\alpha=1.47$，聚甲醛 $\alpha=1.2$。从公式表明，v 的影响比 p 要大，因此较适用于低速度高载荷的条件。在设计使用时，必须根据所采用的材料来决定其载荷和速度范围。同时还必须注意，各种塑料均有其压力和速度极限，即使其 pv 乘积不超过极限值，也不能使用。

由于塑料受热易于膨胀变形，在设计轴承时必须考虑有足够的配合间隙。一般约为 $0.005d$（d 为轴承内径），但不同的塑料其配合间隙也不尽相同。常用几种塑料轴承的配合间隙见表 8-3-121。

尼龙轴承常用材料有尼龙 6、尼龙 66、尼龙 1010。

尼龙轴承的 pv 值与润滑条件有关，在速度较低的情况下可按表 8-3-122 选用。

第 8 篇

表 8-3-120　　轴承用塑料的性能

塑料名称	弯曲弹性模量 /MPa	冲击强度（带缺口） /N·m·cm^{-2}	热变形温度/℃ 0.45MPa	热变形温度/℃ 1.82MPa	线胀系数 /10^{-5}℃	摩擦因数	pv 极限值 /MPa·m·s^{-1}	24h 吸水率 /%
尼龙 6 及尼龙 66	1765(潮) 2618(干)	0.54～0.78	180～185	55～86	8～11	0.15～0.40	0.088	1.5～1.6
MC 尼龙	3432	0.95	150～190	马丁 55～60	8.3	0.15～0.30	—	0.9
聚甲醛	2756	0.75	158	110	8.1	0.15～0.35	0.124	0.25
聚四氟乙烯	402①	1.61	121	49	10	0.04	0.063	0.00
聚全氟乙丙烯	343①	不断	—	—	8.3～10.5	0.08	0.059～0.088	0.00
氯化聚醚	1108①	0.22～0.69	141	100	8.0	—	0.071	0.01
低压聚乙烯	412～1079	0.78～0.98	43～49	—	11～13	0.21	—	<0.01
聚苯醚	2618①	0.78～0.98	马丁 160	190	5.7～5.9	0.18～0.23	—	0.06～0.13
聚酰亚胺	3089	0.78～0.98	—	360	5.5～6.3	0.17	—	0.1～0.2

① 为拉伸弹性模量。

表 8-3-121　　几种塑料轴承的配合间隙　　mm

轴径	尼龙 6 和尼龙 66	聚四氟乙烯	酚醛布层压塑料	聚甲醛 轴径	聚甲醛 室温～60℃	聚甲醛 室温～120℃	聚甲醛 −45～120℃
6	0.050～0.075	0.050～0.100	0.030～0.075	6	0.076	0.100	0.150
12	0.075～0.100	0.100～0.200	0.040～0.085	13	0.100	0.200	0.250
20	0.100～0.125	0.150～0.300	0.060～0.120	19	0.150	0.310	0.380
25	0.125～0.150	0.200～0.375	0.080～0.150	25	0.200	0.380	0.510
38	0.150～0.200	0.250～0.450	0.100～0.180	31	0.250	0.460	0.640
50	0.200～0.250	0.300～0.525	0.130～0.240	38	0.310	0.530	0.710

表 8-3-122　　尼龙轴承材料的 pv 值

润滑条件	无润滑	装配时一次润滑	间断润滑	连续润滑
pv 值/MPa·m·s^{-1}	0.1	0.15～0.25	0.3～0.5	0.6～0.75

注：尼龙轴承的 pv 值受速度影响较大，速度太高容易发热，许用压强 p_p 值大大减小。在间断润滑情况下，当速度为 0.13～1.3m/s 时，可用 p_p 为 0.36～1.5MPa，即 $(pv)_p$ 值约为 0.05～2MPa·m/s。

表 8-3-123　　尼龙轴套的尺寸及偏差　　mm

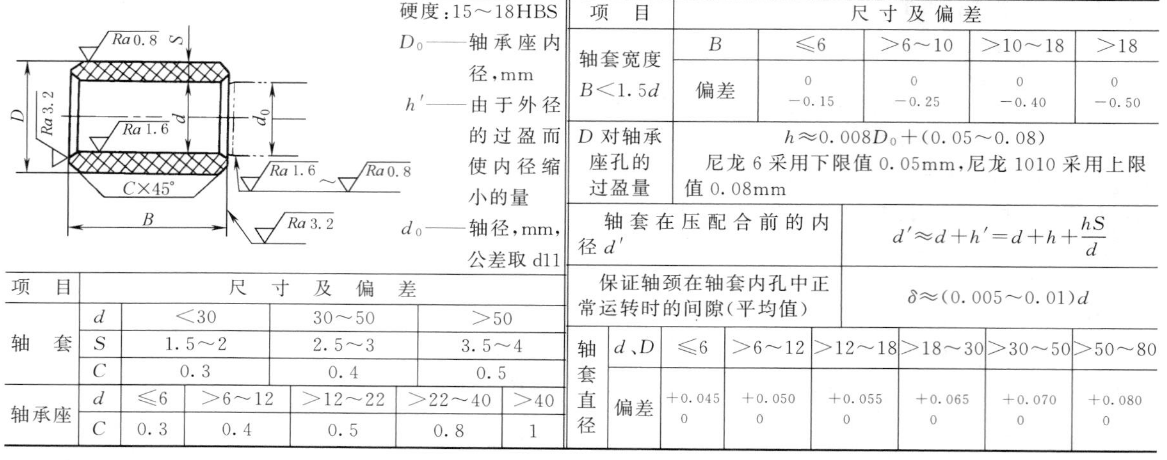

硬度:15～18HBS

D_0——轴承座内径,mm

h'——由于外径的过盈而使内径缩小的量

d_0——轴径,mm,公差取 d11

项　目		尺寸及偏差				
轴套	d	<30		30～50		>50
	S	1.5～2		2.5～3		3.5～4
	C	0.3		0.4		0.5
轴承座	d	≤6	>6～12	>12～22	>22～40	>40
	C	0.3	0.4	0.5	0.8	1

项　目		尺寸及偏差				
轴套宽度 $B<1.5d$	B	≤6	>6～10	>10～18	>18	
	偏差	$^{0}_{-0.15}$	$^{0}_{-0.25}$	$^{0}_{-0.40}$	$^{0}_{-0.50}$	
D 对轴承座孔的过盈量	$h\approx0.008D_0+(0.05\sim0.08)$ 尼龙 6 采用下限值 0.05mm,尼龙 1010 采用上限值 0.08mm					
轴套在压配合前的内径 d'	$d'\approx d+h'=d+h+\dfrac{hS}{d}$					
保证轴颈在轴套内孔中正常运转时的间隙(平均值)	$\delta\approx(0.005\sim0.01)d$					

轴套直径	d、D	≤6	>6～12	>12～18	>18～30	>30～50	>50～80
	偏差	$^{+0.045}_{0}$	$^{+0.050}_{0}$	$^{+0.055}_{0}$	$^{+0.065}_{0}$	$^{+0.070}_{0}$	$^{+0.080}_{0}$

表 8-3-124　　尼龙轴套设计举例　　mm

已知:轴套内径 $d=28$mm,壁厚 $S=3$mm,轴颈公差 d11,材料为尼龙 1010

项　目	计算结果
轴承座名义内径	$D_0=d+2S=28+2\times3=34$
轴承座内径制造尺寸	D 采用 H8 配合,$D=34^{+0.039}_{0}$
轴套外径过盈量	$h=0.008\times34+0.08\approx0.35$
轴套外径	$D'=D_0+h=34+0.35=34.35$(制造偏差:$^{+0.07}_{0}$)
实际过盈量 h	$h_{max}=0.35+0.07=0.42$,$h_{min}=0.35-0.039=0.311$
实际缩小量 h'	$h'_{max}=h_{max}+h_{max}\dfrac{S}{d}=0.42+\dfrac{0.42\times3}{28}\approx0.47$ $h'_{min}=h_{min}+h_{min}\dfrac{S}{d}=0.311+\dfrac{0.311\times3}{28}\approx0.344$
轴套的内径	$d'=28+0.47=28.47$(制造偏差:$^{+0.065}_{0}$)
轴套压配合后内径	$d_{max}=d'_{max}-h'_{min}=28.47+0.065-0.344=28.191$ $d_{min}=d'_{min}-h'_{max}=28.47-0-0.47=28$
轴套与轴颈实际配合间隙	轴颈公差采用 d11 时,轴颈直径为 $28^{-0.065}_{-0.195}$ $\delta_{max}=0.191+0.195=0.386$ $\delta_{min}=0+0.065=0.065$ $\delta_p=\dfrac{0.386+0.065}{2}=0.226$
核算配合间隙	$\delta=(0.005\sim0.010)d=(0.005\sim0.010)\times28=0.14\sim0.28$ $\delta_p=0.226$ 在此范围内

3.13　水润滑热固性塑料轴承（JB/T 5985—1992）

轴承由热固性塑料制造，应用于水泵、潜水电机、水轮泵、水轮机、食品机械等在水介质中工作的止推轴承和径向轴承。轴承的工作介质为含沙量（质量比）不超过 0.01%的清水，其酸碱度（pH 值）为 6.5～8.5，氯离子含量不超过 400mg/L，水温不高于 65℃。

水润滑轴承材料通常为酚醛塑料 P23-1、P117 和聚邻苯二甲酸二丙烯酯（DAP-2）等塑料。P23-1 材料应符合 JB 3199 的规定；P117、DAP-2 材料的力学性能、耐磨性能、耐热性能指标应参照 JB 3199 的规定。

基本型式有止推轴承和径向轴承。止推轴承的滑动面为扇形和筋条块形，其底面为平面［图（a）、图（b）］或槽面［图（c）、图（d）］；径向轴承的滑动面为螺旋槽或直槽。见表 8-3-125。

止推轴承和径向轴承的滑动表面粗糙度 $Ra \leqslant 1.6\mu m$；止推轴承底面和径向轴承外圆表面粗糙度 $Ra \leqslant 3.2\mu m$；其他表面 $Ra \leqslant 6.3\mu m$。

表 8-3-125　　止推轴承尺寸　　mm

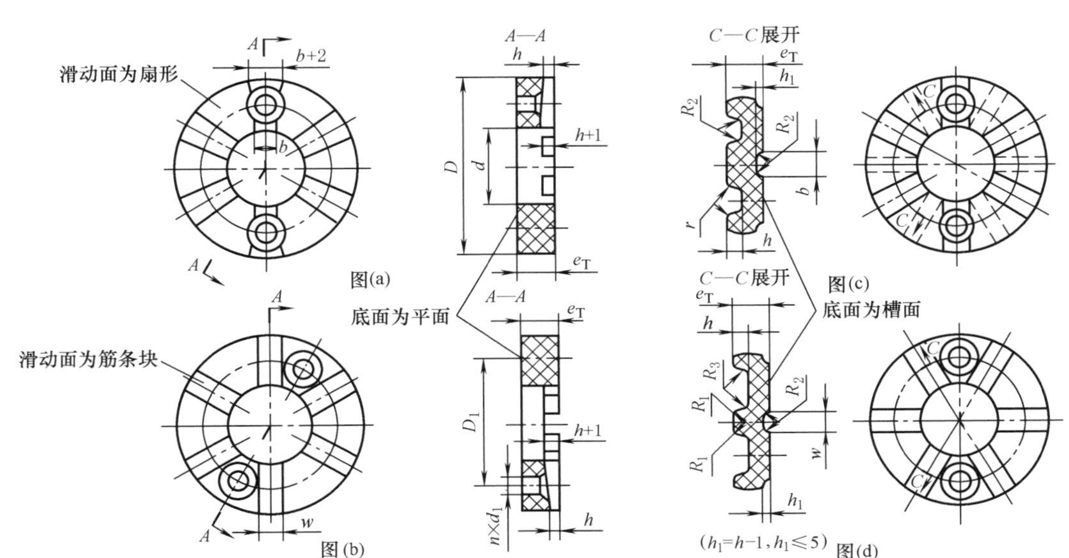

外径 D		内径 d	壁厚 e_T		定位孔中心圆直径 D_1	定位孔直径 d_1	定位孔数 n/个	滑动表面为扇形			滑动表面为筋条块		润滑水槽深度或筋条块高度 h	托盘进水孔截面积总和约不小于/mm^2
基本尺寸	极限偏差	基本尺寸	基本尺寸	极限偏差				润滑水槽数/个	水槽宽 b	圆角 r	筋条块数/个	块宽 w		
35	−0.10 −0.25	15	10	0 −0.15	25	5.5	2～4	6	6	1	6	6	3	35
40		20			30									
45					32				8	2				55
50					35									
55		30	12		43						8		4	110
60	−0.20 −0.40				45			10						
65		35			50							8		200
70					53				10	2				
75					55						10			
80		40	15		60								5	300
85		45			65									400
90		50			70			12						470
95					73						12			
100		55			78									620
110	−0.20 −0.45				83	6.6			12	2				670
120		65	20		92							8	6	
130		70			100			16			16			900
140					105									
150		80	25		115	9							8	
160		90			125			20			20			1100
170					130									

表 8-3-126　　径向轴承尺寸　　mm

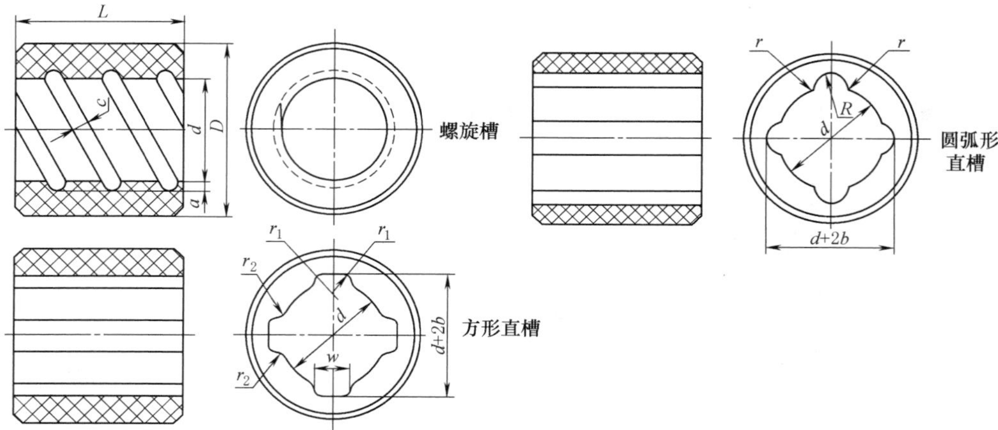

<table>
<tr><th colspan="2">内径 d</th><th colspan="2">外径 D</th><th colspan="2">长度 L</th><th colspan="5">带直槽的滑动表面</th><th colspan="2">带螺旋槽的滑动表面</th><th colspan="2">轴承内径与轴颈之间的最小间隙(双面)</th></tr>
<tr><th>基本尺寸</th><th>极限偏差</th><th>基本尺寸</th><th>极限偏差</th><th>基本尺寸</th><th>极限偏差</th><th>槽数/个</th><th colspan="2">方形槽 $(w\times b),r_1,r_2$</th><th colspan="2">圆弧槽 R,b,r</th><th>槽宽 c</th><th>槽深 a</th><th>轴承外圆设定位要素</th><th>轴承外圆不设定位要素</th></tr>
<tr><td>25</td><td rowspan="15">H8</td><td>40</td><td rowspan="15">p7 外圆无定位要素
d9 外圆有定位要素</td><td>32,40,48</td><td rowspan="15">0
−0.50</td><td rowspan="4">4</td><td rowspan="2">$w\times b=$
10×3</td><td rowspan="2">$r_1=1$
$r_2=2$</td><td rowspan="2">$R=5$
$b=3$</td><td rowspan="4">$r=4$</td><td rowspan="7">6</td><td rowspan="7">3</td><td rowspan="3">0.07</td><td rowspan="3">0.12</td></tr>
<tr><td>28</td><td>44</td><td>35,44,52</td></tr>
<tr><td>30</td><td>50</td><td>40,50,60</td><td rowspan="5">$w\times b=$
12×3</td><td rowspan="5">$r_1=2$
$r_2=4$</td><td rowspan="5">$R=6$
$b=4$</td></tr>
<tr><td>35</td><td>55</td><td>44,55,66</td><td rowspan="5">0.10</td><td rowspan="5">0.16</td></tr>
<tr><td>38</td><td>58</td><td>46,58,70</td><td rowspan="8">6</td><td rowspan="6">$r=6$</td></tr>
<tr><td>42</td><td>62</td><td>50,62,75</td></tr>
<tr><td>45</td><td>65</td><td>52,65,78</td></tr>
<tr><td>50</td><td>74</td><td>60,74,90</td><td rowspan="5">$w\times b=$
14×4</td><td rowspan="5">$r_1=3$
$r_2=6$</td><td rowspan="5">$R=7$
$b=5$</td><td rowspan="4">8</td><td rowspan="4">4</td></tr>
<tr><td>55</td><td>80</td><td>64,80,96</td><td rowspan="5">0.12</td><td rowspan="5">0.20</td></tr>
<tr><td>60</td><td>85</td><td>68,85,102</td></tr>
<tr><td>70</td><td>95</td><td>76,95,114</td><td rowspan="5">$r=8$</td></tr>
<tr><td>80</td><td>110</td><td>86,110,132</td><td rowspan="4">10</td><td rowspan="4">5</td></tr>
<tr><td>90</td><td>120</td><td>96,120,144</td><td rowspan="3">8</td><td rowspan="3">$w\times b=$
16×5</td><td rowspan="3">$r_1=6$
$r_2=8$</td><td rowspan="3">$R=8$
$b=6$</td><td rowspan="3">0.14</td><td rowspan="3">0.25</td></tr>
<tr><td>100</td><td>130</td><td>104,130,156</td></tr>
<tr><td>120</td><td>150</td><td>120,150,180</td></tr>
</table>

注：与径向轴承外圆相配的座孔直径公差带为 H8。

表 8-3-127　　对相配零件（止推盘或轴颈）的技术要求与止推轴承的寿命

表面硬度(HRC)	表面粗糙度/μm	推荐材料	止推轴承外径 D/mm	最大允许载荷/kN	止推轴承外径 D/mm	最大允许载荷/kN
表面淬硬或镀铬 45～50HRC	$Ra\leqslant0.8$	3Cr13 或 45	35～45	1.5	85～95	8
			50～55	2	100～120	10
			60～65	4	130～150	15
			70～80	6	160～170	22

注：按表中规定最大允许载荷下运转 5000h，轴承厚度的减小不大于 1mm。

表 8-3-128　**标记代号及标记方法**

名　　称	代号	轴承的标记方法	
止推轴承	T	止推轴承	T□·□·□·□ JB/T 5985 （自右至左依次为）底面型式代号；滑动表面型式代号；材料代号；外径，mm
径向轴承	J		
止推轴承滑动表面为扇形	S		
止推轴承滑动表面为筋条块	不表示		
止推轴承底面为平面	B		
止推轴承底面为槽面	不表示		
径向轴承内圆为直槽	Z	径向轴承	J□×□·□·□ JB/T 5985 （自右至左依次为）直槽或螺旋槽代号；材料代号；长度，mm；内径，mm
径向轴承内圆为螺旋槽(左旋)	L(左)		
径向轴承内圆为螺旋槽(右旋)	L		
P23-1 塑料	M		
P117 塑料	P		
DAP-2 塑料	D		

3.14　橡胶轴承

橡胶轴承由于橡胶材料柔软具有弹性，内阻尼较大，能有效地防止或减缓振动、噪声和冲击。轴承内的杂质可通过轴承润滑水沟被润滑水冲走，可延长轴承的耐久性，橡胶的变形可缓和轴的应力，并有自动调位作用。它镶在金属衬套内，用水润滑，不适于与油类或有机溶剂接触。

橡胶轴承的缺点是导热性差，需经常保持有水循环，否则易损坏。

橡胶轴承一般适宜在 65℃ 以下温度工作，温度过高易老化，抗腐蚀性、耐磨性变差。应用于水泵、水轮机、农业机械及其他一些摆动不大的机构杆件铰接处，以减少振动和冲击。由于橡胶轴承用水作润滑剂，碳钢轴颈易被锈蚀，特别是在经常停车的情况，因此在轴颈上应有铜衬套或表面镀铬。

表 8-3-129　**轴承对橡胶材料的要求、轴承尺寸及配合**

扯断力/MPa	扯断伸长率/%	永久变形/%	邵氏硬度	轴承许用单位压力/MPa		尺寸/mm			轴承座孔和橡胶轴承外径的配合	轴承内孔与轴颈的配合
				软橡胶	硬橡胶	内径 d	壁厚	宽度		
11.77	400	40	70～80	2	<5	25～75	7～10	(0.75～1.5)d	H7/j8	采用过盈配合还是间隙配合，视具体情况而定
						100～250	10～15			
						>250	15～20			

注：决定橡胶轴承内孔时，必须注意橡胶轴承压入轴承座孔后内孔直径的收缩。

表 8-3-130　**橡胶轴承的型式**

型　　式	结构说明及应用示例
多边形导水沟	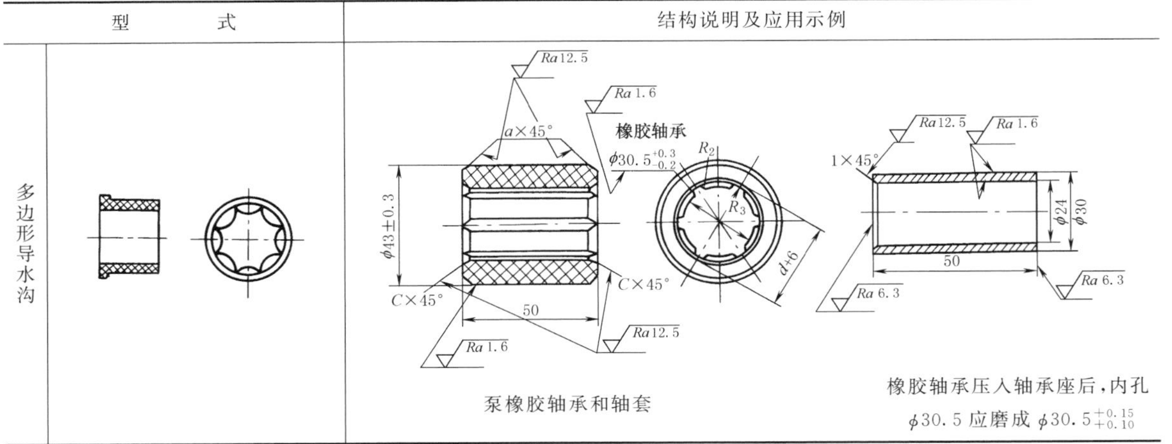

泵橡胶轴承和轴套

橡胶轴承压入轴承座后，内孔 $\phi30.5$ 应磨成 $\phi30.5^{+0.15}_{+0.10}$

续表

型　　式	结构说明及应用示例

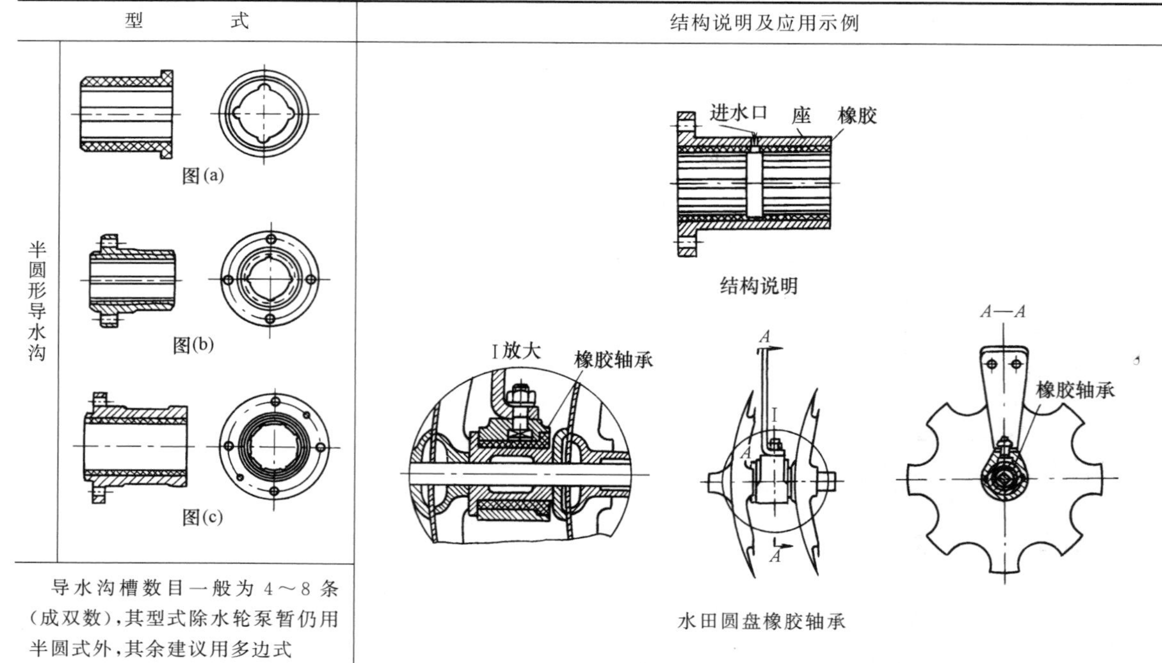

导水沟槽数目一般为4～8条(成双数)，其型式除水轮泵暂仍用半圆式外，其余建议用多边式

表8-3-131　　CHB水润滑橡胶轴承系列　　mm

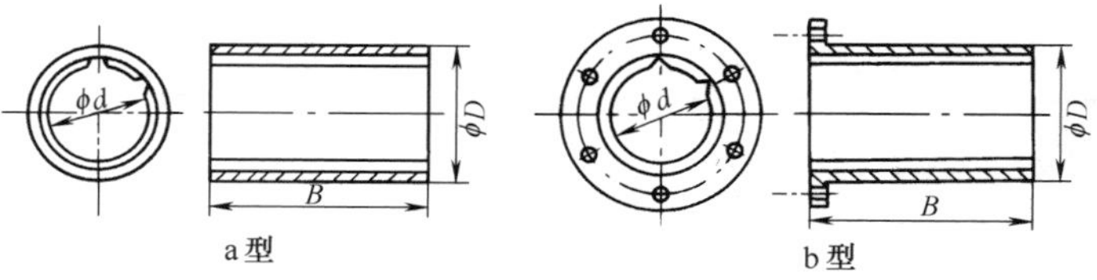

型号说明：

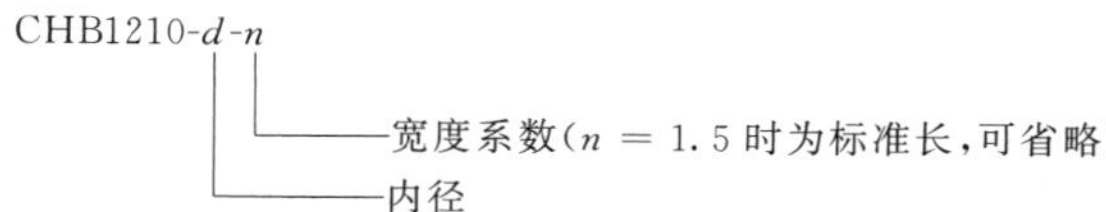

型　号	内径 d	外径 D	宽度 $B=d\times n$			
			$d\times1.5$	$d\times2$	$d\times3$	$d\times4$
CHB1210-50	50	70	75	100	150	200
CHB1210-55	55	80	82	110	165	220
CHB1210-60	60	85	90	120	180	240
CHB1210-65	65	90	98	130	195	260
CHB1210-70	70	95	105	140	210	280
CHB1210-75	75	100	112	150	225	300
CHB1210-80	80	110	120	160	240	320
CHB1210-85	85	115	128	170	255	340
CHB1210-90	90	120	135	180	270	360
CHB1210-95	95	125	142	190	285	380
CHB1210-100	100	135	150	200	300	400

续表

型　号	内径 d	外径 D	宽度 $B=d\times n$			
			$d\times1.5$	$d\times2$	$d\times3$	$d\times4$
CHB1210-105	105	140	158	210	315	420
CHB1210-110	110	145	165	220	330	440
CHB1210-115	115	150	172	230	345	460
CHB1210-120	120	155	180	240	360	480
CHB1210-125	125	160	188	250	375	500
CHB1210-130	130	165	195	260	390	520
CHB1210-135	135	175	202	270	405	540
CHB1210-140	140	180	210	280	420	560
CHB1210-145	145	185	218	290	435	580
CHB1210-150	150	195	225	300	450	600
CHB1210-160	160	205	240	320	480	640
CHB1210-170	170	215	255	340	510	680
CHB1210-180	180	230	270	360	540	720
CHB1210-190	190	240	285	380	570	760
CHB1210-200	200	250	300	400	600	800
CHB1210-210	210	270	315	420	630	840
CHB1210-220	220	280	330	440	660	880
CHB1210-230	230	290	345	460	690	920
CHB1210-240	240	300	360	480	720	960
CHB1210-250	250	310	375	500	750	1000
CHB1210-260	260	325	390	520	780	1040
CHB1210-270	270	335	405	540	810	1080
CHB1210-280	280	345	420	560	840	1120
CHB1210-290	290	355	435	580	870	1160
CHB1210-300	300	370	450	600	900	1200

注：1. b 型仅有 $d=150\sim300$mm 的型号。

2. 本系列轴承以过渡配合装入轴承座内，一般用螺钉加以固定。

表 8-3-132　CHB 水润滑橡胶轴承计算

项　目	计 算 公 式	说　　明
承载力	$P=Fp_{\rm p}$	P——载荷，N $p_{\rm p}$——许用压强，一般取 0.1～0.15MPa，最大可取 0.25MPa F——轴承投影面积，mm^2
给水量 （强制给水）	$Q=(8\sim10)d$	Q——给水量，L/min d——轴承内径，cm

表 8-3-133　CHB 水润滑橡胶轴承与轴径的间隙

轴径/mm	轴承内径公差/μm		装配后的间隙/μm		轴径/mm	轴承内径公差/μm		装配后的间隙/μm	
	最小(＋)	最大(＋)	最小(＋)	最大(＋)		最小(＋)	最大(＋)	最小(＋)	最大(＋)
50～65	140	300	140	330	160～180	560	780	560	820
65～80	180	340	180	370	180～200	630	910	630	956
80～100	230	410	230	445	200～225	700	930	700	1026
100～120	280	460	280	495	225～250	760	1040	760	1086
120～140	370	590	370	630	250～280	820	1160	820	1212
140～160	480	700	480	740	280～300	900	1240	900	1292

第4章 液体动压润滑轴承

4.1 液体动压润滑轴承分类

表 8-4-1 液体动压润滑轴承分类

类型	名称及简图	特点
径向轴承		
单油楔固定瓦	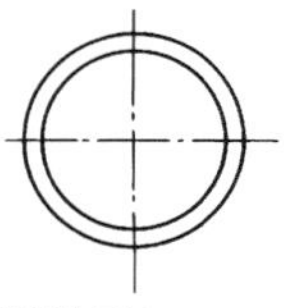 圆筒轴承（$\alpha=360°$）	结构简单，制造方便，有较大承载能力，但高速稳定性差
单油楔固定瓦	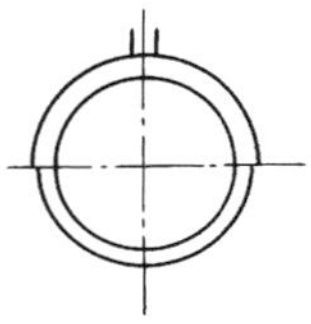 部分瓦轴承（$\alpha\leqslant180°$）	结构简单，制造方便，有较大承载能力。功耗、温升都低于圆筒轴承。高速稳定性差，用于载荷方向基本不变的重载轴承
单油楔固定瓦	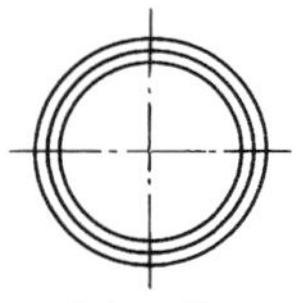 浮动环轴承	环随轴颈旋转，其转速约为轴颈转速的1/2，润滑油流量大，温升低，高速稳定性好，用于小尺寸高速轻载轴承
多油楔固定瓦	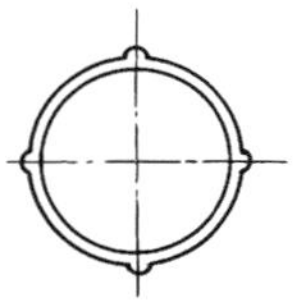 多油沟轴承	结构简单，制造方便，承载能力低，仅用轻载轴承，高速稳定性略优于圆筒轴承
多油楔固定瓦	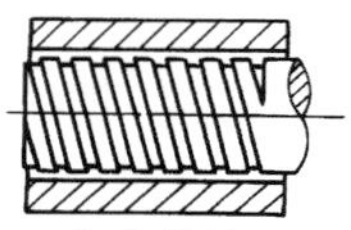 螺旋槽轴承	利用螺旋的泵入作用和槽面阶梯产生动压承载油膜，温升低，高速稳定性好
多油楔固定瓦	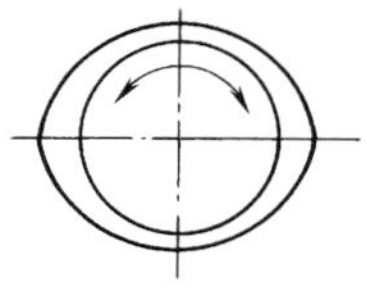 椭圆轴承	流量较大、温升较低。旋转精度和高速稳定性优于单油楔圆轴承但承载能力略有降低，工艺性比多油楔轴承好
多油楔固定瓦	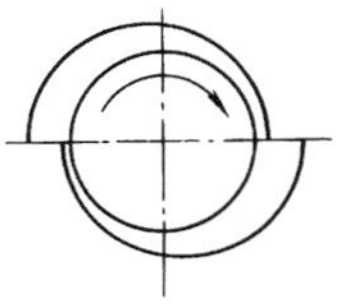 双油楔借位轴承	流量较大、温升较低。旋转精度和高速稳定性优于单油楔圆轴承但承载能力略有降低，工艺性比多油楔轴承好，用于单向旋转的轴承
多油楔固定瓦	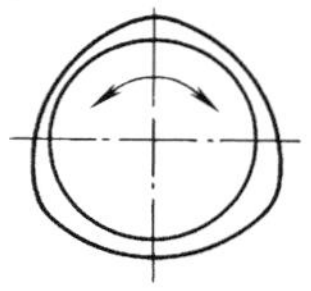 双向三油楔轴承	高速稳定性好，工艺性不如圆筒轴承及椭圆轴承
多油楔固定瓦	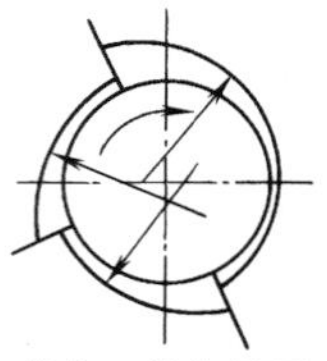 单向三油楔轴承	高速稳定性好，工艺性不如圆筒轴承及椭圆轴承。用于单向旋转的轴承
多油楔固定瓦	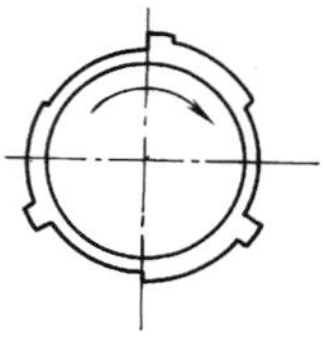 阶梯轴承	高速稳定性好，工艺性不如圆筒轴承及椭圆轴承，承载能力较低，用于小型轴承

续表

类型	名称及简图	特点	类型	名称及简图	特点
径向轴承			推力轴承		
多油楔可倾瓦	可倾瓦弹性支承轴承	高速稳定性较好，特别适用于高速轻载轴承，但工艺性较差	固定瓦	斜-平面推力轴承	允许轴承有启动载荷
	可倾瓦摆动支承轴承	同可倾瓦弹性支承轴承。但工艺性较好，大、中、小型轴承均适用		阶梯面推力轴承	结构简单，用于小尺寸轴承
多油楔联合轴承	动静压联合轴承	承载能力大，温升低，功耗小，定心性和稳定性好，特别适于频繁启动的场合，工艺性差，制造较困难但瓦面结构复杂		螺旋槽推力轴承	同螺旋槽径向轴承
推力轴承					
固定瓦	多油沟推力轴承	同多油沟径向轴承。只能在轻载下使用	可倾瓦	可倾瓦弹性支承推力轴承	同可倾瓦弹性支承径向轴承
	斜面推力轴承	用于单向旋转，无启动载荷情况	联合轴承	动静压联合推力轴承	同动静压联合径向轴承

4.2 基本原理

4.2.1 基本方程

轴承的流体动力润滑微分方程（图 8-4-1）为

$$\frac{\partial}{\partial x}\left(\frac{\rho h^3}{12\eta}\times\frac{\partial p}{\partial x}\right)+\frac{\partial}{\partial z}\left(\frac{\rho h^3}{12\eta}\times\frac{\partial p}{\partial z}\right)=\frac{\partial}{\partial x}\left[\rho h\left(\frac{u_1+u_2}{2}\right)\right]+\frac{\partial}{\partial z}\left[\rho h\left(\frac{w_1+w_2}{2}\right)\right]+\rho\left(v_2-v_1-u_2\frac{\partial h}{\partial z}\right)+h\frac{\partial \rho}{\partial t} \tag{8-4-1}$$

式中，η 为润滑流体动力黏度；ρ 为流体的密度。

通常在液体润滑情况下可假定流体密度不变，为了定性分析，求出解析解，从而将式（8-4-1）进行简化。在稳定工况下，当轴瓦固定而轴运动时的速度为 v 时，式（8-4-1）可简化为

按无限宽假设得

$$\frac{d}{dx}\left(\frac{h^3}{\eta}\times\frac{dp}{dx}\right)=6v\frac{dh}{dx} \tag{8-4-2}$$

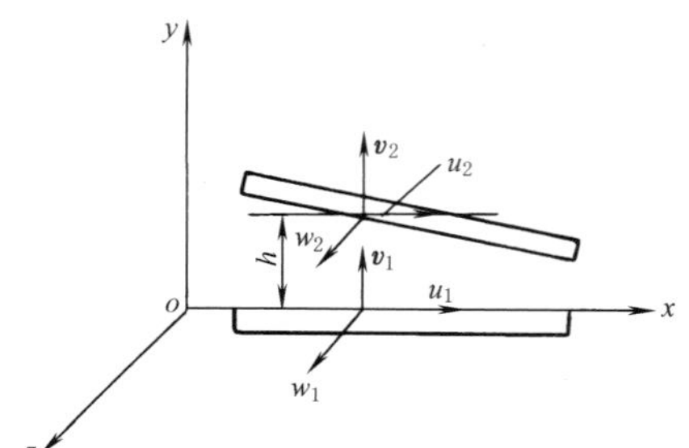

图 8-4-1 基本方程原理

径向轴承按无限窄假设得

$$\frac{\partial}{\partial z}\left(\frac{h^3}{\eta}\times\frac{\partial p}{\partial z}\right)=6v\frac{\mathrm{d}h}{\mathrm{d}x} \tag{8-4-3}$$

式（8-4-2）和式（8-4-3）的解分别见表 8-4-3 和表 8-4-4。运用现代数值计算技术可求得式（8-4-1）的较为准确的数值解。

求解式（8-4-1）、式（8-4-2）或式（8-4-3），可得轴承内的流体压力分布 p。

4.2.2 静特性计算

（1）承载能力

径向轴承承载力有两个分量（图 8-4-2），其中

$$F_x=\int_{-\frac{B}{2}}^{\frac{B}{2}}\int_{\phi_a}^{\phi_b}-p\sin\phi r\mathrm{d}\phi\mathrm{d}z \tag{8-4-4}$$

$$F_x=\int_{-\frac{B}{2}}^{\frac{B}{2}}\int_{\phi_a}^{\phi_b}-p\cos\phi r\mathrm{d}\phi\mathrm{d}z \tag{8-4-5}$$

式中，r 为轴颈半径；z 为轴向坐标；ϕ_a、ϕ_b 分别为轴瓦的起始及终止处的角度；B 为轴承的宽度。

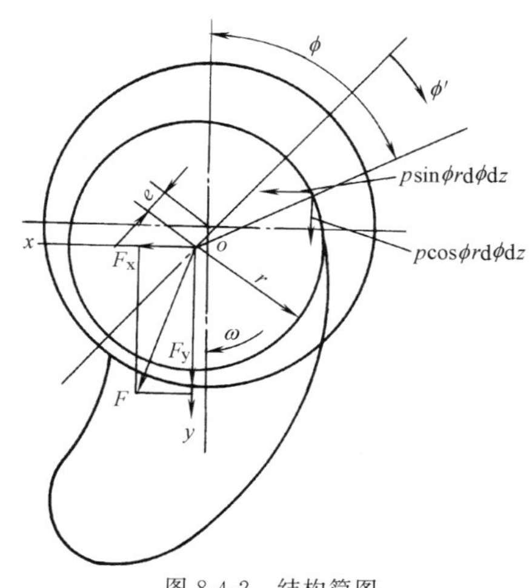

图 8-4-2 结构简图

总承载力

$$F=\sqrt{F_x^2+F_y^2} \tag{8-4-6}$$

推力轴承

$$F=N\int_{r_{in}}^{r_{out}}\int_{\phi_a}^{\phi_b}pr\mathrm{d}\phi\mathrm{d}r \tag{8-4-7}$$

式中，N 为推力轴承的瓦块数；r_{in}、r_{out} 分别为推力瓦块的内半径和外半径；ϕ_a、ϕ_b 分别为推力瓦块起始终止处的角度。

轴承的承载能力常采用无量纲轴承特性数 C_p 来表示，即径向轴承

$$C_p=\frac{F\psi^2}{2\eta r\omega B}=\frac{p_m\psi^2}{\eta\omega} \tag{8-4-8}$$

式中，ψ 为轴承的间隙比，即 $\psi=C/r$；C 为轴承的半径间隙；r 为轴颈半径；ω 为轴颈的转速；p_m 为轴承上的平均压强；$p_m=F/BD$；D 为轴承直径。

推力轴承

$$C_p=\frac{Wh_z^2}{\eta\omega B^4} \tag{8-4-9}$$

式中，h_z 为支点处的润滑膜厚度；B 为轴瓦宽度，即 $B=r_{out}-r_{in}$。

（2）摩擦阻力和功耗

1）径向轴承轴颈上的摩擦阻力

$$F_f=\int_{-\frac{B}{2}}^{\frac{B}{2}}\int_{\phi_a}^{\phi_b}\left(\eta\frac{r\omega}{h}+\frac{h}{2r}\times\frac{\partial p}{\partial\phi}\right)r\mathrm{d}\phi\mathrm{d}z \tag{8-4-10}$$

取摩擦阻力的相对单位为 $\frac{2\eta r^2\omega B}{C}$，及摩擦因数 $f=\frac{F_f}{F}$，摩擦特性系数

$$C_f=f/\psi \tag{8-4-11}$$

C_f 可分为承载区摩擦特性数 C_p 和非承载区摩擦特性数 C_t 两部分，即

$$C_f=C_p+C_t \tag{8-4-12}$$

推力轴承推力盘上的摩擦力矩

$$M_t=N\int_{r_{in}}^{r_{out}}\int_{\phi_a}^{\phi_b}\left(\frac{\eta rw}{h}+\frac{h}{2r}\times\frac{\partial p}{\partial\varphi}\right)r^2\mathrm{d}\phi\mathrm{d}r \tag{8-4-13}$$

2）功耗

径向轴承

$$N=F_f\frac{r\omega}{10200} \tag{8-4-14}$$

推力轴承

$$N=M_t\frac{\omega}{10200} \tag{8-4-15}$$

（3）流量

进入轴承的总流量

$$Q=Q_1+Q_2+Q_3=(k_{Q_1}+k_{Q_2}+k_{Q_3})2\psi r^2\omega B \tag{8-4-16}$$

式中 Q_1——承载区端泄流量；

Q_2——非承载区端泄流量；

Q_3——轴瓦供油槽两端由供油压力产生的附加流量；

k_{Q1}，k_{Q2}，k_{Q3}——分别为相应的流量系数。

对于径向轴承，k_{Q1} 的值参见图 8-4-3。

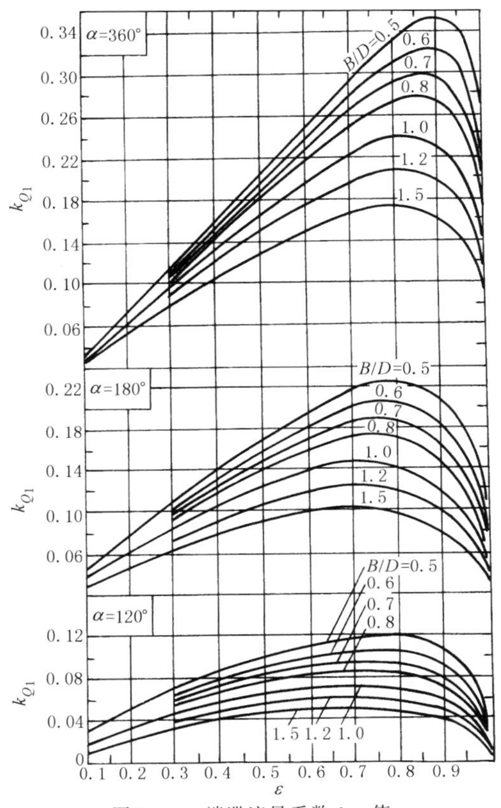

图 8-4-3　端泄流量系数 k_{Q1} 值

$$k_{Q2}=\zeta C_p\left(\frac{D}{B-b}\right)\left(\frac{D}{B-b}\right)\left(\frac{D}{B}\right)\frac{p_s}{p} \quad (8\text{-}4\text{-}17)$$

式中，p_s 为供油压力；D 为轴承直径；b 为周向油膜槽宽，见图 8-4-4。系数 ζ 可由图 8-4-5 查出。

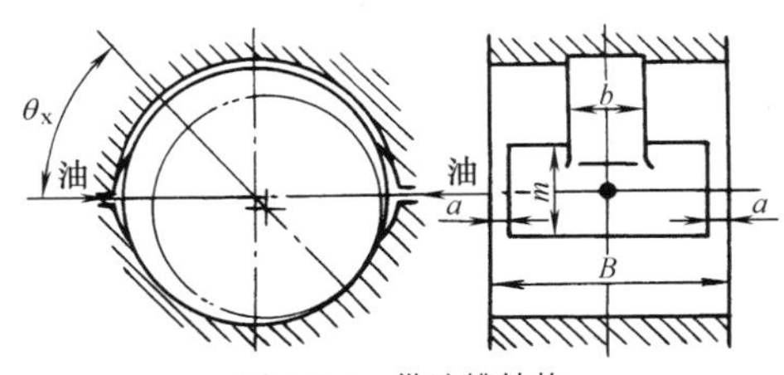

图 8-4-4　供油槽结构

在轴瓦水平中分面对称布置两个供油槽（图 8-4-4）时

$$k_{Q3}=\vartheta C_p\left(\frac{D}{B}\right)\frac{2m}{D}\left(\frac{B}{a}-z\right)\frac{p_s}{p_m} \quad (8\text{-}4\text{-}18)$$

系数 ϑ 值见图 8-4-5。

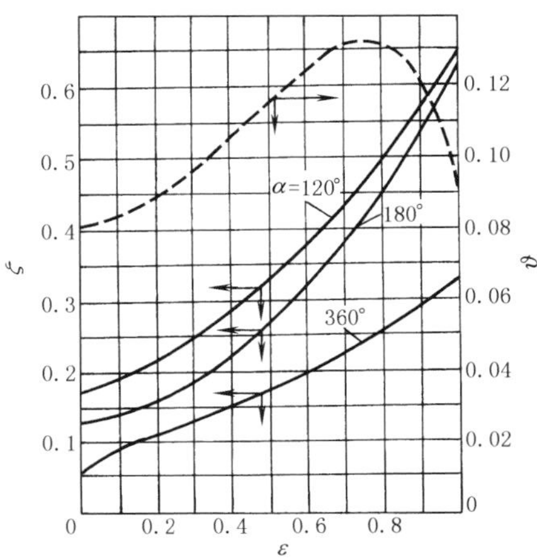

图 8-4-5　系数 ζ（实线）和 ϑ（虚线）值

在轴瓦只有一个供油槽时

$$k_{Q3}=\frac{p_s m}{3\eta\psi\omega D^2 B^2}\left(\frac{B}{a}-2\right)h^3 \quad (8\text{-}4\text{-}19)$$

$$h=\psi r(1+\varepsilon\cos\theta_x)$$

式中，θ_x 是供油槽中线的角坐标，从轴颈与轴承的连心线沿转动方向量起，见图 8-4-4。

（4）温升

设摩擦产生的热量全部由润滑油带走。且进油温度为 t_{in}，端泄油的平均温度为 t_m，则温升

$$\Delta t=t_m-t_{in} \quad (8\text{-}4\text{-}20)$$

①压力供油（矿物油）轴承，温升

$$\Delta t=590\frac{N}{Q} \quad (8\text{-}4\text{-}21)$$

②无压力供油轴承，温升

$$\Delta t=0.058\frac{C_p p_m}{k_{Q1}+Eh\psi r\omega} \quad (8\text{-}4\text{-}22)$$

式中，E 为与金属传热及润滑油比热容有关的系数，轻型结构、传热困难的轴承，$E=0.0091$；中型及一般散热条件下的轴承，$E=0.0145$；强制冷却的重型轴承，$E=0.0254$。

4.2.3　动特性计算

油膜刚度

$$\left.\begin{aligned}K_{xx}&=\frac{\partial F_x}{\partial x}=\frac{\partial}{\partial x}\int_{-\frac{B}{x}}^{\frac{B}{2}}\int_{\phi_a}^{\phi_b}-p\sin\phi r\mathrm{d}\phi\mathrm{d}z\\K_{xy}&=\frac{\partial F_x}{\partial y}=\frac{\partial}{\partial y}\int_{-\frac{B}{2}}^{\frac{B}{2}}\int_{\phi_a}^{\phi_b}-p\sin\phi r\mathrm{d}\phi\mathrm{d}z\end{aligned}\right\}$$

$$\left.\begin{aligned}K_{yx}&=\frac{\partial F_y}{\partial x}=\frac{\partial}{\partial x}\int_{-\frac{B}{2}}^{\frac{B}{2}}\int_{\phi_a}^{\phi_b}-p\cos\phi r\mathrm{d}\phi\mathrm{d}z\\K_{yy}&=\frac{\partial F_y}{\partial y}=\frac{\partial}{\partial y}\int_{-\frac{B}{2}}^{\frac{B}{2}}\int_{\phi_a}^{\phi_b}-p\cos\phi r\mathrm{d}\phi\mathrm{d}z\end{aligned}\right\}\tag{8-4-23}$$

油膜阻尼

$$\left.\begin{aligned}C_{xx}&=\frac{\partial F_x}{\partial v_x}=\frac{\partial}{\partial v_x}\int_{-\frac{B}{2}}^{\frac{B}{2}}\int_{\phi_a}^{\phi_b}-p\sin\phi r\mathrm{d}\phi\mathrm{d}z\\C_{xy}&=\frac{\partial F_x}{\partial v_y}=\frac{\partial}{\partial v_y}\int_{-\frac{B}{2}}^{\frac{B}{2}}\int_{\phi_a}^{\phi_b}-p\sin\phi r\mathrm{d}\phi\mathrm{d}z\\C_{yx}&=\frac{\partial F_y}{\partial v_x}=\frac{\partial}{\partial v_x}\int_{-\frac{B}{2}}^{\frac{B}{2}}\int_{\phi_a}^{\phi_b}-p\cos\phi r\mathrm{d}\phi\mathrm{d}z\\C_{yy}&=\frac{\partial F_y}{\partial v_y}=\frac{\partial}{\partial v_y}\int_{-\frac{B}{2}}^{\frac{B}{2}}\int_{\phi_a}^{\phi_b}-p\cos\phi r\mathrm{d}\phi\mathrm{d}z\end{aligned}\right\}\tag{8-4-24}$$

如取$\frac{\eta\omega B}{\psi^3}$为油膜刚度的相对单位，$\frac{\eta B}{\psi^3}$为油膜阻尼的相对单位，$c$ 为 x、y 的相对单位，$c\omega$ 为 v_x、v_y 的相对单位，则相应的无量纲油膜刚度、阻尼（简称油膜刚度系数、阻尼系数）分别为：

$$\left.\begin{aligned}K_{xx}&=\frac{\partial}{\partial\bar{x}}\int_{-1}^{1}\int_{\phi_a}^{\phi_b}-\bar{p}\sin\phi\mathrm{d}\phi\mathrm{d}\lambda\\C_{xx}&=\frac{\partial}{\partial\bar{v}_x}\int_{-1}^{1}\int_{\phi_a}^{\phi_b}-\bar{p}\sin\phi\mathrm{d}\phi\mathrm{d}\lambda\\K_{xy}&=\frac{\partial}{\partial\bar{y}}\int_{-1}^{1}\int_{\phi_a}^{\phi_b}-\bar{p}\sin\phi\mathrm{d}\phi\mathrm{d}\lambda\\C_{xy}&=\frac{\partial}{\partial\bar{v}_y}\int_{-1}^{1}\int_{\phi_a}^{\phi_b}-\bar{p}\sin\phi\mathrm{d}\phi\mathrm{d}\lambda\\K_{yx}&=\frac{\partial}{\partial\bar{x}}\int_{-1}^{1}\int_{\phi_a}^{\phi_b}-\bar{p}\cos\phi\mathrm{d}\phi\mathrm{d}\lambda\\C_{yx}&=\frac{\partial}{\partial\bar{v}_x}\int_{-1}^{1}\int_{\phi_a}^{\phi_b}-\bar{p}\cos\phi\mathrm{d}\phi\mathrm{d}\lambda\\K_{yy}&=\frac{\partial}{\partial\bar{y}}\int_{-1}^{1}\int_{\phi_a}^{\phi_b}-\bar{p}\cos\phi\mathrm{d}\phi\mathrm{d}\lambda\\C_{yy}&=\frac{\partial}{\partial\bar{v}_y}\int_{-1}^{1}\int_{\phi_a}^{\phi_b}-\bar{p}\cos\phi\mathrm{d}\phi\mathrm{d}\lambda\end{aligned}\right\}\tag{8-4-25}$$

以上性能计算公式均是指单瓦，如轴承为多瓦则相应轴承的性能为诸瓦之和。

4.2.4　稳定性计算

支承在动压滑动轴承上的转子，其工作角速度 ω 低于失稳角速度。

失稳角速度有两种计算方法，一是在各种角速度下，算出动特性，判断是否稳定，再计算由稳定到不稳定转变处的角速度，即失稳角速度，这种计算方法，可计入角速度改变时温度、黏度和 ε 的改变，在定量的意义上比较合理，但计算工作量大。通常用的是另一种较为简化的计算方法，此法的理论基础是：界限状态下运动方程的特征值的实部必为零（即特征值必为纯虚数）。这种方法的优点是简单易行，可用以判断稳与不稳和大致地看到稳与不稳的程度。

轴承的无量纲油膜的综合刚度 K_{eq} 为

$$K_{eq}=\frac{K_{xx}C_{yy}+K_{yy}C_{xx}-K_{xy}C_{yx}-K_{yx}C_{xy}}{C_{xx}+C_{yy}}\tag{8-4-26}$$

轴颈的涡动比

$$r_{st}=\left[\frac{(K_{eq}-K_{xx})(K_{eq}-K_{yy})-K_{xy}K_{yx}}{C_{xx}C_{yy}-C_{xy}C_{yx}}\right]^{\frac{1}{2}}\tag{8-4-27}$$

单跨转子系统的对称单质量刚性转子，失稳角速度 ω_s

$$\omega_s=\frac{\eta B}{M\psi^3}\times\frac{K_{eq}}{r_{st}^2}\tag{8-4-28}$$

单跨转子系统的对称单质量弹性转子，失稳角速度 ω_s

$$\omega_s=\frac{-M\omega_k^2}{2K_{eq}\frac{\eta B}{\psi^3}}+\omega_k\sqrt{\left(\frac{M\omega_k}{2K_{eq}\frac{\eta B}{\psi^3}}\right)^2+\frac{1}{r_{st}^2}}\tag{8-4-29}$$

式中，M 为转子总质量 $M_{总}$ 分配至该轴承上的质量，对于对称转子，$M=\frac{M_{总}}{2}$；K_{eq}为有量纲油膜综合刚度；$\omega_k=\sqrt{\frac{K}{M}}$（$K$ 为转子总刚度分配至该轴承上的刚度）。

4.3　典型轴承的性能曲线及计算示例

（1）径向圆轴承的示意图与几何关系（见图 8-4-6 和表 8-4-2）

（2）无限宽径向轴承性能计算（见表 8-4-3）

（3）无限窄径向轴承性能计算（见表 8-4-4）

例 1　设计液体动压润滑圆轴承。

已知：轴承直径 $D=30$cm，载荷 $W=65000$N，转速 $n=3000$r/min，轴承为自动调心式，在水平中分面两侧供油，进油温度控制在 40℃左右。

设计计算步骤见表 8-4-5。

图 8-4-7 为不同长径比情况下圆轴承的性能参数关系曲线。

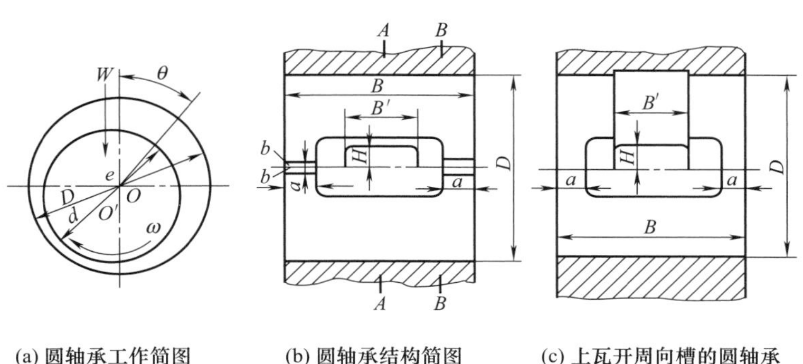

(a) 圆轴承工作简图　(b) 圆轴承结构简图　(c) 上瓦开周向槽的圆轴承

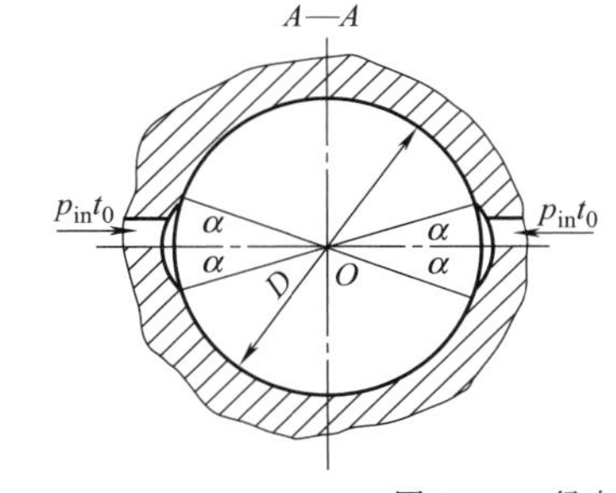

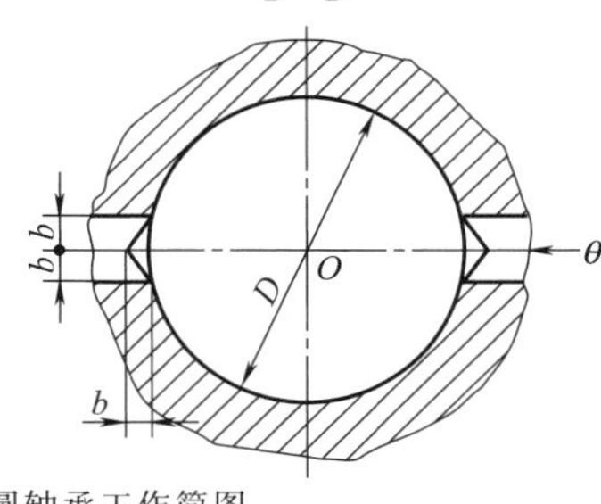

图 8-4-6　径向圆轴承工作简图

表 8-4-2　**径向圆轴承的示意图与几何关系**

示　意　图	名称	符号及公式
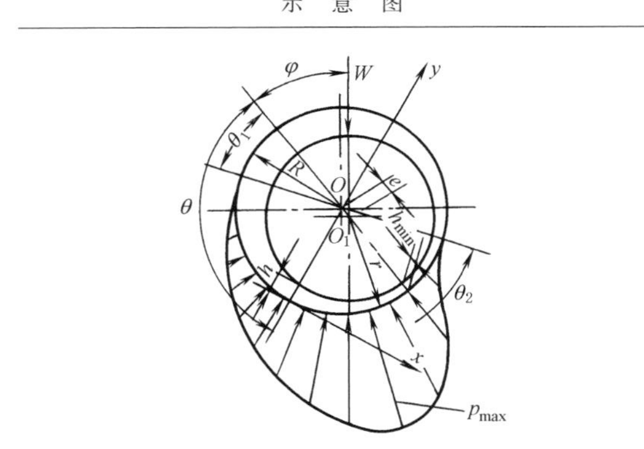	半径间隙	$c=R-r$
	间隙比	$\psi=c/r$
	偏心距	e
	偏心率	$\varepsilon=e/c$
	油膜厚度	$h=c(1+\varepsilon\cos\theta)$
	轴瓦包角	α
	偏位角	φ

表 8-4-3　**无限宽径向轴承（宽径比 $B/D>2$）性能计算**

项　目	计　算　公　式
任意点压强	$p=6\dfrac{\eta\omega}{\psi^2}\times\dfrac{1}{(1-e^2)^{\frac{3}{2}}}\left\{\beta-e\sin\beta-\dfrac{(2+e^2)\beta-4e\sin\beta+e^2\sin\beta\cos\beta}{2[1+e\cos(\beta_2-\pi)]}\right\}$　(1)
平均压强	$p_m=\dfrac{\eta\omega}{\psi^2}\times\dfrac{3}{2(1-e^2)^{\frac{1}{2}}[1+\varepsilon\cos(\beta_2-\pi)]}\left\{\dfrac{\varepsilon^2[1+\cos(\beta_2-\pi)]^4}{(1-\varepsilon^2)}+4[\beta_2\cos(\beta_2-\pi)-\sin(\beta_2-\pi)]\right\}^{\frac{1}{2}}$　(2)
轴承承载能力系数	$C_p=\left(\dfrac{p_m\psi^2}{\eta\omega}\right)=\dfrac{3}{2(1-\varepsilon^2)^{\frac{1}{2}}\ [1+\varepsilon\cos(\beta_2-\pi)]}\left\{\dfrac{\varepsilon^2[1+\cos(\beta_2-\pi)]^4}{(1-\varepsilon^2)}+4[\beta_2\cos(\beta_2-\pi)-\sin(\beta_2-\pi)]^2\right\}^{\frac{1}{2}}$　(3)

续表

项目		计算公式	
载荷		$W=p_{\mathrm{m}}BD=\dfrac{\eta\omega BD}{\psi^2}C_{\mathrm{p}}$	(4)
摩擦力	承载区	$F=\dfrac{\eta\omega}{\psi}\times\dfrac{BD}{2(1-\varepsilon^2)^{\frac{1}{2}}[1+\varepsilon\cos(\beta_2-\pi)]}[\beta_2-4\varepsilon\beta_2\cos(\beta_2-\pi)-3\varepsilon\sin(\beta_2-\pi)]$	(5)
	非承载区	$F'=\xi\pi\eta r\omega B/\psi$	(6)
摩擦阻力系数	承载区	$\dfrac{f}{\psi}=\dfrac{\beta_2}{2(1-\varepsilon^2)^{\frac{1}{2}}C_{\mathrm{p}}}+\dfrac{\varepsilon\sin\phi}{2}$	(7)
	非承载区	$\dfrac{f'}{\psi}=\dfrac{\pi\xi}{2}C_{\mathrm{p}}$	(8)
	偏位角	$\tan\varphi=\dfrac{-2(1-e^2)^{\frac{1}{2}}[\sin(\beta_2-\pi)-\beta_2\cos(\beta_2-\pi)]}{\varepsilon[1+\cos(\beta_2-\pi)]^2}$	(9)

β 和 β_2

β 是积分代换角坐标，与 θ 的关系为 $\cos\beta=\dfrac{\varepsilon+\cos\theta}{1+\varepsilon\cos\theta}$；$\beta_2$ 是与 θ_2 对应的 β 值，此值由图(b)确定。系数 ξ 值选取：$\alpha=120°$ 时，$\xi=4/3$；$\alpha=180°$ 时，$\xi=1$；$\alpha=360°$ 时见图(a)。α 为轴承包角

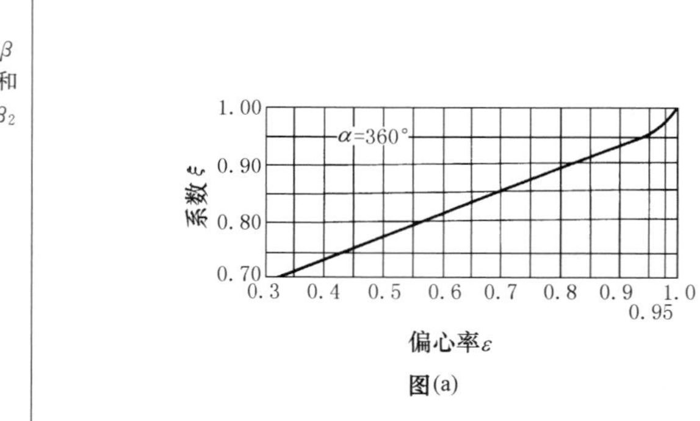

图(a)

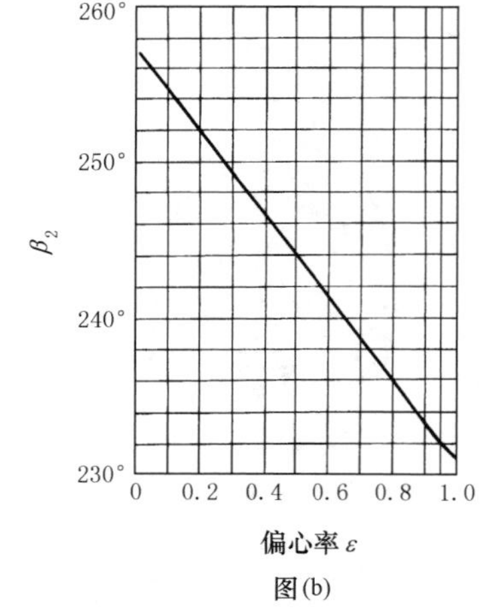

图(b)

表 8-4-4　　无限窄径向轴承（宽径比 $B/D<0.4$）性能计算

项目	计算公式	
任意点的压强	$p=\dfrac{3\eta\omega}{c^2}\left(\dfrac{B^2}{4}-z^2\right)\dfrac{\varepsilon\sin\theta}{(1+\varepsilon\cos\theta)^3}$	(1)
平均压强	$p_{\mathrm{m}}=\dfrac{\eta\omega}{\psi^2}\left(\dfrac{B}{D}\right)^2\dfrac{\varepsilon}{2(1-\varepsilon^2)^2}[\pi^2(1-\varepsilon^2)+16\varepsilon^2]^{\frac{1}{2}}$	(2)
轴承特性数（无量纲）	$\left(\dfrac{p_{\mathrm{m}}\psi^2}{\eta\omega}\right)=\left(\dfrac{B}{D}\right)^2\dfrac{\varepsilon}{2(1-\varepsilon)^2}[\pi^2(1-\varepsilon^2)+16\varepsilon^2]^{\frac{1}{2}}$	(3)

续表

<table>
<tr><th colspan="2">项　目</th><th>计 算 公 式</th></tr>
<tr><td colspan="2">载　荷</td><td>$W=BDp_m=BD\frac{\eta\omega}{\psi^2}\left(\frac{p_m\psi^2}{\eta\omega}\right)$　(4)</td></tr>
<tr><td rowspan="2">摩擦力</td><td>承载区</td><td>$F=\frac{\eta\omega}{\psi}\times\frac{\pi BD}{2(1+\varepsilon)(1-\varepsilon)^{\frac{1}{2}}}$　(5)</td></tr>
<tr><td>非承载区</td><td>$F'=\frac{\eta\omega}{\psi}\times\frac{\pi BD}{2(1+\varepsilon)(1-\varepsilon^2)^{\frac{1}{2}}}=\frac{1}{1+\varepsilon}F$　(6)</td></tr>
<tr><td rowspan="2">摩擦阻力系数</td><td>承载区</td><td>$\frac{f}{\psi}=\frac{\pi(1-\varepsilon^2)^{3/2}}{\varepsilon\left[\pi^2(1-\varepsilon^2)+16\varepsilon^2\right]^{\frac{1}{2}}}\left(\frac{D}{B}\right)^2$　(7)</td></tr>
<tr><td>非承载区</td><td>$\frac{f'}{\psi}=\frac{\pi(1-\varepsilon^2)^{3/2}}{\varepsilon(1+\varepsilon)\left[\pi^2(1-\varepsilon^2)+16\varepsilon^2\right]^{\frac{1}{2}}}\left(\frac{D}{B}\right)^2=\frac{1}{1+\varepsilon}\times\frac{f}{\psi}$　(8)</td></tr>
<tr><td colspan="2">偏位角</td><td>$\tan\varphi=\frac{\pi}{4}\times\frac{(1-\varepsilon^2)^{\frac{1}{2}}}{\varepsilon}$　(9)</td></tr>
<tr><td rowspan="2">承载区</td><td>流量</td><td>$Q_1=vBc\varepsilon$　(10)</td></tr>
<tr><td>流量系数</td><td>$\frac{Q_1}{\psi vBD}=\frac{\varepsilon}{2}$　(11)</td></tr>
</table>

注：z 为轴承宽度方向的坐标，原点取在轴承宽度的中点。

表 8-4-5　圆轴承设计计算步骤

已知参数	轴承载荷 $W=65000\text{N}$ 轴承直径 $D=30\text{cm}$ 工作转速 $n=3000\text{r/min}$ 进油温度 $T_{in}=40℃$ 供油压力 $p_s=10\text{N/cm}^2$
选定参数	轴承的宽径比 $B/D=0.8$ 供油槽宽度 $m=(0.2\sim0.25)D=6\text{cm}$ 阻油边宽度 $a=0.05D=1.5\text{cm}$ 间隙比 $\psi=0.002$ 润滑油为 ISO N32 号汽轮机油 平均油温 $t_m=56℃$ 在 t_m 下润滑油的黏度 $\eta=15\times10^{-7}\text{N}\cdot\text{s/cm}^2$ 轴颈表面粗糙度取 $Ra\,0.8\mu\text{m}$ 轴瓦表面粗糙度取 $Ra\,1.6\mu\text{m}$
计算参数	轴承宽度 $B=(B/D)\times D=24\text{cm}$ 轴颈角速度 $\omega=2\pi n/60=314\text{rad/s}$ 半径间隙 $c=\psi\times D/2=0.03\text{cm}$ 平均压强 $p_m=\frac{W}{BD}=90\text{N/cm}^2$ 轴承承载能力系数 $C_p=\left(\frac{2p_m\psi^2}{\eta\omega}\right)=0.152$ 轴承的偏心率 $\varepsilon=0.55$，根据轴承承载能力系数查图 8-4-7(a)得出 最小油膜厚度 $h_{min}=c(1-\varepsilon)=0.0135\text{cm}$ 轴颈表面不平度平均高度 $R_1=0.00032\text{cm}$ 轴瓦表面不平度平均高度 $R_2=0.00063\text{cm}$ 许用最小油膜厚度$[h_{min}]=0.00143\text{cm}$，取 $S=1.5$ 由表 8-4-13 中式(8-4-30)算出 承载区摩擦阻力系数 $C_f=f/\psi=4.1$，根据轴承的偏心率 ε 查图 8-4-7(c)得出 非承载区摩擦阻力系数 $C_t=\frac{f'}{\psi}=\frac{\pi}{2}C_p=2.07$ 功耗 $N=38\text{kW}$，由式(8-4-14)算出

续表

计算参数	承载区流量系数 $k_{Q1}=0.148$，根据轴承的偏心率 ε 查图 8-4-7(b)得出 流量系数 $\xi=0.29$，根据 ε 查图 8-4-8 得出 非承载区流量系数 $k_{Q2}=0.038$ 由式(8-4-17)算出 流量系数 $\vartheta=0.12$，根据 ε 查图 8-4-5 得出 供油槽泄流量系数 $k_{Q3}=0.0443$，由式(8-4-18)和式(8-4-19)算出 总流量 $Q=1560\text{cm}^3/\text{s}$，由式(8-4-16)算出 润滑油温升 $\Delta t=t_m-\Delta t=14.4℃$，由式(8-4-20)算出 该轴承的油膜刚度系数 K_{xx}、K_{xy}、K_{yx}和 K_{yy}及油膜阻尼系数 C_{xx}、C_{xy}、C_{yx}和 C_{yy}，可根据 ε 查图 8-4-7(e)～(k)得出，则该轴承的油膜刚度系数和油膜阻尼系数为 $K_{xx}=1.8\times1.413\times10^6=2.5\times10^6\text{N/cm}$ $K_{xy}=-0.56\times1.413\times10^6=1.1\times10^6\text{N/cm}$ $K_{yx}=5.1\times1.413\times10^6=7.2\times10^6\text{N/cm}$ $K_{yy}=4.8\times1.413\times10^6=6.8\times10^6\text{N/cm}$ $C_{xx}=2.4\times4.5\times10^3=1.1\times10^4\text{N}\cdot\text{s/cm}$ $C_{xy}=2.5\times4.5\times10^3=1.15\times10^4\text{N}\cdot\text{s/cm}$ $C_{yx}=2.5\times4.5\times10^3=1.15\times10^4\text{N}\cdot\text{s/cm}$ $C_{yy}=10.4\times4.5\times10^3=4.7\times10^4\text{N}\cdot\text{s/cm}$
校核设计结果	要求条件 $h_{min}\geqslant[h_{min}]$ 校核进油温度 $t=44℃$ 均满足要求

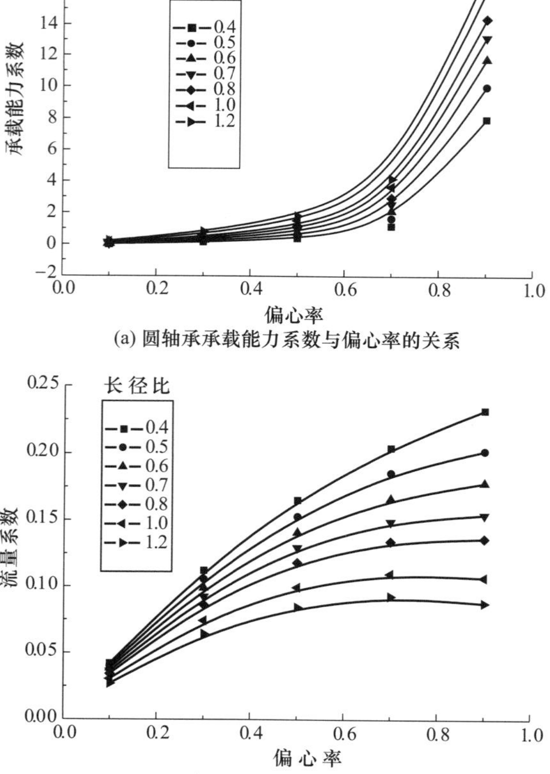

(a) 圆轴承承载能力系数与偏心率的关系

(b) 圆轴承流量系数与偏心率的关系

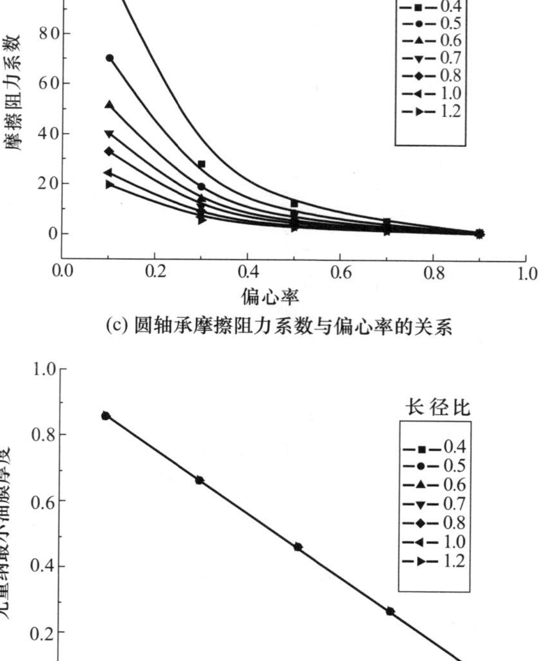

(c) 圆轴承摩擦阻力系数与偏心率的关系

(d) 圆轴承无量纲最小油膜厚度与偏心率的关系

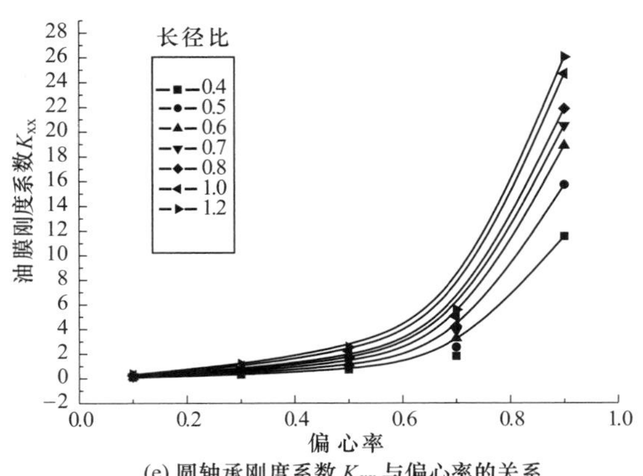

(e) 圆轴承刚度系数K_{xx}与偏心率的关系

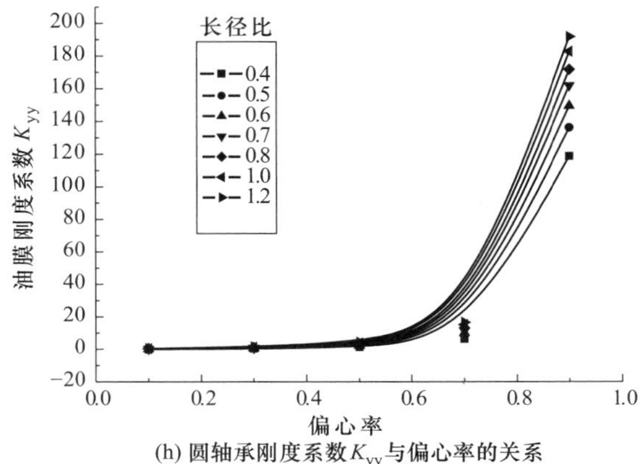

(h) 圆轴承刚度系数K_{yy}与偏心率的关系

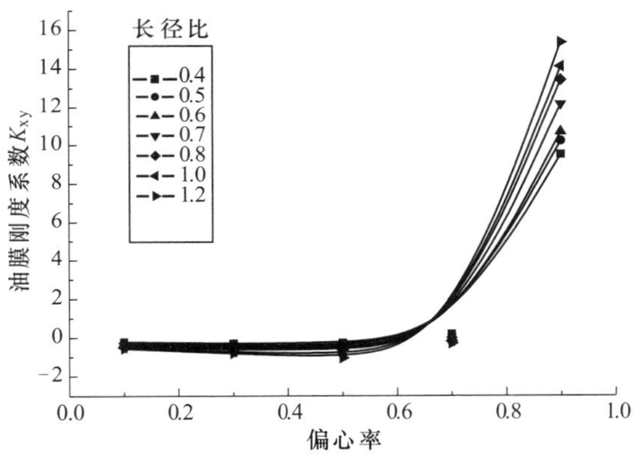

(f) 圆轴承刚度系数K_{xy}与偏心率的关系

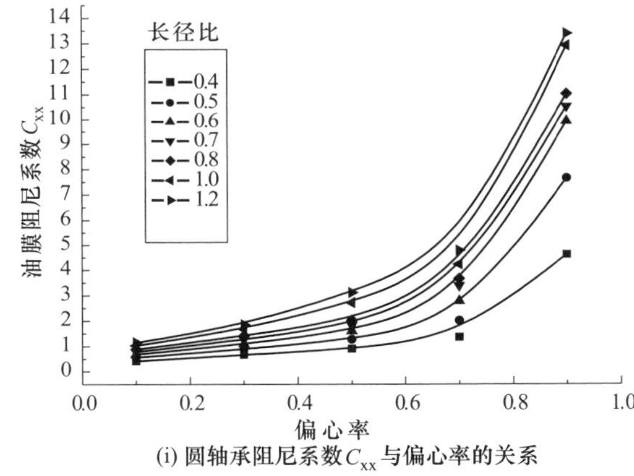

(i) 圆轴承阻尼系数C_{xx}与偏心率的关系

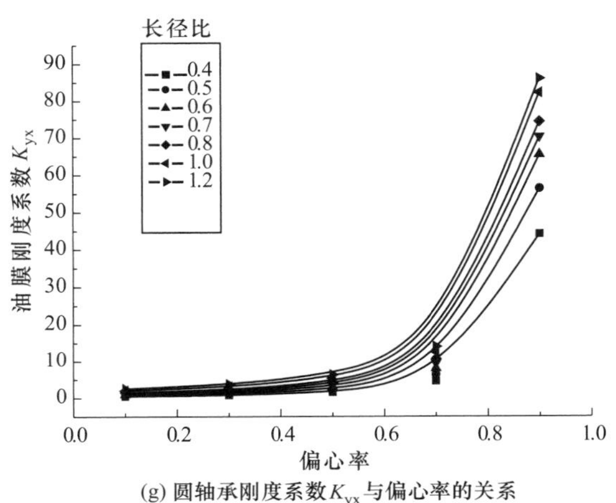

(g) 圆轴承刚度系数K_{yx}与偏心率的关系

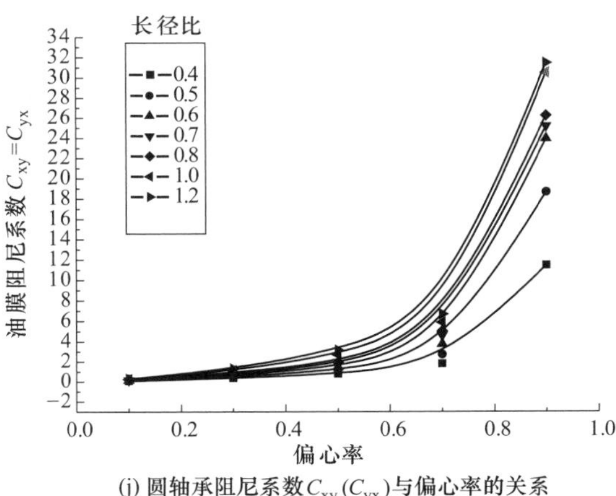

(j) 圆轴承阻尼系数C_{xy}(C_{yx})与偏心率的关系

图 8-4-7

第8篇

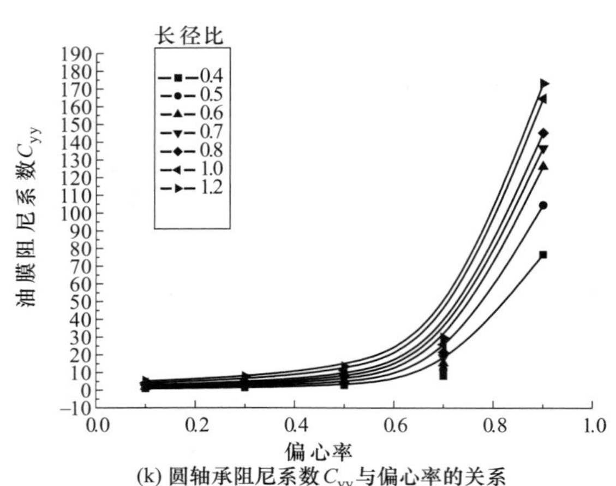

图 8-4-7 不同长径比情况下圆轴承的性能参数关系曲线

（4）单油楔径向圆轴承的性能计算

例 2 设计汽轮机转子的液体动压润滑轴承。已知：轴承直径 $D=30\text{cm}$，载荷 $W=65000\text{N}$，转速$n=3000\text{r/min}$，轴承为自动调心式，在水平中分面两侧供油，进油温度控制在 40℃左右。

计算结果见表 8-4-6。方案 1 温升过高，应采用方案 2。

（5）椭圆轴承的性能计算

例 3 设计汽轮机转子的椭圆轴承（图 8-4-11）。已知：轴承直径$D=300\text{mm}$，载荷 $W=65000\text{N}$，转速 $n=3000\text{r/min}$；在水平中分面两侧供油，供油压力 $p_s=10\text{N/cm}^2$，进油温度控制在 40℃左右。

计算结果见表 8-4-7。

第8篇

表 8-4-6 **单油楔径向圆轴承性能计算**

计算项目	单位	计算公式及说明	结果	
			方案 1	方案 2
轴承载荷 W	N	已知	65000	
轴承直径 D	cm	已知	30	
直径比 B/D		选定	0.8	
轴承宽度 B	cm	$B=\left(\frac{B}{D}\right)D$	24	
转速 n	r/min	已知	3000	
角速度 ω	s^{-1}	$\omega=2\pi n/60$	314	
相对间隙 ψ		选定	0.0015	0.002
半径间隙 c	cm	$c=\frac{\psi D}{2}$	0.0225	0.03
平均压强 p_m	N/cm^2	$p_m=\frac{W}{BD}$	≈90	
润滑油牌号		选定	ISO-N32	
平均油温 t_m	℃	预选	56	
在 t_m下的油黏度 η	$\text{N}\cdot\text{s/cm}^2$	查有关资料	15×10^{-7}	
轴承承载能力系数 $\left[\frac{p_m\psi^2}{\eta\omega}\right]$			0.43	0.76
偏心率 ε		查图 8-4-8	0.395	0.55
最小油膜厚度 h_{min}	cm	$h_{min}=c(1-\varepsilon)$	0.0136	0.0135
轴颈表面粗糙度		按使用要求定	$Ra\,0.8\mu\text{m}$	
轴颈表面不平度平均高度 R_1	cm		0.00032	
轴瓦表面粗糙度		按使用要求定	$Ra\,1.6\mu\text{m}$	
轴瓦表面不平度平均高度 R_2	cm		0.00063	
轴颈挠度 y_1	cm	表 8-4-13 中式(8-4-31)	0	
轴颈偏移量 y_2	cm	表 8-4-13 中式(8-4-32)	0	

续表

计算项目	单位	计算公式及说明	结果	
			方案 1	方案 2
许用最小油膜厚度$[h_{min}]$	cm	表 8-4-13 中式(8-4-30)	0.00143(取 $S=1.5$)	
核对条件 $h_{min}\geqslant[h_{min}]$			通过	通过
承载区摩擦阻力数 f/ψ		查图 8-4-8	5	3.1
系数 ζ		根据轴承包角确定	1	1
非承载区摩擦阻力数$\dfrac{f'}{\psi}$		表 8-4-3 中式(8)	3.65	2.07
功耗 N	kW	式(8-4-14)	38.9	31
承载区流量系数 k_{Q1}		查图 8-4-3	0.114	0.148
供油压力 p_s	N/cm^2	按使用要求定	10	10
系数 ζ		查图 8-4-5	0.23	0.29
非承载区流量系数 k_{Q2}		式 (8-4-17)	0.0164	0.038
系数 ϑ		查图 8-4-5	0.105	0.12
供油槽宽度 m	cm	$m=(0.2\sim0.25)D$	6	
阻油槽宽度 α	cm	$\alpha=0.05D$	1.5	
槽泄流量系数 k_{Q3}		式(8-4-18)、式(8-4-19)	0.219	0.0443
总流量 Q	cm^3/s	式(8-4-16)	775	1560
润滑油温升 Δt	℃	式(8-4-20)、式(8-4-21)	29.6	11.7
校核进油温度 t_1	℃	$t_1=t_m-\Delta t$	26.4	44

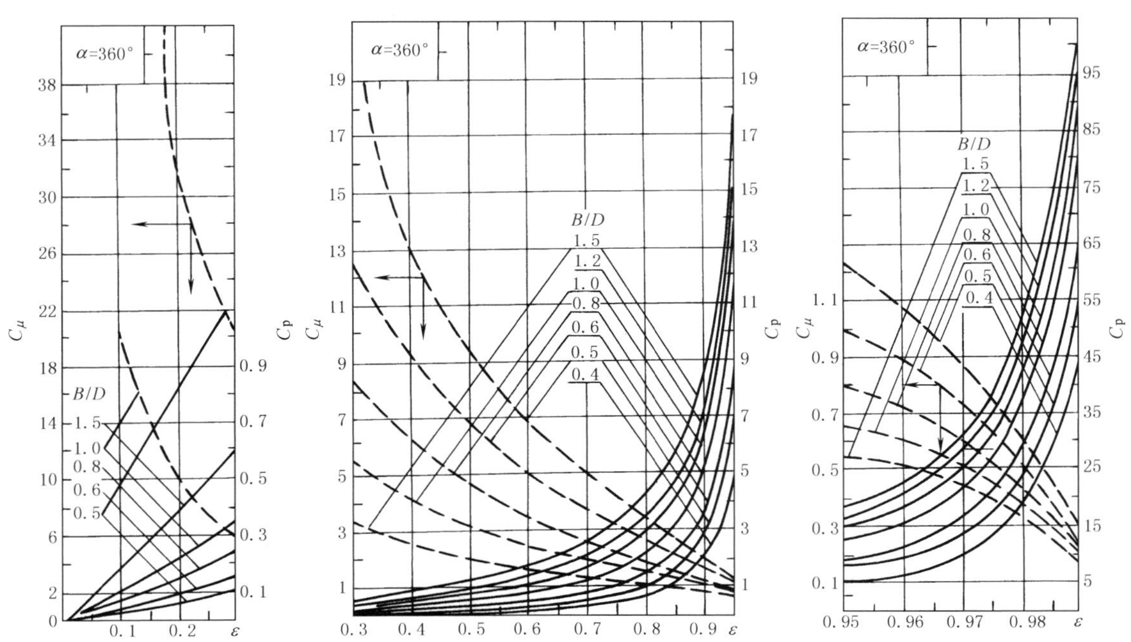

(a)

图 8-4-8

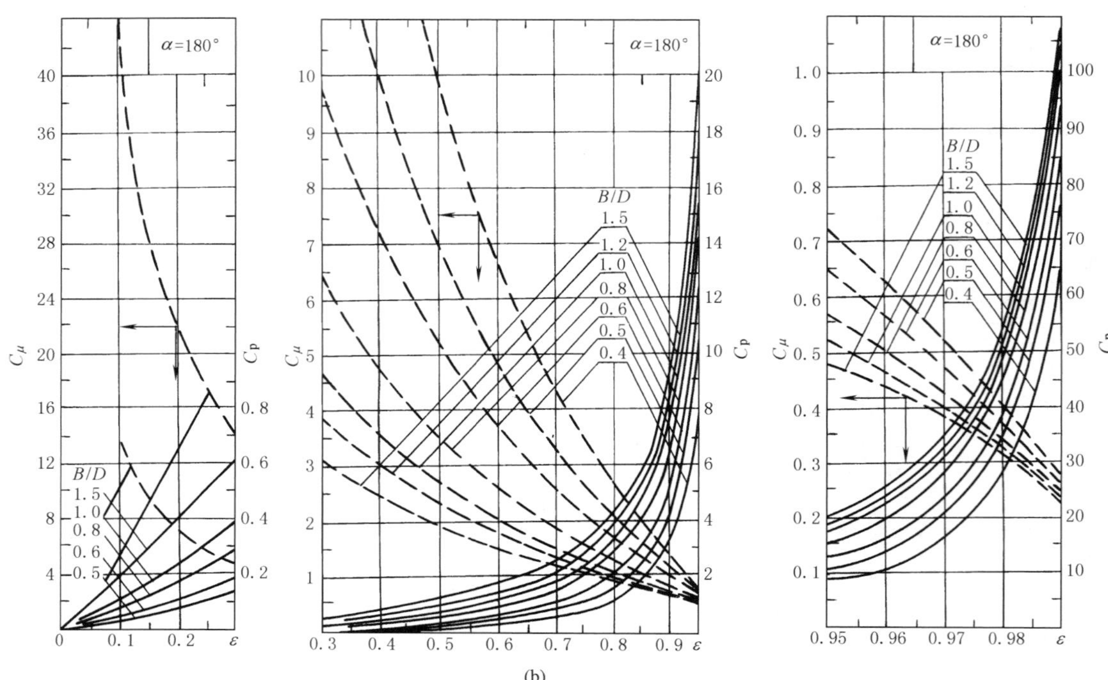

(b)

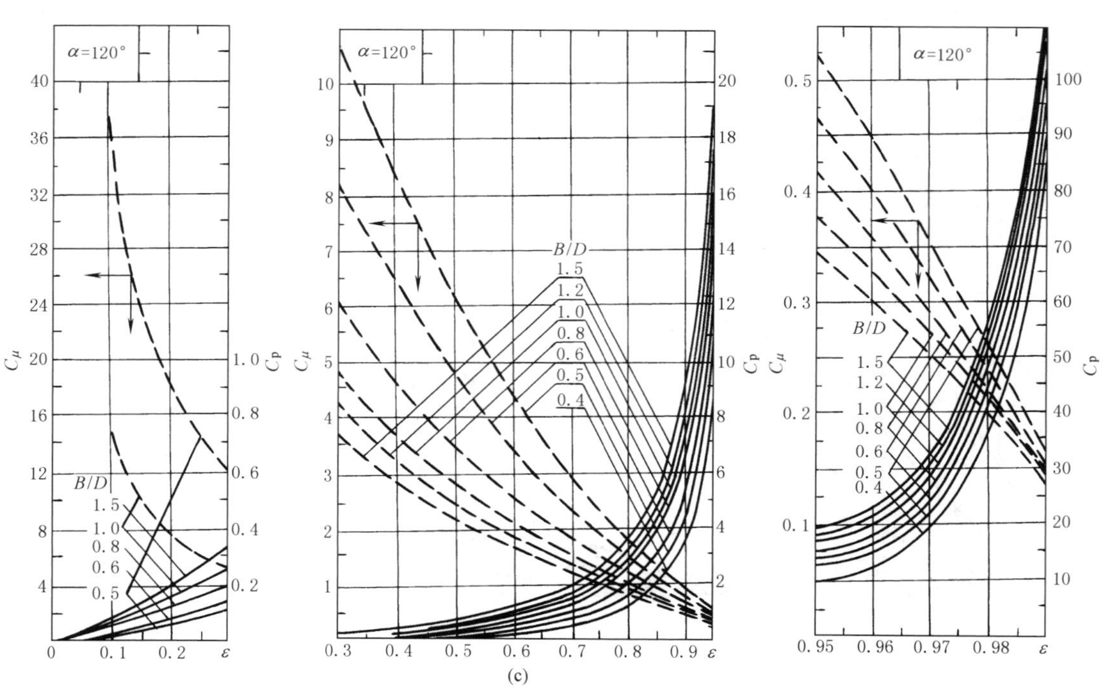

(c)

图 8-4-8　C_p-ε（实线）、C_μ-ε（虚线）关系曲线

表 8-4-7　**椭圆轴承的性能计算**

计　算　项　目	单位	计算公式及说明	结果
载荷 W	N	已知	65000
转速 n	r/min	已知	3000
轴承直径 D	cm	已知	30
轴承宽径比 B/D		选定	1
轴承宽度	cm	$B=(B/D)D$	30
平均压强 p_m	N/cm²	$p_m=\dfrac{W}{BD}$	72.2
轴颈角速度 ω	s^{-1}	$\omega=\dfrac{n\pi}{30}$	314
椭圆度 Ψ/Ψ^*		选定	2
顶隙比 Ψ^*		选定	0.0015
侧隙比 Ψ		$\Psi=(\Psi/\Psi^*)\Psi^*$	0.0030
顶隙 c^*	cm	$c^*=\Psi^* D/2$	0.0225
侧隙 c	cm	$c=\Psi D/2$	0.0450
润滑油牌号		选定	ISO-N32
轴承平均油温 t_m	℃	选定	50
油在 t_m时的黏度 η	N·s/cm²	查有关资料	20×10^{-7}
轴承承载能力系数$\left(\dfrac{p_m\Psi^2}{\eta\omega}\right)$			1.035
相对偏心率 ε_i		查图 8-4-9	0.6
最小油膜厚度 h_{min}	cm	$h_{min}=(1-\varepsilon_i)c$	0.018 （大于许用值）
流量系数 k_{Q1}		查图 8-4-9	0.44
承载区端泄流量 Q_1	cm³/s	$Q_1=0.125\omega BD^2\Psi k_{Q1}$	1400
油槽侧量流量 k_{Q3}		查图 8-4-10	0.915
油槽侧泄流量 Q_3	cm³/s	$Q_3=0.3\dfrac{p_s c^3}{\eta}k_{Q3}$	125
总流量 Q	cm³/s	$Q=Q_1+Q_3$	1525
功耗系数 k_N		查图 8-4-10	6.5
功耗 N	kW	$N=\dfrac{k_N\eta D^2\omega^2 B}{4.08\times10^4\Psi}$	≈28
润滑油温升 Δt	℃	$\Delta t=590\dfrac{N}{Q}$	10.8
校核进油温度 t_1	℃	$t_1=t_m-\Delta t$	39.2

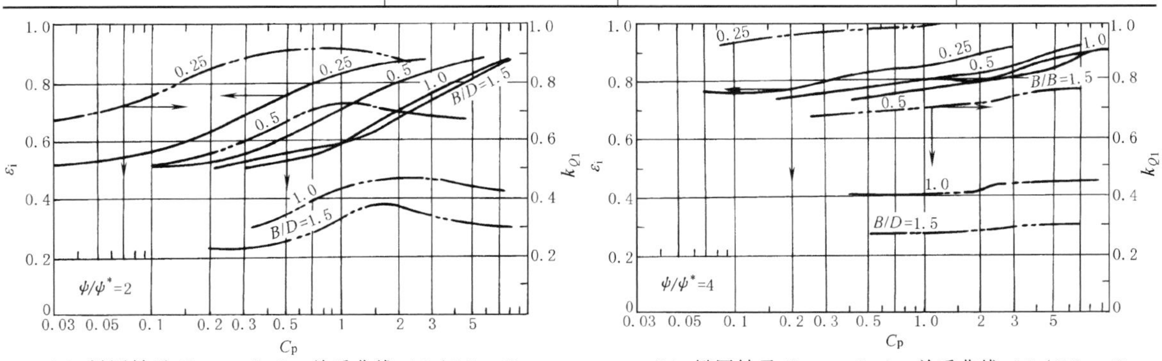

(a) 椭圆轴承 C_p-ε_i、C_p-k_{Q1}关系曲线（$\Psi/\Psi^*=2$）
（C_p-ε_i 查实线、C_p-k_{Q1}查双点画线）

(b) 椭圆轴承 C_p-ε_i、C_p-k_{Q1}关系曲线（$\Psi/\Psi^*=4$）
（C_p-ε_i 查实线、C_p-k_{Q1}查双点画线）

图 8-4-9　椭圆轴承 C_p-ε_i、C_p-k_{Q1}关系曲线

ε_i—两偏心率中的大者；k_{Q1}—流量系数

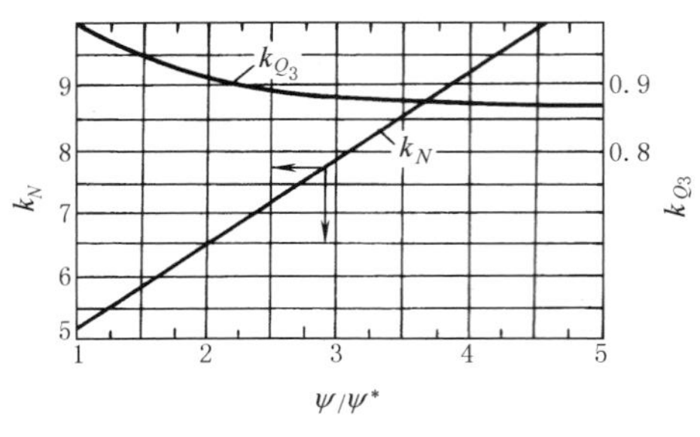

图 8-4-10　椭圆轴承的流量系数 k_{Q3} 和功耗系数 k_N

图 8-4-11 为椭圆轴承的结构与工作简图。椭圆轴承常用的椭圆度一般在 0.5～0.7 之间。图 8-4-12 为椭圆度 $\delta=0.5$ 时椭圆轴承的性能参数曲线。

例 4　设计流体动压润滑三油叶轴承

已知条件：轴承直径 $D=10\text{cm}$，载荷 $F=5200\text{N}$，转速 $n=10000\text{r/min}$；进油温度控制在 60℃左右。

三油叶轴承的椭圆比 $\delta=e'/c$，其中 e' 是瓦块圆弧中心到轴承几何中心的距离，见图 8-4-13。

三油叶轴承的椭圆比一般为 $\delta=0.5\sim0.75$。图 8-4-14 为 $\delta=0.5$ 时的三油叶轴承的性能曲线。

计算结果见表 8-4-8。

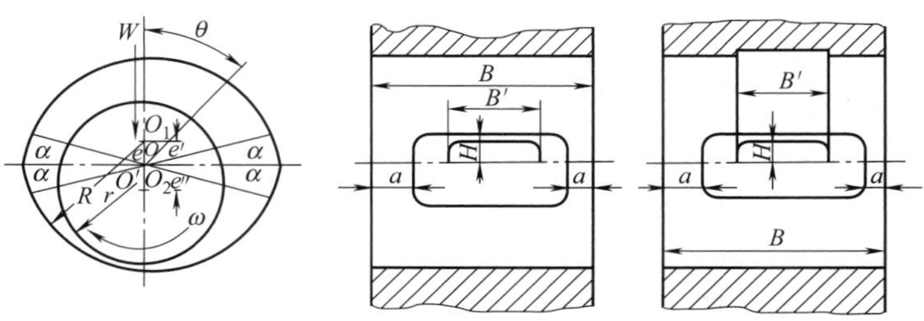
(a) 椭圆轴承工作简图　(b) 椭圆轴承结构简图　(c) 上瓦开周向槽的椭圆轴承

图 8-4-11　椭圆轴承的结构与工作简图

$B'=(0.3\sim0.6)B$；$H=(0.07\sim0.1)D$；$a=(0.05\sim0.06)D$；$\alpha=15°$；

注：1. 进油槽宽度可取 $=B'$ 或 $\neq B'$。

2. 对图（c）可采用单侧进油。

3. 三角排油沟可开可不开。

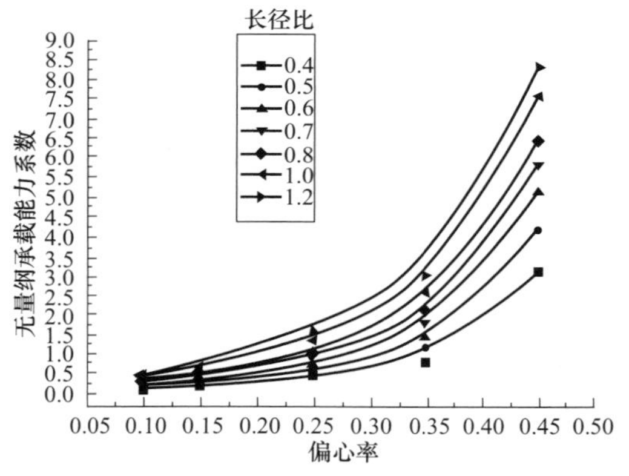

(a) 椭圆轴承(δ=0.5)无量纲承载能力系数与偏心率的关系

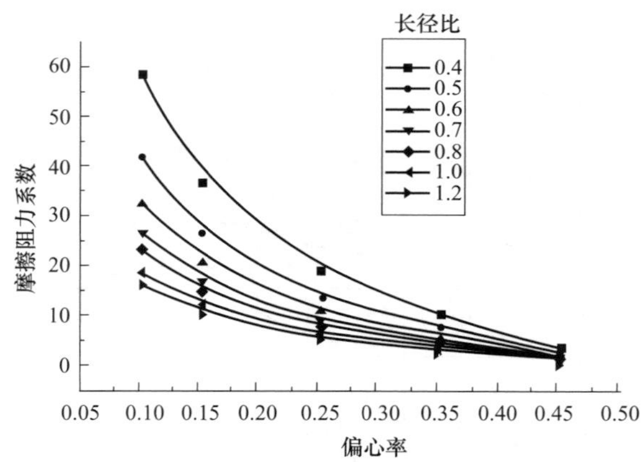

(b) 椭圆轴承(δ=0.5)摩擦阻力系数与偏心率的关系

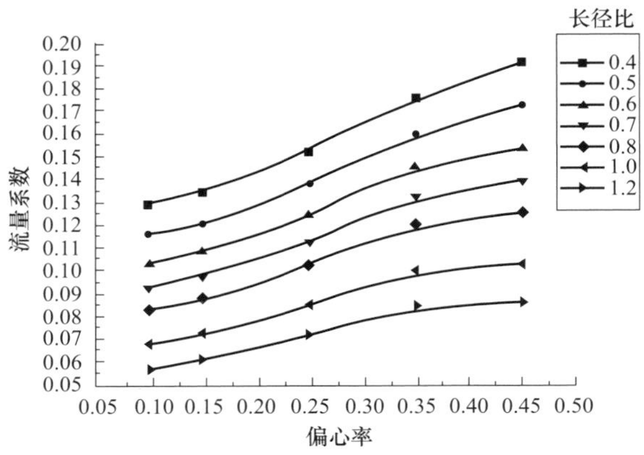

(c) 椭圆轴承(δ=0.5)流量系数与偏心率的关系

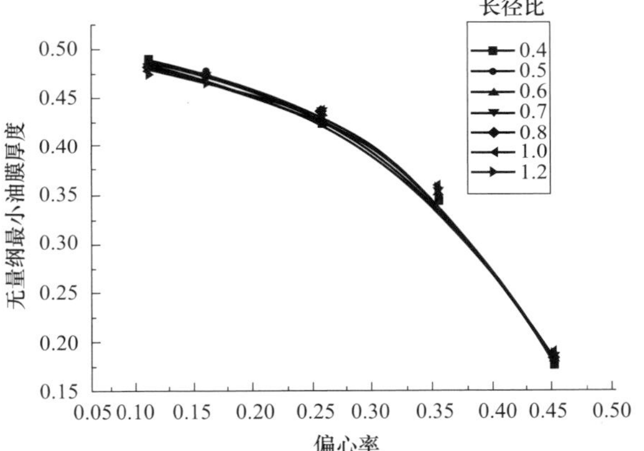

(d) 椭圆轴承(δ=0.5)无量纲最小油膜厚度与偏心率的关系

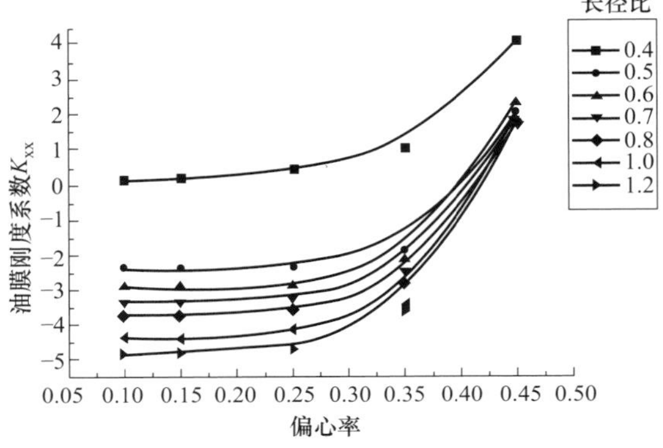

(e) 椭圆轴承(δ=0.5)刚度系数 K_{xx}与偏心率的关系

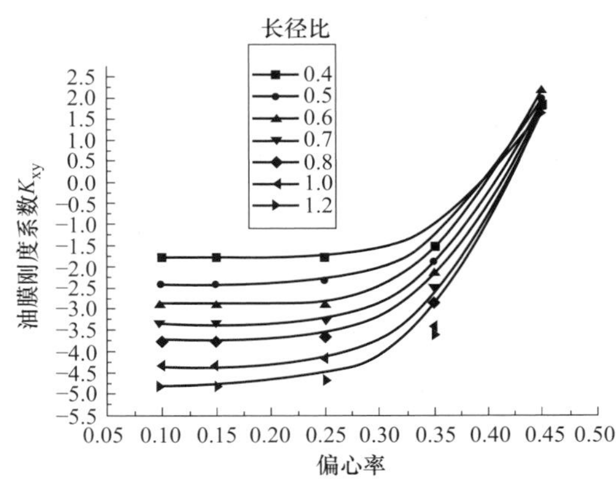

(f) 椭圆轴承(δ=0.5)刚度系数 K_{xy}与偏心率的关系

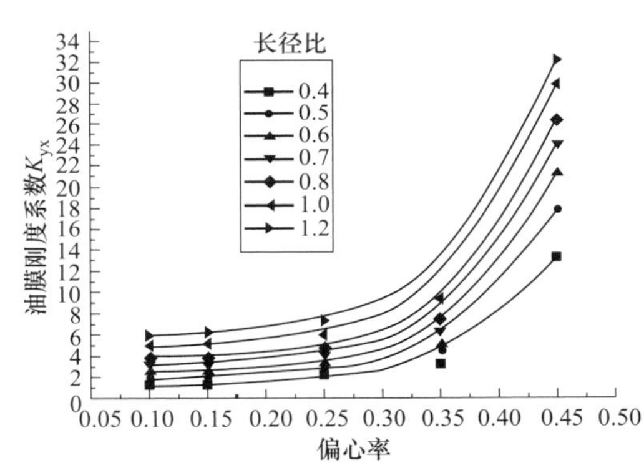

(g) 椭圆轴承(δ=0.5)刚度系数 K_{yx}与偏心率的关系

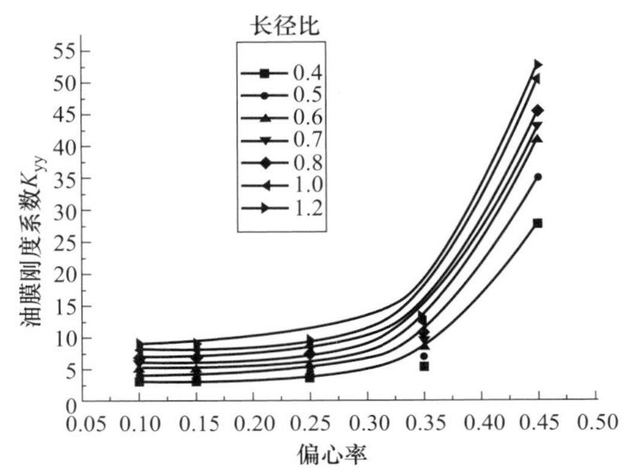

(h) 椭圆轴承(δ=0.5)刚度系数 K_{yy}与偏心率的关系

图 8-4-12

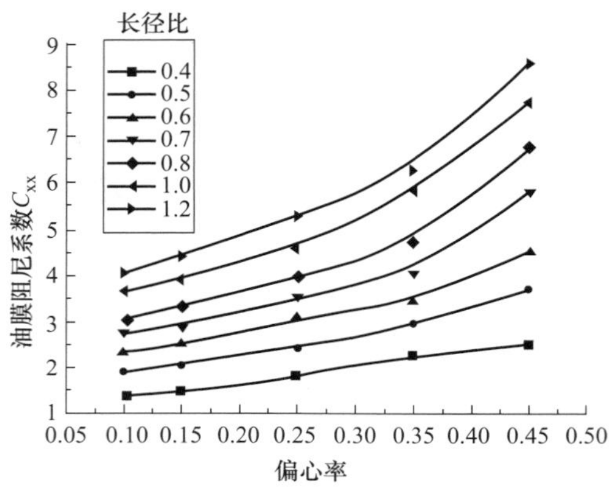

(i) 椭圆轴承(δ=0.5)阻尼系数 C_{xx} 与偏心率的关系

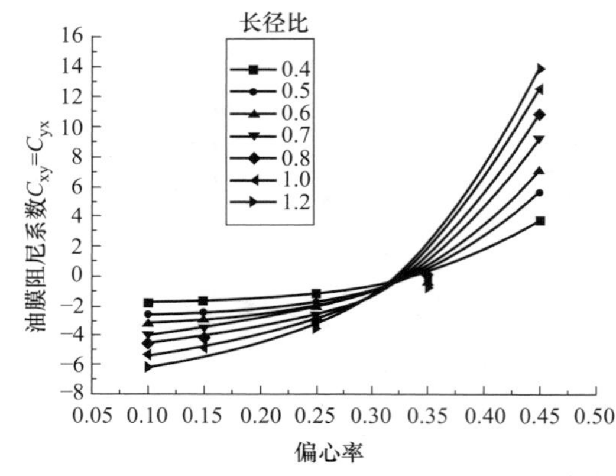

(j) 椭圆轴承(δ=0.5)阻尼系数 $C_{xy}(C_{yx})$ 与偏心率的关系

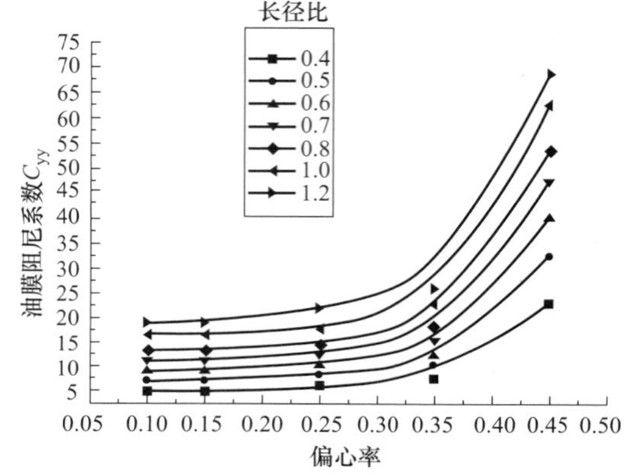

(k) 椭圆轴承(δ=0.5)阻尼系数 C_{yy} 与偏心率的关系

图 8-4-12 椭圆轴承（$\delta=0.5$）的性能参数关系曲线

表 8-4-8 三油叶轴承设计计算步骤

已知参数	轴承载荷 $W=5200\text{N}$ 轴承直径 $D=10\text{cm}$ 工作转速 $n=10000\text{r/min}$ 进油温度 $T_{in}=60℃$
选定参数	轴承型式取为三油叶轴承 轴承的宽径比 $B/D=0.8$ 椭圆比 $\delta=0.5$ 间隙比 $\psi=0.0046$ 润滑油为 ISO N32 号汽轮机油 平均油温 $t_m=70℃$ 在 t_m下润滑油的黏度 $\eta=9.1\times10^{-7}\ \text{N}\cdot\text{s/cm}^2$ 轴颈表面粗糙度取 $Ra0.8\mu\text{m}$ 轴瓦表面粗糙度取 $Ra1.6\mu\text{m}$
计算参数	轴承宽度 $B=(B/D)\times D=8\text{cm}$ 轴颈角速度 $\omega=2\pi n/60=682.3\text{rad/s}$ 侧隙 $c=\psi D/2=0.023\text{cm}$ 平均压强 $p_m=\dfrac{W}{BD}=65\text{N/cm}^2$ 轴承承载能力系数 $C_p=\left(\dfrac{2p_m\psi^2}{\eta\omega}\right)=4.8$

续表

计算参数	轴承的偏心率 $\varepsilon=0.34$，根据 C_p 查图 8-4-14(a)得出 无量纲最小油膜厚度 $h_{min}=0.25$，根据轴承的偏心率查图 8-4-14(d)得出 轴颈表面不平度平均高度 $R_1=3.2\mu m$ 轴瓦表面不平度平均高度 $R_2=6.3\mu m$ 许用最小油膜厚度$[h_{min}]=0.0014cm$，取 $S=1.5$ 由表 8-4-13 中式(8-4-30)算出 最小油膜厚度 $h_{min}=0.25\times0.023=0.0058cm$ 摩擦阻力系数 $C_f=4$ 根据轴承的偏心率查图 8-4-14(b)得出 功耗 $N=\dfrac{C_f C_p \eta D^2 \omega^2 B}{4.08\times10^4\psi}=29.47kW$ 承载区流量系数 $k_{Q1}=0.0651$，根据 B/D 和轴承的偏心率 ε 查图 8-4-14(c)得出 总流量 $Q=7.5L/min$，由式(8-4-16)算出 润滑油温升 $\Delta t=590\dfrac{N}{Q}=2.3℃$ 该轴承的油膜刚度系数 K_{xx}、K_{xy}、K_{yx}和 K_{yy}及油膜阻尼系数 C_{xx}、C_{xy}、C_{yx}和 C_{yy}，可根据 ε 查图 8-4-14(e)～(k)得出，则该轴承的油膜刚度系数和油膜阻尼系数为 $K_{xx}=4.5\times10^5N/cm$ $K_{xy}=-5.1\times10^5N/cm$ $K_{yx}=1.26\times10^6N/cm$ $K_{yy}=2.1\times10^6N/cm$ $C_{xx}=4.1\times10^2N\cdot s/cm$ $C_{xy}=4.0\times10^2N\cdot s/cm$ $C_{yx}=4.0\times10^2N\cdot s/cm$ $C_{yy}=2.8\times10^3N\cdot s/cm$
校核设计结果	要求条件 $h_{min}\geqslant[h_{min}]$，满足要求

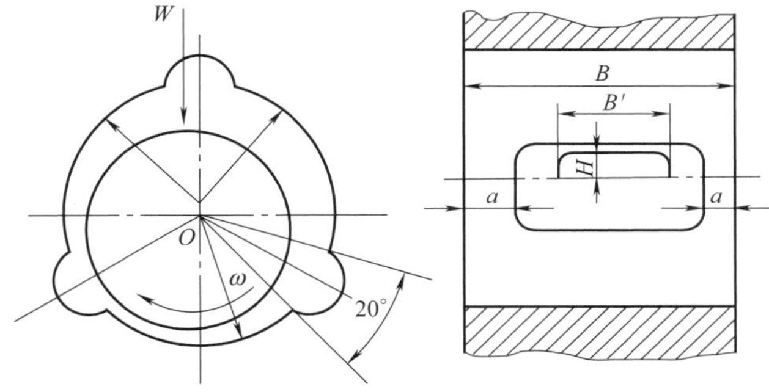

(a) 三油叶轴承工作简图　　(b) 三油叶轴承供油槽结构简图

图 8-4-13　三油叶轴承的结构与工作简图

$B'=(0.3\sim0.6)B$；$H=(0.07\sim0.1)D$；$a=(0.05\sim0.06)D$

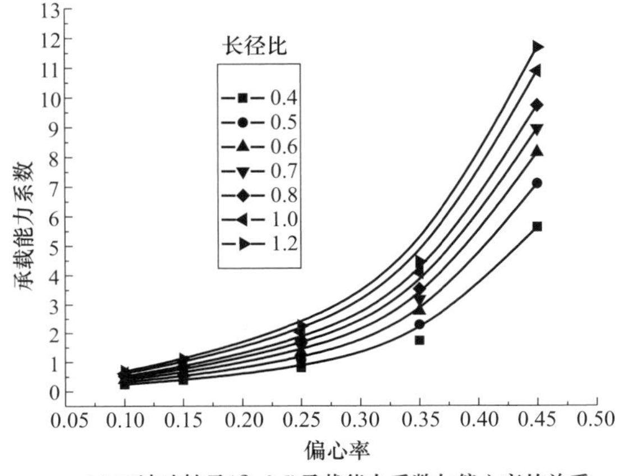

(a) 三油叶轴承(δ=0.5)承载能力系数与偏心率的关系

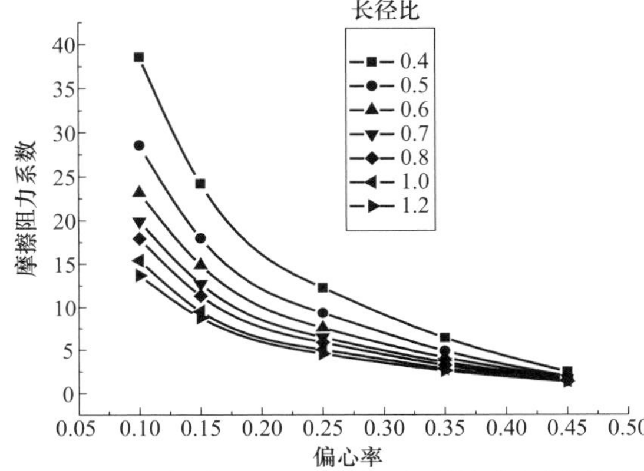

(b) 三油叶轴承(δ=0.5)摩擦阻力系数与偏心率的关系

图 8-4-14

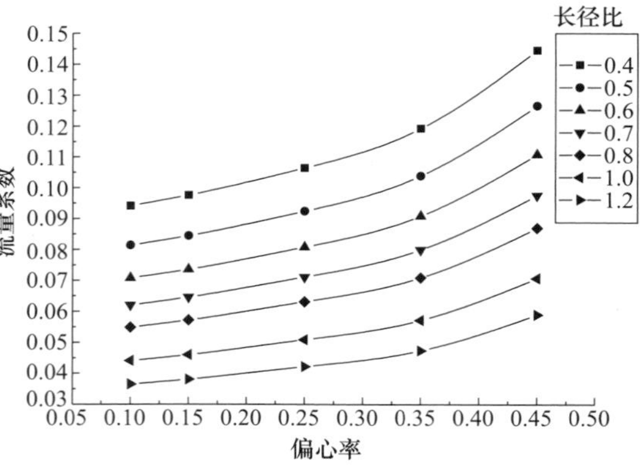

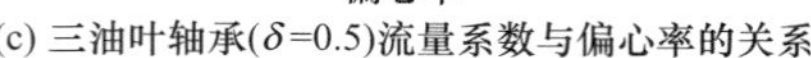
(c) 三油叶轴承(δ=0.5)流量系数与偏心率的关系

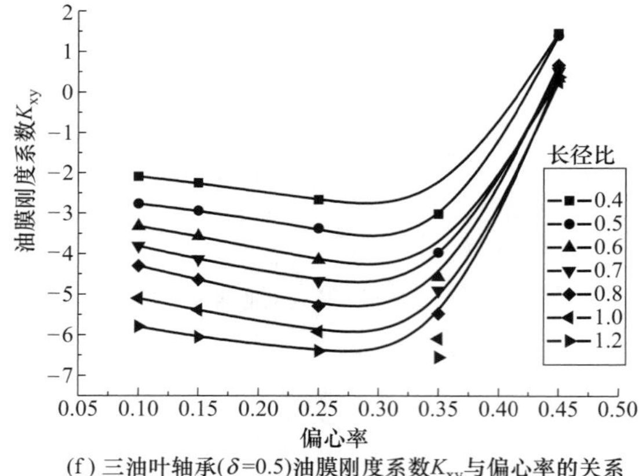

(f) 三油叶轴承(δ=0.5)油膜刚度系数K_{xy}与偏心率的关系

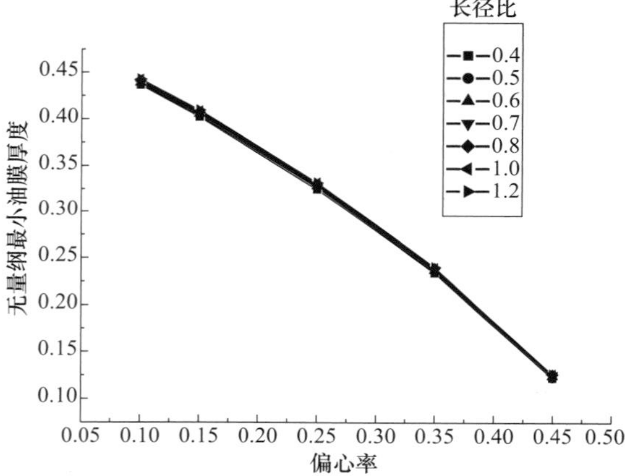

(d) 三油叶轴承(δ=0.5)无量纲最小油膜厚度与偏心率的关系

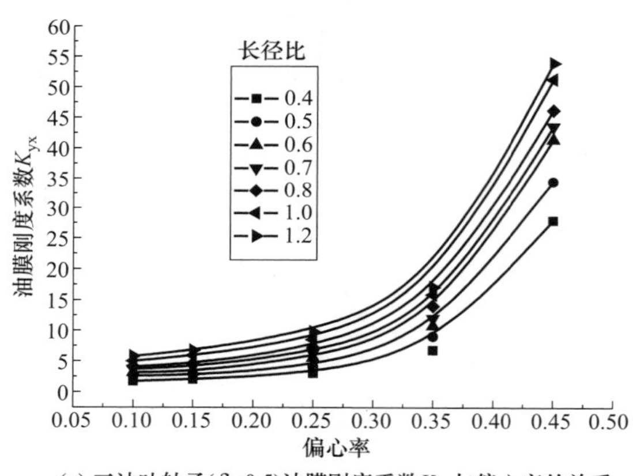

(g) 三油叶轴承(δ=0.5)油膜刚度系数K_{yx}与偏心率的关系

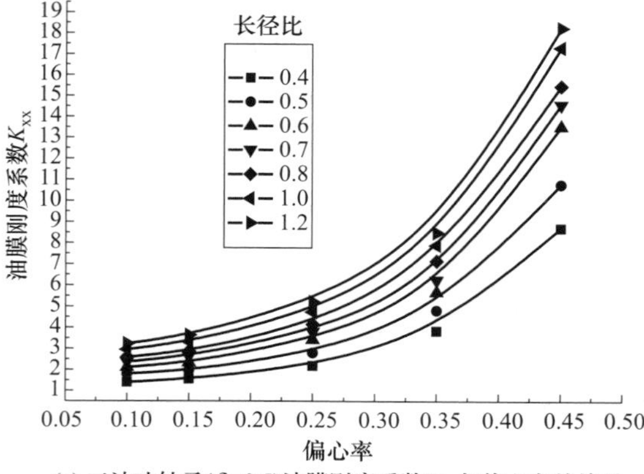

(e) 三油叶轴承(δ=0.5)油膜刚度系数K_{xx}与偏心率的关系

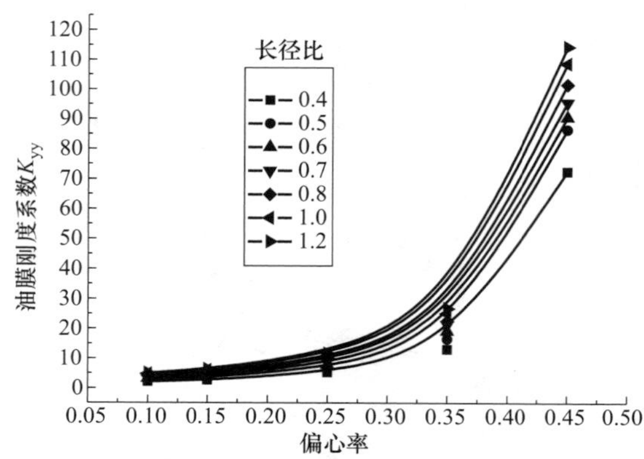

(h) 三油叶轴承(δ=0.5)油膜刚度系数K_{yy}与偏心率的关系

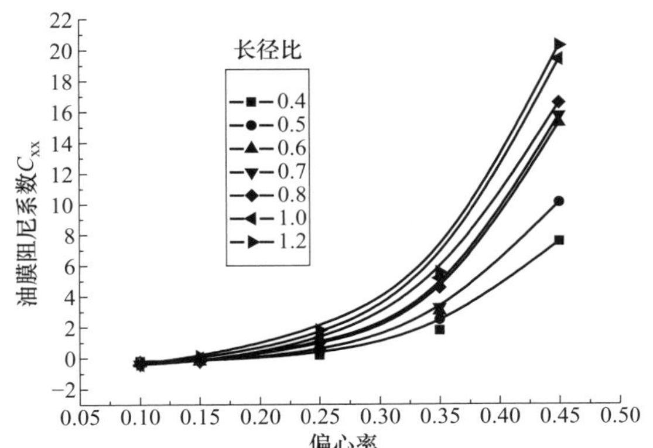

(i) 三油叶轴承(δ=0.5)油膜阻尼系数C_{xx}与偏心率的关系

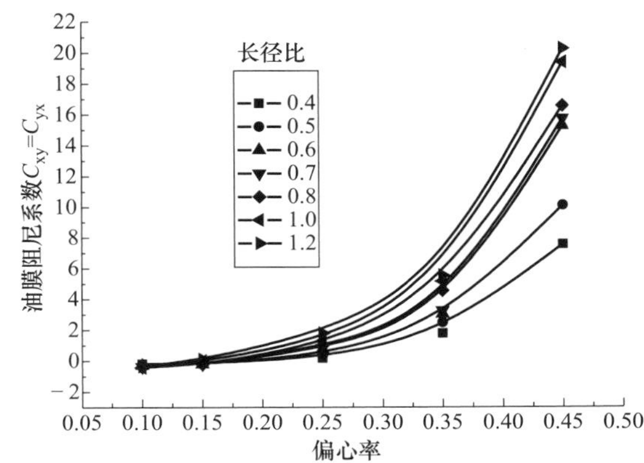

(j) 三油叶轴承(δ=0.5)油膜阻尼系数C_{xy}(C_{yx})与偏心率的关系

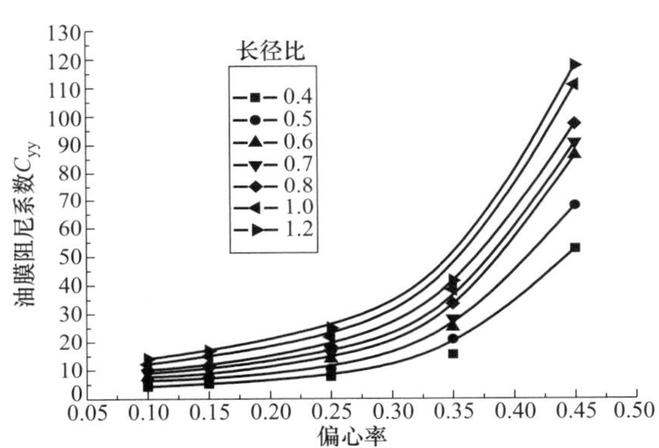

(k) 三油叶轴承(δ=0.5)油膜阻尼系数C_{yy}与偏心率的关系

图 8-4-14　椭圆比为 0.5 时三油叶轴承的性能曲线

例 5　设计流体动压润滑四油叶轴承

已知条件：轴承直径 $D=10$cm，载荷 $F=1200$N，转速 $n=10000$r/min；进油温度控制在 60℃左右。

四油叶轴承的椭圆比 $\delta=e'/c$，其中 e'是瓦块圆弧中心到轴承几何中心的距离，见图 8-4-15。

与三油叶轴承相似，四油叶轴承的设计椭圆比 $\delta=0.5\sim0.75$。图 8-4-16 为 $\delta=0.6$ 时的性能曲线。

计算结果见表 8-4-9。

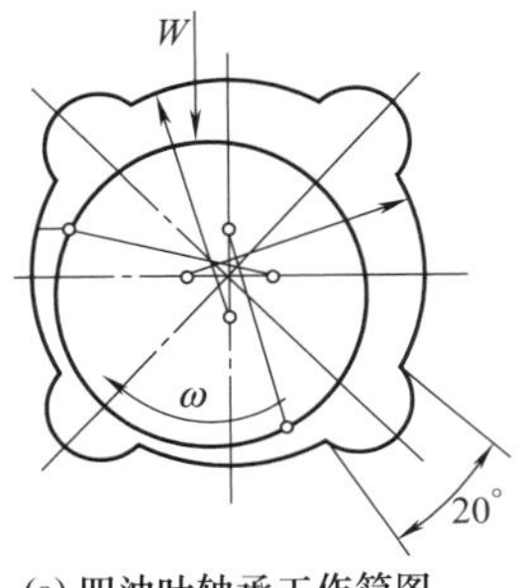

(a) 四油叶轴承工作简图

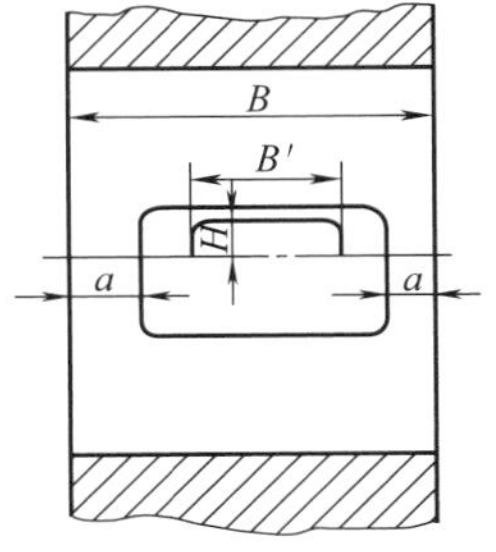

(b) 四油叶轴承供油槽结构简图

图 8-4-15　四油叶轴承的结构与工作简图

$B'=(0.3\sim0.6)B$；$H=(0.07\sim0.1)D$；$a=(0.05\sim0.06)D$

表 8-4-9　　**四油叶轴承设计计算步骤**

已知参数	轴承载荷 $W=1200\text{N}$ 轴承直径 $D=10\text{cm}$ 工作转速 $n=10000\ \text{r/min}$ 进油温度 $T_{in}=60℃$
选定参数	轴承型式取为四油叶轴承 轴承的宽径比 $B/D=0.8$ 椭圆比 $\delta=0.6$ 间隙比 $\phi=0.006$ 润滑油为 ISO N32 号汽轮机油 平均油温 $t_m=70℃$ 在 t_m 下润滑油的黏度 $\eta=9.1\times10^{-7}\ \text{N}\cdot\text{s/cm}^2$ 轴颈表面粗糙度取 $Ra0.8\mu\text{m}$ 轴瓦表面粗糙度取 $Ra1.6\mu\text{m}$
计算参数	轴承宽度 $B=(B/D)\times D=8\text{cm}$ 轴颈角速度 $\omega=2\pi n/60=628.3\text{rad/s}$ 侧隙 $c=\psi\times D/2=0.03\text{cm}$ 平均压强 $p_m=\dfrac{W}{BD}=15\text{N/cm}^2$ 轴承承载能力系数 $C_p=\left(\dfrac{2p_m\psi^2}{\eta\omega}\right)=1.89$ 轴承的偏心率 $\varepsilon=0.21$，根据 C_p 查图 8-4-16(a)得出 无量纲最小油膜厚度 $h_{min}=0.23$，根据轴承的偏心率 ε 查图 8-4-16(d)得出 轴颈表面不平度平均高度 $R_1=3.2\mu\text{m}$ 轴瓦表面不平度平均高度 $R_2=6.3\mu\text{m}$ 许用最小油膜厚度$[h_{min}]=0.0014\text{cm}$，取 $S=1.5$ 由式(8-4-30)算出 最小油膜厚度 $h_{min}=0.23\times0.03=0.0069\text{cm}$ 摩擦阻力系数 $C_f=7.1$，根据轴承的偏心率 ε 查图 8-4-16(b)得出 功耗 $N=\dfrac{C_fC_p\eta D^2\omega^2B}{4.08\times10^4\psi}=15.75\text{kW}$ 承载区流量系数 $k_{Q1}=0.031$，根据 B/D 和轴承的偏心率 ε 查图 8-4-16(c)得出 总流量 $Q=4.6\text{L/min}$，由式(8-4-16)算出 润滑油温升 $\Delta t=590\dfrac{N}{Q}=2.1℃$ 该轴承的油膜刚度系数 K_{xx}、K_{xy}、K_{yx}和 K_{yy}及油膜阻尼系数 C_{xx}、C_{xy}、C_{yx}和 C_{yy}，可根据 ε 查图 8-4-16(e)～(k)得出，则该轴承的油膜刚度系数和油膜阻尼系数为 $K_{xx}=7.8\times10^5\text{N/cm}$ $K_{xy}=-6.2\times10^5\text{N/cm}$ $K_{yx}=9.2\times10^5\text{N/cm}$ $K_{yy}=9.1\times10^5\text{N/cm}$ $C_{xx}=1.45\times10^2\text{N}\cdot\text{s/cm}$ $C_{xy}=82.54\text{N}\cdot\text{s/cm}$ $C_{yx}=82.54\text{N}\cdot\text{s/cm}$ $C_{yy}=1.96\times10^3\text{N}\cdot\text{s/cm}$
校核设计结果	要求条件 $h_{min}\geqslant[h_{min}]$，满足要求

第8篇

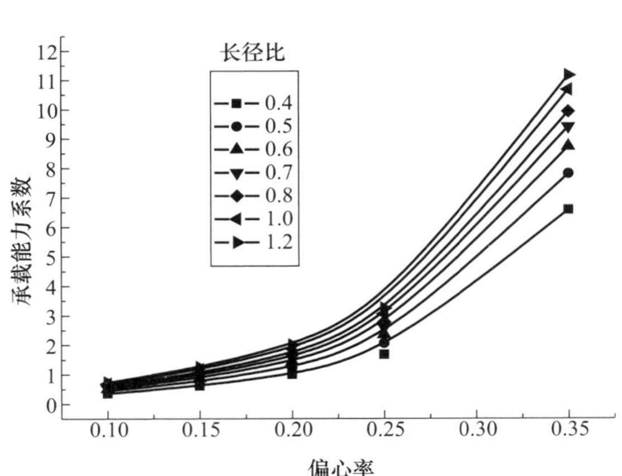

(a) 四油叶轴承(δ=0.6)承载能力系数与偏心率的关系

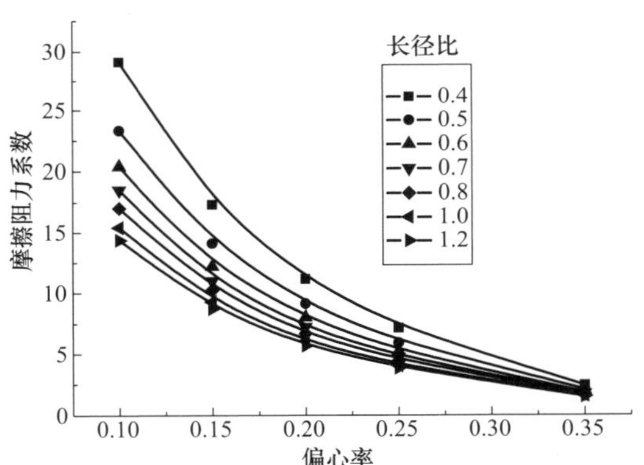

(b) 四油叶轴承(δ=0.6)摩擦阻力系数与偏心率的关系

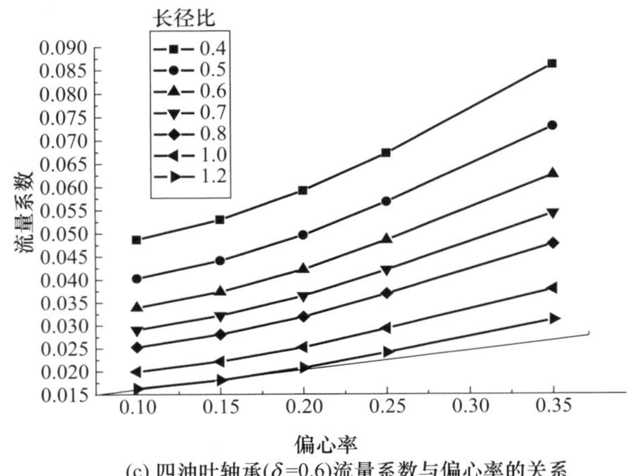

(c) 四油叶轴承(δ=0.6)流量系数与偏心率的关系

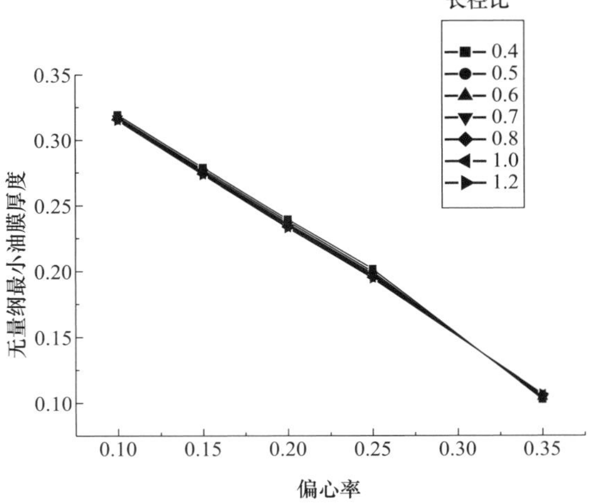

(d) 四油叶轴承(δ=0.6)无量纲最小油膜厚度与偏心率的关系

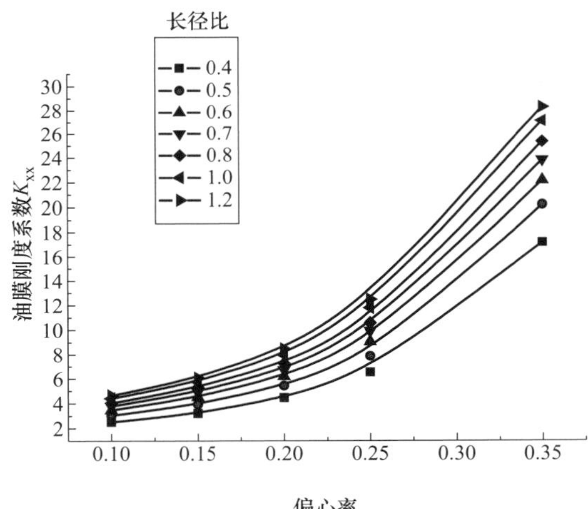

(e) 四油叶轴承(δ=0.6)油膜刚度系数K_{xx}与偏心率的关系

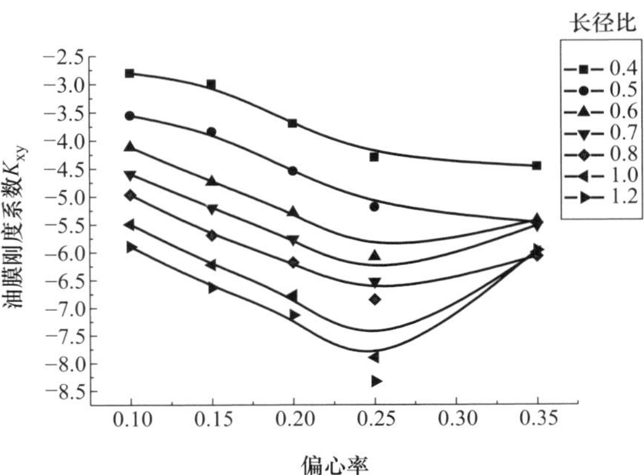

(f) 四油叶轴承(δ=0.6)油膜刚度系数K_{xy}与偏心率的关系

图 8-4-16

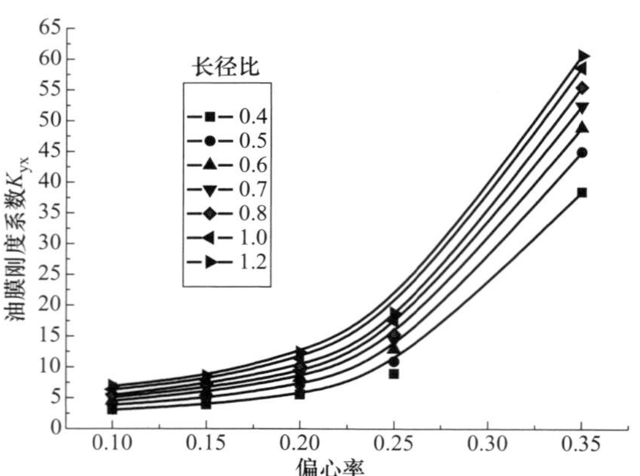

(g) 四油叶轴承(δ=0.6)油膜刚度系数K_{yx}与偏心率的关系

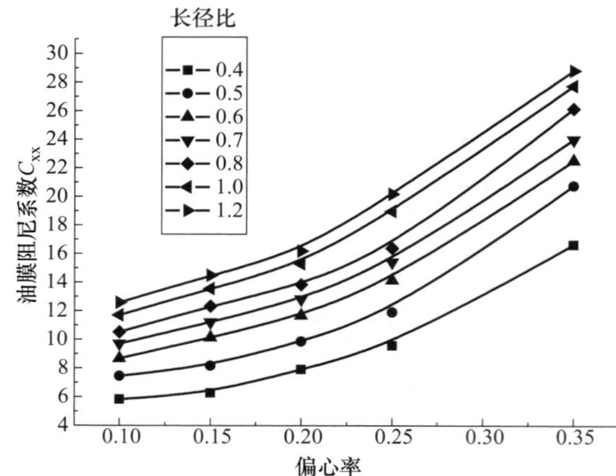

(i) 四油叶轴承(δ=0.6)油膜阻尼系数C_{xx}与偏心率的关系

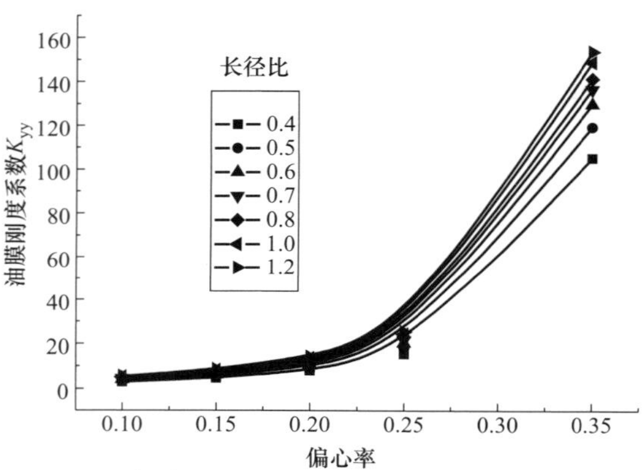

(h) 四油叶轴承(δ=0.6)油膜刚度系数K_{yy}与偏心率的关系

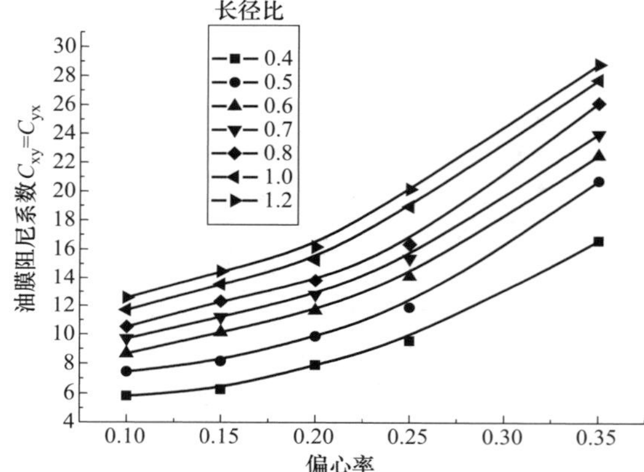

(j) 四油叶轴承(δ=0.6)油膜阻尼系数$C_{xy}(C_{yx})$与偏心率的关系

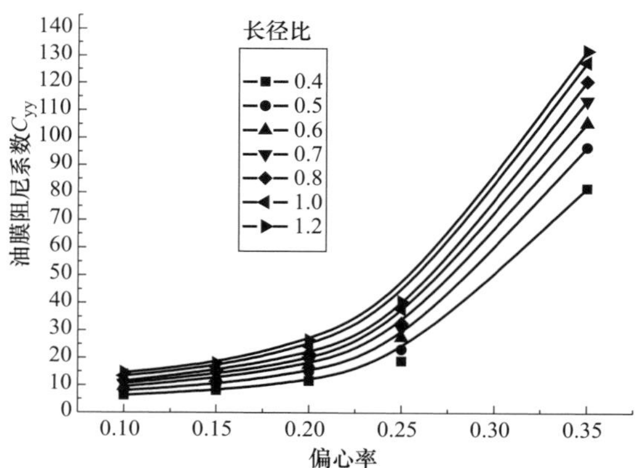

(k) 四油叶轴承(δ=0.6)油膜阻尼系数C_{yy}与偏心率的关系

图 8-4-16 椭圆比为 0.6 时四油叶轴承的性能曲线

（6）可倾瓦轴承的性能计算

例 6　计算一鼓风机的五瓦可倾瓦径向轴承。已知：轴颈直径 $D=80$mm；转速 $n=11500$r/min；宽径比 $B/D=0.4$；相对间隙 $\psi=0.002$；转子重量 $W=1250$N。进油温度希望在 40℃左右，载荷作用在瓦间，各瓦的布置如图 8-4-17。

图 8-4-18 为间隙比 $\psi=0.002$，预负荷 $\delta=0$ 时五瓦可倾瓦轴承载荷作用在支点间时的轴承性能曲线。

计算结果见表 8-4-10。

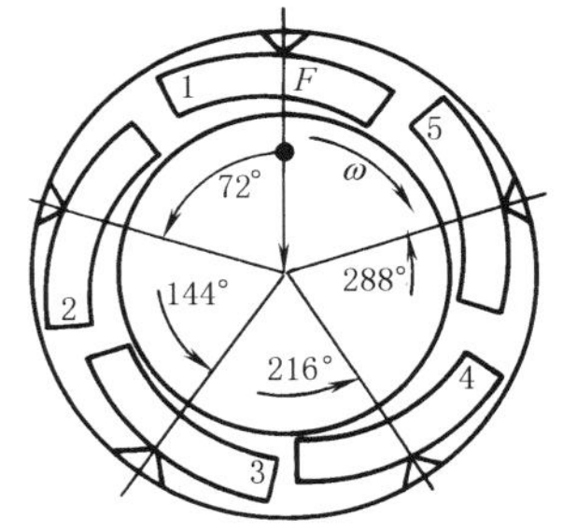

图 8-4-17　可倾瓦径向轴承的布置

表 8-4-10　可倾瓦径向轴承的性能计算

计算项目	单位	计算公式及说明	结果
载荷 W	N	已知	1250
转速 n	r/min	已知	11500
轴径 D	cm	已知	8
轴承宽径比 B/D		给定或选取	0.4
轴瓦宽 B	cm	$B=(B/D)D$	3.2
轴瓦数 Z		选取	5
填充系数 k		选取	0.7
每块瓦的瓦长 L	cm	$L=\frac{k\pi D}{Z}$	3.5
每块瓦占据角度 θ		$\theta=\frac{2L}{d}\times\frac{180^\circ}{\pi}$	50°08′
径宽比 $\frac{L}{B}$		希望 $\frac{L}{B}\approx1$	1.094
角速度 ω	s^{-1}	$\omega=\frac{\pi n}{30}$	1200
间隙比 ψ		选取	0.002
加工间隙 c	cm	$c=\psi\frac{D}{2}$	0.008
润滑油牌号		选取	ISO-N32
轴承平均工作温度 t_m	℃	选取	50
在 t_m 下的油黏度 η	$N\cdot s/cm^2$	查有关资料	20×10^{-7}
轴承无量纲承载能力系数		$\left(\frac{2p_m\psi^2}{\eta\omega}\right)$	0.16
偏心率 ε		查图 8-4-18(a)	0.3
无量纲流量 K_Q		查图 8-4-18(b)	1.25
无量纲最小油膜厚度 K_h		查图 8-4-18(d)	0.75
平均压强 p_m	N/cm^2	$p_m=\frac{W}{Bd}$	48.8
最小油膜厚度的最小值 h_{2min}	cm	$h_{2min}=cK_h$	0.006
摩擦阻力系数 $\left(\frac{f}{\psi}\right)$		查图 8-4-18(c)	42
摩擦因数 f		$f=\left(\frac{f}{\psi}\right)\psi$	0.084
功耗 N	kW	$N=\frac{fW\omega D}{2}\times10^{-5}$	4.9
温升 Δt	℃	$\Delta t=590\frac{N}{Q}$	9.41

续表

计算项目	单位	计算公式及说明	结果
校核进油温度 t_1	℃	$t_1=t_m-\Delta t$	40.6
流量 Q	cm^3/s	$Q=\dfrac{\omega d^2\psi B}{2}k_Q$	307.2
油膜刚度系数 K_{xx}	N/m	查图 8-4-18(e)	2.5×10^7
油膜刚度系数 K_{yy}	N/m	查图 8-4-18(f)	3.1×10^7
油膜阻尼系数 C_{xx}	N·s/m	查图 8-4-18(g)	4.1×10^4
油膜阻尼系数 C_{yy}	N·s/m	查图 8-4-18(h)	4.5×10^4

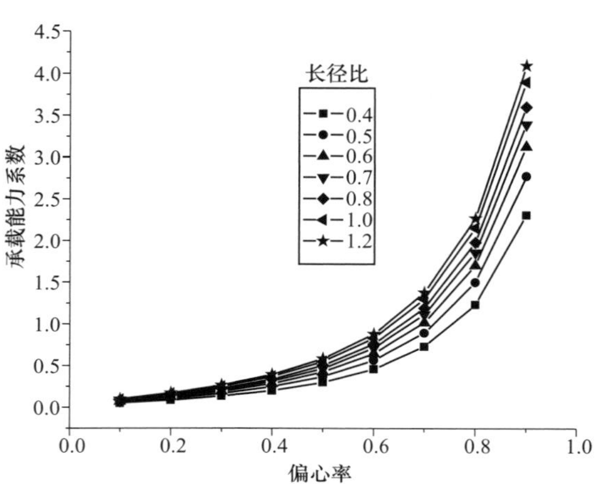

(a) 承载能力系数与偏心率的关系

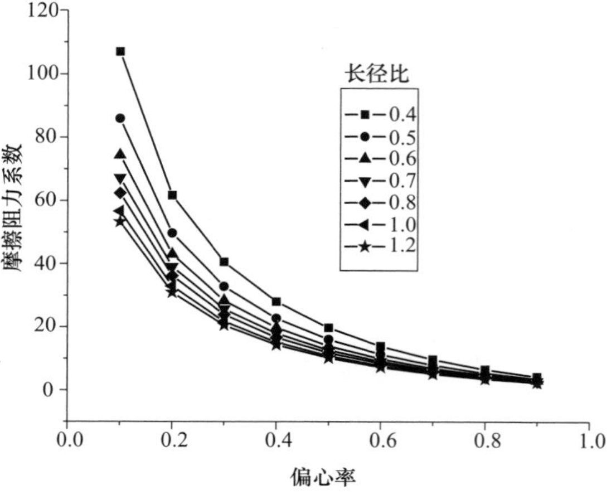

(c) 摩擦阻力系数与偏心率的关系

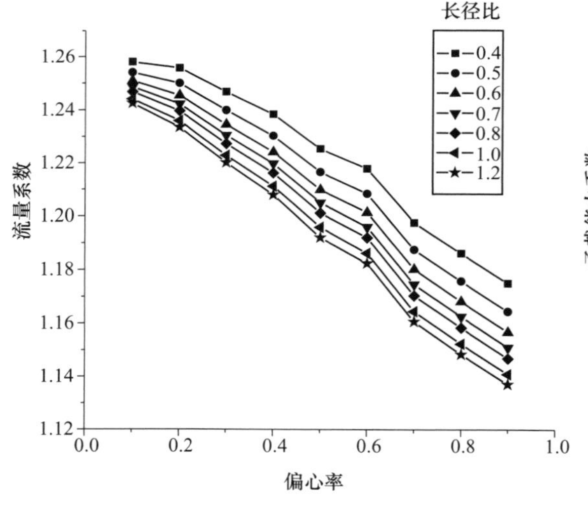

(b) 流量系数与偏心率的关系

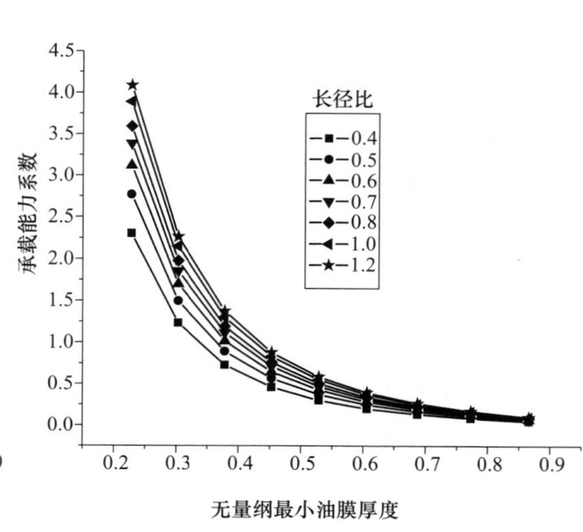

(d) 承载能力系数与无量纲最小油膜厚度的关系

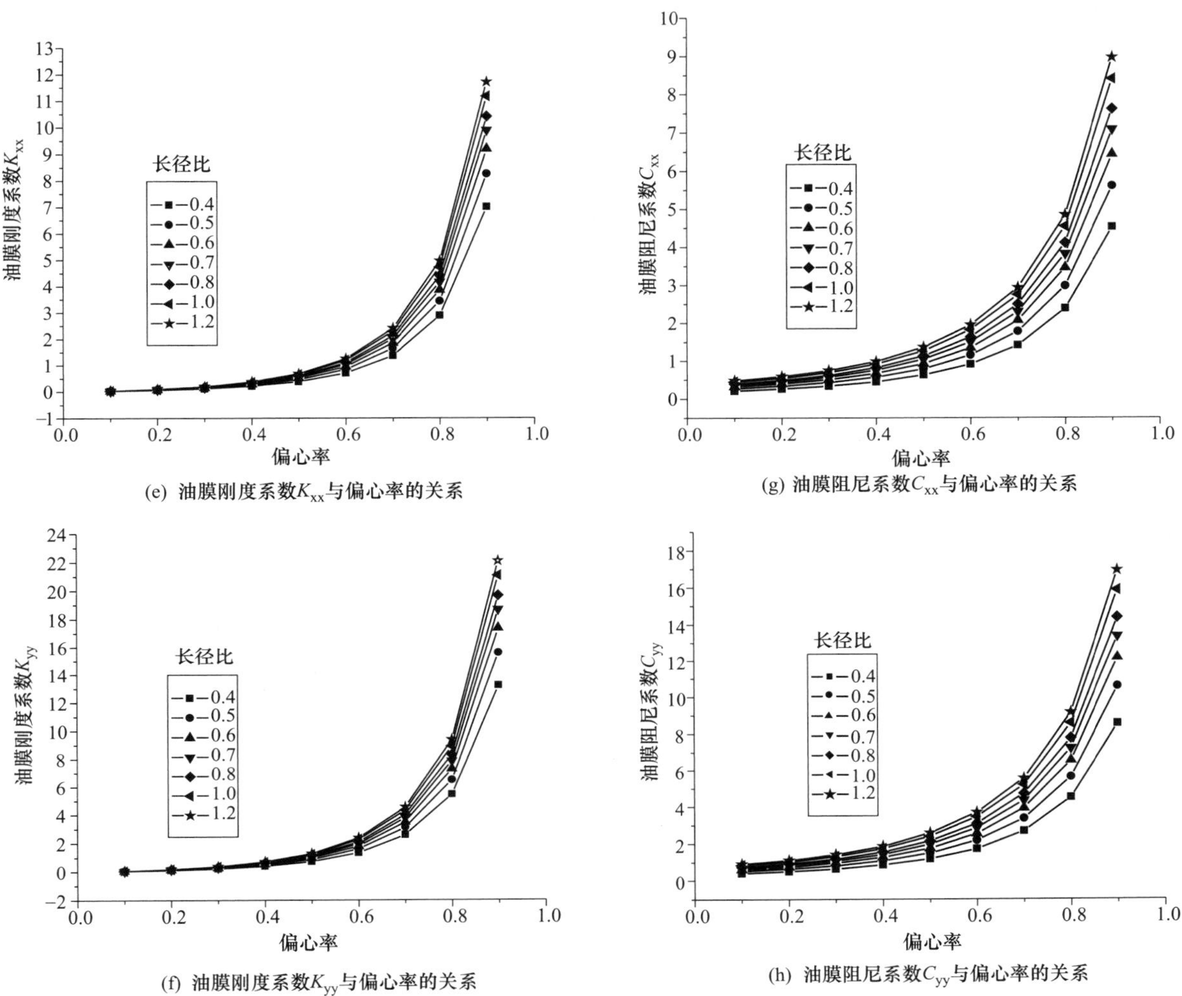

(e) 油膜刚度系数K_{xx}与偏心率的关系

(g) 油膜阻尼系数C_{xx}与偏心率的关系

(f) 油膜刚度系数K_{yy}与偏心率的关系

(h) 油膜阻尼系数C_{yy}与偏心率的关系

图 8-4-18　间隙比 $\psi=0.002$、预负荷 $\delta=0$ 时五瓦可倾瓦轴承载荷作用在支点间时的轴承性能曲线

4.4　轴承材料

轴承的有效工作或失效，与载荷、速度、润滑油与轴承几何参数的选择等有密切关系，但轴承材料的合理选用，对轴承能力的发挥将起着决定性作用。当然，轴承材料的选用，最重要的是“恰当”。表 8-4-11 给出了滑动轴承材料的推荐应用范围。

表 8-4-11　　滑动轴承材料的应用范围

应用范围	人造碳	塑料	多孔质烧结轴承	巴氏合金	轧制铝复合材料	铅青铜	铅锡青铜和锡青铜	铝合金	特种黄铜	铝青铜	工作状态
杠杆、铰链、拉杆		●					●	●	●	●	静载荷小，滑动速度低且为间歇性。不保养，一次润滑，有污物危害
精密加工技术（电气仪器、飞机附件等）	●		●	●		●					
端面轴承				●		●					静载荷很小，滑动速度中等到高，但是不变向。油润滑，且为压力润滑
凸轮轴轴承				●		●	●				
止动片				●		●	●				
涡轮机和涡轮驱动装置				●		●					
燃气轮机						●					
大型电机				●							

续表

应用范围	人造碳	塑料	多孔质烧结轴承	巴氏合金	轧制铝复合材料	铅青铜	铅锡青铜和锡青铜	铝合金	特种黄铜	铝青铜	工作状态
轧钢机,锻压机				●		●	●				静载荷中等,且有冲击。滑动速度低,油润滑
机车轴承,活塞式压缩机				●		●	●				
齿轮箱,压力扇形块轴承						●					静载荷中等,且有冲击。滑动速度低,油润滑
轧辊颈轴承				●			●	●	●	●	载荷重,且有冲击,滑动速度低,且为交变的,有污物危害,缺少润滑
弹簧销轴承							●			●	
建筑机械和农业机械					●		●		●		
传送装置					●		●		●	●	
汽油机的主轴承和连杆轴承				●	●①	●①					动载荷中等,滑动速度中等到高,油润滑,有温升现象
柴油机					●①	●①					
大型柴油机				●		●					
制冷压缩机						●					
水泵							●				
轻金属壳体中的轴承								●			
活塞销轴套						●	●	●			动载荷重且有冲击,滑动速度低且为交变,二次油润滑,高温
翻转杠杆轴套						●	●				
操纵装置							●				
液压泵						●		●			

① 有三元减摩层。

轴承的失效，首先表现在轴承减摩材料的损坏，以及由此引起的相关零件的损坏。所以，减摩材料的合理选用、质量的保证以及减摩层与基体的结合性能等，都是非常重要的。轴承材料要有很好的抗磨损、抗粘合、抗腐蚀、抗疲劳及污染等性能。要视轴承工作的具体情况来选取轴承材料，对于负载启动、高速重载的轴承，应予高度重视，表 8-4-12 给出了常用轴承材料的性能以供参考。

表 8-4-12　　轴承材料的工艺性能

材料		铅基巴氏合金	锡基巴氏合金				镉合金	青铜		
			1	2	3	4		1	2	3
化学成分(质量分数)/%	Pb	75.8	2	max0.06	max0.06	max0.06		11	13	15
	Sn	6	80	80.5	89	87.5		8	5	2.5
	Cd	1		1.2		1	93.4			
	Cu	1.2	6	5.6	3.5	3.5		77.5	79.0	79.5
	Sb	15	12	12	7.5	7.5				
	Ni	0.5		0.3		0.2	1.6	3.5	3	3
	As	0.5		0.5		0.3				
硬度和热硬度/(HB/N·mm^{-2})	20℃	25.6	27.4	35.0	22.6	28.0	34.0	51.3	67.5	86.3
	50℃	21.0	23.2	27.9	17.0	23.2	28.9	49.1	65.8	80.3
	100℃	14.2	13.3	17.3	10.4	15.6	19.7	46.6	64.9	78.6
	150℃	8.1	7.3	9.7	—	9.1	11.5	44.5	62.6	76.9
拉应力	屈服极限 $\sigma_{d0.2}$/MPa	28.4	61.8	84.4	46.1	65.7	78.5	84.4	120	163
	抗拉强度 σ_b/MPa	56.9	89.3	102	76.5	100.0	129	136	192	209
	伸长率 δ_5/%	1.2	3.0	1.5	11.2	8.4	17.0	6.4	6.4	2.1
	弹性模量 E/MPa	29900	55700	52500	56500	49500	54200	81500	84000	85100

续表

材料		铅基巴氏合金		锡基巴氏合金								镉合金		青铜					
				1		2		3		4				1		2		3	
		20℃	100℃	20℃	100℃	20℃	100℃	20℃	100℃	20℃	100℃	20℃	100℃	20℃	100℃	20℃	100℃	20℃	100℃
压应力	挤压极限 $\sigma_{d0.3}$/MPa	46.1	26.5	61.8	37.3	80.4	48.1	47.1	26.5	62.8	30.4	69.7	50.0	76.5	64.8	109	95.2	138	116
	抗压强度 σ_{bc}/MPa	35.3	53.9	87.3	68.7	122	80.4	75.5	45.1	103	59.8	119	86.3	133	113	175	165	232	215

4.5　轴承主要参数的选择

表 8-4-13　　轴承主要参数的选择

<table>
<tr><td>平均压强 p_m</td><td>在可能情况下(如一定的油膜厚度,合适的温升等),平均压强 p_m 宜取较高值,以保证运转的平稳性,减小轴承尺寸。但压强过高,油膜厚度过薄,对油质的要求将提高,且液体润滑易遭破坏,使轴承损伤
轴承平均压强 p_m 的一般设计值可取为(对轴承合金,下同;括号内数值为最高值):
<table>
<tr><td>轧钢机</td><td>1000～2000(2500)　N/cm²</td></tr>
<tr><td>风机</td><td>20～200(400)　N/cm²</td></tr>
<tr><td>汽轮机、发电机、机床</td><td>60～200(250)　N/cm²</td></tr>
<tr><td>齿轮变速装置、拖拉机</td><td>50～350(400)　N/cm²</td></tr>
<tr><td>铁路车辆</td><td>500～1500　N/cm²</td></tr>
</table></td></tr>
<tr><td>宽径比 B/D</td><td>通常取 $B/D=0.3\sim1.5$。宽径比较小时,有利于增大压强,提高运转平稳性;增多流量,降低温升;减轻边缘接触现象。随着轴承宽度 B 的减小,功耗将降低,占用空间将减小,但轴承承载能力也将降低;压力分布曲线陡峭,易于出现轴承合金局部过热现象
高速重载轴承温升高,有边缘接触危险,B/D 宜取小值;低速重载轴承为提高轴承整体刚性,B/D 宜取大值;高速轻载轴承,如对轴承刚性无过高要求,可取小值;对转子挠性较大的宜取小值;需要转子有较大刚性的机床轴承,宜取较大值;在航空、汽车发动机上,受空间地位限制的轴承,B/D 可取小值。一般机器常用的 B/D 值为:
<table>
<tr><td>汽轮机、风机、电动机、发电机、离心泵</td><td>0.4～1.0</td></tr>
<tr><td>齿轮变速装置</td><td>0.6～1.5</td></tr>
<tr><td>机床、拖拉机</td><td>0.8～1.2</td></tr>
<tr><td>轧钢机</td><td>0.6～0.9</td></tr>
</table></td></tr>
<tr><td>间隙比 ψ</td><td>一般取 $\psi=0.001\sim0.003$。ψ 值主要应根据载荷和速度选取。速度越高,ψ 值应越大;载荷越大,ψ 值则越小。此外,直径大、宽径比小、调心性能好、加工精度高时,ψ 可取小值;反之取大值
间隙比 ψ 大时,流量大,温升低,承载能力低
间隙大小对转子轴承系统稳定性有较大影响。一般压强小的轴承,减小间隙比可提高系统稳定性;压强大的则增大间隙比可提高工作平稳性
一般机器常用的轴承间隙比 ψ 为:
<table>
<tr><td>汽轮机、电动机、发电机</td><td>0.001～0.002</td></tr>
<tr><td>轧钢机、铁路车辆</td><td>0.0002～0.0015</td></tr>
<tr><td>内燃机</td><td>0.0005～0.001</td></tr>
<tr><td>风机、离心泵、齿轮变速装置</td><td>0.001～0.003</td></tr>
<tr><td>机床</td><td>0.0001～0.0005</td></tr>
</table></td></tr>
<tr><td>最小油膜厚度 h_{min}</td><td>为确保轴承在液体润滑条件下安全运转,应使最小油膜厚度大于轴颈、轴瓦工作表面平面度与轴颈挠度之和
$$h_{min}\geqslant[h_{min}]=S(R_1+R_2+y_1+y_2)\quad(8\text{-}4\text{-}30)$$
式中　S——裕度,对一般机械的轴承取 $S=1.1\sim1.5$,对轧钢机轴承取 $S=2\sim3$
R_1,R_2——对颈和轴瓦表面平面度平均高度</td></tr>
</table>

续表

最小油膜厚度 h_{min}	y_1——轴颈在轴承中的挠度[图(a)中(ⅰ)] y_2——轴颈偏移量[图(a)中(ⅱ)] 端轴颈的轴颈挠度可按下式计算 $$y_1=16\times10^{-8}p_mD\left[\left(\frac{B}{D}\right)^4+1.81\left(\frac{B}{D}\right)^2\right] \quad (8\text{-}4\text{-}31)$$ 当 $p_m\leqslant30\text{W/cm}^2$ 时，y_1 可忽略不计，y_2 为轴颈在轴承中因轴的弯曲变形和安装误差引起的偏移量 $$y_2=\frac{B}{2}\tan\beta \quad (8\text{-}4\text{-}32)$$ 对自动调心轴承 $y_2=0$ 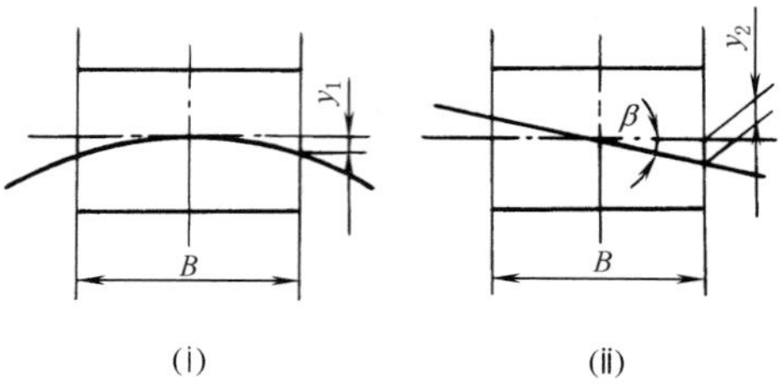 (ⅰ)　(ⅱ) 图(a)　轴颈在轴承中的挠曲和偏移示意图
油温和瓦温	轴承性能计算根据热平衡状态下轴承平均工作温度(即端泄油平均温度)进行 一般取进油温度 $t_1=30\sim45℃$，平均油温 $t_m\leqslant75℃$，温升 $\Delta t\leqslant30℃$ 作为设计依据之一的瓦温，一般以强度急剧下降时金属的软化点作为控制值，对轴承合金常取 $t_{max}=90\sim100℃$
油楔数 Z	如图所示椭圆轴承的稳定区比单油楔圆筒轴承的大；三油楔轴承的又比椭圆轴承的大，且在各个方向上的油膜刚度也较均匀。但并非油楔数愈多，稳定区一定愈大 油楔数的增多，一般减小了承载能力 选取油楔数时，要兼顾稳定区和承载能力两方面的要求。为了提高多油楔轴承的承载能力，可以采用不等长的多油楔 油楔数还影响结构，偶数油楔便于采用剖分结构 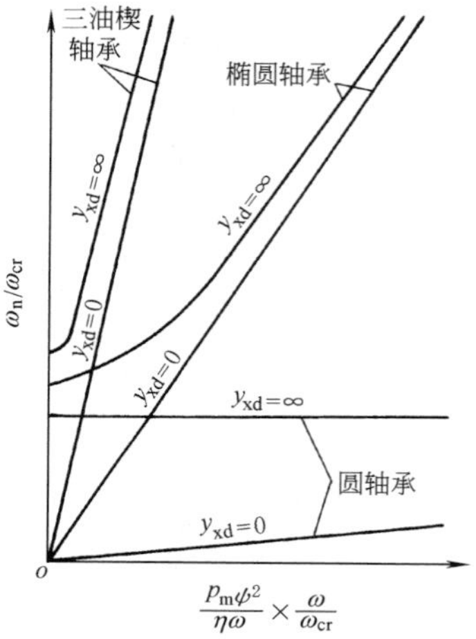 图(b)　三种轴承稳定区的比较 ($y_{xd}=y/c$) y—轴的静挠度；c—半径间隙；ω—工作角速度；ω_{cr}—临界角速度；ω_n—轴系失稳角速度 曲线右下方为稳定区，左上方为非稳定区
最小半径间隙(间隙比)C^*	高精度机床主轴承常采用 2～10μm 以下的最小半径间隙，间隙比为 0.0001～0.0002。速度较高的主轴承，如汽轮机、发电机、离心式压缩机和水轮机等，为了减小功耗、降低温升，常采用较大的间隙，间隙比为 0.001～0.0025
楔形度(椭圆度)Ψ/Ψ^*	楔形度主要取决于油楔偏心距 S。S 愈大，楔形愈大，即油楔的楔愈大 楔形度过大，即油楔起始端开口过大，有可能在楔形空间的起始段形不成承载油膜，使承载油膜减短，同时还增大轴承的摩擦因数 楔形度过小，轴承的承载能力很低，在工艺上也难于实现，当轴颈位移之后，有的油楔形成的承载油膜也太短 根据理论分析，最佳楔形度在 2～3 范围内。对于要求很小间隙的多油楔($Z\geqslant3$)轴承，实现这样的楔形度在工艺上有困难。同时，对于轴颈偏心矩较大的轴承，为了在轴颈位移后形成的承载油膜不致太短，宜采用较大的楔形度。推荐取楔形度 $\Psi/\Psi^*\geqslant5$，即油楔偏心距 $S\geqslant4C^*$
安装间隙	可倾瓦轴承的瓦块弧面半径与轴颈半径 r 之差称为加工间隙，它由轴颈和瓦块的尺寸所决定，瓦块装入轴承后，实际形成的间隙为 C_a，称为安装间隙，通常 C_a 可以调整，C/C_a 通常在 1～2 之间，不得小于 1
支点位置	可倾瓦轴承支点位置影响瓦块的承载能力，承载能力最大时的支点位置与瓦块的几何尺寸 L/B 有关，可从图中查出，L_c 为进油边到支点的瓦弧长，L 为瓦的整个弧长，轴颈需要反向转动时，应取 $\frac{L_c}{L}=0.5$
填充系数	可倾瓦轴承各块瓦的弧长总和 ZL 与轴颈圆周长 πd 之比，称为填充系数 K，即 $$K=\frac{ZL}{\pi d}$$ 通常取 $K=0.7\sim0.8$。由于 K 与功耗成正比，当载荷较小时可取更低的填充系数(如 $K=0.5$)以降低温升

4.6　液体动压推力轴承

液体动压推力轴承的构成简图如图 8-4-19 所示，一般有 3 个以上的扇形瓦块，瓦块与推力环之间可形成一定厚度的承载油膜。

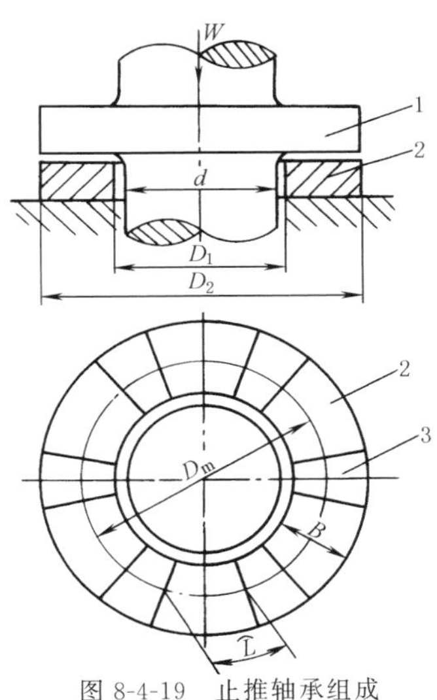

图 8-4-19　止推轴承组成
1—推力环；2—扇形瓦；3—油沟

4.6.1　参数选择

表 8-4-14　液体动压推力轴承的参数选择

瓦数 z	最少 $z=3$，一般 $z=6\sim12$，z 与比值 D_2/D_1 和 B/L 有关。D_2/D_1 愈小，B/L 愈大，则 z 愈大。瓦数少，易使轴承温升高；瓦数多，则不利于安装调整，且使承载能力下降
宽长比 B/L	L 为瓦面平均圆周长，可取 $B/L=0.7\sim2$，取 $B/L=1$ 时可获得最大的承载能力
内外径比 D_2/D_1	通常 $D_2/D_1=1.5\sim3$，内径 D_1 略大于轴颈。可取 $D_1=(1.1\sim1.2)d$
填充系数 K	一般取 $K=0.7\sim0.85$。K 不宜过大，以免造成相邻瓦之间的热影响，使瓦温和油温升高
平均压强 p_m	通常取 $p_m=1.5\sim3.5$MPa，若有良好的瓦均载措施并能有效控制进油温度，允许 $p_m=6.0\sim7.0$MPa
最小油膜厚度 h_2	从制造工艺和安全运转考虑，应取 $h_2\geqslant25\sim50\mu$m，中等尺寸的轴承取最小值，大型轴承取大值
油温	一般取平均温度 $t_m=40\sim55$℃，进油温度控制在 $t_1=30\sim40$℃左右，出油温度 $t_2\leqslant75$℃。计算轴承性能时按平均温度进行。推力轴承润滑方式有浸油润滑和压力供油两种，高速轴承为避免过大的搅油损失，不宜采用浸油润滑
瓦块坡高 β	$\beta=h_1-h_2$，通常选择坡高比 $\beta/h_2=3$ 时，轴承有较好的工作性能
推力盘厚度 H	通常取 $H=(0.3\sim0.5)L$

4.6.2　斜-平面推力轴承

斜-平面推力轴承常用于工况稳定的小型轴承。瓦的形状如图 8-4-20 所示，当斜面长度 $L_1=0.8L$ 时，轴承承载能力最大。

表 8-4-15　斜-平面推力轴承性能计算公式

名　称	计 算 公 式
平均压强 p_m/Pa	$p_m=W/(zBL)$
平均圆周速度 v/m·s^{-1}	$v=\pi D_m n$
最小油膜厚度 h_2/m	按推荐值取 $\beta/h_2=3$，$B/L=1$ 时 $h_2=0.5(\eta n D_m B/p_m)^{\frac{1}{2}}$
润滑膜功耗 N/kW	$9.1\beta n D_m F/B$
流量 Q/m^3·s^{-1}	$1.38nD_m B\beta z$
温升 Δt/℃	$\Delta t=5.9\times10^{-4}N/Q$

例 7　设计一斜-平面推力轴承。已知：最大轴向 $F=25480$N，轴颈直径 $d=0.135$m，转速 $n=50$r/s。要求进油温度 $t_1=45$℃，出油温度 $t_2\leqslant70$℃。计算结果见表 8-4-16。

表 8-4-16　例 7 解题步骤及结果

计算项目	计算公式及说明	结果
载荷 W/N	已知	25480
转速 n/r·s^{-1}	已知	50
轴承内径 D_1/m	$D_1=(1.1\sim1.2)d$	0.15
外内径比 $\overline{R}$	选取	1.5
轴承外径 D_2/m	$D_2=\overline{R}D_1=1.5\times0.15$	0.225
平均直径 D_m/m	$D_m=(D_1+D_2)/2$ $=(0.15+0.225)/2$	0.1875
轴承宽度 B/m	$B=(D_2-D_1)/2$ $=(0.225-0.15)/2$	0.0375
宽长比 B/L	选取	1
瓦平均周长 L/m	$L=B/(B/L)=0.0375/1$	0.0375
瓦块数 z	根据 D_2/D_1 值由图 8-4-21 查得	12
填充系数 K	5/6	0.83
轴瓦包角 α/rad	$K\times2\pi/Z$	0.436
平均压强 p_m/Pa	$25480/(12\times0.0375^2)$	1.51×10^6
平均圆周速度 /m·s^{-1}	$v=\pi D_m n$ $=3.14\times0.1875\times50$	29.43
润滑油牌号	选取	ISO-N32
平均油温 t_m/℃	选取	65
t_m 下油的黏度 η/Pa·s		0.0155
最小油膜厚度 h_2/m	$0.5(\eta n D_m B/p_m)^{\frac{1}{2}}$	0.03×10^{-3}
斜面坡高/m	$\beta=3h_2$	9×10^{-5}
搅动功耗系数 K_N	根据雷诺数查图 8-4-22	0.03
浸油润滑时的搅动功耗 N_j/kW	$N_j=K_N\rho n^3 D_t^5\left(1+\frac{4H}{D_t}\right)$	4.23
功耗 N/kW	$9.1\beta n D_n F/B+N_j$	9.97
流量 Q/m^3·s^{-1}	$1.38nD_m B\beta Z$	5.77×10^{-4}
温升 Δt/℃	$5.9\times10^{-4}\times$ $9.97/5.77\times10^{-4}$	10.2

第 8 篇

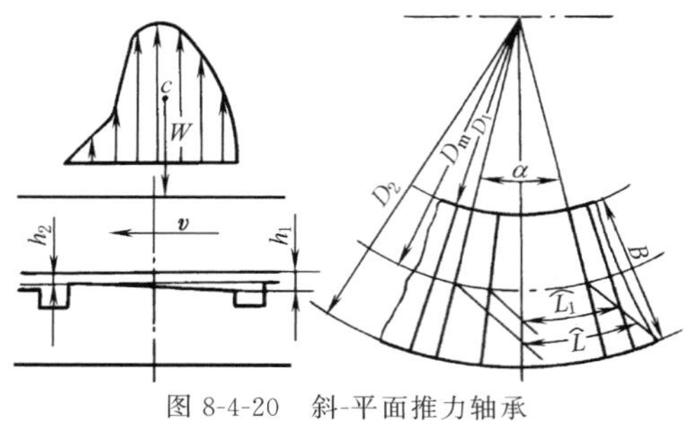

图 8-4-20 斜-平面推力轴承

L_1—斜面长度；$L-L_1$—平面长度

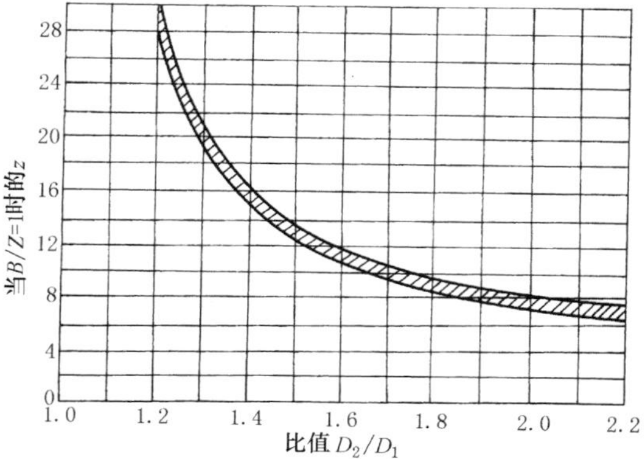

图 8-4-21 固定瓦推力轴承的瓦块数

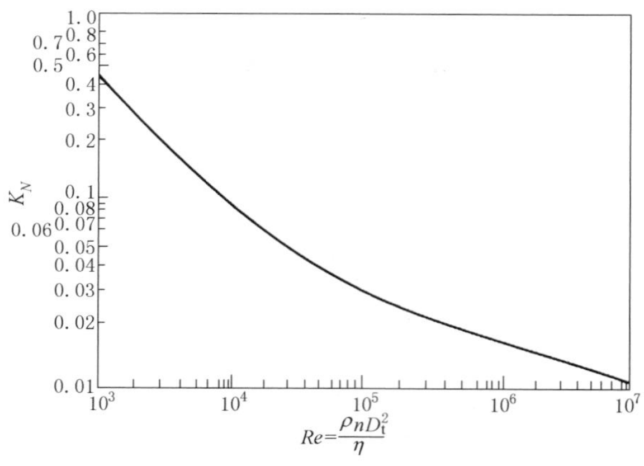

图 8-4-22 搅动功耗与雷诺数的关系

（Re 为雷诺数，ρ 为流体密度）

当增大瓦面距，改进瓦的形状（如沿油的流向切去瓦角，采用圆形瓦等），使冷热油进出流畅，还可设置喷油管或循环冷却水管等。

4.6.3 可倾瓦推力轴承

可倾瓦推力轴承用于工况经常变化的大中小型轴承。各瓦能随工况变化自动调节倾斜度，最小油膜厚度 h_2 随之改变，但比值 h_2/h_1 不变，见图 8-4-23。

可倾瓦的支承方式有多种，如表 8-4-17 所示，瓦块支承应使各瓦受载尽可能均匀。为降低温升，可适

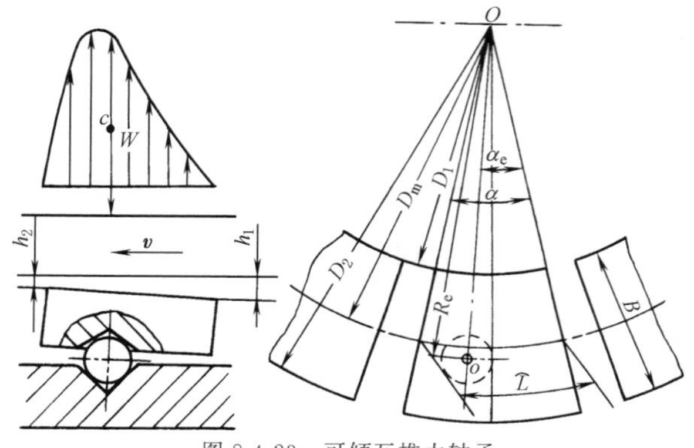

图 8-4-23 可倾瓦推力轴承

表 8-4-17 可倾瓦推力轴承支承方式

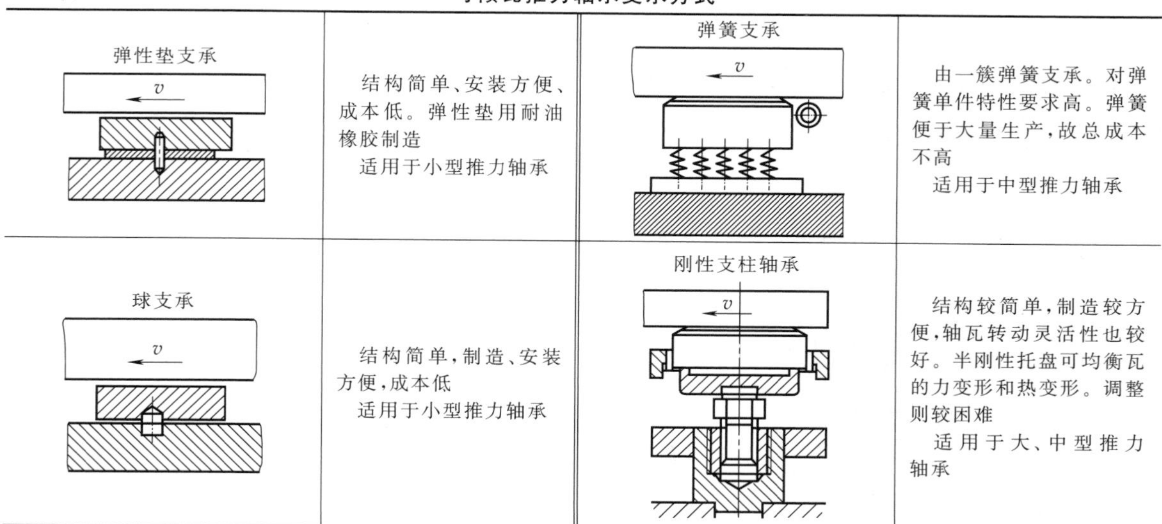

支承方式	说明	支承方式	说明
弹性垫支承	结构简单、安装方便、成本低。弹性垫用耐油橡胶制造 适用于小型推力轴承	弹簧支承	由一簇弹簧支承。对弹簧单件特性要求高。弹簧便于大量生产，故总成本不高 适用于中型推力轴承
球支承	结构简单，制造、安装方便，成本低 适用于小型推力轴承	刚性支柱轴承	结构较简单，制造较方便，轴瓦转动灵活性也较好。半刚性托盘可均衡瓦的力变形和热变形。调整则较困难 适用于大、中型推力轴承

续表

平衡块支承 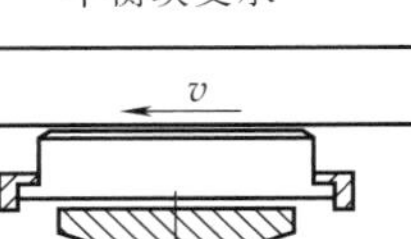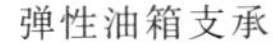	应用铰支梁杠杆原理自动平衡瓦间载荷，安装较方便，加工费用较弹性油箱支承低。因受平衡措施的限制。宜用于转速不很高的大型轴承	鼓形油箱支承 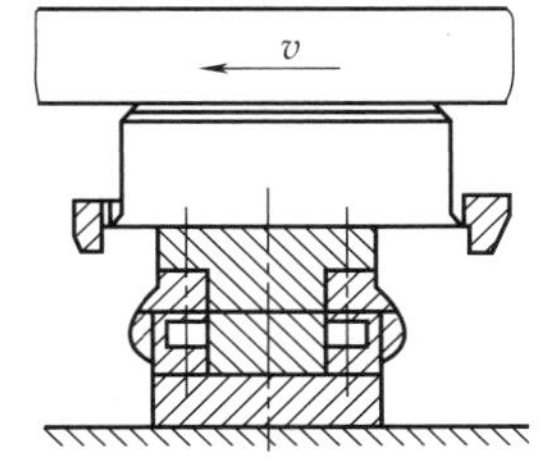	又称单波纹式。均衡载荷的能力较弹性油箱差，不均匀度约为 3%～5%，但加工较弹性油箱方便得多 适用于大型推力轴承
弹性油箱支承 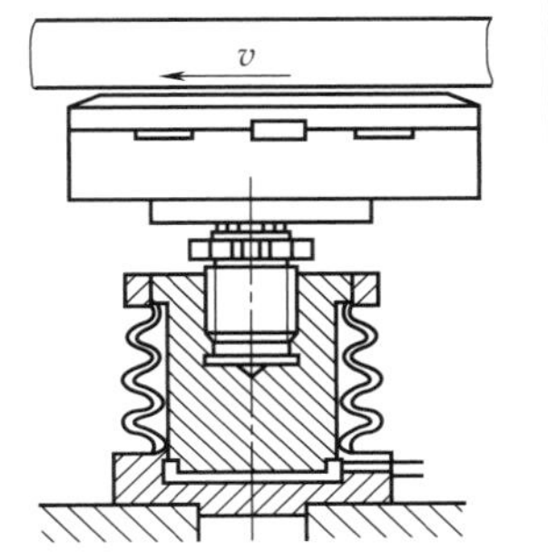	多弹性油箱间构成一连通器，能自动调整瓦载荷，不均匀度可达 3% 以下，长期运行稳定可靠。油箱制造复杂，费用较低 适用于大型推力轴承		

可倾瓦推力轴承性能计算公式见表 8-4-18。

表 8-4-18　可倾瓦推力轴承性能计算公式

名　　称	计 算 公 式	名　　称	计 算 公 式
最小油膜厚度 h_2/m	$h_2=\left(\overline{W}_m\frac{\eta\omega B^4}{F_m}\right)^{\frac{1}{2}}$，$F_m$ 为每块瓦上的载荷	温升 Δt/℃	$\Delta t=5.9\times10^{-4}N/Q$
功耗 N/kW	$N=ZK_N\overline{W}_m\frac{\eta\omega^2B^4}{h_2}$	径向偏置距 e	$e=(0.015\sim0.06)B$，偏向瓦外侧

例 8　设计可倾瓦推力轴承。已知载荷 $W=1.69\times10^5$N，轴颈转速 $n=50$r/s，直径 $d=0.27$m，进油温度 $t_1=45$℃，润滑油牌号为 ISO-N32 直接润滑。计算步骤及结果见表 8-4-19。

表 8-4-19　例 8 解题步骤及结果

计 算 项 目	计算公式及说明	结　　果
载荷 W/N	已知	1.69×10^5
转速 n/r・s^{-1}	已知	50
平均压强 p_p/Pa	选取	2×10^6
瓦块总面积 A/m^2	$A=\frac{F}{p_p}$	0.084
轴瓦内径 D_1/m	$D_1=(1.1\sim1.2)d$	0.3
轴瓦外径 D_2/m	$D_2=\left(A\times\frac{4}{3}\times\frac{4}{\pi}+D_1^2\right)^{\frac{1}{2}}$	0.5
外内径比 $\overline{R}$	$\overline{R}=D_2/D_1=0.5/0.3$（通常取 $\overline{R}=1.5\sim3$）	1.67

续表

计算项目	计算公式及说明	结果
平均直径 D_m/m	$D_m=(D_1+D_2)/2=(0.5+0.3)/2$	0.4
轴承宽度 B/m	$B=(D_2-D_1)/2=(0.5-0.3)/2$	0.1
填充系数 K	选取	0.75
轴瓦包角 α/(°)	$\alpha=K\times360/Z$	30
宽长比 B/L	选取 $B/L=1$	1
瓦平均周长 L/m		0.1
瓦块数	根据 $\overline{R}$ 由图 8-4-24 查得	10
实际平均压强 p_m/Pa	$p_m=W/(ZBL)=1.69\times10^5/(10\times0.1\times0.1)$	1.695×10^6
润滑油牌号	给定	ISO-N32
平均油温 t_m/℃	给定	55
t_m 下油膜黏度 η/Pa·s		0.0145
无量纲内径 $\overline{R}_1$	$\overline{R}_1=R_1/B=0.15/0.1=1.5$	1.5
偏支系数 θ_z/θ_0	选取	0.6
偏支参数 $\overline{R}_2-\overline{R}_1$	选取	0.53
θ_p/θ_0	根据 $\overline{R}_2-\overline{R}_1$,$\theta_z/\theta_0$ 值查图 8-4-25	1.0
G_{sa}	根据 $\overline{R}_2-\overline{R}_1$,$\theta_z/\theta_0$ 值查图 8-4-25	1.3
$\overline{W}_m$	根据 θ_p/θ_0,G_{sa} 值查图 8-4-26	0.145
最小油膜厚度 h_2/m	$h_2=\left(\dfrac{\overline{W}_m\eta\omega B^4}{F_m}\right)^{\frac{1}{2}}$	0.000062
功耗系数 k_N	查图 8-4-27	0.21
功耗 N/kW	$N=Zk_N\overline{W}_m\dfrac{\eta\omega^2B^4}{h_2}=3.2\times10^6\times23.1\times2.62\times\sqrt{0.0275\times23.1/(3.97\times10^6\times0.192)}/1020$	69.8
流量系数 k_Q	查图 8-4-28	1.89
总流量/$m^3\cdot s^{-1}$	$Q=Zk_Q\omega B^2h_2$	37.07×10^{-4}
温升 Δt/℃	$\Delta t=k_N/k_Q\times W/(1.7\times10^6B^2Z)$	11.06

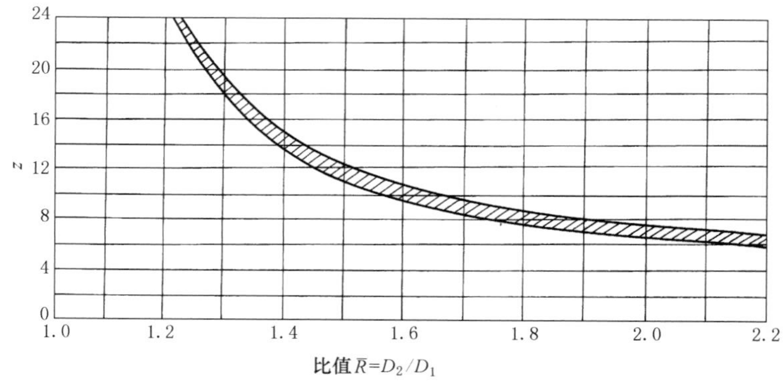

图 8-4-24 可倾瓦推力轴承的瓦块数

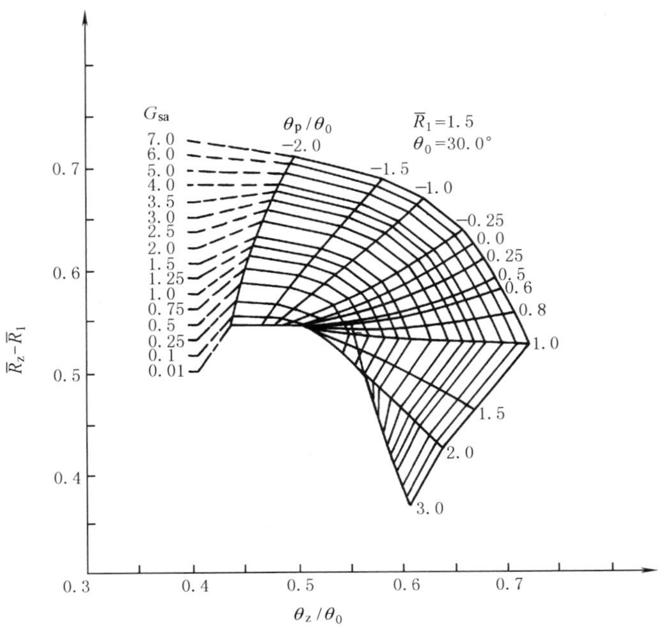

图 8-4-25　θ_z/θ_0 值选取

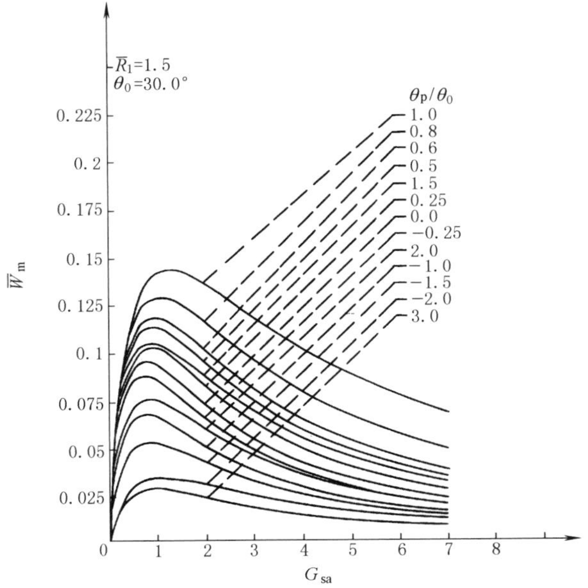

图 8-4-26　承载能力曲线

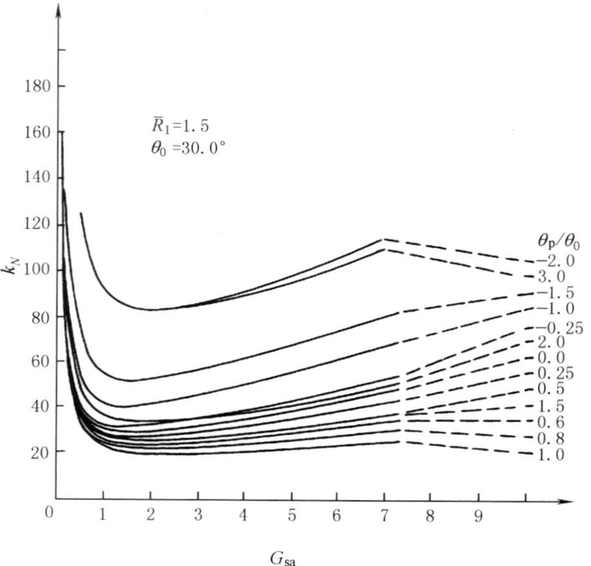

图 8-4-27 摩擦因数曲线

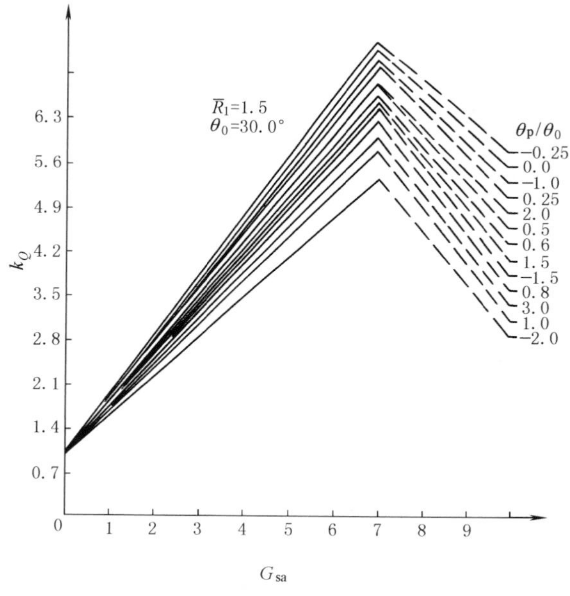

图 8-4-28 无量纲进油量曲线

4.7 计算程序简介

流体润滑轴承性能计算通常用数值法求解，经过离散化处理雷诺方程所得的线性代数方程组，得到各节点上的压力分布、温度分布等，然后进行数值积分和运算可得出轴承的各项性能参数。

图 8-4-29 给出了用有限元法求解雷诺方程的主程序框图。

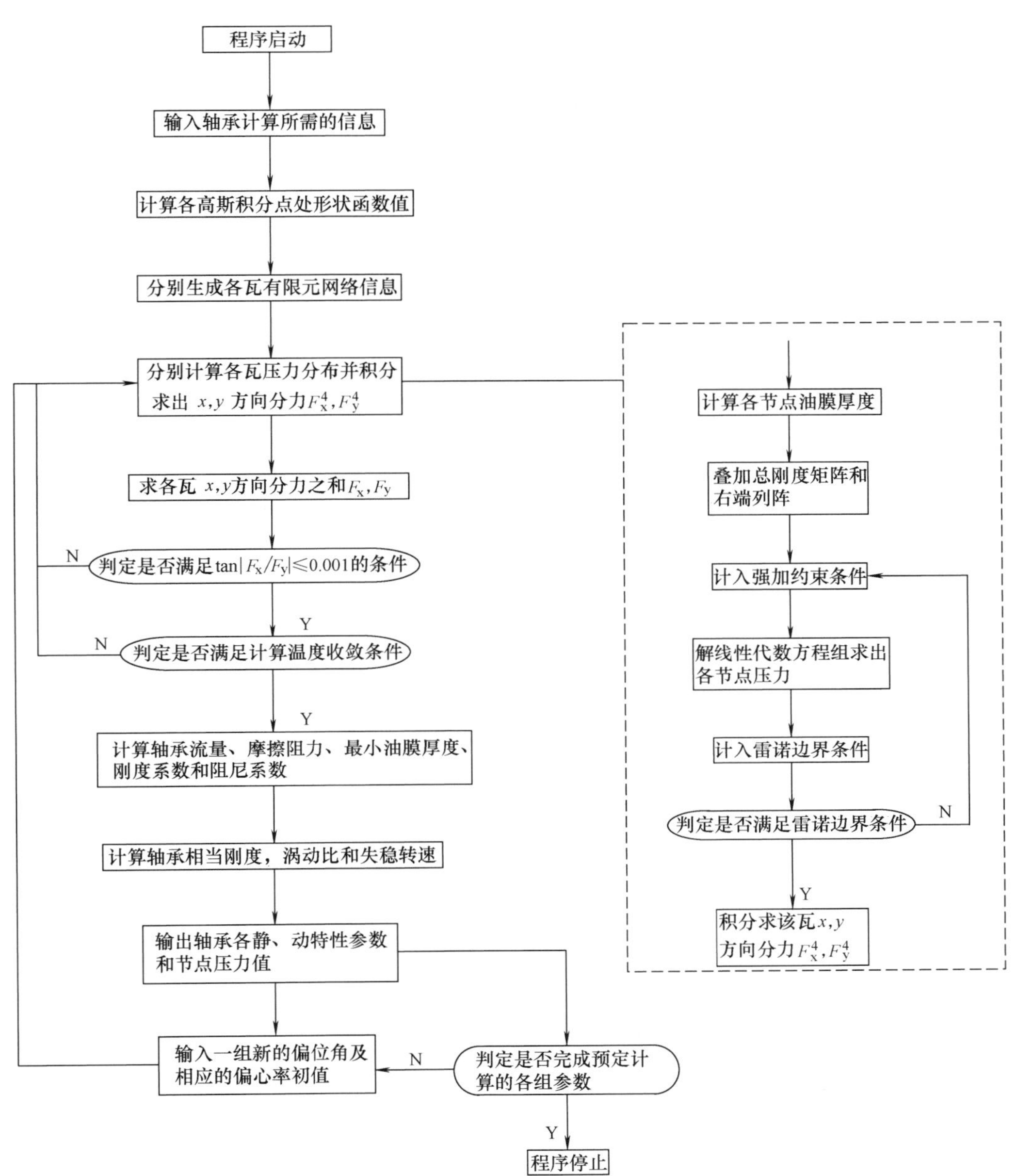
程序启动
输入轴承计算所需的信息
计算各高斯积分点处形状函数值
分别生成各瓦有限元网络信息
分别计算各瓦压力分布并积分求出 x,y 方向分力F_x^4,F_y^4
求各瓦 x,y方向分力之和F_x,F_y
N
判定是否满足tan|F_x/F_y|≤0.001的条件
Y
N
判定是否满足计算温度收敛条件
Y
计算轴承流量、摩擦阻力、最小油膜厚度、刚度系数和阻尼系数
计算轴承相当刚度，涡动比和失稳转速
输出轴承各静、动特性参数和节点压力值
输入一组新的偏位角及相应的偏心率初值
N
判定是否完成预定计算的各组参数
Y
程序停止
计算各节点油膜厚度
叠加总刚度矩阵和右端列阵
计入强加约束条件
解线性代数方程组求出各节点压力
计入雷诺边界条件
判定是否满足雷诺边界条件
N
Y
积分求该瓦x,y方向分力F_x^4,F_y^4

图 8-4-29　主程序框图

第5章　液体静压轴承

5.1　概述

液体静压轴承是在液体静力润滑状态下工作的滑动轴承。通常是依靠外部供油系统向轴承供给压力油，通过补偿元件输送到轴承的油腔中，形成具有足够压力的润滑油膜将轴颈浮起，由液体的静压力支承外载荷，保证了轴颈在任何转速（包括转速为零）和预定载荷下都与轴承处于完全液体摩擦的状态。

常用的恒压供油静压轴承系统组成，包括径向和推力轴承、补偿元件（小孔节流式、毛细管式、内部节流式、滑阀反馈式和薄膜反馈式节流器等）、供油装置三部分，见图 8-5-1。液体静压轴承的特点见表 8-5-1。

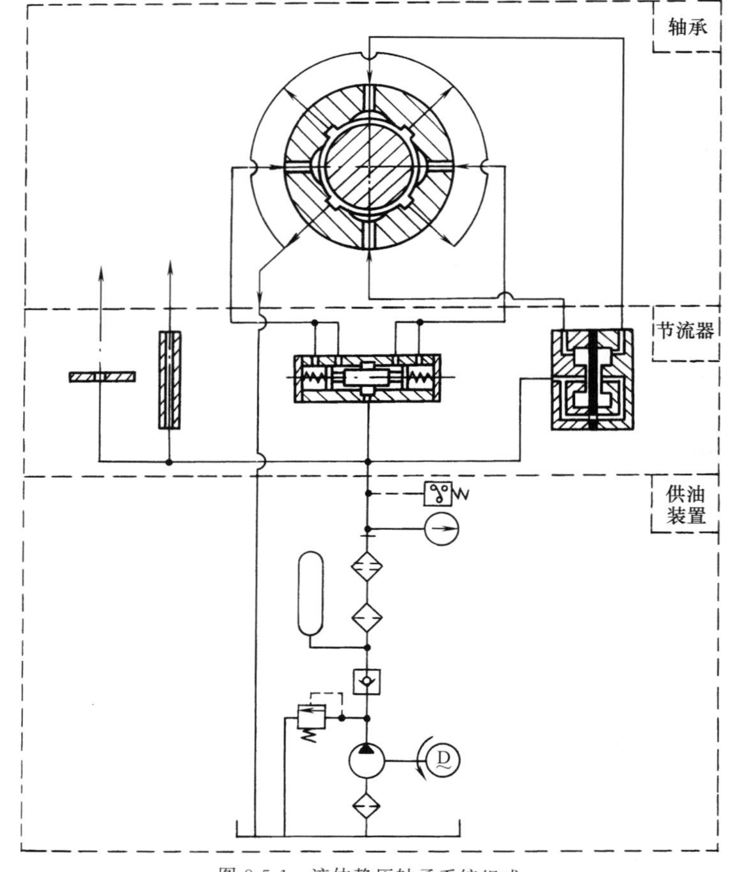

图 8-5-1　液体静压轴承系统组成

表 8-5-1　液体静压轴承的特点

特点	①静压轴承始终处于纯液体润滑状态下，摩擦阻力小，主轴启动功率小，传动效率高 ②正常运转和频繁启动时，都不会发生金属之间的直接接触造成的磨损，精度保持性好，使用寿命长 ③由于轴颈的浮起是依靠外部供油的压力来实现的，因此，在各种相对运动速度下，都具有较高的承载能力，速度变化对油膜刚度影响小 ④润滑油膜具有良好的抗振性能，轴运转平稳 ⑤油膜具有均化误差的作用，能减少轴与轴承本身制造误差的影响，轴的回转精度高 ⑥设计静压轴承时，只要选择合理的设计参数，如主轴与轴承之间的间隙、封油面尺寸、节流器形式、供油压力、节流比等，就能使轴承的承载能力、油膜刚度、温升等满足从轻载到重载、低速到高速、小型到大型的各种机械设备的要求 ⑦需要一套过滤效果非常好而且可靠的供油装置。在高速场合，还需安装油冷却装置，保证控制润滑油温度在一定范围内

5.2　液体静压轴承的分类

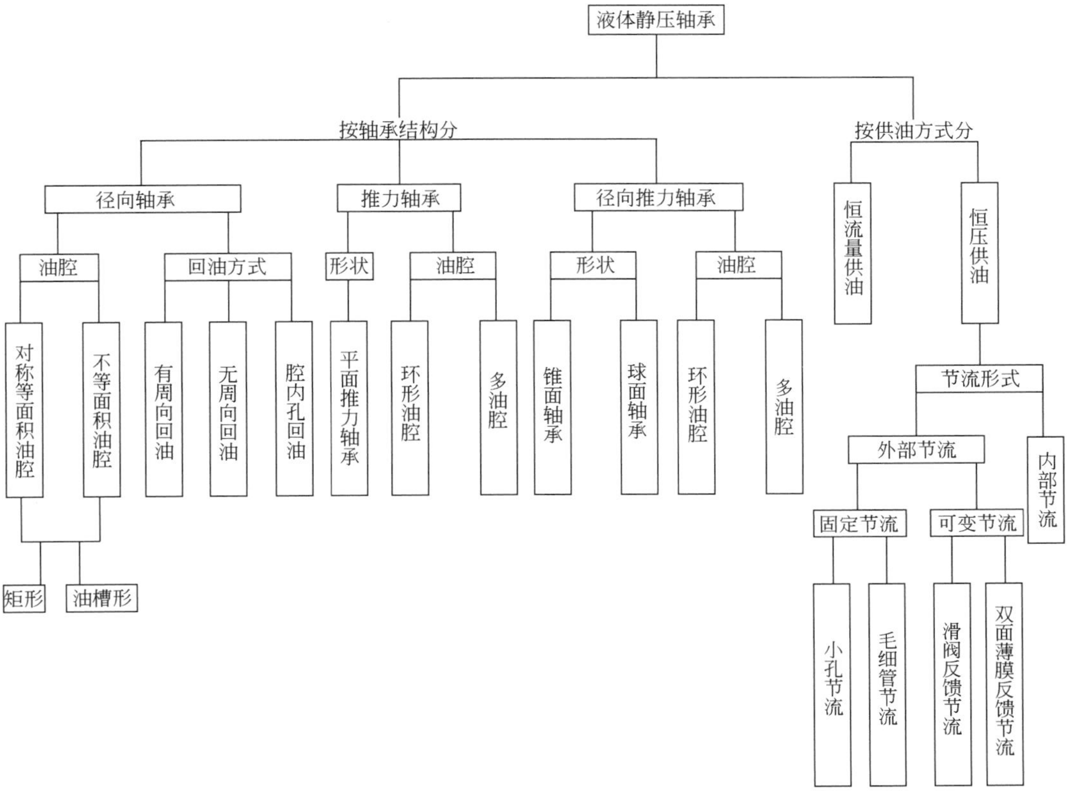

- 液体静压轴承
  - 按轴承结构分
    - 径向轴承
      - 油腔
        - 对称等面积油腔
        - 不等面积油腔
        - （以上两种）：矩形、油槽形
      - 回油方式
        - 有周向回油
        - 无周向回油
        - 腔内孔回油
    - 推力轴承
      - 形状
        - 平面推力轴承
      - 油腔
        - 环形油腔
        - 多油腔
    - 径向推力轴承
      - 形状
        - 锥面轴承
        - 球面轴承
      - 油腔
        - 环形油腔
        - 多油腔
  - 按供油方式分
    - 恒流量供油
    - 恒压供油
      - 节流形式
        - 外部节流
          - 固定节流
            - 小孔节流
            - 毛细管节流
          - 可变节流
            - 滑阀反馈节流
            - 双面薄膜反馈节流
        - 内部节流

5.3　液体静压轴承的原理

表 8-5-2　**液体静压轴承的原理**

分类		原　　理	
有周向回油	固定节流	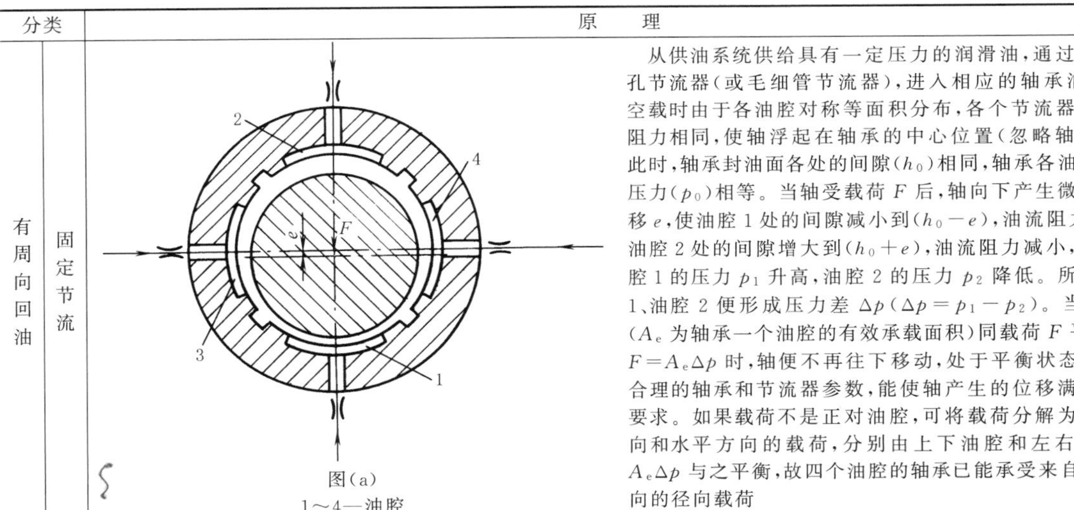图(a) 1～4—油腔	从供油系统供给具有一定压力的润滑油，通过各个小孔节流器（或毛细管节流器），进入相应的轴承油腔内。空载时由于各油腔对称等面积分布，各个节流器的节流阻力相同，使轴浮起在轴承的中心位置（忽略轴自重）。此时，轴承封油面各处的间隙（h_0）相同，轴承各油腔内的压力（p_0）相等。当轴受载荷 F 后，轴向下产生微小的位移 e，使油腔 1 处的间隙减小到（h_0-e），油流阻力增大，油腔 2 处的间隙增大到（h_0+e），油流阻力减小，因而油腔 1 的压力 p_1 升高，油腔 2 的压力 p_2 降低。所以油腔 1、油腔 2 便形成压力差 Δp（$\Delta p=p_1-p_2$）。当 $A_e\Delta p$（A_e 为轴承一个油腔的有效承载面积）同载荷 F 平衡，即 $F=A_e\Delta p$ 时，轴便不再往下移动，处于平衡状态。选择合理的轴承和节流器参数，能使轴产生的位移满足设计要求。如果载荷不是正对油腔，可将载荷分解为垂直方向和水平方向的载荷，分别由上下油腔和左右油腔的 $A_e\Delta p$ 与之平衡，故四个油腔的轴承已能承受来自任意方向的径向载荷

续表

<table>
<tr><th colspan="2">分　类</th><th>原　　理</th></tr>
<tr><td>有周向回油</td><td>可变节流</td><td> 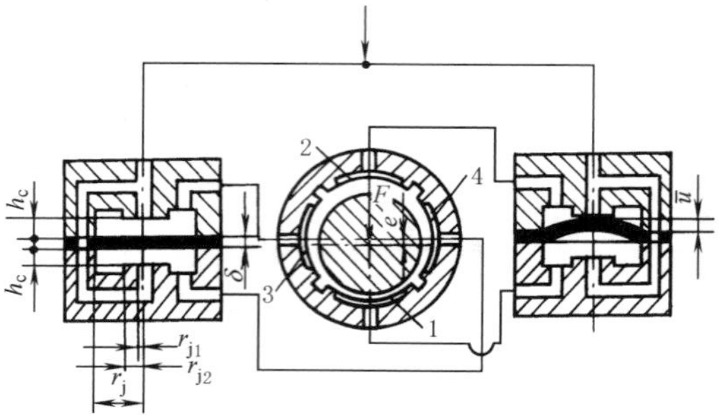 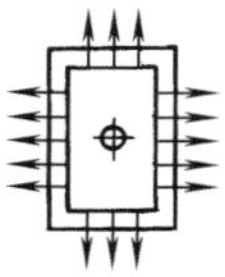薄膜反馈节流 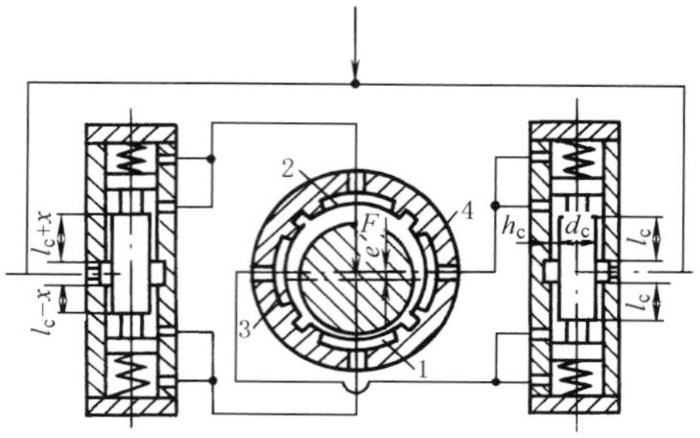 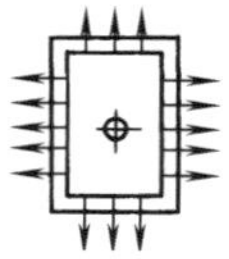

滑阀反馈节流

图(b)
1～4—油腔

从供油系统供给具有一定压力的润滑油，通过滑阀反馈节流器（或双面薄膜反馈节流器），进入相应的轴承油腔内。空载时，由于各个油腔对称等面积分布，滑阀在两端弹簧作用下处于中间位置（或薄膜处于平直状态），各个节流器的节流阻力相同，使轴浮起在轴承的中心位置（忽略轴自重），此时轴承封油面各处的间隙 h_0 相同，轴承各油腔内的压力 p_0 相等。当轴受载荷 F 后，轴向下产生微小的位移 e，使油腔 1 处的间隙减小，油流阻力增大，因而油腔 1 的压力 p_1 升高；油腔 2 处的间隙增大，油流阻力减小，因而油腔 2 处的压力 p_2 降低，由于油腔 1、油腔 2 分别与滑阀两端连接（或与薄膜两面的上下油腔连接），滑阀两端面（或薄膜上下两面）受 p_1、p_2 作用后，使滑阀向上移动 x（或薄膜向上凸起变形量 $\bar{u}$），于是滑阀上边的节流长度增大为 l_c+x（或薄膜上面节流间隙减小为 $h_c-\bar{u}$），润滑油流入轴承油腔 2 的阻力增大，滑阀下边的节流长度减少为 l_c-x（或薄膜下面节流间隙增大为 $h_c+\bar{u}$），油流入轴承油腔 1 的阻力减小，造成油腔 1、油腔 2 的压力差 Δp（$\Delta p=p_1-p_2$）进一步增大，$A_e\Delta p$ 同载荷 F 平衡，促使轴重新向上浮起，使轴保持在新的位置。轴浮起量的大小，取决于轴承和节流器参数的选择
如果轴承和节流器的参数选择合理，在某个载荷 F 作用下（例如额定载荷），完全有可能使轴回到原来（$F=0$）的中心位置，处于平衡状态。当 F 不断增加、滑阀便相应地向上移动（或薄膜相应地向上变形），直至下边节流口完全打开，上边节流口完全封闭（或薄膜同圆面接触），此时，滑阀移到最上的极限位置（或薄膜变形到最大限度）。此后，如果 F 再继续增加，滑阀（或薄膜）不再起控制作用
轴在载荷 F 作用下产生的位移 e 有三种不同状态：
① 轴位移 e 的方向与载荷 F 的方向相同，e 为正值，称为轴承的正位移
② 轴在某个载荷 F 作用下（例如额定载荷）产生的位移 e，由于滑阀（或薄膜）的反馈作用，使轴回到原来（$F=0$）的中心位置（$e=0$），处于平衡状态，e 为零，称为轴承的零位移
③ 轴在载荷 F 作用下产生的位移 e，由于滑阀（或薄膜）的反馈作用，使轴回到原来（$F=0$）中心位置的上方，处于平衡状态，轴位移 e 的方向与载荷 F 的方向相反，e 为负值，称为轴承的负位移</td></tr>
</table>

续表

分　类		原　　理
无周向回油	固定节流及可变节流	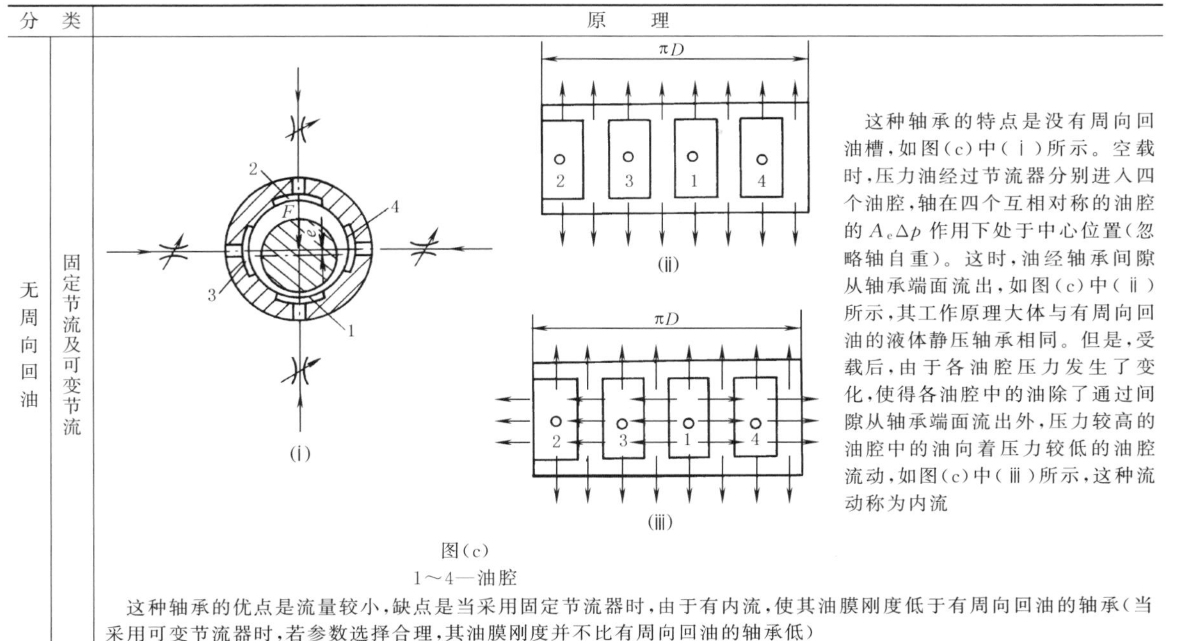这种轴承的特点是没有周向回油槽，如图(c)中(ⅰ)所示。空载时，压力油经过节流器分别进入四个油腔，轴在四个互相对称的油腔的 $A_e\Delta p$ 作用下处于中心位置(忽略轴自重)。这时，油经轴承间隙从轴承端面流出，如图(c)中(ⅱ)所示，其工作原理大体与有周向回油的液体静压轴承相同。但是，受载后，由于各油腔压力发生了变化，使得各油腔中的油除了通过间隙从轴承端面流出外，压力较高的油腔中的油向着压力较低的油腔流动，如图(c)中(ⅲ)所示，这种流动称为内流 图(c) 1～4—油腔 这种轴承的优点是流量较小，缺点是当采用固定节流器时，由于有内流，使其油膜刚度低于有周向回油的轴承(当采用可变节流器时，若参数选择合理，其油膜刚度并不比有周向回油的轴承低)

5.4　液体静压轴承的结构设计

5.4.1　径向液体静压轴承结构、特点与应用

表 8-5-3　　径向液体静压轴承结构、特点与应用

分　类		结　　构	特　　点	应　　用
按回油方式分	有周向回油		①润滑油通过轴与轴承间隙，从轴向、周向封油面流出 ②流量较大 ③相对于同一种固定节流器无周向回油槽的静压轴承，具有较大的静刚度 ④高速转动时，若回油槽宽度和深度太大，容易将空气从回油槽卷入轴承油腔内	广泛应用于各种机床和设备
	无周向回油		①空载时，润滑油通过轴与轴承间隙，只从轴向封油面流出 ②流量较小 ③轴在载荷作用下，油腔内的压力油互相流动产生内流现象	固定节流用于对静刚度要求不高，而流量要求小的设备；可变节流用于流量要求小的重型设备
	腔内孔式回油		①每个油腔设有单排或双排回油孔 ②各油腔间可有周向回油槽或无周向回油槽 ③油膜刚度可提高 40%以上 ④高速下，动压效应明显 ⑤结构比较复杂	正在广泛推广

续表

分类		结构	特点	应用
按油腔形状分	矩形油腔	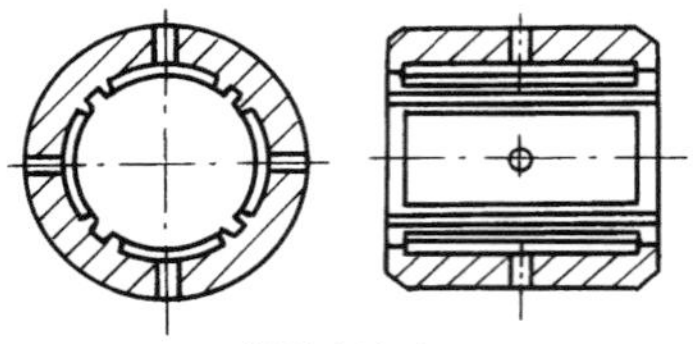 等深度油腔 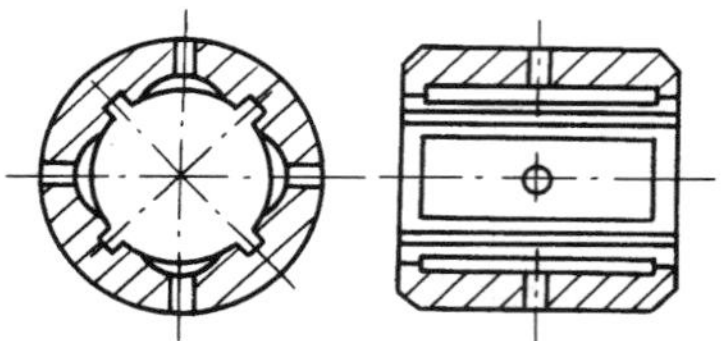 圆弧形油腔	①摩擦面积小，功率消耗小，温升低 ②静止时轴与轴承的接触面积小 ③同一直径、同一宽度的轴承，只要轴向、周向封油面尺寸相等，虽然油腔形状不同，仍具有相等的有效承载面积	广泛应用于各种高速轻载的中小型机床和设备
	油槽形油腔	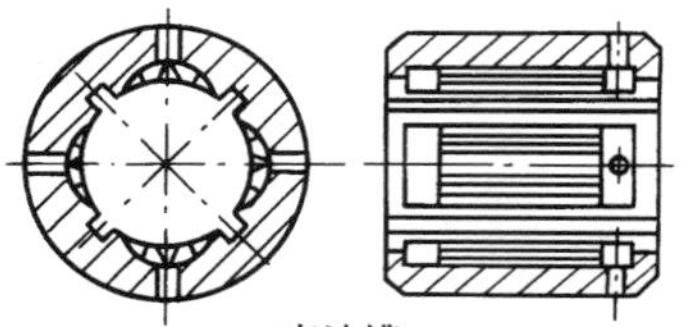 直油槽 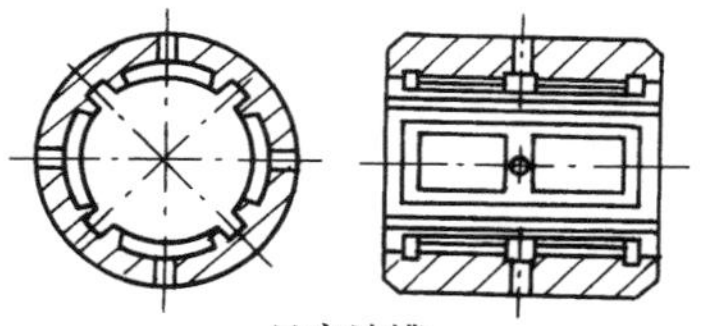 日字油槽	①摩擦面积大，驱动主轴的功率消耗大 ②静止时，轴与轴承的接触面积大(比压较小)，起保护油腔封油面的作用。在没有建立油腔压力，即轴颈支承在轴承表面时，不易影响轴承精度；若供油装置发生故障，能减少磨损 ③抗振性好，油膜挤压力大	应用于速度较低及轴系统自重较大的机床和设备
按油腔面积	对称等面积	见矩形油腔结构图	①各油腔有效承载面积相等，并对称分布 ②承载能力和刚度方向性小 ③若略去主轴自重、空载时主轴浮在轴承中心	广泛应用
	不等面积	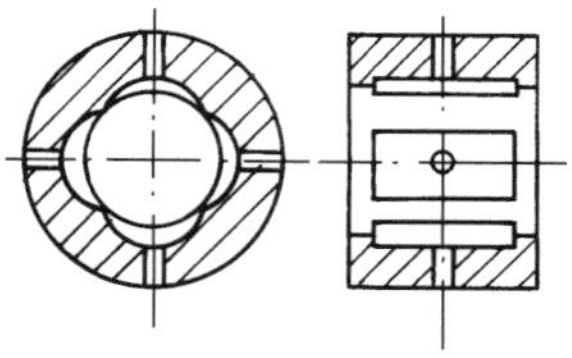	①各油腔有效承载面积不相等 ②允许载荷方向的变化较小，油腔面积大的承载能力大，而油腔面积小的承载能力小 ③可以提高某一方向的承载能力，并且可节省油泵功耗 ④只有在设计载荷下轴才浮在中心	适用于自重较大或载荷方向恒定的机床设备
按油腔数量	三油腔	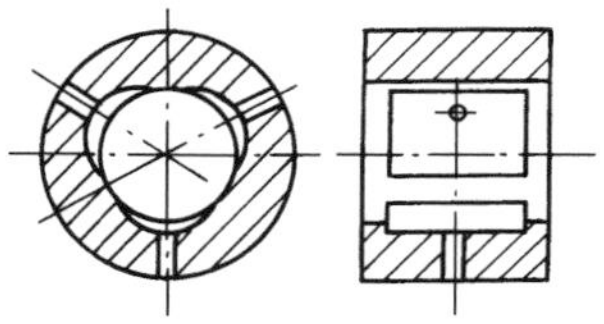	①沿圆周方向均匀分布三个油腔 ②能承受任意方向的径向力，但承载能力及刚度的方向性较大(即不同的载荷方向、刚度和承载能力的差别较大)。正对油腔的承载能力及刚度最大	适用于轴承直径小于40mm的机床设备
	四油腔	见有周向回油、无周向回油及矩形油腔图	①沿圆周方向均匀分布四个油腔 ②若是对称等面积四油腔结构，承载能力及刚度的方向性较小，可承受任意方向的载荷；若是不等面积四油腔结构，大油腔承载能力大，小油腔承载能力小	广泛应用

续表

分类		结构	特点	应用
按油腔数量	六油腔		①沿圆周方向均匀分布六个油腔 ②承载能力和刚度的方向性很小，主轴回转精度高 ③结构复杂，节流器数目较多	适用于高精度机床和设备
按轴承的开闭分	开式		轴瓦为半瓦，载荷方向作用在垂直位置内且变动范围较小	重型机床的附加支承或大型机床工件的托架
	闭式	除开式结构外均为闭式	整体轴承，在大多数情况下，允许载荷变化的方向较大	广泛应用于各种机床

5.4.2　径向液体静压轴承的结构尺寸及主要技术数据

表 8-5-4　　径向液体静压轴承的结构尺寸及主要技术数据

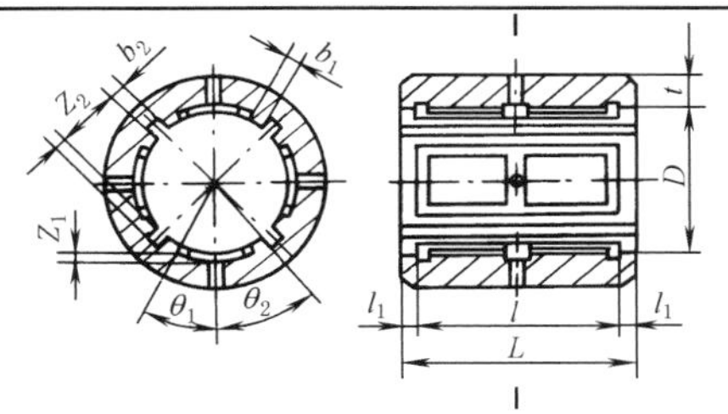

项目	推荐数据	说明
轴承直径 D	参考同类产品的动压轴承轴颈或按经验公式估算 $D \geqslant \sqrt{1.8F}$ F——外载荷，N D——轴直径，mm	承载的能力 F 与 D^2 成正比；摩擦功耗与 D^4 成正比；D 增大，系统刚度增大，因此，要综合考虑来确定 D 值
轴承宽度 L/mm	$L=(0.8\sim1.5)D$	L 增大时，轴承油膜刚度及承载能力相应增加，油腔封油面积及流量增加，轴承摩擦功率及泵功率都成比例增加，同时工艺因素（如同轴度、椭圆度、圆柱度等）的不良影响加大；L 过大，轴的挠度增大，引起轴系统刚度下降
轴向封油面宽度 l_1/mm 周向封油面宽度 b_1/mm	对有周向回油：$l_1=b_1=0.1D$ 对无周向回油：$l_1=0.1D$，$b_1=D\sin(\theta_3/2)$，$\theta_3=24°$	l_1 值及 b_1 值较小时，油腔的有效承载面积大，承载能力大，油膜刚度高，但泵功率及流量增大。若 l_1 及 b_1 小于 $0.1D$，则承载能力增大不显著，但流量有所增加。从最小功率消耗出发，满足摩擦功率/泵功率$=1\sim3$，则高速时宜用窄的封油面以减少摩擦功耗，低速时宜用宽封油面以降低泵功耗
轴与轴承配合的直径间隙 $2h_0$/mm	$D\approx\phi50$ 以下 $2h_0\approx(0.0004\sim0.0007)D$ $D\approx\phi50\sim100$ $2h_0\approx(0.0005\sim0.0008)D$ $D\approx\phi100\sim200$ $2h_0\approx(0.0006\sim0.0010)D$	h_0 小，油膜刚度高，流量和油泵功率小，摩擦功率大，只要选择合适的润滑油黏度，总功率损耗也较小。h_0 过小，工艺性差，摩擦功率增加，且节流器容易堵塞，温升高。另外 h_0 的选择还要考虑主轴挠曲变形 对于中小型机床和设备，一般应满足： $h_0>3f_M$ 式中　f_M——轴承宽度范围内的最大挠度，mm 对于重型机床和设备，由于箱体床身等变形很复杂，不易计算准确，当采用随动附加支承或在轴承一端的下面刮去一部分等措施后，轴挠度值可大于轴承半径间隙的 1/3，但在空载和额定载荷作用下，应保证轴与轴承无金属接触

续表

项目	推荐数据			说明
油腔深度 Z_1/mm	$Z_1 \approx (30 \sim 60)h_0$			Z_1 太小，摩擦功率损耗大；Z_1 太大，油腔内流体的体积大，影响动态特性
回油槽深度 Z_2 及宽度 b_2/mm	D	b_2	Z_2	回油槽尺寸既要保证回油畅通，又要保持充满润滑油，并具有微小压力，以防止主轴回转时由回油槽引入空气而降低轴承动态刚度，严重时会使轴承失去稳定性
	ϕ40～60	3	0.6	
	ϕ70～100	4	0.8	
	ϕ110～150	5	1.0	
	ϕ160～200	6	1.2	
轴承壁厚 t/mm	D	t		根据机床和设备的箱体结构，t 可适当增减；D 小，选取较大的 t；D 大，选取较小的 t
	$<\phi$40	$(0.4 \sim 0.35)D$		
	ϕ40～100	$(0.35 \sim 0.2)D$		
	ϕ100～200	$(0.2 \sim 0.125)D$		
	$>\phi$200	$(0.125 \sim 0.1)D$		
轴与轴承的配合间隙 $2h_0$ 的公差 Δh_0	$\Delta h_0 = \left(\frac{1}{10} \sim \frac{1}{5}\right)h_0$			公差过大，节流比 β 的误差大，影响油膜刚度。Δh_0 为正值时，流量增加，油膜刚度下降；Δh_0 为负值时，流量减小
轴与轴承的几何精度 Δ/mm	$\Delta \leqslant \left(\frac{1}{10} \sim \frac{1}{3}\right)h_0$			高精度轴系，取高的几何精度（包括圆度、圆柱度、同轴度等）；一般轴系，可取较低的几何精度
轴承外圆与箱体孔的配合/mm	一般多采用静配合。对于 $D=\phi$40～200 的轴承，其过盈量为 $\frac{D}{10000}$ 对于重型机床和设备，不会造成油腔压力互通的结构，允许用间隙配合			配合太松时，可能引起各油腔压力油互通，影响油膜刚度和系统刚度，发生过大变形
轴与轴承工作表面的表面粗糙度 Ra/μm	通常为 0.8～0.1			高精度轴系，取较低的表面粗糙度；一般精度的轴系取较高的表面粗糙度。对于同一配合表面的轴颈，可取较低的粗糙度，而轴承可取较高的粗糙度
轴承外圆和箱体孔的表面粗糙度 Ra/μm	轴承外圆为 0.4 箱体孔为 1.6～0.8			

5.4.3 径向液体静压轴承的系列结构尺寸

表 8-5-5 径向轴承的 D、L/D、L、l_1、l 尺寸 cm

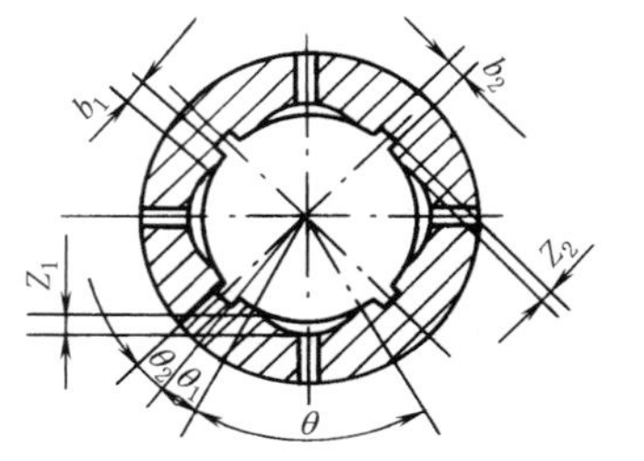

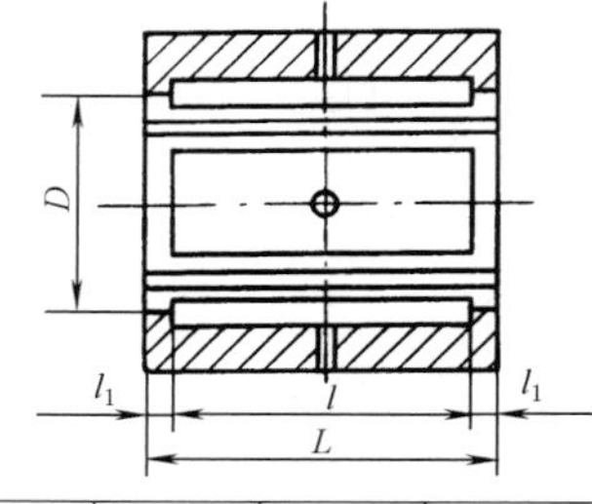

D	L/D	L	l_1/D 0.1 l_1	0.1 l	0.2 l_1	0.2 l	D	L/D	L	l_1/D 0.1 l_1	0.1 l	0.2 l_1	0.2 l
3	0.6	1.8	0.3	1.2	0.6	0.6	4	0.6	2.4	0.4	1.6	0.8	0.8
	1.0	3.0	0.3	2.4	0.6	1.8		1.0	4.0	0.4	3.2	0.8	2.4
	1.5	4.5	0.3	3.9	0.6	3.3		1.5	6.0	0.4	5.2	0.8	4.4

续表

D	L/D	L	l_1/D				D	L/D	L	l_1/D			
			0.1		0.2					0.1		0.2	
			l_1	l	l_1	l				l_1	l	l_1	l
5	0.6	3.0	0.5	2.0	1.0	1.0	12	0.6	7.2	1.2	4.8	2.4	2.4
	1.0	5.0	0.5	4.0	1.0	3.0		1.0	12.0	1.2	9.6	2.4	7.2
	1.5	7.5	0.5	6.5	1.0	5.5		1.5	18.0	1.2	15.6	2.4	13.2
6	0.6	3.6	0.6	2.4	1.2	1.2	14	0.6	8.4	1.4	5.6	2.8	2.8
	1.0	6.0	0.6	4.8	1.2	3.6		1.0	14.0	1.4	11.2	2.8	8.4
	1.5	9.0	0.6	7.8	1.2	6.6		1.5	21.0	1.4	18.2	2.8	15.4
7	0.6	4.2	0.7	2.8	1.4	1.4	15	0.6	9.0	1.5	6.0	3.0	3.0
	1.0	7.0	0.7	5.6	1.4	4.2		1.0	15.0	1.5	12.0	3.0	9.0
	1.5	10.5	0.7	9.1	1.4	7.7		1.5	22.5	1.5	19.5	3.0	16.5
8	0.6	4.8	0.8	3.2	1.6	1.6	16	0.6	9.6	1.6	6.4	3.2	3.2
	1.0	8.0	0.8	6.4	1.6	4.8		1.0	16.0	1.6	12.8	3.2	9.6
	1.5	12.0	0.8	10.4	1.6	8.8		1.5	24.0	1.6	20.8	3.2	1.67
9	0.6	5.4	0.9	3.6	1.8	1.8	18	0.6	10.8	1.8	7.2	3.6	3.6
	1.0	9.0	0.9	7.2	1.8	5.4		1.0	18.0	1.8	14.4	3.6	10.8
	1.5	13.5	0.9	11.7	1.8	9.9		1.5	27.0	1.8	23.4	3.6	19.8
10	0.6	6.0	1.0	4.0	2.0	2.0	20	0.6	12.0	2.0	8.0	4.0	4.0
	1.0	10.0	1.0	8.0	2.0	6.0		1.0	20.0	2.0	16.0	4.0	12.0
	1.5	15.0	1.0	13.0	2.0	11.0		1.5	30.0	2.0	26.0	4.0	22.0

表 8-5-6　径向轴承的 n、D、θ、θ_1、θ_2、Z_1、Z_2 尺寸

回油形式	D /cm	n	l_1/D				θ_2 /(°)	Z_1 /cm	Z_2 /cm	θ_3 /(°)	r_1 /cm	r_2 /cm	N_0
			0.1		0.2								
			θ/(°)	θ_1/(°)	θ/(°)	θ_1/(°)							
有周向回油	3～5	3	87	12	69	21	9	$(30～60)h_0$	0.06				
		4	57	12	39	21	9						
	6～12	4	60	12	42	21	6						
		6	30	12	12	21	6						
	14～20	4	63	12	45	21	3		0.12				
		6	33	12	15	21	3						
无周向回油	3～20	3	96	24	78	42							
		4	66	24	48	42							
		6	36	24	18	42							
无周向回油、有腔内孔式回油	3～20	3	96	24	78	42					0.2	0.4	2
		4	66	24	48	42					0.2	0.4	2
		6	36	24	18	42					0.2	0.4	2

注：1. 本表 θ_1、θ_2 分别为径向轴承周向封油边及回油槽的夹角。

2. 若要得周向封油边宽 b_1，则 $b_1=D\sin\frac{\theta_1}{2}$。

3. 若要得回油槽宽度 b_2，则 $b_2=D\sin\frac{\theta_2}{2}$。

4. 无周向回油、有腔内孔式回油型式中，若 $N_0=2$ 为两排回油孔，则当 $n=3$，$l_1/D=0.2$ 时，D 应为 4～5cm；$n=4$，$l_1/D=0.1$ 时，D 应为 4～20cm；$l_1/D=0.2$ 时，D 应为 6～20cm；$n=6$，$l_1/D=0.1$ 时，D 应为 8～20cm；$l_1/D=0.2$ 时，D 应为15～20cm。

5. θ_3 为径向轴承腔内孔式回油孔中心至油腔中心线间的夹角。

6. r_1 为径向轴承腔内孔式回油孔内半径；r_2 为径向轴承腔内孔式回油孔外半径。

7. n 为油腔数；N_0 为一个油腔内孔个数。

表 8-5-7 **径向轴承三油腔的 D、L/D、l_1/D、A_e 尺寸**

D /cm	L/D	有周向回油		无周向回油		无周向回油腔内孔式回油	
		l_1/D					
		0.1	0.2	0.1	0.2	0.1	0.2
		A_e/cm^2					
3	0.6	3.40	2.44	3.93	3.04	3.92	
	1.0	6.13	4.97	7.14	6.31	7.13	
	1.5	9.55	8.14	11.15	10.42	11.15	
4	0.6	6.03	4.33	6.99	5.40	6.96	5.34
	1.0	10.89	8.83	12.69	11.22	12.67	11.20
	1.5	16.97	14.46	19.82	18.53	19.81	18.52
5	0.6	9.43	6.77	10.92	8.44	10.87	8.35
	1.0	17.02	13.80	19.84	17.53	19.81	17.50
	1.5	26.51	22.59	30.98	28.95	30.96	28.93

注：A_e 为轴承一个油腔的有效承载面积。本表的 A_e 值为偏心率 $\varepsilon=0$ 时的量纲值。

表 8-5-8 **径向轴承四油腔的 D、L/D、l_1/D、A_e 尺寸**

D /cm	L/D	l_1/D	有周向回油	无周向回油	无周向回油腔内孔式回油	D /cm	L/D	l_1/D	有周向回油	无周向回油	无周向回油腔内孔式回油
			A_e/cm^2						A_e/cm^2		
4	0.6	0.1	4.65	5.75	5.72	9	0.6	0.1	23.55	29.15	29.00
		0.2	3.13	4.20				0.2	15.85	21.26	20.96
	1.0	0.1	8.40	10.51	10.49		1.0	0.1	42.56	53.24	53.15
		0.2	6.45	8.86				0.2	32.69	44.85	44.76
	1.5	0.1	13.10	16.46	16.45		1.5	0.1	66.32	83.35	83.29
		0.2	10.61	14.73				0.2	53.73	74.59	74.53
5	0.6	0.1	7.26	8.99	8.95	10	0.6	0.1	29.07	35.99	35.80
		0.2	4.89	6.56				0.2	19.57	26.25	25.87
	1.0	0.1	13.13	16.43	16.40		1.0	0.1	52.55	65.73	65.61
		0.2	10.09	13.84				0.2	40.36	55.38	55.26
	1.5	0.1	20.47	25.72	25.70		1.5	0.1	81.88	102.90	102.82
		0.2	16.58	23.02				0.2	66.34	92.08	92.01
6	0.6	0.1	10.46	12.95	12.89	12	0.6	0.1	41.86	51.82	51.56
		0.2	7.04	9.45	9.31			0.2	28.18	37.81	37.26
	1.0	0.1	18.91	23.66	23.62		1.0	0.1	75.67	94.65	94.49
		0.2	14.52	19.93	19.89			0.2	58.11	79.74	79.58
	1.5	0.1	29.47	37.04	37.01		1.5	0.1	117.91	148.18	148.07
		0.2	23.88	33.15	33.12			0.2	95.53	132.60	132.49
7	0.6	0.1	14.24	17.63	17.54	14	0.6	0.1	56.98	70.54	70.18
		0.2	9.59	12.86	12.68			0.2	38.36	51.46	50.72
	1.0	0.1	25.74	32.20	32.15		1.0	0.1	102.99	128.83	128.61
		0.2	19.77	27.13	27.08			0.2	79.10	108.54	108.32
	1.5	0.1	40.12	50.42	50.38		1.5	0.1	160.49	201.68	201.54
		0.2	32.50	45.12	45.08			0.2	130.03	180.49	180.34
8	0.6	0.1	18.60	23.03	22.91	15	0.6	0.1	65.42	80.98	80.56
		0.2	12.52	16.80	16.56			0.2	44.03	59.08	58.22
	1.0	0.1	33.63	42.06	41.99		1.0	0.1	118.23	147.89	147.64
		0.2	25.83	35.44	35.37			0.2	90.81	124.60	124.35
	1.5	0.1	52.40	65.85	65.80		1.5	0.1	184.24	231.53	231.36
		0.2	42.46	58.93	58.88			0.2	149.27	207.19	207.02

续表

D /cm	L/D	l_1/D	有周向回油	无周向回油	无周向回油腔内孔式回油
			A_e/cm^2		
16	0.6	0.1	74.43	92.14	91.66
		0.2	50.10	67.22	66.25
	1.0	0.1	134.52	168.26	167.98
		0.2	103.32	141.77	141.48
	1.5	0.1	209.62	263.43	263.23
		0.2	169.84	235.74	235.55
18	0.6	0.1	94.20	116.61	116.01
		0.2	63.41	85.07	83.84
	1.0	0.1	170.26	212.96	212.60
		0.2	130.76	179.43	179.06
18	1.5	0.1	265.30	333.40	333.16
		0.2	214.95	298.36	298.12
20	0.6	0.1	116.30	143.96	143.22
		0.2	78.28	105.03	103.51
	1.0	0.1	210.20	262.92	262.47
		0.2	161.44	221.52	221.07
	1.5	0.1	327.54	411.61	411.31
		0.2	265.38	368.35	368.05

表 8-5-9　径向轴承六油腔的 D、L/D、l_1/D、A_e 尺寸

D /cm	L/D	有周向回油		无周向回油		无周向回油腔内孔式回油	
		l_1/D					
		0.1	0.2	0.1	0.2	0.1	0.2
		A_e/cm^2					
6	0.6	6.33	3.58	9.29	6.16		
	1.0	11.48	7.65	17.14	13.43		
	1.5	17.92	12.74	26.95	22.63		
7	0.6	8.62	4.88	12.65	8.38		
	1.0	15.63	10.42	23.33	18.28		
	1.5	24.39	17.34	36.68	30.81		
8	0.6	11.25	6.37	16.52	10.95	16.40	
	1.0	20.41	13.61	30.47	23.87	30.40	
	1.5	31.86	22.65	47.91	40.24	47.86	
9	0.6	14.25	8.07	20.91	13.86	20.76	
	1.0	25.84	17.23	38.57	30.21	38.48	
	1.5	40.33	28.67	60.63	50.93	60.57	
10	0.6	17.59	9.96	25.82	17.11	25.63	
	1.0	31.90	21.27	47.62	37.30	47.50	
	1.5	49.79	35.39	74.86	62.88	74.78	
12	0.6	25.33	14.35	37.18	24.64	36.91	
	1.0	45.94	30.63	68.57	53.72	68.41	
	1.5	71.70	50.97	107.80	90.54	107.69	
14	0.6	34.48	19.53	50.61	33.54	50.24	
	1.0	62.53	41.69	93.33	73.12	93.11	
	1.5	97.59	69.37	146.72	123.24	146.58	
15	0.6	39.58	22.42	58.10	38.50	57.67	37.60
	1.0	71.78	47.86	107.14	83.94	106.89	83.68
	1.5	112.03	79.64	168.43	141.48	168.27	141.30
16	0.6	45.03	25.51	66.10	43.80	65.62	42.78
	1.0	81.67	54.45	121.90	95.50	121.61	95.21
	1.5	127.47	90.61	191.64	160.97	191.45	160.77
18	0.6	57.00	32.29	83.66	55.44	83.05	54.15
	1.0	103.37	68.92	154.29	120.87	153.92	120.50
	1.5	161.33	114.68	242.55	203.73	242.30	203.48
20	0.6	70.37	39.87	103.29	68.45	102.53	66.85
	1.0	127.62	85.08	190.48	149.23	190.02	148.77
	1.5	199.18	141.58	299.44	251.52	299.14	251.21

5.4.4　推力液体静压轴承结构、特点与应用

表 8-5-10　　推力液体静压轴承结构、特点与应用

分类			结构	特点	应用
按油腔形状分	环形油腔		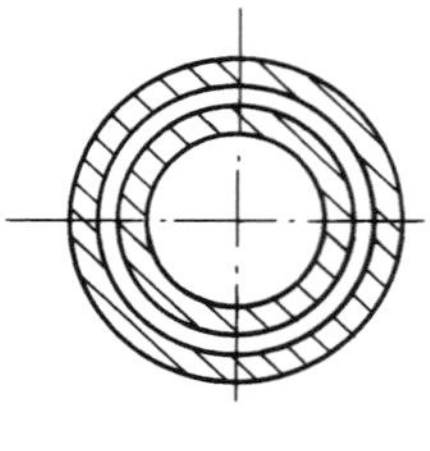	①结构简单，加工方便 ②可用固定节流和可变节流 ③这种油腔只能承受轴向载荷，不能承受轴向载荷偏离轴线所产生的倾覆力矩和径向载荷所产生的倾覆力矩，由于推力轴承和径向轴承往往是联合使用，上述倾覆力矩可由径向轴承承受	广泛应用于各种机床和设备
	扇形油腔	无回油槽	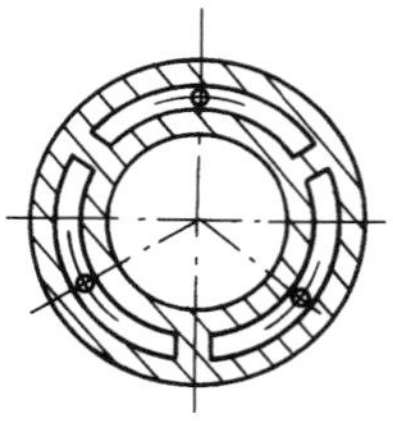	①有较好的抵抗倾覆力矩的作用 ②油腔加工不方便，每个油腔需用一个节流器，结构复杂	适用于承受大偏心载荷和倾覆力矩的大型机床和设备
		有回油槽	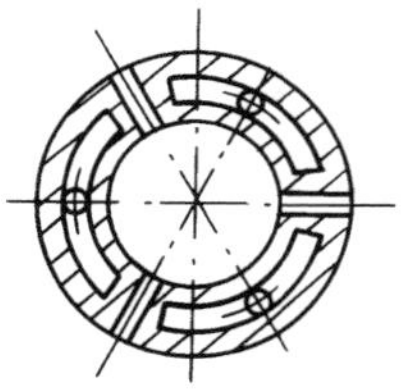	①各油腔之间有回油槽分开 ②有较好的抵抗倾覆力矩的作用 ③结构复杂，加工不便，且每个油腔需用一个节流器	适用于承受大偏心载荷和倾覆力矩的大型机床与设备或高精度机床上
按止推方式分	位于径向轴承前端		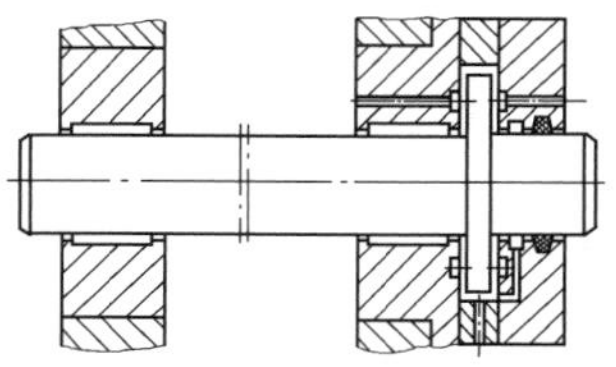	①采用单独节流器 ②油腔开在轴承和端盖上，也可开在轴肩上 ③改变调整垫片尺寸，调整轴向间隙，精度较高 ④径向轴承的周向回油槽两端开通，使径向轴承和推力轴承一侧内端封油面流出的润滑油，经回油槽从非推力端排出。为了防止推力轴承从另一侧内端封油面流出的润滑油沿轴和端盖之间的缝隙渗漏，除了在端盖上有回油孔外，往往还需要有密封装置 ⑤对于水平放置的轴，在回油畅通的条件下，下列三种密封装置都能达到较好的密封效果： a. 轴上的挡环密封 b. 螺纹间隙密封，适用于转速较高而且是单方向转动的轴。螺纹的旋向，应使轴转动时不让润滑油沿轴和端盖之间的缝隙渗漏。对于有大量冷却液的工作环境，需相应采取其他措施，防止吸进冷却液而改变润滑油的性能 c. 密封圈密封，适用于转速较低的轴 对于垂直和倾斜放置的轴，一般采用密封圈密封，并利用专用的油泵将润滑油抽回油箱。采用抽油方法，应避免抽油油泵吸入空气，使润滑油产生气泡。有的立式轴，回油并无严格要求，允许自由流回油箱，无需抽油装置	用于轴向载荷较大的机床和设备

续表

分类		结　构	特　点	应　用
按止推方式分	位于径向前轴承两端	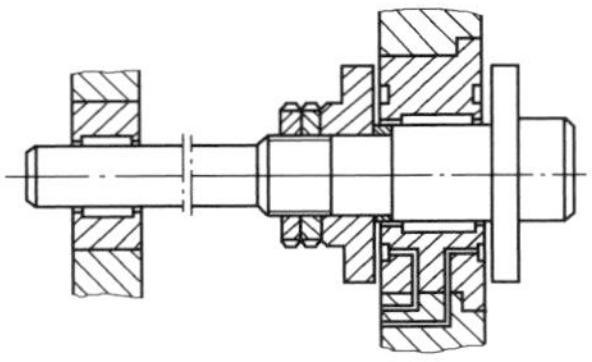	①可用单独节流器节流 ②油腔开在前轴承两端，或轴肩和止推环上 ③改变调整垫尺寸，调整轴向间隙。由于靠螺母紧固止推环，精度较差，紧固止推环的螺母应有锁紧装置，防止螺母松动改变轴向间隙 ④从径向轴承油腔和推力轴承油腔内端封油面流出的润滑油，通过回油槽上的径向孔回油。对于采用单独节流器的推力轴承，应将回油槽两端开通，使径向轴承油腔和推力轴承油腔内端封油面流出的润滑油，通过回油槽上的径向孔流出	适用于按径向前轴承前端布置有困难，而按位于径向前轴承前端和后轴承后端布置又有不良影响的机床和设备
	位于径向前轴承前端和后轴承后端	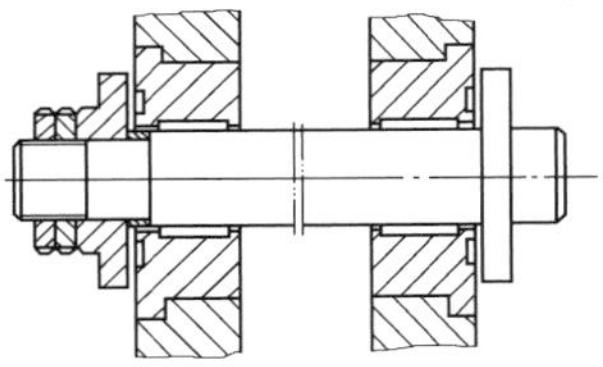	①用单独节流器节流 ②油腔开在前轴承前端和后轴承后端，也可开在轴肩和止推环上 ③改变调整垫尺寸，可调整轴向间隙。由于要锁紧止推环，精度较差。紧固止推环的螺母应有锁紧装置。防止螺母松动改变轴向间隙 ④如果轴很长，又在较高的工作温度下工作时，应考虑热变形对轴向间隙的影响 ⑤有节流器的推力静压轴承，回油槽两端开通，使较多的润滑油从非止推端流出 ⑥轴承转动后，推力油腔压力常较计算值为低，转速越高，降低也越严重，从而减少了轴承的承载能力和油膜刚度。造成油腔压力降低的原因：一是由于转动时的离心力使油外甩；二是由于热变形使轴承间隙增大。试验结果表明，推力轴承外圆的圆周速度 $v=14$ m/s 时，油腔压力将开始严重下降。为克服油腔压力降低，可采取如下措施： a. 增大外端封油面尺寸 b. 外端封油面处引入具有适当压力的润滑油 c. 改变润滑油的流出方向 d. 在外端封油面开反向螺旋槽 为了减轻轴向间隙增大的影响，推力轴承间距不宜过大，轴承温度不宜过高	用于轴承跨距较短，热变形对轴向间隙影响不大，或者按位于径向前轴承前端布置有困难的机床和设备
等面积推力轴承		参见按止推方式分类的三个图		常用
不等面积推力轴承		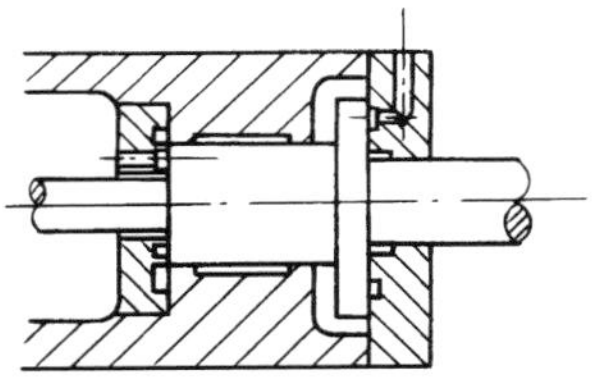	推力轴承的内、外封油边一般都大于径向轴承直径，使推力轴承的切线速度相应加大，采用不等面积推力轴承可以相应降低推力轴承的切线速度，减少摩擦功耗及温升	适用于对温升、功耗有要求的地方

5.4.5 推力液体静压轴承的结构尺寸及主要技术数据

表 8-5-11 推力液体静压轴承的结构尺寸及主要技术数据

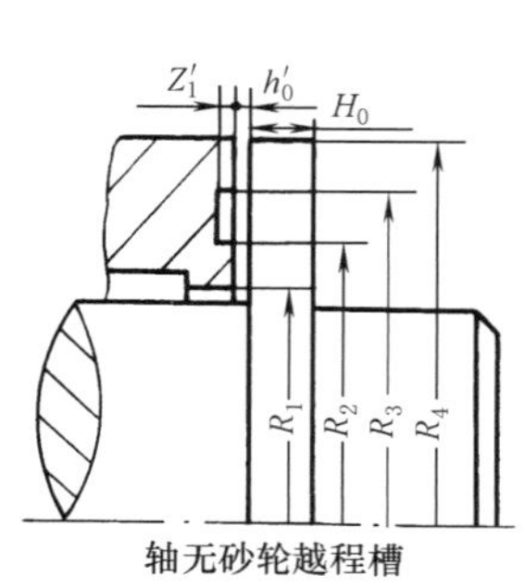

轴无砂轮越程槽

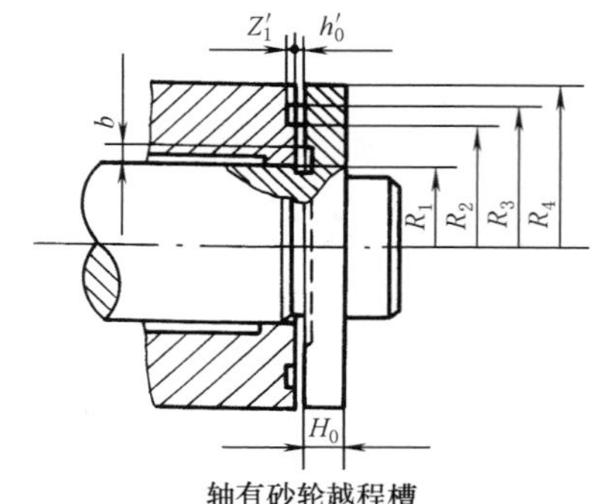

轴有砂轮越程槽

项目	推荐数据	项目	推荐数据
油腔结构尺寸 R_2、R_3、R_4/mm	$R_2=1.2R_1$ $R_3=1.4R_1$ $R_4=1.6R_1$	轴肩厚度 H_0/mm	一般取 $H_0>10$；当轴颈直径 $D\leqslant50$ 时，$H_0\approx10$；$D=50\sim200$ 时，$H_0\approx0.2D$
油腔深度 Z_1'/mm	$Z_1'\approx(30\sim60)h_0'$	轴肩的垂直度 ΔH_0/mm	在轴肩范围内：$\Delta H_0\leqslant\frac{1}{5}h_0'$ （ΔH_0 值太大，影响节流比 β 及油膜刚度）
间隙 $2h_0'$ 的公差/mm	$\Delta h_0'\leqslant-\left(\frac{1}{7}\sim\frac{1}{10}\right)h_0'$	轴承配合表面的粗糙度 Ra/μm	0.8～0.1 （精密的机床及设备取较低的粗糙度；一般的机床和设备取较高的粗糙度）

5.4.6 推力液体静压轴承的系列结构尺寸

表 8-5-12 推力轴承的 D、D_1（$=2R_1$）、D_2（$=2R_2$）、D_3（$=2R_3$）、D_4（$=2R_4$）、A_e 尺寸

油腔形状	轴颈直径 D /cm	主轴无砂轮越程槽					主轴有砂轮越程槽				
		D_1 /cm	D_2 /cm	D_3 /cm	D_4 /cm	A_e /cm²	D_1 /cm	D_2 /cm	D_3 /cm	D_4 /cm	A_e /cm²
环形油腔	3	3.0	3.6	4.2	4.8	7.35	3.6	4.3	5.0	5.8	10.58
	4	4.0	4.8	5.6	6.4	13.07	4.6	5.5	6.4	7.4	17.28
	5	5.0	6.0	7.0	8.0	20.42	5.6	6.7	7.8	9.0	25.62
	6	6.0	7.2	8.4	9.6	29.40	6.8	8.2	9.5	10.9	37.77
	7	7.0	8.4	9.8	11.2	40.02	7.8	9.4	10.9	12.5	49.70
	8	8.0	9.6	11.2	12.8	52.28	8.8	10.6	12.3	14.1	63.25
	9	9.0	10.8	12.6	14.4	66.16	9.8	11.8	13.7	15.7	78.45
	10	10.0	12.0	14.0	16.0	81.68	10.8	13.0	15.1	17.3	95.27
	12	12.0	14.4	16.8	19.2	117.62	12.8	15.4	17.9	20.5	133.83
	14	14.0	16.8	19.6	22.4	160.10	14.8	17.8	20.7	23.7	178.92
	15	15.0	18.0	21.0	24.0	183.78	15.8	19.0	22.1	25.3	203.91
	16	16.0	19.2	22.4	25.6	209.10	16.8	20.2	23.5	26.9	230.54
	18	18.0	21.6	25.2	28.8	264.65	18.8	22.6	26.3	30.1	288.70
	20	20.0	24.0	28.0	32.0	326.73	20.8	25.0	29.1	33.3	353.39

续表

油腔形状	轴颈直径 D /cm	主轴无砂轮越程槽					主轴有砂轮越程槽				
		D_1 /cm	D_2 /cm	D_3 /cm	D_4 /cm	A_e /cm^2	D_1 /cm	D_2 /cm	D_3 /cm	D_4 /cm	A_e /cm^2
扇形三油腔	6	6.0	7.2	8.4	9.6	9.80	6.8	8.2	9.5	10.9	12.59
	7	7.0	8.4	9.8	11.2	13.34	7.8	9.4	10.9	12.5	16.56
	8	8.0	9.6	11.2	12.8	17.42	8.8	10.6	12.3	14.1	21.08
	9	9.0	10.8	12.6	14.4	22.05	9.8	11.8	13.7	15.7	26.15
	10	10.0	12.0	14.0	16.0	27.23	10.8	13.0	15.1	18.3	35.95
	12	12.0	14.4	16.8	19.2	39.21	12.8	15.4	17.9	20.5	44.61
	14	14.0	16.8	19.6	22.4	53.36	14.8	17.8	20.7	23.7	59.64
	15	15.0	18.0	21.0	24.0	61.26	15.8	19.0	22.1	25.3	67.97
	16	16.0	19.2	22.4	25.6	69.70	16.8	20.2	23.5	26.9	76.85
	18	18.0	21.6	25.2	28.8	88.22	18.8	22.6	26.3	30.1	96.23
	20	20.0	24.0	28.0	32.0	108.91	20.8	25.0	29.1	33.3	117.80
扇形四油腔	10	10.0	12.0	14.0	16.0	20.42	10.8	13.0	15.1	17.3	23.82
	12	12.0	14.4	16.8	19.2	29.40	12.8	15.4	17.9	20.5	33.46
	14	14.0	16.8	19.6	22.4	40.02	14.8	17.8	20.7	23.7	44.73
	15	15.0	18.0	21.0	24.0	45.94	15.8	19.0	22.1	25.3	50.98
	16	16.0	19.2	22.4	25.6	52.28	16.8	20.2	23.5	26.8	57.63
	18	18.0	21.6	25.2	28.8	66.16	18.8	22.6	26.3	30.1	72.17
	20	20.0	24.0	28.0	32.0	81.68	20.8	25.0	29.1	33.3	88.35

5.4.7 液体静压轴承材料

表 8-5-13 **液体静压轴承材料**

轴承材料	①在正常工作情况下，轴承材料一般可采用组织均匀，无砂孔、缩孔、裂纹等的 HT200 或 HT250 铸铁，载荷较大的轴承可使用锑铜铸铁 ②考虑到轴承工作过程中有可能瞬时超载、热变形和润滑油供给突然中断(例如突然停电，供油系统发生故障等因素)，在短期内出现金属直接接触而损伤；或是在不工作时在主轴系统的自重作用下，封油面受损伤，轴承材料可用黄铜 ZCuZn38Mn2Pb2(ZHMn58-2-2)或锡青铜 ZCuSn6Zn6(ZQSn6-6-3)、ZCuSn8Pb4(ZQSn8-4)、铅青铜 ZCuPb30(ZQPb30) ③推力轴承的止推环材料，一般可用 40 钢，40HRC
许用压强 p_p /N·cm^{-2}	需验算大型机床和机械设备、主轴系统(包括轴、卡盘、齿轮等)自重和工件重量引起的支承表面单位压力(轴承油腔没有压力油时)，使其小于下列材料的许用值 p_p

材　　料	p_p
未淬火钢(轴)-青铜(轴承)	196～343
淬火钢(轴)-青铜(轴承)	539～980
淬火钢(轴)-钢(轴承)	1470
淬火钢(轴)-铸铁(轴承)	≈490

5.4.8 节流器的结构、特点与应用

表 8-5-14 节流器的结构、特点与应用

项目	固定节流		可变节流	
	小孔节流器	毛细管节流器	滑阀反馈节流器	薄膜反馈节流器
结构	板式结构 外锥式结构	直通式 节流长度可调节式 螺纹截面 进油孔 螺旋槽式	利用垫片调整式 利用螺钉调整式	机械加工式 垫铜片式
油液的流态	紊流	层流	层流	层流

续表

项目		固定节流		可变节流	
		小孔节流器	毛细管节流器	滑阀反馈节流器	薄膜反馈节流器
特点	起节流作用的尺寸	小孔直径 d_0	毛细管直径 d_c 及长度 l_c	滑阀与阀体之间的间隙 h_c 和节流长度 l_c，利用滑阀移动改变两端 l_c 起反馈控制作用	薄膜与圆台之间的间隙 h_c 和($r_{j2}-r_{j1}$)的圆盘形面，利用薄膜弹性变形，改变两面的 h_c 起反馈控制作用
	节流阻力与外载荷关系	节流阻力不随载荷变化而变化		节流阻力随载荷变化而变化	
	油腔承载压差的形成条件	必须在载荷作用下轴产生一定的位移		在载荷作用下，既可依靠滑阀移动或薄膜弹性变形，又可能是因为轴产生一定的位移。在载荷作用下，轴回到原来的中心位置。处于新的平衡状态，此时油腔承载压力差的形成，是依靠滑阀移动或薄膜弹性变形	
	轴心位置与载荷的关系	与载荷的方向相同		可能出现与载荷方向相同、相反或保持原位不变的三种状态	
	油膜刚度	小	较小	很大，只要参数选择合适，理论上在额定载荷下能趋于无限大	
	机械阻塞的可能性	最易	易	较不易	较不易
	使用调整	易	易	较易	较易
	节流器结构	简单	简单	复杂	复杂
	突加(阶跃)载荷作用下的过渡特点	无超位移现象	无超位移现象	过渡过程的超位移量较大，过渡时间较长	过渡过程的超位移量较小，过渡时间较短，在最佳参数的条件下，能接近无超位移现象
	润滑油黏度变化对油膜刚度的影响	有	有	润滑油在层流状态下工作时无影响	润滑油在层流状态下工作时无影响
应用		精密、高转速的轻载荷机床和设备	精密、转速较低、轻载荷或载荷变化不大的机床和设备	重载荷或载荷变化范围大的重型机床和设备	重载荷或载荷变化范围大的精密、重型设备和机床

5.4.9 节流器的结构尺寸及主要技术数据

表 8-5-15 节流器的结构尺寸及主要技术数据 mm

<table>
<tr><th rowspan="2">项目</th><th colspan="2">固定节流</th><th colspan="2">可变节流</th></tr>
<tr><th>小孔节流器</th><th>毛细管节流器</th><th>滑阀反馈节流器</th><th>薄膜反馈节流器</th></tr>
<tr><td rowspan="2">主要结构尺寸</td><td>小孔长度 l_0，一般取 $l_0=1\sim3$</td><td>毛细管节流常用的注射针管直径：
内径 外径
0.46 0.8
0.56 0.9
0.71 1.1
0.84 1.2
1.07 1.4</td><td>滑阀节流长度 l_c，一般取 $l_c=10$
滑阀直径 d_c，一般取 $d_c=12$ 或 16</td><td>节流器体壳尺寸，一般取 $r_j=16$，$r_{j1}=2$，$r_{j2}=6$</td></tr>
<tr><td>小孔直径 d_0，一般取 $d_0\geqslant0.45$</td><td>毛细管长度 l_c，一般取 $l_c<500$</td><td>滑阀节流半径间隙 h_c，一般取 $h_c\geqslant0.03$</td><td>薄膜与圆台的间隙 h_c，一般取 $h_c\geqslant0.04$</td></tr>
<tr><td rowspan="3">主要技术数据</td><td rowspan="3">外锥与内锥孔配合，接触面积不少于 70%</td><td rowspan="3">螺旋毛细管同箱体孔配合的直径间隙，一般取 0.006～0.012</td><td>滑阀导向部分与阀体配合间隙（不是节流间隙），一般取 0.01～0.02</td><td>薄膜直线度公差为 0.01</td></tr>
<tr><td>滑阀锥度不大于 0.003，圆度、同轴度公差为 0.003</td><td>体壳同轴度公差为 0.05</td></tr>
<tr><td>阀体圆度公差为 0.005</td><td>体壳两端面平行度公差为 0.005</td></tr>
<tr><td>表面粗糙度 Ra /μm</td><td>板式结构：两端面 0.4，其余 6.3
外锥式结构：外锥面 0.8，两端面 1.6，其余为 6.3</td><td>螺旋槽截面 1.6～0.8</td><td>滑阀工作表面 0.1；滑阀其余部分为 6.3；阀体与滑阀接触表面 0.2；阀体的其余部分为 6.3</td><td>薄膜工作表面 1.6，其余部分为 6.3；体壳与薄膜接触面 0.4；体壳两端面 1.6；圆台为 0.8</td></tr>
<tr><td>节流器材料</td><td>板式结构用 35 钢
外锥式结构用 H62 黄铜或 45 钢</td><td>直通式常用医疗上的注射针管
螺旋槽式用 45 钢
体壳用 HT200 铸铁</td><td>滑阀用 40Cr 或 45 钢，45～50HRC
阀体用 HT200</td><td>薄膜用 65Mn 弹簧钢，42～45HRC
体壳用 45 钢或 HT200</td></tr>
</table>

注：结构见表 8-5-14 中各图。

5.5 液体静压轴承计算的基本公式

表 8-5-16 液体静压轴承计算的基本公式

<table>
<tr><th colspan="2">项目</th><th>公式</th><th>说明</th></tr>
<tr><td>平面及径向油垫</td><td>油垫流量</td><td>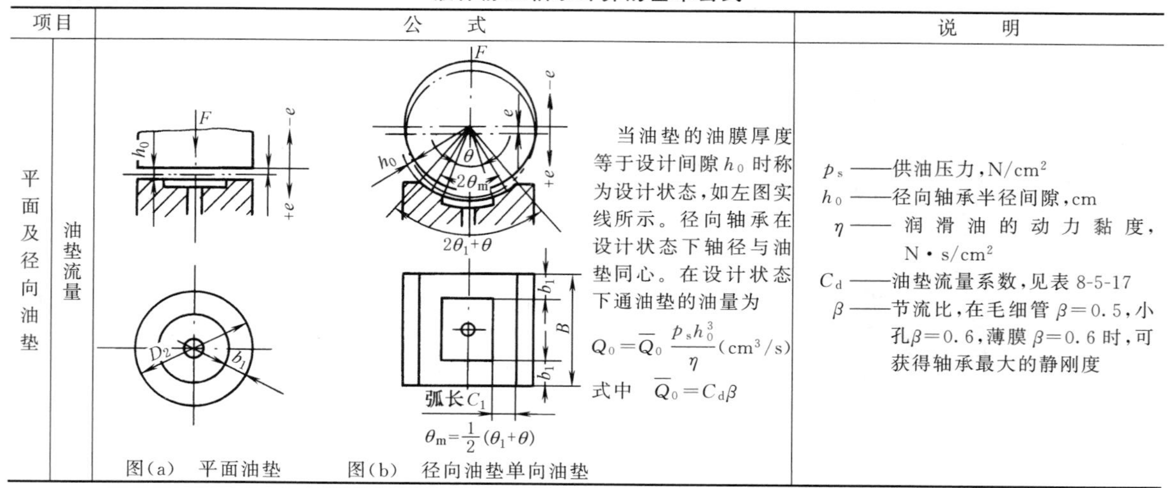
图(a) 平面油垫 图(b) 径向油垫单向油垫
当油垫的油膜厚度等于设计间隙 h_0 时称为设计状态，如左图实线所示。径向轴承在设计状态下轴径与油垫同心。在设计状态下通油垫的油量为
$Q_0=\overline{Q}_0\dfrac{p_s h_0^3}{\eta}$（$cm^3/s$）
式中 $\overline{Q}_0=C_d\beta$</td><td>p_s——供油压力，N/cm^2
h_0——径向轴承半径间隙，cm
η——润滑油的动力黏度，$N\cdot s/cm^2$
C_d——油垫流量系数，见表 8-5-17
β——节流比，在毛细管 $\beta=0.5$，小孔 $\beta=0.6$，薄膜 $\beta=0.6$ 时，可获得轴承最大的静刚度</td></tr>
</table>

续表

项目		公式	说明
平面及径向油垫	油膜刚度	油膜刚度为载荷相对于位移的变化率。在设计状态下的油膜刚度 $$G_0=\overline{G}_0\frac{p_sA_e}{h_0}\ (\mathrm{N/cm})$$ 径向轴承时 $A_e=\overline{A}_eDL$ 推力轴承时 $A_e=\overline{A}_eD_1^2$	$\overline{G}_0$——在设计状态下的刚度系数，见表8-5-18 A_e——油腔的有效承载面积，cm^2 $\overline{A}_e$——有效承载面积系数
平面及径向油垫	承载能力	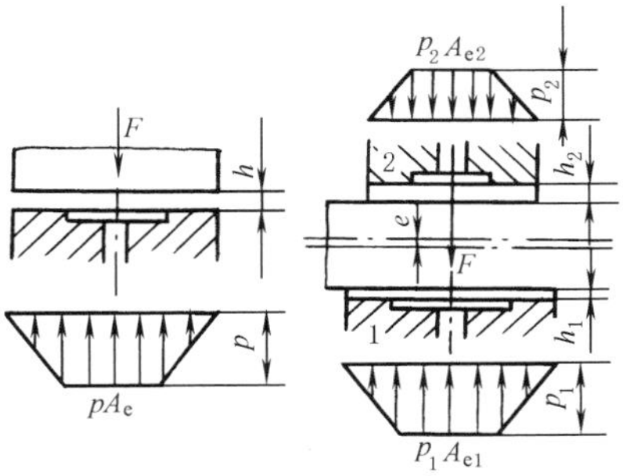 图(a) 单向油垫 图(b) 对向油垫 1—受载油垫；2—背载油垫 单向油垫和对向油垫如左图所示。其承载能力为 $F_n=\overline{F}_n\overline{A}_eDBp_s$ 单向油垫 $F_n=pA_e$ 对向油垫 $F_n=p_1A_{e1}-p_2A_{e2}$ 对向油垫的承载能力为受载油垫与背载油垫承载能力之差，故不如单向油垫大，但位移受到上下油垫的约束，故其油膜刚度要比单向油垫高得多	$\overline{F}_n$——轴承承载系数，见表8-5-19 p,p_1,p_2——分别为油腔压力，$\mathrm{N/cm}^2$ A_{e1},A_{e2}——分别为有效承载面积，cm^2 D——轴承直径 B——轴承宽度
节流器	节流器流量 Q_{j0}	$$Q_{j0}=\overline{Q}_{j0}\frac{p_sh_0^3}{\eta}\ (\mathrm{cm^3/s})$$ 对于毛细管及薄膜反馈节流 $$\overline{Q}_{j0}=C_d\beta=\frac{C_j}{h_0^3}(1-\beta)$$ 毛细管节流 $C_j=(\pi d_c^4)/(128l_c)$ 薄膜反馈节流 $C_j=(\pi h_{j0}^3)\Big/\left(6\ln\frac{d_{j2}}{d_{j1}}\right)$ 对于小孔节流 $\overline{Q}_{j0}=C_d\beta=\frac{C_j\eta}{h_0^3}\sqrt{\frac{1-\beta}{\rho p_s}}$ $$C_j=\frac{\pi d_0^2}{4}\sqrt{2}a$$	d_c——毛细管直径，cm l_c——毛细管长度，cm d_{j1},d_{j2}——薄膜工作范围直径，cm d_0——小孔直径，cm ρ——润滑油密度，$\mathrm{kg/cm}^3$ a——小孔节流器流量系数，$a=0.6\sim0.7$ β——节流比
节流器	节流器尺寸	尺寸代号参见表 8-5-14 各图 ①毛细管节流器尺寸 $\frac{l_c}{d_c}=\frac{\pi(1-\beta)}{128C_d\beta}\left(\frac{d_c}{h_0}\right)^3$ 核算层流条件 $Re=\frac{Q_{j0}d_c\rho}{A_e\eta}\leqslant2000$ 毛细管起始长度 $l_{jc}=0.065d_cRe<l_c$ ②小孔节流器尺寸 $$d_0=\sqrt{\frac{2\sqrt{2}h_0^3C_d}{\pi a\eta}\sqrt{\frac{\rho p_s\beta^2}{1-\beta}}}\ (\mathrm{cm})$$ ③薄膜节流器尺寸 $$h_{j0}=h_0\sqrt[3]{\frac{6\ln\frac{d_{j2}}{d_{j1}}C_d\beta}{\pi(1-\beta)}}\ (\mathrm{cm})$$	当毛细管为圆形截面时： $d_c\geqslant0.05\mathrm{cm}$，注射管内径有0.056cm，0.071cm，0.084cm，0.107cm $l_c/d_c>20$ 当毛细管为非圆截面时， $$d_c=\frac{4A_e}{S}$$ A_e——截面积，cm^2 S——湿周长度，cm d_c——当量直径，cm Re——雷诺数 $d_0\geqslant0.045\mathrm{cm}$ p_s——油腔压力，$\mathrm{N/cm}^2$ h_{j0}——节流间隙，cm，$h_{j0}\geqslant0.003\mathrm{cm}$ d_j——薄膜直径，$d_j=2.5\sim3.5\mathrm{cm}$ $\frac{d_{j2}-d_{j1}}{2}\geqslant0.3\sim0.4\mathrm{cm}$

5.5.1 油垫流量系数 C_d、有效承载面积系数 $\overline{A}_e$、周向流量系数 γ 和腔内孔流量系数 ω

表 8-5-17 油垫流量系数 C_d、有效承载面积系数 $\overline{A}_e$、周向流量系数 γ 和腔内孔流量系数 ω

油垫名称			油垫形状及压力分布	C_d、$\overline{A}_e$、γ、ω
平面油垫	圆环形		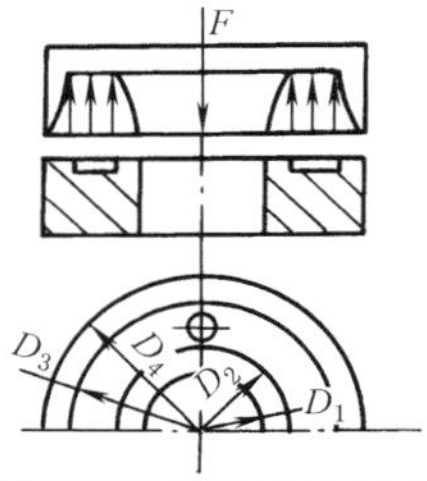	$C_d=\frac{\pi}{6}\times\frac{\ln\frac{D_2D_4}{D_1D_3}}{\ln\frac{D_2}{D_1}\ln\frac{D_4}{D_3}}$ $\overline{A}_e=\frac{\pi}{8D_1^2}\left(\frac{D_4^2-D_3^2}{\ln\frac{D_4}{D_3}}-\frac{D_2^2-D_1^2}{\ln\frac{D_2}{D_1}}\right)$
平面油垫	扇形块		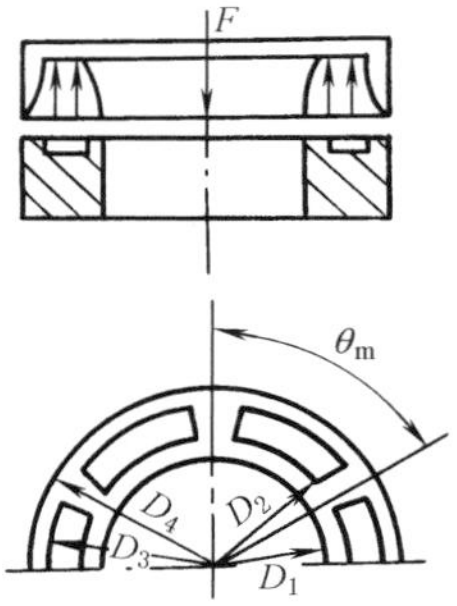	$C_d=\frac{\theta_m}{6}\times\frac{\ln\frac{D_2D_4}{D_1D_3}}{\ln\frac{D_2}{D_1}\ln\frac{D_4}{D_3}}$ $\overline{A}_e=\frac{\theta_m}{8D_1^2}\left(\frac{D_4^2-D_3^2}{\ln\frac{D_4}{D_3}}-\frac{D_2^2-D_1^2}{\ln\frac{D_2}{D_1}}\right)$
径向油垫	有周向回油	无腔内孔回油	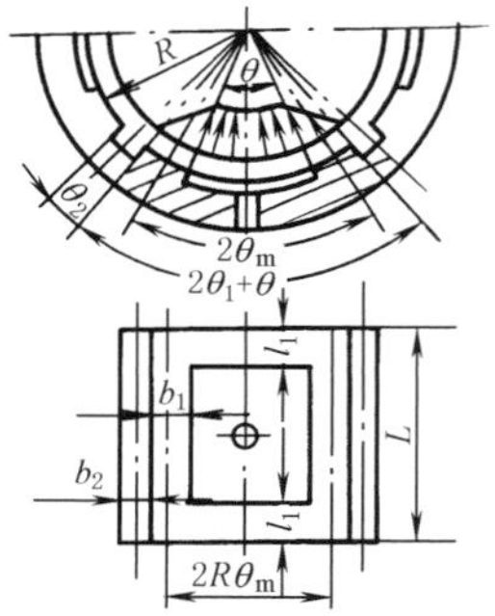	$C_d=\frac{1}{6}\left(\frac{L-l_1}{b_1}+\frac{D\theta_m}{l_1}\right)$ $\overline{A}_e=\frac{L-l_1}{L}\sin\theta_m$ $\gamma=\frac{nl_1(L-l_1)}{b_1(\pi D-nb_1-nb_2)}$
径向油垫	有周向回油	有腔内孔回油	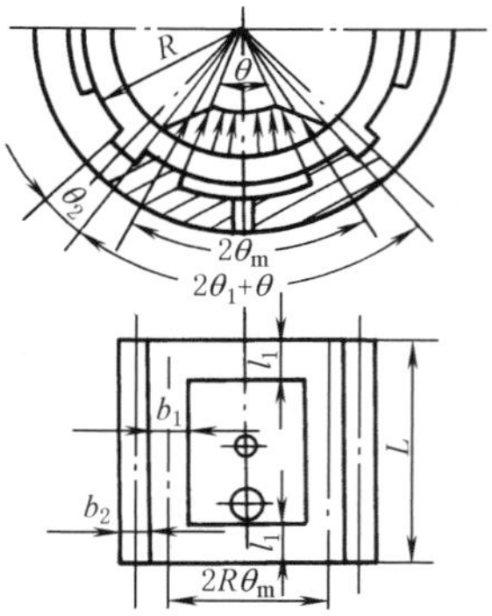	$C_d=\frac{1}{6}\left(\frac{L-l_1}{b_1}+\frac{D\theta_m}{l_1}+\frac{N_0\pi}{\ln\frac{r_2}{r_1}}\right)$ $\overline{A}_e=\frac{L-l_1}{L}\sin\theta_m-\frac{N_0\pi}{DL}\left\{r_2^2-\frac{1}{2\ln\frac{r_2}{r_1}}\left[r_1^2--r_2^2\left(1-2\ln\frac{r_2}{r_1}\right)\right]\right\}\cos\theta_m$ $\gamma=\frac{nl_1(L-l_1)}{b_1(\pi D-nb_1-nb_2)}$ $\omega=\frac{nl_1N_0\pi}{(\pi D-nb_1-nb_2)\ln\frac{r_2}{r_1}}$ 式中　N_0——一个油腔内孔个数 n——油腔数 r_1——径向轴承腔内孔或回油管的内孔半径 r_2——径向轴承腔内孔或回油管的外孔半径

续表

油垫名称			油垫形状及压力分布	C_d、$\overline{A}_e$、γ、ω
径向油垫	无周向回油	无腔内孔回油	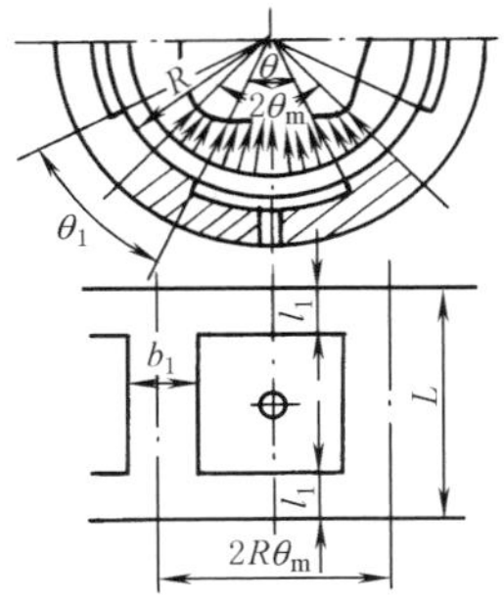	$C_d=\frac{D\theta_m}{6l_1}$ $\overline{A}_e=\frac{L-l_1}{L}\sin\theta_m$ $\gamma=\frac{nl_1(L-l_1)}{\pi Db_1}$
		有腔内孔回油	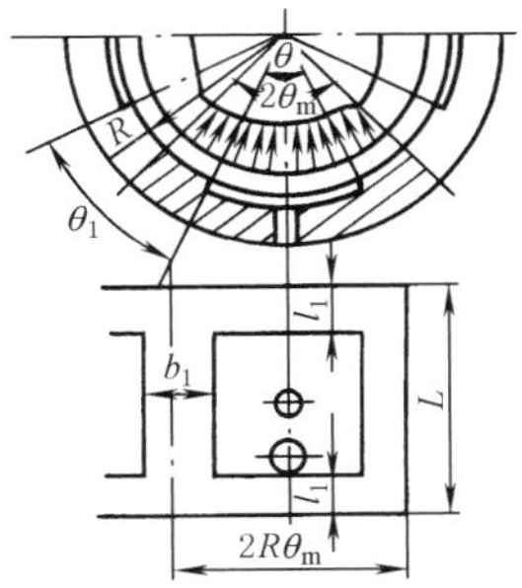	$C_d=\frac{1}{6}\left(\frac{D\theta_m}{l_1}+\frac{N_0\pi}{\ln\frac{r_2}{r_1}}\right)$ $\overline{A}_e=\frac{L-l_1}{L}\sin\theta_m-\frac{N_0\pi}{DL}\left\{r_2^2-\frac{1}{2\ln\frac{r_2}{r_1}}\left[r_1^2-r_2^2\left(1-2\ln\frac{r_2}{r_1}\right)\right]\right\}\cos\theta_m$ $\gamma=\frac{nl_1(L-l_1)}{\pi Db_1}$ $\omega=\frac{nl_1N_0}{D\ln\frac{r_2}{r_1}}$

5.5.2　刚度系数$\overline{G}_0$

表 8-5-18　**刚度系数$\overline{G}_0$**

类型型式				油腔数 3	油腔数 4	油腔数 6	油腔数 n	备　注
				$\overline{G}_0$				
毛细管节流静压轴承	径向轴承	有周向回油	有腔内孔	$4.5BK'$	$6BK'$	$9BK'$	$1.5nBK'$	$A=\beta(1-\beta)$ $B=\frac{A}{1+\omega+\gamma}$ $C=\frac{A}{1+\gamma}$ $D=(1-\beta)\gamma$ $E=\frac{D}{1+\omega}$ $K=\frac{\sin\theta_m}{\theta_m}+\gamma\cos\theta_m$
			无腔内孔	$4.5CK$	$6CK$	$9CK$	$1.5nCK$	
		无周向回油	有腔内孔	$\frac{3.72A}{1+1.5E}$	$\frac{5.40A}{1+E}$	$\frac{8.59A}{1+0.5E}$	$\frac{1.5nA\frac{\sin\theta_m}{\theta_m}}{1+E\left(1-\cos\frac{2\pi}{n}\right)}$	
			无腔内孔	$\frac{3.72A}{1+1.5D}$	$\frac{5.40A}{1+D}$	$\frac{8.59A}{1+0.5D}$	$\frac{1.5nA\frac{\sin\theta_m}{\theta_m}}{1+D\left(1-\cos\frac{2\pi}{n}\right)}$	
	平面轴承	扇形块	单向	$9A$	$12A$	$18A$	$3nA$	$K'=\frac{\sin\theta_m}{\theta_m}(1+\omega)+\gamma\cos\theta_m$ γ 及 ω 见表 8-5-17
			对向	$18A$	$24A$	$36A$	$6nA$	
		环形	单向		$3A$			
			对向		$6A$			

第 8 篇

续表

类型型式	油腔数 3	4	6	n	备注
	$\overline{G}_0$				
小孔节流静压轴承 径向轴承 有周向回油 有腔内孔	$9CK'$	$12CK'$	$18CK'$	$3nCK'$	$A=\beta(1-\beta)$ $B=2-\beta$ $C=\dfrac{A}{B(1+\omega+\gamma)}$ $D=\dfrac{A}{B(1+\gamma)}$ $E=(1-\beta)\gamma$ $F=\dfrac{E}{1+\omega}$ $K=\dfrac{\sin\theta_m}{\theta_m}+\gamma\cos\theta_m$ $K'=\dfrac{\sin\theta_m}{\theta_m}(1+\omega)+\gamma\cos\theta_m$
小孔节流静压轴承 径向轴承 有周向回油 无腔内孔	$9DK$	$12DK$	$18DK$	$3nDK$	
小孔节流静压轴承 径向轴承 无周向回油 有腔内孔	$\dfrac{7.44A}{B+3F}$	$\dfrac{10.8A}{B+2F}$	$\dfrac{17.19A}{B+F}$	$\dfrac{3nA\dfrac{\sin\theta_m}{\theta_m}}{B+2F\left(1-\cos\dfrac{2\pi}{n}\right)}$	
小孔节流静压轴承 径向轴承 无周向回油 无腔内孔	$\dfrac{7.44A}{B+3E}$	$\dfrac{10.8A}{B+2E}$	$\dfrac{17.19A}{B+E}$	$\dfrac{3nA\dfrac{\sin\theta_m}{\theta_m}}{B+2E\left(1-\cos\dfrac{2\pi}{n}\right)}$	
小孔节流静压轴承 平面轴承 扇形块 单向	$\dfrac{18A}{B}$	$\dfrac{24A}{B}$	$\dfrac{36A}{B}$	$\dfrac{6nA}{B}$	
小孔节流静压轴承 平面轴承 扇形块 对向	$\dfrac{36A}{B}$	$\dfrac{48A}{B}$	$\dfrac{72A}{B}$	$\dfrac{12nA}{B}$	
小孔节流静压轴承 平面轴承 环形 单向	$\dfrac{6A}{B}$				
小孔节流静压轴承 平面轴承 环形 对向	$\dfrac{12A}{B}$				
薄膜节流静压轴承 径向轴承 有周向回油 有腔内孔	$4.5CK'$	$6CK'$	$9CK'$	$1.5CK'n$	$A=\beta(1-\beta)$ $B=1-\dfrac{3A}{\overline{K}_j}$ $C=\dfrac{A(1+\omega)}{B(1+\omega+\gamma)}$ $D=\dfrac{A}{B(1+\gamma)}$ $E=(1-\beta)\gamma$ $F=\dfrac{E}{1+\omega}$ $K=\dfrac{\sin\theta_m}{\theta_m}+\gamma\cos\theta_m$ $K'=\dfrac{\sin\theta_m}{\theta_m}(1+\omega)+\gamma\cos\theta_m$
薄膜节流静压轴承 径向轴承 有周向回油 无腔内孔	$4.5DK$	$6DK$	$9DK$	$1.5DKn$	
薄膜节流静压轴承 径向轴承 无周向回油 有腔内孔	$\dfrac{3.72A}{B+1.5F}$	$\dfrac{5.40A}{B+F}$	$\dfrac{8.59A}{B+0.5F}$	$\dfrac{1.5nA\dfrac{\sin\theta_m}{\theta_m}}{B+F\left(1-\cos\dfrac{2\pi}{n}\right)}$	
薄膜节流静压轴承 径向轴承 无周向回油 无腔内孔	$\dfrac{3.72A}{B+1.5E}$	$\dfrac{5.40A}{B+E}$	$\dfrac{8.59A}{B+0.5E}$	$\dfrac{1.5nA\dfrac{\sin\theta_m}{\theta_m}}{B+E\left(1-\cos\dfrac{2\pi}{n}\right)}$	
薄膜反馈节流静压轴承 平面轴承 扇形块 单向	$\dfrac{9A}{B}$	$\dfrac{12A}{B}$	$\dfrac{18A}{B}$	$\dfrac{3nA}{B}$	单头薄膜： $\overline{K}_j=\dfrac{h_{j0}}{p_s m}$ 双头薄膜： $\overline{K}_j=\dfrac{h_{j0}}{2p_s m}$ $m=\dfrac{3(1-\mu^2)\left(\dfrac{d_{j2}^2}{4}-\dfrac{d_{j1}^2}{4}\right)^2}{16Et^3}$ 式中 μ——材料的泊松比 E——材料的弹性模量，N/cm² t——薄膜厚度，cm 薄膜反馈节流器的薄膜刚度系数 $\overline{K}_j$ 的取法是按轴承油膜刚度达到无穷大的条件进行选择的，所以在径向轴承与止推轴承中有周向回油时的薄膜刚度系数 $\overline{K}_j=3\beta(1-\beta)$ 无周向回油而有腔内孔时 $\overline{K}_j=\dfrac{3\beta(1-\beta)}{1+\omega+\gamma(1-\beta)\left(1-\cos\dfrac{2\pi}{n}\right)}$ 无周向回油无腔内孔时 $\overline{K}_j=\dfrac{3\beta(1-\beta)}{1+\gamma(1-\beta)\left(1-\cos\dfrac{2\pi}{n}\right)}$
薄膜反馈节流静压轴承 平面轴承 扇形块 对向	$\dfrac{18A}{B}$	$\dfrac{24A}{B}$	$\dfrac{36A}{B}$	$\dfrac{6nA}{B}$	
薄膜反馈节流静压轴承 平面轴承 环形 单向	$\dfrac{3A}{B}$				
薄膜反馈节流静压轴承 平面轴承 环形 对向	$\dfrac{6A}{B}$				
薄膜最大平均变形量	$\delta_{max}=m\dfrac{F_{max}}{A_e}$				

注：由于滑阀反馈节流型式应用较少，特别在中小型机床中，故未编入滑阀节流静压轴承的参数及公式。

5.5.3 承载系数 $\overline{F}_n$ 或偏心率 ε

表 8-5-19 承载系数 $\overline{F}_n$ 或偏心率 ε

节流型式		回油型式		公式或数据
固定节流静压轴承	毛细管节流	有周向回油	有腔内孔	$\overline{F}_n = AB\beta\sum_{i=1}^{n}\dfrac{\cos\theta_i}{AB-EK'}$
			无腔内孔	$\overline{F}_n = AC\beta\sum_{i=1}^{n}\dfrac{\cos\theta_i}{AC-EK}$
		无周向回油	有腔内孔	$\overline{F}_n = AD\beta\sum_{i=1}^{n}\dfrac{\cos\theta_i}{AD+F-EK'}$
			无腔内孔	$\overline{F}_n = A\beta\sum_{i=1}^{n}\dfrac{\cos\theta_i}{A+F-EK_1}$
	小孔节流	有周向回油	有腔内孔	$\overline{F}_n = \dfrac{B\beta}{2}\sum_{i=1}^{n}\cos\theta_i\dfrac{-AB\beta+\sqrt{A[B^2\beta^2A+4(B-EK')^2]}}{B-EK'}$
			无腔内孔	$\overline{F}_n = \dfrac{C\beta}{2}\sum_{i=1}^{n}\cos\theta_i\dfrac{-AC\beta+\sqrt{A[C^2\beta^2A+4(C-EK)^2]}}{C-EK}$
		无周向回油	有腔内孔	$\overline{F}_n = \dfrac{D\beta}{2}\sum_{i=1}^{n}\cos\theta_i\dfrac{-AD\beta+\sqrt{A[D^2\beta^2A+4(D+F-EK'_1)^2]}}{D+F-EK'_1}$
			无腔内孔	$\overline{F}_n = \dfrac{\beta}{2}\sum_{i=1}^{n}\cos\theta_i\dfrac{-A\beta+\sqrt{A[\beta^2A+4(1+F-EK_1)^2]}}{1+F-EK_1}$
薄膜反馈节流静压轴承	单面薄膜反馈节流	有周向回油	有腔内孔	$\overline{F}_n = \dfrac{H}{B}\sum_{i=1}^{n}[-(B-EK'+ABG)+\sqrt{(B-EK'+ABG)^2+B^2I}]$
			无腔内孔	$\overline{F}_n = \dfrac{H}{C}\sum_{i=1}^{n}[-(C-EK+ACG)+\sqrt{(C-EK+ACG)^2+C^2I}]$
		无周向回油	有腔内孔	$\overline{F}_n = \dfrac{H}{D}\sum_{i=1}^{n}[-(D+F-EK'_1+ADG)+\sqrt{(D+F-EK'_1+ADG)^2+D^2I}]$
			无腔内孔	$\overline{F}_n = H\sum_{i=1}^{n}[-(1+F-EK_1+AG)+\sqrt{(1+F-EK_1+AG)+1}]$
双薄膜反馈节流静压轴承	双面薄膜反馈节流	有周向回油	有腔内孔	$\varepsilon = \dfrac{2(2J-L+AM+1)B}{3n(J-RL)}\times\dfrac{\overline{F}_n}{K'}$
			无腔内孔	$\varepsilon = \dfrac{2(2AJ-AL+A^2M+1)C}{3n(J-RL)A}\times\dfrac{\overline{F}_n}{K}$
		无周向回油	有腔内孔	$\varepsilon = \dfrac{2[2AD(D+FJ-ADL)+(D+F)^2+A^2D^2M]}{3nAD(J-RL)}\times\dfrac{\overline{F}_n}{K'_1}$
			无腔内孔	$\varepsilon = \dfrac{2[2A(1+FJ-AL)+(1+F)^2+A^2M]}{3nA(J-AL)}\times\dfrac{\overline{F}_n}{K_1}$
备注				对固定节流 $A=1/(1-\beta)$ 对薄膜反馈节流 $A=\dfrac{\beta}{1-\beta}$ $B=1+\omega+\gamma$ $C=1+\gamma$ $D=1+\omega$ $E=3\varepsilon\cos\theta_i$ $\varepsilon=e/h_0$ $F=\gamma\left(1-\cos\dfrac{2\pi}{n}\right)$ $K=\dfrac{\sin\theta_m}{\theta_m}+\gamma\cos\theta_m$ $K'=(\sin\theta_m/\theta_m)(1+\omega)+\gamma\cos\theta_m$ $K_1=(\sin\theta_m/\theta_m)+\gamma\cos\theta_m\left(1-\cos\dfrac{2\pi}{n}\right)$ $K'_1=\dfrac{\sin\theta_m}{\theta_m}(1+\omega)+\gamma\cos\theta_m\left(1-\cos\dfrac{2\pi}{n}\right)$ $G=1-3/\overline{K}_j$ $H=\overline{K}_j/6A$ $I=12A^2/\overline{K}_j$ $J=1+3[(2\overline{F}_n)/(n\overline{K}_j)]^2$ $L=\dfrac{1}{\overline{K}_j}\left[3+\left(\dfrac{2\overline{F}_n}{n\overline{K}_j}\right)^2\right]$ $M=\left[1-\left(\dfrac{2\overline{F}_n}{n\overline{K}_j}\right)^2\right]^2$ $R=(8\overline{F}_n)/n^2$ γ、ω 见表 8-5-17，β 见表 8-5-16

5.5.4　功率消耗计算

表 8-5-20　　功率消耗计算

项目	公　式	符　号
油泵输入功率	$N_p=\dfrac{p_s Q}{6120\eta}$	N_p——油泵输入功率,kW p_s——油泵输出压力,N/cm^2 Q——油泵输出流量,L/min η——油泵总效率
轴回转摩擦功率	径向轴承: $N_f=9.8\times10^{-2}\eta v^2\left(\dfrac{A}{h_0}+\dfrac{A_1}{h_0+Z_1}\right)$ 推力轴承: $N_f=9.8\times10^{-2}\eta v'\left(\dfrac{A'}{h_0'}+\dfrac{A_1'}{h_0'+Z_1'}\right)$ 由于 $Z_1=(30\sim60)h_0$ 和 $Z_1'=(30\sim60)h_0'$,在一般情况下$\dfrac{A_1}{h_0+Z_1}$和$\dfrac{A_1'}{h_0'+Z_1'}$两项很小,可忽略不计	N_f——一个径向和一侧推力轴承的摩擦功率,kW v——径向轴承轴颈线速度,cm/s A——轴与径向轴承可接触表面的摩擦面积,cm^2 A_1——径向轴承油腔挖空部位面积,cm^2 A'——轴肩(或止推环)与推力平面可接触表面的摩擦面积。对于环形油腔即是外端和内端封油面的面积,cm^2 A_1'——推力轴承油腔挖空部位的面积,cm^2 v'——近似取推力轴承推力平面上平均线速度,cm/s Z_1——径向轴承油腔深度,对于圆弧形油腔,油腔深度取$\dfrac{1}{2}Z_1$,cm Z_1'——推力轴承油腔深度,cm
功耗比	$K_n=N_f/N_p$	K_n——功耗比,按功耗最小原则设计时,经分析表明,最佳值在 1～3 范围内根据 $N_f=K_nN_p$ 的关系,可计算出润滑油的黏度。当 $K_n=1$ 时,具有最佳的润滑油黏度。在实际应用中,当受润滑油黏度过稀的限制时,不得不选用较大的 K_n 值
径向轴承总功耗	$N=N_f+N_p=(1+K_n)N_p$	N——一个径向轴承的总功耗,kW
润滑油流经轴承时的温升	$\Delta t=P/(c_p\rho q)=\dfrac{(1+K_n)p_s}{(c_p\rho)}$	Δt——不计热传导、辐射等热损失时润滑油流经轴承时的温升,℃ c_p——油的比定压热容,通常取 $c_p=2120J/(kg\cdot℃)$ ρ——油的密度,kg/m^3;密度平均值取 $\rho=855kg/cm^3$ p_s——供油压力,Pa

5.6　供油系统设计及元件与润滑油的选择

5.6.1　供油方式、特点与应用

表 8-5-21　　供油方式、特点与应用

方式	结　构	特　点	应　用
恒压供油	见图 8-5-1	轴承的各个油腔采用一个泵,油泵输出的恒定压力的润滑油先通往节流器,然后进入轴承各油腔,利用节流器调节油腔压力。前面所述的液体静压轴承均属恒压供油方式,结构简单,调整方便 供油压力的选择原则是:保证满足轴承最大承载能力和足够油膜刚度的条件下,使供油系统中的油泵功率消耗最小,既有利于降低轴承系统温度,又能改善轴承的动态性能。当严格要求控制润滑油温度时,应装设换热器或恒温装置 一般取供油压力 $p_s\geqslant1MPa$	国内外广泛应用

续表

方式	结　构	特　点	应　用
恒流量供油		轴承的每个油腔各有一个流量相同的油泵(或阀),油泵将恒流量的润滑油直接输送到轴承油腔,它的优点是: ①工作可靠,不存在节流器堵塞的问题 ②轴承的油膜刚度大于固定节流静压轴承的油膜刚度 ③油泵功率损耗较小,温升较低 它的缺点是: ①若用多个流量相同的油泵,则所需油泵的数量多;若用多供油点的油泵,则油泵制造精度要求高 ②油膜刚度、油膜厚度受温度的影响大	因结构复杂,国内外用于特殊场合,如大型及重型机床等

5.6.2　供油系统、特点与应用

表 8-5-22　**供油系统、特点与应用**

系　统	结　构　及　特　点			应　用
具有蓄能器的供油系统		1—粗过滤器,用铜丝布制成;2—电动机;3—油泵;4—单向阀;5—溢流阀;6—粗过滤器,可用线隙式滤油器;7—精滤油器,用纸质过滤器等;8—压力表;9—压力继电器,用以保证轴承中的油液在建立一定压力后,才能启动轴;10—蓄能器	能保证突然停电或油泵等发生故障时,仍然把具有一定压力的润滑油供给轴承,以保证在轴转动惯性大的情况下,不致发生轴和轴承磨损或烧坏	适用于轴转速高、轴系统惯性较大的机床和设备的轴承
没有蓄能器的供油系统	此种系统基本与具有蓄能器的供油系统相同,所不同的只是没有蓄能器及单向阀(对于重型机床和设备,最好保留单向阀,以防止油泵停止供油后润滑油倒流),因为当突然停电或油泵等发生故障以及刹车时,在轴惯性小的情况下,不至于使轴磨损及烧坏,而且轴承中多少还有些油能起润滑作用			适用于轴转速低,轴系统惯性小的机床和设备

5.6.3　元件的选择

液体静压轴承供油系统的元件（如油泵、单向阀、溢流阀、滤油器、蓄能器、压力继电器以及油箱等）的选择，参见“液压传动与控制”篇。

5.6.4　润滑油的选择

表 8-5-23　**静压轴承推荐使用的润滑油**

轴承型式	润　滑　油	备　注
小孔节流式静压轴承	①轴颈线速度 $v \geqslant 15\text{m/s}$ 时,使用 L-FC5 或 50%L-FC2＋50% L-FC5 轴承油(SH/T 0017—1998,下同) ②轴颈线速度 $v \geqslant 15\text{m/s}$ 时,使用 L-FC2 或 L-FC 3 轴承油(SH 0017—1990)	静压轴承使用的润滑油,除了满足润滑油的一般要求外,应特别注意清洁,润滑油必须经过严格过滤 确定润滑油品种时,应根据静压轴承的节流型式和不同的工作条件选择。尽可能使轴回转摩擦功率与供油装置中的油泵功率消耗之和为最小

续表

轴承型式	润滑油	备注
毛细管节流式静压轴承	①高速轻载时，使用 L-FC 7 或 L-FC 10 轴承油（SH 0017—1990） ②低速重载时，使用 L-FC 15、L-FC 22 或 L-FC 32 轴承油（SH 0017—1990）	静压轴承使用的润滑油，除了满足润滑油的一般要求外，应特别注意清洁，润滑油必须经过严格过滤 确定润滑油品种时，应根据静压轴承的节流型式和不同的工作条件选择。尽可能使轴回转摩擦功率与供油装置中的油泵功率消耗之和为最小
滑阀反馈节流式及薄膜反馈节流式静压轴承	①高速轻载时，使用 L-FC 15 或 L-FC 22 轴承油（SH 0017—1990） ②中速中载时，使用 L-FC 32 或 L-FC 46 轴承油（SH 0017—1990） ③低速重载时，使用 L-FC 46 或 L-FC 68 轴承油（SH 0017—1990）	

注：1. 允许采用黏度与性能相近的其他牌号的润滑油。

2. 常用轴承油的运动黏度值请参见 SH 0017—1990，不同的黏度指数的润滑油在各种温度下所具有的相应运动黏度值请参见 GB/T 3141—1994 的有关表。

第8篇

5.7 液体静压轴承设计计算的一般步骤及举例

5.7.1 液体静压轴承系统设计计算的一般步骤

液体静压轴承系统的设计包括合理选择轴承、节流器、液压系统的结构型式和确定各有关参数。

设计的原始条件为：轴承的最大载荷 F_{max}，主轴转速 n，要求的油膜刚度（或允许主轴在最大载荷作用下的最大位移 e）。此外，对于精密机床往往还限制轴承的最高温度。

静压轴承的设计可有不同的方法，一般步骤如下。

1）选择轴承的结构型式：根据机床类型、外载荷的性质及设计的具体要求，按表 8-5-3 选择。

2）确定主轴支承数目：进行受力分析并计算支承反力。

3）选择节流器的结构型式：根据机床类型、所需的油膜刚度，按表 8-5-14 选择。

4）设计计算。

① 确定轴承的结构尺寸。按具体条件查表 8-5-4 选择轴承的直径 D、宽度 L、轴向封油面长度 l_1、周向封油面宽度 b_1、回油槽宽度 b_2 和轴承半径间隙 h_0 等各项。

② 计算油腔的有效承载面积 A_e。根据不同的轴承结构，由表 8-5-8、表 8-5-9、表 8-5-12、表 8-5-15～表 8-5-20 中查得有关的计算公式，代入相应的参数。

③ 选择节流比 β。各种不同节流型式的节流比见表 8-5-16。

④ 选择供油压力 p_s。在满足承载能力的前提下，不宜选用过高的供油压力。一般推荐供油压力 $p_s \geqslant 1\text{MPa}$。在设计时预选一个 p_s 值作为原始条件，计算油膜刚度和承载能力等。如果不能满足设计要求时，则可修改此压力值，重新计算油膜刚度及承载能力。必要时可以根据油膜刚度和承载能力来计算所需的供油压力 p_s 值并取较大的 p_s 值。

⑤ 选择润滑油。选择时应根据不同的节流型式和机床的工作条件等来确定润滑油品种。对于常用的四油腔径向静压轴承，可按表 8-5-23 中推荐的润滑油品种选用。但对于功耗和温升要求较高的场合，润滑油的黏度 η 应按最小功率消耗和最低温升的条件来计算，可根据表 8-5-20 中 $N_f = K_n N_p$ 的关系，计算润滑油的最佳黏度 η。

⑥ 计算轴承流量。按表 8-5-16 及表 8-5-17 中的流量公式计算单个油腔的流量 q_0，再乘以油腔数得到总流量。

⑦ 设计计算节流器，并验算层流条件。

⑧ 承载能力或油膜刚度等的验算。

⑨ 计算油泵功率 N_p。

⑩ 计算摩擦功率 N_f。

⑪ 计算温升 Δt。

⑫ 选择油泵规格，设计供油系统。

5.7.2 毛细管节流径向液体静压轴承设计举例

已知：径向轴承直径 $D = 6\text{cm}$，要求径向轴承的油膜刚度 $G_0 = 148\text{N}/\mu\text{m}$，设计毛细管节流有周向回油四油腔对称等面积径向轴承。计算结果见表 8-5-24。

表 8-5-24　　毛细管节流径向液体静压轴承设计

项目		单位	公式及结果
确定轴承结构尺寸	轴承宽度 L	cm	根据轴承直径 $D=6\text{cm}$，选择 $L/D=1$，$l_1/D=0.1$，按表 8-5-5 及表 8-5-6 得：
	油腔宽度 l	cm	6
	轴向封油面宽度 l_1	cm	4.8
	油腔夹角 θ	(°)	0.6
	周向封油面夹角 θ_1	(°)	60
	回油槽夹角 θ_2	(°)	12
	回油槽深度 Z_2	cm	6
	周向封油面宽度 b_1	cm	0.06
	回油槽宽度 b_2	cm	$b_1=D\sin(\theta_1/2)=6\times\sin(12°/2)=0.63$
	油腔有效夹角 θ_m	(°)	$b_2=D\sin(\theta_2/2)=6\times\sin(6°/2)=0.31$
			$\theta_m=\theta/2+\theta_1/2=60°/2+12°/2=36°$
确定轴承其他参数	轴承有效承载面积 A_e	cm²	根据表 8-5-17 公式 $\overline{A}_e=\dfrac{L-l_1}{L}\sin\theta_m=\dfrac{6-0.6}{6}\times\sin36°=0.529$ $A_e=\overline{A}_eDL=0.529\times6\times6=19.04$
	润滑油		根据表 8-5-23 的推荐，毛细管节流静压轴承选择 AN32 号全损耗系统用油。AN32 号全损耗系统用油在 50℃时的动力黏度 η_{50} 和运动黏度 γ_{50} 分别为 $\eta_{50}=193\text{N}\cdot\text{s/cm}^2$，$\gamma_{50}=0.22\text{cm}^2/\text{s}$
	节流比 β		$\beta=0.5$ 时，轴承具有最佳刚度，故选择 $\beta=0.5$
	供油压力 p_s	N/cm²	供油压力的选择原则是：满足轴承最大承载能力和足够刚度条件下，使供油装置功率消耗最小 一般选择 $p_s\geqslant98$，现取 $p_s=147$
	轴承半径间隙 h_0	cm	根据表 8-5-18　$\overline{G}_0=6CK=\dfrac{6\beta(1-\beta)K}{1+\gamma}$ 式中　$\gamma=\dfrac{nl_1(L-l_1)}{b_1(\pi D-nb_2-nb_1)}=\dfrac{4\times0.6\times(6-0.6)}{0.63\times(\pi\times6-4\times0.31-4\times0.63)}$ $=1.363$ $K=\dfrac{\sin\theta_m}{\theta_m}+\gamma\cos\theta_m=\dfrac{\sin36°}{0.628}+1.363\times\cos36°=2.039$ 由表 8-5-16 公式　$G_0=\overline{G}_0\dfrac{p_sA_e}{h_0}$ 故　$h_0=\dfrac{\overline{G}_0}{G_0}p_sA_e$ 取　$G_0=176.5\text{N/cm}$ 将以上各项代入得：$h_0=\dfrac{1.294}{176.5\times10^4}\times147\times19.04=2.05\times10^{-3}$ 取　$h_0=2\times10^{-3}$

续表

项目		单位	公式及结果
确定轴承其他参数	毛细管直径 d_c 毛细管长度 l_c	cm	根据表 8-5-16 公式 $C_j=\frac{\beta}{1-\beta}C_d h_0^3$ 及 $C_j=(\pi d_c^4)/(128l_c)$ 又根据表 8-5-17 公式 $C_d=\frac{1}{6}\left(\frac{L-l_1}{b_1}+\frac{D\theta_m}{l_1}\right)$ 整理后得 $\frac{d_c^4}{l_c}=\frac{128\beta h_0^3}{6\pi(1-\beta)}\left(\frac{L-l_1}{b_1}+\frac{D\theta_m}{l_1}\right)$ $=\frac{128\times0.5\times(2\times10^{-3})^3}{6\pi(1-0.5)}\times\left(\frac{6-0.6}{0.63}+\frac{6\times0.628}{0.6}\right)$ $=8.07\times10^{-7}$ 若 $d_c=0.056$，则 $l_c=12.18$ $d_c=0.071$，则 $l_c=31.48$ 最后取 $d_c=0.056$，$l_c=12.18$
	油腔深度 Z_1	cm	根据表 8-5-4 $Z_1=(30\sim60)h_0$ $=(30\sim60)\times2\times10^{-3}=0.06\sim0.12$ 取 $Z_1=0.1$
	轴承流量 $4Q_0$	cm^3/s	根据表 8-5-16 中公式 $\overline{Q}_0=C_d\beta$ 查表 8-5-17 $C_d=\frac{1}{6}\left(\frac{L-l_1}{b_1}+\frac{D\theta_m}{l_1}\right)$ $\overline{Q}_0=\frac{1}{6}\left(\frac{6-0.6}{0.63}+\frac{6\times0.628}{0.6}\right)\times0.5=1.238$ 又 $Q_0=\overline{Q}_0\frac{p_s h_0^3}{\eta}=1.238\times\frac{147\times(2\times10^{-3})^3}{193\times10^{-8}}=0.754$ 故 $4Q_0=4\times0.754=3.016$ 若有两个结构、参数相同的径向轴承，则 $Q_{径总}=2\times4Q_0=2\times3.016=6.032$
	油泵额定流量 $Q_泵$	cm^3/s	根据推荐，油泵额定流量应为计算流量的 1.5～2 倍，则 $Q_泵=(1.5\sim2)Q_{计总}=(1.5\sim2)(Q_{径总}+Q_{推总})$
	验算毛细管层流条件		根据表 8-5-16 公式 $Re=\frac{Q_{j0}d_c\rho}{A_c\eta}=\frac{0.754\times0.056\times84\times10^{-7}}{\frac{\pi\times0.056^2}{4}\times193\times10^{-8}}$ $=74.67<2000$ 毛细管长径比 $l_c/d_c=12.18/0.056=217.5>20$ 毛细管层流起始段长度 $l_{jc}=0.065d_cRe=0.065\times0.056\times74.67=0.27<12.18$，满足层流条件

续表

项目	公 式 及 结 果
工作图	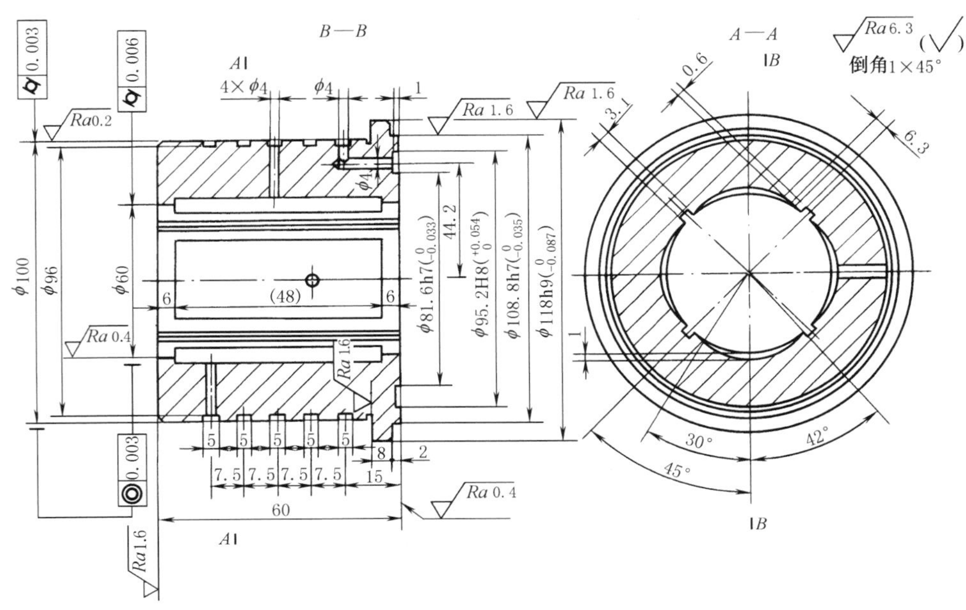 技术要求 1. 材料为锡青铜 ZCuSn6Zn6(ZQSn6-6-3) 2. ϕ60 内孔和主轴配合半径间隙 0.022±0.002 3. ϕ100 外圆和箱体孔配合过盈 0.006±0.002 4. 四个油腔及四个回油槽对称分布 5. 锐边倒钝(包括油腔和回油槽) 轴 承 工 作 图 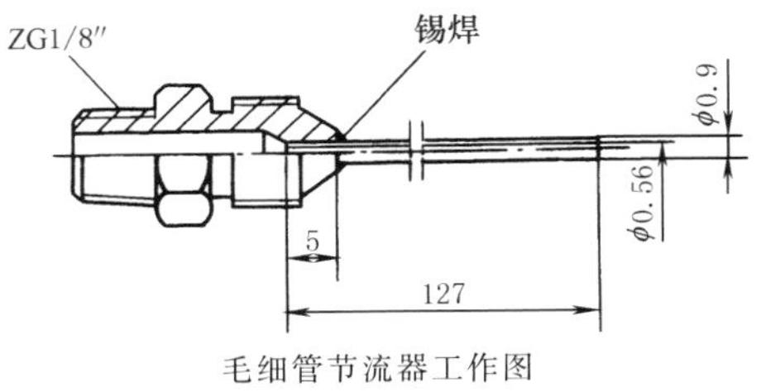 毛细管节流器工作图 技术要求 1. 注射针管和管接头焊接牢固,不得漏油 2. 同一轴承各节流器在相同温度下的流量允差 10%

5.7.3 毛细管节流推力液体静压轴承设计举例

已知:推力轴承直径 $D=6\text{cm}$,要求推力轴承的油膜刚度 $G_0=588\text{N}/\mu\text{m}$,设计毛细管节流环形油腔推力轴承。计算结果见表 8-5-25。

表 8-5-25 毛细管节流推力液体静压轴承设计

项目		单位	公式及结果
确定推力轴承结构尺寸	油腔结构尺寸 D_1 D_2 D_3 D_4	cm	采用推力轴承位于前轴承前端的布置型式，并采用主轴有砂轮越程槽的环形油腔结构。根据表 8-5-12 得 6.8 8.2 9.5 10.9
确定轴承其他参数	推力轴承油腔有效承载面积 A_e	cm^2	根据表 8-5-17 $\overline{A_e}=\frac{\pi}{8D_1^2}\left(\frac{D_4^2-D_3^2}{\ln\frac{D_4}{D_3}}-\frac{D_2^2-D_1^2}{\ln\frac{D_2}{D_1}}\right)=\frac{\pi}{8\times6.8^2}\times\left(\frac{10.9^2-9.5^2}{\ln\frac{10.9}{9.5}}-\frac{8.2^2-6.8^2}{\ln\frac{8.2}{6.8}}\right)$ $=0.812$ 根据表 8-5-16 公式 $A_e=\overline{A_e}D_1^2=0.812\times6.8^2=37.5$
	润滑油		选 AN32 号全损耗系统用油 $\eta_{50}=193\times10^{-3}\mathrm{N\cdot s/cm^2}$ $\gamma_{50}=0.22\mathrm{cm^2/s}$
	节流比 β		选 $\beta=0.5$
	供油压力 p_s	N/cm^2	选 $p_s=147$
	推力轴承单边间隙 h_0	cm	根据表 8-5-18 及表 8-5-16 公式 $\overline{G_0}=6A=6\beta(1-\beta)=6\times0.5\times(1-0.5)=1.5$ $G_0=\overline{G_0}\times\frac{p_sA_e}{h_0}$ 则 $h_0=\frac{\overline{G_0}p_sA_e}{G_0}=\frac{1.5\times147\times37.5}{588\times10^4}=1.4\times10^{-3}$
	毛细管节流器尺寸： 直径 d_c 长度 l_c	cm	与前径向轴承选择相同的毛细管节流器，则 $d_c=0.056$ $l_c=12.7$
	油腔深度 Z_1'	cm	$Z_1'=(30\sim60)h_0=(30\sim60)\times1.4\times10^{-3}$，取 $Z_1'=0.08$
	轴承流量 $2Q_0$	cm^3/s	根据公式$\overline{Q_0}=C_d\beta$，由表 8-5-17 公式 $C_d=\frac{\pi}{6}\times\frac{\ln\frac{D_2D_4}{D_1D_3}}{\ln\frac{D_2}{D_1}\ln\frac{D_4}{D_3}}=6.79$ $\overline{Q_0}=6.79\times0.5=3.395$ 所以 $Q_0=\overline{Q_0}\frac{p_sh_0^3}{\eta}=3.395\times\frac{147\times(1.4\times10^{-3})^3}{193\times10^{-8}}=0.71$ 则 $2Q_0=2\times0.71=1.42$

续表

项　　目		单　位	公　式　及　结　果
确定轴承其他参数	油泵额定流量 $Q_{泵}$	cm^3/s	与前径向轴承同
	验算层流条件		

5.7.4　小孔节流径向液体静压轴承设计举例

已知：径向轴承直径 $D=6cm$，要求径向轴承的油膜刚度 $G_0=314N/\mu m$，设计小孔节流无周向回油腔内孔式回油、四油腔对称等面积径向轴承。计算结果见表 8-5-26。

表 8-5-26　　小孔节流径向液体静压轴承设计

项　　目		单位	公　式　及　结　果
确定轴承结构尺寸	轴承宽度 L 油腔宽度 l 轴向封油面宽度 l_1	cm	根据轴承直径 $D=6cm$，选择 $L/D=1.5$，$l_1/D=0.1$，根据表 8-5-5 及表 8-5-6 得 9 7.8 0.6
	油腔夹角 θ 周向封油面夹角 θ_i 油腔有效夹角 θ_m 回油孔中心至油腔中心夹角 θ_3	(°)	66 24 45 16.5
	周向封油面宽度 b_1 回油孔半径 r_1 回油圆台外圆半径 r_2	cm	$b_1=D\sin\frac{\theta_1}{2}=6\times\sin\frac{24°}{2}=12.5$ 0.2 0.4
	回油孔数 N_0	个	2
确定轴承其他参数	轴承油腔有效承载面积 A_e	cm^2	根据表 8-5-17 公式及表 8-5-16 公式 $\overline{A}_e=\frac{L-l_1}{L}\sin\theta_m-\frac{N_0\pi}{DL}\left\{r_2^2-\frac{1}{2\ln\frac{r_2}{r_1}}\left[r_1^2-r_2^2\left(1-2\ln\frac{r_2}{r_1}\right)\right]\right\}\cos\theta_m$ $=\frac{9-0.6}{9}\times\sin45°-\frac{2\pi}{6\times9}\times\left\{0.4-\frac{1}{2\times\ln\frac{0.4}{0.2}}\times\left[0.2^2-0.4^2\times\left(1-2\times\ln\frac{0.4}{0.2}\right)\right]\right\}\times\cos45°$ $=0.65$ $A_e=\overline{A}_eDL=0.65\times6\times9=35.1$
	润滑油		根据表 8-5-23 推荐，选用 50%2 号主轴油＋50%5 号主轴轴承油的混合油，润滑油在 50℃、20℃时的密度 ρ 和动力黏度 η 如下： 20℃时：$\eta_{20}=57\times10^{-8}N\cdot s/cm^2$，$\rho_{20}=84\times10^{-7}N\cdot s^2/cm^4$ 50℃时：$\eta_{50}=25\times10^{-8}N\cdot s/cm^2$，$\rho_{50}=82\times10^{-7}N\cdot s^2/cm^4$

续表

项目		单位	公式及结果
确定轴承其他参数	节流比 β		$\beta=0.585$ 时,轴承具有最佳刚度。对于供油系统有恒温控制装置,并要求轴承温度控制在 20℃左右工作时,取 $\beta=0.585$,如果供油系统无恒温控制装置,由于 β 随着 η 的改变而变化,因此应满足油温在 20～60℃范围内变化时,保持 $\beta=0.333\sim0.667$ 之间。本例取润滑油在 50℃时,$\beta_{50}=0.4$
	供油压力 p_s	N/cm²	根据推荐 $p_s\geqslant98$,现取 $p_s=147$
	轴承间隙 h_0 及节流小孔直径 d_0	cm	根据表 8-5-18 公式 $\overline{G}_0=\frac{10.8A}{B+2F}=\frac{10.8\beta(1-\beta)(1+\omega)}{(2-\beta)(1+\omega)+2\gamma(1-\beta)}$ 式中 $\gamma=\frac{\pi l_1(L-l_1)}{\pi D b_1}=\frac{4\times0.6\times(9-0.6)}{\pi\times6\times1.25}=0.86$ $\omega=\frac{n l_1 N_0}{D\ln\frac{r_2}{r_1}}=\frac{4\times0.6\times2}{6\times\ln\frac{0.4}{0.2}}=1.154$ 将各值代入$\overline{G}_0$式,则 $\overline{G}_0=\frac{10.8\times0.4\times(1-0.4)\times(1+1.154)}{(2-0.4)\times(1+1.154)+2\times0.86(1-0.4)}=1.25$ 根据表 8-5-17 公式 $C_d=\frac{1}{6}\left(\frac{D\theta_m}{l_1}+\frac{N_0\pi}{\ln\frac{r_2}{r_1}}\right)=\frac{1}{6}\left(\frac{6\times0.785}{l_1}+\frac{2\pi}{\ln\frac{0.4}{0.2}}\right)=2.819$ 若取 $d_0=0.05$,根据表 8-5-16 公式 $G_0=\overline{G}_0\frac{p_sA_e}{h_0}$ 则 $h_0=\overline{G}_0\frac{p_sA_e}{G_0}=1.25\times\frac{147\times35.1}{314\times10^4}=2.054\times10^{-3}$ 满足设计要求,取 $d_0=0.05$,$h_0=0.002$
	油腔深度 Z_1	cm	根据表 8-5-4,$Z_1=(30\sim60)h_0=(30\sim60)\times0.002=0.06\sim0.12$ 取 $Z_1=0.1$
	轴承流量 $4Q_0$	cm³/s	根据表 8-5-16 公式 $\overline{Q_0}=C_d\beta=2.819\times0.4=1.128$ $Q_0=\frac{p_sh_0^3}{\eta}\overline{Q_0}=\frac{147\times(2\times10^{-3})^3}{24.6\times10^{-8}}\times1.128=5.39$ 故 $4Q_0=4\times5.39=21.56$ 若有两个结构参数相同的径向轴承,则径向轴承的总流量为 $Q_{径总}$ $Q_{径总}=2\times4Q_0=2\times21.56=43.12$
	油泵额定流量 $Q_泵$	cm³/s	根据推荐 $Q_泵=(1.5\sim2)Q_{径总}$ $=(1.5\sim2)\times43.12=64.68\sim86.24$

续表

项目	公式及结果
工作图	技术要求 1. 材料为锡青铜 ZCuSn6Zn6(ZQSn6-6-3)；铸件不得有砂眼、缩孔和疏松缺陷，应时效处理 2. ϕ60 内孔和主轴配合半径间隙 0.022±0.002 3. ϕ100 外圆和箱体孔配合过盈 0.006±0.002 4. 四个油腔对称分布 5. 锐边倒钝 轴承工作图(按带推力轴承结构) 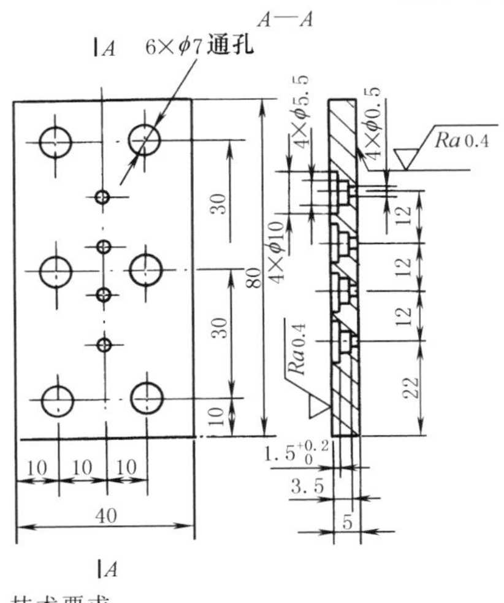 技术要求 1. 材料为 35 钢板 2. ϕ0.5 四个小孔的流量允差 10% 3. 锐边倒钝 图(a)　板式结构 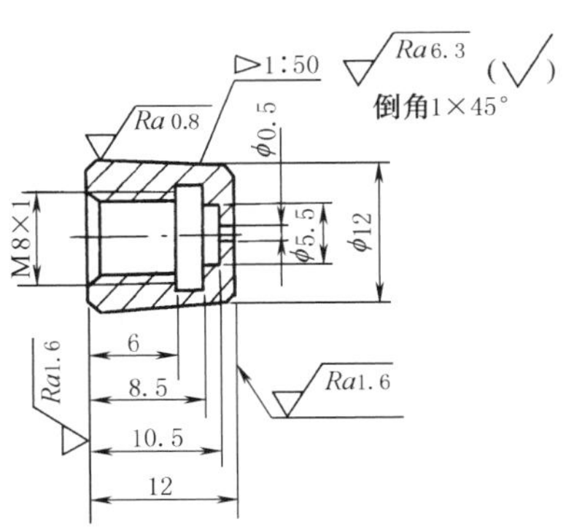 技术要求 1. 材料为黄铜 ZCuZn38(ZH62) 2. 同一轴承各节流器的流量允差 10% 3. 同内锥孔配合，接触表面不少于 70% 图(b)　外锥式结构 小孔节流器工作图

第 8 篇

5.7.5 薄膜反馈节流径向液体静压轴承设计举例

已知：径向轴承直径 $D=14\text{cm}$，径向轴承的最大载荷 $F_{max}=5880\text{N}$。设计双面薄膜反馈节流有周向回油、四油腔对称等面积径向轴承。计算结果见表 8-5-27。

表 8-5-27 薄膜反馈节流径向液体静压轴承设计

项目		单位	公式及结果
确定轴承结构尺寸	轴承宽度 L	cm	根据轴承直径 $D=14\text{cm}$，选择 $L/D=1, l_1/D=0.1$，根据表 8-5-5 及表 8-5-6 得 14
	油腔长度 l	cm	11.2
	轴向封油面宽度 l_1	cm	1.4
	油腔夹角 θ	(°)	63
	周向封油面夹角 θ_1	(°)	12
	油腔有效夹角 θ_m	(°)	$\theta_m=\frac{1}{2}(\theta_1+\theta)=\frac{1}{2}(12+63)=37.5$
	回油槽夹角 θ_2	(°)	取 3
	周向封油面宽度 b_1	cm	$b_1=D\sin\frac{\theta_1}{2}=14\times\sin\frac{12°}{2}=1.46$
	回油槽宽度 b_2	cm	$b_2=D\sin\frac{\theta_2}{2}=14\times\sin\frac{3°}{2}=0.366$
	回油槽深度 Z_1	cm	取 0.06
确定轴承其他参数	轴承油腔有效承载面积 A_e	cm^2	根据表 8-5-17 公式 $\overline{A}_e=\frac{L-l_1}{L}\sin\theta_m=\frac{14-1.4}{14}\times\sin37.5°=0.548$ 故 $A_e=\overline{A}_eDL=0.548\times14\times11.2=107.48$
	润滑油		根据表 8-5-23 推荐，选用 AN46 号全损耗系统用油。润滑油温度在 50℃时的动力黏度 $\eta_{50}=265\times10^{-8}\text{N}\cdot\text{s/cm}^2$
	节流比 β		取 $\beta=0.5$
	薄膜刚度系数 K_j		根据表 8-5-18 公式 $K_j=3\beta(1-\beta)=3\times0.5(1-0.5)=0.75$
	供油压力 p_s	N/cm^2	取 $p_s=196$
	轴承半径间隙 h_0	cm	根据表 8-5-4 推荐 $2h_0=(0.0004\sim0.0007)D=(0.0004\sim0.0007)\times14=0.0056\sim0.0098$ 取 $h_0=0.0035$
	油腔深度 Z_1	cm	根据表 8-5-4 推荐 $Z_1=(30\sim60)h_0=(30\sim60)\times0.0035=0.105\sim0.21$ 取 $Z_1=0.15$
	双面薄膜反馈节流尺寸：d_j、d_{j1}、d_{j2}	cm	选取 $d_j=3.2$ $d_{j1}=0.4$ $d_{j2}=1.6$
	节流间隙 h_{j0}	cm	根据表 8-5-16 公式及表 8-5-17 公式 $h_{j0}=h_0\sqrt[3]{\frac{6\ln\frac{d_{j2}}{d_{j1}}C_d\beta}{\pi(1-\beta)}}$

续表

	项　　目	单位	公 式 及 结 果
确定轴承其他参数	节流间隙 h_{j0}	cm	式中　$C_d=\frac{1}{6}\left(\frac{L-l_1}{b_1}+\frac{D\theta_m}{l_1}\right)=\frac{1}{6}\times\left(\frac{14-1.4}{1.46}+\frac{14\times0.654}{1.4}\right)=2.528$ $h_{j0}=0.0035\times\sqrt[3]{\frac{6\times\ln\frac{1.2}{0.4}\times2.258\times0.5}{\pi(1-0.5)}}=0.0061$
	薄膜厚度 t	cm	根据表 8-5-18 公式　$t=\sqrt[3]{\frac{3(1-\mu^2)\left(\frac{d_{j2}^2}{4}-\frac{d_{j1}^2}{4}\right)^2}{16Em}}$ 又　$m=h_{j0}/(2p_s\overline{K}_j)=0.0061/(2\times196\times0.75)=2.07\times10^{-5}$ $\mu=0.28, E=20.6\times10^6$ $t=\sqrt[3]{\frac{3\times(1-0.28^2)\times\left(\frac{3.2^2}{4}-\frac{0.4^2}{4}\right)^2}{16\times20.6\times2.07\times10^{-5}\times10^6}}=0.137$
	验算薄膜最大变形量 δ_{max}	cm	根据表 8-5-18 $\delta_{max}=m\frac{F_{max}}{A_e}=2.07\times10^{-5}\times\frac{600}{107.48}=1.1556\times10^{-4}<h_{j0}=0.0061$
	验算刚度或承载能力		根据表 8-5-19 公式、表 8-5-17 和表 8-5-16 $\varepsilon=\frac{2(2AJ-LA+A^2M+1)C}{3nA(J-RL)}\times\frac{\overline{F}_n}{K}$ $=\frac{2(1+\gamma)}{n}\times\overline{F}_n\left\{\frac{2\beta}{1-\beta}\left[1+3\left(\frac{2\overline{F}_n}{n\overline{K}_j}\right)^2\right]-\frac{\beta}{(1-\beta)\overline{K}_j}\times\left[3+\left(\frac{2\overline{F}_n}{n\overline{K}_j}\right)^2\right]+1+\right.$ $\left.\left(\frac{\beta}{1-\beta}\right)^2\times\left[1-\left(\frac{2\overline{F}_n}{n\overline{K}_j}\right)^2\right]^3\right\}\times\frac{1}{3\frac{\beta}{1-\beta}K}\times1\Big/\left\{1+3\left(\frac{2\overline{F}_n}{n\overline{K}_j}\right)^2-\right.$ $\left.8\frac{\overline{F}_n}{n^2\overline{K}_j}\left[3+\left(\frac{2\overline{F}_n}{n\overline{K}_j}\right)^2\right]\right\}$ $\gamma=\frac{nl_1(L-l_1)}{b_1(\pi D-nb_1-nb_2)}=\frac{4\times1.4(14-1.4)}{1.46\times(14\times\pi-4\times1.46-4\times0.366)}=1.318$ $K=\frac{\sin\theta_m}{\theta_m}+\gamma\cos\theta_m=\frac{\sin37.5°}{0.654}+1.318\times\cos37.5°=1.976$ 将已知各参数代入，则$\overline{F}_n=0.3$，$\varepsilon=0.00818$ 又　$F=\overline{F}_nA_ep_s=0.3\times107.48\times196=6319\text{N}>5884\text{N}$，满足要求
	轴承流量 $4Q_0$	cm^3/s	由表 8-5-16 公式，$\overline{Q}_0=C_d\beta=2.528\times0.5=1.264$ 故 $Q_0=\overline{Q}_0\frac{p_sh_0^3}{\eta}=1.264\times\frac{196\times(3.5\times10^{-3})^3}{265\times10^{-3}}=4.01$ $4Q_0=4\times4.01=16.04$ 若有两个结构参数相同的径向轴承，则径向轴承总流量为 $Q_{径总}$ $Q_{径总}=2\times4Q_0=2\times16.04=32.08$
	油泵额定流量 $Q_泵$	cm^3/s	推荐 $Q_泵=(1.5\sim2)Q_{计总}$ $=(1.5\sim2)(Q_{径总}+Q_{推总})$

续表

<table>
<tr><th>项目</th><th>公式及结果</th></tr>
<tr><td>双面薄膜反馈节流器主要零件工作图</td><td>

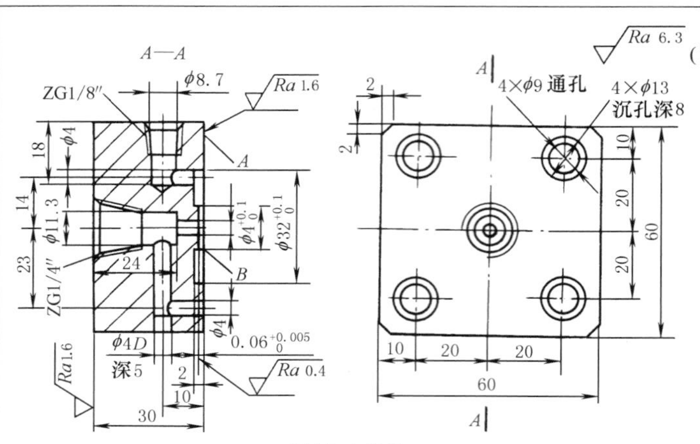

图(a) 上盖板

技术要求

1. 材料为45钢，35～40HRC
2. $\phi4^{+0.1}_{0}$、$\phi12^{+0.1}_{0}$、$\phi32^{+0.1}_{0}$，同轴度公差为0.05
3. 平面A对B的平行度公差为0.005
4. $\phi4D$孔装配时用销堵死
5. 锐边倒钝

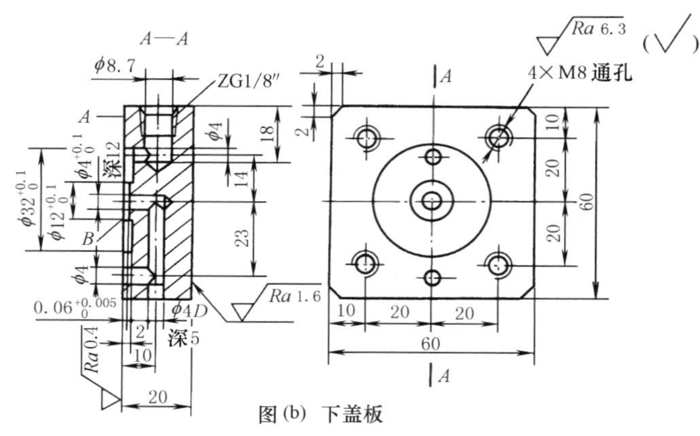

图(b) 下盖板

技术要求

1. 材料为45钢，35～40HRC
2. $\phi4^{+0.1}_{0}$、$\phi12^{+0.1}_{0}$、$\phi32^{+0.1}_{0}$同轴度公差为0.05
3. 平面A对B的平行度公差为0.005
4. $\phi4D$孔装配时用销堵死
5. 锐边倒钝

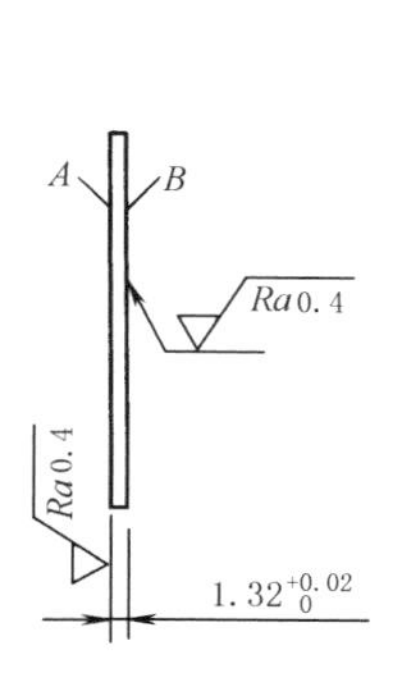

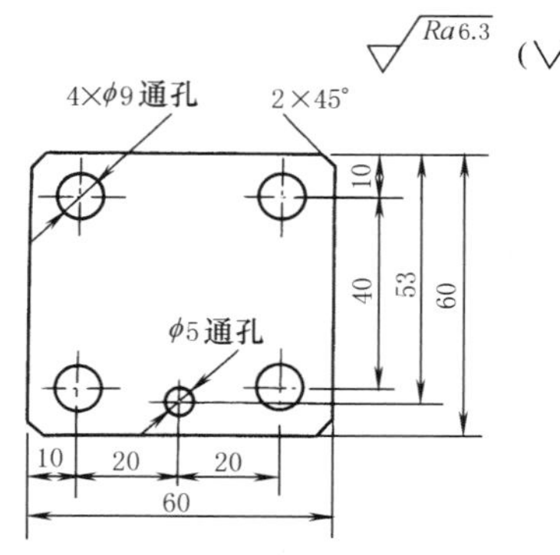

图(c) 薄膜

技术要求

1. 材料为65Mn弹簧钢，42～45HRC
2. 平面A和B的直线度公差为0.01；平面A对平面B的平行度公差不大于0.01
3. 锐边倒钝

</td></tr>
</table>

5.8　静压轴承的故障及消除的方法

表 8-5-28　静压轴承装配及使用中可能出现的故障及消除方法

故障类型	故障现象	故障原因	消除方法
纯液体润滑建立不起来	启动油泵后，若已建立了纯液体润滑，一般应能用手轻松地转动 若转不动或比不供油时更难转动，即表明纯液体润滑未建立	轴承某油腔的压力未能建立，或轴承装配质量太差，如： ①某油腔有漏油现象，致使轴被挤在轴承的一边 ②轴承某油腔无润滑油，加工和装配时各进油孔有错位现象，或节流器被堵塞 ③各节流器的液阻相差过大，造成某个油腔无承载能力 ④反馈节流器的弹性元件刚度太低，造成一端出油孔被堵住 ⑤向心轴承的同轴度太大，或推力轴承的垂直度太小，使主轴的抬起间隙太小	①检查各油腔的压力是否已建立。对漏油或无压力的油腔，找出具体原因，采取相应措施加以克服 ②调整各油腔的节流比，使之在合理的范围内 ③合理设计节流器 ④保持润滑油清洁 ⑤保证零件的制造精度和装配质量
压力不稳定	①当主轴不转时，开动油泵后，各油腔的压力都逐渐下降或某几个油腔的压力下降 ②主轴转动后，各油腔的压力有周期性的变化（若变化量大于 0.05～0.1MPa 时，必须检查原因） ③主轴不转时，各油腔因压力抖动（超过 0.05～0.1MPa 时应检查） ④当主轴转速较高时，油腔压力有不规则的波动	①各油腔压力都下降，表明滤油器逐渐被堵塞，若某油腔的压力单独下降，表明与该油腔相对应的节流器被杂质逐渐堵塞 ②由于主轴转动时有附加力作用于主轴上或因主轴圆度超差 ③由于油泵系统的脉动太大 ④由于空气被吸入油腔或动压力的干扰	①更换油液，清洗滤油器及节流器 ②检查轴及轴上零件是否存在较大的离心力，若是，则进行动平衡消除之 检查卸荷带是否有干扰力，减小卸荷带轮与主轴的同轴度误差 ③检查油泵及压力阀 ④改进油腔的型式
油膜刚度不足	主轴轴承的油膜刚度未达到设计要求	①节流比 β 值超差 ②供油压力 p_s 太低 ③轴承间隙太大 ④节流器设计不合理	按油膜刚度的调整进行
主轴拉毛或抱轴	当轴转动一段时间后，主轴可能发现有拉毛现象或在运转时发生抱轴现象	①油液不干净，过滤净度不够 ②轴承及油管内储存的杂质未清除 ③节流器堵塞 ④轴颈刚度不足，产生了金属接触 ⑤安全保护装置失灵	①检修滤油器 ②清洗零件 ③核算轴颈刚度 ④维修安全保护装置
油腔压力升高不足	节流器油液虽通畅，但油腔压力升高不足	①轴承配合间隙太大 ②油路有漏油现象 ③油泵不合格 ④润滑油黏度 η_t 太低	①测量配合间隙，若太大，则需重配主轴 ②消除漏油现象 ③更换油泵 ④选用合适的润滑油
轴承温升过高	当主轴运转 2h 左右后，油池或主轴箱体外壁温度超差	①轴承间隙过小 ②轴泵压力太高 ③润滑油黏度 η_t 太高 ④油腔摩擦面积太大	①加大轴承间隙 ②在承载能力与刚度允许的条件下，降低油泵压力 ③降低润滑油黏度 ④减小封油面宽度，但需使封油面宽度 a、b 均大于间隙的 40 倍（$40h_0$）并保证 $Re>2000$

第6章 气体润滑轴承

6.1 气体润滑理论

6.1.1 气体力学基本方程式

为推导气体 Reynolds 方程，作出以下合理基本假设：

① 气体在接触界面无滑移；

② 润滑气膜的体积力忽略不计；

③ 因为气膜厚度方向尺寸较小，忽略膜厚方向的压力变化；

④ 轴承内表面曲率半径远大于气膜厚度，用气体平移速度代替转动速度；

⑤ 润滑气体为牛顿流体；

⑥ 忽略气体惯性力的影响；

⑦ 气膜内为层流流动，不存在涡流和湍流；

⑧ 气体黏度在气膜厚度方向不变。

(1) 运动方程

图 8-6-1 表示的是气膜微元体单元在 x 方向的受力分析。由于忽略了气体体积力和惯性力，因此单元体只受气膜压力 p 和剪切力 τ 的作用。其中，u、v、w 分别为 x、y、z 方向的速度分量；z 为气膜厚度方向，其数值远小于其他两个方向，速度梯度 $\partial u/\partial z$ 和 $\partial v/\partial z$ 远大于其他速度梯度项，因此前后两个 $\mathrm{d}x\mathrm{d}z$ 表面在 x 方向无剪切力作用。

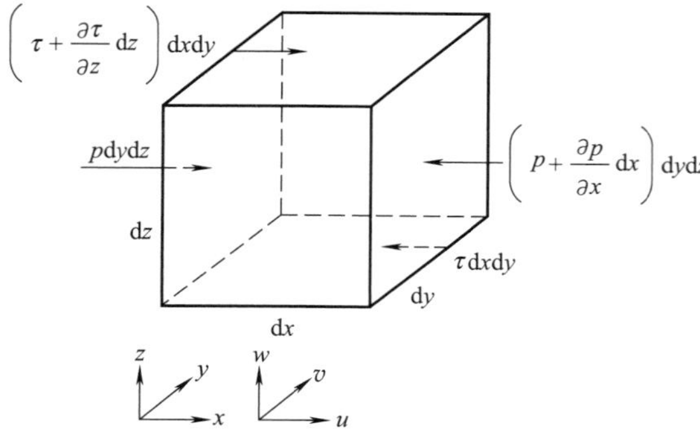

图 8-6-1 微元体 x 方向受力分析

由图 8-6-1 所示的受力分析，可以得到 x 方向的受力平衡方程：

$$p\mathrm{d}y\mathrm{d}z+\left(\tau+\frac{\partial\tau}{\partial z}\mathrm{d}z\right)\mathrm{d}x\mathrm{d}y=\left(p+\frac{\partial p}{\partial x}\mathrm{d}x\right)\mathrm{d}y\mathrm{d}z+\tau\mathrm{d}x\mathrm{d}y \tag{8-6-1}$$

化简得：

$$\frac{\partial p}{\partial x}=\frac{\partial\tau}{\partial z} \tag{8-6-2}$$

将牛顿黏性定律 $\tau=\eta\dfrac{\partial u}{\partial z}$代入上式，得：

$$\frac{\partial p}{\partial x}=\frac{\partial}{\partial z}\left(\eta\frac{\partial u}{\partial z}\right) \tag{8-6-3}$$

同理，可在 y 方向进行类似分析。综合前述基本假设③，最终得到气体的运动方程组：

$$\begin{cases}\dfrac{\partial p}{\partial x}=\dfrac{\partial}{\partial z}\left(\eta\dfrac{\partial u}{\partial z}\right)\\ \dfrac{\partial p}{\partial y}=\dfrac{\partial}{\partial z}\left(\eta\dfrac{\partial v}{\partial z}\right)\\ \dfrac{\partial p}{\partial z}=0\end{cases} \tag{8-6-4}$$

(2) 连续性方程

气体连续性方程是基于质量守恒定理推导而来。对于图 8-6-2 所示的微元体单元，其三边长分别为 $\mathrm{d}x$、$\mathrm{d}y$ 和 $\mathrm{d}z$。首先分析 x 方向的质量流量，单位时间内经面 $OABC$ 流入单元的质量为 $\rho u\mathrm{d}y\mathrm{d}z$，而经面 $DEFG$ 流出单元的质量为：$\left[\rho u+\dfrac{\partial(\rho u)}{\partial x}\mathrm{d}x\right]\mathrm{d}y\mathrm{d}z$，因此从 x 方向流出的总质量为：

$$\frac{\partial(\rho u)}{\partial x}\mathrm{d}x\mathrm{d}y\mathrm{d}z \tag{8-6-5}$$

同理，对于 y 方向和 z 方向具有类似分析结果，所以在单位时间内流出单元体的总质量可表示为：

$$\left[\frac{\partial(\rho u)}{\partial x}+\frac{\partial(\rho v)}{\partial y}+\frac{\partial(\rho w)}{\partial z}\right]\mathrm{d}x\mathrm{d}y\mathrm{d}z \tag{8-6-6}$$

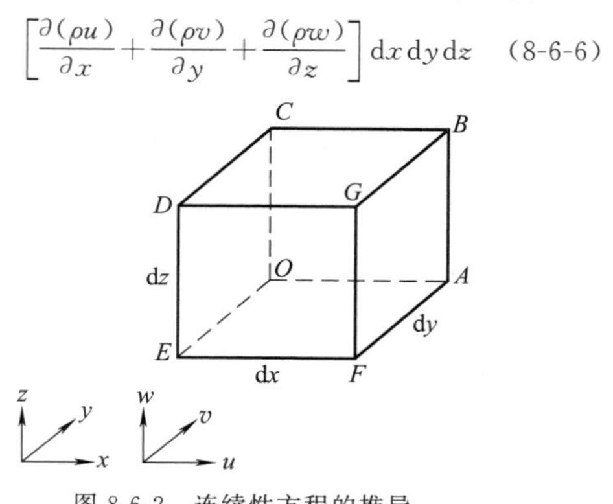

图 8-6-2 连续性方程的推导

气体质量的流出将导致单元内气体密度的变化，因此单元内质量变化率为：$-\frac{\partial \rho}{\partial t}\mathrm{d}x\mathrm{d}y\mathrm{d}z$。根据质量守恒定理，单位时间内流出微元体的总质量等于微元体内的质量变化率，所以有如下关系：

$$\frac{\partial(\rho u)}{\partial x}+\frac{\partial(\rho v)}{\partial y}+\frac{\partial(\rho w)}{\partial z}=-\frac{\partial \rho}{\partial t} \tag{8-6-7}$$

上式即为气体的连续性方程，引入散度后，其又可表示为：

$$\frac{\partial \rho}{\partial t}+\mathrm{div}(\rho \vec{v})=0 \tag{8-6-8}$$

(3) 状态方程

气体状态方程表征的是气体密度 ρ、压力 p 和温度 T 三者之间的关系：

$$\frac{p}{\rho}=RT \tag{8-6-9}$$

其中：R 为气体常数。

对于等温气体润滑工况，存在 $T=\mathrm{const}$，所以上式可以表示为：

$$\frac{p}{\rho}=\frac{p_a}{\rho_a} \tag{8-6-10}$$

式中，p_a 和 ρ_a 分别指环境气体的压力和密度。

6.1.2　雷诺方程

(1) 推导过程

由于气体在接触界面不会发生滑动，所以存在以下气流速度边界：

$$\begin{cases} z=0: & u=U_0, v=V_0, w=0 \\ z=h: & u=U_h, v=V_h, w=0 \end{cases} \tag{8-6-11}$$

将气体运动方程 (8-6-4) 对 z 进行两次积分，得到：

$$\begin{cases} u=\frac{z^2}{2\eta}\times\frac{\partial p}{\partial x}+C_1 z+C_2 \\ v=\frac{z^2}{2\eta}\times\frac{\partial p}{\partial y}+C_3 z+C_4 \end{cases} \tag{8-6-12}$$

代入式 (8-6-11) 中的速度边界，即可得到气体沿 x 方向和 y 方向的速度分量：

$$\begin{cases} u=\frac{1}{2\eta}\times\frac{\partial p}{\partial x}(z^2-zh)+\left(\frac{U_h-U_0}{h}\right)z+U_0 \\ v=\frac{1}{2\eta}\times\frac{\partial p}{\partial y}(z^2-zh)+\left(\frac{V_h-V_0}{h}\right)z+V_0 \end{cases} \tag{8-6-13}$$

然后将气体连续性方程沿 z 方向进行积分，即：

$$\int_0^h \frac{\partial \rho}{\partial t}\mathrm{d}z+\int_0^h \frac{\partial(\rho u)}{\partial x}\mathrm{d}z+\int_0^h \frac{\partial(\rho v)}{\partial y}\mathrm{d}z+\int_0^h \frac{\partial(\rho w)}{\partial z}\mathrm{d}z=0 \tag{8-6-14}$$

将式 (8-6-13) 代入上式，并经过积分、微分次序变换，忽略 $\frac{\partial h}{\partial x}$、$\frac{\partial h}{\partial y}$ 和 $\frac{\partial h}{\partial t}$ 后，即可以得到气体 Reynolds 方程的一般形式：

$$\frac{\partial}{\partial x}\left(\frac{\rho h^3}{\eta}\frac{\partial p}{\partial x}\right)+\frac{\partial}{\partial y}\left(\frac{\rho h^3}{\eta}\frac{\partial p}{\partial y}\right)=12\frac{\partial(\rho h)}{\partial t}+6\left\{\frac{\partial}{\partial x}[\rho h(U_0+U_h)]+\frac{\partial}{\partial y}[\rho h(V_0+V_h)]\right\} \tag{8-6-15}$$

将气体状态方程 (8-6-10) 代入上式消去气体密度 ρ：

$$\frac{\partial}{\partial x}\left(\frac{p h^3}{\eta}\frac{\partial p}{\partial x}\right)+\frac{\partial}{\partial y}\left(\frac{p h^3}{\eta}\frac{\partial p}{\partial y}\right)=12\frac{\partial(p h)}{\partial t}+6\left\{\frac{\partial}{\partial x}[p h(U_0+U_h)]+\frac{\partial}{\partial y}[p h(V_0+V_h)]\right\} \tag{8-6-16}$$

(2) 边界条件

雷诺方程求解的压力边界如图 8-6-3 所示。

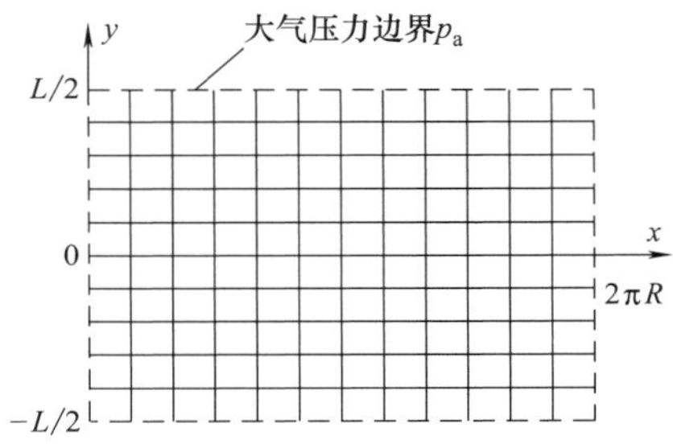

图 8-6-3　压力边界条件

(3) 气体压力形成机理

气体雷诺方程的右端表示产生气膜压力的各种效应，如图 8-6-4 所示。

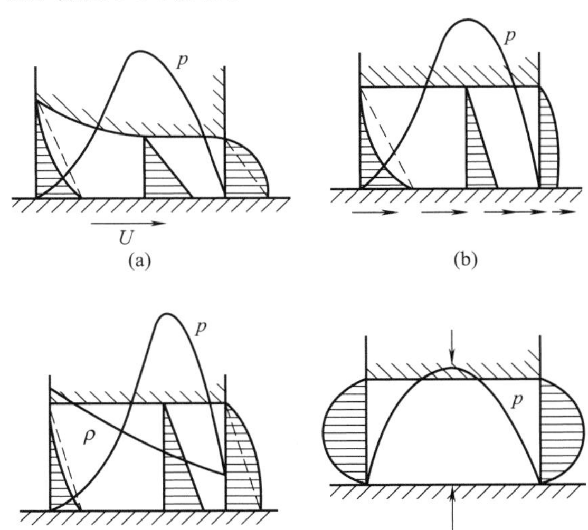

图 8-6-4　压力形成机理

第 8 篇

(a) 动压效应——$U\rho\dfrac{\partial h}{\partial x}$，$V\rho\dfrac{\partial h}{\partial y}$

(b) 伸缩效应——$\rho h\dfrac{\partial U}{\partial x}$，$\rho h\dfrac{\partial V}{\partial y}$

(c) 变密度效应——$Uh\dfrac{\partial \rho}{\partial x}$，$Vh\dfrac{\partial \rho}{\partial y}$

(d) 挤压效应——$\rho\dfrac{\partial h}{\partial t}$

6.1.3 气体润滑计算的数值解法

在气体润滑计算中，有限差分法的应用最为广泛。

(1) 有限差分法

如图 8-6-5 所示，将计算域沿着 x，z 方向划分成等距或者不等距网格，沿 x 方向共有 N 个节点，沿 z 方向共有 M 个节点，节点数的选择根据精度要求确定。

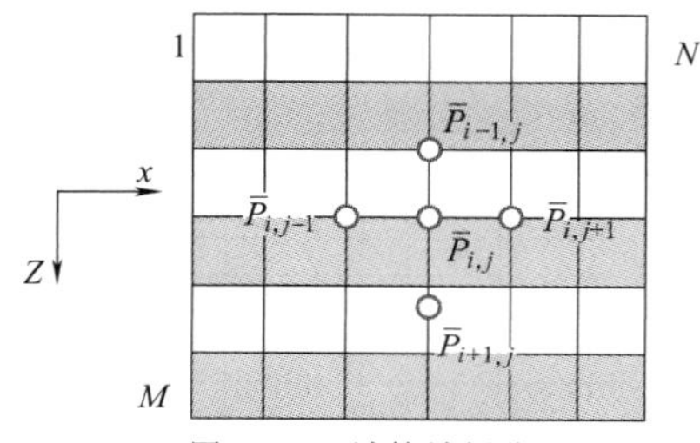

图 8-6-5 计算域划分

采用有限差分法，雷诺方程中任意节点压力 $\overline{P}_{i,j}$ 的一阶、二阶偏导数均可以用相邻节点表示：

$$\left(\frac{\partial \overline{P}}{\partial z}\right)_{i,j}=\frac{\overline{P}_{i+1,j}-\overline{P}_{i-1,j}}{2\Delta z}$$

$$\frac{\partial \overline{P}}{\partial z}=\frac{4\overline{P}_{i,j+1}-3\overline{P}_{i,j}-\overline{P}_{i,j+2}}{2\Delta z}$$

$$\left(\frac{\partial \overline{P}}{\partial x}\right)_{i,j}=\frac{\overline{P}_{i,j+1}-\overline{P}_{i,j-1}}{2\Delta x}$$

$$\frac{\partial \overline{P}}{\partial z}=\frac{3\overline{P}_{i,j}-4\overline{P}_{i,j-1}+\overline{P}_{i,j-2}}{2\Delta z}$$

$$\left(\frac{\partial^2 \overline{P}}{\partial z^2}\right)_{i,j}=\frac{\overline{P}_{i+1,j}+\overline{P}_{i-1,j}-2\overline{P}_{i,j}}{(\Delta z)^2}$$

$$\frac{\partial \overline{P}}{\partial x}=\frac{4\overline{P}_{i,j+1}-3\overline{P}_{i,j}-\overline{P}_{i,j+2}}{2\Delta x}$$

$$\left(\frac{\partial^2 \overline{P}}{\partial x^2}\right)_{i,j}=\frac{\overline{P}_{i,j+1}+\overline{P}_{i,j-1}-2\overline{P}_{i,j}}{(\Delta x)^2}$$

$$\frac{\partial \overline{P}}{\partial x}=\frac{3\overline{P}_{i,j}-4\overline{P}_{i,j-1}+\overline{P}_{i,j-2}}{2\Delta x} \tag{8-6-17}$$

将差分格式代入雷诺方程，进行降阶离散。因此，雷诺方程在任意节点 $\overline{P}_{i,j}$ 处可以表示为相邻五个点为未知量的函数为：

$$f_{i,j}(\overline{P}_{i-1,j},\overline{P}_{i,j},\overline{P}_{i+1,j},\overline{P}_{i,j-1},\overline{P}_{i,j+1})=0 \tag{8-6-18}$$

利用牛顿拉弗逊迭代法，将公式 (8-6-18) 改写为迭代形式：

$$A\,\overline{P}_{i-1,j}^{(n+1)}+B\,\overline{P}_{i,j}^{(n+1)}+C\,\overline{P}_{i+1,j}^{(n+1)}+D\,\overline{P}_{i,j-1}^{(n+1)}+E\,\overline{P}_{i,j+1}^{(n+1)}=-f_{i,j}^{(n)}+A\,\overline{P}_{i-1,j}^{(n)}+B\,\overline{P}_{i,j}^{(n)}+C\,\overline{P}_{i+1,j}^{(n)}+D\,\overline{P}_{i,j-1}^{(n)}+E\,\overline{P}_{i,j+1}^{(n)} \tag{8-6-19}$$

式中，$A=\dfrac{\partial f_{i,j}^{(n)}}{\partial \overline{P}_{i-1,j}}$，$B=\dfrac{\partial f_{i,j}^{(n)}}{\partial \overline{P}_{i,j}}$，$C=\dfrac{\partial f_{i,j}^{(n)}}{\partial \overline{P}_{i+1,j}}$，$D=\dfrac{\partial f_{i,j}^{(n)}}{\partial \overline{P}_{i,j-1}}$，$E=\dfrac{\partial f_{i,j}^{(n)}}{\partial \overline{P}_{i,j+1}}$，$n$ 表示上一轮迭代结果，$n+1$表示新一轮要求的压力值。

(2) 其他解法

①有限元法：适应性强，可处理各种定解条件，单元大小节点任意选取，计算精度高，但有限元的弱形式方程构成比较复杂。②边界元法：边界元法只需将边界划分单元，求解边界未知量，进而推算求解域内未知量，特点是代数方程少，计算精度高，同样构建数学计算方程十分困难。

6.1.4 气体轴承计算模型

以径向轴承为例，轴承宽度为 L，直径为 D。

(1) 长轴承模型

假设，L/D 趋向于无穷，则气膜压力在轴向方向上没有变化，即，$\partial p/\partial z=0$。因此，雷诺方程可以简化为，

$$\frac{\partial}{\partial x}\left(h^3\frac{\partial p}{\partial x}\right)=6U\eta\frac{\partial h}{\partial x} \tag{8-6-20}$$

无限长轴承模型一般适用于 $L/D>2$ 的情况。

(2) 短轴承模型

假设，L/D 趋向于为 0，则气膜压力在轴向方向上没有变化，即，$\partial \overline{P}/\partial x=0$。因此，雷诺方程可以简化为：

$$\frac{\partial}{\partial z}\left(h^3\frac{\partial p}{\partial z}\right)=6U\eta\frac{\partial h}{\partial x} \tag{8-6-21}$$

无限短轴承模型一般适用于 $L/D<0.5$，并且偏心率小于 0.75 的情况。

6.2 静压气体轴承

6.2.1 概述

气体静压轴承是在气体静压状态下工作的气体润滑轴承。按结构气体静压轴承分为推力轴承和径向轴承两大类。对于径向静压轴承，在利用静压气体进行

支撑的同时，又可以利用楔形间隙效应产生一定的承载能，即同时具有静压和动压两种润滑形式。

一个完整的静压轴承系统一般包括静压轴承和供气系统，其中静压轴承中的限制器是静压轴承的重要组成部分。通常需要外部供气系统向轴承提供具有一定压力的气体，并通过限制器将压缩气体输送到轴承的气膜间隙，形成足够的气膜压力。由于静压的支撑作用，轴颈可以在不转动的时候浮起，并且在低转速时可以自由转动，处于完全润滑状态。根据轴承中限制器的不同，可以将静压轴承的节流形式分为小孔节流、狭缝节流、毛细孔节流和多孔质节流。

6.2.2　气体静压轴承工作原理及其特点

(1) 气体静压轴承工作原理

气体静压轴承包括轴承套和限制器，压缩气体由外部气源输送达轴承套内部的气腔内，气体从气腔经过限制器进入轴与轴承之间形成的气膜间隙，然后沿轴向流动，并从轴承端部进入大气。在不考虑供气系统气路对气体压力的损失，轴承气腔内的气体压力与气源压力 P_s 相等。当气体通过限制器时压力开始下降，进入轴承间隙后气体压力降为 P_d，间隙内部气体在轴承端部进入大气后，气体压力为大气压力 P_a 如图 8-6-6 所示。

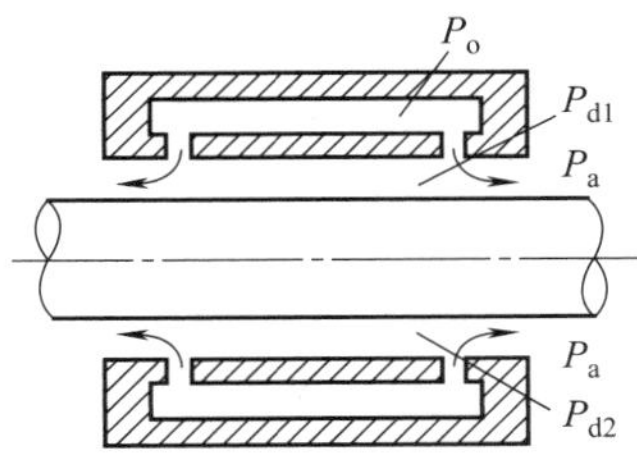

图 8-6-6　静压轴承工作原理图

对于轴承与轴的初始位置，此时轴承未供气，轴与轴承下表面接触。当对轴承进行供气时，轴的位置发生变化，由于轴自身的重量相当于垂直方向上向下的载荷，轴上部间隙会大于轴下部间隙。间隙上部的气体进入轴承间隙的阻力间隙，从而从轴承上部进入轴承间隙的气体将会增大，通过限制器的气体压降增大。由于从轴承下部对气体阻力较大，进入间隙的气体将会减少，通过限制器的气体压降将会减小。从而上部气膜间隙气体压力较小，下部气膜间隙压力较大。上部气膜间隙与下部气膜间隙的压力差作用在轴承，平衡轴的本身自重，从而保持在平和位置。外载荷的大小在轴承本身最大承载能力之内，轴都可以保持在某一特定平衡位置。

(2) 气体静压轴承特点

由于静压轴承的润滑介质是压缩气体，相对于油质润滑介质，具有无污染和黏度系数低等特点，并具有以下优点。

① 更适用于极高及极低速度场合。在极高速时，优于液体静压轴承的是不需考虑温升问题。在速度非常低时，普通轴承或导轨会存在蠕动或爬行现象，而气体润滑轴承或导轨不存在这种现象。

② 精度高。气体润滑装置本身的制造精度高，气膜又具有均化作用，故可以达到很高的旋转精度。

③ 极小的摩擦、磨损。因为气体黏度很低，故阻尼力矩小，涡流力矩小而稳定，摩擦低，功率损耗小。

④ 无污染。由于气体润滑更多的采用空气作为润滑剂，因此，气体润滑无需考虑密封问题，同时也不会造成环境的污染。

⑤ 寿命长。气体润滑面在正常工作时，无金属接触，理论上无磨损，即使考虑到其他条件的限制，装置寿命也很长，而且能始终保持精度不变。

同时静压轴承有以下缺点。

① 制造精度要求高。由于气体静压轴承的气膜厚度为几微米到几十微米左右，那么就对关键部件的尺寸公差及表面粗糙度要求都较高，制造精度的提高导致了制造成本的增加。

② 承载能力和静态刚度较低。由于气体的工作特点，气源压力不可能太高，故同尺寸的液体静压轴承比气体静压轴承的承载能力大。

③ 稳定性较差。由于气体的可压缩性，使气体润滑装置设计不当时易失稳，出现气锤振动或涡动现象。

6.2.3　气体静压轴承的设计

(1) 狭缝节流静压轴承

气体流经狭缝而形成压力降的节流装置称为狭缝式节流器。狭缝可以是连续的，也可以是不连续的。假定气体在轴承间隙中呈层流，气膜中气体黏性剪切作用造成压力损失。狭缝中气体流动状态可以近似为平板间的气体流动（图 8-6-7）。为了简化分析过程，对流体进行一定的假设：

① 由加速度引起的惯性力相对于由黏性剪切作用引起的摩擦力较小，可以忽略不计；

② 气膜中的气体流动都是层流；

③ 垂直于气体流动方向上的气体压力是恒定的，即气体在垂直流动方向上没有压力变化；

④ 在平板与气体之间的界面层不会发生气体的滑动。

通过气体连续性方程（navier stokes），即可以获得气体在 x 方向上压力梯度与 y 方向上气体速度分

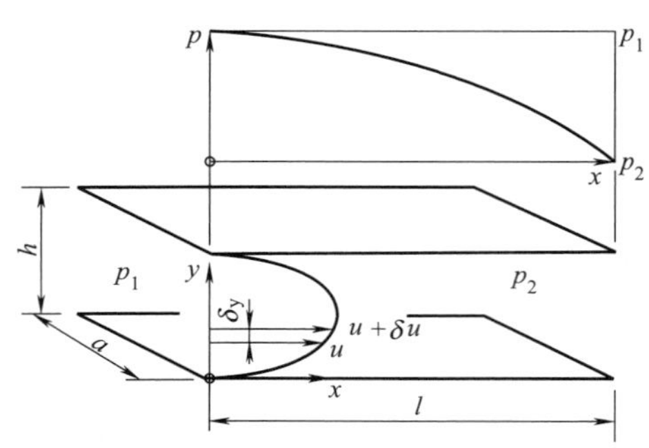

图 8-6-7　静压轴承

布之间的关系：

$$\frac{\partial^2 u}{\partial y^2}=\frac{1}{\mu}\times\frac{\partial p}{\partial x} \tag{8-6-22}$$

式中，u 为气体的速度；p 为气体的压力；μ 为气体的黏度系数。

对上式进行积分，可得：

$$u=\frac{1}{\mu}\times\frac{\mathrm{d}p}{\mathrm{d}x}\times\frac{y^2}{2}+Ay+B \tag{8-6-23}$$

式中，A、B 是积分常数，假设平板间隙为 h，那么当 $y=0$，$y=h$ 时，$u=0$，并代入上式，可得：

$$B=0$$

$$A=-\frac{1}{2\mu}\times\frac{\mathrm{d}p}{\mathrm{d}x}h \tag{8-6-24}$$

从而可得：

$$u=\frac{1}{\mu}\times\frac{\mathrm{d}p}{\mathrm{d}x}y(y-h) \tag{8-6-25}$$

上式表明，气流在平板间的速度分布为抛物线形。间隙的中间是速度最大处。流经宽度为 a 的平行板之间的气体流量可以由下式获得：

$$m=a\rho\int_0^h u\mathrm{d}y \tag{8-6-26}$$

式中，m 为气体的质量流量；ρ 为气体密度。

将速度公式代入上式，可得：

$$m=a\frac{\rho}{2\mu}\times\frac{\mathrm{d}p}{\mathrm{d}x}\int_0^h(y^2-yh)\mathrm{d}y \tag{8-6-27}$$

对上式进行积分可得：

$$m=-\frac{a\rho h^3}{12\mu}\times\frac{\mathrm{d}p}{\mathrm{d}x} \tag{8-6-28}$$

由上式整理可得：

$$\frac{\mathrm{d}p}{\mathrm{d}x}=-\frac{12\mu m}{a\rho h^3} \tag{8-6-29}$$

此式给出了质量流量与平板间沿气流流动方向上的压力梯度之间的关系。此式中假定气体沿 y 方向上的气体密度是恒定的，但是气体密度与气体压力有关。因此当压力沿 x 方向改变时，气体密度与压力之间存在一定的关系。假定气体是等温的，可以得到轴承间隙内气压与密度的关系：

$$-\frac{p}{\rho}=RT \tag{8-6-30}$$

式中，R 是气体常数，T 是绝对温度。

将式（8-6-30）代入式（8-6-29），则可得狭缝静压轴承的基本公式。

$$p_1^2-p_2^2=-\frac{24\mu mRTl}{a\rho h^3} \tag{8-6-31}$$

式中，l 为平板 x 方向的长度。从公式中可以知道，气体沿狭缝移动压力降与气体的质量流量、气体性能以及狭缝的尺寸有关。若狭缝为矩形可以将公式进行变形，假定狭缝长为 y，间隙为 z，则矩形狭缝中气体压力公式为

$$p_1^2-p_2^2=-\frac{24\mu mRTy}{a\rho z^3} \tag{8-6-32}$$

（2）小孔节流静压轴承

小孔节流静压轴承也是一种比较常见的静压轴承，气体流经小孔而形成压力降的节流装置称为小孔式节流器。按照节流截面形状的不同，小孔节流又可分为简单孔节流和环形孔节流，前者的节流截面是小孔横截面，它是通过设计气腔来保证小孔节流，其数值不受气膜厚度的影响。后者的节流截面是以气膜厚度为高度的小孔圆周形成的环形面。比较而言，简单孔节流的轴承比环形孔节流的轴承具有更高的工作刚度，即对同样的偏心率变化将有更大的承载能力变化。

针对小孔节流静压轴承的研究，作出如下假设。

① 在喷嘴喉部上游中没有压力损失，直至压缩气体流到喷嘴处，压力始终等于供气压力。

② 喷嘴出口压力等于喷嘴喉部压力。

根据以上假设，喷嘴喉部压力与供气压力的关系为：

$$\frac{p_{\mathrm{d}}}{p_{\mathrm{s}}}=\left[1-\frac{k-1}{2}\left(\frac{v}{a}\right)^2\right]^{\frac{k}{k-1}} \tag{8-6-33}$$

式中，p_{d} 为喉部静压力；v 为喉部速度；a 为供气条件下的声速；k 为气体比热比。

通过喷嘴的质量流量为：

$$m=C_{\mathrm{d}}\rho_{\mathrm{d}}Av \tag{8-6-34}$$

式中，C_{d} 为流量系数；ρ_{d} 为喉部气体密度；A 为喉部截面积。

对于等熵膨胀：

$$\rho_{\mathrm{d}}=\rho_0\left(\frac{p_{\mathrm{d}}}{p_{\mathrm{s}}}\right)^{\frac{1}{k}} \tag{8-6-35}$$

气体质量流量为：

$$m^2=C_d{}^2\rho_0{}^2A^2\left(\frac{p_d}{p_s}\right)^{\frac{2}{k}}v^2 \quad (8\text{-}6\text{-}36)$$

将供气压力关系代入上式，并整理得：

$$a=(kRT_0)^{\frac{1}{2}} \quad (8\text{-}6\text{-}37)$$

$$m=C_dA\rho_0(2RT)\left\{\frac{k}{k-1}\left[\left(\frac{p_d}{p_s}\right)^{\frac{2}{k}}-\left(\frac{p_d}{p_s}\right)^{\frac{k+1}{k}}\right]\right\}^{\frac{1}{2}} \quad (8\text{-}6\text{-}38)$$

（3）多孔质静压轴承

多孔质节流是指利用多孔质材料作为气体静压轴承的轴承面或节流器。由于大量孔隙的存在，使得在性能方面和材质相同的致密材料有很大的区别。由于多孔质材料可以提供成千上万的微小的节流孔，这些节流孔均匀地分布在轴承表面，这样就可以产生均匀的压力分布以及非常高的承载能力。

在研究多孔质静压轴承时，假定多孔质材料是均匀的（图8-6-8），气体在多孔质材料中流动是各向同性的。气体在多孔质内部流动满足Darcy定律，即多孔质气体流动速度与压力梯度有关。

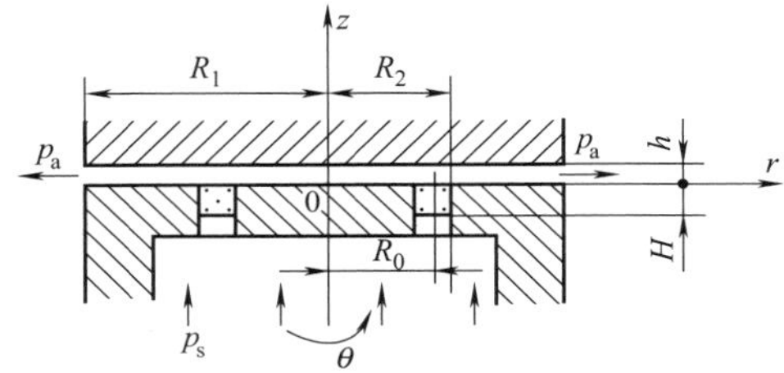

图8-6-8　多孔质静压轴承

$$v=\frac{k_z}{\eta}\times\frac{\partial p}{\partial z} \quad (8\text{-}6\text{-}39)$$

式中，v为多孔质内沿z方向的气体流速；p为多孔质内部压力；k_z为多孔质沿z方向的渗透系数。

气体在多孔质内流动的连续性方程为：

$$v=\frac{k_z}{\eta}\times\frac{\partial p}{\partial z} \quad (8\text{-}6\text{-}40)$$

气体在z方向的质量流量为：

$$m_z=-\rho\frac{k_z}{\eta}\times\frac{\partial p}{\partial z}r\,\mathrm{d}\theta\mathrm{d}r \quad (8\text{-}6\text{-}41)$$

6.3　气体动压轴承

6.3.1　动压气体轴承计算模型

动压气体轴承内部是典型的层流现象，由于其气模厚度小以及气体密度低，所以气体的雷诺数通常小于1。如图8-6-9所示为动压气体润滑理论模型。

两块表面构成的楔形间隙内的润滑气体认为是理

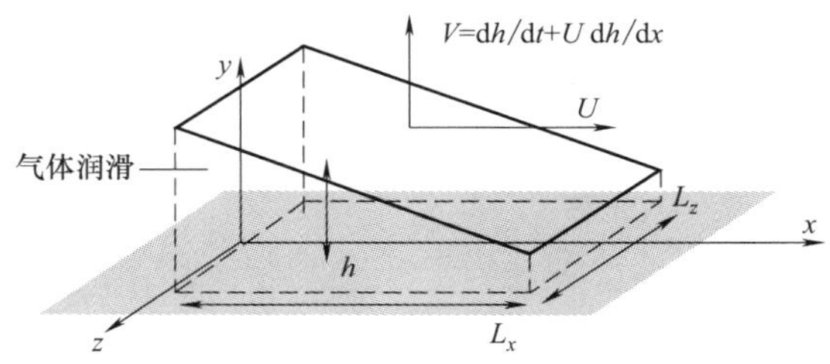

图8-6-9　动压气体润滑理论模型

想气体。假设整个润滑过程为恒温过程，气体常数以及气体温度不变，则用于描述轴承间隙内润滑气膜气压分布的雷诺方程在笛卡儿坐标系下的表示形式为：

$$\frac{\partial}{\partial\bar{x}}\left(\bar{p}\,\bar{h}^3\frac{\partial\bar{p}}{\partial\bar{x}}\right)+\frac{\partial}{\partial\bar{z}}\left(\bar{p}\,\bar{h}^3\frac{\partial\bar{p}}{\partial\bar{z}}\right)=\Lambda\frac{\partial(\bar{p}\,\bar{h})}{\partial\bar{x}}+\sigma\frac{\partial(\bar{p}\,\bar{h})}{\partial\tau} \quad (8\text{-}6\text{-}42)$$

其中，无量纲参数为：

$$\bar{p}=\frac{p}{p_a},\bar{h}=\frac{h}{C},\bar{x}=\frac{x}{L},\bar{z}=\frac{z}{L},$$

$$\tau=\omega t,\Lambda=\frac{6\mu UL}{p_aC^2},\sigma=\frac{12\mu\omega L^2}{p_aC^2}$$

式中　p——气膜压力，Pa；

h——气膜厚度，m；

C——名义间隙，m；

x——轴承周向位置，m；

z——轴承轴向位置，m；

L——轴承长度，m；

U——转轴表面线速度，m/s；

μ——润滑气膜黏度系数，Pa·s；

p_a——环境气体压力，Pa；

$\bar{p}$——无量纲气膜压力；

$\bar{h}$——无量纲气膜厚度。

对于润滑气体，其黏度与温度的关系可以表示为：

$$\mu=\mu_0\frac{\left(1+\frac{T^*}{T_0}\right)}{\left(1+\frac{T^*}{T}\right)}\sqrt{\frac{T}{T_0}} \quad (8\text{-}6\text{-}43)$$

式中，T^*和T_0是参考温度；$\mu_0=\mu(T_0)$。

气体轴承常用润滑气体的物理性质如表8-6-1所示。

6.3.2　气体动压径向轴承

（1）刻槽径向轴承

刻槽径向轴承可以分为轴承表面刻槽和转轴表面刻槽。如图8-6-10为将槽刻在轴承上，随着转子的转动，轴承间隙内的气膜厚度在圆周上的分布特性将

表 8-6-1　气体的黏度与分子质量

气体	化学式	分子质量	黏度 μ_0 /μPa·s	T_0 /K	T^* /K
乙炔	C_2H_2	26.036	10.2	293	198
空气	O_2+N	29.000	17.1	273	124
氨气	NH_3	17.034	9.82	293	626
氩气	Ar	39.950	22.04	289	142
二氧化碳	CO_2	44.010	13.66	273	274
一氧化碳	CO	28.010	16.65	273	101
氯气	Cl_2	70.900	12.94	289	351
氯化氢	HCl	36.458	13.32	273	360
氦气	He	4.003	18.6	273	38
氢气	H_2	2.016	8.5	273	83
硫化氢	H_2S	34.086	12.51	290	331
甲烷	CH_4	16.042	10.94	290	198
氖气	Ne	20.180	29.73	273	56
氮气	N_2	28.020	16.65	273	103
一氧化氮	NO	30.010	17.97	273	162
一氧化二氮	N_2O	44.020	13.66	273	274
氧气	O_2	32.000	19.2	273	138
水蒸气	H_2O	18.016	12.55	372	673
二氧化硫	SO_2	64.070	11.68	273	416
氙气	Xe	131.300	21.01	273	220

注：气体常数为 8.314J/(mol·K)

只与槽的结构参数有关，而不会随着转子的转动而发生变化。如图 8-6-11 为将槽刻在转轴表面。当转子转动时，转轴表面的槽也是随着转轴沿着转轴旋转中心快速转动，导致轴承间隙内任意位置的气膜厚度都是随时间发生变化的。

图 8-6-10 中的轴承求解时，将坐标系直接固定在轴承上，则雷诺方程的形式与公式（8-6-42）相同。轴承间隙内的气膜厚度在有槽区域和无槽区域分别表示为公式（8-6-44）和公式（8-6-45）：

$$h=C+e_x\cos\Theta+e_y\sin\Theta+hg \tag{8-6-44}$$

$$h=C+e_x\cos\Theta+e_y\sin\Theta \tag{8-6-45}$$

由于转子的转动不会导致气膜厚度的变化，所以气膜厚度随时间的改变量可以表示为：

$$\frac{\partial h}{\partial t}=\dot{e}_x\cos\Theta+\dot{e}_y\sin\Theta \tag{8-6-46}$$

图 8-6-11 所示的轴承，其间隙内的气膜厚度会随转轴的转动时刻发生改变。为了便于求解，将坐标系固定在转轴上，使转轴不转，而轴承反向转动。基于该假设，轴承间隙内的气体雷诺方程修改为：

$$\frac{\partial}{\partial \overline{x}}\left(\overline{p}\,\overline{h}^3\frac{\partial \overline{p}}{\partial \overline{x}}\right)+\frac{\partial}{\partial \overline{z}}\left(\overline{p}\,\overline{h}^3\frac{\partial \overline{p}}{\partial \overline{z}}\right)=-\Lambda\frac{\partial(\overline{p}\,\overline{h})}{\partial \overline{x}}+\sigma\frac{\partial(\overline{p}\,\overline{h})}{\partial \tau} \tag{8-6-47}$$

公式（8-6-47）中，轴承数 Λ 前面的负号表示的是转轴不动而轴承反向转动。

由于轴承反向转动，则图 8-6-11 中的圆周坐标 Θ 将由转子的转动角速度和转动角度决定。具体表示为：

$$\Theta=\theta+\dot{\theta}t \tag{8-6-48}$$

同时，对应的气膜厚度变化率为：

$$\frac{\partial h}{\partial t}=\dot{e}_x\cos\Theta+\dot{e}_y\sin\Theta-\dot{\theta}e_x\sin\Theta+\dot{\theta}e_y\cos\Theta \tag{8-6-49}$$

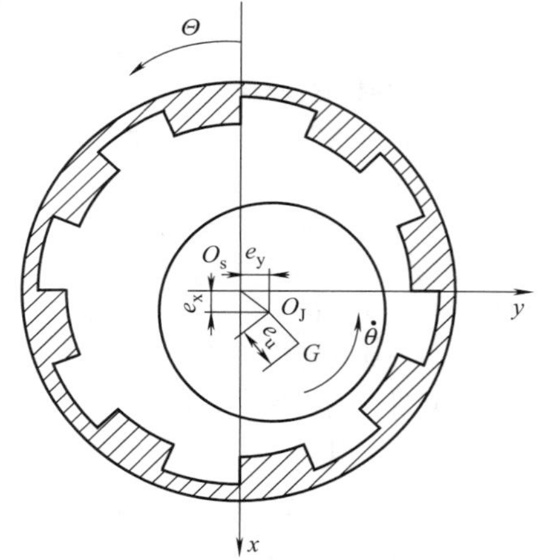

图 8-6-10　轴承表面刻槽

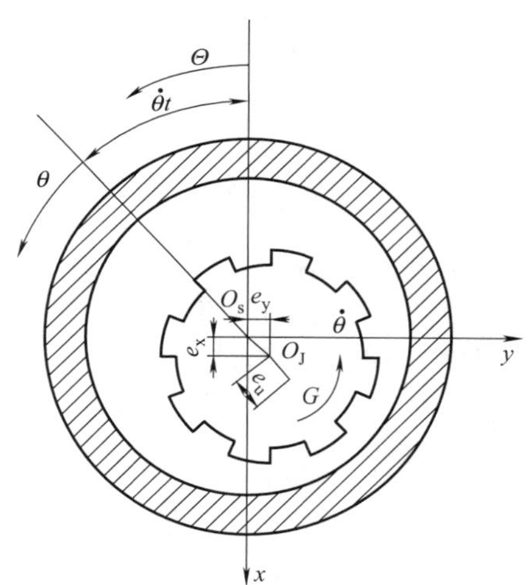

图 8-6-11　转轴表面刻槽

为了满足工程需要，多种结构类型的刻槽径向轴承被设计和加工出来。图 8-6-12 为使用最为广泛的单人字槽结构。图 8-6-13 为双人字槽结构。对于长轴承，将槽加工成双人字槽结构，可以有效地改变人字槽的角度，控制槽的密度，同时降低加工难度。

图 8-6-14 为正反双向旋转的人字槽气体动压径向轴承。它是在同一个轴承的工作表面上刻有正反两

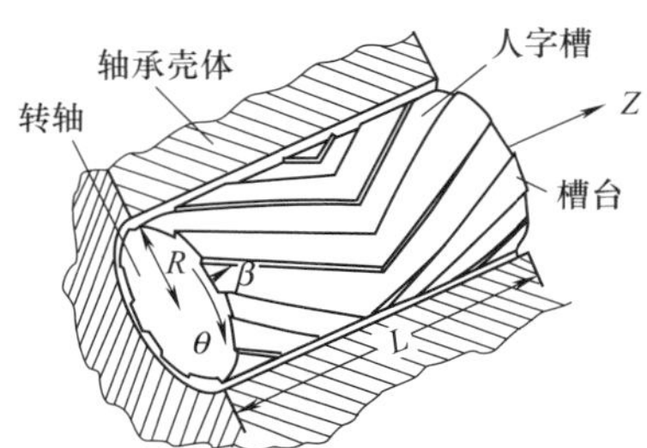

图 8-6-12 单人字槽结构

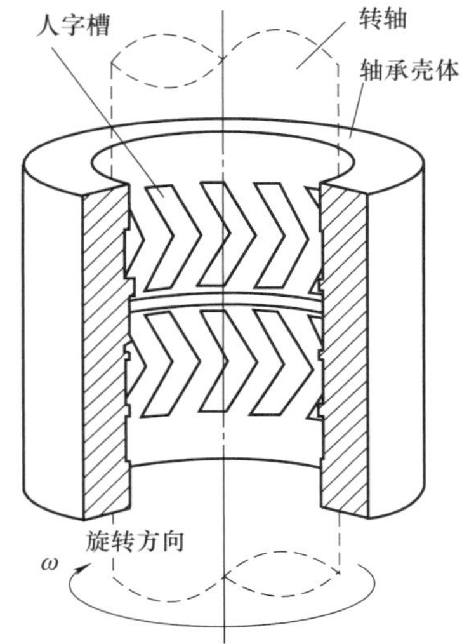

图 8-6-13 双人字槽结构

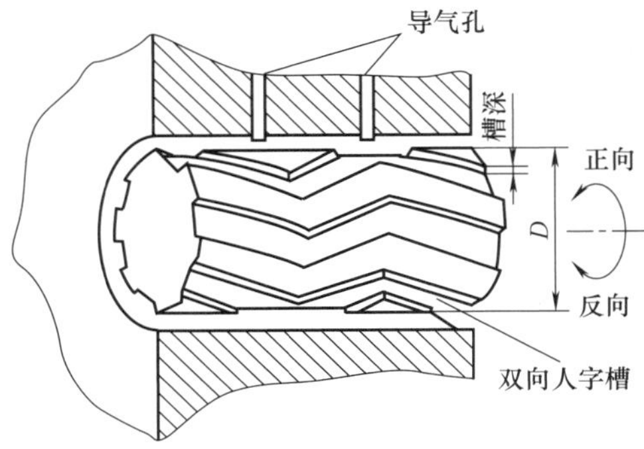

图 8-6-14 正反双向人字槽气体动压径向轴承

种旋向的人字槽形。该轴承克服了图 8-6-12 和图 8-6-13 所示结构的只能朝一个方向旋转的缺点。根据轴承的性能调整槽形参数，便可以实现在正反两个方向上均能提供承载力的综合效果。为了实现轴承双向承载的效果，需要在轴承上开设适当数目的通气孔，改善轴承间隙内的流场特性。

图 8-6-15 为对置式螺旋槽气体动压径向轴承。该种类型的槽只在轴承或者转子的端部加工设计了螺旋槽。整个轴承的工作表面是对称结构，中间部分光面，没有刻槽。这种加工方案可以使得气体动压径向轴承的整体性能得到大幅提升。

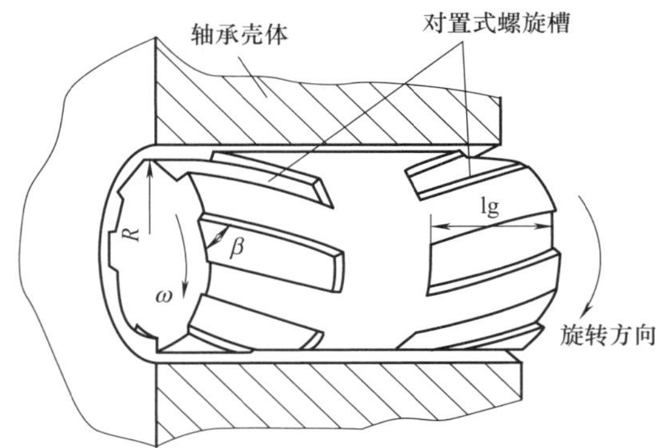

图 8-6-15 对置式螺旋槽气体动压径向轴承

(2) 可倾瓦径向轴承

为解决动压轴承在加工精度、稳定性、承载能力等方面的缺点，柔性支承可倾瓦气体轴承正受到越来越多的关注。如图 8-6-16 所示，一种纯动压高阻尼柔性支承可倾瓦气体轴承，两个金属丝网环被塞入到轴承套两端预留的空隙中，每个金属丝网环通过一定的过盈安装在轴瓦块的外圈和轴承套的内圈之间，瓦块径向梁与金属丝网环相当于并联。该轴承可视为一层气膜与一层由柔性瓦和金属丝网环组成的弹性支承结构的串联，此时，整个轴承有效阻尼主要来自金属丝网环的库仑摩擦阻尼。其轴承套结构是由线切割加工而成的一体结构，不需要装配，从而消除了支点磨损以及装配过程中的累积误差。由于瓦块可随轴的振动自由摆动从而调整轴心的位置，轴承的交叉刚度几乎为零，因此轴承的稳定性极好。

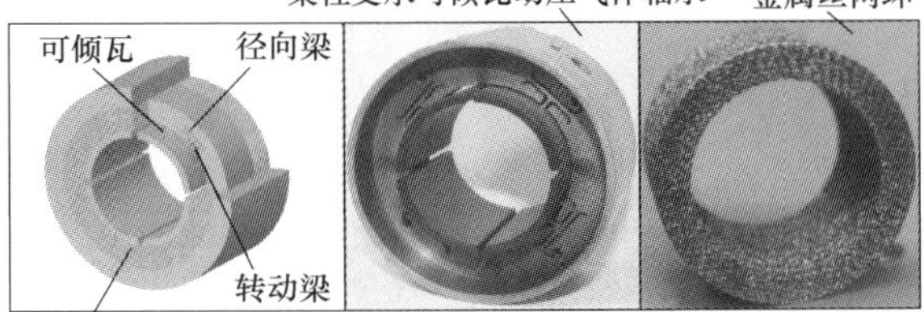

图 8-6-16 高阻尼柔性支承可倾瓦动压气体轴承

图 8-6-17 所示为高阻尼柔性支承可倾瓦气体轴承的理论模型原理图。瓦块与轴承套由一个柔性转动梁和一个柔性径向梁连接以确保瓦块可转动和径向运动。每块瓦的起点为 θ_s，终点为 θ_e。金属丝网环可视为均布在瓦块和轴承套之间的弹簧阻尼单元。由于转子的偏心和旋转，润滑气体被带入轴承和转子之间构成的楔形间隙，由于气体的动压效应，使得转子和

轴承间的气膜产生一定的压力。每一块瓦由于受到作用在其上的气膜压力，可以发生转动以及沿径向的运动，而随着瓦块的运动，均布在瓦块下的金属丝网单元或被加载或被卸载，同时由于金属丝网是通过一定的预紧装入，瓦块会受到来自金属丝网单元的反作用力。因此，瓦块的平衡位置同时由气膜压力分布以及金属丝网单元作用在瓦块上的反作用力决定。

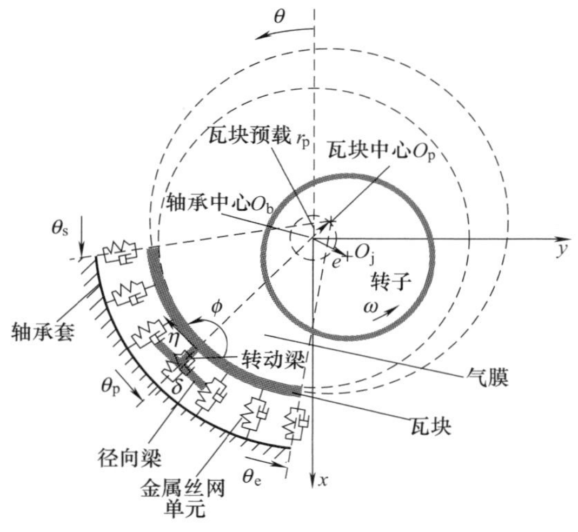

图 8-6-17　高阻尼柔性支承可倾瓦气体轴承理论模型原理图

转子与瓦块之间的气膜压力可以前文中的无量纲化气体雷诺方程表示，与普通气体箔片轴承气膜压力计算的区别在于，高阻尼柔性支承可倾瓦气体轴承考虑了瓦块的径向位移和瓦块的转动角度。在模型中，转子视为与轴承中心沿轴向完全平行，则由图 8-6-17 中的坐标系可得到轴承无量纲化气膜厚度的表达式：

$$H=1-r_g/C+\varepsilon_x\cos\theta+\varepsilon_y\sin\theta+(\delta/C-r_p)\cos(\theta-\theta_p)-\frac{R\phi}{C}\sin(\theta-\theta_p)\tag{8-6-50}$$

式中，$\varepsilon_x=e_x/C$ 和 $\varepsilon_y=e_y/C$ 分别为轴沿 x 和 y 方向的偏心率；δ 为瓦块径向位移；ϕ 为瓦块转动角度；r_p为瓦块预载；θ_p为瓦块支点在坐标系中的周向位置；r_g表示高速旋转的轴由于离心力而导致的径向伸长量，该伸长量可由下列公式计算：

$$r_g=\frac{1}{E_r}\left[(1-\nu_r)R_{outer}C_0-(1+\nu_r)\frac{1}{R_{outer}}C_1-\frac{(1+\nu_r^2)}{8}\rho_r\omega^2R_{outer}^3\right]\tag{8-6-51}$$

式中，$C_0=[(3+\nu_r)/8]\rho_r\omega^2(R_{outer}^2+R_{inter}^2)$，$C_1=-[(3+\nu_r)/8]\rho_r\omega^2R_{outer}^2R_{inter}^2$；$\rho_r$为转子材料密度；$E_r$为转子材料弹性模量；$\nu_r$为转子材料泊松比；$R_{inter}$和 R_{outer}分别为转子内径和转子外径。

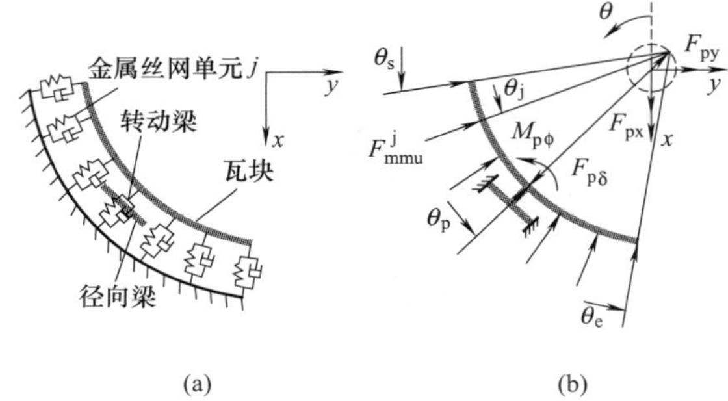

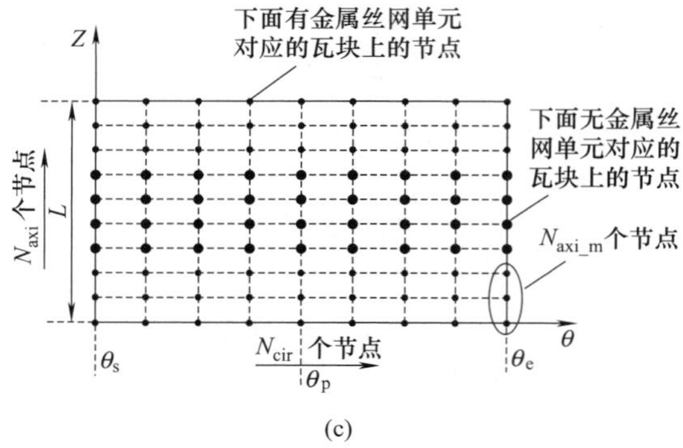

图 8-6-18　瓦块与金属丝网块的耦合模型

金属丝网材料由一层一层编织的金属细丝叠加起来并压制成设计的形状，金属丝网的刚度阻尼特性由其内部相互交错的均匀分布的金属丝的相互作用提供。金属丝网块被视为由 n 个瓦块的弧形金属丝网块组成，其中 n 为瓦块个数，忽略两块瓦之间金属丝网的影响。如图 8-6-18 所示，一个弧形的金属丝网块可视为一层 N_{cir} 和 N_{axi_m} 个均匀分布的金属丝网单元并联而成，其中 N_{cir} 和 N_{axi_m} 分别为金属丝网块沿周向和轴向的节点数，每个节点对应于求解雷诺方程时气膜的节点。N_{axi}表示沿瓦块轴向的总节点数。如图 8-6-18（a）所示每个金属丝网单元的等效刚度和等效黏性阻尼系数可表示为：

$$K_{mmu}=\frac{K_m}{N_{cir}N_{axi\_m}}\tag{8-6-52}$$

$$C_{mmu}=\frac{C_m}{N_{cir}N_{axi\_m}}\tag{8-6-53}$$

式中，K_m和 C_m是分别是一个金属丝网微元的等效刚度系数和等效阻尼系数，金属丝网刚度模型详细的推导过程可以参照金属丝网轴承刚度的计算过程。

图 8-6-18（b）所示为作用在瓦块上的力，包括气膜压力和金属丝网环作用在瓦块上的反作用力。考虑到金属丝网环的引入，高阻尼柔性支承可倾瓦气体轴承瓦块的运动方程可表示为：

$$m_p \ddot{\delta} + C_\delta \dot{\delta} + K_\delta \delta = F_{p\delta} + F_{m\delta} \quad (8\text{-}6\text{-}54)$$

$$I_p \ddot{\delta} + C_\phi \dot{\delta} + K_\phi \delta = M_{p\phi} + M_{m\phi} \quad (8\text{-}6\text{-}55)$$

式中，$F_{m\delta}$ 和 $M_{m\phi}$ 分别为金属丝网环作用在瓦块上的径向力和转矩，$F_{m\delta}$ 和 $M_{m\phi}$ 可表示为：

$$F_{m\delta} = -\sum_{j=1}^{m} K_{mmu}^{j} \xi^{j} \cos(\theta^{j} - \theta^{p}) - \sum_{j=1}^{m} C_{mmu}^{j} \dot{\xi}^{j} \cos(\theta^{j} - \theta^{p}) \quad (8\text{-}6\text{-}56)$$

$$M_{m\phi} = -\sum_{j=1}^{m} K_{mmu}^{j} \xi^{j} R\cos(\theta^{j} - \theta^{p}) - \sum_{j=1}^{m} C_{mmu}^{j} \dot{\xi}^{j} R\cos(\theta^{j} - \theta^{p}) \quad (8\text{-}6\text{-}57)$$

式中，$j=1$，…，m，m 为每块瓦下金属丝网单元的个数；θ^{j} 为金属丝网单元 j 在圆周方向的坐标位置。图 8-6-18（b）中 F_{mmu}^{j}（$F_{mmu}^{j} = K_{mmu}^{j}\xi^{j} + C_{mmu}^{j}\dot{\xi}^{j}$）表示由金属丝网单元 j 作用在瓦块上的力，其中 ξ^{j} 为金属丝网单元 j 的变形量，其可表示为：

$$\xi^{j} = \delta\cos(\theta^{j} - \theta^{p}) - R\phi\sin(\theta^{j} - \theta^{p}) \quad (8\text{-}6\text{-}58)$$

（3）高阻尼柔性支承可倾瓦气体轴承静态性能求解

图 8-6-19 所示为高阻尼柔性支承可倾瓦气体轴承静态性能计算程序的流程图。首先，初始化转子和每块瓦的位置，从而可以得到每块瓦上的气膜厚度以及每块瓦下金属丝网单元的变形量，进而可得到每个金属丝网单元作用在瓦块上的反作用力。然后采用有限差分法求解气体雷诺方程，可得到每块瓦上的气膜压力分布。如果气膜压力收敛条件没有满足，则可得到每块瓦新的平衡位置，从而可重新计算得到轴承新的气膜压力分布，进一步计算作用在瓦块上的力和转矩，这个迭代将不断重复直到满足收敛条件。一旦气膜压力收敛标准得到满足，则检查作用在轴上的气膜力和外界载荷是否平衡，如果方程没有得到满足，则调整轴的静态位置并重复上述计算过程直到满足方程。

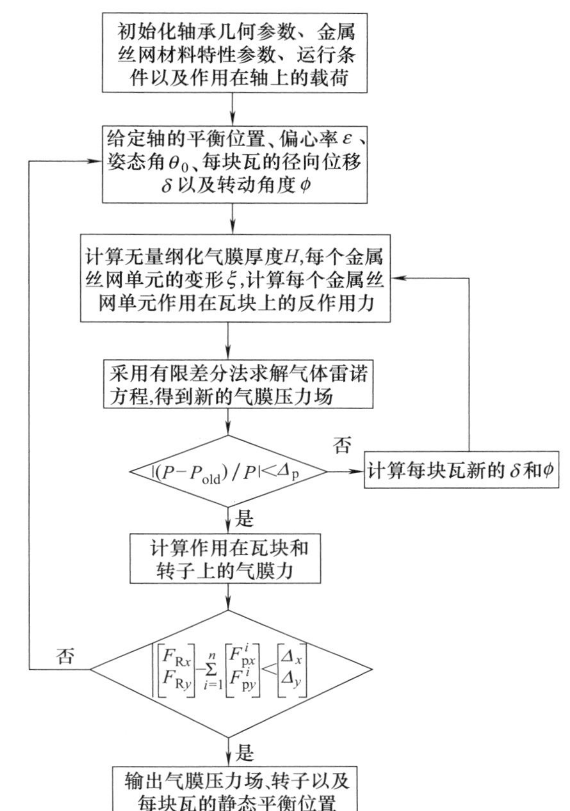

图 8-6-19　高阻尼柔性支承可倾瓦气体轴承静态特性计算流程图

（4）高阻尼柔性支承可倾瓦气体轴承动态系数计算

与传统的可倾瓦气体轴承转动刚度为 0 相比，柔性支承可倾瓦气体轴承瓦块由于具有一定的转动刚度，轴承稳定性需要进行适当的校核，因此精确地预测轴承的动态系数非常重要。带有金属丝网环的柔性支承可倾瓦气体轴承已被实验证实，在显著提高轴承有效阻尼的同时能够保持足够的柔性，以适应转子的不对中和因离心力或热膨胀导致的转子尺寸变化。精确地预测轴承的动态特性对于分析轴承-转子系统的稳定性至关重要。

图 8-6-20 所示为高阻尼柔性支承可倾瓦气体轴承动态系数计算的流程图。首先初始化轴承几何参数、金属丝网材料参数、轴承运行条件以及作用在轴承上的载荷等，然后对轴承的静态特性进行求解，得到转子以及各瓦块的静态平衡位置。进一步分别计算轴在平衡位置附近扰动而所有瓦块固定时的动态系数，类似地计算某一瓦块扰动而其他瓦块和轴固定时的动态系数。将所有计算结果带入到推导的转子单独扰动与瓦块单独扰动时引起的动态系数与轴承总动态系数的关系式中得到轴承的总动态系数。

（5）轴承性能预测算例

表 8-6-2 为轴承主要参数及运行条件；图 8-6-21 为不同转速下轴的静态偏心率和姿态角；图 8-6-22 为不同转速下轴承动态刚度及阻尼系数；图 8-6-23为轴静态偏心率和轴心静态位置与载荷之间的关系；图 8-6-24 为轴承动态系数与转速和金属丝网密度之间的

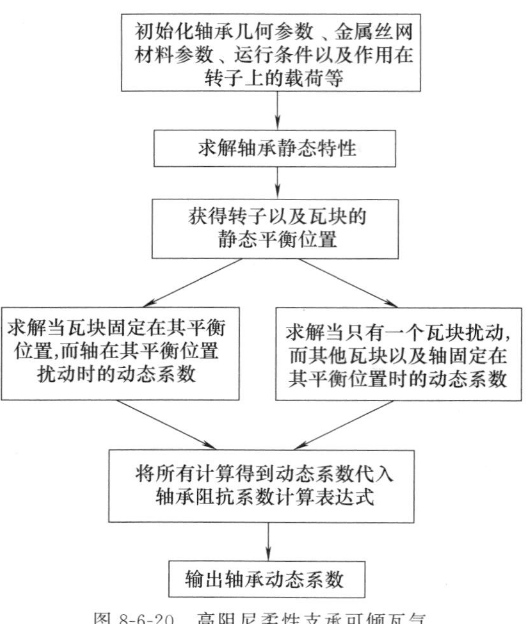

图 8-6-20 高阻尼柔性支承可倾瓦气体轴承动态系数计算流程图

关系；图 8-6-25 为支点平均气膜厚度与瓦块径向刚度、金属丝网环预紧量之间的关系，转子转速 8kr/min；图 8-6-26 为直接刚度系数 K_{xx} 和直接阻尼系数 C_{xx} 与瓦块径向刚度，金属丝网环预紧量之间的关系，转子转速 80kr/min；图 8-6-27 为轴承动态系数与名义间隙和瓦块预载之间的关系，转子转速 40kr/min。

表 8-6-2 轴承主要参数及运行条件

参数	数值	单位
转子直径	28.5	mm
转子质量	0.827	kg
轴承名义间隙	30	μm
轴承轴向长度	33.2	mm
瓦块个数及弧长	4(72°)	
支点偏置	50%	
瓦块预载	0.4	
瓦块质量	10.85	g
瓦块转动惯量	0.253	$kg \cdot mm^2$
转动梁转动刚度	20	N·m/rad
径向梁径向刚度	1×10^7	N/m
气体黏度	1.85×10^{-5}	Pa·s
环境压力	1.01×10^5	Pa
金属丝网环内径	34	mm
金属丝网环外径	50	mm
金属丝网环宽度	9.96	mm
金属丝网密度	24%	
金属丝材料	不锈钢	
金属丝直径	0.15	mm
金属丝网环径向预紧量	0.1	mm
激振幅值	5	μm
静态载荷(两瓦之间)	4.05	N

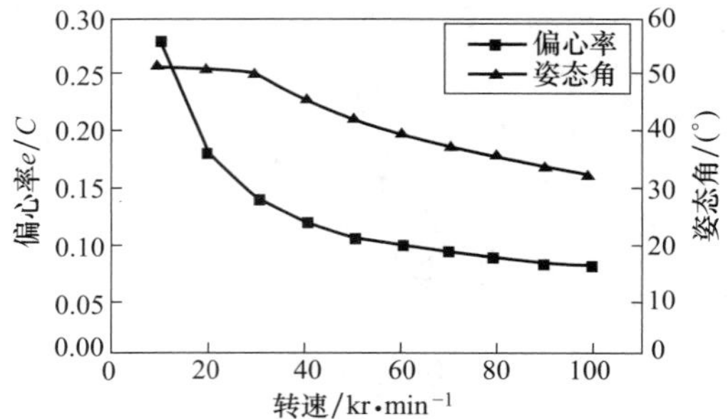

图 8-6-21 不同转速下轴的静态偏心率和姿态角

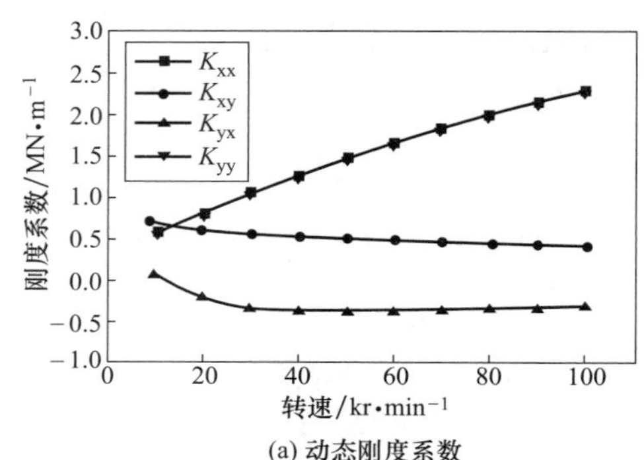

(a) 动态刚度系数

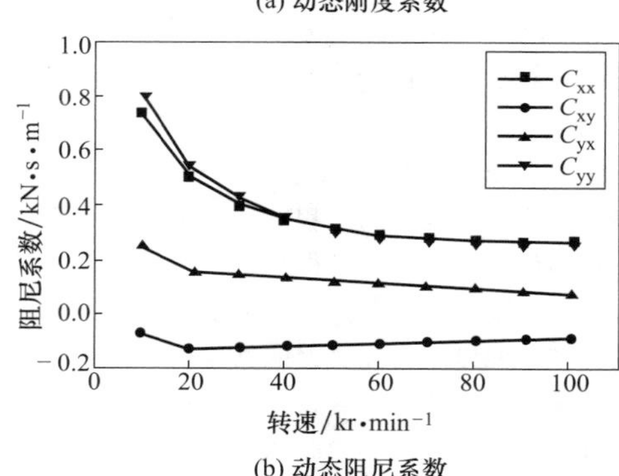

(b) 动态阻尼系数

图 8-6-22 不同转速下轴承动态刚度及阻尼系数

由于刻槽轴承会导致轴承间隙内气膜厚度不连续，使得气膜厚度以及气压分布出现突变，从而有可能导致程序难以收敛以及求解结果不准确。所以在对雷诺方程进行求解时，必须通过合理的数学处理来降低气膜厚度不连续对求解精度的影响。

6.3.3 气体动压刻槽推力轴承

刻槽推力轴承主要是指在圆形平板或环形平板表面刻上规律槽的止推轴承。通过对公式（8-6-42）进行坐标变换得到用于描述推力轴承间隙内润滑气膜气压分布的雷诺方程在圆柱坐标系下的表示形式为：

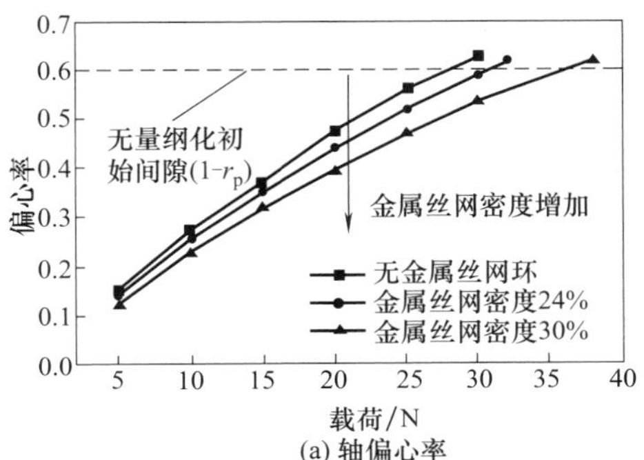

(a) 轴偏心率

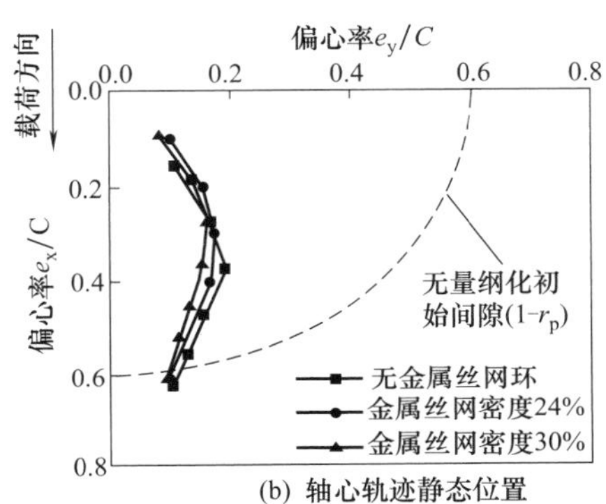

(b) 轴心轨迹静态位置

图 8-6-23 轴静态偏心率和轴心静态位置与载荷之间的关系

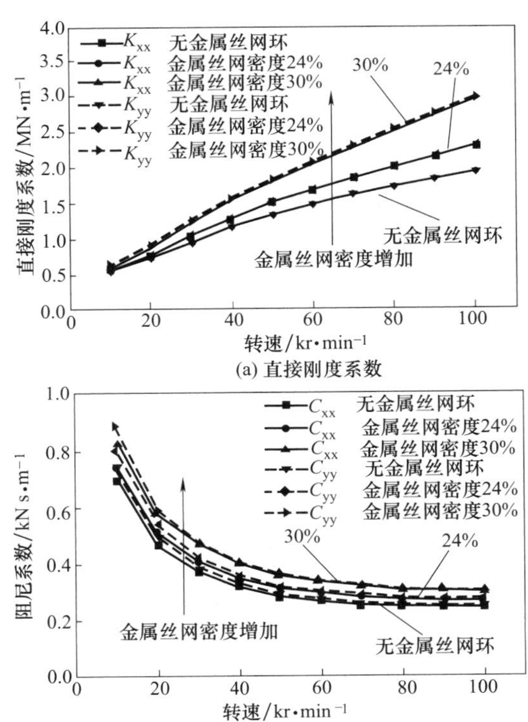

(a) 直接刚度系数

(b) 直接阻尼系数

图 8-6-24 轴承动态系数与转速和金属丝网密度之间的关系

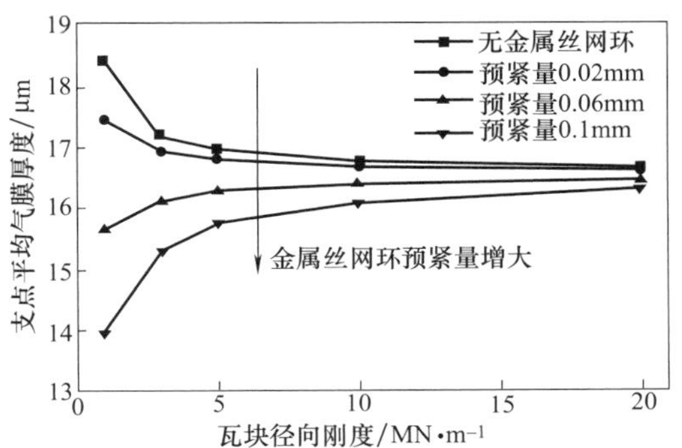

图 8-6-25 支点平均气膜厚度与瓦块径向刚度，金属丝网环预紧量之间的关系，转子转速 80kr/min

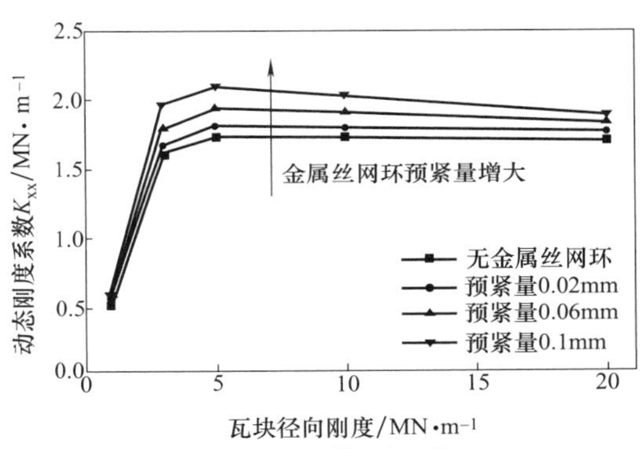

(a) 直接刚度系数

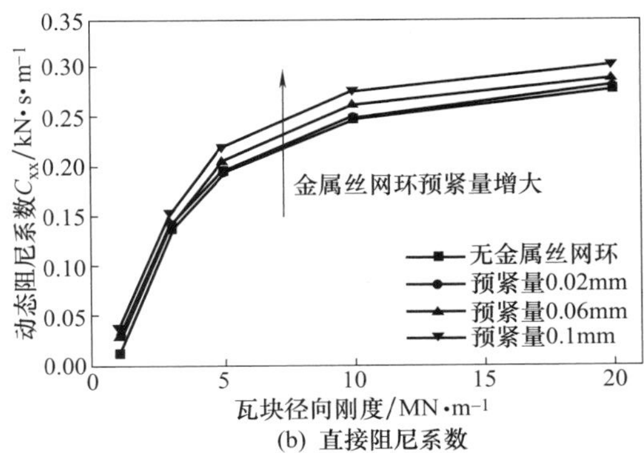

(b) 直接阻尼系数

图 8-6-26 直接刚度系数 K_{xx}和直接阻尼系数 C_{xx}与瓦块径向刚度，金属丝网环预紧量之间的关系，转子转速 80kr/min

$$\frac{\partial}{R\partial R}\left(\bar{p}\,\bar{h}^3 R\,\frac{\partial \bar{p}}{\partial R}\right)+\frac{\partial}{R^2\partial\theta}\left(\bar{p}\,\bar{h}^3\frac{\partial \bar{p}}{\partial\theta}\right)=\Lambda\,\frac{\partial(\bar{p}\,\bar{h})}{\partial\theta}+\sigma\,\frac{\partial(\bar{p}\,\bar{h})}{\partial\tau} \tag{8-6-59}$$

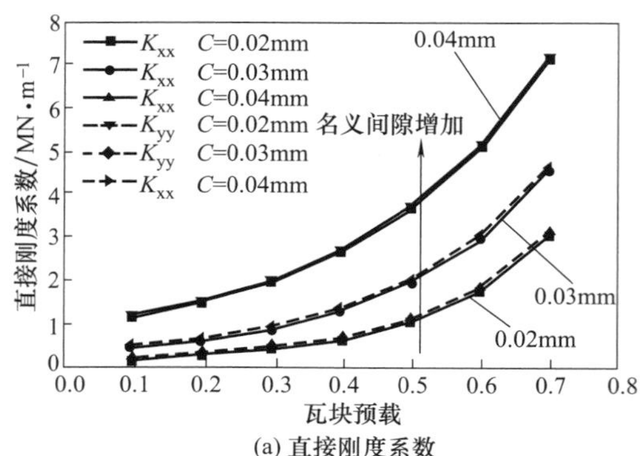

(a) 直接刚度系数

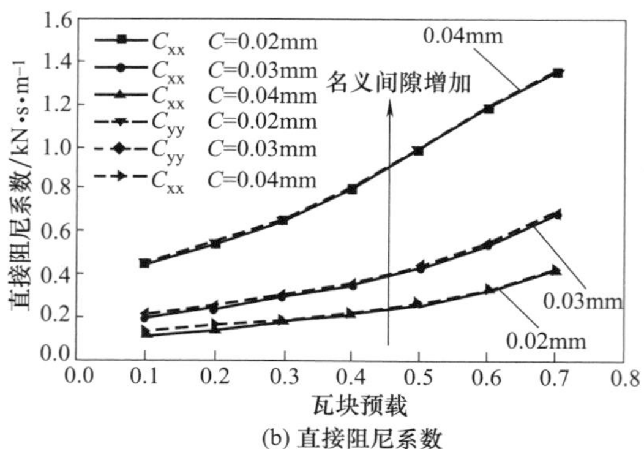

(b) 直接阻尼系数

图 8-6-27 轴承动态系数与名义间隙和瓦块预载之间的关系，转子转速 40kr/min

式中无量纲参数为：$R=\frac{r}{r_o}$，r 表示轴承在半径方向的坐标，r_o为轴承的外圆面半径长度。

根据圆盘上的螺旋槽的开法，可分为全沟槽型、部分沟槽型和人字槽型。如图 8-6-28 所示为全沟槽型，它是指螺旋槽的起始处和终止处正好连接圆盘内外两个端。

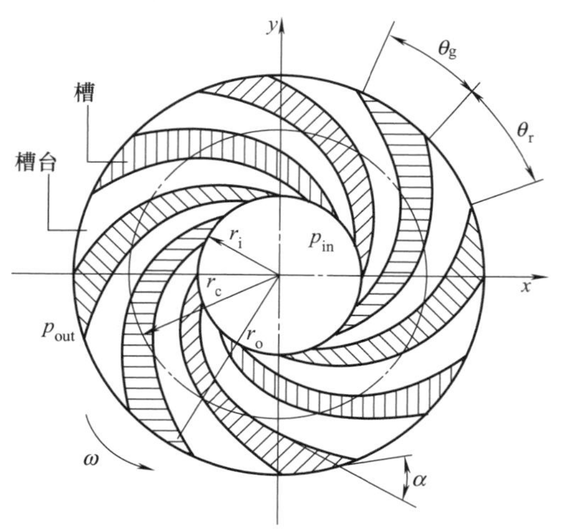

图 8-6-28 无横向流全螺旋槽止推轴承

如图 8-6-29 所示为部分沟槽型，即每个槽只占据圆盘面径向一部分。其中，图 8-6-29（a）为泵入型，气体从外部进入经过槽台区和槽区从圆盘旋转中心流出；图 8-6-29（b）为泵出型，气体从圆盘内部流入从外部流出。一般而言，泵入型轴承比泵出型承载力高，实际应用范围广。

如图 8-6-30 所示为人字槽型，该轴承实际是由沿着相反方向所开的泵入型和泵出型槽组合构成的，所以其可以进行正反旋转，达到两个方向旋转承载的效果。

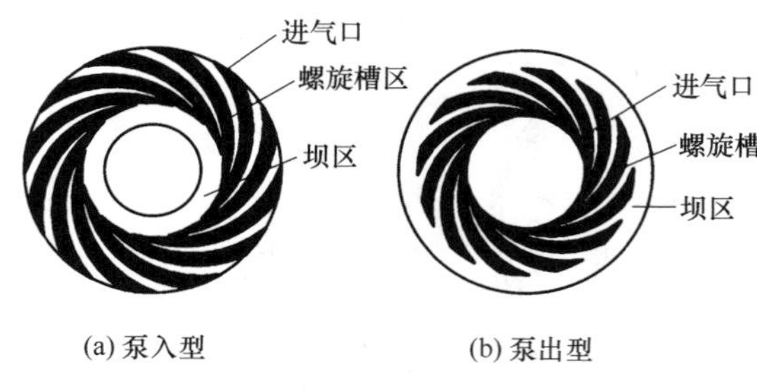

(a) 泵入型　　(b) 泵出型

图 8-6-29 部分沟槽螺旋槽止推轴承

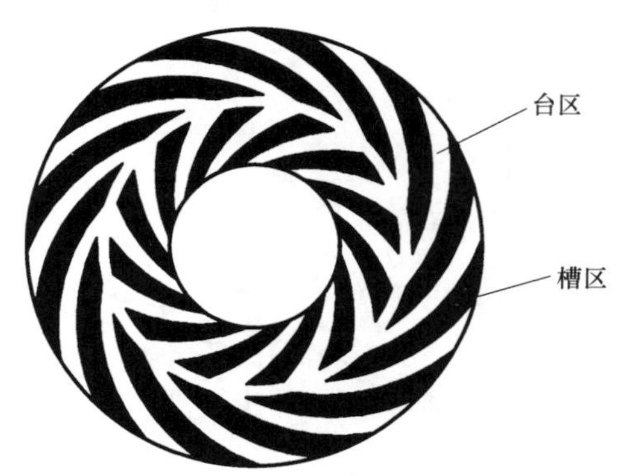

图 8-6-30 人字槽型平面止推轴承

另外，由于平板的加工相对比较容易，所以也有参照鸟翼的收敛形状，通过几何重构开发出集束仿生槽型的推力轴承。具体来说，就是通过在槽的外端入口处设置一道或多道类似于鸟翼前缘小翼羽的阻流密封堰，从而使其上游型槽入口分割为具有多个微槽引流的结构，各微槽族在槽根处相连贯通。常见的如图 8-6-31 所示，从图（a）到图（c）分别为三通汇流槽、后通汇流槽和前通汇流槽，其主体结构包括位于上游侧的引流槽和位于下游侧的圆弧槽。图 8-6-31（a）中具有三个引流微槽，各引流微槽在下游侧与圆弧槽相连贯通，称为三通汇流槽；图 8-6-31（b）中位于中间的引流微槽与逆着转速方向的第三个引流微

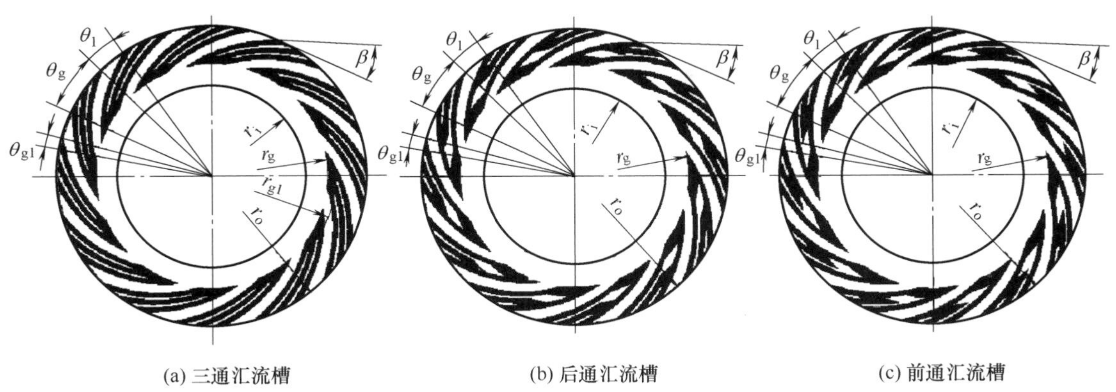

图 8-6-31　集束仿生槽衍生结构开槽端面几何结构示意图

槽连通，称为后通汇流槽；图 8-6-31（c）中位于中间的引流微槽与逆着转速方向的第一个引流微槽连通，称为前通汇流槽。为表征圆弧槽的径向开槽宽度比例，定义径向实际槽宽比 φ 为圆弧槽的径向开槽宽度与整槽径向开槽宽度的比值，则有：

$$\varphi=\frac{r_{g1}-r_g}{r_o-r_g} \tag{8-6-60}$$

为表征引流槽的周向开槽宽度比例，定义周向实际槽宽比 γ 为外径 r_o 处引流槽的周向实际开槽宽度与开槽区周向宽度的比值，则有：

$$\gamma=\frac{N_w-\theta_{g1}}{\theta_g} \tag{8-6-61}$$

式中，N_w 为单个槽组中引流槽的数量；θ_g 和 θ_{g1} 为单个槽组和单个引流槽在外径处的周向夹角。特别地，当 $\gamma=1$ 时则演变为普通螺旋槽。槽台宽比 δ 定义为一个周期中在外径 r_0 处开槽区周向宽度与对应两个槽组之间密封堰周向宽度的比值，则有：

$$\delta=\frac{r_o\theta_g}{r_o\theta_1}=\frac{\theta_g}{\theta_1} \tag{8-6-62}$$

可倾瓦推力轴承

6.3.4　气体动压刻槽球形轴承

球型轴承具有三个方向的自由度，它既能承受径向支撑又能提供轴向承载力。对于球轴承的建模分析既要考虑螺旋槽引起的气膜厚度不连续的影响，也要考虑球面复杂的曲面特性。图 8-6-32 所示为常见的半球型气体动压螺旋槽轴承。

建立球坐标系下无量纲的气体雷诺方程如下所示：

$$\sin\theta\frac{\partial}{\partial\theta}\left(\sin\theta\,\overline{p}\,\overline{h}^3\frac{\partial\overline{p}}{\partial\theta}\right)+\frac{\partial}{\partial\phi}\left(\overline{p}\,\overline{h}^3\frac{\partial\overline{p}}{\partial\phi}\right)=-\Lambda\frac{\partial(\overline{p}\,\overline{h})}{\partial\phi}+2\Lambda\gamma\frac{\partial(\overline{p}\,\overline{h})}{\partial\tau} \tag{8-6-63}$$

式中，θ 为子午线方向角度；ϕ 为圆周方向角度。

由于螺旋槽是刻在转子上的，所以建模时轴承数 Λ 前面的负号表示的是转子不动而轴承反向转动。

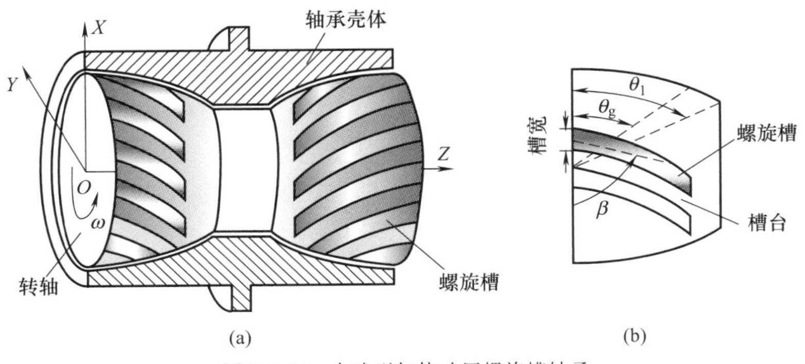

图 8-6-32　半球型气体动压螺旋槽轴承

第8篇

对应的轴承间隙内气膜厚度表达式为：

$$h=C+e_x\sin\theta cos\phi+e_y\sin\theta\sin\phi+e_z\cos\phi+hg \tag{8-6-64}$$

$$h=C+e_x\sin\theta\cos\phi+e_y\sin\theta\sin\phi+e_z\cos\phi \tag{8-6-65}$$

其中公式（8-6-64）和式（8-6-65）分别对应有槽区和无槽区，e_x，e_y，e_z 为转子轴心分别沿 x，y 和 z 方向的偏心。

为了对公式（8-6-63）进行求解，首先必须要将其变换成笛卡儿坐标系下的标准形式，球面求解域转换成标准的矩形求解域。参数变换表达式如下：

$$\alpha=-\ln[\tan(\theta/2)],\mathrm{d}\alpha=-\mathrm{d}(\theta/\sin\theta) \tag{8-6-66}$$

最终得到笛卡儿坐标系下的标准形式为：

$$\frac{\partial}{\partial\alpha}\left(\bar{p}\,\bar{h}^3\frac{\partial\bar{p}}{\partial\alpha}\right)+\frac{\partial}{\partial\phi}\left(\bar{p}\,\bar{h}^3\frac{\partial\bar{p}}{\partial\phi}\right)=-\Lambda_1\frac{\partial(\bar{p}\,\bar{h})}{\partial\phi}+2\Lambda_1\gamma\frac{\partial(\bar{p}\,\bar{h})}{\partial\tau} \tag{8-6-67}$$

式中，$\Lambda_1=\dfrac{6\mu R^2\omega}{C^2p_a}[2\mathrm{e}^{\alpha}(1+\mathrm{e}^{2\alpha})]^2$。

经过公式（8-6-66）的参数变换后，球面求解域转换为矩形求解域，但是由于斜槽的存在，并且斜槽不与坐标轴平行，同样很难对求解域进行均匀的网格划分。因此，需要通过斜坐标变换，如图 8-6-33 所示，使坐标轴与斜槽平行，这样便可以将整个求解域进行均匀的网格划分。

斜坐标变换规则如下：

$$\begin{cases}\phi=x+y\cos\beta\\\alpha=y\sin\beta\end{cases}\Leftrightarrow\begin{cases}x=\phi-\alpha\cot\beta\\y=\alpha/\sin\beta\end{cases} \tag{8-6-68}$$

式中，ϕ、α 和 x、y 分别为直角坐标系和斜坐标系下坐标。

通过斜坐标变换后，得到变形后的气体润滑方程为：

$$\frac{\partial}{\partial x}\left(\bar{p}\,\bar{h}^3\frac{\partial\bar{p}}{\partial x}\right)+\frac{\partial}{\partial y}\left(\bar{p}\,\bar{h}^3\frac{\partial\bar{p}}{\partial y}\right)-\cos\beta\frac{\partial}{\partial x}\left(\bar{p}\,\bar{h}^3\frac{\partial\bar{p}}{\partial y}\right)-\cos\beta\frac{\partial}{\partial y}\left(\bar{p}\,\bar{h}^3\frac{\partial\bar{p}}{\partial x}\right)=-\Lambda_0\frac{\partial(\bar{p}\,\bar{h})}{\partial x}+2\Lambda_0\gamma\frac{\partial(\bar{p}\,\bar{h})}{\partial\tau} \tag{8-6-69}$$

式中，$\Lambda_0=\dfrac{6\mu R^2\omega}{C^2p_a}\sin^2\beta[2\mathrm{e}^{y\sin\beta}(1+\mathrm{e}^{2y\sin\beta})]^2$；$\beta$ 为旋角。

斜坐标系下的气膜厚度表达式如下。

槽内：

$$h=C+e_x\lambda\cos(x+y\cos\beta)+e_y\lambda\sin(x+y\cos\beta)+e_z\sqrt{1-\lambda^2}+hg \tag{8-6-70}$$

槽外：

$$h=C+e_x\lambda\cos(x+y\cos\beta)+e_y\lambda\sin(x+y\cos\beta)+e_z\sqrt{1-\lambda^2} \tag{8-6-71}$$

式中，$\lambda=\dfrac{2\mathrm{e}^{y\sin\beta}}{1+\mathrm{e}^{2y\sin\beta}}$。

通过前面的两次坐标变换之后，就可以通过有限差分法对公式（8-6-69）进行离散求解。求解域划分成 $m\times n$ 的网格，其中沿水平方向（x 轴方向）分为 $m+1$ 个节点，竖直方向（y 轴方向）分为 $n+1$ 个节点，则网格大小为 $\Delta x=2\pi/m$，$\Delta y=-\ln\left(\tan\dfrac{\theta_g}{2}\right)/(n\sin\beta)$。斜槽的存在导致气膜厚度在槽台边界处不连续，为了处理润滑方程中气膜厚度不连续的影响，

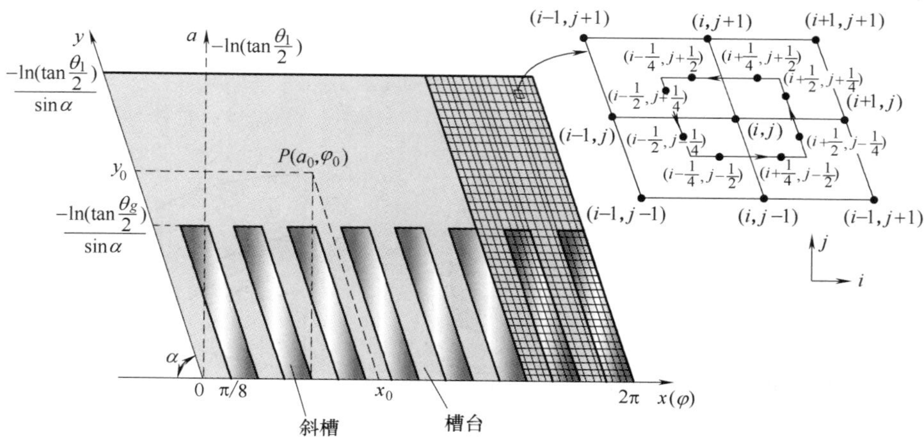

图 8-6-33　半球型气体动压螺旋槽轴承

本研究通过查阅大量国内外参考文献，提出采用八点离散法，对每一个网格单元进行局部面积分。网格结构如图8-6-33右上角所示，大黑点•代表节点，小黑点·代表八点离散网格上的控制点。

通过局部面积分得到流过每个单元网格的流体流量：

$$\iint_{\Omega i,j}\left[\frac{\partial}{\partial x}\left(\overline{p}\,\overline{h}^3\frac{\partial\overline{p}}{\partial x}\right)+\frac{\partial}{\partial y}\left(\overline{p}\,\overline{h}^3\frac{\partial\overline{p}}{\partial y}\right)-\cos\beta\frac{\partial}{\partial x}\left(\overline{p}\,\overline{h}^3\frac{\partial\overline{p}}{\partial y}\right)-\cos\beta\frac{\partial}{\partial y}\left(\overline{p}\,\overline{h}^3\frac{\partial\overline{p}}{\partial x}\right)\right]\mathrm{d}x\mathrm{d}y$$
$$=\iint_{\Omega i,j}\left[-\Lambda_0\frac{\partial(\overline{p}\,\overline{h})}{\partial\phi}+2\Lambda_0\gamma\frac{\partial(\overline{p}\,\overline{h})}{\partial\tau}\right]\mathrm{d}x\mathrm{d}y \tag{8-6-72}$$

式中，$(\Omega i, j)$为单元网格积分域。

应用格林理论便可将公式（8-6-72）中的面积分转换为线积分：

$$\oint_{Lij}\left(\overline{p}\,\overline{h}^3\frac{\partial\overline{p}}{\partial x}-\cos\beta\overline{p}\,\overline{h}^3\frac{\partial\overline{p}}{\partial y}\right)\mathrm{d}y-\oint_{Lij}\left(\overline{p}\,\overline{h}^3\frac{\partial\overline{p}}{\partial y}-\cos\beta\overline{p}\,\overline{h}^3\frac{\partial\overline{p}}{\partial x}\right)\mathrm{d}x$$
$$=-\oint_{Lij}\Lambda_0\overline{p}\,\overline{h}\mathrm{d}y+\iint_{\Omega i,j}2\Lambda_0\gamma\frac{\partial(\overline{p}\,\overline{h})}{\partial\tau}\mathrm{d}x\mathrm{d}y \tag{8-6-73}$$

式中，$Lij=\sum_{k=1}^{4}(Lij,k)$为单元求解域$(\Omega i, j)$的边界线，积分路径沿逆时针方向。

应用中心差分法，可以将公式（8-6-73）的线积分近似为：

由于边界线$(Lij, 2)$和$(Lij, 4)$的投影为0，则沿$(Lij, 2)$和$(Lij, 4)$的积分和为0。

$$\oint_{Lij}\left(\overline{p}\,\overline{h}^3\frac{\partial\overline{p}}{\partial x}\right)\mathrm{d}y=\int_{Lij,1}\left(\overline{p}\,\overline{h}^3\frac{\partial\overline{p}}{\partial x}\right)\mathrm{d}y+\int_{Lij,2}\left(\overline{p}\,\overline{h}^3\frac{\partial\overline{p}}{\partial x}\right)\mathrm{d}y+\int_{Lij,3}\left(\overline{p}\,\overline{h}^3\frac{\partial\overline{p}}{\partial x}\right)\mathrm{d}y+\int_{Lij,4}\left(\overline{p}\,\overline{h}^3\frac{\partial\overline{p}}{\partial x}\right)\mathrm{d}y=\int_{Lij,1}\left(\overline{p}\,\overline{h}^3\frac{\partial\overline{p}}{\partial x}\right)\mathrm{d}y+$$
$$\int_{Lij,3}\left(\overline{p}\,\overline{h}^3\frac{\partial\overline{p}}{\partial x}\right)\mathrm{d}y=(\overline{p}_{i+1,j}-\overline{p}_{i,j})(\overline{p}_{i+1,j}+\overline{p}_{i,j})\left[\overline{h}^3_{i+(1/2),j-(1/4)}+\overline{h}^3_{i+(1/2),j+(1/4)}\right]\frac{\Delta y}{4\Delta x}-(\overline{p}_{i,j}-\overline{p}_{i-1,j})(\overline{p}_{i,j}+\overline{p}_{i-1,j})\left[\overline{h}^3_{i-(1/2),j+(1/4)}+\overline{h}^3_{i-(1/2),j-(1/4)}\right]\frac{\Delta y}{4\Delta x} \tag{8-6-74}$$

将得到的气膜压力对整个区域进行积分，便可获得轴承的静态承载力，承载力表达式如下：

$$F=-\iint_{\Omega xy}(\overline{p}-1)p_aR^2\sin\theta\mathrm{d}\theta\mathrm{d}\varphi$$
$$=-\iint_{\Omega xy}(\overline{p}-1)p_aR^2\left[2\mathrm{e}^{y\sin\beta}(1+\mathrm{e}^{2y\sin\beta})\right]^2\sin\beta\mathrm{d}x\mathrm{d}y \tag{8-6-75}$$

沿坐标轴各分力的数值表达式为：

$$\begin{Bmatrix}F_x\\F_y\\F_z\end{Bmatrix}=-\iint_{\Omega xy}(\overline{p}-1)p_aR^2\left[2\mathrm{e}^{y\sin\beta}(1+\mathrm{e}^{2y\sin\beta})\right]^2\cdot\begin{Bmatrix}2\mathrm{e}^{y\sin\beta}/(1+\mathrm{e}^{2y\sin\beta})\cos x\\2\mathrm{e}^{y\sin\beta}/(1+\mathrm{e}^{2y\sin\beta})\sin x\\1-\left[2\mathrm{e}^{y\sin\beta}/(1+\mathrm{e}^{2y\sin\beta})^2\right]^{1/2}\end{Bmatrix}\sin\beta\mathrm{d}x\mathrm{d}y \tag{8-6-76}$$

采用小扰动法对公式（8-6-69）进行处理，得到轴承的动态雷诺方程，用以求解轴承的动态特性。这里假设转子在转速ω下稳定运转时，轴承在平衡位置的气膜压力和气膜厚度分别$\overline{p}_0$和$\overline{h}_0$。此时，给轴承一个微小扰动量，其小扰动位移和速度分别为$(\Delta x, \Delta y, \Delta z)$和$(\Delta\dot{x}, \Delta\dot{y}, \Delta\dot{z})$，定义小扰动的无量纲如下：

$$\Delta X=\frac{\Delta x}{c}=|\Delta X|\mathrm{e}^{i\tau}、\Delta Y=\frac{\Delta y}{c}=|\Delta Y|\mathrm{e}^{i\tau}、$$
$$\Delta Z=\frac{\Delta z}{c}=|\Delta Z|\mathrm{e}^{i\tau} \tag{8-6-77}$$

对上式求导得：

$$\Delta\dot{X}=|\Delta X|\mathrm{e}^{i\tau}=\Delta Xi、\Delta\dot{Y}=|\Delta Y|\mathrm{e}^{i\tau}=\Delta Yi、$$
$$\Delta\dot{Z}=|\Delta Z|\mathrm{e}^{i\tau}=\Delta Zi \tag{8-6-78}$$

将压力$\overline{p}$、气膜厚度$\overline{h}$在平衡位置$\overline{p}_0$、$\overline{h}_0$处对各扰动量Taylor展开如下：

$$\overline{p}=\overline{p}_0+\sum_{\xi}\overline{p}_{\xi}\Delta\xi+\sum_{\dot{\xi}}\overline{p}_{\dot{\xi}}\Delta\dot{\xi},\xi=x,y,z$$
$$\overline{h}=\overline{h}_0+\Delta x\sin\theta\cos\phi+\Delta y\sin\theta\sin\phi+\Delta z\cos\theta \tag{8-6-79}$$

则气膜厚度变化率为：

$$\frac{\partial\overline{h}}{\partial\tau}=\frac{\partial\overline{h}_0}{\partial\tau}-\frac{1}{\gamma}(\Delta x\sin\theta\cos\phi+\Delta y\sin\theta\sin\phi)+\Delta\dot{x}\sin\theta\cos\phi+\Delta\dot{y}\sin\theta\sin\phi+\Delta\dot{z}\cos\theta \tag{8-6-80}$$

将上述各式统一转换到斜坐标系中，代入Reynolds公式（8-6-69）即可得到动态运动方程组。

关于微小位移量$(\Delta x, \Delta y, \Delta z)$的动态特性方程：

$$\frac{\partial}{\partial x}\left(3\overline{p}_0\overline{h}^2\overline{h}_{\xi}\frac{\partial\overline{p}_0}{\partial x}\right)+\frac{\partial}{\partial x}\left(\overline{p}_{\xi}\overline{h}^3\frac{\partial\overline{p}}{\partial x}\right)+\frac{\partial}{\partial x}\left(\overline{p}_0\overline{h}^3\frac{\partial\overline{p}_{\xi}}{\partial x}\right)+\frac{\partial}{\partial y}\left(3\overline{p}_0\overline{h}^2\overline{h}_{\xi}\frac{\partial\overline{p}_0}{\partial y}\right)+$$
$$\frac{\partial}{\partial y}\left(\overline{p}_{\xi}\overline{h}^3\frac{\partial\overline{p}_0}{\partial y}\right)+\frac{\partial}{\partial y}\left(\overline{p}_0\overline{h}^3\frac{\partial\overline{p}_{\xi}}{\partial y}\right)-$$
$$\cos\beta\frac{\partial}{\partial x}\left(3\overline{p}_0\overline{h}^2\overline{h}_{\xi}\frac{\partial\overline{p}_0}{\partial y}\right)-\cos\beta\frac{\partial}{\partial x}\left(\overline{p}_{\xi}\overline{h}^3\frac{\partial\overline{p}_0}{\partial y}\right)-$$

$$\cos\beta\frac{\partial}{\partial x}\left(\bar{p}_0\bar{h}^3\frac{\partial\bar{p}_\xi}{\partial y}\right)-\cos\beta\frac{\partial}{\partial y}\left(3\bar{p}_0\bar{h}^2\bar{h}_\xi\frac{\partial\bar{p}_0}{\partial x}\right)-\cos\beta\frac{\partial}{\partial y}\left(\bar{p}_\xi\bar{h}^3\frac{\partial\bar{p}_0}{\partial x}\right)-\cos\beta\frac{\partial}{\partial y}\left(\bar{p}_0\bar{h}^3\frac{\partial\bar{p}_\xi}{\partial x}\right)$$

$$=\begin{cases}-\Lambda\lambda^2\left(\dfrac{\partial(\bar{p}_\xi\bar{h}_0)}{\partial x}+\dfrac{\partial(\bar{p}_0\bar{h}_\xi)}{\partial x}\right)+2\Lambda\gamma\lambda^2\left(-\bar{p}_{\dot{\xi}}\bar{h}_0+\dfrac{\partial\bar{h}_0}{\partial\tau}\bar{p}_{\dot{\xi}}-\bar{p}_0\bar{h}_y/\gamma\right):\xi=x\\ -\Lambda\lambda^2\left(\dfrac{\partial(\bar{p}_\xi\bar{h}_0)}{\partial x}+\dfrac{\partial(\bar{p}_0\bar{h}_\xi)}{\partial x}\right)+2\Lambda\gamma\lambda^2\left(-\bar{p}_{\dot{\xi}}\bar{h}_0+\dfrac{\partial\bar{h}_0}{\partial\tau}\bar{p}_{\dot{\xi}}+\bar{p}_0\bar{h}_x/\gamma\right):\xi=y\\ -\Lambda\lambda^2\left(\dfrac{\partial(\bar{p}_\xi\bar{h}_0)}{\partial x}+\dfrac{\partial(\bar{p}_0\bar{h}_\xi)}{\partial x}\right)+2\Lambda\gamma\lambda^2\left(-\bar{p}_{\dot{\xi}}\bar{h}_0+\dfrac{\partial\bar{h}_0}{\partial\tau}\bar{p}_{\dot{\xi}}\right):\quad\xi=x\end{cases}\tag{8-6-81}$$

关于微小速度量（$\Delta\dot{x}$，$\Delta\dot{y}$，$\Delta\dot{z}$）的动态特性方程：

$$\frac{\partial}{\partial x}\left(\bar{p}_{\dot{\xi}}\bar{h}^3\frac{\partial\bar{p}_0}{\partial x}\right)+\frac{\partial}{\partial x}\left(\bar{p}_0\bar{h}^3\frac{\partial\bar{p}_{\dot{\xi}}}{\partial x}\right)+\frac{\partial}{\partial y}\left(\bar{p}_{\dot{\xi}}\bar{h}^3\frac{\partial\bar{p}_0}{\partial y}\right)+\frac{\partial}{\partial y}\left(\bar{p}_0\bar{h}^3\frac{\partial\bar{p}_{\dot{\xi}}}{\partial y}\right)-\cos\beta\frac{\partial}{\partial x}\left(\bar{p}_{\dot{\xi}}\bar{h}^3\frac{\partial\bar{p}_0}{\partial y}\right)-\cos\beta\frac{\partial}{\partial x}\left(\bar{p}_0\bar{h}^3\frac{\partial\bar{p}_{\dot{\xi}}}{\partial y}\right)-\cos\beta\frac{\partial}{\partial y}\left(\bar{p}_{\dot{\xi}}\bar{h}^3\frac{\partial\bar{p}_0}{\partial x}\right)-\cos\beta\frac{\partial}{\partial y}\left(\bar{p}_0\bar{h}^3\frac{\partial\bar{p}_{\dot{\xi}}}{\partial x}\right)$$

$$=\begin{cases}-\Lambda\lambda^2\dfrac{\partial(\bar{p}_{\dot{\xi}}\bar{h}_0)}{\partial x}+2\Lambda\gamma\lambda^2\left(\bar{p}_\xi\bar{h}_0+\dfrac{\partial\bar{h}_0}{\partial\tau}\bar{p}_{\dot{\xi}}+\bar{p}_0\bar{h}_\xi\right):\xi=x\\ -\Lambda\lambda^2\dfrac{\partial(\bar{p}_{\dot{\xi}}\bar{h}_0)}{\partial x}+2\Lambda\gamma\lambda^2\left(\bar{p}_\xi\bar{h}_0+\dfrac{\partial\bar{h}_0}{\partial\tau}\bar{p}_{\dot{\xi}}+\bar{p}_0\bar{h}_\xi\right):\xi=y\\ -\Lambda\lambda^2\dfrac{\partial(\bar{p}_{\dot{\xi}}\bar{h}_0)}{\partial x}+2\Lambda\gamma\lambda^2\left(\bar{p}_\xi\bar{h}_0+\dfrac{\partial\bar{h}_0}{\partial\tau}\bar{p}_{\dot{\xi}}+\bar{p}_0\bar{h}_\xi\right):\xi=x\end{cases}\tag{8-6-82}$$

运用有限差分法求解上述动态特性方程组可得压力参数 $\bar{p}_\xi$（$\xi=x$，y，z，$\dot{x}$，$\dot{y}$，$\dot{z}$），然后在整个求解域内积分可得轴承的动态刚度和阻尼，表达式如下：

$$\begin{bmatrix}K_{xx}&K_{xy}&K_{xz}\\K_{yx}&K_{yy}&K_{yz}\\K_{zx}&K_{zy}&K_{zz}\end{bmatrix}=\begin{bmatrix}\dfrac{\partial F_x}{\partial x}&\dfrac{\partial F_y}{\partial x}&\dfrac{\partial F_z}{\partial x}\\\dfrac{\partial F_x}{\partial y}&\dfrac{\partial F_y}{\partial y}&\dfrac{\partial F_z}{\partial y}\\\dfrac{\partial F_x}{\partial z}&\dfrac{\partial F_y}{\partial z}&\dfrac{\partial F_z}{\partial z}\end{bmatrix}=-\frac{p_aR^2}{c}\iint_\Omega\begin{bmatrix}\bar{p}_x\sin\theta\cos\varphi&\bar{p}_y\sin\theta\cos\varphi&\bar{p}_z\sin\theta\cos\varphi\\\bar{p}_x\sin\theta\sin\varphi&\bar{p}_y\sin\theta\sin\varphi&\bar{p}_z\sin\theta\sin\varphi\\\bar{p}_x\cos\theta&\bar{p}_y\cos\theta&\bar{p}_z\cos\theta\end{bmatrix}\sin^2\theta\,\mathrm{d}\theta\,\mathrm{d}\varphi\tag{8-6-83}$$

$$\begin{bmatrix}C_{xx}&C_{xy}&C_{xz}\\C_{yx}&C_{yy}&C_{yz}\\C_{zx}&C_{zy}&C_{zz}\end{bmatrix}=\begin{bmatrix}\dfrac{\partial F_x}{\partial\dot{x}}&\dfrac{\partial F_y}{\partial\dot{x}}&\dfrac{\partial F_z}{\partial\dot{x}}\\\dfrac{\partial F_x}{\partial\dot{y}}&\dfrac{\partial F_y}{\partial\dot{y}}&\dfrac{\partial F_z}{\partial\dot{y}}\\\dfrac{\partial F_x}{\partial\dot{z}}&\dfrac{\partial F_y}{\partial\dot{z}}&\dfrac{\partial F_z}{\partial\dot{z}}\end{bmatrix}=-\frac{p_aR^2}{c\omega\gamma}\iint_\Omega\begin{bmatrix}\bar{p}_{\dot{x}}\sin\theta\cos\varphi&\bar{p}_{\dot{y}}\sin\theta\cos\varphi&\bar{p}_{\dot{z}}\sin\theta\cos\varphi\\\bar{p}_{\dot{x}}\sin\theta\sin\varphi&\bar{p}_{\dot{y}}\sin\theta\sin\varphi&\bar{p}_{\dot{z}}\sin\theta\sin\varphi\\\bar{p}_{\dot{x}}\cos\theta&\bar{p}_{\dot{y}}\cos\theta&\bar{p}_{\dot{z}}\cos\theta\end{bmatrix}\sin^2\theta\,\mathrm{d}\theta\,\mathrm{d}\varphi\tag{8-6-84}$$

由于转轴上刻有螺旋槽，轴承表面没有固定的气膜形成和终止位置，雷诺边界条件不能用，所以在轴承的圆周方向上须应用连续性边界条件，即：

$$\bar{p}(\theta_1,\varphi)=\bar{p}(\pi/2,\varphi)=1;\quad\bar{p}_\xi(\theta_1,\varphi)=\bar{p}_\xi(\pi/2,\varphi)=1;\xi=x,y,z,\dot{x},\dot{y},\dot{z}\tag{8-6-85}$$

子午向方向的边界条件为：

$$\bar{p}(\theta,\varphi)=\bar{p}(\theta,\varphi+2\pi);\quad\bar{p}_\xi(\theta_1,\varphi)=\bar{p}_\xi(\pi/2,\varphi);\quad\xi=x,y,z,\dot{x},\dot{y},\dot{z}\tag{8-6-86}$$

根据表 8-6-3 所给参数，通过计算求解得到轴承的气压分布如图 8-6-34 所示；图 8-6-35 为间隙对轴承承载能力的影响；图 8-6-36 为槽深对承载能力的影响；图 8-6-37 为螺旋角对承载能力的影响；图 8-6-38为转速对直接刚度的影响；图8-6-39为槽深对直接刚度和直接阻尼的影响；图 8-6-40 为螺旋角对刚度和阻尼系数的影响。

表 8-6-3　半球型动压气浮轴承-转子系统计算参数

参数	值
半径 R	6 mm
气膜间隙 c	2～8μm
槽深 h_g	1～8μm
螺旋角 β	20°～60°
槽数 N_g	8
槽宽比 δ	0.5
有效刻槽角度 θ_g	45.56°
有效轴承面角度 θ_1	71.33°
气体运动黏度 μ	20.8×10^{-6}Pa·s
环境压力 p_a	101.3/2×10^{-3}MPa
工作转速 ω	30kr/min

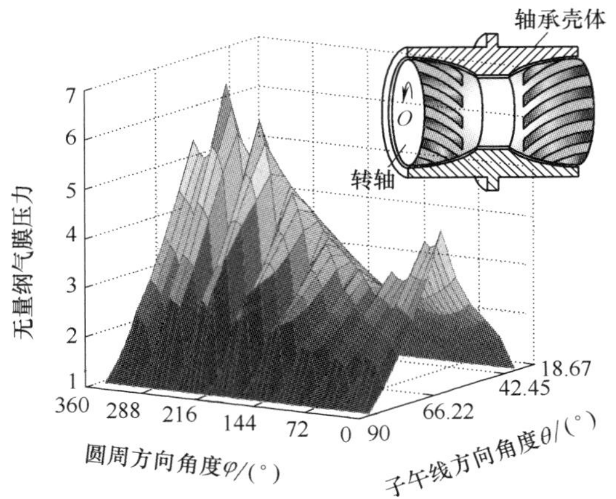

图 8-6-34　气压分布图

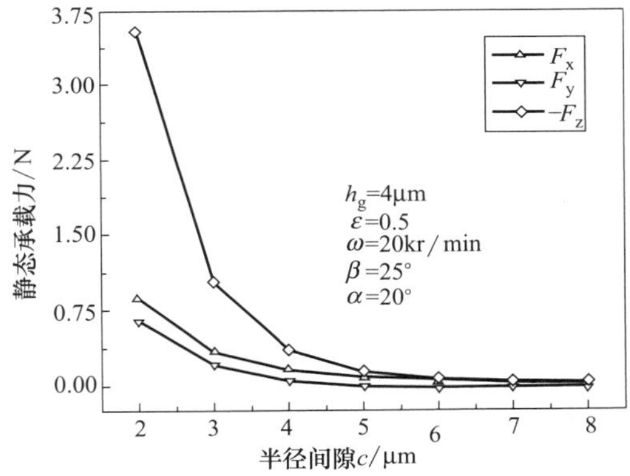

图 8-6-35　间隙对承载能力的影响

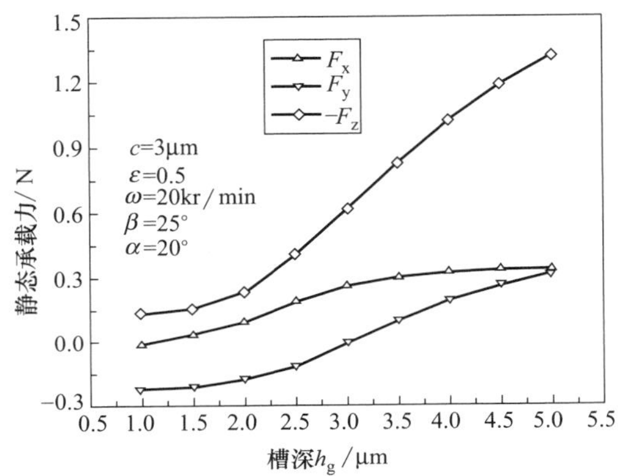

图 8-6-36　槽深对承载能力的影响

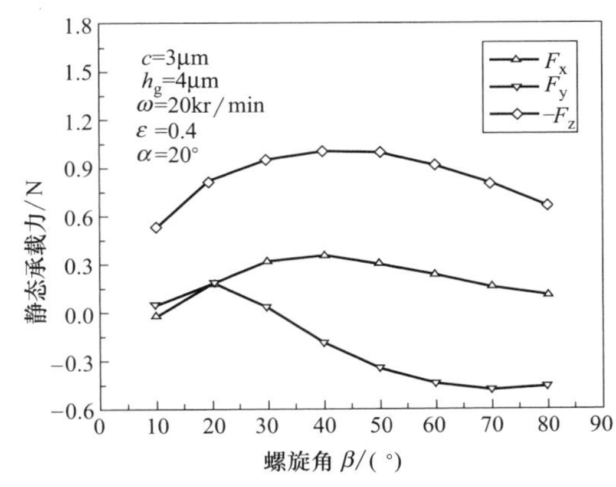

图 8-6-37　螺旋角对承载能力的影响

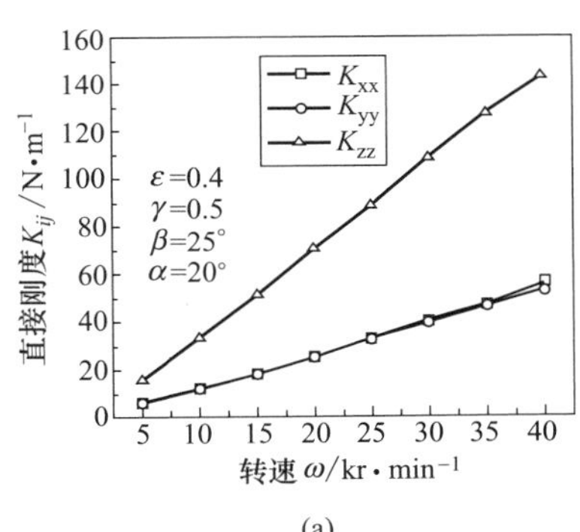

(a)

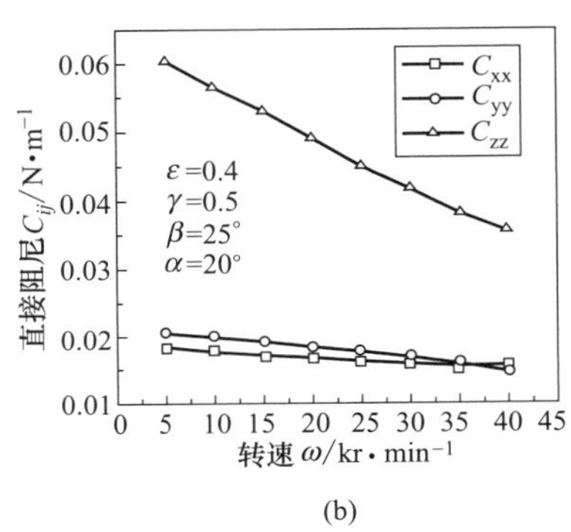

(b)

图 8-6-38　转速对直接刚度的影响

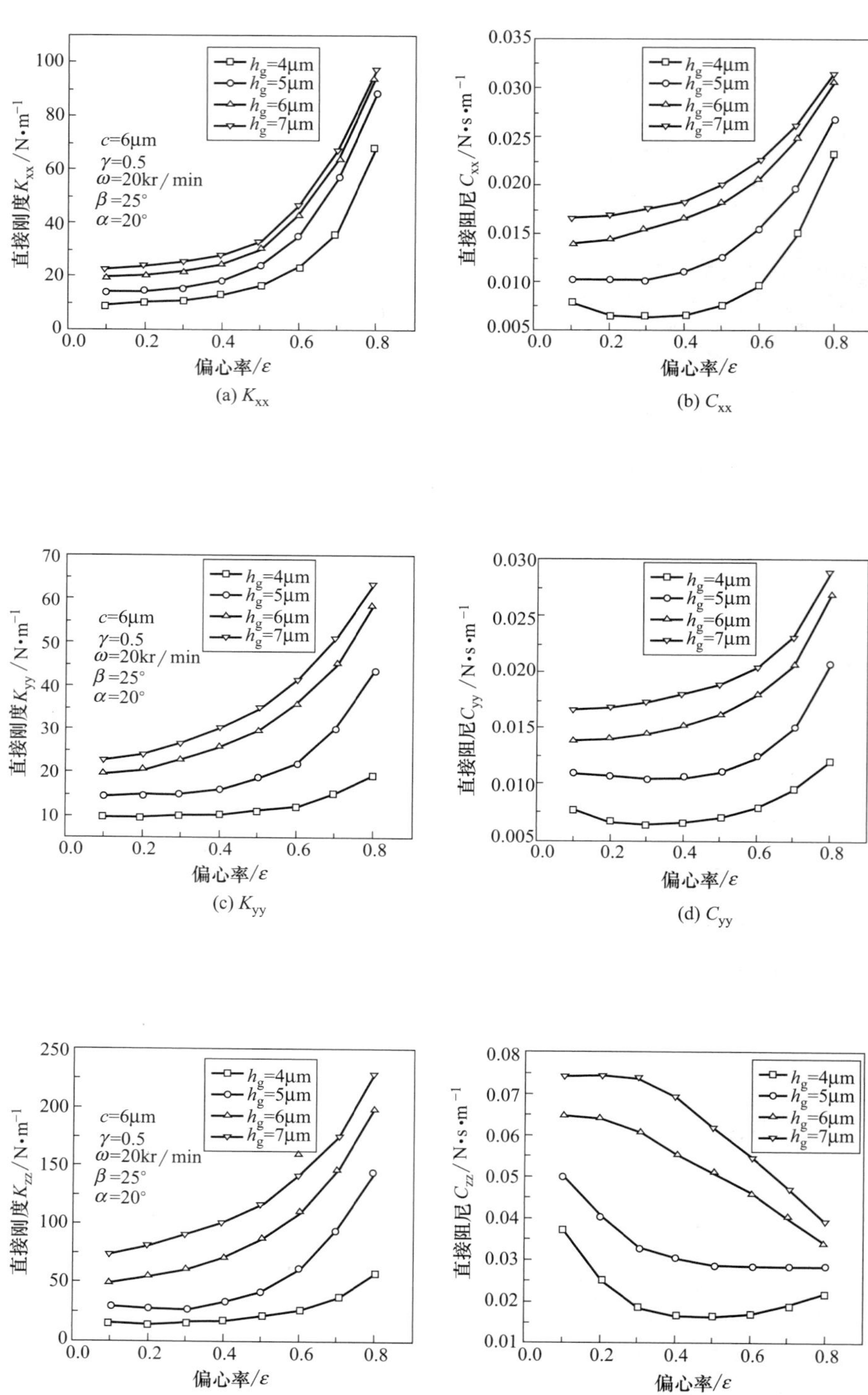

图 8-6-39 槽深对直接刚度和直接阻尼的影响

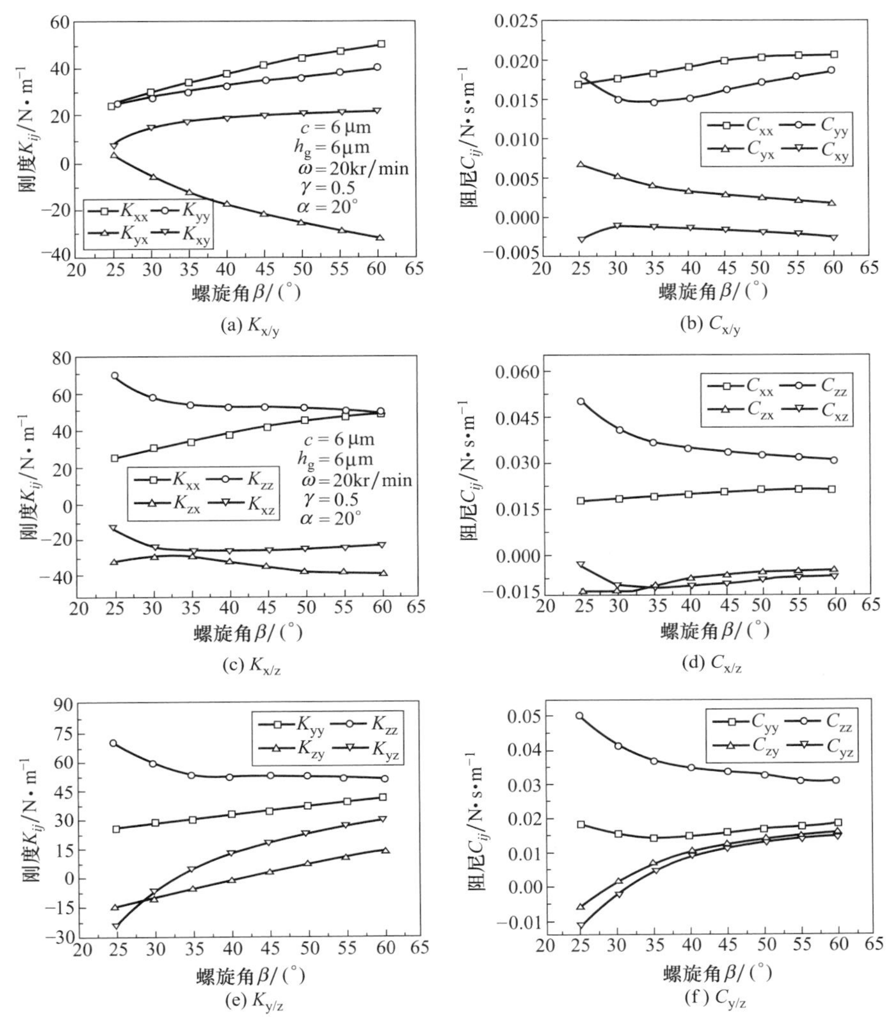

图 8-6-40　螺旋角对刚度和阻尼系数的影响

6.4　挤压膜气体轴承

6.4.1　挤压膜气体轴承的工作原理及特点

当辐射体以超声频率振动时，在辐射体表面会形成较强的声场和辐射压力，周期内的平均辐射压力高于外界环境压力，从而可以平衡被悬浮物体的重力，形成悬浮的状态和效果，这就是超声波悬浮技术。

挤压膜气体轴承又叫超声波轴承是在超声悬浮状态下工作的非接触轴承。相比于传统的非接触轴承，挤压膜气体轴承具有以下的优点。

① 低转速时无摩擦和磨损。在启动和停止阶段，挤压膜气体可以提供额外的支撑力。

② 较高的承载力。挤压运动可以增强高转速时轴承的承载力。

③ 较好的稳定性。挤压效果产生的压力可以有效抑制转子的振动，从而增强系统的稳定性。

④ 主动轴承。通过调节激励信号可以对挤压膜气体轴承进行有效的控制。

6.4.2　挤压膜气体轴承的分类及其计算方法

(1) 直线型挤压膜气体轴承

如图 8-6-41 所示，该悬浮系统有直线导轨和直线型挤压膜气体轴承组成，在挤压膜压力的作用下，系统可以沿导轨方向移动。

此时，雷诺方程应为：

$$\frac{\partial}{\partial\theta}\left(PH^3\frac{\partial P}{\partial\theta}\right)+\frac{\partial}{\partial Z}\left(PH^3\frac{\partial P}{\partial Z}\right)=\sigma\frac{\partial(PH)}{\partial T} \tag{8-6-87}$$

式中 P——无量纲压力，$P=p/p_a$；

H——无量纲气膜厚度，$H=h/C$；

Z——无量纲轴向坐标，$Z=z/R$；

θ——无量纲周向坐标，$\theta=x/R$；

T——无量纲周向坐标，$T=\omega\tau$；

σ——挤压膜数，$\sigma=\frac{12\mu\omega}{p_a}\left(\frac{R}{C}\right)^2$。

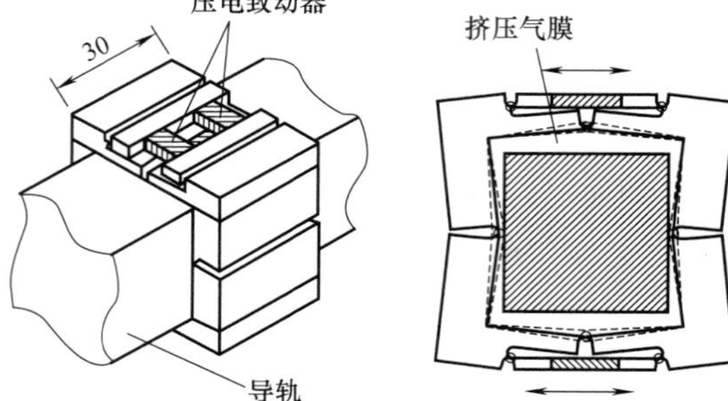

图 8-6-41 直线型挤压膜气体轴承

采用有限差分法对上式进行求解，可获得气膜压力分布，则挤压膜轴承瞬时的承载力为：

$$F_x=-p_aR\int_0^{l_0}\int_0^{l_0}(P-1)\cos\theta R\,d\theta dZ \tag{8-6-88}$$

$$F_y=-p_aR\int_0^{l_0}\int_0^{l_0}(P-1)\sin\theta R\,d\theta dZ \tag{8-6-89}$$

由于挤压膜轴承承载力是周期性变化的，因此，常采用稳定悬浮后一个周期内的平均力作为挤压膜轴承的承载力，则在 x 方向和 y 方向上的平均承载力分别为：

$$F_{mx}=\frac{1}{2\pi}\int_0^{2\pi}F_x dT \tag{8-6-90}$$

$$F_{my}=\frac{1}{2\pi}\int_0^{2\pi}F_y dT \tag{8-6-91}$$

(2) 径向挤压膜气体轴承

如图 8-6-42 所示，是一种新型的挤压膜气体径向轴承。该轴承在压电陶瓷作用下产生周期性的径向挤压运动。同时转子可作高速旋转，故无量纲化后的雷诺方程为：

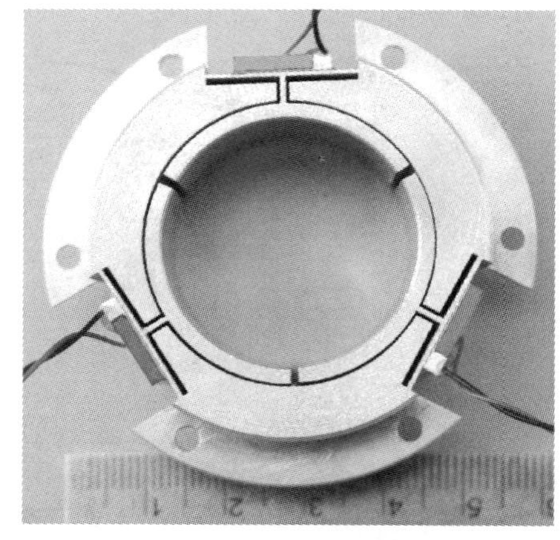

图 8-6-42 径向挤压膜气体轴承

$$\frac{\partial}{\partial\theta}\left(PH^3\frac{\partial P}{\partial\theta}\right)+\frac{\partial}{\partial Z}\left(PH^3\frac{\partial P}{\partial Z}\right)=\Lambda\frac{\partial(PH)}{\partial\theta}+\sigma\frac{\partial(PH)}{\partial T} \tag{8-6-92}$$

式中 Λ——轴承数，$\Lambda=\frac{6\mu\Omega}{p_a}\left(\frac{R}{C}\right)^2$。

边界条件为：$P(\theta=\theta_s,Z)=1,P(\theta=\theta_e,Z)=1,P\left(\theta,\ Z=\pm\frac{L}{2R}\right)=1$

式中 θ_s，θ_e——瓦片起始角，瓦片终止角。

同时，挤压膜轴承内的气压是周期性变化的，故需要满足周期性的边界条件

$$P|_T=P|_{T+2\pi},\quad H|_T=H|_{T+2\pi}$$

将式 (8-6-92) 采用有限差分法求解，并带入以上边界条件，则求得气膜压力。对压力进行积分可得瞬时承载力

$$F_{Px}^i=-p_aR\int_{-L/(2R)}^{L/(2R)}\int_{\theta_s^i}^{\theta_e^i}(P-1)\cos\theta R\,d\theta dZ \tag{8-6-93}$$

$$F_{Py}^i=-p_aR\int_{-L/(2R)}^{L/(2R)}\int_{\theta_s^i}^{\theta_e^i}(P-1)\sin\theta R\,d\theta dZ \tag{8-6-94}$$

式中 i——瓦片的个数。

同理，挤压膜气体径向轴承平均承载力为

$$F_{mPx}^i=\frac{1}{2\pi}\int_0^{2\pi}F_{Px}^i dT \tag{8-6-95}$$

$$F_{mPy}^i=\frac{1}{2\pi}\int_0^{2\pi}F_{Py}^i dT \tag{8-6-96}$$

第 7 章　气体箔片轴承

7.1　气体箔片轴承的工作原理和轴承类型

气体箔片轴承是一种自适应的动压轴承，其工作原理是利用环境气体作为润滑介质，通过动压效应在轴承表面产生气膜压力使转子悬浮。气体箔片轴承中的弹性支承结构通过弹性变形和库仑摩擦为轴承提供了刚度和阻尼。气体箔片轴承具有加工精度要求低、承载能力高、耐高温、稳定性好等一系列优势，被广泛应用于飞机空气循环机、高速无油空压机/鼓风机、微型燃气轮机以及涡轮发电机等。气体箔片轴承在启停阶段轴承和轴处于干摩擦状态，在反复启停多次之后，尤其在高温的运行环境下，轴承有磨损失效的危险，这会大大降低轴承的寿命，因此开发耐高温耐磨的固体润滑剂是提高气体箔片轴承寿命的关键。同时，由于承载能力的限制，气体箔片轴承目前主要的应用还集中在几十千瓦到数百千瓦的设备中，更大功率的应用只能通过多台设备的并联来实现，通过优化轴承弹性支承结构刚度分布，可大大提高轴承的承载能力，因此优化轴承弹性支承结构刚度分布是扩大气体箔片轴承应用范围的关键。随着转速的提高，气膜涡动以及转子振荡使得转子的次同步振动加剧，从而限制了转速的进一步提高，通过优化轴承结构，引入黏弹性材料等可适当提高气体箔片轴承-转子系统的稳定性，以达到更高 DN 值。气体箔片轴承自被提出以来，为提高其承载能力、稳定性和寿命等发展出了多种不同的结构，气体箔片轴承的结构见表 8-7-1。

表 8-7-1　气体箔片轴承结构

类型	结构组成	径向轴承简图	推力轴承简图
张紧型气体箔片轴承	主要部件为轴承套、平箔片、调整螺钉、张紧销和导向销。利用张紧销和导向销拉紧平箔片并调整箔片和转轴表面之间的张紧配合程度	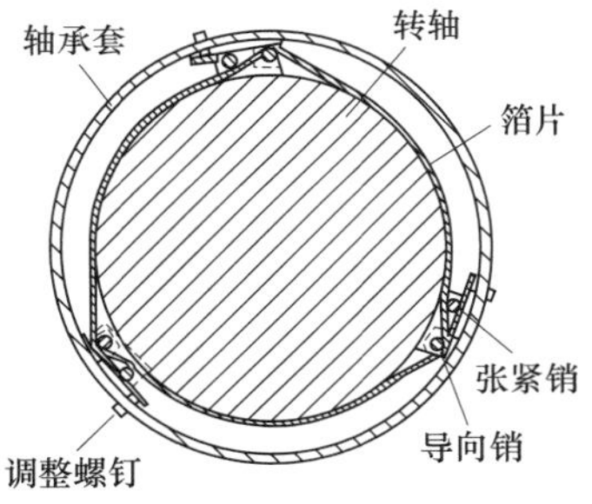 轴承套 转轴 箔片 张紧销 导向销 调整螺钉	
多叶型气体箔片轴承	内表面由多块独立的箔片依次交错排列搭接组成。每片箔片的一端固定在轴承套内表面的矩形槽中，另一端叠加在相邻箔片上表面，形成完整的轴承柔性内表面	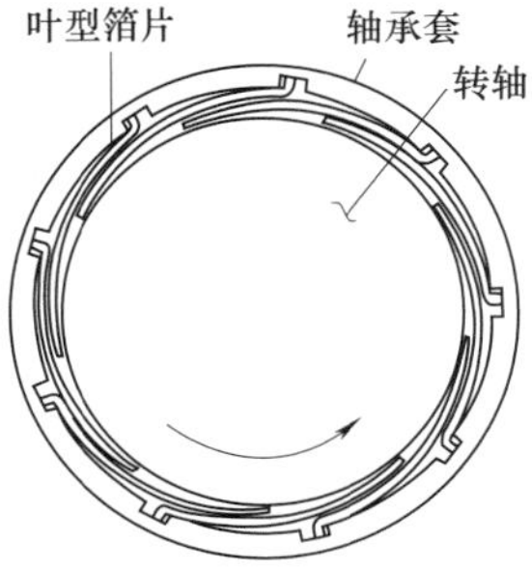 叶型箔片 轴承套 转轴	

续表

类型	结构组成	径向轴承简图	推力轴承简图
平箔型气体箔片轴承	柔性平箔片分多层环绕在轴承套内，并在转轴外形成一个封闭的轴承表面。在多层平箔片之间，大量细铜丝按一定规律沿圆周方向和轴向排布，为平箔片提供径向刚度支承	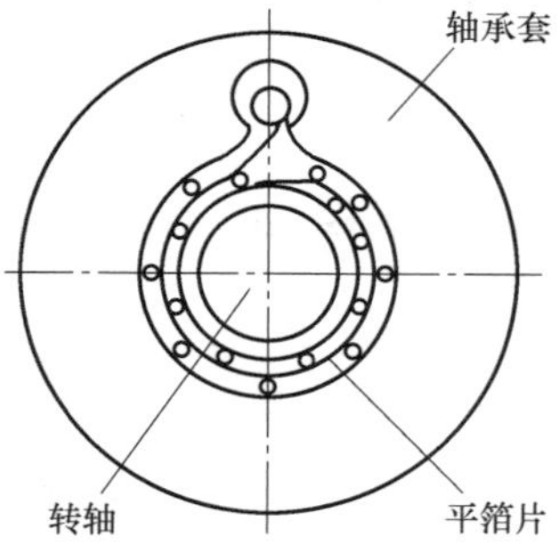	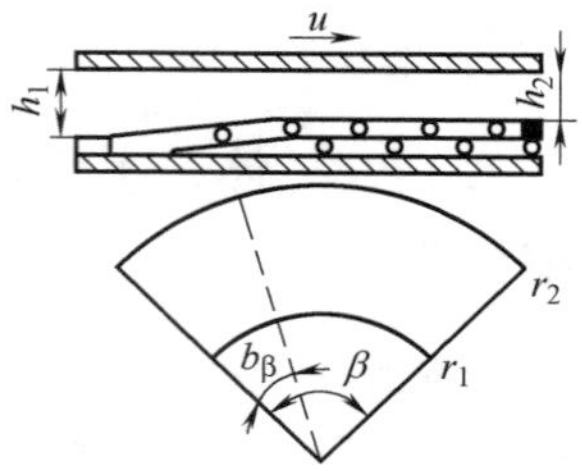
鼓泡型气体箔片轴承	鼓泡型气体箔片轴承的柔性支承结构由一条部分区域带鼓泡凸起的箔片缠绕并固定在轴承套内构成	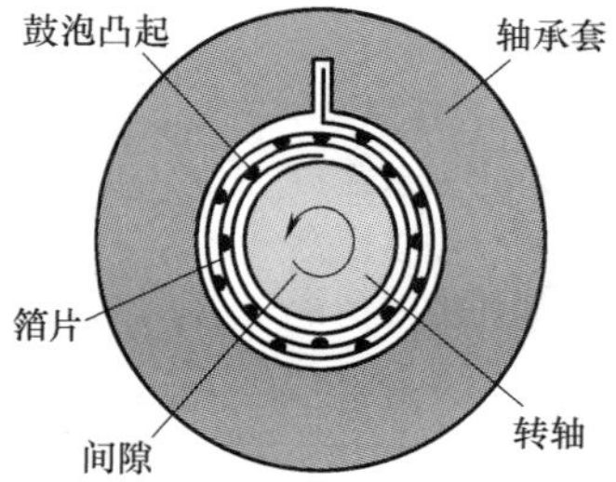	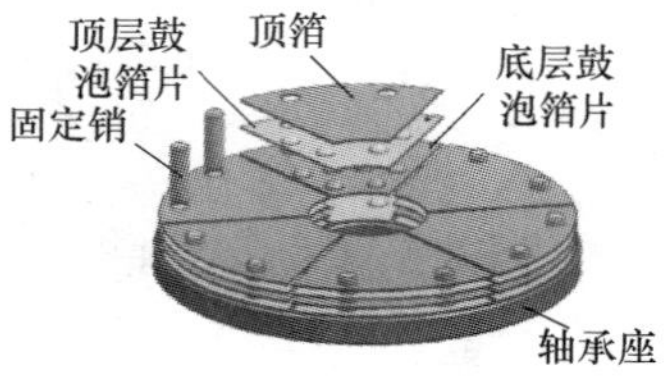
缠绕型气体箔片轴承	弹性箔片被预弯曲为准多边形结构并被卷曲装入轴承套内，形成箔片轴承的多层柔性支承结构。多边形的箔片靠张力与轴承套内表面贴近，内层箔片与转轴表面接触并形成多个楔形间隙	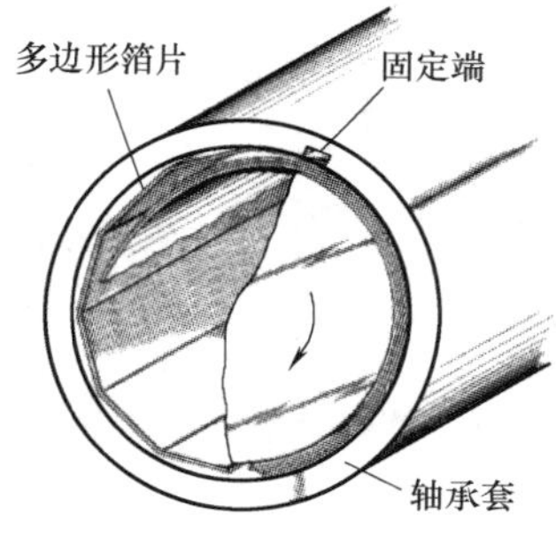	
波箔型气体箔片轴承	主要结构部件：顶箔、波箔和轴承套。顶箔和波箔位于轴承套内，相互配合形成圆弧形的柔性表面，为轴承提供结构刚度和阻尼性能	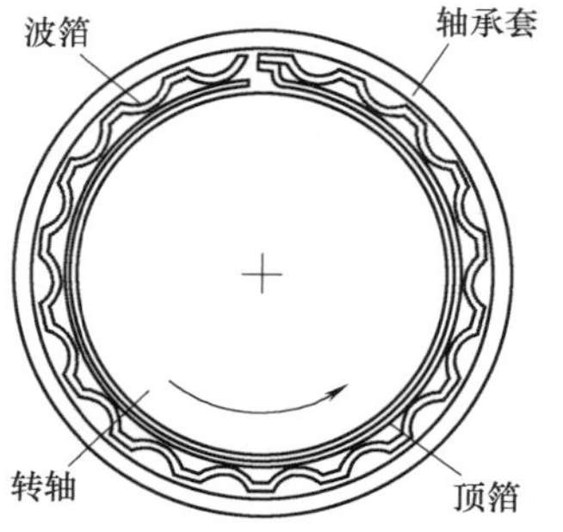	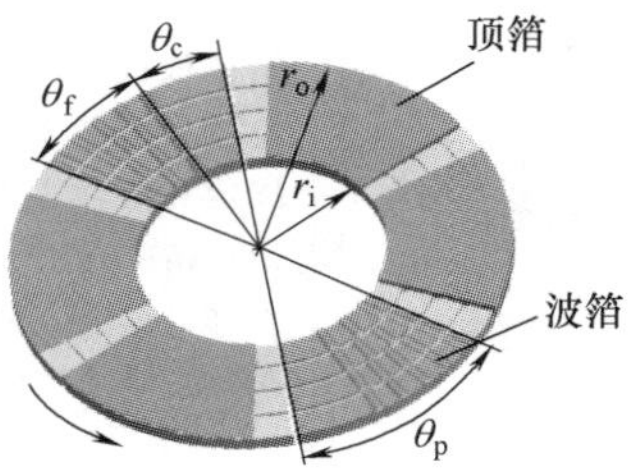

续表

类型	结构组成	径向轴承简图	推力轴承简图
弹簧型气体箔片轴承	螺旋弹簧被放置在沿轴承套圆周方向分布的轴向通孔中，其突出轴承套内表面部分与顶箔接触，起到支承轴承内表面的作用	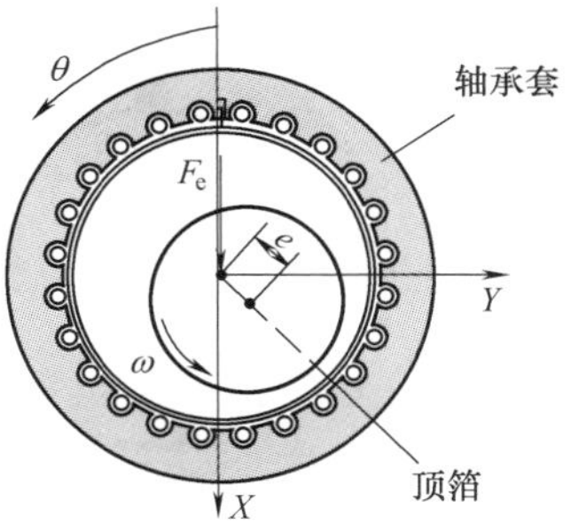	
黏弹性气体箔片轴承	轴承的弹性支承结构由一层顶箔和一层高阻尼耐高温的黏弹性材料构成	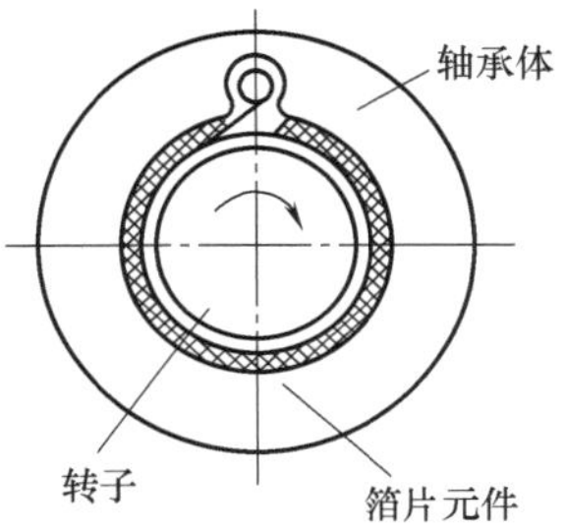	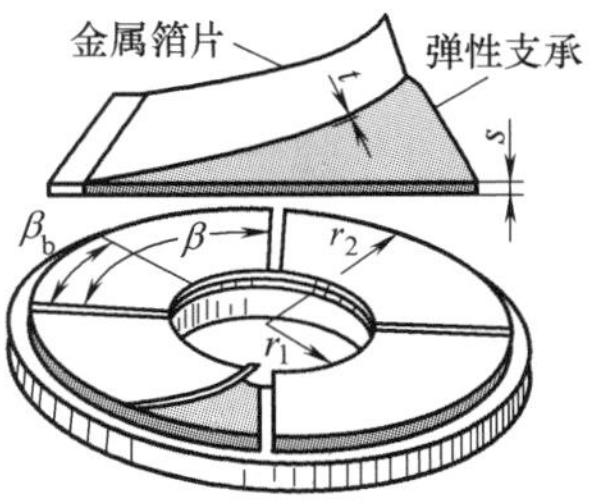
金属丝网型气体箔片轴承	以环形金属丝网材料取代传统轴承中的箔片结构作为弹性支承，顶箔固定在金属丝网环的内侧	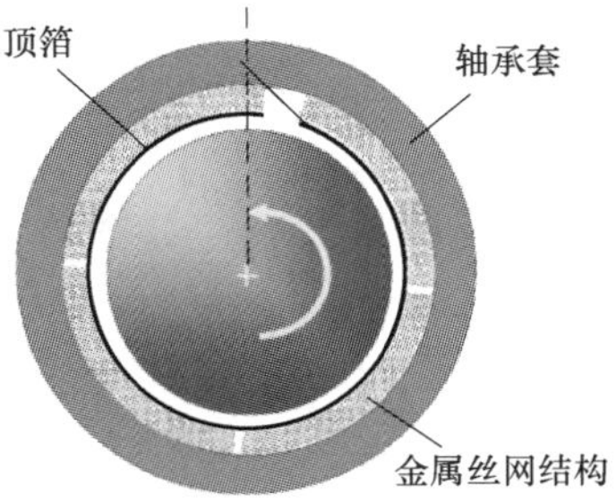	
波箔金属丝网混合轴承	轴承弹性支承结构由波箔和金属丝网块构成。波箔被设计成弧形和梯形相邻，轴承套内表面上具有沿圆周方向均匀分布的矩形通槽，金属丝网被装配入矩形槽和梯形箔片形成的空间内	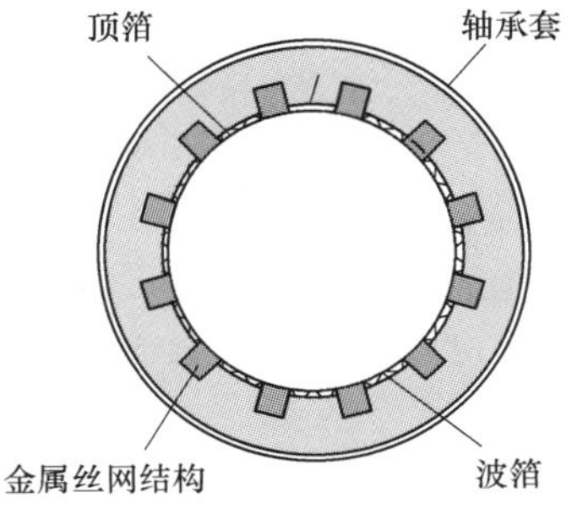	

第
8
篇

续表

类型	结构组成	径向轴承简图	推力轴承简图
多悬臂型气体箔片轴承	底层支承箔片上经线切割得到一系列均匀排列的悬臂型凸起，并在凸起的自由端中间位置切割出矩形通槽。三片支承箔片被放置在顶箔和波箔之间并由顶箔上的矩形凸起固定位置	顶箔 轴承套 箔片	

7.2 波箔型气体箔片轴承的理论模型

7.2.1 弹性支承结构模型

当弧形波箔顶端受到顶箔沿径向的压力时，波箔顶端位置处会产生垂直向下的位移，同时波箔底部与轴承套接触位置处会产生向两侧的滑动。基于波箔在压力下的运动形式，弧形波箔可以被简化为两个刚性连杆和一个等效水平弹簧的组合。两个刚性连杆的一端相互连接，另一端与水平弹簧的顶端连接，如图8-7-1所示。在波箔的最顶端位置处，两个连杆的连接点可自由转动。顶箔上的压力经连杆传递到水平弹簧，使其产生弹性变形。由于连杆为刚性结构，所以水平弹簧的变形和波箔顶端垂直方向的位移有确定的关系。因此，连杆-弹簧结构可以进一步简化为具有等效垂直刚度的弹簧。

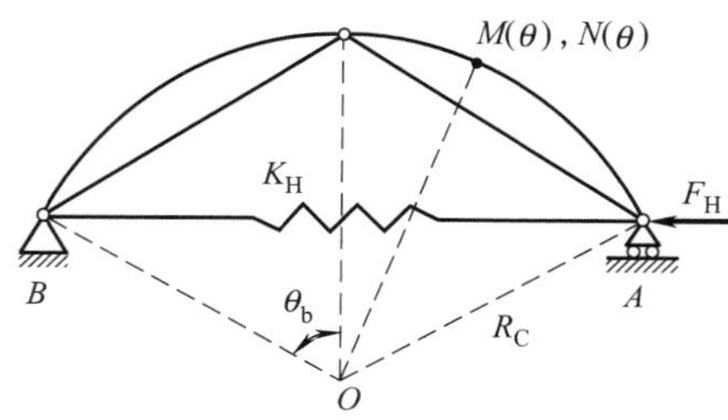

图 8-7-1 波箔的连杆-弹簧模型

在波箔的变形位移较小时，等效水平弹簧的刚度可以通过波箔的具体结构和卡氏定理计算得出。对弧形波箔，当箔片的一端 A 点受到水平力时，其弹性变形能为：

$$U=\int_0^l\left(\frac{M^2}{2DL}+\frac{N^2}{2SE}\right)\mathrm{d}l \tag{8-7-1}$$

式中 U——波箔结构的弹性变性能，J；

M——箔片截面弯矩，N·m；

N——箔片截面轴力，N；

D——箔片弯曲刚度，N·rad^{-1}；

L——箔片轴向长度，m；

S——箔片横截面积，m^2；

E——箔片杨氏弹性模量，GPa；

l——箔片横截面曲线长度，m。

弧形波箔截面弯矩、轴力、弯曲刚度和横截面积等参数由其结构和材料常数得出，可表示为：

$$S=t_{\mathrm{b}}L$$

$$l=R_{\mathrm{b}}\theta$$

$$D=Et_{\mathrm{b}}^2/[12(1-\nu^2)]$$

$$N=F_{\mathrm{H}}\cos(\theta_{\mathrm{b}}-\theta)$$

$$M=F_{\mathrm{H}}R_{\mathrm{b}}[\cos(\theta_{\mathrm{b}}-\theta)-\cos\theta_{\mathrm{b}}] \tag{8-7-2}$$

式中 t_{b}——波箔材料厚度，m；

R_{b}——弧形波箔半径，m；

F_{H}——作用于等效水平弹簧的水平力，N；

θ——波箔截面位置角度，rad；

θ_{b}——波箔半角，rad。

将式（8-7-2）代入式（8-7-1）并整理可得弧形箔片的弹性变形能为：

$$U=\frac{R_{\mathrm{b}}}{2DL}\alpha_1+\frac{R_{\mathrm{b}}}{2SE}\alpha_2 \tag{8-7-3}$$

式中：

$$\alpha_1=F_{\mathrm{H}}^2\left[2R_{\mathrm{b}}^2\theta_{\mathrm{b}}+R_{\mathrm{b}}^2\theta_{\mathrm{b}}\cos(2\theta_{\mathrm{b}})-\frac{3}{2}R_{\mathrm{b}}^2\sin(2\theta_{\mathrm{b}})\right]$$

$$\alpha_2=F_{\mathrm{H}}^2\left[\theta_{\mathrm{b}}+\frac{1}{2}\sin(2\theta_{\mathrm{b}})\right] \tag{8-7-4}$$

由 $\delta=\partial U/\partial F_{\mathrm{H}}$ 可得弧形波箔的等效水平弹簧的变形量为：

$$\delta=\frac{R_{\mathrm{b}}^3}{DL}\left[2\theta_{\mathrm{b}}+\theta_{\mathrm{b}}\cos(2\theta_{\mathrm{b}})-\frac{3}{2}\sin(2\theta_{\mathrm{b}})\right]F_{\mathrm{H}}+\frac{R_{\mathrm{b}}}{SE}\left[\theta_{\mathrm{b}}+\frac{1}{2}\sin(2\theta_{\mathrm{b}})\right]F_{\mathrm{H}} \tag{8-7-5}$$

由 $K_H=F_H/\delta$，可得等效水平弹簧的刚度系数为：

$$K_H=\left\{\frac{R_b^3}{2DL}[4\theta_b+2\theta_b\cos(2\theta_b)-3\sin(2\theta_b)]+\frac{R_b}{2SE}[2\theta_b+\sin(2\theta_b)]\right\}^{-1} \quad (8\text{-}7\text{-}6)$$

弧形箔片的水平位移（ΔL）和竖直位移（Δh）之间的关系，可以由箔片的几何尺寸计算得出，如图 8-7-2 所示。因此水平位移可表示为：

$$\Delta L=2\left\{\frac{h-\Delta h}{\tan[\arcsin[(h-\Delta h)/(h/\sin\theta_b)]]}-h\cot\theta_b\right\} \quad (8\text{-}7\text{-}7)$$

弧形箔片的等效垂直刚度系数由连杆和水平弹簧的几何关系计算得到，可表示为：

$$K_V=4K_H\tan\theta_b\frac{\Delta L}{\Delta h} \quad (8\text{-}7\text{-}8)$$

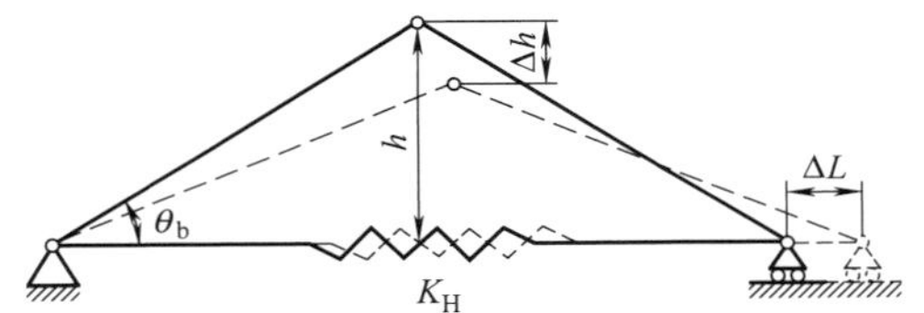

图 8-7-2　波箔水平位移和垂直位移之间的关系

气体箔片轴承理论模型中顶箔采用三维壳单元有限元模型，顶箔内薄膜力和弯曲均考虑在该模型中。根据虚功原理，每个节点的变形可通过式 $\{F\}=\{K_f\}\{\delta\}$ 得到，其中 $\{K_f\}$ 为波箔和顶箔的总刚度矩阵。波箔刚度与顶箔的耦合关系如图 8-7-3 所示，每一个波箔对应顶箔上的一个节点，从而波箔的等效刚度与顶箔进行耦合得到支承结构的总刚度 $\{K_f\}=\{K_{top}\}+\{K_v\}$。

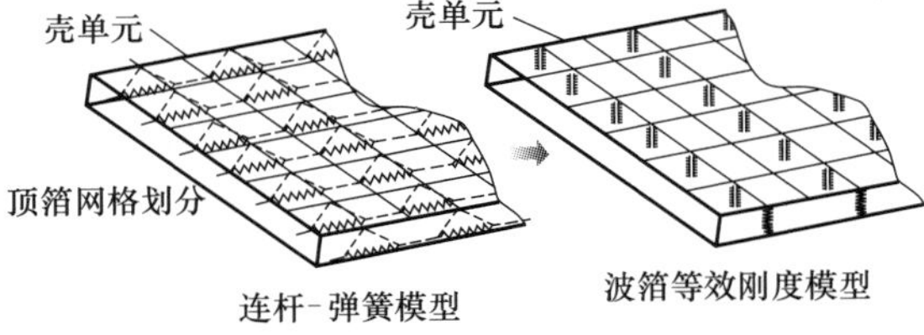

图 8-7-3　气体箔片轴承支承结构刚度模型

7.2.2　气体箔片轴承的气弹耦合润滑模型

由质量守恒定律导出的描述可压缩流体稳定流动的连续性方程可表示为：

$$\frac{\partial(\rho u)}{\partial x}+\frac{\partial(\rho v)}{\partial y}+\frac{\partial(\rho w)}{\partial z}=0 \quad (8\text{-}7\text{-}9)$$

描述黏性流体动量守恒的 Navier-Stokes 方程可表示为：

$$\begin{cases}\rho\left[u\dfrac{\partial u}{\partial x}+v\dfrac{\partial u}{\partial y}+w\dfrac{\partial u}{\partial z}\right]=\\-\dfrac{\partial p}{\partial x}+\mu\left[\dfrac{\partial^2 u}{\partial x^2}+\dfrac{\partial^2 u}{\partial y^2}+\dfrac{\partial^2 u}{\partial z^2}\right]\\\rho\left[u\dfrac{\partial v}{\partial x}+v\dfrac{\partial v}{\partial y}+w\dfrac{\partial v}{\partial z}\right]=\\-\dfrac{\partial p}{\partial y}+\mu\left[\dfrac{\partial^2 v}{\partial x^2}+\dfrac{\partial^2 v}{\partial y^2}+\dfrac{\partial^2 v}{\partial z^2}\right]\\\rho\left[u\dfrac{\partial w}{\partial x}+v\dfrac{\partial w}{\partial y}+w\dfrac{\partial w}{\partial z}\right]=\\-\dfrac{\partial p}{\partial z}+\mu\left[\dfrac{\partial^2 w}{\partial x^2}+\dfrac{\partial^2 w}{\partial y^2}+\dfrac{\partial^2 w}{\partial z^2}\right]\end{cases} \quad (8\text{-}7\text{-}10)$$

可压缩气体的状态方程为：

$$\frac{p}{\rho}=\frac{p_a}{\rho_a} \quad (8\text{-}7\text{-}11)$$

考虑到气体箔片轴承的结构尺寸和气膜厚度等特点，为了简化箔片轴承中狭小间隙中流体的复杂流动，这里引入以下假设：

① 忽略沿气膜厚度方向上的压力梯度；

② 忽略润滑气体的惯性力；

③ 气体在与顶箔和转轴表面交界面处无滑移，即与交界面速度相等；

④ 气体是绝热的。

基于以上假设，结合连续性方程、Navier-Stokes 方程和气体状态方程并进行简化处理，消去速度和密度项，不考虑气体沿轴承轴向的速度，得到气体箔片轴承稳态 Reynolds 方程的一般形式：

$$\frac{\partial}{\partial x}\left(ph^3\frac{\partial p}{\partial x}\right)+\frac{\partial}{\partial z}\left(ph^3\frac{\partial p}{\partial z}\right)=6U\frac{\partial(ph)}{\partial x} \quad (8\text{-}7\text{-}12)$$

建立新型气体箔片轴承静态特性计算坐标系，如图 8-7-4 所示。在特定的轴承载荷和转速下，轴心在气膜力作用下具有一定的偏心率和偏位角。基于以上坐标系，可压缩气体稳态 Reynolds 方程的无量纲形式为：

$$\frac{\partial}{\partial\theta}\left(\bar{p}\,\bar{h}^3\frac{\partial\bar{p}}{\partial\theta}\right)+\frac{\partial}{\partial\bar{z}}\left(\bar{p}\,\bar{h}^3\frac{\partial\bar{p}}{\partial\bar{z}}\right)=\Lambda\frac{\partial(\bar{p}\,\bar{h})}{\partial\theta} \quad (8\text{-}7\text{-}13)$$

其中无量纲参数为：

$$\bar{p}=\frac{p}{p_a},\bar{h}=\frac{h}{C},\theta=\frac{x}{R},\bar{z}=\frac{z}{R},\Lambda=\frac{6\mu\Omega}{p_a}\left(\frac{R}{C}\right)^2$$

式中　p——气膜压力，Pa；

h——气膜厚度，m；

C——名义间隙，m；

x——轴承周向位置，m；

z——轴承轴向位置，m；

R——轴承半径，m；

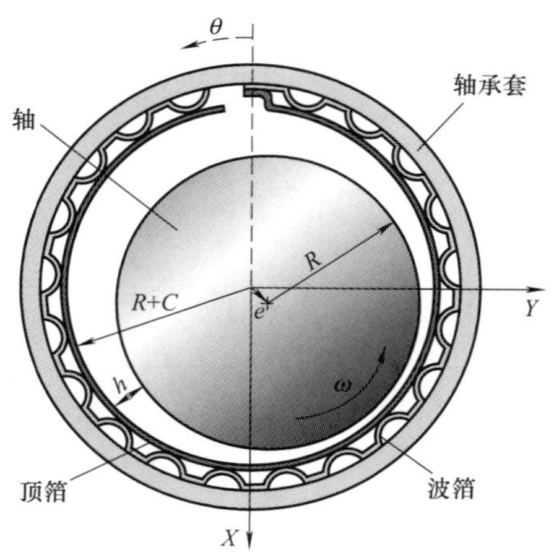

图 8-7-4 气体箔片轴承结构原理图及其坐标

U——转轴表面线速度，m/s；

μ——润滑气膜黏度系数，Pa·s；

Ω——转轴转速，rad/s；

p_a——环境气体压力，Pa；

$\overline{p}$——无量纲气膜压力；

$\overline{h}$——无量纲气膜厚度；

θ——无量纲轴承周向位置；

$\overline{z}$——无量纲轴承轴向位置。

当气体箔片轴承工作时，轴承中的气膜厚度取决于以下四个变量：初始气膜厚度、偏心率、偏位角和弹性支承结构的变形量。气体箔片轴承的无量纲气膜厚度方程可表示为：

$$\overline{h}=1+\varepsilon\cos(\theta-\theta_0)+\overline{\delta}(\theta,\overline{z}) \tag{8-7-14}$$

式中 θ_0——轴心偏位角，rad；

ε——轴心偏心率；

$\overline{\delta}$——无量纲支承结构变形。

气体润滑稳态 Reynolds 方程的求解必须结合箔片轴承的结构和润滑气膜分布状况给定封闭的边界条件。在箔片轴承的轴向两端，润滑气膜边界直接与大气相通，其压力与大气压力相同，如图 8-7-5 所示。

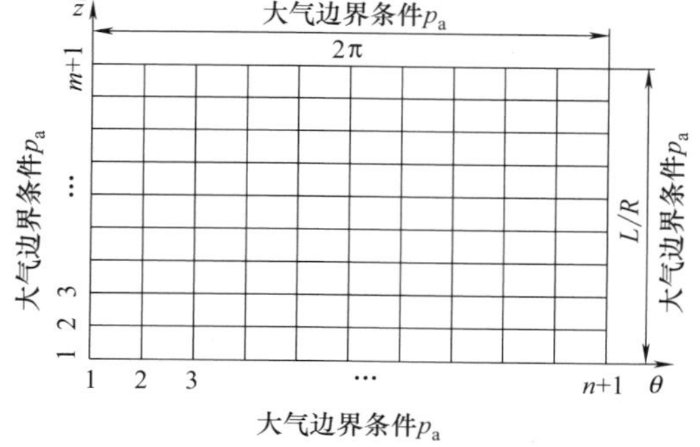

图 8-7-5 气膜网格划分及边界条件

则轴承轴向两端区域，Reynolds 方程边界条件的表达形式为：

$$p=p_a,\quad z=\pm L/2 \tag{8-7-15}$$

在箔片轴承顶箔的固定端位置，顶箔的缺口使气膜的入口和出口处气膜厚度远大于润滑气膜。在此区域，气膜压力等于大气压力。同理，气膜出口和入口处的边界条件的表达形式为：

$$p=p_a,\quad \theta=0,\ 2\pi \tag{8-7-16}$$

值得注意的是，在箔片轴承中，由于顶箔与波箔在轴承径向为非刚性连接，顶箔刚度较小且容易产生弯曲变形，所以在气膜厚度的发散区域将不会出现负压区。在箔片轴承的整周范围内，将气膜压力和单元面积的乘积沿轴向和周向积分，并求出其沿 x 轴和 y 轴方向的气膜力，可表示为：

$$\begin{cases} F_x=\int_0^L\int_0^{2\pi}(p-p_a)\cos\theta\mathrm{d}\theta\mathrm{d}z \\ F_y=\int_0^L\int_0^{2\pi}(p-p_a)\sin\theta\mathrm{d}\theta\mathrm{d}z \end{cases} \tag{8-7-17}$$

7.3 气体箔片轴承的静态性能求解

由于箔片轴承的弹性支承结构在气膜压力下产生变形，影响气膜厚度分布并进一步影响气膜压力分布，所以气体箔片轴承静态特性的求解属于气弹耦合润滑计算范畴。通过对气膜 Reynolds 方程和支承结构变形方程的迭代求解能够得到气压和箔片变形的静态的收敛解，具体流程如图 8-7-6 所示。当轴承-转子系统稳定运转时，轴承的负载一般为转子及其附件自重，所以在程序计算中，采取给定固定载荷和转速同时不断迭代偏心率和偏位角的方法来获取轴承中轴心的实际位置，并得到相应位置下的气压和箔片变形数据。求解轴承静态特性的具体流程如下。

① 给定轴承的初始参数，包括轴承载荷、转速、初始偏心率、气压和箔片变形初值和轴心偏位角等。

② 由偏心率、偏位角和箔片变形初值根据气膜厚度方程得到气膜厚度分布。

③ 根据有限差分法（FDM）和 Newton-Raphson 数值迭代方法求解稳态 Reynolds 方程，根据收敛判断条件得到气膜压力分布。

④ 根据箔片变形初值计算波箔的刚度，将波箔刚度和顶箔的刚度进行组装，得到整个轴承弹性支承结构的整体刚度矩阵。

⑤ 由气膜压力的收敛解和轴承整体刚度矩阵得到支承结构变形新值。

⑥ 根据给出的收敛判断条件判断气膜压力和箔片变形是否同时收敛。如果满足条件，进入下一步计

算。如果不满足条件，计算得到的箔片变形新值将进入下一循环，直到气膜压力和箔片变形同时收敛为止。

⑦ 判断轴承气膜力与轴承载荷是否平衡。如果不满足平衡条件，调整偏心率和偏位角，重新计算。如果满足平衡条件，则输出计算结果，轴承静态气弹耦合润滑求解计算结束。

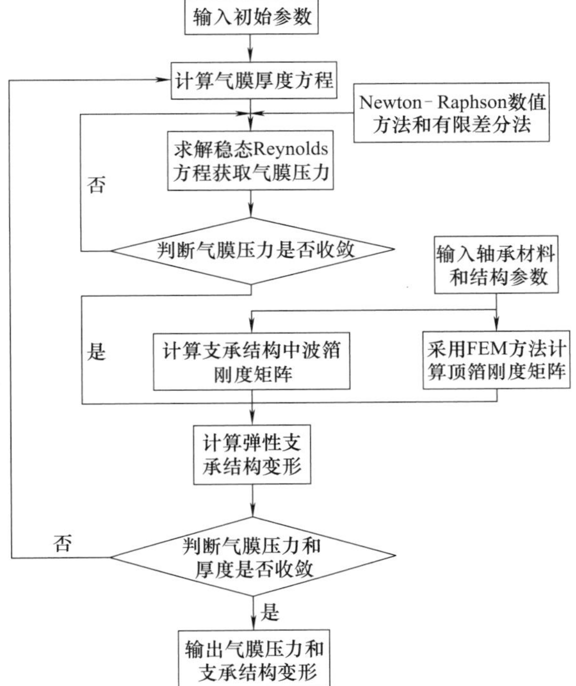

图 8-7-6　稳态雷诺方程的气弹耦合计算流程图

7.4　气体箔片轴承的动态性能求解

当转轴转速和载荷恒定，假设轴颈在轴承中平衡位置点受到具有特定位移和速度的小扰动时，轴心会在平衡位置附近小幅振动。由于扰动足够小，轴承动态刚度和阻尼系数在小扰动范围内可以被认为是线性的。通过耦合求解瞬态 Reynolds 方程和支承结构的动态运动方程，可以得到在此平衡位置处的轴承线性动态系数。当轴颈在平衡位置附近振动时箔片轴承中气膜的动态 Reynolds 方程的无量纲形式为：

$$\frac{\partial}{\partial\theta}\left(\overline{p}\,\overline{h}^3\frac{\partial\overline{p}}{\partial\theta}\right)+\frac{\partial}{\partial\overline{z}}\left(\overline{p}\,\overline{h}^3\frac{\partial\overline{p}}{\partial\overline{z}}\right)=\Lambda\frac{\partial(\overline{p}\,\overline{h})}{\partial\theta}+2\Lambda\gamma\frac{\partial(\overline{p}\,\overline{h})}{\partial\overline{t}} \tag{8-7-18}$$

无量纲参数为：

$$\overline{p}=\frac{p}{p_a},\overline{h}=\frac{h}{C},\theta=\frac{x}{R},\overline{z}=\frac{z}{R},$$

$$\Lambda=\frac{6\mu\Omega}{p_a}\left(\frac{R}{C}\right)^2,\overline{t}=\upsilon t,\gamma=\frac{\upsilon}{\Omega}$$

上式中，υ 为外部激励频率，Ω 为轴颈转速，则 γ 为外部激励频率和轴颈转速的频率之比。与稳态 Reynolds 方程相同，在轴承两端区域，动态 Reynolds 方程的边界条件的表达形式为：

$$p=p_a,\quad z=\pm L/2 \tag{8-7-19}$$

在轴承顶箔的固定端位置附近，气膜出口和入口处的边界条件的表达形式为：

$$p=p_a,\quad \theta=0,2\pi \tag{8-7-20}$$

在动态的气膜压力作用下，箔片轴承弹性支承结构的运动方程的无量纲形式可表示为：

$$\overline{p}=K_e\overline{\delta}+\gamma B_e\dot{\overline{\delta}} \tag{8-7-21}$$

上式中无量纲参数为：

$$K_e=\frac{KC}{p_a},B_e=\frac{BC\Omega}{p_a}$$

$\overline{p}$ 为无量纲化气膜压力，K 为支承结构的刚度系数，B_e 为支承结构的结构阻尼系数。$\overline{\delta}$ 和 $\dot{\overline{\delta}}$ 分别为支承结构的变形位移和速度。

当轴承稳定运转在平衡位置时，轴承气膜力在载荷方向与外载荷大小相同，在载荷的法向方向其大小为零。当轴颈受到小扰动时，在平衡位置处新的气膜力可展开为泰勒级数形式，表示为：

$$\begin{Bmatrix}F_x\\F_y\end{Bmatrix}=\begin{Bmatrix}F_x\\F_y\end{Bmatrix}+\frac{\partial}{\partial x}\begin{Bmatrix}F_x\\F_y\end{Bmatrix}\Delta x+\frac{\partial}{\partial y}\begin{Bmatrix}F_x\\F_y\end{Bmatrix}\Delta y+\frac{\partial}{\partial\dot{x}}\begin{Bmatrix}F_x\\F_y\end{Bmatrix}\Delta\dot{x}+\frac{\partial}{\partial\dot{y}}\begin{Bmatrix}F_x\\F_y\end{Bmatrix}\Delta\dot{y}+O(\Delta x^2,\Delta y^2,\Delta\dot{x}^2,\Delta\dot{y}^2) \tag{8-7-22}$$

上式中，O 为高阶小量，当扰动项 Δx、Δy、$\Delta\dot{x}$、$\Delta\dot{y}$ 趋于零时该高阶小量可以忽略，则式（8-7-18）被简化为线性方程。因此，在稳态平衡位置处轴承的线性动态刚度系数和线性阻尼系数可由轴承力的偏微分形式得到，表示为：

$$\begin{bmatrix}K_{xx}&K_{xy}\\K_{yx}&K_{yy}\end{bmatrix}=\begin{bmatrix}\dfrac{\partial F_x}{\partial x}&\dfrac{\partial F_x}{\partial y}\\\dfrac{\partial F_y}{\partial x}&\dfrac{\partial F_y}{\partial y}\end{bmatrix},$$

$$\begin{bmatrix}C_{xx}&C_{xy}\\C_{yx}&C_{yy}\end{bmatrix}=\begin{bmatrix}\dfrac{\partial F_x}{\partial\dot{x}}&\dfrac{\partial F_x}{\partial\dot{y}}\\\dfrac{\partial F_y}{\partial\dot{x}}&\dfrac{\partial F_y}{\partial\dot{y}}\end{bmatrix} \tag{8-7-23}$$

式中　$\begin{bmatrix}K_{xx}&K_{xy}\\K_{yx}&K_{yy}\end{bmatrix}$——动态刚度系数矩阵；

第 8 篇

$\begin{bmatrix} C_{xx} & C_{xy} \\ C_{yx} & C_{yy} \end{bmatrix}$——动态阻尼系数矩阵。

当轴承中轴颈位于稳态平衡位置时，由于轴颈在两个方向的扰动位移和速度下轴心轨迹为圆形，则将小扰动 Δx、Δy、$\Delta \dot{x}$、$\Delta \dot{y}$ 无量纲化并用复数形式表示为：

$$\begin{cases} \Delta X=\dfrac{\Delta x}{C}=|\Delta X|\,e^{i\bar{t}} \\ \Delta \dot{X}=\dfrac{\partial \Delta X}{\partial \bar{t}}=i\Delta X \\ \Delta \ddot{X}=\dfrac{\partial \Delta \dot{X}}{\partial \bar{t}}=-\Delta X \end{cases},\quad \begin{cases} \Delta Y=\dfrac{\Delta y}{C}=|\Delta Y|\,e^{i\bar{t}} \\ \Delta \dot{Y}=\dfrac{\partial \Delta Y}{\partial \bar{t}}=i\Delta Y \\ \Delta \ddot{Y}=\dfrac{\partial \Delta \dot{Y}}{\partial \bar{t}}=-\Delta Y \end{cases} \tag{8-7-24}$$

根据式（8-7-24）将无量纲的气膜压力、气膜厚度和结构变形展开为与扰动位移和速度相关的泰勒级数为：

$$\begin{cases} \bar{p}=\bar{p}_0+\bar{p}_x\Delta X+\bar{p}_{\dot{x}}\Delta \dot{X}+\bar{p}_y\Delta Y+\bar{p}_{\dot{y}}\Delta \dot{Y} \\ \bar{h}=\bar{h}_0+\bar{h}_x\Delta X+\bar{h}_{\dot{x}}\Delta \dot{X}+\bar{h}_y\Delta Y+\bar{h}_{\dot{y}}\Delta \dot{Y} \\ \bar{\delta}=\bar{\delta}_0+\bar{\delta}_x\Delta X+\bar{\delta}_{\dot{x}}\Delta \dot{X}+\bar{\delta}_y\Delta Y+\bar{\delta}_{\dot{y}}\Delta \dot{Y} \end{cases} \tag{8-7-25}$$

无量纲气膜厚度和支承结构变形位移的关系为：

$$\begin{cases} \bar{h}_x=\bar{\delta}_x+\cos\theta, & \bar{h}_{\dot{x}}=\bar{\delta}_{\dot{x}} \\ \bar{h}_y=\bar{\delta}_y+\sin\theta, & \bar{h}_{\dot{y}}=\bar{\delta}_{\dot{y}} \end{cases} \tag{8-7-26}$$

将式（8-7-26）中气膜压力的泰勒级数展开形式代入轴承气膜力中，并结合动态刚度和阻尼表达式，可得箔片轴承刚度和阻尼系数矩阵的无量纲形式为：

$$\begin{bmatrix} \bar{K}_{xx} & \bar{K}_{xy} \\ \bar{K}_{yx} & \bar{K}_{yy} \end{bmatrix}=\frac{C\Omega}{p_aR^2}\begin{bmatrix} K_{xx} & K_{xy} \\ K_{yx} & K_{yy} \end{bmatrix}=\int_0^{L/R}\int_0^{2\pi}\begin{bmatrix} \bar{p}_x\cos\theta & \bar{p}_y\cos\theta \\ \bar{p}_x\sin\theta & \bar{p}_y\sin\theta \end{bmatrix}d\theta d\bar{z} \tag{8-7-27}$$

$$\begin{bmatrix} \bar{C}_{xx} & \bar{C}_{xy} \\ \bar{C}_{yx} & \bar{C}_{yy} \end{bmatrix}=\frac{C\Omega}{p_aR^2}\begin{bmatrix} C_{xx} & C_{xy} \\ C_{yx} & C_{yy} \end{bmatrix}=\int_0^{L/R}\int_0^{2\pi}\begin{bmatrix} \bar{p}_{\dot{x}}\cos\theta & \bar{p}_{\dot{y}}\cos\theta \\ \bar{p}_{\dot{x}}\sin\theta & \bar{p}_{\dot{y}}\sin\theta \end{bmatrix}d\theta d\bar{z} \tag{8-7-28}$$

在已知 $\bar{p}_x$、$\bar{p}_{\dot{x}}$、$\bar{p}_y$ 和 $\bar{p}_{\dot{y}}$ 的情况下，根据式（8-7-27）和式（8-7-28）即可计算得到轴承的动态刚度和阻尼系数。将式（8-7-26）和式（8-7-27）代入瞬态 Reynolds 方程（8-7-28）和支承结构运动方程（8-7-22）中，合并同类项并整理可得以下方程组：

$$\begin{cases} \dfrac{\partial}{\partial\theta}\left(\bar{p}_0\bar{h}_0^3\dfrac{\partial\bar{p}_0}{\partial\theta}\right)+\dfrac{\partial}{\partial\bar{z}}\left(\bar{p}_0\bar{h}_0^3\dfrac{\partial\bar{p}_0}{\partial\bar{z}}\right) \\ =\Lambda\dfrac{\partial(\bar{p}_0\bar{h}_0)}{\partial\theta} \\ \bar{p}_0-K_e[\bar{h}_0-(1+\bar{x}\cos\theta+\bar{y}\sin\theta)]=0 \end{cases} \tag{8-7-29}$$

$$\begin{cases} \dfrac{\partial}{\partial\theta}\left(\bar{p}_0\bar{h}_0^3\dfrac{\partial\bar{p}_x}{\partial\theta}+\bar{p}_x\bar{h}_0^3\dfrac{\partial\bar{p}_0}{\partial\theta}+3\bar{p}_0\bar{h}_0^2\bar{h}_x\dfrac{\partial\bar{p}_0}{\partial\theta}\right)+ \\ \dfrac{\partial}{\partial\bar{z}}\left(\bar{p}_0\bar{h}_0^3\dfrac{\partial\bar{p}_x}{\partial\bar{z}}+\bar{p}_x\bar{h}_0^3\dfrac{\partial\bar{p}_0}{\partial\bar{z}}+3\bar{p}_0\bar{h}_0^2\bar{h}_x\dfrac{\partial\bar{p}_0}{\partial\bar{z}}\right) \\ =\Lambda\dfrac{\partial}{\partial\theta}(\bar{p}_x\bar{h}_0+\bar{p}_0\bar{h}_x)-2\Lambda\gamma(\bar{p}_{\dot{x}}\bar{h}_0+\bar{p}_0\bar{h}_x) \\ \bar{p}_x-K_e\bar{h}_x+\gamma C_e\bar{h}_{\dot{x}}=-K_e\cos\theta \end{cases} \tag{8-7-30}$$

$$\begin{cases} \dfrac{\partial}{\partial\theta}\left(\bar{p}_0\bar{h}_0^3\dfrac{\partial\bar{p}_{\dot{x}}}{\partial\theta}+\bar{p}_{\dot{x}}\bar{h}_0^3\dfrac{\partial\bar{p}_0}{\partial\theta}+3\bar{p}_0\bar{h}_0^2\bar{h}_{\dot{x}}\dfrac{\partial\bar{p}_0}{\partial\theta}\right)+ \\ \dfrac{\partial}{\partial\bar{z}}\left(\bar{p}_0\bar{h}_0^3\dfrac{\partial\bar{p}_{\dot{x}}}{\partial\bar{z}}+\bar{p}_{\dot{x}}\bar{h}_0^3\dfrac{\partial\bar{p}_0}{\partial\bar{z}}+3\bar{p}_0\bar{h}_0^2\bar{h}_{\dot{x}}\dfrac{\partial\bar{p}_0}{\partial\bar{z}}\right) \\ =\Lambda\dfrac{\partial}{\partial\theta}(\bar{p}_{\dot{x}}\bar{h}_0+\bar{p}_0\bar{h}_{\dot{x}})+2\Lambda\gamma(\bar{p}_x\bar{h}_0+\bar{p}_0\bar{h}_x) \\ \bar{p}_{\dot{x}}-K_e\bar{h}_{\dot{x}}-\gamma C_e\bar{h}_x=-\gamma C_e\cos\theta \end{cases} \tag{8-7-31}$$

$$\begin{cases} \dfrac{\partial}{\partial\theta}\left(\bar{p}_0\bar{h}_0^3\dfrac{\partial\bar{p}_y}{\partial\theta}+\bar{p}_y\bar{h}_0^3\dfrac{\partial\bar{p}_0}{\partial\theta}+3\bar{p}_0\bar{h}_0^2\bar{h}_y\dfrac{\partial\bar{p}_0}{\partial\theta}\right)+ \\ \dfrac{\partial}{\partial\bar{z}}\left(\bar{p}_0\bar{h}_0^3\dfrac{\partial\bar{p}_y}{\partial\bar{z}}+\bar{p}_y\bar{h}_0^3\dfrac{\partial\bar{p}_0}{\partial\bar{z}}+3\bar{p}_0\bar{h}_0^2\bar{h}_y\dfrac{\partial\bar{p}_0}{\partial\bar{z}}\right) \\ =\Lambda\dfrac{\partial}{\partial\theta}(\bar{p}_y\bar{h}_0+\bar{p}_0\bar{h}_y)-2\Lambda\gamma(\bar{p}_{\dot{y}}\bar{h}_0+\bar{p}_0\bar{h}_{\dot{y}}) \\ \bar{p}_y-K_e\bar{h}_y+\gamma C_e\bar{h}_{\dot{y}}=-K_e\sin\theta \end{cases} \tag{8-7-32}$$

$$\begin{cases} \dfrac{\partial}{\partial\theta}\left(\bar{p}_0\bar{h}_0^3\dfrac{\partial\bar{p}_{\dot{y}}}{\partial\theta}+\bar{p}_{\dot{y}}\bar{h}_0^3\dfrac{\partial\bar{p}_0}{\partial\theta}+3\bar{p}_0\bar{h}_0^2\bar{h}_{\dot{y}}\dfrac{\partial\bar{p}_0}{\partial\theta}\right)+ \\ \dfrac{\partial}{\partial\bar{z}}\left(\bar{p}_0\bar{h}_0^3\dfrac{\partial\bar{p}_{\dot{y}}}{\partial\bar{z}}+\bar{p}_{\dot{y}}\bar{h}_0^3\dfrac{\partial\bar{p}_0}{\partial\bar{z}}+3\bar{p}_0\bar{h}_0^2\bar{h}_{\dot{y}}\dfrac{\partial\bar{p}_0}{\partial\bar{z}}\right) \\ =\Lambda\dfrac{\partial}{\partial\theta}(\bar{p}_{\dot{y}}\bar{h}_0+\bar{p}_0\bar{h}_{\dot{y}})+2\Lambda\gamma(\bar{p}_y\bar{h}_0+\bar{p}_0\bar{h}_y) \\ \bar{p}_{\dot{y}}-K_e\bar{h}_{\dot{y}}-\gamma C_e\bar{h}_y=-\gamma C_e\sin\theta \end{cases} \tag{8-7-33}$$

在以上五组方程中，式（8-7-29）为 Reynolds 方程的稳态解。采用有限差分法求解瞬态 Reynolds 方程并耦合支承结构运动方程，得到箔片轴承线性动态系数的流程如图 8-7-7 所示，主要步骤如下。

① 输入轴承的结构、材料和运行参数，包括转速、载荷等。

② 采用有限差分法求解 Reynolds 方程，耦合支承结构变形方程进行迭代，并根据收敛判断条件得到稳态平衡位置处的气膜压力和气膜厚度结果。

③ 输入激励频率比 γ 并采用有限差分法求解 $\overline{p}_x$、$\overline{h}_x$、$\overline{p}_{\dot{x}}$、$\overline{h}_{\dot{x}}$，判断计算结果是否满足收敛条件，如果收敛则进入下一步计算，如果不收敛则继续迭代。

④ 采用有限差分法求解 $\overline{p}_y$、$\overline{h}_y$、$\overline{p}_{\dot{y}}$、$\overline{h}_{\dot{y}}$，判断计算结果是否满足收敛条件，如果收敛则进入下一步计算，如果不收敛则继续迭代。

⑤ 根据动态刚度和阻尼系数表达式对以上计算结果进行处理，输出动态刚度和阻尼系数。

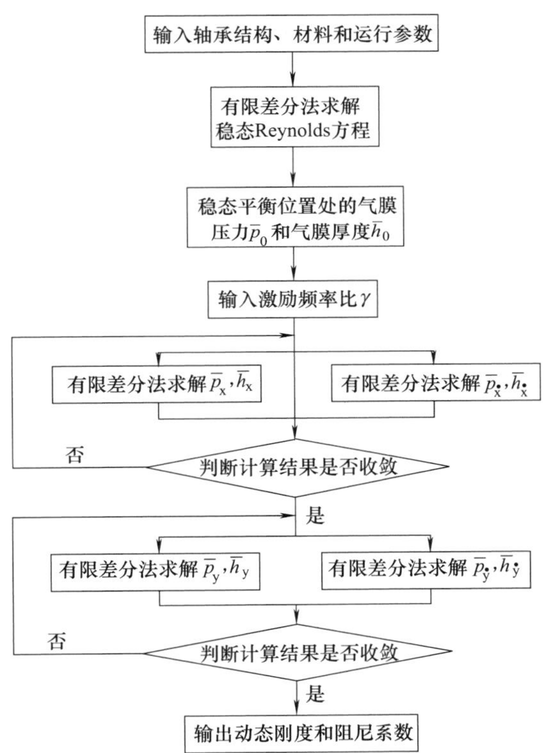

图 8-7-7　轴承动态系数求解流程图

7.5　气体箔片轴承的静动态性能预测结果

算例：气体箔片轴承的几何参数如表 8-7-2 所示。图 8-7-8 所示为不同载荷和径向间隙下轴承的最小气膜厚度；图 8-7-9 所示为不同摩擦因数和载荷下轴承的最小气膜厚度；图 8-7-10 为不同轴承间隙和转速下轴承的承载能力；图 8-7-11 和图 8-7-12 分别为基于小扰动法预测的轴承动态刚度及阻尼系数。

表 8-7-2　气体箔片轴承几何参数

轴承半径	19.05mm
轴承长度	38.1mm
名义间隙	31.8mm
顶箔和波箔厚度	101.6mm
波箔节距	4.572mm
波箔半长	1.778mm
波箔高度	0.508mm
波箔个数	26
杨氏模量	214GPa
箔片泊松比	0.29

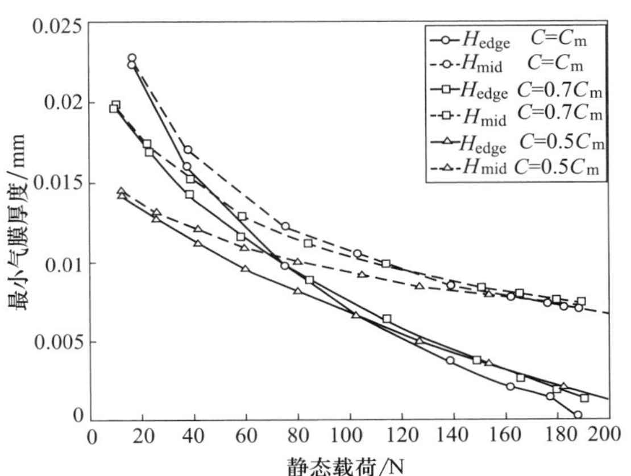

图 8-7-8　不同载荷和径向间隙下轴承的最小气膜厚度，转速为 45kr/min，顶箔和波箔的摩擦因数 $\eta=0.1$，波箔和轴承套的摩擦因数 $\mu=0.1$

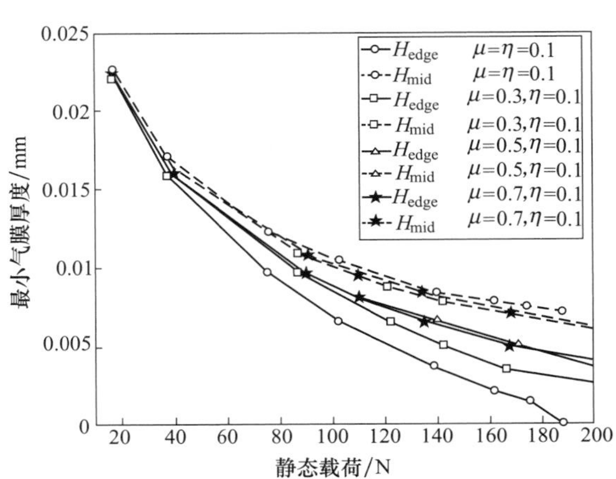

图 8-7-9　不同摩擦因数和载荷下轴承的最小气膜厚度，转速为 45kr/min，顶箔和波箔的摩擦因数为 η，波箔和轴承套的摩擦因数为 μ

第 8 篇

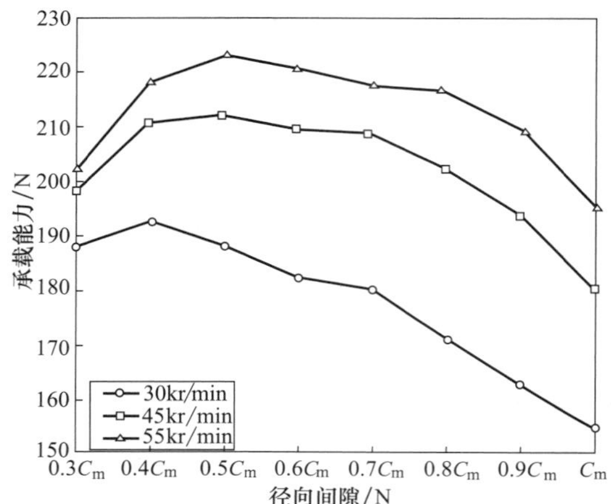

图 8-7-10　不同轴承间隙和转速下轴承的承载能力，顶箔和波箔的摩擦因数为 $\eta=0.1$，波箔和轴承套的摩擦因数为 $\mu=0.1$

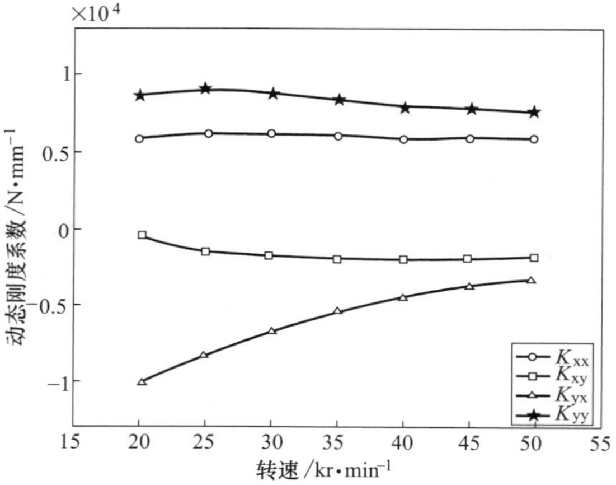

图 8-7-11　不同转速下轴承的动态刚度系数，载荷 50N，顶箔和波箔的摩擦因数为 $\eta=0.1$，波箔和轴承套的摩擦因数为 $\mu=0.1$

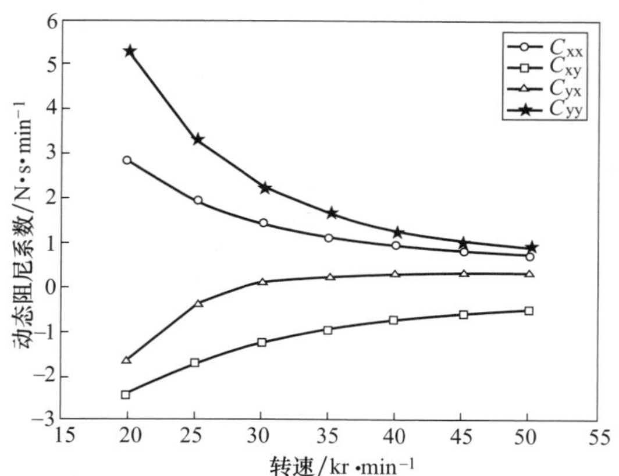

图 8-7-12　不同转速下轴承的动态阻尼系数，载荷 50N，顶箔和波箔的摩擦因数为 $\eta=0.1$，波箔和轴承套的摩擦因数为 $\mu=0.1$

7.6　推力气体箔片轴承的静动态性能预测

推力气体箔片轴承主要用来承受轴向推力，其结构如图 8-7-13 所示，推力气体箔片轴承的结构参数如图 8-7-14 所示。在等温理想气体假设条件下，可压缩气体的无量纲 Reynolds 方程：

$$\frac{1}{\bar{r}}\frac{\partial}{\partial \bar{r}}\left(\bar{r}\bar{h}^{3}\bar{p}\frac{\partial \bar{p}}{\partial \bar{r}}\right)+\frac{1}{\bar{r}^{2}}\frac{\partial}{\partial \theta}\left(\bar{h}^{3}\bar{p}\frac{\partial \bar{p}}{\partial \theta}\right)=\Lambda\frac{\partial(\bar{p}\bar{h})}{\partial \theta}+2\gamma\Lambda\frac{\partial(\bar{p}\bar{h})}{\partial \bar{t}} \tag{8-7-34}$$

式中

$$\bar{h}=\frac{h}{h_2},\bar{h}_1=\frac{h_1}{h_2},\bar{r}=\frac{r}{r_o},\bar{p}=\frac{p}{p_a},\bar{t}=\nu t \tag{8-7-35}$$

$$\Lambda=\frac{6\mu_0\omega R_0{}^2}{p_a h_2{}^2} \tag{8-7-36}$$

式中　h_2——最小初始气膜厚度，m；
h_1——推力瓦气体进口区膜厚，m；
r_o——推力瓦外径，m；
p_a——环境气体压力，Pa；
ν——激振频率，rad/s；
$\bar{h}$——无量纲气膜厚度；
$\bar{h}_1$——入口区无量纲膜厚；
$\bar{r}$——无量纲半径；
$\bar{p}$——无量纲气膜压力；
$\bar{t}$——无量纲时间。

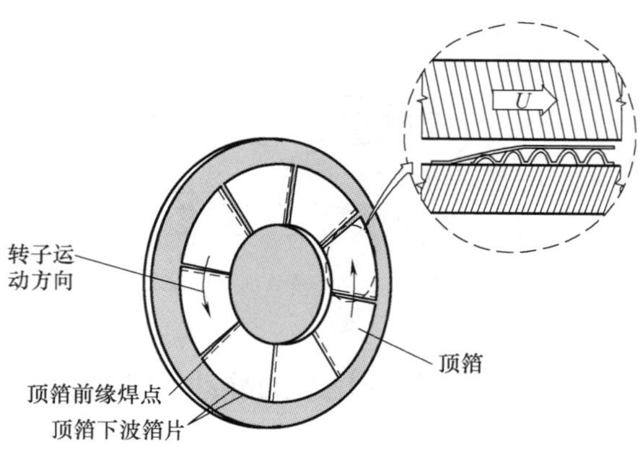

图 8-7-13　推力气体箔片轴承结构

气体动压推力轴承由多个呈圆周均匀分布的推力瓦结构组成。当转子推力盘没有发生倾斜时，每扇形推力瓦的气膜压力和气膜间隙分布相同。弹性箔片气体动压推力轴承的气膜厚度，由转子静止情况下轴承

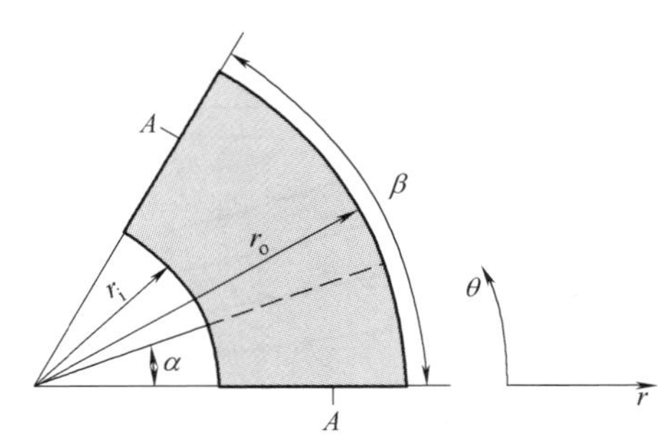

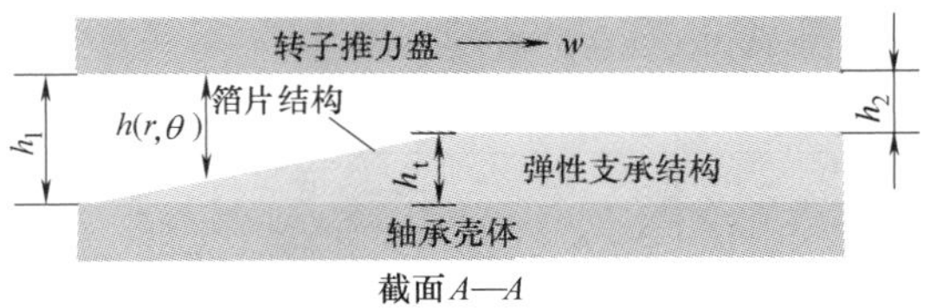

图 8-7-14　推力气体箔片轴承结构参数

表面和推力盘表面的间隙 $h=h_2+g(r,\theta)$ 以及在工作状况下轴承柔性表面的变形 $\delta(r,\theta)$ 两部分组成。因此，弹性箔片气体动压轴承的气膜厚度方程为：

$$h=h_2+g(r,\theta)+\delta(r,\theta) \tag{8-7-37}$$

式中，初始情况下的轴向间隙 $g(r,\theta)$ 为

$$g=(h_1-h_2)[1-\theta/(b\beta)],0\leqslant\theta<b\beta$$
$$g=0,b\beta\leqslant\theta\leqslant\beta \tag{8-7-38}$$

式中，β 为扇形推力瓦张角；b 为顶箔的倾斜平面占扇形推力瓦的比例，又称为节距比。

将 $\bar{h}=\dfrac{h}{h_2}$，$\bar{g}=\dfrac{g}{h_2}$，$\bar{\delta}=\dfrac{\delta}{h_2}$，代入式（8-7-37），得到无量纲气膜厚度方程：

$$\bar{h}=1+\bar{g}(\bar{r},\theta)+\bar{\delta}(\bar{r},\theta) \tag{8-7-39}$$

其中，

$$\bar{g}=(\bar{h}_1-1)[1-\theta/(b\beta)],0\leqslant\theta<b\beta$$
$$\bar{g}=0,b\beta\leqslant\theta\leqslant\beta \tag{8-7-40}$$

推力气体箔片轴承的波箔采用与径向气体箔片轴承一样的弹簧-连杆单元模型，顶箔采用三维壳单元模型。在计算中，波形箔片和顶箔采用相同的网格划分方式，如图 8-7-15 所示。将每个波形箔片单元的刚度 K_v 加入到顶箔的相应节点，获得箔片结构的整体刚度矩阵 $[K_f]=[K_v]+[K_{top}]$。箔片结构的变形会直接影响转子表面和轴承表面之间的气膜厚度。因此，箔片结构的变形对轴承的性能有很大的影响。根据虚功原理，通过直接刚度法 $\{F\}=[K_f]\{\delta\}$ 进行计算，可获得箔片结构的变形 δ。

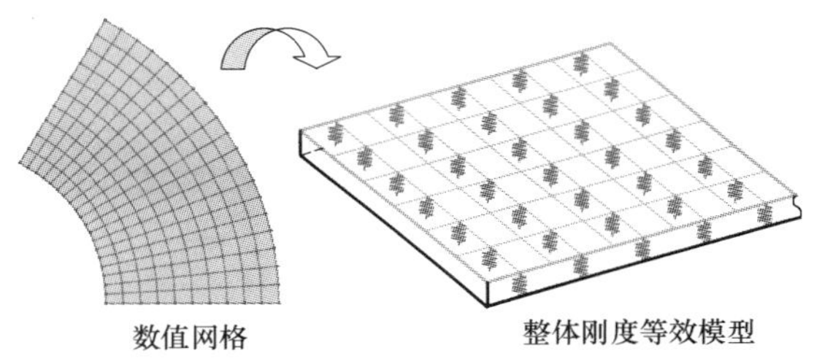

图 8-7-15　箔片结构整体刚度矩阵

算例：推力气体箔片轴承的几何参数如表 8-7-3 所示。图 8-7-16 所示为不同转速下初始最小气膜厚度对轴承承载力和摩擦转矩的影响；图 8-7-17 所示为推力盘倾斜对不同瓦块承载力和摩擦转矩的影响；图 8-7-18 所示为不同转速下最小气膜厚度对推力气体箔片轴承动态刚度及阻尼特性的影响。

表 8-7-3　推力气体箔片轴承的几何参数和材料参数

参数	值	参数	值
内径 r_i	25.4mm	波形突起半宽 l_b	0.9mm
外径 r_o	50.8mm	波形突起高度 h_b	0.4mm
推力瓦块数 N_p	6	顶箔厚度 t_f	0.1524mm
顶箔展角 β	60°	波箔片厚度 t_b	0.1016mm
波箔片展角 β	60°	推力盘厚度 t_{disc}	5mm
倾斜平面展角 α	30°:$\alpha/\beta=0.5$	推力板厚度 t_{plate}	2mm
波形突起数目 N_b	12	弹性模量 E	214GPa
波形突起角距 θ_b	5°	泊松比 ν_p	0.29

第8篇

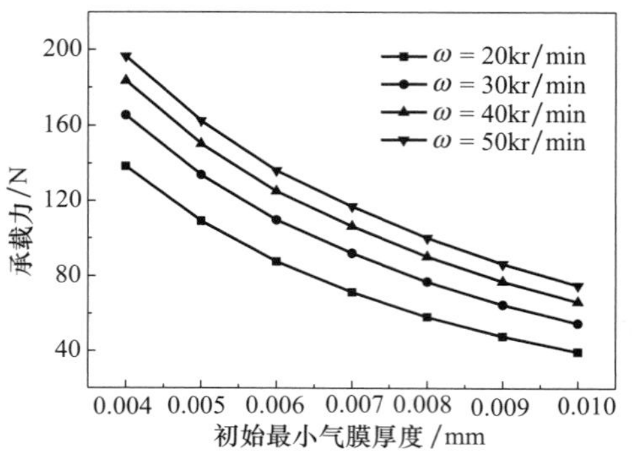

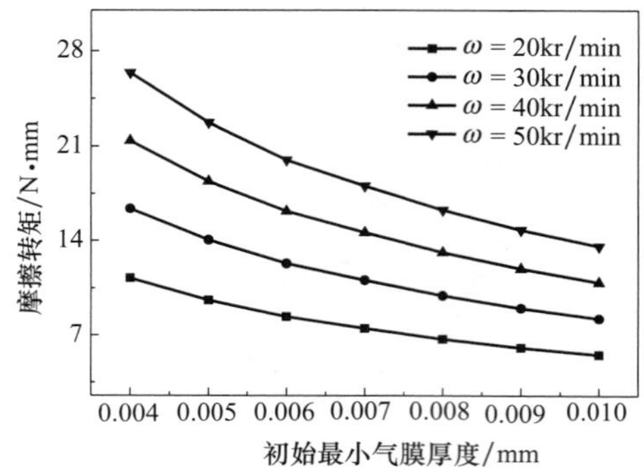

图 8-7-16　不同转速下初始最小气膜厚度对轴承性能的影响

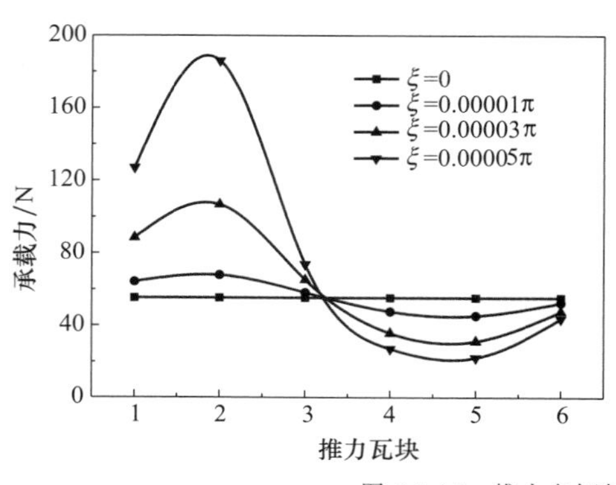

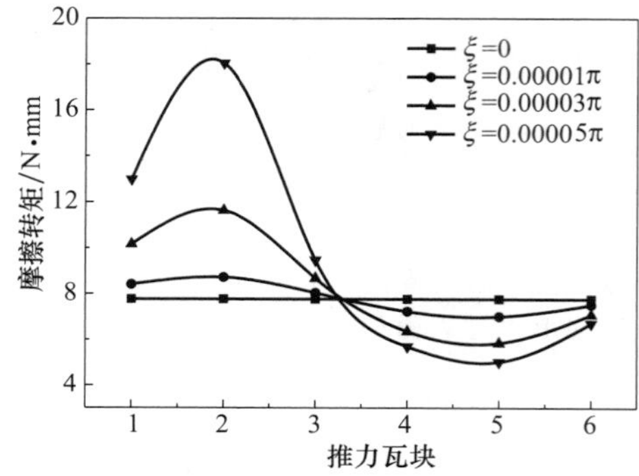

图 8-7-17　推力盘倾斜对不同瓦块性能的影响

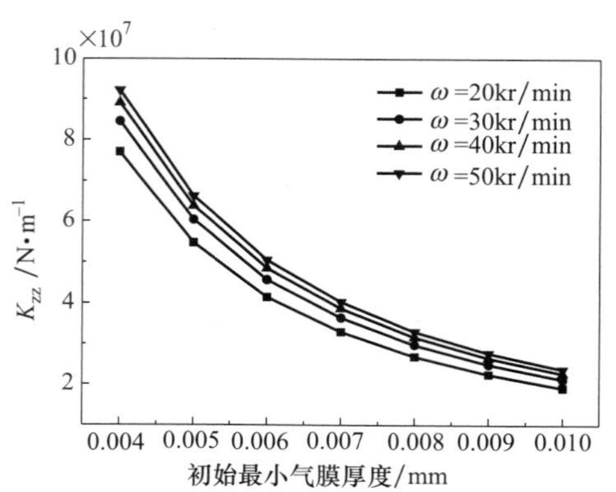

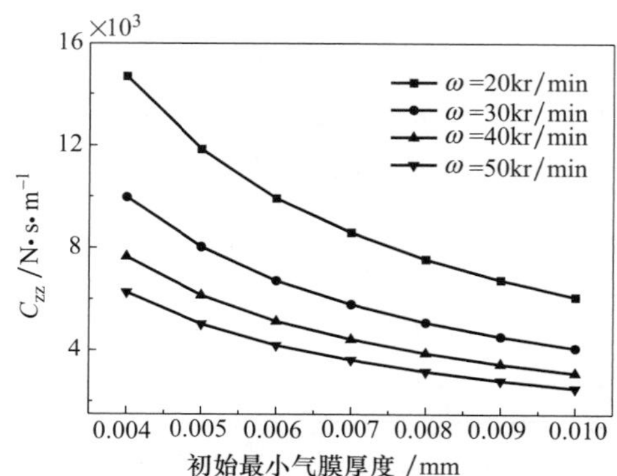

图 8-7-18　不同转速下最小气膜厚度对推力轴承动态特性

第 8 章　流体动静压润滑轴承

8.1　工作原理及特性

在轴颈旋转时油腔式静压润滑轴承，即是典型的动静压轴承，由于轴的旋转可在封油面上产生动压效应，该动压效应和油腔的静压效应共同承受外载荷，并使轴承的承载能力有所提高，在静压油腔较浅时，即油腔深度 h_q 等于轴承间隙 C 时或油腔面积与轴瓦总面积之比较小时的静力润滑轴承都是严格意义上的动静压润滑轴承。

典型的动静压润滑轴承包括浅油腔式、螺旋槽油腔式、隙缝式、小孔式、无腔式和阶梯轴承动静压润滑轴承，动静压润滑轴承可适用于高速重载的工况和频繁启动或停机时要求具有一定的润滑油膜，以及防止磨损的场合，它还可适用于载荷不断变化及有瞬时过载的工况。同时适当的静压设计还可以提高轴承的动力学稳定性。

8.2　动静压轴承的结构型式

动静压轴承的结构型式主要有以下几类：螺旋槽油腔，主要用于同时有径向和轴向载荷的情况；无腔动静压轴承，该结构是近年研究较多的一类结构，动压效应大，但缺乏静压支撑，须在大偏心下工作，因此主轴回转精度低；浅油腔动静压轴承，高速精密主轴多用此类轴承；环槽阶梯轴承，是阶梯腔轴承的一种改良结构，具有流量大、温升低的特点，其他性能与阶梯腔轴承类似。动静压轴承的结构型式见表 8-8-1。

表 8-8-1　动静压轴承的结构型式

结构型式	示 意 图	特　点
螺旋槽油腔	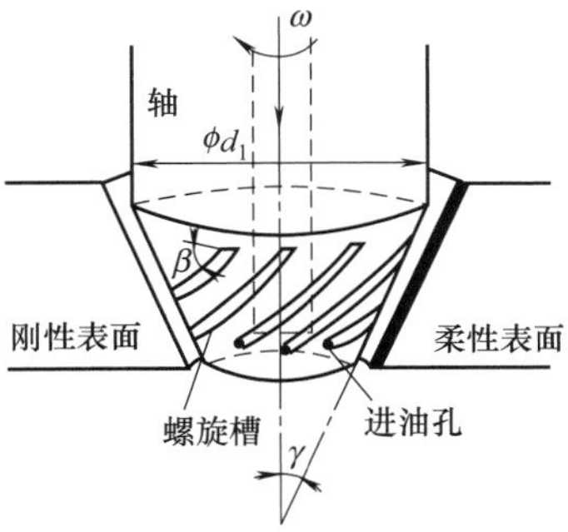	可以承受径向及轴向载荷，单向旋转
无腔动静压轴承	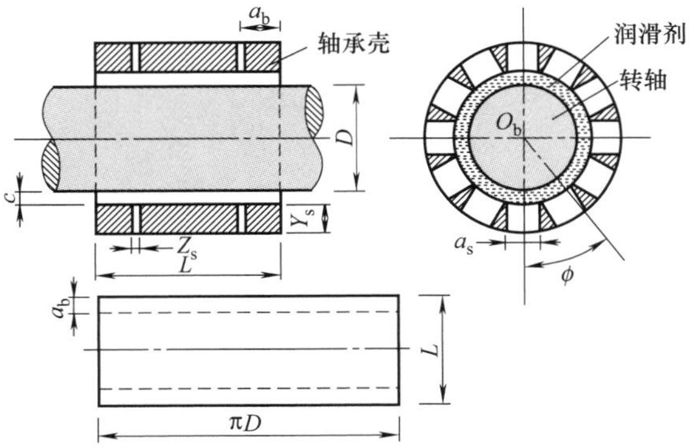 狭缝节流型	可以充分利用旋转面的动压作用

续表

结构型式	示意图	特点
无腔动静压轴承	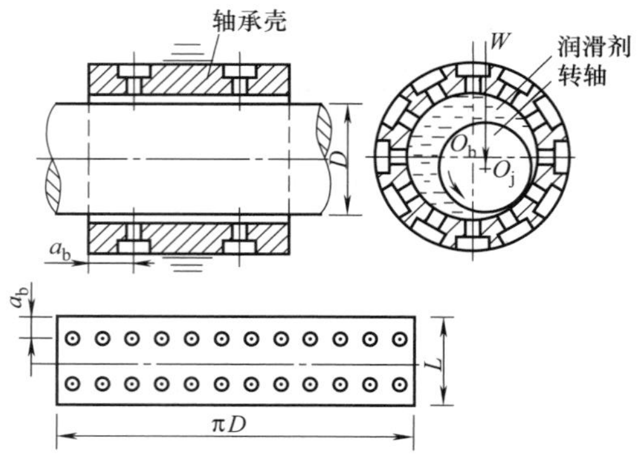 轴承壳 润滑剂 转轴 W D O_b O_j a_b L πD 小孔节流型	可以充分利用旋转面的动压作用
等深浅油腔动静压轴承	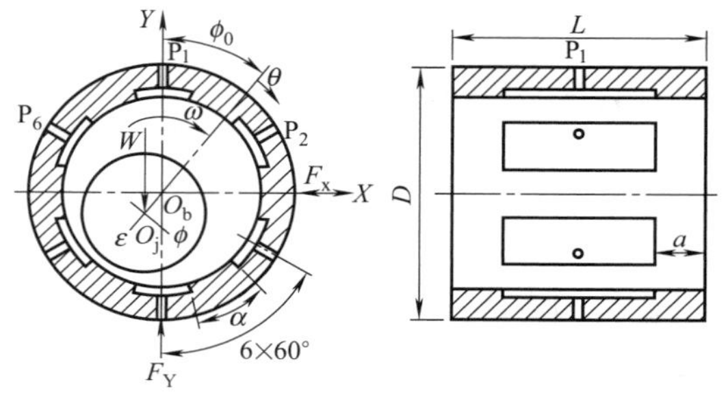 Y ϕ_0 P_1 θ P_6 ω P_2 W F_x X O_b ε O_j ϕ α 6×60° F_Y L D a	静压作用显著
阶梯轴承 普通阶梯轴承	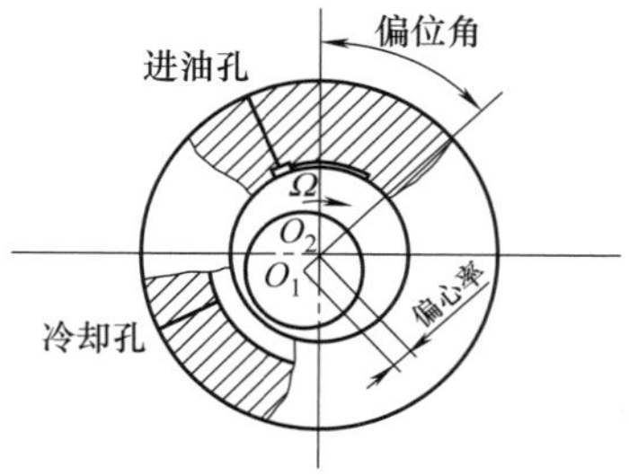 偏位角 进油孔 Ω O_2 O_1 偏心率 冷却孔 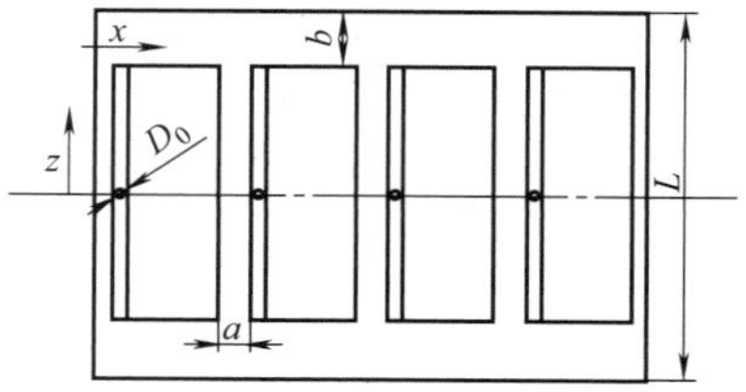 x b z D_0 L a	可充分发挥动静压的作用，结构较复杂

续表

结构型式		示意图	特点
阶梯轴承	具有环槽的阶梯轴承	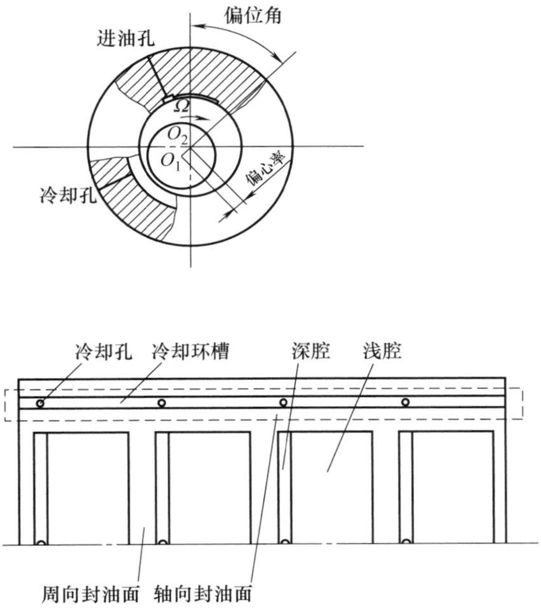	可充分发挥动静压的作用，结构较复杂。散热效果好

8.3　动静压轴承设计的基本理论与数值方法

8.3.1　基本公式

动静压轴承设计的基本方程是在如下假设条件下得到的：

① 轴承转子系统处于热平衡状态；

② 油膜中的热传导作用与输运作用忽略不计，沿膜厚度方向温度变化忽略不计；

③ 流体的惯性力忽略不计；

④ 系统的热变形和弹性变形忽略不计；

⑤ 润滑介质是牛顿流体，其黏度只与温度有关；

⑥ 主轴扰动对温度分布影响忽略不计。

8.3.2　雷诺方程

由 Navier-Stokes 方程组推导的雷诺方程可用于求解滑动轴承压力分布，由压力分布可得到轴承流场流态和静动特性。轴承的静特性可通过求解静态雷诺方程得到；轴承的动特性可通过小扰动法，将动态雷诺方程对小扰动量求导然后求解导数方程得到。

常用的动静压轴承示意如图 8-8-1 所示。

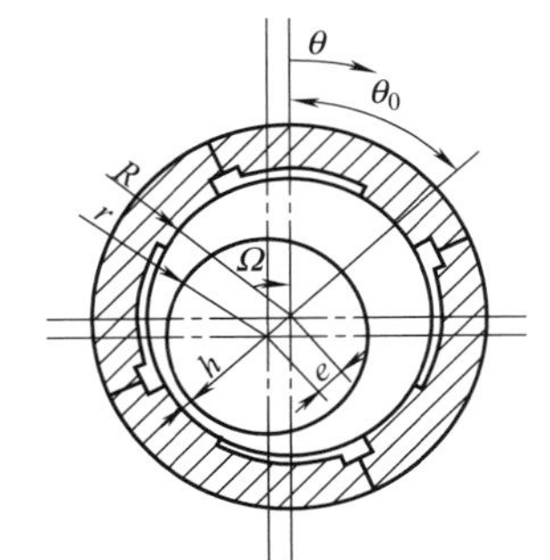

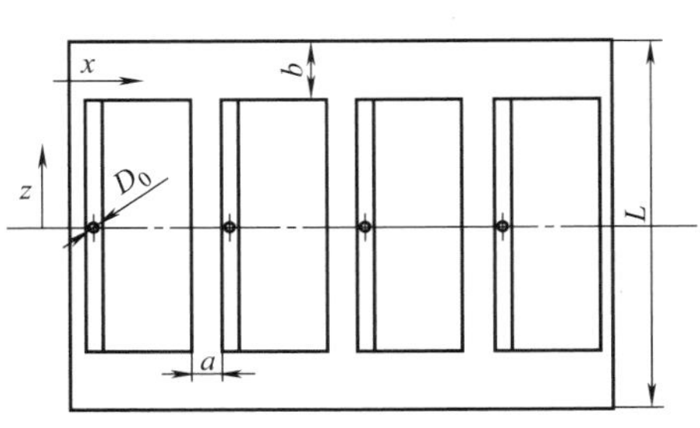

图 8-8-1　动静压轴承工作示意

图 8-8-1 中：

θ_0——主轴偏位角；

e——主轴偏心距，m；

ε——主轴偏心率，$\varepsilon=e/c$；

r——轴颈半径，m；

R——轴瓦半径，m，$R\approx r$；

c——半径间隙，m，$c=R-r$；

h——油膜厚度，m，$h=h_{油腔}+c+e\cos(\theta-\theta_0)$；

a——周向封油边，m；

b——轴向封油边，m；

D_0——进油孔直径，m；

D——轴承内圆直径，m；

L——轴承长度，m。

1）静态雷诺方程　静态雷诺方程如公式（8-8-1）

$$\frac{\partial}{\partial x}\left(\frac{G_x}{\mu}h^3\times\frac{\partial p}{\partial x}\right)+\frac{\partial}{\partial z}\left(\frac{G_z}{\mu}h^3\times\frac{\partial p}{\partial z}\right)=\frac{U}{2}\times\frac{\partial h}{\partial x} \tag{8-8-1}$$

式中　x——轴承周向展开方向的坐标，m；

z——轴承轴向坐标，m；

μ——润滑介质动力黏度，Pa・s；

G_x，G_z——紊流修正因子，由流场流态和紊流模型决定；

p——油膜压力，Pa；

U——轴颈线速度，$m\cdot s^{-1}$。

沿油膜厚度方向平均的速度表达式见公式（8-8-2）

$$\begin{cases}v_x=U/2-G_x\dfrac{h^2p_s}{r\mu}\times\dfrac{\partial P}{\partial\theta}\\ v_z=-G_z\dfrac{h^2}{\mu}\times\dfrac{\partial p}{\partial z}\end{cases} \tag{8-8-2}$$

式中　v_x——流场沿膜厚方向平均的周向速度，$m\cdot s^{-1}$；

v_z——流场沿膜厚方向平均的轴向速度，$m\cdot s^{-1}$。

x 方向和 z 方向的流量计算表达式如公式（8-8-3），流量计算示意图见图 8-8-2。

$$q_x=\int_\Gamma v_x h\rho\mathrm{d}l\quad q_z=\int_\Gamma v_z h\rho\mathrm{d}l \tag{8-8-3}$$

式中　q_x，q_z——在 x 方向和 z 方向上经过边界 Γ 面的流量。

轴承泄流量计算公式

$$q=\int_0^{2\pi r}v_z h\rho\mathrm{d}x\bigg|_{z=\pm L/2} \tag{8-8-4}$$

2）动态雷诺方程　动态雷诺方程见公式（8-8-5）

$$\frac{\partial}{\partial x}\left(\frac{G_x}{\mu}h^3\times\frac{\partial p}{\partial x}\right)+\frac{\partial}{\partial z}\left(\frac{G_z}{\mu}h^3\times\frac{\partial p}{\partial z}\right)=\frac{U}{2}\times\frac{\partial h}{\partial x}+\frac{\partial h}{\partial t} \tag{8-8-5}$$

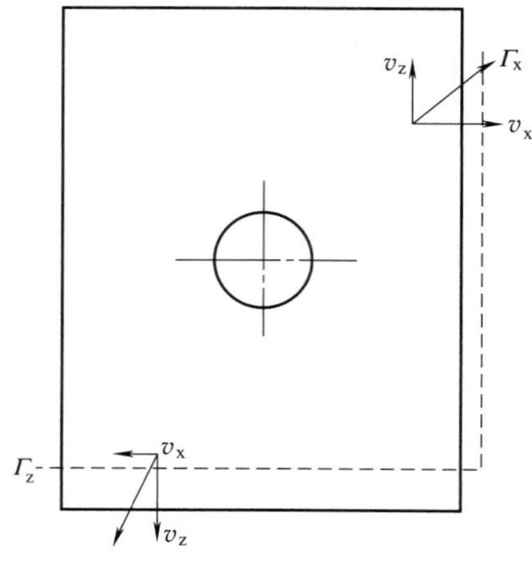

图 8-8-2　流量计算示意图

式中　$\dfrac{\partial h}{\partial t}$——油膜厚度对时间的导数，$\dfrac{\partial h}{\partial t}=v_\xi\sin\theta+v_\eta\cos\theta$，$v_\xi$ 和 v_η 分别为轴颈中心在水平和竖直方向的扰动速度。

8.3.3　紊流模型

通常情况下动静压轴承都是高转速运行，其流场具有很大的压力梯度和速度梯度，因此，在动静压轴承应考虑紊流状态。

压力梯度表达式如公式（8-8-6）

$$\begin{cases}\dfrac{\partial p}{\partial x}=-\dfrac{\mu}{2h^2}[(k_J+k_B)v_x-k_JU]\\ \dfrac{\partial p}{\partial z}=-\dfrac{\mu}{2h^2}(k_J+k_B)v_z\end{cases} \tag{8-8-6}$$

k_J 和 k_B 分别为轴颈和轴瓦的剪切系数，和表面状态有关。根据整体流理论，剪切系数计算表达式如公式（8-8-7）

$$\begin{cases}k_J=f_JRe_J=0.066Re_J^{0.75}\\ k_B=f_BRe_B=0.066Re_B^{0.75}\end{cases} \tag{8-8-7}$$

式中　f_J——轴颈的摩擦因数，$f_J=0.066Re_J^{-0.25}$；

f_B——轴瓦的摩擦因数，$f_B=0.066Re_B^{-0.25}$；

Re_J，Re_B——分别为轴颈和轴瓦的雷诺数，其计算表达式如公式（8-8-8）

$$\begin{cases}Re_J=\dfrac{\rho}{\mu}h\sqrt{(v_x-\Omega r)^2+v_z^2}\\ Re_B=\dfrac{\rho}{\mu}h\sqrt{v_x^2+v_z^2}\end{cases} \tag{8-8-8}$$

将公式（8-8-6）～公式（8-8-8）代入公式（8-8-3）得到紊流修正因子 G_x 和 G_z，表达式如公式（8-8-9）

$$\begin{cases}G_x=\min\left[\dfrac{1}{12};\dfrac{2v_x-\Omega r}{(k_J+k_B)v_x-k_J\Omega r}\right]\\ G_z=\min\left[\dfrac{1}{12};\dfrac{2}{k_J+k_B}\right]\end{cases} \tag{8-8-9}$$

8.3.4 能量方程

轴承功耗主要来自于剪切流和压力流，可分别称为剪切流功耗和压力流功耗，其表达式如公式（8-8-10）

$$\begin{cases} P_{剪切流}=\int_A U\tau_{xy}\mid^h \mathrm{d}A \\ P_{压力流}=\int_A -\left(v_x-\frac{U}{2}\right)\tau_{xy}\mid_0^h - v_z\tau_{zy}\mid_0^h \mathrm{d}A \end{cases} \tag{8-8-10}$$

式中　$\tau_{xy}\mid^h$——轴颈上受到的剪切流引起的剪应力 τ_{xy}，$\tau_{xy}\mid^h=\frac{h}{2}\times\frac{\partial p}{\partial x}+\frac{\mu}{4h}\left\{\left(v_x-\frac{U}{2}\right)k_B-\left[\left(v_x-\frac{U}{2}\right)-U\right]k_J\right\}$；

$\tau_{xy}\mid_0^h$——轴瓦在 x 方向上受到的压力流引起的剪应力 τ_{xy}，$\tau_{xy}\mid_0^h=-\frac{\mu}{h}\left[k_x\left(v_x-\frac{U}{2}\right)-k_J\frac{U}{2}\right]$；

$\tau_{zy}\mid_0^h$——轴瓦在 z 方向上受到的压力流引起的剪应力 τ_{zy}，$\tau_{zy}\mid_0^h=-\frac{\mu}{h}$（$k_z v_z$）；

k_x——x 方向壁面剪切系数，$k_x=\frac{1}{G_x}$；

k_z——z 方向壁面剪切系数，$k_z=\frac{1}{G_z}$。

因此，二维绝热能量方程为

$$C_p\left[\rho h v_x\frac{\partial(T)}{\partial x}+\rho h v_z\frac{\partial(T)}{\partial z}\right]=U\tau_{xy}\mid^h-\left(v_x-\frac{U}{2}\right)\tau_{xy}\mid_0^h-v_z\tau_{zy}\mid_0^h \tag{8-8-11}$$

式中　T——流场沿膜厚方向平均温度，℃；

C_p——润滑介质在流场中沿膜厚方向平均比热容，$\mathrm{J\cdot kg^{-1}\cdot ℃^{-1}}$。

动静压轴承表面有油腔，在油腔边缘处油膜厚度不连续，油膜厚度方向上具有一定的流速，两侧油膜厚度方向的平均温度出现阶跃。为了准确获得平均温度场，按照油膜厚度分区求解能量方程，在油膜厚度不连续处根据热流量守恒原理和流场的平均流动方向确定边界，边界确定方法见 8.3.5。

当轴承表面结构过于复杂，没有必要精确计算时，也可以采用等温情况简化设计，其温度计算如公式（8-8-12）

$$C_pT\int_A(\rho h v_x+\rho h v_z)\mathrm{d}A=\int_A U\tau_{xy}\mid^h-\left(v_x-\frac{U}{2}\right)\tau_{xy}\mid_0^h-v_z\tau_{zy}\mid_0^h\mathrm{d}A \tag{8-8-12}$$

式中　A——轴瓦表面面积，$\mathrm{m^2}$。

8.3.5 边界条件处理

动静压轴承边界包括对称边界、循环边界、泄油边边界和节流器出口边界，如图 8-8-3 所示。

8.3.6 环面节流器边界条件

动静压轴承的润滑膜具有环面节流的作用，也可称为环面节流器。环面节流器的边界条件包括节流器出口压力、出口温度和出口黏度，以及出口压力对主轴扰动量的导数。由于环面节流器是外部节流器，其出口边界条件不能直接通过雷诺方程计算，须根据流量守恒确定。

（1）静态边界条件

对于环面节流器，节流器出口压力 p_{in} 计算表达式如公式（8-8-13）

$$p_{in}=p_s-\left(\frac{q_{in}}{\rho\lambda}\right)^2\frac{\rho}{2} \tag{8-8-13}$$

式中　p_s——外界供油压力，Pa；

q_{in}——节流器质量流量，$q_{in}=\int_{\Gamma_1}v_n h\rho\mathrm{d}l$，$\Gamma_1$ 为包围节流器出口的控制体（上游边界、下游边界和侧泄边界），积分边界为 $\Gamma=\begin{cases}上游边界\\侧泄边界，v_n为外法向速度；\\下游边界\end{cases}$

λ——节流参数 $\lambda=A\alpha$，A 为节流面面积，$A=\min\left(2\pi hD_0,\ \frac{\pi D_0{}^2}{4}\right)$，$\alpha$ 为节流系数，与流场流态有关，一般取 0.5～0.9，具体取值需通过仿真计算或实验数据确定。

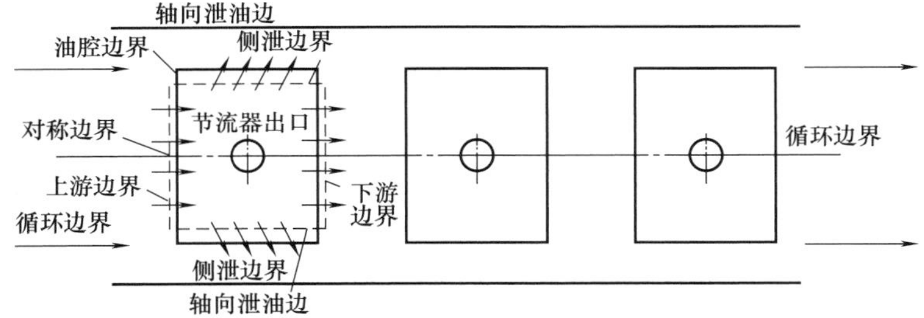

图 8-8-3　边界条件示意

能量方程节流器出口边界条件如公式（8-8-14）

$$\begin{cases}T_{\text{in}}=T_0\\ \mu_{\text{in}}=\mu(T_{\text{in}})\end{cases} \tag{8-8-14}$$

式中 T_0——节流器入口处润滑介质的温度；

T_{in}——节流器出口处润滑介质的温度；

μ_{in}——节流器出口处润滑介质的黏度。

（2）动态边界条件

节流器动态边界为压力对扰动的导数，即

$$\frac{\partial p}{\partial s}=\frac{\partial p_{\text{in}}}{\partial s} \tag{8-8-15}$$

式中，s 为主轴扰动量；$\frac{\partial p_{\text{in}}}{\partial s}$为节流器出口压力对扰动量的导数，其计算表达式见公式（8-8-16）

$$\frac{\partial p_{\text{in}}}{\partial s}=\frac{\partial\left[p_{\text{s}}-\left(\frac{q_{\text{in}}}{\rho\lambda}\right)^2\frac{\rho}{2}\right]}{\partial s}=-\left(\frac{q_{\text{in}}}{\lambda}\right)\left(\frac{1}{\lambda}\times\frac{\partial q_{\text{in}}}{\partial s}-\frac{q_{\text{in}}}{\lambda^2}\times\frac{\partial\lambda}{\partial s}\right) \tag{8-8-16}$$

式中 $\frac{\partial\lambda}{\partial s}$——节流参数对扰动量的导数。

对于 ε 和 θ_0，$\frac{\partial\lambda}{\partial s}$表达式如公式（8-8-17）

$$\begin{cases}2\pi D_0\left(\alpha\,\frac{\partial h}{\partial s}+h\,\frac{\partial\alpha}{\partial s}\right) & 2\pi hD_0\leqslant\frac{\pi D_0^2}{4}\\ \frac{\pi D_0^2}{4}\times\frac{\partial\alpha}{\partial s} & 2\pi hD_0>\frac{\pi D_0^2}{4}\end{cases} \tag{8-8-17}$$

对于 v_ξ 和 v_η，其表达式如公式（8-8-18）

$$\begin{cases}2\pi D_0\frac{\partial\alpha}{\partial s} & 2\pi hD_0\leqslant\frac{\pi D_0^2}{4}\\ \frac{\pi D_0^2}{4}\times\frac{\partial\alpha}{\partial s} & 2\pi hD_0>\frac{\pi D_0^2}{4}\end{cases} \tag{8-8-18}$$

8.3.7 能量方程油腔边缘边界条件

如图 8-8-4 所示，在油膜厚度不连续处根据热流量守恒原理，有公式（8-8-19）

$$T_0C_{\text{p0}}v_0h_0=T_1C_{\text{p1}}v_1h_1 \tag{8-8-19}$$

根据边界处的流场方向，若为流出边界，则为自由边界，由边界内部温度分布确定，无需另给边界条件；若为流入边界，则为强制边界，其温度边界确定如公式（8-8-20）

$$T_1=\frac{T_0C_{\text{p0}}v_0h_0}{C_{\text{p1}}v_1h_1} \tag{8-8-20}$$

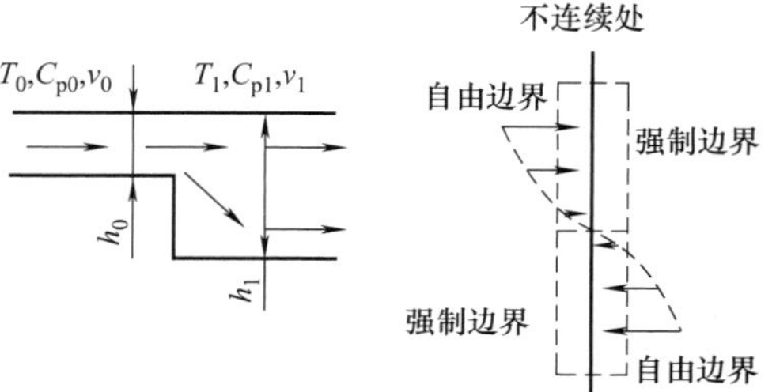

图 8-8-4 油膜厚度不连续处流场示意图

8.3.8 其他边界条件

泄油边界条件

$$\begin{cases}p=0\\ \frac{\partial p}{\partial s}=0\end{cases} \tag{8-8-21}$$

循环边界条件

$$\begin{cases}p(\theta)=p(\theta+2\pi)\\ \frac{\partial p(\theta)}{\partial s}=\frac{\partial p(\theta+2\pi)}{\partial s}\\ T(\theta)=T(\theta+2\pi)\\ \mu(\theta)=\mu(\theta+2\pi)\end{cases} \tag{8-8-22}$$

对称边界条件

$$\begin{cases}p(z)=p(-z)\\ \frac{\partial p(z)}{\partial s}=\frac{\partial p(-z)}{\partial s}\\ T(z)=T(-z)\\ \mu(z)=\mu(-z)\end{cases} \tag{8-8-23}$$

8.4 动静压轴承性能计算

轴承性能计算包括承载力、偏位角、端泄量和摩擦功耗等静特性，和刚度、阻尼、等效刚度和界限涡动比平方等动特性。

8.4.1 静特性计算

1）承载力 承载力是轴承静特性的重要指标，假设主轴受载方向为竖直向下，则承载力计算公式为

$$W=\int_A p\cos\theta\mathrm{d}A \tag{8-8-24}$$

A 为存在油膜的轴瓦表面。

2）偏位角 由于偏位角是受载方向为竖直方向时油膜合力与轴心偏心距的夹角，因此必须通过轴膜合力确定，而油膜合力的方向又受到偏位角的影响，因此，采用迭代法计算偏位角。

设初始偏位角为 θ_0，计算得到油膜合力［F_ξ F_η］，则合力与竖直方向的夹角修正值可表示为

$$\mathrm{d}\theta=\arctan\left(\frac{F_\xi}{F_\eta}\right) \tag{8-8-25}$$

3）流量 流量是单位时间内通过轴承的润滑介质的质量，其数值应与节流器流量之和相等。通过对油膜轴向流速在轴承泄油边上积分来计算端泄量，设

有限元网格在 x 方向有 m 个单元，在 y 方向有 n 个单元，$i=n$ 的单元为泄油边。端泄量计算表达式为

$$q=2\sum_{j=1\sim m}\sum_{k=7\sim 9} g_k v_{yi,j,k} h_{i,j,k} \rho l_{i,j}\quad (i=n) \tag{8-8-26}$$

式中　$v_{yi,j,k}$——润滑介质平均速度在轴向上的分量，$\mathrm{m\cdot s^{-1}}$；

$h_{i,j,k}$——油膜厚度，m；

$l_{i,j}$——单元周向长度，m。

4）摩擦功耗　摩擦功耗为表征轴承发热量的性能指标。通过油膜厚度方向平均摩擦功率在轴瓦表面积分可以得到轴承的摩擦功耗。其计算表达式为

$$P_f=\sum_{j=[1,n\times m]}\sum_{k=[1,9]} g_k\left(U\tau_{xy}\big|^{h}-\left(v_x-\frac{U}{2}\right)\tau_{xy}\big|_0^h-v_z\tau_{zy}\big|_0^h\right) \tag{8-8-27}$$

5）等温假设下的轴承温升　等温假设认为轴承间隙中油膜的温升均匀，油膜温升等于出口温升，因此，由公式（8-8-19）得温升的计算公式为

$$T=\frac{\sum\limits_{i=1\sim n}\sum\limits_{j=1\sim m}\sum\limits_{k=1\sim 9} g_k\left[U\tau_{xy}\big|^{h}-\left(v_x-\frac{U}{2}\right)\tau_{xy}\big|_0^h-v_z\tau_{zy}\big|_0^h\right]A_{i,j,k}}{C_pQ} \tag{8-8-28}$$

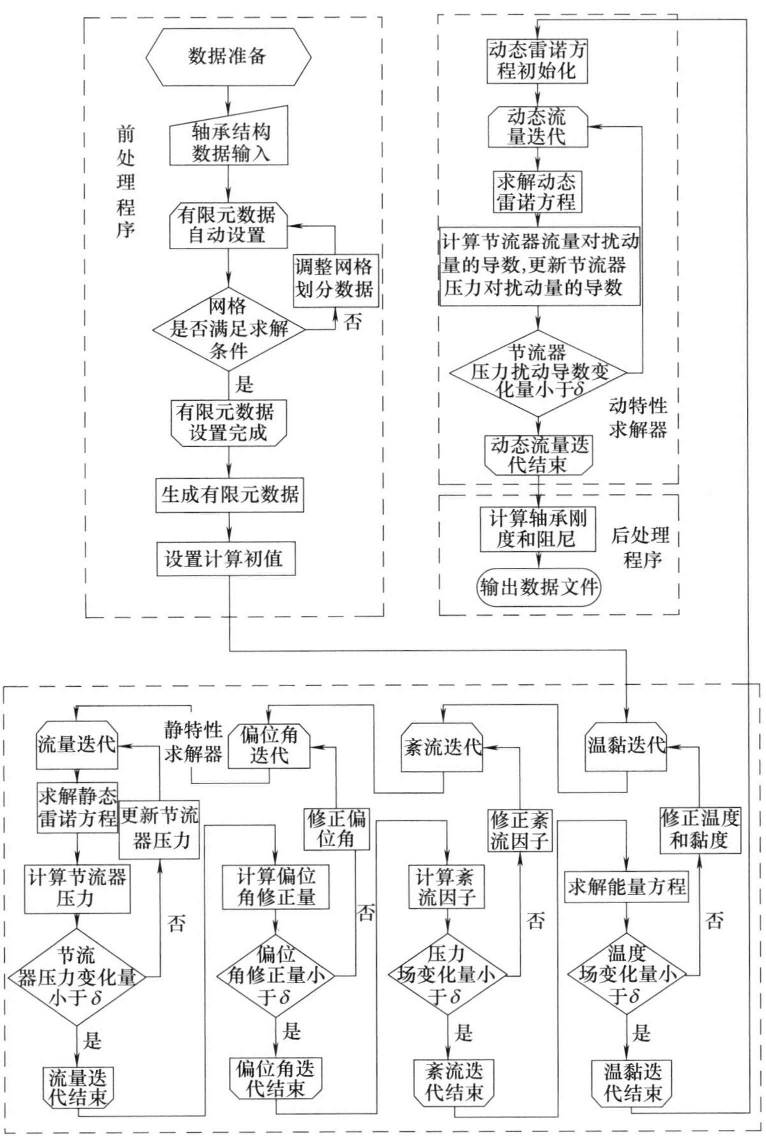

图 8-8-5　主程序框图

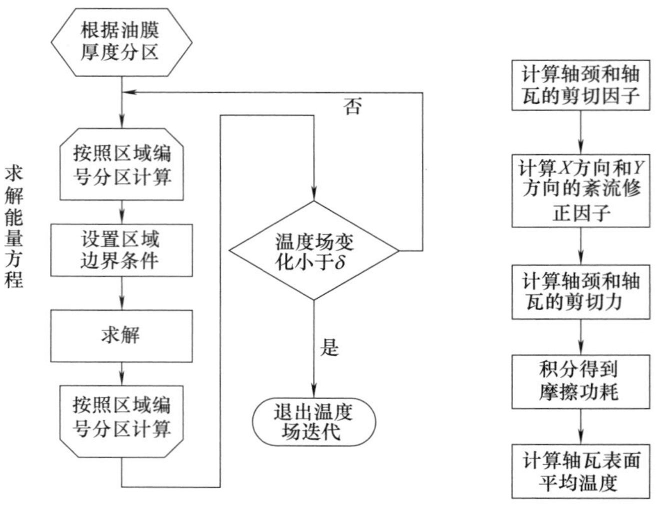

(a) 求解能量方程框图　　(b) 等温边界处理框图

图 8-8-6　温升计算程序框图

8.4.2　动特性计算

刚度和阻尼的计算公式为

$$\begin{Bmatrix} k_{x\varepsilon} \\ k_{y\varepsilon} \end{Bmatrix} = -\frac{p_s rL}{2c}\int_0^{2\pi}\int_{-1}^{1} P_\varepsilon \begin{Bmatrix} \sin\theta \\ \cos\theta \end{Bmatrix} \mathrm{d}\lambda\,\mathrm{d}\theta \tag{8-8-29}$$

$$\begin{Bmatrix} k_{x\theta} \\ k_{y\theta} \end{Bmatrix} = -\frac{p_s rL}{2c}\int_0^{2\pi}\int_{-1}^{1} \frac{P_\theta}{\varepsilon} \begin{Bmatrix} \sin\theta \\ \cos\theta \end{Bmatrix} \mathrm{d}\lambda\,\mathrm{d}\theta \tag{8-8-30}$$

$$\begin{Bmatrix} b_{xx} \\ b_{yx} \end{Bmatrix} = -\frac{p_s rL}{2c\Omega}\int_0^{2\pi}\int_{-1}^{1} P_{dx} \begin{Bmatrix} \sin\theta \\ \cos\theta \end{Bmatrix} \mathrm{d}\lambda\,\mathrm{d}\theta \tag{8-8-31}$$

$$\begin{Bmatrix} b_{xy} \\ b_{yy} \end{Bmatrix} = -\frac{p_s rL}{2c\Omega}\int_0^{2\pi}\int_{-1}^{1} P_{dy} \begin{Bmatrix} \sin\theta \\ \cos\theta \end{Bmatrix} \mathrm{d}\lambda\,\mathrm{d}\theta \tag{8-8-32}$$

$$\begin{bmatrix} k_{xx} & k_{yx} \\ k_{xy} & k_{yy} \end{bmatrix} = \begin{bmatrix} k_{x\varepsilon} & k_{x\theta} \\ k_{y\varepsilon} & k_{y\theta} \end{bmatrix} \begin{bmatrix} \sin\theta_0 & \cos\theta_0 \\ \cos\theta_0 & -\sin\theta_0 \end{bmatrix} \tag{8-8-33}$$

等效刚度和界限涡动比平方计算公式为

$$\begin{cases} k_{eq} = \dfrac{k_{xx}b_{yy}+k_{yy}b_{xx}+k_{xy}b_{yx}+k_{yx}b_{yx}}{b_{xx}+b_{yy}} \\ \gamma^2 = \dfrac{(k_{eq}-k_{xx})(k_{eq}-k_{yy})-k_{xy}k_{yx}}{\Omega^2(b_{xx}b_{yy}+b_{xy}b_{yx})} \end{cases} \tag{8-8-34}$$

8.4.3　动静压轴承性能计算程序

为了得到动静压轴承的动、静特性，须求解出静态雷诺方程、能量方程和动态雷诺方程，同时须确定节流器压力和偏位角。而这些方程是二阶偏微分方程，由于无法得到上述方程的解析解。因此，动静压轴承的设计一般采用数值分析的方法来得到动静压轴承的动、静特性。

8.4.4　程序框图

针对动静压轴承结构的复杂性，将程序分为四部分，包括前处理程序、静特性求解器、动特性求解器和后处理程序。其中的静特性求解器和动特性求解器由于需要处理非线性方程组，采用多重迭代的方法，在每一层迭代中求解一个非线性方程或修正具有非线性变化规律的参数。对于简单轴承结构，通过能量方程求得温度场；对于复杂的轴承结构，能量方程无法求解，因此，采用等温条件处理温黏关系。

主程序框图见图 8-8-5，温升计算程序见图8-8-6。

8.5　动静压轴承设计实例

动静压润滑轴承设计具有静压润滑轴承和动压润滑轴承设计的全部特点，既不但要设计静压油路系统与节流器，而且要在封油面处满足动力润滑的要求。

例 1　设计一个五腔动静压轴承，其结构示意图如图 8-8-7所示，轴颈直径 $D=76.2$mm，轴承有效工作长度 $L=76.2$mm，轴承半径间隙 C 为 0.0762mm，油腔深度 0.254mm，油腔宽度 b 为 27mm，油腔长度 l 为 27mm，节流器采用小孔节流器，小孔直径 1.49mm，润滑剂为纯水，进水温度为 54.44℃、进水压力为 6.89MPa。设计工作转速为 10000r/min。

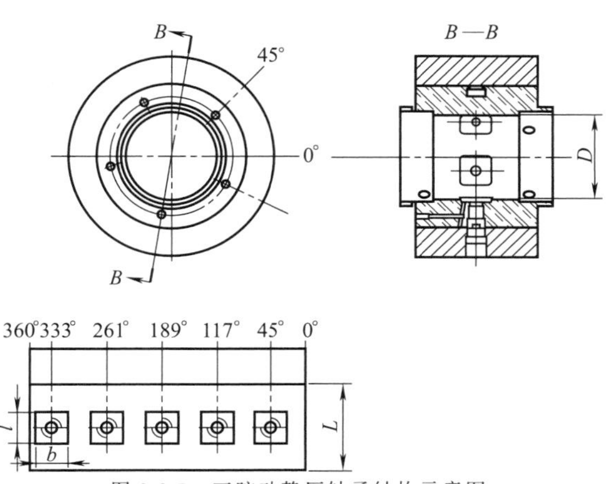

图 8-8-7　五腔动静压轴承结构示意图

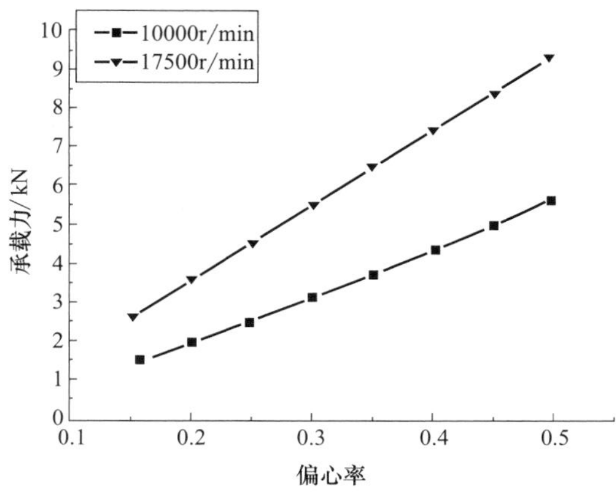

图 8-8-8　承载能力与偏心率关系

根据图 8-8-8 查得工作转速为 10000r/min、偏心率为 0.3 时，该动静压轴承的承载力为 2.8kN，在工作转速为 10000r/min 到 17500r/min 之间时可根据图 8-8-8 进行插值求得。

例 2　设计一个四腔动静压轴承，其结构示意图如图 8-8-9所示，取轴颈直径 $D=50$mm，轴承有效工作长度 $L=50$mm，工作转速 30000r/min，半径间隙 15μm。进油孔直径 $D_0=1.5$mm，冷却孔直径$D_c=1$mm，冷却油槽轴向槽宽 1mm，冷却油槽周向槽宽 4mm，冷却油槽槽深为 0.15mm，动静压油腔轴向长度为 35mm，动静压油腔周向长度为 23.6mm，油腔深度为 23μm，采用等温假设，设计供油压力为 6MPa。

由图 8-8-10 查得，该轴承的承载能力为 1.5kN，所需的流量为 13L/min，摩擦功耗为 9.6kW，润滑剂平均温升为 10℃。

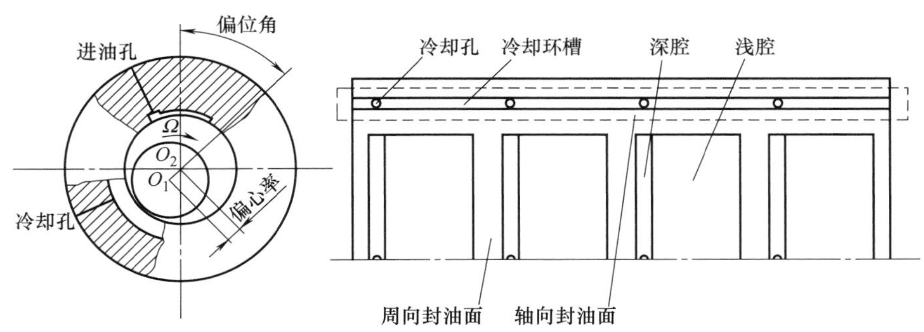

图 8-8-9　四腔动静压轴承结构示意

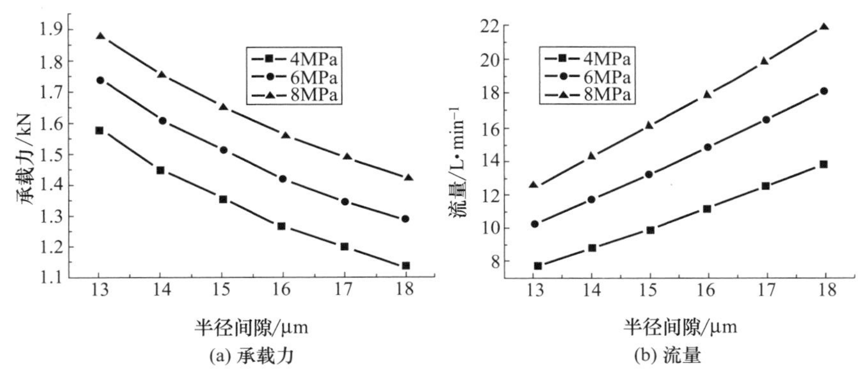

图 8-8-10

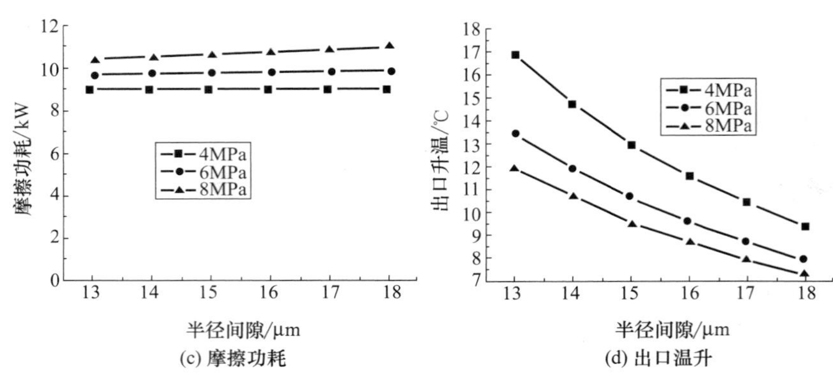

(c) 摩擦功耗　(d) 出口温升

图 8-8-10　半径间隙对轴承静特性的影响

由图 8-8-11 查得，轴承等效刚度为 $12.2\times10^{8}\ \mathrm{N\cdot m^{-1}}$。

例 3　设计某磨床的隙缝动静力润滑轴承。

隙缝动静力润滑轴承设计步骤见表 8-8-2。

表 8-8-2　隙缝动静力润滑轴承设计步骤

计算项目	单位	计算公式及说明	结果
轴承载荷	N	已知	340
轴承直径 D	cm	已知	3
轴颈转速 n	r/min	已知	11000
宽径比 B/D		选定	1.0
半径间隙 C	cm	选定	0.0022
轴向封油面长度 l_a	cm	选定	0.75
周向封油面长度 l_t	cm	选定	0.47
相对间隙 ψ		$\psi=\dfrac{2C}{D}$	0.00147
角速度 ω	1/s	$\omega=2\pi n/60$	1152
压强 p_m	N/cm²	$p_m=\dfrac{W}{BD}$	37.8
润滑油牌号		选定	HU-22
平均油温 t_m	℃	预选	50
在 t_m 下油黏度 η	Pa·s	查有关资料	19×10^{-4}
油腔数 N_s		选定	8
压力比 $\overline{p}_0$		选定	0.58
功耗比 K		选定	3
隙缝宽 Z_s	cm	选定	0.003
最大位移率 ε_{max}		选定	0.3
载荷系数 $\overline{W}$		查图 8-8-12	0.28
供油压力 p_s	Pa	$p_s=\dfrac{p_m}{\overline{W}}$	1.4×106
流量系数 $\overline{Q}$		查图 8-8-13	2.2
流量 Q	L/min	$Q=\overline{Q}p_sC^3/\eta\times6\times10^{-2}$	1.0
泵功耗 N_f	kW	$N_p=p_sQ$	0.023
摩擦数 C_f		查图 8-8-14	0.98
摩擦力矩 F_t		$F_t=C_f\eta D^2B\omega\times10^{-6}$	0.06
摩擦功耗 N_f	kW	$N_f=F_t\omega$	0.07
总功耗 N	kW	$N=N_p+N_f$	0.093

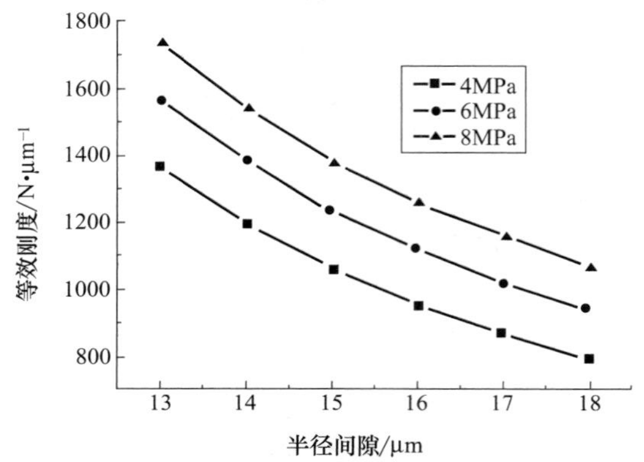

图 8-8-11　半径间隙对轴承动特性的影响

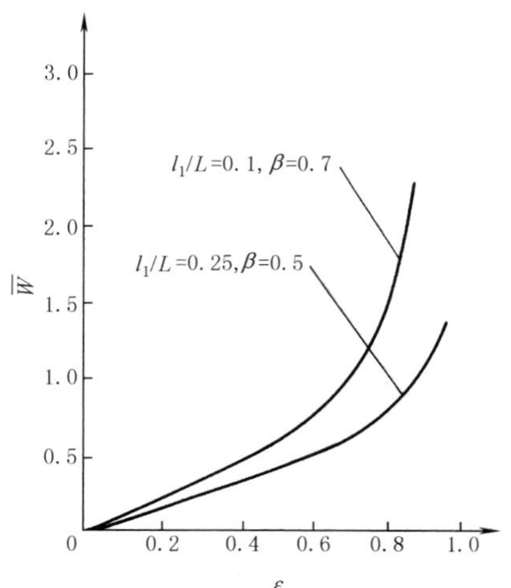

图 8-8-12　隙缝式动静压润滑轴承承载曲线（$K=1.0$）

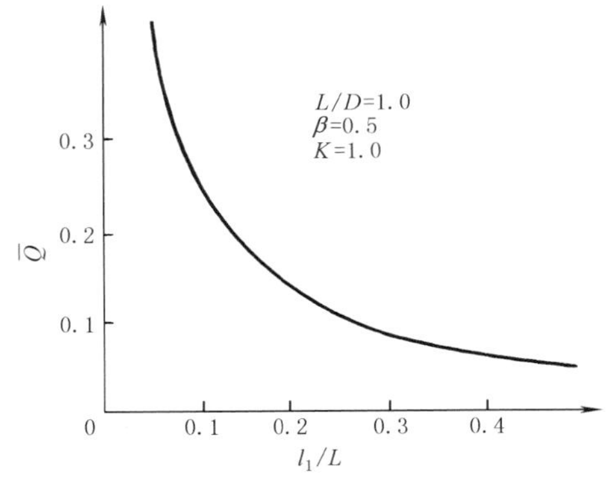

图 8-8-13 隙缝式动静压润滑轴承流量曲线

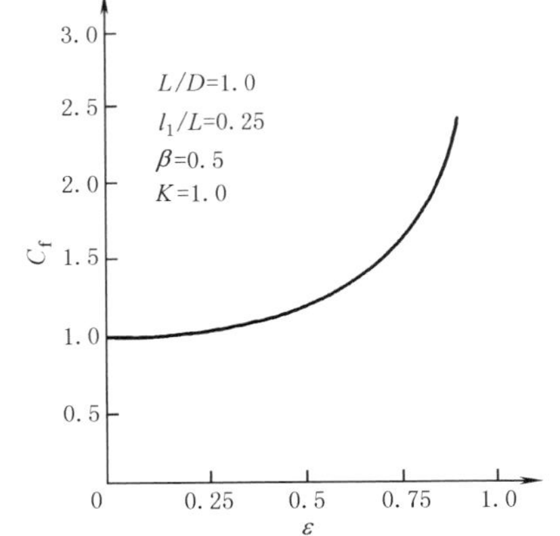

图 8-8-14 隙缝式动静力润滑轴承摩擦力矩曲线

8.6 动静压轴承主要参数选择与确定

影响动静压轴承性能的设计参数和运行参数很多，各参数对轴承性能的影响大小各异。轴承的主要参数有两类，分别为结构参数和运行参数。结构参数是轴承设计尺寸，轴承加工完成后无法改变；运行参数只在运行过程中才会体现出来，在轴承使用中可以改变。结构参数包括半径间隙、梯槽深度、浅腔深度和浅腔形状等，运行参数主要有供油压力、供油温度、偏心率和转速等。为了设计方便，现分别在两组参数中各确定一个对轴承性能影响最大的主要参数。

8.6.1 结构参数中的主要参数选择

由于动静压轴承轴瓦表面结构复杂，设计参数很多，其中，半径间隙、梯槽深度和浅腔深度对轴承性能影响最显著，同时，这三个参数还与轴承的可加工性关系密切，其值越小，加工难度越大。

以某四腔动静压轴承为例，说明半径间隙、梯槽深度和浅腔深度对动静压轴承性能的影响。

图 8-8-15 给出了这三个参数与轴承性能的关系。在相同的改变量下，半径间隙对大部分轴承性能参数有很大的影响，相对于半径间隙，槽深和腔深的影响较小，因此，半径间隙是设计参数中具有很大影响的参数。

动压效应与轴承半径间隙关系非常紧密，油楔厚决定了动压效应的大小；静压效应由环面节流器产生，其节流效果对节流器出口油膜厚度非常敏感，因此半径间隙对静压效应也有很大影响，因此，半径间隙是结构参数中的主要参数。

8.6.2 运行参数中的主要参数选择

运行参数中的主要参数是供油压力。

(1) 不同供油压力情况下半径间隙的影响

对于四腔梯槽阶梯轴承，设轴承内圆直径 $D=50\text{mm}$，轴承长度 $L=50\text{mm}$，工作转速 30000r/min，进油孔直径 $D_0=1.5\text{mm}$，冷却孔直径 $D_c=1\text{mm}$，轴向槽宽 1mm，周向槽宽 4mm，槽深为 10 倍半径间隙，轴向长度为 35mm，周向长度为 23.6mm，浅腔深度为 1.5 倍半径间隙，通入 30℃纯水，采用等温假设。

由图 8-8-16 可见，静特性与半径间隙的关系基本上是线性的。承载力随半径间隙增大而迅速下降，流量随半径间隙增大迅速增大，功耗与半径间隙关系不大，出口温升随半径间隙增大而快速下降。

由图 8-8-16 得出半径间隙与各轴承性能参数的关系图，如图 8-8-17 所示。

(2) 不同半径间隙情况下供油压力的影响

动静压滑动轴承的功耗分为剪切流功耗和压力流功耗，剪切流功耗主要由轴承的润滑介质黏度和轴颈线速度决定，由主轴电机承担，压力流功耗主要由轴承供油压力和结构决定，由供油系统承担。轴承流量主要由供油压力决定，供油压力较大时，轴承流量也会增大。

对于四腔梯槽阶梯轴承，设轴承内圆直径 $D=50\text{mm}$，轴承长度 $L=50\text{mm}$，工作转速 30000r/min，进油孔直径 $D_0=1.5\text{mm}$，冷却孔直径 $D_c=1\text{mm}$，轴向槽宽 1mm，周向槽宽 4mm，槽深为 10 倍半径间隙，轴向长度为 35mm，周向长度为 23.6mm，浅腔深度为 1.5 倍半径间隙，通入 30℃纯水，采用等温假设。半径间隙分别给定为 13μm、15μm 和 17μm 时轴承的性能。

供油压力对轴承静特性的影响如图 8-8-18 所示。供油压力的增大对承载力、等效刚度、出口温升和稳定性有积极影响，同时也会导致流量和压力流功耗增大。因此，供油压力一方面提高轴承的流量，另一方面，又会增大轴承压力流功耗，由于压力流功耗只占轴承功耗的一小部分，总体来讲，提高供油压力会降低轴承温升。

第8篇

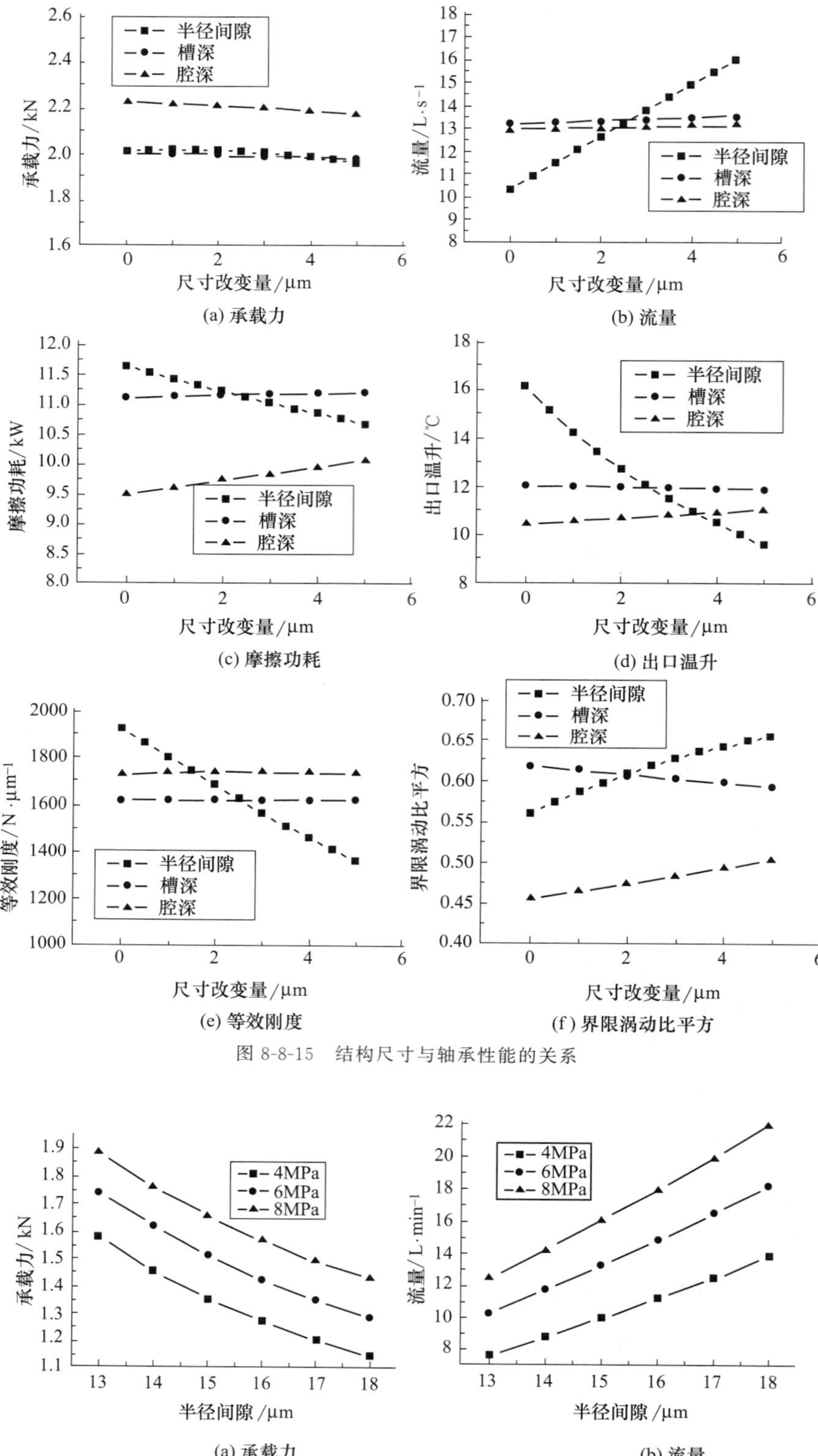

图 8-8-15 结构尺寸与轴承性能的关系

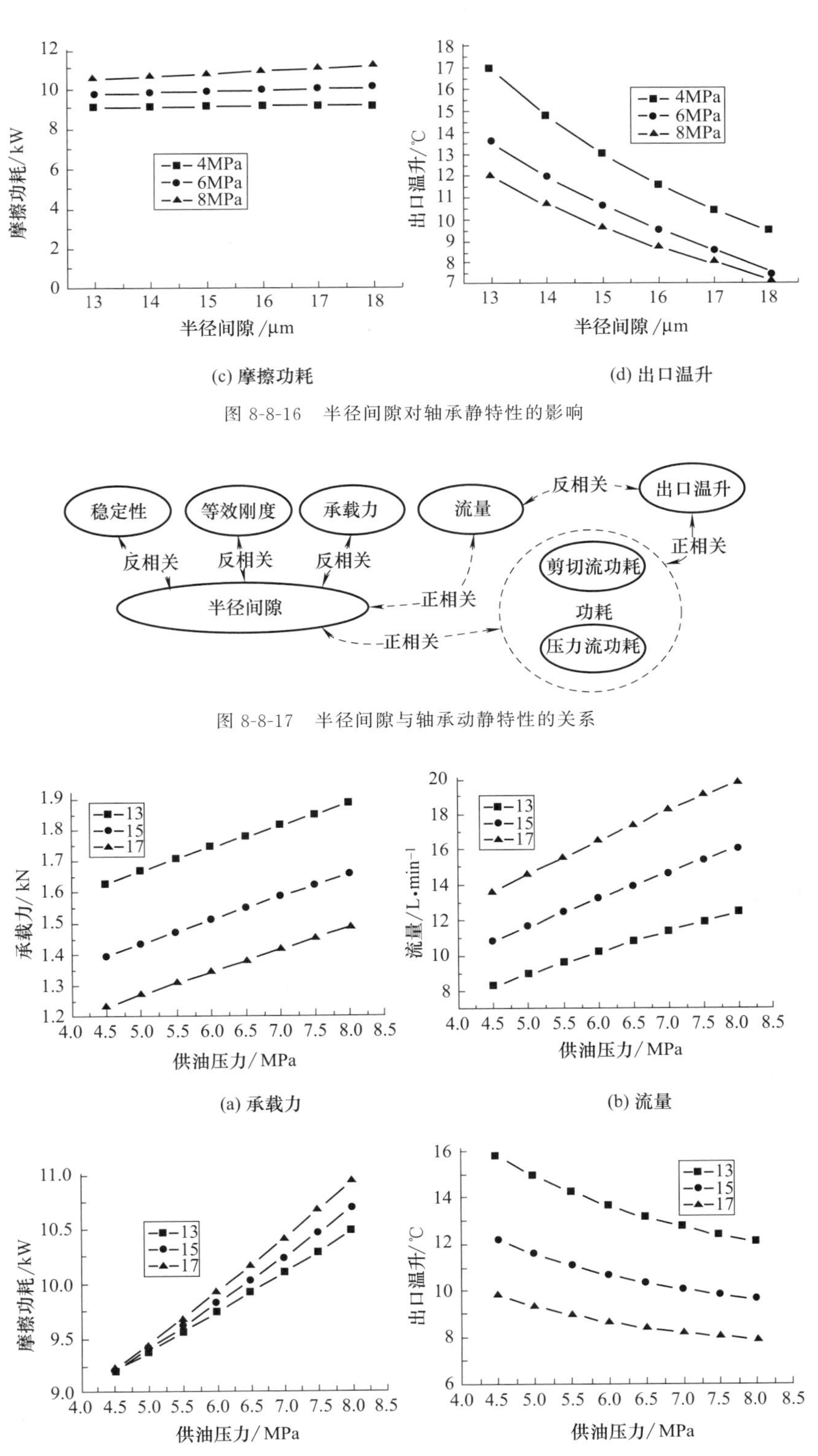

(c) 摩擦功耗　(d) 出口温升

图 8-8-16　半径间隙对轴承静特性的影响

图 8-8-17　半径间隙与轴承动静特性的关系

(a) 承载力　(b) 流量

(c) 摩擦功耗　(d) 出口温升

图 8-8-18　供油压力对轴承静特性的影响（图例中 13、15、17 分别是指半径间隙为 13μm、15μm 和 17μm）

第8篇

在动静压润滑轴承设计中，在主轴驱动功率和泵功率充足、供油能力有余的情况下，可选择较高的供油压力，以提高轴承的动静特性；否则，就必须在初始设计时计入供油压力和温升对轴承性能的影响，通过轴承结构来保证设计要求。供油压力与轴承性能的关系如图8-8-19所示。

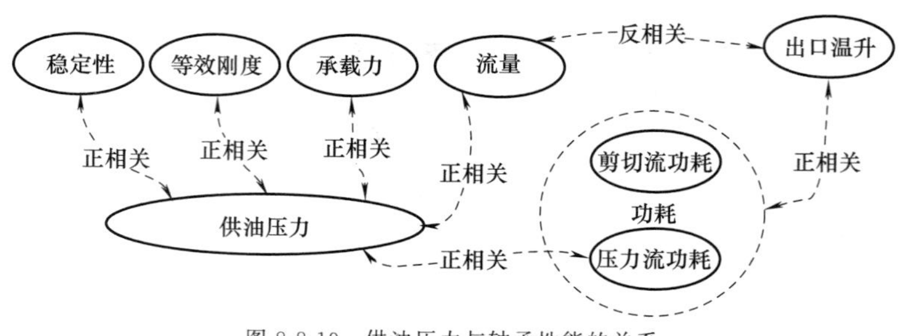

图 8-8-19 供油压力与轴承性能的关系

第9章　电磁轴承

利用电场力或磁场力使轴悬浮的轴承统称为电磁轴承。其中靠电场力使轴悬浮的轴承称为静电轴承；靠磁场力使轴悬浮的轴承称为磁力轴承或磁悬浮轴承。

电磁轴承是典型的机械电子产品。伴随着现代科学技术的进步和多学科相互融合、渗透的过程，电磁轴承综合了包括机械学、动力学、控制工程、电磁学、电子学和计算机科学等多领域的最新成果，从而成为现代支承技术中最有前景的高新技术。

电磁轴承使被支承的转子无接触地悬浮起来，这一独特性能是其他支承型式无法媲美的。电磁轴承技术的应用在支承技术领域具有革命性的意义，具有无接触、无磨损、性能可靠、工作转速高、功耗小、使用寿命长、不需要维修、无润滑剂污染等特点。

电磁轴承的另一个突出优点是可对振动进行主动控制。通过在线参数识别和调整、自动不平衡补偿等，使对转子系统的控制达到很高的精度。另外转子系统的运行状态和振动信息可以同时由其中的控制、测量环节得到，并可极为方便地融入旋转机械装备的工况监测及故障诊断系统之中。

目前，电磁轴承中以磁力轴承应用较多。在国外，磁力轴承已被成功地应用于数百种产品中，在国内，磁力轴承的应用已开始进入实用阶段。

9.1　静电轴承

利用电场力使轴悬浮的滑动轴承称为静电轴承，又称为电悬浮轴承。这是一种20世纪50年代出现的新型滑动轴承。它结构紧凑、功耗小，有害力矩（对精密仪表有影响）远比磁力轴承小。但是，即使有相当高的电场强度，产生的支承力仍比较小，所以一般只用于一些微型的精密仪器中，例如静电陀螺仪、静电加速度表和超高真空规等。

9.1.1　静电轴承的基本原理

轴和轴承相当于两个电极，电极间有一个很小的间隙（轴承间隙），形成一个电容，见图8-9-1。在电极上施加电压就会产生静电力。由于间隙 h_0 和轴径 d 之比极小，可以按平板电容器公式来计算其电容 C 和静电力 F。

$$C=\varepsilon_0\varepsilon_r A/h_0 \tag{8-9-1}$$

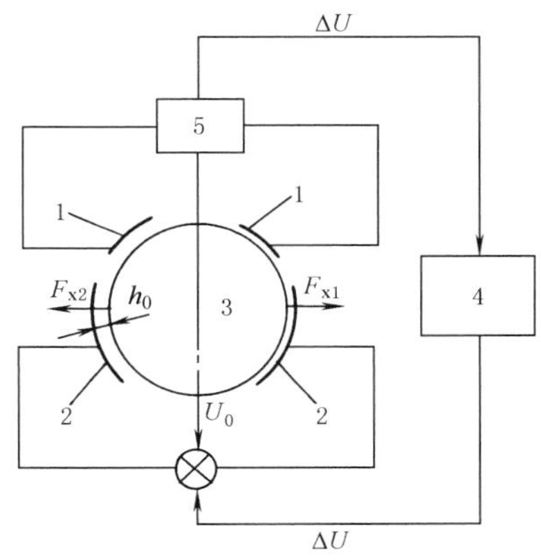

图8-9-1　静电轴承原理

1—测量电极；2—加力电极；3—转子；4—放大线路；5—位移传感器

$$F=-\frac{1}{2}\varepsilon_0\varepsilon_r A(U/h_0)^2 \tag{8-9-2}$$

式中　ε_0——真空的介电常数，$\varepsilon_0=8.85\times10^{-12}$ F/m；

ε_r——电极间物质的相对介电常数；

A——电极面积；

h_0——轴承间隙；

U——电压。

式中负号表示静电力为吸力，计算时常略去。若为单电极轴承，则轴承承载能力即为该电极吸力的反向等值载荷。和其他轴承一样，若沿轴的圆周设置 Z 个电极，则轴承的承载能力是这些电极吸力矢量和的反向等值载荷，即

$$F=\sum_{i=1}^{Z}F_i$$

9.1.2　静电轴承的分类

静电轴承按控制方式分为无源型和有源型两种。由伺服控制使轴承稳定运转的属有源型；靠自身电磁参数调谐，或者采用非调谐的电桥电路，使轴承稳定运转的，属无源型，LC调谐回路与有源型控制回路原理图和特点见表8-9-1。静电轴承根据轴颈几何形状可分为平面型、圆柱型、圆锥型和球型。

9.1.3　静电轴承的常用材料与结构参数

静电轴承常用材料及结构参数见表8-9-2。

表 8-9-1　　**两种静电轴承的比较**

线路名称	LC 调谐回路	有源型控制回路
典型线路	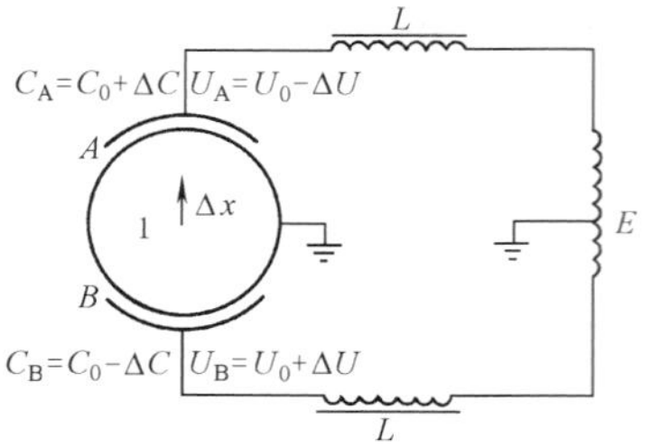 E——电源电压，V； L——谐振电感，H； C_0——转子处于平衡位置时的电容量，F； U_0——转子处于平衡位置时的谐振电压，V； ΔC，ΔU——由于转子位置变化量 Δx 引起的电容、电压变化量	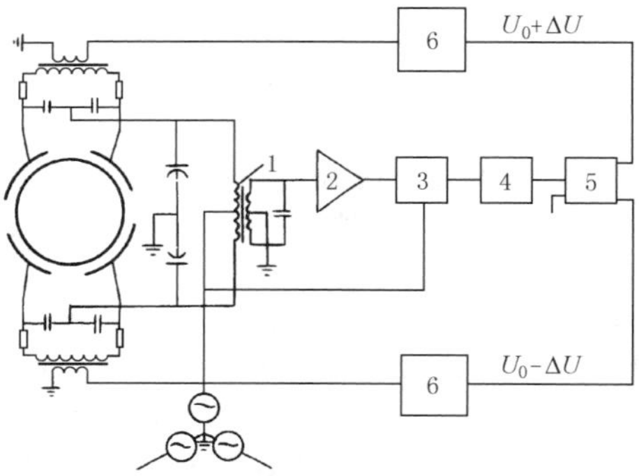 1—量测变压器；2—高放；3—检相； 4—校正；5—差放；6—调制功放
特点	利用转子与支承电极间的电容 C 随间隙变化而变化的特点，在线路中串或并入电感 L，构成谐振回路	通常使用电容电桥位移传感器测量转子的位移。在测量变压器输出端得到正比于转子位移的信号，经放大、检相为直流电压，由差放分为两路并调制成交流信号，再经功放和高压变压器将电压加到支承电极

表 8-9-2　　**静电轴承常用材料及结构参数**

参数名称		荐用值	附注
电参数	外加电压/V 电场强度/MV·m^{-1}	2000～4000 40～50	受击穿场强限制
几何参数	轴承相对间隙/m 形状误差 表面粗糙度参数 Ra/μm	$(2\sim10)\times10^{-4}$ 小于间隙值的 1/100～1/10 <0.1	按电压和加工精度确定 按仪器要求精度确定最小误差 影响击穿场强
环境参数	真空度/Pa	常在真空环境，真空度高于 1.33×10^{-4}	真空度低，击穿场强也低
常用材料			
壳体或定子 电极 转子		金属、陶瓷（Al_2O_3、BeO 等） 钢、铜、铝、镍等 铝、铍、石英等	

9.1.4　静电轴承的设计与计算

设计步骤大致如下：①选择轴承结构型式及轴承材料；②根据承载能力和刚度要求，确定轴承尺寸和极板总面积；③确定极板数（一般 2～12 极）和轴承间隙，计算初始电参数；④选择电源（交流或直流）决定控制方式；⑤建立转子动力方程，设计控制系统参数；⑥核算承载能力和刚度，如不满足要求需重新确定参数，直至满足为止；⑦进行系统动态分析；⑧进行电子线路设计。

平面型、谐振式回路控制的止推静电轴承的承载能力和刚度计算见表 8-9-3。

9.1.5　应用举例——静电轴承陀螺仪

静电轴承陀螺仪是静电轴承最重要的应用实例，静电轴承陀螺仪结构见图 8-9-2。主要由下列几部分组成。

1）球形转子　有空心薄壁球和实心球两种结构。空心球的典型外径为 50mm 或 38mm，壁厚为 0.4～0.6mm，在赤道处加厚，使极轴成为唯一稳定的惯量主轴。通常采用铍材料制成半球，由真空电子束焊成球形，然后在专用设备上精研，使球度误差小于 0.2μm，表面粗糙度参数 $Ra<0.05\sim0.012$μm。实心球的典型外径为 10mm，球度误差小于 0.05μm。

2）壳体与电极　通常采用氧化铝（Al_2O_3）或氧化钡（BaO）陶瓷材料制成密闭球腔，球腔内壁镀上电极，电极有 6 块、8 块和 12 块等几种。电极腔和转子之间隙约为50～100μm。

3）光电角度传感器　用来检测静电陀螺仪壳体相对于自转轴的角度，在极轴方向和赤道上各装一只。

表 8-9-3　**平面型、谐振式支承回路静电轴承的性能计算**

回　路	示 意 图	计 算 公 式	
并联谐振	绝缘层 C_2 C_1 h,A h,A L R R L I U,ω	承载能力/N	$F=\dfrac{3.67\varepsilon_r AU^2(Q^2-Q_0Q+1)\varepsilon}{h_0^2\{[Q+(Q_0-Q)\varepsilon^2]^2+(1-\varepsilon^2)^2\}}\times10^{-12}$ $F=\dfrac{14.68\varepsilon_r AI^2}{h_0^2G_e^2}\times\dfrac{(Q^2-Q_0Q+1)\varepsilon\times10^{-12}}{\{[Q_0-(Q_0-Q)(1-\varepsilon)]^2+(1-\varepsilon)^2\}}\times\dfrac{1}{\{[Q_0-(Q_0-Q)(1-\varepsilon)]^2+(1+\varepsilon)^2\}}$
		刚度/N·m⁻¹	$K=\dfrac{3.67\varepsilon_r AU^2(Q^2-Q_0Q+1)}{h_0^3(Q^2+1)^2}\times10^{-12}$ $K=\dfrac{14.68\varepsilon_r AI^2(Q^2-Q_0Q+1)}{h_0^3G_e^2(Q^2+1)^2}\times10^{-12}$
串联谐振	绝缘层 C_2 C_1 R h,A h,A R L L I U,ω	承载能力/N	$F=\dfrac{14.68\varepsilon_r AU^2[(Q_e-Q)^2+1]\varepsilon}{h_0^2\{[Q_0-(Q_0-Q)(1-\varepsilon)]^2+(1-\varepsilon^2)^2\}}\times\dfrac{(Q^2-Q_0Q+1)\varepsilon\times10^{-12}}{\{[Q_0-(Q_0-Q)(1-\varepsilon)]^2+(1-\varepsilon)^2\}}$ $F=\dfrac{3.67\varepsilon_r AI^2(Q^2-Q_0Q+1)\varepsilon\times10^{-12}}{h_0^2G_e^2\{[Q_cQ+(Q_c-Q_0)(Q_0-Q)\varepsilon^2]^2+[Q_c-(Q_c-Q_0)\varepsilon^2]^2\}}$
		刚度/N·m⁻¹	$K=\dfrac{14.68\varepsilon_r AU^2[(Q_c-Q)^2+1][Q^2-Q_0Q+1]}{h_0^3(Q^2+1)^2}\times10^{-12}$ $K=\dfrac{3.67\varepsilon_r AI^2(Q^2-Q_0Q+1)}{h_0^3G_e^2Q_c^2(Q^2+1)}\times10^{-12}$
备注	$Q_c=\dfrac{\omega(C_0+C_e)}{2G_e}$　$Q_L=\dfrac{1}{2\omega L_eG_e}$　$Q=Q_c-Q_L$　$Q_0=\dfrac{\omega C_0}{2G_e}$ $C_0=8.85\dfrac{\varepsilon_r A}{h_0}\times10^{-12}$　$\omega=2\pi f$ C_0——一个电极在无偏心时的电容，F；ω——角频率，rad/s；C——一个电极的漏电容，F；f——电源频率，Hz；L_e——等效并联电感，H；G_e——等效并联电导，S；ε——偏心率；h_0——转子无偏心时的间隙，m；ε_r——相对介电常数，对真空 $\varepsilon_r=1$；A——电极面积，m^2；I——电流，A；U——电压，V		

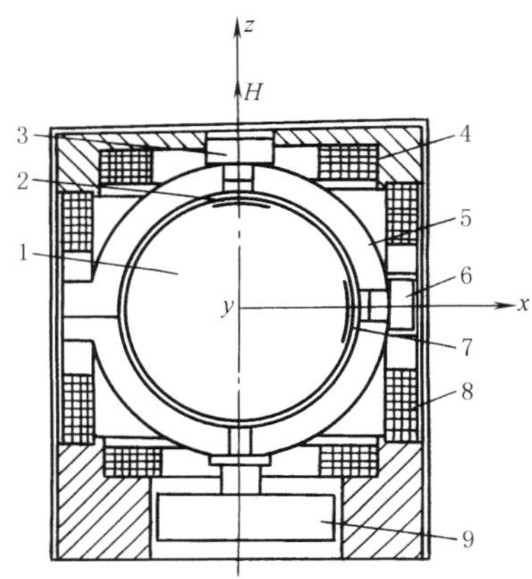

图 8-9-2　静电轴承陀螺仪结构
1—转子；2—顶端刻线；3—顶端光电传感器；4—阻尼线圈；5—陶瓷电极；6—侧向光电传感器；7—侧向刻线；8—旋转线圈；9—钛离子泵

4）钛离子泵　用来吸收球腔内的残余气体分子，以保证静电陀螺仪陶瓷腔体内的真空度不低于 0.133×10^{-3}Pa。

5）旋转线圈和力矩器　在陶瓷壳体外部安装按正六面体分布的三对线圈，它们产生的磁场相互正交。转子自转方向为 z 轴，在 x 轴和 y 轴方向的线圈中通以两相交流电，就会产生一个 z 轴方向的旋转磁场，使转子转动。给 x、y、z 三个线圈分别通以直流电，用三个直流磁场可以控制动量矩向量的运动。

通常，静电陀螺仪的漂移误差为 10^{-6}(°)/h，为其他类型轴承支承的陀螺仪的 1/1000，在失重低温状态下，最精密的静电轴承支承的陀螺仪，预期其漂移误差可小到 10^{-3}(″)/a。

9.2　磁力轴承

磁力轴承是利用磁场力使轴悬浮的轴承，故又称为磁悬浮轴承。它无需任何润滑剂，无机械接触，因而无磨损，功耗也小，约为普通滑动轴承的 1/100～1/10。通过电子控制系统可控制轴的位置，调节轴承的阻尼和刚度，使转子具有良好的动态稳定性能。它能在真空、低温、高温、低速、高速等各种特殊环境下工作。

随着电子控制技术的进步，磁性材料、电子器件、超导技术、微处理机和大规模集成电路，过去因技术复杂、价格昂贵，仅用于特殊场合；现价格下降，应用范围逐步扩大，可靠性不断提高。

9.2.1 磁力轴承的分类与应用

磁力轴承的分类见表8-9-4。

无源型轴承不可能在空间坐标三个方向上都稳定，至少在一个方向上要采用有源型。有源型磁力轴承的主要特点是具有敏感偏心变化的位置传感器和反馈系统或伺服控制系统，有交流激励型和直流激励型两种。

有源交流激励型磁力轴承的信号反馈方法，通常采用电感-电容电桥电路、电感-电阻电桥电路、差动变压器、求和电阻、相位漂移电路和比较时间滞后效应等。有源交流激励型磁力轴承的控制方式分为脉冲式和时分式两种。两种控制方式都用轴承励磁线圈交替地作为位移传感器和力发生器，不同之处在于：前者是将预定幅值和宽度的恒定脉冲电流馈入线圈，从而产生承载力，脉冲数越多，承载能力越大；后者是改变线圈中直流电流大小，从而产生大小不同的承载力，电流越大，承载能力越大。

有源直流激励型磁力轴承应用较多，其控制方法包括磁通控制、位移控制以及无传感器轴承中所采用的电感控制等，控制手段分数字控制和模拟控制两种，控制策略包括 PID 控制、LQG 控制、H_∞ 控制及 μ 综合、时间延迟控制、模糊控制、自适应控制、滑模控制等。整个闭环系统由传感器、控制器、功率放大器、轴承-转子系统构成。

表 8-9-4 磁力轴承的分类

名称		简图	特点
按控制方式	无源型磁力轴承	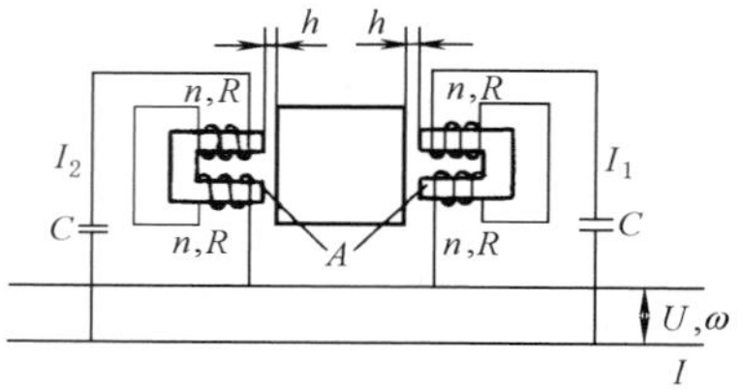 h h n,R n,R I_2 I_1 C C n,R A n,R U,ω I	利用调整本身励磁参数的方法，实现轴承的稳定运转，故又称被动稳定型磁力轴承。结构简单，但刚度小，损耗较大
	有源型磁力轴承	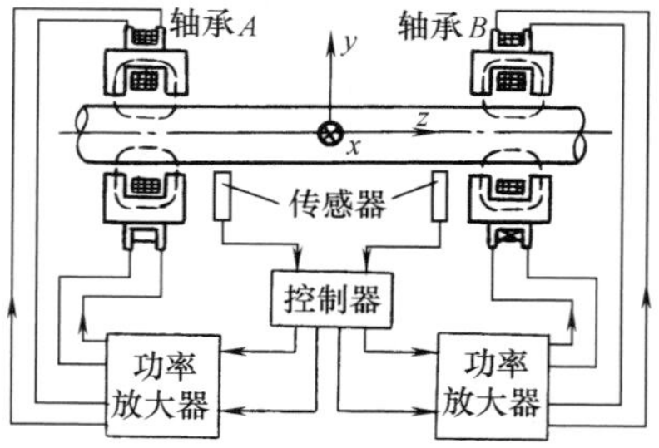 轴承A 轴承B y z x 传感器 控制器 功率放大器 功率放大器	利用各种电的或机械的传感器、桥式网络电或磁参数的变化、光束或其他方法来传感轴的位置的变化，进行伺服控制，以实现轴承的稳定运转，故又称主动控制型磁力轴承。与无源型比较，刚度大、响应速度快、功耗小，可实现5个自由度的控制，但需要外控回路
	有源无源混合型磁力轴承	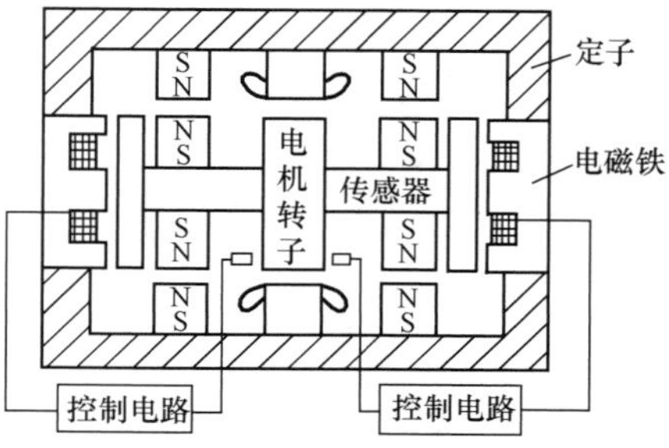 定子 电磁铁 S N N S 电机转子 传感器 控制电路 控制电路	兼有有源型和无源型磁力轴承的特点

续表

名称		简图	特点
按磁能来分	永磁型磁力轴承	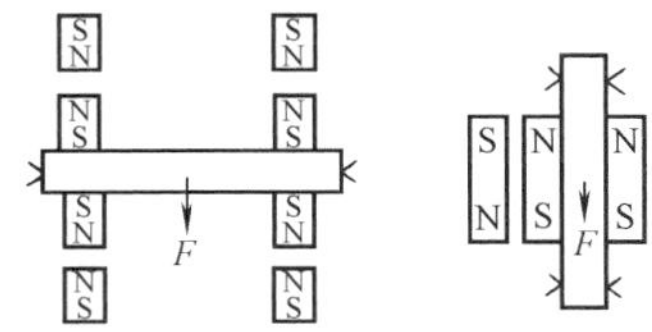	结构简单，无控制系统和调谐电路，功耗小。但刚度小，稳定性差，采用一般的永磁材料有退磁作用，配合不当还会出现反转。大型轴承装配困难
	激励型磁力轴承	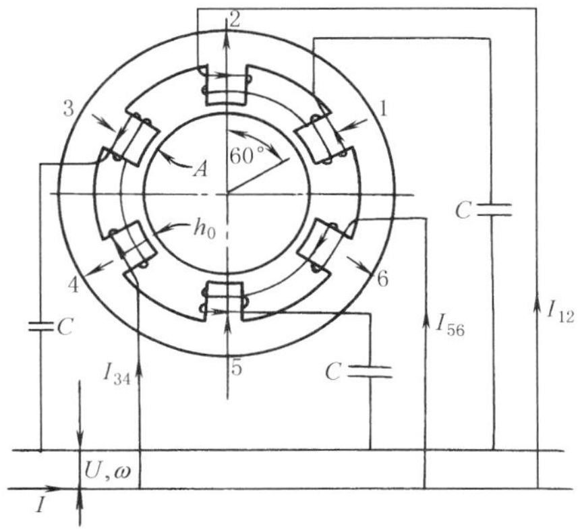	利用电磁铁原理，配有控制系统或调谐电路。结构多样，承载能力和刚度大，稳定性好，应用广泛。但体积大，功耗高
	激励永磁混合型磁力轴承	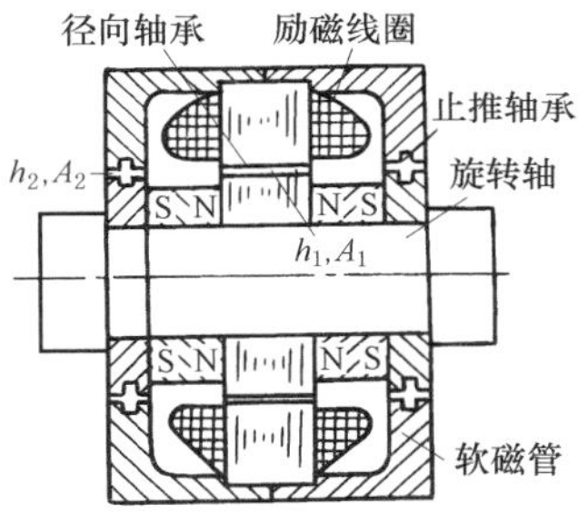	兼有永磁型和激励型磁力轴承的特点，应用广泛
	超导体型磁力轴承	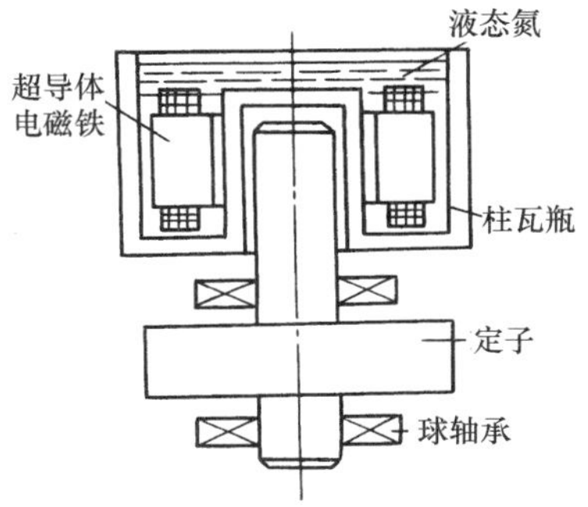	电磁铁激励线圈为超导体线圈（置于液氮中），可使磁场强度提高十几倍甚至更高，承载能力极高
按结构型式	径向轴承	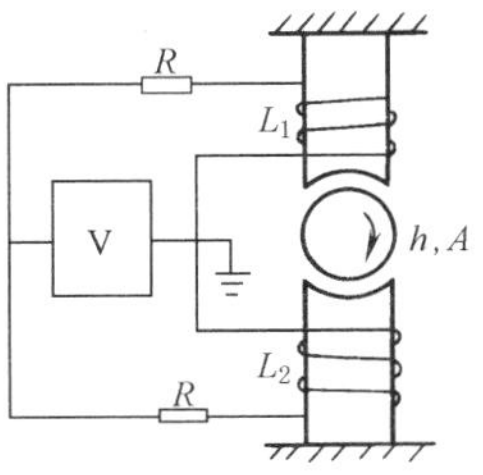	提供径向承载力

第8篇

续表

名称			简图	特点
按结构型式	止推轴承		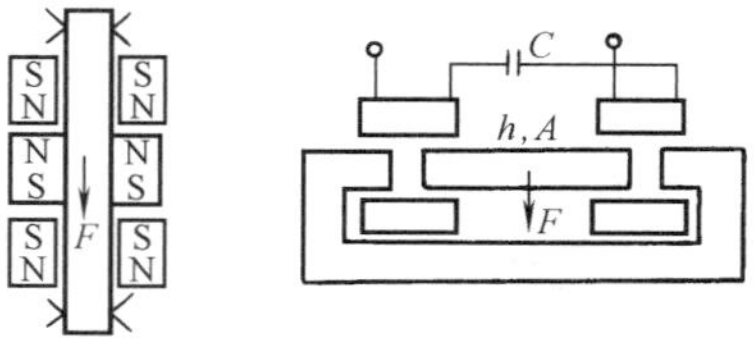 S N N S S N S N N S N S F C h,A F	只能提供轴向承载力
	组合轴承	锥型轴承	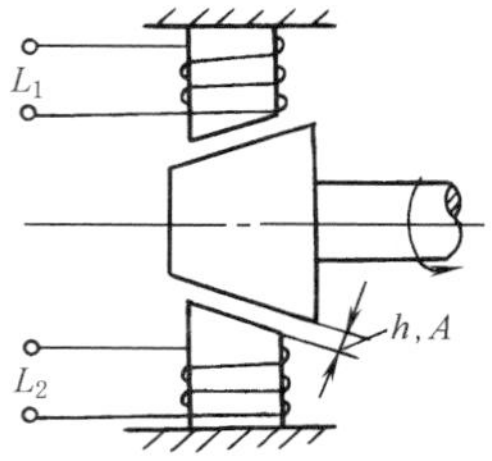 L_1 h,A L_2	结构紧凑，可靠性高。能同时提供径向和轴向承载能力。但轴向和径向位移都相当大时会产生轴向和径向耦合干扰
		T型轴承	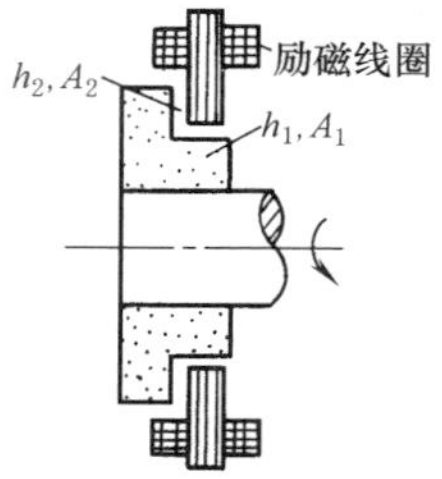 励磁线圈 h_2,A_2 h_1,A_1	容易加工，可靠性高，轴向和径向耦合干扰比锥型轴承小。磁通垂直于叠片平面，所以工作频率受到限制
		阶梯型轴承	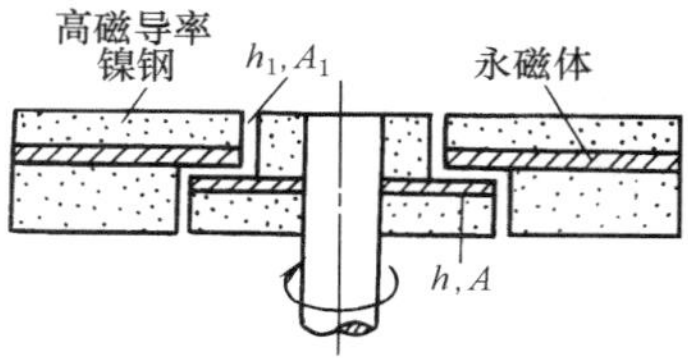 高磁导率镍钢 h_1,A_1 永磁体 h,A	结构紧凑，工艺性好，可以利用多种磁性材料组合，以适应使用要求
		球型轴承	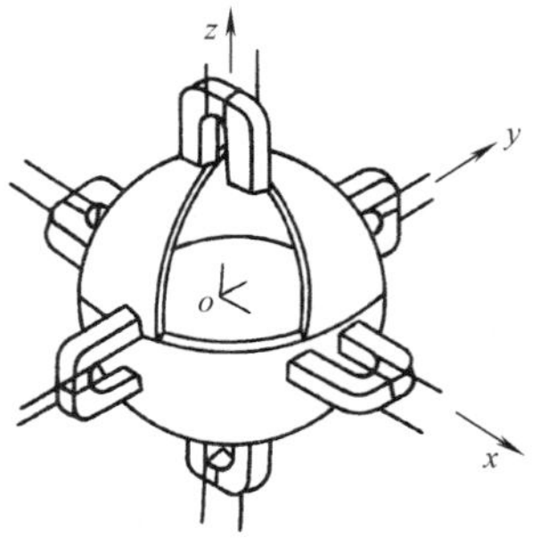 z y o x	可提供三向承载能力，多用于陀螺仪等仪表
		边缘磁场型轴承	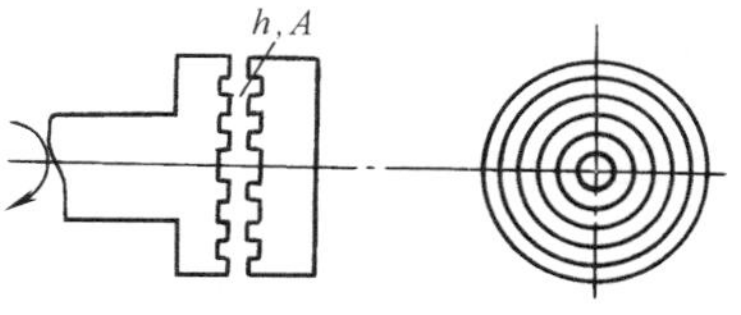 h,A	当轴径向偏移时，齿出现偏移，边缘磁通产生径向力使轴回复原位

磁力轴承主要应用于精密陀螺仪、加速度计、空间飞行器姿态飞轮、密度计、流量计、同步调相机、精密电流稳定器、振动阻尼器、真空泵、功率表、钟表、超高速离心机、金属提纯设备、超高速磨头、精密机床、水轮发电机、大型电动机、发电机、汽轮机、气体压缩机、抽风机等。

9.2.2　磁力轴承的性能计算

永磁型磁力轴承的承载能力和刚度取决于永磁材料的种类，磁极的布置，磁极的面积、形状和厚度，轴承间隙以及软磁钢部分的尺寸。因此要进行理论计算比较困难。最简单的方法是实验相似法，借助几种用实验已测定出承载能力的结构，对相同的材料和结构，只要设计轴承的尺寸和间隙具有和实验轴承同样的比值，则其承载能力与磁铁任一线性尺寸的平方成正比。

任何一种材料和结构的永磁型磁力轴承都有一最大尺寸，在此尺寸上，轴承就不能支承其本身质量。

永磁型径向轴承和止推轴承的承载能力估算公式见表 8-9-5。交流激励型磁力轴承的承载能力和刚度估算公式见表 8-9-6。直流激励型磁力轴承的承载能力和刚度估算公式见表 8-9-7。

表 8-9-5　　永磁型轴承的承载能力计算公式

轴承类别	止推轴承	径向轴承
结构示意图	S N N S　S N N S $\xi=1.0$　$\xi=1.7$	y, A, β, R_1, $\vec{e}_y$, R_2, O, e, r_2, α, p, x, r_1, O'
承载能力公式	$F=1/16\xi\mu_0\mu_r H_c^2 A\times\left\{1-\frac{h/\delta}{[1-(h/\delta)^2]^{\frac{1}{2}}}\right\}^{1.35}$	$F=(1-\xi)\times10^{-7}\int_{R_1}^{R_2}\int_{r_1}^{r_2}\int_0^{2\pi}\int_0^{2\pi}\frac{(M_1n)(M_2n)Rr(r\cos\alpha-e-R\cos\beta)}{[(r\sin\alpha-R\sin\beta)^2+(r\cos\alpha-e-R\cos\beta)^2]^{\frac{3}{2}}}\times dR\,dr\,d\alpha\,d\beta$ $\xi=\frac{R_1+R_2+r_1+r_2}{4\sqrt{(R_1+R_2+r_1+r_2)^2+(4\beta)^2}}$
备注	ξ——结构型式系数；H_c——永磁材料的矫顽力，A/m；μ_0——真空磁导率，H/m；$\mu_0=4\pi\times10^{-7}$ H/m；μ_r——相对磁导率；A——轴承面积，m^2；h——轴承间隙，m；δ——永磁铁厚度，m	ξ——轴承宽度系数；M_1，M_2——外内磁环材料的磁化强度，A/m；n——磁环介质表面单位外法线矢量；R_1，R_2——外磁环内外半径，m；r_1，r_2——内磁环内外半径，m；α——内磁环中心O'到磁元p的矢径与y轴的夹角；β——外磁环中心O到磁元A的矢径与y轴的夹角；e——偏心距，m

表 8-9-6　　交流激励型磁力轴承承载力与刚度公式

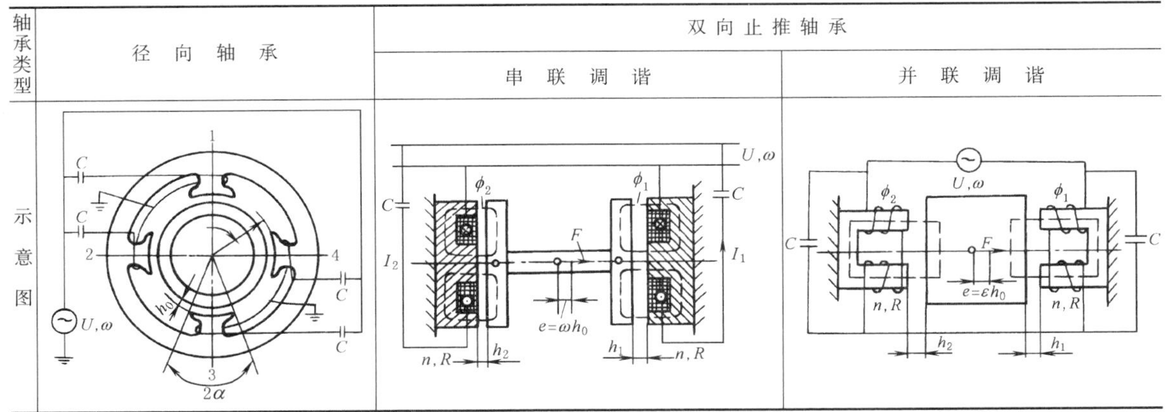

续表

轴承类型	径向轴承	双向止推轴承	
		串联调谐	并联调谐
荐用参数	气隙磁通密度 $B_a=(0.05\sim0.3)$T 铁芯磁通密度 $B_e\leqslant0.6B_s$T $\dfrac{\text{铁损等值电阻}}{\text{线圈直流电阻}}=0.8\sim1.2$ 励磁频率 $f>400$Hz $h_0=(0.25\sim0.5)\times10^{-3}$m	品质因数 $Q_0>10$、$Q\approx1$ 气隙最大磁通密度 $B_{am}\leqslant0.8B_s$T，$\dfrac{\text{气隙最大磁阻 }R_{am}}{\text{铁芯最大磁阻 }R_{cm}}\approx25$ B_s 为饱和磁通密度，T；轴承间隙 $h_0=(h_1+h_2)/2=(0.25\sim0.5)\times10^{-3}$m 励磁频率 $f=400\sim13000$Hz	
承载能力与刚度	$F=4K_mZ^2I^2\mu_0\mu_r\alpha DB\dfrac{Q_0-2}{h_0^3}\varepsilon\cos\left(\dfrac{\pi}{m}\right)$ $K=4K_mZ^2I^2\mu_0\mu_r\alpha DB\dfrac{Q_0-2}{h_0^3}\varepsilon\cos\left(\dfrac{\pi}{m}\right)$	$F=\dfrac{Z^2I^2\mu_0\mu_rA(Q^2-QQ_0+1)\varepsilon}{4h_0^3\{[Q+(Q_0-Q)\varepsilon^2]^2+(1-\varepsilon^2)^2\}}$ $K=\dfrac{Z^2I^2\mu_0\mu_rA(Q^2-QQ_0+1)}{4h_0^3(Q^2+1)}$	$F=\dfrac{Z^2I^2\mu_0\mu_rA}{h_0^2\omega^2C^2R^2}\times\dfrac{\varepsilon(Q^2-Q_0Q+1)}{[Q_0-(Q_0-1)(1-\varepsilon)]^2+(1-\varepsilon)^2}\times\dfrac{1}{[Q_0-(Q_0-1)(1-\varepsilon)]^2+(1+\varepsilon)}$ $K=\dfrac{Z^2I^2\mu_0\mu_rA(Q_L-Q)^2(Q^2-Q_0Q+1)}{h_0^3(Q^2+1)^2}$
功耗	$2.83IU$	$1.41IU$	
备注	K_m——磁极系数，不超过 8 级为 1；Q_0——品质因数，$Q_0=\dfrac{n^2\mu_0\mu_rA\omega}{(R+R_c)h_0}$；$Q_L$——考虑漏感时线圈品质因数；$Q_c$——电容器品质因数；$Q=Q_L-Q_c$；$m$——磁极数；$\omega$——电源频率，Hz；$R$——线圈直流电阻，Ω；$C$——调谐电容，F；$Z$——线圈匝数；$U$——电压有效值，V；$I$——电流有效值，A；$A$——轴承面积，m²；$\varepsilon$——偏心率；$\mu_0$——真空磁导率，H/m，$\mu_0=4\pi\times10^{-7}$H/m；$\mu_r$——相对磁导率；$\alpha$——极靴包角，rad；$D$——轴承直径，m；$B$——轴承宽度，m		

表 8-9-7　直流激励型磁力轴承的承载能力和刚度估算公式

轴承类型	径向轴承	止推轴承
示意图	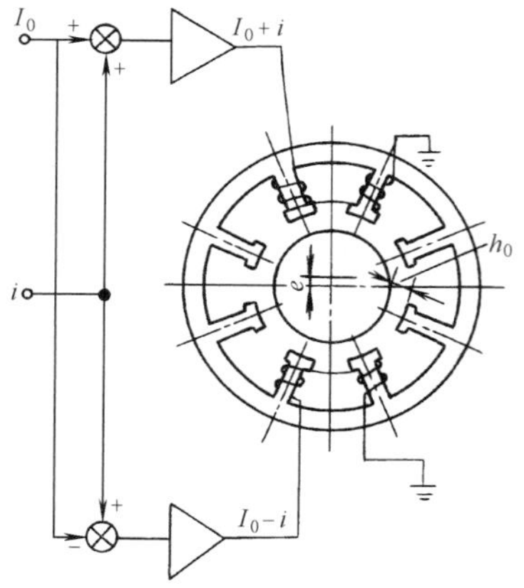	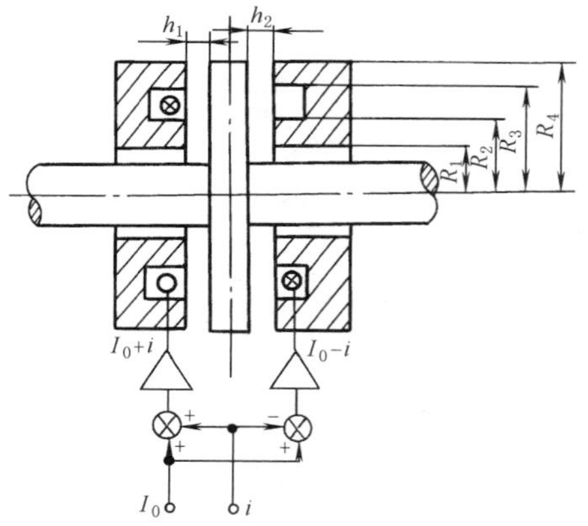
荐用参数	气隙磁通密度 $B_a=0.05\sim0.3$T 铁芯磁通密度 $B_e\leqslant0.6B_s$T $h_0=(0.25\sim0.5)\times10^{-3}$m	气隙最大磁通密度 $B_{am}\leqslant0.8B_s$T B_s 为饱和磁通密度，T； 轴承间隙 $h_0=(h_1+h_2)/2=(0.25\sim0.5)\times10^{-3}$m
承载能力与刚度	$F=\dfrac{\mu_0A_aN^2}{4}\left[\left(\dfrac{I_0-i}{h_0-e}\right)^2-\left(\dfrac{I_0+i}{h_0+e}\right)^2\right]\cos\left(\dfrac{\pi}{m}\right)$ $K_s=\mu_0A_aN^2\left(\dfrac{I_0^2}{h_0^3}\right)\cos\left(\dfrac{\pi}{m}\right)$ $K_{si}=-\mu_0A_aN^2\dfrac{I_0}{h_0^2}\cos\left(\dfrac{\pi}{m}\right)$	$F=\dfrac{\mu_0A_aN^2}{4}\left[\left(\dfrac{I_0-i}{h_0-e}\right)^2-\left(\dfrac{I_0+i}{h_0+e}\right)^2\right]$ $K_s=\mu_0A_aN^2\dfrac{I_0^2}{h_0^3}$ $K_{si}=-\mu_0A_aN^2\dfrac{I_0}{h_0^2}$ 其中 $A_a=\pi(R_2^2-R_1^2)=\pi(R_4^2-R_3^2)$

续表

轴承类型	径向轴承	止推轴承
功耗	I_0U	I_0U
备注	m——磁极数；N——线圈匝数；U——电压有效值，V；I_0——直流偏磁，A；A_a——磁路有效截面积，m^2；e——位移，m；μ_0——真空磁导率，H/m，$\mu_0=4\pi\times10^{-7}$H/m；h_0——转子处于中间位置时的间隙，m；K_s——位移刚度系数，$N\cdot m^{-1}$；K_{si}——电流刚度系数，$N\cdot A^{-1}$；i——由于转子位移引起的控制电流，A	

9.2.3　磁力轴承的材料

表 8-9-8　磁力轴承常用材料

材料类别	永磁材料	软磁材料	超导材料
名称	铁氧体 铝镍钴合金 稀土钴 钕铁硼合金	高硅合金 硅镍铁合金 镍铁合金 坡莫合金 铁铝合金 软磁铁氧体	钡镧铜氧系列 钇钡铜氧系列 铋锶钙铜氧系列 铊钡钙铜氧系列
性能要求	磁能积高 抗去磁性好 温度稳定性好 磁性能稳定 可加工性好	磁导率高 铁损耗低 磁对形变不敏感 力学稳定性好 可加工性好	临界温度高

表 8-9-9　永磁材料性能

材料名称	代号	磁性能			密度 ρ /$g\cdot cm^{-3}$	剩磁温度系数/$℃^{-1}$	特性
		剩余磁感应强度 B_r/T	矫顽力 H_c /$kA\cdot m^{-1}$	磁能积 $(BH)_{max}$/$kJ\cdot m^{-3}$			
铁氧体	H10	≥0.2	127～159	6.4～9.5	4.5～4.8	约0.18%	各项同性
	H35	0.38～0.42	159～215	26～29	4.0～5.2	约0.18%	各项异性
铝镍钴合金	AlNiCo5	1.14～1.20	44.6～46.2	35～39.8	7.4	—	各项同性
	AlNiCo8	0.75～1.10	95.5～107	31.8～71.6	7.4	—	各项异性
稀土钴	XH40	0.35～0.45	199～318	23.9～39.8	7.8～8.4	约0.04%	—
	XH100	0.55～0.80	279～557	59.7～99.5	7.8～8.4	约0.04%	—
	XH150	0.75～0.90	358～537	99.5～139	7.8～8.4	约0.04%	—
	XH200	0.85～1.00	477～716	139～179	7.8～8.4	约0.04%	—
钕铁硼合金	—	1.00～1.25	577～916	191～287	—	约0.12%	—

第10章 智能轴承

智能轴承是一种集成轴承、传感器、信号处理和控制系统的新型装置。智能轴承可以利用传感器探测到的位移、速度、力、振动和温度等信号，通过信号处理模块对轴承或转子的运行状态进行实时监测，并根据探测信号经过控制系统的判断与决策，进而调节轴承参数，改变轴承或转子运行状态，使其趋于理想状态。

10.1 智能轴承的分类

智能轴承从摩擦的基本性质上可以分为滚动轴承领域的智能轴承和滑动轴承领域的智能轴承。在滑动轴承领域所提出的具有主动控制功能的状态可调、行为可控智能轴承，按照控制对象的不同，分为几何形状可变轴承、主动润滑可倾瓦轴承和支撑结构可变轴承；按照控制方式的不同，分为机电系统控制的智能轴承、液压系统控制的智能轴承、应用新材料（特殊材料）控制的智能轴承以及主动磁轴承。

10.2 滚动智能轴承

滚动轴承领域所提出的智能轴承，其本质是将微型传感器集成到传统滚动轴承之中，对轴承运行状态进行实时在线监测和故障诊断。智能轴承系统组成主要包括四大部分：经过改进的传统滚动轴承；微型传感器；信号传输模块；信号处理与故障诊断分析模块。微型传感器探测经过改进的轴承在运行过程中的振动、温度、速度以及力等信号，通过信号传输模块，将信号发送到信号处理和故障诊断模块。滚动轴承领域的智能轴承提出意义在于，实时在线监测轴承的运行状态，在轴承出现故障的前期进行报警，以防止因轴承故障或失效而引起重大事故。

通常滚动轴承和传感器的集成方式分为两种：外挂式和内嵌式。外挂式是指传感器附在轴承外而不破坏轴承形态，如图8-10-1所示。内嵌式是指传感器嵌入集成到滚动轴承内，如内、外圈，滚动体以及保持架，如图8-10-2所示。

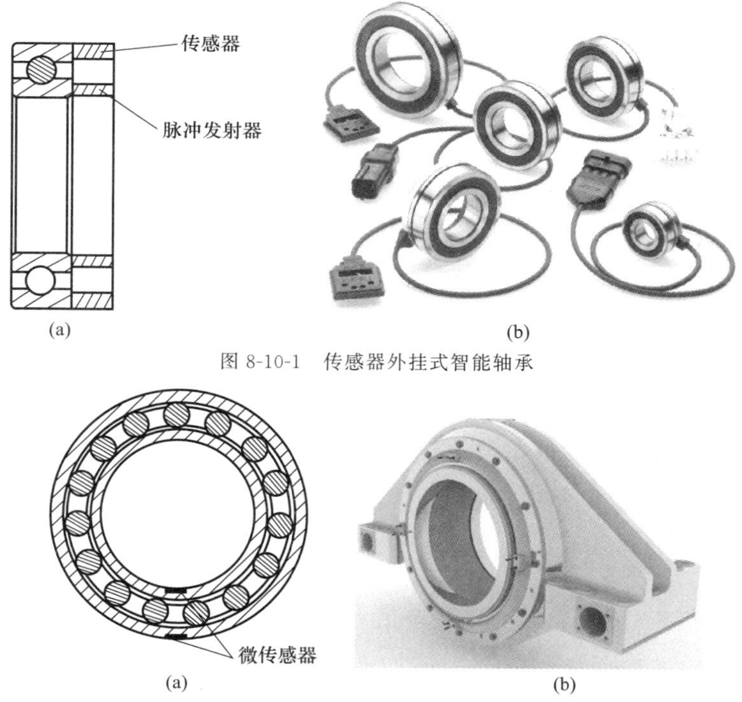

图8-10-1 传感器外挂式智能轴承

图8-10-2 传感器内嵌式智能轴承

10.3 滑动智能轴承

滑动轴承领域所提出的智能轴承是一种具有主动控制功能的状态可调、行为可控的滑动轴承，其可根据不同工况自主改变轴承润滑状态和转子的振动状态以适应不同工况的变化。智能轴承系统组成主要包括四大部分：状态可调滑动轴承，传感器，控制器和执行机构。传感器探测轴承或转子的信号，如位移、速度、力、振动以及温度等；控制器对探测到的信号进行信号处理和判断决策；执行器收到控制器的做动信号后调整滑动轴承状态，从而改变轴承或转子的运行状态。

10.3.1 几何形状可变轴承

几何形状可变轴承通过控制油膜间隙的几何形状，一方面可以控制油膜力的大小和施加在轴径的预负荷，从而控制轴径旋转的精度和轴心轨迹形状；另一方面油膜间隙的主动调节可以控制油膜的刚度和阻尼，进而控制转子的振动状态。几何形状可变的智能轴承的主要形式可分为径向轴承和推力轴承两种。径向智能轴承主要结构类型为：状态可调椭圆轴承、压电陶瓷驱动的智能椭圆轴承、状态可调错位轴承、支点可变可倾瓦轴承、柔性轴套轴承、可控径向油膜轴承和几何形状可变轴承等。

10.3.1.1 状态可调椭圆轴承

状态可调椭圆轴承主要由一个可以绕转轴旋转的可移动轴瓦和一个固定轴瓦构成，如图 8-10-3 所示。可移动轴瓦通过调节绕转轴的旋转角度，从而改变油膜间隙的大小和形状。状态可调椭圆轴承所使用的传感器为电涡流位移传感器，两个传感器呈相对 90°安装在轴径附近，以探测轴径或主轴的振幅。状态可调椭圆轴承的执行器为伺服电机带动丝杠旋转，丝杠驱动楔形块横向移动，楔形块通过斜面与可移动轴瓦配合从而推动可移动轴瓦绕转轴旋转。

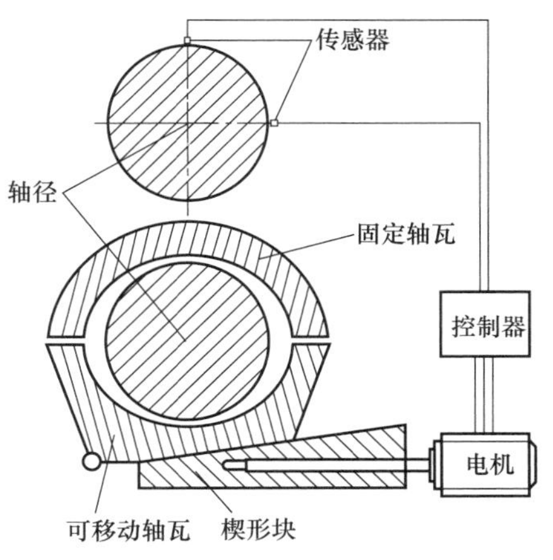

图 8-10-3 状态可调椭圆轴承

状态可调椭圆轴承的工作原理：位移传感器探测轴径的位移信号并发送给控制器；控制器通过信号处理给伺服电机发出控制电流；伺服电机驱动楔形块平移从而推动可移动轴瓦旋转；可移动轴瓦的旋转改变了轴承油膜间隙进而改变了轴心轨迹和转子振幅。

状态可调椭圆轴承的特点：可移动轴瓦绕转轴转动时，油膜间隙的大小和楔形油膜间隙的形状均有变化。伺服电机驱动楔形块的控制方式更加注重于轴径的旋转精度和轴承转子系统长期运转的稳定性，而不是转子振动的实时控制。

10.3.1.2 压电陶瓷驱动的智能椭圆轴承

压电陶瓷驱动的智能椭圆轴承主要由一个可在竖直方向平移的可移动轴瓦和一个固定轴瓦构成，如图 8-10-4 所示。可移动轴瓦通过调节竖直方向的位移而改变椭圆轴承的顶隙。压电陶瓷驱动的智能椭圆轴承在轴径附近呈 90°安装两个灵敏度很高的电容传感器，以探测轴径和转子的振动。电涡流位移传感器安装于可移动轴瓦下方，用以探测可移动轴瓦在竖直方向的位移。调节可移动轴瓦位移量的执行器为响应速度快、出力大的压电陶瓷促动器。

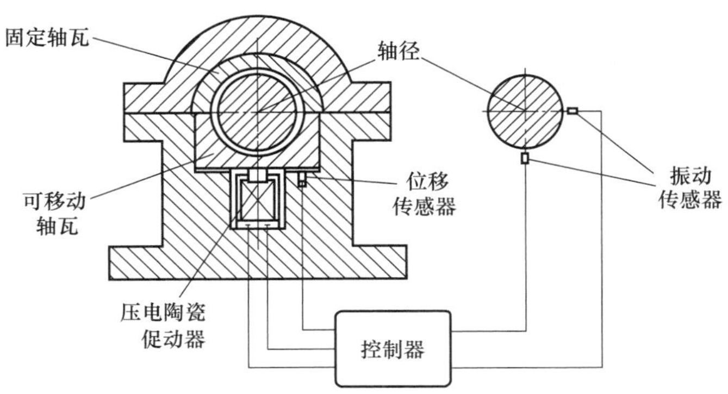

图 8-10-4 压电陶瓷驱动的智能椭圆轴承

第
8
篇

压电陶瓷驱动的智能椭圆轴承的工作原理：振动传感器探测主轴的振动状态并将信号实时发送到控制器；控制器经过信号处理和逻辑判断为压电陶瓷促动器发送驱动电压；压电陶瓷促动器收到驱动电压信号后做出响应位移，推动或拉动可移动轴瓦上下移动；可移动轴瓦下方的位移传感器探测可移动轴瓦的位移信号并发送到控制器；控制器计算差分电压并驱动压电陶瓷促动器进行位移补偿；控制可移动轴瓦在竖直方向的位移即可控制油膜间隙的大小，进而控制轴径和转子的运行状态。

压电陶瓷驱动的智能椭圆轴承的特点：选择执行器响应速度更快的压电陶瓷促动器，使得控制系统可以实现实时控制。在主轴转速低于临界转速时，对智能轴承的实时控制可以应对各种时变工况，如载荷阶跃、不平衡载荷以及瞬态冲击；在主轴运行在临界转速附近时，智能可以调节油膜刚度阻尼以达到减振的目的；在轴承转子系统发生共振时，智能轴承对主轴施加反共振激励，从而控制转子振幅。

10.3.1.3　状态可调错位轴承

状态可调错位轴承主要由一个可在水平方向平移的可移动轴瓦和一个固定瓦构成，如图8-10-5所示。可移动轴瓦可以在水平方向平移，而改变错位轴承横向的油膜间隙大小和楔形油膜形状。状态可调错位轴承所使用的传感器为电涡流位移传感器，两个传感器呈相对90°安装在轴径附近，以探测轴径或主轴的振幅。状态可调错位轴承的执行器为伺服电机带动丝杠旋转，丝杠驱动楔形块移动，楔形块通过斜面与可移动轴瓦配合从而推动可移动轴瓦在横向平移。复位弹簧为可移动轴瓦施加预载荷，在伺服电机驱动楔形块向下移动时，复位弹簧可以使可移动轴瓦回到初始位置。

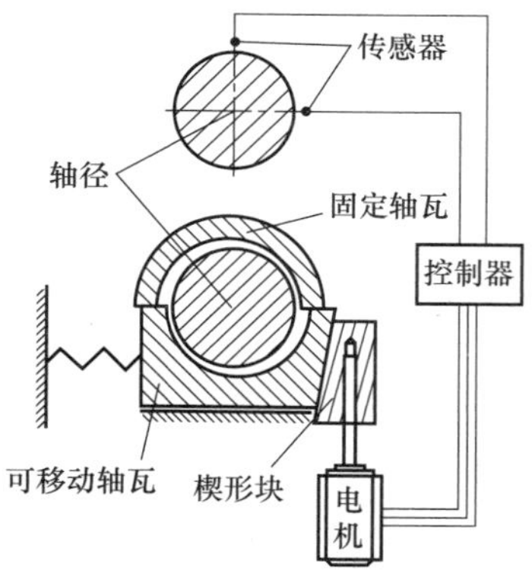

图8-10-5　状态可调错位轴承

状态可调错位轴承的工作原理为：位移传感器探测轴径的位移和振幅，并将信号发送到控制器；控制器通过信号处理给伺服电机发出控制电流；伺服电机驱动楔形块移动从而推动可移动轴瓦平移；可移动轴瓦的移动改变了轴承油膜间隙，进而改变了轴心轨迹和转子振幅。

状态可调椭圆轴承的特点：可移动轴瓦平移时，油膜间隙的大小和楔形油膜间隙的形状均有变化。油膜间隙可调的错位瓦轴承在控制轴径和转子的横向振动方面效果突出，在载荷变化的时变工况下，在抑制转子振动方面，状态可调错位轴承比状态可调椭圆轴承更有优势。

10.3.1.4　支点可变可倾瓦轴承

支点可变可倾瓦滑动轴承由支点可变的径向可倾瓦块、支撑单元和轴承壳体组成。每一个轴瓦在一组支点的作用下，通过选择不同的支点不但轴瓦可调角度范围增大，轴瓦在径向的位移也可通过多支点控制。支点可变可倾瓦轴承所使用的传感器为电涡流位移传感器，两个传感器呈相对90°安装在轴径附近，以探测轴径或主轴的振幅。支点可变可倾瓦轴承的执行器为四组压电陶瓷致动器，每组五个。选择开关根据控制器发出的信号控制每组压电陶瓷致动器中的一个或某几个做动。如图8-10-6所示。

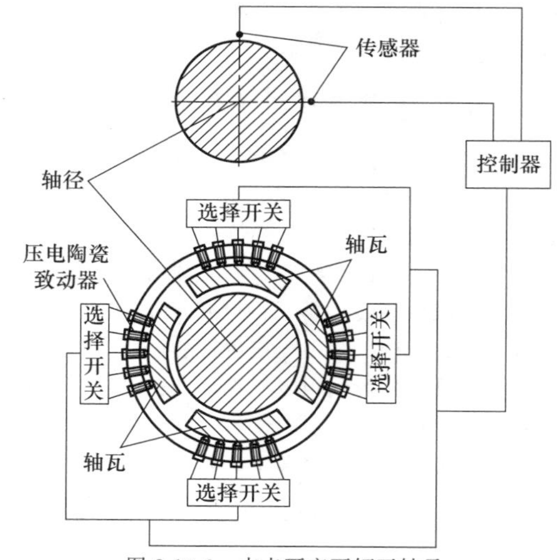

图8-10-6　支点可变可倾瓦轴承

支点可变可倾瓦滑动轴承的工作原理：位移传感器探测轴径的位移和振幅，并将信号发送到控制器；控制器通过信号处理和逻辑判断给选择开关发出控制信号；选择开关控制一个或几个压电陶瓷致动器伸缩，从而控制轴瓦的倾斜角度或径向位移；由于轴瓦角度或位移的调整导致油膜形状和大小的变化，进而改变轴承摩擦力、润滑油流量以及油膜动力学参数。

固定支点的可倾瓦滑动轴承本身对工况的变化具

有一定的适应能力，但受限于瓦块倾斜角度的限制，油膜间隙的可调范围有限，其适应能力有限。而支点可变可倾瓦轴承不仅增大了轴瓦倾斜的角度，还可通过各个支点的联合作用调节轴瓦径向位置，使楔形油膜间隙的角度和厚度均可调可控。通过改变可倾瓦块支点的分布情况及可倾瓦块的径向位置，达到改善减小轴承摩擦功耗、降低温升、控制振动的目的，从而可以实时调整径向可倾瓦滑动轴承的工作状态以适应不同工况的工作要求。

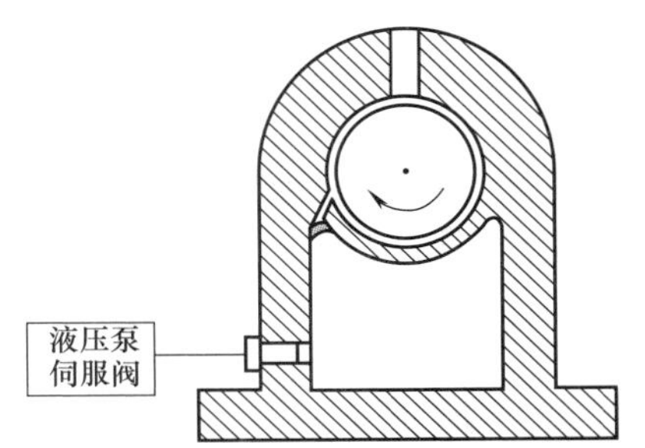

图 8-10-7　液压控制系统柔性轴瓦轴承

10.3.1.5　液压控制柔性轴瓦轴承

液压控制的可变形柔性轴瓦轴承主要由柔性轴瓦、液压油腔和阻尼孔组成的可控部分，油膜和油腔由挠性板与柔性密封隔离，压力可调的油液经阻尼孔进入液压油腔。轴颈与柔性轴瓦的平衡位置取决于负载和液压油腔工作压力，当油压改变时，挠性板将发生变形，由于轴承的动态特性取决于油膜的几何形状和厚度，因此调节油压将达到转子系统振动控制的目的。挠性板在平衡点附近的振动导致油液经阻尼孔流动，该流体的阻尼作用将对轴承的动特性产生影响。液压控制柔性轴瓦轴承使用四个电涡流传感器，分别在水平和竖直方向上个安装两个，以探测轴径的振幅。液压控制柔性轴瓦轴承的执行器为液压泵、伺服阀、液压油腔以及可变形柔性轴瓦。

液压控制柔性轴瓦轴承的工作原理：柔性轴瓦的变形量由液压油腔的压力控制；液压油腔的压力由系统的伺服阀（图 8-10-7）控制；通过油腔压力的调节，可以控制可变性轴瓦的变形量；进而改变油膜的形状和厚度，在不停机的情况下控制转子系统的动力学特性。由于伺服阀可以动态调节液压油腔的压力，因此，主动轴颈轴承可以通过油膜向转子传递动态控制力，通过开环方式或反馈方法控制转子的强迫振动。如图 8-10-8 所示。

液压控制柔性轴瓦轴承通过调整合适的液压油腔压力，可以改善转子系统的稳定性。但液压系统控制的可变形轴瓦的响应速度较慢，在面对时变工况时可能效果不佳。

10.3.1.6　可控径向油膜轴承

可控径向油膜轴承主要由两个超磁致伸缩器和两个复位弹簧共同作用在一个可移动的圆轴承轴瓦上所构成，如图 8-10-9 所示。其中一个超磁致伸缩器和一个复位弹簧作用在圆轴承的水平方向；另一个超磁致伸缩器和复位弹簧作用在圆轴承的竖直方向。弹簧一直处于压缩状态，一方面给超磁致伸缩器提供预载

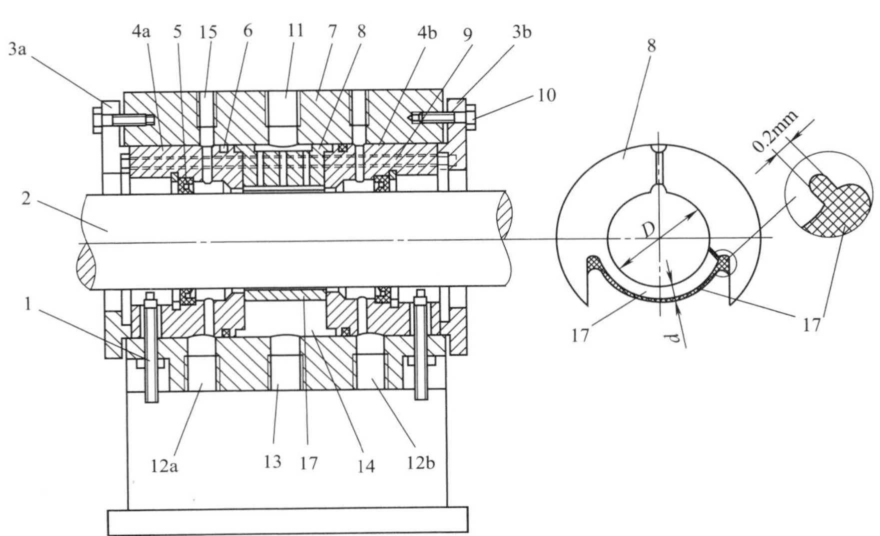

图 8-10-8　液压控制柔性轴瓦轴承结构图

1—电涡流传感器；2—轴径；3—法兰；4—轴瓦；5—唇密封；6—O 形密封圈；7—外壳；8—轴瓦；9，10—螺栓；11—进油口；12—出油口；13—高压油腔入口；14—高压油腔；15—气道；16—柔性密封胶；17—可变形轴套

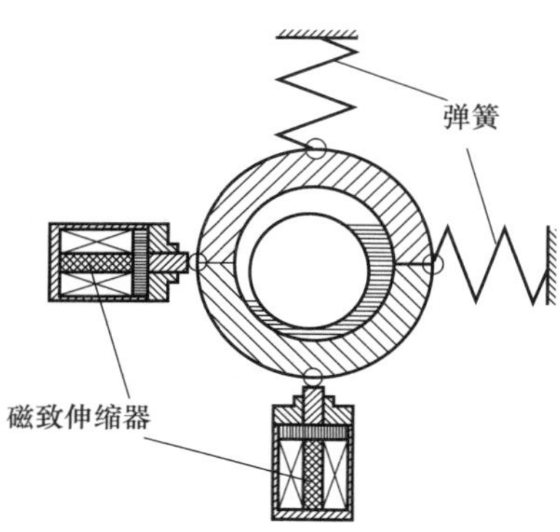

图 8-10-9　可控径向油膜轴承

荷，另一方面保证轴瓦与超磁致伸缩器在转子振动时不发生分离。

可控径向油膜轴的工作原理：位移传感器探测轴径在水平方向和竖直方向的轴心位移；控制器为超磁致伸缩器发送与主轴旋转频率相同频率的电流；在超磁致伸缩器的作用下，圆轴承的轴瓦与主轴产生相对位移，从而改变的油膜的形状和预负荷的方向；油膜力的变化起到调整转子位置及抑制转子振动的功能。

可控油膜轴承具有很强的定心能力和调心能力，而且能够有效地抑制转子振动，提高系统的稳定性。

10.3.1.7　几何形状可变轴承

几何形状可变滑动轴承主要由上半轴瓦、下半轴瓦、可移动轴瓦、弹簧以及油腔阻尼器等构成，其原理图和实物图分别如图 8-10-10 和图 8-10-11 所示。当油膜力超过某一特定值时，轴承的可移动轴瓦向下产生一定的位移从而产生附加油膜，在不连续弹簧特性和阻尼器的作用下，对轴径的振动产生抑制作用。几何形状可变轴承的主要目的在于，当转速接近临界转速时改变系统的有效阻尼和刚度。这一原理的重要特点是，有效的系统刚度和阻尼的变化是由一个附加的油膜区域造成的，并不是简单地由外部刚度和阻尼变化造成的。

几何形状可变滑动轴承的工作原理：电机驱动转子加速或减速通过共振频率时，由于转子的振动增大导致油膜力增大；当油膜力达到某一设定值时，附加油腔打开，可移动轴瓦向下移动，阻尼器也同时工作；在附加油膜刚度、阻尼以及液压油腔阻尼器的作

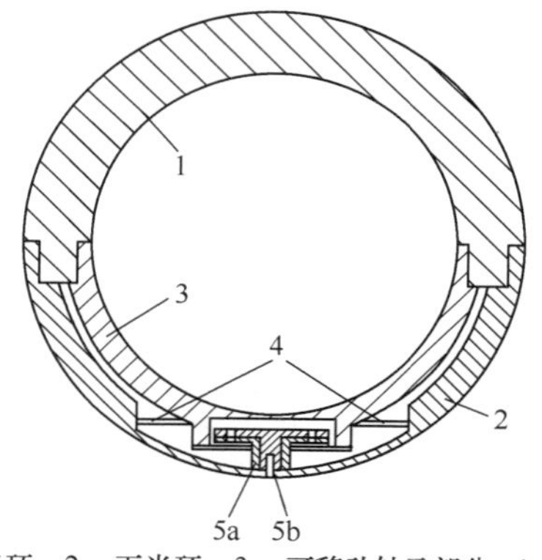

1—上半环；2—下半环；3—可移动轴承部分；4—弹簧；
5a—阻尼器固定部分；5b—阻尼器可动部分

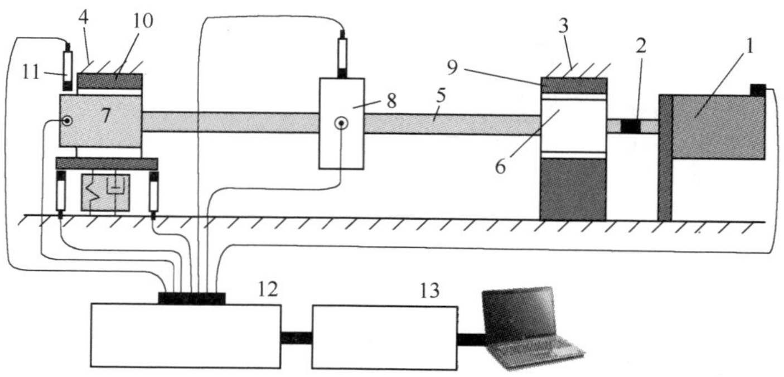

1—交流电机；2—联轴器；3，4—轴承盖；5—主轴；6，7—轴径；8—圆盘；
9—常规油膜轴承；10—几何形状可调轴承；11—位移传感器(6个)
12—信号变送器；13—AD转换器

图 8-10-10　几何形状可变轴承

图 8-10-11 几何形状可变滑动轴承实物图
1—轴承座；2—可移动轴瓦部分；3—传感器测量板；4—刚度、阻尼调节旋钮

用下，转子在第一临界转速的振幅将被抑制。在几何形状可变滑动轴承中，位移传感器一共使用 6 个，其中 2 个位移传感器测量质量盘在水平、竖直方向的位移，2 个位移传感器测量轴径在水平、竖直方向的位移，2 个位移传感器测量可移动轴瓦的位移。在几何形状可变滑动轴承中并没有控制器和执行器，可移动轴瓦的移动依赖于设定的油膜力临界值和弹簧刚度的大小。

几何形状可变滑动轴承仅在转子通过第一临界转速时产生作用。通过调节可移动轴瓦的附加支撑刚度和阻尼，在转子过第一临界转速时对振幅的抑制和传统滑动轴承相比高达到 60%～70%。该轴承在不损失轴承承载能力且转子轴向不增加附加装置的前提下，对转子振动的抑制效果良好。

10.3.1.8 轴向止推智能轴承

轴向止推智能轴承主要由可移动推力瓦、推力盘、超磁致伸缩器、控制系统以及温度传感器构成，如图 8-10-12 所示。每一个推力瓦块分别支撑在一个超磁致伸缩器的顶端，超磁致伸缩器固定于底座上。每个推力瓦块上安装一个温度传感器，所有温度传感器的输出温度信号接入一个控制器。控制器通过信号处理对各个超磁致伸缩器输出控制电流，使超磁致伸缩器做出伸缩位移，从而调整各个推力瓦块与推力盘之间的间隙。

轴向止推智能轴承的工作原理：安装于各个推力瓦块的温度传感器探测各承载瓦块的温度；控制器接受各个温度传感器的信号后进行对比，并确定哪一个瓦块温度较高，说明该瓦块受载荷较大；控制器为相应的超磁致伸缩器发出控制电流，以增大温度较高瓦块与推力盘之间的间隙。

轴向止推智能轴承使用超磁致伸缩器为执行器，在线自动调整各个推力瓦块和推力盘之间的油膜间隙，可以防止推力轴承发生偏载，实现各个推力瓦的温度均匀分布。

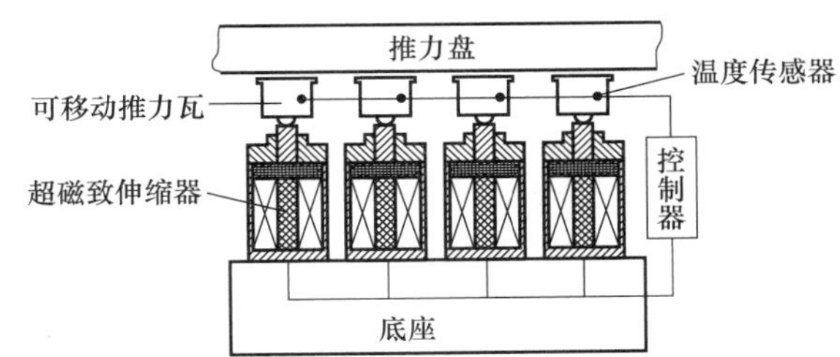

图 8-10-12 轴向止推智能轴承

10.3.2 支撑结构可变轴承

支撑结构可变轴承为多支承系统，其主要由两个固定瓦轴承和一个状态可调轴承构成。支撑结构可变轴承系统中所使用的传感器为两个电容式位移传感器，两个传感器分别测量转子在竖直方向和水平方向的振动。支撑结构可变轴承系统中所使用的执行器为压电陶瓷致动器。如图 8-10-13 所示。

支撑结构可变轴承的工作原理：通过传感器探测轴径和转子的运动状态；控制器通过信号处理给压电陶瓷致动器发送控制电流；压电陶瓷致动器根据控制电流改变伸缩位移；可调轴承通过位移的变化，改变油膜间隙；通过控制油膜间隙来调整可调轴承位置施加在转子上的载荷的大小和方向，改变转子在各个支撑位置的预负荷，从而控制转子的振动状态。

支撑结构可变轴承的三轴承支承系统，通过压电陶瓷致动器调节轴承位置，重新分配转子系统中各个轴承的预负荷，可以实现对高速旋转机械稳定性的实时控制。

10.3.3 机电系统控制的智能轴承

机电系统控制的智能轴承是用机械机构或电气系统来控制可调轴承的工作状态，如图 8-10-14 所示。

第8篇

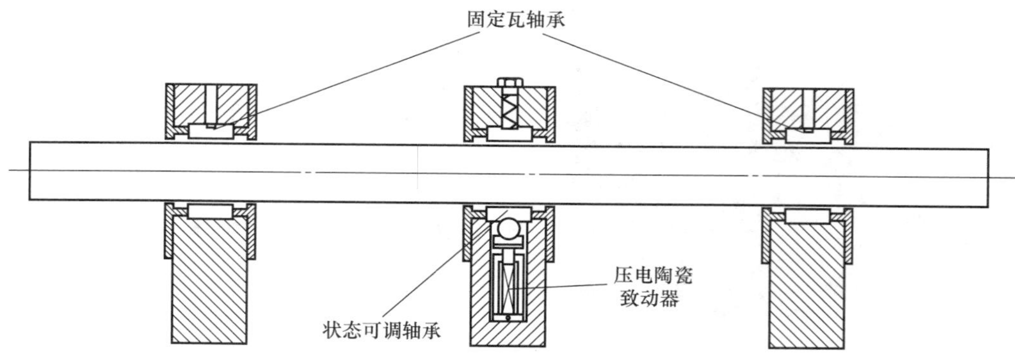

图 8-10-13　支撑结构可变轴承

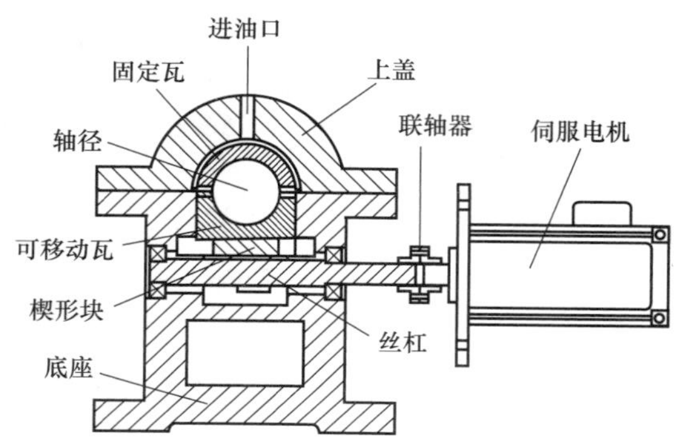

图 8-10-14　机电系统控制的智能轴承

如图 8-10-15 所示，为一种机电系统控制的状态可调椭圆轴承，其执行器或执行系统的工作原理：伺服电机通过联轴器驱动丝杠旋转；丝杠带动楔形块平移；楔形块通过斜面配合与轴承可移动瓦贴合，楔形块的平移推动可移动瓦产生竖直方向的位移；可移动瓦产生的位移使轴承油膜间隙发生变化，从而达到控制轴心位移和转子振动的目的。

前述所提到的状态可调椭圆轴承、状态可调错位轴承以及几何形状可变轴承均是机电系统控制的智能轴承。

10.3.4　液压系统控制的智能轴承

10.3.4.1　主动润滑可倾瓦轴承（以液压系统作为轴承润滑系统）

主动润滑可倾瓦轴承主要由带有液压油腔和小孔节流的可倾瓦块和电液伺服系统构成，如图 8-10-16 所示。主动润滑可倾瓦轴承本质上是一种动静压混合润滑的油膜轴承，通过闭环电液伺服系统控制可倾瓦块与轴径间润滑油的压力和流量，从而改变可倾瓦轴承瓦块上的油膜力的分布情况，抑制转子振动。主动润滑可倾瓦轴承系统中所使用的传感器为加速度传感器，执行器为电液伺服阀。

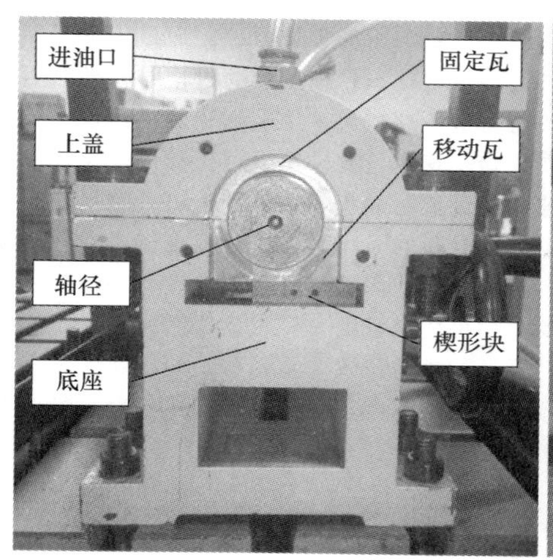

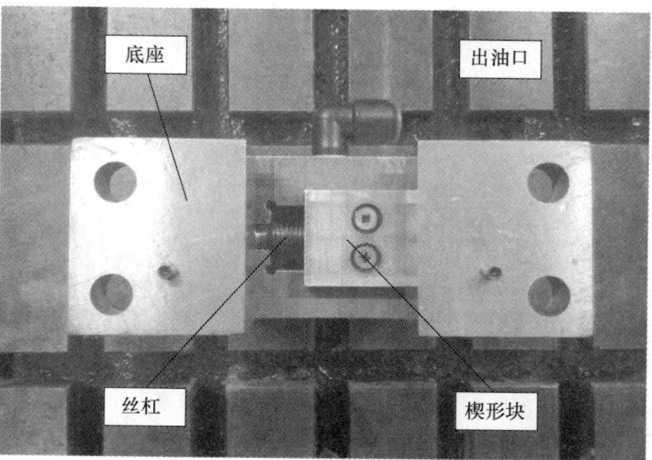

图 8-10-15　椭圆度可调智能轴承实物图

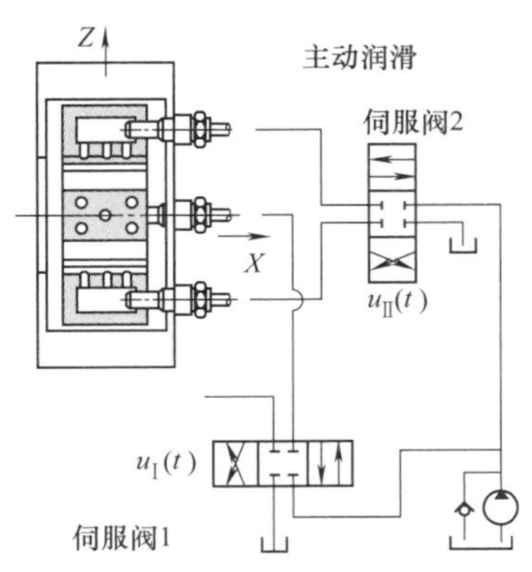

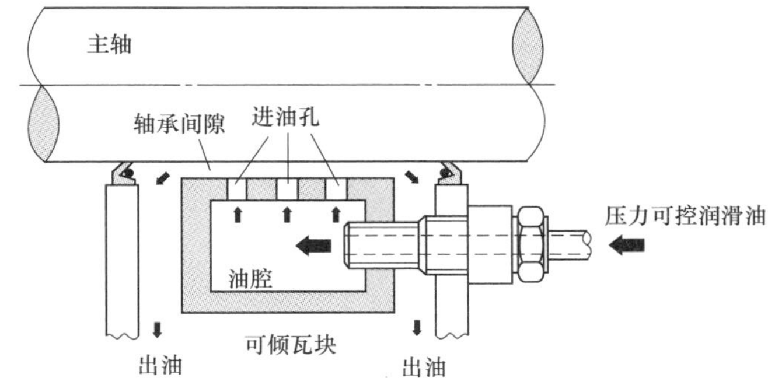

图 8-10-16　主动润滑可倾瓦轴承

主动润滑可倾瓦轴承的工作原理为：传感器探测轴径和转子的振动状态；控制器尽心信号处理并为电液伺服阀发出控制信号；电液伺服阀根据控制信号，控制射入可倾瓦油腔的润滑剂压力和流量；可控压力和流量的润滑剂通过小孔流入轴承油膜间隙形成润滑油膜；润滑油膜压力和流量的变化引起轴承转子系统振动状态的变化。如图 8-10-17 所示。

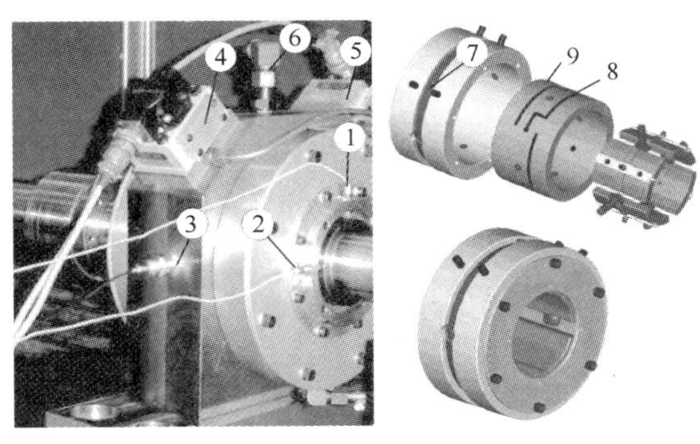

图 8-10-17　主动润滑可倾瓦轴承实物图

1，2—位移传感器；3—加速度传感器；4，5—伺服阀；6—进油口；7—油槽；8，9—高压油路

研究结果表明，主动润滑可倾瓦轴承在电液伺服控制系统下，可以控制轴承旋转精度，有效抑制轴承-转子系统的振动，提高系统稳定性，拓宽系统稳定工作的频率范围。

10.3.4.2　可控挤压油膜阻尼轴承（以液压系统作为控制执行器或执行机构）

可控挤压油膜阻尼轴承主要由椎体、可移动油膜外环以及高（低）压油腔构成，如图 8-10-18 所示。通过电液伺服阀控制高（低）压油腔产生压差，推动油膜外环沿轴向移动。油膜外环的移动改变了油膜厚度，从而影响转子系统的稳定性。可控挤压油膜阻尼轴承使用两个电涡流位移传感器，分别测量主轴的径向和轴向振动。可控挤压油膜阻尼轴承的执行器为液压泵和电液伺服阀控制的可移动油膜外环。

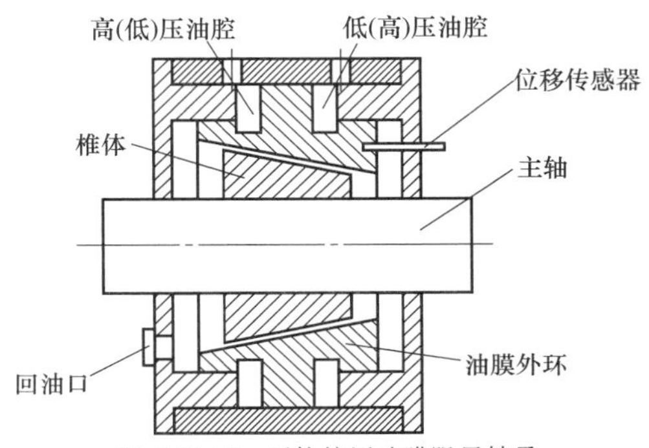

图 8-10-18　可控挤压油膜阻尼轴承

可控挤压油膜阻尼轴承的工作原理：电液伺服阀工作时，高压油腔与低压油腔的油压产生压差。当油压差足够克服摩擦阻力，推动油膜外环产生轴向移动，从而调节可控挤压油膜阻尼器的油膜间隙大小，提供所需的油膜力控制转子系统振动。油膜间隙的大小通过位移传感器测得的油膜外环轴向移动量经换算得到。

可控挤压油膜阻尼轴承通过调节油膜厚度，能有效地抑制转子系统振动，在航空发动机等高速旋转机械上得到应用并取得良好的减振效果。

10.3.5　应用新材料（特殊材料）控制的智能轴承

（1）应用电流变液控制的轴承

电流变液控制的轴承的工作原理是将电流变液作为滑动轴承或挤压油膜阻尼器的润滑剂，电流变液在外加电场的作用下其流体黏度发生变化，甚至可以从液态瞬变为固态。利用电流变液的特性控制轴承润滑油膜的刚度和阻尼以达到系统抑振的目的。许多研究表明电流变液阻尼器轴承可以减少柔性转子系统的不平衡激振；可以有效的抑制转子系统临界转速附近的振动以及瞬时不平衡响应。

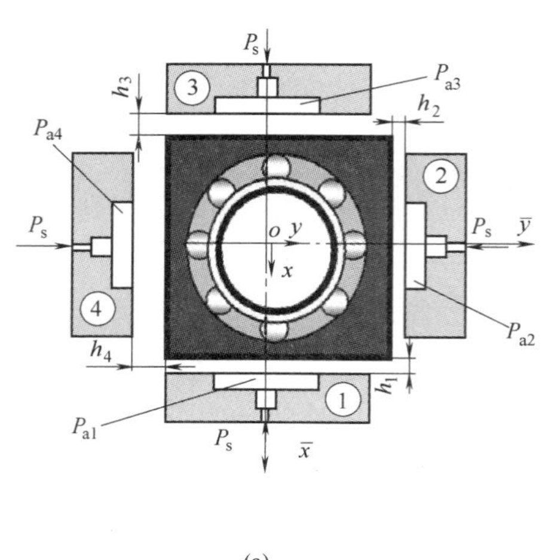

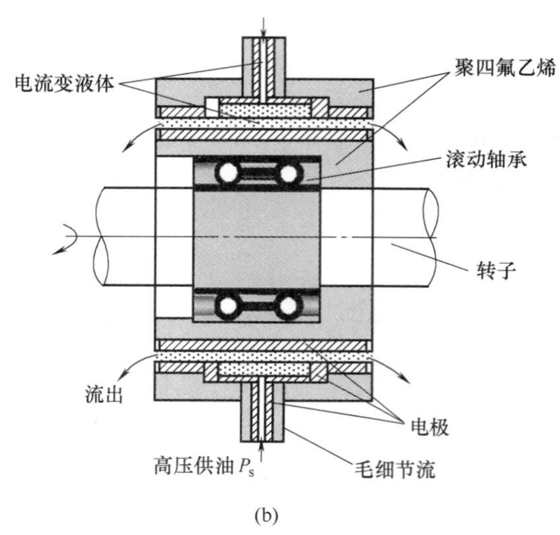

图 8-10-19　电流变液控制静压轴承

如图 8-10-19 为电流变液控制的静压轴承，其由四个固定静压轴瓦和一个方形的可动平瓦构成，其中方形的可动平瓦内部安装滚动轴承并支撑转子运行。其原理为：电流变液体由供油系统经过毛细节流高压射入聚四氟乙烯制成的静压轴瓦的油腔，聚四氟乙烯静压轴瓦内嵌入电极。通过外部电源为电极提供不同的电场，电流变液体的黏度发生突变，从而改变静压油膜的刚度和阻尼系数，从而控制转子的振动。

（2）应用磁流变液控制的轴承

磁流变液控制的轴承的工作原理与应用电流变液控制的轴承的原理十分类似。利用磁流变液体在外加磁场的作用下流体黏度发生变化，从而控制轴承转子系统的振动。研究表明通过控制挤压油膜阻尼器的刚度和阻尼，可以减小临界转速的振幅，抑制转子振动。

如图 8-10-20 为磁流变液控制的阻尼器轴承。其主要结构由旋转主轴、滚动轴承、支撑套筒、磁流变液体、橡胶密封圈、线圈、阻尼腔、固定杆和连接盘组成。其工作原理为：连接盘和固定杆保持支撑套筒与阻尼油腔之间不发生相对转动。线圈嵌入阻尼腔内由外部电源调控磁力大小。磁流变液体密封于支撑套筒和阻尼腔之间。支撑套筒安装于滚动轴承外圈，主轴安装于滚动轴承内圈。外部电源调控线圈的磁力大小，从而改变密封的磁流变液体的黏度特性，进而改变阻尼腔的支撑刚度和阻尼，最终控制转子的振动。

（3）应用形状记忆合金控制的轴承

应用形状记忆合金控制的轴承是利用具有形状记忆效应的合金，在加热之后可以恢复到原有形状的特性来改变轴承的支撑刚度，从而控制转子系统振动。

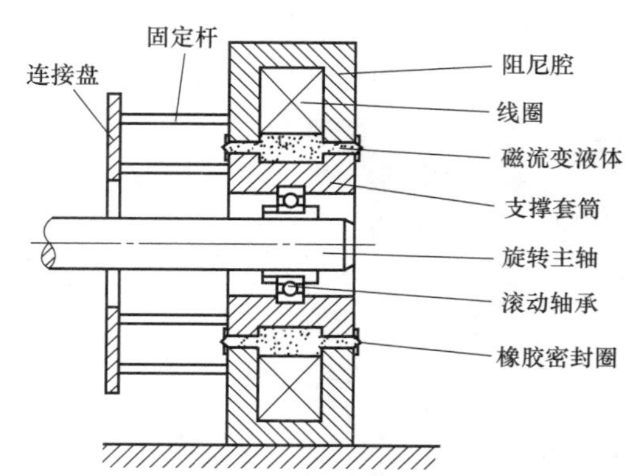

图 8-10-20　磁流变液控制的阻尼器轴承

研究表明，智能支撑变刚度系统可以有效抑制高速转子的振动。

如图 8-10-21 为带有形状记忆合金控制器的转子系统。形状记忆合金丝周向分布于弹性支撑座的周围，利用其记忆特性，通过控制电流使合金丝升温变形，从而改变刚度。以此来控制转子系统的振动状态。

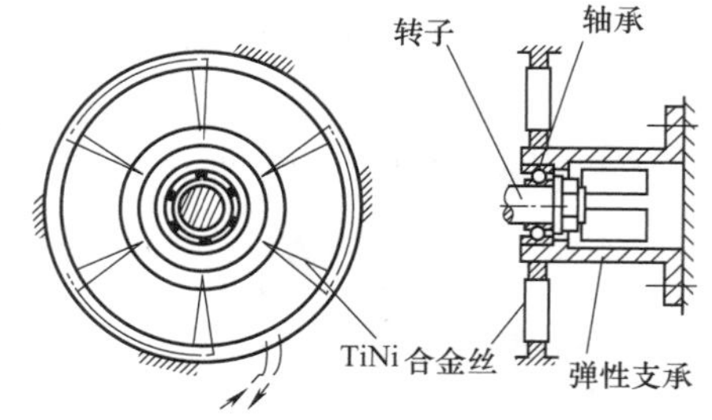

图 8-10-21　带有形状记忆合金控制器的转子系统

（4）应用压电陶瓷致动器控制的轴承

压电陶瓷致动器控制的轴承是利用特殊材料压电陶瓷的压电效应，对其施加一定电压的情况下，可以产生相应的位移和力。由于压电陶瓷致动器的伸缩范围为几十微米，与滑动轴承的有膜厚度相当，且具有分辨率高、线性度好等优点。压电陶瓷致动器已经作为执行器应用到智能轴承的控制当中。如图 8-10-22 所示。

图 8-10-22　压电陶瓷驱动的智能轴承装置

10.3.6　主动磁轴承

磁轴承，是一种新型高性能轴承。与传统滚珠轴承、滑动轴承以及油膜轴承相比，磁轴承不存在机械接触，转子可以达到很高的运转速度，具有机械磨损小、能耗低、噪声小、寿命长、无需润滑、无油污染等优点，特别适用在高速、真空、超净等特殊环境，可广泛用于机械加工、涡轮机械、航空航天、真空技术、转子动力学特性辨识与测试等领域，被公认为极有前途的新型轴承。

主动磁轴承是利用电磁铁产生可控的电磁拉力，使主轴稳定悬浮，通过控制电磁拉力的大小，抑制转子周期性振动，提高支撑精度。在基于滑模变结构扰动观测器的磁轴承主动振动控制方法中，控制器有效地实现了对不平衡扰动的补偿，很大程度上减少了主轴的同频振动。如图 8-10-23 所示。

在一些研究中，用油膜轴承支撑转子运行，用电磁轴承作为控制器或执行器来控制轴承-转子系统的振动，并得到良好的抑振效果。

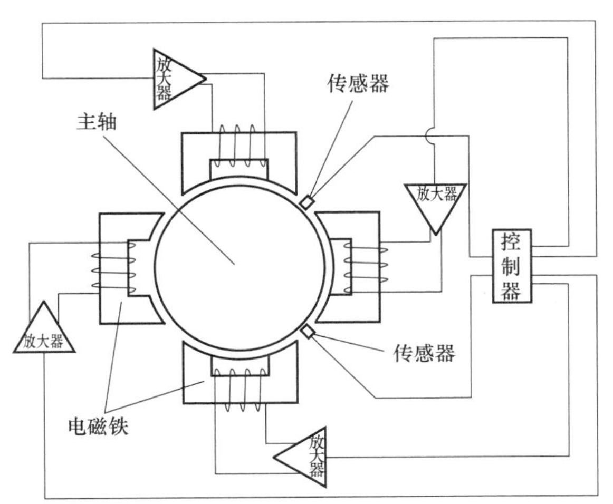

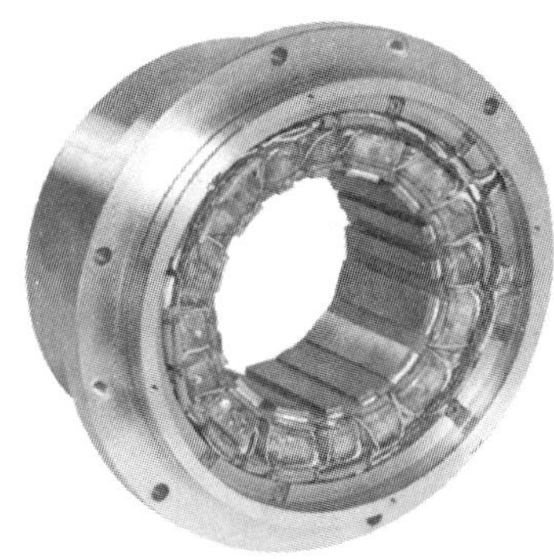

图 8-10-23　主动磁轴承

第8篇

参考文献

[1] 高航，吕青，Robert X. Gao. 基于微传感器的智能轴承技术 [J]. 中国机械工程，2003，14 (21)：1883-1885.

[2] 杜迎辉，程俊景. 带有集成传感器的轴承单元 [J]. 轴承，2002 (5)：39-40.

[3] 徐华，裴世源. 一种智能型状态可调椭圆滑动轴承装置 [P]. 陕西：CN102022430A，2011-04-20.

[4] 张胜伦，徐华. 一种压电陶瓷驱动的智能椭圆轴承装置 [P]. 陕西：CN106763149A，2017-05-31.

[5] 徐华，张胜伦. 一种智能型状态可调错位滑动轴承装置 [P]. 陕西：CN201610718100.7，2016-11-09.

[6] 徐华，周夕维，熊显智，王琳，付玉敏. 一种可变支点智能型径向可倾瓦滑动轴承装置 [P]. 陕西：CN103075420A，2013-05-01.

[7] 岑豫皖，Krodkiewski J M，Sun L. 应用新型可控轴承改善转子系统稳定性的研究 [J]. 机械科学与技术，1998 (2)：255-257.

[8] Sun L，Krodkiewski J M. Experimental Investigation of Dynamic Properties of an Active Journal Bearing [J]. Journal of Sound & Vibration，2000，230 (5)：1103-1117.

[9] 吴超. 具有主动控制功能的油膜轴承研究 [D]. 上海大学，2008.

[10] Chasalevris A，Dohnal F. Vibration Quenching in a Large Scale Rotor-bearing System Using Journal Bearings with Variable Geometry [J]. Journal of Sound & Vibration，2014，333 (7)：2087-2099.

[11] Chasalevris A，Dohnal F. A Journal Bearing with Variable Geometry for the Suppression of Vibrations in Rotating Shafts：Simulation，Design，Construction and Experiment [J]. Mechanical Systems & Signal Processing，2015，s 52-53：506-528.

[12] Tuma J，Šimek J，Škuta J，et al. Active Vibrations Control of Journal Bearings with the Use of Piezoactuators [J]. Mechanical Systems & Signal Processing，2013，36 (2)：618-629.

[13] 王鹏飞. 参数可调椭圆轴承动力学性能的理论及实验研究 [D]. 西安交通大学，2016.

[14] Santos I F，Nicoletti R，Scalabrin A. Feasibility of Applying Active Lubrication to Reduce Vibration in Industrial Compressors [C] // ASME Turbo Expo 2003，collocated with the 2003 International Joint Power Generation Conference. American Society of Mechanical Engineers，2004：481-489.

[15] Jorge G. Salazar，Ilmar F. Santos. Active Tilting-pad Journal Bearings Supporting Flexible Rotors：Part Ⅰ—The Hybrid Lubrication [J]. Tribology International，2017，107：94-105.

[16] Salazar J G，Santos I F. Active Tilting-pad Journal Bearings Supporting Flexible Rotors：Part Ⅱ—The Model-based Feedback-controlled Lubrication [J]. Tribology International，2017，107：106-115.

[17] 顾家柳，王强. 可控挤压油膜轴承主动控制转子系统振动 [J]. 应用力学学报，1990 (2)：41-47.

[18] 骆志明，冯庚斌，任兴民，等. 可控挤压油膜阻尼器-转子系统主动控制试验 [J]. 振动，测试与诊断，1999 (04)：33-36，70.

[19] 徐华，孙铁绳，陈刚. 挤压油膜阻尼器对滑动轴承-转子系统的影响 [J]. 润滑与密封，2007，32 (6)：19-22.

[20] Nikolajsen J L，Hoque M S. An Electroviscous Damper for Rotor Applications [J]. Journal of Vibration & Acoustics，1990，112 (4)：440-443.

[21] Ehrgott R C，Masri S F. Modeling the Oscillatory Dynamic Behaviour of Electrorheological Materials in Shear [J]. Smart Materials & Structures，1992，volume 1 (1)：275-285 (11).

[22] Bouzidane A，Thomas M. An Electrorheological Hydrostatic Journal Bearing for Controlling Rotor Vibration [J]. Computers & Structures，2008，86 (3-5)：463-472.

[23] Wang J，Meng G，Feng N，et al. Dynamic Performance and Control of Squeeze Mode MR Fluid Damper Rotor System [J]. Smart Materials & Structures，2004，14 (4)：529-539 (11).

[24] Zhu C，Robb D A，Ewins D J. A magneto-Rheological Fluid Squeeze Film Damper for Rotor Vibration Control [J]. Spie Proceedings，2006，17 (4).

[25] 阎晓军，聂景旭. 用于高速转子振动主动控制的智能变刚度支承系统 [J]. 航空动力学报，2000，15 (1)：63-66.

[26] 竺致文. 用形状记忆合金对转子系统进行主动控制 [D]. 天津大学，2003.

[27] Yogaraju R，Ravikumar L，Saravanakumar G，et al. Feasibility and Performance Studies of a Semi Active Journal Bearing [J]. Procedia Technology，2016，25：1154-1161.

[28] 苏文军，孙岩桦，虞烈. 可控磁悬浮系统的转子周期性振动抑制 [J]. 西安交通大学学报，2010，44 (7)：55-58.

[29] 韩邦成，崔华，汤恩琼. 基于滑模扰动观测器的磁轴承主动振动控制 [J]. 光学精密工程，2012，20 (3)：563-570.

[30] Kasarda M，Mendoza H，Kirk R G，et al. An Experimental Investigation of the Effect of an Active Magnetic Damper on

第8篇

Reducing Subsynchronous Vibrations in Rotating Machinery [J]. Asme Turbo Expo Power for Land Sea & Air，2005：801-806.

[31] El-Shafei A，Dimitri A S. Controlling Journal Bearing Instability Using Active Magnetic Bearings [J]. Journal of Engineering for Gas Turbines & Power，2010，132 (1).

[32] 沈庆崇. 基于电磁激励的滑动轴承轴心轨迹主动控制研究 [D]. 山东大学，2011.

[33] 虞烈著. 可控磁悬浮转子系统. 北京：科学出版社，2003.

[34] 卜炎主编. 实用轴承技术手册. 北京：机械工业出版社，2004.

[35] 晏磊，刘光军著. 静电悬浮控制系统. 北京：国防工业出版社，2001.

[36] 《机械工程标准手册》编委会编. 机械工程标准手册：轴承卷. 北京：中国标准出版社，2002.

[37] 中国机械工业集团公司洛阳轴承研究所编. 最新国内外轴承代号对照手册. 第 2 版. 北京：机械工业出版社，2006.

[38] 吴宗泽主编. 机械设计师手册：下册. 第 2 版. 北京：机械工业出版社，2009.

[39] 张展主编. 机械设计通用手册. 北京：机械工业出版社，2008.

[40] 成大先主编. 机械设计手册. 第六版. 单行本. 轴承. 北京：化学工业出版社，2017.

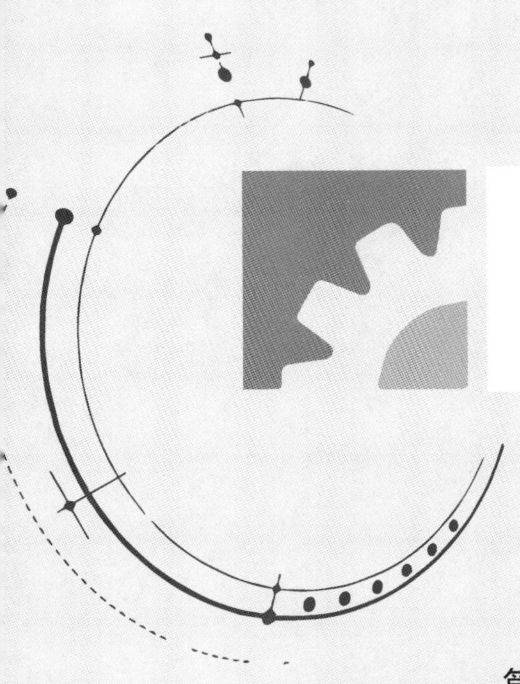

第 9 篇
机架、箱体及导轨

篇主编：王　瑜　翟文杰
撰　稿：王　瑜　翟文杰　郭宝霞
审　稿：王连明

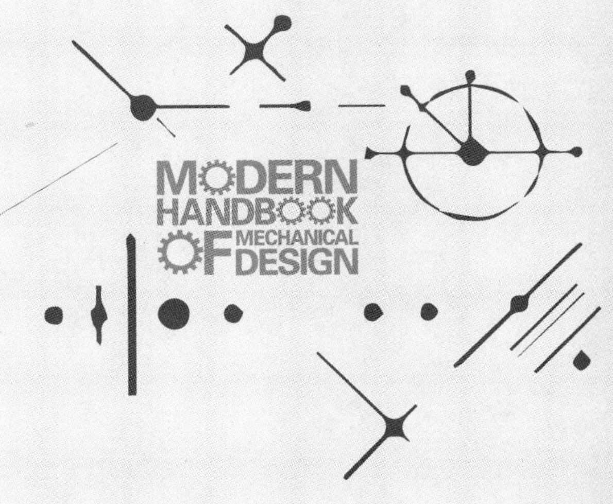

第1章　机架结构设计基础

1.1　机架设计的一般要求

1.1.1　定义及分类

机架是机器中的典型的非标准零件，是底座、机体、床身、车架、桥架（起重机）、壳体、箱体以及基础平台等零件的统称，起到支撑、容纳其他零部件和保证其相对位置的作用。

机架按外形结构不同，可分为梁柱式、框架式、板块式和箱壳式等（见图 9-1-1）。按材料不同，可分为金属机架和非金属机架，金属机架的常用制造方法有铸造和焊接两种，分别称为铸造机架和焊接机架；常用的非金属机架有塑料机架、花岗岩机架和混凝土机架等。按构件的几何特征不同，机架还可分为杆系结构、板壳结构和实体结构，但有时很难将一具体机架划归于一种结构进行力学计算，而常常需要将其简化为几种结构的组合，用有限元法计算。

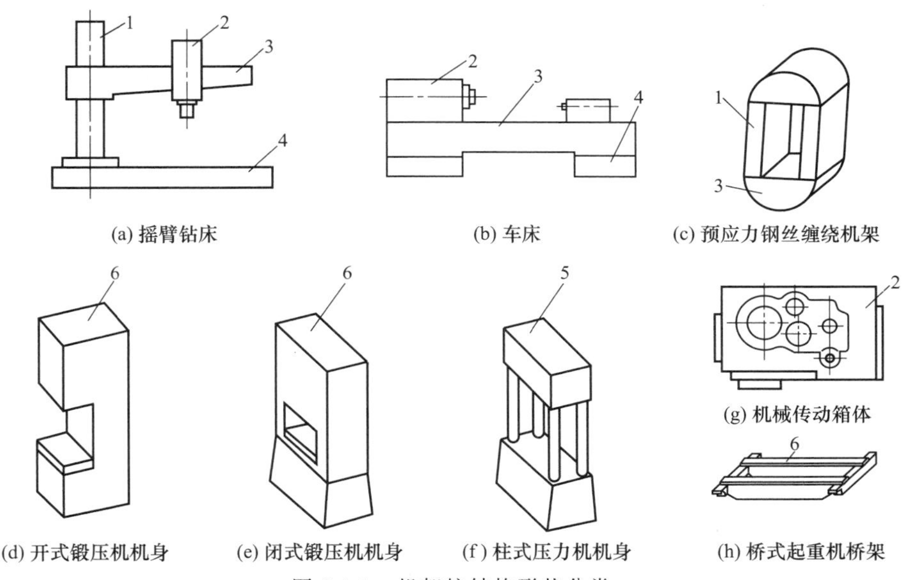

图 9-1-1　机架按结构形状分类

1,3,5—梁（柱）式机架；2—箱壳式机架；4—平板式机架；6—框架式机架

1.1.2　机架设计的一般要求和步骤

1.1.2.1　机架设计的准则和要求

机架作为非标准零件，同样应满足零件设计的一般要求，即功能要求、加工工艺性要求和经济性等要求。机架设计应着重考虑机架的强度、刚度、精度、尺寸稳定性、吸振性及耐磨性等（表 9-1-1），还要求造型美观、质量轻、成本低、结构及工艺性合理。

表 9-1-1　机架设计的准则和要求

要求	说　明
刚度要求	评定大多数机架工作能力的主要准则是刚度。例如机床的零部件中，床身的刚度决定着加工产品的精度；在齿轮减速器中，箱体的刚度决定着齿轮的啮合性能及运转性能；薄板轧机的机架刚度直接影响钢板的质量和精度 机架的刚度要从静态和动态两方面来考虑。动刚度是衡量机架抗振能力的指标，而提高机架的抗振性能可从提高机架的静刚度、控制固有频率、加大阻尼等方面着手。提高静刚度和控制固有频率的途径是：合理设计机架构件的截面形状和尺寸，合理选择壁厚和布肋，注意机架的整体刚度和局部刚度及结合面刚度的匹配等

续表

要求	说　明
强度要求	强度是评价重载机架工作性能的基本准则。对一般设备的机架，刚度达到要求，同时也能满足强度的要求。但对于重载设备，要单独验算其静强度和疲劳强度。机架的静强度应根据机器运转过程中可能发生的最大载荷或安全装置所能传递的最大载荷来进行计算校核。对振动或冲击较大的设备或工况，机架还要能满足抗冲击或振动的要求
稳定性要求	许多受压或受弯结构的机架都存在失稳问题，如细长的或薄壁的受压结构及受弯-压结构，失稳会对结构产生很大的破坏；某些板壳结构，如薄壁腹式结构也存在局部失稳。稳定性是保证机架和机器正常工作的基本条件，设计时必须校核
其他要求	其他要求包括散热的要求，防腐蚀要求等 热变形会影响机架的精度，从而使产品的精度下降，如立轴矩形工作台平面磨床，立柱前壁温度高于后壁，使立柱后倾，结果使磨出的零件工作表面与安装基面不平行。再如，有导轨的机架由于导轨面与底面存在温差，在垂直平面内导轨将产生中凸或中凹热变形，因此，机床、仪器等精密机械的设计中还应考虑热变形并使其尽量小

在满足表9-1-1要求的前提下，还应考虑如下各项要求。

1）合理选材，质量轻、成本低。

2）结构合理，工艺性好，便于制造。机架一般是大型零件，其毛坯一般为铸造或焊接而成，因此在对机架进行结构设计时，必须考虑铸造或焊接的工艺性要求，同时还要考虑其机械加工的工艺性。

3）结构设计应便于机架上的零件安装、调整、修理和更换。

4）抗振性好、噪声小；温度变化引起的热应力小；装有导轨的机架要求导轨面平整、耐磨、受力合理。

5）运输方便。大型机架的设计须考虑由加工地点运至使用场所可以采用的手段。要考虑运输载体对机架尺寸、质量等的限制。对超长、超大机架可以分为几个部分制造，运至使用场所后，用螺栓或焊接等手段连接起来。

6）美观实用、便于操作。机架的造型对总体的美观有较大的影响，其美观性必须与其实用性结合起来考虑。设计时应考虑机架高度、操作位置、仪表布置等人机工程学要求，以便操作。

1.1.2.2 机架设计的步骤

1）根据机架用途和所处环境，确定结构的形式，例如是框架结构还是板块结构等。

2）初步确定机架的形状和尺寸，画出结构简图。机架的形状和尺寸，可先根据安装在机架内部和外部的零部件的形状和尺寸、配置情况、安装与拆卸等要求，采用经验法或参比法初步拟定。主要结构尺寸的确定应根据机架材料、所受的载荷等情况应用常规的工程力学计算公式，通过强度、刚度或稳定性的计算确定。

3）根据机架的制造数量、结构形状和尺寸，初定材料和制造工艺。

4）分析载荷情况，载荷包括机架上的设备质量、机架本身的质量、设备运转的动载荷等。对于高架结构，还应考虑风载、雪载和地震载荷等。

5）参考类似设备的有关规范、规程，确定机架结构所允许的变形和应力。

6）参考有关资料进行计算，确定主要结构尺寸。

7）对重要机架，应用有限元进行精确校核计算、优化设计或做模型试验，来改进设计，通过技术经济性比较，确定最佳方案和最终尺寸。

一般来说，进行机架结构形式的选择比较复杂。对结构形式、构件截面和结点构造等均需结合具体的工况要求进行认真的分析。由于不同设备有不同的规范和要求，制定统一的机架结构选择方法比较困难。

1.2 机架的常用材料及热处理

1.2.1 机架常用材料

机架材料的选择要依据机架形状及大小、生产批量和使用要求。固定式机器机架和箱体的结构较复杂，常采用铸造方法加工。铸铁的熔点低、铸造性能好、成本低、耐磨和吸振性能好，所以应用最广。承受载荷不大的机架，如车削机床的机架常用灰铸铁制造。对于导轨耐磨性要求较高的机床，如数控机床、坐标镗床等，则往往采用合金铸铁，如磷铜钛合金铸铁、铬钼合金铸铁等。承受载荷较大的重型机架常采用铸钢制造，但铸钢的铸造性能差，流动性不好，收缩大。当要求质量轻时，可用压铸或铸造铝合金等轻金属制造。有高精度要求的仪器（如高精度经纬仪）常用铸铜机架以保证尺寸稳定性。铸造机架常用的材料如表9-1-2～表9-1-4所示。

表 9-1-2　**铸造机架常用的材料**

铸铁名称	牌号	特点及应用举例
灰铸铁	HT100	力学性能较差，承受轻负荷，如用于机床中镶装导轨的支承件等
	HT150	流动性好。用于承受中等弯曲应力（约为 10^7Pa），摩擦面间压强大于 5×10^5Pa 的铸件。如：大多数机床的底座（溜板、工作台）、鼓风机底座、汽轮机操纵座外壳、减速器机壳和汽车变速器箱体、水泵壳体等
	HT200 及 HT250	用于承受较大弯曲应力（达 3×10^7Pa），摩擦面间压强大于 5×10^7Pa（10t 以上大型铸件大于 1.5×10^5Pa）或须经表面淬火的铸件，以及要求保持气密性的铸件。如机床的立柱、齿轮箱体、工作台、机床的横梁和滑板、球磨机的磨头座，鼓风机机座、锻压机的机身、气体压缩机机身、汽轮机中机架、动力机械的箱壳、泵体
	HT300	用于承受高弯曲应力（达 5×10^7Pa）和拉应力、摩擦面间的压强大于 2×10^6Pa 或进行表面淬火，以及要求保持高度气密性的铸件，如轧钢机座、重型机床的床身、剪床和冲床的床身、镗床机座、高压液压泵泵体、阀体、多轴机床的主轴箱等
球墨铸铁	QT800-2	具有较高强度、耐磨性和一定的韧性，空压机和冷冻机的缸体、缸套、柴油机缸体，缸套，QT800-2 用于冶金、矿山用减速器箱体等
	QT700-2	
	QT600-3	
	QT500-7	具有中等强度和韧性，用作水轮机阀门体、曲柄压力机机身等
	QT450-10	
	QT400-15	韧性高、低温性能较好，具有一定的耐蚀性，用作汽车、拖拉机驱动桥的壳体、离合器和差速器的壳体、减速器壳体、1.6～2.4MPa 的阀门的阀体等
	QT400-18	

表 9-1-3　**铸钢机架常用的材料**

牌号	特点及应用举例
ZG200-400 及 ZG230-450	有一定的强度、良好的塑性与韧性，有较高的导热性、焊接性和切削加工性，但排除钢水中的气体和杂质比较困难，所以容易氧化和热裂，常用于模锻锤砧座、外壳、机座、轧钢机机架、锻锤气缸体和箱体等
ZG270-500	它是大型铸钢件生产中最常用的碳素铸钢，具有较好的铸造性和焊接性，但易产生较大的铸造应力引起热裂 广泛应用于轧钢、锻压、矿山等设备，如轧钢机机架、辊道架、连轧机轨座、坯轧机立辊机架、万能板坯轧机机体，水压机横梁和中间底座，水压机基础平台、曲柄压力机机身、锻锤立柱、热模锻底座及破碎机架体等
ZG310-570	用于重要机架

表 9-1-4　**机架用铸铝及压铸铝合金材料**

类别	合金代号	特点及应用举例
铸铝合金	ZL101	力学性能较高，但高温力学性能较低。耐蚀性良好，铸造、焊接性能好，切削加工性能中等 常用于船用柴油机机体、汽车传动箱体、水冷发动机气缸体等
	ZL104	用于形状复杂、薄壁、耐腐蚀、承受冲击载荷的大型铸件，如中小型高速柴油机的机体
	ZL105A	用来铸造在较高温度下工作的机体，有良好的铸造、焊接、切削性能和耐蚀性能，如液压泵泵体、高速柴油机机体等
	ZL401	用来铸造大型、复杂和承受较高载荷而又不便进行热处理的零件，如军用特殊柴油机机体
压铸铝合金	YL112	压铸件表面硬度及强度都高于砂型铸件，其中抗拉强度高出 20%～30%，但伸长率较低 用于发动机气缸体、发动机罩、曲柄箱、电动机底座、缝纫机机头的壳体、承受较高液压力的壳体、水泵外壳、表心架、打字机机架、仪表和照相机壳体及接线盒底座等
	YL113	
	YL102	
	YL104	

在小批量或单件生产或尺寸很大铸造困难时常常采用焊接机架。焊接机架常用的材料一般是含碳量低的钢，如16Mn、19Mn、20钢、20Cr钢板或型钢，其焊接性能优于含碳量高的钢，当钢板厚度较大或环境温度较低时，需要预热。和铸造机架相比，焊接机架具有制造周期短、质量轻和成本低等优点。这是由于钢材质量容易保证，其强度比铸铁高很多，弹性模量约为铸铁的两倍。有的焊接机架长达十几米，精度达几个毫米，焊后不再进行加工，大大节省机床的加工量。除材料本身特性外，还可以通过改进焊接结构提高固有频率，避免共振的发生。焊接结构的主要缺点是吸振性不如铸铁，以及焊接时会产生热变形和内应力。

另外，特殊场合也常采用塑料、花岗岩及混凝土等非金属制作机架，其特点及选用参见本篇1.6。

1.2.2　机架的热处理

铸铁机架需要进行时效处理，以使机架在精加工前释放铸造所产生的内应力，使机架充分变形，形状趋于稳定后再进行精加工，从而保证长期使用的几何精度。时效分类及其特点见表9-1-5。铸铁机架人工时效工艺规范见表9-1-6。

表9-1-5　　**时效分类及其特点**

分类		工艺过程	特点
自然时效		粗加工后，在室外搁置相当长的一段时间（一般都要一年以上）使内应力自然松弛或消除	方法简单、效果好，但生产周期长，占地面积大、积压资金多
人工时效	热处理方法	将铸件缓慢加热到共析点以下（一般为500～600℃），保温一段时间，然后缓慢冷却，以消除内应力	经验证明，在人工时效后配以短时间的自然时效（一般为3～6月），可获得良好的精度稳定性效果
	机械振动法	将激振器装卡在机架上，使其产生共振，经持续一段时间后（对于形状复杂的机架只要几十分钟），金属产生了局部微观塑性变形，消除残余应力	耗能少、时间短、效果显著

表9-1-6　　**铸铁机架人工时效工艺规范**

类别	质量/t	壁厚/mm	工艺参数					
			装炉温度/℃	加热速度/℃·h^{-1}	退火温度/℃	保温时间/h	降温速度/℃·h^{-1}	出炉温度/℃
较大机架	＞2	20～80	＜150	30～60	500～550	8～10	30～40	150～200
较小机架	＜1	＜60	≤200	＜100	500～550	3～5	20～30	150～200
复杂外形精度高	＞1.5	＞70	200	75	500～550	9～10	20～30	＜200
		40～70	200	70	450～500	8～9	20～30	＜200
		＜40	150	60	420～450	5～6	30～40	＜200
有精度要求的机架平板	0.1～1.0	15～60	100～200	75	500	8～10	40	≤200

为了消除铸造内应力和改善力学性能，铸钢件一般要进行热处理。铸钢机架常用的热处理方法有正火加回火、退火和焊补后回火等。

对力学性能要求较高的机架多用正火加回火，形状简单的机架采用退火。正火或退火温度见表9-1-7。碳钢机架的回火温度一般为550～650℃。

铸造碳钢机架的正火、回火工艺规范见表9-1-8。厚大截面机架退火工艺规范见表9-1-9。为消除焊接内应力，机架需进行回火。铸钢机架焊补后的回火工艺规范见表9-1-10。

表9-1-7　　**正火或退火温度**

钢号	正火或退火温度/℃	钢号	正火或退火温度/℃
ZG200-400	920～940	ZG270-500	860～880
ZG230-450	880～900	ZG310-570	840～860

表 9-1-8　**铸钢机架正火、回火工艺规范**

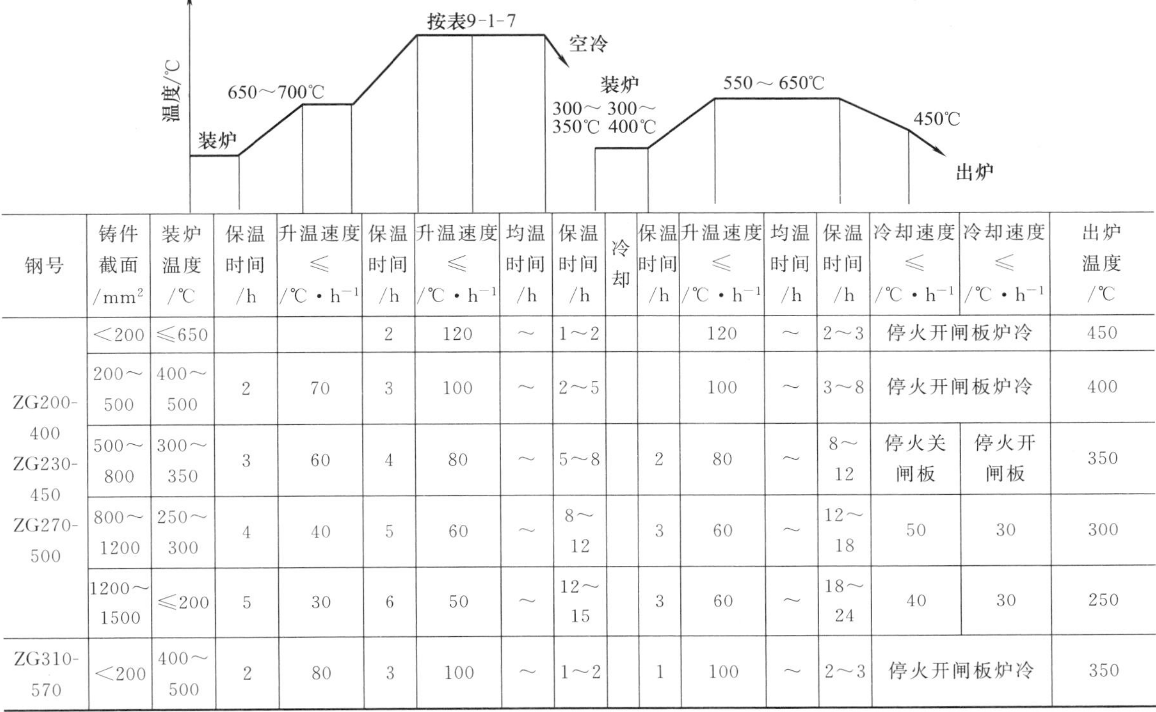

钢号	铸件截面/mm²	装炉温度/℃	保温时间/h	升温速度≤/℃·h⁻¹	保温时间/h	升温速度≤/℃·h⁻¹	均温时间/h	保温时间/h	冷却	保温时间/h	升温速度≤/℃·h⁻¹	均温时间/h	保温时间/h	冷却速度≤/℃·h⁻¹	冷却速度≤/℃·h⁻¹	出炉温度/℃
ZG200-400 ZG230-450 ZG270-500	<200	≤650			2	120	～	1～2			120	～	2～3	停火开闸板炉冷		450
	200～500	400～500	2	70	3	100	～	2～5			100	～	3～8	停火开闸板炉冷		400
	500～800	300～350	3	60	4	80	～	5～8		2	80	～	8～12	停火关闸板	停火开闸板	350
	800～1200	250～300	4	40	5	60	～	8～12		3	60	～	12～18	50	30	300
	1200～1500	≤200	5	30	6	50	～	12～15		3	60	～	18～24	40	30	250
ZG310-570	<200	400～500	2	80	3	100	～	1～2		1	100	～	2～3	停火开闸板炉冷		350

注：1. 退火时的工艺参数与正火同，保温后冷却时，450℃以上为停火关闸板炉冷，450℃以下为停火开闸板炉冷。

2. 有力学性能要求的重要铸件回火温度宜选 550～600℃。

表 9-1-9　**厚大截面的铸钢机架退火工艺规范**

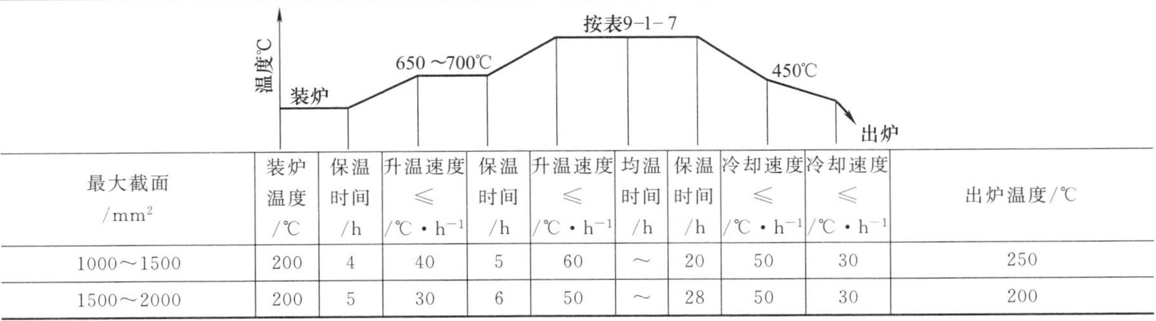

最大截面/mm²	装炉温度/℃	保温时间/h	升温速度≤/℃·h⁻¹	保温时间/h	升温速度≤/℃·h⁻¹	均温时间/h	保温时间/h	冷却速度≤/℃·h⁻¹	冷却速度≤/℃·h⁻¹	出炉温度/℃
1000～1500	200	4	40	5	60	～	20	50	30	250
1500～2000	200	5	30	6	50	～	28	50	30	200

表 9-1-10　**铸钢机架焊补后回火工艺规范**

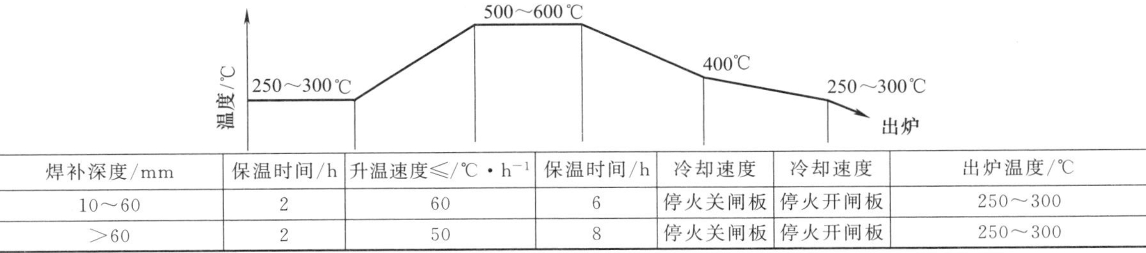

焊补深度/mm	保温时间/h	升温速度≤/℃·h⁻¹	保温时间/h	冷却速度	冷却速度	出炉温度/℃
10～60	2	60	6	停火关闸板	停火开闸板	250～300
>60	2	50	8	停火关闸板	停火开闸板	250～300

注：1. 焊补后的回火温度应比该铸件正火后回火温度低 30～50℃。

2. 对大截面的重要铸件保温时间应加长，以保证铸件烧透。

1.3 机架的截面形状、肋的布置及壁板上的孔

1.3.1 机架的截面形状

机架的抗拉或抗压强度和刚度，一般仅与其断面面积的大小有关，而与断面形状无关。但零件的抗弯、抗扭强度和刚度除了与其截面面积有关外，还取决于截面形状，即与其截面惯性矩成正比。合理改变截面形状，增大其惯性矩和截面系数，可提高机架零件的强度和刚度，从而充分发挥材料的作用。所以正确地选择机架的截面形状是机架设计中的一个重要方面。表9-1-11列出了截面积相等而截面形状不同的等截面杆的抗弯和抗扭惯性矩的相对值。相对值是以圆形截面惯性矩为对比基准，其他惯性矩与之相比而得的数值。

选择机架截面形状时应考虑如下几个方面。

1）截面形状应与机架所受载荷种类相适应。由表9-1-11中比值可以看出，封闭的空心圆形、方形截面的抗扭惯性矩较大，矩形截面次之，工字形截面的抗扭能力最差；但工字形截面的抗弯惯性矩最大，矩形截面的次之，其经济性体现在将材料尽量布置在远离中性轴的位置，即将材料置于高应力区。

2）截面形状应与机架材料特性相适应。钢材应尽量使用拉、压代替其受弯，铸铁应尽可能使其受压。

3）截面变化应符合等强度原则。表9-1-12列举了各种截面的应用实例，而表9-1-13给出了常用机床立柱的截面形状及其特点和应用。

对于非圆形截面及非矩形截面的机架，选取尺寸时应注意截面的高宽比。建议采用如下比值较为合适：矩形组合截面 $h/b \geqslant 2$，工字形截面 $h/b \geqslant 2$，箱形（整体矩形）$h/b = 0.6 \sim 2$；一般金属切削机床的床身、立柱、横梁和底座截面的高宽比值见表9-1-14。

表9-1-11　　常见截面的抗弯、抗扭惯性矩的相对比值

截面形状（面积相等）	抗弯惯性矩相对值	抗扭惯性矩相对值	说明	截面形状（面积相等）	抗弯惯性矩相对值	抗扭惯性矩相对值	说明
φ113	1	1	①由惯性矩的相对值可以看出：圆形截面有较高的抗扭刚度，但抗弯强度较差，故宜用于受扭为主的机架。工字形截面的抗弯强度最大，但抗扭能力很低，故宜用于承受纯弯的机架，矩形截面抗弯、抗扭分别低于工字形和圆形截面，但其综合刚性最好（各种形状的截面，其封闭空心截面的刚度比实心截面的刚度大）。另外，截面面积不变，加大外形轮廓尺寸，减小壁厚，亦即使材料远离中性轴的位置，可提高截面的抗弯、抗扭刚度。封闭截面比不封闭截面的抗扭刚度高得多	100，100	1.04	0.88	②机架往往受拉、压、弯曲、扭转，对刚度要求又同时高，另一方面，由于空心矩形内腔容易安设其他零件，故许多机架的截面常采用空心矩形截面
φ113，φ160	3.03	2.89		200，50	4.13	0.43	
φ160，φ196	5.04	5.37		100，100，148，148	3.45	1.27	
φ160，φ196		0.07		148，148，184，184	6.90	3.98	
50，200，235，85	7.35	0.82		25，10，25，500，150	19	0.09	

表 9-1-12　　各种截面的应用实例

机架名称	开式机机身	开式机机身	开式机机身	闭式组合机立柱
	曲柄压力机			
截面形状	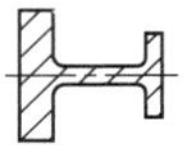	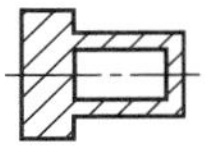	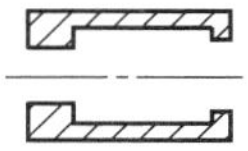	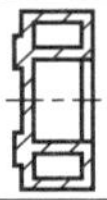
机架名称	闭式组合机机座	钢丝缠绕机架立柱	钢丝缠绕机架立柱	桥架
	曲柄压力机	液压机		桥式起重机
截面形状	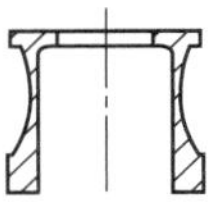	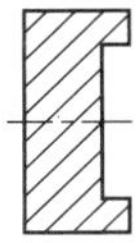	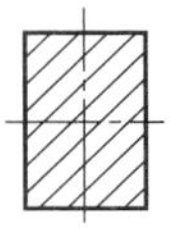	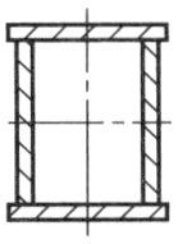
机架名称	大起重量大跨度的桥架	磨床床身	仿形车床床身	单柱式机床立柱（载荷作用在立柱对称面上）
	桥式起重机	金属切削机床		
截面形状	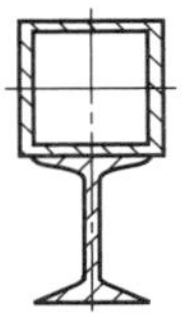	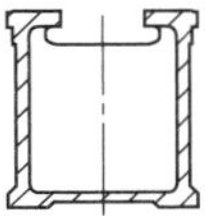	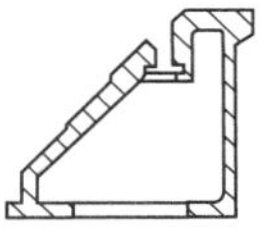	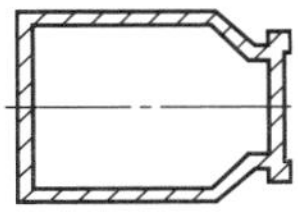
机架名称	龙门刨床横梁	加工中心机床床身（矩形钢管焊接组合截面，具有刚度高、减振性能好等优点）	摇臂钻床立柱	摇臂钻床的摇臂（制造较复杂）
	金属切削机床			
截面形状	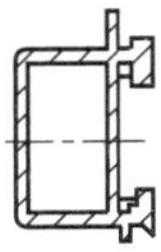	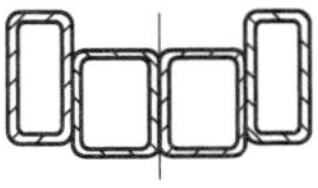	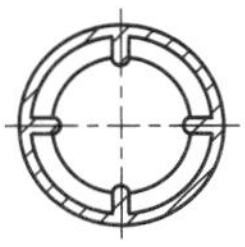	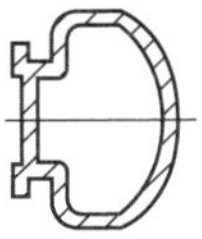

表 9-1-13　　机床立柱的截面形状及其特点和应用

截面简图	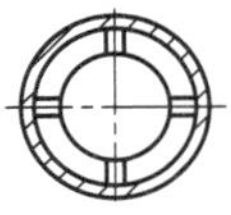	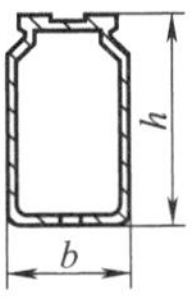	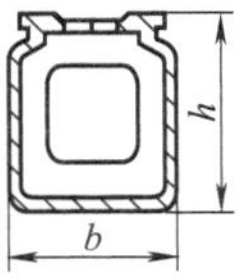	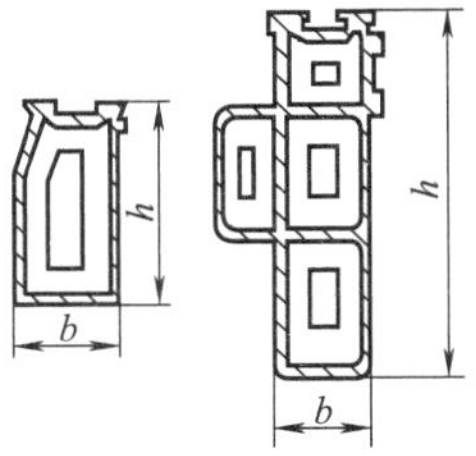
说明	抗弯刚度低于抗扭刚度，多用于有部件围绕其旋转及载荷较小的立柱，如摇臂钻床，台式钻床的立柱	用于在一个平面内（截面的对称面）承受弯矩作用，载荷较大的情况，如大型立式钻床、多轴立式钻床、组合机床立柱。$\frac{h}{b}=2\sim3$	用于承受两个方向的弯矩和扭矩作用的复杂载荷，横向肋可减小截面畸变。$\frac{h}{b}\approx1$，用于镗床、铣床、滚齿机立柱	矩形截面及双矩形截面。多用于龙门式机床立柱。立式车床立柱$\frac{h}{b}=3\sim4$。龙门刨床和龙门铣床立柱$\frac{h}{b}=2\sim3$

第 9 篇

表 9-1-14　　机床的床身、立柱、横梁和底座截面高宽比的推荐值

机架名称	高宽比(h/b)	适用机床
床身	≈1.0 1.2～1.5 <1.0	普通车床 六角车床 中、大型镗床，龙门刨(铣)床
立柱 (包括立式床身)	≈1.0 ≥2.0～3.0 3～4	立式镗床、单柱坐标镗床、铣床 立式钻床、龙门刨(铣)床、双柱坐标镗床、组合机床 立式车床
横梁	1.5～2.2	龙门刨(铣)床、立式车床、坐标镗床
悬臂梁	2～3	摇臂钻床、单柱龙门刨床、单柱立式车床
工作台	0.1～0.18 0.08～0.12	矩形工作台 圆形工作台(高/直径)
底座	≥0.1(高/长)	摇臂钻床、升降台式铣床、落地镗床

1.3.2 肋的布置

采用肋板和肋条是提高机架零件刚度的重要措施之一。肋板又叫隔板，是指机架零件两外壁之间起连接作用的内壁，它的功能是加强机架四壁之间的联系使它们起到一个整体的作用；肋条也叫加强肋，一般布置在内壁上。肋板和肋条的布置是在减轻机架整体重量的前提下，来加强空心断面机架的整体刚度或局部刚度，同时也可防止薄壁振动以减少噪声。

1）为有效地提高机架的抗弯刚度，肋一般应布置在弯曲平面内。肋的合理布置的一般原则见表9-1-15。

表 9-1-15　　肋的合理布置的一般原则

1. 肋的布置应有效地提高机架的强度和刚度		
项目	图例	说明
应有利于将局部载荷传递给其他壁板使之均衡地承担载荷	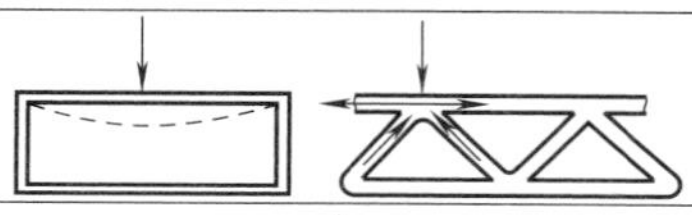	加肋后，可把载荷传递到下壁，并把上壁的弯曲变形转化为肋板的拉伸和压缩变形，因而有效地减少上壁的弯曲变形
	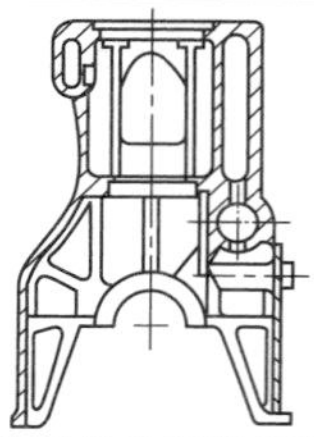 直列龙门式柴油机机体横隔支承壁上肋的布置	机体横隔支承壁同时承受拉应力和弯曲应力，为提高其刚度，一般有数条竖肋和斜肋，按力的传递要求，主轴承座螺栓搭子上的竖肋从轴承搭子延伸到水腔壁与气缸盖螺栓搭子相连，从而减轻拧紧螺栓时机体的变形，有利于力的传递
	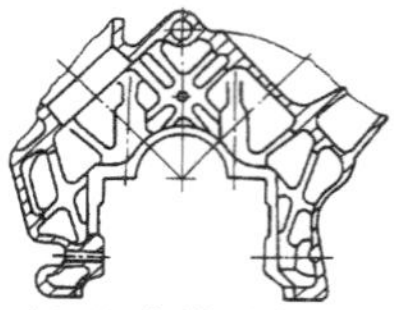 V型柴油机机体横隔支承上的布肋	对于V型柴油机机体横隔支承壁上，除螺栓搭子上的加强肋外，按受力方向还设置了与各列气缸中心线平行的肋
带孔肋板应避免布置在高梁主传力肋板的位置上	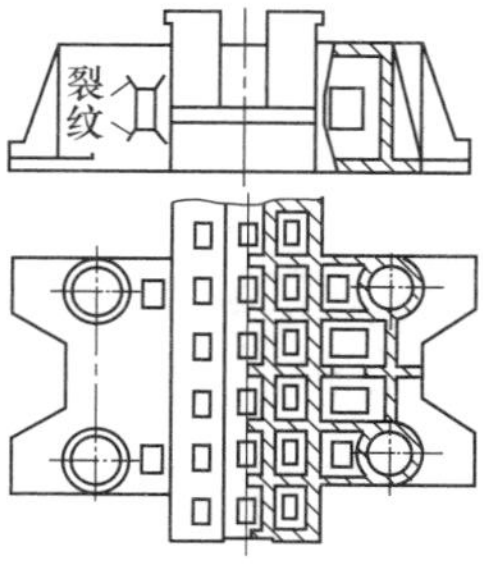 裂纹 31500kN液压机下横梁裂纹示意图	液压机(或水压机)横梁属于箱形截面高梁。液压机横梁产生裂纹的部位大多在主传力肋板工艺孔的孔边。这是由于剪力变形引起孔边严重应力集中，超过材料的疲劳极限所致 图为31500kN液压机下横梁，使用2年后，由于纵向主传力肋板的出砂孔出现裂纹，最后失效而报废

续表

2. 布肋应考虑弹性匹配	
图　例	说　明
$\delta_L \neq \delta_W$；$\delta_L = \delta_W$；e；F；δ_L；δ_W；λ；$\lambda=0$；H_{min}；$\lambda=\delta_W-\delta_L$ δ_L——轴承的角变形；δ_W——轴颈的角变形；F——轴承载荷；H_{min}——最小间隙	机架的刚度值应考虑弹性匹配，否则将影响机器的性能。左图中轴承的角变形与轴颈的角变形不等（$\delta_L \neq \delta_W$），致使轴承承载能力下降，而当 $\delta_L=\delta_W$ 时，即角变形相等时，则轴承处于最佳承载能力下工作。故布肋应考虑这一弹性匹配问题
3. 布肋应考虑经济性。即在满足强度、刚度的前提下，应选用材料消耗少，焊接费用低的布肋方式	

2）梁式机架箱型结构的布肋。梁式箱型结构肋板和肋条的布置有五类 20 种形式，其原则性表示见图 9-1-2。五类分别为垂直对角肋、垂直纵向肋、垂直横向肋、空间对角肋和各种不同肋的组合。

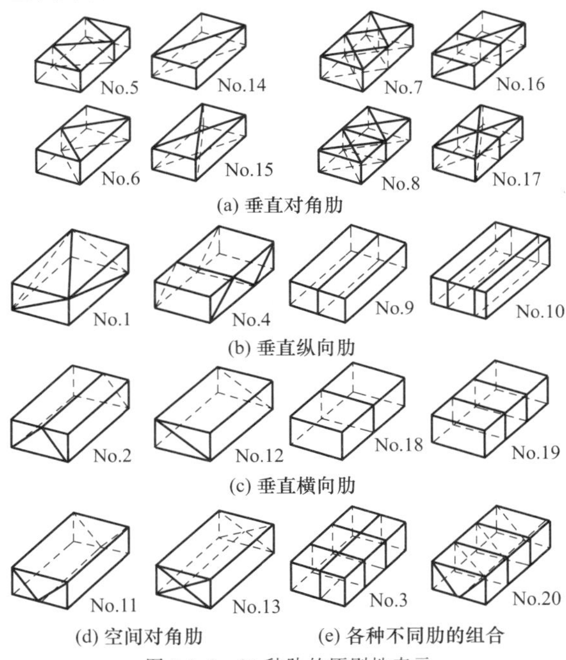

图 9-1-2　20 种肋的原则性表示

通常将机床床身所受的载荷分为如图 9-1-3 所示的六种类型。若以机架在各种载荷作用下产生的应变能总和作为柔度特性值（柔度指构件在外加载荷作用下倾向于产生变形的能力），所用材料的体积和柔度特性值可反映材料使用的经济性；焊缝长度与柔度的乘积表示焊接费用的技术效益。最经济的结构形式是上述两项乘积最小的结构。

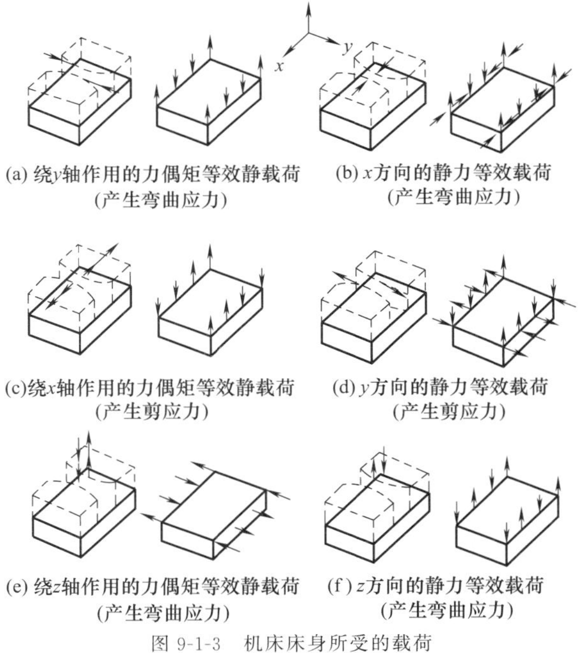

图 9-1-3　机床床身所受的载荷

表 9-1-16 给出了闭式床身不同肋板结构的综合柔度、材料消耗与焊缝长度的关系。表中以没有加肋的封闭箱体作为对比基准，其柔度为 100%。从表中可以看出，13 号的双对角肋结构的柔度最低，刚性最好，但所用材料的体积最大。而有些结构的肋板布置虽然比较复杂，材料消耗也较多，但对减少柔度没有明显作用。

表 9-1-17 给出了各种布肋的经济性。从表中可以看出，最经济的结构形式是 0 号（无肋闭式），其次是 18 和 12 号，但它们只有在肋板或箱体壁板直接支撑导轨时才能应用。7 号和 8 号的对角肋的经济性较差。

表 9-1-16　不同布肋的箱形结构的综合柔度、材料消耗与焊缝长度的相对值

肋板布置的原则性表示		柔度		材料体积		焊缝长度	
		模型序号	百分数	模型序号	百分数	模型序号	百分数
0	9	0	100	0	100	0	100
		9	98	9	114	9	136
10	14	10	93	10	129	10	171
		14	92	14	116	14	139
18	6	18	92	18	107	18	121
		6	89	6	120	6	155
19	15	19	88	19	114	19	143
		15	86	15	132	15	185
16	1	16	85	16	123	16	168
		1	83	1	133	1	177
5	17	5	82	5	126	5	173
		17	80	17	139	17	214
3	12	3	79	3	129	3	192
		12	78	12	132	12	145
4	7	4	78	4	136	4	179
		7	78	7	140	7	223
2	8	2	77	2	140	2	177
		8	77	8	148	8	246
11	20	11	70	11	140	11	177
		20	69	20	155	20	219
13		13	64	13	164	13	218

表 9-1-17　各种布肋的经济性

肋板布置的原则性表示		模型序号	柔度×体积（六种载荷总和）/%	柔度×焊缝长度（六种载荷总和）/%
10	8	10	120	160
		8	114	189
15	9	15	113.7	160
		9	112.3	133
17	1	17	111.4	171
		1	111	148
13	7	13	110.5	147
		7	109.4	187
2	14	2	108.4	137
		14	107.4	129
6	20	6	107	137
		20	106	150
4	16	4	106	139
		16	105	143
5	12	5	103.7	142
		12	103.5	113
3	19	3	101.6	152
		19	101	126
0	18	0	100	
		18	99	112
11		11	98.4	124

表 9-1-18、表 9-1-19 分别列举了几种简单布肋方式对开式和闭式梁式机架箱形结构刚度的影响。表中相对刚度均以无肋箱体作为比较基准。从中可以看出，在弯曲平面内的纵向肋能有效提高开式箱形结构的抗弯刚度，而垂直于弯曲平面的横向肋板的效果差；45°的角肋对提高结构的扭转刚度效果明显；无论采用哪种布肋形式，闭式结构的抗弯刚度可提高到 1.5～1.9 倍，扭转刚度可提高到 4.4～8.5 倍。

表 9-1-18　布肋方式对开式箱形结构刚度的影响

序号	模型	模型体积		弯曲刚度（$x-x$）		扭转刚度	
		10^{-6} m^3	指数	N/mm	指数	N·m/rad	指数
1	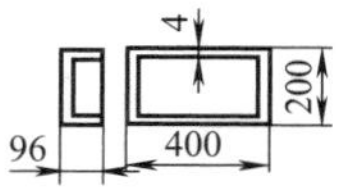 4, 200, 96, 400	75.5	1.0	1980	1.0	303	1.0
2	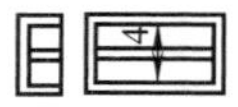 4	90.0	1.19	2710	1.37	405	1.34
3	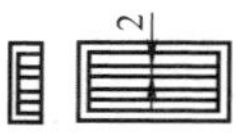 2	90.9	1.19	3100	1.57	446	1.48
4	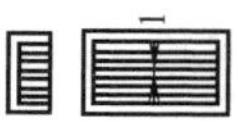 1	90.0	1.19	3300	1.67	567	1.87
5	 4	82.7	1.08	2000	1.01	426	1.41
6	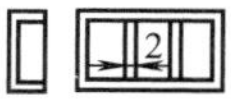 2	82.7	1.08	2140	1.07	526	1.75
7	 4	82.7	1.08	2340	1.18	660	2.18
8	 4	91.5	1.20	2440	1.23	656	2.17
9	 2	91.5	1.20	2470	1.25	791	2.61
10	 4	95.8	1.26	2780	1.40	左扭 890 右扭 1075	2.94 3.44
11	 2	95.8	1.26	2850	1.44	1230	4.06

表 9-1-19　**布肋方式对闭式箱形结构刚度的影响**

序号	模型	模型体积 10^{-6} m³	指数	弯曲刚度(x-x) N/mm	指数	扭转刚度 N·m/rad	指数
1		1077	1.0	3700	1.0	2490	1.0
2		1220	1.13	4290	1.16	3580	1.44
3		1220	1.13	4390	1.18	3970	1.59
4		1220	1.13	5190	1.40	4470	1.80
5		1148	1.06	3790	1.02	3300	1.33
6		1148	1.06	3840	1.03	3640	1.46
7		1148	1.06	3860	1.04	4680	1.88
8		1236	1.15	4120	1.11	4150	1.67
9		1236	1.15	4210	1.13	5020	2.02
10		1278	1.19	4220	1.14	左扭 4570 右扭 5010	1.84 2.02
11		1278	1.19	4370	1.18	5460	2.20

3）柱式机架肋的布置对空心立柱抗弯及抗扭刚度的影响见表 9-1-20（参照图 9-1-4）。

4）平板式机架肋板的布置对开式（无底板）与闭式底座刚度的影响见表 9-1-21。从中可以看出，对角线肋和交叉肋（模型序号 7～11）对提高开式底座的抗扭、抗弯刚度的作用显著。相同布肋下，闭式底座比开式底座的抗弯、抗扭刚度可提高数倍至十几倍。其应用实例见表 9-1-22。

5）壁板上布肋可以减少局部变形和薄壁振动，以及提高机架的刚度。壁板上布肋形式见表 9-1-23。应用实例见表 9-1-24。

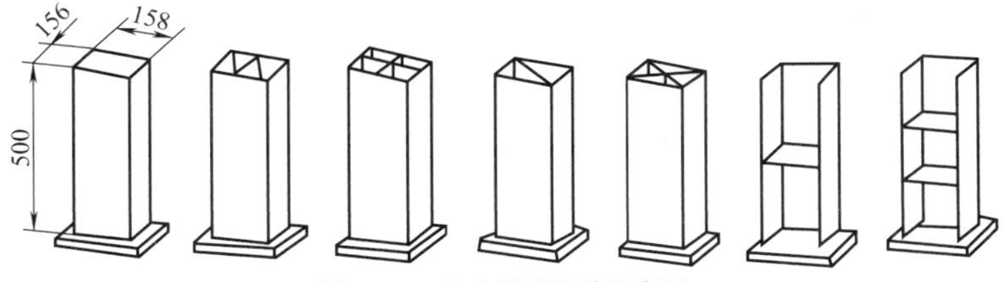

图 9-1-4　立柱模型的肋板布置

表 9-1-20　**肋的布置对空心立柱抗弯及抗扭刚度的影响**

简图	顶板	静刚度 抗弯刚度 相对值	静刚度 抗弯刚度 单位质量刚度相对值	静刚度 抗扭刚度 相对值	静刚度 抗扭刚度 单位质量刚度相对值	动刚度 抗弯刚度相对值	动刚度 抗扭刚度相对值 振型Ⅰ	动刚度 抗扭刚度相对值 振型Ⅱ	说明
	无	1	1	1	1	1	1.22	7.7	顶板对立柱抗扭静刚度和动刚度有良好的作用，但对抗弯影响不明显
	有	1	1	7.9	7.9	2.3		44	

续表

模型类别		静刚度				动刚度			说明
		抗弯刚度		抗扭刚度		抗弯刚度相对值	抗扭刚度相对值		
简图	顶板	相对值	单位质量刚度相对值	相对值	单位质量刚度相对值		振型Ⅰ	振型Ⅱ	
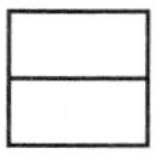	无	1.17	0.94	1.4	1.1	1.2			纵向肋板可提高抗弯静刚度和无顶板时的抗扭静刚度
	有	1.13	0.90	7.9	6.5				
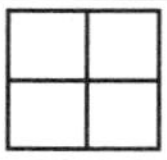	无	1.14	0.76	2.3	1.54	3.8	3.76	6.5	
	有	1.14	0.76	7.9	5.7				
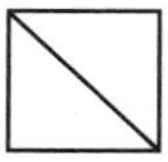	无	1.21	0.90	10	7.45	5.8	10.5		对角线纵向肋板对抗弯有一定的提高，无顶板时，可有效地减小截面的畸变
	有	1.19	0.90	12.2	9.3				
	无	1.32	0.81	18	10.8	3.5		61.5	在纵向肋板中，对角线交叉肋板对扭转刚度提高效果最佳
	有	1.32	0.83	19.4	12.2				
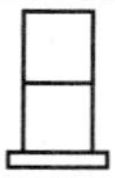	无	0.91	0.85	15	14	3.0	12.2	6.1	具有横向肋板的立柱其抗扭刚度较好，对抗弯静刚度无作用，但能提高抗弯动刚度和振型Ⅰ的抗扭动刚度
	有							42.0	
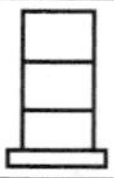	无	0.85	0.75	17	14.6	2.75	11.7	6.1	
	有					3.0		26.3	

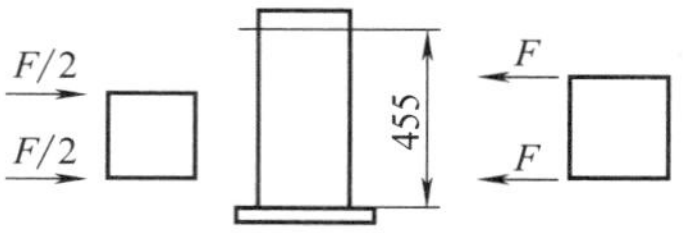

注：表中振型Ⅰ系指截面畸变比较严重的扭振，振型Ⅱ指纯扭转的扭振。

表 9-1-21 **肋板的布置对底座刚度的影响**

序号	肋板布置	扭转(o-o 轴) 相对抗扭刚度	扭转(o-o 轴) 单位质量相对抗扭刚度	扭转(o-o 轴) 固有频率/Hz	弯曲(x-x 轴) 相对抗弯刚度	弯曲(x-x 轴) 单位质量相对抗弯刚度	弯曲(x-x 轴) 固有频率/Hz
1	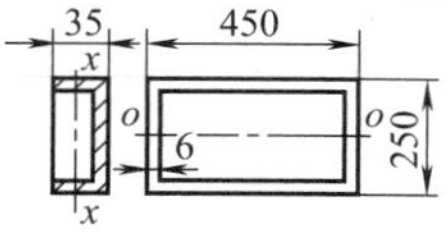 35, 450, 6, 250	1	1	168	1	1	422
2	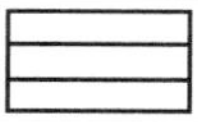	1.2	1.1	177	1.4	1.3	742
3	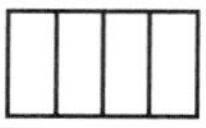	1.4	1.2	188	1.1	0.9	530
4	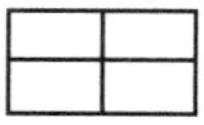	1.3	1.2	191	1.4	1.2	642
5	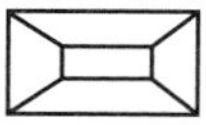	2.6	2.1	231	1.6	1.3	680
6	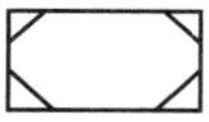	1.5	1.5	192	1.1	1.1	405
7		7.8	6.6	409	1.1	0.9	645
8	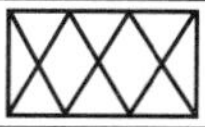	12.3	8.8	513	1.3	0.9	530
9	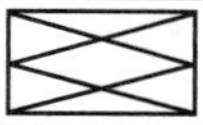	6.3	4.5	367	2.2	1.6	800
10	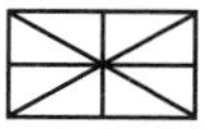	8.7	6.3	429	2.2	1.6	748
11	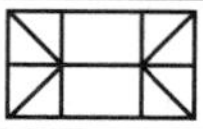	6.9	4.8	360	1.5	1.1	633
12	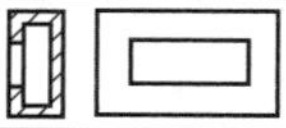	3.6	2.9	276	2.2	1.8	459
13	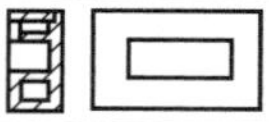	22	14	571	4.0	2.5	880
14	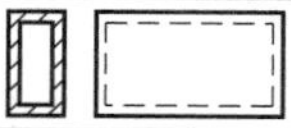	61.1	35.5	>640	3.4	2	491
15	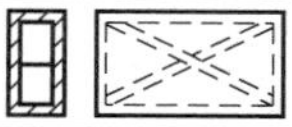	92	47.5	1160	6.1	3.2	995

表 9-1-22　平板类机架布肋实例

形式	零件名称	肋板布置	说明
闭式	模锻水压机基础平台(70t)	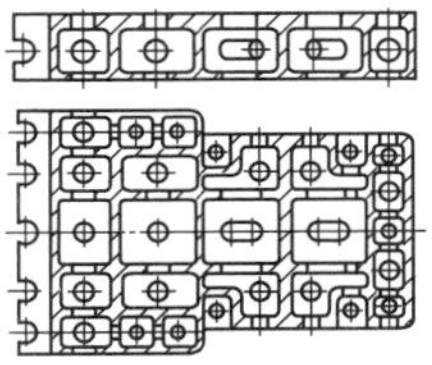	为保证基础平台的刚度，在纵横方向加肋组成若干个箱形结构，并用两条贯穿平台的纵肋来提高整体的刚度
闭式	金属切削机床大型工作台	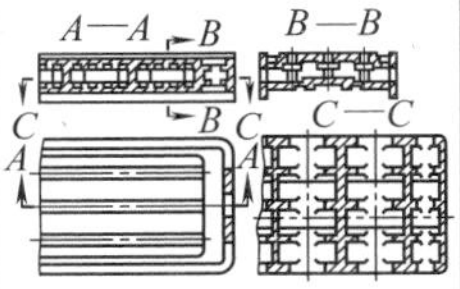 A—A　B—B　C—C	在闭式工作台内部设有纵向肋和横向肋，纵向肋布置在T形槽的下面，以减少台面夹紧时的局部变形
开式	摇臂钻床的底座	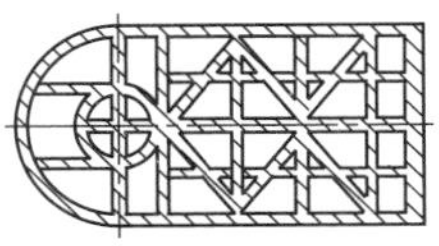	底座的内部除有纵、横肋外，还设有对角肋，以提高抗扭刚度，为了使立柱的重力分布均匀，在安装立柱的部位布置有环形肋及径向肋

表 9-1-23　壁板上布肋形式

直肋	三角形肋	交叉肋
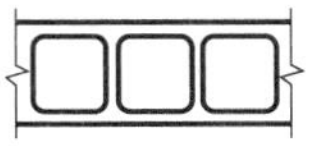		
蜂窝形箱	米字肋	井字肋
		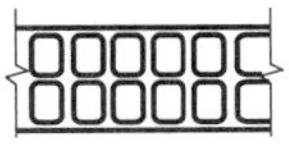

直肋容易制造，应用于狭窄壁。三角形肋和交叉肋有足够的刚度，一般布置在平板上，交叉肋制造成本高。蜂窝形肋在肋的连接处不堆积金属，所以内应力小，不易产生裂纹，且刚度高。米字形肋抗弯抗扭刚度高、但铸造困难，多用于焊接机架。井字形肋的抗弯刚度接近米字形，但抗扭刚度比米字形肋低，应用于较宽的矩形壁板上

第9篇

表 9-1-24　壁上布肋的应用实例

机架名称	柴油机机体			空气压缩机机身
布肋形式	直肋	井字肋	三角形肋	井字肋
简图	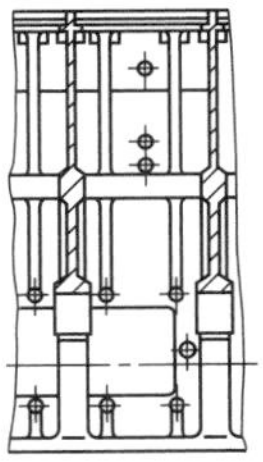	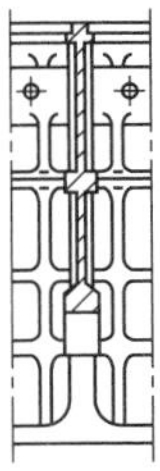	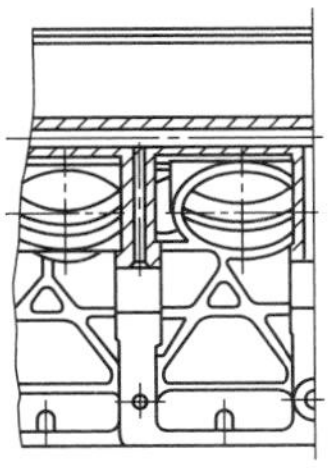	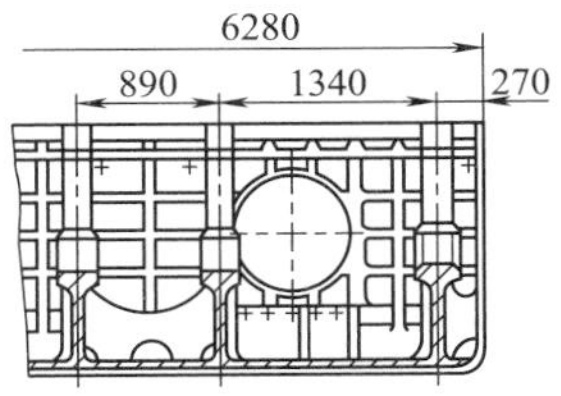 6280　890　1340　270
说明	根据机体纵向壁的有效宽厚比及载荷情况，布置不同距离和形式的肋 为有利于力的传递和刚度提高，肋应与螺栓搭子相连，并尽量不中断地延伸到机体底部			

机架名称	破碎机下架体	金属切削机床立柱	
布肋形式	井字肋	直肋	井字肋
简图	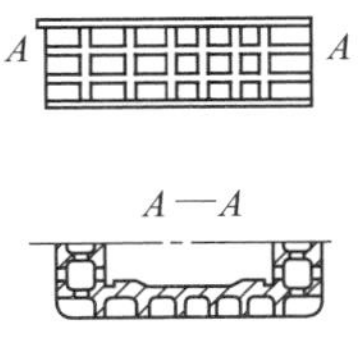 A　A　A—A	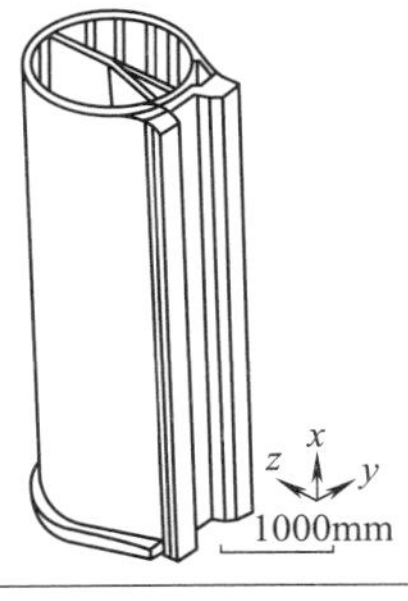 z x y　1000mm	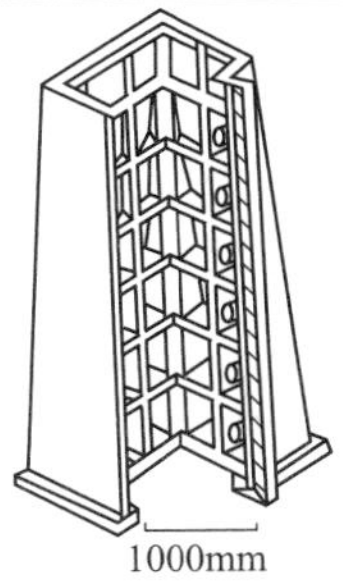 1000mm
说明	在外壁上布肋，提高整个机架及侧壁的强度和刚度	由于圆柱形立柱具有较高的抗扭刚度，因此在圆柱内壁上布纵向肋，以提高立柱的抗弯刚度。径向力由横贯圆心的Y形肋支承	卧镗及矩形铣床的立柱多采用矩形 壁上的纵向肋有助于提高立柱的抗弯刚度、横向肋提高了抗扭刚度，并防止截面畸变。纵、横肋共同阻止各段壁板振动

1.3.3 机架壁板上的孔

机架内部由于要安装电气装置、液压系统和传动装置等，或由于机架加工工艺方面的要求，常常需要在机架的壁上或内部肋板上开出各种孔。这些孔的形状、大小及位置对机架的刚度均有一定的影响（见表 9-1-25）。

对应地，表 9-1-26 给出了弯、扭矩作用下，圆形孔对箱形截面梁刚度的影响，表中比值是以无孔结构为比较基准。由表可知，梁的刚度随孔的直径增大而减小，当 $D/H>0.4$ 时，刚度显著下降；另外实验也表明，远离梁中性轴的孔对弯曲刚度削弱的影响程度较位于中性轴附近的孔的大。板壁孔对立柱扭转刚度的影响参见表 9-1-25（2）和表 9-1-27。表中以无壁孔的立柱为基准，由表可知：孔的尺寸小于立柱轮廓尺寸的 20%时，即 $b_0/b \leqslant 0.2$，$L_0/L \leqslant 0.2$，孔对立柱扭转刚度的影响比较小，超过此值时，立柱刚度明显减弱。

板壁孔盖板对刚度的影响见表 9-1-25（3）和表 9-1-28。孔边凸台大小和厚度对刚度的影响见表 9-1-29。孔对强度影响的研究表明，棱形孔截面受扭转时所产生的应力集中程度最小，其次是圆孔，所以，对受扭转力矩的箱体结构设计时应尽可能采用棱形孔。

表 9-1-25　　壁板孔、壁孔、凸缘孔、加盖对结构刚度的影响

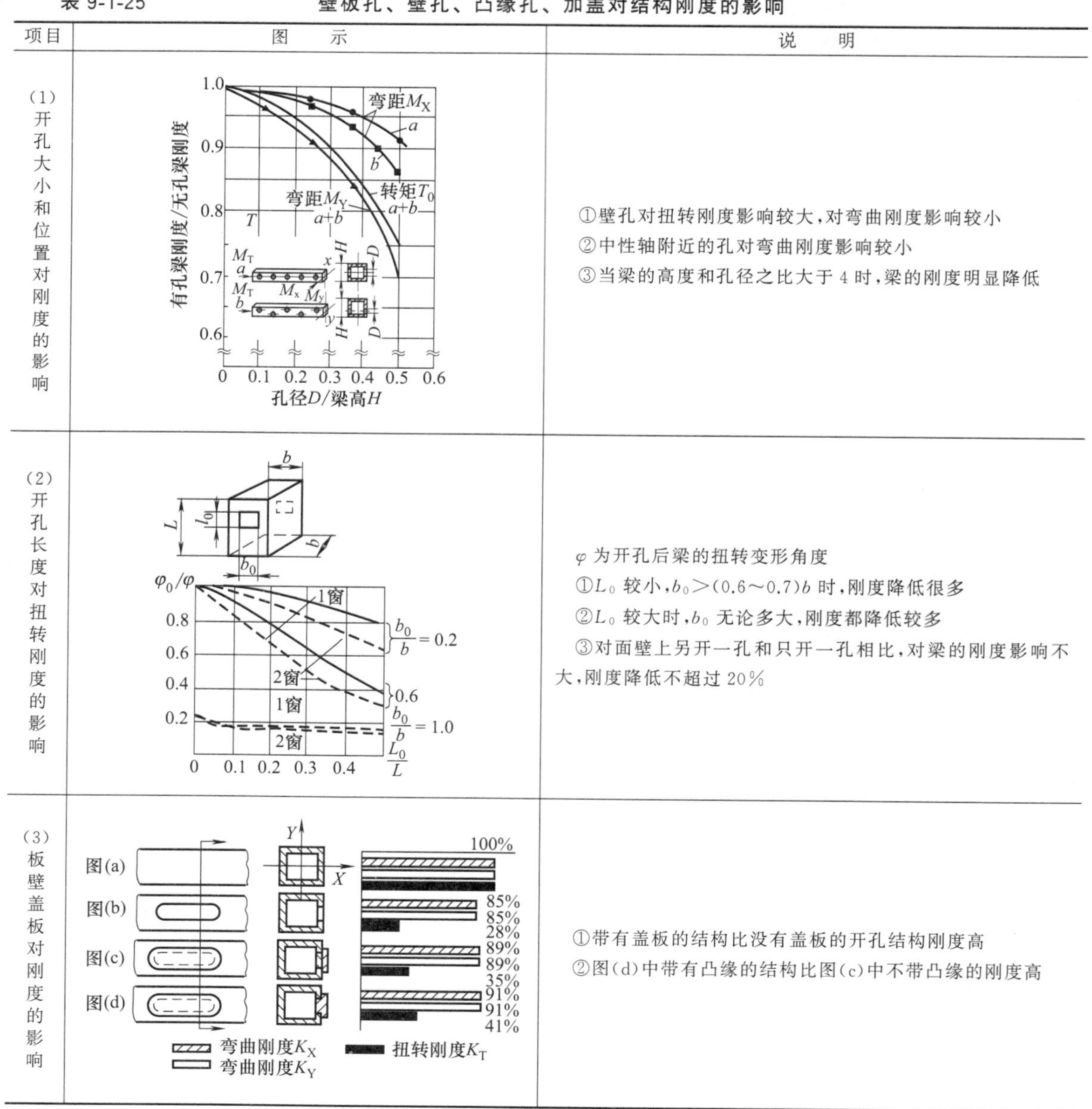

项目	图示	说明
(1)开孔大小和位置对刚度的影响		①壁孔对扭转刚度影响较大，对弯曲刚度影响较小 ②中性轴附近的孔对弯曲刚度影响较小 ③当梁的高度和孔径之比大于 4 时，梁的刚度明显降低
(2)开孔长度对扭转刚度的影响		φ 为开孔后梁的扭转变形角度 ①L_0 较小，$b_0>(0.6\sim0.7)b$ 时，刚度降低很多 ②L_0 较大时，b_0 无论多大，刚度都降低较多 ③对面壁上另开一孔和只开一孔相比，对梁的刚度影响不大，刚度降低不超过 20%
(3)板壁盖板对刚度的影响		①带有盖板的结构比没有盖板的开孔结构刚度高 ②图(d)中带有凸缘的结构比图(c)中不带凸缘的刚度高

表 9-1-26 圆形孔对箱形截面梁刚度的影响

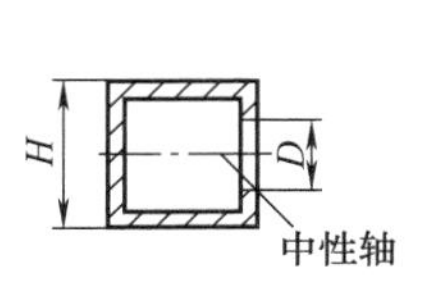

孔径 D / 梁高 H	相对刚度比值	
	弯曲刚度	扭转刚度
0	1	1
0.1	0.97	0.98
0.2	0.94	0.95
0.3	0.89	0.90
0.4	0.82	0.84
0.5	0.70	0.75

表 9-1-27 板壁孔对立柱扭转刚度的影响

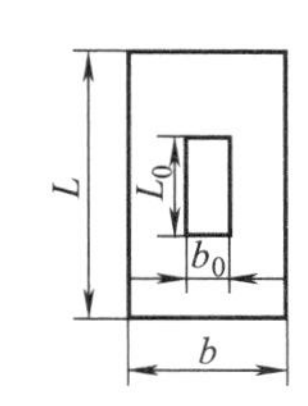

$\frac{L_0}{L}$	b_0/b				
	0.2	0.4	0.6	0.8	1.0
0.1	0.99	0.96	0.9	0.72	0.17
0.15	0.76	0.61	0.4	0.26	0.17
$\frac{b_0}{b}$	L_0/L				
	0.1	0.2	0.3	0.4	0.5
0.2	0.98	0.96	0.92	0.86	0.78
0.6	0.90	0.78	0.62	0.52	0.40
1.0	0.18				

表 9-1-28 板壁孔盖板对结构阻尼的作用

序号	孔与盖板形式	静态刚度			固有频率			阻尼		
		抗弯 x-x	弯曲 y-y	扭转 o-o	抗弯 x-x	弯曲 y-y	扭转 o-o	抗弯 x-x	弯曲 y-y	扭转 o-o
1		1	1	1	1	1	1	1	1	1
2		0.85	0.85	0.28	0.90	0.87	0.68	0.75	0.85	0.95
3		0.89	0.88	0.35	0.95	0.91	0.90	1.12	0.95	1.65
4		0.91	0.91	0.41	0.97	0.92	0.92	1.12	0.95	1.85

注：以序号 1 为参考点。

表 9-1-29 孔边凸台大小和厚度对刚度的影响

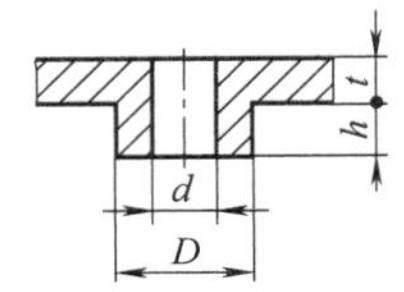

$\frac{D}{d}$	刚度比值	$\frac{h}{t}$	刚度比值
1	1	0.5	1
1.5	1.3	1.0	1.1
2.0	1.4	1.5	1.18
2.5	1.5	2.0	1.2

表 9-1-30 给出了各种形状和尺寸的孔位于立柱的不同位置时，对立柱刚度的影响。

表 9-1-31 和表 9-1-32 给出了孔对箱体刚度的综合影响。从表中可以看出：①箱体开孔的面积小于板壁面积的 10%时，不会显著降低箱体的刚度。当孔的面积大于 10%时，随着孔直径的增大，刚度将急剧下降；当孔的面积达到 30%左右时，与未开孔的箱体比较，扭转刚度下降了 80%～90%，扭转固有频率下降了 60%～75%。②箱体孔位于侧壁（即孔在弯曲平面内）时，对降低箱体抗弯刚度的程度要比顶壁孔的大。

表 9-1-30　**孔的各种形状、位置和大小对立柱刚度的影响**

壁孔形状、位置及尺寸								
抗弯刚度相对值	1.0		0.99	0.89	0.78	0.94	0.90	0.97
抗扭刚度相对值	1.0		0.97	0.97	0.72	0.98	0.86	0.95
弯曲固有频率/Hz	455		434	390	428	411	448	403
扭转固有频率/Hz	336		334	273	299	285	324	287
壁孔形状、位置及尺寸					立柱底面			
抗弯刚度相对值	1.0	0.98	0.78	0.62	1.0	0.87	0.97	0.89
抗扭刚度相对值	1.0	1.0	0.62	0.59	1.0	0.69	0.99	0.94
弯曲固有频率/Hz	438	392	435	360	412	406	418	408
扭转固有频率/Hz	325	264	270	270	275	270	306	312

表 9-1-31　**箱体高度、顶部开孔面积对刚度的影响**

箱体加载简图	扭转：箱体两端加力偶，测量 A 点相对于由 B、C、D 三点决定的平面的位移	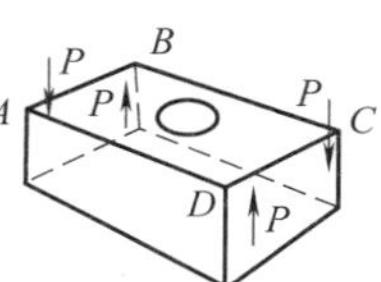	弯曲：箱体两侧壁中部加载，在加载处测量箱壁位移	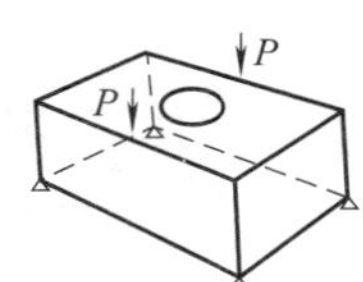

箱体模型结构简图（模型壁厚 6mm）	顶部开口面积的百分比/%	箱体高度 h=210mm				箱体高度 h=140mm				箱体高度 h=43mm			
		扭转		弯曲		扭转		弯曲		扭转		弯曲	
		相对刚度比	固有频率/Hz	相对刚度比	固有频率/Hz	相对刚度比	固有频率/Hz	相对刚度比	固有频率/Hz	相对刚度比	固有频率/Hz	相对刚度比	固有频率/Hz
250, 450, h	100	0.005	118	0.44		0.007	142	0.50	446	0.015	177	0.40	423
200, 280	50	0.08	368	0.57	295	0.08	452	0.65	560	0.07	347	0.60	458
ϕ160	18	0.74	1390	0.80	350	0.78	1460	0.80	580	0.63	965	0.82	462

续表

箱体加载简图	扭转： 箱体两端加力偶，测量 A 点相对于由 B、C、D 三点决定的平面的位移 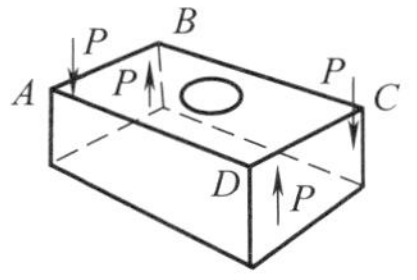 						弯曲： 箱体两侧壁中部加载，在加载处测量箱壁位移 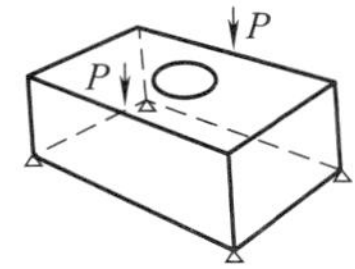 						
箱体模型结构简图 （模型壁厚 6mm）	顶部开口面积的百分比/%	箱体高度 h=210mm				箱体高度 h=140mm				箱体高度 h=43mm			
		扭转		弯曲		扭转		弯曲		扭转		弯曲	
		相对刚度比	固有频率/Hz	相对刚度比	固有频率/Hz	相对刚度比	固有频率/Hz	相对刚度比	固有频率/Hz	相对刚度比	固有频率/Hz	相对刚度比	固有频率/Hz
$\phi 100$	7	0.97		0.83	412	0.93		0.85	522	0.90	997	0.89	482
	0	1.0		1.0	419	1.0		1.0	495	1.0	1030	1.0	459

表 9-1-32　　箱体两侧壁孔面积对刚度的影响

箱体加载简图	扭转			弯曲		
箱体模型结构简图 （箱体壁厚 6mm）	箱体高度 h=210mm			箱体高度 h=140mm		
	侧壁孔面积的百分比/%	相对刚度比		侧壁孔面积的百分比/%	相对刚度比	
		扭转	弯曲		扭转	弯曲
250　450　h	0	1	1	0	1	1
$\phi 30$	0.75	0.91	0.84	1.1	0.98	0.97
$\phi 50$	3	0.86	0.60	4.5	0.95	0.93
$\phi 120$	12	0.77	0.44	18	0.43	0.33
$\phi 180$	27	0.33	0.10	35①	0.06	0.04

① 箱体侧壁孔为矩形，长边 180mm，短边 120mm。

1.4 铸造金属机架的结构设计

1.4.1 铸造机架的壁厚及肋

1.4.1.1 最小壁厚

铸件的最小壁厚与强度、刚度、材料、尺寸大小及工艺水平等因素有关。

(1) 铸铁机架

对砂型铸造，灰铸铁件的最小壁厚可按当量尺寸 N 从表 9-1-33 中选取。当量尺寸为

$$N=(2L+B+H)/3$$

式中，L、B 和 H 分别为铸件的长、宽和高（L 为最大尺寸），m。

表中给出的壁厚是灰铸铁件最薄部分的壁厚，对凸台、连接面、支撑面等特殊的结构处应适当增厚。

(2) 铸钢机架

大型铸钢件的模型及工艺装备比较粗糙，钢水浇注温度一般难以控制，所以其壁厚的取值应适当加大，铸钢机架的最小壁厚见表 9-1-34。

表 9-1-33 铸铁机架的最小壁厚

材料	灰铸铁		可锻铸铁	球墨铸铁
当量尺寸 N/m \ 壁厚	外壁厚/mm	内壁厚/mm	壁厚/mm	壁厚/mm
0.3	6	6	壁厚比灰铸铁减少15%～20%	壁厚比灰铸铁增加15%～20%
0.75	8	6		
1.0	10	8		
1.5	12	10		
1.8	14	12		
2.0	16	12		
2.5	18	14		
3.0	20	16		
3.5	22	18		
4.0	24	20	壁厚比灰铸铁减少15%～20%	壁厚比灰铸铁增加15%～20%
4.5	25	20		
5.0	26	22		
6.0	28	24		
7.0	30	25		
8.0	32	28		
9.0	36	32		
10.0	40	36		

表 9-1-34 大型铸钢机架的最小壁厚

mm

铸件的最大轮廓尺寸 \ 铸件的次大轮廓尺寸	≤350	351～700	701～1500	1501～3500	3501～5500	5501～7000	>7000
≤350	10	—	—	—	—	—	—
351～700	10～15	15～20	—	—	—	—	—
701～1500	15～20	20～25	25～30	—	—	—	—
1501～3500	20～25	25～30	30～35	35～40	—	—	—
3501～5500	25～30	30～35	35～40	40～45	45～50	—	—
5501～7000	—	35～40	40～45	45～50	50～55	55～60	—
>7000	—	—	>50	>55	>60	>65	>70

注：形状复杂容易变形的铸造件，其合理最小壁厚值，可按表适当增加；对不重要的形状简单的铸件，其合理最小壁厚值可按表适当减小。

(3) 铸铝机架

铸铝合金常作仪器仪表的外壳，最小壁厚应按形状最窄处的金属早期凝聚条件确定，见表 9-1-35 和表 9-1-36。一般情况下，压铸件的强度随壁厚的增加而降低。薄壁铸件的致密性好，故相对地提高了强度和耐磨性，但壁厚太薄会给工艺带来困难而且易产生缺陷。铝合金压铸箱体的合理壁厚见表 9-1-37。

表 9-1-35 铝合金铸件的壁厚

当量尺寸 N/m	0.3	0.5	1.0	1.5	2.0	2.5	3.0	4.0
壁厚/mm	4	4	6	8	10	12	14	18

表 9-1-36　仪器仪表铸造壳体的最小壁厚

mm

合金种类	铸造方法				
	砂模铸造	金属模	压力铸造	熔模铸造	壳模铸造
铝合金	3	2.5	1～1.5	1～1.5	2～2.5
镁合金	3	2.5	1.2～1.8	1.5	2～2.5
铜合金	3	3	2	2	—
锌合金	—	2	1.5	1	2～2.5

表 9-1-37　铝合金压铸箱体的合理壁厚

压铸件表面积/cm^2	≤25	>25～100	>100～400	>400
壁厚/mm	1.0～4.5	1.5～4.5	2.5～4.5(6)	2.5～4.5(6)

注：1. 在较优越的条件下，合理壁厚范围可取括号内数据。

2. 根据不同使用要求，压铸件壁厚可以增厚到 12mm。

1.4.1.2　凸台及加强肋的尺寸

大型铸钢件的凸台高度尺寸推荐值如表 9-1-38 所示。铸件内腔中肋高度取为壁厚的（1.5～5）倍。铸件外表面肋的厚度取为壁厚的 0.8 倍左右，铸件内腔中肋的厚度为壁厚的（0.6～0.7）倍。为防止铸铁平板变形，所加的加强肋的高度尺寸见表 9-1-39。

1.4.1.3　铸件壁的连接形式及尺寸

由于铸造圆角有助于金属的流动和成形、避免因尖角产生的应力集中，在两壁的连接处应设计过渡圆角。

表 9-1-38　大型铸钢件的凸台高度尺寸　mm

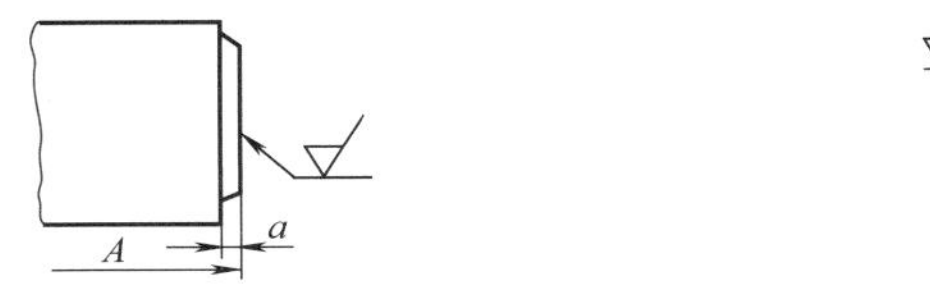

凸台距加工基面的距离 A	≤500	501～1250	1251～3150	3151～6300	>6300
凸台高度 a	5	10	15	20	25

注：1. 对于无相关尺寸要求的凸台，高度可适当减小。

2. 侧壁上的凸台，应考虑起模斜度的影响，适当增加高度。

3. 如果铸件尺寸较大，且沿长度方向上有几个凸台时，a 值按表增大 50%。

表 9-1-39　铸铁平板上的加强肋的高度尺寸　mm

简　图	最大轮廓尺寸 L	当宽度为下列尺寸时平板的加强肋高度 H	
		$B<0.5L$	$B>0.6L$
	<300	40	50
	301～500	50	75
	501～800	75	100
	801～1200	100	150
	1201～2000	150	200
	2001～3000	200	300
	3001～4000	300	400
	4001～5000	400	450
	>5000	450	500

1.4.2　机架的连接结构设计

机架结构设计中须保证机架与其上零部件的连接以及机架与地基之间的连接强度与刚度，连接刚度是机器总刚度的组成部分，因此直接影响机器的工作性能。机架与其他零部件或地基间多采用螺栓连接。影响连接刚度的主要因素有：连接处的结构、连接件及垫片的刚度、接合面的表面精度、连接螺栓的数量、大小及排列形式，预紧力的大小等。

为改善机架连接刚度，设计时应注意如下几点。

1）结合面的表面结构中的粗糙度应不低于 3.2μm，结合面应在同一平面内，满足一定的平面度要求。

2）固定螺栓的直径应足够大，数量足够，螺栓的布置应均匀、对称。螺栓的布置方式对刚度的影响见表 9-1-40。

3）改善连接部位的受力状态，并对螺栓施加足够的预紧力。机架连接凸缘的结构形式见表 9-1-41。设计时为提高连接刚度，应尽量使螺栓孔线贴近板壁，或使之与板壁中心线重合（如壁龛式凸缘结构）。

第 9 篇

表 9-1-40　**螺栓的数量、排列及肋的分布对连接刚度的影响**

简图		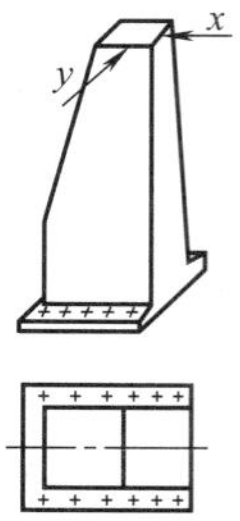	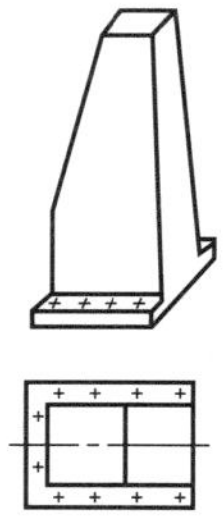	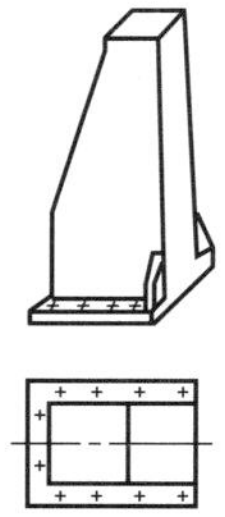		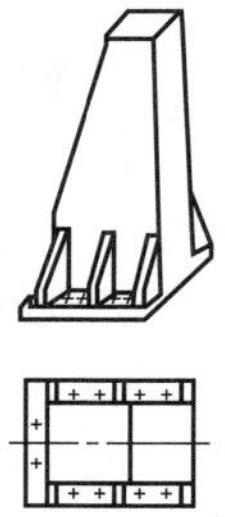
相对抗弯刚度	x 向	1	1	1.4	1.37	1.37
	y 向	1	1.1	1.2	1.3	1.43
相对抗扭刚度		1	1.25	1.35	1.42	1.52
说明		M16 的 12 个螺栓分两组排列于两侧	M16 的 10 个螺栓，其中 8 个等距分布两侧，背面分布 2 个	螺栓分布情况同左，加两条肋	螺栓分布情况同左，加四条肋	螺栓分布情况同左，加六条肋

表 9-1-41　**机架连接凸缘的结构形式**

制造方法	形式	简图	特点与应用
铸造	爪座式	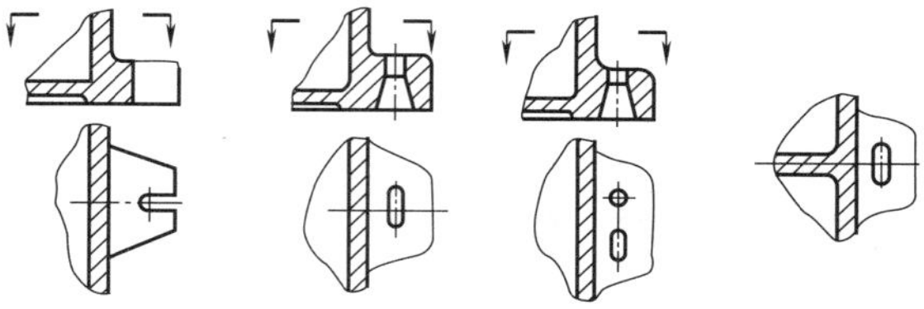 图(a)　图(b)　图(c)　图(d)	爪座与壁连接处的局部刚度较差，连接刚度低，铸造简单 当爪座附着壁的内侧加肋[图(d)]时，比无肋的爪座[图(a)～图(c)]刚度提高 1.5 倍 适用于侧向力小的连接
	翻边式	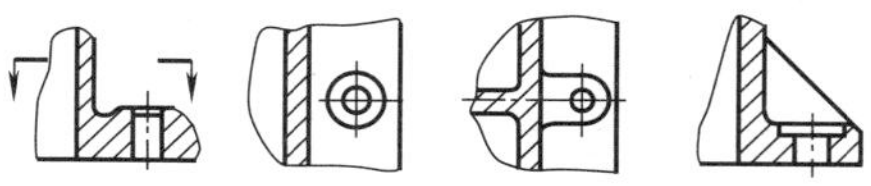 图(a)　图(b)	局部刚度较爪座式高 1～1.5 倍 翻边的附着壁内侧或外侧加肋，可提高局部刚度 1.5～1.8 倍。内侧肋的位置应通过螺栓孔的中心线 占地面积大。适用于一般连接
	壁龛式	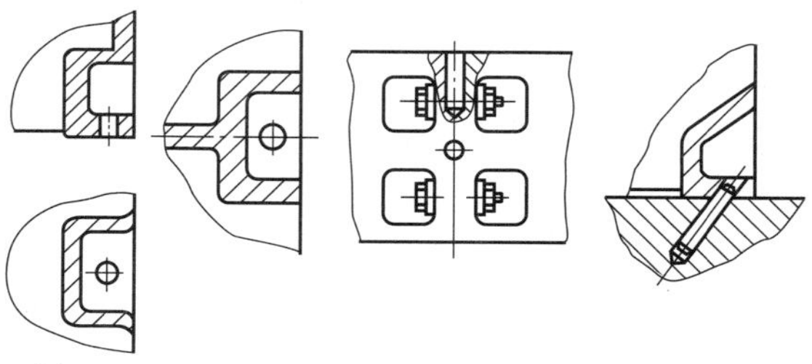 图(a)　图(b)　图(c)　图(d)	局部刚度高，较爪座式大 2.5～3 倍，较翻边式大 1.5 倍以上。内侧加肋较不加肋的刚度可提高 1.5 倍。内侧肋的位置应通过螺钉孔的中心线[图(b)] 装配时，定位销在接触面的两个垂直骑缝上打入，或斜打入[图(c)，图(d)] 外形美观，占地面积小，铸造困难，适用于各种载荷的连接

续表

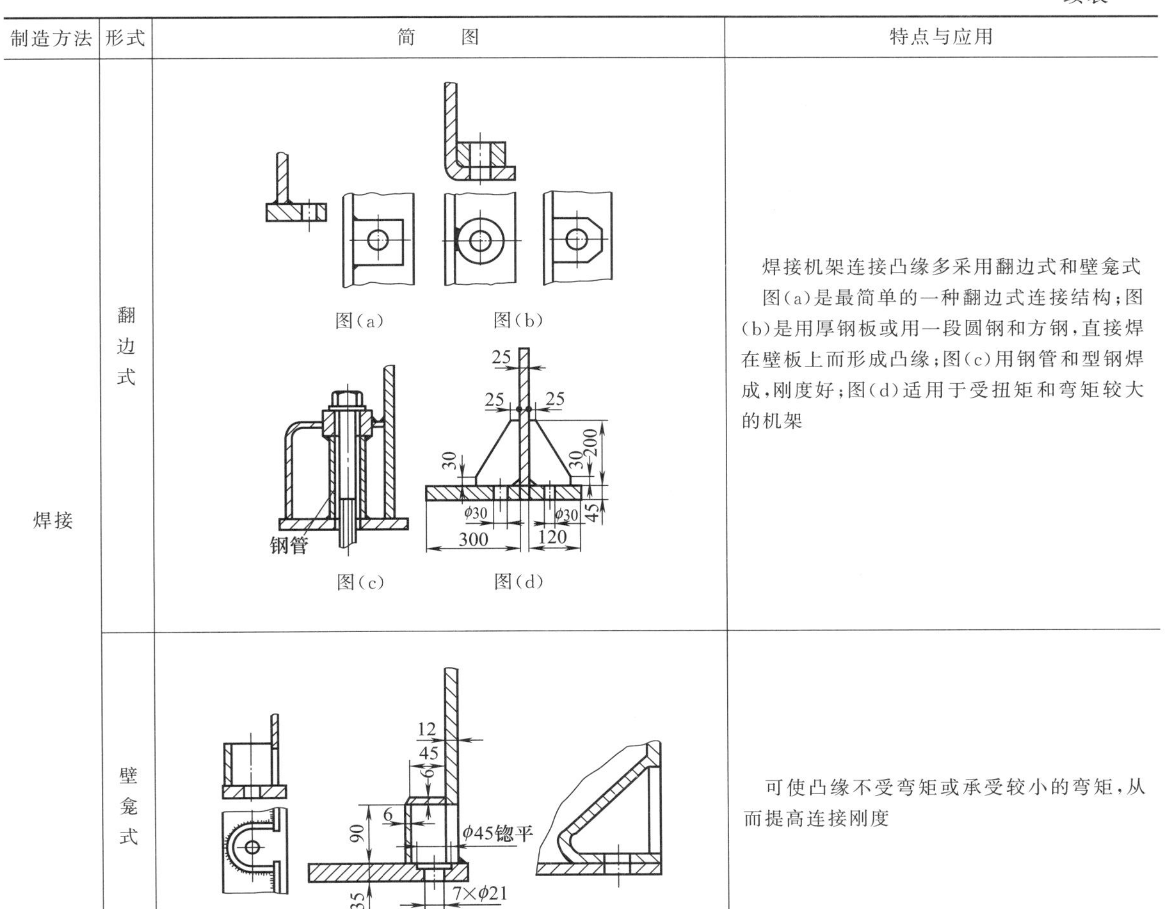

制造方法	形式	简　图	特点与应用
焊接	翻边式	图(a)　图(b)　图(c)　图(d)	焊接机架连接凸缘多采用翻边式和壁龛式 图(a)是最简单的一种翻边式连接结构；图(b)是用厚钢板或用一段圆钢和方钢，直接焊在壁板上而形成凸缘；图(c)用钢管和型钢焊成，刚度好；图(d)适用于受扭矩和弯矩较大的机架
	壁龛式	图(a)　图(b)　图(c)	可使凸缘不受弯矩或承受较小的弯矩，从而提高连接刚度

1.4.3　铸造机架结构设计的工艺性

1.4.3.1　铸件一般工艺性注意事项

铸造机架的结构特点是轮廓尺寸较大，多为箱形结构，有复杂的内外形状，尤其是内腔往往设置有凸台和加强肋等。这些结构将给造型和制芯以及型芯的定位、支撑、浇注时型芯气体的排出以及清砂等带来许多问题。另外机架的某些部位尺寸厚大（如床身导轨），当这些部位的厚度与周围连接壁相差过大时，易产生裂纹等缺陷，因此在机架的结构设计中要认真处理好零件结构设计的工艺性问题。图9-1-5示意给出了铸件结构设计的一般工艺性原则。

对铸造机架，其加工工艺性应特别注意以下几方面问题。

1）对于长度较大机架，尽可能避免端面加工，因为当其长度超过龙门刨加工宽度时，需落地镗或专用设备，而且装夹费时；也要避免内部深处有加工面和倾斜的加工面。

2）尽量减少加工时翻转和调头的次数。

3）加工时有较大的基准支撑面。

4）箱体的加工量，主要是箱壁上精度高的支撑孔和平面，故结构设计时应注意以下几点。

① 避免设计工艺性差的盲孔、阶梯孔和交叉孔。通孔的工艺性好，其中长度和孔径之比小于1.5的短圆柱通孔的工艺性最好；对长径比大于5的深孔，精度要求高、表面结构中的粗糙度要求小时加工困难。

② 同轴线上孔径的分布形式应尽量避免中间隔壁上孔径大于外壁上的孔径。

③ 箱体上的紧固孔和螺纹孔的尺寸规格尽量一致，以减少刀具数量和换刀次数。

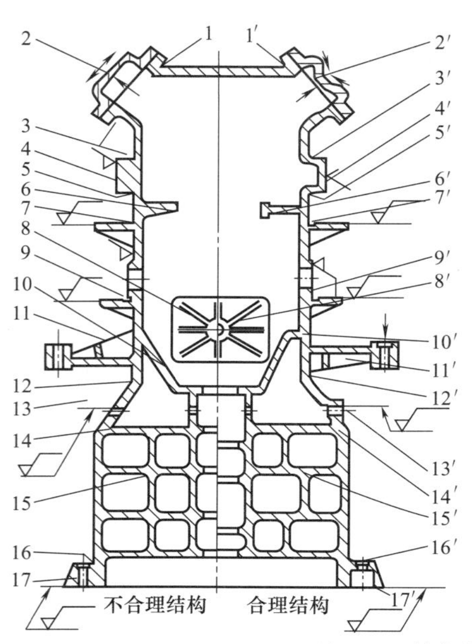

不合理结构：1—易裂纹；2—当材料的抗压强度高于抗拉强度（如铸铁）时，应采取结构上的措施将不利的拉应力转化为压应力；3—易裂纹；4—多余的材料堆积，易缩孔；5—易裂纹；6—不良肋形；7—无空刀槽；8—节点金属堆积，导致组织松弛；9—造型与加工困难；10—锐角布肋，易裂纹和组织松弛；11—力矩引起的拉应力高于压应力；12—尖角、应力集中；13—刀具轴线与加工面倾斜；14—易裂纹；15—肋的十字形分布造成节点金属堆积，导致组织松弛；16—应力集中，易裂纹；17—费工，材料堆积

合理结构：1′—加圆角，以获得与应力分布相适应的结构；2′—使材料延伸，产生压应力；3′,5′,14′—载荷拉伸圆角；4′—节省金属；6′—合理肋形；7′—应有空刀槽；8′—无金属堆积，材质紧密；9′—简化了结构和加工；10′—应力均布，材质紧密；11′—材料中的压应力高于拉应力；12′—最佳应力分布和较好的外观；13′—刀具轴线与加工面垂直，加工准确；15′—肋错开布置，防止金属堆积；16′—加圆角，以获得与应力分布相适应的结构；17′—减少加工面

图 9-1-5　铸件结构设计工艺性的一般注意事项

1.4.3.2　铸造机架结构设计应注意的问题

表 9-1-42　　铸造机架结构设计应注意的问题

序号	设计时应注意的问题	说　明
1	减少型芯撑数目 较差　较好	图示龙门刨床床身，原设计有三条肋板，将整个床身隔成彼此不相通的四个部分，要用四个型芯。为固定中间两块型芯，要在导轨面上安放型芯撑A，斜面上安放型芯撑也很困难。在肋上开方形孔C，使四块型芯连成一体，在下面开两个孔支承型芯，可不要型芯撑
2	避免用型芯撑以防渗漏 较差　较好	有些铸件，底部为油槽(如床身铸件底部有储存切削液的油槽)，要注意防止漏油。在铸造油槽时，要安放型芯撑以支持型芯，而这些有型芯撑的部位会引起缺陷产生渗漏。把槽底面设计成有高凸台边的铸孔，油槽部分的型芯可通过型头固定，避免缺陷
3	改变内腔结构保证芯铁强度和便于清砂 较差　较好	对于需要用大型芯铸造的床身、立柱等，在布肋时应考虑能方便地取出芯铁。图中所示为坐标镗床立柱，原设计肋板之间的小区较宽，为加补该处强度，需将芯铁做成城墙垛的形状，这种形状不利于清理和回收，改进后结构比较合理

续表

序号	设计时应注意的问题	说　　明
4	注意小尺寸的部位 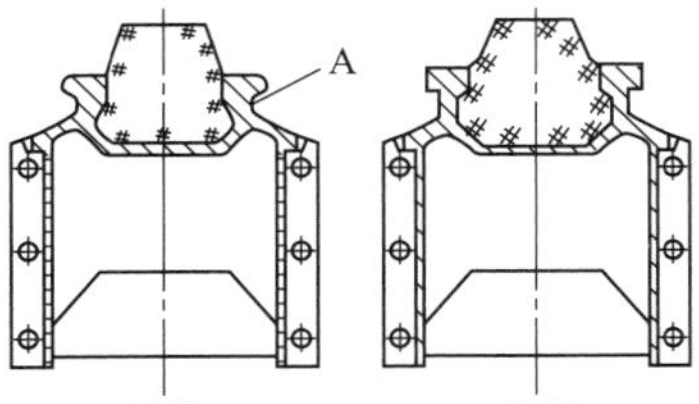 A 较差　较好	图中所示为铸件剖面形状。图中 A 处所指尺寸很小，造型时砂不易紧实，修型也不方便，容易出现铸造缺陷。改进后的结构，尺寸稍作调整，效果较好，结构较合理
5	改善铸件冷却状况 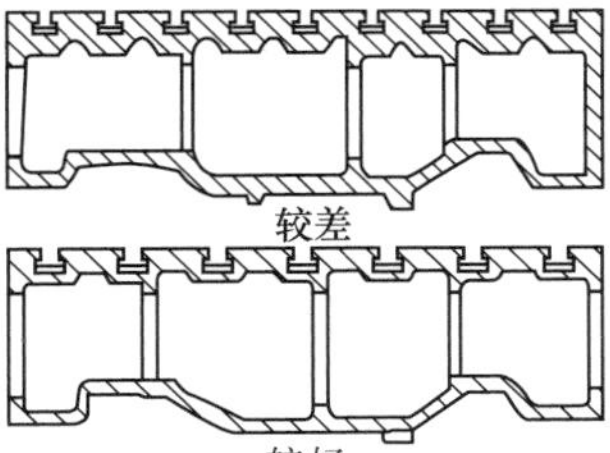 较差 较好	图中所示为机床工作台。原结构不够合理，改进后减少了 T 形槽的数量，减小了铸件的壁厚，加大了 T 形槽之间凹槽的尺寸。新结构改善了 T 形槽的冷却状况，防止产生缺陷
6	简化铸件造型 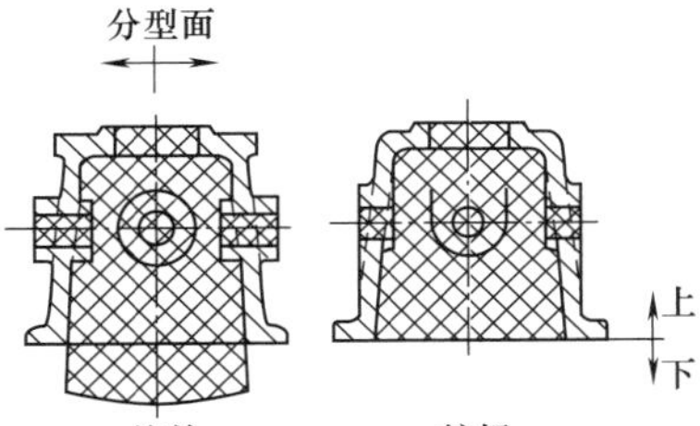 分型面 上 下 较差　较好	图中所示的原结构，只能从中心线处分模，两箱造型，内腔要用砂芯。修改后结构可以采用整模造型，内腔不必另作砂芯
7	改进结构，省去型芯 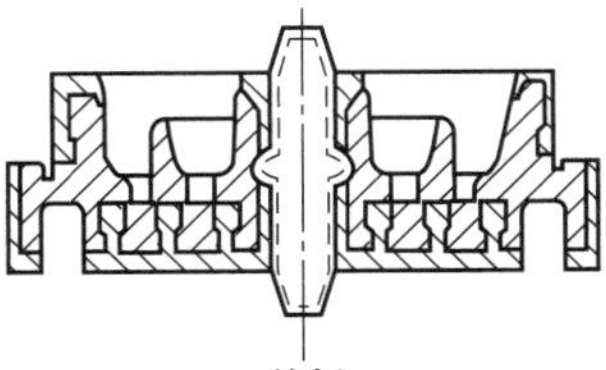 较好	图中所示为圆形回转工作台，工作台面向下(图中不同剖面线方向的外层表示铸造后机械加工要去掉的材料)。原设计要用几个型芯，改进后使内腔成为开式，省去了型芯，简化了铸型的装配
8	防止铸造机架变形 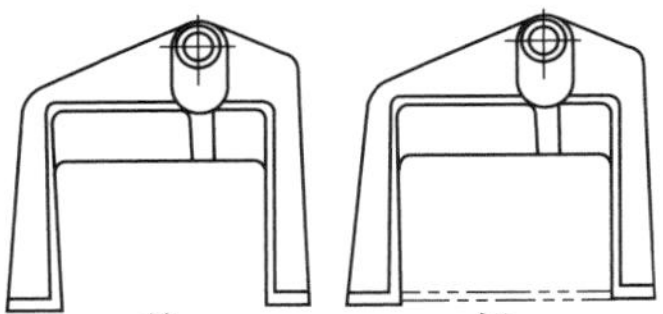 差　好	为消除金属冷却时所产生的铸件变形和提高加工时机架的刚度，对门形机架的两腿之间可设置横向连接肋。在最终加工后，将此肋切除

续表

序号	设计时应注意的问题	说明
9	喉口处结构应加固 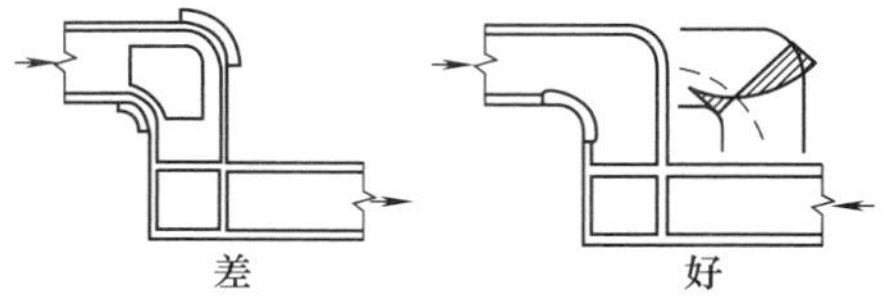 差 好	在零件转折的喉口处，受力较大容易损坏。如图所示受拉机架的喉口结构，内侧受拉，是最危险的部位（特别对铸铁零件）。加强部位应该安排在内侧板而不是在外侧板
10	注意加强底座的抗扭转强度 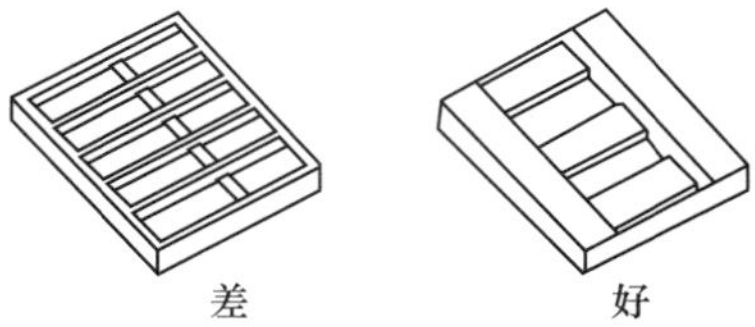 差 好	图中所示为两种底座的结构模型。一种为由细杆组成的框架形结构，另一种为由曲折的板构成的板形结构。框架形结构扭转刚度差，无法承受生产、吊装、运输时由于不均匀受力产生的扭转载荷。改为板形结构，底座的抗扭转刚度显著地得到改善
11	改铸件为冲焊结构 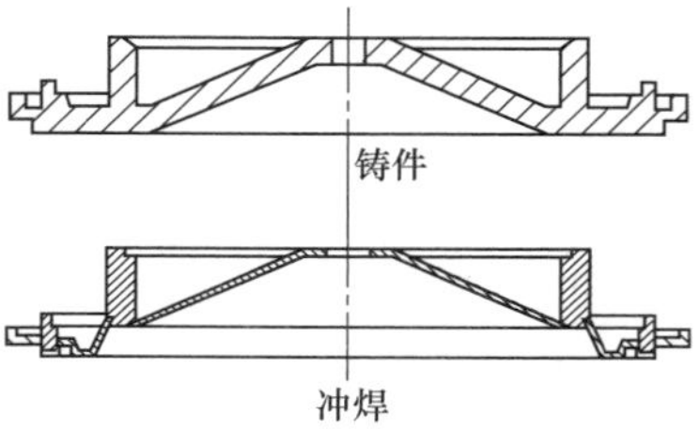 铸件 冲焊	图中所示结构，原来采用铸件，其断面形状如图。为了减轻质量改用冲压件焊接结构。内外滚珠座圈均可用带料弯曲成环状焊接而成，底盘用钢板冲制，不但节约了材料，而且节约机加工工时
12	将锻件改为铸锻焊结构  锻件 铸锻焊件	图中所示的零件原采用整体锻造，加工余量大。修改设计后采用铸锻焊复合结构，将整体分为两个部分，下部为锻成的腔体，另一为铸钢制成的头部，将二者用焊接连成一个整体，可以使毛坯重量减轻一半，机加工量也减少了40%

1.4.4 铸造机架结构设计示例

1.4.4.1 机床大件结构设计

在金属切削机床中，尺寸和质量都较大的床身、立柱、横梁、底座、箱体等零件统称为机床大件。这类零件在结构、受力状态、以及在机器中的作用等诸方面和箱体、机架零件相同。

机床大件结构设计的主要问题就是在满足机床性能和具有较好的工艺性的前提下如何提高机床大件的静刚度、抗振性和接触度以及减小热变形，尽量地减小大件的质量和减少制造工作量。

（1）床身设计

车床床身由前壁、后壁、肋板组成，典型结构如表9-1-43所示。

车床床身在水平面和垂直面承受弯矩作用，在床身的长度方向上承受扭矩作用，车床床身宜采用封闭截面，由于车床为高效机床，切削速度大，需有较大空间及时排出切屑和冷却液（避免切屑的热量使床身产生较大热变形）。为排屑设置的窗口削弱了床身的刚度，应增设肋板和肋条加以弥补。

车床床身截面形状如表 9-1-44 所示。普通车床截面的高度和宽度之比 $h/b=1$，六角车床 $h/b=1.2\sim1.5$。

表 9-1-43　**车床铸造床身结构**

肋板结构简图	结构特点及应用	肋板结构简图	结构特点及应用
	采用 T 形肋连接床身的前后壁，结构简单，铸造工艺性好。T 形肋能够提高水平面抗弯刚度，对提高垂直面抗弯刚度和抗扭刚度的作用不大，适用于刚度要求不高的机床，目前很少采用		斜向肋板在前后壁中呈 W 布置，能有效地提高抗弯刚度和抗扭刚度，刚度高。铸造复杂，在床身大于 1500mm 的长床身中被采用。斜肋板夹角一般为 60°～100°
	Π 形肋在水平面和垂直面的抗弯刚度比 T 形肋好，具有中等刚度，铸造工艺性好，广泛用于普通车床结构中，用于长度为 750～1000mm 床身结构中较多		刚度较高，排屑方便，铸造困难，适用于负载较大、效率高的高速切削或强力切削车床以及多刀车床，常用于 500～600mm 以上的床身

表 9-1-44　**常见车床铸造床身截面形状**（参见表 9-1-12）

铸造截面简图	h b	h b	h b	h b
结构特点及应用	开式截面，抗弯和抗扭刚度较低，但铸造工艺性好，适合于加工直径≤400mm 的中、小型车床	刚度较前一种高 30%～40%，便于排屑及切削液，适合于多刀车床和其他高效率车床	双壁结构，抗弯和抗扭刚度高，切屑和切削液可沿斜面流下，切屑从后壁窗口排出，适合于大、中型高效率车床，加工直径 630～800mm，铸造工艺复杂	多刀车床，仿形及数控车床床身的典型截面，扭转刚度高，排屑性能好，但使刀架结构复杂

龙门刨床、龙门铣床、镗床、磨床、无升降台铣床等床身的高度尺寸要考虑到便于工人操作与工件安装，截面的高宽比 h/b 一般应小于 1。典型龙门刨床的床身截面如图 9-1-6 所示。为提高抗弯及抗扭刚度，在床身的纵向布置横向、纵向、纵、横组合、斜向、纵斜组合等肋板。床身的截面形状及在床身布肋情况见表 9-1-45。为提高机床（尤其是小型精密机床）机架的整体刚度，还可将床身和底座（床腿）制成一体。图 9-1-7 为床身和床腿铸成一体的结构。

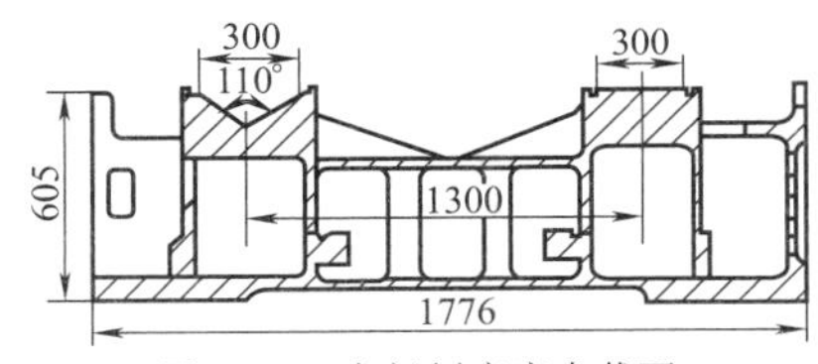

图 9-1-6　龙门刨床床身截面

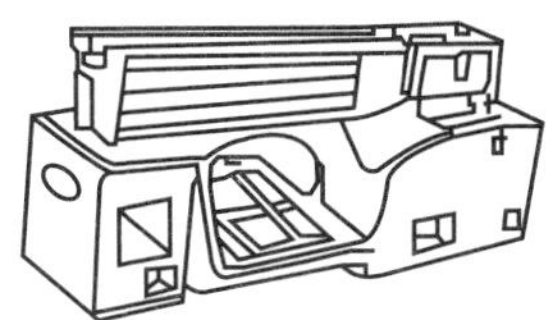
图 9-1-7　床身与床腿铸成一体

（2）立柱与横梁

1）立柱设计　龙门式机床中的立柱，镗床、立式钻床、摇臂钻床、卧式铣床中立柱都主要承受弯矩、扭矩及轴向力等复杂外力的作用，其计算模型均按悬臂梁处理。

立柱截面的形状多采用封闭的空心矩形、空心圆形或空心多边形。这些截面的抗弯及抗扭的综合性能好。常见立柱的截面形状如表 9-1-13 和表 9-1-24 所示。

表 9-1-45 **铸造床身截面形状及肋的布置**

名称	截面及肋板布置简图	结构特点及应用
横肋板		结构简单，铸造方便，抗弯刚度较差，抗扭刚度较高，适合于载荷较小的机床，如外圆磨床和平面磨床及小型导轨磨床的床身 这类床身高度较大而宽度较窄，可在壁板加肋条增强抗弯刚度
斜肋板		抗弯和抗扭刚度都较好，容易铸造。用于轻型龙门刨床、导轨磨床、无升降台铣床的床身。由于床身较长，其抗弯刚度受影响，应加强连接部位刚度设计
纵横组合肋板		在床身纵向中心线上有一个纵向肋板贯穿床身全长，提高床身抗弯刚度；在床身长度方向上有多个横向肋板以提高床身抗扭刚度，铸造较复杂，用于负载较大，精度要求较高的床身，一般用于卧式镗床及龙门铣床床身结构中
		床身中有几条纵向肋板和横向肋板，抗弯和抗扭刚度都很高，用于载荷较大及要求精度较高的机床床身，如龙门铣床、龙门刨床、大型镗床等重型机床及中小型坐标镗床
纵斜组合肋板		床身中间一条纵向肋板和多条斜向肋板相交。抗弯和抗扭刚度都很高，但铸造较困难，适用于重型且床身又长又宽的大型机床，如大型龙门铣床及大型龙门刨床
双壁纵斜组合肋板		采用双壁结构，其余同上，适合于床身大导轨宽、导轨伸出量较大的重载机床。双壁结构铸造困难
米字形肋	1700 1060	米字形肋，这种布肋刚性最高，适用于要求变形量很小或载荷大的床身，如大型高精度的仪器；丝杠动态检查仪、自动比长仪、测长机的床身，以及大型外圆磨床的床身等。米字形肋铸造工艺较复杂

大型箱形立柱，在由导轨输入单边作用力时，立柱的侧壁会产生屈曲变形，立柱截面的四个顶角也不能保持为直角。这种变形称为截面形状畸变。外力输入位置距支承端越远、畸变越大。减少截面畸变主要方法是通过合理设置肋及改进导轨结构提高立柱的结构刚度来进行。如在立柱内部设置横向和纵向肋板、在立柱的壁板内侧设置肋条。资料表明，横向肋的最大间距如果小于或等于立柱受力点到固定端之间距的2/3，可不产生截面畸变。横向肋上开孔面积如小于截面的 20%～30%，对立柱的扭转刚度影响不大。为了便于液态金属流动，铸造立柱壁板肋条的设置呈放射状。

表 9-1-46 为立柱类机床大件肋板及肋条的布置情况及应用范围。

表 9-1-46 **铸造立柱类大件肋板及肋条布置**

结构简图	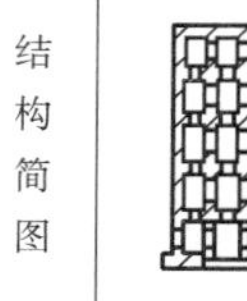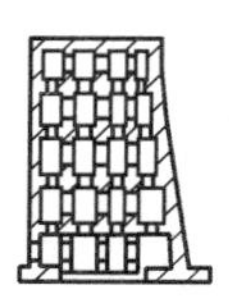			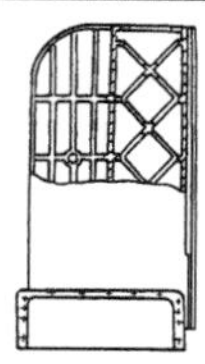		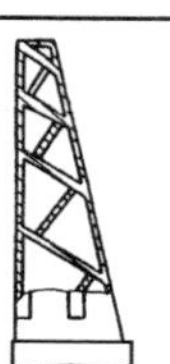

续表

说明	纵向肋提高弯曲刚度，横向肋提高扭转刚度及减小截面畸变，可在肋板上开孔以减少质量 井字形肋条用于重型镗床焊接立柱中 肋板结构用于普通镗床或中小型坐标镗床立柱中	交叉形肋条一般用于铸造结构，交叉形铁水通道使金属流动得快，可以减少铸造缺陷，比纵横肋刚度高 一般用于镗床立柱	米字形肋条，其抗扭刚度和抗弯刚度较高，其余同交叉形肋条 用于载荷较大、精度高的机床立柱如落地镗床、铣镗床立柱等	前部采用交叉肋条，是由于靠近导轨，为提高导轨处的局部刚度而设置 局部采用纵横肋条，刚度高，铸造工艺复杂，用于龙门式机床立柱	交叉肋板所受外力相协调，抗弯和抗扭刚度高 用于单臂龙门刨床及立式车床立柱	人字肋抗弯抗扭性能好，抗振性能好 用于摇臂钻床的摇臂
结构简图						
说明	U形横肋，主要是防止截面变形，抗弯和抗扭刚度低，用于载荷上的机床，如平面磨床立柱等	铣床立柱的肋板布置，类似于箱体结构，上部加工多个轴承孔，下部安装电机	开孔横向肋条，主要目的是防止截面畸变 用于龙门机床立柱	横向肋板 比开矩形孔的肋板的抗扭刚度略高一些，用于镗床立柱	对角肋和带三角形孔的横肋板并用 抗弯和抗扭刚度高、结构简单、制造方便，用于大型龙门式机床立柱	双型结构，二缝间采用纵横肋相连、抗弯和抗扭刚度均很高、铸造困难，用于大型龙门刨床及刨铣床

2）横梁设计　龙门式机床的横梁承受复杂的空间载荷，为保证横梁的刚度要求，横梁的截面一般设计成封闭的矩形截面或双矩形截面，横梁内部布置有纵向和横向肋板或肋条。横梁的纵向截面形状取决于横梁在立柱上的夹紧方式：如果在立柱的主导轨上夹紧的横梁，就在立柱中间部分采用变截面形状，如龙门立式车床横梁；如果在立柱的辅助导轨夹紧，一般设计成等截面形状，如龙门刨床和龙门铣床横梁。横梁的横截面和纵向截面的形状如表 9-1-47 所示。

龙门式机床横梁的结构如图 9-1-8 所示。

表 9-1-47　横梁类大件的断面形状

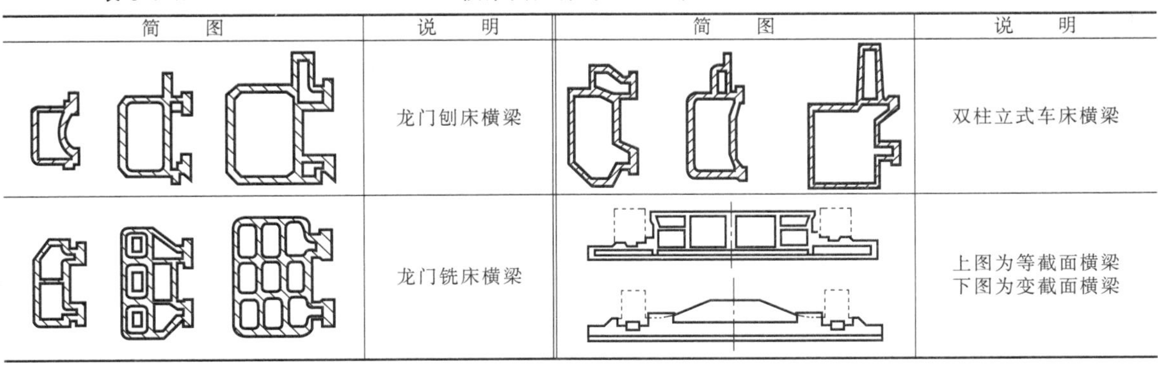

简图	说明	简图	说明
	龙门刨床横梁		双柱立式车床横梁
	龙门铣床横梁		上图为等截面横梁 下图为变截面横梁

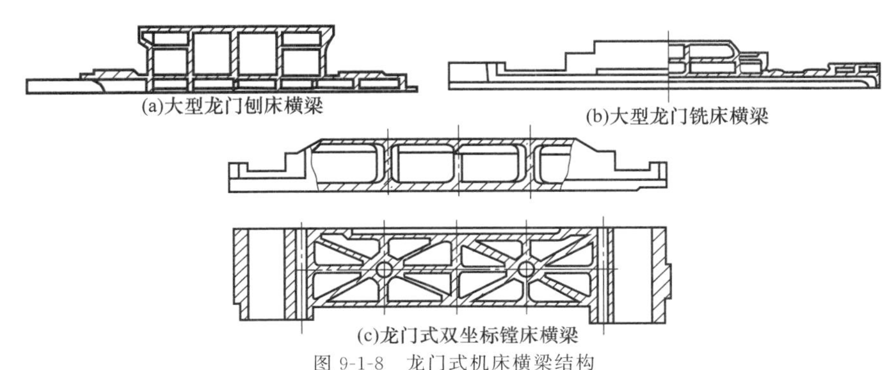

(a)大型龙门刨床横梁

(b)大型龙门铣床横梁

(c)龙门式双坐标镗床横梁

图 9-1-8　龙门式机床横梁结构

1.4.4.2　精密仪器机架结构设计

图 9-1-9 和图 9-1-10 分别是立式接触式干涉仪立柱、1m 测长机（7JA）基座的铸件结构。从图中可以看到截面形状和各种筋板和筋条的组合应用。如测长机机座采用了组合的箱形肋和抗扭刚度较高的斜方格肋。

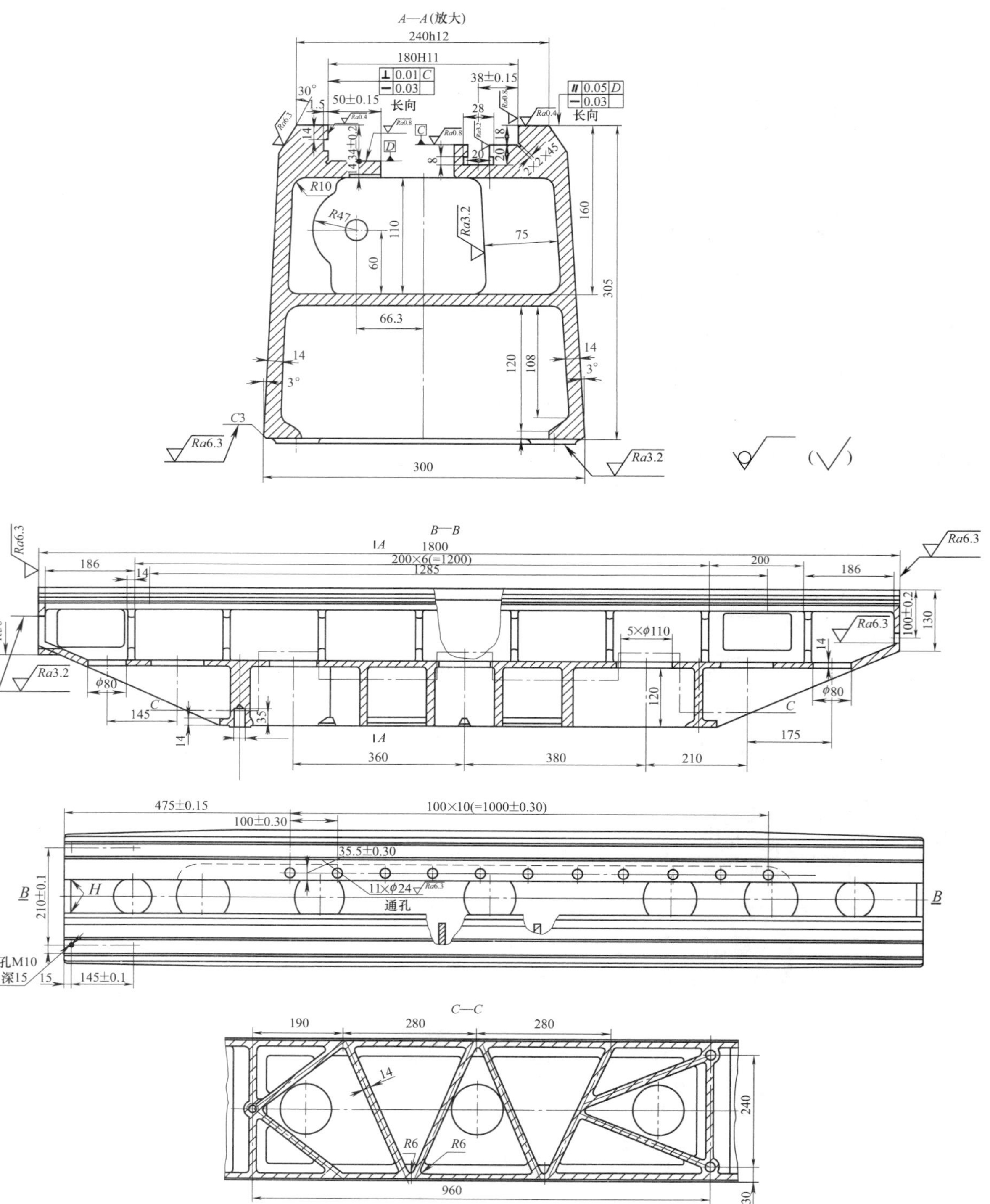

图 9-1-9　1m 测长机（7JA）基座

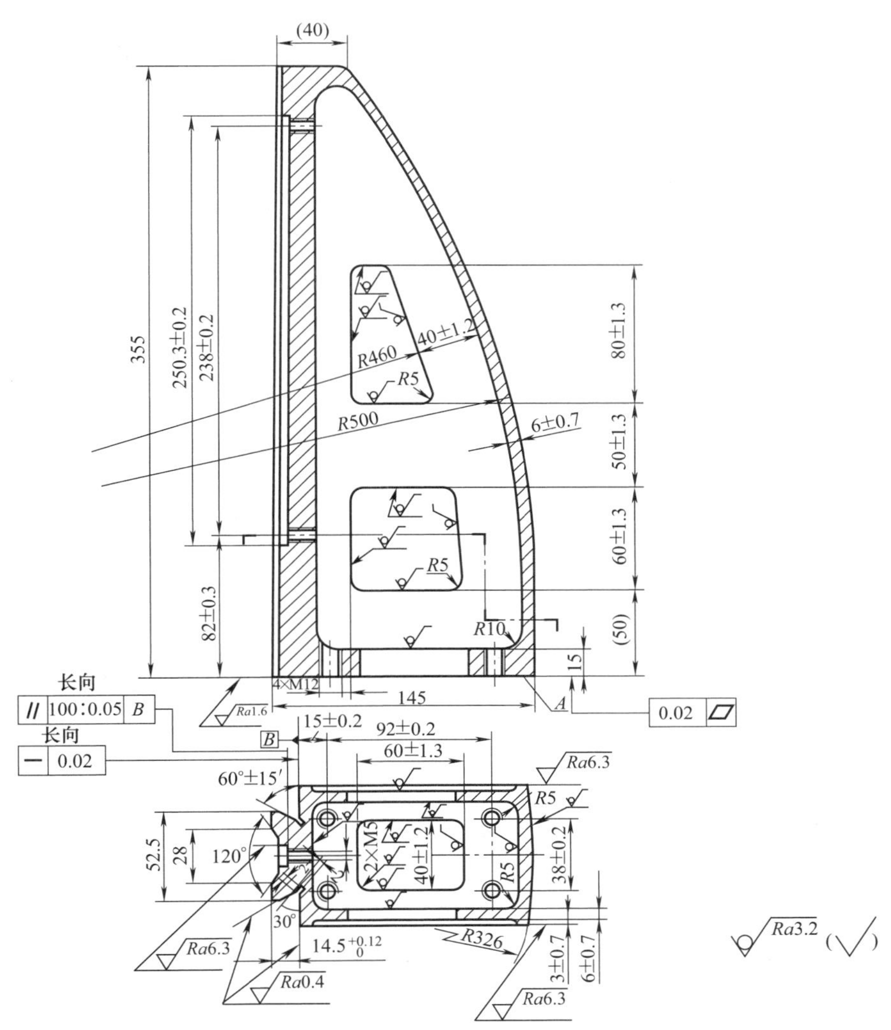

图 9-1-10　立式接触式干涉仪立柱

材料：HT150

技术要求：①燕尾导轨面硬度应不小于 180HBS；②*B*、*C* 面两交线平行度公差为 0.01；③*B*、*C* 面两交线对 *A* 面垂直度公差为 100∶0.01，④*B*、*C* 面刮研后，在 $25\times25\text{mm}^2$ 范围内刮研点不少于 25 点，*A* 面刮研后，在 $25\times25\text{mm}^2$ 范围内刮研点不少于 10 点；⑤喷深灰皱纹漆（孔、$Ra=1.6\mu\text{m}$ 及 $Ra=0.4\mu\text{m}$ 面除外）；⑥稳定化处理；⑦未注铸造圆角 *R*2。

1.5　焊接机架

1.5.1　焊接机架的结构及其工艺性

焊接件与铸造机架相比，制造周期短、质量轻、具有较高的强度和刚度，多用于单件或小批量生产。但焊接件在焊接过程中易产生变形和残余应力，其抗振性也不如铸件。铸造机架和焊接机架的特点比较见表 9-1-48。关于焊接材料、焊接工艺、焊缝尺寸及合理布置等一般内容，可参考机械设计手册。典型的焊接机架的结构形式如表 9-1-49 所示。

表 9-1-48　铸造机架和焊接机架的特点比较

项目	铸铁机架	焊接机架
机架质量	较重	钢板焊接毛坯比铸件毛坯轻 30%，比铸钢毛坯轻 20%
强度、刚度及抗振性	铸铁机架的强度与刚度较低，但内摩擦大，阻尼作用大，故抗振性能好	强度高、刚度大，对同一结构的强度为铸铁的 2.5 倍，钢的疲劳强度为铸造的 3 倍，但抗振性能较差
材料价格	铸铁材料来源方便、价廉	价格高
生产周期	生产周期长，资金周转慢，成本高	生产周期短、能适应市场竞争的需要
设计条件	由于技术上的限制、铸件壁厚不能相差过大。而为了取出芯砂、设计时只能用“开口”式结构，影响刚度	结构设计灵活、壁厚可以相差很大，并且可根据工况需要不同部位选用不同性能的材料
用途	大批量生产的中小型机架	① 单件小批生产的大、中型机架 ② 特大型机架，如大型水压机横梁，底座及立柱，大的轧钢机机架和颚式破碎机机架等，可采用小拼大的电渣焊

表 9-1-49　焊接机架的结构形式

结构形式	特　　点	简　　图
型钢结构	机架主要由槽钢、角钢、工字钢等型钢焊接而成。这种结构的质量轻、成本低、材料利用充分。适用于中小型机架	
板焊结构	机架主要由钢板拼焊而成，广泛应用于各类机床，如锻压设备的床身、水压机、金属切削机床的床身、立柱以及柴油机机身等	压力机机身
双层壁结构	双层壁结构，是在上下盖板之间有序地焊上一段管子再以条钢构成对角线肋网面形成机架的墙壁，亦可由在盖板之间焊上肋板而形成 双层壁结构是一种具有刚度高、质量轻，抗振性好的高性能结构，适用于大型、精密机架	

1.5.1.1　典型机床的焊接床身结构及特点

焊接床身可充分利用焊接的优势，采用型钢或钢板冲压件组合成刚度高而质量轻的结构。表 9-1-50 和表 9-1-51 分别给出了普通车床和龙门刨床的焊接床身结构及截面简图。

表 9-1-50　　普通车床焊接床身结构及截面简图

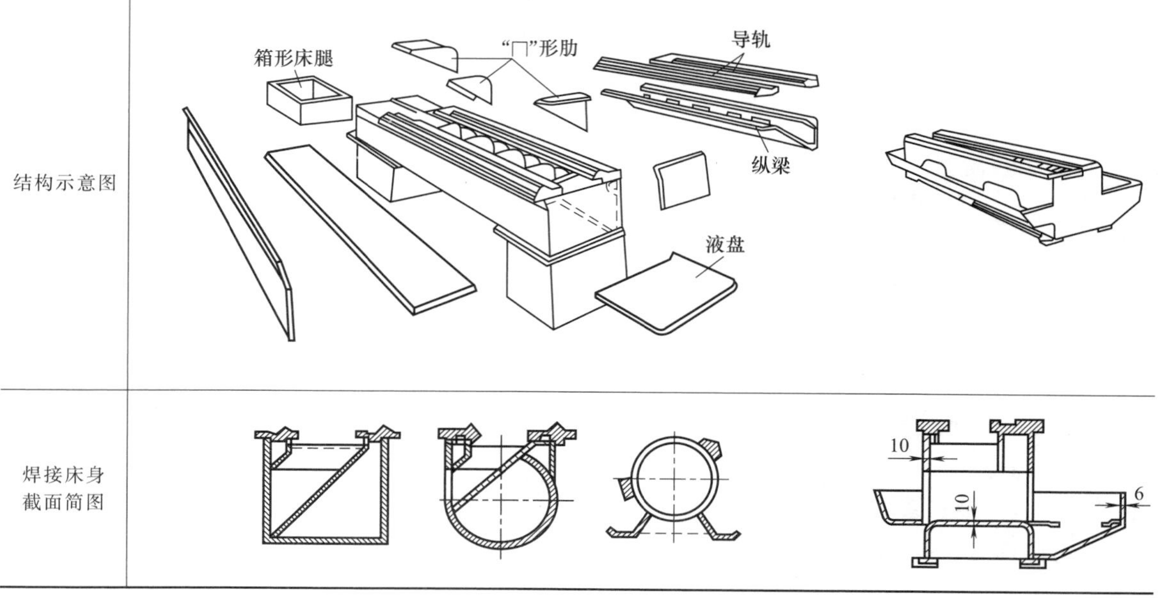

续表

结构特点	由于铸造工艺的限制。制造封闭截面的铸造床身有许多困难，设计铸造床身只能靠增加壁厚及肋板的方法获得较高的刚度，这种方法使床身质量增加，固有频率降低，影响机床的抗振性能。焊接床身可以采用薄壁的封闭截面、导轨采用双壁支承。合理设置肋板，不但刚性好，其抗振性能也能满足要求

表 9-1-51　　龙门刨床焊接床身截面结构

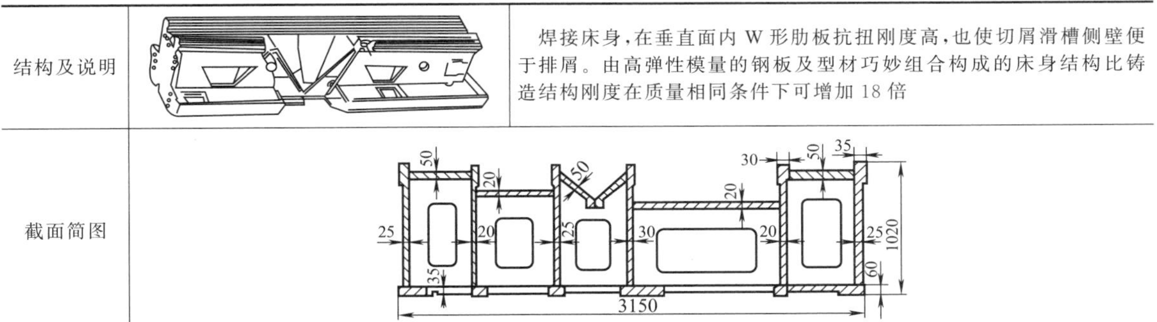

结构及说明		焊接床身，在垂直面内 W 形肋板抗扭刚度高，也使切屑滑槽侧壁便于排屑。由高弹性模量的钢板及型材巧妙组合构成的床身结构比铸造结构刚度在质量相同条件下可增加 18 倍
截面简图		

又如，图 9-1-11 的专用机床的焊接床身，采用开式截面。内部筋板之字形布置可以提高抗扭刚度。地角螺栓孔附近焊有肋板以提高局部刚度。

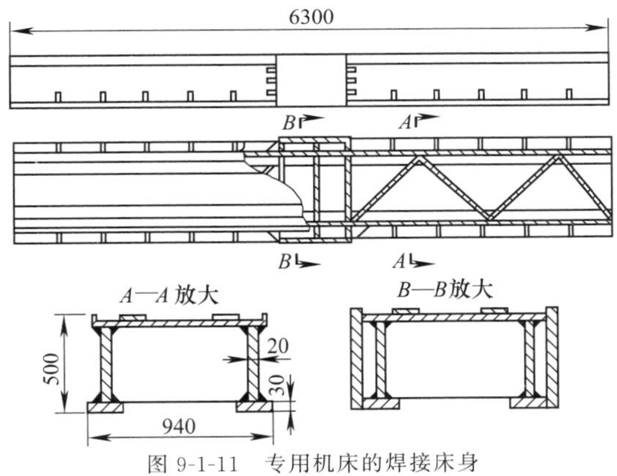

图 9-1-11　专用机床的焊接床身

1.5.1.2　焊接横梁结构

龙门式车床横梁的常用焊接结构形式如图 9-1-12 所示。

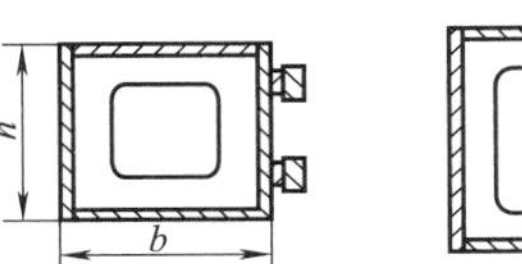
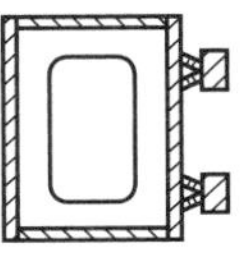
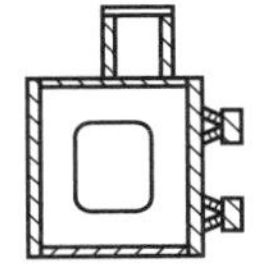

图 9-1-12　龙门式横梁焊接结构

图 9-1-13 为单柱式立车焊接横梁，横截面是不等高的封闭矩形，交叉的斜向肋将横梁分割成多个三角形封闭空间，构件的抗扭和抗弯刚度高。肋的交接处采用钢管连接避免了焊缝密集所引起的应力集中。导轨的支承部位采用双壁结构和纵向肋板，并和斜向肋的交点相接以提高其支承刚度。肋和壁之间采用断续焊缝以增加阻尼；后壁板的三角形使横梁质量减少和便于施焊。

1.5.1.3　焊接机架的结构工艺性

进行焊接机架结构设计时，应摆脱铸件结构的束缚、按焊接工艺特点设计。应尽量避免焊缝密集，避免焊接应力集中，同时应减轻焊缝的载荷。对大型机架应分段焊接后组装，这样还可以减少焊接变形。

机床焊接结构工艺性设计的注意事项参见表9-1-52 和表 9-1-53。

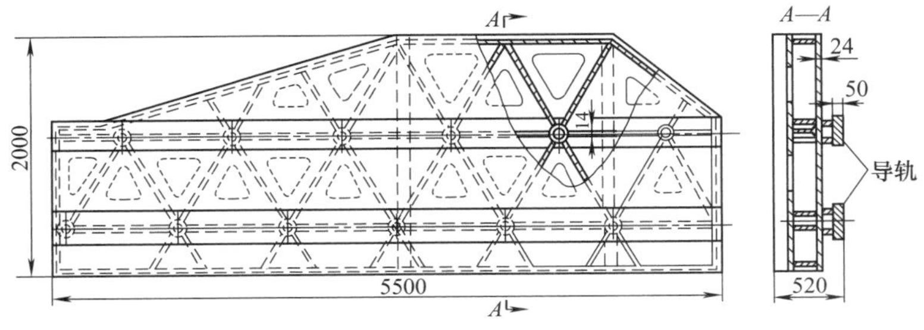

图 9-1-13　立车的焊接横梁

表 9-1-52　　机床焊接结构工艺性设计的注意事项

注意事项		结构工艺简图	
		不良	良好
安全性、可靠性	减轻焊缝荷载	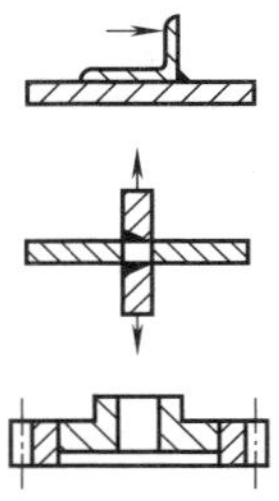	
	避免焊缝受剪	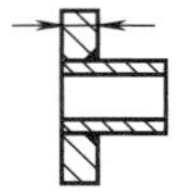	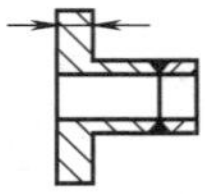
	危险断面要加固		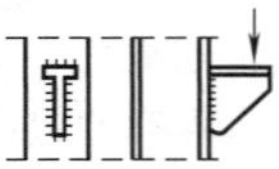
	转折处避免布置焊缝且不中断焊缝	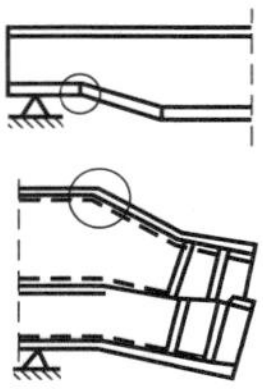	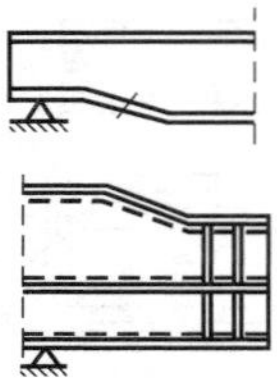
	集中荷载处要加肋	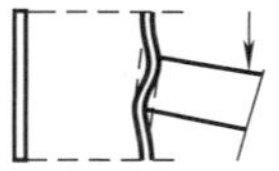	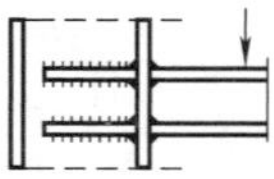
	腹板中间要加肋	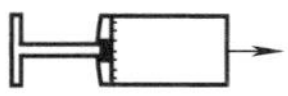	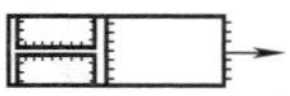
减少焊接应力、变形	不要过量焊接	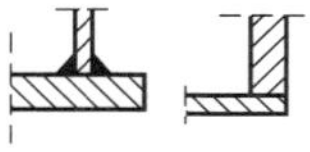	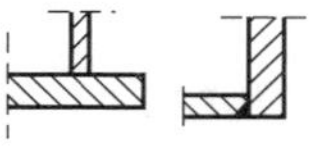
	避免焊缝密集	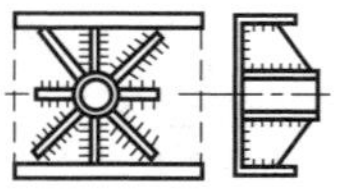	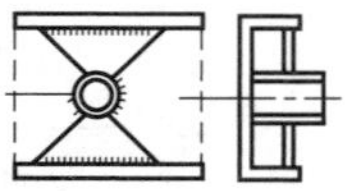
	加强肋布置尽量对称	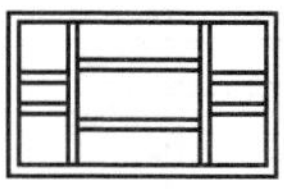	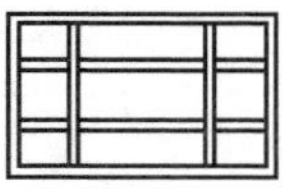

续表

注意事项		结构工艺简图	
		不　良	良　好
减少焊接应力、变形	尽量对称布置焊缝	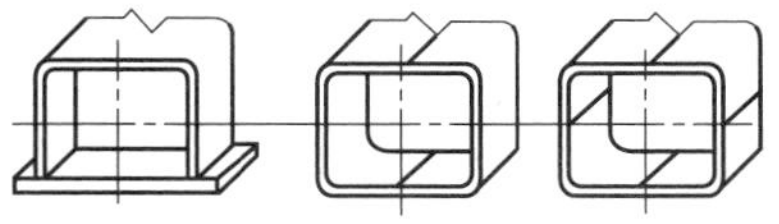	
	内侧刚度大焊接变形小	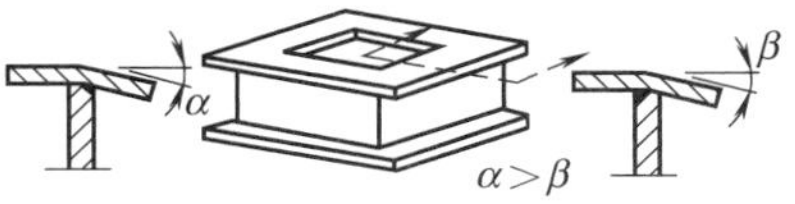 α＞β	
结构形状尽量简单	直线方角造型为好	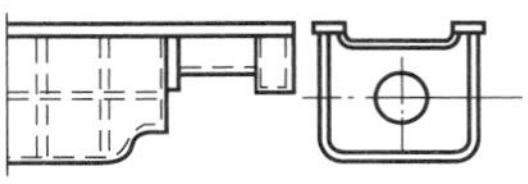	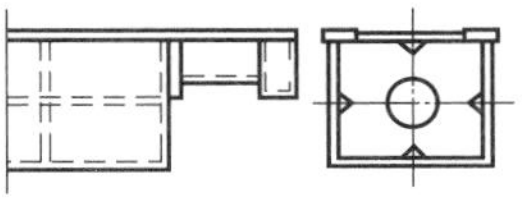
	尽量规范化和标准化	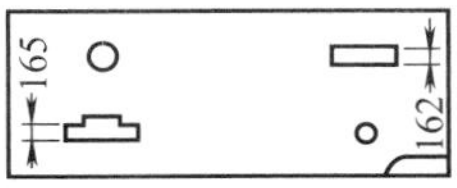 165　162	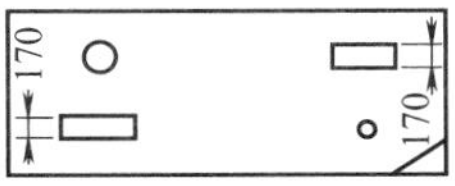 170　170
防止机械加工削弱焊缝	要考虑加工余量(f)	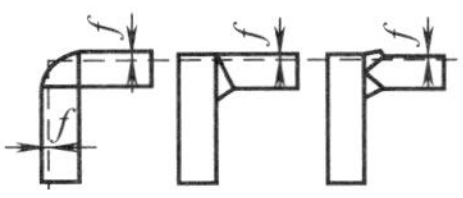	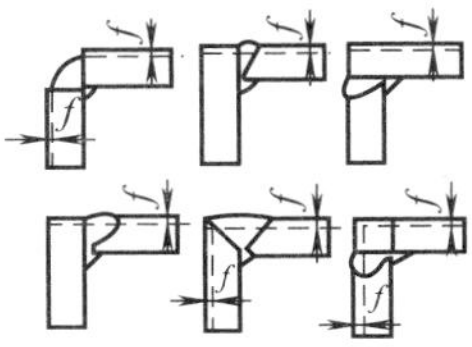
	定位精度逐一提高(自左至右)	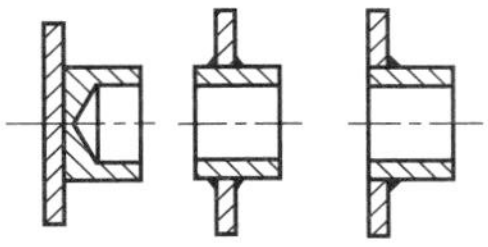	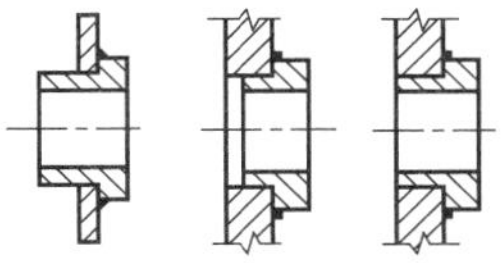
	防止加工肋被削弱	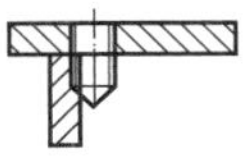	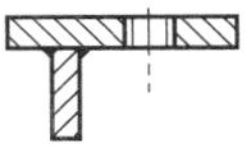
结构制造经济性	尽量采用套料剪裁	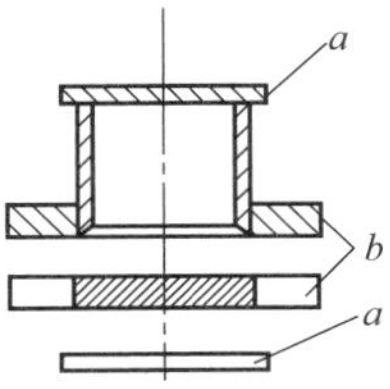 a　b　a	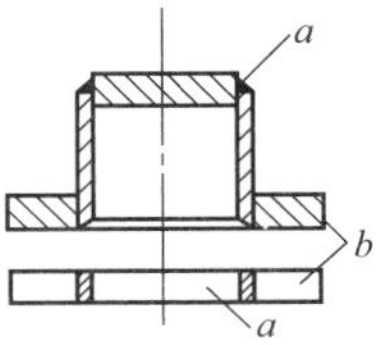 a　b　a
	减少坡口加工量 尽量少焊和小焊，可焊可不焊的，不焊；可小焊的不多焊。也有利减小变形	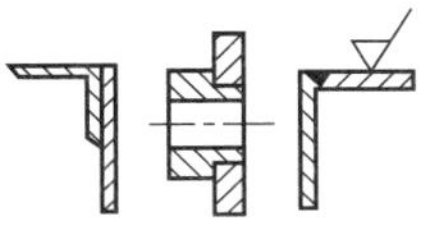	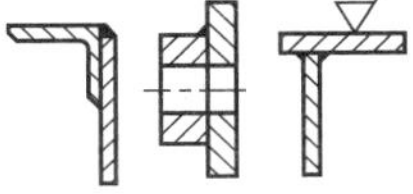

注：表图中 f 代表切削余量，α、β 为焊接变形量，a 为顶板，b 为底板。

表 9-1-53 机床焊接机架结构设计中应注意的问题

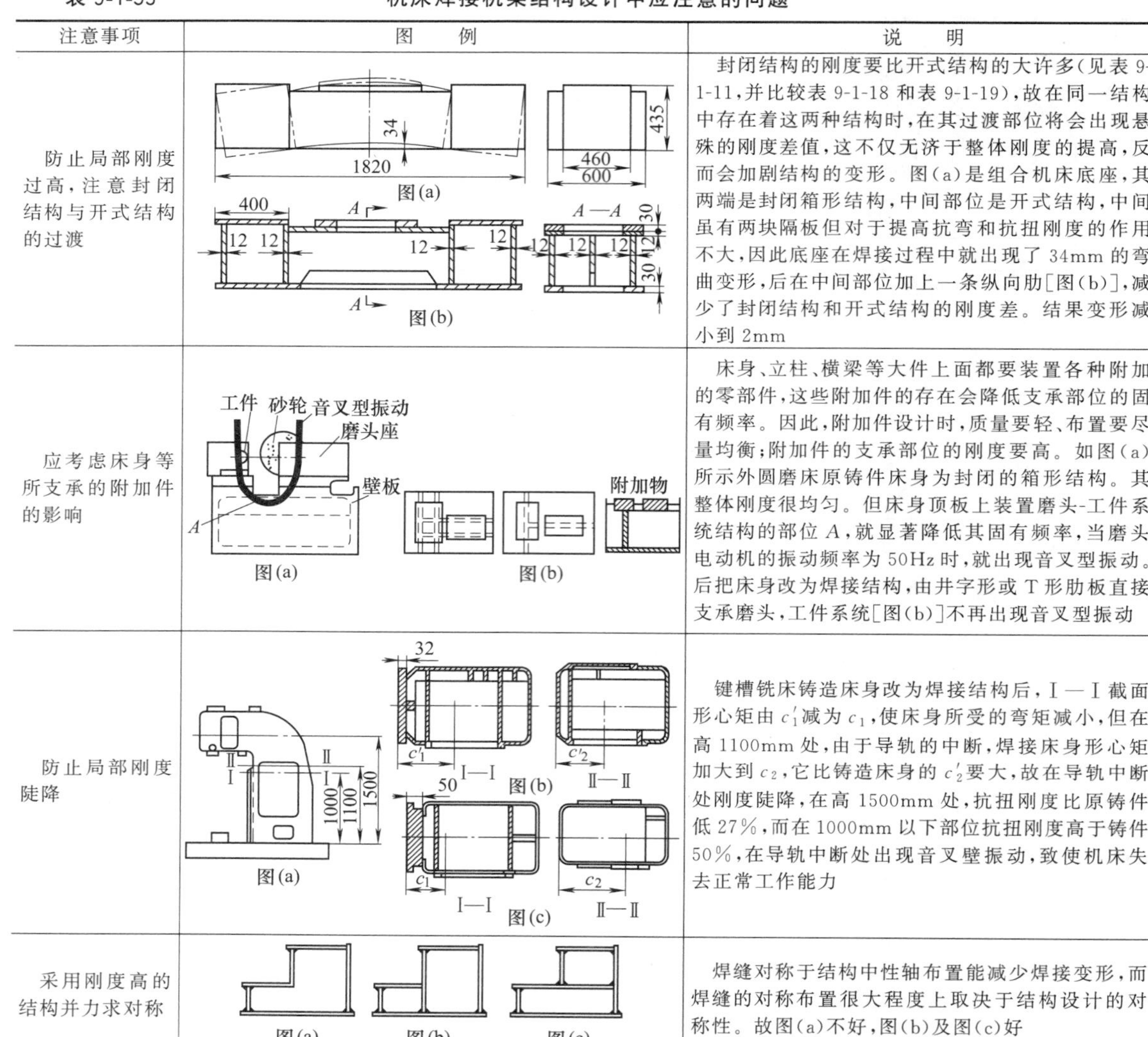

注意事项	图例	说明
防止局部刚度过高，注意封闭结构与开式结构的过渡	图(a) 图(b)	封闭结构的刚度要比开式结构的大许多(见表 9-1-11，并比较表 9-1-18 和表 9-1-19)，故在同一结构中存在着这两种结构时，在其过渡部位将会出现悬殊的刚度差值，这不仅无济于整体刚度的提高，反而会加剧结构的变形。图(a)是组合机床底座，其两端是封闭箱形结构，中间部位是开式结构，中间虽有两块隔板但对于提高抗弯和抗扭刚度的作用不大，因此底座在焊接过程中就出现了 34mm 的弯曲变形，后在中间部位加上一条纵向肋[图(b)]，减少了封闭结构和开式结构的刚度差。结果变形减小到 2mm
应考虑床身等所支承的附加件的影响	图(a) 图(b)	床身、立柱、横梁等大件上面都要装置各种附加的零部件，这些附加件的存在会降低支承部位的固有频率。因此，附加件设计时，质量要轻、布置要尽量均衡；附加件的支承部位的刚度要高。如图(a)所示外圆磨床原铸件床身为封闭的箱形结构。其整体刚度很均匀。但床身顶板上装置磨头-工件系统结构的部位 A，就显著降低其固有频率，当磨头电动机的振动频率为 50Hz 时，就出现音叉型振动。后把床身改为焊接结构，由井字形或 T 形肋板直接支承磨头，工件系统[图(b)]不再出现音叉型振动
防止局部刚度陡降	图(a) 图(b) 图(c)	键槽铣床铸造床身改为焊接结构后，Ⅰ—Ⅰ截面形心矩由 c_1' 减为 c_1，使床身所受的弯矩减小，但在高 1100mm 处，由于导轨的中断，焊接床身形心矩加大到 c_2，它比铸造床身的 c_2' 要大，故在导轨中断处刚度陡降，在高 1500mm 处，抗扭刚度比原铸件低 27%，而在 1000mm 以下部位抗扭刚度高于铸件 50%，在导轨中断处出现音叉壁振动，致使机床失去正常工作能力
采用刚度高的结构并力求对称	图(a) 图(b) 图(c)	焊缝对称于结构中性轴布置能减少焊接变形，而焊缝的对称布置很大程度上取决于结构设计的对称性。故图(a)不好，图(b)及图(c)好

1.5.2 机床焊接机架的壁厚及布肋

1.5.2.1 焊接机架壁厚的确定

金属切削机床的机架壁厚主要根据刚度要求来确定，焊接壁厚通常取相应铸铁件壁厚的 2/3～4/5。具体可参照表 9-1-54 选取。

1.5.2.2 焊接机架的布肋

为提高壁板的刚度和固有频率，防止薄板弯曲和震颤，通常在壁板上焊接一定形状和数量的加强肋，壁板上布肋的常见形式见表 9-1-55。表 9-1-56 为不同肋条对板壁刚度和振动固有频率的影响，由表可以看出，肋条交叉排列对提高板壁刚度的效果最好（表中序号 2、3、6）。大型机床及承载较大的导轨处的壁板，往往采用双层壁结构来提高刚度（见表 9-1-57）。双层壁结构是在两块钢板之间焊上各种形式的减振夹层，质量轻而刚度高，高阶谐振频率提高。一般选双层壁结构的壁厚 $t \geqslant 3 \sim 6$mm。

另外在确定焊接箱体与焊接机架壁厚时应注意：

① 焊接结构最小壁厚应大于 3mm，箱形截面的宽厚比一般应小于 80～100，以避免机架的局部屈曲和颤振。

② 封闭截面的外壁厚度应尽量相等。截面的外壁相交处的内圆角半径大于壁厚的 2 倍为好。

③ 重型机床的焊接床身、立柱、横梁等壁厚一般不超过 25～30mm；钢板厚度超过 30mm 就难以保证钢板质量及焊缝质量；会增加加工坡口的成本。

表 9-1-54　焊接钢板机架壁厚的参考值 mm

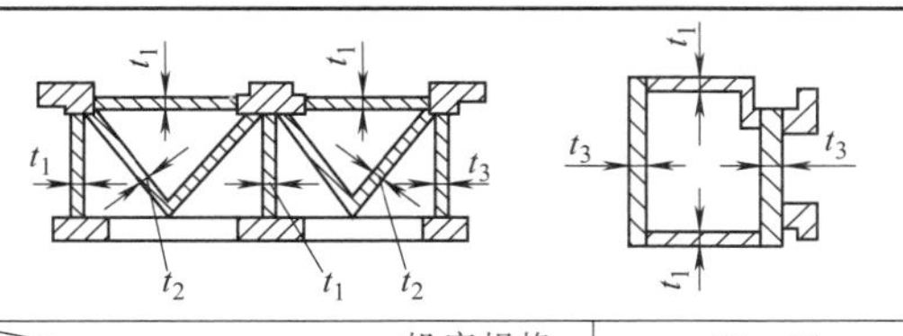

机床规格 / 壁或肋的位置及承载情况	壁厚	
	大型机床	中型机床
外壁和纵向主肋 t_1	20～25	8～15
肋 t_2	15～20	6～12
导轨支承壁 $t_3$①	30～40	12～25

① 导轨支承壁为与导轨的承载表面平行且承受弯矩的壁。

提高动刚度的主要措施有：

1）合理选取机架的截面形状及尺寸，以便在相同质量时具有较高的刚度和固有频率。例如，在条件允许时，应尽可能地增加截面轮廓尺寸而不增加壁厚；受扭矩作用的机架尽可能采用封闭形截面，其形状以圆形或正方形较好；对受弯矩作用的机架，应根据其弯矩图增大最大弯矩处的截面高度等。

2）合理布置肋板和肋条可以明显地增大机架的刚度和固有频率。

3）改善部件间连接处的刚度，提高螺钉连接处的局部刚度，能改善整机刚度，尤其是受弯曲载荷作用的机架，效果更为明显。

表 9-1-55　壁板上布肋的常见形式

矩形排列肋	菱形排列肋	等边等角交叉排列肋
平板上布肋纵横面呈矩形排列，其中通长肋布置在抗弯曲平面内抗弯。断开肋抗扭 $a \leqslant 20t$ 式中　a——肋的最大间距 t——壁厚 制造简单、抗振性好	平板上布置冲压的波浪肋，且呈菱形排列，两肋构成 U 形减振接头，抗扭和吸振性好，改善了阻尼特性 $a \leqslant 30t$ 式中　a——肋的最大间距 t——壁厚 制造复杂	以等边角钢为肋（大型机床一般用规格为 7～14 号等边角钢），焊成交叉肋，肋条最大间距可适当加大 制造简单

表 9-1-56　不同肋条对板壁刚度和振动固有频率的影响

序号	结构简图	相对刚度比 扭转（绕 x 轴）	相对刚度比 弯曲 yz 面	相对刚度比 弯曲 xz 面	固有频率/Hz 扭转（绕 x 轴）	固有频率/Hz 弯曲 xz 面
1		1.0	1.0	1.0	141	60
2		3.3	27.0		60	155
3		11.0	22.0	20.0	99	188
4		11.3	47.0	1.2	132	59

续表

序号	结构简图	相对刚度比			固有频率/Hz		序号	结构简图	相对刚度比			固有频率/Hz	
		扭转(绕 x 轴)	弯曲		扭转(绕 x 轴)	弯曲			扭转(绕 x 轴)	弯曲		扭转(绕 x 轴)	弯曲
			yz 面	xz 面		xz 面				yz 面	xz 面		xz 面
5	40, 3	48.0	112.0	1.1	242	58	6	20, 40, 3	15.0	27.0	23.0	140	334

注：扭转变形的测量是在板的相对方向加力矩，测量板的一角相对另外三个角的位移。测弯曲变形时，板铰支在四个角上，在板中间 yz 面内加均布载荷，测 xz 面内的位移；而在 xz 面内加均布载荷，测 yz 面内的位移。

表 9-1-57　双层壁与单壁平板的静刚度和固有频率的对比

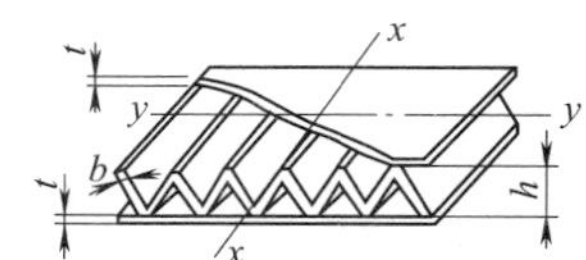

双层壁和单层平板的尺寸				扭转			弯曲				
				相对刚度	单位质量相对刚度	固有频率 f_m/Hz	相对刚度		单位质量相对刚度		固有频率 f_m/Hz
							x-x	y-y	x-x	y-y	
单层平板	6			1	1	84	1	1	1	1	148
双层壁	t=3mm b=1mm	h/mm	20	18	15	300	8.6	27	7.2	23	366
			30	25	20	362	13	41	10	33	425
			40	29	23	318	13	62	10	50	340
			50	34	25	383	14	136	10	102	419
	h=40mm b=1mm	t/mm	1		16	389	7.0	26	3.2	12	
			2	25	25	405	12	36	11	36	468
			3	29	23	318	13	62	10	50	340
			4	37	23	373	16	65	9.9	40	401
	h=40mm t=3mm	b/mm	0.5	5.2	4.9	168	2.7	32	2.4	29	200
			1	29	23	318	13	62	10	50	340
			2	67	43	520	43	179	28	116	705

1.5.3　改善机床结构阻尼比的措施

为改善焊接机架结构的阻尼特性，提高动刚度和结构的自激振动稳定性，常采用如下措施：

1）采用间断焊缝加大结构阻尼（见表 9-1-58）。断续焊缝的减振能力比连续焊缝好；在断续焊缝中，较短的焊缝好；焊缝的有效厚度较小为好；单侧角焊缝比双侧焊为好。

2）采用吸振接头。图 9-1-14 所示的减振接头是机床焊接结构中广泛采用的形式。由于它们的插头两侧焊缝在冷却收缩时，使未焊透的结合面具有一定的接触压力，结构振动时，未焊透的结合面间产生微小的位移，相互摩擦，消耗能量而吸振。其中 U 形减振接头的接合面要磨成平面，用塞焊焊合起来。

3）采用阻尼涂层或约束阻尼带。钢板焊接结构采用阻尼涂层或约束阻尼带（夹在中间的阻尼层可以是阻尼胶，外盖板采用刚度大的约束带）后，可以在不改变原设计结构和刚度的情况下获得较高的阻尼比（其值可达 0.05～0.1）。

4）注入吸振的填充物。在钢板焊接成的支撑件，特别是在基座内充填混凝土，其减振能力是钢板的 5 倍，同时又提高了刚度。

表 9-1-58　间断焊缝对结构动刚度的影响

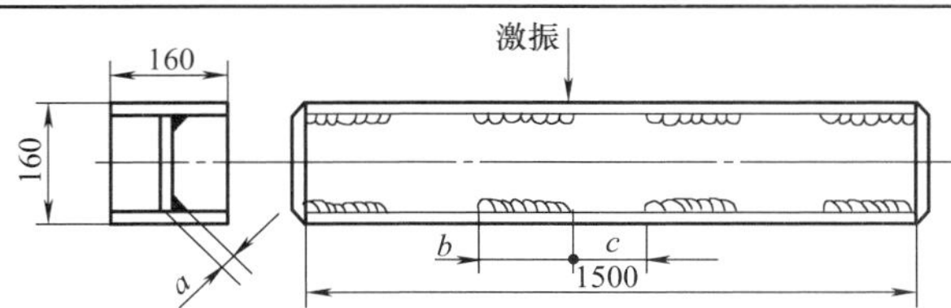

焊缝情况		单侧焊						双侧焊
焊缝尺寸	a/mm	4.0	4.0	4.0	4.0	4.5	5.5	5.5
	b/mm	220	270	320	1500	1500	1500	1500
	c/mm	203	140	73	0	0	0	0
固有频率 f_n/Hz		175	183	190	196	196	201	210
静刚度 K/N・μm^{-1}		28.4	30.8	32.6	33.0	33.5	35.0	35.8
阻尼比 ζ		2.3×10^{-3}	0.34×10^{-3}	0.33×10^{-3}	0.32×10^{-3}	0.30×10^{-3}	0.29×10^{-3}	0.25×10^{-3}
动刚度 K_d/N・μm^{-1}		13×10^{-2}	2.1×10^{-2}	2.15×10^{-2}	2.1×10^{-2}	2.0×10^{-2}	2.0×10^{-2}	1.8×10^{-2}

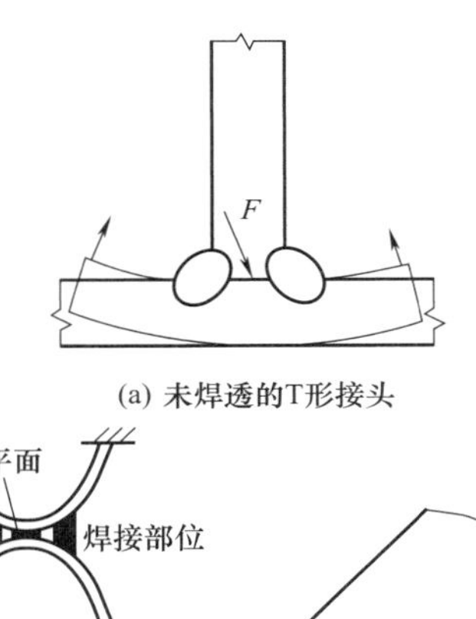

(a) 未焊透的T形接头

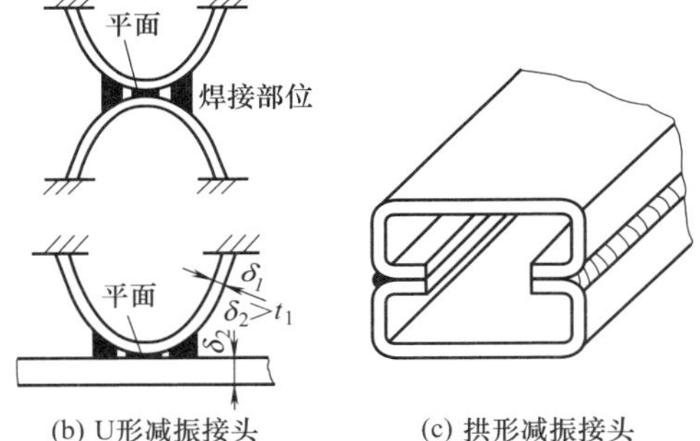

(b) U形减振接头　　(c) 拱形减振接头

图 9-1-14　几种减振焊接接头形式

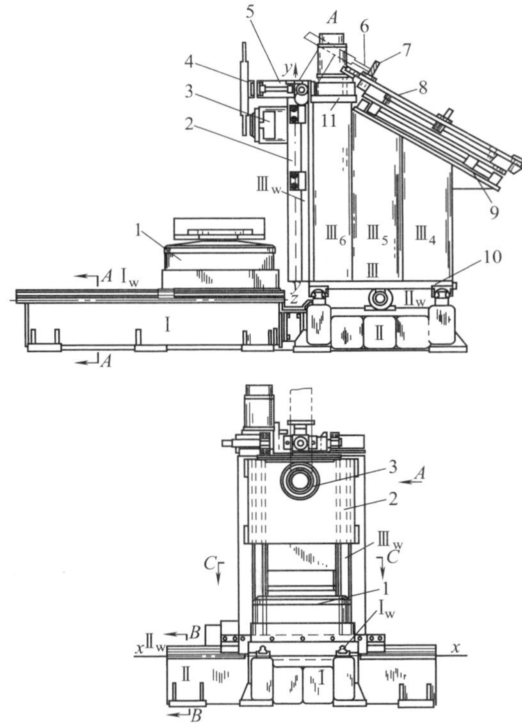

图 9-1-15　大型加工中心机床

1—工作台；2—主轴箱；3—主轴；4—机械手；5—机械手滑板；6—自动换刀装置；7—刀具；8—刀具库；9—斜顶板；10—底板；11—平板

1.5.4　焊接机架结构示例

1.5.4.1　大型加工中心机床

如图 9-1-15 所示，大型加工中心机床床身和立柱都采用矩形钢管焊接而成。

1）床身结构。其水平床身结构如图 9-1-16 所示。

沿 z 轴的水平床身 I_w，由 4 根钢管 I_1、I_2、I_3 和 I_4 焊接布成。从图 9-1-16（b）中看到，4 根钢管的长度相等，两端用板 3 和 4 封口，构成一个高刚度的封闭结构。在两侧钢管 I_1 和 I_4 的底部，焊有底座凸缘 2 和三角肋 1。装配焊接后，在凸缘 2 上加工地脚螺钉孔。

在两侧钢管 I_1 和 I_4 的顶部，焊有钢导轨 I_w。校准导轨 I_w 与底座凸缘 2 的位置后，再进行装配焊接，然后进行消除内应力的时效处理。时效处理后，按技术要求加工出导轨面。

第 9 篇

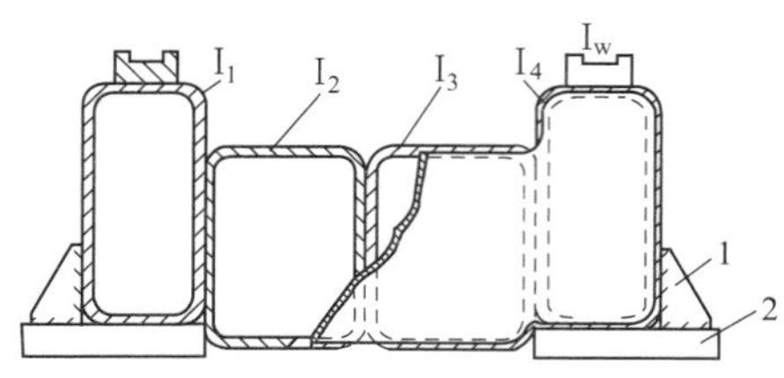

(a) 水平床身Ⅰ的A—A断面图

1—肋；2—凸缘

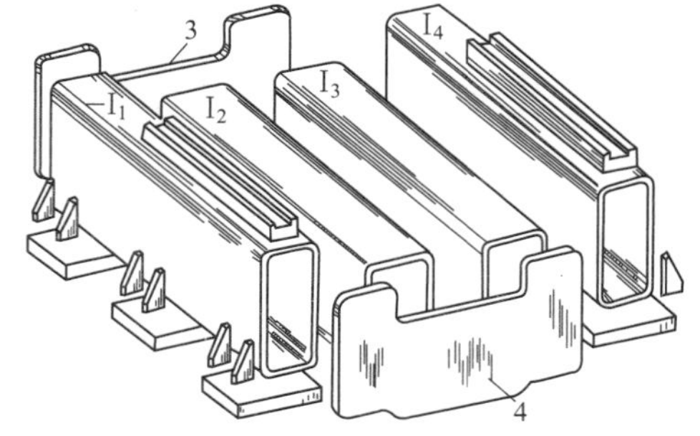

(b) 床身Ⅰ的立体结构

3,4—端板

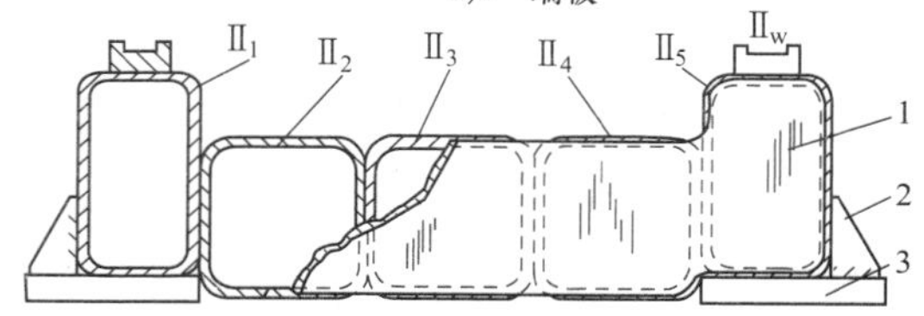

(c) 水平床身Ⅱ的B—B断面图

1—端板；2—肋；3—凸缘

图 9-1-16 水平床身结构

从图 9-1-16（a）中看到，中间钢管Ⅰ$_2$ 和Ⅰ$_3$ 比Ⅰ$_1$、Ⅰ$_4$ 稍低一些，这是为工作台的丝杠进给机构和导轨Ⅰ$_w$ 两侧辅助装置留的空间。

沿 x 轴的水平床身Ⅱ$_w$［见图 9-1-16（c）］由 5 根钢管Ⅱ$_1$、Ⅱ$_2$、Ⅱ$_3$、Ⅱ$_4$ 和Ⅱ$_5$ 焊接而成。两侧钢管Ⅱ$_1$ 和Ⅱ$_5$ 的底部，焊有底座凸缘 3 和三角肋 2，顶部焊有钢导轨Ⅱ$_w$，床身两端用端板 1 封口，构成一个高刚度的封闭结构。

2）立柱结构。图 9-1-17 所示的立柱，分别由 3 根串联的钢管Ⅲ$_1$、Ⅲ$_2$、Ⅲ$_3$ 和Ⅲ$_4$、Ⅲ$_5$、Ⅲ$_6$ 焊成两排平行的立柱。底部焊上方形的底板 10，为立柱“生根”。在钢管Ⅲ$_1$、Ⅲ$_2$ 和Ⅲ$_3$、Ⅲ$_4$ 的顶部，焊上倾斜的顶板 9（见图 9-1-15），成为自动换刀装置 6 的支承板。

在立柱前面的 2 根钢管Ⅲ$_3$ 和Ⅲ$_6$ 的顶部，焊上平板 11，成为机械手滑板 5 和驱动电动机的支承。在它们面前的垂直面上，焊有钢导轨Ⅲ$_w$，供主轴箱 2 上下移动之用。

这种矩形钢管的全焊结构，与钢板焊接结构相

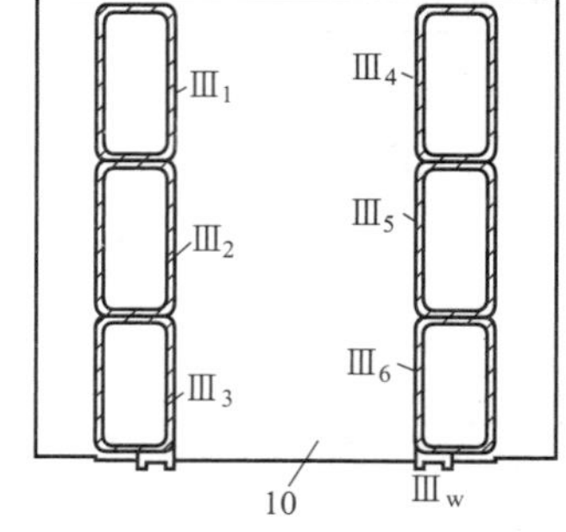

图 9-1-17 机床立柱结构中的 C—C 断面图

比，具有如下的优越性。

① 刚度高，质量轻，减振性能好。矩形管是一种抗扭刚度和抗弯刚度都高的经济截面，结构简单，质量轻，惯性小，作为移动部件的伺服特性好；管与管的焊接，采用塞焊缝，构成了良好的减振接头，抗振性能也好。

② 结构简单，造型明快、简洁。2 个水平床身和 2 根立柱，只用 15 根矩形钢管和 22 条焊缝就焊接成功了。钢管的刚度高，这些焊缝的焊接变形小；重合的管壁又起着加强肋的作用，所以，在整个床身和立柱中，没有 1 根加强肋。

③ 结构工艺性好，适合于现代化工业生产。构件少，备料简单，几乎没有边角料。所有焊缝不需要开坡口，而且可以用埋弧焊或 CO_2 气体保护焊。所以，生产周期短、生产成本低，适合于现代化的工业生产。

总之，上述由矩形钢管全焊构成的大型结构，具有刚度高、质量轻和成本低的特点，管与管的焊接，采用塞焊缝，构成良好的减振接头，抗振性能也好。

1.5.4.2 刨、镗、铣床立柱结构

1）T6916 型超重型镗铣床的立柱原为铸件，后用双层壁结构焊接立柱（如图 9-1-18 所示）代替单层壁铸造立柱，质量减轻了约 30%。该焊接结构的主要特点如下。

① 立柱采用封闭的箱形结构，使之具有较高的抗弯和抗扭的综合性能。

② 前墙采用刚性好的双层壁板结构，外壁板上安装导轨直接承受载荷，壁厚较大，且双壁内紧靠导轨处设有纵向肋，进一步提高了导轨的支撑刚度。

③ 为防止薄壁板引起局部失稳和颤振，在四周壁板内侧焊接有波浪形肋。

④ 波浪形肋组成了许多减振接头。其中 T 形减振接头均采用断续角焊缝以增加阻尼，从而提高了减振性能。

⑤ 为进一步提高抗扭性能，防止立柱发生断面畸形，沿柱长方向每隔一定距离设置横向肋板。

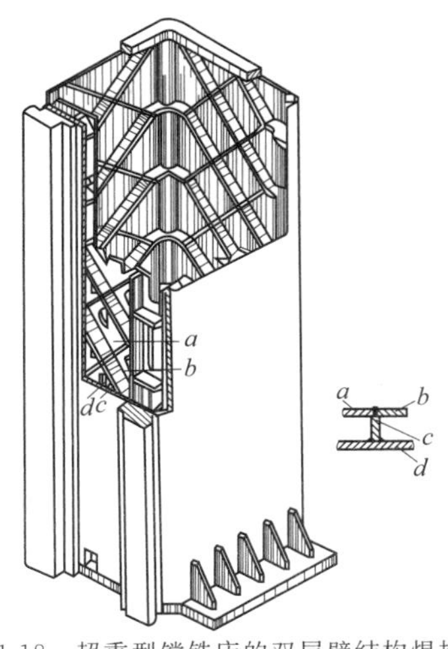

图 9-1-18 超重型镗铣床的双层壁结构焊接立柱

⑥ 四个柱角采用厚壁无缝钢管，自然形成圆角，既避免了应力集中又加强了立柱的刚性，同时也便于和外板连接。

总之，在上述立柱的结构设计中，通过合理选择材料和截面、正确布肋，以及改善结构的阻尼特性等措施，从而保证了在减轻质量的同时，提高了立柱的静刚度和良好的抗振性能。

2）图 9-1-19 为龙门铣刨床立柱，采用空心矩形截面。前壁同横梁上连接是直接受力面，采用双壁结构，双壁之间由三条纵向肋相连。后壁和侧壁的内侧焊有纵向、横向及斜向肋条以防止和减少壁板的截面畸变及薄壁颤振、也使立柱的整体刚度增强。侧壁上的斜肋条采用断续焊缝起到增加阻尼的作用。立柱上端采用变截面，是为了减少质量及节省材料。为提高连接部位的刚度，在同床身及地基的连接法兰处均设有加强肋。

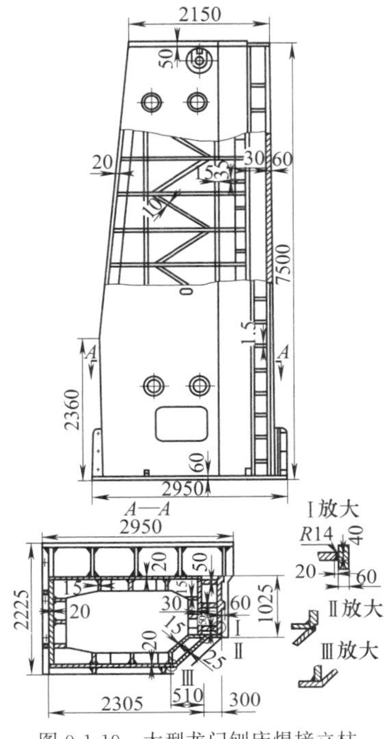

图 9-1-19 大型龙门刨床焊接立柱

3）图 9-1-20 所示的 FZ-400×12 型龙门铣床立柱结构，采用全封闭的箱形结构，并用纵横肋板将整个结构分成 8 个封闭单元。每个封闭单元又有对角肋加强，使得作用力能从导轨均匀传到立柱的各部分。这个立柱的整体刚度较高。由于焊接钢板较薄，对角肋有孔，使立柱的质量减少很多，从而提高了固有频率，同时在肋和肋，肋和壁板之间采用断续焊缝，增大阻尼，使立柱的抗振性能提高了。立柱壁板内侧焊有角钢肋条是为了防止薄壁颤振。

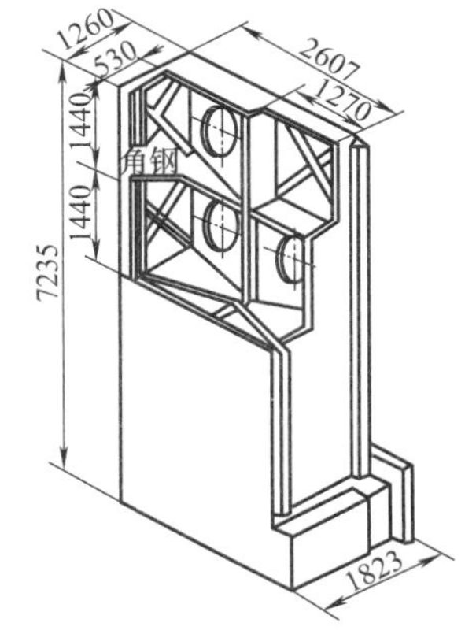

图 9-1-20 FZ-400×12 型龙门铣床立柱结构

1.5.4.3 压力机焊接机架结构

（1）热模锻压力机的整体焊接机架

模锻机因承受重载，需要有足够的刚度和强度来保证热锻工件有良好的精度。图 9-1-21 为焊接的 25MN 热模锻压力机整体机架结构剖面图，焊接机架的主板厚 100mm，副板厚 40mm，使机架有较高的刚度。由于热模锻压力机往往要进行多模腔模锻，有较大的偏心载荷。如果不能有效地防止滑块倾斜，就会使锻件薄厚不均。为有效地防止滑块倾斜，在设计机架时应增加滑块的导向长度和导轨刚度。在这个结构中有主、副滑道分别设置于曲轴孔的上部和下部，使滑块导向长度增加，提高了机架承受偏心载荷的能力，保证锻件精度。中间传动轴轴承座孔低于曲轴孔，使轴承座处的悬壁部分减小，简化了结构，减少焊接工作量和机架质量。机架下部的底座部分要承受全部的工作载荷，本结构中采用 100mm 及 40mm 厚钢板坡口焊接，保证了强度和刚度要求。机架底座下

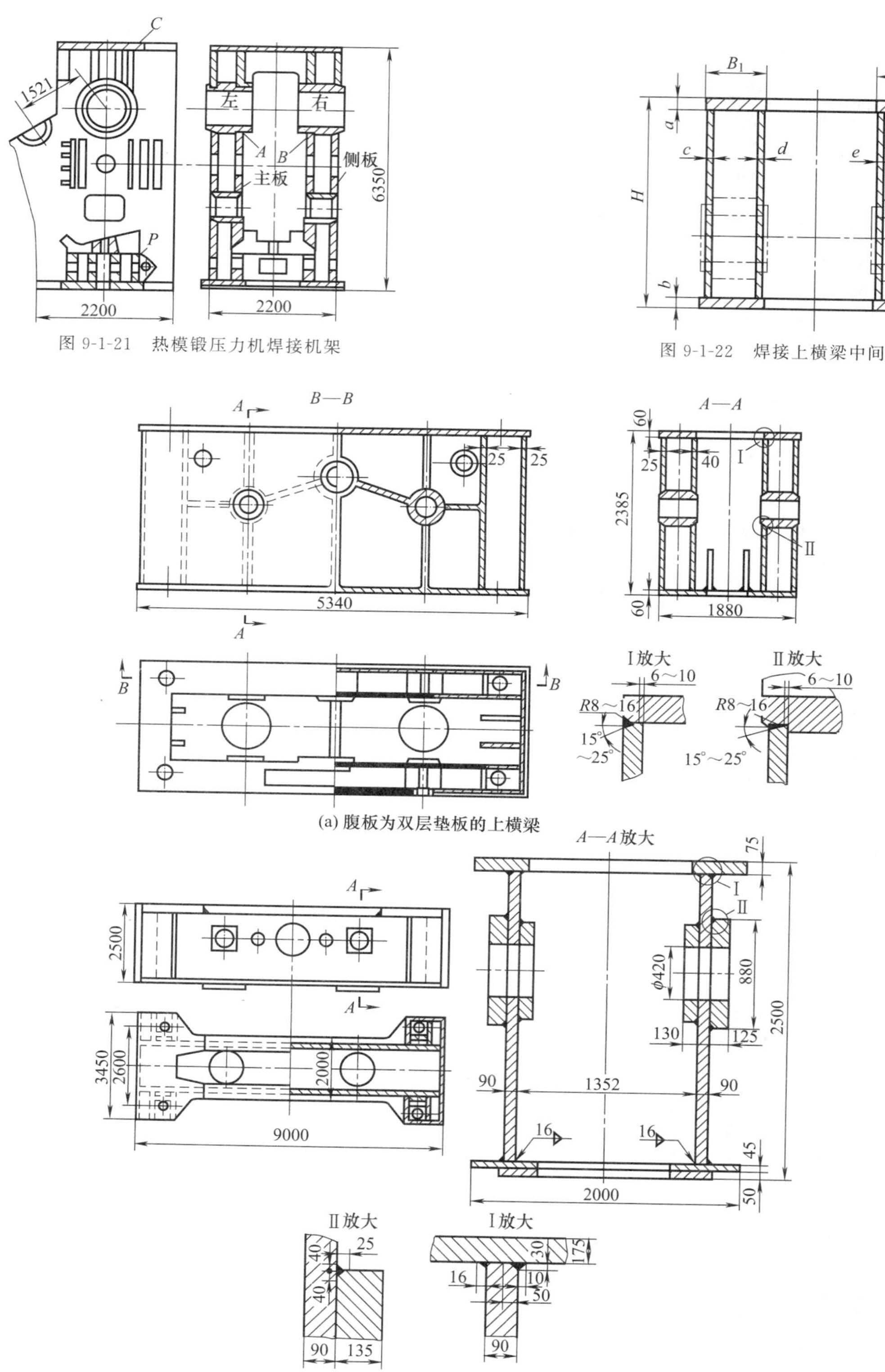

图 9-1-21　热模锻压力机焊接机架

图 9-1-22　焊接上横梁中间截面

(a) 腹板为双层垫板的上横梁

(b) 腹板为单层垫板的上横梁

图 9-1-23　机械压力机上横梁焊接结构

部的设计还应该考虑具有一定空腔安放下顶料器等装置，提高机器的生产效率，热模锻压力机是一种高效锻压设备，但必须配置进出料机械手或其他自动化装置时才能充分发挥作用，机架的侧窗口就是进、出料口，在不影响机架的刚度和强度的条件下应该适当加大高度和宽度尺寸，以便安放这些装置。从热模锻压力机的发展来看，窗口的尺寸越来越大。

（2）组合式机械压力机的焊接结构

组合式机械压力机由上、下横梁和立柱通过拉紧螺栓构成。属于预应力机架结构。组合式机架便于加工、运输，故适用于大中型压力机。

1）机械压力机上横梁结构。一般机械压力机上横梁既是一个承受弯矩和剪力作用的梁，又是一个传

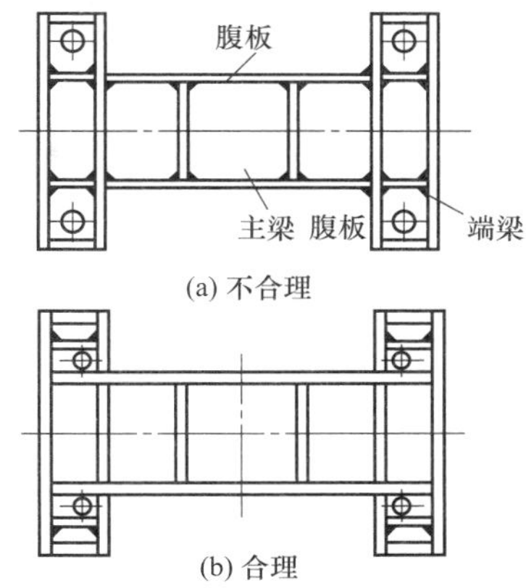

(a) 不合理

(b) 合理

图 9-1-24　机械压力机下横梁腹板设计

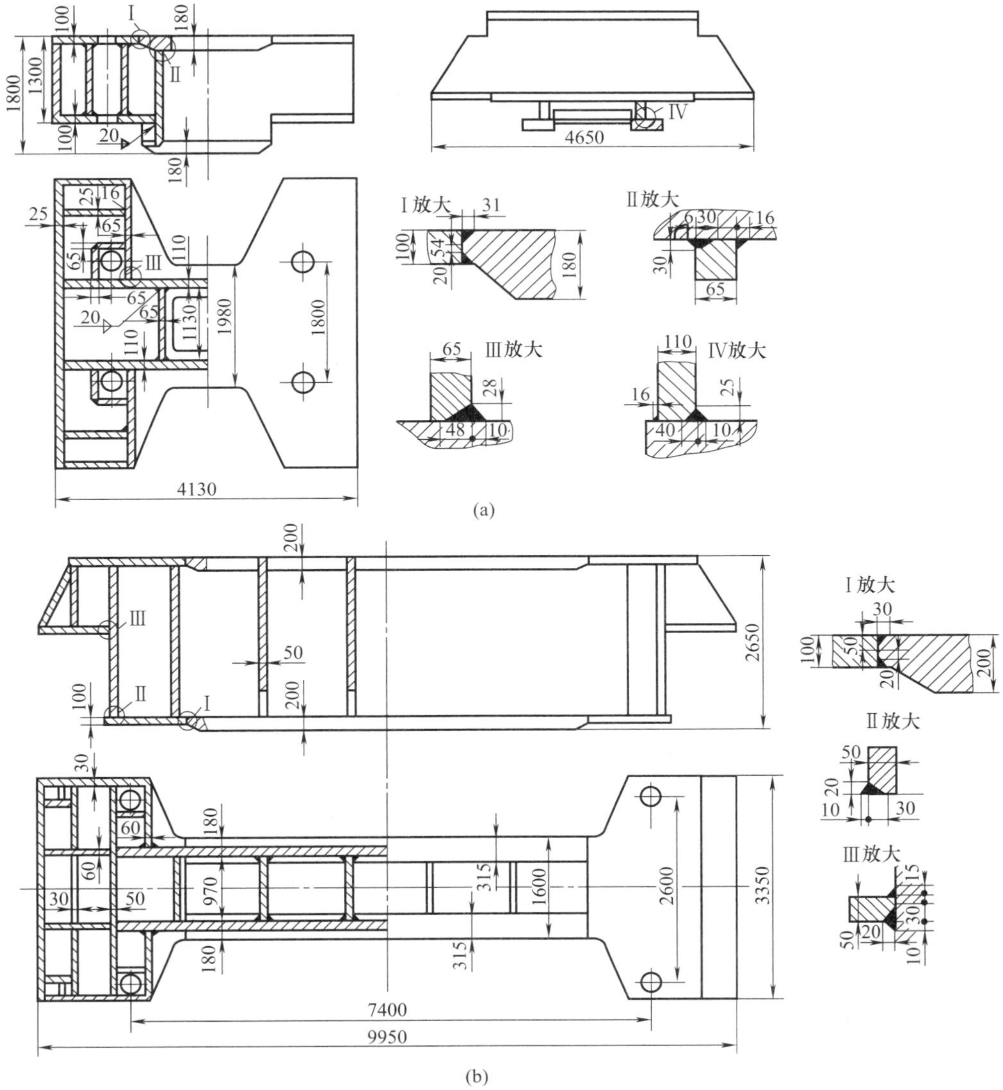

(a)

(b)

图 9-1-25　机械压力机下横梁典型实例

送动力的齿轮箱体；工作时还受偏心载荷作用而抵抗扭转变形。非工作时，拉杆孔周围受预紧力作用处于受压状态。因此，上横梁的结构设计可按箱体结构进行设计，但箱壁要能承受复杂的重载作用，必须予以加强。各轴承孔部位的结构和齿轮箱体中轴承座的结构相同。为了保证上横梁和立柱之间在水平方向上不产生错位，在上横梁和立柱的接触平面上应该设置定位键槽或定位销孔。在横梁上部有为拉杆螺母设置的支承面，要局部加厚，底面开有缺口以便连杆运动。

图 9-1-22 为中小型机械压力机上横梁焊接结构中间截面的简图。

图 9-1-23 为大型板料冲压压力机上横梁结构，图 9-1-23 (a)为双壁结构，图 9-1-23 (b) 为一般单壁结构。双壁结构主要提高机架的抗扭刚度。减小质量。图 9-1-23 (a) 中轴承座的位置是根据传动形式决定的，轴承套筒纵向和横向方向设置肋板是提高刚度保证齿轮的啮合精度；轴承套筒和壁板，前后壁板和上下盖板之间的焊缝为工作焊缝，故开坡口焊接，其余联系焊缝未开坡口焊接其焊角尺寸较小。在侧壁和底板之间的肋板也是为增强机架刚度而设。图 9-1-23 (b) 为 H 形箱形梁结构，整块腹板（前、后壁板）贯穿梁的全长，拉杆孔周围有肋板加强，为焊接横梁的常见结构。

2) 下横梁的受力状态和上横梁基本相同。为增加机架和地基的接触面积，提高机架的稳定性、下梁底板两端的前后适当延伸，并用三角形肋板相接；为提高整体刚度和强度，在下横梁前后壁板外侧增设多个肋板，这是和上横梁的不同之处。

焊接下横梁的前后壁板（腹板）应该是整块板贯穿全长，不应该被其他肋板隔断，否则会使中间焊缝在较大的交变应力下工作。如图 9-1-24 所示：图 9-1-24 (a) 结构，腹板和端梁壁板的十字接头焊缝会使端梁壁板产生层状撕裂。另外，应尽量使拉杆孔的位置靠近腹板以改善其受力状态。图 9-1-24 (b) 为更合理结构。

图 9-1-25 为机械压力机下横梁焊接结构的典型实例，其上、下盖板采用厚板，并采用对接焊缝相连，改善焊缝的受力状态（见放大图Ⅰ），其余焊缝并不要求全部熔透。整块腹板贯穿全长，拉杆孔四周加肋加强，提高了强度和刚度。

3) 立柱。立柱是受压件，支承压力机上部重量并承受拉紧螺栓的压力，同时还是滑块运动的导轨。故立柱用厚钢板焊成箱格结构，内部设置隔板以增强局部刚度和局部稳定性。立柱主要的受力板板厚为 16～100mm。

典型焊接立柱结构如图 9-1-26 所示。立柱上导轨底板的焊接方式如图 9-1-27 所示，应采用塞焊和槽焊。

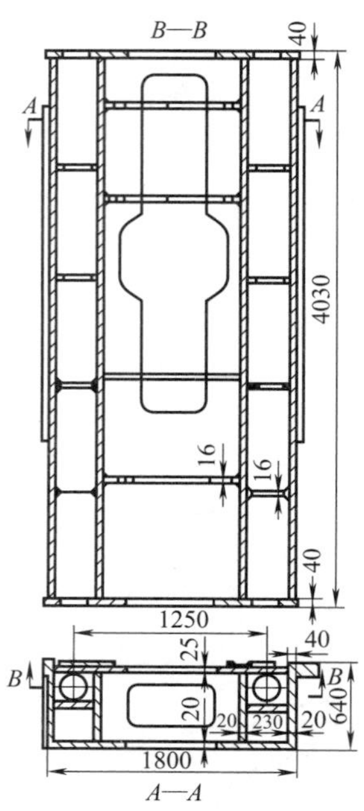

图 9-1-26　机械压力机焊接立柱

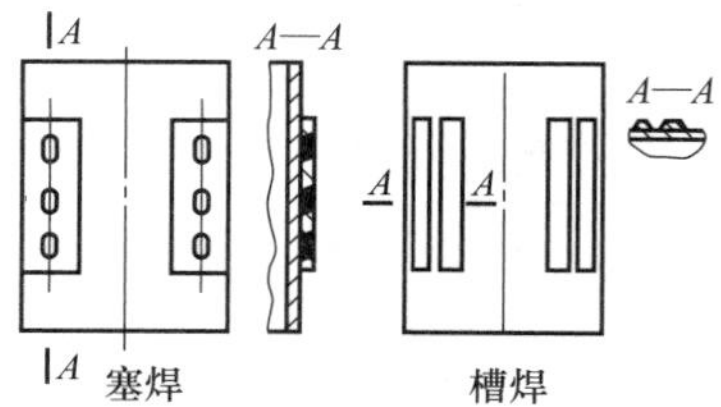

图 9-1-27　导轨底板的焊接方式示意图

1.6　非金属机架设计

1.6.1　钢筋混凝土机架

混凝土具有较好的抗压强度，并有耐腐蚀、经济性好和生产周期短等优点。混凝土的弹性模量约为铸铁的 1/5，钢的 1/8.5，强度约为铸铁的 1/6，钢的 1/12；而内阻尼却是钢的 15 倍，铸铁的 5 倍，因此对振动的衰减能力很强，用混凝土制造机床或试验台的机架，可以提高其静刚度和动刚度。其热胀系数仅为钢铁的 1/4。花岗岩及混凝土的特点及在机架方面的应用见表 9-1-59。

由于混凝土的弹性模量低，提高混凝土机架刚度的主要措施是加大壁厚和截面面积。当混凝土机架的截面面积等于铸铁的 3.14 倍时，其刚度与铸铁件相同。

表 9-1-59 花岗岩及混凝土特点及应用举例

材料名称	特点及应用举例
花岗岩	花岗岩的组织比较稳定，几乎不变形，加工简便可以获得高而稳定的精度；对温度不敏感，传热系数和线胀系数均很小，在没有恒温的条件下仍能保持精度；吸振好、抗腐蚀、不生锈；使用维护方便，成本低。缺点是脆性大，不能承受过大的撞击 花岗岩的有关特性如下：抗压强度为 1967MPa；抗拉强度为 1.47MPa；线胀系数为 8×10^{-6}℃$^{-1}$；传热系数为 0.8W/($m^2\cdot K$)；密度为 2.66g/cm^3；弹性模量 39GPa 用于精密机械或仪器的机架，如量仪的基座，三坐标测量机身、激光测长；数控铣镗床床身及用作空气导轨的基座
混凝土	混凝土有良好的抗压强度、防锈、吸振，它的内阻尼是钢的 15 倍、铸铁的 5 倍。缺点是弹性模量和抗拉强度比较低，其弹性模量为 33000MPa，抗拉强度为 4MPa 用于机床床身、底座、液压机机架等

另外在混凝土中正确布置钢筋可有效提高机架刚度，并可在一定程度上防止混凝土收缩。图 9-1-28 是用钢筋混凝土制造的大型车床机架的截面图。其中导轨是铸铁的，其钢筋除了布置在纵横向外，还在导轨下部设置交叉筋，以进一步提高结构刚度。图 9-1-29则是同一车床的铸铁机架的截面图。两者相比，混凝土机架的静刚度提高 40%，可节约 50%～60%的钢铁，从而降低成本约 50%。图 9-1-30 表明

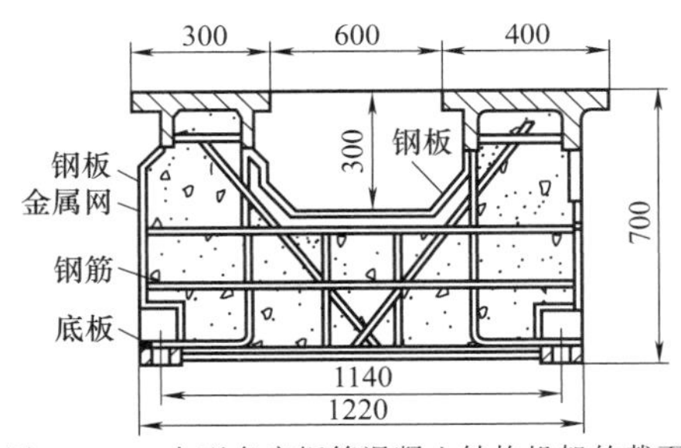

图 9-1-28 大型车床钢筋混凝土结构机架的截面

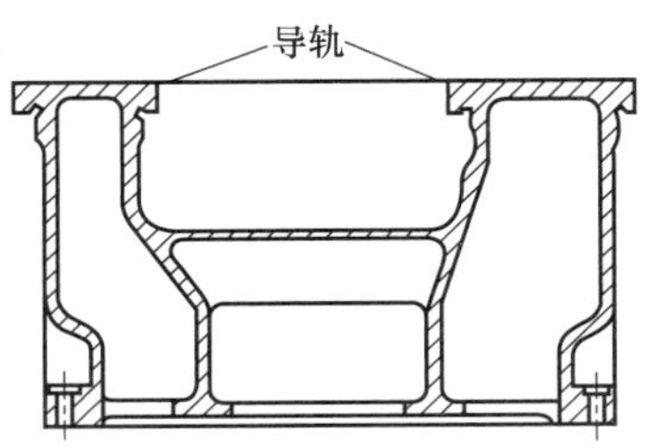

导轨

图 9-1-29 铸铁车床机架

了批量生产的数控车床混凝土底座钢筋的布置情况。图 9-1-31 和图 9-1-32 则分别列举了机床立柱及钻床或铣床的混凝土结构床身，供设计参考。

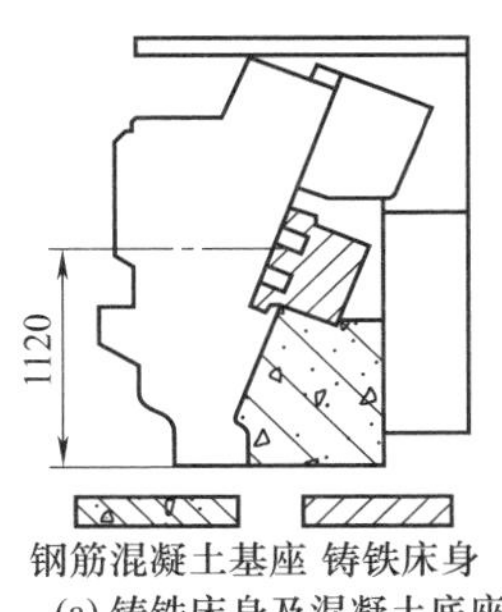

(a) 铸铁床身及混凝土底座 (b) 混凝土底座内的钢筋布置

图 9-1-30 数控车床混凝土结构底座

1—钢筋；2—混凝土；3—齿轮箱接合板；4—护角；5—起吊轴

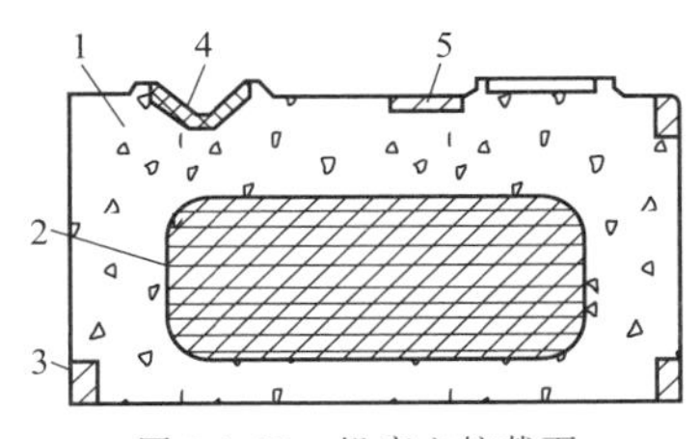

图 9-1-31 机床立柱截面

1—立柱；2—泡沫塑料；3—护角；4—导轨面；5—装配面

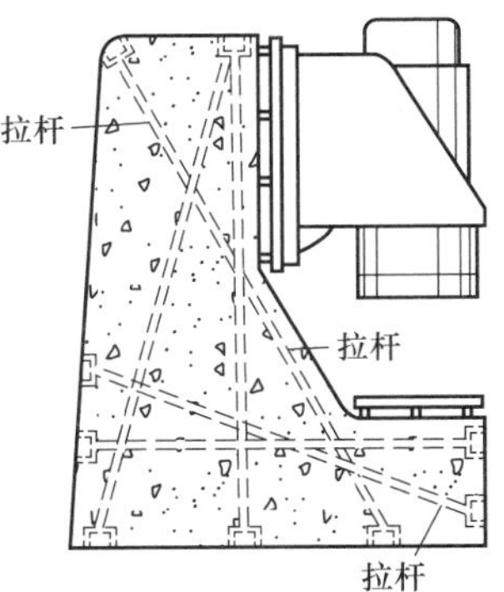

图 9-1-32 钻床或铣床床身

1.6.2 预应力钢筋混凝土机架

近年来，预应力钢筋混凝土技术的采用，可使混凝土总在受压状态下工作，防止使用中出现裂缝，具有长期承受脉动大载荷的能力。该技术可用于制造承受强大拉力和弯矩的重型机架，如有的批量生产的数控车床、加工中心及液压机机架就采用预应力钢筋混凝土机架，大大降低了成本。

预应力钢筋混凝土液压机机架的结构简图如图 9-1-33 所示。它是一个由上下横梁及四个立柱构成的立体矩形闭合框架。立柱仅在轴向施加预应力，而由于上下横梁在两个方向均承受弯矩，因而在三个方向上均施加预应力。

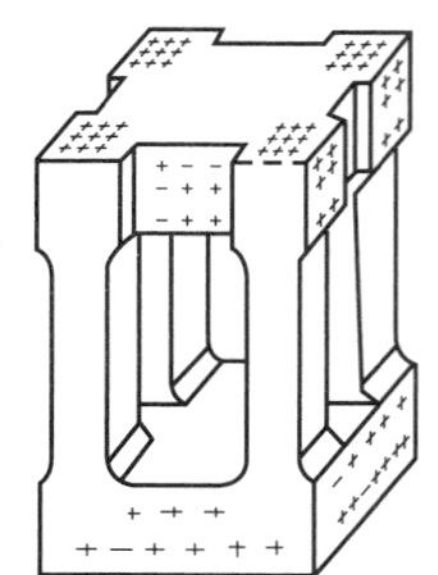

图 9-1-33 预应力钢筋混凝土液压机机架

预应力钢丝束用小直径（5mm 左右）的高强度钢丝（抗拉强度极限约为 1800GPa 左右）组成，在混凝土浇注时，用铁皮制成的管子在混凝土块体中预先为预应力钢丝束留出孔道。当机架混凝土凝固养护并具有足够强度后，用油压千斤顶张拉钢丝束两端的锚头，然后垫上垫板，如图 9-1-34 所示。

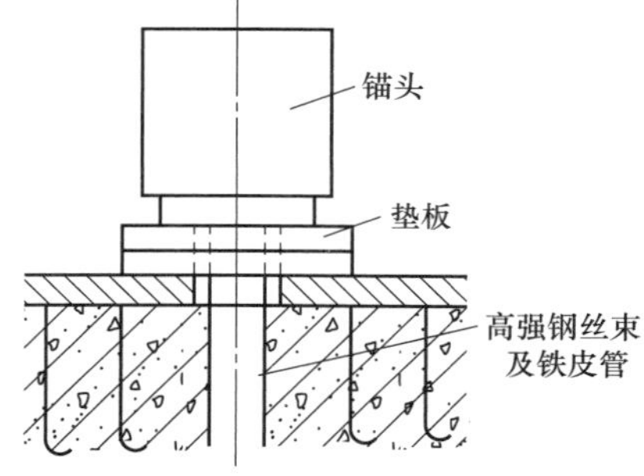

图 9-1-34 钢丝束锚头结构

预应力钢丝束应根据机架各部位的受力大小不同来配置，使机架各个截面在最不利的情况下保持受压状态并有一定的强度储备。图 9-1-35 是 50MN 液压机预应力混凝土机架的上横梁两个方向的钢丝束配置。对受弯的上横梁，应在受拉的一边配置较多的钢丝束。同时，考虑到主应力的分布情况，应配置一些斜向的结构钢筋。液压机立柱为矩形截面，应按照最大偏心载荷时计算立柱危险截面的最大拉应力值，依此来配置钢丝束的数量和位置。图 9-1-36 表明了该立柱中钢丝束的配置情况，共有 44 束高强钢丝。

另外，在该类结构的设计中，应考虑到混凝土收缩、徐变、钢丝应力松弛及锚头弹性变形引起的预应力损失。一般地，预应力损失约占原始张拉应力的 15%左右。

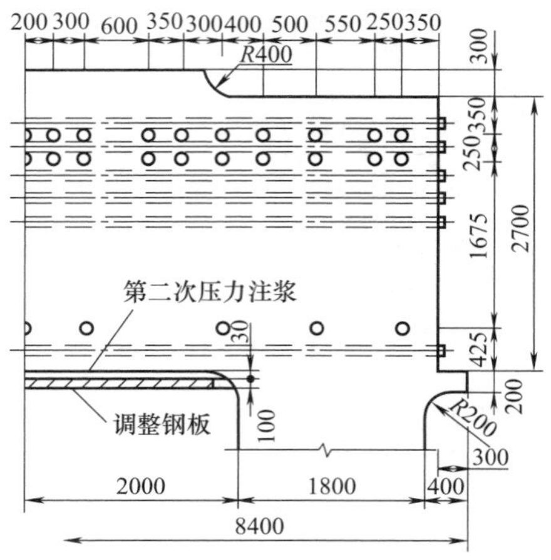

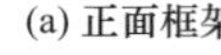

(a) 正面框架

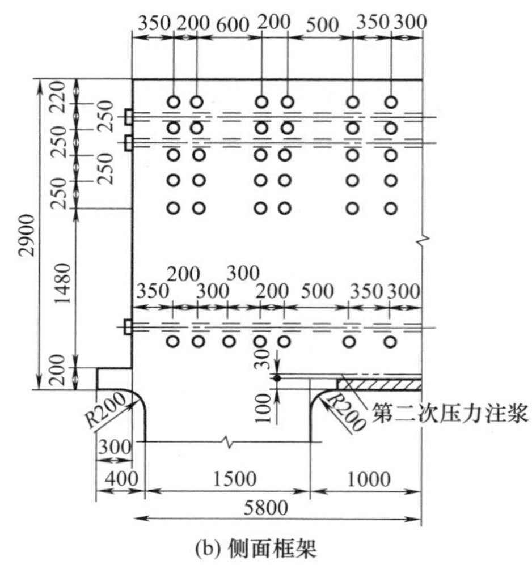

(b) 侧面框架

图 9-1-35 50MN 液压机预应力混凝土机架的上横梁钢丝束配置

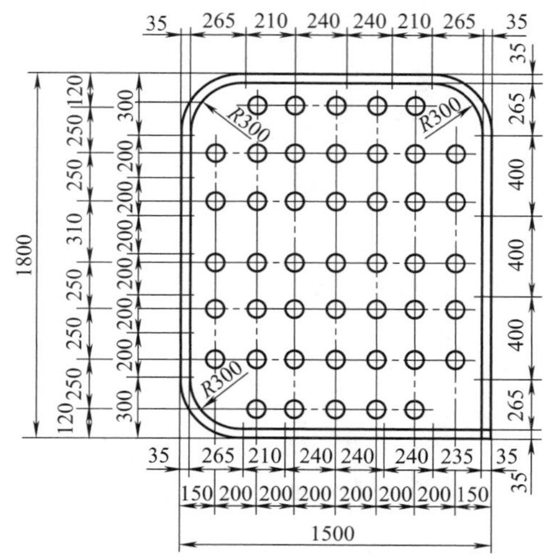

图 9-1-36 立柱预应力钢丝束的配置

第
9
篇

1.6.3　塑料壳体设计

1.6.3.1　塑料特性及选择

工程塑料具有质量轻、防腐蚀和绝缘等优点，主要用于制造承载很小的机架或箱体。塑料分热固性塑料和热塑性塑料两大类，常用的热固性塑料的机械强度较低，用于压制中小型且结构简单的塑件，热塑性塑料可制作结构较复杂的大型塑件，而且无需后续加工，但其模具费用高，只适用于大批量生产。壳体用工程塑料的特点及其典型应用如表 9-1-60 所示。在制品的选材中，应根据制品不同的使用功能（如机械强度、耐化学腐蚀性能、电性能、耐热性、耐磨性、尺寸稳定性及尺寸精度和耐候性等）进行合理选材，以充分发挥不同种类的塑料各自性能的长处，避开其缺点。如强度要求高的机壳则可选择聚碳酸酯、聚甲醛、ABS、聚砜等，它们的弹性模量、屈服点及抗拉强度都较高；聚甲醛及增强聚碳酸酯还有较高的疲劳强度，而蠕变性较小的塑料主要有聚碳酸酯、聚砜、酚醛树脂及聚苯醚等。

用于输送酸、碱等腐蚀性介质的机壳应试验在使用温度下塑料的化学稳定性，以避免因腐蚀影响到机壳的使用寿命。

选材还应考虑外观（指制品的表面光泽方面）、经济性等诸方面的情况。

表 9-1-60　壳体用工程塑料的特点及其典型应用

塑料种类		特点及应用举例
热塑性塑料	ABS	ABS 具有坚韧、质硬，刚性好的综合力学性能，耐寒性好，在－40℃仍有一定机械强度，耐酸碱、耐油，耐水性好，尺寸稳定性较好，工作温度为 70℃，加工成型，修饰容易，表面易镀金属，价格低 可用于制造电机、电视机、收音机、收录机、电话、手电钻的外壳，也可用于仪表、水表外壳、空调机及吸尘器外壳，还可用于制造小轿车车身等
热塑性塑料	聚丙烯	具有良好的耐热性，在高温下保持不变形、抗弯曲疲劳强度高，绝缘性优越。但收缩率较大，在 0℃以下易变脆 可用于制造收音机、录音机外壳，散热器水箱体等
热塑性塑料	聚酰胺	有较高的抗拉强度和冲击韧性，并且还耐水，耐油 可用于制造电度表外壳、干燥机外壳、收音机外壳。还可用于打字机框架、打火机壳体等
热塑性塑料	聚二氟氯乙烯	耐各种强酸强碱和耐太阳光，耐冷气性能好。压缩强度大，能用一般塑料的加工方法成型。成本高 用于制造各种耐酸泵壳体
热塑性塑料	聚碳酸酯	具有优良的综合力学性能，抗冲击强度高，且耐寒，脆化温度低，可在－130～－100℃温度范围内长期使用，尺寸稳定性好 用于使用温度范围宽的仪器仪表罩壳，电话机壳体，变速箱箱壳等
热塑性塑料	聚甲醛	抗拉强度达 75MPa，弹性模量和硬度较高，耐疲劳，减摩性好 可用于制造离心泵和水下泵泵体，泵发动机外壳、水阀体、燃油泵泵体、排灌水泵壳体、汽车汽化器壳体、煤矿电钻外壳。电动羊毛剪外壳，速度表壳体。手表壳体，电子钟外壳等
热塑性塑料	聚苯醚	抗冲击，抗蠕变及耐热性能均较优良，可在 120℃蒸汽中使用，有良好的电绝缘性能 可用于制造电器外壳，汽车用泵体，复印机框架、阀座及仪表板等
热塑性塑料	聚砜	强度高，抗拉强度可达 75MPa 耐酸、碱、耐热、耐寒、抗蠕变。可在 65～150℃的范围内长期工作在水、湿空气或高温下仍能保持良好电绝缘性 用于制造各种电器设备的壳体，如电钻外壳、配电盘外壳、电位差计外壳以及钟表外壳等
热固性塑料	酚醛塑料	具有耐热、绝缘、刚性大、化学稳定性好等特点 可用于制造电话机外壳、变速箱箱体、电动机外壳盘、低压电器底座壳体等
热固性塑料	环氧树脂	耐热、耐磨损，有较高的强度及韧性。优良的绝缘性。抗酸 可用于化工容器及塔体。飞机发动机罩壳、发动机支架等

温度在很大程度上影响到塑料的力学性能（见表 9-1-61），因此在塑料机架的设计中要考虑到温度对设计应力的影响。

另外，塑料的疲劳强度远低于静强度，表 9-1-62 对几种塑料的抗弯强度与弯曲疲劳强度作了比较。多数塑料的疲劳强度仅为静抗拉强度的 20%～25%。

因此，为确保塑料制品能在蠕变极限及疲劳极限以下使用，安全系数一般取值较大，为 2.25～6。

表 9-1-61　不同温度对塑料设计应力的影响

塑料名称	相对 20℃时的设计应力的百分率						
	20℃	30℃	40℃	50℃	60℃	70℃	80℃
聚丙烯	100		50			25	12.5
ABS	100	95	80	70	60	48	25
硬质聚氯乙烯	100	94	83	72	60	49	

表 9-1-62　几种塑料的抗弯强度与弯曲疲劳强度比较

塑料名称	抗弯强度/MPa	弯曲疲劳强度（10^7 次）/MPa
均聚甲醛	99	30
玻纤增强共聚甲醛	112	35
聚苯醚	86.5～116	8.5～17.6
ABS	58.7～79.4	11～15

1.6.3.2　塑料壳体的结构设计

（1）壁厚设计

热塑性塑料制品及热固性塑料制品壁厚的推荐值如表 9-1-63 所示。壳体壁厚一般在 1～6mm 之间，大型壳体的壁厚或要求强度及刚度较高的壳体可加大到 5～8mm。壳体壁厚设计实例见表 9-1-64。

特别应注意保证壁厚均匀。

表 9-1-63　塑料制品的最小壁厚及常用壁厚的推荐值　　mm

材料种类		最小壁厚	壁厚推荐值		
			小型制品	中型制品	大型制品
热塑性塑料	聚苯乙烯	0.75	1.25	1.6	3.2～5.4
	聚丙烯	0.85	1.45	1.75	2.4～3.2
	聚碳酸酯	0.95	1.80	2.3	3.0～4.5
	聚苯醚	1.20	1.75	2.5	3.5～6.4
	聚甲醛	0.80	1.40	1.6	3.2～5.4
	聚砜	0.95	1.80	2.3	3.0～4.5
	聚酰胺	0.45	0.75	1.5	2.4～3.2
	ABS	1.5～4.5			
热固性塑料	环氧树脂—玻纤充填	0.76～25.4(推荐壁厚为 3.2)			
	粉状填料的酚醛树脂	外形高度小于 50mm：壁厚＝0.7～2.0mm 外形高度等于 50～100mm：壁厚＝2.0～3.0mm 外形高度大于 100mm：壁厚＝5.0～6.5mm			
	纤维状填料的酚醛树脂	外形高度小于 50mm：壁厚＝1.5～2.0mm 外形高度等于 50～100mm：壁厚＝2.5～3.5mm 外形高度大于 100mm：壁厚＝6.0～8.0mm			

表 9-1-64　塑料壳体壁厚设计实例

不合理结构	合理结构	说　明
		壳体的壁与基座，壁与加强肋以及基座与凸台等之间的过渡处厚度不应有突变，内外表面上的尖角均应做成圆角

续表

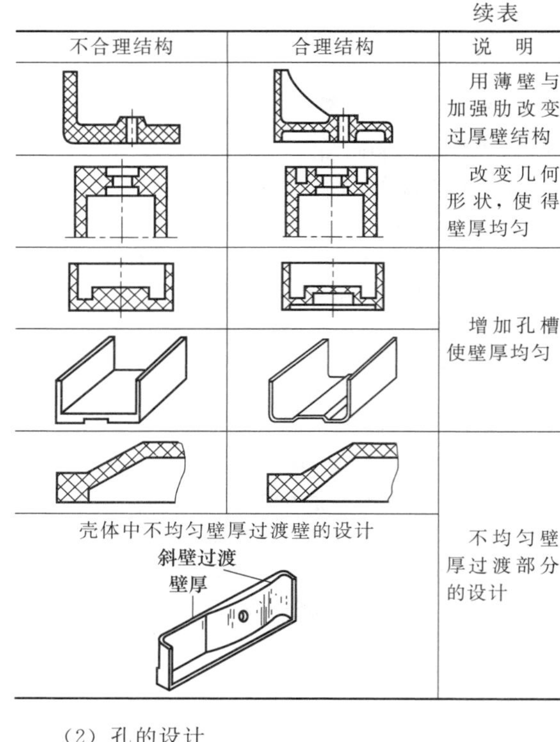

不合理结构	合理结构	说　明
		用薄壁与加强肋改变过厚壁结构
		改变几何形状，使得壁厚均匀
		增加孔槽使壁厚均匀
		不均匀壁厚过渡部分的设计
壳体中不均匀壁厚过渡壁的设计 斜壁过渡 壁厚		

（2）孔的设计

孔的位置应尽可能设置在对结构的强度影响较小的部位，并且在孔的周边加设凸台（图 9-1-37）以提高强度。

螺纹孔与光孔的合理尺寸见表 9-1-65。对用于沉头螺钉连接的固定孔，不宜采用锥形的沉头座，而应采用圆柱形的沉头座（图 9-1-38）。对自攻螺钉形成螺纹孔的场合，应保证足够的凸台壁厚（图 9-1-39）。

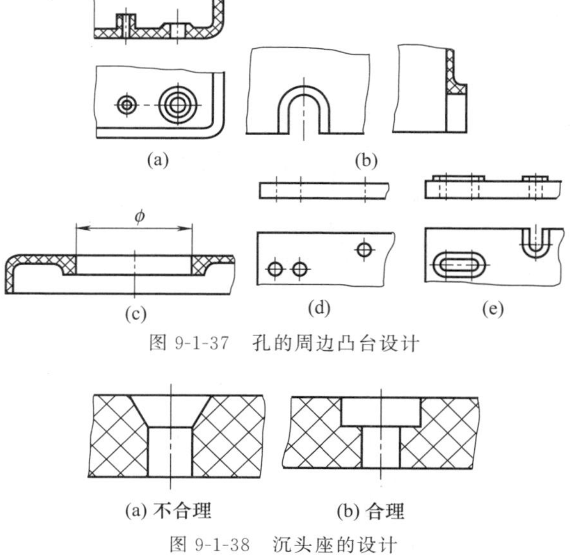

图 9-1-37　孔的周边凸台设计

图 9-1-38　沉头座的设计

表 9-1-65　螺纹孔与光孔的合理尺寸

类别				推荐尺寸		图示
光孔深（h）	压塑	竖孔	不通孔	当 $d<1.5$mm 时 $h\leqslant d$ 当 $d>1.5$mm 时 $h\leqslant 3d$		
			通孔	当 $d>1.5$mm 时 $h>4d$		
		横孔	不通孔	$h<1.5d$		
			通孔	$h=2.5d$		
	注射	不通孔		$h=4\sim5d$		
		通孔		$h=10d$		
	热固性塑料制品相邻孔之间或孔与边缘之间的距离 b 值			孔径 d /mm	孔间距、孔边距 b/mm	关于 b 值的说明：①对于增强塑料制品 b 值宜取大值 ②当两孔径不一致时，则以小孔孔径查得 b 值
				<1.5	1～1.5	
				1.5～3	1.5～2	
				3～6	2～3	
				6～10	3～4	
				10～18	4～5	
				18～30	5～7	
	热塑性塑料制品的 b 值			热塑性塑料制品的 b 值为热固性塑料制品 b 值的 75%		
螺孔	可成型的最小螺孔公称直径 D			当 $L/D\leqslant 2$ 时 $D=2\sim4$mm 式中 L—螺纹长度		
	引导面的深度 f			为防止螺纹崩裂，在螺纹出口处留出一段圆柱形的引导面，其深度 $f=1\sim2$ 螺距		

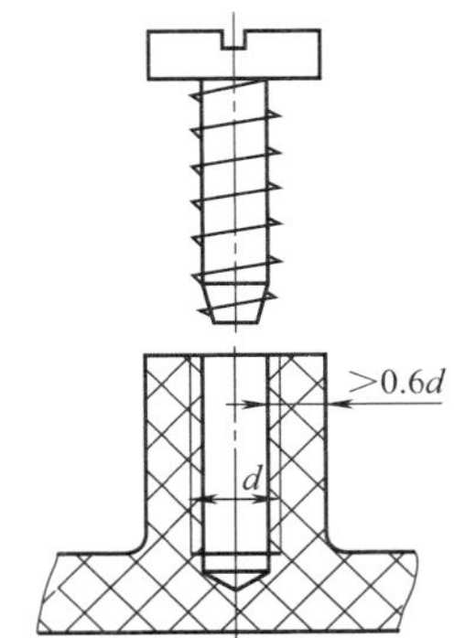

图 9-1-39　自攻螺钉孔的凸台壁厚设计

（3）圆角、斜度与加强肋

为减少应力集中，提高机械强度以及改善物料的流动性，在制品的各内外表面的连接处都应以圆角过渡，见图 9-1-40。

为了便于塑料制品出模，须在制品内外壁的出模方向保证一定的脱模斜度。表 9-1-66 列举了几种塑料的脱模斜度供设计参考。

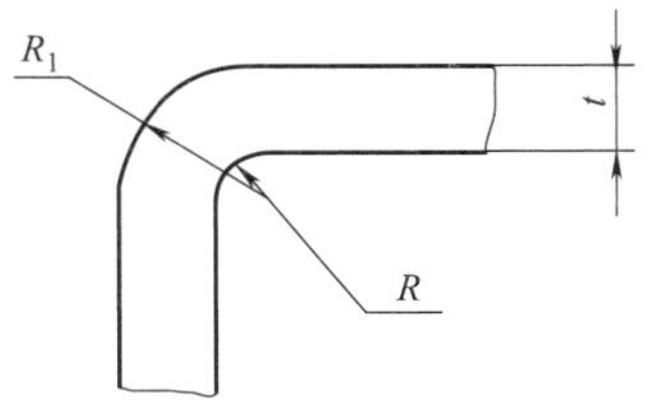

图 9-1-40　过渡圆角半径

R—内圆角半径，$R=\frac{t}{2}$；R_1—外圆角半径，$R_1=1\frac{1}{2}t$；t—壁厚

为提高壳体的强度与刚度，壳体上常设计加强肋，加强肋的截面尺寸见图 9-1-41，加强肋与肋之间的距离应大于所在壁壁厚的 2 倍（如图 9-1-42）。表 9-1-67 给出了加强肋的应用实例。

表 9-1-66　脱模斜度的推荐值

材料名称	脱模斜度		图示
	型腔 α_1	型芯 α_2	
ABS	40′～1°20′	35′～1°	
聚碳酸酯	35′～1°	30′～50′	
聚苯乙烯	35′～1°30′	30′～1°	
聚甲醛	35′～1°30′	30′～1°	
聚酰胺（普通）	20′～40′	25′～40′	
聚酰胺（增强）	20′～50′	20′～40′	
一般热固性塑料	15′～1°	≥15′	

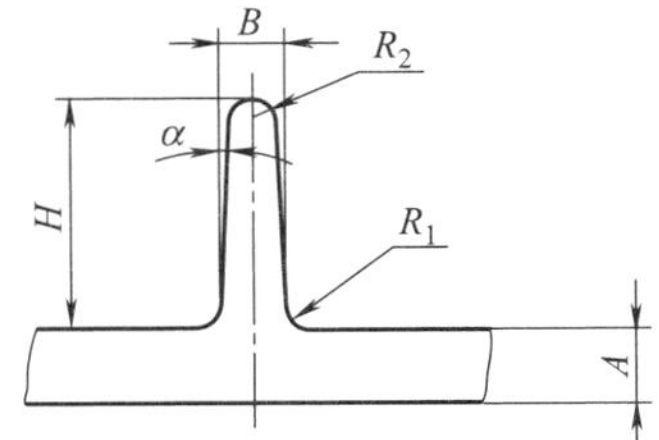

图 9-1-41　加强肋的截面尺寸

$B=(0.5\sim0.7)A$；$H\leqslant 3A$；$\alpha=2°\sim5°$

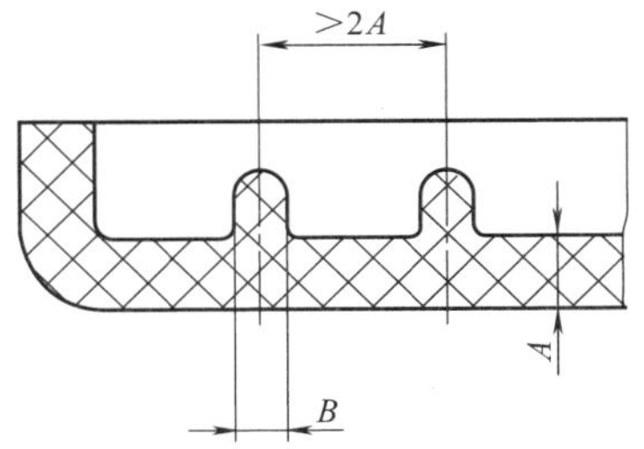

图 9-1-42　两加强肋间的最小距离

表 9-1-67　　**加强肋的应用实例**

布肋位置	布肋方式		说明
在较大平面上布置加强肋	 图(a) 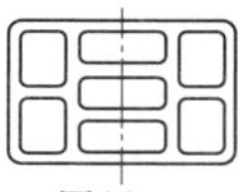 图(c) 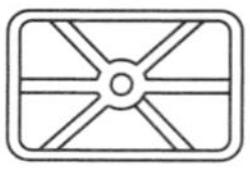 图(e)	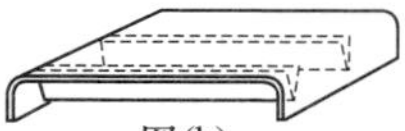 图(b) 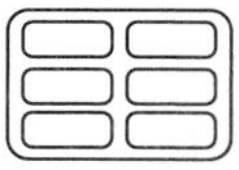 图(d) 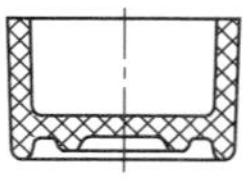 图(f)	防止壳体的盖或底座变形翘曲[如图(a)]，在平面上布肋如图(b)～图(f)所示。但布肋时应防止材料在纵横肋相交点上堆积，图(c)的布肋比图(d)合理；图(e)合理，图(f)会产生缩孔
侧壁上的角撑肋	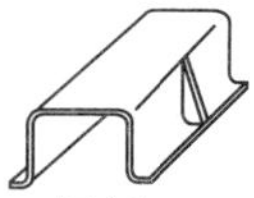 图(g)		可提高侧壁与边缘的刚性
高凸台上布肋	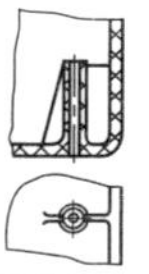 图(h)		可防止高凸台受力后变形，并可改善料的流动性，防止充填不良

(4) 嵌件

塑料制品中常设有必要的嵌件（如滑动轴承、轴套、支柱及套型螺母等）。嵌件多采用后嵌入法，即在制品模塑后再装入嵌件。具体方法有：压入法、热插法以及超声波装配法等。由于塑料的线胀系数一般要比金属材料大3～10倍，这将影响到尺寸的稳定性以及影响配合的性质。因此，当设计带有金属嵌件的结构时，应考虑由于塑料与金属的线胀系数的差异而造成嵌件的松动、脱落，或者过盈量过大引起塑料开裂。表9-1-68列举了成型时嵌入的金属嵌件的结构及其在制品中的合理位置。为防止嵌件制品在冷却收缩时出现开裂破坏，应保证嵌件周围的塑料层有足够的厚度。金属嵌件周围的最小壁厚见表9-1-69。

表 9-1-68　　**套、柱类金属嵌件的结构及其在制品中的合理位置**

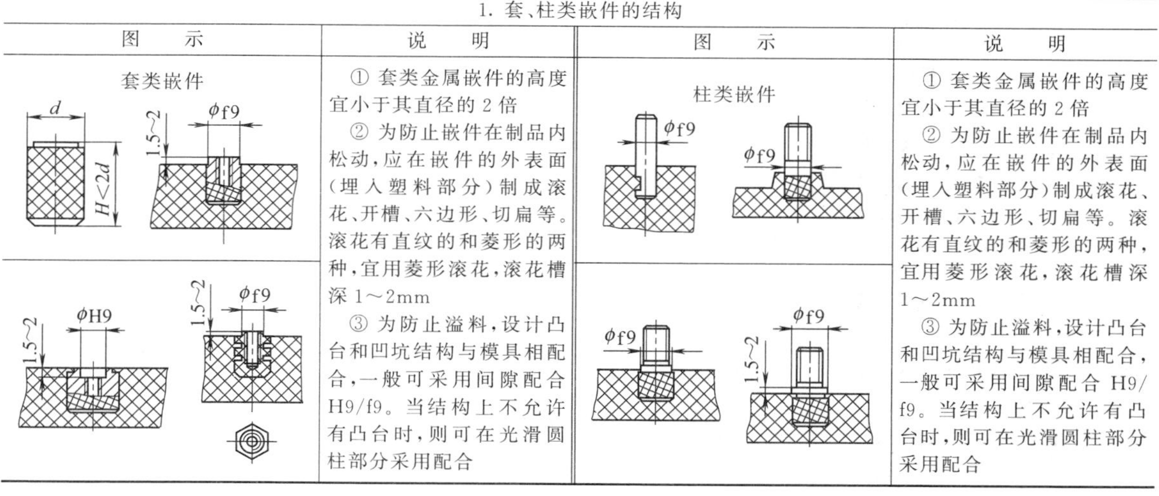

1. 套、柱类嵌件的结构			
图示	说明	图示	说明
套类嵌件	①套类金属嵌件的高度宜小于其直径的2倍 ②为防止嵌件在制品内松动，应在嵌件的外表面（埋入塑料部分）制成滚花、开槽、六边形、切扁等。滚花有直纹的和菱形的两种，宜用菱形滚花，滚花槽深1～2mm ③为防止溢料，设计凸台和凹坑结构与模具相配合，一般可采用间隙配合H9/f9。当结构上不允许有凸台时，则可在光滑圆柱部分采用配合	柱类嵌件	①套类金属嵌件的高度宜小于其直径的2倍 ②为防止嵌件在制品内松动，应在嵌件的外表面（埋入塑料部分）制成滚花、开槽、六边形、切扁等。滚花有直纹的和菱形的两种，宜用菱形滚花，滚花槽深1～2mm ③为防止溢料，设计凸台和凹坑结构与模具相配合，一般可采用间隙配合H9/f9。当结构上不允许有凸台时，则可在光滑圆柱部分采用配合

续表

2. 嵌件的合理位置			
图　示	说　明	图　示	说　明
<0.05　≥3	嵌件高度应低于型腔成型高度 0.05mm 两嵌件之间的距离不得小于 3mm	l	在拐角凸缘处设置嵌件时，嵌件埋入制品的深度应超过拐角的弯曲点，以减少应力集中
	凸台中的嵌件，在保证最小底厚的前提下，应伸入到凸台的底部，左图不合理，右图合理		

注：1. 尽可能选择与塑料的膨胀系数接近的金属作为嵌件的材料。
2. 为保证冷却时收缩均匀，嵌件尽可能设计成圆形或对称形状。

表 9-1-69　金属嵌件周围塑料层最小壁厚

mm

金属嵌件直径 D	嵌件周围塑料层最小厚度 C	嵌件顶部塑料层的最小厚度 H	图　示
≤4	1.5	0.8	C　D　H　a　d　h　b 图中，$d=0.75D$ $a=b=0.3h(h\geqslant D)$
>4～8	2.0	1.5	
>8～12	3.0	2.0	
>12～16	4.0	2.5	
>16～25	5.0	3.0	

1.6.3.3　塑料制品的尺寸公差

塑料制品尺寸精度取决于材料的收缩率、湿度、模具制造精度和模具结构等诸因素。模塑件尺寸公差见表 9-1-70。表中 MT 为模塑件尺寸公差等级代号，公差等级分为 7 级，所给公差是分别针对图 9-1-43 和图 9-1-44 所示的两类尺寸列出的。表中只规定公差，而基本尺寸的上、下偏差可根据工程的实际需要分配。例如，公差 0.8 可分配为：$^{+0.8}_{0}$，$^{0}_{-0.8}$，±0.4，$^{+0.6}_{-0.2}$或$^{+0.3}_{-0.5}$等。

常用材料模塑件公差等级的选用见表 9-1-71。未列入表 9-1-71 的塑料模塑件选用公差等级按收缩特性值确定，具体选用方法见表 9-1-72。

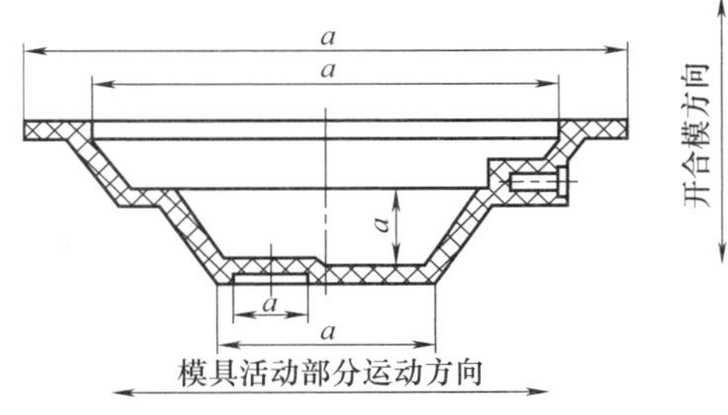

图 9-1-43　不受模具活动部分影响的尺寸 a

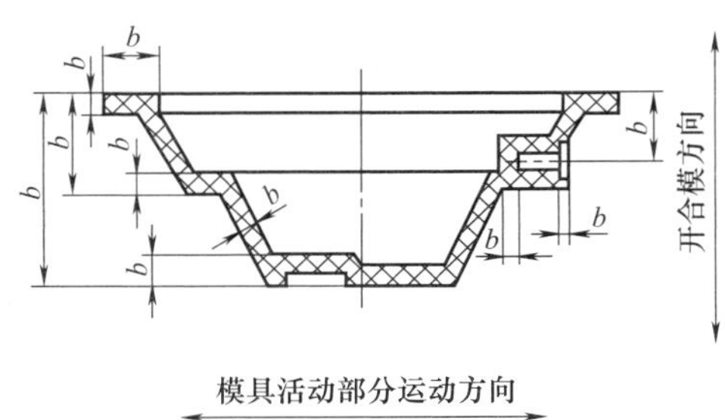

图 9-1-44　受模具活动部分影响的尺寸 b

表 9-1-70 **模塑件尺寸公差表**（GB/T 14486—2008） mm

公差等级	公差种类	基本尺寸 >0~3	>3~6	>6~10	>10~14	>14~18	>18~24	>24~30	>30~40	>40~50	>50~65	>65~80	>80~100	>100~120	>120~140	>140~160	>160~180	>180~200	>200~225	>225~250	>250~280	>280~315	>315~355	>355~400	>400~450	>450~500
标注公差的尺寸公差值																										
MT1	a	0.07	0.08	0.09	0.10	0.11	0.12	0.14	0.16	0.18	0.20	0.23	0.26	0.29	0.32	0.36	0.40	0.44	0.48	0.52	0.56	0.60	0.64	0.70	0.78	0.86
	b	0.14	0.16	0.18	0.20	0.21	0.22	0.24	0.26	0.28	0.30	0.33	0.36	0.39	0.42	0.46	0.50	0.54	0.58	0.62	0.66	0.70	0.74	0.80	0.88	0.96
MT2	a	0.10	0.12	0.14	0.16	0.18	0.20	0.22	0.24	0.26	0.30	0.34	0.38	0.42	0.46	0.50	0.54	0.60	0.66	0.72	0.76	0.84	0.92	1.00	1.10	1.20
	b	0.20	0.22	0.24	0.26	0.28	0.30	0.32	0.34	0.36	0.40	0.44	0.48	0.52	0.56	0.60	0.64	0.70	0.76	0.82	0.86	0.94	1.02	1.10	1.20	1.30
MT3	a	0.12	0.14	0.16	0.18	0.20	0.22	0.26	0.30	0.34	0.40	0.46	0.52	0.58	0.64	0.70	0.78	0.86	0.92	1.00	1.10	1.20	1.30	1.44	1.60	1.74
	b	0.32	0.34	0.36	0.38	0.40	0.42	0.46	0.50	0.54	0.60	0.66	0.72	0.78	0.84	0.90	0.98	1.06	1.12	1.20	1.30	1.40	1.50	1.64	1.80	1.94
MT4	a	0.16	0.18	0.20	0.24	0.28	0.32	0.36	0.42	0.48	0.56	0.64	0.72	0.82	0.92	1.02	1.12	1.24	1.36	1.48	1.62	1.80	2.00	2.20	2.40	2.60
	b	0.36	0.38	0.40	0.44	0.48	0.52	0.56	0.62	0.68	0.76	0.84	0.92	1.02	1.12	1.22	1.32	1.44	1.56	1.68	1.82	2.00	2.20	2.40	2.60	2.80
MT5	a	0.20	0.24	0.28	0.32	0.38	0.44	0.50	0.56	0.64	0.74	0.86	1.00	1.14	1.28	1.44	1.60	1.76	1.92	2.10	2.30	2.50	2.80	3.10	3.50	3.90
	b	0.40	0.44	0.48	0.52	0.58	0.64	0.70	0.76	0.84	0.94	1.06	1.20	1.34	1.48	1.64	1.80	1.96	2.12	2.30	2.50	2.70	3.00	3.30	3.70	4.10
MT6	a	0.26	0.32	0.38	0.46	0.52	0.60	0.70	0.80	0.94	1.10	1.28	1.48	1.72	2.00	2.20	2.40	2.60	2.90	3.20	3.50	3.90	4.30	4.80	5.30	5.90
	b	0.46	0.52	0.58	0.66	0.72	0.80	0.90	1.00	1.14	1.30	1.48	1.68	1.92	2.20	2.40	2.60	2.80	3.10	3.40	3.70	4.10	4.50	5.00	5.50	6.10
MT7	a	0.38	0.46	0.56	0.66	0.76	0.86	0.98	1.12	1.32	1.54	1.80	2.10	2.40	2.70	3.00	3.30	3.70	4.10	4.50	4.90	5.40	6.00	6.70	7.40	8.20
	b	0.58	0.66	0.76	0.86	0.96	1.06	1.18	1.32	1.52	1.74	2.00	2.30	2.60	2.90	3.20	3.50	3.90	4.30	4.70	5.10	5.60	6.20	6.90	7.60	8.40
未注公差的尺寸允许偏差																										
MT5	a	±0.10	±0.12	±0.14	±0.16	±0.19	±0.22	±0.25	±0.28	±0.32	±0.37	±0.43	±0.50	±0.57	±0.64	±0.72	±0.80	±0.88	±0.96	±1.05	±1.15	±1.25	±1.40	±1.55	±1.75	±1.95
	b	±0.20	±0.22	±0.24	±0.26	±0.29	±0.32	±0.35	±0.38	±0.42	±0.47	±0.53	±0.60	±0.67	±0.74	±0.82	±0.90	±0.98	±1.06	±1.15	±1.25	±1.35	±1.50	±1.65	±1.85	±2.05
MT6	a	±0.13	±0.16	±0.19	±0.23	±0.2	±0.3	±0.35	±0.40	±0.47	±0.55	±0.64	±0.74	±0.86	±1.00	±1.10	±1.20	±1.30	±1.45	±1.60	±1.75	±1.90	±2.15	±2.40	±2.65	±2.95
	b	±0.23	±0.26	±0.29	±0.33	±0.3	±0.40	±0.45	±0.50	±0.57	±0.65	±0.74	±0.84	±0.96	±1.10	±1.20	±1.30	±1.40	±1.55	±1.70	±1.85	±2.00	±2.25	±2.50	±2.75	±3.05
MT7	a	±0.19	±0.23	±0.28	±0.33	±0.3	±0.43	±0.49	±0.56	±0.66	±0.77	±0.90	±1.05	±1.20	±1.35	±1.50	±1.65	±1.85	±2.05	±2.25	±2.45	±2.70	±3.00	±3.35	±3.70	±4.10
	b	±0.29	±0.33	±0.38	±0.43	±0.4	±0.53	±0.59	±0.66	±0.76	±0.87	±1.00	±1.15	±1.30	±1.45	±1.60	±1.75	±1.95	±2.15	±2.35	±2.55	±2.80	±3.10	±3.45	±3.80	±4.20

注：1. *a* 为不受模具活动部分影响的尺寸公差值，见图 9-1-43；*b* 为受模具活动部分影响的尺寸公差值，见图 9-1-44。

2. MT1 级为精密级，只有采用严密的工艺控制措施和高度的模具、设备、原料时才有可能选用。

表 9-1-71　**常用材料模塑件尺寸公差等级的选用**（GB/T 14486—2008）

材料代号	模塑材料		公差等级		
			标注公差尺寸		未注公差尺寸
			高精度	一般精度	
ABS	(丙烯腈-丁二烯-苯乙烯)共聚物		MT2	MT3	MT5
CA	乙酸纤维素		MT3	MT4	MT6
EP	环氧树脂		MT2	MT3	MT5
PA	聚酰胺	无填料填充	MT3	MT4	MT6
		30%玻璃纤维填充	MT2	MT3	MT5
PBT	聚对苯二甲酸丁二酯	无填料填充	MT3	MT4	MT6
		30%玻璃纤维填充	MT2	MT3	MT5
PC	聚碳酸酯		MT2	MT3	MT5
PDAP	聚邻苯二甲酸二烯丙酯		MT2	MT3	MT5
PEEK	聚醚醚酮		MT2	MT3	MT5
PE-HD	高密度聚乙烯		MT4	MT5	MT7
PE-LD	低密度聚乙烯		MT5	MT6	MT7
PESU	聚醚砜		MT2	MT3	MT5
PET	聚对苯二甲酸乙二酯	无填料填充	MT3	MT4	MT6
		30%玻璃纤维填充	MT2	MT3	MT5
PF	苯酚-甲醛树脂	无机填料填充	MT2	MT3	MT5
		有机填料填充	MT3	MT4	MT6
PMMA	聚甲基丙烯酸甲酯		MT2	MT3	MT5
POM	聚甲醛	≤150mm	MT3	MT4	MT6
		>150mm	MT4	MT5	MT7
PP	聚丙烯	无填料填充	MT4	MT5	MT7
		30%无机填料填充	MT2	MT3	MT5
PPE	聚苯醚;聚亚苯醚		MT2	MT3	MT5
PPS	聚苯硫醚		MT2	MT3	MT5
PS	聚苯乙烯		MT2	MT3	MT5
PSU	聚砜		MT2	MT3	MT5
PUR-P	热塑性聚氨酯		MT4	MT5	MT7
PVC-P	软质聚氯乙烯		MT5	MT6	MT7
PVC-U	未增塑聚氯乙烯		MT2	MT3	MT5
SAN	(丙烯腈-苯乙烯)共聚物		MT2	MT3	MT5
UF	脲-甲醛树脂	无机填料填充	MT2	MT3	MT5
		有机填料填充	MT3	MT4	MT6
UP	不饱和聚酯	30%玻璃纤维填充	MT2	MT3	MT5

表 9-1-72　**模塑材料收缩特性值和选用的公差等级**（GB/T 14486—2008）

收缩特性值 $\overline{S}_V$/%	公差等级			收缩特性值 $\overline{S}_V$/%	公差等级		
	标注公差尺寸		未注公差尺寸		标注公差尺寸		未注公差尺寸
	高精度	一般精度			高精度	一般精度	
>0～1	MT2	MT3	MT5	>2～3	MT4	MT5	MT7
>1～2	MT3	MT4	MT6	>3	MT5	MT6	MT7

第2章　机架的设计与计算

2.1　框架式及梁柱式机架的设计与常规计算

2.1.1　轧钢机机架的结构设计与常规计算

2.1.1.1　轧钢机机架的结构设计

轧钢机机架是由上、下横梁和左右两立柱组成（牌坊）的框架式机架（图9-2-1）。其结构形式主要有整体式和组合式两种。轧制过程中，金属作用于轧辊的全部压力和水平方向的张力、铸锭或板坯的惯性冲击以及轧辊平衡装置所产生的作用力，最后都由机架所承受。机架的强度、刚度、精度对轧机的生产率、可靠性和产品质量有重要影响。如机架受力后产生的变形，将直接影响到板材或带材的轧制精度。因此在设计时既要满足强度要求，又要保证足够的刚度。

整体式机架如图9-2-2所示，属于闭框式机架，多为整体铸钢结构，也有的采用钢板焊接结构。整体机架的强度与刚度较高，制造精度容易保证，多用于初轧机、板轧机等。整体式机架按其过渡角部位的形状可分为小圆弧形、多边形、矩形和大圆弧形等。

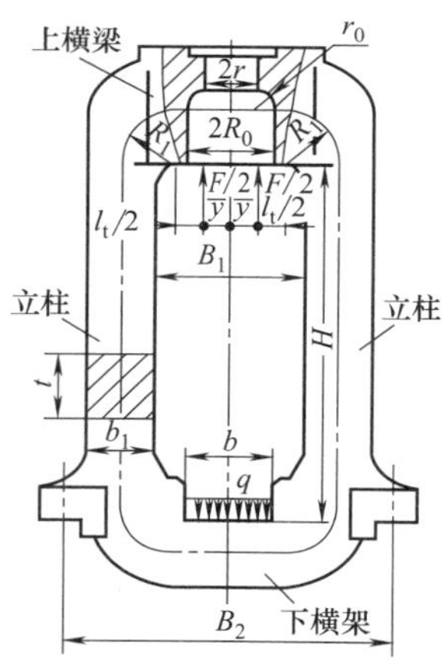

图9-2-1　轧钢机机架

组合式机架（开式机架）的上盖可以拆卸，以便于更换轧辊，多用于中小型轧机及线材轧机。根据上盖与立柱的连接方式不同，组合式机架有如图9-2-3所示的几种结构形式。螺栓连接的结构［图9-2-3(a)］较为简单，但因螺栓较长，截面不可能太大，因此工作时变形较大，一般用于小型轧机。立销-斜楔连接的结构，换辊比较方便，不需要人工扳动螺母［图9-2-3（b）］。套环-斜楔连接的结构［图9-2-3(c)］中，取消了立柱和上盖的垂直销孔，而以套环代替了螺栓或销，套环的下端用横销铰接在立柱上。套环上端通过斜楔将上盖和立柱紧固，换辊时，拆下斜楔即可，非常方便。由于套环的截面可以增大，因此刚性比前两种好。横销-斜楔连接的结构［图9-2-3(d)］中，立柱和上盖用横销连接后，用斜楔楔紧，结构简单，刚性好。斜楔连接的结构［图9-2-3（e)］刚度较高且换辊方便，广泛用于换辊频繁的轧钢机上。

用斜楔连接的开式轧机有如下优点：

1）机盖的弹跳值小。因为在一般的开式轧机上，如立销-斜楔连接的开式机架［图9-2-3（b)］，轧钢时从机盖到机架传递压力的零件至少有三个（机盖-斜楔-立销-横销-机架)，并且都比较纤细，易于变形。反之，在斜楔连接的开式机架上，只有一对紧固用的斜楔。由于连接件的数量较少，不仅使零件变形量的总值降低，并且也减少了零件接触面的数目，从而减少了接触面间的弹性间隙，这一切都归结到机盖弹跳值的降低。机盖愈稳固，上辊也愈稳固，这就保证了轧制质量不会有波动。

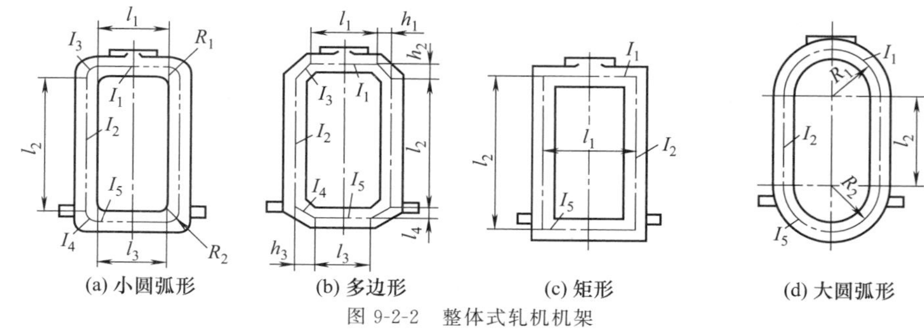

图9-2-2　整体式轧机机架

2）连接件简单而坚固。在立销-斜楔连接的开式轧机上，其连接零件往往由于机架尺寸的限制，不能获得应有的强度，并且它们受着容易破坏零件的剪应力和拉应力，因而成为机架上的薄弱环节。但用斜楔连接的开式机架，其紧固斜楔的尺寸几乎不受限制，且承受不能造成破坏的压应力。

3）机架具有较高的强度。如立销-斜楔连接的开式机架，机盖和机架用立销来连接，它只能传递铅垂的作用力，却无力防止机架立柱在水平方向的挠曲，因此立柱的受力情况和自由挠曲的悬臂梁相似。但在斜楔连接的开式机架上，当打紧楔铁后，机架立柱端部被斜楔及机盖闩从两侧将它紧紧挤住，再无横向变形的余地。无论在中上辊间或中下辊间轧制，或立柱受到什么方向的偏心载荷，立柱总能从斜楔或机盖闩上得到支持，故这种轧机立柱上的受力情况相当于一端固定而另一端铰接的梁，从而大大降低了机架上的应变和内应力。

图 9-2-4 是 2300 型中板轧机的机架实例。

（1）机架立柱和横梁的截面形状

机架立柱和横梁的截面形状选择见表 9-2-1。机架立柱断面的形状一般采用抗弯能力较大的长方形或工字形，由于它们的刚度较大，最好用在较宽的机架（如二辊轧机），或受水平力很大的机架上。在较宽的整体式机架上，这种断面也可以显著地减小横梁承受的弯曲力矩。在高且窄的机架（如四辊轧机）以及承受水平力不大的机架上宜采用正方形或长边较短的矩形截面。这种断面的惯性矩较小，故作用于立柱全长上的弯曲力矩变小，而且由于立柱的长度较大，因此立柱上所能节省的材料将超过横梁上稍增加的材料。

从固定滑板的方式来看，采用工字形断面较方便，这时可以用螺栓把滑板固定在翼缘上（图 9-2-5）。若采用矩形断面，则滑板必须用螺钉来固定，这需要在窗口表面加工螺孔，而加工螺孔较困难，更换滑板也较麻烦。

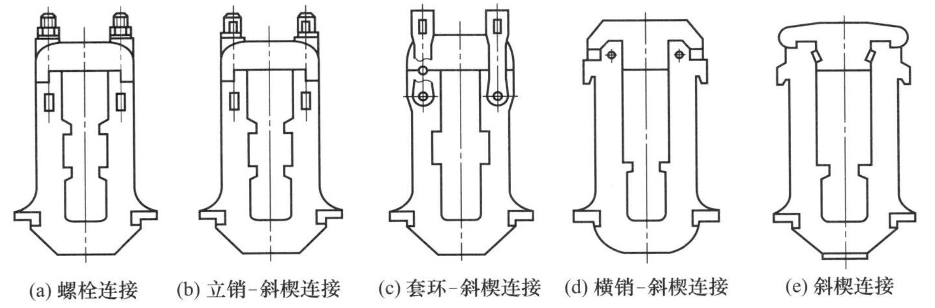

图 9-2-3　组合式轧机机架

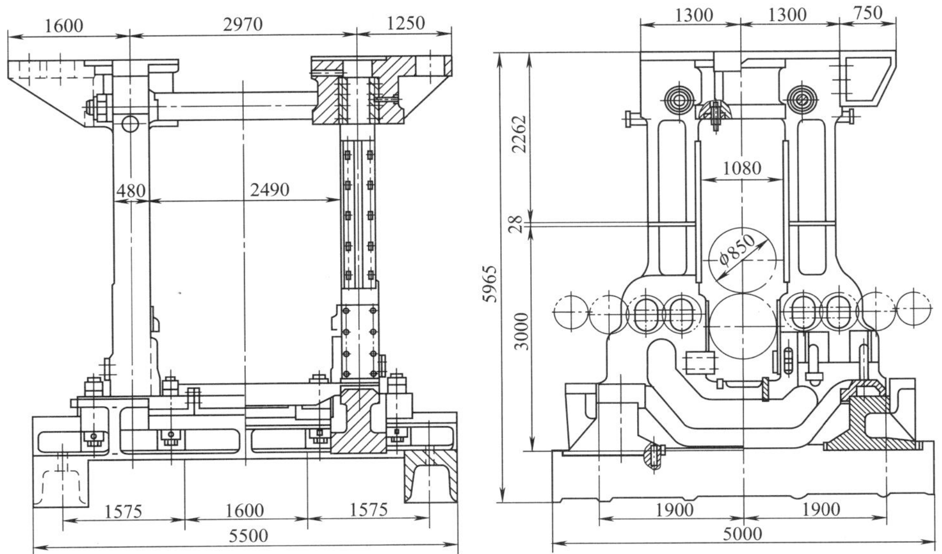

图 9-2-4　2300 型中板轧机的机架

表 9-2-1　　机架立柱与横梁的截面形状选择

截面形状	特点及应用	截面形状	特点及应用
	刚度大、省材料，但制造麻烦，多用在水平力大、宽度较大的机架。如二辊大型初轧机及板坯轧机的机架		刚度差，节省金属，用在高而窄、水平力较小的中小型机架上。如四辊轧机的机架
	刚度较大，制造容易，表面易加工，但费材料，常用在刚度与强度均要求高的大型板坯及二辊带钢连轧机上		实际生产中很少采用，仅用在一些成批生产制造的中小型连轧机上

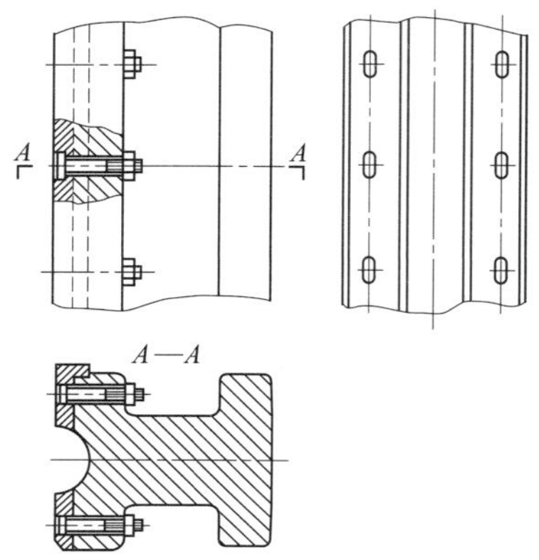

图 9-2-5　工字形断面机架的滑板固定方式简图

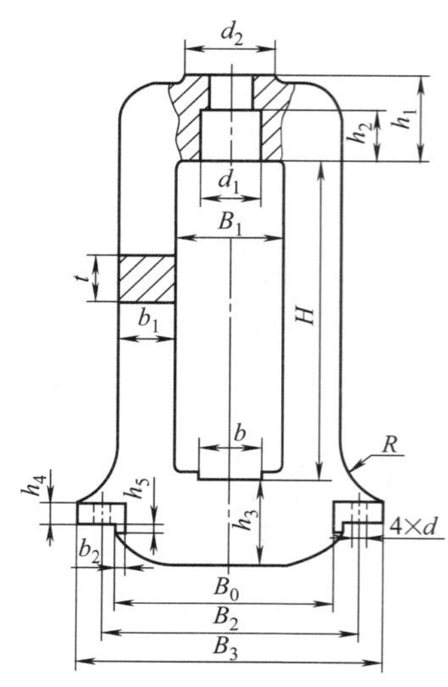

图 9-2-6　机架的基本尺寸

(2) 机架基本尺寸的确定

机架基本尺寸，主要指其大小以及立柱和上下横梁的截面尺寸等。基本尺寸的确定见表 9-2-2（参照图 9-2-6）。现有轧钢机机架的基本尺寸见表 9-2-3。

表 9-2-2　　轧钢机机架基本尺寸及安装尺寸的确定

计算项目	影响因素	经验公式
窗口高度 H	轧辊直径，轴承座高度，轧机最大开口度和压下螺丝最小伸出量，安全或测压元件及液压缸的高度。闭式机架中，还要满足换辊时所要求的尺寸	①$H=a+d+2S+h+\delta$ ②对于普通四辊轧机，H 值可控制在以下范围： $H=(2.6\sim3.5)(D_1+D_2)$
窗口宽度 B_1	开式机架：轧辊轴承座宽度 闭式机架：轧辊的最大直径	①$B_1=C_1+2C_2$ ②对于普通四辊轧机窗口宽度应控制在： $B_1=(1.15\sim1.30)D_2$ ③对于闭式机架，非传动侧窗口应比传动侧宽 0.005～0.01m
立柱截面积 A	机架的强度和刚度条件	对于铸铁轧辊：$A=(0.6\sim0.8)d^2$ 对于铸钢轧辊：开坯机 $A=(0.65\sim0.8)d^2$ 一般轧机 $A=(0.8\sim1.0)d^2$ 对于合金钢轧辊：四辊轧机 $A=(1.0\sim1.2)d^2$
机架与轨座连接螺栓孔间距 B_2	轧辊辊身直径和窗口的宽度	$B_2=(2.5\sim3)D$ 式中　D——二辊轧机中为轧辊辊身直径，四辊轧机中为支承辊辊身直径，m

续表

计算项目	影响因素	经验公式
机架和轨座连接螺栓直径 d_1'	机架承受的倾翻力矩	$d_1'=0.1D+(5\sim10)$mm
轨座到地基的地脚螺栓直径 d_2'	机架承受的倾翻力矩	轧辊直径＜500mm；$d_2'=0.1D+10$mm 轧辊直径＞500mm；$d_2'=0.08D+10$mm
轨座高度 h_1'	机架下横梁的位置和截面的高度尺寸	$h_1'=0.5D$
轨座底面积 A_1	轧辊的全部重量和对基础的作用力	按基础的单位承压许可值为 1.5～2.0MPa 确定
表中一些符号所代表的意义	a——轧辊、上下辊（三辊轧机）支承辊（四辊轧机）中心距，m d——轧辊辊颈，支承辊辊颈（四辊轧机）直径，m S——轴承和轴承座在高度方向径向厚度之和，m h——上轧辊调整距离，m δ——考虑压下螺钉伸出机架的余量，安放测压元件或液压压下时，液压缸的尺寸，m C_1——支承辊轴承座宽度，m C_2——窗口滑板厚度一般取 $C_2=0.02\sim0.04$，m D_1——工作辊辊身直径，m D_2——支承辊辊身直径，m	

表 9-2-3　　部分现有轧机机架的基本尺寸

轧机规格	机架尺寸/mm																		每片机架上的作用力/kN
	B_1	B_1	B_2	B_3	b_1	b_2	t	h_1	h_2	h_3	h_4	h_5	H	b	d_1	d_2	R	d	
800×250/750	1750	800	2050	2340	405	80	300	540	350	700	1500	60	2800	600	400	705	400	75	2000
1000×400/1000	2400	1230	2900	3300	600	100	450	950	560	1000	250	80	3775	900	550	1400	900	110	—
1200×550/1100	2720	1290	3200	3700	715	60	680	1160	720	1100	230	100	5120	800	720	1400	1300	125	8000
1400×210×1250	3000	1550	3560	4120	710	180	630	1400	700	1120	400	250	4600	800	690	1400	1250	115	12500
1700×650/1200	2540	1400	3000	3440	600	100	680	1200	700	1100	300	100	4850	900	700	1400	1200	125	8500
1700×610/1525	3340	1695	3700	4000	815	180	700	1294		1280	400	600	6841	1380	—	—	250	133	12500
2000×700/1250	3000	1480	3460	3900	680	90	680	1100	700	1100	280	70	6250	1000	760	1400	800	125	9000
2350×750/1300	3300	1550	3840	4200	815	100	700	1200	720	1250	300	100	5400	1300	720	1400	1000	125	10000
2350×1100（二辊式）	2740	1400	3300	3850	730	120	660	1300	650	1250	320	120	3900	800	780	1440	700	160	10000
2800×650/1400	3260	1600	3800	4200	800	120	810	1400	800	1300	300	95	5650	3100	900	1850	650	195	10000
4200×980/1800	6000	2300	6800	7400	1000	300	800	1800	1100	1900	400	500	7940	1600	1000	2000	—	200	21000

（3）机架的尺寸公差、几何公差和表面粗糙度

为保证轧钢机的正常工作，轧制出合格的轧件，对机架的一些部位有较高的要求，如：机架窗口两侧面的平行度；两侧面和窗口底面及机架顶面，机架基脚平面及机架内外侧面的垂直度；压下螺母安装孔中心线和窗口底平面的垂直度等。要注意窗口转角处，压下螺母安装孔底部转角处的圆角半径和表面粗糙度的标注，以避免降低其疲劳强度。机架各加工表面的表面粗糙度，Ra 一般为 3.2～12.5μm。尺寸公差及几何公差的推荐值见表 9-2-4（对照图 9-2-7）。典型四辊轧机机架的几何公差及尺寸公差标注见图 9-2-8。

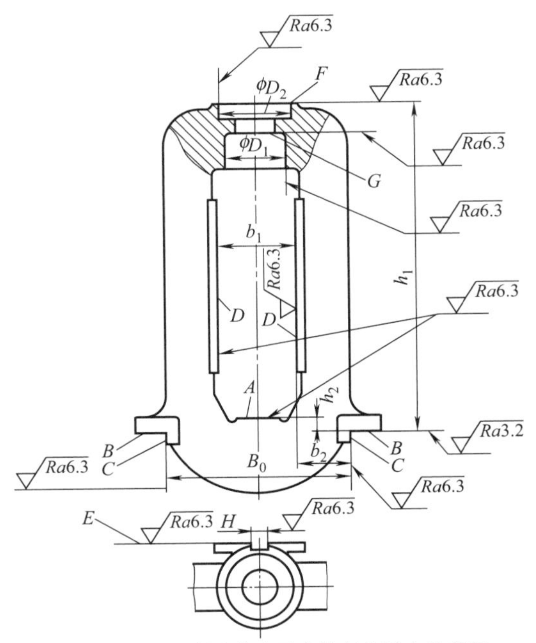

图 9-2-7　机架制造精度要求较高的尺寸及表面

2.1.1.2　轧钢机机架强度和刚度计算

（1）轧钢机机架的外载荷计算

1）机架所承受的垂直力 F 的确定　轧机工作时，机架所承受的力 F 和轧辊轴颈所受的力大小相等，方向相反。

① 对于初轧机和型钢轧机（图 9-2-9）。

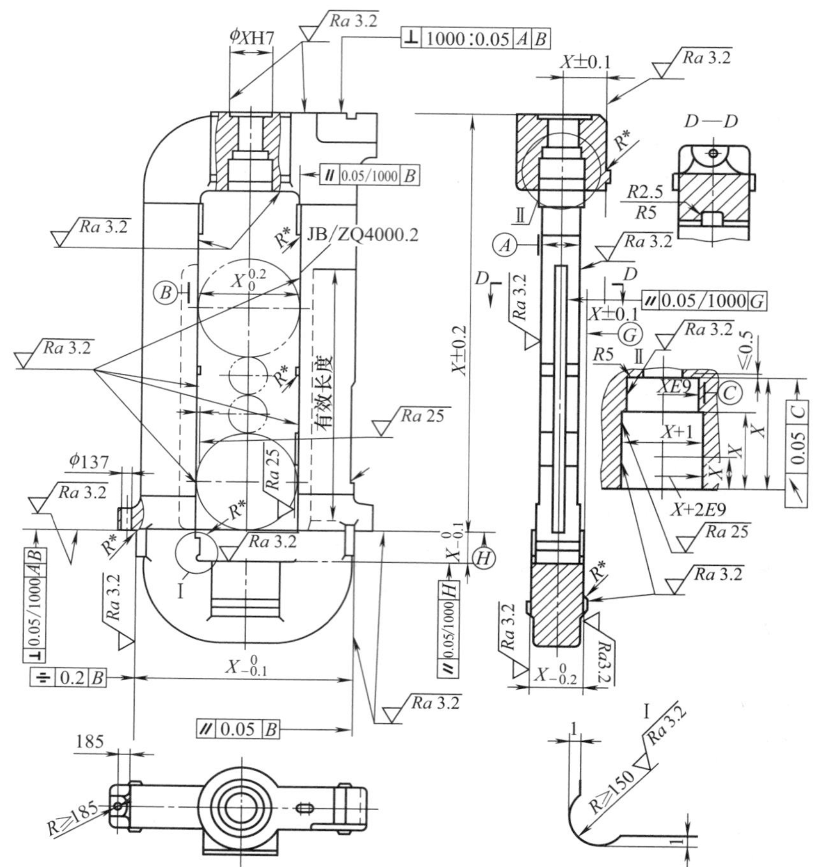

图 9-2-8　四辊轧机机架形位公差和尺寸公差

表 9-2-4　　机架的尺寸公差及形位公差推荐值

项目			推荐的公差等级或公差值
尺寸公差		压下螺母的配合孔径 ϕD_1	8～9级
		压下蜗轮箱的配合孔径 ϕD_2	8～9级
		机架在轧座上安装的基准尺寸 B_0	0.1～0.2mm
		轧辊轴承座导向面间的尺寸 b_1	8～9级(用于中小规格轧机) 11级(用于大型轧机)
		机架窗口相对于尺寸 B_0 的定位尺寸 b_2	0.03～0.10mm
		保证压下装置装配后与机架安装底面平行的重要尺寸 h_1	0.4～1.0mm
		窗口底面相对于安装底面的定位尺寸 h_2	0.03～0.10mm
形位公差	平面度	B面	6～8级
		C面	7～9级
		D面	6、8级

项目			推荐的公差等级或公差值
几何公差	垂直度	C面对B面	0.05～0.20mm
		两D面对A面	0.08～0.15mm/m
		G面对 ϕD_1 轴线	0.05～0.10mm/m
		F面对 ϕD_1 轴线	0.08～0.15mm/m
		E面对F面	0.08～0.10mm/m
	同轴度	ϕD_2 对 ϕD_1	0.15～0.40mm
	平行度	两C面	0.05～0.10mm/m
		两D面	0.05～0.10mm/m(在全长上不大于窗口公差之半)
		A面对B面	0.05～0.10mm/m
	对称度	两D面的对称平面相对于两C面的对称平面	0.10～0.20mm
		孔 ϕD_1 轴线相对于两D面对称平面	0.2～0.8mm
	位置度	两B面的相互位置度	0.05～0.10mm
		键槽H相对于孔 ϕD_1 轴线	0.05～0.10mm

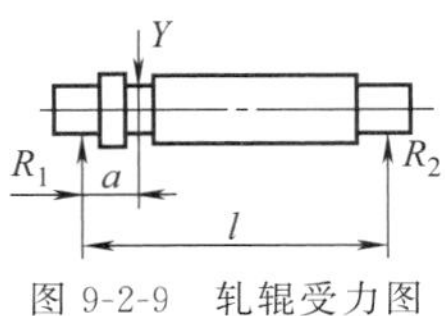

图 9-2-9　轧辊受力图

$$F=R_1=\left(1-\frac{a}{l}\right)Y$$

式中　R_1——轧辊颈上所受的力，N；

Y——最大轧制力，N；

a——最大轧制力所在的位置距机架支承中心线间的距离，m；

l——两机架支承中心线间的距离，m。

② 对于板轧机、带钢轧机等。两机架受力相等。

$$F=R_1=R_2=\frac{Y}{2}$$

2）机座的倾覆力矩计算　轧制过程中，作用于机座上的倾覆力矩 M_q 通常由三个部分组成：

$$M_q=M_{q1}+M_{q2}+M_{q3}$$

式中　M_{q1}——由传动装置（电动机或相邻机座）加于机座上的倾覆力矩，N·m；

M_{q2}——作用于轧件上的水平外力所产生的倾覆力矩，N·m；

M_{q3}——轧件运动不均匀时产生的惯性力所引起的倾覆力矩，N·m。

① 力矩 M_{q1} 的计算。

a. 二辊轧机。图 9-2-10（a），M_1 及 M_2 为传动装置传给轧辊的力矩，M_1' 和 M_2' 为相邻机座传给轧辊的反力矩（如横列式轧机上）。如果设顺时针方向为正，则

$$M_{q1}=M_1-M_2-M_1'+M_2'$$

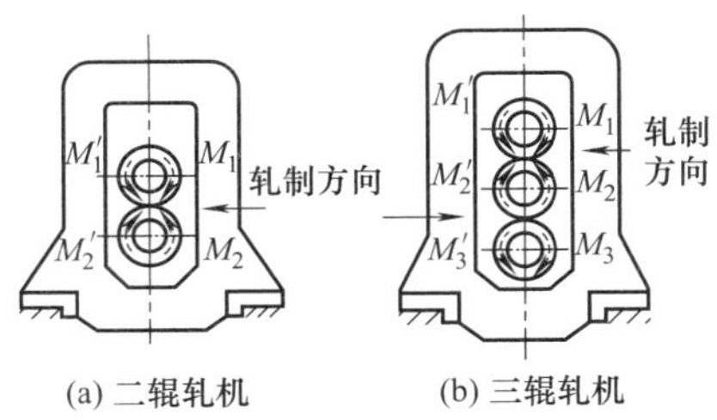

图 9-2-10　轧辊承受的力矩

如果只在一部轧机上进行轧制，则

$$M_{q1}=M_1-M_2$$

在正常轧制时，$M_1=M_2$，则 $M_{q1}=0$。

当一个传动轴折断或单辊传动（如二辊叠轧薄板轧机中，下轧辊主动，上轧辊靠轧件带动）中，M_{q1} 的数值为最大，即

$$M_{q1\max}=M_K$$

式中　M_K——总轧制力矩，N·m。

b. 三辊轧机。如图 9-2-10（b），M_{q1} 可以由下两式求得：

$$M_{q1}=M_1-M_2+M_3-M_1'+M_2'-M_3'$$

$$M_K=M_1+M_2+M_3$$

在单机轧制时，则

$$M_{q1}=M_1-M_2+M_3$$

单机轧制最危险的情况是中间轴折断或传动中辊的传动系统中产生了瞬时传动间隙以及中辊从动时（如三辊劳特轧机中辊不传动）等情况，此时 $M_2=0$，则 M_{q1} 的值很大

$$M_{q1}=M_1+M_3=M_K$$

② 力矩 M_{q2} 的计算。M_{q2} 是由作用于机座上的水平力 R 所引起的，如图 9-2-11 所示。水平力是由于在连轧机及冷轧机中前后张力的差值；自动轧管机和周期式轧管机中穿孔机顶杆的作用力；轧制线上如辊道、推床、翻钢机及盖板等对轧件偶然产生的阻力等因素引起的。

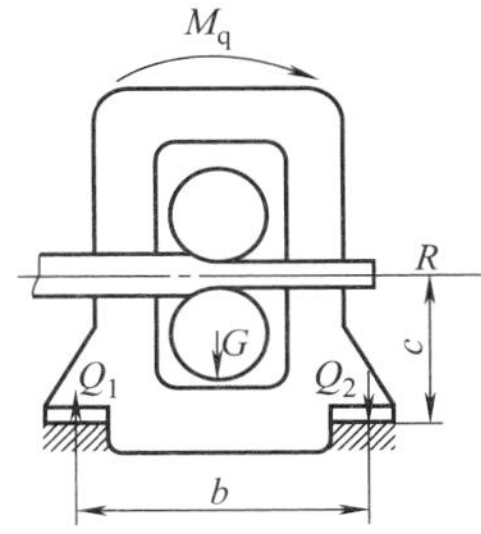

图 9-2-11　作用在轧机机座上倾覆力矩及轨座支反力示意图

$$M_{q2}=Rc$$

式中　R——作用于轧件上的水平力，N；

c——水平力作用线到机座上平面的距离，m。

外力 R 可根据所产生的原因确定，其最大值可按下式确定

$$R_{\max}=\frac{2M_K}{D}\text{则}$$

$$M_{q2\max}=\frac{2M_K}{D}c$$

式中　D——轧辊直径，m。

③ 力矩 M_{q3} 的确定。力矩 M_{q3} 是由轧件的惯性力 R' 所产生的惯性倾覆力矩，在可逆式轧机和除连续式轧机以外的所有轧机中。由于轧件咬入时运动速度的变化等原因产生惯性力。

$$M_{q3}=R'c=\frac{Q}{g}ac$$

式中　Q——轧件的质量，kg；

g——重力加速度，9.8m/s^2；

a——轧件的加速度，m/s^2；

第 9 篇

c——轧制中心线到机座上平面的距离，m。

3）机架支座及力计算　从图 9-2-11 中可知，机架下面轨座的最大压力 Q_2 为

$$Q_2=\frac{M_{qmax}}{b}+\frac{G}{2}$$

地脚螺栓所受的最大拉力 Q_1 为

$$Q_1=\frac{M_{qmax}}{b}-\frac{G}{2}$$

为保证机架和轨座之间保证接触，地脚螺栓的预紧力必须大于 Q_1，其预紧力 F_y 为

$$F_y=(1.2\sim1.4)Q_1$$

每一个地脚螺栓的预紧力

$$Q'=\frac{F_y}{n}=\frac{(1.2\sim1.4)Q_1}{n}$$

以上各式中　b——两轨座间地脚螺栓中心线之间的距离，m；

G——轧机的重量，N；

n——一侧地脚螺栓的数量。

（2）轧钢机闭式机架强度和刚度计算

为了简化计算，作以下假设：第一，机架只承受轧制力的作用，不承受倾翻力矩和水平力的作用；第二，用均匀载荷（小圆弧及多边形框架）和垂直力 F（圆弧及直角形框架）作用于下横梁处。详见表 9-2-5 中的计算简图。第三，视机架为一封闭弹性框架，该框架由依次连接各截面的形心构成，上、下横梁和立柱交界处是刚性的；第四，机架的变形属于平面变形。

1）闭式机架的强度和变形计算分别见表 9-2-5 和表 9-2-6。

表 9-2-5　　机架的静强度计算

机架结构形式	计算项目	计算公式	简图
小圆弧形机架	作用在立柱上的弯矩 M_2	$M_2=\dfrac{F}{\dfrac{l_1-l_t}{2I_1}+\dfrac{\pi}{2}\left(\dfrac{R_1}{I_3}+\dfrac{R_2}{I_4}\right)+\dfrac{l_2}{I_2}+\dfrac{l_3-b}{2I_7}+\dfrac{b}{2I_5}+\dfrac{l_t}{2I_6}}\times\left[\dfrac{1}{4I_1}\left(\dfrac{l_t}{2}+R_1\right)(l_1-l_t)+\dfrac{l_t}{4I_6}\left(R_1+\dfrac{l_t}{4}\right)+\dfrac{\pi-2}{4}\left(\dfrac{R_1^2}{I_3}+\dfrac{R_2^2}{I_4}\right)+\dfrac{1}{16I_7}(l_3-b)(4R_2+l_3-b)+\dfrac{b^2}{48I_5}\left(12\dfrac{R_2}{b}+6\dfrac{l_3}{b}-4\right)\right]$	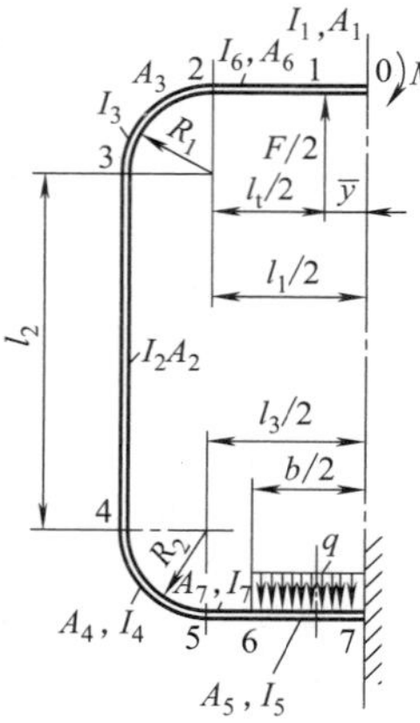
	作用在上下横梁中部的弯矩 M_1	$M_1=\dfrac{F}{2}\left(\dfrac{l_t}{2}+R_1\right)-M_2$ $M_3=\dfrac{F}{2}\left(\dfrac{l_3}{2}+R_2\right)-M_2$	
多边形机架	作用在立柱上的弯矩 M_2	$M_2=\dfrac{F}{\dfrac{l_1-l_t}{2I_1}+\dfrac{\sqrt{h_1^2+h_2^2}}{I_3}+\dfrac{\sqrt{h_3^2+h_4^2}}{I_4}+\dfrac{l_2}{I_2}+\dfrac{l_3-b}{2I_7}+\dfrac{b}{2I_5}+\dfrac{l_t}{2I_6}}\times\left[\dfrac{1}{4I_1}\left(\dfrac{l_t}{2}+h_1\right)(l_1-l_t)+\dfrac{l_t}{4I_6}\left(h_1+\dfrac{l_t}{4}\right)+\dfrac{h_1\sqrt{h_1^2+h_2^2}}{4I_3}+\dfrac{h_3\sqrt{h_3^2+h_4^2}}{4I_4}+\dfrac{1}{16I_7}(l_3-b)\times(4h_3+l_3-b)+\dfrac{b^2}{48I_5}\left(12\dfrac{h_3}{b}+6\dfrac{l_3}{b}-4\right)\right]$	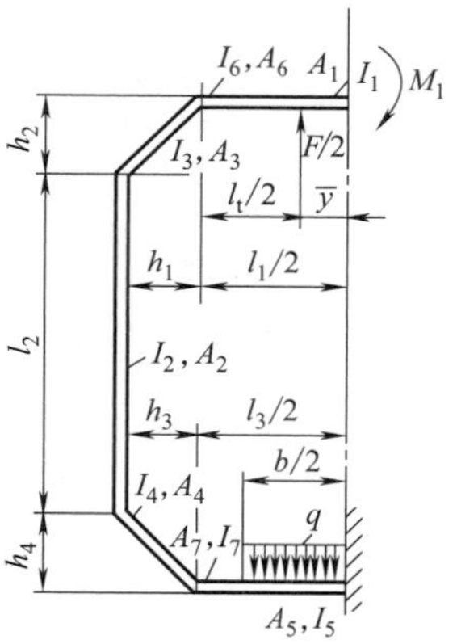
	作用在横梁中部的弯矩 M_1	$M_1=\dfrac{F}{2}\left(\dfrac{l_t}{2}+h_1\right)-M_2$	

续表

机架结构形式	计算项目	计算公式	简图
直角形框架	梁的弯矩 M_1 及 M_3	$M_2=\frac{Fl_1^2}{8}\times\frac{I_2}{l_1I_4+\frac{2l_2}{I_2}}$ 式中　$I_4=\frac{1}{I_1}+\frac{1}{I_3}$ $M_1=\frac{Fl_1}{4}-M_2$ $M_3=\frac{Fl_1}{4}-M_2$	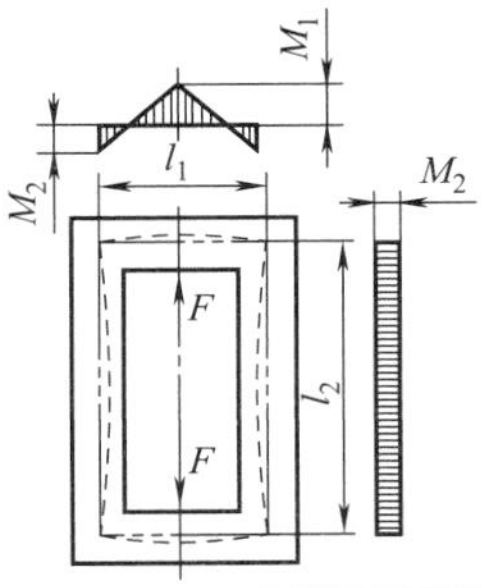
圆弧形框架	作用于立柱上的弯矩 M_2 作用于上、下横梁的弯矩 M_1 及 M_3	$M_2=Fr\frac{\frac{\pi}{2}-1}{\pi+\frac{2l_2}{rI_2I_4}}$ 式中　$I_4=\frac{1}{I_1}+\frac{1}{I_3}$ $M_3=M_1=\frac{Fr}{2}-M_2$ l_1,l_2,l_3——上横梁、立柱、下横梁直线部分长度 I_1,I_2,I_3——上横梁、立柱、下横梁以及上、下横梁小圆角处的惯性矩	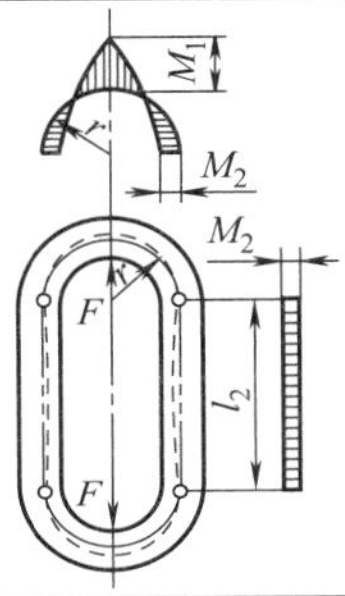
以上各种形式应力计算	上横梁中间截面最大弯曲应力 σ_1	$\sigma_1=\frac{M_1}{W_1}\leqslant[\sigma]$	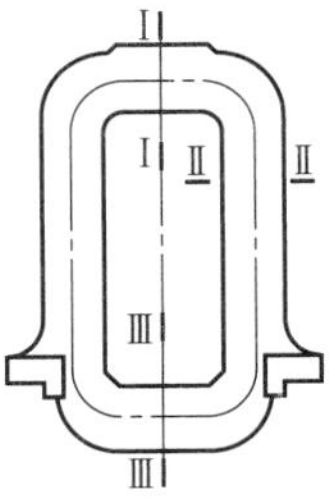
	下横梁中间截面最大弯曲应力 σ_3	$\sigma_3=\frac{M_1}{W_3}\leqslant[\sigma]$	
	立柱横截面最大拉应力 σ_2	$\sigma_2=\frac{F}{2A_2}+\frac{M_2}{W_2}\leqslant[\sigma]$	
	曲梁危险截面Ⅰ—Ⅰ内、外层的应力 $\sigma_{\varphi Ⅰ}$ 及 $\sigma'_{\varphi Ⅰ}$	$\sigma_{\varphi Ⅰ}=-\frac{\frac{Fr'_0}{2}-M_2}{W'_1}\leqslant[\sigma]$ $\sigma'_{\varphi Ⅰ}=-\frac{\frac{Fr'_0}{2}-M_2}{W'_2}\leqslant[\sigma]$ $r'_0=\frac{R'_2-R'_1}{\ln\frac{R'_2}{R'_1}}$为曲梁中性层半径	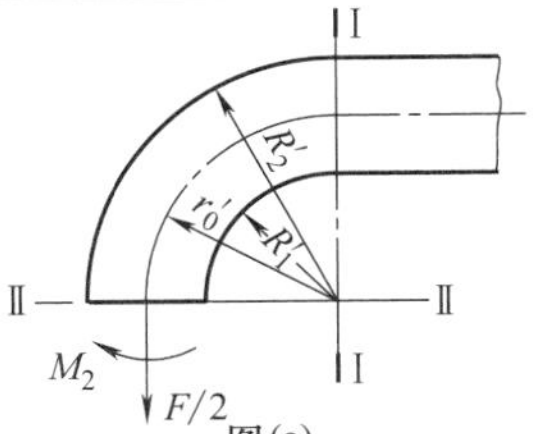 图(a)
	曲梁危险截面Ⅱ—Ⅱ内、外层的应力 $\sigma_{\varphi Ⅱ}$ 及 $\sigma'_{\varphi Ⅱ}$	$\sigma_{\varphi Ⅱ}=\frac{M_2}{W'_1}+\frac{F}{2A}\leqslant[\sigma]$ $\sigma'_{\varphi Ⅱ}=-\frac{M_2}{W'_2}+\frac{F}{2A}\leqslant[\sigma]$	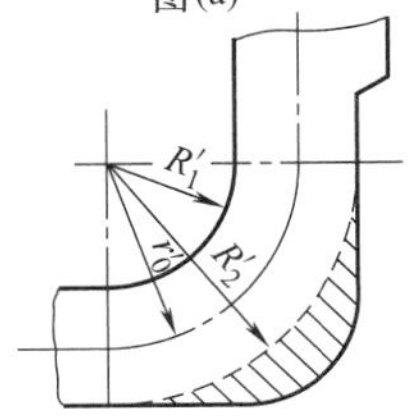 图(b) 当立柱与梁交接处不是正规曲梁形状，可按图中所示方法画出近似的曲梁，并找出曲梁内、外圆半径。而图(b)中阴影部分的金属在计算中可以不考虑

第9篇

续表

机架结构形式	计算项目	计算公式	简图
说明	许用应力	机架的许用应力 ①当机架材料为ZG270-500钢时 对于小规格的轧机机架，横梁：$[\sigma]=50\sim70\text{MPa}$，立柱：$[\sigma]=30\sim40\text{MPa}$ 对于大规格的轧机机架，横梁：$[\sigma]=30\sim50\text{MPa}$，立柱：$[\sigma]=20\sim30\text{MPa}$ ②为了防止轧机超载荷时损伤机架，机架的许用应力还应满足：轧辊由于超载荷而发生断裂，机架不产生塑性变形这一条件，即 $$[\sigma]'\leqslant\frac{F_J\sigma_s cK'_\sigma}{0.167\sigma'_b d^3}\times10^5$$ σ'_b——轧辊材料的抗拉强度；K'_σ——有效应力集中系数；σ_s——机架材料的屈服强度；d——辊颈直径；F_J——机架的计算载荷	
	符号意义	$I_1\sim I_7$——机架各段截面惯性矩；$l_1=l_t-2\overline{y}$；$\overline{y}$—集中力 $F/2$ 的等效力臂，$\overline{y}=\frac{4}{3\pi}\left(\frac{R^3-r^3}{R^2-r^2}\right)$；$R=R_0-r_0$；$R_0$—安装压下螺母的孔半径；$r_0$—安装压下螺母的孔的孔底过渡圆角半径； $W_1\sim W_3$——分别为机架上横梁中部、立柱和下横梁中部的截面系数； W'_1,W'_2——曲梁内、外层的折算截面系数：$W'_1=A'(R_p-r'_0)R'_1/(r'_0-R'_1)$ $W'_2=A'(R_p-r'_0)R'_2/(R'_2-r'_0)$ R_p——曲梁的平均半径：$R_p=(R'_1+R'_2)/2$	

表 9-2-6 **机架的挠度计算**

机架结构形式	计算项目		计算公式
小圆弧形机架（参见表9-2-5中图）	机架在垂直方向的挠度（$f_z=f_1+f_2+f_3$）	弯矩在上下横梁中部所引起的变形 f_1	$f_1=\frac{(0.18FR_1-0.57M_2)R_1^2}{EI_3}+\frac{El_t}{4EI_6}\left[R_1\left(R_1+\frac{l_t}{2}\right)+\frac{l_t^2}{12}\right]-\frac{M_2I_t}{2EI_6}\times\left(R_1+\frac{l_t}{4}\right)+\frac{1}{EI_1}(l_1-l_t)\left(R_1+\frac{l_1+l_t}{4}\right)\left[\frac{F}{4}\left(R_1+\frac{l_t}{2}\right)-\frac{M_2}{2}\right]+\frac{(0.18FR_2-0.57M_2)R_2^2}{EI_4}+\frac{F(l_3-b)}{4EI_7}\left[R_2\left(R_2+\frac{l_3-b}{2}\right)+\frac{(l_3-b)^2}{12}\right]-\frac{M_2}{2EI_7}(l_3-b)\left(R_2+\frac{l_3-b}{4}\right)+\frac{1}{EI_5}\left\{Fb/4\left[\left(R_2+\frac{l_3-b}{2}\right)\times\left(R_2+\frac{l_3}{2}-\frac{b}{12}\right)+\frac{5b^2}{96}\right]-\frac{M_2b}{2}\left(R_2+\frac{l_3}{2}-\frac{b}{4}\right)\right\}$
		剪力在上下横梁上引起的变形 f_2	$f_2=\frac{kF}{8G}\left[\frac{\pi R_1}{A_3}+\frac{2l_t}{A_6}+\frac{\pi R_2}{A_4}+\frac{2(l_3-b)}{A_7}+\frac{b}{A_5}\right]$
		纵向力引起的变形 f_3	$f_3=\frac{F}{8E}\left[\pi\left(\frac{R_1}{A_3}+\frac{R_2}{A_4}\right)+\frac{4l_2}{A_2}\right]$
	机架在水平方向的总挠度 f_s	$f_s=2f_4$	$f_s=2f_4=\frac{M_2l_0^2}{4EI_2}$ 式中 f_4——立柱中点挠度 $l_0=l_2+0.5(R_1+R_2)$
直角形框架（参见表9-2-5中图）	机架在垂直方向上的总挠度 $f=f_1+f_2+f_3$	立柱变形 f_1	$f_1=\frac{Fl_2}{2EA_2}$
		上横梁在弯矩、剪力作用下引起的变形 f_2	$f_2=\frac{Fl_1^2}{48EI_1}-\frac{M_2l_1^2}{8EI_1}+\frac{K_1Fl_1}{4GA_1}$ K_1——上横梁截面形状系数，$K_1=1.2$
		下横梁在弯矩、剪力作用下引起的变形 f_3	$f_3=\frac{Fl_3^2}{48EI_3}-\frac{M_2l_3^2}{8EI_3}+\frac{K_3Fl_3}{4GA_3}$ K_3——下横梁截面形状系数，矩形截面 $K_3=1.2$
	机架在水平方向上的总挠度 $f_s=2f_4$	立柱中点的水平变形 f_4	$f_4=\frac{M_1l_1^2}{8EI_2}$ f_s 应小于轧辊轴承座和立柱之间的间隙
圆弧形机架	机架在垂直方向上的总挠度 $f=f_1+f_2+f_3$	立柱变形 f_1	$f_1=\frac{Fl_2}{2EA_2}$
		上横梁在弯矩、剪力、垂直力作用下的变形 f_2	$f_2=\frac{Fr_1^3}{EI_1}\left(\frac{3\pi}{8}-1\right)-\frac{M_2r_1^2}{EI_1}\left(\frac{\pi}{2}-1\right)+\frac{K_1Fr_1\pi}{8GA_1}+\frac{Fr_1\pi}{8EA_1}$ r_1——上横梁中性轴半径

第9篇

续表

机架结构形式	计算项目		计算公式
圆弧形机架	机架在垂直方向上的总挠度 $f=f_1+f_2+f_3$	下横梁在弯矩、剪力、垂直力作用下的变形 f_3	如果机架上、下横梁圆弧半径相同，惯性矩相同，则 $f_2=f_3$ 如果 $r_1 \neq r_3$ 或 $I_1 \neq I_3$ 可将 r_2 及 I_3 代替 r_1 和 I_1 代入上式 f_2 的计算公式可得 f_3 的值
	机架在水平方向的总挠度 $f_s=2f_4$	立柱中点的水平方向变形 f_4	$f_4=\dfrac{M_2 l_0^2}{8EI_2}$　$l_0=l_2+0.5(r_1+r_3)$ f_s 应小于轧辊轴承座和立柱间的间隙
多边形机架（参见表 9-2-5 中图）	机架在垂直方向的总挠度 $f_z=f_1+f_2+f_3$	弯矩所引起的变形 f_1	$f_1=\dfrac{1}{6E}\left(\dfrac{Fh_1^2}{I_3}\sqrt{h_1^2+h_2^2}+\dfrac{Fh_3^2}{I_4}\sqrt{h_3^2+h_4^2}-\dfrac{3M_2h_1}{I_3}\sqrt{h_1^2+h_2^2}+\dfrac{3M_2h_3}{I_4}\sqrt{h_3^2+h_4^2}\right)+$ $\dfrac{Fl_t}{4EI_6}\left[h_1\left(h_1+\dfrac{l_t}{2}\right)+\dfrac{l_t^2}{12}\right]-\dfrac{M_2l_t}{2EI_6}\left(h_1+\dfrac{l_t}{4}\right)+\dfrac{1}{EI_1}(l_1-l_t)$ $\left(h_1+\dfrac{l_1+l_t}{4}\right)\times\left[\dfrac{F}{4}\left(h_1+\dfrac{l_t}{2}\right)-\dfrac{M_2}{2}\right]+\dfrac{F(l_3-b)}{4EI_7}$ $\left[h_3\left(h_3+\dfrac{l_3-b}{2}\right)+\dfrac{(l_3-b)^2}{12}\right]-\dfrac{M_2}{2EI_7}(l_3-b)\left(h_3+\dfrac{l_3-b}{4}\right)+$ $\dfrac{1}{EI_5}\left\{\dfrac{Fb}{4}\left[\left(h_3+\dfrac{l_3-b}{2}\right)\left(h_3+\dfrac{l_3}{2}-\dfrac{b}{12}\right)+\dfrac{5b^2}{96}\right]-\right.$ $\left.\dfrac{M_2b}{2}\left(h_3+\dfrac{l_3}{2}-\dfrac{b}{4}\right)\right\}$
		剪力所引起的变形 f_2	$f_2=\dfrac{kF}{4G}\left[\dfrac{2h_1^2}{A_3\sqrt{h_1^2+h_2^2}}+\dfrac{2h_3^2}{A_4\sqrt{h_2^2+h_4^2}}+\dfrac{l_t}{A_6}+\dfrac{l_3-b}{A_7}+\dfrac{b}{2A_5}\right]$
		纵向力所引起的变形 f_3	$f_3=\dfrac{F}{2E}\left[\dfrac{l_2}{A_2}+\dfrac{h_2^2}{A_3\sqrt{h_1^2+h_2^2}}+\dfrac{h_4^2}{A_4\sqrt{h_3^2+h_4^2}}\right]$
	机架水平方向的总挠度 f_s	$f_s=2f_4$	$f_s=2f_4=\dfrac{M_2l_0^2}{4EI_2}$ 式中　f_4—立柱中点挠度 $l_0=l_2+0.5(h_2+h_4)$
说　明			①在小圆弧形机架计算式中，令 $R_1=R_2=0$，$l_1=l_3$，便可得到承受相应均布载荷工况的直角形机架的变形 ②$A_1 \sim A_7$ 是机架各段截面面积；E、G 分别是机架材料的弹性模量和切变模量

2）闭式机架在水平外力作用下的强度计算。在实际生产中，由于轧件的惯性力，前后张力的作用以及轧制线上某些机构对轧件的阻力都会使轧件在轧制方向上产生水平外力 R，这不仅会使机座有倾覆的趋势，同时 R 力也会通过轧辊和轴承座作用到机架立柱上，对机架的强度和变形产生一定影响。

以二辊钢板轧机为例，将水平力 R 用四个相等的力 X_1 代替，其机架受力后其弯矩图和变形如图 9-2-12 所示，上横梁对左右立柱产生静不定力 X 及静不定力矩 M_1 及 M_2。

可假设横梁和立柱相交处变形后其相对角位移为零，采用材料力学中求转角的方法（图乘法）可求得静不定力矩 M_1 和 M_2

$$\left.\begin{aligned} M_1&=\frac{Xl_2}{2}-\frac{X_1}{2l_2}(c_1^2+c_2^2)\\ M_2&=\frac{Xl_2}{2}\end{aligned}\right\}$$

由左、右立柱上部和上横梁水平方向的挠度之间的关系及它们和静不定力 X 及已知力 X_1 及 M_1、M_2 之间的关系可求出 X

$$X=\frac{X_1\left[c_1^2\left(\dfrac{l_2}{2}+\dfrac{c_1}{3}\right)+c_2^2\left(\dfrac{l_2}{2}+\dfrac{c_2}{3}\right)\right]}{\dfrac{1}{3}l_2^3+2l_2\dfrac{I_2}{A_1}}$$

式中　A_1——上横梁的截面积；

I_2——立柱的惯性矩，其余各参数参见图 9-2-12。

第 9 篇

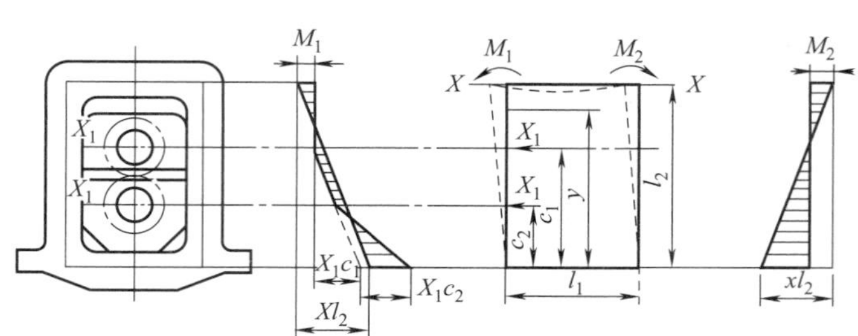

(a) 机架及上下轴承座配合示意图　(b) 左立柱中的弯矩图　(c) 在水平外力作用下机架变形　(d) 右立柱中的弯矩图

图 9-2-12　在水平外力作用下闭式机架中所产生的弯矩及变形

水平力 X 求出后，就可根据公式计算 M_1 及 M_2，可根据 M_1，M_2 和 X 绘制出弯矩图及轴向力图和表 9-2-5 中的对应的弯矩图和轴向力图进行叠加，就可以求出考虑到水平外力作用下的闭式机架的总弯矩和总轴向力图，直角形框架如图 9-2-13 所示（F 为机架所受的垂直力）。然后可根据表 9-2-5 中的公式进行强度校核。

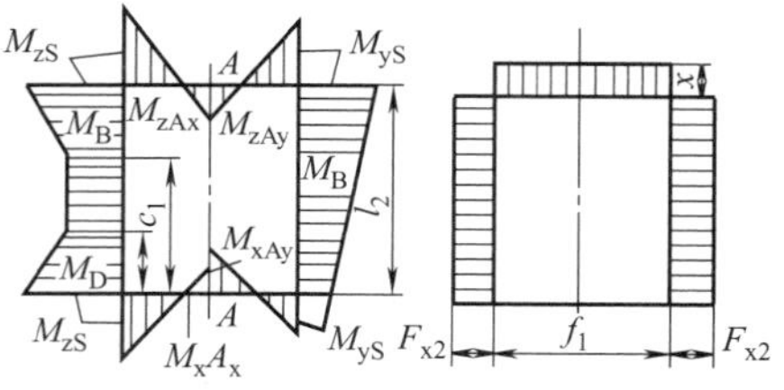

(a) 总弯矩图　　(b) 总轴向力图

图 9-2-13　在水平外力作用下的闭式机架的总弯矩和总轴向力

3）用图解法对形状复杂的闭式机架进行强度计算。对于某些形状复杂的闭式机架，由于立柱和横梁的各个截面的惯性矩是变化的，各截面的形心连线并不是前面公式所介绍的规则的框架形状，采用图解法计算可得到较为准确的计算结果。根据机架结构和载荷的对称性，取机架的一半如图 9-2-14（a）所示。其静不定力矩和载荷分别为 M_1 和 $F/2$，则机架中任意计算截面的弯矩值 M_x 为

$$M_x=\frac{F}{2}y-M_1$$

式中　y——$\frac{F}{2}$到计算截面力臂。

而静不定力矩 M_1 可由半个机架的弹性变形位能求出，得

$$M_1=\frac{\int \frac{F}{2}y\frac{\mathrm{d}x}{I_x}}{\int \frac{\mathrm{d}x}{I_x}}$$

由于上式中 I_x 和 y 无法用 x 的函数表示，所以采用图解法将机架分成一些长度为 Δx 的小段，对某一段 Δx 来说，I_x 和 y 可认为是常数，则上式积分可用有限面积之和替代，则

$$M_1=\frac{\Sigma \frac{F}{2}y\frac{\Delta x}{I_x}}{\Sigma \frac{\Delta x}{I_x}}$$

式中　y——$\frac{F}{2}$到该小段 Δx 中性层长度中点的力臂。

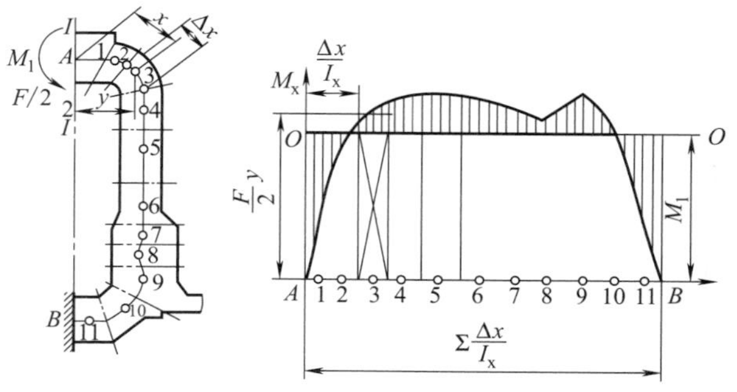

(a) 机架切开后的受力和分割图　　(b) 机架图解弯矩图

图 9-2-14　用图解法求静不定力矩的计算简图

上面式中的 M_1 及 M_x 可由图解法求出，如图 9-2-14（b）所示，其方法如下：以 $\frac{\Delta x}{I_x}$ 为横坐标，$\frac{F}{2}y$ 为纵坐标建立坐标系，分别求出各区段的 $\frac{\Delta x}{I_x}$ 及 $\frac{F}{2}y$ 的值；根据每一组数据在坐标系中求得一点。然后把各点连接成光滑曲线 AB，AB 与横轴包容的面积即为 $\sum\frac{F}{2}y\frac{\Delta x}{I_x}$，而曲线 AB 的纵坐标平均值即为 M_1，根据公式 $M_x=\frac{F}{2}y-M_1$，则机架任意截面上的弯矩值 M_x 应为图中的阴影部分。将横坐标移至 $O—O$ 处，曲线 AB 在新坐标中的纵坐标值即为 M_x 的值。求出 M_x 值以后，可根据表 9-2-5 中公式进行计算。

4）机架的疲劳强度计算。机架的疲劳强度是根据机架的各部分疲劳安全系数确定，如表 9-2-7 所示。

表 9-2-7　机架各部分疲劳安全系数的确定

计算项目	计算公式	推荐的疲劳安全系数许用值
横梁疲劳安全系数	$S=\dfrac{\sigma_{rb}}{\frac{\sigma}{2}\left(1+\frac{K_\sigma}{\varepsilon_{1\sigma}\varepsilon_{2\sigma}}\right)}\geqslant S_p$	$S_p=1.5\sim2.0$
立柱疲劳安全系数	$S=\dfrac{\sigma_{r2}}{\frac{\sigma}{2}\left(1+\frac{K_\sigma}{\varepsilon_{1\sigma}\varepsilon_{2\sigma}}\right)}\geqslant S_p$	$S_p=1.5\sim2.0$
立柱和横梁交汇处疲劳安全系数	$S=\dfrac{\sigma_{rb}+\sigma_{r2}}{\sigma\left(1+\frac{K_\sigma}{\varepsilon_{1\sigma}\varepsilon_{2\sigma}}\right)}\geqslant S_p$	$S_p=1.5\sim2.0$
符号意义	σ——所在部位危险截面的应力值(Pa) σ_{rb}——机架材料在脉动循环载荷作用下的弯曲疲劳极限；推荐 $\sigma_{rb}=0.64\sigma_b$，对于 ZG 270-500 钢 $\sigma_{rb}=320$MPa σ_{r2}——机架材料在脉动循环载荷作用下的拉伸疲劳极限，推荐 $\sigma_{r2}=0.7\sigma_{rb}$，对于 ZG 270-500 钢 $\sigma_{r2}=224$MPa K_σ——有效应力集中系数，和机架各部分形状和过渡情况有关，在安装压下螺母的上横梁中部。$K_\sigma=2.0\sim2.5$；横梁和立柱相接处，按一般方法计算应力时，取 $K_\sigma=3-4$，按曲梁计算应力时，取 $K_\sigma=1.0\sim1.2$ $\varepsilon_{1\sigma}$——表面状况系数，机架表面多属非加工表面或粗加工表面，取 $\varepsilon_{1\sigma}=0.6\sim0.8$ $\varepsilon_{2\sigma}$——尺寸因素影响系数，对大、中型轧机 $\varepsilon_{2\sigma}=0.6\sim0.7$；对小型轧机 $\varepsilon_{2\sigma}=0.8\sim0.9$	

（3）二辊开式机架的强度计算

在轧制过程中，设轧辊上受有垂直力 F，当力 F 作用在下横梁时，机架立柱的上部显然会向机架窗口的内侧变形，通常机盖带有外止口，立柱的上端带有内止口，所以机盖将不阻碍立柱向内变形。当立柱向机架内侧弯折变形后，将夹紧上辊轴承座（轴承座与机架窗口间一般采用转动配合）。如图 9-2-15 所示，作用在下横梁中的弯曲力矩为

$$M_1=\frac{Fx}{2}-Tc \tag{9-2-1}$$

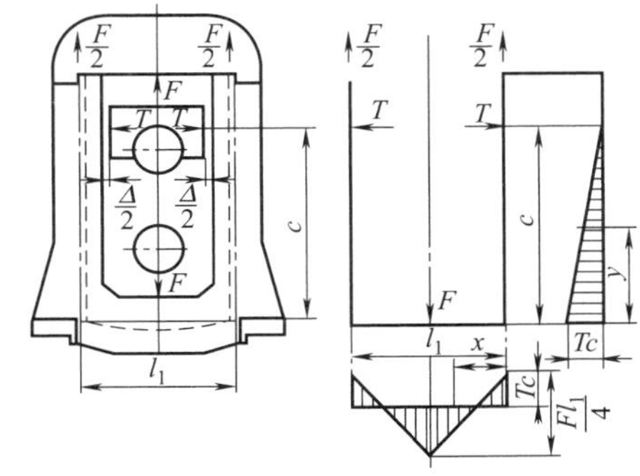

图 9-2-15　作用在二辊开式机架上的力及弯矩

其最大弯曲力矩将发生在下横梁的中间，即当 $x=\frac{l_1}{2}$ 时。

机架立柱将同时在拉伸及弯曲下工作，立柱中的弯曲力矩为

$$M_2=T(c-y) \tag{9-2-2}$$

总的最大应力显然在立柱中的内表面上，并等于

$$\sigma_{max2}=\frac{M_2}{W_2}+\frac{F}{2A_2} \tag{9-2-3}$$

力 T 可根据两个立柱在力 T 作用点的弯曲变形 f 等于轴承座和机架立柱间的空隙 Δ 这一条件来决定，即

$$2f=\Delta$$

根据“面矩法”的规则，得到

$$\Delta=\frac{1}{EI_1}\left(\frac{Fl_1^2c}{8}-Tc^2l_1\right)-\frac{2Tc^3}{3EI_2}$$

解上述方程式，得

$$T=\frac{\frac{Fl_1^2}{8}-\frac{\Delta EI_1}{c}}{c\left(l_1+\frac{2cI_1}{3I_2}\right)} \tag{9-2-4}$$

式中　T——立柱向内变形时轴承座作用于立柱上的反作用力；

F——作用于一片机架上的轧制压力；

Δ——轴承座和机架立柱间的空隙；

l_1——下横梁长度，按立柱中性轴线间的距离计算；

I_1，I_2——下横梁与立柱的惯性矩。

若按式（9-2-4）计算所得的力 T 是负值，也就是 $f<\frac{\Delta}{2}$，即实际上“T”力不存在。但考虑到轴承座和机架立柱间的空隙是固定不变的，所以机架的立柱应该按力 T 为最大的条件，即 $\Delta=0$ 来计算。相反，机架横梁则应按 $T=0$ 的条件来计算。

（4）斜楔连接的三辊开式机架的强度计算

用斜楔连接的开式轧机［图 9-2-3（e）］，即所谓半闭口式轧机，其机架和机盖的连接方式与一般开式轧机不同，在轧制时机架的受力情况与封闭式轧机接近，从而大大地降低了机架中的应力，提高了机架的强度。这种结构的机架既缩减了机架的断面尺寸和质量，还能承受较大的轧制压力。

用斜楔连接的开式轧机的作用力随着轧件在中上辊间轧制或中下辊间轧制而有所不同，应分别进行计算。这里只介绍在中上辊间轧制时，机架的受力分析如图 9-2-16 所示。图中符号意义如下：

F——作用于一片牌坊上的轧制力；

X——机盖闩的反作用力；由于机盖闩与机架接触面的倾斜度甚小，故机盖闩的反作用力的铅垂分力可略去不计，而把它视作水平分力；

Y'——斜楔作用力 F'的铅垂分力，$Y'=F/2$；

X'——力 F'的水平分力，$X'=Y'\tan\theta=mY'$；

θ——斜楔倾斜角。

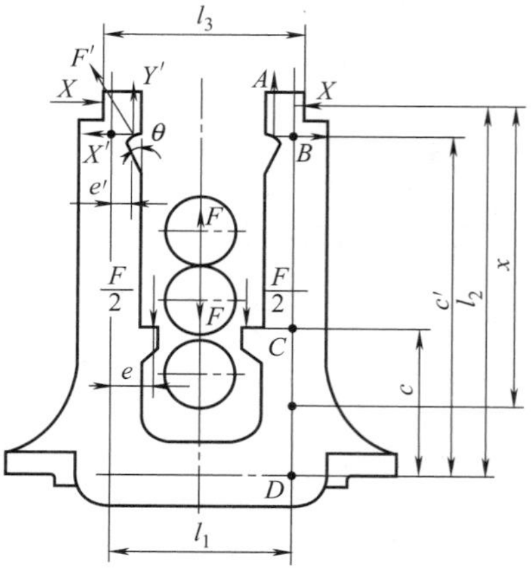

机架的变形可根据“面矩法”的规则求得。设立柱上 A 点处的总变形为 f（指一个立柱），则

$$f=f_1+f_2 \qquad (9\text{-}2\text{-}5)$$

式中 f_1——在外载作用下，因机架下横梁的挠曲致使立柱侧倾而产生的变形；

f_2——在外载作用下，主柱本身因挠曲所产生的变形。

作用于下横梁全长上的弯矩不变，并等于外加力矩 M_D，如图 9-2-17 所示。

$$M_D=Xl_2+\frac{F}{2}(e-e')-X'c' \qquad (9\text{-}2\text{-}6)$$

在外载 M_D 的作用下，机架下横梁因挠曲致使立柱侧倾而产生的变形为

$$f_1=\theta_D l_2=\frac{1}{EI_1}\left[\frac{X}{2}l_1 l_2^2+\frac{F}{4}(e-e')l_1 l_2-\frac{X'}{2}c' l_1 l_2\right] \qquad (9\text{-}2\text{-}7)$$

图 9-2-16 中上辊间轧制时斜楔式三辊开式机架的受力情况

根据立柱上的作用力（图 9-2-16），立柱本身因挠曲所产生的变形为

$$f_2=\frac{1}{EI_2}\left[\frac{1}{3}Xl_2^3+\frac{1}{2}Fec\left(l_2-\frac{c}{2}\right)-\frac{1}{2}X'c'^2\left(l_2-\frac{c'}{3}\right)-\frac{1}{2}Fe'c'\left(l_2-\frac{c'}{2}\right)\right] \qquad (9\text{-}2\text{-}8)$$

上述公式中“负号”的意义是表示挠度由内向外来量度。

若已知机架立柱与机盖闩间的空隙，则

$$-2f=\Delta+\Delta l=\Delta+\frac{Xl_3}{EA_3} \qquad (9\text{-}2\text{-}9)$$

式中 Δ——立柱和机盖闩间原始间隙的两倍；

Δl——机盖的拉伸变形。

在这种用斜楔紧固的轧机上，立柱被斜楔和机盖楔紧后，虽不存在间隙，但在打紧斜楔以前，机盖闩和立柱端部之间总是存在着配合间隙 Δ 的。只是打紧了斜楔后，立柱端因挠曲而抵在机盖闩上，间隙才消失。因此，应当考虑到这时即使不在轧钢，立柱端上已存在着原始的挠度，并且在机架内部产生初应力。

待轧钢时，斜楔以 F'力作用在立柱端上，它除了维持原始挠度以外，并使立柱以 X 力推挤机盖闩，使机盖产生拉伸变形 Δl，立柱端也相应地向外挠曲，故机架立柱的总变形为 $f=\Delta+\Delta l$。

将式（9-2-7）及式（9-2-8）代入式（9-2-5），并和式（9-2-9）联立，即可解得

$$X=\frac{\frac{F}{I_1}\left\{\frac{I_1}{I_2}\left[c'e'\left(l_2-\frac{c'}{2}\right)-ce\left(l_2-\frac{c}{2}\right)+\frac{mc'^2}{2}\left(l_2-\frac{c'}{3}\right)\right]+\frac{l_1 l_2}{2}(e'-e+c'm)\right\}-E\Delta}{\frac{l_3}{A_3}+\frac{l_2 l_2^2}{I_1}+\frac{2}{3}\times\frac{l_2^3}{I_2}} \qquad (9\text{-}2\text{-}10)$$

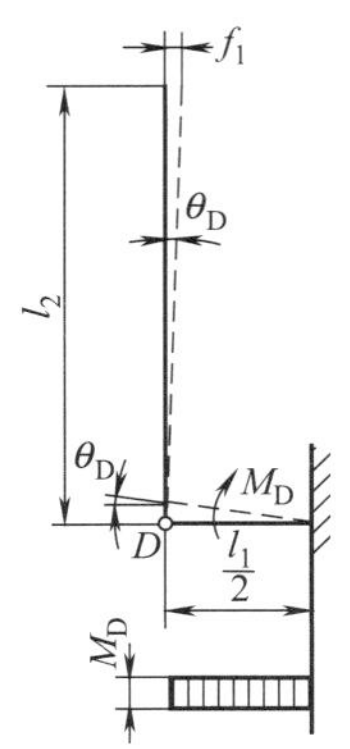

图 9-2-17　下横梁受力变形图及弯矩图

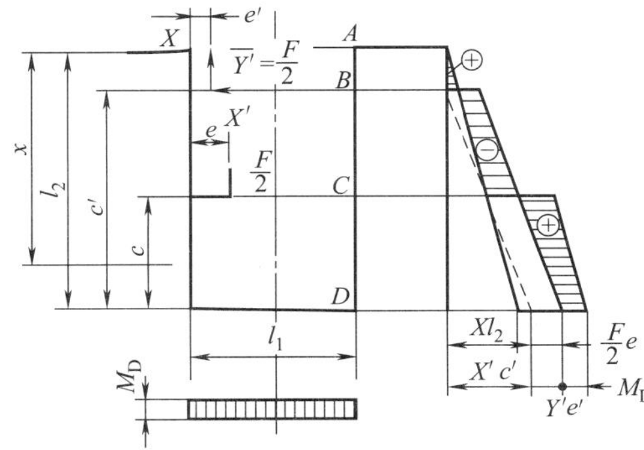

图 9-2-18　中上辊间轧制时作用于机架上的弯矩分布

这种轧机在中上辊间轧制时，作用于机架上的弯矩分布如图 9-2-18 所示。

立柱上的危险断面不外乎 B、C、D 等点。B 点由于存在着斜楔槽，故该点可能成为机架的最危险断面。

B 截面上仅受到 X 及 Y' 两力的弯矩，其值为

$$M_B=X(l_2-c')-\frac{F}{2}e'$$

故 B 截面上弯和拉的合成应力为

$$\sigma_B=\frac{M_B}{W_B}+\frac{F}{2A_B}\leqslant R_b$$

式中　A_B——B 点的横截面积；

W_B——B 点的断面系数。

立柱上其他各点的弯矩，可按上述普遍式求得

$$M_x=Xx+\frac{F}{2}(e-e')-X'(x+c'-l_2) \tag{9-2-11}$$

式中　M_x——立柱上距端部 A 点为 x 处的任一截面上的弯矩。

(5) 计算实例

例 1　图 9-2-19 为 1200×550/1100 四辊热轧机机架结构。要求对该机架进行刚度、强度校核。机架材料为 ZG270-500 钢，轧机的最大轧制力为 16000kN，每片机架上的作用力为 8000kN。

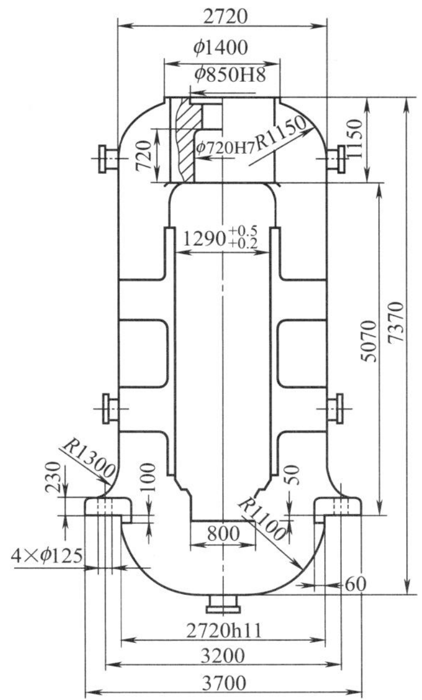

图 9-2-19　1200×550/1100 四辊热轧机机架结构

解　1）绘制机架计算简图

第一步，将机架简化为封闭框架。由于该机架形状较规整，故只取 5 个截面，它们是：上、下横梁的中间截面，立柱的中间截面，上、下横梁与立柱交接处。而后分别求其形心位置和惯性矩。根据所求得的数据及机架的结构尺寸便可作机架的封闭框架图，如图 9-2-20 所示。

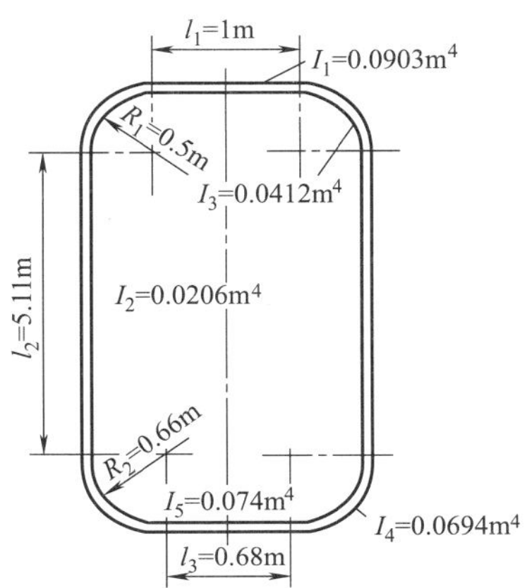

图 9-2-20　1200×550/1100 四辊热轧机机架计算简图

第二步，确定各段的惯性矩及上、下横梁上载荷。

惯性矩（I_i）：

第 9 篇

上横梁中间截面　$I_1=0.0903\text{m}^4$；

立柱的中间截面　$I_2=0.0206\text{m}^4$；

上横梁与立柱的交接处　$I_3=0.0412\text{m}^4$；

下横梁与立柱的交接处　$I_4=0.0694\text{m}^4$；

下横梁中间截面　$I_5=0.074\text{m}^4$；

上横梁左、右端

$$I_6=\frac{I_1+I_3}{2}=\frac{(0.0903+0.0412)}{2}\text{m}^4=0.0658\text{m}^4$$

下横梁左、右端

$$I_7=\frac{I_4+I_5}{2}=\frac{(0.0694+0.074)}{2}\text{m}^4=0.0717\text{m}^4$$

集中力 $8\times10^6\text{N}$ 的等效力臂 $\overline{y}$（参照表 9-2-5 小圆弧形机架载荷图）

$$\overline{y}=\frac{4}{3\pi}\left(\frac{R^3-r^3}{R^2-r^2}\right)=\frac{4}{3\pi}\left(\frac{0.36^3-0.24^3}{0.36^2-0.24^2}\right)\text{mm}=0.187\text{mm}$$

尺寸 l_t 及 b

$$l_t=l_1-2\overline{y}=(1-2\times0.187)\text{m}=0.626\text{m}$$

$$b=0.8\text{m}$$

2）机架的静强度校核

① 按表 9-2-5 中的计算公式求得各截面上的最大应力（见表 9-2-8）。

由表 9-2-8 可知，求得的各截面上最大应力均小于许用应力，故机架静强度满足要求。

② 以轧辊在断裂时机架不产生塑性变形为条件计算机架的许用应力 $[\sigma]'$

$$[\sigma]'=\frac{F_J\sigma_s cK'_\sigma}{0.167\sigma'_b d^3}=\frac{8\times10^6\times2800\times10^5\times0.47\times1.5}{0.167\times9100\times10^5\times0.6^3}\text{Pa}=48\text{MPa}$$

由于上式求得的 $[\sigma]'$ 值大于机架的最大应力，故轧辊在断裂时，机架无损伤。

3）机架的疲劳强度计算　按表 9-2-7 中公式，计算各截面的疲劳安全系数，并列于表 9-2-9 中，由于表中的 S 值大于许用安全系数 $[S]=1.5\sim2$，故机架疲劳强度满足要求。

表 9-2-8　　1200×550/1100 轧机机架的静强度计算数据

截面位置	截面面积 A_i /m²	内边缘至形心的距离 y_i/m	截面的惯性矩 I_i /m⁴	截面系数 W_i /m³	弯矩 M_i /10^5N·m	内边缘上的应力 σ_i /MPa	外边缘上的应力 σ'_i /MPa
上横梁中间截面	0.8593	0.604	0.0903	0.165 0.1495	30.36	−20.2	18.4
立柱中间截面	0.4860	0.358	0.0202	0.051	2.04	11.8	4.64
上横梁与立柱交接处	0.6120	0.450	0.0412	0.0424 0.166	14.15	−33.4	8.53
下横梁与立柱交接处	0.7320	0.50	0.0694	0.0424 0.216	14.56	−34.4	6.75
下横梁中间截面	0.7480	0.550	0.074	0.134	30.36	−22.6	22.6

表 9-2-9　　机架各截面的疲劳安全系数

截面位置	疲劳安全系数
上横梁中间截面	$S=\dfrac{3200\times10^5}{\dfrac{202\times10^5}{2}\left(1+\dfrac{2.5}{0.6\times0.6}\right)}=3.98$
立柱中间截面	$S=\dfrac{2240\times10^5}{\dfrac{118\times10^5}{2}\left(1+\dfrac{2.5}{0.6\times0.6}\right)}=6.32$
横梁与立柱交接处	$S=\dfrac{3200\times10^5+2240\times10^5}{344\times10^5\left(1+\dfrac{2.5}{0.6\times0.6}\right)}=3.64$

续表

截 面 位 置	疲劳安全系数
装设压下螺母台阶的 $A—A$ 柱面剖切的截面	$S=\dfrac{3200\times10^5}{\dfrac{123\times10^5}{2}\left(1+\dfrac{5}{0.6\times0.6}\right)}=3.5$

注：12.3MPa 为 $A—A$ 截面的最大应力，即 $\sigma_{A-A}=\dfrac{8\times10^6\times0.075}{\dfrac{\pi\times0.72\times0.36^2}{6}}\text{Pa}=12.3\text{MPa}$；此处的应力集中系数 $K_\sigma=4.0\sim5.0$。

4）挠度计算　利用表 9-2-6 中的公式计算机架的挠度，并列于表 9-2-10 中。从表中可知，机架在垂直方向的挠度 $f_z=0.0004841\text{m}$，水平方向的挠度 $f_s=0.00039\text{m}$。对于大中型四辊热轧机，机架在垂直方向的总挠度应不大于 0.0005～0.001m。故机架满足刚度要求。由于轧机中滑板与支承辊轴承座宽度之间的最小间隙为 0.00057m，大于机架的水平挠度 $f_s=0.00039\text{m}$，从而可满足轴承座沿窗口自由移动的使用要求。

表 9-2-10　　1200×550/1100 轧机机架的挠度计算

1. 机架在垂直方向的挠度	弯矩引起的变形 f_1	$f_1=\dfrac{1}{2.1\times10^{11}}\Big\{\dfrac{(0.18\times8\times10^6\times0.5-0.57\times2.04\times10^5)\times0.5^2}{0.0412}+\dfrac{8\times10^6\times0.626}{4\times0.658}\left[0.5\left(0.5+\dfrac{0.625}{2}\right)+\dfrac{0.625^2}{12}\right]-\dfrac{2.04\times10^5\times0.626}{2\times0.0658}\left(0.5+\dfrac{0.626}{4}\right)+\dfrac{1}{0.0903}(1-0.626)\left(0.5+\dfrac{1+0.626}{4}\right)\left[\dfrac{8\times10^6}{4}\left(0.5+\dfrac{0.626}{2}\right)-\dfrac{2.04\times10^5}{2}\right]+\dfrac{(0.18\times8\times10^5\times0.66-0.57\times2.04\times10^5)}{0.0694}\times0.66^2+\dfrac{8\times10^6(0.68-0.8)}{4\times0.0717}\times\left[0.66\left(0.66+\dfrac{0.68-0.8}{2}\right)+\dfrac{(0.68-0.8)^2}{12}\right]-\dfrac{2.04\times10^5}{2\times0.0717}(0.68-0.8)\times\left(0.66+\dfrac{0.68-0.8}{4}\right)+\dfrac{8\times10^5\times0.8}{4\times0.074}\left[\left(0.66+\dfrac{0.68-0.8}{2}\right)\left(0.66+\dfrac{0.68}{2}-\dfrac{0.8}{12}\right)+\dfrac{5\times0.8^2}{96}\right]-\dfrac{2.04\times10^5\times0.8}{2\times0.074}\left(0.66+\dfrac{0.68}{2}-\dfrac{0.8}{4}\right)\Big\}\text{m}=0.000132\text{m}$
	剪力引起的变形 f_2	$f_2=\dfrac{1.2\times8\times10^6}{8\times0.75\times10^{11}}\left[\dfrac{\pi\times0.5}{0.612}+\dfrac{2\times0.626}{0.7357}+\dfrac{\pi\times0.66}{0.732}+\dfrac{2(0.68-0.8)}{0.74}+\dfrac{0.8}{0.748}\right]\text{m}=0.0001261\text{m}$
	纵向力引起的变形 f_3	$f_3=\dfrac{8\times10^6}{8\times2.1\times10^{11}}\left[\pi\left(\dfrac{0.5}{0.612}+\dfrac{0.66}{0.732}\right)+\dfrac{4\times5.11}{0.486}\right]\text{m}=0.000228\text{m}$
	垂直方向的总变形 $f_z=f_1+f_2+f_3$	$f_z=(0.000132+0.0001261+0.000228)\text{m}=0.0004841\text{m}$
2. 机架在水平方向的挠度		$f_s=\dfrac{2.04\times10^5\times5.67^2}{4\times2.1\times10^{11}\times0.0202}\text{m}=0.00039\text{m}$

预紧力组合框架式机架的预紧及受力分析、预应力钢丝缠绕机架的设计与计算见有关资料。

2.1.2　液压机机架的结构与设计计算

2.1.2.1　液压机机架的结构

液压机机架包括梁柱组合式机架、C形单柱开式机架和框架式机架、预应力钢丝缠绕机架等。框架式液压机机架类似轧钢机机架也包括整体框架式和组合框架式。典型的梁柱组合式机架的结构。如图9-2-21、图9-2-22所示。C形单柱式锻造压力机如图9-2-23所示，属于缸动式结构。不动的工作柱塞1固定在用四根拉杆3与单柱机架9连接的横梁2上，而工作缸6可以在单柱机架的导向装置8中作上、下往复运动，工作缸的底部固定有上砧。两个回程缸7则固定在机架上，回程时，回程柱塞5通过活动横梁4带动工作缸一起向上作回程运动。

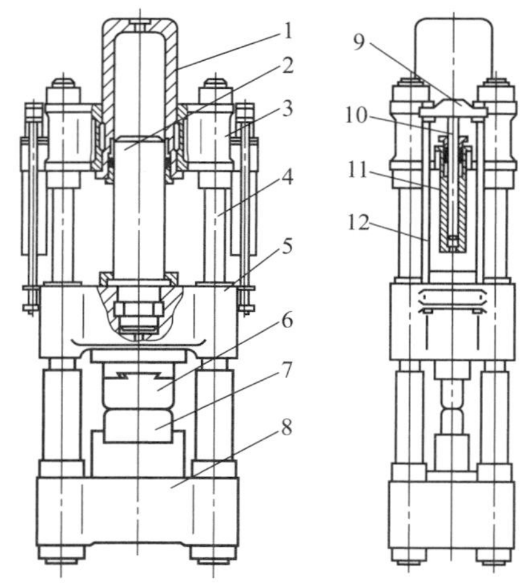

图9-2-21　三梁圆柱式上传动机架

1—工作缸；2—工作柱塞；3—上横梁；4—立柱；5—活动横梁；6—上砧；7—下砧；8—下横架；9—小横梁；10—回程柱塞；11—回程缸；12—拉杆

单柱式机架的刚性比较差，一般做成空心箱形结构，以提高其抗弯刚度并减轻质量。单柱机架可以是整体铸钢结构（见图9-2-23），也可以是钢板焊接结构。其设计计算可参考后面开式曲柄压力机机架的设计。

2.1.2.2　液压机机架的设计计算

偏心载荷作用下四柱式液压机的受力简图如图9-2-24所示。其计算简图如图9-2-25所示。为简化计算，设动梁与导套间的间隙各处一样，从而 $T_1=T_3$，$T_2=T_4$，机架的计算简图进一步简化成图9-2-26。

计算时采用符号如下：

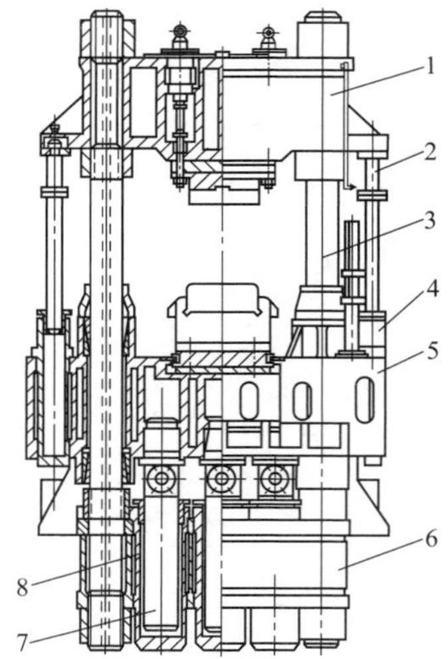

图9-2-22　双柱下拉式锻造液压机

1—上横梁；2—回程柱塞；3—立柱；4—回程缸；5—固定梁；6—下横梁；7—工作柱塞；8—工作缸

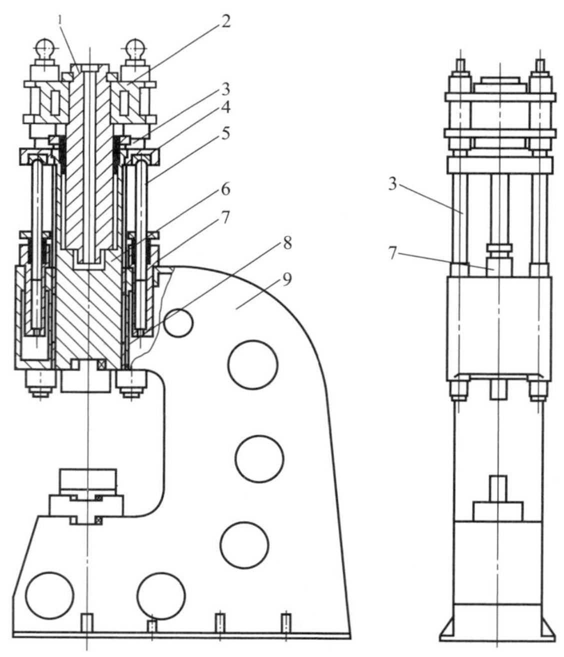

图9-2-23　C形单柱式锻造液压机

1—工作柱塞；2—横梁；3—拉杆；4—活动横梁；5—回程柱塞；6—工作缸；7—回程缸；8—导向装置；9—机架

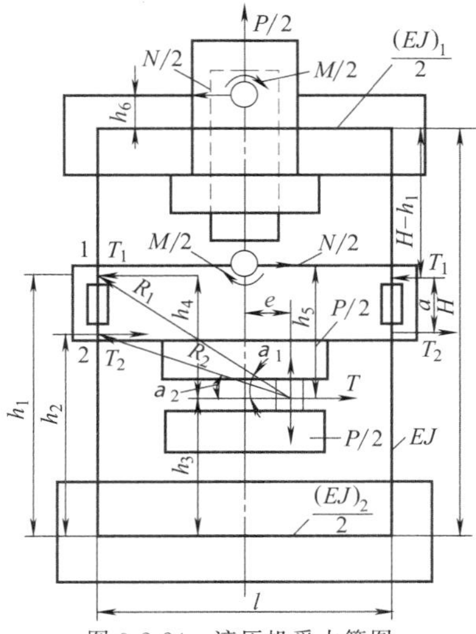

图 9-2-24　液压机受力简图

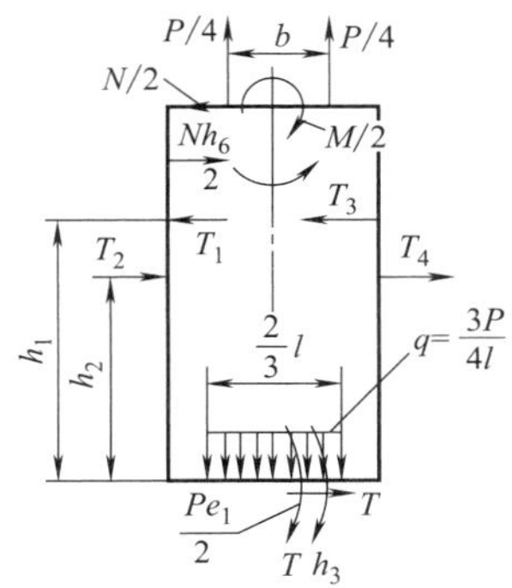

图 9-2-25　液压机计算简图

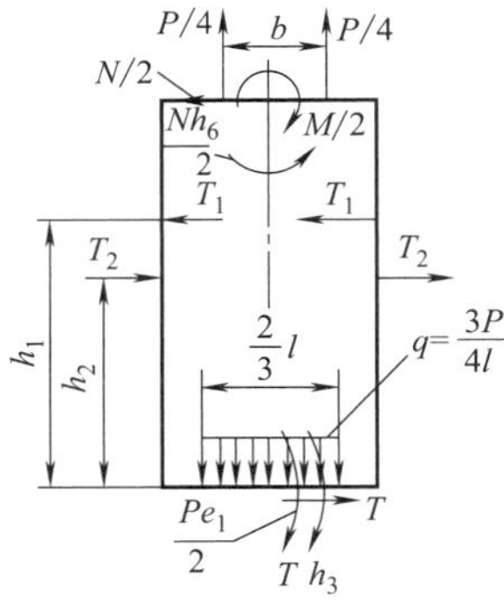

图 9-2-26　液压机机架计算简图

P——液压力点作用力；

H——框架高度；

l——框架宽度；

e——载荷作用偏心距；

EJ——立柱的弯曲刚度；

$(EJ)_1$——上横梁的弯曲刚度；

$(EJ)_2$——下横梁的弯曲刚度；

K_1——刚度比，$K_1=\dfrac{EJ}{(EJ)_1}$；

K_2——刚度比，$K_2=\dfrac{EJ}{(EJ)_2}$。

在图 9-2-24 的受力简图中，有三个未知反力，即 T_1、T_2 及 T。针对活动横梁可列出两个静力平衡方程式

$$2T_1-2T_2+\frac{N}{2}-T=0$$

$$\frac{Pe_1}{2}-\frac{M}{2}-\frac{N}{2}h_5-2T_1h_4+2T_2(h_4-a)=0$$

式中，h_4、a、h_5 可见图 9-2-24。中间杆球面处的摩擦力矩 $M_f=Pe_1$，$N=\dfrac{2M_f}{l}=\dfrac{2fPr}{l}$。$f$ 为柱塞球面副处的摩擦因数，r 为球面副球面半径，$e_1=fr$，l 为两个球面中心间的距离，如图 9-2-27 所示。

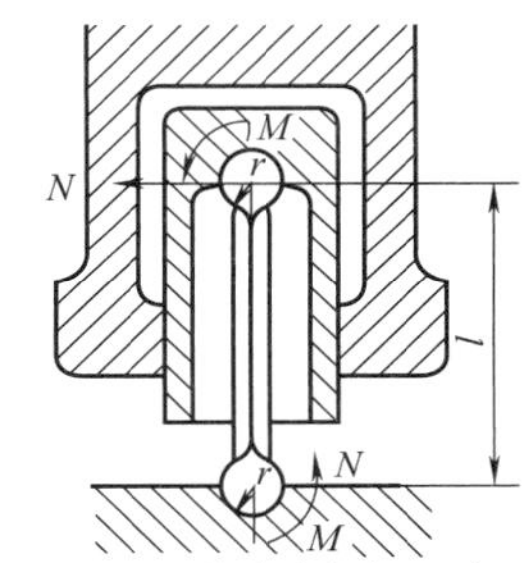

图 9-2-27　柱塞中间杆双球面副

为了解此三个未知内力，尚需建立一个位移谐调方程，即

$$f_1(T_1,T_2)-c_1f_2(T_1,T_2)=0$$

其中

$$c_1=\frac{\left(\alpha_1-\dfrac{\alpha_1^3}{3!}\right)R_1}{\left(\alpha_2-\dfrac{\alpha_2^3}{3!}\right)R_2}$$

式中，α_1、α_2、R_1、R_2 可见图 9-2-24。立柱在 1、2 两点的位移 $f_1(T_1, T_2)$ 及 $f_2(T_1, T_2)$ 则需在解出超静定框架后方可列出。

为了简化计算，以及获得 T_1 和 T_2 力作用下的位移表达式，可将图 9-2-26 的受力框架分解为四个单元受力框架，如图 9-2-28。其中图 9-2-28（a）为中心载荷单元受力框架，图 9-2-28（b）为上横梁作用有弯矩载荷的单元受力框架，图 9-2-28（c）为上横梁作用有侧推力载荷的单元受力框架，图 9-2-28（d）为立柱受侧推力载荷的单元受力框架。

用力法来解单元受力框架。

① 中心载荷的单元受力框架（图 9-2-29）。将 3、4 及 5 点处换成铰支点，并引入未知内力矩 x_1 及 x_2，如图 9-2-30 所示。

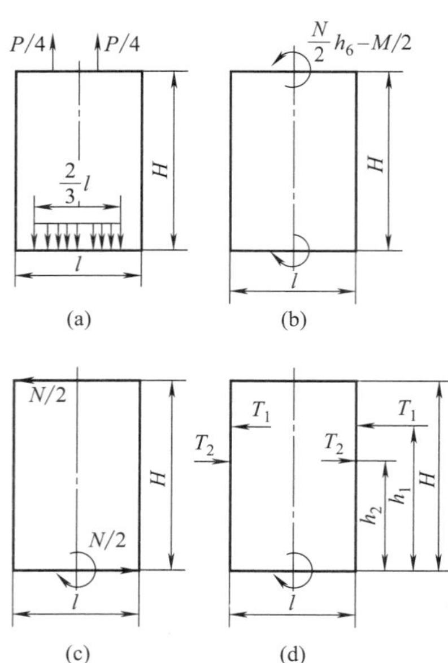

图 9-2-28　单元受力框架

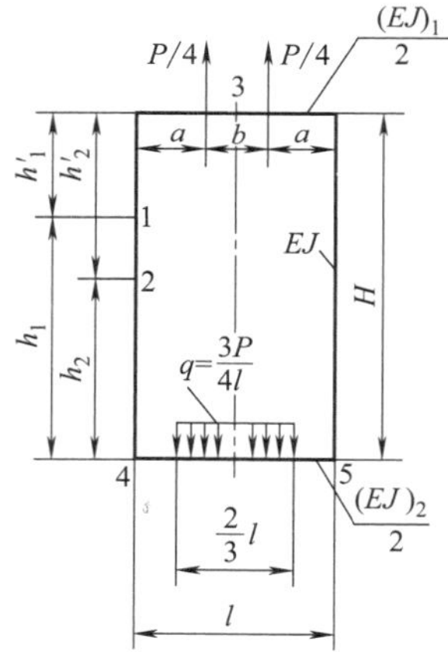

图 9-2-29　中心载荷受力框架

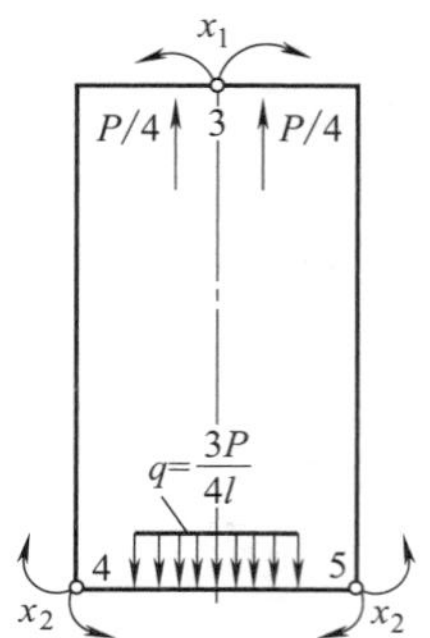

图 9-2-30　未知内力

外力及内力矩 x_1 及 x_2 对于静定基本体系上引起的弯矩图，如图 9-2-31 所示。

可用力法方程组来解出 x_1 及 x_2 值

$$\delta_{11}x_1+\delta_{12}x_2+\delta_{1p}=0$$

$$\delta_{21}x_1+\delta_{22}x_2+\delta_{2p}=0$$

用图形相乘法求出六个系数（位移）如下

$$\delta_{11}=\frac{H}{EJ}\left(\frac{2}{3}+K_1\frac{l}{H}\right)$$

$$\delta_{12}=\delta_{21}=\frac{H}{3EJ}$$

$$\delta_{22}=\frac{H}{EJ}\left(\frac{2}{3}+K_2\frac{l}{H}\right)$$

$$\delta_{1p}=\frac{1}{2EJ}\left(\frac{PaH}{3}+K_1\frac{Pa^2}{2}\right)$$

$$\delta_{2p}=\frac{1}{2EJ}\left(\frac{PaH}{6}-\frac{2}{9}K_2Pl^2\right)$$

从而得出

$$x_1=-\frac{P}{2H}\times\frac{K_1a^2\left(1+\frac{3K_2l}{2H}\right)+\frac{1}{2}aH\left(1+2K_2\frac{l}{H}\right)+\frac{2}{9}K_2l^2}{1+2(K_1+K_2)\frac{l}{H}+3K_1K_2\frac{l^2}{H^2}}$$

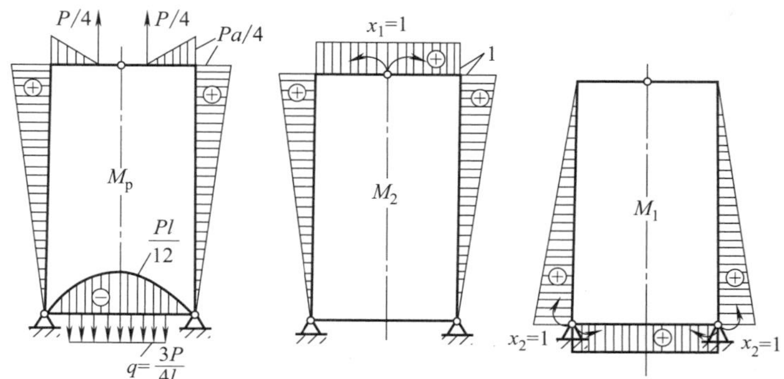

图9-2-31　弯矩图

$$x_2=\frac{P}{2H}\times\frac{\frac{1}{2}K_1a(a-l)+\frac{2}{9}K_2l^2\left(2+3K_1\frac{l}{H}\right)}{1+2(K_1+K_2)\frac{l}{H}+3K_1K_2\frac{l^2}{H^2}}$$

为了求出 1、2 两点的挠度（位移），可在 1、2 两点分别施加单位力，并作出其弯矩图，如图 9-2-32 所示。从而求出 1、2 两点的位移 Δ_{1c}及 Δ_{2c}如下：

$$\Delta_{1c}=\frac{1}{6EJ}\times\frac{h_1h_1'}{H}\left[\left(\frac{Pa}{4}+x_1\right)(H+h_1)+x_2(H+h_1')\right]$$

$$\Delta_{2c}=\frac{1}{6EJ}\times\frac{h_2h_2'}{H}\left[\left(\frac{Pa}{4}+x_1\right)(H+h_2)+x_2(H+h_2')\right]$$

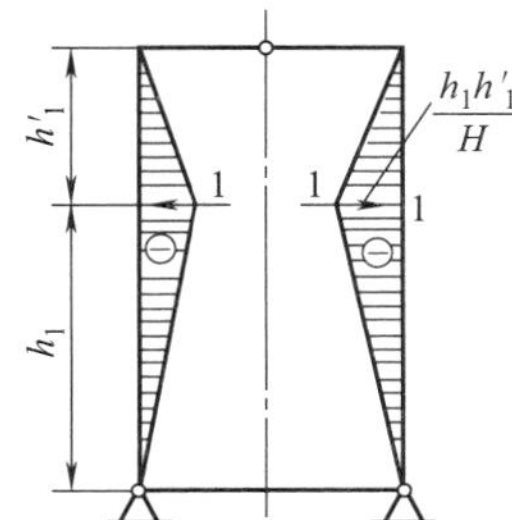

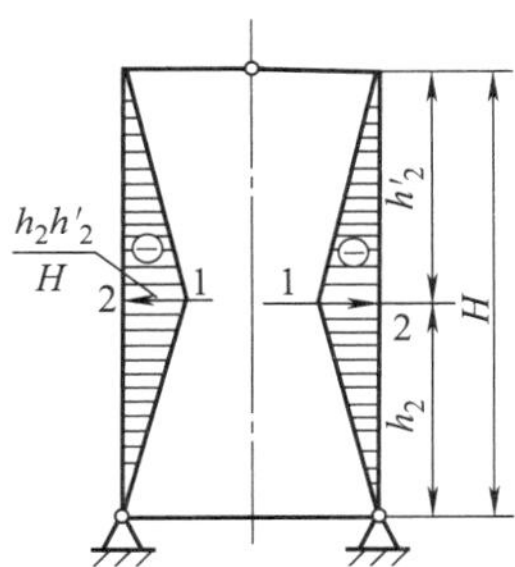

图 9-2-32　单位力弯矩图

② 上横梁作用有弯矩的单元受力框架。计算简图如图 9-2-33 所示。将上横梁沿框架对称轴线切开，在剖分面上，只可能产生反对称剪力 x_3，其静定基本体系如图 9-2-34 所示。外载荷及 x_3 在静定基本体系上的弯矩图如图 9-2-35 所示。力法方程为

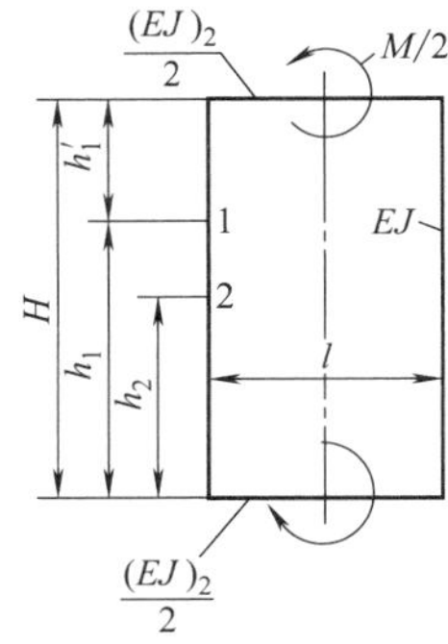

图 9-2-33　上梁弯矩计算简图

$$\delta_{33}x_3+\delta_{3p}=0$$

$$\delta_{3p}=-\frac{Ml^2}{8EJ}\left(2\frac{H}{l}+K_1+K_2\right)$$

$$\delta_{33}=\frac{Hl^2}{6EJ}\left(3+K_1\frac{l}{H}+K_2\frac{l}{H}\right)$$

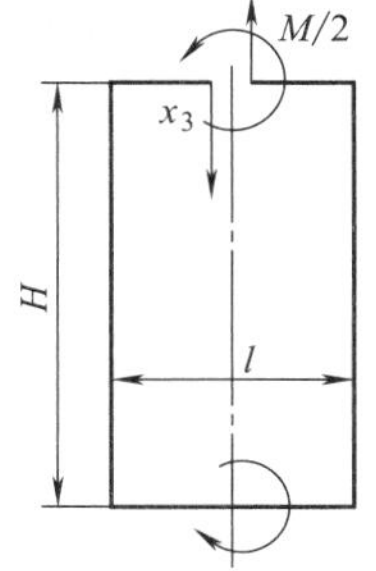

图 9-2-34　静定基本体系

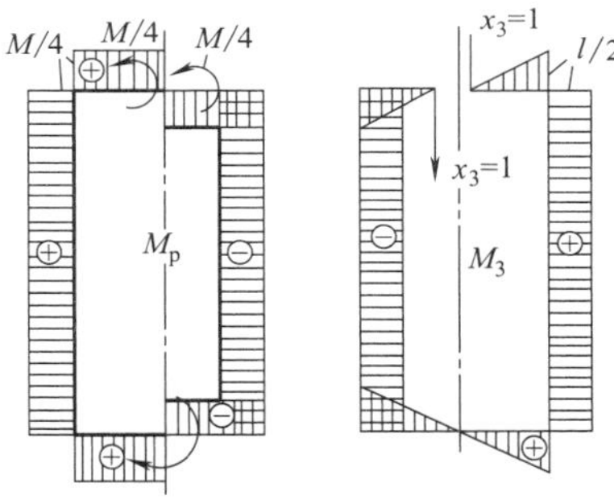

图 9-2-35　弯矩图

求出内力 x_3 为

$$x_3=\frac{3}{4l}M\frac{2+K_1\frac{l}{H}+K_2\frac{l}{H}}{3+K_1\frac{l}{H}+K_2\frac{l}{H}}$$

为求 1、2 两点的挠度，在静定基本体系上加单位力，并作出其弯矩图，如图 9-2-36 所示。

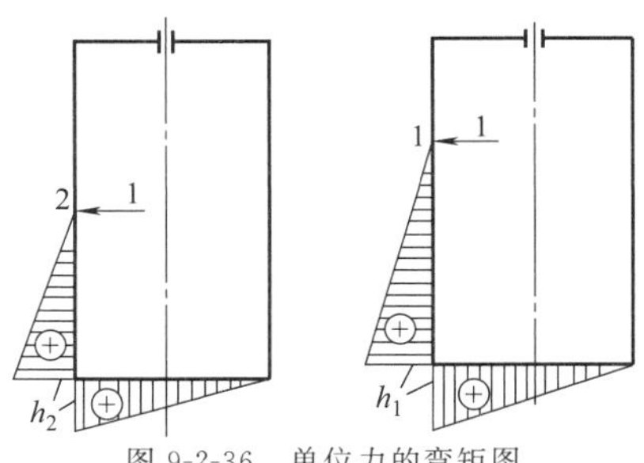

图 9-2-36　单位力的弯矩图

1、2 两点的挠度为

$$\Delta_{1M}=\frac{h_1}{8EJ}\left(Mh_1+K_2Ml-2x_3lh_1-\frac{4}{3}K_2x_3l^2\right)$$

$$\Delta_{2M}=\frac{h_2}{8EJ}\left(Mh_2+K_2Ml-2x_3lh_2-\frac{4}{3}K_2x_3l^2\right)$$

③ 上横梁作用有侧推力的单元受力框架。其计算简图如图 9-2-37 所示。将上横梁沿框架对称轴线切开，在剖分面上作用有反对称剪力 x_3，其静定基本体系如图 9-2-38 所示。

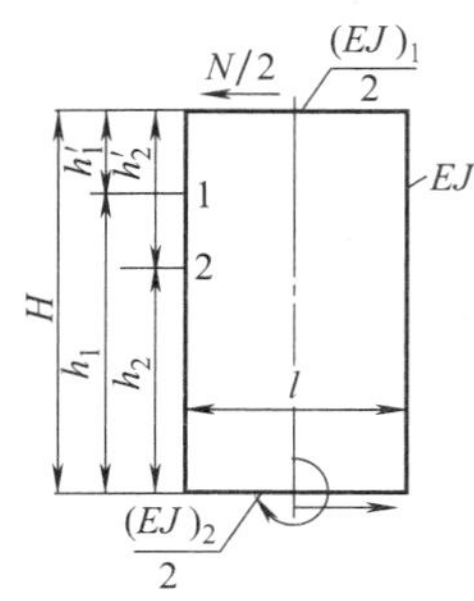

图 9-2-37　上梁受侧推力受力简图

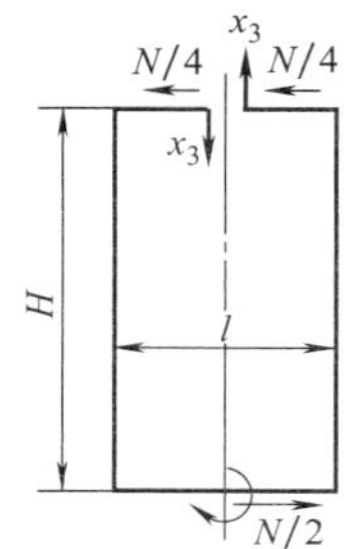

图 9-2-38　静定基本体系

外载荷及未知内力 x_3 在静定基本体系上的弯矩图如图 9-2-39 所示。

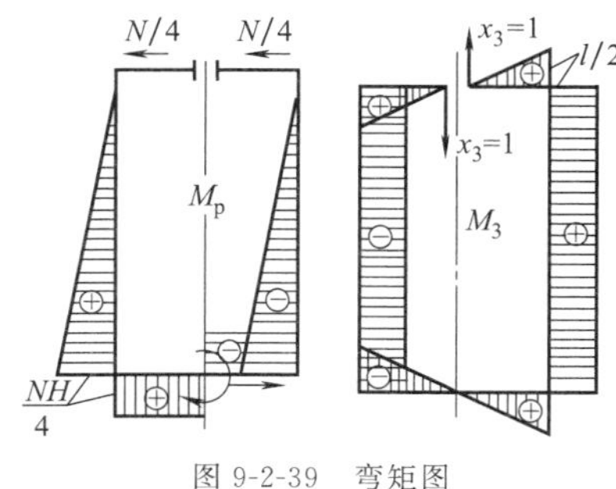

图 9-2-39　弯矩图

求出未知内力 x_3

$$x_3=\frac{3}{4}N\frac{H}{l}\times\frac{1+K_2\dfrac{l}{H}}{3+K_1\dfrac{l}{H}+K_2\dfrac{l}{H}}$$

立柱 1、2 两点的侧向挠度为

$$\Delta_{1N}=\frac{h_1}{8EJ}\left(\frac{2}{3}Hh_1N+\frac{1}{3}h_1h_1'N+K_2HlN-2x_3lh_1-\frac{4}{3}K_2x_3l^2\right)$$

$$\Delta_{2N}=\frac{h_2}{8EJ}\left(\frac{2}{3}Hh_2N+\frac{1}{3}h_2h_2'N+K_2HlN-2x_3lh_2-\frac{4}{3}K_2x_3l^2\right)$$

④ 立柱受侧推力的单元受力框架。计算简图如图 9-2-40 所示，将上横梁沿框架对称轴线切开，剖分面上作用未知反对称剪力 x_3。其静定基本体系如图 9-2-41 所示。

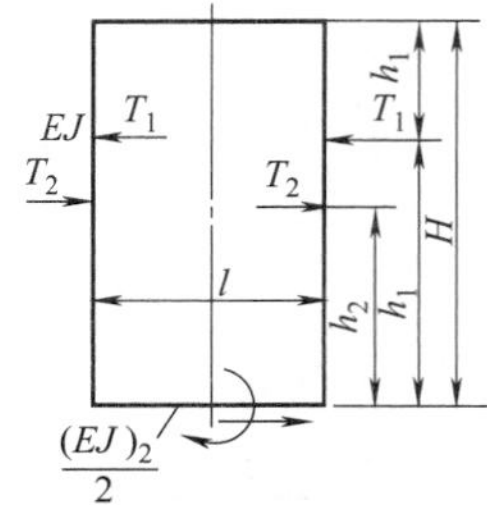

图 9-2-40　立柱受侧推力的计算简图

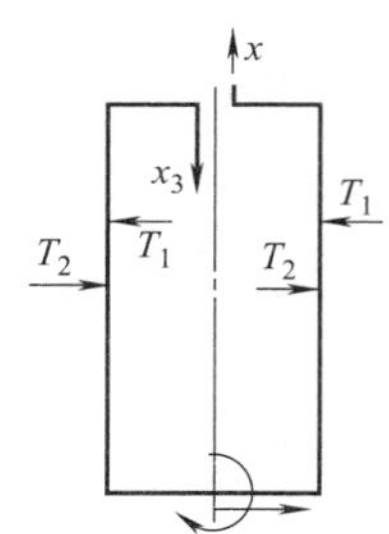

图 9-2-41　静定基本体系

外载荷及 x_3 在静定基本体系上的弯矩图如图 9-2-42 所示。

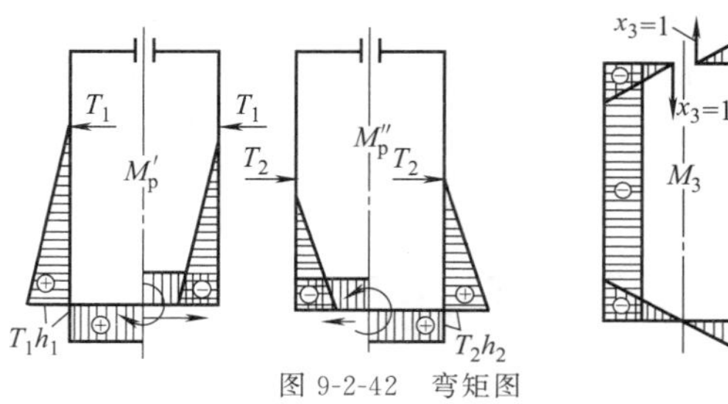

图 9-2-42　弯矩图

求出未知内力 x_3

$$x_3=\frac{3}{Hl}\times\frac{T_1h_1^2\left(1+K_2\dfrac{l}{h_1}\right)-T_2h_2^2\left(1+K_2\dfrac{l}{h_2}\right)}{3+K_1\dfrac{l}{H}+K_2\dfrac{l}{H}}$$

立柱 1、2 两点的侧向挠度为

$$\Delta_{1T}=\frac{1}{EJ}\Big(\frac{T_1h_1^3}{3}+\frac{T_2h_2^3}{6}-\frac{T_2h_2^2h_1}{2}+\frac{1}{2}K_2T_1h_1^2l-\frac{1}{2}K_2T_2h_1h_2l-\frac{1}{4}x_3h_1^2l-\frac{1}{6}K_2x_3l^2h_1\Big)$$

$$\Delta_{2T}=\frac{1}{EJ}\Big(\frac{1}{2}T_1h_1h_2^2-\frac{1}{6}T_1h_2^3-\frac{T_2h_2^3}{3}+\frac{1}{2}K_2T_1h_1h_2l-\frac{1}{2}K_2T_2h_2^2l-\frac{1}{4}x_3h_2^2l-\frac{1}{6}K_2x_3h_2l^2\Big)$$

⑤ 求出位移谐调方程。

$$f_1(T_1、T_2)=\Delta_1=\Delta_{1C}+\Delta_{1M}+\Delta_{1N}+\Delta_{1T}$$

$$f_2(T_1、T_2)=\Delta_2=\Delta_{2C}+\Delta_{2M}+\Delta_{2N}+\Delta_{2T}$$

代入位移谐调方程 $f_1(T_1、T_2)-Cf_2(T_1、T_2)=0$，并与前述两个静力平衡方程联立，从而可解出未知内力 T_1、T_2 及 T。

因此，类似于液压机机架的受力比较复杂的机架，虽然受力情况各不相同，但其计算方法及步骤却是相似的（见表 9-2-11）。

表 9-2-11　复杂机架的计算方法和步骤

序号	步　骤
1	根据工艺特点，建立机架受力简图，并确定机架各部分有关几何尺寸及 EJ、$(EJ)_i$、K_i 等特征值
2	列出静力平衡方程式，如未知支反力的数目多于静力平衡方程式数，则尚需找出相应的位移谐调方程
3	根据机架受力简图，作出框架计算简图。将复杂的受力框架分解为单元受力框架
4	作出每个单元受力框架的静定基本体系及弯矩图，得出其内力表达式、立柱上 1、2 两点（动梁传力点）的挠度表达式，这些表达式均为未知支反力 T_i 的函数
5	将每个单元受力框架的挠度（位移）叠加，得出框架上各相应点的总挠度值，代入位移谐调方程，并与静力平衡方程联立，解出框架上待定支反力 T_i
6	将求出的未知支反力 T_i 代入各单元受力框架，作出各单元受力框架的弯矩图、剪力图及轴力图
7	将各单元受力框架的弯矩图等分别叠加，即为框架总的弯矩图、剪力图及轴力图
8	进行立柱或横梁的强度核算及刚度（挠度）计算

2.1.3　曲柄压力机机架的设计与常规计算

2.1.3.1　曲柄压力机闭式机架的常规计算

曲柄压力机闭式机架属于闭框式机架。

(1) 计算假定

1) 机身是封闭的静不定框架，框架宽度等于立柱轴线之间的距离，其计算高度或长度与结构上尺寸相等。

2) 横梁、工作台和立柱长度方向上惯性矩和横截面面积差别变化不大，可视为不变，并以相应长度上的当量值进行计算。当量值的计算公式如下：

$$当量截面积\ A=\frac{l}{\sum_{i=1}^{n}(l_i/A_i)}$$

$$当量惯性矩\ I=\frac{\sum_{i=1}^{n}I_il_i}{\sum_{i=1}^{n}l_i}$$

式中　l——横梁（工作台或立柱）长度；

A——横梁（工作台或立柱）横截面面积；

I——横梁（工作台或立柱）惯性矩；

l_i，A_i，I_i——第 i 个截面的长度、面积和惯性矩。

(2) 对称载荷作用下的闭式机身特性截面上的力和变形（见表 9-2-12）

表 9-2-12　对称载荷作用下的闭式机身特性截面上的力和变形计算

		结构简图	计算简图	弯矩图	剪力图	法向力图
曲轴横放的单点压力机机身	简图或内力图	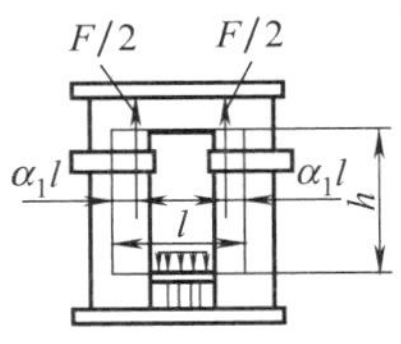 $F/2$　$F/2$　$\alpha_1 l$　$\alpha_1 l$　l　h	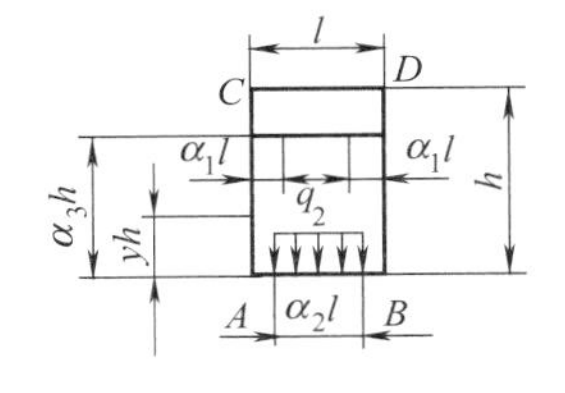 l　C　D　$\alpha_1 l$　$\alpha_1 l$　q_2　$\alpha_3 h$　yh　h　A　$\alpha_2 l$　B	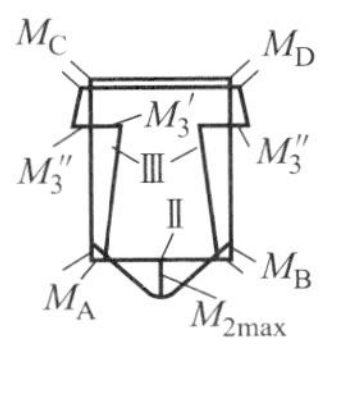 M_C　M_D　M_3'　M_3''　M_3''　Ⅲ　Ⅱ　M_A　M_B　M_{2max}	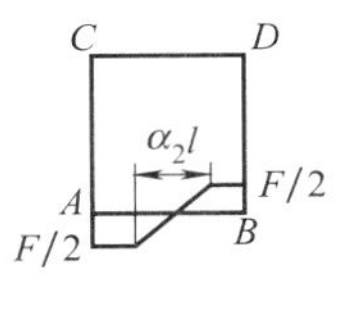 C　D　$\alpha_2 l$　A　$F/2$　$F/2$　B	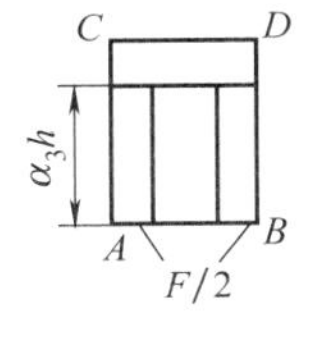 C　D　$\alpha_3 h$　A　B　$F/2$

续表

类型	项目		计算公式	剪力	法向力
曲轴横放的单点压力机机身	特性截面中的弯矩、剪力和法向力		$M_A=M_B=\frac{Fl}{24}\times\frac{12\alpha_1[2K_1+1-(3K_1+2)2\alpha_3+(K_1+1)3\alpha_3^2]+(3-\alpha_2^2)(3K_1K_2+2K_2)\nu_2}{3K_1K_2+2K_1+2K_2+1}$ $M_C=M_D=\frac{Fl}{24}\times\frac{12\alpha_1[K_2+2\alpha_3-(K_2+1)3\alpha_3^2]-(3-\alpha_2^2)K_2\nu_2}{3K_1K_2+2K_1+2K_2+1}$ $M'_3=M_A+\alpha_3(M+M_C-M_A)$ $M_{2\max}=M_A-\frac{Fl}{4}\left(1-\frac{\alpha_2}{2}\right)$ $M''_3=M_A-M+\alpha_3(M+M_C-M_A)$ $M=\frac{F}{2}\alpha_1 l$	$-Q_{A2}=Q_{B2}=\frac{F}{2}$ $Q_3=\frac{M+M_C-M_A}{h}$	$N_{A3}=N_{B3}=\frac{F}{2}$
	机身变形计算	截面的纵向位移	$\Delta_{Ⅱ-Ⅲ}=\Delta M_{ⅡA}+\Delta Q_{ⅡA}+\Delta N_{ⅢA}$		
		截面的横向位移	δ'_{3A}(从 A 点算起)$=\theta_0\gamma h-\frac{M_A\gamma^2h^2}{2EI_3}-\frac{M+M_C-M_A}{6EI_3}\gamma^3h^2$ 式中　$\theta_0=\frac{h}{6EI_3}[2M_A+M(6\alpha_3-3\alpha_3^2-2)+M_C]$		
曲轴纵放的单点压力机机身	简图或内力图		结构简图；计算简图；弯矩图	剪力图	法向力图
	特性截面上的弯矩、剪力和法向力		$M_A=M_B=\frac{Fl}{24}\times\frac{(3-\alpha_2^2)(3K_1K_2+2K_2)\nu_2-3K_1\nu_1}{3K_1K_2+2K_1+2K_2+1}$ $M_C=M_D=\frac{Fl}{24}\times\frac{(9K_1K_2+6K_1)\nu_1-(3-\alpha_2^2)K_2\nu_2}{3K_1K_2+2K_1+2K_2+1}$ $M_{1\max}=M_C-\frac{Fl}{4}$ $M_{2\max}=M_A-\frac{Fl}{4}\left(1-\frac{\alpha_2}{2}\right)$	$-Q_{A2}=Q_{B2}=\frac{F}{2}$ $-Q_{C1}=Q_{D1}=\frac{F}{2}$	$N_{A3}=N_{B3}=\frac{F}{2}$ $N_{C3}=N_{D3}=\frac{F}{2}$
	机身变形计算	截面的纵向位移	$\Delta_{Ⅰ-Ⅱ}=\Delta M_{ⅡA}+\Delta Q_{ⅡA}+\Delta N_{AC}+\Delta M_{ⅠC}+\Delta Q_{ⅠC}$		
		截面的横向位移	横向位移 δ_{3A} 从 A 点算起 $\delta_{3A}=\frac{h^2}{6EI_3}[\beta^3(M_{A3}-M_C)-3\beta^2M_{A3}+\beta(2M_{A3}+M_C)]$		

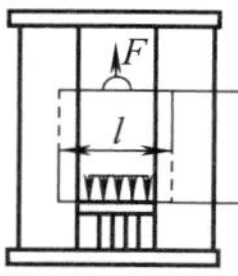

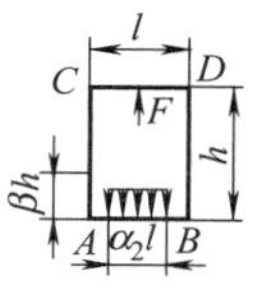

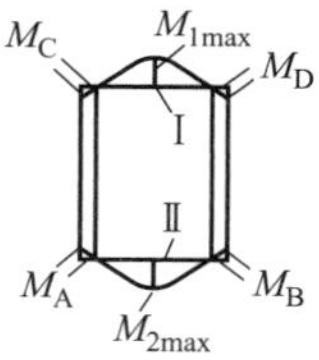

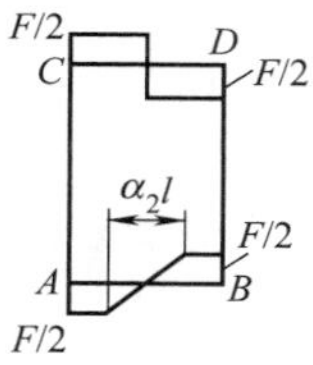

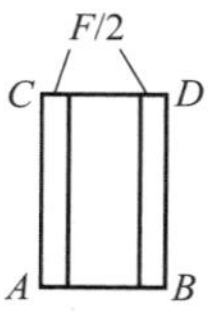

续表

曲轴纵放的双点四点压力机机身	简图或内力图		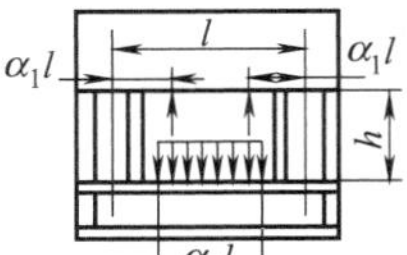	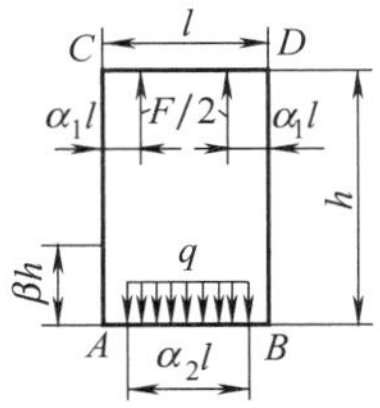	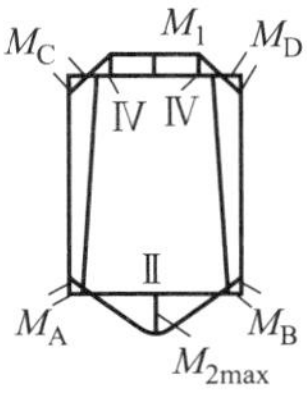	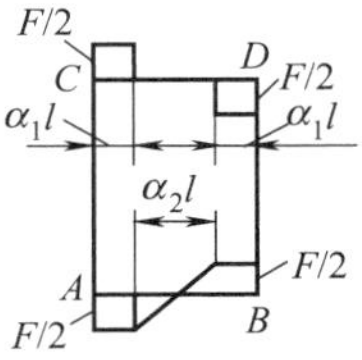	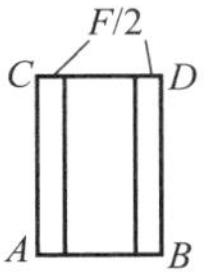
	特性截面上的弯矩、剪力和法向力		$M_A=M_B=\frac{Fl}{24}\times\frac{(3-\alpha_2^2)(3K_1+2)K_2\nu_2+12\alpha_1(\alpha_1-1)K_1\nu_1}{3K_1K_2+2K_1+2K_2+1}$ $M_C=M_D=\frac{Fl}{24}\times\frac{(\alpha_2^2-3)K_2\nu_2+12K_1(1-\alpha_1)\alpha_1(3K_2+2)\nu_1}{3K_1K_2+2K_1+2K_2+1}$ $M_1=M_C-\frac{Fl}{2}\alpha_1$ $M_{2\max}=M_A-\frac{Fl}{4}\left(1-\frac{\alpha_2}{4}\right)$			$-Q_{A2}=Q_{B2}=\frac{F}{2}$ $-Q_{C1}=Q_{D1}=\frac{F}{2}$	$N_{A3}=N_{B3}=\frac{F}{2}$ $N_{C3}=N_{D3}=\frac{F}{2}$
	机身变形计算	截面的纵向位移	$\Delta_{\text{Ⅱ}-\text{Ⅳ}}=\Delta M_{\text{Ⅳ}C}+\Delta Q_{\text{Ⅳ}C}+\Delta N_{AC}+\Delta M_{\text{Ⅱ}A}+\Delta Q_{\text{Ⅱ}A}$				
		截面的横向位移	δ_{3A}(横向位移)$=\frac{h^2}{6EI_3}[\beta^3(M_{A3}-M_C)-3\beta^2M_{A3}+\beta(2M_{A3}+M_C)]$				
说明			$\Delta M_{\text{Ⅱ}A}=\Delta M_{\text{Ⅱ}B}=\frac{Fl^3}{48EI_2}\left(1-0.5\alpha_2^2+0.125\alpha_2^3-\frac{6M_{A2}}{Fl}\right)$ $\Delta M_{\text{Ⅰ}C}=\Delta M_{\text{Ⅰ}D}=\frac{Fl^3}{48EI_1}\left(1-0.5\alpha_1^2+0.125\alpha_1^3-\frac{6M_{C3}}{Fl}\right)$ $\Delta M_{\text{Ⅳ}C}=\Delta M_{\text{Ⅳ}D}=\frac{Fl^3\alpha_1^2}{6EI_1}\left[1.5-2\alpha_1-\frac{3M_C(1-\alpha_1)}{\alpha_1Fl}\right]$ $\Delta Q_{\text{Ⅱ}A}=\Delta Q_{\text{Ⅱ}B}=\frac{\lambda_2Fl}{8GA_2}(2-\alpha_2)$ $\Delta Q_{\text{Ⅰ}C}=\Delta Q_{\text{Ⅰ}D}=\frac{\lambda_1Fl}{8GA_1}(2-\alpha_1)$ $\Delta Q_{\text{Ⅳ}C}=\Delta Q_{\text{Ⅳ}D}=\frac{\lambda_1Fl\alpha_1}{2GA_1}$ $\Delta N_{AC}=\Delta N_{BD}=\frac{Fl}{2GA_3}$ $\Delta N_{A\text{Ⅲ}}=\Delta N_{B\text{Ⅲ}}=\frac{F\alpha_3h}{2EA_3}$ $\gamma=\frac{\sqrt{3}M_A\pm\sqrt{3M_A^2-(M_A-M-M_C)[2M_A+M(6\alpha_3-3\alpha_3^2-2)+M_C]}}{\sqrt{3}(M_A-M-M_C)}$ $\beta=\frac{M_{A3}}{M_{A3}-M_C}\pm\frac{\sqrt{M_{A3}^2+M_{A3}M_C+M_C^2}}{\sqrt{3}(M_{A3}-M_C)}$ $\theta_0=\frac{h}{6EI_3}[2M_A+M(6\alpha_3-3\alpha_3^2-2)+M_C]$ $K_1=\frac{I_2l}{I_1h}$　　$K_2=\frac{I_3l}{I_2h}$ $\lambda_1=\lambda_{CD\max}=\frac{A_1S_1}{I_1b_1}$　　$\lambda_2=\lambda_{AB\max}=\frac{A_2S_2}{I_2b_2}$ $\nu_1=\frac{\lambda_1F}{2GA_1}$　　$\nu_2=\frac{\lambda_2F}{2GA_2}$ $q=\frac{F}{\alpha_2l}$ 式中　$F=F_g$(压力机公称压力) I_1,I_2——分别为 CD 及 AB 杆截面惯性矩 I_3——AC 及 BD 杆截面惯性矩				

续表

说明	λ_{CDmax},λ_{ABmax}——最大截面系数 A_1,A_2——分别为 CD 及 AB 杆的截面面积 A_3——AC 及 BD 杆的截面面积 b_1,b_3——中性层截面宽度 S_1,S_2——截面部分面积中性轴的静力矩 G——切变模量

注：1. 许用应力：对于铸铁机身 $[\sigma]\approx 0.1\sigma_b$；对于钢板焊接机身 $[\sigma]\approx(0.15\sim 0.2)\sigma_b$。

2. 对于闭式组合机身，当螺栓正确拉紧时，和整体一样工作，则可按闭式机身计算公式进行计算。此时，应根据预紧状态及工作状态来确定变形和危险截面的应力，并对拉紧螺栓及螺母进行有关计算。

2.1.3.2　开式曲柄压力机机身的设计与计算

（1）开式曲柄压力机机架设计

开式曲柄压力机机身的刚度要比闭框形机架低得多，但便于操作和调整，因而广泛用作小型曲柄压力机、液压机、折板机以及锻锤等机器的机身。

开式压力机工作中主要产生两种变形：垂直变形和角变形（图 9-2-43），垂直变形是指装模高产生的变形 Δh，角变形是指压力机的滑块相对工作台面产生的倾角 $\Delta\alpha$。在这两种变形中危害最大的是角变形。角变形的存在使上、下冲模互相歪斜（图 9-2-44），它影响到工件的质量、模具的寿命、加速滑块导向部分的磨损和增加能量消耗。

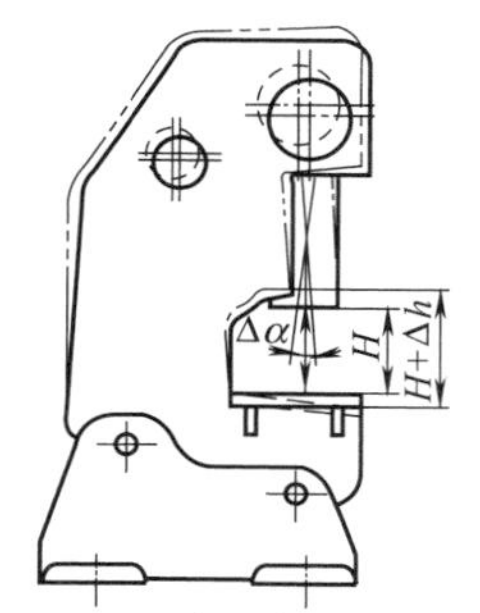

图 9-2-43　开式压力机的弹性变形

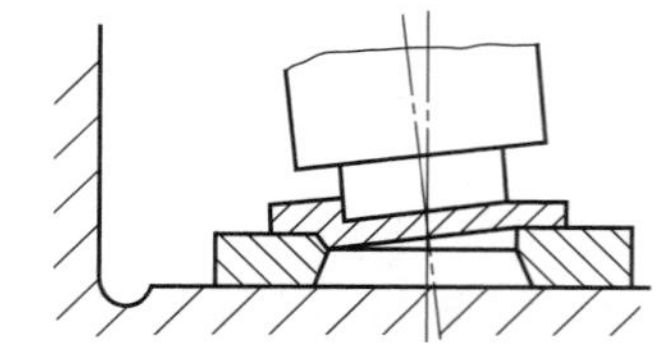

图 9-2-44　压力机的角变形对冲模等的影响

开式机架的基本尺寸由经验公式确定。

机架铸铁立柱截面的最小面积

$$S_{min}=KF_g$$

式中　F_g——开式压力机标称压力，kN；

K——系数，由表 9-2-13 选取，和标称压力 F_g 和 a 有关，a 为力作用线到机架正面板壁的距离，即喉口深度，mm。

焊接机架的立柱截面最小面积，比铸铁立柱小 33%～50%。为了提高开式机架的刚度，设计机架时所确定机架立柱的截面积要比从刚度计算所求得的大 0.5～1 倍。

表 9-2-13　　系数 K 的选取

$\frac{a}{10\sqrt{F_g}}$		0.8	0.9	1	1.12	1.25	1.4	1.6
K	单柱机架	1.12	1.18	1.25	1.32	1.4	1.5	1.69
	双柱机架	1	1.06	1.12	1.18	1.25	1.32	1.4

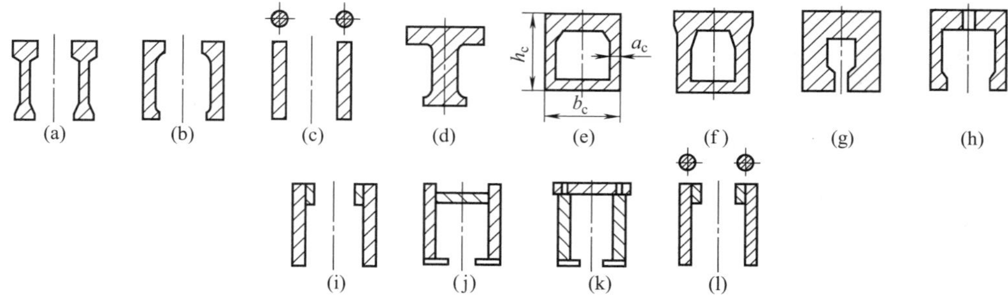

图 9-2-45　开式机架立柱常见截面形状

(a)～(h) 铸造；(i)～(l) 焊接

截面尺寸的确定：开式机架常用截面形状如图 9-2-45 所示。对于开式单柱机架，$h_c=(2\sim3.5)A$；对于双柱机架，$h_c=(2.3\sim4)A$；大型机架取大值。对于箱形机架的高宽比 $h_c/b_c=1\sim1.7$，b_c 为机架立柱截面的宽度。

机架壁厚的确定：开式焊接机架侧壁的厚度一般按经验公式 $a_c\approx0.9\sqrt{F_g}$，通常 $a_c\geqslant8\text{mm}$；双柱或单柱铸铁机架 $a_c=8\sim40\text{mm}$。单柱机架后面的壁厚和侧面的壁厚相等，但正面的壁厚要超过侧壁的 2～3 倍。

（2）开式机架强度和刚度计算（见表 9-2-14）

表 9-2-14　**开式机架强度和刚度计算公式**

<table>
<tr><th colspan="2">形　式</th><th>可倾直柱式</th><th>不可倾Ⅱ形直柱式</th><th>曲　柱　式</th></tr>
<tr><td colspan="2">简图</td><td></td><td></td><td></td></tr>
<tr><td colspan="2">计算假设</td><td colspan="2">①视机架为不封闭刚架，刚架中各杆的轴线通过机架各截面的形心
②机架各段（横梁，立柱，工作台）的截面积 A 和惯性矩 I 在各段内不变
③作用于导轨及中间轴和轴承中反力的水平分力忽略不计</td><td>①视机架为不封闭曲线形刚架，曲线形刚架上的各点即为机架上对应截面的形心
②作用于导轨及中间轴和轴承中反力的水平分力忽略不计</td></tr>
<tr><td rowspan="2">机架静强度校核</td><td>危险截面Ⅱ-Ⅱ的弯矩 M(N·m)</td><td colspan="3">$$M=F_g(a+y_c)$$
式中　F_g——压力机公称压力，N
a——喉口深度，m，即滑块中心线到机架喉口内缘的距离
y_c——喉口内缘到截面形心的距离，m</td></tr>
<tr><td>危险截面Ⅱ-Ⅱ的应力校核</td><td colspan="2">$$\sigma_{l\max}=\frac{F_g}{A}+\frac{My_c}{I}\leqslant\sigma_{lp}$$
$$\sigma_{y\max}=\frac{F_g}{A}+\frac{M(H-y_c)}{I}\leqslant\sigma_{yp}$$
式中　$\sigma_{l\max}$，$\sigma_{y\max}$——最大的拉应力及压应力，Pa
M——危险截面上的弯矩，N·m
H——危险截面的高度，m
A——危险截面的面积，m^2
I——危险截面的惯性矩，m^4
σ_{lp}，σ_{yp}——分别为许用拉、压应力，Pa</td><td>$$\sigma_{l\max}=\frac{F_g}{A}+\frac{M}{rA}+\frac{My_c}{I}\times\frac{1}{1-\frac{y_c}{r}}\leqslant\sigma_{lp}$$
$$\sigma_{y\max}=\frac{F_g}{A}+\frac{M}{rA}-\frac{M(H-y_c)}{I}\times\frac{1}{1+\frac{(H-y_c)}{r}}\leqslant\sigma_{yp}$$
式中　r——截面形心曲率半径，m
其余符号意义同左</td></tr>
<tr><td rowspan="3">机架刚度计算</td><td rowspan="2">机架角度 $\Delta\alpha$</td><td>$$\Delta\alpha=\frac{F_g}{2E}\left(\frac{a^2}{I_1}+\frac{2l_1l_2}{I_2}+\frac{l_3^2\sin\beta}{I_3}\right)\text{rad}$$</td><td>$$\Delta\alpha=\frac{F_g}{2E}\left(\frac{a^2}{I_1}+\frac{2l_1l_2}{I_2}+\frac{a^2}{I_3}\right)\text{rad}$$</td><td rowspan="2">根据摩尔定理求得
$$\Delta\alpha=\int_l\frac{F_gx}{EI}\text{d}l$$
式中　l——曲线 MN 长度，m
I——惯性矩，m^4
E——弹性模量，Pa
F_g——公称压力，N</td></tr>
<tr><td colspan="2">式中　β——BC 和 CD 杆交角
I_1，I_2，I_3——Ⅰ—Ⅰ、Ⅱ—Ⅱ、Ⅲ—Ⅲ截面的惯性矩，m^4
E——弹性模量，钢板取 $E=2.1\times10^{11}$Pa，铸铁取 $E=0.9\times10^{11}$Pa
F_g——公称压力，N
l_1，l_2，l_3——杆 AB、BC、CD 的长度，m</td></tr>
<tr><td>角刚度 C_a 的校核</td><td colspan="3">机架角刚度　$C_a=\frac{F_g}{\Delta\alpha}\geqslant C_{ap}$　　$C_{ap}=0.0012F_g$
式中　F_g——公称压力，kN
$\Delta\alpha$——喉口相对变形，10^{-6}rad
C_a——机架角刚度，GN/rad
C_{ap}——机架许用角刚度，GN/rad
对于刚度要求较低的压力机，许用刚度可取：$C_{ap}=0.001F_g$(GN/rad)</td></tr>
</table>

续表

形　式		可倾直柱式	不可倾Ⅱ形直柱式	曲　柱　式
机架许用应力的确定	铸造机架	HT200 或 QT450-10	$\sigma_p \approx 0.1\sigma_b$ 当铸铁 $\sigma_b \geqslant 200$MPa 时 $\begin{cases}\sigma_{lp}=20\sim30\text{MPa}\\ \sigma_{yp}=30\sim400\text{MPa}\end{cases}$	
		ZG270-500	$\sigma_p = 50$MPa	
	焊接机架	Q235A 钢板(厚 20～150mm)或 16Mn 钢板	$\sigma_p \approx (0.15\sim0.2)\sigma_b$ 当钢板 $\sigma_b \geqslant 400$MPa 时，$\sigma_{lp}=40\sim60$MPa	
说　明		①和可倾式机架结构相同的不可倾机架角刚度计算公式为：$\Delta\alpha=\frac{F_g}{2E}\left(\frac{l_1^2}{I_1}+\frac{2l_1l_2}{I_2}+\frac{l_3^2\sin\beta}{I_3}\right)$，强度计算公式相同 ②满足角刚度条件时，垂直刚度对机架的工作精度影响不大，一般不进行计算。其平均垂直刚度 $C_{hp}=1000$kN/mm ③机架中，应力集中部位的实际应力值比表中公式计算值大 1～3 倍 ④表中变形计算值比实测值差 20%～40%左右，而且计算值要小 ⑤应选择 3～4 个危险截面进行计算		

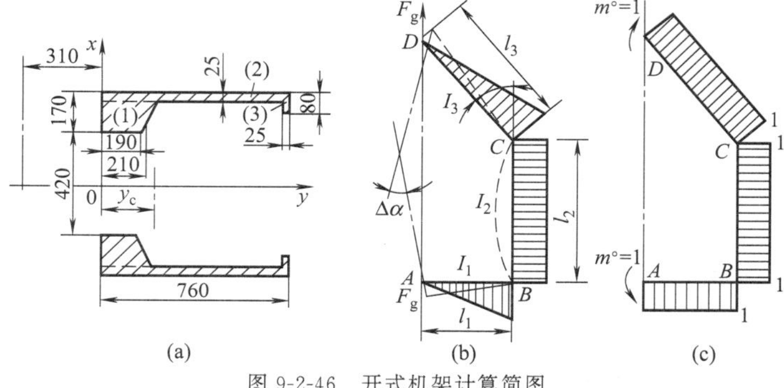

图 9-2-46　开式机架计算简图

表 9-2-15　　截面数据计算表

面积序号	宽 b_i/mm	高 h_i/mm	面积 A_i/mm²	各块面积形心坐标 y_i/mm	面积与形心坐标的乘积 A_iy_i/mm³	各块面积形心至危险截面形心的距离 $(a_i=\lvert y_c-y_i\rvert)$/mm	$A_ia_i^2$/mm⁴	各面积对本身形心的惯性矩 $\left(I_i=\frac{b_ih_i^3}{12}\right)$/mm⁴
1	2×145	210	60900	105	6390000	120	87700×10^4	22400×10^4
2	2×25	760	38000	380	14500000	155	91300×10^4	182900×10^4
3	2×55	25	2750	747.5	2060000	523	75200×10^4	14.3×10^4
合计			102000		22950000		254000×10^4	204000×10^4

（3）示例

例 1　J23-63 压力机机架结构如表 9-2-14 中左图，危险截面Ⅱ-Ⅱ的形状和尺寸见图 9-2-46（a），喉口深度为 310mm，试进行强度校核。公称压力 $F_g=630$kN。

解　第一步：求危险截面的形心，截面积和惯性矩，如表 9-2-15 中的有关数据。则：

危险截面形心

$$y_c=\frac{\sum A_iy_i}{\sum A_i}=225\text{mm}=0.225\text{m}$$

危险截面面积 $A=\sum A_i=102000\text{mm}^2=0.102\text{m}^2$

危险截面惯性矩 $I=\sum I_i+\sum A_ia^2$

$$=458\times10^7\text{mm}^4=4.58\times10^{-3}\text{m}^4$$
$$=45900000\text{mm}^2$$

第二步：求危险截面的弯矩，机架各部的弯矩图及扭矩图见图 9-2-46（b）、（c）。则

$$M=F_g(a+y_c)=630\times10^3(0.31+0.225)\text{N}\cdot\text{m}$$
$$=3.37\times10^5\text{N}\cdot\text{m}$$

第三步：求危险截面的最大应力

最大压应力

$$\sigma_y=\frac{F_g}{A}-\frac{M(H-y_c)}{I}$$
$$=\left[\frac{630\times10^3}{0.102}-\frac{3.37\times10^5\times(0.76-0.225)}{4.58\times10^{-3}}\right]\text{Pa}$$
$$=-0.335\text{MPa}$$

最大拉应力

$$\sigma_1=\frac{F_g}{A}+\frac{My_c}{I}$$
$$=\left[\frac{630\times10^3}{0.102}+\frac{3.37\times10^5\times0.225}{4.59\times10^{-3}}\right]\text{Pa}$$
$$=22.8\text{MPa}$$

而 $\sigma_{lp}=20\sim30\text{MPa}$

$\sigma_{yp}=30\sim40\text{MPa}$

所以：$\sigma_1<\sigma_{lp}$，$\sigma_y<\sigma_{yp}$，安全

上述计算中，因实际情况和假设条件有较大差异，其计算值不够准确。采用有限元法计算比较准确，参见本篇第 4 章。

例 2　可倾式机架如表 9-2-14 中左图结构，经计算和测得数据如下：$a=0.29\text{m}$，$l_1=0.573\text{m}$，$l_2=0.775\text{m}$，$l_3=0.96\text{m}$，$\beta=37°$，$I_1=4.63\times10^{-3}\text{m}^4$，$I_2=7.17\times10^{-3}\text{m}^4$，$I_3=7.05\times10^{-3}\text{m}^4$，$F_g=800\times10^3\text{N}$，$E=0.9\times10^{11}\text{Pa}$。求角变形，并校核角刚度。

解　按表 9-2-14 中公式，则角变形为

$$\Delta\alpha=\frac{F_g}{2E}\left(\frac{a^2}{I_1}+\frac{2l_1l_2}{I_2}+\frac{\sin\beta l_3^2}{I_3}\right)$$
$$=\frac{800\times10^3}{2\times0.9\times10^{11}}\left(\frac{0.29^2}{4.63\times10^{-3}}+\frac{2\times0.573\times0.775}{7.17\times10^{-3}}+\frac{\sin37°\times0.96^2}{7.05\times10^{-3}}\right)\text{rad}$$
$$=0.00098\text{rad}$$

角刚度为

$$C_a=\frac{F_g}{\Delta\alpha}=\frac{800}{980}=0.82\text{GN/rad}$$

而 $C_{ap}=0.0012F_g=0.0012\times800=0.92\text{GN/rad}$

所以：$C_a<C_{ap}$，刚度较小。

开式压力机机架计算应力与实测应力见表 9-2-16。

开式压力机机架角刚度和角变形的计算值和实测值见表 9-2-17。

表 9-2-16　开式压力机机架计算应力与实测应力　MPa

压力机型号或压力/kN	机架材料	危险截面计算应力		危险截面实测应力		应力集中处实测的最大值
		σ_1	σ_2	σ_1'	σ_2'	
J23-3-15	HT200	14.7	15.1	24.9	9.5	
J23-5	铸铁	9.8	13.3	15.4	10.5	
J23-10	铸铁	30.5	34.2	38.5	26.3	
J23-35	铸铁	21.9	28.8	39.6	29.1	
J23-40	HT200	18.7	25.4	26.4	20.2	
J12-40	QT450-10	28.4	34.7	40.7 62.2*	38.3 60.8*	73.0 103.5*
J23-60	铸铁	26.3	34.9	39.4	24.2	
J23-80	HT200	22.4	23.0	30.8 41.4*	23.5 42.6*	56.5
J13-160	Q235-A 钢板	30.0	38.5	42.9	16.8	

注：带 * 号为动态测试应力，其余为静态测试应力。

表 9-2-17　开式压力机机架角变形和角刚度

压力机型号		J23-10	J23-16	J23-25	J23-40	J23-63	J23-80	J23-160
制造厂			上二锻	上二锻	上二锻	上二锻	北锻	上二锻
角变形/10^{-6}rad	计算	831	1050	1020	880	1200	980	560
	实测	831	930	885	1060	1120	1060	580
	误差	0%	+13%	+15%	−17%	+7%	−8%	−1%
角刚度/GN·rad^{-1}	计算	0.12	0.15	0.25	0.45	0.52	0.82	2.86
	实测	0.12	0.17	0.29	0.37	0.56	0.75	2.76

2.1.4　机床大件的设计与计算

2.1.4.1　机床大件刚度设计指标

机床的整体功能在很大程度上取决于其支承大件的结构功能。一般机床大件的功能要求见表 9-2-18。

机床大件设计通常须优先满足以下几项要求：①机床大件的设计准则是刚度，机床大件必须具有足够的刚度；②应具有较好的动态特性，以保证机床的切削加工精度；③温度场分布合理、热变形对加工精度影响小；④结构设计合理，铸造，焊接残留应力小，能在长期的使用中保持确定的加工精度；⑤排屑方便流畅。

对一般工作条件下的机床大件，按刚度条件设计时，不须再进行应力的计算。

机床刚度能否满足机床功能要求，从如下三方面评定：

① 机床的刚度值；

② 不同条件下机床刚度的变化量；

③ 各大件变形在机床综合位移中所占比例。

表 9-2-18　　机床床身等大件的功能要求

支承大件功能	技术经济要求
1. 尺寸容量	支承大件的形体尺寸，如镗床、车床等机床，应能容纳加工零件的最大轮廓尺寸；但如龙门刨床、平面磨床等机床，不仅要包容工件的轮廓尺寸，还应考虑刀具与工件之间相对运动所涉及的最大行程
2. 性能要求	支承大件的性能要求，旨在为实现整机功能提供可靠的刚度和强度支承，其结构功能应保证在工作情况下的工作应力，变形、挠度和位移保持在规定范围以内。因此，要满足下列要求 ①静刚度要高，在承受最大载荷时，变形量不超过规定值；在大件本体移动时，或其他部件在大件上移动时，静刚度的变化要小 ②动刚度要好，在预定的切削条件下工作时，其振动和噪声应在允许范围内 ③温度分布合理，工作时的热变形对加工精度的影响小 ④导轨的受力合理，耐磨性良好
3. 技术及经济效益	①保证操作者在最安全和最方便的情况下进行机床调整和操作 ②保证机床维护与修理具有满意的条件，易于安全运输和装卸 ③结构的总重量与元件重量的分布，要满足技术和经济要求，并能低成本、高效率地进行制造和安装

在典型工作条件下试验确定的机床刚度的参考值见表 9-2-19。同时，设计时还须保证任一支承大件的变形量均不超过它占该机床综合位移中所占的某一比值（见表 9-2-20）。

从表 9-2-20 中看到，像卧式车床、升降台铣床、立式钻床、龙门刨床等机床的主轴、刀架溜板或刀架滑枕、工作台和尾架等组合部件，它们在综合位移中所占的比值在70%以上，这主要是由于滑

表 9-2-19　　机床刚度参考值

机床类型	机床规格		不同规格机床的刚度 K/N·μm^{-1}					
卧式车床	最大加工直径/mm		250	320	400	630	800	1000
	刚度值 K		1.25～3	1.4～3.4	1.5～3.7	1.7～4.3	1.8～4.6	2.0～5.0
台式卧式铣床和立式铣床	工作台宽度/mm		200	250	320	400	—	—
	刚度值 K	垂直方向	1.5～3.0	1.8～3.5	2.0～4.0	2.5～5.0	—	—
		横进给方向	2.0～3.5	2.5～4.0	3.0～5.0	3.5～6.0	—	—
		纵进给方向	0.7～1.5	0.8～1.7	1.0～2.0	1.2～2.5	—	—
卧式镗床	镗杆直径/mm		63	80	100	125	160	—
	刚度值 K		0.6～1.2	0.8～1.7	1.0～2.0	1.2～2.5	1.6～3.2	—
外圆磨床	最大加工直径/mm		150	200	320	500	800	—
	刚度值 K		1.2～2.0	1.5～2.5	2.0～3.2	2.5～4.5	3.5～6.0	—
摇臂钻床	最大钻孔直径/mm		25	40	63	80	100	115
	刚度值 K		0.6～1.2	0.8～1.5	0.9～1.8	1.1～2.2	1.2～2.4	1.3～2.5
双柱立式车床	最大加工直径/mm		2500	3200	5000	6300	—	—
	刚度值 K		1.5～3.5	1.8～4.5	2.0～5.0	2.5～6.5	—	—
滚齿机	最大加工直径/mm		320	500	800	—	—	—
	刚度值 K		3～4	4～5	5～6	—	—	—

注：1. 参考值是在典型工作条件下，按同类机床测试规范进行试验而得出的。
2. 刚度值是根据机床零部件的变形决定的，它不包括工件、夹具、刀具和芯轴等的变形。
3. 高效及强力切削机床，取表中之较大值。

表 9-2-20　　各类机床主要部件的变形所占的比值 ε

机床		主轴	床身	立柱	横梁	刀架溜板或刀架滑枕	摇臂	工作台	尾架
卧式车床	悬臂加工	0.3～0.5	≤0.15	—	—	0.25～0.5	—	—	0.3～0.7
	两端夹持	0.15～0.5							
立式车床		—	—	0.6～0.8	≤0.1	0.2～0.4	—	—	—
升降台铣床	卧式	≤0.1	—	—	—	—	—	≤0.9	—
	立式	15～0.3	—	0.02～0.03	—	—	—	0.7～0.85	—
卧式镗床		0.6～0.7	0.15～0.2		—	—	—	0.1～0.2	—
立式钻床		—	—	0.1～0.15	—	—	—	0.85～0.9	—
摇臂钻床		≤0.1	0.6～0.75		—	—	0.2～0.3		—
龙门刨床		—	—	0.15～0.2	≤0.75		—	≤0.1	—
插齿机		—	0.25～0.5			0.3～0.6		0.05～0.15	—
外圆磨床	砂轮主轴	≤0.5	—	—	—	—	—	≤0.03	—
	工件头尾轴	≤0.55	—	—	—	—	—	—	—
内圆磨床		≈1.0	—	—	—	—	—	—	—
平面磨床		≈0.85	—	≤0.15	—	—	—	—	—

注：1. 一般主轴部件中，主轴本身弯曲变形约占50%～70%，轴承变形约占30%～50%，当主轴支承距离相对主轴悬伸长度越大时，则主轴本身变形所占的比值越大。
2. 有些机床部件的变形很小，未能可靠测出，故表中未列出比值，在估算时可按 $\varepsilon \leqslant 0.01 \sim 0.02$ 来考虑。

表 9-2-21　　机床大件本体弯曲刚度指标

刚度指标	表达式	符号意义
水平弯曲刚度/N·μm^{-1}	$K_y=F_y/y$	式中　F_y,F_z——作用在大件上的 y 方向和 z 方向的切削力
垂直弯曲刚度/N·μm^{-1}	$K_z=F_z/z$	M_n——作用在大件上的转矩
扭转刚度/rad·cm^{-1}	$K_t=M_n/\theta$	y,z,θ——大件本体的弯曲挠度和扭转倾角

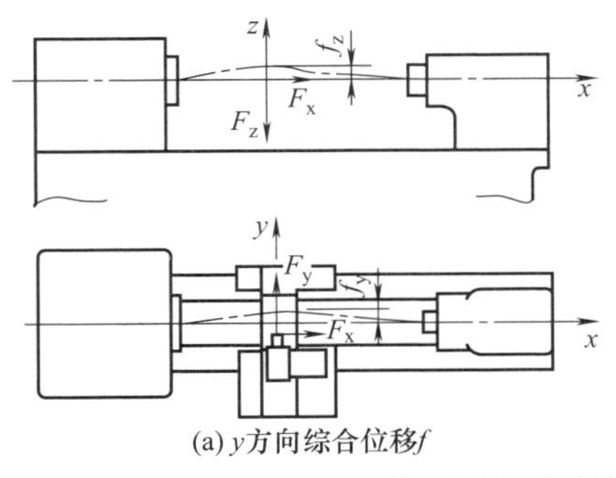

(a) y方向综合位移f

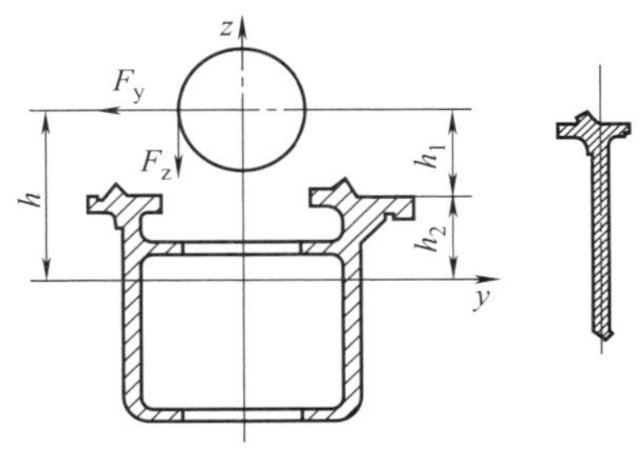

(b) 床身承受的转矩 $M_{yz}=F_zd/2+F_y(h_1+h_2)$

图 9-2-47　车床床身弯曲变形示意图

动结合面和固定结合面的接触变形所产生的。床身、立柱和横梁等大件的允许变形量主要指大件本体的弹性变形。

机床大件本体弯曲刚度指标，见表 9-2-21。

一般的床身、立柱、横梁等支承大件，可将其作为受弯矩和转矩综合作用的梁来考虑。大件本体的刚度指标，以相对于刀具和零件加工表面间的位移量 f 来表示（见图 9-2-47）。

以卧式车床为例，由于垂直于零件加工表面的径向切削分力 F_y 使刀具相对于工件轴线产生位移，这不仅对加工零件的直径造成变化，而且使整个车削长度内出现了几何形状的误差（见图 9-2-47）。支承大件的最小刚度用径向切削分力作为计算根据。

1）车床各大件变形在综合位移 f 中所占的比值 ε，见表 9-2-22。

表 9-2-22　　车床各大件变形在综合位移 f 中的比值 ε　　%

大件名称	床头处	床身中间	床尾处
床身①	10～15	15～25	15～20
溜板-刀架系统②	25～40	40～50	25～30
床头箱③	≈15	15～25	—
主轴部件	30～50		
尾架	—	20～30	50～70

① 车床中心距较短，床身断面尺寸较大，导轨局部刚度较强时取小值。

② 主要是各接合面的接触变形，约占溜板-刀架系统总变形的 80%。

③ 主要因床头箱与床身连接螺钉的变形导致了接合面的接触变形。

2）车床床身的各种变形及其比值 α　车床床身所产生的各种变形，把它们折算到刀具与工件加工处的 y 方向的位移，占床身总变形的比值，见表9-2-23。

从表 9-2-23 中看到，床身本体的扭转变形和导轨局部变形是车床床身的薄弱环节，如果已知车床的刚度 K，则可根据表 9-2-22 和表 9-2-23 中的变形比值确定床身和导轨应有的刚度。

表 9-2-23　　车床床身的各种变形及其占床身总变形的比值 α　　%

床身部位	变形形式	床头处	床身中间	床尾处
床身本体	弯曲变形	20～30	10～20	15～25
	扭转变形	60～70	50～60	55～65
床身导轨	变曲变形	10～25	30～40	25～35

注：1. 中心距大的车床，扭转变形和弯曲变形的比值取大值，导轨局部变形的比值取小值。

2. 用卡盘夹持工件悬臂切削时，床身变形的比值可取床头处的数值。

当结构的许用变形难以确定时，可参考表 9-2-24 所列经验数据。

表 9-2-24　　机器（机床）床身、底座允许变形量经验数据

机器名称	弯曲变形/cm·cm^{-1}	扭转变形①/(°)·cm^{-1}
一般机器结构	0.002～0.0004	0.0079～0.0004
机床	0.0001～0.00001	0.000157～0.0000079
精密机床	0.00001～0.000001	0.000157～0.0000079

① 扭转变形指单位长度底面上的倾角。

根据床身刚度和变形量，可以计算出弯曲截面惯性矩 I 和扭转截面极惯性矩 I_n 值，然后核算车床床身的断面形状和尺寸的实际惯性矩是否满足计算要求。这样就可以确定床身的刚度要求。

2.1.4.2　普通车床床身的受力分析

普通车床受力情况如图9-2-48所示，作用在刀具上的切削力分解为F_x、F_y、F_z三个分力。F_y和F_z使床身产生弯曲和扭转变形，F_x使床身产生拉伸变形很小，可以忽略不计。为了分析床身的受力状态，可以假设，在承受弯曲时，床身为一简支梁；在承受扭转时，床身为两端固接的梁。

在xy平面（水平面）内，F_y通过刀架作用于床身上，其反作用力F_3和F_4通过工件作用在主轴箱和尾座上，主轴箱和尾座都与床身相连。由F_y将引起床身在水平方向的弯矩M_{wy}；由于F_y的作用点到机床中性轴的距离为h，作用于床身的扭矩$T_{ny}=F_yh$。

在xz平面（垂直面）内，主切削力F_z通过刀架作用于床身上引起在垂直方向的弯矩为M_{wz}，F_z经工件作用于主轴箱和尾座的反力为F_1和F_2。由于F_z作用点到主轴中心线的距离为工件直径的一半，因此床身还作用有扭矩$T_{nz}=F_z\times\dfrac{d}{2}$。

由此可见，车床床身的主要变形形式是水平面和垂直面内的弯矩M_{wy}及M_{wz}所引起的弯曲变形以及由扭矩$T_{ny}+T_{nz}$所引起的扭转变形。

图9-2-49表示车床床身变形对加工精度的影响，图9-2-49（a）、（b）、（c）分别为垂直平面内、水平平面内的弯曲变形以及扭转变形对加工精度的影响。反映出水平面内的弯曲变形和垂直面的弯曲变形对加工精度的影响大；扭转变形也会使刀具在y方向上产生较大的偏移。因此，在设计车床床身时，注意提高床身在水平面内的弯曲刚度及床身的扭转刚度。

2.1.4.3　卧式镗床立柱及床身受力分析

（1）机床承受的外力

将镗床主轴承受的切削力分解为轴向力F_x、径向力F_y、切向力F_z。在切削过程中，力F_x方向不变，F_y和F_z方向是不断变化的。机床还承受主轴箱的重力G_a、工件的重力G_0、平衡锤的重力G'_a、立柱的重力G_b、工作台和上滑座的重力G_{d1}和下滑座的重力G_{d2}。在分析立柱受力时，可将立柱视为固定于床身上的悬臂梁。在分析床身受力时，床身弯曲可视为铰支梁，床身扭转时可视为两端固接的梁。镗床受力情况如图9-2-50所示。

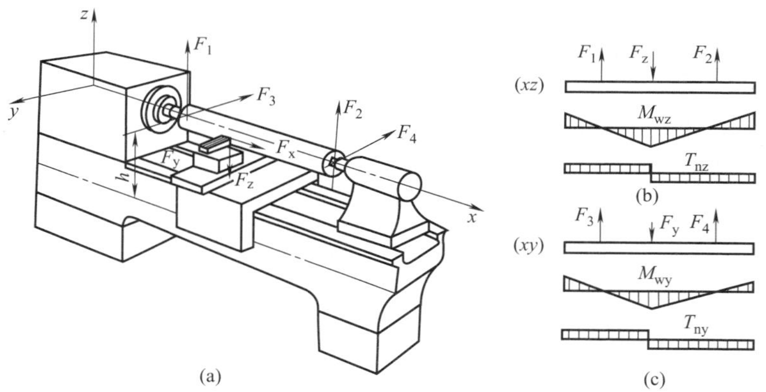

图9-2-48　普通车床床身受力分析

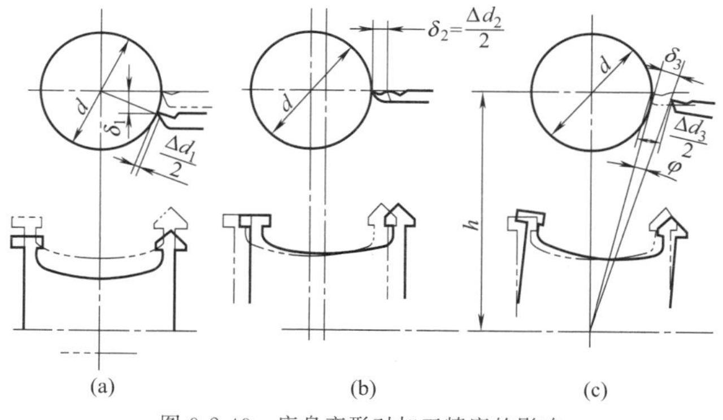

图9-2-49　床身变形对加工精度的影响

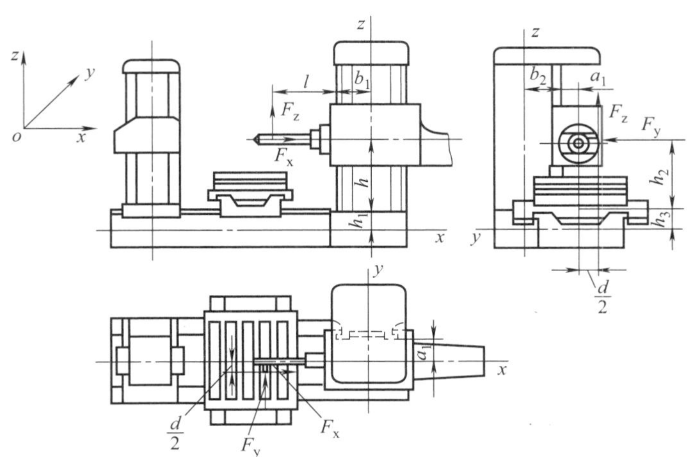

图 9-2-50　卧式镗床受力情况

(2) 立柱的载荷和变形分析

假设力 F_y 和力 F_z 的方向如图 9-2-50 所示，则：

xz（垂直）面内，力 F_z 和力 F_x 通过主轴箱使立柱在该平面内承受弯矩 M_{xz}，使立柱弯曲。

xy（水平）面内，由力 F_x、F_y 对立柱产生扭矩 M_n 引起扭转变形。

yz（侧垂直）面内，由力 F_y、F_z 及主轴箱、平衡锤的重力引起弯曲变形，其弯矩为 M_{yz}。

应该指出，由于力 F_y 和力 F_z 方向不断的变化，所产生力矩的方向也是变化的，在力矩计算时应注意。此外由于主轴箱和平衡锤的重力作用使立柱轴向受压，力 F_y 和力 F_z 也会使立柱受拉或受压。立柱的载荷分析及弯矩和扭矩的计算见表 9-2-25，并参见图 9-2-50。

表 9-2-25　　卧式镗床立柱和床身受力分析（参见图 9-2-50）

名称	载荷简图	作用面	主要载荷及弯矩和扭矩计算
立柱		xz	F_x, F_z $M_{xz1}=F_z(l+b_1)$ 载荷引起立柱弯曲变形 l——切削力作用点至立柱前导轨的距离(x 向) b_1——立柱前导轨至立柱主形心轴距离(x 向)
		yz	F_y, $F_z-(G_a+G'_a)$ $M_{yz1}=F_z\left(a_1+b_2+\frac{d}{2}\right)-(G_a+G'_a)b_2$ 载荷引起立柱弯曲变形 当主轴转至与图所示的相反方向时，载荷为： F_y, $F_z+G_a+G'_a$ $M_{yz1}=F_z\left(a_1+b_2-\frac{d}{2}\right)+(G_a+G'_a)b_2$ a_1——立柱导轨面至主轴中心线的距离 b_2——立柱前导轨至立柱主形心轴距离(y 向)
		xy	$M_{n1}=F_x\left(a_1+b_2+\frac{d}{2}\right)-F_y(l+b_1)$ 扭矩 M_{n1} 引起立柱扭转变形 当主轴转至与图所示的相反方向时，扭矩为： $M_{n1}=F_x\left(a_1+b_2+\frac{d}{2}\right)+F_y(l+b_1)$

续表

<table>
<tr><th>名称</th><th>载荷简图</th><th>作用面</th><th>主要载荷及弯矩和扭矩计算</th></tr>
<tr><td rowspan="2">床身</td><td> 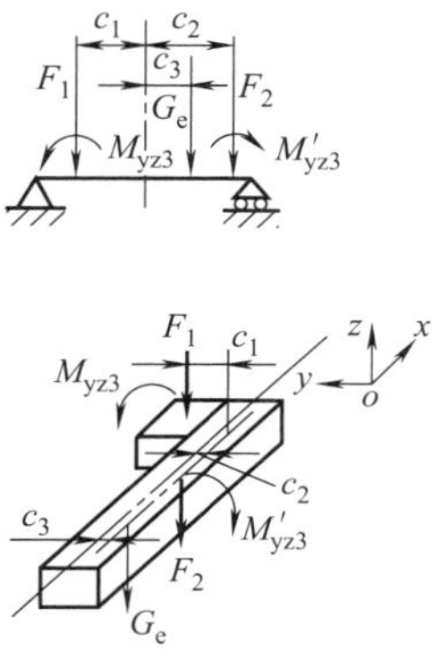</td><td>yz</td><td>G_e
$F_1=G_a+G'_a-F_z$
$F_2=G_0+G_{d1}+G_{d2}+F_z$
通过立柱形心的断面：
$M_{yz3}=M_{yz2}+F_y(h+h_1)$
通过下滑座形心的断面：
$M_{yz3}=M_{yz2}+F_yh_3$　$M_{yz2}=F_yh_2$
载荷引起 yz 面内的弯曲变形和绕 x 轴的扭转变形
h——立柱底面至主轴中心线的距离（z 向）
h_1——立柱底面至床身主形心轴间的距离（z 向）
h_2——主轴中心线至下滑座主形心轴间的距离（z 向）
h_3——下滑座主形心轴至床身主形心轴间的距离（z 向）</td></tr>
<tr><td></td><td>xy</td><td>G_e
$F_1=G_a+G'_a-F_z$
$F_2=G_0+G_{d1}+G_{d2}+F_z$
通过立柱形心的断面：
$M_{zx3}=M_{xz1}+F_x(h+h_1)$
通过下滑座形心的断面：
$M'_{xz3}=M_{xz2}+F_xh_3$　$M_{xz2}=F_xh_2$
$M_{n3}=F_1c_1$，$M_{n4}=F_2c_2$，$M_{n5}=G_ec_3$
载荷引起床身在 xz 面内的弯曲变形和扭转变形
c_1——立柱系统合力至床身主形心轴距离（y 向）
c_2——工作台系统合力至床身主形心轴距离（y 向）
c_3——后立柱重力至床身主形心轴距离（y 向）
力矩 M_{n1}、M_{n2}；力偶 $F_x(c_1+c_2)$，力 F_y 载荷引起床身在 xy 面内的弯曲变形</td></tr>
</table>

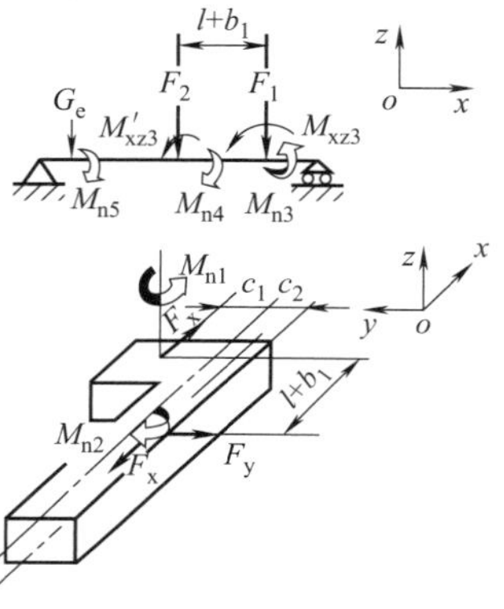

在切削过程中由于切削力 F_y、F_z 方向的不断变化，引起机床刚度的变化将引起形状误差以及由于主轴高度的改变所引起机床刚度的变化将引起的位置误差都和立柱的变形有关。在设计立柱时，要注重考虑立柱在 xz 平面内和 yz 平面内的抗弯刚度，以及在 xy 平面内的抗扭刚度，在 xy 平面的扭转变形中，导轨的局部变形占较大比例。同时注重立柱和床身的连接结构设计，提高连接刚度。

（3）床身的载荷和变形分析

从图 9-2-50 中可以分析出卧式镗床床身（底座）在切削力及重力的作用下，在 yz 面内产生的弯矩所引起的弯曲变形以及绕 x 轴的扭矩引起的扭转变形。同时在 xz 面内由弯矩和扭矩引起弯曲和扭转变形。各件的重量使床身受压。有关床身的受力分析及弯矩和扭矩的计算参见表 9-2-25。

（4）示例

例 2　求图 9-2-50 所示卧式镗床的焊接立柱的刚度。

已知立柱截面形状和受力的大小及其作用点如图 9-2-51所示。壁厚 25mm，镗杆直径 160mm，钢的弹性模量 $E=2.1\times10^5$MPa，剪切弹性模量$G=8.1\times10^4$MPa。

1）计算截面惯性矩，根据图 9-2-51 所示截面尺寸得

截面面积 A

$A=2000\times25\times2+1950\times25\times2\text{mm}^2=197500\text{mm}^2$

截面剪切刚度系数 GA

$$GA=8.1\times10^4\times197500\text{kN}=160\times10^5\text{kN}$$

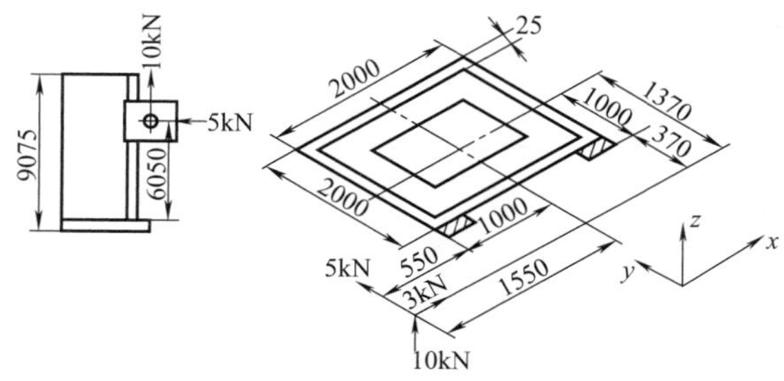

图 9-2-51　卧式镗床刚度计算简图

截面弯曲惯性矩 I

$$I=\frac{BH^3-bh^3}{12}=\frac{2000\times2000^3-1950\times1950^3}{12}\text{mm}^4=1.28\times10^{11}\text{mm}^4$$

由于 $b=h$，$H=B$，所以 $I_x=I_y=I$，从而弯曲截面刚度系数 EI 为

$$EI=2.1\times10^5\times1.28\times10^{11}\text{N}\cdot\text{mm}^2=2.7\times10^{13}\text{kN}\cdot\text{mm}^2$$

截面扭转惯性矩 J 及扭转刚度系数 GJ

$$J=\frac{4tA_m^2}{S}=\frac{4\times25\times1950^4}{1950\times4}\text{mm}^4$$ S 为截面环的中线长度

$$=1.85\times10^{11}\text{mm}^4$$

$$GJ=8.1\times10^4\times1.85\times10^{11}\text{N}\cdot\text{mm}^2=1.5\times10^{13}\text{kN}\cdot\text{mm}^2$$

2）确定有关的修正系数。

剪切变形不均匀分布系数 α_s 由表 9-2-26 选取或计算。

表 9-2-26　剪切变形分布系数 α_s

实心截面	α_s	空心薄壁矩形截面	α_s
圆形	1.11	F, y, x, x, h, y, b	$\alpha_s\approx A/A_1$ A——截面总面积 A_1——立肋（平行于受力部分）的面积
矩形	1.2		
Ⅰ字形	2.0～2.9		

对图示截面，$A_1=1950\times25\times2=97500\text{mm}^2$

所以　$\alpha_s=\frac{197500}{97500}=2.0$

3）相对位移计算。立柱受力及所产生的相对位移计算式如表 9-2-27 所示。沿 y 向的各位移计算结果如下：

δ_{y1}——F_y 使立柱产生的弯曲变形

$$\delta_{y1}=\frac{F_yl_p^3}{3EI_x}=13.7\mu\text{m}$$

δ_{y2}——F_y 使立柱产生的剪切变形

$$\delta_{y2}=\alpha_s\frac{F_yl_p}{GA}=3.78\mu\text{m}$$

δ_{y3}——F_y 使立柱产生的扭转变形

$$\delta_{y3}=\frac{F_yx_p^2l_p}{K_0GJ}=4.85\mu\text{m}$$

δ_{y4}——F_x 使立柱产生的扭转变形

$$\delta_{y4}=\frac{F_xx_py_pl_p}{K_0GJ}=2.48\mu\text{m}$$

δ_{y5}——F_z 力使立柱产生 y 向的弯曲变形

$$\delta_{y5}=\frac{F_zy_pl_p^2}{2EI_x}=9.28\mu\text{m}$$

考虑到加工过程中 F_y、F_z 的方向不断变化，取各项位移的和作为立柱的最大相对位移，即 $\delta_y=\sum\delta_{yi}=34.1\mu\text{m}$。

4）立柱的刚度计算。立柱在 y 向的刚度为 $K_y=F_y/\delta_y=\frac{5\text{kN}}{34.1\mu\text{m}}=0.15\text{kN}/\mu\text{m}$。考虑到立柱在镗床中所占变形的比例 $\varepsilon=15\%$，可得该卧式镗床的刚度为 $K=K_y\varepsilon=22.5\text{N}/\mu\text{m}$。

表 9-2-27　立柱受力和相对位移量计算式

力学模型		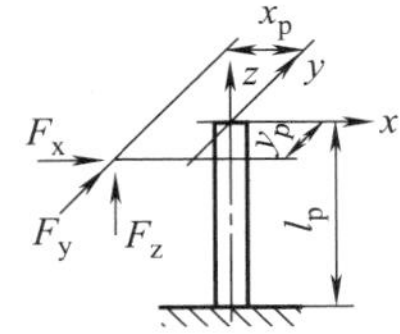	立柱无壁板孔 取 $K_0=1$		
切削分力	作用平面	载荷计算式	相对位移量计算式		
			x 方向	y 方向	z 方向
F_x	xz xy	$V_x=F_x$， $M_{Tx}=F_xy_p$	$\delta_{x1}=\frac{F_xl_p^3}{3EI_y}$ $\delta_{x2}=\frac{\alpha_sF_xl_p}{GA}$ $\delta_{x3}=\frac{F_xy_p^2l_p}{K_0GJ}$	$\delta_{y4}=\frac{F_xy_px_pl_p}{K_0GJ}$	
F_y	yz xy	$V_y=F_y$ $M_{Ty}=F_yx_p$	$\delta_{x4}=\frac{F_yx_py_pl_p}{K_0GJ}$	$\delta_{y1}=\frac{F_yl_p^3}{3EI_x}$ $\delta_{y2}=\alpha_s\frac{F_yl_p}{GA}$ $\delta_{y3}=\frac{F_yx_p^2l_p}{K_0GJ}$	$\delta_z=\frac{F_zl_p}{EA}$

续表

切削分力	作用平面	载荷计算式	相对位移量计算式		
			x 方向	y 方向	z 方向
F_z	yz	$V_z=F_z$ $M_{zy}=F_zy_p$ $M_{zx}=F_zx_p$	$\delta_{x5}=\dfrac{F_zx_pl_p^2}{2EI_y}$	$\delta_{y5}=\dfrac{F_zy_pl_p^2}{2EI_x}$	$\delta_z=\dfrac{F_zl_p}{EA}$

2.1.4.4 龙门式机床受力和变形分析

龙门刨床、龙门铣床及双柱立式车床均采用龙门式框架结构，除切削力在三个坐标轴方向上分力的分配比例不同外，其余如横梁，立柱、底座的受力和变形情况基本相同或相似。现以龙门刨床为例（参见图 9-2-52）分析龙门式机床中横梁、立柱及床身的受力及变形情况。机床主要承受切削力 F_x、F_y、F_z 以及横梁、主轴箱（或刀架）、工件、顶梁等的重量作用。横梁的支承条件，可视作简支梁（承受弯曲及拉伸时）及固定梁（承受扭转时）。立柱可视为下端固定的悬臂梁，而床身为弹性基础梁，可简化为多支点梁。

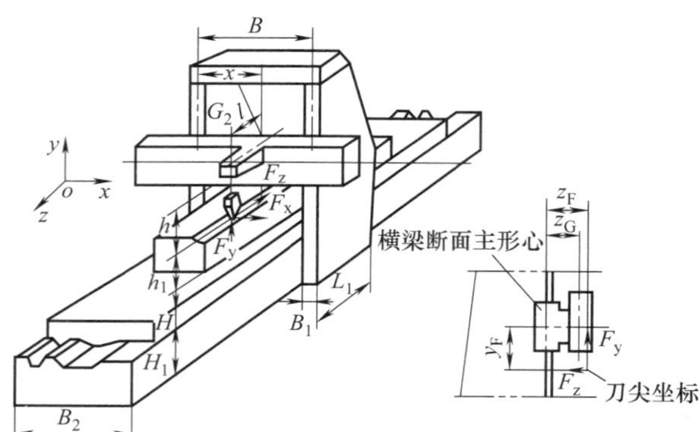

图 9-2-52 龙门刨床受力情况

（1）横梁的受力及变形分析

在机床工作时，横梁承受复杂的空间载荷，其受力和变形按以下几个方面讨论。

1）横梁自重力。大型龙门式机床的横梁质量达几吨到数十吨，一台加工直径为 5m 的立式车床，横梁质量为 20t 左右。横梁是龙门式机床中质量最大的零件。由于自重力的作用，使横梁在 xy 平面内承受弯矩的作用，产生弯曲变形。由横梁自重力在 xy 平面内的垂直方向的变形量计算公式为

$$f_q=\frac{qx}{24EI_z\times10^2}(B^3-2Bx^2+x^3)$$

式中 f_q——自重引起的横梁变形量，m；

q——横梁的均布载荷，即 $q=\dfrac{G_1}{B}$，N/m；

G_1——横梁的自重，N；

x——计算刀架或铣头位置的坐标，m；

E——横梁材料的弹性模量，Pa；

I_z——横梁截面在 xy 平面内向下弯曲时的抗弯惯性矩，m^4；

B——横梁在立柱间的跨距，m。

上式中忽略了横梁中跨距之外悬伸部分及进给箱的重量所引起的力。

2）切削力的作用。机床工作时，切削力通过刀架或铣头作用于横梁上产生弯曲及扭转变形。力 F_x 在 xz 平面产生弯矩 $M_{xz}=F_xl$，在 xy 平面内产生弯矩 $M_{xy}=F_xh$。力 F_y 在 xy 平面内产生的弯矩将减轻横梁自重 G_1 及刀架或铣头重力 G_2 所产生的弯矩的作用；力 F_y 在 yz 平面内产生的扭矩方向和力 F_z 及 G_2 在 yz 平面所产生的扭矩方向相反。力 F_z 在 yz 平面内产生扭矩；yz 平面内的扭矩 $T_n=F_zh+G_2l-F_yl$；力 F_z 还使横梁在水平面内（xz 平面）产生弯曲变形。

3）移动部件重力对横梁变形的影响。由于刀架或铣头的重力作用，在横梁上产生弯曲和扭转变形，引起在 y 向及 z 向的位移，当移动部件在不同位置时，其位移量是变化的。对于大型龙门铣床及立式车床，当一个铣头（或刀架）位于横梁中央时，其变形量最大可达 0.10mm 以上。变形量的计算公式为

$$f_{G2}=\frac{G_2(B-x)^2x^2}{3EI_zB}+\frac{G_2(B-x)Z_GZ_Fx}{GI_nB}$$

式中 G_2——刀架式铣头的重力，N；

f_{G2}——因刀架或铣头重力产生的横梁（或刀尖）在垂直方向上的位移量。精加工时，采用在一个刀架重力作用下计算，10^{-2}m；

I_z，I_n——横截面的抗弯、抗扭惯性矩，m^4；

Z_G，Z_F——刀架（或铣头）质心及刀尖质心到横梁截面形心轴的距离（见图 9-2-52），m；

G——横梁的切变模量，Pa。

由于刀架或铣头的重力，使横梁绕 x 轴产生扭转变形，其变形量为

$$f_{G2}(Z)=\frac{G_2Z_Gx(B-x)}{GI_nB}y_F$$

式中 y_F——刀架在 y 坐标上到横梁截面形心轴距离，m(参见图 9-2-52)，其余符号同前。

图 9-2-53 为重型立式车床加工图（和龙门铣床加工有些相似），由于横梁的变形引起加工零件表面的平面度偏差及圆柱度误差（在龙门刨床中会引起平面度偏差；而垂直面和水平面的垂直度偏差，在刨削加工高度较小的工件时不显著）。产生上述情况的原因还有立柱的向内侧弯曲变形及立柱和横梁、立柱底部和地基的连接刚度较小引起的。

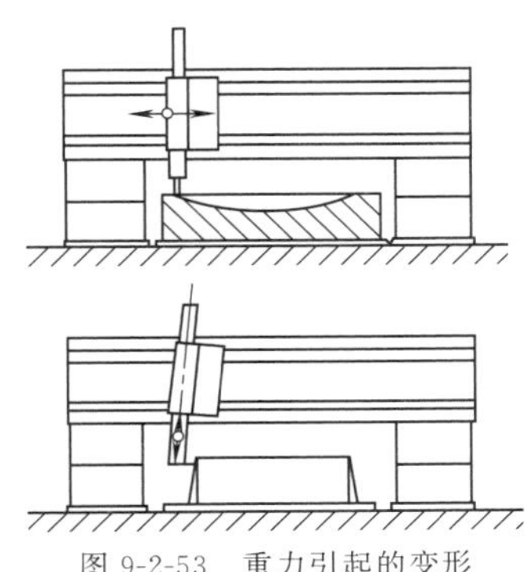

图 9-2-53　重力引起的变形

4）横梁夹紧力。横梁在工作时紧固于立柱的夹紧力很大。一些资料中记载，重型龙门式机床中的夹紧机构能产生十几万牛顿以上的夹紧力，横梁夹紧压板的螺母力矩约为 500～1000N・m。由于夹紧力位于横梁和立柱相接触的位置，使横梁产生复杂的空间局部变形。另外，夹紧横梁上刀架滑座的夹紧力也使横梁产生局部变形。设计横梁时，应考虑这些夹紧力的作用，保证其足够的强度和局部刚度。

（2）立柱及床身的受力和变形分析

立柱承受的外力是由切削力作用于横梁（还有横梁及刀架的重力），由横梁传递而来，作用点在横梁和立柱的交接处，相当于横梁的支点反力（方向相反）。立柱受力情况参见表 9-2-28。立柱的 yz 平面内，由于 F_z、F_y 和横梁及刀架重力的作用产生弯矩，使立柱产生弯曲变形，立柱在 yz 平面内承受的弯矩最大。除此之外，立柱在 xy 平面内承受弯矩作用产生弯曲变形，在 xz 平面内承受扭矩作用，产生扭转变形。

床身的导轨面上承受的均布力 q_1 及 q_2 使床身在 yz 平面内产生弯曲变形。床身和立柱交接处 $abcd$ 部分也是床身的受力部位。该处在 x、y、z 各方向的力 F_{I}、F_{II}、F_{III}，是由立柱和横梁交接处的支点反力 R_{x1}、R_{y1}、R_{z1} 根据力的平移原理平移的力。力平移后产生附加弯矩和扭矩对床身产生作用，另外立柱和横梁交接处作用的扭矩 M_{yz1} 也对床身起扭转作用，因此 yz 平面承受着由 R_{y1} 和 R_{z1} 产生的扭矩及 M_{yz1} 扭矩的合成作用（M_{I}），及 R_{z1} 产生的拉力 F_{III}；在 xz 平面上有 R_{x1} 产生的转矩 M_{II} 及 R_{y1}（F_{II}）压力的共同作用；xy 平面上作用有 R_{y1} 及 R_{x1} 产生的转矩 M_{III}。床身另外一侧的受力情况和以上的分析相对应。床身的受载情况及主要载荷计算公式见表9-2-28。

表 9-2-28　　龙门刨床中大件的受力分析及载荷计算公式（参见图 9-2-52）

名称	载荷简图	作用面	载荷计算公式
横梁		xz	$F_x, F_z, M_{xz}=F_x l$ l——刀尖至横梁主形心轴距离
		xy	F_y, G, qB $M_{xy}=F_x h$
		yz	$M_n=F_z h+Gl-F_y l$
立柱		xy	$R_{x1}=F_x/2 \quad R_{x2}=F_x/2$ $R_{y1}=(G-F_y)\dfrac{x}{B}+q\dfrac{B}{2}-F_x\dfrac{h}{B}$ $R_{y2}=(G-F_y)\dfrac{(B-x)}{B}+q\dfrac{B}{2}-F_x\dfrac{h}{B}$
		xz	$R_{z1}=F_z\dfrac{x}{B}+F_x\dfrac{l}{B}$ $R_{z2}=F_z\dfrac{B-x}{B}+F_x\dfrac{l}{B}$
		yz	$M_{yz1}=[(G-F_y)l+F_z h]\dfrac{x}{B}$ $M_{yz2}=[(G-F_y)l+F_z h]\dfrac{(B-x)}{B}$

续表

名称	载荷简图	作用面	载荷计算公式
床身	床身与立柱连接的a、b、c、d部分受力	导轨面	$Q_{y1}=F_z\left(\dfrac{x-\dfrac{B_1}{2}}{B_2}\right)\times\left(\dfrac{h_1+H}{L_2}\right)$ $Q_{y2}=F_z\left[\dfrac{B-\left(x+\dfrac{B_1}{2}\right)}{B_2}\right]\times\left(\dfrac{h_1+H}{L_2}\right)$ $q_1=\dfrac{1}{L_2}\left[\dfrac{W}{2}+F_y\dfrac{x-\dfrac{B_1}{2}}{B_2}-F_x\dfrac{h_1+H}{B_2}\right]$ $q_2=\dfrac{1}{L_2}\left[\dfrac{W}{2}+F_y\dfrac{B-\left(x+\dfrac{B_1}{2}\right)}{B_2}+F_x\dfrac{h_1+H}{B_2}\right]$ L_2——工作台长度
		$abcd$接合面	$F_{\mathrm{I}}=R_{x1}=F_x/2$ $F_{\mathrm{II}}=R_{y1}=(G-F_y)\dfrac{x}{B}+q\dfrac{B}{2}-F_x\dfrac{h}{B}$ $F_{\mathrm{III}}=R_{z1}=F_z\dfrac{x}{B}+F_x\dfrac{l}{B}$ $M_{\mathrm{I}}=R_{z1}\left(\dfrac{H_1}{2}+H+h_1+h\right)-R_{y1}\dfrac{L_1}{2}-M_{yz1}$ $M_{\mathrm{II}}=R_{x1}\dfrac{L_1}{2}$ $M_{\mathrm{III}}=R_{y1}\dfrac{B_1}{2}+R_{x1}\left(H+h_1+h+\dfrac{H_1}{2}\right)$

注：表中力和力矩的下标1表示右立柱或床身右侧，下标2表示左立柱或床身左侧。

由于床身长度较大，可以认定工作台和床身在全长上全部接触；由于床身抗弯和抗扭刚度较低，均采用多支点和地基固接来改善支承条件以减小弯曲和扭转变形。

（3）双柱式立车及龙门铣床的受力分析及变形分析

双柱式立车和龙门铣床的受力情况与龙门刨床相似，有些情况在上面的讨论中已经提及，但由于切削运动方式的不同，其切削力 F_x、F_y、F_z 的方位有所改变，应将表 9-2-28 中载荷计算式中 x、y、z 坐标作相应对换，以适应立式车床和龙门铣床的切削情况，如图 9-2-54 所示。如立式车床的 yz 面相当于龙门刨床的 xz 面，只要将表中的 F_x 用 F_y 代换，F_y 用 F_x 代替，而 F_z 不变；龙门铣床的 xy 面相当于龙门刨床的 yz 面，表中的 F_z 用 F_x 代换，F_x 用 F_z 代换而 F_y 不变。

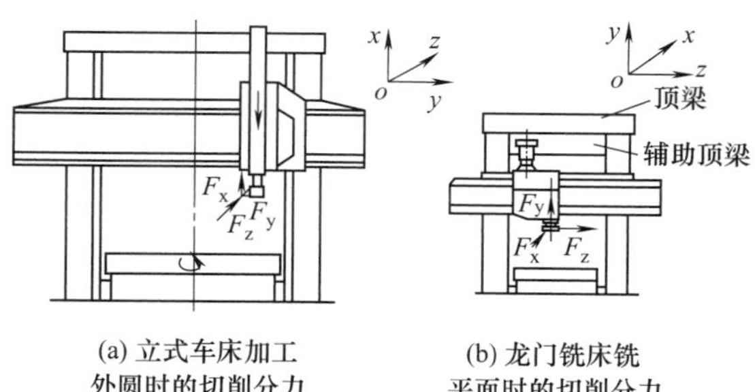

(a) 立式车床加工外圆时的切削分力　(b) 龙门铣床铣平面时的切削分力

图 9-2-54　立式车床和龙门铣床的切削分力及其三向坐标的表示

双柱式立车在 x 方向的变形主要是横梁的弯曲变形，在 y 方向的变形主要是框架系统在 z 方向上的变形，主要取决于刀架系统和横梁系统的刚度。要提高立柱在 xy 面内的抗弯刚度，并注意提高立柱与床身和地基的连接刚度，提高横梁的抗扭刚度才能减小框架的变形。

在龙门铣床中，较大的切削分力 F_z 使框架在 yz 面内弯曲并绕 y 轴扭转，应增加立柱在 z 向的宽度或在两立柱间增设辅助顶梁［参见图 9-2-54（b）］以提高框架的抗弯、抗扭刚度。龙门铣床中横梁的设计也应注重于提高抗扭和抗弯刚度。

2.1.4.5　立式钻床、卧式铣床床身（立柱）受力及变形分析

立式钻床床身（立柱）受力情况如图 9-2-55 所示，轴向钻削力 F 通过主轴箱和工作台使床身在这一部分轴向受拉，并承受弯矩作用，使床身在垂直面内产生弯曲变形，使钻孔产生偏斜。作用于工作台和主轴箱的扭矩（等于作用在钻头上的扭矩）传至床

身，使床身在水平面内产生扭转变形，使钻孔中心线偏移，这项变形对立钻加工精度影响不大。床身所承受的弯矩如图 9-2-55 所示。

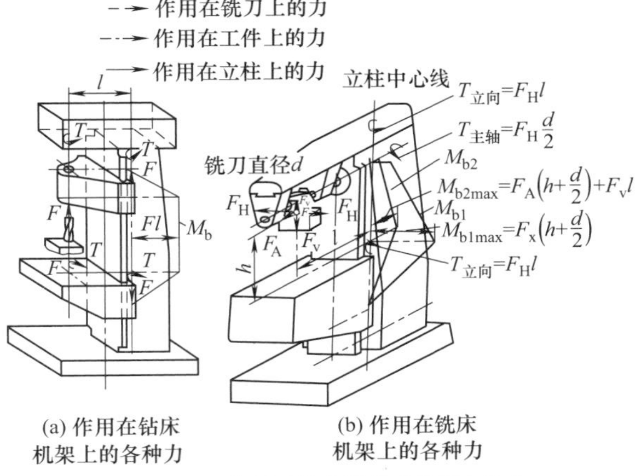

图 9-2-55　作用于钻床及铣床机架上的力

卧式铣床床身（立柱）可视为一端固定，另一端自由的悬臂梁，其受力情况及弯矩、扭矩和弯曲计算公式如图 9-2-55（b）所示。M_{b1max}产生在切削力 F_H 方向上，M_{b2max}产生在 F_A 方向上，在这两个方向上产生弯曲变形。床身最大的变形产生于在水平面内的扭转变形，其扭矩为 $F_H l$。床身设计时要注重于提高床身的扭转刚度。

2.1.4.6　机床热变形的形成及热变形计算

（1）机床热变形的形成及其影响

机床工作时，由于机床主轴箱和变速箱中传动件摩擦产生的热量，传动件与润滑油搅拌产生的热量；液压系统产生的热量；机床滑动导轨面摩擦产生的热量；切削过程产生的热量以及机床周围环境温度的变化都使机床产生热变形。机床的热变形主要影响机床的几何精度和工作精度。

现以 C620-1 型车床热变形试验结果为例，对机床机架的热变形进行说明。如图 9-2-56 所示，主要热源为主轴箱。热变形及其对机床几何精度的影响分述如下。

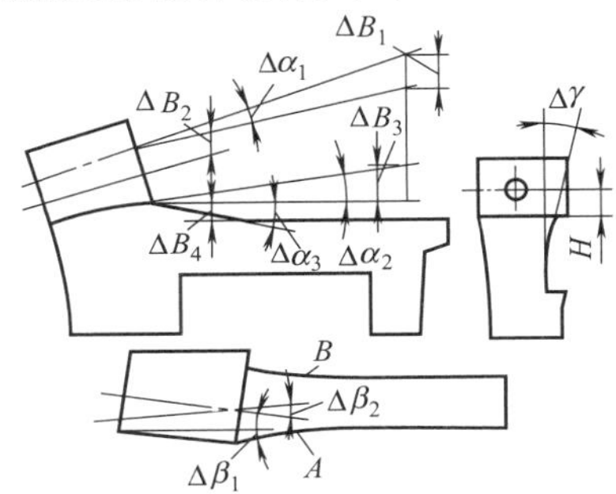

图 9-2-56　C620-1 型车床热变形分析

1）溜板移动方向对主轴中心线在水平面内的平行度。对之有影响的热变形有：

① 主轴箱箱体和机架温度不一致。机架在靠近主轴箱下方向两侧膨胀较床尾处大，使导轨在水平面内成曲线形，引起溜板移动时产生偏斜 $\Delta\beta_1'$，占 30%～35%。

② 机架侧向热膨胀使机架上导轨热变形而引起溜板移动时的偏斜 $\Delta\beta_1''$，占 25%～30%。

$$\Delta\beta_1=\Delta\beta_1'+\Delta\beta_1''$$

③ 机架前侧（操作者一侧）与后侧的温差引起机架弯曲而使主轴偏斜 $\Delta\beta_2$，占 20%。

④ 由于主轴箱附近机架断面上下的温差，使该处垂直面内产生倾斜 $\Delta\gamma$ 角。当溜板移动 300mm 时，产生的偏移为 $\Delta\beta_3=\frac{H}{300}\Delta\gamma$，$H$ 见图 9-2-56，$\Delta\beta_3$ 占 10%～15%。

2）溜板移动方向对主轴中心线在垂直面内的平行度。对之有影响的热变形有：

① 由于主轴箱前轴承发热量大于后轴承，所以前箱壁热膨胀大于后箱壁，使主轴向上倾斜 $\Delta\alpha_1$，约占 25%。

② 机架上部温度高于下部，使机架产生向上凸的弯曲，引起主轴倾斜 $\Delta\alpha_2$，约占 50%。

③ 机架热弯曲引起溜板移动时的倾斜 $\Delta\alpha_3$，约占 25%。

3）主轴中心线与尾架套筒中心线的不等高度。

① 主轴箱前、后箱壁热膨胀不一致，使主轴向上倾斜 $\Delta\alpha_1$，而产生的抬高量 ΔB_1，约占 15%。

② 主轴箱箱体受热膨胀，向上伸长 ΔB_2，约占 55%。

③ 机架热弯曲引起主轴倾斜而产生的抬高量 ΔB_3，约占 25%。

④ 机架向上热膨胀和热弯曲而产生的抬高量 ΔB_4，约占 5%。

（2）影响机床大件热变形的因素

1）热形成条件。各大件上热源的热量大小和分布情况，周围其他工件或介质传入的热量和位置。

2）大件的热学特征。大件的热容量及导热条件及大件间的周围介质的导热或传热条件。大件材料的线胀系数。

3）大件的结构。大件上热源的位置；大件结构的几何对称性以及热容量、传热条件、放热条件等热学特征的对称性；大件的刚度以及和其他工件相互连接和定位情况。

(3) 机床热变形的计算

根据大件的支承情况，机架的热变形可分为自由状态热变形和约束状态热变形。在每类热变形中又有均匀温升引起的线性伸长及由于机架两侧温差引起的弯曲变形。各类变形计算见表 9-2-29。这里有关热变形的计算，都是在工件的重量分布均匀，形状简单，温度呈线性分布的条件下进行的。实际上，由于大件结构和温度场的复杂性，要准确确定其热变形量须采用有限单元法对温度场和热变形进行分析计算，并配合以实物测试。

表 9-2-29　　热变形类型及计算公式

热变形类型			热变形计算公式
自由状态热变形	大件各处均匀升温		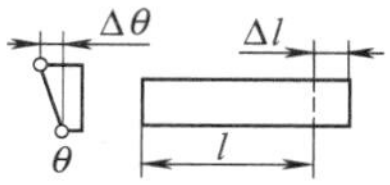 热变形直线伸长量 Δl(m)为：$\Delta l=\alpha l\int_0^l\theta(x)\mathrm{d}x=\alpha l\Delta\theta$ α——线胀系数，一般铸铁 $\alpha=11\times10^{-6}$℃$^{-1}$，钢 $\alpha=12\times10^{-6}$℃$^{-1}$ $\Delta\theta$——温度的变化，℃ l——工件的原始长度，m 消除热变形 Δl 应施加的轴向载荷 F(N)为：$F=\alpha EA\Delta\theta=K\Delta l$ K——工件的抗压刚度，$K=\dfrac{EA}{l}$ E——弹性模量，Pa A——工件截面积，m^2
	在大件截面的高度方向温度呈线性分布	一端固定支承	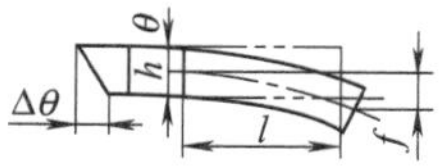 立柱的热变形量 f(m)为：$f=\dfrac{\alpha l^2}{2h}\left[\int_0^l[\theta(x)]_{y=0}\mathrm{d}x-\int_0^l[\theta(x)]_{y=h}\mathrm{d}x\right]=\dfrac{\alpha l^2\Delta\theta}{2h}$ 为消除变形 f 所应施加的载荷 F(N)为：$F=Kf=\dfrac{1.5EI\alpha\Delta\theta}{lh}$ K——大件的弯曲刚度，N/m，$K=\dfrac{3EI}{l^3}$ I——截面的惯性矩，m^4 h——截面的高度，m 其余符号同前
		两端为自由状态	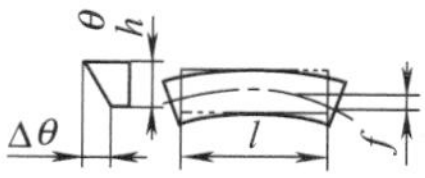 热变形量 f(m)为：$f=\dfrac{\alpha l^2}{8h}\left[\int_0^l[\theta(x)]_{y=0}\mathrm{d}x-\int_0^l[\theta(x)]_{y=h}\mathrm{d}x\right]=\dfrac{\alpha l^2\Delta\theta}{8h}$ 为消除热变形在工件中部垂于轴向方向所施加的载荷 F 为：$F=Kf=\dfrac{6EI\alpha\Delta\theta}{lh}$ 为消除热变形在大件两端施加的弯矩 M 为：$M=K'f=\dfrac{EI\alpha\Delta\theta}{h}$ K——大件弯曲刚度，N/m，$K=\dfrac{48EI}{l^3}$ K'——变形阻力，N，$K'=\dfrac{M}{f}=\dfrac{8EI}{l^2}$ 其余符号同前

续表

热变形类型		热变形计算公式
约束状态热变形	具有不同温度分布情况的两个相连大件或大件中不同温度的两个部分	图(a)　图(b) B 限制 A 的热变形，成为约束状态热变形，其变形量和 A、B 的刚度有关： $\Delta l_1=\Delta l\dfrac{K_A}{K_A+K_B}$　$f_1=f\dfrac{K_A}{K_A+K_B}$ A——温度较高的大件[见图(a)]，或为大件中温度较高的部分[见图(b)] B——温度较低的大件[见图(a)]，或为大件中温度较低的部分[见图(b)] Δl_1，f_1——分别为 A、B 两大件(部分)的约束状态热变形的直线伸长量和弯曲量 Δl，f——分别为 A、B 两大件(部分)按自由状态热变形(温度近似于不同的线性分布)得出的直线伸长量和弯曲变形量(计算公式见表前部) K_A，K_B——分别为 A、B 两大件(部分)的刚度

(4) 减少机架热变形的措施（表 9-2-30）

表 9-2-30　　减少机架热变形的措施

改变大件刚度	非自由状态下的热变形与机床大件各部位的刚度有关。封闭结构的刚度比开式结构的大，热变形小。在焊接结构中的热变形部位应开设膨胀缝来减小热应力
采用热对称结构	如当单立柱形机架因热变形而产生扭转变形时，采用对热源对称的双立柱结构机架，就有可能使机架不产生扭转变形，而只有垂直方向上的热伸长，从而大大减少了对加工精度的影响
采用双层壁结构	双层壁结构的热变形比单层壁小，因为两层之间的空气层有隔热作用，使得外层壁温升较小，又可对内壁的热膨胀起约束作用
采用热胀系数小的材料	在热伸长大的主要部位可采用热胀系数小的材料，如铟钢的热胀系数只有铸铁的 1/10；含镍 30%铟瓦铸铁，其热胀系数仅为铸铁的 1/5～1/4。采用大理石机座或钢板-混凝土复合结构。混凝土的热胀系数是钢材的 3/4
形成均匀的温度场	通过设计一定的气体或液体的流动通道以便于散热和均热，从而减少热变形。图 9-2-57 为一单柱坐标镗床的机架。在适当部位布置挡板以引导气流，使得下部电动机处被加热的空气流经挡板，加热立柱后壁，以与主轴处传给立柱前部的热量形成一个较为均匀的温度场，可使主轴因热变形引起的倾斜角减少 1/3～1/2
减少温升	机床大件的设计应有利于切屑的快速排出；在机架外部增加散热面积、加大散热外表面的气流速度；把电动机等热源放在易散热的上部；在液压马达、液压缸等热源外面加隔热罩，以减少热源的热辐射等

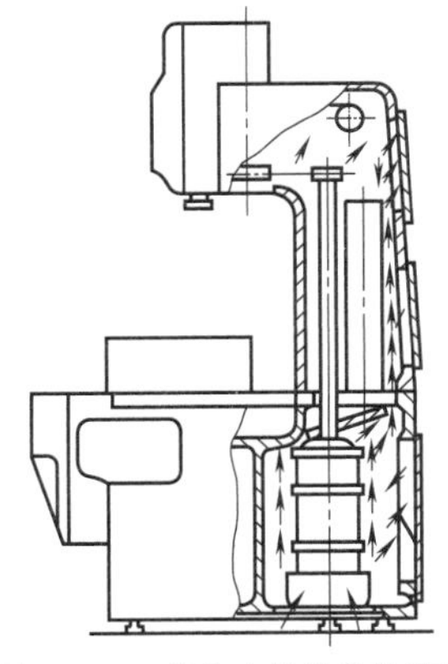
图 9-2-57　单柱坐标镗床的机架

(5) 热变形计算实例

例 3　已知正方形截面的铸铁机架（横梁），其外廓尺寸为 300mm×300mm，壁厚 20mm，长度 $L=2000$mm，截面面积 $A=2.24\times10^4\text{mm}^2$，截面惯性矩可算得为 $I=3\times10^8\text{mm}^4$。

求：1) 自由状态下均匀升温 1℃，或上下面温差 1℃时所产生的热变形及为消除这个热变形所需的轴向力或弯矩；

2) 两端紧固在两立柱上，则立柱的刚度或变形阻力应为多少才能使上述热变形量减小至 5μm。

解　1) 均匀升温 1℃时，热伸长量为

$$\Delta L=\alpha L(\theta_1-\theta_0)=11\times10^{-6}\times2000\times1\text{mm}=22\times10^{-3}\text{mm}$$

即 $\Delta L=22\mu\text{m}$

消除热变形所需的轴向力

$F_a = \alpha EA(\theta_1 - \theta_0)$

$= 11\times10^{-6}\times1.6\times10^5\times2.24\times10^4\times1\times10^{-3}\text{kN}$

$= 39.4\text{kN}$

截面上、下温差1℃时热弯曲量为

$$f = \frac{\alpha L^2(\theta_2-\theta_1)}{8h}$$

$$= \frac{11\times10^{-6}\times(2000)^2\times1}{8\times300}\text{mm} = 18.4\mu\text{m}$$

消除热变形需在横梁中间施加的横向力

$$F = \frac{6EI\alpha(\theta_2-\theta_1)}{Lh}$$

$$= \frac{6\times1.6\times10^5\times3\times10^8\times11\times10^{-6}\times1}{2000\times300\times1000}\text{kN}$$

$= 5.3\text{kN}$

或为消除热变形需在横梁两端施加的弯矩为

$$M = \frac{EI\alpha(\theta_2-\theta_1)}{h} = 1.76\times10^7\text{N}\cdot\text{mm}$$

2）此机架的抗压刚度为1

$$K_A = \frac{EA}{L} = \frac{1.6\times10^5\times2.24\times10^4}{2000}\text{N/mm}$$

$= 1.79\times10^6\text{N/mm}$

两端作用弯矩时的变形阻力为

$$K'_A = \frac{8EI}{L^2} = 9.6\times10^7\text{N}$$

均匀升温1℃时，立柱的刚度K_B应为多大才能使横梁热伸长量$\Delta L = 22\mu\text{m}$减小至$\Delta L_1 = 5\mu\text{m}$

由 $$\Delta L_1 = \Delta L\frac{K_A}{K_A+K_B}$$

所以 $K_B = \frac{K_A\Delta L}{\Delta L_1} - K_A = 3.8\times10^6\text{N/mm}$

上、下温差1℃时，立柱的变形阻力K'_B应为多少才能使热弯曲变形量$f = 18.4\mu\text{m}$减少至$f_1 = 5\mu\text{m}$

$$K'_B = K'_A\left(\frac{f}{f_1}-1\right) = 25.7\times10^7\text{N}$$

2.1.4.7 带有肋板框架的刚度计算

图9-1-2中5大类型的加强肋，实际上是横向肋、纵向肋和对角肋这3种肋的组合，现分别对这几种有肋板框架的刚度的计算方法进行讨论。

（1）有横向肋板框架的刚度计算

带横向肋板的框架如图9-2-58所示，其弯曲刚度的计算分两种情况处理。

第一种情况：当横向肋板厚度t_1对框架长度L的比值很小时，横肋板的数目及厚度对垂直方向的弯曲刚度影响很小，这种情况下，框架的弯曲刚度主要取决于平行中性轴的两块纵向侧板。考虑肋板对侧壁的支承作用，计算刚度时，两块侧壁可不作为简支梁计算，可以简化成两端固定的梁来计算，因此，其垂直方向的挠度为

$$\Delta_Z = \frac{FL^3}{32Eth^3}$$

式中 F——框架上的集中载荷，N；

L——支架的总长度，mm；

E——支架材料的弹性模量。

其他参数见图9-2-58。

第二种情况：当图9-2-58所示框架承受侧向（图中x向）载荷时，框架刚度和横肋板的数目及壁厚有关，当横肋板尺寸一定时，框架的变形随着肋板数目n的增大而减小，即刚度随横肋板数目n的增大而增大，此时有

$$\Delta x = ax^b$$

$$x = L/l_1$$

式中 a——实验所得常数，$a = 140.8$；

b——实验所得常数，$b = -1.224$；

l_1——横肋板之间的距离；

L——框架长度。

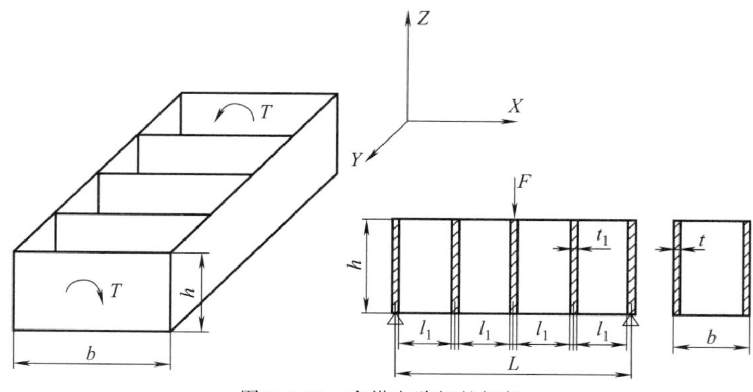

图9-2-58 有横向肋板的框架

带横板框架的扭转刚度：图 9-2-58 所示横肋板对扭转刚度的影响很小，这种框架的扭转刚度主要取决于两纵向侧壁（厚度 t），两侧壁的扭转变形按下式计算

$$\varphi=\frac{TL}{2K_1Ght^3}$$

式中　G——材料的剪切弹性模量；

K_1——矩形截面扭转常数，取值见表 9-2-31；

L——若横向肋间跨度为 b，则 $L=nb$；

n——横肋板隔开的单元数。

（2）有横肋板底座的刚度计算

图 9-2-59 为带有面板及横肋板的框架，可以将它理解为由两种梁组成，即图 9-2-59（b）分解出来的图9-2-59（c）和图 9-2-59（d）两种梁截面，当肋板数目为 n 时，底座的惯性矩由两部分组成

$$I=nI_1+2I_2$$

式中　I_1——图 9-2-59（d）所示梁的截面惯性矩，mm^4；

I_2——图 9-2-59（c）所示梁的截面惯性矩，mm^4。

垂直方向的挠度为

$$\Delta=\frac{Fb^3}{192EI}$$

若以短边 b 为支承边时，则挠度为

$$\Delta=\frac{FL^3}{192EI}$$

此时计算惯性矩时，仅考虑面板和两长边侧板组成的惯性矩。

（3）对角肋板结构的刚度计算

1）对角肋板的扭转刚度　图 9-2-60（a）所示为带有对角肋板的框架结构，图 9-2-60 所示为以两根交叉的对角肋板作为分离体，则它分别承受着方向相反的作用力 F，此分离体产生的变形 Δ 可按简支梁的计算公式来求

$$\Delta=2\,\frac{Fl^3}{48EI}$$

式中　I——对角肋板的截面惯性矩，mm^4；

l——对角肋板的长度，mm。

框架结构所受的扭矩 T 为

$$T=Fb$$

表 9-2-31　　矩形截面的扭转常数

$\frac{h}{t}$	1	2	3	4	6	8	10	∞
K_1	0.141	0.229	0.263	0.281	0.299	0.307	0.313	0.333

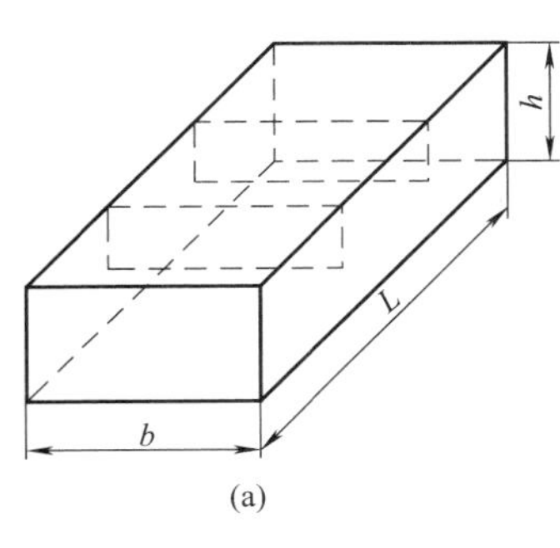

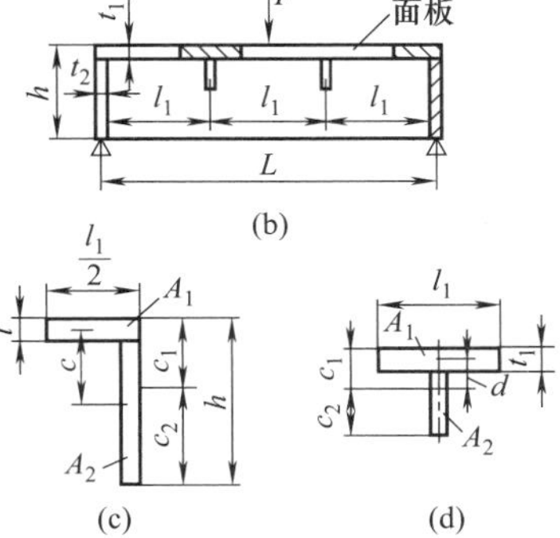

图 9-2-59　有横肋板的底座的刚度

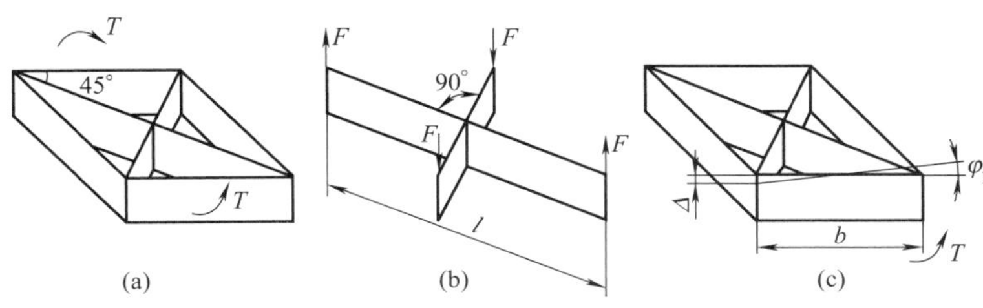

图 9-2-60　对角肋的受力分析

对角肋板的弯曲变形使框架结构产生的扭转角 φ_1 为

$$\varphi_1=\frac{2\Delta}{b}$$

以 $l=\sqrt{2}b$ 及 T，φ_1 代入计算公式，得

$$\varphi_1=0.236\frac{Tb}{EI}$$

若结构如图 9-2-61 所示，由几个对角肋串联，扭矩 T 作用于短边，则串联对角肋板的总扭转角为

$$\varphi_1=0.236n\frac{Tb}{EI}$$

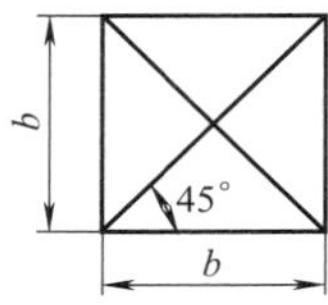

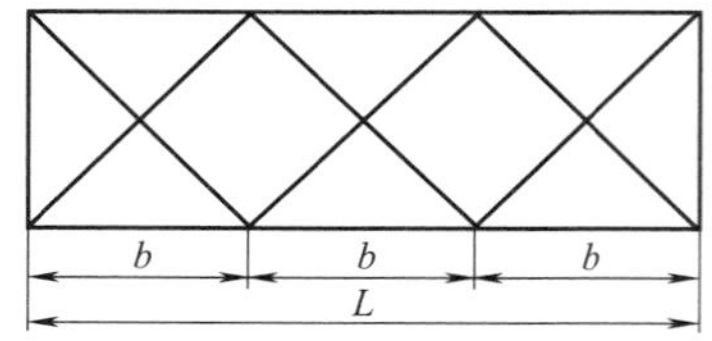

图 9-2-61 对角肋的单元组合

2）侧壁的扭转刚度 设对角肋板所在的矩形框架侧壁高为 h，侧壁板厚为 t，框架长度 $l=nb$，则两块侧壁的扭转角为

$$\varphi_2=\frac{Tnb}{2K_1Ght^3}$$

式中，K_1 的取值见表 9-2-31；n 为对角单元数。

3）对角肋板框架的总扭转刚度 K 等于对角肋板和两侧壁板的刚度之代数和

$$K=\frac{T}{\varphi_1}+\frac{T}{\varphi_2}=\frac{EI}{0.236nb}+\frac{2K_1Ght^3}{nb}$$

对角肋板框架的扭转角为

$$\varphi=\frac{0.236nbT}{EI+2\times0.236K_1Gt^3}$$

2.1.5 十字肋的刚度计算

图 9-2-62 所示十字肋，其惯性矩可按下式计算

$$I=\frac{(b_1-b_2)h_1^3+b_2h_2^3}{12}$$

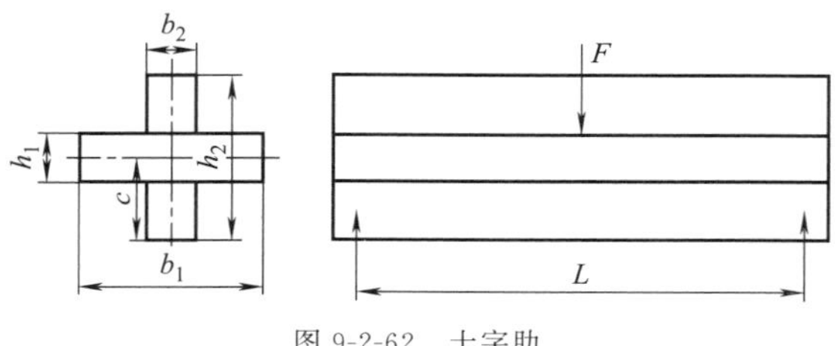

图 9-2-62 十字肋

设计十字肋时应考虑与矩形梁的比较，在提高强度和刚度的同时应使材料用量最少，一般 b_2/b_1 应取得小一些（0.3 以下），h_1/h_2 则应适当，一般为 0.2 左右较好。

各种布肋方式对开式、闭式箱形结构刚度的影响见表 9-1-18～表 9-1-21。

另外，对图 9-2-63（a）T 形肋结构，它可分成几个 T 形单元来计算［图 9-2-63（b）］，每个单元相当于图 9-2-59 的（d）。与十字肋板一样，可对 T 形截面的参数尺寸比例进行分析，以求得在强度和刚度都较好的情况下材料用量最省的截面。

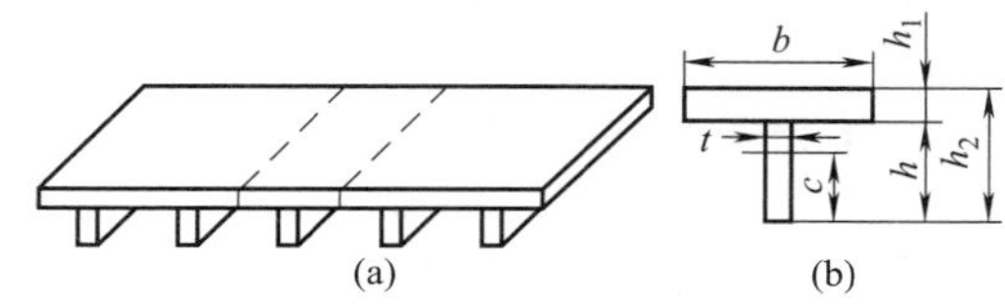

图 9-2-63 T 形肋结构

对于图 9-2-64 所示三角肋条可看作多 T 形肋的特例，每个截面都可视为高度不同的 T 形肋来计算。

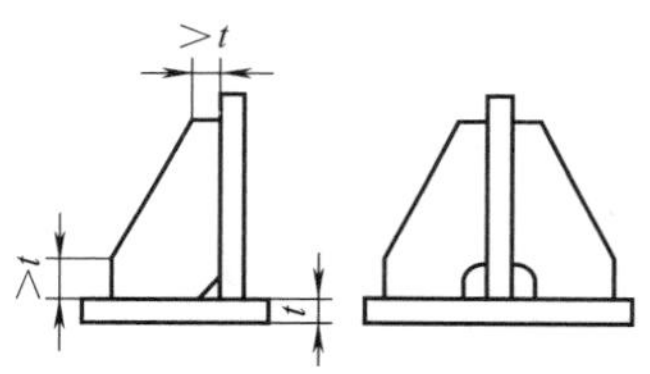

图 9-2-64 三角肋结构

2.2 稳定性计算

立架或柱受压时必须进行稳定性校核计算。对于受弯的梁来说，若受到轴向压力，也必须进行稳定性校核。

2.2.1 不作稳定性计算的条件

当符合下列情况之一时，可不计算梁的整体稳定性：

1）有铺板（各种钢筋混凝土板和钢板）密铺在梁的受压翼缘上并与其牢固相连、能阻止梁受压翼缘的侧向位移时；

2）工字形截面简支梁受压翼缘的自由长度 l_1 与其宽度 b_1 之比不超过表 9-2-32 所规定的数值时。

2.2.2 轴心受压构件的稳定性验算公式

$$\sigma=\frac{N}{\varphi A}<\sigma_p \tag{9-2-12}$$

式中 A——构件的毛截面面积，mm^2；

N——计算轴向压力，N；

φ——根据结构件的最大长细比或最大的换算长细比选取的轴心受压构件稳定系数，φ 值按表 9-2-33 选取（长细比 λ 的计算见 2.2.3 节）。

当钢材的屈服极限 σ_s 高于 $350N/mm^2$ 时，可近似用构件的假想长细比 λ_F，按 16Mn 钢选取 φ。λ_F 的计算公式如下

$$\lambda_F=\lambda\sqrt{\frac{\sigma_s}{350}} \tag{9-2-13}$$

式中 σ_s——所选材料的屈服极限，N/mm^2。

2.2.3 结构件长细比的计算

1）结构件的长细比按式（9-2-14）计算

$$\lambda=\frac{l_C}{r}\leqslant\lambda_p \tag{9-2-14}$$

$$r=\sqrt{\frac{I}{A}} \tag{9-2-15}$$

式中 l_C——结构件的计算长度，其计算方法见 2.2.4 节，mm；

r——构件毛截面对某轴的回转半径，mm；

I——结构件对某轴的毛截面惯性矩，mm^4；

λ_p——结构件的许用长细比，见表 9-2-34。

2）当结构件为格构式的组合结构件时，其整个结构件的换算长细比可按表 9-2-35 计算。

表 9-2-32 工字形截面简支梁不需计算整体稳定性的最大 l_1/b_1 值

钢号	跨中无侧向支承点的梁		跨中有侧向支承点的梁，不论载荷作用于何处
	载荷作用在上翼缘	载荷作用在下翼缘	
Q235 钢	13	20	16
16Mn 钢、16Mnq 钢	11	17	13
15MnV 钢、15MnVq 钢	10	16	12

注：1. 其他钢号的梁不需计算整体稳定性的最大 l_1/b_1 值，应取 3 号钢的数值乘以 $\sqrt{325/\sigma_s}$。

2. 梁的支座处，应采取构造措施以防止梁端截面的扭转。

3. 对跨中无侧向支承点的梁，l_1 为其跨度；对跨中有侧向支承点的梁，l_1 为受压翼缘侧向支承点间的距离（梁的支座处视为有侧向支承）。

表 9-2-33 轴心受压构件的稳定系数 φ 值

λ	材料		λ	材料	
	Q235	16Mn		Q235	16Mn
0	1.000	1.000	130	0.401	0.279
10	0.995	0.993	140	0.349	0.242
20	0.981	0.973	150	0.306	0.213
30	0.958	0.940	160	0.272	0.188
40	0.927	0.895	170	0.243	0.168
50	0.888	0.840	180	0.218	0.151
60	0.842	0.776	190	0.197	0.136
70	0.789	0.705	200	0.180	0.124
80	0.731	0.627	210	0.164	0.113
90	0.669	0.546	220	0.151	0.104
100	0.604	0.462	230	0.139	0.096
110	0.536	0.384	240	0.129	0.089
120	0.466	0.325	250	0.120	0.082

表 9-2-34 结构件许用长细比 λ_p

构件类别		受拉结构件	受压结构件	构件类别	受拉结构件	受压结构件
主要承载结构件	对桁架的弦杆	150	120	次要承载结构件（如主桁架的其他杆、辅助桁架的弦杆等）	200	150
	对整个结构	180	150	其他构件	350	250

表 9-2-35 格构式构件换算长细比 λ_h 计算公式

构件截面形式	缀材类别	计算公式	符号意义
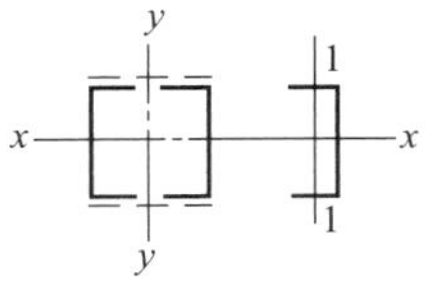	缀板	$\lambda_{hy}=\sqrt{\lambda_y^2+\lambda_1^2}$	λ_y——整个构件对虚轴的长细比 λ_1——单肢对 1-1 轴的长细比，其计算长度取缀板间的净距离（铆接构件取缀板边缘铆钉中心间的距离）
	缀条	$\lambda_{hy}=\sqrt{\lambda_y^2+27\frac{A}{A_1}}$	A——构件横截面所截各弦杆的毛截面面积之和 A_1——构件横截面所截各斜缀条的毛截面面积之和

续表

构件截面形式	缀材类别	计算公式	符号意义
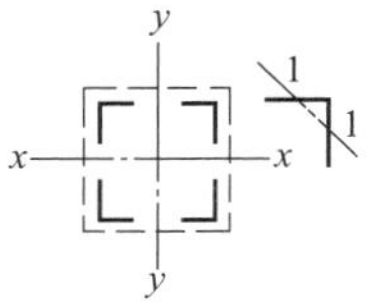	缀板	$\lambda_{hx}=\sqrt{\lambda_x^2+\lambda_1^2}$ $\lambda_{hy}=\sqrt{\lambda_y^2+\lambda_1^2}$	λ_1——单肢对最小刚度轴 1-1 的长细比，其计算长度取缀板间的净距离（铆接构件取缀板边缘铆钉中心间的距离）
	缀条	$\lambda_{hx}=\sqrt{\lambda_x^2+40\frac{A}{A_{1x}}}$ $\lambda_{hy}=\sqrt{\lambda_y^2+40\frac{A}{A_{1y}}}$	A_{1x}——构件横截面所截垂直于 xx 轴的平面内各斜缀条的毛截面面积之和 A_{1y}——构件横截面所截垂直于 yy 轴的平面内各斜缀条的毛截面面积之和
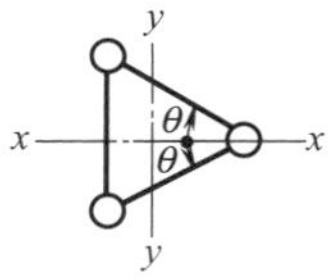	缀条	$\lambda_{hx}=\sqrt{\lambda_x^2+\frac{42A}{A_1(1.5-\cos^2\theta)}}$ $\lambda_{hy}=\sqrt{\lambda_y^2+\frac{42A}{A_1\cos^2\theta}}$	θ——缀条所在平面和 x 轴的夹角

注：1. 缀板组合结构件的单肢长细比 λ_1 不应大于 40。缀板尺寸应符合下列规定：缀板沿柱纵向的宽度不应小于肢件轴线间距离的 2/3，厚度不应小于该距离的 1/40，并不小于 6mm。

2. 斜缀条与结构件轴线间倾角应保持在 40°～70°范围内。

2.2.4 结构件的计算长度

2.2.4.1 等截面柱

等截面杆件只考虑支承影响，受压构件计算长度按式（9-2-16）计算

$$l_C=\mu_1 l \qquad (9\text{-}2\text{-}16)$$

式中 l——构件的实际几何长度；

μ_1——与支承方式有关的（在两个平面内不一定相同）长度系数，见表 9-2-36。

2.2.4.2 变截面受压构件

变截面受压构件计算长度按式（9-2-17）计算，构件的截面惯性矩取原构件的最大截面惯性矩

$$l_C=\mu_1\mu_2 l \qquad (9\text{-}2\text{-}17)$$

式中 μ_2——变截面长度系数，见表 9-2-37～表 9-2-39，等截面时 $\mu_2=1$。

表 9-2-36 长度系数 μ_1 值

a/l	构件支承方式							
	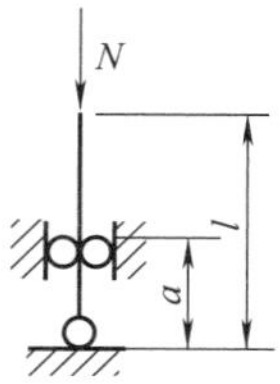	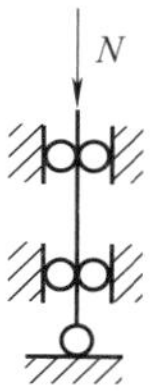			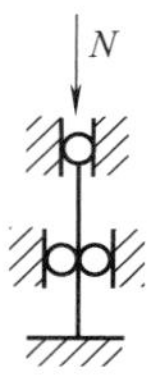	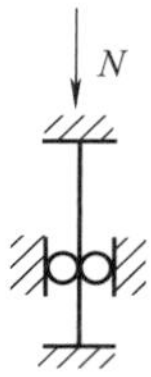		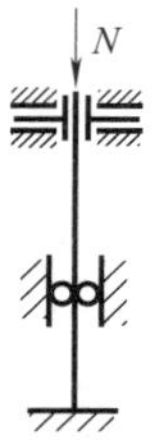
0	2.00	0.70	0.50	2.00	0.70	0.50	1.00	1.00
0.1	1.87	0.65	0.47	1.85	0.65	0.46	0.93	0.93
0.2	1.73	0.60	0.44	1.70	0.59	0.43	0.87	0.85
0.3	1.60	0.56	0.41	1.55	0.54	0.39	0.80	0.78
0.4	1.47	0.52	0.41	1.40	0.49	0.36	0.75	0.70
0.5	1.35	0.50	0.44	1.26	0.44	0.35	0.70	0.64
0.6	1.23	0.52	0.49	1.11	0.41	0.36	0.67	0.58
0.7	1.13	0.56	0.54	0.98	0.41	0.39	0.67	0.53
0.8	1.06	0.60	0.59	0.85	0.44	0.43	0.68	0.51
0.9	1.01	0.65	0.65	0.76	0.47	0.46	0.69	0.50
1.0	1.00	0.70	0.70	0.70	0.50	0.50	0.70	0.50

表 9-2-37　　**变截面长度系数 μ_2 值**

变截面形式	I_{min}/I_{max}	μ_2	变截面形式	I_{min}/I_{max}	μ_2
I_x呈线性变化	0.1	1.45	I_x呈抛物线变化	0.1	1.66
	0.2	1.35		0.2	1.45
	0.4	1.21		0.4	1.24
	0.6	1.13		0.6	1.13
	0.8	1.06		0.8	1.05

表 9-2-38　　**变截面长度系数 μ_2 值**

变截面形式	I_{min}/I_{max}	n	μ_2 $m=0$	$m=0.2$	$m=0.4$	$m=0.6$	$m=0.8$
I_{x1}, I_{max}, I_{min}, x, x_1, a, l；$\frac{I_x}{I_{max}}=\left(\frac{x}{x_1}\right)^n$, $m=\frac{a}{l}$	0.1	1	1.23	1.14	1.07	1.02	1.00
		2	1.35	1.22	1.10	1.03	1.00
		3	1.40	1.31	1.12	1.04	1.00
		4	1.43	1.33	1.13	1.04	1.00
$n=1$	0.2	1	1.19	1.11	1.05	1.01	1.00
		2	1.25	1.15	1.07	1.02	1.00
		3	1.27	1.16	1.08	1.03	1.00
		4	1.28	1.17	1.08	1.03	1.00
$n=2$	0.4	1	1.12	1.07	1.04	1.01	1.00
		2	1.14	1.08	1.04	1.01	1.00
		3	1.15	1.09	1.04	1.01	1.00
		4	1.15	1.09	1.04	1.01	1.00
$n=3$	0.6	1	1.07	1.04	1.02	1.01	1.00
		2	1.08	1.05	1.02	1.01	1.00
		3	1.08	1.05	1.02	1.01	1.00
		4	1.08	1.05	1.02	1.01	1.00
$n=4$	0.8	1	1.03	1.02	1.01	1.00	1.00
		2	1.03	1.02	1.01	1.00	1.00
		3	1.03	1.02	1.01	1.00	1.00
		4	1.03	1.02	1.01	1.00	1.00

表 9-2-39　　**变截面长度系数 μ_2 值**（箱形伸缩臂）

伸缩臂几何特性

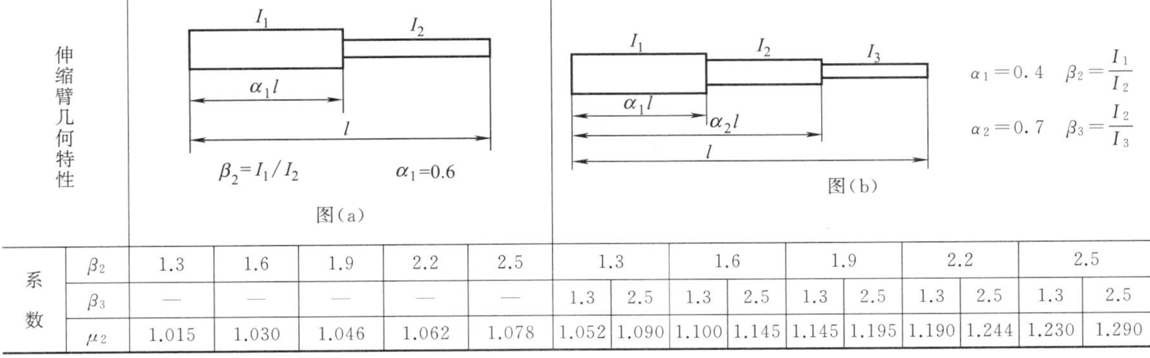

图(a)　　图(b)

系数	图(a)					图(b)									
β_2	1.3	1.6	1.9	2.2	2.5	1.3		1.6		1.9		2.2		2.5	
β_3	—	—	—	—	—	1.3	2.5	1.3	2.5	1.3	2.5	1.3	2.5	1.3	2.5
μ_2	1.015	1.030	1.046	1.062	1.078	1.052	1.090	1.100	1.145	1.145	1.195	1.190	1.244	1.230	1.290

续表

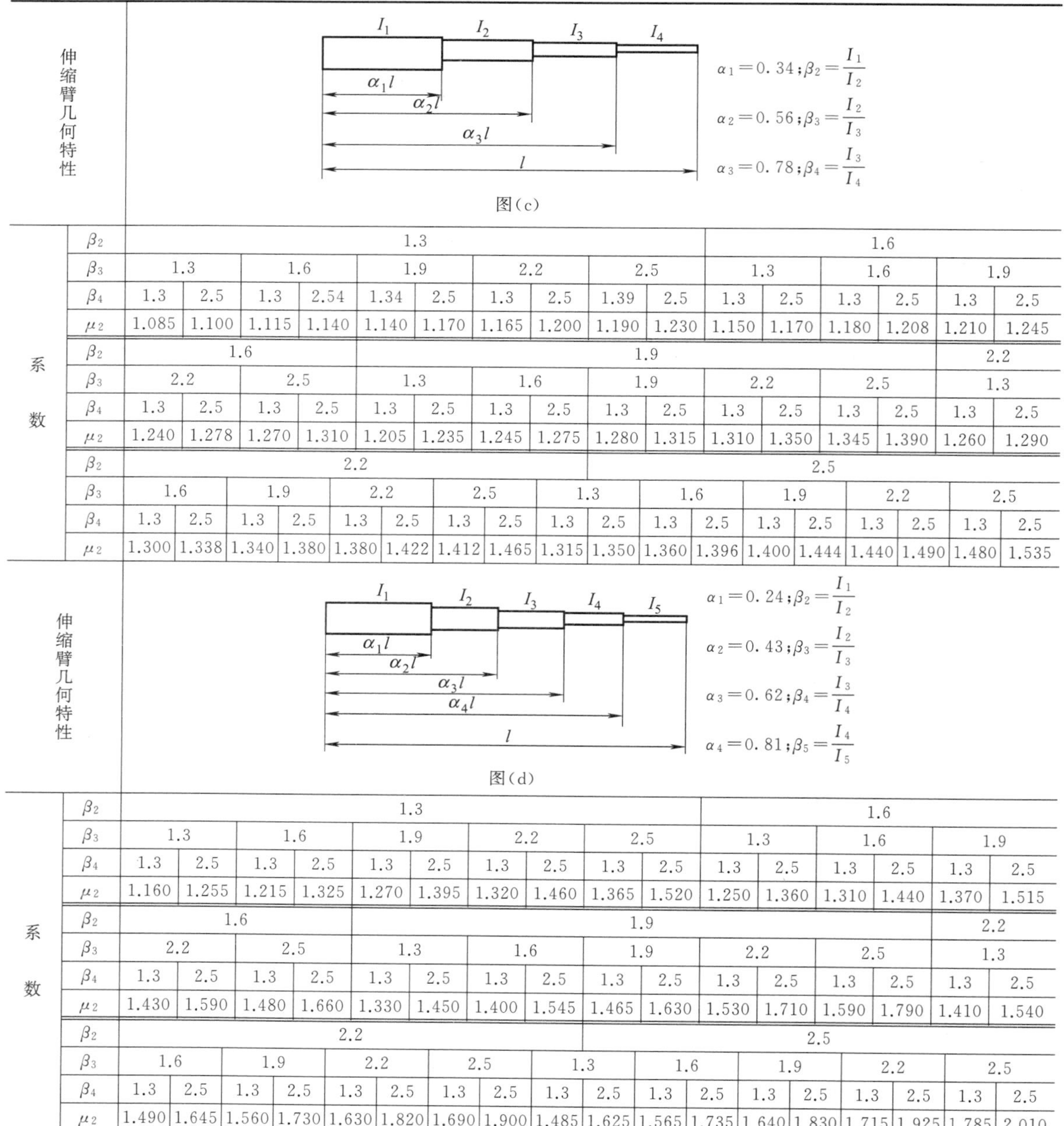

伸缩臂几何特性

图(c)

系数

β_2	1.3										1.6					
β_3	1.3		1.6		1.9		2.2		2.5		1.3		1.6		1.9	
β_4	1.3	2.5	1.3	2.54	1.34	2.5	1.3	2.5	1.39	2.5	1.3	2.5	1.3	2.5	1.3	2.5
μ_2	1.085	1.100	1.115	1.140	1.140	1.170	1.165	1.200	1.190	1.230	1.150	1.170	1.180	1.208	1.210	1.245

β_2	1.6				1.9										2.2	
β_3	2.2		2.5		1.3		1.6		1.9		2.2		2.5		1.3	
β_4	1.3	2.5	1.3	2.5	1.3	2.5	1.3	2.5	1.3	2.5	1.3	2.5	1.3	2.5	1.3	2.5
μ_2	1.240	1.278	1.270	1.310	1.205	1.235	1.245	1.275	1.280	1.315	1.310	1.350	1.345	1.390	1.260	1.290

β_2	2.2								2.5									
β_3	1.6		1.9		2.2		2.5		1.3		1.6		1.9		2.2		2.5	
β_4	1.3	2.5	1.3	2.5	1.3	2.5	1.3	2.5	1.3	2.5	1.3	2.5	1.3	2.5	1.3	2.5	1.3	2.5
μ_2	1.300	1.338	1.340	1.380	1.380	1.422	1.412	1.465	1.315	1.350	1.360	1.396	1.400	1.444	1.440	1.490	1.480	1.535

伸缩臂几何特性

图(d)

系数

β_2	1.3										1.6					
β_3	1.3		1.6		1.9		2.2		2.5		1.3		1.6		1.9	
β_4	1.3	2.5	1.3	2.5	1.3	2.5	1.3	2.5	1.3	2.5	1.3	2.5	1.3	2.5	1.3	2.5
μ_2	1.160	1.255	1.215	1.325	1.270	1.395	1.320	1.460	1.365	1.520	1.250	1.360	1.310	1.440	1.370	1.515

β_2	1.6				1.9										2.2	
β_3	2.2		2.5		1.3		1.6		1.9		2.2		2.5		1.3	
β_4	1.3	2.5	1.3	2.5	1.3	2.5	1.3	2.5	1.3	2.5	1.3	2.5	1.3	2.5	1.3	2.5
μ_2	1.430	1.590	1.480	1.660	1.330	1.450	1.400	1.545	1.465	1.630	1.530	1.710	1.590	1.790	1.410	1.540

β_2	2.2								2.5									
β_3	1.6		1.9		2.2		2.5		1.3		1.6		1.9		2.2		2.5	
β_4	1.3	2.5	1.3	2.5	1.3	2.5	1.3	2.5	1.3	2.5	1.3	2.5	1.3	2.5	1.3	2.5	1.3	2.5
μ_2	1.490	1.645	1.560	1.730	1.630	1.820	1.690	1.900	1.485	1.625	1.565	1.735	1.640	1.830	1.715	1.925	1.785	2.010

注：1. I_i 为第 i 节臂的截面平均惯性矩。

2. 若 β 值处在 1.3 和 2.5 之间，可用线性插值法查得 μ_2 值。

3. 取表中图（d）栏里的数值时，β_5 可为任意值。

2.2.4.3 桁架构件的计算长度

1）确定桁架交叉腹杆的长细比时，在桁架平面内的计算长度应取节点中心到交叉点间的距离，在桁架平面外的计算长度应按表 9-2-40 的规定采用。

2）确定桁架弦杆和单系腹杆的长细比时，其计算长度 l_0 应按表 9-2-41 的规定采用。

如桁架弦杆侧向支承点之间的距离为节间长度的 2 倍（图 9-2-65），且侧向支承点之间的轴心压力有变化时，则该弦杆在桁架平面外的计算长度应按式（9-2-18）确定

表 9-2-40　**桁架交叉腹杆在桁架平面外的计算长度**

项次	杆件类别	杆件的交叉情况	桁架平面外计算长度
1	压　杆	当相交的另一杆受拉，且两杆在交叉点均不中断	$0.5l$
2		当相交的另一杆受拉，两杆中有一杆在交叉点中断并以节点板搭接	$0.7l$
3		其他情况	l
4	拉　杆		l

注：1. l 为节点中心间距（交叉点不作为节点考虑）。

2. 当两交叉杆都受压时，不宜有一杆中断。

3. 当确定交叉腹杆中单角钢压杆斜平面内的长细比时，计算长度应取节点中心至交叉点间距离。

表 9-2-41　**桁架弦杆和单系腹杆的计算长度 l_0**

项　次	弯曲方向	弦　杆	腹　杆	
			支座斜杆和支座竖杆	其他腹杆
1	在桁架平面内	l	l	$0.8l$
2	在桁架平面外	l_1	l	l
3	斜平面	—	l	$0.9l$

注：1. l 为构件的几何长度（节点中心间距）；l_1 为桁架弦杆侧向支承点之间的距离。

2. 第 3 项斜平面是指与桁架平面斜交的平面，适用于构件截面两主轴均不在桁架平面内的单角钢腹杆和双角钢十字形截面腹杆。

3. 无节点板的腹杆计算长度在任意平面内均取其等于几何长度。

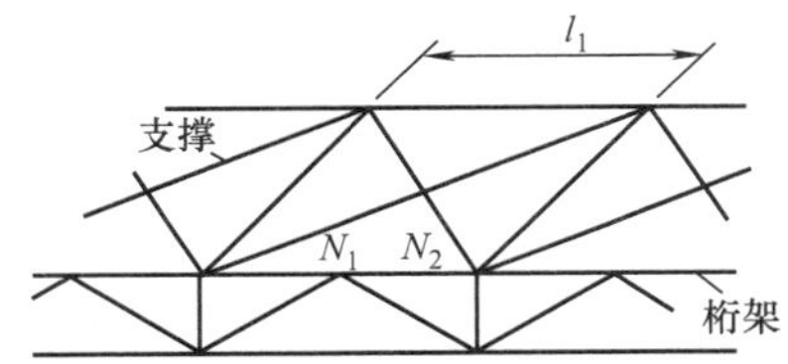

图 9-2-65　弦杆轴心压力在侧向支承点之间有变化的桁架简图

$$l_0=l_1\left(0.75+0.25\frac{N_2}{N_1}\right)\qquad(9\text{-}2\text{-}18)$$

但不小于 $0.5l_1$。

式中　N_1——较大的压力，计算时取正值；

N_2——较小的压力或拉力，计算时压力取正值，拉力取负值。

桁架再分式腹杆体系的受压主斜杆［图 9-2-66（a）］及 K 形腹杆体系的竖杆［图 9-2-66（b）］等，在桁架平面外的计算长度也应按式（9-2-18）确定（受拉主斜杆仍取 l_1）；在桁架平面内的计算长度则取节点中心间距。

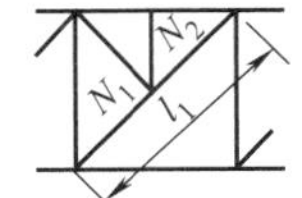

(a) 再分式腹杆体系的受压主斜杆

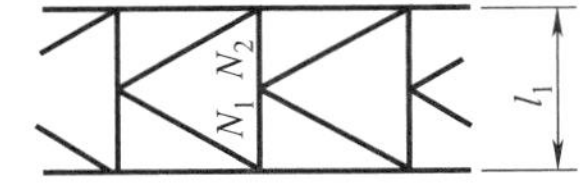

(b) K形腹杆体系的竖杆

图 9-2-66　受压腹杆压力有变化的桁架简图

2.2.4.4　特殊情况

在特殊情况下，例如，考虑到起重机吊臂端部有变幅拉臂钢丝绳或起升钢丝绳的有利影响，吊臂在回转平面内的计算长度还要考虑长度系数，按式（9-2-19）计算

$$l_C=\mu_1\mu_2\mu_3 l\qquad(9\text{-}2\text{-}19)$$

式中　μ_3——由于拉臂钢丝绳或起升钢丝绳影响的长度系数。当吊臂由拉臂钢丝绳变幅时［图 9-2-67（a）］，长度系数可由式（9-2-20）求得。若计算值小于 1/2 时，则 μ_3 取 1/2。

$$\mu_3=1-\frac{A}{2B}\qquad(9\text{-}2\text{-}20)$$

当吊臂由变幅油缸变幅时［图 9-2-67（b）］，起升绳影响的长度系数可由式（9-2-21）求得

$$\mu_3=1-\frac{c}{2}\qquad(9\text{-}2\text{-}21)$$

$$c=\frac{1}{\cos\alpha+a\sin\theta}\times\frac{l}{H}$$

式中　a——起升滑轮组倍率；

l——吊臂长度；

θ，α，A，B，H——几何尺寸，见图 9-2-67。

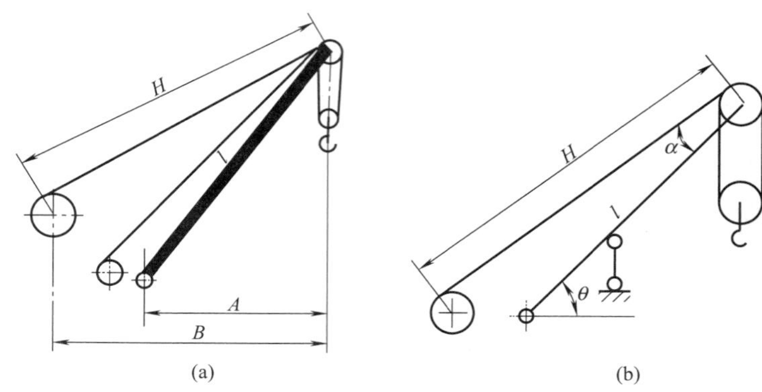

图 9-2-67　起重机吊臂端部有变幅拉臂钢丝绳或起升钢丝绳时长度系数的计算

表 9-2-42　　两端简支的工字形截面结构件不需要验算侧向屈曲稳定性的最大 l/b 值

	$h/\delta_b=100$			$h/\delta_b=50$		
$\frac{h}{b}$	载荷作用在上翼缘板	载荷作用在下翼缘板	跨内有侧向支承点，不论载荷作用在何处	载荷作用在上翼缘板	载荷作用在下翼缘板	跨内有侧向支承点，不论载荷作用在何处
2	16/13	25/21	19/16	17/14	26/22	20/17
4	15/12	23/19	17/14	16/13	24/20	18/15
6	13/11	21/17	16/13	15/12	22/18	17/14

注：1. 表中符号意义为：

h——结构件全高；

l——受压翼缘的自由长度，对跨中无侧向支承点的结构件，即为其跨度；对跨中有侧向支承点的结构件，为受压翼缘侧向支承点间距；

b——结构件受压翼缘的宽度；

δ_b——结构件受压翼缘的厚度。

2. 在结构件的端部支承处，应采取构造措施以阻止其端部截面的扭转。

3. 表中分子数字用于 Q235 钢，分母数字用于 16Mn 钢。

2.2.5　偏心受压构件

对于单向或双向受压与弯的构件，即构件受有轴向力及受绕强轴（x 轴）和弱轴（y 轴）的双向弯矩时，除用一般强度公式验算强度外，还需验算其稳定性。详细计算可参看 GB/T 3811—2008。

凡符合下列情况之一的受弯结构件，可不验算侧向屈曲稳定性：

1）箱形截面结构件，当其截面高 H 与两侧板间的宽度 B 的比值不大于 3 时，或其截面足以保证结构件的侧向刚性（如空间桁架）时；

2）其他截面的结构件，当有刚性较强的走台，且其支承件固定在结构件的受压翼板上，并能抵抗截面的扭转和水平位移时；

3）两端简支的工字形截面结构件，其受压翼缘板的自由长度 l 和其宽度 b 之比值不超过表 9-2-42 中的规定值时。

当受弯结构件不符合上述情况之一时，则必须计算结构件的侧向屈曲稳定系数，见 GB/T 3811—2008。

2.2.6　板的局部稳定性计算

对于薄板的局部稳定性和配肋板的要求，已在梁板的加强肋板中说明。在必须对板的局部稳定性作详细验算时，可按本节进行计算。

1）压应力 σ_1、切应力 τ 和局部压应力 σ_m 分别作用时的临界应力及欧拉应力为

$$\sigma_{1cr}=\chi K_\sigma \sigma_E \qquad (9\text{-}2\text{-}22)$$

$$\tau_{cr}=\chi K_\tau \sigma_E \qquad (9\text{-}2\text{-}23)$$

$$\sigma_{mcr}=\chi K_m \sigma_E \qquad (9\text{-}2\text{-}24)$$

$$\sigma_E=\frac{\pi^2 E}{12(1-\nu^2)}\left(\frac{\delta}{b}\right)^2=19\left(\frac{100\delta}{b}\right)^2 \qquad (9\text{-}2\text{-}25)$$

式中　σ_{1cr}——临界压应力，N/mm^2；

τ_{cr}——临界切压力，N/mm^2；

σ_{mcr}——临界局部挤压应力，N/mm^2；

χ——板边弹性嵌固系数，一般可在 1～1.26 范围内选取，当一对边受强翼

板或强纵向加劲肋嵌固时取大值；

K_σ，K_τ，K_m——四边简支板的屈曲系数，取决于板的边长比 $\alpha=a/b$ 和板边载荷情况，对于用加劲肋分隔的局部区格按表 9-2-43 求得，对于包括加劲肋在内的带肋板按表 9-2-44 求得；

σ_E——欧拉应力，N/mm^2；

δ——板厚，mm；

b——区格宽或板宽，mm；

E——材料的弹性模量，N/mm^2；

ν——泊松比。

当加劲肋符合本节 4）的规定时，只需要按局部区格计算稳定性，否则应同时计算局部区格和带肋板两种情况的稳定性。

2）压应力 σ_1、切应力 τ 和局部压应力 σ_m 同时作用时的临界复合应力按式（9-2-26）计算

$$\sigma_{i,cr}=\frac{\sqrt{\sigma_1^2+\sigma_m^2-\sigma_1\sigma_m+3\tau^2}}{\frac{1+\psi}{4}\left(\frac{\sigma_1}{\sigma_{1cr}}\right)+\sqrt{\left[\frac{3-\psi}{4}\left(\frac{\sigma_1}{\sigma_{1cr}}\right)+\frac{\sigma_m}{\sigma_{mcr}}\right]^2+\left(\frac{\tau}{\tau_{cr}}\right)^2}} \tag{9-2-26}$$

式中，ψ 的含义见表 9-2-43。

特殊情况：$\tau=0$，$\sigma_m=0$；$\sigma_{i,cr}=\sigma_{1cr}$；

$\sigma_1=0$，$\sigma_m=0$，$\sigma_{i,cr}=\sqrt{3}\tau_{cr}$；

$\tau=0$，$\sigma_1=0$，$\sigma_{i,cr}=\sigma_{mcr}$。

当局部压力作用于板的受拉边缘时，σ_1 与 σ_m 不相关，可分别取 $\sigma_m=0$ 或 $\sigma_1=0$ 进行计算。当临界复合应力（包括上述特殊情况）超过 $0.75\sigma_s$ 时，应按式（9-2-27）求得折减临界复合应力 σ_{cr}

$$\sigma_{cr}=\sigma_s\left(1-\frac{\sigma_s}{5.3\sigma_{i,cr}}\right) \tag{9-2-27}$$

式中　σ_s——材料的屈服点，N/mm^2。

表 9-2-43　**局部区格板的屈曲系数**

序号	载荷情况		$\alpha=a/b$	K
1	均匀或不均匀压缩（$0\leqslant\psi<1$）	σ_1 σ_1 b $\sigma_2=\psi\sigma_1$ $a=\alpha b$ $\sigma_2=\psi\sigma_1$	$\alpha\geqslant1$	$K_\sigma=\frac{8.4}{\psi+1.1}$
			$\alpha<1$	$K_\sigma=\left(\alpha+\frac{1}{\alpha}\right)^2\frac{2.1}{\psi+1.1}$
2	纯弯曲或以拉为主的弯曲（$\psi\leqslant-1$）	σ_1 σ_1 b $\sigma_2=\psi\sigma_1$ $a=\alpha b$ $\sigma_2=\psi\sigma_1$	$\alpha\geqslant\frac{2}{3}$	$K_\sigma=23.9$
			$\alpha<\frac{2}{3}$	$K_\sigma=15.87+\frac{1.87}{\alpha^2}+8.6\alpha^2$
3	以压为主的弯曲（$-1<\psi<0$）	σ_1 σ_1 b $\sigma_2=\psi\sigma_1$ $a=\alpha b$ $\sigma_2=\psi\sigma_1$		$K_\sigma=(1+\psi)K'_\sigma-\psi K''_\sigma+10\psi(1+\psi)$ K'_σ——$\psi=0$ 时的屈曲系数(序号 1) K''_σ——$\psi=-1$ 时的屈曲系数(序号 2)
4	纯剪切	τ τ τ b τ $a=\alpha b$	$\alpha\geqslant1$	$K_\tau=5.34+\frac{4}{\alpha^2}$
			$\alpha<1$	$K_\tau=4+\frac{5.34}{\alpha^2}$
5	单边局部压缩	$c=\beta a$ σ_m b $a=\alpha b$	$\alpha\leqslant1$	$K_m=\frac{2.86}{\alpha^{1.5}}+\frac{2.65}{\alpha^2\beta}$
			$1<\alpha\leqslant3$	$K_m=\left(2+\frac{0.7}{\alpha^2}\right)\left(\frac{1+\beta}{\alpha\beta}\right)$ 注：当 $\alpha>3$ 时，按 $a=3b$ 计算 α、β、K_m 值

续表

序号	载荷情况		$\alpha=a/b$	K
6	双边局部压缩	$c=\beta a$；b；$a=\alpha b$		$K_m=0.8K'_m$ K'_m——按序号5计算的K_m值

注：1. σ_1为板边最大压应力，$\psi=\sigma_2/\sigma_1$为板边两端应力比；σ_1、σ_2各带自己的正负号。

2. 对有一条纵向加劲肋，受局部压应力作用的腹板，其上区格可参照序号6栏计算屈曲系数，其下区格在确定局部压应力的扩散区宽度后可参照序号5栏计算屈曲系数。对有两条和两条以上纵向加劲肋的情况，也可按照上述原则进行计算。

表 9-2-44　带肋板的屈曲系数

序号	载荷情况		K
1	压缩	σ_1；d；$b=rd$；$a=\alpha b$	$K_\sigma=\dfrac{(1+\alpha^2)^2+r\gamma_a}{\alpha^2(1+r\delta_a)}\times\dfrac{2}{1+\psi}$ r——加劲肋的分隔数
2	纯剪切	τ；y_i；b；$a=\alpha b$	m: 5, 10, 20, 30, 40, 50, 60, 70, 80, 90, 100 K_τ: 6.98, 7.7, 8.67, 9.36, 9.6, 10.4, 10.8, 11.1, 11.4, 11.7, 12 $m=2\sum_{i=1}^{r-1}\sin^2\left(\dfrac{\pi y_i}{b}\right)\gamma_a$，加劲肋等距离平分板宽时$2\sum_{i=1}^{r-1}\sin^2\left(\dfrac{\pi y_i}{b}\right)=r$
3	局部挤压	$c=\beta a$；y_i；b；$a=\alpha b$	$K_m=K'_m(1+\eta)$ K'_m——按表9-2-43中的序号5计算的K_m值 $\eta=\dfrac{\sum_{i=1}^{r-1}\left(\sin\dfrac{\pi y_i}{b}-\dfrac{1}{4}\sin\dfrac{2\pi y_i}{b}\right)^2}{\alpha^4+\dfrac{5}{4}\alpha^2+\dfrac{17}{32}}\gamma_a$

注：$\gamma_a=\dfrac{EI_z}{bD}$，$\delta_a=\dfrac{A_z}{b\delta}$；

I_z——加劲肋截面对于板中面轴线的惯性矩，mm^4；

A_z——加劲肋截面面积，mm^2；

$D=\dfrac{E\delta^3}{12(1-\nu^2)}$（$\nu$为材料的泊松比）。

3）局部稳定性许用应力及局部稳定性验算。局部稳定性许用应力σ_{crp}按式（9-2-28）或式（9-2-29）计算

$$\text{当}\ \sigma_{i,cr}\leqslant\sigma_p\ \text{时}:\sigma_{crp}=\frac{\sigma_{i,cr}}{n}\tag{9-2-28}$$

$$\text{当}\ \sigma_{i,cr}>\sigma_p\ \text{时}:\sigma_{crp}=\frac{\sigma_{cr}}{n}\tag{9-2-29}$$

式中　n——安全系数，取与强度安全系数一致；

σ_p——$0.75\sigma_s$（假想比例极限）。

局部稳定性按式（9-2-30）验算

$$\sqrt{\sigma_1^2+\sigma_m^2-\sigma_1\sigma_m+3\tau^2}\leqslant\sigma_{crp}\tag{9-2-30}$$

4）起重机机架对加劲肋构造尺寸的要求。在满足上述的板的局部稳定性的前提下，板横向加劲肋间距a不得小于$0.5b$，且不得大于b和2m两值中的大值，b为板的总宽度。

板横向加劲肋的尺寸按式（9-2-31）和式（9-2-32）确定

$$b_1\geqslant\frac{b}{30}+40\tag{9-2-31}$$

$$\delta_1 \geqslant \frac{1}{15} b_1 \tag{9-2-32}$$

式中　b_1——横向加劲肋的外伸宽度，mm；

δ_1——横向加劲肋的厚度，mm；

b——板的总宽度，mm。

在板同时采用横向加劲肋和纵向加劲肋时，横向加劲肋除尺寸应符合上述规定外，还应满足式（9-2-33）的要求

$$I_{z1} \geqslant 3b\delta^3 \tag{9-2-33}$$

式中　I_{z1}——横向加劲肋的截面对该板板厚中心线的惯性矩，mm^4；

δ——板厚，mm。

此时，腹板纵向加劲肋应同时满足式（9-2-34）、式（9-2-35）的要求

$$I_{z2} \geqslant \left(2.5 - 0.45\frac{a}{b}\right)\frac{a^2}{b}\delta^3 \tag{9-2-34}$$

$$I_{z2} \geqslant 1.5b\delta^3 \tag{9-2-35}$$

式中　I_{z2}——板纵向加劲肋的截面对板厚中心线的惯性矩，mm^4。

翼缘板纵向加劲肋应满足式（9-2-36）的要求

$$I_{z3} \geqslant m\left(0.64 + 0.09\frac{a}{b}\right)\frac{a^2}{b}\delta^3 \tag{9-2-36}$$

式中　I_{z3}——翼缘板纵向加劲肋的截面对翼缘板板厚中心线的惯性矩，mm^4；

m——翼缘板纵向加劲肋数。

2.2.7　圆柱壳的局部稳定性计算

受轴压或压弯联合作用的薄壁圆柱壳体，当壳体壁厚 δ 与壳体中面半径 R 的比值 $\frac{\delta}{R}$ 不大于 $25\frac{\sigma_s}{E}$ 时，必须计算它的局部稳定性。

1）圆柱壳体受轴压或压弯联合作用时的临界应力

$$\sigma_{c,cr} = 0.2\frac{E\delta}{R} \tag{9-2-37}$$

式中　$\sigma_{c,cr}$——圆柱壳体受轴压或压弯联合作用时的临界应力，N/mm^2，当按式（9-2-37）算得的临界应力超过 $0.75\sigma_s$ 时，可按式（9-2-27）进行折减；

R——圆柱壳体中面半径，mm；

δ——圆柱壳体壁厚，mm。

2）受轴压或压弯联合作用的薄壁圆柱壳体的局部稳定性验算

$$\frac{N}{A} + \frac{M}{W} \leqslant \frac{\sigma_{c,cr}}{n} \tag{9-2-38}$$

式中　N——轴向力，N；

M——弯矩，N·mm；

A——圆柱壳的横截面净面积，mm^2；

W——圆柱壳的横截面净截面抗弯模量，mm^3；

n——安全系数，取与强度安全系数一致。

3）加劲环　圆柱壳两端应设置加劲环或设置有相应作用的结构件；当壳体长度大于 $10R$ 时，需设置中间加劲环。加劲环的间距不大于 $10R$，加劲环的截面惯性矩 I_z 应满足式（9-2-39）的要求

$$I_z \geqslant \frac{R\delta^3}{2}\sqrt{\frac{R}{\delta}} \tag{9-2-39}$$

式中　I_z——圆柱壳加劲环的截面惯性矩，mm^4。

2.2.8　梁的局部稳定性

按强度计算，梁的腹板可取得很薄，以节约金属和减轻结构重量。但梁易失稳，常用筋板提高其局部稳定性。组合工字梁的翼缘受压时也可能失稳，因而规定其翼缘的伸出长度。表 9-2-45 为工字梁及箱形梁受压翼缘宽厚比的规定值。

受弯构件腹板配置加劲筋板的规定和布置见表 9-2-46、图 9-2-68 和图 9-2-69。对于表 9-2-46 中 1 项有局部压应力的梁及其他各项无局部压应力的梁，其配筋尺寸的一般原则如下。

1）$0.5h_0 \leqslant a \leqslant 2h_0$，且 $a \leqslant 3$m。

2）短加筋板，$a_1 > 0.75h_1$。

3）筋板宽度，$b \geqslant \frac{h_0}{30} + 40$mm，且不得超过翼缘宽度（应离翼缘 5～10mm）。

4）筋板的厚度：$t_W \geqslant \frac{1}{15}b$，但不得超过腹板厚度。

5）梁需加纵向筋板时，h_1 值宜为 $\frac{h_0}{5} \sim \frac{h_0}{4}$。纵向筋板应连续，长度不足时应预先接长，并保证对接焊缝。

6）连接筋板的焊缝宜用小焊脚的连续角焊缝，对于只承受静载荷或动载荷不大的梁，可用断续焊缝。

7）为了易于装配和避免焊缝汇交于一点，通常在筋板上切去一个角（图 9-2-69），角边高度约为焊脚高度的 2～3 倍。图中 C—C 剖面所示的短筋板，其端部易产生裂纹，动载梁不宜采用，应设计成通高的长筋板（见 B—B 剖面）。筋板与受拉翼缘连接的角焊缝会降低疲劳强度，对重要的动载梁可用 A—A 剖面的结构，即筋板下部放垫板并与之焊接，垫板与受拉翼缘不焊，或焊缝平行于内力。

对于局部受压的梁，受压处的加强筋板必须计算。

表 9-2-45 **受压翼缘的宽厚比**

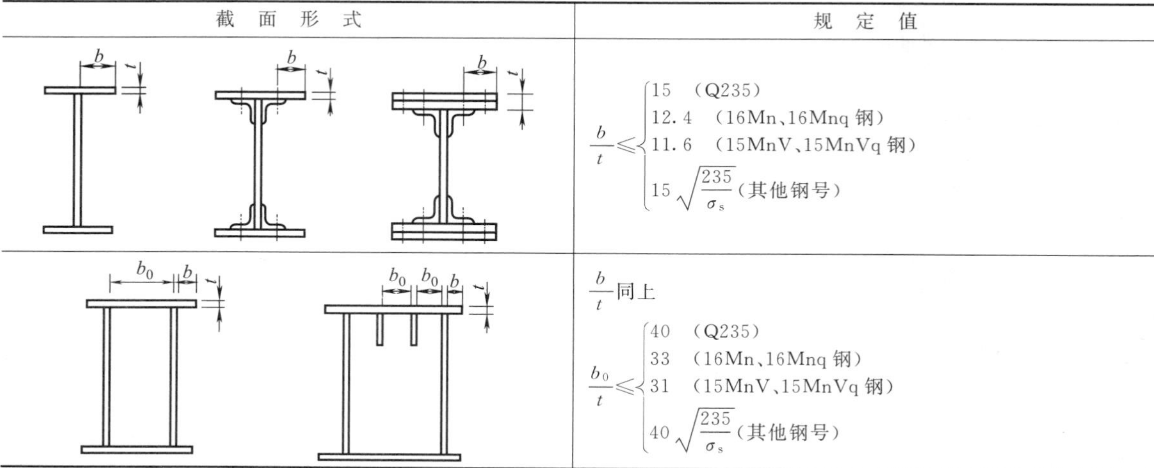

截面形式	规定值
（工字形截面，b、t）	$\frac{b}{t} \leqslant \begin{cases} 15 & (Q235) \\ 12.4 & (16Mn、16Mnq 钢) \\ 11.6 & (15MnV、15MnVq 钢) \\ 15\sqrt{\frac{235}{\sigma_s}} & (其他钢号) \end{cases}$
（箱形截面，b_0、b、t）	$\frac{b}{t}$同上 $\frac{b_0}{t} \leqslant \begin{cases} 40 & (Q235) \\ 33 & (16Mn、16Mnq 钢) \\ 31 & (15MnV、15MnVq 钢) \\ 40\sqrt{\frac{235}{\sigma_s}} & (其他钢号) \end{cases}$

注：表中 σ_s 为钢的屈服强度。对 Q235 钢，取 $\sigma_s=235\text{N/mm}^2$；对 16Mn、16Mnq 钢，取 $\sigma_s=345\text{N/mm}^2$；对 15MnV、15MnVq 钢，取 $\sigma_s=390\text{N/mm}^2$。

表 9-2-46 **受弯构件腹板配置加劲筋的规定**

项　次	配置规定	备　注
1. $h_0/t_W \leqslant 80\sqrt{\frac{235}{\sigma_s}}$ 时	可不配置加劲筋，但对有局部压应力的梁应配加劲筋	加劲筋间距按计算确定 h_0——腹板的计算高度，按图 9-2-68 采用 t_W——腹板的厚度 σ_s——钢材的屈服强度，N/mm²
2. $80\sqrt{\frac{235}{\sigma_s}} < \frac{h_0}{t_W} \leqslant 170\sqrt{\frac{235}{\sigma_s}}$ 时	应配置横向加劲筋	
3. $\frac{h_0}{t_W} > 170\sqrt{\frac{235}{\sigma_s}}$ 时	应配置： ①横向加劲筋 ②受压区的纵向加劲筋 ③必要时尚应在受压区配置短加劲筋	
4. 支座处和上翼缘受有较大固定集中载荷处，宜设置支承加劲筋		

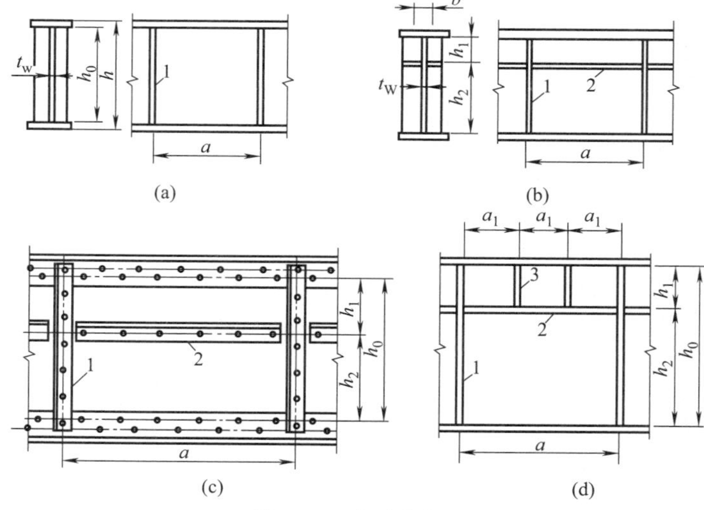

图 9-2-68　加劲筋布置

1—横向加劲筋；2—纵向加劲筋；3—短加劲筋

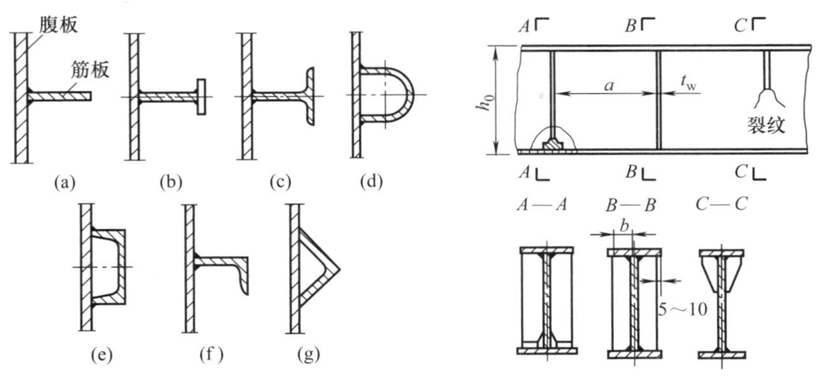

图 9-2-69 筋板的横截面形状与配置

2.3 典型超精密机床总体布局及振动和热控制

2.3.1 超精密机床的总体布局

超精密机床的总体布局对其性能好坏起决定性影响。目前超精密机床绝大多数用于加工反射镜等盘形零件，因此一般都没有后顶尖。

对超精密车床，刀具相对于工件，需做纵向（z）和横向（x）运动，因此需要有 z 方向和 x 方向的导轨。某些机床，如 Moore 车床，还增加一个回转工作台，使上面装的金刚石刀具在加工非球曲面时，始终垂直于加工表面，以减小刀具圆弧刃误差对工件形状的影响。这时除有 z 和 x 方向的导轨外，还增加一个垂直的 B 回转轴。根据加工回转体非球曲面的运动要求，现在超精密机床的总体布局有下面几种。

（1）十字形滑板工作台布局

这种布局中主轴箱位置固定，刀架装在十字形滑板（或溜板）工作台上，做 z 向和 x 向运动。现在的精密机床，如坐标镗床和三坐标测量机等，多数采用这种结构布局。图 9-2-70 所示为 Moore 公司三坐标测量机所用的十字形滑板构成的 z、x 双向工作台。Moore 公司生产的 M-18AG 型超精密非球曲面车床也采用这种结构布局。

这种结构布局将使下滑板的运动误差叠加到上滑板的运动误差中，故要求十字形滑板的上下导轨都有很高的精度，不仅要求有很高的直线运动精度，而且要求有非常严格的垂直度。此外，现在的超精密机床，采用双频激光干涉仪或光栅尺做 z、x 方向运动的随机位置检测，采用十字形滑板结构时，必有一路测量系统装在移动的导轨上，这将增加测量误差。

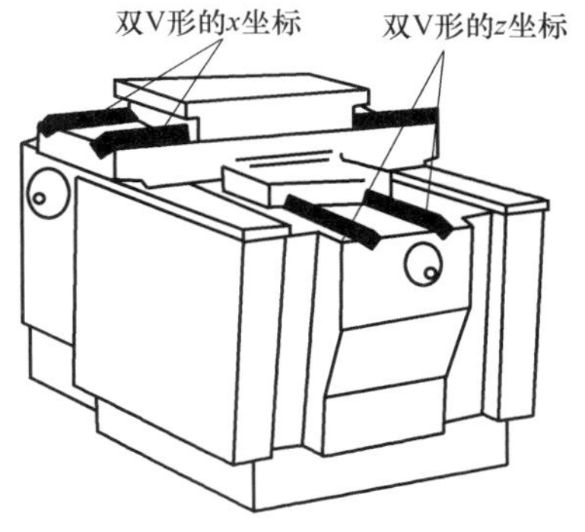

图 9-2-70 十字形滑板构成的 x、z 双向工作台（Moore 3 号坐标测量机）

（2）T 形布局

近些年生产的中小型超精密机床多数采用 T 形机床总体布局，即主轴箱完成纵向运动（z 向），刀架完成横向运动（x 向），如图 9-2-71 所示。这种 T 形布局，使 z 向和 x 向运动分离，有很多优点。z 向和 x 向运动的导轨都做在机床的床身上，相互独立，故误差不叠加，无相互干扰，z 向和 x 向导轨可以调整到很高的垂直度。此外，检测 z、x 向运动位置的双频激光在线测量系统都可以装在固定不动的床身上，仅测量移动位置用的反射镜装在 z、x 方向的移动部件上。这不仅使测量系统的安装要简单很多，而且可大大提高测量精度。Rank Pneumo 公司的 MSG-325 超精密车床，即采用这种 T 形导轨布局。

（3）偏心圆转角布局

偏心圆转角布局的超精密机床，其工作原理如图 9-2-72 所示。工作时金刚石车刀 3 围绕刀具转轴 OO_2 摆动，刀尖的运动轨迹为一段圆弧（在平面 6 内），刀尖运动轨迹圆必须严格通过工件的中心点，该运动为切削时的进给运动。车刀主轴箱 5 可绕垂直轴心 O 摆动，以得到不同的转角 θ，O 点偏离工件轴线

第9篇

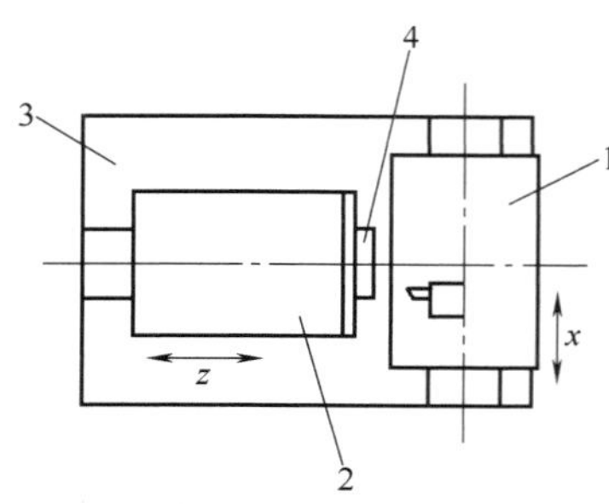

图 9-2-71　T 形机床总体布局
1—横滑板（刀架）；2—纵滑板（主轴箱）；3—床身；4—工件

O_1O_1 的距离为固定值 A。当刀具转轴 OO_2 和工件轴线 O_1O_1 平行时（$\theta=0$），刀尖运动平面 6 和工件轴线垂直，和工件旋转运动配合，可切出工件的平端面。当刀具转轴转角 θ 为负值（图中位置）时，刀尖运动轨迹为凸圆弧，加工出的工件表面为凹球面。当转角 θ 为正值时，刀尖运动轨迹为凹圆弧，加工出的工件表面为凸球面。改变转角 θ 可以加工出不同曲率半径的球面。因为球面的任意方向截面都是圆（刀尖运动轨迹圆），故该方法加工球面没有理论误差。轴线 O_1O_1 和 OO_2 的交点即为加工球面时的瞬心，根据该原理，可按加工表面要求的曲率半径，计算出刀具转轴 OO_2 应转的 θ 角。加工非球曲面时，先将机床调整到接近的球面，加工时金刚石车刀再补偿进给量 f（见图 9-2-72）即可加工出要求的非球曲面。

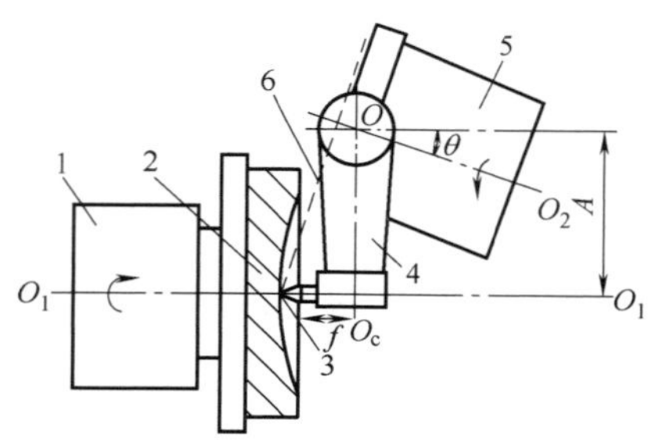

图 9-2-72　偏心圆转角布局机床工作原理
1—工件主轴；2—工件；3—金刚石车刀；4—刀架臂；5—车刀主轴箱；6—刀尖运动平面

该机床的主要优点是加工球面和平面时，完全不需要导轨的直线运动（直线导轨很难加工到很高精度），故加工精度和表面质量都很高。此外，这种机床结构比较简单和紧凑。

（4）立式结构布局

当工件直径较大并且重量较重时，超精密机床多采用立式结构布局。常用的立式布局结构如图 9-2-73 所示。超精密机床要求高的刚度，故多用龙门形式，滑板在横梁上做 x 向运动，刀架在滑板上沿 z 向上下运动。这种十字滑板结构 x 向的运动精度将直接影响 z 向运动的精度。在机床精度要求特别高时，如美国的 LODTM 大型超精密立式机床，就采取了特殊的在线测量和误差补偿措施，来消除运动误差。

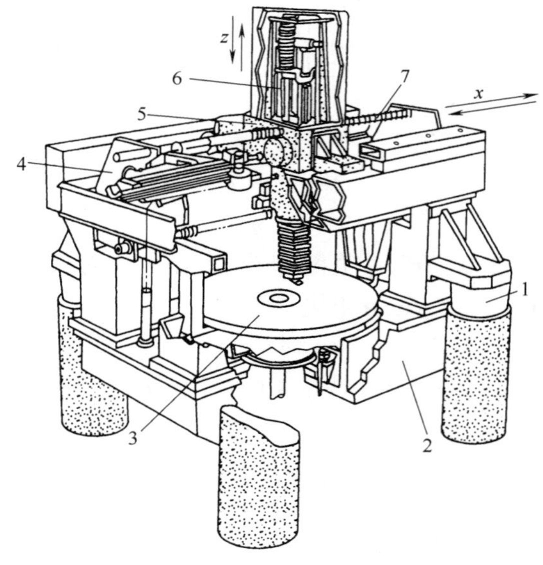

图 9-2-73　美国 LLL 实验室 LODTM 大型超精密机床的支承
1—隔振空气弹簧；2—床身；3—工作台（直径 1.5m）；4—测量基准架；5—溜板；6—刀座（有质量平衡），行程 0.5m；7—激光通路波纹管

2.3.2　超精密机床的振动控制

高性能精密机床要求高稳定性的机床结构，即各部件尺寸稳定性好、变形小；结构的抗振减振性能好。常规机床组件受压/弯载荷时的稳定性计算参见本篇 2.2。机架及机床大件的刚度和变形计算参见本篇 2.1。

本节主要针对超精密机床床身，就其材料选择及其减振控制措施两方面予以介绍。

2.3.2.1　超精密机床床身材料

传统机架或床身的材料参见本篇 1.2 和 1.6。其中优质铸铁和铸铜由于具有较好的耐磨、抗湿和抗热变形能力，目前在超精密机床中仍有许多应用。

天然花岗岩现在已是制造三坐标测量机和超精密机床床身和导轨的热门材料，这是因为花岗岩比铸铁长期尺寸稳定性好，热膨胀系数低，对振动的衰减能力强，硬度高，耐磨并不会生锈等。花岗岩和铸铁等材料的性能对比见表 9-2-47。从表中的数值可看到，

表 9-2-47　几种机床结构材料的性能对比

性能	Al_2O_3 陶瓷	铸铁	钢	铟钢	天然花岗岩	人造花岗岩
弹性模量 E/GPa	240	100	210	140	40	33
密度 ρ/g·cm^{-3}	3.4	7.3	7.3	8.2	2.6	2.5
刚度比	7	1.4	2.7	1.7	1.5	1.3
振动的对数衰减率 $A\times10^{-3}$	0.6	1～3	0.5	—	6	20
线胀系数 α_l/10^{-6}℃$^{-1}$	7	12	11	0.6	8.3	12
热导率 λ/W·m^{-1}·℃$^{-1}$	16	53.5	44	10.5	3.8	0.47

根据花岗岩的性能，用它做超精密机床的床身是比较好的。

用天然花岗岩做床身时，一般都用整体方块，钻孔埋入螺母以便和其他件连接。导轨也常用花岗岩做。在花岗岩中加工小孔和螺纹比较困难，特别是空气静压导轨的节流孔在花岗岩中加工比较困难，故有时导轨做成花岗岩和钢的组合结构，以便于加工。

天然花岗岩的主要缺点是有吸湿性，吸湿后产生微量变形，影响精度。有人提出在花岗岩表面涂上某种涂料，以降低其吸湿性。

天然花岗岩不能铸造成形且有吸湿性。为解决该问题，国外提出了人造花岗岩。人造花岗岩是由花岗岩碎粒用树脂粘结而成。用不同粒度的花岗岩碎粒组合，可提高人造花岗岩的体积分数（可达 90%～95%），使人造花岗岩有优良的性能，不仅可铸造成形，吸湿性低，而且可以加强振动的衰减能力。瑞士 Studer 公司采用人造花岗岩 Granitan 制造高精度 S 系列磨床的床身，效果甚佳，成为专利。现在国外已有不少超精密机床的床身用人造花岗岩制造，这种新花岗岩材料可用铸造方法直接铸成比较复杂的形状，大大节省了加工量。

2.3.2.2　超精密机床的减振措施

超精密机床使用金刚石刀具进行超精密切削时，要求机床工作极其平稳，不允许有振动，因此必须尽量减少机床内部所有的振动。为此应采取以下措施。

① 使用振动衰减能力强的材料制造机床的结构件。从表 9-2-47 可以看到，铸铁对振动的衰减率高于钢材，花岗岩对振动的衰减率大大高于钢铁。人造花岗岩的振动衰减率又高于天然花岗岩。

② 提高机床结构的抗振性。使用很大的机床床身，以降低它的自振频率。例如美国 LLL 实验室的 DTM-3 大型超精密机床使用 6.4m×4.6m×1.5m 的巨大花岗岩做床身。

③ 各转动部件都应经过精密动平衡，消灭或减少机床内部的振源。机床内的主要振源是高速转动的部件，如电动机、主轴等，这些转动的部件必须经过精密动平衡，使振动减小到最小；有可能产生振动的还有电动机和主轴的不同心、空气轴承的振荡、滚珠丝杠和螺母的不同心、导轨运动部件直线运动速度的变化、加工工件有偏心重量等。当发现机床有振动时，必须找出振源，加以消除，减少振动。

下面以图 9-2-73 所示的 LODTM 大型超精密机床为例，说明通过隔振减振提高其性能的措施。

（1）超精密机床应尽量远离振源

机床附近的振源，如空压机、泵等应尽量移走。实在无法移走时，应采用单独地基，加隔振材料等措施，使这些无法移走的振源所产生的振动对精加工的影响尽量减小。

LODTM 大型超精密车床使用大量的恒温水通到机床的各部分，以保持机床的恒温。为避免恒温水水泵的振动影响超精密机床，采取如下措施：水泵将恒温水打到水箱中，恒温水靠自重从水箱流到超精密机床的各相关部位，这样水泵的振动将不会通过水的振动而影响超精密机床。

（2）超精密机床采用单独地基、隔振沟、隔振墙等

为减少外界振动的干扰，地基应有足够的深度，地基周围用隔振沟，沟中使用吸振材料。过去为防止外界振动的传入，使用弹簧将地基架起来，但弹簧的隔振频率不够低，且不能随时自动找水平，故现在用得不多。

LODTM 大型超精密车床，除机床用带隔振沟的地基外，机床装在有隔振墙的单独房间内。该隔振墙是双层的，中间有吸声材料，可以减少声波振动的影响。

（3）使用空气隔振垫（亦称空气弹簧）

现在超精密机床和精密测量平台底下都用能自动找水平的空气隔振垫，一般可以隔离 2Hz 以上的外界振动。LODTM 用 4 个很大的空气隔振垫将机床架起来，从图 9-2-73 中可看到，这些空气隔振垫可以自动保持机床水平。这 4 个空气隔振垫中有两个是内部相连的，受力时能自动平衡，这样用 4 个空气隔振垫可以起到三点支承一平面的效果。使用空气隔振垫后，可以隔离频率为 1.5～2Hz 的外界振动，隔振后

轴承部件的相对振动振幅仅 2nm。

LODTM 大型超精密机床的空气隔振垫架在机床上较高的位置。空气隔振垫不同的支承方案对机床的抗振性有较大的影响。图 9-2-74 是空气隔振垫不同支承方案的对比原理图。从图中可以明显看到，当空气隔振垫支承在机床较高位置时，相比在机床床底支承，可以明显降低机床的重心，使机床更稳定，不易产生振动。此外在机床有振动时，如支承点在机床底面，刀具切削工件位置将有较大振幅；而在高位支承，刀具切削工件位置处于中心点，振幅要小得多。刀具切削工件位置是振动的敏感区，因此可以说高位支承将使机床的抗振性提高，增加机床的稳定性。

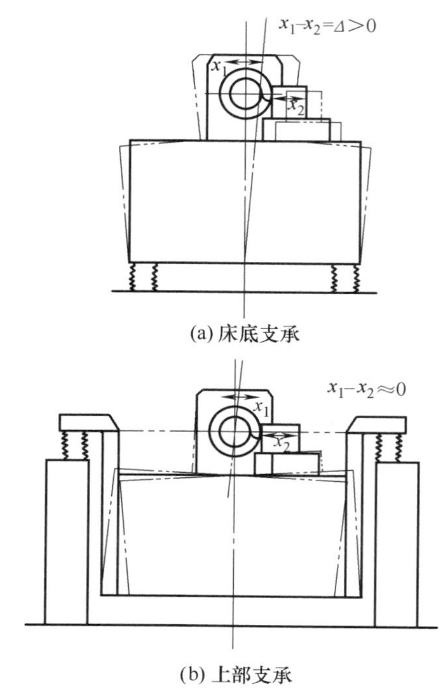

图 9-2-74 空气隔振垫支承位置不同对抗振性的影响

2.3.3 超精密机床的恒温控制

机床热变形的形成及热变形计算参见本篇 2.1.4.6，减少热变形的措施见表 9-2-30。超精密机床希望尽可能地减少热变形，因此要求极严格的恒温控制。很多现代的大型超精密机床都采用大量恒温油浇淋整个机床，并将机床安置在恒温室内。如美国 LLL 实验室放置 LODTM 的恒温室用铝质框架和绝缘热塑料护墙板做成，操作者和机床间有透明塑料窗帘隔开。恒温室内通入循环的恒温空气，空气流量 $90m^3/min$。通风用离心式风机的 19kW 电动机是该封闭系统内最大的热源。使用两级水冷式热交换器，用测热传感器测量进入的空气的温度，反馈控制热交换器的水流量，空气温度可控制在 ±0.005℃ 的变化范围内。

美国 LLL 实验室曾对三坐标测量机进行浇淋恒温油试验。图 9-2-75 所示为试验时采用恒温油对三坐标测量机进行浇淋时的控制系统。此系统可控制油温在 30s 的平均值不超过（20±0.0055）℃ 采用恒温油对测量机浇淋，可明显地减小温度的波动，提高测量精度。

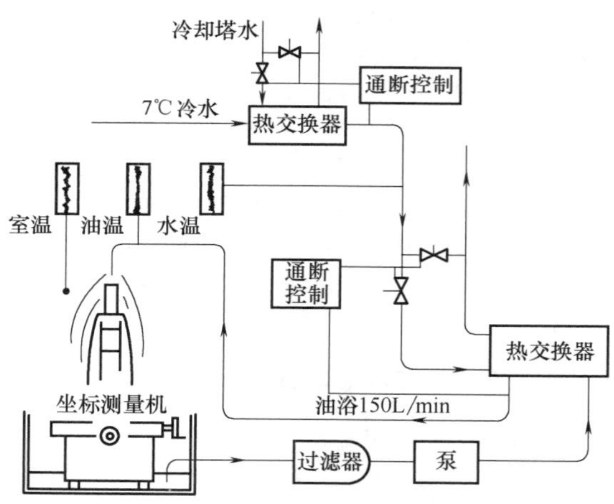

图 9-2-75 浇淋恒温油的温控系统

第3章　齿轮传动箱体的设计与计算

3.1　箱体结构设计概述

3.1.1　齿轮箱体结构的确定

减速器箱体是常见的一种齿轮箱体，其他类型的齿轮箱体结构可以参照减速器箱体结构确定。如图9-3-1（a）所示为一般形式的铸造减速器箱体。

为保证齿轮的传动精度及使用寿命，一般齿轮箱体的设计准则是刚度。箱体的刚度，除了与箱壁壁厚的大小有关外，还与箱体的开孔面积、孔的凸台、肋条的布置、箱盖的安装方式有关。箱体上的轴承受力支点的距离，箱体的中心高，轴承座结构及轴承座附近肋的布置对箱体刚度均有一定影响（参见 1.3.3）。由于轴承座的变形影响轴承间隙，轴承座的设计还要考虑到和传动轴的弹性匹配（见表 9-1-15）。设计齿轮箱体时，要使箱体有一定的容积空间，使油的涡流功率损失为最小。为使箱体具有足够的散热条件，可在散热面积较小的箱体外侧增设肋条。

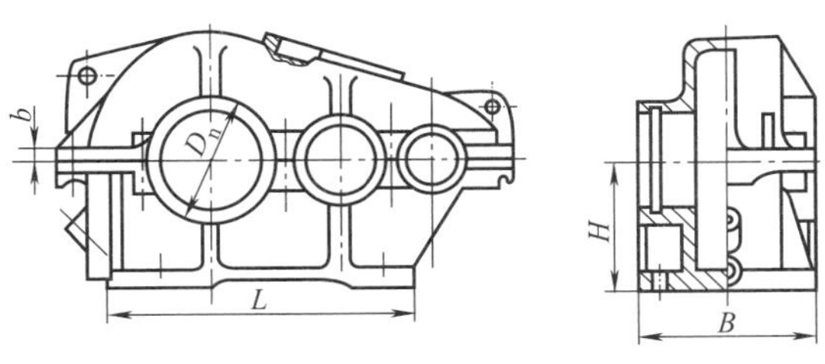

(a)

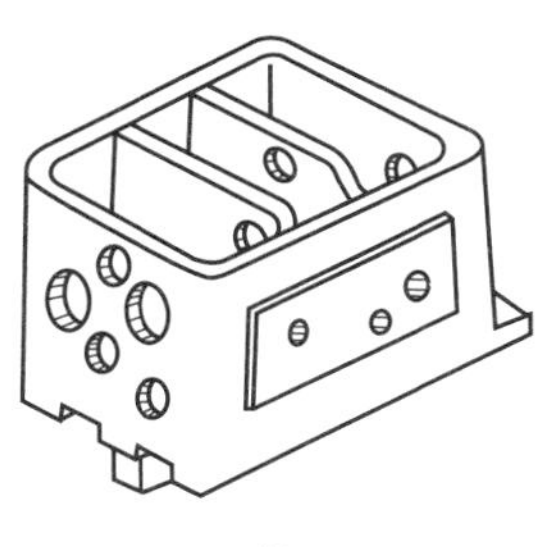

(b)

图 9-3-1　减速器及变速箱箱体

（1）箱体结构

箱体通常为矩形截面六面体。减速器箱体［图9-3-1（a）］采用剖分式，且一般只采用一个剖分面，对于大型减速器箱体考虑制造、安装、运输方便等原因，而采用两个剖分面。变速箱体为整体式，不设剖分面，如机床主轴箱［图 9-3-1（b）］。在主轴箱内常设有内支承壁，以支承传动轴和主轴，同时也增加了整体刚度。

（2）箱体结构设计应考虑到箱体结构对轴承受力的影响

由于箱体结构不同，使滚动轴承中滚动体的受力分布发生变化。图 9-3-2 为一种箱体结构及支点情况，L 为箱体支点力的间距，D 为箱体轴承孔径，H 为箱体中心高，图中为 $H=0.62D$ 时，各种不同 L/D 值的轴承受力分布曲线，虚线为理论的受力分布曲线。当支点力间距较小或只有一个支点力时，轴承受力范围小于 180°，受力更不均匀。

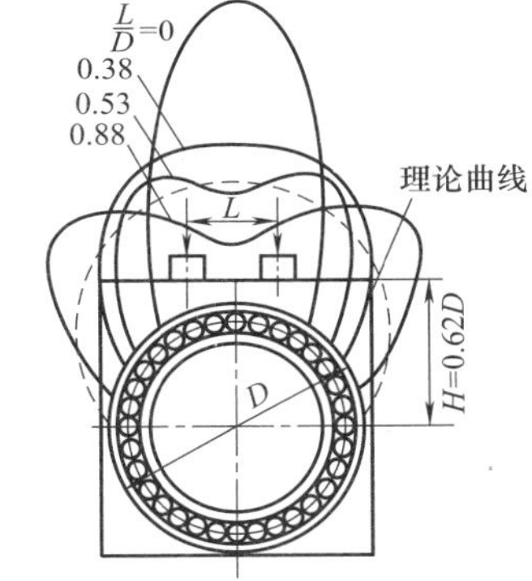

图 9-3-2　箱体支点间距对轴承受力的影响

图 9-3-3 中为两种不同 L/D 时，不同的 H/D 值对受力分布的影响。当 $L/D=0.83$，$H/D=0.78\sim0.94$ 时，轴承受力分布接近于理论分布曲线。

因此，在设计装有滚动轴承的箱体时，应考虑到合理的支点间距和足够的箱体壁厚和中心高度。

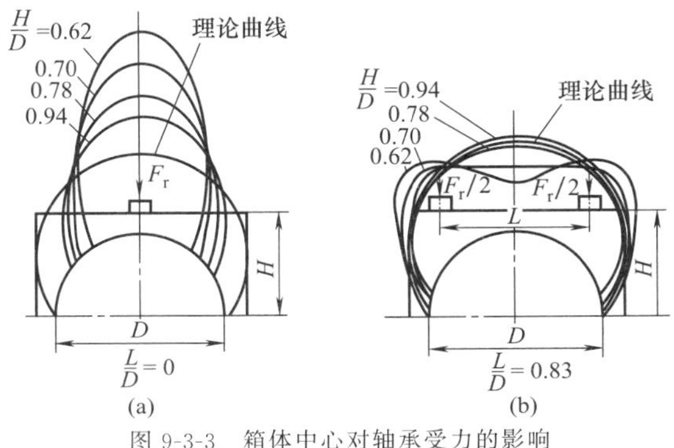

图 9-3-3　箱体中心对轴承受力的影响

第
9
篇

3.1.2　齿轮箱体焊接结构

采用焊接结构，可以使齿轮箱制造成本降低30%～50%，制作简单，节约材料、质量小、结构紧凑、外形美观。

焊接箱体中整体式轴承座结构如表9-3-1所示，剖分式轴承座结构如表9-3-2所示。轴承座、法兰和壁板焊接接头设计如表9-3-3。

轴承座的材料主要是Q235A或ZG230-450及ZG270-500铸钢。重载铸钢轴承座，结构较为复杂，如果相邻两个轴承座的内径相差较大，中心距较大时可单独制作；如果相邻轴承座的内径相差不大，中心距较小时，多个轴承座坯可以制成一体。

表9-3-1　焊接箱体中整体式轴承座结构

	结构简图	结构说明
简单结构	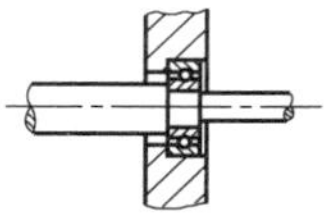	轴承直接安装在壁板上，要求有较厚的壁厚。为安装轴承而增加壁厚，将提高箱体的制造成本和焊件质量
轴套式结构	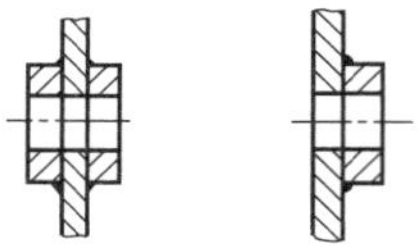	附加板由厚板制成，用角焊缝和壁板搭接。结构简单、成本低、不能承受大的载荷，焊接时附加板孔和壁板孔对中性差。加工内孔时铁屑容易进入搭接间隙，如不清除干净将影响轴承正常工作
	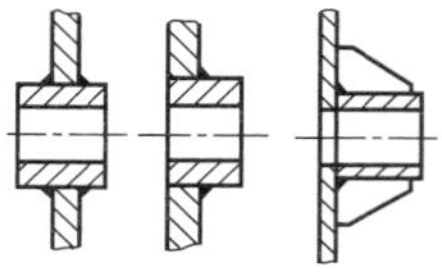	套筒直接插入壁孔中，对中性差，不适用于轴向力较大的结构。加肋是为了增加轴承座的局部刚度，适用于承受较大弯矩作用的结构
	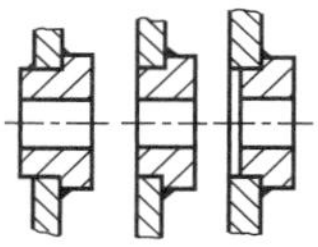	装配方便，对中性好，焊缝受力状态得到改善，增加机械加工量
双壁箱体轴承座结构	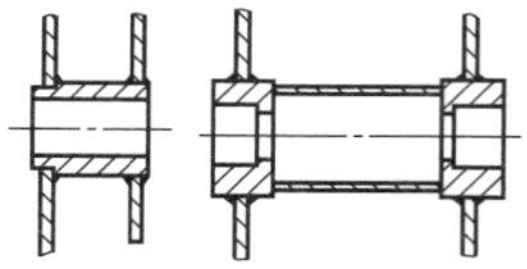	壁板相距较小时，采用左图结构；壁板相距较大时，采用右图结构。适于安装精密轴承 刚性大，能承受较大的弯矩作用；轴向力较大时，套筒应加工成止口，嵌入箱体
重型轴承座结构	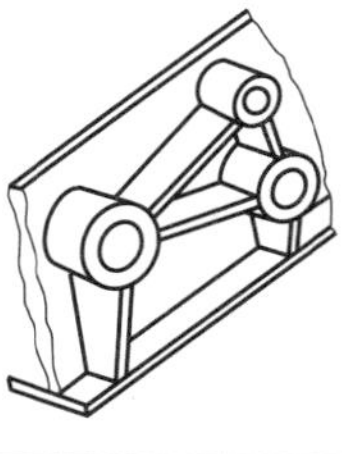	套筒嵌入箱体，三块肋板构成封闭三角形，能保证三个轴承孔中心距的尺寸精度及尺寸稳定性，保证齿轮啮合精度。垂直肋板使箱体局部刚度增大
	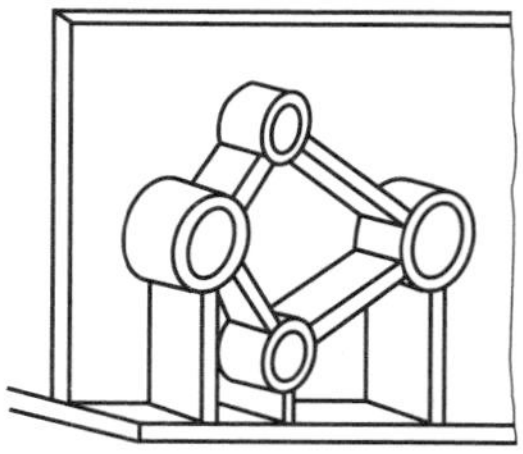	轴承套用带止口的套筒嵌入箱体孔，各轴承套用肋连接成封闭体，两端的轴承套还用肋与底座相连，能承受更大的弯矩和扭矩

表 9-3-2　**箱体中剖分式轴承座结构**

<table>
<tr><td>一般结构</td><td> 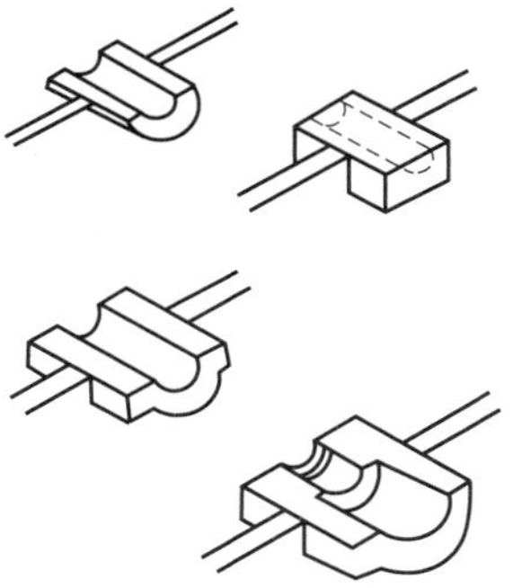</td><td>①小型结构常采用厚钢板煨制或用厚壁管及厚钢板直接切割成坯料
②中型、大型及重型箱体中，常采用锻钢或铸钢制成坯料
③轴承座和法兰及壁板间的接头结构见表 9-3-3</td></tr>
<tr><td rowspan="2">采用加强肋结构</td><td> 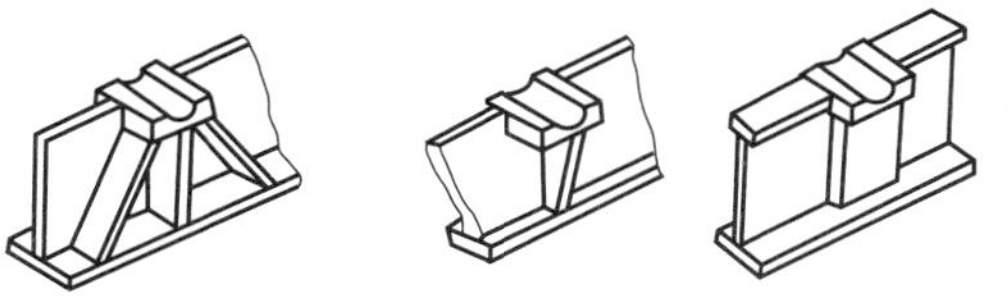</td><td>①加强肋结构常用于承受重载的齿轮箱体
②肋板用钢板或型钢制成，也可采用冲压件制成，可以减少焊接工作量
③轴承下部支点增加，可以改善轴承的受力条件</td></tr>
<tr><td> 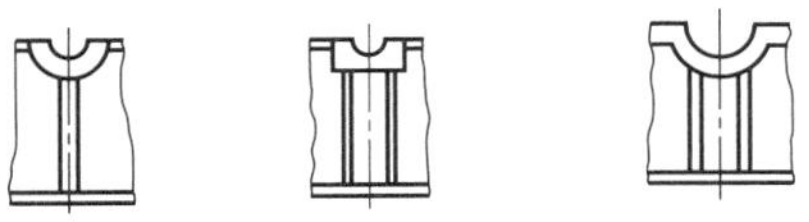图(a)　图(b)　图(c) 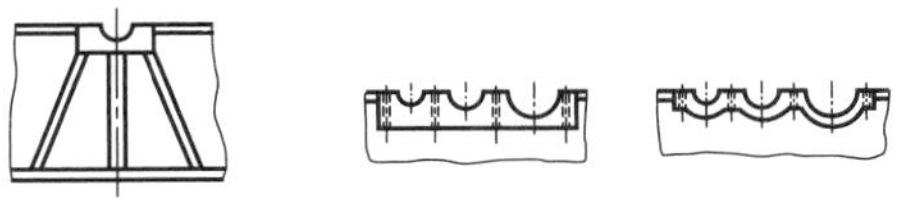
图(d)　图(e)　图(f)</td><td>图(a)由半个钢管或用弯板制成，用于较小的轴承
图(b)由实心矩形毛坯做成，用于大型轴承
图(c)及图(d)由厚钢板气割而成，亦可采用锻件。用于重型轴承。当轴承座内部结构复杂，则用铸钢件做成
为增加刚度，在轴承座处设置加强肋，加强肋可采用钢板条或槽钢等
图(e)及图(f)若干轴承座连成一整体。图(e)各轴承座用一块厚钢板作出，适用于轴承座外伸短、各内径相差小、轴线距离近的箱体。质量较大，但制造工艺大为简化。图(f)中连成一体的轴承座为铸钢件，或是厚钢板气割制品，质量可减轻</td></tr>
</table>

表 9-3-3　**轴承座和法兰及壁板间的焊接接头设计**

序号	连接方式	结构简图	说　明
1	角接	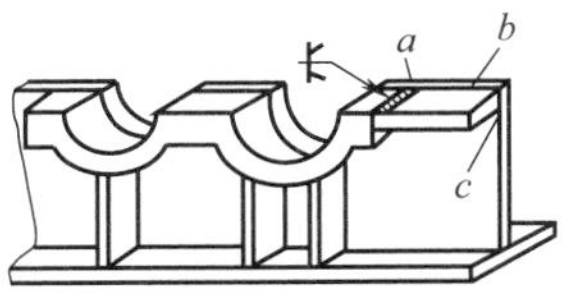 a b c	①轴承座和法兰采用 K 形坡口双面焊缝 ②b 缝必须焊接，以防止 c 缝焊后，b 缝出现间隙；b 缝应深焊，为结合面机械加工留余量 ③a 点为起弧点或收弧点，不易与壁板熔合，易产生渗漏
2	局部搭接	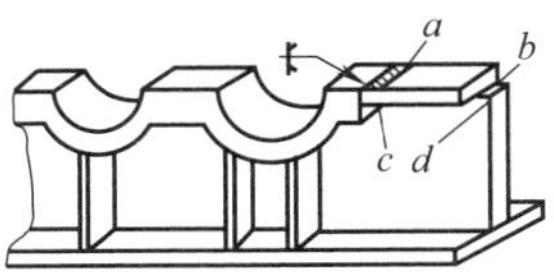 a b c d	①轴承座和法兰采用 K 形坡口双面焊接 ②由于 a 点背面没有焊缝，必须保证 b 焊缝的致密性，并使 d 焊缝在 c 处很好熔合
3	T 形接	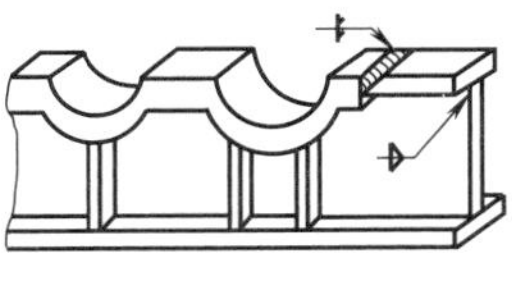	①采用单边 V 形坡口封底焊接轴承座和法兰。和壁板的连接则采用 T 形接头双面角焊缝 ②此种结构不容易产生渗漏

图 9-3-4 是进行过结构优化设计的焊接箱体结构，其特点是形状简单，结构紧凑，质量小，刚度高，容易保证箱体的尺寸稳定性及齿轮的啮合精度。肋板设置合理，底平面纵横交错的加固肋板提高箱体的抗扭刚度；箱体内的横向肋板，提高内轴承座的局部刚度和箱体的整体刚度。轴承座采用厚钢板制成，下设支承肋板，改善轴承的受力状态。地脚板采用壁龛式结构，箱体的连接刚度好。该结构材料分布合理，薄厚分明，充分显示了焊接结构的优点。

常见的焊接减速器箱体结构如表 9-3-4 所示。

表 9-3-4　　常见焊接减速器箱体结构

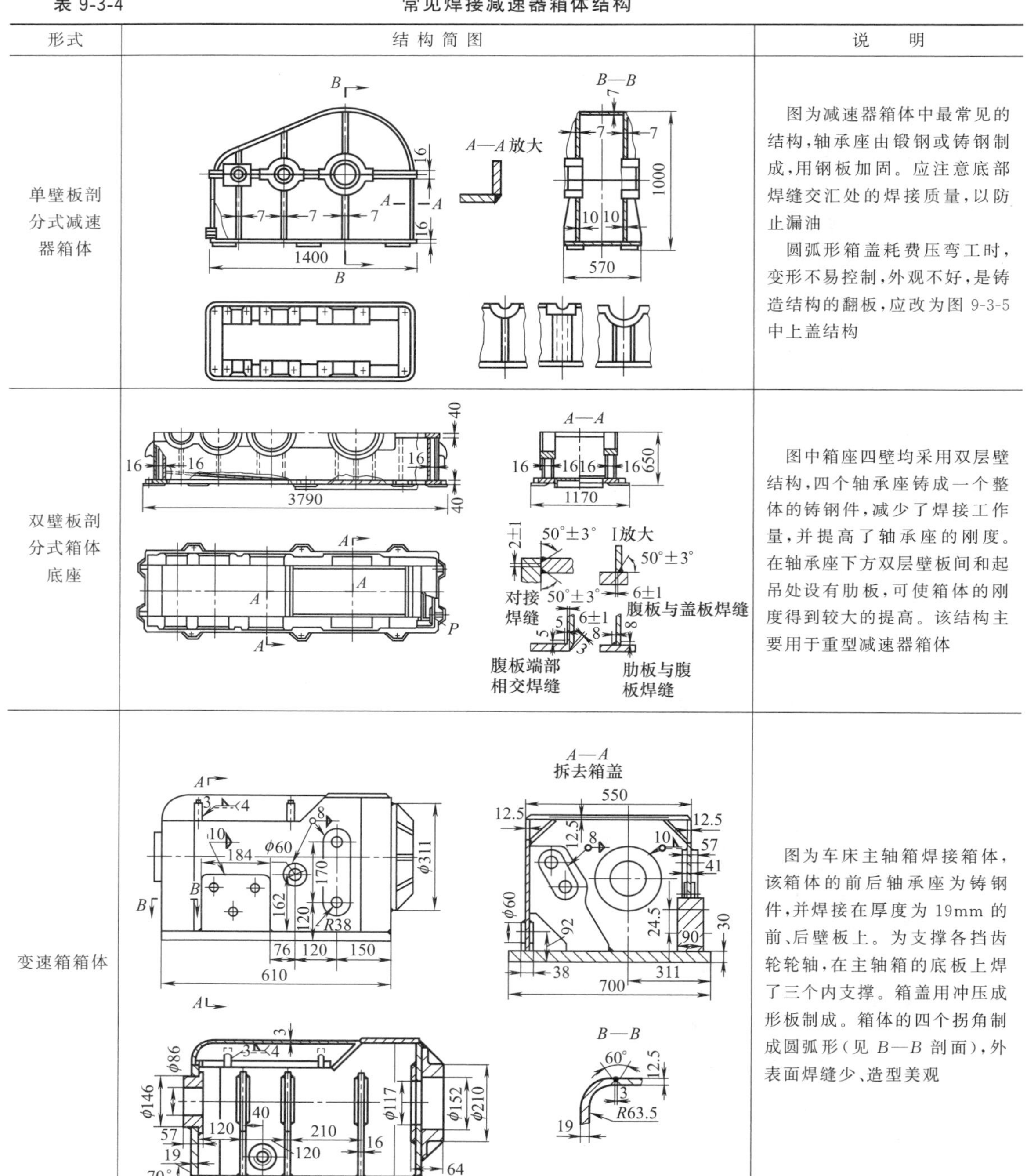

形式	结构简图	说　明
单壁板剖分式减速器箱体		图为减速器箱体中最常见的结构，轴承座由锻钢或铸钢制成，用钢板加固。应注意底部焊缝交汇处的焊接质量，以防止漏油 圆弧形箱盖耗费压弯工时，变形不易控制，外观不好，是铸造结构的翻板，应改为图 9-3-5 中上盖结构
双壁板剖分式箱体底座		图中箱座四壁均采用双层壁结构，四个轴承座铸成一个整体的铸钢件，减少了焊接工作量，并提高了轴承座的刚度。在轴承座下方双层壁板间和起吊处设有肋板，可使箱体的刚度得到较大的提高。该结构主要用于重型减速器箱体
变速箱箱体		图为车床主轴箱焊接箱体，该箱体的前后轴承座为铸钢件，并焊接在厚度为 19mm 的前、后壁板上。为支撑各挡齿轮轮轴，在主轴箱的底板上焊了三个内支撑。箱盖用冲压成形板制成。箱体的四个拐角制成圆弧形（见 B—B 剖面），外表面焊缝少、造型美观

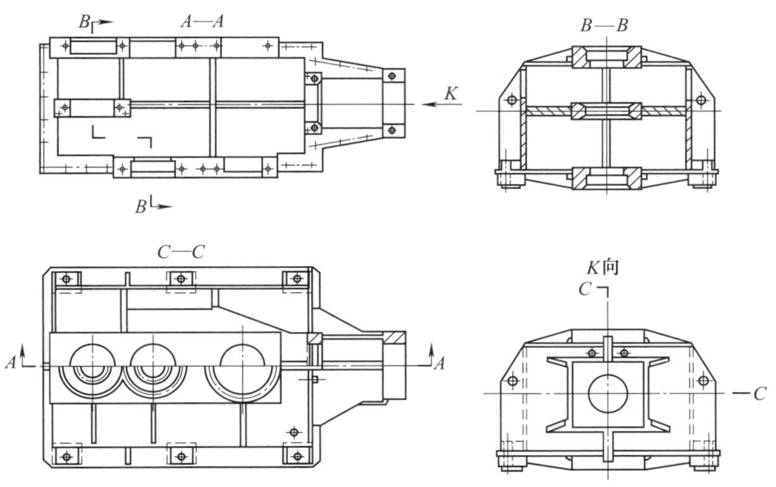

图 9-3-4　焊接结构的锥齿轮减速器箱体

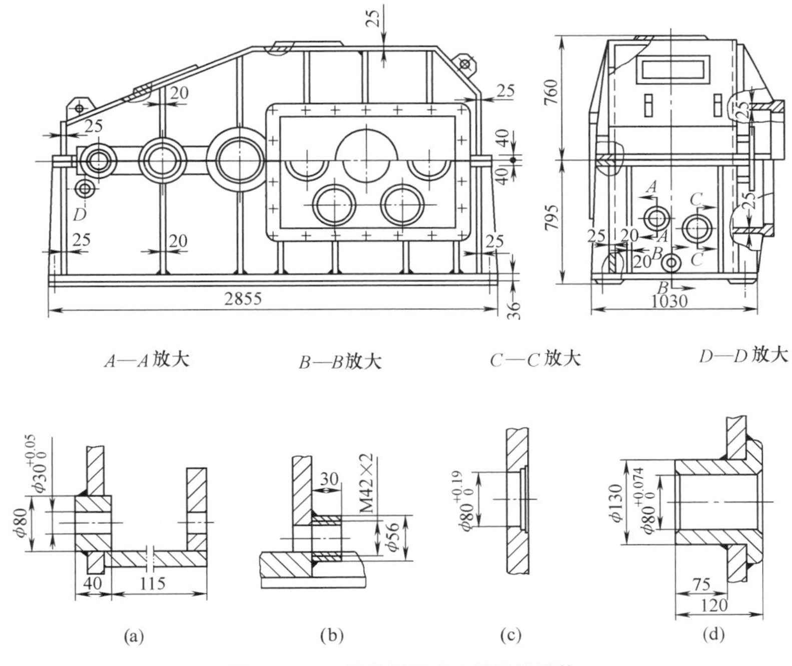

图 9-3-5　三辊卷板机减速器焊接箱体

图 9-3-5 为三辊卷板机减速器箱体，壁板用 25mm 厚钢板，加强肋采用 20mm 厚钢板制成，轴承座采用整体铸造而成，前后面有五条垂直肋，两侧各有两条垂直肋，提高了箱体的抗弯、抗扭刚度。

3.1.3　压力铸造传动箱体的结构设计

压力铸造以其高效益、体轻、精度高、少切削、粗糙度小以及可铸造结构复杂的零件等一系列优点，应用范围日益扩大。

铸件上的孔（或槽）应尽可能铸出，这样可以使壁厚保持均匀，而且还可节省金属。可铸出的最小孔及深度见表 9-3-5。压力铸造箱体壁厚一般取 1～5mm。铝合金铸体壁厚见表 9-3-6。由于铸造圆角有助于金属的流动和成形，为了避免因尖角产生应力集中，在两壁的连接处应设计成圆角，圆角的尺寸一般可按表 9-3-7 中选取。

表 9-3-5 铸孔最小孔径以及孔径与深度的关系

合金	最小孔径 d/mm		深度			
	经济上合理的	技术上可能的	不通孔		通孔	
			$d>5$	$d<5$	$d>5$	$d<5$
锌合金	1.5	0.8	$6d$	$4d$	$12d$	$8d$
铝合金	2.5	2.0	$4d$	$3d$	$8d$	$6d$
镁合金	2.0	1.5	$5d$	$4d$	$10d$	$8d$
铜合金	4.0	2.5	$3d$	$2d$	$5d$	$3d$

注：1. 表内深度系指固定型芯而言，对于活动的单个型芯其深度还可以适当增加。

2. 对于较大的孔径，精度要求不高时，孔的深度亦可超过上述范围。

表 9-3-6 铝合金压铸件合理壁厚

压铸件表面积/cm^2	≤25	>25～100	>100～400	>400
壁厚/mm	1.0～4.5	1.5～4.5	2.5～4.5(6)	2.5～4.5(6)

注：1. 在较优越的条件下，合理壁厚范围可取括号内数据。

2. 根据不同使用要求，压铸件壁厚可以增厚到 12mm。

3.1.3.1 肋的设计

(1) 变形系数 (n_V) 及应力系数 (n_σ)

在载荷作用下、墙上的合理布肋可使结构的变形及应力减小。除布肋的合理排列外，起决定性的因素是肋的截面形状。为评估加肋后刚度提高的效果及应力状态的变化，引进变形系数 n_V 及应力系数 n_σ。

变形系数 n_V 是带肋结构产生的最大变形与无肋基础平板的最大变形之比，即

$$n_V=\frac{V_{\max}\ (\text{带肋结构})}{V_{\max}\ (\text{无肋结构})}$$

一般情况下，n_V 小于 1。

应力系数定义为：带肋结构的最大主应力与无肋基础平板最大主应力之比，即

$$n_\sigma=\frac{\sigma_{1\max}\ (\text{带肋结构})}{\sigma_{1\max}\ (\text{无肋结构})}$$

(2) 用算图求解 n_V 值 (图 9-3-6)

图中加劲肋的截面由肋的厚度 t_R 和倒圆半径 r_R 所确定。为适用于不同厚度的墙 (墙的厚度用 t_W 表示)，而几何形状相似的结构下的运算，在算图中采用了比值：t_R/t_W、h_R/t_W 和 r_R/t_W。

表 9-3-7 壁面连接处的铸造圆角

直角连接		T 形壁连接		交叉连接
壁厚相等	壁厚不等	壁厚相等	壁厚不等	壁厚相等
$r_1=b_1=b_2$ $r_2=r_1+b_1$(或 b_2) 当不允许有外圆角 ($r_2=0$) 时，$r=(1\sim1.25)b_1$	当 $b_2>b_1$ 则 $r_1=\frac{2}{3}(b_1+b_2)$ $r_2<b_1+b_2$； 当不允许有外圆角时 ($r_2=0$)，$r_1=\frac{2}{3}(b_1+b_2)$	$b_1=b_2=b_3$ $r_1=(1\sim1.25)b_1$	第一种情况 $b_1=b_2$ 和 $b_3>b_1$ 第二种情况 $b_3>b_2>b_1$ 上述两种情况均选用 $r_1=(1\sim1.25)b_1$	90°时，$r_1=b_1$ 45°时，$r_1=0.7b_1$ $r_2=1.5b_1$ 30°时，$r_1=0.5b_1$ $r_2=2.5b_1$

注：1. 壁厚不等的交叉连接，计算铸造圆角半径时的 b_1，采用其中最薄的壁厚。

2. 当根据结构要求，圆角半径小于表中的值时，可取 $r_1\geqslant0.5b_1$；在特殊情况下，可取 $r_1=0.3\sim0.5$mm。

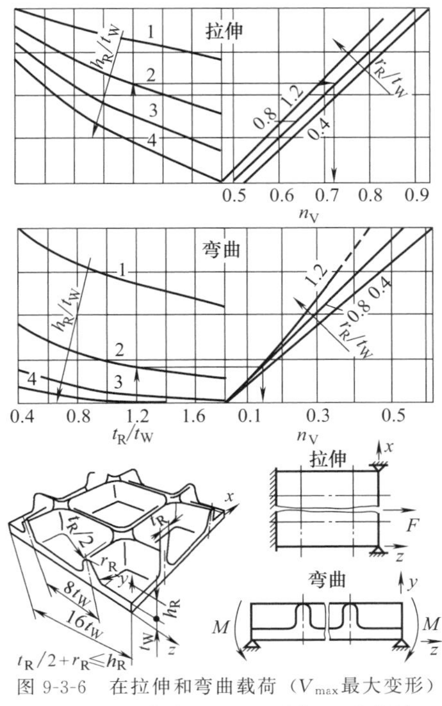

图 9-3-6　在拉伸和弯曲载荷（V_{max}最大变形）作用下，箱体墙片的变形系数 n_V 的算图

在算图中给定的数值范围内，可求出任意尺寸组合的变形系数 n_V，但不能违反几何条件：$t_R/2+r_R \leqslant h_R$。

拉伸载荷时 n_V 值定在 0.5～0.9（大约）之间。肋的高度和厚度对 n_V 值的影响比铸造圆角半径要大得多。简要地说结构所包含的截面积越大、变形就越小，而其面积主要由肋的高度和厚度所确定，铸造圆角半径所占比例甚微。

弯曲载荷时具有肋的墙片变形明显减少。变形系数 n_V 的计算值大约在 0.1～0.6 之间，决定变形值大小的是肋的高度，而肋的厚度仅施以微小的影响。铸造圆角半径几乎无意义。可见箱体截面上弯曲载荷越大，肋的高度尽可能增加。

图中给出了一组尺寸组合（$t_R/t_W=1.2$；$h_R/t_W=2$ 和 $r_R/t_W=0.8$），并求得在拉伸载荷下的变形系数 $n_V=0.72$ 和在弯曲载荷作用下的 $n_V=0.16$。

设计时，可采用不同的尺寸组合来筛选 n_V 值，反之亦然。

(3) 用算图求解强度系数 n_σ（图 9-3-7、图 9-3-8）

应力系数 n_σ 与肋的几何参数不存在简单的函数关系，每个算图中均有三个图表，每一个图表针对一个固定的 r_R/t_W 值，图 9-3-7 是在拉伸载荷下，图 9-3-8则是在弯曲载荷下，图中画有阴影的曲线，表示可实施的肋截面的界线，超出则违反了几何条件。

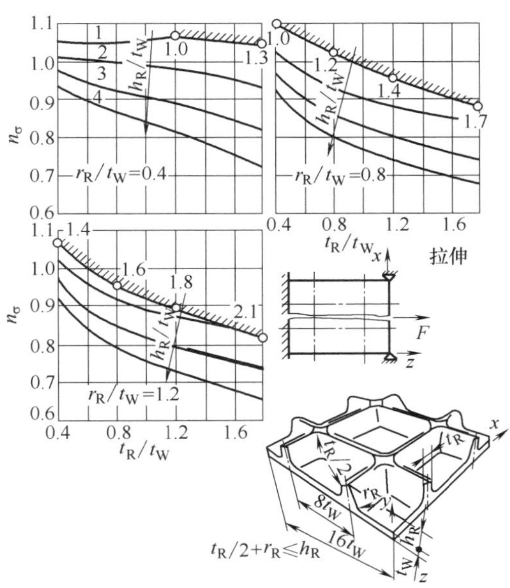

图 9-3-7　拉伸载荷时，箱体墙片的应力系数 n_σ 与肋的几何尺寸的关系（σ_{1max}最大正主应力）

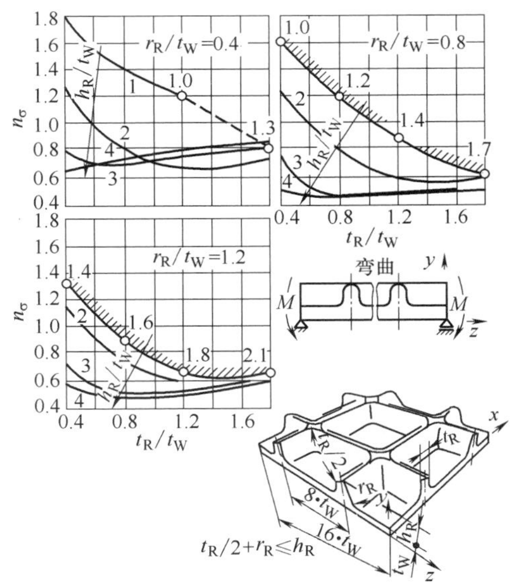

图 9-3-8　弯曲载荷时，箱体墙片的应力系数 n_σ 与肋的几何尺寸的关系

这条界限曲线与其他曲线相交。

拉伸载荷时，强度系数在 0.66～1.1 之间变化，一般情况下，它与肋的高度、厚度及半径的相关性是相似的，故在拉伸载荷作用下，与无肋墙相比，加大肋的截面除提高刚度外，还可降低最大主应力。

弯曲载荷中，值得注意的是，当铸造小的圆角半径（$r_R/t_W=0.4$）时，对于 $t_R/t_W \geqslant 1.0$ 的曲线部分趋于反向，这时，高度较高的肋比高度低的肋的应力系数要大。图中还表明当肋的厚度（大约）等于墙厚度的点，肋的加强没有造成强度系数的降低。为了获得低的强度系数，弯曲载荷下肋的高度尽可能高，其高度等于 3～4 倍墙的厚度，但肋不能太厚（$t_R/t_W \leqslant 1.0$），并采用中等圆弧半径（$r_R/t_W=0.8$），此时与无肋墙相比最大主应力减少一半。

综上所述，根据载荷的不同，变形系数与强度系数对肋的几何形状尺寸存在着不同的依赖性。剪切和扭转等也同属此类。因此，最适宜肋的几何形状没有单一的结论。应根据箱体不同区域的不同形式载荷设置不同几何形状大小的肋和不同排列方式的肋。

（4）压铸传动箱体上肋的设计要点

布肋的总的原则是应使肋通过主应力方向，并通过增大承载截面来降低拉应力。

1）拉应力和弯曲应力占主导地位的轴承墙的布肋，应从轴承孔出发射线状布置大尺寸的肋，肋的高度等于 $(3\sim4)t_W$，肋的宽度为 $(1\sim2)t_W$。

2）倒车一支承区（推力状态下的高弯曲应力），用高肋，肋的高度为 $(3\sim5)t_W$，并在 0°或 90°布肋。

3）长墙（切应力占主导地位），在此区域内应采用具有大的铸造圆角半径（半径等于 $1.2t_W$）的宽肋（肋的宽度等于 1 到 2 倍的 t_W），并在与联动装置的纵向轴线偏 45°以下布肋。

3.1.3.2　箱体上的通孔及紧固孔的设计

（1）通孔及紧固孔的缺口系数

传动箱体上固定各种装置的紧固孔一般是必不可少的。孔的缺口效应可用缺口系数 α 描述，该系数取决于几何形状和载荷类型。对于基本载荷（拉伸、剪切、弯曲和扭转），缺口系数取决于不同的几何参数，如 d_a/d_i 和 R/t_W（d_a、d_i 分别为紧固孔的外、内径；R 为孔的倒圆半径；t_W 为平板墙的厚度）。缺口系数 α 可用下式表示

$$\alpha=\frac{\sigma_{max}(\text{最大缺口应力})}{\sigma_N(\text{公称应力})}$$

式中

拉伸及剪切时　$\sigma_N=\dfrac{F(\text{作用力})}{A(\text{未受损的截面面积})}$

弯曲时　$\sigma_N=\dfrac{M(\text{弯矩})}{W(\text{抗弯截面系数})}$

此外，对加肋结构引入系数 α^*，α^* 为有肋带孔平板的最大应力与无缺陷（带肋的）板最大应力之比。

箱体墙上的典型孔的缺口系数见表 9-3-8。从表可看出，具有孔和螺栓孔的肋板，当孔位于板中间时在弯曲载荷作用下无缺口效应。因为在这种情况下，长肋起着弯曲梁的作用，并排除了孔周围的高应力。同样，在扭转载荷作用下的具有孔的带肋板也无缺口效应，因为这时加固肋和十字肋的负荷高于相同位置孔的载荷。

表 9-3-8　　不同型式平板上孔的缺口系数一览表

型式	缺口系数 α 和 α^*				参数	说明
	拉伸	剪切	弯曲	扭转		
a	$\alpha=2.77$	$\alpha=4.52$	$\alpha=1.47$	$\alpha=2.42$	$d_a/d_i=2.0$ $R/t_W=0.4$ $d_i/t_d=0.1$	紧固孔位于板中间
b	$\alpha=3.18$ $\alpha^*=2.51$	$\alpha=7.12$ $\alpha^*=5.69$	无缺口效应	无缺口效应	$r_R=4\text{mm}$ $t_R=6\text{mm}$ $d=8\text{mm}$	通孔及紧固孔位于平板上的四条相交肋的中间
c	$\alpha=2.47$ $\alpha^*=2.04$	$\alpha=4.43$ $\alpha^*=1.47$	无缺口效应		$d_a/d_i=2.0$ $R/t_W=0.4$ $r_R=4\text{mm}$ $t_R=6\text{mm}$	

续表

型式	缺口系数 α 和 α^*				参数	说明
	拉伸	剪切	弯曲	扭转		
d	$\alpha=2.67$ $\alpha^*=2.67$	$\alpha=3.62$ $\alpha^*=1.37$	$\alpha=1.60$ $\alpha^*=1.60$	无缺口效应	$d_a/d_i=2.0$ $r_R=2\text{mm}$ $t_R=4\text{mm}$	紧固孔位于板上的两条长肋中的一条肋上
e	$\alpha=1.98$ $\alpha^*=1.98$	$\alpha=3.32$ $\alpha^*=1.42$	无缺口效应		$d_a/d_i=2.0$ $r_R=4\text{mm}$ $t_R=6\text{mm}$	紧固孔位于板上的两条长肋中间
f	$\alpha=2.62$ $\alpha^*=2.04$	$\alpha=4.20$ $\alpha^*=1.38$	$\alpha=1.37$ $\alpha^*=1.37$		$d_a/d_i=2.0$ $r_R=4\text{mm}$ $t_R=6\text{mm}$	紧固孔位于板上的四条相交肋的节点上
g	$\alpha=2.80$ $\alpha^*=2.15$	$\alpha=3.80$ $\alpha^*=1.25$	$\alpha=2.12$ $\alpha^*=2.12$		$d_a/d_i=2.0$ $r_R=2\text{mm}$ $t_R=4\text{mm}$	紧固孔位于板上的四条相交肋的长肋及横肋上
h	$\alpha=2.41$ $\alpha^*=1.85$	$\alpha=3.60$ $\alpha^*=1.18$	无缺口效应		$d_a/d_i=2.5$ $r_R=2\text{mm}$ $t_R=4\text{mm}$	

带孔的无肋板（型式 a），参数 d_a/d_i 和 d_i/t_b（t_b 为基础板的侧面长度）主要影响最大应力。在拉伸和剪切时的应力峰值与理论求得的结果相同（无限大的板，在拉伸和剪切时的缺口系数分别为 $\alpha=3$ 和 $\alpha=6$）。

带肋平板中紧固孔的位置（如紧固孔在肋旁或在肋节上）是影响应力分布的重要因素之一。下面对表中的 c、d、e 和 f 四种型式作一比较：在拉伸载荷下，由于型式 e 中的孔位于两肋之间，力线流通过肋的长度方向未受损伤，故 $\alpha=1.98$，成为最小值。剪切时，由于横肋，孔的内径周边应力将增加，而 d 和 e 型中没有横肋，故具有最低的缺口系数。然而在弯曲载荷时横肋又具有共同负担载荷的作用，因此孔的位置布置在肋的节点上是有利的。

表 9-3-8 是在几何参数不变的前提下所得的结果，一般地，增大紧固孔的外径和圆角半径 R 可减少缺口效应。

（2）传动箱体加肋墙上的紧固孔设计要点

1）一般情况下，尽可能增大外、内径的比值，并给予紧固孔大的凹圆角半径，以此来减小缺口应力效应。

2）高负荷螺栓孔（如扭转支承、辅助机组的螺栓孔）应该用肋支撑，即螺栓孔应设置在肋的交叉点上。

3）低负荷孔（如辅助设备的螺栓孔），不应设置在肋上，而应安置在两肋之间的空处，借此来减弱缺口应力效应（弯曲载荷时，$\alpha=1$）。

3.2　按刚度设计圆柱齿轮减速器箱座

按刚度设计箱座，就是根据作用在箱体上的外力和给定的许用刚度值计算出所需的截面惯性矩，而后进一步确定截面的几何形状和尺寸，并在此基础上设计出满足要求的箱座来。

箱体一般承受的外力为：

1）与箱壁垂直的力，如推力轴承或径向轴承所受的轴向力；

2）与箱壁同一平面内的力，如径向轴承的径向力；

3）轴两边箱壁上承受的扭转力矩。

造成箱壁变形的外力，主要是垂直于箱壁的力，其他两种外力造成的变形很小。箱体的刚度指的是箱壁所受垂直方向的力与箱壁上着力点同方向变形量的比值。

3.2.1　剖分式齿轮减速器箱座的设计计算方法及步骤

图9-3-9所示单级剖分式齿轮减速器箱座的设计计算及步骤见表9-3-9。

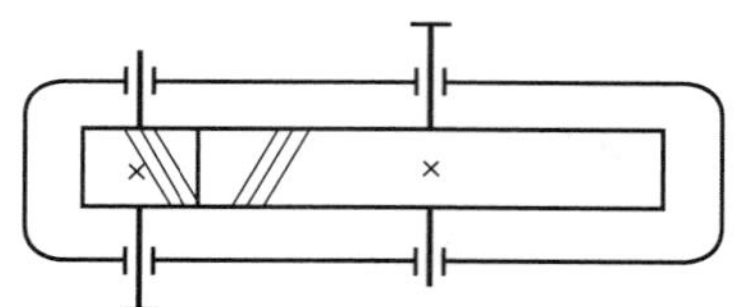

图9-3-9　单级斜齿圆柱齿轮传动示意图

表9-3-9　根据许用刚度设计箱座的方法及步骤

步骤	计算内容	计算公式
1	计算作用在箱壁上的外力	根据实际条件确定
2	按许用刚度求箱壁横截面的惯性矩 I_z	见表9-3-10
3	按许用刚度求箱壁横截面的惯性矩 I_y	$$I_y=\sum_{i=1}^{n}\frac{F_{zi}L^2\lambda_1}{\frac{f}{L}}$$ 式中　F_z——垂直于箱壁垂直面的作用力，N I_y——所需箱壁横截面绕垂直中性轴的惯性矩，m^4 n——垂直箱壁平面的作用力个数 L——箱壁长度，m f——箱壁的许用挠度，m λ_1——运算符 $$\lambda_1=\frac{3K-4K^3}{48E}m^2N^{-1}$$ E——模性模量，Pa $$K=\frac{a}{L}$$ a——作用力到最近的端部距离，m 当箱座材料为钢时，λ_1 值可按 K 值，查表9-3-11得到
4	按许用扭转变形求箱壁横截面的扭转惯性矩 I_k	$$I_k=\frac{T_{max}}{G\theta}$$ 式中　G——切变模量，Pa θ——许用单位扭转角，rad/m T_{max}——截面的最大转矩，N·m，从构件各部分转矩（T_{11}、T_{12}、T_{13}、T_{14}）中，取其中的最大值，即为 T_{max} 其中 $$T_{11}=\frac{T_1(l_2+l_3+l_4)+T_2(l_3+l_4)+T_3l_4}{L}$$ $$T_{12}=\frac{-T_1l_1+T_2(l_3+l_4)+T_3l_4}{L}$$ $$T_{13}=\frac{-T_1l_1-T_2(l_1+l_2)+T_3l_4}{L}$$ $$T_{14}=\frac{-T_1l_1-T_2(l_1+l_2)-T_3(l_1+l_2+l_3)}{L}$$ $T_1=F_{z1}y$　$T_2=F_{z2}y$　$T_3=F_{z3}y$ F_{z1}，F_{z2}，F_{z3}——垂直于箱壁垂直面的作用力，N y——F_{z1}、F_{z2}、F_{z3}至箱壁横截面的水平中性轴之距离，m

续表

步骤	计算内容	计算公式
5	按所求得的 I_z、I_y 及 I_k 确定箱壁横截面的尺寸	1)当横截面为矩形时(参照右图) $I_z=\frac{bh^3}{12}$，$I_y=\frac{hb^3}{12}$ $I_k=\beta hb^3$ 2)当横截面为空心矩形时(参照右图) $I_z=\frac{1}{12}(bh^3-b_1h_1^3)$，$I_y=\frac{1}{2}(hb^3-h_1b_1^3)$ $I_k=\frac{2tt_1(h-t)^2(b-t_1)^2}{ht+bt_1-t^2-t_1^2}$
6	校核箱座的压缩刚度	轴承下面箱壁截面作为柱杆处理所需支承面积 $$A=\frac{F_y}{\frac{f}{L}E}$$ 式中　A——所需支承面积，m^2 E——弹性模量，Pa F_y——载荷，Pa，$F_y=F_w$(齿轮与轴的重力)$+F_t$(圆周力)

$\frac{h}{b}$	1.00	1.50	1.75	2.00	2.50	3.00	4.00	6	8	10	>10
β	0.141	0.196	0.214	0.229	0.249	0.263	0.281	0.299	0.301	0.313	0.333

表 9-3-10　　位于箱壁垂直平面内的力与力偶作用下所需惯性矩 I_z

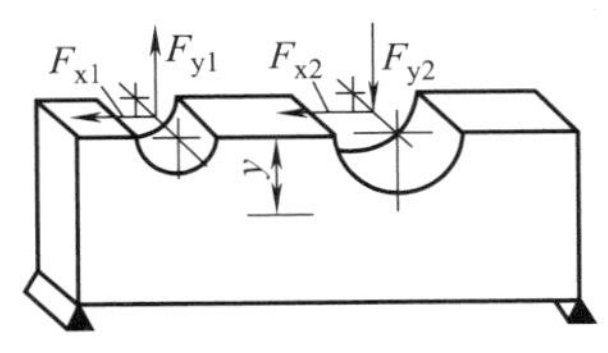

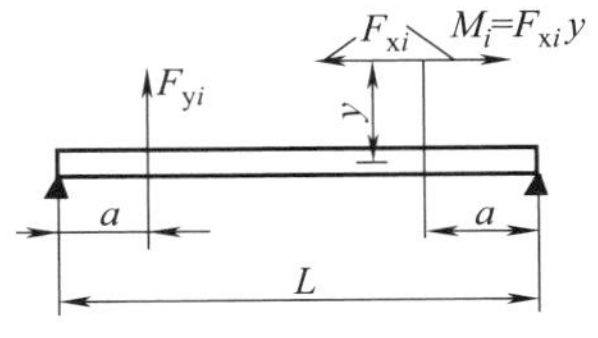

在 F_y 作用下箱壁横截面所需绕水平轴的惯性矩 I_{zi}	在 M 力偶作用下箱壁横截面所需绕水平轴的惯性矩 I'_{zi}	支承全部力和力偶所需绕水平轴的惯性矩总和 I_z
$I_{zi}=\frac{F_{yi}L^2\lambda_1}{\frac{f}{L}}$	$I'_{zi}=\frac{M_iL\lambda_2}{\frac{f}{L}}$	$I_z=\sum_{i=1}^{n}I_{zi}+\sum_{i=1}^{n}I'_{zi}$

续表

说明	F_{yi}——作用力，N；L——箱壁长度，m；f——箱壁许用挠度，m；n——作用力的个数，或力偶个数；λ_1——运算符，$\lambda_1=\dfrac{3K-4K^3}{48E}$，当箱壁材料为钢时，$\lambda_1$ 按 K 值从表 9-3-11 查得；λ_2——运算符，$\lambda_2=\dfrac{4K^2-1}{16E}$，当箱壁材料为钢时，$\lambda_2$ 按 K 值从表 9-3-11 查得；E——弹性模量，Pa；$K=\dfrac{a}{L}$；a——载荷（力或力偶）到最近的箱壁端部距离，m；M_i——力偶，N·m；$M=F_{xi}y$，N·m；F_{xi}——位于箱壁水平面内的水平作用力，N；y——F_x 到箱壁横截面中性轴的距离，m

注：1. 使构件向下挠曲变形的力或力偶取正值，正力和正力偶用正惯性矩，否则取负值。

2. 计算中未计及剪切变形，对于重载短件应考虑。

表 9-3-11　　λ_1 及 λ_2 值

K	$\lambda_1\times10^{-14}/m^2\cdot N^{-1}$	$\lambda_2\times10^{-13}/m^2\cdot N^{-1}$	K	$\lambda_1\times10^{-14}/m^2\cdot N^{-1}$	$\lambda_2\times10^{-13}/m^2\cdot N^{-1}$
0	0	2.975	0.26	7.039	2.171
0.01	0.2975	2.975	0.27	7.255	2.108
0.02	0.5951	2.971	0.28	7.462	2.042
0.03	0.8918	2.966	0.29	7.652	1.972
0.04	1.1874	2.951	0.30	7.875	1.904
0.05	1.482	2.947	0.31	8.044	1.831
0.06	1.777	2.932	0.32	8.222	1.727
0.07	2.069	2.918	0.33	8.394	1.679
0.08	2.361	2.899	0.34	7.145	1.599
0.09	2.649	2.879	0.35	8.715	1.518
0.10	2.937	2.857	0.36	8.862	1.432
0.11	3.364	2.832	0.37	9.001	1.3464
0.12	3.502	2.804	0.38	9.131	1.2714
0.13	3.781	2.774	0.39	9.252	1.1654
0.14	4.067	2.742	0.40	9.365	1.0714
0.15	4.329	2.708	0.41	9.461	0.9149
0.16	4.598	2.671	0.42	9.559	0.8761
0.17	4.349	2.589	0.43	9.642	0.7749
0.18	4.349	2.589	0.44	9.715	0.6714
0.19	5.382	2.547	0.45	9.777	0.5654
0.20	5.634	2.499	0.46	9.828	0.4601
0.21	5.882	2.449	0.47	9.854	0.3464
0.22	6.097	2.399	0.48	9.897	0.2332
0.23	6.361	2.345	0.49	9.914	0.1178
0.24	6.594	2.289	0.50	9.920	0
0.25	6.819	2.232			

3.2.2　齿轮箱体计算实例

例 1　单级斜齿圆柱齿轮减速器如图 9-3-10 所示。箱体高度为 406mm，轴承中心到中性轴的距离 $y=203.2$mm，传动功率为 37.29kW；小齿轮转数 $n_1=1800$r/min，其分度圆直径 $d_1=152.400$mm，质量为 14.5kg；轴质量 23.5kg。

大齿轮转数为 $n_2=450\ \mathrm{r/min}$，分度圆直径 $d_2=609.600\mathrm{mm}$，大齿轮质量 232.2kg，轴质量 51.7kg。齿轮的压力角 $\alpha=20°$，螺旋角 $\beta=30°$。箱体的许用单位挠度为 0.00001m/m，许用单位转角为 0.00008rad/m。各轴系相关尺寸如图 9-3-11 所示。试设计箱体的截面尺寸。

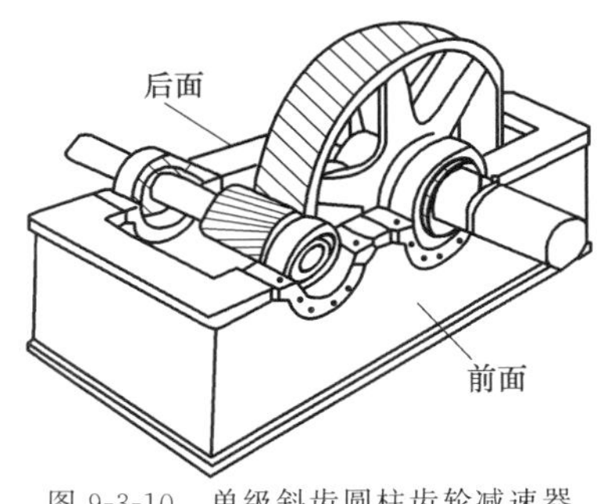

图 9-3-10　单级斜齿圆柱齿轮减速器

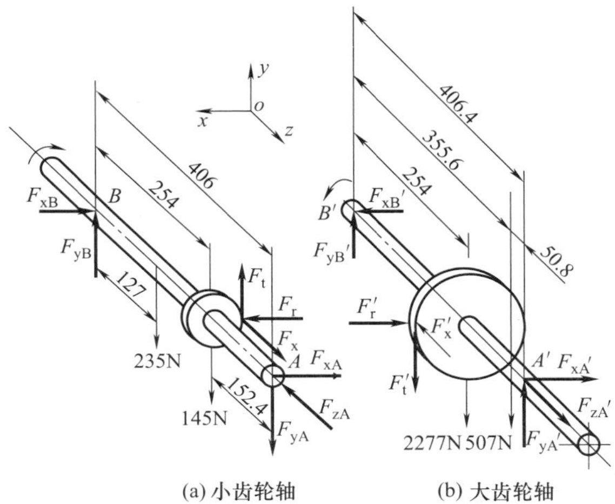

图 9-3-11　大、小齿轮轴上的作用力及支点反力
F_t、F'_t，F_r、F'_r，F_x、F'_x——作用在小、大齿轮上的圆周力、径向力和轴向力，A、A'及 B、B'分别为大、小齿轮轴的前后支点

解　1）求作用在箱壁上的外力

① 求齿轮轴的支点反力（见图 9-3-11 及表 9-3-12）。由于后支点的反力较小，故只求前支点反力。

表 9-3-12　　**大小齿轮轴的前支点反力计算**

支点反力 \ 齿轮轴系	小齿轮轴	大齿轮轴
齿轮和轴的重力的垂直反力 F_{yw}、F'_{yw}	$F_{yw}=\dfrac{0.127\times235+0.254\times145}{0.4064}\mathrm{N}=164\mathrm{N}$	$F'_{yw}=\dfrac{0.3556\times507+0.254\times2277}{0.4064}\mathrm{N}=1867\mathrm{N}$
圆周力的垂直反力 F_{yt}、F'_{yt}	$F_t=\dfrac{P}{\dfrac{\pi n}{30}\times\dfrac{d_1}{2}}$ 式中　P——传递功率，$P=37.29\mathrm{kW}$ n——小齿轮转速，$n=1800\mathrm{r/min}$ d_1——小齿轮节圆直径，$d_1=152.4\mathrm{mm}$ F_t——圆周力，N $F_t=\dfrac{37.29\times10^3}{\dfrac{3.14\times1800}{30}\times\dfrac{0.1524}{2}}\mathrm{N}=2600\mathrm{N}$ $F_{yt}=\dfrac{0.254}{0.4064}\times F_t=\dfrac{0.254}{0.4064}\times2600\mathrm{N}$ $=-1625\mathrm{N}$	$F'_t=2600\mathrm{N}$ $F'_{yt}=\dfrac{0.254}{0.4064}\times F'_t$ $=\dfrac{0.254}{0.4064}\times2600\mathrm{N}$ $=1625\mathrm{N}$
径向力的水平反力 F_{xr}、F'_{xr}	$F_{xr}=F_{yt}\tan20°=1625\times0.364\mathrm{N}$ $=-592\mathrm{N}$	$F'_{xr}=592\mathrm{N}$
轴向力的反推力 F_{zx}、F'_{zx}	$F_x=F_t\tan\beta$ 式中　F_x——齿轮上的轴向力，N F_t——齿轮上的圆周力，N β——齿轮螺旋角，(°) $F_x=2600\times\tan30°\mathrm{N}=2600\times0.577\mathrm{N}$ $=1500\mathrm{N}$ $F_{zx}=-F_x=-1500\mathrm{N}$	$F'_{zx}=1500\mathrm{N}$

续表

支点反力＼齿轮轴系	小齿轮轴	大齿轮轴
轴向力的水平反力 F_{xx}、F'_{xx}	$F_{xx}=\frac{-F_x\times d_1}{2\times l}$ 式中　F_x——齿轮上的轴向力，N d_1——小齿轮节圆直径，m l——小齿轮轴两支点间的距离，m $F_{xx}=\frac{-1500\times 0.1524}{2\times 0.4064}$N $=-282$N	$F'_{xx}=\frac{F'_x\times d_2}{2\times l}$ 式中　d_2——大齿轮节圆直径，m F'_x——大齿轮上的轴向力，N l——大齿轮轴两支点间的距离，m $F'_{xx}=\frac{1500\times 0.6096}{2\times 0.4064}$N $=1125$N
前支点反力 F_{yA}、F_{xA}、F_{zA} 及 $F_{yA'}$、$F_{xA'}$、$F_{zA'}$	$F_{yA}=F_{yW}-F_{yt}=(164-1625)\text{N}=-1461\text{N}$ $F_{xA}=-F_{xr}-F_{xx}=(-592-282)\text{N}=-874\text{N}$ $F_{zA}=F_{zx}=-1500\text{N}$	$F_{yA'}=F'_{yW}+F'_{yt}=(1867+1625)\text{N}=3492\text{N}$ $F_{xA'}=F'_{xr}+F'_{xx}=(592-1125)\text{N}=-533\text{N}$ $F_{zA'}=F'_{xx}=1500\text{N}$

② 作用在箱壁上的外力。由于前箱壁上的外力大于后箱壁，因此只需对前箱壁进行计算。前箱壁的外力与齿轴轴的前支点反力数值相等、方向相反（见图9-3-12）。它们是：小齿轮轴系作用在前端上的力，即 $F'_{yA}=1461$N（向上）、$F'_{xA}=874$N（向左）、$F'_{zA}=1500$N（向前）；大齿轮轴系作用在前墙上的力，即$F'_{yA'}=-3492$N（向下）、$F'_{xA'}=533$N（向左）、$F'_{zA'}=-1500$N（向后）。

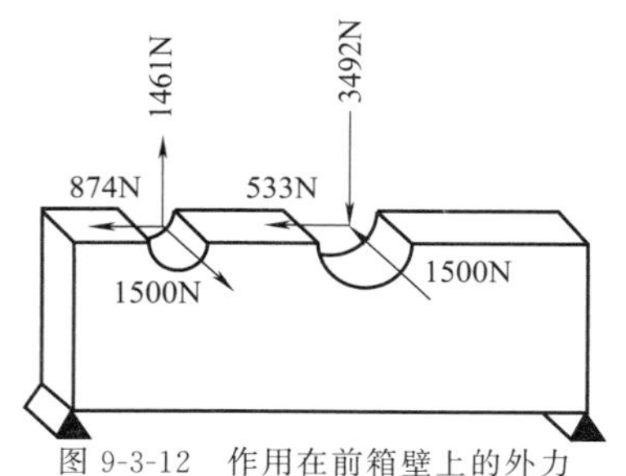

图9-3-12　作用在前箱壁上的外力

2）求前箱壁所需截面惯性矩 I_z

已知：作用外力，前箱壁的长度 L、许用单位挠度 f/L 及作用力至最近的支点的距离（见图9-3-13）。

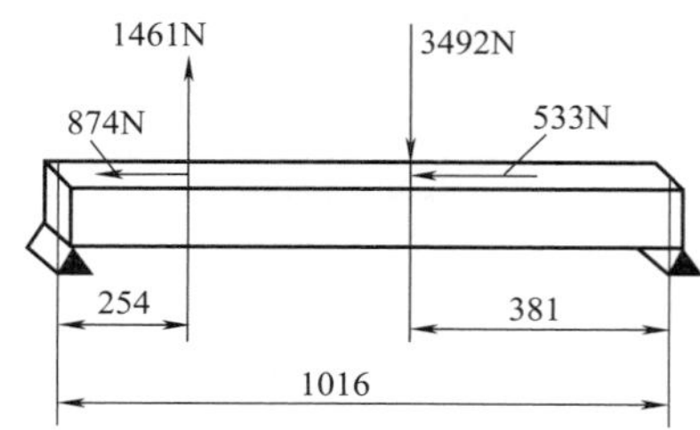

图9-3-13　前箱壁上的垂直作用力及水平作用力

首先根据 K 值（$K=a/L$），从表9-3-11查得 λ_1 及 λ_2 值，然后利用表9-3-10中的公式计算 I_z 值（见表9-3-13）。

表9-3-13　　前箱壁所需截面惯性矩 I_z

作用力 F 或 M	外力至端部距离 a/m	箱壁长度 L/m	系数 $K=a/L$	运算符 $\lambda_1/\text{m}^2\cdot\text{N}^{-1}$	运算符 $\lambda_2/\text{m}^2\cdot\text{N}^{-1}$	单位许用挠度 $\frac{f}{L}$/(m/m)
1461N	0.254	1.016	0.25	6.820×10^{-14}		0.00001
3492N	0.381	1.016	0.375	9.068×10^{-14}		0.00001
-874×0.2032N·m $=-177.5$N·m	0.254	1.016	0.25		2.232×10^{-13}	0.00001
533×0.2032N·m $=108.3$N·m	0.381	1.016	0.375		1.309×10^{-13}	0.00001

作用力 F 或 M	$I_{zi}=\frac{F_{yi}L^2\lambda_1}{\frac{f}{L}}$ /m⁴	$I'_{zi}=\frac{M_iL\lambda_2}{\frac{f}{L}}$ /m⁴	$I_z=\sum_{i=1}^{n}I_{zi}+\sum_{i=1}^{n}I'_{zi}$ /m⁴
1461N	$I_{z1}=-\frac{1461\times1.016^2\times6.82\times10^{-14}}{0.00001}$ $=-10286\times10^{-9}$		19816×10^{-9}
3492N	$I_{z2}=\frac{3492\times1.016^2\times9.068\times10^{-14}}{0.00001}$ $=32687\times10^{-9}$		

续表

作用力 F 或 M	$I_{zi}=\dfrac{F_{yi}L^2\lambda_1}{\dfrac{f}{L}}$ /m^4	$I'_{zi}=\dfrac{M_iL\lambda_2}{\dfrac{f}{L}}$ /m^4	$I_z=\sum_{i=1}^{n}I_{zi}+\sum_{i=1}^{n}I'_{zi}$ /m^4
-874×0.2032N·m $=-177.5$N·m		$I'_{z1}=\dfrac{-177.5\times1.016\times2.232\times10^{-13}}{0.00001}=-4025\times10^{-9}$	19816×10^{-9}
533×0.2032N·m $=108.3$N·m		$I'_{z2}=\dfrac{108.3\times1.016\times1.309\times10^{-13}}{0.00001}=1440\times10^{-9}$	

表 9-3-14　　前箱壁所需截面惯性矩 I_y

作用力 F_{zi}/N	外力至端部距离 a/m	箱壁长度 L/m	系数 $K=a/L$	运算符 λ_1/m^2·N^{-1}	单位许用挠度 $\dfrac{f}{L}$/(m/m)	$I_{yi}=\dfrac{F_{zi}L^2\lambda_1}{\dfrac{f}{L}}$/m^4	$I_y=\sum_{i=i}^{n}I_{yi}$/m^4
1500	0.254	1.016	0.25	6.820×10^{-14}	0.00001	$\dfrac{1500\times1.016^2\times6.82\times10^{-14}}{0.00001}=10559.97\times10^{-9}$	-3481×10^{-9}
-1500	0.381	1.016	0.375	9.068×10^{-14}	0.00001	$\dfrac{-1500\times1.016^2\times9.068\times10^{-14}}{0.00001}=-14040.74\times10^{-9}$	

3）求前箱壁的横截面惯性矩 I_y（见表 9-3-14 及图 9-3-14）

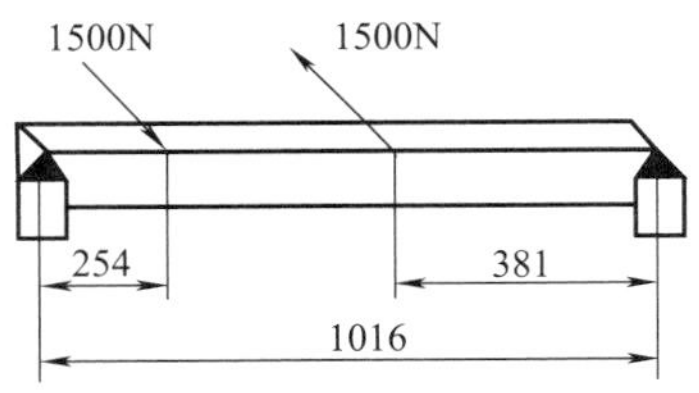

图 9-3-14　与前箱壁面垂直的作用力（力的作用线与传动轴的轴线相重合）

由于最差条件是一根轴引起的轴向推力，因此根据表 9-3-14，取 $I_y=14041\times10^{-9}$m^4。

4）求前箱壁横截面的扭转惯性矩 I_k

已知：转矩 $T_1=-T_2=304.8$N·m；切变模量 $G=8.1\times10^{10}$Pa；许用单位转角 $\theta=0.00008$rad/m；$L=1.016$m；$l_1=0.254$m；$l_2=0.381$m；$l_3=0.381$m（见图 9-3-15）。

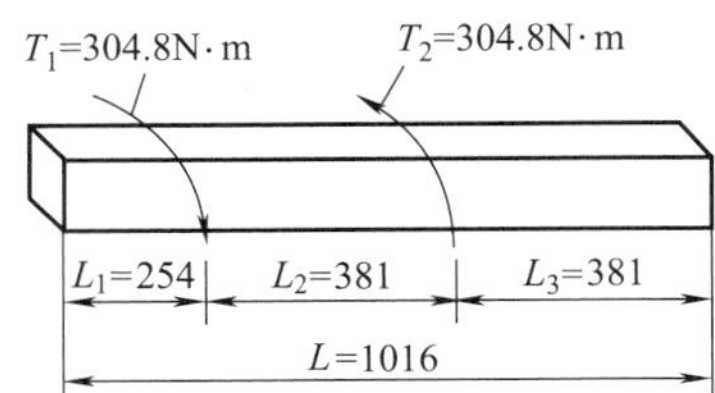

图 9-3-15　作用在前箱壁上的转矩

T_1，T_2—作用在箱壁上的转矩，N·m

$T_1=-T_2=1500\times0.2032$N·m$=304.8$N·m；

由于

$$T_{l1}=\frac{T_1(l_2+l_3)+T_2l_3}{L}=\frac{304.8(0.381+0.381)-304.8\times0.381}{1.016}\text{N·m}=114.3\text{N·m}$$

$$T_{l2}=\frac{-T_1l_1+T_2l_3}{L}=\frac{-304.8\times0.254-304.8\times0.381}{1.016}\text{N·m}=-193.54\text{N·m}$$

$$T_{l3}=\frac{-T_1l_1-T_2(l_1+l_2)}{L}=\frac{-304.8\times0.254+304.8(0.254+0.381)}{1.016}\text{N·m}=114.3\text{N·m}$$

故最大转矩 $T_{max}=193.5$N·m。将 T_{max}、G 及 θ 值代入下式，得

$$I_k=\frac{T_{max}}{G\theta}=\frac{193.5}{8.1\times10^{10}\times0.00008}\text{m}^4=29860\times10^{-9}\text{m}^4$$

5）确定前箱壁的横截面形状及尺寸　根据所求得的 $I_y=14041\times10^{-9}$m^4、$I_x=19816\times10^{-9}$m^4 和 $I_k=29860\times10^{-9}$m^4，再考虑结构等方面的要求，确定如图 9-3-16 所示的双层壁焊接结构，该截面的惯性矩为：$I_x=246825\times10^{-9}$m^4、$I_y=13736\times10^{-9}$m^4 及 $I_k=37045\times10^{-9}$m^4。故截面尺寸满足要求。

6）校核压缩刚度

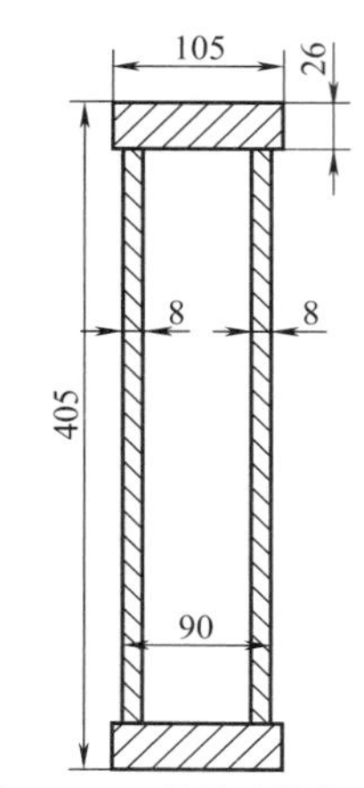

图 9-3-16 前箱壁横截面的形状及尺寸

根据表 9-3-9 序号 6，所需箱座承压面积为

$$A=\frac{F_y}{\frac{f}{L}E}$$

$$=\frac{3492}{0.00001\times21\times10^{10}}\mathrm{m}^2$$

$$=0.001663\mathrm{m}^2$$

由于轴承座下面有 2 个厚 8mm 的板支承，故轴承座下部所需长度为

$$\frac{0.001663}{2\times0.008}\mathrm{m}=0.104\mathrm{m}$$

即只需 0.104m 壁长便可满足要求。

最终箱座的结构形状如图 9-3-17 所示。

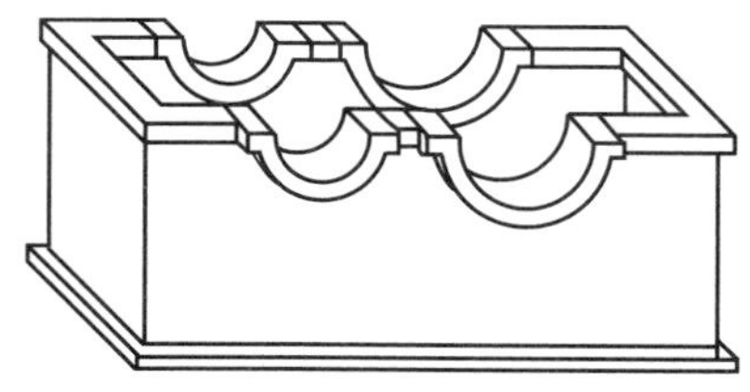
图 9-3-17 箱座的结构形状

3.3 机床主轴箱的刚度计算

机床主轴箱箱体一般为一面敞开的六面体，其箱壁上具有许多大小不一的孔、还有凸台及加强肋等。箱体的刚度影响着被加工零件的精度和机床噪声的大小等诸方面。

3.3.1 箱体的刚度计算

1）箱体的变形计算（参照图 9-3-18） 对于壁厚为 t 的无孔箱板变形量 δ_0 的计算式为

$$\delta_0=k_0\frac{Fa^2(1-\mu^2)}{Et^3}$$

考虑到壁箱上孔、凸台、肋以及外力的着力点对变形的影响，上式再乘以不同的修正系数，这时，箱壁的变形计算式为

$$\delta=\delta_0k_1k_2k_3$$

式中 F——垂直于箱壁上的作用力，N；

a——受力箱壁长边的一半，m；

t——受力箱壁的厚度，m；

E——箱体材料的弹性模量，Pa；

μ——泊松比；

k_0——着力点的位置系数，查表 9-3-15；

k_1——孔和凸台的影响系数，查表 9-3-16、表 9-3-17；

k_2——其他孔的影响系数，$k_2=1+\sum\Delta\delta/\delta$，$\Delta\delta/\delta$ 的值查表 9-3-18；

k_3——肋条影响系数。对于加强受力孔的凸台肋条，$k_3=0.8\sim0.9$；对于加强整个箱体壁面的肋条、互相交叉的取 $k_3=0.8\sim0.85$，非交叉肋取 $k_3=0.75\sim0.8$。

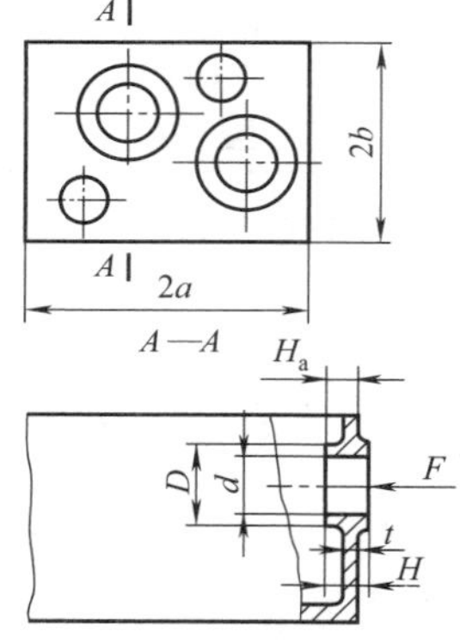

图 9-3-18 箱体刚度计算简图

2）箱体刚度 K

$$K=\frac{F}{\delta}$$

式中 F——垂直于箱壁的作用力，N；

δ——箱壁变形量，μm。

3.3.2 车床主轴箱刚度计算示例

例 2 图 9-3-19 为车床主轴箱结构简图。已知主轴孔Ⅰ的最大轴向力为 $F=3000\mathrm{N}$，箱体尺寸：$2a:2b:2c=500:360:560$，材料为铸铁，$E=1\times10^{11}\mathrm{Pa}$。试求箱体刚度。

表 9-3-15　着力点位置对箱壁变形的影响系数 k_0

1. 受力面的边长为 $2a\times2b$，四边均与其他面交接

受力面的边长比 $a:b$	1∶1									1∶0.75					
箱体的尺寸比 $a:b:c$	1∶1∶1			1∶1∶0.75			1∶1∶0.5			1∶0.75∶0.75			1∶0.75∶0.5		
着力点的坐标	1	2	3	1	2	3	1	2	3	1	2	3	1	2	3
1′	0.18	0.24	0.18	0.20	0.28	0.20	0.21	0.31	0.21	0.13	0.18	0.13	0.13	0.20	0.13
2′	0.24	0.35	0.24	0.28	0.44	0.28	0.31	0.50	0.31	0.21	0.30	0.21	0.22	0.33	0.22
3′	0.18	0.24	0.18	0.20	0.28	0.20	0.21	0.31	0.21	0.13	0.18	0.13	0.13	0.20	0.13

2. 受力面的边长为 $2a\times2b$，三边与其他面交接，一边为开口

受力面的边长比 $a:b$	1∶1			1∶0.75						1∶0.5					
箱体的尺寸比 $a:b:c$	1∶1∶1			1∶0.75∶1			1∶0.75∶0.75			1∶0.5∶1			1∶0.5∶0.75		
着力点的坐标	1	2	3	1	2	3	1	2	3	1	2	3	1	2	3
1′	0.16	0.25	0.16	0.15	0.20	0.15	0.15	—	0.15	0.08	0.09	0.08	0.08	—	0.08
2′	0.30	0.48	0.30	0.29	0.45	0.29	0.28	0.42	0.28	0.19	0.28	0.19	0.18	0.27	0.18
3′	0.43	0.70	0.43	0.39	0.62	0.39	—	0.62	—	0.34	0.51	0.34	—	0.48	—
4′	0.95	1.40	0.95	0.77	1.16	0.77	—	0.16	—	0.62	0.92	0.62	—	0.69	—

注：表中的图为箱体 5 个壁的展开图，图中的直粗实线为两个面的交线，弧线为开口边。

表 9-3-16　孔和凸台对箱体刚度的影响系数 k_1

D/d	H_a/t	$\frac{D^2}{2a\times2b}$							
		0.01	0.02	0.03	0.05	0.07	0.10	0.13	0.16
1.2	1.1	1.0							
	1.5	0.98	0.97	0.95	0.93	0.91	0.88	0.86	0.83
	1.6	0.95	0.93	0.91	0.88	0.85	0.81	0.77	0.75
	1.8	0.91	0.86	0.83	0.78	0.74	0.69	0.65	0.62
	2.0	0.86	0.80	0.77	0.71	0.67	0.61	0.57	0.53
	3.0	0.79	0.71	0.65	0.56	0.50	0.43	0.37	0.33
1.6	1.1	1.0							
	1.2	0.98	0.97	0.95	0.93	0.91	0.88	0.86	0.83
	1.4	0.91	0.88	0.85	0.80	0.76	0.72	0.66	0.65
	1.6	0.87	0.82	0.77	0.71	0.66	0.60	0.55	0.51
	2.0	0.82	0.75	0.70	0.62	0.56	0.49	0.43	0.38
	3.2	0.78	0.70	0.63	0.54	0.47	0.38	0.32	0.27

对无凸台的孔

$d^2/(2a\times2b)$	0.05	0.01	≥0.015
k_1	1.1	1.15	1.2

说明	D——凸台直径；d——孔径；$2a$——箱体受力面的长边长度；$2b$——受力面的短边长度；H_a/t——凸台有效高度与箱壁厚度之比，见表 9-3-17

注：系数 k_1 虽随受力孔中心线至板边（近侧）距离 r 与边长之半 a 的比（r/a）的减少而增大，但一般变化较小，可略去不计。表中列出的是在 $r/a=1$（受力点在板中）条件下的数据。

表 9-3-17　　凸台有效高度（H_a）与壁厚（t）比值（H_a/t）的确定

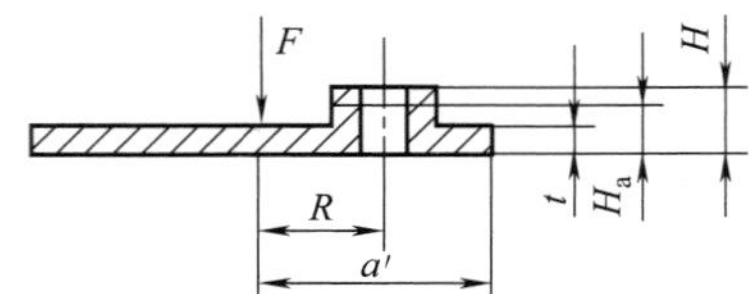

凸台的实际高度与壁厚之比 H/t	受力点至凸台孔中心线与受力点至箱板边缘距离之比 R/a'		
	0	0.3	0.5
	H_a/t		
1.2	1.19	1.16	1.14
1.4	1.37	1.29	1.25
1.6	1.53	1.41	1.35
1.8	1.67	1.52	1.44
2.0	1.78	1.62	1.50
2.2	1.88	1.69	1.55
2.4	1.96	1.76	1.60
4.0	2.15	1.90	1.70
10.0	2.25	2.00	1.75
说明	R——凸台孔中心线至受力点(或受力孔中心线)的距离 a'——受力点(或受力孔的中心线)至箱板边缘(指靠近凸台孔的一侧)的距离		

表 9-3-18　　确定系数 k_2 用的 $\Delta\delta/\delta$ 的值

1. 当 H_a/t 较大时，$\Delta\delta/\delta$ 取负值

D/d	H_a/t	$D^2/(2a\times2b)$				
		0.01	0.02	0.04	0.07	0.10
1.2	1.4	0				
	1.6	0.02～0.01	0.03～0.02	0.05～0.03	0.07～0.04	0.09～0.05
	1.8	0.06～0.03	0.08～0.04	0.11～0.06	0.16～0.08	0.19～0.10
	2.0	0.08～0.04	0.11～0.06	0.16～0.09	0.21～0.13	0.26～0.17
	3.0	0.12～0.07	0.18～0.10	0.25～0.15	0.34～0.20	0.41～0.24
1.6	1.2	0				
	1.4	0.06～0.04	0.08～0.05	0.11～0.07	0.14～0.10	0.16～0.12
	1.6	0.09～0.05	0.12～0.07	0.17～0.10	0.22～0.13	0.27～0.16
	2.0	0.12～0.07	0.17～0.09	0.23～0.13	0.31～0.18	0.37～0.21
	3.0	0.14～0.08	0.20～0.12	0.29～0.17	0.38～0.23	0.35～0.28
1.2	1.1	0.06～0.03	0.11～0.05	0.14～0.08	0.18～0.11	0.21～0.13
1.6	1.2	0.07～0.03	0.11～0.05	0.13～0.07	0.13～0.08	0.14～0.09
	1.0	0.08～0.03	0.14～0.06	0.22～0.10	0.30～0.13	0.37～0.17
说明	R——所计算的凸台孔中心到受力孔中心的距离；d——受力孔中心到靠近所计算凸台孔一侧的板边距离。当 $R/a'=0.3$ 时，表中数据取大值；当 $R/a'=0.5$ 时，取小值；当 $R/a'=0.7$、$H_a/t=3$ 时，$\Delta\delta/\delta=\pm0.1$；$k_2=1+\sum\Delta\delta/\delta$；$H_a/t$——凸台有效高度与箱壁厚度之比，见表 9-3-17					

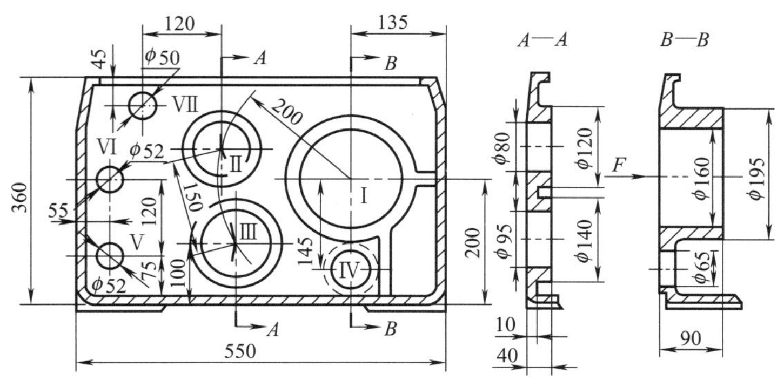

图 9-3-19　车床主轴箱结构简图

解　1）确定无孔箱壁的变形量 δ

根据已知条件可得：$F=3000\text{N}$、$a=0.275\text{m}$、$t=0.01\text{m}$、$E=1\times10^{11}\text{Pa}$、$\mu=0.3$、箱体尺寸比 $2a:2b:2c\approx1:0.6:1$、箱体受力面的边长比 $2a:2b\approx1:0.6$、着力点的坐标 $x=0.5a$，$y=1.1b$。

由表 9-3-15 确定系数 k_0 的值。用内插法可得，当尺寸比为 1∶0.5∶1 时，$k_0=0.26$，故

$$\delta=k_0\times\frac{Fa^2(1-\mu^2)}{Et^3}$$

$$=0.26\times\frac{3000\times0.275^2\times(1-0.09)}{1\times10^{11}\times0.0001}\text{m}$$

$$=0.00054\text{m}$$

2）确定修正系数 k_1、k_2 及 k_3

求 k_1：

孔Ⅰ：已知 $H/t=0.09/0.01=9$，$R/a'=0$，由表 9-3-17 查得 $H_a/t=2.2$。

根据 $D^2/(2a\times2b)=195^2/(550\times360)=0.19$；$D/d=195/160=1.2$，用外插法从表 9-3-16 查得 $k_1=0.45$。

求 k_2：

孔Ⅱ：已知 $H/t=0.09/0.01=4$；$R/a'=200/415=0.48$，其中 a' 为孔Ⅰ中心至靠近孔Ⅱ的左箱壁距离，得 $H_a/t\approx1.7$。又 $D^2/(2a\times2b)=120^2/(550\times360)=0.073$ 及 $D/d=120/80=1.5$。再用上面的数值，查表 9-3-16 得：$\Delta\delta/\delta=-0.15$。

孔Ⅲ：计算过程与孔Ⅱ相同，查得 $\Delta\delta/\delta=-0.18$。

孔Ⅳ：$\Delta\delta/\delta=0.02$。

孔Ⅴ、孔Ⅵ：根据 $d^2/(2a\times2b)=52^2/(550\times360)=0.0135$ 及 $R/a'=360/415=0.87$，得 $\Delta\delta/\delta=0.01$。

孔Ⅶ：因距开口边缘接近，故不计其影响。

因此，修正系数 k_2 值为

$$k_2=1+\sum\Delta\delta/\delta$$

$$=1-0.15-0.18+0.02+2\times0.01$$

$$=0.71$$

确定 k_3

取 $k_3=0.9$。

3）计算有孔箱壁的变形量 δ

$$\delta=\delta_0k_1k_2k_3$$

$$=0.00054\times0.45\times0.7\times0.9\text{m}=0.000155\text{m}$$

4）箱体刚度 K

$$K=\frac{F}{\delta}=\frac{3000}{0.000155}\text{kN/m}=1.95\times10^4\text{kN/m}$$

箱体刚度偏低。

3.4　变速箱体上轴孔坐标计算

变速箱上各齿轮或蜗轮蜗杆传动轴孔，除了按齿轮或蜗轮蜗杆中心线距离的精度要求在零件图上标出轴孔的距离及公差外，为了加工的需要，还应在箱体零件图上标注各轴孔的坐标数值及公差。

对有主轴的变速箱，应首先计算并标注出主轴孔的坐标值及公差，然后以主轴孔的坐标值为基准，计算并标注其他各轴孔的坐标值及公差。

对没有主轴的变速箱，应以输入或输出轴孔的坐标值为基准，计算并标注其余各轴孔的坐标值及公差。

（1）与一轴定距的齿轮轴孔坐标计算

已知一齿轮轴孔的坐标和齿轮啮合中心距，求另一齿轮轴孔的坐标。

图 9-3-20 中的 $O(a_0,b_0)$ 为已知轴孔坐标，作为计算坐标原点，R 为两啮合齿轮轴孔中心距，$B(x,y)$ 为要求计算的轴孔坐标。

设　$y=b$

则　$x=\sqrt{R^2-b^2}$

或设　$x=a$

则　$y=\sqrt{R^2-a^2}$

式中　a 或 b——根据变速箱结构，设计确定的坐标值。

（2）与两轴定距的齿轮轴孔坐标计算

已知两齿轮轴孔的坐标和两个齿轮啮合中心距 R_1、R_2，求第三个齿轮轴孔的坐标。计算公式

第9篇

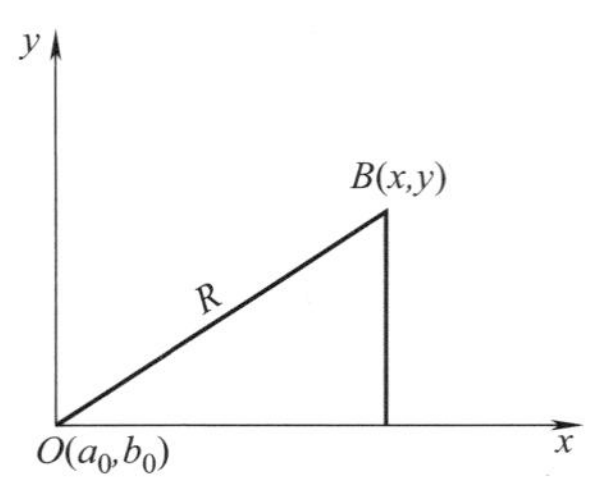

图 9-3-20　与一轴定距的孔坐标计算

及校核公式见表 9-3-19。表中的计算图形是以三角形 OAB 为一种情况，O、A 为已知的两点，B 为所求的点。A、B 两点可以在同一象限中，也可以在相邻的两个象限中。表中包括了所有可能的 16 种情况。

使用表 9-3-19 时，应注意以下各点。

1）各象限中的坐标值 a、b、x 和 y 均按绝对值计算，不计正负号。

2）R_1 为坐标原点 O 与所求点 B 之间的距离，R_2 为另一已知点 A 与 B 点之间的距离，R_1 与 R_2 不能颠倒。

3）检查公式中的 a、b 符号，可根据计算图形判断。

4）计算过程中，除已知的原始数据按给定的位数代入外，各中间运算数值的有效位数取 7 位，第 8 位四舍五入。

（3）与三轴等距的齿轮轴孔坐标计算

如图 9-3-21 所示，已知由中心齿轮 O 同时传动的三个已知轴孔坐标的齿轮 O_0、O_1、O_2，求中心齿轮轴孔的坐标。其实质就是求三角形外接圆圆心的坐标。

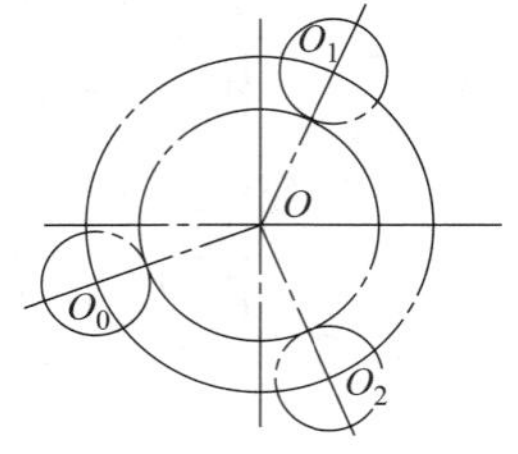

图 9-3-21　与三轴等距的齿轮轴孔

计算步骤是：首先作出坐标计算图形（如图 9-3-22所示），然后将已知数据代入公式进行计算。图中，$O_0(a_0, b_0)$、$O_1(a_1, b_2)$、$O_2(a_2, b_2)$ 为已知的三个齿轮轴孔坐标，其中 $O_0(a_0, b_0)$ 作为坐标原点；$O(x, y)$ 为要求计算的中心齿轮轴孔坐标；R 为中心齿轮轴孔到各已知齿轮轴孔的中心距。

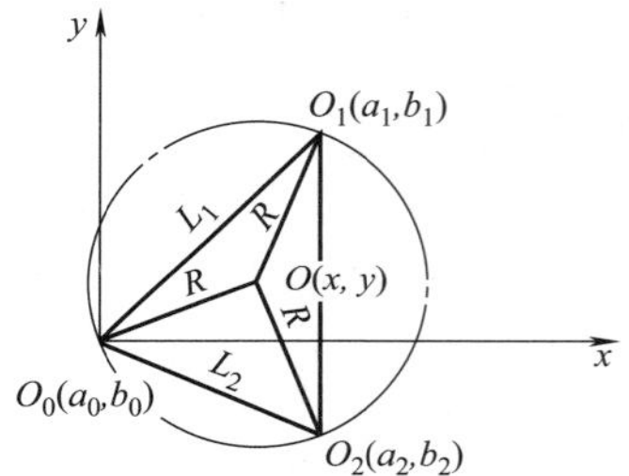

图 9-3-22　与三轴等距的齿轮轴孔坐标计算简图

表 9-3-19　　与两轴定距的轴孔坐标尺寸计算

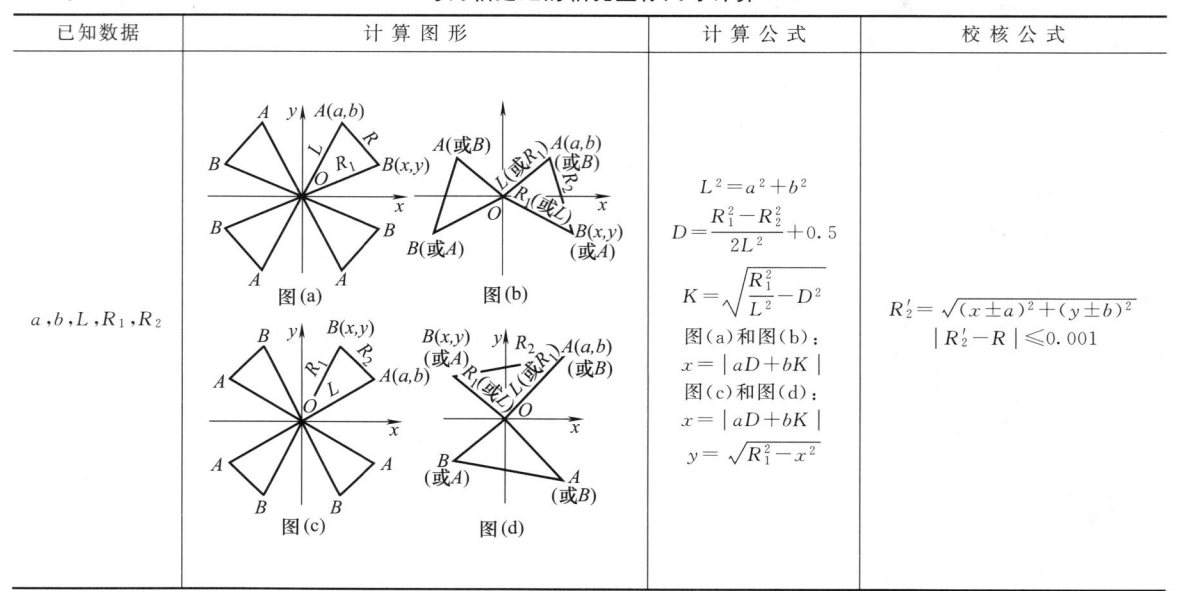

已知数据	计算图形	计算公式	校核公式
a,b,L,R_1,R_2	图(a)　图(b)　图(c)　图(d)	$L^2=a^2+b^2$ $D=\dfrac{R_1^2-R_2^2}{2L^2}+0.5$ $K=\sqrt{\dfrac{R_1^2}{L^2}-D^2}$ 图(a)和图(b)： $x=\lvert aD+bK \rvert$ 图(c)和图(d)： $x=\lvert aD+bK \rvert$ $y=\sqrt{R_1^2-x^2}$	$R_2'=\sqrt{(x\pm a)^2+(y\pm b)^2}$ $\lvert R_2'-R \rvert \leqslant 0.001$

1）计算公式

$$L_1^2=a_1^2+b_1^2$$
$$L_2^2=a_2^2+b_2^2$$
$$x=\frac{b_1L_2^2-b_2L_1^2}{2(a_2b_1-a_1b_2)}$$
$$y=\frac{a_2L_1^2-a_1L_2^2}{2(a_2b_1-a_1b_2)}$$

2）验算公式

$$R'=\sqrt{x^2+y^2}$$
$$|R-R'|\leqslant 0.001$$

式中　L_1——已知轴孔 O_0 与 O_1 的中心距；
L_2——已知轴孔 O_0 与 O_2 的中心距；
R——中心齿轮轴孔到各已知轴孔中心 O_0、O_1、O_2 的实际中心距。

（4）变速箱体齿轮轴孔坐标公差的确定

如图 9-3-23 所示，已知啮合齿轮轴孔的中心距 R 及其公差 ΔR，以及轴孔的坐标尺寸 x 和 y。x 和 y 的坐标公差 Δx 和 Δy 与 ΔR 之间应满足下列关系

$$x(\Delta x)+y(\Delta y)=R(\Delta R)$$

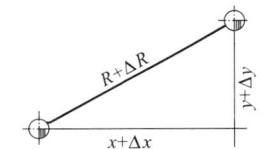

图 9-3-23　齿轮轴孔坐标尺寸的公差

一般情况下，为简单起见，可取

$$\Delta x=\Delta y=\frac{R}{x+y}(\Delta R)$$

当 y 与 x 尺寸相差较大时，可先给定一个经济上合理的 Δy 值，然后计算 Δx 值

$$\Delta x=\frac{R(\Delta R)-y(\Delta y)}{x}$$

3.5　变速箱体的技术要求

3.5.1　各加工面的形状精度及表面结构中的粗糙度

1）箱体各加工面的直线度、平面度及表面粗糙度：

导轨面：7 级或 8 级精度，表面结构中的粗糙度 $Ra\leqslant 0.8\sim 1.6\mu m$；

基准面：7 级或 8 级精度，表面结构中的粗糙度 $Ra\leqslant 0.8\sim 1.6\mu m$；

结合面：9 级精度，表面结构中的粗糙度 $Ra\leqslant 1.6\sim 3.2\mu m$。

2）各轴孔的孔径公差、几何公差及表面结构中的粗糙度根据轴承对轴孔的公差及表面粗糙度要求确定。

3.5.2　各加工面的相互位置精度

表 9-3-20　箱体各加工面的相互位置精度

项　目	精 度 要 求
主轴孔中心线对基准面平行度	一般线对面平行度 3 级或 4 级，并按轴线两端跨距长度选取平行度值
两齿轮轴孔中心线间平行度	平行度公差 f'：水平面内 $f'_x=\frac{B}{2b}F_\beta$ 垂直面内 $f'_y=\frac{B}{4b}F_\beta$ 式中　B——箱体轴线方向的宽度 b——齿轮宽度，$b\leqslant 55mm$ 时，取 $b=55mm$；$b=55\sim 110mm$ 时，取 $b=110mm$ F_β——齿轮的齿向公差，按齿轮精度等级和齿轮宽度，由齿轮精度表中查取
圆柱齿轮轴孔中心距公差	见表 9-3-21
同一轴线上各孔的同轴度	按同轴度公差级，主轴孔为 4 级或 5 级，传动轴为 5 级或 6 级
端面对轴孔中心线的端面圆跳动	端面圆跳动公差一般取 6 级或 7 级
锥齿轮两轴孔中心线的轴间距和轴交角极限偏差	两项公差分别见表 9-3-22 和表 9-3-23

3.5.3 变速箱体零件工作图实例

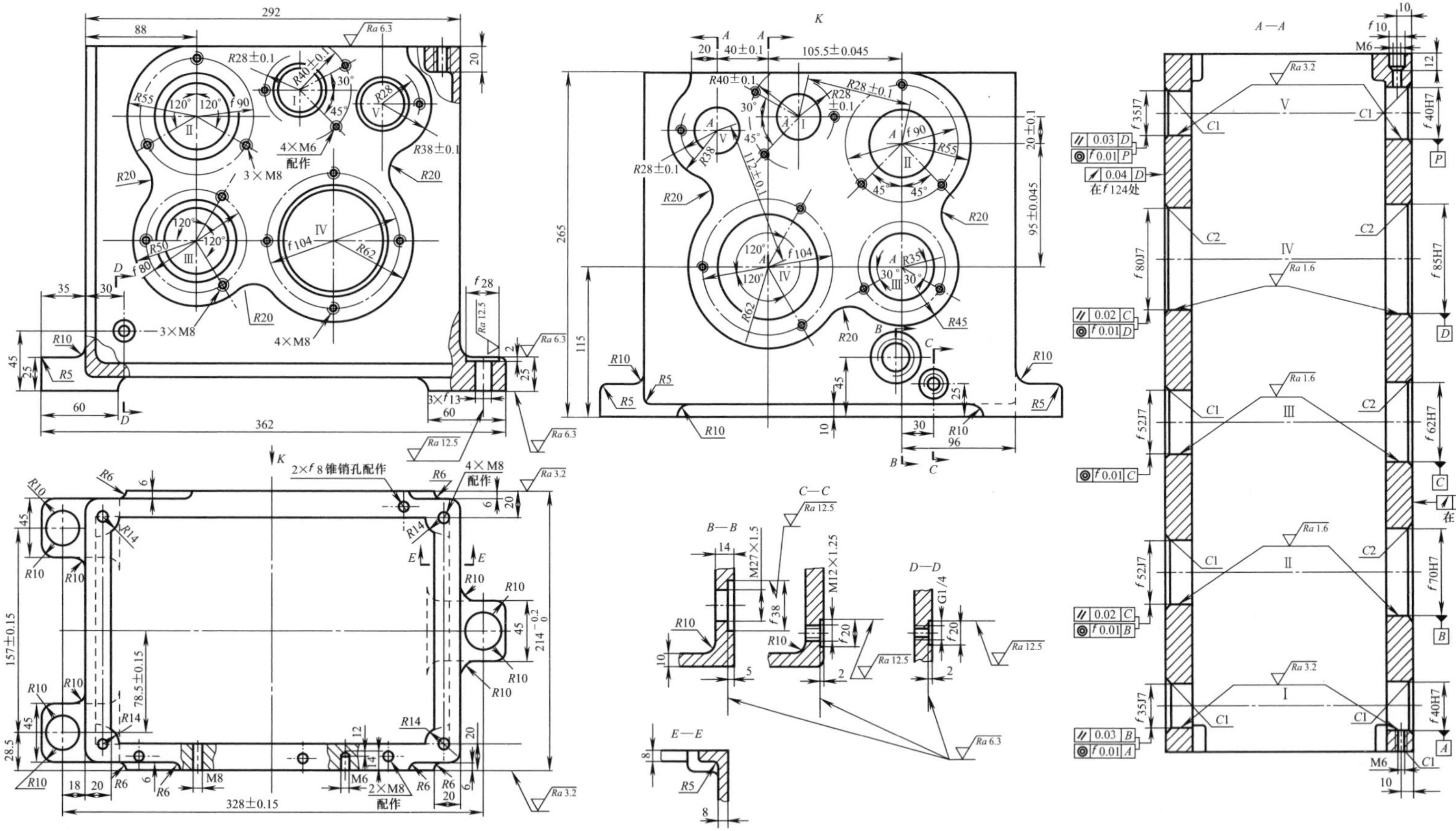

图 9-3-24 变速箱体零件图

表 9-3-21　**箱体孔中心距公差 f'_a（参考）**　μm

孔的配合种类	中心距/mm							
	<50	>50～80	>80～120	>120～200	>200～320	>320～500	>500～800	>800～1250
H7	±15	±20	±22	±25	±30	±35	±45	±50
G7	±25	±30	±35	±40	±50	±60	±65	±80
F8	±40	±50	±55	±65	±80	±100	±110	±120
D8	±60	±80	±90	±105	±120	±150	±170	±200

表 9-3-22　**两锥齿轮箱体孔中心轴线间距公差 f'_a（参考）**　μm

锥齿轮精度等级	模数/mm	外锥距/mm				
		<200	>200～320	>320～500	>500～800	>800～1250
7	>1～16	±15	±18	±22	±28	±36
8	>1～16	±19	±22	±28	±36	±48
9	>1～16	±24	±28	±36	±45	±58
10	>2.5～16	±30	±36	±45	±55	±75
11	>2.5～16	±36	±45	±55	±70	±95

表 9-3-23　**两锥齿轮箱体孔中心轴线交角极限偏差 E'_Σ**　μm

孔的配合种类	外锥距/mm							
	≤50	>50～80	>80～120	>120～200	>200～320	>320～500	>500～800	>800～1250
G7	±28	±38	±45	±50	±58	±70	±85	±100
F8	±45	±58	±70	±80	±95	±110	±130	±160

第 4 章　机架与箱体的现代设计方法

机架刚度、强度的常规工程法，是把机架简化成形状简单的框架，应用工程力学方法进行计算。由于机架箱体在几何形状、外载及约束条件的诸多方面的复杂性，常规算法难以确定复杂形状机架的真实薄弱部位，但它通过对立柱、横梁等主要断面的应力计算，可确定机架的主要结构尺寸为设备设计提供基本参数，因而仍具有一定的实用价值。

近年来随着计算机技术的发展和应用，机械设计也由静态、线性分析向动态、非线性分析，由可行性设计向最优化设计方向发展。应用有限元法可对箱体、机架结构进行准确、直观的设计计算，对准确确定机架及各种机械设备尺寸结构和优化设计均有很好的指导意义。

4.1　机架的有限元分析

有限元分析法将实际结构通过离散化形成单元网格，每个单元具有简单形态并通过节点相连，每个单元上的未知量就是节点的位移，将这些单个单元的刚度矩阵相互组合起来形成整个模型的总体刚度矩阵，并给予已知力和边界条件求解该刚度矩阵，从而得出未知位移；通过节点上位移的变化计算出每个单元的应力。

当机架主要部分的两个方向的尺寸比厚度尺寸大很多时，可以简化为平面问题来进行有限元分析，如开式压力机的机架、板框式压力机机架、轧钢机机架（牌坊）等。

4.1.1　轧钢机机架的有限元分析

图 9-4-1 是某四辊冷轧机机架（牌坊）的有限元计算简图及网格分布图。由于对称于中心轴线，故可只取一半来计算。剖分面处加以约束，使各点水平位移为零。和轧座相接触处约束点的边界条件是水平位移及垂直位移皆为 0。

计算假定：①机架只承受垂直方向的轧制力，而水平外力被忽略。②机架几何形状及外载均前后对称，且无垂直于此对称面的外力，故计算时按平面问题来处理。

用有限元法计算所得机架的应力布图，如图 9-4-2～图 9-4-5 所示。从图中得知：①上横梁中间截面内缘上有较大的沿 X 轴方向的压应力（$\sigma_x=-284\times10^5\mathrm{Pa}$）；上横梁内、外缘 $\sigma_{x\max}$ 分别是下横梁对应点 $\sigma_{x\max}$ 的 1.55 和 1.68 倍。上、下横梁的内、

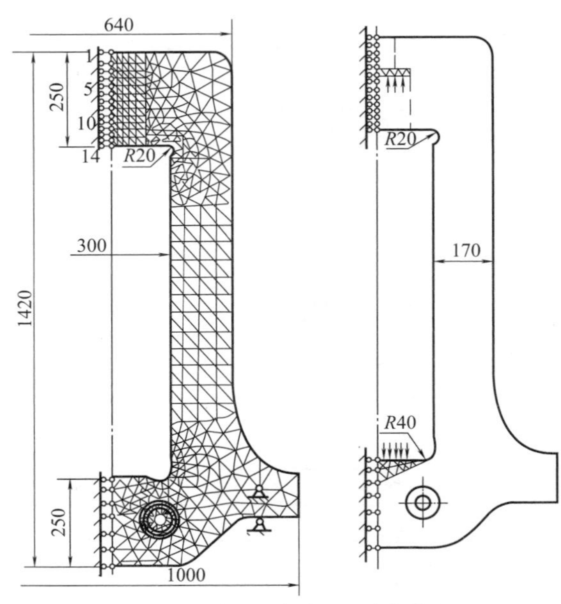

图 9-4-1　轧机机架有限元计算简图

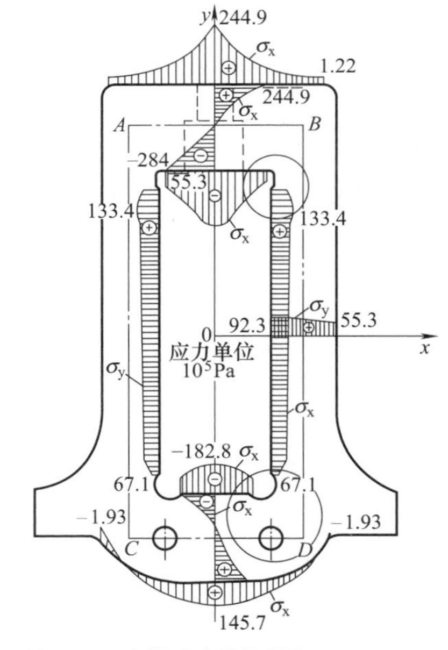

图 9-4-2　有限元法计算所得 250×100/300 四辊轧机机架应力分布

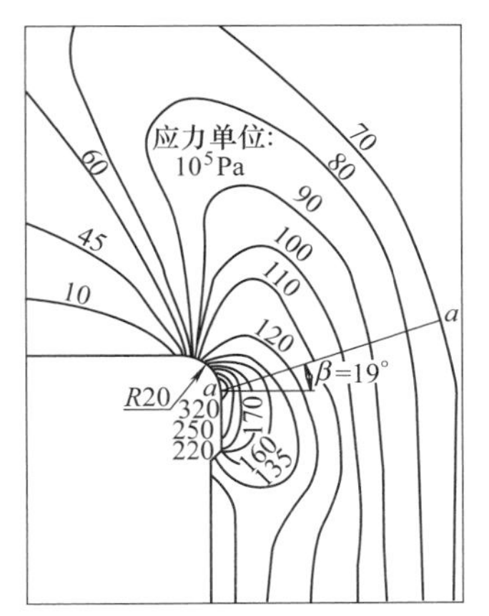

图 9-4-3　上横梁与立柱交接处主应力等值曲线

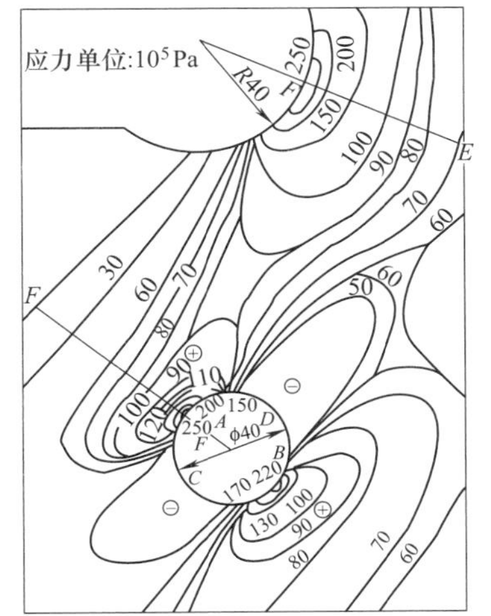

图 9-4-4　下横梁与立柱交接处主应力等值曲线

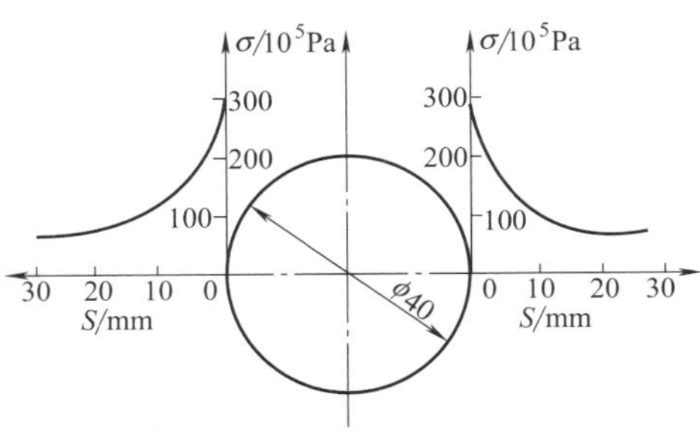

图 9-4-5　下横梁 $\phi 40$ 圆孔拉应力区应力变化曲线

外缘的 σ_x 值按曲线规律变化。②立柱受力状态接近于单向拉伸。③根据上横梁中间截面的应力分布，可确定压下螺母支承面的位置（尽可能布置在压应力区）。④从图 9-4-3、图 9-4-4 中可知，横梁与立柱交接处和下横梁带孔部位有较大的应力集中，从而使应力达到较高值。如在上、下横梁与立柱交接处最大应力分别达到 410×10^5 Pa 和 320×10^5 Pa，而在直径 $\phi 40$mm 圆孔 A、B 两点拉应力达到 290×10^5 Pa。C、D 两边为受压区，在载荷作用下，$\phi 40$ 孔有被拉长成椭圆的趋势。

机架的变形：当以机架中性线 $ABCD$（见图 9-4-2）为基准时，计算所得机架在垂直方向的总变形是 0.0001058m，其中立柱的垂直变形为 0.0000448m，上、下横梁的垂直变形为 0.000061m。

表 9-2-5 中，按常规计算，上、下横梁与立柱的交接处最大应力值分别为 430×10^5 Pa 及 328×10^5 Pa，与有限元法计算结果很接近。

4.1.2　液压机横梁的有限元分析

某六缸锻造水压机的活动横梁的结构简图如图 9-4-6 所示。在两侧的四个工作缸加压时，活动横梁受力最大。横梁此时的受力简图如图 9-4-7 所示。

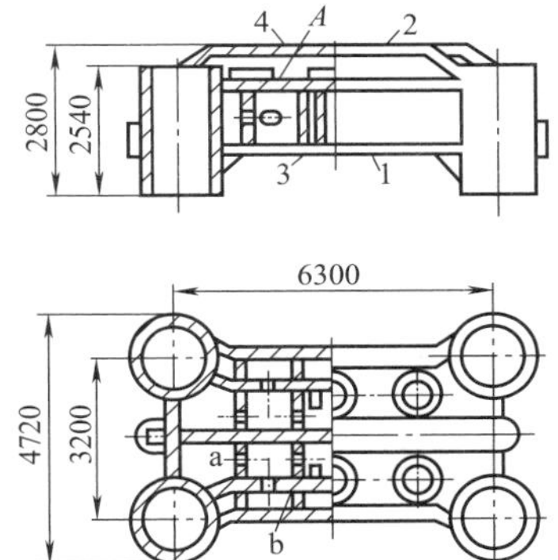

图 9-4-6　120MN 锻造水压机活动横梁简图

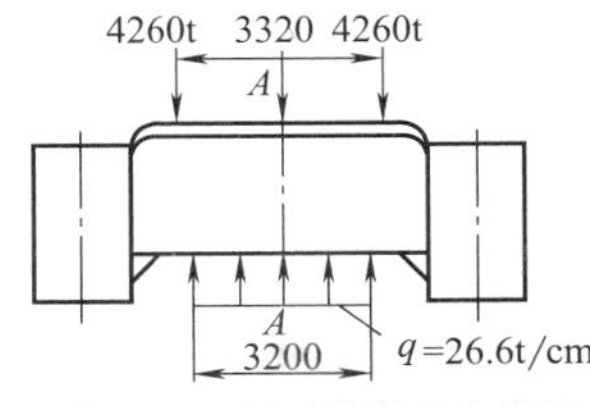

图 9-4-7　活动横梁受力简图

由于结构和载荷的对称性，计算时只需取整个零件的 1/4，而在两个对称面上加上相应的约束条件，以限制构件能保持对称变形。采用空间板系组合结构静力计算程序，其计算模型如图 9-4-8 所示。四条主要棱上的应力（σ_x）分布曲线如图 9-4-9 所示，棱的位置标示于图 9-4-8。

计算结果显示，最大应力点不在中间截面上，而是在工艺孔边。带孔筋板的网格划分如图 9-4-10 所示，筋板 a 和筋板 b（参见图 9-4-6）上孔边应力分布如图 9-4-11 和图 9-4-12 所示。

从图上可见，孔边最大拉应力高达 235.2MPa，超过了材料的疲劳极限 175MPa。导致活动横梁的工

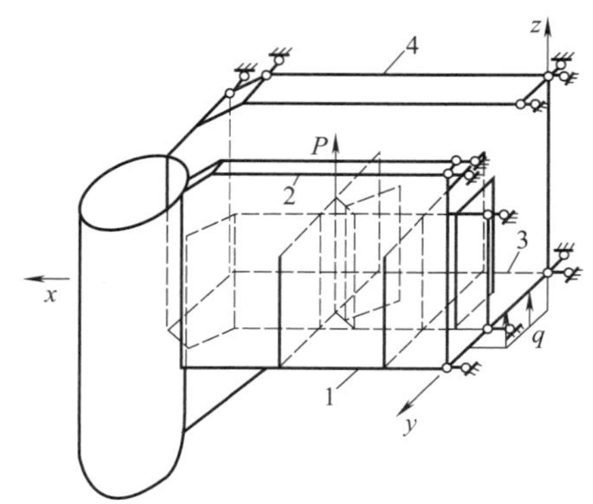

图 9-4-8　活动横梁计算模型图

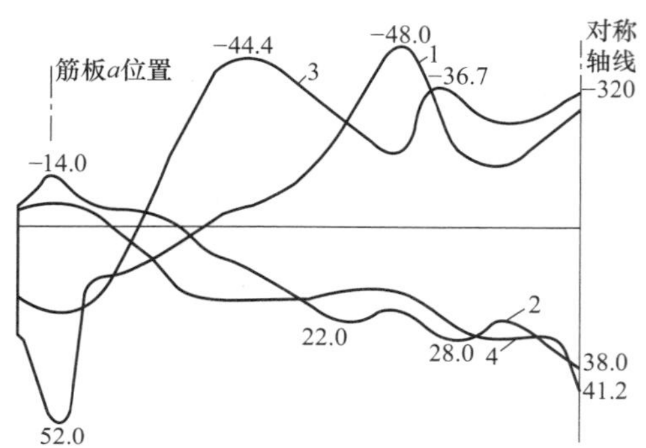

图 9-4-9　动梁主要棱上的应力分布曲线（单位：MPa）

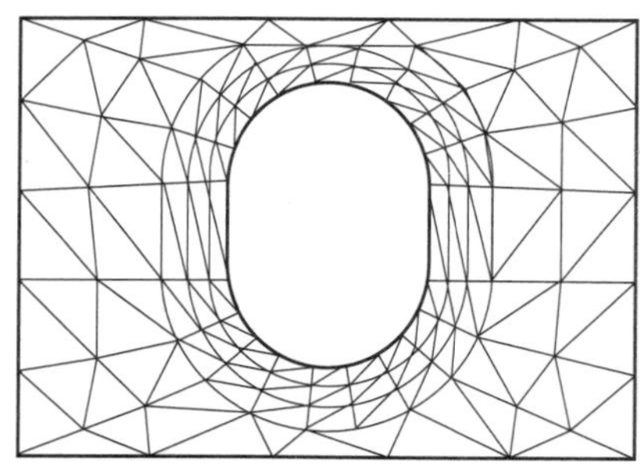
图 9-4-10　带孔筋板 b 的网格划分图

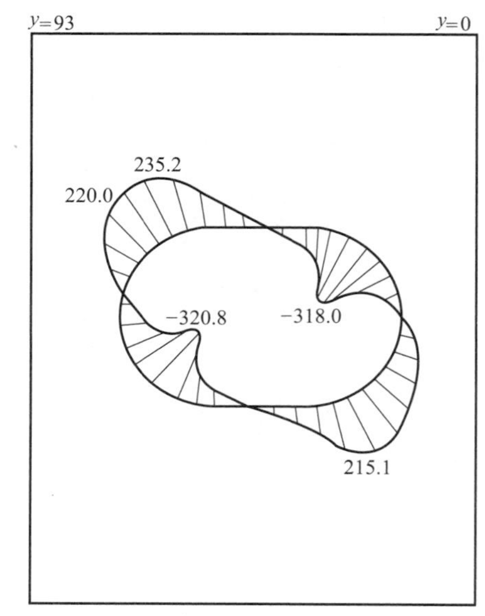

图 9-4-11　筋板 a 孔边应力分布曲线（单位：MPa）

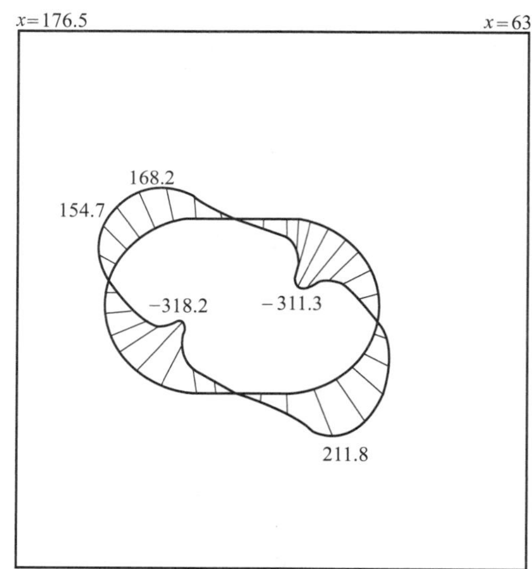

图 9-4-12　筋板 b 孔边应力分布曲线（单位：MPa）

艺孔边过早出现裂纹。

4.1.3　开式机架的有限元分析

图 9-4-13 是 800kN 开式压力机机身右半部的受力简图。图中 X、Y 是当曲柄转角 $\alpha=30°$时，曲轴作用于机身右半部的力，Y_1 是传动轴作用于右半部的力，F_6 是分配到机架右半部的工件变形力，F_5 是滑块给予导轨的力，而 F_1、F_2、F_3、F_4 则是由于该压力机是单边传动，机架左、右两半部受力不一致，而由肋板传给右半部的力。

在受力简图确定之后，即可进行网格划分及载荷移置。图 9-4-14 是上述机架的网格划分情况，共有节点数 206 个，单元数 333 个。在两轴承孔的附近，因有应力集中，应力和位移的变化较大，故单元划分得较小。在板的周边，厚度有突变，为了把突变线作为单元的边界线，因此单元也划分得较小。在应力和位移变化比较平缓的部分，单元可以划分得比较大。在集中力作用的地方，可以按静力等效的原则，分别移置到相应的节点上，如图 9-4-14 所示。由于机架是一个封闭的受力体系，因此 A、B 两个铰支座处的约束反力为零。

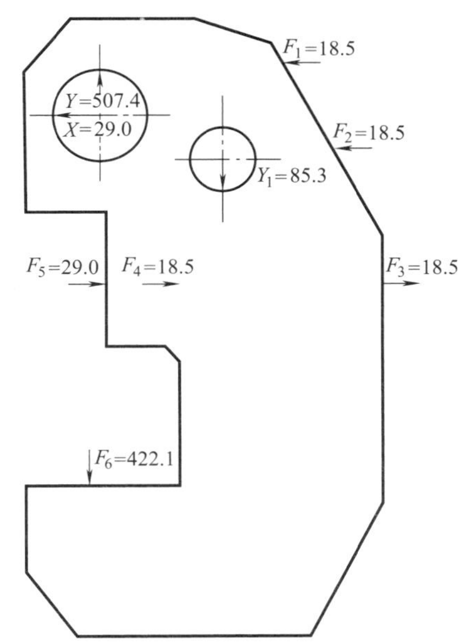

图 9-4-13　开式压力机机架右半部受力简图（单位：kN）

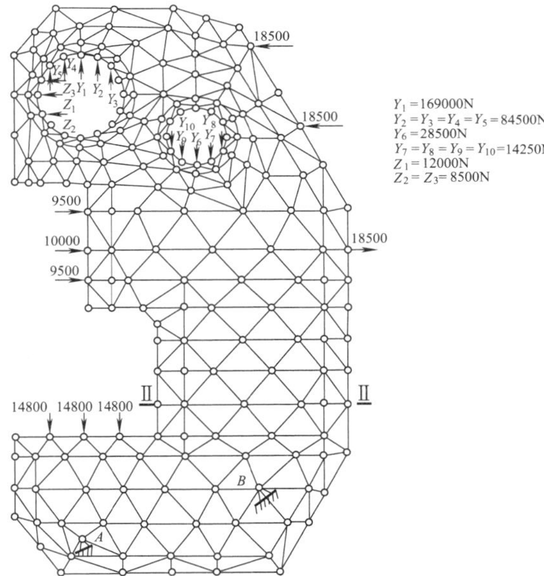

图 9-4-14　单元网格划分图（图中力单位为 N）

应用平面问题的计算程序即可计算出各单元的位移及应力。

图 9-4-15 为机架受载后的变形图，原来的形状为实线，双点画线则表示变形后的形状。每个周边节点的上、下两个数字分别代表该点的水平位移（mm）及垂直位移（mm）。括号内为节点编号。最大水平位移约为 1.3mm，最大垂直位移约为 1mm。由节点 179 和 43 两点的相对垂直位移 0.795mm，可得机架的垂直刚度 K_h 为

$$K_h=\frac{800}{0.795}=1006\text{kN/mm}$$

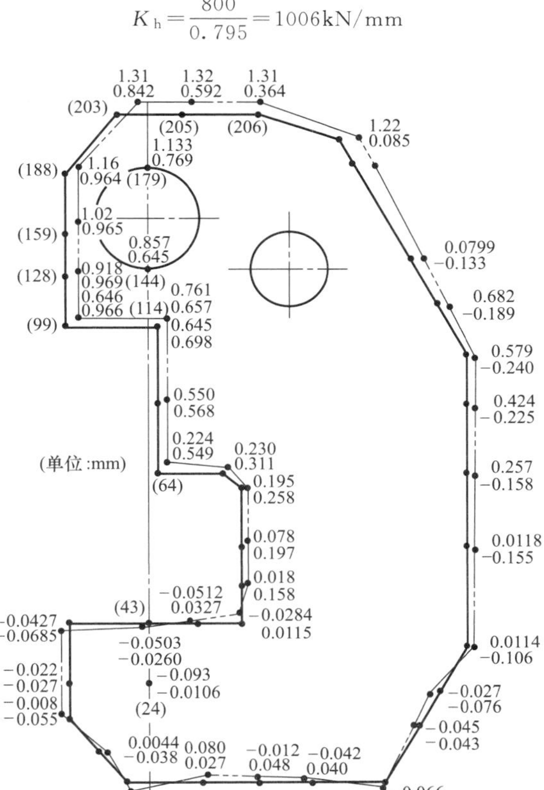

图 9-4-15　机架变形图

由节点 144、114 与节点 43、24 的水平位移可算出机架的角刚度 K_α 为

$$K_\alpha=\frac{800}{1010}=0.79\text{kN}/\mu\text{rad}$$

而实测机架的角变形为 1060μrad，角刚度为 0.75kN/μrad，两者相当接近。

4.1.4　整体闭式机架有限元分析

以奥穆科 MP2000 压力机机架三维有限元分析为例，说明整体闭式机架三维有限元分析的过程。

（1）机架受力分析

机构结构尺寸如图 9-4-16 所示，机架受力情况如图 9-4-17 所示。偏心力 F 所产生的力矩 Fe 和轴承支反力 F_1、F_2 及立柱支反力 F'所形成的力矩相平衡。由力平衡条件可得

$$F_1-F_2=\frac{2Fe(1-K)}{a\cos(\beta+\gamma)}$$

$$K=\frac{2F'b}{Fe}$$

$$F_1+F_2=F\frac{\cos\varphi}{\cos(\beta+\gamma+\varphi)}$$

$$Q_1-Q_2=\frac{2Fe(1-K)\sin(\beta+\gamma)}{C\cos\varphi\cos(\beta+\gamma)}$$

$$Q_1+Q_2=Q=F\ \frac{\sin(\beta+\gamma)}{\cos(\beta+\gamma+\varphi)}$$

式中 e——偏心锻造时的偏心距，取 $e=140\text{mm}$；

a——F_1、F_2 力之距离，$a=1560\text{mm}$；

F'——滑块作用到立柱的左右侧压力；

b——立柱上左右侧压力之距离，$b=1015\text{mm}$；

Q_1，Q_2——滑块作用于立柱后侧压力；

C——Q_1 及 Q_2 之距离，$C=1800\text{mm}$；

β——连杆夹角，当 $\alpha=10°$时，$\beta=1.309°$；

γ——连杆力与连杆轴线夹角，$\gamma=0.721°$；

φ——摩擦角，当 $\mu=0.02$ 时，$\varphi=1.146°$。

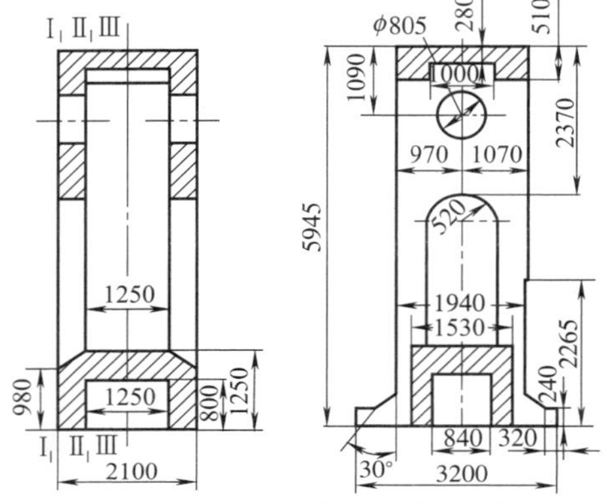

图 9-4-16 MP2000 压力机机架结构简图

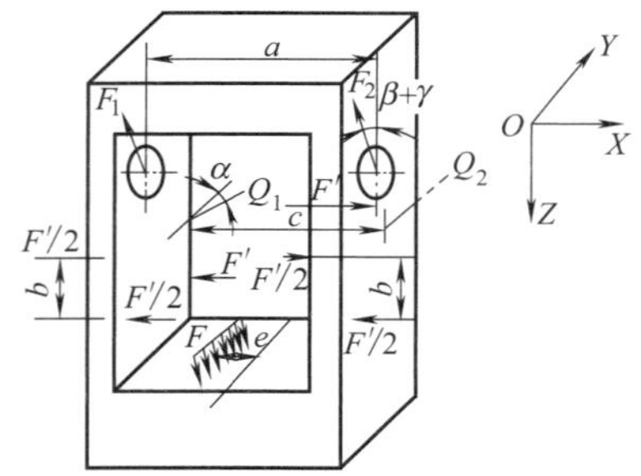

图 9-4-17 机架受力简图

根据实验，K 值和偏心距 e 及导轨间隙有关，在最大偏心距和正常间隙时 $K=0.06$。当 $K=0$ 时，对轴承孔的强度而言是最危险的工况。

(2) 建立计算模型

根据机架结构的对称性、取机架的一半进行计算。根据载荷的非对称性，可将载荷分解为对称载荷组及反对称载荷组两类工况，如图 9-4-18 所示。其中图 9-4-18 (a) 为 F、Q 力对称于 ZOY 平面；图 9-4-18 (b) 为 F、Q 反对称于 ZOY 平面；图 9-4-18 (c)、(d) 为 F 力对称及反对称 ZOY 平面的工况。将对称载荷组的两种工况的计算模型及反对称载荷组的两种工况的计算模型分别计算，然后叠加，可求出机架在偏心载荷下的应力值及变形量。

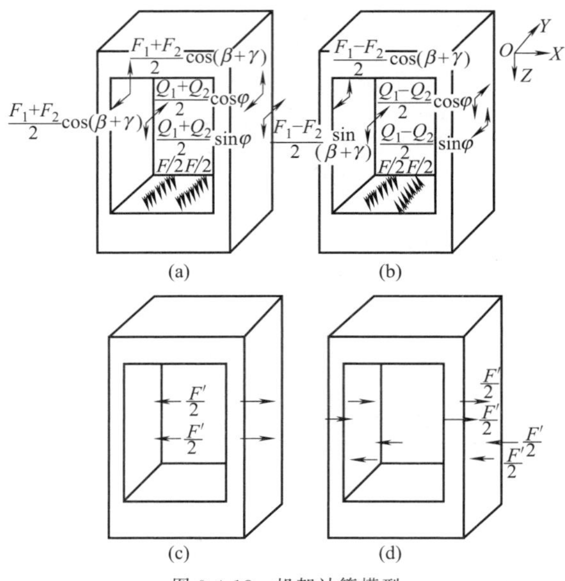

图 9-4-18 机架计算模型

(3) 单元划分

根据机架结构及受力情况可选用 8～21 节点等参元，应用 SAP-5 或 ADINA 等程序进行计算。

由于机架的对称性，取机架的一半划分单元，并以分层的方法依次划分单元如图 9-4-19 所示。分层法划分单元是三维有限元计算中常用的方法。划分单元时应考虑在轴承孔上部及工作台下面等受载较大处网格划分得密一些，并在载荷作用点及自由边界设置节点。节点布置也应该考虑结构的对称性，将一侧节点坐标复制到相对称的另一侧。同时也可以用节点生成功能将外层节点坐标向 Z 向复制，生成对应的内层节点坐标。按图中所示共分为 303 个节点，共 92 个单元。

(4) 确定边界条件

地脚螺栓周围和地面接触的 8 个节点为全约束。按对称载荷计算时，对称截面Ⅲ-Ⅲ上全部 38 个节点在 X 方向位移为零。按反对称载荷计算时，Ⅲ-Ⅲ截面上全部 38 个节点在 Y 方向及 Z 方向的位移为零。

(5) 确定节点载荷

模锻力沿前后方向均匀分布，根据模具尺寸，可简化为 7 个集中力作用在工作台面相应的 7 个节点上。滑块左右侧压力 F'及滑块后侧压力 Q_1 及 Q_2 均按集中力处理，加在相应的立柱及滑道的节点上。轴承力在径向按余弦分布，分布中心角为 100°。按力的等效原理，将轴承力简化为 6 个集中力加在相应的 6 个节点上。轴承力的轴向力按集中力处理。

(6) 计算结果

图 9-4-20 是在 $F=20000\text{kN}$，$\alpha=10°$（α 为偏心轴中两圆心连线和垂直方向的夹角)、$K=0$ 的工况下计算出机架Ⅱ—Ⅱ截面的变形图。节点附近上面数字为水平变形量 (mm)，下面数字为垂直变形量 (mm)。

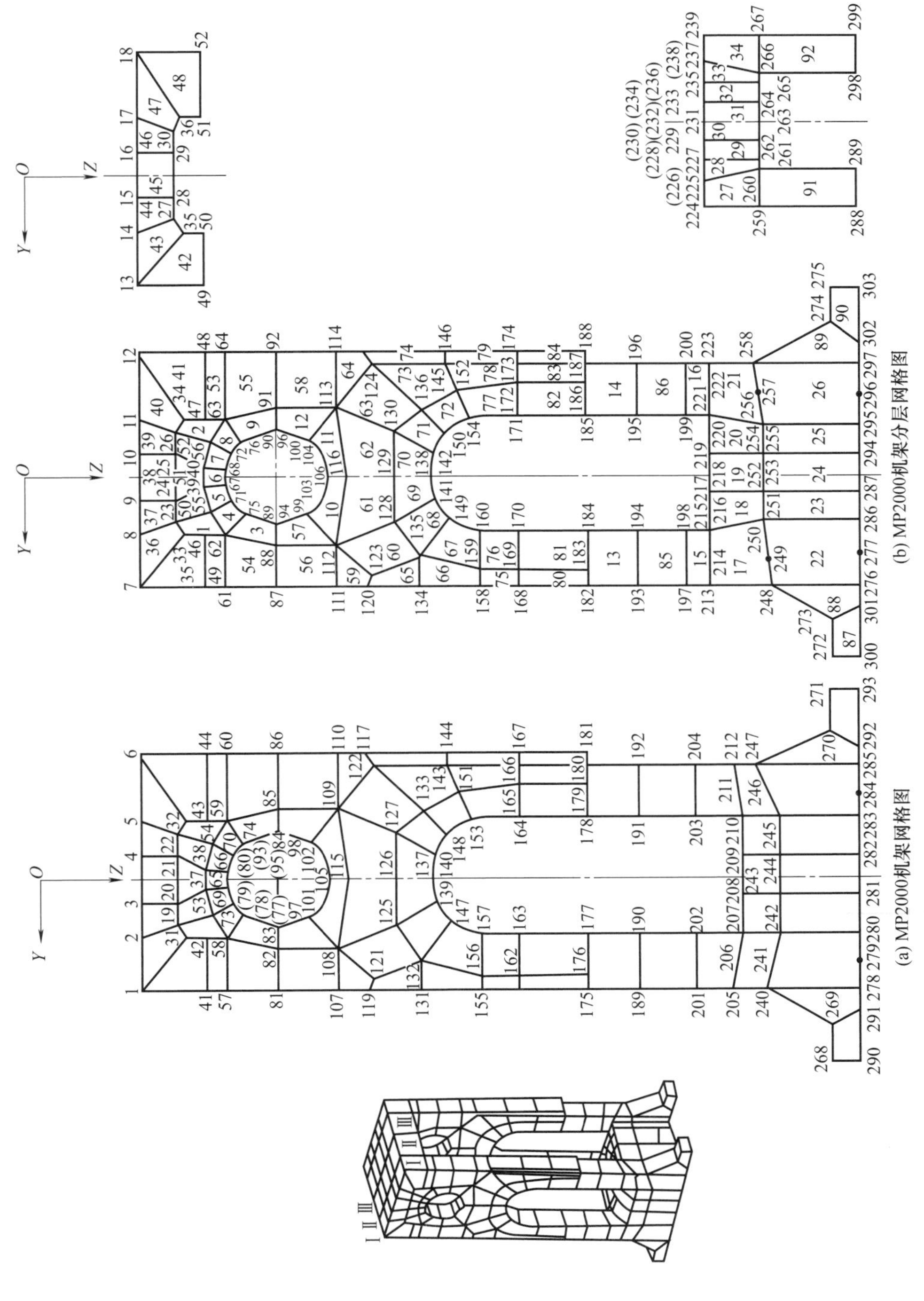

(a) MP2000机架网格图

(b) MP2000机架分层网格图

图 9-4-19　机架单元划分图

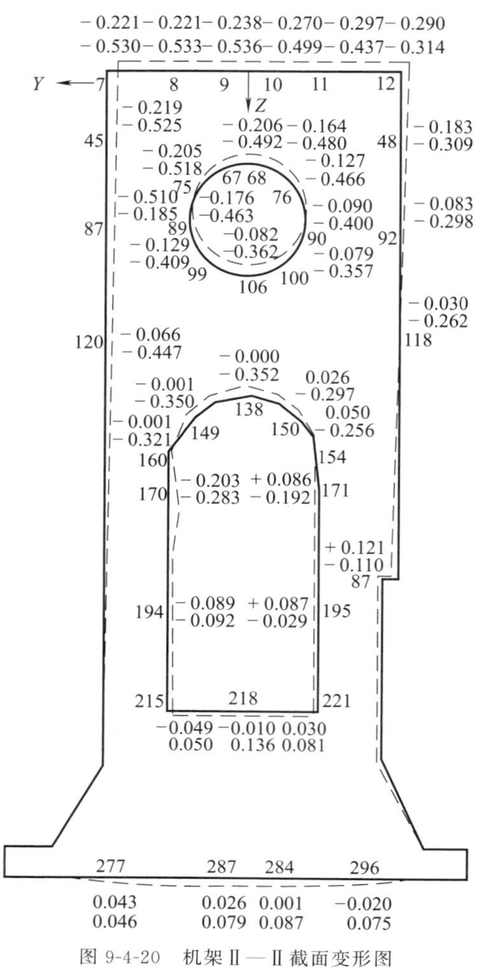

图 9-4-20　机架Ⅱ—Ⅱ截面变形图

——变形前轮廓线　— — —变形后轮廓线

4.2　机架与箱体的优化设计

4.2.1　优化设计数学模型的建立

进行工程或机械结构的优化设计，首先应将工程问题按优化设计所规定的格式建立数学模型，它是取得正确设计结果的前提。本节以机架结构为对象，描述其优化设计数学模型的建立过程。

(1) 闭框式机架优化设计模型建立

为提高机架的承载能力，需对图 9-4-21 所示机架的各主要尺寸进行优化。

1) 设计变量　设计变量为：上、下横梁截面的高度 x_1，宽度 x_5；立柱截面的高度 x_2，宽度 x_6；窗口宽度 x_3，高度 x_4；可记为

$$\boldsymbol{X}=\begin{bmatrix}x_1\\x_2\\x_3\\x_4\\x_5\\x_6\end{bmatrix}=[x_1,x_2,x_3,x_4,x_5,x_6]^{\mathrm{T}}$$

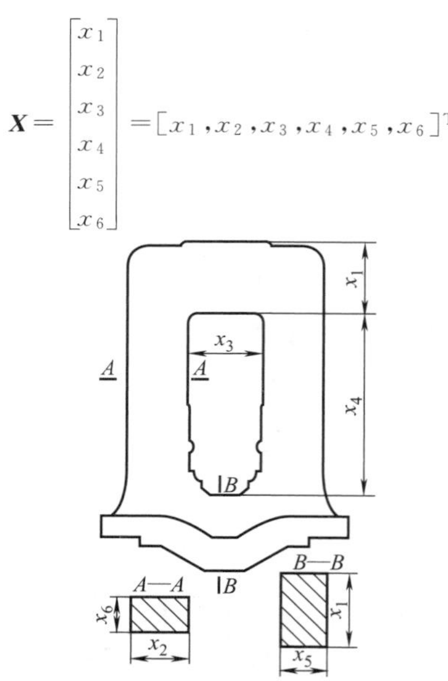

图 9-4-21　优化设计的结构尺寸

2) 目标函数　以机架垂直方向变形最小为目标函数，即

$$F(\boldsymbol{X})=f_1+f_2+f_3$$

式中　f_1——立柱变形；

f_2——上横梁在弯矩、剪力和垂直力作用下产生的变形；

f_3——下横梁在弯矩、剪力、垂直力作用下产生的变形。

f_1，f_2，f_3 的计算式见表 9-2-6。

3) 约束条件　约束条件为机架的强度条件，减少质量等。可写成

$$g_1(\boldsymbol{X})=\sigma_{1\mathrm{p}}-M_1\Big/\frac{x_1^2x_5}{6}\geqslant 0$$

$$g_2(\boldsymbol{X})=\sigma_{2\mathrm{p}}-M_2\Big/\frac{x_2^2x_6}{6}-\frac{F}{2A_2}\geqslant 0$$

$$g_3(\boldsymbol{X})=V_0-V$$

式中　$\sigma_{1\mathrm{p}}$，$\sigma_{2\mathrm{p}}$——横梁和立柱的许用应力，对横梁可取 $[\sigma_{1\mathrm{p}}]=70.0\mathrm{MPa}$；对立柱可取 $[\sigma_{2\mathrm{p}}]=50.0\mathrm{MPa}$；

M_1，M_2——横梁和立柱中弯矩，见表 9-2-5；

F——轧制时作用于机架上的力；

A_2——立柱的截面积；

V_0，V——原机架与机架优化后的体积。

除上述约束条件外，还考虑其他边界约束，共 16 个。

综上所述，机架优化设计的数学模型为：

$$\left.\begin{aligned}&\min F(\boldsymbol{X})=\min(f_1+f_2+f_3)\\&x\in R^6\\&\text{使符合于 } g_i(\boldsymbol{X})\geqslant 0\\&i=1,2,\cdots,16\end{aligned}\right\}$$

该模型可采用序列无约束优化方法——惩罚函数法计算。

（2）开式机架的优化设计模型

以 J23 型压力机为例，说明开式机架优化设计模型建立过程。

如图 9-4-22 所示，机架的Ⅱ—Ⅱ截面为危险截面，可称为主截面。下面对主截面的尺寸进行优化，使之在满足强度和刚度要求的情况下，截面尺寸最小，机架的质量最小。

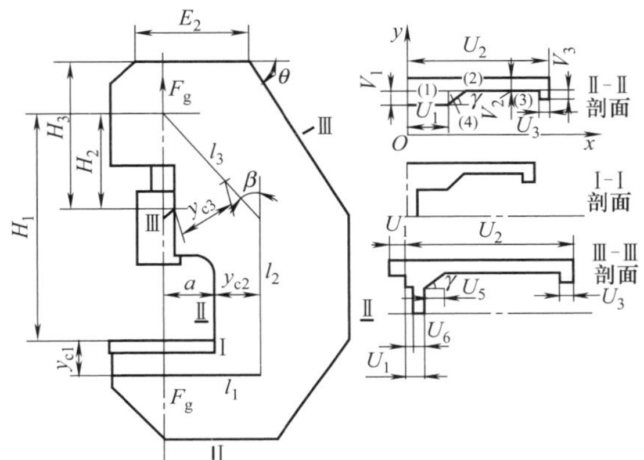

图 9-4-22　J23 型压力机机身计算图

1）设计变量的选择　在图 9-4-22 的Ⅱ—Ⅱ剖面中，主截面尺寸有 7 个，V_i、U_i（$i=1，2，3$）和角度 γ。其中 V_1 是出料窗口尺寸，为设计常量；V_2 是铸造壁厚，受最小壁厚限制不宜更改，为设计常量；为减少设计变量的个数，考虑到对优化结果影响不大，将 V_3 和 γ 也认定为设计常量。这样，设计变量就是 U_1、U_2 及 U_3，如果以 $\boldsymbol{X}$ 表示设计变量，则：

$$\boldsymbol{X}=[x_1,x_2,x_3]^{\mathrm T}=[U_1,U_2,U_3]^{\mathrm T}$$

2）建立目标函数　从主截面面积计算公式，得到目标函数为

$$\min f(\boldsymbol{X})=\min_{U\in R}\left[2\sum_{i=1}^{3}U_iV_i+2\times\frac{1}{2}V_1^2\cot\gamma\right]$$

$$=\min_{x\in R}\left[2\sum_{i=1}^{3}x_iV_i+2\times\frac{1}{2}V_1^2\cot\gamma\right]$$

3）约束条件

① 强度和刚度约束　由主截面最大拉应力必须小于或等于许用拉应力可得出

$$\sigma_1=\frac{F_g}{A_2}+\frac{F_g(a+y_{c2})y_{c2}}{I_2}\leqslant\sigma_p$$

由喉口的相对角位移小于或等于许用角位移可得出

$$\Delta\alpha=\frac{F_g}{2E}\left(\frac{a^2}{I_1}+\frac{2l_1l_2}{I_2}+\frac{l_3^2\sin\beta}{I_3}\right)$$

$$C_d=\frac{F_g}{\Delta\alpha}\geqslant C_{\alpha p}$$

根据开式机架强度和刚度计算公式及图 9-4-22。其中：

$$A_2=2\sum_{i=1}^{3}x_iV_i+V_1^2\cot\gamma$$

A_2 为Ⅱ—Ⅱ截面面积

$$y_{c2}=\frac{\sum_{i=1}^{3}x_i^2V_i+V_1^2\cot\gamma(x_1+V_1/3)}{2\sum_{i=1}^{3}x_iV_i+V_1^2\cot\gamma}$$

y_{c2} 为主截面的形心位置

$$I_2=\frac{1}{36}\left(3\sum_{i=1}^{3}x_iV_i^2+V_1^4\cot^3\gamma\right)$$

$$l_1=a+y_{c2}$$

$$l_2=H_1+y_{c1}-l_3\cos\beta;$$

$$l_3=l_1/\sin\beta;$$

$$\tan\beta=\frac{e_1+y_{c3}\sin\theta}{H_2-y_{c3}\cos\theta}$$

e_1 为 F_g 作用线至Ⅲ-Ⅲ截面中最内侧点的距离。为书写和计算方便，将强度及刚度计算公式写成：

$$\sigma_1=f_g(\boldsymbol{X})$$

$$\frac{F_g}{\Delta\alpha}=f_n(\boldsymbol{X})$$

则约束条件可写成：

$$g_1(\boldsymbol{X})=f_g(\boldsymbol{X})-300\times10^5\leqslant0$$

$$g_2(\boldsymbol{X})=0.0012F_g-f_n(\boldsymbol{X})\leqslant0$$

② 尺寸约束　以 J23-10 压力机为例，x_1、x_2、x_3 取值的下限分别为 2cm、30cm、1cm，上限均为 80cm。则设计变量 x_1、x_2、x_3 的取值范围是

$$0.02<x_1<0.8$$

$$0.3<x_2<0.8$$

$$0.01<x_3<0.8$$

约束条件可表示为

$$g_3(\boldsymbol{X})=x_1-0.8\leqslant0$$

$$g_4(\boldsymbol{X})=0.02-x_1\leqslant0$$

$$g_5(\boldsymbol{X})=x_2-0.8\leqslant0$$

$$g_6(\boldsymbol{X})=0.3-x_2\leqslant0$$

$$g_7(\boldsymbol{X})=x_3-0.8\leqslant0$$

$$g_8(\boldsymbol{X})=0.01-x_3\leqslant0$$

4）优化方法选择　为了计算简单，收敛迅速，考虑到变量不多的情况，上述模型可采用惩罚函数法进行优化。

4.2.2　热压机机架结构的优化设计

在箱体、机架优化设计中，由于其结构的复杂性，不论是静态优化，还是动态优化，在大多数情况

必须使用有限元法。每选择一种设计方案都要进行有限元分析，才能准确地计算最大应力值、最大变形量，使每一个设计方案均满足约束条件来保证最优解的正确性。以机架刚度作为目标函数时，也必须使用有限元法对每一种设计方案进行分析，求得精确的变形值，使目标函数达到最优值。

本节以某重型机器厂生产的6450t热压机为例说明其机架结构优化设计过程。该机的主体由8架16片框板平行组装而成，每片框板的结构尺寸及受力状况如图9-4-23所示。

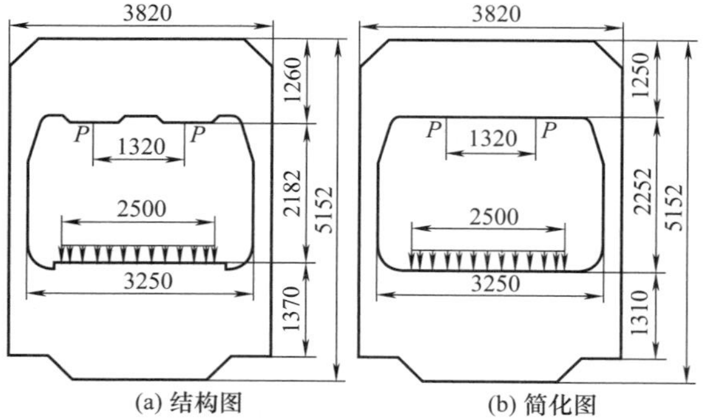

图9-4-23　框架结构

对该机进行结构优化设计时，分成两步：第一步是以大尺寸为设计变量，以重量最轻为目标；第二步是以框板上角应力集中区的过渡曲线尺寸为设计变量，以该区的应力最小为目标。

(1) 以重量最轻为目标的优化设计

1) 设计变量　取四个设计变量来描述框板的外形尺寸和厚度，如图9-4-24所示。其中，x_1 的变化决定 L_1L_2 线段的上下移动；x_2 的变化决定 L_2L_3 线段的左右移动；x_3 的变化决定 L_3L_6 折线段的上下移动；x_4 为框板的厚度。即

$$x=[x_1 \quad x_2 \quad x_3 \quad x_4]^T$$

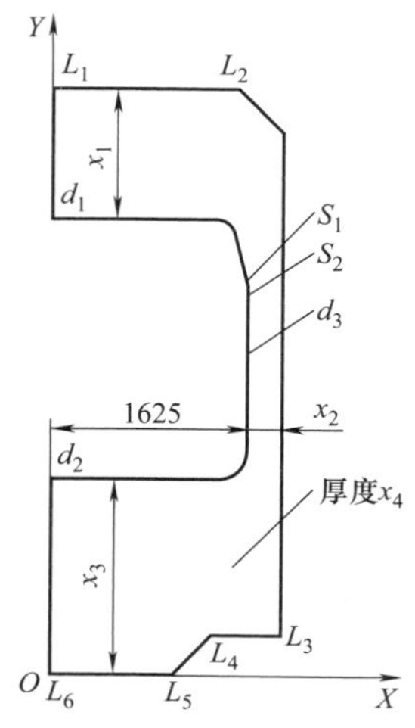

图9-4-24　框板的结构

2) 目标函数　取单片框板的重量。

3) 约束函数

① 位移约束　取上横梁中点 d_1、下横梁中点 d_2 及侧板上的 d_3 为位移控制点。即要求各控制点的位移不超过如下许用值

d_1 点许用变形量　$[\delta]_{d1}=0.5\text{mm}$

d_2 点许用变形量　$[\delta]_{d2}=3\text{mm}$

d_3 点许用变形量　$[\delta]_{d3}=2.5\text{mm}$

② 应力约束　取侧板上的 S_1 和 S_2 两点为应力控制点。即要求各控制点的应力不超过如下许用值

$$[\sigma]=150\text{MPa}$$

③ 几何约束　取各设计变量的取值范围。

该问题的数学模型为

$$\min F(x)=1.56\times10^{-5}[(x_1+x_3+2192)(x_2+1625)-340x_2-3675900]x_4$$

$$\text{s.t.}\quad \sigma_{di}-[\sigma]\leqslant0 \quad i=S_1,S_2$$

$$\delta_i(x)-[\delta]_i\leqslant0 \quad (i=d_1,d_2,d_3)$$

$$80-x_4\leqslant0$$

$$x_4-85\leqslant0$$

$$1000-x_1\leqslant0$$

$$100-x_2\leqslant0$$

$$1000-x_3\leqslant0$$

该问题用复合形法求解，位移和应力用平面有限元法计算，在用有限元法作为结构件的分析工具时，它们表现为设计变量的隐函数，因而在优化设计方法的程序设计时，应将有限元法的程序嵌入到复合形法程序中去。在计算过程中，随着设计变量的改变，结构件的尺寸发生变化，结构件的有限元网格及节点坐标也发生变化，因此，有限元计算程序必须具备自动划分网格的功能。由于框板结构是对称的，可以取一半作为计算对象，采用三节点线形单元，网格划分图见图9-4-25。

利用复合形法计算，收敛精度取为0.0001，得到的最优设计方案为

$$x^*=[1242.28 \quad 343.78 \quad 1705.47 \quad 80.0]^T$$

$$f(x^*)=7897.83$$

圆整后

$$x^*=[1240.0 \quad 340.0 \quad 1717.0 \quad 80.0]^T$$

$$f(x^*)=7878.03$$

单片框板的质量由原来设计的8357.89kg下降到7878.03kg，减轻质量5.74%。

(2) 以应力最小为目标的优化设计

对上述最优方案进行一次更为精确的有限元计算，发现框板上角处有明显的应力集中现象，其峰值

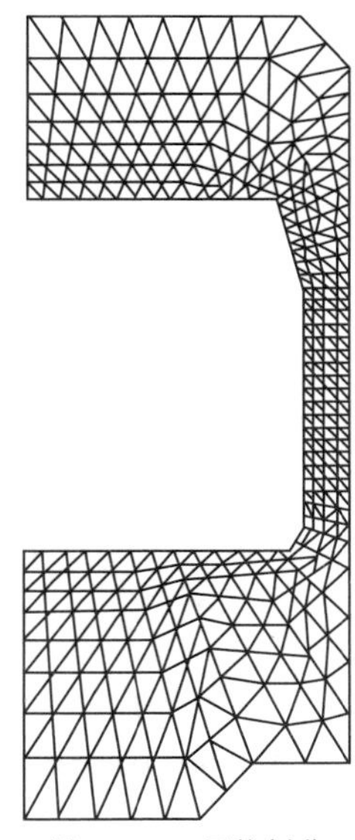

图 9-4-25 网格划分

达 142.3MPa。为尽可能降低应力峰值，使应力分布更加合理。可以应力集中区的最大应力最小为目标，取构成边界曲线的一组参数为设计变量，以设计变量的尺寸界限为约束函数进行优化设计。考虑到“圆弧—直线—圆弧”容易加工，而“三次样条曲线”则非常光滑（即具有连续的一阶和二阶导数），且变化灵活，可以覆盖多种类型的曲线，拟分别采用这两种型线作为边界曲线，并进行优化设计。

1）“圆弧—直线—圆弧”型边界曲线的描述 如图 9-4-26 所示，在应力集中区建立新坐标系 uOv，图中 t_1、t_2、t_3、t_4 分别是两段圆弧与直线的切点。边界形状由切点 t_3 至切点 t_4 间的“圆弧—直线—圆弧”组成，显然，该形状完全由两个圆弧的圆心 O_1（u_1，v_1）与 O_2（u_2，v_2）所确定。根据圆弧 O_1 必须与直线 at_3 相切，圆弧 O_2 必须与直线 bt_4 相切的要求可知，半径 R_1、R_2 可以用 u_2、v_1 表示

$$R_1=a-v_1,R_2=b-u_2$$

于是可取两圆弧圆心坐标为设计变量，即

$$x=[x_1 \quad x_2 \quad x_3 \quad x_4]^{\mathrm{T}}=[u_1 \quad v_1 \quad u_2 \quad v_2]^{\mathrm{T}}$$

边界曲线与设计变量间的函数关系为

$$v=\begin{cases}a & 0\leqslant u\leqslant x_1\\ \sqrt{(a-x_2)^2-(u-x_1)^2}+x_2 & x_1\leqslant u\leqslant u_{t1}\\ \dfrac{v_{t2}-v_{t1}}{u_{t2}-u_{t1}}(u-u_{t1})+v_{t1} & u_{t1}\leqslant u\leqslant u_{t2}\\ \sqrt{(b-x_3)^2-(u-x_3)^2}+x_4 & u_{t2}\leqslant u\leqslant b\end{cases}$$

$$u=b \qquad 0\leqslant v\leqslant v_{t4}$$

式中 u_{t1}，v_{t1}，u_{t2}，v_{t2}——切点坐标；

$u_{t1}=x_1-R_1\cos\varphi\cos\alpha+R_1\sin\varphi\sin\alpha$；

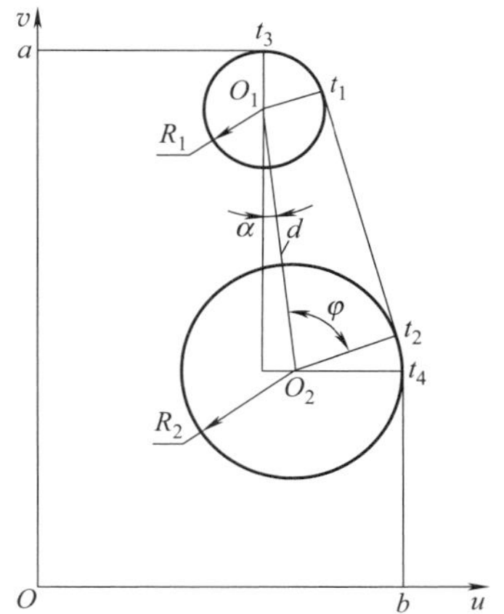

图 9-4-26 “圆弧—直线—圆弧”型边界曲线

$v_{t1}=x_2-R_1\cos\varphi\sin\alpha+R_1\sin\varphi\cos\alpha$；

$u_{t2}=x_1+(d-R_2\cos\varphi)\cos\alpha-R_2\sin\varphi\sin\alpha$；

$v_{t2}=x_2+(d-R_2\cos\varphi)\sin\alpha-R_2\sin\varphi\cos\alpha$；

$\sin\varphi=\sqrt{1-[(R_2-R_1)/d]^2}$；

$\cos\varphi=(R_2-R_1)/d$；

$\alpha=\arctan(x_1-x_3)/(x_2-x_4)$；

$d=\sqrt{(x_1-x_3)^2+(x_2-x_4)^2}$；

$R_1=a-x_2$；

$R_2=b-x_3$。

2）“三次样条曲线”型边界曲线的描述 这种边界曲线的描述采用第一类边界条件的三次样条插值方法。为了减少描述三次样条曲线的设计变量数，插值在极坐标系下进行，然后再转换到直角坐标系中。插值区间为［α，β］，插值结点为一系列的幅角

$$\alpha=\varphi_1<\varphi_2<\cdots<\varphi_j<\cdots<\varphi_n=\beta$$

插值函数为相应的极径长度

$$r_1,r_2,\cdots r_j,\cdots,r_n$$

显然｛φ_j，r_j｝｛$j=1$，2，…，n｝的值决定了三次样条曲线的形状。

如图 9-4-27 所示，用｛φ_j，r_j｝｛$j=1$，2，…，5｝来描述边界形状，并取 φ_1，φ_5，r_2，r_3，r_4 为设计变量，即

$$\begin{aligned}x&=[x_1，x_2，x_3，x_4，x_5]^{\mathrm{T}}\\&=[\varphi_1，\varphi_5，r_2，r_3，r_4]^{\mathrm{T}}\end{aligned}$$

节点 φ_2、φ_3、φ_4 在区间［φ_1，φ_5］中按等间隔布置。因此设计变量 x_1 和 x_2 决定了曲线的分布范围，而 x_3、x_4、x_5 决定了曲线的形状。三次样条曲线的两端应分别与两条直线相切，可知 r_1 和 r_2 不是独立变量，可用下式表示

$$r_1=b/\cos\varphi_1,r_5=a/\sin\varphi_5$$

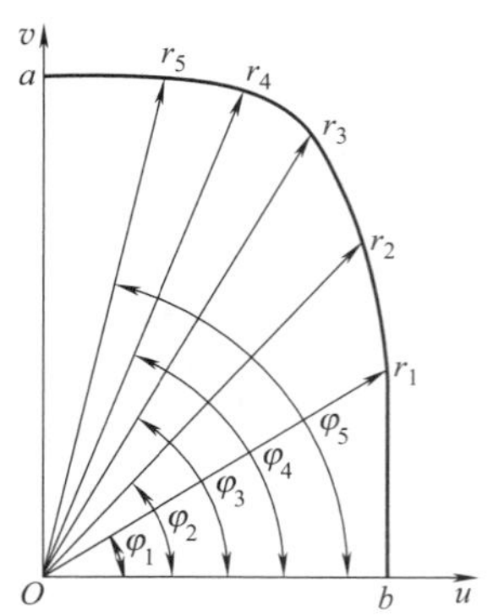

图 9-4-27 “三次样条曲线”型边界曲线

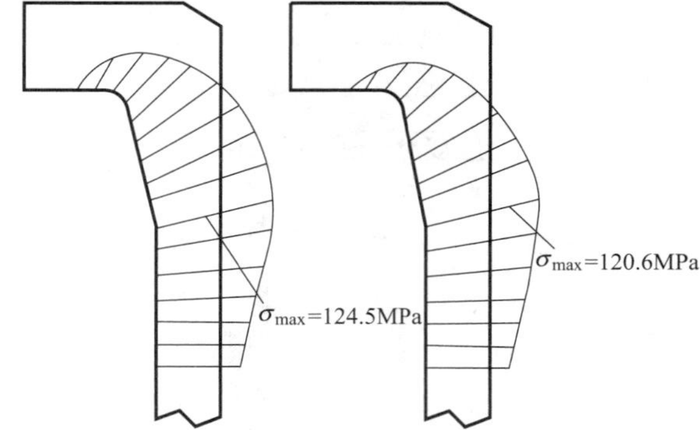

图 9-4-28 两种型线优化后的应力分布情况

插值的边界条件为

$$r'(\varphi_1)=b\sin\varphi_1/\cos^2\varphi_1,r'(\varphi_5)=-a\cos\varphi_5/\sin^2\varphi_5$$

根据以上的分析，就可以建立应力优化设计的数学模型了。

对于“圆弧—直线—圆弧”型线的数学模型为

$$\min f(x)=\max\{\sigma_j\}$$

对于“三次样条曲线”形线的数学模型为

$$\min f(x)=\max\{\sigma_j\}$$

式中 σ_j——边界曲线上各节点的计算应力

$$\text{s.t.}\quad a_i\leqslant x_i\leqslant b_i\quad(i=1,2,3,4)$$

$$\overline{r}_i-r_i\leqslant 0\quad(i=2,3,4)$$

$\overline{r}_i$——极径，r_{i-1} 和 r_i 的端点连线与极径 r_i 交点的极径，即

$$\overline{r}_i=\frac{r_{i-1}\sin\varphi_{i-1}-k_ir_{i-1}\cos\varphi_{i-1}}{\sin\kappa-k_i\cos\varphi_i}$$

$$k_i=\frac{r_{i+1}\sin\varphi_{i+1}-r_{i-1}\cos\varphi_{i-1}}{r_{i+1}\cos\varphi_{i+1}-r_{i-1}\cos\varphi_{i-1}}\quad(i=2,3,4,5)$$

优化设计计算时，仍采用复合形法，为了使得计算更加精确，利用有限元法计算应力时，采用了四边形八节点的等参单元。

对于“圆弧—直线—圆弧”型线计算的最优解为

$$\boldsymbol{x}^*=[580.0\quad 1140.0\quad 460.0\quad 667.2]^{\mathrm{T}}$$

$$f(\boldsymbol{x}^*)=124.5\text{MPa}$$

对于“三次样条曲线”型线计算的最优解为

$$\boldsymbol{x}^*=[0.751\quad 1.258\quad 1190.0\quad 1300.0\quad 1364.7]^{\mathrm{T}}$$

$$f(\boldsymbol{x}^*)=120.6\text{MPa}$$

最大应力由原来的 142.3MPa 分别降至 124.5MPa 和 120.6MPa，有效地缓和了应力集中现象。两种型线优化后的应力分布情况见图 9-4-28。

与未优化结果相比，优化后的边界曲线上的应力不但峰值下降，而且变化也趋于平缓。“三次样条曲线”优化方案的最大应力比“圆弧—直线—圆弧”优化方案的更小，应力分布更合理。边界曲线在其上部向上弯曲，切入框板的上横梁，把原来分布在侧板狭窄区域的高应力分流到上横梁的应力富裕区，从而有效地缓解了应力集中现象。

4.2.3 基于 ANSYS 的优化设计

4.2.3.1 ANSYS 优化设计的基本过程

由于 ANSYS 的优化技术是建立在有限元分析基础上，在进行优化设计之前，首先要完成该参数化模型的有限元分析，其中包括前处理、施加载荷和边界条件并求解、后处理。并将该分析过程作为一个分析文件保存，以便于优化设计过程的再次利用。ANSYS 的优化分析过程与传统的优化设计过程相类似，内容包括：设计变量、状态变量、目标函数、合理和不合理的设计、分析文件、迭代、循环、设计序列等。

一般地，ANSYS 优化的数学模型要用参数化来表示，其中包括设计变量、约束条件和目标函数的参数化表示。对于多目标函数的优化，可以采用统一目标函数法将多目标问题转化为单目标问题来求解。

ANSYS 软件提供了很多优化设计方法，主要有零阶方法、一阶方法、随机搜索法、等步长搜索法，乘子计算法和最优梯度法。对于结构比较复杂或者需要修改很多的情况下，优化的时间比较长，其中计算时间相对较少，建模和结构修改时间较长。这时可以依靠 APDL 来提高结构优化效率。

APDL 即 ANSYS 参数化设计语言。是 ANSYS 软件提供给用户的一个依赖于 ANSYS 程序的交互式软件开发环境。APDL 语言具有类似一般计算机语言的常见功能并包含有比较强的数学运算能力。利用 APDL 语言还可以使用成千上万个 ANSYS 提供的分析数据进行数学运算，并具有建立分析模型和控制 ANSYS 程序的运行过程等功能。

ANSYS 优化分析过程可以采用批处理的方式或 GUI 交互方式来完成。其中，GUI 交互方式适合于

一般用户。批处理方式利用 ANSYS 的 APDL 参数化语言实现，适合于对 ANSYS 命令和 APDL 语言熟悉的人员，或者大型的复杂优化问题。图 9-4-29 表示优化分析中的数据流向。基于 APDL 的 ANSYS 优化设计主要分析过程如下。

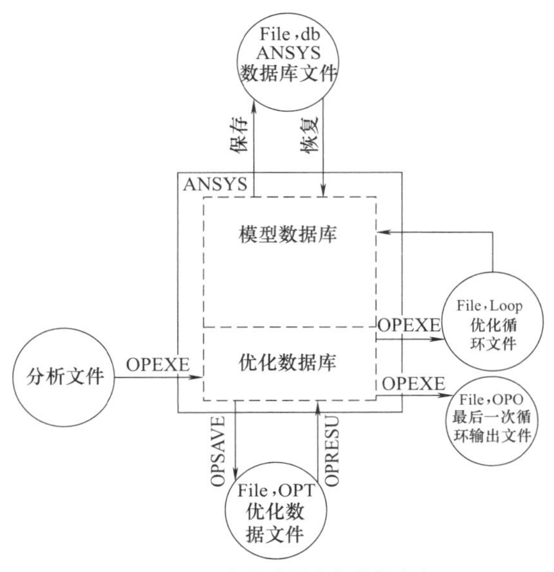

图 9-4-29　优化分析中的数据流向

1）生成循环所用的分析文件。该文件必须包括整个分析的过程，而且必须满足以下条件：

① 参数化建立模型（PREP7）。

② 求解（SOLUTION）。

③ 提取并指定状态变量和目标函数（POST1/POST26）。

④ 在 ANSYS 数据库里建立与分析文件中变量相对应的参数。

2）进入 OPT，指定分析文件（OPT）。

3）声明优化变量。

4）选择优化工具或优化方法。

5）指定优化循环控制方式。

6）进行优化分析。

7）查看设计序列结果（OPT）和后处理（POST1/POST26）。

4.2.3.2　基于 ANSYS 的减速器箱体的优化设计示例

本节根据减速器的结构与机械性能要求，应用有限元法和优化设计理论，在静态分析的基础上，以减速器箱体的体积作为目标函数，以结构尺寸和许用应力作为约束条件，建立箱体的优化数学模型，应用 ANSYS 的 APDL 参数化设计语言将有限元分析与优化设计有机地结合起来，编制用于复杂结构的优化设计程序，实现减速器箱体的优化设计。

（1）示例设计

由两对齿轮传动副、三根转轴和箱体组成的二级圆柱齿轮减速器。第一级齿轮副传动为直齿圆柱齿轮传动，第二级齿轮副传动为斜齿圆柱齿轮传动。该减速器采用型号为 Y225M-4 的三相异步电动机作为动力源。箱体材料为 HT200，其弹性模量 $E=140\text{GPa}$，泊松比 $\mu=0.25$，密度 $\rho=7.8\times10^3\text{kg/m}^3$。根据减速器箱体的静力学分析结果对箱体进行结构参数的优化设计，使其在满足结构尺寸和许用应力要求的前提下，做到体积最小。

（2）减速器箱体优化设计数学模型的建立

根据减速器箱体的使用情况和相关技术要求，在对其进行优化设计时选择体积为目标函数。在考虑约束条件时，除了考虑设计变量的上下限约束（侧面约束）外，还要考虑静态特性条件的约束。这样，建立的优化数学模型为：求 $B=[\delta]$，使箱体体积$V_{\text{tot}}(B)\rightarrow\min$，满足 $B_{\min}\leqslant B\leqslant B_{\max}$ 且 $\delta_{\max}\leqslant\delta_{\text{F}}$。

根据箱体实际结构，取设计变量与应力的约束条件为：

$$0\leqslant\delta\leqslant90\quad 6\leqslant B\leqslant10$$

在上面的数学模型中，箱体壁厚 B 是设计变量，目标函数是箱体的体积 V_{tot}，δ_{F} 为箱体材料的弯曲应力极限值。

（3）减速器箱体的参数化模型建立与有限元分析

建立减速器箱体的数学模型后，在 ANSYS 软件内设箱体壁厚 B 的初值为 10mm，建立的箱体参数化模型如图 9-4-30 所示。然后采用自由网格形式，用实体单元（Solid45）对箱体进行划分，生成有限元模型。图 9-4-31 所示为减速器箱体网格划分后的参数化有限元模型。

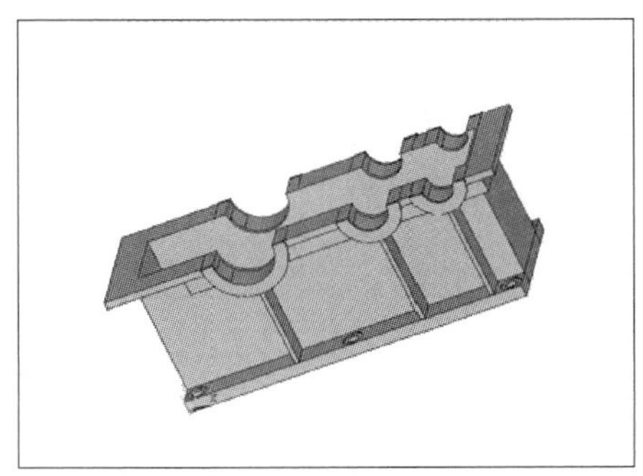

图 9-4-30　减速器箱体参数化几何模型

建立减速器箱体的参数化有限元模型后，对其施加载荷并求解。在箱体地脚螺栓孔面施加全约束，分别算出减速器轴和齿轮的质量以及轴承孔在齿轮受力

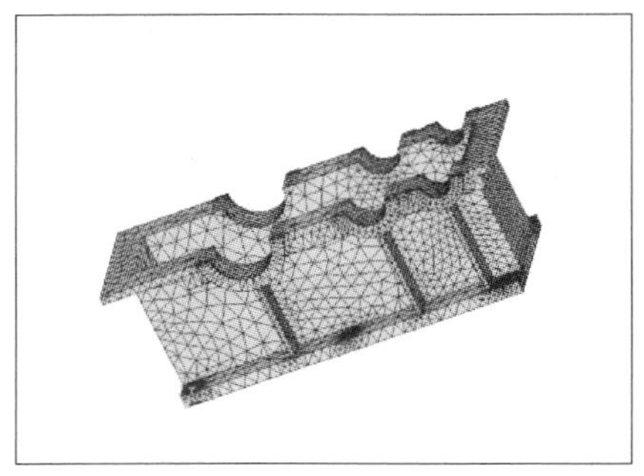

图 9-4-31 减速器箱体参数化有限元模型

时所承受的附加载荷，且在轴承孔内根据轴承的宽度选择压强加载面，然后再施加压强载荷求解。

通过应用有限元分析软件 ANSYS 计算求解，得到减速器箱体有限元模型在外载荷作用下的节点应力云图和位移云图，如图 9-4-32 和图 9-4-33 所示。

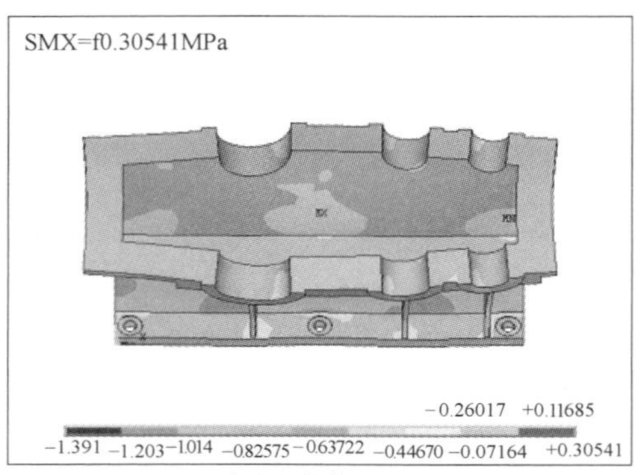

图 9-4-32 减速器箱体应力云图（MPa）

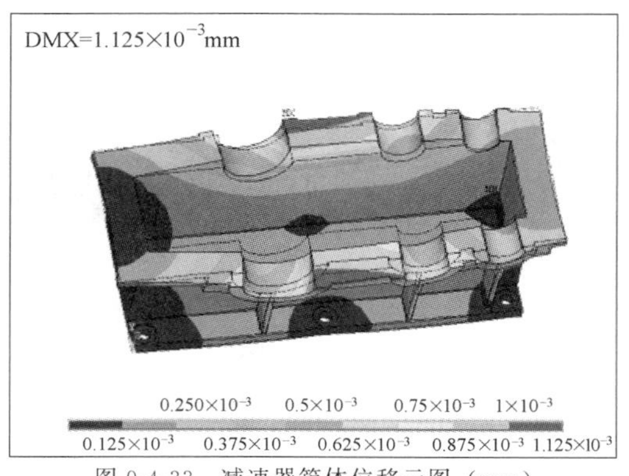

图 9-4-33 减速器箱体位移云图（mm）

经分析计算，三个主应力的绝对值中第三主应力最大。由图 9-4-32 可以看出，箱体静态状况下的应力很小，远没有达到材料对应的屈服极限值，有很大的优化空间。所以，对箱体进行优化设计非常必要。由图 9-4-32 还可以得知，加强筋能承受较大的应力和应变，如果箱体没有加强筋，就容易产生变形，加快箱体失效。

由图 9-4-33 可以看出，箱体静态状况下的位移几乎可以忽略不计，由此可知箱体的变形非常小，刚度没有问题，所以在优化设计时不需要将变形作为约束条件。

（4）减速器箱体的优化与结果分析

对减速器箱体的参数化模型加载求解后，提取并指定设计变量、状态变量和目标函数，选择零阶方法对箱体进行优化，经过 7 次迭代后得到箱体优化结果。其初始设计方案和最优设计方案的比较见表 9-4-1。

表 9-4-1 初始设计方案和最优设计方案的比较

项目	下限	上限	初始方案	最优方案
B/mm	6	10	10.000	7.2364
δ/MPa	—	90	0.30541	0.41072
V/mm^3	—	—	1.2785×10^7	9.9031×10^6

减速器箱体的优化结果表明，与原设计方案相比，箱体体积优化后减小了 22.54%。即该方案在满足设计变量的上、下限值和应力要求的情况下，箱体体积有较大的降低。

4.2.4 机架的模糊优化方法

4.2.4.1 模糊有限元分析方法

对复杂机械，结构设计中的目标函数、设计变量、约束条件和载荷等往往是不确定的。如系统工作过程中载荷的随机性，又如目标函数的取舍及容许压力等均有一个从容许到完全不容许的过渡阶段。

此时，可应用模糊有限元分析方法将系统模糊输入 $\underset{\sim}{A}$（模糊力、模糊位移、模糊材料属性等）通过映射 $\underset{\sim}{B}=f(\underset{\sim}{A})$，使其隶属函数毫无保留传递下去。这样，任意一个模糊输入量的性质将传递给一个模糊响应量。

而模糊有限元分析实质是根据系统模糊输入求出系统模糊响应的过程。一般地，结构的某一模糊响应量 $\underset{\sim}{\boldsymbol{R}}$ 可以表示为模糊材料特性 $\underset{\sim}{P_i}$、模糊载荷 $\underset{\sim}{F_j}$ 和模糊边界条件 $\underset{\sim}{B_k}$ 等的函数

$$\underset{\sim}{\boldsymbol{R}}=f(\underset{\sim}{P_1},\underset{\sim}{P_2},\cdots,\underset{\sim}{P_l},\underset{\sim}{F_1},\underset{\sim}{F_2},\cdots,\underset{\sim}{F_m},\underset{\sim}{B_1},\underset{\sim}{B_2},\cdots,\underset{\sim}{B_n})$$

根据扩展原理，可知响应量的隶属函数为

$$\mu_{\underset{\sim}{R}}(r)=\bigvee_{r=f(p_1,\cdots,p_l,f_1,\cdots,f_m,b_1,\cdots,b_n,)}\{[\bigwedge_{i=1}^{l}\underset{\sim}{P_i}(p_i)]\wedge[\bigwedge_{i=1}^{m}\underset{\sim}{F_i}(f_i)]\wedge[\bigwedge_{i=1}^{n}\underset{\sim}{B_i}(b_i)]\}$$

（1）已知模糊载荷求模糊响应

在线弹性系统中，系统的响应（位移、应力和应

变等）与系统的载荷呈线性关系，符合叠加原理。

根据模糊性传递原理，对于确定的线弹性系统，在具有同类隶属函数的模糊力作用下，产生的模糊位移（模糊应力）和模糊力具有相同类型的隶属函数。

图 9-4-34 表明两个三角型模糊力作用的情况（假设两个力产生的位移方向是一致的）。μ_{d1} 和 μ_{d2} 分别表示两个模糊力单独产生的模糊位移隶属函数，而 μ_d 表示两个模糊力共同作用所产生的模糊位移的隶属函数，它们之间存在如下的关系

$$\begin{cases} d^{l}=d_1^{l}+d_2^{l}，\mu_d(d^{l})=\mu_{d1}(d_1^{l})=\mu_{d2}(d_2^{l})=0 \\ d^{l}=d_1^{l}+d_2^{l}，\mu_d(d^{l})=\mu_{d1}(d_1^{l})=\mu_{d2}(d_2^{l})=0 \\ d^{u}=d_1^{u}+d_2^{u}，\mu_d(d^{u})=\mu_{d1}(d_1^{u})=\mu_{d2}(d_2^{u})=0 \end{cases}$$

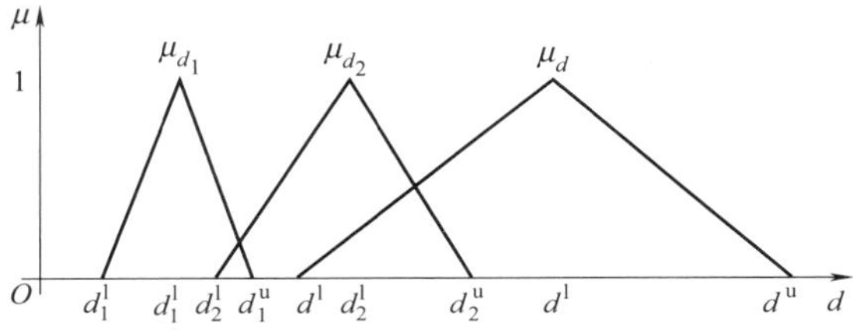

图 9-4-34　两个三角型模糊力产生的模糊位移

图 9-4-35 表示两个正态型模糊力作用下产生的模糊位移的情况。

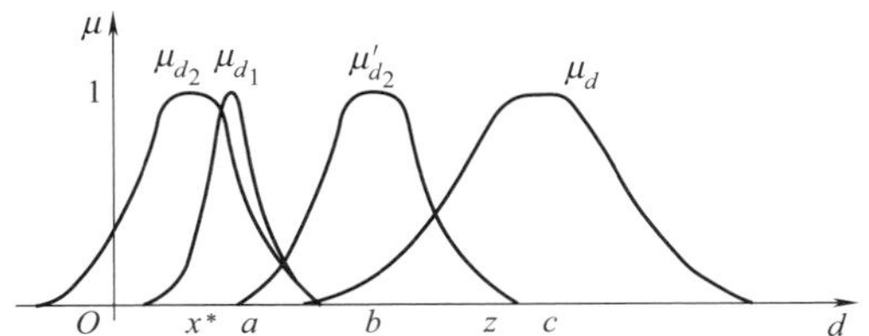

图 9-4-35　两个正态型模糊力产生的模糊位移

$$\begin{cases} \mu_{d1}(x)=e^{-k_1(x-a)^2} \\ \mu_{d2}(x)=e^{-k_2(x-b)^2} \\ \mu_d(x)=e^{-k_3(x-c)^2} \end{cases}$$

为了确定模糊位移的隶属函数，关键是求出 c 和 k_3。根据扩展原理可知

$$c=a+b$$

对于任意一点 z 的隶属度

$$\mu_d(z)=\max\min[\mu_{d1}(x),\mu_{d2}(z-x)]$$

即　$e^{-k_3(x-c)^2}=\max\min[e^{-k_1(x-a)^2},e^{-k_2(z-x-b)^2}]$

式中，右边两个正态分布分别对应于图 9-4-35 中的 μ_{d1} 和 μ'_{d2}，可以通过求取两条曲线的交点确定 $\mu_d(z)$，即

$$e^{-k_1(x^*-a)^2}=e^{-k_2(z-x^*-b)^2}$$

解上述方程得

$$x^*=\frac{(z-b)\sqrt{k_2}+a\sqrt{k_1}}{\sqrt{k_1}+\sqrt{k_2}}$$

将 x^* 代入 $\mu_{d1}(x)$ 和 $\mu_d(z)$ 的隶属度公式可得

$$e^{-k_1\left[\frac{(z-b)\sqrt{k_2}+a\sqrt{k_1}}{\sqrt{k_1}+\sqrt{k_2}}-a\right]^2}=e^{-k_3(z-c)^2}$$

整理得

$$k_3=\frac{k_1k_2}{k_1+k_2+2\sqrt{k_1k_2}}$$

对于具有其他类型隶属函数的模糊输入，求系统所产生的模糊输出量的隶属函数都可应用扩展原理按上面的步骤求得，如表 9-4-2 所示。当模糊输入量的隶属函数不为同一类型时，很难得到模糊输出量隶属函数的解析表达式。

表 9-4-2　具有典型隶属函数的模糊位移（应力）的合成

隶属函数类型	模糊位移(应力)1 隶属函数参数	模糊位移(应力)2 隶属函数参数	模糊总位移(应力)隶属函数参数	参数之间的系数
三角型	(a^{l},a,a^{u})	(b^{l},b,b^{u})	(c^{l},c,c^{u})	$c=a+b$ $c^{l}=a^{l}+b^{l}$ $c^{u}=a^{u}+b^{u}$
正态型	(k_1,a)	(k_2,b)	(k_3,c)	$c=a+b$ $k_3=\frac{k_1k_2}{k_1+k_2+2\sqrt{k_1k_2}}$
尖 Γ 型	(k_1,a)	(k_2,b)	(k_3,c)	$c=a+b$ $k_3=\frac{k_1k_2}{k_1+k_2}$
柯西型	(k_1,β,a)	(k_2,β,b)	(k_3,β,c)	$c=a+b$ $k_3=\frac{k_1k_2}{(\sqrt[\beta]{k_1}+\sqrt[\beta]{k_2})^{\beta}}$

（2）模糊边界的处理

边界约束通常是很复杂的。许多实际结构可以看作是端部受约束的梁或四边受约束的板结构，端部受约束的梁结构可以用图 9-4-36 模拟。边界受约束的板结构可以用图 9-4-37 模拟。图中铰支座与弹簧支撑点的距离 l 和结构的整体尺寸相比相当小。

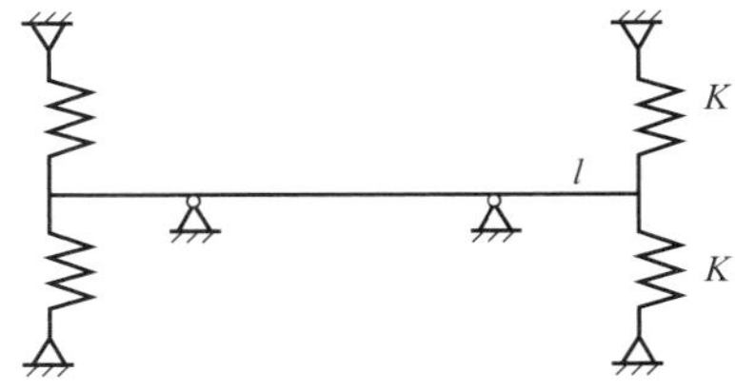

图 9-4-36　悬臂梁的边界约束模拟

由图 9-4-36 和图 9-4-37 可以看出，当弹簧刚度 K 取 0 时，边界约束相当于铰链；当弹簧刚度 K 取无穷大时，边界约束相当于固定；当弹簧刚度 K 取

第 9 篇

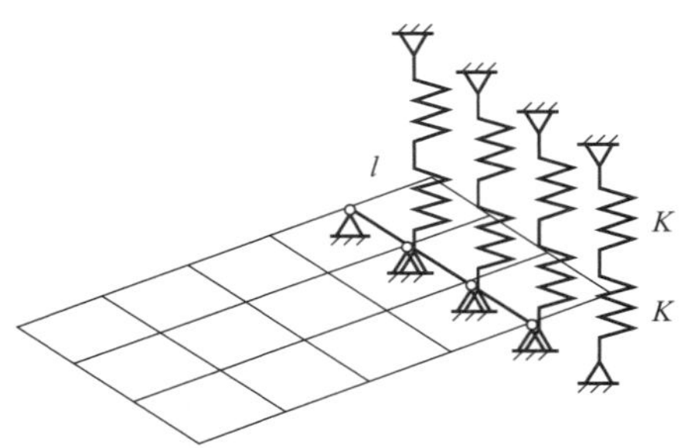

图 9-4-37　平板边界约束模拟

一个正实数时，边界约束相当于处于铰链与固定的过渡状态，对于模糊固定的隶属函数可以通过求解下列的优化问题求得

$$\begin{aligned} &\text{find} \quad x = K_\alpha \\ &\min \quad K_\alpha \\ &\text{s.t.} \quad f = f^l + \lambda(f^u - f^l) \end{aligned}$$

同理，对于模糊铰接的隶属函数可以通过求解下列的优化问题求得

$$\begin{aligned} &\text{find} \quad x = K_\alpha \\ &\min \quad K_\alpha \\ &\text{s.t.} \quad f = f^u + \lambda(f^u - f^l) \end{aligned}$$

式中，f^l 和 f^u 分别为结构铰接与固定时的固有频率。λ 为一系数，且 $\lambda \in [0, 1]$，可以把 λ 理解成隶属度值。在确定一个结构边界约束的模糊固定和模糊铰接的隶属函数时，可在 0～1 取几个离散点 λ_i，求解上述两个公式，这样就可在弹簧刚度系数与 λ 之间建立一个关系，然后在几个点之间作曲线拟合便可得到模糊固定和模糊铰接的隶属函数。上述两公式中也可以采用铰接与固定时的单位力作用下的静态变形量作为约束。

4.2.4.2　三轴仿真转台框架结构的模糊有限元优化

飞行器地面仿真试验的三轴转台设计中含有大量的不确定因素，这里对三轴转台外框架的结构模糊有限元优化进行介绍。即如何选择适当的模糊参数，使三轴框架结构适应整个系统的动静态特性，达到最优化程度。

(1) 框架有限元模型的建立

三轴转台框架系统主要包括轴、框架和轴承等部件。采用实体建模的方法组建各个部分，与优化有关的各变量均采用参数化形式建立。模型的建立包括两部分，即模型的建立和模型单元的划分。根据结构特点，采用节点具有 6 个自由度的 shell 单元对框架、轴进行离散，将各部件之间的连接轴承简化为只有刚度没有质量的弹簧边界元，按其等效刚度添加到轴承的相应节点位置。

(2) 模糊优化数学模型的建立

1）目标函数的确定　目标函数是衡量设计优劣的重要指标，从满足转台的动、静态特性和相关技术要求来考虑，一般取框架的质量或转动惯量作为目标变量，即在优化过程中追求框架的质量 $w(x)$ 或转动惯量 $I(x)$ 最小。

2）设计变量的选取　考虑到随设计变量的增多，目标函数和约束条件的非线性程度增加，给优化计算带来很多麻烦。为了简化问题，设计变量取具有清晰边界的参数。对于框架而言，其结构尺寸较大，由于其横截面（如图 9-4-38 所示）较规则，适合框架通用问题，对质量和转动惯量指标也具有重要影响，因此取横截面各项参数作为设计变量，即

$$\boldsymbol{x} = (x_1, x_2, x_3)^{\mathrm{T}}$$

式中，x_1 为框架宽度方向尺寸；x_2 为框架长度方向尺寸；x_3 为框架壁厚尺寸。

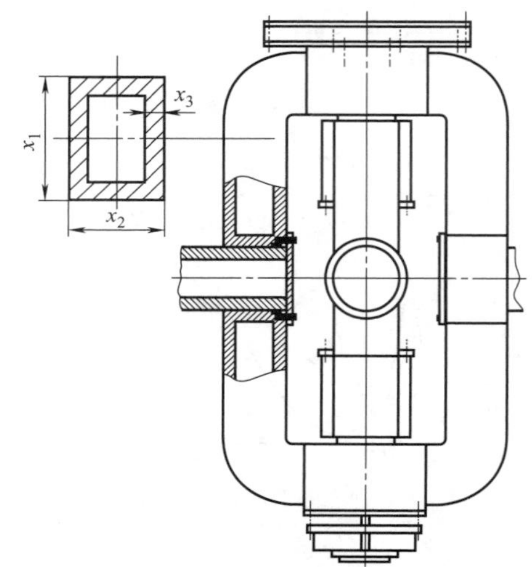

图 9-4-38　框架横截面

3）建立模糊约束条件　建立设计空间的模糊集合如下。

① 应力约束

$\sigma_i^l \underset{\sim}{\leqslant} \sigma_i(x) \underset{\sim}{\leqslant} \sigma_i^u$，$i=1, 2, \cdots, m$

② 变形约束

$D_i^l \underset{\sim}{\leqslant} D_i(x) \underset{\sim}{\leqslant} D_i^u$，$i=1, 2, \cdots, n$

③ 尺寸约束

$x_i^l \underset{\sim}{\leqslant} x_i \underset{\sim}{\leqslant} x_i^u$，$i=1, 2, \cdots, k$

④ 频率约束

$$f \underset{\sim}{\geqslant} f^l$$

4）算法框图　用 ANSYS 有限元程序对框架进行整体分析，得到节点最大应力分布、频率分布和变形分布，将设计转化为模糊优化，修改各部分的设计

变量，将优化后的结构参数组成新的方案，直到求出最优解，其框图如图 9-4-39 所示。

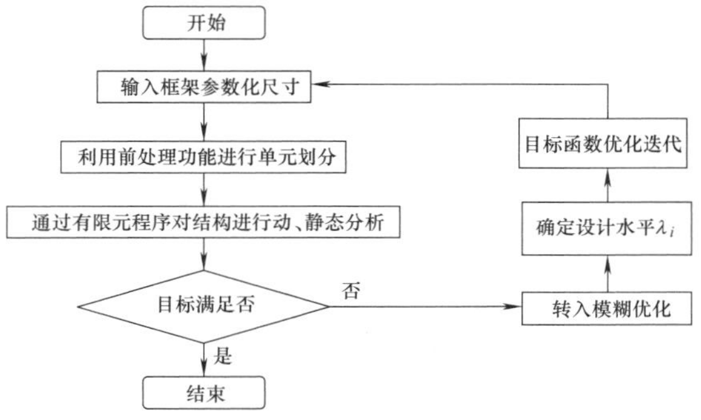

图 9-4-39　模糊有限元优化算法框图

(3) 算例

根据上述的模糊有限元优化方法，对某型仿真转台进行模糊优化设计。该仿真转台主要用于模拟空间飞行器的动力学特征，其在 X、Y 和 Z 三个方向分别有撞击力、推力及扭转力，因此，在满足质量 $w(t)$ 最优的前提下，框架的强度及刚度是设计中最重要的问题。引入载荷和边界条件，将整个外框架系统划分为 12864 个 Shell 单元，36 个弹簧边界元，建立有限元分析模型如图 9-4-40 所示。

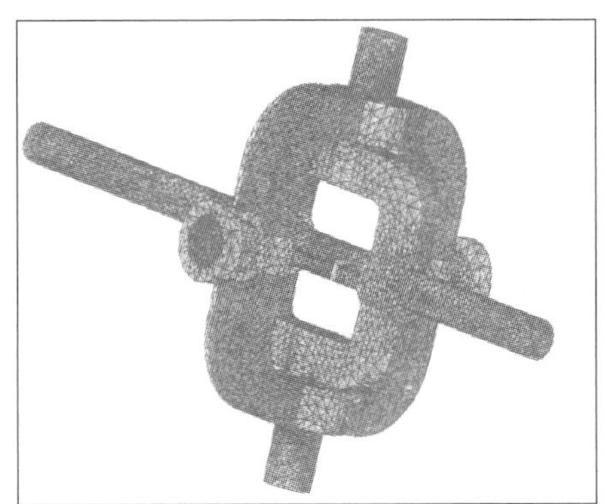

图 9-4-40　框架有限元模型图

其模糊优化转化为普通优化问题的数学模型为

$$\text{find}\quad \boldsymbol{x}=(x_1, x_2, x_3)^{\mathrm{T}}$$

$$\min\quad w(\boldsymbol{x})$$

$$\text{s.t.}\begin{cases}\sigma(\boldsymbol{x})\leqslant\sigma^{\mathrm{u}}+d_{\sigma}^{\mathrm{u}}(1-\lambda_1)\\ D(\boldsymbol{x})\leqslant D^{\mathrm{u}}+d_{D}^{\mathrm{u}}(1-\lambda_2)\\ f_{\mathrm{req}}\geqslant f_{\mathrm{req}}^{\mathrm{u}}+d_{\mathrm{freq}}^{\mathrm{u}}(1-\lambda_3)\\ x_i^{\mathrm{l}}-d_{x_i}^{\mathrm{l}}(1-\lambda_4)\leqslant x_i\leqslant x_i^{\mathrm{u}}+d_{x_i}^{\mathrm{u}}(1-\lambda_4), i=1,2,3\end{cases}$$

式中，d_{σ}^{u} 为应力的上容许偏差；d_{D}^{u} 为变形的上容许偏差；$d_{\mathrm{freq}}^{\mathrm{l}}$ 为固有频率的下容许偏差。各值的选取见表 9-4-3 和表 9-4-4。

表 9-4-3　转台结构模糊优化性能约束有关参数

应力/MPa		变形/mm		频率/Hz	
σ^{u}	100	D^{u}	0.5	$f_{\mathrm{req}}^{\mathrm{l}}$	90
d_{σ}^{u}	10	d_{Du}	0.05	$d_{\mathrm{freq}}^{\mathrm{l}}$	4

表 9-4-4　转台结构模糊优化几何约束有关参数

x_1^{l}/mm	149.98	x_2^{l}/mm	100.17	x_3^{l}/mm	10.867
x_1^{u}/mm	151.49	x_2^{u}/mm	101.34	x_3^{u}/m	12.093
d_{x1}^{l}/mm	15	d_{x2}^{l}/mm	10	d_{x3}^{l}/mm	0.12
d_{x1}^{u}/mm	15	d_{x2}^{u}/mm	10	d_{x3}^{u}/mm	0.12

采用惩罚函数法（SUMT）进行优化，相对于其他优化方法，惩罚函数法虽然收敛效果不太好，但其不要求初始解为可行解。将目标函数和约束函数按一定的方式构成一个新的函数，把一个有约束的优化问题转化为一系列的无约束优化问题。最后，所得的各组优化结果见表 9-4-5。

表 9-4-5　转台结构模糊优化结果

结果数	λ_1	λ_2	λ_3	λ_4	x_1/mm	x_2/mm	x_3/mm	$w(x)$/kg
1	1	1	1	1	150.49	100.92	12.038	90.8
2	0.6	1	0.5	0.85	146.2	99.86	11.268	82.9
3	0.5	0.5	0.5	0.5	145.8	97.82	10.47	80.6

计算结果表明，采用改进的向量水平截集法可保证较重要的约束函数具有较高的隶属度，可以根据问题的实际特点或决策者的意愿得到满意的结果。框架设计中就采用了序号 3 的方案，所得的最优解的节点位移分布如图 9-4-41 所示。与初始普通优化设计相比，质量减轻 11.2%，通过算例的设计优化，可以看出此方法调整了最优解在空间的位置，为设计者提供了多种设计方案的选择余地，具有一定的应用价值。

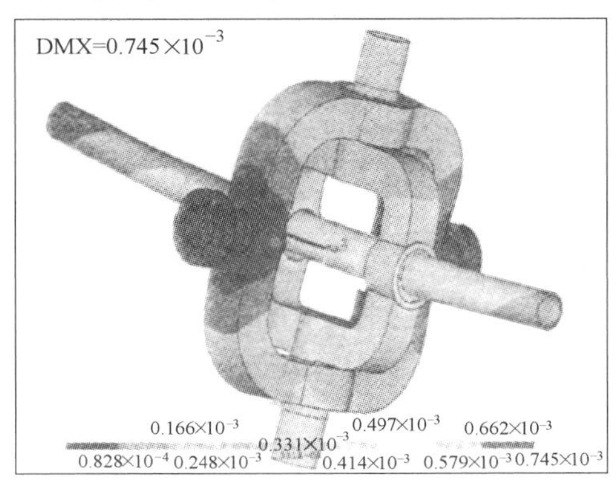

图 9-4-41　框架节点位移图（mm）

第5章 导 轨

5.1 概述

导轨是运动部件导向和承载的部件。按运动学原理，导轨就是将运动构件约束到只有一个自由度的装置。这一个自由度可以是直线运动或者是回转运动。

导轨在机械设备中使用频率较高。如在金属切削机床、测量机、绘图机、轧机、压力机、纺织机等设备上都离不开导轨的导向。由此可见，导轨的精度、承载能力和使用寿命等都将直接影响机械的工作质量。

本章主要介绍滑动导轨、静压导轨和滚动导轨。

5.1.1 导轨的类型及其特点

导轨按运动轨迹划分，可分为直线运动导轨和圆周（回转）运动导轨。

按结构特点和摩擦特性划分的导轨类型、特点及应用见表 9-5-1。

表 9-5-1 导轨类型、特点及应用

导轨类型	主 要 特 点	应 用
普通滑动导轨 （滑动导轨）	①结构简单，使用维修方便 ②未形成完全液体摩擦时低速易爬行 ③磨损大、寿命低、运动精度不稳定	普通机床、冶金设备上应用普遍
塑料导轨 （贴塑导轨）	①动导轨表面贴塑料软带等与铸铁或钢导轨搭配，摩擦因数小，且动、静摩擦因数相近。不易爬行，抗磨损性能好 ②贴塑工艺简单 ③刚度较低、耐热性差，容易蠕变	主要应用于中、大型机床压强不大的导轨，应用日趋广泛
镶钢、镶金属导轨	①在支承导轨上镶装有一定硬度的钢板或钢带，提高导轨耐磨性（比灰铸铁高 5～10 倍），改善摩擦或满足焊接床身结构需要 ②在动导轨上镶有青铜之类的金属防止胶合磨损，提高耐磨性，运动平稳、精度高	镶钢导轨工艺复杂，成本高。常用于重型机床如立车、龙门铣床的导轨
滚动导轨	①运动灵敏度高、低速运动平稳性好，定位精度高 ②精度保持性好，磨损少、寿命长 ③刚性和抗振性差，结构复杂成本高，要求良好的防护	广泛用于各类精密机床、数控机床、纺织机械等
动压导轨	①速度高（90～600m/min），形成液体摩擦 ②阻尼大、抗振性好 ③结构简单，不需复杂供油系统，使用维护方便 ④油膜厚度随载荷与速度而变化，影响加工精度，低速重载易出现导轨面接触	主要用于速度高、精度要求一般的机床主运动导轨
静压导轨	①摩擦因数很小，驱动力小 ②低速运动平稳性好 ③吸振性好 ④液体静压导轨承载能力大，刚性好 ⑤需要一套液压（气压）装置，结构复杂、调整较难	液体静压导轨用于大型、重型和精密机床（如数控机床）；气体静压导轨用于数控机床、三坐标测量机等

5.1.2 导轨的设计要求

1）精确的导向精度。要考虑导轨的几何精度、结构刚性、温度变化影响等。

2）精度保持性好。要求导轨耐磨性好，在受载和环境温度下有较长的使用寿命，润滑和防护好。

3）有足够的运动平稳性（低速不爬行）和定位精度（线定位和角定位）。

4）结构简单、工艺性好，便于调整和维修。

5.1.3 导轨的设计程序及内容

1）根据工作条件、载荷特点，确定导轨的类型、截面形状和结构尺寸。

2）进行导轨的力学计算，选择导轨材料、表面精加工和热处理方法以及摩擦面硬度匹配。

3）设计导轨间隙调整装置。

4）设计导轨的润滑系统及防护装置。

5）制定导轨的精度和技术条件。

5.1.4　精密导轨的设计原则

对几何精度、运动平稳性和定位精度要求都较高的导轨（例如数控机床、测量机的导轨等），在设计时还必须考虑如下一些原则。

1）导轨系统误差相互补偿原则。为此必须满足下列三个条件：

① 导轨间必须设计中间弹性环节，如使用滚动体、粘贴塑料、静压油膜等。

② 导轨间要有足够的预紧力，使接触的误差能进行补偿。预紧力不大于使中间弹性体发生永久变形时的变形力。

③ 导轨要有较高的制造精度，要求导轨的制造误差小于中间弹性体（元件）的变形量。

2）导轨类型的选择原则

① 精度互不干涉原则：导轨的各项精度制造和使用时互不影响才易得到较高的精度。如矩形导轨的直线性与侧面导轨的直线性在制造时互不影响；又如平-V导轨的组合，上导轨（工作台）的横向尺寸的变化不影响导轨的工作精度。

② 静、动摩擦因数相接近的原则：例如选用滚动导轨或塑料导轨，由于摩擦因数小且静、动摩擦因数相近，所以可获得很低的运动速度和很高的重复定位精度。

③ 导轨能自动贴合的原则：要使导轨精度高，必须使相互结合的导轨有自动贴合的性能。对水平位置工作的导轨，可以靠工作台的自重来贴合；其他导轨靠附加的弹簧力或者滚轮的压力使其贴合。

④ 移动的导轨（例如工作台）在移动过程中，始终全部接触的原则：也就是固定的导轨长，移动的导轨短。

⑤ 对水平安置的导轨，以下导轨为基准，上导轨为弹性体的原则：以长的固定不动的下导轨为刚性较强的刚体为基准，移动部件的上导轨为能具有一定变形的弹性体。

⑥ 能补偿受力变形和受热变形的原则：例如龙门式机床的横梁导轨，将中间部位制成凸形，以补偿主轴箱（或刀架）移动到中间位置时的弯曲变形。

5.2　普通滑动导轨的结构设计

5.2.1　整体式滑动导轨

5.2.1.1　滑动导轨的截面形状

直线滑动导轨一般由若干个平面组成，为便于制造、装配和检验，其平面数应尽量少，并尽可能使导轨面垂直于外力的方向，以减少导轨的磨损。常用的单根直线滑动导轨截面形状、特点及应用见表9-5-2。当运动构件的横向尺寸不大时，可使用一条导轨做成封闭结构，常用的封闭导轨的截面形状如表9-5-3所示。当移动构件的尺寸较大，作用力及移动构件的重心合力不一定通过单导轨面时，则需采用组合导轨，常见的导轨的组合形式、特点及应用见表9-5-4。

表9-5-2　单根直线滑动导轨截面形状、特点及应用

类型		截面形状 凸形	截面形状 凹形	特点及应用
V形导轨（山形导轨、三形导轨）	对称形	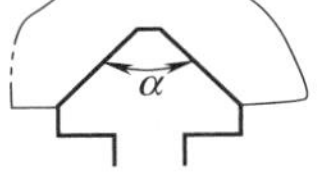 α	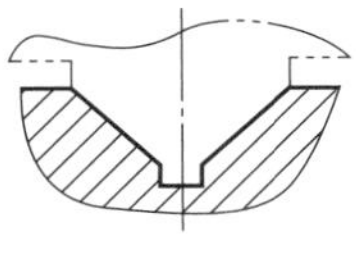	导向精度高，磨损后能自动补偿 凸形有利于排屑，不易保存润滑油、用于低速 凹形特点与凸形相反，高、低速均可采用 对称形截面制造方便应用较广，两侧压力不均时采用非对称形 顶角α一般为90°，重型机床采用α=110°～120°，精密机床采用α<90°提高导向精度
	非对称形	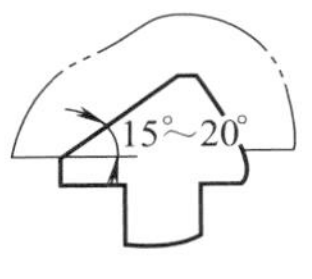 15°～20°	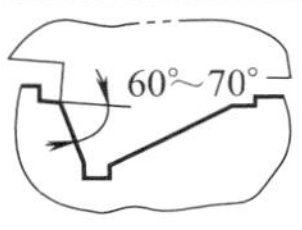 60°～70°	
矩形导轨（平导轨）		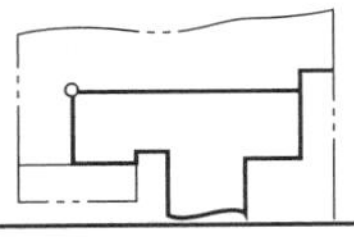	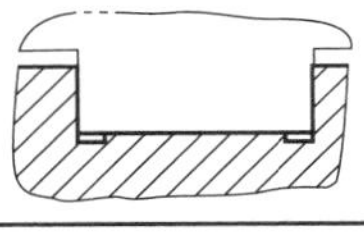	制造简单、承载能力大、不能自动补偿磨损，必须用镶条调整间隙，导向精度低，需良好的防护 主要用于载荷大的机床或组合导轨

第9篇

续表

类型	截面形状		特点及应用
	凸　形	凹　形	
燕尾形导轨			制造较复杂，磨损不能自动补偿，用一根镶条可调整间隙，尺寸紧凑，调整方便 主要用于要求高度小的部件中，如车床刀架
圆柱形导轨			制造简单，内孔可珩磨、外圆采用磨削可达配合精度，磨损不能自动调整间隙 主要用于受轴向载荷场合，如钻、镗床主轴套筒、车床尾架

表 9-5-3　　全封闭式导轨的截面形状

截面形状		结构特点	应用情况
圆形		①制造简单，外圆采用磨削，内孔珩磨，可达到精密配合 ②磨损后调整间隙困难 ③为防止转动，需加导向键，但不能承受大的扭矩	用于钻床、铣床的主轴套筒，车床、外圆磨床尾座套筒，摇臂钻床立柱等
菱形		①能承受较大的扭矩 ②可修刮结合面或用两根镶条调整间隙 ③采用菱形时的对中性比采用矩形时的好	用于立式车床刀架滑枕、卧式镗床主轴滑枕、可移式刨床刀架滑枕等
三角形		①磨损后可以修刮结合面调整间隙 ②可以通过修刮两个结合面来调整中心位置 ③能承受一定的扭矩	用于螺纹磨床尾座套筒、花键轴磨床尾座套筒及砂轮修整器等
矩形		①能承受较大的扭矩 ②可修刮结合面或用两根镶条调整间隙 ③没有菱形截面的对中性好	用于立式车床刀架骨枕、卧式镗床主轴滑枕、可移式刨床刀架滑枕等

表 9-5-4　　常见的导轨组合形式、特点及应用

序号	名　称	示　图	特点及应用
1	两根或四根平行的圆柱		制造工艺性、导向性好 主要用于轻型机械，或者受轴向力的场合，例如，四柱油压机的导柱(拉杆)；模具的导杆等
2	一个 V 形和一个平面(构成 V 形的两个平面的交线与平面平行)		导向性好，刚性较好，制造较方便，应用广泛，如卧式车床、龙门刨床、磨床等

续表

序号	名　　称	示　　图	特点及应用
3	两个V形（构成V形的两个平面的交线平行）		导向精度高、能自动补偿磨损，加工检修困难，要求四个面接触，工艺性差 主要用于精度要求高的机床，如坐标镗床、精密丝杠车床等
4	双矩形（相当于矩形截面的方柱）		主要承受与主支承面相垂直的作用力，刚性好，承载能力大，加工维修容易，磨损后调整间隙麻烦，导向性差 适用普通精度机床或重型机床，如升降台铣床、龙门铣床，两者仅侧导向面不同
5	双燕尾		是闭式导轨接触面个数最少的一种结构，用一根镶条即可调节各接触面的间隙。常用于牛头刨床、插床的滑枕导轨，升降台铣床工作台和车床刀架导轨，以及仪表机床导轨等
6	矩形和燕尾形		它有调整方便、承受力巨大的优点，多用于横梁、立柱和摇臂导轨，以及多刀车床刀架导轨等

注：除2、3的组合外其余组合的偶件均可互为可动件。

5.2.1.2　滑动导轨尺寸

表9-5-5　　V形导轨尺寸　　mm

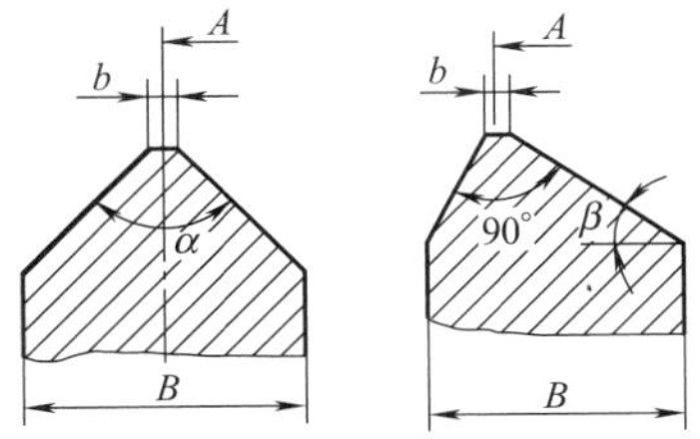

B	12	16	20	25	32	(35)	40	45	50	(55)	60
$b\leqslant$	1.2	1.6	2	2.5	3	3.5	4	4.5	5	5.5	6

B	65	70	80	90	100	110	(120)	125	(130)	140	150
$b\leqslant$	6.5	7	8	9	10	11	12	12	13	14	15

B	160	170	180	200	220	250	280	300	320	350	380	400
$b\leqslant$	16	17	18	20	22	25	28	30	32	35	38	40

A尺寸系列

50	55	60	70	80	90	100	110	125	140	150	180
200	220	250	280	320	360	400	450	500	550	630	710
800	900	1000	1120	1250	1400	1600	1800	2000	2240	2500	—

角度系列

α	60°	90°	100°	120°	β	20°	25°	30°

注：1. 括号内尺寸尽可能不用。
2. 表中尺寸亦适用于凹形。
3. A为导轨跨度。

表 9-5-6　　**燕尾形导轨尺寸**　　mm

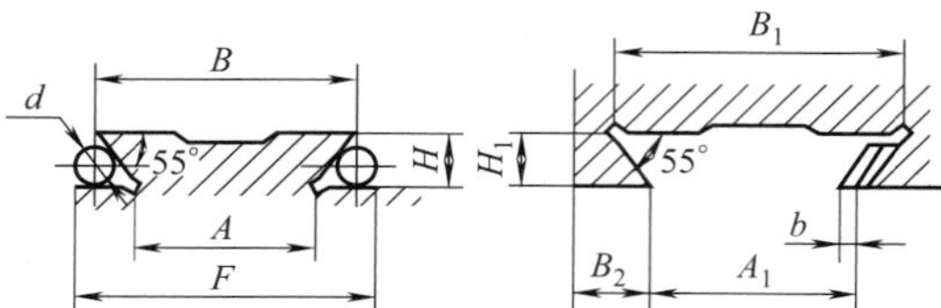

1. b 为斜镶条小端厚度，滑座及镶条斜度 K 为1∶50；1∶100，镶条法向斜度——垂直于 55°方向的斜度 K：0.82∶50；0.82∶100。

2. $A_1=A+b$　$B=A+1.4H$　$B_1=A_1+1.4H_1$

$$F=A+2\times\frac{d}{2}\left(1+\cot\frac{55^\circ}{2}\right)=A+2.921d$$

H	H_1	d	b	A	A_1	B	B_1	$B_2\geqslant$	F
20	21	12	4	80	85	108	114.4	32	115.052
				90	95	118	124.4		125.052
				100	105	128	134.4		135.052
				110	115	138	144.4		145.052
				125	130	153	159.4		160.052
25	26	25	5	100	105	135	141.4	40	173.025
				110	115	145	151.4		183.025
				125	130	160	166.4		198.025
				140	145	175	181.4		213.025
				160	165	195	201.4		233.025
32	33	32		125	131	169.8	177.2	50	198.025
				140	146	184.8	192.2		213.025
				160	166	204.8	212.2		233.025
				180	186	224.8	232.2		253.025
				200	206	244.8	252.2		273.025
40	41		6	160	166	221.6	223.4	65	253.472
				180	186	241.6	243.4		273.472
				200	206	261.6	263.4		293.472
				225	231	286.6	288.4		318.472
				250	256	311.6	313.4		343.472
50	51.5	50	8	200	208	270	280.1	80	346.050
				225	233	295	305.1		370.050
				250	258	320	330.1		396.050
				280	288	350	360.1		426.050
				320	328	390	400.1		466.050
65	66.5		10	250	260	341	353.1	100	396.050
				280	290	371	383.1		426.050
				320	330	411	423.1		466.050
				360	370	451	463.1		506.050
				400	410	491	503.1		546.050
80	81.5	80		320	330	432	444.1	125	563.680
				360	370	472	484.1		593.680
				400	410	512	524.1		633.680
				450	460	562	574.1		682.680
				500	510	612	624.1		733.680

表 9-5-7　　**矩形导轨尺寸**　　mm

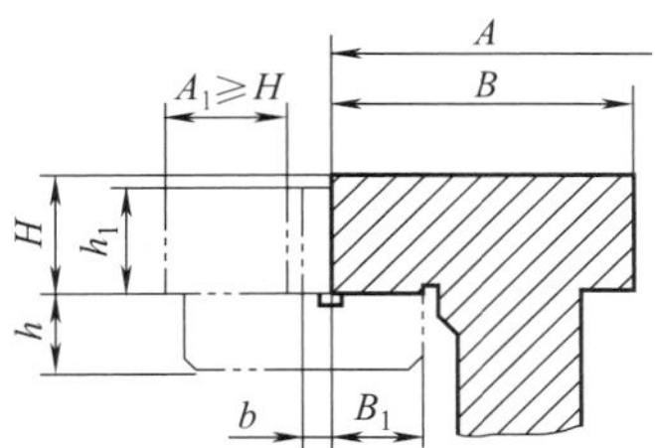

H	B	B_1	A	h	h_1	镶条 b	
						斜镶条	平镶条
16	25～40	10;12	100～320	10	$H-0.5$	4	5
20	32～80	12;16	140～400	12		5,6	6
25	40～100	16;20	180～500	16		6,8	8
(30),32	50～125	20;25	220～630	20			8,10
40,(45)	60～160	25;32	280～800	25	$H-1$	8,10	10,12
50,(55)	80～200	32;40	360～1000	32			12,15
60,(65)	100～250	40;50	450～1250	40		10,12	15,19
(70),80	125～320	50;65	560～1600	50		12,15	20,25
100	160～400	60;80	710～2000	60		15,18	—

A、B 尺寸系列

A	50	55	60	70	80	90	100	110	125	140	160	180	200	220	250	280	320
	360	400	450	500	560	630	710	810	900	1000	1120	1250	1400	1600	1800	2000	—
B	12	16	20	25	32	(35)	40	(45)	50	(55)	60	(65)	70	80	90	100	110
	(120)	125	(130)	140	150	160	170	180	200	220	250	280	300	320	350	380	400

注：1. 括号内的尺寸尽可能不用。

2. b 为斜镶条小端厚度。

表 9-5-8　　**卧式车床导轨尺寸关系**

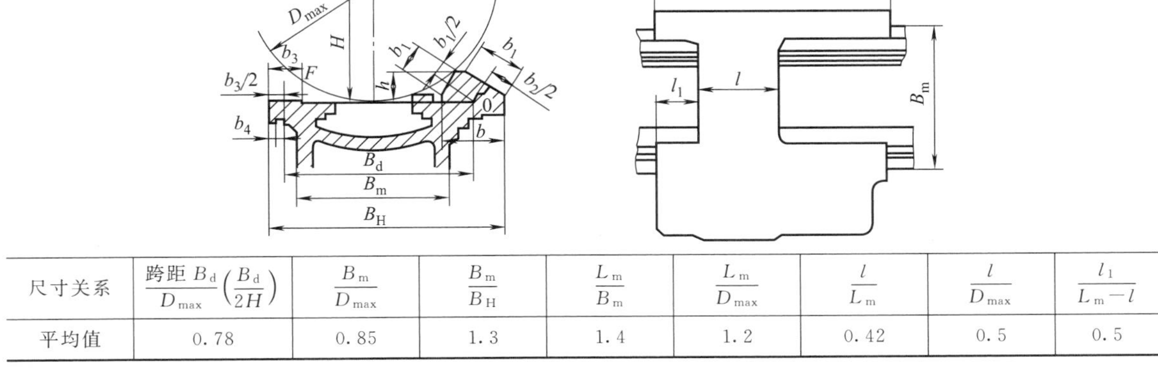

尺寸关系	跨距 $\frac{B_d}{D_{max}}\left(\frac{B_d}{2H}\right)$	$\frac{B_m}{D_{max}}$	$\frac{B_m}{B_H}$	$\frac{L_m}{B_m}$	$\frac{L_m}{D_{max}}$	$\frac{l}{L_m}$	$\frac{l}{D_{max}}$	$\frac{l_1}{L_m-l}$
平均值	0.78	0.85	1.3	1.4	1.2	0.42	0.5	0.5

5.2.1.3　导轨间隙调整装置

（1）导轨间隙调整装置设计要求

导轨间隙调整装置广泛采用镶条和压板，结构形式很多，设计时一般要求如下。

1）调整方便，保证刚性，接触良好。

2）镶条一般应放在受力较小一侧，如要求调整后中心位置不变，可在导轨两侧各放一根镶条。

3）导轨长度较长（>1200mm）时，可采用两根镶条在两端调节，使结合面加工方便，接触良好。

4）选择燕尾导轨的镶条时，应考虑部件装配的方式，要便于装配。

（2）镶条、压板尺寸系列

1）矩形导轨压板　矩形导轨压板尺寸参照表9-5-7矩形导轨尺寸中的参数设计。当压板厚度$h>16$mm时，压板螺钉直径$d=(0.7\sim0.8)h$，$h\leqslant16$mm时，$d=h$。

压板长度，当压板受力较大，或导轨工作长度较短时，压板长度等于导轨长度。当压板受力不大或导轨工作长度较长时，只需在运动部件的两端或中间（受力区）装短压板，其长度可取为导轨工作长度的1/3或1/4。

2）燕尾导轨的梯形镶条　（见表9-5-9）。

3）平头斜镶条尺寸　平头斜镶条尺寸计算见表9-5-10。镶条斜度1∶X是指A—A截面内的斜度。但对于燕尾形导轨用的斜镶条的斜度用法向截面内的斜度1∶X_n来标注。

4）弯头斜镶条（见表9-5-11）。

5）镶条、压板材料（见表9-5-12）。

6）镶条、压板的技术要求（见表9-5-13）。

表9-5-9　燕尾导轨梯形镶条　mm

H	b	b_1	c	d_1	d_2	l				s
20	20	33	12	M10	12	14	16	18	20	1
25		36				18	20	22	25	
32	25	46	15	M12	14	22	25	28	32	
40	32	58	20	M16	18	28	32	36	40	
50		64				36	40	45	50	
65	40	82	25	M20	23	40	45	50	55	2
80	45	96	28	M24	27	50	55	60	70	

注：$b_1<b+0.7H$。

表9-5-10　平头斜镶条尺寸　mm

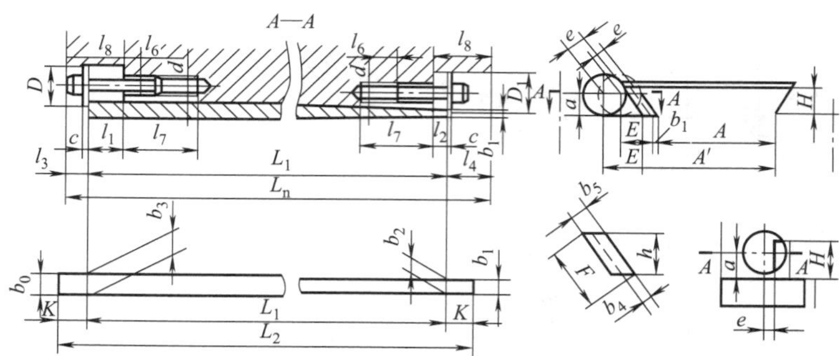

推荐尺寸	导轨高度 H		8	10	12	16	20	25	32	40	50
	移动部件上的尺寸	矩形导轨 b_1	2.5	3	3	4	5,6	6,8		8,10	
		矩形导轨 a	9	10	12	13	15	16	18	20	25
		矩形导轨 e	4	5		6	7		8		10
		燕尾导轨 b_1	3		4		5		6		8
		燕尾导轨 a	9	10	12	13	15	16	18	20	25
		燕尾导轨 e	2.5	3.5		6	7		8		10

续表

			8	10	12	16	20	25	32	40	50
	导轨高度 H		8	10	12	16	20	25	32	40	50
推荐尺寸	螺钉尺寸	d	M5	M6		M8	M10		M12		M16（M12）
		D	12	14		16	20		22		28
		c	1.5	2		3	4		5		5
		l_6	5	6		8	8		10		12
	间隙[1]	Δ_1	0.2～0.3			0.3～0.5			0.4～0.6		
		Δ_2	0.1			0.12			0.15		
	镶条预留切去量 K[2]		25～35			25～45			35～65		
计算尺寸	镶条移动量	往小头	$l_1=X\Delta_1$ [3]								
		往大头	$l_1=X\Delta_2$								
	镶条端至部件端距离		$l_3=l_2+c, l_4=l_1+c$								
	镶条	实用长度	$L_1=L_n-l_3-l_4$								
	镶条	毛坯长度	$L_2=L_1+2K$								
	镶条	矩形导轨镶条厚度	$b_4=b_2+(l_4-K)\frac{1}{X}, b_5=b_4+L_2\frac{1}{X}$ [3]								
	镶条 燕尾导轨镶条	法向厚度	$b_4'=b_2\sin 55°+(l_4-K)\frac{1}{X_n}, b_5'=b_4'+L_2\frac{1}{X_n}$ [3]								
	镶条 燕尾导轨镶条	备料宽度	$F=\frac{h}{\sin 55°}+b_5'\cot 55°=1.22h+0.7b_5'$								
	螺钉长度 l_5		$l_5=l_1+l_2+l_6$ [4]								
	移动部件上尺寸	螺孔深 l_7	$l_7=l_5+(0.5\sim0.6)d$								
		导向孔深 l_8	$l_8=l_2+l_4$								
		导向孔径 D_1[5]	普通机床 $D_1=D+(0.5\sim2)$ 精密机床 $D_1=D+(0.1\sim0.3)$								
	燕尾导轨上尺寸	E	$E=\frac{e}{\sin 55°}+a\cot 55°=1.22e+0.7a$								
		A'	$A'=A+b_1+L_n\frac{1}{X}$								

① Δ_1 为镶条往小头移时间隙减少量；Δ_2 为镶条往大头移动时间隙增加量；镶条长、磨损大的导轨选用 Δ_1。

② 斜度较小的镶条选用大的 K。

③ X 为斜度 1∶X 的分母，1∶X_n 为法向斜度。镶条长度按导轨长 L 选择（括号内的斜度尽量少用）：

L/mm	<500	>500～750	>750
$\frac{1}{X}$	(1∶20)～1∶50	(1∶50)～1∶75	1∶100～(1∶200)

④ l_6 为螺纹最小旋入长度。

⑤ 导向孔径 D_1 略比 D 大，用组合锪钻加工时取小值。

第9篇

表 9-5-11　　弯头斜镶条尺寸　　mm

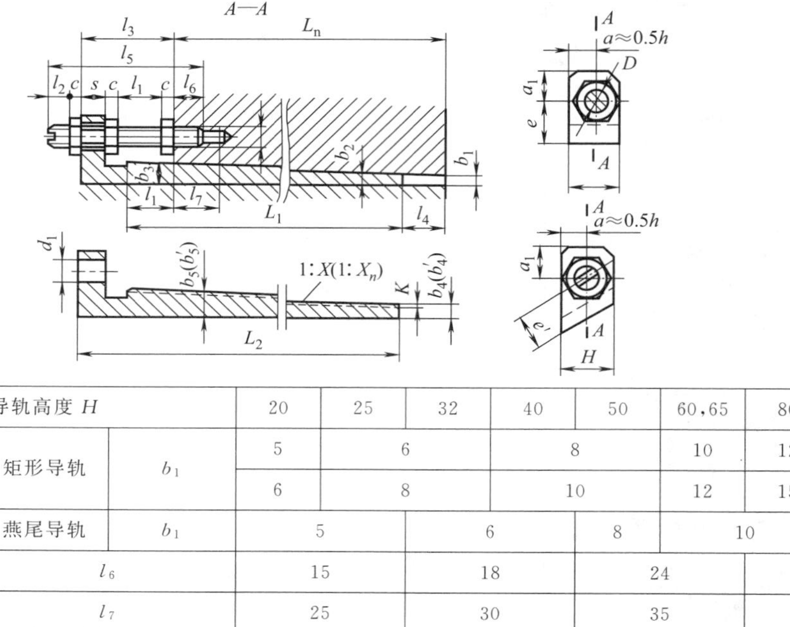

推荐尺寸	导轨高度 H			20	25	32	40	50	60,65	80	100
	移动部件上尺寸	矩形导轨	b_1	5	6		8		10	12	15
				6	8		10		12	15	18
		燕尾导轨	b_1	5		6		8	10		—
		l_6		15		18		24		30	
		l_7		25		30		35		45	
	螺　母		d	M10		M12		M16,M12		M16,M20	
			D	20		22		28,22		28,35	
			c	6		7		8,7		8,9	
	镶条上尺寸		d_1	11		13		17,13		17,22	
			s	12		14		16		20	
			a_1	18		20		25		32	
	间　隙[①]		Δ_1	0.3～0.5		0.4～0.6					
			Δ_2	0.12		0.15					
	刮削留量 K			0.5		0.7					

计算尺寸	镶条移动量	往小头	$l_1=\Delta_1 X$[②]
		往大头	$l_2=\Delta_2 X$
	镶条至壳体距离		$l_3=l_1+s+2c\pm\delta, l_4\geqslant l_1$[③]
	镶条	斜面长度	$L_1=L_n$
		全　长	$L_2=L_n+l_3-l_4$
		矩形导轨	$b_4=b_2+K=\left(b_1+l_4\dfrac{1}{X}\right)+K, b_5=b_4+L_1\dfrac{1}{X}$ $e=b_1+L_n\dfrac{1}{X}+\dfrac{D}{2}+(1\sim2)$
		燕尾导轨	$b_4'=b_1\sin55°+l_4\dfrac{1}{X_n}+K, b_5'=b_4'+L_1\dfrac{1}{X_n}$ $e'=b_1\sin55°+L_n\dfrac{1}{X_n}+\dfrac{D}{2}+(1\sim2)$[②]
	螺栓长度		$l_5=l_1+l_2+s+3c+l_6+1.5d$

①、② 与表 9-5-10 注同。

③ $\pm\delta$ 为镶条端部至壳体距离允许偏差，$h\leqslant25$mm 时，取 $\delta=\pm(4\sim8)$mm；$h>25$mm 取 $\delta=\pm(5\sim10)$mm。斜度大时取大值。

表 9-5-12 镶条、压板材料

材料与热处理	特 点	应 用
HT150 HT200	加工方便,磨损大,易折断	用于中等压力、尺寸较大的镶条、压板
45 正火	强度高,不易折断,磨损小	用于较长较薄的斜镶条、燕尾形导轨镶条

表 9-5-13 镶条、压板技术要求

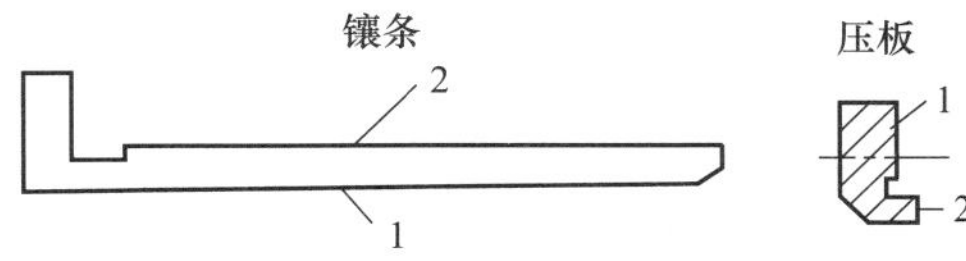

镶 条			压 板		
滑动接合面1	平面度	由接触点保证	固定接合面1	平面度	由接触点保证
	接触点	(10～12)点/25mm×25mm		接触点	(6～8)点/25mm×25mm
	装配后允许间隙	0.03mm 塞尺塞入深度不大于 20mm		装配后允许间隙	0.04mm 塞尺不能塞入
滑动接合面2	接触点	(6～8)点/25mm×25mm	固定接合面2	平面度	由接触点保证
				接触点	(10～12)点/25mm×25mm
	装配后允许间隙	0.04mm 塞尺不能塞入		对面1平行度	0.01
				装配后允许间隙	0.03mm 塞尺塞入深度不大于 20mm

5.2.1.4 滑动导轨的卸荷装置

(1) 卸荷装置的特点及应用(见表 9-5-14)

(2) 卸荷系数的确定

卸荷量的大小用卸荷系数 α 表示

$$\alpha=\frac{F'}{F}$$

式中 F'——由卸荷装置承受的载荷,N;

F——滑动导轨和卸荷装置所承受的总载荷,N。

表 9-5-14 滑动导轨卸荷装置的特点及应用

导轨类型	卸荷方式		优 点	缺 点	应 用
直线运动导轨	机械卸荷	通过弹簧滚轮卸荷	结构比较简单,制造容易	①调整卸荷力麻烦 ②所占空间位置大 ③夹紧运动部件时,所需夹紧力大	应用广泛(见图 9-5-1)
		通过液压缸、滚轮卸荷	①调整卸荷力容易(改变供油压力) ②部件不动时停止供油,便于夹紧	结构较复杂,需要供液系统	机械其他部分采用液压时(见图 9-5-2)
	液压卸荷	用通入导轨面液压腔内的压力液卸荷	①导轨面直接接触,接触刚度大,低速均匀性优于普通导轨 ②摩擦阻力及启动时,阻力变化小于无载荷的普通导轨	结构较复杂,需要一套可靠的供液装置	适用于运动部件较长,要求接触刚度较高,低速均匀性好的水平导轨(见图 9-5-3、图 9-5-4)
	气压卸荷	用通入导轨面气腔内的压缩空气卸荷	同上,但比液压卸荷简单、夹紧容易	需要压缩空气源,卸荷量不大,效果不及液压卸荷	用于钻、镗坐标工作台导轨[见图 9-5-5(a)]

第9篇

续表

导轨类型	卸荷方式		优　点	缺　点	应　用
回转运动导轨	中心卸荷（卸荷力作用于工作台中心位置）	用垫片调整	结构简单	卸荷量固定，调整不便	用于立式车床工作台[见图9-5-6(a)]
		用斜楔调整	结构简单，卸荷量可调	斜楔的移动不灵敏	用于小直径工作台[见图9-5-6(b)]
		用螺旋调整	①结构简单、调整容易 ②允许较大卸荷量	①制造较复杂 ②卸荷量不便显示	用于立式车床、卧式镗床、滚齿机工作台[见图9-5-6(c)]
		用液压缸	调整方便，显示准确	需要供液系统	用于立式车床工作台[见图9-5-7]
	液压卸荷	环槽式—由通入导轨面环形槽内的压力液卸荷	结构简单，工作台变形小	①需要供液系统 ②载荷不均时容易产生偏斜，不如液腔式的精度高	用于大型滚齿机工作台[见图9-5-8]
		液腔式(静压卸荷)—由通入导轨面油腔内的压力液卸荷	摩擦、磨损小，接触刚度好，工作台变形小	结构较复杂，制造麻烦，需要供液系统	用于大型立式车床，滚齿机工作台
	气压卸荷	导轨面上开环形槽，通入压缩空气卸荷	结构简单	需要压缩空气源，卸荷量不大	用于镗床，组合机床工作台，回转前通入压缩空气使工作台略微升起[见图9-5-5(b)]

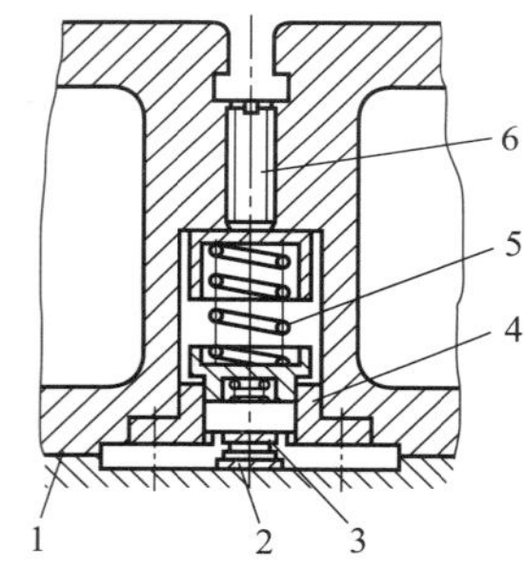

图9-5-1　滑动导轨的机械卸荷装置

1—工作台的滑动导轨；2—卸荷用的滚动导轨；3—滚动轴承；4—滑柱；5—弹簧；6—调节螺钉

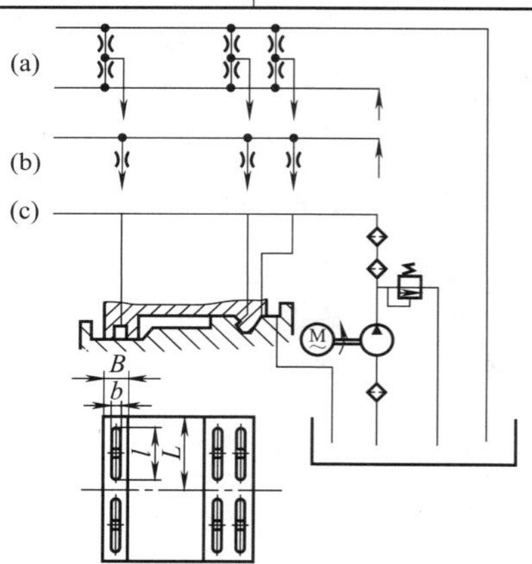

图9-5-3　液压卸荷导轨

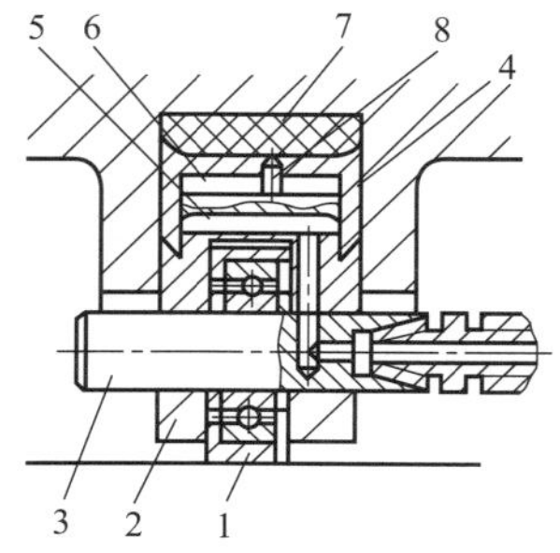

图9-5-2　液压机械卸荷装置

1—滚轮；2—支架；3—轴；4—液压缸体；5—液压腔；6—活塞；7—液体塑料；8—活塞杆

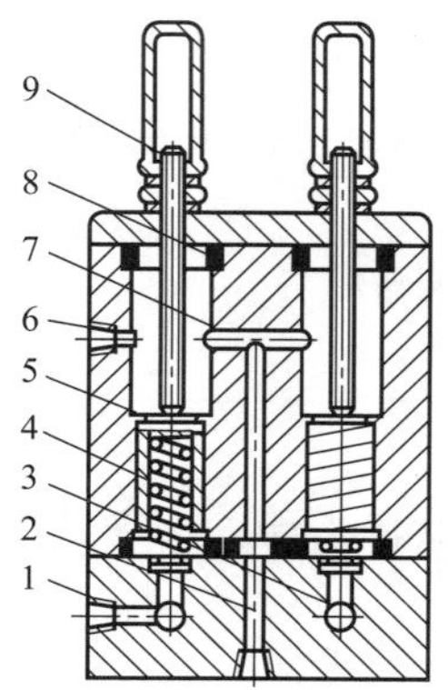

图9-5-4　双毛细管节流器

1—进油孔；2—测油压孔；3—回油孔；4—弹簧；5—螺旋槽毛细管；6—进入通油腔的油孔；7—通第二个螺旋槽毛细管的油孔；8—密封圈；9—调节螺钉

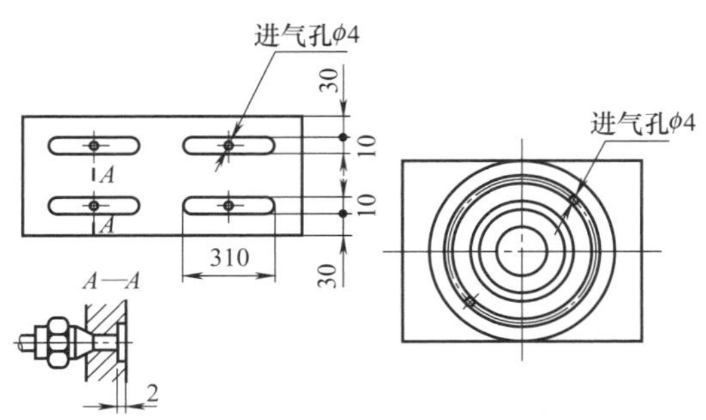

(a) 直线运动导轨　　(b) 回转运动导轨

图 9-5-5　气压卸荷导轨

对于大型机械或重型机床，减轻导轨载荷是主要的，α 应取大值（$\alpha \approx 0.7$）；对于高精度机床或仪器，应优先考虑导向精度和运动灵敏性，α 可取较小值（$\alpha \leqslant 0.5$）。

5.2.1.5　滑动导轨压强的计算

（1）计算目的

导轨的损坏形式主要是磨损，而导轨的磨损与导轨表面的压强有密切关系，随着压强的增大，导轨的磨损量也增加。此外，导轨面的接触变形也与压强近似地成正比。因此，在初步选定导轨的结构尺寸后，应核算导轨面的压强，使其在允许范围内。

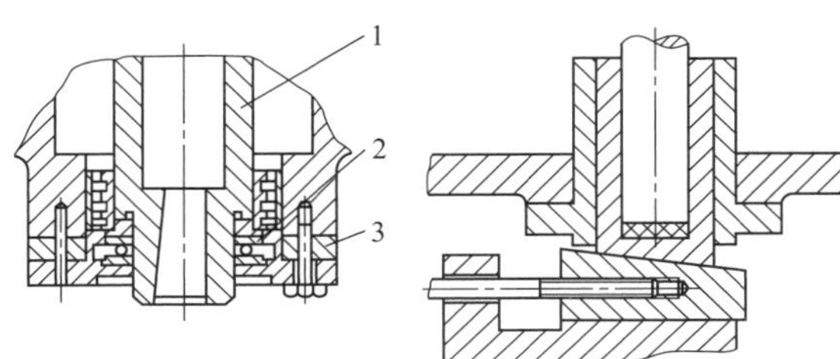
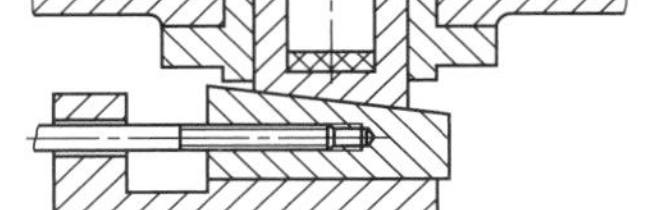

(a) 立式车床C551J工作台卸荷量不变的轴承结构(装配时调整垫3的厚度，推力轴承2将主轴1顶起0.06mm，实现导轨卸荷)　(b) 转动丝杠移动斜楔，将工作台中心顶起　(c) 立式车床工作台卸荷量可调的轴承结构(转动调节蜗杆3，使带螺母的蜗轮4回转，丝杠5固定不动，蜗轮4上移，通过推力轴承2将主轴1顶起，实现导轨卸荷)

图 9-5-6　机械式中心卸荷装置

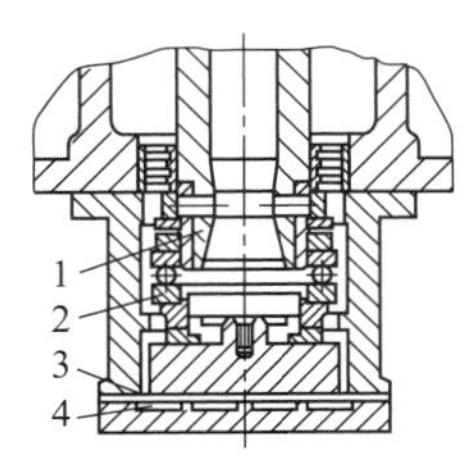

(a) 立式车床薄膜式油缸卸荷装置
1—主轴；2—推力轴承；3—薄膜(0.5～1.0mm钢板)；4—液压缸

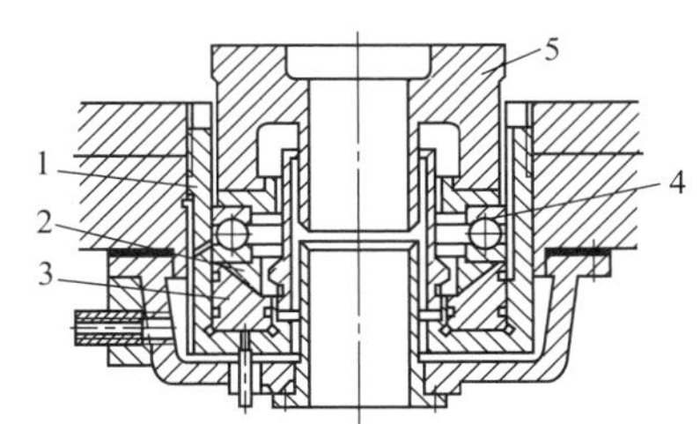

(b) 立式车床活塞式油缸卸荷装置
1—液压缸；2—自位止推环；3—活塞；4—推力轴承；5—主轴

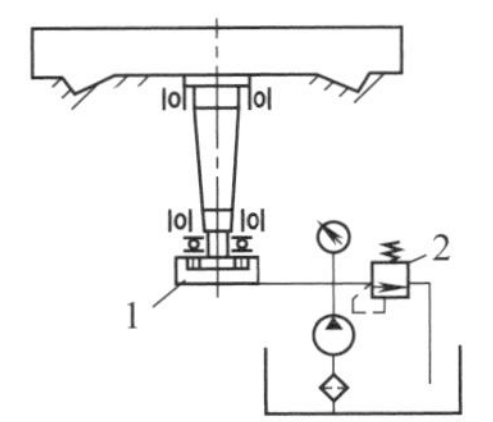

(c) 无蓄能器的液压卸荷系统图
(液压泵要持续开动，可以利用润滑油泵兼作卸荷)
1—液压缸；2—溢流阀(调节卸荷量)

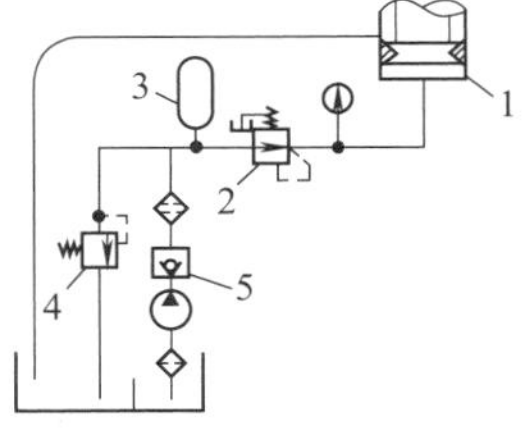

(d) 有蓄能器的液压卸荷系统图
(专供卸荷用的油泵，往蓄能器充油时才开动 充满后自动断开，用电量很小)
1—液压缸；2—减压阀(阀上的刻度表示卸荷量)；3—蓄能器；4—溢流阀；5—单向阀

图 9-5-7　液压机械中心卸荷装置的结构及液压系统

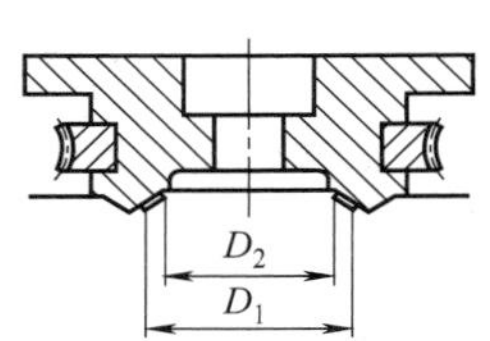

(a) 工作台导轨环形槽

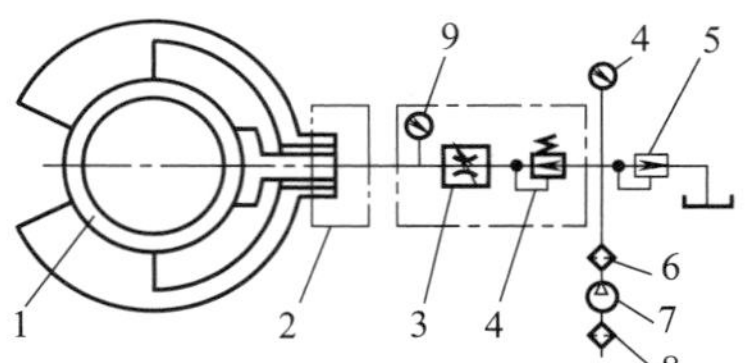

(b) 液压系统图

图 9-5-8 滚齿机工作台环槽式液压卸荷原理图

1—卸荷油槽；2—分油器；3—微调节流阀；4—减压阀（1MPa）；5—溢流阀（2.5MPa）；6—精滤器；7—液压泵；8—过滤器；9—压力表

（2）导轨面压强的分布规律及压强计算

导轨面压强分布比较复杂，为了能进行工程计算，作如下假设：

1）导轨所在部件本身刚度很高，受力以后导轨接触面仍保持为一平面；

2）导轨面上的接触变形与压强成正比例；

3）导轨面宽度远比接触长度小，沿导轨宽度方向上的压强各处相等；

4）导轨长度远大于其宽度。

根据上述假设，可以认为，导轨面上沿长度方向的压强按直线规律分布。如果作用于导轨面上的集中载荷位于导轨长度方向的中点，则压强按矩形分布。如果该载荷偏离中心，则压强按梯形分布。

作用在导轨面上的外载荷可以简化为一个垂直作用在导轨中部的集中力 F 和一个倾覆力矩 M，见图 9-5-9。

导轨面的平均压强 p_m 为

$$p_{\rm m}=\frac{F}{S}\leqslant[p_{\rm m}]$$

式中 F——作用在导轨面上的法向力，N；

S——导轨的承载面积，$S=La$，mm；

L——导轨接触面长度，mm；

a——导轨接触宽度，mm；

$[p_{\rm m}]$——许用平均压强，MPa，见表 9-5-15。

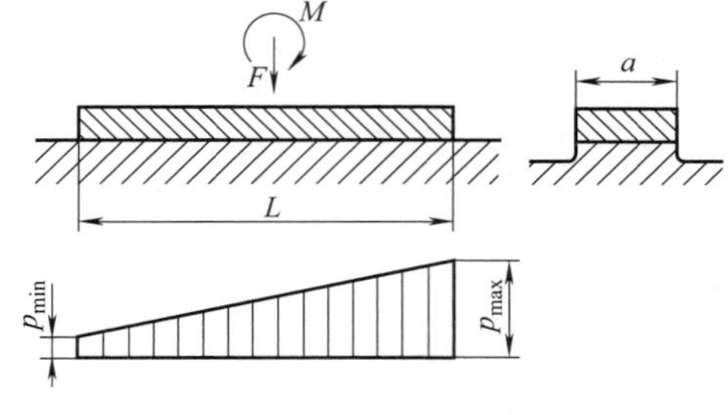

图 9-5-9 导轨的压强

当力 F 与力矩 M 同时作用时，导轨压强呈梯形分布

$$p_{\max}=\left(\frac{F}{S}+\frac{6M}{SL}\right)$$

$$p_{\min}=\left(\frac{F}{S}-\frac{6M}{SL}\right)$$

式中 M——导轨面上的弯曲力矩，N·mm。

当 $p_{\min}<0$，即 $\dfrac{M}{F}>\dfrac{L}{6}$时，应采用辅助导轨面和压板。此时，主导轨面上的最大压强为

$$p_{\max}=p_{\rm m}(K_m+k_\Delta)\leqslant[p_{\max}]$$

式中 K_m——考虑压板和辅助导轨面的影响系数，见图 9-5-10（a），图中 $m=a'/\xi$，a' 为压板和辅助导轨面的接触宽度（mm）；ξ 为考虑压板弯曲的系数，在多数情况下，取 $\xi=1.5\sim2$，当压板上的压强较小（$p\leqslant0.3$MPa）时，ξ 取小值，当压板上压强较大（$p=1\sim1.5$MPa）、压板较短时，ξ 取大值；

k_Δ——间隙影响系数，见图 9-5-10（b）；

$[p_{\max}]$——许用最大压强，MPa，见表 9-5-15。

表 9-5-15 铸铁导轨的许用压强 MPa

导轨种类		机器类型举例	许用平均压强$[p_{\rm m}]$	许用最大压强$[p_{\max}]$
直线运动导轨	主运动导轨的滑动速度较大的进给运动导轨	中型机床 重型机床	0.4～0.5 0.2～0.3	0.8～1.0 0.4～0.6
	滑动速度低的进给运动导轨	中型机床 重型机床 磨床	1.2～1.5 0.5 0.025～0.04	2.5～3.0 1.0～1.5 0.05～0.08
主运动和滑动速度较大的圆周运动导轨		导轨直径 $D<3$m 导轨直径 $D>3$m 环状	0.4 0.2～0.3 0.15	

注：1. 钢对铸铁时，用表中的许用值，许用压强应提高 20%～30%。

2. 以固定切削规范工作的专用机床，许用压强应减小 25%。

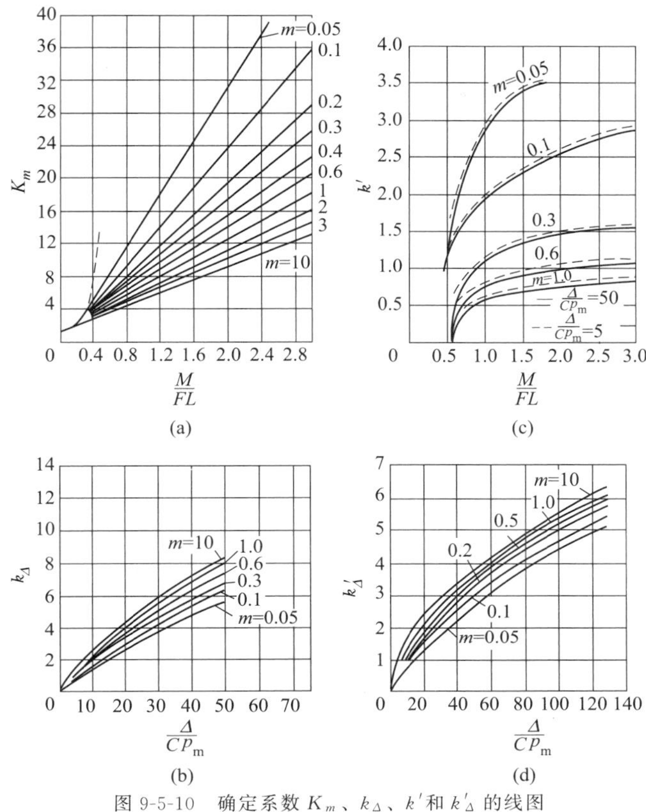

图 9-5-10　确定系数 K_m、k_Δ、k'和 k'_Δ 的线图

在图 9-5-10（b）中，Δ 为压板与导轨的间隙，对于精度较高的一般机械和中型普通机床，可取 $\Delta=20\sim30\mu m$；C 为接触柔度，按表 9-5-16 选取。

表 9-5-16　　直线运动铸铁导轨接触柔度 C

μm/MPa

平均压强/MPa ＼ 导轨宽度/mm	≤50	≤100	≤200
≤0.3	8～10	15	20
>0.3～0.4	4～6	7～9	10～12

辅助导轨（压板）面上的最大压强为

$$p'_{max}=p_{max}k'\leqslant[p_{max}]$$

式中　p_{max}——主导轨面上的最大压强，MPa；

k'——系数，由图 9-5-10（c）查取。

当导轨上只有倾覆力矩作用时（$F=0$），考虑间隙、柔度等因素的影响，最大压强取

$$p_{max}=\frac{6M}{aL^2}(k'_m+k'_\Delta)\leqslant[p_{max}]$$

式中系数 k'_Δ 由图 9-5-10（d）选取；系数 k'_m 由表 9-5-17 选取。

辅助导轨（压板）面最大压强取

$$p''_{max}=k''p_{max}\leqslant[p''_{max}]$$

式中系数 k''也由表 9-5-17 选取。

表 9-5-17　　系数 k'_m 和 k''

m	0.05	0.1	0.2	0.4	0.6	0.8	1.0	2	5	10
k'_m	3.7	2.1	1.6	1.3	1.15	1.06	1	0.86	0.72	0.66
k''	4.5	3.25	2.25	1.6	1.3	1.12	1	0.7	0.45	0.32

5.2.1.6　滑动导轨间隙的确定

滑动摩擦导轨对温度变化比较敏感。由于温度变化会引起导轨卡死或间隙过大的现象，所以间隙的确定主要根据温度变化引起变形的情况来考虑。为减小温度变化对导轨运动的影响，运动件和支承导轨体应选择膨胀系数相同或相近的材料。

若导轨在温度变化较大的环境中工作，在选定精度等级和配合以后，应对导轨副的间隙进行验算。

为保证导轨能正常工作，它的最小间隙 Δ_{min} 必

须大于零，即

$$\Delta_{min}=D_{2min}[1+\alpha_2(t-t_0)]-D_{1max}[1+\alpha_1(t-t_0)]>0$$

式中　D_{2min}——包容件在常温时最小直径或最小直线尺寸；

D_{1max}——被包容件在常温时最大直径或最大尺寸；

α_2——包容件材料的线胀系数；

α_1——被包容件材料的线胀系数；

t_0——导轨装配时的温度；

t——导轨工作时最高温度或最低温度。

为保证导轨的工作精度，导轨副中的最大间隙 Δ_{max} 应不超过允许最大间隙 $[\Delta_{max}]$，即

$$\Delta_{max}=D_{2max}[1+\alpha_2(t-t_0)]-D_{1min}[1+\alpha_1(t-t_0)]\leqslant[\Delta_{max}]$$

式中　D_{2max}——包容件在常温时的最大直径或最大直线尺寸；

D_{1min}——被包容件在常温时的最小直径或最小尺寸。

5.2.1.7　导轨材料与热处理

(1) 导轨材料的要求和匹配

用于导轨的材料应具有良好的耐磨性、摩擦因数小和动静摩擦因数差别小，加工和使用时产生的内应力小，尺寸稳定性好等性能。

常用导轨材料动静摩擦因数见表9-5-18。

导轨副应尽量由不同材料组成，如果选用相同材料，也应采用不同的热处理或不同的硬度。通常动导轨（短导轨）用较软耐磨性低的材料，固定导轨（长导轨）用较硬和耐磨材料制造，材料匹配对耐磨性的影响见表9-5-19。

(2) 导轨材料与热处理

机床滑动导轨常用材料主要是灰铸铁和耐磨铸铁。

灰铸铁通常以HT200或HT300做固定导轨，以HT150或HT200做动导轨。

JB/T 3997—2011标准对普通灰铸铁导轨的硬度要求如表9-5-20所示。

常用耐磨铸铁与普通铸铁耐磨性比较见表9-5-21。

导轨热处理：一般重要的导轨，铸件粗加工后进行一次时效处理，高精度导轨铸件半精加工后还需进行第二次时效处理。

常用导轨淬火方法有：

1) 高、中频淬火，淬硬层深度为1～2mm。硬度为45～50HRC。

2) 电接触加热自冷表面淬火，淬硬层深度为0.2～0.25mm，显微硬度为600HM左右。这种淬火方法主要用于大型铸件导轨。

表9-5-18　　滑动导轨材料的动静摩擦因数

材料及热处理	静摩擦因数				动摩擦因数							
	静止接触时间				滑动速度/mm·min^{-1}							
	2s	10min	1h	10h	0.8	5	20	110	360	530	720	1200
灰铸铁HT200,180HBS	0.27	0.27	0.28	0.30	0.02	0.19	0.18	0.17	0.12	0.08	0.05	0.03
灰铸铁HT200,45HRC	0.27	0.27	0.28	—	0.23	0.18	0.17	0.13	0.10	0.08	0.05	0.02
钢45,50HRC	0.30	0.30	0.32	—	0.28	0.25	0.22	0.18	0.15	0.10	0.08	0.05
青铜ZCuSn5Pb5Zn5	—	—	—	—	0.22	0.20	0.18	0.17	0.12	0.10	0.07	0.03
锌合金ZnAl10-5	0.19	—	0.25	—	0.15	0.14	0.12	0.11	0.07	0.04	0.03	0.02
轴承合金(白合金)	0.24	0.34	0.38	—	0.21	0.19	0.17	0.15	0.10	0.08	0.05	0.02
夹布胶水	0.33	0.35	0.37	0.40	0.27	0.20	0.20	0.18	0.13	0.12	0.10	0.07
聚四氟乙烯	0.05	0.05	0.05	0.06	0.03	0.03	0.03	0.03	0.04	0.04	0.04	0.05

表9-5-19　　导轨材料匹配及其相对寿命

导轨材料及热处理	相对寿命	导轨材料及热处理	相对寿命
铸铁/铸铁	1	淬火铸铁/淬火铸铁	4～5
铸铁/淬火铸铁	2～3	铸铁/镀铬或喷涂钼铸铁	3～4
铸铁/淬火钢	>2	塑料/铸铁	8

注：导轨材料前边为动导轨后边为固定导轨。

表9-5-20　　灰铸铁导轨硬度要求

硬度要求				表面硬度公差	
导轨长度/mm	导轨铸件质量/t	不低于(HBW)	不高于(HBW)	导轨长度/mm	硬度公差(HBW)
≤2500	—	190	255	≤2500	25
>2500	>3～5	180	241	>2500	35
	>5	175	241	几件连接的导轨	45

表 9-5-21　**常用耐磨铸铁**

耐磨铸铁名称	耐磨性高于普通铸铁倍数	耐磨铸铁名称	耐磨性高于普通铸铁倍数
磷铜钛耐磨铸铁	1.5～2	稀土铸铁	1
高磷耐磨铸铁	1	铬钼耐磨铸铁	1
钒钛耐磨铸铁	1～2		

5.2.1.8　导轨的技术要求

（1）表面粗糙度

1）刮研导轨　刮研导轨具有接触好、变形小、可以存油、外观美等优点，但劳动强度大、生产率低。主要用于高精度导轨。

刮研导轨面每 25mm×25mm 面积内的接触点数不得少于表 9-5-22 的规定。

2）磨削导轨　生产率高，是加工淬硬导轨唯一方法，磨削导轨表面粗糙度应达到的要求见表 9-5-23。接触面要求见表 9-5-24。

（2）几何精度

导轨的几何精度主要指导轨的直线度和导轨间的平行度、垂直度等。制定导轨几何精度时，可参阅相关设备的精度标准。表 9-5-25 列出了部分通用机床床身导轨精度。

表 9-5-22　**刮研导轨面每 25mm×25mm 内接触点数**

机床类别	滑动导轨		移置导轨		镶条、压板滑动面
	每条导轨宽度/mm				
	≤250	>250	≤100	>100	
Ⅲ级和Ⅲ级以上	20	16	16	12	12
Ⅳ级	16	12	12	10	10
Ⅴ级	10	8	8	6	6

表 9-5-23　**磨削导轨表面粗糙度 *Ra***

机床类型	动导轨			固定导轨		
	中小型	大型	重型	中小型	大型	重型
Ⅲ级和Ⅲ级以上	0.2～0.4 (0.1～0.2)	0.4～0.8 (0.2～0.4)	0.8 (0.4)	0.1～0.2 (0.05～0.1)	0.2～0.4 (0.1～0.2)	0.4 (0.2)
Ⅳ级	0.4 (0.2)	0.8 (0.4)	1.6 (0.8)	0.2 (0.1)	0.4 (0.2)	0.8 (0.4)
Ⅴ级	0.8 (0.4)	1.6 (0.8)	1.6 (0.8)	0.4 (0.2)	0.8 (0.4)	1.6 (0.8)

注：1. 滑动速度大于 0.5m/s 时，粗糙度应降低一级（括号内数值）。
2. 淬硬导轨的表面粗糙度应降低一级（括号内数值）。

表 9-5-24　**磨削导轨表面的接触指标**　%

机床类型	滑(滚)动导轨		移置导轨	
	全长上	全宽上	全长上	全宽上
Ⅲ级和Ⅲ级以上	80	70	70	50
Ⅳ级	75	60	65	45
Ⅴ级	70	50	60	40

注：1. 宽度接触达到要求后，方能作长度的评定。
2. 镶条按相配导轨的接触指标检验。

表 9-5-25　**部分通用机床床身导轨精度**　mm

机床 （标准号）		卧式车床(GB/T 4020—1997)			简式数控卧式车床 (GB/T 25659.1—2010)		高精度卧式车床 (JB/T 8768.1—2011)
		普通级		精密级			
尺寸范围		$D_a \leqslant 800$	$800 < D_a \leqslant 1600$	$D_a \leqslant 500$ 和 $D_c \leqslant 1500$	$D_a \leqslant 800$	$D_a > 800$	$250 \leqslant D_a \leqslant 500$
导轨精度	纵向：导轨在垂直平面内的直线度	$D_c \leqslant 500$		$D_c \leqslant 500$	$D_c \leqslant 500$		$D_c \leqslant 500$
		0.01(凸)	0.015(凸)	0.01(凸)	0.010(凸)	0.015(凸)	0.0070(凸)
		$500 < D_c \leqslant 1000$		$500 < D_c \leqslant 1000$	$500 < D_c \leqslant 1000$		$500 < D_c \leqslant 1000$
		0.02(凸)	0.03(凸)	0.015(凸)	0.020(凸)	0.025(凸)	0.0100(凸)

续表

<table>
<tr><td colspan="2" rowspan="2">机床
（标准号）</td><td colspan="3">卧式车床（GB/T 4020—1997）</td><td colspan="2" rowspan="2">简式数控卧式车床
（GB/T 25659.1—2010）</td><td rowspan="2">高精度卧式车床
（JB/T 8768.1—2011）</td></tr>
<tr><td colspan="2">普通级</td><td>精密级</td></tr>
<tr><td rowspan="8">导轨精度</td><td rowspan="8">纵向：导轨在垂直平面内的直线度</td><td colspan="2">在任意250mm测量长度上的局部公差</td><td>在任意250mm测量长度上的局部公差</td><td colspan="2">在任意250mm测量长度上的局部公差</td><td>在任意250mm测量长度上的局部公差</td></tr>
<tr><td>0.0075</td><td>0.01</td><td>0.005</td><td>0.0075</td><td>0.010</td><td>0.0035</td></tr>
<tr><td colspan="2">$D_c>1000$</td><td>$1000<D_c\leqslant1500$</td><td colspan="2">$D_c>1000$</td><td>$1000<D_c\leqslant1500$</td></tr>
<tr><td colspan="2">最大工作长度每增加1000mm公差增加量</td><td>0.02（凸）</td><td colspan="2">最大工作长度每增加1000mm公差增加量</td><td rowspan="2">0.0150（凸）</td></tr>
<tr><td>0.01</td><td>0.02</td><td rowspan="2">在任意250mm测量长度上的局部公差</td><td>0.010</td><td>0.015</td></tr>
<tr><td colspan="2">在任意500mm测量长度上的局部公差</td><td colspan="2">在任意500mm测量长度上的局部公差</td><td>在任意250mm测量长度上的局部公差</td></tr>
<tr><td rowspan="2">0.015</td><td rowspan="2">0.02</td><td rowspan="2">0.005</td><td>0.015</td><td>0.020</td><td>0.0035</td></tr>
<tr><td colspan="3">在导轨两端$D_c/4$测量长度上局部公差可以加倍</td></tr>
<tr><td></td><td>横向：导轨应在同一平面内</td><td colspan="2">0.04/1000</td><td>0.03/1000</td><td colspan="2"></td><td></td></tr>
<tr><td></td><td>横向：导轨在垂直平面内的平行度</td><td colspan="2"></td><td></td><td colspan="2">0.04/1000</td><td>0.0100/1000</td></tr>
</table>

注：D_a——床身上最大回转直径；D_c——最大工作长度。

5.2.2　塑料（贴塑式）导轨

在普通的金属滑动导轨副中的一个构件（一般是移动构件）的导轨面上覆盖一层塑料或塑料与金属混合物，则成为塑料导轨。塑料的覆盖方法有：糊状物喷（刷）涂、软带粘接、板状物粘接、钉接或复合连接。

5.2.2.1　塑料导轨的特点

塑料导轨的特点见表9-5-26。

5.2.2.2　塑料导轨的材料

塑料导轨材料的要求、类型及几种国产专用塑料导轨材料的性能和规格见表9-5-27～表9-5-32。

表9-5-26　　塑料导轨的特点

塑料导轨的优点	①有优良的自润滑性和耐磨性 ②对金属的摩擦因数小，因而能降低滑动件驱动力，提高传动效率 ③静、动摩擦因数相接近（变化小），使滑动平稳；可实现极低的不爬行的移动速度，同时还能提高移动部件的定位精度 ④由于自润滑性好，可使润滑装置简化，而且当润滑油偶尔短时中断，也不会导致导轨研伤 ⑤加工简单，表面可用通用机械加工方法（铣、刨、磨、手工刮研）加工 ⑥由于塑料较软，偶尔落入导轨中的尘屑、磨粒等能嵌入其中，故构不成对金属导轨面的拉伤 ⑦可修复性好，需修复时只需拆除旧的塑料层，更换新的即可 ⑧与其他导轨相比，结构简单，运行费用低，抗振性好，工作噪声极低，承载能力高
塑料导轨的缺点	①耐热性差，热导率低 ②机械强度低，刚性较差，易蠕变

表9-5-27　　塑料导轨材料的要求

对塑料导轨材料的基本要求	①摩擦因数小，而且静、动摩擦因数相接近 ②自润滑性、耐磨性好 ③抗压强度高、抗蠕变性好 ④耐油、耐水、耐酸碱，抗老化 ⑤吸水率低，保持尺寸稳定 ⑥成本低，易粘接，适合机械加工
对粘接剂的主要要求	①粘接工艺简单，粘接强度高 ②在常温下能够施工和固化，要有足够的适胶期，固化时间适当 ③耐水、耐油、耐酸碱、抗老化 ④要有一定的韧性

表 9-5-28　　塑料导轨常用材料的类型

类　别		材料举例	用　法	备　注
普通材料	纤维层压板	酚醛层压板、环氧树脂层压板	厚度大者用螺钉连接，薄者粘接	
	通用工程塑料	聚酰胺（尼龙即 PA）板	粘接	
	特种工程塑料	氟塑料板—聚四氟乙烯板	用萘钠溶液进行表面活化处理后，可用环氧，聚氨酯、酚醛等胶黏剂粘接	
专用材料	专用导轨软带	填充聚四氟软带、填充聚甲醛（在聚甲醛中加入聚四氟乙烯、二硫化钼、机油、硅油等）	用与之配套的专用胶粘接	大都以聚四氟乙烯（PTFE）为基体，填充一些如石墨、二硫化钼、氧化铝、氧化镉、铁、青铜、铅锌等无机填充剂以及聚酰亚胺（PI）等有机填充剂
	复合材料	改性聚四氟乙烯—青铜—钢背三层自润滑板	粘接	结构特点和技术特性已有标准，见表 9-5-31
	导轨耐磨涂层	HNT、FT、JKC 三系列机床导轨耐磨涂层	刷涂	其主要性能见表 9-5-32。自制耐磨涂层的配方，见表 9-5-45

表 9-5-29　　国产填充氟塑软带性能

性能指标名称	软带版号		
	F_4J	JC20	TSF
相对密度	3～3.2	2.91	2.76
抗拉强度/$N\cdot cm^{-2}$	≥700	2050	1450
断裂伸长率/%	≥50	276	237
硬　度	(6～8)HBS		6HBS
摩擦因数	0.035～0.055	0.035	0.039
生产厂家	陕西塑料厂	北京机床研究所	广州机床研究所

表 9-5-30　　国产填充氟塑软带规格　　mm

厚度规格	厚度公差	宽度规格	宽度公差
0.35	±0.04	60	+5
0.50	±0.05	100	+5
0.70	±0.07	120	+5
1.10	±0.10	200	+10
1.50	±0.15	300	+20
>2.50	±0.20		

填充聚四氟乙烯导轨软带（JB/T 7898—2013）见表 9-5-33～表 9-5-37。该标准适用于厚度在 0.3～3.2mm 的软带，规定了软带的尺寸偏差、软带外观、物理性能和检验规则等技术要求。

软带应表面平整，色泽均匀，无明显划痕及其他缺陷，软带边缘应平直，1m 长度的弓弦高不大于 3mm，长度每增加 1m，其全长弓弦量增高不大于 2mm。

表 9-5-31　塑料（改性聚四氟乙烯）-青铜-钢背三层复合自润滑板材结构特点和技术特性（GB/T 27553.1—2011）

结构特点					
板材结构	板材是由表面塑料层、中间烧结层、钢背层三层复合而成；表面塑料层是聚四氟乙烯和填充材料的混合物，其厚度为 0.01～0.05mm；中间烧结层的材料为青铜球粉 CuSn10 或 QFQSn8-3，其化学成分列于本表下栏，厚度为 0.2～0.4mm；钢背材料为优质碳素结构钢，碳的含量通常小于 0.25%				
中间烧结层化学成分	牌号	化学成分/%			
		Cu	Sn	Zn	P
	CuSn10	余量	9～11	—	≤0.3
	QFQSn8-3	余量	7～9	2～4	—

技术特性					
钢背层硬度	80～140HBW				
压缩永久变形量	试样尺寸/(mm×mm×mm)		压缩应力/(N/mm^3)	永久变形量/mm	
	10×10×2.0		280	≤0.03	
摩擦磨损性能	试验形式	润滑条件	摩擦因数	磨损量/mm	磨痕宽度/mm
	端面试验	干摩擦	≤0.20	≤0.03	—
		油润滑	≤0.08	≤0.02	—
	圆环试验	干摩擦	≤0.20	—	≤5.0
		油润滑	≤0.08	—	≤4.0
结合强度	表面塑料层与中间烧结层之间的结合强度大于 $2N/mm^2$				
	中间烧结层与钢背层的结合按标准的试验方法，弯曲 5 次，允许有裂纹，不允许有分层、剥落				
厚度尺寸 T 和极限偏差	厚度范围/mm		$0.75\leqslant T\leqslant 1.5$	$1.5\leqslant T\leqslant 2.5$	
	极限偏差/mm		±0.012	±0.015	

表 9-5-32　　HNT、FT、JKC 三系列耐磨涂层的主要性能

摩擦因数	0.02～0.05	布氏硬度	(20～22)N/mm^2
线磨损量(p=1.5MPa)	0.005mm/1000km	抗压强度	>95MPa
粘接强度	>15MPa	冲击强度	>90$N\cdot cm/cm^2$

注：生产厂为广州机床研究所、广州坚红化工厂。

第9篇

表 9-5-33　软带厚度极限偏差　mm

厚　度	0.3～0.5	0.6～1.0	1.1～1.5	1.6～2.5	>2.5
极限偏差	±0.03	±0.04	±0.05	±0.08	±0.01

表 9-5-34　软带宽度极限偏差　mm

宽　度	<50	50～100	101～200	201～300	>300
极限偏差	$^{+1}_{0}$	$^{+2}_{0}$	$^{+3}_{0}$	$^{+4}_{0}$	$^{+5}_{0}$

表 9-5-35　软带材料的力学性能

项　目	指标/MPa	试验方法
球压痕硬度	>35	GB/T 3398.1—2008
拉伸强度	>16	GB/T 1040.2—2006
25%定应变压缩应力	>25	GB/T 1041—2008

表 9-5-36　软带的摩擦因数和磨痕宽度

项　目	指标	试验方法
摩擦因数 （采用滴油，30号机油润滑）	0.05	GB/T 3960—2016
磨痕宽度	<4mm	—

表 9-5-37　软带粘接性能

项　目	指　标		试验方法
	MPa	N/cm	
软带与铸铁粘接抗剪强度	>10	—	GB/T 12830—2008
软带与铸铁180°剥离强度	—	>24	GB/T 15254—2014

5.2.2.3　填充氟塑软带导轨典型制造工艺

制成的氟塑软带导轨副的截面如图 9-5-11 所示。其制造工艺如下。

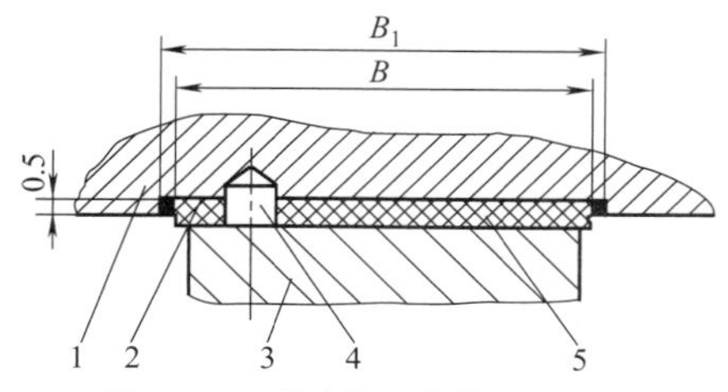

图 9-5-11　填充氟塑软带导轨截面
1—移动导轨体；2—氟塑软带；3—支承导轨；4—油沟；5—粘接面

（1）确定软带宽度、粘带槽宽与槽深

根据导轨尺寸选择软带宽度、确定导轨体上粘带槽的宽度及深度，其尺寸见表 9-5-38。

表 9-5-38　粘接填充氟塑软带的导轨尺寸　mm

软带宽度 B	36	45	65	85	130	160
粘带槽宽度 B_1	37.5	46.5	66.5	86.5	131.5	161.5
粘带槽深 t	0.5					

（2）粘接工艺

① 用钠基溶液处理软带的粘接面。

② 将粘接表面拉毛。

③ 清除油污。

④ 涂胶粘接（含氟胶与胶液两组分 2SW-2 胶）0.1～0.2mm 厚。

⑤ 加压粘接固化。

⑥ 检验：粘接强度 10.29～10.49MPa；不均匀扯力 12.35MPa；剥离强度 42～95N/cm。

（3）塑料导轨上油槽尺寸（见表 9-5-39）。

表 9-5-39　塑料导轨上油槽尺寸　mm

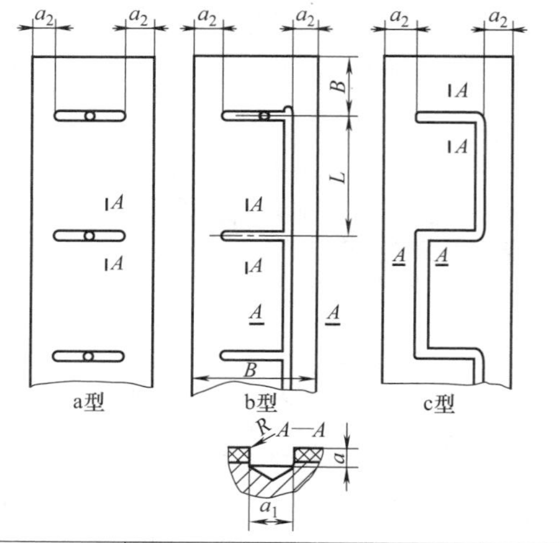

B	a	a_1	a_2	R
>40～60	3	6	10	1
>60～80	3	6	10	1
>80～100	3	6	10～12	1.5
>100～150	3	10	14～18	1.5
>150～200	5	10	20～25	5

注：垂直导轨可采用 c 型，从油槽上部注油。卧式导轨最好采用 a 或 b 型。

5.2.2.4　软带导轨技术条件

粘接填充聚四氟乙烯软带导轨（简称软带导轨）的技术条件（JB/T 7899—2013）见表 9-5-40。

表 9-5-40　　软带导轨技术条件（JB/T 7898—2013）

<table>
<tr><td>材料要求</td><td>①软带的质量与性能必须符合 JB/T 7898—2013 的规定
②粘接剂的性能应满足粘接工艺和使用要求
③相配导轨的材料与硬度要求应符合有关标准的规定</td></tr>
<tr><td>设计要求</td><td>①软带导轨的压强一般不大于 1.0MPa，局部压强不大于 1.2MPa
②软带应粘接在导轨副短导轨上，粘接前导轨的表面粗糙度 Ra1.6～6.3μm。相配导轨宽度不小于软带导轨宽度，其表面粗糙度 Ra0.4～0.8μm
③软带导轨上的油槽与软带边缘的距离不小于 5mm
④当采用压力润滑时，油槽深度必须小于软带的厚度
⑤软带导轨应有必要的防护措施，以保证在使用、包装和运输过程中不受损伤</td></tr>
<tr><td>粘接要求</td><td>软带粘接时允许拼接或对接，但接缝必须严密，边缘应平直。粘接前应将粘接表面清洗干净，不得有锈斑、油渍和其他污物。涂胶黏剂的表面必须干燥，胶层应涂布均匀，固化后的胶层厚度建议为 0.08～0.20mm。粘接后必须加压，压强为 0.05～0.10MPa。固化条件按使用的胶黏剂的要求进行确定。固化后应清除外溢涂胶，切去软带工艺余量及倒角，粘接面间不允许有脱胶、明显气泡和移位等缺陷</td></tr>
<tr><td>加工与装配要求</td><td>①软带导轨可用机械加工或手工刮研方法达到尺寸精度要求，但切削量要小，磨削时必须充分冷却
②油孔周边不允许有翘边、划伤等缺陷。软带导轨面不允许有明显的拉伤或划伤等缺陷
③软带导轨(镶条)与相配导轨的接触应均匀，接触指标不得低于表 1 的规定
表 1　软带导轨接触指标
<table>
<tr><td rowspan="3">产品精度等级</td><td colspan="4">接触指标/%</td></tr>
<tr><td colspan="2">滑动导轨</td><td colspan="2">移置导轨</td></tr>
<tr><td>全长上</td><td>全宽上</td><td>全长上</td><td>全宽上</td></tr>
<tr><td>高精度级</td><td>80</td><td>70</td><td>70</td><td>60</td></tr>
<tr><td>精密级</td><td>75</td><td>60</td><td>65</td><td>45</td></tr>
<tr><td>普通级</td><td>70</td><td>50</td><td>60</td><td>40</td></tr>
</table>
注：只有当导轨宽度上的接触指标达到要求时，才能作长度上的评定。
④软带导轨与相配导轨的配合应严密，用 0.04mm 的塞尺在配合面间的插入深度不得大于表 2 的规定
表 2　塞尺在软带导轨配合面间的插入深度
<table>
<tr><td rowspan="2">产品的质量/t</td><td colspan="2">插入深度(<)/mm</td></tr>
<tr><td>高精度级</td><td>精密及普通级</td></tr>
<tr><td><1</td><td>5</td><td>10</td></tr>
<tr><td>1～10</td><td>10</td><td>20</td></tr>
<tr><td>>10</td><td>15</td><td>25</td></tr>
</table>
⑤软带导轨的工作可靠性，在使用期内应符合产品设计要求</td></tr>
<tr><td>检验要求</td><td>软带导轨必须逐件检验</td></tr>
</table>

5.2.2.5　环氧涂层材料技术通则

JB/T 3578—2007 规定了滑动导轨环氧涂层材料的摩擦磨损性能（见表 9-5-41）、机械物理性能（见表 9-5-42）等技术指标及检验方法，适用于在常温下油润滑的环氧涂层材料。

表 9-5-41　环氧涂层材料摩擦磨损性能指标

项目	单　　位	指标	试验标准
摩擦因数		<0.06	GB/T 3960—2016
磨痕宽度	mm	<3	GB/T 3960—2016
磨损率	$mm^3/(N\cdot m)$	$<5\times10^{-3}$	

表 9-5-42 **环氧涂层材料的机械物理性能**

项　　目	单　　位	指　　标	试验方法
粘接剪切强度	MPa	>12	见 GB/T 7124—2008
冲击强度	$N\cdot cm/cm^2$	>80	见 GB/T 1043
硬度	MPa	>180	见 GB/T 3398—2008
压强缩度	MPa	>80	见 GB/T 1041—2008
压缩弹性模量	MPa	$>6\times10^3$	见 GB/T 1041—2008
热胀系数	1/℃	$<12\times10^{-5}$	见 GB/T 1036—2008
传热系数	W/(m·K)	$>1.42\times10^{-1}$	见 GB/T 3399—1982
抗低温性	放置在−40 ℃环境下 48h,涂层表面不得开裂,不得与基体表面相剥离		

5.2.2.6 环氧涂层导轨通用技术条件

表 9-5-43 **环氧涂层导轨通用技术条件**（JB/T 3579—2007）

<table>
<tr><td>环氧涂层导轨的设计要求</td><td>①环氧涂层材料必须符合 JB/T 3578—2007 的要求
②环氧涂层导轨的承载能力的平均比压不大于 1.0MPa,局部最大比压不大于 2.0MPa
③环氧涂层导轨应用于导轨副中较短的导轨上
④涂层厚度(不包括齿槽深度)一般不大于 3mm。如需要时可加大涂层厚度,但应按涂层材料的压缩弹性模量核算其受最大压力时的弹性变形量
⑤油槽深度与涂层边缘的距离一般不小于 5mm。油槽深度必须不小于涂层厚度
⑥涂层导轨的两端应安装刮滑防护装置,以防止尘屑进入导轨面</td></tr>
<tr><td>配对导轨的要求</td><td>①与环氧涂层滑动导轨相配对的导轨可用铸铁导轨或钢导轨,其表面最好进行淬火处理,表面硬度和加工质量应符合图样及有关标准规定
②配对导轨的表面切削纹路走向一般应与导轨相对运动方向一致
③配对导轨的宽度和长度不应小于环氧涂层导轨的宽度和长度</td></tr>
<tr><td>环氧涂层滑动导轨的要求</td><td>①涂层导轨的制造必须依照涂层材料说明书进行,涂层导轨出厂前必须进行跑合
②为提高涂层的粘接强度,其金属基面一般加工成锯齿形
③涂层导轨表面必须平整光滑,不得有软点和明显的表面缺陷,允许修补
④根据需要允许在涂层表面人工刮研存油刀花,一般以呈 45°方向且相互交叉形式为宜
⑤涂层导轨必须按标准要求逐件检查</td></tr>
<tr><td>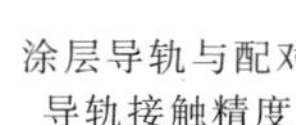
涂层导轨与配对导轨接触精度</td><td>①应用涂色法检验面接触程度　检验方法按 JB/T 9876—1999 规定进行,导轨应接触均匀,接触指标不小于表 1 的要求

表 1　涂层导轨与配对导轨的面接触指标　　%
<table>
<tr><td rowspan="2">产品精度等级</td><td colspan="2">滑 动 导 轨</td><td colspan="2">移 置 导 轨</td></tr>
<tr><td>全长上</td><td>全宽上</td><td>全长上</td><td>全宽上</td></tr>
<tr><td>高精度级</td><td>80</td><td>70</td><td>70</td><td>50</td></tr>
<tr><td>精密级</td><td>75</td><td>60</td><td>65</td><td>45</td></tr>
<tr><td>普通级</td><td>70</td><td>50</td><td>60</td><td>40</td></tr>
</table>
注:只有在宽度上接触指标达到要求后,才能作长度上的评价。
②应用涂色法检验点接触程度　对于采用刮研涂层导轨可采用涂色法检验点接触程度,涂层导轨每 25mm×25mm 面积内的接触点数不得少于表 2 的规定

表 2　涂层导轨与配对导轨点接触指标
<table>
<tr><td rowspan="4">产品精度级别</td><td colspan="4">导轨宽度/mm</td></tr>
<tr><td colspan="2">滑 动 导 轨</td><td colspan="2">移 置 导 轨</td></tr>
<tr><td>≤250</td><td>>250</td><td>≤100</td><td>>100</td></tr>
<tr><td colspan="4">接触点数(25mm×25mm 内)</td></tr>
<tr><td>高精度级</td><td>≥15</td><td>≥12</td><td>≥12</td><td>≥9</td></tr>
<tr><td>精密级</td><td>≥12</td><td>≥9</td><td>≥9</td><td>≥8</td></tr>
<tr><td>普通级</td><td>≥8</td><td>≥6</td><td>≥6</td><td>≥5</td></tr>
</table>
③应用塞尺法检验接触程度　采用厚 0.04mm 塞尺进行检验,塞尺在配合面间的插入深度不得大于表 3 的规定</td></tr>
</table>

续表

	表 3　涂层导轨的塞入深度　mm		
涂层导轨与配对导轨接触精度	产品的质量/t	高精度级	精密级及普通级
	≤10	10	20
	>10	15	25

5.2.2.7　通用塑料导轨材料的粘接

表 9-5-44　　通用塑料导轨材料的粘接

铸铁（或钢）导轨与尼龙（或酚醛、环氧树脂层压板）板的粘接	①选胶　环氧聚酰胺胶黏剂（E10 环氧胶） ②配胶　按 E10 环氧胶的甲、乙、丙三个组的比例（甲：乙：丙＝10：2：0.1）调配均匀 ③表面处理　先除去金属表面的油污，再用溶剂（丙酮、甲苯、乙醇、丁醇等）将金属表面和塑料表面擦净 ④涂胶　用刮板在粘接面上分别涂胶，胶的厚度约为 0.2mm，最后合拢 ⑤固化　将合拢好的导轨加压（压强 0.05MPa 左右），然后在室温下（不低于 10℃）固化24～36h
聚四氟乙烯的粘接	聚四氟乙烯（简称氟塑料）属非极性塑料，不能直接用普通胶黏剂胶接，表面必须作活化处理。在萘钠络合物中会使氟塑表层的氟原子受到侵蚀，致使色泽变褐，表面活化 经过表面活化处理后，就可以用环氧、聚氨酯、丁腈-酚醛等胶黏剂粘接

5.2.2.8　耐磨涂层的配方

表 9-5-45　　耐磨涂层的配方

配　　方　　一	
环氧树脂（6101，即 E44）	100 份
邻苯二甲酸二丁酯	10 份
环氧丙烷丁基醚	10 份
二硫化钼	80 份
石　　墨	20 份
铁粉（200 目）	15 份
钛白粉	30 份
气相二氧化硅	1 份
石英粉（270 目）	2.5 份
氢氧化铝粉	2.5 份
配　　方　　二	
环氧树脂（6101，即 E44）	100 份
邻苯二甲酸二丁酯	15 份
乙二胺	7～8mL
橡胶溶液	25mL
二硫化钼	20 份
铁粉（200 目）	20 份
固化：涂胶后在室温下固化 24～36h 或 100℃，2h 固化	

5.3　流体静压导轨

5.3.1　液体静压导轨

5.3.1.1　液体静压导轨的类型和特点

表 9-5-46　　液体静压导轨的类型和特点

分类	在导轨的油腔通入有一定压强的润滑油，可使导轨（如工作台）微微抬起，在导轨面间建立油膜，得到液体摩擦状态，称为液体静压导轨。液体静压导轨有多种结构形式，其分类方法有两种：一种是按供油方式，另一种是按导轨的结构。习惯上是以节流形式和导轨结构来命名静压导轨，例如毛细管节流开式静压导轨，毛细管节流闭式静压导轨，恒流量供油开式静压导轨，恒流量供油闭式静压导轨等。具体分类如图（a）所示

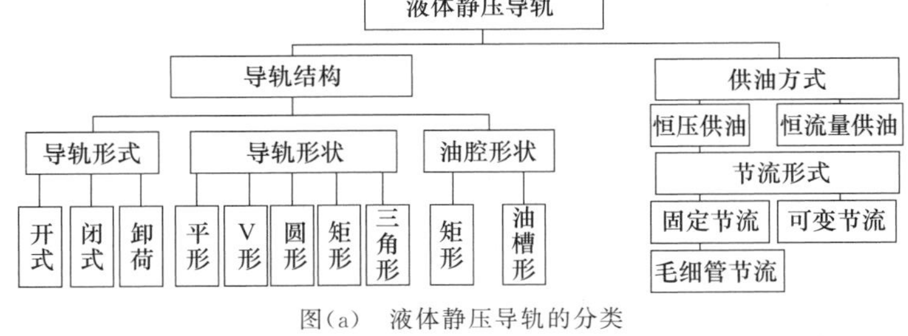

图（a）　液体静压导轨的分类

续表

开式和闭式导轨的特点	优点	①在启动和停止阶段没有磨损，精度保持性好，使用寿命长 ②油膜较厚，有均化误差的作用，可以提高精度，吸振性好 ③摩擦因数小，功率损耗低，减小摩擦发热 ④低速移动准确、均匀、运动平稳性好
	缺点	①结构比较复杂，增加一套供液设备 ②调整比较麻烦
	应用	在载荷比较均匀且倾覆力矩小的情况下，常采用开式导轨；当倾覆力矩较大时，则需采用闭式导轨
卸荷静压导轨的特点		①工作台和床身两导轨面直接接触，导轨面的接触刚度很大 ②摩擦阻力及工作台从静止到运动状态的摩擦阻力变化，大于开式和闭式静压导轨，小于混合摩擦的滑动导轨。工作台低速运动的均匀性优于混合摩擦的滑动导轨 ③导轨每个油腔的压力由一个或两个节流器控制，也可以由溢流阀直接控制 ④需要有一套可靠的供油装置

5.3.1.2 液体静压导轨的基本结构形式

表 9-5-47 液体静压导轨的基本结构形式

类型	说明
开式静压导轨	图(a)所示为定压供油开式静压导轨系统的组成示意图。导轨全长上有若干个静压腔 图(a) 定压供油开式静压导轨系统组成示意图 1—油池；2—进油滤油器；3—液压泵电动机；4—液压泵；5—溢流阀；6—粗滤油器；7—精滤油器；8—压力表；9—节流器；10—上支承；11—下支承 常用的开式液体静压导轨基本形式见图(b)。其中图(b)中(ⅰ)(ⅱ)应用较普遍，图(b)中(ⅲ)用于回转导轨，图(b)中(ⅳ)使用较少，因它加工困难，精度难保证。开式静压导轨抗偏载能力差 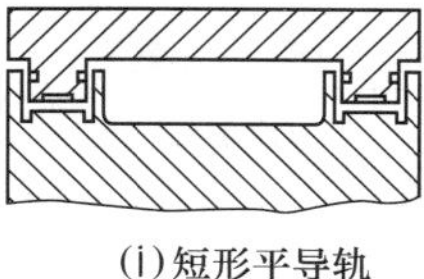 (ⅰ)短形平导轨 (ⅱ)平形导轨 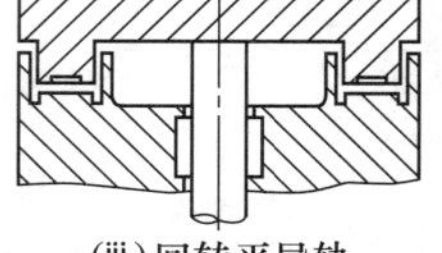 (ⅲ)回转平导轨 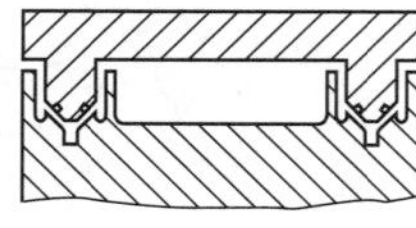 (ⅳ)双V形导轨 图(b) 开式液体静压导轨基本结构形式

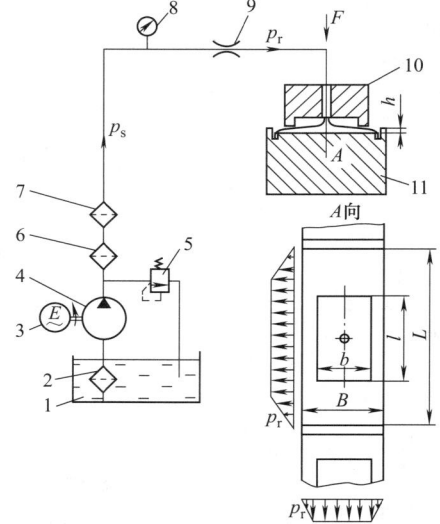

续表

闭式静压导轨	闭式静压导轨,是指导轨设置在床身的几个方向,并在导轨的各个工作面开设若干个油腔,以限制工作台从床身上分离的静压导轨。图(c)所示为闭式静压导轨的结构形式 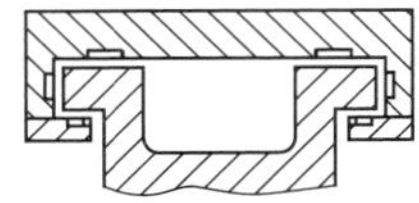 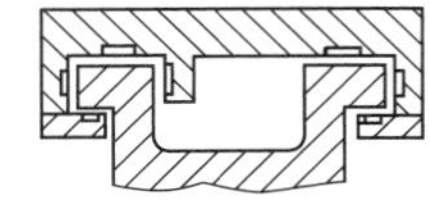 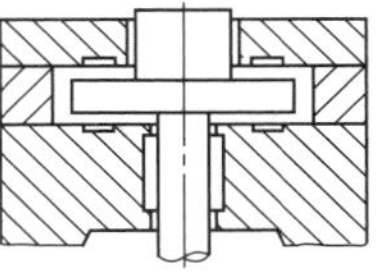 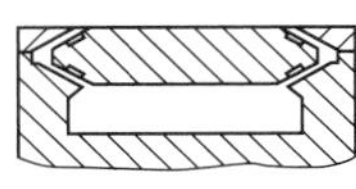 (ⅰ)宽式双矩形导轨　(ⅱ)窄式双矩形导轨　(ⅲ)回转平导轨　(ⅳ)菱形导轨 图(c)　闭式液体静压导轨基本结构形式 图(c)中(ⅰ)受热变形影响较大,图(c)中(ⅱ)用左边导轨两侧定位,受热膨胀影响小。图(c)中(ⅲ)是对置多油腔平导轨用于回转件支承,图(c)中(ⅳ)的特点是加工面少,适用于载荷不大,移动件不长的导轨。闭式静压导轨能承受正、反方向的载荷,油膜刚度高,承受偏载和倾覆力矩的能力较强,但加工制造和油膜调整较复杂,用不等面积的油腔结构较经济
卸荷静压导轨	卸荷静压导轨实际就是未能将工作台完全浮起的开式静压导轨 由于卸荷静压导轨的接触刚度大,抗偏载能力较强,低速性能一般都能满足要求,设计、制造和调试技术要求相对较低。因此,实际中在机床上大量使用的正是卸荷静压导轨

5.3.1.3　静压导轨的油腔结构

表 9-5-48　　静压导轨的油腔结构

油腔形状	如图(a)所示,油腔形状大致可以分为矩形油腔和油槽形油腔(直油槽形油腔和工字形油槽形油腔),不论油腔的形状如何,只要支座的 L、B 和油腔的 l、b 相等,各种形状的油腔基本上具有相同的有效承载面积 推荐采用图(a)中(ⅱ)和图(a)中(ⅲ)的油槽形油腔结构。它们具有如下的优点:加工方便,在工作过程中,当供油系统发生故障或突然停电时,即使停止将润滑油输送给导轨油腔,由于两导轨表面的接触面积较大,比压小,因而能减小磨损 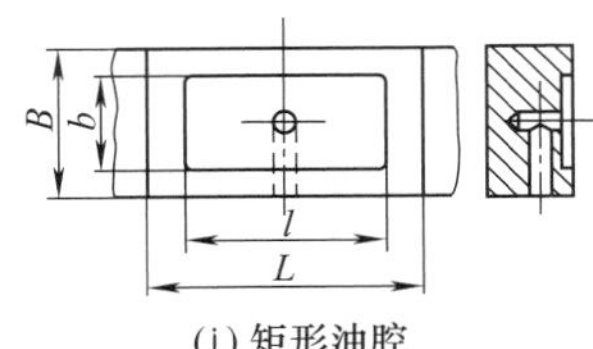 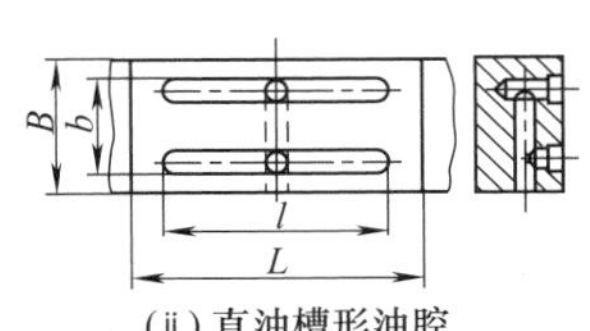 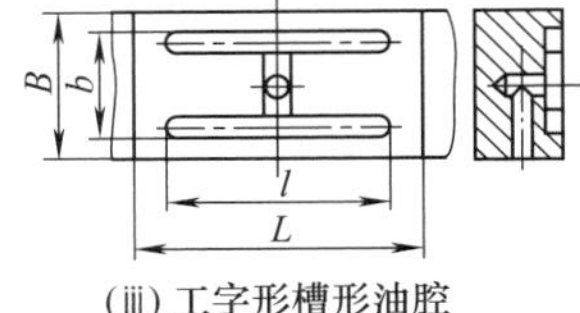 (ⅰ)矩形油腔　(ⅱ)直油槽形油腔　(ⅲ)工字形槽形油腔 图(a)　油腔形状
油腔尺寸	封油面宽度 b_1 同油腔压力的建立、油腔有效承载面积有关。若 b_1 太小,而导轨精度又差,则难以建立油腔压力;若 b_1 太大,则会减小油腔有效承载面积和承载能力。一般参考下式确定,即 $(L-l)/(B-b)=1\sim2$。油腔尺寸可按下表选取[参照图(b)] 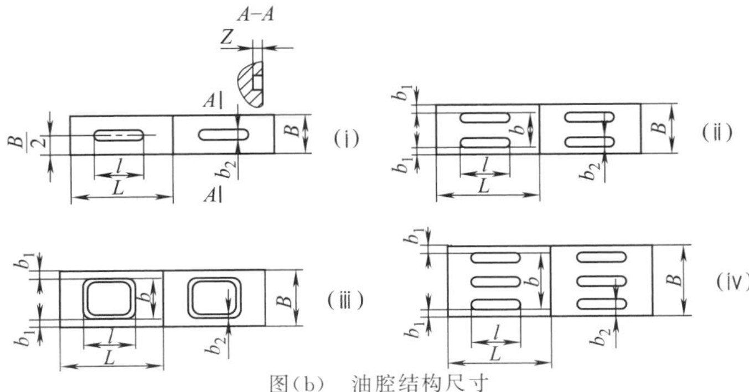 图(b)　油腔结构尺寸

续表

<table>
<tr><td rowspan="10">油腔尺寸</td><td colspan="6">油腔结构尺寸 mm</td></tr>
<tr><td>导轨宽度 B</td><td>l/b</td><td>b_1</td><td>b_2</td><td>z</td><td>油槽形式</td></tr>
<tr><td>40～50</td><td>—</td><td>—</td><td>8</td><td>4</td><td>(ⅰ)</td></tr>
<tr><td>60～70</td><td>>4</td><td>15</td><td>8</td><td>4</td><td>(ⅱ)</td></tr>
<tr><td rowspan="2">80～100</td><td>>4</td><td rowspan="2">20</td><td rowspan="2">10</td><td rowspan="2">5</td><td>(ⅱ)</td></tr>
<tr><td><4</td><td>(ⅲ)</td></tr>
<tr><td rowspan="2">100～140</td><td>>4</td><td rowspan="2">30</td><td rowspan="2">12</td><td rowspan="2">6</td><td>(ⅱ)</td></tr>
<tr><td><4</td><td>(ⅲ)</td></tr>
<tr><td>150～190</td><td>—</td><td>30</td><td>12</td><td>6</td><td>(ⅳ)</td></tr>
<tr><td>≥200</td><td>—</td><td>40</td><td>15</td><td>6</td><td>(ⅳ)</td></tr>
<tr><td></td><td colspan="6">注:如果油腔之间的距离太小(即封油面长度太小),则两油腔的压力油会相互影响,造成调整困难。当两油腔之间距离小于($B-b$)时,应以沟槽隔开,避免油腔压力互相影响</td></tr>
<tr><td>油腔数量</td><td colspan="6">每条导轨油腔数量不得少于两个,可按如下的原则选择
①运动部件(工作台)的长度在2m以下时,在运动部件的长度内取2～4个油腔
②运动部件(工作台)的长度在2m以上时,每个油腔的长度取0.5～2m。对于载荷分布均匀、机床和机械设备的刚度较好的,油腔长度可取较大值,油腔数量可少一些。对于载荷分布不均匀、机床和机械设备的刚度较差的,油腔长度可取较小值,油腔数量需要多一些</td></tr>
<tr><td>油腔布置</td><td colspan="6">一般情况下,直线运动的静压导轨油腔应开在移动部件上,固定部件(床身)应有足够的长度,保证移动部件在运动过程中油腔不露出,使油腔能建立正常压力。对于回转运动静压导轨,工作台在运动过程中的油腔不会外露,为了进油方便,油腔一般开在固定部件上
载荷分布不均匀(例如工作台自身质量分布不均匀)的静压导轨,可在同一条导轨面上采用不等面积的油腔,即承受较大载荷的油腔采用较大的油腔面积,承受较小载荷的油腔采用较小的油腔面积</td></tr>
<tr><td>导轨间隙</td><td colspan="6">导轨间隙(油膜厚度)越大,流量越大,刚度减小,导轨容易出现漂移。导轨间隙小,流量也小,刚度增大。但是,导轨间隙受到导轨的几何精度、表面粗糙度、零部件刚度和节流器最小节流尺寸的限制,所以导轨间隙选取不能太小
目前,对中小型机床和机械设备,空载时的导轨间隙 h_0 一般取0.01～0.025mm。对大型机床和机械设备,空载时的导轨间隙 h_0 一般取0.03～0.08mm</td></tr>
</table>

5.3.1.4 导轨的技术要求和材料

(1) 导轨的技术要求

① 开式和闭式静压导轨在工作过程中，应始终有一层油膜将两导轨面分开。因此，要求在运动部件的长度范围内，导轨的平面度、平行度等几何精度误差总和小于导轨间隙。机床和机械设备的精度越高，要求导轨的几何精度误差越小。对于运动部件特别长的机床和机械设备，如果要求运动部件的导轨几何精度误差总和小于导轨间隙，势必要大大提高导轨的加工精度，或者选择较大的间隙。在这种情况下，若加工有困难，可考虑采用卸荷静压导轨。

② 导轨的变形会导致导轨精度降低。若变形量超过了导轨间隙，则静压导轨失去作用。工作台、床身以及同地基连接的零部件刚度不足，容易引起零部件变形，从而影响导轨的性能（例如导致间隙、流量、节流比和刚度的变化）。由于导轨的性能下降和几何精度误差增大，因而影响导轨的运动精度和机床的加工精度。大型机床和机械设备的地基很重要，对于地基的选择和设计应有足够重视。地基刚度不足，工作台和床身导轨容易产生变形，也同样会影响导轨的运动精度和机床的加工精度。

③ 为了防止铁屑和其他杂物落在导轨面上和润滑油中，导轨面上必须加防护罩。如果不加防护罩，不宜采用静压导轨。

(2) 导轨的材料

导轨材料一般多采用铸铁。目前，有些机床的床身和工作台直接用钢板焊接而成。

采用铸铁材料的机床导轨，一般的许用平均比压（指导轨油腔内没有压力油时）如表9-5-49所示，供设计时参考。

表 9-5-49　　铸铁导轨许用平均比压

<table>
<tr><th colspan="5">导轨结构和工作状态</th><th>铸铁导轨许用平均比压［p］/MPa</th></tr>
<tr><td rowspan="6">滑动速度很高（达到切削速度）</td><td rowspan="2">直线运动导轨</td><td colspan="3">中型机床</td><td>0.4</td></tr>
<tr><td colspan="3">大型机床</td><td>0.2～0.25</td></tr>
<tr><td rowspan="4">回转运动导轨</td><td colspan="3">转盘是大型环形</td><td>0.15</td></tr>
<tr><td rowspan="3">转盘直径/m</td><td colspan="2"><3</td><td>0.4</td></tr>
<tr><td rowspan="2">>3</td><td>只有一个导轨</td><td>0.3</td></tr>
<tr><td>有两个导轨</td><td>0.2</td></tr>
<tr><td colspan="5">滑动速度较低（进给速度）</td><td>1.2～1.5</td></tr>
<tr><td colspan="5">磨　　床</td><td>0.05～0.1</td></tr>
</table>

注：静压导轨的许用平均比压可适当增大，开式和闭式静压导轨，取（1～1.5）［p］，卸荷静压导轨，取（1～1.3）［p］。

5.3.1.5　液体静压导轨的节流器、润滑油及供油装置

（1）常用的节流器

静压导轨常用的节流器有毛细管节流器和薄膜反馈节流器，主要介绍使用毛细管节流器的情况，它使用紫铜管制造，其特点是制造简单，调试方便，而且调试好后不易发生改变。

（2）常用润滑油的选择

静压导轨常用润滑油有：中小型机床和设备常用黏度为 $20mm^2/s$ 的机械油，大重型机床和机械设备常用黏度为 $40mm^2/s$ 或 $50mm^2/s$ 的机械油。

（3）供油装置

静压导轨的供油装置与静压轴承的供油装置基本相同。但静压导轨一般比较长，油腔分散在较大的范围内，供油管路较长，建立油腔压力所需要的时间较长，为保证工作台浮起稳定后才启动工作，油泵电路与主电机电路除泵压力联锁外，还必须增加时间联锁，或者在最远的油腔和承载最大的油腔装设压力传感器。只有当这两个压力传感器都检测到油腔压力达到设计值时，才能启动主电机，否则主电机无法启动，即增加油腔压力联锁。

回油通道必须畅通、封闭、至少要保证润滑油在进入回油管之前，是在防护罩内流动，以保证润滑油的洁净度。

5.3.1.6　静压导轨的加工和调整

（1）油腔的加工

目前静压导轨大多采用油槽形油腔，一般由铣刀进行加工。最好采用磨削导轨，如果采用刮削精加工导轨，注意刮点不要太深，以免影响油腔压力的建立。因为拖板行走过程中由于刮点深度不同造成的泄漏，会使油腔压力产生波动，影响拖板行走的稳定性。

（2）静压导轨的调整

静压导轨调整包括多方面的内容，这里只介绍开式和闭式静压导轨空载情况下工作台不能浮起和导轨间隙均匀性的调整。

1）工作台不能浮起　供油系统的油泵启动后，当导轨油腔压力已达到设计要求时，工作台浮起。如果工作台不能浮起，则主要有下列几方面的原因。

① 节流器堵塞，润滑油无法进入油腔。

② 滤油器很脏或已损坏不能正常工作。

③ 导轨材料有疏松、砂眼等缺陷，润滑油在油腔内泄漏太多。

④ 导轨精度太差，导轨的某些部分有金属接触，未能形成纯液体润滑。

上述种种现象可用压力表观测出来。故障排除后，油腔建立正常压力，工作台便能浮起。

2）导轨间隙的调整　工作台浮起后，导轨间隙往往是不均匀的。这是由于受到下列因素的影响：一是导轨加工精度的误差，二是导轨弹性变形，三是支座上承受的载荷分布不均匀。为了保证工作台各油腔处的浮起量均匀，应当在油腔建立压力后，用千分表在工作台的4个边角（或更多的地方）测量工作台的浮起量。如果各处浮起量不同，应调整毛细管的节流长度 l_c，改变各油腔的压力，从而改变该油腔处的浮起量。对于浮起量小的油腔，要减小节流阻力，即减小 l_c；对于浮起量大的油腔，要增加节流阻力，即增长 l_c。通过节流阻力的改变，使工作台的浮起量符合设计要求的间隙值。

经过上述调整后，如果工作台浮起量仍不符合设计要求，说明导轨的几何精度太差，或导轨的弹性变形过大，此时应检查导轨精度并重新加工（或调整）导轨面。

第9篇

5.3.1.7 液体静压导轨的计算

(1) 导轨的承载能力和流量计算（见表 9-5-50）

表 9-5-50 导轨的承载能力和流量计算

类型	计算公式

开式静压导轨

①导轨的承载能力

$$F=A_e p_i$$

式中 A_e——一个支座油腔的有效承载面积，$A_e=\dfrac{2LB+Lb+2lb+lB}{6}$

p_i——承载后的油腔压力

②一个油腔向外流出的流量

空载时的流量

$$Q_0=\frac{p_0 h_0^3}{3\eta}\left(\frac{l}{B-b}+\frac{b}{L-l}\right)$$

承载时的流量

$$Q=\frac{p_i h^3}{3\eta}\left(\frac{l}{B-b}+\frac{b}{L-l}\right)$$

③承载后通过毛细管节流器流入静压导轨一个油腔的流量

$$Q_c=\frac{\pi d_c^4(p_s-p_i)}{128\eta l_c}$$

④承载后工作台和床身导轨间间隙

$$h=\sqrt{\frac{0.074d_c^4}{l_c\left(\dfrac{l}{B-b}+\dfrac{b}{L-l}\right)}\left(\frac{A_e p_s}{F}-1\right)}$$

由上式可知，若要计算承载后的导轨间隙 h，必须先分析工作台的受力情况，即确定油腔需要承受的载荷 F。载荷 F 包括工作台的质量以及所有作用到工作台的外力

⑤供油压力 p_s 供油压力选择是否合适，会影响静压导轨的油膜刚度，推荐按表 1 选择供油压力 p_s

表 1 毛细管节流开式静压导轨供油压力的选择

载荷分布		p_s
工作过程中，工件重力（G_1）和切削力（F_1）始终小于工作台重力（G），或者相对于工作台重力很小，可以忽略不计	工作台质量分布均匀，导轨各油腔压力中 $p_{0max}/p_{0min}<2.5$	$p_s\approx 4p_{0cp}$
	工作台质量分布不均匀，导轨各油腔压力中 $p_{0max}/p_{0min}\geqslant 2.5$	$p_s\approx 1.5p_{0max}$
	p_{0cp}——工作台重力作用下，各油腔压力的平均值 p_{0max}——工作台重力作用下，各油腔压力的最大值 p_{0min}——工作台重力作用下，各油腔压力的最小值	
工作过程中，工件重力（G_1）和切削力（F_1）变化大。其变化范围 $(G_1+F_1)_{min}<G<(G_1+F_1)_{max}$	最大载荷分布均匀，在最大载荷作用下，导轨各油腔压力大致相等	$p_s=1.5p_i$
	最大载荷分布不均匀，在最大载荷作用下，导轨各油腔压力不相等	$p_s=1.5p_{imax}$
	p_i——在 $(G+G_1+F_1)_{max}$ 作用下的油腔压力 p_{imax}——在 $(G+G_1+F_1)_{max}$ 作用下，各油腔压力中的最大值	

续表

<table>
<tr><th>类型</th><th>计算公式</th></tr>
<tr><td>闭式静压导轨</td><td>
闭式静压导轨常用毛细管节流器或双面薄膜反馈节流器，此处仅介绍毛细管节流闭式静压导轨。有关的计算公式列于表2

表2 毛细管节流闭式静压导轨的计算公式
<table>
<tr><td rowspan="7">承载能力</td><td colspan="2">主导轨和辅导轨有效承载面积相等时
$$F=A_e(p_1-p_2)$$
主导轨和辅导轨有效承载面积不相等时
$$F=A_{e1}p_1-A_{e2}p_2=A_{e1}(p_1-K_b p_2)$$
式中 F——一个支座承受的载荷，N，$F=G$（一个支座上的工作台重力）$+G_1$（一个支座上的工件重力）$+F_1$（一个支座上的切削力及其他外力）
A_e——主导轨和辅导轨一个支座油腔有效承载面积，见下表
K_b——面积系数，见下表
p——载荷作用下的油腔压力，见下表</td></tr>
<tr><td rowspan="2">一个支座油腔有效承载面积</td><td>主导轨 A_{e1} $A_{e1}=\frac{1}{6}(2L_1B_1+L_1b_1+2l_1b_1+l_1B_1)$
辅导轨 A_{e2} $A_{e2}=\frac{1}{6}(2L_2B_2+L_2b_2+2l_2b_2+l_2B_2)$</td></tr>
<tr><td>近似计算公式：$A_{e1}=\frac{1}{4}(L_1+l_1)(B_1+b_1)$；$A_{e2}=\frac{1}{4}(L_2+l_2)(B_2+b_2)$
式中 L_1，L_2——主导轨、辅导轨一个支座长度
B_1，B_2——主导轨、辅导轨一个支座宽度
l_1，l_2——主导轨、辅导轨一个油腔长度
b_1，b_2——主导轨、辅导轨一个油腔宽度</td></tr>
<tr><td rowspan="2">载荷作用下的油腔压力</td><td>主导轨 p_1 $p_1=\frac{p_s}{1+\lambda(1-3\varepsilon)}$
辅导轨 p_2 $p_2=\frac{p_s}{1+\lambda(1+3\varepsilon)}$</td></tr>
<tr><td>式中 ε——相对偏心率，$\varepsilon=\frac{e}{h_0}$
p_s——供油压力，MPa，一般取 $p_s=2p_b$</td></tr>
<tr><td rowspan="2">面积系数 K_b</td><td>$$K_b=\frac{A_{e2}}{A_{e1}}$$</td></tr>
<tr><td>K_b 的选择原则：
①倾覆力矩较小，导轨油膜刚度无特殊要求，取 $K_b=0.3\sim0.5$
②倾覆力矩较大，导轨油膜刚度要求大，取 $K_b=0.5\sim1$
③承受水平载荷的侧导轨，一般取 $K_b=1$</td></tr>
<tr><td>假定载荷 F_b</td><td colspan="2">$$F_b=(A_{e1}-A_{e2})p_b=A_{e1}p_b(1-K_b)$$
式中 p_b——F_b 作用下的油腔压力
F_b——假定载荷，设计有效承载面积不等的闭式静压导轨时，须预先确定 F_b
1）确定 F_b 的原则：
①一个支座上承受的 G_1 和 F_1 相对 G 不大时，取 $F_b=G$
②一个支座上承受的 G_1 和 F_1 相对 G 很大时，取 $G<F_b<F_{max}$
2）在 F_b 作用下应满足下列条件：
①主导轨和辅导轨的间隙相等，即 $h_0=h_1=h_2$
②主导轨和辅导轨的油腔压力相等，即 $p_b=p_1=p_2$
③主导轨和辅导轨从油腔向外流出的流量相等，即
$$Q_b=Q_{b1}=Q_{b2}$$
F_{max}——一个支座上承受的最大载荷</td></tr>
</table>
</td></tr>
</table>

第9篇

续表

类型		计算公式
闭式静压导轨	主导轨和辅导轨的油腔尺寸	$$\frac{l_1}{B_1-b_1}+\frac{b_1}{L_1-l_1}=\frac{l_2}{B_2-b_2}+\frac{b_2}{L_2-l_2}$$ 一般取 $L_1=L_2$,然后再确定主导轨和辅导轨油腔的有关尺寸
	通过节流器流入导轨一个油腔的流量 Q_{cb}	$$Q_{cb}=\frac{\pi d_c^4(p_s-p_b)}{128\eta l_c}$$ 式中　Q_{cb}——F_b 作用下,通过节流器流入导轨一个油腔的流量 d_c——毛细管直径,对于非圆截面的毛细管,当量直径 $d_e=\frac{1}{\sqrt[4]{c}}\sqrt{\frac{4A}{\pi}}$,其中 c 为非圆截面毛细管的形状系数,正方形截面,$c=1.13$;等边三角形截面,$c=1.31$;等腰直角三角形截面,$c=1.36$;A 为非圆截面毛细管的截面积 l_c——毛细管长度 η——润滑油动力黏度
	从导轨一个油腔向外流出的流量 Q_b	$$Q_b=Q_{b2}=Q_{b1}=\frac{p_b h_0^3}{3\eta}\left(\frac{l_1}{B_1-b_1}+\frac{b_1}{L_1-l_1}\right)$$ 式中　Q_b——F_b 作用下,从导轨一个油腔向外流出的流量 h_0——F_b 作用下的导轨间隙。在 F_b 作用下,主导轨和辅导轨的间隙相等
	节流比	$$\beta=\frac{p_s}{p_b}=1+\lambda$$ 一般取 $\beta=2$
	设计参数 λ	$$\lambda=\frac{128 l_c h_0^3}{3\pi d_c^4}\left(\frac{l_1}{B_1-b_1}+\frac{b_1}{L_1-l_1}\right)$$
	导轨位移量 e	$$e=\frac{h_0[\omega\beta^2+\beta(K_b-1)]}{3(\beta-1)(1+K_b)}$$ 式中　ω——载荷系数,$\omega=\frac{F}{A_e p_s}$
	备注:1. 承受侧方向水平载荷的闭式静压导轨,一般两侧导轨的有效承载面积相等($K_b=1$) 2. 承受正方向垂直载荷的闭式静压导轨,一般主导轨和辅导轨的有效承载面积不相等	
卸荷静压导轨	名　　称	计算公式
	油腔压力 p_i	$$p_i=\frac{a_c F}{A_e}$$ 式中　F——一个支座上承受的载荷
	一个支座油腔有效承载面积 A_e	$$A_e=\frac{1}{6}(2LB+Lb+2lb+lB)$$ 式中　L——支座长度 B——支座宽度 l——油腔长度 b——油腔宽度
	卸荷系数 a_c	$$a_c=\frac{F_c}{F}$$ 式中　F_c——一个支座卸掉的载荷 $a_c=0.5\sim0.7$。精密机床取较小值,大型机床取较大值
	卸荷静压导轨的静摩擦因数 f_{cj}	$$f_{cj}=f_j(1-a_c)$$ 式中　f_j——导轨材料的静摩擦因数,见表9-5-51
	卸荷静压导轨 $v<10\text{mm/s}$ 时的摩擦因数 f_{cd}	$$f_{cd}=f_d(1-a_c)$$ 式中　f_d——$v<10\text{mm/s}$ 时导轨材料的摩擦因数,见表9-5-51

表 9-5-51　　**导轨材料的摩擦因数**

工作台导轨材料	静摩擦因数 f_j	$v<10mm/s$ 时的摩擦因数 f_d
铸铁 HT200	0.26	0.25
45 钢(淬火 HRC50)	0.30	0.28
青铜 ZQSn6-6-3	0.25	0.22
锌合金 ZnAl 10-5	0.19	0.15
二号铅基轴承合金	0.24	0.19
夹布胶木	0.33	0.27
尼龙 68	0.32	0.25
尼龙 6(卡普隆)	0.33	0.28

注：1. 床身材料为 HT200

2. 润滑油是 40 号机械油。

(2) 导轨宽度计算（见表 9-5-52）

表 9-5-52　　**导轨宽度计算**

类型	计算公式	说明
开式导轨和卸荷导轨	$B=\dfrac{F_{max}}{\alpha L_n[p]}$	B——开式导轨和卸荷导轨宽度 F_{max}——导轨上承受的最大载荷，包括工作台自身重力、工件重力和切削力等 L_n——工作台导轨长度 α——比压系数，开式(闭式)静压导轨 α 取 1～1.5；卸荷静压导轨 α 取 1～1.3 $[p]$——导轨材料许用平均比压，参考表 9-5-49 选取
闭式主导轨	$B_1=\dfrac{F_{max}}{\alpha L_n[P]}$	B_1——闭式主导轨宽度
闭式辅导轨	$B_2\approx K_b B_1$	B_2——闭式辅导轨宽度 K_b——面积系数，K_b 的选择原则见表 9-5-50

(3) 导轨摩擦功率（见表 9-5-53）

表 9-5-53　　**导轨摩擦功率**

类型	计算公式	说明
开式静压导轨	$P_f=\dfrac{\eta A v^2}{h}$	P_f——开式静压导轨摩擦功率 h——工作台和床身两导轨面之间的间隙 A——工作台和床身两导轨面之间可接触表面的摩擦面积 v——导轨运动速度 η——润滑油动力黏度
	对于直油槽形油腔[表 9-5-48 中图(a)中(ⅱ)]结构的导轨，A 可按下式计算 $A=L_nB-nb_2l$	A——工作台和床身两导轨之间可接触表面的摩擦面积 B——导轨宽度 L_n——工作台导轨长度 l——油槽长度 n——导轨长度内的油槽数量 b_2——油槽宽度
闭式静压导轨	$P_{bj}=\eta v^2\left(\dfrac{A_1}{h_1}+\dfrac{A_2}{h_2}\right)$	P_{bj}——闭式静压导轨摩擦功率 h_1,h_2——工作台主导轨和辅导轨与床身导轨面之间的间隙 A_1,A_2——工作台主导轨和辅导轨与床身导轨面之间可接触表面的摩擦面积
卸荷静压导轨	$P_{cj}=f_{cj}Fv$	P_{cj}——卸荷静压导轨最大摩擦功率 f_{cj}——卸荷静压导轨的静摩擦因数，见表 9-5-50 F——导轨上承受的载荷，包括工作台自身重力、工件重力和切削力等 v——导轨运动速度

第 9 篇

5.3.1.8　毛细管节流开式静压导轨的计算

例　轧辊磨床横拖板导轨为平-V（90°）直线运动开式静压导轨。导轨总长度 3520mm，主轴箱拖板和电机等总质量为 5000kg。由于主轴箱拖板和电机等部件的质量分布不均匀，导轨基本上是承受不变的固定载荷，但各油腔的载荷不等，其中平导轨和 V 形导轨两侧各支座承受最大载荷为 $F_{max}=10000$N，最小载荷为 4000N。

计算步骤见表 9-5-54。

表 9-5-54　　计算步骤

1. 确定导轨宽度	$$B=\frac{F_{max}}{\alpha L_n[p]}$$ 开式静压导轨的比压系数 $\alpha=1\sim1.5$，取 $\alpha=1.25$。床身材料为铸铁，取$[p]=0.05$MPa V 形导轨的受载分布如图(a)所示 磨削力相对于主轴箱拖板和电机等部件的总质量很小，可以忽略不计。假设平导轨和 V 形导轨均匀承受主轴箱拖板和电机部件的总质量，设有 4 个油腔，每个油腔承受的最大载荷为 2500N，故有 平导轨宽度 B $$B=\frac{F'_{max}}{\alpha L_n[p]}=\frac{2500}{1.25\times3520\times0.05}=113.6\text{mm}$$ 取 $B=12$cm。 V 形导轨宽度 B_v 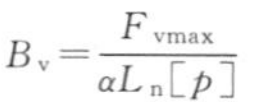 $$B_v=\frac{F_{vmax}}{\alpha L_n[p]}$$ 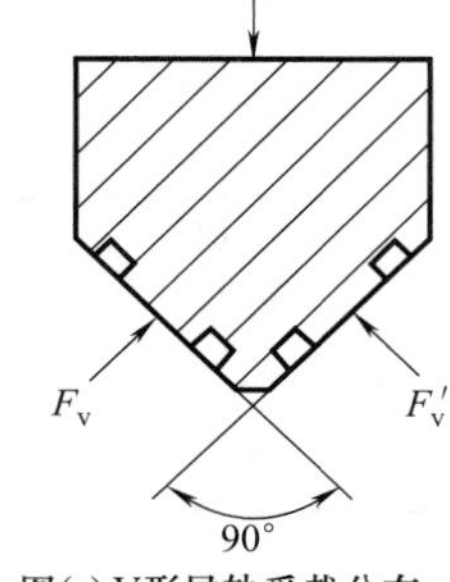 图(a) V形导轨受载分布 根据 V 形导轨受载情况，利用力系平衡方程式，有 $\Sigma F_y=0$，即 $F_v\cos(90°-\theta)-F=0$，有 $$F_{vmax}=\frac{F'_{max}}{2\sin45°}=\frac{2500}{2\times0.707}=1768\text{N}$$ 所以 $$B_v=\frac{1768}{1.25\times3520\times0.05}=80.4\text{mm}$$ 取 $B_v=7.8$cm
2. 确定导轨油腔结构	在主轴箱导轨全长上，平导轨和 V 形导轨两侧各取 4 个油腔，每个油腔开两条油槽 已知 $B=12$cm，$B_v=7.8$cm；取 $L=L_v=88$cm，$l=l_v=72$cm 查表 9-5-47 得 $b_1=3$cm，$b_{1v}=2$cm $b_2=1.2$cm，$b_{2v}=1$cm $z=0.6$cm，$z_v=0.5$cm 故　$b=B-2b_1=12-2\times3=6$cm $b_v=B_v-2b_{1v}=7.8-2\times2=3.8$cm 主轴箱拖板的导轨油腔结构如图(b)所示 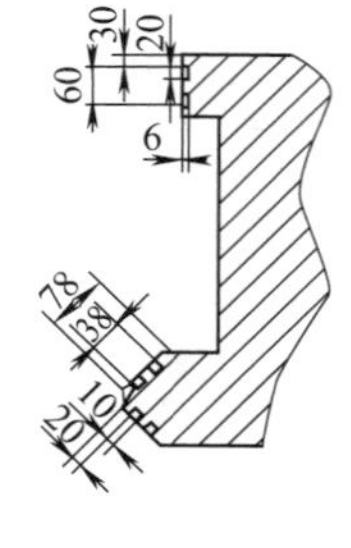 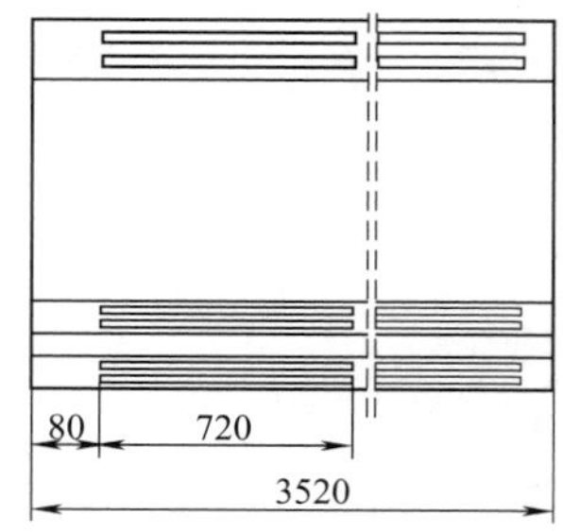 图(b) 主轴箱拖板的导轨油腔结构示意图
3. 选择导轨间隙	根据 5.3.1.3 节的推荐，中小型机床和机械设备，空载时的导轨间隙一般取 $h_0=0.01\sim0.025$mm。大型机床和机械设备空载时的导轨间隙一般取 $h_0=0.03\sim0.08$mm，故本设计中平导轨取 $h_0=2.5\times10^{-3}$cm V 形导轨间隙按工作台浮起后保持水平的原则确定，故有 V 形导轨间隙 h_{0v} $$h_{0v}=h_0\sin45°=2.5\times10^{-3}\times0.707=1.8\times10^{-3}\text{cm}$$

续表

4. 选择润滑油	选用20号机械油。润滑油温度在50℃时的动力黏度 $\eta_{50}=19.7\times10^{-8}\ \text{kgf}\cdot\text{s/cm}^2=1.97\times10^{-8}\ \text{MPa}\cdot\text{s}$
5. 确定油腔压力	$p_i=\dfrac{F}{A_e}$ $A_e=\dfrac{1}{6}(2LB+Lb+2lb+lB)=\dfrac{1}{6}(2\times88\times12+88\times6+2\times72\times6+72\times12)=$ $728\text{cm}^2=0.0728\text{m}^2$ 平导轨最大 $p_{0\max}$ 和最小 $p_{0\min}$ 的油腔压力分别为 $p_{0\max}=\dfrac{F_{0\max}}{A_e}=\dfrac{10000}{0.0728}=1.37\times10^5\text{Pa}=0.137\text{MPa}$ $p_{0\min}=\dfrac{F_{0\min}}{A_e}=\dfrac{4000}{0.0728}=0.55\times10^5\text{Pa}=0.055\text{MPa}$ $A_{ev}=\dfrac{1}{6}(2L_vB_v+L_vb_v+2l_vb_v+l_vB_v)$ $=\dfrac{1}{6}(2\times88\times7.8+88\times3.8+2\times72\times3.8+72\times7.8)$ $=469.33\text{cm}^2=0.046933\text{m}^2$ V形导轨最大 $p_{0\max}$ 和最小 $p_{0\min}$ 的油腔压力分别为 $p_{0v\max}=\dfrac{F_{0\max}}{2\sin45^\circ A_{ev}}=\dfrac{10000}{2\times0.707\times0.046933}=1.51\times10^5\text{Pa}=0.151\text{MPa}$ $p_{0v\min}=\dfrac{F_{0\min}}{2\sin45^\circ A_{ev}}=\dfrac{4000}{2\times0.707\times0.046933}=0.6\times10^5\text{Pa}=0.06\text{MPa}$
6. 选择供油压力	上述计算结果表明，导轨各油腔压力不相等，其中最大油腔压力 $p_{0\max}=0.151\text{MPa}$，最小的油腔压力 $p_{0\min}=0.055\text{MPa}$，两者之比为 $\dfrac{p_{0\max}}{p_{0\min}}=\dfrac{1.51}{0.55}=2.75>2.5$ 根据表9-5-50中表1选择 $p_s=1.5p_{0v\max}=1.5\times0.151=0.227\text{MPa}$ 取 $p_s=0.25\text{MPa}$
7. 确定导轨流量	导轨流量的计算式为 $Q_0=\dfrac{p_0h_0^3}{3\eta}\left(\dfrac{l}{B-b}+\dfrac{b}{L-l}\right)$ 平导轨空载时一个油腔向外流出的最大流量 $Q_{0\max}$ 和最小流量 $Q_{0\min}$ 分别为 $Q_{0\max}=\dfrac{p_{0\max}h_0^3}{3\eta}\left(\dfrac{l}{B-b}+\dfrac{b}{L-l}\right)=\dfrac{1.37(2.5\times10^{-3})^3}{3\times19.7\times10^{-8}}\left(\dfrac{72}{12-6}+\dfrac{6}{88-72}\right)=0.45\text{cm}^3/\text{s}$ $Q_{0\min}=\dfrac{p_{0\min}h_0^3}{3\eta}\left(\dfrac{l}{B-b}+\dfrac{b}{L-l}\right)=\dfrac{0.55(2.5\times10^{-3})^3}{3\times19.7\times10^{-8}}\left(\dfrac{72}{12-6}+\dfrac{6}{88-72}\right)=0.18\text{cm}^3/\text{s}$ V形导轨空载时一个油腔向外流出的最大流量 $Q_{0v\max}$ 和最小流量 $Q_{0v\min}$ 分别为 $Q_{0v\max}=\dfrac{P_{0v\max}h_{0v}^3}{3\eta}\left(\dfrac{l_v}{B_v-b_v}+\dfrac{b_v}{L_v-l_v}\right)=\dfrac{1.51(1.8\times10^{-3})^3}{3\times19.7\times10^{-8}}\left(\dfrac{72}{7.8-3.8}+\dfrac{3.8}{88-72}\right)$ $=0.27\text{cm}^3/\text{s}$ $Q_{0v\min}=\dfrac{P_{0v\min}h_{0v}^3}{3\eta}\left(\dfrac{l_v}{B_v-b_v}+\dfrac{b_v}{L_v-l_v}\right)=\dfrac{0.6(1.8\times10^{-3})^3}{3\times19.7\times10^{-8}}\left(\dfrac{72}{7.8-3.8}+\dfrac{3.8}{88-72}\right)$ $=0.11\text{cm}^3/\text{s}$ 由于平导轨有4个支座，V形导轨有8个支座，故润滑油温度在50℃时的最大总流量 $Q_{总}$ 为 $Q_{总}=4Q_{0\max}+8Q_{0v\max}=4\times0.45+8\times0.27=3.96\text{cm}^3/\text{s}=0.24\text{L/min}$ 按照计算确定的 p_s 和 $Q_{总}$，选择油泵规格和供油系统中的其他液压元件。其中 $Q_{泵}=(1.5\sim2)Q_{总}$

第9篇

续表

8. 确定节流器结构参数	由于横拖板的载荷分布不均匀，需要调整各个油腔的压力才能保证拖板均匀浮升。本设计采用毛细管节流器，可以通过改变毛细管的长度来调整油腔的压力，达到横拖板均匀浮升的目标 设采用毛细管的内径 $d_c=0.76\text{mm}$，而油腔的最大流量 $Q_{0\max}$ 和最小流量 $Q_{0\min}$ 已经求得，故毛细管的最大长度 $l_{c\max}$ 和最小长度 $l_{c\min}$ 可由下式求得 $l_{c\min}=\frac{\pi d_c^4(p_s-p_{0\max})}{128\eta Q_{0\max}}=\frac{3.14\times(7.6\times10^{-2})^4\times(2.5-1.37)}{128\times19.7\times10^{-8}\times0.45}=10.4\text{cm}=104\text{mm}$ $l_{c\max}=\frac{\pi d_c^4(p_s-p_{0\min})}{128\eta Q_{0\min}}=\frac{3.14\times(7.6\times10^{-2})^4\times(2.5-0.55)}{128\times19.7\times10^{-8}\times0.18}=45\text{cm}=450\text{mm}$ 同样，可以求出V形导轨静压腔毛细管节流器的最大长度和最小长度 $l_{cv\min}=15.23\text{cm}=152.3\text{mm}$ $l_{cv\max}=71.76\text{cm}=717.6\text{mm}$ 最小的毛细管长度已大于层流起始段长度

5.3.2　气体静压导轨

气体静压导轨（也称气浮导轨）是气膜润滑的一种导轨，它大大地提高了导轨的精度和灵敏度，而且无污染、不发热、寿命长，所以非常适用于精密机床和精密仪器。如北京机床研究所研制的CLZ686、CLZ1086、CLZ1286型三坐标测量机，美国莫尔（Moore）公司生产的M-18AG多用途精密机床均采用了气体静压导轨。

5.3.2.1　气体静压导轨的类型与特点

表9-5-55　　气体静压导轨的类型与特点

类型	气体静压导轨：整体型（开式：载荷平衡型、负压平衡型；闭式）；离散型（足式）（圆平板型、矩形平板型）——小孔节流型、缝隙节流型、多孔质节流型、可变节流型（薄膜或滑阀） 整体支承型是气膜沿全导轨连续分布，机床导轨多采用这种形式。其支承面形式如图(a)所示 离散支承型是气膜沿导轨面不连续分布，形成若干“气垫足”，所以也称“足式”支承。它的支承面形式如图(b)所示 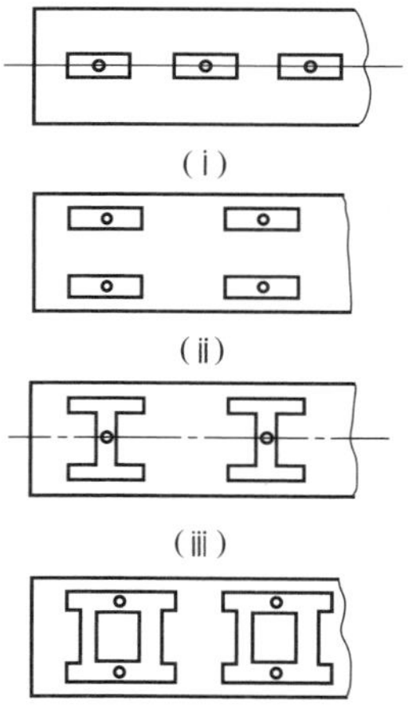 (ⅰ)　(ⅱ)　(ⅲ)　(ⅳ) 图(a)　整体型导轨支承面形式 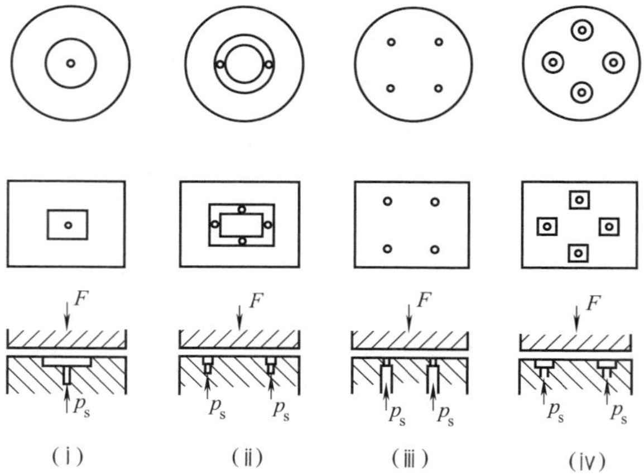 F　p_s (ⅰ)　(ⅱ)　(ⅲ)　(ⅳ) 图(b)　离散型导轨支承形式 气体静压导轨常用的节流方式有小孔节流、缝隙节流和多孔质节流，其中以小孔节流应用最广。多孔质节流器是一种用特殊粉末冶金材料制成的、本身具有大量微孔的节流装置。用它节流的支承刚度和承载能力均较高，稳定性亦好，但工艺较复杂，造价高

续表

<table>
<tr><td rowspan="2">特点</td><td>优点</td><td>①运动精度高。气体静压导轨要求导轨面具有高直线性和平行度，只要保证小的支承间隙，就可以得到较高的导轨刚性和运动精度
②无发热现象。不会像液体静压导轨那样因静压油引起发热，没有热变形。由于移动速度不太高，因此不会因空气剪切引起发热
③摩擦与振动小。由于导轨之间不接触，气体黏性极小，故没有摩擦，没有振动和爬行现象，使用寿命长，可以进行微细的送进和精确的定位
④使用环境。由于不使用润滑油，而使用经过过滤的压缩空气（去尘、去水、去油、去湿），故导轨内不会浸入灰尘和液体，也不会污染环境。气浮导轨可用于很宽广的温度范围
这些优点使气体静压导轨在精密仪器、精密机床、半导体专用设备和测量仪器上，获得日益广泛的应用</td></tr>
<tr><td>缺点</td><td>①承载能力低。即使在静压情况下，气膜的压力也只有 0.3MPa 左右（气源压力为0.5MPa左右）
②刚度低。由于气体润滑剂黏度低，具有可压缩性，不论是在承载方向还是在进给方向上，气浮导轨刚度很低，不宜在重载荷下使用
③需要一套高质量的气源
④对振动的衰减性差，仅为油的 1/1000，如果设计不当，可能会出现自激振荡等不稳定现象
⑤由于气膜厚度很小，所以安装不准确会产生变形，从而影响其精度。使用条件要求苛刻</td></tr>
</table>

5.3.2.2　气体静压导轨的结构设计

表 9-5-56　　气体静压导轨的结构

<table>
<tr><td>结构形式</td><td>气体静压导轨的结构一般有图(a)所示的 4 种形式
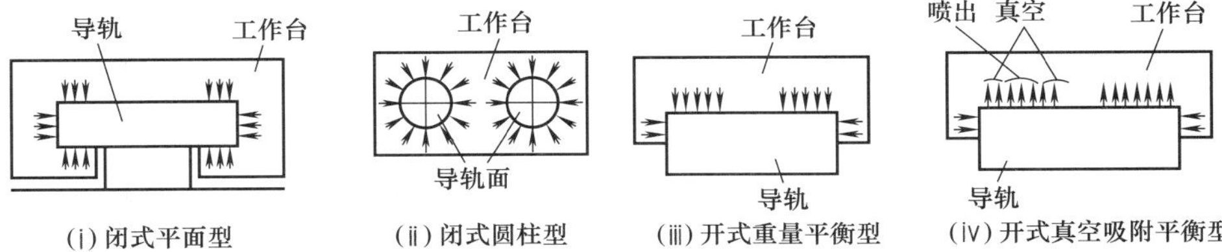

图(a)　气体静压导轨的形式
①闭式平面型。如图(a)中(ⅰ)所示，导轨精度高，刚性和承载能力大，最适于作精密机械的长行程导轨。经过研磨可使导轨面间的精度、导轨与工作台之间的间隙达到所需要的数值
②闭式圆柱（或矩形）型。如图(a)中(ⅱ)所示，结构简单，零件的精度可由机械加工保证。在工作台移动时，导向导轨可能产生挠度，故导轨不适宜做长，可用于高精度、高稳定性的短行程工作台
③开式重量平衡型。如图(a)中(ⅲ)所示，这是工作台质量（包括负载）与空气静压相平衡保持一定间隙的一种形式，其结构简单，零件加工也比较容易。但刚度小，承载能力低，可用于负载变动小的精密测量仪器
④开式真空吸附平衡型。如图(a)中(ⅳ)所示，其结构与重量平衡型相同。由真空泵的真空压力来限制工作台的浮起量，因此，可以减少工作台浮起的间隙量，甚至可以减少到 1μm，故可提高刚度。常在微细加工设备中应用。如 250CC 图形发生器的 x 向导轨，应用气垫中心真空吸附加载，在气垫外环靠吸浮平衡以保持间隙</td></tr>
<tr><td>气垫结构及节流形式</td><td>气体静压导轨的气垫结构形式较多，按工作面形状可分为方形和圆形
图(b)中(ⅰ)～(ⅵ)为方形气垫，(ⅶ)～(ⅹ)为圆形气垫
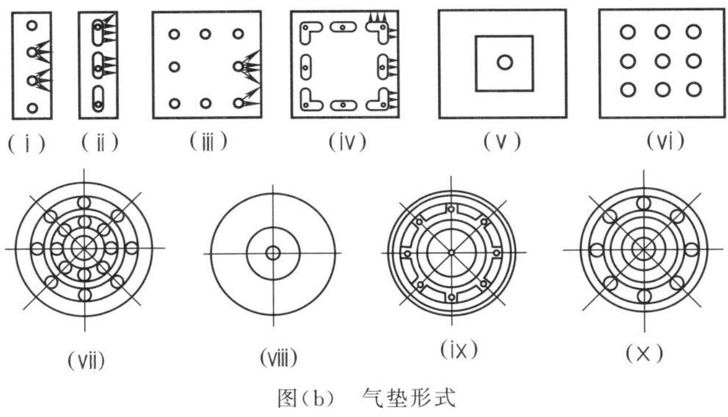

图(b)　气垫形式</td></tr>
</table>

续表

气垫结构及节流形式	按进气孔的数量来分有单孔和多孔两种 图(b)中(ⅶ)所示为双沟槽气腔双排节流孔式气垫。图(b)中(ⅷ)所示为单节流孔圆形气腔气垫，其优点是结构简单，气体流量少；缺点是角刚度差，适用范围小。图(b)中(ⅸ)所示为双沟槽气腔单排节流孔式气垫。图(b)中(ⅹ)所示为单沟槽式气腔气垫 环形气腔气垫的特点是不受安装部位限制，适用性广。其中双沟槽气腔气垫具有较大的角刚度和承载能力，但耗气量大。圆形气垫不仅用于导轨，还可用于止推轴承 常用的进气节流孔形式有两种 ①简单节流孔　如图(c)所示，其主要特点是节流口面积恒定不变，一般要求 $\pi dh'\geqslant(\pi/4)d^2$，即气腔深度 $h'\geqslant d/4$，其承载能力比环形节流孔提高30%左右 ②环形节流孔　如图(d)所示，环形节流面积 $A=\pi dh_0$。如果 $h_0=d/4$，两种节流面积相等，当 $h_0\leqslant0.02$mm时刚度较高，但节流面积 A 随 h_0 的变化而变化，所以节流调压作用较差，承载能力低 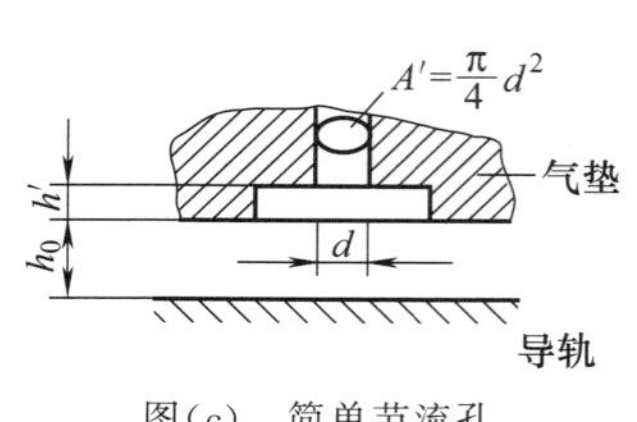 图(c)　简单节流孔 图(d)　环形节流孔

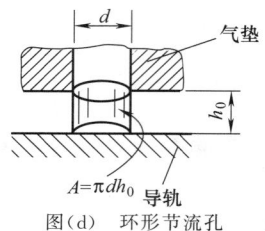

5.3.2.3　气体静压导轨的设计计算

表 9-5-57　　　　气体静压导轨的设计计算

计算简图	气体静压导轨基本属于平面止推轴承类型，且速度低，所以其设计理论与静态平板止推轴承的设计相似，即所谓矩形板止推轴承理论 根据上述理论确定小孔节流气体静压导轨的设计步骤和方法 设导轨长 L，宽 B，沿中轴线等距分布 m 个供气孔[图(a)] 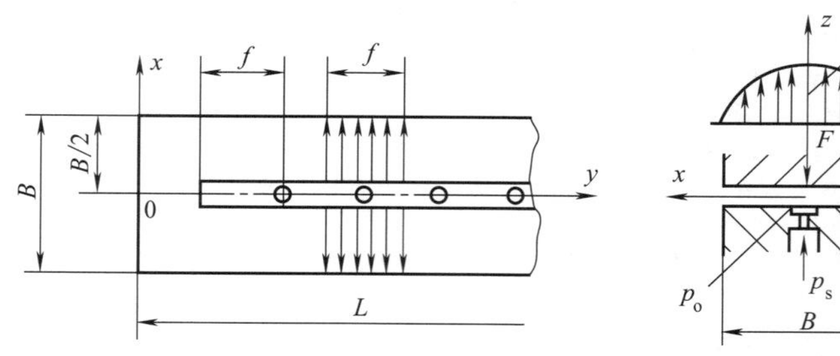 图(a)　采用矩形平板轴承的离散型气体静压导轨的计算简图
计算承载力 F	$$F=2B\left(\frac{p_0^2+p_0p_a+p_a^2}{p_0+p_a}\times\frac{2}{3}ml-Lp_a\right)$$ 式中　F——承载力，N L,B——导轨支承面长度和宽度，mm l——一个气孔所占用的支承面长度，mm m——气孔数 p_a——环境空气的压强，MPa p_0——气孔出口处的压强，在供气压强 p_s 不变的情况下，p_0 取决于气体阻力和间隙 h 处的阻力。按图(b)选取 当载荷已知，则可由上式确定结构尺寸 L 和 B 等。在 L、B 已定后，可进一步确定 m 和 l 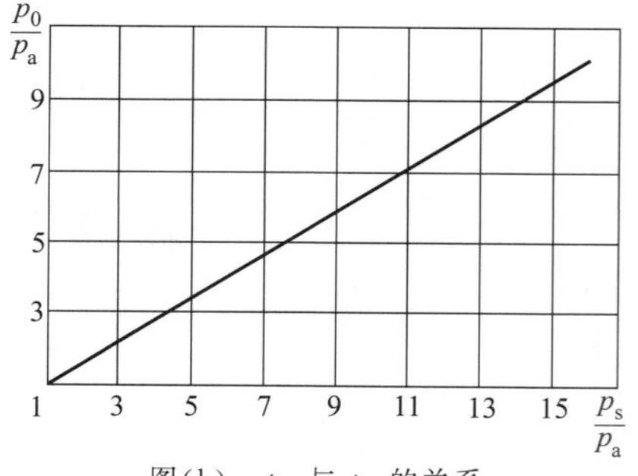 图(b)　p_0 与 p_s 的关系

续表

<table>
<tr><td>计算最大刚度时的最佳特性参数 K_{opt}</td><td>

$$K_{opt}=\frac{\bar{p}_0^2}{\sqrt{3\bar{p}_0^8-10\bar{p}_0^4+8\bar{p}_0^2-1}}$$

式中 $\bar{p}_0$——无量纲压强，$\bar{p}_0=p_0/p_a$

K_{opt}也可由 p_0/p_a 从图(c)查得

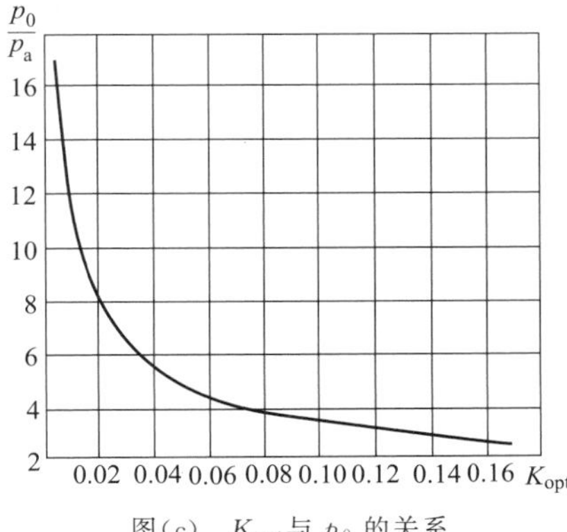

图(c) K_{opt}与 p_0 的关系</td></tr>
<tr><td>确定节流孔直径 d 与间隙(气浮高度)h</td><td>

两者的关系为

$$h^6=\frac{K_{opt}}{T_0}\left(\frac{158d^2Bp_a\eta}{l\rho}\right)^2$$

式中 η——空气的动力黏度，$\eta=1.688\times10^{-11}\text{N}\cdot\text{s/mm}^2$

T_0——空气的绝对温度，$T_0=(273+t)$°K

ρ——空气的密度，$\rho=1.29\times10^{-8}\text{kg/mm}^3$

选定 d 后，可计算出 h；反之，如选定 h，则可算出合适的 d

如果气浮高度或气压静力刚度不能满足预定要求，则可改变节流孔直径 d，节流孔数量 m 或导轨宽度 B 等；重新计算直至满足要求</td></tr>
<tr><td>设计参数的选择</td><td>

①选择节流器形式 若要得到大刚度，可选择小孔(简单节流孔)节流器；若要静态稳定性好，可选择环形孔节流器(环形节流孔)。通常选用小孔节流器，并且注意合理设计气腔，以达到刚度大且稳定性好的目的

②选择供气压力 一般供气压力选用$(1.962\sim5.886)\times10^5$Pa

③选择气膜厚度 气膜厚度小，气垫刚度大，承载能力大，耗气少。但此时对气垫和导向面的平面度、气源过滤精度要求高。为便于加工，常取气膜厚度为 0.0127mm。气膜厚度一般为 0.012～0.05mm

④选择结构尺寸 在保证最大刚度、满足一定承载能力的前提下，兼顾工作稳定性和安装位置，来确定结构尺寸。封气面大，刚度、承载能力大，但结构尺寸大。封气面最小不要小于 10mm，一般取 10～25mm。气腔尺寸大，刚度大，承载能力大，但稳定性差。可取[参考图(d)]：$\frac{r_2}{r_1}=2\sim6$，$h'\geqslant\frac{d}{4}$。为减小气腔容积，提高工作稳定性，尽量减小气腔尺寸。为此，可采用微沟式气腔[如图(e)所示]代替坑式气腔。微沟用尖刀拉成，沟深可取 0.05～0.1mm。

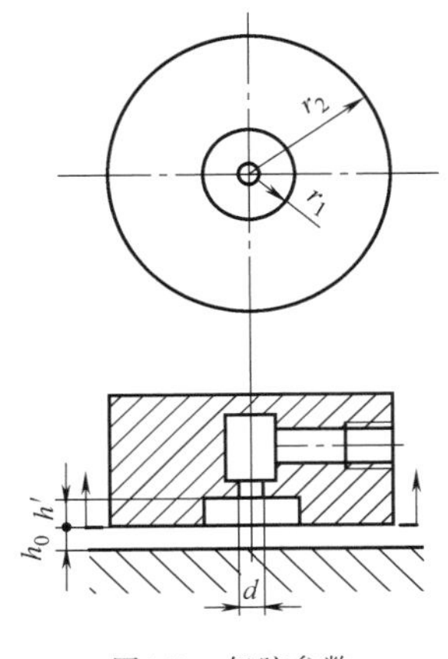

图(d) 气腔参数

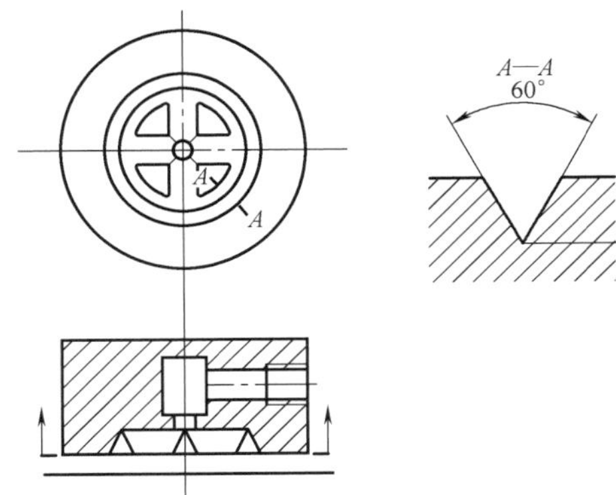

图(e) 微沟式气腔</td></tr>
</table>

续表

设计参数的选择	为保证气垫稳定地工作，必须校核气容比。气容比是气腔总容积与气膜总容积的比值，即 $$V_c=\frac{V_{h'}}{V_{h0}}<0.1$$ 式中 $V_{h'}$——气腔总容积，mm^3，$V_{h'}=n\pi r_1^2 h'$，n 为气腔个数； V_{h0}——气膜总容积，mm^3，气膜容积＝气膜厚度×导轨工作面积。 气垫工作面的表面粗糙度可取 $Ra0.1\mu m$。要注意保护其平直度，力求避免凹坑毛刺存在。

5.3.2.4 气体静压导轨副的材料

(1) 工作台材料

根据质量轻、防锈、加工性好等原则，气垫的材料可选取不锈钢、铝合金等。

(2) 导轨面材料

可使用不锈钢、氧化铝陶瓷、硬质阳极化处理的铝合金等。近年来，在许多精密测量仪器和精密加工设备中，国内外越来越多地采用花岗石材料制造气浮导轨。

花岗石材料的导轨具有以下优点：

① 稳定性好。经过天然时效处理，内应力早已消除，能长期保持稳定的精度。

② 加工简便，耐磨性好。通过研磨、抛光容易得到很好的表面粗糙度和很高的精度，无需像金属件那样进行翻砂、锻造、热处理等。在表面干净的条件下，耐磨性比铸铁高 5～10 倍。

③ 对温度不敏感，热导率及线膨胀系数均很小，即使在非恒温的环境下工作也能保持一定的精度。

④ 保养简便，不存在生锈的问题，能抵抗一般的酸碱腐蚀。表面被碰撞后，没有毛刺，不影响精度。

⑤ 吸振性好，内阻尼系数比钢铁大 15 倍，几乎不传递振动。

⑥ 不导电、抗磁。

花岗石导轨的主要缺点是脆性大，不能承受过大的撞击和敲打。

山东济南产的“泰山青”花岗石的实测力学性能如下：抗压强度 262.2MPa；抗弯强度 40.8MPa；相对密度 3.07；吸水率 0.17；硬度（肖氏硬度）79.8；线胀系数 $(5.7\sim7.3)\times10^{-6}℃^{-1}$；弹性模量 119GPa。

5.4 滚动导轨

在相配的两导轨面之间放置滚动体或滚动支承，使导轨面间的摩擦性质成为滚动摩擦，这种导轨就叫做滚动导轨。

5.4.1 滚动导轨的类型、特点及应用

滚动导轨的最大优点是摩擦因数小，动、静摩擦因数差很小，因此，运动轻便灵活，运动所需功率小，摩擦发热少、磨损小，精度保持性好，低速运动平稳性好，移动精度和定位精度高。滚动导轨还具有润滑简单（有时可用油脂润滑），高速运动时不会像滑动导轨那样因动压效应而使导轨浮起等优点。但滚动导轨结构比较复杂、制造比较困难、成本比较高、抗振性较差，对脏物比较敏感。因此必须有良好的防护。

滚动导轨广泛应用于各种类型机床和机械。每一种机床和机械都利用了它的某些特点。例如：数控机床、坐标镗床、仿形机床和外圆磨床砂轮架导轨等，采用滚动导轨是为了实现低速平稳无爬行和精确位移，工具磨床的工作台采用滚动导轨是为了手摇轻便；平面磨床工作台采用滚动导轨，是为了防止高速时因动压效应使工作台浮起，以便提高加工精度；立式车床工作台采用滚动导轨是为了提高速度等。

滚动导轨的类型很多，按运动轨迹分有直线运动导轨和圆运动导轨；按滚动体的形状分有滚珠、滚柱和滚针导轨；按滚动体是否循环分有滚动体不循环和滚动体循环导轨。滚动导轨类型、特点及应用见表 9-5-58。

5.4.2 滚动导轨的计算、结构与尺寸系列

5.4.2.1 滚动直线导轨的计算

(1) 滚动直线导轨的载荷计算

直线运动滚动导轨所受载荷，受很多因素的影响，如配置形式（水平、竖直或斜置等）、移动件的重心和受力点的位置、移动导轨牵引力的作用点、启动及停止时惯性力以及工作阻力作用等。

表 9-5-59 为各种条件下作用于导轨上载荷的计算。

有些机械工作过程中载荷是变化的，如工业机械手及机床，这时就要按平均（或当量）载荷 F_m 来进行直线运动滚动支承的计算。常见的 4 种变载荷下的平均载荷 F_m 计算公式见表 9-5-60。

表 9-5-58 **滚动导轨类型、特点及应用**

类型		简图	特点及应用
滚动体不循环的滚动导轨	滚珠导轨	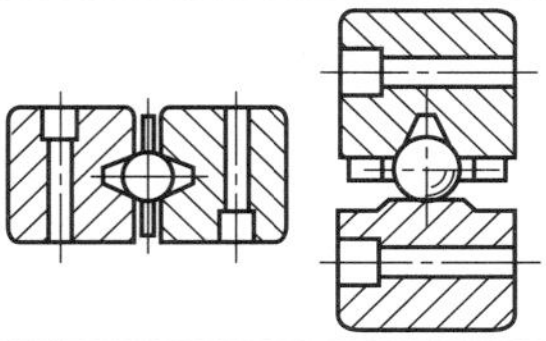	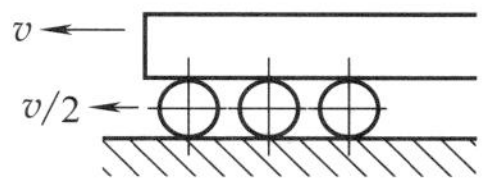 由于滑座与滚动体存在如上图所示的运动关系，所以这种导轨只能应用于行程较短的场合 滚珠导轨：摩擦阻力小，刚度低、承载能力差，不能承受大的颠覆力矩和水平力，适用于载荷不超过1000N的机床 滚柱导轨：承载能力及刚度比滚珠导轨高，交叉滚柱导轨副四个方向均能受载 滚针导轨：承载能力及刚度最高 滚柱、滚针对导轨面的平行度误差要求比较敏感，且容易侧向偏移和滑动，主要用于承载能力较大的机床上。如立式车床，磨床等
	滚柱导轨	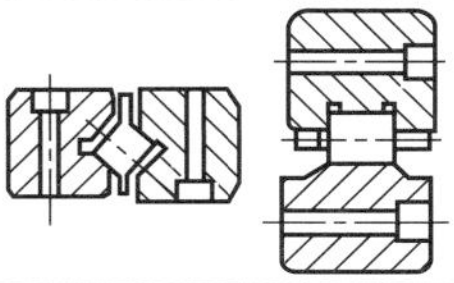	
	滚针导轨	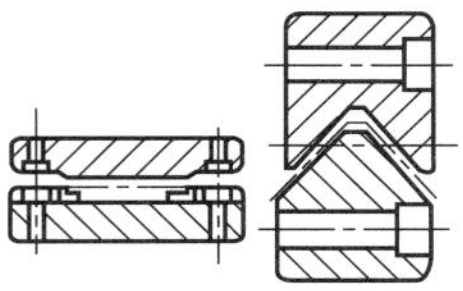	
滚动体循环的滚动导轨	滚动直线导轨副	见图 9-5-12	行程不受限制，有专业化生产厂生产，品种规格比较齐全、技术质量保证。设计制造机器采用这类导轨副，可缩短设计制造周期、提高质量、降低成本
	滚柱交叉导轨副	见图 9-5-18	
	滚柱（滚针）导轨块	见图 9-5-22	
	滚动直线导轨套副	见图 9-5-33	
	滚动花键导轨副	见图 9-5-38	
	滚动轴承导轨	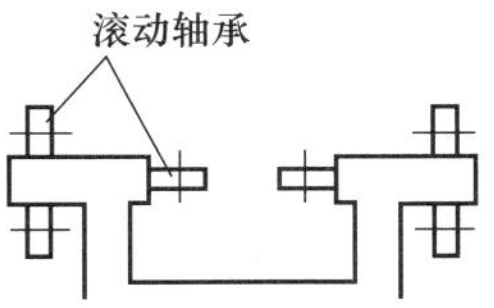 滚动轴承	任何能承受径向力的滚动轴承（或轴承组）都可以作为这种导轨的滚动元件 轴承的规格多，可设计成任意尺寸和承载能力的导轨，导轨行程可以很长 很适合大载荷、高刚度、行程长的导轨，如大型磨头移动式平面磨床、绘图机等导轨

表 9-5-59 **滚动直线导轨载荷计算**

序号	使用条件	每个滑块座的载荷值	说明
1	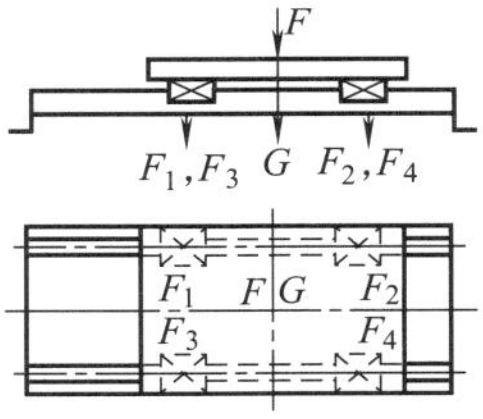	$F_1=F_2=F_3=F_4=\frac{1}{4}(G+F)$ 式中 G——工作台质量 F——外加载荷	水平安装、卧式导轨，滑块座移动 工作台质量 G 均匀分布，重心在中间 外力 F 的作用点和工作台重心重合 匀速运动或静止 $F_{max}=F_1=F_2=F_3=F_4$
2	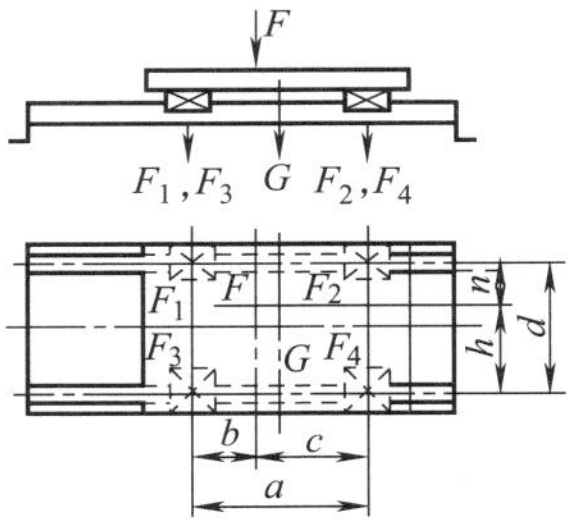	$F_1=\frac{G}{4}+\frac{F}{4}+\left(\frac{c-b}{2a}+\frac{h-n}{2d}\right)F$ $F_2=\frac{G}{4}+\frac{F}{4}-\left(\frac{c-b}{2a}-\frac{h-n}{2d}\right)F$ $F_3=\frac{G}{4}+\frac{F}{4}+\left(\frac{c-b}{2a}-\frac{h-n}{2d}\right)F$ $F_4=\frac{G}{4}+\frac{F}{4}-\left(\frac{c-b}{2a}+\frac{h-n}{2d}\right)F$	同序号1，但外力 F 的作用点偏离中心，不与重心重合 $F_{max}=F_{imax}$

续表

序号	使用条件	每个滑块座的载荷值	说　明
3	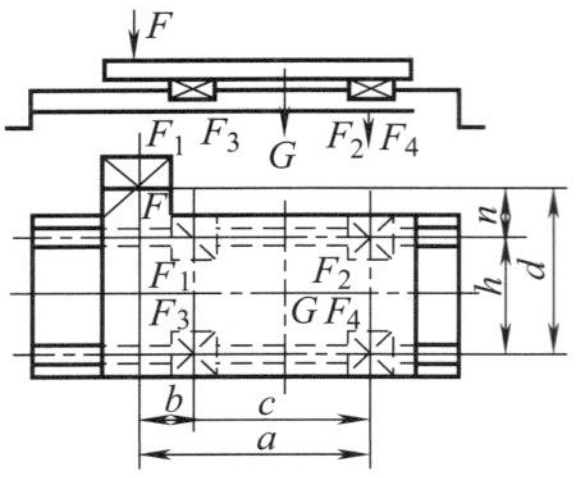	$F_1=\frac{G}{4}+\frac{F}{4}+\left(\frac{2b+c}{2a}+\frac{2a+h}{2d}\right)F$ $F_2=\frac{G}{4}+\frac{F}{4}-\left(\frac{2b+c}{2a}-\frac{2a+h}{2d}\right)F$ $F_3=\frac{G}{4}+\frac{F}{4}+\left(\frac{2b+c}{2a}-\frac{2a+h}{2d}\right)F$ $F_4=\frac{G}{4}+\frac{F}{4}-\left(\frac{2b+c}{2a}+\frac{2a+h}{2d}\right)F$	同序号2,但外力 F 的作用点在导轨之外 $F_{max}=F_{imax}$
4	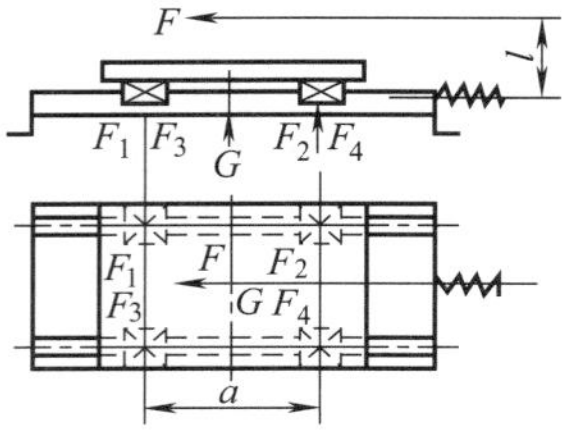	$F_1=F_3=\frac{1}{4}G+\frac{l}{2a}F$ $F_2=F_4=\frac{1}{4}G-\frac{l}{2a}F$ l——外力 F 作用点与滚珠丝杠副(或其他驱动器)的距离	水平安装,卧式导轨,滑块座移动 外力 F 作用方向与配置滚珠丝杠副、油缸或其他驱动器平行 匀速运动或静止时 $F_{max}=F_1$
5	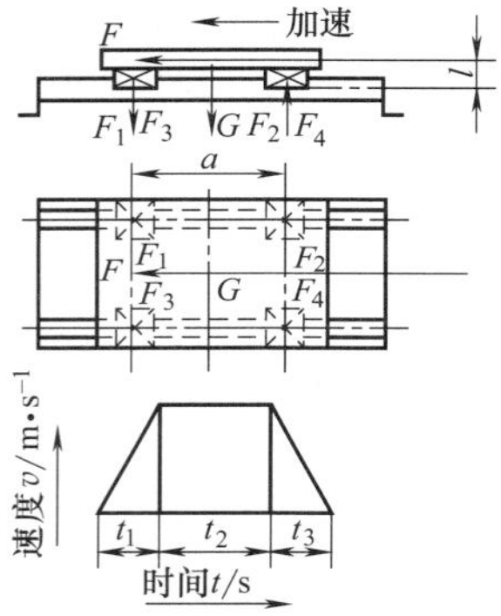	加速或减速时 $F_1=F_3=\frac{1}{4}G+\frac{l}{2a}F-\frac{lGv}{2agt_1}$ $F_2=F_4=\frac{1}{4}G-\frac{l}{2a}F-\frac{lGv}{2agt_1}$ 式中　v——加、减速度,m/s t_1——加、减速时间,s g——重力加速度,$g=9.8\mathrm{m/s^2}$	水平安装,卧式导轨,滑块座移动 承受惯性力,配置滚珠丝杠副、油缸或其他驱动器驱动 $F_{max}=F_{imax}$
6	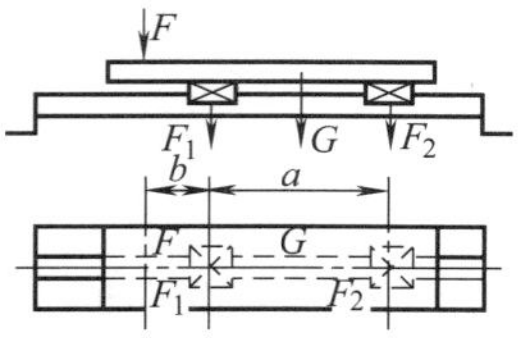	$F_1=\frac{F}{2}+\frac{G}{2}+\left(\frac{2b+a}{4a}\right)F$ $F_2=\frac{F}{2}+\frac{G}{2}-\left(\frac{2b+a}{4a}\right)F$	水平安装,卧式导轨,滑块座移动 匀速运动或静止时 $F_{max}=F_1$
7	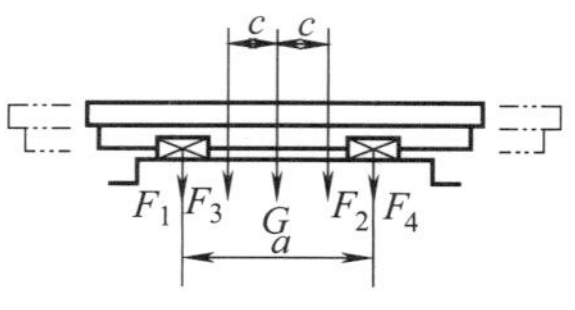 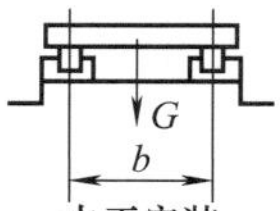 水平安装 匀速运动时,行程长度:$2c$	$F_{1(max)}\sim F_{4(max)}=\frac{G}{4}+\frac{G}{2}\frac{c}{a}$ $F_{1(min)}\sim F_{4(min)}=\frac{G}{4}-\frac{G}{2}\frac{c}{a}$	卧式导轨,导轨轴移动 $F_{max}=F_{imax}$

续表

序号	使用条件	每个滑块座的载荷值	说　　明
8	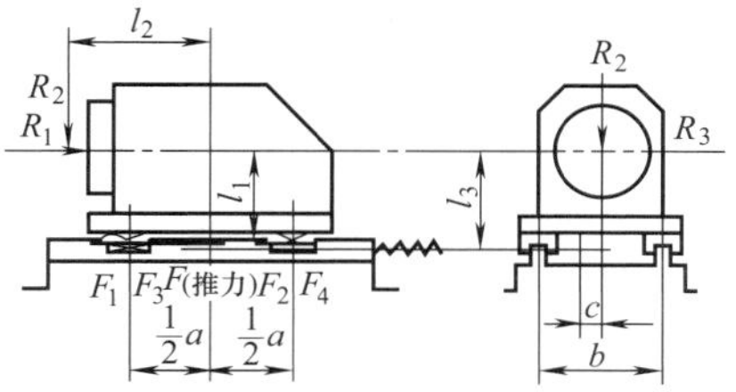 R_1 作用时 $F_1 \sim F_4=\frac{R_1}{2}\times\frac{l_3}{a}$ $F_{1T} \sim F_{4T}=\frac{R_1}{2}\times\frac{c}{a}$ R_2 作用时 $F_1=F_3=\frac{R_2}{4}+\frac{R_2}{2}\times\frac{l_2}{a}$ $F_2=F_4=\frac{R_2}{4}-\frac{R_2}{2}\times\frac{l_2}{a}$ R_3 作用时 $F_1 \sim F_4=\frac{R_3}{2}\times\frac{l_2}{b}$ $F_{1T}=F_{4T}=\frac{R_3}{4}+\frac{R_3}{2}\times\frac{l_2}{b}$ $F_{2T}=F_{3T}=\frac{R_3}{4}-\frac{R_3}{2}\times\frac{l_1}{b}$ F_{1T}、F_{2T}、F_{3T}、F_{4T}——相应的滑块座上平行于运动平面且垂直于导轨的载荷值		承受垂直水平外力，水平安装，滑块座移动，匀速运动时
9	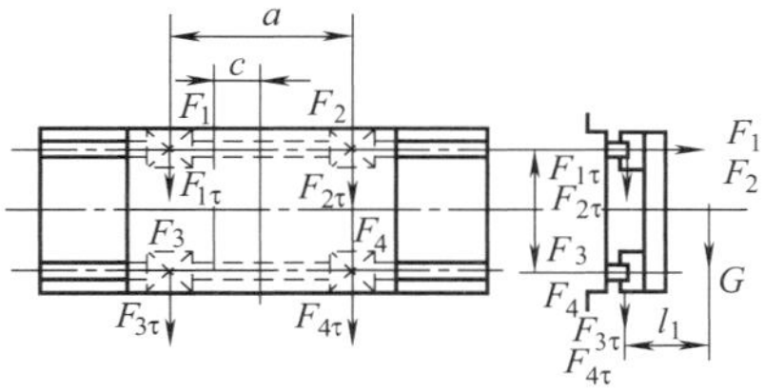 $F_1=F_2=F_3=F_4=\frac{l_1}{2a}G$ $F_{1T}=F_{3T}=\frac{1}{4}G+\frac{c}{2a}G$ $F_{2T}=F_{4T}=\frac{1}{4}G+\frac{c}{2a}G$		立式横向安装，滑块座移动，匀速运动或静止时
10	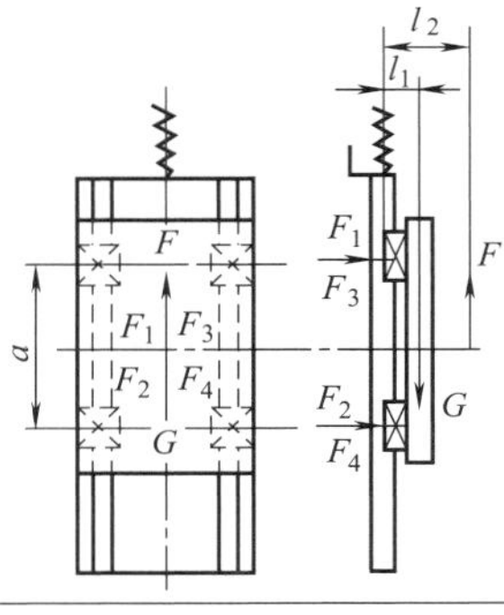	$F_1=F_3=\frac{1}{2a}(l_1G-l_2F)$ $F_2=F_4=\frac{1}{2a}(l_2F-l_1G)$ $F_1=F_3=-F_2=-F_4$ l_1，l_2——载荷作用点与滚珠丝杠副或其他驱动器轴线的距离	垂直安装，立式导轨，滑块座移动 外力 F 作用方向与配置滚珠丝杠副、油缸或其他驱动器平行 匀速运动或静止时
11	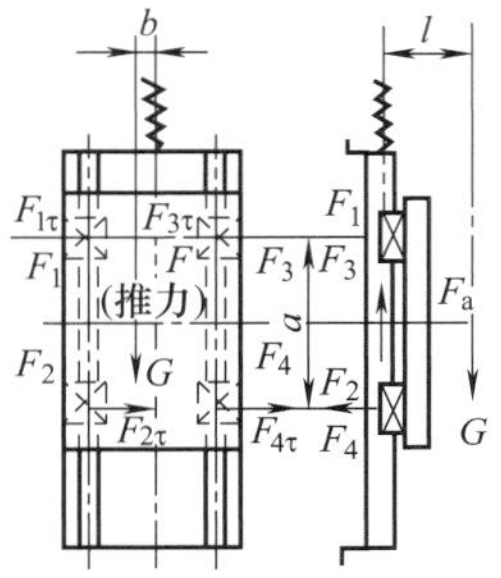	$F_1=F_2=F_3=F_4=\frac{l}{2a}G$ $F_{1T}=F_{2T}=F_{3T}=F_{4T}=\frac{b}{2a}G$	垂直安装，立式导轨，滑块座移动 推力 F_a 作用方向配置滚珠丝杠副、油缸或其他驱动器驱动 匀速运动或静止时

表 9-5-60　　**常见的平均载荷 F_m 计算公式**

载荷变化		计算公式
阶梯式变化载荷		$F_m=\sqrt[3]{\frac{1}{L}(F_1^3L_1+F_2^3L_2+\cdots+F_n^3L_n)}$ 式中　F_m——平均载荷，N F_n——变动载荷，N L_n——承受 F_n 载荷时的行程，mm L——全行程，$L=\Sigma L_n$，mm
单调式变化载荷		$F_m\approx\frac{1}{3}(F_{min}+2F_{max})$ 式中　F_{min}——最小载荷，N F_{max}——最大载荷，N
全波正弦曲线变化载荷		$F_m\approx0.65F_{max}$
半波正弦曲线变化载荷		$F_m\approx0.75F_{max}$

当支承同时承受垂直载荷 F_V 及水平载荷 F_H 时，其计算载荷可取

$$F_C=F_V+F_H$$

当支承还承受转矩 M 时，计算载荷

$$F_C=F_V+F_H+C_0\frac{M}{M_t}$$

式中　F_C——计算载荷；

F_V——垂直载荷向量；

F_H——水平载荷向量；

C_0——额定静载荷；

M——转矩；

M_t——额定转矩。

(2) 滚动导轨的寿命计算

滚动导轨的主要失效形式是滚动元件与滚道的疲劳点蚀与塑性变形，其相应的计算准则为寿命（或动载荷）计算和静载荷计算。滚动体循环装置的失效主要靠正确的制造、安装与使用维护来避免。

1）额定寿命计算　直线滚动导轨额定寿命的计算与滚动轴承基本相同。

滚动体为球时

$$L=\left(\frac{f_hf_tf_cf_a}{f_w}\times\frac{C}{P}\right)^3\times50$$

滚动体为滚子时

$$L=\left(\frac{f_hf_tf_cf_a}{f_w}\times\frac{C}{P}\right)^{\frac{10}{3}}\times100$$

式中　L——额定寿命，指一组同样的直线运动滚动导轨，在相同条件下运行，其数量的90%不发生疲劳时所能达到的总运行距离，km；

C——基本额定动载荷，指垂直于运动方向且大小不变地作用于一组同样的直线运动滚动导轨上使额定寿命为 $L=50$km（对球形滚动体）或 $L=100$km（对滚子形滚动体）时的载荷，kN 或 N·m；

P——当量动载荷，$P=F_c$，kN 或 N·m；

f_h——硬度系数，$f_h=\left[\frac{\text{滚道实际硬度(HRC)}}{58}\right]^{3.6}$，

由于产品技术要求规定，滚道硬度不得低于58HRC，故通常可取 $f_h=1$；

f_t——温度系数，查表 9-5-61；

f_c——接触系数，查表 9-5-62；

f_a——精度系数，查表 9-5-63；

f_w——载荷系数，查表 9-5-64。

表 9-5-61　　温度系数

工作温度/℃	≤100	>100～150	>150～200	>200～250
f_t	1	1～0.90	0.90～0.73	0.73～0.60

表 9-5-62　　接触系数

每根导轨上滑块数	1	2	3	4	5
f_c	1.00	0.81	0.72	0.66	0.61

表 9-5-63　　精度系数

精度等级	2	3	4	5
f_a	1.0	1.0	0.9	0.9

表 9-5-64　　载荷系数

工　作　条　件	f_w
无外部冲击或振动的低速运动的场合，速度小于 15m/min	1～1.5
无明显冲击或振动的中速运动的场合，速度为 15～60m/min	1.5～2
有外部冲击或振动的高速运动的场合，速度大于 60m/min	2～3.5

2）寿命时间的计算　当行程长度一定，以 h 为单位的额定寿命为

$$L_h=\frac{L\times10^3}{2\times L_a n_z\times60}\approx\frac{8.3L}{L_a n_z}$$

式中　L_h——寿命时间，h；

L——额定寿命，km；

L_a——行程长度，m；

n_z——每分钟往复次数。

（3）滚动导轨静载能力计算

$$\frac{C_0}{P_0}\geqslant S_0$$

式中　C_0——基本额定静载荷，kN，指直线运动滚动功能部件中承受最大接触应力的滚动体与滚道的塑性变形之和为滚动体直径 1/10000 时的载荷，C_0 见各导轨副的尺寸参数表；

P_0——滚动功能部件在垂直于运动方向所受的最大静载荷，kN；

S_0——静载荷安全系数，考虑启动与停止时惯性力对 P_0 的影响，其值见表9-5-65。

表 9-5-65　　静载荷安全系数 S_0

运动条件	载荷条件	S_0 的下限
不经常运动情况	冲击小，导轨挠曲变形小时	1.0～1.3
	有冲击、扭曲载荷作用时	2.0～3.0
普通运动情况	普通载荷、导轨挠曲变形小时	1.0～1.5
	有冲击、扭曲载荷作用时	2.5～5.0

（4）滚动导轨的摩擦力计算

摩擦阻力受结构形式、润滑剂的黏度、载荷及运动速度的影响而略有变化，预紧后，摩擦力增大，摩擦力 F_μ 可按下式计算

$$F_\mu=\mu F+f$$

式中　μ——滚动摩擦因数，$\mu=0.003\sim0.005$；

F——法向载荷，N；

f——密封件阻力，N，每个滑块座按 $f=5$N 取值。

当所受载荷 F 小于基本额定静载荷 C_0 的 10% 时，由于载荷过小，滚珠间相互摩擦的阻力和润滑脂的阻力占有较大比例。这时摩擦力并不随法向载荷的降低而成正比地下降，实际摩擦力将大于按上式计算的结果。如果仍用该式计算，则可认为在低速时摩擦因数将增大，实验表明，$\mu=0.003\sim0.005$ 仅适用于载荷比 $F/C_0>0.1$，当 $F/C_0=0.05$ 时，$\mu=0.01$；当 $F/C_0<0.05$ 时，μ 值将急剧增大。

滑块座两端密封垫的阻力与所受的载荷完全无关，有时会因制造装配和使用中卡住脏物或屑末等而增大阻力，此时应注意调整和清除。

5.4.2.2　滚动直线导轨副

（1）结构与特点

1）结构　滚动直线导轨副是由导轨、滑块、钢球、返向器、保持架、密封端盖及挡板等组成，见图 9-5-12，当导轨与滑块作相对运动时，钢球沿着导轨上的经过淬硬和精密磨削加工而成的四条滚道滚动，在滑块端部钢球又通过返向器进入返向孔后再进入滚道，钢球就这样周而复始地进行滚动运动，返向器两端装有防尘密封端盖，可有效地防止灰尘、屑末进入滑块内部。

钢球承载的形式，与角接触球轴承相似，一个滑块就像是 4 个直线运动的角接触球轴承，导轨轴的安装形式可以水平，也可以竖直或倾斜。可以两条或多条导轨轴平行安装，也可一条导轨安装，也可以将导轨接长成为长导轨，一条导轨上可以安装一个滑块和两个滑块，以适应各种行程和用途的需要。

国外滚动直线导轨副的结构类型较多，根据需要，国内已开发生产出多种结构类型的滚动直线导轨副，主要的类型见表 9-5-66。

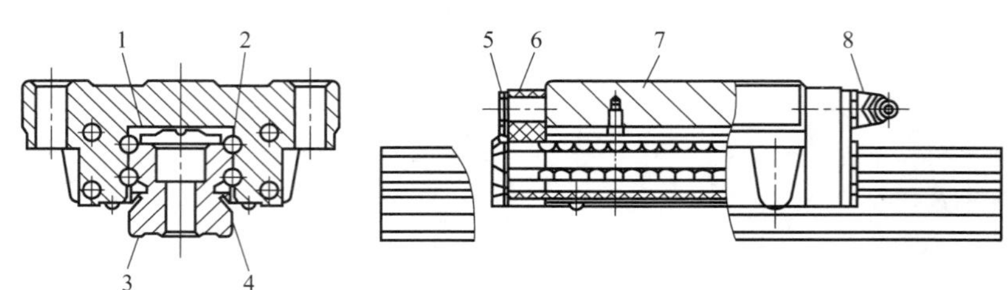

图 9-5-12　CGB型滚动直线导轨副

1—保持架；2—钢球；3—导轨；4—侧密封垫；5—密封端盖；6—返向器；7—滑块；8—油杯

表 9-5-66　滚动直线导轨副主要类型及参数

类　型	结构简图	特点及适用场合、标准参数	主要厂家及型号
四方向 等载荷型		轨道两侧各有互成45°的两列承载滚珠。垂直向上、下和左右水平额定载荷相同。额定载荷大，刚性好，可承受冲击及重载，适用于重载设备，如加工中心、数控机床、机器人、机械手等。A为标准参数（也为型号代码）：20、25、30、35、40、45、50、55、65、80	南京GGB型、汉中HJG-D、上海SGA型、济宁JSA型
轻载荷型 （双边单列）		轨道两侧各有一列承载滚珠。结构轻、薄、短小，且调整方便，可承受上下左右的载荷及不大的力矩，是集成电路片传输装置、医疗设备、办公自动化设备、机器人等的常用导轨。A为标准参数（也为型号代码）：8、10、12、15、20	南京GGC、GGE型，汉中HJG-D15型，上海SGC型
分离型 （单边双列）	1—滑块；2—导轨	两列滚珠与运动平面均成45°接触，因此同一平面只要安装一组导轨，就可以上下左右均匀地承载。若采用两组平行导轨，上下左右可承受同一额定载荷，间隙调整方便，可用于电加工机床、精密工作台等电子机械设备（参数尚未标准化）	南京GGF型、汉中HJG-$\frac{25}{35}$T型，上海SGB型
径向型		垂直向下和左右水平额定载荷大，对垂直向下载荷的精度稳定性较好，运行噪声小，可用于电加工机床、各种检验仪器中。d为标准参数（也为型号代码）：20、25、30、35、40、45、50、55、65、80	南京GGA型

注：南京GGB型指南京工艺装备制造厂型号；汉中HJG型指海红汉中轴承厂型号；上海SGC型指上海组合夹具厂型号；济宁JSA型指济宁轴承厂型号。

2）滚动直线导轨副的特点

① 动、静摩擦力之差很小、摩擦阻力小，随动性极好，有利于提高数控系统的响应速度和灵敏度。驱动功率小，只相当于普通机械十分之一。

② 承载能力大，刚度高。导轨副滚道截面采用合理比值［沟槽曲率半径 $r=(0.52\sim0.54)D$，D 为钢球直径］的圆弧沟槽，因而承载能力及刚度比平面与钢球接触大大提高。

③ 能实现高速直线运动，其瞬时速度比滑动导轨提高 10 倍。

④ 采用滚动直线导轨副可简化设计、制造和装配工作、保证质量、缩短时间、降低成本。导轨副具有"误差均化效应"从而降低基础件（导轨安装面）的加工精度，精铣或精刨即可满足要求。

（2）滚动直线导轨副尺寸系列

在表 9-5-66 中列出的 4 种滚动直线导轨副中，四方向等载荷型安装连接尺寸各生产厂家均已统一（见表 9-5-67），其余类型安装连接尺寸有所不同。表 9-5-68～表 9-5-71 列出四种常用的滚动直线导轨副的尺寸系列。

表 9-5-67　四方向等载荷型滚动直线导轨副的安装连接尺寸（JB/T 7175.3—1996）　mm

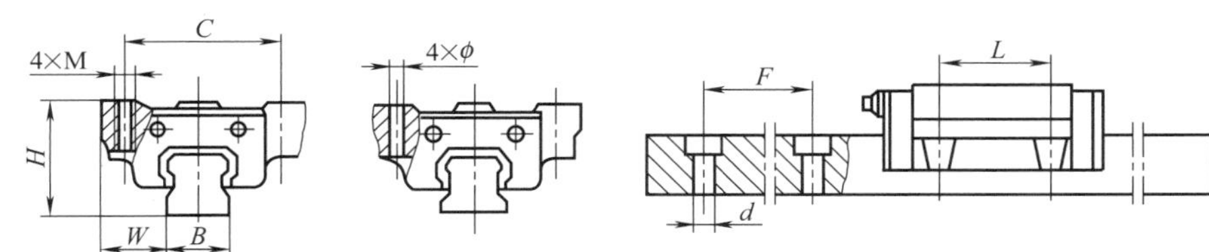

规格	装配组合后		滑块				导轨		
	H	W	C	L	M	ϕ	B	F	d
20	30	21.50	53	40	M6	6	20	60	6
25	36	23.50	57	45	M8	7	23	60	7
30	42	31	72	52	M10	9	28	80	9
35	48	33	82	62	M10	9	34	80	9
45	60	37.50	100	80	M12	11	45	105	14
55	70	43.50	116	95	M14	14	53	120	16
65	90	53.50	142	110	M16	16	63	150	18

注：滑块有螺纹孔及光孔两种结构供用户选择，订货时向厂家说明。

表 9-5-68　四方向等载荷型滚动直线导轨副结构尺寸及载荷特性

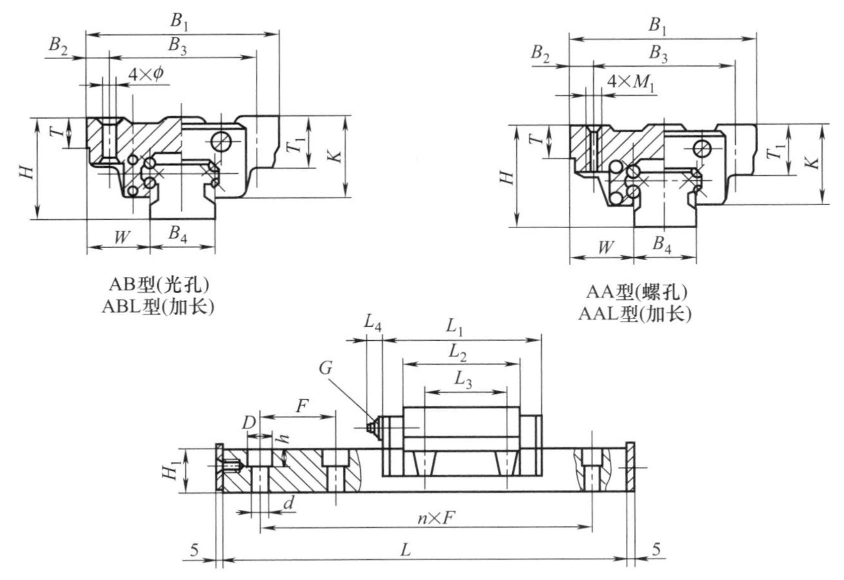

续表

型号	滑块尺寸/mm											载荷特性				
	B_1	B_2	B_3	B_4	W	M_1 (AAL)	ϕ (AB)	H	K	T	T_1	C /kN	C_0 /kN	M_A /N·m	M_B /N·m	M_C /N·m
GGB16AA、AB	47	4.5	38	16	15.5	M5	4.5	24	19.4	7	11	6.07	6.8	55.5	55.5	88.8
GGB20—AA、AB	63	5	53	20	21.5	M6	7	30	25	8	13	11.5	14.5	92.4	92.4	154
GGB20—AAL、ABL												13.6	20.3	121.8	121.8	203
GGB25—AA、AB	70	6.5	57	23	23.5	M8	7	37 (36)	30.5	10	16	17.7	22.6	149.8	149.8	246
GGB25—AAL、ABL												20.7	24.97	244.8	244.8	402
GGB30—AA、AB	90	9	72	28	31	M10	9	42	35	12	18	27.6	34.4	311.3	311.3	546
GGB30—AAL、ABL												33.4	45.8	560	560	745.2
GGB35—AA、AB	100	9	82	34	33	M10	11	48	38	13	21	35.1	47.2	488	488	790
GGB35—AAL、ABL												39.96	64.85	681	681	1102.45
GGB45—AA、AB	120	10	100	45	37.5	M12	13	(60) 62	51	15	25	42.5	71	848	848	1448
GGB45—AAL、ABL												64.4	102.1	1345.4	1345.4	2247.25
GGB55—AA、AB	140	12	116	53	43.5	M14	14	70	57	20	29	79.4	101	1547	1547	2580
GGB55—AAL、ABL												92.2	142.5	2264.3	2264.3	3776.25
GGB65—AA、AB	170	14	142	63	53.5	M16	16	90	76	23	37	115	163	3237	3237	4860
GGB65—AAL、ABL												148	224.5	4627.5	4627.5	6945.95
GGB85—AA、AB	215	15	185	85	65	M20	18	110	94	30	55	172.2	257.5	6076.4	6076.4	12842
GGB85—AAL、ABL												202.3	327.64	9646.3	9946.3	15410

型号	导轨尺寸/mm								
	H_1	$d\times D\times h$	L_1	L_2	L_3	L_4	F	L_{max}	G (油杯)
GGB16AA、AB	15	4.5×7.5×5.3	58	40.5	30	2.5	60	50	ϕ4
GGB20—AA、AB	18	6×9.5×8.5	70	50	40	11	60	1200	M6
GGB20—AAL、ABL			86	66					
GGB25—AA、AB	22	7×11×9	79.5	59	45	11	60	3000	M6
GGB25—AAL、ABL			98.5	78					
GGB30—AA、AB	26	9×14×12	95.2	70	52	11	80	3000	M6
GGB30—AAL、ABL			117.2	92					
GGB35—AA、AB	29	9×14×12	107.8	81	62	11	80	3000	M6
GGB35—AAL、ABL			131.8	105					
GGB45—AA、AB	38	14×20×17	135	102	80	11	100 (105)	3000	M6
GGB45—AAL、ABL			163	130					
GGB55—AA、AB	44	16×23×20	161	118	95	14	120	3000	M8
GGB55—AAL、ABL			199	156					
GGB65—AA、AB	53	18×26×22	195	147	110	14	150	3000	M8
GGB65—AAL、ABL			255	207					
GGB85—AA、AB	65	24×35×28	243.4	179	140	14	180	3000	M8
GGB85—AAL、ABL			300.4	236					

说明

①表中力矩 M_A、M_B、M_C 为滑块在导轨不同方向的额定力矩，如下图

②表中 L_{max} 为导轨单根最大长度，如需接长另行协商

③表中所列参数为南京工艺装备厂 GGB 系列的数据。选用括号内数据时，订货要特别注明

④相同规格的导轨副还有海红汉中轴承厂、上海轴承有限公司及济宁轴承厂的产品。汉中厂的型号为 HJG-D15、25、35、45、55、65 型；上海厂型号为 SGA、V15、$\frac{V}{W}$25、$\frac{V}{W}$25A、$\frac{V}{W}$35 型等；济宁厂的型号为 JSA-LG25、35、45、55、65 型（又分 KL 宽型及 ZL 窄型两种）

表 9-5-69　　轻载荷型滚动直线导轨副结构尺寸及载荷特性　　mm

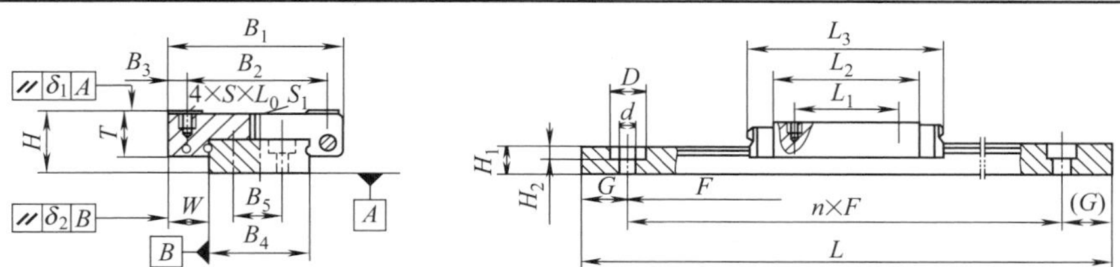

型号规格	结构尺寸																		载荷特性				
	B_1	B_2	B_3	B_4	B_5	H_1	T	L_1	L_2	L_3	4×S ×L_0	d×D ×H_2	F	W	G min	H	S_1	C /kN	C_0 /kN	M_A /N·m	M_B /N·m	M_C /N·m
GGC9BAK	30	21	4.5	18	0	7.5	7.8	12	27	41	4×M3 ×3	3.6×6 ×4.5	25	6	10	12	M3	2.56	2.7	14.8	14.8	32.4
GGC12BA	27	20	3.5	12	0	7.5	10	15	23	37	4×M3 ×3.5	3.6×6 ×4.5	25	7.5	10	13	M3	3.48	3.5	13.6	13.6	24.3
GGC12BAK	40	28	6	24	0	8.5	10	15	32.4	46.4	4×M3 ×3.5	4.5×8 ×4.5	40	8	10	14	M4	4.45	4.6	28.8	28.8	73
GGC15BA	32	25	3.5	15	0	9.5	12	20	25.7	43	4×M3 ×4	3.5×6 ×4.5	40	8.5	10	16	M4	5.4	5.5	25.4	25.4	47.3
GGC15BAK	60	45	7.5	42	23	9.5	12	20	41.3	55.3	4×M4 ×4.5	4.5×8 ×4.5	40	9	10	16	M5	7.5	8.5	68.6	68.6	70.3
HJG-D15J	32	25	3.5	15	1	9.5	12	20	29	42	4×M3 ×4	3.5×6 ×4.5	40	8.5	15	16	M4	4.4	6.5	16	18	34
HJG-D15K	60	45	7.5	42	23	9.5	12	20	41.3	55.5	4×M4 ×4.5	4.5×8 ×4.5	40	9	15	16	M5	4.6	7.8	27	29	108

注：1. GGC为南京轴承有限公司产品，HJG为海红汉中轴承厂产品。上海轴承有限公司有SGC9、SG12及SGC15，尺寸性能相近。

2. M_A、M_B、M_C的含义见表9-5-68说明①。

3. 单根导轨最大长度L：HJG-D15J为630mm，HJG-D15K为1030mm。

表 9-5-70　　分离型滚动直线导轨副结构尺寸及参数　　mm

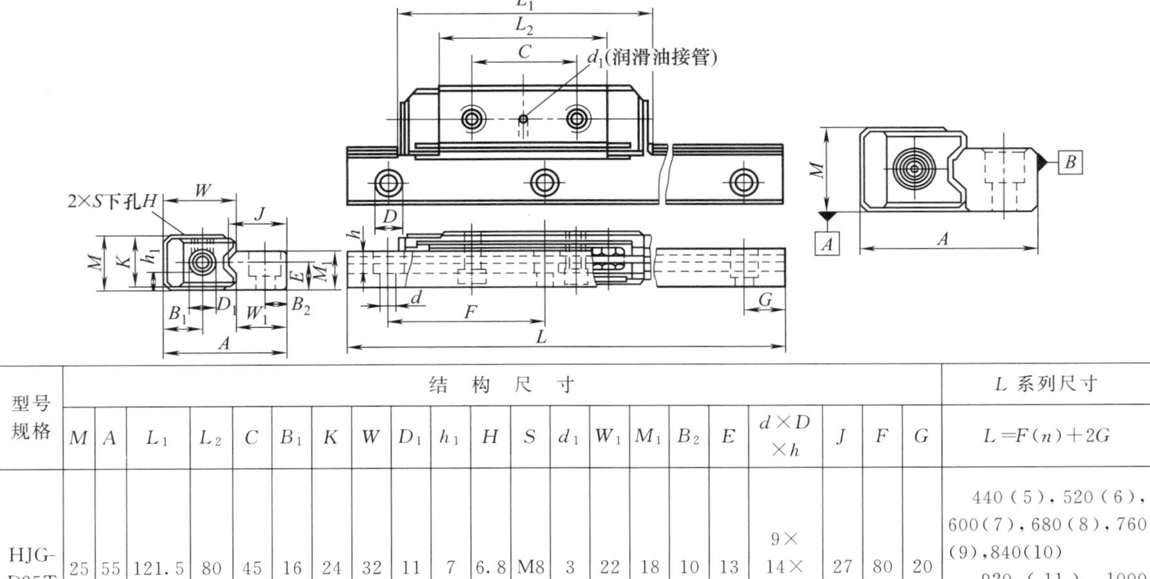

型号规格	结构尺寸																			L系列尺寸
	M	A	L_1	L_2	C	B_1	K	W	D_1	h_1	H	S	d_1	W_1	M_1	B_2	E	d×D ×h	J	F	G	L＝F(n)＋2G
HJG-D25T	25	55	121.5	80	45	16	24	32	11	7	6.8	M8	3	22	18	10	13	9× 14× 12	27	80	20	440(5),520(6),600(7),680(8),760(9),840(10) 920(11),1000(12),1080(13),1160(14),1240(15)

续表

型号规格	结构尺寸																					L 系列尺寸
	M	A	L_1	L_2	C	B_1	K	W	D_1	h_1	H	S	d_1	W_1	M_1	B_2	E	$d\times D\times h$	J	F	G	$L=F(n)+2G$
HJG-D35T	35	75	155	103.8	60	21.5	34	43.5	18	12	10.5	M12	4	30.5	26	14.5	18	11×17.5×14	37	105	20	460(4),565(5),670(6),775(7),880(8),985(9),1090(10),1195(11),1300(12),1405(13),1510(14)
SGB20V/W	20	42	93/112		35/50	13	19	22.5	10	5.5	8.5	M6	3		15	8			19.5	60	20	

型号规格	载荷特性				精度等级			
	额定载荷/N		质量/kg		项目	普通级	高级	精密级
	动载荷 C	静载荷 C_0	滑块	导轨		B	H	P
HJG-D25T	18900	32100	0.4	3.1	高 M 的尺寸公差	±0.1	±0.05	±0.025
HJG-D35T	30800	47900	1.02	6.3	总宽 A 的尺寸公差	±0.1	±0.1	±0.05
SGB20 V	8900	15400						
SGB20 W	12200	20600						

注：HJG 为海红汉中轴承厂产品，SGB 为上海轴承有限公司产品。

表 9-5-71　　GGA-BA 型滚动直线导轨副　　mm

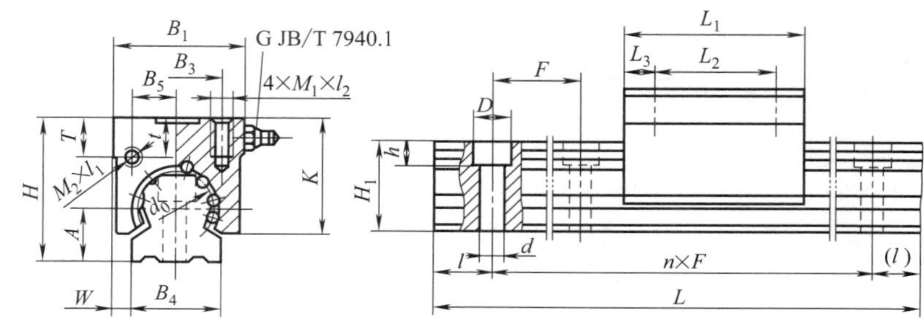

型号规格	结构尺寸																			载荷特性		
	B_1	B_3	B_4	B_5	W	$M_1\times t_2$	$M_2\times t_1$	t	H	A	T	K	L_1	L_2	L_3	H_1	$d\times D\times h$	l	F	最大长度 L	G	C/kN	C_0/kN
GGA16BA	34	26	16	22	9	M4×10	M3×6	6	28	12	8	22	45	26	9.5	17	4.5×7.5×5.3	20	60	640	M6	3.5	4.5
GGA20BA	48	35	20	26	14	M6×12	M4×8	8	40	17	8	32	63	35	14	23	6×9.5×8.5	20	60	1500	M6	6.8	8.8
GGA25BA	60	40	25	40	17.5	M8×16	M4×8	12	50	20	10	40	75	40	17.5	28	7×11×9	20	80	3000	M5	11.3	14
GGA32BA	71	50	32	50	19.5	M8×16	M4×8	12	60	25	12	50	85	50	17.5	35	7×11×9	20	80	3000	M5	11.3	14
GGA40BA	85	60	40	60	22.5	M10×20	M5×10	12	75	32	15	60	105	60	22.5	44.5	9×14×12	22.5	105	3000	M8×1	27.8	31.5
GGA50BA	100	75	50	75	25	M12×25	M5×10	12	85	32	15	70	120	75	22.5	47.5	11×18×12	30	120	4000	M8×1	40.6	43
GGA63BA	120	80	63	85	28.5	M12×25	M5×10	15	100	38	18	82	120	75	22.5	57	11×18×12	30	120	4000	M8×1	57.9	60.3

注：制造单位为南京工艺装备制造厂。

表 9-5-72 列出了上海夹具厂生产的微型滚动直线导轨副，由钢板冲制成形，重量轻、滚动轻便、摩擦阻力小、惯性小、反应灵敏。适用于录像机、半导体装置、硬盘等存储装置的读出与写入部位及医疗设备、绘图仪等高精度机械设备。

（3）导轨副的选择计算步骤

① 根据设备的工作要求选择导轨副的类型及配置形式。

② 计算滚动滑块上所受最大载荷。

③ 按 5.4.2.1 节的内容验算寿命值及静载荷，确定所需的额定动、静载荷 C 和 C_0。

④ 根据计算的额定动载荷 C 及额定静载荷 C_0，从导轨副的尺寸参数表（表 9-5-68～表 9-5-71）中选定所需的导轨副型号及尺寸。

（4）精度及预加载荷

1）精度等级及应用　滚动直线导轨副精度等级分为 6 级，1 级精度最高，6 级精度最低。JB/T 7175.2—2006（见表 9-5-73）列出了适用于四方向等载荷型、径向载荷型和轻载荷型以钢球为滚动体的导轨副的精度等级及其允许偏差。

各类机械推荐采用的精度等级见表 9-5-74。

表 9-5-72　　微型 SGD、SGW 滚动直线导轨副

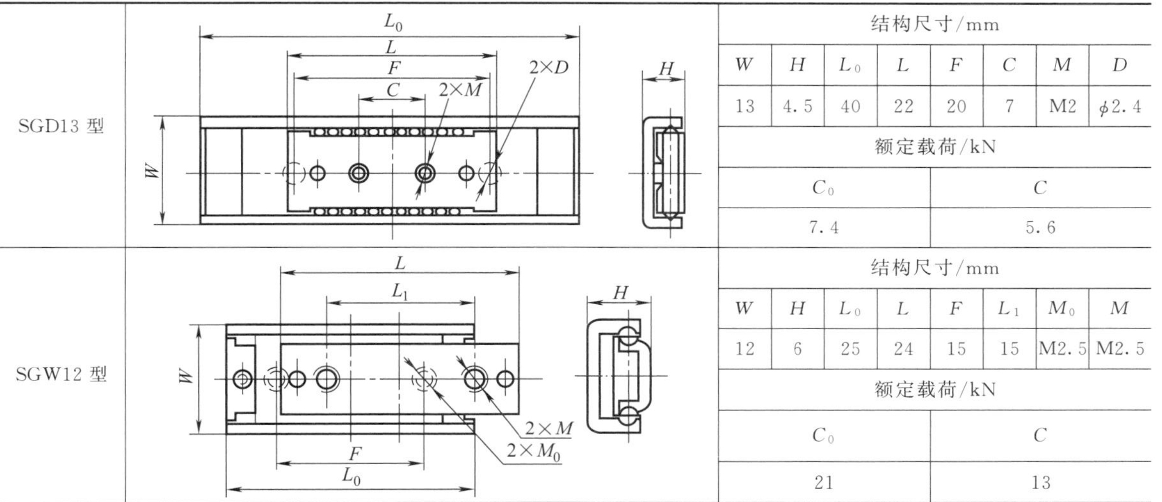

型号	结构尺寸/mm							
SGD13 型	W	H	L_0	L	F	C	M	D
	13	4.5	40	22	20	7	M2	ϕ2.4
	额定载荷/kN							
	C_0 7.4				C 5.6			
SGW12 型	W	H	L_0	L	F	L_1	M_0	M
	12	6	25	24	15	15	M2.5	M2.5
	额定载荷/kN							
	C_0 21				C 13			

表 9-5-73　　滚动直线导轨副的精度（JB/T 7175.3—1996）

序号	简图	检验项目	允许偏差/μm						
			导轨长度/mm	精度等级 1	2	3	4	5	6
1	Ⓐ Ⓑ	滑块对导轨基准面的平行度：①滑块顶面中心对导轨基准底面的平行度；②与导轨基准侧面同侧的滑块侧面对导轨基准侧面的平行度	≤500	2	4	8	14	20	28
			>500～1000	3	6	10	17	25	34
			>1000～1500	4	8	13	20	30	40
			>1500～2000	5	9	15	22	32	46
			>2000～2500	6	11	17	24	34	54
			>2500～3000	7	12	18	26	36	62
			>3000～3500	8	13	20	28	38	70
			>3500～4000	9	15	22	30	40	80
2	H	滑块顶面对导轨基准底面高度 H 的极限偏差	精度等级	1	2	3	4	5	6
				±5	±12	±25	±50	±100	±200
3	H	同一平面上多个滑块顶面高度 H 的变动量	精度等级	1	2	3	4	5	6
				3	5	7	20	40	60

续表

序号	简　图	检验项目	允许偏差/μm					
4		导轨基准侧面同侧的滑块侧面与导轨基准侧面间距离 W_1 的极限偏差（只适用基准导轨）	精 度 等 级					
			1	2	3	4	5	6
			±8	±15	±30	±60	±150	±240
5		同一导轨上多个滑块侧面与导轨基准侧面间距离 W_1 的变动量（只适用基准导轨）	精 度 等 级					
			1	2	3	4	5	6
			5	7	10	25	70	100

注：1. 精度检验方法见表中简图所示。

2. 由于导轨轴上的滚道是用螺栓将导轨轴紧固在专用夹具上精磨的，在自由状态下可能会存在误差，因此精度检验时应将导轨用螺栓固定在专用平台上测量。

3. 当基准导轨副上使用滑块数超过两件时，除首尾两件滑块外，中间滑块不作第 4 和第 5 项检查，但中间滑块的 W_1 值应小于首尾两滑块的 W_1 值。

表 9-5-74　　推荐采用的精度等级

机床及机械类型		坐　标	精 度 等 级			
			2	3	4	5
数控机械	车床	X	√	√	√	
		Z		√	√	√
	铣床、加工中心	X、Y	√	√	√	
		Z		√	√	√
	坐标镗床、坐标磨床	X、Y	√	√		
		Z		√	√	
	磨床	X、Y	√	√		
		Z	√		√	
	电加工机床	X、Y	√	√		
		Z			√	√
	精密冲裁机	X、Z			√	√
	绘图机	X、Y		√	√	
	精密十字工作台	X、Y	√			
普通机床		X、Y		√		
		Z		√	√	
通用机械					√	√

注：由南京工艺装备制造厂推荐。

2）预加载荷的选择　为了保证高的运动精度并提高刚度，对于滚动直线导轨副可以采用预加载荷的方法进行滚动体与滚道间的间隙调整。预加载荷的大小决定了导轨副在外加载荷作用下刚度波动的大小，但预加载荷超过额定动载荷 10%时将使寿命降低。

国内各厂家对预加载荷分级的大小略有不同，表 9-5-75～表 9-5-77 是南京工艺装备厂推荐的分级方法。

（5）安装与使用

1）安装基面的台肩高度和倒角　为了使滑块和导轨安装在工作台和床身上时，不与基础件发生干涉，相对移动件不相碰，规定了安装基面的台肩高度、倒角形式和尺寸。见表 9-5-78。

2）基础件上安装导轨副的安装平面的精度要求　使用单根导轨副的安装面其平面精度可略低于导轨副的运行精度；同一平面内使用两根或两根以上导轨副时，其安装面精度可低于导轨副运行精度，建议按表 9-5-79 选用精度要求。

3）导轨副连接基准面的固定结构形式　导轨轴和滑块座与侧基准面靠上定位台阶后，应从另一面顶紧后再固定，顶紧固定方法见图 9-5-13。

表 9-5-75　**各种规格的滚动直线导轨副的四种预加载荷**

规格＼种类	重预载 P_0 (0.1C)/N	中预载 P_1 (0.05C)/N	普通预载 P_2 (0.025C)/N	最轻载荷 P_3 时的间隙/μm
GGB16	607	304	152	3～10
GGB20	1150/1360	575/680	287.5/340	5～15
GGB25	1770/2070	885/1035	442.5/517.5	5～15
GGB30	2760/3340	1380/1670	690/835	5～15
GGB35	3510/3996	1755/1998	877.5/999	8～24
GGB45	4250/6440	2125/3220	1062.5/1610	8～24
GGB55	7940/9220	3745/4610	1872.5/2305	10～28
GGB65	11500/14800	5750/7400	2875/3700	10～28
GGB85	17220/20230	8610/10115	4305/5058	10～28

表 9-5-76　**根据不同使用场合推荐预加载荷**

预载种类	应用场合
P_0	大刚度并有冲击和振动的场合，常用于重型机床的主导轨等
P_1	要求重复定位精度较高，承受侧悬载荷、扭转载荷和单根使用时，常用于精密定位运动机构和测量机构上
P_2	有较小的振动和冲击，两根导轨并用时，并且要运动轻便处
P_3	用于输送机构中

表 9-5-77　**根据不同使用精度推荐预加载荷**

精度级别	预紧级别			
	P_0	P_1	P_2	P_3
2、3、4	√	√	√	
5		√	√	√

表 9-5-78　**倒角和肩高**　mm

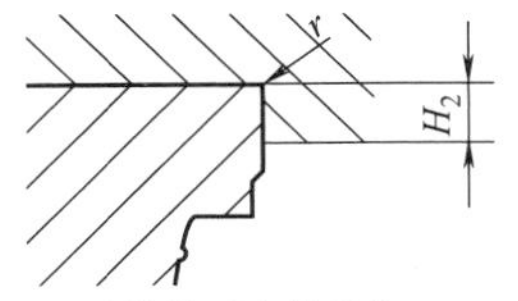

导轨基面安装部位

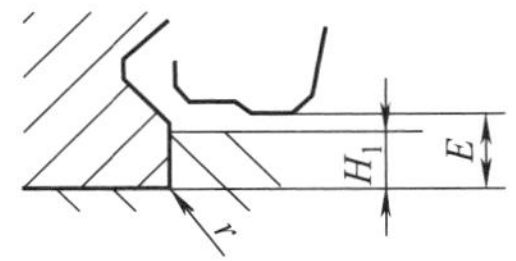

滑块基面安装部位

规　格	倒角半径 r	基面肩高 H_1	基面肩高 H_2	E	
				GGA	GGB
18	0.5	3.5	4	5	4.5
20	0.5	4	5	5.5	5
25	0.5	5	6	6.5	6.5
35	0.5	7	6	9	10
45	0.7	7	8	10.5	11
55	0.7	7	8	12	13
65	1.0	7	10	14	14

表 9-5-79　　基础安装平面精度要求

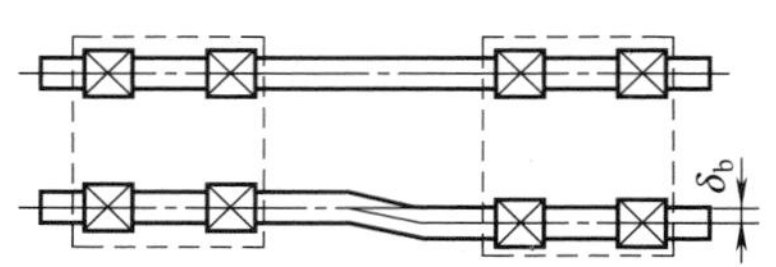

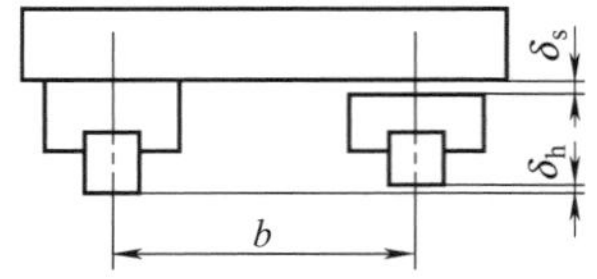

安装侧基面平行度误差 δ_b/mm				计算系数 k	安装基面高度误差 $\delta_h=kb$/mm			
预载类型					预载类型			
P_0	P_1	P_2	P_3		P_0	P_1	P_2	P_3
0.01	0.015	0.020	0.030		0.00004	0.00006	0.00008	0.00012
基础件滑块安装面的高度误差为 $\delta_s=0.00004b$								

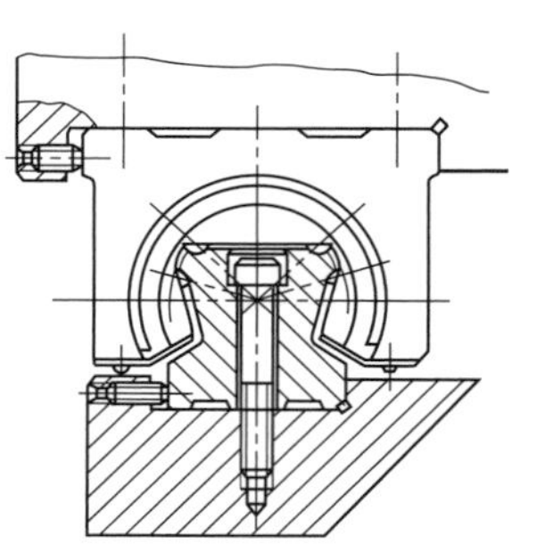

(a) 紧定螺钉顶紧方法

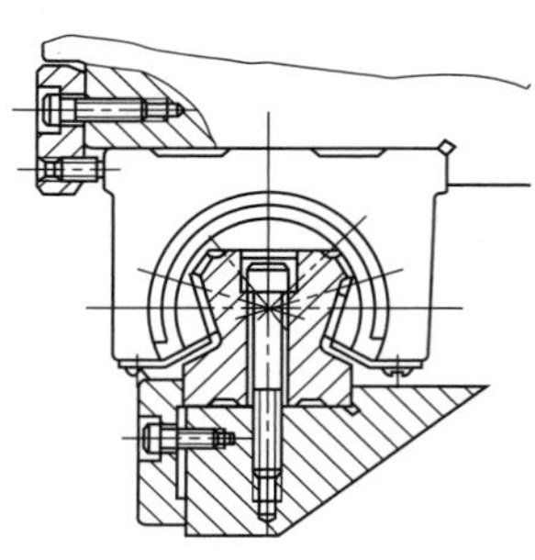

(b) 压板顶紧方法

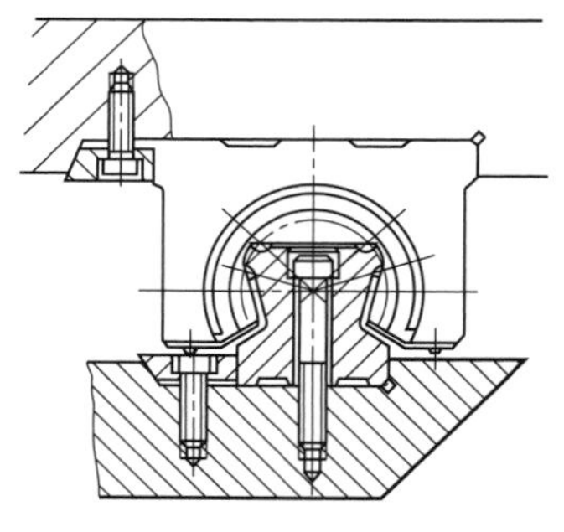

(c) 楔块顶紧方法

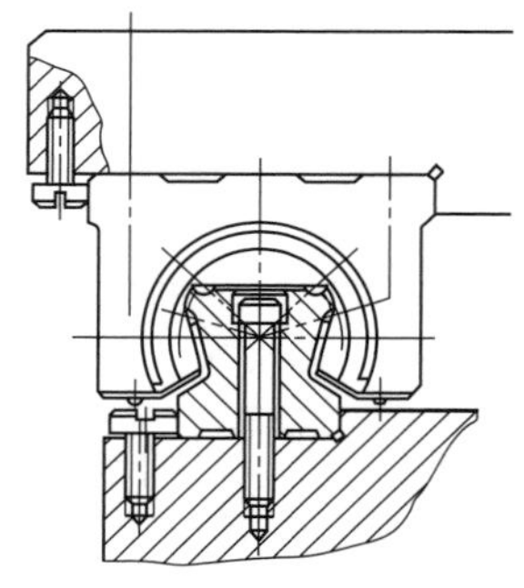

(d) 偏心头螺钉顶紧方法

图 9-5-13　导轨副连接固定方法

4）双导轨定位　在同一平面内平行安装两条导轨时，如果振动和冲击较大，精度要求较高，则两条导轨侧面都定位，如图 9-5-14 所示，否则，一条导轨侧面定位即可，见图 9-5-15，侧面定位方式可根据需要采用上述的任何一种。

双侧定位导轨轴按下列步骤安装。

① 将基准侧的导轨轴基准面（刻有小沟槽的一侧）紧靠机床装配表面的侧基面，对准螺孔，将导轨轴轻轻地用螺栓予以固定。

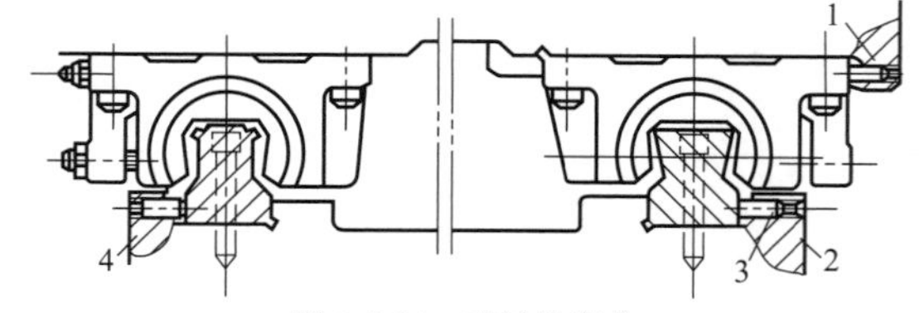

图 9-5-14　双导轨定位

1—滑块座紧定螺钉；2—基准侧；3—导轨轴紧定螺钉；4—非基准侧

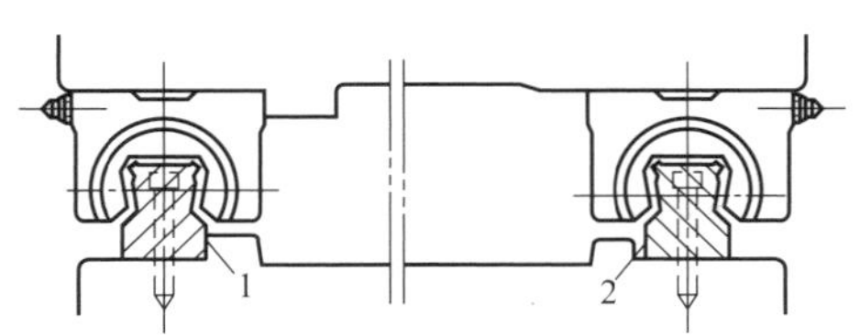

图 9-5-15　单导轨定位
1—基准侧；2—非基准侧

② 上紧导轨轴侧面的顶紧装置，使导轨的轴基准侧面紧紧靠贴床身的侧基面。

③ 按表 9-5-80 的参考值，用力矩扳手逐个拧紧导轨轴的安装螺钉。从中间开始按交叉顺序向两端拧紧。

④ 非基准侧的导轨轴与基准侧的安装次序相同，只是侧面需轻轻靠上，不要顶紧。否则反而引起过定位，影响运行的灵敏性和精度。

5）单导轨定位　一条导轨侧面定位，但无顶紧装置，如图 9-5-15 所示。

安装按下列步骤进行。

① 将基准侧导轨轴基准面（刻有小沟槽）的一侧，紧靠机床装配表面的侧基面，对准安装螺孔，将导轨轴轻轻地用螺栓固定，并用多个弓形手用虎钳，均匀地将导轨轴牢牢地夹紧在侧基面上。

② 按表 9-5-80 的参考值，用力矩扳手从中间按交叉顺序向两端拧紧安装螺钉。

③ 非基准侧的导轨轴对准安装螺孔，将导轨轴轻轻地用螺栓予以固定后，采用表 9-5-81 所列方法之一进行校调和紧固。

表 9-5-80　　推荐拧紧力矩　　N·m

螺钉公称尺寸	M4	M5	M6	M8	M10	M12	M16
力矩值	2.6～4.0	5.1～8.5	8.7～14	21.6～30.5	42.2～67.5	73.5～118	178～295

表 9-5-81　　导轨轴校调和紧固方法

方法 1	千分表座贴紧基准侧导轨轴的基面，千分表测头接触非基准侧导轨轴的基面。移动千分表，根据读数调整非基准侧导轨轴，直到达到表 9-5-79 中 δ_b 的要求。用力矩扳手逐个拧紧安装螺栓
方法 2	将千分表架置于非基准侧导轨副的滑块座上，测头接触到基准侧导轨轴的基面上，根据千分表移动中的读数（或测前、中、后三点），调整到按表 9-5-79 中 δ_b 的要求。用力矩扳手逐个拧紧安装螺栓 1 和 2 两种方法，一般仅适用于两根导轨轴跨距较小的场合，如跨距较大则会因表架刚性不足而影响测量精度，采用方法 2 测量时滑块座在导轨轴上必须没有间隙，因为间隙会影响测量精度
方法 3	原理与方法 2 类似，但可适用于两根导轨轴跨距较大的场合，其方法是把工作台（或专用测具）固定在基准侧导轨副的两个滑块座上，非基准侧导轨副的两个滑块座，则用安装螺钉轻轻地与工作台连接，在工作台上旋转千分表架，将测头接触非基准侧导轨轴的侧基面，根据千分表移动中的读数（或测前、中后三点），调整非基准侧导轨轴，使它符合表 9-5-79 中的 δ_b 的要求，并用力矩扳手逐个拧紧导轨轴（与床身）和滑块（与工作台）的安装螺栓
方法 4	将基准侧导轨副的两个滑块座和非基准侧导轨副一个滑块座，用螺栓紧固在工作台上。非基准侧导轨轴与床身及另一个滑块座与工作台，则轻轻地予以固定。然后移动工作台，同时测定其拖动力，边测边调整非基准侧导轨轴的位置。当达到拖动力最小，全行程内拖动力波动也最小时就可用力矩扳手逐个拧紧非基准侧导轨轴及另一个滑块座的安装螺栓 这个方法用于导轨轴长度大于工作台长度两倍以上的场合
方法 5	上述几种方法仅适用于单件、小批装配作业，其中有些方法比较繁琐，并且提高装配精度也受到一定的限制。日本 THK 公司等推出一些专用装配工具，图(a)为专门的千分表架，图(b)为标准间距量棒。两种工具都是以基准侧的导轨轴侧基面为基准，根据平行度要求调整非基准侧导轨轴 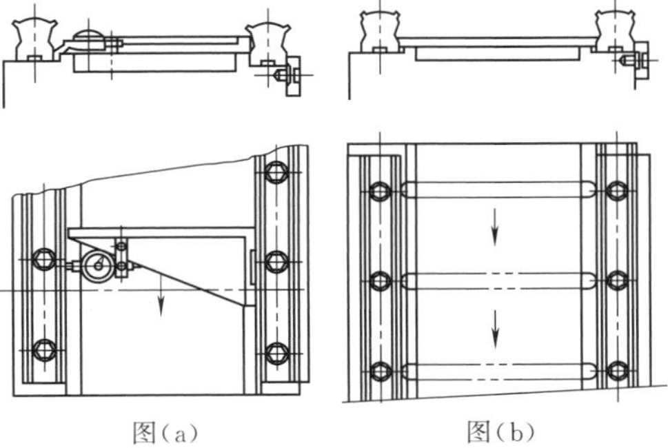 图(a)　　图(b)

6）床身上没有凸起的基面时的安装方法　这种方法大多用于移动精度要求不太高的场合。床身上可以没有凸起的侧基面，工艺比较简单。如图9-5-16所示。

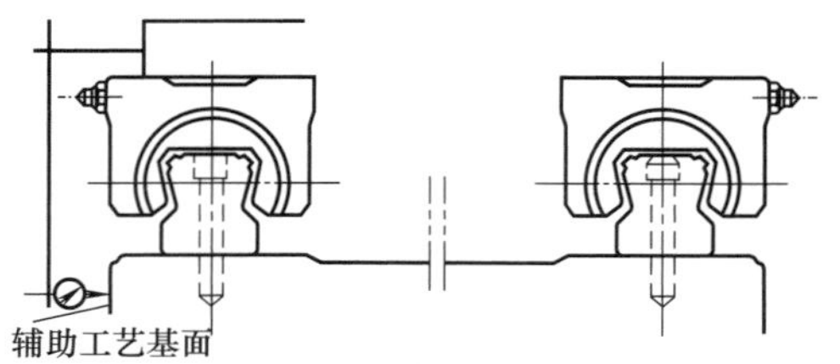

图9-5-16　床身上没有凸起基面时的安装

安装按下列步骤进行。

① 将基准侧的导轨轴用安装螺栓轻轻地固定在床身装配表面上，把两块滑块座并在一起，上面固定一块安装千分表架的平板。

② 千分表测头接触低于装配表面的侧向工艺基面，如图9-5-16所示。根据千分表移动中读数指示，边调整边紧固安装螺钉。

③ 将非基准侧导轨轴用安装螺栓，轻轻地固定在床身装配表面上。

④ 装上工作台并与基准侧导轨轴上两块滑块座和非基准侧导轨轴上一块滑块座，用安装螺栓正式紧固，另一块滑块座用安装螺栓轻轻地固定。

⑤ 移动工作台，测定其拖动力，边测边调整非基准侧导轨轴的位置。当达到拖动力最小，全行程内拖动力波动最小时，就可用力矩扳手，逐个拧紧全部安装螺栓。这一方法常用于导轨轴长度大于工作台长度两倍以上的场合。

7）滑块座的安装方法

① 将工作台置于滑块座的平面上，并对准安装螺钉孔，轻轻地予以紧固。

② 拧紧基准侧滑块座侧面的压紧装置，使滑块座基准侧面紧紧靠贴工作台的侧基面。

③ 按对角线顺序，逐个拧紧基准侧和非基准侧滑块座上各个螺栓。

8）接长导轨　接长导轨采用同一套导轨副编同一英文大写字母，连续阿拉伯数字表示连接顺序，对接端头由同一阿拉伯数字相连，如图9-5-17。

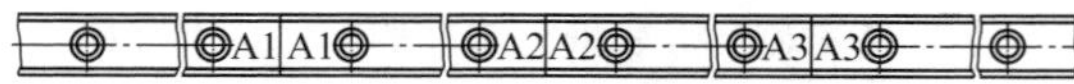

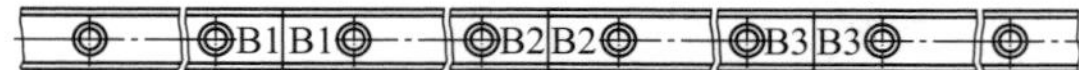

图9-5-17　接长导轨

9）装配后的检查及精度测定　安装完毕后，检查导轨副在全行程内应运行轻便、灵活、无停顿阻滞现象，摩擦阻力不应有明显的变化。达到上述要求后，进行导轨副的精度测定。

精度测定可以按两个步骤进行。首先，不装工作台，分别对基准侧和非基准侧的导轨副进行直线度测定，然后装上工作台进行直线度和平行度的测定。推荐的测定方法如表9-5-82所示。

10）滚动直线导轨副的组合形式（表9-5-83）

表9-5-82　推荐的测定方法

序号	测量简图		检验项目和检验工具	检验方法
	滚动直线导轨副	工作台移动部件		
1			滑块座和工作台移动在垂直面内的直线度 指示器 平尺	千分表按图固定在中间位置，触头接触平尺，并调整平尺，使其头尾读数相等然后全程检验，取其最大差值
2			滑块座和工作台移动在水平面内的直线度 指示器 平尺	千分表按图固定在中间位置，触头接触平尺，并调整平尺，使其头尾读数相等，然后全程检验，取其最大的差值

续表

序号	测量简图：滚动直线导轨副	测量简图：工作台移动部件	检验项目和检验工具	检验方法
3		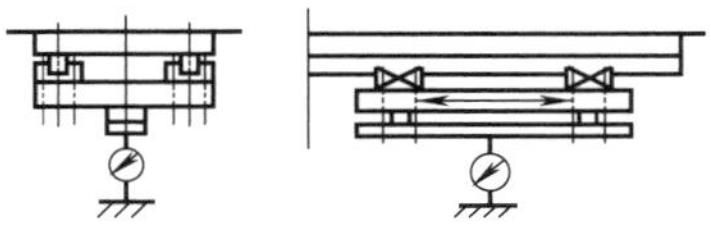	工作台移动对工作台面的平行度 指示器 平尺	千分表触头接触平尺，并调整两端等高，全程检验，取其最大差值
4	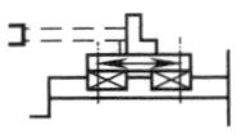		滑块座和工作台移动在垂直和水平面内的直线度 自准直仪	反射镜按图固定在中间位置，然后全程检验，取其最大差值

表 9-5-83 滚动直线导轨的组合形式

水平	滑座移动	导轨移动	侧向安装导轨移动	侧向安装滑座移动
	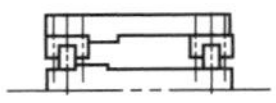	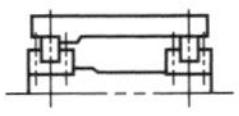	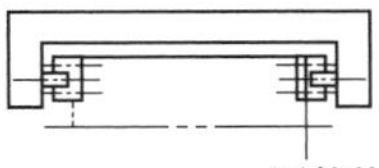 调整垫	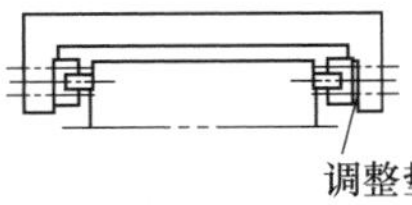 调整垫
	单臂滑座移动	侧向安装一侧调整		高度浮动型
	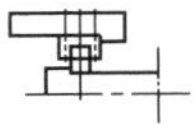	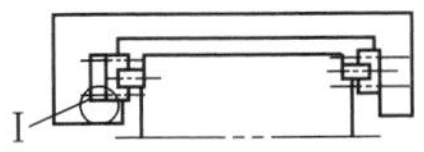 I	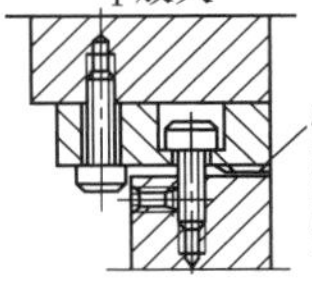 I放大 碟型弹簧	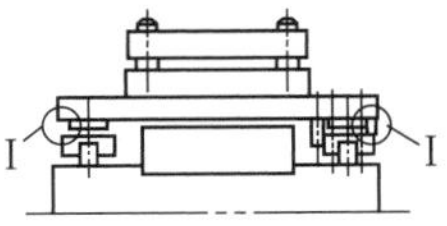 I I

竖直	滑座移动	导轨移动	侧向安装滑座移动	侧向安装导轨移动	侧向安装下侧调整型	混合型
	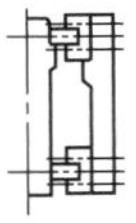	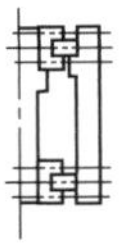	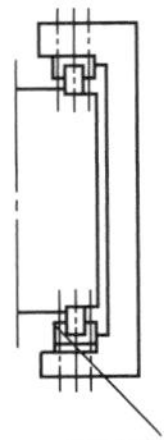 调整垫	 调整垫	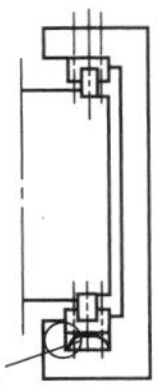 I	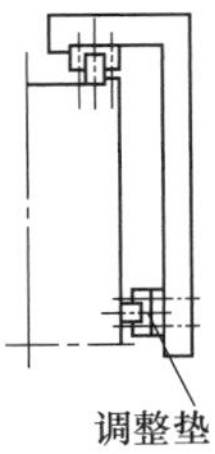 调整垫

5.4.2.3　滚柱交叉导轨副

如图 9-5-18 所示，滚柱交叉导轨副由一对导轨、滚子保持架、圆柱滚子等组成。一对导轨之间是截面为正方形的空腔，在空腔里装滚柱，前后相邻的滚柱轴线交叉 90°，使导轨无论哪一方向受力，都有相应的滚柱支承。为避免端面摩擦，取滚柱的长度比直径小0.15～0.25mm。各个滚柱由保持架隔开。

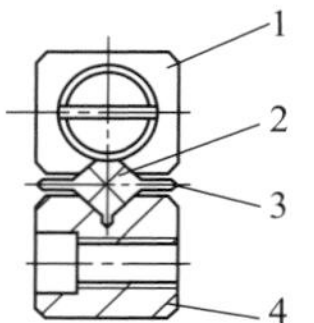

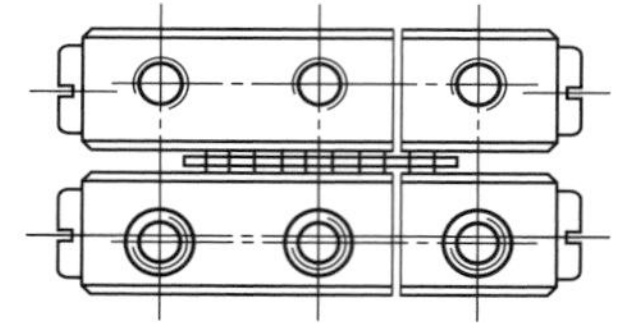

图 9-5-18　滚柱交叉导轨副
1—导轨；2—滚柱；3—保持架；4—导轨

这种导轨的特点是刚度和承载能力都比滚珠导轨大、精度高、动作灵敏，结构比较紧凑，但这种导轨由于滚柱是交叉排列的，在一条导轨面上实际参加工作的滚柱只有一半。滚柱不循环运动，行程长度受限制。这种导轨适用于行程短、载荷大的机床等。

(1) 载荷及滚子数计算

1) 导轨长度及滚子数量　交叉导轨的长度参数见图 9-5-19。导轨长度不小于行程的 1.5 倍，即 $L \geqslant 1.5l$。保持架的长度不大于导轨长度与行程长度一半之差，即 $K \leqslant L - l/2$。

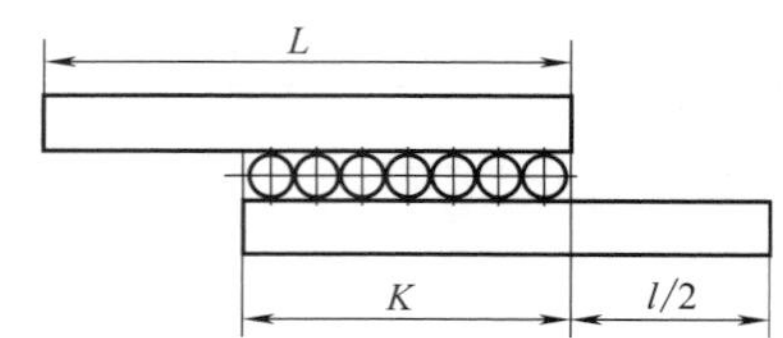

图 9-5-19　交叉导轨的长度参数
L—导轨长度；l—行程长度；K—保持架长度

滚子数计算

$$N=\frac{K-2a}{f}+1$$

式中　N——滚子数量（整数）；
a——保持架端距（见表 9-5-86）；
f——滚子间距（见表 9-5-86）。

2) 载荷计算（见表 9-5-84）

表 9-5-84　载荷计算

载荷方向	正向载荷	侧向载荷
额定动载荷 C	$C=\left(\frac{N}{2}\right)^{\frac{3}{4}}C_1$	$C=\left(\frac{N}{2}\right)^{\frac{3}{4}}2^{7/9}C_1$
额定静载荷 C_0	$C_0=\left(\frac{N}{2}\right)C_{01}$	$C_0=2\times\left(\frac{N}{2}\right)C_{01}$

注：C——额定动载荷，N；C_0——额定静载荷，N；C_1——每个滚子的额定动载荷，N；C_{01}——每个滚子的额定静载荷，N；N——滚子数；$N/2$——滚子数（忽略小数）。

(2) 尺寸系列（见表 9-5-85、表 9-5-86）

表 9-5-85　导轨副基本尺寸　mm

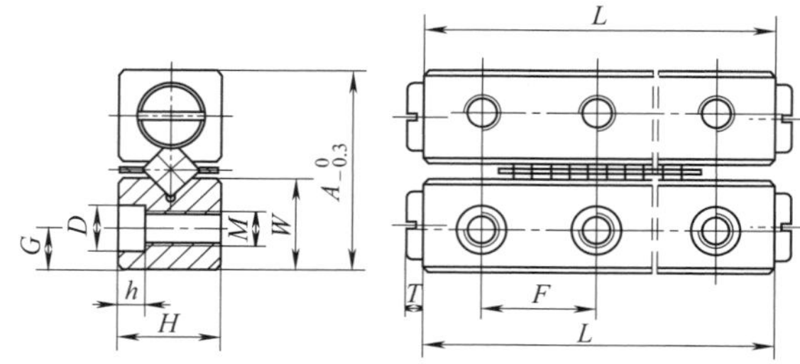

规格＼尺寸	A	H	W	M	D	h	G	F	T	单根导轨最大长度 L
GZV1	8.5	4	3.8	M2	—	—	1.8	10	2	80
GZV2	12	6	5.5	M3	—	—	2.5	15	2	180
GZV3	18	8	8.4	M4	6	3.1	3.5	25	2	300
GZV4	22	11	10	M5	7.5	4.1	4.5	40	3	500
GZV6	31	15	14.2	M6	9.5	5.2	6	50	4	500
GZV9	44	22	20.2	M8	10.5	6.2	9	50	4	800
GZV12	58	28	27	M10	13.5	8.2	12	100	5	1000
GZV15	71	36	33	M12	16.5	10.2	14	100	6	1000

表 9-5-86 保持架基本尺寸

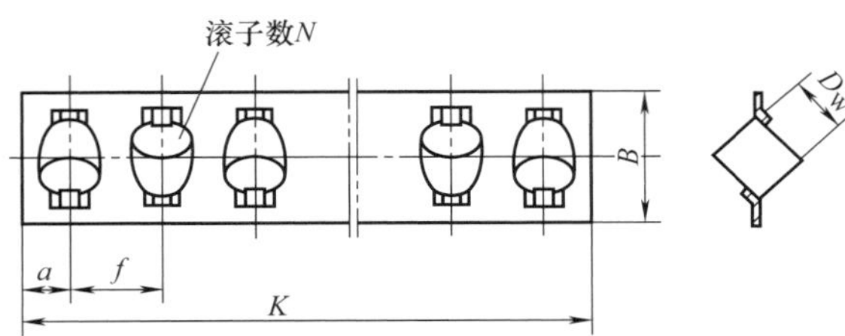

规格	D_w/mm	a/mm	f/mm	B/mm	C_1/kN	C_{01}/kN
CZV1	1.5	1.5	2.5	3.8	0.107	0.118
CZV2	2	2	4	5.6	0.263	0.274
CZV3	3	2.5	5	7.6	0.545	0.597
CZV4	4	5	7	10	1.05	1.16
CZV6	6	6	9	14	2.06	2.41
CZV9	9	9.5	14	21	5.904	6.74
CZV12	12	10	20	25	12.15	13.77
CZV15	15	14	22	34	19.62	22.32

注：C_1——每个滚子的额定动载荷，kN；C_{01}——每个滚子的额定静载荷，kN。

(3) 精度

滚柱交叉导轨副精度等级分为4级：2、3、4、5。2级最高，其精度项目及其数值见表9-5-87。

表 9-5-87 滚柱交叉导轨副精度

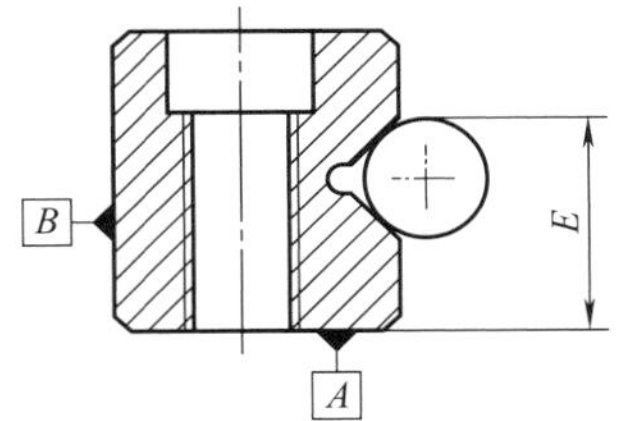

项目	长度/mm	精度等级 2	3	4	5
		公差/μm			
导轨V形面对 A、B 面的平行度	≤200	2	4	6	10
	>200～400	4	6	8	12
	>400～600	5	8	12	14
	>600～800	6	9	13	16
	>800～1000	7	10	15	17
高度尺寸 E 的极限偏差		±10	±10	±15	±20
同组导轨副高度尺寸 E 的一致性		10	10	15	20

(4) 安装与使用

1) 配对安装面精度 滚柱交叉导轨副的配对安装面的结构如图9-5-20所示。

配对安装面的精度直接影响滚柱交叉导轨副的运行精度和性能，如果要得到较高的运行精度，需相应提高配对安装面的精度。A 面精度直接影响运行精度。B 面和 C 面平行度直接影响预载。相对 A 面的垂直度影响在预载方向上装配精度，因此建议尽量提

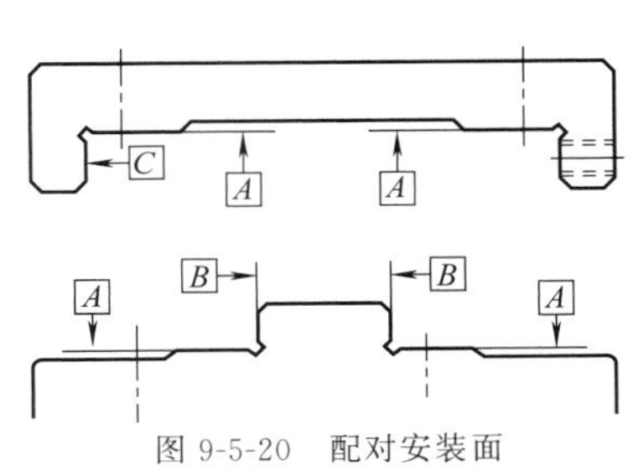

图 9-5-20 配对安装面

第9篇

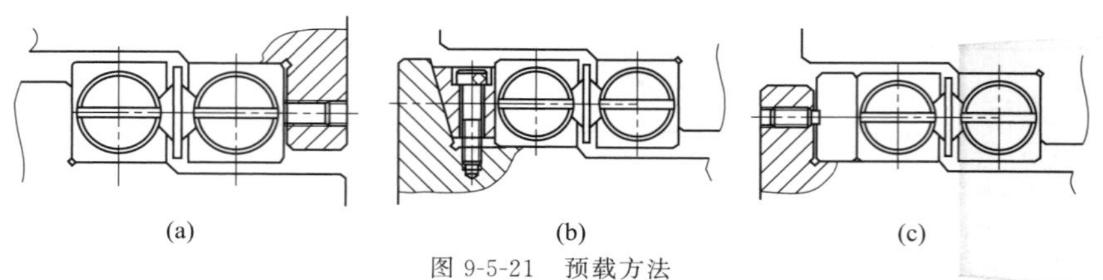

图 9-5-21　预载方法

高安装面精度，其精度数值应近似于导轨平行度数值。

2）预载方法　如图 9-5-21，预加载荷通常用螺钉来调整，该螺钉尺寸规格与导轨的安装螺钉相同，螺钉中心为导轨高度的一半。

预加载荷的数值根据机床与设备的不同而不同。过预载将减少导轨副的寿命并损坏滚道，且在使用过程中，圆柱滚子很容易歪斜，产生自锁现象。因此，通常推荐无预载或较小的预载。如果精度和刚度要求高，则建议使用装配平板或者楔形块加以预紧。

3）滚柱交叉导轨副可在高温下运行，但建议使用温度不超过 100℃。

4）滚柱交叉导轨副的运行速度不能超过 30m/min。

5）润滑　当滚柱交叉导轨副的运行速度为高速时（$v\geqslant 15$m/min），推荐使用 L-AN32 润滑油，40℃运动黏度 28.8～35.2mm²/s，定期加润滑油或接油管强制润滑。低速时（$v<15$m/min），推荐使用锂基润滑脂 2# 润滑。

5.4.2.4　滚柱（滚针）导轨块

（1）结构、特点及应用

滚柱导轨块是一种精密滚动直线导轨部件，其结构主要由本体、端盖、保持架及滚柱（滚针）等组成（图 9-5-22）。滚子在导轨块内的滚道周边作循环滚动，为防止滚子脱落，图 9-5-22（a）由弹簧钢带和滚子中段的台阶小径处限位；图 9-5-22（b）滚子两端有小径台阶，由两端侧盖限位。图中低于平面 A 的滚子为回路滚子，高于平面 B 的滚子为承载滚子，承载滚子与机座的导轨表面滚动接触。机座导轨面一般镶装淬硬钢导轨（硬度 58～64HRC），淬硬层深度应达 1～2mm，以确保精度和使用寿命。

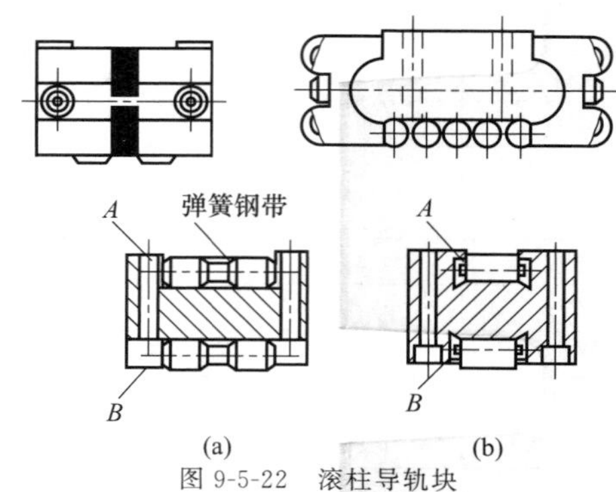

图 9-5-22　滚柱导轨块

滚柱导轨块承载能力大，刚度高，滚柱运动导向性好，能自动定心，运动灵敏，可提高定位精度。行程长度不受限制，可根据载荷大小、行程长度来选择导轨块的规格和数量。滚柱导轨块可获得较高灵敏度和高性能的平面直线运动，可减少整机的重量和传动机构及动力费用。

滚柱导轨块的应用较广，小规格的可用在模具、仪器等直线运动部件上，大规格的则可用在重型机床、精密仪器的平面直线运动部件上。尤其适用于 NC、CNC 数控机床。

（2）精度和尺寸系列

滚柱导轨块精度主要指导轨块高度偏差，偏差范围一般在 0～10μm，按其大小精度分为 3 级，每级又分为若干分级（见表 9-5-88）。尺寸系列见表 9-5-89～表9-5-94。

表 9-5-88　　滚柱导轨块精度等级　　mm

精度等级	2		3		4	
	分级编号	高度偏差	分级编号	高度偏差	分级编号	高度偏差
精度	B2	−0.002～0	C3	−0.003～0	D5	−0.005～0
	B4	−0.004～−0.002	C6	−0.006～−0.003	D10	−0.01～−0.005
	B6	−0.006～−0.004	C9	−0.009～−0.006		
	B8	−0.008～−0.006				
	B10	−0.01～−0.008				

表 9-5-89　　HJG-K 型滚柱导轨块系列

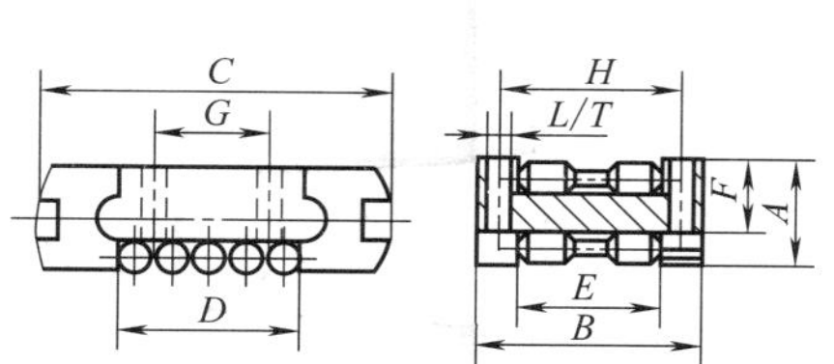

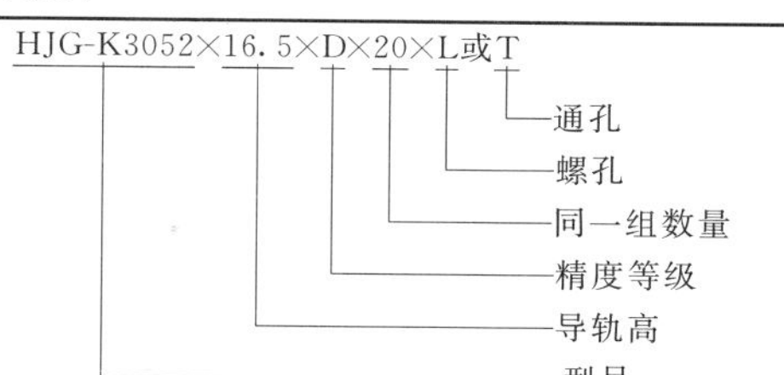

型　号	主要尺寸参数/mm										额定载荷/kN	
	A	$B_{-0.2}^{\ 0}$	C	$D_{-0.2}^{\ 0}$	E	F	G	H	L	T	C	C_0
3052	16.5	30	52	20	15	11	12	23	M_4	3.6	15.2	17.6
3660	17.5	36	62	31.6	20	12	18	29	M_4	4.8	26.1	37.8
4575	20.5	45	75	35	25	14	20	36	M_5	5.8	40	61.1
5585	21.5	55	85	45	32	15	27	44	M_5	5.8	52	91
68105	40	68	105	55	40	21	35	54	M_8	7	84.5	140
82145	42	82	145	78	50	30	40	66	M_8	9	150	255

注：生产厂为海红汉中轴承厂。

表 9-5-90　　6192 型滚柱导轨块系列

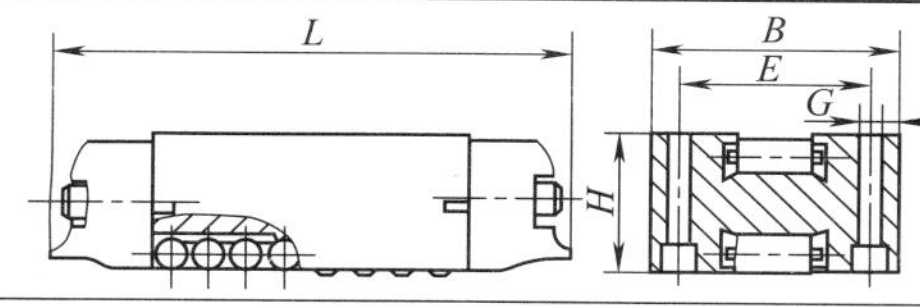

型　号	主要尺寸参数/mm					额定载荷/N
	H	L	B	E	G	
6192/17K₁	17	62	25	19	3.4	16200
6192/20K₁	20	70	30	22	3.4	28000
6192/25K₁	25	102	40	30	4.5	60000
6192/40K₁	40	134	50	40	8.8	130000

注：1. 配有横向两种安装孔，供选择。

2. 生产厂为海红汉中轴承厂。

表 9-5-91　　SG 型滚柱导轨外形尺寸（JB/T 6364—2005）　　mm

带径向安装孔循环式滚子导轨支承(LRS…SG 型)

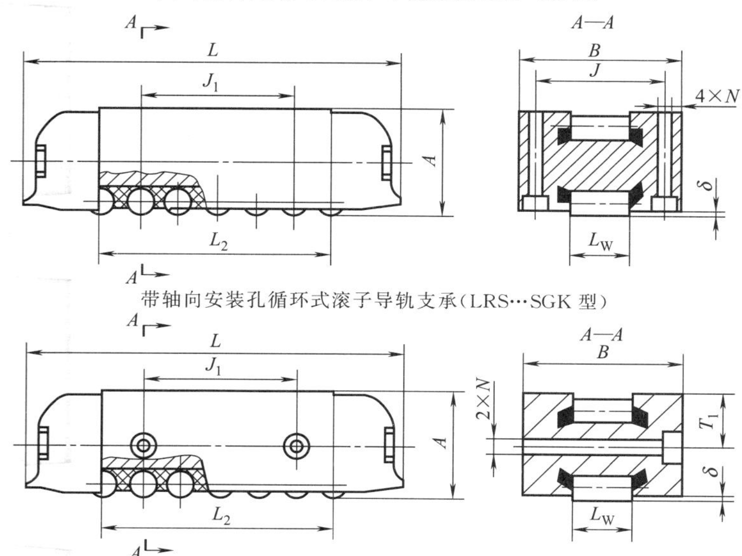

续表

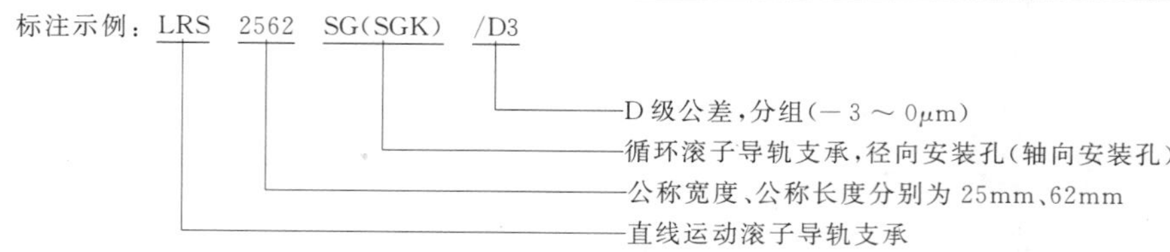

支承型号		A	B	L	J	J_1	T_1	L_2	N	δ	L_W
LRS…SG型	LRS…SGK型										
LRS 2562 SG	LRS 2562 SGK	16	25	62	19	17	8	36.7	3.4	0.2	8
LRS 2769 SG	LRS 2769 SGK	19	27	69	20.6	25.5	9.5	44	3.4	0.3	10
LRS 4086 SG	LRS 4086 SGK	26	40	86	30	28	13	53	4.5	0.3	14
LRS 52133 SG	LRS 52133 SGK	38	52	133	41	51	19	85	6.6	0.4	20

表 9-5-92　循环式滚针导轨支承（LNS…RN型）外形尺寸（JB/T 6364—2005）　mm

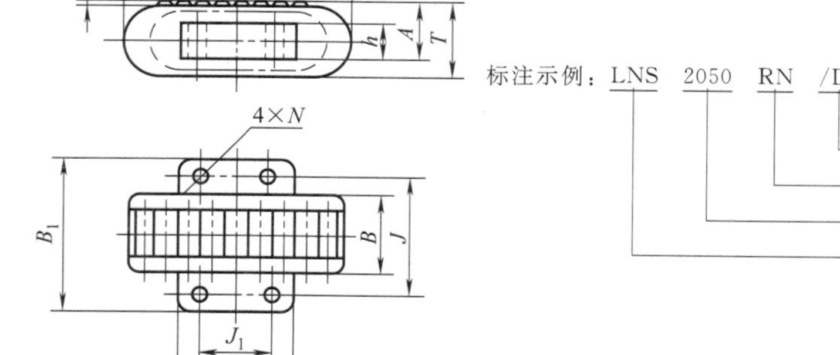

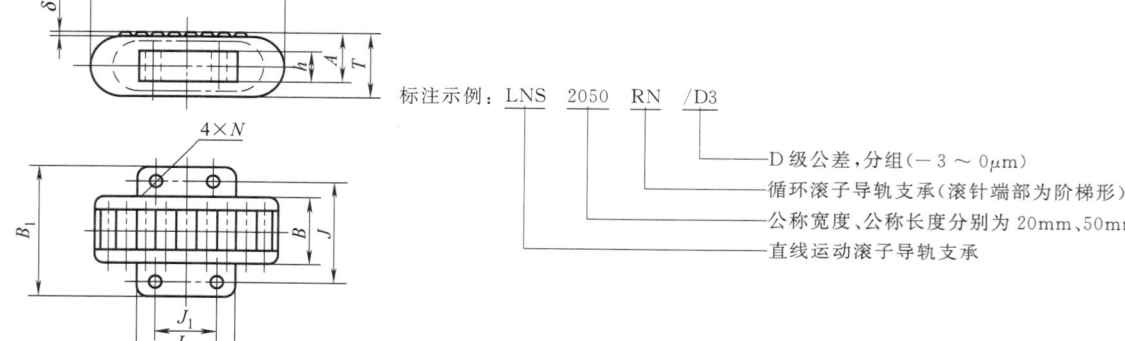

标注示例：LNS 2050 RN /D3

- D级公差，分组(−3～0μm)
- 循环滚子导轨支承(滚针端部为阶梯形)
- 公称宽度、公称长度分别为20mm、50mm
- 直线运动滚子导轨支承

支承型号	B	L	B_1	A	T	L_1	h	δ	J	J_1	N
LNS 1540 RN	15	40	30	11	15	20	7	0.2	23	12	3.3
LNS 2050 RN	20	50	36	12	16	30	8	0.2	29	18	3.8
LNS 2560 RN	25	60	45	14	19	35	9	0.2	36	20	4.8
LNS 3270 RN	32	70	55	15	20	45	10	0.3	44	27	5.5
LNS 4087 RN	40	87	68	21	28	55	14	0.3	54	35	6.5
LNS 50125 RN	50	125	82	30	40	78	20	0.4	66	50	8.5

表 9-5-93　带冲压外壳循环式凹槽滚针导轨支承（LNS…GRN型）外形尺寸（JB/T 6364—2005）　mm

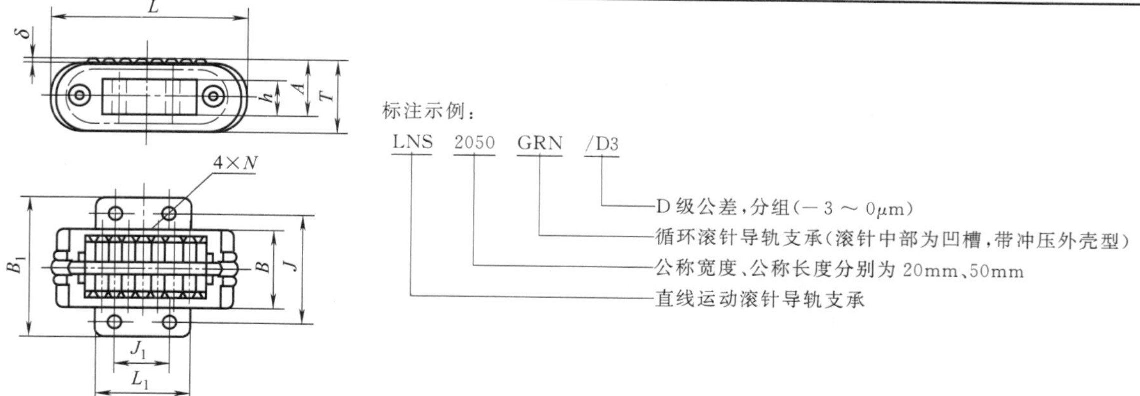

续表

支承型号	B	L	B_1	A	T	L_1	h	δ	J	J_1	N
LNS 1540 GRN	15	40	30	15	20	20	11	0.3	23	12	3.3
LNS 2050 GRN	20	50	36	15	20	30	11	0.3	29	18	3.3
LNS 2560 GRN	25	60	45	18	24.5	35	13	0.3	36	20	4.8
LNS 3270 GRN	32	70	55	18	24.5	45	13	0.3	44	27	5.5
LNS 4092 GRN	40	92	68	25	34	55	18	0.4	54	35	6.5
LNS 50125 GRN	50	125	82	30	42	78	20	0.4	66	50	8.5

表 9-5-94 带端头循环式凹槽滚针导轨支承（LNS…GRNU 型）外形尺寸（JB/T 6364—2005） mm

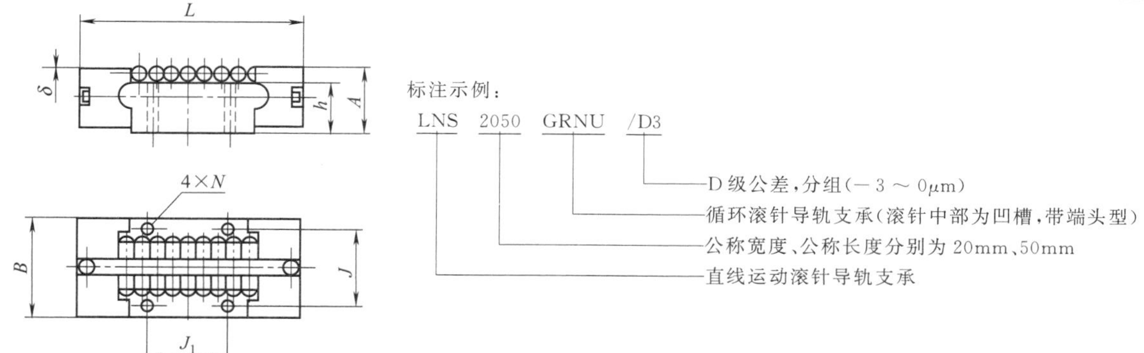

支承型号	A	B	L	δ	J	J_1	N	h
LNS 2251 GRNU	14.28	22.23	51	0.2	17.1	19.0	3.4	10.48
LNS 2573 GRNU	19.05	25.40	73	0.3	20.6	25.4	3.4	13.97
LNS 38102 GRNU	28.57	38.10	102	0.3	31.0	38.1	4.5	20.95
LNS 51140 GRNU	38.10	50.80	140	0.4	41.3	50.8	5.5	27.94

注：h 系参考尺寸。

（3）安装形式和方法

1）安装形式

① 开式 这种安装方式见图 9-5-23 和图 9-5-24，导轨块固定在工作台上，在固定在床身上的镶钢导轨条上滚动。钢条经淬硬和磨削。两组导轨块 3 和 4（图9-5-23）或三组导轨块 3、4 和 6（图 9-5-24）承受竖直向下的载荷。导轨块组 2 用于侧面导向，导轨块组 1 用于侧面压紧。这种安装方式没有压板，故称为开式。它适用于水平导轨副，而且工作台上只有向下的载荷、没有颠覆力矩作用的场合。图 9-5-23 窄式导向滚柱 2 与侧面压紧滚柱 1 位于一根钢条的两侧，距离较近，压紧力（侧向预紧）受工作台与床身的误差影响较小。图 9-5-24 为宽式导向，压紧力受温差的影响较大。侧向预加载荷可用弹簧垫或调整垫

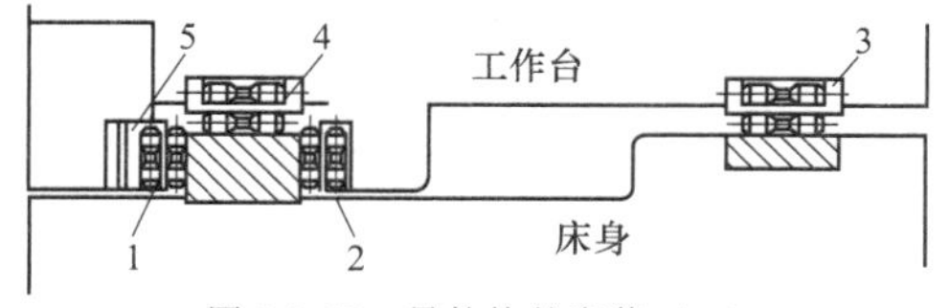

图 9-5-23 导轨块的安装（一）
1，2—侧向导轨块组；3，4—竖向导轨块；
5—弹簧垫或调整垫

实现，采用弹簧垫预加载荷是一种比较好的办法。

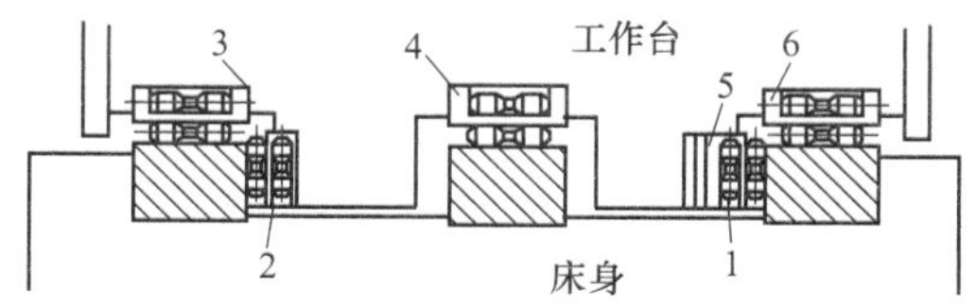

图 9-5-24 导轨块的安装（二）
1，2—侧向导轨块组；3，4，6—竖向导轨块；
5—弹簧垫或调整垫

② 闭式 这种安装方式带有压板，如图 9-5-25 所示。工作台与床身之间上、下和左、右都装有导轨块。适合于水平导轨副有颠覆力矩作用的场合和竖直导轨副。

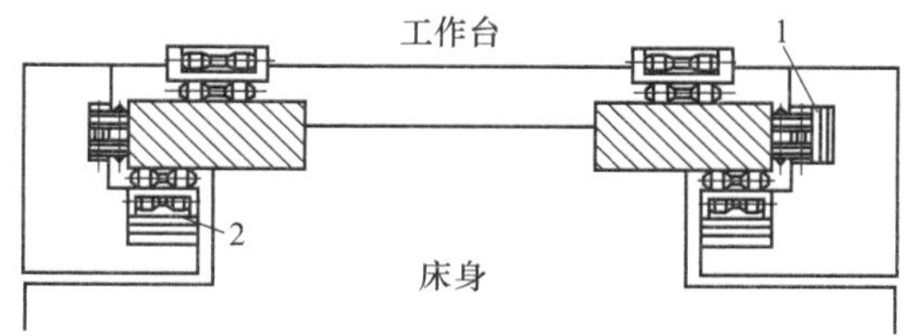

图 9-5-25 导轨块的安装（三）
1，2—弹簧垫或调整垫

第9篇

③ 重型或宽型工作台　这种安装形式由8列导轨块构成，如图9-5-26所示。较图9-5-25的形式更能保证工作台的往复运动。对于水平或竖直方向的运动，摩擦力很小，同时也不会出现松动。

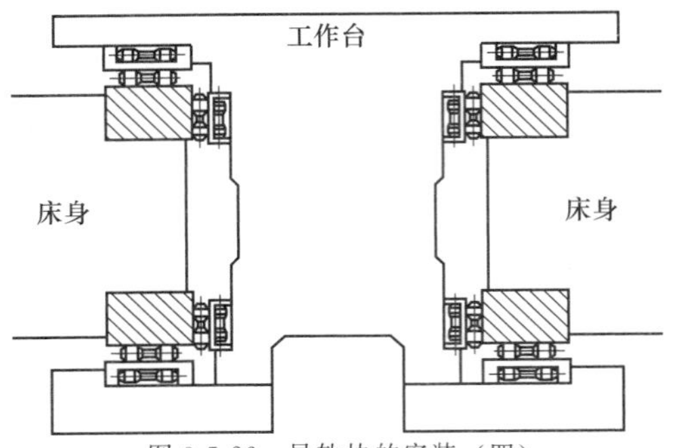

图9-5-26　导轨块的安装（四）

2）安装方法　在确定导轨块的安装方法时，必须注意保证导轨块与导轨间的装配精度。此外不应采用压配的方法进行装配，而应该用螺钉将导轨块固定在机床的部件或其他附件上。下面介绍几种安装方法。

① 直接安装在机床部件上　见图9-5-27。

② 安装在调整垫上　见图9-5-28。

③ 安装在楔铁上　如图9-5-29可以进行高度调整。

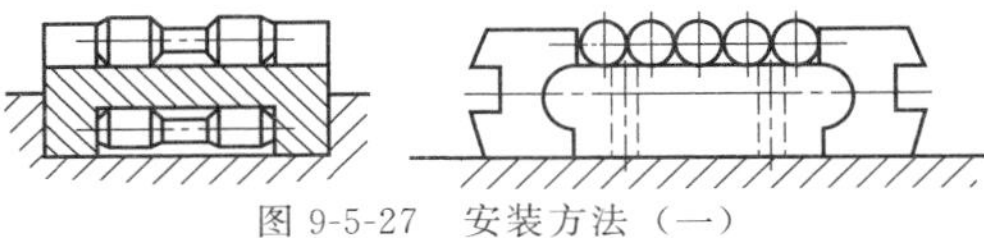

图9-5-27　安装方法（一）

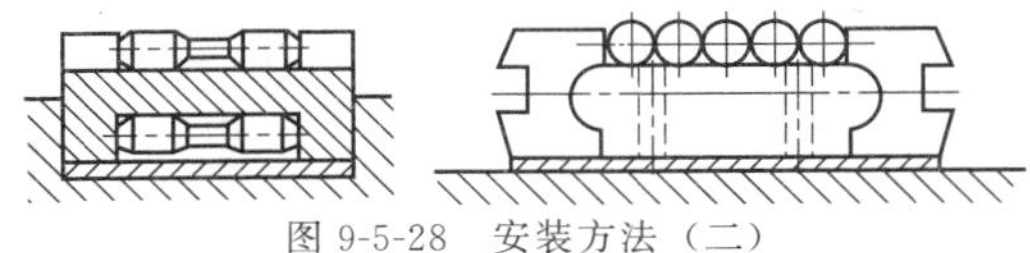

图9-5-28　安装方法（二）

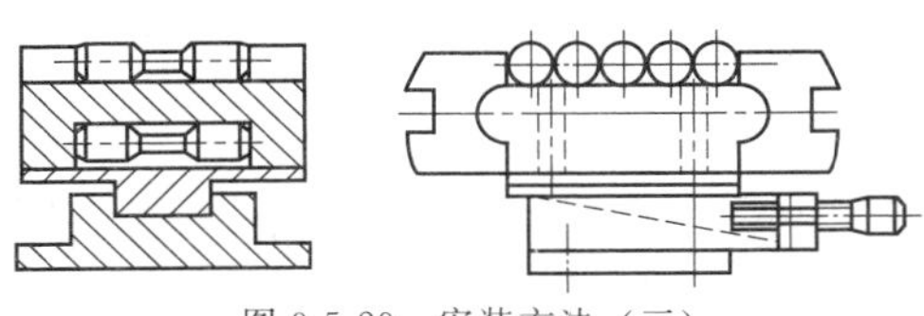

图9-5-29　安装方法（三）

④ 安装在可调衬垫上　见图9-5-30。采用这种方法时，不用精加工安装表面，但在最后调整精度时很费时。导轨块支承在两个螺钉上，刚度较低。

⑤ 安装在弹簧垫上　见图9-5-31。这种方式只能用于压紧导轨块。如果工作台较长，承载导轨块或基准侧的导向导轨块多于2个，则首尾两个必须与工作台刚性连接，中间的几个可以安装在弹簧垫上作为辅助支承以分担部分载荷。

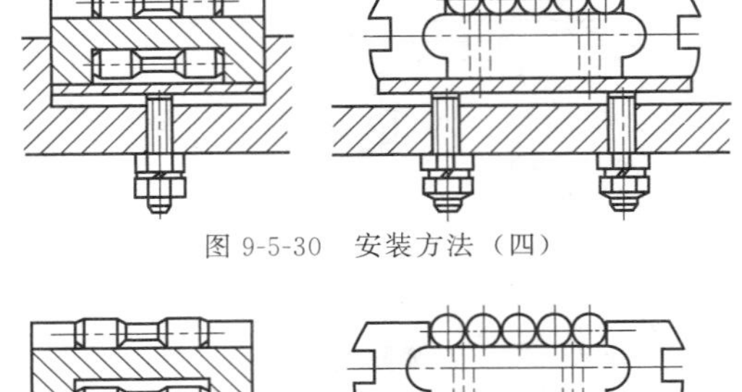

图9-5-30　安装方法（四）

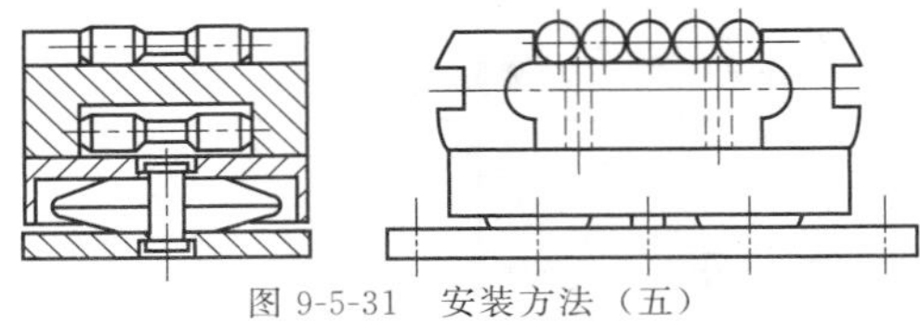

图9-5-31　安装方法（五）

3）安装中的装配精度　要使导轨块达到预期的性能和耐用度，必须保证下述的安装和调整精度。

① 导轨块的安装基面与机床导轨滚动接触表面间的平行度公差应控制在0.02mm/1000mm以内。

② 选配导轨块的高度差，使各导轨块的高度差值尽量小。

③ 沿着导轨副运动方向的滚子轴线的倾斜精度应控制在0.02mm/300mm以内，定位精度要求越高，则倾斜精度控制也越严。检查方法见图9-5-32。

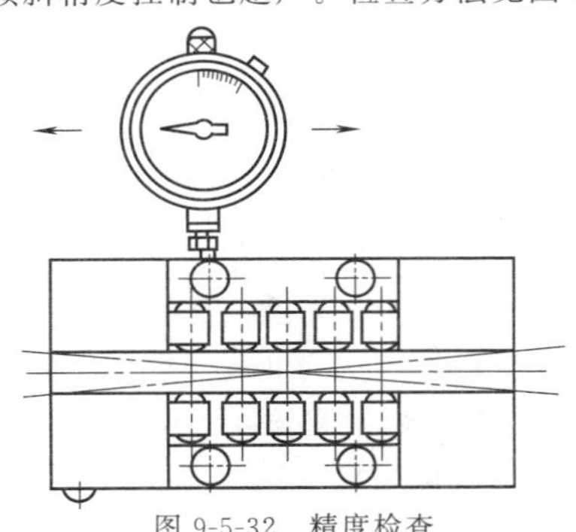

图9-5-32　精度检查

（4）安装注意事项

1）与导轨块安装的主体，其表面硬度推荐为58～64HRC，表面粗糙度 Ra 为0.4～0.8μm，主体本身平行度≤0.01mm/m，安装后平行度<0.01mm/m。

2）预加载荷可防止导轨块的松动和提高刚度，预加载荷值控制在每块导轨块的实际载荷的20%左右。

5.4.2.5　滚动直线导轨套副

（1）结构、特点与应用

滚动直线导轨套副的组成结构如图9-5-33及图9-5-34所示，导轨套副的主要标准组件是直线运动球轴承（图9-5-34）。由于直线运动球轴承的滚珠循环原理所决定，只能与导轨轴作相对往复运动，不能作相对旋转运动。

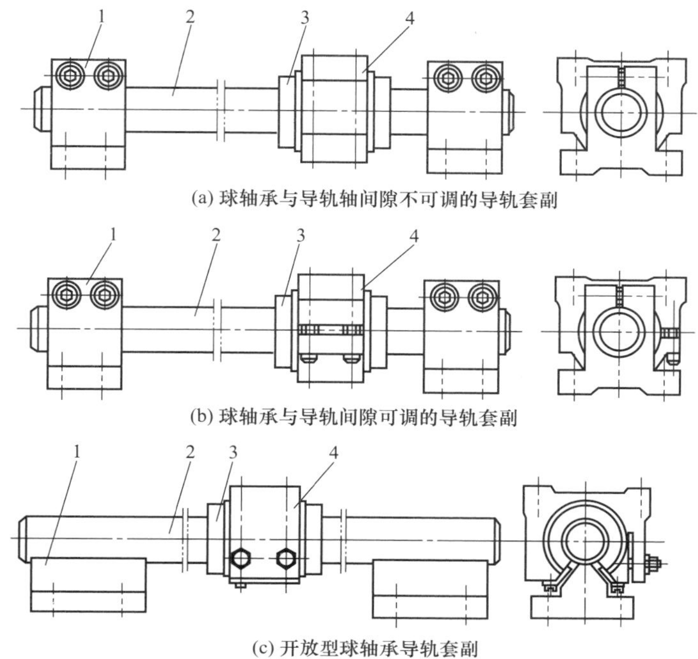

(a) 球轴承与导轨轴间隙不可调的导轨套副

(b) 球轴承与导轨间隙可调的导轨套副

(c) 开放型球轴承导轨套副

图 9-5-33 滚动直线导轨套副

1—导轨轴支承座；2—导轨轴；3—直线运动球轴承；4—直线运动球轴承支承座

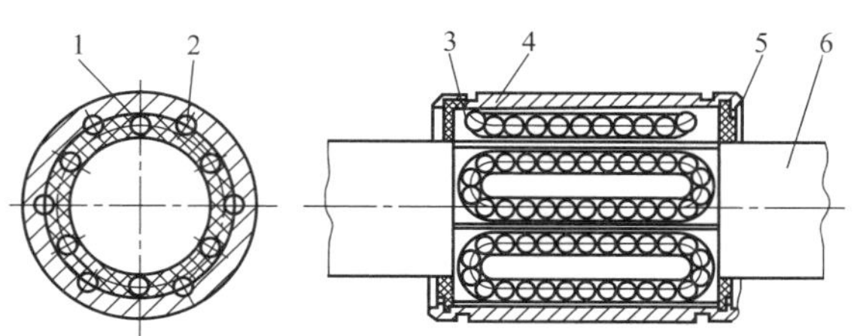

图 9-5-34 直线运动球轴承结构

1—负载滚珠；2—回珠；3—保持架；4—外套筒；5—镶有橡胶密封垫的挡圈；6—导轨轴

由于球轴承的滚珠与导轨轴表面为点接触，因而承载力较小，但此种导轨套副运动灵活轻便、结构尺寸及体积小，精度较高，成本低，因而在机械设备、测量控制装置、电气、轻工等行业得到广泛应用。

1）直线运动球轴承的结构　如图 9-5-34 所示，直线运动球轴承由外套筒 4、保持架 3、滚珠（负载滚珠 1 和回珠 2）和镶有橡胶密封垫的挡圈 5 构成。当直线运动球轴承与导轨轴 6 作轴向相对直线运动时，滚珠在保持架的长圆形通道内循环流动。滚珠的列数有 3、4、5、6 等几种。轴承两端的挡圈使保持架固定在外套筒上，使各个零件连接为一个套件，拆装极为方便。

直线运动球轴承有三种结构形式，即标准型（LB）、调整型（LB-AJ）和开放型（LB-OP），如图 9-5-35所示。

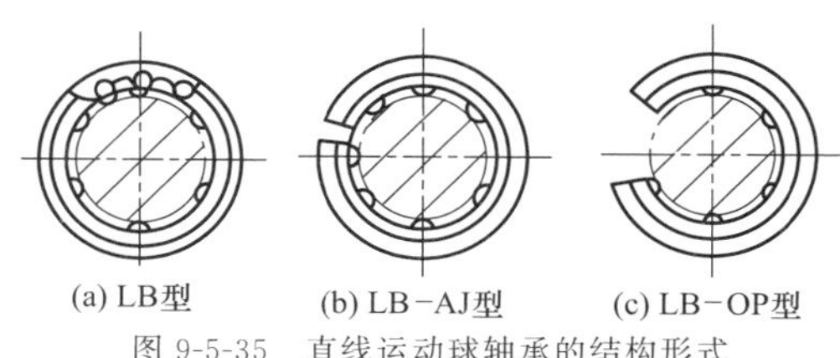
(a) LB型　(b) LB-AJ型　(c) LB-OP型

图 9-5-35 直线运动球轴承的结构形式

标准型（LB）：这是常用的类型。直线运动球轴承与导轨轴之间的间隙不可调。

调整型（LB-AJ）：在直线运动球轴承外套筒和挡圈上开有轴向切口，能够任意调整与导轨轴之间的间隙，适用于要求调隙的场合。可以方便地获得零间隙或适当的负间隙（过盈）。

开放型（LB-OP）：在直线运动球轴承外套筒和挡圈上开有轴向扇形切口，适用于带有多个导轨轴支承座的长行程的场合，可以避免长导轨轴因跨距太大而下垂对运动精度和性能的影响。开放型也可以调整间隙。因为开有扇形缺口，所以套内滚珠列数较标准型和调整型少一列。

此外，在通用系列标准型（LB）、调整型（LB-AJ）和开放型（LB-OP）的基础上，又派生出特殊系列标准型（LBP）、调整型（LBP-AJ）、开放型（LBP-OP）。与前者的区别是：轴承的内（d）外（D）径尺

表 9-5-95　　通用系列直线运动球轴承

d /mm	轴承型号						外形尺寸/mm															径摆/μm max		额定动载荷 C/N		额定静载荷 C_0/N	
	标准型		调整型		开放型		d			D			L		B		W	D_1	h	h_1	θ						
	LB	列数	LB-AJ	列数	LB-OP	列数	公称	公差 J	公差 P	公称	公差 J	公差 P	公称	公差/μm	公称	公差/μm						J	P	min	max	min	max
6	LB61219	3	LB61219AJ	3			6	0 −6	0 −9	12	0 −11	0 −11	19	0 −200	13.5	0 −200	1.1	11.5	1			8	12	68.6	68.6	127.4	127.4
8	LB81517 LB81524	3 3	LB81517AJ LB81524AJ	3 3			8	0 −6	0 −9	15	0 −11	0 −11	17 24	0 −200	11.5 17.5	0 −200	1.1 1.1	14.3 14.3	1			8	12	78.4 107.8	78.4 107.8	117.6 215.6	117.6 215.6
10	LB101929	4	LB101929AJ	4			10	0 −6	0 −9	19	0 −13	0 −13	29	0 −200	22	0 −200	1.3	18	1			8	12	156.8	225.4	284.2	411.6
13	LB132332	4	LB132332AJ	4	LB132332OP	3	13	0 −6	0 −9	23	0 −13	0 −13	32	0 −200	23	0 −200	1.3	22	1.5	9	80°	8	12	264.6	372.4	480.2	686
16	LB162837	4	LB162837AJ	4	LB162837OP	3	16	0 −6	0 −9	28	0 −13	0 −13	37	0 −200	26.5	0 −200	1.6	27	1.5	11	80°	8	12	421.4	597.8	725.2	980
20	LB203242	5	LB203242AJ	5	LB203242OP	4	20	0 −7	0 −10	32	0 −16	0 −16	42	0 −200	30.5	0 −200	1.6	30.5	1.5	11	60°	10	15	558.6	823.2	921.2	1470
25	LB254059	6	LB254059AJ	6	LB254059OP	5	25	0 −7	0 −10	40	0 −16	0 −16	59	0 −300	41	0 −300	1.85	38	2	12	50°	10	15	872.2	1078	1568	2058
30	LB304564	6	LB304564AJ	6	LB304564OP	5	30	0 −7	0 −10	45	0 −16	0 −16	64	0 −300	44.5	0 −300	1.85	43	2.5	15	50°	10	15	1274	1666	2156	2744
35	LB355270	6	LB355270AJ	6	LB355270OP	5	35	0 −8	0 −12	52	0 −19	0 −19	70	0 −300	49.5	0 −300	2.1	49	2.5	17	50°	12	20	1666	2058	3038	2920
38	LB385776	6	LB385776AJ	6	LB385776OP	5	38	0 −8	0 −12	57	0 −19	0 −19	76	0 −300	58.5	0 −300	2.1	54.5	3	18	50°	12	20	2058	2646	3528	4508
40	LB406080	6	LB406080AJ	6	LB406080OP	5	40	0 −8	0 −12	60	0 −19	0 −19	80	0 −300	60.5	0 −300	2.1	57	3	20	50°	12	20	2058	2646	3528	4506
50	LB5080100	6	LB5080100AJ	6	LB508010OP	5	50	0 −8	0 −12	80	0 −19	0 −19	100	0 −300	74	0 −300	2.6	76.5	3	25	50°	12	20	4018	5096	6958	8918
60	LB6090110	6	LB6090110AJ	6	LB6090110OP	5	60	0 −9	0 −15	90	0 −22	0 −22	110	0 −300	85	0 −300	3.15	86.5	3	30	50°	17	25	4802	6174	8036	10290
80	LB80120140	6	LB80120140AJ	6	LB80120140OP	5	80	0 −9	0 −15	120	0 −22	0 −22	140	0 −400	105.5	0 −400	4.15	116	3	40	50°	17	25	8820	11368	12410	18228
100	LB100150175	6	LB100150175AJ	6	LB100150175OP	5	100	0 −10	0 −20	150	0 −25	0 −25	175	0 −400	125.5	0 −400	4.15	145	3	50	50°	20	30	14700	18816	22344	28616

注：制造单位为哈尔滨轴承厂。

寸和公差、长度（L）尺寸和公差、切口扇形角（θ）、径摆值和额定动载荷（C_a）值等有所不同。

2）滚动直线导轨套副的结构及分类　根据直线运动球轴承结构类型的不同，滚动直线导轨套副也分为三种结构形式，即标准型滚动直线导轨套副（GTB，GTBt），如图9-5-35（a)所示；调整型滚动直线导轨套副（GTB-t，GTBt-t），如图9-5-35（b）所示；开放型滚动直线导轨套副（GTA，GTAt），如图9-5-35（c）所示。

GTB标准型（通用系列）、GTBt标准型（特殊系列）和GTB-t调整型（通用系列）、GTBt-t调整型（特殊系列）滚动直线导轨套副，不能配用两个以上的导轨轴支承座。如果支承跨距较大，则导轨轴的下垂也较大，对移动轨迹的直线性将带来不小的影响。因此，这两种导轨一般只适用于短行程或对运动轨迹的精度要求不太高的场合。

GTA（通用系列）和t（特殊系列）开放型滚动直线导轨套副，可配用两个以上导轨轴支承座。这样做可以减小支承跨距，从而减少导轨轴的下垂，有利于获得较高的精度，并适用于长行程的地方。

通用系列和特殊系列是指对应配用的直线运动球轴承，因而在尺寸、公差和额定动载荷C_a、额定静载荷C_{oa}值上也有所不同。

（2）精度等级

1）直线运动球轴承的精度等级。直线运动球轴承的精度，按内切圆（d）的制造公差，在通用系列中分为普通级（P）和精密级（J）两种，其公差值参见表9-5-95。

2）滚动直线套副的精度等级。滚动直线导轨套副的精度等级按直线运动球轴承的制造精度分为精密级（J）和两种普通级（P和P_1）三个等级，其中特殊系列只有P和P_1两个精度等级。各个精度等级的公差见表9-5-96。

3）直线运动球轴承与导轨轴和支承座孔的配合，见表9-5-97。

表9-5-96　滚动直线导轨套副的精度　μm

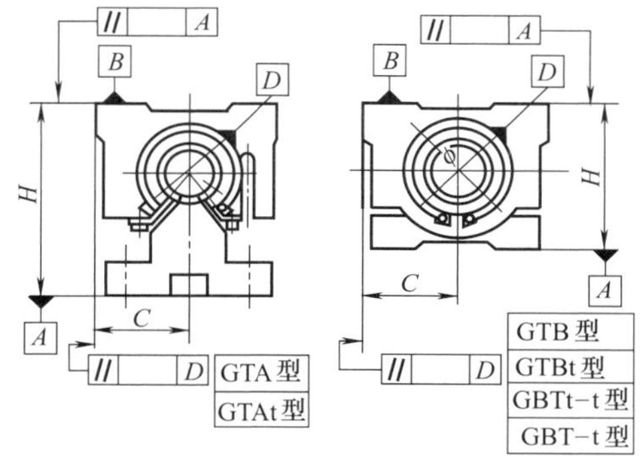

符号	项　　目	符　号	精度等级 J	P	P_1
1	直线运动球轴承支承座C面对导轨轴支承座A面的平行度	δP_{CA}	12	25	50
2	直线运动球轴承支承座B面对导轨轴支承座D面的平行度	δP_{BD}	15	40	80
3	高度H的尺寸公差	δH	±20	±50	±100
4	同一导轨轴上两个直线运动球轴承支承座H尺寸的一致性	δH_1	10	25	50
5	安装基面B对导轨轴中心线的尺寸C的公差	δC	±40	±150	±250
6	同一导轨轴上两个直线运动球轴承支承座C尺寸的一致性	δC_1	20	60	100

注：1. 表中所列精度等级GTA型在导轨轴支承座位置上检测，GTB型靠近导轨轴两端支承座位置检测。

2. 各项目的检测，必须在基面垂直的情况下进行。

3. 在同一平面上并列使用两套滚动直线导轨套副时，C的尺寸公差和两者一致性只适用基准滚动直线导轨套副。

表9-5-97　导轨轴和支承座孔的配合

直线运动球轴承		导　轨　轴		轴承座孔	
型　号	精度等级	一般间隙	小间隙	间隙配合	过渡配合
LB	P	f6、g6	h6	H7	J7
	J	f5、g5	h5	H6	J6
LBP	—	h6	j6	H7	J7

（3）滚动直线导轨套副的尺寸系列（表9-5-98和表9-5-99）

表9-5-98　标准型、调整型通用系列（GTB、GTB-t）及非调整型、调整型特殊系列（GTBt、GTBt-t）滚动直线导轨套副

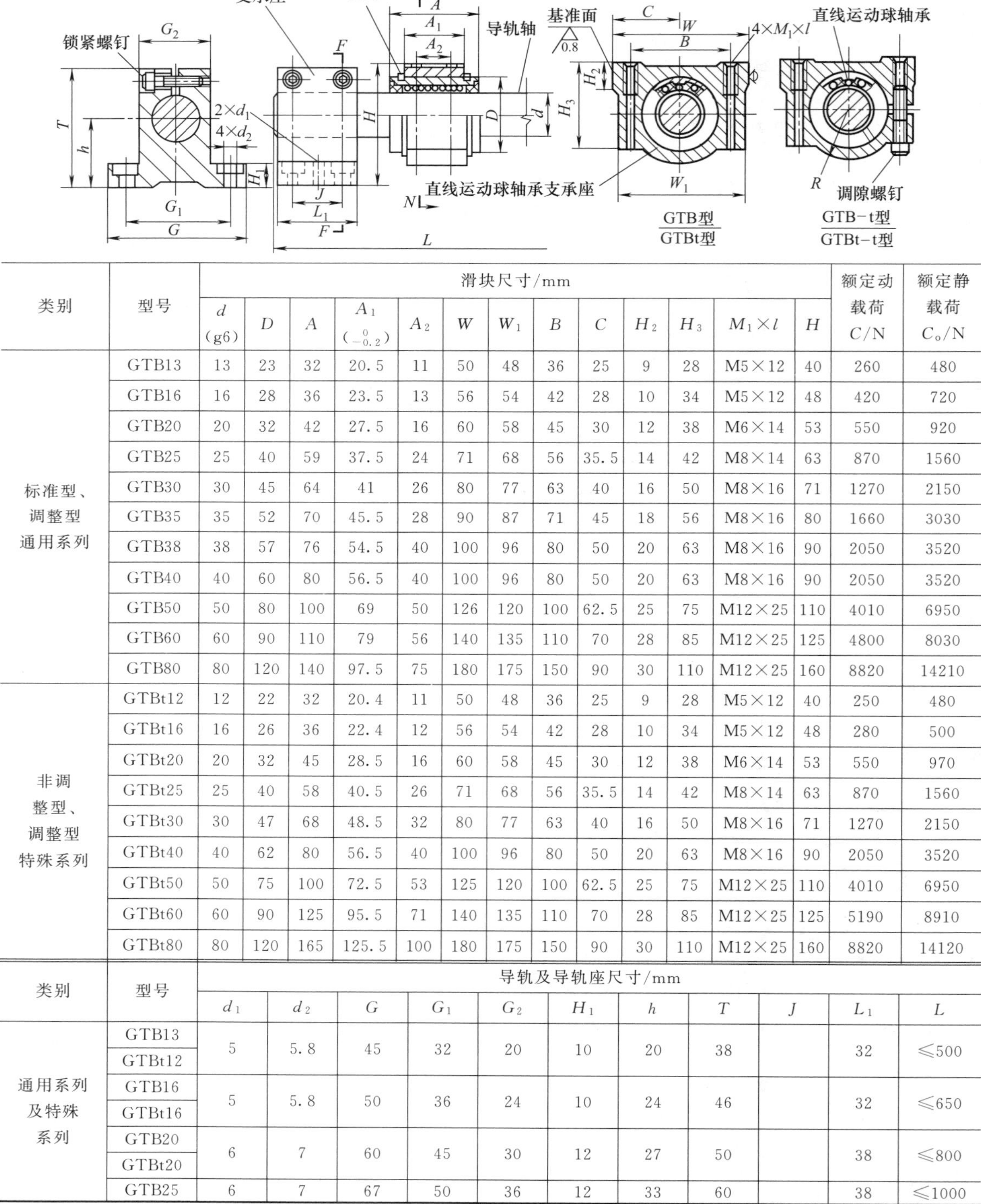

类别	型号	滑块尺寸/mm													额定动载荷 C/N	额定静载荷 C_0/N
		d (g6)	D	A	A_1 $\left(\begin{smallmatrix}0\\-0.2\end{smallmatrix}\right)$	A_2	W	W_1	B	C	H_2	H_3	$M_1\times l$	H		
标准型、调整型通用系列	GTB13	13	23	32	20.5	11	50	48	36	25	9	28	M5×12	40	260	480
	GTB16	16	28	36	23.5	13	56	54	42	28	10	34	M5×12	48	420	720
	GTB20	20	32	42	27.5	16	60	58	45	30	12	38	M6×14	53	550	920
	GTB25	25	40	59	37.5	24	71	68	56	35.5	14	42	M8×14	63	870	1560
	GTB30	30	45	64	41	26	80	77	63	40	16	50	M8×16	71	1270	2150
	GTB35	35	52	70	45.5	28	90	87	71	45	18	56	M8×16	80	1660	3030
	GTB38	38	57	76	54.5	40	100	96	80	50	20	63	M8×16	90	2050	3520
	GTB40	40	60	80	56.5	40	100	96	80	50	20	63	M8×16	90	2050	3520
	GTB50	50	80	100	69	50	126	120	100	62.5	25	75	M12×25	110	4010	6950
	GTB60	60	90	110	79	56	140	135	110	70	28	85	M12×25	125	4800	8030
	GTB80	80	120	140	97.5	75	180	175	150	90	30	110	M12×25	160	8820	14210
非调整型、调整型特殊系列	GTBt12	12	22	32	20.4	11	50	48	36	25	9	28	M5×12	40	250	480
	GTBt16	16	26	36	22.4	12	56	54	42	28	10	34	M5×12	48	280	500
	GTBt20	20	32	45	28.5	16	60	58	45	30	12	38	M6×14	53	550	970
	GTBt25	25	40	58	40.5	26	71	68	56	35.5	14	42	M8×14	63	870	1560
	GTBt30	30	47	68	48.5	32	80	77	63	40	16	50	M8×16	71	1270	2150
	GTBt40	40	62	80	56.5	40	100	96	80	50	20	63	M8×16	90	2050	3520
	GTBt50	50	75	100	72.5	53	125	120	100	62.5	25	75	M12×25	110	4010	6950
	GTBt60	60	90	125	95.5	71	140	135	110	70	28	85	M12×25	125	5190	8910
	GTBt80	80	120	165	125.5	100	180	175	150	90	30	110	M12×25	160	8820	14120

类别	型号	导轨及导轨座尺寸/mm										
		d_1	d_2	G	G_1	G_2	H_1	h	T	J	L_1	L
通用系列及特殊系列	GTB13 GTBt12	5	5.8	45	32	20	10	20	38		32	≤500
	GTB16 GTBt16	5	5.8	50	36	24	10	24	46		32	≤650
	GTB20 GTBt20	6	7	60	45	30	12	27	50		38	≤800
	GTB25	6	7	67	50	36	12	33	60		38	≤1000

续表

类别	型号	导轨及导轨座尺寸/mm										
		d_1	d_2	G	G_1	G_2	H_1	h	T	J	L_1	L
通用系列及特殊系列	GTBt25	6	7	67	50	36	12	33	60		38	≤1000
	GTB30	6	7	75	56	42	12	37	67		38	≤1500
	GTBt30											
	GTB35	8	9	85	67	50	16	42	75		48	≤1800
	GTB38	8	9	90	71	56	16	48	85		48	≤2000
	GTB40	8	9	90	71	56	16	48	85		48	≤2000
	GTBt40											
	GTB50	8	11	110	85	67	20	57	105		52	≤2500
	GTBt50											
	GTB60	8	11	125	100	80	20	65	120		52	≤3000
	GTBt60											
	GTB80	8	13.5	160	130	105	25	80	150		60	≤3500
	GTBt80											

注：1. 调整型尺寸与标准型或非调整特殊型相同。

2. 生产厂为海红汉中轴承厂。

表 9-5-99　　开放型通用系列（GTA）和特殊系列（GTAt）滚动直线导轨套副

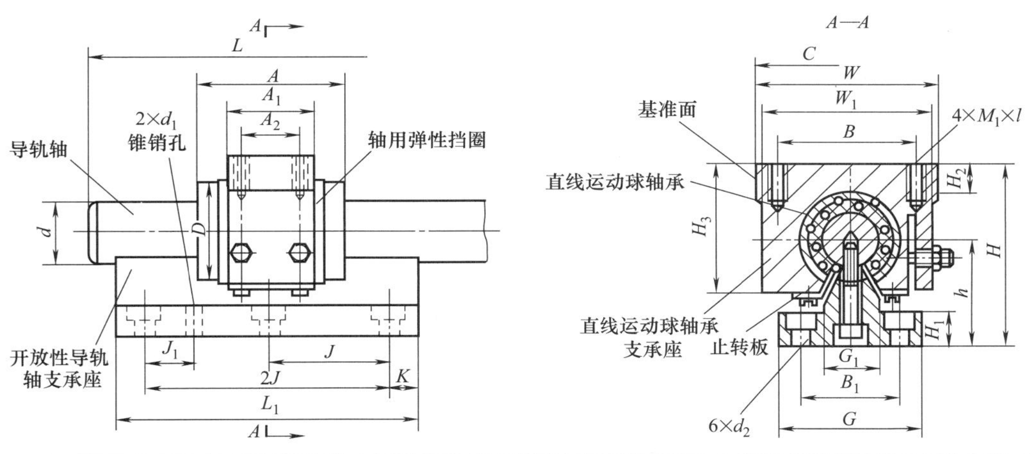

类别	型号	滑块尺寸/mm														额定动载荷 C/N	额定静载荷 C_0/N
		d (g6)	D (h5)	A	A_1 ($^{0}_{-0.2}$)	A_2	C	W	W_1	B	h	H	H_2	H_3	$M_1 \times l$		
开放型通用系列、特殊系列	GTA13	13	23	32	20.5	11	25	50	48	36	36	56	9	33	M5×12	260	480
	GTAt12	12	22	32	20.4	11										250	480
	GTA16	16	28	37	23.5	13	28	56	54	42	39	63	10	40	M5×12	420	720
	GTAt16	16	26	36	22.4	12										280	500
	GTA20	20	32	42	27.5	16	30	60	58	45	41	67	12	44	M6×14	550	920
	GTAt20	20	32	45	28.5	16										550	970
	GTA25	25	40	59	37.5	24	35.5	71	68	56	41	71	14	52	M6×14	870	1560
	GTAt25	25	40	58	40.5	26										870	1560
	GTA30	30	45	64	41	26	40	80	77	63	51	85	16	59	M8×16	1270	2150
	GTAt30	30	47	68	48.5	32										1270	2150
	GTA35	35	52	70	45.5	28	45	90	87	71	52	90	18	66	M8×16	1660	3030
	GTA38	38	57	76	54.5	38	50	100	96	80	58	100	20	73	M8×16	2050	3520

续表

类别	型号	滑块尺寸/mm														额定动载荷 C/N	额定静载荷 C_0/N
		d (g6)	D (h5)	A	A_1 ($^{0}_{-0.2}$)	A_2	C	W	W_1	B	h	H	H_2	H_3	$M_1\times l$		
开放型通用系列、特殊系列	GTA40	40	60	80	56.5	38	50	100	96	80	58	100	20	74	M8×16	2050	3520
	GTAt40	40	62	80	56.5	40										2050	3520
	GTA50	50	80	100	69	50	62.5	125	121	100	72	125	25	95	M12×25	4010	6950
	GTAt50	50	75	100	72.5	53										4010	6950
	GTA60	60	90	110	79	56	70	140	135	110	85	145	28	108	M12×25	4800	8030
	GTAt60	60	90	125	95.5	71										5190	8910
	GTA80	80	120	140	97.5	75	90	180	175	150	110	190	35	143	M12×25	8820	14210
	GTAt80	80	120	165	125.5	100										8820	14120

类别	型号	导轨及导轨座尺寸/mm											
		d(g6)	L	L_1	J	J_1	K	B_1	G	G_1	H_1	d_1	d_2
开放型通用系列、特殊系列	GTA13	13	≤500	100	40	15	10	36	50	24	11	5	5.8
	GTAt12	12											
	GTA16	16	≤650	100	40	15	10	36	50	24	11	5	5.8
	GTAt16												
	GTA20	20	≤800	125	50	20	12.5	40	56	26	12	6	7
	GTAt20												
	GTA25	25	≤1000	125	50	20	12.5	40	56	26	12	6	7
	GTAt25												
	GTA30	30	≤1500	150	60	25	15	45	60	30	14	6	7
	GTAt30												
	GTA35	35	≤1800	150	60	25	15	45	63	30	14	8	9
	GTA38	38	≤2000	150	60	25	15	53	71	36	14	8	9
	GTA40	40	≤2000	150	60	25	15	53	71	36	14	8	9
	GTAt40												
	GTA50	50	≤2500	200	80	30	20	67	90	48	17	8	11
	GTAt50												
	GTA60	60	≤3000	200	80	30	20	67	90	48	17	8	11
	GTAt60												
	GTA80	80	≤3500	250	100	40	25	85	110	60	20	8	13.5
	GTAt80												

注：生产厂为海红汉中轴承厂。

(4) 滚动直线导轨套副的安装

1) 直线运动球轴承的安装

① 轴承压入轴承座孔时，应采用专用安装工具，从外圆端面压入（图9-5-36），不允许随意敲打，以免变形。导轨轴装入轴承时，应对准中心轻轻插入，不允许转动，避免损坏轴承。

② 调整型和开放型按图9-5-37方式安装。安装时，先松开螺钉1，安装完毕后，用螺钉1的松紧调整间隙，注意不要使预压过大。

2) 滚动直线导轨套副的安装

① 可参照滚动直线导轨副的安装方法进行，先识别基准定位面（基准定位面刻有小沟槽，编号末尾标有"J"字母），安装基准定位面后再安装非基准面。

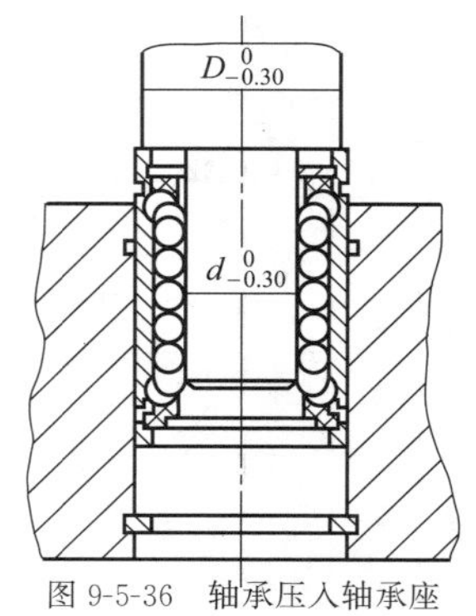

图9-5-36 轴承压入轴承座

② 支承座与工作台的螺钉直径按表9-5-100选用。

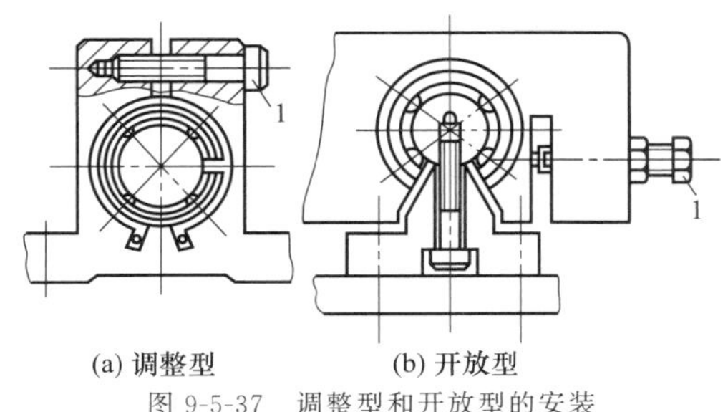

图 9-5-37 调整型和开放型的安装

③ 滚动直线导轨套副的润滑方法与滚动轴承相同。

表 9-5-100 螺钉直径 mm

型号 GTB GTBt	13	16	20	25	30	35	38	40	50	60	80
螺钉直径	M4	M4	M5	M5	M6	M6	M6	M6	M10	M10	M10

④ 工作台和支承座装好后，应进行拖动力的变化和工作台在竖直面内及水平面内移动的直线度以及工作台移动对工作台面的平行度测定。测定方法参考表 9-5-82。

5.4.2.6 滚动花键导轨副

（1）结构特点与应用

如图 9-5-38 所示，滚动花键导轨副由花键轴、花键套、滚珠及其循环件组成。花键轴上有三条互成120°的花键，每条花键的两侧均磨出滚道，滚珠通过花键套上的循环构件在花键滚道和花键套中循环。花键轴上的三列同侧滚珠传递正向力矩，另三列同侧滚珠传递反向力矩。当花键轴和花键套相对直线运动时，滚珠在滚动的同时也在花键轴和花键套中循环。花键套中的循环装置、滚珠、密封件为一整体，可单独从花键轴上卸下，滚珠不会脱落。

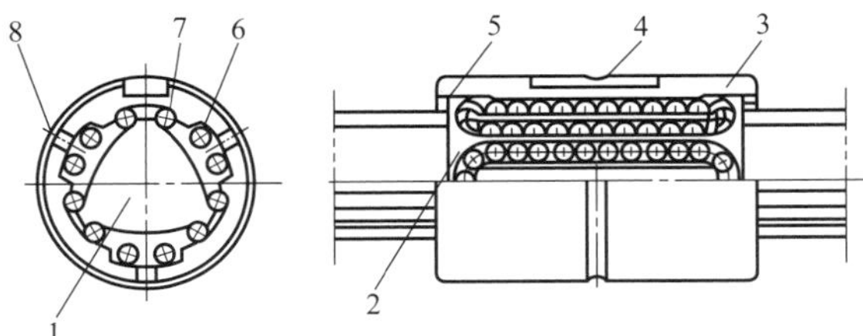

图 9-5-38 滚动花键导轨副

1—花键轴；2—保持架；3—花键套；4—键槽；5—橡胶密封垫；6—退出滚珠列；7—承载滚珠列；8—油孔

滚珠与花键轴滚道的接触角为 45°，因此它可承载径向载荷，也可传递转矩。通过选配滚珠直径，可以调整花键套及花键轴间的间隙量或过盈量，提高接触刚度和运动精度。由于花键套与花键轴之间为滚动，因此直线运动速度可达 60m/min。

按照花键轴的形状，滚动花键导轨副可分为两大类，即凸缘式滚动花键导轨副和凹槽式滚动花键导轨副。一般情况下，凸缘式的花键副所能传递转矩及承受的径向载荷都比凹槽式的要大些。

滚动花键导轨副应用广泛，主要应用在既要求传递转矩，又要求直线运动的机械上。适用范围见表 9-5-101。

表 9-5-101 滚动花键副适用范围

回转间隙	使用条件	适用举例
P_2（中预紧）	需要高刚度，有振动、冲击处，悬臂倾覆力矩载荷处	点焊熔接机轴，刀架，分度（转位）轴
P_1（轻预紧）	轻度振动，倾覆力矩，轻度悬臂交变转矩处	工业机器人摇臂，各种自动装卸机，自动涂装机主轴
P_0（普通）	承受一定方向转矩负荷，用较小的力使之顺利运动处	各种计量仪器，自动绘图机，卷线机，包装机以及弯板机主轴

（2）编号规则

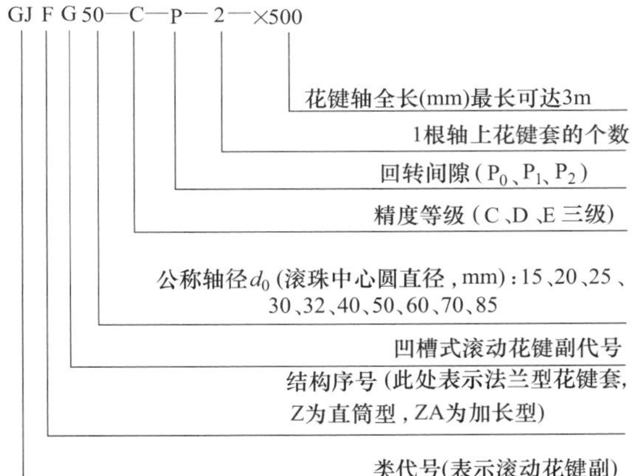

（3）精度

滚动花键副分为超精密级 C、精密级 D 与普通级 E。各项精度如图 9-5-39 所示。花键轴两端轴颈的形位公差要求，仅向用户推荐选用。滚动花键副的精度值见表 9-5-102～表 9-5-105。

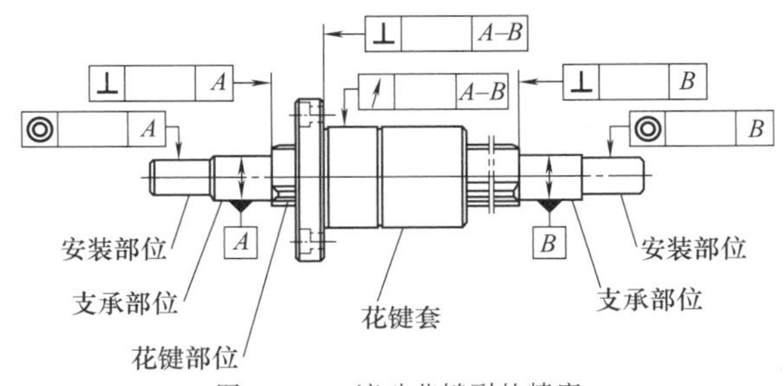

图 9-5-39 滚动花键副的精度

表 9-5-102 花键套表面对支承部位轴线的径向圆跳动 μm

长度/mm	公称轴径/mm														
	15 20			20 30 32			40 50			60 63 70			85 100		
	C	D	E	C	D	E	C	D	E	C	D	E	C	D	E
<200	18	34	56	18	32	53	16	32	53	16	30	51	16	30	51
200～315	25	45	71	21	39	58	19	36	58	17	34	55	17	32	53
315～400	—	53	83	25	44	70	21	39	63	19	36	58	17	34	55
400～500	—	—	95	29	50	78	24	43	68	21	38	61	19	35	57
500～630	—	—	112	34	57	88	27	47	74	23	41	65	20	37	60
630～800				42	68	103	32	54	84	26	45	71	22	40	64
800～1000				—	—	124	38	63	97	30	51	79	24	43	69
1000～1250							—	—	114	35	59	90	28	48	76
1250～1600							—	—	139	—	—	106	—	—	86

任意 100mm 花键滚道的直线度：C 级 6μm；D 级 13μm；E 级 33μm，移动量>100mm 或<100mm 时，与移动量成正比地增、减以上数值。

表 9-5-103 安装部位对支承部位的同轴度 μm

公称轴径/mm	精度等级		
	C	D	E
15 20	12	19	46
25 30 32	13	22	53
40 50	15	25	62
60 63 70	17	29	73
85 100	20	34	86

表 9-5-104 轴端面对支承部位轴线的垂直度 μm

公称轴径/mm	精度等级		
	C	D	E
15 20	8	11	27
25 30 32	9	13	33
40 50	11	16	39
60 63 70	13	19	46
85 100	15	22	54

表 9-5-105 花键套法兰装配面对支承部位的垂直度 μm

公称轴径/mm	精度等级		
	C	D	E
15 20	9	13	33
25 30 32	11	16	39
40 50	13	19	46
60 63 70 85	15	22	54
100	18	25	63

（4）滚动花键轴与花键套间的回转间隙

滚动花键轴与花键套间的回转间隙对滚动花键副的总成精度和刚度有很大影响，可以采用变换滚珠直径的预紧办法控制回转间隙的大小，甚至可以获得微量的过盈。但过大的预紧量会产生较大的摩擦阻力。同时装配也不方便，设计时可根据使用条件参照表 9-5-101 选用合适的回转间隙类型，按表 9-5-106 确定回转间隙值。

表 9-5-106 滚动花键副回转间隙 μm

公称轴径/mm	普通 P_0	轻预紧 P_1	中预紧 P_2
15	±3	−9～−3	−15～−9
20 25 30 32	±4	−12～−4	−20～−12
40 50 60	±6	−18～−6	−30～−18
70 85	±8	−24～−8	−40～−24
100	±10	−30～−10	−50～−30

注："−"值表示过盈量。

（5）尺寸系列（表 9-5-107～表 9-5-110）

表 9-5-107 GJF 型凸缘式滚动花键副尺寸系列 mm

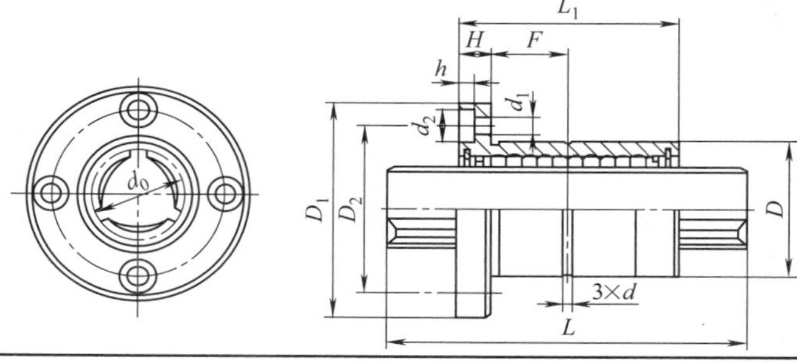

续表

规格型号	公称轴径 d_0	外径 D	套长度 L_1	轴最大长度 L	法兰直径 D_1	安装孔中心圆直径 D_2	法兰厚度 H	沉孔深度 h	油孔直径 d	沉孔直径 d_2	通孔直径 d_1	油孔位置尺寸 F	基本额定转矩	
													动转矩 C_T /N·m	静转矩 C_{0T} /N·m
* GJF15	15	$23_{-0.013}^{0}$	$40_{-0.3}^{0}$	300	$43_{-0.2}^{0}$	32	7	4.4	2	8	4.5	13	27	45
GJF20	20	$30_{-0.013}^{0}$	$50_{-0.3}^{0}$	500	$49_{-0.2}^{0}$	38	7	4.4	3	8	4.5	18	64	90
GJF25	25	$38_{-0.016}^{0}$	$60_{-0.3}^{0}$	700	$60_{-0.2}^{0}$	47	9	5	3	10	5.8	21	134	184
GJF30	30	$45_{-0.016}^{0}$	$70_{-0.3}^{0}$	1000	$70_{-0.2}^{0}$	54	10	6	3	11	6.6	25	238	317
GJF32	32	$48_{-0.016}^{0}$	$80_{-0.3}^{0}$	1000	$73_{-0.2}^{0}$	57	10	6	3	12	7	25	238	317
GJF40	40	$57_{-0.019}^{0}$	$90_{-0.3}^{0}$	1200	$90_{-0.2}^{0}$	70	14	7	4	15	9	31	523	670
GJF50	50	$70_{-0.019}^{0}$	$100_{-0.3}^{0}$	1200	$108_{-0.2}^{0}$	86	16	9	4	18	11	34	956	1146
GJF60	60	$85_{-0.022}^{0}$	$127_{-0.3}^{0}$	1200	$124_{-0.2}^{0}$	102	18	11	4	18	11	45.5	1631	2262
GJF70	70	$100_{-0.022}^{0}$	$135_{-0.3}^{0}$	1200	$142_{-0.2}^{0}$	117	20	13	4	20	13	47.5	2617	3597
GJF85	85	$120_{-0.022}^{0}$	$155_{-0.3}^{0}$	1200	$168_{-0.2}^{0}$	138	22	13	5	20	13	55.5	4139	5635

注：1. * 为非标准产品。

2. 花键套，采用渗碳钢制造，滚道硬度为 56～63HRC，法兰硬度≤30HRC，必要时可配钻铰定位销孔防止周向松动。

3. 花键套有特殊要求可特殊订货。

表 9-5-108　　GJZ 型、GJZA 型凸缘式滚动花键副尺寸系列　　mm

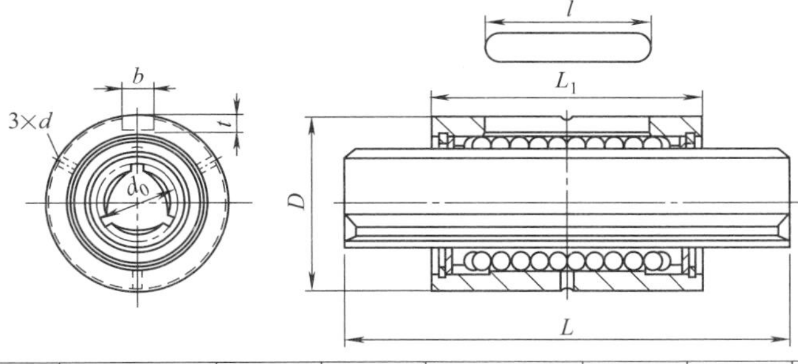

规格型号	公称轴径 d_0	外径 D	套长度 L_1	轴最大长度 L	键槽宽度 b	键槽深度 t	键槽长度 l	油孔直径 d	基本额定转矩	
									动转矩 C_T /N·m	静转矩 C_{0T} /N·m
* GJZ15	15	$23_{-0.013}^{0}$	$40_{-0.3}^{0}$	300	3.5H8	$2_{-0.3}^{0}$	20	2	27	45
GJZ20	20	$30_{-0.013}^{0}$	$50_{-0.3}^{0}$	500	4H8	$2.5_{0}^{+0.1}$	26	3	64	90
GJZ25	25	$38_{-0.016}^{0}$	$60_{-0.3}^{0}$	700	5H8	$3_{0}^{+0.2}$	36	3	134	184
GJZA25	25	$38_{-0.016}^{0}$	$70_{-0.3}^{0}$	700	5H8	$3_{0}^{+0.2}$	36	3	152	225
GJZ30	30	$45_{-0.016}^{0}$	$70_{-0.3}^{0}$	1000	6H8	$3_{0}^{+0.2}$	40	3	238	317
GJZ32	32	$48_{-0.016}^{0}$	$70_{-0.3}^{0}$	1000	8H8	$4_{0}^{+0.2}$	40	3	238	317
GJZA32	32	$48_{-0.016}^{0}$	$80_{-0.3}^{0}$	1000	8H8	$4_{0}^{+0.2}$	40	3	272	388
GJZ40	40	$60_{-0.019}^{0}$	$90_{-0.3}^{0}$	1200	10H8	$5_{0}^{+0.2}$	56	4	523	670
GJZA40	40	$60_{-0.019}^{0}$	$100_{-0.3}^{0}$	1200	10H8	$5_{0}^{+0.2}$	56	4	607	837
GJZ50	50	$75_{-0.019}^{0}$	$100_{-0.3}^{0}$	1200	14H8	$5.5_{0}^{+0.2}$	60	4	956	1146
GJZA50	50	$75_{-0.019}^{0}$	$112_{-0.3}^{0}$	1200	14H8	$5.5_{0}^{+0.2}$	60	4	1130	1473
GJZ60	60	$90_{-0.022}^{0}$	$127_{-0.3}^{0}$	1200	16H8	$6_{0}^{+0.2}$	70	4	1631	2262
GJZ70	70	$100_{-0.022}^{0}$	$135_{-0.3}^{0}$	1200	18H8	$6_{0}^{+0.1}$	68	4	2617	3597
GJZ85	85	$120_{-0.022}^{0}$	$155_{-0.3}^{0}$	1200	20H8	$7_{0}^{+0.1}$	80	5	4139	5635

注：* 为非标准产品。

第 9 篇

表 9-5-109 GJZG 型凹槽式滚动花键副尺寸系列 mm

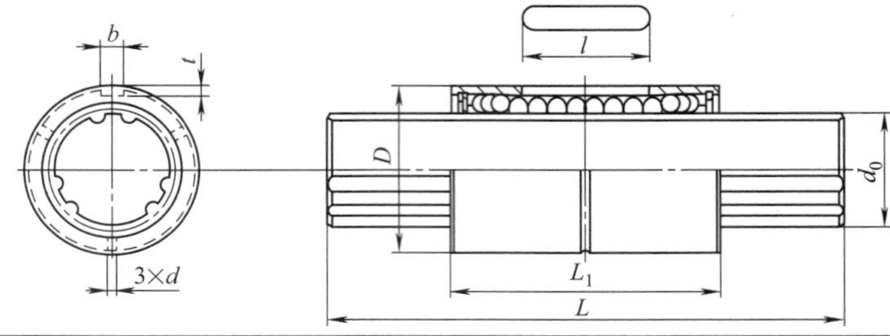

规格型号	轴外径 d_0(h7)	外径 D	套长度 L_1	轴最大长度 L	键槽宽度 b	键槽深度 t	键槽长度 l	油孔直径 d	基本额定转矩	
									动转矩 C_T /N·m	静转矩 C_{0T} /N·m
GJZG30	$30_{-0.025}^{0}$	$48_{-0.016}^{0}$	$80_{-0.3}^{0}$	1000	4H8	$2.5_{0}^{+0.1}$	40	3	171	148
GJZG60	$60_{-0.03}^{0}$	$90_{-0.022}^{0}$	$140_{-0.3}^{0}$	1200	12H8	$5_{0}^{+0.2}$	67	5	1220	1040
GJZG100	$100_{-0.035}^{0}$	$150_{-0.025}^{0}$	$185_{-0.3}^{0}$	1200	20H8	$7.5_{0}^{+0.2}$	90	5	3730	3010

表 9-5-110 GJFG 型凹槽式滚动花键副尺寸系列 mm

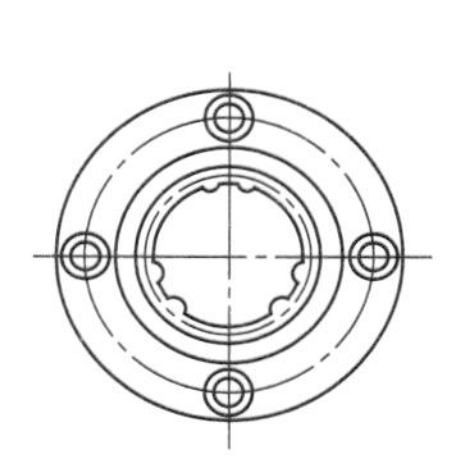

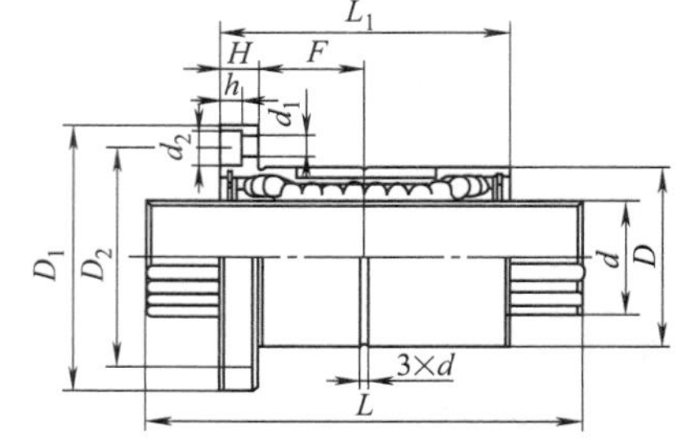

规格型号	外径 D	套长度 L_1	轴最大长度 L	法兰直径 D_1	安装孔中心圆直径 D_2	法兰厚度 H	沉孔深度 h	沉孔直径 d_2	通孔直径 d_1	油孔直径 d	油孔位置尺寸 F	基本额定转矩	
												动转矩 C_T /N·m	静转矩 C_{0T} /N·m
GJFG30	$48_{-0.016}^{0}$	$80_{-0.3}^{0}$	1000	$75_{-0.2}^{0}$	60	10	6.5	11	6.6	3	30	171	148
GJFG60	$90_{-0.022}^{0}$	$140_{-0.3}^{0}$	1200	$134_{-0.2}^{0}$	112	16	11	18	11	5	54	1220	1040

(6) 设计和使用注意事项

1) 花键轴轴端结构的要求

① 当轴端需要加工时，$d_1<d$，d 值见表 9-5-111。

② 当花键轴需要大直径轴颈时，磨削滚道必须让出足够的退刀长度 S，如图 9-5-40 所示。

$$S \geqslant 1.2\sqrt{R(D_0-d)}$$

砂轮 $R=(40\sim150)$mm，通常小尺寸为低精度。

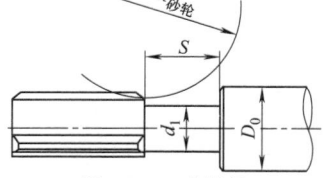

图 9-5-40 花键轴

表 9-5-111 花键轴截面尺寸 mm

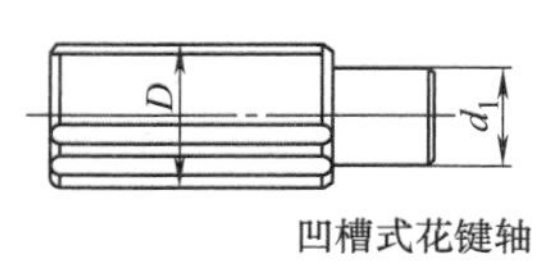

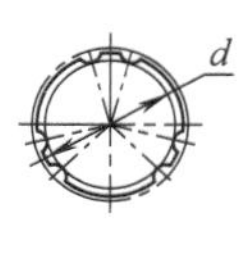

凹槽式花键轴

公称直径	d	D
30	27.8	30
60	55	60
100	93.4	100

续表

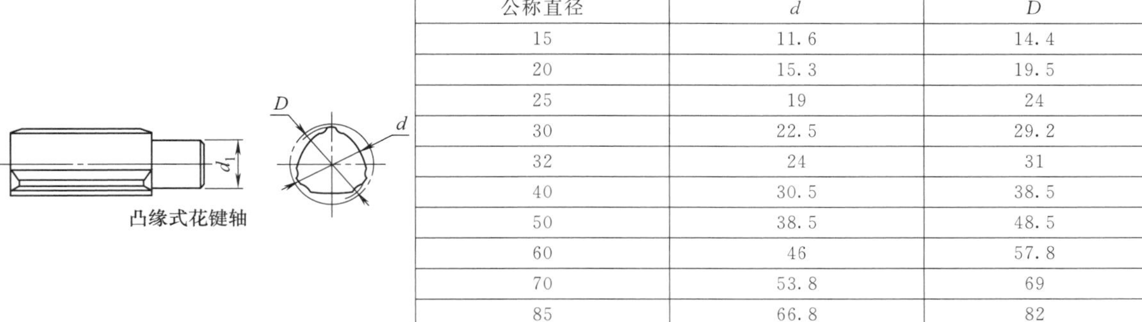

公称直径	d	D
15	11.6	14.4
20	15.3	19.5
25	19	24
30	22.5	29.2
32	24	31
40	30.5	38.5
50	38.5	48.5
60	46	57.8
70	53.8	69
85	66.8	82

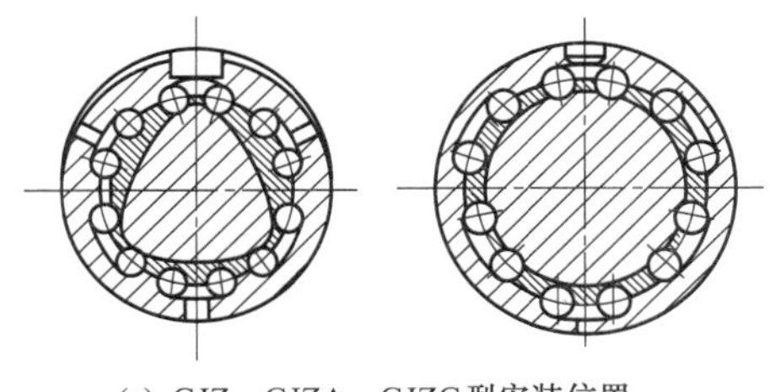

(a) GJZ、GJZA、GJZG型安装位置

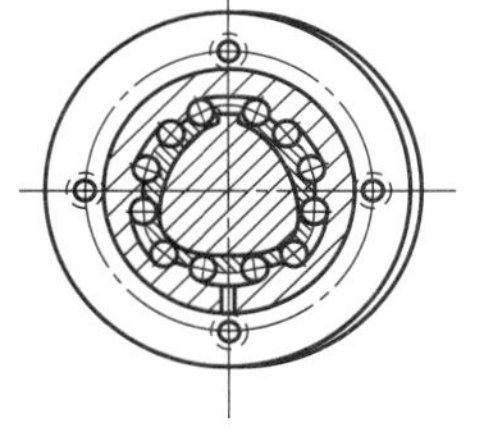

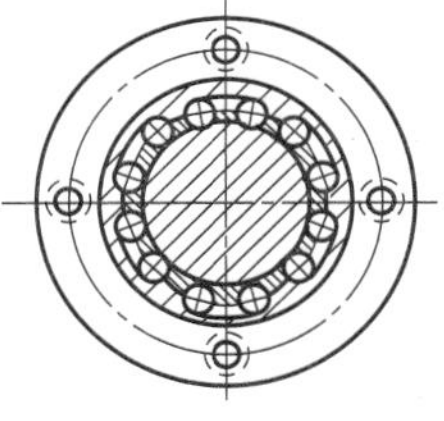

(b) GJF、GJFG型安装位置

图 9-5-41　花键套的结构与安装

2）花键套的结构与安装

① 花键套的键槽和法兰盘安装孔水平，为安装时的正确位置。

GJZ 型、GJZA 型和 GJZG 型花键套的键槽，如图 9-5-41（a）所示，在两条载荷列的正上方。

GJF 和 GJFG 型花键套法兰盘上 4 个安装孔中的一个也对准花键的一凸筋，如图 9-5-41（b）所示，订货时如对键槽位置关系有要求，应与厂家联系。

② 花键套的安装　将花键套装入机座中时，用专用工具轻轻放入，不要碰到侧板和密封垫。工具 d_1 前端 2×30°。花键副专用工具尺寸见表 9-5-112。

③ 花键轴与花键套的组装　将花键轴套入花键套中，要注意确认花键轴与花键套的配合标志，如图 9-5-42。切勿装错，强行套入会造成损坏。套入时应在主轴外径涂上润滑油。

表 9-5-112　　花键副安装专用工具尺寸　　mm

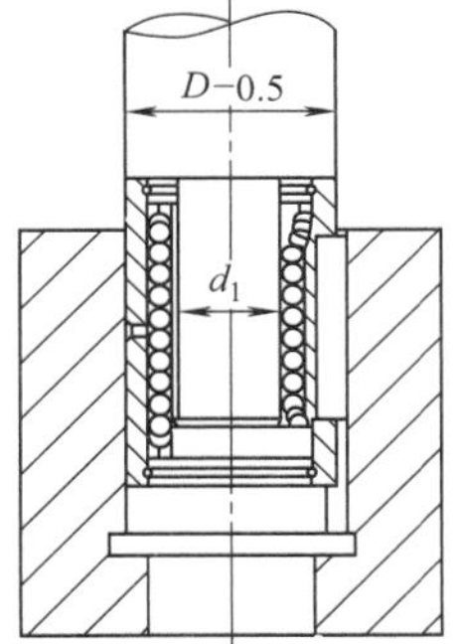

	公称直径	15	20	25	30	32	40	50	60	70	85
凸缘式花键副	D	23	30	38	45	48	60	75	90	100	120
	d_1(h9)	11.6	15.3	19	22.5	24	30.5	38.5	46	53.8	66.8

	公称直径	30	60	100
凹槽式花键副	D	30	60	100
	d_1	27.8h9	55h9	93.4h9

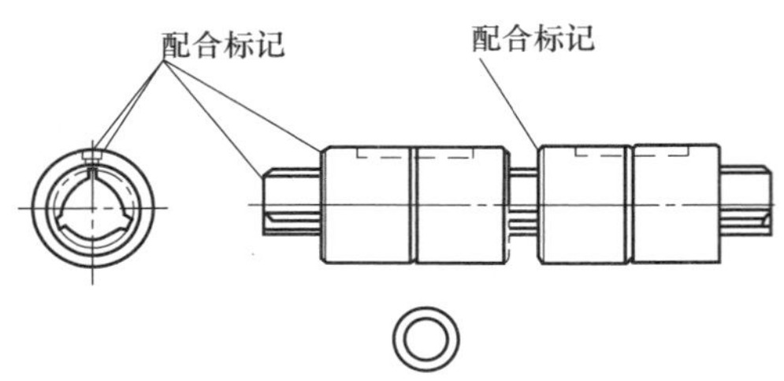

图 9-5-42　花键轴与花键套的组装

5.4.2.7　滚动轴承导轨

用滚动轴承作滚动体制作的滚动导轨在大行程、高刚度、大载荷的场合得到了广泛的应用，例如大型（磨削长度达 15m）的磨头移动式平面磨床的纵向导轨、绘图机的导轨、高精度测量机的导轨等。

（1）滚动轴承导轨的特点

① 滚动轴承为标准件，使用经济，维护保养简单。

② 导轨面直接接触轴承的外圈（或另加的外圈套圈），由于外圈直径较大，故导轨面的接触压强小，轴承可预紧，因而有较大的承载能力和导轨刚度，且可提高轴承的滚动精度。

③ 由于导轨面的接触压强小，导轨面的硬度要求不高，一般达到 42HRC 即可。

④ 由于轴承的外圈（包括另加的外圈套圈）是一个很好的弹性体，具有吸振和缓冲的作用，故抗振性好。

⑤ 结构尺寸较大，滑鞍（或工作台）上的轴承组安装孔的加工较为困难。

（2）导轨的结构

滚动轴承导轨所用轴承首推为调心球轴承或调心滚子轴承，因安装轴承支承的孔很难保证达到与导轨面的平行度或垂直度（侧面导向），在轴承支承轴与导轨面平行度误差不大时用调心轴承可保证轴承宽度方向与导轨面有良好接触。其次是用深沟球轴承或滚子轴承。

把表 9-5-113 中所示的轴承组，利用其安装部位（D）安装在滑鞍或工作台上，滚动轴承的外圈（或外圈套圈）压在导轨面上，用相对工作的轴承组把滑鞍或工作台约束到只剩下一个运动自由度。

表 9-5-113　　推荐的轴承组结构

序号	简　　图	应用及说明
1		使用深沟球轴承，直接利用外圈与导轨面接触，结构简单，一般情况下，均采用这种用法 利用安装部位“D”与轴承内孔的偏心“e”调节导轨间隙或预加载荷 安装部位的直径 $D>$轴承外径$+2e$ 事先不能对轴承预加载荷，影响了轴承的承载能力
2		滚柱轴承受径向载荷，深沟轴承轴向限位，外圈套圈与导轨面接触 外圈套圈可以与滚柱轴承过盈配合，这种结构很适合承载能力高的场合 利用偏心 e 调整导轨间隙或预加载荷 $D>$外圈套圈直径$+2e$ 滚柱轴承也可以是滚针轴承
3		成对使用角接触球轴承，利用内、外隔套对轴承预加载荷，外圈套圈与导轨面接触 适合高精度的场合使用 利用偏心 e 调整导轨间隙或预加载荷 $D>$外圈套圈直径$+2e$

续表

序号	简 图	应用及说明
4	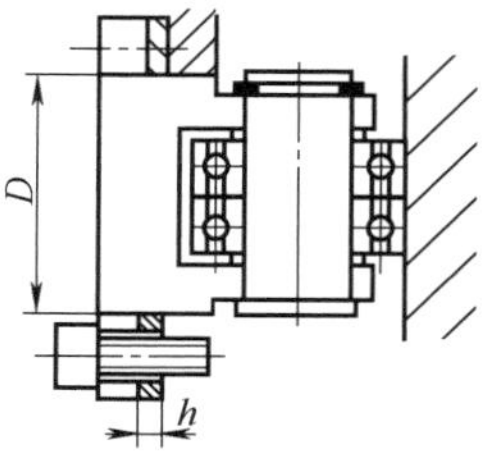 D h	两个(或一个)深沟球轴承安装在轴承组支座上,轴承的外圈直接与导轨面接触,利用改变垫片厚度 h 的办法调整导轨的间隙或预加载荷 $D>\sqrt{轴承外径^2+轴承宽度^2}$

(3) 轴承组的布置方案

滚动轴承组在导轨中的布置方案与滚柱导轨块相似。根据导轨的安装状态及载荷的特点,可以布置成开式和闭式导轨(见表 9-5-114)。开式布置只适合水平安置,且无倾覆载荷的场合。

(4) 预加载荷和间隙的调整方法

1) 把轴承组安装部位的圆柱部分与滚动轴承的内孔(轴颈)做成偏心的,一般偏心量为 1～2mm。如表 9-5-113 中序号 1、2、3 所示,它们的结构简单,调整方便。调整时只需改变偏心的位置。

2) 在轴承组安装座的下面设置垫片,如表 9-5-113序号 4 简图所示。利用改变垫片厚度的办法来达到调整的目的。这种方法调整和测量垫片的厚度都比较麻烦。

上述方法 1) 也适用于弥补轴承组安装孔位置的制造误差。

表 9-5-114 轴承组布置方案

序号	简 图	应用及说明
1	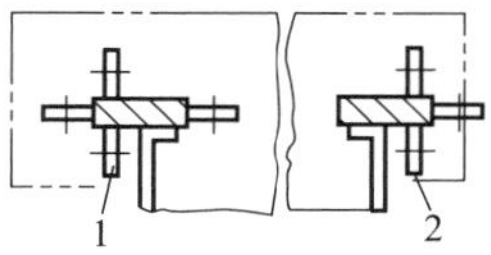 1 2	利用 6 对轴承组,构成闭式布置。适合任何安置状态的导轨,尤其适合长行程水平安置的导轨 当撤去 1、2 位置的轴承组,即变成开式布置方案,此时只适合水平安置无倾覆载荷的场合
2	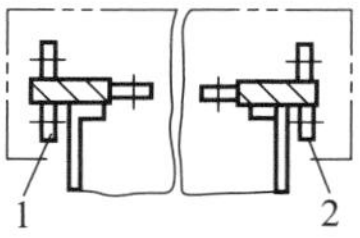 1 2	利用两根导轨的内侧面做侧向导向,可使导轨装置的横向尺寸变小 其他说明与序号 1 相同
3		这是充分利用导轨体的内部空间(尺寸)布置轴承组的方案,也是用 6 对轴承组设置运动约束的。在导轨装置的宽度和高度方面都可以获得较小的尺寸 适合任意工作位置的导轨
4	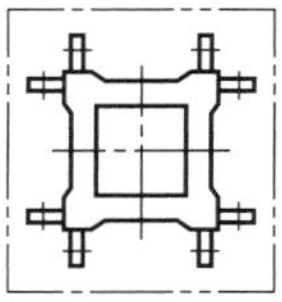	这是对方柱形导轨的运动约束方案,共用了 8 对轴承组,可获得高支承刚度 适合任何工作位置和受力状态。特别是大悬伸量的方形支臂
5	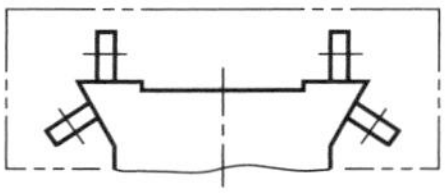	燕尾导轨轴承组的布置方案,只需设置 4 对轴承组就可达到运动约束的目的 适合任何工作位置和受力状态的轻型、行程短的场合
6	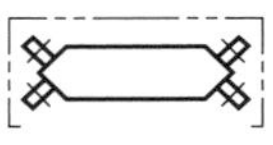	菱形导轨轴承组的布置方案 其他说明与序号 5 相同

（5）导轨面的要求

1）导轨面的硬度：由于与导轨面直接接触的是外径较大的滚动轴承的外圈（或外圈套圈），导轨面的接触应力远远低于其他滚动导轨。所以可降低对导轨面的硬度要求，一般大于42HRC即可。

2）对铸铁导轨，如不便于对导轨面进行淬火，则可以采用贴附经过热处理（或冷轧）的、硬度为42HRC以上的、精密（厚度均匀度在0.02mm以内）钢带的办法。钢带的厚度一般为1.2mm左右。

3）导轨面的接缝：当滚动轴承组的外圆滚过长导轨的接缝时，为避免颠簸，导轨的接缝除了尽可能的窄而外，还应做成斜面对接。一般的斜角（相对移动方向）为45°左右。

（6）导轨的计算

1）计算滚动轴承的载荷。

2）根据滚动轴承组的滚动外径及导轨的工作速度，算出滚动轴承的工作转速

$$n_2=\frac{v_0\times10^3}{\pi D}$$

式中 v_0——导轨的工作速度，m/min；

D——滚动轴承组滚动外圆直径，mm。

3）再根据轴承的转速及载荷，按滚动轴承章节中的有关内容，进行寿命等计算。

（7）应用举例

图9-5-43是一种滚动轴承导轨的应用举例。图9-5-43（a）是轴承组布置示意图，共设置了六对轴承组约束中间的套筒，导轨面设在中间移动套筒上。图9-5-43（b）所示的轴承组设置两对，用改变垫片厚度的办法，对导轨面施加预加载荷。图9-5-43（c）所示的轴承组设置了四对，用改变偏心的位置，对导轨面施加预加载荷。

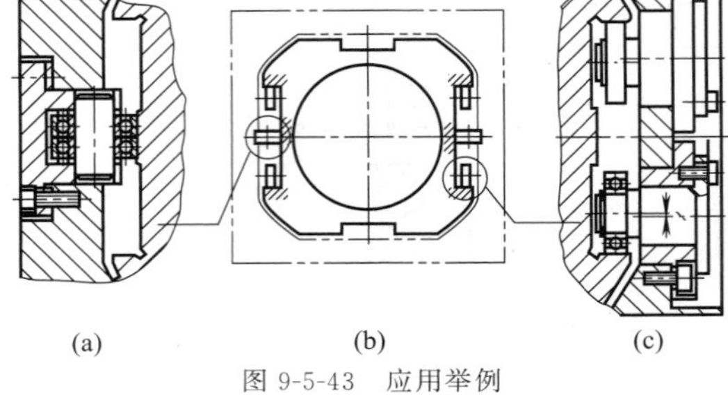

图9-5-43 应用举例

5.5 导轨设计实例

本节以压力机导轨设计为例，说明导轨设计的过程。

压力机导轨副由滑块上导向面和机架上导轨组成，导轨与机架不是一个整体，而是通过螺钉紧固在机架上，导轨承受滑块给予的侧向力和一定偏载力，因此，压力机导轨设计除应满足前述导轨的设计要求外，还应注意压力机导轨的特殊性及与机床等导轨设计的不同点。

5.5.1 压力机导轨的形式和特点

压力机导轨形式较多，滑动导轨应用广泛，从单个导轨形状分，有V形导轨、斜导轨、平面导轨；从导轨面数分，有4面、6面、8面导轨；从可调性分，有可调导轨、不可调导轨、可调和不可调并用导轨；从导向方向分，有卧式导轨和立式导轨。

滚动导轨应用于高速精密压力机，如我国生产的高速精密压力机应用滚动导轨，滑块行程次数大于80次/min，高达600次/min。

压力机滑动导轨的基本形式及特点见表9-5-115。

表9-5-115 压力机滑动导轨基本形式及特点

导轨名称及简图	典型结构图	tanβ的比较		导向精度	结构	导轨调节	精度保持	对中调整	适用范围	备注
2个"V"形导轨 前 后	4 3 1 2 60° 6	前后	$\frac{2\delta}{l\sin60°}$	较高	简单	容易	较好	加工保证	中小型开式压力机	
		左右	$\frac{2\delta}{l\cos60°}$	低				可以		
4个45°斜导轨 前 后	4 3 6 1 3 7 2	前后	$\frac{2\delta}{l\cos45°}$	较低	较简单	较容易	较好	可以	中大型压力机	不适用近似方形的滑块
		左右	$\frac{2\delta}{l\cos45°}$	较低				可以		

续表

导轨名称及简图	典型结构图	tanβ的比较		导向精度	结构	导轨调节	精度保持	对中调整	适用范围	备注
2个45°斜导轨和2个平面导轨 前 后		前后	$\frac{\delta}{l}+\frac{\delta}{l\cos45°}$	较低	较简单	较容易	较好	加工保证	中大型压力机	
		左右	$\frac{2\delta}{l\cos45°}$	较低				可以		
6个平面导轨 前 后		前后	$\frac{2\delta}{l}$	高	较复杂	较难	好	加工保证	中型开式压力机	导向间隙靠调整片调节
		左右	$\frac{2\delta}{l}$	高				可以		
8个平面导轨 前 后		前后	$\frac{2\delta}{l}$	高	复杂	较容易	较好	可以	中大型压力机	
		左右	$\frac{2\delta}{l}$	高				可以		

注：1. 结构图中的代号：1—机架；2—滑块；3—紧固螺栓；4—顶紧螺钉；5—调整垫片；6—导轨；7—滑板（导板）。
2. $\tan\beta$ 栏中的代号：β—由于导轨间隙使滑块产生的倾斜角度；δ—导轨间隙；l—滑块的导向长度。

5.5.2　导轨的尺寸和验算

5.5.2.1　导轨长度

由于导轨长度直接影响压力机的工作精度和压力机的总高度，可根据滑块导向部分的长度和滑块行程来确定导轨长度。导轨长度计算见表 9-5-116。

表 9-5-116　导轨长度的计算

滑块底部有凸缘	滑块底部无凸缘
$L=H+S-S_1-S_2$	$L=H+S+\Delta l-S_1-S_2$
说明	L——导轨长度 H——滑块的导向面长度 S——滑块行程 Δl——封闭高度调节量 S_1——滑块到上死点时，滑块露出导轨部分的长度 S_2——滑块到下死点时，滑块露出导轨部分的长度

5.5.2.2　导轨工作面宽度及其验算

考虑到导轨需要承受压力机工作时的侧向力和一定的偏载力以及充分的润滑，一般导轨面要宽些。导轨宽些还可以降低滑块的转动误差。

单个导轨工作面宽度的验算如下。

1）压强 p（MPa）的验算

$$p=\frac{KP_g}{2BL}\leqslant p_p$$

式中　P_g——压力机的公称压力，N；

K——偏载力系数，可以取 $K=0.25$；

B——导轨工作面投影宽度，mm；

p_p——导轨材料的许用压强，MPa；

L——导轨长度，mm。

2）对于高速压力机还要进行 pv（MPa·m/s）值的验算

$$pv=\frac{Kp_g v_{max}}{2BL}=pv_{max}\leqslant(pv)_p$$

式中　v_{max}——滑块运行最大速度，m/s；

$(pv)_p$——导轨材料许用 pv 值，MPa·m/s。

5.5.3　导轨材料的选择

为了尽量避免或减少滑块导向面的磨损，要求导

第9篇

轨工作面的硬度比滑块导向面的硬度低一些，小型压力机滑块常用灰铸铁制造，中型压力机滑块常用灰铸铁、稀土铸铁或钢板焊接。大型压力机滑块一般用钢板焊接。导轨材料一般为灰铸铁 HT200 制造。对于速度较高、偏心载荷较大的导轨，为提高耐磨性常在导轨工作面上镶装减摩材料制成的滑板，常用的耐磨材料有：铸造锰黄铜（ZCuZn38Mn2Pb2）、铸造锡青铜（ZCuSn5Pb5Zn5）和聚四氟乙烯软带等。

5.5.4　导轨间隙的调整

导轨和滑块导向面的间隙调整是通过紧固螺栓和顶紧螺钉、或紧固螺栓和调整垫片进行（见表 9-5-115）。紧固螺栓和顶紧螺钉的数量及其布置根据导轨本身刚度及所承受的载荷大小等因素确定。

紧固螺栓和顶紧螺钉的布置基本有三种形式。第一种是分组布置，即两个紧固螺栓之间加一个顶紧螺钉；第二种是间隔布置，即紧固螺栓和顶紧螺钉间隔排列；第三种是复合布置，即在紧固螺栓上套一个顶紧螺套（结构紧凑，多用于中小型压力机）。

5.6　导轨的防护

导轨防护装置的主要功能是防止灰尘、切屑、冷却液等进入导轨中，进而提高导轨的使用寿命。另外，一副制造精良、外形美观的防护罩还能增强机器外观整体艺术造型效果。

5.6.1　导轨防护装置的类型及特点

1）固定防护：利用导轨中移动件两端的延长物（或另加的防护板）保护导轨。适合行程较小的导轨。例如车床的横刀架导轨。

2）刮屑板：利用毛毡或耐油橡胶等制成与导轨形状相吻合的刮条，使之刮走落在导轨上的灰尘、切屑等。适合在工作中裸露的导轨的保护。例如卧式车床的纵向导轨，滚动导轨等。

3）柔性伸缩式导轨防护罩：适合行程大、工作速度高，而且对导轨清洁度要求严格的导轨。例如平面磨床的纵向导轨。

4）刚性伸缩式导轨防护罩：行程可大，但速度不能太高，不适合频繁地往复运动的场合。多用于加工中心导轨的防护。

5）柔性带防护装置：利用柔性带（例如薄钢带、夹线耐油橡胶带等）遮挡导轨面。可以设计成卷缩型和循环型。

本节主要介绍已经系列化的并有专业生产厂家提供成品的导轨防护部件。

5.6.2　导轨刮屑板

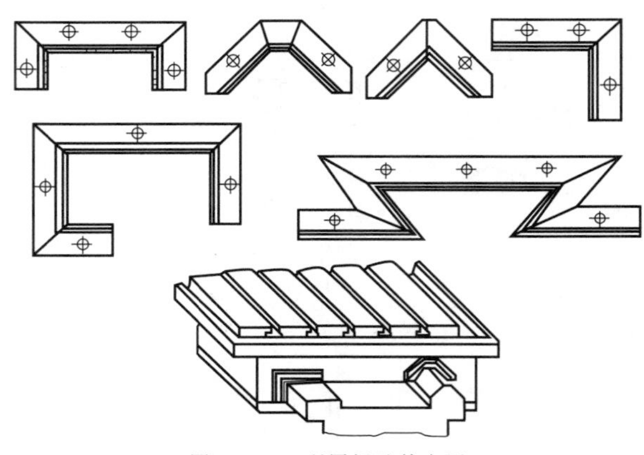

图 9-5-44　刮屑板及其应用

表 9-5-117　　GXB 型导轨刮屑板　　mm

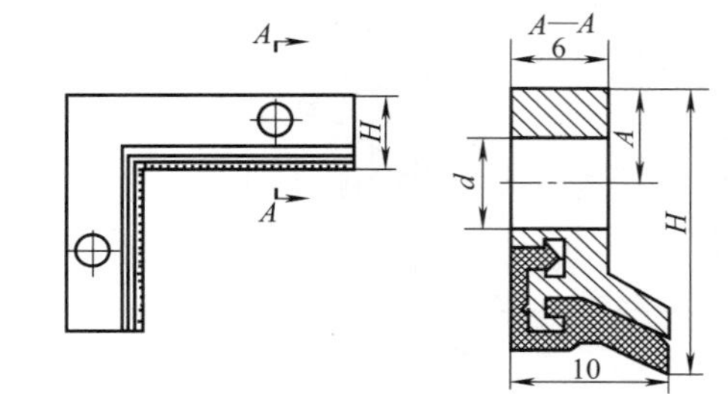

型号	GXB-18	GXB-25	GXB-30
H	18	25	30
A	6	6～10	6～15
d	5～6	5～7	5～7

注：生产厂为上海机床附件三厂。

5.6.3　刚性伸缩式导轨防护罩

刚性伸缩式导轨防护罩的结构见图 9-5-45。

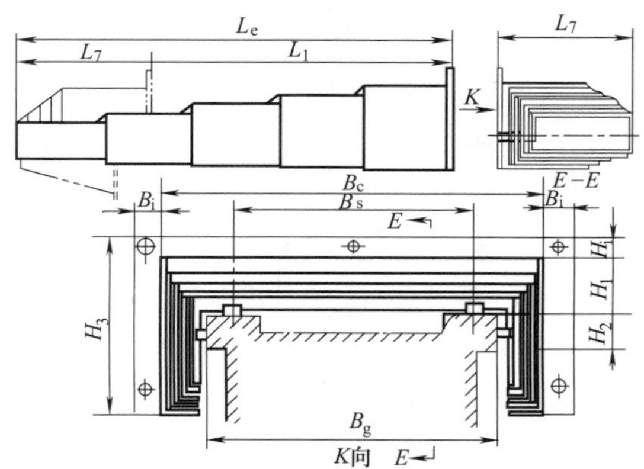

图 9-5-45　刚性伸缩式导轨防护罩结构示意图

刚性伸缩式防护罩以不锈钢为主体材料，由多层（节）罩壳组成，各层（节）间用铜衬相隔。最上层和最下层分别固定在工作台和床身上，当导轨移动时，防护罩随着拉开伸长或叠起缩短，这种防护罩可全部封盖导轨面，防护性能好、行程大、寿命长。缺点是制造成本高、收缩后尺寸长、重量大、维修较困难。

刚性伸缩防护罩的节数 n 可由下式确定

$$n=\frac{L_e(\text{最大拉伸后尺寸})}{L_z(\text{收缩后最小尺寸})}+1$$

在向制造厂订货时，需提交表 9-5-118 所列的数据。

表 9-5-118　　订货数据表

代号	名　称	数据	备注
L_e	拉伸后长度		
L_z	收缩后长度		
L_t	行程		
B_g	导轨宽度		
B_c	防护宽度		
B_s	支承安装宽度		
H_1	防护罩上部高度		
H_2	导轨侧面高度		
H_3	防护罩高度		
B_i	安装位置宽度		用户自定
H_i	安装位置高度		用户自定

5.6.4　柔性伸缩式导轨防护罩

柔性伸缩式防护罩以橡塑、人造革、漆布等作为主体材料，为缩摺型，具有轻便、价格低廉、安装维护方便、收缩后尺寸短等长处。适用于行程大、工作速度高、频繁往复运动的场合。这种防护罩的使用寿命短，且不宜用在防油（或冷却液）要求高、切屑灼热、飞溅大的场合。

该种防护罩也已形成系列，由专业厂家提供。在订货时须提出以下主要技术参数：最大拉伸后长度 L_{max}；最小收缩后长度 L_{min}；行程长度 L_t；导轨宽度 A；防护宽度 a；支承高度 H；主体材料；支承形式（滑动的或滚轮的）等。见图 9-5-46。

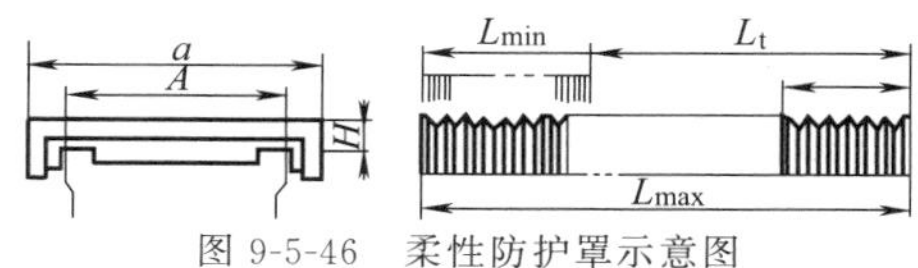

图 9-5-46　柔性防护罩示意图

由图 9-5-46 得知

$$L_{max}=L_{min}+L_t$$

式中　L_{max}——最大拉伸后尺寸；

L_{min}——最小收缩后尺寸；

L_t——行程。

柔性防护罩一般都作成多节的，以每节 5～7 褶为多。对于中、高速的防护罩，在其中还须设置弹簧连杆联动机构，以保证拉伸和收缩是平动的。

参考文献

[1] 吴宗泽．机械设计师手册．下册．北京：机械工业出版社，2002.
[2] 徐峰，李庆祥．精密机械设计．北京：清华大学出版社，2005.
[3] 机械设计实用手册编委会．机械设计实用手册．北京：机械工业出版社，2008.
[4] 成大先．机械设计手册．第6版．第4卷．北京：化学工业出版社，2016.
[5] 钟洪，张冠坤．液体静压动静压轴承设计使用手册．北京：电子工业出版社，2007.
[6] 闻邦椿．机械设计手册．第6版．第3卷．北京：机械工业出版社，2018.
[7] 现代实用机床设计手册编委会．现代实用机床设计手册．上册．北京：机械工业出版社，2006.
[8] 张善锺．精密仪器结构设计手册．北京：机械工业出版社，2009.
[9] 俞新陆．液压机的设计与应用．北京：机械工业出版社，2007.
[10] 骆俊廷，张丽丽．塑料成型模具设计．北京：国防工业出版社，2008.
[11] 赖一楠，吴明阳，赖明珠．复杂机械结构模糊优化方法及工程应用．北京：科学出版社，2008.
[12] 孙靖民，梁迎春．机械优化设计．北京：机械工业出版社，2009.
[13] 梁醒培，王辉．基于有限元法的结构优化设计——原理与工程应用．北京：清华大学出版社，2010.
[14] 赵雨旸，周欢，李涵武．基于有限元分析的减速器箱体优化设计．林业机械与木工设备，2009，37（9）：28.
[15] 王爱玲．现代数控机床．北京：国防工业出版社，2009.
[16] 袁哲俊，王光逵．精密和超精密加工技术．北京：机械工业出版社，2016.

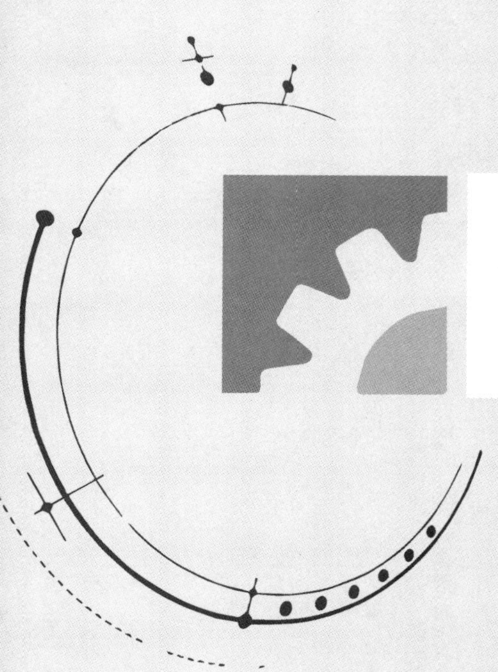

第 10 篇
弹簧

篇主编：姜洪源　敖宏瑞
撰　稿：姜洪源　敖宏瑞　李胜波　王廷剑
审　稿：陈照波

第 1 章　弹簧的基本性能、类型及应用

1.1　弹簧的基本性能

设计弹簧应该考虑弹簧的基本性能（表 10-1-1）：载荷与变形的关系；变形能；自振频率；受迫振动时的频率。

1.2　弹簧的类型

弹簧的种类很多，分类的方法也很多。

按承受的载荷类型分，有拉压弹簧、弯曲弹簧等；按结构形状分，有圆柱螺旋弹簧、非圆柱螺旋弹簧和其他类型弹簧；按材料分，有金属弹簧、非金属的空气弹簧、橡胶弹簧等；按弹簧材料产生的应力类型分，有产生弯曲应力的螺旋扭转弹簧、平面涡卷弹簧、碟形弹簧、板弹簧，产生扭应力的螺旋拉压弹簧、扭杆弹簧，产生拉压应力的环形弹簧等。

弹簧也可以按照使用条件分类，如用作缓冲或减振的弹簧（动弹簧）和用作承受静载荷的弹簧（静弹簧）；按照特性线的类型，可以分为线性和非线性特性线弹簧。

常用弹簧的类型及其特性见表 10-1-2。

表 10-1-1　弹簧的基本性能

性能	说　明
特性线与刚度	使弹簧产生单位变形 f（角变形 φ）需要的作用力 F（力矩 T）称为弹簧的刚度 k。在整个变形范围内，弹簧刚度可能是常量，也可能是变量。单位力使弹簧所产生的变形，即刚度的倒数，称为弹簧的柔度 弹簧特性线是指载荷与变形之间的关系曲线，见图(a)。弹簧特性线的切线表征其刚度值，即产生单位变形所需的载荷，对于拉伸和压缩弹簧，其刚度为 $$k=\mathrm{d}F/\mathrm{d}f \quad (10\text{-}1\text{-}1a)$$ 对于扭转弹簧，其刚度为 $$k_T=\mathrm{d}T/\mathrm{d}\varphi \quad (10\text{-}1\text{-}1b)$$ 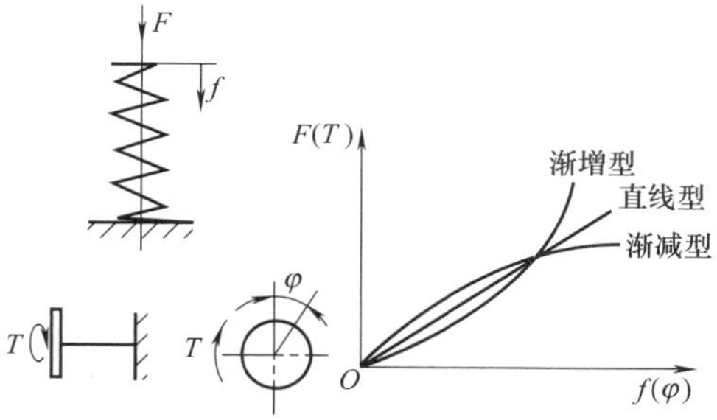 图(a)　弹簧的特性线 弹簧的特性线对于设计和选择弹簧的类型起指导性的作用。弹簧刚度为常量时，其特性线为直线。对于弹簧特性线为直线的弹簧，其刚度也常称为弹簧常量或弹性系数。弹簧刚度为变量时，其特性线为曲线。弹簧的特性线可能是直线、凸（凹）曲线，或前述几种特性线的组合（称为组合型特性线） 在设计非线性特性线弹簧时，有时需要考虑其静变形
变形能	弹簧变形后储存的能称为弹簧的变形能。在设计缓冲或隔振弹簧时，变形能是弹簧在受载后所吸收和积蓄的能量 对于拉伸和压缩，其变形能计算公式为 $$U=\int_0^f F(f)\mathrm{d}f \quad (10\text{-}1\text{-}2a)$$ 扭转弹簧的变形能计算公式为 $$U=\int_0^{\varphi} T(\varphi)\mathrm{d}\varphi \quad (10\text{-}1\text{-}2b)$$

续表

性能	说明

变形能

当特性线是直线时，变形能的计算式为

$$U=Ff/2 \tag{10-1-3a}$$

$$U=T\varphi/2 \tag{10-1-3b}$$

令 τ 或 σ 为最大工作应力、V 为弹簧材料体积、E 为弹簧材料的弹性模量、G 为弹簧材料的切变模量，各种弹簧变形能的另一种计算公式及其相对比值见下表。可以看出，变形能与模量 G 和 E 成反比，因此，低的模量对要求大的变形能有利，对弹簧的刚度也有利，在设计弹簧时，为了得到大的变形能，可以提高弹簧材料的体积或者应力，或者两者同时提高

各种弹簧变形能的计算和比值

弹簧类型	拉压杆	悬臂型板弹簧	弓形板弹簧	圆截面螺旋扭转弹簧	矩形截面螺旋扭转弹簧	平面涡卷弹簧	圆截面螺旋挤压弹簧	方形截面螺旋挤压弹簧	圆截面扭转弹簧	矩形截面螺旋拉压弹簧
计算公式	$k_0V\sigma^2/E$						$k_0V\tau^2/G$			$k_1V\tau^2/(2G)$
因子 k_0	1/2	1/18	1/6	1/8	1/6	1/6	1/4	1/6.5	1/4	—
比值	100	11	33	25	33	33	43	27	43	—

注：1. 比值按 $G=E/2.6$，$\tau=0.577\sigma$ 换算。

2. 因子 k_1 见表 10-10-4。

3. 各类弹簧的示意图见表 10-1-2。

当加载和卸载的特性线不重合时，加载与卸载特性线所包围的面积即为弹簧在工作过程中消耗的能量，见图(b)。

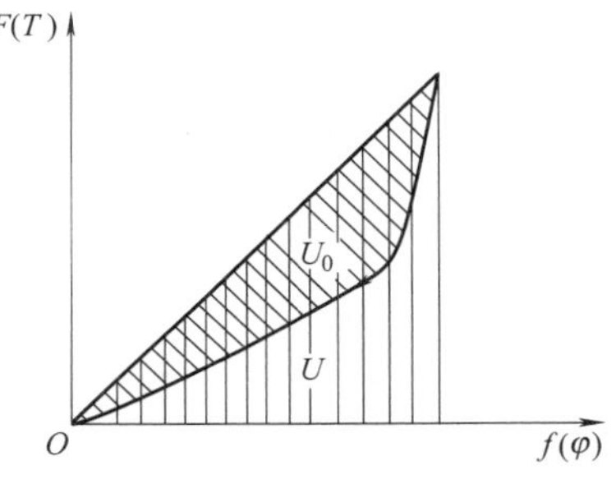

图(b)　具有能量消耗的弹簧的变形能

弹簧所消耗的能量 U_0 与其变形能 U 之比称为阻尼系数 φ，即

$$\varphi=U_0/U \tag{10-1-4}$$

评价缓冲弹簧系统效能的参数为弹簧的缓冲效率 η，其计算式为

$$\eta=\frac{mv^2/2}{F_{max}f_{max}} \tag{10-1-5}$$

式中，m 为冲击物体的质量；v 为冲击物体与弹簧系统接触时的速度；F_{max} 为最大冲击载荷；f_{max} 为缓冲系统的最大变形

固有频率

当弹簧承受振动载荷时，为了检验载荷对弹簧系统的影响，需计算弹簧系统的固有频率。弹簧固有频率的计算公式为

$$v_e=\sqrt{k/m_e} \tag{10-1-6}$$

式中，m_e 为当量质量，即弹簧本身的质量和弹簧所连接的质量的综合值。如图(c)所示的弹簧系统，其当量质量 $m_e=m+\zeta m_s$，ζ 为质量转化系数，其值由弹簧类型决定，如图(c)(i)所示的系统，$\zeta=0.33$；对于图(c)(ii)，$\zeta=0.23$

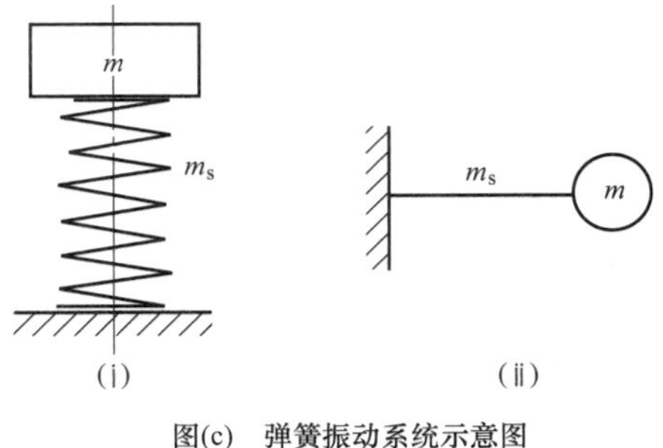

图(c)　弹簧振动系统示意图

续表

<table>
<tr><th>性能</th><th>说　　明</th></tr>
<tr><td>弹簧系统受迫振动时的振幅</td><td>

图(d)是最简单的单自由度弹簧支承系统。为了检验弹簧减振效果和分析弹簧的受力，当该系统的振动体受到激振力 $F\sin\omega t$ 的作用时，系统将产生受迫振动。该振动的振幅 A 与系统阻尼的大小和选型有关

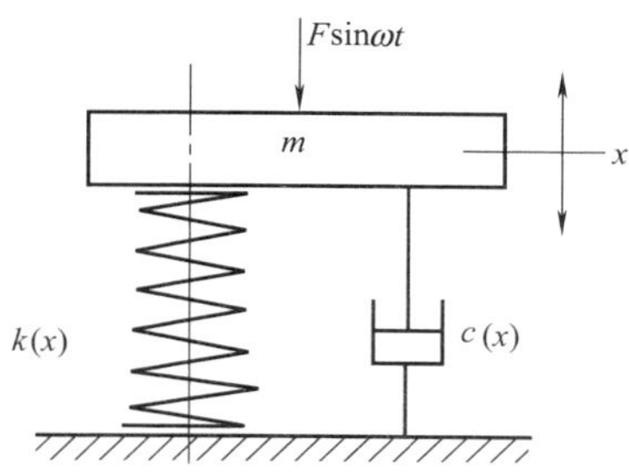

图(d)　单自由度弹簧支承系统

当弹簧系统的振动体受到激振力 $F\sin\omega t$ 作用时，或其支承受到激振位移 $f\sin\omega t$ 的作用时，其受迫振动可以表示为

$$x=f_a\sin(\omega t-\varphi) \tag{10-1-7}$$

式中，f_a为受迫振动的振幅；φ 为振动体位移与激振函数之间的相位差

对于黏性阻尼，设其阻尼力为 $c\dot{x}$，振动体在激振力 $F\sin\omega t$ 作用下的振幅为

$$f_a=\frac{f}{\sqrt{(1-\lambda^2)^2+(2\xi\lambda)^2}} \tag{10-1-8a}$$

当受到激振位移 $f\sin\omega t$ 的作用时，振动体的绝对振幅为

$$f_a=\frac{f\sqrt{1+(2\xi\lambda)^2}}{\sqrt{(1-\lambda^2)^2+(2\xi\lambda)^2}} \tag{10-1-8b}$$

其中，$\lambda=\omega/\omega_r$，$\xi=r/r_c$，$r_c=2\sqrt{mk}$，f 为在与激振力振幅相等的静力作用下的系统的静变形，λ 为系统频率比，ω 为系统激振频率，ω_r为系统固有频率，ξ 为系统阻尼比，r_c为系统的临界阻尼

振幅是 λ 和 ξ 的函数，比值 f_a/f 与 λ 和 ξ 的关系见图(e)。当 $\lambda\approx1$ 时，振幅急剧增大，出现共振，在共振区附近，振幅的大小主要取决于阻尼的大小，离共振区愈远，阻尼的作用愈小，当 $\lambda>\sqrt{2}$时，振幅小于静变形。这就是防振的理论基础

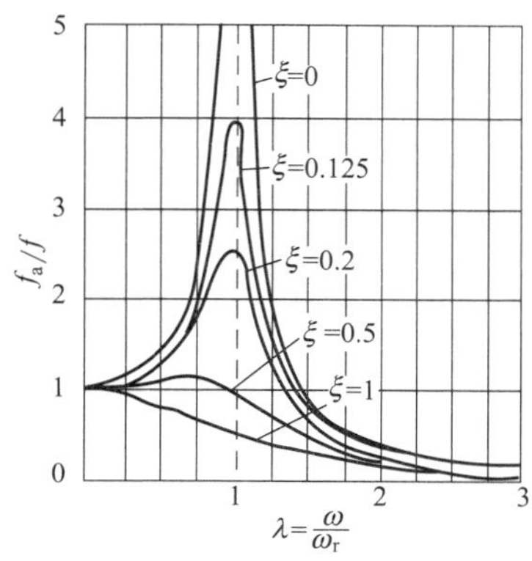

图(e)　支承系统f_a/f与λ和ξ的关系

</td></tr>
</table>

表 10-1-2　　**常用弹簧的类型及其特性**

名称	简　图	特　性　线	性　　能
圆柱螺旋弹簧	圆截面材料压缩弹簧 F	F O　f	特性线呈线性，结构简单，制造方便，应用最广

第 10 篇

续表

名称	简图	特性线	性能
圆柱螺旋弹簧	矩形截面材料压缩弹簧 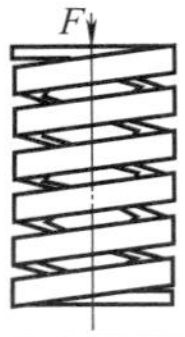	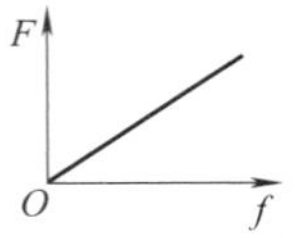	在所占空间相同时,矩形截面弹簧比圆截面弹簧吸收的能量多,刚度更接近常量
	扁截面材料压缩弹簧 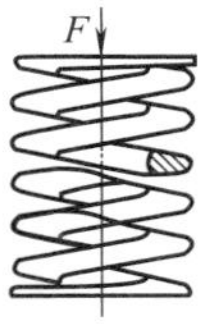		性能同矩形截面压缩弹簧,但其工艺性和疲劳性能优于矩形截面压缩弹簧
	不等节距螺旋弹簧 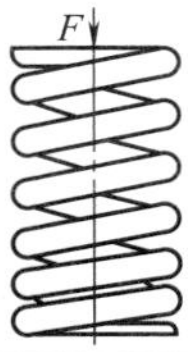	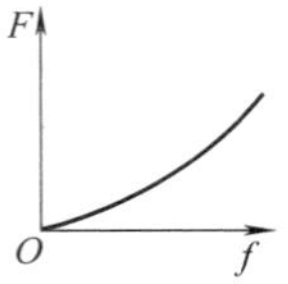	当弹簧压缩到开始有簧圈接触后,特性线变为非线性,刚度及自振频率均为变量,利于消除或缓和共振。可作为变载荷机构的支撑或弹性元件
	多股螺旋压缩弹簧 	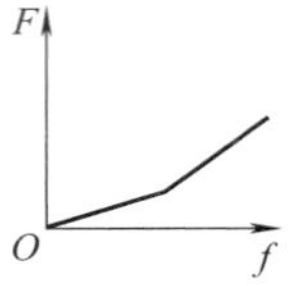	当载荷达到一定程度后,特性线出现折点。比截面面积相同的普通螺旋弹簧强度高、减振作用大。在武器和航空发动机中常有应用
	圆柱螺旋拉伸弹簧 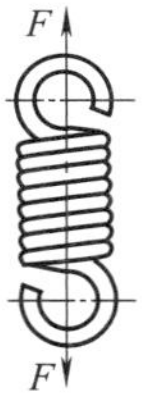	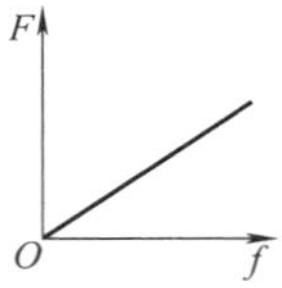	结构简单,制造方便,刚度为常量。应用广泛
	扭转弹簧 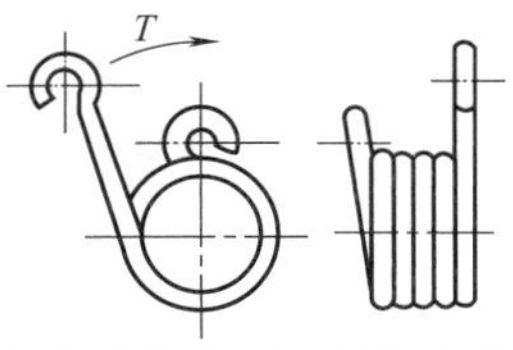	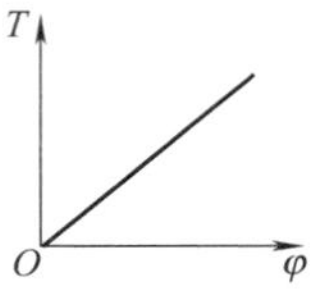	主要用于各种装置中压紧和储能
非圆柱螺旋弹簧	截锥螺旋弹簧 	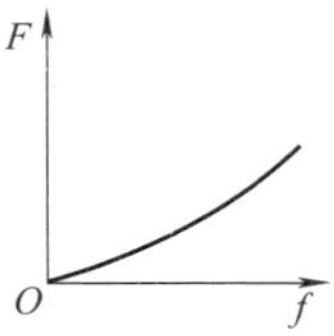	当压缩到开始有簧圈接触后,特性线变为非线性,刚度及自振频率均为变量。防共振能力比变节距压缩弹簧强,稳定性好,结构紧凑。多用于承载较大载荷和减振

续表

名称	简　图	特　性　线	性　　能
非圆柱螺旋弹簧	截锥涡卷弹簧 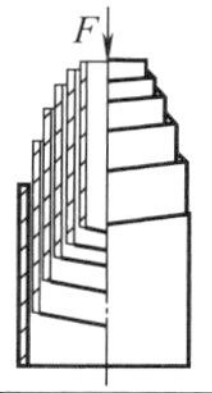	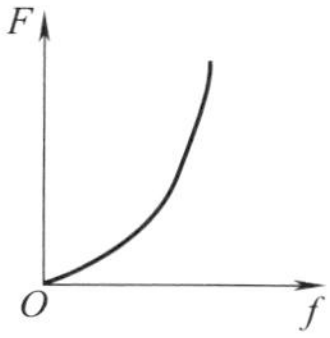	特性和圆锥压缩弹簧相似，但能吸收更多的能量
	中凹形螺旋弹簧 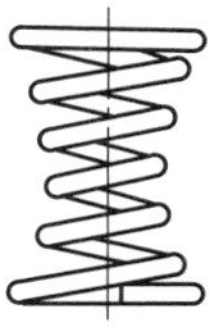	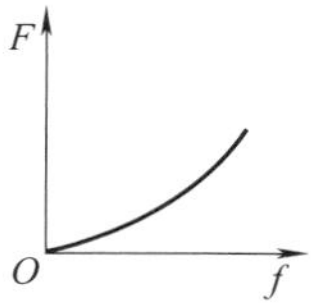	特性与圆锥压缩弹簧相似，主要用于床垫等
	中凸形螺旋弹簧 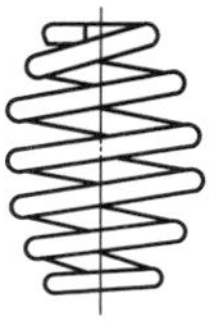	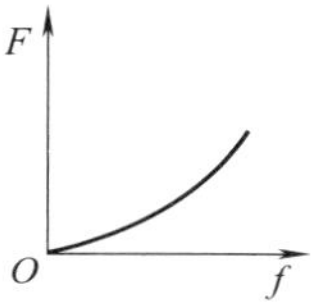	特性和圆锥压缩弹簧相似
	组合螺旋弹簧 	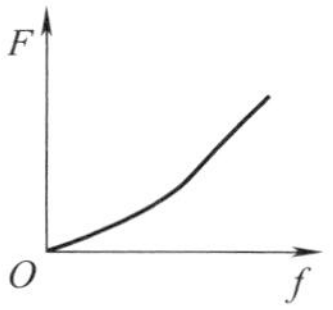	在需要获得特定的特性线情况下使用
	非圆柱螺旋弹簧 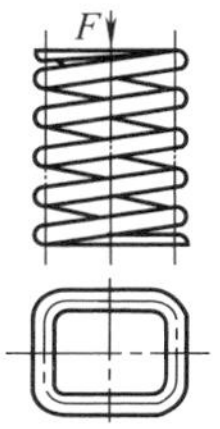	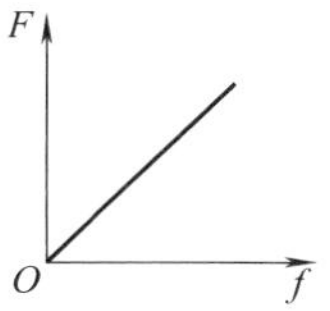	主要用在外廓尺寸有限制的场合。根据外廓空间的要求，簧圈可制成方形、矩形、椭圆形和梯形等
板弹簧	单板弹簧 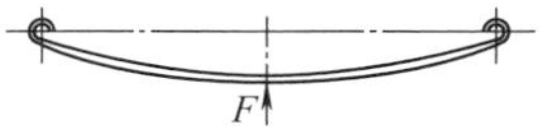	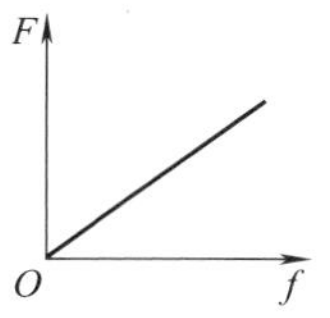	缓冲和减振性能好，尤其多板弹簧减振能力强。主要用于汽车、拖拉机和铁道车辆的悬架装置
	多板弹簧 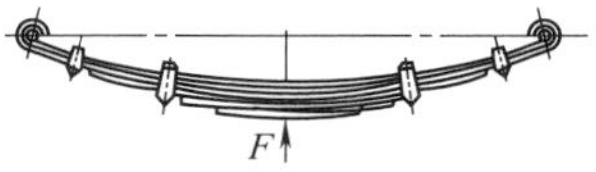	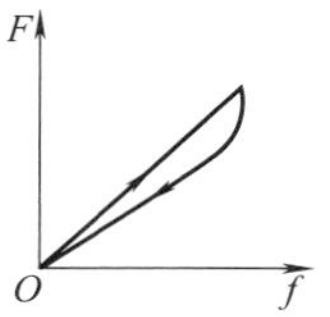	

续表

名称	简图	特性线	性能
扭杆弹簧	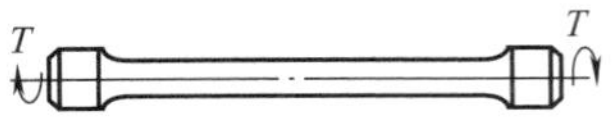 T T	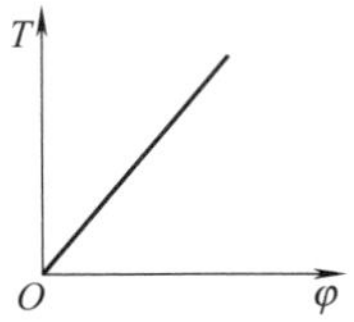 T O φ	单位体积变形能大。主要用于车辆的悬架装置和稳定器,在高速内燃机上用作阀门弹簧
碟形弹簧	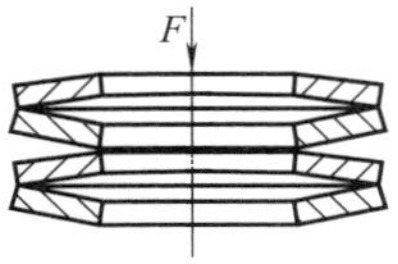 F	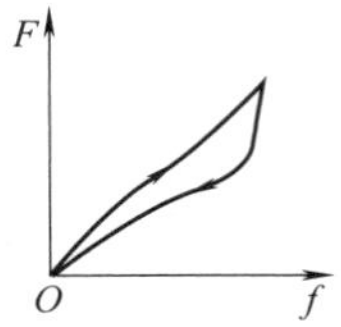 F O f	结构简单,缓冲和减振能力强。采用不同的组合可以得到不同的特性线。多用于重型机械的缓冲和减振装置、车辆牵引和压力安全阀等
环形弹簧	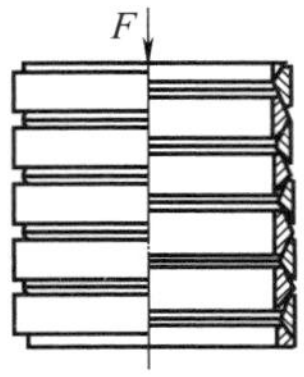 F	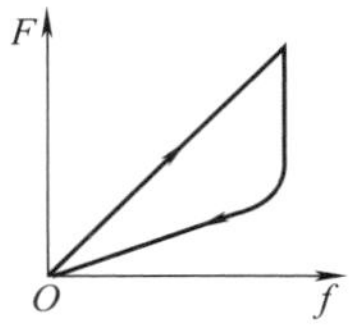 F O f	阻尼作用很大,有很高的减振能力。多用于空间受限制的重型机械设备的缓冲装置,如锻锤、机车牵引装置
片弹簧	片弹簧 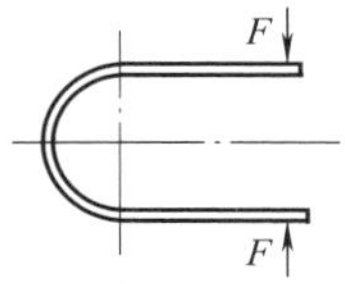 F F	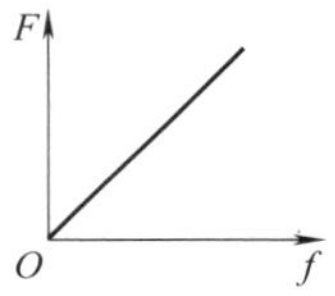 F O f	用金属薄片制成。主要用于载荷变形小的场合,如仪器仪表、家用电器等
	非线性片弹簧  F	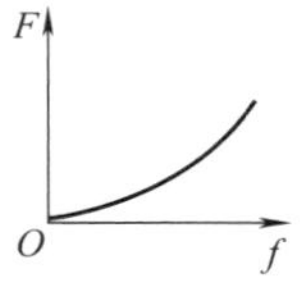 F O f	
平面涡卷弹簧	非接触型平面涡卷弹簧 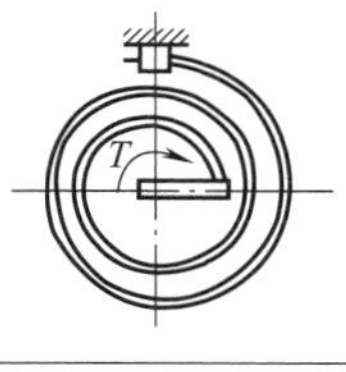 T	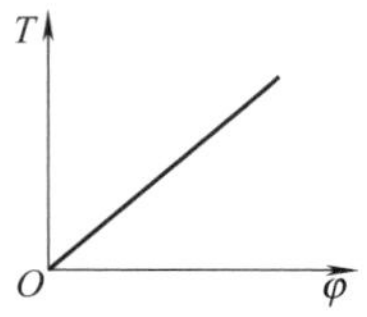 T O φ	圈数多,变形角大,能储存的变形能量大。多用作压紧弹簧和仪器、钟表中的储能弹簧(发条、游丝)
	接触型平面涡卷弹簧 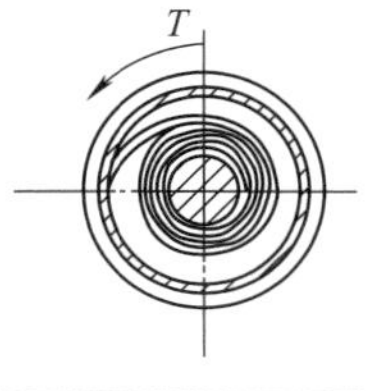 T	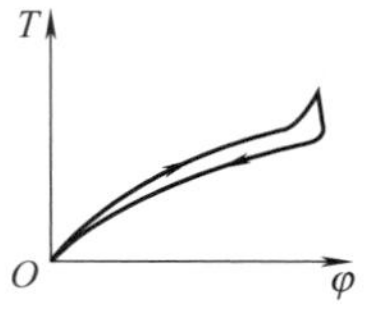 T O φ	

续表

名称	简　图	特　性　线	性　能
膜片膜盒	平膜片 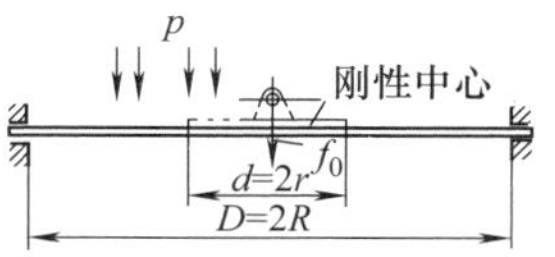	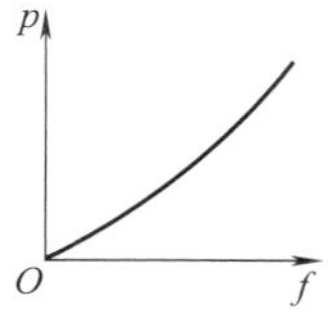	用作仪表的敏感元件。能起隔离两种不同介质的作用，如因压力改变能产生变形的柔性密封装置
	波纹膜片 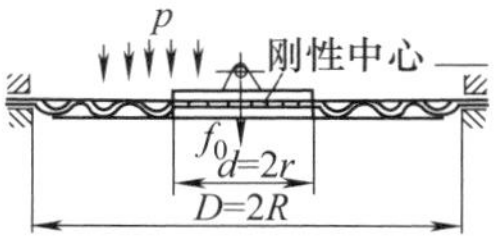	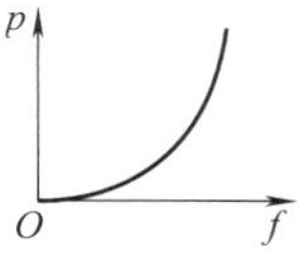	用来测量与压力成非线性关系的各种物理量，如管道中的液体或气体流量、飞行速度与高度等
	膜盒 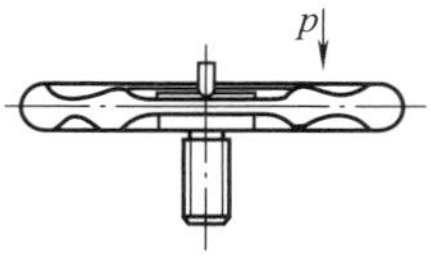	特性线随着波纹数、密度和深度而发生变化	两个相同膜片沿周边连接而成。安装方便
压力弹簧管	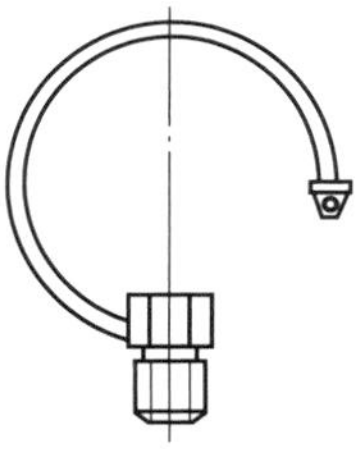	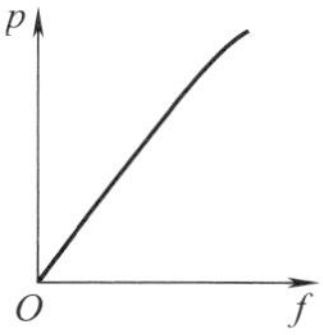	在流体压力作用下末端产生位移，通过传动机构将位移传递到指针上，用于压力计、温度计、真空机、液位计、流量计等
空气弹簧	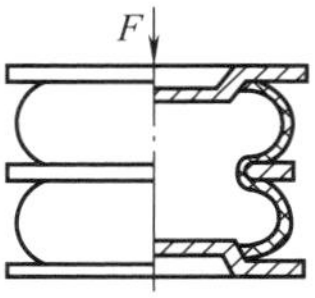	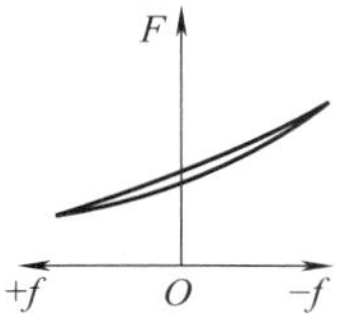	可按需要设计特性线和调节高度。多用于车辆悬架装置
橡胶弹簧	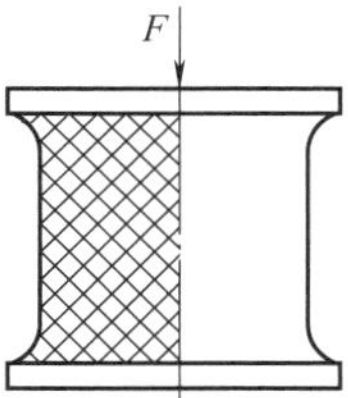	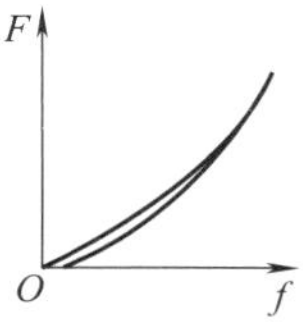	弹性模量小，容易得到所需要的非线性特性线。形状不受限制，各方向刚度可以自由选择。可承受来自多方面的载荷
橡胶-金属螺旋复合弹簧	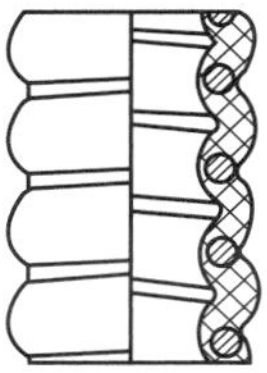	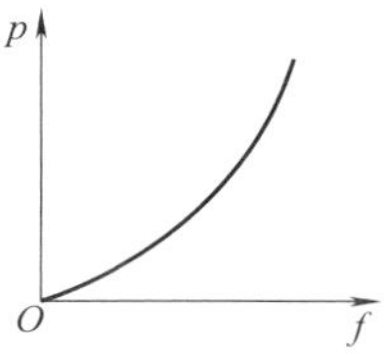	该类型弹簧与橡胶弹簧相比具有较大的刚性，与金属弹簧相比具有较好的阻尼性能。承载能力大，减振性能好

1.3 弹簧的应用和标准化

1.3.1 弹簧的应用

在机电产品中，弹簧的应用主要包括：以汽车、摩托车、柴油机和汽油机为主的配套及维修弹簧；以铁道车辆、载重汽车和工程机械等为主的大型弹簧和板弹簧；以日用电器和机械为主的五金弹簧；以仪器仪表为主的电子电器弹簧；以摄像机、复印机和照相机为主的光学装置弹簧。另外，还有以满足特殊需要为主的特种弹簧，该类弹簧主要应用在对弹簧的耐热性、抗腐蚀性、舒适性等有特殊要求的场合。

在弹簧设计的发展过程中，有限元法作为目前应用较广的方法在弹簧的设计中起到了举足轻重的作用。同时，优化设计、可靠性设计等先进的设计方法也为弹簧的进一步广泛应用提供了技术保障。

随着弹簧应用技术的开发，在设计和加工中，对弹簧材料提出了更高的要求，主要是针对如何在高应力条件下提高弹簧的疲劳寿命及抗松弛性能，对弹簧材料进行一系列研究，包括开发新品种、改善热处理工艺、提高材料表面质量和尺寸精度等。在弹簧加工技术不断发展的基础上，弹簧的应用将得到进一步的拓展。

1.3.2 弹簧的标准化

（1）我国的国家标准（表 10-1-3）

表 10-1-3 我国弹簧及弹簧制品的相关标准

序号	标准代号	标准名称
1	GB/T 1358—2009	圆柱螺旋弹簧尺寸系列
2	GB/T 2088—2009	普通圆柱螺旋拉伸弹簧尺寸及参数
3	GB/T 2089—2009	普通圆柱螺旋压缩弹簧尺寸及参数(两端圈并紧磨平或制扁)
4	GB/T 3279—2009	弹簧钢热轧钢板
5	GB/T 4357—2009	冷拉碳素弹簧钢丝
6	GB/T 11884—2008	弹簧度盘秤
7	GB/T 13828—2009	多股圆柱螺旋弹簧
8	GB/T 16947—2009	螺旋弹簧疲劳试验规范
9	GB/T 23925—2009	三轮汽车和低速货车钢板弹簧
10	GB/T 24470—2009	中凹形弹簧数控卷簧机　技术条件
11	GB/T 24472—2009	数控袋装弹簧胶粘机　技术条件
12	GB/T 24588—2009	不锈弹簧钢丝
13	GB/T 93—1987	标准型弹簧垫圈
14	GB/T 94.1—2008	弹性垫圈技术条件弹簧垫圈
15	GB/T 859—1987	轻型弹簧垫圈
16	GB/T 1222—2016	弹簧钢
17	GB/T 1239.1—2009	冷卷圆柱螺旋弹簧技术条件　第 1 部分:拉伸弹簧
18	GB/T 1239.2—2009	冷卷圆柱螺旋弹簧技术条件　第 2 部分:压缩弹簧
19	GB/T 1239.3—2009	冷卷圆柱螺旋弹簧技术条件　第 3 部分:扭转弹簧
20	GB/T 1805—2001	弹簧术语
21	GB/T 1972—2005	碟形弹簧
22	GB/T 1973.1—2005	小型圆柱螺旋弹簧技术条件
23	GB/T 1973.2—2005	小型圆柱螺旋拉伸弹簧尺寸及参数
24	GB/T 1973.3—2005	小型圆柱螺旋压缩弹簧尺寸及参数
25	GB/T 2861.6—2008	冲模导向装置　第 6 部分:圆柱螺旋压缩弹簧
26	GB/T 2940—2005	柴油机用喷油泵、调速器、喷油器弹簧技术条件
27	GB/T 4459.4—2003	机械制图　弹簧表示法
28	GB/T 7244—1987	重型弹簧垫圈
29	GB/T 7245—1987	鞍形弹簧垫圈
30	GB/T 7246—1987	波形弹簧垫圈
31	GB/T 9074.3—1988	十字槽盘头螺钉和弹簧垫圈组合件
32	GB/T 9074.4—1988	十字槽盘头螺钉、弹簧垫圈和平垫圈组合件
33	GB/T 9074.7—1988	十字槽小盘头螺钉和弹簧垫圈组合件

续表

序号	标准代号	标准名称
34	GB/T 9074.8—1988	十字槽小盘头螺钉和弹簧垫圈及平垫圈组合件
35	GB/T 9074.12—1988	十字槽凹穴六角头螺栓和弹簧垫圈组合件
36	GB/T 9074.13—1988	十字槽凹穴六角头螺栓、弹簧垫圈和平垫圈组合件
37	GB/T 9074.15—1988	六角头螺栓和弹簧垫圈组合件
38	GB/T 9074.17—1988	六角头螺栓、弹簧垫圈和平垫圈组合件
39	GB/T 9074.26—1988	组合件用弹簧垫圈
40	GB/T 12243—2005	弹簧直接载荷式安全阀
41	GB/T 13061—2017	商用车空气悬架用空气弹簧技术规范
42	GB 17927—2011	软体家具床垫和沙发抗引燃特性的评定
43	GB/T 18983—2003	油淬火-回火弹簧钢丝
44	GB/T 19382.2—2012	纺织机械与附件　圆柱形条筒　第 2 部分:弹簧托盘
45	GB/T 19831.1—2005	石油天然气工业　套管扶正器　第 1 部分:弓形弹簧套管扶正器
46	GB/T 19844—2005	钢板弹簧
47	GB/T 20215—2006	计时仪器手表壳非弹簧表带栓型连接尺寸
48	GB/T 20914.1—2007	冲模氮气弹簧　第 1 部分:通用规格
49	GB/T 20914.2—2007	冲模氮气弹簧　第 2 部分:附件规格
50	GB/T 20915.1—2007	冲模弹性体压缩弹簧　第 1 部分:通用规格
51	GB/T 20915.2—2007	冲模弹性体压缩弹簧　第 2 部分:附件规格
52	GB/T 23934—2015	热卷圆柱螺旋压缩弹簧技术条件
53	GB/T 23935—2009	圆柱螺旋弹簧设计计算
54	GB/T 25751—2010	压缩气弹簧技术条件
55	JB/T 6655—2013	耐热圆柱螺旋压缩弹簧
56	JB/T 10416—2004	悬架用螺旋弹簧　技术条件
57	JB/T 10417—2004	摩托车减震弹簧技术条件
58	JB/T 10418—2004	气弹簧设计计算
59	JB/T 6653—2013	扁形钢丝圆柱螺旋压缩弹簧
60	JB/T 6654—1993	平面涡卷弹簧技术条件
61	JB/T 7366—1994	平面涡卷弹簧设计计算
62	JB/T 8584—1997	橡胶-金属螺旋复合弹簧
63	JB/T 9129—2000	60Si2Mn 钢螺旋弹簧金相检验
64	JB/T 10802—2007	弹簧喷丸强化技术规范
65	JB/T 3338.1—1993	液压件圆柱螺旋压缩弹簧技术条件
66	JB/T 3338.2—1993	液压件圆柱螺旋压缩弹簧设计计算
67	JB/T 7367.1—2000	圆柱螺旋压缩弹簧超声波探伤法
68	JB/T 7757.1—1995	机械密封用圆柱螺旋弹簧
69	JB/T 7283—1994	农业机械钢板弹簧　技术条件
70	JB/T 53394—2000	碟形弹簧　产品质量分等
71	JB/T 53396—2000	液压件圆柱螺旋压缩弹簧　产品质量分等
72	JB/T 58700—2000	弹簧　产品质量分等总则
73	JB/T 58701—2000	小型圆柱螺旋弹簧　产品质量分等
74	JB/T 58702—2000	圆柱螺旋弹簧　产品质量分等
75	JB/T 7944—2000	圆柱螺旋弹簧　抽样检查

弹簧除国家标准和机械工业部行业标准外，尚有国家军用标准（GJB）、航天行业标准（QJ）、航空行业标准（HB）、兵器工业部行业标准（WJ）、船舶总公司行业标准（CB）、冶金工业标准（YB）、铁道行业标准（TB）等。

（2）国外弹簧标准化

第 10 篇

1）英国的弹簧标准化 英国的弹簧标准包括圆柱螺旋压缩、拉伸和扭转弹簧设计标准（含弹簧的技术条件），被欧洲共同体标准化委员会在2001年同时采纳，其代号和名称为：

BS EN 13906.1 圆截面材料圆柱螺旋压缩弹簧设计指南；

BS EN 13906.2 圆截面材料圆柱螺旋压缩弹簧设计指南；

BS EN 13906.3 圆截面材料圆柱螺旋压缩弹簧设计指南。

2）日本的弹簧标准化 （表10-1-4）

表10-1-4 日本弹簧标准名称和标准代号

序号	标准代号	标 准 名 称
1	JIS B 2701	叠板弹簧
2	JIS B 2702	热卷螺旋弹簧
3	JIS B 2704	螺旋压缩拉伸弹簧设计标准
4	JIS B 2705	扭杆弹簧
5	JIS B 2706	碟形弹簧
6	JIS B 2707	冷卷螺旋压缩弹簧
7	JIS B 2708	冷卷螺旋拉伸弹簧
8	JIS B 2709	螺旋扭转弹簧设计标准
9	JIS B 2710	叠板弹簧设计标准
10	JIS B 2703	弹簧术语

3）德国弹簧标准 德国弹簧标准的组成与日本标准近似，以圆柱螺旋弹簧为主，另外扭杆弹簧、碟形弹簧、板弹簧等也均定有国家标准。表10-1-5给出了德国弹簧标准的相关信息。

4）美国弹簧标准 美国国家标准（ANSI）目录中没有弹簧方面的标准。在美国动力机械工程协会（SAE）制定的标准中有14项弹簧标准，其中部分标准包括了弹簧钢丝和弹簧的标准，但对弹簧的要求比较简略。另外美国军用规范（MIL）有5项弹簧标准。有关弹簧标准见表10-1-6。

5）俄罗斯弹簧标准 苏联解体后，前苏联的国家标准ГОСТ全部转化为独联体跨国标准ГОСТ，其标准的名称为“独联体跨国标准”，标准符号采用前苏联国家标准符号，就是把前苏联标准原封不动地移过来，由独联体跨国标准化与计量委员会管理这些标准。另外，还有一类是俄罗斯联邦的国家标准，其标准符号用ГОСТР，在ГОСТ后加Р（即Россия，俄罗斯），以示区别于跨国标准ГОСТ。这些标准由俄罗斯国家标准与计量局管理。作为俄罗斯联邦全国标准的另一组成部分，在俄罗斯联邦的《全国标准目录》中，列出当年有效的全部俄罗斯联邦国家标准ГОСТР。

前苏联的部分弹簧标准见表10-1-7。

表10-1-5 德国弹簧标准名称和标准代号

序号	标 准 代 号	标 准 名 称
1	DIN 2088	圆线材和圆棒材制圆柱形螺旋弹簧：扭转弹簧的计算及设计
2	DIN 2089 T1	圆线材和圆棒材制圆柱形螺旋弹簧：计算与结构
3	DIN 2090	方钢制圆柱螺旋压缩弹簧的计算
4	DIN 2091	圆形截面扭杆弹簧：计算与结构
5	DIN 2092	碟形弹簧：计算
6	DIN 2093	碟形弹簧：尺寸、材料、性能
7	DIN 2094	公路车辆用板簧：质量要求
8	DIN 2095	圆弹簧丝制圆柱螺旋弹簧：冷卷压缩弹簧的质量规范
9	DIN 2096 T1	圆线材和圆棒材制圆柱形螺旋弹簧：热成形压缩弹簧的质量要求
10	DIN 2096 T2	圆棒材制圆柱形螺旋压缩弹簧：大量生产质量要求
11	DIN 2097	圆钢丝制圆柱螺旋弹簧：冷卷拉伸弹簧的质量要求
12	DIN 2098 T1	圆弹簧丝制圆柱螺旋弹簧：圆丝直径大于或等于0.5mm的冷卷压缩弹簧尺寸
13	DIN2098 T2	圆弹簧丝制圆柱螺旋弹簧：圆丝直径小于0.5mm的冷卷压缩弹簧尺寸
14	DIN2099 T1	圆丝及圆条制圆柱螺旋弹簧：压缩弹簧的数据、表格
15	DIN 2099 T2	圆形钢丝制圆柱形螺旋弹簧：拉伸弹簧的数据、表格
16	DIN 4621	叠层板簧、弹簧夹
17	DIN 9835 T1	冲孔技术工具用压缩弹簧：尺寸和计算
18	DIN 9835 T1B1	冲压技术工具用压缩弹簧：弹簧特性曲线
19	DIN 9835 T2	冲孔技术工具用压缩弹簧：配件
20	DIN 9835 T3	冲压技术工具用压缩弹簧：要求和检验
21	DINISO 2162	技术制图：弹簧的表示法

表 10-1-6　美国弹簧标准名称和标准代号

序号	标准代号	标准名称
1	SAE J 113	冷拔机械弹簧丝及弹簧
2	SAE J 132	油回火铬钒合金气门弹簧金属丝及弹簧
3	SAE J 157	油回火铬硅合金钢丝及弹簧
4	SAE J 172	冷拔碳素气门弹簧钢丝及弹簧
5	SAE J 217	17-7PH 不锈钢弹簧丝及弹簧
6	SAE J 230	SAE30302 不锈钢弹簧丝及弹簧
7	SAE J 271	特种高强度弹簧丝及弹簧
8	SAE J 310	油回火碳素弹簧钢丝及弹簧
9	SAE J 351	油回火碳素气门弹簧钢丝及弹簧
10	SAE J 507	一般汽车用热卷螺旋弹簧
11	SAE J 508	一般汽车用冷卷螺旋弹簧
12	SAE J 509	汽车用悬架螺旋弹簧
13	SAE J 510	汽车用悬架板弹簧
14	SAE J 511	空气弹簧术语
15	HS-7(J-788)	板簧的设计及应用指南
16	HS-9(J-795)	螺旋弹簧 涡卷弹簧的设计及应用指南
17	TR-135(J-782)	座垫弹簧指南
18	HS-26(J-796)	扭杆弹簧的设计及应用指南
19	MIL-STD-29	弹簧(材料、设计、制造)
20	MIL-S-13334	大炮用高应力螺旋压缩弹簧
21	MIL-S-13475	涡卷弹簧(装甲车用)
22	MIL-S-12133	碟形弹簧
23	MIL-S-13572A	压缩、拉伸螺旋弹簧
24	MS-35142	螺旋弹簧
25	M-114-51	热处理钢螺旋弹簧

表 10-1-7　独联体跨国标准的部分弹簧标准名称和标准代号

序号	标准代号	标准名称
1	ГОСТ 8578	拖拉机和联合收割机柴油机的阀门弹簧一般技术要求
2	ГОСТ 37.00.015	汽车发动机用阀门弹簧技术要求、检验方法和验收规则、包装、运输和保存
3	ГОСТ 13764	圆柱形螺旋压缩和拉伸圆钢弹簧
4	ГОСТ 13765	圆柱形螺旋压缩和拉伸圆钢弹簧参数标志、尺寸确定法
5	ГОСТ 13766	1 等 1 级圆柱形螺旋压缩和拉伸圆钢弹簧螺旋圈基本参数
6	ГОСТ 13767	2 等 1 级圆柱形螺旋压缩和拉伸圆钢弹簧螺旋圈基本参数
7	ГОСТ 13768	3 等 1 级圆柱形螺旋压缩和拉伸圆钢弹簧螺旋圈基本参数
8	ГОСТ 13769	4 等 1 级圆柱形螺旋压缩和拉伸圆钢弹簧螺旋圈基本参数
9	ГОСТ 13770	1 等 2 级圆柱形螺旋压缩和拉伸圆钢弹簧螺旋圈基本参数
10	ГОСТ 13771	2 等 2 级圆柱形螺旋压缩和拉伸圆钢弹簧螺旋圈基本参数
11	ГОСТ 13772	3 等 2 级圆柱形螺旋压缩和拉伸圆钢弹簧螺旋圈基本参数
12	ГОСТ 13773	4 等 2 级圆柱形螺旋压缩和拉伸圆钢弹簧螺旋圈基本参数
13	ГОСТ 13774	1 等 3 级圆柱形螺旋压缩和拉伸圆钢弹簧螺旋圈基本参数
14	ГОСТ 13775	2 等 3 级圆柱形螺旋压缩和拉伸圆钢弹簧螺旋圈基本参数
15	ГОСТ 13776	3 等 3 级圆柱形螺旋压缩和拉伸圆钢弹簧螺旋圈基本参数
16	ГОСТ 17279	电工用碟形弹簧
17	ГОСТ 16118	圆柱形螺旋压缩和拉伸圆钢弹簧技术要求

续表

序号	标准代号	标准名称
18	ГОСТ 1452	用于卡车及铁路牵引机车圆柱螺旋弹簧　技术条件
19	ГОСТ 3057	板弹簧　总技术条件
20	ГОСТ 13940	环弹簧推力平面和外同心槽 结构和尺寸
21	ГОСТ 13941	环弹簧推力平面和同心内部凹槽　结构和尺寸
22	ГОСТ 13942	环弹簧推力平面和外部偏心和沟槽　结构和尺寸
23	ГОСТ 13943	环弹簧推力平面和内部偏心和沟槽　结构和尺寸
24	ГОСТ 13944	环弹簧推力平面和沟槽　技术条件

上述系列标准只是各国相应标准中的一部分。在选择和应用相关的弹簧产品时，除了根据各国国家的标准进行选择外，还需参考相应的公司或企业的弹簧产品标准。

第 2 章　圆柱螺旋弹簧

2.1　圆柱螺旋弹簧的型式、代号及应用

用冷卷或热卷制作的圆柱螺旋弹簧的端部结构型式及代号见表 10-2-1。

表 10-2-1　　圆柱螺旋弹簧的端部结构型式及代号（GB/T 23935—2009）

类型	代号	简图	端部结构型式
冷卷压缩弹簧（Y）	YⅠ	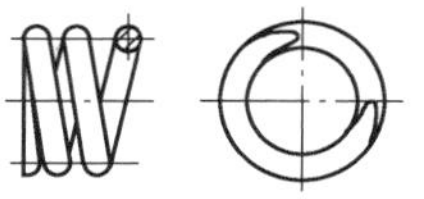	两端圈并紧磨平 $n_z \geqslant 2$
	YⅡ	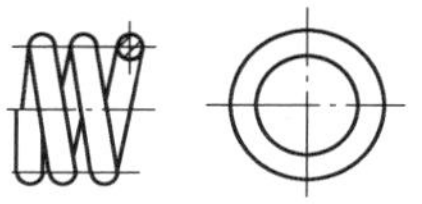	两端圈并紧不磨 $n_z \geqslant 2$
	YⅢ	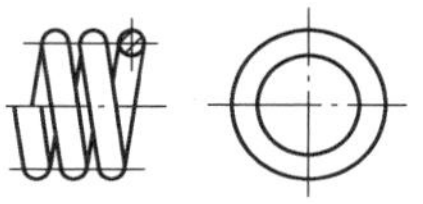	两端圈不并紧 $n_z < 2$
热卷压缩弹簧（RY）	RYⅠ	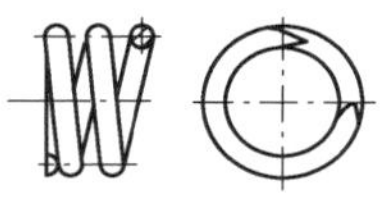	两端圈并紧磨平 $n_z \geqslant 1.5$
	RYⅡ	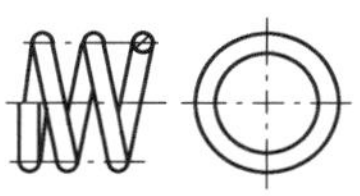	两端圈并紧不磨 $n_z \geqslant 1.5$
	RYⅢ	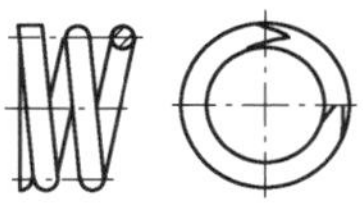	两端圈制扁、并紧磨平 $n_z \geqslant 1.5$
	RYⅣ	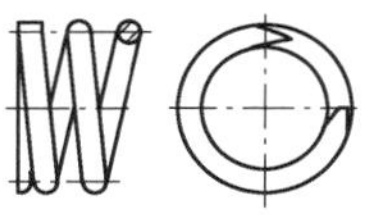	两端圈制扁、并紧不磨 $n_z \geqslant 1.5$
拉伸弹簧（L）	LⅠ	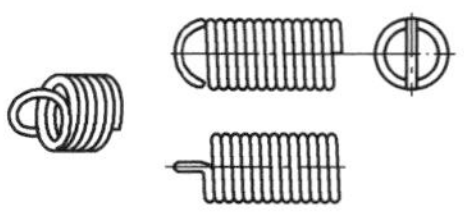	半圆钩环
	LⅡ	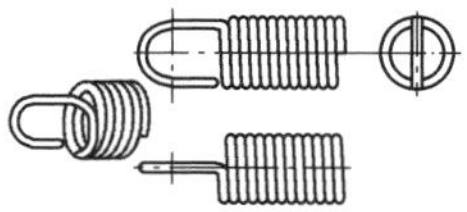	长臂半圆钩环
拉伸弹簧（L）	LⅢ	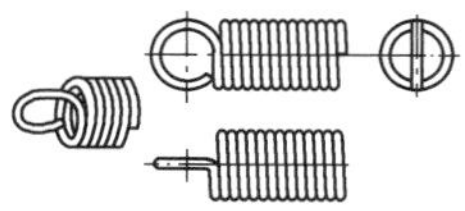	圆钩环扭中心（圆钩环）
	LⅣ	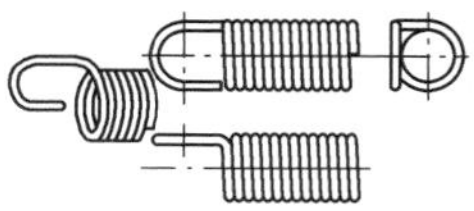	长臂偏心半圆钩环
	LⅤ	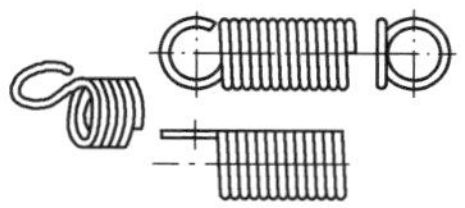	偏心圆钩环
	LⅥ	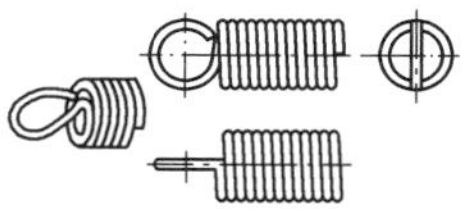	圆钩环压中心
	LⅦ	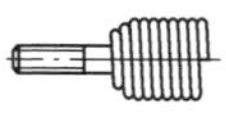	可调式拉簧
	LⅧ	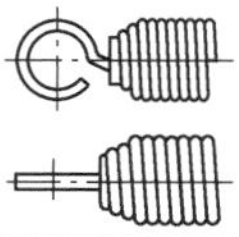	具有可转钩环
	LⅨ	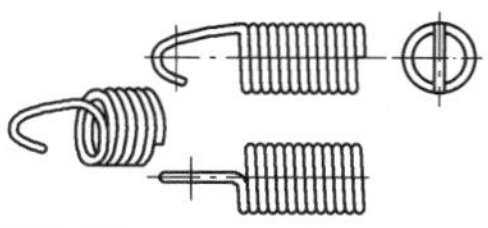	长臂小圆钩环
扭转弹簧（N）	NⅠ	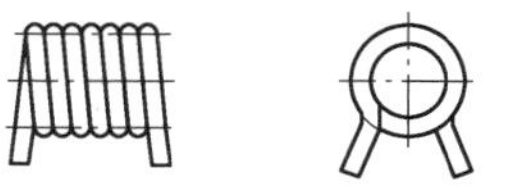	外臂扭转弹簧
	NⅡ	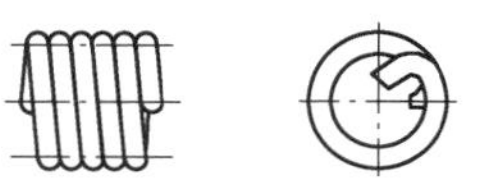	内臂扭转弹簧

续表

类型	代号	简 图	端部结构型式	类型	代号	简 图	端部结构型式
扭转弹簧(N)	NⅢ		中心距扭转弹簧	扭转弹簧(N)	NⅤ		直臂扭转弹簧
	NⅣ		平列双扭弹簧		NⅥ		单臂弯曲扭转弹簧

注：1. n_z 是弹簧端部的支承圈数。

2. 拉伸弹簧结构型式推荐采用圆钩环扭中心。

3. 高强度油淬火-退火钢丝推荐采用 LⅦ和 LⅧ型弹簧。

4. 扭转弹簧结构型式推荐采用外臂扭转弹簧、内臂扭转弹簧、直臂扭转弹簧。

5. 弹簧端部扭臂可根据安装方法、安装条件的要求，做成特殊的结构型式。

2.2 弹簧的材料及许用应力

弹簧多数在变应力下工作，它的性能和使用寿命在很大程度上取决于材料的特性。选择弹簧材料主要根据弹簧的工作条件、承受载荷的类型、是否受冲击载荷及弹簧材料的许用应力等因素确定，同时也应考虑弹簧制造的工艺性。弹簧的材料必须具有较高的疲劳极限、屈服点和足够的冲击韧性。另外，对热成形的弹簧还要求其材料有良好的淬透性、低的过热敏感性和不易脱碳等性能。

弹簧的载荷类型分为静载荷和动载荷。静载荷指恒定不变的载荷或载荷有变化，但循环次数 $N<10^4$ 次。动载荷指载荷有变化，循环次数 $N\geqslant10^4$ 次。根据循环次数动载荷分为：

1）有限疲劳寿命　冷卷弹簧载荷循环次数 $N\geqslant10^4\sim10^6$ 次；热卷弹簧载荷循环次数 $N\geqslant10^4\sim10^5$ 次；

2）无限疲劳寿命　冷卷弹簧载荷循环次数 $N\geqslant10^7$ 次；热卷弹簧载荷循环次数 $N\geqslant2\times10^6$ 次。

当冷卷弹簧载荷循环次数介于 10^6 和 10^7 之间时，或热卷弹簧载荷循环次数介于 10^5 和 2×10^6 之间时，可根据使用情况参照有限或无限寿命设计。

许用应力选取的原则：

1）对静载荷作用下的弹簧，除了考虑强度条件外，对应力松弛有要求的，应适当降低许用应力。

2）对动载荷作用下的弹簧，除了考虑循环次数外，还应考虑应力（变化）幅度，这时按照循环特征式（10-2-1）计算，也可在图 10-2-1 或图 10-2-2 中查取。当循环特征（γ）值大时，即应力（变化）幅度小，许用应力取大值；当循环特征（γ）值小时，即应力（变化）幅度大，许用应力取小值。

$$\gamma=\frac{\tau_{\min}}{\tau_{\max}}=\frac{F_{\min}}{F_{\max}} \text{ 或 } \gamma=\frac{\sigma_{\min}}{\sigma_{\max}}=\frac{T_{\min}}{T_{\max}}=\frac{\varphi_{\min}}{\varphi_{\max}} \tag{10-2-1}$$

式中　$\tau_{\min}$——最小切应力，MPa；

$\tau_{\max}$——最大切应力，MPa；

$F_{\min}$——最小载荷，N；

$F_{\max}$——最大载荷，N；

$\sigma_{\min}$——最小弯曲应力，MPa；

$\sigma_{\max}$——最大弯曲应力，MPa；

$T_{\min}$——最小扭矩，N·mm；

$T_{\max}$——最大扭矩，N·mm；

$\varphi_{\min}$——最小弹簧扭转角度，rad 或（°）；

$\varphi_{\max}$——最大弹簧扭转角度，rad 或（°）。

3）对于重要用途的弹簧，其损坏对整个机械有重大影响，故重要用途的弹簧以及在较高或较低温度下工作的弹簧，许用应力应适当降低。

4）经有效喷丸处理的弹簧，可提高疲劳强度或疲劳寿命。

5）对压缩弹簧，经有效强压处理，可提高疲劳寿命，对改善弹簧的性能有明显效果。

6）对动载荷作用下的弹簧，影响疲劳强度的因素很多，难以精确估计；对于重要用途的弹簧，设计完成后，应进行试验验证。

冷卷和热卷的压缩、拉伸弹簧的试验切应力及许用应力见表 10-2-10 及图 10-2-1。扭转弹簧的试验切应力及许用应力见表 10-2-10 及图 10-2-2。

当工作温度超过 60℃时，应对切变模量 G 进行修正，其修正公式为 $G_t=K_tG$，式中，G 为常温下的切变模量；G_t 为工作温度下的切变模量；K_t 为温度修正系数，其值从表 10-2-11 中查取。

表 10-2-2　弹簧常用材料及性能（GB/T 23935—2009）

标准名称	牌号/组别	直径规格/mm	切变模量 G/GPa	弹性模量 E/GPa	推荐使用温度范围/℃	性能
冷拉碳素弹簧钢丝 GB/T 4357	SL、SM、SH、DM、DH	SL 型:1.00~10.00 SM 型:0.30~13.00 SH 型:0.30~13.00 DM 型:0.08~13.00 DH 型:0.05~13.00	78.5	206	−40~150	强度高、性能好。钢丝按抗拉强度分为低、中等和高的抗拉强度，分别用符号 L、M 和 H 代表。按弹簧载荷特点分为静载荷和动载荷，分别用 S 和 D 代表
重要用途碳素弹簧钢丝 YB/T 5311	E、F、G	E 组:0.1~7.0 F 组:0.1~7.0 G 组:1.0~7.0				强度高，韧性好。用于重要用途的弹簧，E 组用于中等应力动载荷，F 组用于较高应力动载荷，G 组用于振动载荷
油淬火-回火弹簧钢丝 GB/T 18983	VDC	0.50~10.0				强度高，性能好。VDC 用于高疲劳级弹簧
	FDC、TDC	0.50~18.0				强度高，性能好。FDC 用于静态级弹簧，TDC 用于中疲劳级弹簧
	FDSiMn TDSiMn	0.50~18.0			−40~250	强度高，较高的疲劳性能。用于较高载荷的弹簧。FDSiMn 用于静态级弹簧，TDSiMn 用于中疲劳级弹簧
	VDSiCr	0.50~10.0				强度高，疲劳性能好。VDSiCr 用于高疲劳级弹簧，TDSiCr-A 用于中疲劳级弹簧，FDSiCr 用于静态级弹簧
	FDSiCr TDSiCr-A	0.50~18.0				
	VDSiCrV	0.50~10.0			−40~210	强度高，疲劳性能好。VDSiCrV 用于高疲劳级弹簧
	FDCrV	0.50~17.0				强度较高，疲劳性能较好。FDCrV 用于静态级弹簧
合金弹簧钢丝 YB/T 5318	50CrVA	0.5~14.0	78.5	206	−40~210	强度高，较高的抗疲劳性。用于普通机械的弹簧
	60Si2MnA 55CrSiA				−40~250	
不锈弹簧钢丝 GB/T 24588	A 组 12Cr18Ni9 06Cr19Ni9 06Cr17Ni12Mo2 10Cr18Ni9Ti 12Cr18Mn9NiN	0.2~10.0	70	185	−200~290	耐蚀、耐高温和耐低温，用于腐蚀或高、低温工作条件下的弹簧。D 组不宜在耐蚀性要求较高的环境中使用
	B 组 12Cr18Ni9 06Cr18Ni9N 12Cr18Mn9Ni5N	0.2~12.0	73	195		
	C 组 07Cr17Ni7Al	0.2~10.0				
	D 组 12Cr17Mn8Ni3Cu3N	0.2~6.0				

续表

标准名称	牌号/组别	直径规格/mm	切变模量 G/GPa	弹性模量 E/GPa	推荐使用温度范围/℃	性能
铜及铜合金线材 GB/T 21652	QSi3-1	0.1～6.0	40.2	93.1	−40～120	有较高的耐蚀和防磁性能。用于机械或仪表等的弹性元件
	QSn4-3 QSn6.5-0.1 QSn6.5-0.4 QSn7-0.2		39.2		−250～120	
铍青铜线 YS/T 571	QBe2	0.03～6.0	42.1	129.4	−200～120	强度、硬度、疲劳强度和耐磨性均高，耐蚀、防磁，导电性好，撞击时无火花。用作电表游丝
弹簧钢 GB/T 1222	60Si2Mn 60Si2MnA	12.0～80.0	78.5	206	−40～250	较高的疲劳强度。广泛用作各种机械用弹簧
	50CrVA				−40～210	强度高，耐高温。用于制作承受较重载荷的弹簧
	60CrMnA 60CrMnBA				−40～250	
	55CrSiA 60Si2CrA 60Si2CrVA					高的疲劳强度，耐高温。用于制作较高工作温度下的弹簧

注：当弹簧工作环境温度超出常温时，应适当调整许用应力。

表 10-2-3　冷拉碳素弹簧钢丝和重要碳素弹簧钢丝抗拉强度 R_m　MPa

直径/mm	冷拉碳素弹簧钢丝 GB/T 4357—2009					重要用途碳素弹簧钢丝 YB/T 5311—2010		
	SL 型	SM 型	DM 型	SH 型	DH 型	E 组	F 组	G 组
0.05	—	—	—	—	2800	—	—	—
0.06	—	—	—	—	2800	—	—	—
0.07	—	—	—	—	2800	—	—	—
0.08	—	—	2780	—	2800	—	—	—
0.09	—	—	2740	—	2800	—	—	—
0.10	—	—	2710	—	2800	2440	2900	—
0.12	—	—	2660	—	2800	2440	2870	—
0.14	—	—	2620	—	2800	2440	2850	—
0.16	—	—	2570	—	2800	2440	2850	—
0.18	—	—	2530	—	2800	2390	2780	—
0.20	—	—	2500	—	2800	2390	2760	—
0.22	—	—	2470	—	2770	2370	2730	—
0.25	—	—	2420	—	2720	2340	2700	—
0.28	—	—	2390	—	2680	2310	2670	—
0.30	—	2370	2370	2660	2660	2290	2650	—
0.32	—	2350	2350	2640	2640	2270	2630	—
0.35	—	—	—	—	—	2250	2610	—
0.40	—	2270	2270	2560	2560	2250	2590	—
0.45	—	2240	2240	2510	2510	2210	2570	—
0.50	—	2200	2200	2480	2480	2190	2550	—
0.55	—	—	—	—	—	2170	2530	—
0.60	—	2140	2140	2410	2410	2150	2510	—
0.63	—	2130	2130	2390	2390	2130	2490	—
0.70	—	2090	2090	2360	2360	2100	2470	—
0.80	—	2050	2050	2310	2310	2080	2440	—
0.90	—	2010	2010	2270	2270	2070	2410	—
1.00	1720	1980	1980	2230	2230	2020	2360	1850
1.20	1670	1920	1920	2170	2170	1940	2280	1820
1.40	1620	1870	1870	2110	2110	1880	2210	1780
1.60	1590	1830	1830	2060	2060	1820	2150	1750
1.80	1550	1790	1790	2020	2020	1800	2060	1700
2.00	1520	1760	1760	1980	1980	1790	1970	1670
2.20	—	—	—	—	—	1700	1870	1620
2.50	1460	1690	1690	1900	1900	1680	1830	1620
2.80	1420	1650	1650	1860	1860	1630	1810	1570
3.00	1410	1630	1630	1840	1840	1610	1780	1570
3.20	1390	1610	1610	1820	1820	1560	1760	1570
3.50	—	—	—	—	—	1500	1710	1470
4.00	1320	1530	1530	1740	1740	1470	1680	1470
4.50	1290	1500	1500	1690	1690	1420	1630	1470
5.00	1260	1460	1460	1660	1660	1400	1580	1420
5.50	—	—	—	—	—	1370	1550	1400
6.00	1210	1400	1400	1590	1590	1350	1520	1350
6.50	1180	1380	1380	1560	1560	1320	1490	1350
7.00	1160	1350	1350	1540	1540	1300	1460	1300
8.00	1120	1310	1310	1490	1490	—	—	—
9.00	1090	1270	1270	1450	1450	—	—	—
10.00	1060	1240	1240	1410	1410	—	—	—
11.00	—	1210	1210	1390	1390	—	—	—
12.00	—	1180	1180	1330	1330	—	—	—
13.00	—	1160	1160	1320	1320	—	—	—

注：表中抗拉强度 R_m 为材料标准的下限值。

表 10-2-4　油淬火-回火弹簧钢丝的分类、代号和直径范围（GB/T 18983—2017）

分类		静态级	中疲劳级	高疲劳级
抗拉强度	低强度	FDC	TDC	VDC
	中强度	FDCrV、FDSiMn	TDSiMn	VDCrV
	高强度	FDSiCr	TDSiCr-A	VDSiCr
	超高强度	—	TDSiCr-B、TDSiCr-C①	VDSiCrV
直径范围/mm		0.50～18.00	0.50～18.00	0.50～10.00

① TBSiCr-B 和 TDSiCr-C 直径范围为 8.0～18.0mm。

标记示例：用 60Si2MnA 钢制造的直径为 11.0mm 的 TD 级钢丝标记为：TDSiMn-11.0-GB/T 18983。

注：1. 静态级钢丝适用于一般用途弹簧，以 FD 表示。

2. 中疲劳级钢丝用于一般强度离合器、悬架弹簧，以 TD 表示。

3. 高疲劳级钢丝适用于剧烈运动的场合，如用于阀门弹簧，以 VD 表示。

表 10-2-5　油淬火-回火弹簧钢丝代号与常用钢材牌号的对应关系（GB/T 18983—2017）

钢丝代号	常用代表性牌号	钢丝代号	常用代表性牌号
FDC、TDC、VDC	65、70、65Mn	FDSiCr、TDSiCr-A、TDSiCr-B、TDSiCr-C、VDSiCr	55CrSi
FDCrV、TDCrV、VDCrV	50CrV	VDSiCrV	65Si2CrV
FDSiMn、TDSiMn	60Si2Mn		

表 10-2-6　油淬火-回火弹簧钢丝的力学性能（GB/T 18983—2017）

直径范围/mm	R_m/MPa									断面收缩率 Z/%（≥）		
	FDC	FDCrV-A	FDSiMn	FDSiCr	TDSiCr-B	VDC	VDCrV-A	VDSiCr	VDSiCrV			
	TDC	TDCrV-A	TDSiMn	TDSiCr-A						FD	TD	VD
0.50～0.80	1800	1800	1850	2000	—	1700	1750	2080	2230	—	—	—
>0.80～1.00	1800	1780	1850	2000	—	1700	1730	2080	2230	—	—	—
>1.00～1.30	1800	1750	1850	2000	—	1700	1700	2080	2230	45	45	45
>1.30～1.40	1750	1750	1850	2000	—	1700	1680	2080	2210	45	45	45
>1.40～1.60	1740	1710	1850	2000	—	1670	1660	2050	2210	45	45	45
>1.60～2.00	1720	1710	1820	2000	—	1650	1640	2010	2160	45	45	45
>2.00～2.50	1670	1670	1800	1970	—	1630	1620	1960	2100	45	45	45
>2.50～2.70	1640	1660	1780	1950	—	1610	1610	1940	2060	45	45	45
>2.70～3.00	1620	1630	1760	1930	—	1590	1600	1930	2060	45	45	45
>3.00～3.20	1600	1610	1740	1910	—	1570	1580	1920	2060	40	45	45
>3.20～3.50	1580	1600	1720	1900	—	1550	1560	1910	2010	40	45	45
>3.50～4.00	1550	1560	1710	1870	—	1530	1540	1890	2010	40	45	45
>4.00～4.20	1540	1540	1700	1860	—	1510	1520	1860	1960	40	45	—
>4.20～4.50	1520	1520	1690	1850	—	1510	1520	1860	1960	40	45	45
>4.50～4.70	1510	1510	1680	1840	—	1490	1500	1830	1960	40	45	45
>4.70～5.00	1500	1500	1670	1830	—	1490	1500	1830	1960	40	45	45
>5.00～5.60	1470	1460	1660	1800	—	1470	1480	1800	1910	35	40	40
>5.60～6.00	1460	1440	1650	1780	—	1450	1470	1790	1910	35	40	40
>6.00～6.50	1440	1420	1640	1760	—	1420	1440	1760	1910	35	40	40
>6.50～7.00	1430	1400	1630	1740	—	1400	1420	1740	1860	35	40	40
>7.00～8.00	1400	1380	1620	1710	—	1370	1410	1710	1860	35	40	40
>8.00～9.00	1380	1370	1610	1700	1750	1350	1390	1690	1810	30	35	35
>9.00～10.00	1360	1350	1600	1660	1750	1340	1370	1670	1810	30	35	35
>10.00～12.00	1320	1320	1580	1660	1750					30	35	
>12.00～14.00	1280	1300	1560	1620	1750					30	35	
>14.00～15.00	1270	1290	1550	1620	1750					30	35	
>15.00～17.00	1250	1270	1540	1580	1750					30	35	

注：1. FDSiMn 和 TDSiMn 直径≤5.00mm 时，$Z \geqslant 35\%$；直径>5.00～14.00mm 时，$Z \geqslant 30\%$。

2. 表中抗拉强度 R_m 为材料标准的下限值。TDSiCr-C 直径>8.00～17mm 时，R_m 为 1850MPa。

表 10-2-7 **不锈弹簧钢丝的抗拉强度 R_m**（GB/T 24588—2009） MPa

直径/mm	A 组	B 组	C 组		D 组	直径/mm	A 组	B 组	C 组		D 组
			冷拉不小于	时效					冷拉不小于	时效	
0.20	1700	2050	1970	2270	1750	1.6	1400	1650	1650	1950	1550
0.22	1700	2050	1950	2250	1750	1.8	1400	1650	1600	1900	1550
0.25	1700	2050	1850	2250	1750	2.0	1400	1650	1600	1900	1550
0.28	1650	1950	1950	2250	1720	2.2	1320	1550	1550	1850	1550
0.30	1650	1950	1950	2250	1720	2.5	1320	1550	1550	1850	1510
0.32	1650	1950	1920	2220	1680	2.8	1230	1450	1500	1790	1510
0.35	1650	1950	1920	2220	1680	3.0	1230	1450	1500	1790	1510
0.40	1650	1950	1920	2220	1680	3.2	1230	1450	1450	1740	1480
0.45	1600	1900	1900	2200	1680	3.5	1230	1450	1450	1740	1480
0.50	1600	1900	1900	2200	1650	4.0	1230	1450	1400	1680	1480
0.55	1600	1900	1850	2150	1650	4.5	1100	1350	1350	1620	1400
0.60	1600	1900	1850	2150	1650	5.0	1100	1350	1350	1620	1330
0.63	1550	1850	1850	2150	1650	5.5	1100	1350	1300	1550	1330
0.70	1550	1850	1850	2150	1650	6.0	1100	1350	1300	1550	1230
0.80	1550	1850	1820	2120	1620	6.3	1020	1270	1250	1500	—
0.90	1550	1850	1800	2100	1620	7.0	1020	1270	1250	1500	—
1.0	1450	1850	1800	2100	1620	8.0	1020	1270	1200	1450	—
1.1	1450	1750	1750	2050	1620	9.0	1000	1150	1150	1400	—
1.2	1450	1750	1750	2050	1580	10.0	980	1000	1150	1400	—
1.4	1450	1750	1700	2000	1580	11.0	—	1000	—	—	—
1.5	1400	1650	1700	2000	1550	12.0	—	1000	—	—	—

注：1. 钢丝试样时效处理推荐工艺为：400～500℃，保温 0.5～1.5h，空冷。

2. 表中抗拉强度 R_m 为材料标准的下限值。

表 10-2-8 **铍青铜线的抗拉强度**（YS/T 571—2009）

材料状态	R_m/MPa	
	时效处理前的拉力试验	时效处理后的拉力试验
软	400～580	1050～1380
1/2 硬	710～930	1200～1480
硬	915～1140	1300～1585

表 10-2-9 **铜及铜合金线的抗拉强度**（GB/T 21652—2008）

材料牌号	状态	线材直径/mm	R_m/MPa
QCd1	M(软)	0.1～6.0	≥275
	Y(硬)	0.1～0.5	590～880
		>0.5～4.0	490～735
		>4.0～6.0	470～685
QSn6.5-0.1 QSn6.5-0.4 QSn7-0.2	M(软)	0.1～1.0	≥350
		>1.0～8.5	
QSi3-1、QSn4-3、 QSn6.5-0.1、 QSn6.5-0.4 QSn7-0.2	Y(硬)	0.1～1.0	880～1130
		>1.0～2.0	860～1060
		>2.0～4.0	830～1030
		>4.0～6.0	780～980

表 10-2-10　**弹簧的试验切应力及许用应力**（GB/T 23935—2009）　MPa

应力类型		冷卷弹簧材料				热卷弹簧材料
		油淬火-回火弹簧钢丝	冷拉碳素弹簧钢丝、重要碳素弹簧钢丝	不锈钢丝弹簧	铜及铜合金线材、铍青铜线	60Si2Mn、60Si2MnA、50CrVA、55CrVA、60CrMnA、60CrMnBA、60Si2CrA、60Si2CrVA
压缩弹簧许用切应力	试验切应力	$0.55R_m$	$0.50R_m$	$0.45R_m$	$0.40R_m$	710～890
	静载荷	$0.50R_m$	$0.45R_m$	$0.38R_m$	$0.36R_m$	
	动载荷、有限疲劳寿命	$(0.40 \sim 0.50)R_m$	$(0.38 \sim 0.45)R_m$	$(0.34 \sim 0.38)R_m$	$(0.33 \sim 0.36)R_m$	568～712
	动载荷、无限疲劳寿命	$(0.35 \sim 0.40)R_m$	$(0.33 \sim 0.38)R_m$	$(0.30 \sim 0.34)R_m$	$(0.30 \sim 0.33)R_m$	426～534
拉伸弹簧许用切应力	试验切应力	$0.44R_m$	$0.40R_m$	$0.36R_m$	$0.32R_m$	475～596
	静载荷	$0.40R_m$	$0.36R_m$	$0.30R_m$	$0.29R_m$	
	动载荷、有限疲劳寿命	$(0.32 \sim 0.40)R_m$	$(0.30 \sim 0.36)R_m$	$(0.28 \sim 0.30)R_m$	$(0.26 \sim 0.29)R_m$	405～507
	动载荷、无限疲劳寿命	$(0.28 \sim 0.32)R_m$	$(0.26 \sim 0.30)R_m$	$(0.24 \sim 0.27)R_m$	$(0.24 \sim 0.26)R_m$	356～447
扭转弹簧许用弯曲应力	试验弯曲应力	$0.80R_m$	$0.78R_m$	$0.75R_m$	$0.75R_m$	994～1232
	静载荷	$0.72R_m$	$0.70R_m$	$0.68R_m$	$0.68R_m$	
	动载荷、有限疲劳寿命	$(0.60 \sim 0.68)R_m$	$(0.58 \sim 0.66)R_m$	$(0.55 \sim 0.65)R_m$	$(0.55 \sim 0.65)R_m$	795～986
	动载荷、无限疲劳寿命	$(0.50 \sim 0.60)R_m$	$(0.49 \sim 0.58)R_m$	$(0.45 \sim 0.55)R_m$	$(0.45 \sim 0.55)R_m$	636～788

注：1. 抗拉强度 R_m 为材料标准的下限值。

2. 对材料直径 d 小于 1mm 的弹簧，试验切应力为表列值的 90%。

3. 当试验切应力大于压并切应力时，取压并切应力为试验切应力。

4. 热卷弹簧硬度范围为 42～52HRC（392～535HBW）。当硬度接近下限时，试验应力或许用应力则取下限值；当硬度接近上限时，试验应力或许用应力则取上限值。

5. 拉伸、扭转弹簧试验应力或许用应力一般取下限值。

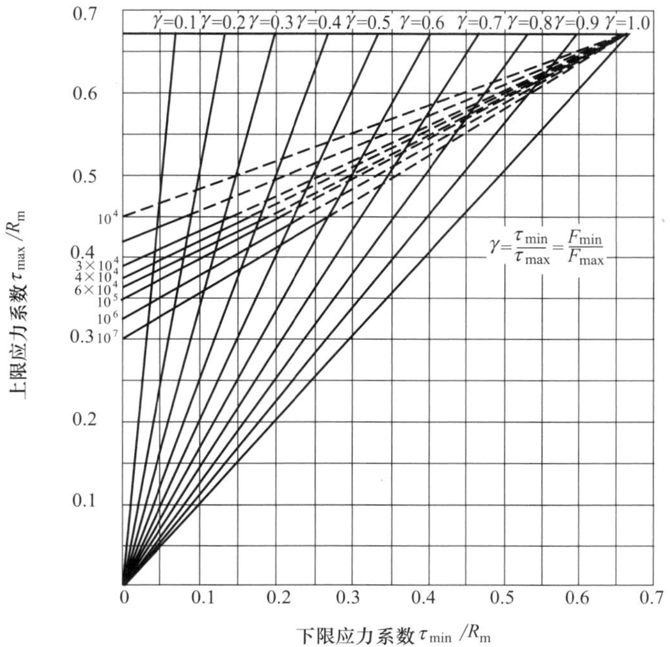

图 10-2-1　压缩、拉伸弹簧疲劳极限图

注：适用于未经喷丸处理的具有较好的耐疲劳性能的钢丝，如重要用途碳素弹簧钢丝、高疲劳级油淬火-回火弹簧钢丝。

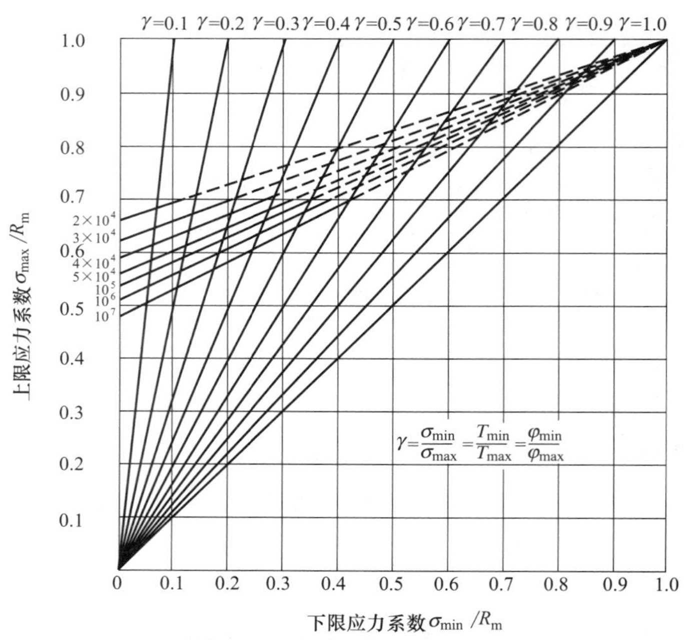

图 10-2-2 扭转弹簧疲劳极限图

注：适用于未经喷丸处理的具有较好的耐疲劳性能的钢丝，如重要用途碳素弹簧钢丝、高疲劳级油淬火-回火弹簧钢丝。

表 10-2-11 温度修正系数

材 料	工作温度/℃			
	≤60	150	200	250
	K_t			
50CrVA	1	0.96	0.95	0.94
60Si2Mn	1	0.99	0.98	0.98
1Cr18Ni9Ti	1	0.98	0.94	0.9
1Cr17Ni7Al	1	0.95	0.94	0.92
QBe2	1	0.95	0.94	0.92

2.3 圆柱螺旋压缩弹簧

2.3.1 圆柱螺旋压缩弹簧基本计算公式

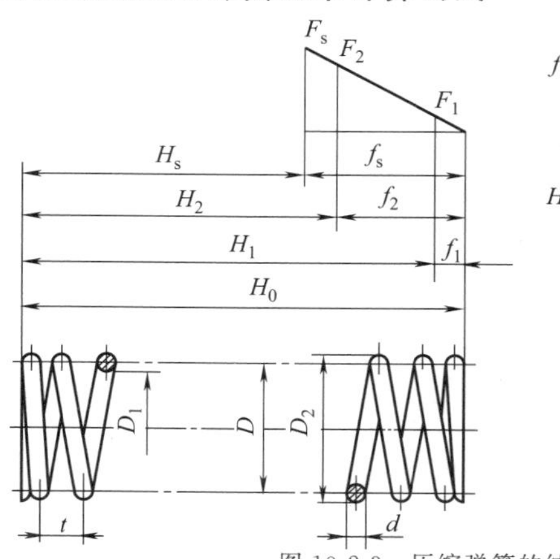

图 10-2-3 压缩弹簧的结构及其载荷-变形图

$f_1, f_2, \cdots, f_s$ — 在 $F_1, F_2, \cdots, F_s$ 作用下的弹簧变形量，mm；

H_0 — 自由高度或自由长度，mm；

$H_1, H_2, \cdots, H_s$ — 在 $F_1, F_2, \cdots, F_s$ 作用下的弹簧高度(长度)，mm；

t — 弹簧的节距，mm

表 10-2-12　圆柱螺旋压缩弹簧的基本计算公式（GB/T 23935—2009）

名称	代号	单位	计算公式
弹簧切应力	τ	MPa	$\tau=K\dfrac{8DF}{\pi d^3}=K\dfrac{8CF}{\pi d^2}$ 或 $\tau=\dfrac{Gdf}{\pi D^2 n}$ 式中　D——弹簧中径，mm F——弹簧工作载荷，N C——旋绕比，$C=D/d$，见表 10-2-13 G——切变模量，MPa，见表 10-2-2 K——曲度系数，静载荷时，一般 K 值可取为 1；当弹簧应力高时，亦可考虑 K 值 $K=\dfrac{4C-1}{4C-4}+\dfrac{0.615}{C}$
弹簧变形量	f	mm	$f=\dfrac{8D^3nF}{Gd^4}=\dfrac{8C^3nF}{Gd}$
弹簧刚度	k	N/mm	$k=\dfrac{F}{f}=\dfrac{Gd^4}{8D^3n}=\dfrac{Gd}{8C^3n}$
弹簧变形能	U	N·mm	$U=\dfrac{Ff}{2}=\dfrac{kf^2}{2}$
弹簧材料直径	d	mm	$d\geqslant\sqrt[3]{\dfrac{8KDF}{\pi[\tau]}}$ 或 $d\geqslant\sqrt{\dfrac{8KCF}{\pi[\tau]}}$ 式中　$[\tau]$——许用切应力，MPa，见表 10-2-10
弹簧有效圈数	n	圈	$n=\dfrac{Gd^4}{8D^3F}f=\dfrac{Gd^4}{8kD^3}$
自振频率	f_e	Hz	$f_e=\dfrac{3.56d}{nD^2}\sqrt{\dfrac{C}{\rho}}$ 式中　ρ——材料密度，kg/mm^3 用于两端固定，一端在工作行程范围内周期性往复运动的情况
材料直径	d	mm	按表 10-2-12 中式计算，再按表 10-2-14 取标准值
弹簧中径	D	mm	根据结构要求估计，再按表 10-2-15 取标准值
弹簧内径	D_1	mm	$D_1=D-d$
弹簧外径	D_2	mm	$D_2=D+d$
有效圈数	n		按表 10-2-12 中式计算；一般不少于 3 圈，最少不少于 2 圈
支承圈数	n_z		按结构型式从表 10-2-1 中选取
总圈数	n_1		$n_1=n+n_z$ 尾数应为 1/4、1/2、3/4 或整圈，推荐用 1/2
节距	t	mm	$t=d+\dfrac{f_n}{n}+\delta_1$ 式中　δ_1——余隙，一般取 $\delta_1\geqslant 0.1d$ 推荐 $0.28D\leqslant t<0.5D$
间距	δ	mm	$\delta=t-d$
高径比	b		$b=\dfrac{H_0}{D}$
自由高度或自由长度	H_0	mm	两端圈磨平　$n_1=n+1.5$ 时，$H_0=tn+d$ $n_1=n+2$ 时，$H_0=tn+1.5d$ $n_1=n+2.5$ 时，$H_0=tn+2d$ 两端圈不磨　$n_1=n+2$ 时，$H_0=tn+3d$ $n_1=n+2.5$ 时，$H_0=tn+3.5d$
工作高度	$H_{1,2,\cdots,n}$	mm	$H_{1,2,\cdots,n}=H_0-f_{1,2,\cdots,n}$
试验高度	H_s	mm	$H_s=H_0-f_s$
压并高度	H_b	mm	端面磨削约 3/4 圈时，$H_b\leqslant n_1 d_{max}$ 端面不磨削，$H_b\leqslant(n_1+1.5)d_{max}$ 式中　d_{max}——材料最大直径
螺旋角	α	(°)	$\alpha=\arctan\dfrac{t}{\pi D}$ 荐用值 $5°\leqslant\alpha<9°$

续表

名称	代号	单位	计算公式
弹簧材料的展开长度	L	mm	$L=\frac{\pi D n_1}{\cos\alpha}\approx\pi D n_1$
弹簧质量	m	kg	$m=\frac{\pi}{4}d^2L\rho$

2.3.2 圆柱弹簧参数选择

(1) 旋绕比 C 推荐值

表 10-2-13 根据 d 选取的旋绕比 C 的荐用值（GB/T 23935—2009）

材料直径 d/mm	0.2～0.5	>0.5～1.1	>1.1～2.5	>2.5～7.0	>7.0～16	>16
旋绕比 C	7～14	5～12	5～10	4～9	4～8	4～16

(2) 弹簧材料截面直径 d 系列尺寸

表 10-2-14 普通圆柱螺旋弹簧的尺寸系列（GB/T 1358—2009）

弹簧材料截面直径 d/mm	第一系列	0.1	0.12	0.14	0.16	0.2	0.25	0.3	0.35	0.4	0.45	0.5	0.6
		0.7	0.8	0.9	1	1.2	1.6	2	2.5	3	3.5	4	4.5
		5	6	8	10	12	15	16	20	25	30	35	40
		45	50	60									
	第二系列	0.05	0.06	0.07	0.08	0.09	0.18	0.22	0.28	0.32	0.55	0.65	1.4
		1.8	2.2	2.8	3.2	5.5	6.5	7	9	11	14	18	22
		28	32	38	42	55							

(3) 弹簧中径 D 系列尺寸

表 10-2-15 弹簧中径 D 系列尺寸 mm

0.4	0.5	0.6	0.7	0.8	0.9	1	1.2	1.4	1.6
(1.8)	2	(2.2)	2.5	(2.8)	3	(3.2)	3.5	3.8	4
(4.2)	4.5	(4.8)	5	(5.5)	6	(6.5)	7	7.5	8
(8.5)	9	(9.5)	10	12	(14)	16	(18)	20	(22)
25	(28)	30	(32)	35	(38)	40	(42)	45	(48)
50	(52)	55	(58)	60	(65)	70	(75)	80	(85)
90	(95)	100	(105)	110	(115)	120	125	130	(135)
140	(145)	150	160	(170)	180	(190)	200	(210)	220
(230)	240	(250)	260	(270)	280	(290)	300	320	(340)
360	(380)	400	(450)						

注：表中括号内数值为第二系列，其余为第一系列，应优先采用。

(4) 压缩弹簧有效圈数 n

表 10-2-16 压缩弹簧有效圈数 n

2	2.25	2.5	2.75	3	3.25	3.5	3.75	4	4.25	4.5	4.75
5	5.5	6	6.5	7	7.5	8	8.5	9	9.5	10	10.5
11.5	12.5	13.5	14.5	15	16	18	20	22	25	28	30

(5) 拉伸弹簧有效圈数 n

表 10-2-17 拉伸弹簧有效圈数 n

2	3	4	5	6	7	8	9	10	11	12	14	15	16	17	18	19	20
22	25	28	30	35	40	45	50	55	60	65	70	80	90	110			

（6）压缩弹簧自由高度 H_0

表 10-2-18　　压缩弹簧自由高度 H_0　　mm

4	5	6	7	8	9	10	11	12	13	14	15	16	17
18	19	20	22	24	26	28	30	32	35	38	40	42	45
48	50	52	55	58	60	65	70	75	80	85	90	95	100
105	110	115	120	130	140	150	160	170	180	190	200	220	240
260	280	300	320	340	360	380	400	420	450	480	500	520	550
580	600	620	650	680	700	720	750	780	800	850	900	950	1000

（7）圆柱螺旋弹簧极限应力与极限载荷

表 10-2-19　　工作极限应力与工作极限载荷计算公式

工作载荷种类	压缩、拉伸弹簧		扭转弹簧
	工作极限切应力 τ_j	工作极限载荷 F_j	工作极限弯曲应力 σ_j
Ⅰ类	$\leqslant 1.67\tau_p$		
Ⅱ类	$\leqslant 1.25\tau_p$	$\geqslant 1.25F_n$	$0.625R_m$
Ⅲ类	$\leqslant 1.12\tau_p$	$\geqslant F_n$	$0.8R_m$

注：F_n——最大工作载荷；

τ_p——弹簧材料的许用应力，见表 10-2-10；

R_m——弹簧材料的抗拉强度，见表 10-2-3～表 10-2-9。

2.3.3　圆柱螺旋压缩弹簧计算表

表 10-2-20 是根据 GB/T 2089—2009 普通圆柱螺旋压缩弹簧尺寸及参数编制的，借助该表可快速确定弹簧的主要尺寸参数。方法是：如果已知弹簧的类型、工作载荷 F_2 和对应的变形量 f_2，由弹簧类型计算出该弹簧的试验载荷 F_s，由 F_2 和 f_2 计算出弹簧刚度 k。用最大工作载荷 F_n 和对应的簧丝直径 d、弹簧中径 D，根据式（10-2-2）计算弹簧的有效圈数

$$n=\frac{Gd^4}{8D^3k} \tag{10-2-2}$$

当所设计弹簧的材料和表中规定的弹簧材料不同或为拉伸弹簧时，应依照表注的说明调整 F_s 和 f_s 的数值。此法简单但有一定局限性，适用于不重要的弹簧。如果属于重要弹簧，此法只能用于确定初步方案，还需做进一步校核计算。

表 10-2-20　　普通圆柱螺旋压缩弹簧的尺寸及参数（GB/T 2089—2009）

簧丝直径 d/mm	弹簧中径 D/mm	最大工作载荷 F_n/N	最大芯轴直径 D_{Xmax}/mm	最小套筒直径 D_{Tmin}/mm	有效圈数 n											
					2.5				4.5				6.5			
					自由高度 H_0/mm	最大工作变形量 f_n/mm	弹簧刚度 k/N·mm^{-1}	弹簧单件质量 m/g	自由高度 H_0/mm	最大工作变形量 f_n/mm	弹簧刚度 k/N·mm^{-1}	弹簧单件质量 m/g	自由高度 H_0/mm	最大工作变形量 f_n/mm	弹簧刚度 k/N·mm^{-1}	弹簧单件质量 m/g
0.5	3	14	1.9	4.1	4	1.5	9.1	0.07	7	2.8	5.1	0.09	10	4.0	3.5	0.12
	3.5	12	2.4	4.6	5	2.1	5.8	0.08	8	3.8	3.2	0.11	12	5.5	2.2	0.14
	4	11	2.9	5.1	6	2.8	3.9	0.09	9	5.2	2.1	0.12	14	7.3	1.5	0.16
	4.5	9.6	3.4	5.6	7	3.6	2.7	0.10	10	6.4	1.5	0.14	16	9.6	1.0	0.18
	5	8.6	3.9	6.1	8	4.3	2.0	0.11	12	7.8	1.1	0.16	18	11	0.8	0.20
0.8	4	40	2.6	5.4	6	1.6	25	0.22	9	2.9	14	0.32	12	4.1	9.7	0.42
	4.5	36	3.1	5.9	7	2.0	18	0.25	10	3.6	10	0.36	14	5.3	6.8	0.47
	5	32	3.6	6.4	8	2.5	13	0.28	11	4.4	7.2	0.40	15	6.4	5.0	0.52
	6	27	4.2	7.8	9	3.6	7.5	0.33	13	6.4	4.2	0.48	19	9.3	2.9	0.63
	7	23	5.2	8.8	10	4.9	4.7	0.39	15	8.8	2.6	0.56	23	13	1.8	0.73
	8	20	6.2	9.8	12	6.3	3.2	0.44	18	11	1.8	0.64	28	17	1.2	0.84
1	4.5	68	2.9	6.1	7	1.6	43	0.39	10	2.8	24	0.56	14	4.0	17	0.74
	5	62	3.4	6.6	8	1.9	32	0.43	11	3.4	18	0.62	15	5.2	12	0.82
	6	51	4	8	9	2.8	18	0.52	12	5.1	10	0.75	18	7.3	7.0	0.98

续表

簧丝直径 d /mm	弹簧中径 D /mm	最大工作载荷 F_n/N	最大芯轴直径 D_{Xmax} /mm	最小套筒直径 D_{Tmin} /mm	有效圈数 n											
					2.5				4.5				6.5			
					自由高度 H_0 /mm	最大工作变形量 f_n /mm	弹簧刚度 k/N·mm^{-1}	弹簧单件质量 m /g	自由高度 H_0 /mm	最大工作变形量 f_n /mm	弹簧刚度 k/N·mm^{-1}	弹簧单件质量 m /g	自由高度 H_0 /mm	最大工作变形量 f_n /mm	弹簧刚度 k/N·mm^{-1}	弹簧单件质量 m /g
1	7	44	5	9	10	3.7	12	0.61	14	6.9	6.4	0.87	21	10	4.4	1.14
	8	38	6	10	12	4.9	7.7	0.69	17	8.8	4.3	1.00	25	13	3.0	1.31
	9	34	7	11	13	6.3	5.4	0.78	20	11	3.0	1.12	29	16	2.1	1.47
	10	31	8	12	15	7.8	4.0	0.87	22	14	2.2	1.25	35	21	1.5	1.63
1.2	6	86	3.8	8.2	9	2.3	38	0.75	12	4.1	21	1.08	17	5.7	15	1.41
	7	74	4.8	9.2	10	3.1	24	0.87	14	5.7	13	1.26	20	8.0	9.2	1.65
	8	65	5.8	10	11	4.1	16	1.00	16	7.3	8.9	1.44	24	11	6.2	1.88
	9	58	6.8	11	12	5.3	11	1.12	20	9.4	6.2	1.62	28	13	4.3	2.12
	10	52	7.8	12	14	6.3	8.2	1.25	24	11	4.6	1.80	32	16	3.2	2.35
	12	43	8.8	15	17	9.1	4.7	1.50	26	17	2.6	2.16	40	24	1.8	2.82
1.4	7	114	4.6	9.4	10	2.6	44	1.19	15	4.6	25	1.71	20	6.7	17	2.24
	8	100	5.6	10	11	3.3	30	1.36	16	6.3	16	1.96	22	9.1	11	2.56
	9	89	6.6	11	12	4.2	21	1.53	18	7.4	12	2.20	24	11	8.0	2.88
	10	80	7.6	12	13	5.3	15	1.70	20	9.5	8.4	2.45	28	14	5.8	3.20
	12	67	8.6	15	16	7.6	8.8	2.03	24	14	4.9	2.94	35	20	3.4	3.84
	14	57	11	17	19	10	5.5	2.37	30	18	3.1	3.43	42	27	2.1	4.48
1.6	8	145	5.4	11	11	2.8	51	1.77	17	5.2	28	2.56	22	7.6	19	3.35
	9	129	6.4	12	12	3.6	36	1.99	19	6.5	20	2.88	24	9.2	14	3.77
	10	116	7.4	13	13	4.5	26	2.21	20	8.3	14	3.20	28	12	10	4.18
	12	97	8.4	16	15	6.5	15	2.66	24	12	8.3	3.84	32	17	5.8	5.02
	14	83	10	18	18	8.8	9.4	3.10	28	16	5.2	4.48	40	23	3.6	5.86
	16	73	12	20	22	12	6.3	3.54	36	21	3.5	5.12	48	30	2.4	6.69
1.8	9	179	6.2	12	13	3.1	57	2.52	18	5.6	32	3.64	25	8.1	22	4.77
	10	161	7.2	13	15	3.9	41	2.80	20	7.0	23	4.05	28	10	16	5.29
	12	134	8.2	16	16	5.6	24	3.36	24	10	13	4.86	32	15	9.2	6.35
	14	115	10	18	18	7.7	15	3.92	28	14	8.4	5.67	38	20	5.8	7.41
	16	101	12	20	20	10	10	4.49	32	18	5.6	6.48	45	26	3.9	8.47
	18	90	14	22	22	13	7	5.05	38	23	4.0	7.29	52	33	2.7	9.53
2	10	215	7	13	13	3.4	63	3.46	20	6.1	35	5.00	28	9.0	24	6.54
	12	179	8	16	15	4.8	37	4.15	24	9.0	20	6.00	32	13	14	7.84
	14	153	10	18	17	6.7	23	4.85	26	12	13	7.00	38	17	8.9	9.15
	16	134	12	20	19	8.9	15	5.54	30	16	8.6	8.00	42	23	5.9	10.46
	18	119	14	22	22	11	11	6.23	35	20	6.0	9.00	48	28	4.2	11.77
	20	107	15	25	24	14	7.9	6.92	40	24	4.4	10.00	55	36	3.0	13.07
2.5	12	339	7.5	17	16	3.8	89	6.49	24	6.8	50	9.37	32	10	34	12.26
	14	291	9.5	19	17	5.2	56	7.57	28	9.4	31	10.93	38	13	22	14.30
	16	255	12	21	19	6.7	38	8.65	30	12	21	12.50	40	18	14	16.34
	18	226	14	23	20	8.7	26	9.73	30	15	15	14.06	48	23	10	18.39
	20	204	15	26	24	11	19	10.81	38	19	11	15.62	52	28	7.4	20.43
	22	185	17	28	26	13	14	11.90	42	23	8.1	17.18	58	33	5.6	22.47
	25	163	20	31	30	16	10	13.52	48	30	5.5	19.53	70	43	3.8	25.53
3	14	475	9	19	18	4.1	117	10.90	28	7.3	65	15.75	38	11	45	20.59
	16	416	11	21	20	5.3	78	12.46	30	9.7	43	18.00	40	14	30	23.53
	18	370	13	23	22	6.7	55	14.02	35	12	30	20.25	45	18	21	26.47

续表

簧丝直径 d /mm	弹簧中径 D /mm	最大工作载荷 F_n/N	最大芯轴直径 D_{Xmax} /mm	最小套筒直径 D_{Tmin} /mm	有效圈数 n											
					2.5				4.5				6.5			
					自由高度 H_0 /mm	最大工作变形量 f_n /mm	弹簧刚度 k/N·mm^{-1}	弹簧单件质量 m /g	自由高度 H_0 /mm	最大工作变形量 f_n /mm	弹簧刚度 k/N·mm^{-1}	弹簧单件质量 m /g	自由高度 H_0 /mm	最大工作变形量 f_n /mm	弹簧刚度 k/N·mm^{-1}	弹簧单件质量 m /g
3	20	333	14	26	24	8.3	40	15.57	38	15	22	22.49	50	22	15	29.42
	22	303	16	28	24	10	30	17.13	40	18	17	24.74	58	25	12	32.36
	25	266	19	31	28	13	20	19.47	45	23	11	28.12	65	34	7.9	36.77
	28	238	22	34	32	16	15	21.80	52	29	8.1	31.49	70	43	5.6	41.18
	30	222	24	36	35	19	12	23.36	58	34	6.6	33.74	80	48	4.6	44.12
3.5	16	661	11	22	22	4.6	145	16.96	32	68.3	80	24.49	45	12	56	32.03
	18	587	13	24	22	5.8	102	19.08	35	10	56	27.56	48	15	39	36.03
	20	528	14	27	24	7.1	74	21.20	38	13	41	30.62	50	19	28	40.04
	22	480	16	29	26	8.6	56	23.32	40	15	31	33.68	55	23	21	44.04
	25	423	19	32	28	11	38	26.50	45	20	21	38.27	65	28	15	50.05
	28	377	22	35	32	14	28	29.68	50	25	15	42.86	70	38	10	56.05
	30	352	24	37	35	16	22	31.80	55	29	12	45.93	75	42	8.4	60.06
	32	330	25	40	38	18	18	33.92	60	33	10	48.99	80	47	7.0	64.06
	35	302	28	43	40	22	14	37.09	65	39	7.7	53.58	90	57	5.3	70.07
4	20	764	13	27	26	6.1	126	27.69	38	11	70	39.99	52	16	49	52.30
	22	694	15	29	28	7.3	95	30.45	40	13	53	43.99	55	19	37	57.52
	25	611	18	32	30	9.4	65	34.61	45	17	36	49.99	60	24	25	65.37
	28	545	21	35	34	12	46	38.76	50	21	26	55.99	70	30	18	73.21
	30	509	23	37	36	14	37	41.53	55	24	21	59.99	75	36	14	78.44
	32	477	24	40	37	15	31	44.30	58	28	17	63.98	80	40	12	83.67
	35	436	27	43	41	18	24	48.45	65	34	13	69.98	90	48	9.1	91.52
	38	402	30	46	46	22	18	52.60	70	40	10	75.98	100	57	7.1	99.36
	40	382	32	48	48	24	16	55.37	75	43	8.8	79.98	105	63	6.1	104.6
4.5	22	988	15	30	28	6.5	152	38.54	42	12	85	55.67	58	17	59	72.80
	25	870	18	33	30	8.4	104	43.80	48	15	58	63.27	60	22	40	82.73
	28	777	21	36	32	11	74	49.06	50	19	41	70.86	70	28	28	92.66
	30	725	23	38	36	12	60	52.56	52	22	33	75.92	75	32	23	99.28
	32	680	24	41	37	14	49	56.06	58	25	27	80.98	75	36	19	105.9
	35	621	27	44	40	16	38	61.32	60	30	21	88.57	85	41	15	115.8
	38	572	30	47	44	19	30	66.58	65	36	16	96.16	90	52	11	125.8
	40	544	42	49	48	22	25	70.08	70	39	14	101.2	100	56	9.7	132.4
	45	483	37	54	54	27	18	78.84	85	48	10	113.9	120	71	6.8	148.9
5	25	1154	17	33	30	7	158	54.07	48	13	88	78.11	65	19	61	102.1
	28	1030	20	36	32	9	112	60.56	52	17	62	87.48	70	24	43	114.4
	30	962	22	38	35	11	91	64.89	55	19	51	93.73	75	27	35	122.6
	32	902	23	41	38	12	75	69.21	58	21	42	99.98	80	31	29	130.7
	35	824	26	44	40	14	58	75.70	60	26	32	109.3	85	37	22	143.0
	38	759	29	47	42	17	45	82.19	65	30	25	118.7	90	44	17	155.3
	40	721	31	49	45	18	39	86.52	70	34	21	125.0	100	48	15	163.4
	45	641	36	54	50	24	27	97.33	80	43	15	140.6	115	64	10	183.9
	50	577	41	59	55	29	20	108.1	95	52	11	156.2	130	76	7.6	204.3
6	30	1605	21	39	38	8	190	93.44	55	15	105	135.0	75	22	73	176.5
	32	1505	22	42	38	10	156	99.67	58	17	87	144.0	80	25	60	188.3
	35	1376	25	45	40	12	119	109.0	60	21	66	157.5	85	30	46	205.9

续表

簧丝直径 d /mm	弹簧中径 D /mm	最大工作载荷 F_n/N	最大芯轴直径 D_{Xmax} /mm	最小套筒直径 D_{Tmin} /mm	有效圈数 n											
					2.5				4.5				6.5			
					自由高度 H_0 /mm	最大工作变形量 f_n /mm	弹簧刚度 k/N·mm^{-1}	弹簧单件质量 m /g	自由高度 H_0 /mm	最大工作变形量 f_n /mm	弹簧刚度 k/N·mm^{-1}	弹簧单件质量 m /g	自由高度 H_0 /mm	最大工作变形量 f_n /mm	弹簧刚度 k/N·mm^{-1}	弹簧单件质量 m /g
6	38	1267	28	48	42	14	93	118.4	65	24	52	171.0	90	35	36	223.6
	40	1204	30	50	45	15	80	124.6	70	27	44	180.0	95	39	31	235.3
	45	1070	35	55	48	19	56	140.2	75	35	31	202.5	105	49	22	264.7
	50	963	40	60	52	23	41	155.7	85	42	23	224.9	120	60	16	294.2
	55	876	44	66	58	28	31	171.3	95	52	17	247.4	130	73	12	323.6
	60	803	49	71	65	33	24	186.9	105	62	13	269.9	150	88	9.1	353.0
8	32	3441	20	44	45	7	494	177.2	70	13	274	255.9	90	18	190	334.7
	35	3146	23	47	47	8	377	193.8	72	15	210	279.9	96	22	145	366.1
	38	2898	26	50	49	10	295	210.4	76	18	164	303.9	98	26	113	397.4
	40	2753	28	52	50	11	253	221.5	78	20	140	319.9	100	28	97	418.4
	45	2447	33	57	52	14	178	249.2	84	25	99	359.9	105	36	68	470.7
	50	2203	38	62	55	17	129	276.9	88	31	72	399.9	115	44	50	523.0
	55	2002	42	68	58	21	97	304.5	90	37	54	439.9	130	54	37	575.2
	60	1835	47	73	60	24	75	332.2	100	44	42	479.9	140	63	29	627.5
	65	1694	52	78	65	29	59	359.9	110	51	33	519.9	150	74	23	679.8
	70	1573	57	83	70	33	47	387.6	115	61	26	559.9	160	87	18	732.1
	75	1468	62	88	75	39	38	415.3	130	70	21	599.9	180	98	15	784.4
	80	1377	67	93	80	43	32	443.0	140	77	18	639.8	190	115	12	836.7
10	40	5181	26	54	56	8	617	346.1	80	15	343	499.9	110	22	237	653.7
	45	4605	31	59	58	11	433	389.3	85	19	241	562.4	115	28	167	735.4
	50	4145	36	64	61	13	316	432.6	90	24	176	624.9	120	34	122	817.1
	55	3768	40	70	64	16	237	475.8	95	29	132	687.3	130	41	91	898.8
	60	3454	45	75	68	19	183	519.1	105	34	102	749.8	140	49	70	980.5
	65	3188	50	80	72	22	144	562.4	110	40	80	812.3	150	58	55	1062
	70	2961	55	85	75	26	115	605.6	115	46	64	874.8	160	67	44	1144
	75	2763	60	90	80	29	94	648.9	120	53	52	937.3	170	77	36	1226
	80	2591	65	95	86	34	77	692.1	130	60	43	999.8	180	86	30	1307
	85	2438	69	101	92	38	64	735.4	140	68	36	1062	190	98	25	1389
	90	2303	74	106	94	43	54	778.7	150	77	30	1125	200	110	21	1471
	95	2181	79	111	98	47	46	821.9	160	84	26	1187	220	121	18	1553
	100	2072	84	116	100	52	40	865.2	170	94	22	1250	240	138	15	1634
12	50	6891	34	66	70	11	655	622.9	105	19	364	900	140	27	252	1177
	55	6264	38	72	75	13	492	685.2	110	23	274	990	150	33	189	1294
	60	5742	43	77	75	15	379	747.5	120	27	211	1080	160	39	146	1412
	65	5301	48	82	80	18	298	809.8	130	32	166	1170	170	46	115	1530
	70	4922	53	87	85	21	239	872.1	130	37	133	1260	180	54	92	1647
	75	4594	58	92	90	24	194	934.4	140	43	108	1350	190	61	75	1765
	80	4307	63	97	95	27	160	996.7	150	48	89	1440	200	69	62	1883
	85	4053	67	103	100	30	133	1059	160	55	74	1530	220	79	51	2000
	90	3828	72	108	105	34	112	1121	170	62	62	1620	240	89	43	2118
	95	3627	77	113	110	38	96	1184	180	68	53	1710	240	98	37	2236
	100	3445	82	118	115	42	82	1246	190	75	46	1800	260	108	32	2353
	110	3132	92	128	130	51	62	1370	220	92	34	1980	300	131	24	2589
	120	2871	102	138	140	61	47	1495	240	110	26	2159	340	160	18	2824

续表

簧丝直径 d /mm	弹簧中径 D /mm	最大工作载荷 F_n/N	最大芯轴直径 D_{Xmax} /mm	最小套筒直径 D_{Tmin} /mm	有效圈数 n											
					2.5				4.5				6.5			
					自由高度 H_0 /mm	最大工作变形量 f_n /mm	弹簧刚度 k/N·mm^{-1}	弹簧单件质量 m /g	自由高度 H_0 /mm	最大工作变形量 f_n /mm	弹簧刚度 k/N·mm^{-1}	弹簧单件质量 m /g	自由高度 H_0 /mm	最大工作变形量 f_n /mm	弹簧刚度 k/N·mm^{-1}	弹簧单件质量 m /g
14	60	10627	41	79	82	15	703	1017	130	27	390	1470	170	39	270	1922
	65	9809	46	84	85	18	553	1102	135	32	307	1592	180	46	213	2082
	70	9109	51	89	90	21	442	1187	140	37	246	1715	190	54	170	2242
	75	8501	56	94	95	24	360	1272	145	43	200	1837	200	62	138	2402
	80	7970	61	99	105	27	296	1357	150	48	165	1960	210	70	114	2562
	85	7501	65	105	110	30	247	1441	160	55	137	2082	220	79	95	2723
	90	7084	70	110	115	34	208	1526	170	61	116	2204	240	89	80	2883
	95	6712	75	115	120	38	177	1611	180	68	98	2327	240	99	68	3043
	100	6376	80	120	125	42	152	1696	190	76	84	2449	260	110	58	3203
	110	5796	90	130	130	51	114	1865	200	92	63	2694	280	132	44	3523
	120	5313	100	140	140	60	88	2035	220	108	49	2939	320	156	34	3844
	130	4905	109	151	150	71	69	2204	260	129	38	3184	360	182	27	4164
16	65	14642	44	86	90	16	943	1440	140	28	524	2080	190	40	363	2719
	70	13596	49	91	95	18	755	1550	150	32	419	2239	200	47	290	2929
	75	12690	54	96	100	21	614	1661	150	37	341	2399	210	54	236	3138
	80	11897	59	101	100	24	506	1772	160	42	281	2559	220	61	194	3347
	85	11197	63	107	105	27	422	1883	165	48	234	2719	230	69	162	3556
	90	10575	68	112	110	30	355	1993	170	54	197	2879	240	77	137	3765
	95	10018	73	117	115	33	302	2104	180	60	168	3039	250	86	116	3974
	100	9517	78	122	120	37	259	2215	190	66	144	3199	260	95	100	4184
	110	8652	88	132	130	45	194	2436	200	80	108	3519	280	115	75	4602
	120	7931	98	142	140	53	150	2658	220	96	83	3839	320	137	58	5020
	130	7321	107	153	150	62	118	2879	240	113	65	4159	340	163	45	5439
	140	6798	117	163	160	72	94	3101	260	131	52	4479	380	189	36	5857
	150	6345	127	173	180	82	77	3322	300	148	43	4799	400	212	30	6275
18	75	18068	52	98	105	18	983	2102	160	33	546	3037	220	48	378	3971
	80	16939	57	103	105	21	810	2243	160	38	450	3239	230	54	311	4236
	85	15943	61	109	110	24	675	2383	170	43	375	3442	240	61	260	4501
	90	15057	66	114	115	26	569	2523	180	48	316	3644	250	69	219	4765
	95	14264	71	119	120	29	484	2663	185	53	269	3847	260	77	186	5030
	100	13551	76	124	120	33	415	2803	190	59	230	4049	270	85	159	5295
	110	12319	86	134	130	39	312	3084	200	71	173	4454	280	103	120	5824
	120	11293	96	144	140	47	240	3364	220	85	133	4859	300	123	92	6354
	130	10424	105	155	150	55	189	3644	240	99	105	5264	340	143	73	6883
	140	9679	115	165	160	64	151	3924	260	115	84	5669	360	167	58	7413
	150	9034	125	175	170	73	123	4205	280	133	68	6074	400	192	47	7942
	160	8470	134	186	190	84	101	4485	300	151	56	6478	420	217	39	8472
	170	7971	143	197	200	95	84	4765	340	170	47	6883	480	249	32	9001
20	80	23236	55	105	115	19	1234	2786	170	34	686	4025	240	49	475	5263
	85	21869	59	111	120	21	1029	2960	180	38	572	4276	250	55	396	5592
	90	20654	64	116	130	24	867	3135	190	43	482	4528	260	62	333	5921
	95	19567	69	121	140	27	737	3309	200	48	410	4779	270	69	284	6250
	100	18589	74	126	150	29	632	3483	210	53	351	5031	280	76	243	6579
	110	16899	84	136	160	36	475	3831	220	64	264	5534	290	92	183	7237

续表

簧丝直径 d /mm	弹簧中径 D /mm	最大工作载荷 F_n/N	最大芯轴直径 D_{Xmax} /mm	最小套筒直径 D_{Tmin} /mm	有效圈数 n											
					2.5				4.5				6.5			
					自由高度 H_0 /mm	最大工作变形量 f_n /mm	弹簧刚度 k/N·mm^{-1}	弹簧单件质量 m /g	自由高度 H_0 /mm	最大工作变形量 f_n /mm	弹簧刚度 k/N·mm^{-1}	弹簧单件质量 m /g	自由高度 H_0 /mm	最大工作变形量 f_n /mm	弹簧刚度 k/N·mm^{-1}	弹簧单件质量 m /g
20	120	15491	94	146	170	42	366	4179	230	76	203	6037	300	110	141	7895
	130	14299	103	157	180	50	288	4528	240	89	160	6540	340	129	111	8552
	140	13278	113	167	190	58	230	4876	260	104	128	7043	360	149	89	9210
	150	12393	123	177	200	66	187	5224	280	119	104	7546	380	172	72	9868
	160	11618	132	188	205	75	154	5573	300	135	86	8049	420	197	59	10526
	170	10935	141	199	210	85	129	5921	320	154	71	8552	450	223	49	11184
	180	10327	151	209	220	96	108	6269	340	172	60	9056	480	246	42	11842
	190	9784	160	220	230	106	92	6618	380	192	51	9559	520	280	35	12500
25	100	36306	69	131	140	24	1543	5407	220	42	857	7811	300	61	593	10214
	110	33006	79	141	150	28	1159	5948	230	51	644	8592	310	74	446	11235
	120	30255	89	151	160	34	893	6489	240	61	496	9373	320	88	343	12257
	130	27928	98	162	160	40	702	7030	260	72	390	10154	340	103	270	13278
	140	25933	108	172	170	46	562	7570	270	83	312	10935	360	120	216	14300
	150	24204	118	182	180	53	457	8111	280	95	254	11716	380	138	176	15321
	160	22691	127	193	190	60	377	8652	300	109	209	12497	420	156	145	16342
	170	21357	136	204	200	68	314	9193	320	123	174	13278	450	177	121	17364
	180	20170	146	214	210	76	265	9733	340	137	147	14059	450	198	102	18385
	190	19109	155	225	220	85	225	10274	360	153	125	14840	500	220	87	19406
	200	18153	165	235	240	94	193	10815	380	170	107	15621	520	245	74	20428
	220	16503	184	256	260	114	145	11896	450	204	81	17183	580	295	56	22471
30	120	52281	84	156	170	28	1852	9404	260	51	1029	13583	340	73	712	17763
	130	48259	93	167	180	33	1456	10187	280	60	809	14715	360	86	560	19243
	140	44812	103	177	185	38	1166	10971	290	69	648	15847	380	100	448	20723
	150	41825	113	187	190	44	948	11755	300	79	527	16979	400	115	365	22204
	160	39211	122	198	210	50	781	12538	310	90	434	18111	420	131	300	23684
	170	36904	131	209	220	57	651	13322	320	102	362	19243	450	148	250	25164
	180	34854	141	219	230	63	549	14106	340	114	305	20375	460	165	211	26644
	190	33020	150	230	240	71	466	14889	360	127	259	21507	480	184	179	28124
	200	31369	160	240	250	78	400	15673	380	141	222	22639	520	204	154	29605
	220	28517	179	261	260	95	300	17240	420	171	167	24903	580	246	116	32565
	240	26141	198	282	280	113	231	18808	450	203	129	27167	620	294	89	35526
	260	24130	217	303	300	133	182	20375	500	239	101	29431	700	345	70	38486
35	140	71160	92	182	200	33	2160	14933	300	59	1200	21570	400	86	831	28207
	150	66416	108	192	210	38	1756	16000	320	68	976	23111	420	98	675	30221
	160	62265	117	203	230	43	1447	17066	330	77	804	24651	450	112	557	32236
	170	58603	126	214	235	49	1206	18133	340	87	670	26192	460	126	464	34251
	180	55347	136	224	240	54	1016	19200	360	98	565	27733	480	142	391	36266
	190	52434	145	235	250	61	864	20266	370	109	480	29273	500	158	332	38280
	200	49812	155	245	260	67	741	21333	380	121	412	30814	520	175	285	40295
	220	45284	174	266	270	81	557	23466	420	147	309	33895	580	212	214	44325
	240	41510	193	287	280	97	429	25599	450	174	238	36977	620	252	165	48354
	260	38317	212	308	300	114	337	27733	480	205	187	40058	680	295	130	52384
	280	35580	231	329	320	132	270	29866	520	237	150	43140	720	342	104	56413
	300	33208	250	350	360	151	220	31999	580	272	122	46221	800	395	84	60443

续表

簧丝直径 d /mm	弹簧中径 D /mm	最大工作载荷 F_n/N	最大芯轴直径 D_{Xmax} /mm	最小套筒直径 D_{Tmin} /mm	有效圈数 n											
					2.5				4.5				6.5			
					自由高度 H_0 /mm	最大工作变形量 f_n /mm	弹簧刚度 k/N·mm^{-1}	弹簧单件质量 m /g	自由高度 H_0 /mm	最大工作变形量 f_n /mm	弹簧刚度 k/N·mm^{-1}	弹簧单件质量 m /g	自由高度 H_0 /mm	最大工作变形量 f_n /mm	弹簧刚度 k/N·mm^{-1}	弹簧单件质量 m /g
40	160	92944	112	208	220	38	2469	22149	340	68	1372	31992	460	98	950	41836
	170	87477	121	219	230	43	2058	23533	360	77	1143	33992	480	110	792	44451
	180	82617	131	229	240	48	1734	24917	370	86	963	35991	500	124	667	47066
	190	78269	140	240	250	53	1474	26301	380	96	819	37991	520	138	567	49681
	200	74355	150	250	260	59	1264	27686	400	106	702	39991	520	153	486	52295
	220	67596	169	271	280	71	950	30454	420	128	528	43990	580	185	365	57525
	240	61963	188	292	290	85	731	33223	450	153	405	47989	620	221	281	62754
	260	57196	207	313	300	99	575	35991	440	179	320	51988	680	259	221	67984
	280	53111	226	334	320	115	461	38760	520	207	256	55987	720	300	177	73213
	300	49570	245	355	340	132	375	41529	550	238	208	59986	780	344	144	78443
	320	46472	264	376	380	150	309	44297	600	272	171	63985	850	391	119	83673
45	180	117632	126	234	260	42	2777	31738	360	76	1543	45844	480	110	1068	59949
	190	111441	135	245	270	47	2361	33501	360	85	1312	48391	500	123	908	63280
	200	105869	145	255	275	52	2025	35264	280	94	1125	50937	520	136	779	66611
	220	96245	164	276	280	63	1521	38791	400	114	845	56031	550	165	585	73272
	240	88224	183	297	290	75	1172	42317	440	136	651	61125	580	196	451	79933
	260	81438	202	318	300	88	922	45844	450	159	612	66219	650	230	354	86594
	280	75621	221	339	320	102	738	49370	500	184	410	71312	680	266	284	93255
	300	70579	240	360	320	118	600	52897	520	212	333	76406	720	306	231	99916
	320	66168	259	381	340	134	494	56423	550	241	275	81500	780	348	190	106577
	340	62276	278	402	380	151	412	59949	600	272	229	86594	850	392	159	113238
50	200	145225	140	260	280	47	3086	43536	450	85	1714	62886	580	122	1187	82235
	220	132023	159	281	300	57	2319	47890	450	103	1288	69174	620	148	892	90459
	240	121021	178	302	320	68	1786	52244	480	122	992	75463	650	176	687	98682
	260	111712	197	323	320	80	1405	56597	500	143	780	81751	680	207	540	106906
	280	103732	216	344	340	92	1125	60951	550	166	625	88040	720	240	433	115129
	300	96817	235	365	360	106	914	65304	580	191	508	94329	780	275	352	123353
	320	90766	254	386	380	121	753	69658	600	217	419	100617	820	313	290	131576
	340	85426	273	407	400	136	628	74012	620	245	349	106906	850	353	242	139800
55	200	193294	292	428	310	43	4518	52679	460	77	2510	76092	610	111	1738	99505
	220	175722	311	449	330	52	3395	57947	480	93	1886	83701	640	135	1306	109455
	240	161079	330	470	350	62	2615	63215	500	111	1453	91310	670	160	1006	119406
	260	148688	349	491	370	72	2056	68483	520	130	1142	98919	700	188	791	129356
	280	138067	368	512	390	84	1647	73750	540	151	915	106528	730	218	633	139306
	300	128863	387	533	410	96	1339	79018	560	173	744	114138	750	250	515	149257
	320	120809	406	554	430	110	1103	84286	580	197	613	121747	790	285	424	159207
	340	113703	425	575	450	124	920	89554	600	223	511	129356	830	321	354	169158
60	200	193294	444	617	350	30	6399	62692	480	54	3555	90555	620	79	2461	118419
	220	175722	463	638	370	37	4808	68961	500	66	2671	99611	640	95	1849	130261
	240	161079	482	659	390	43	3703	75231	520	78	2057	108667	660	113	1424	142102
	260	148688	501	680	410	51	2913	81500	540	92	1618	117722	680	133	1120	153944
	280	138067	520	701	430	59	2332	87769	560	107	1296	126778	700	154	897	165786
	300	128863	539	722	450	68	1896	94038	580	122	1053	135833	720	177	729	177628
	320	120809	558	743	470	77	1562	100308	620	139	868	144889	740	201	601	189470
	340	113703	577	764	490	87	1302	106577	640	157	724	153944	780	227	501	201312

续表

簧丝直径 d /mm	弹簧中径 D /mm	最大工作载荷 F_n/N	最大芯轴直径 D_{Xmax} /mm	最小套筒直径 D_{Tmin} /mm	有效圈数 n											
					8.5				10.5				12.5			
					自由高度 H_0 /mm	最大工作变形量 f_n /mm	弹簧刚度 k/N·mm^{-1}	弹簧单件质量 m /g	自由高度 H_0 /mm	最大工作变形量 f_n /mm	弹簧刚度 k/N·mm^{-1}	弹簧单件质量 m /g	自由高度 H_0 /mm	最大工作变形量 f_n /mm	弹簧刚度 k/N·mm^{-1}	弹簧单件质量 m /g
0.5	3	14	1.9	4.1	11	5.2	2.7	0.15	14	6.4	2.2	0.18	16	7.8	1.8	0.21
	3.5	12	2.4	4.6	13	7.1	1.7	0.18	16	8.6	1.4	0.21	19	10	1.2	0.24
	4	11	2.9	5.1	15	10	1.1	0.20	19	12	0.9	0.24	22	14	0.8	0.28
	4.5	9.6	3.4	5.6	18	12	0.8	0.23	22	16	0.6	0.27	26	19	0.5	0.31
	5	8.6	3.9	6.1	21	14	0.6	0.25	26	17	0.5	0.30	30	22	0.4	0.35
0.8	4	40	2.6	5.4	15	5.4	7.4	0.52	18	6.7	6.0	0.62	22	7.8	5.1	0.71
	4.5	36	3.1	5.9	16	6.9	5.2	0.58	20	8.6	4.2	0.69	24	10	3.6	0.80
	5	32	3.6	6.4	18	8.4	3.8	0.65	22	10	3.1	0.77	28	12	2.6	0.89
	6	27	4.2	7.8	22	12	2.2	0.78	28	15	1.8	0.92	32	18	1.5	1.07
	7	23	5.2	8.8	28	16	1.4	0.90	32	21	1.1	1.08	38	26	0.9	1.25
	8	20	6.2	9.8	32	22	0.9	1.03	40	25	0.8	1.23	48	33	0.6	1.43
1	4.5	68	2.9	6.1	16	5.2	13	0.91	20	6.8	10	1.08	24	7.8	8.7	1.25
	5	62	3.4	6.6	18	6.7	9.3	1.01	22	8.3	7.5	1.20	26	9.8	6.3	1.39
	6	51	4	8	20	9.4	5.4	1.21	26	12	4.4	1.44	30	14	3.7	1.67
	7	44	5	9	26	13	3.4	1.41	30	16	2.7	1.68	35	19	2.3	1.95
	8	38	6	10	30	17	2.3	1.62	35	21	1.8	1.92	42	25	1.5	2.23
	9	34	7	11	35	21	1.6	1.82	42	26	1.3	2.16	48	31	1.1	2.51
	10	31	8	12	40	26	1.2	2.02	48	34	0.9	2.40	58	39	0.8	2.79
1.2	6	86	3.8	8.2	22	7.8	11	1.74	25	9.6	9.0	2.08	30	11	7.6	2.41
	7	74	4.8	9.2	25	11	7.0	2.03	30	13	5.7	2.42	35	15	4.8	2.81
	8	65	5.8	10	28	14	4.7	2.33	35	17	3.8	2.77	40	20	3.2	3.21
	9	58	6.8	11	35	18	3.3	2.62	45	22	2.7	3.11	50	26	2. 2	3.61
	10	52	7.8	12	40	22	2.4	2.91	50	26	2.0	3.46	58	33	1.6	4.01
	12	43	8.8	15	48	31	1.4	3.49	58	39	1.1	4.15	70	48	0.9	4.82
1.4	7	114	4.6	9.4	26	8.8	13	2.77	30	10	11	3.30	35	13	8.8	3.82
	8	100	5.6	10	28	11	8.7	3.17	35	14	7.1	3.77	40	17	5.9	4.37
	9	89	6.6	11	32	15	6.1	3.56	38	18	5.0	4.24	45	21	4.2	4.92
	10	80	7.6	12	35	18	4.5	3.96	42	22	3.6	4.71	50	27	3.0	5.46
	12	67	8.6	15	45	26	2.6	4.75	52	32	2.1	5.65	60	37	1.8	6.56
	14	57	11	17	55	36	1.6	5.54	65	44	1.3	6.59	75	52	1. 1	7.65
1.6	8	145	5.4	11	28	9.7	15	4.13	35	12	12	4.92	40	15	10	5.71
	9	129	6.4	12	32	13	10	4.65	38	15	8.5	5.54	45	18	7.1	6.42
	10	116	7.4	13	35	15	7.6	5.17	42	19	6.2	6.15	48	22	5.2	7.14
	12	97	8.4	16	42	22	4.4	6.20	50	27	3.6	7.38	60	32	3.0	8.56
	14	83	10	18	50	30	2.8	7.24	60	38	2.2	8.61	70	44	1.9	9.99
	16	73	12	20	60	38	1.9	8.27	70	49	1.5	9.84	85	56	1.3	11.42
1.8	9	179	6.2	12	32	11	17	5.89	38	13	14	7.01	42	16	11	8.13
	10	161	7.2	13	35	13	12	6.54	40	16	9.9	7.79	48	19	8.3	9.03
	12	134	8.2	16	40	19	7.1	7.85	50	24	5.7	9.34	58	28	4.8	10.84
	14	115	10	18	48	26	4.4	9.16	58	32	3.6	10.90	70	38	3.0	12.65
	16	101	12	20	60	34	3.0	10.47	70	42	2.4	12.46	80	51	2.0	14.45
	18	90	14	22	65	43	2.1	11.77	80	53	1.7	14.02	95	64	1.4	16.26
2	10	215	7	13	35	11	19	8.08	40	14	15	9.61	48	17	13	11.15
	12	179	8	16	40	16	11	9.69	48	21	8.7	11.54	58	25	7.3	13.38

续表

簧丝直径 d /mm	弹簧中径 D /mm	最大工作载荷 F_n/N	最大芯轴直径 D_{Xmax} /mm	最小套筒直径 D_{Tmin} /mm	有效圈数 n											
					8.5				10.5				12.5			
					自由高度 H_0 /mm	最大工作变形量 f_n /mm	弹簧刚度 k/N·mm^{-1}	弹簧单件质量 m /g	自由高度 H_0 /mm	最大工作变形量 f_n /mm	弹簧刚度 k/N·mm^{-1}	弹簧单件质量 m /g	自由高度 H_0 /mm	最大工作变形量 f_n /mm	弹簧刚度 k/N·mm^{-1}	弹簧单件质量 m /g
2	14	153	10	18	50	23	6.8	11.31	55	28	5.5	13.46	65	33	4.6	15.61
	16	134	12	20	55	30	4.5	12.92	65	37	3.7	15.38	75	43	3.1	17.84
	18	119	14	22	65	37	3.2	14.54	75	46	2.6	17.30	90	54	2.2	20.07
	20	107	15	25	75	47	2.3	16.15	90	56	1.9	19.23	105	67	1.6	22.30
2.5	12	339	7.5	17	40	13	26	15.14	50	16	21	18.02	58	19	18	20.91
	14	291	9.5	19	45	17	17	17.66	55	22	13	21.03	65	26	11	24.39
	16	255	12	21	52	23	11	20.19	65	28	9.0	24.03	75	34	7.5	27.88
	18	226	14	23	58	29	7.8	22.71	70	36	6.3	27.04	85	43	5.3	31.36
	20	204	15	26	65	36	5.7	25.23	80	44	4.6	30.04	95	52	3.9	34.85
	22	185	17	28	75	43	4.3	27.76	90	53	3.5	33.05	105	64	2.9	38.33
	25	163	20	31	90	56	2.9	31.54	105	68	2.4	37.55	120	82	2.0	43.56
3	14	475	9	19	48	14	34	25.44	58	17	28	30.28	65	21	23	35.13
	16	416	11	21	52	18	23	29.07	65	22	19	34.61	75	26	16	40.14
	18	370	13	23	58	23	16	32.70	70	28	13	38.93	80	34	11	45.16
	20	333	14	26	65	28	12	36.34	75	35	9.5	43.26	90	42	8.0	50.18
	22	303	16	28	70	34	8.8	39.97	85	42	7.2	47.58	100	51	6.0	55.20
	25	266	19	31	80	44	6.0	45.42	100	54	4.9	54.07	115	65	4.1	62.73
	28	238	22	34	95	55	4.3	50.87	115	68	3.5	60.56	140	82	2.9	70.25
	30	222	24	36	100	63	3.5	54.51	120	79	2.8	64.89	150	93	2.4	75.27
3.5	16	661	11	22	55	15	43	39.57	65	19	34	47.10	75	23	29	54.64
	18	587	13	24	58	20	30	44.51	70	24	24	52.99	80	29	20	61.47
	20	528	14	27	65	24	22	49.46	75	29	18	58.88	90	35	15	68.30
	22	480	16	29	70	30	16	54.41	85	37	13	64.77	100	44	11	75.13
	25	423	19	32	80	38	11	61.82	95	47	9.0	73.60	110	56	7.6	85.38
	28	377	22	35	90	48	7.9	69.24	110	59	6.4	82.43	130	70	5.4	95.62
	30	352	24	37	95	54	6.5	74.19	115	68	5.2	88.32	140	80	4.4	102.5
	32	330	25	40	105	62	5.3	79.14	130	77	4.3	94.21	150	92	3.6	109.3
	35	302	28	43	115	74	4.1	86.55	140	92	3.3	103.0	170	108	2.8	119.5
4	20	764	13	27	65	21	37	64.60	80	25	30	76.90	90	30	25	89.21
	22	694	15	29	70	25	28	71.06	85	30	23	84.60	100	37	19	98.13
	25	611	18	32	80	32	19	80.75	95	41	15	96.13	110	47	13	111.5
	28	545	21	35	90	39	14	90.44	105	50	11	107.7	130	59	9.2	124.9
	30	509	23	37	95	46	11	96.90	115	57	8.9	115.4	140	68	7.5	133.8
	32	477	24	40	100	52	9.1	103.4	120	65	7.3	123.0	150	77	6.2	142.7
	35	436	27	43	115	63	6.9	113.1	140	78	5.6	134.6	160	93	4.7	156.1
	38	402	30	46	130	74	5.4	122.7	150	91	4.4	146.1	180	109	3.7	169.5
	40	382	32	48	142	83	4.6	129.2	160	101	3.8	153.8	190	119	3.2	178.4
4.5	22	988	15	30	70	22	45	89.9	85	27	36	107.1	100	33	30	124.2
	25	870	18	33	80	29	30	102.2	95	35	25	121.7	110	41	21	141.1
	28	777	21	36	85	35	22	114.5	105	43	18	136.3	120	52	15	158.1
	30	725	23	38	90	40	18	122.6	110	52	14	146.0	130	60	12	169.4
	32	680	24	41	100	45	15	130.8	120	57	12	155.7	140	69	9.9	180.6
	35	621	27	44	105	56	11	143.1	130	69	9.0	170.3	150	82	7.6	197.6
	38	572	30	47	110	66	8.7	155.3	145	82	7.0	184.9	160	97	5.9	214.5

续表

簧丝直径 d /mm	弹簧中径 D /mm	最大工作载荷 F_n/N	最大芯轴直径 D_{Xmax} /mm	最小套筒直径 D_{Tmin} /mm	有效圈数 n											
					8.5				10.5				12.5			
					自由高度 H_0 /mm	最大工作变形量 f_n /mm	弹簧刚度 k/N·mm^{-1}	弹簧单件质量 m /g	自由高度 H_0 /mm	最大工作变形量 f_n /mm	弹簧刚度 k/N·mm^{-1}	弹簧单件质量 m /g	自由高度 H_0 /mm	最大工作变形量 f_n /mm	弹簧刚度 k/N·mm^{-1}	弹簧单件质量 m /g
4.5	40	544	42	49	130	74	7.4	163.5	160	91	6.0	194.7	190	107	5.1	225.8
	45	483	37	54	150	93	5.2	184.0	180	115	4.2	219.0	220	134	3.6	254.0
5	25	1154	17	33	80	25	46	126.2	100	30	38	150.2	115	36	32	174.2
	28	1030	20	36	90	31	33	141.3	105	38	27	168.2	120	47	22	195.1
	30	962	22	38	95	36	27	151.4	115	44	22	180.2	130	53	18	209.1
	32	902	23	41	100	41	22	161.5	120	50	18	192.3	140	60	15	223.0
	35	824	26	44	110	48	17	176.6	130	59	14	210.3	150	69	12	243.9
	38	759	29	47	120	58	13	191.8	140	69	11	228.3	170	84	9.0	264.8
	40	721	31	49	130	66	11	201.9	150	78	9.2	240.3	180	93	7.7	278.8
	45	641	36	54	140	80	8.0	227.1	180	99	6.5	270.4	200	118	5.4	313.6
	50	577	41	59	170	99	5.8	252.3	200	123	4.7	300.4	240	144	4.0	348.5
6	30	1605	21	39	95	29	56	218.0	115	36	45	259.6	130	42	38	301.1
	32	1505	22	42	100	33	46	232.6	120	41	37	276.9	140	49	31	321.2
	35	1376	25	45	105	39	35	254.4	130	49	28	302.8	150	57	24	351.3
	38	1267	28	48	115	47	27	276.2	140	58	22	328.8	160	67	19	381.4
	40	1204	30	50	120	50	24	290.7	140	63	19	346.1	170	75	16	401.4
	45	1070	35	55	140	63	17	327.0	160	82	13	389.3	190	97	11	451.6
	50	963	40	60	150	80	12	363.4	190	98	9.8	432.6	220	117	8.2	501.8
	55	876	44	66	170	97	9.0	399.7	200	120	7.3	475.8	240	141	6.2	522.0
	60	803	49	71	190	115	7.0	436.1	240	143	5.6	519.1	280	171	4.7	602.2
8	32	3441	20	44	110	24	145	413.4	150	29	118	492.2	155	35	99	570.9
	35	3146	23	47	115	28	111	452.2	140	35	90	538.3	160	42	75	624.5
	38	2898	26	50	122	33	87	491.0	140	41	70	584.5	170	49	59	678.0
	40	2753	28	52	128	37	74	516.8	150	46	60	615.2	180	54	51	713.7
	45	2447	33	57	130	47	52	581.4	160	58	42	692.1	190	68	36	802.9
	50	2203	38	62	150	58	38	646.0	180	73	31	769.0	210	85	26	892.1
	55	2002	42	68	160	69	29	710.6	190	87	23	846.0	220	105	19	981.3
	60	1835	47	73	170	83	22	775.2	220	102	18	922.9	260	122	15	1071
	65	1694	52	78	190	100	17	839.8	240	121	14	999.8	280	141	12	1160
	70	1573	57	83	200	112	14	904.4	260	143	11	1077	300	167	9.4	1249
	75	1468	62	88	220	133	11	969.0	280	161	9.1	1154	320	191	7.7	1338
	80	1377	67	93	260	148	9.3	1034	300	184	7.5	1230	360	219	6.3	1427
10	40	5181	26	54	140	28	182	807.5	160	35	147	961.3	190	42	123	1115
	45	4605	31	59	140	36	127	908.4	170	45	103	1081	200	53	87	1255
	50	4145	36	64	150	45	93	1009	190	55	75	1202	220	66	63	1394
	55	3768	40	70	170	54	70	1110	200	66	57	1322	240	80	47	1533
	60	3454	45	75	180	64	54	1211	210	79	44	1442	260	93	37	1673
	65	3188	50	80	190	76	42	1312	220	94	34	1562	260	110	29	1812
	70	2961	55	85	200	87	34	1413	240	110	27	1682	280	129	23	1951
	75	2763	60	90	220	99	28	1514	260	126	22	1802	300	145	19	2091
	80	2591	65	95	240	113	23	1615	280	144	18	1923	340	173	15	2230
	85	2438	69	101	255	128	19	1716	300	163	15	2043	360	188	13	2370
	90	2303	74	106	270	144	16	1817	320	177	13	2163	380	210	11	2509
	95	2181	79	111	280	156	14	1918	340	198	11	2283	400	237	9.2	2648
	100	2072	84	116	300	173	12	2019	360	220	9.4	2403	420	262	7.9	2788

续表

簧丝直径 d /mm	弹簧中径 D /mm	最大工作载荷 F_n/N	最大芯轴直径 D_{Xmax} /mm	最小套筒直径 D_{Tmin} /mm	有效圈数 n											
					8.5				10.5				12.5			
					自由高度 H_0 /mm	最大工作变形量 f_n /mm	弹簧刚度 k/N·mm^{-1}	弹簧单件质量 m /g	自由高度 H_0 /mm	最大工作变形量 f_n /mm	弹簧刚度 k/N·mm^{-1}	弹簧单件质量 m /g	自由高度 H_0 /mm	最大工作变形量 f_n /mm	弹簧刚度 k/N·mm^{-1}	弹簧单件质量 m /g
12	50	6891	34	66	180	36	193	1454	220	44	156	1730	260	53	131	2007
	55	6264	38	72	190	43	145	1599	230	54	117	1903	260	64	98	2208
	60	5742	43	77	200	51	112	1744	240	64	90	2076	280	76	76	2409
	65	5301	48	82	220	60	88	1890	260	75	71	2249	300	88	60	2609
	70	4922	53	87	230	70	70	2035	280	86	57	2423	320	103	48	2810
	75	4594	58	92	240	81	57	2180	300	100	46	2596	340	118	39	3011
	80	4307	63	97	260	92	47	2326	320	113	38	2769	380	135	32	3212
	85	4053	67	103	280	104	39	2471	340	127	32	2942	400	152	27	3412
	90	3828	72	108	300	116	33	2616	360	142	27	3115	420	174	22	3613
	95	3627	77	113	320	130	28	2762	380	158	23	3288	450	191	19	3814
	100	3445	82	118	340	144	24	2907	420	172	20	3461	480	215	16	4014
	110	3132	92	128	380	174	18	3198	480	209	15	3807	550	261	12	4416
	120	2871	102	138	450	205	14	3488	520	261	11	4153	620	302	9.5	4817
14	60	10627	41	79	220	51	207	2374	260	64	167	2826	300	75	141	3278
	65	9809	46	84	230	60	163	2572	270	74	132	3062	320	88	111	3552
	70	9109	51	89	240	70	130	2770	280	87	105	3297	340	104	88	3825
	75	8501	56	94	250	80	106	2968	300	99	86	3533	360	118	72	4098
	80	7970	61	99	270	92	87	3165	320	112	71	3768	380	135	59	4371
	85	7501	65	105	280	103	73	3363	340	127	59	4004	400	153	49	4644
	90	7084	70	110	300	116	61	3561	360	142	50	4239	420	169	42	4918
	95	6712	75	115	320	129	52	3759	380	160	42	4475	450	192	35	5191
	100	6376	80	120	320	142	45	3957	400	177	36	4710	480	213	30	5464
	110	5796	90	130	360	170	34	4352	450	215	27	5181	520	252	23	6011
	120	5313	100	140	400	204	26	4748	500	253	21	5653	580	295	18	6557
	130	4905	109	151	450	245	20	5144	550	307	16	6124	650	350	14	7103
16	65	14642	44	86	240	53	277	3359	280	65	224	3999	340	77	189	4639
	70	13596	49	91	240	61	222	3618	300	76	180	4307	350	90	151	4996
	75	12690	54	96	260	71	180	3876	320	87	146	4614	360	103	123	5353
	80	11897	59	101	260	80	149	4134	320	99	120	4922	380	118	101	5709
	85	11197	63	107	280	90	124	4393	340	112	100	5230	400	133	84	6066
	90	10575	68	112	300	102	104	4651	360	124	85	5537	420	149	71	6423
	95	10018	73	117	320	113	89	4910	380	139	72	5845	450	167	60	6780
	100	9517	78	122	320	125	76	5168	400	154	62	6152	480	183	52	7137
	110	8652	88	132	360	152	57	5685	450	188	46	6768	520	222	39	7850
	120	7931	98	142	400	180	44	6202	480	220	36	7383	580	264	30	8564
	130	7321	107	153	450	209	35	6718	520	261	28	7998	620	305	24	9278
	140	6798	117	163	480	243	28	7235	580	309	22	8613	680	358	19	9991
	150	6345	127	173	520	276	23	7752	650	352	18	9229	750	423	15	10705
18	75	18068	52	98	260	63	289	4906	320	77	234	5840	380	92	197	6774
	80	16939	57	103	280	71	238	5233	340	88	193	6229	400	105	162	7226
	85	15943	61	109	290	80	199	5560	350	99	161	6619	410	118	135	7678
	90	15057	66	114	300	90	167	5887	360	112	135	7008	420	132	114	8129
	95	14264	71	119	320	100	142	6214	380	124	115	7397	450	147	97	8581
	100	13551	76	124	340	111	122	6541	400	137	99	7787	480	163	83	9032

续表

簧丝直径 d /mm	弹簧中径 D /mm	最大工作载荷 F_n/N	最大芯轴直径 D_{Xmax} /mm	最小套筒直径 D_{Tmin} /mm	有效圈数 n											
					8.5				10.5				12.5			
					自由高度 H_0 /mm	最大工作变形量 f_n /mm	弹簧刚度 k/N·mm^{-1}	弹簧单件质量 m /g	自由高度 H_0 /mm	最大工作变形量 f_n /mm	弹簧刚度 k/N·mm^{-1}	弹簧单件质量 m /g	自由高度 H_0 /mm	最大工作变形量 f_n /mm	弹簧刚度 k/N·mm^{-1}	弹簧单件质量 m /g
18	110	12319	86	134	360	134	92	7195	450	166	74	8565	520	199	62	9936
	120	11293	96	144	400	159	71	7849	480	198	57	9344	550	235	48	10839
	130	10424	105	155	420	186	56	8503	520	232	45	10123	620	274	38	11742
	140	9679	115	165	450	220	44	9157	550	269	36	10901	650	323	30	12645
	150	9034	125	175	500	251	36	9811	620	312	29	11680	720	361	25	13549
	160	8470	134	186	550	282	30	10465	680	353	24	12459	800	426	20	14452
	170	7971	143	197	600	319	25	11119	720	399	20	13237	850	469	17	15355
20	80	23236	55	105	300	64	363	6460	350	79	294	7690	400	94	247	8921
	85	21869	59	111	310	72	303	6864	360	89	245	8171	420	106	206	9479
	90	20654	64	116	320	81	255	7268	380	100	206	8652	450	119	173	10036
	95	19567	69	121	330	90	217	7671	400	111	176	9132	460	133	147	10594
	100	18589	74	126	340	100	186	8075	420	124	150	9613	480	148	126	11151
	110	16899	84	136	360	121	140	8883	450	150	113	10574	520	178	95	12266
	120	15491	94	146	400	143	108	9690	480	178	87	11536	550	212	73	13381
	130	14299	103	157	420	168	85	10498	520	210	68	12497	600	247	58	14497
	140	13278	113	167	450	195	68	11305	550	241	55	13458	650	289	46	15612
	150	12393	123	177	500	225	55	12113	600	275	45	14420	700	335	37	16727
	160	11618	132	188	520	258	45	12920	650	314	37	15381	780	375	31	17842
	170	10935	141	199	580	288	38	13728	700	353	31	16342	850	421	26	18957
	180	10327	151	209	620	323	32	14535	750	397	26	17304	900	469	22	20072
	190	9784	160	220	680	362	27	15343	850	445	22	18265	950	544	18	21187
25	100	36306	69	131	360	80	454	12617	420	99	367	15020	520	117	309	17424
	110	33006	79	141	380	97	341	13879	460	120	276	16523	550	142	232	19166
	120	30255	89	151	400	115	263	15141	500	142	213	18025	580	169	179	20909
	130	27928	98	162	420	135	207	16402	520	167	167	19527	620	199	140	22651
	140	25933	108	172	450	157	165	17664	550	193	134	21029	650	232	112	24393
	150	24204	118	182	500	181	134	18926	600	222	109	22531	700	266	91	26136
	160	22691	127	193	520	204	111	20188	620	252	90	24033	750	303	75	27878
	170	21357	136	204	550	232	92	21449	680	285	75	25535	800	339	63	29620
	180	20170	146	214	600	263	78	22711	720	320	63	27037	850	381	53	31363
	190	19109	155	225	620	290	66	23973	780	354	54	28539	880	425	45	33105
	200	18153	165	235	680	318	57	25234	800	395	46	30041	900	465	39	34848
	220	16503	184	256	750	384	43	27758	850	472	35	33045	950	569	29	38332
30	120	52281	84	156	450	96	545	21942	520	119	441	26122	620	141	370	30301
	130	48259	93	167	460	113	428	23771	550	139	347	28299	650	166	291	32826
	140	44812	103	177	480	131	343	25599	580	161	278	30475	680	192	233	35351
	150	41825	113	187	500	150	279	27428	620	185	226	32652	720	220	190	37877
	160	39211	122	198	520	170	230	29256	650	211	186	34829	750	251	156	40402
	170	36904	131	209	550	192	192	31085	680	238	155	37006	800	284	130	42927
	180	34854	141	219	580	216	161	32913	720	266	131	39183	850	317	110	45452
	190	33020	150	230	620	241	137	34742	750	297	111	41359	880	355	93	47977
	200	31369	160	240	650	266	118	36570	800	330	95	43536	910	392	80	50502
	220	28517	179	261	720	324	88	40228	900	396	72	47890	950	475	60	55552
	240	26141	198	282	800	384	68	43885	920	475	55	52244	—	—	—	—
	260	24130	217	303	900	447	54	47542	980	561	43	56597	—	—	—	—

续表

簧丝直径 d /mm	弹簧中径 D /mm	最大工作载荷 F_n/N	最大芯轴直径 D_{Xmax} /mm	最小套筒直径 D_{Tmin} /mm	有效圈数 n											
					8.5				10.5				12.5			
					自由高度 H_0 /mm	最大工作变形量 f_n /mm	弹簧刚度 k/N·mm^{-1}	弹簧单件质量 m /g	自由高度 H_0 /mm	最大工作变形量 f_n /mm	弹簧刚度 k/N·mm^{-1}	弹簧单件质量 m /g	自由高度 H_0 /mm	最大工作变形量 f_n /mm	弹簧刚度 k/N·mm^{-1}	弹簧单件质量 m /g
35	140	71160	92	182	500	112	635	34844	620	138	514	41480	720	165	432	48117
	150	66416	108	192	520	128	517	37332	650	159	418	44443	740	189	351	51554
	160	62265	117	203	550	146	426	39821	680	180	345	47406	760	215	289	54991
	170	58603	126	214	580	165	355	42310	700	204	287	50369	780	243	241	58428
	180	55347	136	224	600	185	299	44799	720	229	242	53332	820	273	203	61865
	190	52434	145	235	620	206	254	47288	750	255	206	56295	850	303	173	65302
	200	49812	155	245	650	228	218	49776	800	283	176	59258	880	337	148	68739
	220	45284	174	266	720	276	164	54754	850	340	133	65184	950	408	111	75613
	240	41510	193	287	780	329	126	59732	880	407	102	71109	—	—	—	—
	260	38317	212	308	850	387	99	64709	950	479	80	77035	—	—	—	—
	280	35580	231	329	900	450	79	69687	—	—	—	—	—	—	—	—
	300	33208	250	350	950	514	65	74665	—	—	—	—	—	—	—	—
40	160	92944	112	208	580	128	726	52011	700	158	588	61918	780	188	494	71825
	170	87477	121	219	600	145	605	55262	720	179	490	65788	820	212	412	76314
	180	82617	131	229	620	162	510	58513	740	200	413	69658	840	238	347	80803
	190	78269	140	240	650	180	434	61763	760	223	351	73528	860	265	295	85292
	200	74355	150	250	680	200	372	65014	780	247	301	77398	900	294	253	89782
	220	67596	169	271	720	242	279	71516	820	299	226	85138	950	356	190	98760
	240	61963	188	292	750	288	215	78017	850	356	174	92877	—	—	—	—
	260	57196	207	313	780	338	169	84518	950	417	137	99976	—	—	—	—
	280	53111	226	334	850	393	135	91020	—	—	—	—	—	—	—	—
	300	49570	245	355	900	450	110	97521	—	—	—	—	—	—	—	—
	320	46472	264	376	950	512	91	104023	—	—	—	—	—	—	—	—
45	180	117632	126	234	640	144	817	74055	720	178	661	88161	880	212	555	102267
	190	111441	135	245	660	160	695	78169	750	198	562	93059	950	236	472	107948
	200	105869	145	255	680	178	595	82284	780	220	482	97957	—	—	—	—
	220	96245	164	276	700	215	447	90512	850	266	362	107752	—	—	—	—
	240	88224	183	297	740	256	345	98740	950	316	279	117548	—	—	—	—
	260	81438	202	318	800	301	271	106969	—	—	—	—	—	—	—	—
	280	75621	221	339	840	348	217	115197	—	—	—	—	—	—	—	—
	300	70579	240	360	900	401	176	123425	—	—	—	—	—	—	—	—
	320	66168	259	381	—	—	—	—	—	—	—	—	—	—	—	—
	340	62276	278	402	—	—	—	—	—	—	—	—	—	—	—	—
50	200	145225	140	260	720	160	908	111743	850	198	735	133028	—	—	—	—
	220	132023	159	281	780	194	682	121902	880	239	552	145121	—	—	—	—
	240	121021	178	302	800	230	525	132060	950	285	425	157214	—	—	—	—
	260	111712	197	323	850	270	413	142219	—	—	—	—	—	—	—	—
	280	103732	216	344	—	—	—	—	—	—	—	—	—	—	—	—
	300	96817	235	365	—	—	—	—	—	—	—	—	—	—	—	—
	320	90766	254	386	—	—	—	—	—	—	—	—	—	—	—	—
55	200	193294	292	428	740	145	1329	122917	900	180	1076	146330	—	—	—	—
	220	175722	311	449	780	176	998	135209	950	217	808	160963	—	—	—	—
	240	161079	330	470	800	209	769	147501	—	—	—	—	—	—	—	—
	260	148688	349	491	860	246	605	159793	—	—	—	—	—	—	—	—

续表

簧丝直径 d /mm	弹簧中径 D /mm	最大工作载荷 F_n/N	最大芯轴直径 D_{Xmax} /mm	最小套筒直径 D_{Tmin} /mm	有效圈数 n											
					8.5				10.5				12.5			
					自由高度 H_0 /mm	最大工作变形量 f_n /mm	弹簧刚度 k/N·mm^{-1}	弹簧单件质量 m /g	自由高度 H_0 /mm	最大工作变形量 f_n /mm	弹簧刚度 k/N·mm^{-1}	弹簧单件质量 m /g	自由高度 H_0 /mm	最大工作变形量 f_n /mm	弹簧刚度 k/N·mm^{-1}	弹簧单件质量 m /g
55	280	138067	368	512	900	285	484	172084	—	—	—	—	—	—	—	—
	300	128863	387	533	950	327	394	184376	—	—	—	—	—	—	—	—
60	200	193294	444	617	760	103	1882	146282	—	—	—	—	—	—	—	—
	220	175722	463	638	800	124	1414	160910	—	—	—	—	—	—	—	—
	240	161079	482	659	850	148	1089	175538	—	—	—	—	—	—	—	—
	260	148688	501	680	900	173	857	190167	—	—	—	—	—	—	—	—
	280	138067	520	701	950	201	686	204795	—	—	—	—	—	—	—	—
	300	128863	539	722	—	—	—	—	—	—	—	—	—	—	—	—

注：1. 质量 m 为近似值，仅作参考。

2. F_n 取 $0.8F_s$。

3. f_n 取 $0.8f_s$。

4. 支承圈 $n_z=2$ 圈。

2.3.4　压缩弹簧端部型式与高度、总圈数等的公式

表 10-2-21　　总圈数 n_1、自由高度 H_0、压并高度 H_b 计算公式

结构型式		总圈数 n_1	自由高度 H_0	压并高度 H_b
端部不并紧不磨平		n	$nt+d$	$(n+1)d$
端部不并紧磨平1/4圈		$n+0.5$	nt	$(n+1)d$
端部并紧不磨平，支承圈为1圈		$n+2$	$nt+3d$	$(n+3)d$
端部不并紧磨平，支承圈为3/4圈		$n+1.5$	$nt+d$	$(n+1)d$

第10篇

续表

结构型式		总圈数 n_1	自由高度 H_0	压并高度 H_b
端部并紧磨平，支承圈为 1 圈	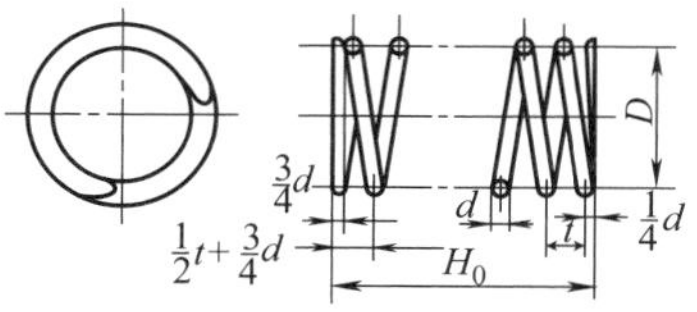	$n+2$	$nt+1.5d$	$(n+1.5)d$
端部并紧磨平，支承圈为 5/4 圈	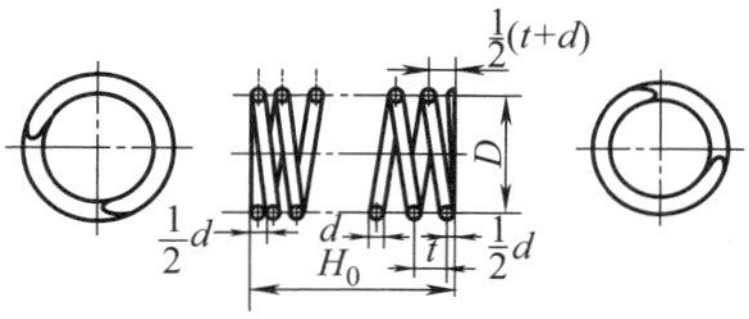	$n+2.5$	$nt+2d$	$(n+2)d$

2.3.5 螺旋弹簧的疲劳强度、稳定性及共振

表 10-2-22　螺旋弹簧的疲劳强度、稳定性及共振

项目	计算公式	说明
压缩弹簧稳定性验算	高径比 b 较大的压缩弹簧，当轴向载荷达到一定值时就会产生侧向弯曲而失去稳定性。为了保证使用稳定，高径比 $b=H_0/D$ 应满足下列要求： 两端固定　$b\leqslant5.3$ 一端固定另一端回转　$b\leqslant3.7$ 两端回转　$b\leqslant2.6$ 当高径比 b 大于上述数值时，要按照下式进行验算 $F_c=C_BkH_0>F_n$　(10-2-3) 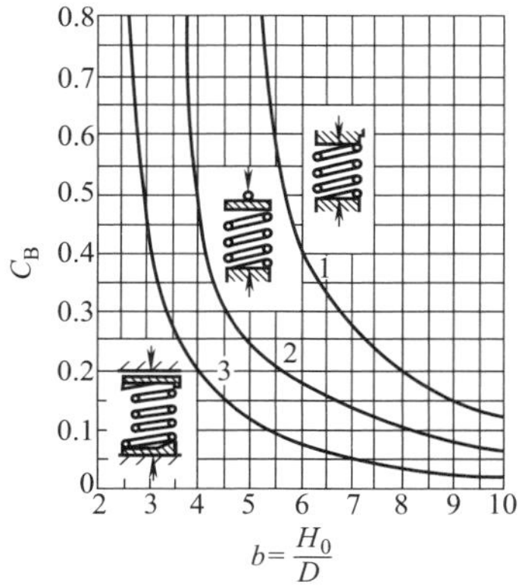 图(a)　不稳定系数 如不满足上式，应重新选取参数，改变 b 值、提高 F_c 值以保证弹簧的稳定性。当设计结构受限制、不能改变参数时，应设置导杆或导套。导杆(导套)与弹簧间隙(直径差)按下表选取： 导杆(导套)与弹簧间隙(GB/T 23935—2009)　mm （见下表） 为了保证弹簧的特性，弹簧的高径比应大于 0.8	F_c——弹簧的临界载荷，N C_B——稳定系数，从图(a)中查取 k——弹簧刚度，N/mm F_n——最大工作载荷，N

导杆(导套)与弹簧间隙(GB/T 23935—2009)　mm

弹簧中径 D	≤5	>5～10	>10～18	>18～30	>30～50	>50～80	>80～120	>120～150
间隙(直径差)	0.6	1	2	3	4	5	6	7

续表

<table>
<tr><th>项目</th><th>计算公式</th><th>说明</th></tr>
<tr><td>强度验算</td><td>对于受循环载荷的重要弹簧（Ⅰ、Ⅱ类），应进行疲劳强度验算；受循环载荷次数少或所受循环载荷的变化幅度小时，应进行静强度验算。当两者不易区别时，要同时进行两种强度的验算
a. 疲劳强度，按下式进行：
安全系数 $S=\dfrac{\tau_{u0}+0.75\tau_{min}}{\tau_{max}}\geqslant S_{min}$　(10-2-4)
脉动疲劳极限应力　MPa
载荷循环次数 N：10^4 ｜ 10^5 ｜ 10^6 ｜ 10^7
脉动疲劳极限应力 τ_{u0}：$0.45R_m$[①] ｜ $0.35R_m$ ｜ $0.32R_m$ ｜ $0.30R_m$
① 对不锈弹簧钢丝和铍青铜线，此值取 $0.35R_m$。
注：本表适用于重要碳素弹簧钢丝、油淬火-回火弹簧钢丝、不锈弹簧钢丝和铍青铜线。
b. 静强度，按下式计算：
安全系数 $S=\dfrac{\tau_s}{\tau_{max}}\geqslant S_p$　(10-2-5)
对于重要碳素弹簧钢丝、高疲劳级油淬火-回火弹簧钢丝等优质钢丝制作的弹簧，在不进行喷丸强化的情况下，其疲劳寿命按图 10-2-1 校核</td><td>τ_{u0}——脉动疲劳极限应力，其值见左表
τ_{max}——最大工作载荷所产生的最大切应力，$\tau_{max}=\dfrac{8KD}{\pi d^3}F_n$
τ_{min}——最小工作载荷所产生的最小切应力，$\tau_{min}=\dfrac{8KD}{\pi d^3}F_1$
S——疲劳安全系数
S_{min}——最小安全系数，$S_{min}=1.1\sim1.3$</td></tr>
<tr><td>共振验算</td><td>对高速运转中承受循环载荷的弹簧，需进行共振验算。其验算公式为
$f_e=3.65\times10^5\dfrac{d}{nD^2}>10f_r$　(10-2-6)
对于减振弹簧，弹簧的自振频率按下式进行验算
$f_e=\dfrac{1}{2\pi}\sqrt{\dfrac{k'g}{F}}\leqslant0.5v_r$　(10-2-7)</td><td>f_e——弹簧的自振频率，Hz
f_r——强迫机械振动频率，Hz
d——弹簧材料直径，mm
D——弹簧中径，mm
n——弹簧有效圈数
g——重力加速度，$g=9800\text{mm/s}^2$
k'——弹簧刚度，N/mm
F——载荷，N</td></tr>
</table>

2.3.6 圆柱螺旋压缩弹簧设计计算示例

表 10-2-23　圆柱螺旋压缩弹簧计算示例（一）

<table>
<tr><th colspan="2">项目</th><th>单位</th><th>公式及数据</th></tr>
<tr><td rowspan="7">原始条件</td><td>最小工作载荷 F_1</td><td>N</td><td>$F_1=60$</td></tr>
<tr><td>最大工作载荷 F_n</td><td>N</td><td>$F_n=240$</td></tr>
<tr><td>工作行程 h</td><td>mm</td><td>$h=36\pm1$</td></tr>
<tr><td>弹簧外径 D_2</td><td>mm</td><td>$D_2\leqslant45$</td></tr>
<tr><td>弹簧类别</td><td></td><td>$N=10^3\sim10^6$ 次</td></tr>
<tr><td>端部结构</td><td></td><td>端部并紧、磨平，两端支撑圈各一圈</td></tr>
<tr><td>弹簧材料</td><td></td><td>碳素弹簧钢丝 C 级</td></tr>
<tr><td rowspan="3">参数计算</td><td>初算弹簧刚度 k'</td><td>N/mm</td><td>$k'=\dfrac{F_n-F_1}{h}=\dfrac{240-60}{36}=5$</td></tr>
<tr><td>工作极限载荷 F_j</td><td>N</td><td>因是Ⅱ类载荷：$F_j\geqslant1.25F_n$
故 $F_j=1.25\times240=300$</td></tr>
<tr><td>弹簧材料直径 d、弹簧中径 D 与有效圈数 n</td><td></td><td>根据 F_j 与 D 条件从表 10-2-20 得：
d/mm ｜ D/mm ｜ F_j/N ｜ n
3.5 ｜ 35 ｜ 302 ｜ 6.5</td></tr>
</table>

续表

项　目		单位	公 式 及 数 据
参数计算	总圈数 n_1	圈	$n_1=n+2=6.5+2=8.5$
	弹簧刚度 k	N/mm	根据表 10-2-20， $k=5.3$ 与初算弹簧刚度 $k'=5$ 接近，且 $k>k'$，满足安全性要求
	工作极限载荷下的变形量 f_j	mm	根据表 10-2-20， $f_j=57$
	节距 t	mm	$t=\frac{f_j}{n}+d=\frac{57}{6.5}+3.5=12.27$
	自由高度 H_0	mm	$H_0=nt+1.5d=6.5\times12.27+1.5\times3.5=85$ 根据表 10-2-20，取标准值 $H_0=90$
	弹簧外径 D_2	mm	$D_2=D+d=35+3.5=38.5$
	弹簧内径 D_1	mm	$D_2=D-d=35-3.5=31.5$
	螺旋角 α	(°)	$\alpha=\arctan\frac{t}{\pi D}=\arctan\frac{12.27}{\pi\times35}=6.37$
	展开长度 L	mm	$L=\frac{\pi Dn_1}{\cos\alpha}=\frac{\pi\times35\times8.5}{\cos6.37}=938$
	最小载荷时的高度 H_1	mm	$H_1=H_0-\frac{F_1}{k}=90-\frac{60}{5.3}=78.67$
	最大载荷时的高度 H_n	mm	$H_n=H_0-\frac{F_n}{k}=90-\frac{240}{5.3}=44.72$
	极限载荷时的高度 H_j	mm	$H_j=H_0-\frac{F_j}{k}=90-\frac{302}{5.3}=33.02$
	实际工作行程 h	mm	$h=H_1-H_n=78.67-44.71=33.96$
	工作区范围		$\frac{F_1}{F_j}=\frac{60}{302}\approx0.2$，$\frac{F_n}{F_j}=\frac{240}{302}\approx0.8$
	高径比 b		$b=\frac{H_0}{D}=\frac{90}{35}=2.57<2.6$ 因 $b<2.6$，故不必进行稳定性计算
	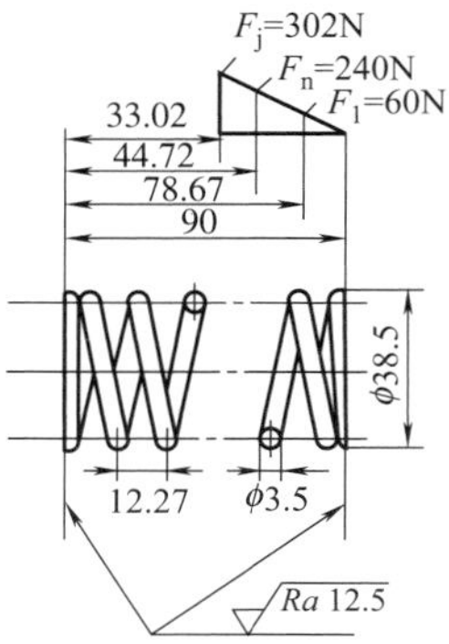		技术要求 ① 旋向：右旋 ② 有效圈数 $n=6.5$、总圈数 $n_1=8.5$ ③ 展开长度 $L=938$mm ④ 未注精度要求按照 GB 1239.2—2 级 ⑤ 弹簧做消应力回火处理

表 10-2-24　　圆柱螺旋压缩弹簧计算示例（二）

项　目		单位	公 式 及 数 据
原始条件	最大工作载荷 F_n 最小工作载荷 F_1 弹簧中径 D 工作行程 h	N N mm mm	$F_n=420$ $F_1=200$ $D=32$ $h=10$
	弹簧类别-气门弹簧 凸轮轴转速 n_{max} 材料 端部结构	 r/min 	Ⅱ类弹簧，$N=10^3\sim10^6$ 次 1000 阀门用油淬火回火碳素弹簧钢丝 两端并紧且磨平，支撑圈数为 1 圈

续表

	项目	单位	公式及数据
参数计算	许用应力 τ_P	MPa	根据表 10-2-6,初选弹簧钢丝直径 5.0mm,$R_m=1500$MPa,根据表 10-2-10,$\tau_p=(0.35\sim0.40)R_m$,取 $\tau_p=0.4\times1500=600$
	初定 K 和 C		根据表 10-2-12 中弹簧切应力计算式 $\tau=K\dfrac{8DF}{\pi d^3}$,得: $\dfrac{8}{\pi}KC^3=\dfrac{\tau_p D^2}{F_n}=\dfrac{600\times32^2}{420}=1462.9$ 取 $C=7.0, K=1.67$
	材料直径 d	mm	$d=\dfrac{D}{C}=\dfrac{32}{7.0}=4.57$ 取 $d=5.0$
	确定旋绕比 C		$C=\dfrac{D}{d}=\dfrac{32}{5.0}=6.4$
	确定曲度系数 K		$K=\dfrac{4C-1}{4C-4}+\dfrac{0.615}{C}=\dfrac{4\times6.4-1}{4\times6.4-4}+\dfrac{0.615}{6.4}=1.23$
	弹簧刚度 k	N/mm	$k=\dfrac{F_n-F_1}{h}=\dfrac{420-200}{10}=22$
	最小工作载荷下的变形量 f_1	mm	$f_1=\dfrac{F_1}{k}=\dfrac{200}{22}=9.1$
	最大工作载荷下的变形量 f_n	mm	$f_n=\dfrac{F_n}{k}=\dfrac{420}{22}=19.1$
	压并时变形量 f_b	mm	根据弹簧的工作区应在全变形量的 20%~80%的规定,取 $F_n=0.65F_b$,故 $f_n=0.65f_b$ $f_b=\dfrac{f_n}{6.5}=\dfrac{19.1}{0.65}=29.4$
	压并载荷 F_b	N	根据上项的同样规定 $F_b=\dfrac{F_n}{0.65}=\dfrac{420}{0.65}=646$
	有效圈数 n	圈	$n=\dfrac{Gd^4f_n}{8F_nD^3}=\dfrac{78.50\times10^3\times5.0^4\times19.1}{8\times420\times32^3}=8.5$ 取 $n=8$
	总圈数 n_1	圈	$n_1=n+2=10$
	压并高度 H_b	mm	$H_b=(n+1.5)d=(8+1.5)\times5=47.5$
	自由高度 H_0	mm	$H_0=H_b+f_b=47.5+29.4=76.9$ 按标准取 $H_0=80$
	节距 t	mm	$t=\dfrac{H_0-1.5d}{n}=\dfrac{80-1.5\times5}{8}=9.06$
	螺旋角 α	(°)	$\alpha=\arctan\dfrac{t}{\pi D}=\arctan\dfrac{9.06}{3.14\times32}=5.15°$
	展开长度 L	mm	$L=\dfrac{\pi Dn_1}{\cos\alpha}=\dfrac{3.14\times32\times10}{\cos5.15°}=1110$
	脉动疲劳极限 τ_0	MPa	根据式(10-2-4),当 $N=10^7$ 时 $\tau_0=0.3R_m=0.3\times1500=450$
	最小切应力 τ_{min}	MPa	$\tau_{min}=\dfrac{8KDF_1}{\pi d^3}=\dfrac{8\times1.23\times32\times200}{3.14\times5^3}=160$
	最大切应力 τ_{max}	MPa	$\tau_{max}=\dfrac{8KDF_n}{\pi d^3}=\dfrac{8\times1.23\times32\times420}{3.14\times5^3}=336$
	疲劳安全系数 S		$S=\dfrac{\tau_0+0.75\tau_{min}}{\tau_{max}}=\dfrac{450+0.75\times160}{336}=1.70$
	弹簧自振频率 f_e	Hz	$f_e=3.56\times10^5\times\dfrac{d}{nD^2}=3.56\times10^5\times\dfrac{4.5}{8\times32^2}=195.6$
	强迫振动频率 f_r	Hz	$f_r=\dfrac{n_{max}}{60}=\dfrac{1000}{60}=16.67$
验算	共振验算		$f_e>10f_r$ 即 $195.6>10\times16.67$

2.3.7　圆柱螺旋压缩弹簧的压力调整结构

表 10-2-25　**压力调整的典型结构**

结构类型	使用说明
锁紧螺母	调整时，松动螺母 1，将螺母 2（也就是支承座）旋到所要求位置，然后再锁紧螺母 1
锁紧螺钉	调整时，将锁紧螺钉 2 旋松，然后调整支承座 1，旋到合适位置后，再将锁紧螺钉 2 拧紧
回转支承座	在调整螺旋 1 和支承座 2 之间嵌入钢球 3，这样调整螺旋就可以随着弹簧作用力的改变而自由回转
对心顶支承弹簧座	与回转支承座调整结构类似，弹簧座 2 可绕对心顶 1 回转，适用于大型弹簧
滚动摩擦支承座	滚动支承 2 结构可避免支承座 1 带动弹簧端圈扭转而使弹簧承受附加的转矩，适用于需要经常调整压缩力的大型弹簧

2.3.8　组合弹簧的设计计算

如果圆柱螺旋压缩弹簧承受载荷较大且安装空间受限制时，在设计中可采用组合弹簧（图 10-2-4）。这种弹簧比普通弹簧轻，钢丝直径较小，制造也方便。

设计组合弹簧时，应注意下列事项：

1）内、外弹簧的刚度要接近相等，经推算有下列关系

$$\frac{d_e}{d_i}=\frac{D_e}{D_i}=\frac{n_i}{n_e}=\sqrt{\frac{F_{e2}}{F_{i2}}} \quad 及 \quad F_2=F_{e2}+F_{i2} \tag{10-2-8}$$

一般组合弹簧的 F_{e2}（外弹簧最大工作载荷）和 F_{i2}（内弹簧最大工作载荷）之比为 5∶2。设计时，先按此比值分配外、内弹簧的载荷，然后按单个弹簧的设计步骤进行。

第 10 篇

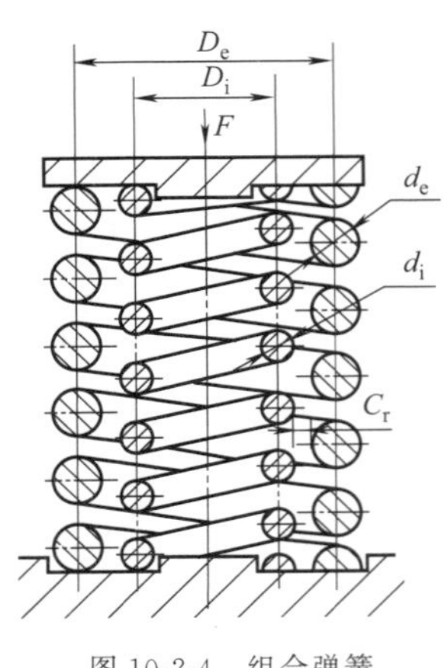

图10-2-4　组合弹簧

2）内、外弹簧的变形量应接近相等，其中一个弹簧在最大工作载荷下的变形量 f_2 不应大于另一个弹簧的工作极限变形量 f_s，实际所产生的变形差可用垫片调整。

3）为保证组合弹簧的同心关系，防止内、外弹簧产生歪斜，两个弹簧的旋向应相反，一个右旋，另一个左旋。

4）组合弹簧的径向间隙 C_r 要满足下列关系

$$C_r=\frac{(D_e-d_e)-(D_i+d_i)}{2}\geqslant\frac{d_e-d_i}{2} \qquad (10\text{-}2\text{-}9)$$

5）弹簧端部的支承面结构应能防止内、外弹簧在工作中偏移。

组合弹簧的计算示例见表10-2-26。

表10-2-26　　组合弹簧的计算示例

	项　　目	单位	公　式　及　数　据
原始条件	最小工作载荷 F_1	N	$F_1=340$
	最大工作载荷 F_n	N	$F_n=900$
	工作行程 h	mm	$h=10$
	载荷性质		冲击载荷
	弹簧类别		Ⅱ类
	端部结构		两端圈并紧并磨平
	弹簧材料		碳素弹簧钢丝C级
参数计算	外、内弹簧的最大工作载荷 F_{n1}、F_{n2}	N	$F_{n1}=\frac{5}{7}F_n=\frac{5}{7}\times900=643$ $F_{n2}=F_n-F_{n1}=900-643=257$
	外、内弹簧的最小工作载荷 F_{11}、F_{12}	N	$F_{11}=\frac{5}{7}F_n=\frac{5}{7}\times340=243$ $F_{12}=F_n-F_{11}=340-243=97$
	外、内弹簧要求的刚度 k	N/mm	$k_1=\frac{F_{n1}-F_{11}}{h}=\frac{643-243}{10}=40$ $k_2=\frac{F_{n2}-F_{12}}{h}=\frac{257-97}{10}=16$ $k=k_1+k_2=40+16=56$
	要求的工作极限载荷 F_j	N	$F_{j1}=1.25F_{n1}=1.25\times643=803.75$ $F_{j2}=1.25F_{n2}=1.25\times257=321.25$
	初选材料直径 d 及中径 D	mm	根据 F_{j1} 及 F_{j2} 值，从表10-2-20中选取，其有关参数如下： 簧别 | d | D | F_j 外簧 | 5 | 35 | 824 内簧 | 3 | 20 | 333
	外、内弹簧径向间隙 δ_r	mm	$\delta_r=\frac{D_{11}-D_{02}}{2}\geqslant\frac{d_1-d_2}{2}$ $\delta_r=\frac{(35-5)-(20+3)}{2}\geqslant\frac{5-3}{2}$ $=3.5>1$
	最大工作载荷下的变形量 f_n	mm	$f_n=\frac{F_nh}{F_n-F_1}=\frac{900\times10}{900-340}=16$ 又 $f_{n1}=f_{n2}=f_n=16$
	选用弹簧的最大工作载荷 F_n	N	$F_{n1}\leqslant0.8\times F_{j1}=0.8\times824=659.2$ $F_{n2}\leqslant0.8\times F_{j2}=0.8\times333=266.4$

续表

	项　　目	单位	公 式 及 数 据
参数计算	选用弹簧的最小工作载荷 F_1	N	$F_{11}=\frac{F_{n1}(f_{n1}-h)}{f_{n1}}=\frac{659.2\times(16-10)}{16}=247.2$ $F_{12}=\frac{F_{n2}(f_{n2}-h)}{f_{n2}}=\frac{266.4\times(16-10)}{16}=99.9$
	验算工作载荷 F	N	最大工作载荷($F_n=900$) $F_{n1}+F_{n2}=659.2+266.4=925.6>900$ 最小工作载荷($F_1=340$) $F_{11}+F_{12}=247.2+99.9=347.1>340$
	有效圈数 n	圈	根据表 10-2-10，取 $n_{01}=4.5$，$n_{02}=6.5$
	总圈数 n_1	圈	外 $n_1=n_{01}+2=4.5+2=6.5$ 内 $n_1=n_{02}+2=6.5+2=8.5$
	最大工作载荷下的实际变形量 f_n	mm	$f_{n1}=\frac{F_{n1}}{k_1}=\frac{659.2}{26}=25.3$ $f_{n2}=\frac{F_{n2}}{k_2}=\frac{266.4}{15}=17.76$
	最小工作载荷下的实际变形量 f_1	mm	$f_{11}=\frac{F_{11}}{k_1}=\frac{247.2}{26}=9.5$ $f_{12}=\frac{F_{12}}{k_2}=\frac{99.9}{15}=6.63$
	节距 t	mm	$t_1=d_1+\frac{f_{n1}}{4.5}=5+\frac{14}{4.5}=8.11$ $t_2=d_2+\frac{f_{n2}}{4.5}=3.0+\frac{22}{6.5}=6.38$
	自由高度 H_0	mm	$H_{01}=n_{01}t_1+1.5d_1=4.5\times8.11+1.5\times5=44.0$ $H_{02}=n_{02}t_2+1.5d_2=6.5\times6.38+1.5\times3=46.0$ 外簧需加垫，厚度=46−44=2mm
	旋绕比 C		$C_1=\frac{D_1}{d_1}=\frac{35}{5}=7$ $C_2=\frac{D_2}{d_2}=\frac{20}{3}=6.7$

2.3.9　圆柱螺旋压缩弹簧的应用示例

图 10-2-5 为矿井单绳提升罐笼齿爪式防坠器。矿井罐笼上下升降正常工作时，弹簧 2 受到压缩，齿爪 10 总是张开的，当与主吊杆相连的钢绳或主吊杆本身破断时，被压缩的弹簧自动伸张，将能量释放驱动横担 6，带动齿爪 10 转动，使齿爪卡入罐道木 11，在罐笼载荷作用下，齿爪卡入罐道木的深度逐渐加深，直至罐笼被制动悬挂在罐道木上。这是利用弹簧被压缩时储存的能量驱动机构的应用。

图 10-2-6 是组合弹簧在汽车喷油泵的机械离心式全速调速器中的应用。内弹簧安装时略有预紧力，以适应低转速时调速的需要，故称怠速弹簧 8。中弹簧安装呈自由状态，在端头留有 2～3mm 的间隙，柴油机高速运转时，内弹簧和中弹簧一起作用，因此中弹簧被称作高速弹簧 9。外弹簧在柴油机启动时，起着加浓油量的作用，有利于启动，故称作启动弹簧 10。柴油机启动时，首先是启动弹簧起作用，使油量加浓，利于启动。低速运转时，外弹簧和内弹簧同时起作用。在高速运转时，三根弹簧同时起作用，由于中弹簧的弹簧力最大，高速运转主要是中弹簧起作用。

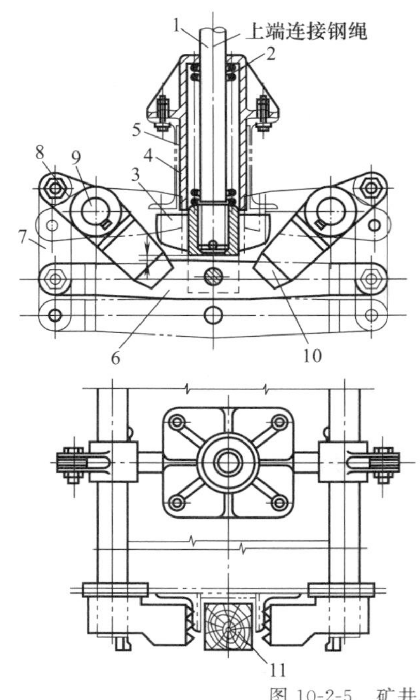

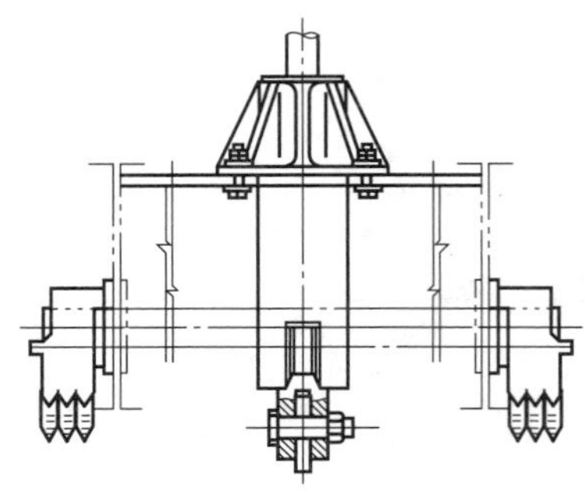

图 10-2-5　矿井单绳提升罐笼齿爪式防坠器

1—主吊杆；2—弹簧；3—支撑翼板；4—弹簧套筒；5—罐笼主梁；6—横担；7—连杆；8—杠杆；9—轴；10—齿爪；11—罐道木

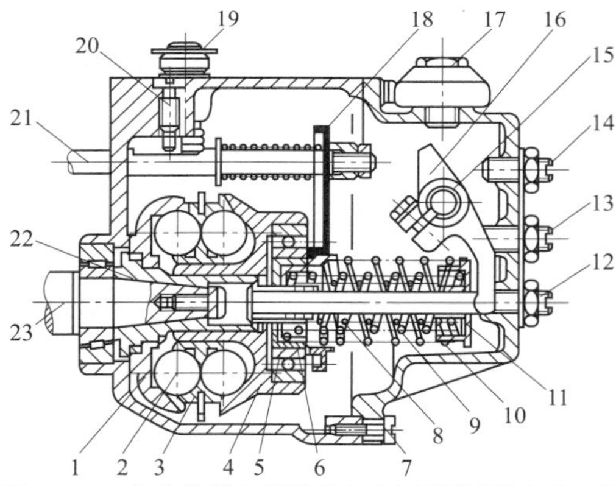

图 10-2-6　组合弹簧在机械离心式全速调速器中的应用

1—传动斜盘；2—飞球；3—球座；4—推力盘；5—轴承座；6—前弹簧座；7—放油螺钉；8—怠速弹簧；9—高速弹簧；10—启动弹簧；11—后弹簧座；12—调节杆；13,14—调节螺钉；15—轴；16—调速叉；17—螺塞；18—传动板；19—手柄；20—限位螺钉；21—供油杆；22—传动轴套；23—喷油泵凸轮轴

2.4　圆柱螺旋拉伸弹簧

2.4.1　圆柱螺旋拉伸弹簧的设计计算

圆柱螺旋拉伸弹簧也是应用较多的一种弹簧。但是由于其两端钩环易损坏，所以在设计中尽量采用压缩弹簧代替。

使拉伸弹簧开始伸长的拉力称为初拉力，其大小取决于材料种类、簧丝直径、旋绕比和加工方法。卷制成形后经过淬火的拉伸弹簧，没有初拉力。

初拉力的计算式为

$$F_0=\pi d^3\tau_0/(8D) \qquad (10\text{-}2\text{-}10)$$

式中，τ_0 为初应力，其值通常在图 10-2-7 给出的范围内。

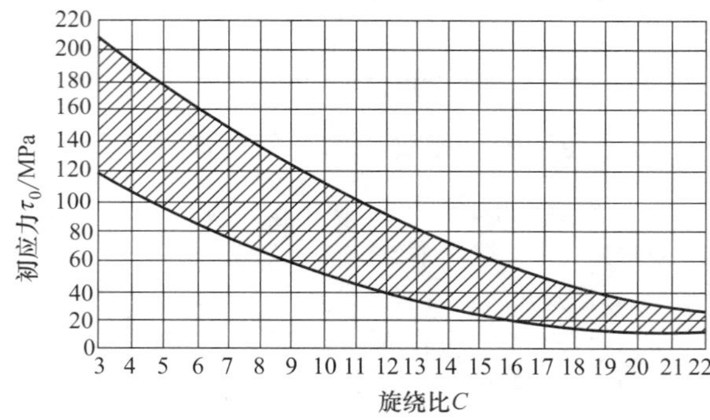

图 10-2-7　拉伸弹簧的初应力

圆柱螺旋拉伸弹簧的基本参数关系式见表 10-2-27。

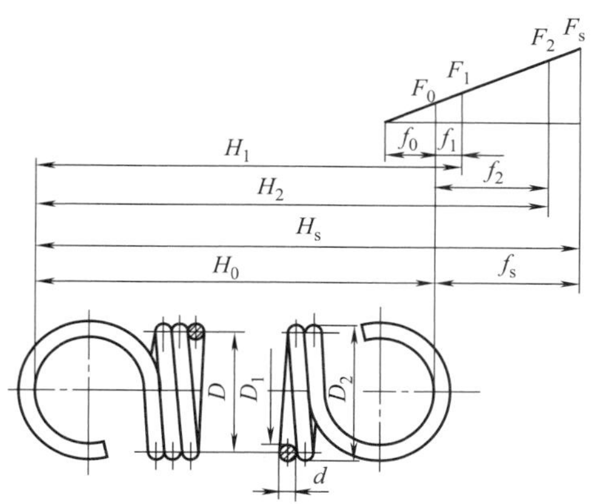

图 10-2-8　圆柱螺旋弹簧的结构及其载荷-变形图

表 10-2-27　　圆柱螺旋拉伸弹簧的基本计算公式（GB/T 23935—2009）

名　称	代号	单位	计算公式	
			无初拉力	有初拉力
弹簧切应力	τ	MPa	$\tau=K\frac{8DF}{\pi d^3}=K\frac{8CF}{\pi d^2}$ 或 $\tau=K\frac{Gdf}{\pi D^2 n}$ 式中　D——弹簧中径，mm F——弹簧工作载荷，N C——旋绕比，$C=D/d$，见表 10-2-13 G——切变模量，MPa，见表 10-2-2 K——曲度系数，静载荷时，一般 K 值可取为 1；当弹簧应力高时，亦可考虑 K 值 $K=\frac{4C-1}{4C-4}+\frac{0.615}{C}$	
弹簧变形量	f	mm	$f=\frac{8D^3nF}{Gd^4}=\frac{8C^3nF}{Gd}$	$f=\frac{8D^3n}{Gd^4}(F-F_0)$
弹簧刚度	k	N/mm	$k=\frac{F}{f}=\frac{Gd^4}{8D^3n}=\frac{Gd}{8C^3n}$	$k=\frac{F-F_0}{f}=\frac{Gd^4}{8D^3n}=\frac{Gd}{8C^3n}$
弹簧变形能	U	N·mm	$U=\frac{Ff}{2}=\frac{kf^2}{2}$	$U=\frac{(F-F_0)}{2}f$
弹簧材料直径	d	mm	$d\geqslant\sqrt[3]{\frac{8KDF}{\pi[\tau]}}$ 或 $d\geqslant\sqrt{\frac{8KCF}{\pi[\tau]}}$ 式中　$[\tau]$——许用切应力，MPa，见表 10-2-10	
弹簧有效圈数	n	圈	$n=\frac{Gd^4}{8D^3F}f=\frac{Gd^4}{8kD^3}$	$n=\frac{Gd^4}{8D^3(F-F_0)}f=\frac{Gd^4}{8kD^3}$
自振频率	f_e	Hz	$f_e=\frac{3.56d}{nD^2}\sqrt{\frac{G}{\rho}}$ 式中　ρ——材料密度，kg/mm³ 用于两端固定，一端在工作行程范围内周期性往复运动的情况	
材料直径	d	mm	按本表计算，再按表 10-2-14 取标准值	
弹簧中径	D	mm	根据结构要求估计，再按表 10-2-15 取标准值	
弹簧内径	D_1	mm	$D_1=D-d$	
弹簧外径	D_2	mm	$D_2=D+d$	
有效圈数	n		一般不少于 3 圈，最少不少于 2 圈	
总圈数	n_1		$n_1=n$，当 $n>20$ 时，圆整为整圈；当 $n<20$ 时，圆整为半圈	
节距	t	mm	$t=d+\delta$，对密卷拉伸弹簧取 $\delta=0$	
间距	δ	mm	$\delta=t-d$	
自由长度	H_0	mm	半圆钩环　$H_0=(n+1)d+D_1$ 圆钩环　$H_0=(n+1)d+2D_1$ 圆钩环环压中心　$H_0=(n+1.5)d+2D_1$	
工作长度	$H_{1,2,\cdots,n}$	mm	$H_{1,2,\cdots,n}=H_0+f_{1,2,\cdots,n}$	

续表

名 称	代号	单位	计算公式	
			无初拉力	有初拉力
试验长度	H_s	mm	$H_s=H_0+f_s$	
螺旋角	α	(°)	$\alpha=\arctan\dfrac{t}{\pi D}$	
弹簧材料的展开长度	L	mm	$L\approx\pi Dn$+钩环展开长度	
弹簧质量	m	kg	$m=\dfrac{\pi}{4}d^2L\rho$	

2.4.2 圆柱螺旋拉伸弹簧的设计实例

表 10-2-28 圆柱螺旋拉伸弹簧计算示例（一）

项 目		单位	公式及数据
原始条件	最大拉力 F_n	N	350
	最小拉力 F_1	N	176
	初始弹簧压力 F_0	N	60
	工作行程 h	mm	12
	弹簧外径 D_2	mm	≤18
	载荷作用次数 N		$N<10^3$ 次
	弹簧材料		碳素弹簧钢丝C级
	端部结构		圆钩环压中心
参数计算	初算弹簧刚度 k'	N/mm	$k'=\dfrac{F_n-F_1}{h}=\dfrac{350-176}{12}=14.5$
	工作极限载荷 F_j	N	因是Ⅲ类载荷，$F_j\geqslant F_n$ 考虑为拉伸弹簧，并便于查表，应将表10-2-20中的 F_n 除以0.8 即 $F_j=F_n/0.8=350/0.8=437.5$
	材料直径 d 及弹簧中径 D	mm	由表10-2-20查得 $d=4$，$D=30$，$F_n=509$ $f_n=36$
	有效圈数 n	圈	由表10-2-20，取 $n=6.5$
	弹簧刚度 k	N/mm	由表10-2-20，根据上项的取值， $k=14$
	最小载荷下的变形量 f_1	mm	$f_1=\dfrac{F_1-F_0}{k}=\dfrac{176-60}{14}=8.29$
	最大载荷下的变形量 f_n	mm	$f_n=\dfrac{F_n-F_0}{k}=\dfrac{350-60}{14}=20.71$
	极限载荷下的变形量 f_j	mm	$f_j=f_n\times0.8=36\times0.8=28.8$
	弹簧外径 D_2	mm	$D_2=D+d=30+4=34$
	弹簧内径 D_1	mm	$D_1=D-d=30-4=26$
	自由长度 H_0	mm	$H_0=(n+1.5)d+2D$ $=(6.5+1.5)\times4+2\times30=92$
	最小载荷下的高度 H_1	mm	$H_1=H_0+f_1=92+8.29=100.29$
	最大载荷下的高度 H_n	mm	$H_n=H_0+f_n=92+20.71=112.71$
	工作极限载荷下的长度 H_j	mm	$H_j=H_0+f_j=92+28.8=120.8$
	展开长度 L	mm	$L=\pi Dn+2\pi D=3.14\times30\times6.5+2\times3.14\times30=800.7$
验算	实际极限变形量	mm	$f_n+\dfrac{F_0}{k}=20.71+\dfrac{60}{14}=25.0<f_j(28.8)$
	实际极限载荷	N	$F_j\times0.8=509\times0.8=407.2>F_n(350)$

表 10-2-29　　圆柱螺旋拉伸弹簧计算示例（二）

项目		单位	公式及数据
原始条件	最大拉力 F_n	N	340
	最小拉力 F_1	N	180
	弹簧初始拉力 F_0	N	100
	工作行程 h	mm	11
	弹簧外径 D_2	mm	≤22
	载荷作用次数	次	10^3～10^5
	弹簧材料		油淬火回火碳素弹簧钢丝 B 类
	端部结构		圆钩型
参数计算	初定弹簧刚度 k'	N/mm	$k'=\frac{F_n-F_1}{h}=\frac{340-180}{11}=14.5$
	工作极限载荷 F_j	N	因是Ⅱ类载荷，由表 10-2-19，$F_j\geqslant 1.25F_n=1.25\times 340=425$，取 $F_j=425$，但考虑到拉伸弹簧，并便于查表，将表 10-2-20 中的 F_n 除以 0.8 即　$F_j=425/0.8=531.25$
	材料直径 d 及弹簧中径 D	mm	查表 10-2-20，选取 $d=3.5$，$D=20$，$F_n=528$，$f_n=35$
	有效圈数 n	圈	根据表 10-2-20，$n=12.5$
	弹簧刚度 k	N/mm	根据表 10-2-20，$k=15$
	最小载荷下的变形量 f_1	mm	$f_1=\frac{F_1-F_0}{k}=\frac{180-100}{15}=5.33$
	最大载荷下的变形量 f_n	mm	$f_n=\frac{F_n-F_0}{k}=\frac{340-100}{15}=18$
	极限载荷下的变形量 f_j	mm	$f_j=f_n\times 0.8=35\times 0.8=28$
	弹簧外径 D_2	mm	$D_2=D+d=20+3.5=23.5$
	弹簧外径 D_1	mm	$D_1=D-d=20-3.5=16.5$
	自由长度 H_0	mm	$H_0=(n+1.5)d+2D$ $=(12.5+1.5)\times 3.5+2\times 20=89$
	最小工作载荷下的长度 H_1	mm	$H_1=H_0+f_1=89+5.33=94.33$
	最大工作载荷下的长度 H_n	mm	$H_n=H_0+f_n=89+18=107$
	工作极限载荷下的长度 H_j	mm	$H_j=H_0+f_j=89+28=117$
	螺旋角 α	(°)	$\alpha=\arctan\frac{t}{\pi D}=\arctan\frac{3.5}{3.14\times 20}=3.21°$
	展开长度 L	mm	$L=\pi Dn+2\pi D\times\frac{3}{4}$ $=3.14\times 20\times 12.5+2\times 3.14\times 20\times\frac{3}{4}=879.2$
弹性特性验算	实际极限变形量	mm	$\left(\frac{F_0}{k}+f_n\right)\times 1.25=\left(\frac{100}{15}+18\right)\times 1.25$ $=24.67<f_j(28)$
	最大工作载荷 F_n	N	$F_n=F_0+kf_n=100+15\times 18=370$
	实际极限载荷 F_j	N	$F_j\times 0.8=528\times 0.8=422.4\approx 1.25\times 340=425$

续表

工作图	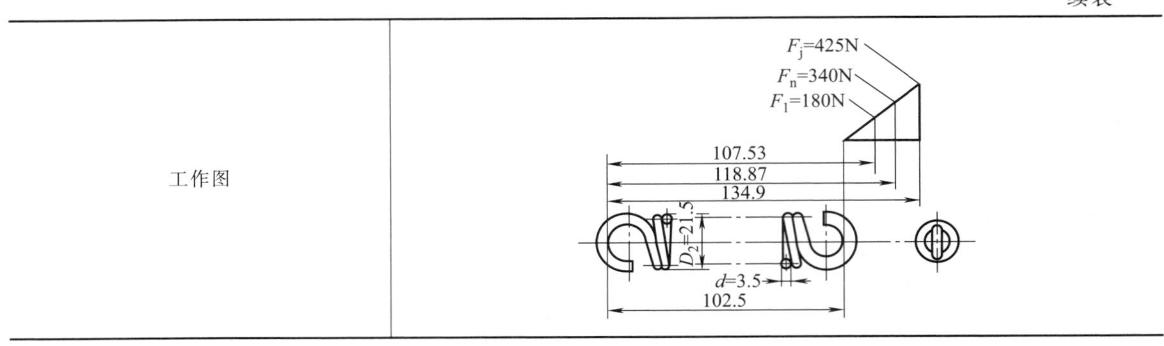

2.4.3 圆柱螺旋拉伸弹簧的端部结构

拉伸弹簧的端部结构有钩和环两种形式。GB/T 1239—2009 对热卷弹簧均作了规定，详见表10-2-30。

表 10-2-30　　圆柱螺旋拉伸弹簧的端部结构

代　号	简　图	端部结构形式
LⅠ(RLⅠ)		半圆钩环
LⅡ		长臂半圆钩环
LⅢ(RLⅡ)		圆钩环扭中心
LⅣ		长臂偏心半圆钩环
LⅤ		偏心圆钩环
LⅥ(RLⅢ)		圆钩环压中心

续表

代　　号	简　　图	端部结构形式
LⅦ		可调式拉簧
LⅧ		具有可转钩环
LⅨ		长臂小圆钩环
LⅩ		连接式圆钩环

圆柱螺旋拉伸弹簧的设计计算和疲劳强度校核与圆柱螺旋压缩弹簧的计算与校核相同。

圆柱螺旋拉伸弹簧的图样上除给出弹簧的基本结构尺寸外，还应该标明下列技术要求：弹簧端部形式；圈数 n；旋向；表面处理；制造技术条件。图 10-2-9 是圆柱螺旋拉伸弹簧的典型图样及相应的技术要求。

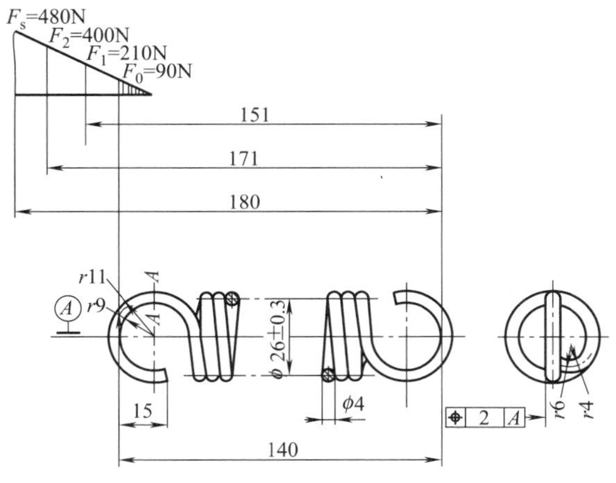

技术要求：

1. 端部形式：LⅡ型，圆钩环；
2. 圈数：n=25 圈；
3. 旋向：右旋；
4. 表面处理：发蓝；
5. 制造技术条件：按 GB/T 1239.2，选用 2 级精度。

图 10-2-9　圆柱螺旋拉伸弹簧的典型图样

GB/T 1973.2—2009 对小型圆柱螺旋拉伸弹簧的尺寸和参数、GB/T 2087—2001 对普通圆柱螺旋拉伸弹簧的尺寸、GB/T 2088—2009 对圆柱螺旋拉伸弹簧的尺寸及参数均作了规定，用以承受循环次数小于 10^5 的循环载荷。当用标准尺寸的弹簧时，可由标准中直接查出弹簧的性能。标准圆柱螺旋拉伸弹簧的标记为：

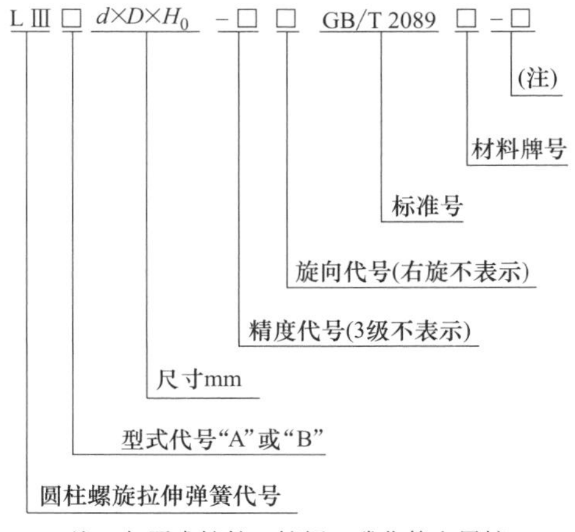

注：如要求镀锌、镀镉、磷化等金属镀层及化学处理时，应在此处注明。

2.4.4 圆柱螺旋拉伸弹簧的尺寸和参数

表 10-2-31 普通圆柱螺旋拉伸弹簧的尺寸及参数（GB/T 2088—2009）

簧丝直径 d /mm	弹簧中径 D /mm	初拉力 F_0 /N	试验载荷 F_s/N	有效圈数 n											
				8.25				10.5				12.25			
				有效圈长度 H_{Lb} /mm	试验载荷下变形量 f_s/mm	弹簧刚度 k/N·mm^{-1}	弹簧单件质量 m /10^{-3}kg	有效圈长度 H_{Lb} /mm	试验载荷下变形量 f_s/mm	弹簧刚度 k/N·mm^{-1}	弹簧单件质量 m /10^{-3}kg	有效圈长度 H_{Lb} /mm	试验载荷下变形量 f_s/mm	弹簧刚度 k/N·mm^{-1}	弹簧单件质量 m /10^{-3}kg
0.5	3	1.6	14.4	4.6	4.6	2.77	0.14	5.8	5.9	2.18	0.17	6.6	5.3	1.87	0.20
	3.5	1.2	12.3		6.4	1.74	0.16		8.1	1.37	0.20		9.8	1.18	0.23
	4	0.9	10.8		8.5	1.17	0.18		10.8	0.92	0.23		15.7	0.79	0.26
	5	0.6	8.6		13.3	0.60	0.23		17	0.47	0.28		22.9	0.40	0.33
	6	0.4	7.2		19.4	0.35	0.27		25.2	0.27	0.34		31.5	0.23	0.40
0.6	3	3.3	23.9	5.6	3.6	5.75	0.21	6.9	4.6	4.51	0.26	7.9	5.3	3.87	0.30
	4	1.9	17.9		6.6	2.42	0.29		8.4	1.90	0.35		9.8	1.63	0.39
	5	1.2	14.3		10.6	1.24	0.36		13.4	0.975	0.44		15.7	0.836	0.50
	6	0.8	11.9		15.5	0.718	0.43		19.7	0.564	0.52		22.9	0.484	0.69
	7	0.6	10.2		21.2	0.452	0.50		27	0.355	0.61		31.5	0.305	0.69
0.8	4	5.9	40.4	7.4	4.5	7.66	0.51	9.2	5.7	6.02	0.62	10.6	6.7	5.16	0.71
	5	3.8	32.3		7.3	3.92	0.63		9.3	3.08	0.78		10.8	2.64	0.88
	6	2.6	26.9		10.7	2.27	0.76		13.7	1.78	0.93		15.9	1.53	1.06
	8	1.5	20.2		19.6	0.952	0.94		24.9	0.752	1.16		29	0.645	1.33
	9	1.2	18.0		25	0.673	1.05		31.8	0.528	1.30		37.1	0.453	1.50
1.0	5	9.2	61.5	9.3	5.5	9.58	0.99	11.5	7	7.52	1.21	13.3	8.1	6.45	1.38
	6	6.4	51.3		8.1	5.54	1.19		10.3	4.35	1.45		12	3.73	1.66
	7	4.7	44.0		11.3	3.49	1.39		14.3	2.74	1.69		16.7	2.35	1.93
	8	3.6	38.5		14.9	2.34	1.59		19	1.84	1.94		22.2	1.57	2.21
	10	2.3	30.8		23.8	1.20	1.99		30.3	0.940	2.42		35.4	0.806	2.76
	12	1.6	25.6		34.6	0.693	2.38		44.1	0.544	2.91		51.4	0.467	3.31
1.2	6	13.3	86.4	11.1	6.4	11.5	1.72	13.8	8.1	9.03	2.09	15.9	9.4	7.74	2.38
	7	9.8	74.0		8.9	7.24	2.00		11.3	5.69	2.44		13.2	4.87	2.78
	8	7.5	64.8		11.8	4.85	2.29		15	3.81	2.79		17.6	3.26	3.18
	10	4.8	51.8		19	2.48	2.86		19.5	2.41	2.93		28.1	1.67	3.97
	12	3.3	43.2		27.7	1.44	3.43		35.3	1.13	4.18		41.3	0.967	4.77
	14	2.4	37.0		38.2	0.905	4.00		48.7	0.711	4.88		56.8	0.609	5.56
1.6	8	23.6	145	14.8	7.9	15.3	4.07	18.4	10.1	12.0	4.96	21.2	11.8	10.3	5.65
	10	15.1	116		12.9	7.84	5.08		16.4	6.16	6.20		19.1	5.28	7.07
	12	10.5	97.0		19.1	4.54	6.10		24.2	3.57	7.44		28.3	3.06	8.48
	14	7.7	83.1		26.4	2.86	7.12		33.5	2.25	8.68		39.1	1.93	9.89
	16	5.9	72.7		34.8	1.92	8.13		44.5	1.50	9.92		51.8	1.29	11.3
	18	4.7	64.7		44.4	1.35	9.15		56.6	1.06	11.2		66.2	0.906	12.7
2.0	10	37.0	215	18.5	9.3	19.2	7.94	23.0	11.9	15.9	9.68	26.5	13.8	12.9	11.0
	12	25.7	179		13.8	11.1	9.53		17.6	8.71	11.6		20.5	7.46	13.3
	14	18.8	153		19.2	6.98	11.1		2.45	5.48	13.6		28.6	4.70	15.5
	16	14.4	134		25.6	4.68	12.7		32.6	3.67	15.5		38	3.15	17.7
	18	11.4	119		32.8	3.28	14.3		41.7	2.58	17.4		48.7	2.21	19.9
	20	9.2	107		40.9	2.39	15.9		52	1.88	19.4		60.7	1.61	22.1
2.5	12	62.7	339	23.1	10.2	27.1	14.9	28.8	13	21.3	18.2	33.1	15.2	18.2	20.7
	14	46.1	291		14.4	17.0	17.4		18.3	13.4	21.2		21.3	11.5	24.2
	16	35.3	255		19.3	11.4	19.9		24.5	8.97	24.2		28.6	7.69	27.6
	18	27.9	226		24.7	8.02	22.3		31.4	6.30	27.2		36.7	5.40	31.1
	20	22.6	204		31.1	5.84	24.8		39.5	4.59	30.3		46	3.94	34.5
	25	14.4	163		49.7	2.99	31.0		63.2	2.35	37.8		73.6	2.02	43.1

续表

簧丝直径 d /mm	弹簧中径 D /mm	初拉力 F_0 /N	试验载荷 F_s/N	有效圈数 n											
				8.25				10.5				12.25			
				有效圈长度 H_{Lb} /mm	试验载荷下变形量 f_s/mm	弹簧刚度 k/N·mm^{-1}	弹簧单件质量 m /10^{-3}kg	有效圈长度 H_{Lb} /mm	试验载荷下变形量 f_s/mm	弹簧刚度 k/N·mm^{-1}	弹簧单件质量 m /10^{-3}kg	有效圈长度 H_{Lb} /mm	试验载荷下变形量 f_s/mm	弹簧刚度 k/N·mm^{-1}	弹簧单件质量 m /10^{-3}kg
3.0	14	95.6	475	27.8	10.7	35.3	23.0	34.5	13.6	27.8	28.5	39.8	15.9	23.8	32.8
	16	73.2	416		14.5	23.7	28.6		18.4	18.6	34.9		21.6	15.9	39.8
	18	57.8	370		18.8	16.6	32.2		23.8	13.1	39.2		27.9	11.2	44.7
	20	46.8	333		23.7	12.1	35.7		30.1	9.52	43.7		35.1	8.16	49.7
	22	38.7	303		29	9.11	39.3		37	7.15	47.9		43.1	6.13	54.7
	25	29.9	266		38	6.21	44.7		48.4	4.88	54.5		56.5	4.18	62.1
3.5	18	107	587	32.4	15.6	30.8	43.8	40.3	19.8	24.2	53.4	46.4	23.2	20.7	60.9
	20	86.8	528		19.6	22.5	48.6		25.1	17.6	59.3		29.2	15.1	67.6
	22	71.7	480		24.2	16.9	53.5		30.7	13.3	65.3		35.8	11.4	74.4
	25	55.5	423		32	115	60.8		40.7	9.03	74.2		47.5	7.74	84.5
	28	44.2	377		40.7	8.18	68.1		51.8	6.43	83.1		60.4	5.51	94.7
	35	28.4	302		65.3	4.19	85.1		83.2	3.29	104		97	2.82	118
4.0	22	123	694	37.0	19.8	28.8	69.9	46	25.3	22.6	85.2	53.0	29.4	19.4	97.2
	25	94.7	611		26.3	19.6	79.4		33.5	15.4	96.9		39.1	13.2	110
	28	75.4	545		33.5	14.0	89.0		42.7	11.0	109		50	9.40	124
	32	57.8	477		44.8	9.35	102		57	7.35	124		66.5	6.30	141
	35	48.3	436		54.2	7.15	111		69	5.62	136		80.6	4.81	155
	40	37.0	382		72	4.79	127		91.8	3.76	155		107.1	3.22	177
	45	29.2	339		92.2	3.36	143		118.7	2.61	174		137.1	2.26	199
4.5	25	152	870	41.6	15.6	46.1	101	51.8	29.1	24.7	123	59.6	33.9	21.2	140
	28	121	777		29.3	22.4	113		37.3	17.6	137		43.4	15.1	157
	32	92.6	680		39.2	15.0	129		49.8	11.8	157		58.2	10.1	179
	35	77.4	621		47.7	11.4	141		60.5	8.99	172		70.5	7.71	196
	40	62.8	544		62.7	7.67	161		79.8	6.03	196		93.1	5.17	224
	45	46.8	483		80.9	5.39	181		103.1	4.23	221		120.2	3.63	252
	50	37.9	435		101	3.93	201		128.5	3.09	245		150.4	2.62	280
5.0	25	232	1154	46.3	19.2	47.9	124	57.5	24.5	37.6	151	66.3	28.6	32.2	173
	28	184	1030		24.8	34.1	139		31.6	26.8	170		36.8	23.0	193
	32	141	902		33.4	22.8	159		42.5	17.9	194		49.4	15.4	221
	35	118	824		40.6	17.4	174		51.5	13.7	212		59.8	11.8	242
	40	90.3	721		53.9	11.7	199		68.7	9.18	242		80.1	7.87	276
	45	71.3	641		69.4	8.21	223		88.3	6.45	272		103	5.53	311
	55	47.8	525		106	4.50	273		135.2	3.53	333		157.5	3.03	380
6.0	32	292	1505	55.5	25.6	47.3	228	69	32.6	37.2	279	79.5	38	31.9	318
	35	244	1376		31.3	36.2	250		39.9	28.4	281		46.4	24.4	348
	40	187	1204		42	24.2	286		53.5	19	349		62.4	16.3	398
	45	148	1070		54.2	17	322		68.8	13.4	392		80.2	11.5	447
	50	120	963		68	12.4	357		86.5	9.75	436		100.8	8.36	497
	60	83.2	803		100.3	7.18	429		127.6	5.64	523		148.7	4.84	596
	70	61.1	688		138.7	4.52	500		176.6	3.55	610		205.5	3.05	696
8.0	40	592	2753	132	28.2	76.6	508	54	35.9	60.2	620	172	41.9	51.6	707
	45	468	2447		36.8	53.8	572		46.8	42.3	697		55.7	35.5	809
	50	379	2203		46.5	39.2	635		59.2	30.8	775		70.4	25.9	899
	55	313	2002		57.3	29.5	699		72.8	23.2	852		87.1	19.4	989
	60	263	1835		69.3	22.7	762		88.3	17.8	930		102.7	15.3	1060
	70	193	1573		96.5	14.3	890		123.2	11.2	1080		143.3	9.63	1240
	80	148	1377		128.3	9.58	1020		163.4	7.52	1240		190.5	6.45	1410

第 10 篇

续表

簧丝直径 d /mm	弹簧中径 D /mm	初拉力 F_0 /N	试验载荷 F_s/N	有效圈数 n											
				15.5				18.25				20.5			
				有效圈长度 H_{Lb} /mm	试验载荷下变形量 f_s/mm	弹簧刚度 k/N·mm^{-1}	弹簧单件质量 m /10^{-3}kg	有效圈长度 H_{Lb} /mm	试验载荷下变形量 f_s/mm	弹簧刚度 k/N·mm^{-1}	弹簧单件质量 m /10^{-3}kg	有效圈长度 H_{Lb} /mm	试验载荷下变形量 f_s/mm	弹簧刚度 k/N·mm^{-1}	弹簧单件质量 m /10^{-3}kg
0.5	3	1.6	14.4	8.3	8.7	1.47	0.25	9.6	10.2	1.25	0.29	10.7	11.4	1.12	0.33
	3.5	1.2	12.3		11.9	0.929	0.30		14.1	0.789	0.34		15.8	0.702	0.38
	4	0.9	10.8		15.9	0.622	0.34		18.8	0.528	0.39		21.1	0.470	0.44
	5	0.6	8.6		25.1	0.319	0.42		29.5	0.271	0.49		33.2	0.241	0.55
	6	0.4	7.2		37	0.184	0.51		43.3	0.157	0.59		48.9	0.139	0.65
0.6	3	3.3	23.9	9.9	6.7	3.06	0.37	11.6	7.9	2.60	0.42	12.9	8.9	2.31	0.47
	4	1.9	17.9		12.4	1.29	0.49		14.5	1.10	0.57		16.4	0.975	0.63
	5	1.2	14.3		19.8	0.661	0.61		23.4	0.561	0.71		26.3	0.499	0.78
	6	0.8	11.9		29.1	0.382	0.73		34.2	0.325	0.85		38.4	0.289	0.94
	7	0.6	10.2		39.8	0.241	0.85		47.1	0.204	0.99		52.7	0.182	1.10
0.8	4	5.9	40.4	13.2	8.5	4.08	0.87	15.4	10	3.46	1.00	17.2	11.2	3.08	1.12
	5	3.8	32.3		13.6	2.09	1.08		16.1	1.77	1.26		18	1.58	1.39
	6	2.6	26.9		20.1	1.21	1.30		23.6	1.03	1.51		26.6	0.913	1.69
	8	1.5	20.2		36.7	0.510	1.74		43.2	0.433	2.01		48.6	0.385	2.23
	9	1.2	18.0		46.9	0.358	1.95		55.3	0.304	2.26		62	0.271	2.51
1.0	5	9.2	61.5	16.5	10.3	5.10	1.69	19.3	12.1	4.33	1.96	21.5	13.6	3.85	2.18
	6	6.4	51.3		15.2	2.95	2.03		17.9	2.51	2.35		25.1	1.79	3.20
	7	4.7	44.0		21.1	1.86	2.37		24.9	1.58	2.75		28.1	1.40	3.05
	8	3.6	38.5		28.1	1.24	2.71		32.9	1.06	3.14		37.1	0.941	3.49
	10	2.3	30.8		44.7	0.637	3.39		52.7	0.541	3.92		59.1	0.482	4.36
	12	1.6	25.6		65	0.369	4.07		76.7	0.313	4.71		86	0.279	5.23
1.2	6	13.3	86.4	19.8	11.9	6.12	2.93	23.1	14.1	5.19	3.39	25.8	15.8	4.62	3.77
	7	9.8	74.0		16.7	3.85	3.42		19.6	3.27	3.95		21.8	2.95	4.34
	8	7.5	64.8		22.2	2.58	3.90		26.2	2.19	4.52		29.4	1.95	5.02
	10	4.8	51.8		35.6	1.32	4.88		42	1.12	5.65		47	0.999	6.28
	12	3.3	43.2		52.2	0.765	5.86		61.5	0.649	6.78		69	0.578	7.53
	14	2.4	37.0		71.9	0.481	6.83		84.6	0.409	7.91		95.1	0.364	8.79
1.6	8	23.6	145	26.4	14.9	8.15	6.94	30.8	17.5	6.93	8.03	34.4	19.7	6.17	8.93
	10	15.1	116		24.1	4.18	8.68		28.4	3.55	10.0		31.9	3.16	11.2
	12	10.5	97.0		35.7	2.42	10.4		42.2	2.05	12.1		47.3	1.83	13.4
	14	7.7	83.1		49.6	1.52	12.2		58.4	1.29	14.1		65.6	1.15	15.6
	16	5.9	72.7		65.5	1.02	13.9		77.1	0.866	16.1		86.6	0.771	17.9
	18	4.7	64.7		83.8	0.716	15.6		98.7	0.608	18.1		110.9	0.541	20.1
2.0	10	37.0	215	33.0	17.5	10.20	13.6	38.5	20.6	8.66	15.7	43.0	23.1	7.71	17.4
	12	25.7	179		26	5.90	16.3		30.6	5.01	18.8		34.4	4.46	20.9
	14	18.8	153		36.2	3.71	19.0		42.5	3.16	22.0		47.8	2.81	24.4
	16	14.4	134		48	2.49	21.7		56.7	2.11	25.1		63.6	1.88	27.9
	18	11.4	119		61.5	1.75	24.4		72.7	1.48	28.2		81.5	1.32	31.4
	20	9.2	107		77	1.27	27.1		90.6	1.08	31.4		101.6	0.963	34.9
2.5	12	62.7	339	41.3	19.2	14.4	25.4	48.1	22.6	12.2	29.4	53.8	25.3	10.9	32.7
	14	46.1	291		27	9.07	29.7		31.8	7.70	34.3		35.7	6.86	38.1
	16	35.3	255		36.1	6.08	33.9		42.6	5.16	39.2		47.9	4.59	43.6
	18	27.9	226		46.4	4.27	38.1		54.7	3.62	44.1		61.3	3.23	49.0
	20	22.6	204		58.3	3.11	42.4		68.7	2.64	49.0		77.2	2.35	54.5
	25	14.4	163		128.1	11.59	53.0		110.1	1.35	61.3		123.8	1.20	68.1

续表

簧丝直径 d /mm	弹簧中径 D /mm	初拉力 F_0 /N	试验载荷 F_s /N	有效圈数 n											
				15.5				18.25				20.5			
				有效圈长度 H_{Lb} /mm	试验载荷下变形量 f_s/mm	弹簧刚度 k/N·mm^{-1}	弹簧单件质量 m /10^{-3}kg	有效圈长度 H_{Lb} /mm	试验载荷下变形量 f_s/mm	弹簧刚度 k/N·mm^{-1}	弹簧单件质量 m /10^{-3}kg	有效圈长度 H_{Lb} /mm	试验载荷下变形量 f_s/mm	弹簧刚度 k/N·mm^{-1}	弹簧单件质量 m /10^{-3}kg
3.0	14	95.6	475	49.5	20.2	18.8	40.7	57.8	23.7	16.0	47.4	64.5	26.7	14.2	54.9
	16	73.2	416		27.2	12.6	48.8		32	10.7	56.5		36	9.53	62.8
	18	57.8	370		35.3	8.85	54.9		41.5	7.52	63.5		46.7	6.69	70.6
	20	46.8	333		44.4	6.45	61.0		52.2	5.48	70.5		58.6	4.88	78.5
	22	38.7	303		54.5	4.85	67.1		64.2	4.12	77.7		72.2	3.66	86.3
	25	29.9	266		71.5	3.30	76.3		84	2.81	88.3		94.4	2.50	98.1
3.5	18	107	587	57.8	29.3	16.4	74.7	67.4	34.5	13.9	86.5	75.3	38.7	12.4	96.1
	20	86.8	528		36.8	12.0	83.1		43.7	10.1	96.1		48.8	9.04	107
	22	71.7	480		45.5	8.98	91.4		53.5	7.63	106		60.1	6.79	118
	25	55.5	423		60	6.12	103		70.7	5.20	120		79.4	4.63	134
	28	44.2	377		76.3	4.36	116		89.9	3.70	135		101.2	3.29	150
	35	28.4	302		122.7	2.23	145		144.8	1.89	168		161.9	1.69	187
4.0	22	123	694	66	37.3	15.3	119	77.0	43.9	13.0	138	86.0	49.2	11.6	153
	25	94.7	611		49.6	10.4	136		58.2	8.87	157		65.4	7.89	174
	28	75.4	545		63.2	7.43	152		74.4	6.31	176		83.6	5.62	195
	32	57.8	477		84.2	4.98	174		99.1	4.23	201		111.5	3.76	223
	35	48.3	436		102	3.80	190		120	3.23	220		134.6	2.88	244
	40	37.0	382		135.3	2.55	217		159.7	2.16	251		178.8	1.93	279
	45	29.2	339		173.1	1.79	244		203.8	1.52	282		229.5	1.35	314
4.5	25	152	870	74.3	43	16.7	172	86.6	50.6	14.2	199	96.8	57	12.6	221
	28	121	777		55.1	11.9	192		65	10.1	222		72.9	9.00	247
	32	92.6	680		73.7	7.97	220		86.8	6.77	254		97.4	6.03	282
	35	77.4	621		89.3	6.09	240		104.9	5.18	278		117.9	4.61	309
	40	62.8	544		117.9	4.08	275		138.7	3.47	318		155.7	3.09	353
	45	46.8	483		152	2.87	309		179.5	2.43	357		201	2.17	397
	50	37.9	435		190	2.09	343		223.1	1.78	397		251.3	1.58	441
5.0	25	232	1154	82.5	36.2	25.5	212	96.3	42.7	21.6	245	107.5	47.8	19.3	272
	28	184	1030		46.7	18.1	237		54.9	15.4	275		61.8	13.7	305
	32	141	902		62.4	12.2	271		73.9	10.3	314		82.8	9.19	349
	35	118	824		76	9.29	297		89.5	7.89	343		100.6	7.02	381
	40	90.3	721		101.4	6.22	339		119.5	5.28	392		134.2	4.70	436
	45	71.3	641		130.4	4.37	381		153.6	3.71	441		172.6	3.30	490
	55	47.8	525		199.7	2.39	466		235.1	2.03	539		263.6	1.81	599
6.0	32	292	1505	99.0	48.1	25.2	391	116	56.7	21.4	452	129	63.5	19.1	502
	35	244	1376		58.7	19.3	427		69	16.4	494		77.5	14.6	549
	40	187	1204		78.8	12.9	488		92.5	11.0	565		104.3	9.75	628
	45	148	1070		101.8	9.06	549		119.7	7.70	635		134.6	6.85	706
	50	120	963		126.4	6.67	610		150.3	5.61	706		168.9	4.99	785
	60	83.2	803		188.4	3.82	732		221.5	3.25	847		249.1	2.89	941
	70	61.1	688		260.1	2.41	854		307.3	2.04	989		344.5	1.82	1100
8.0	40	592	2753	132	53	40.8	868	154	62.5	34.6	1000	172	70.2	30.8	1120
	45	468	2447		69.2	28.6	976		81.4	24.3	1130		91.2	21.7	1260
	50	379	2203		87.3	20.9	1080		103.1	17.7	1260		115.4	15.8	1390
	55	313	2002		107.6	15.7	1190		127	13.3	1380		141.9	11.9	1530
	60	263	1835		129.9	12.1	1300		152.6	10.3	1510		172.2	9.13	1670
	70	193	1573		181.3	7.61	1520		213.6	6.46	1760		240	5.75	1950
	80	148	1377		241	5.10	1740		283.8	4.33	2010		319.2	3.85	2230

续表

簧丝直径 d /mm	弹簧中径 D /mm	初拉力 F_0 /N	试验载荷 F_s/N	有效圈数 n											
				25.5				30.25				40.5			
				有效圈长度 H_{Lb} /mm	试验载荷下变形量 f_s/mm	弹簧刚度 k/N·mm^{-1}	弹簧单件质量 m /10^{-3}kg	有效圈长度 H_{Lb} /mm	试验载荷下变形量 f_s/mm	弹簧刚度 k/N·mm^{-1}	弹簧单件质量 m /10^{-3}kg	有效圈长度 H_{Lb} /mm	试验载荷下变形量 f_s/mm	弹簧刚度 k/N·mm^{-1}	弹簧单件质量 m /10^{-3}kg
0.5	3	1.6	14.4	13.2	14.3	0.896	0.40	15.6	19.8	0.648	0.54	20.8	22.7	0.564	0.62
	3.5	1.2	12.3		19.6	0.565	0.47		27.2	0.408	0.63		31.3	0.355	0.72
	4	0.9	10.8		26.2	0.378	0.53		36.1	0.274	0.72		41.6	0.238	0.82
	5	0.6	8.6		41.2	0.194	0.67		57.1	0.140	0.90		65.6	0.122	1.03
	6	0.4	7.2		60.7	0.112	0.80		83.8	0.081	1.08		96.3	0.0706	1.23
0.6	3	3.3	23.9	15.9	11.1	1.86	0.58	18.8	13.1	1.570	0.68	24.9	17.6	1.17	0.89
	4	1.9	17.9		20.4	0.784	0.77		24.2	0.661	0.90		32.4	0.494	1.19
	5	1.2	14.3		32.6	0.402	0.96		38.8	0.338	1.12		51.8	0.253	1.48
	6	0.8	11.9		47.8	0.232	1.15		56.6	0.196	1.35		76.0	0.146	1.78
	7	0.6	10.2		65.8	0.146	1.35		78.0	0.123	1.57		104.3	0.1092	2.07
0.8	4	5.9	40.4	21.2	13.9	2.48	1.36	25.0	16.5	2.09	1.60	33.2	22.1	1.56	2.11
	5	3.8	32.3		22.4	1.27	1.70		26.6	1.07	2.00		35.7	0.799	2.63
	6	2.6	26.9		33.1	0.734	1.98		39.3	0.619	2.34		52.6	0.462	3.10
	8	1.5	20.2		60.3	0.310	2.64		71.6	0.261	3.11		95.9	0.195	4.13
	9	1.2	18.0		77.1	0.218	2.98		91.8	0.183	3.50		122.6	0.137	4.65
1.0	5	9.2	61.5	26.5	16.9	3.10	2.66	31.3	20.0	2.61	3.12	41.5	26.8	1.95	4.12
	6	6.4	51.3		25.1	1.79	3.20		29.7	1.51	3.75		39.7	1.13	4.94
	7	4.7	44.0		34.8	1.13	3.73		41.3	0.952	4.37		55.3	0.711	5.76
	8	3.6	38.5		46.2	0.756	4.26		54.7	0.638	5.00		73.3	0.476	6.59
	10	2.3	30.8		73.6	0.387	5.33		87.4	0.326	6.25		116.8	0.244	8.22
	12	1.6	25.6		107.1	0.224	6.39		127.0	0.189	7.50		170.2	0.141	9.88
1.2	6	13.3	86.4	31.8	19.7	3.72	4.60	37.5	23.4	3.13	5.40	49.8	31.2	2.34	7.11
	7	9.8	74.0		27.4	2.34	5.37		32.6	1.97	6.30		43.7	1.47	8.30
	8	7.5	64.8		36.5	1.57	6.14		43.4	1.32	7.20		58.0	0.988	9.48
	10	4.8	51.8		58.5	0.803	7.67		69.4	0.677	9.00		92.9	0.506	11.9
	12	3.3	43.2		85.8	0.465	9.20		101.8	0.392	10.8		136.2	0.293	14.2
	14	2.4	37.0		118.1	0.293	10.7		140.1	0.247	12.6		188	0.184	16.6
1.6	8	23.6	145	42.4	24.5	4.96	10.9	50.0	29.0	4.18	12.8	66.4	38.9	3.12	16.9
	10	15.1	116		39.7	2.54	13.6		47.1	2.14	16.0		63.1	1.60	21.1
	12	10.5	97.0		58.8	1.47	16.4		69.8	1.24	19.2		93.5	0.925	25.3
	14	7.7	83.1		81.5	0.925	19.1		96.7	0.780	22.4		129.6	0.582	29.5
	16	5.9	72.7		107.7	0.620	21.8		128	0.522	25.6		171.3	0.390	33.7
	18	4.7	64.7		137.9	0.435	24.6		163.5	0.367	28.8		219	0.274	37.9
2.0	10	37.0	215	53.0	28.7	6.20	21.3	62.5	34.1	5.22	25.0	83	45.6	3.90	32.9
	12	25.7	179		42.7	3.59	25.6		50.8	3.02	30.0		67.8	2.26	39.5
	14	18.8	153		59.4	2.26	29.8		70.6	1.90	35.0		94.5	1.42	46.1
	16	14.4	134		79.2	1.51	34.1		93.4	1.28	40.0		125.6	0.952	52.7
	18	11.4	119		101.5	1.06	38.4		120.1	0.896	45.0		160.8	0.669	59.3
	20	9.2	107		126.2	0.775	42.6		149.8	0.653	50.0		200.4	0.488	65.9
2.5	12	62.7	339	66.3	31.6	8.75	40.0	78.1	37.4	7.38	46.9	103.8	50.1	5.51	61.7
	14	46.1	291		44.4	5.51	46.6		52.7	4.65	54.7		70.6	3.47	72.0
	16	35.3	255		59.5	3.69	53.3		70.6	3.11	62.5		94.3	2.33	82.3
	18	27.9	226		76.5	2.59	59.9		90.5	2.19	70.3		121.5	1.63	92.6
	20	22.6	204		96.0	1.89	66.6		114.1	1.59	78.1		152.4	1.19	103
	25	14.4	163		153.5	0.968	83.2		182.1	0.816	92.6		243.6	0.610	129

续表

簧丝直径 d /mm	弹簧中径 D /mm	初拉力 F_0 /N	试验载荷 F_s/N	有效圈数 n											
				25.5				30.25				40.5			
				有效圈长度 H_{Lb} /mm	试验载荷下变形量 f_s/mm	弹簧刚度 k/N·mm^{-1}	弹簧单件质量 m /10^{-3}kg	有效圈长度 H_{Lb} /mm	试验载荷下变形量 f_s/mm	弹簧刚度 k/N·mm^{-1}	弹簧单件质量 m /10^{-3}kg	有效圈长度 H_{Lb} /mm	试验载荷下变形量 f_s/mm	弹簧刚度 k/N·mm^{-1}	弹簧单件质量 m /10^{-3}kg
3.0	14	95.5	475	79.5	33.3	11.4	67.1	93.8	39.4	9.64	78.7	124.5	52.7	7.20	104
	16	73.2	416		44.8	7.66	76.7		53.1	6.46	90.0		71.1	4.82	119
	18	57.8	370		58	5.38	86.3		68.9	4.53	101		92.1	3.39	133
	20	46.8	333		73	3.92	95.9		86.5	3.31	112		115.9	2.47	148
	22	38.7	303		89.6	2.95	106		106.6	2.48	124		142.9	1.85	163
	25	29.9	266		117.5	2.01	120		139.7	1.69	141		187.4	1.26	185
3.5	18	107	587	92.8	48.2	9.96	118	109.4	57.1	8.40	138	145.3	76.6	6.27	182
	20	86.8	528		60.8	7.26	131		72.1	6.12	153		96.5	4.57	202
	22	71.7	480		74.8	5.46	144		88.8	4.60	168		118.7	3.44	222
	25	55.5	423		98.8	3.72	163		117	3.14	191		157.1	2.34	252
	28	44.2	377		125.6	2.65	183		149.2	2.23	214		199.3	1.67	282
	35	28.4	302		201.2	1.36	228		240	1.14	268		320.8	0.853	353
4.0	22	123	694	106	61.3	9.31	188	125.0	72.7	7.85	220	166.0	97.4	5.86	290
	25	94.7	611		81.4	6.34	213		96.5	5.35	250		129.4	3.99	329
	28	75.4	545		103.9	4.52	239		123.3	3.81	280		165.4	2.84	369
	32	57.8	477		138.3	3.03	273		164.4	2.55	320		220.6	1.90	422
	35	48.3	436		167.8	2.31	298		198.8	1.95	350		265.5	1.46	461
	40	37.0	382		222.6	1.55	341		263.4	1.31	400		353.8	0.975	527
	45	29.2	339		284.2	1.09	384		337.8	0.917	450		452.3	0.685	593
4.5	25	152	870	119.3	70.4	10.2	270	140.6	83.8	8.57	316	186.8	112.2	6.40	417
	28	121	777		90.7	7.23	302		107.5	6.10	354		144.2	4.55	467
	32	92.6	680		121.1	4.85	345		143.6	4.09	405		192.6	3.05	534
	35	77.4	621		146.9	3.70	378		174.2	3.12	443		233.3	2.33	584
	40	62.8	544		194	2.48	432		230.2	2.09	506		308.5	1.56	666
	45	46.8	483		250.7	1.74	485		296.7	1.47	569		396.5	1.10	750
	50	37.9	435		312.7	1.27	539		371.1	1.07	633		496.4	0.800	834
5.0	25	232	1154	132.5	59.5	15.5	333	156.3	70.4	13.1	390	207.5	94.6	9.75	515
	28	184	1030		76.9	11.0	373		91.1	9.29	437		121.9	6.94	576
	32	141	902		103	7.39	426		122.2	6.23	500		163.7	4.65	659
	35	118	824		125	5.65	466		148.3	4.76	547		198.9	3.55	720
	40	90.3	721		166.9	3.78	533		197.7	3.19	625		265	2.38	823
	45	71.3	641		214.2	2.66	599		243.5	2.34	703		341.1	1.67	926
	55	47.8	525		329.1	1.45	732		388	1.23	859		521	0.916	1130
6.0	32	292	1505	159	79.3	15.3	614	188	94	12.9	720	249	125.8	9.64	948
	35	244	1376		96.8	11.7	671		114.7	9.87	787		153.6	7.37	1040
	40	187	1204		129.7	7.84	767		153.9	6.61	900		205.9	4.94	1190
	45	148	1070		167.3	5.51	863		198.7	4.64	1010		265.7	3.47	1330
	50	120	963		209.7	4.02	959		249.4	3.38	1120		333.2	2.53	1480
	60	83.2	803		310.3	2.32	1150		367.2	1.96	1350		493	1.46	1780
	70	61.1	688		429.4	1.46	1340		509.7	1.23	1570		680.7	0.921	2070

续表

簧丝直径 d /mm	弹簧中径 D /mm	初拉力 F_0 /N	试验载荷 F_s/N	有效圈数 n											
				25.5				30.25				40.5			
				有效圈长度 H_{Lb} /mm	试验载荷下变形量 f_s/mm	弹簧刚度 k/N·mm^{-1}	弹簧单件质量 m /10^{-3}kg	有效圈长度 H_{Lb} /mm	试验载荷下变形量 f_s/mm	弹簧刚度 k/N·mm^{-1}	弹簧单件质量 m /10^{-3}kg	有效圈长度 H_{Lb} /mm	试验载荷下变形量 f_s/mm	弹簧刚度 k/N·mm^{-1}	弹簧单件质量 m /10^{-3}kg
	40	592	2753		87.1	24.8	1360		103.4	20.9	1600		138.5	15.6	2110
	45	468	2447		113.7	17.4	1530		134.6	14.7	1800		181.6	10.9	2370
	50	379	2203		143.6	12.7	1700		170.5	10.7	2000		228.3	7.99	2630
8.0	55	313	2002	212	177.2	9.53	1880	250	210.1	8.04	2200	332	281.5	6.00	2900
	60	263	1835		214.2	7.34	2050		254	6.19	2400		340.3	4.62	3160
	70	193	1573		298.7	4.62	2390		353.8	3.90	2800		474.2	2.91	3690
	80	148	1377		396.5	3.10	2730		470.9	2.61	3200		630.3	1.95	4210

注：1. 表中所列 F_0 值，不作为考核项目。

2. 质量 m 为近似值，仅供参考。表中的数值是按 LⅢ及 LⅣ型弹簧的计算结果，对 LⅠ型弹簧，该数据略有偏大，如需精确估算，请按表 10-2-27 计算。

2.4.5 圆柱螺旋拉伸弹簧的拉力调整结构

拉伸弹簧拉力的调整结构形式很多，可根据需要自行设计，表 10-2-32 中列举了一些常用的结构，供设计者参考。

表 10-2-32 圆柱螺旋拉伸弹簧的拉力调整结构

结构类型	作用说明
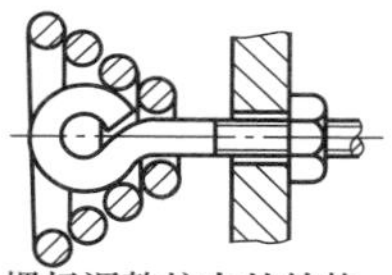 螺杆调整拉力的结构	弹簧端部做成圆锥闭合型，插入带环的螺杆，旋转螺母即可调整弹簧的拉力
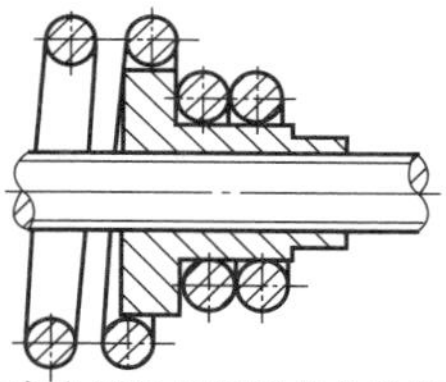 支承座为螺母的调整拉力的结构	弹簧安装在带有凸肩的螺母上，弹簧端部两圈的直径比正常直径小，以便固定，旋转螺母即可调整弹簧的拉力
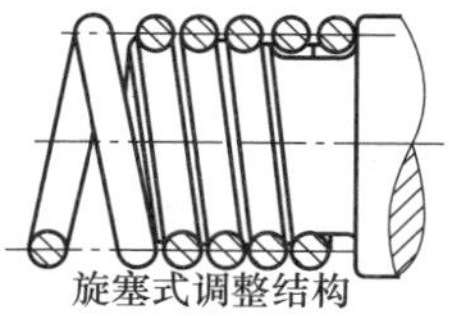 旋塞式调整结构	在螺旋拉杆上加工油螺旋槽，将拉杆旋入弹簧端部，转动拉杆即可调整弹簧的拉力
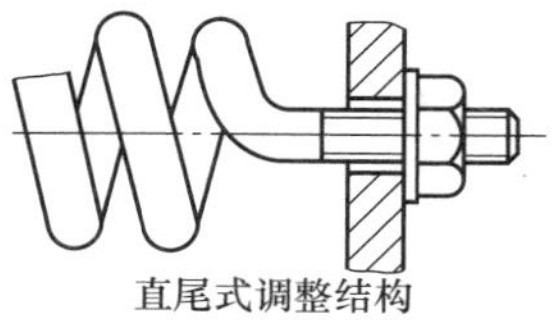 直尾式调整结构	将弹簧端部做成直的，并加工出螺纹形成螺杆，旋转螺杆端的螺母即可调整弹簧的拉力

第10篇

续表

结构类型	作用说明
挂板式调整结构	在薄钢板上钻有两排圆孔，弹簧端部都旋入钢板孔内 3～4 圈，靠旋入钢板孔内圈数的多少来调整弹簧的拉力
滑块式调整结构	弹簧端部挂在滑块 1 的圆孔内，滑块可以沿着导杆移动，当滑块移到合适的位置时，可以用紧固螺钉 2 将其固定。调整滑块的位置可以调整弹簧的拉力
复式调整结构	螺钉 2 调整拉伸弹簧支座 1 的位置，以调整弹簧的拉力；波形盒 3 可以根据工作需要，调整拉伸弹簧的工作圈数。这是一种较好的调整结构，但是结构比较复杂

2.5　圆柱螺旋扭转弹簧

2.5.1　圆柱螺旋扭转弹簧的基本几何参数和特性

图 10-2-10 中所示为圆柱螺旋扭转弹簧的基本几何参数和特性关系。T_1，T_2，…，T_n 为工作转矩，对应的扭转变形角为 φ_1，φ_2，…，φ_n。取达到试验应力 σ_s 的试验转矩为 T_s，对应的试验转矩下的扭转变形角为 φ_s。为了保证指定扭转变形角下的转矩，T 和 φ 应分别在试验转矩 T_s 和试验转矩下变形角 φ_s 的 20%～80%之间，即

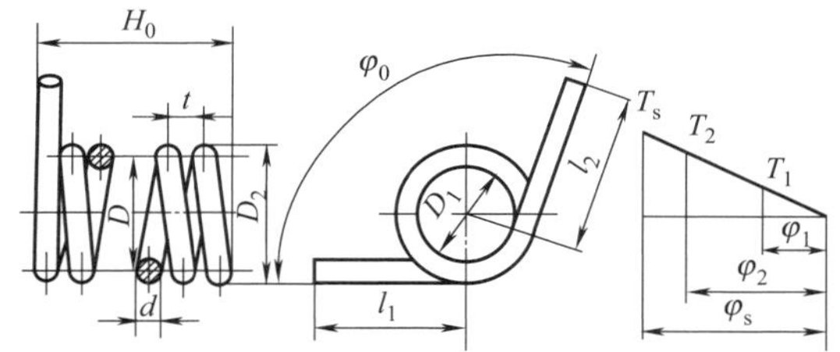

图 10-2-10　圆柱螺旋扭转弹簧的结构和载荷-变形图

d—弹簧材料直径，mm；
D，D_1，D_2—弹簧的中径、内径、外径，mm；
T_s—试验扭矩，N·mm，为弹簧允许承受的最大扭矩；
T_1，T_2—工作扭矩，N·mm；
φ_1，φ_2，φ_s—在 T_1、T_2、T_s 作用下的变形角；
H_0—自由长度，mm；
t—节距，mm；
φ_0—安装自由角度

$$0.2T_s \leqslant T_{1,2,\cdots,n} \leqslant 0.8T_s$$

$$0.2\varphi_s \leqslant \varphi_{1,2,\cdots,n} \leqslant 0.8\varphi_s$$

试验转矩为弹簧允许的最大转矩，其值可以按照式（10-2-11）计算

$$T_s = \frac{\pi d^3}{32}\sigma_s \qquad (10\text{-}2\text{-}11)$$

式中，d 为弹簧材料直径；σ_s 为试验弯曲应力。

2.5.2　圆柱螺旋扭转弹簧的结构形式

螺旋扭转弹簧的类型如图 10-2-11 所示。

2.5.3　圆柱螺旋扭转弹簧的设计计算

螺旋扭转弹簧一般只承受转矩的作用。由于弹簧的螺旋角 $\alpha \approx 0$，所以在弹簧材料任意截面上，只作用有弯矩 $M = T$。当弹簧两端受到转矩 T 的作用时，扭转角 φ 的计算式为

$$\varphi = \frac{\pi TDn}{EI}(\text{rad}) = \frac{180TDn}{EI}(°) \qquad (10\text{-}2\text{-}12)$$

若扭转弹簧端部的扭臂较长（图 10-2-12），在扭转变形角中要加入扭臂引起的变形角，其值为

$$\Delta\varphi=\frac{\frac{1}{3}(l_1+l_2)T}{EI}(\mathrm{rad})=\frac{57.3\times\frac{1}{3}(l_1+l_2)T}{EI}(^\circ) \tag{10-2-13}$$

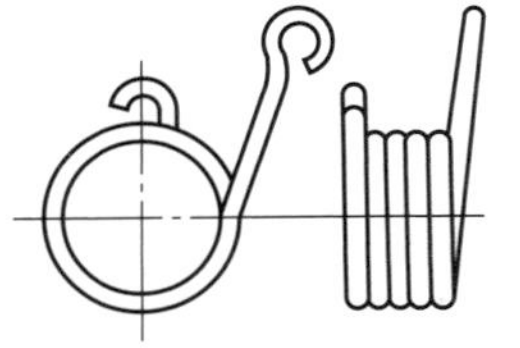

(a) 常用的普通型式扭转弹簧

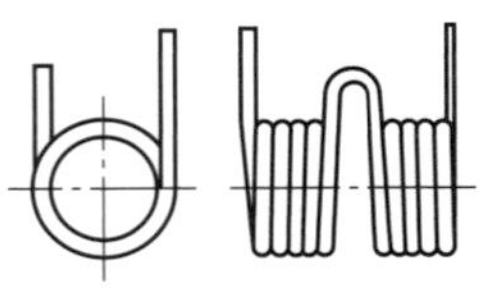

(b) 并列双扭转弹簧

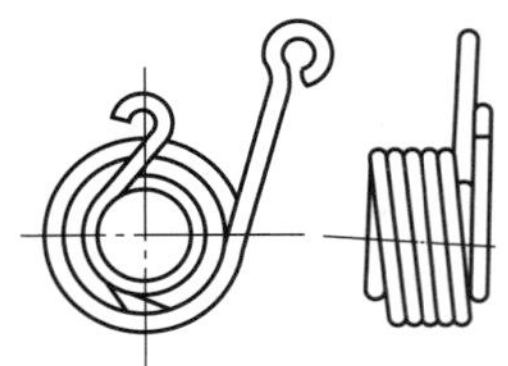

(c) 直列式双扭转弹簧

图 10-2-11 螺旋扭转弹簧的类型

弹簧圈内侧的最大应力

$$\sigma=K_b\frac{T}{Z_m} \tag{10-2-14}$$

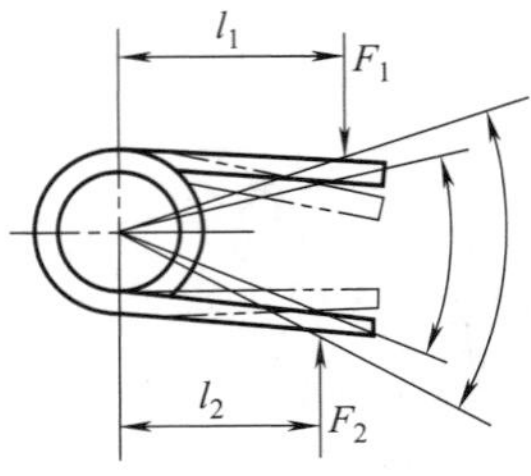

图 10-2-12 扭臂对扭转弹簧变形角的影响

弹簧的刚度、工作圈数和变形能分别为：

$$k=\frac{T}{\varphi}=\frac{EI}{180Dn}\quad [\mathrm{N\cdot mm/(^\circ)}] \tag{10-2-15}$$

$$n=\frac{EI\varphi}{180TD}\quad (圈) \tag{10-2-16}$$

$$U=\frac{T\varphi}{2}=\frac{V\sigma^2}{8E}\quad [\mathrm{N\cdot mm\cdot(^\circ)}] \tag{10-2-17}$$

式中，D 为弹簧的中径，mm；E 为弹簧的弹性模量，MPa；I 为弹簧材料截面惯性矩，mm^4；Z_m 为弹簧材料抗弯截面系数，mm^3；K_b 为曲度系数，当顺旋向扭转时，取 $K_b=1$；V 为弹簧工作圈材料的体积，mm^3。对于圆截面材料，$I=\pi d^4/64$，$Z_m=\pi d^3/32$；对于矩形截面材料，$I=a^3b/12$，$Z_m=a^2b/6$。

圆截面圆柱螺旋扭转弹簧的几何尺寸及参数计算见表 10-2-33。

表 10-2-33 圆柱螺旋扭转弹簧基本计算公式（GB/T 23935—2009）

名 称	代号	单位	计 算 公 式
材料弯曲应力	σ	MPa	$\sigma=K_b\frac{32T}{\pi d^3}$ 式中 T——扭矩，N·mm K_b——曲度系数，短扭臂：$T=FR$，长扭臂：$T=F_1R_1=F_2R_2$ F，F_1，F_2——弹簧受力，N R，R_1，R_2——力臂，mm $K_b=\frac{4C^2-C-1}{4C^2(C-1)}$ 当扭转方向为顺向时，$K_b=1$。旋绕比 $C=\frac{D}{d}$，见表 10-2-13
材料直径	d	mm	$d\geqslant\sqrt[3]{\frac{10.2K_bT}{[\sigma]}}$ 式中 $[\sigma]$——许用弯曲应力，MPa，见表 10-2-10
弹簧中径	D	mm	$D=Cd$，$D=\frac{D_1+D_2}{2}$

续表

名　称	代号	单位	计　算　公　式
扭转变形角	φ φ°	rad (°)	短扭臂：$\varphi=\dfrac{64TDn}{Ed^4}$，长扭臂：$\varphi=\dfrac{64T}{\pi Ed^4}\left[\pi Dn+\dfrac{1}{3}(l_1+l_2)\right]$ 短扭臂：$\varphi^\circ=\dfrac{3667TDn}{Ed^4}$，长扭臂：$\varphi^\circ=\dfrac{3667T}{\pi Ed^4}\left[\pi Dn+\dfrac{1}{3}(l_1+l_2)\right]$ 式中　E——材料弹性模量，MPa，见表 10-2-2 l_1，l_2——臂长，mm n——有效圈数
扭转刚度	k	N·mm/rad N·mm/(°)	短扭臂： $k=\dfrac{T}{\varphi}=\dfrac{Ed^4}{64Dn}=\dfrac{T_2-T_1}{\varphi_2-\varphi_1}$ $k=\dfrac{T}{\varphi^\circ}=\dfrac{Ed^4}{3667Dn}=\dfrac{T_2-T_1}{\varphi_2^\circ-\varphi_1^\circ}$ 长扭臂： $k=\dfrac{\pi Ed^4}{64\left[\pi Dn+\dfrac{1}{3}(l_1+l_2)\right]}$ $k=\dfrac{\pi Ed^4}{3667\left[\pi Dn+\dfrac{1}{3}(l_1+l_2)\right]}$
有效圈数	n	圈	$n=\dfrac{Ed^4\varphi}{64TD}=\dfrac{Ed^4\varphi^\circ}{3667TD}$
试验扭矩	T_s	N·mm	$T_s=\dfrac{\pi d^3}{32}\sigma_s$ 式中　σ_s——试验弯曲应力，MPa。动载荷在有些情况下可取 $\sigma_s=(1.1\sim1.3)[\sigma]$ 或取 $T_s=(1.1\sim1.3)T_n$ 有特殊要求时，工作扭矩应满足：$0.2T_s\leqslant T_{1,2,3,\cdots,n}\leqslant0.8T_s$
试验扭矩下的变形角	φ_s φ_s°	rad (°)	$\varphi_s(\varphi_s^\circ)=\dfrac{T_s}{k}$ 有特殊要求时，应满足：$0.2\varphi_s\leqslant\varphi_{1,2,3,\cdots,n}\leqslant0.8\varphi_s$
弹簧内径	D_1	mm	$D_1=D-d$ 扭转角度 φ 确定后，$D_1=\dfrac{2\pi nD}{2\pi nD+\varphi}-d$
弹簧外径	D_2	mm	$D_2=D+d$
直径减少值	ΔD_s	mm	$\Delta D_s=\dfrac{\varphi_s D}{2\pi n}=\dfrac{\varphi_s^\circ D}{360n}$ 为了避免弹簧受扭矩后抱紧导杆，需考虑扭矩作用下弹簧直径的减小
导杆直径	D'	mm	$D'=0.9(D_1-\Delta D_s)$
节距	t	mm	$t=d+\delta$ 密圈弹簧间距 $\delta=0$
自由长度	H_0	mm	$H_0=(nt+d)$＋扭臂在弹簧轴线的长度
螺旋角	α	(°)	$\alpha=\arctan\dfrac{t}{\pi D}$ 一般旋向为右旋
弹簧展开长度	L	mm	$L\approx\pi Dn$＋扭臂长度

2.5.4 圆柱螺旋扭转弹簧的计算示例

表 10-2-34 圆柱螺旋扭转弹簧的计算示例

	项 目	单位	公式及数据
原始条件	最小工作转矩 T_1	N·mm	2000
	最大工作转矩 T_n	N·mm	6000
	工作扭转角 φ	(°)	40
	弹簧类别		$N<10^3$
	端部结构		外臂扭转
	自由角度	(°)	120
参数计算	选择材料及许用弯曲应力 σ_{Bp}	MPa	根据设计要求为Ⅲ类弹簧，选用碳素弹簧钢丝 C 级，初步假设钢丝直径 $d=4\sim5.5$mm，根据表 10-2-6，查得 $R_m=1520\sim1470$MPa 取 $R_m=1500$MPa 根据表 10-2-6，则 许用弯曲应力 $\sigma_{Bp}=0.8R_m=0.8\times1500=1200$
	初选旋绕比 C		为使结构紧凑，暂定 $C=6$
	曲度系数 K_1		$K_1=\frac{4C-1}{4C-4}=\frac{4\times6-1}{4\times6-4}=1.15$
	钢丝直径 d	mm	$d=\sqrt[3]{\frac{32T_nK_1}{\pi\sigma_{Bp}}}=\sqrt[3]{\frac{32\times6000\times1.15}{3.14\times1200}}=3.88$ 取标准值 $d=4$ 对照表 10-2-6，$d=4$，C 级，则 $R_m=1520$MPa，大于原暂定值，故安全
	弹簧中径 D 及旋绕比 C	mm	$D=Cd=6\times4=24$ 取标准值 $D=25$ 则 $C=\frac{D}{d}=\frac{25}{4}=6.25$
	弹簧圈数 n	圈	$n=\frac{Ed^4\varphi}{3667D(T_n-T_1)}=\frac{206\times10^3\times4^4\times40}{3667\times25\times(6000-2000)}=5.75$ 取整数值 $n=6$
	弹簧刚度 k	N·mm/(°)	$k=\frac{Ed^4}{3667Dn}=\frac{206\times10^3\times4^4}{3667\times25\times6}=95.87$
	最大工作转矩时的扭转角 φ_n	(°)	$\varphi_n=\frac{T_n}{k}=\frac{6000}{95.87}=62.58$
	最小工作转矩时的扭转角 φ_1	(°)	$\varphi_1=\varphi_n-\varphi=62.58-40=22.58$
	实际最小工作转矩 T_1	N·mm	$T_1=k\varphi_1=95.87\times22.58=2164.7$
	工作极限弯曲应力 σ_j	MPa	$\sigma_j=0.8\sigma_b=0.8\times1520=1216$

续表

	项　目	单位	公式及数据
参数计算	工作极限转矩 T_j	N·mm	$T_j=\frac{\pi d^3\sigma_j}{32K_1}=\frac{3.14\times4^3\times1216}{32\times1.15}=6640.4$
	工作极限扭转角 φ_j	(°)	$\varphi_j=\frac{T_j}{k}=\frac{6640.4}{95.87}=69.26$
	弹簧节距 t	mm	$t=d+\delta$，无特殊要求 $\delta=0.5$ $t=4+0.5=4.5$
	自由长度 H_0	mm	$H_0=nt+d=6\times4.5+4=31$
	螺旋角 α	(°)	$\alpha=\arctan\frac{t}{\pi D}=\arctan\frac{4.5}{3.14\times25}=3.28$
	展开长度 L	mm	$L=\frac{\pi Dn}{\cos\alpha}+L_0=\frac{3.14\times25\times6}{\cos3.28}+L_0=471.9+L_0$
	最小稳定性指标 n_{min}		$n_{min}=\left(\frac{\varphi_j}{123.1}\right)^4=\left(\frac{69.26}{123.1}\right)^4=0.1<6(n)$
工作图	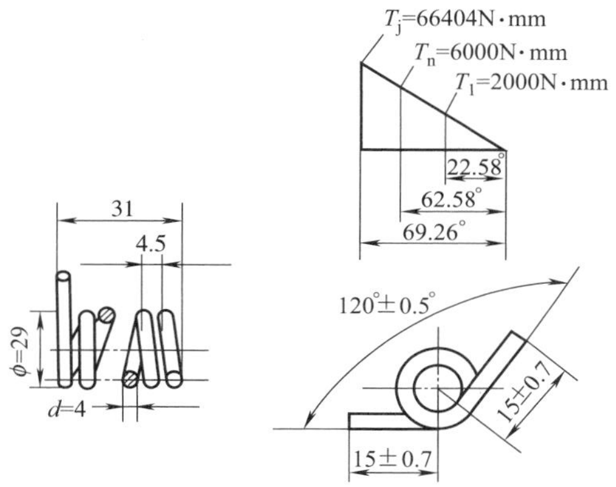 T_j=66404N·mm　T_n=6000N·mm　T_1=2000N·mm　22.58°　62.58°　69.26°　31　4.5　ϕ=29　d=4　120°±0.5°　15±0.7　15±0.7		技术要求 1. 有效圈数 $n=6$ 2.旋向为右转 3.展开长度 $L=472+L_0$ 4.硬度 45～50HRC

2.5.5 圆柱螺旋扭转弹簧的结构及安装示例

表 10-2-35　　圆柱螺旋扭转弹簧的结构及安装示例

代号	简　图	端部结构形式	代号	简　图	端部结构形式
NⅠ	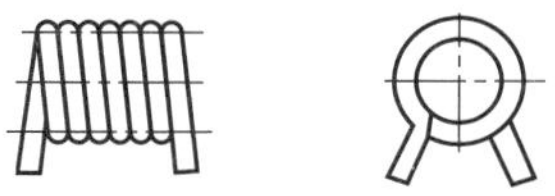	外臂扭转弹簧	NⅣ	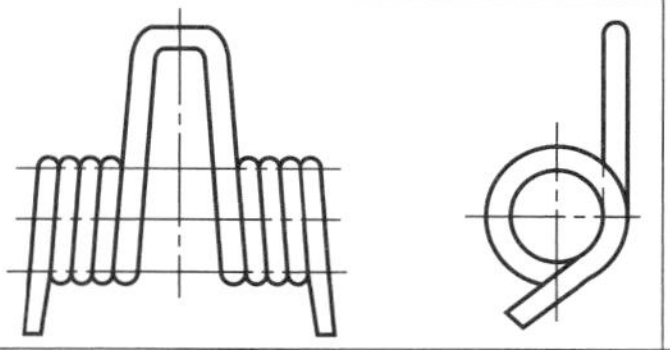	平列双扭弹簧
NⅡ	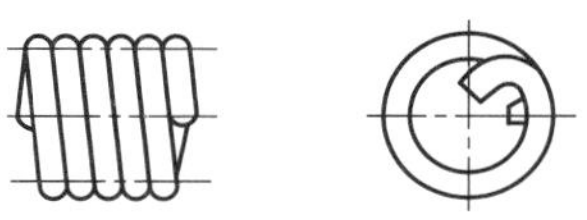	内臂扭转弹簧	NⅤ	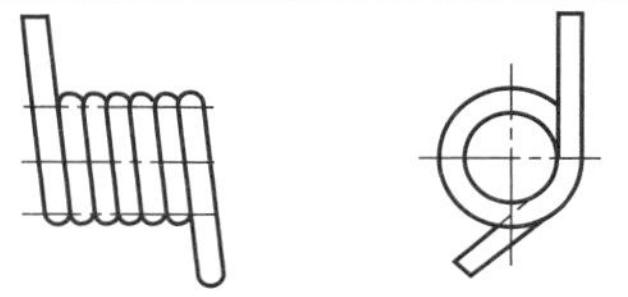	直臂扭转弹簧
NⅢ	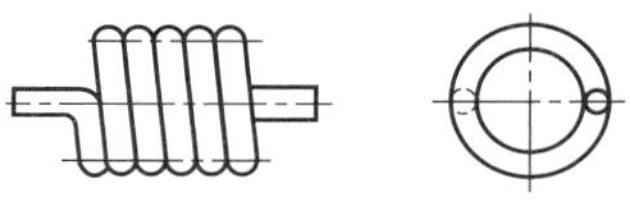	中心臂扭转弹簧	NⅥ	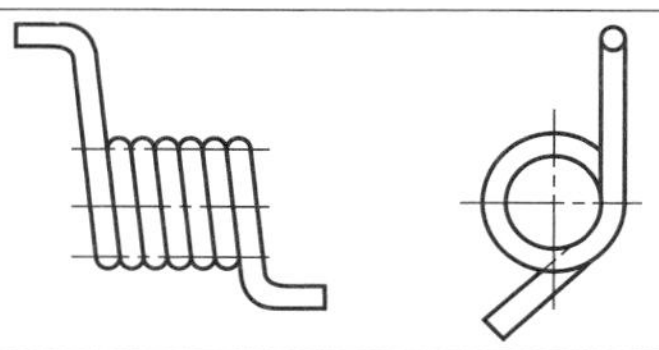	单臂弯曲扭转弹簧

第10篇

2.6　圆柱螺旋弹簧技术要求

冷卷和热卷圆柱螺旋弹簧的弹簧特性和尺寸的极限偏差均分为1、2、3三个等级，各项目的等级应根据需要分别独立选定。

2.6.1　弹簧特性和尺寸的极限偏差

表 10-2-36　弹簧特性和尺寸的极限偏差（GB/T 1239.1～3—2009，GB/T 23934—2015）

弹簧类型	项目	弹簧制造精度及极限偏差					备注
冷卷压缩弹簧	指定高度时载荷 F 的极限偏差/N	精度等级		1	2	3	
		有效圈数	3～10	±0.05F	±0.10F	±0.15F	
			＞10	±0.04F	±0.08F	±0.12F	
	弹簧刚度 k 的极限偏差/N·mm^{-1}	精度等级		1	2	3	
		有效圈数	3～10	±0.05k	±0.10k	±0.15k	
			＞10	±0.04k	±0.08k	±0.12k	
	弹簧外径或内径的极限偏差/mm	精度等级		1	2	3	
		旋绕比 C	3～8	±0.01D 最小±0.15	±0.015D 最小±0.20	±0.025D 最小±0.40	
			＞8～15	±0.015D 最小±0.20	±0.02D 最小±0.30	±0.03D 最小±0.50	
			＞15～22	±0.02D 最小±0.30	±0.03D 最小±0.50	±0.04D 最小±0.70	
	弹簧自由高度 H_0 的极限偏差/mm	精度等级		1	2	3	当弹簧有特性要求时，自由高度作为参考
		旋绕比 C	3～8	±0.01H_0 最小±0.20	±0.02H_0 最小±0.50	±0.03H_0 最小±0.70	
			8～15	±0.015H_0 最小±0.50	±0.03H_0 最小±0.70	±0.04H_0 最小±0.80	
			＞15～22	±0.02H_0 最小±0.60	±0.04H_0 最小±0.80	±0.06H_0 最小±1.0	
	总圈数的极限偏差/圈	总圈数/圈		≤10	10～20	＞20～50	当弹簧有特性要求时，总圈数作为参考
		极限偏差		±0.25	±0.50	±1.00	
	两端经磨削的弹簧，轴心线对端面的垂直度/mm或(°)	精度等级		1	2	3	弹簧在自由状态下
		极限偏差		0.02H_0 (1.15°)	0.05H_0 (2.9°)	0.08H_0 (4.6°)	
冷卷拉伸弹簧	指定长度时载荷 F 的极限偏差/N	±[初拉力×α+(指定长度时的载荷－初拉力)×β]					有效圈数 n
		精度等级		1	2	3	＞3
		α(系数)		0.10	0.15	0.20	
		β(系数)		0.05	0.10	0.15	3～10
				0.04	0.08	0.12	＞10
	弹簧刚度 k 极限偏差/N·mm^{-1}	精度等级		1	2	3	
		有效圈数	3～10	±0.05k	±0.10k	±0.15k	
			＞10	±0.04k	±0.08k	±0.12k	
	弹簧外径或内径的极限偏差/mm	精度等级		1	2	3	
		旋绕比 C	4～8	±0.01D 最小±0.15	±0.015D 最小±0.20	±0.025D 最小±0.40	
			8～15	±0.015D 最小±0.20	±0.02D 最小±0.30	±0.03D 最小±0.50	
			＞15～22	±0.02D 最小±0.30	±0.03D 最小±0.50	±0.04D 最小±0.70	

续表

<table>
<tr><th>弹簧类型</th><th>项　　目</th><th colspan="5">弹簧制造精度及极限偏差</th><th>备　　注</th></tr>
<tr><td rowspan="21">冷卷拉伸弹簧</td><td rowspan="4">弹簧自由长度 H_0（两钩环内侧之间的长度）的极限偏差/mm</td><td colspan="2">精度等级</td><td>1</td><td>2</td><td>3</td><td rowspan="4">弹簧有特性要求时，自由长度作为参考
对于无初拉力的弹簧，自由长度的极限偏差由供需双方协议规定</td></tr>
<tr><td rowspan="3">旋绕比 C</td><td>4～8</td><td>$\pm0.01H_0$
最小±0.2</td><td>$\pm0.02H_0$
最小±0.5</td><td>$\pm0.03H_0$
最小±0.6</td></tr>
<tr><td>8～15</td><td>$\pm0.015H_0$
最小±0.5</td><td>$\pm0.03H_0$
最小±0.7</td><td>$\pm0.04H_0$
最小±0.8</td></tr>
<tr><td>>15～22</td><td>$\pm0.02H_0$
最小±0.6</td><td>$\pm0.04H_0$
最小±0.8</td><td>$\pm0.06H_0$
最小±1.0</td></tr>
<tr><td rowspan="5">弹簧两钩环相对角度的公差/(°)</td><td colspan="2">弹簧中径 D/mm</td><td>角度偏差 γ/(°)</td><td colspan="2" rowspan="5"> 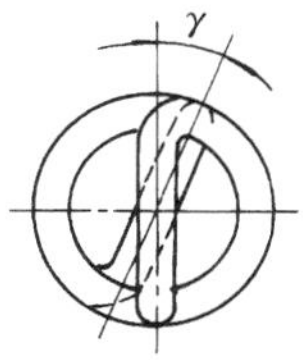</td><td rowspan="5"></td></tr>
<tr><td colspan="2">≤10</td><td>35</td></tr>
<tr><td colspan="2">>10～25</td><td>25</td></tr>
<tr><td colspan="2">>25～55</td><td>20</td></tr>
<tr><td colspan="2">>55</td><td>15</td></tr>
<tr><td rowspan="7">钩环中心面与弹簧轴心线位置度/mm</td><td colspan="2">弹簧中径 D/mm</td><td>极限偏差 Δ/mm</td><td colspan="2" rowspan="7"> 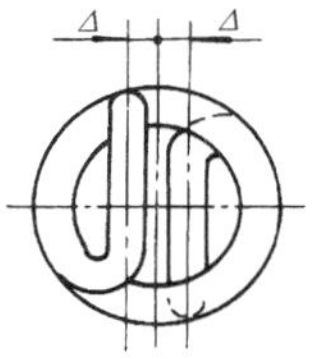</td><td rowspan="7">适用于半圆钩环、圆钩环、压中心圆钩环。其他钩环的位置度极限偏差由供需双方商定</td></tr>
<tr><td colspan="2">>3～6</td><td>0.5</td></tr>
<tr><td colspan="2">>6～10</td><td>1</td></tr>
<tr><td colspan="2">>10～18</td><td>1.5</td></tr>
<tr><td colspan="2">>18～30</td><td>2</td></tr>
<tr><td colspan="2">>30～50</td><td>2.5</td></tr>
<tr><td colspan="2">>50～120</td><td>3</td></tr>
<tr><td rowspan="5">弹簧钩环钩部长度 L 的极限偏差/mm</td><td colspan="2">钩环钩部长度 L/mm</td><td>极限偏差 /mm</td><td colspan="2" rowspan="5"> 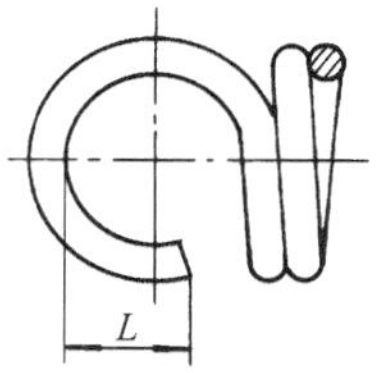</td><td rowspan="5"></td></tr>
<tr><td colspan="2">≤15</td><td>±1</td></tr>
<tr><td colspan="2">>15～30</td><td>±2</td></tr>
<tr><td colspan="2">>30～50</td><td>±3</td></tr>
<tr><td colspan="2">>50</td><td>±4</td></tr>
<tr><td rowspan="9">冷卷扭转弹簧</td><td rowspan="5">在指定扭转角时的扭矩极限偏差/N·mm</td><td colspan="5">±(计算扭转角 $\times\beta_1+\beta_2$)$\times k$</td><td rowspan="5">k——弹簧扭转刚度，N·mm/(°)</td></tr>
<tr><td colspan="2">精度等级</td><td>1</td><td>2</td><td>3</td></tr>
<tr><td colspan="2">β_1</td><td>0.03</td><td>0.05</td><td>0.08</td></tr>
<tr><td colspan="2">圈数</td><td>≥3～10</td><td>>10～20</td><td>>20～30</td></tr>
<tr><td colspan="2">β_2/(°)</td><td>10</td><td>15</td><td>20</td></tr>
<tr><td rowspan="4">弹簧内径或外径的极限偏差/mm</td><td colspan="2">精度等级</td><td>1</td><td>2</td><td>3</td><td rowspan="4"></td></tr>
<tr><td rowspan="3">旋绕比 C</td><td>4～8</td><td>$\pm0.01D$
最小 0.15</td><td>$\pm0.015D$
最小 0.2</td><td>$\pm0.025D$
最小±0.4</td></tr>
<tr><td>>8～15</td><td>$\pm0.015D$
最小±0.2</td><td>$\pm0.02D$
最小±0.3</td><td>$\pm0.03D$
最小±0.5</td></tr>
<tr><td>>15～22</td><td>$\pm0.02D$
最小±0.3</td><td>$\pm0.03D$
最小±0.5</td><td>$\pm0.04D$
最小±0.7</td></tr>
</table>

续表

<table>
<tr><th>弹簧类型</th><th>项目</th><th colspan="5">弹簧制造精度及极限偏差</th><th>备注</th></tr>
<tr><td rowspan="18">冷卷扭转弹簧</td><td rowspan="5">自由角度的极限偏差/(°)</td><td colspan="2">精度等级</td><td>1</td><td>2</td><td>3</td><td rowspan="5">所列极限偏差数值适用于旋绕比为 4～22 的弹簧
有特性要求的弹簧，自由角度不作考核</td></tr>
<tr><td rowspan="4">有效圈数 n</td><td>≤3</td><td>±8</td><td>±10</td><td>±15</td></tr>
<tr><td>>3～10</td><td>±10</td><td>±15</td><td>±20</td></tr>
<tr><td>>10～20</td><td>±15</td><td>±20</td><td>±30</td></tr>
<tr><td>>20～30</td><td>±20</td><td>±30</td><td>±40</td></tr>
<tr><td rowspan="4">自由长度 H_0 的极限偏差/mm</td><td colspan="2">精度等级</td><td>1</td><td>2</td><td>3</td><td rowspan="4">密封弹簧的自由长度不作考核</td></tr>
<tr><td rowspan="3">旋绕比 C</td><td>4～8</td><td>±0.015H_0
最小±0.3</td><td>±0.03H_0
最小±0.6</td><td>±0.05H_0
最小±1</td></tr>
<tr><td>>8～15</td><td>±0.02H_0
最小±0.4</td><td>±0.04H_0
最小±0.8</td><td>±0.07H_0
最小±1.4</td></tr>
<tr><td>>15～22</td><td>±0.03H_0
最小±0.6</td><td>±0.06H_0
最小±1.2</td><td>±0.09H_0
最小±1.8</td></tr>
<tr><td rowspan="5">扭臂长度极限偏差/mm</td><td colspan="2">精度等级</td><td>1</td><td>2</td><td>3</td><td rowspan="5"></td></tr>
<tr><td rowspan="4">材料直径 d /mm</td><td>0.5～1</td><td>±0.02$L(L_1)$
最小±0.5</td><td>±0.03$L(L_1)$
最小±0.7</td><td>±0.04$L(L_1)$
最小±1.5</td></tr>
<tr><td>>1～2</td><td>±0.02$L(L_1)$
最小±0.7</td><td>±0.03$L(L_1)$
最小±1.0</td><td>±0.04$L(L_1)$
最小±2.0</td></tr>
<tr><td>>2～4</td><td>±0.02$L(L_1)$
最小±1.0</td><td>±0.03$L(L_1)$
最小±1.5</td><td>±0.04$L(L_1)$
最小±3.0</td></tr>
<tr><td>>4</td><td>±0.02$L(L_1)$
最小±1.5</td><td>±0.03$L(L_1)$
最小±2.0</td><td>±0.04$L(L_1)$
最小±4.0</td></tr>
<tr><td rowspan="4">扭臂弯曲角度 α 的极限偏差/(°)</td><td colspan="2">精度等级</td><td>极限偏差</td><td colspan="3" rowspan="4"></td></tr>
<tr><td colspan="2">1</td><td>±5</td></tr>
<tr><td colspan="2">2</td><td>±10</td></tr>
<tr><td colspan="2">3</td><td>±15</td></tr>
<tr><td rowspan="9">热卷压缩及拉伸弹簧</td><td rowspan="2">指定载荷时高度的极限偏差/mm</td><td colspan="2">精度等级</td><td>1</td><td>2</td><td>3</td><td rowspan="5">当压缩弹簧的自由高度小于 900mm 且在小于最大变形量的 6 倍，大于弹簧中径的 0.8 倍时，按表中规定，除此以外的压缩及拉伸弹簧特性极限偏差，由供需双方协商确定</td></tr>
<tr><td colspan="2">极限偏差</td><td>±0.05f
最小±2.5</td><td>±0.10f
最小±5.0</td><td>±0.15f
最小±7.5</td></tr>
<tr><td rowspan="2">指定同度时载荷的极限偏差/N</td><td colspan="2">精度等级</td><td>1</td><td>2</td><td>3</td></tr>
<tr><td colspan="2">极限偏差</td><td>±0.05F
最小±2.5k</td><td>±0.10F
最小±5.0k</td><td>±0.15F
最小±7.5k</td></tr>
<tr><td>弹簧刚度的极限偏差/N·mm^{-1}</td><td colspan="5">一般为±10%k，使用时对精度有特殊要求的弹簧可选±5%k</td></tr>
<tr><td rowspan="2">弹簧外径（或内径）的极限偏差/mm</td><td colspan="2">精度等级</td><td>1</td><td>2</td><td>3</td><td rowspan="2">同一级别下应取计算值与最小值间绝对值较大者</td></tr>
<tr><td colspan="2">极限偏差</td><td>±0.0125D
最小±2.0</td><td>±0.02D
最小±2.5</td><td>±0.0275D
最小±3.0</td></tr>
<tr><td rowspan="2">自由高度（长度）的极限偏差/mm</td><td colspan="2">精度等级</td><td>1</td><td>2</td><td>3</td><td rowspan="2">当弹簧有特性要求时，自由高度（长度）作为参考</td></tr>
<tr><td colspan="2">极限偏差</td><td>±0.015H_0
最小±2.0</td><td>±0.02H_0
最小±3.0</td><td>±0.03H_0
最小±4.0</td></tr>
</table>

续表

<table>
<tr><th>弹簧类型</th><th>项　　目</th><th colspan="5">弹簧制造精度及极限偏差</th><th>备　　注</th></tr>
<tr><td rowspan="6">热卷压缩及拉伸弹簧</td><td rowspan="2">总圈数的极限偏差/圈</td><td colspan="3">压缩弹簧</td><td colspan="2">拉伸弹簧</td><td rowspan="2">当弹簧有特性要求时，不规定总圈数极限偏差</td></tr>
<tr><td colspan="3">±1/4</td><td colspan="2">供需双方协议规定</td></tr>
<tr><td rowspan="3">两端圈制扁或磨平弹簧轴心线对两端面的垂直度/mm</td><td colspan="2">精度等级</td><td>1</td><td>2</td><td>3</td><td rowspan="5">在自由状态下</td></tr>
<tr><td rowspan="2">自由高度 H_0 /mm</td><td>$\leqslant 500$</td><td>$0.026H_0$</td><td>$0.035H_0$</td><td>$0.05H_0$</td></tr>
<tr><td>>500</td><td>$0.035H_0$</td><td>$0.05H_0$</td><td>$0.07H_0$</td></tr>
<tr><td rowspan="2">两端圈制扁或磨平，弹簧端圈平面间平行度/mm</td><td colspan="2">精度等级</td><td>1</td><td>2</td><td>3</td></tr>
<tr><td colspan="2">公差</td><td>$0.026D_2$</td><td>$0.035D_2$</td><td>$0.05D_2$</td></tr>
</table>

注：1. 弹簧尺寸的极限偏差必要时可不对称使用，其公差值不变。

2. 等节距的压缩弹簧在压缩到全变形量的 80%时，其正常节距圈不得接触。

3. 必要时，弹簧的自由高度的极限偏差允许不对称使用，其公差值不变。

2.6.2 其他技术要求

1）冷卷弹簧一般在成形后进行去应力退火，其硬度不予考核。根据使用要求也可不进行去应力退火。

2）用硬状态的青铜线冷卷的弹簧需进行去应力退火处理，其硬度不予考核。用冷硬铍青铜线冷卷的弹簧应进行时效处理。

3）需淬火回火处理的冷卷弹簧，淬火次数不得超过两次。回火次数不限，其硬度值在 42～52HRC 范围内选取。特殊情况下硬度可扩大选取范围到 55HRC。用退火冷硬铍青铜冷卷的弹簧须经淬火和时效处理。淬火次数不得超过两次，时效处理次数不限。

4）经淬火、回火处理的冷卷弹簧，单边脱碳层的深度允许比原材料标准规定的脱碳层深度再增加材料直径的 0.25%。

5）热卷弹簧成形后，必须进行均匀的热处理，即淬火、回火处理。

6）热卷弹簧淬火、回火后的硬度，一般为 388～461HBW或 41.5～48HRC，单边脱碳层的深度允许为原材料标准规定的深度再增加材料直径的 0.5%。

7）热卷弹簧表面应进行防锈处理。

8）凡弹簧表面镀层为锌、铬与镉时，电镀后应进行去氢处理。

9）弹簧表面应光滑，不得有肉眼可见的有害缺陷，但允许有深度不大于钢丝直径公差一半的个别小伤痕存在。

10）根据需要，在图样中可对弹簧规定下列要求：立定处理、强压处理和加温强压处理；喷丸处理；探伤；疲劳试验、模拟试验。

2.7 非圆形截面圆柱螺旋弹簧

2.7.1 矩形截面螺旋压缩弹簧

矩形截面圆柱螺旋压缩弹簧与圆形截面圆柱螺旋压缩弹簧相比，在同样的空间，它的截面积大，因此吸收的能量大，可用作重型的要求刚度大的弹簧。另一方面，矩形截面圆柱螺旋压缩弹簧的特性曲线更接近于直线，即弹簧的刚度更接近固定的常数，因此，这种弹簧通常用于特定用途的计量器械上。其形状如图 10-2-13 所示，图中 a 和 b 分别是和螺旋中心线垂直边和平行边的长度。

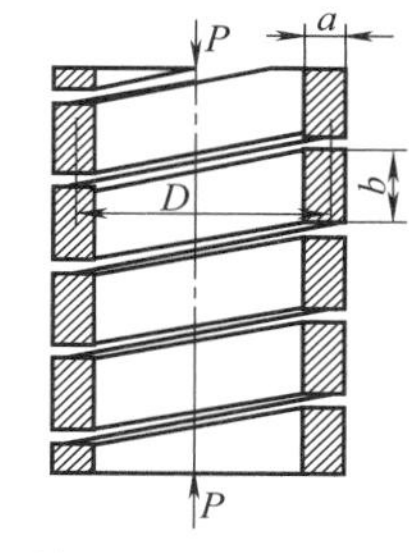

图 10-2-13　矩形截面圆柱螺旋压缩弹簧

（1）矩形截面圆柱螺旋压缩弹簧计算公式

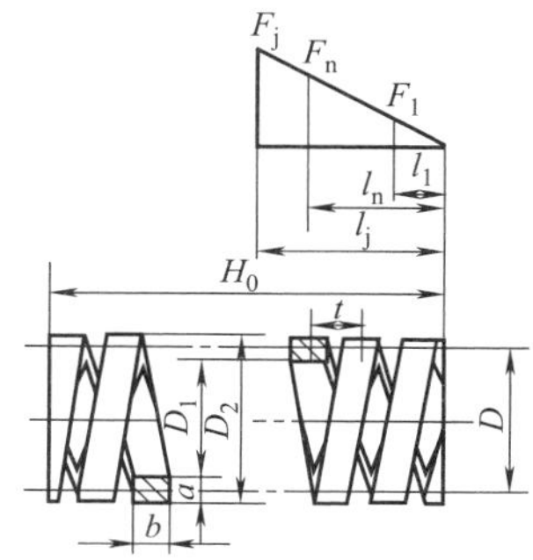

图 10-2-14　矩形截面压缩弹簧载荷-变形图

表 10-2-37　　**矩形截面圆柱螺旋压缩弹簧的计算公式**

名　称	代　号	单　位	计算公式	
最大工作载荷	F_n	N	$F_n=\frac{ab\sqrt{ab}}{\beta D}\tau_p=\frac{b\sqrt{ab}}{\beta C}\tau_p$ 式中　β——系数，由图 10-2-16 查取 $C=\frac{D}{a}$，由表 10-2-38 查取 $a=\frac{D}{C}=\frac{D_2}{C+1}$，$D_2$ 根据空间确定 $b=\left(\frac{b}{a}\right)a$，$\frac{b}{a}$由表 10-2-38 查取，$\tau_p$由表 10-2-10 查取	
最大工作载荷下的变形量	f_n	mm	$f_n=\gamma\frac{F_nD^3n}{Ga^2b^2}=\gamma\frac{F_nC^2nD}{Gb^2}$ 式中　γ——系数，由图 10-2-15 查取 n——有效圈数	
应力	τ	MPa	$\tau=\beta\frac{F_nD}{ab\sqrt{ab}}=\beta\frac{F_nC}{b\sqrt{ab}}$ 若 $\tau>\tau_p$，需重新计算 式中　β——系数，由图 10-2-16 查取	
有效圈数	n	圈	$n=\frac{Ga^2b^2f_n}{\gamma FD^3}=\frac{Gf_na\left(\frac{b}{a}\right)^2}{\gamma F_nC^3}$	
弹簧刚度	k'	N/mm	$k'=\frac{Ga^2b^2}{\gamma D^3n}$	
工作极限载荷	F_j	N	$F_j=\frac{ab\sqrt{ab}}{\beta D}\tau_j$ 式中　Ⅰ类载荷：$\tau_j\leqslant1.67\tau_p$ Ⅱ类载荷：$\tau_j\leqslant1.26\tau_p$ Ⅲ类载荷：$\tau_j\leqslant1.12\tau_p$	
工作极限载荷下变形量	f_j	mm	$f_j=\frac{F_j}{k}$	
最小工作载荷	F_{min}	N	$F_{min}=\left(\frac{1}{3}\sim\frac{1}{2}\right)F_j$	
最小工作载荷下变形量	f_{min}	mm	$f_{min}=\frac{F_{min}}{k}$	
弹簧外径 弹簧中径 弹簧内径	D_2 D D_1	mm	D_2根据实际空间要求设定 $D=D_2-a$ $D_1=D_2-2a$	
端部结构			端部并紧、磨平，支承圈为 1 圈	端部并紧、不磨平，支承圈为 1 圈
总圈数	n_1	圈	$n_1=n+2$	$n_1=n+2$
自由高度	H_0	mm	$H_0=nt+1.5b$	$H_0=nt+3b$
压并高度	H_b	mm	$H_b=(n+1.5)b$	$H_b=(n+3)b$
节距	t	mm	一般取 $t=(0.28\sim0.5)D_2$	
间距	δ	mm	$\delta=t-b$	
工作行程	h	mm	$h=f_n-f_1$	
螺旋角	α	(°)	$\alpha=\arctan\frac{t}{(\pi D)}$	
展开长度	L	mm	$L=n_1\pi D$	

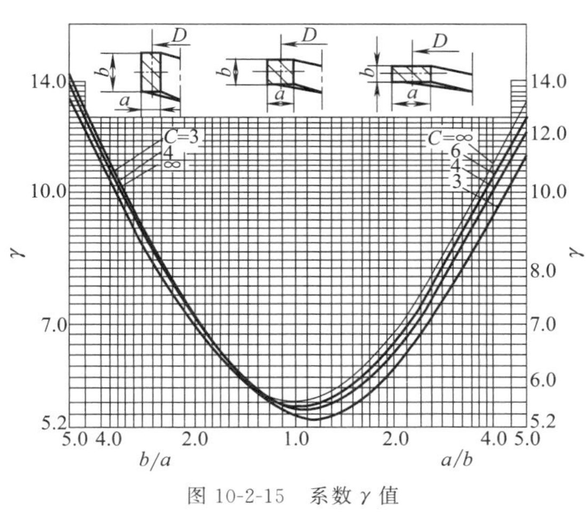

图 10-2-15　系数 γ 值

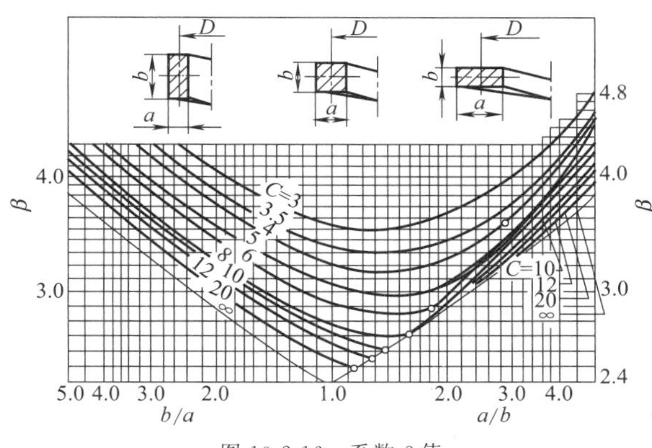

图 10-2-16　系数 β 值

(2) 矩形截面圆柱螺旋压缩弹簧有关参数的选择

表 10-2-38　矩形截面圆柱螺旋压缩弹簧有关参数的选择

<table>
<tr><th>项　目</th><th colspan="7">公式及数据</th></tr>
<tr><td rowspan="3">旋绕比 C</td><td colspan="7">$C=\frac{D}{a}$,其中 a 为矩形截面材料垂直于弹簧轴线的边长</td></tr>
<tr><td>a</td><td>0.2～0.4</td><td>0.5～1</td><td>1.1～2.4</td><td>2.5～6</td><td>7～16</td><td>18～50</td></tr>
<tr><td>C</td><td>4～7</td><td>5～12</td><td>5～10</td><td>4～9</td><td>4～8</td><td>4～6</td></tr>
<tr><td>b/a 和 a/b 的值</td><td colspan="7">当 $b>a$ 时,$b/a<4$,及当 $a>b$ 时,$a/b>4$ 的矩形截面圆柱螺旋压缩弹簧,由于制造困难,内应力过大,建议不要使用。因此推荐如下：
当 $b>a$ 时,选取 $b/a>4$ 的值
当 $b>a$ 时,选取 $a/b<4$ 的值</td></tr>
<tr><td>工作极限应力 τ_j</td><td colspan="7">Ⅰ类载荷：$\tau_j>1.67\tau_p$
Ⅱ类载荷：$\tau_j>1.26\tau_p$
Ⅲ类载荷：$\tau_j>1.12\tau_p$</td></tr>
</table>

(3) 矩形截面圆柱螺旋压缩弹簧计算示例

表 10-2-39　矩形截面圆柱螺旋压缩弹簧计算示例

<table>
<tr><th colspan="2">项　目</th><th>单位</th><th>公式及数据</th></tr>
<tr><td rowspan="5">原始计算</td><td>外径 D_2</td><td>mm</td><td>48</td></tr>
<tr><td>最大工作载荷 F_n</td><td>N</td><td>1500</td></tr>
<tr><td>最大工作载荷下的变形 f_n</td><td>mm</td><td>35.2</td></tr>
<tr><td>载荷类别</td><td></td><td>Ⅱ类</td></tr>
<tr><td>端部结构</td><td></td><td>弹簧端部并紧、磨平,支承圈为 1 圈</td></tr>
<tr><td rowspan="3">计算项目</td><td>选取材料及许用应力</td><td>MPa</td><td>选取材料 60Si2Mn,根据Ⅱ类载荷,查表 10-2-2 得：
$G=79\times10^3$ MPa
由表 10-2-10 查得,$\tau_p=590$MPa</td></tr>
<tr><td>选择旋绕比 C</td><td></td><td>选 $C=5$</td></tr>
<tr><td>计算边长 a 及边长 b</td><td>mm</td><td>取 $a>b$,则选 $\frac{a}{b}=1.25$,即 $\frac{b}{a}=0.8$
$a=\frac{D_2}{C+1}=\frac{48}{5+1}=8$
$b=\frac{b}{a}a=0.8\times8=6.4$</td></tr>
</table>

第 10 篇

续表

	项　　目	单位	公式及数据
计算项目	弹簧中径 D 弹簧内径 D_1	mm	$D=D_2-a=48-8=40$ $D_1=D_2-2a=48-2\times 8=32$
	验算切应力 τ	MPa	由图 10-2-12，根据 $\frac{a}{b}=1.25$ 和 $C=5$，查得 $\beta=2.9$，则 $\tau=\beta\frac{F_nD}{ab\sqrt{ab}}=2.9\times\frac{1500\times 40}{8\times 6.4\times\sqrt{8\times 6.4}}=475<\tau_p=590$ 说明是合乎要求的
	有效圈数 n	圈	由图 10-2-11，根据 $\frac{a}{b}=1.25$ 和 $C=5$，查得 $\gamma=5.6$ 则 $n=\frac{Ga^2b^2f_n}{\gamma F_nD^3}=\frac{7.9\times 10^4\times 8^2\times 6.4^2\times 35.2}{5.6\times 1500\times 40^3}=13.59$ 取　$n=13.60$
	总圈数 n_1	圈	查表 10-2-35 得 $n_1=n+2=13.6+2=15.6$
	弹簧刚度 k'	N/mm	$k'=\frac{Ga^2b^2}{\gamma D^3n}=\frac{79\times 10^3\times 8^2\times 6.4^2}{5.6\times 40^3\times 13.6}=42.5$
	工作极限载荷 F_j	N	查表 10-2-35，取 $\tau_j=1.25\tau_p$ 则　$F_j=\frac{ab\sqrt{ab}}{\beta D}\tau_j=\frac{8\times 6.4\sqrt{8\times 6.4}}{2.9\times 40}\times 1.25\times 590=2347$
	工作极限载荷下的变形 f_j	mm	$f_j=\frac{F_j}{k'}=\frac{2347}{42.5}=55.22$
	最小工作载荷 F_1	N	$F_1=\frac{1}{3}F_j=\frac{1}{3}\times 2347=782$
	最小工作载荷下的变形 f_1	mm	$f_1=\frac{F_i}{k'}=\frac{782}{42.5}=18.4$
	工作行程 h	mm	$h=f_n-f_1=35.2-18.4=16.8$
	节距 t	mm	取 $t=0.3D=0.3\times 40=12$
	间距 δ	mm	$\delta=t-b=12-6.4=5.6$
	自由高度 H_0	mm	查表 10-2-35 得 $H_0=nt+1.5b=13.6\times 12+1.5\times 6.4=172.8$
	压并高度 H_b	mm	查表 10-2-35 得 $H_b=(n+1.5)b=(13.6+1.5)\times 6.4=97$
	螺旋角 α	(°)	$\alpha=\arctan\frac{t}{\pi D}=\arctan\frac{12}{3.14\times 40}=5.46°=5°28'$
	展开长度 L	mm	$L=n_1\pi D=15.6\times 3.14\times 40=1959$

2.7.2　其他截面形状螺旋压缩弹簧

圆锥螺旋压缩弹簧及其特性线见图 10-2-17。当承受载荷后，特性线的 OA 段是直线，载荷继续增加时，弹簧从大圈开始逐圈接触，其工作圈数逐渐减少，刚度则逐渐增大，到所有弹簧圈数完全压并为止。特性线的 AB 段是渐增型，有利于防止共振的发生。当大端弹簧圈的半径 R_2 和小端弹簧圈的半径 R_1 之差 $(R_2-R_1)\geqslant nd$ 时，弹簧压并后，所有各圈都落在支承座上，其压并高度 $H_b=d$。

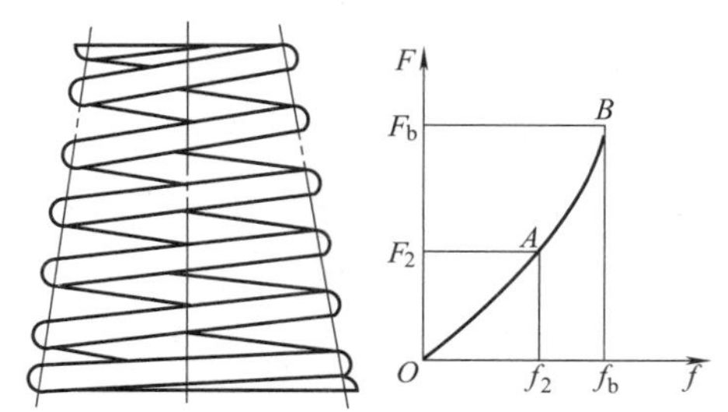

图 10-2-17　圆锥螺旋压缩弹簧及其特性线

常用的圆锥螺旋压缩弹簧有等节距型和等螺旋角型两种，它们的几何尺寸计算见表 10-2-40，变形量和强度计算见表 10-2-41。

表 10-2-40　　**圆锥螺旋压缩弹簧的几何尺寸计算**

名　　称	等节距圆锥螺旋弹簧 p = 常数	等螺旋角圆锥螺旋弹簧 α = 常数
	阿基米德螺旋线	对数螺旋线
有效圈数 n	$n=\frac{Gd^4}{16k}\times\frac{R_2-R_1}{R_2^4-R_1^4}$ 式中　G——切变模量，MPa k——弹簧刚度，N/mm	
弹簧圈压并时的节距 p'	$p'=d\sqrt{1-\left(\frac{R_2-R_1}{nd}\right)^2}$	
节距 p	$p=\frac{f_b+np'}{n}$ 式中　f_b——压并变形量，mm	
螺旋角 α		$\alpha=\frac{32R_2^2F}{\pi Gd^4}+\frac{p'}{2\pi R_2}$ 式中　F——工作载荷，N
弹簧圈 i 的半径 R_i	$R_i=R_2-(R_2-R_1)\frac{i}{n}$	$R_i=R_2e^{-\frac{i}{n}\ln\frac{R2}{R1}}$ 或 $R_i\approx R_2-(R_2-R_1)\frac{i}{n}$
小端支承圈的半径 R_1'	$R_1'=R_1-\frac{n_2d(R_2-R_1)}{2\sqrt{H_0'^2-(R_2-R_1)^2}}$ 式中　n_2——支承圈数	
大端支承圈的半径 R_2'	$R_2'=R_2-\frac{n_2d(R_2-R_1)}{2\sqrt{H_0'^2-(R_2-R_1)^2}}$	
有效工作圈的自由高度 H_0'	$H_0'=np$	$H_0'=\pi n\alpha(R_2-R_1)$
总圈数 n_1	当端部并紧、磨平，支承圈为 1 时：$n_1=n+2$ 当端部并紧、磨平，支承圈为 3/4 时：$n_1=n+1.5$	
自由高度	当 $n_1=2$ 时，$H_0=H_0'+1.5$；当 $n_2=1.5$ 时，$H_0=H_0'+d$	
弹簧钢丝展开长度 L	$L\approx\pi n_1(R_2'+R_1')$	

注：当 $R_2-R_1\geqslant nd$ 时，取 $p'=0$。

表 10-2-41　　**圆锥螺旋压缩弹簧的变形和强度计算**

项　　目		等节距圆锥螺旋弹簧 p = 常数	等螺旋角圆锥螺旋弹簧 α = 常数
弹簧圈开始接触前	变形量 f	$f=\frac{16nF}{Gd^4}\times\frac{R_2^4-R_1^4}{R_2-R_1}$ 式中　F——工作载荷，N	
	应力 τ	$\tau=\frac{16KFR_2}{\pi d^3}$ 式中　K——曲度系数，$K=\frac{4C-1}{4C-4}+\frac{0.615}{C}$，其中 $C=\frac{2R_2}{d}$	
	弹簧刚度 k	$k=\frac{F}{f}=\frac{Gd^4(R_2-R_1)}{16n(R_2^4-R_1^4)}$	

续表

项　　目		等节距圆锥螺旋弹簧 p=常数	等螺旋角圆锥螺旋弹簧 α=常数
弹簧圈开始接触后	载荷 F	$F_i=\dfrac{Gd^4}{64R_i^3}(p-p')$	$F_i=\dfrac{Gd^4}{32R_i^2}\left(\alpha-\dfrac{p'}{2\pi R_i}\right)$
	变形量 f	$f_1=\dfrac{n}{R_2-R_1}\left[\dfrac{16F_i}{Gd^4}(R_i^4-R_1^4)+(p-p')(R_2-R_1)\right]$	$f_1=\dfrac{n}{R_2-R_1}\left[\dfrac{16F_i}{Gd^4}(R_i^4-R_1^4)+\pi\alpha(R_2^2-R_1^2)-p'(R_2-R_1)\right]$
	应力 τ	$\tau=\dfrac{16KR_1F_i}{\pi d^3}$	

注：1. 当 $(R_2-R_1)\geqslant nd$ 时，取 $p'=0$。

2. 当计算弹簧圈开始接触时的载荷 F_2、变形量 f_2 或 τ_2 时，取 $R_i=R_2$。

3. 当计算弹簧圈完全压并时的载荷 F_b、变形量 f_b 或应力 τ_b 时，取 $R_i=R_1$。

第 3 章　非线性特性线螺旋弹簧

3.1　截锥螺旋压缩弹簧

3.1.1　截锥螺旋压缩弹簧的结构特性及分类

形状呈截锥状的螺旋弹簧称为截锥螺旋弹簧，一般截锥螺旋弹簧为压缩弹簧。图 10-3-1 所示为截锥螺旋弹簧的结构和特性线。

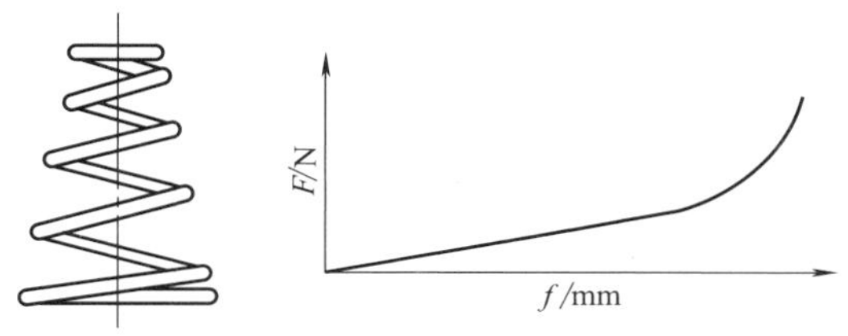

图 10-3-1　截锥螺旋弹簧的结构和特性线

截锥螺旋弹簧承受载荷时，在簧圈接触前，力与变形成正比，表现的特性线为直线区段；当载荷逐渐增加时，弹簧圈从大端开始出现并死，有效因数相应减少，弹簧的刚度也逐渐增大，直到弹簧圈完全压并。这一阶段力与变形的关系呈非线性，表现的特性线为渐增型。

截锥螺旋弹簧的刚度为变值，其锥角越大，弹簧的自振频率的变化率越高，对于缓和或者消除共振有利。与圆柱螺旋弹簧相比，在系统的外廓尺寸下，它能承受较大的载荷，并可以产生较大的变形，而且全压缩高度比较小。在受力时，它的稳定性也比较好。与圆柱螺旋弹簧相比，截锥螺旋弹簧具有较大的横向稳定性。

截锥螺旋弹簧可以分成等节距型和等螺旋升角型，两种弹簧的截面为圆形。

图 10-3-2 所示为等节距截锥螺旋弹簧。它的弹簧丝轴线为一条空间螺旋线，该螺旋线在与其形成的圆锥中心线相垂直的支承面上的投影是一条阿基米德螺旋线，其数学表达式为

$$R=R_1+(R_2-R_1)\frac{\theta}{2\pi n} \qquad (10\text{-}3\text{-}1)$$

式中　R——弹簧丝上任意一点的曲率半径；

R_1——弹簧丝小端头的曲率半径；

R_2——弹簧丝大端头的曲率半径；

θ——由弹簧丝小端头 R_1 处为起始点到该弹簧丝上任意一点之间所夹的角度，rad；

n——弹簧的工作圈数。

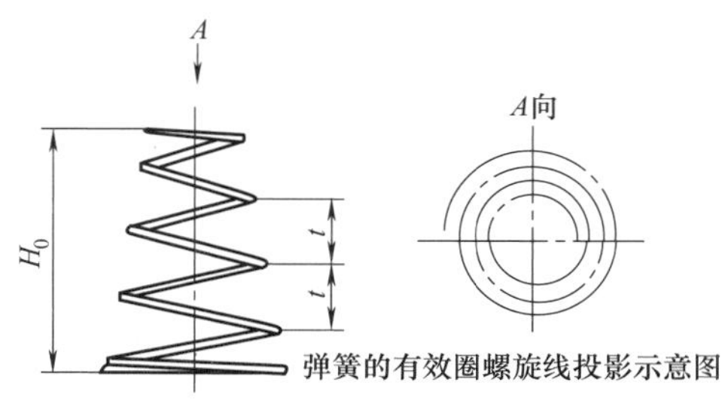

图 10-3-2　等节距截锥螺旋弹簧

图 10-3-3 所示为等螺旋升角截锥螺旋弹簧。它的弹簧丝轴线为一条空间螺旋线，该螺旋线在与其形成的圆锥中心线相垂直的支承面上的投影是一条对数螺旋线，表达式为

$$R=R_1 e^{m\theta}$$

$$m=\ln\frac{R_2}{R_1}\times\frac{1}{2\pi n} \qquad (10\text{-}3\text{-}2)$$

式中　R——弹簧丝上任意一点的曲率半径；

R_1——弹簧丝小端头的曲率半径；

R_2——弹簧丝大端头的曲率半径；

θ——由弹簧丝小端头 R_1 处到该弹簧丝上任意一点之间所夹的角度；rad；

n——弹簧的工作圈数。

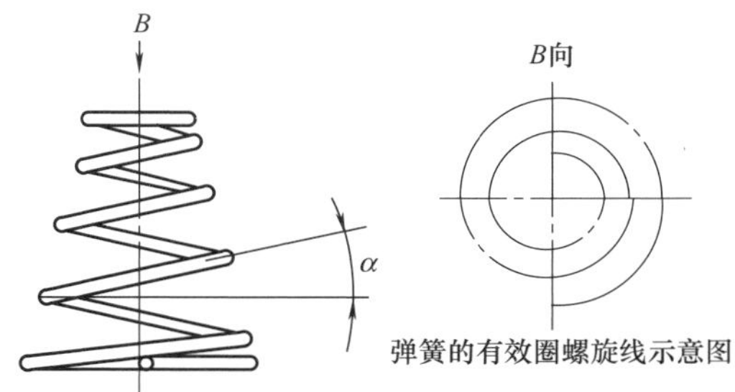

图 10-3-3　等螺旋升角截锥螺旋弹簧

等螺旋升角截锥螺旋弹簧的螺旋升角是一个常量，各弹簧圈的螺距是一个变量，其弹簧丝绕弹簧轴心旋转所形成的面是一个圆锥面。

3.1.2　截锥螺旋压缩弹簧的计算

（1）等节距截锥螺旋弹簧的计算公式

表 10-3-1 **等节距截锥螺旋弹簧的计算公式**

所求项目	代号	单位	计算公式(等节距 t=常数)	
			$R_2-R_1\geqslant nd$	$R_2-R_1<nd$
簧丝上任意圈的曲率半径	R	mm	$R=R_1+(R_2-R_1)\theta/(2\pi n)$	
自由高度	H_0	mm	$H_0=nt$	
节距	t	mm	$t=(H_0-d)/n$	
弹簧丝有效圈的展开长度	L	mm	$L=n_1\pi(R_2+R_1)$	
钢丝直径	d	mm	$d=\sqrt[3]{\dfrac{16FR_2}{\pi[\tau]}}$	
压并时高度	H_b	mm		$H_b=\sqrt{(nd)^2-(R_2-R_1)^2}$
大端开始触合时的负荷	F_c	N	$F_c=\dfrac{GH_0d^4}{64nR_2^3}$	$F_c=\dfrac{Gd^4}{64nR_2^3}\left[H_0-\sqrt{(nd)^2-(R_2-R_1)^2}\right]$
全压并时的极限负荷	F_j	N	$F_j=\dfrac{GH_0d^4}{64nR_1^3}$	$F_j\dfrac{GH_0d^4}{64nR_1^3}\left[H_0-\sqrt{(nd)^2-(R_2-R_1)^2}\right]$
在 $0\leqslant F\leqslant F_c$ 阶段时的变形量	f_c	mm	$f_c=16Fn(R_2^2-R_1^2)(R_2+R_1)/(Gd^4)$	
在 $0\leqslant F\leqslant F_c$ 阶段时的刚度	k'	N/mm	$k'=Gd^4/[16Fn(R_2^2-R_1^2)(R_2+R_1)]$	
在 $F_c\leqslant F\leqslant F_j$ 阶段时的变形量	f_j	mm	$f_j=\dfrac{H_0}{4\left(1-\dfrac{R_1}{R_2}\right)}\left[4-3\sqrt[3]{\dfrac{F_c}{F}}-\dfrac{F}{F_c}\left(\dfrac{R_1}{R_2}\right)^4\right]$	—
强度校核剪切应力	τ	MPa	在 $0<F\leqslant F_c$ 时,$\tau=\dfrac{FR_2}{\pi d^3}K$;在 $F_c<F\leqslant F_j$ 时,$\tau=\dfrac{FR_2}{\pi d^3}K\sqrt[3]{\dfrac{F_c}{F}}$	
曲率系数	K		$K=\dfrac{4C-1}{4C-3}+\dfrac{0.615}{C}$	
指数	C		$C=\dfrac{2R_n}{d}$,$R_n=R_2\sqrt[2]{\dfrac{F_c}{F}}$	

(2) 等螺旋升角截锥螺旋弹簧的计算公式

表 10-3-2 **等螺旋升角截锥螺旋弹簧的计算公式**

所求项目	代号	单位	计算公式(等螺旋升角 α=常数)	
			$R_2-R_1\geqslant nd$	$R_2-R_1<nd$
簧丝上任意圈的曲率半径	R	mm	$R=R_1e^{m\theta}\quad m=\ln\dfrac{R_2}{R_1}\times\dfrac{1}{2\pi n}$	
自由高度	H_0	mm	$H_0=L\sin\alpha$	
螺旋升角	α	rad	$\alpha=\arcsin\dfrac{H_0}{L}$	
节距	t	mm	—	
弹簧丝有效圈的展开长度	L	mm	$L=\dfrac{R_2-R_1}{m}$	
钢丝直径	d	mm	$d=\sqrt[3]{\dfrac{16FR_2}{\pi[\tau]}}$	
压并时高度	H_b	mm	$H_b=d$	—
大端开始触合时的负荷	F_c	N	$F_c=\dfrac{Gm\pi H_0d^4}{32R_2^2(R_2-R_1)}$	
全压并时的极限负荷	F_j	N	$F_j=\dfrac{Gm\pi H_0d^4}{32(R_2-R_1)R_1^2}$	$F_j=\dfrac{Gm\pi d^4}{32R_1^2}\left[\dfrac{H_0}{R_2-R_1}-\sqrt{\left(\dfrac{d}{2\pi mR_1}\right)^2-1}\right]$
在 $0<F\leqslant F_c$ 阶段时的变形量	f_c	mm	$f_c=\dfrac{32F}{mGd^4\pi}(R_2^3-R_1^3)/3$	

续表

所求项目	代号	单位	计算公式（等螺旋升角 α＝常数）	
			$R_2-R_1\geqslant nd$	$R_2-R_1<nd$
在 $F_c<F\leqslant F_j$ 阶段时的变形量	f_j	mm	$f_j=\frac{32F}{mGd^4\pi}\times\frac{\left(R_2\sqrt{\frac{F_c}{F}}\right)^3-R_1^3}{3}+H_0\left(R_2-R_2\sqrt{\frac{F_c}{F}}\right)\Big/(R_2-R_1)$	—
强度校核剪切应力	τ	MPa	在 $0<F\leqslant F_c$ 时 $\tau=\frac{16FR_2}{\pi d^3}K$ 在 $F_c<F\leqslant F_j$ 时 $\tau=\frac{16R_2}{\pi d^3}K\sqrt{FF_c}$	—
曲率系数	K		$K=\frac{4C-1}{4C-3}+\frac{0.615}{C}$	
指数	C		$C=\frac{2R_n}{d}, R_n=R_2\sqrt[2]{\frac{F_c}{F}}$	

3.1.3　截锥螺旋弹簧的计算示例

表 10-3-3　　截锥螺旋弹簧的计算示例

项　　目		单位	公式或数据	
已知条件	弹簧类型		等节距截锥螺旋弹簧的计算	等螺旋升角截锥螺旋弹簧的计算
	弹簧钢丝直径 d	mm	2	2
	大端圈半径 R_2	mm	20	20
	小端圈半径 R_1	mm	10	10
	弹簧的自由高度 H_0	mm	25	25
	节距 t 或螺旋升角	mm 或(°)	5.4mm	3°43′
	有效圈数 n	圈	4.25	4.25
参数计算	大端圈开始触合前的刚度 k'	N/mm	$k'=Gd^4/[16n(R_2^2-R_1^2)(R_2+R_1)]$ $k'=2.05$	—
	大端圈开始触合时的载荷 F_c	N	$F_c=\frac{GH_0d^4}{64nR_2^3}$ $F_c=14.43$	$F_c=\frac{Gm\pi H_0d^4}{32R_2^2(R_2-R_1)}$ $F_c=20.38$
	大端圈开始触合时的变形 f_c	mm	$f_c=16Fn(R_2^2-R_1^2)(R_2+R_1)/(Gd^4)$ $f_c=7.03$	$f_c=\frac{32F}{mGd^4\pi}(R_2^3-R_1^3)/3$ $f_c=14.58$
	弹簧完全压并时的载荷 F_j	N	$F_j=\frac{GH_0d^4}{64nR_1^3}$ $F_j=115.45$	$F_j=\frac{Gm\pi H_0d^4}{32(R_2-R_1)R_1^2}$ $F_j=81.54$
	弹簧完全压并时的应力 τ	MPa	$\tau=\frac{16FR_2}{\pi d^3}K\sqrt[3]{\frac{F_c}{F}}$ $\tau=605.64$	$\tau=\frac{16R_2}{\pi d^3}K\sqrt{FF_c}$ $\tau=593.25$
	弹簧丝有效圈的展开长度 L	mm	$L=n\pi(R_2+R_1)$ $L=400.55$	$L=\frac{R_2-R_1}{m}$ $L=385$

3.1.4 截锥螺旋压缩弹簧的应用实例

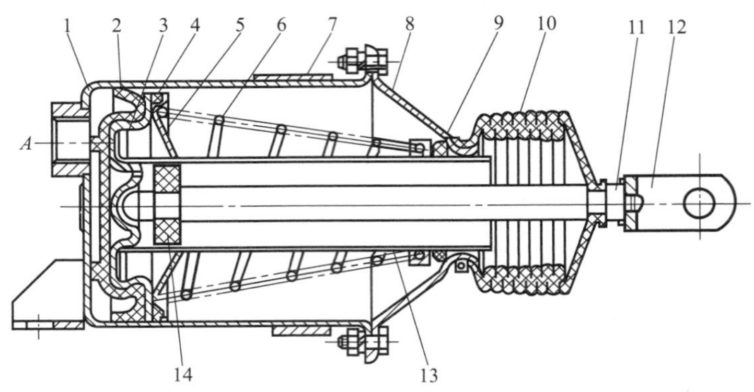

图 10-3-4 在汽车活塞式制动室中的应用

1—壳体；2—橡胶皮碗；3—活塞体；4—密封圈；5—弹簧座；6—弹簧；7—气室固定卡箍；8—盖；9—毡垫；10—防护套；11—推杆；12—连接叉；13—导向套筒；14—密封垫

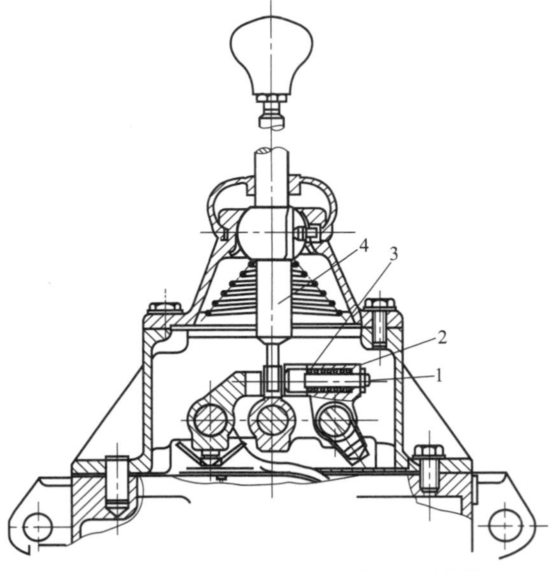

图 10-3-5 东风 EQ140 型汽车变速器倒挡锁

1—倒挡锁销；2—倒挡销弹簧；3—倒挡拨块；4—变速杆

3.2 蜗卷螺旋弹簧

3.2.1 蜗卷螺旋弹簧的特性曲线

蜗卷螺旋弹簧是将长方形截面的板材绕成圆锥状的弹簧［图 10-3-6（a）］。图 10-3-6（b）所示为蜗卷螺旋弹簧的特性线：由原点至 A 点是直线段，当载荷再增加时，则有效圈数开始与坐垫的支承面顺次接触，从而使弹簧刚度逐渐增加，于是 AB 间曲线逐渐变陡。

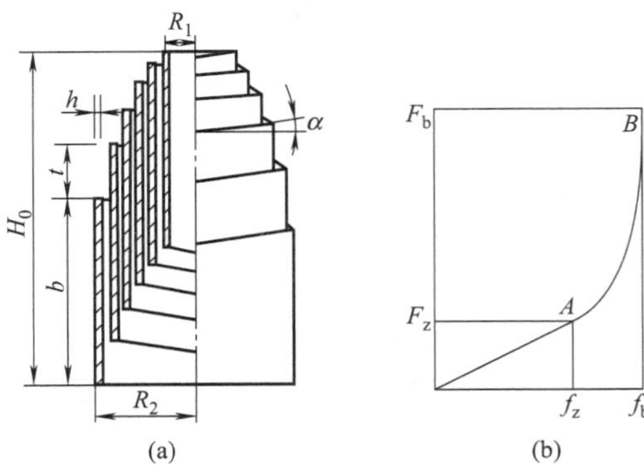

图 10-3-6 蜗卷螺旋弹簧及其特性曲线

蜗卷螺旋弹簧能够承受较大的载荷，吸收较多的变形能，结构紧凑。其缺点是制造工艺复杂，成本高，且由于弹簧圈之间的间隙小，热处理比较困难，也不能进行喷丸处理。热处理时最好采用热风循环炉加热、延长保温时间并采用喷油冷却。

蜗卷螺旋弹簧用于需要吸收热胀变形且又需阻尼振动的管道系统或与管道系统相连的部件中，也常用于易受到相连管道影响的阀门部件的支持装置中。

3.2.2 蜗卷螺旋弹簧的材料及许用应力

蜗卷螺旋弹簧一般采用热卷成形，对于小型的蜗卷弹簧也可采用冷卷。材料多采用热轧硅锰弹簧钢板，也可用铬钒钢，在不太重要的地方也可采用碳素弹簧钢或者锰弹簧钢。

蜗卷弹簧的坯料应加热辗薄，如无条件，也可采用刨削的方法加工。热卷时，要用特制的芯棒在卷簧机上成形，手工卷制难以保证间隙。因为弹簧间隙小，所以在油淬火时，最好采用热风循环炉加热等措施来保证质量。

当上述材料经热处理后的硬度达到或者超过 47HRC 时，其许用应力依照表 10-3-4 选取。

表 10-3-4　蜗卷螺旋弹簧的许用应力

使用条件	许用应力/MPa
只压缩使用，或变载作用次数很少时	1330
只压缩使用，或变载作用次数较多时	770
作为悬架弹簧使用时	1120
当载荷为压缩和拉伸的交变载荷时	380

3.2.3　蜗卷螺旋弹簧的计算

表 10-3-5　蜗卷螺旋弹簧的计算

项目		公式及数据		
		螺旋角 α=常数	节距 t=常数	应力 τ=常数
弹簧圈开始接触前	从大端工作圈数起的任意圈 n_i 的半径 R_i/mm	$R_i=R_2-(R_2-R_1)\frac{n_i}{n}$ 式中　R_2——大端工作弹簧圈半径，mm R_1——小端工作弹簧圈半径，mm		
	变形 f/mm	$f=\frac{nF\pi}{2\xi_1 Gbh^3}\times\frac{R_2^4-R_1^4}{R_2-R_1}$ 式中　ξ_1——系数，其值可查表 10-3-6 b——弹簧材料的宽度，mm h——弹簧材料的厚度，mm F——载荷，N		
	应力 τ/MPa	$\tau=K\frac{FR_2}{bh^2\xi_2}$ 式中　K——曲度系数，其值 $K=1+\frac{h}{2R_2}$ ξ_2——系数，其值可查表 10-3-6		
	刚度 k'/N·mm^{-1}	$k'=\frac{2Gbh^3\xi_1}{n\pi}\times\frac{R_2-R_1}{R_2^4-R_1^4}$		
弹簧圈开始接触后	弹簧圈 n_i 接触时的载荷 F_i/N	$F_i=\frac{G\alpha bh^3\xi_1}{R_i^2}$ 式中　α——螺旋角，(°) $\alpha=\frac{F_iR_i^2}{Gbh^3\xi_1}$=常数	$F_i=\frac{\xi_1 Gbh^3 t}{2\pi R_i^3}$ 式中　t——节距，mm	$F_i=\frac{\xi_1 Gbh^3\alpha_2}{R_2R_i}$ 式中　α_2——弹簧大端的螺旋角，(°) $\alpha_2=\frac{\alpha_iR_2}{R_i}$ α_i——弹簧圈 n_i 的螺旋角，(°) $\alpha_i=\alpha_2\frac{R_i}{R_2}$
	弹簧圈 n_i 接触时的变形 f_i/mm	$f_i=\frac{n\pi}{R_2-R_1}\left[(R_2^2-R_i^2)\alpha+\left(\frac{R_i^4-R_1^4}{2\xi_1Gbh^3}\right)F_i\right]$	$f_i=\frac{n\pi}{R_2-R_1}\left[(R_2-R_i)\frac{t}{\pi}+\left(\frac{R_i^4-R_1^4}{2\xi_1Gbh^3}\right)F_i\right]$	$f_i=\frac{n\pi}{R_2-R_1}\left[\frac{2\alpha_2}{3R_2}(R_2^3-R_i^3)+\left(\frac{R_i^4-R_1^4}{2\xi_1Gbh^3}\right)F_i\right]$
	弹簧圈 n_i 接触时的应力 τ_i/MPa	$\tau_i=K\frac{F_iR_i}{bh^2\xi_2}$　其中 $K=1+\frac{h}{R_i}$		
	从大端数起到弹簧圈 n_i 的自由高度 H_i/mm	$H_i=n\pi\alpha\frac{R_2^2-R_i^2}{R_2-R_1}+b$	$H_i=nt\frac{R_2-R_i}{R_2-R_1}+b$	$H_i=\frac{2n\pi\alpha_2}{3R_2}\times\frac{R_2^3-R_i^3}{R_2-R_1}+b$
	弹簧工作圈的自由高度 H_0/mm	$H_0=n\pi\alpha(R_2+R_1)+b$	$H_0=nt+b$	$H_0=\frac{2n\pi\alpha_2}{3R_2}[(R_2+R_1)^2-R_1R_2]+b$
	由大端到弹簧圈 n_i 的有效工作圈的扁钢的长度 L_i/mm	$L_i=n\pi\frac{R_2^2-R_i^2}{R_2-R_1}$		
	大端支承圈的扁钢长度 L_2'/mm	$L_2'=\pi n_2'(R_2'+R_2)$ 式中　n_2'——大端支承圈数 R_2'——大端支承圈的最大外半径，mm		
	小端支承圈的扁钢长度 L_1'/mm	$L_1'=\pi n_1'(R_1'+R_1)$ 式中　n_1'——小端支承圈数 R_1'——小端支承圈的最小内半径，mm		

表 10-3-6 ξ_1 和 ξ_2 的数值

b/h	ξ_1	ξ_2	b/h	ξ_1	ξ_2
1	0.1406	0.2082	2.25	0.2401	0.2520
1.05	0.1474	0.2112	2.5	0.2494	0.2576
1.1	0.1540	0.2139	2.75	0.2570	0.2626
1.15	0.1602	0.2165	3	0.2633	0.2672
1.2	0.1661	0.2189	3.5	0.2733	0.2751
1.25	0.1717	0.2212	4	0.2808	0.2817
1.3	0.1717	0.2236	4.5	0.2866	0.2870
1.35	0.1821	0.2254	5	0.2914	0.2915
1.4	0.1869	0.2273	6	0.2983	0.2984
1.45	0.1914	0.2289	7	0.3033	0.3033
1.5	0.1958	0.2310	8	0.3071	0.3071
1.6	0.2037	0.2343	9	0.3100	0.3100
1.7	0.2109	0.2375	10	0.3123	0.3123
1.75	0.2143	0.2390	20	0.3228	0.3228
1.8	0.2174	0.2404	50	0.3291	0.3291
1.9	0.2233	0.2432	100	0.3312	0.3312
2	0.2287	0.2459	∞	0.3333	0.3333

3.2.4 蜗卷螺旋弹簧的计算示例

(1) 等螺旋角蜗卷螺旋弹簧的计算

表 10-3-7 等螺旋角蜗卷螺旋弹簧的计算

项目		单位	公式及数据
原始条件	弹簧类型		等螺旋角的蜗卷螺旋弹簧
	板宽 b	mm	28
	板厚 h	mm	4
	大端工作弹簧圈半径 R_2	mm	43
	小端工作弹簧圈半径 R_1	mm	14
	弹簧圈开始接触前的刚度 k'	N/mm	48
	弹簧圈开始接触时的载荷 F_b	N	1260
	大端支承圈数 n'_2	圈	3/4
	小端支承圈数 n'_1	圈	3/4
	弹簧材料		60Si2MnA
	热处理后硬度	HRC	47
参数计算	弹簧的工作圈数 n	圈	$n=\frac{2Gbh^3\xi_1}{k'\pi}\times\frac{R_2-R_1}{R_2^4-R_1^4}=\frac{2\times0.3033\times80000\times28\times4^3}{3.14\times48}\times\frac{43-14}{43^4-14^4}=4.947$ 取 $n=5$
	弹簧的螺旋角	(°)	$\alpha=\frac{F_bR_2^2}{Gbh^3\xi_1}=\frac{1260\times43^2}{0.3033\times80000\times28\times4^3}=0.05358\text{rad}=3.06$
	弹簧圈 n_i 的半径 R_i	mm	$R_i=R_2-(R_2-R_1)\frac{n_i}{n}=43-(43\text{-}14)\times\frac{n_i}{5}=43-5.8n_i$
	从大端到弹簧圈 n_i 的自由高度 H_i	mm	$\alpha=n\pi\alpha\frac{R_2^2-R_i^2}{R_2-R_1}+b=0.3367n_i\times(43-2.9n_i)+28$
	弹簧扁钢的长度 L_i	mm	$L_i=n\pi\frac{R_2^2-R_i^2}{R_2-R_1}=5\pi\times\frac{43^2-(43-5.8n_i)^2}{43-14}=6.283n_i\times(43-2.9n_i)$
	大端支承圈的扁钢长度 L'_2	mm	$L'_2=\pi n'_2(R'_2+R_2)=\frac{3\pi}{4}\times(45+43)=207.3$
	小端支承圈的扁钢长度 L'_1	mm	$L'_1=\pi n'_1(R'_1+R_1)=\frac{3\pi}{4}\times(12+14)=61.3$

续表

	项　目	单位	公式及数据
参数计算	弹簧圈 n_i 接触时弹簧所受的载荷 F_i	N	$F_i=\dfrac{G\alpha bh^3\xi_1}{R_i^2}=\dfrac{0.3033\times80000\times28\times0.05358\times4^3}{R_i^2}=\dfrac{2.330\times10^6}{R_i^2}$
	弹簧圈 n_i 开始接触后弹簧圈的变形 f_i	mm	$f_i=\dfrac{n\pi}{R_2-R_1}\left[(R_2^2-R_i^2)\alpha+\dfrac{R_i^4-R_1^4}{2\xi_1 Gbh^3}F_i\right]=\dfrac{5\pi}{43-14}\left[(43^2-R_i^2)\times0.05358+\dfrac{R_i^4-14^4}{2\times0.3033\times80000\times28\times4^3}F_i\right]$ $=2.9\times10^{-2}\times(1.849\times10^3-R_i^2)+6.229\times10^{-8}(R_i^4-3.8416\times10^3)F_i$
	弹簧圈 n_i 接触后弹簧圈 n_i 的应力 τ_i	MPa	$K=1+\dfrac{h}{R_i}=1+\dfrac{4}{R_i}=1+\dfrac{4}{43-5.8n_i}$ $\tau_i=K\dfrac{F_iR_i}{bh^2\xi_2}=\left(1+\dfrac{4}{R_i}\right)\dfrac{R_i}{0.3033\times28\times4^2}F_i$ $=7.36\times10^{-3}\times\left(1+\dfrac{4}{43-5.8n_i}\right)R_iF_i$

将上列各式计算所得等螺旋角蜗卷螺旋弹簧的主要几何尺寸、载荷、应力列于表 10-3-8。

图 10-3-7 是根据表 10-3-8 所列数值绘制的等螺旋角蜗卷螺旋弹簧的几何尺寸［图 10-3-7（a）］和材料尺寸［图 10-3-7（b）］。图 10-3-8 是所设计弹簧的特性曲线及载荷 F 与应力 τ 的关系曲线。

表 10-3-8　　计算结果

n_i	R_i/mm	H_i/mm	L_i/mm	F_i/N	f_i/mm	τ_i/MPa
0	43.0	28	0	1260	26.5	417
0.5	40.1	35	130.5			
1.0	37.2	41.5	251.9	1684	33.2	486
1.5	34.3	47.5	364.3			
2.0	31.4	53.1	462.1	2363	38.8	580
2.5	28.5	58.1	561.6			
3.0	25.6	62.7	646.6	3555	43.3	722
3.5	22.7	66.7	722.5			
4.0	19.8	70.3	789.3	5943	46.6	954
4.5	16.9	73.4	846.9			
5.0	14.0	76	895.4	11890	48.0	1400

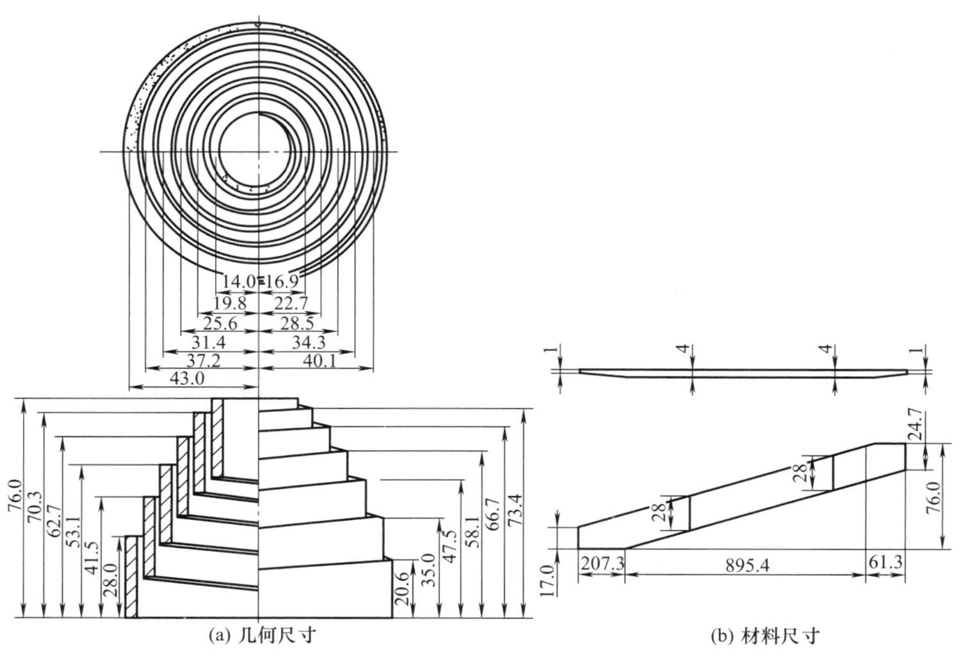

图 10-3-7　等螺旋角蜗卷螺旋弹簧计算例题图

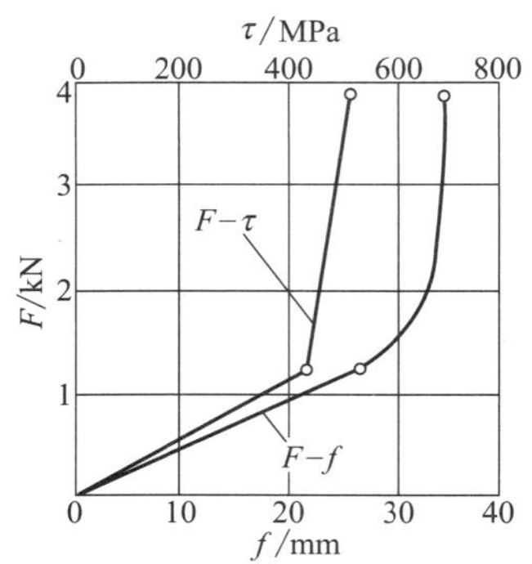

图 10-3-8 弹簧的特性曲线及载荷和应力关系曲线

(2) 等节距蜗卷螺旋弹簧的计算

试设计原始条件 b、h、R_2、R_1、k' 的数值与前例（等螺旋角蜗卷螺旋弹簧）完全一致的等节距（$t=9.6$mm）蜗卷螺旋弹簧。这里，令弹簧两端的支承圈各为 3/4 圈。

由于 ξ_1、ξ_2、n、R_i、R'_2、R'_1、L_i、L'_2、L'_1 诸值在前例中已求出，其值与本例相同，现仅就 H_i、F_i、τ_i、f_i 等尚需要重新计算的项目列入表 10-3-9 中。

表 10-3-9 等节距蜗卷螺旋弹簧的计算

项目	单位	公式及数据
从大端数起到弹簧圈 n_i 的自由高度 H_i	mm	$H_i=nt\dfrac{R_2-R_i}{R_2-R_1}+b=9.6n_i+28$
弹簧圈 n_i 接触时弹簧所受的载荷 F_i	N	$F_i=\dfrac{\xi_1 Gbh^3 t}{2\pi R_i^3}=\dfrac{6.643\times10^7}{R_i^3}$
弹簧圈 n_i 接触后弹簧圈的变形 f_i	mm	$f_i=\dfrac{n\pi}{R_2-R_1}\left[(R_2-R_i)\dfrac{t}{\pi}+\left(\dfrac{R_i^4-R_1^4}{2\xi_2 Gbh^3}\right)F_i\right]=9.6n_i+6.229\times10^{-8}(R_i^4-3.8416\times10^3)F_i$
弹簧圈 n_i 接触后的应力 τ_i	MPa	$\tau_i=7.36\times10^{-3}\left(1+\dfrac{4}{R_i}\right)R_iF_i$

从表 10-3-9 中所得的等节距蜗卷螺旋弹簧的主要几何尺寸、载荷、变形和应力等列于表 10-3-10。

表 10-3-10 计算结果

n_i	R_i/mm	H_i/mm	F_i/N	f_i/mm	τ_i/MPa
0	43.0	28	836	17.6	227
1	37.2	37.6	1290	24.7	373
2	32.4	47.2	2146	31.7	527
3	25.6	56.8	3960	38.5	804
4	19.8	66.4	8558	44.6	1373
5	14.0	76	24210	48.0	2852

图 10-3-9 是根据表 10-3-10 所列数值绘制的等节距蜗卷螺旋弹簧的几何尺寸［图 10-3-9（a）］和材料尺寸［图 10-3-9（b）］，图 10-3-10 为所设计弹簧的特性曲线及载荷与应力的关系曲线。

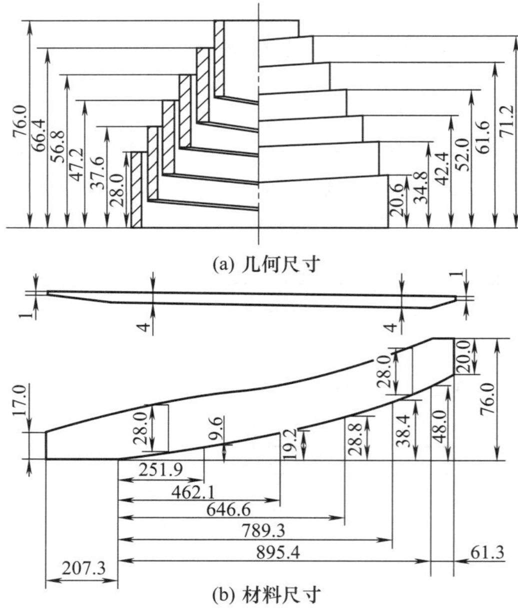

图 10-3-9 等节距蜗卷螺旋弹簧计算例题图

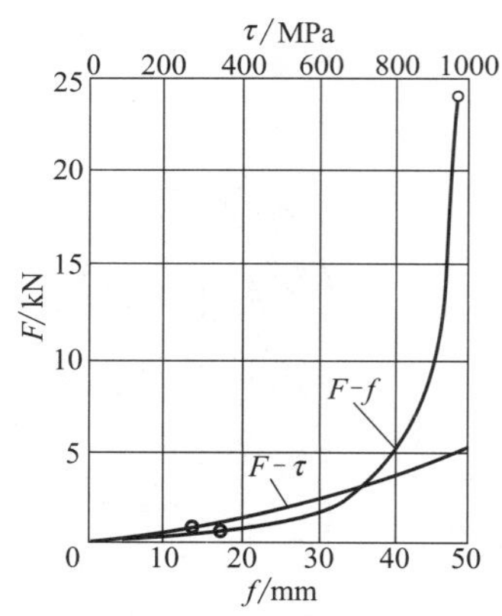

图 10-3-10 弹簧的特性曲线及载荷和应力关系曲线

(3) 等应力蜗卷螺旋弹簧的计算

试设计原始条件 b、h、R_2、R_2、k' 的数值与前两例完全一致的等应力蜗卷螺旋弹簧。这里，令弹簧两端的支承圈各为 3/4 圈。

由于 ξ_1、ξ_2、n、R_i、R'_2、R'_1、L_i、L'_2、L'_1 诸值在等螺旋角蜗卷螺旋弹簧计算中已求出，其值与本例相同，现仅将 α_i、H_i、F_i、τ_i、f_i 等尚需要重新计算的项目列入表 10-3-11 中。

表 10-3-11　等应力蜗卷螺旋弹簧的计算

项　　目	单位	公式及数据
弹簧圈 n_i 的螺旋角 α_i	(°)	$\alpha_i=\alpha_2\dfrac{R_i}{R_2}=1.246\times10^3R_i$ 式中　$\alpha_2=0.05358\text{rad}=3.36°$
从大端数起到弹簧圈 n_i 的自由高度 H_i	mm	$H_i=\dfrac{2n\pi\alpha_2}{3R_2}\times\dfrac{R_2^3-R_i^3}{R_2-R_1}+b=4.5\times10^{-4}\times(7.9507\times10^4-R_i^3)+28$
弹簧圈 n_i 接触时弹簧所受的载荷 F_i	N	$F_i=\dfrac{\xi_1Gbh^3\alpha_2}{R_2R_i}=\dfrac{5.418\times10^3}{R_i}$
弹簧圈 n_i 接触后弹簧圈的变形 f_i	mm	$f_i=\dfrac{n\pi}{R_2-R_1}\left[\dfrac{2\alpha_2}{3R_2}(R_2^3-R_i^3)+\left(\dfrac{R_i^4-R_1^4}{2\xi_1Gbh^3}\right)F_i\right]=4.5\times10^{-4}\times$ $(7.9507\times10^4-R_i^3)+6.229\times10^{-8}(R_i^4-3.8416\times10^3)F_i$
弹簧圈 n_i 接触后的应力 τ_i	MPa	$\tau_i=7.36\times10^{-3}\left(1+\dfrac{4}{R_i}\right)R_iF_i$

根据表 10-3-11 所得等应力蜗卷螺旋弹簧的主要尺寸、载荷、变形和应力列于表 10-3-12。

图 10-3-11 是根据表 10-3-12 所列数值绘制的等应力蜗卷螺旋弹簧的几何尺寸［图 10-3-11（a)］以及弹簧材料尺寸［图 10-3-11（b)］；图 10-3-12 为所设计弹簧的特性曲线及载荷与应力的关系曲线。

表 10-3-12　计算结果

n_i	R_i/mm	H_i/mm	F_i/N	f_i/mm	τ_i/MPa
0	43.0	28	1260	26.5	417
0.5	40.1	34.8			
1.0	37.2	40.6	1456	29.6	420
1.5	34.3	45.6			
2.0	31.4	49.9	1725	31.9	424
2.5	28.5	53.4			
3.0	25.6	56.2	2116	33.4	430
3.5	22.7	58.5			
4.0	19.8	60.3	2736	34.3	439
4.5	16.9	61.6			
5.0	14.0	62.5	3870	34.5	456

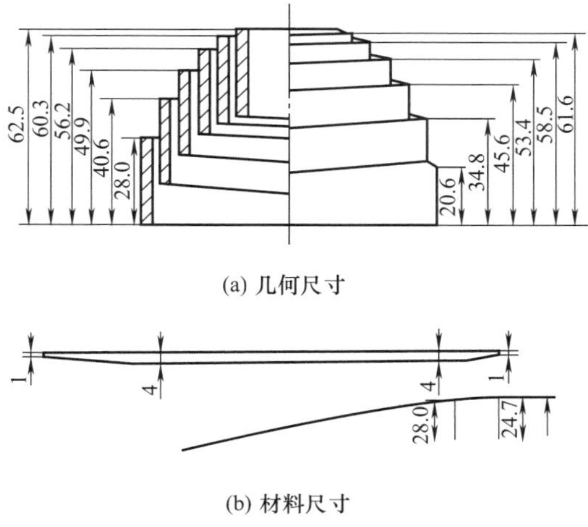

图 10-3-11　等应力蜗卷螺旋弹簧计算例题图

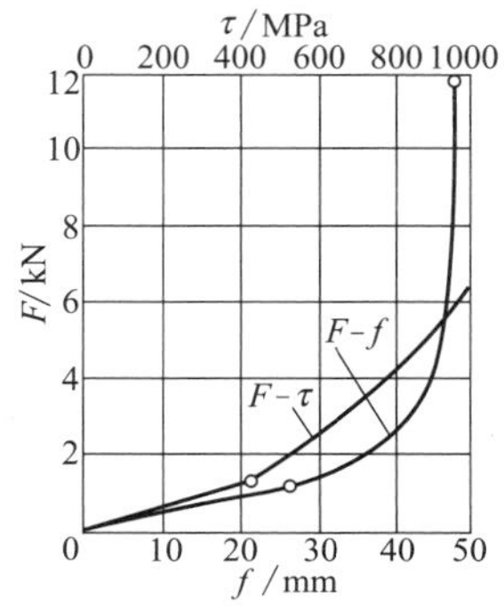

图 10-3-12　弹簧的特性曲线及载荷和应力的关系曲线

第4章　多股螺旋弹簧

4.1　多股螺旋弹簧的结构、特性及用途

（1）类型

用多股钢丝拧成钢索制成的螺旋弹簧称为多股螺旋弹簧。多股螺旋弹簧只有圆柱形一种。按照受力情况分为压缩、拉伸和扭转弹簧，但是后者应用很少。

（2）结构

多股螺旋弹簧是由多股钢丝拧成的钢索缠绕而成的（图10-4-1），其结构与单股簧丝的螺旋弹簧相同，且钢索中的每股钢丝都构成一个圆柱螺旋弹簧。钢索一般由2～7股0.5～3mm的钢丝拧成，压缩弹簧钢索的旋向应与弹簧的旋向相反，而拉伸弹簧钢索的旋向应与弹簧的旋向相同。

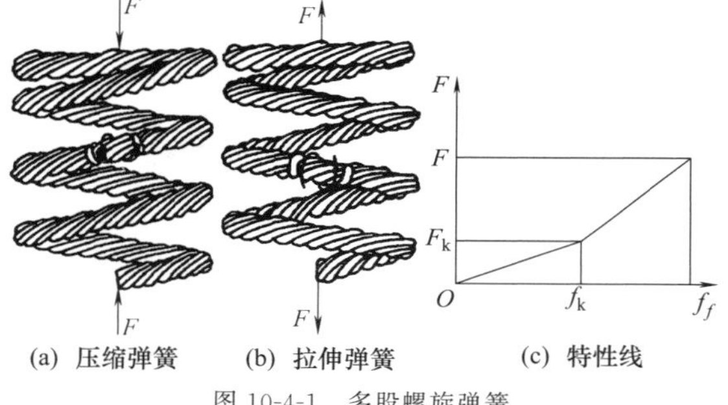

(a) 压缩弹簧　(b) 拉伸弹簧　(c) 特性线

图10-4-1　多股螺旋弹簧

钢索为2～4股钢丝时，制成无中心股的钢索［见图10-4-2（a）～（c）］；当超过4股钢丝后，一般要制成有中心股的钢索［见图10-4-2（d）、（e）］，这样可以增加各股钢丝相对位置的稳定性，减少受力后的相对位移。

（3）特性

多股螺旋弹簧在承受载荷前，钢索的各股钢丝间接触是不紧密的。承受载荷并达到一定数量时，各股钢丝才拧紧。拧紧前后弹簧的特性是不同的，故特性线为两条直线组成的折线，具有明显的转折点。

由于多股螺旋弹簧变形时各股钢丝之间摩擦较大，故载荷循环次数超过10^6次的情况下，不宜采用多股螺旋弹簧。

多股螺旋弹簧的其他特性有：

1）强度高，多股螺旋弹簧采用直径较小的碳素弹簧钢丝制成，而碳素弹簧钢丝的直径愈小，强度愈高；

2）特性线较平直，柔度较大；

3）弹簧变形时钢索各股钢丝间产生一定的摩擦力，消耗较多的能量，减振能力较强，但是在循环载荷作用下，磨损也较严重；

4）比单股螺旋弹簧寿命长，安全性高；

5）制造工艺较复杂，自动化程度低，成本高，因而无特殊需要一般不采用。

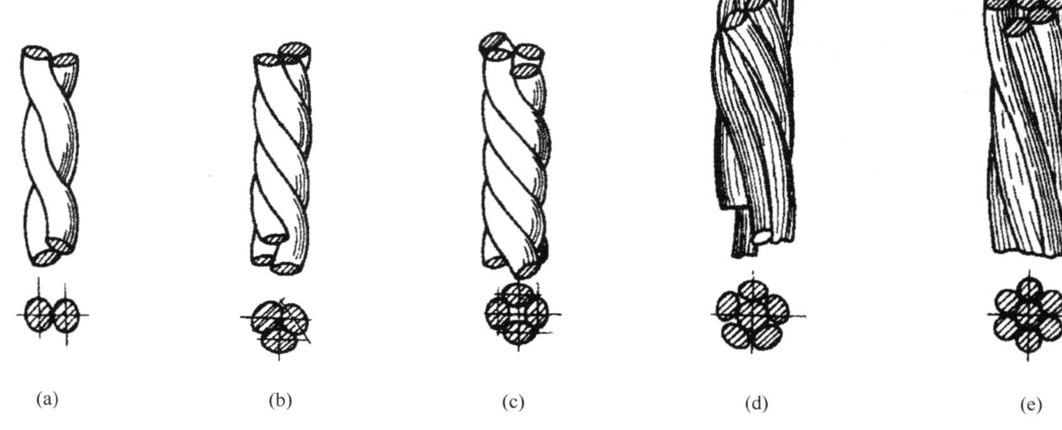
(a)　(b)　(c)　(d)　(e)

图10-4-2　多股螺旋弹簧钢索结构

4.2 多股螺旋弹簧的材料及许用应力

多股螺旋弹簧一般采用碳素弹簧钢丝或特殊用途弹簧钢丝，两种常用材料的许用应力如表 10-4-1 所示。

表 10-4-1 两种材料的许用应力

项 目	压缩弹簧 τ_p	拉伸弹簧 σ_p
受变载荷，作用次数在 10^4～10^5 之间，或受静载荷而重要的弹簧	$\tau_p = 0.3R_m$	$\sigma_p = 0.5R_m$
受静载荷，或作用次数<10^4 的变载荷	$\tau_p = 0.5R_m$	

4.3 多股螺旋弹簧的参数选择

表 10-4-2 多股螺旋弹簧的参数选择

<table>
<tr><th>参 数</th><th>选 择 要 点</th></tr>
<tr><td>钢丝直径 d</td><td>一般在 0.5～3mm 范围内选取</td></tr>
<tr><td>钢丝股数 m</td><td>一般为 2～4，最好不少于 3</td></tr>
<tr><td>弹簧旋绕比</td><td>$C=D/d$，可以取为 3.5～5，一般不小于 4</td></tr>
<tr><td>钢索拧角 β</td><td>钢索拧角 β 的选择与弹簧的性能有关，一般取 $\beta=25°$～$30°$。当要求弹簧的特性曲线有较大范围的线性关系时，取 $\beta=22°$～$25°$。拧角 β 与拧距 t_c 及直径 d_c 的关系如下表所示：
拧角 β 与拧距 t_c 及直径 d_c 的关系
<table>
<tr><td rowspan="3">$m=3$</td><td>t_c/d</td><td>8</td><td>9</td><td>10</td><td>11</td><td>12</td><td>13</td><td>14</td></tr>
<tr><td>β</td><td>24.97°</td><td>22.37°</td><td>20.25°</td><td>18.49°</td><td>17.00°</td><td>15.74°</td><td>14.64°</td></tr>
<tr><td>d_c/d</td><td>2.19</td><td>2.18</td><td>2.17</td><td>2.17</td><td>2.17</td><td>2.17</td><td>2.16</td></tr>
<tr><td rowspan="3">$m=4$</td><td>t_c/d</td><td>8</td><td>9</td><td>10</td><td>11</td><td>12</td><td></td><td></td></tr>
<tr><td>β</td><td>31.13°</td><td>27.78°</td><td>25.08°</td><td>22.85°</td><td>20.99°</td><td></td><td></td></tr>
<tr><td>d_c/d</td><td>2.54</td><td>2.51</td><td>2.49</td><td>2.48</td><td>2.47</td><td></td><td></td></tr>
</table>
注：m 为钢丝股数</td></tr>
<tr><td>F_K/F</td><td>F_K/F，即对应于特性曲线转折点的载荷 F_K（钢索拧紧时的载荷）与最大工作载荷之比，一般取为 1/4～1/3</td></tr>
<tr><td>ε</td><td>$\varepsilon=\dfrac{F_b}{F_0}$，即多股螺旋弹簧在卸载过程[如图(a)所示]中开始恢复变形时对应的载荷与压并载荷之比，其值可由图(b)查得：
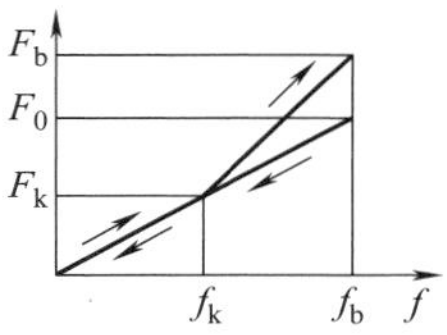

图(a) 加载-卸载过程
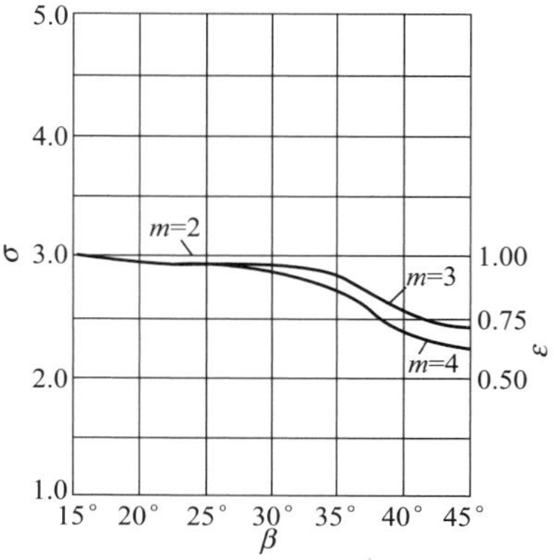

图(b) 系数ε值</td></tr>
</table>

4.4 多股螺旋弹簧的设计计算

表 10-4-3 多股螺旋弹簧的设计计算公式

<table>
<tr><th>项 目</th><th>单位</th><th>公式及数据</th></tr>
<tr><td>钢索拧紧前多股螺旋弹簧的变形 f_1</td><td>mm</td><td>
$$f_1=\frac{8FD^3n}{i'Gd^4m}$$
式中 i'——钢索拧紧前捻索系数，$i'=\frac{(1+\mu)\cos\beta}{1+\mu\cos^2\beta}$，也可根据拧角 β 按下表选取：
<table>
<tr><td>β</td><td>15°</td><td>20°</td><td>25°</td><td>30°</td><td>35°</td></tr>
<tr><td>i'</td><td>0.98</td><td>0.97</td><td>0.95</td><td>0.92</td><td>0.89</td></tr>
</table>
F——载荷，N
n——有效圈数
m——股数
</td></tr>
<tr><td>钢索拧紧前多股螺旋弹簧的刚度 k_1</td><td>N/mm</td><td>
$$k_1=\frac{F}{f_1}\times\frac{i'Gd^4m}{8D^3n}$$
</td></tr>
<tr><td>钢索拧紧时多股螺旋弹簧的变形 f_K</td><td>mm</td><td>
$$f_K=\frac{8F_KD^3n}{i'Gd^4m}$$
式中 F_K——拧紧载荷，N
其他符号同前
</td></tr>
<tr><td>钢索拧紧后多股螺旋弹簧的续加变形 f_c</td><td>mm</td><td>
$$f_c=\frac{8(F-F_K)D^3n}{i''Gd^4m}$$
式中 i''——钢索拧紧后续加变形阶段捻索系数 $i''=\frac{\cos\beta}{\cos^2\gamma}[1+\mu\sin^2(\beta+\gamma)]$
其中 γ 与 β 的关系根据 m 不同如以下两表所示：
当股数 $m=3$ 时
<table>
<tr><td>β</td><td>15°</td><td>20°</td><td>25°</td><td>30°</td><td>35°</td></tr>
<tr><td>γ</td><td>15.31°</td><td>20.84°</td><td>27.00°</td><td>34.43°</td><td>44.40°</td></tr>
</table>
当股数 $m=4$ 时
<table>
<tr><td>β</td><td>15°</td><td>20°</td><td>25°</td><td>30°</td><td>35°</td></tr>
<tr><td>γ</td><td>15.59°</td><td>21.56°</td><td>28.51°</td><td>37.61°</td><td>48.78°</td></tr>
</table>
i''也可根据 m 不同按以下两表选取：
当股数 $m=3$ 时
<table>
<tr><td>β</td><td>15°</td><td>20°</td><td>25°</td><td>30°</td><td>35°</td></tr>
<tr><td>i''</td><td>1.12</td><td>1.21</td><td>1.35</td><td>1.58</td><td>2.07</td></tr>
</table>
当股数 $m=4$ 时
<table>
<tr><td>β</td><td>15°</td><td>20°</td><td>25°</td><td>30°</td><td>35°</td></tr>
<tr><td>i''</td><td>1.12</td><td>1.23</td><td>1.40</td><td>1.73</td><td>2.45</td></tr>
</table>
</td></tr>
<tr><td>多股螺旋弹簧的变形 f</td><td>mm</td><td>
$$f=f_K+f_c=\frac{8FD^3ni}{Gd^4m}$$
式中 i——综合捻索系数
$$i=\frac{F_K}{i'F}+\frac{1}{i''}(1-F_K/F)$$
i 也可根据 β 及 F_K/F 按图(a)选取。例如，查 $F_K/F=0.2$，$\beta=30°$时$\frac{1}{i}$值，从 $\beta=30°$处向上作垂线与$\frac{1}{i'}$和$\frac{1}{i''}$分别交于 B 点和 A 点，过 A 点和 B 点分别作横坐标的平行线，与两边纵坐标轴分别交于 D 点和 C 点连接 C 和 D；从上部横坐标 $F_K/F=0.2$ 处向下作垂线与 CD 线交于 E。过 E 点作横坐标平行线，与纵坐标轴$\frac{1}{i}$交于点 F，此 F 点即为所求，$\frac{1}{i}=0.75$
 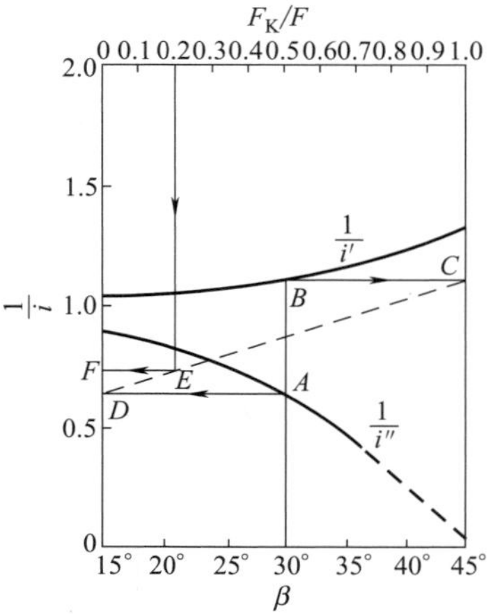
图(a) 系数$\frac{1}{i}$值
</td></tr>
</table>

续表

项　　目	单位	公式及数据
钢索拧紧后多股螺旋弹簧的刚度 k_c	N/mm	$k_2=\dfrac{iGd^4m}{8D^3n}$
应力 τ	MPa	$\tau=K\dfrac{8FD}{m\pi d^3}$ 式中　$K=\sqrt{\gamma_T^2+\gamma_B^2}$ 其中　$\gamma_T=\dfrac{F_K}{F}\cos\beta+\gamma_t\left(1-\dfrac{F_K}{F}\right)$ $\gamma_B=\dfrac{F_K}{F}\sin\beta+\gamma_b\left(1-\dfrac{F_K}{F}\right)$ 而 γ_t 及 γ_b 可根据 β 及 m 按图(b)选取 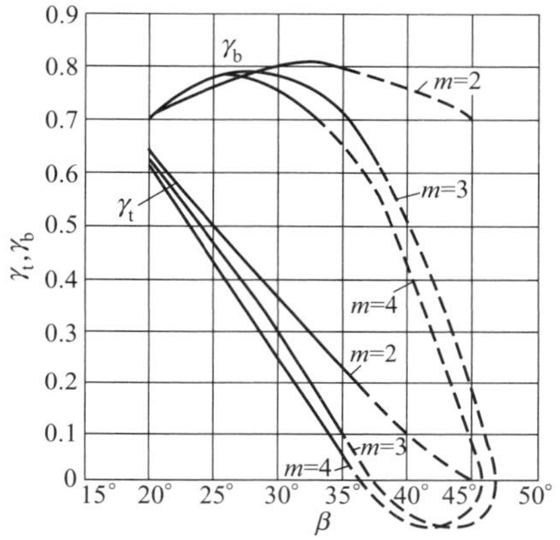 图(b)　γ_t,γ_b 值

4.5　多股螺旋弹簧的几何尺寸计算

表 10-4-4　　多股螺旋弹簧的几何尺寸计算公式

项　　目	单位	公式及数据
钢丝直径 d	mm	可从 0.5～3mm 范围内选定
钢索直径 d_c	mm	$d_c=d_2+d$ 式中　d_2——各股钢丝断面中心的圆周直径，mm 而 d_2 与拧角 β 及 d 的关系可根据 m 不同按下两表选取： 当股数 $m=3$ 时 β: 15°, 20°, 25°, 30°, 35° d_2/d: 1.17, 1.18, 1.19, 1.21, 1.25 当股数 $m=4$ 时 β: 15°, 20°, 25°, 30°, 35° d_2/d: 1.44, 1.46, 1.50, 1.55, 1.61
多股螺旋弹簧的外径 D_2	mm	$D_2=D+d_c$ 式中　D——弹簧中径，mm
多股螺旋弹簧的内径 D_1	mm	$D_1=D-d_c$
钢索拧距 t_c	mm	$t_c=\dfrac{\pi d_c}{\tan\beta}$
多股螺旋弹簧的有效圈数 n	圈	$n=\dfrac{iGd^4mf}{8FD^3}$

续表

项目	单位	公式及数据
多股螺旋弹簧的总圈数 n_1	圈	压缩弹簧：$n_1=n+(2\sim2.5)$ 拉伸弹簧：$n_1=n$ n_1 尾数为 1/4、1/2、3/4 及整圈
多股螺旋弹簧节距 t	mm	$t=d_c+\frac{f_b}{n}$ 式中 f_b——压并载荷下变形，mm $f_b=H_0-H_b$ H_0——自由高度，mm
多股螺旋弹簧自由高度 H_0	mm	压缩弹簧，两端磨平： 当 $n_1=n+1.5$ 时，$H_0=tn+d$ 当 $n_1=n+2$ 时，$H_0=tn+1.5d$ 当 $n_1=n+2.5$ 时，$H_0=tn+2d$ 拉伸弹簧： LⅠ $H_0=(n+1)d+D_1$ LⅡ $H_0=(n+1)d+2D_1$ LⅢ $H_0=(n+1.5)d+2D_1$
多股螺旋压缩弹簧的压并高度 H_b	mm	端部不并紧、两端磨平，支承圈为 3/4 圈时 $H_b=(n+1)d_c$ 端部并紧、磨平，支承圈为 1 圈时 $H_b=(n+1.5)d_c$
钢索长度 l	mm	$l\approx\pi Dn_1$
每股钢丝长度 L	mm	$L=\frac{l}{\cos\beta}$

第 5 章　碟 形 弹 簧

5.1　碟形弹簧的类型、结构及特点

(1) 普通碟形弹簧的类型和结构

碟形弹簧简称为碟簧，是由钢板、钢带或钢材锻料冲压成形的、具有变刚度特性的一种截锥形压缩弹簧。基本的碟片的几何形状见图 10-5-1 所示。图中各参数如下：

D——弹簧外径，mm；

d——弹簧内径，mm；

t——厚度，mm；

H_0——自由高度，mm；

h_0——无支承面碟形弹簧压平时变形量，mm，$h_0=H_0-t$；

h'_0——有支承面碟形弹簧压平时变形量，mm；$h'_0=H_0-t'$；

b——支承面宽度，mm，$b \approx D/150$；

F——载荷，N；

f——变形量，mm。

普通碟形弹簧已经标准化，其设计和制造可以参照国家标准 GB/T 1972—2005。

1) 根据支承结构不同，可以分为无支承面和有支承面两种型式，见图 10-5-1。

2) 根据其厚度不同，可以分为三类，见表 10-5-1。

碟形弹簧的尺寸和参数根据 D/t 及 h_0/t 的不同分为三个系列，每个系列的比值范围见表 10-5-2。

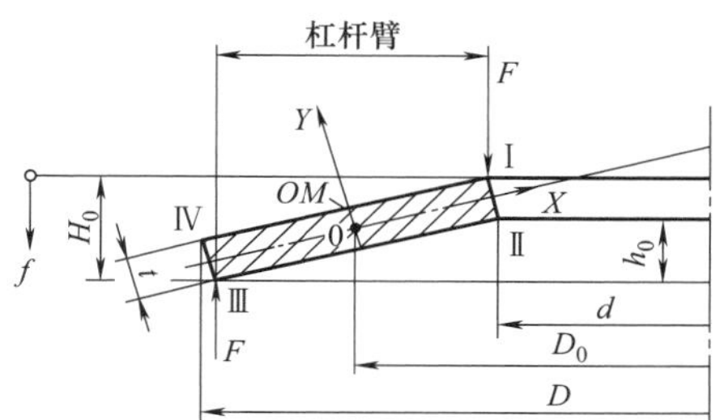

(a) 无支承面形式

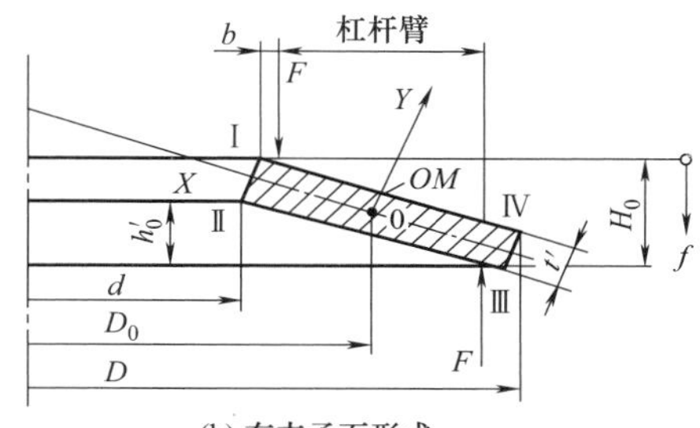

(b) 有支承面形式

图 10-5-1　单个碟簧及其几何参数

表 10-5-1　碟簧的类别和结构型式（GB/T 1972—2005）

类　别	弹簧厚度 /mm	支承面和减厚厚度
1	＜1.25	无
2	1.25～6.0	无
3	＞6.0～14.0	有

表 10-5-2　碟形弹簧的系列、尺寸和参数（GB/T 1972—2005）

系列 A　$\frac{D}{t}\approx 18$；$\frac{h_0}{t}\approx 0.4$；$E=206\text{GPa}$；$\mu=0.3$

类别	外径 D /mm	内径 d /mm	厚度 $t(t')$ /mm	压平时变形量 h_0/mm	自由高度 H_0 /mm	$f\approx 0.75h_0$					质量 Q /(kg/1000 件)
						F/N	f/mm	H_0-f /mm	σ_{OM} /MPa	σ_{II} 或 σ_{III} /MPa	
1	8	4.2	0.4	0.2	0.6	210	0.15	0.45	−1200	1200*	0.114
	10	5.2	0.5	0.25	0.75	329	0.19	0.56	−1210	1240*	0.225
	12.5	6.2	0.7	0.2	1	673	0.23	0.77	−1280	1420*	0.508
	14	7.2	0.8	0.3	1.1	813	0.23	0.87	−1190	1340*	0.711
	16	8.2	0.9	0.35	1.25	1000	0.26	0.99	−1160	1290*	1.050
	18	9.2	1	0.4	1.4	1250	0.3	1.1	−1170	1320*	2.940
	20	10.2	1.1	0.45	1.55	1530	0.34	1.21	−1180	1300*	2.010
2	22.5	11.2	1.25	0.5	1.75	1950	0.38	1.37	−1170	1320*	2.940
	25	12.2	1.5	0.55	2.05	2910	0.41	1.64	−1210	1410*	4.400

续表

系列 A　$\frac{D}{t}\approx18;\frac{h_0}{t}\approx0.4;E=206\text{GPa};\mu=0.3$

类别	外径 D /mm	内径 d /mm	厚度 $t(t')$ /mm	压平时变形量 h_0/mm	自由高度 H_0 /mm	$f\approx0.75h_0$					质量 Q /(kg/1000 件)
						F/N	f/mm	H_0-f /mm	σ_{OM} /MPa	σ_{II} 或 σ_{III} /MPa	
2	28	14.2	1.5	0.65	2.15	2850	0.49	1.66	−1180	1280*	5.390
	31.5	16.3	1.75	0.7	2.45	3900	0.53	1.92	−1190	1310*	7.840
	35.5	18.3	2	0.8	2.8	5190	0.6	2.2	−1210	1330*	11.40
	40	20.4	2.25	0.9	3.15	6540	0.68	2.47	−1210	1340*	16.40
	45	22.4	2.5	1	3.5	7720	0.75	2.75	−1150	1300*	23.50
	50	25.4	3	1.1	4.1	12000	0.83	3.27	−1250	1430*	34.30
	56	28.4	3	1.3	4.3	11400	0.98	3.32	−1180	1280*	43.00
	63	31	3.5	1.4	4.9	15000	1.05	3.85	−1140	1300*	64.90
	71	36	4	1.6	5.6	20500	1.2	4.4	−1200	1330*	91.80
	80	41	5	1.7	6.7	33700	1.28	5.42	−1260	1460*	145.0
	90	46	5	2	7	31400	1.5	5.5	−1170	1300*	184.5
	100	51	6	2.2	8.2	48000	1.65	6.55	−1250	1420*	273.7
	112	57	6	2.5	8.5	43800	1.88	6.62	−1130	1240*	343.8
3	125	64	8(7.5)	2.6	10.6	85900	1.95	8.65	−1280	1330*	533.0
	140	72	8(7.5)	3.2	11.2	85300	2.4	8.8	−1260	1280*	666.6
	160	82	10(9.4)	3.5	13.5	139000	2.63	10.87	−1320	1340*	1094
	180	92	10(9.4)	4	14	125000	3	11	−1180	1200*	1387
	200	102	12(11.25)	4.2	16.2	183000	3.15	13.05	−1210	1230*	2100
	225	112	12(11.25)	5	17	171000	3.75	13.25	−1120	1140*	2640
	250	127	14(13.1)	5.6	19.6	249000	4.2	15.4	−1200	1220*	3750

系列 B　$\frac{D}{t}\approx28;\frac{h_0}{t}\approx0.75;E=206\text{GPa};\mu=0.3$

类别	外径 D /mm	内径 d /mm	厚度 $t(t')$ /mm	压平时变形量 h_0/mm	自由高度 H_0 /mm	$f\approx0.75h_0$					质量 Q /(kg/1000 件)
						F/N	f/mm	H_0-f /mm	σ_{OM} /MPa	σ_{II} 或 σ_{III} /MPa	
1	8	4.2	0.3	0.25	0.55	119	0.19	0.36	−1140	1330	0.086
	10	5.2	0.4	0.3	0.7	213	0.23	0.47	−1170	1300	0.180
	12.5	6.2	0.5	0.35	0.85	291	0.26	0.59	−1000	1110	0.363
	14	7.2	0.5	0.4	0.9	279	0.3	0.6	−970	1100	0.444
	16	8.2	0.6	0.45	1.05	412	0.34	0.71	−1010	1120	0.698
	18	9.2	0.7	0.5	1.2	572	0.38	0.82	−1040	1130	1.030
	20	10.2	0.8	0.55	1.35	745	0.41	0.94	−1030	1110	1.460
	22.5	11.2	0.8	0.65	1.45	710	0.49	0.96	−962	1080	1.880
	25	12.2	0.9	0.8	1.6	868	0.53	1.07	−938	1030	2.640
	28	14.2	1	0.8	1.8	1110	0.6	1.2	−961	1090	3.590
2	31.5	16.3	1.25	0.9	2.15	1920	0.68	1.47	−1090	1190	5.600
	35.5	18.3	1.25	1	2.25	1700	0.75	1.5	−944	1070	7.130
	40	20.4	1.5	1.15	2.65	2620	0.86	1.79	−1020	1130	10.95
	45	22.4	1.75	1.3	3.05	3660	0.98	2.07	−1050	1150	16.40
	50	25.4	2	1.4	3.4	4760	1.05	2.35	−1060	1140	22.90
	56	28.5	2	1.6	3.6	4440	1.2	2.4	−963	1090	28.70
	63	31	2.5	1.75	4.25	7180	1.31	2.94	−1020	1090	46.40
	71	36	2.5	2	4.5	6730	1.5	3	−934	1060	57.70

续表

系列 B $\frac{D}{t}\approx28$；$\frac{h_0}{t}\approx0.75$；$E=206\text{GPa}$；$\mu=0.3$

类别	外径 D /mm	内径 d /mm	厚度 $t(t')$ /mm	压平时变形量 h_0/mm	自由高度 H_0 /mm	$f\approx0.75h_0$					质量 Q /(kg/1000件)
						F/N	f/mm	H_0-f /mm	σ_{OM} /MPa	σ_{II}或σ_{III} /MPa	
2	80	41	3	2.3	5.3	10500	1.73	3.57	−1030	1120	87.30
	90	46	3.5	2.5	6	14200	1.88	4.12	−1030	1120	129.1
	100	51	3.5	2.8	6.3	13100	2.1	4.2	−926	1050	159.7
	112	57	4	3.2	7.2	17800	2.4	4.8	−963	1090	229.2
	125	64	5	3.5	8.5	30000	2.63	5.87	−1060	1150	355.4
	140	72	5	4	9	27900	3	6	−970	1110	444.4
	160	82	6	4.5	10.5	41100	3.38	7.12	−1000	1100	698.3
	180	92	6	5.1	11.1	37500	3.83	7.27	−895	1040	885.4
3	200	102	8(7.5)	5.6	13.6	76400	4.2	9.4	−1060	1250	1369
	225	112	8(7.5)	6.5	14.5	70800	4.88	9.62	−951	1180	1761
	250	127	10(9.4)	7	17	119000	5.25	11.75	−1050	1240	2687

系列 C $\frac{D}{t}\approx40$；$\frac{h_0}{t}\approx1.3$；$E=206\text{GPa}$；$\mu=0.3$

类别	外径 D /mm	内径 d /mm	厚度 $t(t')$ /mm	压平时变形量 h_0/mm	自由高度 H_0 /mm	$f\approx0.75h_0$					质量 Q /(kg/1000件)
						F/N	f/mm	H_0-f /mm	σ_{OM} /MPa	σ_{II}或σ_{III} /MPa	
1	8	4.2	0.2	0.25	0.45	39	0.19	0.26	−762	1040	0.057
	10	5.2	0.25	0.3	0.55	58	0.23	0.32	−734	980	0.112
	12.5	6.2	0.35	0.45	0.8	152	0.34	0.46	−944	1280	0.251
	14	7.2	0.35	0.45	0.8	123	0.34	0.46	−769	1060	0.311
	16	8.2	0.4	0.5	0.9	155	0.38	0.52	−751	1020	0.466
	18	9.2	0.45	0.6	1.05	214	0.45	0.6	−789	1110	0.661
	20	10.2	0.5	0.65	1.15	254	0.49	0.66	−772	1070	0.912
	22.5	11.2	0.6	0.8	1.4	425	0.6	0.8	−883	1230	1.410
	25	12.2	0.7	0.9	1.6	601	0.68	0.92	−936	1270	2.060
	28	14.2	0.8	1	1.8	801	0.75	1.05	−961	1300	2.870
	31.5	16.3	0.8	1.05	1.85	687	0.79	1.06	−810	1130	3.580
	35.5	18.3	0.9	1.15	2.05	831	0.86	1.19	−779	1080	5.140
	40	20.4	1	1.3	2.3	1020	0.98	1.32	−772	1070	7.300
2	45	22.4	1.25	1.6	2.85	1890	1.2	1.65	−920	1250	11.70
	50	25.4	1.25	1.6	2.85	1550	1.2	1.65	−754	1040	14.30
	56	28.5	1.5	1.95	3.45	2620	1.46	1.99	−879	1220	21.50
	63	31	1.8	2.35	4.15	4240	1.76	2.39	−985	1350	33.40
	71	36	2	2.6	4.6	5140	1.95	2.65	−971	1340	46.20
	80	41	2.25	2.95	5.2	6610	2.21	2.99	−982	1370	65.50
	90	46	2.5	3.2	5.7	7680	2.4	3.3	−935	1290	92.20
	100	51	2.7	3.5	6.2	8610	2.63	3.57	−895	1240	123.2
	112	57	3	3.9	6.9	10500	2.93	3.97	−882	1220	171.9
	125	64	3.5	4.5	8	15100	3.38	4.62	−956	1320	248.9
	140	72	3.8	4.9	8.7	17200	3.68	5.02	−904	1250	337.7
	160	82	4.3	5.6	9.9	21800	4.2	5.7	−892	1240	500.4
	180	92	4.8	6.2	11	26400	4.65	6.35	−869	1200	708.4
	200	102	5.5	7	12.5	36100	5.25	7.25	−910	1250	1004
3	225	112	6.5(6.2)	7.1	13.6	44600	5.33	8.27	−840	1140	1456
	250	127	7(6.7)	7.8	14.8	50500	5.85	8.95	−814	1120	1915

注：标记示例：一级精度，系列 A，外径 $D=100$mm 的第 2 类弹簧 A100-1 GB/T 1972—2005。

1. 表中给出的是弹簧厚度 t 的公称数值，第 3 类碟形弹簧厚度减薄为 t'。

2. 表中 σ_{OM} 表示碟形弹簧上表面 OM 的计算应力（压应力）。

3. 表中给出的是碟形弹簧下表面的最大计算拉应力，有 * 号的数值为在位置Ⅱ处的拉应力，无 * 号的数值是在位置Ⅲ处的拉应力。

3）碟形弹簧有多种截面和形状，见图 10-5-2。

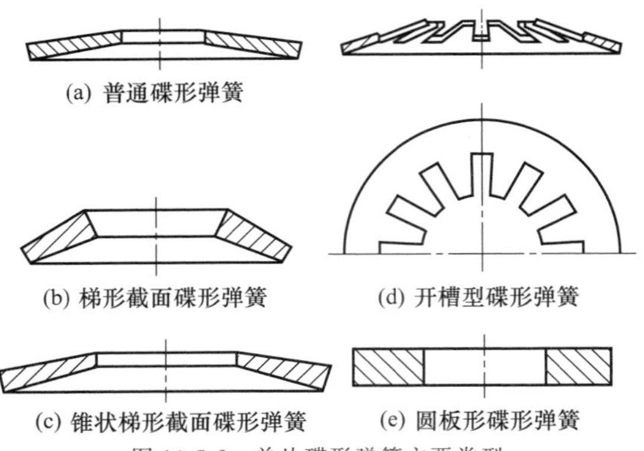
(a) 普通碟形弹簧
(b) 梯形截面碟形弹簧　(d) 开槽型碟形弹簧
(c) 锥状梯形截面碟形弹簧　(e) 圆板形碟形弹簧

图 10-5-2　单片碟形弹簧主要类型

（2）碟形弹簧的特点

1）在载荷作用方向上尺寸较小，刚度大，缓冲吸振能力强，轴向空间紧凑，适合轴向空间要求小的场合。

2）具有变刚度特性，改变碟片的厚度 t 和内截锥高度的比值，可以得到不同的特性曲线，其特性曲线可以是直线型、渐增型或几种不同特性线的组合。

3）改变碟片的数量或碟片的组合方式，可以获得不同的承载能力和特性曲线，使弹簧特性在很大范围内变化。组合方式包括对合、叠合，或者将具有不同厚度、不同片数的碟形弹簧进行组合。

4）正确设计、制造的碟形弹簧，具有很长的使用寿命。当一些碟片损坏时，只需个别更换，便于维护。

碟形弹簧在机械产品中的应用越来越广，常用作强力缓冲和减振弹簧以及储能元件，但是该种弹簧的制造精度要求较高。

5.2　碟形弹簧的计算

5.2.1　单片碟形弹簧的特性曲线

碟形弹簧的轴向载荷 F 与轴向变形 f 的关系与直径比 C（影响因子 K_1）、比值 h_0/t、尺寸 t、D、材料特性以及碟片结构型式有关。当材料、结构型式及尺寸都相同时，碟形弹簧特性线只与比值 h_0/t 有关，且特性线随着 h_0/t 的变化有很大的改变。

图 10-5-3 所示为碟形弹簧的特性曲线。可以看出，h_0/t 的影响很大。h_0/t 在不同的数值范围内时，特性曲线具有不同的特点。

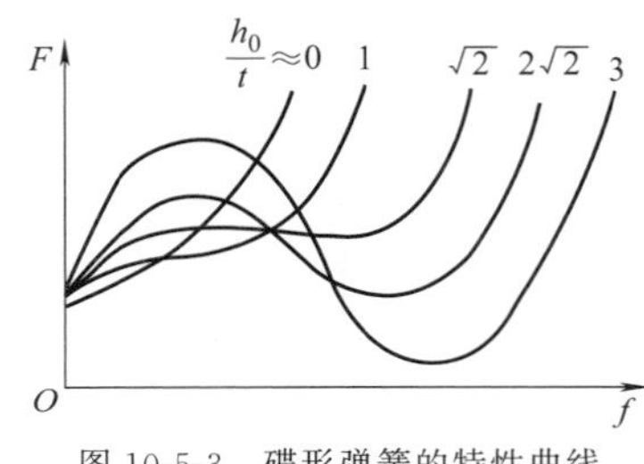

图 10-5-3　碟形弹簧的特性曲线

5.2.2　单片碟形弹簧的计算公式

表 10-5-3　单片碟簧载荷、刚度和变形能的计算公式

项目	计算公式	
	无支承面碟簧	有支承面碟簧
载荷	$F=[4E/(1-\mu^2)](t^4/D^2)(f/t)\{(h_0/t-f/t)[h_0/t-f/(2t)]/K_1+1/K_1\}$	$F=K_4^2[4E/(1-\mu^2)][t'^4/(K_1D^2)](f/t')\{K_4^2(h'_0/t'-f/t')[h_0/t'-f/(2t')]+1\}$
压平载荷	$F_c=[4E/(1-\mu^2)][t'^3h'_0/(K_1D^2)]$	$F_c=K_4^2[4E/(1-\mu^2)][t'^3h'_0/(K_1D^2)]$
刚度	$k\approx[4E/(1-\mu^2)][t^3/(K_1D^2)]\{[(h_0/t)^2-3(h_0/t)(f/t)+3(f/t)^2/2]+1\}$	$k\approx K_4^2[4E/(1-\mu^2)][t'^3/(K_1D^2)]\{K_4^2[(h'_0/t')^2-3(h'_0/t')(f/t')+3(f/t')^2/2]+1\}$
变形能	$U=[2E/(1-\mu^2)][t^5/(K_1D^2)](f/t)\{[h_0/t-f/(2t)]^2+1\}$	$U=K_4^2[2E/(1-\mu^2)][t'^5/(K_1D^2)](f/t')\{K_4^2[h'_0/t'-f/(2t')]^2+1\}$
说明	$C_1=(t'/t)^2/\{[H_0/(4t)-t'/t+3/4][5H_0/(8t)-t'/t+3/8]\}$ $C_2=C_1[5(H_0/t-1)^2/32+1]/(t'/t)^3$ $K_1=(1/\pi)[(C-1)/C]^2/[(C+1)/(C-1)-2/\ln C]$ $K_2=(6/\pi)[(C-1)/\ln C-1]/\ln C$ $K_4=\{[(C_1/2)^2+C_2]^{1/2}-C_1/2\}^{1/2}$ $C=D/d$ E——碟簧材料的弹性模量 μ——碟簧材料的泊松比 f——碟簧的变形量	

载荷与压平载荷的关系可以写成：

$$F=K_m F_c \tag{10-5-1}$$

因子 K_m 可以由图 10-5-4 根据相对变形 f/h_0 查出，于是按照上式计算出碟形弹簧的作用载荷十分方便。

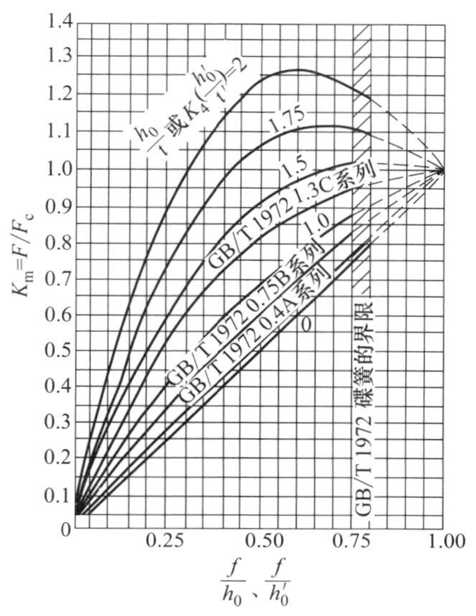

图 10-5-4　因子 K_m 与 f/h_0、f/h_0' 的关系曲线

h_0/t 值在不同的范围内，特性线有不同的特点：

① $h_0/t=0\sim0.5$ 时，特性线接近于直线，与圆柱螺旋弹簧近似；

② $h_0/t=0.5\sim\sqrt{2}$ 时，弹簧刚度随 h_0/t 的增大而增大，h_0/t 值在 $\sqrt{2}$ 左右，特性线将有一段接近水平线（刚度为零），这时载荷即使没有什么变化，变形也会继续增大；

③ $h_0/t>\sqrt{2}$ 时，载荷增大到一定值后，将出现载荷减小而变形继续增大的负刚度特性区域，这时碟簧的工作情况是不稳定的；

④ $h_0/t>2\sqrt{2}$ 时，具有更大的负刚度区域，在碟簧变形量超过某一数值后，碟片将突然倒翻过来。

5.2.3　组合碟形弹簧的计算公式

为获得特殊的碟簧特性曲线，除表 10-5-4 中三种组合型式外，还可以采用不同厚度弹簧组合的对合组合碟簧，或者尺寸相同、但各组片数逐渐增加的复合组合弹簧，其总载荷和总变形量可参照表 10-5-4 中公式计算。

在使用组合碟簧时，需要考虑摩擦力的影响。组合碟簧的组数、每个叠层的片数，以及碟簧表面质量和润滑情况，都直接影响摩擦力的大小。

表 10-5-4　　叠合、对合和复合碟形弹簧的总载荷和总变形量的计算式

型式	简图及特性	载荷及变形的计算	说　明
叠合组合	碟簧载荷 F；变形量 f	$F_z=nF$ $f_z=f$ $H_z=H_0+(n-1)t$	
对合组合	碟簧载荷 F；变形量 f	$F_z=F$ $f_z=if$ $H_z=iH_0$	F——单片碟簧的载荷，N F_z——总载荷，N f——单片碟簧变形量，mm n——叠合层数 i——对合片数 H_0——单片碟簧的自由高度，mm H_z——组合碟簧的自由高度，mm t——单片碟簧的厚度，mm
复合组合	碟簧载荷 F；变形量 f	$F_z=nF$ $f_z=if$ $H_z=i[H_0+(n-1)t]$	

由于摩擦力的阻尼作用，叠合组合弹簧的刚度比理论计算值大，对合组合碟簧的各片变形量将依次递减。在冲击载荷下使用组合碟簧，外力的传递对各片也依次递减。在使用中，组合碟簧的片数不宜过多，尽可能采用直径较大、片数较少的组合碟簧。考虑摩擦力影响时，碟簧载荷按下式计算

$$F_R = F\frac{n}{1 \pm f_M(n-1) \pm f_R} \qquad (10\text{-}5\text{-}2)$$

式中 n——叠合片数；

f_M——碟簧锥面间的摩擦系数；

f_R——承载边缘处的摩擦系数。

式中的正号表示卸载，负号表示加载。

表 10-5-5 给出了结合面处的摩擦系数。

表 10-5-5 组合碟簧接触处的摩擦系数（GB/T 1972—2005）

系列	锥面间的摩擦系数 f_M	承载边缘处的摩擦系数 f_R
A	0.005～0.03	0.03～0.05
B	0.003～0.02	0.02～0.04
C	0.002～0.015	0.01～0.03

由多组叠合碟簧对合组成的复合弹簧，仅考虑叠合表面间摩擦时，可令式中 $f_R=0$，式（10-5-2）也适用于单片弹簧，以 $n=1$ 代入即可。

5.3 碟形弹簧的应力计算

（1）碟形弹簧的应力计算公式

碟簧截面上的应力有径向位移导致的切应力和角位移导致的切应力，在截面各处应力均不相同，在内、外圆周的上、下表面（见图 10-5-5 中的Ⅰ、Ⅱ、Ⅲ、Ⅳ点）应力值均较大。

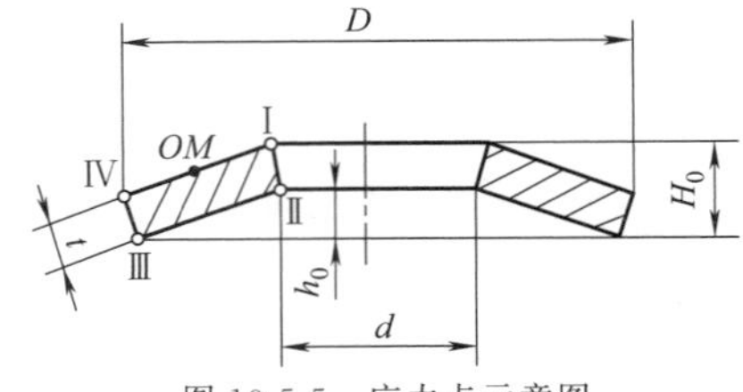

图 10-5-5 应力点示意图

在中性径上表面处（见图 10-5-5 中的 OM 点）为压应力。

上述几点处的应力计算式如下：

$$\sigma_{\rm I} = K_4[-4E/(1-\mu^2)][t^2/(K_1D^2)](f/t)\{K_4K_2[h_0/t-f/(2t)]+K_3\} \qquad (10\text{-}5\text{-}3)$$

$$\sigma_{\rm II} = K_4[-4E/(1-\mu^2)][t^2/(K_1D^2)](f/t)\{K_4K_2[h_0/t-f/(2t)]-K_3\} \qquad (10\text{-}5\text{-}4)$$

$$\sigma_{\rm III} = K_4[-4E/(1-\mu^2)][t^2/(K_1D^2C)](f/t)\{K_4(K_2-2K_3)[h_0/t-f/(2t)]-K_3\} \qquad (10\text{-}5\text{-}5)$$

$$\sigma_{\rm IV} = K_4[-4E/(1-\mu^2)][t^2/(K_1D^2C)](f/t)\{K_4(K_2-2K_3)[h_0/t-f/(2t)]+K_3\} \qquad (10\text{-}5\text{-}6)$$

$$\sigma_{\rm OM} = (3K_4/\pi)[4E/(1-\mu^2)][t^2/(K_1D^2)](f/t) \qquad (10\text{-}5\text{-}7)$$

$$K_2 = (6/\pi)\{[(C-1)/\ln C-1]/\ln C\} \qquad (10\text{-}5\text{-}8)$$

$$K_3 = (3/\pi)[(C-1)/\ln C] \qquad (10\text{-}5\text{-}9)$$

计算应力为正值时为拉应力，负值时是压应力。从应力计算公式可以看出：直到碟片压平（$f \leqslant h_0$），$\sigma_{\rm I}$ 始终是压应力，并且有 $\sigma_{\rm I} > \sigma_{\rm II}$，故 $\sigma_{\rm I}$ 是最大应力。

应力 $\sigma_{\rm OM}$ 更能表征碟簧的强度，且计算简便，取 $f=h_0$ 的值小于 $\sigma_{\rm OM}$ 或等于材料的屈服点，进行碟片的强度计算。

表 10-5-6 不同性质载荷情况下碟形弹簧的许用应力

<table>
<tr><th>条件</th><th>许用应力</th></tr>
<tr><td>静载荷</td><td>载荷循环次数少于 10^4 时，可视为静载荷。这时碟片的失效形式是在最大应力点产生塑性变形。为了保证自由高度的稳定，应使压平时 OM 点的压应力满足下列要求：
$\sigma_{\rm OM} = (f/t)(3K_4/\pi)[4E/(1-\mu^2)][t^2/(K_1D^2)] \leqslant \sigma_s$ (10-5-10)
对于 60Si2MnA 和 50CrVA 制的碟簧，可取 $\sigma_s=1400 \sim 1600$MPa</td></tr>
<tr><td>循环载荷</td><td>承受循环载荷的碟簧，失效形式为疲劳断裂。碟片的疲劳源都是在受拉应力的下表面内、外圆周处（见图 10-5-6中的Ⅱ、Ⅲ两点）。为保证循环载荷作用下碟形弹簧的强度，必须使该两点的拉应力小于疲劳极限应力
Ⅱ、Ⅲ两点中，哪一点较危险，视直径比 C 和比值 h_0/t 而定。图(a)以 C 为横坐标，h_0/t 为纵坐标，给出两条曲线。在两条曲线上面的区域，Ⅲ点是危险点；在两条曲线下面的区域，Ⅱ是危险点；在两条曲线之间的区域，危险点不能肯定
对于有支承面的碟片，应以比值 K_4h_0/t' 代替 h_0/t
纵坐标：$\frac{h_0}{t}$ 或 $K_4\frac{h'_0}{t'}$（0.2～1.4）；横坐标：$C=D/d$（1.4～4.0）；曲线：Ⅲ点、Ⅱ点或Ⅲ点、Ⅱ点
图(a) 碟簧疲劳破坏危险点的的判断曲线</td></tr>
</table>

续表

<table>
<tr><th>条件</th><th>许用应力</th></tr>
<tr><td>强度条件</td><td>以预压变形量 f_{min} 求得的最小应力、工作变形量 f_{min} 求得的最大应力，分别验算最大应力和应力幅，满足：
$$\sigma_{max} \leqslant \sigma_{rmax}, \sigma_a \leqslant \sigma_{ra} \tag{10-5-11}$$
式中，σ_{rmax} 和 σ_{ra} 是碟形弹簧的疲劳极限最大应力和应力幅</td></tr>
<tr><td>许用应力</td><td>通常认为碟片的循环次数为 2×10^6，载荷循环次数超过该值者，为无限寿命设计，极限应力为疲劳极限，载荷循环次数低于此值者，为有限寿命设计，极限应力为条件疲劳极限
由材料 50CrVA 制造的单片碟簧，或不超过 10 片的对合组合碟簧，在循环载荷的作用下，不同载荷循环次数、不同厚度时的疲劳极限，在图(b)中以最大应力极限和最小应力极限的型式给出
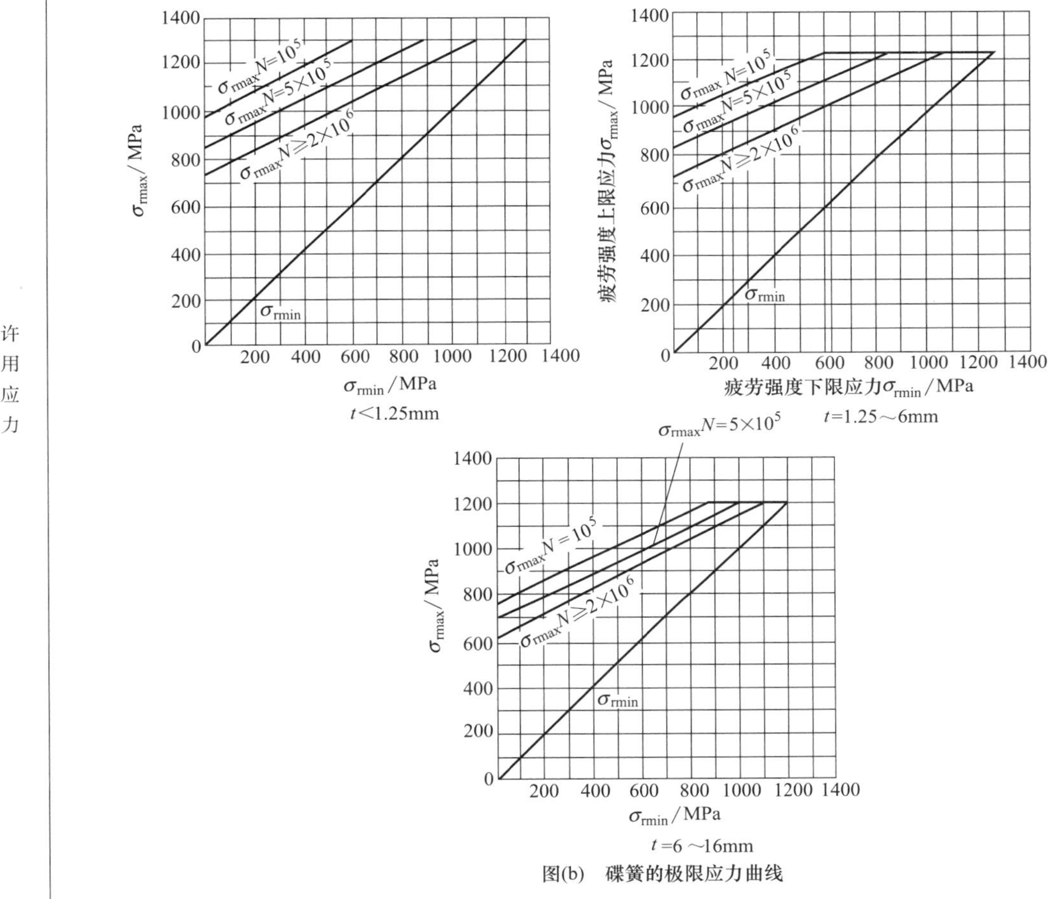

图(b) 碟簧的极限应力曲线</td></tr>
</table>

(2) 碟形弹簧的许用应力

根据碟形弹簧在工作中受到不同性质的载荷情况，其失效形式也是不同的，其强度计算的许用应力也应予以不同考虑。

(3) 碟形弹簧的设计

对于非标准碟簧，设计时应已知：载荷值及其性质，弹簧特性线，空间结构尺寸的限制条件等。设计者需要完成：选定材料，确定碟片数量和组合型式，确定碟片主要尺寸参数（h_0、t、D、d），画出特性线，绘制零件工作图等。

表 10-5-7 **碟形弹簧的设计**

主要参数的选取	比值 h_0/t	要求特性线为直线时,可取 $h_0/t \approx 0.5$;要求弹簧具有刚度为零的区域时,可取 $h_0/t \approx 1.414$;要求弹簧具有负刚度特性时,可取 $h_0/t > 1.414$
	直径比 C	直径比 $C \approx 1.7$ 时,碟簧单位体积材料的变形能最大,因此用于缓冲、吸振和储能的碟簧,取 $C=1.7 \sim 2.5$;若是控制装置用碟簧,对弹簧特性有特殊要求,C 值可增大到 3.5;C 值大于 3.5 后,将使外径过大;若 C 值过小,则会使内、外径十分接近而造成制造困难,因此一般取 $C=2$,不小于 1.25
	比值 f/h_0	随着 f/h_0 值增大,实际杠杆臂缩短,弹簧实际承载能力与计算值的差增大,当 $f/h_0 > 0.75$ 时,该差值已十分明显。所以 GB/T 1972 规定 $f_{max}/h_0 = 0.75$。当 $f/h_0 < 0.15 \sim 0.20$ 时,Ⅰ点可能出现裂纹。所以,为了保证弹簧特性的稳定,提高疲劳强度,一般承受循环载荷的碟簧,最好取 $f_{max}/h_0 = 0.25 \sim 0.60$,不得小于 $0.15 \sim 0.20$
设计步骤	1	按特性线的要求选定碟片比值 h_0/t:若选 $h_0/t > 1.414$ 时,应采取结构措施,以避免碟片突然被压平或翻转
	2	根据空间结构限制选定 D,确定比值 C 即可计算出 d
	3	选用材料和许用应力。受静载荷的碟簧压平时的应力 σ_{OM} 应不超过弹簧材料的屈服点。循环载荷作用下的碟簧,一般选定尺寸后进行疲劳强度校核计算,根据要求的寿命(载荷循环次数)计算许用应力幅
	4	给定比值 f_{max}/h_0,根据强度条件,由应力计算公式求出碟片厚度 t。计算时,计算式中的 f/t 均以 $f_{max}/t = (f_{max}/h_0)(h_0/t)$ 代入。求出 t 后,应按材料规格并考虑加工余量要求适当调整
	5	由比值 h_0/t 和 t 值求出内截锥高度 h_0
	6	按载荷与变形关系的要求确定碟簧组合方式和片数,画出特性线,计算变形能
	7	绘制碟簧工作图,确定各项技术要求

(4) 计算示例

设计一碟形弹簧装置,承受循环载荷,预加载荷 $F_1=1500\text{N}$,工作载荷 $F_2=5000\text{N}$,最大变形量要求为 5mm,导杆最大直径为 20mm。

按导杆尺寸条件,选取内径 $d=20.4\text{mm}$ 的碟片,三个系列此种碟片的尺寸和参数见表 10-5-8。

由表 10-5-8 可知,采用 A 系列碟片承载能力足够,而变形量满足不了要求,为此,采用 A 系列碟片对合式组合碟簧,该碟片为无支承结构。

A40 GB/T1972 对合式组合碟簧的计算步骤与结果见表 10-5-9。

表 10-5-8 **$d=20.4\text{mm}$ 三个系列此种碟片的尺寸和参数**

碟片系列	类别	D/mm	d/mm	t/mm	h_0/mm	H_0/mm	$f=0.75h_0$		
							F/N	f/mm	$\sigma_{Ⅱ}(\sigma_{Ⅲ})$/MPa
A40 GB/T 1972	2	40	20.4	2.25	0.90	3.15	6 540	0.68	1 340
B40 GB/T 1972	2	40	20.4	1.50	1.15	2.65	2 620	0.86	1 130
C40 GB/T 1972	1	40	20.4	1.00	1.30	2.30	1 020	0.98	1070

表 10-5-9 **对合式组合碟簧的计算步骤与结果**

项 目	计算公式及说明	计算结果
弹性模量	E 根据 GB/T 1972—2005	206000MPa
泊松比	μ 根据 GB/T 1972—2005	0.3
直径比	$C=D/d=40/20.4$	1.96
因子	$K_1=(1/\pi)[(C-1)/C]^2/[(C+1)/(C-1)-2/\ln C]=(1/\pi)\times[(1.96-1)/1.96]^2/[(1.96+1)/(1.96-1)-2/\ln 1.96]$	0.69
压平载荷	$F_c=[4E/(1-\mu^2)][t^3h_0/(K_1D^2)]=[4\times206000/(1-0.3^2)]\times[2.25^3\times0.90/(0.69\times40^2)]$	8410N
因子	$K_m=F_2/F_c=5000/8410$	0.59
比值	$h_0/t=0.90/2.25$	0.4
比值	f_2/h_0 查图 10-5-4,由 $K_m=0.59$、$h_0/t=0.4$ 得	0.57

续表

项　　目	计算公式及说明	计算结果
碟片的工作变形量	$f_2=(f_2/h_0)h_0=0.57\times0.90$	0.51mm
组合碟簧片数	$i=f/f_2=5/0.51$	9.7，取 10 片
碟簧的工作变形量	$f_z=if_2=10\times0.51$	5.1mm
因子	$K_m=F_1/F_c=1500/8410$	0.18
比值	f_1/h_0查图 10-5-4，由 $K_m=0.8$、$h_0/t=0.4$ 得	0.16
碟片的预变形量	$f_1=(f_1/h_0)h_0=0.16\times0.90$	0.14mm
组合碟簧的预变形量	$f_{z1}=if_1=10\times0.14$	1.4mm
自由高度	$H_{oz}=iH_0=10\times3.15$	31.5mm

5.4　其他类型碟形弹簧

表 10-5-10　　其他类型碟形弹簧

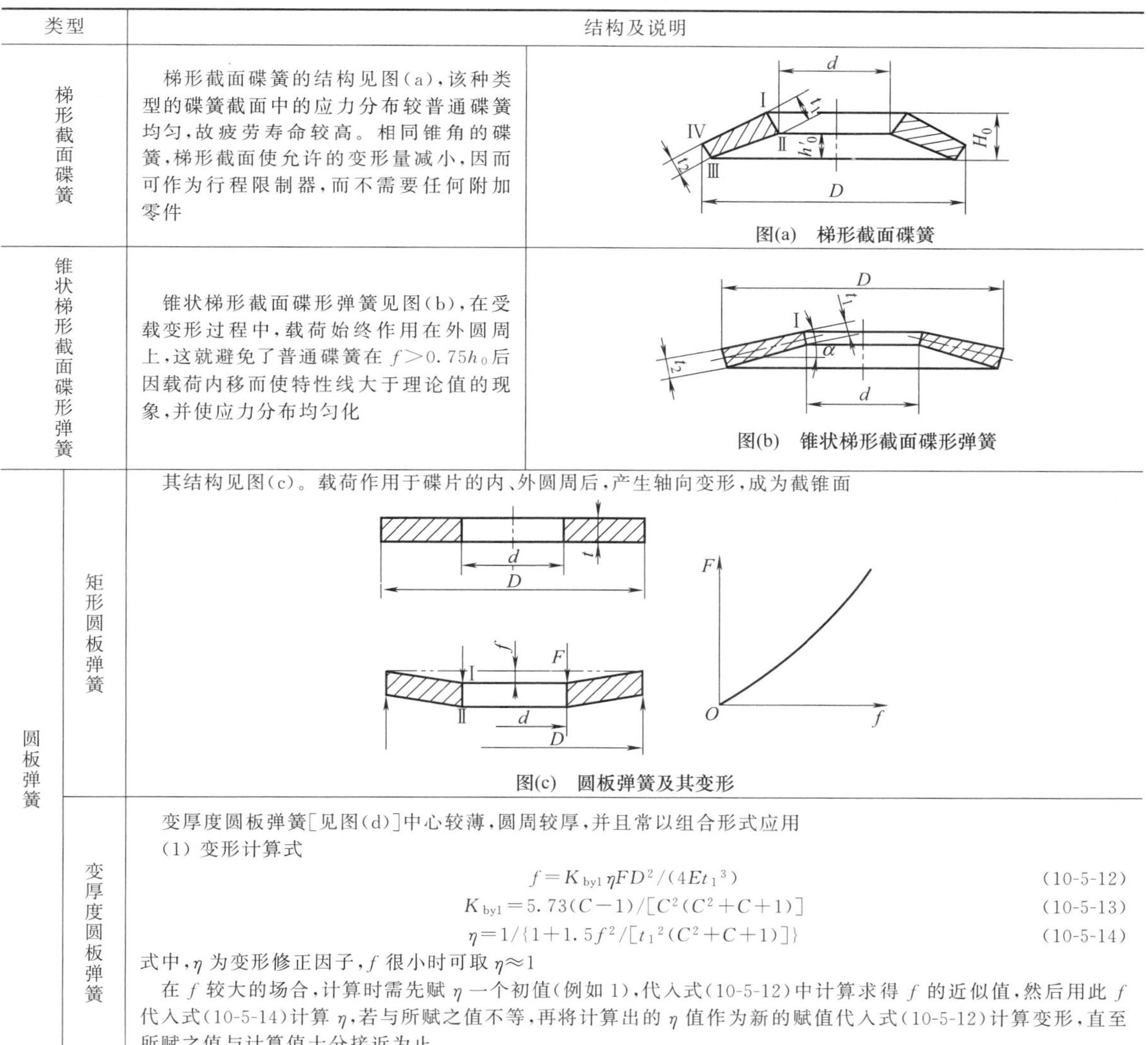

类型		结构及说明	
梯形截面碟簧		梯形截面碟簧的结构见图(a)，该种类型的碟簧截面中的应力分布较普通碟簧均匀，故疲劳寿命较高。相同锥角的碟簧，梯形截面使允许的变形量减小，因而可作为行程限制器，而不需要任何附加零件	图(a)　梯形截面碟簧
锥状梯形截面碟形弹簧		锥状梯形截面碟形弹簧见图(b)，在受载变形过程中，载荷始终作用在外圆周上，这就避免了普通碟簧在 $f>0.75h_0$后因载荷内移而使特性线大于理论值的现象，并使应力分布均匀化	图(b)　锥状梯形截面碟形弹簧
圆板弹簧	矩形圆板弹簧	其结构见图(c)。载荷作用于碟片的内、外圆周后，产生轴向变形，成为截锥面 图(c)　圆板弹簧及其变形	
	变厚度圆板弹簧	变厚度圆板弹簧[见图(d)]中心较薄，圆周较厚，并且常以组合形式应用 (1) 变形计算式 $f=K_{by1}\eta FD^2/(4Et_1{}^3)$　(10-5-12) $K_{by1}=5.73(C-1)/[C^2(C^2+C+1)]$　(10-5-13) $\eta=1/\{1+1.5f^2/[t_1{}^2(C^2+C+1)]\}$　(10-5-14) 式中，η 为变形修正因子，f 很小时可取 $\eta\approx1$ 在 f 较大的场合，计算时需先赋 η 一个初值(例如 1)，代入式(10-5-12)中计算求得 f 的近似值，然后用此 f 代入式(10-5-14)计算 η，若与所赋之值不等，再将计算出的 η 值作为新的赋值代入式(10-5-12)计算变形，直至所赋之值与计算值十分接近为止	

续表

类型		结构及说明
圆板弹簧	变厚度圆板弹簧	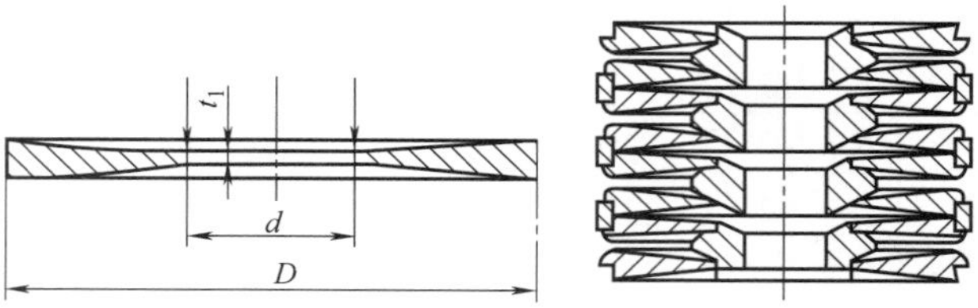 单片式　组合式 图(d)　变厚度圆板弹簧 (2)应力计算式 $\sigma_{max}=K_{by2}F/t_1^{\,2}$　(10-5-15) $K_{by2}=2.86/(C^2+C+1)$　(10-5-16)
螺旋碟形弹簧		螺旋碟形弹簧如图(e)(ⅰ)所示,直观为圆柱形,其特性线如图(e)(ⅱ)所示,与蜗卷螺旋弹簧相似。在行程不大的情况下,碟簧面尚未接触,其特性线为直线型;当碟形锥面接触时,产生摩擦力,刚度急剧上升。这种弹簧结构紧凑,能承受较大载荷,能吸收较大的变形能,适用于减振和缓冲的场合 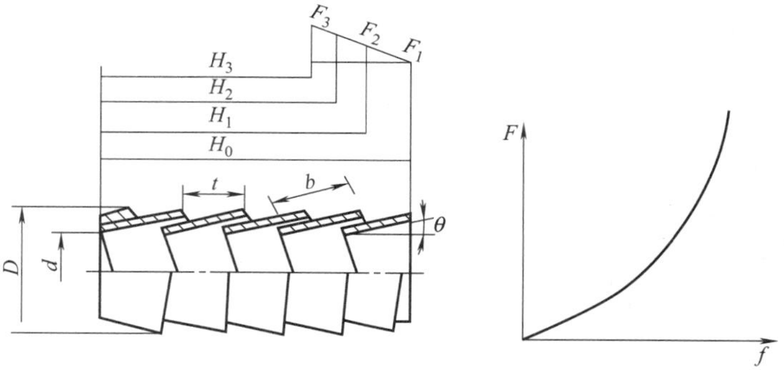 (ⅰ)螺旋碟形弹簧的结构　(ⅱ)螺旋碟形弹簧的特性线 图(e)　螺旋碟形弹簧
波形垫圈和波形圆柱弹簧		由图(f)可以看出,构成波形圆柱弹簧[图(f)(ⅰ)]的是波形垫圈[图(f)(ⅱ)]。所以波形圆柱弹簧的受力分析和计算是基于波形垫圈进行的 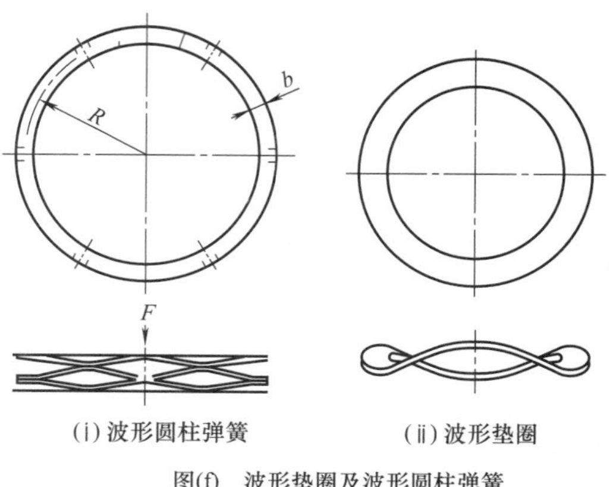 (ⅰ)波形圆柱弹簧　(ⅱ)波形垫圈 图(f)　波形垫圈及波形圆柱弹簧

5.5　碟形弹簧应用示例

图 10-5-6 为 JCS-013 型自动换刀数控卧式镗铣床，其主轴箱利用碟簧夹紧刀具。图示位置为刀具夹紧状态，此时活塞 1 在右端，碟簧 2 以 10000N 的力使拉杆 3 向右移动，通过钢球 4 夹紧刀柄。活塞 1 向左移动，并推动拉杆 3 也向左移动，使钢球 4 在导套 5 大直径处时，喷头 6 将刀具顶松，刀具即被取走。同时压缩空气经活塞 1 和拉杆 3 的中心孔从喷头 6 喷出、清洁主轴 7 锥孔及刀柄，活塞 1 向右移，碟簧 2 又重新夹紧刀柄。

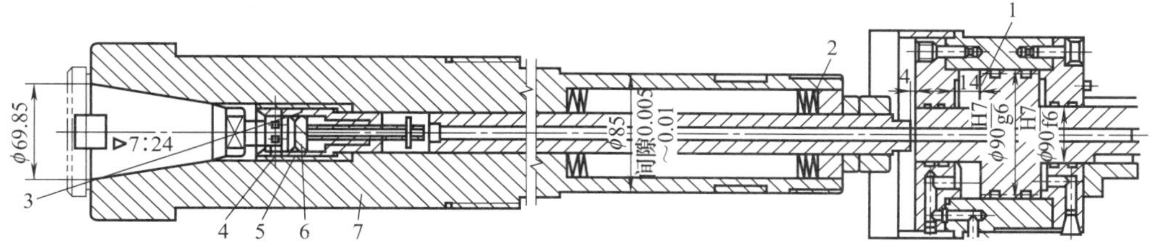

图 10-5-6　镗铣床上刀具夹紧机构上用的碟簧（复合方式）

1—活塞；2—碟簧；3—拉杆；4—钢球；5—导套；6—喷头；7—主轴

图 10-5-7 为旅游架空索道上的双人吊椅，其上抱索器 3 是吊椅上的关键部件，要求抱索器对钢绳有足够的夹紧力，使其与钢绳形成的摩擦力能防止吊椅在钢绳上滑动，即使钢绳与悬垂的吊椅成 45°时，也有足够的防滑安全系数。

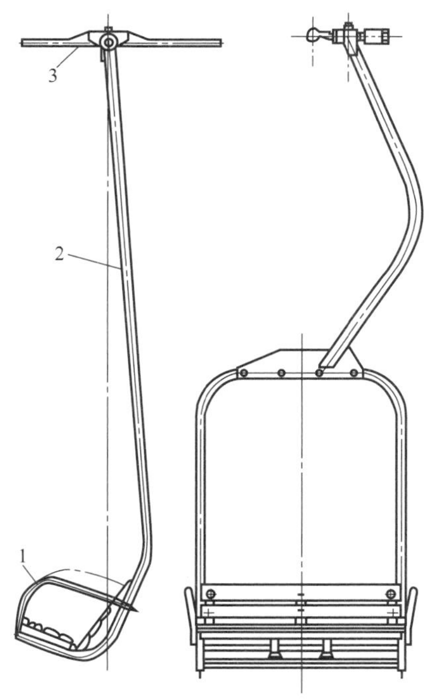

图 10-5-7　双人吊椅

1—座椅；2—吊架杆；3—抱索器

图 10-5-8 为图 10-5-7 中的抱索器 3。可以看出，要保持抱索器安全可靠，除内、外卡（图 10-5-8 中件 2、1）外，碟形弹簧 3 也是很重要的零件。一方面要求碟形弹簧提供足够的压紧力，另一方面要求弹性稳定耐久，簧片不易损坏。

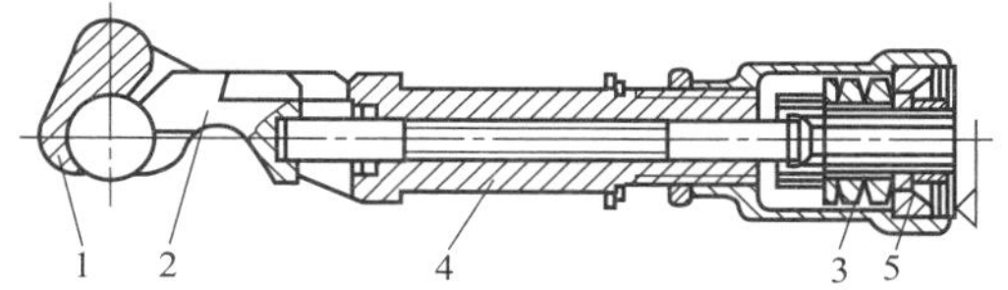

图 10-5-8　双人吊椅抱索器

1—外抱卡；2—内抱卡；3—碟形弹簧；
4—与吊架杆相连的套筒
（与外抱卡 1 是同一整体）；5—螺母

5.6　膜片碟簧

（1）膜片碟簧的特点及用途

膜片碟簧的外圆部分是碟形弹簧的形状（圆锥形），内圆部分则由冲有长孔和切槽的 18 片（也有 12 片或 15 片）闭合的扇形板形成。它广泛用于车辆的离合器中作压紧元件。图 10-5-9 所示为离合器中应用的干式单片膜片碟簧。

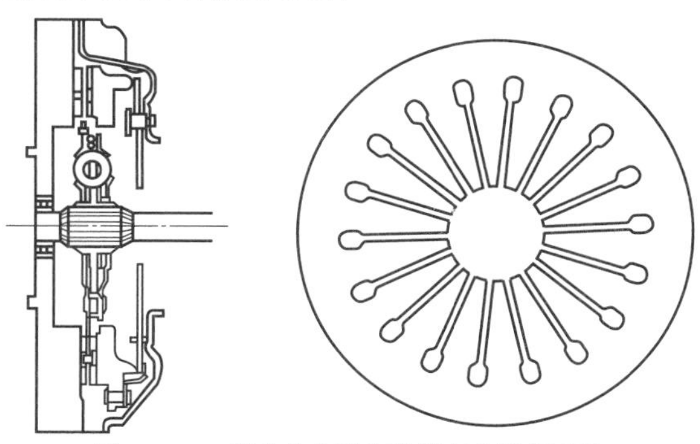

图 10-5-9　干式单片膜片碟簧离合器剖面图

膜片碟簧可以单片使用，也可以多片叠成一组使用。图 10-5-10 所示为两种不同的叠合方法。图 10-5-10（a）所示为并联重叠，在受载状态下，对于同一变形量，载荷与重叠片数成正比；图 10-5-10（b）所示结构是串联重叠（对合组合），此时弹簧的变形量与重叠的片数成正比。

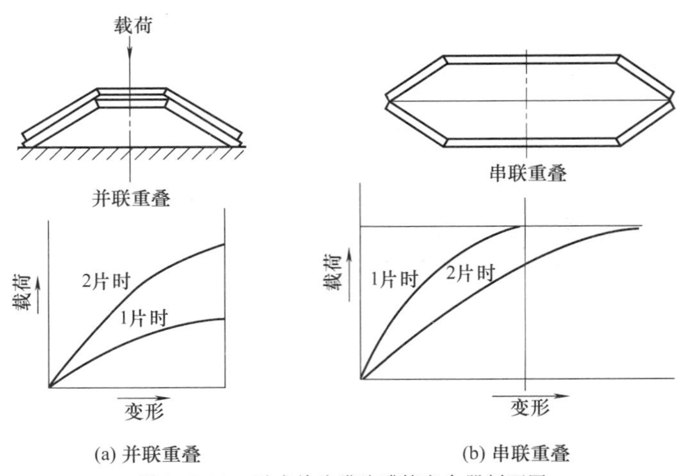

图 10-5-10 干式单片膜片碟簧离合器剖面图

（2）膜片碟簧参数的选择（表 10-5-11）

表 10-5-11 膜片碟簧参数的选择

项目	数据及说明
结构图	
确定膜片碟簧的最大外径 D_2	①飞轮安装螺栓的节圆直径 根据这个尺寸的大小来决定离合器的结构尺寸，从而决定膜片碟簧可以外伸的最大直径 ②承受的载荷 ③磨损量 ④必要的分离行程 根据许用应力的大小，由②～④三条确定的外径值如果在由①条确定的最大外径范围内，则对于离合器来说，这个外径值是可行的
选择 H/h 值	膜片碟簧的特性曲线如图(a)所示，它随 H 和 h 的比值变化而改变。至 $H/h \geqslant 3.0$ 时，波谷处的载荷为负值，这时膜片碟簧失去了可恢复性 对于 H/h 值，设计时最好选择在 1.7～2.0 范围内 图(a) 膜片碟簧特性曲线

续表

项目	数据及说明
选择 r_2/r_1 值	取 $r_2/r_1 \approx 1.3$。若此比值取值较小，则由于制造上的误差，可能造成膜片碟簧强度的较大离散性
膜片碟簧许用应力	膜片碟簧一般采用优质弹簧钢，其许用应力应根据使用条件来确定 一般取最大压应力：$\sigma_{cp}=1450\text{MPa}$ 最大拉应力：$\sigma_{tp}=700\text{MPa}$

（3）膜片碟簧的基本计算（表 10-5-12）

表 10-5-12　膜片碟簧的基本计算

项目	单位	公式及数据
膜片碟簧载荷 F	N	$F=\frac{C_1CEh^4}{r_2^2}$ 式中 $C_1=\frac{f}{\left(1-\frac{1}{\mu^2}\right)h}\left[\left(\frac{H}{h}-\frac{f}{h}\right)\left(\frac{H}{h}-\frac{f}{2h}\right)+1\right]$；$f$ 为变形量，mm；μ 为泊松比，$\mu=0.3$ $C=\left(\frac{\alpha+1}{\alpha-1}-\frac{2}{\lg\alpha}\right)\pi\left(\frac{\alpha}{\alpha-1}\right)^2$；$\alpha=r_2/r_1$；$H$、$h$、$r_2$、$r_1$同前
板材厚 h	mm	用上式即可以求得 h。因 C_1值随 H/h 的变化而变化，所以在求 h 值之前，必须先假定 H/h 的值
膜片应力 σ	MPa	膜片的应力：上缘产生压应力 σ_c，下缘产生拉应力 σ_t $\sigma_{c1}=-K_{c1}\frac{Eh^2}{r_2^2}$ $\sigma_{c2}=-K_{c2}\frac{Eh^2}{r_2^2}$ $\sigma_{t1}=-K_{t1}\frac{Eh^2}{r_2^2}$ $\sigma_{t2}=-K_{t2}\frac{Eh^2}{r_2^2}$ 式中 $K_{c1}=\frac{Cf}{(1-\mu^2)h}\left[C_2\left(\frac{H}{h}-\frac{f}{2h}\right)+C_3\right]$，$K_{c2}=\frac{Cf}{(1-\mu^2)h}\left[C_4\left(\frac{H}{h}-\frac{f}{2h}\right)-C_5\right]$ $K_{t1}=\frac{Cf}{(1-\mu^2)h}\left[C_2\left(\frac{H}{h}-\frac{f}{2h}\right)-C_3\right]$，$K_{t2}=\frac{Cf}{(1-\mu^2)h}\left[C_4\left(\frac{H}{h}-\frac{f}{2h}\right)+C_5\right]$ 其中 $C_2=\left(\frac{\alpha-1}{\lg\alpha}-1\right)\frac{6}{\pi\lg\alpha}$，$C_3=\frac{3(\alpha-1)}{\pi\lg\alpha}$，$C_4=\left(\alpha-\frac{\alpha-1}{\lg\alpha}\right)\frac{6}{\alpha\pi\lg\alpha}$，$C_5=\frac{3(\alpha-1)}{\alpha\pi\lg\alpha}=\frac{C_3}{\alpha}$ 膜片碟簧的损坏通常发生在拉应力一侧，除去 H/h 很大的情况外，多从内圆周下端开始破坏。对于同样的分离行程来说，应力 σ_{t1}随 H/h 的减小而增大；相反 σ_{t2}随 H/h 的增大而增大。所以，只要进行应力 σ_{t1}和 σ_{t2}的校核就可以了

第6章 环形弹簧

6.1 环形弹簧的结构和特性

表 10-6-1 环形弹簧的结构和特性

结构	环形弹簧由多个带有内锥面的外圆环和带有同样锥角的外锥面的内圆环配合组成[见图 6-1(a)(ⅰ)]。内、外圆环的数量由承受载荷的大小和变形量的要求来决定。环形弹簧也可以由两套或者更多套不同直径的环形弹簧组成组合弹簧应用[见图 6-1(a)(ⅱ)] 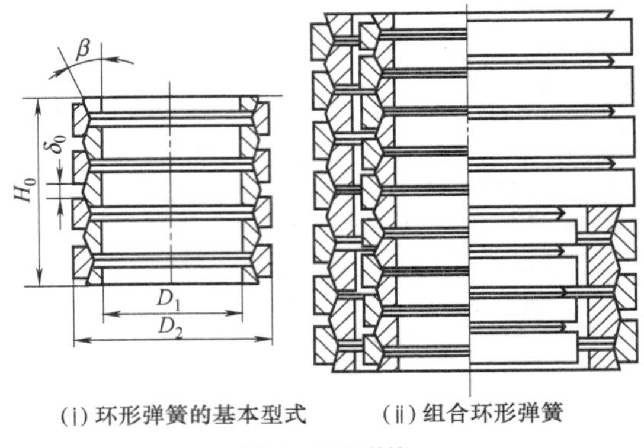 (ⅰ) 环形弹簧的基本型式 (ⅱ) 组合环形弹簧 图(a) 环形弹簧 当环形弹簧承受轴向载荷 F 时，在外圆环和内圆环相互接触的锥面上作用着法向压力，内圆环受压缩而直径变小，产生压应力，外圆环受拉伸而直径扩大，产生拉应力；内、外圆环沿着圆锥面相对滑动产生轴向变形，而起到弹簧作用。各圆环沿轴线作相对运动而使得弹簧轴向尺寸缩短。此轴向变形可视为环形弹簧的轴向变形 环形弹簧一般安装在导向套筒或心轴上使用。外圆环与导向套筒、内圆环与心轴间均应留出适当的间隙(一般约为直径的 2%)。环形弹簧常由多对内、外圆环组成，因此损坏或磨损后，往往只需要换个别圆环即可，维修方便、经济 环形弹簧常用于空间尺寸受限制而又要求强力缓冲的场合，例如大型管道的吊架、振动机械的支承、重型铁路车辆的连接部分等
特性	环形弹簧的特性曲线如图(b)所示。在外载荷 F 作用下，外圆环和内圆环沿配合圆锥产生相对滑动时，内、外环之间的接触表面产生很大的摩擦力。加载时，轴向力 F 由表面压力和摩擦力平衡。因此，相当于减小了轴向载荷的作用，即增大了弹簧刚度。卸载时，摩擦力阻滞了弹簧弹性变形的恢复，因此，相当于减小了弹簧的作用力。如图(b)所示，环形弹簧在一个加载和卸载循环中的特性线为 $OABO$，如果没有摩擦力的作用，则应为 OC。卸载时，特性曲线由 B 点开始，而不是由 E 点开始，这是由弹簧弹性滞后引起的 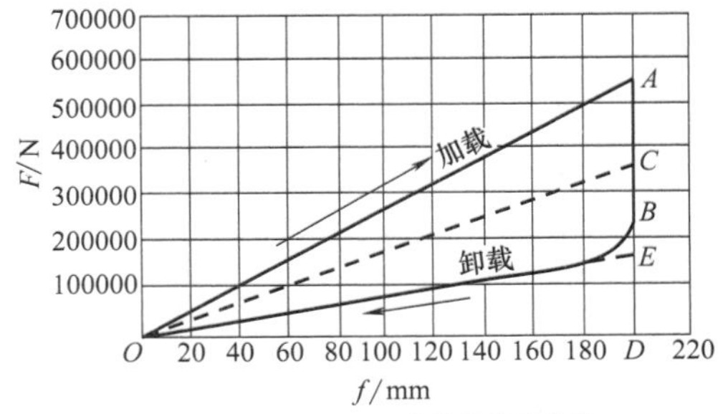 图(b) 环形弹簧的特性曲线 由此特性曲线可以看出，$OABO$ 面积即为在一个工作循环内摩擦力所做的功，其大小几乎可达加载过程所做功($OADO$ 所包围的面积)的 60%～70%。这些能量转换为热能而耗散掉。因此，环形弹簧的缓冲减振能力很大，单位体积材料的储能能力比其他类型弹簧大

第10篇

6.2 环形弹簧的材料及许用应力

环形弹簧常用的材料有60Si2MnA、50CrMn等弹簧钢，其许用应力见表10-6-2。

表10-6-2 环形弹簧常用材料的许用应力 MPa

加工与使用条件	平均许用应力 σ_{mp}	外环许用应力 σ_{1p}	内环许用应力 σ_{2p}
一般的寿命要求	1000	800	1200
短寿命要求（未经精加工的表面）	1150	1000	1300
短寿命要求（经精加工的表面）	1350	1200	1500

任何材料的环形弹簧，都要保证弹簧压缩到并紧高度时，其应力不超过该材料的弹性极限。

6.3 环形弹簧的设计计算

（1）设计参数选择

图10-6-1为环形弹簧尺寸示意图。

1）圆锥面斜角β　当圆锥面斜角β选取较小时，弹簧刚度较小，若$\beta<\rho$，则卸载时将产生自锁，即不能回弹。β角选取过大时，则弹簧变形恢复时的载荷F_R较大，使环形弹簧缓冲吸振能力降低。设计时，可取$\beta=12°\sim20°$，圆锥面加工精度较高时，可取$\beta=12°$；加工精度一般时，常取$\beta=14.04°$；润滑条件较差、摩擦因数较大时，β应取得大一些，以免发生自锁。

2）摩擦角ρ和摩擦因数μ　可按下列条件选定：

接触面未经精加工的重载工作条件：$\rho=9°$，$\mu\approx0.16$；

接触面经精加工的重载工作条件：$\rho=8.5°$，$\mu\approx0.15$；

接触面经精加工的轻载工作条件：$\rho=7°$，$\mu\approx0.12$。

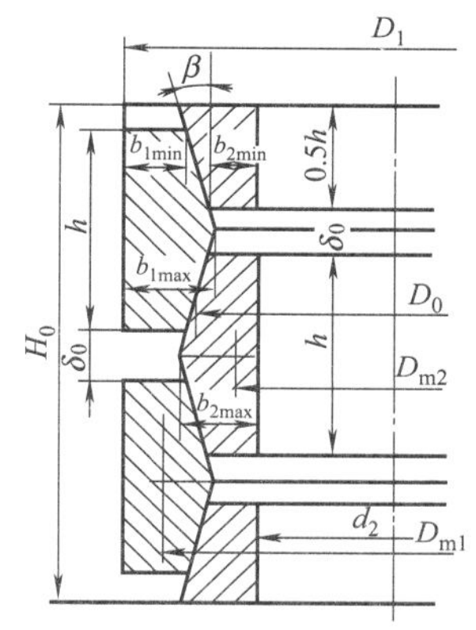

图10-6-1 环形弹簧尺寸示意图

设计环形弹簧时，可参照表10-6-3所列荐用参数值，各参数符号的意义参见图10-6-1。

表10-6-3 环形弹簧参数荐用值及其特性

结构尺寸/mm									最大应力/MPa		一对接触面的轴向变形/mm	最大载荷(按$\mu=0.16$)/kN
圆环直径				节距	圆环厚度		高度	圆角半径				
D_2	D_1	D_2'	D_1'	t	b	b_1	h	r	σ_2	σ_1	f	F
489	428.5	460	470.5	102	13.0	9.5	78	3.0	900	1100	7.90	1998
391	341.8	352	375.8	82	10.5	8.0	62	2.5			6.25	1264
313	274.8	282	301.8	66	8.0	6.0	50	2.0			5.00	806
250	218.6	225	240.6	52	6.0	5.0	40	1.6			3.90	528
200	173.8	180	191.8	42	5.5	4.5	32	1.3			3.30	322
160	140.5	143	154.5	34	4.0	3.0	26	1.0			2.44	222
128	111.6	115	122.6	27	3.0	2.5	21	—			2.10	142
102	89.5	92	98.5	22	2.5	2.0	17	—			1.65	85
82	72.1	74	79.1	18	2.0	1.5	14	—			1.35	55.5

（2）环形弹簧计算公式（表10-6-4）

表10-6-4 环形弹簧计算公式

项　目	单位	公式及数据
内外环高度h	mm	$h=(1/6\sim1/5)D_1$
内外环最小厚度b_{min}	mm	$b_{2min}=\left(\frac{1}{5}\sim\frac{1}{3}\right)h$
		$b_{1min}=1.3b_{2min}$

第10篇

续表

项　　目	单位	公式及数据
无载时内外环的轴向间隙 δ_0	mm	$\delta_0=0.25h$
内外环最大厚度 b_{max}	mm	$b_{2max}=b_{2min}+\dfrac{2}{h}\tan\beta$
		$b_{1max}=b_{1min}+\dfrac{2}{h}\tan\beta$
内外环截面积 A	mm^2	$A_2=hb_{2min}+\dfrac{h^2}{4}\tan\beta$
		$A_1=hb_{1min}+\dfrac{h^2}{4}\tan\beta$
内环内径 d_2	mm	$d_2=D_1-2(b_{1min}+b_{2min})-(h-\delta_0)\tan\beta$
系数 K_C、K_D		$K_C=\tan(\beta+\rho)$，$K_D=\tan(\beta-\rho)$
圆锥接触面平均直径 D_0	mm	$D_0=\dfrac{1}{2}[(D_1-2b_{1min})+(d_2+2b_{2min})]$
内外环截面中心直径 D_m	mm	$D_{m2}=d_2+1.3b_{2min}$
		$D_{m1}=D_2+1.3b_{1min}$
加载时外环的拉应力 σ_1 内环的压应力 σ_2	MPa	$\sigma_1=\dfrac{F}{\pi A_1K_C}<\sigma_{1p}$
		$\sigma_2=\dfrac{F}{\pi A_2K_D}<\sigma_{2p}$
加载时外环的径向变形量 γ_1 内环的径向变形量 γ_2	mm	$\gamma_1=\sigma_1D_{m1}/(2E)$，$\gamma_2=\sigma_2D_{m2}/(2E)$ $(E=2.1\times10^5MPa)$
加载时一对内外环的轴向变形量 f_1	mm	$f_1=\dfrac{\gamma_1+\gamma_2}{\tan\beta}$
内外环对数 n_0	对	$n_0=f/f_1$
内外环个数 n	个	$n_1=n_2=n_0/2$
加载后内外环间的轴向间隙 δ	mm	$\delta=\delta_0-2f_1>1$
环簧自由高度 H_0	mm	$H_0=\dfrac{n_0}{2}(h+\delta_0)$
加载后环簧高度 H	mm	$H=H_0-n_0f_1$
环簧的工作极限变形量 f_j	mm	$f_j=\dfrac{n_0}{2}(\delta_0-\delta)>f$
环簧的工作极限载荷 F_j	N	$F_j=\dfrac{2\pi Ef_j\tan\beta K_C}{n_0\left(\dfrac{D_{m1}}{A_1}+\dfrac{D_{m2}}{A_2}\right)}>F$
环簧弹性变形开始恢复时的轴向载荷 F_R	N	$F_R=F\dfrac{K_D}{K_C}$
加载时外环接触面的最大应力 σ_{1max}	MPa	$\sigma_{1max}=\sigma_1\left[1+\dfrac{2A_1}{\mu D_1(h-\delta_0)(1-\mu\tan\beta)}\right]<\sigma_{1p}$ 式中　μ——泊松比，$\mu=0.3$

(3) 环形弹簧计算示例

表 10-6-5　　环形弹簧计算示例

项　　目		单位	公式及数据
原始条件	最大轴向工作载荷 F	N	275000
	弹簧外环外径 D_1	mm	≤220
	轴向变形量 f	mm	50
	圆锥面斜角 β	(°)	14
	摩擦角 ρ	(°)	7(摩擦因数 $\mu=0.12$)
	材料		60Si2MnA

续表

	项目	单位	公式及数据
参数计算	内外环高度 h	mm	$h=0.18D_1=0.18\times220\approx40$
	内外环最小厚度 b_{min}	mm	$b_{2min}=0.25h=0.25\times40=10$
			$b_{1min}=1.3b_{2min}=1.30\times10=13$
	无载时内外环的轴向间隙 δ_0	mm	$\delta_0=0.25h=0.25\times40=10$
	内外环最大厚度 b_{max}	mm	$b_{2max}=b_{2min}+\frac{2}{h}\tan\beta=10+\frac{40}{2}\tan14°=15$
			$b_{1max}=b_{1min}+\frac{2}{h}\tan\beta=40\times10+\frac{40}{2}\tan14°=18$
	内外环截面积 A		$A_2=hb_{2min}+\frac{h^2}{4}\tan\beta=40\times10+\frac{40^2}{2}\tan14°=599.46$
			$A_1=hb_{1min}+\frac{h^2}{4}\tan\beta=40\times13+\frac{40^2}{2}\tan14°=719.46$
	内环内径 d_2	mm	$d_2=D_1-2(b_{1min}+b_{2min})-(h-\delta_0)\tan\beta$ $=220-2\times(13+10)-(40-10)\tan14°=166.5$
	系数 K_C、K_D		$K_C=\tan(\beta+\rho)=\tan(14°+7°)=0.384$
			$K_D=\tan(\beta-\rho)=\tan(14°-7°)=0.123$
	圆锥接触面平均直径 D_0	mm	$D_0=\frac{1}{2}[(D_1-2b_{1min})+(d_2+2b_{2min})]$ $=\frac{1}{2}\times[(220-2\times13)\times(166.5+2\times10)]$ $=190.25$
	内外环截面中心直径 D_m	mm	$D_{m2}=d_2+1.3b_{2min}=166.5+1.3\times10=179.5$
			$D_{m1}=D_1-1.3b_{1min}=220-1.3\times13=203.1$
	加载时外环的应力 σ	MPa	$\sigma_1=\frac{F}{\pi A_1K_C}=\frac{275000}{\pi\times719.46\times0.384}=317$
			$\sigma_2=\frac{F}{\pi A_2K_D}=\frac{275000}{\pi\times599.46\times0.123}=1187$ $<\sigma_{2p}$(许用应力)
	加载时内外环的径向变形量 γ	mm	$\gamma_2=\sigma_2D_{m2}/(2E)=\frac{1187\times179.5}{2\times2.1\times10^5}=0.51$
			$\gamma_1=\sigma_1D_{m1}/(2E)=\frac{317\times203.1}{2\times2.1\times10^5}=0.153$
	加载时一对内外环的轴向变形量 f_1	mm	$f_1=\frac{\gamma_1+\gamma_2}{\tan\beta}=\frac{0.153+0.51}{\tan14°}=2.66$
	内外环对数 n_0	对	$n_0=\frac{f}{f_1}=\frac{50}{2.66}=18.79$,取 20
	内外环个数 n	个	$n_1=n_2=n_0/2=20/2=10$ 两端的两个半环作为一个环计算
	加载后内外环间的轴向间隙 δ	mm	$\delta=\delta_0-2f_1=10-2\times2.66=4.68>1$
	环簧自由高度 H_0	mm	$H_0=\frac{n_0}{2}(h+\delta_0)=\frac{20}{2}\times(40+10)=500$
	加载后环簧高度 H	mm	$H=H_0-n_0f_1=500-20\times2.66=446.8$
	环簧的工作极限变形量 f_j	mm	$f_j=\frac{n_0}{2}(\delta_0-\delta)=\frac{20}{2}\times(10-4.68)=53.2$
	环簧的工作极限载荷 F_j	N	$F_j=\frac{2\pi Ef_j\tan\beta K_C}{n_0\left(\frac{D_{m1}}{A_1}+\frac{D_{m2}}{A_2}\right)}$ $=\frac{2\pi\times2.1\times0.384\times53.2\times\tan14°\times10^5}{20\times\left(\frac{203.1}{719.46}+\frac{179.5}{599.46}\right)}=576898>F$

续表

项 目		单位	公式及数据
参数计算	环簧弹性变形开始恢复时的轴向载荷 F_R	N	$F_R=F\dfrac{K_D}{K_C}=275000\times\dfrac{0.123}{0.384}=88085$
	加载时外环接触面的最大应力 σ_{1max}	MPa	$\sigma_{1max}=\sigma_1\left[1+\dfrac{2A_1}{\mu D_0(h-\delta_0)(1-\mu\tan\beta)}\right]$ $=317\times\left[1\dfrac{2\times719.46}{0.3\times190.25\times(40-10)\times(1-0.3\tan14°)}\right]$ $=604$ 根据表 10-6-2，$\sigma_{1p}=800$MPa，$\sigma_{1max}<\sigma_{1p}$

(4) 环形弹簧的技术要求

环形弹簧一般圆锥接触表面的粗糙度要求 $Ra1.6\sim0.4\mu$m。热处理的表面硬度为 40～46HRC。

在制造中应该特别注意不要使圆环产生扭曲。为保证装配时各圆环具有互换性，要求每个圆环的斜角和自由高度尺寸在公差范围内。

为了防止圆锥面的磨损和擦伤，一般在接触面上涂布石墨润滑脂。

环形弹簧的零件工作图上，应特别注明每个圆锥接触面的试验载荷及相应的变形量，以便进行成品质量检查。

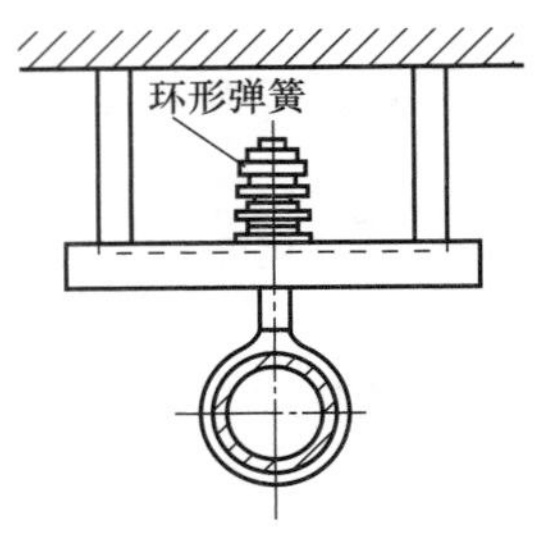

图 10-6-2 大型管道吊架

6.4 环形弹簧应用示例

环形弹簧常用在空间尺寸受限制而又要求强力缓冲的场合。如大型管道的吊架、振动机械的支承以及重型铁路车辆的连接部分等。近年来还用来作为轴衬，以代替轴上装的销、键和花键等。图 10-6-2～图 10-6-4 为几种常见型式的环形弹簧的应用示例。

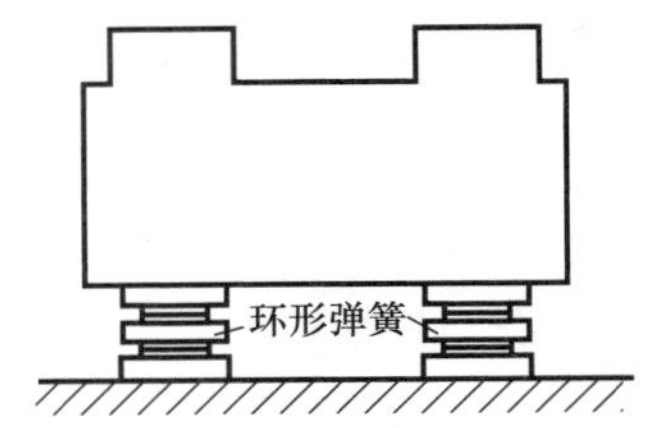

图 10-6-3 振动机械支承

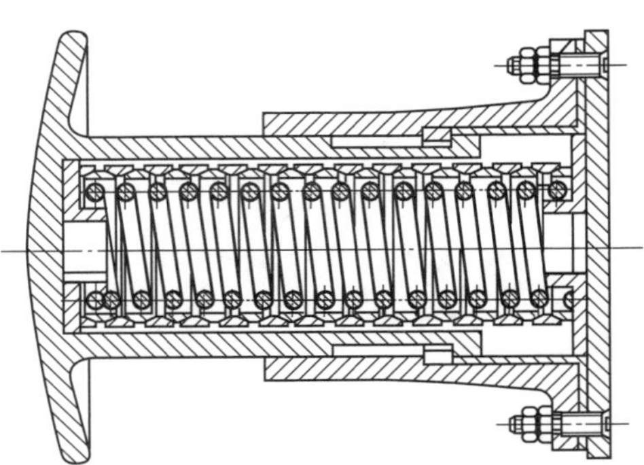

图 10-6-4 用环形弹簧与圆柱螺旋弹簧组成的缓冲器

第 7 章　片弹簧及线弹簧

7.1　片弹簧

7.1.1　片弹簧的结构及用途

片弹簧由金属薄板制成，利用板片的弯曲变形起到弹簧的作用。

片弹簧因用途不同而具有各种不同的形状和结构。按外形可分为直片弹簧和弯片弹簧等；按板片形状可以分为长方形、梯形和阶梯形等；按板片数量有单片和叠片等。

在使用中，板片的截面通常为矩形截面；板片的一端固定，另一端为自由端，载荷作用在自由端上，或两端固定，中间承受载荷。板片的固定方式通常采用螺钉或者铆钉固定，固定方式及相关尺寸见图 10-7-1。过渡部分应用圆弧平滑过渡，以减少应力集中。

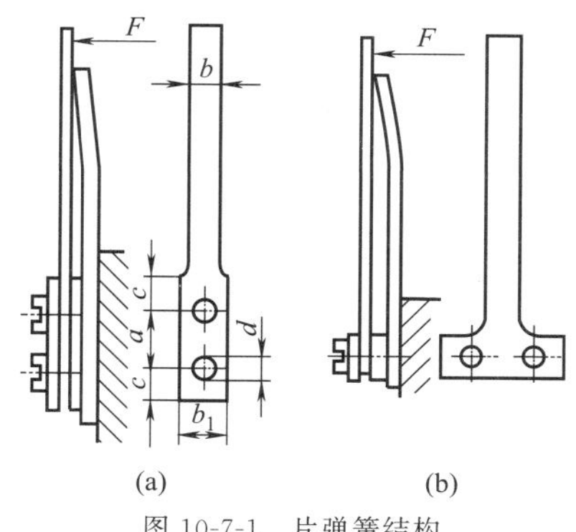

图 10-7-1　片弹簧结构

$a=(1.1\sim1.2)b_1$，$b_1=1.2b$，$c=(0.60\sim0.64)b_1$，$d=(0.72\sim0.77)b_1$

片弹簧在工作平面（最小刚度平面）上容易弯曲，在其他方向上具有较大的拉伸及弯曲刚度。因此，片弹簧常用于检测仪表或自动装置中的敏感元件、弹性支承、定位装置、挠性连接等，如图 10-7-2 所示。由片弹簧制作的弹性支承和定位装置，实际上没有摩擦和间隙，不需要经常润滑，同时比刃形支承具有更大的可靠性。

该类型的弹簧主要用于载荷和变形均不大、要求弹簧刚度较小的场合。

片弹簧广泛用于电力接触装置中，用得最多的是形状最简单的直悬臂式片弹簧。接触片的电阻必须最小，因此用青铜制造。

测量用片弹簧的作用是转变力或者位移。如果固定结构和承载方式能保证弹簧的长度不变，则片弹簧的刚度在小变形范围内是恒定的，必要时也可以得到非线性特性，例如将弹簧压落在限位板或调整螺钉上，改变其工作长度即可。

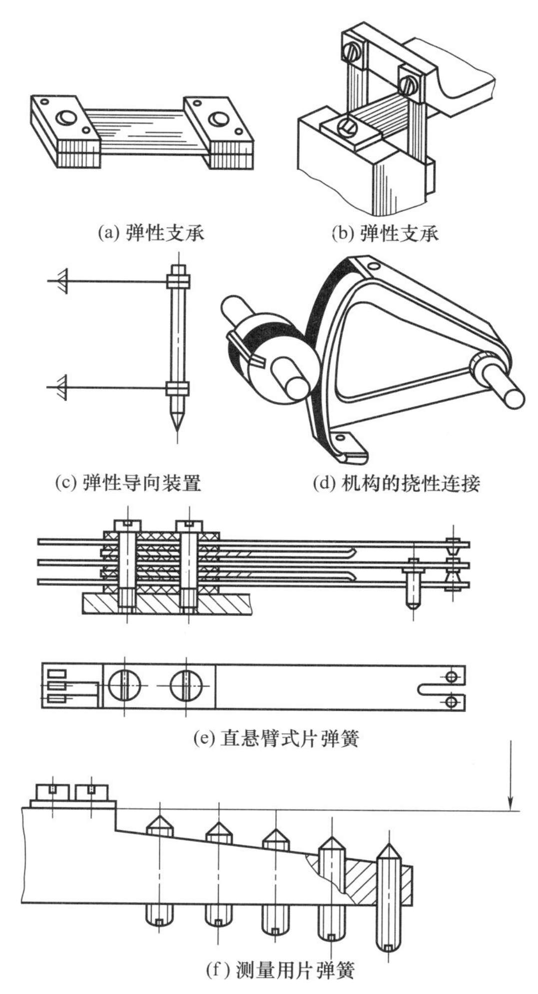

图 10-7-2　不同用途的片弹簧

7.1.2　片弹簧的材料及其许用应力

在仪表及自动装置中采用铜合金较多，在机械设备中则以弹簧钢为主，常用铜合金及许用应力如表 10-7-1 所示。

表 10-7-1 **片弹簧常用铜合金材料及其许用应力**

材料	代号	弹性模量 E/MPa	许用应力/MPa	
			动载荷	静载荷
锡青铜	QSn4-3	1.20×10^5	166.6～196.0	249.9～298.9
锌白铜	BZn15～20	1.24×10^5	176.4～215.6	269.5～318.5
铍青铜	QBe2	1.15×10^5	196～245	294.0～367.5
硅锰铜	60Si2Mn	2.06×10^5	412.4	640.0

7.1.3 片弹簧的设计计算

表 10-7-2 是矩形截面片弹簧的计算公式，对圆形截面也可适用，但要改变截面系数 W 和截面惯性矩 J（其值见表注）。

表 10-7-2 **矩形截面片弹簧计算公式**

弹簧名称	工作载荷 F/N	工作变形 f/mm	片簧宽度 b/mm	片簧厚度 h/mm
悬臂片弹簧 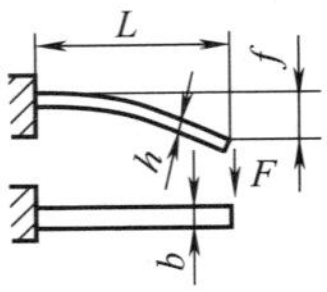	$F=\frac{bh^2}{6L}\sigma_p$	$f=\frac{FL^3}{3EJ}=\frac{2L^2\sigma_p}{3Eh}$	$b=\frac{6FL}{h^2\sigma_p}$	$h=\frac{2L^2\sigma_p}{3Ef}$
悬臂三角形片弹簧 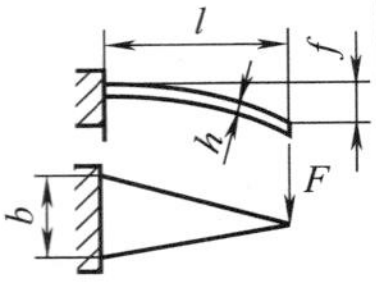	$F=\frac{bh^2}{6L}\sigma_p$	$f=\frac{FL^3}{2EJ}=\frac{L^2\sigma_p}{Eh}$	$b=\frac{6FL}{h^2\sigma_p}$	$h=\frac{L^2\sigma_p}{Ef}$
悬臂叠加片弹簧 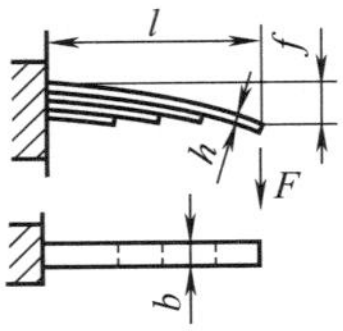	$F=\frac{Wn\sigma_p}{L}=\frac{bh^2}{6L}\sigma_p$ 式中 n——簧片数	$f=\frac{FL^3}{2EJ}=\frac{L^2\sigma_p}{Eh}$	$b=\frac{6FL}{h^2n\sigma_p}$	$h=\frac{L^2\sigma_p}{Efn}$
成形片弹簧 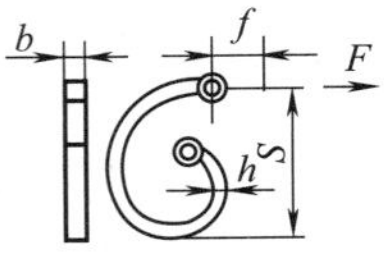	$F=\frac{bh^2}{6S}\sigma_p$	$f=\frac{3FS^2}{2EJ}=\frac{3S^2\sigma_p}{Eh}$	$b=\frac{6FS}{h^2\sigma_p}$	$h=\frac{3S^2\sigma_p}{Ef}$

续表

弹簧名称	工作载荷 F/N	工作变形 f/mm	片簧宽度 b/mm	片簧厚度 h/mm
1/4圆形片弹簧	$F=\frac{bh^2}{6R}\sigma_p$	垂直方向变形 $f_y=\frac{47FR^3}{60EJ}=9.4\times\frac{FR^3}{Ebh^3}=\frac{1.57R^2\sigma_p}{Eh}$ 水平方向变形 $F_x=\frac{FR^3}{2EJ}=\frac{R^2\sigma_p}{Eh}$	$b=\frac{6FR}{h^2\sigma_p}$	$h=\frac{1.57R^2\sigma_p}{Ef_y}$
1/4圆形片弹簧	$F=\frac{bh^2}{6R}\sigma_p$	水平方向变形 $f_x=\frac{4.27FR^3}{12EJ}=\frac{4.27FR^3}{Ebh^3}=\frac{0.71R^2\sigma_p}{Eh}$	$b=\frac{6FR}{h^2\sigma_p}$	$h=\frac{0.71R^2\sigma_p}{Ef_x}$
半圆形片弹簧	$F=\frac{W\sigma_p}{2R}=\frac{bh^2}{12R}\sigma_p$	垂直方向变形 $f_y=\frac{113FR^3}{24EJ}=\frac{56.5FR^3}{Ebh^3}=\frac{4.71R^2\sigma_p}{Eh}$	$b=\frac{12FR}{h^2\sigma_p}$	$h=\frac{4.57R^2\sigma_p}{Ef_y}$
半圆形片弹簧	$F=\frac{W\sigma_p}{R}=\frac{bh^2}{6R}\sigma_p$	$f_x=\frac{18.8FR^3}{12EJ}=\frac{18.8FR^3}{Ebh^3}=\frac{\pi R^2\sigma_p}{Eh}$	$b=\frac{6FR}{h^2\sigma_p}$	$h=\frac{\pi R^2\sigma_p}{Ef_x}$
成形片弹簧	$F=\frac{bh^2}{12R}\sigma_p$	垂直方向变形 $f_y=\frac{113FR^3}{24EJ}=\frac{56.5FR^3}{Ebh^3}=\frac{4.71R^2\sigma_p}{Eh}$	$b=\frac{12FR}{h^2\sigma_p}$	$h=\frac{4.71R^2\sigma_p}{Ef_y}$
成形片弹簧	$F=\frac{bh^2}{12R}\sigma_p$	受力后两端靠近的距离 $f_x=\frac{113FR^3}{12EJ}=\frac{113FR^3}{Ebh^3}=\frac{9.42R^2\sigma_p}{Eh}$	$b=\frac{12FR}{h^2\sigma_p}$	$h=\frac{9.42R^2\sigma_p}{Ef_x}$
成形片弹簧	$F=\frac{bh^2}{6(R+L)}\sigma_p$	受力后两端靠近的距离 $f=\frac{229F}{EJ}\left[\frac{J^3}{3}+R\left(\frac{\pi}{2}-L^2+\pi R^2/4+2RL\right)\right]$ $=\frac{24F}{Ebh^3}\left[\frac{L^3}{3}+R(\pi L^2/2+\pi R^2/4)\right]$ $=\frac{4\sigma_p}{(L+R)Eh}\left[\frac{L^3}{3}+R\left(\frac{\pi}{2}L^2+\frac{\pi}{4}R^2+2RL\right)\right]$	$b=\frac{6F(L+R)}{h^2\sigma_p}$	$h=\frac{4\sigma_p}{(L+R)EF}\left[\frac{L^3}{3}+R\left(\frac{\pi}{2}L^2+\frac{\pi}{4}R^2+2RL\right)\right]$

注：矩形截面断面模数 $W=bh^2/6$；圆形截面断面模数 $W=0.1d^3$；矩形截面惯性矩 $J=bh^2/12$；圆形截面惯性矩 $J=\pi d^4/64$；d 为直径。

7.1.4　片弹簧的技术要求

1）弯曲加工部分的半径　为了避免在片弹簧的弯曲加工时产生较大的应力，在设计片弹簧时，应使弯曲半径至少是板厚的 5 倍。

2）弹簧形状和尺寸公差　当采用冲压方法加工片弹簧时，在设计中要选择适宜冲压加工的形状和尺寸，并充分考虑弹簧在弯曲加工时的回弹及热处理时产生的变形等尺寸误差；板厚的公差按相应国家标准或行业标准规定。

3）缺口尺寸急剧变化处或孔部位的应力集中　在片弹簧结构中，常会有尺寸急剧变化的结构（如阶梯部分等）及开口结构，会在相应部分产生很大的应力集中。孔的直径越小，板宽越大，则应力集中系数越大。在安装片弹簧时，常在安装部分开设螺栓孔用以固定片弹簧，这使得在最大应力处还要叠加开孔产生的应力集中，从而使该处成为最易产生损坏的薄弱部位。特别是螺栓未紧牢固时，开孔处又承受交变载荷而更易产生损坏。因此为了使计算值和实际弹簧的载荷与变形间的关系相一致，应要求将固定部位紧牢固。

4）热处理　应该根据使用性能要求提出对弹簧进行热处理的要求，热处理后的硬度一般可以在36～52HRC之间确定。

7.1.5　片弹簧的应用示例

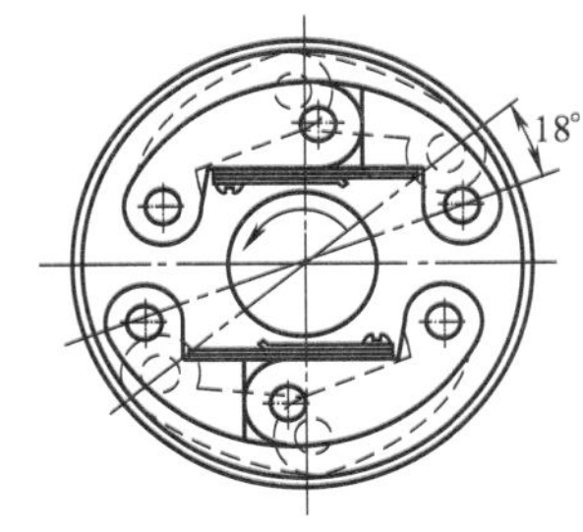

图 10-7-3　离合器片簧

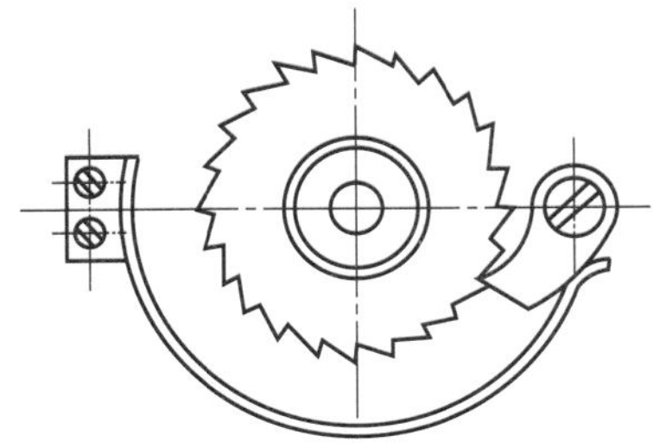

图 10-7-4　单向机构中的曲片簧

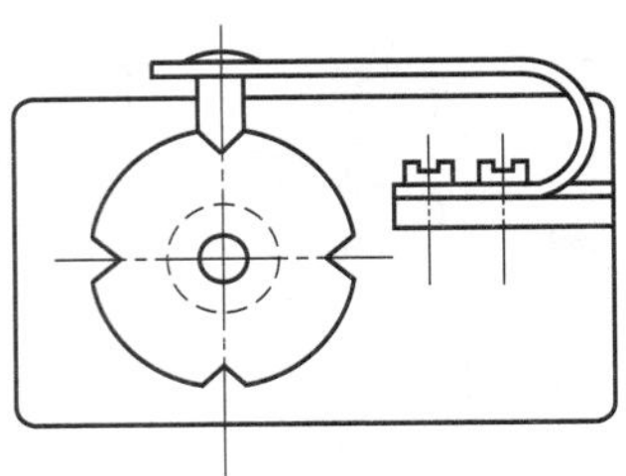

图 10-7-5　定位机构用的片簧

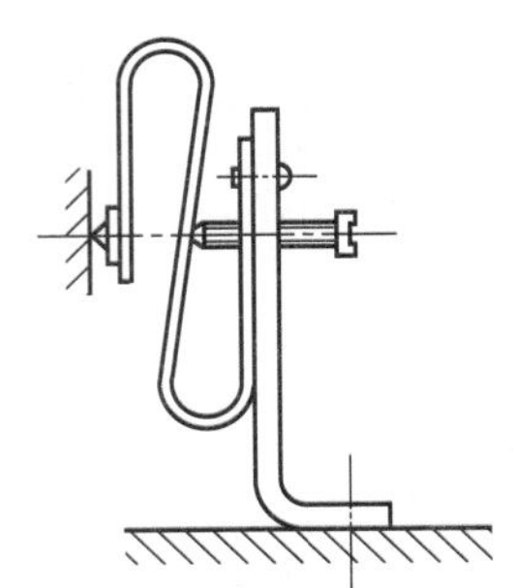

图 10-7-6　检波器弯片簧

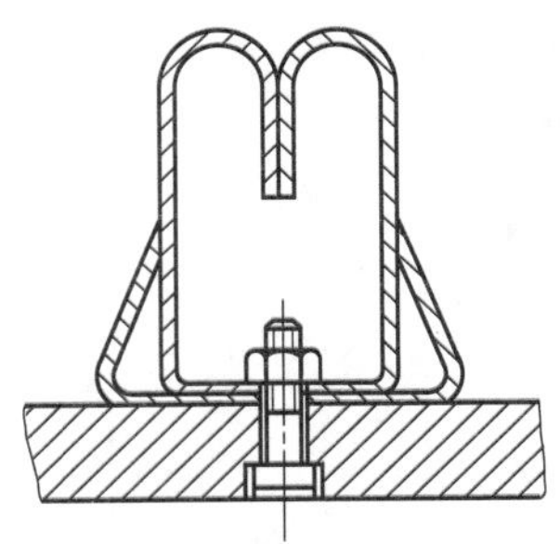

图 10-7-7　插座用片簧

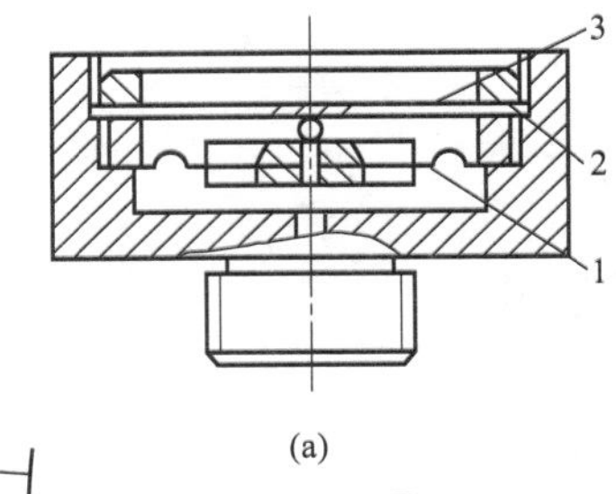

(a)

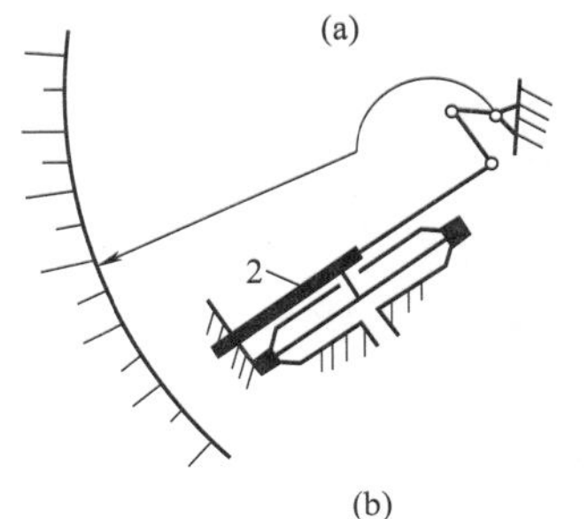

(b)

图 10-7-8　用作测量仪表中的敏感元件
1—膜片；2—簧片；3—应变片

7.2　线弹簧

线弹簧是用线材按照一定形状制造的弹簧，一般用在载荷比较小、对弹簧特性没有特殊要求的场合。制造弹簧用的线材截面多半是圆形，向任何方向施加载荷，都可以获得相同的变形，即弹簧沿着各个方向的刚度都是相同的。另外，线弹簧跟片弹簧不同的是，片弹簧的扭转刚度较大，而线弹簧的扭转刚度较小。因此，线弹簧在工作中不仅承受弯曲应力，也可以承受扭转应力，或者弯曲和扭转的复合应力。线弹簧的形状和作用是多种多样的。

线弹簧大多用冷拉钢丝和其他金属线材制造。大量生产时，常用专门的线成形机进行加工成形，成形后再进行低温退火和做防锈处理。

表 10-7-3　　线弹簧的计算

类型	结构及计算公式
圆弧线弹簧的计算	图(a)为圆弧线弹簧，钢丝挡圈、弹簧圈即为这类线弹簧 **图(a)　圆弧线弹簧** 若缺口处的作用力为 F，则该处的变形为 $$f=[2Fr^3/(EI)][(\pi-\alpha)(\cos^2\alpha+1/2)+3\sin(2\alpha)/4] \quad (10\text{-}7\text{-}1)$$ 式中，E 和 I 的意义同前，r 和 α 的意义见图(a) 弹簧的刚度为 $$k=EI/\{r^3[(\pi-\alpha)(\cos^2\alpha+1/2)+3\sin(2\alpha)/4]\} \quad (10\text{-}7\text{-}2)$$ 变形能为 $$U=[Fr^3/(2EI)][(\pi-\alpha)(\cos^2\alpha+1/2)+3\sin(2\alpha)/4] \quad (10\text{-}7\text{-}3)$$ 最大应力产生在缺口对面的 C 点，其值为 $$\sigma=Fr(\cos\alpha+1)/Z_m \quad (10\text{-}7\text{-}4)$$
圆弧和直线构成的线弹簧的计算	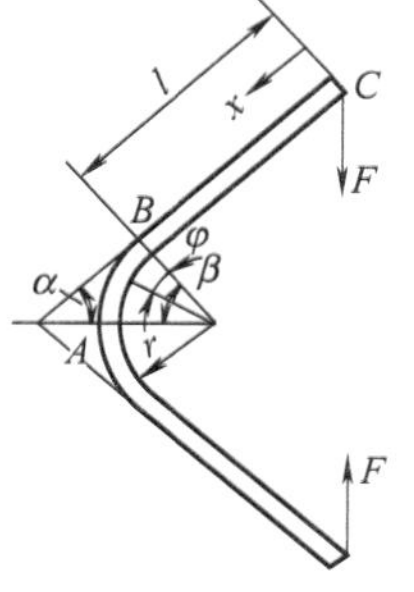 **图(b)　圆弧与直线构成的线弹簧** 在两端作用载荷 F 时，在载荷作用方向上的变形 $$f=2Fl^3\cos^2\alpha/(3EI)+[2Fr\cos^2\alpha/(EI)][l^2\beta+2lr(1-\cos\beta)+r^2(\beta-\sin^2\beta/2)/2] \quad (10\text{-}7\text{-}5)$$ 式中，E 和 I 的意义同前，其余各符号的意义见图(b) 弹簧的刚度为 $$k=3EI/\{\cos^2\alpha[l^3+3r(l^2\beta+2lr-2lr\cos\beta+r^2\beta/2-r^2\sin\beta/2)]\} \quad (10\text{-}7\text{-}6)$$ 弹簧的变形能为 $$U=F^2l^3\cos^2\alpha/(6EI)+[F^2r\cos^2\alpha/(2EI)][l^2\beta+2lr(1-\cos\beta)+r^2(\beta-\sin^2\beta/2)/2] \quad (10\text{-}7\text{-}7)$$ 最大应力产生在 A 点，其值为 $$\sigma=F(r\sin\beta+l)\cos\alpha/Z_m \quad (10\text{-}7\text{-}8)$$

7.3 设计计算示例

表 10-7-4 片弹簧的设计计算示例

<table>
<tr><td>已知条件</td><td colspan="2">圆环形片弹簧的形状和尺寸如图(a)所示，用弹簧钢 60Si2Mn 制作。当缺口处扩大到距离为 12mm 时验算其所受的载荷大小及其应力是否在许用范围内
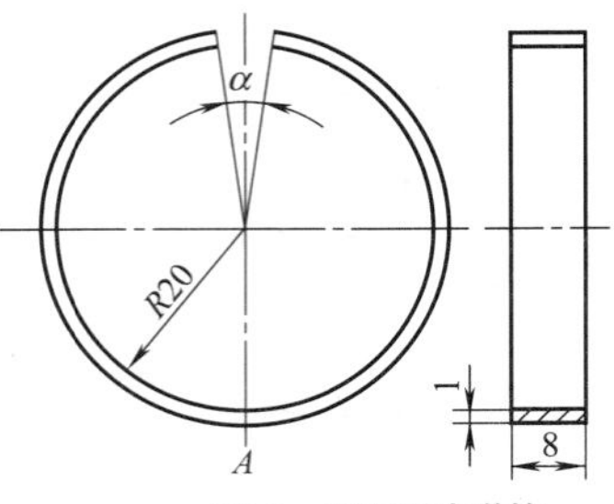

图(a) 圆环形片弹簧</td></tr>
<tr><td rowspan="3">求解步骤</td><td>1. 选择材料</td><td>根据已知的弹簧所用材料，查表 10-7-1，其许用应力 $\sigma_p=640\text{MPa}$。材料的弹性模量$E=2.06\times10^5\text{MPa}$</td></tr>
<tr><td>2. 计算弹簧的最大应力</td><td>圆环形片弹簧的最大应力为
$$\sigma_{\max}=\frac{Fr(1+\cos\alpha)}{Z_m}$$
最大应力位置在 A 点
当缺口处夹角 $\alpha=0°$时，弹簧的变形量为
$$f=\frac{3\pi Fr^3}{EI}$$
由此两公式计算出最大应力：
$$\sigma_{\max}=\frac{2fEI}{3\pi r^2Z}=\frac{fEh}{3\pi r^2}=\frac{12\times2.06\times10^5\times1}{3\times\pi\times20^2}=655\text{MPa}>\sigma_p$$
此值超过了许用应力，因此弹簧的最大应力不在许用范围内</td></tr>
<tr><td>3. 计算变形量</td><td>计算对应于变形量 $f=10\text{mm}$ 的相应载荷
$$F=\frac{fE}{3\pi r^3}I=\frac{12\times2.06\times10^5}{3\times\pi\times20^3}\times\frac{8\times1^4}{12}\text{N}=21.84\text{N}$$</td></tr>
</table>

表 10-7-5 卡簧的设计计算示例

<table>
<tr><td>已知条件</td><td colspan="2">图(a)中用圆截面钢丝制造的卡簧的尺寸 $r=15\text{mm}$，$L=40\text{mm}$，$R=5\text{mm}$。当张开卡簧的载荷 F 为 18N 时，其相应变形量 f 为 5mm，卡簧用油淬火、回火碳素弹簧钢丝制成，计算制作卡簧的钢丝直径 d，并验算其强度和变形量
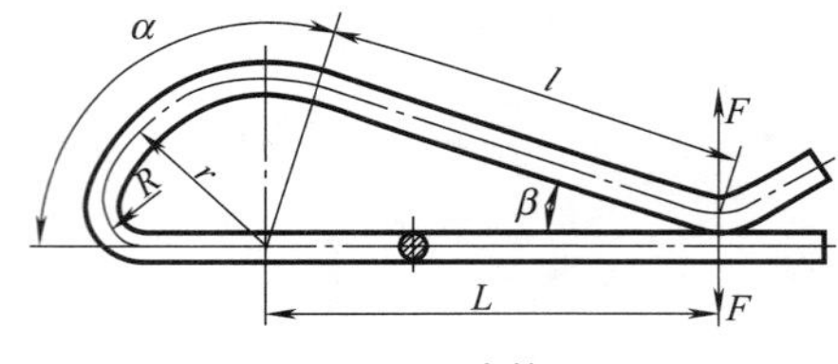

图(a) 卡簧</td></tr>
<tr><td rowspan="2">求解步骤</td><td>1. 结构分析</td><td>此卡簧略去半径 R 和载荷 F 的右侧部分；图(a)结构可以简化为在圆弧 R 处分割的两部分：下半部分为端部作用有载荷的悬臂，上半部分为左端固定、另一端作用有集中载荷的曲梁。弹簧的总变形量为两部分结构变形量之和</td></tr>
<tr><td>2. 确定卡簧钢丝的直径 d</td><td>假设卡簧两组成部分的变形量各为其总变形的一半
下半部分的变形量计算公式为
$$f_x=\frac{Fl^3}{3EI}=\frac{64Fl^3}{3\pi d^4E}$$
可以确定钢丝直径 d
$$d=\sqrt[4]{\frac{64Fl^3}{3\pi Ef_y}}=\sqrt[4]{\frac{64\times18\times(15+40)^3}{3\times2.06\times10^5\times5/2}}\text{mm}=2.506\text{mm}$$
取
$$d=2.5\text{mm}$$</td></tr>
</table>

续表

求解步骤	3. 计算变形量	①校核卡簧下半部分的变形量： $$f_{y1}=\frac{64Fl^3}{3\pi d^4E}=\frac{64\times18\times(15+40)}{3\times\pi\times2.5^4\times2.06\times10^5}\text{mm}=2.527\text{mm}$$ ②上半部分的变形量： 上半部分简化结构如图(b)所示 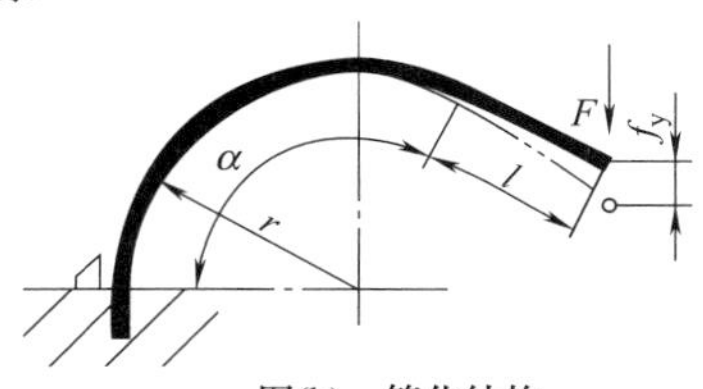 **图(b)　简化结构** 根据已知尺寸 r 和 L 算出其余尺寸的数值，得到 $l=34.4\text{mm}$，$\beta=22°$，$\alpha=112°$ 由此计算变形量 $$f_{y2}=\frac{64Fr^3}{\pi d^4E}\left[\frac{l_3{}^3}{3r^3}+\frac{al^2}{r^2}+\frac{2l}{r}(1-\cos\alpha)+\frac{\alpha}{2}-\frac{\sin^2\alpha}{4}\right]\sin^2\alpha$$ $$=\frac{64\times18\times15^3}{\pi\times2.5^4\times2.06\times10^5}\times\left[\frac{34.4^3}{3\times1.5^3}+\frac{1.96\times34.4^2}{15^2}+\frac{2\times34.4}{15}(1-\cos112°)+\frac{1.96}{2}-\frac{\sin^2112°}{4}\right]\times\sin^2112°$$ $$=2.876\text{mm}$$ ③两部分变形量之和 $$f=f_{y1}+f_{y2}=(2.527+2.876)\text{mm}=5.4\text{mm}$$ 此值与设计要求接近，因此钢丝直径为 2.5mm 是合适的
	4. 最大应力计算	油淬火、回火碳素弹簧钢丝的抗拉强度 $\sigma_p=1569\text{MPa}$，按Ⅲ类载荷考虑，其许用弯曲应力为 $$\sigma_{Bp}=0.8\sigma_b=0.8\times1569\text{MPa}=1255\text{MPa}$$ 根据卡簧悬臂直梁部分的最大应力公式，计算得到其应力为 $$\sigma_{max}=\frac{Fr}{Z}=\frac{18\times55}{\pi\times2.5^3/32}\text{MPa}=645.4\text{MPa}$$ 考虑卡簧的圆弧 R 处存在有应力集中，由其半径 R 和钢丝直径 d 之比为 5∶3，取应力集中系数为 1.3，则卡簧的实际最大应力 $$\sigma'=K_\sigma\sigma_{max}=1.3\times645.4\text{MPa}=839\text{MPa}$$ 此值小于许用应力，因此卡簧在强度上是安全的

第8章 板弹簧

8.1 板弹簧的类型和用途

板弹簧主要用于汽车、拖拉机以及铁道车辆等的弹性悬架装置中，起缓冲和减振的作用，一般用钢板组成。按照形状和传递载荷方式的不同，板弹簧可分为椭圆形、半椭圆形、悬臂式半椭圆形、四分之一椭圆形和直线形等几种，如图10-8-1所示。在椭圆形板弹簧中，根据悬架装置的需要，可以做成对称型和非对称型两种结构，半椭圆形板弹簧在汽车中用得最广，椭圆形板弹簧主要用于铁道车辆。

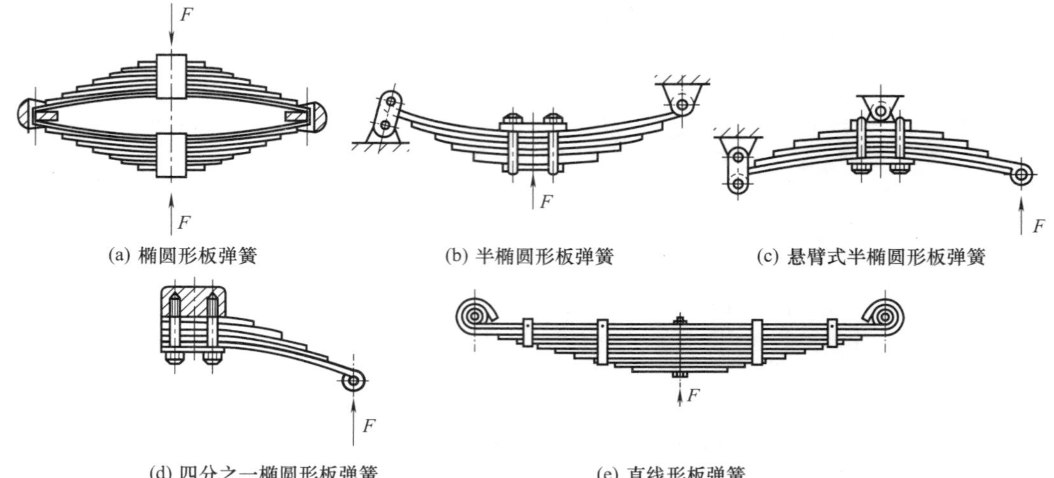

(a) 椭圆形板弹簧　(b) 半椭圆形板弹簧　(c) 悬臂式半椭圆形板弹簧

(d) 四分之一椭圆形板弹簧　(e) 直线形板弹簧

图 10-8-1 板弹簧的类型

由于所受载荷大小不同，板弹簧的片数亦不同，如小轿车用弓形板弹簧的片数可少至1～3片；而载货汽车的板弹簧除主弹簧外，还增设副弹簧以增大刚度，图10-8-2所示为该类板弹簧的典型结构，由主弹簧和副弹簧两部分组成，零件有主板、副板、弹簧卡、U形螺栓等。

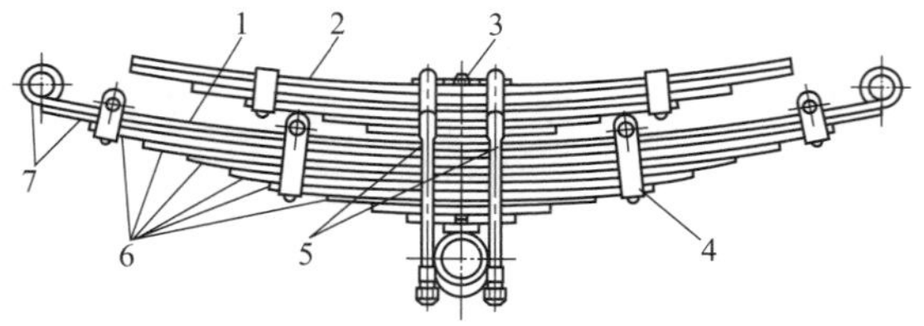

图 10-8-2 载货汽车悬架用板弹簧

1—主弹簧；2—副弹簧；3—中心螺栓；4—弹簧卡；5—U形螺栓；6—副板；7—主板

另外，在如图10-8-3所示的板弹簧中，板片在沿长度方向上部分制成斜面形或抛物线形，并具有变截面特性以及较大的承载能力和刚度，因而可以采用少量板片的组合便能承受较大的载荷。和等截面板片弹簧相比，其自身质量可减轻1/3左右。它的应用日渐广泛。

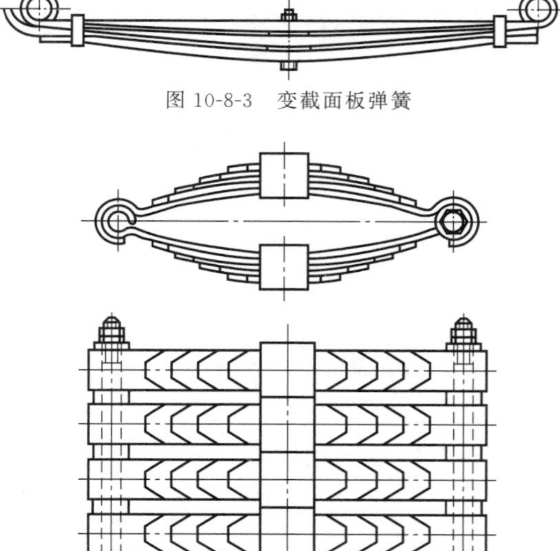

图 10-8-3 变截面板弹簧

图 10-8-4 铁道车辆用组合板弹簧

在铁道车辆中，由于受载较重，常将几组椭圆形板弹簧并排使用，以提高其承载能力，其常用结构如图 10-8-4 所示。

8.2　板弹簧的结构

8.2.1　弹簧钢板的截面形状

图 10-8-5 所示为常用板弹簧的截面形状，包括：矩形截面、双凹弧截面、带凸肋矩形截面和带梯形槽的矩形截面。在汽车和铁道车辆中以矩形截面［图 10-8-5（a）］和双凹弧截面［图 10-8-5（b）］应用最广；有时采用带凸肋的钢板［图 10-8-5（c）］以防止板片的侧向滑移；另外，为了延长使用寿命及减少钢板消耗，也可以在承载时产生压缩力的一侧开设梯形槽（单槽或双槽），如图 10-8-5（d）所示。

表 10-8-1 给出的是矩形截面的钢板弹簧的尺寸系列规范。

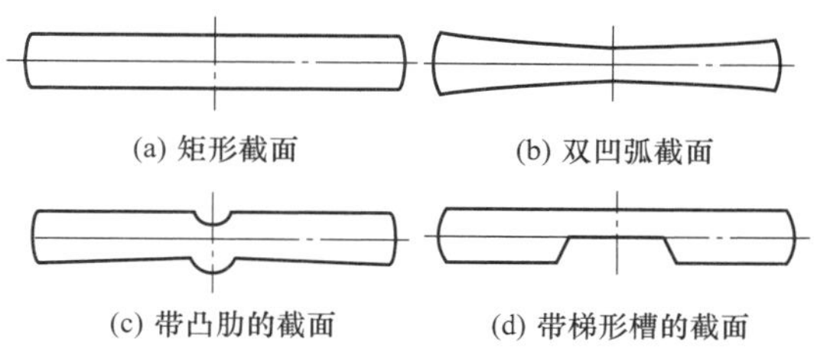

图 10-8-5　弹簧钢板的截面形状

表 10-8-1　矩形截面弹簧板的主要尺寸　mm

板宽	板厚															
	5	6	7	8	9	10	11	12	13	14	16	18	20	22	25	30
45	○	○					○									
50	○	○	○	○	○	○	○	○	○							
60	○	○	○	○	○	○	○	○	○		○					
70		○	○	○	○	○	○	○	○	○	○	○	○	○		
80			○	○	○	○	○	○	○	○	○	○	○			
90					○	○	○	○	○	○	○	○	○	○	○	
100							○	○	○	○	○	○	○	○	○	
150											○		○		○	○

8.2.2　主板的端部结构

主板端部的结构形状较多，主要有用卷耳和不用卷耳两种。表 10-8-2 和表 10-8-3 给出了两种结构。

图 10-8-6 为卷耳用轴瓦结构。图 10-8-6（a）为开有油沟的青铜衬套，用于一般客车；图 10-8-6（b）为有青铜衬的衬套，衬套内开有油沟，一般用于客车或小型货车；图 10-8-6（c）和（d）为小型轿车中使用的橡胶轴瓦结构。

表 10-8-2　主板端部的卷耳结构

卷耳型式	简图	特点及说明	卷耳型式	简图	特点及说明
上卷耳		这种结构最为常用，制造简单	加强卷耳		在重载荷或使用条件恶劣情况下，需要采用加强卷耳，左图所示的型式中，以第二种用得较多。第五种是锻造卷耳，强度较高，它与弹簧主片分开为两个零件，用螺钉连接起来，但由于制造成本较高，目前使用不多
下卷耳		为了保证弹簧运动轨迹和转向机构协调的需要，以及降低车身高度位置采用。在载荷作用下，卷耳易张开			
平卷耳		平卷耳可以减少卷耳内的应力，因为纵向力作用方向和弹簧主片断面的中线重合，但制造较复杂			

表 10-8-3　　不用卷耳的板端结构

结构简图	特点及应用
图(a)　图(b)	图(a)、图(b)所示是最简单的支撑板端，这种结构不能传递推力，因此必须有特殊的推件
图(c)　图(d)	图(d)所示是在板端固装一个带孔的钢枕以代替主板卷耳，可传递很大的推(拉)力
图(e)	图(e)是铁路上用的椭圆形板弹簧
图(f)　图(g)	图(f)和图(g)表示固装在橡胶里的结构，应用于公共汽车或载货汽车

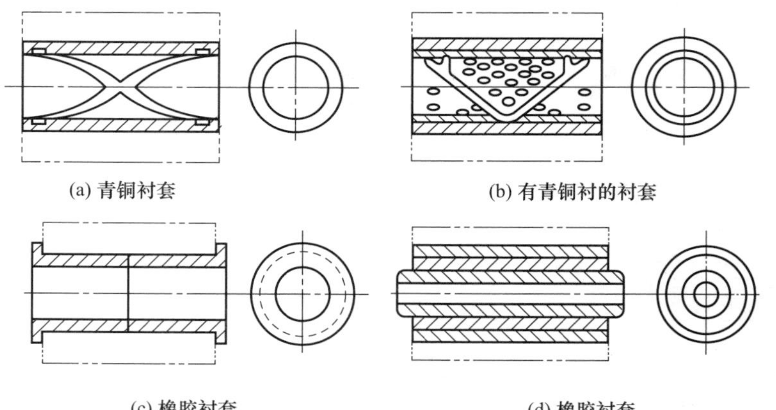

图 10-8-6　卷耳用衬套结构

8.2.3　副板的端部结构

长度小于板弹簧弦长的钢板称为副板，其端部结构如表 10-8-4 所示。

8.2.4　板弹簧的固定结构

(1) 板弹簧中部的固定结构

对于汽车板弹簧，其中部除了用高强度中心螺栓定位外，还应用 U 形螺栓紧固；火车用板弹簧常采用簧箍紧固，如图 10-8-7 所示。

(2) 板弹簧两侧的固定结构

为了消除弹簧钢板的侧移，并将作用力传递给较多的板片，以保护主板，在板弹簧两侧装有若干簧卡，其结构如表 10-8-5 所示。

表 10-8-4 **副板端部结构**

端部形状	结构简图	特点及应用	端部形状	结构简图	特点及应用
矩形		端部为矩形，制造简单，但板端形状会引起板间压力集中，使磨损加快	压延板端		板端压延成斜面，有利于改善压力分布，减少板间摩擦
梯形		改善了压力分布，接近于等应力梁，材料得到充分利用。目前载货汽车大多用这种弹簧			
椭圆形		按等压力原则压延其端部，取得变截面形状（宽度、厚度均变），应力分布合理，且增加了片端弹性，减少了板间摩擦。在小轿车中应用较多	衬垫板端		除板端压延成斜面，在板间加有衬垫，可防止板间磨损。在小轿车中使用

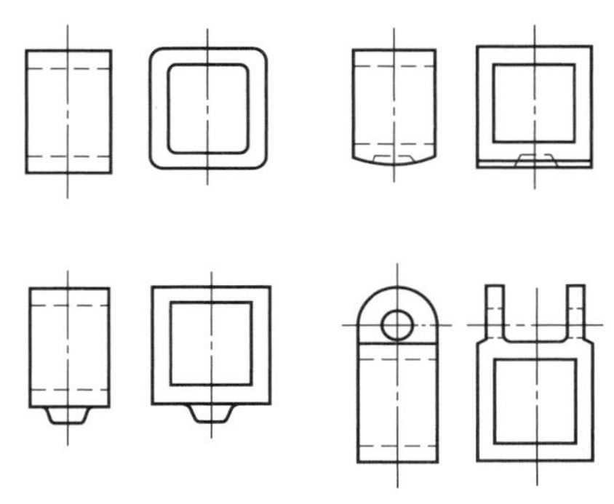
(a) 簧箍的外形

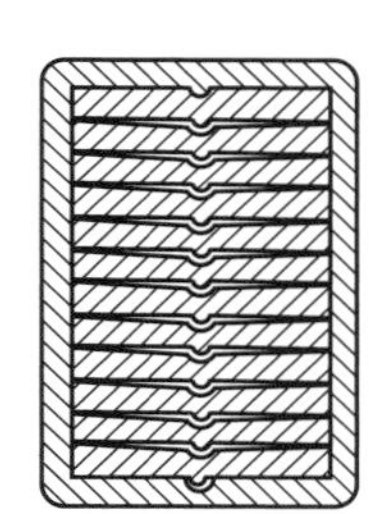
(b) 带肋的簧箍

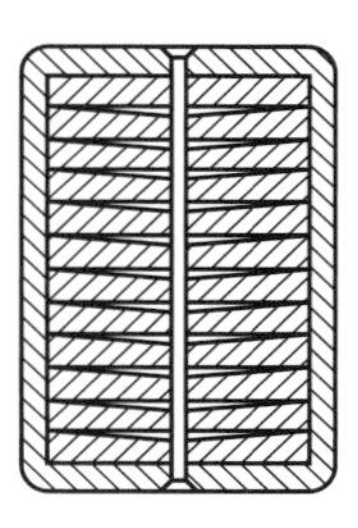
(c) 带销钉孔的簧箍

图 10-8-7 簧箍的结构

表 10-8-5 **簧卡结构**

型式	结构	特点及应用
带螺栓的U形卡	A—A	用于小客车和小轿车中
不带螺栓的U形卡	A—A	用于载重汽车中

第10篇

续表

型式	结构	特点及应用
封闭形卡	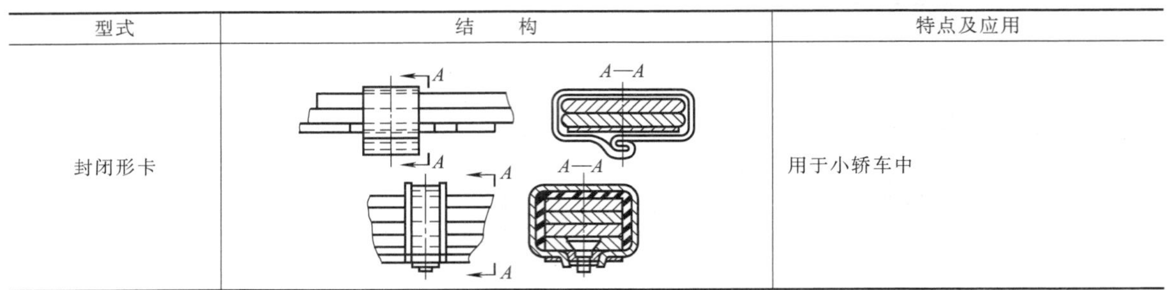	用于小轿车中

8.3 板弹簧的材料及许用应力

（1）板弹簧的材料

板弹簧的材料参见 GB/T 1222，目前应用最广泛的材料见表 10-8-6。

板弹簧的板片经热处理后硬度应达到 39～47HRC，并在其凹面进行喷丸处理，以提高其使用寿命。

板弹簧在组装完成后进行强压处理时，加载所引起的变形值一般要达到使用时静挠度的 2～3 倍，使整个板弹簧产生的剩余变形为 6～12mm；在第二次用同样载荷加载之后，剩余变形将减少为 1～2mm；第三次加载之后，制造较好的板弹簧就不再有显著的剩余变形。大量生产时，往往只作一次强压处理，处理后的板弹簧在作用力比强压力小 500～1000N 的情况下，不应再产生剩余变形。

汽车钢板弹簧喷丸处理规程见 ZB/T 06001。

表 10-8-6 板弹簧材料及力学性能

材 料	R_{eL}/MPa	R_m/MPa	$A_{11.3}$/%	Z/%	使用范围
60Si2Mn	1180	1275	6	25	
60Si2MnA	1375	1570	5	20	一般在厚度＜9.5mm 时采用
55SiMnVB	1225	1375	5	30	一般在厚度为 10～14mm 时采用
55SiMnMoVNb	1274	1372	8	35	一般在厚度为 16～25mm 时采用

（2）板弹簧的许用应力

在实际使用时，板弹簧的主要载荷来自于垂直方向，但同时也受到其他各种载荷的作用（纵向和横向力等）。在设计时一般仅按垂直载荷产生的应力来设计。板弹簧的许用应力可查表 10-8-7。汽车用板弹簧的许用应力也可按照图 10-8-8 选取，适用于热处理后经喷丸和预压处理的板片。

表 10-8-7 板弹簧的许用应力

板弹簧种类	许用应力 σ_p/MPa
机车、货车、电车等的板簧	441～490
轻型汽车的前板簧	441～490
轻型汽车的后板簧	490～588
载重汽车的前板簧	343～441
载重汽车、拖车的后板簧	441～490
缓冲器板簧	294～392

弹簧板片的疲劳极限如图 10-8-9 所示，当已知板片的应力变化幅度时，由图可查得板片的疲劳极限，进而确定其许用应力。

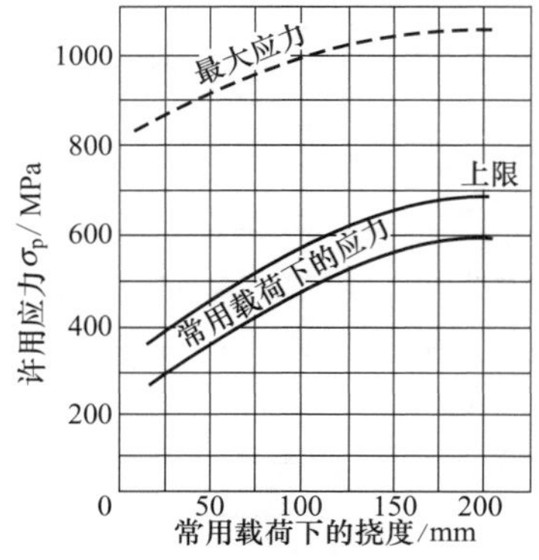

图 10-8-8 汽车用板弹簧的许用应力

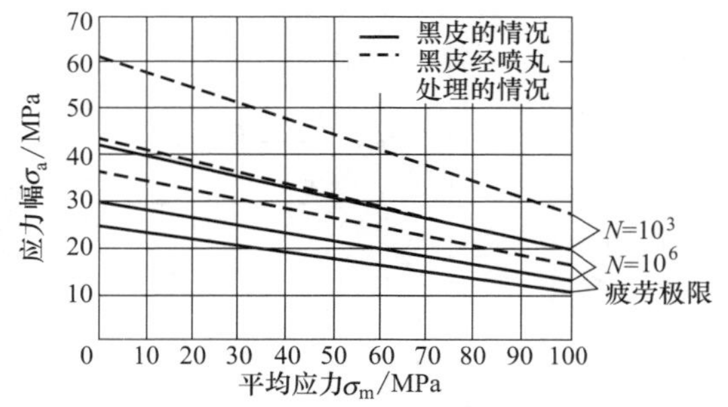

图 10-8-9 板弹簧板片的疲劳极限

8.4 板弹簧设计与计算

8.4.1 单板弹簧的计算

单板弹簧的计算是分析多板弹簧的基础。在计算中假设：钢板的曲率不大，可以当作直板考虑；钢板的变形与它的长度相比很小，在变形中板弹簧承受的载荷不变。参照直片弹簧的分析可以得到悬臂单板弹簧的计算公式，见表10-8-8。

表10-8-8 单板弹簧的计算公式

钢板形状	自由端挠度 f/mm	刚度 k'/N·mm^{-1}	距固定端 x 处的应力 σ_x/MPa	固定端最大应力 σ_{max}/MPa	变形能 U/N·mm	材料利用系数
矩形	$\frac{Fl^3}{3EI_0}$	$\frac{3EI_0}{l^3}$	$\frac{F(l-x)}{z_{m0}}$	$\frac{Fl}{z_{m0}}$	$\frac{F^2l^3}{6EI_0}=kV\frac{\sigma_{max}^2}{E}$	$\frac{1}{18}$
三角形	$\frac{Fl^3}{2EI_0}$	$\frac{2EI_0}{l^3}$	$\frac{Fl}{z_{m0}}$（沿板全长不变）	$\frac{Fl}{z_{m0}}$	$\frac{F^2l^3}{4EI_0}=kV\frac{\sigma_{max}^2}{E}$	$\frac{1}{6}$
抛物线形	$\frac{2Fl^3}{3EI_0}$	$\frac{3EI_0}{2l^3}$	$\frac{Fl}{z_{m0}}$（沿板全长不变）	$\frac{Fl}{z_{m0}}$	$\frac{F^2l^3}{3EI_0}=kV\frac{\sigma_{max}^2}{E}$	$\frac{1}{6}$
梯形	$\eta_2\frac{Fl^3}{3EI_0}$	$\frac{3EI_0}{\eta_2 l^3}$	$\frac{Fl\left(1-\frac{x}{l}\right)}{z_{m0}\left[1-(1-\beta)\frac{x}{l}\right]}$	$\frac{Fl}{z_{m0}}$	$\eta_2\frac{F^2l^3}{6EI_0}=kV\frac{\sigma_{max}^2}{E}$	$\frac{1}{9}\times\frac{\eta_2}{1+\beta}$

注：I_0——弹簧钢板固定端截面的惯性矩，$I_0=b_0h^3/12$，mm^4；

z_{m0}——弹簧钢板固定端截面的抗弯截面系数，$z_{m0}=b_0h^2/6$，mm^3；

V——弹簧钢板的体积，mm^3；

k——弹簧钢板的材料利用系数，$k=UE/(V\sigma_{max}^2)$；

β——弹簧钢板的形状系数，$\beta=b/b_0$（矩形 $\beta=1$，三角形 $\beta=0$）；

η_2——挠度系数，可按片弹簧中的相应公式。

8.4.2 多板弹簧的计算

(1) 板弹簧的近似计算公式

表10-8-9 板弹簧的近似计算公式

板弹簧的类型		静挠度 f_c/mm	刚度 k'/N·mm^{-1}	最大应力 σ/MPa	
				按静刚度	按载荷
半椭圆式	对称式	(Ⅰ) $f_c=\delta\frac{FL^3}{48E(\sum I_k)}$ (Ⅱ) $f_c=\delta\frac{FL^3}{4Enbh^3}$	$k'=\frac{1}{\delta}\times\frac{4E(\sum I_k)}{L_3}$ $k'=\frac{1}{\delta}\times\frac{4Enbh^3}{L_3}$	$\sigma=\frac{1}{\delta}\times\frac{12EI_kf_c}{L^2W_k}$ $\sigma=\frac{1}{\delta}\times\frac{6Ehf_c}{L^2}$	$\sigma=\frac{FLI_k}{4(\sum I_k)W_k}$ $\sigma=\frac{3FL}{2nbh^2}$

续表

板弹簧的类型		静挠度 f_c/mm	刚度 k'/N·mm^{-1}	最大应力 σ/MPa	
				按静刚度	按载荷
半椭圆式	不对称式	(Ⅰ) $f_c=\delta\frac{FL'^2L''^1}{3EL(\sum I_k)}$ (Ⅱ) $f_c=\delta\frac{4FL'^2L''^1}{3ELnbn^3}$	$k'=\frac{1}{\delta}\times\frac{3ELnbh^3}{L'^2L''^2}$ $k'=\frac{1}{\delta}\times\frac{ELnh^3}{4L'^2L''^2}$	$\sigma=\frac{1}{\delta}\times\frac{3EI_kf_c}{L'L''W_k}$ $\sigma=\frac{1}{\delta}\times\frac{3EI_kf_c}{2L'L''}$	$\sigma=\frac{FL'L''W_k}{L(\sum I_k)W_k}$ $\sigma=\frac{6FL'L''}{Lnbh^2}$
悬壁式	对称式	(Ⅰ) $f_c=\delta\frac{FL^3}{12E(\sum I_k)}$ (Ⅱ) $f_c=\delta\frac{FL^3}{Enbh^3}$	$k'=\frac{1}{\delta}\times\frac{12E(\sum I_K)}{L^3}$ $k'=\frac{1}{\delta}\times\frac{Enbn^3}{L^3}$	$\sigma=\frac{1}{\delta}\times\frac{6EI_kf_c}{L^2W_k}$ $\sigma=\frac{1}{\delta}\times\frac{3Ehf_c}{L^2}$	$\sigma=\frac{FLI_k}{2(\sum I_k)W_k}$ $\sigma=\frac{3FL}{nbh^2}$
悬壁式	不对称式	(Ⅰ) $f_c=\delta\frac{FL''^2(L'+L'')}{3E(\sum I_k)}$ (Ⅱ) $f_c=\delta\frac{4FL''^2(L'+L'')}{Enbh^3}$	$k'=\frac{1}{\delta}\times\frac{3E(\sum I_k)}{L''^2(L'+L'')}$ $k'=\frac{1}{\delta}\times\frac{Enbh^3}{4L''^2(L'+L'')}$	$\sigma=\frac{1}{\delta}\times\frac{3EI_kf_c}{L''(L'+L'')W_k}$ $\sigma=\frac{1}{\delta}\times\frac{3Ehf_c}{2L''(L'+L'')}$	$\sigma=\frac{FL''W_k}{(\sum I_k)W_k}$ $\sigma=\frac{6FL''}{bnh^2}$
1/4椭圆式		(Ⅰ) $f_c=\delta\frac{FL^3}{3E(\sum I_k)}$ (Ⅱ) $f_c=\delta\frac{4FL^3}{Enbh^3}$	$k'=\frac{1}{\delta}\times\frac{3E(\sum I_k)}{L^3}$ $k'=\frac{1}{\delta}\times\frac{Enbh^3}{4L^3}$	$\sigma=\frac{1}{\delta}\times\frac{3EI_kf_c}{L^2W_k}$ $\sigma=\frac{1}{\delta}\times\frac{3Ehf_c}{2L^2}$	$\sigma=\frac{FLI_k}{(\sum I_k)W_k}$ $\sigma=\frac{6FL}{nbh^2}$
符号意义	F——载荷，N；L——板弹簧的伸直长度，mm；I_k——板弹簧第 k 片的断面惯性矩，mm^4；W_k——板弹簧第 k 片的断面模数，mm^3；δ——挠度增大系数，见表 10-8-10；E——弹簧模量，MPa；b——叶片宽度，mm；h——叶片厚度，mm；n——叶片数目；L'，L''——中部固定处到两端的长度，mm；(Ⅰ)——叶片任意截面；(Ⅱ)——叶片为矩形截面				

表 10-8-10　　挠度增大系数 δ

弹簧的型式	系数 δ
等强度梁(理想的弹簧)	1.50
与等强度梁近似的叶片端部做成特殊形状的弹簧	1.45～1.40
叶片端部为直角形的叶片，其第 2 片与第 1 片的长度相同，在第 1 片上面有一片反跳叶片	1.35
叶片端部为直角形的叶片，但有 2～3 片与第 1 片的长度相同，在第 1 片上面有数片反跳叶片	1.30
有若干片与第 1 片长度相同的特重型弹簧	1.25

(2) 多板弹簧的主要形状尺寸参数的选择

1) 板片数量　汽车板弹簧一般采用 $n=6\sim14$ 片组成，受重载的弹簧片数可以大于 14，甚至超过 20。为了减少片数，可以适当增加板片的厚度。

2) 板片截面尺寸　板弹簧采用相同厚度的板片时，取 $b/h=6\sim10$，b 和 h 要符合现有扁钢的规格。板片的数量按照下式计算：

$$n=\frac{12I_0}{bh^3} \tag{10-8-1}$$

3) 板片长度　板弹簧工作长度由其结构及车辆布置确定。假定弹簧为等强度梁来确定各板片长度的方法应用十分普遍。但是，只有当弹簧各板片的厚度相同，片端做成三角形以及没有与主片长度相同的其他板片条件下，采用这种方法才能获得满意的结果。实际上，在设计与制造中，这些条件是难以同时实现的。因此，基于上述假设所设计的板片厚度不同的弹簧就不是等强度梁。

在本节的计算中，采用集中载荷法作为计算依据。其实质是：假设多板弹簧在任何载荷作用下，板片之间载荷的传递只在板端接触部位发生，板片的其余各点并不互相接触，其变形是自由的。

计算公式见表 10-8-11。在计算时，先填好第 1～5 纵行，然后从最下一排按照箭头所示顺序依次计算，待第 11 纵行前的各行计算完毕后，即可从第 1 片起依次计算出各板片的长度。

表 10-8-11　　板片长度的计算公式

片号 k	片厚 h/cm	I_k/cm^4	$\dfrac{0.5I_k}{I_{k-1}}$	$I+\dfrac{I_k}{I_{k-1}}+\left[\dfrac{w(l_k-l_{k+1})^3}{l_k^3}\right]$	$\dfrac{0.5}{\left(\dfrac{l_k}{l_{k+1}}\right)^3}=\dfrac{0.5}{下一排的⑪}$	$⑥\times\left(3\times\dfrac{l_k}{l_{k+1}}-1\right)=⑥\times下一排的⑨$	⑤−⑦	$3\times\dfrac{l_{k-1}}{l_k}-1=\dfrac{⑧}{④}$	$\dfrac{⑨+1}{3}=\dfrac{l_{k-1}}{l_k}$	$⑩^3=\left(\dfrac{l_{k-1}}{l_k}\right)^3$	$l_k=\dfrac{l_{k-1}}{⑩}$ /cm	$l'_k=l_c+\dfrac{S}{2}$ /cm	实际长度之半 l_k/cm
①	②	③	④	⑤	⑥	⑦	⑧	⑨	⑩	⑪	⑫	⑬	⑭
1	0.9	0.729									49.6	55	55
2	0.9	0.729	0.5	2	0.190	0.596	1.404	2.808	1.269	2.048	39.1	44.5	55
3	0.9	0.729	0.5	2	0.107	0.432	1.568	3.136	1.379	2.628	28.3	33.7	48
4	0.9	0.729	0.5	5	0	0	2	4	1.667	4.632	17.0	22.4	41

注：1. 如片端经压延时，第⑤项方括号内数值要计入（此外方括号内数值不计入）；

2. $l_c=\dfrac{1}{2}$有效长度（即减去U形螺栓中心距后的板簧长度）；

$l'_k=\dfrac{1}{2}$理论长度（即根据计算所得的板簧长度）；

$l_k=\dfrac{1}{2}$实际长度（即根据计算所得的理论长度，再考虑结构要求最后确定的长度）；

$S=10.8$cm（U形螺栓中心距离）；

w——板片末端形状系数，见表10-8-12。

表 10-8-12　　板弹簧板片末端形状系数

型　式	公式及数据
	$w=\dfrac{3}{\beta}\left[\dfrac{3}{2}-\dfrac{1}{\beta}-\dfrac{1-\beta^2}{\beta}\lg(1-\beta)\right]-1$
	$w=\dfrac{3}{\beta}\left[-\dfrac{1}{2}-\dfrac{1}{\beta}-\dfrac{1-\beta^2}{\beta}\lg(1-\beta)\right]-1$ $\beta=1-\dfrac{h_1}{h}$
	$w=\dfrac{1}{1-\beta}-1$ $\beta=1-\dfrac{b_1}{b}$

4）自由状态下板弹簧弧高的确定　板弹簧组装后自由状态下（未经过预处理时）的弧高 H_0（见图10-8-10）主要取决于：车辆悬架结构在满载时所需的板弹簧弧高 H、板弹簧满载时产生的静挠度 f 以及预压处理造成的剩余变形 γ，即 $H_0=H+f+\gamma$。其中 γ 值可以根据经验按照下列不同情况选取：对于制造条件较完善并经过严格处理的板弹簧，$\gamma=0.05f_0$；对于制造和热处理条件较差的板弹簧，$\gamma=0.06f_0$；用手工方式生产的板弹簧，$\gamma=0.07f_0$。

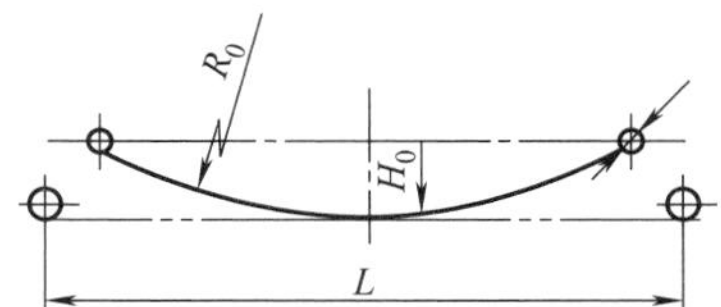

图10-8-10　板片曲率参数计算

5）自由状态下板弹簧曲率半径及弦长的计算　如图10-8-10所示，设卷耳的内径为 d，伸直的板弹簧两卷耳的中心距离为 L，则板弹簧中主板的曲率半径 R_0 可用下式计算：

$$R_0=\frac{\left(\dfrac{L}{2}\right)^2}{2H_0-d}\qquad(10\text{-}8\text{-}2)$$

组装的板弹簧的半个弦长 $\overline{L}$（自中心螺栓至卷耳中心的距离）的计算式为：

$$\overline{L}=\left(1-\frac{L}{2R_0}\right)\sqrt{\left(\frac{L}{2}\right)^2+\left(H_0-\frac{d}{2}\right)^2} \tag{10-8-3}$$

卷耳内径忽略不计。

8.4.3　变刚度和变截面板弹簧的计算

（1）变刚度板弹簧的计算

通常通过两种方式使板弹簧的刚度变化：一是用主、副簧的组合方式，当载荷大到一定程度时，副簧参与承担载荷，致使刚度改变，如图 10-8-11 所示；二是板弹簧变形过程中簧端接触点产生位移，使板片的长度改变，致使刚度改变。

变刚度板弹簧的特性线呈非线性，在载荷变化时具有较稳定的固有频率，可以提高车辆行驶的平顺性。

主副簧组合式变刚度弹簧：当载荷较小时，载荷仅由主簧承受，特性线是直线，刚度为定值；当载荷增大到某一值 F_1，主副簧开始接触，随载荷继续增大，接触范围逐渐增大，直至载荷增大至 F_2 时完全接触，主副簧成一体。在载荷由 F_1 增大到 F_2 的范围内，弹簧特性线是曲线，刚度为变值；载荷继续增大，主副簧成为一个弹簧，特性线为直线，刚度为定值。

图 10-8-11　一种变刚度板弹簧

表 10-8-13　　变刚度板弹簧的计算

	主副簧组合式变刚度板弹簧载荷、变形和刚度的计算式			
	项目	两端的载荷	变形	刚度
变形与刚度	主副簧开始接触	$F_1=(EI_{z0}/l_2)(1/R_z-1/R_f)$	$f_1=F_1l_2^3[1+(K_{x1}-1)(1-t_f/l_z)^2/(3EI_{z0})]$	$k_1=3EI_{z0}/\|l_2^3[1+(K_{x1-1})(1-l_f/l_z)^2]\|$
	主副簧完全接触	$F_2=EI_{z0}/(l_z-l_f)(1/R_z-1/R_f)$	$f_2=F_2l_2^3[1-\eta+(K_{x1}-1)(1-f_1/l_z)^3]/(3EI_{z0})$	$k_2=(3EI_{z0}/l_2^3)\times1/\|K_{x1}[1-(l_f/l_z)^3]-3K_{x3}/[\varphi(1-\beta)]\|$
	说明	I_{z0}——主弹簧中央部分整个截面的二次轴矩；l_z——主弹簧的跨距；l_f——副弹簧的跨距；K_{x1}——变形修正因子；R_z——主弹簧组装后的曲率半径；R_f——副弹簧组装后的曲率半径；$\eta=F(l_f)/[\varphi(1-\beta)]$；$F(l_f)=(l_f/l_z)^3[3A-3-\varphi(1-\beta)/2]-3(l_f/l_z)^2[2-\varphi(1-\beta)]/2+3(l_f/l_z)^3(A-1)[A(l_f/l_z)-1]\ln(1-1/A)$；$A=(1+\varphi)/[\varphi(1-\xi)]$；$\varphi=l_f/l_z$；$\beta=b/b_0$；$K_{x3}=(l_f/l_z)^3(1+2A)/2-2(l_f/l_z)^2+(l_f+l_z)[A(l_f/l_z)-1]\ln(1-1/A)$		
应力	主副板弹簧上的应力计算公式分别为 当 $F\leqslant F_1$ 时 $\sigma_z=Fl_z/W_{bz},\sigma_f=0$　　(10-8-4) 当 $F>F_1$ 时 $\begin{cases}\sigma_z=(l_z/W_{bz})[(F+\varphi F_1)/(1+\varphi)]\\ \sigma_f=(l_z/W_{bf})[\varphi(F-F_1)/(1+\varphi)]\end{cases}$　　(10-8-5) 式中　W_{bz}——主弹簧的抗弯截面系数 　　　W_{bf}——副弹簧的抗弯截面系数			

（2）变截面钢板弹簧的计算（表 10-8-14）

表 10-8-14　　变截面钢板弹簧的计算

变形和刚度	变截面板弹簧的板片厚度从中间向两边逐渐减薄，使板片上的应力比较均匀，达到减轻弹簧自身质量的目的 对称性斜面板片[图(a)]的板端作用有载荷 F，则板片的变形和刚度为 $f=K_{x4}Fl^3/(3EI_0)$　　(10-8-6) $k=3EI_0/(K_{x4}l^3)$　　(10-8-7) $K_{x4}=1+(l_1/l)^3\{1-2[1-(l_2-l_1)/(l-l_1)]^{3/2}\}+(1-l_2/l)^3(h_1/h_2)$　　(10-8-8) 式中，I_0 为板片中间截面的转动惯量 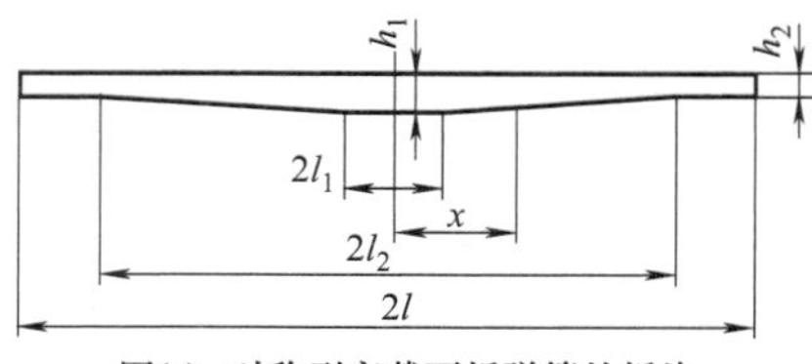 图(a)　对称型变截面板弹簧的板片
	若弹簧是由 2 片以上的板片组成，则弹簧的刚度为各板片刚度之和

续表

板片的应力	当板片两端受到载荷 F 的作用时，各截面上的应力计算式为 $$\sigma=\begin{cases}6F(1-x)/(bh_1^2) & 0\leqslant x\leqslant l_1\\ 6F(1-l_1)/(bh_1^2)=6F(1-l_2)/(bh_2^2) & l_1\leqslant x\leqslant l_2\\ 6F(1-x)/(bh_2^2) & l_2\leqslant x\leqslant l\end{cases} \quad (10\text{-}8\text{-}9)$$ 非对称变截面弹簧的计算，可以载荷作用点为界，将其分成两部分，各自按照悬臂梁分别计算出刚度，然后代入式(10-8-6)和式(10-8-9)计算其变形和应力

8.5 板弹簧的技术要求

① 板弹簧板片经热处理后，硬度应达到 39～47HRC，在组装前应进行喷丸处理，按照 ZB/T 06001 进行，以提高其使用寿命。

② 组成的板弹簧都应进行强压处理。

③ 板弹簧的板片横向扭曲量（以安装中心为基准，从两头测量），其偏差应不大于钢板宽度的 0.8%。

④ 板片纵向波折量：在 75mm 长度内应不大于 0.5mm。

⑤ 板弹簧总成静载弧高偏差：一般弹簧±5mm，重型车弹簧±7mm。

⑥ 主片装入支架内的侧面弯曲不应大于 1.5mm/m，其他板片不大于 3mm/m。

⑦ 板弹簧加夹后板片应该均匀相贴，不得有弯曲，总成在自由状态相邻两片横向穿通间隙应小于短片全长的 1/4（片间加有垫片者除外），长度小于 75mm 时的间隙不应大于表 10-8-15 所示的值。

表 10-8-15　叶片间隙允许值　mm

叶片厚度	最大间隙允许值
≤8	1.2
>8～12	1.5
>12	2.0

⑧ 板弹簧总成夹紧后，在 U 形螺栓及支架滑动范围内的总宽度应符合表 10-8-16 的规定。

表 10-8-16　板弹簧总成宽度　mm

叶片厚度	总成的总宽度
≤100	$<b+2.5$
>100	$<b+3$

⑨ 板弹簧总成放入支架滑动范围内后，其中心线应与钢板底层基面中心线在同一直线上，其偏差应不大于 1.5mm/m。

⑩ 板片表面不应有过烧、过热、裂纹、氧化皮、麻点、损伤等缺陷，表面脱碳层（包括铁素体和过渡层）深度不能超过表 10-8-17 的规定。

表 10-8-17　脱碳层（全脱碳和部分脱碳）深度允许值　mm

板片厚度	脱碳层深度
≤8	≤板片厚度的 3%
>8	≤板片厚度的 2.5%或 0.5，取小值

第10篇

8.6 疲劳试验

表 10-8-18　板弹簧的疲劳实验

试验装置及支承与夹持方法	1)试验装置　试验装置应能使弹簧的两端保持稳定，并且具有与弹簧通常的使用状态等同的功能，在中央部位的作用力中心反复施加力。为此，应配备力及变形量的动态计量和记录装置。另外，试验装置精度为 1% 2)支承与夹持方法　板弹簧支承与夹持方法与性能试验相同
试验方法	1)疲劳试验是对安装于试验台上的板弹簧[图(a)]，在最小载荷(最小变形)到最大载荷(最大变形)之间进行近似正弦波变化的循环作用。最大变形量不超过弹簧的极限变形量，最小变形量在最大变形量的 1/10 以内为宜，特殊需要时按双方协议 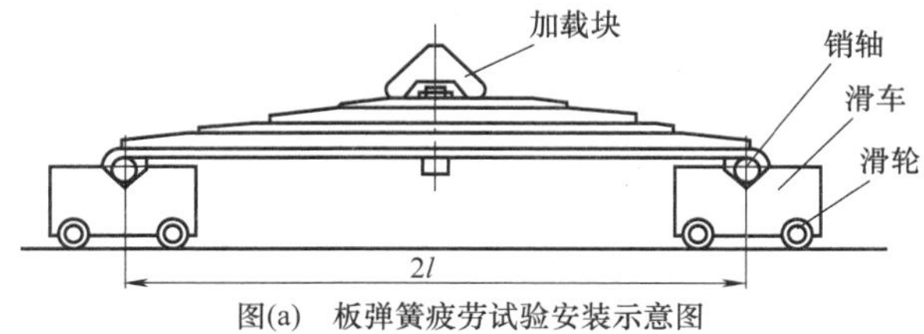 图(a)　板弹簧疲劳试验安装示意图

续表

试验方法	2)试验频率为≤3Hz。试验不能中断,一直到要求的寿命或寿命结束。不得已中断试验时,时间应尽可能短,并记录中断情况 3)试验进行到 1×10^4 次、3×10^4 次、6×10^4 次时,调整夹具螺栓转矩及预压变形量至规定值 4)试验中每隔 1×10^4 次检查一次样品,发现裂纹后,每隔 0.5×10^4 次检查一次 5)试验中样品表面的温度最高不得超过 150℃。试验过程中弹簧显著发热或发生异常声音等时,应记录内容并报告 6)疲劳寿命的判断。一架板簧样品中,以任何一片簧片最先出现宏观裂纹、折损或者引起明显的弹簧常数变化时的循环次数作为该样品的寿命	
	计算公式	说　　明
疲劳试验载荷的比应力计算方法	考虑到各国疲劳试验的差异,可以按公式 $f=\sigma/\sigma'$ 将疲劳载荷换算成指定应力状态的试验振幅,称为比应力计算方法 疲劳载荷最大变形量 $f_{max}=\sigma_{max}/\sigma'$ 疲劳载荷最小变形量 $f_{min}=\sigma_{min}/\sigma'$ 疲劳载荷振幅 $f_a=(f_{max}-f_{min})/2$ 式中,σ_{max}为最大应力;σ_{min}为最小应力;σ'为比应力 板弹簧比应力σ'的计算公式如下: a. 普通对称式多片板弹簧:$\sigma'=\frac{1}{\eta}\times\frac{12E}{L_e^2}\times\frac{\sum I_0}{\sum z_{m0}}$ b. 普通不对称式多片板弹簧:$\sigma'=\frac{k'_j l_1 l_{e2}}{L\sum z_{m0}}$ c. 各片中部等厚的少片变截面板弹簧:$\sigma'=\frac{3L_e k'_j}{2nbh^2}$ d. 各片中部不等厚的少片变截面板弹簧:$\sigma'=\frac{L_e k'_j h_i}{8\sum I_0}$ $\eta=\frac{3}{(1-n'/n)^3}\times\left\{\frac{1}{2}-2(n'/n)+(n'/n)^2\left[\frac{3}{2}-\ln\left(\frac{n'}{n}\right)\right]\right\}$ $L_e=L-as$ $k'_j=(L/L_e)^3k'$	E——弹性模量 η——形状系数 $\sum I_0$——根部总惯性矩 $\sum z_{m0}$——根部总抗弯截面系数 l_1——不对称板弹簧短端长度 l_{e2}——不对称板弹簧长端有效长度 L——板弹簧作用长度 L_e——板弹簧有效作用长度 h_i——最大应力片厚度; s——U 形螺栓夹紧距离 a——无效长度系数,一般取 0.5 k'_j——总成夹紧刚度 n'——主片数 n——总片数 b——簧片宽度 h——簧片厚度 k'——板簧自由状态下的理论计算刚度

8.7　板弹簧的计算及应用示例

（1）计算示例

已知板弹簧满载载荷 $F=20825$N，每端满载载荷 $q=10412.5$N，静挠度 $f_c=9.7$cm，伸直长度 $L=121$cm，骑马螺栓中心距 $S=6$cm，有效长度 $L_e=115$cm。设计计算板弹簧的其他参数。

① 板片厚度、宽度及数目的计算（表 10-8-19）。

表 10-8-19　　板片厚度、宽度及数目的计算

项　　目			单位	公式及数据
弹簧叶片材料				选择 60Si2MnA
许用弯曲应力 σ_p			MPa	由表 10-8-7 选定 $\sigma_p=588$
挠度增大系数 δ			cm	由表 10-8-10 选定 $\delta=1.3$
主片厚度 h			cm	$h=\frac{L_e^2\delta\sigma_p}{6Ef_c}=\frac{115^2\times1.3\times588}{6\times205800\times9.7}=0.84$,取 $h=0.9$
叶片厚度 b			cm	$6<b/h<12$,取 $b/h=11$ $b=11h=9.9$,取 $b=10$
总惯性矩 $\sum I_k$			cm^4	$\sum I_k=\frac{\delta FL_e^3}{48Ef_c}=\frac{1.3\times20825\times115^3}{18\times205800\times9.7}=4.30$
板弹簧由三组不同的叶片组成	第一组	叶片数目 n_1		1
		叶片厚度 h_1	cm	0.9
	第二组	叶片数目 n_2		5
		叶片厚度 h_2	cm	0.8
	第三组	叶片数目 n_3		7
		叶片厚度 h_3	cm	0.65
各叶片的惯性矩	第一组	I_1	cm^4	$I_1=\frac{n_1bh_1^3}{12}=\frac{1\times10\times0.9^3}{12}=0.608$
	第二组	I_2	cm^4	$I_2=\frac{n_2bh_2^3}{12}=\frac{5\times10\times0.8^3}{12}=2.133$
	第三组	I_3	cm^4	$I_3=\frac{n_3bh_3^3}{12}=\frac{7\times10\times0.65^3}{12}=1.602$
总惯性矩		$\sum I_k$	cm^4	$\sum I_k=I_1+I_2+I_3\approx4.34$

② 板片长度的计算（表 10-8-20）。

表 10-8-20 板片长度的计算

片号 k	片厚 h_k /cm	I_k /cm^4	$0.5\frac{I_k}{I_{k-1}}$	$1+\frac{I_k}{I_{k-1}}+\left[\frac{w(l_k-l_{k-1})^3}{l_k^3}\right]$	$\frac{0.5}{(l_k/l_{k+1})^3}$	⑤$\times\left(3\times\frac{l_k}{l_{k+1}}-1\right)$	④−⑥	$3\times\frac{l_{k-1}}{l_k}-1=\frac{⑦}{③}$	$\frac{⑧+1}{3}=\frac{l_{k-1}}{l_k}$	$⑨^3=\left(\frac{l_{k-1}}{l_k}\right)^3$	$l_c=\frac{l_{k-1}}{⑨}$	$l'_{ck}=l_c+\frac{S}{2}$ /cm	实际长度之半 l_k/cm
	①	②	③	④	⑤	⑥	⑦	⑧	⑨	⑩	⑪	⑫	⑬
1	0.9	0.6080									57.5	60.5	60.5
2	0.8	0.4266									57.5	60.5	60.5
3	0.8	0.4266									57.5	60.5	60.5
4	0.8	0.4266	0.5	2	0.5/1.545=0.324	0.324/2.468=0.800	1.200	2.400	1.133	1.454	57.5/1.133=50.75	53.75	55.5
5	0.8	0.4266	0.5	2	0.299	0.766	1.234	2.468	1.156	1.545	43.9	46.9	50.7
6	0.8	0.4266	0.5	2	0.266	0.719	1.281	2.562	1.187	1.672	37.0	40.0	45.9
7	0.65	0.2290	0.2684	1.5368	0.333	0.8112	0.7256	2.703	1.234	1.879	30.0	33.0	41.1
8	0.65	0.2290	0.5	2	0.312	0.782	1.218	2.436	1.145	1.501	26.2	29.2	36.3
9	0.65	0.2290	0.5	2	0.283	0.74	1.256	2.512	1.171	1.606	22.4	25.4	31.5
10	0.65	0.2290	0.5	2	0.244	0.686	1.314	2.628	1.200	1.767	18.5	21.5	26.7
11	0.65	0.2290	0.5	2	0.190	0.596	1.404	2.808	1.270	2.048	14.6	17.6	21.9
12	0.65	0.2290	0.5	2	0.5/4.632=0.108	0.108×4=0.432	1.568	3.136	1.380	2.628	10.6	13.6	17.1
13	0.65	0.2290	0.5	2	0	0	2	4	1.667	4.632	6.4	9.4	12.3

注：因非压延，故方括号不计算。

③ 板弹簧的刚度计算（表 10-8-21）。

表 10-8-21　　板弹簧的刚度计算

片号 k	实际长度 l_k/cm	$a_{k+1}=l_1-l_{k+1}$ /cm	$\sum I_k$ /cm^4	$Y_k=(\sum I_k)^{-1}$ /cm^{-4}	Y_k-Y_{k+1} /cm^{-4}	a_{k+1}^3 /cm^3	$a_{k+1}^3(Y_k-Y_{k+1})$ /cm^{-1}
1	60.5	—	0.608	1.645	—	—	—
2	60.5	0	1.0346	0.9665	0.6785	0	0
3	60.5	0	1.4612	0.6844	0.2821	0	0
4	55.5	5	1.888	0.5297	0.1547	125	19.4
5	50.7	9.8	2.314	0.4322	0.0975	941	91.8
6	45.9	14.6	2.741	0.3648	0.0674	3112	210
7	41.1	19.4	2.970	0.3367	0.0281	7301	205
8	36.3	24.2	3.199	0.3126	0.0241	14172	341
9	31.5	29.0	3.428	0.2917	0.0209	24389	510
10	26.7	33.8	3.657	0.2734	0.0183	38614	727
11	21.9	38.6	3.886	0.2573	0.0161	57512	926
12	17.1	43.4	4.115	0.2430	0.0143	81746	1169
13	12.3	48.2	4.344	0.2302	0.0128	111980	1433
	0	60.5			0.2302	221445	50976
	3.0①	57.5			0.2302	190109	43763

①此值为采用骑马螺栓固定后的值。在应用中，此值应比自中心螺栓轴线至骑马螺栓轴线的距离要大一些。

检验刚度

$$k'=6aE/\left[\sum a_{k+1}^3(Y_k-Y_{k+1})\right]=\frac{6\times0.85\times20580000}{19.4+91.8+210+205+341+510+707+926+1169+1433+50976}$$
$$=1855\text{N/cm}$$

装配刚度

$$k'=6aE/\left[\sum a_{k+1}^3(Y_k-Y_{k+1})\right]=\frac{6\times0.85\times20580000}{19.4+91.8+210+205+341+510+707+926+1169+1433+43763}$$
$$=2126\text{N/cm}$$

④ 板弹簧总成在自由状态下的弧高及曲率半径的计算（表 10-8-22）。

表 10-8-22　　板弹簧总成在自由状态下的弧高及曲率半径的计算

项　　目	单位	公式及数据
板弹簧总成在自由状态下的弧高 H	cm	$H=H_0+f_c+\Delta$ 式中，$H_0=1.8$；$f_c=9.7$；$\Delta=0.06f_0$ 而　$f_0=\frac{L^2}{Ah}=\frac{121^2}{800\times0.9}=20.33$，所以 $\Delta=0.06f_0=0.06\times20.33=1.22$ 故 $H=1.8+9.7+1.22=12.72$
板弹簧总成在自由状态下的曲率半径 R_0	cm	$R_0=\frac{L^2}{8H}=\frac{121^2}{8\times12.72}=143$

⑤ 板片预应力的确定（表 10-8-23）。

表 10-8-23　　板片预应力的确定

片号 k	1	2	3	4	5	6	7	8	9	10	11	12	13
预应力 σ_{0k}/MPa	−296.35	−222.26	−168.75	−107.02	−35.37	−29.59	85.85	136.42	184.24	210.99	232.55	232.55	232.55
片厚 h_k/mm	9	8	8	8	8	8	6.5	6.5	6.5	6.5	6.5	6.5	6.5
h_k^2	81	64	64	64	64	64	42.25	42.25	42.25	42.25	42.25	42.25	42.25
$\sigma_{0k}h_k^2$	−24004.4	−14224.6	−10800	−6849.3	−2263.7	1893.7	3627.2	5763.7	7784.1	8914.3	9825.2	9825.2	9825.2

$$\sum\sigma_{0k}h_k^2=-24004.4-14224.6-10800-6849.3-2263.7+1893.7+3627.2+5763.7+7784.1+8914.3+3\times9825.3$$
$$=-683.4$$

按规定 $\sum\sigma_{0k}h_k^2=0$，相对误差 $\frac{683.4}{57458.6}=1.12\%<5\%$，在允许的范围内。

⑥ 装配后板弹簧总成弧高及曲率半径的计算（表 10-8-24）。

表 10-8-24　装配后板弹簧总成弧高及曲率半径的计算

片号 k	I_k /cm^4	$\sum I_k$/cm^4	l_k/cm	l_k^2/cm^2	l_k^3/cm^3	R_k	$H_k=\frac{l_k^2}{2R_k}=\frac{④}{2\times⑥}$/cm	$H'_k=\frac{l_k^2}{2R_{1-k}}=\frac{④}{2\times⑭}$/cm	$H_k-H'_k=⑦-⑧$ /cm	$\frac{I_k}{\sum I_k}=\frac{①}{②}$	$Z_k=\frac{I_k(H_k-H'_k)}{\sum I_k}=⑩\times⑨$/cm	$\frac{1}{2}\left(\frac{3l_1}{l_k}-1\right)$	$Z_{1-k}=Z_{1-(k-1)}+Z_k\frac{1}{2}\left(\frac{3l_1}{l_k}-1\right)$ /cm	$R_{1-k}=\frac{l_k^2}{2(H'_k+Z_k)}$ /cm
	①	②	③	④	⑤	⑥	⑦	⑧	⑨	⑩	⑪	⑫	⑬	⑭
1	0.608	0.608	60.5	3660	221445	260	7.04	7.04	0	1.000	0	1	7.04	260
2	0.427	1.035	60.5	3660	221445	230	7.96	7.04	0.92	0.412	0.379	1	7.42	246
3	0.427	1.462	60.5	3660	221445	200	9.15	7.45	1.70	0.292	0.496	1	7.92	231
4	0.427	1.889	55.5	3080	170954	174	8.85	6.67	2.18	0.226	0.493	1.13	8.48	215
5	0.427	2.316	50.7	2570	130324	151	8.51	5.98	2.53	0.184	0.466	1.29	9.08	199
6	0.427	2.743	45.9	2107	96703	135	7.80	5.29	2.51	0.155	0.389	1.48	9.66	185
7	0.229	2.972	41.1	1689	69427	120	7.03	4.56	2.47	0.077	0.190	1.71	9.98	178
8	0.229	3.201	36.3	1318	47832	110	5.99	3.70	2.29	0.072	0.165	2.00	10.31	170
9	0.229	3.430	31.5	992	31256	102	4.86	2.92	1.94	0.067	0.130	2.38	10.62	163
10	0.229	3.659	26.7	713	19034	98	3.64	2.19	1.45	0.063	0.091	2.90	10.88	156
11	0.229	3.888	21.9	480	10503	95	2.53	1.54	0.99	0.059	0.058	3.64	11.09	150
12	0.229	4.117	17.1	292	5000	95	1.54	0.97	0.57	0.056	0.032	4.81	11.24	145
13	0.229	4.346	12.3	151	1861	95	0.80	0.52	0.28	0.053	0.015	6.88	11.34	141

⑦ 板弹簧各板片应力的计算（表 10-8-25）。

表 10-8-25　　板弹簧各板片应力的计算

片号 k	叶片惯性矩 I_k/cm^4	叶片端面模数 W_k/cm^3	叶片预应力 $\sigma_{0k}/\text{N}\cdot\text{cm}^{-2}$	分配到各叶片上的弯矩 $T_{kc}/\text{N}\cdot\text{cm}$	引起的各叶片上的应力 $\sigma_{kc}/\text{N}\cdot\text{cm}^{-2}$	各叶片实际应力 $\sigma_k/\text{N}\cdot\text{cm}^{-2}$
1	0.608	1.35	−29635.2	83800	62171	32536
2	0.4226	1.067	−22226.4	58800	55105	32879
3	0.4226	1.067	−16876	58800	55105	38230
4	0.4226	1.067	−10702	58800	55105	44404
5	0.4226	1.067	−3537.8	58800	55105	51568
6	0.4226	1.067	2959.6	58800	55105	58165
7	0.229	0.704	8584.8	31556	44826	53410
8	0.229	0.704	13641	31556	44826	58467
9	0.229	0.704	18424	31556	44826	63249
10	0.229	0.704	21099	31556	44826	65925
11	0.229	0.704	23255	31556	44826	68081
12	0.229	0.704	23255	31556	44826	68081
13	0.229	0.704	23255	31556	44826	68081

注：1. 各叶片实际应力均小于 $\sigma_b\times60\%=156800\times0.6=94080\text{N/cm}^2$，故安全。

2. 叶片实际应力 $\sigma_k=\sigma_{0k}+\sigma_{kc}$。式中，$\sigma=M_{kc}/W_k$；$M_{kc}=M_cI_k/\sum I_k$，而 $M_c=ql_c=10412.5\times57.5=598718.75\text{N}\cdot\text{cm}$；$\sum I_k=4.35\text{cm}^4$。

⑧ 板弹簧工作图（表 10-8-26）。

表 10-8-26　　板弹簧工作图

<table>
<tr><th rowspan="3">片号
k</th><th rowspan="3">片厚
h_k</th><th rowspan="3">长度
（±0.3）</th><th rowspan="3">卷耳中心（或一端）
至中心螺栓距离</th><th colspan="2">热处理后</th><th colspan="6">总成预压测量</th></tr>
<tr><th rowspan="2">弧高 H_k</th><th rowspan="2">曲率半径 R_k</th><th colspan="3">预压次数</th><th colspan="3">预压载荷</th></tr>
<tr><td colspan="3">三次</td><td colspan="3">30380N</td></tr>
<tr><td>1</td><td>9</td><td>1330</td><td>605</td><td>70.3</td><td>2600</td><td colspan="6" rowspan="6"></td></tr>
<tr><td>2</td><td>8</td><td>1315</td><td>609</td><td>79.6</td><td>2300</td></tr>
<tr><td>3</td><td>8</td><td>1330</td><td>620</td><td>91.5</td><td>2000</td></tr>
<tr><td>4</td><td>8</td><td>1110</td><td>555</td><td>88.5</td><td>1740</td></tr>
<tr><td>5</td><td>8</td><td>1014</td><td>507</td><td>85</td><td>1510</td></tr>
<tr><td>6</td><td>8</td><td>918</td><td>459</td><td>78</td><td>1350</td></tr>
<tr><td>7</td><td>6.5</td><td>822</td><td>411</td><td>70.3</td><td>1200</td><td colspan="6">预压后测量</td></tr>
<tr><td>8</td><td>6.5</td><td>726</td><td>363</td><td>59.9</td><td>1100</td><td colspan="2">载荷 F</td><td colspan="2">弧高 Z</td><td colspan="2">变形量</td></tr>
<tr><td>9</td><td>6.5</td><td>630</td><td>315</td><td>48.6</td><td>1020</td><td colspan="2">0</td><td colspan="2">113.4±8</td><td colspan="2">0</td></tr>
<tr><td>10</td><td>6.5</td><td>534</td><td>267</td><td>36.4</td><td>980</td><td colspan="2" rowspan="4">0</td><td colspan="2" rowspan="4">63.4±5</td><td colspan="2" rowspan="4">50</td></tr>
<tr><td>11</td><td>6.5</td><td>438</td><td>219</td><td>25.2</td><td>950</td></tr>
<tr><td>12</td><td>6.5</td><td>342</td><td>171</td><td>15.3</td><td>950</td></tr>
<tr><td>13</td><td>6.5</td><td>246</td><td>123</td><td>8.0</td><td>950</td></tr>
</table>

注：第 1、2 两片的尺寸长度为卷耳中心至末端尺寸。

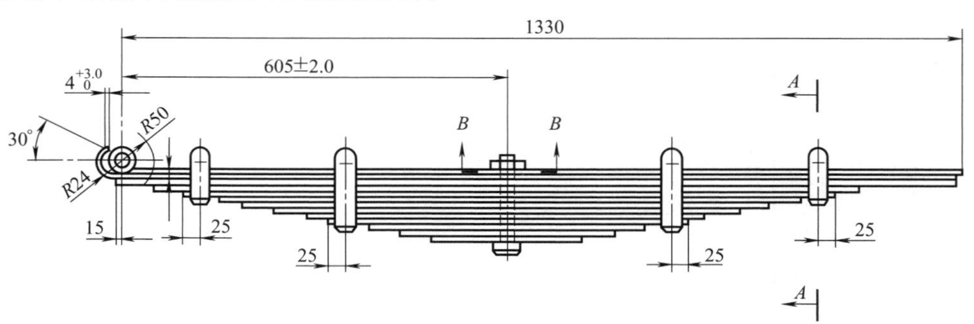

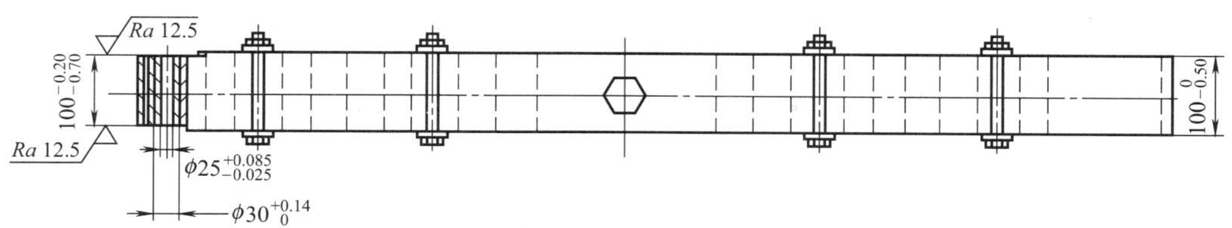

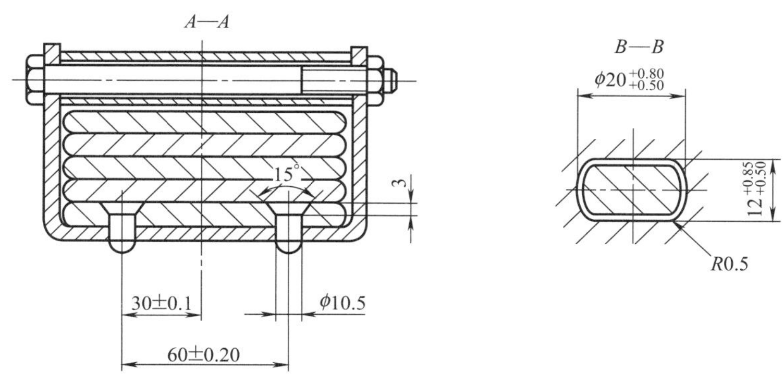

(a) 板弹簧结构图

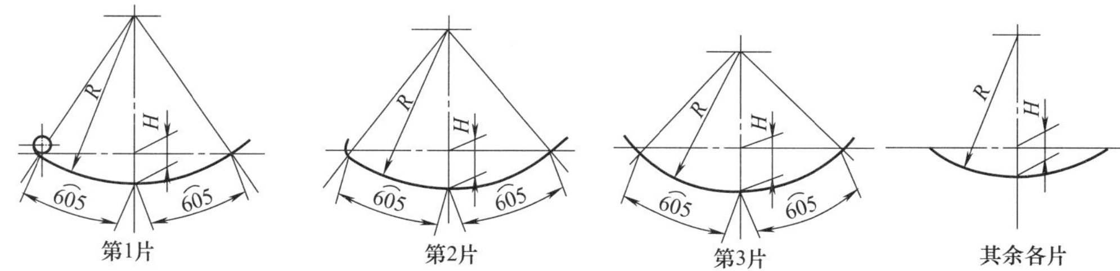

(b) 测量简图

图 10-8-12　板弹簧工作图

（2）应用示例

图 10-8-13 所示为用于电力车辆的弹性悬架装置，主要起到支承及缓冲、减振作用。车架与轮轴之间的缓冲弹簧为半椭圆形板弹簧，弹簧的主板端部未采用卷耳型式，而是将端部直接嵌入到两侧对称布置的螺栓端部的半月形沟槽内，使车辆的箱体悬置，且保证两者能在一定角度内实现相对转动，以利于车轮处产生较大冲击时不至于将该冲击直接传递给车辆的箱体悬架结构。装配后的板弹簧总成的弧高通过前述两个螺栓另一侧的预紧圆柱螺旋弹簧来调整。板弹簧的中部采用簧箍将其固定到车轮轴上。在结构中安装的椭圆形板弹簧用以实现车辆箱体与悬架之间的缓冲和减振，其特点是承载能力强，可以承受双向载荷。

图 10-8-14 所示为国产的 ZYQ-14 型装运机。铲斗柄 3 位于装运机最前面，斗柄通过一对圆柱滚子轴承安装在机架前部的箱座 6 上；在左、右斗柄上各有一个撞块；箱座内安装提升减速器，两边安装有斗柄和半椭圆形结构的钢板弹簧 5 作为缓冲装置；铲斗的提升由支承在滚轮 4 上的提升链条 2 来完成。当铲斗依靠行走机构 8 提供的动力完成铲装动作后，依靠链条的牵引而提升，到达设定位置时，斗柄与钢板弹簧发生碰撞，由于弹簧的缓冲作用，可使料斗中的物料卸载到料仓 7 中，同时减少对铲斗、链条、变速传动齿轮的冲击。在铲斗的提升过程中，链条的速度逐渐增大，在斗柄碰撞弹簧前，链条的速度达到最大，这将使碰撞更加有力而保证铲斗卸料干净。

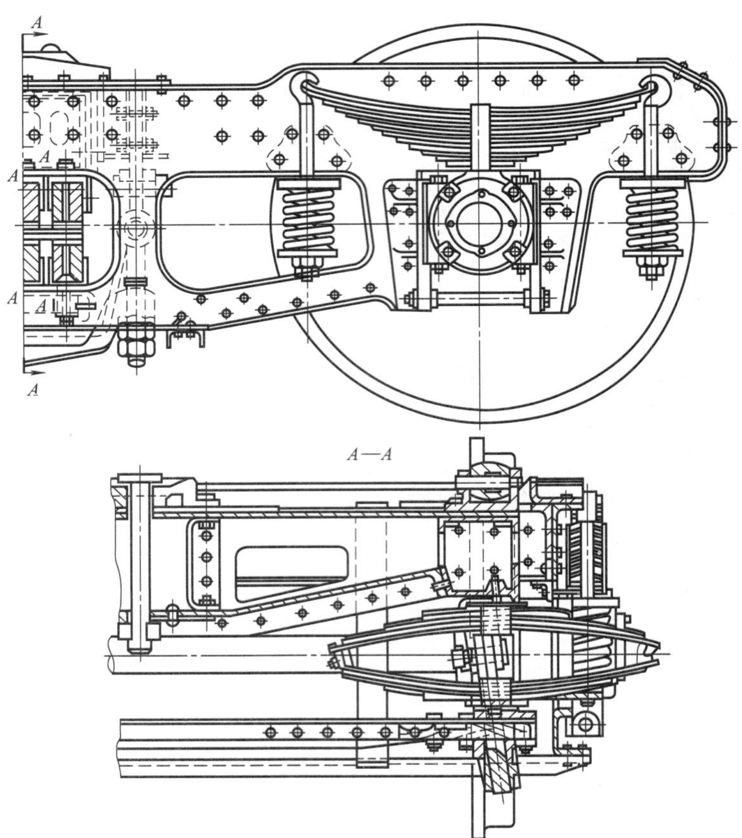

图 10-8-13 电力车辆所用的三处悬置的双轴车架

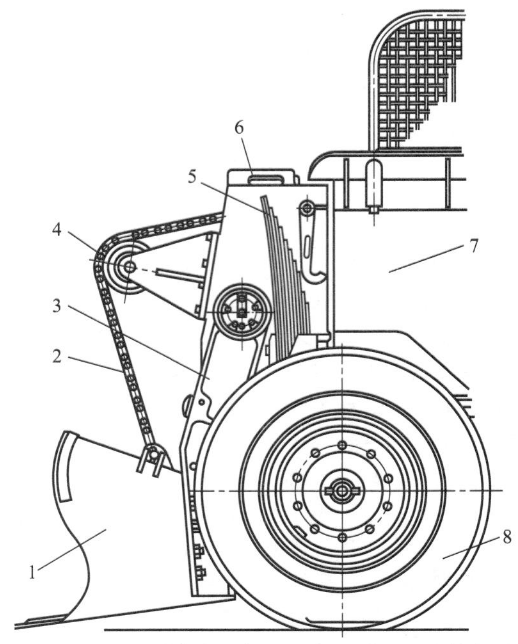

图 10-8-14 板弹簧在国产 ZYQ-14 型装运机中的应用

1—铲斗；2—提升链条；3—斗柄；4—支承滚轮；5—钢板弹簧；6—提升减速箱座；7—料仓；8—行走机构

第 9 章　发条弹簧

9.1　发条弹簧的类型、结构及应用

发条弹簧是用带料绕成平面涡卷形的弹簧。该类弹簧工作时，弹簧的一端固定，另一端施加转矩，带料各截面承受弯曲力矩而产生弯曲弹性变形，形成转动力矩，借以储存能量。其变形角的大小和施加的转矩成正比。

当外界对发条弹簧做功（即施加力矩上紧发条）后，这部分的功就转换为弹性变形能。当发条工作时，发条的变形能又逐渐释放，驱动机构运转而做功。

发条弹簧在自由状态时占有相当大的体积，常常是它在轴上完全上紧时所占体积的 10 倍甚至更大些。所以在使用发条时，通常将它安装在发条盒内，使带有发条弹簧的仪器仪表结构能够获得小的外形尺寸。此外，利用发条盒还可以使发条弹簧具有比较完善的外端固定方法，以改善其工作状况，同时还便于保存润滑油。

发条弹簧工作可靠，维护简单，防潮，防爆，广泛应用于计时仪器和时空装置中，如钟表、记录仪器、家用电器等，也广泛用于机动玩具中作为动力源。发条弹簧的类型及结构、应用见表 10-9-1。

表 10-9-1　　发条弹簧的类型及结构、应用

型式及简图		应　用
类型	螺旋形	机械设备中用的发条弹簧，作为动力源
	S 形	钟表中应用的发条弹簧，作为动力源
外端固定结构	铰式固定	由于圈间摩擦较大，输出力矩低很多并且力矩曲线很不平稳，因此在精密和特别重要的机构中不宜采用这种固定方法
	销式固定	销式固定介于刚性固定和铰式固定之间。圈间摩擦仍很大，但比铰式固定低一些。常用于尺寸较大的发条弹簧
	V 形固定	V 形固定能使外端有一定的近似径向移动，圈间摩擦较前两种小。此外，结构较简单，通常用于尺寸较小的发条弹簧

续表

	型式及简图	应　　用
外端固定结构	衬片固定 $A=(0.25\sim0.40)\pi R$ $B=(0.5\sim0.6)A$ $h'=h, b'=(6\sim8)h'$ $l=(0.5\sim0.6)B$ $C=H=(0.93\sim0.97)b$ b 为发条弹簧的宽度，h 为发条弹簧的厚度，图中未标出 $C'=(0.65\sim0.75)b$ $e=(6\sim8)h, d=0.3H$	弹性衬片和发条弹簧的外端用铆钉铆在一起，而衬片两侧的两个凸耳分别入条盒底和盖的长方孔中。当上紧发条弹簧时，衬片端部将逐步产生径向移动，并且凸耳和方孔固定又能产生相当大的支承力矩，故可使发条弹簧各圈同心分布。这样将使圈间压力大为降低，从而减小了圈间摩擦。采用这种固定方法时输出力矩降低很小，力矩曲线也很平稳，因而是比较合适的一种固定方法
内端固定结构	V 形槽固定	这种固定结构可用于大型原动机中，用于大心轴直径的发条弹簧
	弯钩固定	适用于材料较厚的发条弹簧
	齿式固定	将心轴表面制成螺旋线形状，用弯钩将弹簧端部加以固定。适用于重要和精密机构中的发条弹簧
	销式固定	机构简单，适用于不太重要机构中的发条弹簧。销子端将使发条弹簧材料产生较大的应力集中

9.2　螺旋形发条弹簧

9.2.1　发条弹簧的工作特性

置于发条盒内的发条弹簧，其工作特性如图10-9-1所示。A 点相当于绕制前的状态。B 点相当于绕制后的自由状态，其圈数用 n_z 表示。当发条处于自由状态时，其力矩为零。C 点相当于发条弹簧放入发条盒后完全放松的状态，此时发条各圈压到盒壁上。发条弹簧放入发条盒并完全放松时的圈数用 n_s 表示。在这种状态时，发条材料中虽然具有一定的应力，但由于受到条盒的限制，不可能继续放开，因此其实际所能发出的力矩等于零。

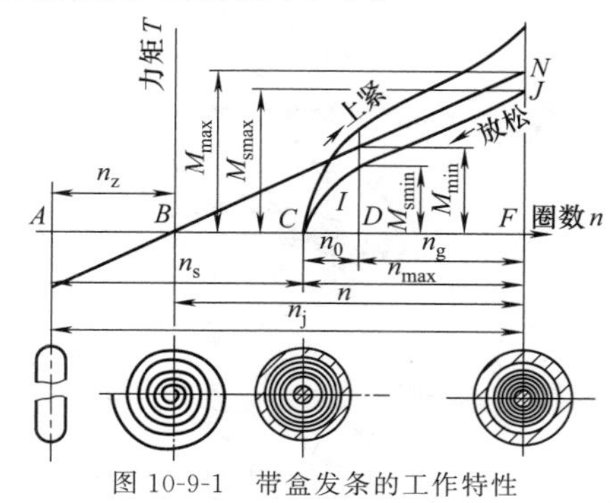

图 10-9-1　带盒发条的工作特性

由放松状态把发条逐渐上紧时，压到条盒内壁的各圈发条将逐渐离开内壁并彼此分开而分布在条盒内。D点相当于发条各圈已分布在条盒内，但最外一圈尚未离开条盒壁的时刻。这时，发条弹簧各圈处于同心状态。最后上紧到最后一圈也离开条盒后，发条弹簧各圈或者保持同心，或者变成彼此不同心，这主要依发条弹簧外端的固定方法而定。发条弹簧外圈的不同心分布会使其发生圈间摩擦。F点相当于发条弹簧完全上紧的时刻，这时发条弹簧紧绕在条轴上。

曲线CIJ表示发条弹簧输出力矩与发条弹簧圈数（发条盒转数）的关系。它说明驱动仪表机构运转的输出力矩及其变化情况。曲线CI段（其转数用n_0表示）力矩变化大，不能利用，其数值与发条的长度、厚度有关。直线BN是发条弹簧的理论转矩曲线。理论转矩曲线与横坐标所围的面积表示储存在发条内的能量，输出力矩曲线与坐标所围的面积$CIJF$表示发条输出的能量。

面积BNF与面积$CIJF$之间的差值说明条盒发条虽然减小了发条所占有的空间，但是发条存储的部分能量却受到条盒的限制而不能输出。输出力矩曲线与理论力矩曲线间距离（即力矩差）的大小主要决定于发条外端的固定型式。

9.2.2 发条弹簧的计算

表 10-9-2 发条弹簧的计算

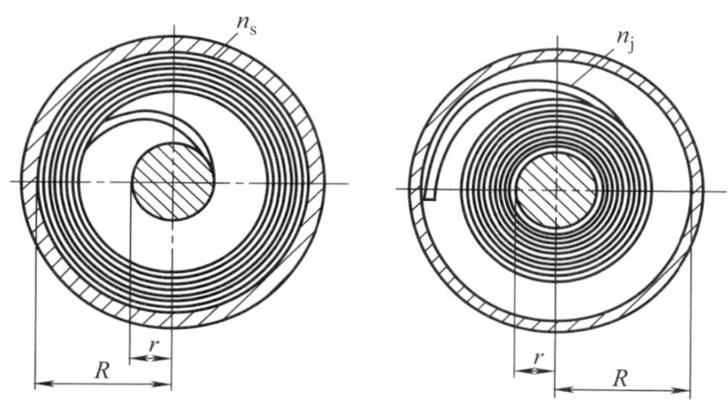

项目	单位	公式及数据
发条弹簧最大理论转矩 T_{max}	N·mm	$T_{max}=0.9R_mZ_p$ 式中 $Z_p=bh^2/4$——塑性断面系数，mm^3 b,h——发条带宽度与厚度，mm R_m——发条材料抗拉强度，见表 10-9-3
发条弹簧最大输出转矩 T_{smax}	N·mm	$T_{smax}=KT_{max}$ $=K0.9R_mZ_p=K0.9R_m\frac{bh^2}{4}$ 式中 K——修正系数，见表 10-9-4
发条弹簧最小输出转矩 T_{smin}	N·mm	一般取$\frac{T_{smax}}{T_{smin}}=1.4\sim2$ 故 $T_{smin}=T_{smax}/(1.4\sim2)$
发条弹簧厚度 h	mm	$h=\sqrt{\frac{T_{max}}{0.225R_mb}}$
发条弹簧轴半径 r	mm	$r=mh$，一般取 $m=15\sim16$
发条弹簧带的工作长度 L_g	mm	$L_g=\frac{n_gEhT_{smax}}{0.43R_m(T_{smax}-T_{smin})}$ 一般对 T7～T12 取 $E=205800$MPa，对其他弹簧钢材料，参见表 10-2-2
条盒内半径 R	mm	$R=\sqrt{\frac{2L_gh}{\pi}+r^2}$
发条弹簧内端退火部分长度 L_n	mm	$L_n=3\pi r$
发条弹簧外端退火部分长度 L_w	mm	$L_w=1.5\pi r$
发条弹簧带总长度 L	mm	$L=L_g+L_n+L_w$

第10篇

续表

项目	单位	公式及数据
发条弹簧最大圈数 n_{max}	圈	$n_{max}=\dfrac{\sqrt{2(R^2+r^2)}-(R+r)}{h}$
发条弹簧空圈数 n_0	圈	$n_0=n_{max}-n_g$ 一般取 $n_0=1\sim3.5$ 圈
发条弹簧的工作圈数 n_g	圈	$n_g=n_{max}-n_0$ $=\dfrac{\sqrt{2(R^2+r^2)}-(R+r)}{h}-n_0$
发条上紧时的圈数 n_j	圈	$n_j=\dfrac{1}{2h}\left(\sqrt{d^2+\dfrac{4}{\pi}hL_g}-d\right)$ 式中 d——条轴直径,mm
发条弹簧从自由状态至上紧时的圈数 n	圈	$n=0.43\dfrac{\sigma_b L_g}{Eh}$
发条弹簧自由状态时的圈数 n_z	圈	$n_z=n_j-n=\dfrac{1}{2h}\left(\sqrt{d^2+\dfrac{4}{\pi}hL_g}-d\right)-0.43\dfrac{\sigma_b L_g}{Eh}$
发条弹簧放松时的圈数 n_s	圈	$n_s=\dfrac{1}{2h}\left(D-\sqrt{D^2-\dfrac{4}{\pi}hL_g}\right)$ 式中 D——条盒内直径,mm

9.2.3 发条弹簧的材料

表 10-9-3 发条弹簧的材料

	材料名称	牌号									
材料	弹簧钢、工具钢、冷轧钢带	65Mn、T7A、T9A、T10A、T12A、T13A、Cr06、50CrVA、65Si2Mn、60Si2Mn、60SiMnA、70Si2CrA									
	热处理弹簧钢带	65Mn、T7A、T8A、T9A、T10A、60SiMnA、70Si2CrA									
	汽车车身附件用异形钢丝	65Mn、50CrVA、1Cr12Ni9									
	弹簧钢用不锈钢冷轧钢带	1Cr17Ni7、0Cr19Ni9、3Cr13、0Cr17NiAl									
厚度尺寸系列/mm	0.5	0.55	0.60	0.70	0.80	0.90	1.00	1.10	1.20	1.40	1.50
	1.60	1.80	2.0	2.2	2.5	2.8	3.0	3.2	3.5	3.8	4.0

宽度尺寸系列	5	5.5	6	7	8	9	10	12	14	16	18	20
	22	25	28	30	32	35	40	45	50	60	70	80

	钢带的强度级别	硬度		抗拉强度 R_m/MPa
热处理弹簧钢带的硬度和强度		HV	HRC	
	Ⅰ	375～485	40～48	1275～1600
	Ⅱ	486～600	48～55	1579～1863
	Ⅲ	>600	>55	>1863
	注:1. Ⅱ级钢带厚度不大于1.0mm 2. Ⅲ级钢带厚度不大于0.8mm 3. 其他发条弹簧材料的硬度和强度可以按需要另行确定			

9.2.4 发条弹簧设计参数的选取

表 10-9-4 发条弹簧设计参数的选取

参数名称	选择要点
修正系数 K	当发条弹簧的表面粗糙度和润滑情况一定时,输出力矩与理论力矩的差值主要决定于发条弹簧的外端固定型式,其修正系数 K 值见下表

修正系数 K 值

固定型式	K 值	固定型式	K 值
铰式固定	0.65～0.70	V形固定	0.80～0.85
销式固定	0.72～0.78	衬片固定	0.90～0.95

续表

参数名称	选择要点
发条弹簧宽度 b	由于设计带盒发条时，需要确定的几何尺寸数目常常超过已知关系式数目，因此在设计时往往需选定一些尺寸和参数。通常在满足力矩要求的条件下，按照机构的轴向尺寸尽可能选择较大的发条弹簧宽度 b，而减小发条弹簧厚度 h。这样，一方面可缩小径向尺寸，另一方面，发条弹簧的力矩变化也比较小
发条弹簧强度系数 m	m 值选小一些，可以使条轴直径减小，在条盒外廓尺寸一定的条件下，可以有更多的空间容纳发条，以增加发条所能储存的能量。但是 m 值过小，则会因发条内圈卷绕曲率半径小而使应变增大，并且在内端有较大的应力集中而造成发条损坏；m 值过大，使得条轴直径增大，从而引起发条的变形圈数减少而使输出力矩减小。一般推荐 $m=15\sim16$
输出力矩 T_s	发条弹簧应具有足够的输出力矩 T_s，输出力矩小，将不能带动机构工作 发条弹簧在全部上紧时，输出力矩达到最大，在工作过程中，发条弹簧逐渐放松，输出力矩也逐渐减小。力矩的变化将使机构工作轴的转数产生变化。因此，输出力矩 T_s 的变化应尽可能小，一般推荐： $\frac{T_{smax}}{T_{smin}}=1.4\sim2$

9.2.5 螺旋形发条弹簧的计算示例

设计一储能用螺旋形发条弹簧，要求最小输出力矩 $T_{smin}=840\text{N}\cdot\text{mm}$，最大输出力矩 $T_{smax}=1680\text{N}\cdot\text{mm}$，工作圈数 $n_g=8$ 圈。材料为Ⅱ级热处理弹簧钢带，其硬度不小于 48～55HRC，外端为 V 形固定。

表 10-9-5 **计算示例**

项目	单位	公式及数据
发条弹簧最大理论转矩 T_{max}	N·mm	$T_{max}=\frac{T_{smax}}{K}=\frac{1680}{0.8}=2100$
发条弹簧厚度 h	mm	取发条宽度 $b=14\text{mm}$ 查表 10-9-3，$R_m=1863\text{MPa}$ $h=\sqrt{\frac{T_{max}}{0.225R_m b}}=\sqrt{\frac{2100}{0.225\times14\times1863}}=0.6$
发条弹簧轴半径 r	mm	取 $m=15$，$r=mh=15\times0.6=9$
发条弹簧带的工作长度 L_g	mm	$L_g=\frac{n_g E h T_{smax}}{0.43R_m(T_{smax}-T_{smin})b}=\frac{8\times205800\times0.6\times1680}{0.43\times1863\times(1680-840)}$ $=2466$
条盒内半径 R	mm	$R=\sqrt{\frac{2L_g h}{\pi}+r^2}=\sqrt{\frac{2\times2466\times0.6}{3.14}+9^2}=31.99\approx32$
发条弹簧最大圈数 n_{max}	圈	$n_{max}=\frac{\sqrt{2(R^2+r^2)}-(R+r)}{h}$ $=\frac{\sqrt{2\times(32^2+9^2)}-(32+9)}{0.6}$ $=10$
发条上紧时的圈数 n_j	圈	$n_j=\frac{1}{2h}\left(\sqrt{d^2+\frac{4}{\pi}hL_g}-d\right)=\frac{1}{2\times0.6}\left(\sqrt{18^2+\frac{4}{3.14}\times2466\times0.6}-18\right)$ $=24.2$
发条弹簧从自由状态至上紧时的圈数 n	圈	$n=0.43\frac{R_m L_g}{Eh}=0.43\times\frac{1863\times2466}{205800\times0.6}$ $=16$
发条弹簧自由状态时的圈数 n_z	圈	$n_z=n_j-n$ $=\frac{1}{2h}\left(\sqrt{d^2+\frac{4}{\pi}hL_g}-d\right)-0.43\frac{\sigma_b L_g}{Eh}$ $=24.2-16$ $=8.2$

第10篇

续表

项　目	单位	公式及数据
发条弹簧放松时的圈数 n_s	圈	$n_s=\frac{1}{2h}\left(D-\sqrt{D^2-\frac{4}{\pi}hL_g}\right)=\frac{1}{2\times0.6}\times\left(64-\sqrt{64^2-\frac{4}{3.14}\times2466\times0.6}\right)$ $=17$
工作图	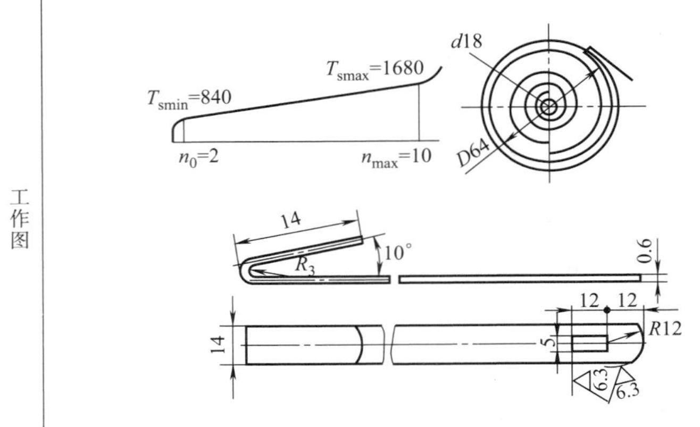 技术要求： 1. 材料为Ⅱ级强度热处理钢带，48～55HRC 2. 弹簧自由状态时圈数 n_z＝8.2 圈 3. 弹簧的工作圈数 n_g＝8 圈 4. 弹簧带总长度 L＝2594mm 5. 表面处理：氧化后涂防锈油	

9.2.6　带盒螺旋形发条弹簧典型结构及应用

表 10-9-6　　典型结构及应用示例

发条盒转动	发条轴转动
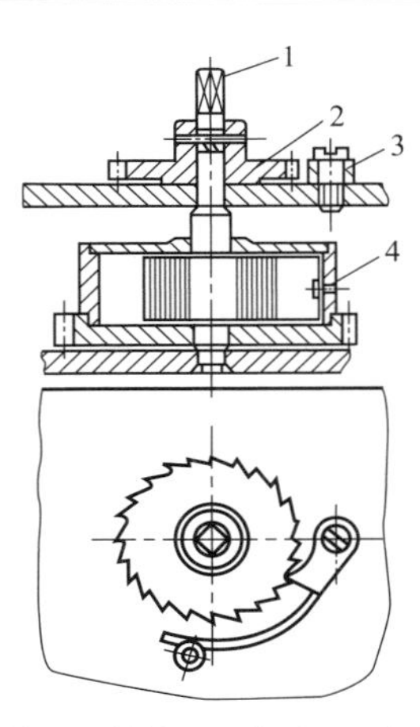 1—轴；2—棘轮；3—棘爪；4—发条盒	1—轴；2—棘轮；3—棘爪；4—齿轮；5—发条盒
通过旋转轴 1 使发条由放松状态逐渐旋紧，发条盒内的各圈发条逐渐离开发条盒 4 内壁并彼此分开。至发条弹簧完全上紧时，发条弹簧紧绕在轴 1 上。棘轮 2 和棘爪 3 防止发条松脱。发条盒与传动零件固连，发条的弹簧性使发条盒转动，从而传递运动或动力	发条弹簧的两端分别固定在轴 1 和发条盒 5 上。发条上紧时，发条盒固定不动，轴 1 的旋转使发条紧绕于其上。棘爪 3 固定在齿轮 4 上；棘轮 2 与轴 1 固连；在工作时，齿轮 4 与轴 1 一起转动，以传递运动和动力

9.3　S 形发条弹簧

为了准确而方便地计算发条的力矩，多年来，许多学者做了大量研究工作，并提出了一些发条力矩的计算方法。下面推荐的是一种工程计算法。这种方法计算简便，通用性广，不仅适用于钟表工业的 S 形发条弹簧，而且对螺旋形发条弹簧也是适用的。

（1）S形发条弹簧的计算公式（表 10-9-7）

表 10-9-7　S 形发条弹簧的计算

项　目	单位	公式及数据
发条弹簧最大理论力矩 T_{max}	N·mm	$T_{max}=\dfrac{bh^2}{6}\sigma_p$ 式中　b——发条的宽度，mm h——发条的厚度，mm σ_p——材料的比例极限，MPa
最大输出力矩 T_{smax}	N·mm	$T_{smax}=\dfrac{bh^2}{6}K\sigma_p$ 式中，$K\sigma_p$值是直接用发条做试验测出的数据，通常称为 $K\sigma_p$试验数据。用 $K\sigma_p$值计算发条，可以提高精确度，见表 10-9-8
最小输出力矩 T_{smin}	N·mm	$T_{smin}=(0.5\sim0.71)T_{max}$
力矩变动率 B		$B=\dfrac{\pi n_g h}{L_g}\times\dfrac{E}{\sigma_p}$ 根据实验，硅锰弹簧钢的 E/σ_p值在 90～110 之间
发条厚度 h	mm	$h=\sqrt{\dfrac{6T_{smax}}{bK\sigma_p}}$
发条弹簧轴半径 r	mm	$r=mh$
条盒内半径 R	mm	$R=\sqrt{\dfrac{2L_g h}{\pi}+r^2}$
发条工作长度 L_g	mm	$L_g=\dfrac{\pi}{2h}(R^2-r^2)$
发条弹簧内端退火部分长度 L_n	mm	$L_n=2.5\pi r$
发条弹簧外端退火部分长度 L_w	mm	$L_w=0.5L_n$
发条弹簧总长度 L	mm	$L=L_g+L_n+L_w$
发条最大转数 n_{max}	圈	标准条盒发条 $n_{max}=\dfrac{\sqrt{2(R^2+r^2)}-(R+r)}{h}$ 非标准条盒发条 $n_{max}=\dfrac{1}{h}\left(\sqrt{\dfrac{h}{\pi}L_g+r^2}+\sqrt{R^2-\dfrac{h}{\pi}L_g}-R-r\right)$
实际工作转数 n_g	圈	$n_g=0.9n_{max}$

表 10-9-8　$K\sigma_p$的试验数据

材料及规格	外端固定方法	$K\sigma_p$/MPa
19-9Mo(h=0.1～0.25mm)	V 形固定	2800
硅锰弹簧钢(h=0.25～0.40mm)	铰式固定	2200
硅锰弹簧钢(h=0.40～0.80mm)	销式固定	1800

（2）S 形发条弹簧计算示例

设计手表用 S 形发条。已知 $R=5.28$mm，要求其工作转数 $n_g>7$ 圈，最大输出力矩 $T_{smax}=8.82$N·mm，材料为 19-9Mo，放松 4 圈后力矩变动率 $B\leqslant2$。

表 10-9-9　计算示例

项　目	单位	公式及数据
发条厚度 h	mm	外端选用 V 形固定 由表 10-9-8，查得 $K\sigma_p=2800$，选用 $b=1.3$mm $h=\sqrt{\dfrac{6T_{smax}}{bK\sigma_p}}=\sqrt{\dfrac{6\times8.82}{1.3\times2800}}=0.1205$，取 $h=0.12$ 从表 10-9-8 可以看出，h 在 $K\sigma_p$选用的厚度范围内，故 $K\sigma_p$选用合适

第10篇

续表

项 目	单位	公式及数据
发条轴半径 r	mm	$r=mh$，选 $m=11.5$ $r=mh=11.5\times0.12=1.38\approx1.4$
发条最大转数 n_{max}	圈	采用标准条盒发条，其最大工作转数 $n_{max}=\dfrac{\sqrt{2(R^2+r^2)}-(R+r)}{h}$ $=\dfrac{\sqrt{2(5.28^2+1.4^2)}-(5.28+1.4)}{0.12}=8.7$
实际工作转数 n_g	圈	$n_g=0.9n_{max}=0.9\times8.7=7.84>7$
发条工作长度 L_g	mm	$L_g=\dfrac{\pi}{2h}(R^2-r^2)=\dfrac{3.14}{2\times0.12}(5.28^2-1.4^2)=339$
力矩变动率校验 B		$B=\dfrac{\pi n_g h}{L_g}\times\dfrac{E}{\sigma_p}=\dfrac{3.14\times7.84\times0.12}{339}\times24.76=0.216>0.2$ 其值略大于要求值，可将 L_g略加大解决，以 $B=0.2$ 带入，求得 $L_g=366$
根据修正后的 L_g校验工作转数 n_g	圈	此时已是非标准条盒发条 $n_{max}=\dfrac{1}{h}\left(\sqrt{\dfrac{h}{\pi}L_g+r^2}+\sqrt{R^2-\dfrac{h}{\pi}L_g}-R-r\right)=8.67$ 实际工作转数 $n_g=0.9n_{max}=0.9\times8.67=7.8>7$
发条弹簧内端退火部分长度 L_n 发条弹簧外端退火部分长度 L_w	mm	$L_n=2.5\pi r=2.5\times3.14\times1.4\approx11$ $L_w=0.5L_n=0.5\times11=5.5$
发条弹簧总长度 L	mm	$L=L_g+L_n+L_w=366+11+5.5\approx383$

第 10 章　扭 杆 弹 簧

10.1　扭杆弹簧的结构、类型及应用

扭杆弹簧的主体为一直杆，一端固定，另一端承受载荷，利用杆的扭转变形起弹簧作用，如图 10-10-1 所示。大部分扭杆是圆截面，也有空心圆、长方形截面。

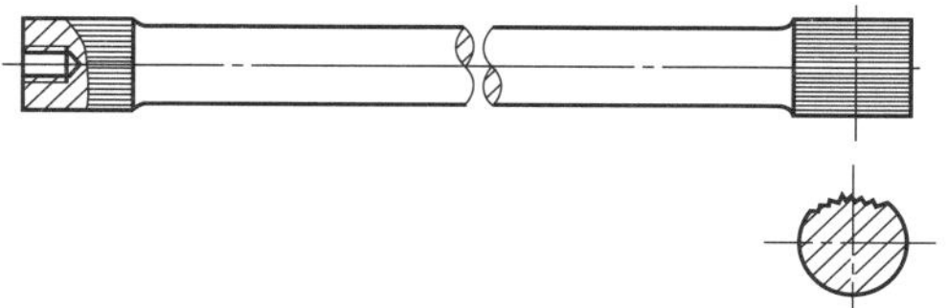

图 10-10-1　扭杆弹簧

为了保证机构的刚度，可以将扭杆弹簧设计成组合式，如串联式和并联式，见图 10-10-2。

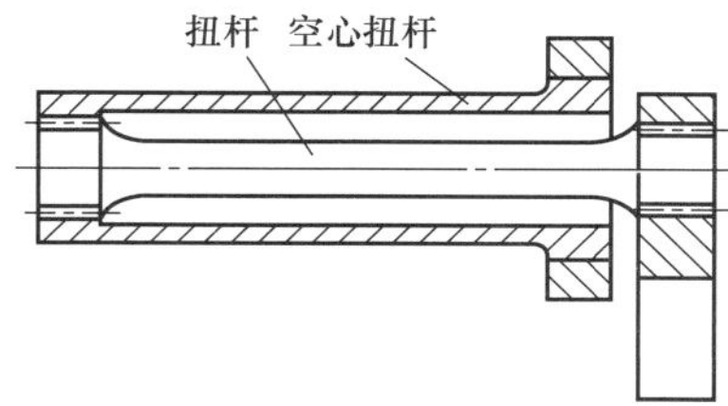

(a) 串联式

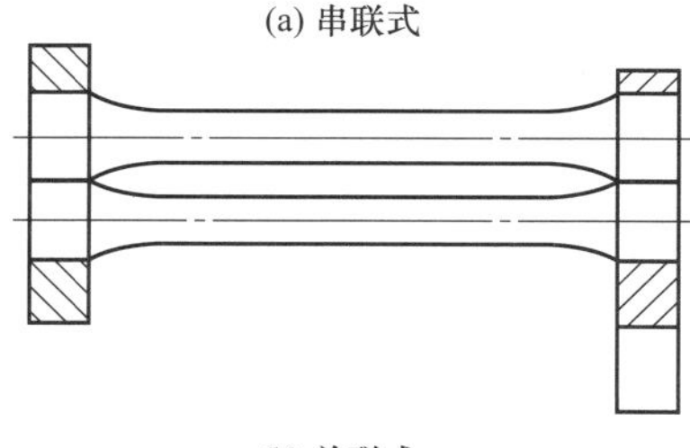

(b) 并联式

图 10-10-2　扭杆弹簧的组合型式

扭杆弹簧具有重量轻、结构简单、占空间小等优点，其缺点是需要精选材料，端部加工困难。扭杆弹簧主要应用如下。

① 轿车和小型车辆的悬挂弹簧。

② 在使用空气弹簧缓冲的铁道车辆和汽车上，采用大型扭杆弹簧作稳压器。

③ 在高速内燃机中可用扭杆做阀门弹簧，主要是利用扭杆弹簧在承受高频振动载荷时，不会像螺旋弹簧那样产生颤动的特性。

④ 在驱动轴中插入扭杆，用以缓和转矩的变化。

⑤ 小型车辆上用的稳压器，多采用柄和杆为一体的扭杆弹簧，其形状较复杂，见图 10-10-3，其中 A、B 两处受到方向相反、大小相等且垂直于纸面的载荷，C、D 两处为支承点；图 10-10-3（a）和 10-10-3（b）分别采用孔和螺栓固定。

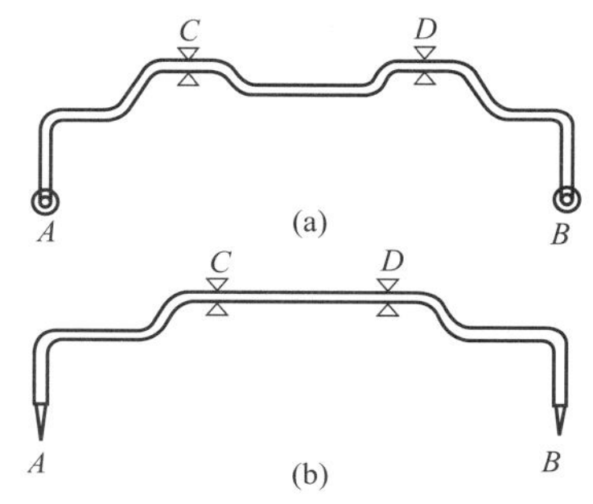

图 10-10-3　柄和杆成为一体的扭杆弹簧

10.2　扭杆弹簧的材料和许用应力

扭杆弹簧一般采用热轧弹簧钢制造，材料应具有良好的淬透性和加工性，经热处理后硬度应达到 50HRC 左右。常用材料为硅锰和铬镍等合金钢，例如 60Si2MnA 和 45CrNiMoVA 等。常用的扭杆弹簧材料见表 10-10-1。

对于车辆悬架用扭杆弹簧，仅承受单向循环载荷，如选用 45CrNiMoVA 或与之性能相近的合金钢，在热处理后硬度达到 50HRC 左右，再经滚压和强扭处理，其许用应力可取为 τ_p＝800～1000MPa，大值

表 10-10-1　扭杆弹簧材料及特性

材料	屈服点 σ_s/MPa	疲劳强度 σ_{-1}/MPa	剪切疲劳强度 τ_{-1}/MPa	许用剪切应力 τ_p/MPa	弹性模量 E/MPa	切变模量 G/MPa
45CrNiMoVA	1270～1370	800	440	810～890		76000
50CrVA	1078	510		735	207760	
60Si2MnA	1372	529		785	196000	

用于载荷循环次数低者。

对于承受双向循环载荷的扭杆弹簧，应参照对称疲劳极限确定其许用应力，当 $N=10^6$ 次时，扭杆的疲劳极限 $\sigma_{-1}=820\text{MPa}$，$\tau_{-1}=420\text{MPa}$。

对于军用和重要车辆的悬架扭杆，因采用严格的质量控制，其许用应力可取为 $\tau_p=1100\sim1300\text{MPa}$。

用碳钢制造的舱盖、门和罩的平衡扭杆、稳定扭杆等，许用应力为 τ_p 550～700MPa。

10.3　扭杆弹簧的计算

图 10-10-4 为悬架装置扭杆弹簧的机构图。当作用在杆臂上的力 F 处于垂直位置时，此机构弹簧刚度不是定值，而是随着力臂的安装角度变化。因此在计算杆体所承受的转矩 T 时，必须考虑力臂长度和位置。其计算公式如表 10-10-2 所示。

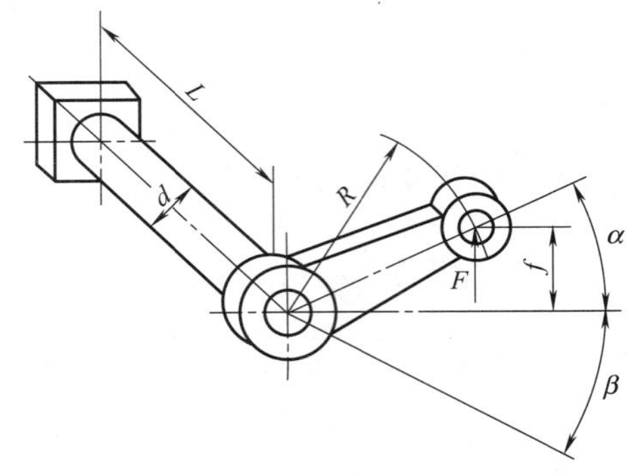

图 10-10-4　扭杆弹簧机构图

表 10-10-2　　扭杆弹簧的计算

项目	单位	公式及数据	备　注
作用于转臂端垂直方向的载荷 F	N	$F=\dfrac{T'\varphi}{R\cos\alpha}=\dfrac{T'(\alpha+\beta)}{R\cos\alpha}=\dfrac{T'}{R}C_1$	α,β——受载和卸载时力臂中心线与水平线夹角，rad $\varphi=\alpha+\beta$ $C_1=\dfrac{\alpha+\beta}{\cos\alpha}$或查图 10-10-5 $C_2=\dfrac{1+(\alpha+\beta)\tan\alpha}{\cos^2\alpha}$或查图 10-10-6 $C_3=\dfrac{\cos\alpha}{\dfrac{1}{\alpha+\beta}+\tan\alpha}$或查图 10-10-7 u——自振频率，Hz Z_t——抗扭断面系数，mm^3，见表 10-10-3 I_p——极惯性矩，mm^4 G——剪切弹性模量，MPa g——重力加速度，$g=9800\text{mm/s}^2$
臂端垂直方向的扭杆弹簧刚度 k'	N/mm	$k'=\dfrac{\mathrm{d}F}{\mathrm{d}f}=T'\,[1+(\alpha+\beta)\tan\alpha]\times\dfrac{1}{R^2\cos^2\alpha}=\dfrac{T'}{R^2}C^2$	
扭杆弹簧的转矩 T	N·mm	$T=FR\cos\alpha$	
扭角刚度 k'_T	N·mm/rad	$k'=\dfrac{T}{\varphi}=\dfrac{T}{\alpha+\beta}=\dfrac{k'R^2}{C_2}$	
静变形 f_s	mm	$f_s=\dfrac{F}{k'}=\dfrac{R\cos\alpha}{\dfrac{1}{\alpha+\beta}+\tan\alpha}=RC_3$	
扭转切应力 τ	MPa	$\tau=\dfrac{T}{Z_t}$	
扭杆有效长度 L	mm	$L=\dfrac{GI_p}{T'}$	
扭杆的自振频率 u	Hz	$u=\dfrac{1}{2p}\sqrt{\dfrac{g}{f_s}}$	

表 10-10-3　　常用截面扭杆弹簧的有关计算公式

截面形状	极惯性矩 I_p/mm^4	抗扭断面系数 Z_t/mm^3	变形角 $\varphi=\dfrac{TL}{CI_p}/\text{rad}$	扭转切应力 $\tau=\dfrac{T}{Z_t}/\text{MPa}$	扭角刚度 $k'_T=\dfrac{T}{\varphi}$ /N·mm·rad^{-1}	载荷作用点刚度 $k'=\dfrac{\mathrm{d}F}{\mathrm{d}f}$ /N·mm^{-1}	变形能 $U=\dfrac{T\varphi}{2}$ /N·mm
d	$I_p=\dfrac{pd^4}{32}$	$Z_t=\dfrac{pd^3}{16}$	$\varphi=\dfrac{32TL}{\pi d^4G}=\dfrac{2\tau L}{dG}$	$\tau=\dfrac{16T}{\pi d^3}=\dfrac{\varphi dG}{2L}$	$k'_T=\dfrac{pd^4G}{32L}$	$k'=\dfrac{pd^4G}{32LR^2}$	$U=\dfrac{t^2V}{4G}$
d_1 d	$I_p=\dfrac{p(d^4-d_1^4)}{32}$	$Z_t=\dfrac{p(d^4-d_1^4)}{16d}$	$\varphi=\dfrac{32TL}{\pi(d^4-d_1^4)G}=\dfrac{2\tau L}{dG}$	$\tau=\dfrac{16Td}{\pi(d^4-d_1^4)}=\dfrac{\varphi dG}{2L}$	$k'_T=\dfrac{p(d^4-d_1^4)G}{32L}$	$k'=\dfrac{p(d^4-d_1^4)G}{32LR^2}$	$U=\dfrac{t^2(d^2+d_1^2)V}{4d^2G}$
d_1 d	$I_p=\dfrac{pd^3d_1^3}{16(d^2+d_1^2)}$	$Z_t=\dfrac{pdd_1^2}{16}$	$\varphi=\dfrac{16TL(d^2+d_1^2)}{\pi d^3d_1^3G}=\dfrac{\tau L(d^2+d_1^2)}{d^2d_1^2G}$	$\tau=\dfrac{16T}{\pi dd_1^2}=\dfrac{\varphi d^2d^1G}{L(d^2+d_1^2)}$	$k'_T=\dfrac{pd^3d_1^3G}{16L(d^2+d_1^2)}$	$k'=\dfrac{pd^3d_1^3G}{16LR^2(d^2+d_1^2)}$	$U=\dfrac{t^2(d^2+d_1^2)V}{8d^2G}$

续表

截面形状	极惯性矩 I_p/mm^4	抗扭断面系数 Z_t/mm^3	变形角 $\varphi=\frac{TL}{CI_p}$/rad	扭转切应力 $\tau=\frac{T}{Z_t}$/MPa	扭角刚度 $k'_T=\frac{T}{\varphi}$ /N·mm·rad^{-1}	载荷作用点刚度 $k'=\frac{dF}{df}$ /N·mm^{-1}	变形能 $U=\frac{T\varphi}{2}$ /N·mm
	$I_p=k_1a^3b$	$Z_t=k_2a^2b$	$\varphi=\frac{TL}{k_1a^3bG}=\frac{k_2\tau L}{k_1aG}$	$\tau=\frac{T}{k_2a^2b}=\frac{k_1}{k_2}\times\frac{\varphi aG}{L}$	$k'_T=\frac{k_1a^3bG}{L}$	$k'=\frac{k_1a^3bG}{LR^2}$	$U=\frac{k_2^2}{k_1^2}\times\frac{t^2V}{2G}$
	$I_p=0.141a^4$	$Z_t=0.208a^3$	$\varphi=\frac{TL}{0.141a^4G}=\frac{1.482\tau T}{aG}$	$\tau=\frac{T}{0.208a^3}=\frac{0.675\varphi aG}{L}$	$k'_T=\frac{0.141a^4G}{L}$	$k'=\frac{0.141a^4G}{LR^2}$	$U=\frac{t^2V}{6.48G}$
	$I_p=0.0216a^4$	$Z_t=0.05a^3$	$\varphi=\frac{TL}{0.0216a^4G}=\frac{2.31\tau T}{aG}$	$\tau=\frac{20T}{a^3}=\frac{0.43\varphi aG}{L}$	$k'_T=\frac{a^4G}{46.2L}$	$k'=\frac{a^4G}{46.2LR^2}$	$U=\frac{t^2V}{7.5G}$

注：L——扭杆长度，mm；V——扭杆的体积，mm^3；G——材料的切变模量，MPa；k_1，k_2——矩形截面材料的系数，见表10-10-4。

表 10-10-4　矩形截面材料受扭转载荷计算公式中系数 k_1、k_2 的值

b/a	k_1	k_2
1.00	0.1406	0.2082
1.05	0.1474	0.2112
1.10	0.1540	0.2139
1.15	0.1602	0.2165
1.20	0.1661	0.2189
1.25	0.1717	0.2212
1.30	0.1771	0.2236
1.35	0.1821	0.2254
1.40	0.1869	0.2273
1.45	0.1914	0.2289
1.50	0.1958	0.2310
1.60	0.2037	0.2343
1.70	0.2109	0.2375
1.75	0.2143	0.2390
1.80	0.2174	0.2404
1.90	0.2233	0.2432
2.00	0.2287	0.2459
2.25	0.2401	0.2520
2.50	0.2494	0.2576
2.75	0.2570	0.2626
3.00	0.2633	0.2672
3.50	0.2733	0.2751
4.00	0.2808	0.2817
4.50	0.2866	0.2870
5.00	0.2914	0.2915
10.00	0.3123	0.3123

注：b 为矩形截面的长边，a 为矩形截面的短边。

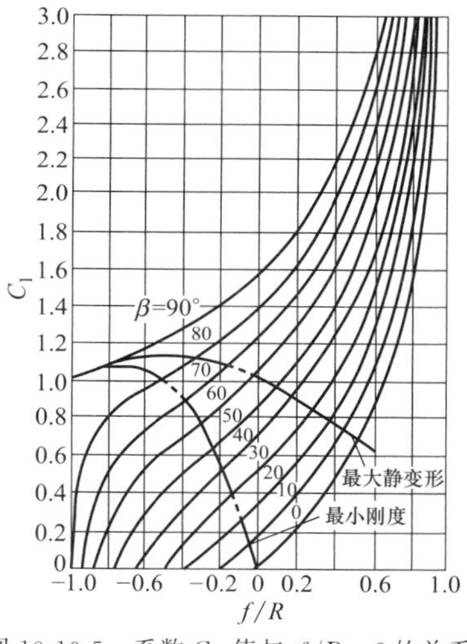

图 10-10-5　系数 C_1 值与 f/R、β 的关系

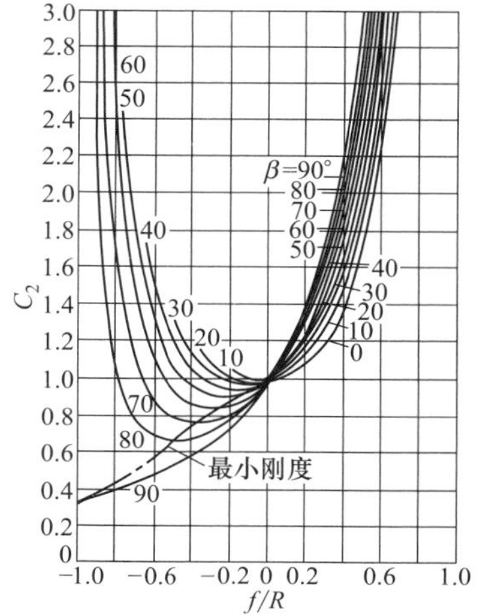

图 10-10-6　系数 C_2 值与 f/R、β 的关系

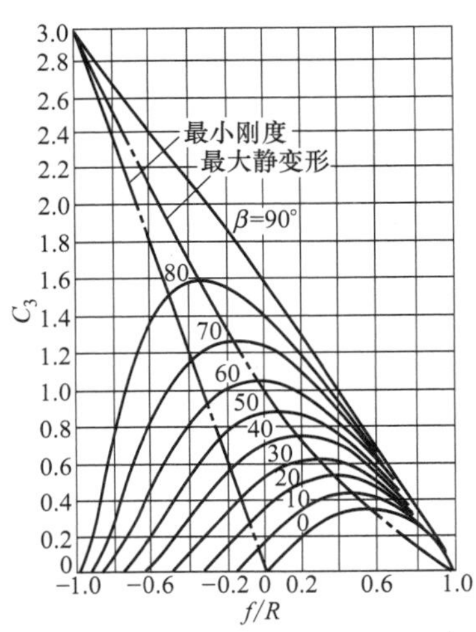

图 10-10-7　系数 C_3 值与 f/R、β 的关系

10.4　扭杆弹簧的端部结构和有效工作长度

（1）扭杆弹簧的端部结构

扭杆是具有一定截面的直杆。为了扭杆和转臂之间的安装，其端部（安装连接部分）多制成多边形、细齿形或花键形，形状如图 10-10-8 所示。

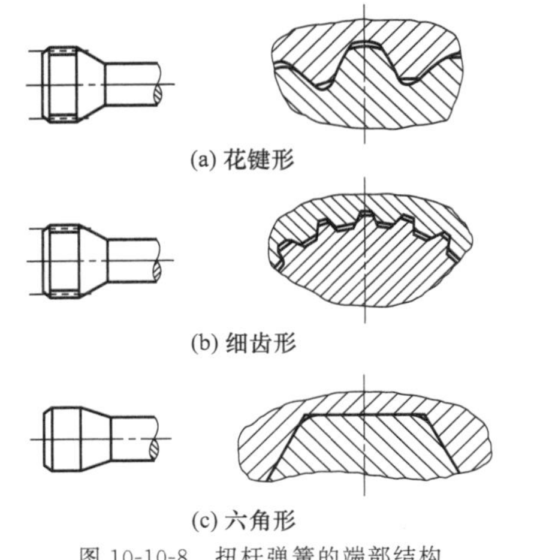

图 10-10-8　扭杆弹簧的端部结构

花键形有矩形花键和渐开线花键两种。由于渐开线花键具有自动定心作用，各齿受力均匀，强度高，寿命长，故采用较多。细齿形实质上是模数较小、齿数较多的渐开线花键形。六角形传递转矩效率不高，端部材料不能充分利用，但制造方便。目前细齿形应用最广。

矩形和渐开线形花键的尺寸根据扭杆直径由 GB/T 1144 和 GB/T 3478.1 确定。

细齿形扭杆端部几何尺寸参照表 10-10-5；细齿形外径为扭杆直径的 1.15～1.25 倍，长度为扭杆直径的 0.5～0.7 倍。

端部为六角形时，其对边距离约为扭杆直径的 1.2 部，长度可取扭杆直径的 1.0 倍。

为了减轻扭杆与端部交界处的应力集中，采用了圆弧或圆锥过渡。圆弧过渡时，圆弧半径取扭杆直径的 3～5 倍；圆锥过渡时，锥顶角 2β 可取 30°左右，如图 10-10-9 所示。为了防止疲劳破坏，齿根处应具有足够的圆角半径，并在整个宽度上啮合，以保证受力均匀。如扭杆构件刚性不足，会出现弯曲载体，造成扭杆折损。为此，在扭杆的一端或两端加橡胶垫。

表 10-10-5　细齿形扭杆端部几何尺寸

模数/mm	齿数	齿顶圆直径/mm	齿根圆直径(>杆径)/mm
0.75	10	15.00	13.50
	22	17.25	15.75
	25	19.50	18.00
	28	21.75	20.25
	31	24.00	22.50
	34	26.25	24.75
	37	28.50	27.00
	40	30.75	29.25
	43	23.00	31.50
	46	35.25	33.75
	49	37.50	36.00
1.0	38	39.00	37.00
	40	41.00	39.00
	43	44.00	42.00
	46	47.00	45.00
	49	50.00	48.00

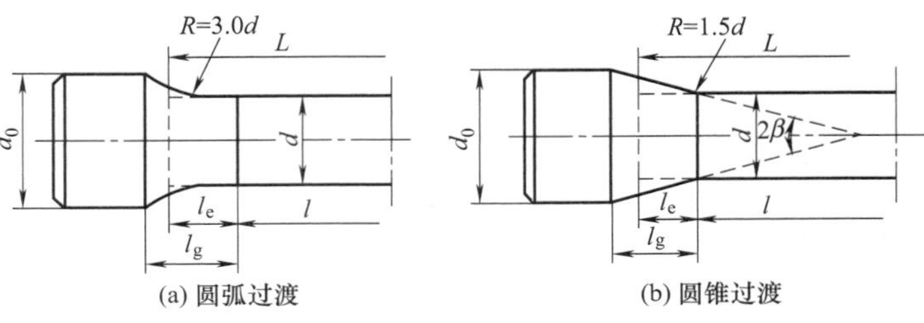

图 10-10-9　扭杆弹簧端部结构

（2）扭杆弹簧的有效工作长度

扭杆弹簧工作时，由于扭杆与端部过渡部分也发生扭转变形，因此，在设计时应将两端过渡部分换算成当量长度。圆形截面扭杆过渡部分的当量长度可从图 10-10-10 查得，扭杆的有效工作长度应是杆体长度加上两端过渡部分的当量长度：

$$L=l+2l_e$$

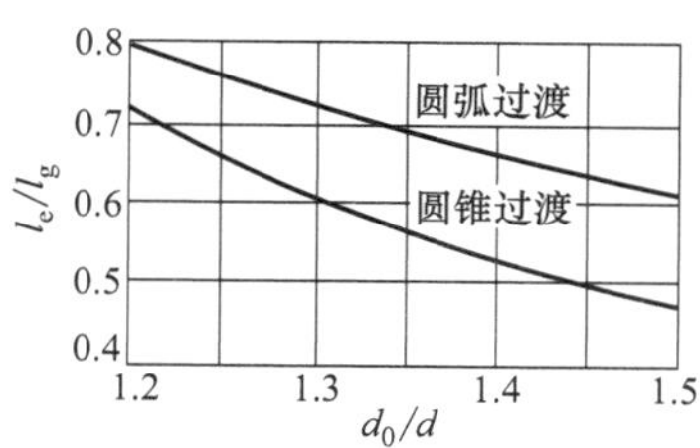

图 10-10-10 扭杆弹簧的有效工作长度

10.5 扭杆弹簧的技术要求

（1）直径尺寸的偏差

扭杆弹簧直径允许偏差及直线度偏差见表10-10-6。

表 10-10-6 扭杆弹簧直径允许偏差及直线度偏差 mm

扭杆直径	直径允许偏差	扭杆长度	直线度偏差
$d=6\sim12$	±0.06	$L<1000$	<1.5
$d=13\sim25$	±0.0	$1000<L<1500$	<2.0
$d=26\sim45$	±0.10	$L>1000$	<2.5
$d=46\sim80$	±0.15		

（2）表面质量

① 表面应进行强化处理。

② 硬度应符合技术要求，一般情况下，合金钢的硬度在 47～51HRC；高碳钢的硬度在 48～55HRC。

③ 表面粗糙度<0.63～1.25μm。

④ 表面不应有裂纹、伤痕、锈蚀和氧化等缺陷。

10.6 扭杆弹簧的计算示例

设计一悬挂装置用转臂与圆形截面扭杆组成的扭杆弹簧。其常用工作载荷为 $F=2000$N，转臂长度 $R=300$mm，常用工作载荷作用点与水平位置的距离 $f=-20$mm，最大变形时 $f=80$mm，常用工作载荷作用在扭杆上的自振频率 $u=66.5\text{min}^{-1}$。所用计算符号参见图 10-10-4。

表 10-10-7 扭杆弹簧计算示例

项目	单位	公式及数据
正常工作载荷作用下扭杆的线性静变形 f_s	mm	$f_s=\dfrac{0.9\times10^6}{u^2}=\dfrac{0.9\times10^6}{66.5^2}=204$
常用工作载荷作用点的扭杆刚度 k'	N/mm	$k'=\dfrac{F}{f_s}=\dfrac{2000}{204}=9.8$
计算 C_3 值		根据 f_s 计算 C_3 $C_3=\dfrac{f_s}{R}=\dfrac{204}{300}=0.68$
计算 β 值	(°)	根据 $\dfrac{f}{R}=\dfrac{-20}{300}=-0.066$，$C_3=0.68$，查图 10-10-7 得 $\beta=40°$
计算 C_2 值		查图 10-10-6 得 $C_2=0.95$
扭杆的扭角刚度 T'	N·mm/(°)	$T'=\dfrac{k'R^2}{C_2}=\dfrac{9.8\times300^2}{0.95}=9.28\times10^5\text{N}\cdot\text{mm/rad}=1.62\times10^4$
转臂在最大变形时的夹角 α_{max}	(°)	$\alpha_{max}=\arcsin\dfrac{f_{max}}{R}=\arcsin\dfrac{80}{300}=15.45°$
扭杆的最大扭转角 φ_{max}	(°)	$\varphi_{max}=\alpha_{max}+\beta=15.45°+40°=55.45°$
扭杆的最大转矩 T_{max}	N·mm	$T_{max}=T'\varphi_{max}=1.62\times10^4\times55.45°=8.96\times10^5$
扭杆直径 d	mm	取 $\tau_p=900$MPa，$d\geqslant\sqrt[3]{\dfrac{16T}{\pi\tau_p}}=\sqrt[3]{\dfrac{16\times8.96\times10^5}{3.14\times900}}=17.2$
扭杆所需的有效长度 L	mm	取 $G=76000$，$L=\dfrac{\pi d^4}{32T'}=\dfrac{3.14\times18^4\times76000}{32\times9.28\times10^5}=844$

10.7 扭杆弹簧的应用示例

图 10-10-11（a）为采用扭杆弹簧的汽车悬架。扭杆弹簧的一端固定于车身，另一端与悬架控制臂连接。车轮上下运动时，扭杆便发生扭曲，起弹簧作用。图 10-10-11（b）是扭杆弹簧作为摇枕装置装在转向架上的情况。扭杆部件由扭杆臂或摆动臂 A、扭杆 C 及固定臂（或反作用臂）组成。摆动臂作为扭杆的固定端，扭杆及各臂间大多采

用齿形连接。根据实际情况，固定臂可以布置在图中所示的位置，也可以处于任意一个其他的位置。机车重量在摆动臂端部产生反作用力 P，该力以作用力矩 Pp 作用于扭杆。扭杆将此力矩传到固定杆（这时的力矩用 Ff 表示），并在固定臂端部产生作用力 F。如果在 K 及 L 处加上由支撑点作用于弹性部件（摆动臂-扭杆-固定臂）的力 P 及 F，系统就处于平衡态。

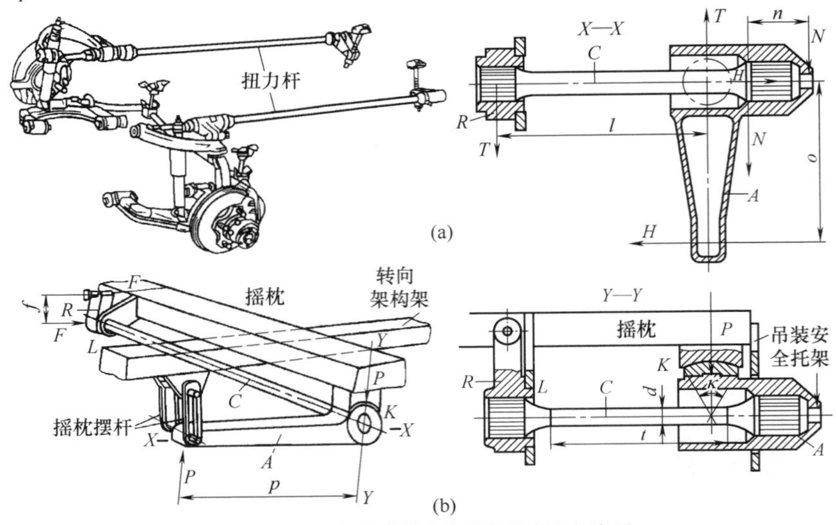

图 10-10-11　扭杆弹簧在汽车及机车上的应用

图 10-10-12 是拖拉牵引机的悬挂结构，其悬挂装置是特殊的扭力轴，并沿机器全宽布置，轮子 1 的钢质平衡杆 5 为冲压制成，杆中有孔以减轻重量。各轮的平衡杆是可换的，杆端装有环 4 和托架 2，环 4 用来装缓冲器，托架 2 则是行程限制器 3 的支梁。平衡杆以两个塑料套筒 7 装于机架内，机架端部装有扭力轴 8，为圆柱体，端部较粗且带有花键，扭力轴由合金钢制成。通过加载处理，分成左、右两根扭力轴。

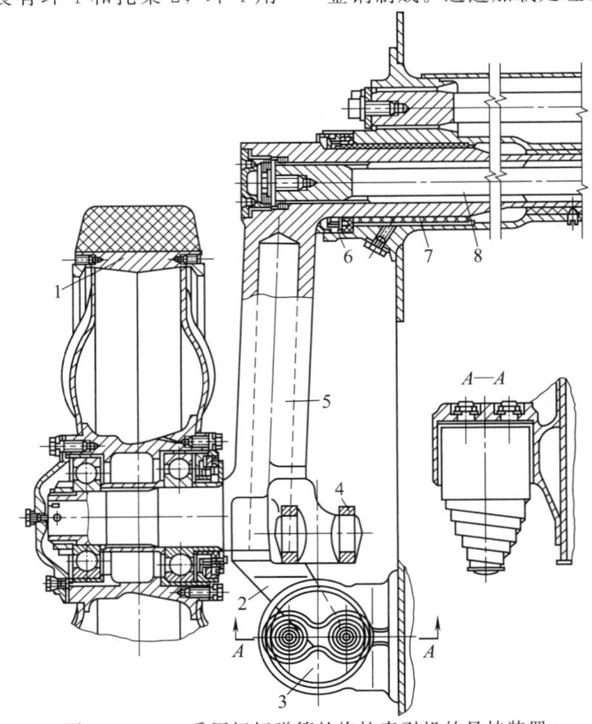

图 10-10-12　采用扭杆弹簧的拖拉牵引机的悬挂装置

1—轮子；2—托架；3—行程限制器；4—环；5—平衡杆；6—密封；7—塑料套筒；8—扭力轴

第 11 章　弹簧的热处理、强化处理和表面处理

11.1　弹簧的热处理

11.1
（扫码阅读或下载）

11.2　弹簧的强化处理

11.2
（扫码阅读或下载）

11.3　弹簧的表面处理

11.3
（扫码阅读或下载）

第12章　橡胶弹簧

12.1　橡胶弹簧的特点与应用

利用橡胶的弹性变形实现弹簧作用的弹性元件称为橡胶弹簧。橡胶弹簧的特点是：

1）形状不受限制，各个方向的刚度可以根据设计要求自由选择；

2）弹性模量很小，可以得到较大的弹性变形，容易实现理想的非线性特性；

3）具有较高的内阻，对突然冲击和高频振动的吸收能力和隔声效果良好；

4）同一橡胶弹簧能同时承受多向载荷，结构简单；

5）安装和拆卸简便，且无需润滑，有利于维护和保养；

6）耐高、低温性和耐油性比金属弹簧差。

因此，在机械工程中橡胶弹簧的应用日益广泛。橡胶弹簧使用的是黏-弹性材料，力学性能比较复杂，精确计算它的弹性特性相当困难。

按橡胶弹簧的载荷性质分类，有压缩型、剪切型和复合型3类。一般压缩型橡胶弹簧能承受较大的载荷，多用于载荷大或空间小的场合；剪切型橡胶弹簧一般用于希望主方向的刚度特别低的场合，或者载荷轻、转速低的机器支承上。在压缩型和剪切型橡胶弹簧的垂直和横向刚度比均不能达到设计要求时，需采用复合型橡胶弹簧。

表10-12-1列出了各类型橡胶弹簧通常的垂直与横向刚度比值的范围。

表10-12-1　各类型橡胶弹簧通常的垂直与横向刚度比值的范围

类　型	压缩型	剪切型	复合型
垂直刚度/横向刚度	≥4.5	≤0.2	0.2～4.5

12.2　橡胶材料特性及许用应力

表10-12-2　橡胶材料特性及许用应力

<table>
<tr><td>橡胶材料的拉压特性和剪切特性</td><td>
在纯拉伸和压缩载荷作用下[见图(a)]，橡胶材料的应力 σ 和应变 ε 之间满足：

$$\sigma=\frac{E}{3}[(1+\varepsilon)-(1+\varepsilon)^{-2}]$$

式中　E——弹性模量，MPa

在20%拉伸和50%压缩的工程应用范围内，此式具有足够的精确性。当应变在±15%范围内，可以认为满足胡克定律，即应力和应变间关系近似地满足

$$\sigma=E\varepsilon$$
$$F=\frac{EAf}{h}$$

式中　F——橡胶材料承受的外载荷，N
A——橡胶材料的承载面积，mm^2
f——橡胶材料的变形量，mm
h——橡胶材料的高度，mm

在剪切载荷作用下，当切应变不超过100%的范围时，橡胶材料的切应力 τ 和切应变 γ 满足

$$\tau=G\gamma$$

式中　G——切变模量，MPa

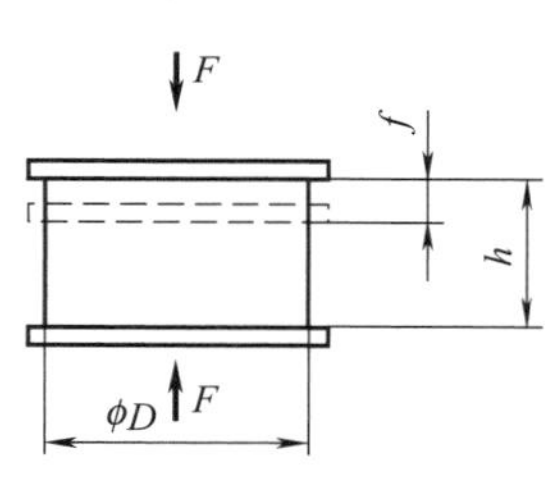

受拉伸(压缩)载荷

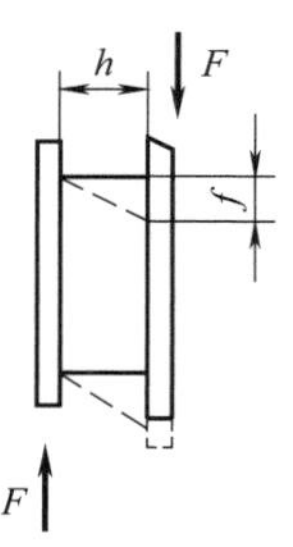

受剪切载荷

图(a)　橡胶材料受载示意图
</td></tr>
</table>

续表

<table>
<tr><td>橡胶材料的剪切弹性模量 G 及弹性模量 E</td><td>由实验可以确定，弹性模量 E 和切变模量 G 之间满足 $E \approx 3G$
橡胶材料的切变模量 G 与橡胶的硬度有关；不同牌号和组分的橡胶材料，其切变模量基本相同。在设计时，切变模量 G 的值可参考图(b)或由下式计算：
$$G=0.117e^{0.034HS}$$
式中　HS——橡胶材料的肖氏硬度
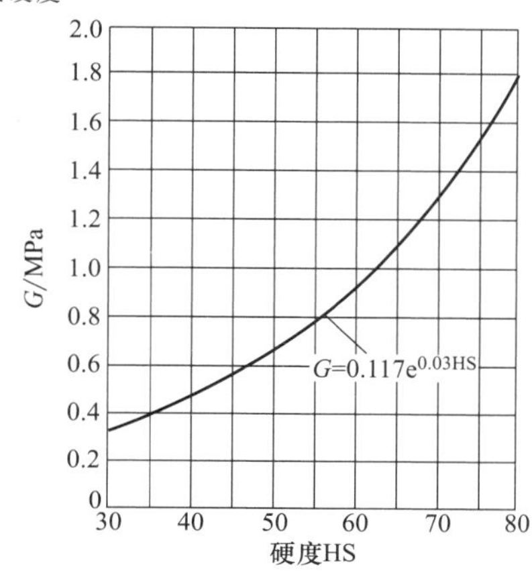

图(b)　橡胶材料的硬度与剪切模量的关系</td></tr>
<tr><td>橡胶弹簧的表观弹性模量 E_a</td><td>对于拉伸橡胶弹簧，$E_a \approx E=3G$
对于压缩橡胶弹簧，其表观弹性模量不仅取决于橡胶材料本身，而且与弹簧的形状、结构尺寸等有很大关系通常压缩橡胶弹簧的表观弹性模量用下式表示：
$$E_a=iG$$
式中　i——几何形状影响系数，对于圆柱形橡胶弹簧，$i=3.6(1+1.65S^2)$，对于圆环形橡胶弹簧，$i=3.6(1+1.65S^2)$，对于矩形橡胶弹簧，$i=3.6(1+2.22S^2)$，此处 S 为橡胶弹簧承载面积 A_L 与自由面积 A_F 之比</td></tr>
<tr><td>橡胶弹簧的许用应力及许用应变</td><td>橡胶弹簧的许用应力及许用应变
<table>
<tr><td rowspan="2">变形型式</td><td colspan="2">许用应力 σ/MPa</td><td colspan="2">许用应变 ε/%</td></tr>
<tr><td>静载荷</td><td>变载荷</td><td>静载荷</td><td>变载荷</td></tr>
<tr><td>压缩</td><td>3</td><td>1.0</td><td>15</td><td>5</td></tr>
<tr><td>剪切</td><td>1.5</td><td>0.4</td><td>25</td><td>8</td></tr>
<tr><td>扭转</td><td>2</td><td>0.7</td><td>—</td><td>—</td></tr>
</table>
橡胶弹簧的疲劳破坏主要是由产生于拉应力集中处的裂纹、发生于橡胶与金属粘接处的剥离以及产生于压缩侧的褶皱等逐步造成的。所以，设计时应尽量避免橡胶元件产生应力集中，并使表面的变形比较均匀</td></tr>
</table>

第10篇

12.3　橡胶弹簧的静刚度计算

12.3.1　橡胶压缩弹簧计算公式

表 10-12-3　橡胶压缩弹簧计算公式

型式及简图		变形 f/mm	刚度 k/N·mm^{-1}	备注
圆柱形		$f=\dfrac{4Fh}{E_a \pi d^2}$	$k=E_a \dfrac{\pi d^2}{4h}$	$E_a=iG$ $i=3.6(1+1.65S^2)$ $S=\dfrac{d}{4h}$ F——载荷，N

续表

型式及简图		变形 f/mm	刚度 k/N·mm^{-1}	备注
圆环形	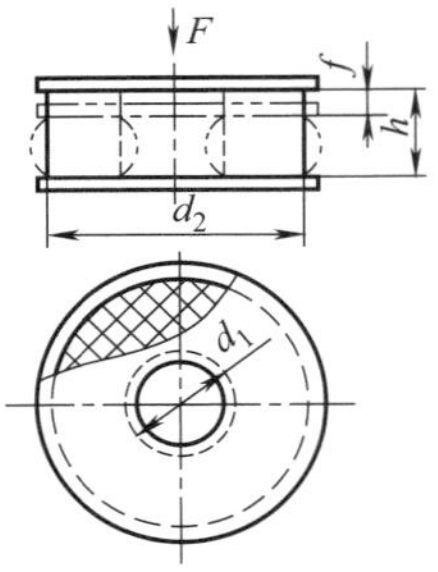 F f h d₂ d₁	$f=\dfrac{4Fh}{E_a\pi(d_2^2-d_1^2)}$	$k=E_a\dfrac{\pi(d_2^2-d_1^2)}{4h}$	$E_a=iG$ $i=3.6(1+1.65S^2)$ $S=\dfrac{d_2-d_1}{4h}$
矩形	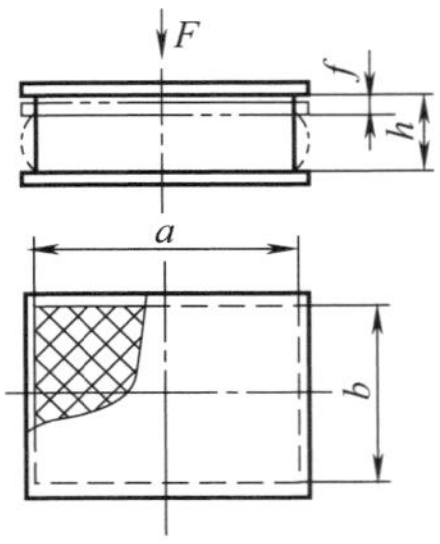 F f h a b	$f=\dfrac{Fh}{E_a ab}$	$k=E_a\dfrac{ab}{h}$	$E_a=iG$ $i=3.6(1+2.22S^2)$ $S=\dfrac{ab}{2(a+b)h}$

12.3.2　橡胶剪切弹簧计算公式

表 10-12-4　　橡胶剪切弹簧计算公式

型式及简图		变形 f_r/mm	刚度 k_r/N·mm^{-1}	备注
圆柱形	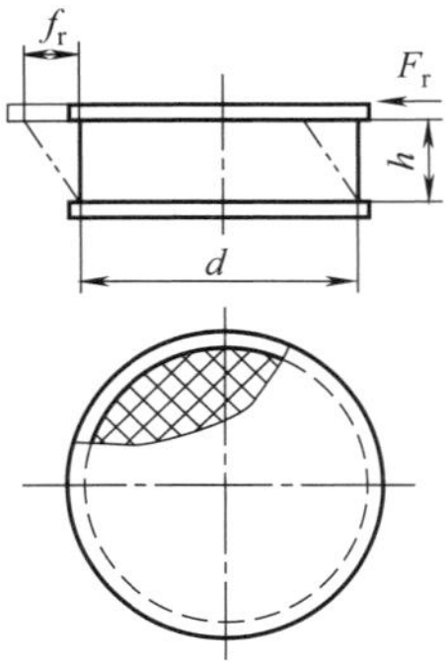 f_r F_r h d	$f_r=\dfrac{4F_rh}{G\pi d^2}$	$k_r=G\dfrac{\pi d^2}{4h}$	F_r——载荷,N d——直径,mm h——高度,mm
圆环形	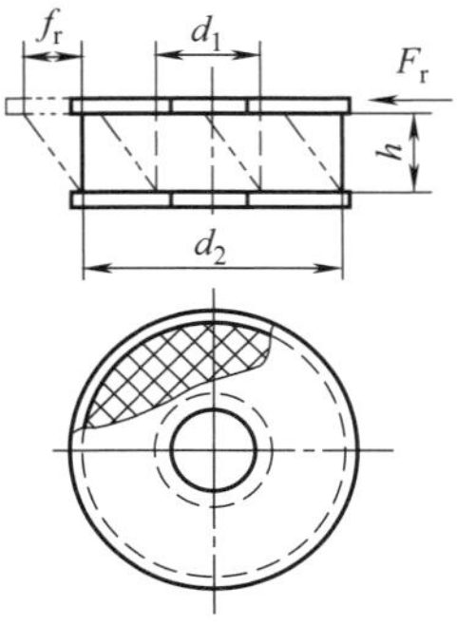 f_r d_1 F_r h d_2	$f_r=\dfrac{4F_rh}{G\pi(d_2^2-d_1^2)}$	$k_r=G\dfrac{\pi(d_2^2-d_1^2)}{4h}$	d_2——外径,mm d_1——内径,mm

续表

型式及简图		变形 f_r/mm	刚度 k_r/N·mm^{-1}	备注
矩形	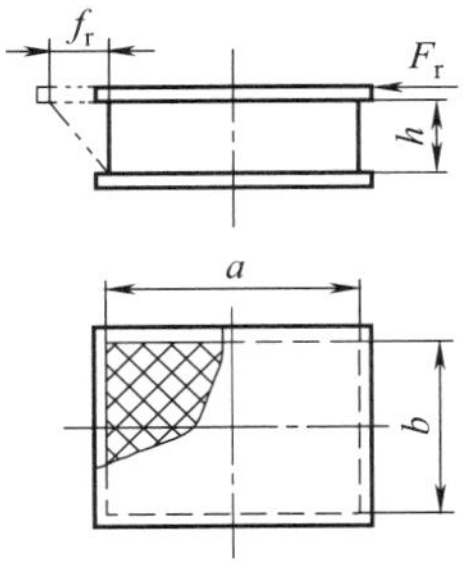	$f_r=\frac{F_r h}{Gab}$	$k_r=G\frac{ab}{h}$	a——矩形长边,mm b——矩形短边,mm
圆截锥	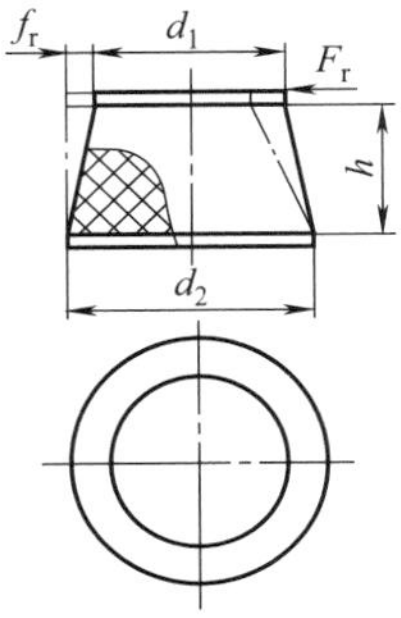	$f_r=\frac{4F_r h}{G\pi d_1 d_2}$	$k_r=G\frac{\pi d_1 d_2}{4h}$	d_2——大端直径,mm d_1——小端直径,mm
角截锥	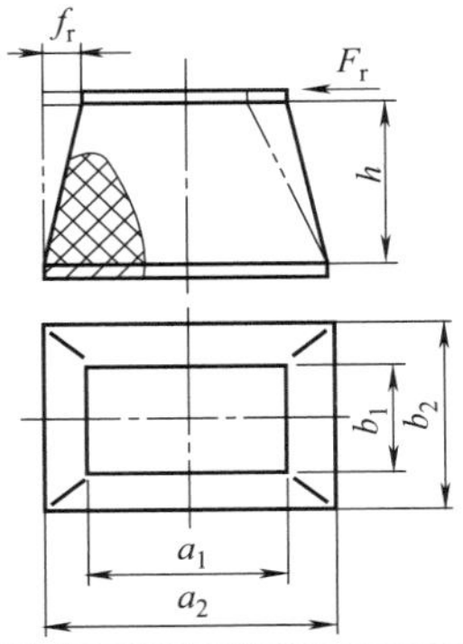	有公共锥顶 $f_r=\frac{F_r h}{Ga_2 b_1}$ 无公共锥顶 $f_r=\frac{F_r h\ln\frac{a_1 b_1}{a_2 b_1}}{G(a_1 b_2-a_2 b_1)}$	有公共锥顶 $k_r=G\frac{a_2 b_1}{h}$ 无公共锥顶 $k_r=G\frac{a_1 b_2-a_2 b_1}{h\ln\frac{a_1 b_2}{a_2 b_1}}$	a_1,b_1——小端长边及短边,mm a_2,b_2——大端长边及短边,mm

12.3.3　橡胶扭转弹簧计算公式

表 10-12-5　橡胶扭转弹簧计算公式

型式及简图		扭转角 φ/rad	刚度 k_T/N·mm·rad^{-1}
圆柱形	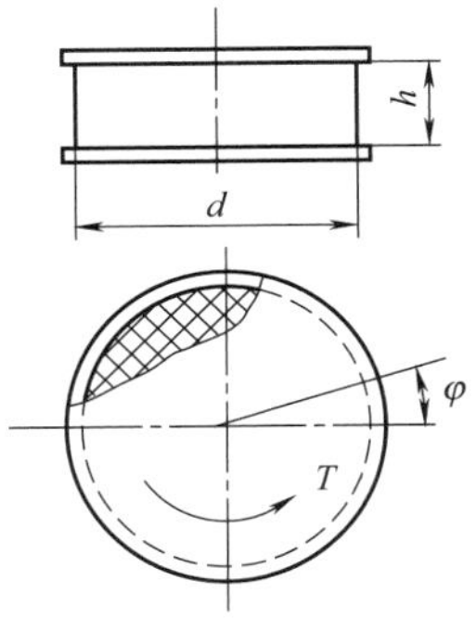	$\varphi=\frac{32Th}{G\pi d^4}$ T——转矩,N·mm	$k_T=G\frac{\pi d^4}{32h}$

第10篇

续表

型式及简图		扭转角 φ/rad	刚度 k_T/N·mm·rad^{-1}
圆环形	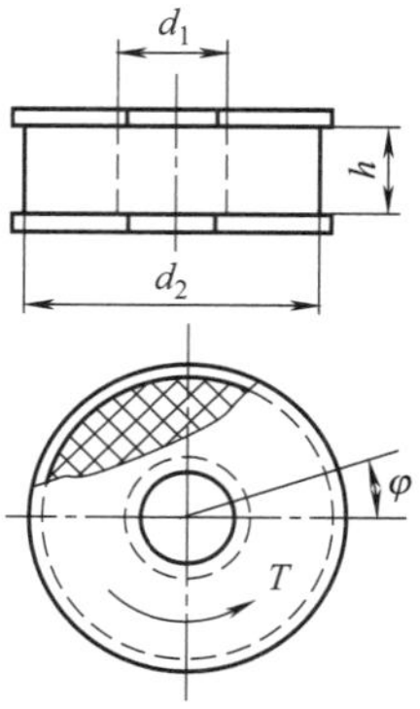 d_1 h d_2 φ T	$\varphi=\dfrac{32Th}{G\pi(d_2^4-d_1^4)}$	$k_T=G\dfrac{\pi(d_2^4-d_1^4)}{32h}$
矩形	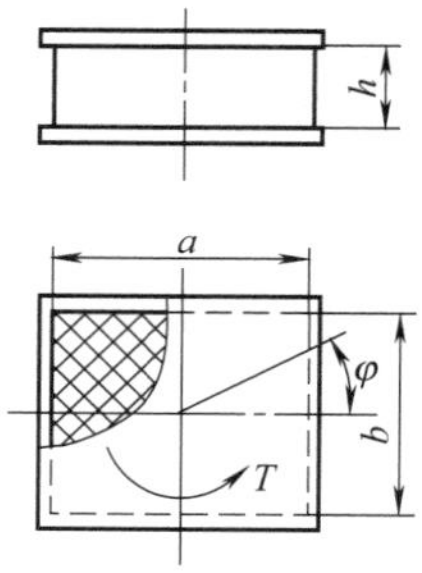 h a φ b T	$\varphi=\dfrac{12Th}{G(a^2+b^2)}$	$k_T=G\dfrac{ab(a^2+b^2)}{12h}$
圆截锥	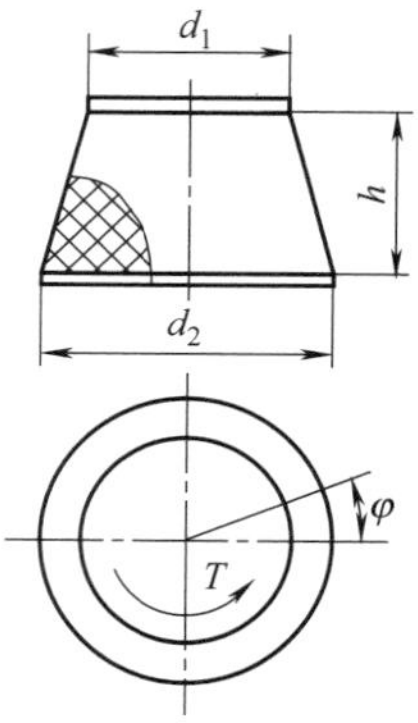 d_1 h d_2 φ T	$\varphi=\dfrac{32Th(d_1^2+d_1d_2+d_2^2)}{3\pi Gd_1^3d_2^3}$	$k_T=\dfrac{3\pi G}{32h}\times\dfrac{d_1^3d_2^3}{d_1^2+d_1d_2+d_2^2}$
衬套式	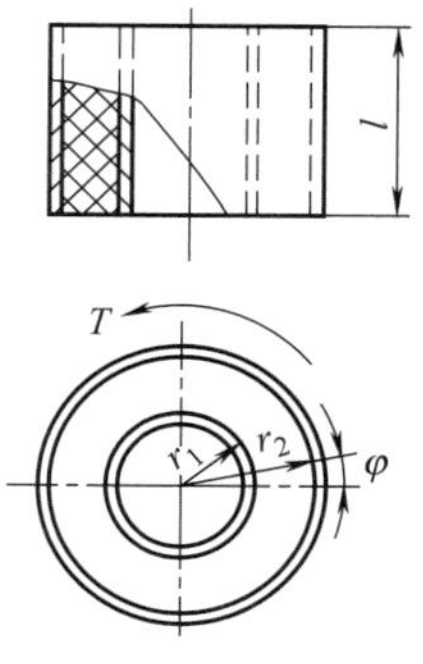 l T r_1 r_2 φ	$\phi=\dfrac{T\left(\dfrac{1}{r_1^2}-\dfrac{1}{r_2^2}\right)}{4\pi hG}$	$k_T=4\pi hG\left(\dfrac{1}{r_1^2}-\dfrac{1}{r_2^2}\right)^{-1}$

12.3.4 橡胶弯曲弹簧计算公式

表 10-12-6 橡胶弯曲弹簧计算公式

型式及简图		扭转角 α/rad	刚度 k_w/N·mm·rad^{-1}	备注
圆柱形	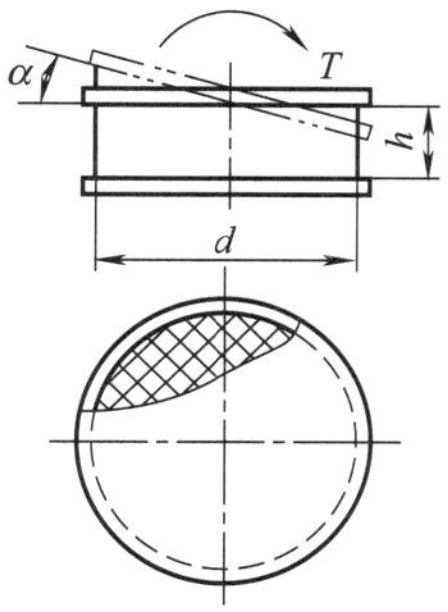	$\alpha=\frac{64Th}{E_a\pi d^4}$	$k_w=E_a\frac{\pi d^4}{64h}$	$E_a=iG$ $i=3.6(1+1.65S^2)$ $S=\frac{d}{4h}$
圆环形	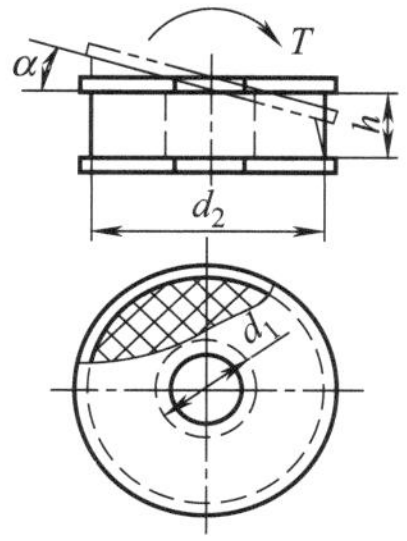	$\alpha=\frac{64Th}{E_a\pi(d_2^4-d_1^4)}$	$k_w=E_a\frac{\pi(d_2^4-d_1^4)}{64h}$	$E_a=iG$ $i=3.6(1+1.65S^2)$ $S=\frac{d_2-d_1}{4h}$
矩形	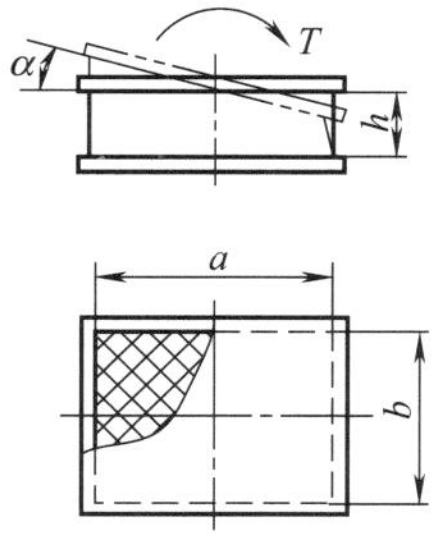	$\alpha=\frac{12Th}{E_a a^3 b}$	$k_w=E_a\frac{a^3 b}{12h}$	$E_a=iG$ $i=3.6(1+2.22S^2)$ $S=\frac{ab}{2(a+b)h}$

12.3.5 橡胶组合弹簧计算公式

表 10-12-7 橡胶组合弹簧计算公式

类别及简图		变形 f、f_r/mm	刚度 k、k_r/N·mm^{-1}	备注
压缩	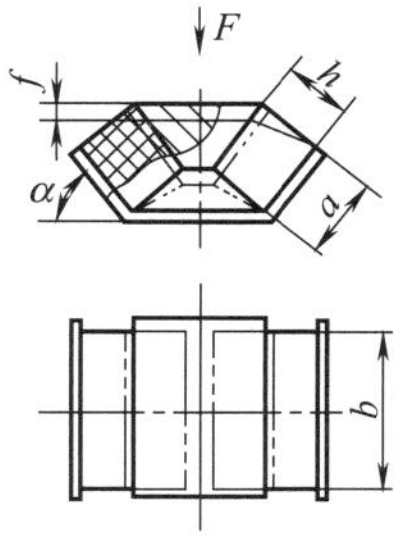	$f=\frac{Fh}{2ab}\times\frac{1}{E_a\sin^2\alpha+G\cos^2\alpha}$	$k=\frac{2ab}{h}(E_a\sin^2\alpha+G\cos^2\alpha)$	$E_a=iG$ $i=3.6(1+1.65S^2)$ $S=\frac{ab}{2(a+b)h}$ a,b——宽度和长度,mm

第10篇

续表

类别及简图		变形 f、f_r/mm	刚度 k、k_r/N·mm^{-1}	备注
剪切	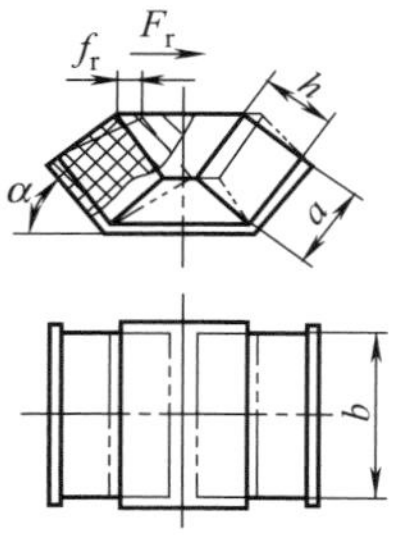	$f_r=\frac{F_r h}{2ab}\times\frac{1}{E_a\sin^2\alpha+G\cos^2\alpha}$	$k_r=\frac{2ab}{h}(E_a\sin^2\alpha+G\cos^2\alpha)$	$E_a=iG$
	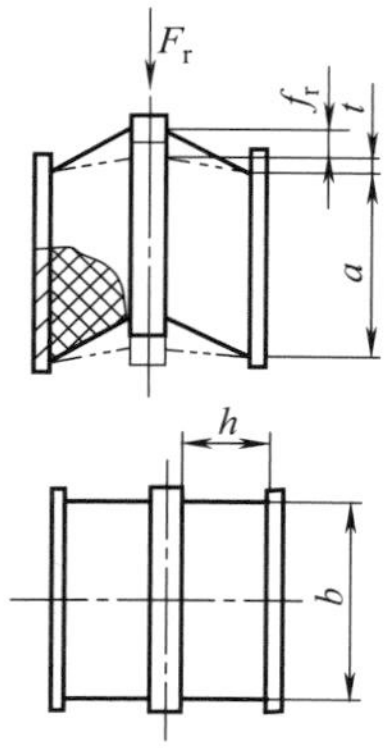	$f_r=\frac{F_r h}{2abG}\times\left[1+\left(\frac{t}{h}\right)^2\right]$	$k_r=\frac{2abG}{h}\times\left[1+\left(\frac{t}{h}\right)^2\right]^{-1}$	
	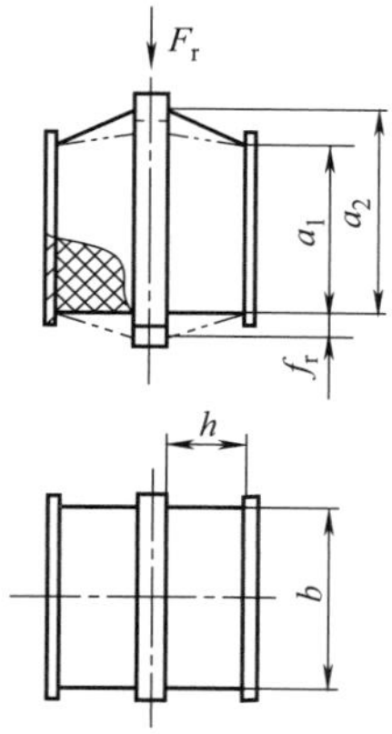	$f_r=\frac{F_r h\ln\frac{a}{a_1}}{2aG(a_2-a_1)}\approx\frac{F_r h}{bG(a_1-a_2)}$	$k_r=\frac{2aG(a_2-a_1)}{h\ln\frac{a_2}{a_1}}\approx\frac{bG(a_1-a_2)}{h}$	

12.3.6 橡胶弹簧不同组合方式的刚度计算

表 10-12-8 橡胶弹簧不同组合方式的刚度计算

组合方式及简图	总刚度 k	备 注
串联 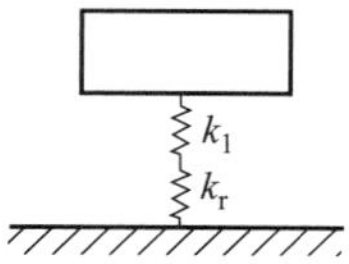	$k=\frac{k_1k_2}{k_1+k_2}$ 当 $k_1=k_2$时 则 $k=\frac{k_1}{2}$	串联后总刚度小于原来的每一弹簧的刚度。当$k_1=k_2$时,为原来弹簧刚度的一半

续表

组合方式及简图	总刚度 k	备　注
并联	$k=\dfrac{(L_1+L_2)^2}{\dfrac{L_1^2}{k_1}+\dfrac{L_2^2}{k_2}}$ 当 $k_1=k_2$、$L_1=L_2$ 时，$k=2k_1$	并联时总刚度大于原来的每一弹簧的刚度。当 $k_1=k_2$、$L_1=L_2$ 时，比原弹簧刚度大 1 倍
反联	$k=k_1+k_2$ 当 $k_1=k_2$ 时，$k=2k_1$	反联后总刚度大于原来的每一个弹簧的刚度。当 $k_1=k_2$ 时，比原来弹簧刚度大 1 倍

12.3.7　橡胶弹簧的相似法则

形状比较复杂的橡胶弹簧，其弹性特性的理论计算很困难，通常利用几何形状相似的模型，通过实验来确定。

设由模型测得的特性曲线为 $F_m=f(\varepsilon)$，而刚度为 k_m，则线性尺寸比模型大 n 倍的实物的特性线和刚度分别为

$$F=n^2f(\varepsilon)=n^2F_m$$

$$k=nk_m$$

12.4　橡胶弹簧的设计

12.4.1　橡胶弹簧的材料选择

作减振用的橡胶弹簧，要求其弹性特性的波动尽量小，其性能不随使用条件、工作时间的变化而发生太大变化。由于橡胶弹簧在使用中往往会遇到温度、油介质、臭氧和光照等问题，所以需要根据不同的使用工作情况而选择相应的橡胶材料。表 10-12-9 给出了常用于制造橡胶元件的生胶的物理学特征。

第10篇

表 10-12-9　　常用于制造橡胶元件的生胶的物理学特征

物理力学性能		橡胶品种							
		天然橡胶	丁苯橡胶	顺丁橡胶	异戊橡胶	丁橡胶	氯丁橡胶	丁基橡胶	乙丙橡胶
生胶相对密度		0.93	0.94	0.91～0.93	0.93	1.0	1.23	0.91～0.93	0.86
热导率/W·m^{-1}·℃$^{-1}$		1.5×10^{-3}	2.5×10^{-3}	—	—	2.5×10^{-3}	1.9×10^{-3}	2.7×10^{-3}	—
比热容/J·kg^{-1}·℃$^{-1}$		2180	1900	—	—	—	2180	1940	—
扯断强度/MPa		25～35	15～20	1～25	20～30	15～30	25～27	17～21	15～25
扯断伸长率	未补强	800	700	500	800	800	800	>1000	>500
	补强后	<600	500	>500	<600	<600	<600	<800	500
100%定伸强度		—	0.7～0.9	1～4	—	—	—	—	—
压缩永久变形		良	良	优	良	良	良	优	中～良
抗撕裂性		优	良	中～良	良～优	良	良～优	良	良～优
回弹性		优	良	优	优	良	良	中	良
最高使用温度/℃		100	100	120	120	170	150	170	150
常用温度上限/℃		70～80	80～100	100	100	120	120	150	150
脆性温度/℃		−55	−45	−70	−55	−20	120	−30～−55	−50
特性			滞后损耗较大	很少单独做橡胶弹簧使用	多数情况下与其他橡胶混合用作橡胶弹簧	滞后损耗较大。耐油性好	滞后损耗较大。耐酸、碱、臭氧腐蚀	阻尼特性优良，加工性差，与其他橡胶混合性差	耐酸、碱、臭氧腐蚀

表 10-12-10 橡胶的力学性能

类 型	牌号	扯断应力/MPa	相对伸长率/% >	硬度(肖氏 A)
普通橡胶	1120	3	250	60～75
	1130	6	300	60～75
	1140	8	350	55～70
	1250	13	400	50～65
	1260	15	500	45～60
耐油橡胶	3001	7	250	60～75
	3002	9	250	60～75
聚氨酯橡胶	8290	9	450	90±3
	8280	8	450	83±5
	8295	10	400	95±3
	8270	7	500	75±5
	8260	5	550	63±5

为便于设计人员选用和比较，在表 10-12-10 中列出普通橡胶和耐油橡胶材料的力学性能，同时给出了几种聚氨酯橡胶的力学性能。

随着橡胶工业的迅速发展，橡胶弹簧的材料也由普通橡胶向高强度、耐磨、耐油和耐老化的聚氨酯橡胶方向发展。聚氨酯橡胶是聚氨基甲酸酯橡胶的简称，它是一种性能介于橡胶与塑料之间的弹性体，与环氧塑料一样，是一种高分子材料。

与氯丁橡胶比较，聚氨酯橡胶材料主要具有以下优点。

1）硬度范围大。调整不同的配方，可以获得肖氏硬度 A20～80 以上，因此对不同要求的弹簧有着广泛的可选性。

2）耐磨性可提高 5～10 倍。

3）强度为氯丁橡胶的 1～4 倍，可达 600kgf/cm^2。

4）弹性高，残余变形小，相对伸长率达 600% 时，残余变形仅为 2%～4%。

5）耐油性能好，其耐矿物油的能力优于丁腈橡胶，为天然橡胶的 5～6 倍。

除此之外，它具有耐老化、耐臭氧、耐辐射等良好性能，同时还具有理想的机加工性能。

12.4.2 橡胶弹簧的形状和结构设计

橡胶弹簧由橡胶元件和金属配件组成，若形状设计不当，将引起应力集中。在图 10-12-1 中，图 10-12-1（a）形状是由于变形后橡胶侧面鼓胀而在各个角隅处产生较大的弯曲应力。图 10-12-1（b）形状的特点是支承板有稍许凸度，可减小橡胶元件各个角隅处的局部应力。图 10-12-1（c）形状的特点是橡胶元件的侧面凹入，能有效减小橡胶元件的应力集中。

为防止形成应力集中源，橡胶弹簧金属配件表面不应该有锐角、凸起、沟和孔，并应使橡胶元件的变形尽量均匀。图 10-12-2 中，图（a）为不适当的设计，图（b）为较适当的设计。橡胶弹簧在变形过程中，其横截面不应与其他结构零件接触，以避免产生接触应力和磨损。带有金属配件的橡胶弹簧，其寿命

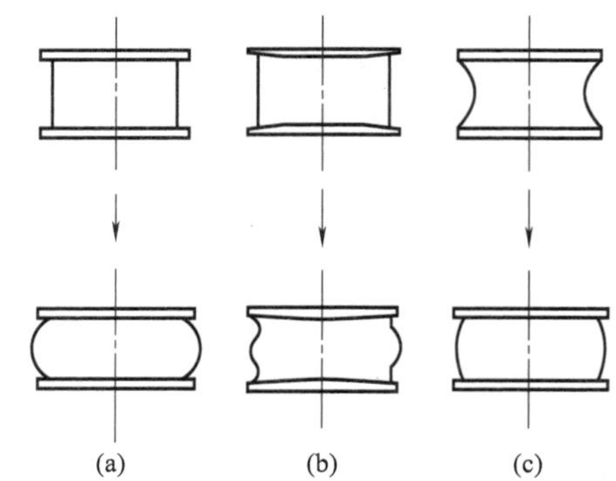

图 10-12-1 几种简单的橡胶弹簧压缩时的形状变化

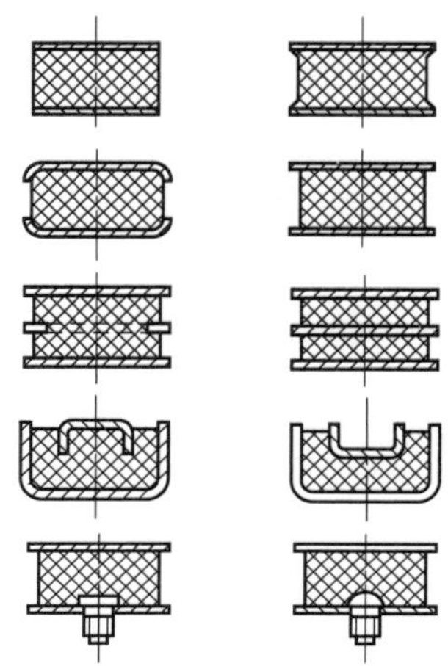

图 10-12-2 橡胶弹簧的结构设计

主要取决于橡胶与金属结合的牢固程度，故在结合前，金属配件表面的锈蚀、油污和灰尘等必须清除干净。黏合剂的涂布和干燥必须按规定的工艺，在规定的温度和环境下进行。

12.4.3　橡胶弹簧的计算示例

计算矿车轴箱用人字形橡胶组合弹簧，其结构尺寸如图 10-12-3 所示。弹簧计算见表 10-12-11。

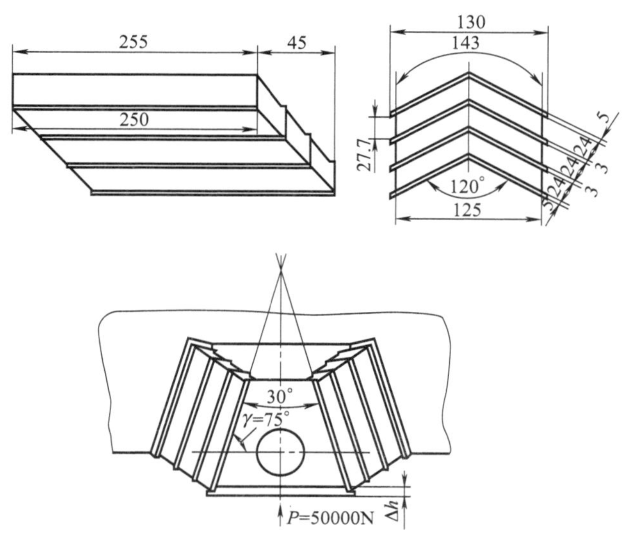

图 10-12-3　人字形橡胶组合弹簧

表 10-12-11　　橡胶弹簧计算示例

项　　目		单位	公式及数据
原始条件	静载荷 F	N	50000
	承载面积 A_L	mm²	$A_L=250\times143=35750$
	一层橡胶高度 h	mm	24
	橡胶硬度	HS	60
	安装角 α	(°)	15
	橡胶宽度 a	mm	143
	橡胶长度 b	mm	250
计算项目	自由面积 A_F	mm²	$A_F=2(a+b)h$ $=2\times(143+250)\times27.7=21772$
	面积比 S		$S=\frac{A_L}{A_F}=\frac{35750}{21772}=1.64$
	表征几何形状影响系数 i		$i=3.6(1+2.22S^2)=3.6\times(1+2.22\times1.64^2)=25$
	切变模量 G	MPa	由肖氏硬度 HS 查表 10-12-2 中图(b)，取 G 近似值为 0.9
	表观弹性模量 E_a	MPa	$E_a=iG=25\times0.9=22.5$
	一层橡胶的压缩刚度 k_1	N/mm	$k_1=\frac{A_LE_a}{h}=\frac{E_aab}{h}=\frac{22.5\times35750}{24}=33516$
	三层橡胶串联的压缩刚度 k_3	N/mm	$k_3=\frac{k_1}{3}=\frac{33156}{3}=11172$
	一层橡胶的剪切刚度 k_{r1}	N/mm	$k_{r1}=\frac{A_LG}{h}=\frac{abG}{h}=\frac{35750\times0.9}{24}=1341$
	三层橡胶串联的剪切刚度 k_{r3}	N/mm	$k_{r3}=\frac{k_{r1}}{3}=\frac{1341}{3}=447$

续表

项目		单位	公式及数据
计算项目	两个弹簧按30°角组成人字形的橡胶弹簧的垂直总刚度	N/mm	表10-12-7所列的复合式（人字形）橡胶弹簧的计算公式是一层橡胶的公式。如为三层橡胶时（即串联方式），其刚度公式为 $k=\frac{2ab}{3h}(E_a\sin^2\alpha+G\cos^2\alpha)$ $=\frac{2\times35750}{3\times24}\times(22.5\times\sin^2 15°+0.9\times\cos^2 15°)$ $=2321$
	静变形 f	mm	$f=\frac{F}{k}=\frac{50000}{2321}$ $=21.5$
	压缩方向的变形 $f_{\perp}$ 剪切方向的变形 $f_{//}$	mm mm	$f_{\perp}=f\sin15°=21.50.258=5.5$ $f_{//}=f\cos15°=21.5\times0.965=21$
	压缩方向的应变 $\varepsilon_{\perp}$	%	$\varepsilon_{\perp}=\frac{f_{\perp}}{3h}=\frac{5.5}{324}=0.075=7.6\%<\varepsilon_p=15\%$
	剪切方向的应变 $\varepsilon_{//}$	%	$\varepsilon_{//}=\frac{f_{//}}{3h}=\frac{21}{3\times24}=0.29=29\%>\varepsilon_p=25\%$ 稍大

	压缩方向的力 $F_{\perp}$
	剪切方向的力 $F_{//}$
	压应力 σ
	剪应力 τ
		N
		N
		MPa
		MPa
			$F_{\perp}=k_3f_{\perp}=11172\times5.5=61446$
			$F_{//}=k_{r3}f_{//}=447\times21=9387$
			$\sigma=\frac{F_L}{A_L}=\frac{61446}{35750}=1.72<\sigma_p=3$
			$\tau=\frac{F_{//}}{A_L}=\frac{9387}{35750}=0.26<\tau_p=1.5$
			故满足设计要求

工作图	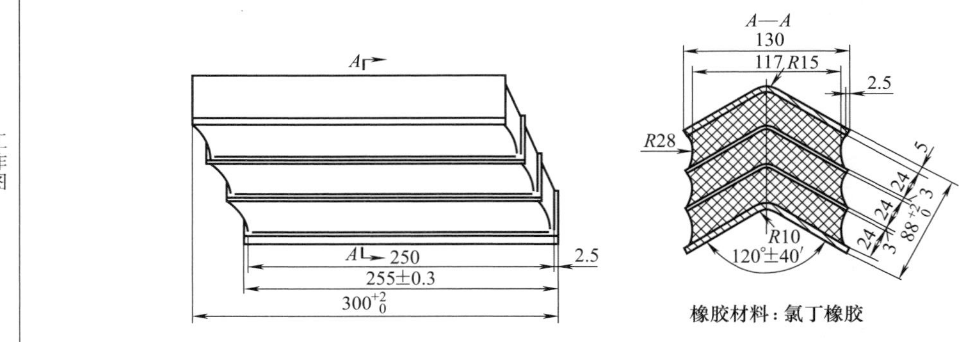		

技术条件如下：

① 橡胶表面不许有损伤、缺陷，粘接处不许有脱胶现象。

② 橡胶与钢板粘接处应有圆角过渡，$R=3\sim5$mm。

③ 橡胶与钢板连接处强度不小于3MPa。

④ 弹簧工作温度：−30～45℃。

⑤ 橡胶常温性能应满足：抗拉强度不小于20MPa，肖氏硬度60HS，耐老化、抗蠕变性能良好，耐油性能好。

⑥ 单个弹簧的压缩静刚度 $k_3=11172$N/mm，剪切静刚度 $k_{r3}=447$N/mm，两个弹簧成30°角安装后组合静刚度 $k=2321$N/mm（F 力方向），最大载荷50000N时静变形量 $f=21.5$mm，刚度允许误差±20%。首先应保证刚度要求，如不满足要求时，可适当调整橡胶硬度。

⑦ 应保证外形尺寸和稳定的制造质量，产品出厂应有合格证。

⑧ 弹簧应做疲劳强度试验，使寿命不低于三年。

12.4.4　橡胶弹簧的应用示例

图10-12-4所示的6m³底侧卸式矿车中应用了两种型式的橡胶弹簧。其轮对轴箱支承采用人字形橡胶弹簧。

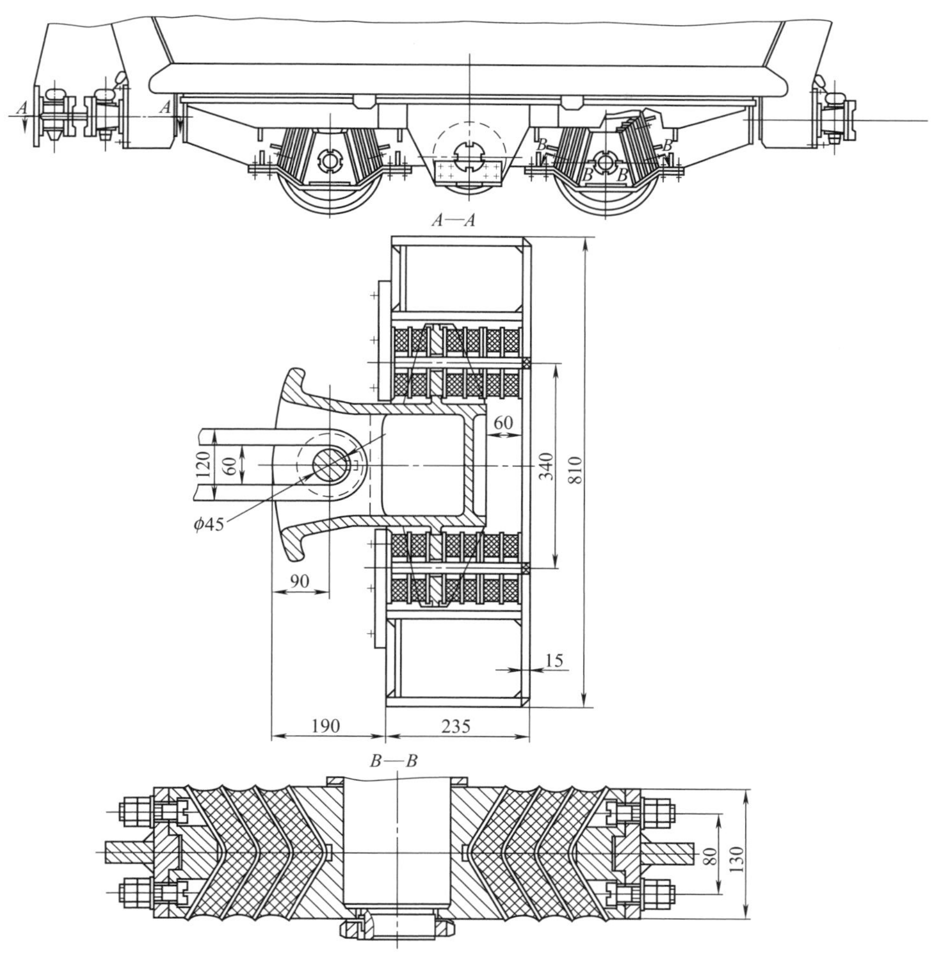

图 10-12-4 橡胶弹簧在底侧卸式矿车上的应用

这种橡胶弹簧已经成功地应用于国外某些铁道车辆转向架上，用它来连接摇枕（或轴箱）和转向架构架，以代替一般转向架中的复杂悬挂系统。国内亦已应用在矿车及工矿电机车、斜井斗等运输设备上，并取得了良好效果。这种人字形橡胶弹簧同时能起垂直、横向和纵向三个方向的减振作用，对于简化车辆结构、减轻重量、减少车辆零部件的损坏和钢轨的磨损，以及改善和提高车辆动力性能与运行性能都有良好的效果。在该车车钩缓冲器的中心带钩上还应用了圆柱形多片组合的橡胶弹簧。其中心孔直径 $d=40$mm，外径 $D=110$mm。单个弹簧由双层橡皮和钢板粘接，硫化而成，每层橡皮的厚度为 30mm，车钩缓冲器允许承受的最大载荷为 37700N。这种有橡胶元件的缓冲器与一般钢弹簧缓冲器相比，尺寸小，重量轻，结构简单、紧凑，前后两个方向均可起到减振作用，衰减抖振的性能良好。

12.5 橡胶弹簧的压缩稳定性

高度比断面高的橡胶弹簧，在压缩到一定程度时，可能产生压屈或不稳定现象。如图 10-12-5 所示，图（a）为橡胶弹簧上下两端不能相对横向位移时的情况，图（b）为橡胶弹簧上下两端可以相对横向位移时的情况。使橡胶弹簧产生压屈或者不稳定的载荷称为临界载荷，相应的应变称为临界应变。

橡胶弹簧的临界应变可由表 10-12-12 所示的计算公式来确定。图 10-12-6 是由表中公式做出的临界应变曲线。一般对于圆柱形橡胶弹簧，若其高度 h 与直径 d 之比 $h/d<0.6$，或对于矩形橡胶弹簧，其高度 h 与截面短边长度 b 之比 $h/b<0.6$，不会产生压屈或不稳定现象。

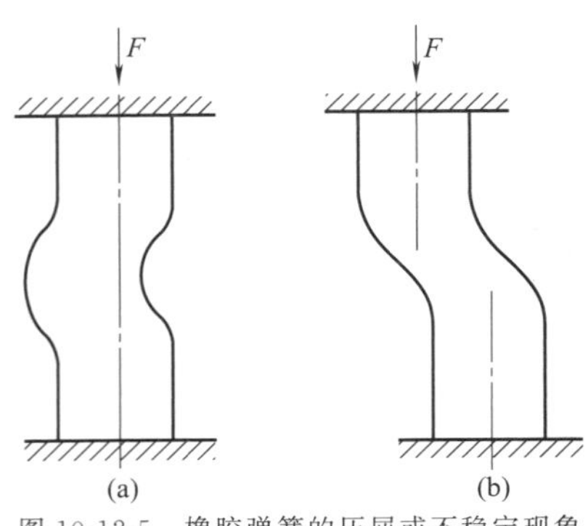

图 10-12-5 橡胶弹簧的压屈或不稳定现象

表 10-12-12 橡胶弹簧的临界应变计算公式

项目	两端不能相对横向位移	两端可以相对横向位移
圆柱形	$\varepsilon_{cr}=\dfrac{1}{1+1.62\left(\dfrac{h}{d}\right)^2}$	$\varepsilon'_{cr}=\dfrac{1}{1+6.48\left(\dfrac{h}{d}\right)^2}$
矩形	$\varepsilon_{cr}=\dfrac{1}{1+1.21\left(\dfrac{h}{b}\right)^2}$	$\varepsilon'_{cr}=\dfrac{1}{1+4.84\left(\dfrac{h}{b}\right)^2}$

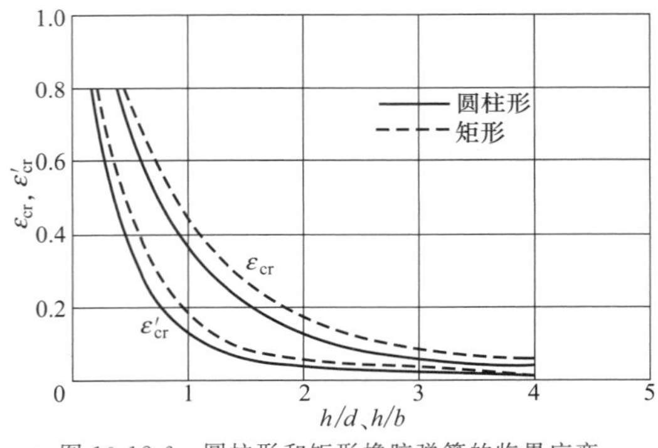

图 10-12-6 圆柱形和矩形橡胶弹簧的临界应变

12.6 橡胶-金属螺旋复合弹簧

12.6.1 橡胶-金属螺旋弹簧的结构形式及代号

橡胶-金属螺旋复合弹簧是在金属螺旋弹簧周围包裹一层橡胶材料复合而成的一种弹簧。该类弹簧既具有橡胶弹簧的非线性和结构阻尼的特征，又具有金属螺旋弹簧大变形的特性，其稳定性能优于橡胶弹簧，具有能够消除高频振动、缓和冲击、结构简单、安全性高等特点。因此，该类弹簧广泛应用于铁路车辆和公路车辆、振动输料机及其他机械的支承隔振设备上。

橡胶-金属螺旋复合弹簧的代号、名称、结构型式见表 10-12-13。

表 10-12-13 橡胶-金属螺旋复合弹簧的代号、名称、结构型式

代号	FA	FB
名称	直筒型	外螺内直型
结构型式	金属螺旋弹簧被橡胶所包裹，橡胶套内外表面均为光滑筒形	金属螺旋弹簧被橡胶所包裹，橡胶套外表面为螺旋形，内表面为光滑筒形
图示		
代号	FC	FD
名称	带铁板内外螺旋型	带铁板外直内螺型
结构型式	代号为 FC 的复合弹簧两端或一段硫化有铁板	代号为 FD 的复合弹簧两端或一段硫化有铁板
图示		
代号	FTA	FTB
名称	带铁板直筒型	带铁板外螺内直型
结构型式	代号为 FA 的复合弹簧两端或一端硫化有铁板	代号为 FB 的复合弹簧两端或一端硫化有铁板
图示		
代号	FTC	FTD
名称	带铁板内外螺旋型	带铁板外直内螺型
结构型式	代号为 FC 的复合弹簧两端或一端硫化有铁板	代号为 FD 的复合弹簧两端或一端硫化有铁板
图示		

12.6.2　橡胶-金属螺旋弹簧的主要计算公式

表 10-12-14　　橡胶-金属螺旋复合弹簧的主要计算公式

<table>
<tr><th>项 目</th><th>公式及数据</th></tr>
<tr><td>弹簧刚度</td><td>橡胶-金属螺旋弹簧的静刚度计算是一种近似计算。其实际值与计算值的差异必须通过修正系数加以修正，修正系数是由试验对比得出的。其计算公式：
$$k'=K(k_J+k)$$
式中　k'——橡胶-金属螺旋弹簧的刚度，N/mm
$k_J=\frac{Gd^4}{8D^3n}$——金属弹簧的静刚度，N/mm
d——弹簧丝直径，N/mm
D——弹簧中径，mm
n——有效圈数，圈
G——剪切弹性模量，MPa
K——修正系数，K 值只在相同尺寸模具做出的橡胶-金属复合弹簧上才为恒定值；若模具有变化，则 K 值需重做试验得出
k——橡胶弹簧的静刚度，可以参考下列的计算公式
$$k=\left[3+4.953\left(\frac{D_2-D_1}{4H_0}\right)^2\right]\times\frac{\pi(D_2^2-D_1^2)}{4H_0}G$$
D_2——橡胶弹簧外径，mm
D_1——橡胶弹簧内径，mm
H_0——橡胶弹簧自由高度，mm</td></tr>
<tr><td>固有频率</td><td>橡胶-金属螺旋复合弹簧的固有频率 f_n 可按下式计算
$$f_n=\left(1.4\times980\times\frac{k'}{F}\right)^{\frac{1}{2}}\times\frac{1}{2\pi}$$
式中　f_n——橡胶-金属螺旋复合弹簧的固有频率，Hz
k'——橡胶-金属螺旋复合弹簧的刚度，N/mm
F——静载荷，N</td></tr>
<tr><td>振动传递率</td><td>橡胶-金属螺旋复合弹簧的振动传递率可按下式计算
$$t=\frac{f_n}{f-f_n}\times100\%$$
式中　t——振动传递率，%
f——振动机械强制频率，Hz
f_n——固有频率，Hz</td></tr>
</table>

12.6.3　橡胶-金属螺旋弹簧的选用

表 10-12-15　　橡胶-金属螺旋复合弹簧尺寸系列

序号	产品代号	外径 D_2/mm	内径 D_1/mm	自由高度 H_0/mm	最大外径 D_m/mm	静载荷 F/N	静刚度 k'/N·mm^{-1}
1	FB52	52	25	120	62	980	78
2	FB58	85	85	120	92	3530	196
3		85	85	150	92	3720	167
4		85	85	150	108	1860	59
5	FC102	102	60	255	120	980	52
6		102	60	255	120	1470	64
7		102	60	255	120	1960	74
8		102	60	255	120	2450	98
9		102	60	255	120	2940	123
10	FA135	135	60	150	150	1960	74
11		135	60	150	150	2550	98

第10篇

续表

序号	产品代号	外径 D_2/mm	内径 D_1/mm	自由高度 H_0/mm	最大外径 D_m/mm	静载荷 F/N	静刚度 k'/N·mm^{-1}
12	FC148	148	100	270	170	6370	1270
13		148	100	270	170	4410	147
14		148	100	270	170	8820	176
15		148	80	270	170	7840	196
16		148	80	270	170	2450	245
17		148	92	270	170	20090	342
18	FC155	155	62	290	180	6270	157
19		155	62	290	180	7450	186
20		155	62	290	180	8330	206
21		155	62	290	180	9800	235
22		155	62	290	180	10780	265
23		155	62	290	180	11760	294
24	FA196	196	80	290	220	9800	372
25		196	90	270	220	11760	392
26		196	100	250	220	13720	412
27	FC260	260	120	429	310	12740	230
28		260	120	429	310	14700	284
29		260	120	429	310	19600	392
30	FC310	310	150	400	370	29400	588

表 10-12-15 所列的橡胶-金属螺旋复合弹簧的尺寸系列为机械行业标准 JB/T 8584—1997，可根据下列事项进行选用：

1）所承受的静载荷和空间尺寸；

2）静载荷是指安装在振动机械上的每只弹簧的许用静载荷；

3）静刚度是指垂直方向的静刚度；

4）选用时设备实际载荷应在许用值±15%以内，水平方向刚度是垂直方向刚度的 1/5～1/3 倍。

在 JB/T 8584—1997 中规定：弹簧的外径（或内径）极限偏差为$\pm0.035D_2$（或 D_1），自由高度的极限偏差为$\pm0.035H_0$，复合弹簧的静载荷、静刚度的极限偏差分别为 1、2、3 三个等级，其值见表10-12-16。

表 10-12-16　复合弹簧静载荷、静刚度的极限偏差

精度等级	1	2	3
静载荷极限偏差	$\pm0.05F$	$\pm0.10F$	$\pm0.15F$
静刚度极限偏差	$\pm0.05k'$	$\pm0.10k'$	$\pm0.15k'$

12.6.4　橡胶-金属螺旋弹簧的应用示例

图 10-12-7 是利用一种标准的摇枕结构作为布置在车体底架之间的车体弹性减振装置，包括螺旋弹簧、液压减振器、摇枕槽，端部为链环形的吊杆及横向拉杆。摇枕磨耗板直接压在摇枕弹簧上，摇枕中部的下凹部分有一个中心销支座，转向架可以通过橡胶金属弹性及无摩擦的回转运动。

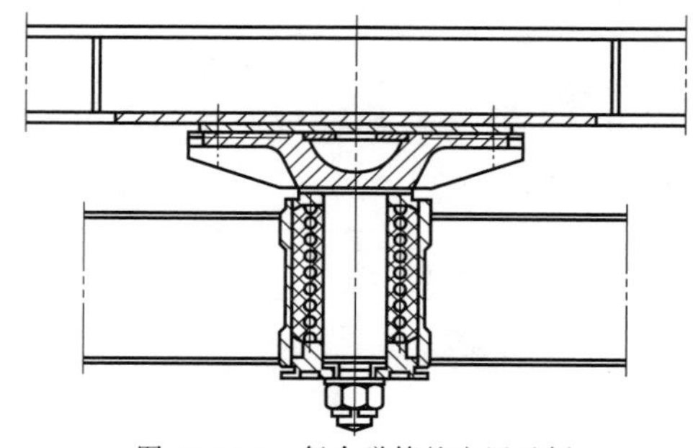

图 10-12-7　复合弹簧的应用示例

第 13 章　空 气 弹 簧

13.1　空气弹簧的特点

空气弹簧是在柔性密闭容器中加入压力空气，利用空气的可压缩性实现弹性作用的一种非金属弹簧。空气弹簧有以下特点：

1）空气弹簧具有非线性特性，可以根据需要将它的特性线设计成比较理想的曲线。

2）空气弹簧具有变刚度特性，在任何载荷下其自振频率几乎保持不变，从而使弹簧装置具有几乎不变的特性。

3）空气弹簧能同时承受轴向和径向载荷，也能传递转矩。可以通过调整内压力来获得不同的承载能力，以适应多种载荷的需要。

4）可以附加气室，增加储气容积。可以通过改变储气容积来改变弹簧刚度。

5）可以在空气弹簧本体和附加空气室之间设置阻尼节流孔，能起到阻尼作用。

6）与钢制弹簧相比，空气弹簧的重量轻，在承受剧烈的振动载荷时具有更长的寿命。

7）吸收高频振动能力强，降噪效果好。

8）所需附件较多，成本较高。

目前，空气弹簧被广泛应用于压力机、剪切机、离心机、振动运输机、振动筛、空气锤、铸造机械和纺织机械中作为隔振元件；应用于电子显微镜、激光仪器、集成电路及其他物理化学分析精密仪器等作支撑元件，以隔离地基的振动；空气弹簧特别适用于车辆悬挂装置中，可以大大改善车辆的动力性能，从而显著提高其运行舒适度。

13.2　空气弹簧的类型和结构

空气弹簧可分为囊式和膜式两种。囊式空气弹簧可根据需要设计成单曲的、双曲的和多曲的；膜式空气弹簧则有约束膜式和自由膜式两类。

表 10-13-1　空气弹簧的类型和结构

类型	结　　构
囊式空气弹簧	囊式空气弹簧的优点是寿命长，制造工艺简单。缺点是刚度大，振动频率高，要得到比较柔软的特性，需要另加较大的附加空气室。理论上讲，在相同的容积下，曲数越多，则刚度越低，但考虑到多曲空气弹簧的制造工艺比较复杂，而且弹性稳定性也比较差，因此曲数一般不超过 4 曲。图(a)所示为国产"东风号"客车上装用的双曲囊式空气弹簧 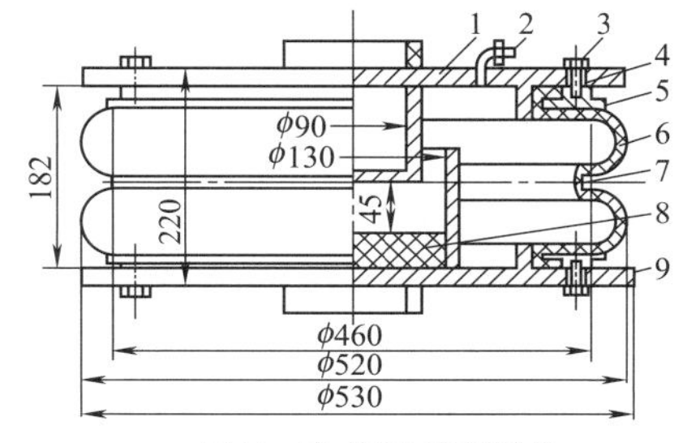 图(a)　囊式空气弹簧结构 1—上盖板；2—气嘴；3—螺钉；4—钢丝圈；5—压环；6—橡胶囊；7—腰环；8—橡胶垫；9—下盖板
约束膜式空气弹簧	约束膜式弹簧的优点是刚度小，振动频率低，特性曲线的形状可以通过约束裙的形状来实现很容易地控制；其缺点是橡胶膜的耐久性差 约束膜式空气弹簧有一个约束群，以限制橡胶囊向外扩张，使它的挠曲部分集中在约束群和活塞之间变化 图(b)所示为我国铁道车辆用的斜筒约束膜式空气弹簧。这种空气弹簧亦由内筒、外筒和橡胶囊部分组成。由于约束群是向下扩展的圆锥筒，当活塞向上移动而弹簧压缩时，其有效面积减小，所以这种结构可以使弹簧刚度减小。但是，如果采用直筒的约束群，而活塞做成向下收缩的圆锥筒，也可以获得类似的结果 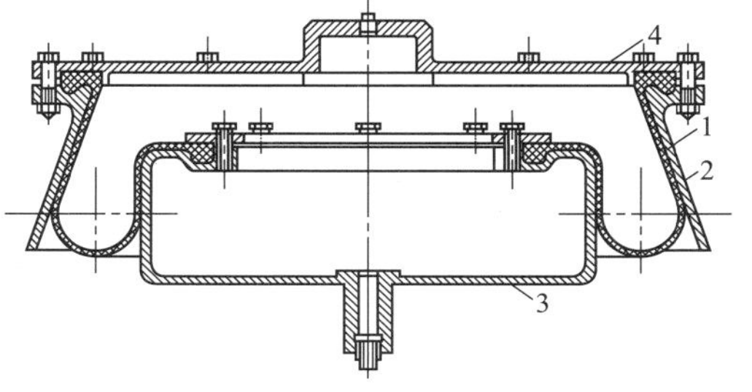 图(b)　斜筒约束膜式空气弹簧结构 1—橡胶囊；2—外环；3—内压环；4—上盖板

续表

类型	结　　构
自由膜式空气弹簧	自由膜式空气弹簧的主要特点是没有约束橡胶囊变形的内外约束筒，以减少橡胶的磨损，因而寿命可以提高；采用自密式结构，组装和检修工艺比较简单，而且重量很轻；安装高度可以设计得很低，可大大降低车辆地面高度；此外，空气弹簧的弹性易于控制，可以通过调整盖板包角来获得所需的弹性。图(c)是我国地铁列车上采用的自由膜式空气弹簧 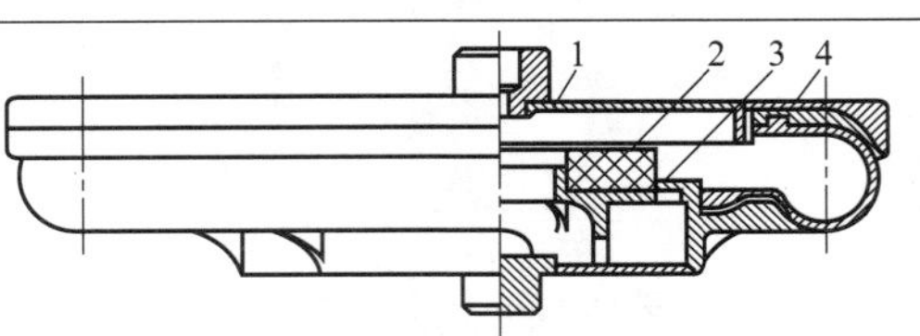 **图(c)　自由膜式空气弹簧结构** 1—上盖板；2—橡胶垫；3—活塞；4—橡胶囊

13.3　空气弹簧的刚度计算

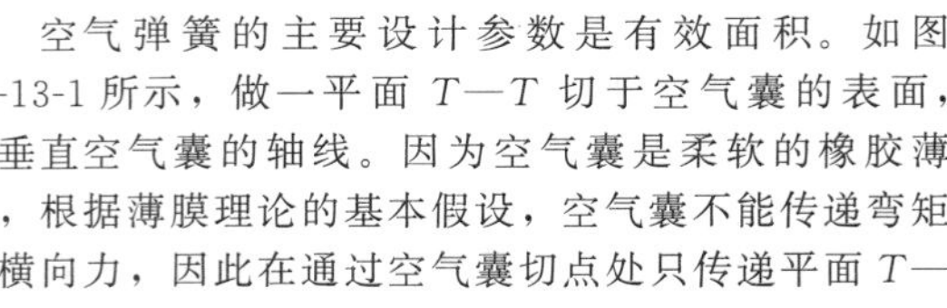

空气弹簧的主要设计参数是有效面积。如图 10-13-1 所示，做一平面 $T—T$ 切于空气囊的表面，且垂直空气囊的轴线。因为空气囊是柔软的橡胶薄膜，根据薄膜理论的基本假设，空气囊不能传递弯矩和横向力，因此在通过空气囊切点处只传递平面 $T—T$ 中的力，而平面 $T—T$ 有效面积为 A，有效半径为 R，则 $A=\pi R^2$，求得弹簧所受的载荷 F 为

$$F=Ap=\pi R^2 p$$

式中　p——空气弹簧的内压力。

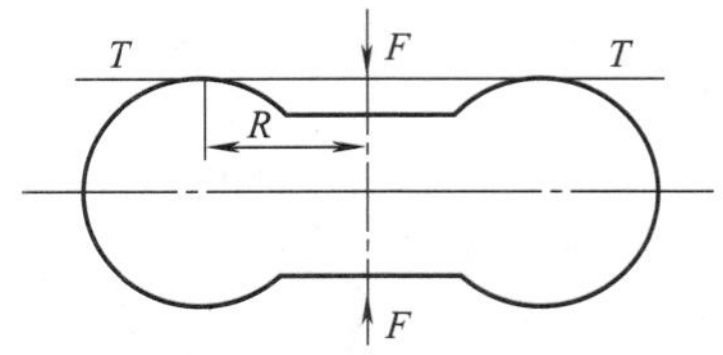

图 10-13-1　有效面积的定义

13.3.1　空气弹簧的垂直刚度

表 10-13-2　　空气弹簧的垂直刚度计算简图及公式

类型及变形简图	公 式 及 数 据	备　　注
囊式弹簧	$k=m(p+p_a)\dfrac{A}{V}+apA$ 其中　$a=\dfrac{1}{nR}\times\dfrac{\cos\theta+\theta\sin\theta}{\sin\theta-\theta\cos\theta}$	
自由膜式弹簧	$k=m(p+p_a)\dfrac{A^2}{V}+apA$ 式中，系数 a 可按下式计算或由图 10-13-2 求出 $a=\dfrac{1}{R}\times\dfrac{\sin\theta\cos\theta+\theta(\sin^2\theta-\cos^2\varphi)}{\sin\theta(\sin\theta-\theta\cos\theta)}$	p——空气弹簧的内压力，MPa p_a——大气压力，MPa V——空气弹簧有效容积，mm^3 m——多变指数，等温过程中(如计算静刚度时)$m=1$，绝热过程中 $m=1.4$，一般动态过程 $1<m<1.4$ n——空气弹簧的曲数(图中只画出一曲) k——垂直刚度，N/mm a——形状系数
约束膜式弹簧 (a) (b)	$k=m(p+p_a)\dfrac{A^2}{V}+apA$ 式中，系数 a 可按下式计算或由图 10-13-3 求出 $a=-\dfrac{1}{R}\times\dfrac{\sin(\alpha+\beta)+(\pi+\alpha+\beta)\sin\beta}{1+\cos(\alpha+\beta)+\dfrac{1}{2}(\pi+\alpha+\beta)\sin(\alpha+\beta)}$	

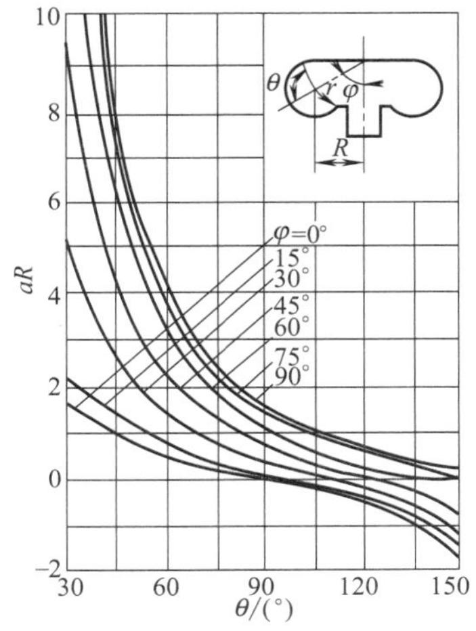

图 10-13-2　自由膜式空气弹簧的系数

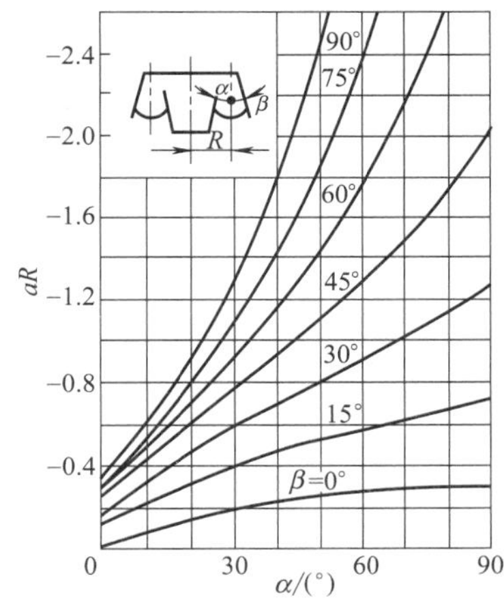

图 10-13-3　约束膜式空气弹簧的系数

13.3.2　空气弹簧的横向刚度

(1) 囊式空气弹簧

一般地，囊式空气弹簧在横向载荷作用下的变形，是弯曲和剪切作用的合成变形，如图 10-13-4 所示。

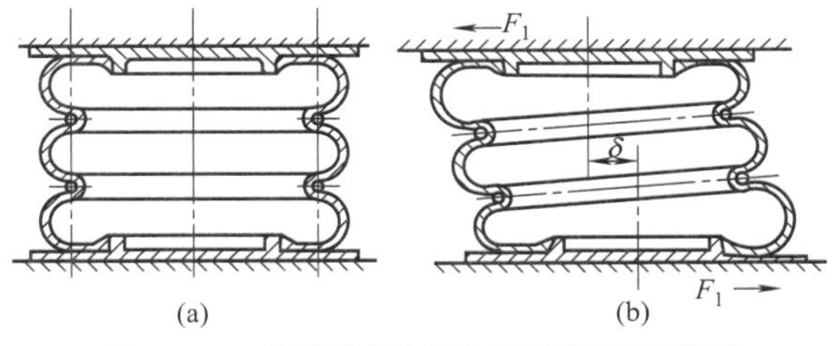

图 10-13-4　橡胶弹簧在横向载荷作用下的变形

表 10-13-3　囊式空气弹簧刚度计算

类型		计算及说明
单曲囊式	弯曲刚度	单曲囊式空气弹簧的弯曲刚度 k_T[图(a)] $$k_T=\frac{1}{2}a\pi pR^3(R+r\cos\theta)$$ 式中　a——囊式空气弹簧的垂直特性形状系数，可由表 10-13-2 中的有关公式规定 图(a)　空气弹簧的弯曲变形
	剪切刚度	单曲囊式空气弹簧的剪切刚度 k_Q[图(b)] $$k_Q=\frac{\pi}{8r\theta}\rho iE_f(R+r\cos\theta)\sin^2 2\varphi$$ 式中　ρ——帘线的密度 i——帘线的层数 E_f——一根帘线的截面积与其纵向弹性模量的积 φ——帘线相对纬线的角度 图(b)　空气弹簧的剪切变形

第 10 篇

续表

类型	计算及说明
多曲囊式	对于多曲囊式空气弹簧，横断面受弯曲和剪切载荷而发生的变形，可以利用力和力矩的平衡，将各曲的变形叠加起来而得到，若横断面总的变形很小，则多曲囊式空气弹簧的横向刚度 k_r 可由下式求得： $$k_r=\left\{\frac{n}{k_Q}+\frac{\left[(n-1)\left(h+h'+\frac{F}{k_Q}\right)\right]^2}{\left(2k_T+\frac{1}{2}\times\frac{F^2}{k_Q}\right)-F(n-1)\left(h+h'+\frac{F}{k_Q}\right)}\right\}^{-1}$$ 式中　h——多曲橡胶囊的高度 h'——中间腰环的高度 F——空气弹簧所受垂直载荷 n——空气弹簧的曲数 k_T——弯曲刚度 k_Q——剪切刚度 可以看出，空气弹簧的曲数越多，则其横向刚度越小，实际上4曲以上的空气弹簧，由于其弹性不稳定现象，已不适用于承受横向载荷的场合

(2) 膜式空气弹簧（表10-13-4）

表10-13-4　膜式空气弹簧受力计算

类型	变形简图	公式及数据	备注
自由膜式空气弹簧	θ, r, O_1, O_2, φ, R, O_1'	$k_r=bpA+k_{r0}$ 式中，b 可按下式计算 $$b=\frac{1}{2R}\times\frac{\sin\theta\cos\theta+\theta(\sin^2\theta-\cos^2\varphi)}{\sin\theta(\sin\theta-\theta\cos\theta)}$$	b——横向变形系数 k_{r0}——橡胶-帘线膜本身的横向刚度 p——空气弹簧的内压力 A——空气弹簧的有效面积
约束膜式空气弹簧	α, β, O_1, O_2, R, O_1'	$k_r=bpA+k_{r0}$ 式中，系数 a 可按下式计算 $$b=\frac{1}{2R}\times\frac{-\sin(\alpha+\beta)+(\pi+\alpha+\beta)\cos\alpha\cos\beta}{1+\cos(\alpha+\beta)+\frac{1}{2}(\pi+\alpha+\beta)\sin(\alpha+\beta)}$$	

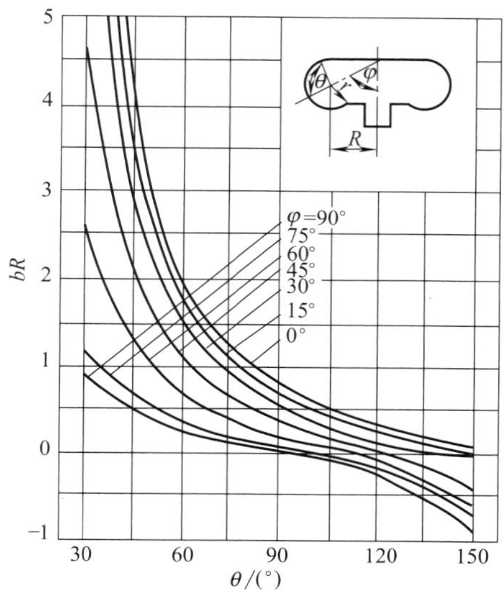

图 10-13-5　自由膜式空气弹簧的形状系数 b

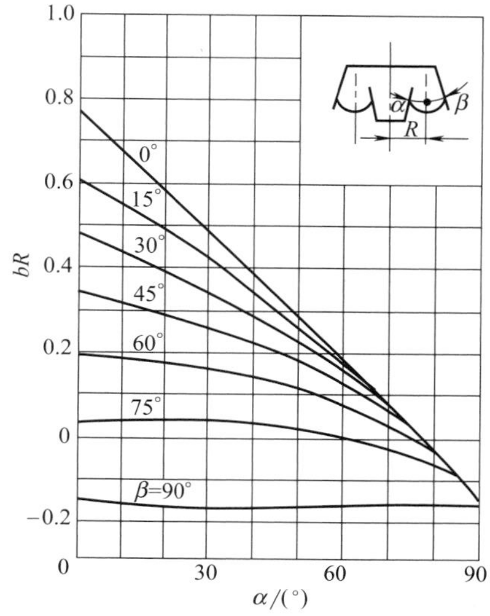

图 10-13-6　约束膜式空气弹簧的形状系数 b

13.4　空气弹簧的计算示例

表 10-13-5　空气弹簧计算示例

项　目		单 位	公 式 及 数 据
已知条件	直筒约束膜式 KZ_2 型转向架		
	空气弹簧有效直径 D	mm	500
	空气弹簧的内容积 V_1	mm^3	2.8×10^7
	附加空气室的容积 V_2	mm^3	6.2×10^7
	空气弹簧的内压力 p	MPa	0.5
	大气压力 p_a	MPa	0.098
	角度 α	(°)	0
	角度 β	(°)	0
	m		1.33
计算项目	形状系数 a		$a=-\frac{1}{R}\times\frac{\sin(\alpha+\beta)+(\pi+\alpha+\beta)\sin\beta}{1+\cos(\alpha+\beta)+\frac{1}{2}(\pi+\alpha+\beta)\sin(\alpha+\beta)}=0$
	垂直刚度 k	N/mm	$k=m(p+p_a)\frac{A^2}{V}+apA$ 式中，$V=V_1+V_2=2.8\times10^7+6.2\times10^7=9.0\times10^7mm^3$ $k=m(p+p_a)\frac{A^2}{V}+apA$ $=1.33\times(0.5+0.098)\times\frac{(1.963\times10^5)^2}{9\times10^7}+0$ $=340.5$

13.5　空气弹簧的应用示例

（1）空气弹簧在矿井进罐摇台上的应用

图 10-13-7 为使用空气弹簧控制的矿井提升罐笼用进罐摇台。取消了配重，使配置结构尺寸紧凑；摇台台面由空气弹簧控制，很平稳；台面下降是靠自重，空气弹簧起缓冲作用；倾斜摇台被充入压力的空气弹簧（并起伸缩汽缸作用）抬起并保持在最高的位置上，终端位置由一机械挡铁限制住，并由另外一锁紧机构加以保险；锁紧机构也同样由一空气弹簧控制。要求倾斜摇台下降时，空气弹簧通过一可调节流

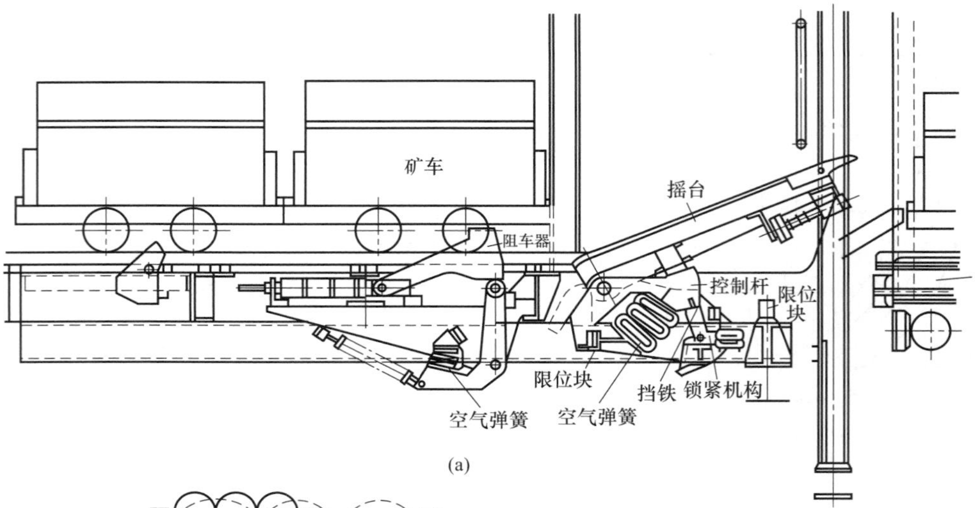

(a)

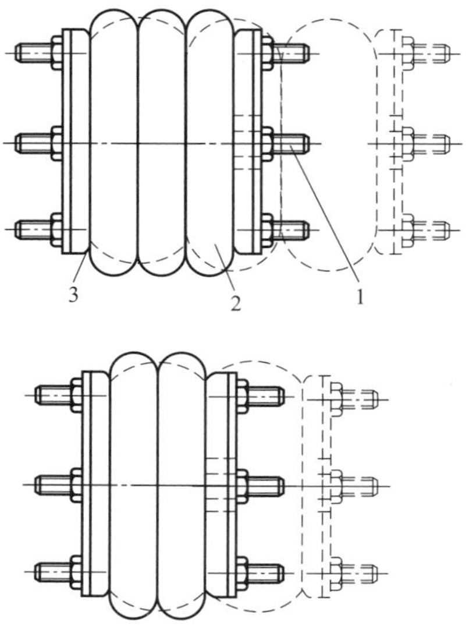

(b)

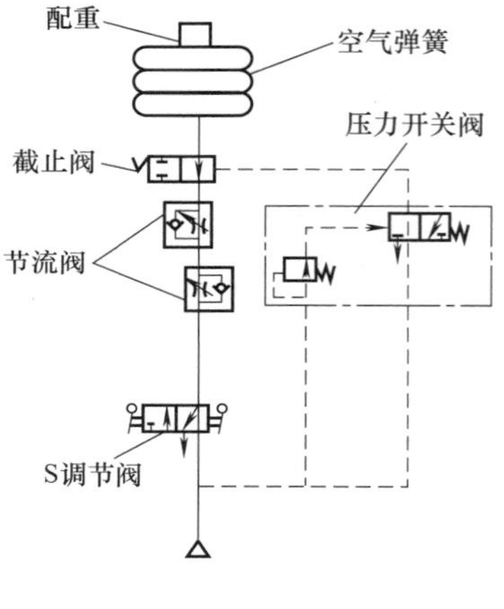

(c) 使用空气弹簧的倾斜摇台控制 示意图

图 10-13-7 空气弹簧在矿井进罐摇台上的应用

1—上底板和下底板，带有不锈钢螺栓和压缩空气接头；2—空气弹簧以及空气弹簧间的耐腐蚀垫圈；3—将空气弹簧固定在底板上的零件

阀排气，倾斜摇台靠自重将空气弹簧压紧并降至罐笼层。在摇台放平时如果罐笼还应向上抬起时，因摇台与控制杠杆没有紧固地连接在一起，摇台的台面可再次抬起，空气弹簧保持无压，直至倾斜摇台台面重新抬起时再通气。

（2）空气弹簧在车辆悬挂装置中的应用

图 10-13-8 为车辆悬挂装置中的空气弹簧应用简图。空气弹簧悬挂系统主要由空气弹簧本体、空气弹簧悬挂的减振阻尼和高度控制阀系统三部分组成。其工作原理为：车体 1 和转向架 2 之间的空气弹簧 4，通过节流孔 5 与附加空气室 3 沟通。用风管将附加空气室与高度控制阀 8 连接。高度控制阀固定在车体上，并通过杠杆 6 和拉杆 7 与转向架 2 连接，空气经主汽缸引至高度控制阀。

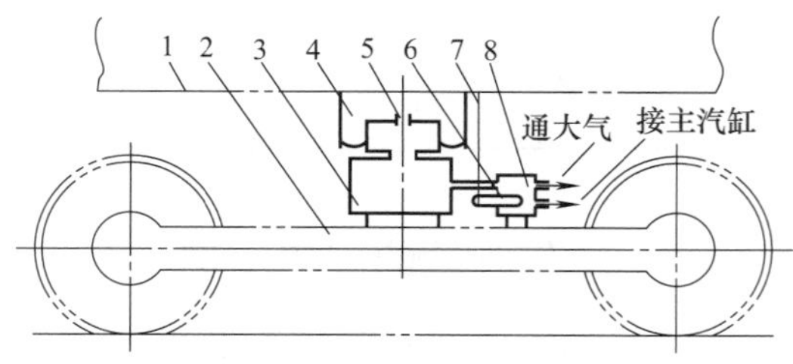

图 10-13-8 空气弹簧在车辆悬挂装置中的应用

1—车体；2—转向架；3—附加空气室；4—空气弹簧；5—节流孔；6—杠杆；7—拉杆；8—高度控制阀

假如空气弹簧上的载荷增加，这时车体将下降，并且高度控制阀的杠杆在拉杆的作用下按顺时针方向转动，因此与主汽缸连接的高度控制阀的进气阀打开，空气开始流入附加空气室和空气弹簧，一直到车体升高到原来位置为止。于是杠杆恢复到原来水平位置，并且高度控制阀的进气阀被关闭。

假如空气弹簧上的载荷减少，这时车体将上升，而高度控制阀的杠杆按逆时针方向转动，通大气的高度控制阀的排气阀被打开，空气从空气弹簧和附加空气室排出，一直到车体降到原来的位置，排气阀被关闭。

所以在高度控制阀的作用下，空气弹簧的高度可以保持不变。如果阀中再设置一个油压减振器和一个缓冲弹簧，起滞后作用，则可以使高度控制阀对动载荷没有反应，只在静载荷变化时才起作用。这样可以避免车辆在运行时空气的消耗。

（3）空气弹簧在压力机上防振装置中的应用

图 10-13-9 为空气弹簧在压力机上防振装置中的应用简图。

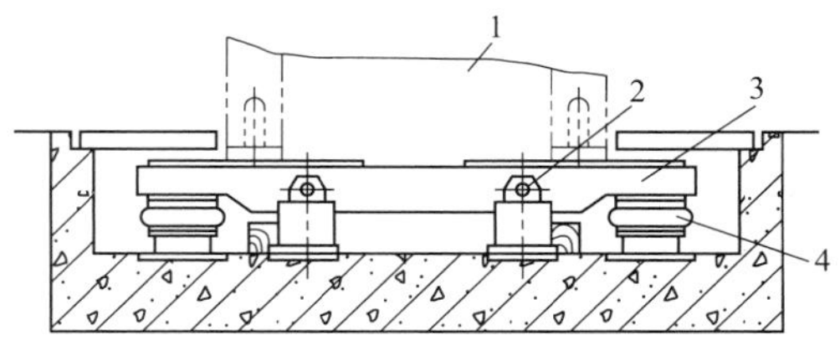

图 10-13-9　空气弹簧在压力机上防振装置中的应用
1—压力机体；2—减振器；3—台架；4—空气弹簧

第14章 膜片及膜盒

14.1 膜片及膜盒的类型及特性

(1) 膜片

膜片是用金属或非金属薄片制成的弹性元件，一般呈圆形。膜片在边缘固定，在气体或液体的压力差和在集中力作用下，膜片将产生变形，使刚性中心产生位移。膜片一般分为平面膜片和波纹膜片两种，如图 10-14-1 所示。

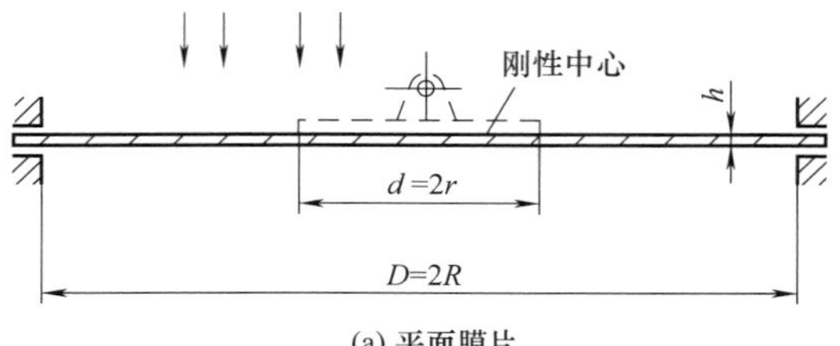

(a) 平面膜片

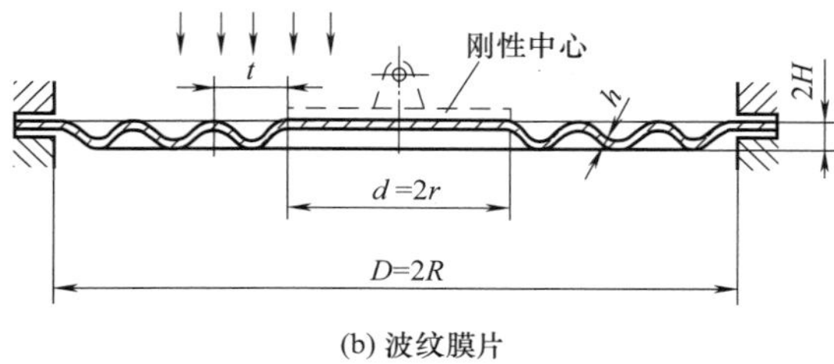

(b) 波纹膜片

图 10-14-1 波纹膜片的横截面

平面膜片［图 10-14-1（a）］压力与中心位移大致呈抛物线关系，平面膜片的位移较小，尤其是线性范围更小，只是膜片厚度的 1/4～1/3，在线性范围内灵敏度较高；超出线性范围后，随位移加大，特性衰减很快。一般应用于电容式、感应式和应变式传感器中；也可进行压力变换，组成压力传感器、磁致伸缩传感器等。

波纹膜片［图 10-14-1（b）］是一个带有环状同心波纹的薄圆片，波纹的形状有正弦形、梯形、锯齿形、圆形和弧形（图 10-14-2）等。波纹膜片具有相当大的位移，且可利用改变波纹形状，取得不同的特性。通常条件下，为了提高膜片的灵敏度，增大位移量，常将膜片组成膜盒使用，如膜式压力计、气压计，飞机上使用的空速表、高度表、升降速度表等。除此之外，还可用作两种介质的隔离元件等。

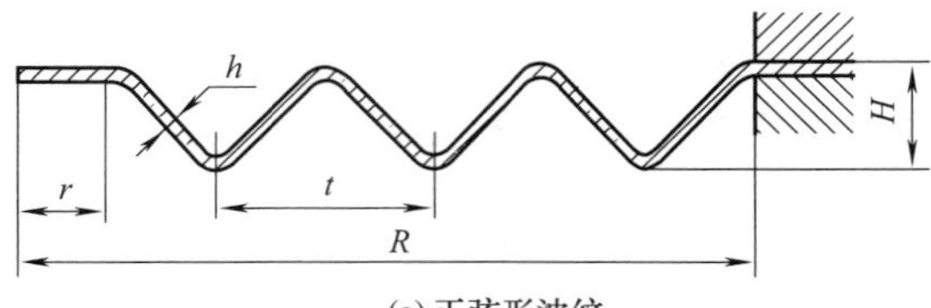

(a) 正弦形波纹

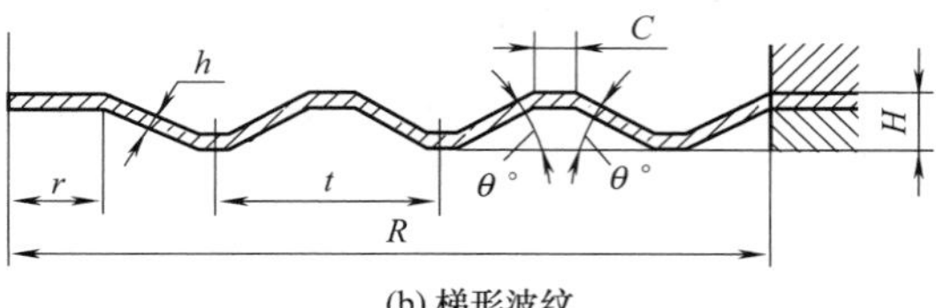

(b) 梯形波纹

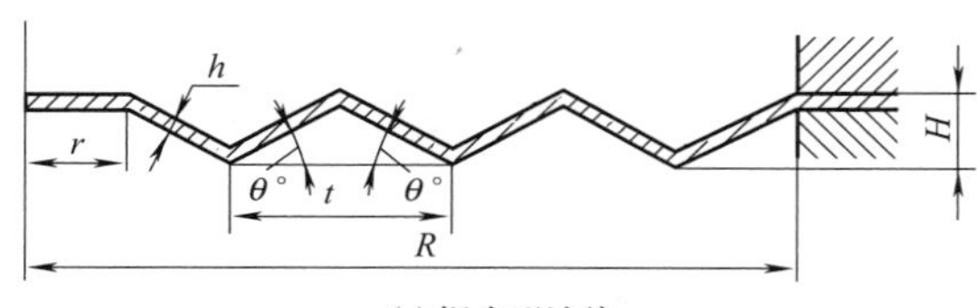

(c) 锯齿形波纹

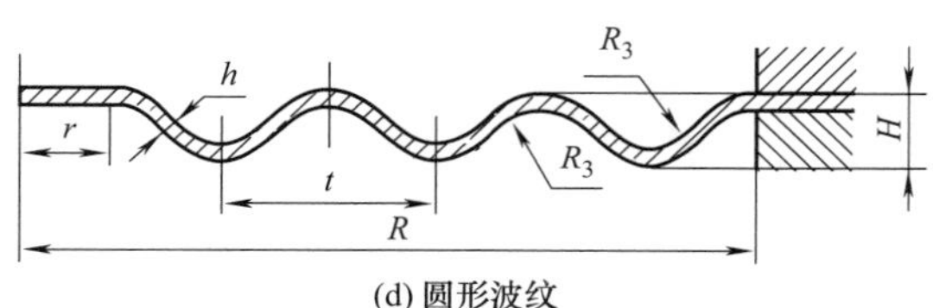

(d) 圆形波纹

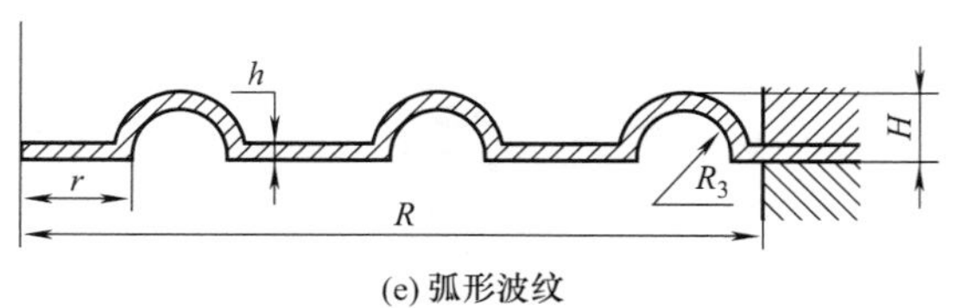

(e) 弧形波纹

图 10-14-2 波纹的形状

膜片作为测量元件的缺点是：迟滞，灵敏度受到环境影响，难以设计出满足预定特性要求的波纹膜片。

(2) 膜盒

膜盒按连接型式可分为 4 类，如图 10-14-3 所示。

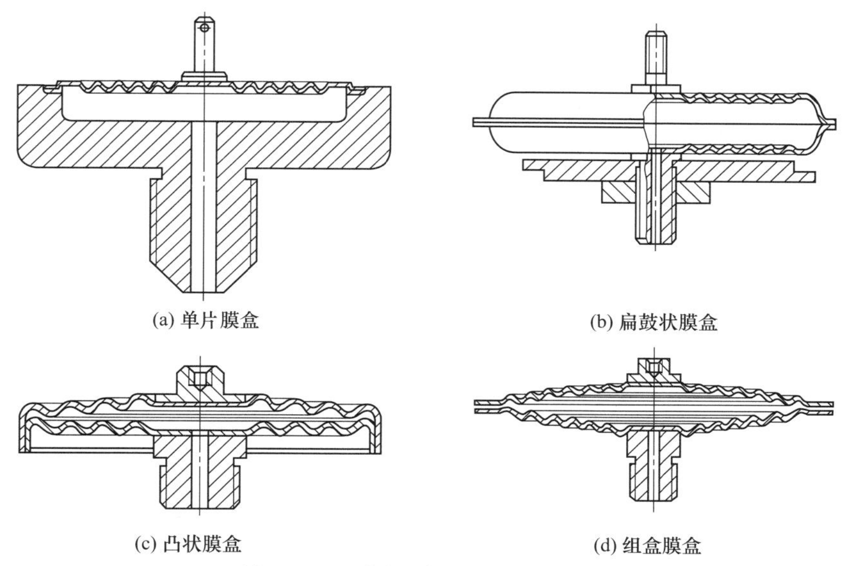
(a) 单片膜盒　(b) 扁鼓状膜盒　(c) 凸状膜盒　(d) 组盒膜盒

图 10-14-3　膜片、膜盒按连接型式分类

14.2　平膜片的设计计算

(1) 小位移平膜片的计算公式

小位移平膜片是指其刚性工作中心位移量远小于自身厚度的薄片。该类型的膜片常应用于力平衡式仪器和应变式的传感器中。周边刚性固定小位移平膜片计算公式列于表 10-14-1。

表 10-14-1　周边刚性固定小位移平膜片计算公式

项　目	单 位	公　式　及　数　据		
		无硬心,受均布力	有硬心,受均布力	有硬心,受集中力
位移 ω_0	mm	图(a) $\frac{pR^4}{Eh^4}=\frac{16}{3(1-\mu^2)}\times\frac{\omega_0}{h}$ $=5.86\frac{\omega_0}{h}$ 式中,$\mu=0.3$ $\omega_0=\frac{pR^4}{5.86Eh^3}$	图(b) $\omega_0=A_p\frac{pR^4}{Eh^3}$ 式中,$A_p=\frac{3(1-\mu^2)}{16}\times\frac{c^4-1-4c^2\ln c}{c^4}$	图(c) $\omega_0=A_Q\frac{QR^2}{Eh^3}$ 式中,$A_Q=\frac{3(1-\mu^2)}{\pi}\times\left(\frac{c^4-1}{4c^4}-\frac{\ln^2 c}{c^2-1}\right)$
最大应力 σ	MPa	$\sigma=\frac{3}{4}\times\frac{pR^2}{h^2}\sqrt{1-\mu+\mu^2}$ $=0.667\frac{pR^2}{h^2}$ 式中,$\mu=0.3$	$\sigma_r=\pm B\frac{Eh\omega_0}{R^2}$ 式中, $B_p=\frac{4}{1-\mu^2}\times\frac{c^2(c^2-1)}{c^4-1-4c^2\ln c}$ $\sigma_t=\mu\sigma_r$ $\sigma=\sqrt{\sigma_r^2+\sigma_t^2-\sigma_r\sigma_t}$	$\sigma_{rw}=\pm B_{Qw}\frac{Eh\omega_0}{R^2}$ $\sigma_{rn}=\pm B_{Qn}\frac{Eh\omega_0}{R^2}$ 式中, $B_{Qw}=\frac{2}{1-\mu^2}\times\frac{c^2(c^2-1-2\ln c)}{(c^2-1)^2-4c^2\ln^2 c}$ $B_{Qn}=\frac{2}{1-\mu^2}\times\frac{c^2(2c^2\ln c-c^2+1)}{(c^2-1)^2-4c^2\ln^2 c}$ $\sigma_t=\mu\sigma_r$ $\sigma=\sqrt{\sigma_r^2+\sigma_t^2-\sigma_r\sigma_t}$

续表

项　目	单 位	公 式 及 数 据	
最大允许载荷 p_{max}或 Q	MPa 或 N	$p_{max}=1.5\dfrac{h^2}{R^2}\sigma_p$	有硬心，受均布力 p 和集中力 Q，将位移公式代入应力公式，并使 $\sigma=\sigma_p$，即可求出
最大允许位移 ω_{max}	mm	$\omega_0=0.256\sigma_p\dfrac{R^2}{Eh}$	有硬心，受均布力 p 和集中力 Q，将 p_{max} 或 Q_{max} 代入位移方程，即可求出
有效面积 F_e	mm²	$F_e=\dfrac{\pi}{16}(D+d)^2$	
符号意义		p——作用于膜片上的压力，MPa；R——膜片工作半径，mm；h——膜片厚度，mm；E——弹性模量，MPa；μ——泊松比，$\mu=0.3$；c——系数，$c=R/r_0$；r_0——硬心半径，mm；Q——作用于膜片中心的集中力，N；σ_r——径向应力，MPa；σ_t——切向应力，MPa；σ_{rw}——外表面径向应力，MPa；σ_{rn}——内表面径向应力，MPa；σ_p——许用应力，MPa；D——膜片工作直径，mm；d——硬心直径，mm	

（2）大位移平膜片的计算公式

大位移平膜片是指其刚性工作中心的位移量是厚度的几倍甚至几十倍的膜片，大位移平膜片应用于位移式仪表中。周边夹紧并受均布力 p 的大位移平膜片计算公式列于表 10-14-2，相关量之间的曲线关系见图 10-14-4～图 10-14-7。

表 10-14-2　周边夹紧并受均布力 p 的大位移平膜片计算公式

项　目	参数的无量纲公式	
	无硬心，受均布力	有硬心，受均布力
位移 $\overline{\omega}$	$\overline{\omega}=\dfrac{\omega_0}{h}$ 式中　ω_0——膜片中心位移，mm h——膜片厚度，mm	
压力 $\overline{p}$	$\overline{p}=\dfrac{pR^4}{Eh^4}$ 式中　p——膜片上的压力，MPa R——膜片厚度，mm E——弹性模量，MPa	
应力 $\overline{\sigma}$	$\overline{\sigma}=\dfrac{\sigma R^2}{Eh^2}$ 式中　σ——最大应力，MPa	
容积 $\overline{v}$	$\overline{v}=\dfrac{V}{\pi R^2 h}$ 式中　V——膜片位移时所包含的容积，mm³	
硬心相对半径 ρ_0		$\rho_0=\dfrac{r_0}{R}$ 式中　r_0——硬心半径，mm
相对有效面积 f_0		$f_0=\dfrac{F_e}{\pi R^2}$ 式中　F_e——有效面积，mm²

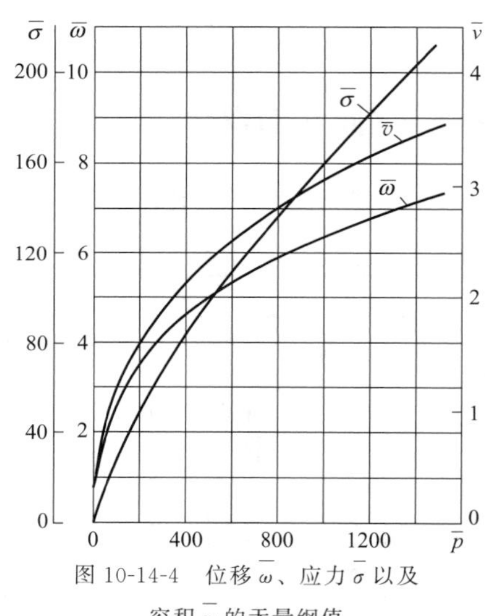

图 10-14-4　位移 $\overline{\omega}$、应力 $\overline{\sigma}$ 以及容积 $\overline{v}$ 的无量纲值

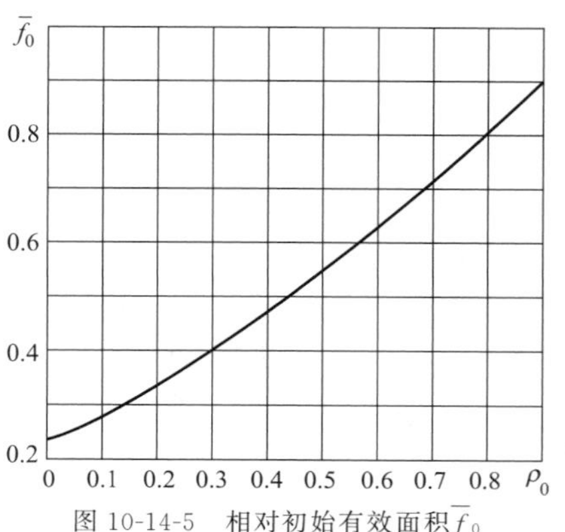

图 10-14-5　相对初始有效面积 $\overline{f_0}$

第 10 篇

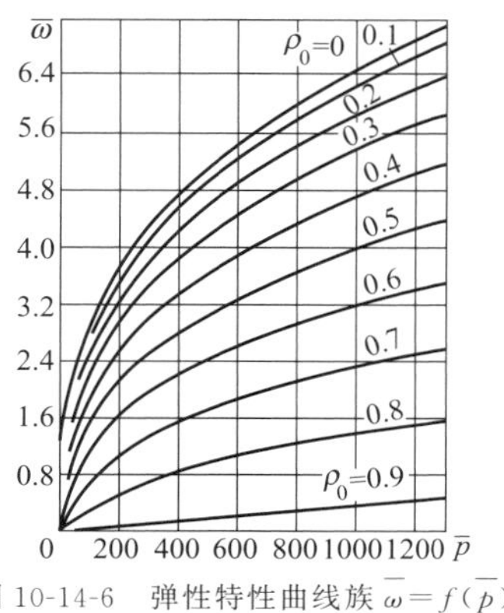

图 10-14-6　弹性特性曲线族 $\overline{\omega}=f(\overline{p})$

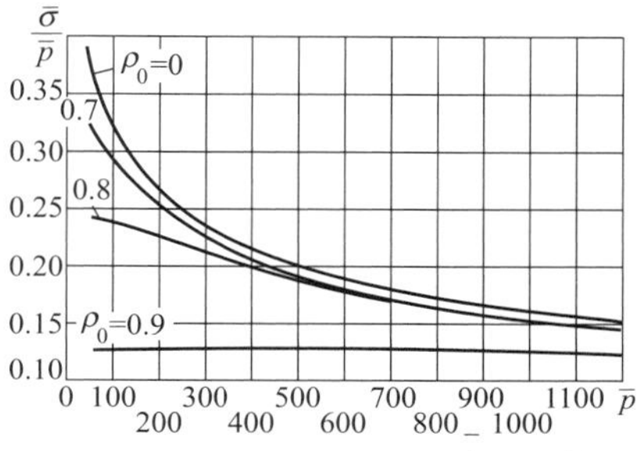

图 10-14-7　无量纲应力线族 $\frac{s}{p}=f(\overline{p})$

(3) 平膜片计算示例

例 1　求无硬心膜片在已知工作压力 $p=0.04$MPa 时的位移，容积变化和安全系数。膜片的材料为 3J1，$E=210000$MPa，屈服极限 $\sigma_s=882$MPa，膜片的工作半径 $R=100$mm，厚度 $h=0.4$mm。

表 10-14-3　　**计算示例一**

项　目	单　位	公式及数据
确定无量纲压力参数 $\overline{p}$		为了确定是大位移、还是小位移膜片，首先计算位移 w_0： $\omega_0=\frac{pR^4}{5.86Eh^3}=\frac{0.04\times100^4}{5.86\times210000\times0.4^3}=50.8$mm $\omega_0\gg h$，为此要应用图 10-14-4 的图线，无量纲压力参数 $\overline{p}=\frac{pR^4}{Eh^4}=\frac{0.04\times100^4}{210000\times0.4^4}=744$
求 $\overline{\omega}$、$\overline{v}$、$\overline{\sigma}$		根据 $\overline{p}=744$，按图 10-14-4 查出：$\overline{\omega}=5.75$；$\overline{v}=2.7$；$\overline{\sigma}=130$
位移 ω_0	mm	根据 $\overline{\omega}=\frac{\omega_0}{h}=5.75$ 所以 $\omega_0=5.75h=5.75\times0.4=2.3$
有效容积 V	mm^3	$V=\overline{v}\pi R^2h=2.7\times3.14\times100^2\times0.4=33900$
最大应力 σ	N/mm^2	$\sigma=\overline{\sigma}\frac{Eh^2}{R^2}=130\times\frac{210000\times0.4^2}{100^2}=437$
安全系数 n		$n=\frac{\sigma_s}{\sigma}=\frac{882}{437}=2.01$

例2　膜片尺寸 $R=125$mm，$h=0.5$mm，压力 $p=0.02$MPa，材料为 QBe2，$E=1.35\times10^5$MPa，屈服极限 $\sigma_s=960$MPa，求硬心半径 r_0，如果膜片的有效面积 $F_e=3.14\times10^4$mm^2，再求出膜片中心的位移和膜片的安全系数。

表 10-14-4　　**计算示例二**

项　目	单 位	公式及数据
相对有效面积 $\overline{f}_0$		$\overline{f}_0=\frac{F_e}{\pi R^2}=\frac{3.14\times10^4}{3.14\times125^2}=0.64$
硬心半径 r_0	mm	根据图 10-14-5，找出相应于 $\overline{f}_0=0.6$ 的硬心相对半径 $\rho_0=\frac{r_0}{R}=0.6$ 因此，硬心半径 $r_0=0.6\times125=75$
位移 ω_0	mm	根据图 10-14-6，由 $\rho_0=\frac{pR^4}{Eh^4}=\frac{0.02\times125^4}{1.35\times10^5\times0.5}=580$ 与 $\rho_0=0.6$ 时的图线，找到 $\overline{\omega}=\frac{\omega_0}{h}=2.6$ 由此，位移 $\omega_0=2.6h=2.6\times0.5=1.3$

续表

项　目	单 位	公 式 及 数 据
最大应力 σ	MPa	根据图 10-14-7，由 $\overline{p}=580$ 与 $\rho_0=0.6$ 时的图线，找到 $\dfrac{\overline{\sigma}}{\overline{p}}=0.19$ 所以 $\overline{\sigma}=0.19\ \overline{p}=0.19\times580=110$ 根据公式 $\overline{\sigma}=\dfrac{\sigma R^2}{Eh^2}$，则 $\sigma=\dfrac{\overline{\sigma}Eh^2}{R^2}=\dfrac{110\times1.35\times10^5\times0.5^2}{125^2}=240$
安全系数 n		$n=\dfrac{\sigma_s}{\sigma}=\dfrac{960}{240}=4$

14.3 波纹膜片的设计计算

(1) 波纹膜片的计算公式（表 10-14-5）

表 10-14-5　　波纹膜片的计算公式

项　目		单 位	公 式 及 数 据	说　明
弹性特性方程			$\dfrac{pR^4}{Eh^4}=a\dfrac{\omega_0}{h}+b\dfrac{\omega_0^3}{h^3}$ 式中： $a=\dfrac{2(3+\alpha)(1-\alpha)}{3K_1\left(1-\dfrac{\mu^2}{\alpha^2}\right)}$ $b=\dfrac{32K_1}{\alpha^2-9}\left[\dfrac{1}{6}-\dfrac{3-\mu}{(\alpha+3)(\alpha-\mu)}\right]$	此弹性特性方程不仅适用于无硬心波纹膜片，而且也适用于小波纹（$H/h<4\sim6$）、相对半径 $\rho_0=r_0/R\leqslant0.2\sim0.3$ 和大波纹（$H/h\geqslant8\sim10$）、相对半径 $\rho_0\leqslant0.4\sim0.5$ 的有硬心波纹膜片
弹性特性的非线性度 γ			$\gamma=\dfrac{\Delta}{w_{0\max}}\times100\%$	p——压力，MPa R，h——膜片工作半径、厚度，mm α——系数，$\alpha=\sqrt{k_1k_2}$ k_1，k_2——按表 10-14-6 查 Δ——连接坐标原点与特性曲线工作段终点的直线同非线性特性曲线间挠度的最大误差 ω_0——位移，mm σ——最大应力，MPa
无量纲参数表	位移 $\overline{\omega}$		$\overline{\omega}=\dfrac{\omega_0}{h}$	
	压力 $\overline{p}$		$\overline{p}=\dfrac{pR^4}{Eh^4}$	
	刚度 $\dfrac{\overline{p}}{\overline{u}}$		$\dfrac{\overline{p}}{\overline{u}}=\dfrac{p}{E}\times\left(\dfrac{R}{h}\right)^3\times\dfrac{R}{w_0}$	
	$\dfrac{\overline{\sigma}}{\overline{p}}$ 值		$\dfrac{\overline{\sigma}}{\overline{p}}=\dfrac{\sigma h^2}{pR^2}$	
	初始有效面积 f_0		$f_0=\dfrac{F_e}{\pi R^2}$	

表 10-14-6　　k_1、k_2 值

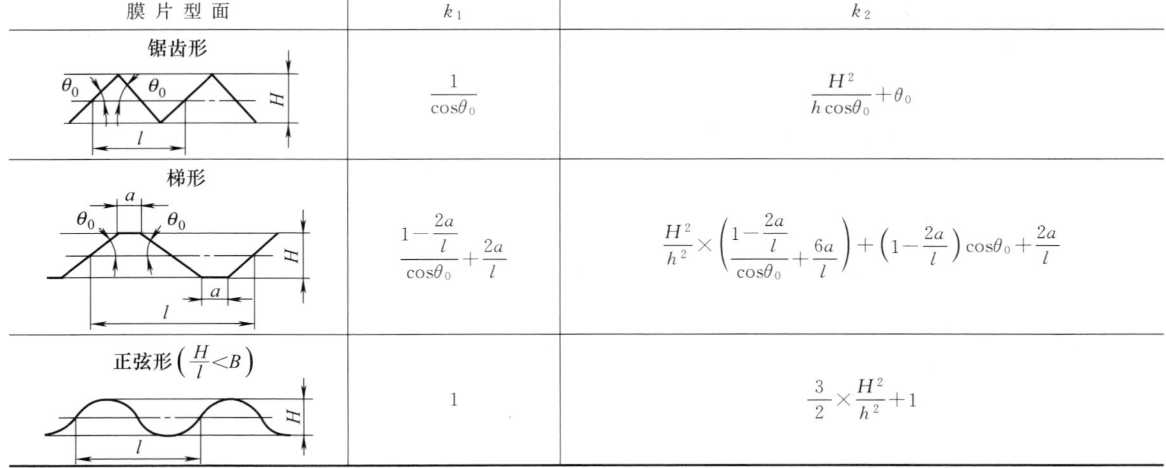

膜 片 型 面	k_1	k_2
锯齿形	$\dfrac{1}{\cos\theta_0}$	$\dfrac{H^2}{h\cos\theta_0}+\theta_0$
梯形	$\dfrac{1-\dfrac{2a}{l}}{\cos\theta_0}+\dfrac{2a}{l}$	$\dfrac{H^2}{h^2}\times\left(\dfrac{1-\dfrac{2a}{l}}{\cos\theta_0}+\dfrac{6a}{l}\right)+\left(1-\dfrac{2a}{l}\right)\cos\theta_0+\dfrac{2a}{l}$
正弦形 $\left(\dfrac{H}{l}<B\right)$	1	$\dfrac{3}{2}\times\dfrac{H^2}{h^2}+1$

(2) 波纹膜片的计算示例

例 1 绘制波纹膜盒的弹性特性曲线，膜盒由两个相同的锯齿形膜片组成，膜片的尺寸：$R=36.7$mm，$r_0=7$mm，$H=1.02$mm，$n=0.125$mm；材料为 QBe2，弹性模量 $E=1.35\times10^5$MPa，$n=3$。

表 10-14-7 **计算示例一**

项目	单位	公式及数据
确定波长 l	mm	$l=\dfrac{R-r_0}{n}=\dfrac{36.7-7}{3}=9.9$
倾角 θ_0	(°)	$\theta_0=\arctan\dfrac{H}{l}=\arctan\dfrac{1.02}{9.9}\approx6$
求系数 a 及 b		根据图 10-14-8，当$\dfrac{H}{h}=\dfrac{1.02}{0.125}=8.16$，$\theta_0=6°$时，求出系数 $a=69$；$b=0.073$
弹性特性曲线方程式		将系数 a 及 b 代入弹性特性方程，则得其特性曲线方程式 $p=\dfrac{Eh}{R^4}(ah^2\overline{\omega}_0+\overline{b\omega}_0^3)=0.00977\overline{\omega}_0+0.000661\overline{\omega}_0^3$
波纹膜盒的特性曲线		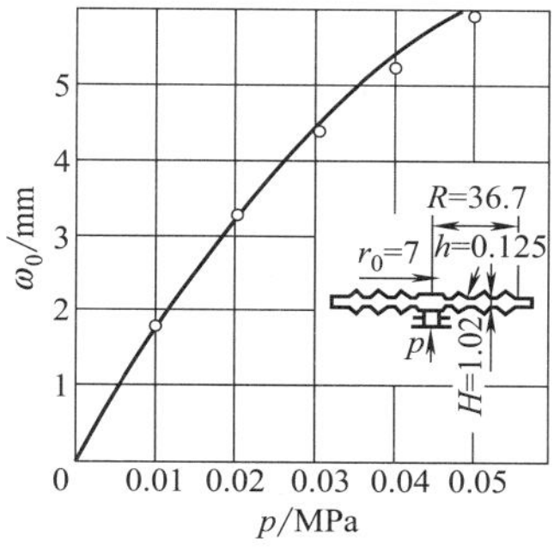 特性曲线(考虑到膜盒位移比一个膜片的位移大一倍)

例 2 求均等正弦曲线形膜片的位移、有效面积、安全系数和膜片特性线的非线性度。材料为 QBe2，弹性模量为 1.35×10^5MPa，屈服极限为 0.16MPa，膜片尺寸 $R=25$mm，$H=1$mm，$h=0.2$mm。

表 10-14-8 **计算示例二**

项目	单位	公式及数据
确定$\dfrac{\overline{p}}{\overline{\omega}}$，$\dfrac{\overline{\sigma}}{\overline{p}}$，$f_0$的值		根据深度比 $H/h=1/0.2=5$，按图 10-14-9 的曲线，确定当 $a=0$ 时无量纲参数值 $\dfrac{\overline{p}}{\overline{\omega}}=48$，$\dfrac{\overline{\sigma}}{\overline{p}}=0.23$，$f_0=0.417$
位移 ω_0	mm	$\omega_0=\dfrac{pR}{E}\times\left(\dfrac{R}{h}\right)^3\times\dfrac{\overline{\omega}}{\overline{p}}=\dfrac{0.16\times25}{1.35\times10^5}\times\left(\dfrac{25}{0.2}\right)^3\times\dfrac{1}{48}=1.24$
最大应力 σ	MPa	$\sigma=p\dfrac{\overline{\sigma}}{\overline{p}}\times\left(\dfrac{R}{h}\right)^2=0.16\times0.23\times\left(\dfrac{25}{0.2}\right)^2=574$
有效面积 F_e	mm^2	$F_e=f_0\pi R^2=0.417\times3.14\times25^2=818$
安全系数 n		$n=\dfrac{\sigma_s}{\sigma}=\dfrac{960}{574}=1.67$
弹性特性曲线的非线性度 γ		首先计算 $\overline{p}=\dfrac{pR^4}{Eh^4}=\dfrac{0.16\times25^4}{1.35\times10^5\times0.2^4}=297$。根据图 10-14-11，由 $\overline{p}=297$，$H/h=5$，求得特性曲线的非线性度 $\gamma\approx2\%$

图 10-14-9、图 10-14-11 和图 10-14-12 中的 α 值是对应的。

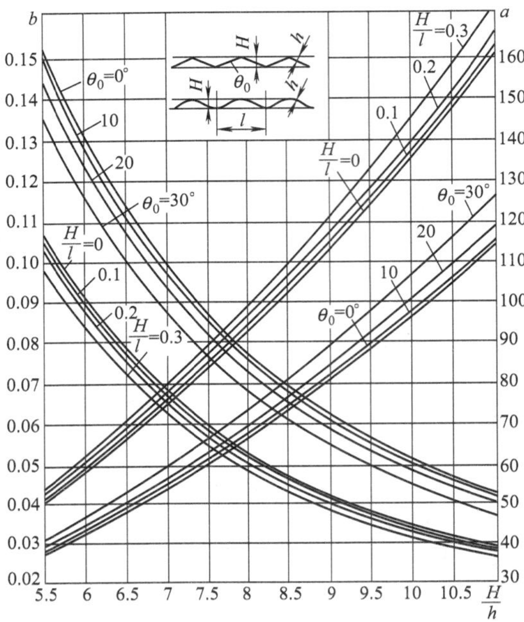

图 10-14-8 系数 a 及 b 变化图

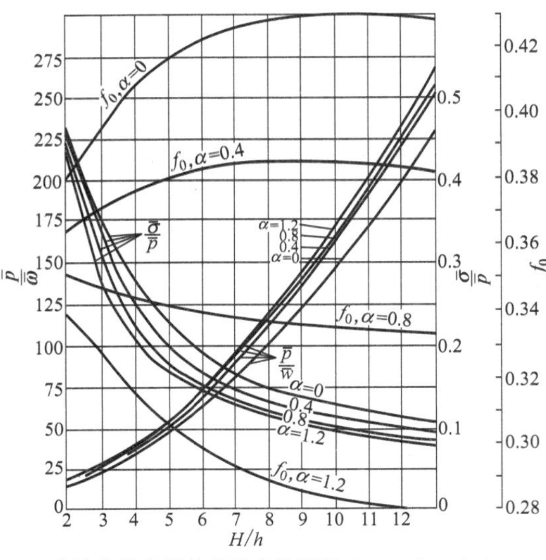

其波纹沿半径具有恒定的深度（$\alpha=0$ 和 $\alpha\neq0$）

α 为断面深度的不均匀系数，$\alpha=(H_3-H_1)/H_2$

H_1、H_2、H_3 如图 10-14-10 所示

图 10-14-9 膜片计算图

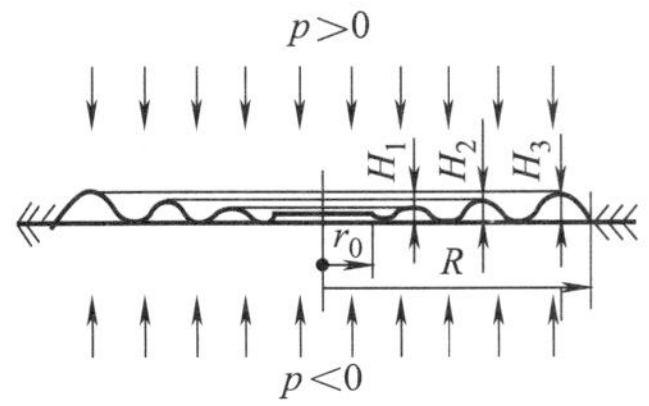

图 10-14-10 断面深度不均匀的膜片

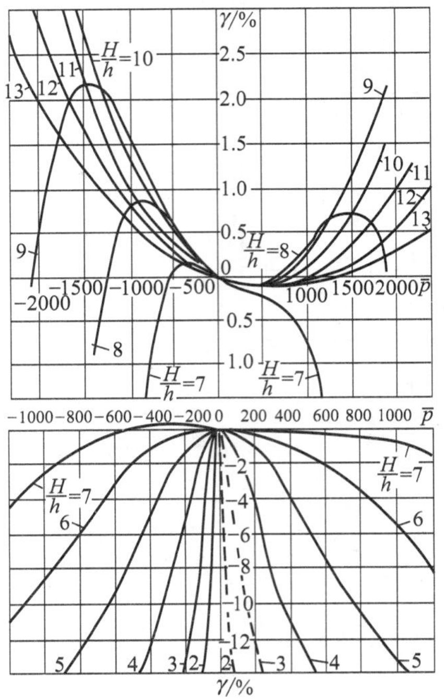

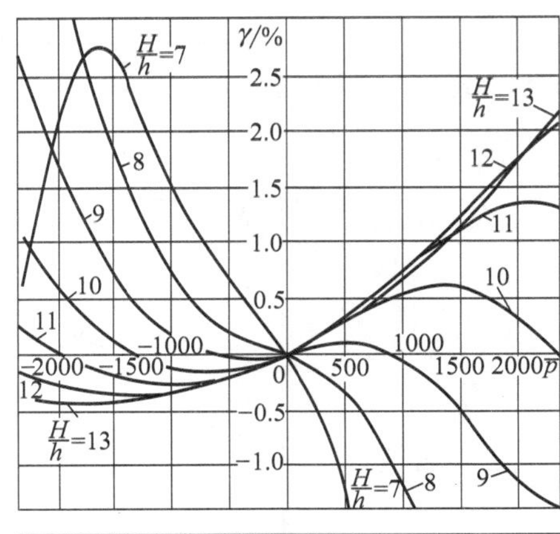

图 10-14-11 具有周期性变化断面膜片（$\alpha=0$）的非线性度 $\gamma=f(\overline{p})$ 的线图

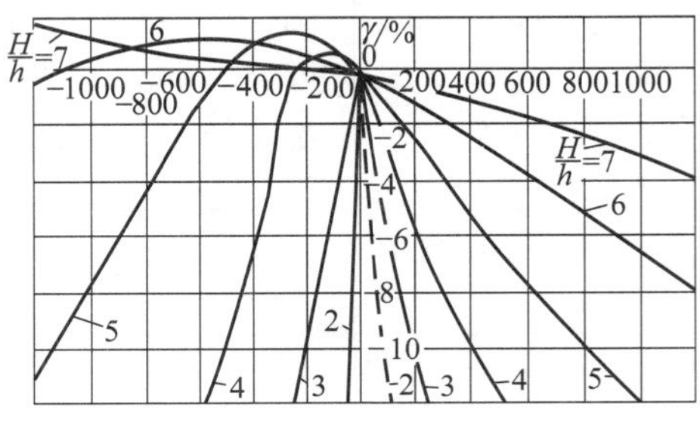

图 10-14-12 波纹深度可变的膜片（$\alpha=1.2$）的非线性度 $\gamma=f(\overline{p})$ 的线图

14.4　膜片的材料

膜片材料应具备：足够的伸长率和强度，结构组织均匀，能防锈，便于焊接；应具有良好的塑性，以便制出凹凸较大的波纹；弹性模量温度系数要小。

膜片常用材料及性能见表 10-14-9。

表 10-14-9　　膜片常用材料及性能

材料名称	特　性
CuBe2	力学性能优良，防锈性极好，淬火后塑性好，易于形成复杂形状的波纹。其缺点是成本高，在热处理时易发生扭曲变形，但用特殊夹具可以减少变形
CuZn20Ni15	比黄铜的防锈性好，易于钎焊和熔焊
CuSn4Zn3、CuSn6P	强度高，伸长率大、硬度高，能承受冲击和振动，有很好的防锈性。锡青铜膜片特性曲线稳定，弹性迟滞和弹性后效作用小；便于钎焊和熔焊
1Cr18Ni9Ti	防锈性较高，可制造在腐蚀性介质中工作的波纹膜片。但不能钎焊，而电焊膜盒极为复杂，成本高昂
T8A、T10A、65Mn	适于制造承受载荷的膜片。钢制波纹膜片弹性迟滞较大，不易焊接
CuZn38	性能远逊于锡青铜膜片，只能用于制造不重要的波纹膜片。冷作过的黄铜易产生裂缝，且弹性迟滞和弹性后效作用较大
4J36、4J32	低膨胀合金 4J36 在温度 0～100℃、4J32 在温度 −60～100℃ 范围内具有很低的线胀系数，塑性好，适用于要求弹性不随温度变化的波纹膜片
Ni36CrTiAl、Ni42CrTi	弹性元件用合金 Ni36CrTiAl 有磁性；在磷酸、含硫石油等介质中耐腐蚀；温度在 200℃ 以下有良好的弹性，经时效处理后可获得很高的强度和弹性；加工性能和焊接性能良好。Ni42CrTi 合金温度在 −60～100℃ 范围内具有低的弹性模量温度系数；较高的弹性和强度；加工性能好

14.5　膜片及膜盒的尺寸系列

（1）膜片尺寸系列（表 10-14-10）

表 10-14-10　　膜片尺寸系列

型　号	工作压力 /10^4 MPa	位移 /mm	迟滞误差 /%	非线性误差 /%	外形尺寸/mm 外径 D_1	工作直径 D	平硬心直径 d_0	波纹高度 H	厚度 h	材　料
MP15×12					15	12	4.5		0.05～0.1	QBE2
MP20×17	0～343.35	>0.3	1.5	1.5	20	17	4.5		0.33	
	0～245.25	>0.3	1.5	1.5	20	17	4.5		0.45	
MP30×25	0～9.81				30	25	4		0.064	
MP30×26					30	26	7		0.1	
MP34×29.5					34	29.5	13			
MP47×37					47	37	5		0.1	
MP53×48					53	48	12		0.18	
MP195×60						60	22		0.19	
									0.14	
									0.14	
									0.19	
									24	
									0.24	
									0.3	
									0.4	
									0.58	
									0.68	
									1.07	
									0.22	
									0.3	
									0.35	
									0.45	

续表

型　号	工作压力 /10^4MPa	位移 /mm	迟滞误差 /%	非线性误差 /%	外形尺寸/mm 外径 D_1	工作直径 D	平硬心直径 d_0	波纹高度 H	厚度 h	材　料
MP94.5		1～2		2	94.5	62.5	15.5	3	0.11	Ni36CrTiAl
									0.16	
									0.2	
									0.25	
									0.36	
							18.5	3.63	0.45	
									0.6	
									0.75	
									0.95	

(2) 膜盒尺寸系列（表 10-14-11）

表 10-14-11　　膜盒尺寸系列

型　号	工作压力 /10^4MPa	位移 /mm	迟滞误差 /%	非线性性误差 /%	外形尺寸/mm 外径 D_1	工作直径 D	平硬心直径 d_0	波纹高度 H	厚度 h	材　料
MH40×36	0～5886 0～9810	0.9～1.3			40	36			0.056 0.065	QSn6.5-0.1
MH40×37	0～15696 0～19620	1.2～1.8	<1		40	37	7.4	4.5	0.06 0.075	1Cr18Ni9Ti QSn6.5-0.1
MH54×49	－6867～7848	±1			53	49	12	6	0.25	Cr18Ni12Mo
MH64×60	－4905～0 －1962～0	1.2 1.5	<1	<1.5	64	60	11	6	0.16	3J1 1Cr18Ni9Ti
MH100×96	±490.5,0～981,－981～0	1.7～2.2	<1.5		100	96	16	6.5	0.065	QSn6.5-0.1
	±588.6,0～1177.2,－1177.2～0								0.075	
	±784.8,0～1569.6,－1569.6～0								0.08	
	±981.0,0～1962,－1962～0								0.11	
	±1177.2,0～2452.5,－2452.5～0								0.115	
	±1471.5,0～2943,－2943～0								0.125	
	±1962,0～3924,－3924～0							7.5	0.13	
	±2452,0～4905,－4905～0								0.15	
	±2943,0～5886,－5886～0								0.17	
	±3924,0～7848,－7848～0									
	±4905,0～9810,－9810～0								0.23	
	±5886,0～11772,－11772～0							8		
	±7848,0～15696,－15696～0								0.18	
	±9810,0～19620,－19620～0							7.5	0.26	
	±11772,0～24525,－24525～0								0.3	
	±14715,0～29430,－29430～0									
	±19620,0～39240,－39240～0								0.43	
	±490.5,0～981,－981～0	2～3						6.5	0.055	
	±588.6,0～1177.2,－1177.2～0								0.065	
	±784.8,0～1569.6,－1569.6～0								0.075	
	±981.0,0～1962,－1963～0								0.09	
	±1177.2,0～2452.5,－2452.5～0								0.10	
	±1471.5,0～2943,－2943～0								0.11	
	±1962,0～3924,－3924～0							7.5	0.105	
	±2452.5,0～4905,－4905～0								0.12	
	±2943,0～5886,－5886～0								0.135	
	±3924,0～7848,－7848～0									
	±4905,0～9810,－9810～0								0.17	
	±5886,0～11772,－11772～0									
	±7848,0～15696,－15696～0								0.26	
	±9810,0～19620,－19620～0									
	±11772,0～24525,－24525～0							8	0.23	
	±14715,0～29430,－29430～0									
	±19620,0～39240,－39240～0									

14.6 膜片的应用示例

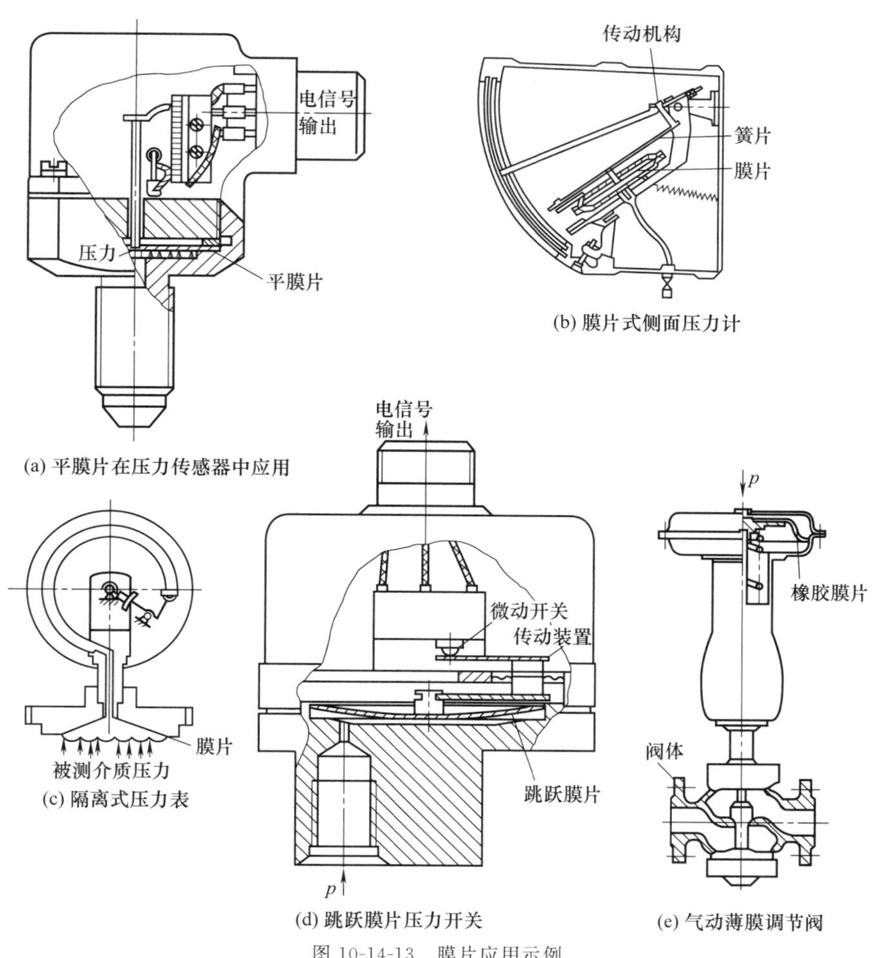

图 10-14-13 膜片应用示例

第 15 章 压力弹簧管

15.1 压力弹簧管的类型及用途

压力弹簧管是具有椭圆形、扁平形或偏心圆等不同形状的截面，且一端固定、一端自由并封闭的金属管，其类型列于表 10-15-1。工作时，一般将压力弹簧管的开口端固定，当管的内腔受到流体压力 p 作用时，管的曲率改变，自由端产生直线位移。压力弹簧管广泛应用于压力表和压力转换器中，如压力、液面、流量和温度等调节器的转换器。与其他测压元件相比，压力弹簧管具有测压范围广、结构简单、制造容易、使用可靠等特点。

表 10-15-1 压力弹簧管的类型

形 状	名 称	形 状	名 称
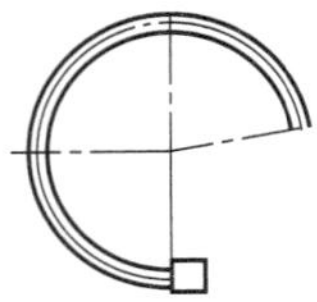	C 形弹簧管(单圈)	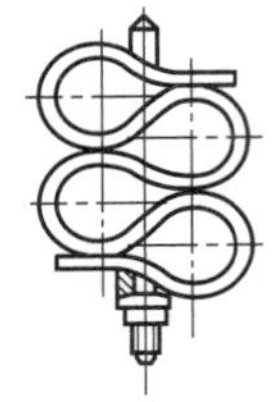	S 形弹簧管
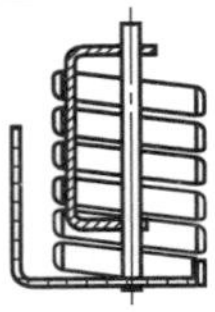	螺旋形弹簧管	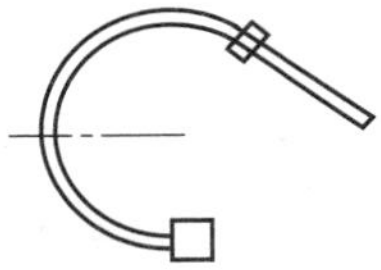	直尾管
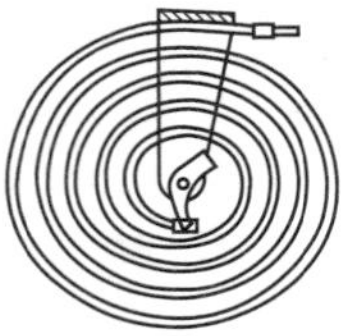	盘形弹簧管		麻花管

表 10-15-2 压力弹簧管的截面形状

序 号	图 形	序 号	图 形
1	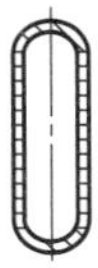 扁圆形	3	 D形
2	 椭圆形	4	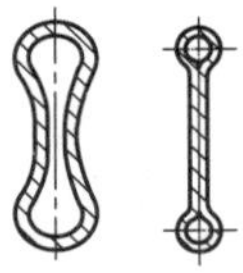 哑铃形

续表

序　号	图　形	序　号	图　形
5	偏心形	6	H形

15.2　压力弹簧管的设计计算

图 10-15-1 所示为扁圆形弹簧管的特性线。可以看出，在一定压力范围内，弹簧管的工作压力与行程呈线性关系。

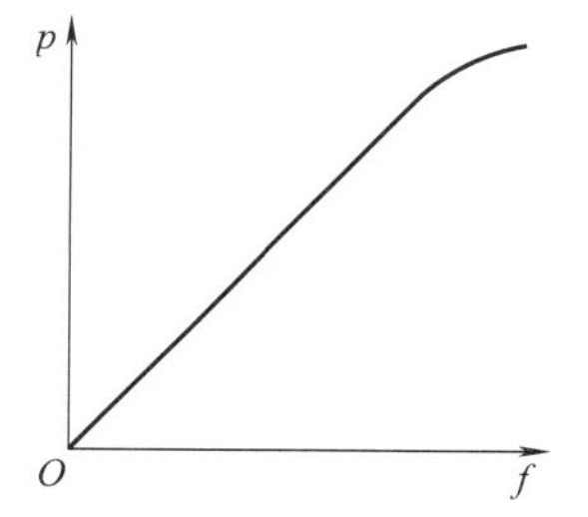

图 10-15-1　扁圆形弹簧管的特性线

压力弹簧管的设计主要是根据装置的要求和已有数据（包括弹簧管的系列标准），初选弹簧管的几何形状尺寸，进行刚度和牵引力的计算，经过试制和试验后，最终确定弹簧管的尺寸和形状。常用的弹簧管形状为 C 形（270°左右），见表 10-15-1。

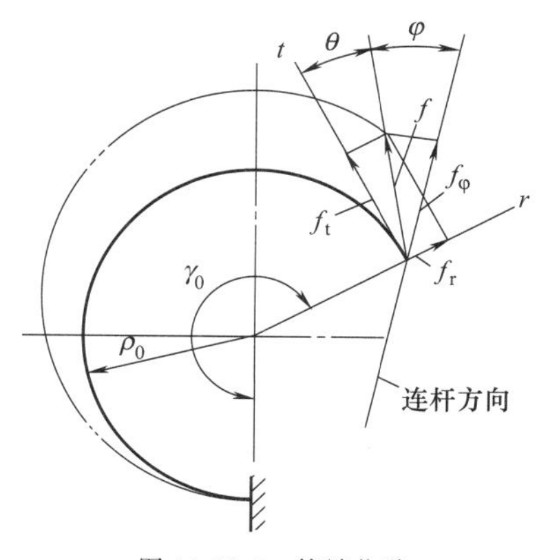

图 10-15-2　管端位移

15.2.1　承受低压的单圈薄壁弹簧管的计算

当 $\delta/b \leqslant 0.7$ 时属于薄壁弹簧管，所以承受较低的压力。

表 10-15-3　　单圈薄壁弹簧管的计算

计算内容	物理量	计算公式
刚度(位移)计算	切向位移	$x=\rho_0\delta/a^2$ $f_t=[p(1-\nu^2)\rho_0^3/(Eb\delta)][\alpha(1-b^2/a^2)/(\beta+x^2)](\gamma_0-\sin\gamma_0)$
	径向位移	$f_r=[p(1-\nu^2)\rho_0^3/(Eb\delta)][\alpha(1-b^2/a^2)/(\beta+x^2)](\gamma_0-\cos\gamma_0)$
	总位移	$f=[p(1-\nu^2)\rho_0^3/(Eb\delta)][\alpha(1-b^2/a^2)/(\beta+x^2)][(\gamma_0-\sin\gamma_0)^2+(\gamma_0-\cos\gamma_0)^2]^{1/2}$
	总位移与切线方向夹角	$\theta=\arccos\{(\gamma_0-\sin\gamma_0)/[(\gamma_0-\sin\gamma_0)^2+(\gamma_0-\cos\gamma_0)^2]^{1/2}\}$
牵引力计算	切向牵引力	$F_t=pab(1-b^2/a^2)[48\zeta/(\xi+x^2)][(\gamma_0-\sin\gamma_0)/(3\gamma_0-4\sin\gamma_0+\sin\gamma_0\cos\gamma_0)]$
	径向牵引力	$F_r=pab(1-b^2/a^2)[48\zeta/(\xi+x^2)][(1-\cos\gamma_0)/(\gamma_0-\sin\gamma_0\cos\gamma_0)]$
	总牵引力	$F_t=pab(1-b^2/a^2)[48\xi/(\xi+x^2)]\{[(\gamma_0-\sin\gamma_0)/(3\gamma_0-4\sin\gamma_0+\sin\gamma_0\cos\gamma_0)]^2$ $+[(1-\cos\gamma_0)/(\gamma_0-\sin\gamma_0\cos\gamma_0)]^2\}^{1/2}$
作温度计时	体积变化	$\Delta V=12fab\gamma_0(1-b^2/a^2)\nu/\{\alpha[(1-\cos\gamma_0)^2+(\gamma_0-\sin\gamma_0)^2]^{1/2}\}$

注：p——作用于弹簧管的压力差；

ν——管材的泊松比；

ρ_0——弹簧管变形前的曲率半径；

E——管材的弹性模量；

a，b——弹簧管截面的长半轴和短半轴；

δ——管壁厚度；

α，β，ζ，ξ——管子截面形状和比值 a/b 的影响因子，椭圆和扁圆弹簧管的 α、β 值可查表 10-15-4；

γ_0——压力作用前弹簧管端的中心角；

x——弹簧管的基本参数。

表 10-15-4　　压力弹簧管计算中的参数值

截面形状	椭圆形					扁圆形				
a/b	α	β	ζ	ξ	ν	α	β	ζ	ξ	ν
1	0.75	0.083	0.0982	0.833	0.197	0.637	0.096	0.0833	0.811	0.149
1.5	0.636	0.062	0.0775	0.662	0.149	0.595	0.110	0.0848	0.713	0.151
2	0.566	0.053	0.0662	0.584	0.142	0.548	0.115	0.0815	0.652	0.144
3	0.493	0.045	0.0565	0.499	0.121	0.480	0.121	0.0743	0.591	0.131
4	0.452	0.044	0.0515	0.459	0.110	0.437	0.121	0.0690	0.552	0.122
5	0.430	0.043	0.0480	0.439	0.106	0.408	0.121	0.0652	0.524	0.115
6	0.416	0.042	0.0465	0.429	0.102	0.388	0.121	0.0624	0.504	0.110
7	0.406	0.042	0.0460	0.423	0.100	0.372	0.120	0.0602	0.488	0.107
8	0.400	0.042	0.0455	0.416	0.098	0.360	0.119	0.0585	0.476	0.105
9	0.395	0.042	0.0450	0.410	0.097	0.350	0.119	0.0571	0.467	0.103
10	0.390	0.042	0.0445	0.404	0.095	0.343	0.118	0.0560	0.459	0.101

15.2.2　承受高压的单圈厚壁弹簧管的计算

当 $\delta/b=0.8\sim1.2$ 时属于厚壁弹簧管，所以承受较高的压力。

表 10-15-5　　单圈厚壁弹簧管的计算

计算内容	物理量	计算公式
刚度(位移)计算	切向位移	$f_t=p(1-\nu^2)\rho_0^3(1-\chi)(\gamma_0-\sin\gamma_0)/\{Eb\delta[\delta^2/(12b^2)+\chi]\}$
	径向位移	$f_r=p(1-\nu^2)\rho_0^3(1-\chi)(1-\cos\gamma_0)/\{Eb\delta[\delta^2/(12b^2)+\chi]\}$
	总位移	$f=p(1-\nu^2)\rho_0^3(1-\chi)[(\gamma_0-\sin\gamma_0)^2+(1-\cos\gamma_0)^2]^{1/2}/\{Eb\delta[\delta^2/(12b^2)+\chi]\}$
	总位移与切线方向夹角	$\theta=\arccos\{(\gamma_0-\sin\gamma_0)/[(\gamma_0-\sin\gamma_0)^2+(\gamma_0-\cos\gamma_0)^2]^{1/2}\}$
牵引力计算	切向牵引力	$F_t=8pab(1-\chi)(1-\cos\gamma_0)/[(\gamma_0-\sin\gamma_0\cos\gamma_0)]$
	径向牵引力	$F_r=8pab(1-\chi)(\gamma_0-\sin\gamma_0)/[(3\gamma_0-4\sin\gamma_0+\sin\gamma_0\cos\gamma_0)]$
	总牵引力	$F=8pab(1-\chi)\{[(\gamma_0-\sin\gamma_0)/(3\gamma_0-4\sin\gamma_0+\sin\gamma_0\cos\gamma_0)]^2+[(1-\cos\gamma_0)/(\gamma_0-\sin\gamma_0\cos\gamma_0)]^2\}^{1/2}$

注：

$$\chi=(\sinh^2\omega+\sin^2\omega)/[\omega(\cosh\omega\sinh\omega+\cos\omega\sin\omega)]$$

其中 $\omega=(1.732/x)^{1/2}$，$x=\rho_0h/a^2$。

15.3　压力弹簧管的材料

表 10-15-6　　压力弹簧管的材料

材　　料	抗拉强度 R_m/MPa	比例极限 R_p/MPa	弹性模量 E/MPa	硬度(HV)	用　　途
50CrVA	1273	1000	212000	450	高压弹簧管
18CrNi9Ti	539	107.8	203000	155	
QBe2	1226	1000	136000	380	要求弹性迟滞小的弹簧管
QSn4-3	784	540	107800	380	中压或弹性迟滞误差要求不严格的弹簧管
黄铜 H62(半硬状态)	370		140000	145	

15.4　压力弹簧管的尺寸系列

表 10-15-7　　压力弹簧管的尺寸系列

弹簧内径/mm	适用于压力表的表壳内径/mm	测量类别	承压范围	有效张角/(°)	精度等级
100	150	压力/10^4MPa	0～5.886，0～15.696，0～24.525，0～39.24，0～58.86，0～98.1，0～156.96，0～245.25，0～392.4，0～588.6，0～9815～2.5	270	1.5～2.5
		真空/Pa	101324.72～0		
64	100	压力/10^4MPa	101324.7～0～79.99×10^4，101324.7～0～133.32×10^4，101324.7～0～213.3×10^4，101324.7～0～333.2×10^4，101324.7～0～533.3×10^4，101324.7～0～799.9×10^4		
37	60	真空/Pa	101324.7～0～98.1×10^4，101324.7～0～156.96×10^4，101324.7～0～245.25×10^4		
		压力/10^4MPa	0～9.81，0～15.696，0～24.525，0～39.24，0～58.86，0～98.1，0～156.96，0～245.25，0～392.4，0～588.6，0～981		
42.5	60	压力/10^4MPa	0～392.4，0～2452.5		1.5～2.5
26	40	压力/10^4MPa	0～9.81，0～15.696，0～24.525，0～39.24，0～58.86，0～98.1，0～156.96，0～245.25		1.5～4

第16章 弹簧的疲劳强度

在机械设备中，机械零件在工作时产生的应力主要有静应力与变应力。大小和方向不随时间变化或变化缓慢的应力称为静应力；大小和方向随时间变化的应力称为变应力。零件在静应力作用下可能产生塑性变形或断裂；在变应力作用下可能产生疲劳断裂。弹簧在实际工作中受纯静应力的情况很少。在设计计算中，当应力变化缓慢或者变化幅度较小、次数较少时，则可以看作是静应力，即弹簧承受静载荷；当应力变化次数多、变化幅度大时，弹簧承受动载荷，在该种情况下设计弹簧应考虑其疲劳强度。由于影响疲劳强度的因素很多，对于受变应力的弹簧，一般所给的许用应力已不能全面反映这些因素，因此对一些重要的弹簧应验算其疲劳强度。

16.1 变应力的类型和特性

图 10-16-1 所示为应力谱。图 10-16-1（a）所示为静应力谱；图 10-16-1（b）所示为变应力谱。周期、应力幅和平均应力保持常数的变应力称为稳定循环变应力（图 10-16-2），如气门弹簧上的应力；按其循环特征 r（或称变应力不对称系数，$r=\sigma_{min}/\sigma_{max}$）的不同，可分为对称循环变应力、脉动循环变应力和非对称循环变应力三种。它们的变化规律见表 10-16-1。

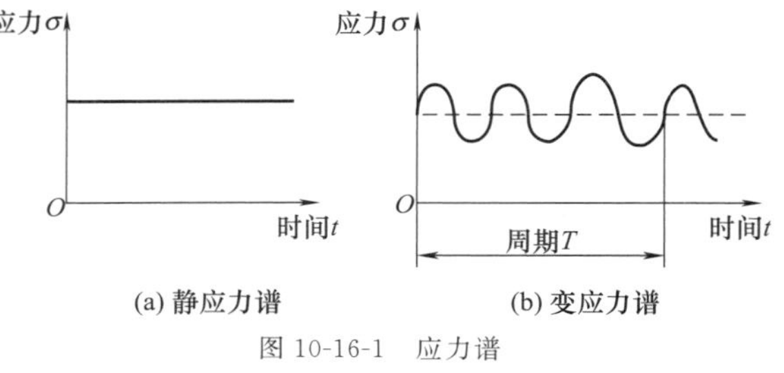

(a) 静应力谱 (b) 变应力谱

图 10-16-1 应力谱

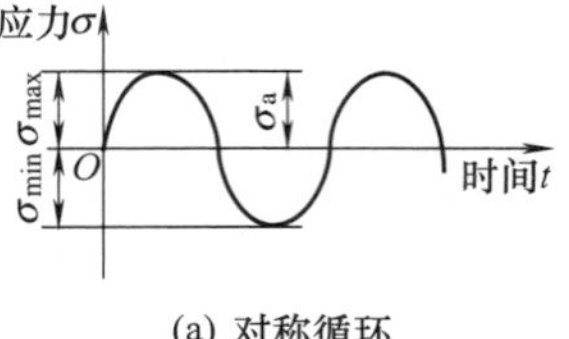

(a) 对称循环

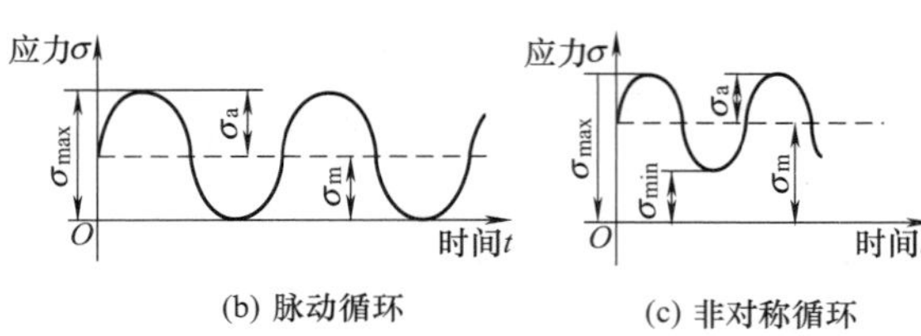

(b) 脉动循环 (c) 非对称循环

图 10-16-2 稳定循环变应力谱

当 σ_{max} 和 σ_{min} 接近或相等时，σ_a 接近或等于零，此时循环特征 $r=+1$，这类应力称为静应力。除去对称和脉动循环变应力以及静应力外，其他类型的变应力称为非对称循环变应力。

变应力的循环特征 r、应力幅 σ_a 和循环次数 N 对零件的疲劳强度都有影响。零件在同一最大应力水平时，r 值越大，或 σ_a 越小，或 N 越少，它的疲劳强度越高。

常用的普通压缩和拉伸螺旋弹簧，在受载后，弹簧材料截面产生扭转切应力 τ，在计算这类弹簧时，只要将式中各正应力 σ 代入对应的切应力 τ 即可。

表 10-16-1 稳定循环变应力的变化规律

循环名称	循环特征	应 力 特 点	应 力 谱
对称循环	$r=-1$	$\sigma_{max}=-\sigma_{min}=\sigma_a,\sigma_m=0$	图 10-16-2(a)
脉动循环	$r=0$	$\sigma_m=\sigma_a=\sigma_{max}/2,\sigma_{min}=0$	图 10-16-2(b)
非对称循环	$-1<r<1$	$\sigma_{max}=\sigma_m+\sigma_a,\sigma_{min}=\sigma_m-\sigma_a$	图 10-16-2(c)

注：上列各式中的 σ_{max} 和 σ_{min} 指应力绝对值的最大和最小，但代入公式中时，应带有本身正负号。

16.2　弹簧的疲劳失效与疲劳曲线

金属材料的疲劳损伤过程一般包括：滑移、裂纹萌生、微观裂纹扩展、宏观裂纹扩展、瞬时断裂。

金属零件形成疲劳裂纹的方式很多，有的发生在金属材料晶体表面、晶界或金属内部非金属夹杂与基体交界处；有的发生在零件表面原有的缺陷处，如表面机械划伤、焊接裂纹、腐蚀小坑、锻造缺陷、脱碳等；有的是因零件的结构形状造成应力集中而形成疲劳裂纹萌生源，如零件上的内、外圆角、键槽、缺口等处。

（1）变应力作用下金属的滑移及微观疲劳裂纹的产生

表面无缺陷的试件在变应力的作用下，金属开始滑移（图 10-16-3），直到微观疲劳裂纹产生。这是疲劳失效的第一阶段（图 10-16-4）。裂纹沿着与拉力轴向呈 45°角的最大切应力方向扩展，生长到一定的长度后，逐渐改变方向，最后沿着与拉应力成垂直的方向生长，进入裂纹扩展的第二阶段。

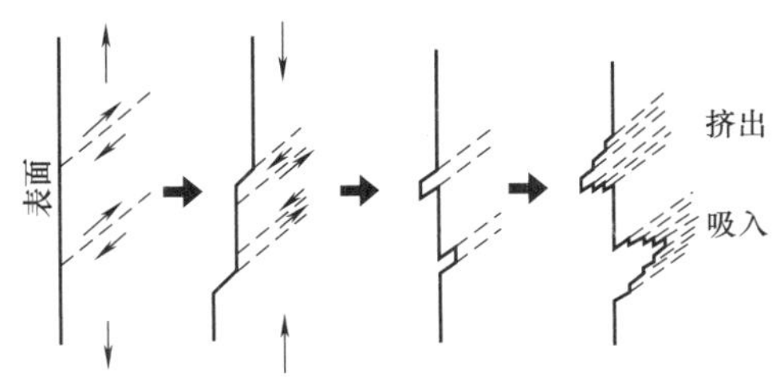

图 10-16-3　金属表面的滑移

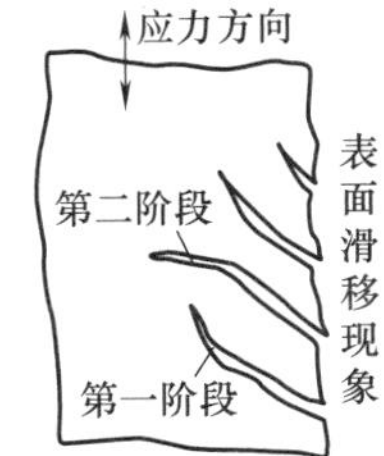

图 10-16-4　微观疲劳裂纹的产生

（2）疲劳裂纹的扩展及材料的断裂

第一阶段的微观裂纹扩展进入到第二阶段的宏观裂纹时，扩展速度增加。在裂纹尖端部分向前扩展的过程中，所承受的应力较大时，在尖端附近，有两种类型：

a. 裂纹在弹性区内扩展：裂纹长度远远超过裂纹顶端的塑性区尺寸，即塑性区很小，如图 10-16-5 所示。承受高循环次数、低应力、低裂纹扩展率的零件，其疲劳裂纹扩展属于这种情况。在这种条件下产生的破坏，称为应力疲劳破坏。

b. 裂纹在塑性区内扩展：裂纹长度远远小于塑性区的尺寸。承受低循环次数、高应力、高裂纹扩展率的零件，属于这种情况。在这种条件下产生的破坏，称为应变疲劳破坏。

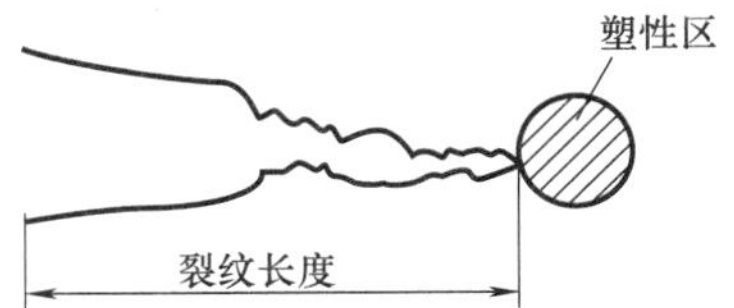

图 10-16-5　裂纹长度大于塑性区尺寸

微观裂纹扩展和宏观裂纹扩展两个阶段统称为裂纹的亚临界扩展过程。在实际应用中，有相当一部分零件，即使出现宏观可见裂纹，但由于疲劳裂纹扩展缓慢，要经历一段相当长的时间后才达到临界尺寸而发生破坏。因此，这种裂纹的亚临界扩展特性为采取有限寿命设计提供了前提。

疲劳裂纹扩展到净截面的应力达到材料的拉伸强度时，或者疲劳裂纹的长度达到了材料的临界裂纹长度时，便发生最终的瞬间断裂。在断口上往往留下清晰的疲劳条带，称为前沿线，这是由于裂纹尖端在向前扩展时所造成的。典型的疲劳破坏断面如图 10-16-6 所示。

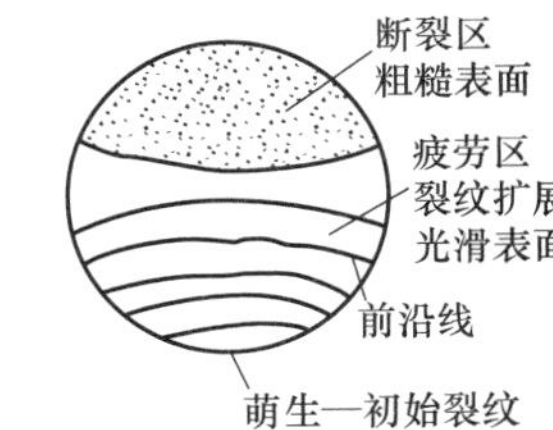

图 10-16-6　典型的金属疲劳破坏断面

疲劳的断裂截面与材料的种类、应力的类型、应力变化的幅度以及工作情况有关。图 10-16-7 所示为在各种变应力作用下典型的疲劳破坏断面。

圆柱螺旋拉伸和压缩弹簧材料在载荷作用下产生扭转切应力。圆柱螺旋扭转弹簧在载荷作用下产生单向弯曲应力。

根据计算载荷，按照材料力学的基本公式求出的、作用在零件剖面上的应力称为工作应力。按照强度设计准则设计机械零件时，根据材料性质及应力种类而采用的材料某个应力极限值称为极限应力。对于脆性材料，在静应力作用下的主要失效型式是脆性破坏；对于塑性材料，在静应力作用下的主要失效型式是塑性变形，取材料的屈服极限为极限应力；而材料在变应力作用下的主要失效型式是疲劳破坏，取材料的疲劳极限为极限应力。

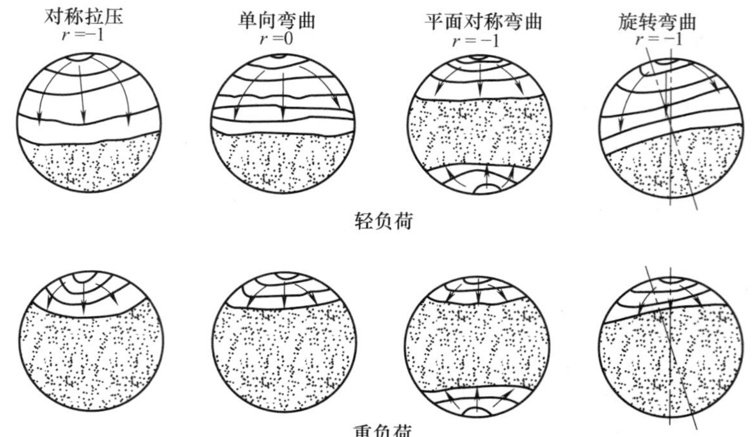

图 10-16-7 不同应力作用下典型疲劳破坏断面

疲劳极限又分为无限寿命疲劳极限和有限寿命疲劳极限。在任一给定循环特征的条件下，应力循环达到规定的 N_0 次后，材料不发生疲劳破坏时的最大应力称为材料的无限寿命疲劳极限，工程上常用的是对称循环变应力下的无限寿命疲劳极限，写做 σ_{-1} 或者 τ_{-1}。这里 N_0 称为应力循环基数，一般对于硬度≤350HBW 的钢材，取 $N_0=10^7$；对于硬度＞350HBW 的钢材，取 $N_0=25\times10^7$。在任一给定循环特征的条件下，应力循环 N 次后，材料不发生疲劳破坏时的最大应力称为材料的有限寿命疲劳极限，以

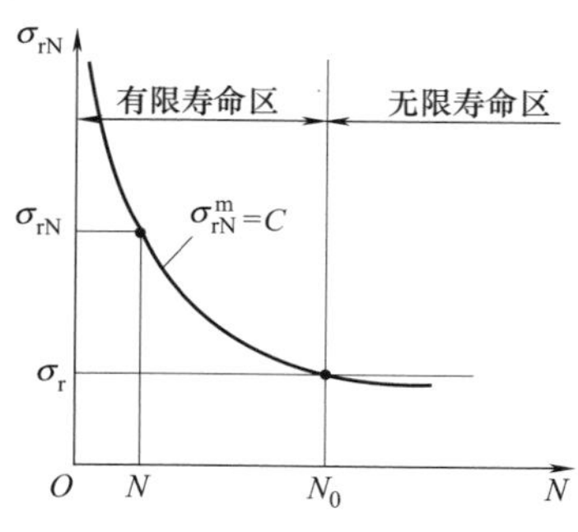

图 10-16-8 疲劳（S-N）曲线

σ_{rN} 或者 τ_{rN} 表示。对于一种材料，根据实验，可得出在各种应力循环作用次数 N 下的极限应力，以横坐标为作用次数 N、纵坐标为极限应力，绘成如图 10-16-8 所示的曲线。该曲线称为材料的疲劳曲线。

在有限寿命区，疲劳曲线的方程为：

$$\sigma_{rN}^m=\sigma_r^m\frac{N_0}{N}=C \qquad (10\text{-}16\text{-}1)$$

故

$$\sigma_{rN}=\sigma_r\sqrt[m]{N_0/N}=K_N\sigma_r \qquad (10\text{-}16\text{-}2)$$

式中，C 为常数；$K_N=\sqrt[m]{N_0/N}$，称为寿命系数；m 为取决于应力状态和材料的指数，如钢材弯曲时，$m=9$，钢材线接触时，计算接触强度 $m=6$；应力循环次数 N 的取值范围为 $10^3<N<N_0$，当 $N>N_0$ 时取 $N=N_0$，$N<10^3$ 时按照静应力处理。

图 10-16-9 给出了几种合金弹簧钢的对数坐标疲劳曲线。

由于应力循环作用次数 N 对疲劳强度影响较大，所以在制定弹簧的许用应力时，根据作用次数分为三类：弹簧受变载荷在 1×10^6 次以上的为Ⅰ类；在 $1\times10^3\sim1\times10^6$ 次之间的为Ⅱ类；在 1×10^3 次以下的为Ⅲ类。

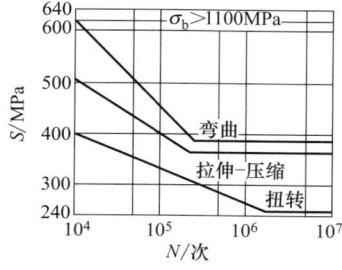

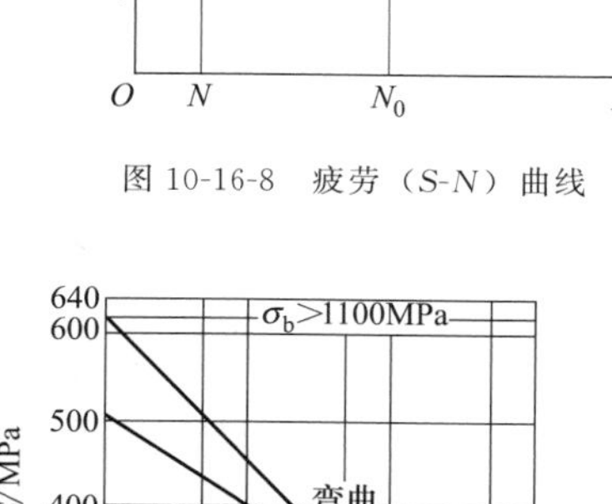

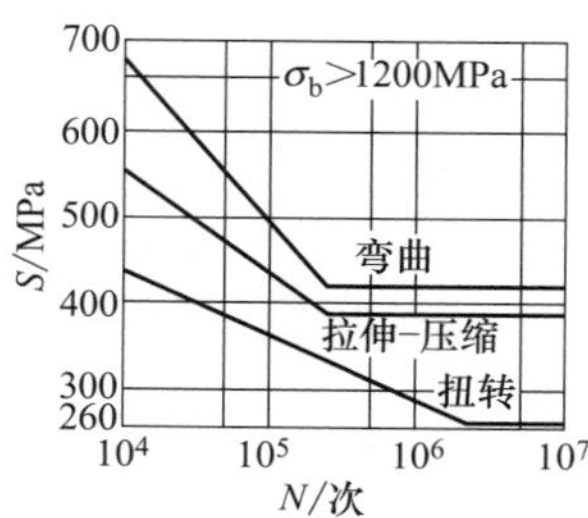

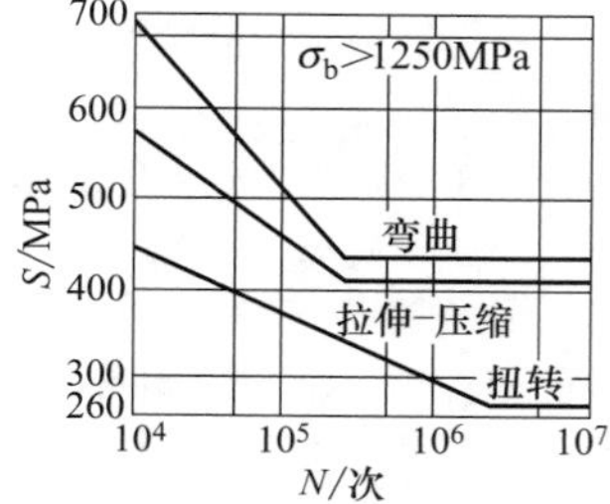

图 10-16-9 合金弹簧钢的对数坐标疲劳曲线

16.3　影响弹簧疲劳强度的因素

表 10-16-2　　影响弹簧疲劳强度的主要因素

因素	说　明
屈服强度	一般地，材料的屈服强度越高，疲劳强度也越高，因此，为了提高弹簧的疲劳强度，应设法提高弹簧材料的屈服强度，或采用屈服强度和抗拉强度比值高的材料
表面状态	最大应力多发生在弹簧材料的表层，所以，弹簧的表面质量对疲劳强度的影响很大。弹簧材料在轧制、拉拔和卷制过程中造成的裂纹、疵点和伤痕等缺陷往往是造成弹簧疲劳断裂的原因 材料表面粗糙度愈小，应力集中愈小，疲劳强度也愈高。图(a)所示为材料表面粗糙度对疲劳极限的影响。可以看出，随着表面粗糙度的增加，疲劳极限下降。在同一组表面粗糙度的情况下，不同的钢种及不同的卷制方法，其疲劳极限降低程度也不同，如冷卷弹簧降低程度就比热卷弹簧小。因为钢制热卷弹簧及其热处理加热时，由于氧化使弹簧材料表面变粗糙和产生脱碳现象，这样就降低了弹簧的疲劳强度，图(b)为脱碳层深度对疲劳强度的影响 对材料表面进行磨削、强压、喷丸和滚压等，都可以提高弹簧的疲劳强度 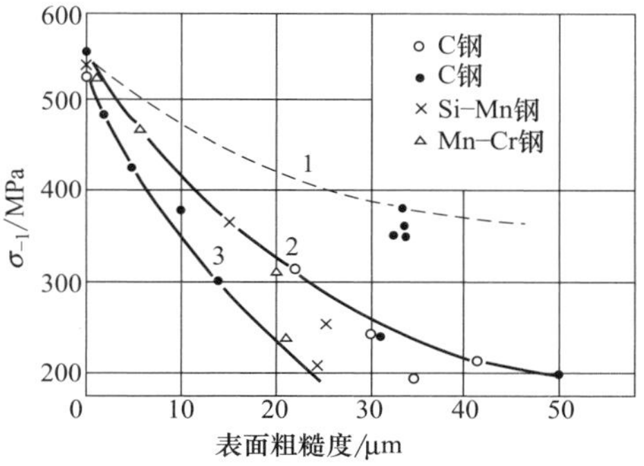 图(a)　表面粗糙度和疲劳极限的关系 1—磨削冷拔材料；2—冷拔材料；3—热轧材料 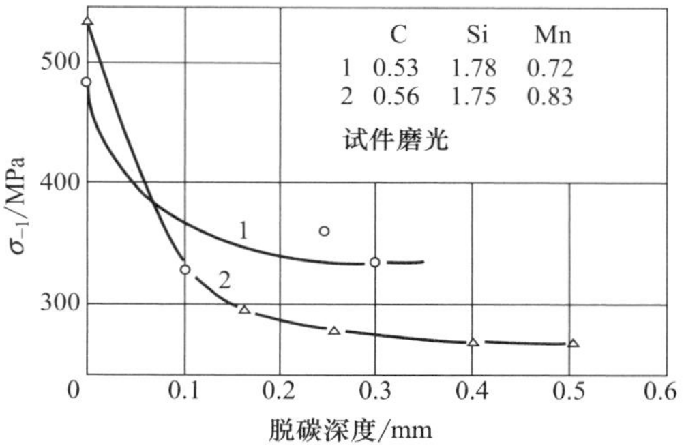 图(b)　脱碳层深度对疲劳极限的影响
尺寸效应	材料的尺寸愈大，由于各种冷加工和热加工工艺所造成的缺陷可能性愈高，产生表面缺陷的可能性也愈大，这些原因都会导致疲劳性能下降。因此在计算弹簧的疲劳强度时要考虑尺寸效应的影响
冶金缺陷	冶金缺陷是指材料中的非金属夹杂物、气泡、元素的偏析等。存在于表面的夹杂物是应力集中源，会导致夹杂物与基体界面之间过早地产生疲劳裂纹。采用真空冶炼、真空浇注等措施，可以大大提高钢材的质量
腐蚀介质	弹簧在腐蚀介质中工作时，由于表面产生点蚀或表面晶界被腐蚀而成为疲劳源，在变应力作用下就会逐步扩展而导致断裂。例如在淡水中工作的弹簧钢，疲劳极限仅为空气中的 10%～25%。腐蚀对弹簧疲劳强度的影响，不仅与弹簧受变载荷的作用次数有关，而且与工作寿命有关。所以设计计算受腐蚀影响的弹簧时，应将工作寿命考虑进去 在腐蚀条件下工作的弹簧，为了保证其疲劳强度，可采用抗腐蚀性能高的材料，如不锈钢、非铁金属，或者表面加保护层，如镀层、氧化、喷塑、涂漆等。实践表明，镀镉可以大大提高弹簧的疲劳极限
温度	碳钢的疲劳强度，从室温到 120～350℃又上升，温度高于 350℃以后又下降，在高温时没有疲劳极限。在高温条件下工作的弹簧，要考虑采用耐热钢。在低于室温的条件下，钢的疲劳极限有所增加 一般材料表中所给出的 σ_{-1} 或 τ_{-1} 值是指材料表面光滑和在空气介质中所得的数据。如果所涉及弹簧的工作条件与上述条件不符，则应对 σ_{-1} 或者 τ_{-1} 进行修正。一般考虑的影响因素有应力集中、表面状况、尺寸大小、温度等，分别采用应力集中系数 $K_\sigma(K_\tau)$、表面状态系数 K_β、尺寸系数 K_ε、温度系数 K_t 等来表示，则实际的疲劳极限为 $\sigma'_{-1}=\dfrac{K_\beta K_\varepsilon K_t}{K_\sigma}\sigma_{-1}$

16.4　弹簧的疲劳试验

由于弹簧材料不易做成标准试棒进行疲劳试验，所以一般是用卷成的弹簧进行的。但是弹簧的疲劳强度受很多因素的影响，通常试验值比较离散，难以判断许用应力。

弹簧疲劳试验的目的可以概括为三类：

① 对产品或设计的零件进行试验：进行疲劳寿命验证和可靠性评定。

② 确定弹簧材料的疲劳极限或疲劳曲线：主要是为设计提供数据。

③ 确定外部因素对疲劳强度或寿命的影响：此类试验多为对比试验，为提高产品质量和设计提供数据和依据。

表 10-16-3　　弹簧疲劳试验的注意事项

项目		注意事项
试样		在制作试样时，要注意消除一些影响疲劳强度的外部因素，诸如表面状态、形状尺寸、温度和周围介质等的影响。在进行第一类试验时，试样可按使用条件制作，也可在产品中直接抽取。在进行第二、第三类试验时，试样应按特定的要求制作
	试样尺寸	为了正确反映试样的疲劳强度，应在尽量减小尺寸误差的基础上，提高尺寸的测量精度 ①试样尺寸的测定应具有 0.5%以上的精度。材料尺寸在 2mm 以下时，应具有 0.01mm 的精度。试样尺寸的 0.5%如果比 0.01mm 小时，用 0.01mm 的精度 ②测定圆形截面尺寸时（如外径、弹簧丝直径），应测定同一截面内互相垂直的两个直径，取其平均值作为直径的尺寸 ③根据弹簧切应力计算公式 $\tau=K\frac{8FD}{\pi\& d^{3}}$ 可以看出，为了反映最大的切应力，应测出弹簧 D/d^3 的最大值
	试样形状	①为了保证弹簧受力后不产生偏心载荷，应严格检验弹簧两端圈的平行度和整个弹簧的垂直度 ②为了保证弹簧在加载后各圈变形均匀，弹簧节距应均匀，弹簧圈不应出现过大的椭圆度 ③为了便于比较试验结果，同一批弹簧的端圈数和结构应尽可能一致
	加工和热处理	对于同一批试样，应同时加工，同时热处理 ①同一批试验试样，应尽可能用自动卷簧机一次加工出来，尽量减少手工工序 ②弹簧试样不应以立定或强压处理来调整自由高度 ③同一批弹簧试件，应是用同一盘钢丝制成的，表面状态应一致；不应有锈蚀、刻痕、划伤之类引起应力集中的缺陷 ④热处理工艺对疲劳强度也有很大影响，因此，同一批试件应在同一炉中进行热处理
	试样安装	为了避免弹簧受力偏心，安装时应放在弹簧支座上，以保证弹簧两端平整接触。要将试样调整到有同样的安装变形和同样的最大变形
加载		在确定疲劳曲线时，加载应力可从最大疲劳极限（可参考已有的弹簧疲劳数据）开始递减，控制其间隔。在试验过程中，应尽可能保证载荷稳定；不允许出现过载
疲劳寿命		在确定弹簧的疲劳寿命时，在试验过程中可以取循环作用次数 N 分别为 1×10^5、2×10^5、5×10^5、1×10^6、2×10^6、5×10^6、1×10^7、2×10^7，作为参考疲劳寿命 一般把试验弹簧破坏时的作用次数，取做疲劳寿命。但在有些场合，把试样发生裂纹时的作用次数取为疲劳寿命。作用次数一般以 10^n 为单位
试验机的运转		试验机的启动要平稳，不能有冲击。在达到运转速度或停止运转的过程中，有时要通过共振点，为了防止共振所产生的过大应力，要装设防止共振的装置。对于同一批试样，应在同一运转速度下进行试验
试验报告		在报告中，应详细记录：材料制造厂、材料种类、化学成分、力学性能（抗拉强度、抗扭强度、屈服强度、弹性极限、伸长率、扭转次数、硬度、冲击韧度等）；弹簧的形状尺寸、加工条件、热处理条件、弹簧试样工作图；试验机的名称、型式、容量、运转速度；试验温度、试验日期、试验场所、试验者；疲劳曲线图、疲劳极限图；其他
疲劳试验数据的处理		在进行疲劳试验时，由于材料内部因素以及某些条件的限制，所得试验结果仍然是随机变量。一般是以某一个值为中心，形成一定的分布。为了确定弹簧的疲劳寿命强度，需要应用概率统计的方法对试验数据进行处理

例 1　表 10-16-4 所列是一组 CrV 钢弹簧的疲劳试验数据，试分析此组数据并绘制疲劳曲线。计算时未破坏的样本略去。

表 10-16-4　CrV 钢弹簧试验数据

应力 τ_0/MPa	寿命 N/次	应力 τ_0/MPa	寿命 N/次
961.1	5.64×10^4	663.1	3.63×10^6
900.9	9.90×10^4	602.1	4.92×10^6
841.0	1.83×10^5	541.2	1.92×10^7
782.4	4.79×10^5	482.5	1.32×10^8
721.5	9.10×10^5		（未破坏）

解　可以利用回归法分析试验数据，具体计算步骤可参阅有关书籍，本节中只给出计算公式。

首先计算回归法中所需的相关数据，见表10-16-5。

表 10-16-5　对表 10-16-4 中数据按照回归法要求计算的相关数据

序　号	τ_0/MPa	$x=\lg\tau_0$	N/次	$y=\lg N$
1	961.1	2.98277	56430	4.75150
2	900.9	2.95468	99000	4.99564
3	841.0	2.92480	183140	5.26278
4	782.4	2.89343	479490	5.68078
5	721.5	2.85824	909810	5.95895
6	663.1	2.82158	3632590	6.56022
7	602.1	2.22967	4917990	6.69179
8	541.2	2.73336	19186790	7.28300
$\sum x=22.94853$ $\sum x^2=65.882115$ $\bar{x}=2.868566$ $\sum xy=134.812991$			$\sum y=47.184660$ $\sum y^2=283.86897$ $\bar{y}=5.898083$ $\sum x\sum y=1082.818586$	

$$\sum x^2=\sum x^2-\frac{1}{n}(\sum x)^2$$

$$=65.882115-\frac{1}{8}\times(22.94853)^2=0.052736$$

$$\sum y^2=\sum y^2-\frac{1}{n}(\sum y)^2$$

$$=283.86897-\frac{1}{8}\times(47.184660)^2=5.569961$$

$$\sum xy=\sum xy-\frac{1}{n}(\sum x\sum y)$$

$$=134.812991-\frac{1}{8}\times(22.94853\times47.184660)^2$$

$$=-0.539332$$

$$b=\frac{\sum xy}{\sum x^2}=-\frac{0.539332}{0.052736}=-10.227018$$

$$a=\bar{y}-\bar{b}\,\bar{x}=5.898083-(-10.227018\times2.868566)$$

$$=35.234958$$

则

$$\hat{y}=a+bx=35.234958-10.227018x$$

或

$$\hat{y}=\bar{y}+b(x-\bar{x})$$

$$=5.898083-10.227018(x-2.868566)$$

按此式绘制如图 10-16-10 所示曲线。若是为确定材料或零件的疲劳极限而进行的试验，可就用此曲线。在设计弹簧或零件时，应使设计应力小于疲劳极限，用安全系数保证弹簧工作的可靠性。

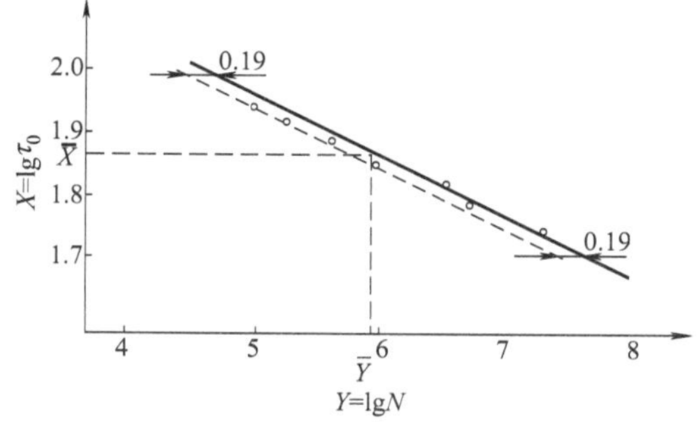

图 10-16-10　【例 1】疲劳线图的绘制

进一步要考虑的是回归线的可靠度。由于 x 和 y 是相关关系，不是精确的对应关系，得到的 y 是平均值。因此，必须考虑达到一定可靠度，即失效概率 Q 的疲劳曲线，使所画出的 S-N 线能包括一定程度离散的试验点。根据标准正态分布原理，可得平行于回归线的上下界限线

$$y'=a-\frac{t_0}{\sqrt{n}}\sigma'+bx,\ y''=a+\frac{t_0}{\sqrt{n}}\sigma'+bx \quad (10\text{-}16\text{-}3)$$

$$\sigma'=\sqrt{\frac{1}{n-2}\sum_{i=1}^{n}(y_i-\hat{y}_i)^2}$$

为了计算方便，可改用

$$\sigma'=\sqrt{\frac{1}{n-2}(\sum_{i=1}^{n}y_i^2-b\sum xy)^-} \quad (10\text{-}16\text{-}4)$$

式中　$\frac{t_0}{\sqrt{n}}$——系数，根据要求的可靠度查表；

σ'——剩余标准离差。

一般注意的是下界限线，它表示着比较低的强度和寿命的界限。上界限线的实际意义不大。

例 2　根据上例数据绘制具有可靠度为 97.5%的疲劳曲线。

解　平行于回归线的下界限线，即为具有一定可靠度的 $S-N$ 线图：

$$y'=a-\frac{t_0}{\sqrt{n}}\sigma'+bx$$

式中 $\sigma'=\sqrt{(\sum_{i=1}^{n}y_i^2-b\sum xy)/(n-2)}$

$$=\sqrt{\frac{5.569961-(-10.227018)\times(-0.539332)}{8-2}}$$

$$=0.095046^{\circ}$$

为了使所划的界限线具有 97.5%的可靠度，即试验点全部落在此条直线以上的可能性达到 97.5%。根据表 10-16-6 可得 $t_0=1.96$，得到具有可靠度为 97.5%的界限线为

第10篇

$$y'=a-\frac{t_0}{\sqrt{n}}\sigma'+bx$$

$$=35.234958-\frac{1.96}{\sqrt{8}}\times 0.095046-10.227018x$$

$$=35.048668-10.227018x$$

按此方程表示于图 10-16-10 上，为平行于回归线的下界限线（虚线）。从图上看出，除一点落在下界限线上外，其余全部落在这条线以上。此线即为具有可靠度 97.5%的疲劳曲线。

16.5 弹簧安全系数的计算

在材料表中经常给出材料的 σ_{-1}（τ_{-1}）、σ_0（τ_0）、σ_s（τ_s）。应用极限应力图，便可以根据这些已知极限应力求得各种变应力下的安全系数计算公式。

弹簧在实际工作中，应力的变化情况是多种多样的。如最小应力保持不变，最大工作力改变，即 τ_{min}（σ_{min}）= c（常数）；平均应力保持不变，工作应力幅变化，即 τ_m（σ_m）= c；循环特征 r 保持不变，即 $r=\tau_{min}/\tau_{max}$（或 $\sigma_{min}/\sigma_{max}$）= c 等各种情况。由于应力变化不同，计算安全系数的方法也不相同。

表 10-16-6 弹簧安全系数的计算

<table>
<tr>
<td>τ_{min}（σ_{min}）= c
的情况</td>
<td>
如已知一工作应力为 τ_{min} 和 τ_{max}，其疲劳极限应力如图(a)所示应为 τ_{lim}，处于疲劳极限 BD 线段上，因而可得疲劳安全系数
$$S=\frac{\tau_{lim}}{\tau_{max}}$$
从图上可以看出
$$\tau_{lim}=\tau_0+\frac{\tau_0-\tau_{-1}}{\tau_{-1}}\tau_{min}$$
代入上式得疲劳安全系数
$$S=\frac{\tau_0+\frac{\tau_0-\tau_{-1}}{\tau_{-1}}\tau_{min}}{\tau_{max}}$$
将敏感系数 $\psi_\tau=(2\tau_{-1}-\tau_0)/\tau_0$ 代入上式，则
$$S=\frac{2\tau_{-1}-(1-\psi_\tau)\tau_{min}}{(1+\psi_\tau)\tau_{max}}\geqslant S_{min} \quad (10\text{-}16\text{-}5)$$
图(a) 安全系数示意图
对于用弹簧钢做的压缩弹簧：$\tau_{-1}/\tau_0=0.54\sim0.6$，$\psi_\tau=0.08\sim0.2$，$(\tau_0-\tau_{-1})/\tau_{-1}=0.85\sim0.67$，如取 0.75，则计算式可简化为
$$S=\frac{\tau_0-0.75\tau_{min}}{\tau_{max}}\geqslant S_{min} \quad (10\text{-}16\text{-}6)$$
脉动疲劳极限 τ_0 值可参考下表选取
当弹簧的设计计算和材料试验数据精确性高时，取疲劳许用安全系数 $S_{min}=1.3\sim1.7$；当精确性低时，取 $S_{min}=1.8\sim2.2$
当弹簧的工作应力 τ_{min} 和 τ_{max} 的极限应力处于 DG 段时，其极限应力为 τ_s，因而可得静强度安全系数
$$S_s=\frac{\tau_s}{\tau_{max}}\geqslant S_{min} \quad (10\text{-}16\text{-}7)$$
静强度许用安全系数 $S_{s\,min}$ 的选取同疲劳许用安全系数
脉动疲劳极限 τ_0[①]
<table>
<tr><td>变载荷循环次数 N</td><td>10^4</td><td>10^5</td><td>10^6</td><td>10^7</td></tr>
<tr><td>τ_0</td><td>$0.50\sigma_b$[②]</td><td>$0.42\sigma_b$</td><td>$0.38\sigma_b$</td><td>$0.35\sigma_b$</td></tr>
</table>
① 本表适用于优质钢丝、不锈钢丝、铍青铜和硅青铜等制造的弹簧
② 对于硅青铜和不锈钢丝，此值取 $0.35\sigma_b$
</td>
</tr>
<tr>
<td>循环特征
$r=\tau_{min}/\tau_{max}$
（或 $\sigma_{min}/\sigma_{max}$）= c
的情况</td>
<td>
如已知工作应力为 τ_{min} 和 τ_{max}，按 $r=\tau_{min}/\tau_{max}$ 从坐标原点 O 做射线，与 BD 或 DG 得交点即为此工作应力的极限应力。如与疲劳线段 BD 相交，根据图示关系，可得疲劳强度安全系数计算公式
$$S_s=\frac{\tau_{-1}}{\tau_a+\psi_\tau\tau_m}\geqslant S_{min} \quad (10\text{-}16\text{-}8)$$
如射线与 DG 相交，同理可得静强度安全系数计算公式(10-16-7)
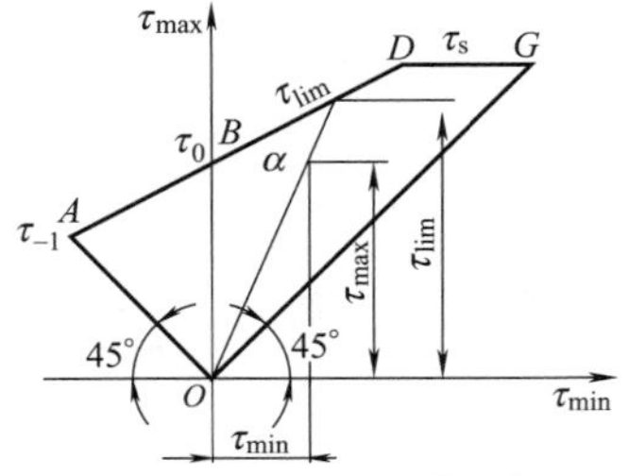

图(b) r = c时安全系数示意图
</td>
</tr>
</table>

续表

<table>
<tr><td>平均应力
$\tau_m(\sigma_m)=c$
的情况</td><td>在此情况下，用 $\sigma_m-\sigma_{max}(\sigma_{min})$ 极限应力图判断安全情况较为方便，如图(c)所示。如工作应力为 τ_m 和 τ_{max}，和 τ_{max}，则其对应的极限应力为 τ_{lim}。如 τ_{lim} 处于疲劳极限线段 AD 上，则应进行疲劳强度验算，其安全系数计算公式为
$$S=\frac{\tau_{-1}+(1-\psi_\tau)}{\tau_a+\tau_m}\tau_m\geqslant S_{min} \qquad (10\text{-}16\text{-}9)$$
如 τ_{lim} 处于屈服极限 DG 线段上，则应进行静强度的验算，其安全系数计算公式仍为式(10-16-7)</td><td>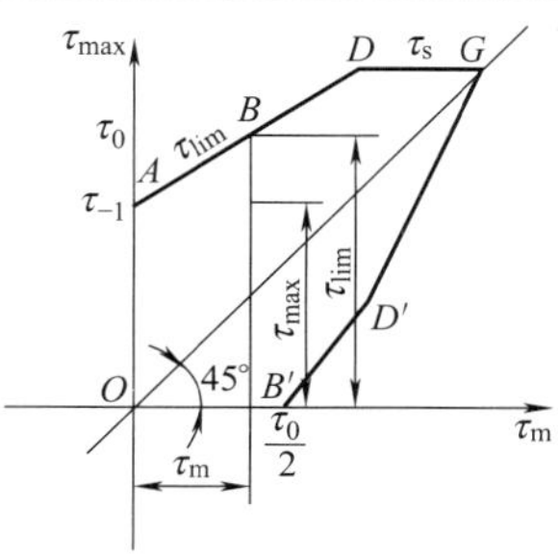

图(c)　τm=c时安全系数示意图</td></tr>
</table>

表 10-16-7　**螺旋弹簧疲劳试验规范**

<table>
<tr><td>范围</td><td colspan="2">规定了变载荷作用下螺旋弹簧的疲劳试验规范。适用于螺旋压缩和拉伸弹簧(以下简称弹簧)的疲劳寿命验证和可靠性评定。对于变载荷作用下的其他弹簧产品也可参照使用</td></tr>
<tr><td rowspan="5">试验要求</td><td colspan="2">承受变载荷且有疲劳寿命要求的弹簧在用户交验，新产品定型鉴定、行业抽检和认证环节中，应进行疲劳性能试验。试验方式可采用疲劳寿命验证试验或可靠性评定试验两种</td></tr>
<tr><td>检验机构</td><td>对于不同的检测目的，所要求的检测机构和检验报告由供需双方商定</td></tr>
<tr><td>检验周期</td><td>由不同的检测目的和要求确定检测周期</td></tr>
<tr><td>试验循环作用次数</td><td>对于不同的检测目的与产品种类，循环作用次数参考下表，或按供需双方协定执行
循环作用次数
<table>
<tr><th rowspan="2">产品种类</th><th colspan="3">检测目的</th></tr>
<tr><th>定型鉴定</th><th>行业抽检、用户交验</th><th>认证</th></tr>
<tr><td>气门弹簧</td><td>$(1\sim3)\times10^7$</td><td>$(1\sim2.3)\times10^7$</td><td>$(1\sim3)\times10^7$</td></tr>
<tr><td>悬架弹簧</td><td>$(2.5\sim10)\times10^5$</td><td>$(2.5\sim10)\times10^5$</td><td>$(2.5\sim10)\times10^5$</td></tr>
<tr><td>摩托车减振器弹簧</td><td>$(2\sim5)\times10^5$</td><td>$(2\sim5)\times10^5$</td><td>$(2\sim5)\times10^5$</td></tr>
<tr><td>调压弹簧、柱塞弹簧</td><td>1×10^7</td><td>1×10^7</td><td>1×10^7</td></tr>
<tr><td>液压件弹簧</td><td>$(1\sim10)\times10^6$</td><td>$(1\sim10)\times10^6$</td><td>$(1\sim10)\times10^6$</td></tr>
<tr><td>离合器弹簧</td><td>$(1\sim3)\times10^6$</td><td>$(1\sim3)\times10^6$</td><td>$(1\sim3)\times10^6$</td></tr>
</table>
注：选取作用次数时应考虑材质、应力水平等问题</td></tr>
<tr><td>弹簧的松弛率</td><td>经规定循环次数的疲劳试验后，弹簧的松弛率按图样规定、相应标准规定或有关技术文件。当未做规定时，由供需双方商定</td></tr>
<tr><td rowspan="3">试样弹簧</td><td>试样</td><td>试样应按规定程序批准图样、技术文件制造，并经尺寸和特性检验合格</td></tr>
<tr><td>试样抽取</td><td>试样应从同一批产品中随机抽取</td></tr>
<tr><td>试样数量</td><td>1)对于疲劳寿命验证试验，推荐的最少试样数量见下表，当有特殊要求时，试样数量可参照有关规定由检测机构或用户确定
2)对于可靠性评定试验，根据对可靠度 R 水平的要求，按下表确定试样数量
试样数量
<table>
<tr><th>产品种类</th><th>试样数量</th><th>产品种类</th><th>试样数量</th></tr>
<tr><td>气门弹簧</td><td rowspan="3">≥1 台套
最少 4 件</td><td>液压件弹簧、离合器</td><td rowspan="2">≥1 台套
最少 4 件</td></tr>
<tr><td>调压弹簧、柱塞弹簧、出油阀弹簧、调速弹簧</td><td>承受变载荷的冷卷拉伸弹簧、压缩弹簧</td></tr>
<tr><td>悬架弹簧、摩托车减振器弹簧</td><td>承受变载荷的热卷拉伸弹簧</td><td>≥1 件</td></tr>
</table>
注：台套指配套主机使用弹簧的数量</td></tr>
</table>

第 10 篇

续表

试验条件	试验机	1)推荐采用机械式或电液伺服试验机,也可安装在配套主机上进行 2)试验机位移精度应满足试验要求 3)试验机的频率应在一定范围内可调 4)试验机一般具备试验时间或次数预置、自动计时或计数、到时自动停机等功能
	试验频率	1)试验频率可根据试验机的频率范围和弹簧实际工作频率等情况确定。除随机载荷试验外,整个实验过程中试验频率应保持稳定 2)应避开单个弹簧的固有自振频率 f,一般应满足 $f/f_r>10$　(10-16-10) 式中,钢制弹簧固有频率 f 按下式计算: $f=3.56\times10^5 d/nD^2$　(10-16-11)
	试验振幅	振幅分为位移幅(H_a)和载荷幅(F_a)。对于螺旋弹簧的疲劳寿命验证试验与可靠性评定试验,一般使用位移幅作为试验振幅
	试验环境	试验一般在室温下进行,但试验时试样的温升应不高于100℃,特殊要求时由供需双方商定
试验程序	试样的安装	1)试样的正确安装。为了避免试样的受载偏心和附加应力,压缩试样弹簧安装时要保证试样两端平整接触,应将试样安放在固定的支座上;拉伸试样弹簧的安装应满足工况要求 2)试验最大高度(或最小长度)。对定型的产品,试样试验的最大高度(或最小长度)为实际使用要求的最大高度 H_1(或最小长度);对于鉴定和试验研究的产品,试样试验的最大高度(或最小长度)按相应标准规定或按鉴定与试验大纲规定进行 3)试验最小高度(或最大长度)。对定型的产品,试样试验的最小高度(或最大长度)为实际使用要求的最小高度 H_2(或最大长度);对于鉴定和试验研究的产品,试样试验的最小高度(或最大长度)按相应标准规定或试验大纲规定进行 4)试验平均高度(或长度)。对定型的产品,试样的试验平均高度(或长度)为实际使用工况的最大高度 H_1(或最小长度)与最小高度 H_2(或最大长度)两者之和的平均值;对进行鉴定和试验研究的产品,试样的试验平均高度(或长度)按相应标准要求,或按鉴定与试验大纲规定执行 5)用多工位试验机或者多台试验机同时对一批试样进行试验时,应将试样调整到同样的试验安装高度(或长度),其最大允许偏差为 $3H_a\%$
	加载	1)无特殊要求时,按试验机的加载程序与方法进行加载 2)在必要的情况下,可模拟产品实际负载条件编制加载程序
	运转	1)试验机应平稳启动,避免冲击现象发生 2)试验机一般应连续运转,中途由于故障、测量、调整或其他原因暂停运转时,应在记录中详细记载
	记录	试验时,应对试验条件及每个试样做出详细记录
试验数据处理和结果评定	基本性能参数的确定与计算	1)试样工作应力、刚度与变形量按GB/T 1239.6中相应公式计算 2)试样的松弛率一般以试样试验后负荷损失百分数表示,经疲劳试验后的松弛率 ε_p 按下式计算: $\varepsilon_p=\dfrac{F_i-F_i'}{F_i}\times100\%$　(10-16-12)
	失效模式的选择	试样在疲劳试验时,失效模式分为断裂和因松弛丧失规定功能两种。根据弹簧的功能要求,可选择其中一项或两项作为考核疲劳寿命的失效模式
	疲劳寿命的确定和验证试验	1)疲劳寿命的确定。在给定的失效模式与条件下,所试验的试样共同达到的最大循环次数即为弹簧的疲劳寿命 2)疲劳寿命的验证。经给定的循环次数试验后,如试验的试样均未发生失效,则弹簧的疲劳寿命验证试验通过
	可靠性评定试验	1)评定原理。一批产品,设其达到合格的概率为 p,则失效的概率为 $1-p$。随机抽取 n 个试样,合格数的概率(可靠度)为 $R(x\geqslant r)=\sum_{x=r}^{n}\binom{n}{x}p^x(1-p)^{n-x}$　(10-16-13) 式中 $\binom{n}{x}=\dfrac{n!}{x!\ (n-x)!},\ \binom{n}{0}=1$

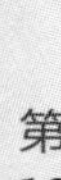

续表

试验数据处理和结果评定　可靠性评定试验

根据上式计算出试样数 $n=1\sim50$，合格数 $r\geqslant n/2$，合格率 $p\geqslant1/2$ 时的可靠度见下表（表中给出的试样为 1～30）

2）可靠性水平的确定。对取定的 n 个试样，在给定的试验条件下试验，按要求的失效模式与条件判定得到合格数 r 后，查阅下表即可得到相应的可靠度 R 估值

3）可靠性验证。依据给定的可靠度目标值，按下表确定适宜的试样数 n，在指定的失效模式与条件下试验。如得到的合格数大于下表中所要求的最低合格数 r，则可靠性验证试验通过，反之则为不通过

可靠度 R 估值　%

试样数 n	合格数 r															
	1	2	3	4	5	6	7	8	9	10	11	12	13	14	15	16
1	50.5															
2	25.0	75.0														
3		50.0	87.5													
4		31.3	68.7	93.7												
5			50.0	81.0	97.0											
6			34.4	65.5	89.0	98.4										
7				50.0	77.3	93.7	99.2									
8				36.3	63.7	85.5	96.5	99.6								
9					50.0	74.6	91.0	98.0	99.8							
10					37.7	62.3	82.8	94.5	98.9	99.92						
11						50.0	72.6	88.7	96.7	99.4	99.95					
12						38.8	61.2	80.6	92.7	98.1	99.7	99.98				
13							50.0	71.0	86.7	95.4	98.9	99.8	99.99			
14							34.5	60.5	78.8	91.0	97.1	99.3	99.91	99.995		
15								50.0	69.6	84.9	94.1	98.2	99.6	99.95	99.997	
16								40.1	59.8	77.2	89.4	96.1	98.9	99.79	99.97	99.999
17									50.0	68.5	83.3	92.8	97.5	99.3	99.88	99.98
18									40.7	59.2	75.9	88.1	95.1	98.6	99.6	99.93
19										50.0	67.6	82.0	91.6	96.8	99.0	99.7
20										41.1	58.8	74.8	86.8	94.2	97.9	99.4
21											50.0	66.8	80.8	90.5	96.0	98.6
22											41.5	58.4	73.8	85.6	93.3	97.3
23												50.0	66.1	79.7	89.4	95.3
24												41.9	58.0	72.9	84.6	92.4
25													50.0	65.4	78.7	88.5
26													42.2	57.7	72.1	83.6
27														50.0	64.9	77.8
28														42.5	57.4	71.4
29															50.0	64.4
30															42.7	57.2

试样数 n	合格数 r											
	17	18	19	20	21	22	23	24	25	26	27	28
17	99.999											
18	99.99	99.999										
19	99.96	99.996	99.999									
20	99.8	99.97	99.998	99.999								
21	99.6	99.92	99.98	99.999	99.9999							
22	99.1	99.7	99.95	99.993	99.999	99.9999						
23	98.2	99.4	99.8	99.97	99.996	99.999	99.9999					
24	96.8	98.8	99.6	99.92	99.98	99.998	99.999	99.9999				

续表

试验数据处理和结果评定	可靠性评定试验

试样数 n	合格数 r											
	17	18	19	20	21	22	23	24	25	26	27	28
25	94.6	97.8	99.2	99.5	99.95	99.992	99.999	99.9999				
26	91.5	96.2	98.5	99.3	99.8	99.97	99.995	99.999	99.9999			
27	87.6	93.8	97.3	99.0	99.7	99.92	99.98	99.997	99.999	99.9999		
28	82.7	90.7	95.6	98.2	99.3	99.8	99.95	99.991	99.998	99.999	99.9999	
29	77.0	86.7	93.1	96.9	98.7	99.5	99.8	99.97	99.99	99.999	99.9999	
30	70.7	81.9	89.9	95.0	97.8	99.1	99.7	99.92	99.98	99.998	99.999	99.9999

注：当合格数 r 的可靠度大于 99.9999%时，表中未再列出，如需其具体数值时，可按照下面的公式进行计算；如果试样数大于 50 件时，其可靠度数值也可按照下式进行计算：

在总体中取 n 个试样，其中合格数在 r 以上的概率为：

$$p(x \geqslant r)=\sum_{x=r}^{n}\binom{n}{x} p_0^x (1-p_0)^{n-x}$$

式中，$p(x)$为试样合格的概率，n 为试样数，x 为合格的试样数目，p_0 为总体达到合格的概率，$\binom{n}{x}=\frac{n!}{n!\ (n-x)!}$，$\binom{n}{0}=1$

第 17 章　弹簧的失效及预防

（扫码阅读或下载第 17 章）

参考文献

[1] 张英会，刘辉航，王德成主编. 编簧手册. 第 2 版. 北京：机械工业出版社，2008.

[2] 成大先主编. 机械设计手册. 第 6 版. 第 3 卷. 北京：化学工业出版社，2016.

[3] 全国弹簧标准化技术委员会编. 中国机械工业标准汇编　弹簧卷. 北京：中国标准出版社，1999.

[4] 闻邦椿主编. 机械设计手册. 第 6 版. 第 3 卷. 北京：机械工业出版社，2018

[5] 汪曾祥，魏光英，刘祥至. 弹簧设计手册. 上海：上海科学技术文献出版社，1986.

[6] 胡世炎. 机械失效分析手册. 成都：四川科学技术出版社，1989.

[7] Berbard J H，Bo Jaconson. Steven R S. Fundamentals of machine elements（International Edition）. Singapore：McGraw-Hill Book Company，1999.

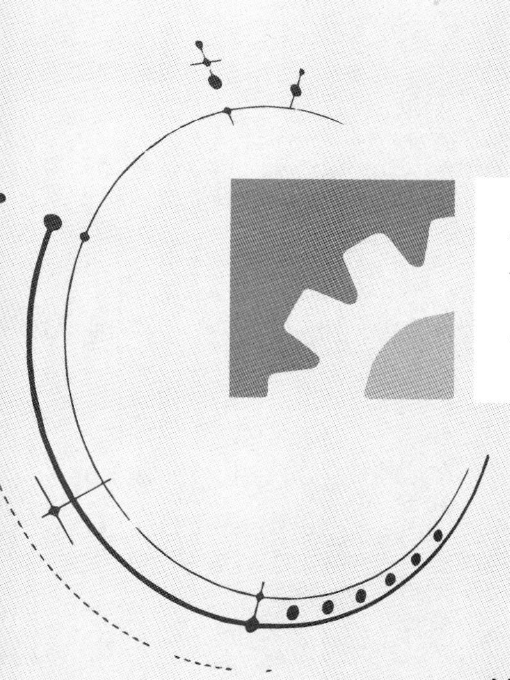

第 11 篇
机构

篇主编：李瑰贤　郝振洁

撰　稿：李瑰贤　郝振洁　孙开元　张丽杰

徐来春　马　超　李改玲　孙爱丽

王文照　刘雅倩　赵永强

审　稿：李瑰贤　孙开元

第 1 章　机构的基本知识和结构分析

机械是机器和机构的总称。机器和机构的区别在于，机器能完成给定的功能，而机构是机器的组成部分，也是相对运动构件的组合体，它能独立地完成给定运动。

本篇的目的：一是为了了解和分析现有机构的性能，对已有机构进行结构分析、运动分析和受力分析；二是对新机构进行创新设计，即机构综合，包括机构的型综合、运动学和动力学等方面的设计，为创新机械设计奠定基础。

1.1　机构的定义和组成

虽然机构的形式和结构各不相同，但通过大量的分析可以看出，机构是具有相对运动的构件组合体，而这种“构件组合体”，实际上是将各构件按一定方式连接而成的。总的来说，机构是由构件和运动副等要素组成的。

1.1.1　机构相关名词术语和定义

对机械、机器、机构、运动链、构件及运动副等常用术语进行定义和分类，如表 11-1-1 所示。

1.1.2　运动副及分类

按照运动副的结构和运动形式，对基本运动副进行分类，如表 11-1-2 所示。

表 11-1-1　　常用术语

术语	意义及其分类	
构件	组成机构的最基本单元，或为最基本组件，可实现独立运动的单元体	
	构件分类	
	机架	机构中用以支持运动构件的部分，通常被看成是静止的，用作研究运动的参考坐标系
	主动件（原动件）	由外界给予的确定独立运动或力的构件
	从动件	机构中除机架和主动件以外的构件，其中直接输出运动或力的构件为输出构件
运动副	两构件之间的活动连接部分称为运动副	
	运动副分类（详细图例参见表 11-1-2）	
	高副	点、线接触的运动副
	低副（铰链）	面接触的运动副
运动链	若干个构件通过运动副连接组成的构件系统，与机构的区别是无原动件和机架，并且不能完成确定运动	
	运动链分类	
	闭式链	首末封闭的运动链
	开式链	首末不封闭的运动链
机构	以机架为基础，原动件作为输入，从动件作为输出，并具有确定运动的运动链	
	机构分类	
	平面机构	各构件均能实现在相互平行的平面内运动的机构
	空间机构	能实现在空间运动的机构
零件	加工制造的基本单元，如螺钉、螺母、齿轮，也是组成构件的单元体	
部件	由零件装配而成	
机器	由一个或若干机构组成，并具备一定功能，如机械运动、能量、物料及信息的交换和传递	
机械	机器和机构的总称	

表 11-1-2 **运动副的基本类型**

名称	图例	简图符号	级别	代号	自由度	运动与约束		
	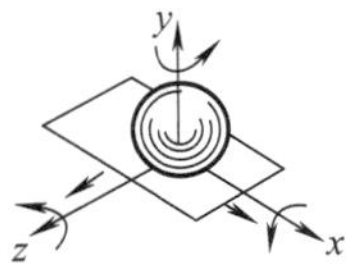	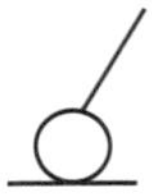					独立运动数目	约束数目
球面高副			Ⅰ	P_1	5	转动	3	0
						移动	2	1
柱面高副			Ⅱ	P_2	4	转动	2	1
						移动	2	1
球面低副		(S)	Ⅲ	P_3(S)	3	转动	3	0
						移动	0	3
球销副			Ⅳ	P_4(S′)	2	转动	2	1
						移动	0	3
圆柱副			Ⅳ	P_4(C)	2	转动	1	2
						移动	1	2
螺旋副			Ⅴ	P_5(H)	1	转动	1(0)	2(3)
						移动	0(1)	3(2)
转动副			Ⅴ	P_5(R)	1	转动	1	2
						移动	0	3
移动副			Ⅴ	P_5(P)	1	转动	0	3
						移动	1	2

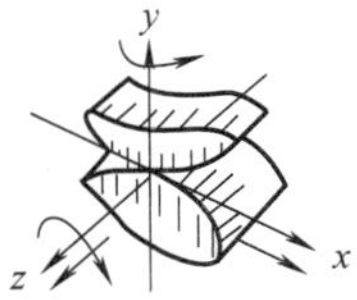

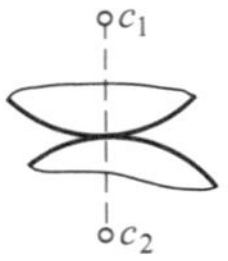

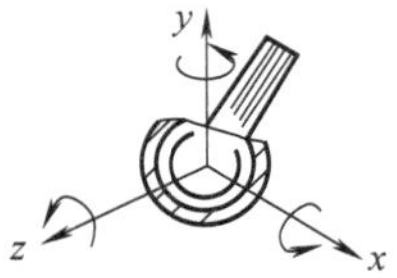

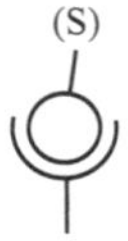

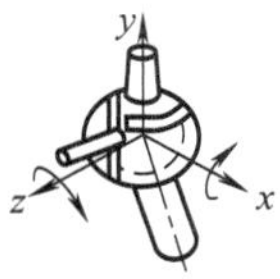

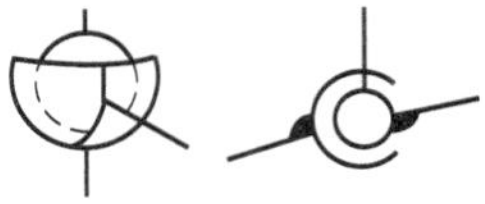

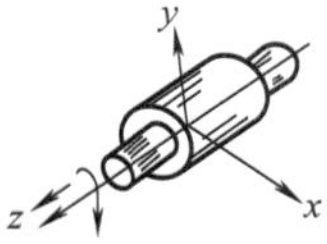

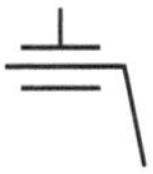

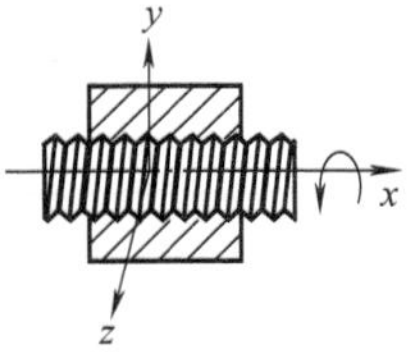

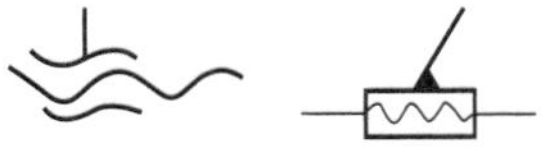

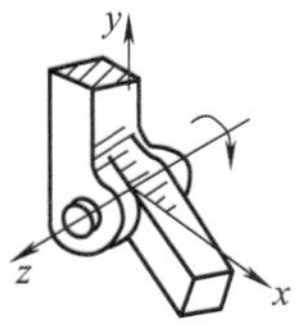

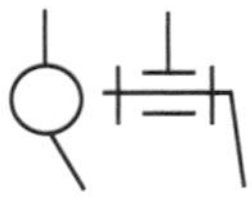

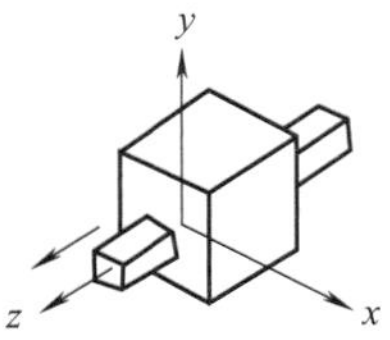

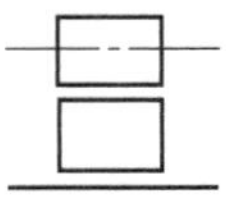

注：1. 表中 P_1、P_2、…、P_5 分别表示运动副的级别为Ⅰ、Ⅱ、…、Ⅴ级副，即引入的约束数。

2. 括号中的符号 H、R 和 P 分别表示螺旋副、转动副和移动副。

1.2　机构运动简图

1.2.1　定义

为研究机构的运动性能和力学性能，必须进行运动学分析、静力学分析和动力学分析等，必须将工程中三维实体机器或机构用简单的工程符号和线条画成书面表示的二维图，即结构简图。

在不考虑构件、运动副的外形和具体结构的情况下，用简单的线条和符号代表构件和运动副，画出与实际机构运动完全相同的图称为机构运动简图，可以根据机构运动简图对机构进行运动分析和受力分析。

1.2.2　构件运动的规范符号

为查阅方便，采用大量组成机构运动简图对构件、运动副及相互运动的表达形式加以规范，如表 11-1-3 所示。

表 11-1-3　构件运动表示符号

类别	名称	基本符号	附注及可用符号
构件的运动	运动轨迹		直线运动 回转运动
	运动指向		表示点沿运动轨迹的指向
	中间位置的瞬时停歇	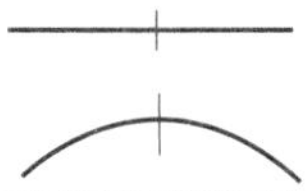	直线运动 回转运动
	中间位置的停留	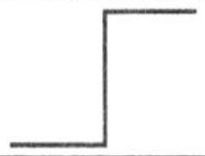	—
	极限位置的停留	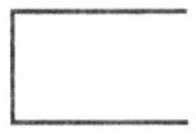	—
	局部反向运动		直线运动 回转运动
	停止		—
	单向运动		直线运动 回转运动
	具有瞬时停歇的单向运动	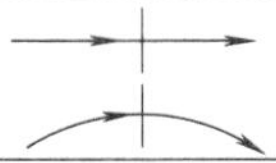	直线运动 回转运动
	具有停歇的单向运动	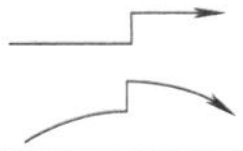	直线运动 回转运动
	具有局部反向的单向运动		直线运动 回转运动
	往复运动	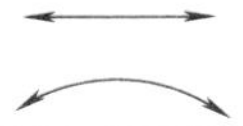	直线运动 回转运动
	在一个极限位置停歇的往复运动	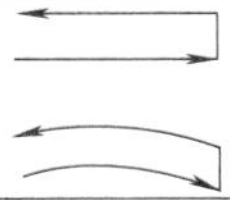	直线运动 回转运动
	在两个极限位置停歇的往复运动	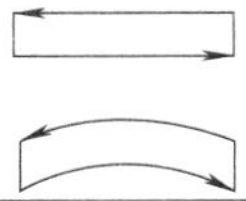	直线运动 回转运动
	在中间位置停歇的往复运动	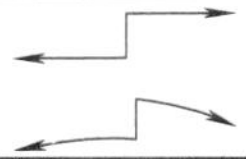	直线运动 回转运动

续表

类别	名称	基本符号	附注及可用符号
构件的运动	具有局部反向及停歇的单向运动		直线运动 回转运动
	运动终止		直线运动 回转运动

1.2.3 构件及机构简图

因为所有机构均应有原动件和机架，下面只给出构件和各种运动副的规定基础符号及所组成的机构范例，如表 11-1-4 ～表 11-1-7 所示。

表 11-1-4 构件规范符号及组成的低副机构示例

类别	名称		基本符号	附注及可用符号
构件及其连接	机架			
	轴、杆			
	构件组成部分的永久连接(焊接等)			
	构件组成部分与轴(杆)的固定连接			
	构件组成部分的可调连接			
组成低副的构件	构件是转动副的一部分			平面机构
				空间机构
	机架是转动副的一部分	平面机构		
		空间机构		
	构件是移动副的一部分			
	构件是圆柱副的一部分			—
具有多个低副的构件	构件是球面副的一部分			—
	具有两个转动副的连杆			平面机构

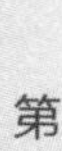
第11篇

续表

类别	名称	基本符号	附注及可用符号
具有多个低副的构件	具有两个转动副的连杆		空间机构
	具有两个转动副的曲柄（或摇杆）	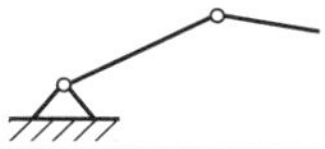	平面机构
			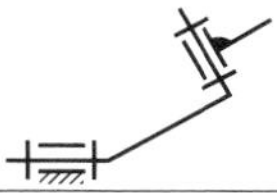 空间机构
	具有两个转动副的偏心轮 		—
	具有两个移动副的构件　通用情况		可用符号 θ角为任意值
	具有两个移动副的构件　滑块		滑块可用符号
	具有一个转动副和一个移动副的构件　通用情况	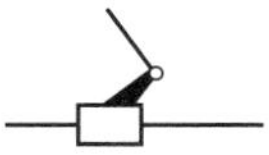	导杆可用符号 
	具有一个转动副和一个移动副的构件　导杆		
	具有三个运动副的构件	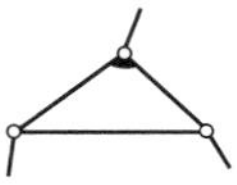	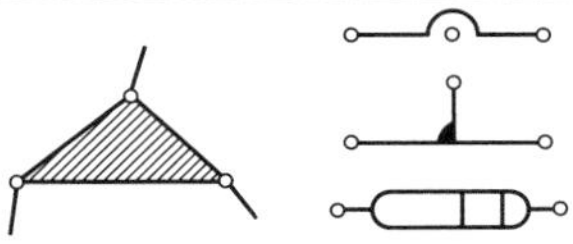
由低副组成的四杆机构示例	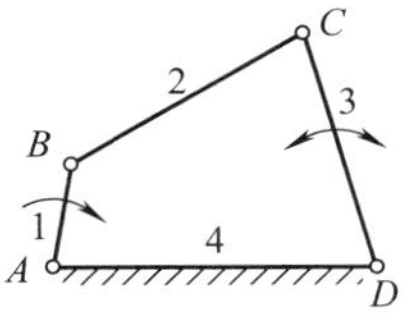 名称　图(a)　曲柄摇杆	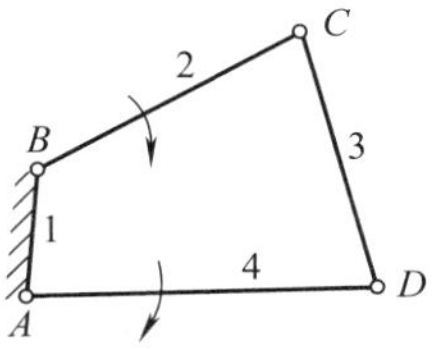 图(b)　双曲柄	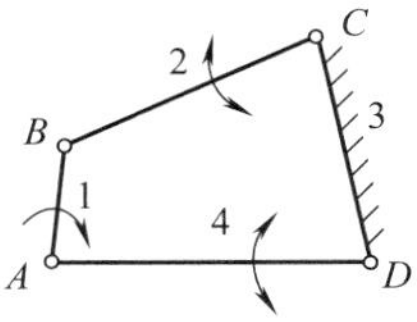 图(c)　双摇杆

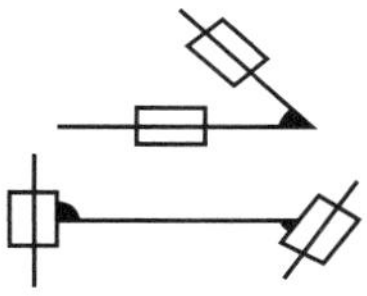

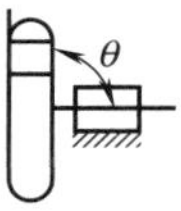

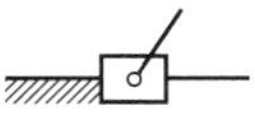

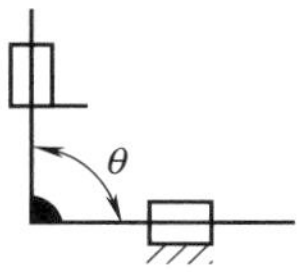

续表

由低副组成的四杆机构示例	实例	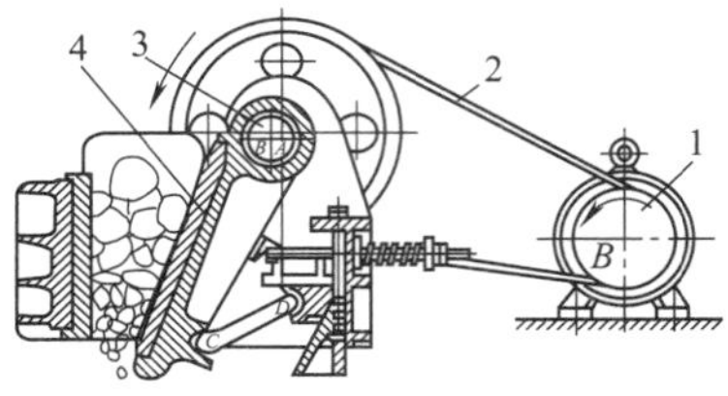 图(a) 颚式碎矿机	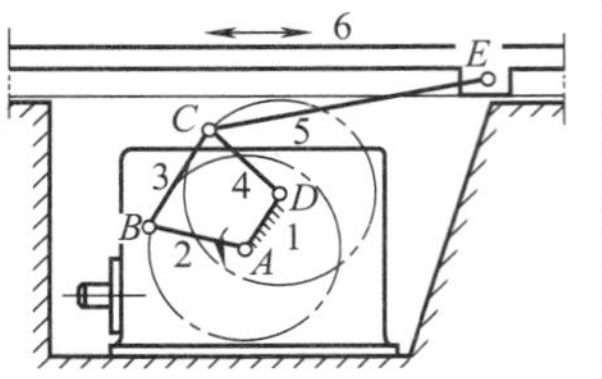 图(b) 惯性筛	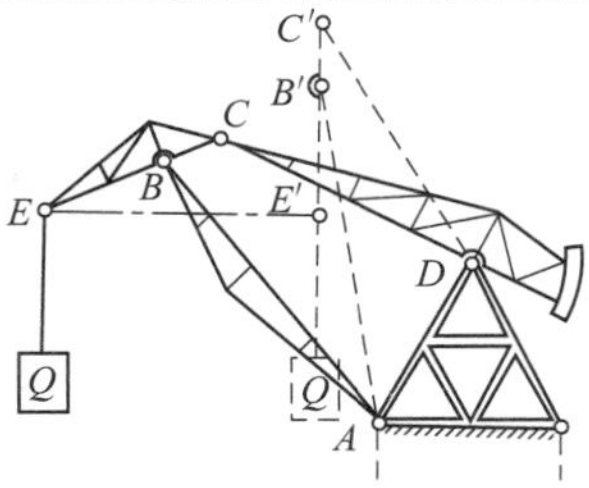 图(c) 鹤式起重机
	用途	搅拌机、颚式碎矿机等	插床、惯性筛，平行双曲柄机构用于机车车轮联动机构、反向双曲柄机构等	鹤式起重机、飞机起落架及汽车、拖拉机上操纵前轮转向等
	名称	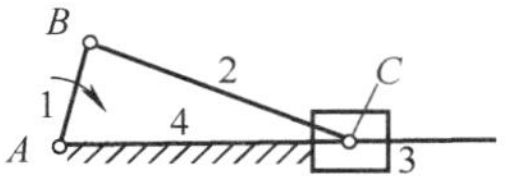 图(a) 曲柄滑块	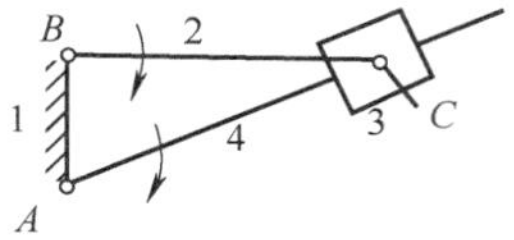 图(b) 转动导杆	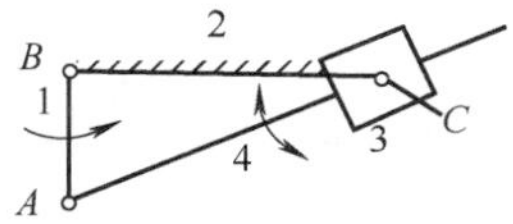 图(c) 曲柄摇块
	实例	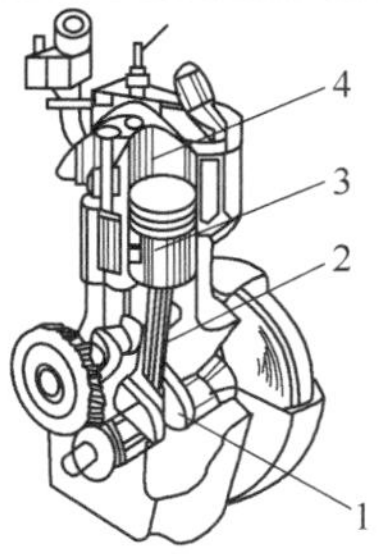 图(a) 内燃机	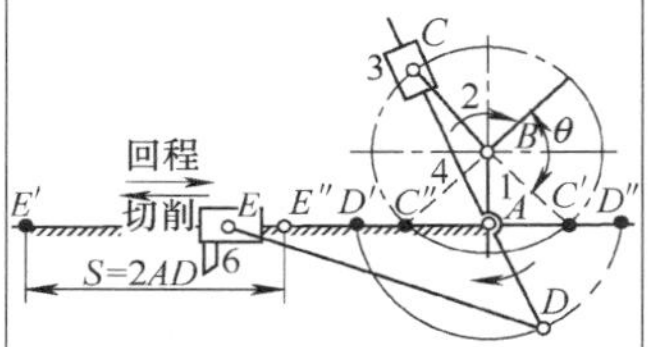 图(b) 小型刨床	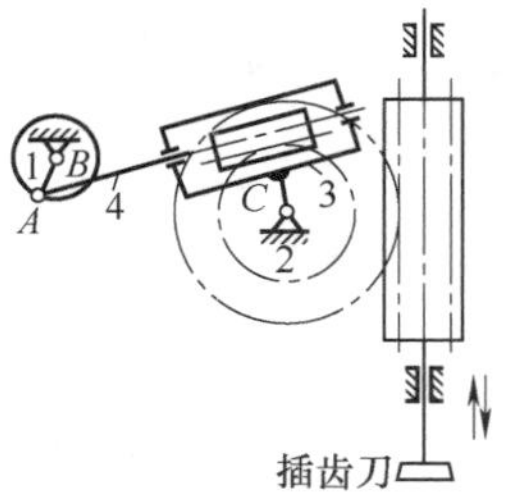 图(c) 插齿机主传动机构
	用途	冲床、内燃机、空气压缩机等	回转式液压泵、小型刨床、插床等	摆缸式原动机、液压驱动装置、气动装置、插齿机主传动机构等
	名称	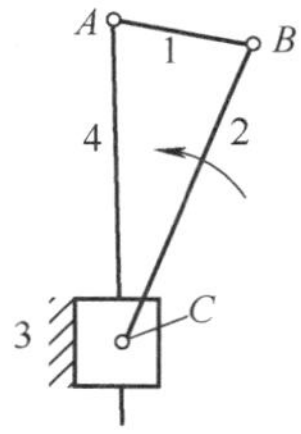 图(a) 移动导杆	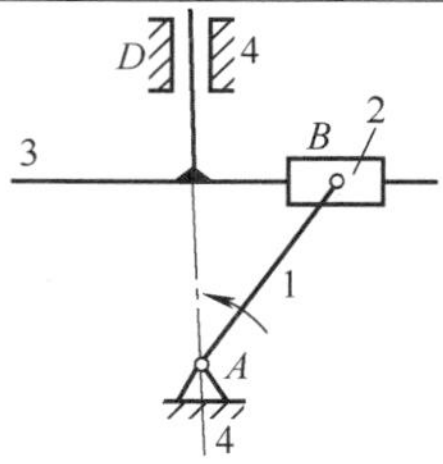 图(b) 正弦机构	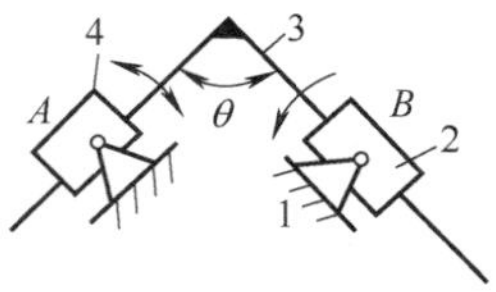 图(c) 双转块
	实例	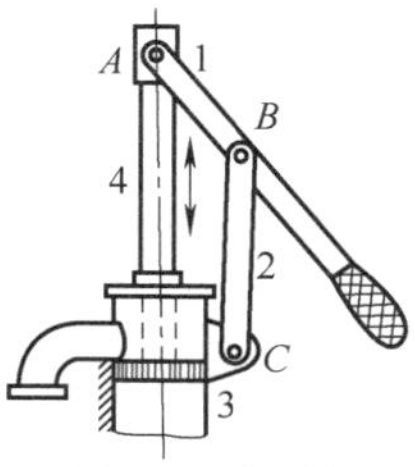 图(a) 手唧筒	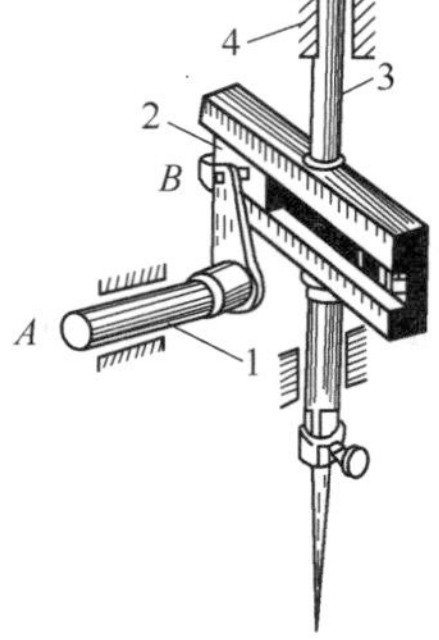 图(b) 缝纫机针杆机构	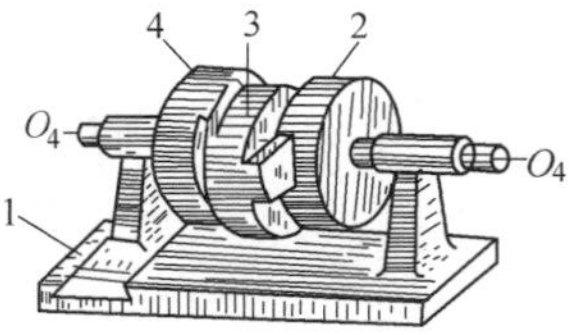 图(c) 十字滑块联轴器

续表

	用途	手唧筒、双作用式水泵等	仪表、解算装置、织布机构、印刷机械等	十字滑块联轴器等
由低副组成的四杆机构示例	名称	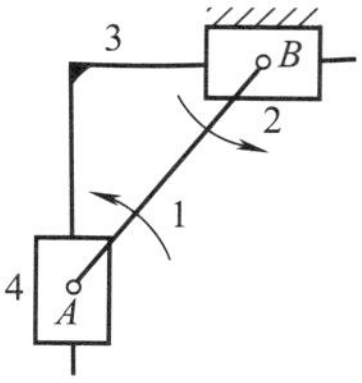 图(a) 曲柄移动导杆	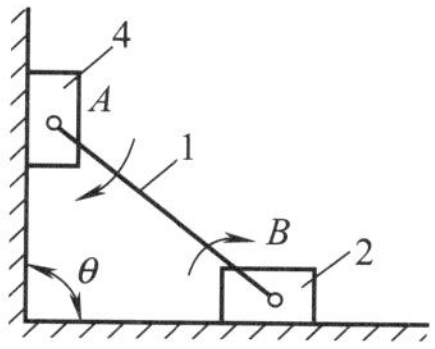 图(b) 双滑块	—
	实例		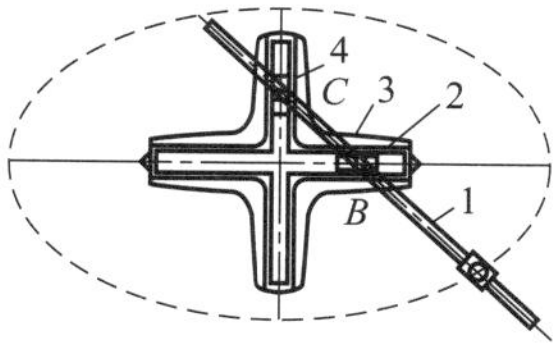 椭圆仪	—
	用途	仪表、解算装置等	椭圆仪等	—
由低副组成的多杆机构示例	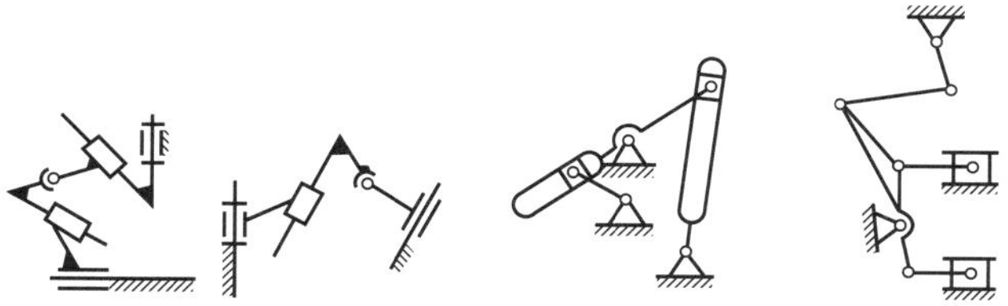			

表 11-1-5 凸轮组件及构件示例

类别	名称	基本符号	附注及可用符号
凸轮副	盘形凸轮	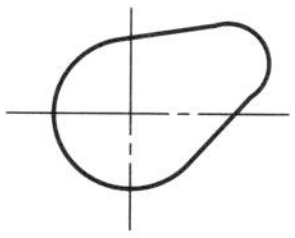	沟槽盘形凸轮 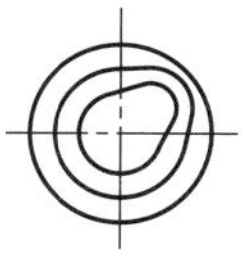
	移动凸轮		—
	与杆固连的盘形凸轮	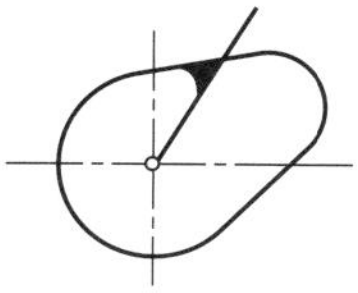	可调连接 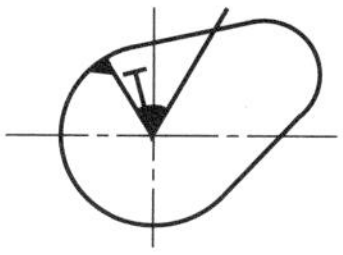

续表

类别	名称		基本符号	附注及可用符号
凸轮副	凸轮从动件	尖顶从动件		—
		曲面从动件	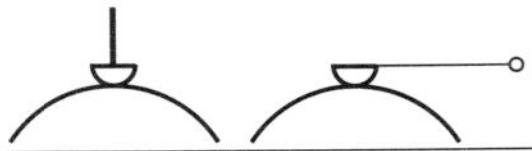	—
		滚子从动件	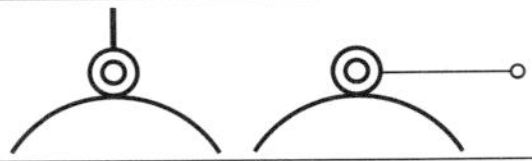	—
		平底从动件		—
	空间凸轮	圆柱凸轮	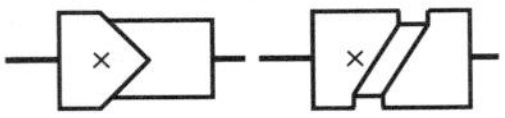	—
		圆锥凸轮	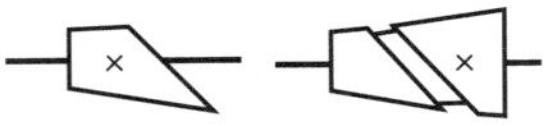	—
		双曲面凸轮	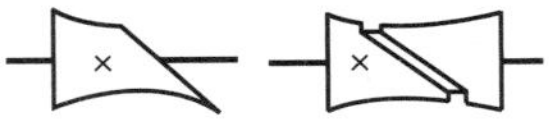	—
凸轮机构示例	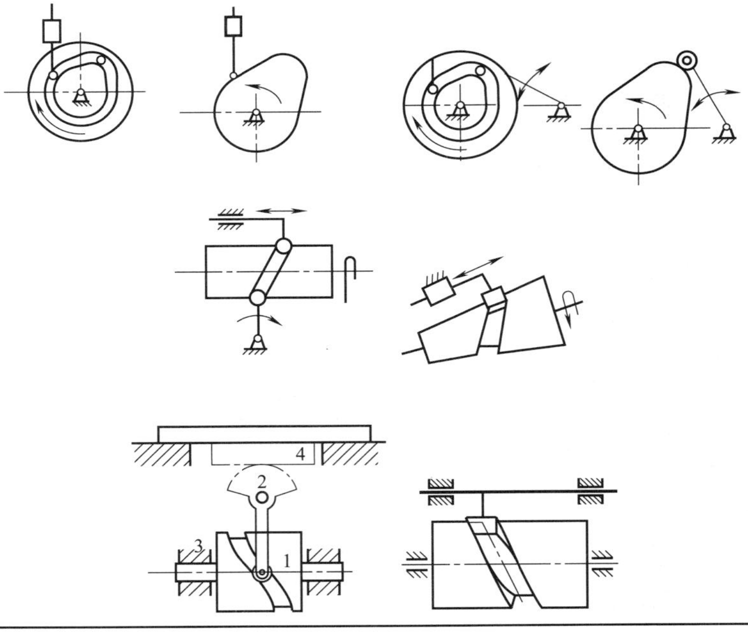			

表 11-1-6 齿轮副及构件示例

类别	名称	基本符号	附注及可用符号
齿轮副	圆柱齿轮	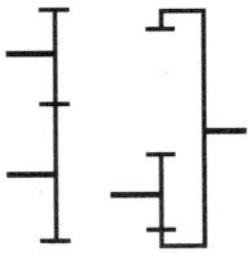	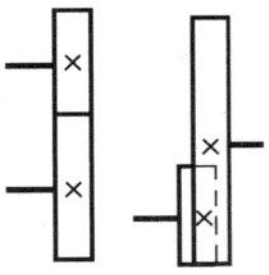

续表

类别	名称		基本符号	附注及可用符号
齿轮副	齿轮齿条	一般表示	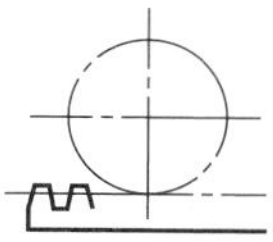	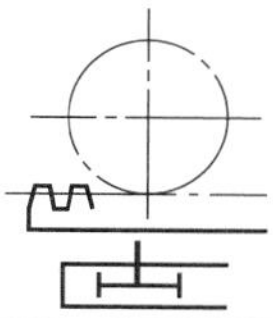
		蜗线齿条与蜗杆	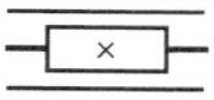	—
		齿条与蜗杆	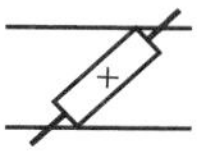	—
	非圆齿轮		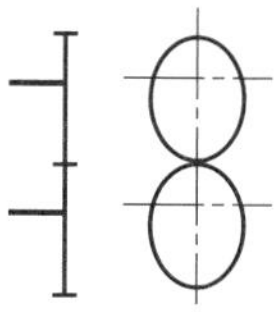	
	圆锥齿轮		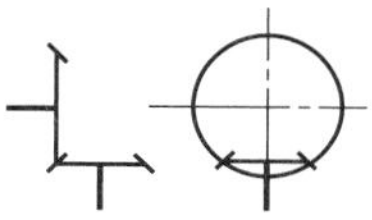	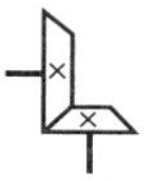
	准双曲面齿轮		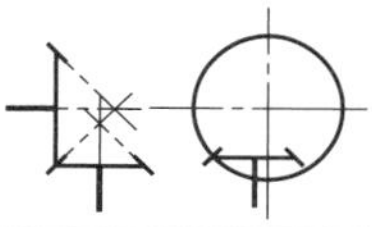	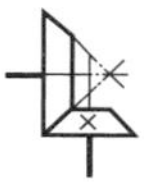
	蜗轮与圆柱蜗杆		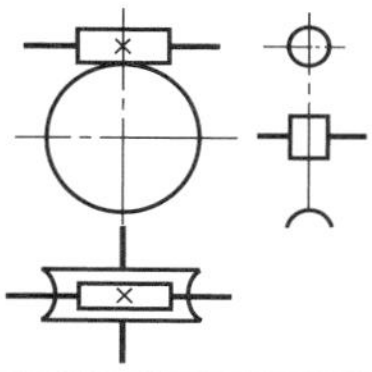	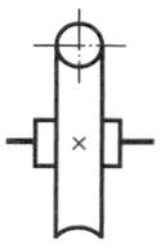
	蜗轮与环面蜗杆		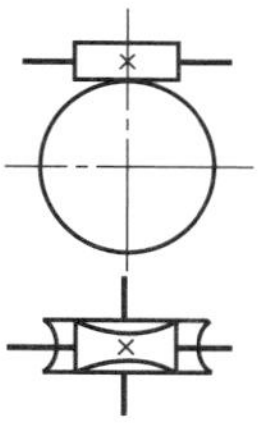	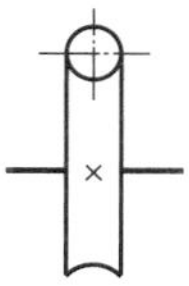
	螺旋齿轮		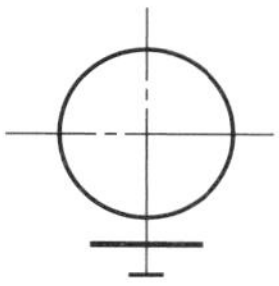	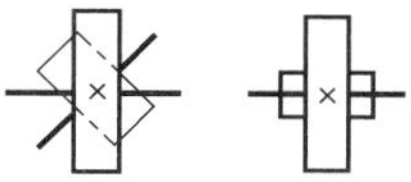
	扇形齿轮		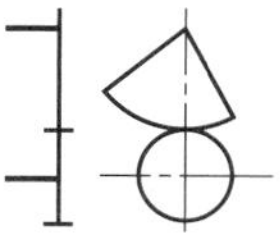	

续表

类别	名称		基本符号	附注及可用符号
齿形符号	圆柱齿轮	直齿	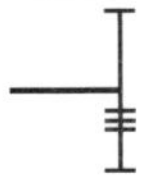	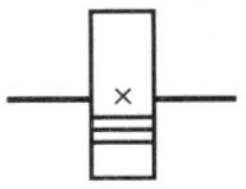
		斜齿	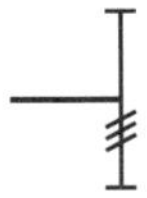	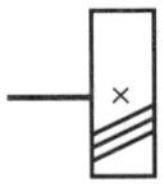
		人字齿		
	锥齿轮	直齿	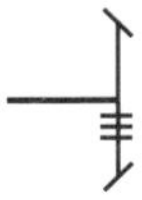	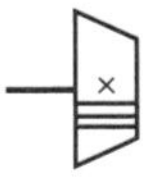
		斜齿	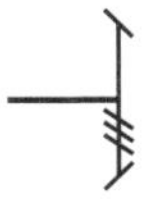	
		弧齿	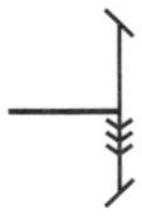	
齿轮副机构示例	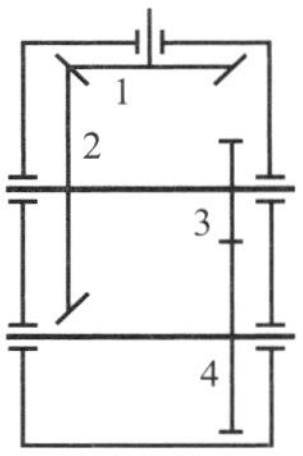 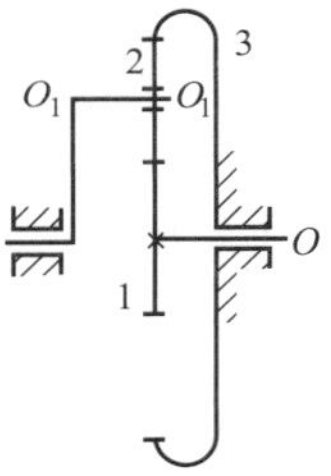 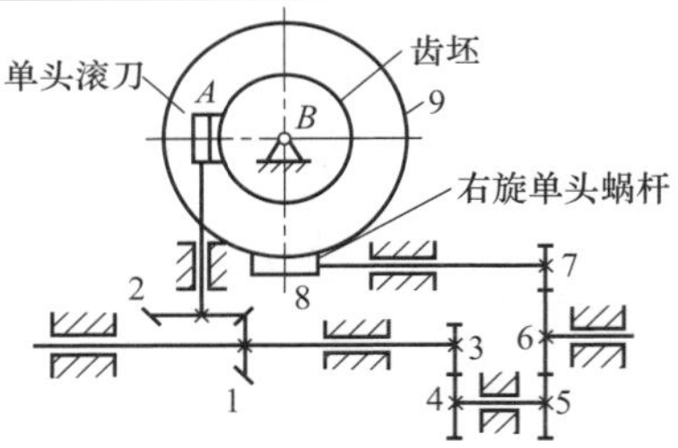 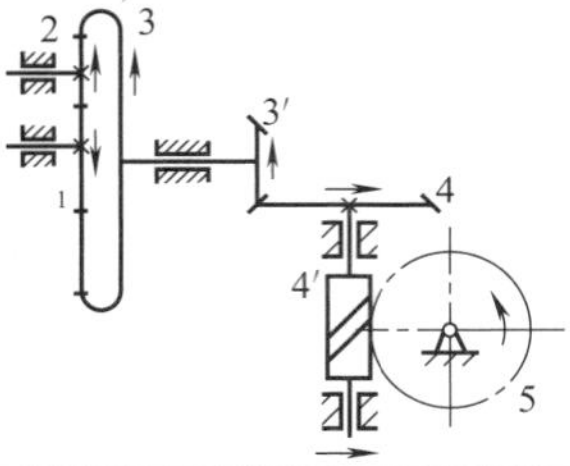			

表 11-1-7 其他常用传动构件和组件

类别	名称		基本符号	附注及可用符号
其他传动	槽轮机构构件	一般符号	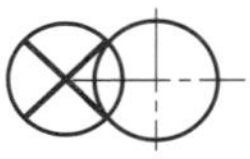	—
		外啮合	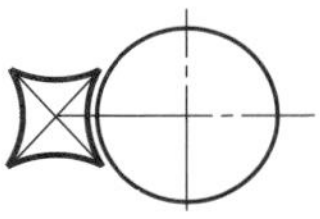	可用符号 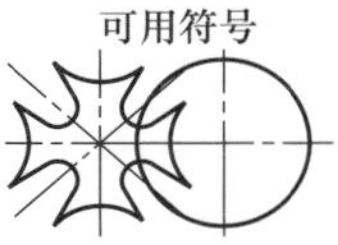

续表

类别	名称		基本符号	附注及可用符号
其他传动	槽轮机构构件	内啮合	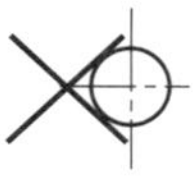	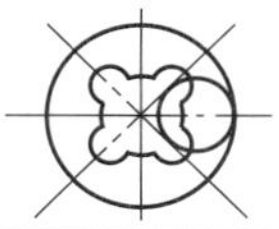
	棘轮机构构件	外啮合	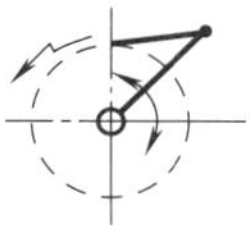	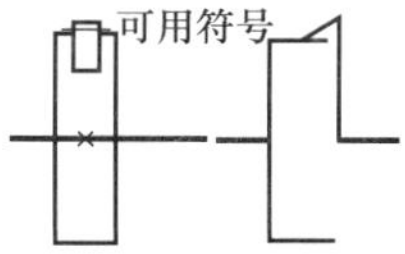 可用符号
		内啮合		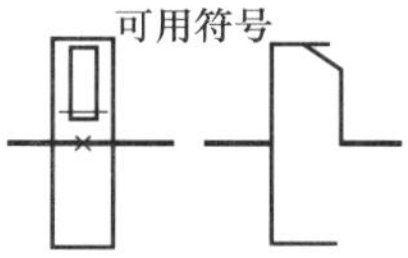 可用符号
		棘齿条啮合	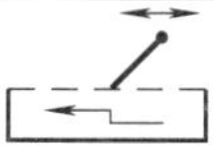	
	带传动构件	一般符号(不指明类型)	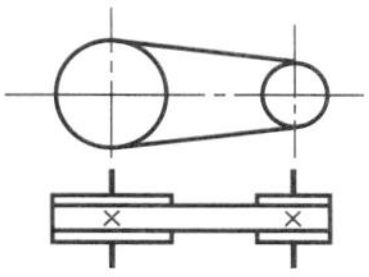	若需指明带类型，可采用下列符号 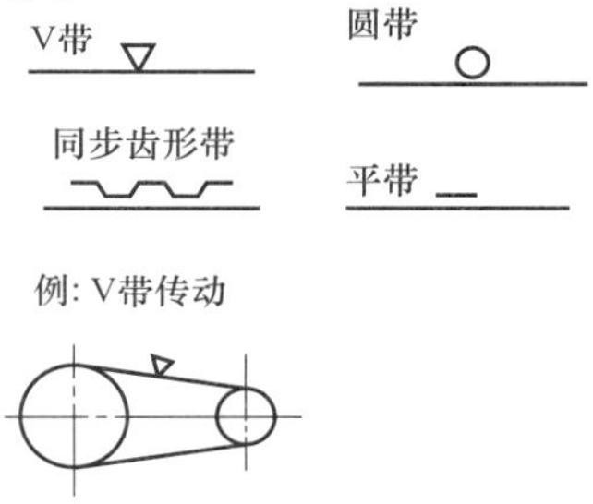 V带　圆带 同步齿形带　平带 例：V带传动
		轴上的宝塔轮	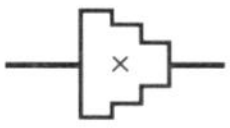	—
	链传动构件	一般符号(不指明类型)	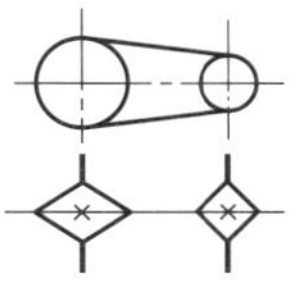	若需指明链条类型，可采用下列符号 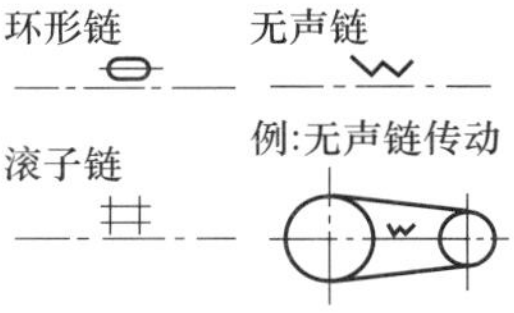 环形链　无声链 滚子链　例：无声链传动
	螺杆传动构件	整体螺母	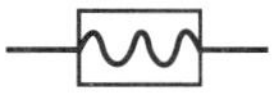	
		开合螺母	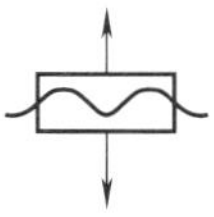	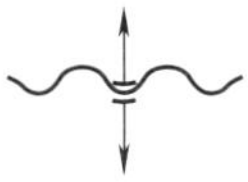
		滚珠螺母	—	

续表

类别	名称		基本符号	附注及可用符号
其他传动	摩擦机构构件	圆柱轮	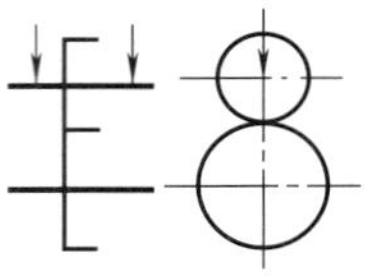	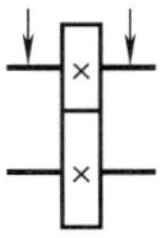
		圆锥轮	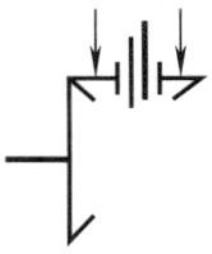	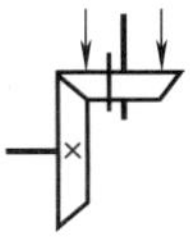
		双曲面轮	—	可用符号 
		可调圆锥轮	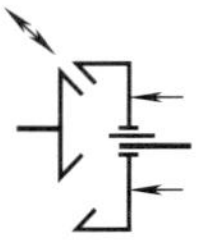	可用符号 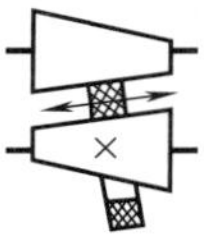 图(a) 带中间体的可调圆锥轮  图(b) 带可调圆环的圆锥轮 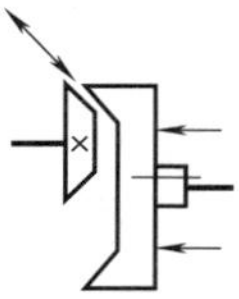  图(c) 带可调球面轮的圆锥轮
		可调冕状轮	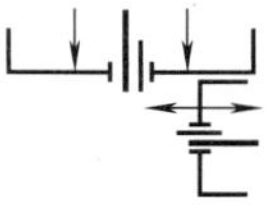	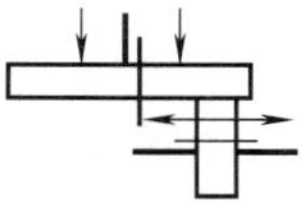
其他组件	联轴器	一般符号(不指明类型)	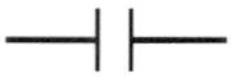	—
		固定联轴器	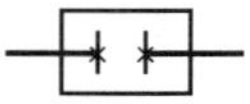	—
		可移式联轴器	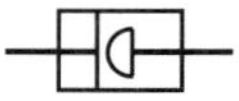	—
		弹性联轴器	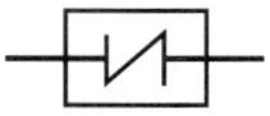	—

续表

类别	名称				基本符号	附注及可用符号
其他组件	离合器	可控离合器	一般符号		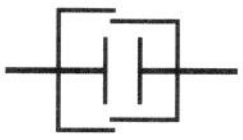	对可控离合器、自动离合器及制动器，当需要表明操纵方式时，可使用下列符号 M—机动；H—液动；P—气动；E—电动 例：具有气动开关启动的单向摩擦离合器
			啮合式离合器	单向式	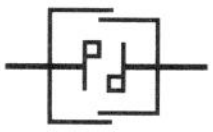	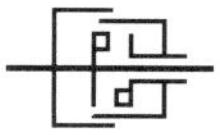
				双向式	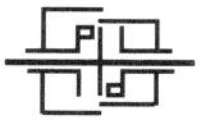	—
			摩擦式离合器	单向式	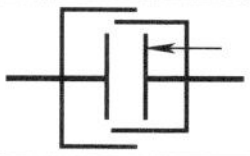	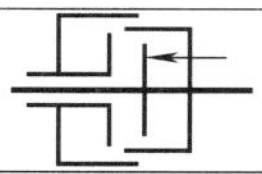
				双向式	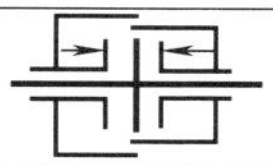	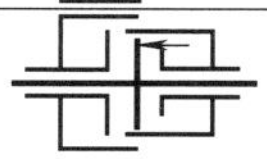
			液压离合器		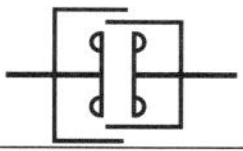	—
			电磁离合器			—
		自动离合器	一般符号		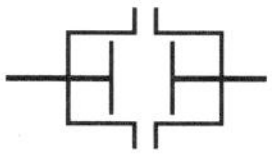	—
			离心摩擦离合器		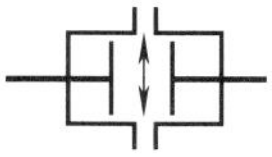	—
			超越离合器		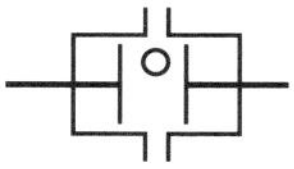	—
			安全离合器	有易损元件	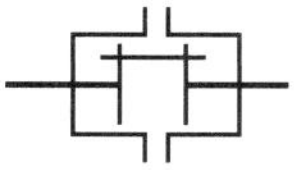	—
				无易损元件	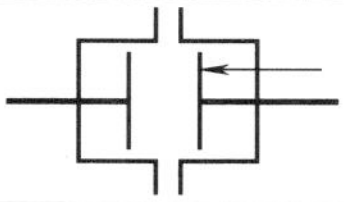	—
	制动器				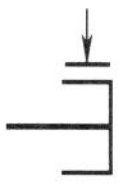	不规定制动器外观
	轴承	向心轴承	普通轴承			—
			滚动轴承		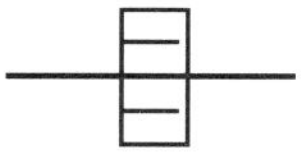	

续表

类别	名称			基本符号	附注及可用符号
其他组件	轴承	推力轴承	单向推力普通轴承		—
			双向推力普通轴承		—
			推力滚动轴承		
		向心推力轴承	单向向心推力普通轴承		—
			双向向心推力普通轴承		—
			向心推力滚动轴承		
	弹簧	压缩弹簧			—
		拉伸弹簧			—
		扭转弹簧			—
		碟形弹簧			—
		截锥弹簧			—
		蜗卷弹簧			—
		板弹簧			—
	挠性轴			可以只画一部分	—
	轴上飞轮				

续表

类别	名称		基本符号	附注及可用符号
其他组件	分度头			n 为分度头数
	原动机	通用符号(不指明类型)		—
		电动机一般符号		—
		装在支架上的电动机		—

1.2.4 机构运动简图的绘制

根据表 11-1-3～表 11-1-7 中规定的符号，可以画出给定机构的运动简图，具体的绘制方法如下。

① 确定机架和活动构件数，标上序号。

② 由组成运动副两构件间的相对运动特性，定出该运动副要素：转动副中心位置、移动副导路的方位和高副廓线的形状等。具有两个以上转动副的构件，其转动副中心的连线即代表该构件。

③ 选择恰当的视图，以主动件的某一位置为作图位置，可令主动件与水平线呈某一角度，然后用规定的符号，根据构件尺寸，选定比例尺，按比例画出机构运动简图。

④ 必要时应标出主动件的运动方向和参数，如转速、功率和转矩，以及齿轮的基本参数。

为了实现对机构的运动分析和受力分析，以机构的组成原理为基础，对工程中常用机构给出机构简图范例，如表 11-1-8 所示。

表 11-1-8　机构运动简图范例

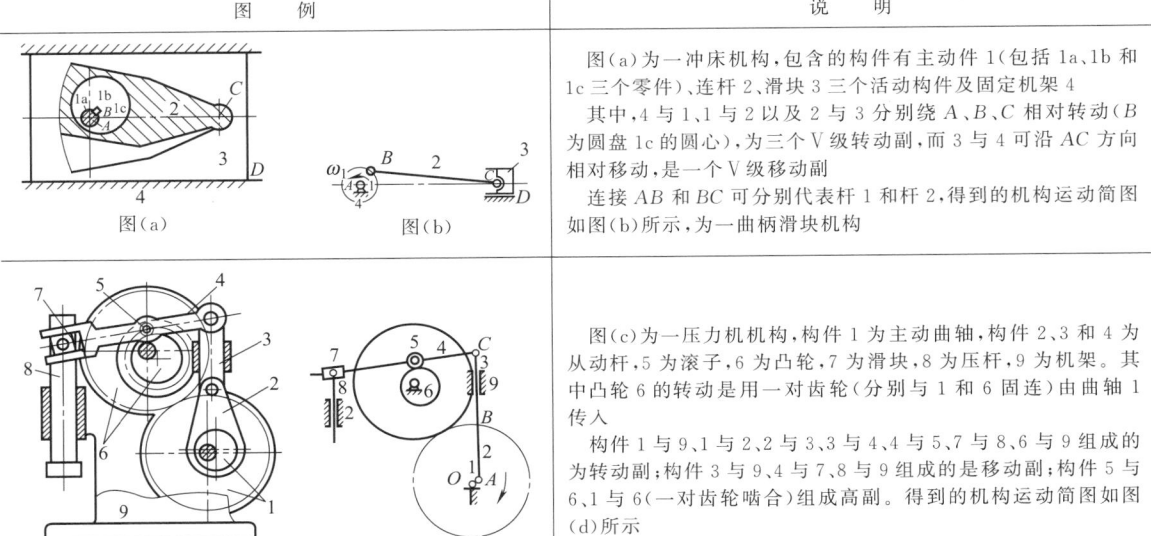

图　例	说　明
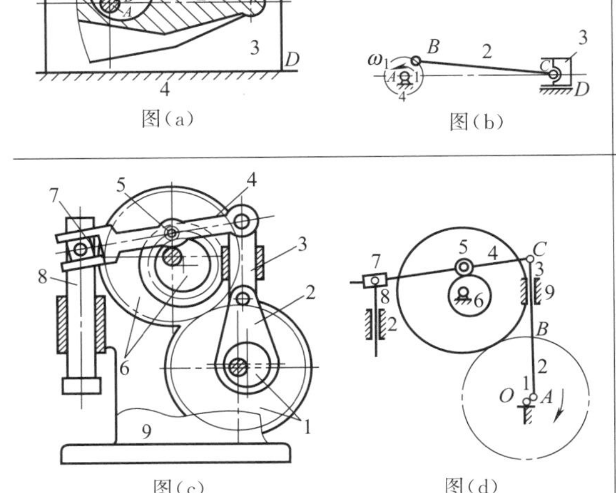 图(a)　图(b)	图(a)为一冲床机构，包含的构件有主动件 1(包括 1a、1b 和 1c 三个零件)、连杆 2、滑块 3 三个活动构件及固定机架 4 其中，4 与 1、1 与 2 以及 2 与 3 分别绕 A、B、C 相对转动(B 为圆盘 1c 的圆心)，为三个Ⅴ级转动副，而 3 与 4 可沿 AC 方向相对移动，是一个Ⅴ级移动副 连接 AB 和 BC 可分别代表杆 1 和杆 2，得到的机构运动简图如图(b)所示，为一曲柄滑块机构
图(c)　图(d)	图(c)为一压力机机构，构件 1 为主动曲轴，构件 2、3 和 4 为从动杆，5 为滚子，6 为凸轮，7 为滑块，8 为压杆，9 为机架。其中凸轮 6 的转动是用一对齿轮(分别与 1 和 6 固连)由曲轴 1 传入 构件 1 与 9、1 与 2、2 与 3、3 与 4、4 与 5、7 与 8、6 与 9 组成的为转动副；构件 3 与 9、4 与 7、8 与 9 组成的是移动副；构件 5 与 6、1 与 6(一对齿轮啮合)组成高副。得到的机构运动简图如图(d)所示

第 11 篇

续表

图 例	说 明
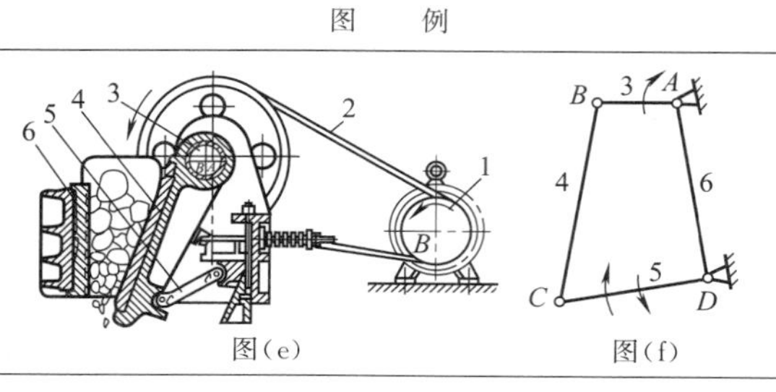 图(e) 图(f)	图(e)为颚式破碎机，构件 1 为主动带轮，2 为传动带，3 为曲轴即曲柄，4 为连杆即为活动颚板，5 为摇杆，6 为固定颚板 构件 3 与 6、3 与 4、4 与 5、5 与 6 组成转动副 得到的机构运动简图为一曲柄摇杆机构，如图(f)所示
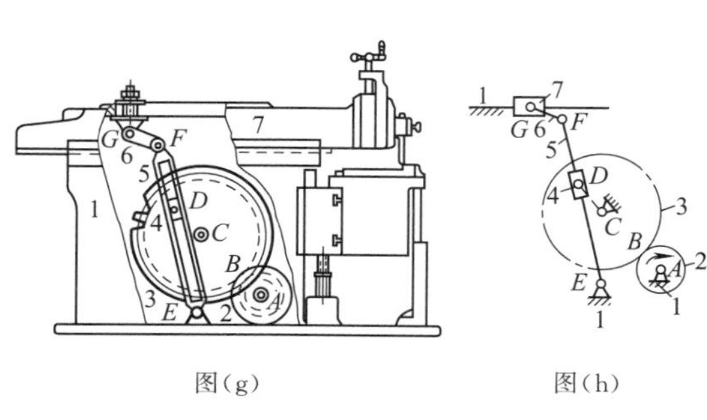 图(g) 图(h)	图(g)所示为牛头刨床机构，安装于机架 1 上的主动齿轮 2 将回转运动传递给与之相啮合的齿轮 3，齿轮 3 带动滑块 4 而使导杆 5 绕 E 点摆动，并通过连杆 6 带动滑枕 7 使刨刀做往复直线运动 齿轮 2、3 及导杆 5 分别与机架 1 组成转动副 A、C 和 E。构件 3 与 4、5 与 6、6 与 7 之间的连接组成转动副 D、F 和 G，构件 4 与 5、7 与机架 1 之间组成移动副，齿轮 2 与 3 之间的啮合为平面高副 B 选择与各转动副回转轴线垂直的平面作为投影面。选择长度比例尺 μ(m/mm)，根据机构的实际运动尺寸和长度比例尺，定出各运动副之间的相对位置，用构件和运动副的规定符号绘制机构运动简图，如图(h)所示

1.3 机构自由度计算

为了合理地设计新机构或分析现有机构，首先均应判断机构是否满足给定的运动要求，所以必须进行机构自由度计算。

1.3.1 机构自由度的定义

所谓机构的自由度 F 就是保证机构具有确定运动所需的独立运动参数，机构自由度的数目即是独立运动参数的数目。机构具有其确定运动的条件是自由度的数目等于机构主动件的数目，若不相等，则机构不能运动或做杂乱无章不确定的运动。

1.3.2 平面机构自由度的计算

① 自由度计算公式。组成平面机构的运动副只有转动副、移动副以及平面高副，每个平面运动构件只有三个自由度（分别为沿平面内两个直角坐标的移动和平面内转动），其中每个低副引入两个约束，每个平面高副引入一个约束，则平面机构自由度的计算式为：

$$F=3n-2P_5-P_4 \tag{11-1-1}$$

式中 n——机构中活动构件数；

P_5——低副个数；

P_4——高副个数。

② 计算机构自由度的注意事项及计算示例，如表 11-1-9、表 11-1-10 所示。

表 11-1-9 局部自由度、复合铰链和虚约束

注意事项	定义	图例	计算说明
局部自由度	和机构运动无关的自由度，称之为局部自由度	图(a) 图(b) 图(c) 图(d)	计算机构自由度 F 时应去除局部自由度 图(a)为直动从动件凸轮机构，图(b)为摆动从动件凸轮机构，其中构件 2 滚子只起到减少摩擦的作用，属于局部自由度，计算时去除局部自由度后，相当于将滚子固结在从动杆上 去除局部自由度后，得到的机构运动简图如图(c)和图(d)所示

续表

注意事项	定义	图例	计算说明
复合运动副和复合铰链	三个或三个以上构件（含固定构件）组成的含有两个以上的运动副处，称为复合运动副。例如，图(e)中 D 处 两个以上构件用同一个铰链连接时，就形成复合铰链。例如，图(f)中 C 处	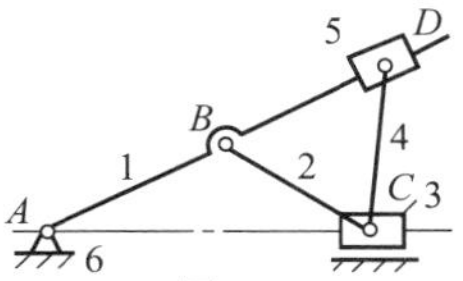 图(e) 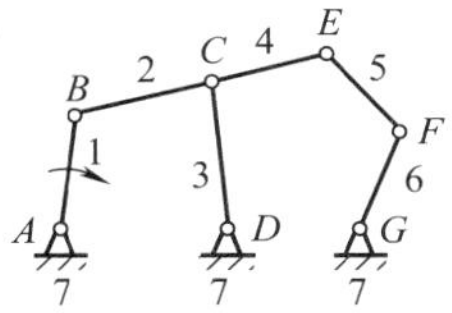 图(f) 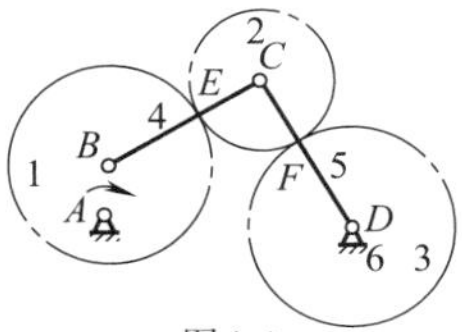 图(g)	运动副的数目为组成该复合铰链的构件数减去 1 这里要特别注意有齿轮或凸轮的机构。如图(g)所示，连杆 4 和连杆 5 均与齿轮 2 连接，在 C 点形成了两个转动副，从而形成了一个复合铰链。同样，在 D 点，机架 6 与齿轮 3、连杆 5 也形成了一个复合铰链
虚约束	两构件形成多个运动副	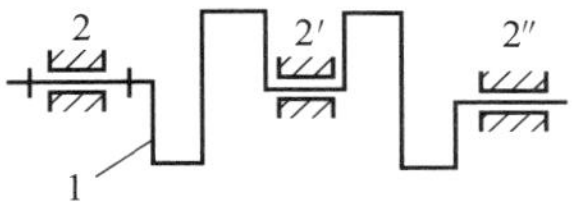 图(h) 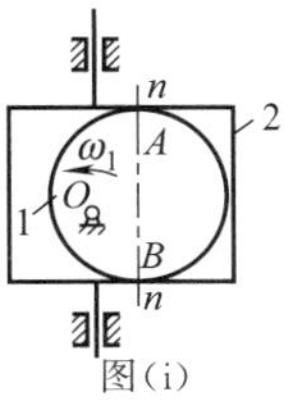 图(i) 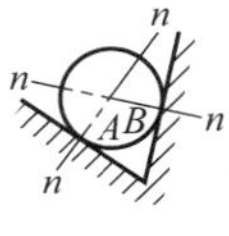 图(j) 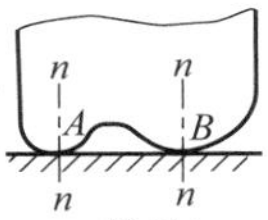　图(k)	图(h)曲轴 1 与机架形成了三个转动副，而转动副的轴线重合，为虚约束 图(i)为等宽凸轮机构，凸轮 1 与从动件 2 形成了两个高副，但这两个高副接触点的法线重合，所以为虚约束 如果两构件接触形成的两个高副接触点的法线不重合，则不形成虚约束，如图(j)和图(k)所示。图(j)相当于一个转动副，图(k)相当于一个移动副
	不同构件上两点距离始终保持不变	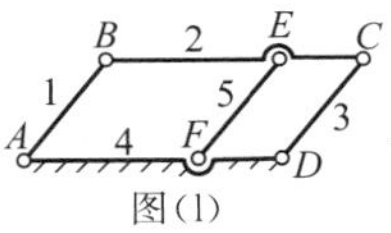 图(l) 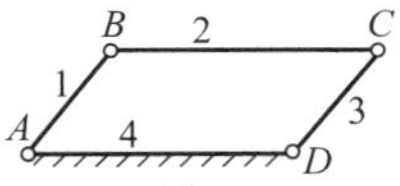　图(m) 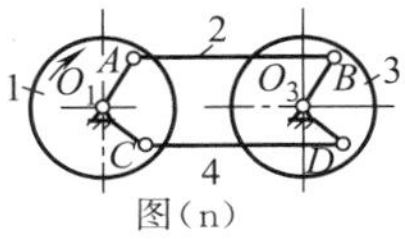 图(n) 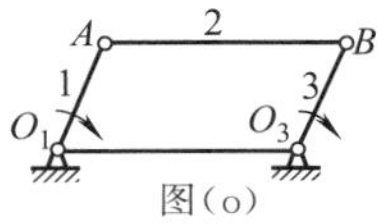　图(o)	图(l)中由于杆 5 不论存在与否，EF 的距离都保持不变，所以去除相关的虚约束，转换后的机构简图如图(m)所示 图(n)中由于 C 和 D 的间距也保持不变，也同样为虚约束，也应去除，转换后的机构简图如图(o)所示

续表

注意事项	定义	图例	计算说明
虚约束	连杆上一点的轨迹为一直线	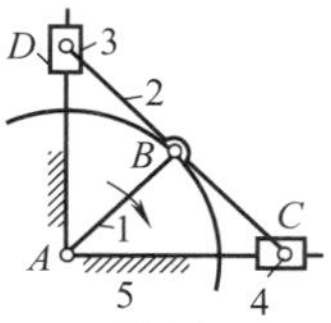 图(p) 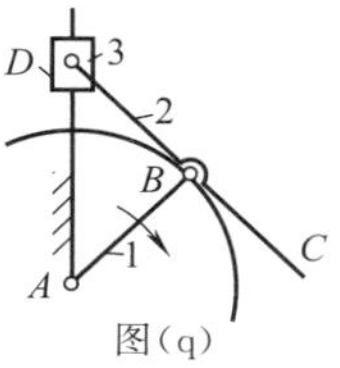 图(q)	图(p)中 C 点的轨迹始终为直线，滑块4的存在对其运动轨迹并不产生影响。故计算自由度时，滑块4连同 C 点的转动副和移动副都应去除，得到的转换机构如图(q)所示
	对运动起重复限制作用的对称部分	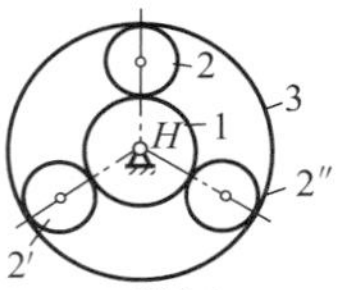 图(r) 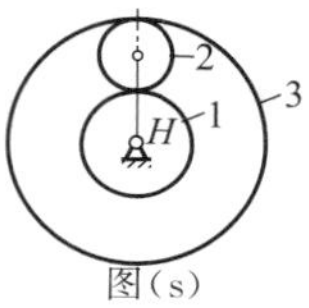 图(s)	图(r)所示的行星轮系，为了受力均衡，采取三个行星轮2、2′和2″对称布置的结构，而事实上只要一个行星轮便可满足运动要求，其他两个行星轮则引入两个虚约束

表 11-1-10 **平面机构自由度计算图例**

注意事项	图例	自由度分析
无需考虑注意事项的机构	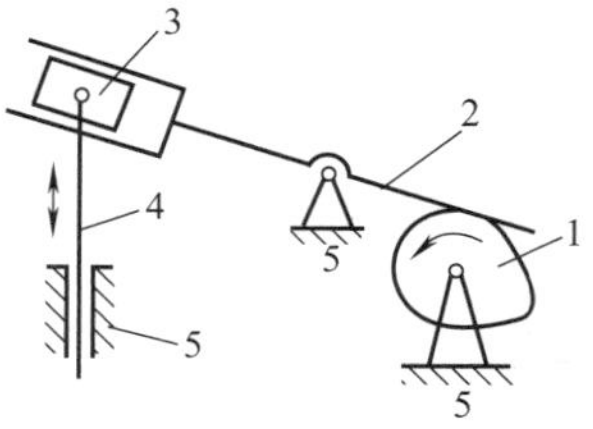	机构各构件均在同一平面运动，活动构件数 $n=4$，1与5、2与5、3与4形成3个转动副，2与3、4与5形成2个移动副，1与2形成一个高副 机构自由度为 $F=3n-2P_5-P_4=3\times4-2\times5-1=1$ 其中 $n=4, P_4=1, P_5=5$
考虑复合铰链的机构	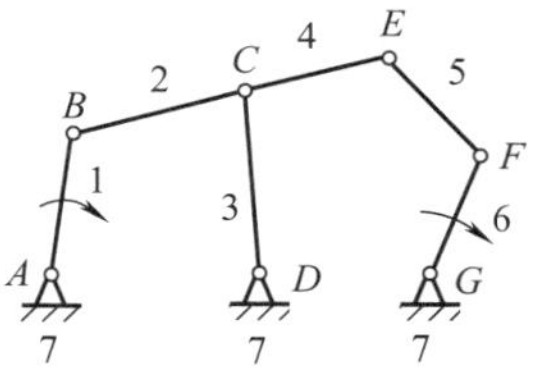	机构中 C 处是构件2、3、4的复合铰链 机构自由度为 $F=3n-2P_5-P_4=3\times6-2\times8=2$ 其中 $n=6, P_4=0, P_5=8$
	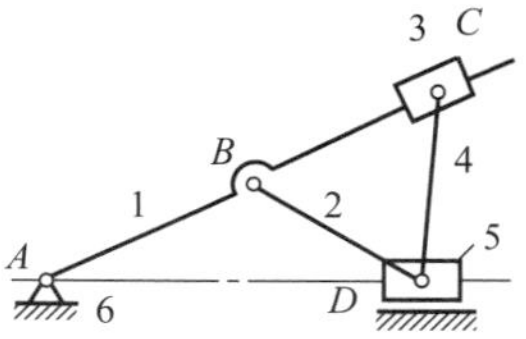	C 处是构件1、3、4的复合运动副，D 处是构件2、4、5的复合铰链 机构自由度为 $F=3n-2P_5-P_4=3\times5-2\times7=1$ 其中 $n=5, P_4=0, P_5=7$

续表

注意事项	图　　例	自由度分析
考虑局部自由度的机构	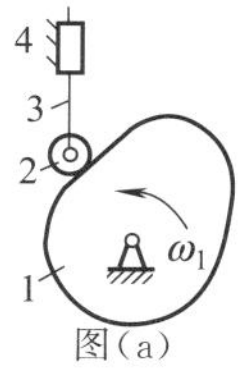 图(a) 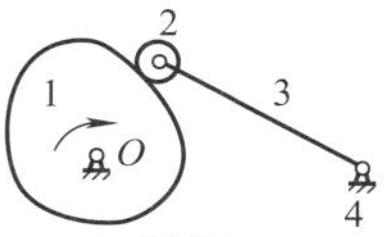　　图(b)	直动和摆动从动件的凸轮机构中，从动件的滚子部分存在局部自由度，将滚子和从动件看成一个构件，计算得机构的自由度为 $F=3n-2P_5-P_4=1$ 其中　$n=2, P_4=1, P_5=2$
考虑复合铰链和局部自由度的机构	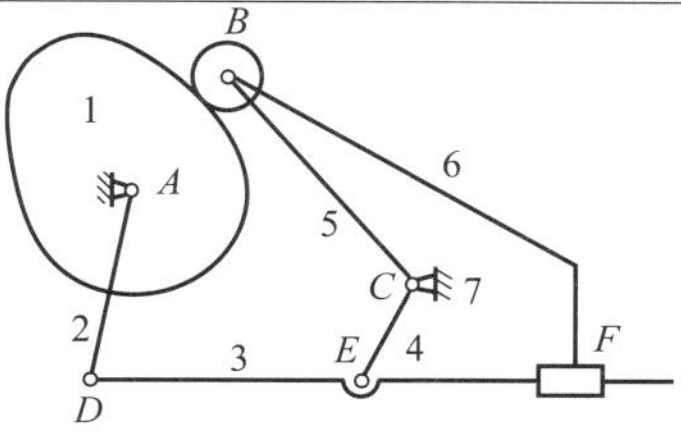 图(c)	需要注意的是：滚子 B 为一局部自由度，将其与构件 5 固连在一起，构件 5 与构件 6 还构成 1 个转动副；C 处为一复合铰链，3 个构件 4、5 和 7 形成 2 个转动副；A 处为一复合铰链，3 个构件 1、2 和 7 形成 2 个转动副 由左图可知： $n=6, P_5=8, P_4=1$ $F=3n-2P_5-P_4=1$
	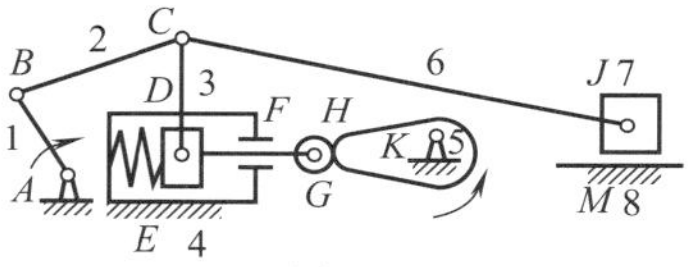 图(d) 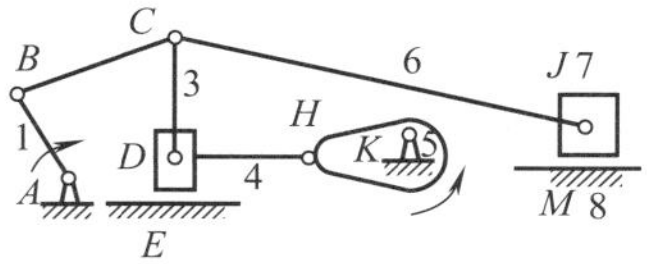 图(e)	机构各构件均在同一平面运动，活动构件数 $n=7$，A、B、C、D、G、K 和 J 为转动副，E、F 和 M 为移动副，H 为高副。G 处滚子及转动副为局部自由度，E 和 F 处活塞及活塞杆与气缸组成两平行移动副，其中有一个是虚约束，计算运动副时应减去。按图(e)分析，C 处为复合铰链，转动副应为 $3-1=2$ 个，$P_5=9$，$P_4=1$，则机构自由度为 $F=3n-2P_5-P_4=1$
考虑虚约束的机构	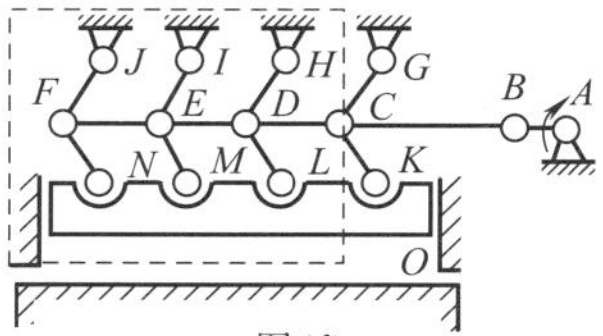 图(f) 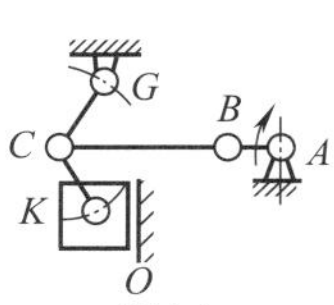　　图(g)	由图(f)中可知，除 O 为移动副外，其余均为转动副。其中虚线内部分为虚约束，去除后得机构简图如图(g)所示，根据其计算机构的自由度 $n=5, P_5=7$（C 处有一复合铰链），$P_4=0$ $F=3n-2P_5-P_4=1$
	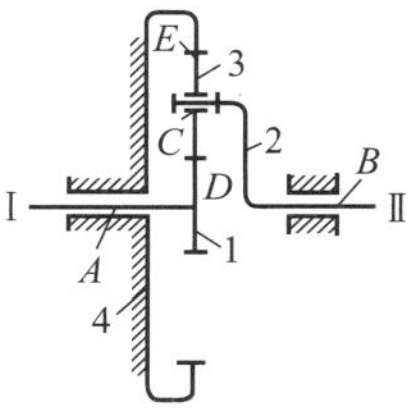 图(h) 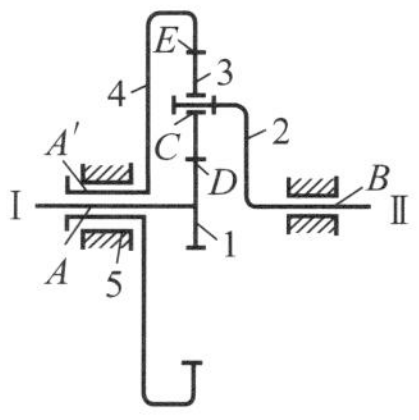　　图(i)	图(h)所示为行星轮系，有 A、B 和 C 三个转动副，D、E 两个高副，去除虚约束（起重复限制作用的对称部分）后可知 $n=3, P_5=3, P_4=2$ 则机构自由度为 $F=3n-2P_5-P_4=1$ 图(i)所示为差动轮系（齿圈 4 不固定），与行星轮系相比，增加了一个构件 5 和一个转动副 A'，则 $n=4, P_5=4, P_4=2$ $F=3n-2P_5-P_4=2$ 可知，需要给定其中两个构件的运动，机构才有确定的运动

第 11 篇

续表

注意事项	图　　例	自由度分析
考虑虚约束和复合运动副	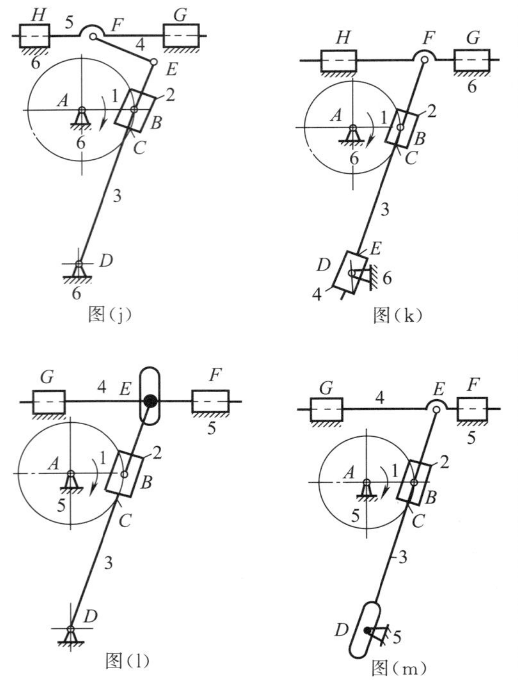 图(j)　图(k)　图(l)　图(m)	如图(j)与图(k)中所示： G、H 为虚约束，B 处为复合运动副 活动构件数 $n=5$，$P_5=7$，$P_4=0$ $F=3n-2P_5-P_4=1$ 如图(l)与图(m)中所示： G、F 为虚约束，B 处为复合运动副 活动构件数 $n=4$，$P_5=5$，$P_4=1$ $F=3n-2P_5-P_4=1$

1.3.3　公共约束的意义和判定方法

前面给出了平面机构自由度的计算，但工程应用中很多机构属于空间机构，所谓空间机构，是指机构中所有构件的运动不完全在一个平面内。

为了计算空间机构的自由度，首先应分析机构的公共约束。所谓公共约束是指机构中所有构件共同失去的自由度或各运动副共同的有效约束。公共约束的数值 M 等于机构中所有构件共同失去的自由度数或各运动副共同的有效约束数。

判定公共约束 M 的方法常采用割断机架法。

割断机架法的思路为：割断机架后，将最末杆看成活动构件，它所不能实现的独立运动数，必然是原机构中各运动构件所共同失去的独立运动数，或运动副共同得到的有效约束数，即公共约束数 M。

如图 11-1-1 所示机构，其中 A、B 为两个转动副 R（P_5），C 为球面副 S（P_3），由图 11-1-1（b）清晰可见，构件 3 与 4 组成圆柱副 C（P_4）。机构形成的单闭环由构件 4-1-2-3-4 组成，为计算公共约束 M，将机架割断，分成 4 与 4′两部分，最末杆变为 4′，将 4′看成活动构件，可以看出 4′的自由度为沿 x、y 轴两个方向移动以及绕 x、y、z 轴三个方向的转动，共有 5 个自由度，可知，它所不能实现的独立运动数为 1，即公共约束 $M=1$（沿 z 轴方向移动）。

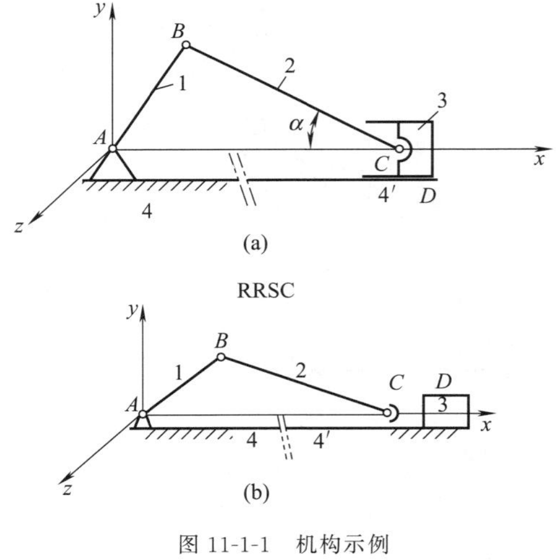

图 11-1-1　机构示例

下面给出平面机构和空间机构中公共约束数判定的图例，如表 11-1-11 所示。

1.3.4　单闭环空间机构自由度的计算

两个以上的构件通过运动副的连接而构成的系统称为运动链。如果运动链的构件未构成首末封闭的系

表 11-1-11 **单闭环机构公共约束数 M 的判定**

M	M 不同的各种机构图例			
0	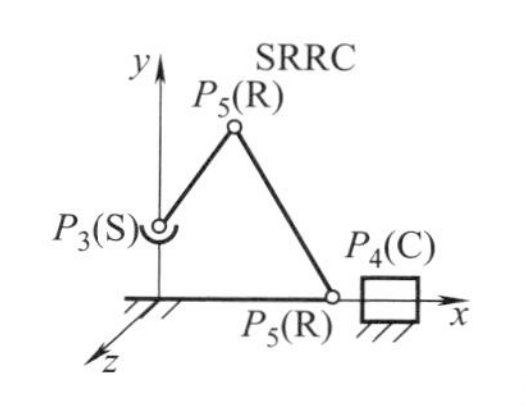 SRRC	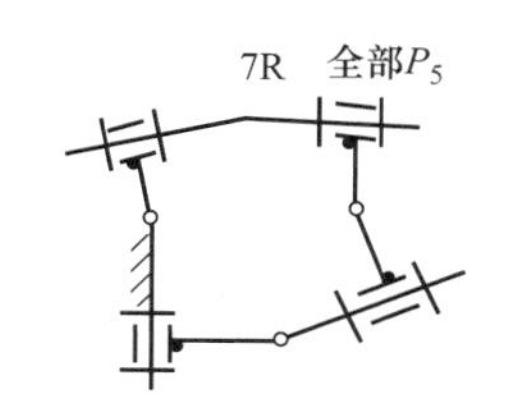 7R 全部P_5	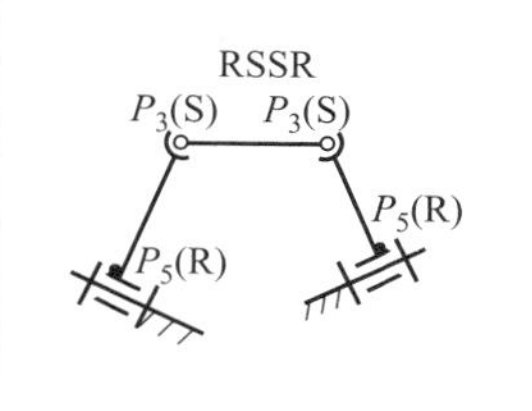 RSSR	RSRC
1	RRSC $M(z)$	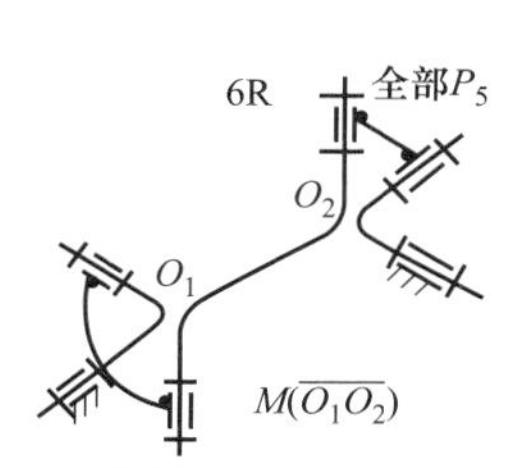 6R 全部P_5 $M(\overline{O_1O_2})$	PSRR $M(x)$	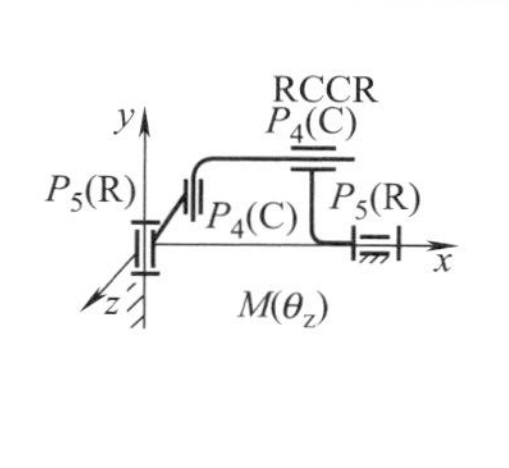 RCCR $M(\theta_z)$
2	RRRC $M(z,\theta_y)$	RRRHP $M(y,z)$	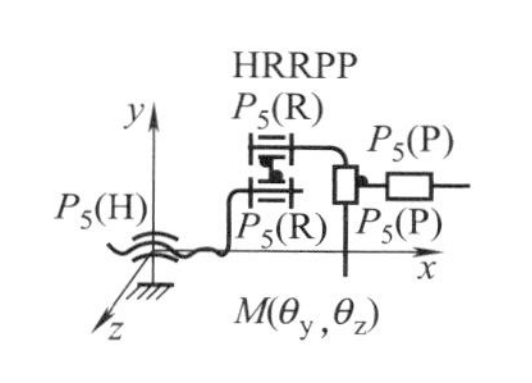 HRRPP $M(\theta_y,\theta_z)$	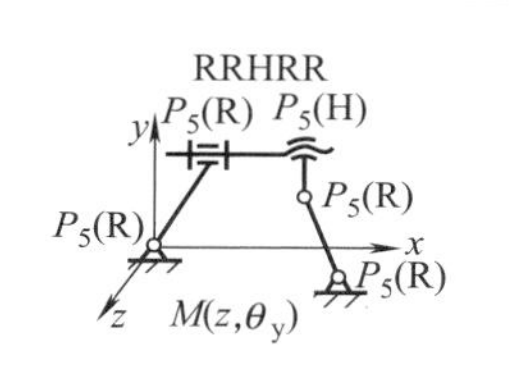 RRHRR $M(z,\theta_y)$
3	RRRP $M(z,\theta_x,\theta_y)$	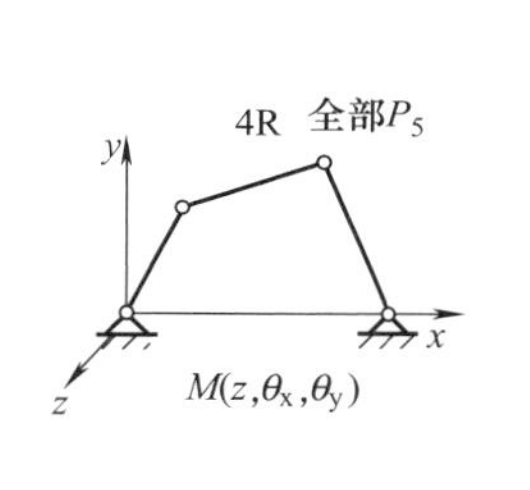 4R 全部P_5 $M(z,\theta_x,\theta_y)$	4P 全部P_5 $M(\theta_x,\theta_y,\theta_z)$	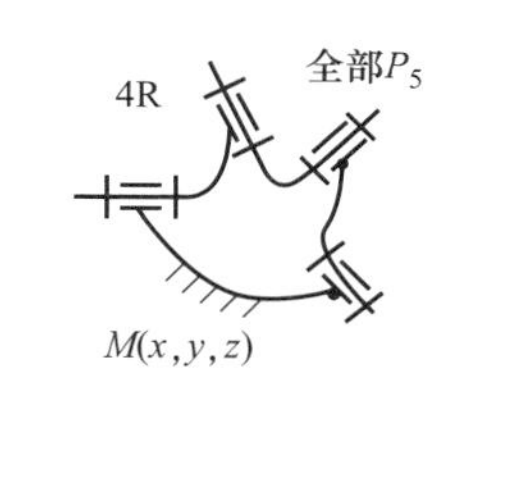 4R 全部P_5 $M(x,y,z)$
4	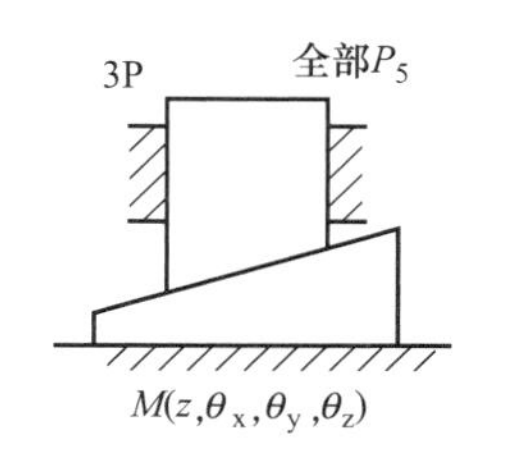 3P 全部P_5 $M(z,\theta_x,\theta_y,\theta_z)$	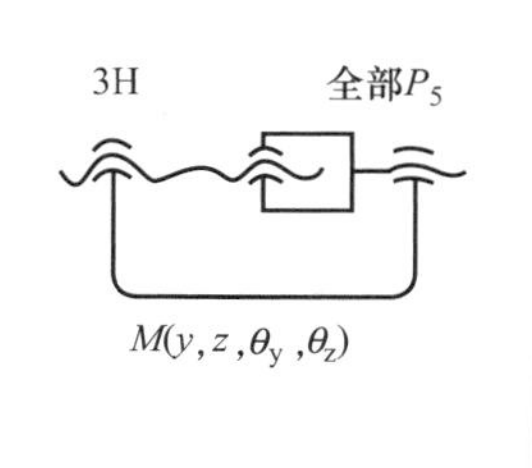 3H 全部P_5 $M(y,z,\theta_y,\theta_z)$	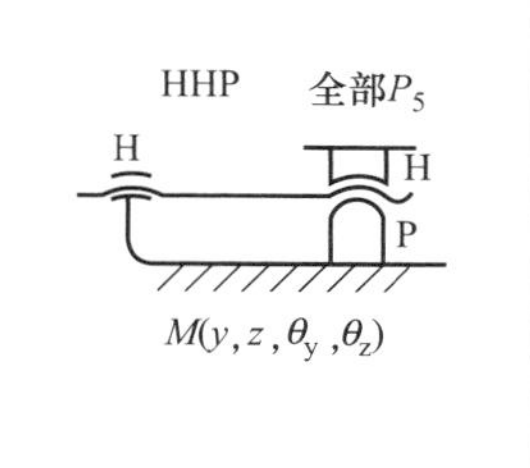 HHP 全部P_5 $M(y,z,\theta_y,\theta_z)$	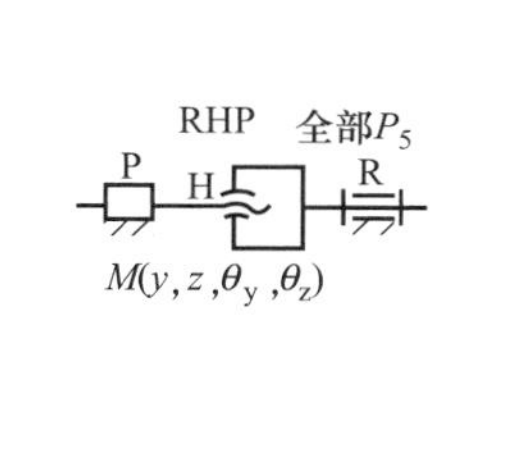 RHP 全部P_5 $M(y,z,\theta_y,\theta_z)$

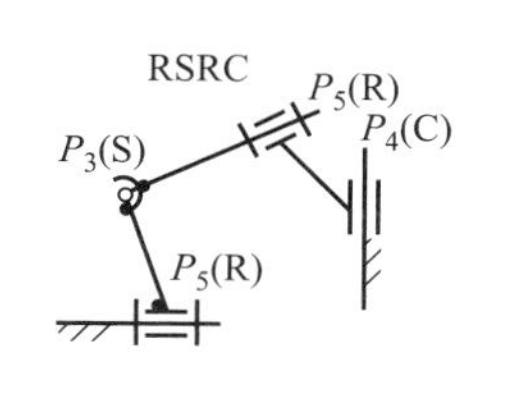

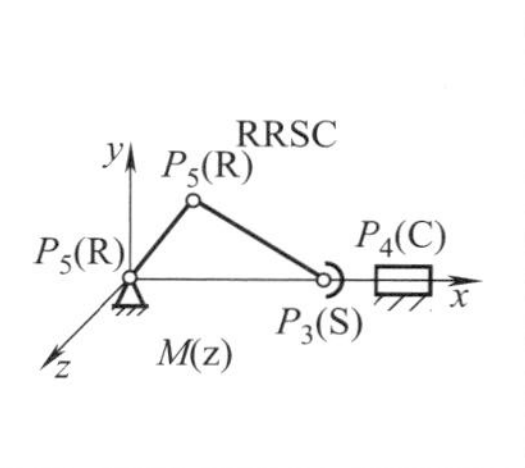

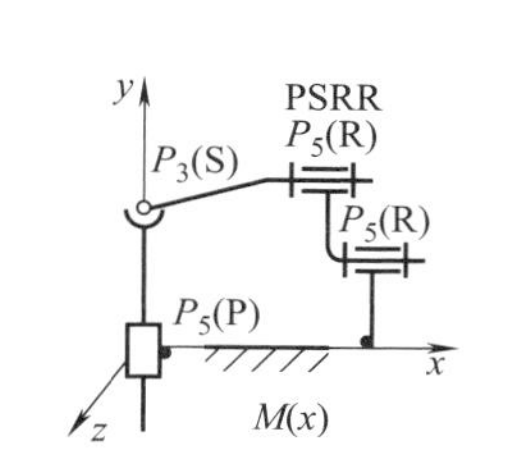

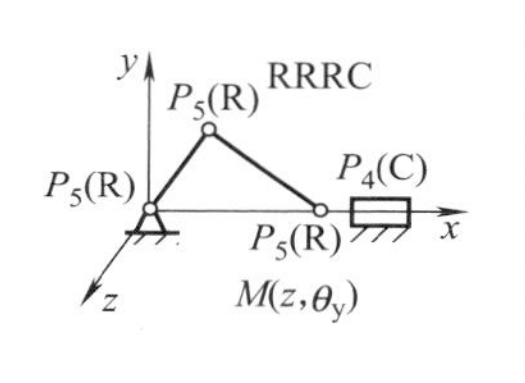

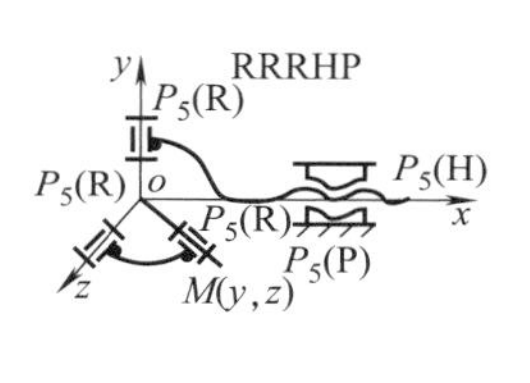

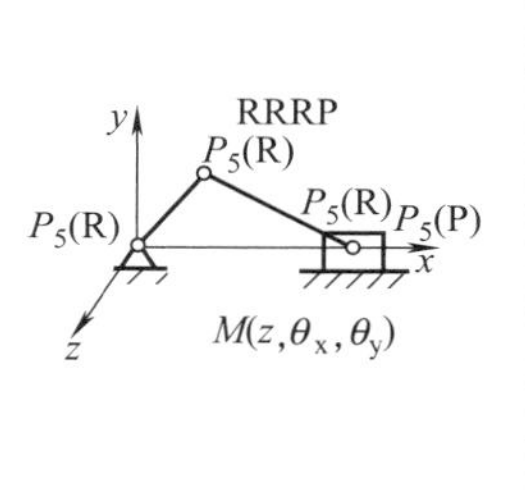

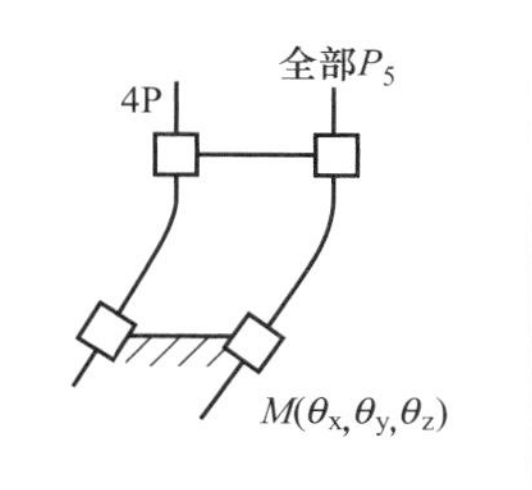

统，则称为开式运动链，简称开链，如图 11-1-2(a)、(b) 所示。如果运动链的各构件构成首尾封闭的结构，则称为闭式运动链，简称闭链，如图 11-1-2(c)～(e) 所示。闭链中有单环闭链和多环闭链。

所谓单闭环空间机构是指一个封闭空间运动链组成的机构，该机构只有一个主动件。

多数的空间机构属于单闭环，如表 11-1-11 所示的机构。

每个构件空间自由度为 6，因为单闭环空间机构必须满足运动副总数与活动构件数之差等于 1，所以单闭环空间机构的自由度数 F 为：

$$F=P_5+2P_4+3P_3+4P_2+5P_1-(6-M) \tag{11-1-2}$$

式中 M——各运动副的公共约束。

式 (11-1-2) 除适用于单闭环空间机构外，还适用于 M 相同的单闭环组成的多闭环机构，计算空间机构自由度时也需考虑局部自由度等注意事项，计算图例如表 11-1-12 所示。

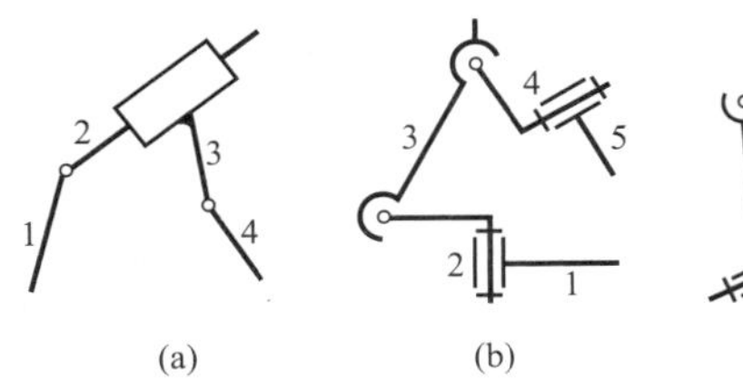

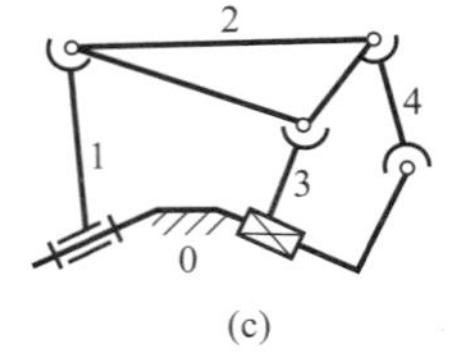

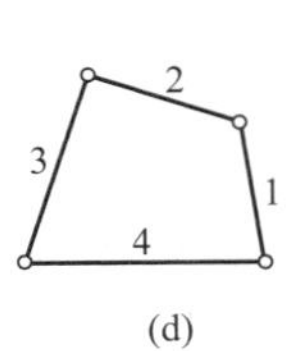

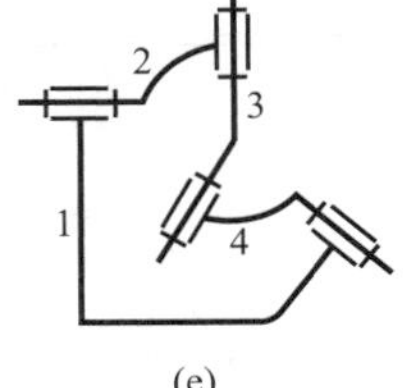

图 11-1-2 运动链

表 11-1-12 **单闭环空间机构自由度计算图例**

序号	图例	自由度计算
1	7R机构	查表 11-1-11 可知，左图中所示机构公共约束数 $M=0$，运动副全部为Ⅴ级转动副，$P_5=7$，由式(11-1-2)得 $F=P_5+2P_4+3P_3+4P_2+5P_1-(6-M)$ $=P_5-(6-M)=1$
2	6R机构	查表 11-1-11 可知，左图中所示机构公共约束数 $M=1$，运动副全部为Ⅴ级转动副，$P_5=6$，由式(11-1-2)得 $F=P_5+2P_4+3P_3+4P_2+5P_1-(6-M)$ $=P_5-(6-M)=1$
3	RSSR机构	查表 11-1-11 可知，左图中所示机构公共约束数 $M=0$，运动副数 $P_5=2$，$P_3=2$，故 $F=P_5+3P_3-(6-M)=2$ 由于连杆带有两个球面副，因此存在一个绕自身轴线自转的局部自由度，故机构的实际自由度 $F=1$
4	RRSC机构	查表 11-1-11 可知，运动副数 $P_5=2$，$P_4=1$，$P_3=1$，故 $F=P_5+2P_4+3P_3-(6-M)=2$ 由于活塞与固定气缸组成的圆柱副 D 的转动对运动并无影响，相当于一个移动副，所以具有一个局部自由度，因此机构实际的自由度 $F=1$
5	RRHRR机构	查表 11-1-11 可知，$M=2$，$P_5=5$，故机构的自由度 $F=P_5-(6-M)=1$

续表

序号	图例	自由度计算
6	HHP机构	查表 11-1-11 可知，$M=4$，$P_5=3$，故机构的自由度 $F=P_5-(6-M)=1$

1.3.5　多闭环空间机构自由度的计算

（1）虚拟环路和虚拟环路的自由度公式

在多闭环空间机构中，每个独立环路与其相邻环路不重复的独立杆件的组合称为杆组。杆组的自由度可以小于零、等于零和大于零，杆组的构件可以是从动件，也可以是原动件。这里定义的杆组是广义的杆组，不是自由度为零的阿苏尔杆组，例如图 11-1-3 所示的九杆机构有四个独立环路，它含有图 11-1-4 中所示的 $ABCD$、EFG、HK、PRM 四个杆组。

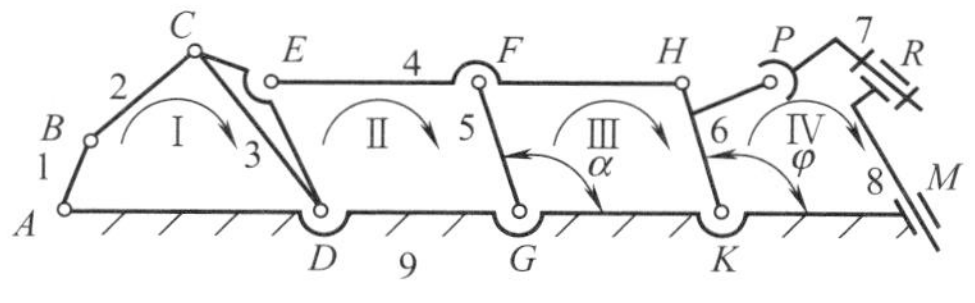

$ED=FG=HK$，$ED/\!/FG/\!/HK$

图 11-1-3　九杆机构

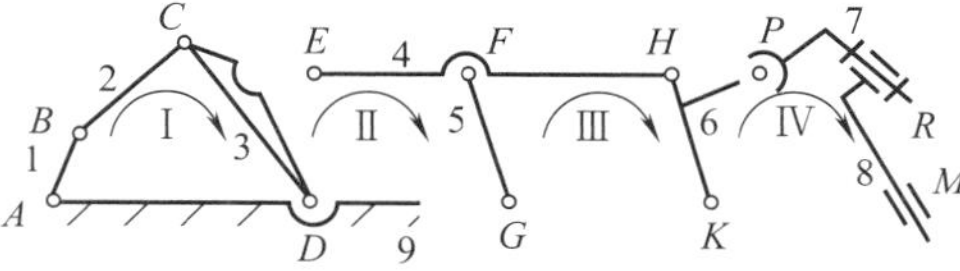

图 11-1-4　各环路杆件不重复的独立部分

为了把相邻两个环路不同的运动传递方式用统一的术语来描述，引入虚拟运动副的概念。设相邻两个环路传递运动的构件为 M、J，无论它们是否相邻，都假想地看成是由一个运动副连接的，这个假想的运动副称为虚拟运动副，简称为虚拟副。当组成虚拟副的两个构件 M、J 相邻时，虚拟副是一个真实的运动副；当组成虚拟副的两个构件 M、J 不相邻时，虚拟副是一个广义副，即广义运动副。任意两个相邻的独立环路之间的运动传递，都是通过虚拟副完成的。第 j 个杆组与其所连接的前一个环路的虚拟副组成的环路称为虚拟环路。

利用虚拟副的概念，可以这样来描述多环路机构的组成：具有 L 个独立环路的机构，是用 $L-1$ 个杆组依次添加到前一环路组成虚拟副的两个构件 M、J 上形成的。

这样就可以把具有 L 个独立环路的机构，看成是由 L 个独立的虚拟环路组成的。前一虚拟环路所谓的运动输出构件 M、J，也是后一虚拟环路的运动输入构件。依此类推，直到把运动传递到组后一个环路。

在多环路机构中，第 j 个环路不相邻的两个构件 M、J 组成的广义副用 $G_j^{M,J}$ 表示，它的相对运动参数称为广义副的阶，用 $d_j^{M,J}$ 表示，虚拟环路的阶用 d_j^X 表示，杆组自身的阶用 d_j^{gz} 表示，自由度为 F_j，杆组的构件数为 n_j、总的运动副数为 P_j，第 i 个运动副的自由度数目为 f_i，则第 j 个虚拟环路杆组的自由度公式为

$$F_j=\sum_{i=1}^{P_j}f_i-d_j^X \qquad (11\text{-}1\text{-}3)$$

式中　$\sum_{i=1}^{P_j}f_i$——第 j 个杆组的运动副自由度之和；

d_j^X——杆组与广义副闭合后所失去的自由度。

上述两者之差 F_j，就是第 j 个杆组添加后机构自由度的变化，它可以小于零、等于零和大于零。

多闭环机构的自由度计算，就是根据机构组成的先后连接顺序，依次求出第 j 个环路杆组的自由度 F_j，L 个独立环路杆组的自由度之和就是机构的自由度 F，即

$$F=F_1+F_2+\cdots+F_L=\sum_{j=1}^{L}F_j \qquad (11\text{-}1\text{-}4)$$

把式（11-1-3）代入式（11-1-4），经推导得到虚拟环路法的机构自由度公式，即

$$F=\sum_{i=1}^{P}f_i-\sum_{j=1}^{L}d_j^X \qquad (11\text{-}1\text{-}5)$$

式中　f_i——第 i 个运动副的自由度数目；

P——机构总的运动副数目。

需要强调说明的是，F 是包括局部自由度 F^r 在内的自由度，$F-F^r$ 是机构从动件具有确定运动所需的原动件数目。

设机构各环路虚拟阶之和为 d^X，则

$$d^X=\sum_{j=1}^{L}d_j^X \tag{11-1-6}$$

对于一个确定的机构，在非奇异位形的位置，它的虚拟环路阶之和 d^X 是个确定的值，该值与“运动的方程组”求出的值相等。

(2) 虚拟环路阶的表示方法和运算规则

为了能反映出第 j 个虚拟环路运动参数的多少和类型，用 d_j^X ($\alpha\,\beta\,\gamma$，$x\,y\,z$) 表示，括弧中的 α、β、γ、x、y、z 是形式参数，分别代表含有绕 x、y、z 轴的转动和移动。为了讨论方便，也可以把 α、β、γ 所代表的实际转角符号写入对应的位置，例如 $\alpha=\varphi$，$\beta=\theta$，$\gamma=\psi$，则写成 d_j^X ($\varphi\,\theta\,\psi$，$x\,y\,z$)。形式参数的值只有 0、1 两种。0 表示没有参数对应的运动，直接写入 0；1 表示有对应参数的运动，写入符号。d_j^X 的值为各参数值之和，$d_j^X=\alpha+\beta+\gamma+x+y+z$。例如 d_j^X ($0\,0\,\gamma$，$x\,y\,0$) 是第 j 个虚拟环路的阶，代表环路中含有绕 z 轴的转动 γ 和沿 x、y 轴的移动，没有绕 x、y 的转动和沿 z 轴的移动，其值为 $d_j^X=3$。

d_j^X 的计算方法为：d_j^X 等于广义副的阶 $d_{j-1}^{M,J}$ 与杆组自身的阶 d_j^{gz} 之和，即

$$d_j^X=d_{j-1}^{M,J}+d_j^{gz} \tag{11-1-7}$$

该式为第 j 个虚拟环路阶的约束方程，简称为阶约束方程。

在 $d_{j-1}^{M,J}+d_j^{gz}$ 的运算中，代表对应参数的因子相加，运算法则为

$$x_i+x_i=x_i,x_i+0=x_i,0+0=0,x_i=0,1 \tag{11-1-8}$$

值得强调的是，计算机构自由度时，对于任意选定的独立环路Ⅰ，因为它没有前一环路，所以环路Ⅰ的虚拟环路阶 d_{I}^X 总是等于实际环路的阶 d_{I}，或者说环路Ⅰ仅仅是一个名义上的虚拟环路，即 $d_{\mathrm{I}}^X=d_{\mathrm{I}}$。

(3) 虚拟环路阶与实际环路阶的关系

虚拟环路阶 d_j^X 与实际环路阶 d_j 的关系为

$$d_j^X\leqslant d_j \qquad j=1,2,\cdots,L \tag{11-1-9}$$

d_j 值可以直接用观察法求得，也可以用观察法或螺旋理论求环路的公共约束 m_j，再求 $d_j=6-m_j$。使用公式 (11-1-5) 时，首先要根据虚拟副的 M、J 是否邻接，判定哪些环路的 d_j^X 与 d_j 相等，这个判断法则称为阶的判定定理：①任选的第Ⅰ环路 $d_{\mathrm{I}}^X=d_{\mathrm{I}}$；②若虚拟副的 M、J 相邻，则 $d_j^X=d_j$（添加第 j 个杆组时，如果前一环路虚拟副的 M、J 构件相邻，则第 j 个虚拟环路与机构的真实环路相同，两种环路的构件数和运动副数完全相同，所以 $d_j^X=d_j$）；③若虚拟副的 M、J 不相邻，则由式 (11-1-7) 确定 d_j^X 值，可能 $d_j^X=d_j$，也可能 $d_j^X\neq d_j$（如果前一环路虚拟副的 M、J 不相邻，则添加后得到的虚拟环路与真实环路不同，虚拟环路的构件数目和运动副数目都少于实际环路，$d_j^X\leqslant d_j$）。设各独立环路阶之和为 d^L，则 $d^L=\sum\limits_{j=1}^{L}d_j$，机构的虚拟约束数为 $v=d^L-d^X$。

(4) 多闭环空间机构自由度的计算图例

多闭环空间机构自由度计算图例如表 11-1-13 所示。

表 11-1-13　　多闭环路空间机构自由度计算图例

序号	图　例	自由度计算
1	3-RPS 机构	根据阶的判定定理，任选的第Ⅰ环路，它的虚拟环路阶 d_{I}^X 总是等于该环路的环路阶 d_{I}。环路Ⅰ没有公共约束，它的阶 $d_{\mathrm{I}}^X(\alpha\,\beta\,\gamma,x\,y\,z)=6$，广义副 $G_{\mathrm{I}}^{3,6}$ 的阶为 $d_{\mathrm{I}}^{3,6}(\alpha\,\beta\,\gamma,x\,y\,z)=6$，杆组Ⅱ自身的阶 $d_{\mathrm{II}}^{gz}(\alpha\,\beta\,\gamma,0\,y\,z)=5$，环路Ⅱ的阶 $d_{\mathrm{II}}^X=d_{\mathrm{I}}^{3,6}(\alpha\,\beta\,\gamma,x\,y\,z)+d_{\mathrm{II}}^{gz}(\alpha\,\beta\,\gamma,0\,y\,z)=d_{\mathrm{II}}^X(\alpha\,\beta\,\gamma,x\,y\,z)=6$，由式(11-1-5)得：$F=\sum\limits_{i=1}^{P}f_i-\sum\limits_{j=1}^{L}d_j^X=15-(6+6)=3$

续表

序号	图　例	自由度计算
2	3-RRRP 机构 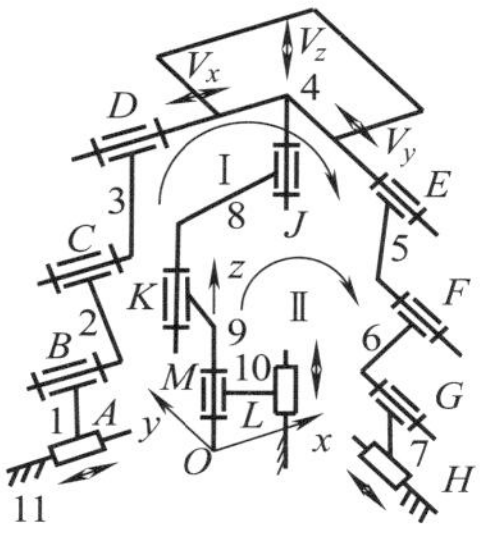	环路Ⅰ有一个不能饶 z 轴回转的公共约束，阶为 $d_{\rm I}^{X}(\alpha\ \beta\ 0,x\ y\ z)=5$。与动平台4固结的 D、E 点的两个回转副总是平行于 xOy 平面的，所以件4只能做平动，广义副 $G_{\rm I}^{4,11}$ 的阶为 $d_{\rm I}^{4,11}(0\ 0\ 0,x\ y\ z)=3$。杆组Ⅱ自身的阶 $d_{\rm II}^{gz}(0\ 0\ \gamma,x\ y\ z)=4$，环路Ⅱ的阶 $d_{\rm II}^{X}=d_{\rm I}^{4,11}(0\ 0\ 0,x\ y\ z)+d_{\rm II}^{gz}(0\ 0\ \gamma,x\ y\ z)=d_{\rm II}^{X}(0\ 0\ \gamma,x\ y\ z)=4$。由式(11-1-5)得：$F=\sum_{i=1}^{P}f_i-\sum_{j=1}^{L}d_j^X=12-(5+4)=3$
3	三环路七杆机构 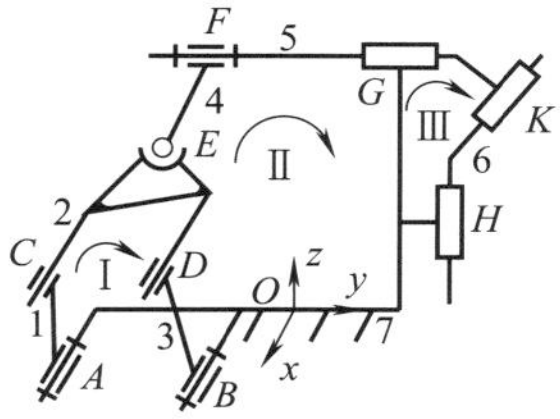	环路Ⅰ中，杆组 $ABCD$ 的四个轴线平行，阶为 $d_{\rm I}^{X}=d_{\rm I}^{X}(\alpha\ 0\ 0,x\ y\ z)=4$，广义副 $G_{\rm I}^{2,7}$ 的阶为 $d_{\rm I}^{2,7}(\alpha\ 0\ 0,x\ y\ z)=4$。环路Ⅱ中，考虑由件4转动引起的位移为 x 和 z，杆组 EFG 的阶 $d_{\rm II}^{gz}(\alpha\ \beta\ \gamma,x\ y\ z)=6$。$d_{\rm II}^{X}=d_{\rm I}^{2,7}(\alpha\ 0\ 0,x\ y\ z)+d_{\rm II}^{gz}(\alpha\ \beta\ \gamma,x\ y\ z)=d_{\rm II}^{X}(\alpha\ \beta\ \gamma,x\ y\ z)=6$，广义副 $G_{\rm I}^{5,7}$ 的阶为 $d_{\rm II}^{5,7}(0\ 0\ 0,0\ y\ 0)=1$。环路Ⅲ中，杆组 KH 的阶 $d_{\rm III}^{gz}(0\ 0\ 0,0\ y\ z)=2$。$d_{\rm III}^{X}=d_{\rm II}^{5,7}(0\ 0\ 0,0\ y\ 0)+d_{\rm III}^{gz}(0\ 0\ 0,0\ y\ z)=d_{\rm III}^{X}(0\ 0\ 0,0\ y\ z)=2$。由式(11-1-5)得： $F=\sum_{i=1}^{P}f_i-\sum_{j=1}^{L}d_j^X=13-(4+6+2)=1$ 注意：E 点的球面副存在一个消极自由度，用式(11-1-5)计算并不需要单独考虑它，得出的结果是正确的。这说明了该公式具有处理消极自由度的功能，通用性强
4	3-RRR 机构 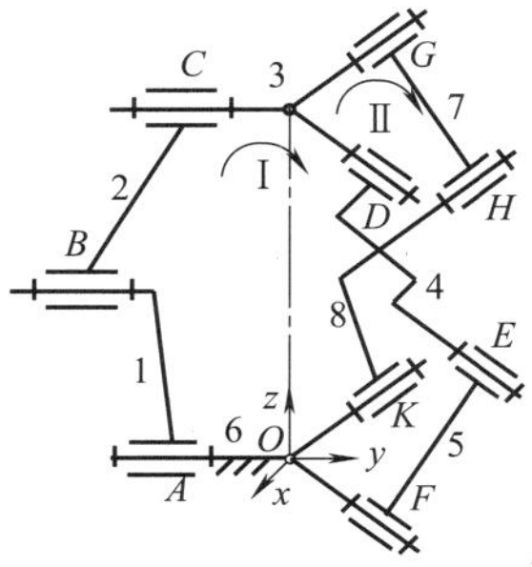	$ABCDEF$ 组成环路Ⅰ，阶 $d_{\rm I}^{X}=d_{\rm I}^{X}(\alpha\ \beta\ 0,x\ y\ z)=5$，广义副 $G_{\rm I}^{3,6}$ 的阶 $d_{\rm I}^{3,6}(0\ 0\ 0,0\ 0\ z)=1$。环路Ⅱ中，杆组 GHK 自身的阶 $d_{\rm II}^{gz}=d_{\rm II}^{gz}(\alpha\ 0\ 0,0\ y\ z)=3$，$d_{\rm II}^{X}=d_{\rm I}^{3,6}(0\ 0\ 0,0\ 0\ z)+d_{\rm II}^{gz}(\alpha\ 0\ 0,0\ y\ z)=d_{\rm II}^{X}(\alpha\ 0\ 0,0\ y\ z)=3$。由式(11-1-5)得：$F=\sum_{i=1}^{P}f_i-\sum_{j=1}^{L}d_j^X=9-(5+3)=1$
5	3-PUU 机构 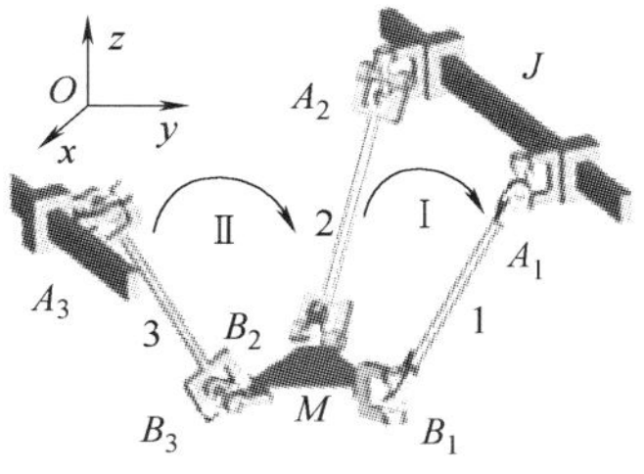	环路Ⅰ有3个转动和3个移动（一个移动副和两个转动引起的移动）。它的阶 $d_{\rm I}^{X}(\alpha\ \beta\ \gamma,x\ y\ z)=6$。广义副 $G_{\rm I}^{M,J}$ 的阶为 $d_{\rm I}^{M,J}(0\ 0\ \gamma,x\ y\ z)=4$。由于 B_3 点的水平轴线也是固结在动平台上的，该轴线的转动在 x、y 轴都有分量。B_3 点 U 副的另一回转轴与动平台有一个夹角，所以它在 y、z 轴也都有回转分量。因此，杆组3自身的运动参数有3个转动和3个移动，即 $d_{\rm II}^{gz}(\alpha\ \beta\ \gamma,x\ y\ z)=6$，$d_{\rm II}^{X}=d_{\rm I}^{M,J}(0\ 0\ \gamma,x\ y\ z)+d_{\rm II}^{gz}(\alpha\ \beta\ \gamma,x\ y\ z)=d_{\rm II}^{X}(\alpha\ \beta\ \gamma,x\ y\ z)=6$。由式(11-1-5)得：$F=\sum_{i=1}^{P}f_i-\sum_{j=1}^{L}d_j^X=15-(6+6)=3$

续表

序号	图　例	自由度计算
6	2-RPC/RRC 机构 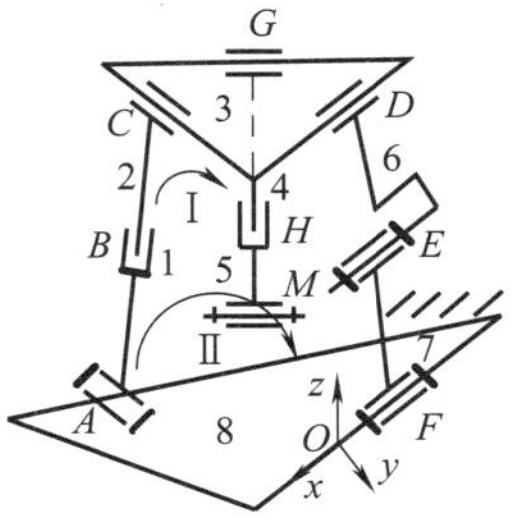	环路Ⅰ的所有构件都不能绕 z 轴转动，$d_{\mathrm{I}}=d_{\mathrm{I}}(\alpha\ \beta\ 0,x\ y\ z)=5$，广义副 $G_{\mathrm{I}}^{3,8}$ 的阶为 $d_{\mathrm{I}}^{3,8}(0\ 0\ 0,x\ y\ z)$。环路Ⅱ中，杆组 DEF 自身的阶 $d_{\mathrm{II}}^{gz}(\alpha\ 0\ 0,0\ y\ z)$。$d_{\mathrm{II}}^{X}=d_{\mathrm{I}}^{3,8}(0\ 0\ 0,x\ y\ z)+d_{\mathrm{II}}^{gz}(\alpha\ 0\ 0,0\ y\ z)=d_{\mathrm{II}}^{X}(\alpha\ 0\ 0,x\ y\ z)=4$。$F=\sum_{i=1}^{P}f_i-\sum_{j=1}^{L}d_j^X=12-(5+4)=3$
7	平面 6R 杆机构 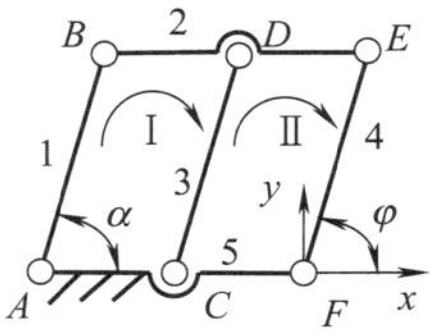 $AB=CD=EF$，$AB/\!/CD/\!/EF$	环路Ⅰ中，$d_{\mathrm{I}}^{X}(0\ 0\ \gamma,x\ y\ z)=3$。由于环路Ⅰ是个平行四边形，件 2 只能做平动，广义副 $G_{\mathrm{I}}^{2,5}$ 的阶 $d_{\mathrm{I}}^{2,5}=d_{\mathrm{I}}^{2,5}(0\ 0\ 0,x\ y\ 0)$。环路Ⅱ中，只有一杆两副的 EF 杆组，从表面上看，它自身的阶 $d_{\mathrm{II}}^{gz}(0\ 0\ \gamma,x\ y\ 0)$。由于构件 4 与 x 轴的夹角 φ，在运动过程必须每个瞬时都与 α 相等，所以 φ 是非独立运动参数，它是一个无效参数，有效参数只有两个 x、y，也就是 $d_{\mathrm{II}}^{gz}(0\ 0\ 0,x\ y\ 0)=2$。$d_{\mathrm{II}}^{X}=d_{\mathrm{I}}^{2,5}(0\ 0\ 0,x\ y\ 0)+d_{\mathrm{II}}^{gz}(0\ 0\ 0,x\ y\ 0)=d_{\mathrm{II}}^{X}(0\ 0\ 0,x\ y\ 0)=2$。由式(11-1-5)得：$F=\sum_{i=1}^{P}f_i-\sum_{j=1}^{L}d_j^X=6-(3+2)=1$ 由于 $d_{\mathrm{II}}^{X}(0\ 0\ 0,x\ y\ 0)=2$，由式(11-1-5)得：$F_{\mathrm{II}}=\sum_{i=1}^{P}f_i-\sum_{j=1}^{L}d_j^X=2-2=0$。这个例子说明该机构中，一杆两副的 EF 杆组是一个阶为 2、自由度为零的最小杆组
8	2-PRU /PR(Pa)R 机构 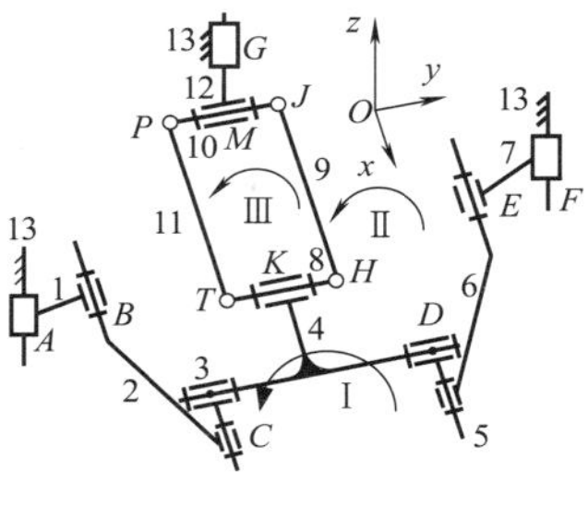 图(a) 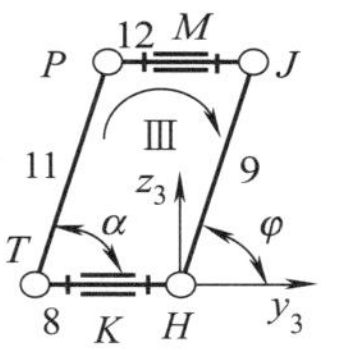 $JH/\!/PT$，$JH=PT$ 图(b)	在 yOz 平面内，2-PRU（C、D 为 U 副）杆组串联成环路Ⅰ（$ABCDEF$），所有构件都不能沿 x 轴移动，也不能绕 z 轴转动，环路Ⅰ的阶 $d_{\mathrm{I}}^{X}(\alpha\ \beta\ 0,0\ y\ z)=4$，由于件 4 不能沿 x 轴移动，也不能绕 z 轴转动，广义副 $G_{\mathrm{I}}^{4,13}$ 的约束 $d_{\mathrm{I}}^{4,13}(\alpha\ \beta\ 0,0\ y\ z)=4$。环路Ⅱ为 $GMJHK$-DEF，它含有一个 $PR\perp R\parallel R\perp R$ 的杆组，K 和 M 点的回转轴线都平行于 y 轴，H 和 J 的回转运动在 x、z 轴都有回转分量，杆组自身的阶为 $d_{\mathrm{II}}^{gz}(\alpha\ \beta\ \gamma,x\ y\ z)=6$，$d_{\mathrm{II}}^{X}=d_{\mathrm{I}}^{4,13}(\alpha\ \beta\ 0,0\ y\ z)+d_{\mathrm{II}}^{gz}(\alpha\ \beta\ \gamma,x\ y\ z)=d_{\mathrm{II}}^{X}(\alpha\ \beta\ \gamma,x\ y\ z)=6$。件 8 相对于件 12 只能平动，广义副 $G_{\mathrm{II}}^{8,12}$ 的阶为 $d_{\mathrm{II}}^{8,12}(0\ 0\ 0,0\ y\ z)=2$ 环路Ⅲ为 $HJPT$，它含一个 2R 杆组（PT），由例 7 的分析知，它是一个阶为 2 的杆组，即 $d_{\mathrm{III}}^{gz}(0\ 0\ 0,0\ y\ z)=2$，$d_{\mathrm{III}}^{X}=d_{\mathrm{II}}^{8,12}(0\ 0\ 0,0\ y\ z)+d_{\mathrm{III}}^{gz}(0\ 0\ 0,0\ y\ z)=d_{\mathrm{III}}^{X}(0\ 0\ 0,0\ y\ z)=2$。由式(11-1-5)得：$F=\sum_{i=1}^{P}f_i-\sum_{j=1}^{L}d_j^X=15-(4+6+2)=3$

续表

序号	图　例	自由度计算
9	4-PUU 机构 图(a) 图(b)	环路Ⅰ有 3 个转动和 3 个移动，它的阶 $d_{\mathrm{I}}^{X}(\alpha\ \beta\ \gamma,x\ y\ z)=6$。$xOy$ 固结在动平台 M 上，B_1 和 B_2 轴线与动平台平行。动平台不能饶 x 和 y 轴转动，只有 3 个移动和绕 z 轴的转动。广义副 $G_{\mathrm{I}}^{M,J}$ 的阶为 $d_{\mathrm{I}}^{M,J}(0\ 0\ \gamma,x\ y\ z)=4$。环路Ⅱ中，按图(b)重新建立坐标系，$y_2$ 轴垂直于 B_2P_2。杆组 2 所有构件都不能绕 y_2 轴转动，它的阶为 $d_{\mathrm{II}}^{gz}(\alpha\ 0\gamma,x\ y\ z)$（省略了下脚标 2，不影响结果），$d_{\mathrm{II}}^{X}=d_{\mathrm{I}}^{M,J}(0\ 0\ \gamma,x\ y\ z)+d_{\mathrm{II}}^{gz}(\alpha\ 0\ \gamma,x\ y\ z)=d_{\mathrm{II}}^{X}(\alpha\ 0\ \gamma,x\ y\ z)=5$。环路Ⅲ中，杆组的阶 $d_{\mathrm{III}}^{gz}(\alpha\ 0\ \gamma,x\ y\ z)$，$d_{\mathrm{III}}^{X}=d_{\mathrm{I}}^{M,J}(0\ 0\ \gamma,x\ y\ z)+d_{\mathrm{III}}^{gz}(\alpha\ 0\ \gamma,x\ y\ z)=d_{\mathrm{III}}^{X}(\alpha\ 0\ \gamma,x\ y\ z)=5$。由式(11-1-5)得：$F=\sum_{i=1}^{P}f_i-\sum_{j=1}^{L}d_j^X=20-(6+5+5)=4$

1.4　平面机构高副低代

在对机构进行运动分析和力分析之前，必须对机构进行结构分析，而结构分析、运动分析和力分析都是依据低副机构的组成原理进行的，所以首先必须将高副机构转化成低副机构，即常用的高副低代。

1.4.1　高副低代满足条件

为了保证机构代替前后的运动保持不变，进行高副低代必须满足下列条件：

① 被代替的原机构和代替后的虚拟机构自由度相等；

② 代替前后机构的瞬时速度和瞬时加速度完全相同。

一定要注意高副机构只能用瞬时低副机构代替，高副机构运动到不同位置时，只有一个相应的瞬时低副机构替代。

1.4.2　高副低代方法

为保证高副低代的条件①，前后机构的约束数目应相同，如要实现一个自由度的机构，其中一个高副带来一个约束，如果引入一个低副（两个约束）代替高副就比原机构多一个约束，代替前后机构的自由度不相等。所以，一般用一个构件（三个自由度）加上两个低副（四个约束），总的给机构带来一个约束，即可满足被代替的高副带来的一个约束条件。

总之，满足第一个条件的高副低代方法是用一个构件两个低副代替一个高副。

1.4.2.1　曲线接触的高副机构

为满足高副低代的条件②，因为高副的接触点处始终可以认为是两个小圆弧的接触点，该点的回转中心应在接触点公法线上，回转中心的位置在曲率半径上，所以代替高副的构件是由两个曲率中心之间的连接杆件组成的，如图 11-1-5（a）与图 11-1-6（a）所示；瞬时替代的低副机构如图 11-1-5（b）与图11-1-6（b）所示。

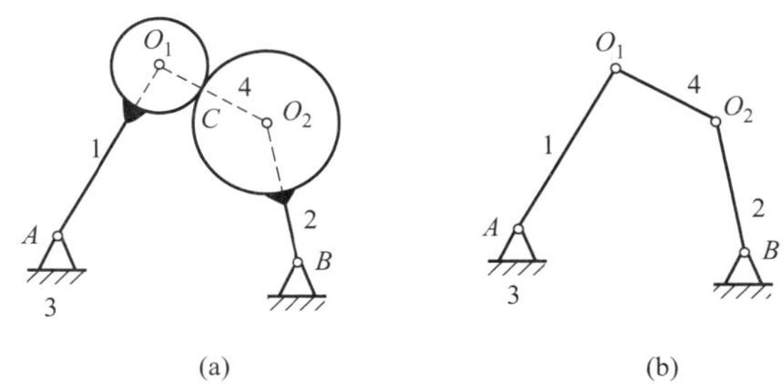

图 11-1-5　圆盘接触的高副机构

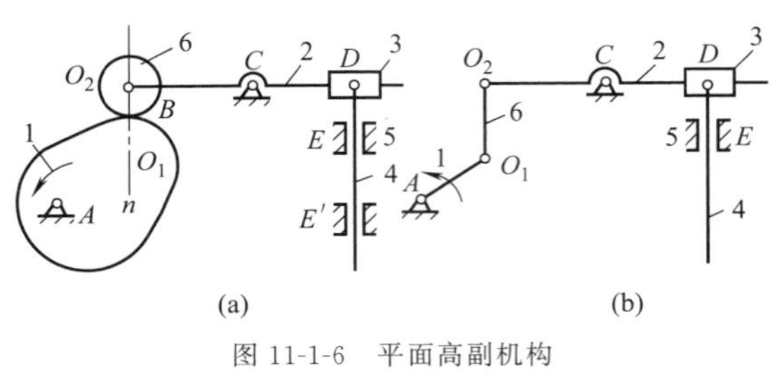

图 11-1-6 平面高副机构

1.4.2.2 曲线和直线接触的高副机构

若高副中两元素之一为直线，直线的曲率中心在无穷远处，则可以用移动副替代转动副，如图 11-1-7 所示。高副低代图例如表 11-1-14 所示。

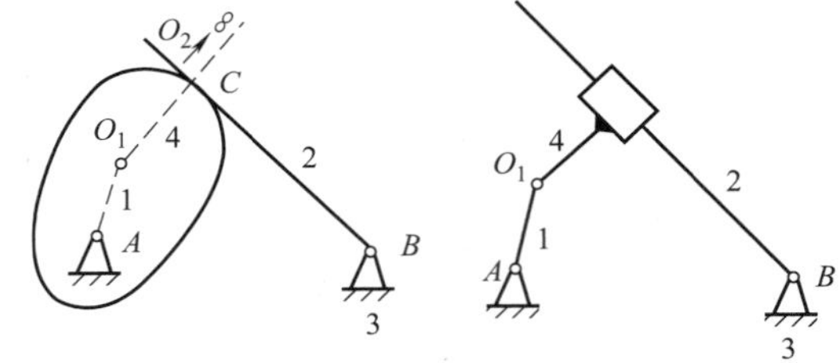

图 11-1-7 摆动从动件盘形凸轮机构

表 11-1-14 高副低代图例

机构形式	原高副机构	替换后的低副机构
双回转机构	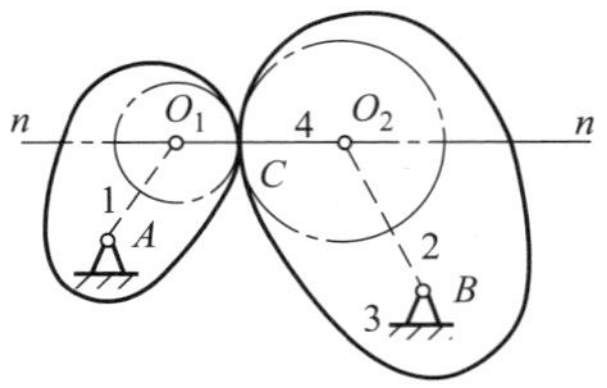	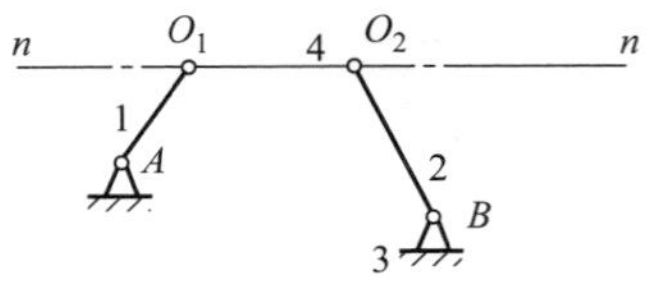
平底摆动从动件凸轮机构	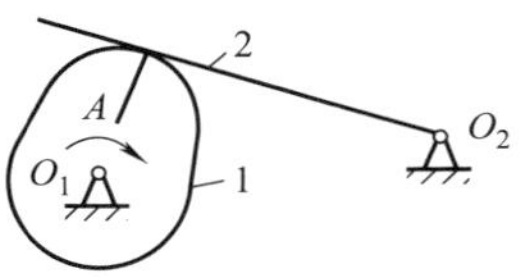	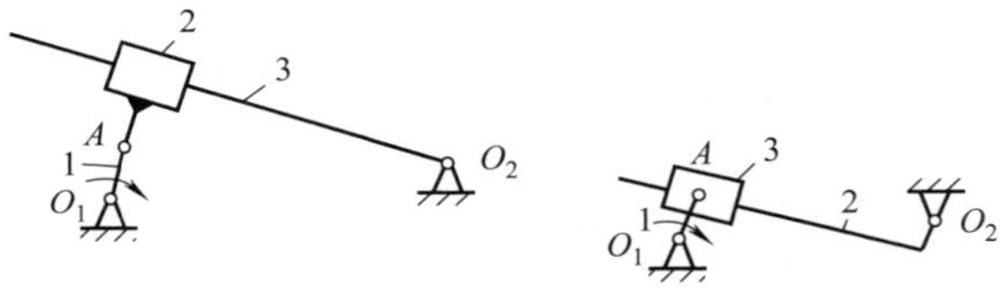 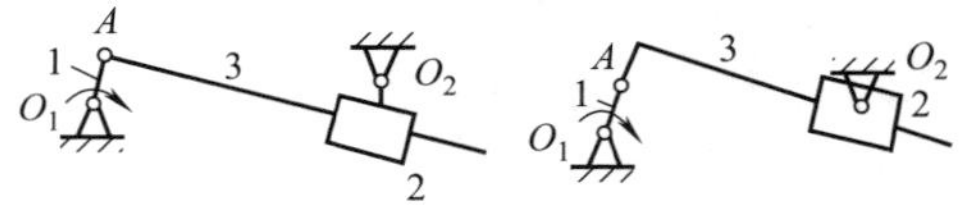
尖底直动从动件凸轮机构	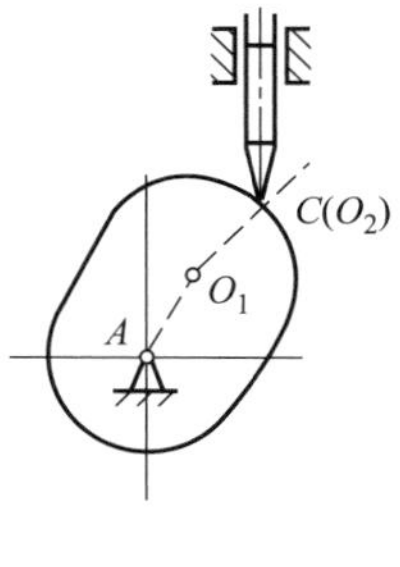	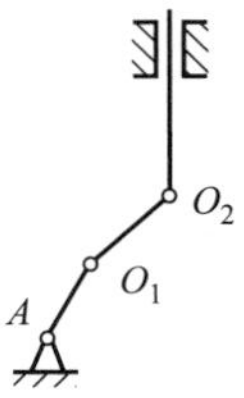

续表

机构形式	原高副机构	替换后的低副机构
混合从动件凸轮机构	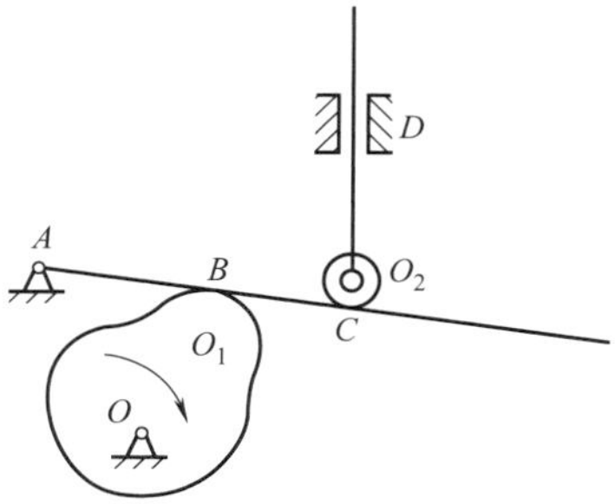	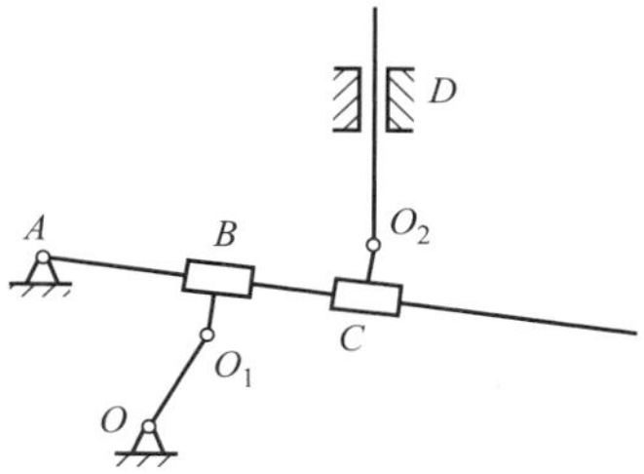
三杆机构	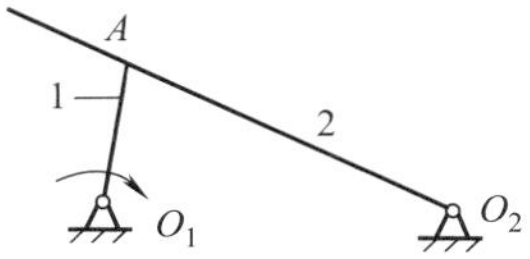	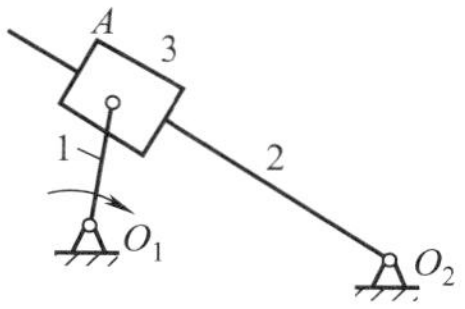

1.5　平面机构的组成原理和结构分析

通过机构的结构分析可以进一步研究机构的组成原理。结构分析的目的是分析组成机构的基本组的级别，进一步确定平面机构的级别，为机构的运动分析和力分析奠定基础。

1.5.1　平面机构的组成原理

各种平面低副机构都可以看成是由一些构件组与主动件和机架相连而成的，自由度为零的、不能再拆的最简单构件组称为机构的基本杆组。机构是由原动件、机架和若干基本杆组组成的。

设组成杆组的构件数为 n，低副数为 P_5，则其自由度为

$$F=3n-2P_5=0 \qquad (11\text{-}1\text{-}10)$$

可见杆组中的构件数 n 必须是偶数，且当 $n=2$，4，6…时，$P_5=3$，6，9…。

1.5.2　平面机构基本杆组分类

1.5.2.1　无油缸和气缸的基本杆组的分类

根据杆组的复杂程度，将杆组分成Ⅱ、Ⅲ、Ⅳ…等级，如表 11-1-15 所示。

当杆组带有移动副时，Ⅱ级杆组的全部形式如表 11-1-16 所示。

表 11-1-15　　基本杆组及其分类

基本杆组级别	图例		说明
Ⅱ	$n=2$、$P_5=3$	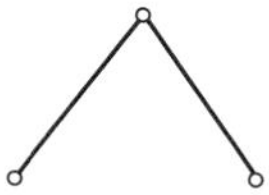	三个低副，两个构件，每个构件连接两个低副
Ⅲ	$n=4$、$P_5=6$	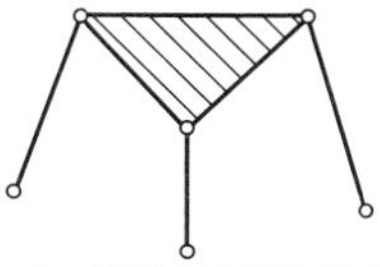	四个构件，六个低副，至少有一个构件连接三个低副
	$n=6$、$P_5=9$	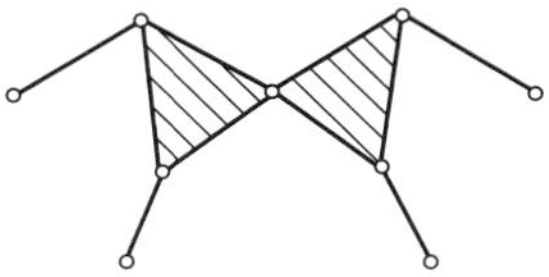	六个构件，九个低副，有两个连接三个低副的构件

续表

基本杆组级别	图例		说明
Ⅳ	$n=4$、$P_5=6$		有两个连接三个低副的构件，杆组中具有一个四边形
	$n=6$、$P_5=9$		有一个连接三个低副的构件，杆组中具有两个四边形

表 11-1-16　　Ⅱ级杆组的全部形式

RRR	RRP	RPR	PRP	RPP

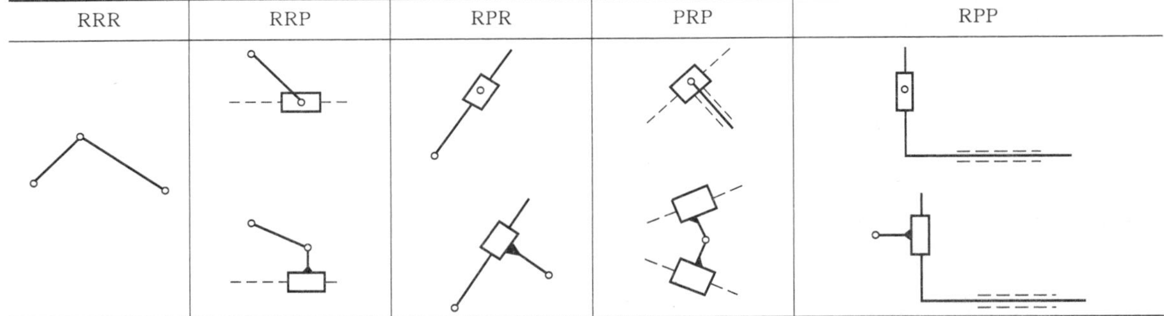

注：其他基本杆组与Ⅱ级杆组类似，其转动副也可换成移动副而派生多种形式，而且级别保持不变，但不能把转动副全部替换成移动副，否则杆组的自由度就不等于零。

1.5.2.2　含油缸、气缸基本杆组分类

机构中如含有液压、气动元件，即油缸和气缸，则机构的组成可以看成是由若干个缸和各类常规基本杆组与机架连接而成的，称为含缸的特殊杆组。这些特殊杆组的自由度不等于零，而等于该杆组中的缸数，则机构的自由度数目应等于机构中的总缸数。由于带缸杆组是由一般杆组派生而得，因此其级别与原杆组相同，如表 11-1-17 所示。

1.5.3　平面机构级别的判定

1.5.3.1　不含油缸、气缸机构的判别

机构的级别与杆组的组别相对应，由组成该机构的杆组最高级别而定，如果机构由一个Ⅱ级杆组和一个Ⅲ级杆组与主动件和机架组成，则该机构为Ⅲ级机构。没有杆组的两构件机构称为Ⅰ级机构。

判定一个平面机构的级别，可采用拆组的方法，先判别组成机构基本杆组的级别，再判定机构级别，可按如下步骤进行：

① 除去机构中的虚约束和局部自由度；

② 将机构中的高副全部替换成低副；

③ 先从离原动件最远处试拆杆数 $n=2$ 的基本杆组，如不可能，再拆 $n=4$ 和 $n=6$ 的基本杆组，当已分出一个杆组，要拆第二个杆组时，仍需从最低级的基本杆组开始；

④ 每当拆下一个基本杆组后，剩下的仍应是一个完整的机构，要注意不能把机构拆散，直到最后剩下主动件和机架为止；

⑤ 根据所得杆组的级别确定机构的级别。

表 11-1-18 所示为判定不含油缸平面机构级别的图例。

表 11-1-17　　含油缸、气缸基本杆组分类

分类	Ⅱ级一缸杆组	Ⅲ级一缸杆组	Ⅳ级一缸杆组
图例			

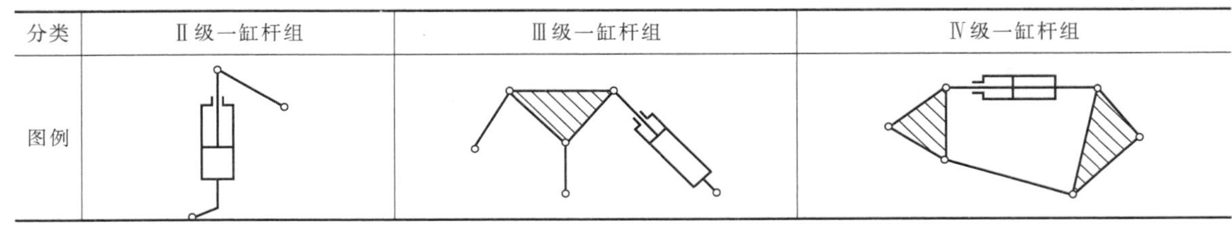

表 11-1-18　　不含油缸平面机构级别的判定图例

		图　　例	说　　明
原机构		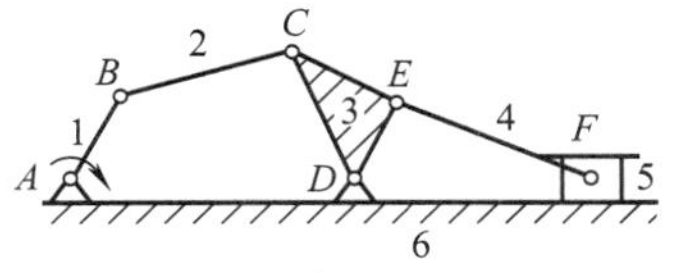 图(a)	经最后判定机构为一个自由度的Ⅱ级机构。具体步骤见图(b)、图(c)及说明
拆分基本杆组	步骤1	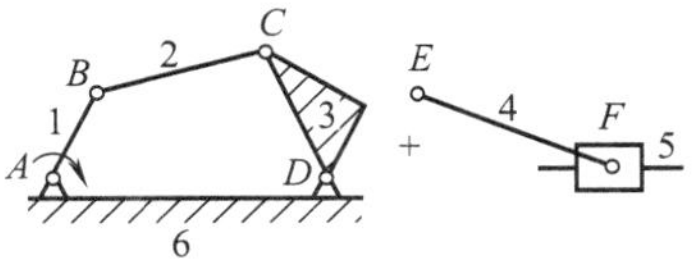 图(b)	先将图(a)中所示离原动件最远的构件 4、5 连同两个转动副 E、F 及一个移动副组成的Ⅱ级基本杆组拆分，剩下的是一个铰链四杆机构，如图(b)所示
	步骤2	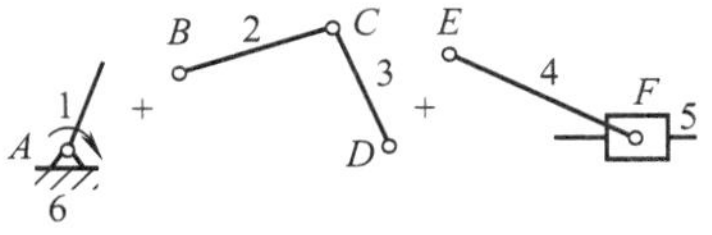 图(c)	从图(b)中所示的四杆机构中再拆下构件 2、3 连同 B、C、D 三个转动副组成的Ⅱ级杆组，最后剩下主动件 1 和机架 6，如图(c)所示 该机构中基本杆组最高级别为Ⅱ级，最后判定机构为一个自由度的Ⅱ级机构
原机构		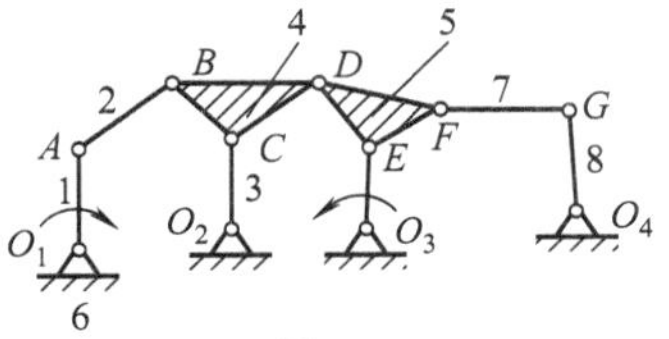 图(a)	经最后判定机构为两个自由度的Ⅲ级机构。具体步骤见图(b)、图(c)及说明
拆分基本杆组	步骤1	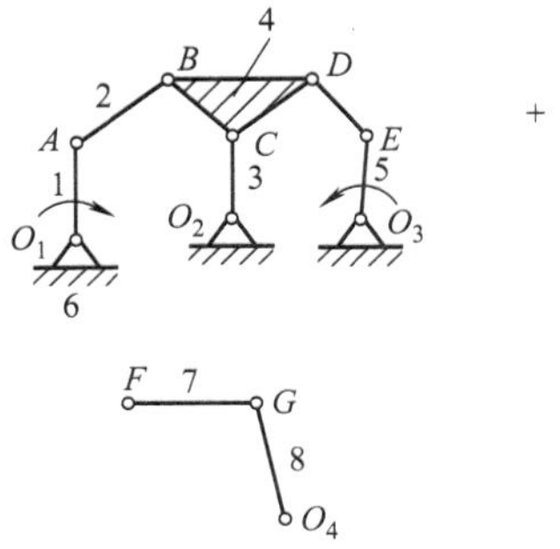 图(b)	首先将图(a)中所示构件 7、8 以及 F、G、O_4 三个转动副组成的Ⅱ级基本杆组拆分，见图(b)
	步骤2	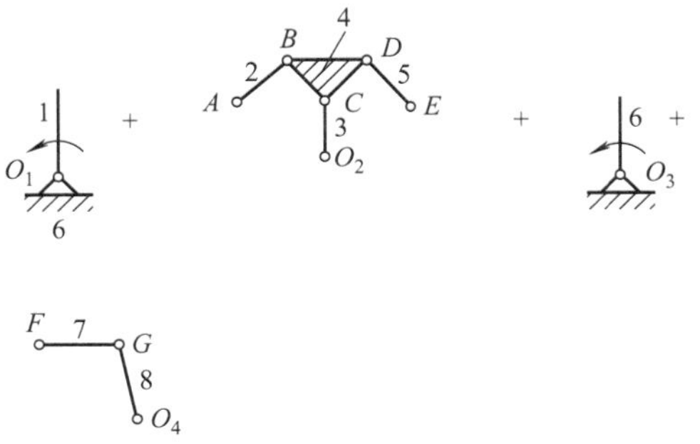 图(c)	再将图(b)中所示构件 2～5 及转动副 A、B、C、D、E、O_3 组成的Ⅲ级杆组拆分；最后剩下主动件 1、6 以及机架，如图(c)所示。可以判定机构为两个自由度的Ⅲ级机构

续表

		图 例	说 明
原机构		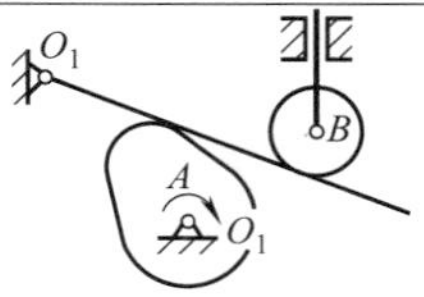 图(a) 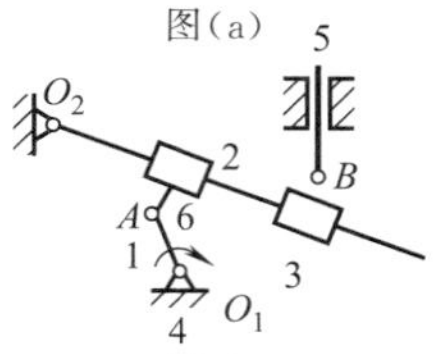 图(b)	经最后判定机构为一个自由度的Ⅱ级机构。具体步骤见图(c)、图(d)及说明 首先去掉图(a)中所示滚子自转的局部自由度,再将高副用低副替代,得到替换后的机构如图(b)所示
拆分基本杆组	步骤1	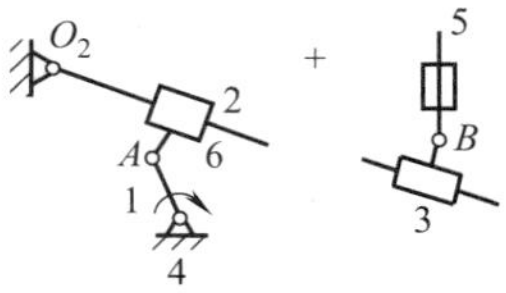 图(c)	将机构中构件 3、5,转动副 B,以及两个移动副组成的Ⅱ级杆组拆分,如图(c)所示
	步骤2	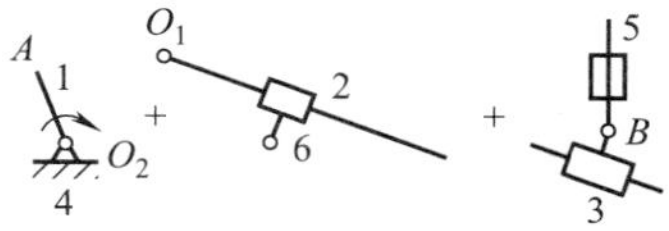 图(d)	再将构件 2、6,转动副 A、O_2,以及一个移动副组成的Ⅱ级杆组拆分;最后剩下主动件 1 和机架 4,如图(d)所示 该机构中基本杆组最高级别为Ⅱ级,最后判定机构为一个自由度的Ⅱ级机构
原机构		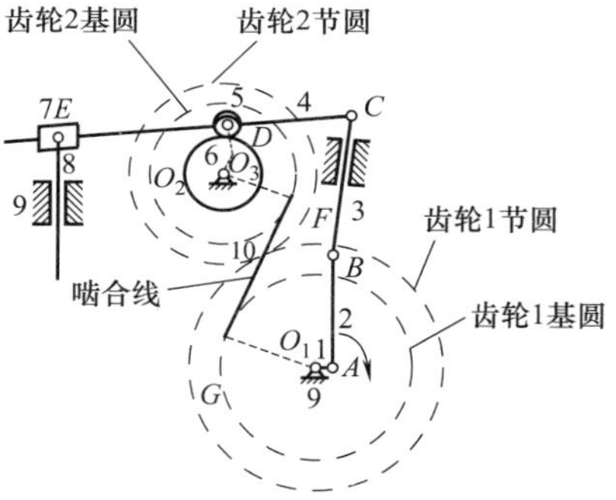 图(a) 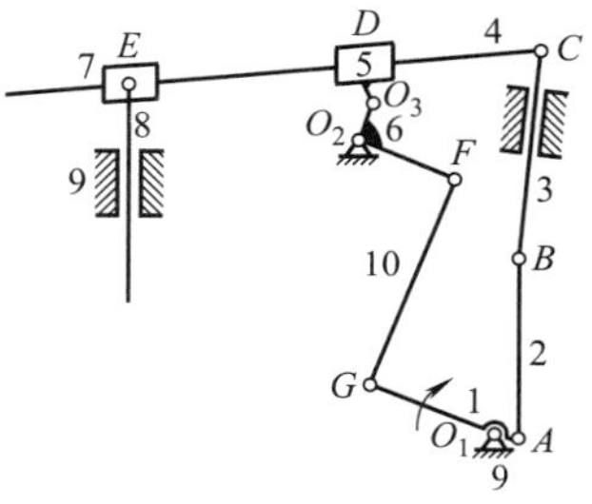 图(b)	经最后判定机构为一个自由度的Ⅱ级机构。具体步骤见图(c)～图(f)及说明 首先去掉图(a)中所示滚子自转的局部自由度,再将高副用低副替代,得到替换后的机构如图(b)所示

续表

		图　　例	说　　明
拆分基本杆组	步骤1	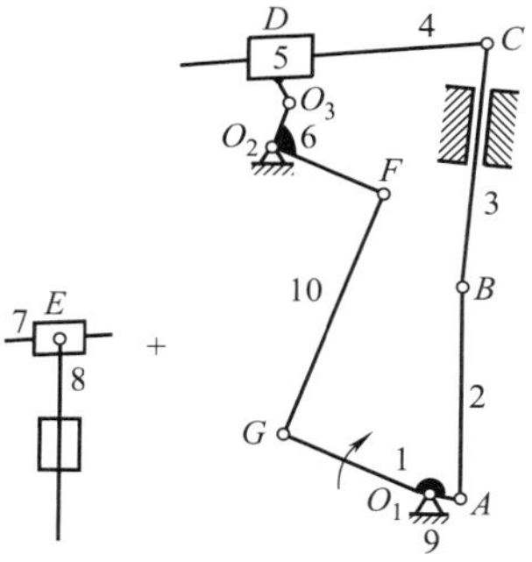 图(c)	将机构中构件 7、8，转动副 E，以及两个移动副组成的Ⅱ级杆组拆分，如图(c)所示
	步骤2	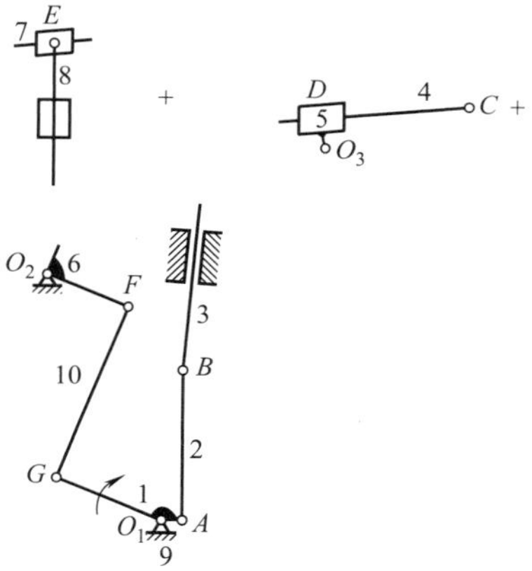 图(d)	再将构件 4、5，转动副 C、O_3，以及一个移动副 D 组成的Ⅱ级杆组拆分，如图(d)所示
	步骤3	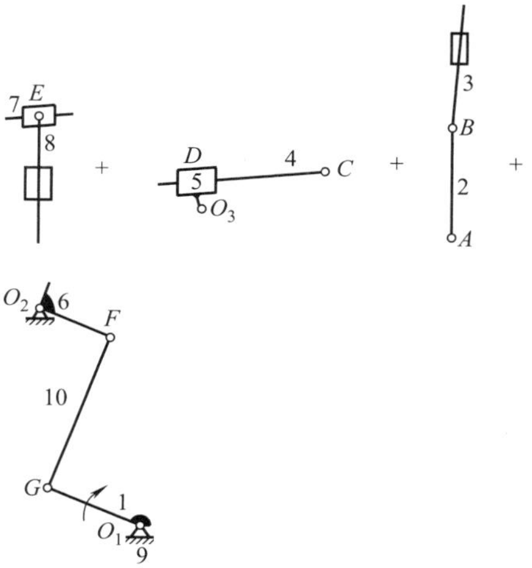 图(e)	将构件 2、3，转动副 A、B，以及一个移动副组成的Ⅱ级杆组拆分，如图(e)所示

续表

图　　例			说　　明
拆分基本杆组	步骤4	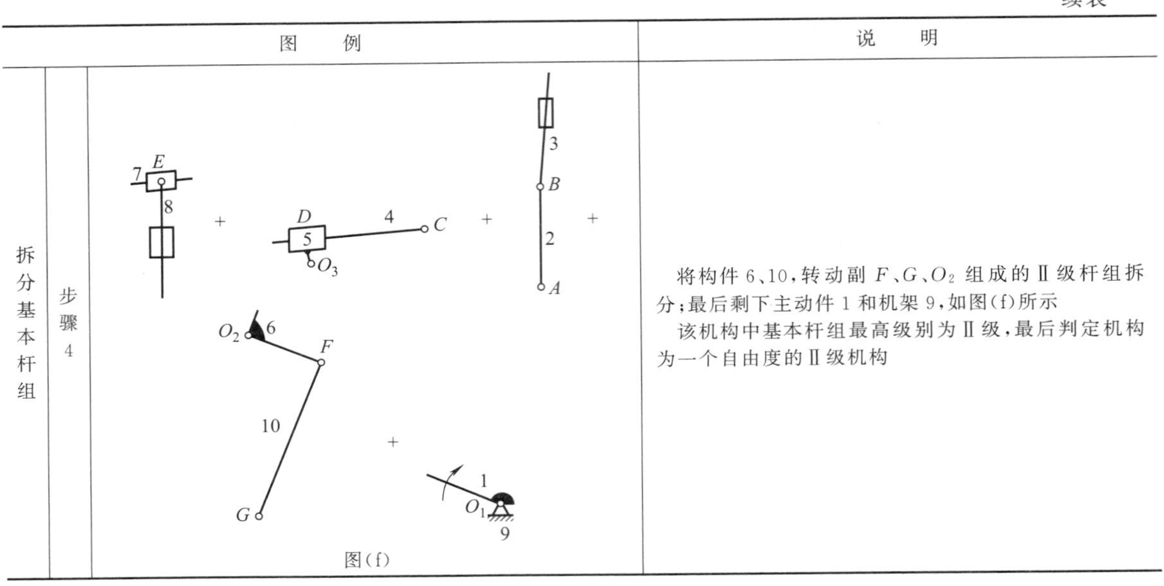 图(f)	将构件6、10,转动副F、G、O_2组成的Ⅱ级杆组拆分;最后剩下主动件1和机架9,如图(f)所示 该机构中基本杆组最高级别为Ⅱ级,最后判定机构为一个自由度的Ⅱ级机构

1.5.3.2　含油缸、气缸机构的判别

由带缸杆组组成的机构，其级别同样由该机构的杆组最高级别而定。对于带油缸、气缸的机构，判定其级别的步骤如下：

① 除去机构中的虚约束和局部自由度。

② 将机构中的高副全部替换成低副。

③ 先从离原动件最远处试拆杆数较少的带缸或不带缸的杆组，如不可能，再拆杆数较多的杆组，注意不带缸的杆组，其自由度为零；带缸的杆组，其自由度等于缸数。

④ 每当拆下一个基本杆组后，剩下的仍应是一个完整的机构，要注意不能把机构拆散，直到最后剩下主动件和机架为止。

⑤ 根据所得的杆组的级别确定机构的级别。

如表11-1-19所示为含油缸平面机构级别的判定图例。

表 11-1-19　　含油缸平面机构级别的判定图例

图　　例			说　　明
原机构		图(a)	经最后判定机构为一个自由度的Ⅳ级带缸机构。具体步骤见图(b)及说明 先从图(a)所示的带缸机构中试拆带缸或不带缸的Ⅱ级基本杆组,都会导致将机构拆散,如再试拆Ⅲ级基本杆组也会出现此种情况 如将全部运动构件及转动副O_1、O_2从机架上拆开,就会得到一个Ⅳ级一缸杆组,如图(b)所示
拆分基本杆组	步骤	图(b)	由图(b)可以判定机构为一个自由度的Ⅳ级机构
原机构		图(a)	经最后判定此多缸机构为三个自由度的Ⅱ级带缸机构。具体步骤见图(b)～图(f)及说明

续表

		图例	说明
拆分基本杆组	步骤1	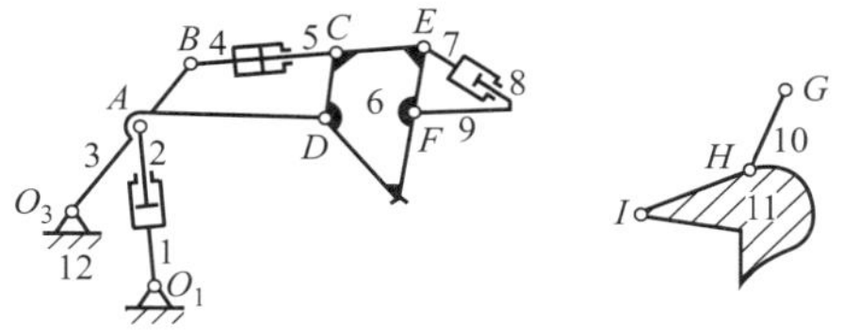 图(b)	先将构件 10、11 和转动副 G、H、I 组成的Ⅱ级基本杆组拆分，由于 G 为复合铰链，因此拆分后还剩一个转动副，如图(b)所示
	步骤2	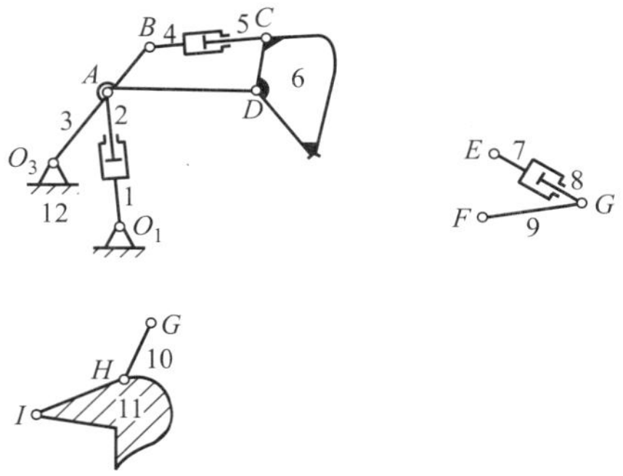 图(c)	将构件 7～9 连同转动副和一个移动副组成的Ⅱ级一缸杆组拆分，如图(c)所示
	步骤3	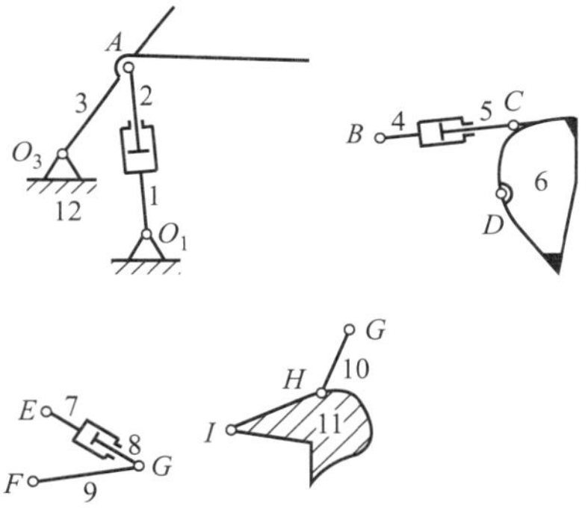 图(d)	将构件 4、5 连同转动副 B、C、D 和一个移动副组成的第二个Ⅱ级一缸杆组拆分，如图(d)所示
	步骤4	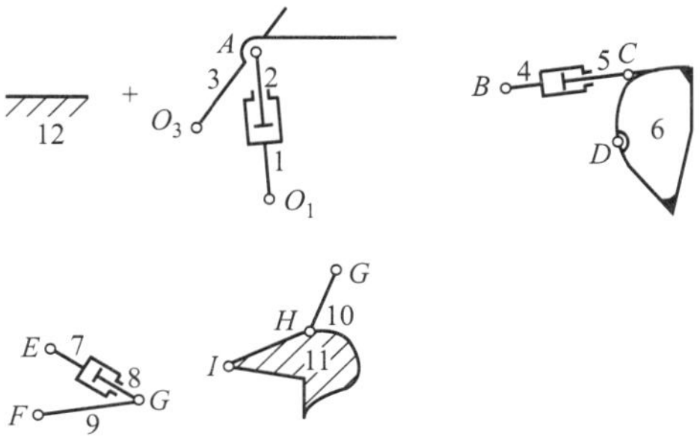 图(e)	最后将构件 1～3 连同转动副 O_1、O_3、A 和一个移动副组成的第三个Ⅱ级一缸杆组拆分，剩下机架 12 所以可以判定，机构为具有三个自由度的带缸Ⅱ级机构

第2章 基于杆组解析法对平面机构的运动分析和受力分析

2.1 机构运动分析

机构的运动分析是按给定机构的尺寸、主动件的位置和运动规律，求解机构在一个运动循环内：

① 各构件的对应位置、构件上特定点的位移和轨迹；

② 构件上某些特定点的速度和加速度；

③ 各构件的角速度和角加速度。

分析结果可用来：

① 判定机构的运动特性与所需运动的适合程度；

② 为机构动力学计算做准备。

2.1.1 平面机构运动分析解析法基本方法简介

表 11-2-1 平面机构运动分析解析法

序号	方法	特　点
1	矢量三角形法	一个平面机构的机构简图的图形总可以划成若干个三角形，基于这种思想，此法将平面机构的位置分析问题归结为解一系列三角形问题，并采用复数矢量方法来描述三角形，以矢量的模 r 表示长度，以矢量的幅角 θ 表示其方向，这样一个三角形便有六个量，已知其中四个量，即能求出其余的两个量
2	基本杆组法	此方法的基本出发点是，以机构中不可再分的自由度为零的基本杆组作为分析单元，各单元的位置和受力均采用矢量直角坐标来描述，对各基本杆组编制相应的运动分析和力分析子程序。运动分析时，通过将机构拆成各基本杆组，调用相应杆组的运动分析和力分析子程序，即可实现对整个机构的运动分析和受力分析
3	约束法	此方法把连杆机构看成是由一些动点构成的，而这些动点又相互受到一定的约束，对于只有转动副和移动副的低副平面连杆机构，大都定义两种约束，即线约束和角约束。在此基础上建立起这些约束的数学模型，并编制通用的子程序，各种机构分析或综合时调用
4	回路法	其基本思想是把机构运动简图转化成一张“有向拓扑图”，然后将它分成若干个回路，由此建立并求解方程

2.1.2 杆组法运动分析数学模型和子程序

2.1.2.1 杆组法运动分析数学模型

基本杆组的运动学分析一般以矢量封闭多边形为基础，用矢量式及其在直角坐标轴上的投影式表示基本杆组构件上各点的位置；将位置方程组分别对时间 t 求一次和二次导数，即可求出基本杆组在给定位置时，各构件上各点的速度和加速度。如表 11-2-2 所示为各基本杆组运动分析。

表 11-2-2 基本杆组运动分析

基本杆组	分析内容及子程序名称	基本杆组图	基本杆组运动分析的解
同一构件上点的运动分析	对于图(a)中所示的构件 AB 已知：回转副 A 的位置(x_A，y_A)，速度 $\dot{x}_A$、$\dot{y}_A$ 和加速度 $\ddot{x}_A$、$\ddot{y}_A$，以及构件 AB 的长度 l_i 及其角位置 φ_j、角速度 $\dot{\varphi}_j$、角加速度 $\ddot{\varphi}_j$ 求构件上点 B 的位置(x_B，y_B)，速度 $\dot{x}_B$、$\dot{y}_B$ 和加速度 $\ddot{x}_B$、$\ddot{y}_B$ 子程序名称 SUB CRANK(I,J,A,B)	图(a)	(1)位置分析 $\left.\begin{array}{l}x_B=x_A+l_i\cos\varphi_j\\ y_B=y_A+l_i\sin\varphi_j\end{array}\right\}$ (11-2-1) (2)速度分析 $\left.\begin{array}{l}\dot{x}_B=\dot{x}_A-\dot{\varphi}_j l_i\sin\varphi_j\\ \dot{y}_B=\dot{y}_A+\dot{\varphi}_j l_i\cos\varphi_j\end{array}\right\}$ (11-2-2) (3)加速度分析 $\left.\begin{array}{l}\ddot{x}_B=\ddot{x}_A-\dot{\varphi}_j^2 l_i\cos\varphi_j-\ddot{\varphi}_j l_i\sin\varphi_j\\ \ddot{y}_B=\ddot{y}_A-\dot{\varphi}_j^2 l_i\sin\varphi_j+\ddot{\varphi}_j l_i\cos\varphi_j\end{array}\right\}$ (11-2-3) 说明： 若 A 点为固定回转副，即 x_A、y_A 为常数时，则该点的速度 $\dot{x}_A$、$\dot{y}_A$ 和加速度 $\ddot{x}_A$、$\ddot{y}_A$ 均为0，这时 AB 杆与机架组成Ⅰ级机构，B 点则为曲柄上的一点 若 A 点不固定，构件 AB 就相当于做平面运动的连杆。为求出 B 点的位置和运动，必须先给定 A 点的位置和运动参数。若要求出连杆上任一点 B' 的运动参数，只要再给出 AB' 的长度 l_i' 和夹角 δ 即可

续表

基本杆组	分析内容及子程序名称	基本杆组图	基本杆组运动分析的解
RRR Ⅱ级杆组的运动分析	由两个构件和三个回转副组成的RRRⅡ级组如图(b)所示 已知杆长 l_i、l_j，外运动副 B 和 D 的位置（x_B，y_B）、（x_D，y_D）及运动参数 $\dot{x}_B$、$\dot{y}_B$、$\dot{x}_D$、$\dot{y}_D$、$\ddot{x}_B$、$\ddot{y}_B$、$\ddot{x}_D$、$\ddot{y}_D$ 求内运动副 C 的位置（x_C，y_C），运动参数 $\dot{x}_C$、$\dot{y}_C$、$\ddot{x}_C$、$\ddot{y}_C$ 以及两杆的角位置 φ_i、φ_j 和角运动参数 $\dot{\varphi}_i$、$\dot{\varphi}_j$、$\ddot{\varphi}_i$、$\ddot{\varphi}_j$ 子程序名称 SUB RRR (I,J,B,C,D)	图(b) 图(c)	(1)位置分析 $\varphi_i=2\arctan\left(\dfrac{B_0+M\sqrt{A_0^2+B_0^2-C_0^2}}{A_0+C_0}\right)$ (11-2-4) $\left.\begin{array}{l}x_C=x_B+l_i\cos\varphi_i\\y_C=y_B+l_i\sin\varphi_i\end{array}\right\}$ (11-2-5) $\varphi_j=\arctan\left(\dfrac{y_C-y_D}{x_C-x_D}\right)$ (11-2-6) 式中 $A_0=2l_i(x_D-x_B)$ $B_0=2l_i(y_D-y_B)$ $C_0=l_i^2+l_{BD}^2-l_j^2$ $l_{BD}=\sqrt{(x_D-x_B)^2+(y_D-y_B)^2}$ M 为初始模式参数，当 B、C、D 三个运动副按顺时针排列时[图(c)实线所示]，$M=1$；当 B、C、D 三个运动副按逆时针排列时[图(c)虚线所示]，$M=-1$ (2)速度分析 $\left.\begin{array}{l}\dot{\varphi}_i=[c_j(\dot{x}_D-\dot{x}_B)+s_j(\dot{y}_D-\dot{y}_B)]/G_1\\\dot{\varphi}_j=[c_i(\dot{x}_D-\dot{x}_B)+s_i(\dot{y}_D-\dot{y}_B)]/G_1\end{array}\right\}$ (11-2-7) $\left.\begin{array}{l}\dot{x}_C=\dot{x}_B-\dot{\varphi}_i l_i\sin\varphi_i\\\dot{y}_C=\dot{y}_B+\dot{\varphi}_i l_i\cos\varphi_i\end{array}\right\}$ (11-2-8) 式中 $s_i=l_i\sin\varphi_i$　$c_i=l_i\cos\varphi_i$ $s_j=l_j\sin\varphi_j$　$c_j=l_j\cos\varphi_j$ $G_1=c_is_j-c_js_i$ (3)加速度分析 $\ddot{\varphi}_i=(G_2c_j+G_3s_j)/G_1$ (11-2-9) $\ddot{\varphi}_j=(G_2c_i+G_3s_i)/G_1$ (11-2-10) $\left.\begin{array}{l}\ddot{x}_C=\ddot{x}_B-\ddot{\varphi}_i l_i\sin\varphi_i-\dot{\varphi}_i^2 l_i\cos\varphi_i\\\ddot{y}_C=\ddot{y}_B+\ddot{\varphi}_i l_i\cos\varphi_i-\dot{\varphi}_i^2 l_i\sin\varphi_i\end{array}\right\}$ (11-2-11) 式中 $G_2=\ddot{x}_D-\ddot{x}_B+\dot{\varphi}_i^2c_i-\dot{\varphi}_j^2c_j$ $G_3=\ddot{y}_D-\ddot{y}_B+\dot{\varphi}_i^2s_i-\dot{\varphi}_j^2s_j$
RRP Ⅱ级杆组的运动分析	由两个构件与两个回转副和一个外移动副所组成的RRPⅡ级杆组如图(d)所示 已知杆长 l_i、l_j（l_j 垂直于导路）、外回转副 B 的位置（x_B，y_B），运动参数 $\dot{x}_B$、$\dot{y}_B$、$\ddot{x}_B$、$\ddot{y}_B$，滑块导路方向角 φ_j 以及计算滑块位移 s 的参考点 K 的位置（x_K，y_K）及点 K 和导路的运动参数 $\dot{x}_K$、$\dot{y}_K$、$\ddot{x}_K$、$\ddot{y}_K$、$\dot{\varphi}_j$、$\ddot{\varphi}_j$	图(d)	(1)位置分析 $\varphi_i=\arcsin[(A_0+l_j)/l_i]+\varphi_j$ (11-2-12) $\left.\begin{array}{l}x_C=x_B+l_i\cos\varphi_i\\y_C=y_B+l_i\sin\varphi_i\end{array}\right\}$ (11-2-13) $s=(x_C-x_K-l_j\sin\varphi_j)/\cos\varphi_j$ (11-2-14) $\left.\begin{array}{l}x_D=x_K+s\cos\varphi_j\\y_D=y_K+s\sin\varphi_j\end{array}\right\}$ (11-2-15) 式中 $A_0=(x_B-x_K)\sin\varphi_j-(y_B-y_K)\cos\varphi_j$ 说明： ①点 K 为计算滑块位移所选取的参考点，该点应选在滑块的导路上，距离滑块行程起点不宜太远 ②为保证机构能够存在，应满足装配条件：$\vert A_0+l_j\vert\leqslant l_i$ ③导路方向角 φ_j 为滑块位移 s 值增大的方向与 x 轴正向之间的夹角。图(e)上图中 $\varphi_j<90°$，图(e)下图中 $\varphi_j>90°$ ④l_j 值可为"+"或"－"，当按上述方法确定 φ_j 角时，运动副 B、C、D 按顺时针排列时[图(e)中实线位置]，取 l_i 为"+"；若 B、C、D 按逆时针排列时[图(e)中虚线位置]，取 l_i 为"－"

第11篇

续表

基本杆组	分析内容及子程序名称	基本杆组图	基本杆组运动分析的解
RRP Ⅱ级杆组的运动分析	求内运动副 C、滑块 D 的位置（x_C，y_C）、（x_D，y_D）和运动参数 $\dot{x}_C$、$\dot{y}_C$、$\dot{x}_D$、$\dot{y}_D$、$\ddot{x}_C$、$\ddot{y}_C$、$\ddot{x}_D$、$\ddot{y}_D$ 子程序名称 SUB RRP（I，J，B，C，D，K）	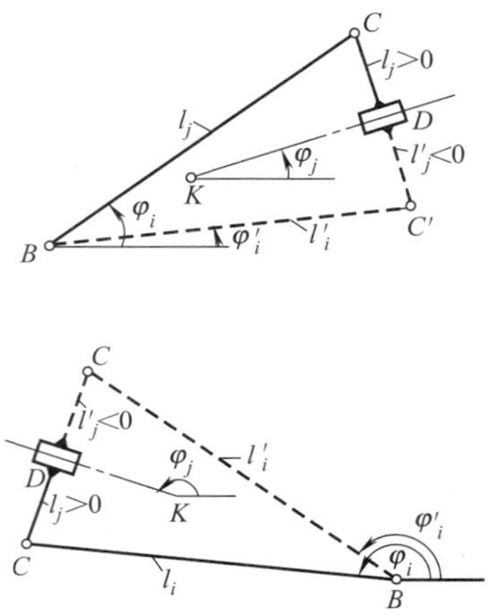 图(e) 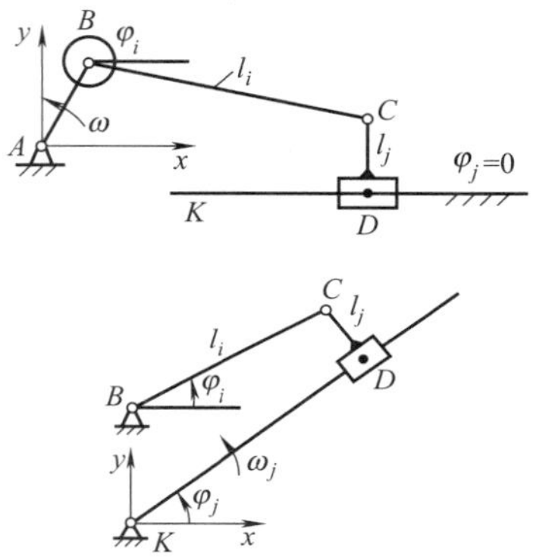 图(f)	还应指出，当应用 RRPⅡ级杆组组成曲柄滑块机构时，如图(f)上图所示，滑块导路与 x 轴正向夹角 φ_j 为常数；当应用该基本杆组组成转动导杆机构时，如图(f)下图所示，此时滑块导路成为曲柄之一，它与 x 轴正向间夹角 φ_j 是变化的，计算时应先给定 φ_j、$\dot{\varphi}_j$ 和 $\ddot{\varphi}_j$ 才行。此时 DCB 杆组即为 PRRⅡ级组 （2）速度分析 $\dot{\varphi}_i=(-Q_1\sin\varphi_j+Q_2\cos\varphi_j)/Q_3$　（11-2-16） $\dot{s}=-(Q_1 l_i\cos\varphi_i+Q_2 l_i\sin\varphi_i)/Q_3$　（11-2-17） $\left.\begin{aligned}\dot{x}_C&=\dot{x}_B-\dot{\varphi}_i l_i\sin\varphi_i\\ \dot{y}_C&=\dot{y}_B+\dot{\varphi}_i l_i\cos\varphi_i\end{aligned}\right\}$　（11-2-18） $\left.\begin{aligned}\dot{x}_D&=\dot{x}_K+\dot{s}\cos\varphi_j-\dot{\varphi}_j s\sin\varphi_j\\ \dot{y}_D&=\dot{y}_K+\dot{s}\sin\varphi_j+\dot{\varphi}_j s\cos\varphi_j\end{aligned}\right\}$　（11-2-19） 式中　$Q_1=\dot{x}_K-\dot{x}_B-\dot{\varphi}_j(s\sin\varphi_j+l_i\cos\varphi_j)$ $Q_2=\dot{y}_K-\dot{y}_B+\dot{\varphi}_i(s\cos\varphi_j-l_j\sin\varphi_j)$ $Q_3=l_i\sin\varphi_i\sin\varphi_j+l_i\cos\varphi_i\cos\varphi_j$ （3）加速度分析 $\left.\begin{aligned}\ddot{\varphi}&=(-Q_4\sin\varphi_j+Q_5\cos\varphi_j)/Q_3\\ \ddot{s}&=(-Q_4 l_i\cos\varphi_i-Q_5 l_i\sin\varphi_i)/Q_3\end{aligned}\right\}$　（11-2-20） $\left.\begin{aligned}\ddot{x}_C&=\ddot{x}_B-\ddot{\varphi}_i l_i\sin\varphi_i-\dot{\varphi}_i^2 l_i\cos\varphi_i\\ \ddot{y}_C&=\ddot{y}_B+\ddot{\varphi}_i l_i\cos\varphi_i-\dot{\varphi}_i^2 l_i\sin\varphi_i\end{aligned}\right\}$　（11-2-21） $\left.\begin{aligned}\ddot{x}_D&=\ddot{x}_K+\ddot{s}\cos\varphi_j-\ddot{\varphi}_j s\sin\varphi_j-\dot{\varphi}_j^2 s\cos\varphi_j-2\dot{\varphi}_j\dot{s}\sin\varphi_j\\ \ddot{y}_D&=\ddot{y}_K+\ddot{s}\sin\varphi_j+\ddot{\varphi}_j s\cos\varphi_j-\dot{\varphi}_j^2 s\sin\varphi_j+2\dot{\varphi}_j\dot{s}\cos\varphi_j\end{aligned}\right\}$　（11-2-22） 式中 $Q_4=\ddot{x}_K-\ddot{x}_B+\dot{\varphi}_i^2 l_i\cos\varphi_i-\ddot{\varphi}_j(s\sin\varphi_j+l_i\cos\varphi_j)-\dot{\varphi}_j^2(s\cos\varphi_j-l_j\sin\varphi_j)-2\dot{\varphi}_j\dot{s}\sin\varphi_j$ $Q_5=\ddot{y}_K-\ddot{y}_B+\dot{\varphi}_i^2 l_i\sin\varphi_i+\ddot{\varphi}_j(s\cos\varphi_j-l_j\sin\varphi_j)-\dot{\varphi}_j^2(s\sin\varphi_j+l_j\cos\varphi_j)+2\dot{\varphi}_j\dot{s}\cos\varphi_j$
RPR Ⅱ级杆组的运动分析	图(g)所示是两个构件与两个外回转副和一个内移动副组成的 RPRⅡ级组 已知两构件尺寸 l_i、l_j、l_K 以及两个回转副 B、D 的位置（x_B，y_B）、（x_D，y_D）和运动参数 $\dot{x}_B$、$\dot{y}_B$、$\ddot{x}_B$、$\ddot{y}_B$、$\dot{x}_D$、$\dot{y}_D$、$\ddot{x}_D$、$\ddot{y}_D$	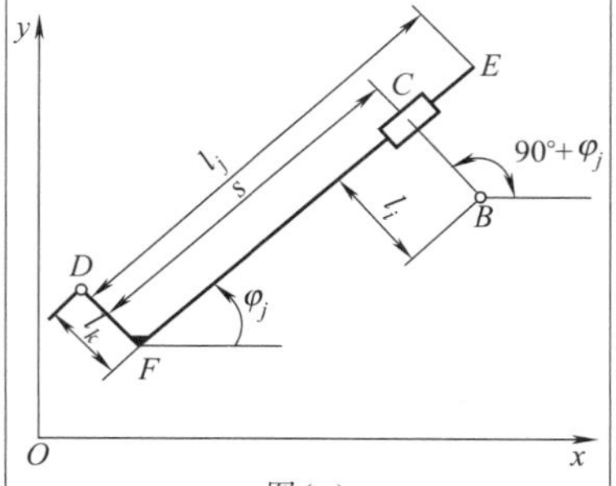 图(g)	（1）位置分析 $s=\sqrt{A_0^2+B_0^2-C_0^2}$　（11-2-23） $\varphi_j=\arctan\left(\dfrac{B_0 s+A_0 C_0}{A_0 s-B_0 C_0}\right)$　（11-2-24） $\left.\begin{aligned}x_C&=x_B-l_i\sin\varphi_j=x_D+l_k\sin\varphi_j+s\cos\varphi_j\\ y_C&=y_B+l_i\cos\varphi_j=y_D-l_k\cos\varphi_j+s\sin\varphi_j\end{aligned}\right\}$　（11-2-25） $\left.\begin{aligned}x_E&=x_C+(l_j-s)\cos\varphi_j\\ y_E&=y_C+(l_j-s)\sin\varphi_j\end{aligned}\right\}$　（11-2-26） 式中　$A_0=x_B-x_D$ $B_0=y_B-y_D$ $C_0=l_i+l_K$ 说明：上述公式是按图(g)中所示的矢量方向推导出来的，如果 l_i 和 l_k 的方向相反，则应用“－”值代入。如图(h)上图中 l_i 和 l_k 均应为“－”；而图(h)中间的图中 l_i 为“＋”而 l_k 应为“－”；图(h)下图中 l_i 为“－”而 l_k 应为“＋” （2）速度分析 $\dot{\varphi}_j=[(\dot{y}_B-\dot{y}_D)\cos\varphi_j-(\dot{x}_B-\dot{x}_D)\sin\varphi_j]/G_4$　（11-2-27） $\dot{s}=[(\dot{x}_B-\dot{x}_D)(x_B-x_D)+(\dot{y}_B-\dot{y}_D)(y_B-y_D)]/G_4$　（11-2-28）

续表

基本杆组	分析内容及子程序名称	基本杆组图	基本杆组运动分析的解
RPR Ⅱ 级杆组的运动分析	求内移动副 C 的位置(x_C, y_C)、构件 l_j 的角位置 φ_j 及其运动参数 $\dot{\varphi}_j$、$\ddot{\varphi}_j$ 子程序名称 SUB RRP(I, J, B, C, D, K)	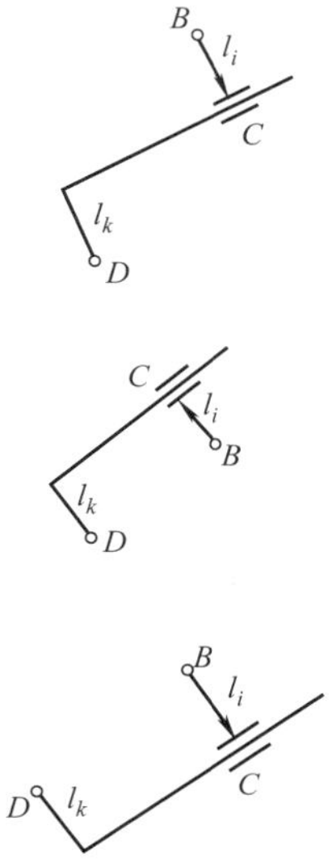 图(h)	$\left.\begin{array}{l}\dot{x}_C=\dot{x}_D+\dot{\varphi}_j(l_k\cos\varphi_j-s\sin\varphi_j)+\dot{s}\cos\varphi_j\\ \dot{y}_C=\dot{y}_D+\dot{\varphi}_j(l_k\sin\varphi_j+s\cos\varphi_j)+\dot{s}\sin\varphi_j\end{array}\right\}$ (11-2-29) 或 $\left.\begin{array}{l}\dot{x}_C=\dot{x}_B-\dot{\varphi}_j l_j\cos\varphi_j\\ \dot{y}_C=\dot{y}_B-\dot{\varphi}_j l_j\sin\varphi_j\end{array}\right\}$ $\left.\begin{array}{l}\dot{x}_E=\dot{x}_D-\dot{\varphi}_j(l_j\sin\varphi_j-l_k\cos\varphi_j)\\ \dot{y}_E=\dot{y}_D+\dot{\varphi}_j(l_j\cos\varphi_j+l_k\sin\varphi_j)\end{array}\right\}$ (11-2-30) 式中　$G_4=(x_B-x_D)\cos\varphi_j+(y_B-y_D)\sin\varphi_j$ (3)加速度分析 $\left.\begin{array}{l}\ddot{\varphi}_j=(G_6\cos\varphi_j-G_5\sin\varphi_j)/G_4\\ \ddot{s}=[G_5(x_B-x_D)+G_6(y_B-y_D)]/G_4\end{array}\right\}$ (11-2-31) $\left.\begin{array}{l}\ddot{x}_C=\ddot{x}_B-\ddot{\varphi}_j l_i\cos\varphi_i+\dot{\varphi}_j^2 l_i\sin\varphi_j\\ \ddot{y}_C=\ddot{y}_B-\ddot{\varphi}_j l_i\sin\varphi_j-\dot{\varphi}_j^2 l_i\cos\varphi_j\end{array}\right\}$ (11-2-32) $\left.\begin{array}{l}\ddot{x}_E=\ddot{x}_D-\ddot{\varphi}_j(l_j\sin\varphi_j-l_k\cos\varphi_j)-\dot{\varphi}_j^2(l_j\cos\varphi_j+l_k\sin\varphi_j)\\ \ddot{y}_E=\ddot{y}_D+\ddot{\varphi}_j(l_j\cos\varphi_j+l_k\sin\varphi_j)-\dot{\varphi}_j^2(l_j\sin\varphi_j-l_k\cos\varphi_j)\end{array}\right\}$ (11-2-33) 式中　$G_5=\ddot{x}_B-\ddot{x}_D+\dot{\varphi}_j^2(x_B-x_D)+2\dot{\varphi}_j\dot{s}\sin\varphi_j$ $G_6=\ddot{y}_B-\ddot{y}_D+\dot{\varphi}_j^2(y_B-y_D)-2\dot{\varphi}_j\dot{s}\cos\varphi_j$
RPP Ⅱ 级杆组的运动分析	由两个构件、一个外转动副和两个移动副所组成的 RPP Ⅱ 级杆组如图(i)所示 已知杆长 l_i、外副 B 以及参考点 K 的位置(x_B, y_B)、(x_K, y_K)和运动参数 $\dot{x}_B$、$\dot{y}_B$、$\ddot{x}_B$、$\ddot{y}_B$、$\dot{x}_K$、$\dot{y}_K$、$\ddot{x}_K$、$\ddot{y}_K$，滑块 D 的导路与 x 轴的夹角 φ_j，滑块 C 的导路与滑块 D 的导路间的夹角 δ 求滑块 C、D 的位移 s_i、s_j 以及 C、D 两点的位置和运动参数 子程序名称 SUB RPP(I, J, B, C, D, K)	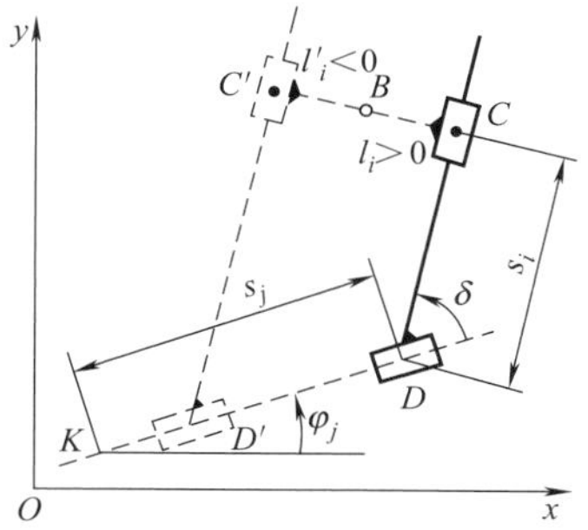 图(i)	(1)位置分析 $\left.\begin{array}{l}s_i=(B_2\cos\varphi_j-B_1\sin\varphi_j)/B_3\\ s_j=[B_1\sin(\varphi_j+\delta)-B_2\cos(\varphi_j+\delta)]/B_3\end{array}\right\}$ (11-2-34) $\left.\begin{array}{l}x_D=x_K+s_j\cos\varphi_j\\ y_D=y_K+s_j\sin\varphi_j\end{array}\right\}$ (11-2-35) 式中　$B_1=x_B-x_K+l_i\sin(\varphi_j+\delta)$ $B_2=y_B-y_K-l_i\cos(\varphi_j+\delta)$ $B_3=\sin(\varphi_j+\delta)\cos\varphi_j-\cos(\varphi_j+\delta)\sin\varphi_j$ $=\sin\delta$ 当给定 B 点、K 点的位置，杆长 l_i 的大小和导路的方向角 φ_j 后，RPP Ⅱ 级杆组可能有两种形式，即图(i)中的实线和虚线两种形式，这可以用 l_i 为“+”(实线机构)和 l_i 为“−”(虚线机构)来确定 (2)速度分析 $\left.\begin{array}{l}\dot{s}_i=(B_5\cos\varphi_j-B_1\sin\varphi_j)/B_3\\ \dot{s}_j=[B_4\sin(\varphi_j+\delta)-B_5\cos(\varphi_j+\delta)]/B_3\end{array}\right\}$ (11-2-36) $\left.\begin{array}{l}\dot{x}_C=\dot{x}_B+\dot{\varphi}_j l_i\cos(\varphi_j+\delta)\\ \dot{y}_C=\dot{y}_B+\dot{\varphi}_j l_i\sin(\varphi_j+\delta)\end{array}\right\}$ (11-2-37) $\left.\begin{array}{l}\dot{x}_D=\dot{x}_K+\dot{s}_j\cos\varphi_j-\dot{\varphi}_j\dot{s}_i\sin\varphi_j\\ \dot{y}_D=\dot{y}_K+\dot{s}_j\sin\varphi_j+\dot{\varphi}_j\dot{s}_i\cos\varphi_j\end{array}\right\}$ (11-2-38) 式中　$B_4=\dot{x}_B-\dot{x}_K+\dot{\varphi}_j[l_i\cos(\varphi_j+\delta)+s_i\sin(\varphi_j+\delta)+s_j\sin\varphi_j]$ $B_5=\dot{y}_B-\dot{y}_K+\dot{\varphi}_j[l_i\sin(\varphi_j+\delta)-s_i\cos(\varphi_j+\delta)-s_j\cos\varphi_j]$ (3)加速度分析 $\left.\begin{array}{l}\ddot{s}_i=(B_7\cos\varphi_j-B_6\sin\varphi_j)/B_3\\ \ddot{s}_j=[B_6\sin(\varphi_j+\delta)-B_7\cos(\varphi_j+\delta)]/B_3\end{array}\right\}$ (11-2-39) $\left.\begin{array}{l}\ddot{x}_C=\ddot{x}_B+\ddot{\varphi}_j l_i\cos(\varphi_j+\delta)-\dot{\varphi}_j^2 l_i\sin(\varphi_j+\delta)\\ \ddot{y}_C=\ddot{y}_B+\ddot{\varphi}_j l_i\sin(\varphi_j+\delta)+\dot{\varphi}_j^2 l_i\cos(\varphi_j+\delta)\end{array}\right\}$ (11-2-40) $\left.\begin{array}{l}\ddot{x}_D=\ddot{x}_K+\ddot{s}_j\cos\varphi_j-\ddot{\varphi}_j s_j\sin\varphi_j-2\dot{\varphi}_j\dot{s}_j\sin\varphi_j-\dot{\varphi}_j{}^2 s_i\cos\varphi_j\\ \ddot{y}_D=\ddot{y}_K+\ddot{s}_j\sin\varphi_j+\ddot{\varphi}_j s_j\cos\varphi_j+2\dot{\varphi}_j\dot{s}_j\cos\varphi_j-\dot{\varphi}_j{}^2 s_i\sin\varphi_j\end{array}\right\}$ (11-2-41)

续表

基本杆组	分析内容及子程序名称	基本杆组图	基本杆组运动分析的解
RPP Ⅱ级杆组的运动分析			式中 $B_6=\ddot{x}_B-\ddot{x}_K+\ddot{\varphi}_j[l_i\cos(\varphi_j+\delta)+s_i\sin(\varphi_j+\delta)+s_j\sin\varphi_j]-\dot{\varphi}_j^2[l_i\sin(\varphi_j+\delta)-s_i\cos(\varphi_j+\delta)-s_j\cos\varphi_j]+2\dot{\varphi}_j[\dot{s}_i\sin(\varphi_j+\delta)+\dot{s}_j\sin\varphi_j]$ $B_7=\ddot{y}_B-\ddot{y}_K+\ddot{\varphi}_j[l_i\sin(\varphi_j+\delta)-s_i\cos(\varphi_j+\delta)+s_i\cos\varphi_j]+\dot{\varphi}_j^2[l_i\cos(\varphi_j+\delta)+s_i\sin(\varphi_j+\delta)+s_j\sin\varphi_j]-2\dot{\varphi}_j[\dot{s}_i\cos(\varphi_j+\delta)+\dot{s}_j\cos\varphi_j]$
PRP Ⅱ级杆组的运动分析	已知两杆长 l_i、l_j，两移动副导路的位置角 φ_i、φ_j 和计算位移 s_i、s_j 的参考点 K_i、K_j 的位置（x_{Ki}，y_{Ki}）、（x_{Kj}，y_{Kj}）以及有关的运动参数 求滑块相对于参考点的位移 s_i、s_j，速度，加速度以及内回转副的位置、速度和加速度	图(j)	(1)位置分析 $\left.\begin{aligned}s_i&=(C_1\sin\varphi_j-C_2\cos\varphi_j)/C_3\\s_j&=(C_1\sin\varphi_i-C_2\cos\varphi_i)/C_3\end{aligned}\right\}$ (11-2-42) $\left.\begin{aligned}x_C&=x_{Ki}+s_i\cos\varphi_i-l_i\sin\varphi_i\\y_C&=y_{Ki}+s_i\sin\varphi_i+l_i\cos\varphi_i\end{aligned}\right\}$ (11-2-43) $\left.\begin{aligned}x_B&=x_{Ki}+s_i\cos\varphi_i\\y_B&=y_{Ki}+s_i\sin\varphi_i\end{aligned}\right\}$ (11-2-44) $\left.\begin{aligned}x_D&=x_{Kj}+s_j\cos\varphi_j\\y_D&=y_{Kj}+s_j\sin\varphi_j\end{aligned}\right\}$ (11-2-45) 式中 $C_1=x_{Kj}-x_{Ki}+l_i\sin\varphi_i-l_j\sin\varphi_j$ $C_2=y_{Kj}-y_{Ki}-l_i\cos\varphi_i-l_j\cos\varphi_j$ $C_3=\sin(\varphi_j-\varphi_i)$ 说明：当给定杆长 l_i、l_j 和两导路的方向角 φ_i、φ_j 后，PRPⅡ级杆组仍可有四种形式。这可以用 l_i 和 l_j 杆长为“+”和“−”的不同组合加以表示。图(k)中实线表示 l_i 和 l_j 全部为“+”的情况，虚线表示 l_i 和 l_j 全部为“−”的情况。此外，还有 l_i 和 l_j 之一分别为“+”和“−”的两种情况。l_i 和 l_j 的“+”、“−”可以这样来确定：令 K_iB 射线正向与右手直角坐标系的单位矢量 $\vec{i}$ 的正向一致，若 l_i 在该直角坐标系单位矢量 $\vec{j}$ 的正向一侧，则为“+”，反之，若在 $\vec{j}$ 的负向一侧，则为“−”。可用同样的法则决定 l_j 的“+”、“−” (2)速度分析 $\left.\begin{aligned}\dot{s}_i&=(C_4\sin\varphi_j-C_5\cos\varphi_j)/C_3\\\dot{s}_j&=(C_4\sin\varphi_i-C_5\cos\varphi_i)/C_3\end{aligned}\right\}$ (11-2-46) $\left.\begin{aligned}\dot{x}_C&=\dot{x}_{Ki}+\dot{s}_i\cos\varphi_i-\dot{\varphi}_i(s_i\sin\varphi_i+l_i\cos\varphi_i)\\\dot{y}_C&=\dot{y}_{Ki}+\dot{s}_i\sin\varphi_i+\dot{\varphi}_i(s_i\cos\varphi_i-l_i\sin\varphi_i)\end{aligned}\right\}$ (11-2-47) $\left.\begin{aligned}\dot{x}_B&=\dot{x}_{Ki}+\dot{s}_i\cos\varphi_i-\dot{\varphi}_is_i\sin\varphi_i\\\dot{y}_B&=\dot{y}_{Ki}+\dot{s}_i\sin\varphi_i+\dot{\varphi}_is_i\cos\varphi_i\end{aligned}\right\}$ (11-2-48) $\left.\begin{aligned}\dot{x}_D&=\dot{x}_{Kj}+\dot{s}_j\cos\varphi_j-\dot{\varphi}_js_j\sin\varphi_j\\\dot{y}_D&=\dot{y}_{Kj}+\dot{s}_j\sin\varphi_j+\dot{\varphi}_js_j\cos\varphi_j\end{aligned}\right\}$ (11-2-49) 式中 $C_4=\dot{x}_{Kj}-\dot{x}_{Ki}+\dot{\varphi}_i(l_i\cos\varphi_i+s_i\sin\varphi_i)-\dot{\varphi}_j(l_j\cos\varphi_j+s_j\sin\varphi_i)$ $C_5=y_{Kj}-y_{Ki}+\dot{\varphi}_i(l_i\sin\varphi_i-s_i\cos\varphi_i)-\dot{\varphi}_j(l_j\sin\varphi_j-s_j\cos\varphi_i)$ (3)加速度分析 $\left.\begin{aligned}\ddot{s}_i&=(C_6\sin\varphi_j-C_7\cos\varphi_j)/C_3\\\ddot{s}_j&=(C_6\sin\varphi_i-C_7\cos\varphi_i)/C_3\end{aligned}\right\}$ (11-2-50) $\left.\begin{aligned}\ddot{x}_C=&\ddot{x}_{Ki}+\ddot{s}_i\cos\varphi_i-\ddot{\varphi}_i(s_i\sin\varphi_i+l_i\cos\varphi_i)\\&+\dot{\varphi}_i^2(l_i\sin\varphi_i-s_i\cos\varphi_i)-2\dot{\varphi}_i\dot{s}_i\sin\varphi_i\\\ddot{y}_C=&\ddot{y}_{Ki}+\ddot{s}_i\cos\varphi_i+\ddot{\varphi}_i(s_i\cos\varphi_i-l_i\sin\varphi_i)\\&-\dot{\varphi}_i^2(l_i\cos\varphi_i+s_i\sin\varphi_i)+2\dot{\varphi}_i\dot{s}_i\cos\varphi_i\end{aligned}\right\}$ (11-2-51) $\left.\begin{aligned}\ddot{x}_B=&\ddot{x}_{Ki}+\ddot{s}_i\cos\varphi_i-\ddot{\varphi}_is_i\sin\varphi_i-\dot{\varphi}_i(2\dot{s}_i\sin\varphi_i\\&+\dot{\varphi}_is_i\cos\varphi_i)\\\ddot{y}_B=&\ddot{y}_{Ki}+\ddot{s}_i\sin\varphi_i+\ddot{\varphi}_is_i\cos\varphi_i+\dot{\varphi}_i(2\dot{s}_i\cos\varphi_i\\&-\dot{\varphi}_is_i\sin\varphi_i)\end{aligned}\right\}$ (11-2-52)

续表

基本杆组	分析内容及子程序名称	基本杆组图	基本杆组运动分析的解
PRP Ⅱ级杆组的运动分析	子程序名称 SUB PRP(I,J,B,C,D,KI,KJ)	图(k)	$\left.\begin{aligned}\ddot{x}_D&=\ddot{x}_{Kj}+\ddot{s}_j\cos\varphi_j-\ddot{\varphi}_j s_j\sin\varphi_j-\\&\quad\dot{\varphi}_j(2\dot{s}_j\sin\varphi_j+\dot{\varphi}_j s_j\cos\varphi_j)\\\ddot{y}_D&=\ddot{y}_{Kj}+\ddot{s}_j\sin\varphi_j+\ddot{\varphi}_j s_j\cos\varphi_j+\\&\quad\dot{\varphi}_j(2\dot{s}_j\cos\varphi_j-\dot{\varphi}_j s_j\sin\varphi_j)\end{aligned}\right\}$ (11-2-53) 式中　$C_6=\ddot{x}_{Kj}-\ddot{x}_{Ki}+\ddot{\varphi}_i(l_i\cos\varphi_i+s_i\sin\varphi_i)-\ddot{\varphi}_j(l_j\cos\varphi_j+s_j\sin\varphi_j)-\dot{\varphi}_i^2(l_i\sin\varphi_i-s_i\cos\varphi_i)+\dot{\varphi}_j^2(l_j\sin\varphi_j-s_j\cos\varphi_j)+2(\dot{\varphi}_i\dot{s}_i\sin\varphi_i-\dot{\varphi}_j\dot{s}_j\sin\varphi_j)$ $C_7=\ddot{y}_{Kj}-\ddot{y}_{Ki}+\ddot{\varphi}_i(l_i\sin\varphi_i-s_i\cos\varphi_i)-\ddot{\varphi}_j(l_j\sin\varphi_j-s_j\sin\varphi_j)+\dot{\varphi}_i^2(l_i\cos\varphi_i+s_i\sin\varphi_i)-\dot{\varphi}_j^2(l_j\cos\varphi_j+s_j\sin\varphi_j)-2(\dot{\varphi}_i\dot{s}_i\cos\varphi_i-\dot{\varphi}_j\dot{s}_j\sin\varphi_j)$

2.1.2.2　杆组法运动分析子程序

根据表 11-2-2 所示基本杆组运动分析结果，编制的基本组运动分析子程序（可在 Quick Basic 或 Visual Basic 环境下使用），如表 11-2-3 所示，子程序与公式中的符号对照如表 11-2-4 所示。

表 11-2-3　　基本杆组运动分析子程序

子程序功能	入口参数	子　程　序　代　码
本子程序用于计算活动构件上任意一点的位置、速度和加速度	输入参数： x_A、y_A、$\dot{x}_A$、$\dot{y}_A$、$\ddot{x}_A$、$\ddot{y}_A$、l_i、δ、φ_j、$\dot{\varphi}_j$、$\ddot{\varphi}_j$ 输出参数： x_B、y_B、$\dot{x}_B$、$\dot{y}_B$、$\ddot{x}_B$、$\ddot{y}_B$	1000 SUB CRANK(I,J,A,B) 1004 FFF=F(J)+ DA 1006 SI=L(I) * SIN(FFF) 1008 CI=L(I) * COS(FFF) 1010 X(B)=X(A)+ CI 1012 Y(B)=Y(A)+ SI 1014 VX(B)=VX(A)−W(J) * SI 1016 VY(B)=VY(A)+W(J) * CI 1018 AX(B)=AX(A)−W(J) * W(J) * CI−E(J) * SI 1020 AY(B)=AY(A)−W(J) * W(J) * SI +E(J) * CI 1022 END SUB
本子程序用于计算 RRRⅡ级杆组的位置、速度和加速度	输入参数： l_i、l_j、M、x_B、y_B、$\dot{x}_B$、$\dot{y}_B$、$\ddot{x}_B$、$\ddot{y}_B$、x_D、y_D、$\dot{x}_D$、$\dot{y}_D$、$\ddot{x}_D$、$\ddot{y}_D$ 输出参数： φ_i、$\dot{\varphi}_i$、$\ddot{\varphi}_i$、φ_j、$\dot{\varphi}_j$、$\ddot{\varphi}_j$、x_C、y_C、$\dot{x}_C$、$\dot{y}_C$、$\ddot{x}_C$、$\ddot{y}_C$	1100 SUB RRR(I,J,B,C,D) 1104 A0=2 * L(I) * (X(D)−X(B)) 1106 B0=2 * L(I) * (Y(D)−Y(B)) 1108 L=SQR((X(D)−X(B))^2 +(Y(D)−Y(B))^2) 1110 C0=L * L+L(I) * L(I)−L(J) * L(J) 1112 IF L>L(I)+L(J)OR L<ABS(L(I)−L(J))THEN 1176 1114 Q=SQR(A0 * A0+B0 * B0−C0 * C0) 1116 X=A0+C0 1118 Y=B0+M * Q 1120 GOSUB 1600 1122 PI=3.14159265# 1124 IF FI>PI THEN 1130 1126 F(I)=2 * FI 1128 GOTO 1132 1130 F(I)=2 * (FI−PI) 1132 SI=L(I) * SIN(F(I)) 1134 CI=L(I) * COS(F(I)) 1136 X(C)=X(B)+CI 1138 Y(C)=Y(B)+SI 1140 X=X(C)−X(D) 1142 Y=Y(C)−Y(D) 1144 GOSUB 1600 1146 F(J)=FI 1148 SJ=L(J) * SIN(F(J)) 1150 CJ=L(J) * COS(F(J))

续表

子程序功能	入口参数	子 程 序 代 码
本子程序用于计算 RRRⅡ级杆组的位置、速度和加速度	输入参数： l_i、l_j、M、x_B、y_B、$\dot{x}_B$、$\dot{y}_B$、$\ddot{x}_B$、$\ddot{y}_B$、x_D、y_D、$\dot{x}_D$、$\dot{y}_D$、$\ddot{x}_D$、$\ddot{y}_D$ 输出参数： φ_i、$\dot{\varphi}_i$、$\ddot{\varphi}_i$、φ_j、$\dot{\varphi}_j$、$\ddot{\varphi}_j$、x_C、y_C、$\dot{x}_C$、$\dot{y}_C$、$\ddot{x}_C$、$\ddot{y}_C$	1152 G1=CI * SJ-CJ * SI 1154 W(I)=(CJ * (VX(D)-VX(B))+SJ * (VY(D)-VY(B)))/G1 1156 W(J)=(CI * (VX(D)-VX(B))+SI * (VY(D)-VY(B)))/G1 1158 VX(C)=VX(B)-W(I) * SI 1160 VY(C)=VY(B)+W(I) * CI 1162 G2=AX(D)-AX(B)+CI * W(I) * W(I)-CJ * W(J) * W(J) 1164 G3=AY(D)-AY(B)+SI * W(I) * W(I)-SJ * W(J) * W(J) 1166 E(I)=(G2 * CJ+G3 * SJ)/G1 1168 E(J)=(G2 * CI+G3 * SI)/G1 1170 AX(C)=AX(B)-E(I) * SI-CI * W(I) * W(I) 1172 AY(C)=AY(B)+E(I) * CI-SI * W(I) * W(I) 1174 GOTO 1180 1176 PRINT"Can not be assembled in 1112" 1178 STOP 1600 REM ANGLE 1602 IF ABS(X)>1E-10 THEN 1610 1604 FI=3.14159265#/2 1606 FI=FI-(SGN(Y)-1) * FI 1608 GOTO 1614 1610 FI=ATN(Y/X) 1612 FI=FI-(SGN(X)-1) * 3.14159265#/2 1614 RETURN 1180 END SUB
本子程序用于计算 RRPⅡ级杆组的位置、速度和加速度	输入参数： l_i、l_j、x_B、y_B、$\dot{x}_B$、$\dot{y}_B$、$\ddot{x}_B$、$\ddot{y}_B$、x_K、y_K、$\dot{x}_K$、$\dot{y}_K$、$\ddot{x}_K$、$\ddot{y}_K$、φ_j、$\dot{\varphi}_j$、$\ddot{\varphi}_j$ 输出参数： φ_i、$\dot{\varphi}_i$、$\ddot{\varphi}_i$、x_C、y_C、$\dot{x}_C$、$\dot{y}_C$、$\ddot{x}_C$、$\ddot{y}_C$、x_D、y_D、$\dot{x}_D$、$\dot{y}_D$、$\ddot{x}_D$、$\ddot{y}_D$、s、$\dot{s}$、$\ddot{s}$	1200 SUB RRP(I,J,B,C,D,K) 1204 A0 =(X(B)-X(K)) * SIN(F(J))-(Y(B)-Y(K)) * COS(F(J)) 1206 IF ABS(A0 +L(J))>=L(I)THEN 1278 1208 ZZ=(A0 +L(J))/ L(I) 1210 F(I)=ATN(ZZ/SQR(1-ZZ * ZZ))+F(J) 1212 SI=L(I) * SIN(F(I)) 1214 CI=L(I) * COS(F(I)) 1216 SJ=L(J) * SIN(F(J)) 1218 CJ=L(J) * COS(F(J)) 1220 X(C)=X(B)+CI 1222 Y(C)=Y(B)+SI 1224 PI=3.14159265# 1226 IF ABS(F(J)-PI/2)<=.00001 THEN 1236 1228 IF ABS(F(J)+PI/2)<=.00001 THEN 1236 1230 IF ABS(F(J)-3 * PI/2)<=.00001 THEN 1236 1232 S=(X(C)-X(K)+SJ)/(COS(F(J))) 1234 GOTO 1238 1236 S =(Y(C)-Y(K)-CJ)/(SIN(F(J))) 1238 X(D)=X(K)+S * COS(F(J)) 1240 Y(D)=Y(K)+S * SIN(F(J)) 1242 Q1=VX(K)-VX(B)-W(J) * (S * SIN(F(J))+CJ) 1244 Q2=VY(K)-VY(B)+W(J) * (S * COS(F(J))-SJ) 1246 Q3=SI * (SIN(F(J)))+CI * (COS(F(J))) 1248 W(I)=(-Q1 * SIN(F(J))+Q2 * COS(F(J)))/ Q3 1250 VS=-(Q1 * CI+Q2 * SI)/Q3 1252 VX(C)=VX(B)-W(I) * SI 1254 VY(C)=VY(B)+W(I) * CI 1256 VX(D)=VX(K)+VS * COS(F(J))-W(J) * S * SIN(F(J)) 1258 VY(D)=VY(K)+VS * SIN(F(J))+W(J) * S * COS(F(J)) 1260 Q4=AX(K)-AX(B)+CI * W(I) * W(I)-E(J) * (S * SIN(F(J))+CJ)-W(J) * W(J) * (S * COS(F(J))-SJ)-2 * W(J) * VS * SIN(F(J)) 1262 Q5=AY(K)-AY(B)+SI * W(I) * W(I)+E(J) * (S * COS(F(J))-SJ)-W(J) * W(J) * (S * SIN(F(J))+CJ)+2 * W(J) * VS * COS(F(J)) 1264 ASS =(-Q4 * CI-Q5 * SI)/Q3 1266 E(I)=(-Q4 * SIN(F(J))+Q5 * COS(F(J)))/Q3 1268 AX(C)=AX(B)-E(I) * SI-CI * W(I) * W(I)

第 11 篇

续表

子程序功能	入口参数	子　程　序　代　码
本子程序用于计算 RRPⅡ级杆组的位置、速度和加速度	输入参数： l_i、l_j、x_B、y_B、$\dot{x}_B$、$\dot{y}_B$、$\ddot{x}_B$、$\ddot{y}_B$、x_K、y_K、$\dot{x}_K$、$\dot{y}_K$、$\ddot{x}_K$、$\ddot{y}_K$、φ_j、$\dot{\varphi}_j$、$\ddot{\varphi}_j$ 输出参数： φ_i、$\dot{\varphi}_i$、$\ddot{\varphi}_i$、x_C、y_C、$\dot{x}_C$、$\dot{y}_C$、$\ddot{x}_C$、$\ddot{y}_C$、x_D、y_D、$\dot{x}_D$、$\dot{y}_D$、$\ddot{x}_D$、$\ddot{y}_D$、s、$\dot{s}$、$\ddot{s}$	1270 AY(C)=AY(B)+E(I) * CI−SI * W(I) * W(I) 1272 AX(D)=AX(K)+ASS * COS(F(J))−E(J) * S * SIN(F(J))−W(J) * W(J) * S * COS(F(J))−2 * W(J) * VS * SIN(F(J)) 1274 AY(D)=AY(K)+ASS * SIN(F(J))+E(J) * S * COS(F(J))−W(J) * W(J) * S * SIN(F(J))+2 * W(J) * VS * COS(F(J)) 1276 GOTO 1282 1278 PRINT"Can not be assembled in 1206" 1280 STOP 1282 END SUB
本子程序用于计算 RPRⅡ级杆组的位置、速度和加速度	输入参数： l_i、l_j、l_k、x_B、y_B、$\dot{x}_B$、$\dot{y}_B$、$\ddot{x}_B$、$\ddot{y}_B$、x_D、y_D、$\dot{x}_D$、$\dot{y}_D$、$\ddot{x}_D$、$\ddot{y}_D$ 输出参数： φ_j、$\dot{\varphi}_j$、$\ddot{\varphi}_j$、x_C、y_C、$\dot{x}_C$、$\dot{y}_C$、$\ddot{x}_C$、$\ddot{y}_C$、x_E、y_E、$\dot{x}_E$、$\dot{y}_E$、$\ddot{x}_E$、$\ddot{y}_E$、s、$\dot{s}$、$\ddot{s}$	1300 SUB RPR(I,J,K,B,C,D,E) 1304 A0=X(B)−X(D) 1306 B0=Y(B)−Y(D) 1308 C0=L(I)+L(K) 1310 G=A0 * A0+B0 * B0−C0 * C0 1312 IF G<0 THEN 1384 1314 S=SQR(G) 1315 SS=S 1316 X=A0 * S−B0 * C0 1318 Y=B0 * S+A0 * C0 1320 GOSUB 1700 1322 F(J)=FI 1330 SI=L(I) * SIN(F(J)) 1332 CI=L(I) * COS(F(J)) 1334 SK=L(K) * SIN(F(J)) 1336 CK=L(K) * COS(F(J)) 1338 SJ=L(J) * SIN(F(J)) 1340 CJ=L(J) * COS(F(J)) 1342 X(C)=X(B)−SI 1344 Y(C)=Y(B)+CI 1346 X(E)=X(C)+CJ−S * COS(F(J)) 1348 Y(E)=Y(C)+SJ−S * SIN(F(J)) 1350 G4 =(X(B)−X(D)) * COS(F(J))+(Y(B)−Y(D)) * SIN(F(J)) 1352 W(J)=((VY(B)−VY(D)) * COS(F(J))−(VX(B)−VX(D)) * SIN(F(J)))/G4 1354 VS=((VX(B)−VX(D)) * (X(B)−X(D))+(VY(B)−VY(D)) * (Y(B)−Y(D)))/G4 1356 VX(C)=VX(B)−W(J) * CI 1358 VY(C)=VY(B)−W(J) * SI 1360 VX(E)=VX(D)−W(J) * (SJ−CK) 1362 VY(E)=VY(D)+W(J) * (CJ +SK) 1364 G5=AX(B)−AX(D)+W(J) * W(J) * (X(B)−X(D))+2 * W(J) * VS * SIN(F(J)) 1366 G6=AY(B)−AY(D)+W(J) * W(J) * (Y(B)−Y(D))−2 * W(J) * VS * COS(F(J)) 1370 E(J)=(G6 * COS(F(J))−G5 * SIN(F(J)))/G4 1372 ASS=(G5 * (X(B)−X(D))+G6 * (Y(B)−Y(D)))/G4 1374 AX(C)=AX(B)−E(J) * CI +W(J) * W(J) * SI 1376 AY(C)=AY(B)−E(J) * SI−W(J) * W(J) * CI 1378 AX(E)=AX(D)−E(J) * (SJ−CK)−W(J) * W(J) * (CJ+SK) 1380 AY(E)=AY(D)+E(J) * (CJ +SK)−W(J) * W(J) * (SJ−CK) 1382 GOTO 1388 1384 PRINT"Can not be assembled in 1312" 1386 STOP 1700 REM ANGLE 1702 IF ABS(X)>1E−10 THEN 1710 1704 FI=3.14159265#/2 1706 FI=FI−(SGN(Y)−1) * FI 1708 GOTO 1714 1710 FI=ATN(Y/X) 1712 FI=FI−(SGN(X)−1) * 3.14159265#/2 1714 RETURN 1388 END SUB

续表

子程序功能	入口参数	子 程 序 代 码
本子程序用于计算 RPP Ⅱ 级杆组的位置、速度和加速度	输入参数： l_i、φ_i、δ、x_B、y_B、$\dot{x}_B$、$\dot{y}_B$、$\ddot{x}_B$、$\ddot{y}_B$、x_K、y_K、$\dot{x}_K$、$\dot{y}_K$、$\ddot{x}_K$、$\ddot{y}_K$ 输出参数： s_i、$\dot{s}_i$、$\ddot{s}_i$、s_j、$\dot{s}_j$、$\ddot{s}_j$、x_C、y_C、$\dot{x}_C$、$\dot{y}_C$、$\ddot{x}_C$、$\ddot{y}_C$、x_D、y_D、$\dot{x}_D$、$\dot{y}_D$、$\ddot{x}_D$、$\ddot{y}_D$	1400 SUB RPP(I,J,B,C,D,K) 1406 IF ABS(SIN(DA))<=.1 THEN 1472 1408 F=F(J):FD=F(J)+DA 1410 SN=L(I) * SIN(FD) 1412 CN=L(I) * COS(FD) 1414 B1=X(B)-X(K)+SN 1416 B2=Y(B)-Y(K)-CN 1418 B3=SIN(FD) * COS(F)-COS(FD) * SIN(F) 1420 S(I)=(B2 * COS(F)-B1 * SIN(F))/B3 1422 S(J)=(B1 * SIN(FD)-B2 * COS(FD))/B3 1424 SDI=S(I) * SIN(FD):CDI=S(I) * COS(FD) 1426 SFJ=S(J) * SIN(F):CFJ=S(J) * COS(F) 1428 X(C)=X(B)+SN 1430 Y(C)=Y(B)-CN 1432 X(D)=X(K)+CFJ 1434 Y(D)=Y(K)+SFJ 1436 B4=VX(B)-VX(K)+W(J) * (CN+SDI+SFJ) 1438 B5=VY(B)-VY(K)+W(J) * (SN-CDI-CFJ) 1440 VS(I)=(B5 * COS(F)-B4 * SIN(F))/B3 1442 VS(J)=(B4 * SIN(FD)-B5 * COS(FD))/B3 1444 VX(C)=VX(B)+W(J) * CN 1446 VY(C)=VY(B)+W(J) * SN 1448 VX(D)=VX(K)+VS(J) * COS(F)-W(J) * SFJ 1450 VY(D)=VY(K)+VS(J) * SIN(F)+W(J) * CFJ 1452 B6=AX(B)-AX(K)+E(J) * (CN +SDI +SFJ)-W(J)^2 * (SN-CDI-CFJ)+2 * W(J) * (VS(I) * SIN(FD)+VS(J) * SIN(F)) 1454 B7=AY(B)-AY(K)+E(J) * (SN-CDI-CFJ)+W(J)^2 * (CN+SDI+SFJ)-2 * W(J) * (VS(I) * COS(FD)+VS(J) * COS(F)) 1456 ASS(I)=(B7 * COS(F)-B6 * SIN(F))/B3 1458 ASS(J)=(B6 * SIN(FD)-B7 * COS(FD))/ B3 1460 AX(C)=AX(B)+E(J) * CN-W(J)^2 * SN 1462 AY(C)=AY(B)+E(J) * SN +W(J)^2 * CN 1464 AX(D)=AX(K)+ASS(J) * COS(F)-E(J) * SFJ-2 * W(J) * VS(J) * SIN(F)-W(J)^2 * CFJ 1468 AY(D)=AY(K)+ASS(J) * SIN(F)+E(J) * CFJ+2 * W(J) * VS(J) * COS(F)-W(J)^2 * SFJ 1470 GOTO 1476 1472 PRINT "Can not work in 1406 SIN(DA)<0.1" 1474 STOP 1476 END SUB
本子程序用于计算 PRP Ⅱ 级杆组的位置、速度和加速度	输入参数： l_i、l_j、φ_i、φ_j、x_{Ki}、y_{Ki}、$\dot{x}_{Ki}$、$\dot{y}_{Ki}$、$\ddot{x}_{Ki}$、$\ddot{y}_{Ki}$、x_{Kj}、y_{Kj}、$\dot{x}_{Kj}$、$\dot{y}_{Kj}$、$\ddot{x}_{Kj}$、$\ddot{y}_{Kj}$ 输出参数： s_i、$\dot{s}_i$、$\ddot{s}_i$、s_j、$\dot{s}_j$、$\ddot{s}_j$、x_B、y_B、$\dot{x}_B$、$\dot{y}_B$、$\ddot{x}_B$、$\ddot{y}_B$、x_C、y_C、$\dot{x}_C$、$\dot{y}_C$、$\ddot{x}_C$、$\ddot{y}_C$、x_D、y_D、$\dot{x}_D$、$\dot{y}_D$、$\ddot{x}_D$、$\ddot{y}_D$	1300 SUB RPR(I,J,K,B,C,D,E) 1304 A0=X(B)-X(D) 1306 B0=Y(B)-Y(D) 1308 C0=L(I)+L(K) 1310 G=A0 * A0+B0 * B0-C0 * C0 1312 IF G<0 THEN 1384 1314 S=SQR(G) 1315 SS=S 1316 X=A0 * S-B0 * C0 1318 Y=B0 * S+A0 * C0 1320 GOSUB 1700 1322 F(J)=FI 1330 SI=L(I) * SIN(F(J)) 1332 CI=L(I) * COS(F(J)) 1334 SK=L(K) * SIN(F(J)) 1336 CK=L(K) * COS(F(J))

续表

子程序功能	入口参数	子　程　序　代　码
本子程序用于计算 PRPⅡ级杆组的位置、速度和加速度	输入参数： l_i、l_j、φ_i、φ_j、x_{Ki}、y_{Ki}、$\dot{x}_{Ki}$、$\dot{y}_{Ki}$、$\ddot{x}_{Ki}$、$\ddot{y}_{Ki}$、x_{Kj}、y_{Kj}、$\dot{x}_{Kj}$、$\dot{y}_{Kj}$、$\ddot{x}_{Kj}$、$\ddot{y}_{Kj}$ 输出参数： s_i、$\dot{s}_i$、$\ddot{s}_i$、s_j、$\dot{s}_j$、$\ddot{s}_j$、x_B、y_B、$\dot{x}_B$、$\dot{y}_B$、$\ddot{x}_B$、$\ddot{y}_B$、x_C、y_C、$\dot{x}_C$、$\dot{y}_C$、$\ddot{x}_C$、$\ddot{y}_C$、x_D、y_D、$\dot{x}_D$、$\dot{y}_D$、$\ddot{x}_D$、$\ddot{y}_D$	1338 SJ=L(J) * SIN(F(J)) 1340 CJ=L(J) * COS(F(J)) 1342 X(C)=X(B)-SI 1344 Y(C)=Y(B)+CI 1346 X(E)=X(C)+CJ-S * COS(F(J)) 1348 Y(E)=Y(C)+SJ-S * SIN(F(J)) 1350 G4 =(X(B)-X(D)) * COS(F(J))+(Y(B)-Y(D)) * SIN(F(J)) 1352 W(J)=((VY(B)-VY(D)) * COS(F(J))-(VX(B)-VX(D)) * SIN(F(J)))/G4 1354 VS=((VX(B)-VX(D)) * (X(B)-X(D))+(VY(B)-VY(D)) * (Y(B)-Y(D)))/ G4 1356 VX(C)=VX(B)-W(J) * CI 1358 VY(C)=VY(B)-W(J) * SI 1360 VX(E)=VX(D)-W(J) * (SJ-CK) 1362 VY(E)=VY(D)+W(J) * (CJ+SK) 1364 G5=AX(B)-AX(D)+W(J) * W(J) * (X(B)-X(D))+2 * W(J) * VS * SIN(F(J)) 1366 G6=AY(B)-AY(D)+W(J) * W(J) * (Y(B)-Y(D))-2 * W(J) * VS * COS(F(J)) 1370 E(J)=(G6 * COS(F(J))-G5 * SIN(F(J)))/ G4 1372 ASS=(G5 * (X(B)-X(D))+G6 * (Y(B)-Y(D)))/G4 1374 AX(C)=AX(B)-E(J) * CI+W(J) * W(J) * SI 1376 AY(C)=AY(B)-E(J) * SI-W(J) * W(J) * CI 1378 AX(E)=AX(D)-E(J) * (SJ-CK)-W(J) * W(J) * (CJ+SK) 1380 AY(E)=AY(D)+E(J) * (CJ+SK)-W(J) * W(J) * (SJ-CK) 1382 GOTO 1388 1384 PRINT"Can not be assembled in 1312" 1386 STOP 1700 REM ANGLE 1702 IF ABS(X)>1E-10 THEN 1710 1704 FI=3.14159265#/2 1706 FI=FI-(SGN(Y)-1) * FI 1708 GOTO 1714 1710 FI=ATN(Y/X) 1712 FI=FI-(SGN(X)-1) * 3.14159265#/2 1714 RETURN 1388 END SUB

表 11-2-4　　基本杆组运动分析子程序与公式中符号对照

程序中的符号	公式中的符号	程序中的符号	公式中的符号
X(B)、Y(B)	x_B、y_B	AX(B)、AY(B)	$\ddot{x}_B$、$\ddot{y}_B$
X(C)、Y(C)	x_C、y_C	AX(C)、AY(C)	$\ddot{x}_C$、$\ddot{y}_C$
X(D)、Y(D)	x_D、y_D	AX(D)、AY(D)	$\ddot{x}_D$、$\ddot{y}_D$
L(I)、L(J)	l_i、l_j	F(I)、F(J)	φ_i、φ_j
VX(B)、VY(B)	$\dot{x}_B$、$\dot{y}_B$	W(I)、W(J)	$\dot{\varphi}_i$、$\dot{\varphi}_j$
VX(C)、VY(C)	$\dot{x}_C$、$\dot{y}_C$	E(I)、E(J)	$\ddot{\varphi}_i$、$\ddot{\varphi}_j$
VX(D)、VY(D)	$\dot{x}_D$、$\dot{y}_D$		

2.1.2.3　应用实例

利用基本杆组运动分析子程序进行机构分析的过程如表 11-2-5 所示，分析次序是从已知运动的原动件开始，按基本杆组的连接顺序逐步分析至待求的执行构件。

表 11-2-5 **基本杆组法运动分析例题**

<table>
<tr><td>例题</td><td>如左图所示的六杆机构中，已知各杆长 $l_{AB}=100\text{mm}$，$l_{BC}=300\text{mm}$，$l_{CD}=250\text{mm}$，$l_{BE}=300\text{mm}$，$l_{AD}=250\text{mm}$，$l_{EF}=400\text{mm}$，$H=350\text{mm}$，$\delta=30°$，曲柄 AB 的角速度 $\omega_1=10\text{rad/s}$
求滑块 F 点的位移、速度和加速度</td></tr>
<tr><td>解题步骤</td><td>(1)划分基本杆组
该六杆机构是由Ⅰ级机构 AB、RRRⅡ级基本组 BCD 和 RRPⅡ级基本组 EF 组成
(2)建立坐标系，确定各运动副和各杆的编号
以 A 点为原点，AD 为 x 轴建立坐标系如上图所示，各运动副编号分别为：$A=1$，$B=2$，$C=3$，$D=4$，$E=5$，$F=6$。另外，为了计算滑块 F 的位移，选其导路上一点 K 为参考点，令 K 点标号为 7。各杆的标号分别为：$L(1)=l_{AB}$，$L(2)=l_{BC}$，$L(3)=l_{CD}$，$L(4)=L_{BE}$，$L(5)=L_{EF}$，$L(6)=0$
(3)主程序编写
在主程序中，首先对各已知参数赋值，然后按如下顺序调用各子程序：
①调用 CRANK 子程序，计算 B 点运动
②调用 RRR 子程序，计算 BC 和 CD 杆的运动
③调用 CRANK 子程序，计算 E 点运动
④调用 RRP 子程序，计算 EF 杆及滑块的运动
本程序中以 φ_1 为循环变量</td></tr>
<tr><td>主程序</td><td><pre>
DECLARE SUB CRANK(I!,J!,A!,B!)
DECLARE SUB RRR(I!,J!,B!,C!,D!)
DECLARE SUB RRP(I!,J!,B!,C!,D!,K!)
CLS
REM Kinematic analysis for the 6-Bar Linkage
NN=10
DIM SHARED L(NN),F(NN),W(NN),E(NN),DA,M,P,PI,S,VS,ASS
DIM SHARED X(NN),Y(NN),VX(NN),VY(NN),AX(NN),AY(NN)
READ L(1),L(2),L(3),L(4),L(5),L(6)
DATA 100,300,250,300,400,0
READ X(1),Y(1),X(4),Y(4),X(7),Y(7),W(1),E(1)
DATA 0,0,250,0,0,350,10,0
PI=3.1415926#
P=PI/180
PRINT USING"\\";"F1";"X7";"Y7";"X6";"Y6";"Smm";"Vm/s";"Am/s/s"
PRINT
FOR F0=0 TO 12
F(1)=F0 *30 *P
DA=0
CALL CRANK(1,1,1,2)
M=1
CALL RRR(2,3,2,3,4)
DA=30 *P
CALL CRANK(4,2,2,5)
CALL RRP(5,6,5,6,6,7)
PRINT USING"######.##"; F(1)/P;X(7);Y(7);X(6);Y(6);S;VS/1000;ASS/1000
NEXT F0
END
</pre></td></tr>
</table>

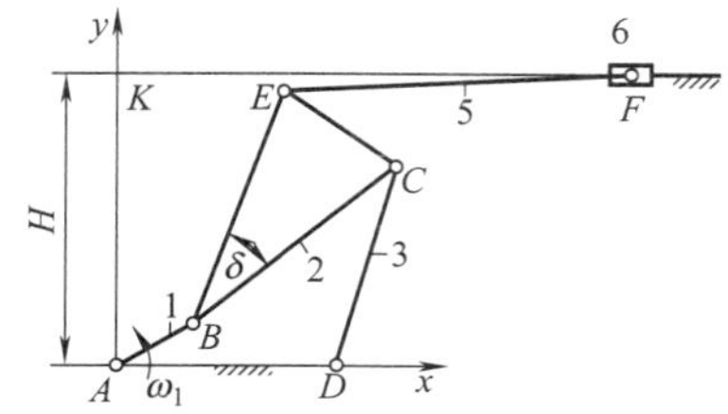

续表

运行结果	F1	X7	Y7	X6	Y6	Smm	Vm/s	Am
	0.00	119.62	299.36	516.40	350.00	516.40	2.11	−16.71
	30.00	192.10	330.84	591.64	350.00	591.64	0.67	−29.02
	60.00	192.74	350.47	592.74	350.00	592.74	−0.50	−15.57
	90.00	150.20	359.69	550.08	350.00	550.08	−1.04	−5.78
	120.00	90.63	351.60	490.62	350.00	490.62	−1.18	−0.17
	150.00	30.73	326.10	430.02	350.00	430.02	−1.11	2.48
	180.00	−19.40	288.97	375.92	350.00	375.92	−0.94	3.80
	210.00	−54.59	248.29	332.27	350.00	332.27	−0.71	5.29
	240.00	−72.24	212.57	303.41	350.00	303.41	−0.37	8.02
	270.00	−70.34	191.64	296.98	350.00	296.98	0.16	12.55
	300.00	−44.77	198.03	325.24	350.00	325.24	0.97	18.11
	330.00	16.88	241.78	401.96	350.00	401.96	1.96	16.92
	360.00	119.62	299.36	516.40	350.00	516.40	2.11	−16.71

2.1.3　高级机构的运动分析

对于Ⅲ级及Ⅲ级以上杆组（简称高级杆组机构）位置方程为一组非线性代数方程，其解析解通常比较难求，一般用非线性方程迭代法进行求解，如牛顿-拉夫森法，除了迭代法之外，还可用代数消元法求解非线性代数方程组，如表 11-2-6 所示，对各种求解方法进行了简要介绍。

表 11-2-7 所示为用牛顿-拉夫森法求解 RR-RR-RRⅢ级组的实例，其他高级杆组的运动分析过程与其相似。

表 11-2-6　　高级杆组机构运动分析

序号	方法	特　　点
1	变换原动件降级法	在明确原起始构件的前提下，通过变换起始构件，使它转换为级别较低的机构，再进行求解
2	杆长（约束条件）逼近法	将高级杆组拆除一个双铰杆，使其变为具有同一原动件的两组Ⅱ级组。构建原动件位置输入与所拆双铰杆杆长之间的迭代关系，进行迭代求解
3	牛顿-拉夫森法	根据机构的封闭矢量图建立关于机构位置变量的非线性方程组，在此基础上建立机构位置变量的雅可比矩阵，进行迭代求解
4	代数消元法	根据机构的封闭矢量图建立关于机构位置变量的非线性方程组，应用迪克逊方法构建导出方程组，进行消元并求解

表 11-2-7　　牛顿-拉夫森方法求解 RR-RR-RRⅢ级组机构

基本结构	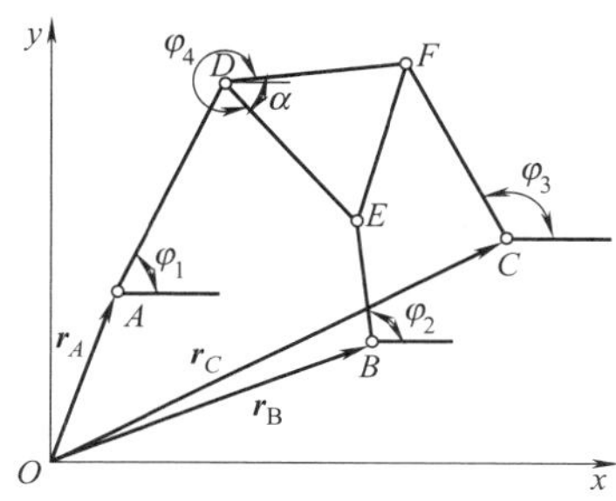

续表

位置分析	建立 $OADEB$ 和 $OADFC$ 两个矢量多边形的位置矢量方程： $\left.\begin{aligned}\boldsymbol{r}_B&=\boldsymbol{r}_A+\overrightarrow{AD}+\overrightarrow{DE}-\overrightarrow{BE}\\ \boldsymbol{r}_C&=\boldsymbol{r}_A+\overrightarrow{AD}+\overrightarrow{DF}-\overrightarrow{CF}\end{aligned}\right\}$ 由位置矢量方程得沿坐标轴的投影方程 $\left.\begin{aligned}&AD\cos\varphi_1-BE\cos\varphi_2+DE\cos\varphi_4-x_B+x_A=0\\ &AD\sin\varphi_1-BE\sin\varphi_2+DE\sin\varphi_4-y_B+y_A=0\\ &AD\cos\varphi_1-CF\cos\varphi_3+DF\cos(\varphi_4+\alpha)-x_C+x_A=0\\ &AD\sin\varphi_1-CF\sin\varphi_3+DF\sin(\varphi_4+\alpha)-y_C+y_A=0\end{aligned}\right\}$ (11-2-54) 并将其写成一般式 $\left.\begin{aligned}f_1(\varphi_1,\varphi_2,\varphi_3,\varphi_4)=0\\ f_2(\varphi_1,\varphi_2,\varphi_3,\varphi_4)=0\\ f_3(\varphi_1,\varphi_2,\varphi_3,\varphi_4)=0\\ f_4(\varphi_1,\varphi_2,\varphi_3,\varphi_4)=0\end{aligned}\right\}$ 将以上方程按泰勒级数展开并略去高阶项： $f_i(\varphi_1+\Delta\varphi_1,\varphi_2+\Delta\varphi_2,\varphi_3+\Delta\varphi_3,\varphi_4+\Delta\varphi_4)=f_i(\varphi_1,\varphi_2,\varphi_3,\varphi_4)+\frac{\partial f_i}{\partial\varphi_1}\Delta\varphi_1+\frac{\partial f_i}{\partial\varphi_2}\Delta\varphi_2+\frac{\partial f_i}{\partial\varphi_3}\Delta\varphi_3+\frac{\partial f_i}{\partial\varphi_4}\Delta\varphi_4$ $(i=1,2,3,4)$ 整理成矩阵形式 $\begin{bmatrix}\frac{\partial f_1}{d\varphi_1}&\frac{\partial f_1}{d\varphi_2}&\frac{\partial f_1}{d\varphi_3}&\frac{\partial f_1}{d\varphi_4}\\ \frac{\partial f_2}{d\varphi_1}&\frac{\partial f_2}{d\varphi_2}&\frac{\partial f_2}{d\varphi_3}&\frac{\partial f_2}{d\varphi_4}\\ \frac{\partial f_3}{d\varphi_1}&\frac{\partial f_3}{d\varphi_2}&\frac{\partial f_3}{d\varphi_3}&\frac{\partial f_3}{d\varphi_4}\\ \frac{\partial f_4}{d\varphi_1}&\frac{\partial f_4}{d\varphi_2}&\frac{\partial f_4}{d\varphi_3}&\frac{\partial f_4}{d\varphi_4}\end{bmatrix}\begin{bmatrix}\Delta\varphi_1\\ \Delta\varphi_2\\ \Delta\varphi_3\\ \Delta\varphi_4\end{bmatrix}=\begin{bmatrix}-f_1\\ -f_2\\ -f_3\\ -f_4\end{bmatrix}$ (11-2-55) 即 $\begin{bmatrix}A_1&A_5&0&A_{13}\\ A_2&A_6&0&A_{14}\\ A_3&0&A_{11}&A_{15}\\ A_4&0&A_{12}&A_{16}\end{bmatrix}\begin{bmatrix}\Delta\varphi_1\\ \Delta\varphi_2\\ \Delta\varphi_3\\ \Delta\varphi_4\end{bmatrix}=\begin{bmatrix}B_1\\ B_2\\ B_3\\ B_4\end{bmatrix}$ (11-2-56) 简写成 $\boldsymbol{A}\cdot\boldsymbol{X}=\boldsymbol{B}$ (11-2-57) 式中 $A_1=A_3=-AD\sin\varphi_1 \quad A_2=A_4=AD\cos\varphi_1$ $A_5=BE\sin\varphi_2 \quad A_6=-BE\cos\varphi_2$ $A_{11}=CF\sin\varphi_3 \quad A_{12}=-CF\cos\varphi_3$ $A_{13}=-DE\sin\varphi_4 \quad A_{14}=DE\cos\varphi_4$ $A_{15}=-DF\sin(\varphi_4+\alpha) \quad A_{16}=DF\cos(\varphi_4+\alpha)$ $\left.\begin{aligned}&B_1=-AD\cos\varphi_1+BE\cos\varphi_2-DE\cos\varphi_4+x_B-x_A=0\\ &B_2=-AD\sin\varphi_1+BE\sin\varphi_2-DE\sin\varphi_4+y_B-y_A=0\\ &B_3=-AD\cos\varphi_1+CF\cos\varphi_3-DF\cos(\varphi_4+\alpha)+x_C-x_A=0\\ &B_4=-AD\sin\varphi_1+CF\sin\varphi_3-DF\sin(\varphi_4+\alpha)+y_C-y_A=0\end{aligned}\right\}$ 将 $\varphi_i(i=1,2,3,4)$ 的初值代入式(11-2-56)，则其修整量 $\Delta\varphi_i(i=1,2,3,4)$ 可由对其系数矩阵 $\boldsymbol{A}$ 求逆而得： $\boldsymbol{X}=\boldsymbol{A}^{-1}\cdot\boldsymbol{B}$ (11-2-58) 由此构成 $\varphi^{(K+1)}=\varphi^{(K)}+\Delta\varphi^{(K)}$ 迭代过程，直至 $\Delta\varphi^{(K)}\leqslant\varepsilon$
速度分析	将位置方程式(11-2-54)对时间求导，得速度方程组： $\left.\begin{aligned}&-AD\sin\varphi_1\dot\varphi_1+BE\sin\varphi_2\dot\varphi_2-DE\sin\varphi_4\dot\varphi_4=\dot x_B-\dot x_A\\ &AD\cos\varphi_1\dot\varphi_1-BE\cos\varphi_2\dot\varphi_2+DE\cos\varphi_4\dot\varphi_4=\dot y_B-\dot y_A\\ &-AD\sin\varphi_1\dot\varphi_1+CF\sin\varphi_3\dot\varphi_3-DF\sin(\varphi_4+\alpha)\dot\varphi_4=\dot x_C-\dot x_A\\ &AD\cos\varphi_1\dot\varphi_1-CF\cos\varphi_3\dot\varphi_3+DF\cos(\varphi_4+\alpha)\dot\varphi_4=\dot y_C-\dot y_A\end{aligned}\right\}$ (11-2-59) 写成矩阵形式 $\begin{bmatrix}A_1&A_5&0&A_{13}\\ A_2&A_6&0&A_{14}\\ A_3&0&A_{11}&A_{15}\\ A_4&0&A_{12}&A_{16}\end{bmatrix}\begin{bmatrix}\dot\varphi_1\\ \dot\varphi_2\\ \dot\varphi_3\\ \dot\varphi_4\end{bmatrix}=\begin{bmatrix}C_1\\ C_2\\ C_3\\ C_4\end{bmatrix}$ (11-2-60)

续表

速度分析	由此可求各构件的角速度 $$\dot{\boldsymbol{\varphi}}=\boldsymbol{A}^{-1}\cdot\boldsymbol{C} \tag{11-2-61}$$ 式中矩阵 A 与位置分析式(11-2-57)中矩阵相同,C 中各元素为 $$C_1=\dot{x}_B-\dot{x}_A$$ $$C_2=\dot{y}_B-\dot{y}_A$$ $$C_3=\dot{x}_C-\dot{x}_A$$ $$C_4=\dot{y}_C-\dot{y}_A$$ 内点 D、E、F 的速度分量分别为： $$\left.\begin{aligned}\dot{x}_D&=\dot{x}_A-AD\sin\varphi_1\dot{\varphi}_1\\ \dot{y}_D&=\dot{y}_A+AD\cos\varphi_1\dot{\varphi}_1\\ \dot{x}_E&=\dot{x}_B-BE\sin\varphi_2\dot{\varphi}_2\\ \dot{y}_E&=\dot{y}_B+BE\cos\varphi_2\dot{\varphi}_2\\ \dot{x}_F&=\dot{x}_C-CF\sin\varphi_3\dot{\varphi}_3\\ \dot{y}_F&=\dot{y}_C+CF\cos\varphi_3\dot{\varphi}_3\end{aligned}\right\} \tag{11-2-62}$$
加速度分析	将速度方程式(11-2-59)对时间求导,得加速度线性方程组,写成矩阵形式为： $$\begin{bmatrix}A_1 & A_5 & 0 & A_{13}\\ A_2 & A_6 & 0 & A_{14}\\ A_3 & 0 & A_{11} & A_{15}\\ A_4 & 0 & A_{12} & A_{16}\end{bmatrix}\begin{bmatrix}\ddot{\varphi}_1\\ \ddot{\varphi}_2\\ \ddot{\varphi}_3\\ \ddot{\varphi}_4\end{bmatrix}=\begin{bmatrix}D_1\\ D_2\\ D_3\\ D_4\end{bmatrix} \tag{11-2-63}$$ 式中矩阵 A 与位置分析式(11-2-57)中矩阵相同,D 中各元素为 $$D_1=AD\cos\varphi_1\dot{\varphi}_1^2-BE\cos\varphi_2\dot{\varphi}_2^2+DE\cos\varphi_4\dot{\varphi}_4^2+\ddot{x}_B-\ddot{x}_A$$ $$D_2=AD\sin\varphi_1\dot{\varphi}_1^2-BE\sin\varphi_2\dot{\varphi}_2^2+DE\sin\varphi_4\dot{\varphi}_4^2+\ddot{y}_B-\ddot{y}_A$$ $$D_3=AD\cos\varphi_1\dot{\varphi}_1^2-CF\cos\varphi_3\dot{\varphi}_3^2+DF\cos(\varphi_4+\alpha)\dot{\varphi}_4^2+\ddot{x}_C-\ddot{x}_A$$ $$D_4=AD\sin\varphi_1\dot{\varphi}_1^2-CF\sin\varphi_3\dot{\varphi}_3^2+DF\sin(\varphi_4+\alpha)\dot{\varphi}_4^2+\ddot{y}_C-\ddot{y}_A$$ 可求得各构件的角加速度式为 $$\ddot{\boldsymbol{\varphi}}=\boldsymbol{A}^{-1}\cdot\boldsymbol{D} \tag{11-2-64}$$ 内点 D、E、F 的加速度分量分别为： $$\left.\begin{aligned}\ddot{x}_D&=\ddot{x}_A-AD(\sin\varphi_1\ddot{\varphi}_1+\cos\varphi_1\dot{\varphi}_1^2)\\ \ddot{y}_D&=\ddot{y}_A+AD(\cos\varphi_1\ddot{\varphi}_1-\sin\varphi_1\dot{\varphi}_1^2)\\ \ddot{x}_E&=\ddot{x}_B-BE(\sin\varphi_2\ddot{\varphi}_2+\cos\varphi_2\dot{\varphi}_2^2)\\ \ddot{y}_E&=\ddot{y}_B+BE(\cos\varphi_2\ddot{\varphi}_2-\sin\varphi_2\dot{\varphi}_2^2)\\ \ddot{x}_F&=\ddot{x}_C-CF(\sin\varphi_3\ddot{\varphi}_3+\cos\varphi_3\dot{\varphi}_3^2)\\ \ddot{y}_F&=\ddot{y}_C+CF(\cos\varphi_3\ddot{\varphi}_3-\sin\varphi_3\dot{\varphi}_3^2)\end{aligned}\right\} \tag{11-2-65}$$

2.1.4　基于瞬心法对平面机构的速度分析

用速度瞬心法对构件数目少的平面机构（凸轮机构、齿轮机构、平面四杆机构等）进行速度分析，既直观又简便。

2.1.4.1　速度瞬心和机构中瞬心的数目

若把刚体视为构件就可以得到平面机构中瞬心的定义：相对做平面运动的两构件上瞬时相对速度等于零的点或者说绝对速度相等点（即等速重合点）称为速度瞬心。绝对速度为零的瞬心称为绝对瞬心，绝对速度不等于零的瞬心称为相对瞬心，用符号 P_{ij} 表示构件 i 与构件 j 的瞬心。

机构中速度瞬心的数目 K 可以用式（11-2-66）计算：

$$K=\frac{m(m-1)}{2} \tag{11-2-66}$$

式中　m——机构中构件（含机架）数。

2.1.4.2　机构中瞬心位置的确定

表 11-2-8　瞬心位置的确定

瞬心确定方法	瞬心位置	图　例
直接构成运动副两构件的瞬心位置	两构件直接相连构成转动副[图(a)],构件 1、2 的转动中心即为该两构件的瞬心 P_{12}	P_{12} 2 1 图(a)

续表

瞬心确定方法	瞬心位置	图 例
直接构成运动副两构件的瞬心位置	两构件构成移动副[图(b)]时,构件 1 相对于构件 2 的速度均平行于移动副导路,故瞬心 P_{12} 必在垂直导路方向上的无穷远处	图(b)
	两构件构成平面高副,且两构件做纯滚动[图(c)]时,接触点相对速度为零,该接触点 M 即为瞬心 P_{12}	图(c)
	两构件构成平面高副且两构件在接触的高副处既做相对滑动又做滚动[图(d)]时,瞬心 P_{12} 必位于过接触点的公法线 $n—n$ 上,具体在法线上哪一点,尚需根据其他条件再作具体分析确定	图(d)
用三心定理确定不直接构成运动副的两构件瞬心的位置	所谓三心定理就是:三个做平面运动的构件的三个瞬心必在同一条直线上。根据式(11-2-66)可知图(e)所示三构件共有三个瞬心,显然两转动副 P_{13}、P_{23} 为绝对瞬心,第三个瞬心 P_{12}(即 K 点)应和另两个瞬心 P_{13}、P_{23} 共线	图(e)

2.1.4.3 速度瞬心在平面机构速度分析中的应用实例

表 11-2-9　　平面四杆机构速度分析例题

铰链四杆机构		
例题1	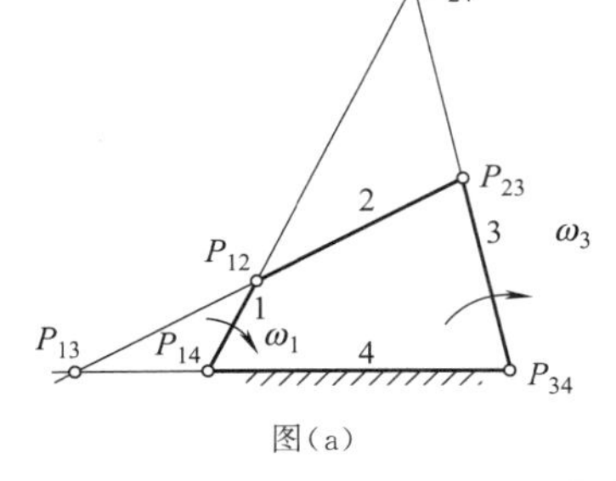图(a)	图(a)所示的曲柄摇杆机构中,若已知四杆件长度和原动件(曲柄)1 以角速度 ω_1 顺时针方向回转,求图示位置从动件(摇杆)3 的角速度 ω_3 和角速度比 ω_1/ω_3
解题步骤	(1)确定构件间的瞬心 首先根据式(11-2-66)计算出瞬心数目 $K=6$,其中四个转动副中心分别为瞬心 P_{14}、P_{12}、P_{23}、P_{34},根据三心定理再确定出不直接连接的构件 2 和 4、构件 1 和 3 的两个瞬心 P_{24} 和 P_{13}	

续表

<table>
<tr><th colspan="2">铰链四杆机构</th></tr>
<tr><td>解题步骤</td><td>(2)求解转速比 ω_1/ω_3
由瞬心定义可知 P_{13} 为构件 1 和 3 的等速重合点，即构件 1 和 3 分别绕回转中心 P_{14} 和 P_{34} 转动时，在重合点 P_{13} 的线速度大小相等、方向相同。则有
$$\omega_1\overline{P_{14}P_{13}}\mu_l=\omega_3\overline{P_{34}P_{13}}\mu_l \tag{11-2-67}$$
式中　μ_l——构件长度比例尺，并且
$$\mu_l=\frac{构件实际长度(m)}{图纸上构件长度(mm)} \tag{11-2-68}$$
由式(11-2-68)，即可求得从动件 3 的角速度 ω_3 和主、从动件角速度之比 ω_1/ω_3
$$\omega_3=\omega_1\frac{\overline{P_{14}P_{13}}}{\overline{P_{34}P_{13}}} \tag{11-2-69}$$
$$\frac{\omega_1}{\omega_3}=\frac{\overline{P_{34}P_{13}}}{\overline{P_{14}P_{13}}} \tag{11-2-70}$$
可见主、从动件传动比等于该两构件的绝对瞬心(P_{14}、P_{34})至其相对瞬心(P_{13})距离的反比</td></tr>
<tr><th colspan="2">曲柄滑块机构</th></tr>
<tr><td>例题2</td><td>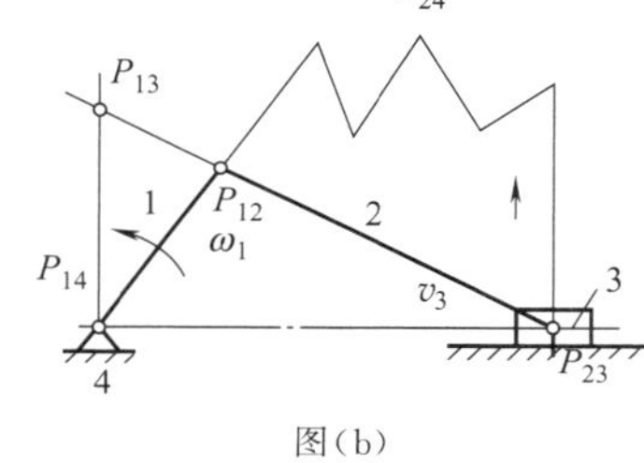

图(b)
图(b)所示的曲柄滑块机构中，已知各构件尺寸及原动件曲柄以角速度 ω_1 逆时针转动，求图示位置滑块 3 的移动速度 v_3</td></tr>
<tr><td>解题步骤</td><td>根据式(11-2-66)可知该四杆机构有六个瞬心，其中由构件直接连接组成运动副的四个瞬心 P_{14}、P_{12}、P_{23} 和 P_{34}，应用三心定理求得 P_{13} 和 P_{24} 两个瞬心如图(b)所示。其中 P_{24} 是绝对瞬心，故构件 2 可视为以瞬时角速度 ω_2 绕 P_{24} 做转动；相对瞬心 P_{13} 为曲柄 1 和滑块 3 的等速重合点，故可很方便地求得滑块移动速度 v_3。即
$$v_3=v_{P13}=\omega_1\overline{P_{14}P_{13}}\mu_l \tag{11-2-71}$$</td></tr>
</table>

表 11-2-10　　凸轮机构速度分析例题

<table>
<tr><td>例题</td><td>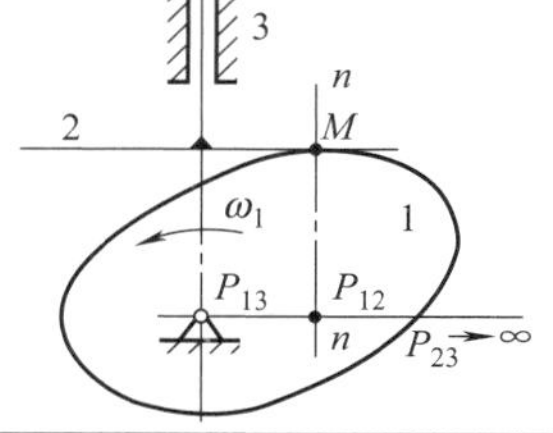

左图所示的凸轮机构中，若已知各构件的尺寸和原动件凸轮的角速度 ω_1 为逆时针回转，求从动件 2 的移动速度</td></tr>
<tr><td>解题步骤</td><td>该凸轮机构有 3 个瞬心，两构件直接接触组成转动副的瞬心 P_{13} 和组成移动副的瞬心 P_{23}，由于凸轮 1 和从动件 2 是高副接触(既有滚动又有滑动)，则 P_{12} 应在过接触点 M 的公法线 n—n 上，再根据三心定理可知 P_{12} 在 $\overline{P_{13}P_{23}}$ 直线上，所以应在这两条线的交点处。又因瞬心 P_{12} 应是凸轮 1 和从动件 2 的等速重合点，故可求得从动件 2 的移动速度 v_2
$$v_2=v_{P12}=\omega_1\overline{P_{13}P_{12}}\mu_l \tag{11-2-72}$$</td></tr>
</table>

2.2　平面机构的力分析

机构受力分析的目的是：根据给定的机构运动简图、运动规律、构件的质量和所受的外力（包括惯性力等），确定各运动副中的反力、必须加到主动件上的平衡力或平衡力矩、传动机械所需的功率和机械效率，并为构件的承载能力计算和选用轴承等提供数据。

2.2.1 基于杆组解析法对机构的受力分析

2.2.1.1 杆组法受力分析数学模型

表 11-2-11 基本杆组法受力分析

基本杆组	分析内容及子程序名称	基本杆组图	基本杆组受力分析的解
RRR Ⅱ级杆组的受力分析	将 RRR Ⅱ级杆组在 C 点拆开 已知：构件上的外力 F_{xi}、F_{yi}、MF_i、F_{xj}、F_{yj}、MF_j 求：各运动副的约束反力 R_{xB}、R_{yB}、R_{xC}、R_{yC}、R_{xD}、R_{yD} 子程序名称 SUB FRRR(I,J,B,C,D,SI,SJ,ZI,ZJ)	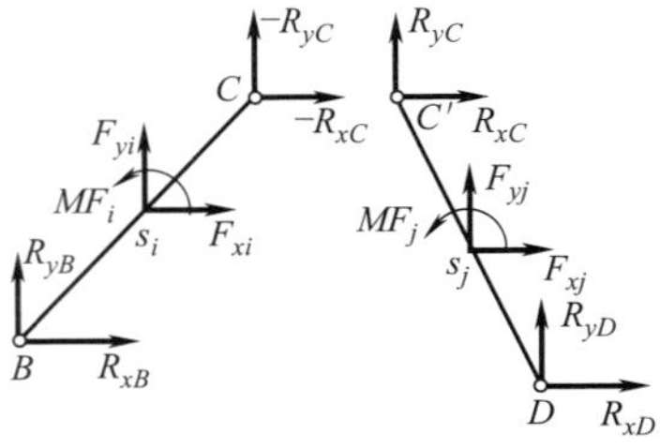 图(a)	$R_{xC}=[FT_i(x_C-x_D)+FT_j(x_C-x_B)]/GG$ $R_{yC}=[FT_i(y_C-y_D)+FT_j(y_C-y_B)]/GG$ (11-2-73) $R_{xB}=R_{xC}-F_{xi}$ $R_{yB}=R_{yC}-F_{yi}$ $R_{xD}=-R_{xC}-F_{xj}$ $R_{yD}=-R_{yC}-F_{yj}$ (11-2-74) 式中 $FT_i=F_{xi}(y_{si}-y_B)-F_{yi}(x_{si}-x_B)-MF_i$ $FT_j=F_{xj}(y_{sj}-y_D)-F_{yj}(x_{sj}-x_D)-MF_j$ $GG=(x_C-x_D)(y_C-y_B)-(y_C-y_D)(x_C-x_B)$
RRP Ⅱ级杆组的受力分析	将 RRP Ⅱ级杆组在 C 点拆开 已知：构件上的外力 F_{xi}、F_{yi}、MF_i、F_{xj}、F_{yj}、MF_j 求：各运动副的约束反力 R_{xB}、R_{yB}、R_{xC}、R_{yC}、R_D、MT 子程序名称 SUB FRRP(I,J,B,C,D,SI,SJ,ZI,ZJ)	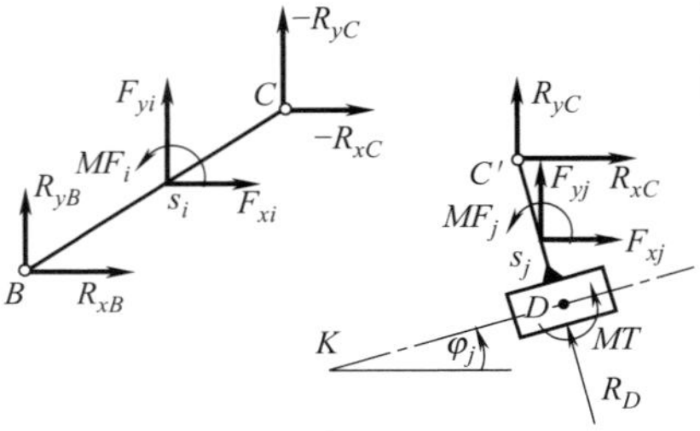 图(b)	$R_D=\dfrac{(F_{xi}+F_{yj})(y_C-y_B)-(F_{yi}+F_{yj})(x_C-x_B)-FT}{(x_C-x_B)\cos\varphi_j+(y_C-y_B)\sin\varphi_j}$ (11-2-75) $R_{xC}=R_D\sin\varphi_j-F_{xj}$ $R_{yC}=-R_D\cos\varphi_j-F_{yj}$ $R_{xB}=R_D\sin\varphi_j-F_{xj}-F_{xi}$ $R_{yB}=-R_D\cos\varphi_j-F_{yj}-F_{yi}$ (11-2-76) $MT=F_{yj}(x_C-x_{sj})-F_{xj}(y_C-y_{si})-MF_i$ (11-2-77) 式中 $FT=F_{xi}(y_C-y_{sj})-F_{yj}(x_C-x_{si})+MF_i$
RPR Ⅱ级杆组的受力分析	将 RPR Ⅱ级杆组在 C 点拆开 已知：构件上的外力 F_{xi}、F_{yi}、MF_i、F_{xj}、F_{yj}、MF_j 求：各运动副的约束反力 R_{xB}、R_{yB}、R_C、MT、R_{xD}、R_{yD} 子程序名称 SUB FRPR(I,J,B,C,D,SI,SJ,ZI,ZJ)	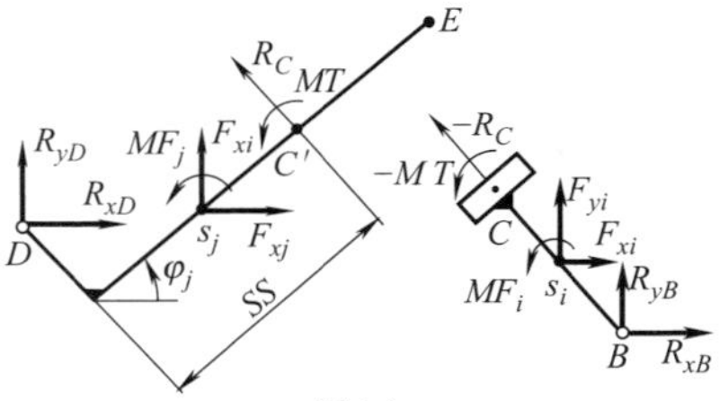 图(c)	$MT=F_{yi}(x_{si}-x_B)-F_{xi}(y_{si}-y_B)+MF_i$ $R_C=[F_{xj}(y_{sj}-y_D)-F_{yj}(x_{sj}-x_D)-MF_j-MT]/SS$ (11-2-78) $R_{xB}=-R_C\sin\varphi_j-F_{xi}$ $R_{yB}=R_C\cos\varphi_j-F_{yi}$ $R_{xD}=R_C\sin\varphi_j-F_{xj}$ $R_{yD}=-R_C\cos\varphi_j-F_{yj}$ (11-2-79)
RPP Ⅱ级杆组的受力分析	将 RPP Ⅱ级杆组在 C 点拆开 已知：构件上的外力 F_{xi}、F_{yi}、MF_i、F_{xj}、F_{yj}、MF_j 求：各运动副的约束反力 R_{xB}、R_{yB}、R_C、MT_i、R_D、MT_j	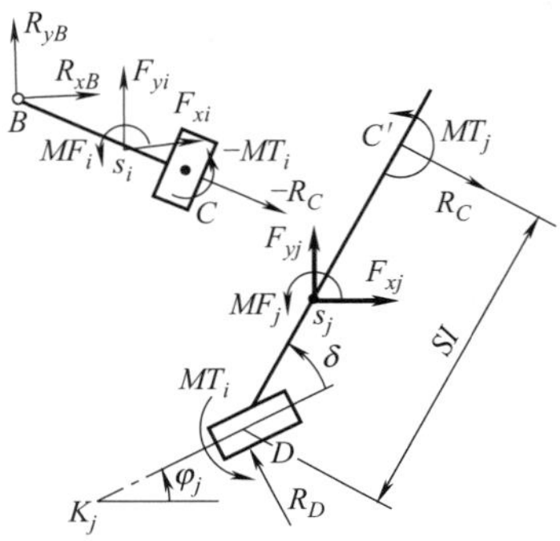 图(d)	$R_C=-(F_{xj}\cos\varphi_j+F_{yj}\sin\varphi_j)/B_3$ $R_D=-[F_{xj}\cos(\varphi_j+\delta)+F_{yj}\sin(\varphi_j+\delta)]/B_3$ (11-2-80) $R_{xB}=R_C\sin(\varphi_j+\delta)-F_{xi}$ $R_{yB}=-R_C\cos(\varphi_j+\delta)-F_{yi}$ (11-2-81) $MT_i=F_{xi}(y_B-y_{si})-F_{yi}(x_B-x_{si})+MF_i$ $MT_j=F_{xj}(y_{sj}-y_D)-F_{yj}(x_{sj}-x_D)+R_CSI-MF_j-MT_i$ (11-2-82) 式中 $B_3=\sin(\varphi_j+\delta)\cos\varphi_j-\cos(\varphi_j+\delta)\sin\varphi_j=\sin\delta$

续表

基本杆组	分析内容及子程序名称	基本杆组图	基本杆组受力分析的解
PRP Ⅱ级杆组的受力分析	将PRPⅡ级杆组在C点拆开 已知：构件上的外力 F_{xi}、F_{yi}、MF_i、F_{xj}、F_{yj}、MF_j 求：各运动副的约束反力 R_B、MT_i、R_{xC}、R_{yC}、R_D、MT_j	图(e)	$\left.\begin{array}{l}R_B=-[(F_{xi}+F_{xj})\cos\varphi_j+(F_{yi}+F_{yj})\sin\varphi_j]/C_3\\R_D=[(F_{xi}+F_{xj})\cos\varphi_i+(F_{yi}+F_{yj})\sin\varphi_i]/C_3\end{array}\right\}$ (11-2-83) $\left.\begin{array}{l}R_{xC}=F_{xi}-R_B\sin\varphi_i\\R_{yC}=F_{yi}+R_B\cos\varphi_i\end{array}\right\}$ (11-2-84) $\left.\begin{array}{l}MT_i=F_{yi}(x_C-x_{si})-F_{xi}(y_C-y_{si})-MF_i\\MT_j=F_{yj}(x_C-x_{sj})-F_{xj}(y_C-y_{sj})-MF_j\end{array}\right\}$ (11-2-85) 式中　$C_3=\sin(\varphi_j-\varphi_i)$
主动件受力分析	对于表11-2-2图(a)中的主动件AB，将其在运动副A点处与机架拆开 已知：构件上的外力 F_{xi}、F_{yi}、MF_i，B点的约束反力 R_{xB}、R_{yB} 求：运动副A的约束反力R_{xA}、R_{yA}和曲柄所受的平衡力矩T_y 子程序名称 SUB FCRANK(I,A,B,SI)	图(f)	$\left.\begin{array}{l}R_{xA}=R_{xB}-F_{xi}\\R_{yA}=R_{yB}-F_{yi}\end{array}\right\}$ (11-2-86) $T_y=R_{yB}(x_B-x_A)-R_{xB}(y_B-y_A)+F_{xi}(s_i-y_A)-F_{yi}(x_{si}-x_A)-MF_i$ (11-2-87)

2.2.1.2　杆组法受力分析子程序

表 11-2-12　　基本杆组受力分析子程序

子程序功能	入口参数	子程序代码
本子程序用于计算主动件与机架相连回转副的约束反力及主动件所受的平衡力矩	输入参数： F_{xi}、F_{yi}、MF_i、R_{xB}、R_{yB} 输出参数： R_{xA}、R_{yA}、T_y	2000 SUB FCRANK(I,A,B,SI) 2004 FX(I)=PX(I)-M(I) * AX(SI) 2006 FY(I)=PY(I)-M(I) * AY(SI)-9.8 * M(I) 2010 MF(I)=T(I)-J(I) * E(I) 2012 RX(A)=RX(B)-FX(I) 2014 RY(A)=RY(B)-FY(I) 2016 XBA=X(B)-X(A):YBA=Y(B)-Y(A) 2018 XSA=Y(SI)-X(A):YSA=Y(SI)-Y(A) 2020 TY=XBA * RY(B)-YBA * RX(B)+FX(I) * YSA-FY(I) * XSA-MF(I) 2022 End Sub
本子程序用于计算RRRⅡ级杆组各运动副的约束反力	输入参数： F_{xi}、F_{yi}、MF_i、F_{xj}、F_{yj}、MF_j 输出参数： R_{xB}、R_{yB}、R_{xC}、R_{yC}、R_D、MT	2100 SUB FRRR(I,J,B,C,D,SI,SJ,ZI,ZJ) 2104 If ZI=0 Then RX(ZI)=0:　RY(ZI)=0 2105 If ZJ=0 Then RX(ZJ)=0:　RY(ZJ)=0 2106 FX(I)=PX(I)-RX(ZI)-M(I) * AX(SI) 2108 FY(I)=PY(I)-RY(ZI)-M(I) * AY(SI)-9.8 * M(I) 2110 FX(J)=PX(J)-RX(ZJ)-M(J) * AX(SJ) 2112 FY(J)=PY(J)-RY(ZJ)-M(J) * AY(SJ)-9.8 * M(J) 2116 MF(I)=T(I)+RX(ZI) * (Y(ZI)-Y(SI))-RY(ZI) * (X(ZI)-X(SI))-J(I) * E(I) 2118 MF(J)=T(J)+RX(ZJ) * (Y(ZJ)-Y(SJ))-RY(ZJ) * (X(ZJ)-X(SJ))-J(J) * E(J) 2120 FT(I)=FX(I) * (Y(SI)-Y(B))-FY(I) * (X(SI)-X(B))-MF(I)

第11篇

续表

子程序功能	入口参数	子程序代码
本子程序用于计算 RRRⅡ级杆组各运动副的约束反力	输入参数： F_{xi}、F_{yi}、MF_i、F_{xj}、F_{yj}、MF_j 输出参数： R_{xB}、R_{yB}、R_{xC}、R_{yC}、R_D、MT	2122 FT(J)=FX(J) * (Y(SJ)-Y(D))-FY(J) * (X(SJ)-X(D))-MF(J) 2124 XCB=X(C)-X(B):YCB=Y(C)-Y(B) 2126 XCD=X(C)-X(D):YCD=Y(C)-Y(D) 2128 GG=YCB * XCD-YCD * XCB 2130 RX(C)=(FT(I) * XCD+FT(J) * XCB)/GG 2132 RY(C)=(FT(I) * YCD+FT(J) * YCB)/GG 2134 RX(B)=RX(C)-FX(I) 2136 RY(B)=RY(C)-FY(I) 2138 RX(D)=-RX(C)-FX(J) 2140 RY(D)=-RY(C)-FY(J) 2142 End Sub
本子程序用于计算 RRPⅡ级杆组各运动副的约束反力	输入参数： F_{xi}、F_{yi}、MF_i、F_{xj}、F_{xj}、MF_j 输出参数： R_{xB}、R_{yB}、R_C、MT、R_{xD}、R_{yD}	2200 SUB FRRP(I,J,B,C,D,SI,SJ,ZI,ZJ) 2204 If ZI=0 Then RX(ZI)=0: RY(ZI)=0 2205 If ZJ=0 Then RX(ZJ)=0: RY(ZJ)=0 2206 FX(I)=PX(I)-RX(ZI)-M(I) * AX(SI) 2208 FY(I)=PY(I)-RY(ZI)-M(I) * AY(SI)-9.8 * M(I) 2210 FX(J)=PX(J)-RX(ZJ)-M(J) * AX(SJ) 2212 FY(J)=PY(J)-RY(ZJ)-M(J) * AY(SJ)-9.8 * M(J) 2216 MF(I)=T(I)+RX(ZI) * (Y(ZI)-Y(SI))-RY(ZI) * (X(ZI)-X(SI))-J(I) * E(I) 2218 MF(J)=T(J)+RX(ZJ) * (Y(ZJ)-Y(SJ))-RY(ZJ) * (X(ZJ)-X(SJ))-J(J) * E(J) 2220 FT=FX(I) * (Y(C)-Y(SI))-FY(I) * (X(C)-X(SI))+MF(I) 2222 XCB=X(C)-X(B): YCB=Y(C)-Y(B) 2224 GG=YCB * Sin(F(J))+XCB * Cos(F(J)) 2226 R(D)=(YCB * (FX(I)+FX(J))-XCB * (FY(I)+FY(J))-FT)/GG 2228 RX(C)=R(D) * Sin(F(J))-FX(J) 2230 RY(C)=-R(D) * Cos(F(J))-FY(J) 2232 RX(B)=RX(C)-FX(I) 2234 RY(B)=RY(C)-FY(I) 2236 MT=(X(C)-X(SJ)) * FY(J)-(Y(C)-Y(SJ)) * FX(J)-MF(J) 2238 End Sub
本子程序用于计算 RPRⅡ级杆组各运动副的约束反力	输入参数： F_{xi}、F_{yi}、MF_i、F_{xj}、F_{yj}、MF_j 输出参数： R_{xB}、R_{yB}、R_C、MT、R_{xD}、R_{yD}	2300 SUB FRPR(I,J,B,C,D,SI,SJ,ZI,ZJ) 2302 If ZI=0 Then RX(ZI)=0: RY(ZI)=0 2305 If ZJ=0 Then RX(ZJ)=0: RY(ZJ)=0 2306 FX(I)=PX(I)-RX(ZI)-M(I) * AX(SI) 2308 FY(I)=PY(I)-RY(ZI)-M(I) * AY(SI)-9.8 * M(I) 2310 FX(J)=PX(J)-RX(ZJ)-M(J) * AX(SJ) 2312 FY(J)=PY(J)-RY(ZJ)-M(J) * AY(SJ)-9.8 * M(J) 2316 MF(I)=T(I)+RX(ZI) * (Y(ZI)-Y(SI))-RY(ZI) * (X(ZI)-X(SI))-J(I) * E(I) 2318 MF(J)=T(J)+RX(ZJ) * (Y(ZJ)-Y(SJ))-RY(ZJ) * (X(ZJ)-X(SJ))-J(J) * E(J) 2320 MT=FY(I) * (X(SI)-X(B))-FX(I) * (Y(SI)-Y(B))+MF(I) 2322 R(C)=(FX(J) * (Y(SJ)-Y(D))-FY(J) * (X(SJ)-X(D))-MF(J)-MT)/SS 2324 RX(B)=-R(C) * Sin(F(J))-FX(I) 2326 RY(B)=R(C) * Cos(F(J))-FY(I) 2328 RX(D)=R(C) * Sin(F(J))-FX(J) 2330 RY(D)=-R(C) * Cos(F(J))-FY(J) 2332 End Sub

2.2.1.3　杆组法受力分析例题

利用基本杆组受力分析子程序进行机构受力分析的过程如表 11-2-13 所示，分析子程序与运动分析正好相反，是从已知外力的执行构件开始，按基本组的连接顺序逐步上推至机构的原动件。

表 11-2-13　基本杆组法受力分析例题

<table>
<tr><td>例题</td><td>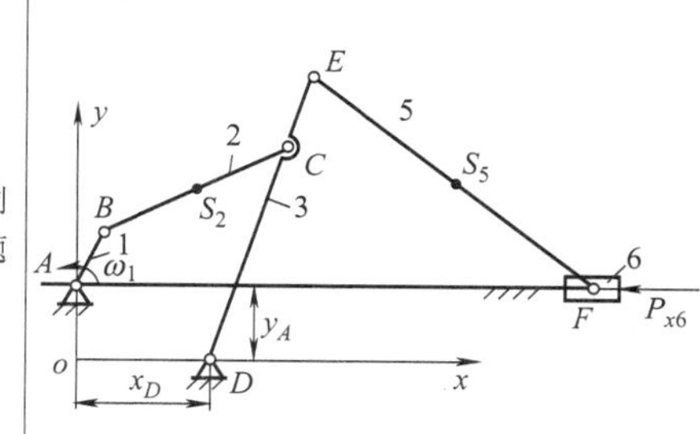

如左图所示的摆式输送机中，已知：
机构中各构件尺寸为：$l_{AB}=80$mm，$l_{BC}=260$mm，$l_{DC}=300$mm，$l_{DE}=400$mm，$l_{EF}=460$mm，$x_D=170$mm，$y_A=90$mm。各构件的质心位置为：S_1 在 A 点，S_2 在构件 2 中点，S_3 在 C 点，S_5 在构件 5 中点，S_6 在 F 点。各构件质量分别为：$m_1=3.6$kg，$m_2=6$kg，$m_3=7.2$kg，$m_5=8.5$kg，$m_6=8.5$kg。各构件绕其质心的转动惯量为：$J_1=0.03\text{kg}\cdot\text{m}^2$，$J_2=0.08\text{kg}\cdot\text{m}^2$，$J_3=0.1\text{kg}\cdot\text{m}^2$，$J_5=0.12\text{kg}\cdot\text{m}^2$。滑块 6 在水平方向上的工作阻力为 $P_{x6}=4000$N。曲柄角速度 $\omega_1=40$rad/s
求在一个运动循环中，各运动副中的反力以及需要加在曲柄 AB 上的平衡力矩 T_y</td></tr>
<tr><td>解题步骤</td><td>(1)运动分析
求各构件和运动副各点的运动参数
①先调用Ⅰ级机构子程序求 B 点的运动参数
②再调用 RRR 基本杆组程序求得 C 点及构件 2(BC)和构件 3(DC)的运动参数
③再利用Ⅰ级机构子程序求 E 点的运动参数
④最后调用 RRP 杆组程序求杆件 5(EF)和滑块 6 的运动参数。质心 S_2、S_5 运动参数由Ⅰ级机构子程序求得
(2)静力分析
受力分析一定首先从包含给定已知力的构件(此例为滑块 6)的杆组开始
①调用 RRPⅡ级杆组力分析子程序，求出移动副 F 和回转副 E 的约束反力
②调用 RRRⅡ级杆组求出三个转动副 B、C、D 的约束反力
③调用单一构件子程序求得回转副 A 和曲柄(AB)的平衡力矩 T_y</td></tr>
<tr><td>主程序</td><td>

```
DECLARE SUB FCRANK(I!,A!,B!,SI!)
DECLARE SUB RRR(I!,J!,B!,C!,D!)
DECLARE SUB FRRR(I!,J!,B!,C!,D!,SI!,SJ!,ZI!,ZJ!)
DECLARE SUB CRANK(I!,J!,A!,B!)
DECLARE SUB RRP(I!,J!,B!,C!,D!,K!)
DECLARE SUB FRRP(I!,J!,B!,C!,D!,SI!,SJ!,ZI!,ZJ!)
    Cls
    Rem  Dynamic analysis for the 6-Bar Linkage Mechanism
    NN=10
    Dim L(NN),F(NN),W(NN),E(NN),DA,M,P,PI,S,VS,ASS
    Dim X(NN),Y(NN),VX(NN),VY(NN),AX(NN),AY(NN)
    Dim MF(NN),T(NN),R(NN),J(NN),FX(NN),FY(NN),PX(NN),PY(NN)
    Dim RX(NN),RY(NN),M(NN),FT(NN),MT,TY
    READ L(1),L(2),L(3),L(4),L(5),L(6),L(7),L(8)
    Data 0.08,0.26,0.3,0.4,0.46,0,0.13,0.23
    READ X(1),Y(1),X(4),Y(4),W(1),E(1),PX(6)
    Data 0,0.09,0.17,0,40,0,-4000
    READ M(1),M(2),M(3),M(5),M(6)
    Data 3.6,6,7.2,8.5,8.5
    READ J(1),J(2),J(3),J(5)
    Data 0.03,0.08,0.1,0.12
    PI=3.1415926
    P=PI/180
    Print USING; "  \\  "; "F1";
    Print USING; "  \\  "; "Rx1"; "Ry1"; "Rx2";
    Print USING; "      \\  "; "Ry2"; "Rx3"; "Ry3"; "Rx4";
```

</td></tr>
</table>

续表

主程序	Print USING; " \\ "; "Ry4"; Print USING; " \\ "; "Rx5"; "Ry5"; Print USING; " \\ "; "Rx6"; "Ry6"; "R6"; "Ty"; For F0=0 To 12 IF F0=6 THEN A$ =INPUT$(1) F(1)=F0 * 30 * P DA=0 Call CRANK(1,1,1,2) M=1 Call RRR(2,3,2,3,4) DA=0 Call CRANK(4,3,4,5) Call RRP(5,6,5,6,6,1) DA=0 Call CRANK(7,2,2,7) DA=0 Call CRANK(8,5,5,8) Call FRRP(5,6,5,6,6,8,6,0,0) Call FRRR(2,3,2,3,4,7,3,0,5) Call FCRANK(1,1,2,1) Print USING; "###"; F(1)/ P; Print USING; "#######.##"; RX(1); RY(1); RX(2); Print USING; "#######.##"; RY(2); RX(3); RY(3); RX(4) Print USING; "##########.##"; RY(4); Print USING; "#######.##"; RX(5); RY(5); Print USING; "#######.##"; RX(6); RY(6); R(6); TY; Next F0 End
运行结果	（略）

2.2.2 计及运动副摩擦时机构的受力分析

机械运转时，做相对运动的两构件组成的运动副中一定存在摩擦，运动副中所产生的摩擦力，一般情况下是机械中最主要的有害阻力，但有些机械又是利用摩擦力来工作的。综合以上分析，一定要对运动副中存在摩擦力的实际情况进行研究，以达到扬长避短的目的。

2.2.2.1 移动副的摩擦受力分析法

表 11-2-14 平面移动副的摩擦力分析

基本公式	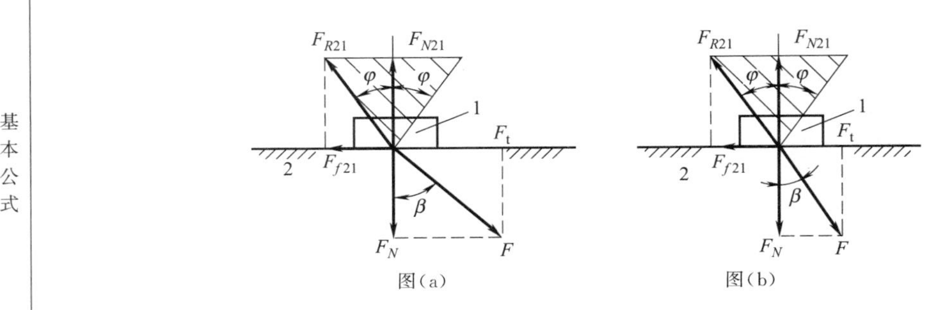 图(a)　图(b)

续表

基本公式	$F_N=F\cos\beta$ $F_t=F\sin\beta=F_N\tan\beta$ $F_{f21}=fF_{N21}$ $F_N=F_{N21}$ $\tan\varphi=\dfrac{F_{f21}}{F_{N21}}=f$　　(11-2-88)	F——总驱动力(包含滑块自重) β——F 与导路法线夹角 F_N——法向力 F_{N21}——表面 2 对滑块 1 产生的法向反力 f——摩擦因数 F_t——水平驱动力 F_{f21}——移动副接触面处产生阻止滑块右移的摩擦力 F_{R21}——F_{N21} 和 F_{f21} 合成的总反作用力 φ——F_{R21} 与导路法线方向夹角
滑块状态	当 $F_t>F_{f21}(\beta>\varphi)$ 时，滑块沿导路向右(和 F_t 方向一致)加速移动[图(a)] 当 $F_t=F_{f21}(\beta=\varphi)$ 时，滑块向右等速运动或将开始运动 当 $F_t<F_{f21}(\beta>\varphi)$ 时，滑块静止不动[图(b)]	
结论	①当驱动力作用在摩擦锥角之外($\beta>\varphi$)时，驱动力 F 应能推动滑块做加速运动，如若滑块不能被推动，其唯一的原因是驱动力不够大，不能克服工作阻力，而不是自锁 ②当驱动力 F 作用在摩擦锥角之内($\beta<\varphi$)时，无论 F 有多么大，都不能推动滑块运动，产生自锁，$\beta<\varphi$ 称为移动副的自锁条件	

表 11-2-15　　**槽形移动副与平面移动副的不同**

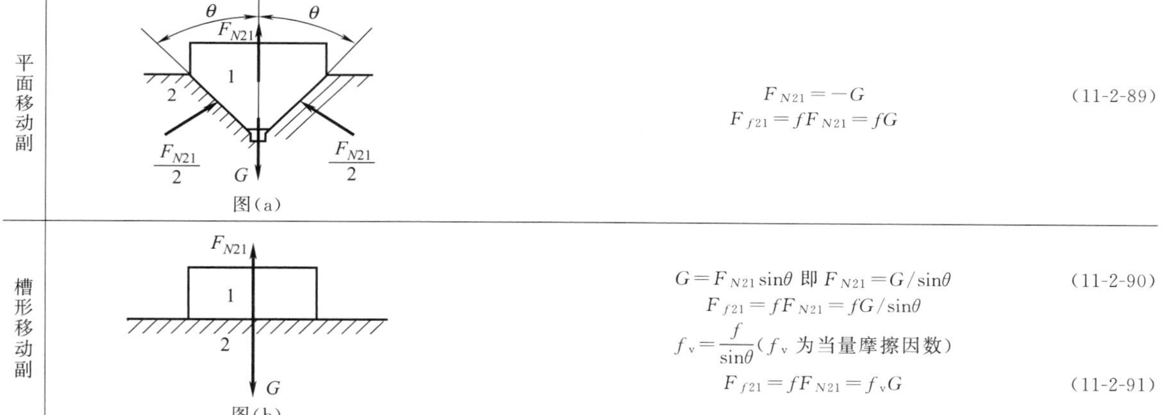

平面移动副	图(a)	$F_{N21}=-G$　　(11-2-89) $F_{f21}=fF_{N21}=fG$
槽形移动副	图(b)	$G=F_{N21}\sin\theta$ 即 $F_{N21}=G/\sin\theta$　　(11-2-90) $F_{f21}=fF_{N21}=fG/\sin\theta$ $f_v=\dfrac{f}{\sin\theta}$($f_v$ 为当量摩擦因数) $F_{f21}=fF_{N21}=f_vG$　　(11-2-91)

2.2.2.2　转动副的摩擦受力分析法

轴颈在轴承内转动时，由于受到径向载荷的作用，接触面必产生摩擦力阻止回转，具体分析如表 11-2-16 所示。

表 11-2-16　　**转动副的摩擦受力分析**

图(a) 半径为 r 的轴颈 1 在径向载荷 G 和驱动力矩 M 作用下，以 ω_{12} 等速相对轴承 2 回转，此时 1、2 之间必存在运动副反力	$F_{R21}=-G$ $F_{R21}\rho=M$　　(11-2-92) $F_{R21}=\sqrt{F_{f21}^2+F_{N21}^2}=F_{N21}\sqrt{1+f^2}$　　(11-2-93) $M_f=F_{f21}r=fF_{N21}r=\dfrac{f}{\sqrt{1+f^2}}F_{R21}r$ $=f_vF_{R21}r=f_vGr$　　(11-2-94) $f_v=\dfrac{f}{\sqrt{1+f^2}}$ $M_f=M=F_{R21}\rho=G\rho$ $\rho=f_vr$	轴承对轴颈的总反力 F_{R21} 可分解为正压力 F_{N21} 和阻止轴颈转动的摩擦力 F_{f21} 摩擦力矩 M_f 与驱动力矩 M 相平衡 f_v 为当量摩擦因数，其公式是在理想线接触条件下推导得出的。一般对非跑合轴颈的当量摩擦因数 $f_v\approx1.57f$；对于跑合的轴颈 $f_v\approx1.27f$；而有较大间隙的轴颈可以近似地认为 $f_v\approx f$

第 11 篇

续表

结 论	①当 $e=\rho$ 时，即 G 力切于摩擦圆，$M=M_f$，轴颈做匀速转动或将开始转动；②当 $e>\rho$ 时，G 力在摩擦圆以外，$M>M_f$，轴颈则加速转动；③当 $e<\rho$ 时，G 力作用在摩擦圆以内，无论驱动力 G 增加到多大，都因 M 恒小于 M_f 轴颈而不会转动，这种现象称为转动副的自锁。转动副的自锁条件为：驱动力作用线在摩擦圆以内，即 $e<\rho$	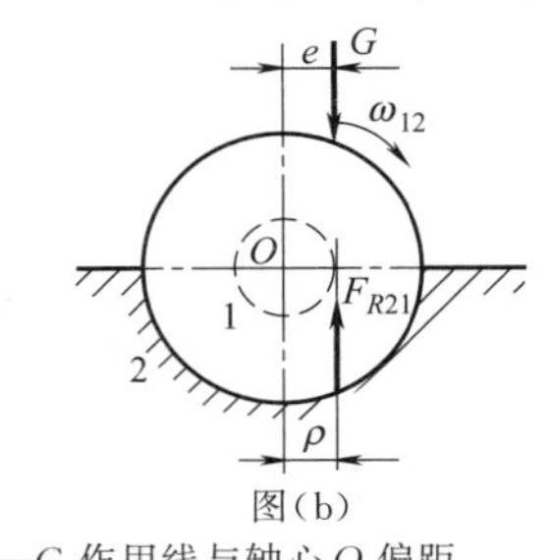图(b) e—G 作用线与轴心 O 偏距

2.2.2.3 应用实例

对平面连杆机构进行计及摩擦力分析有图解法和解析法两种方法，如表 11-2-17 所示。针对图解法举例说明，如表 11-2-18 和表 11-2-19 所示。

表 11-2-17 图解法和解析法的步骤

方法	解 题 步 骤
图解法	①计算出摩擦角 $\varphi=\arctan f$ 和摩擦圆半径 $\rho=fr$，并画出摩擦圆 ②先从二力杆着手分析，根据该杆件受压还是受拉，初步定出不考虑摩擦时的二力方向，再根据与该二力杆所组成运动副的另外杆件的转动方向(可按原动件给定方向运动来决定各构件运动方向)，确定两力应与摩擦圆如何相切(内公切线还是外公切线)，最后可求出计及摩擦时的二力杆上所受力的确切方向 ③对有已知力作用的构件作力分析，首先列出构件平衡时的力平衡方程式，若是三力则应汇交一点，对大小、方向均未知的力，首先考虑力的方向。对于移动副要注意摩擦偏向，对于转动副要注意切于摩擦圆哪侧。最后再根据力封闭图求出力的大小 ④对题中要求的未知力所在构件进行力分析
解析法	①首先进行不计摩擦的力分析(可用如前述的拆杆组法)，计算出运动副中的支反力 ②再根据这些支反力求出运动副中的摩擦力和力矩，并把它们作为已知外力作用在机构上，重新作力分析，得出第二次近似计算的摩擦力和摩擦力矩。为得出精确结果，可以进行多次反复计算，最后逐步逼近满意结果

表 11-2-18 夹紧机构计及摩擦时的受力分析

例题	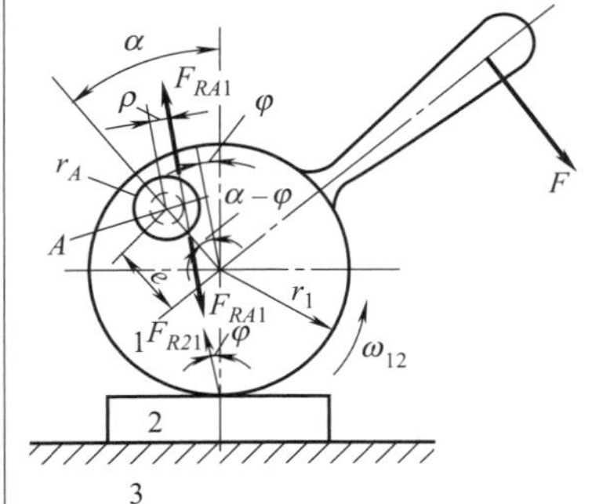左图所示的偏心夹具中，偏心圆盘 1 的半径 $r_1=60\text{mm}$，轴颈的半径 $r_A=15\text{mm}$，偏心距 $e=40\text{mm}$，轴径的当量摩擦因数 $f_v=0.2$，圆盘 1 与工件 2 之间的摩擦因数 $f=0.14$，求不加 F 力时机构自锁(夹紧工件 2)的最大楔紧角 α
解题过程	轴颈的摩擦圆半径为 $\rho=f_v r_A=0.2\times15=3(\text{mm})$，圆盘 1 与工件 2 之间的摩擦角为 $\varphi=\arctan f=\arctan0.14=7°58'$ 机构夹紧后，作用在把手上的力 F 消失，机构在夹紧反力 F_{R21} 的作用下，偏心圆盘 1 有反转(相对其回转中心 A 做逆时针方向转动)使工件 2 松脱的趋势。工件 2 对圆盘 1 的反力 F_{R21} 的方向不仅指向上方，而且还应与接触点的法线方向左偏 φ 角。若不计偏心圆盘的重力，此时它仅受 F_{R21} 和轴颈对其反力 F_{RA1} 两个力的作用($F_{RA1}=-F_{R21}$)。当 F_{R21} 作用在轴颈的摩擦圆之内，或与该摩擦圆右侧相切时，偏心圆盘处于自锁状态，至于为什么切于摩擦圆右侧，是根据力 F_{RA1} 必须阻止圆盘 1 对轴逆时针转动而得到的。上图中画出了 F_{R21} 与该摩擦圆右侧相切的情况，由该图可得如下关系： $e\sin(\alpha-\varphi)-r_1\sin\varphi\leqslant\rho$ (11-2-95) 所以 $40\times\sin(\alpha-7°58')-60\times\sin7°58'\leqslant3$ 故该偏心夹具要能产生自锁的最大楔紧角为 $\alpha=\arcsin0.2829+7°58'=24°24'$

表 11-2-19　　**平面连杆机构计及摩擦时的受力分析**

<table>
<tr><td>例题</td><td>在如图(a)所示的曲柄滑块机构中，若已知各杆件的尺寸和各转动副的半径 r，以及各运动副的摩擦因数 f、作用在滑块上的水平阻力 G，试通过对机构图示位置的受力分析(不计各构件重力及惯性力)，确定作用在点 B 并垂直于曲柄的平衡力 F_b 的大小和方向
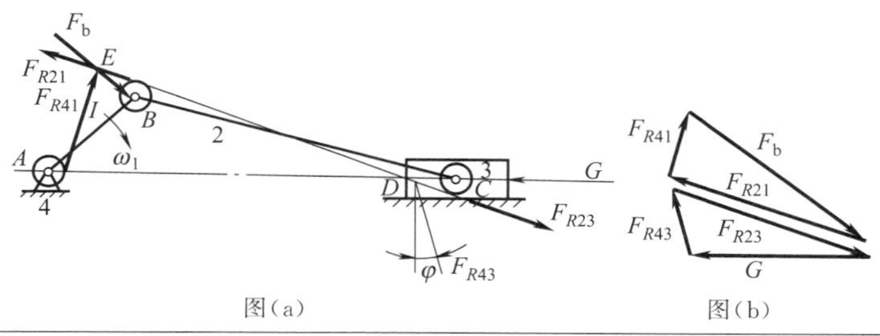

图(a)　　图(b)</td></tr>
<tr><td>解题过程</td><td>①根据已知条件画出半径 $\rho=fr$ 的摩擦圆[图(a)中小圆]
②连杆 2 受力分析。因不计构件自重和惯性力，故连杆 2 为受压的二力杆，并且 $F_{R12}=-F_{R32}$，该两力还应分别切于 B、C 处摩擦圆。由于在 B 处原动件 1 顺时针转动使得角∠ABC 增大，相当于构件 2 对曲柄 1 做逆时针转动(ω_{21} 逆时针)，构件 1 对构件 2 的作用力 F_{R12}应阻止 ω_{21}逆时针转动，它只能切于摩擦圆上方。同理，当原动件 1 顺时针转动时，滑块 3 对杆 2 的力 F_{R32}($=-F_{R23}$)应切于 C 处摩擦圆下方。由此可见，F_{R12}与 F_{R32}应在 B、C 两处摩擦圆的内公切线 ED[图(a)]上才能满足上述要求。此时，F_{R32}与已知力 G 交于 D 点，F_{R12}与待求平衡力 F_b交于 E 点
但需要指出的是上面只求出 F_{R12}和 F_{R32}的方向，并未求得其大小
③滑块 3 受力分析。考虑滑块平衡，则作用在滑块 3 上的已知力 G 及 F_{R23}和 F_{R43}三力之和应等于零，即
$$G+F_{R23}+F_{R43}=0 \qquad (11\text{-}2\text{-}96)$$
矢量方程式(11-2-96)只能求解两个未知量。力 G 大小和方向均已知，F_{R43}和 F_{R23}为两个待求的支反力，根据力的三要素分析，只有先求出该两力三要素中的两个(如方向和作用点)，才可能按式(11-2-96)通过作力封闭图求出该两力的大小。由于滑块 3 受三个力(G、F_{R23} 和 F_{R43})平衡，该三力必汇交于一点，前面已求得 F_{R32}与力 G 交于 D 点，则力 F_{R23}($=-F_{R32}$)和 F_{R43}必与已知力 G 相交于同一点 D。又因 F_{R43}为机架对滑块的反力，应自机架指向滑块(指向上)并与垂线左偏摩擦角 φ(阻止滑块相对机架 4 向左移动)。按式(11-2-96)用一定比例尺作力封闭图[见图(b)下图]即可求得 F_{R23}和 F_{R43}的大小，相应得出 F_{R32}和 F_{R12}的大小
④对曲柄 1 进行力分析：曲柄 1 受三力平衡
$$F_{R21}+F_{R41}+F_b=0 \qquad (11\text{-}2\text{-}97)$$
按式(11-2-97)矢量方程用一定的比例尺作力封闭图[见图(b)上图]，从而求出平衡力 F_b 的大小和方向</td></tr>
</table>

第 3 章 连杆机构的设计及运动分析

3.1 平面连杆机构的类型及其应用

平面连杆机构是由若干个刚性构件用平面低副连接而成的，平面低副又可分为转动副和移动副，且各个构件均在同一平面或相互平行的平面内做相对运动。平面连杆机构属于平面低副机构。这种机构能实现多种运动轨迹与运动规律，广泛应用于各种机器、仪器和运动变换装置中。

3.1.1 平面四杆机构的结构形式

在平面连杆机构中，最基本的是铰链四杆机构，是由四个构件通过四个转动副连接组成的四杆机构。其他四杆机构如曲柄滑块机构、导杆机构、摇块机构等都可以看成由铰链四杆机构演化而来。

铰链四杆机构又分为三种形式：曲柄摇杆机构、双曲柄机构、双摇杆机构。判断铰链四杆机构类型的依据就是曲柄的数量。铰链四杆机构中曲柄的存在条件为：

① 最短杆与最长杆的长度之和小于等于其他两杆长度之和；

② 机架或是与机架相连接的两杆之一为最短杆。

如铰链四杆机构中的最短杆与最长杆长度之和大于其他两杆长度之和，则不论哪个构件作为机架都只能得到双摇杆机构，即此铰链四杆机构中不存在曲柄。

平面四杆机构的各种类型都是由铰链四杆机构改变不同构件的长度或转换不同构件作为机架演化而来的。

如表 11-3-1 所示，给出了采用改变杆长法将铰链四杆机构演化成的平面连杆机构的几种基本形式及其曲柄存在的条件。如表 11-3-2 所示给出了平面四杆机构的三种基本形式，以及在其基础上通过改变不同构件作为机架而演化出来的平面四杆机构的形式。

表 11-3-1 平面四杆机构的基本形式及其曲柄存在条件

类别	基本形式	曲柄存在条件
铰链四杆机构	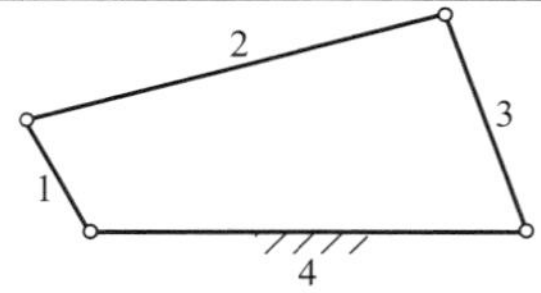 1, 2, 3, 4	若杆 1 为最短杆，杆 4 为最长杆，且满足 $l_1+l_4\leqslant l_2+l_3$，则当杆 1 为机架时，杆 2 与 4 为曲柄；当杆 2 或 4 之一为机架时，杆 1 为曲柄
具有一个移动副的四杆机构	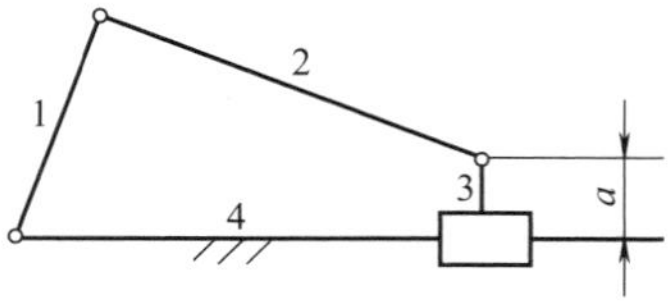 1, 2, 3, 4, a 典柄滑块机构	若杆 1 为最短杆，且满足 $l_1+a\leqslant l_2$，则当杆 1 为机架时，杆 2 与 4 为曲柄；当杆 2 或 4 之一为机架时，杆 1 为曲柄
	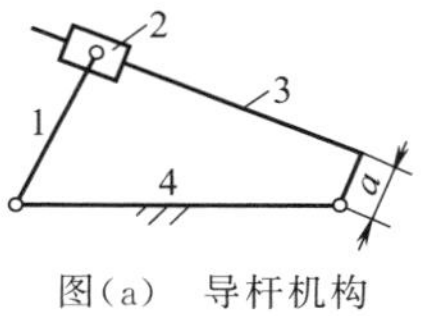 1, 2, 3, 4, a 图(a) 导杆机构 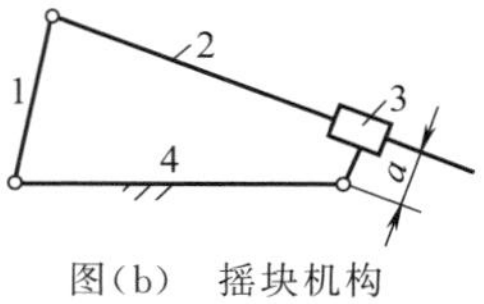 图(b) 摇块机构	若杆 1 为最短杆，且满足 $l_1+a\leqslant l_4$，则当杆 1 为机架时，杆 2 与 4 为曲柄；当杆 2 或 4 之一为机架时，杆 1 为曲柄
具有两个移动副的四杆机构	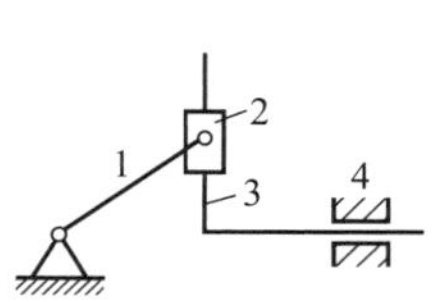 1, 2, 3, 4 图(a) 双转块机构 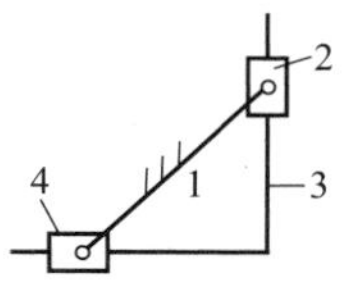 图(b) 正弦机构	四杆中只有杆 1 为有限长，它是最短杆，当杆 1 为机架时，杆 4 为曲柄；当杆 4 为机架时，杆 1 为曲柄

第 11 篇

续表

类　别	基本形式	曲柄存在条件
具有两个移动副的四杆机构	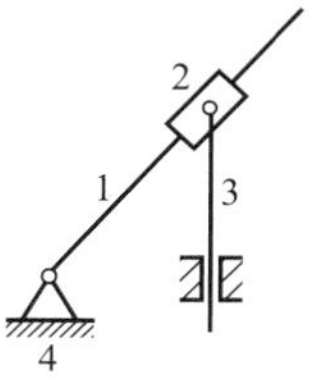 图(c)　正切机构	此机构不存在曲柄

表 11-3-2　**平面四杆机构的三种基本形式及其演化形式**

名　称	基本形式	演化形式		
曲柄摇杆机构	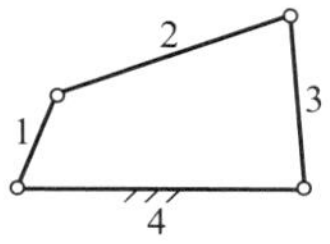	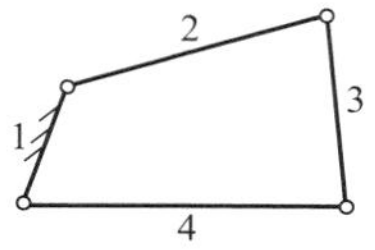 图(a)　双曲柄机构	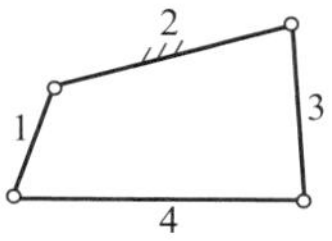 图(b)曲柄摇杆机构	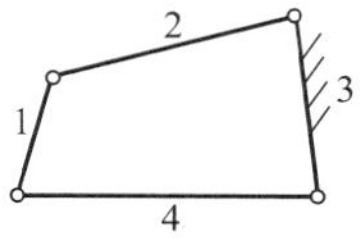 图(c)双摇杆机构
曲柄滑块机构	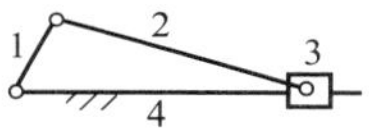	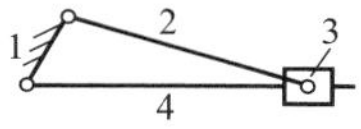 图(a)　转动导杆机构	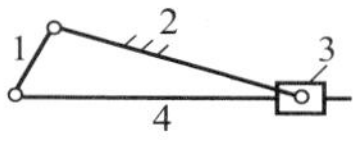 图(b)　曲柄摇块机构	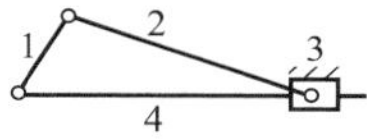 图(c)　移动导杆机构
正弦机构	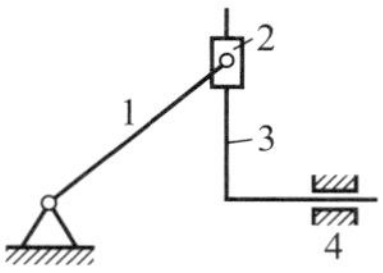	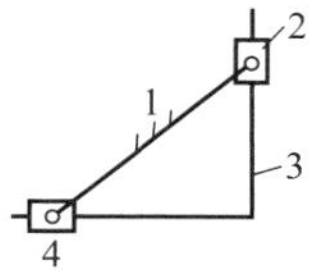 图(a)　双滑块机构(十字滑块联轴器)	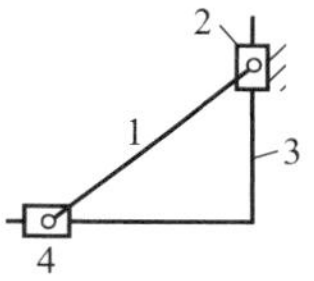 图(b)　正弦机构	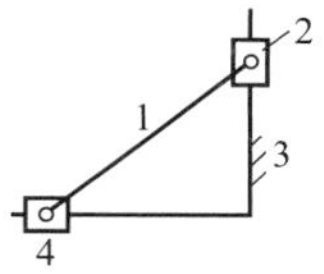 图(c)椭圆仪机构

3.1.2　平面四杆机构的基本特性

表 11-3-3　**平面四杆机构的基本特性**

特性	说　明
急回特性	平面四杆机构中的曲柄摇杆机构、偏心曲柄滑块机构及导杆机构等都有急回特性。图(a)所示曲柄摇杆机构中，当曲柄等速转动时，摇杆自点 C_1 摆至点 C_2 和自点 C_2 摆回点 C_1 的平均速度不同，即摆出($C_1 \rightarrow C_2$)慢，摆回($C_2 \rightarrow C_1$)快，称为急回特性。用行程速比系数 K 表述机构的急回程度，行程速比系数定义为摇杆摆回与摆出平均角速度之比。将曲柄与连杆两共线位置之间所夹的锐角 θ 称为极位夹角，则 $K=\dfrac{180°+\theta}{180°-\theta}$　(11-3-1) $\theta=\dfrac{K-1}{K+1}\times 180°$　(11-3-2) $\phi_{12}=180°+\theta$　(11-3-3) 一般取 $K=1.1\sim1.3$ 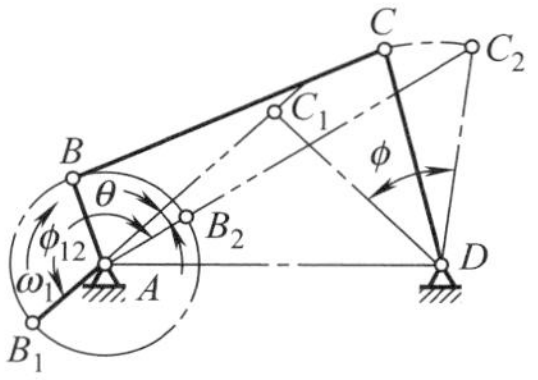 图(a)　急回特性
连续性	在平面四杆机构的设计中，对所得机构都应按运动连续要求，通过几何作图，检验该机构是否的确在运动时能实现给定的位置要求

第11篇

续表

特性	说明
连续性	图(b)所示铰链四杆机构，在实际运动时，通过几何作图可以发现，B 点无论是顺时针或逆时针从 B_1 点"连续"运动至 B_2 点时，C 点只能从 C_1 连续运动到 C_2，即机构实际运动上只能实现连杆的 B_1C_1 和 B_2C_2 两位置。这是由于以 B_2 为圆心、$\overline{BC}$ 为半径作圆弧与 C 点所在圆相交时有两个交点 C_2、C_2'，而实际运动时却只能达到其中一个位置，若机构按 AB_1C_1D 装配好后，就只能实现 AB_2C_2D；若要实现 $AB_2C_2'D$，只有将 C 处转动副拆开，重新按 $AB_2C_2'D$ 装配，但这时连杆又无法运动至 B_1C_1 位置 图(b) 连续性
压力角和传动角	在不考虑摩擦力、重力和惯性力的条件下，机构从动构件受力点的受力方向与该点的速度方向间所夹的锐角称为压力角，用 α 表示，压力角的余角称为传动角，用 γ 表示，如图(c)所示。设计时希望传动角越大机构传力性能越好 在平面四杆机构运动过程中，传动角随之变化，机构运转中最小传动角的允许值是根据受力情况、运动副间隙大小、摩擦和速度等因素而定的。一般传动角不小于 40°，高速机构则不小于 50° 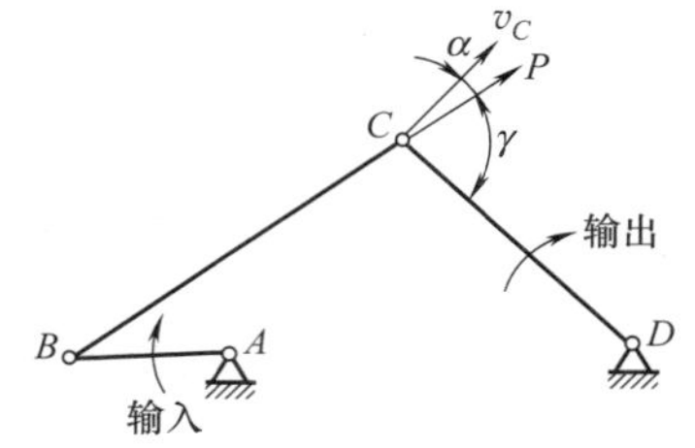 图(c) 压力角和传动角

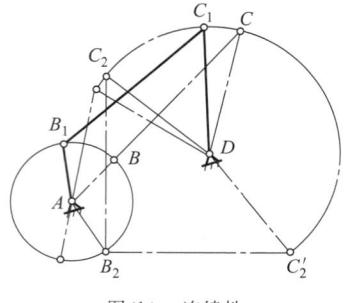

平面四杆机构最小传动角发生的位置

机构类型	图 例	说 明
铰链四杆机构(曲柄摇杆机构、双曲柄机构)		最小传动角 γ_{min} 或 γ'_{min} 发生在曲柄与机架重合共线位置
曲柄滑块机构		最小传动角 γ_{min} 发生在曲柄与滑块速度方向垂直位置
导杆机构	图(a) 曲柄主动　图(b) 导杆主动	对于转动导杆机构，导杆为主动时，最小传动角 γ_{min} 发生在导杆与机架垂直位置

3.1.3 平面四杆机构的应用示例

平面连杆机构广泛地应用于各种（动力、轻工、重型）机械和仪表中，例如活塞发动机的曲柄滑块机构、缝纫机中的脚踏板曲柄摇杆机构、飞机起落架和汽车门开闭机构等，如表 11-3-4 所示，按机构类型给出几个具体应用示例。

表 11-3-4　平面四杆机构应用示例

机构名称	应用示例			
曲柄摇杆机构	搅拌机	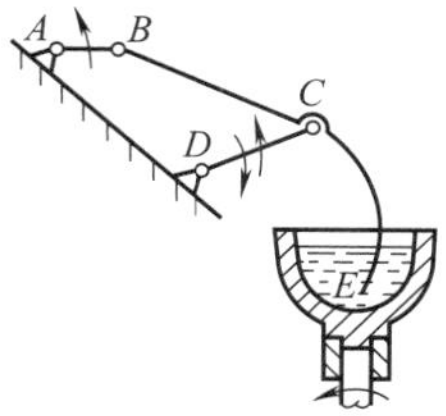 A B C D E	颚式破碎机	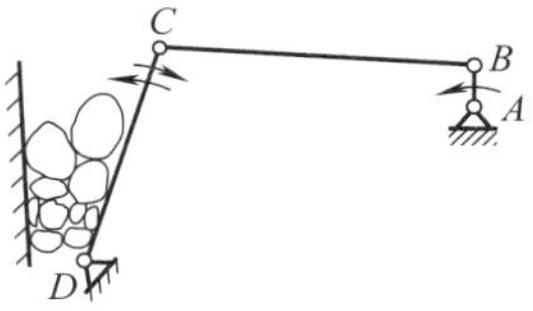 C B A D
双曲柄机构	挖土机	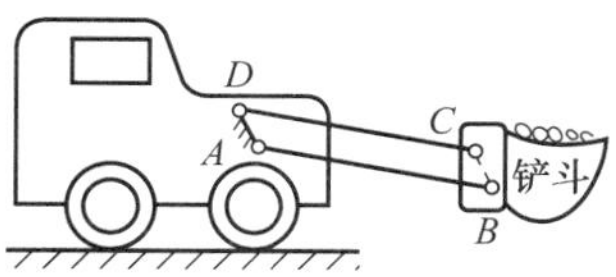 D C A B 铲斗	惯性筛	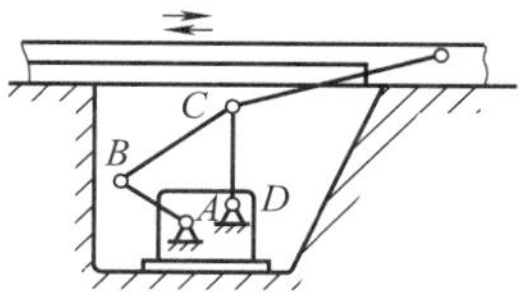 C B A D
双摇杆机构	起重机	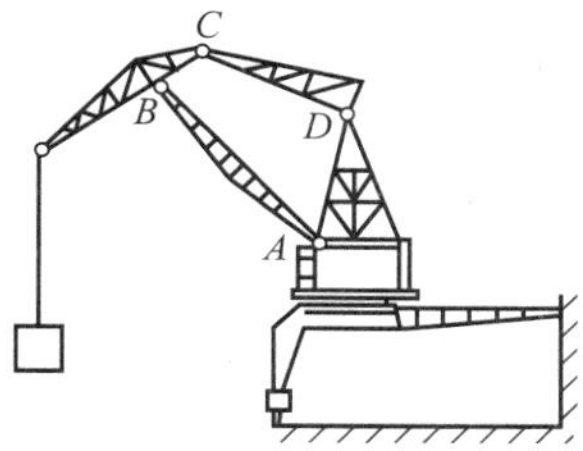 C B D A	电气开关分闸	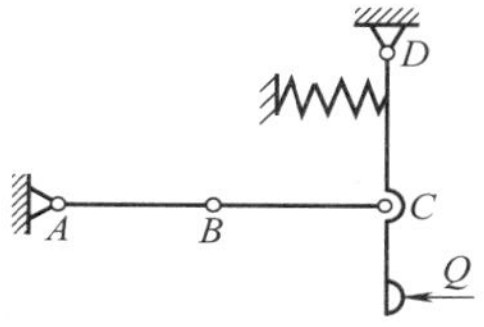 D C A B Q
曲柄滑块机构	内燃机	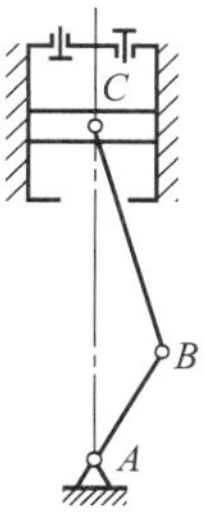 C B A	膜盒式高度计	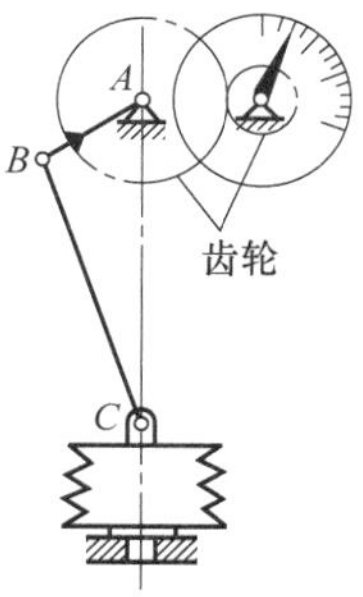 A B 齿轮 C
摇块机构与导杆机构	汽车自卸机构	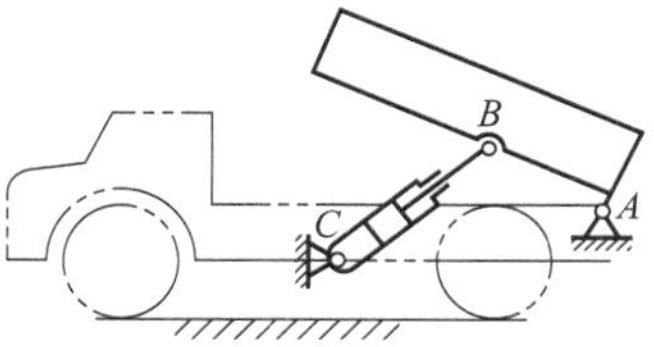 B C A	回转式液压泵	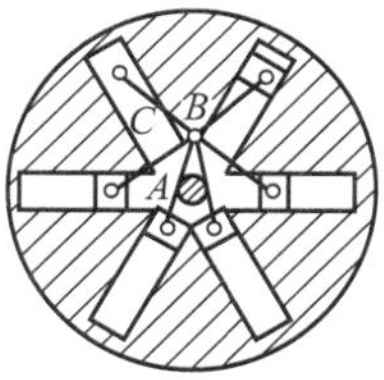 C B A

3.2　平面连杆机构的运动分析

所谓机构的运动分析，是在不考虑机构的外力及构件的弹性变形等影响且已知原动件的运动规律的条件下，分析其余构件上各点的位移、轨迹、速度和加速度，以及这些构件的角位移、角速度和角加速度。

平面连杆机构运动分析的方法主要有图解法、解析法和实验法三种，如表 11-3-5 所示。图解法包括速度瞬心法和相对速度图解法，图解法比较简单，但精度不高。

3.2.1　速度瞬心法运动分析

速度瞬心法适合构件数目少的机构（凸轮机构、齿轮机构、平面四杆机构等）的运动分析，如表 11-3-6所示。

表 11-3-5 **平面连杆机构的运动分析方法**

方 法	说 明
实验法	用作图试凑或利用各种图谱、表格及模型实验等来求解 方法简单，精度较低 用于近似设计和机构尺寸的预选
图解法	用作图按运动过程的某些位置进行设计 方法直观易懂，求解速度较快，但精度不够高 一般设计中采用较多，能以一定精度解决不少设计问题，也可用于高精度设计中机构尺寸的预选
解析法	以机构参数来表达各构件运动间的函数关系，从而按给定条件来求解未知参数 这种方法便于采用各种逼近理论，精度高。但在很多情况下，其计算困难复杂，例如需解多元非线性联立方程式。为了提高精度，逐步逼近给定的运动规律，可以采用最优化的数学方法，借助电子计算机，使所设计的机构最优地满足预定的运动学和动力学方面的要求，得到机构最优化的设计方案

表 11-3-6 **速度瞬心法运动分析**

瞬心的定义及数目	所谓瞬心是指两构件瞬时相对速度等于零或绝对速度相等的点（即等速重合点）。绝对速度为零的瞬心称为绝对瞬心，绝对速度不等于零的瞬心称为相对瞬心。用符号 P_{ij} 表示构件 i 与构件 j 的瞬心 机构中速度瞬心的数目 K 可以表示为 $$K=\frac{m(m-1)}{2} \quad (11\text{-}3\text{-}4)$$ 式中 m——机构中构件（含机架）数
瞬心位置的确定	①直接构成运动副两构件的瞬心位置[图(a)]。当两构件转动副连接时，瞬心 P_{12}[图(ⅰ)]；当两构件构成移动副时，瞬心 P_{12} 在垂直于导路方向上的无穷远处[图(ⅱ)]；平面高副机构中两构件做纯滚动时，瞬心 P_{12} 为接触点 M[图(ⅲ)]；平面高副机构中两构件既做相对滑动又做滚动时，瞬心 P_{12} 位于过接触点的公法线 n—n 上[图(ⅳ)] 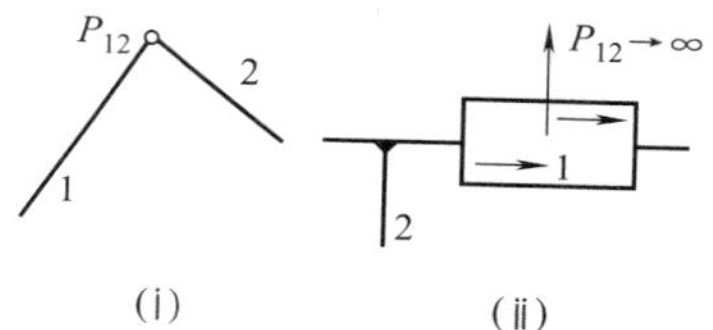 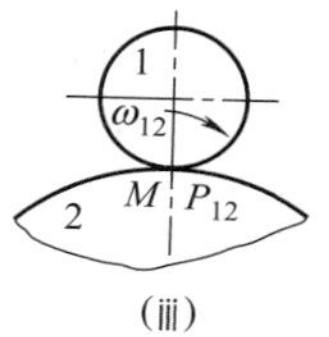 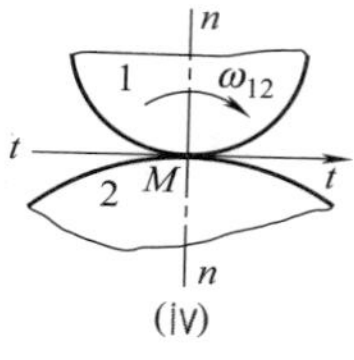 图(a) 直接构成运动副两构件的瞬心位置 ② 用三心定理确定不直接构成运动副的两构件瞬心的位置。所谓三心定理就是：三个做平面运动的构件的三个瞬心必在同一条直线上
速度分析	在图(b)所示的曲柄摇杆机构中，若已知四杆件长度和主动件（曲柄）1 以角速度 ω_1 顺时针方向回转。求图示位置从动件（摇杆）3 的角速度 ω_3 和角速度比 ω_1/ω_3 应用瞬心公式求得瞬心数目 $K=6$，即瞬心为 P_{14}、P_{12}、P_{23}、P_{34}、P_{24} 和 P_{13} 在重合点 P_{13} 处的线速度大小相等、方向相同。则有 $$\omega_1\overline{P_{14}P_{13}}\mu_l=\omega_3\overline{P_{34}P_{13}}\mu_l \quad (11\text{-}3\text{-}5)$$ 式中 μ_l——构件长度比例尺，并且 $$\mu_l=\frac{\text{构件实际长度(m)}}{\text{图纸上构件长度(mm)}}$$ 即  $$\omega_3=\omega_1\frac{\overline{P_{14}P_{13}}}{\overline{P_{34}P_{13}}} \quad (11\text{-}3\text{-}6)$$ $$\frac{\omega_1}{\omega_3}=\frac{\overline{P_{34}P_{13}}}{\overline{P_{14}P_{13}}} \quad (11\text{-}3\text{-}7)$$ 图(b) 利用速度瞬心法对铰链四杆机构进行速度分析

3.2.2 解析法运动分析

解析法的特点是直接用机构已知参数和应求的未知量建立的数学模型进行求解，从而可获得精确的计算结果。随着计算机的发展，解析法应用前景更加广阔。常用平面四杆机构的运动分析步骤是首先建立四杆机构的位移方程式，求导得速度方程式，再求导可得加速度方程式，如表 11-3-7 所示。解析法进行平面连杆机构运动分析还可以应用杆组法建模、编程等。

表 11-3-7　**常用平面四杆机构运动分析方程式**

<table>
<tr><th>名称</th><th>简　图</th><th colspan="2">计　算　公　式</th></tr>
<tr><td>曲柄摇杆机构</td><td></td><td colspan="2">角位移　$\psi=\pi-(\alpha_1+\alpha_2),\alpha_1=\arctan\dfrac{a\sin\phi}{1-a\cos\phi}$
$\alpha_2=\arccos\dfrac{K^2-2a\cos\phi}{2fc}$　(11-3-8)
角速度　$\dfrac{d\psi}{dt}=\left[\dfrac{a(a-\cos\phi)}{f^2}+\dfrac{a\sin\phi}{s^2}\left(2-\dfrac{M^2}{f^2}\right)\right]\dfrac{d\phi}{dt}$　(11-3-9)
角加速度　$\dfrac{d^2\psi}{dt^2}=\left[\dfrac{a(a-\cos\phi)}{f^2}+\dfrac{a\sin\phi}{s^2}\left(2-\dfrac{M^2}{f^2}\right)\right]\dfrac{d^2\phi}{dt^2}+\left\{\dfrac{a\sin\phi}{f^2}\left[1-\dfrac{2a(a-\cos\phi)}{f^2}\right]-\dfrac{2a^2\sin^2\phi}{s^2f^2}\left(1-\dfrac{M^2}{f^2}\right)+\left(2-\dfrac{M^2}{f^2}\right)\left[\dfrac{a\cos\phi}{s^2}-\dfrac{2a^2\sin^2\phi(2c^2-M^2)}{s^6}\right]\right\}\left(\dfrac{d\phi}{dt}\right)^2$　(11-3-10)
式中　$f^2=1+a^2-2a\cos\phi,K=1+a^2+c^2-b^2$
$M=K^2-2a\cos\phi,s^2=\sqrt{4f^2c^2-M^2}$</td></tr>
<tr><td rowspan="2">对心曲柄滑块机构</td><td rowspan="2"></td><td>精确式</td><td>位移　$s=r\left[1-\cos\phi+\dfrac{1}{\lambda}-\dfrac{(1-\lambda^2\sin^2\phi)^{\frac{1}{2}}}{\lambda}\right]$　(11-3-11)
速度　$v=r\omega\left[\sin\phi+\dfrac{\lambda\sin^2\phi}{2(1-\lambda^2\sin^2\phi)^{\frac{1}{2}}}\right]$　(11-3-12)
加速度　$a=r\omega^2\left[\cos\phi+\dfrac{\lambda(\cos2\phi+\lambda^2\sin4\phi)}{(1-\lambda^2\sin^2\phi)^{\frac{3}{2}}}\right]$　(11-3-13)
一般 $\lambda=\dfrac{r}{L}=\dfrac{1}{4}\sim\dfrac{1}{6}$</td></tr>
<tr><td>近似式</td><td>略去 λ^3 以上诸项的近似式
位移　$s=r\left(1+\dfrac{\lambda}{4}-\cos\phi-\dfrac{\lambda}{4}\cos2\phi\right)$　(11-3-14)
速度　$v=r\omega\left(\sin\phi+\dfrac{\lambda\sin2\phi}{2}\right)$　(11-3-15)
加速度　$a=r\omega^2(\cos^2\phi+\lambda\cos2\phi)$　(11-3-16)</td></tr>
<tr><td>偏心曲柄滑块机构</td><td></td><td colspan="2">略去 λ^3 及 ε^2 以上诸项的近似式
位移　$s=r\left(1+\dfrac{\lambda}{4}-\cos\phi-\varepsilon\sin\phi-\dfrac{\lambda}{4}\cos2\phi\right)$　(11-3-17)
速度　$v=r\omega\left(\sin\phi-\varepsilon\cos\phi+\dfrac{r\sin2\phi}{2}\right)$　(11-3-18)
加速度　$a=r\omega^2(\cos\phi+\varepsilon\sin\phi+\lambda\cos2\phi)$　(11-3-19)
尺寸范围 $e<r,\varepsilon=\dfrac{e}{L},\lambda=\dfrac{r}{L}$
滑块行程　$H=[(L+r)^2-e^2]^{\frac{1}{2}}-[(L-r)^2-e^2]^{\frac{1}{2}}$　(11-3-20)</td></tr>
<tr><td>曲柄摇块机构</td><td></td><td colspan="2">导杆的角位移　$\psi=\arctan\left(\dfrac{\lambda\sin\phi}{1+\lambda\cos\phi}\right)$　(11-3-21)
导杆的角速度　$\dfrac{d\psi}{dt}=\dfrac{\lambda(\lambda+\cos\phi)}{1+\lambda^2+2\lambda\cos\phi}\omega$　(11-3-22)
导杆的角加速度　$\dfrac{d^2\psi}{dt^2}=\dfrac{\lambda(\lambda^2-1)\sin\phi}{(1+\lambda^2+2\lambda\cos\phi)^2}\omega^2$　(11-3-23)
式中　$\lambda=\dfrac{r}{L}$，当 $\cos\phi=-\lambda$ 时，$\sin\psi=\lambda$</td></tr>
</table>

第 11 篇

续表

名称	简图	计算公式
回转导杆机构		导杆主动时： 滑块的位移 $s=\sqrt{x^2+y^2}$ (11-3-24) $x=r\left[\left(1-\frac{1}{4\lambda^2}\right)\sin\phi+\frac{\sin2\phi}{2\lambda}+\frac{\cos2\phi\sin\phi}{4\lambda^2}\right]$ (11-3-25) $y=r\left[\left(1-\frac{1}{4\lambda^2}\right)\cos\phi+\frac{\cos2\phi}{2\lambda}+\frac{\cos2\phi\cos\phi}{4\lambda^2}\right]$ (11-3-26) 滑块的速度 $v=\sqrt{\left(\frac{dx}{dt}\right)^2+\left(\frac{dy}{dt}\right)^2}$ (11-3-27) $\frac{dx}{dt}=r\omega\left[\left(1-\frac{1}{4\lambda^2}\right)\cos\phi+\frac{\cos2\phi}{\lambda}+\frac{\cos3\phi-\sin2\phi\sin\phi}{4\lambda^2}\right]$ (11-3-28) $\frac{dy}{dt}=-r\omega\left[\left(1-\frac{1}{4\lambda^2}\right)\sin\phi+\frac{\sin2\phi}{\lambda}+\frac{\sin3\phi+\sin2\phi\cos\phi}{4\lambda^2}\right]$ (11-3-29) 滑块的加速度 $a=\sqrt{\left(\frac{d^2x}{dt^2}\right)^2+\left(\frac{d^2y}{dt^2}\right)^2}$ (11-3-30) $\frac{d^2x}{dt^2}=-r\left[\omega^2\left(1-\frac{1-\cos2\phi}{4\lambda^2}\right)\sin\phi+\frac{2\omega^2\sin2\phi}{\lambda}+\frac{\omega^2\sin3\phi}{\lambda^2}\right]$ (11-3-31) $\frac{d^2y}{dt^2}=-r\left[\omega^2\left(1-\frac{1-\cos2\phi}{4\lambda^2}\right)\cos\phi+\frac{2\omega^2\cos2\phi}{\lambda}+\frac{\omega^2\cos3\phi}{\lambda^2}\right]$ (11-3-32)

3.3 平面连杆机构设计

平面连杆机构的设计归纳为刚体导引机构、函数机构与轨迹机构的设计。

3.3.1 刚体导引机构设计

所谓刚体导引机构设计就是指让平面连杆机构的连杆顺序通过给定的若干位置，如表 11-3-8 所示，其主要设计内容为：

① 按照连杆几个位置设计铰链四杆机构、曲柄滑块机构；

② 按照连杆上定点的位置设计铰链四杆机构、曲柄滑块机构。

表 11-3-8 刚体导引机构设计

基本概念	转动极点	在铰链四杆机构 $ABCD$ 的两个"有限接近"位置 AB_1C_1D 和 AB_2C_2D 上，作 B_1B_2 和 C_1C_2 的垂直平分线 n_b 和 n_c，其交点 P_{12} 称为转动极点，见图(a)。连杆平面 s 的两个相关位置 s_1 和 s_2 可以认为是绕点 P_{12} 做纯转动而实现的 $\angle B_1P_{12}B_2=\angle C_1P_{12}C_2=\theta_{12}$ θ_{12} 是构件 s 绕 P_{12} 由 s_1 转到 s_2 的转角 图(a) 转动极点
	等视角关系	从转动极点 P_{12} 看互为对面杆的两个连架杆 AB_1 和 C_1D（或 AB_2 和 C_2D）时，视角相等或互为补角，见图(b) (i) (ii) 图(b) 等视角关系

续表

基本概念	等视角关系	在图(ⅰ)中，$\angle B_1P_{12}A=\angle C_1P_{12}D=\dfrac{1}{2}\theta_{12}$，视角相等。在图(ⅱ)中，$\angle B_1P_{12}A=\dfrac{1}{2}\theta_{12}$，$\angle C_1P_{12}D=180°-\dfrac{1}{2}\theta_{12}$，视角互补 从转动极点 P_{12} 看连杆 BC 及机架 AD 时，也有相等或互补的视角。在图(ⅰ)中，$\angle B_1P_{12}C_1=\angle AP_{12}D=\angle B_2P_{12}C_2$。在图(ⅱ)中，$\angle B_1P_{12}C_1=\dfrac{\theta_{12}}{2}+\angle AP_{12}C_1=\angle AP_{12}n_c$，$\angle B_2P_{12}C_2=\dfrac{\theta_{12}}{2}+\angle B_2P_{12}n_c=\angle AP_{12}B_2+\angle B_2P_{12}n_c=\angle AP_{12}n_c$，$\angle B_1P_{12}C_1+\angle DP_{12}A=\angle B_2P_{12}C_2+\angle DP_{12}A=180°$
	相对转动极点	图(c)中图(ⅰ)表示机构的两个位置，AB 和 CD 杆相应转角为 ϕ_{12}、ψ_{12}。图(c)中图(ⅱ)表示图形 AB_2C_2D 绕 A 反转 ϕ_{12} 角(由 AB_2 位置转回到 AB_1 位置)得到倒置机构 $AB_1C_2'D'$，相当于机构的输入杆 AB 变成机架，输出杆 CD 成为连杆。C_1C_2' 与 DD' 的垂直平分线的交点 R_{12} 称为相对转动极点 输出杆 CD 相对于输入杆 AB 由位置1绕 R_{12} 转到位置2 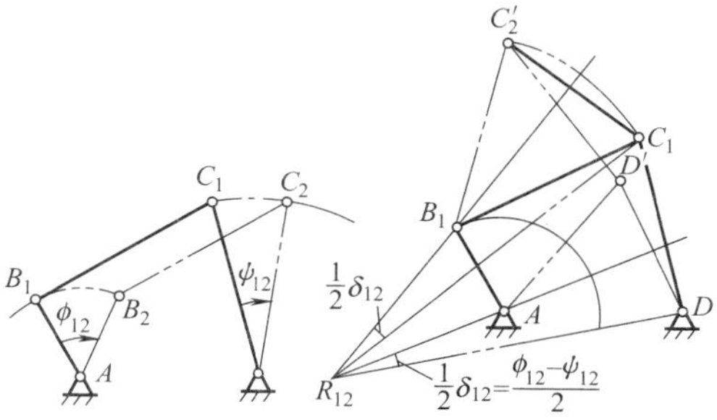 (ⅰ)　(ⅱ) 图(c)　相对转动极点
图解法	已知连杆两个位置设计平面四杆机构	已知连杆 BC 的两个位置 B_1C_1 和 B_2C_2[见图(d)]，设计铰链四杆机构，具体步骤如下 ①作连线 B_1B_2 和 C_1C_2 的垂直平分线 n_b 和 n_c，交点 P_{12} 为转动极点。θ_{12} 为连杆从第一位置到第二位置时的角位移 ②根据等视角关系，过 P_{12} 作 m_1 线和 n_1 线使 $\angle m_1P_{12}n_1=\dfrac{\theta_{12}}{2}$($m_1$ 线和 n_1 线可以有任意多对)。在 m_1 线上可任选一点作为连杆动铰链中心 E_1，在 n_1 线上可任选一点为固定铰链中心 ③同理，过 P_{12} 作 m_2 线和 n_2 线使 $\angle m_2P_{12}n_2=\dfrac{\theta_{12}}{2}$(可以有任意多对)。在 m_2 线上可任选一点为连杆上动铰链中心 F_1，在 n_2 线上可任选一点为固定铰链中心 D ④AE_1F_1D 即为机构在第一位置时的运动简图 显然，可以有无穷多个解 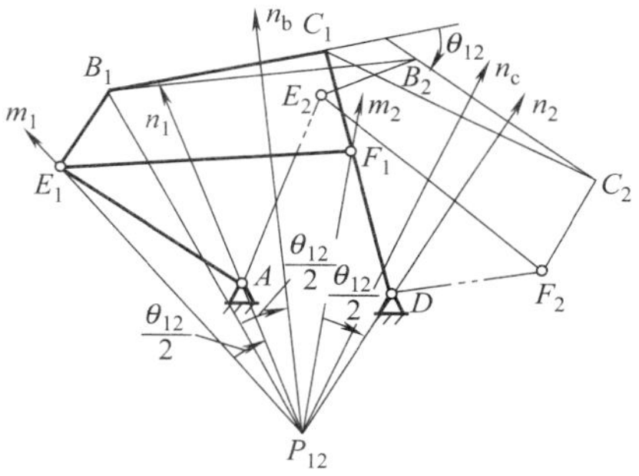 图(d)　给定连杆两个位置设计铰链四杆机构
	已知连杆三个位置设计平面四杆机构	已知连杆 BC 的三个位置 B_1C_1、B_2C_2 和 B_3C_3，如图(e)所示，设计铰链四杆机构有两种方法： 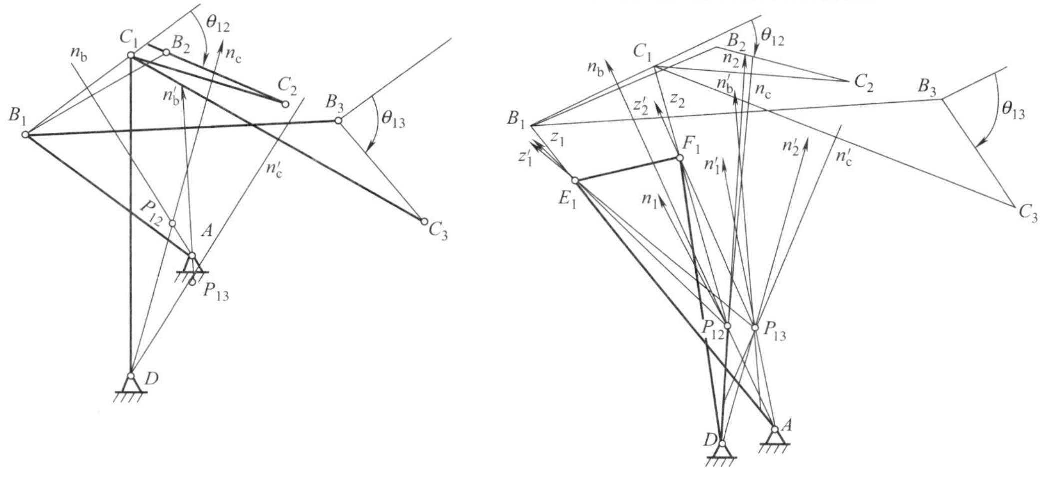 (ⅰ)　(ⅱ) 图(e)　给定连杆三个位置设计铰链四杆机构

第11篇

续表

<table>
<tr><td rowspan="1">图解法</td><td>已知连杆三个位置设计平面四杆机构</td><td>①B、C 两点是连杆的铰链中心，如图(e)中图(ⅰ)所示，用几何作图法求解方法如下：作 B_1B_2 和 B_1B_3 的垂直平分线 n_b 和 n_b'，其交点为固定铰链 A，作 C_1C_2 和 C_1C_3 的垂直平分线 n_c 和 n_c'，其交点为固定铰链 D。AB_1C_1D 即为机构在第一位置时的运动简图
②B、C 两点不是连杆的铰链中心，如图(e)中图(ⅱ)所示，用几何作图法求解方法如下
a. 作 B_1B_2 和 B_1B_3 的垂直平分线 n_b 和 n_b'，其交点为转动极点 P_{12}。作 C_1C_2 和 C_1C_3 的垂直平分线 n_c 和 n_c'，其交点为转动极点 P_{13}
b. 过 P_{12} 点作 z_1、n_1 线使 $\angle z_1P_{12}n_1=\frac{\theta_{12}}{2}$，过 P_{13} 点作 z_1'、n_1' 线使 $\angle z_1'P_{13}n_1'=\frac{\theta_{13}}{2}$。$z_1$、$z_1'$ 的交点为连杆的动铰链中心 E_1，n_1、n_1' 的交点为固定铰链中心 A
c. 过 P_{12} 点作 z_2、n_2 线使 $\angle z_2P_{12}n_2=\frac{\theta_{12}}{2}$，过 P_{13} 点作 z_2'、n_2' 线使 $\angle z_2'P_{13}n_2'=\frac{\theta_{13}}{2}$。$z_2$、$z_2'$ 的交点即为连杆的动铰链中心 F_1，n_2、n_2' 的交点即为另一固定铰链 D。AE_1F_1D 即为机构在第一位置时的运动简图
由于 z_1、z_1'、z_2、z_2' 线是可以任意作出的，因此，所得到的解就有无穷多个</td></tr>
<tr><td rowspan="2">解析法(给定连杆三个位置)</td><td>设计原理</td><td>定长法是一种解析设计方法，所谓定长法要求某连架杆长度固定。若已知连杆 BC 的三个位置 B_1C_1、B_2C_2 和 B_3C_3，即在线 s_1、s_2 和 s_3 三个位置[图(f)]，要求设计一铰链四杆机构
由于连架杆为“双铰杆”，则必有连杆线上某点 B 的相应位置为 B_1、B_2、B_3…它们应位于一圆弧上，则点 B 可为连架杆与连杆的铰接点中心。而该圆弧的圆心 B_0 点即可作为连架杆与机架的铰接点中心。由此可知，要设计一相应的连架杆，就要求连杆 s 上某点 B 在给定的 j 个位置上与固定点 B_0 应保持定长，即满足定长条件
$$(\boldsymbol{B}_j-\boldsymbol{B}_0)^{\mathrm{T}}(\boldsymbol{B}_j-\boldsymbol{B}_0)=(\boldsymbol{B}_1-\boldsymbol{B}_0)^{\mathrm{T}}(\boldsymbol{B}_1-\boldsymbol{B}_0)\quad (j=2,3,4,\cdots)\tag{11-3-33}$$
图(f) 定长法设计原理
上式中
$$[\boldsymbol{B}_j]=[\boldsymbol{D}_{1j}][\boldsymbol{B}_1]\tag{11-3-34}$$
连杆自位置 1 至位置 $j(j=3)$ 的位置矩阵
$$[\boldsymbol{D}_{1j}]=\begin{bmatrix}\cos\theta_{1j} & -\sin\theta_{1j} & B_{jx}-B_{1x}\cos\theta_{1j}+B_{1y}\sin\theta_{1j}\\ \sin\theta_{1j} & \cos\theta_{1j} & B_{jy}-B_{1y}\cos\theta_{1j}-B_{1x}\sin\theta_{1j}\\ 0 & 0 & 1\end{bmatrix}=\begin{bmatrix}d_{11j} & d_{12j} & d_{13j}\\ d_{21j} & d_{22j} & d_{23j}\\ 0 & 0 & 0\end{bmatrix}\tag{11-3-35}$$
对于连杆三个位置，有两个定长约束方程
$$(\boldsymbol{B}_2-\boldsymbol{B}_0)^{\mathrm{T}}(\boldsymbol{B}_2-\boldsymbol{B}_0)=(\boldsymbol{B}_1-\boldsymbol{B}_0)^{\mathrm{T}}(\boldsymbol{B}_1-\boldsymbol{B}_0)\tag{11-3-36}$$
$$(\boldsymbol{B}_3-\boldsymbol{B}_0)^{\mathrm{T}}(\boldsymbol{B}_3-\boldsymbol{B}_0)=(\boldsymbol{B}_1-\boldsymbol{B}_0)^{\mathrm{T}}(\boldsymbol{B}_1-\boldsymbol{B}_0)\tag{11-3-37}$$
由式(11-3-34)可写出下列关系
$$[\boldsymbol{B}_2]=[\boldsymbol{D}_{12}][\boldsymbol{B}_1]\tag{11-3-38}$$
$$[\boldsymbol{B}_3]=[\boldsymbol{D}_{13}][\boldsymbol{B}_1]\tag{11-3-39}$$
式中 $[\boldsymbol{D}_{12}]$，$[\boldsymbol{D}_{13}]$——3×3 位移矩阵，可由连杆上定点的三个位置及连杆相对转角 θ_{12} 和 θ_{13} 求出
将式(11-3-38)、式(11-3-39)代入式(11-3-36)、式(11-3-37)便可得到具有四个未知量 B_{1x}、B_{1y}、B_{0x}、B_{0y} 的两个设计方程式
$$([\boldsymbol{D}_{12}]\boldsymbol{B}_1-\boldsymbol{B}_0)^{\mathrm{T}}([\boldsymbol{D}_{12}]\boldsymbol{B}_1-\boldsymbol{B}_0)=(\boldsymbol{B}_1-\boldsymbol{B}_0)^{\mathrm{T}}(\boldsymbol{B}_1-\boldsymbol{B}_0)\tag{11-3-40}$$
$$([\boldsymbol{D}_{13}]\boldsymbol{B}_1-\boldsymbol{B}_0)^{\mathrm{T}}([\boldsymbol{D}_{13}]\boldsymbol{B}_1-\boldsymbol{B}_0)=(\boldsymbol{B}_1-\boldsymbol{B}_0)^{\mathrm{T}}(\boldsymbol{B}_1-\boldsymbol{B}_0)\tag{11-3-41}$$
由于 $d_{11j}=d_{22j}$，$d_{21j}=-d_{12j}$，式(11-3-40)、式(11-3-41)可简写成
$$B_{1x}\boldsymbol{E}_j+B_{1y}\boldsymbol{F}_j=\boldsymbol{G}_j\quad (j=2,3)\tag{11-3-42}$$
式中 $\boldsymbol{E}_j=d_{11j}d_{13j}+d_{21j}d_{23j}+(1-d_{11j})B_{0x}-d_{21j}B_{0y}$
$\boldsymbol{F}_j=d_{12j}d_{13j}+d_{22j}d_{23j}+(1-d_{22j})B_{0y}-d_{12j}B_{0x}$
$\boldsymbol{G}_j=d_{13j}B_{0x}+d_{23j}B_{0y}-0.5(d_{13j}^2+d_{23j}^2)$</td></tr>
<tr><td>设计步骤</td><td>①给定固定铰链 B_0 位置，即(B_{0x}，B_{0y})，用式(11-3-42)计算 B_{1x}、B_{1y}
②再给定另一固定铰链 C_0 位置，即(C_{0x}，C_{0y})，则以 C_0 和 C_1 分别替换上述各式中的 B_0 和 B_1，从而可确定 C_1(C_{1x}，C_{1y})
③由 B_0、B_1、C_1 和 C_0 构成的平面四杆机构即为所求的机构</td></tr>
</table>

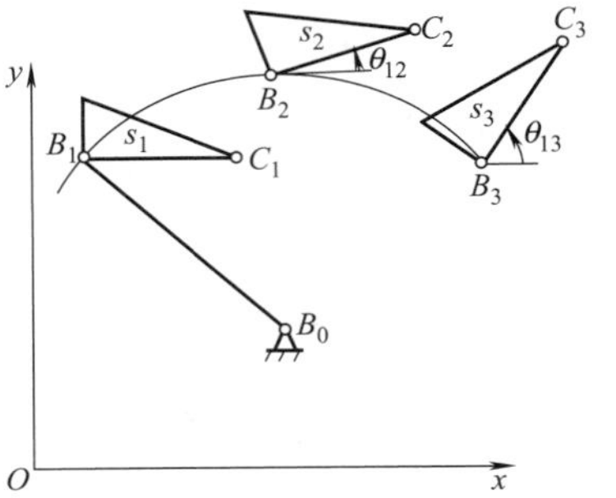

续表

<table>
<tr>
<td>解析法(给定连杆三个位置)</td>
<td>设计实例</td>
<td>

已知连杆上某一定点,在其三个位置上的坐标为 $P_1(1.0,1.0)$、$P_2(2.0,0.5)$、$P_3(3.0,1.5)$;连杆的相对转角 $\theta_{12}=0.0°$、$\theta_{13}=45.0°$。试用定长法设计实现此杆三个位置的铰链四杆机构[见图(g)]

解　由于

$$\begin{bmatrix}B_{2x}\\B_{2y}\end{bmatrix}=\begin{bmatrix}\cos\theta_{12} & -\sin\theta_{12}\\ \sin\theta_{12} & \cos\theta_{12}\end{bmatrix}\begin{bmatrix}B_{1x} & -1\\B_{1y} & -1\end{bmatrix}+\begin{bmatrix}2.0\\0.5\end{bmatrix}$$

得

$$\begin{cases}B_{2x}=B_{1x}+1\\B_{2y}=B_{1y}-0.5\end{cases}$$

又因为

$$\begin{bmatrix}B_{3x}\\B_{3y}\end{bmatrix}=\begin{bmatrix}\cos\theta_{13} & -\sin\theta_{13}\\ \sin\theta_{13} & \cos\theta_{13}\end{bmatrix}\begin{bmatrix}B_{1x} & -1\\B_{1y} & -1\end{bmatrix}+\begin{bmatrix}3.0\\1.5\end{bmatrix}$$

得

$$\begin{cases}B_{3x}=\dfrac{\sqrt{2}}{2}B_{1x}-\dfrac{\sqrt{2}}{2}B_{1y}+3.0\\B_{3y}=\dfrac{\sqrt{2}}{2}B_{1x}+\dfrac{\sqrt{2}}{2}B_{1y}+0.085786\end{cases}$$

图(g)　定长法设计四杆机构

假设固定铰链位置 $B_0=(0.0,0.0)$,由式(11-3-42)求得相应的动铰链中心位置 $B_1=(0.994078,3.238155)$。用同样的方法可得

$$\begin{cases}C_{2x}=C_{1x}+1\\C_{2y}=C_{1y}-0.5\end{cases}$$

及

$$\begin{cases}C_{3x}=\dfrac{\sqrt{2}}{2}C_{1x}-\dfrac{\sqrt{2}}{2}C_{1y}+3.0\\C_{3y}=\dfrac{\sqrt{2}}{2}C_{1x}+\dfrac{\sqrt{2}}{2}C_{1y}+0.085786\end{cases}$$

再假设第二个固定铰链位置 $C_0=(5.0,0.0)$,由式(11-3-42)求得相应的动铰链中心位置 $C_1=(3.547722,-1.654555)$。最后得到所求的平面四杆机构 $B_0B_1C_1C_0$

</td>
</tr>
</table>

3.3.2　函数机构设计(解析法)

所谓的函数机构设计就是指让连杆机构的主动件与从动件间实现给定运动规律的要求。主要设计内容为:

① 按两连架杆实现角位置的函数关系设计平面四杆机构;

② 按从动件的急回特性设计铰链四杆机构、曲柄滑块机构等;

③ 按从动杆近似停歇要求设计平面四杆机构。

如表 11-3-9 所示,利用解析法设计四杆机构。

表 11-3-9　　**函数机构设计**

<table>
<tr>
<td>(1)按两连架杆角位置函数关系设计平面四杆机构</td>
<td>按两连架杆预定的对应位置设计</td>
<td>铰链四杆机构的设计</td>
<td>

在图(a)所示的铰链四杆机构中,两连架杆对应角位置为 ϕ_0、ψ_0,ϕ、ψ;各杆的长度分别为 a、b、c、d。由图(a)可得两连架杆对应的角位置关系式

$$\cos(\phi+\phi_0)=P_0\cos(\psi+\psi_0)+P_1\cos[(\psi+\psi_0)-(\phi+\phi_0)]+P_2 \tag{11-3-43}$$

式中

$$P_0=n$$
$$P_1=-\frac{n}{l}$$
$$P_2=\frac{l^2+n^2+1-m^2}{2l}$$
$$m=\frac{b}{a}$$
$$n=\frac{c}{a}$$
$$l=\frac{d}{a}$$

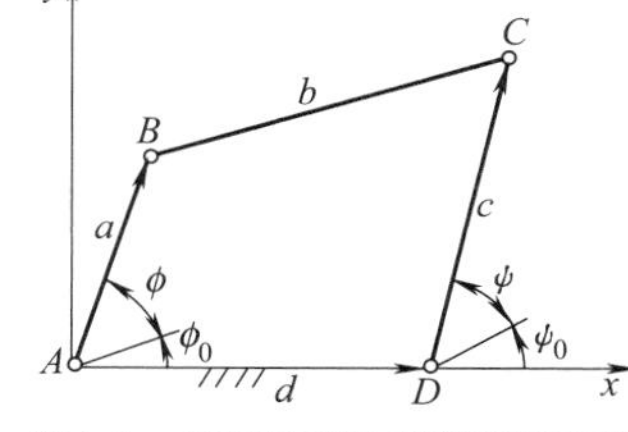

图(a)　解析法设计铰链四杆机构

式(11-3-43)中包含有 P_0、P_1、P_2、ϕ_0 及 ψ_0 五个待定参数,需要五组解析方程来求解。若取 $\phi_0=\psi_0=0°$,则式(11-3-43)又可写成

$$\cos\phi=P_0\cos\psi+P_1\cos(\psi-\phi)+P_2 \tag{11-3-44}$$

式(11-3-44)可以用三组函数方程求解 P_0、P_1、P_2。其设计步骤如下

①将三组对应的角位置 ϕ_1、ψ_1,ϕ_2、ψ_2;ϕ_3、ψ_3 分别代入式(11-3-44),得

$$\left.\begin{aligned}\cos\phi_1=P_0\cos\psi_1+P_1\cos(\psi_1-\phi_1)+P_2\\\cos\phi_2=P_0\cos\psi_2+P_1\cos(\psi_2-\phi_2)+P_2\\\cos\phi_3=P_0\cos\psi_3+P_1\cos(\psi_3-\phi_3)+P_2\end{aligned}\right\} \tag{11-3-45}$$

②解方程组(11-3-45),可得 P_0、P_1、P_2 值

③由 $P_0=n$,$P_1=-\dfrac{n}{l}$,$P_2=\dfrac{l^2+n^2+1-m^2}{2l}$ 可求得 m、n 及 l 的值

④根据实际情况定出曲柄的长度 a,从而确定其他三构件的长度 b、c、d

</td>
</tr>
</table>

续表

(1)按两连架杆角位置函数关系设计平面四杆机构

按两连架杆预定的对应位置设计

铰链四杆机构的设计

例　已知铰链四杆机构中，要求两连架杆的对应位置为 $\phi_1=45°$、$\psi_1=52°10'$；$\phi_2=90°$、$\psi_2=82°10'$；$\phi_3=135°$、$\psi_3=112°10'$。$\phi_0=\psi_0=0°$、机架长度 $d=50$mm，试求其余各杆的长度

解　将 ϕ 和 ψ 的三组对应值代入式(11-3-45)，得

$$\left.\begin{array}{l}\cos45°=P_0\cos52°10'+P_1\cos(52°10'-45°)+P_2\\ \cos90°=P_0\cos82°10'+P_1\cos(82°10'-90°)+P_2\\ \cos135°=P_0\cos112°10'+P_1\cos(112°10'-135°)+P_2\end{array}\right\}$$

可解得　$P_0=1.481$、$P_1=-0.8012$、$P_2=0.5918$

$n=1.481$、$m=2.103$、$l=1.8484$

从而求得

$$a=\frac{d}{l}=27.05(\text{mm})$$

$$b=am=56.88(\text{mm})$$

$$c=an=40.06(\text{mm})$$

曲柄滑块机构的设计

在图(b)所示曲柄滑块机构中，应用几何关系可推导出曲柄与滑块对应位置间的关系式

$$Q_1s\cos\phi+Q_2\sin\phi-Q_3=s^2 \tag{11-3-46}$$

式中　$Q_1=2a$

$Q_2=2ae$

$Q_3=a^2-b^2+e^2$

将三组对应位置 ϕ_1，s_1，ϕ_2，s_2，ϕ_3、s_3 代入上式得

$$\left.\begin{array}{l}Q_1s_1\cos\phi_1+Q_2\sin\phi_1-Q_3=s_1^2\\ Q_1s_2\cos\phi_2+Q_2\sin\phi_2-Q_3=s_2^2\\ Q_1s_3\cos\phi_3+Q_2\sin\phi_3-Q_3=s_3^2\end{array}\right\} \tag{11-3-47}$$

由此可得 $a=\dfrac{Q_1}{2}$，$b=\sqrt{a^2+e^2-Q_3}$，$e=\dfrac{Q_2}{2a}$

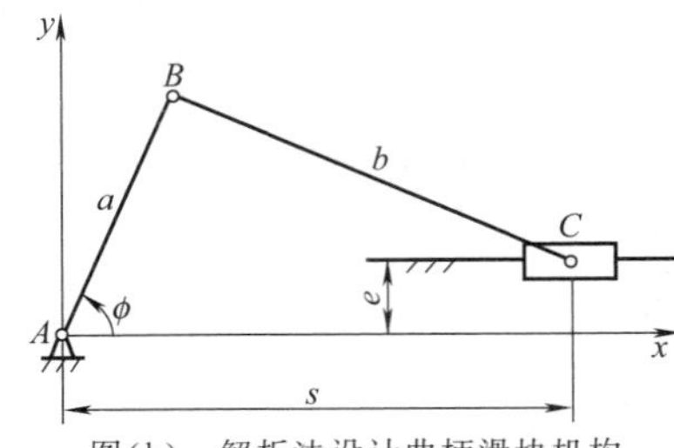

图(b)　解析法设计曲柄滑块机构

例　已知曲柄滑块机构中，曲柄与滑块的三组对应位置为 $\phi_1=60°$、$s_1=36$mm；$\phi_2=85°$、$s_2=28$mm；$\phi_3=120°$、$s_3=19$mm。试求各杆的长度

解　将 ϕ 和 s 的三组对应值代入式(11-3-47)，得

$$\left.\begin{array}{l}Q_1\times36\cos60°+Q_2\sin60°-Q_3=36^2\\ Q_1\times28\cos85°+Q_2\sin85°-Q_3=28^2\\ Q_1\times19\cos120°+Q_2\sin120°-Q_3=19^2\end{array}\right\}$$

解得

$Q_1=33.9999\approx34$mm，$Q_2=130.8122$mm，$Q_3=-570.7133$mm，最后可得曲柄滑块机构的尺寸

$$a=\frac{Q_1}{2}=17(\text{mm})$$

$$b=\sqrt{a^2+e^2-Q_3}=29.572(\text{mm})$$

$$e=\frac{Q_2}{2a}=3.847(\text{mm})$$

按两连架杆角位置呈连续函数关系设计铰链四杆机构

利用铰链四杆机构的两连架杆的转角 $\psi=\psi(\phi)$ 来模拟给定的函数关系 $y=f(x)$。x 的变化区间为(x_0,x_m)，y 的变化区间为(y_0,y_m)，见图(c)

根据具体条件可以选定比例系数

$$\left.\begin{array}{l}\mu_x=\dfrac{x_m-x_0}{\phi_m}\\ \mu_y=\dfrac{y_m-y_0}{\psi_m}\end{array}\right\} \tag{11-3-48}$$

式中　ϕ_m——x 变化区间内对应的转角

ψ_m——y 变化区间内对应的转角

由于平面四杆机构待定的尺寸参数是有限的，所以一般只能近似地实现预期函数。常用的近似设计采用插值逼近法，其插值结点的横坐标根据式(11-3-49)确定

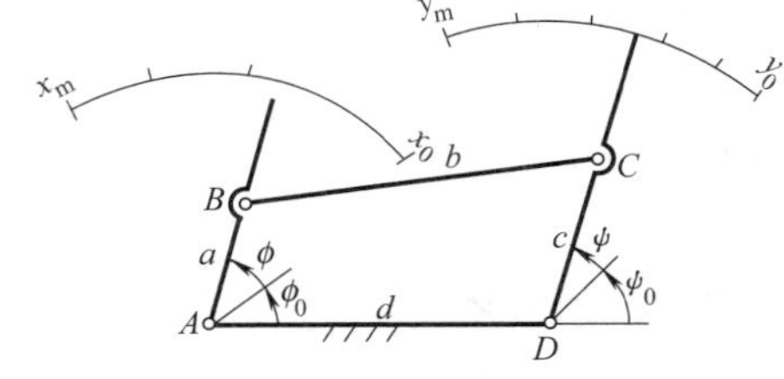

图(c)　两连架杆角位置的连续函数关系

$$x_i=\frac{x_0+x_m}{2}+\frac{x_0-x_m}{2}\cos\frac{2i-1}{2m}\times180° \tag{11-3-49}$$

式中　$i=1,2,\cdots,m$

m——插值结点数

如果取 $m=3$，则得三个插值结点，那么这三组对应角位置可以利用式(11-3-45)求出机构的尺寸参数；如果取 $m=5$，则得五个插值结点，这五组对应角位置可以利用式(11-3-43)求出机构的尺寸参数

续表

(1)按两连架杆角位置函数关系设计平面四杆机构	按两连架杆角位置呈连续函数关系设计铰链四杆机构	例 试设计一铰链四杆机构，近似实现函数 $y=\lg x$，x 的变化区间为 $1\leqslant x\leqslant 2$ 解 ①由已知条件 $x_0=1$，$x_m=2$ 得 $y_0=0$，$y_m=0.301$ ②根据经验试取 $\phi_m=60°$，$\psi_m=90°$，由式(11-3-48)得 $\mu_x=\dfrac{1}{60°}$ $\mu_y=\dfrac{0.301}{90°}$ ③取插值结点数 $m=3$，由式(11-3-49)得 $x_1=1.067$ $y_1=0.02816$ $x_2=1.5$ $y_2=0.1761$ $x_3=1.933$ $y_3=0.2862$ 利用比利系数 μ_x、μ_y 求出 $\phi_1=4°$ $\psi_1=8.5°$ $\phi_2=30°$ $\psi_2=52.5°$ $\phi_3=56°$ $\psi_3=85.6°$ ④试取初始角 $\phi_0=86°$，$\psi_0=23.5°$ ⑤将各结点的坐标值，即三组对应的角位移(ϕ_1，ψ_1)、(ϕ_2，ψ_2)、(ϕ_3，ψ_3)以及初始角 ϕ_0、ψ_0 代入式(11-3-45)，得方程组 $\left.\begin{array}{l}\cos 90°=P_0\cos 32°+P_1\cos 58°+P_2\\\cos 116°=P_0\cos 76°+P_1\cos 40°+P_2\\\cos 142°=P_0\cos 109°+P_1\cos 33°+P_2\end{array}\right\}$ 可解得 $P_0=0.56357$，$P_1=-0.40985$，$P_2=-0.26075$ $n=0.56357$，$l=1.37506$，$m=1.98129$ ⑥取 $d=50\text{mm}$，则得其余各杆长度为 $a=\dfrac{d}{l}=36.3620(\text{mm})$ $b=am=72.0438(\text{mm})$ $c=an=20.4925(\text{mm})$
(2)按从动件的急回特性设计平面四杆机构	曲柄摇杆机构的设计	已知摇杆长度 c，摆角 ψ 及行程速比系数 K，设计一曲柄摇杆机构的方法如下 由图(d)可得 $\overline{C_1C_2}=2c\sin\dfrac{\psi}{2}$ $\overline{AC_1}=b+a$ $\overline{AC_2}=b-a$ 又由四个三角形△AC_1C_2、△AC_2D、△AC_1D、△$B'C'D$，应用余弦定理得 $\left(2c\sin\dfrac{\psi}{2}\right)^2=(b+a)^2+(b-a)^2-2(b+a)(b-a)\cos\theta$ $(b-a)^2=c^2+d^2-2cd\cos\psi_0$ $(b+a)^2=c^2+d^2-2cd\cos(\psi_0+\psi)$ $(d-a)^2=b^2+c^2-2bc\cos\gamma_{\min}$ 若 c、ψ、θ(或 K)、$\gamma_{\min}$ 已知，则可由上述方程组解出 a、b、d 及 ψ_0 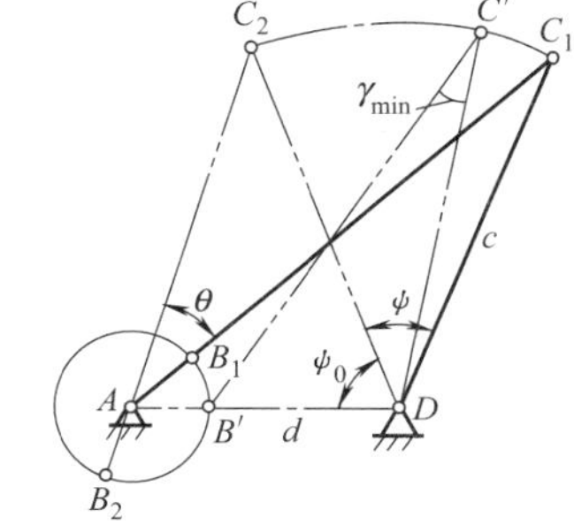 图(d) 按急回特性设计曲柄摇杆机构
	曲柄滑块机构的设计	已知滑块冲程 H、偏距 e 及行程速比系数 K，设计一曲柄滑块机构的方法如下 由图(e)中的两个三角形△DBC、△AC_1C_2，应用余弦定理得 $\cos\gamma_{\min}=\dfrac{a+e}{b}$ $\cos\theta=\dfrac{(b+a)^2+(b-a)^2-H^2}{2(b+a)(b-a)}$ 若 H、θ(或 K)、$\lambda\left(即\dfrac{a}{b}\right)$ 及 $\gamma_{\min}$ 已知时，由上述方程组可解出 a、b、e 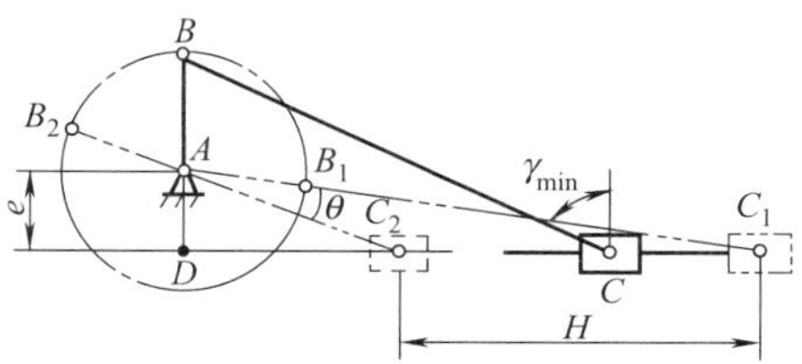 图(e) 按急回特性设计曲柄滑块机构

续表

(2)按从动件的急回特性设计平面四杆机构	导杆机构的设计	已知机架的长度 d，行程速比系数 K，设计一导杆机构的方法如下 在图(f)中，由$\triangle ADC_1$得 $a=d\cos\dfrac{\psi}{2}=d\cos\dfrac{\theta}{2}$ 若 d、θ(或 K)已知时，可求出 a 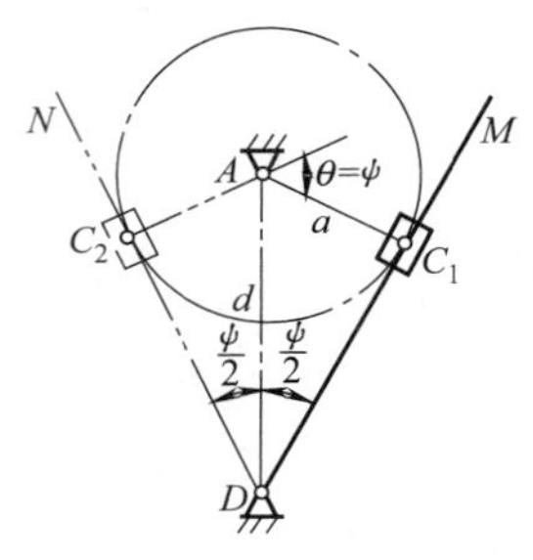 图(f)　按急回特性设计导杆机构
(3)按从动杆近似停歇要求设计平面四杆机构	在实际生产中，有时要求从动杆在其某一极限位置上有一近似停歇，以配合实现某种工艺动作要求。用连杆机构来实现这种近似停歇运动，具有运动平稳、加工简便等优点。如在针织机、织布机、包装机等采用曲柄摇杆机构实现近似停歇；又如冲床、压床等采用曲柄滑块机构实现近似停歇	
	曲柄摇杆机构的设计	在图(g)中图(ⅰ)所示的曲柄滑块机构中，摇杆 CD 的两个极限位置为 C_1D、C_2D。C_1D 为前极限位置，C_2D 为后极限位置。从图(g)中图(ⅱ)可以看出，摇杆在后极限位置附近运动要比在前极限位置附近更加缓慢。当曲柄与连杆的长度比$\dfrac{a}{b}=\lambda$ 较大时，近似停歇时间可以更长 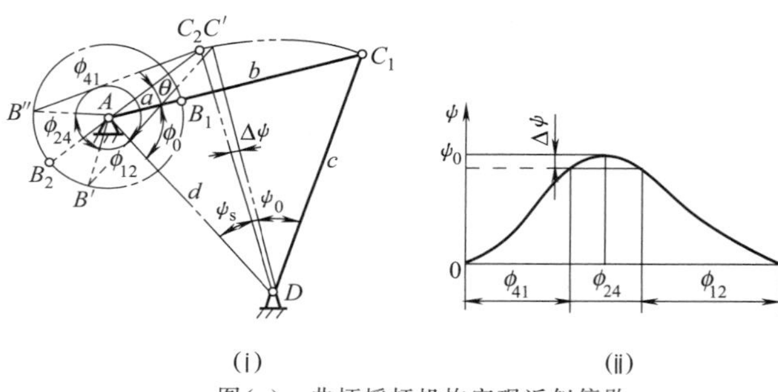 图(g)　曲柄摇杆机构实现近似停歇 利用两极限位置的两三角形$\triangle AC_1D$、$\triangle AC_2D$ 以及在后极限位置附近的四边形 $AB'CD'$、$AB''C'D$ 得 $c^2=(b+a)^2+d^2-2(b+a)d\cos\phi_0$　(11-3-50) $(b-a)^2=c^2+d^2-2cd\cos\psi_s$　(11-3-51) $b^2=[d-c\cos(\psi_s+\Delta\psi)-a\cos(\phi_0+\phi)]^2+[c\sin(\psi_s+\Delta\psi)-a\sin(\phi_0+\phi)]^2$　(11-3-52) 若 a、b、c、d 已知，由式(11-3-50)得 ϕ_0；由式(11-3-51)得 ψ_s。选择一个合适的 $\Delta\psi$，即可由式(11-3-52)求得近似停歇的曲柄转角
	曲柄滑块机构的设计	在图(h)中图(ⅰ)所示的偏置曲柄滑块机构中，滑块的两个极限位置为 C_1、C_2。C_1为前极限位置，C_2为后极限位置。滑块在后极限位置附近运动要比在前极限位置附近更加缓慢，当曲柄与连杆长度比$\dfrac{a}{b}=\lambda$ 较大时，近似停歇时间可以更长。由图(h)可得 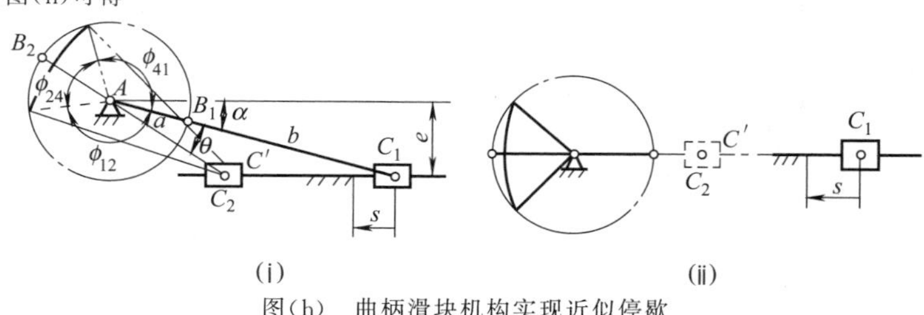 图(h)　曲柄滑块机构实现近似停歇

续表

(3)按从动杆近似停歇要求设计平面四杆机构	曲柄滑块机构的设计	$$\frac{e}{b+a}=\sin\alpha$$ $$s=(b+a)\cos\alpha-a\left[\left(\frac{1}{\lambda}-\frac{1}{2}\lambda k^2\right)+\cos\phi-\frac{\lambda}{2}\sin^2\phi-\lambda k\sin\phi\right] \quad (11\text{-}3\text{-}53)$$ 式中　$k=\frac{e}{a}$ 如果冲程为 H，则取 $s=H-\Delta H$，可以求出在后极限位置附近近似停歇的曲柄转角 对于对心曲柄滑块机构，如图(h)中图(ⅱ)所示，可得 $$s=(b+a)-a\left(\frac{1}{\lambda}+\cos\phi-\frac{1}{2}\lambda\sin^2\phi\right) \quad (11\text{-}3\text{-}54)$$ 同理，取 $s=H-\Delta H$，可以求出在后极限位置附近近似停歇的曲柄转角

3.3.3　轨迹机构的设计

所谓的轨迹机构设计就是指让平面连杆机构的连杆上的一点实现给定运动轨迹要求，其主要设计内容为：

① 按照连杆上某点的轨迹与给定的曲线准确或近似地重合，设计平面四杆机构；

② 利用连杆曲线设计从动件近似停歇（间歇运动）的平面连杆机构。

在多数情况下，先利用连杆曲线图谱、试验法或几何作图法确定机构参数，当要求较高的设计精度时，再用解析法确定部分参数。

表 11-3-10　　轨迹机构的设计

(1)按连杆曲线与给定曲线近似地重合来设计平面四杆机构		按给定轨迹设计平面四杆机构，在某一区段上或是在其整个曲线长度上，逼近于给定的曲线 $m—m$，求出此四杆机构的各有关参数 图(a)所示的平面四杆机构，其位于直角坐标系 xoy 中的连杆曲线受九个机构参数的影响。其中包括各构件的长度 a、b、c、d，机架相对于坐标的位置参数 (A_x,A_y,η) 以及 M 点在连杆上的位置参数 (k,β) 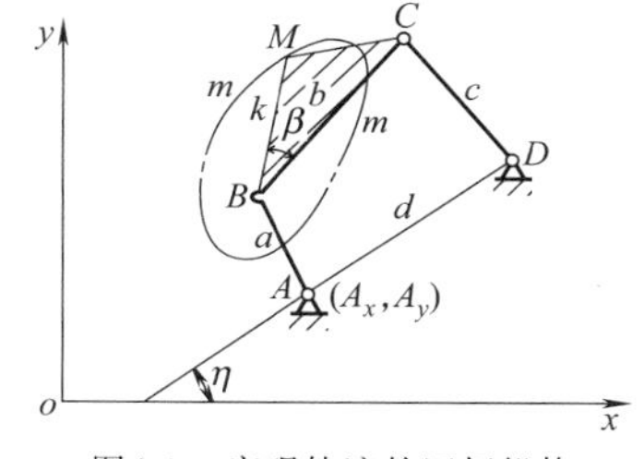 图(a)　实现轨迹的四杆机构
	铰链四杆机构设计	由图(b)可得铰链四杆机构的连杆曲线方程式 $$\frac{b\cos\beta}{k}(N^2-a^2-k^2)+\frac{b\sin\beta}{k}U-\frac{d}{k}V\{[b\sin(\beta+\eta)-k\sin\eta](M_x-A_x)-[b\cos(\beta+\eta)-k\cos\eta](M_y-A_y)\}-\frac{d}{k}W\{[b\cos(\beta+\eta)-k\cos\eta](M_x-A_x)+[b\sin(\beta+\eta)-k\sin\eta](M_y-A_y)\}-2d[(M_x-A_x)\cos\eta+(M_y-A_y)\sin\eta]+a^2+b^2+d^2-c^2=0 \quad (11\text{-}3\text{-}55)$$ 式中　$N^2=(M_x-A_x)^2-(M_y-A_y)^2$ $U=\pm\sqrt{4k^2N^2-(N^2+k^2-a^2)}$（两个符号对应于连杆曲线的两个分支） $$V=\frac{U}{N^2}$$ $$W=\frac{N^2+k^2-a^2}{N^2}$$ 图(b)　解析法实现轨迹的铰链四杆机构 式(11-3-55)的连杆曲线方程式中有 9 个待定参数：a、b、c、d、β、k、A_x、A_y、η。所以，如在给定轨迹中选取 9 组坐标值 (m_{xi},m_{yi}) 分别代入上式，得到 9 个方程式，解此方程组可求得机构的 9 个待定参数。采用插值逼近法确定 9 个结点坐标值，可以使连杆曲线与给定轨迹曲线更为接近 若取 $A_x=A_y=0$，$\eta=0°$，则待定参数减为 6 个

第11篇

续表

<table>
<tr>
<td>(1)按连杆曲线与给定曲线近似地重合来设计平面四杆机构</td>
<td>曲柄滑块机构设计</td>
<td colspan="4">由图(c)可得曲柄滑块机构的连杆曲线方程式
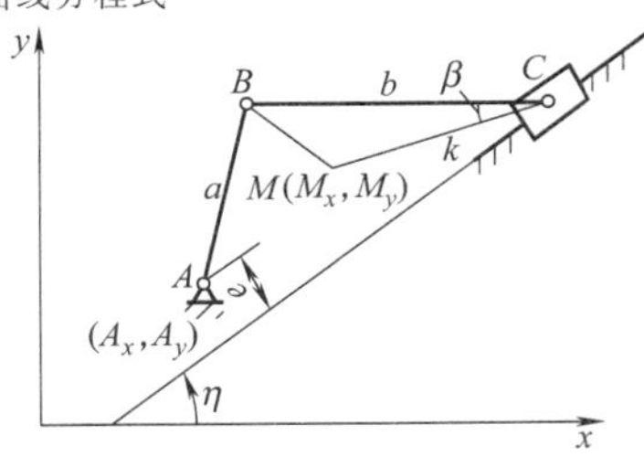

图(c) 解析法实现轨迹的曲柄滑块机构
$$(M_x-A_x)^2+(M_y-A_y)^2+k^2+b^2-2kb\cos\beta-a^2+\frac{2}{k}\{(k-b\cos\beta)[(M_x-A_x)\sin\eta-(M_y-A_y)\cos\eta]+b\sin\beta[(M_x-A_x)\cos\eta+(M_y-A_y)\sin\eta]\}[e-(M_x-A_x)\sin\eta+(M_y-A_y)\cos\eta]\pm\frac{2}{k}\{(k-b\cos\beta)[(M_x-A_x)\cos\eta+(M_y-A_y)\sin\eta]-b\sin\beta[(M_x-A_x)\sin\eta-(M_y-A_y)\cos\eta]\}\times\sqrt{k^2-[e-(M_x-A_x)\sin\eta+(M_y-A_y)\cos\eta]^2}=0 \quad (11\text{-}3\text{-}56)$$
式中，正、负号对应于连杆曲线的两个分支
式(11-3-56)中有 8 个待定尺度参数：a、b、e、k、β、A_x、A_y、η。所以，如在给定轨迹中选取 8 组坐标值(m_{xi},m_{yi})分别代入上式，得到 8 个方程式，解此方程组可求得机构的 8 个待定尺度参数。采用插值逼近法确定 8 个结点坐标值，可以使连杆曲线与给定轨迹曲线更为接近
若取 $A_x=A_y=0$，$\eta=0°$，则待定尺度参数减为 5 个</td>
</tr>
<tr>
<td rowspan="3">(2)利用连杆曲线设计输出杆近似停歇和直线导向的平面四杆机构</td>
<td colspan="5">利用连杆曲线上某些近似圆弧和近似直线段，可以使运动输出构件做近似停歇运动，从而完成某些工艺动作要求。利用连杆曲线设计输出杆做近似停歇运动或近似直线运动的平面连杆机构示例如下表所示</td>
</tr>
<tr>
<td>输出杆近似停歇的四杆机构</td>
<td>M₃ M₂ M₁ δ B 1 5 A E 2 C 6 3 F D 4
曲柄摇杆机构连杆 M 点轨迹$\overset{\frown}{M_1M_2M_3}$为近似圆弧。输出杆 6 相应地处于近似停歇位置</td>
<td>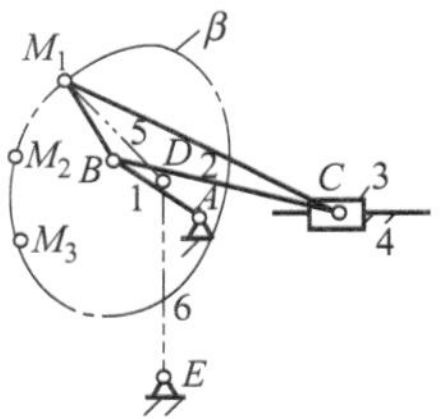

曲柄滑块机构连杆上 M 点的轨迹$\overset{\frown}{M_1M_2M_3}$为近似圆弧。输出杆 6 相应地处于近似停歇位置</td>
<td>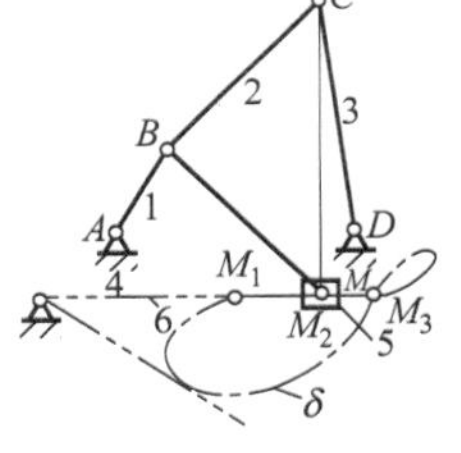

曲柄摇杆机构连杆上 M 点的轨迹$\overline{M_1M_2M_3}$为近似直线段。输出杆 6 将处于近似停歇位置</td>
<td>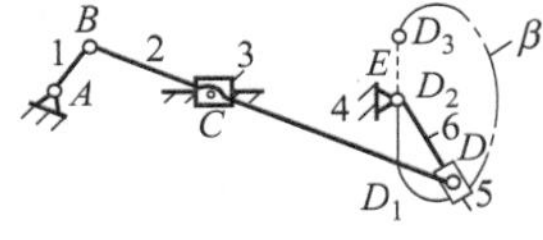

曲柄滑块机构连杆上 D 点的轨迹$\overline{D_1D_2D_3}$为近似直线段。输出杆 6 将处于近似停歇位置</td>
</tr>
<tr>
<td>输出杆近似直线运动的四杆机构</td>
<td>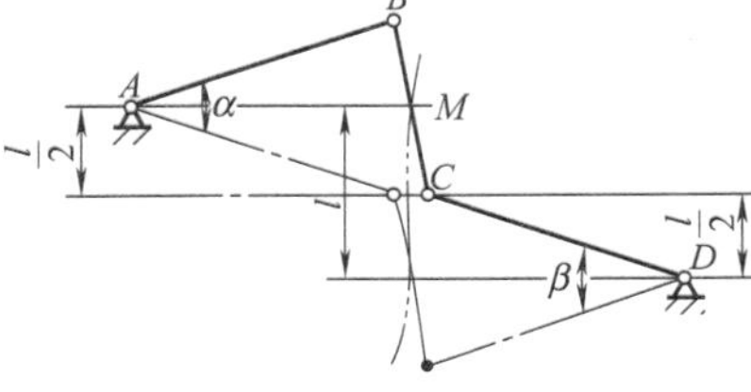

取$\overline{BC}=l$，$\overline{AB}=\overline{CD}=1.5l$，则$\overline{BC}$中点 M 在行程为 l 的范围内(相应摆角 $\alpha=\beta\approx40°$)的轨迹为近似直线</td>
<td>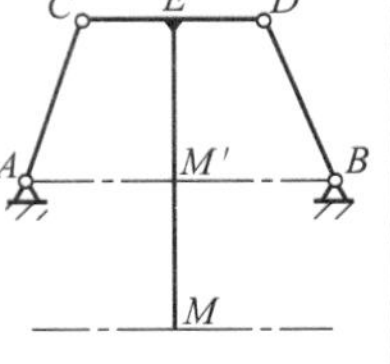

① 取$\overline{AC}=\overline{BD}=0.584d$，$\overline{AB}=d$，$\overline{CD}=0.593d$，$\overline{CD}$的垂直平分线$\overline{EM}=1.112d$，则连杆 M 点轨迹为近似直线
② 取$\overline{AC}=\overline{BD}=0.6d$，$\overline{CD}=0.5d$，则 M' 点近似沿 AB 直线运动</td>
<td>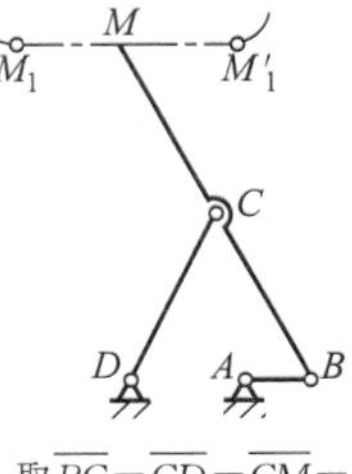

取$\overline{BC}=\overline{CD}=\overline{CM}=1$，$\overline{AD}=\frac{2+\overline{AB}}{3}$，$\sin^2\frac{\alpha_1}{2}=\frac{4\overline{AB}-1}{\overline{AB}(2+\overline{AB})}$，则曲柄转 α_1 角时，M 点在 M_1、M'_1间做近似直线运动</td>
<td>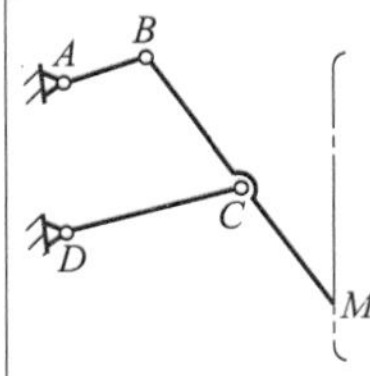

取$\overline{AB}=r$，$\overline{AD}=2r$，$\overline{BC}=\overline{CD}=\overline{CM}=2.5r$，则连杆上 M 点的轨迹为近似直线</td>
</tr>
</table>

3.4 气液动连杆机构

气液动连杆机构在矿山、冶金、建筑、交通运输、轻工等行业中应用十分广泛。这种机构具有制造容易、价格低廉、坚实耐用、便于维修保养等优点。

气液动连杆机构的结构特点是含有移动副，它由动作缸和活塞杆组合而成。气液动连杆机构中总是以活塞杆作为主动件。

图 11-3-1 为一对中式气液动连杆机构的机构运动简图。

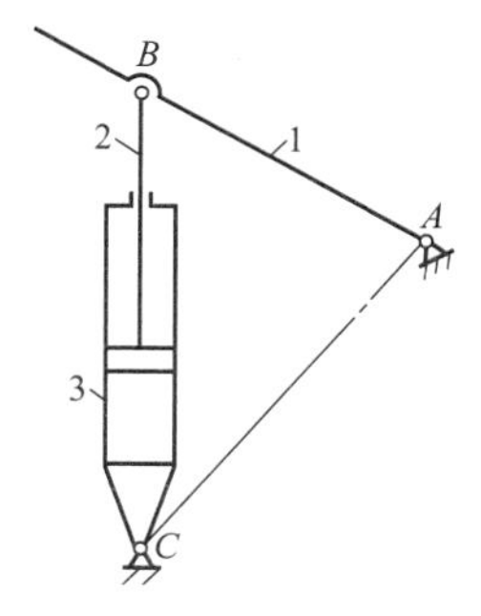

图 11-3-1 气液动连杆机构

1—从动件；2—活塞杆；3—动作缸

3.4.1 气液动连杆机构位置参数的计算和选择

表 11-3-11 气液动连杆机构位置参数的计算和选择

类型	对中式	偏置式	说明
机构简图			r——摇杆长度；d——机架长度；e——液压缸偏置距；L_1——初始位置时铰链点 B_1 到液压缸铰链点 C 的距离；L_2——终止位置时铰链点 B_2 到液压缸铰链点 C 的距离；L——任意位置时铰链点 B 到液压缸铰链点 C 的距离；ϕ——从动摇杆任意位置角
从动摇杆初始位置角 ϕ_1	$\cos\phi_1=\dfrac{1+\sigma^2-\rho_1^2}{2\sigma}$		
从动摇杆终止位置角 ϕ_2	$\cos\phi_2=\dfrac{1+\sigma^2-\lambda^2\rho_1^2}{2\sigma}$		
从动摇杆工作摆角 ϕ_{12}	$\phi_{12}=\phi_2-\phi_1$		
液压缸行程 H_{12}	$H_{12}=L_2-L_1$	$H_{12}=\sqrt{L_2^2-e^2}-\sqrt{L_1^2-e^2}$	
传动角 γ 给定 ρ 和 σ	$\cos\gamma=\dfrac{\rho^2+\sigma^2-1}{2\rho\sigma},\sin\gamma=\dfrac{\sqrt{4\rho^2\sigma^2-(\rho^2+\sigma^2-1)}}{2\rho\sigma}$		
传动角 γ 给定 ϕ 和 σ	$\cos\gamma=\dfrac{\sigma-\cos\phi}{\sqrt{1+\sigma^2-2\sigma\cos\phi}},\sin\gamma=\dfrac{1}{\sqrt{\left(\dfrac{\sigma-\cos\phi}{\sin\phi}\right)^2+1}}$		
偏置角 β	0	$\sin\beta=\dfrac{e}{L}$	
活塞杆伸出系数 λ'	$\lambda'=\lambda$	$\lambda'=\sqrt{\dfrac{\lambda^2-(e/L_1)^2}{1-(e/L_2)^2}}=\lambda$	
计算参数	$\lambda=\dfrac{L_2}{L_1}$ $\sigma=\dfrac{r}{d}$ $\rho_1=\dfrac{L_1}{d}$ $\rho_2=\dfrac{L_2}{d}=\lambda\rho_1$ $\rho=\dfrac{L}{d}$		
参数选择	活塞杆伸出系数 λ' 应根据活塞杆伸出时稳定性的要求来确定，一般可取 $\lambda'\approx1.5\sim1.7$ 基本参数 σ 和 ϕ_1、ϕ_2 或 σ 和 ρ_1、ρ_2 可根据气液动连杆机构工作位置和传力的要求，用下图确定		

第 11 篇

续表

参数选择	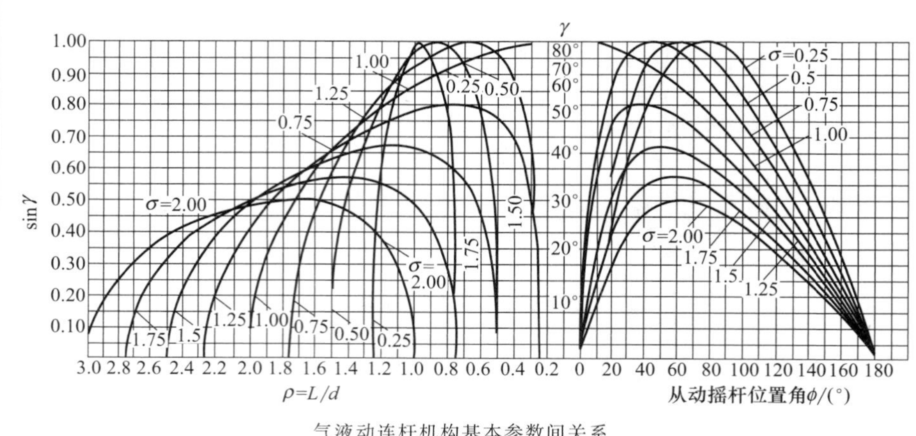 气液动连杆机构基本参数间关系

3.4.2　气液动连杆机构运动参数和动力参数的计算

表 11-3-12　　气液动连杆机构运动参数和动力参数计算公式

类　型	对　中　式	偏　置　式	说　　明
机构简图			v_2——活塞的平均相对运动速度的大小 F_{32}——液压缸 3 给活塞杆 2 的作用力合力，作用在 B 点上，F'_{32} 和 F''_{32} 为其两个分力 $r=\overline{AB}$ $L=\overline{BC}$
摇杆角速度 ω_1	$\omega_1=\dfrac{v_2}{r\sin\gamma}$	$\omega_1=\dfrac{v_2\cos\beta}{r\sin\gamma}$	
液压缸角速度 ω_2	$\omega_2=\dfrac{v_2}{L\tan\gamma}$	$\omega_2=\dfrac{v_2(\cot\gamma\cos\beta-\sin\beta)}{L}$	
所需的液压缸推力 F_2	$F_2=\dfrac{M_1}{r\sin\gamma}$	$F_2=\dfrac{M_1}{r\sin\gamma}\cos\beta$	
液压缸对活塞杆的横向力 F_{32}	0	$F_{32}=\dfrac{M_1}{r\sin\gamma}\sin\beta$	
所传递的阻力矩 M_1	$M_1=F_2r\sin\gamma$	$M_1=F_2r\dfrac{\sin\gamma}{\cos\beta}$	
所传递的阻力矩 T_1 相对值	$\dfrac{M_1}{F_2r}=\sin\gamma$	$\dfrac{M_1}{F_2r}=\dfrac{\sin\gamma}{\cos\beta}$	

3.4.3 气液动连杆机构的设计

表 11-3-13 气液动连杆机构的设计

<table>
<tr><td rowspan="2">按摇杆摆角 ϕ_{12} 及初始角 ϕ_1 设计对中气液动连杆机构</td><td>由表 11-3-11 可得 σ 和 ρ_1 的计算公式
$$\sigma=\frac{-B\pm\sqrt{B^2-4AC}}{2A} \quad (11\text{-}3\text{-}57)$$
式中
$$\left.\begin{aligned}A&=\lambda^2-1\\B&=-2(\lambda^2\cos\phi_1-\cos\phi_2)\\C&=\lambda^2-1\end{aligned}\right\} \quad (11\text{-}3\text{-}58)$$
而
$$\rho_1=\sqrt{1+\sigma^2-2\sigma\cos\phi_1} \quad (11\text{-}3\text{-}59)$$</td></tr>
<tr><td>例　某汽车吊要求举升液压缸将起重臂从 $\phi_1=0°$ 举升到 $\phi_2=60°$，试确定 σ 和 ρ_1 值
解　取活塞杆伸出系数 $\lambda=1.6$，代入式(11-3-58)得 $A=C=1.56$，$B=-4.12$，再代入式(11-3-57)、式(11-3-59)可得到 $\sigma=2.17$、$\rho_1=1.17$ 及 $\sigma=0.47$、$\rho_1=0.53$ 两组数值，根据汽车底盘结构取机架长度 $d=1200$mm，则得 $r=2604$mm、$L_1=1404$mm 及 $r=564$mm、$L_1=636$mm 两组数值</td></tr>
<tr><td rowspan="2">按摇杆摆角 ϕ_{12}、液压缸初始长度 L_1、活塞行程 $H_{12}=L_2-L_1$ 设计对中式气液动连杆机构</td><td>令 $d=1$，由表 11-3-11 可得
$$\left.\begin{aligned}(L_1+H_{12})^2&=1+r^2-2r\cos(\phi_1+\phi_{12})\\\cos\phi_1&=\frac{1+r^2-L_1^2}{2r}\end{aligned}\right\} \quad (11\text{-}3\text{-}60)$$
将式(11-3-60)消去 ϕ_1，可得
$$ar^4-br^2+c=0 \quad (11\text{-}3\text{-}61)$$
式中　$a=2(1-\cos\phi_{12})$
$b=2[(2L_1^2+2L_1H_{12}+H_{12}^2)(\cos\phi_{12}-1)+2\cos\phi_{12}(\cos\phi_{12}-1)]$
$c=(L_1+H_{12})^4-2(L_1+H_{12})^2+[(L_1+H_{12})^2-1](2-2L_1^2)\cos\phi_{12}+L_1^4-2L_1^2+2$
由式(11-3-60)与式(11-3-61)可分别解出 r 和 ϕ_1</td></tr>
<tr><td>例　某摆动导板送料辊的摆动液压缸机构，要求导板的摆角 $\phi_{12}=60°$，$H_{12}=0.5$m，$L_1=d=1$m，试确定 r 和 ϕ_1 值
解　将已知数据代入式(11-3-60)及式(11-3-61)可求得 $r=0.638$m，$\phi_1=71°36'$ 及 $r=1.932$m、$\phi_1=10°20'$ 两组解。相应的传动角为 71°12′及 10°20′。后一组数据的传动角太小，不宜采用</td></tr>
</table>

第4章 齿轮机构设计

4.1 基本概念

平面低副机构只能近似地实现预先给定的运动规律，但高副机构能精确地实现任意形状的预定运动轨迹，可广泛地应用在精密仪器、精密伺服传动、自动化程度高的机械中。

齿轮机构是最常见的高副机构，可以用来传递空间任意两轴间的运动和动力，按照两轴的相对位置和齿向，齿轮机构分类、特点及应用如表 11-4-1 所示。

表 11-4-1 齿轮机构分类、特点及应用

<table>
<tr><th colspan="4">齿轮机构分类</th><th>特点及应用</th></tr>
<tr><td rowspan="4">平面齿轮机构</td><td colspan="3">外啮合圆柱齿轮机构</td><td rowspan="4">传动的速度和功率范围很大，对中心距的敏感性小，互换性好，装配和维修方便，易于进行精密加工，是齿轮传动中应用最广泛的传动
主要用作高速船用透平齿轮，大型轧机齿轮，矿山、轻工、化工和建材机械齿轮等</td></tr>
<tr><td>直齿</td><td>斜齿</td><td>人字齿</td></tr>
<tr><td>内啮合圆柱齿轮机构</td><td colspan="2">齿轮齿条机构</td></tr>
<tr><td> 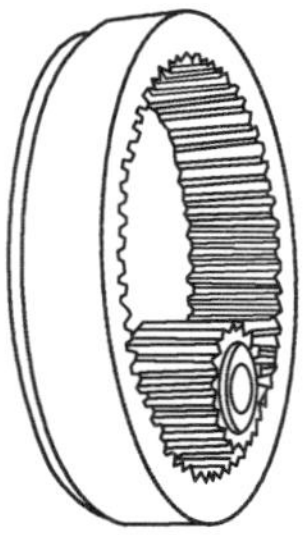</td><td colspan="2"> 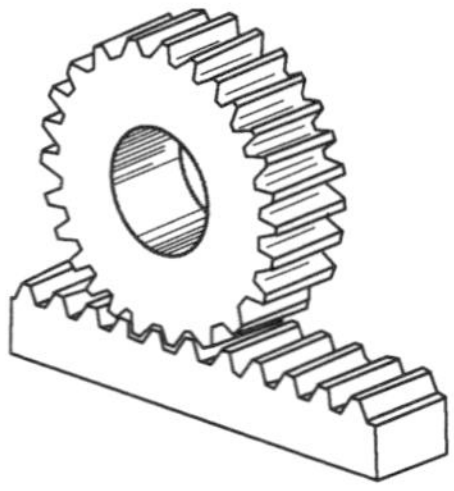</td></tr>
<tr><td rowspan="3">空间齿轮机构</td><td colspan="3">圆锥齿轮机构</td><td rowspan="3">用于两相交轴之间的传动，承载能力大，直齿圆锥齿轮设计、制造、安装均较容易，应用最为广泛
主要用于机床、汽车、拖拉机等机械中</td></tr>
<tr><td>直齿</td><td>斜齿</td><td>曲齿</td></tr>
<tr><td> 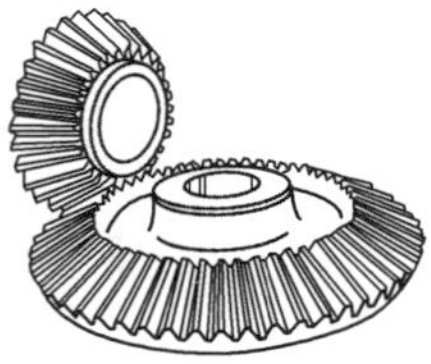</td><td> 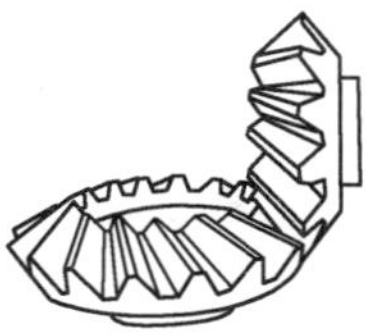</td><td> </td></tr>
</table>

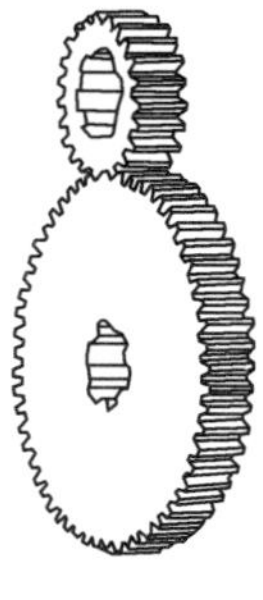

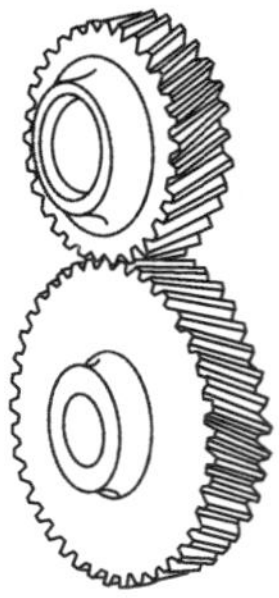

续表

齿轮机构分类			特点及应用
空间齿轮机构	交错轴齿轮机构		交错轴斜齿轮由两个螺旋角不等的斜齿齿轮组成，两齿轮的轴线可成任意角度，缺点是齿面为点接触，所以承载能力和传动效率较低；用于空间任意方向轻载或传递运动的场合 蜗杆蜗轮传动由蜗杆和蜗轮组成，主要优点是能够获得很大的传动比、结构紧凑、传动平稳、噪声小等，缺点是效率较低；主要用于中、小负荷，结构要求紧凑的场合
	交错轴斜齿轮	蜗杆蜗轮	
		蜗轮 蜗杆	

4.1.1　瞬心及瞬心线

高副机构是靠高副接触实现传动的机构，但一定要清楚，高副机构中同时含低副，往往高副的回转中心都是靠回转副来实现的。做平面运动的高副机构称为平面高副机构，研究平面高副机构的运动特性，就要研究瞬心及瞬心线的性质，瞬心的求法如表 11-2-8 所示，瞬心线的定义及性质如表 11-4-2 所示，瞬心线及瞬心机构图例如表 11-4-3 所示。

表 11-4-2　　瞬心线、高副机构定义

瞬心线相关定义	瞬心	当两构件互做平面相对运动时，在这两构件上绝对速度相同或者说相对速度等于零的瞬时重合点称为瞬心
	相对瞬心线	把每一个构件上曾经作为瞬心的各点连接起来，所得到的两条轨迹曲线称为相对瞬心线
	定瞬心线	如果两构件中有一构件为机架，则在机架上的瞬心轨迹曲线称为定瞬心线
	动瞬心线	在运动构件上的瞬心轨迹称为动瞬心线
瞬心线形成原理	图解法求瞬心的原理是根据两构件在瞬心处绝对速度相等（只有相对滚动）求出两构件各运动位置的瞬心，再将求得一系列瞬心点连接起来即可得出瞬心线。具体步骤如下 参见右图，机架 E_0 上有一条定瞬心线 S_0 固连在 E_0 上不动，运动构件 E 上固连一条动瞬心线 S 并随 E 一起运动。当构件 E 上 A、B 两点在机架 E_0 上沿曲线 $\alpha\alpha$ 和 $\beta\beta$ 上滑动时，构件 E 的动瞬心线 S 上的点 P、P'、P''…将分别与其定瞬心线 S_0 上的点 P、P'_0、P''_0…依次做无相对滑动接触，或者说，动瞬心线上的每一个点都有定瞬心线上相对应的点与之做无滑动的接触，故构件 E 运动时，它的动瞬心线 S 将沿其定瞬心线 S_0 做无滑动的滚动	
瞬心线性质	互做平面相对运动两构件的相对瞬心线，必随两构件的相对运动而做无滑动的滚动，这是相对瞬心线的重要性质。也可以说，两构件的相对运动可用与这两构件相固连的一对相对瞬心线的纯滚动来实现	
高副机构定义及分类	定义	机构中主要是以高副接触来传递运动的，称为高副机构
	分类	根据两构件相对运动的观点可分为两类：一类是构成高副的两轮廓之间的相对运动是纯滚动的高副机构，称为瞬心线机构；另一类是构成高副的两轮廓之间的相对运动是滚动带滑动的高副机构，称为共轭曲线机构
	举例	①瞬心线机构如摩擦轮机构等 ②共轭曲线机构如凸轮机构、齿轮机构等

表 11-4-3 **瞬心线及瞬心机构图例**

序号	名称	图例	说明
1	摩擦轮	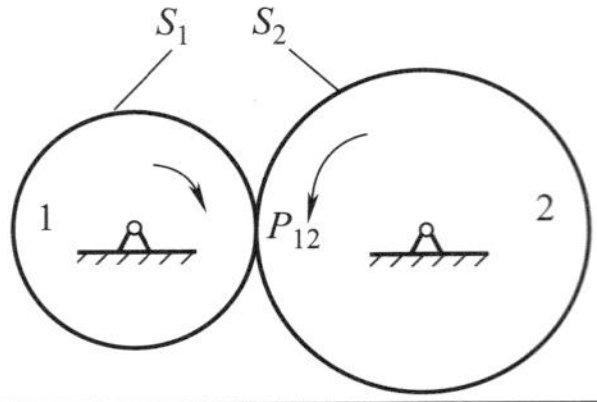	一对摩擦轮机构，因构件 1 和 2 是纯滚动，瞬心位置在 P_{12} 上，则与轮 1 的轮缘相重合的圆 S_1 即为两轮瞬心 P_{12} 在轮 1 上的轨迹，而与轮 2 的轮缘相重合的圆 S_2 即为两轮瞬心 P_{12} 在轮 2 上的轨迹，故两轮的相对瞬心线为两个圆 S_1 和 S_2
2	平面滚轮	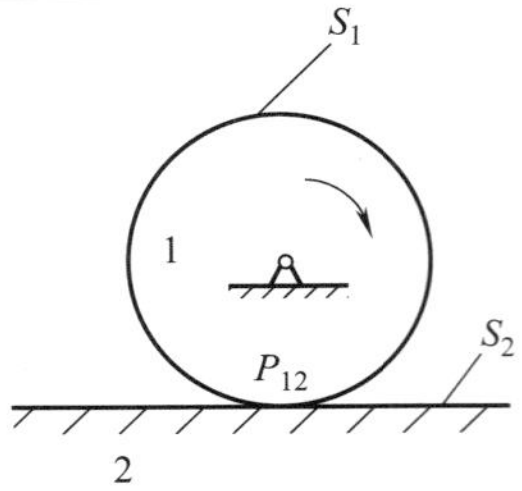	轮子 1 在固定轨道 2 上做纯滚动，这时，直线 S_2 为瞬心 P_{12} 在轨道 2 上的轨迹，瞬心线 S_2 又称之为定瞬心线；而轮 1 的圆周 S_1 为瞬心 P_{12} 在轮 1 上的轨迹，则称为相对瞬心线
3	渐开线圆柱齿轮机构	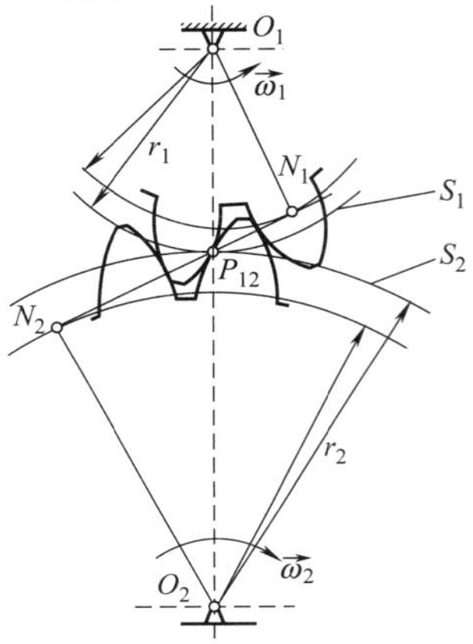	利用瞬心线的定义可知，一对渐开线齿轮啮合时，其节圆 S_1 和 S_2 做纯滚动时，完成了一对渐开线齿廓的啮合运动，所以两节圆 S_1 和 S_2 是渐开线齿轮机构的相对瞬心线
4	非圆摩擦轮	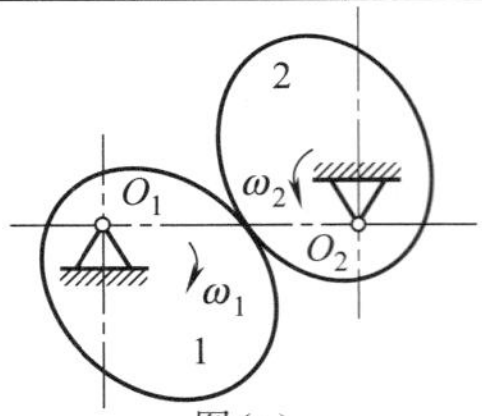 图(a) 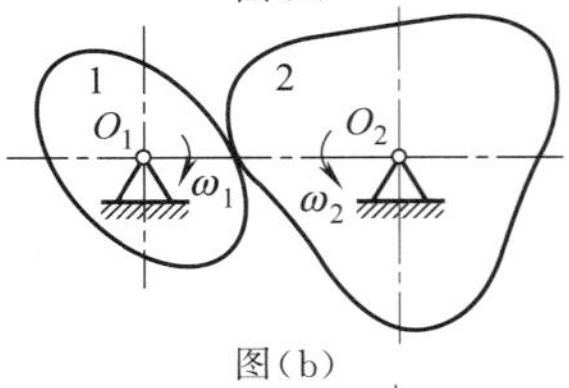图(b) 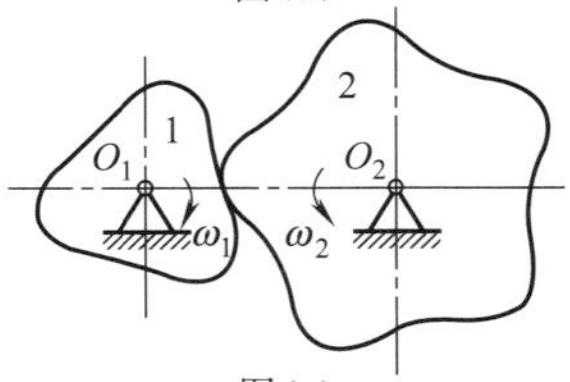图(c)	当主动轮 1 以一定角速度回转时，从动轮 2 能做不同的变角速度运动

续表

序号	名称	图例	说明
5	非圆齿轮机构	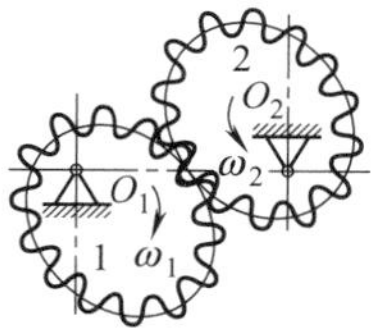 图(d) 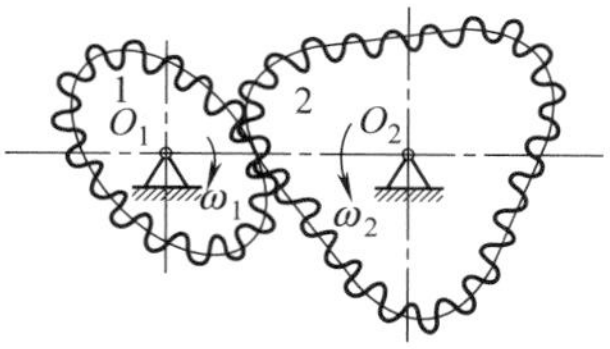 图(e) 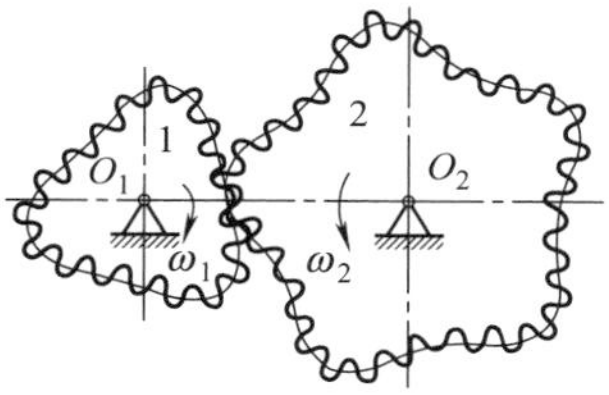 图(f)	瞬心线机构要靠摩擦力传递运动，其应受到一定限制，因此可以把非圆摩擦轮转化为运动完全相同的共轭曲线机构

4.1.2 齿轮副的节曲面

由于瞬心线机构靠摩擦传动，难以传递较大动力，因此，必须用带有一定形状齿廓的齿轮来传递运动和动力。如表 11-4-4 所示，描述了齿轮副的基本概念和齿轮的齿廓形状与两传动轴之间的运动关系。

表 11-4-4 齿轮副的节曲面

基本概念	节点	齿廓啮合点公法线与中心线的交点称为啮合节点，简称节点，如右图所示 P 点	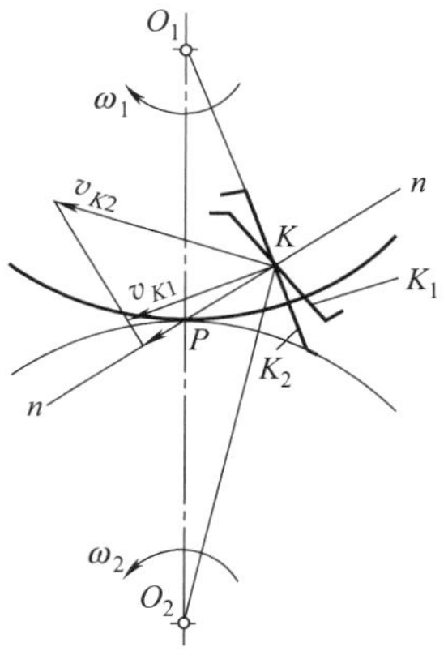 齿廓瞬时啮合
	节圆	在两个齿轮的各自运动平面内，瞬心点 P 的轨迹分别是以 O_1、O_2 为圆心，以和为半径的两个圆，这两个圆就是这对齿轮相对运动时的动瞬心线，称为节圆	
	节曲面	齿轮啮合传动时，相当于两节圆作无滑动的纯滚动过程，因齿轮有一定宽度，两个节圆就成为两个圆柱面，称为节曲面	

续表

基本原理	任意一对齿轮啮合传动，当齿轮 1 以角速度 ω_1 转动并以其齿廓 K_1 在 K 点推动齿轮 2 的齿廓 K_2 使其绕自己的轴线 O_2 以角速度 ω_2 转动时，为保证这对齿廓能连续地接触传动而不产生分离或相互嵌入，沿齿廓接触点公法线 $n—n$ 方向是不允许有相对运动的，即两齿廓在接触点 K 的线速度 v_{K1} 和 v_{K2} 在其公法线方向上的分速度应该相等 按三心定理，轮齿接触点公法线 $n—n$ 与两齿轮中心线 O_1O_2 的交点 P 即为齿轮 1、2 的相对速度瞬心，即两齿轮在 P 点的线速度相同，有 $\omega_1\overline{O_1P}=\omega_2\overline{O_2P}$，故该对轮齿的瞬时传动比 i_{12} 为 $i_{12}=\dfrac{\omega_1}{\omega_2}=\dfrac{\overline{O_2P}}{\overline{O_1P}}$
轮齿啮合基本定律	上式表明，相互啮合传动的一对齿轮，在任一位置啮合时的传动比，都与其中心线被其啮合点公法线所分成的两段成反比
非圆齿轮	当要求两齿轮的传动比按某种运动规律变化时，节点 P 就不再是固定点，而应在中心线 O_1O_2 上以一定的规律移动。在此过程中，移动的节点 P 在两齿轮的各自运动平面内所形成的两条动瞬心线就不再是圆了，而是某种非圆曲线，即节线是非圆曲线，这样的齿轮副是一对非圆齿轮，如表 11-4-3 所示

4.1.3 齿轮副的齿面

齿轮传动靠轮齿的相互啮合来实现传动要求，两齿面接触传动时，该两齿面应保持相切，而不允许有尖角接触。圆柱齿轮传动，按其轮齿的齿面与轴线的关系，可分为三种类型：

① 直齿圆柱齿轮副，其轮齿与轴线平行，如表 11-4-1 所示；

② 斜齿圆柱齿轮副，其轮齿在节圆柱上沿螺旋线分布，如表 11-4-1 所示；

③ 人字齿圆柱齿轮副，其轮齿由两个倾角相同而方向相反的并列斜齿轮组成，如表 11-4-1 所示。

齿廓的定义及形状如表 11-4-5 所示。

表 11-4-5 齿廓的定义及形状

定义	齿廓	圆柱齿轮的齿面与垂直于其轴线的平面的交线
定义	共轭齿廓	凡能满足轮齿啮合基本定律的一对齿廓称为共轭齿廓

齿廓形状		图例
圆弧齿廓	齿廓曲线为圆弧形。圆弧齿轮传动通常有两种啮合形式：单圆弧齿轮传动和双圆弧齿轮传动 单圆弧齿轮传动中，小齿轮为凸圆弧齿廓，大齿轮为凹圆弧齿廓，如图(a)所示。双圆弧齿轮传动大、小齿轮在各自的节圆以外部分都做成凸圆弧齿廓，在节圆以内的部分都做成凹圆弧齿廓，如图(b)所示	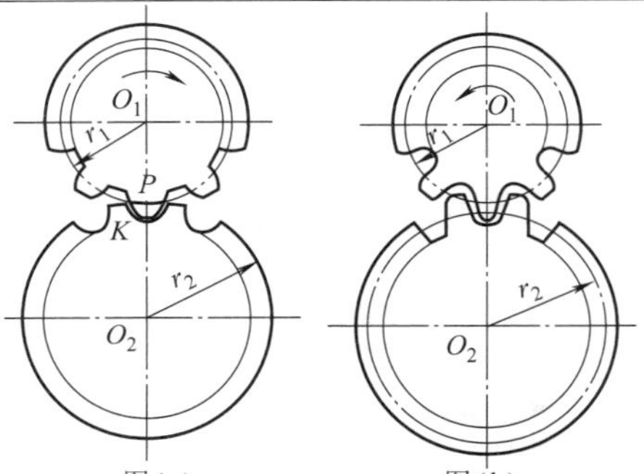 图(a) 图(b)
摆线齿廓	齿廓曲线的形状为各种摆线或其等距曲线 当一个圆 R_1 在另一个固定的圆 C 的外缘上做纯滚动时，该圆周上一点的轨迹称为外摆线。当一个圆 R_2 在另一个固定的圆 C 的内缘上做纯滚动时，该圆周上一点的轨迹称为内摆线。固定的圆 C 称为导圆，做纯滚动的圆称为滚圆，滚圆沿导圆内外缘滚动时，以 K_0 点为界分别画出内外摆线，形成摆线齿廓。外摆线是齿顶部分，内摆线是齿根部分	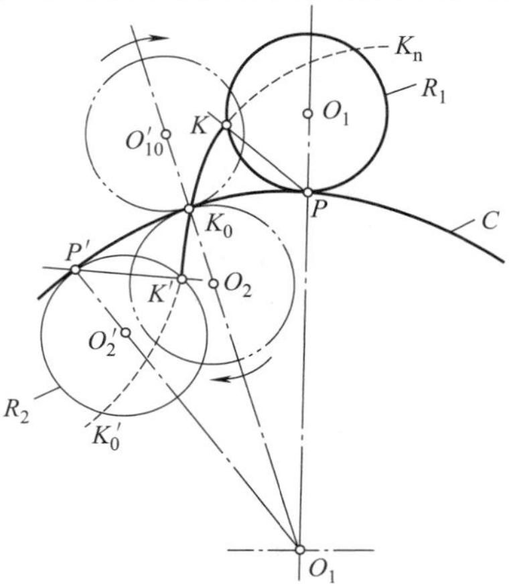 图(c)

续表

齿廓形状		图　　例
渐开线齿廓	齿廓曲线的形状为渐开线 当一条直线沿着一个圆的圆周做纯滚动时，直线上任意一点的轨迹称为该圆的渐开线，这个圆称为基圆。如图(d)所示 S_1 为基圆 C_2 的渐开线	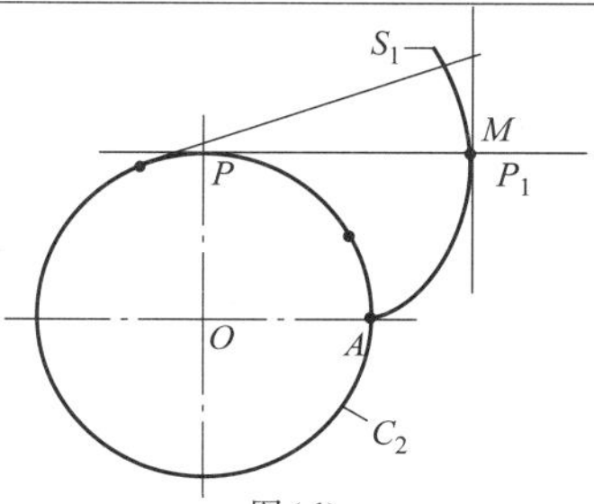 图(d)
包络线法	包络线法是一种直接法，当已知齿轮的瞬心线Ⅰ、Ⅱ和一个齿轮的齿廓 g_1 时，假设齿轮 2 固定不动，令齿轮 1 随其瞬心线Ⅰ沿齿轮 2 的瞬心线Ⅱ做纯滚动。在运动过程中，轮 1 的齿廓 g_1 就在轮 2 的平面上形成连续的齿廓曲线族。这个齿廓曲线族的包络线就是齿轮 2 的齿廓曲线 g_2。详细内容见 4.3.3.2	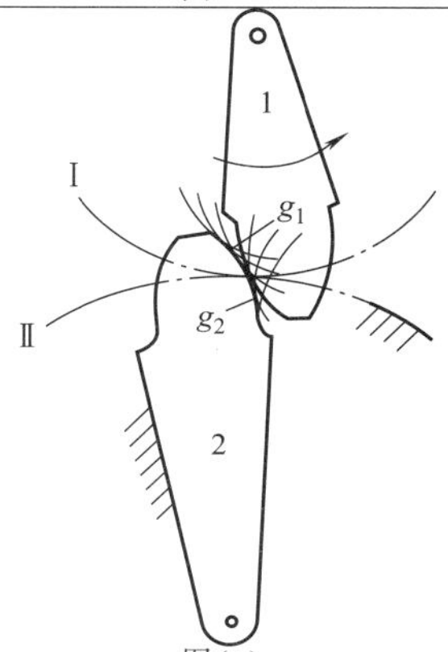 图(e)
齿廓法线法	利用轮齿啮合基本定律来求共轭齿廓。已知两齿轮的节圆半径 r_1 和 r_2，一个齿轮 1 的齿廓 K_1，通过给定齿廓上接触点位置和齿轮转角之间的关系方程，求其共轭曲线。详细内容见 4.3.3.3	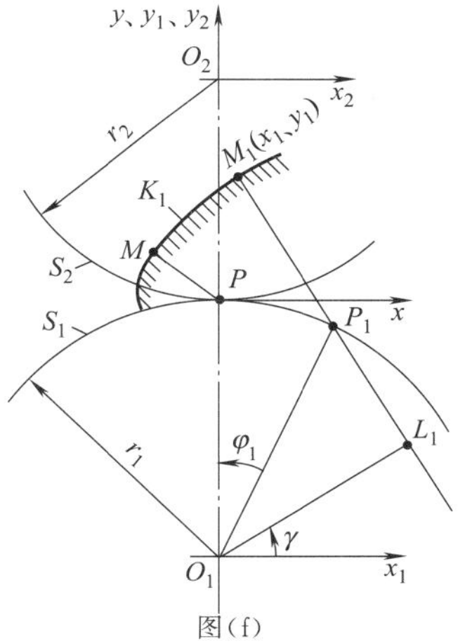 图(f)
动瞬心线法	圆 C_1、C_2 在 P 点相切，曲线 N_1 与曲线 P_1 固连，当曲线 P_1 沿 C_1 做纯滚动时，曲线 N_1 可包络出曲线 S_1，其瞬心为 P 点，若在运动过程中，N_1 与 S_1 相切于 M 点，该点的法线为 MP；同样，曲线 P_1 沿 C_2 做纯滚动时，曲线 N_1 可包络出曲线 S_2，其瞬心仍为 P 点，N_1 与 S_2 也相切于 M 点，该点的法线仍为 MP，包络线 S_1、S_2 在 M 点有共同的法线而相切，因此 S_1、S_2 是共轭曲线，P_1 则为动瞬心线	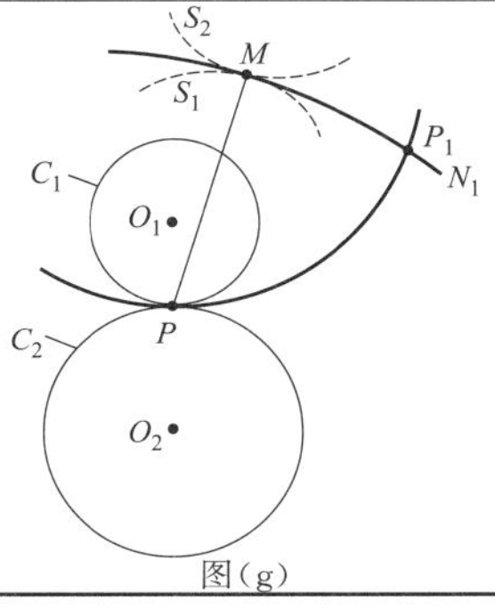 图(g)

第11篇

4.2 瞬心线机构

利用瞬心线作廓线来传递运动的机构称为瞬心线机构。高副机构之所以能精确实现任意曲线形状的运动轨迹，关键是靠高副机构的轮廓曲线，所以，设计出满足要求的高级机构的轮廓曲线是至关重要的。

4.2.1 瞬心线机构数学模型

如图 11-4-1 所示，是以瞬心线 S_1 和 S_2 为廓线的瞬心线机构，它们分别以角速度 ω_1 和 ω_2 绕轴 O_1 和 O_2 回转。在设计这种运动时，可按照两廓线纯滚动的运动关系要求。具体的数学模型如表 11-4-6 所示。

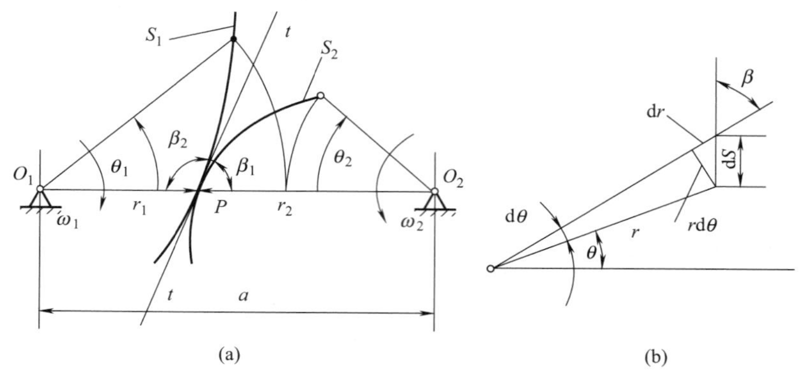

图 11-4-1 瞬心线机构

表 11-4-6 瞬心线机构的数学模型

满足运动的条件	数 学 模 型
两廓线的接触点 P 必须在构件回转中心连线 O_1O_2 上	$O_1P+O_2P=r_1+r_2=a$ (11-4-1)
两廓线转过的弧长必须相等	$dS_1=dS_2$ 或 $r_1d\theta_1=r_2d\theta_2$ (11-4-2)
两廓线在接触点的斜率必须相等	如图 11-4-1(a)所示，接触点的公切线 $t-t$ 的正向与向径 r_1 间的夹角为 β_1，$t-t$ 与向径 r_2 间的夹角为 β_2，因而 $\beta_1+\beta_2=\pi$ 故 $\tan\beta_1=-\tan\beta_2$ (11-4-3) 从图 11-4-1(b)可知 $\tan\beta=\dfrac{rd\theta}{dr}=\dfrac{r}{\dfrac{dr}{d\theta}}$ (11-4-4)

4.2.2 瞬心线机构连续运动的封闭条件

如果瞬心线机构能实现连续运动，要求其瞬心线均是封闭曲线，即瞬心线机构必须满足实现连续运动的封闭条件。

具体模型建立如表 11-4-7 所示。

表 11-4-7 封闭条件的数学模型

已知条件	当主动件转过角度 θ_1 时，对应从动件转过角度 θ_2。机构的传动比为 $i_{12}=\dfrac{n_1}{n_2}$，变化的周期数为 n_1 和 n_2（整数）
满足封闭条件依据	所谓封闭条件是两瞬心线 1 和 2 在各转 $\dfrac{2\pi}{n_1}$ 和 $\dfrac{2\pi}{n_2}$ 时，两瞬心线的回转半径 $r_1=r_1(\theta_1)$ 和 $r_2=r_2(\theta_2)$ 才会重复对应接触，即主动件转角 $\theta_1=0\sim2\pi n_1$ 时，从动件也应转过 $\theta_2=0\sim2\pi n_2$，其传动比为 $i_{12}=\dfrac{n_1}{n_2}$，变化的周期数 n_1 和 n_2 都应该是整数，因为只有这样，瞬心线 S_2 在 $\theta_2=0$ 与 $\theta_2=2\pi$ 时的半径也才能相等

第 11 篇

续表

数学模型	$$\frac{2\pi}{n_2}=\int_0^{\frac{2\pi}{n_1}}\frac{1}{i_{12}(\theta_1)}d\theta_1=\int_0^{\frac{2\pi}{n_1}}\frac{r_1(\theta_1)}{a-r_1(\theta_1)}d\theta_1 \quad (11\text{-}4\text{-}5)$$ 式中　$i_{12}(\theta_1)$——两瞬心线瞬时传动比 n_1——瞬心线 1 传动比变化周期数 n_2——瞬心线 2 传动比变化周期数 $r_1(\theta_1)$——瞬心线 1 瞬时回转半径 a——两瞬心线中心距

4.2.3 解析法设计瞬心线机构

在连续运动的瞬心线机构中，包含定传动比机构和变传动比机构，定传动比瞬心线机构廓线是两个圆，如渐开线齿轮机构的两条瞬心线。而变传动比的瞬心线机构廓线除常见的椭圆之外还有各种非圆曲线。

4.2.3.1 已知中心距和一个构件的瞬心线函数

主动件 1 和从动件 2 的中心距 a 和一个构件的瞬心线函数 $r_1=r_1(\theta)$ [或 $r_2=r_2(\theta)$]，要求设计出另一构件的瞬心线 $r_2=r_2(\theta)$ [或 $r_1=r_1(\theta)$]。具体设计过程如表 11-4-8 所示。

表 11-4-8　已知 a 和函数 r_1（或 r_2）的设计过程

已知条件	已知瞬心线机构主动件 1 和从动件 2 的中心距 a 和一个构件的瞬心线函数 $r_1=r_1(\theta)$[或 $r_2=r_2(\theta)$]，要求设计出另一构件的瞬心线 $r_2=r_2(\theta)$[或 $r_1=r_1(\theta)$]
通用数学模型	已知瞬心线机构主动件 1 的廓线和中心距 根据表 11-4-6 中式(11-4-1)，并对表 11-4-6 中式(11-4-2)进行积分，得另一构件的瞬心线极坐标方程 $$\left.\begin{aligned}r_2(\theta_2)&=a-r_1(\theta_1)\\ \theta_2&=\int_0^{\theta_1}\frac{r_1}{r_2}d\theta_1=\int_0^{\theta_1}\frac{r_1(\theta_1)}{a-r_1(\theta_1)}d\theta_1\end{aligned}\right\} \quad (11\text{-}4\text{-}6)$$ 求得直角坐标方程 $$\left.\begin{aligned}x_2&=r_2\cos\theta_2\\ y_2&=r_2\sin\theta_2\end{aligned}\right\} \quad (11\text{-}4\text{-}7)$$ 同理，已知瞬心线机构从动件 2 的廓线和中心距时，则主动件 1 的廓线为 $$\left.\begin{aligned}r_1(\theta_1)&=a-r_2(\theta_2)\\ \theta_1&=\int_0^{\theta_2}\frac{r_2}{r_1}d\theta_2=\int_0^{\theta_2}\frac{r_2(\theta_2)}{a-r_2(\theta_2)}d\theta_2\end{aligned}\right\} \quad (11\text{-}4\text{-}8)$$ 求得主动件 1 的廓线直角坐标 $$\left.\begin{aligned}x_1&=r_1\cos\theta_1\\ y_1&=r_2\sin\theta_1\end{aligned}\right\} \quad (11\text{-}4\text{-}9)$$

续表

应用实例	已知条件	主动件1为一个椭圆，其回转中心 O_1 在椭圆的一个焦点处[参见图(a)]，离心率 $e=0.5$，椭圆长轴为 $A_0=60\text{mm}$ 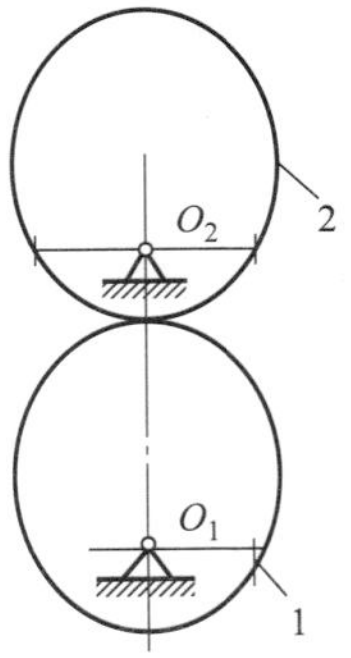 图(a)
	设计要求	当主动件1转一周(半径 r_1 变化周期数 $n_1=1$)时从动件2瞬心线变化的周期数分别为 $n_2=1$、2、3、4、5，设计从动件2在五种周期数时的五种廓线
求解过程	主动件1数学模型	瞬心线1的椭圆方程 $$\left.\begin{aligned} r_1&=\frac{p_0}{1-e\cos\theta_1}\\ p_0&=A_0(1-e^2)\end{aligned}\right\} \quad (11\text{-}4\text{-}10)$$
	推导封闭条件方程	为满足封闭条件，将上式代入表11-4-7中的式(11-4-5) $$\frac{2\pi}{n_2}=\int_0^{\frac{2\pi}{n_1}}\frac{\frac{p_0}{1-e\cos\theta_1}}{a_0-\frac{p_0}{1-e\cos\theta_1}}d\theta_1=\int_0^{2\pi}\frac{p_0}{a(1-e\cos\theta_1)-p_0}d\theta_1$$ $$=\frac{2\pi}{\sqrt{(a-p_0)^2-a^2e^2}} \quad (11\text{-}4\text{-}11)$$ 由上式可求得该瞬心线机构的中心距 $$a=A_0\left[1+\sqrt{n_2^2-e^2(n_2^2-1)}\right] \quad (11\text{-}4\text{-}12)$$
	推导构件2廓线方程	将式(11-4-12)求得的中心距 a 代入通用数学模型中的公式(11-4-1)，则可以求出与给定椭圆(主动件)组成的瞬心线机构中的从动件2的廓线方程 $$r_2=a-r_1=A_0\left[1+\sqrt{n_2^2-e^2(n_2^2-1)}\right]-\frac{p_0}{1-e\cos\theta_1} \quad (11\text{-}4\text{-}13)$$ $$\theta_2=\int_0^{\theta_1}\frac{r_1}{r_2}d\theta_1=\int_0^{\theta_1}\frac{d\theta_1}{i_{12}}=\int_0^{\theta_1}\frac{r_1(\theta_1)}{a-r_1(\theta_1)}d\theta_1$$ $$=\frac{2}{n_2}\arctan\left(\sqrt{\frac{a-p_0+ae}{a-p_0-ae}}\tan\frac{\theta_1}{2}\right) \quad (11\text{-}4\text{-}14)$$
	构件2不同周期数的廓线图形	将从动件2的周数($n_2=1,2,\cdots,5$)代入式(11-4-12)就可求出不同周期数 n_2 时瞬心线机构的中心距，再将式(11-4-12)求得的中心距代入式(11-4-13)和式(11-4-14)，就可以得到不同周期数下从动件的廓线方程 通过计算机编程可绘制出新设计的瞬心线机构[见图(b)] 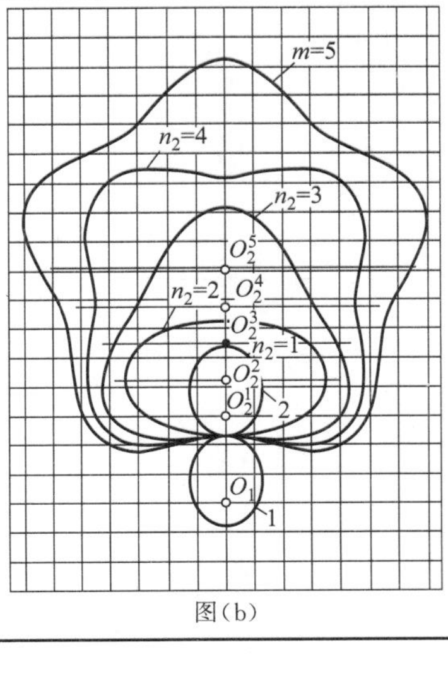 图(b)

4.2.3.2　已知中心距和一个构件的运动规律

已知瞬心机构的中心距 a 和一构件的运动规律 $\left[\text{传动比变化规律 } i_{12}=\dfrac{\omega_1(t)}{\omega_2(t)}\right]$，要求设计出瞬心线机构的两条廓线，具体过程如表 11-4-9 所示。

表 11-4-9　　已知 a 和传动比 i_{12} 变化规律的设计过程

<table>
<tr><td colspan="3">已知条件</td><td>已知瞬心机构的中心距 a 和一构件的运动规律 $\left[\text{传动比变化规律 } i_{12}=\dfrac{\omega_1(t)}{\omega_2(t)}\right]$</td></tr>
<tr><td colspan="3">两构件廓线
通用数学模型</td><td>由表 11-4-6 中式(11-4-1)、式(11-4-2)和传动比公式 $i_{12}=\dfrac{\omega_1}{\omega_2}=\dfrac{r_2}{r_1}$，可得主动件的廓线方程
$$r_1(\theta_1)=a\frac{\omega_2(t)}{\omega_1(t)+\omega_2(t)}=\frac{a}{1+i_{12}} \quad (11\text{-}4\text{-}15)$$
$$\theta_1=\int_0^{\theta_2}\frac{r_2}{r_1}\mathrm{d}\theta_2=\int_0^{\theta_2}i_{12}\mathrm{d}\theta_2=\int_0^{\theta_2}\frac{\omega_1}{\omega_2}\mathrm{d}\theta_2 \quad (11\text{-}4\text{-}16)$$
根据式(11-4-15)得从动件廓线方程
$$\left.\begin{aligned}r_2(\theta_2)&=a\frac{\omega_1(t)}{\omega_1(t)+\omega_2(t)}=\frac{i_{12}a}{1+i_{12}}\\ \theta_2&=\int_0^{\theta_1}\frac{r_1}{r_2}\mathrm{d}\theta_1=\int_0^{\theta_1}\frac{\theta_1}{i_{12}}\mathrm{d}\theta_1=\int_0^{\theta_1}\frac{\omega_2}{\omega_1}\mathrm{d}\theta_1\end{aligned}\right\} \quad (11\text{-}4\text{-}17)$$</td></tr>
<tr><td rowspan="4">应用实例</td><td colspan="2">实例已知条件</td><td>瞬心线机构的中心距 $a=80\text{mm}$，主动件 1 等速转动，并且 $\omega_1(t)=10\text{rad/s}^2$，从动件 2 以等加速和等减速转动，其角加速度 $\varepsilon=50\text{rad/s}^2$，具体变化规律如图(a)所示，其中，$\theta_{\text{I}}=\pi/2$，$\theta_{\text{II}}=\pi$，$\theta_{\text{III}}=\pi/2$
图(a)</td></tr>
<tr><td colspan="2">设计要求</td><td>试设计出该瞬心线机构中主动件和从动件廓线</td></tr>
<tr><td rowspan="2">求解过程</td><td>主动件以 $\omega_1(t)$ 匀速在 $0\leqslant\theta_1<\theta_{\text{I}}$ 区间转动，从动件 2 以等加速度转动</td><td>根据给定的图(a)中所示运动规律，建立各段的运动方程式
从动件 2 以等加速度转动，即
$$\omega_2=\omega_1+\varepsilon t=\omega_1+\varepsilon\frac{\theta_1}{\omega_1} \quad (11\text{-}4\text{-}18)$$
利用公式(11-4-17)、式(11-4-18)求得从动件转角
$$\theta_2=\int_0^{\theta_{\text{I}}}\frac{\omega_2}{\omega_1}\mathrm{d}\theta_1=\theta_1+\frac{\varepsilon}{2\omega_1^2}\theta_1^2 \quad (11\text{-}4\text{-}19)$$
从动件 2 在等加速度段的终止点($\theta_1=\pi/2$)时，由以上两式可以得到从动件 2 的角速度 ω_{01} 和转角 θ_{01}
$$\omega_{01}=\omega_1+\frac{\varepsilon}{\omega_1}\times\frac{\pi}{2}=\omega_1+\frac{\pi\varepsilon}{2\omega_1} \quad (11\text{-}4\text{-}20)$$
$$\theta_{01}=\theta_{\text{I}}+\frac{\varepsilon}{2\omega_1^2}\theta_{\text{I}}^2 \quad (11\text{-}4\text{-}21)$$</td></tr>
<tr><td>主动件在 $\theta_{\text{I}}\leqslant\theta_1<\theta_{\text{I}}+\theta_{\text{II}}$ 区间匀速转动，从动件 2 做等减速转动</td><td>从动件 2 做等减速转动时，可利用式(11-4-20)得出
$$\omega_2=\omega_{01}-\varepsilon t=\omega_1+\frac{\pi\varepsilon}{2\omega_1}-\frac{\varepsilon}{\omega_1}\theta_1 \quad (11\text{-}4\text{-}22)$$
$$\theta_2=\theta_{01}+\int_{\theta_{\text{I}}}^{\theta_{\text{II}}}\frac{\omega_2}{\omega_1}\mathrm{d}\theta_1 \quad (11\text{-}4\text{-}23)$$
设在该区间 ω_2 和 θ_2 终点值，即下段起点值为 ω_{02} 和 θ_{02}，此时，主动件转角为 $\theta_1=\theta_{\text{I}}+\theta_{\text{II}}=3\pi/2$，代入公式(11-4-22)和式(11-4-23)，则有
$$\omega_{02}=\omega_1+\frac{\pi\varepsilon}{2\omega_1}-\frac{3\pi\varepsilon}{2\omega_1}=\omega_1-\frac{\pi\varepsilon}{\omega_1} \quad (11\text{-}4\text{-}24)$$
$$\theta_{02}=\theta_{01}+\frac{\omega_{01}}{\omega_1}\theta_{\text{II}}-\frac{\varepsilon}{2\omega_1^2}\theta_{\text{II}}^2 \quad (11\text{-}4\text{-}25)$$</td></tr>
</table>

续表

应用实例	求解过程	主动件转角在 $\theta_{\mathrm{I}}+\theta_{\mathrm{II}}<\theta_1<2\pi$ 区间匀速转动，从动件以等加速转动	从动件以等加速转动时，其角速度 ω_2 为 $$\omega_2=\omega_{02}+\frac{\varepsilon}{\omega_1}\theta_1 \quad (11\text{-}4\text{-}26)$$ $$\theta_2=\theta_{02}+\int_{\theta_{\mathrm{II}}}^{\theta_{\mathrm{III}}}\frac{\omega_2}{\omega_1}\mathrm{d}\theta_1 \quad (11\text{-}4\text{-}27)$$
		瞬心线机构方程	利用式(11-4-18)、式(11-4-22)和式(11-4-27)求得 ω_2 代入式(11-4-15)和式(11-4-17)可求得两瞬心线半径 r_1 和 r_2。为求瞬心线的直角坐标，还可应用式(11-4-19)、式(11-4-23)和式(11-4-27)，即可求出各段的从动件瞬时转角 θ_2，再代入以下公式中 $$\left.\begin{aligned}x_1&=r_1\cos\theta_1\\y_1&=r_1\sin\theta_1\\x_2&=r_2\cos\theta_2\\y_2&=r_2\sin\theta_2\end{aligned}\right\} \quad (11\text{-}4\text{-}28)$$
		程序计算流程图	利用以上结果，根据流程图[图(b)]编制计算程序 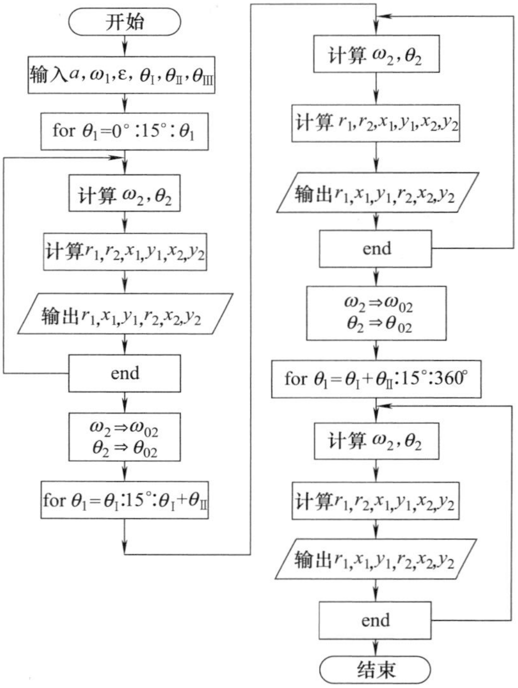 图(b)
		瞬心线机构图形	绘制出该瞬心线机构如图(c)所示 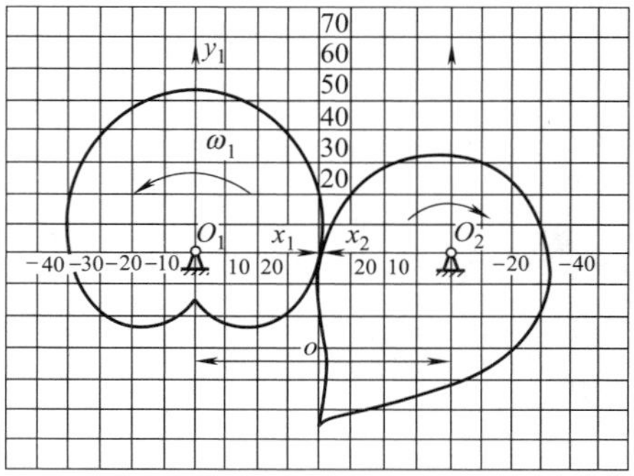 图(c)

4.3　共轭曲线机构设计及应用实例

由于一般瞬心线的形状往往是极为复杂的曲线，这样就给加工制造带来了一定困难，同时又由于有的瞬心线机构要靠摩擦力来传递动力等原因，使得瞬心线机构在实际工程中的应用受到一定的限制。实际应用中，往往把瞬心机构转化为运动完全相同的共轭曲线机构，共轭曲线机构中实现高副接触的两个元素是共轭曲线。

4.3.1　平面啮合共轭曲线机构

4.3.1.1　共轭曲面的定义及成形原理

实际上共轭曲面也可以看成是互为包络的一对曲面偶，换句话说，一个曲面是另一个曲面在运动过程中的包络面。

在机械制造中，刀具加工工件时刀具与被加工出的工件也是符合共轭关系的。而且不同形状的曲面的刀具在给定不同运动条件时，加工出工件的曲面形状是不相同的，即使应用同一把刀具在给定不同运动条件的情况下，加工出的工件曲面也是不同的。

共轭曲面的基本知识如表 11-4-10 所示。

表 11-4-10　　共轭曲面（包络面）的基本知识

<table>
<tr><th>名称</th><th colspan="3">定　　义</th><th colspan="2">意　　义</th></tr>
<tr><td rowspan="4">共轭曲面</td><td colspan="3">共轭曲面常常是这样定义的："一对啮合曲面在完成一定运动要求条件下始终保持在各接触点相切，这对曲面称为共轭曲面"</td><td colspan="2">所谓共轭曲面是能实现共轭运动的曲面，在数学中的概念是互为包络的概念。实际是既做啮合运动又在接触点相切，严格来讲不仅是既运动又相切，而且必须满足给定的运动要求</td></tr>
<tr><td colspan="5">共轭曲线机构和瞬心线机构的区别</td></tr>
<tr><td colspan="5">可由瞬心线机构转化为共轭曲线机构，如圆柱摩擦轮机构转化为圆柱齿轮机构、椭圆摩擦轮机构转化为椭圆齿轮机构，这些齿轮机构是靠两齿廓曲面啮合运动（滚动带滑动）传递动力的，而不是靠节圆（瞬心线）摩擦传递运动的。我们把这些能做相互啮合运动的齿廓曲面称为共轭曲面</td></tr>
<tr><td colspan="2">
图(a)　齿轮传动</td><td colspan="2">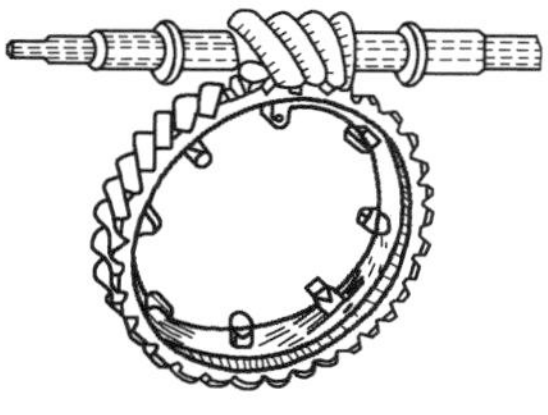
图(b)　蜗轮蜗杆传动</td><td>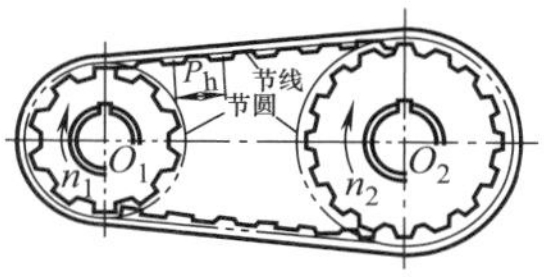

图(c)　链传动</td></tr>
<tr><td rowspan="4">包络面</td><td colspan="2">有包络面图例</td><td colspan="3">包络面形成原理</td></tr>
<tr><td colspan="2">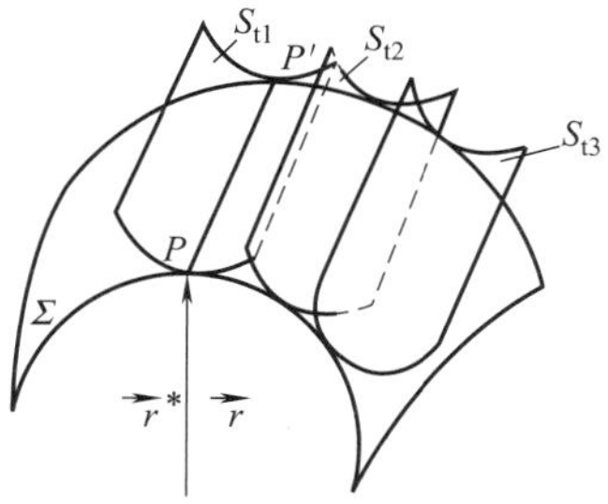

图(d)</td><td colspan="3">若把一个曲面 S_t 运动过程中占据的一系列不同位置称为曲面族 $\{S_t\}$，则包络面定义为：一个曲面 Σ 上的任意一点只属于一个曲面族 $\{S_t\}$ 中唯一的一个曲面 S_t 上的点，并且在该点相切，则曲面 Σ 称为曲面族 $\{S_t\}$ 的包络面</td></tr>
<tr><td colspan="2">球面沿球心轴线移动成球面族，其包络面是圆柱面</td><td colspan="3">该平面族的包络面是柱面</td></tr>
<tr><td colspan="2">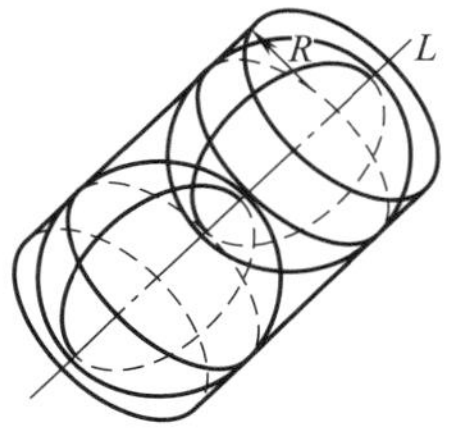

图(e)</td><td colspan="3">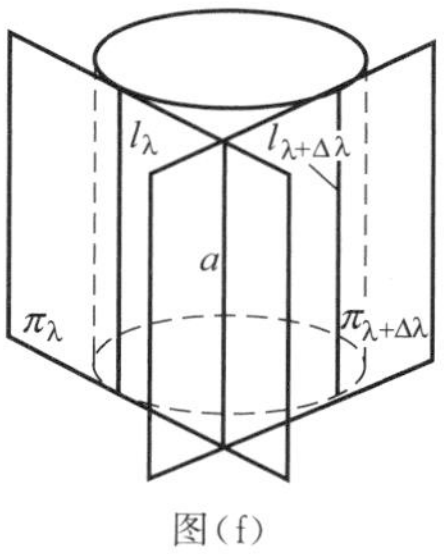

图(f)</td></tr>
</table>

第 11 篇

续表

名称	定 义	意 义
无包络面	同球心的不同半径的球面族没有包络面 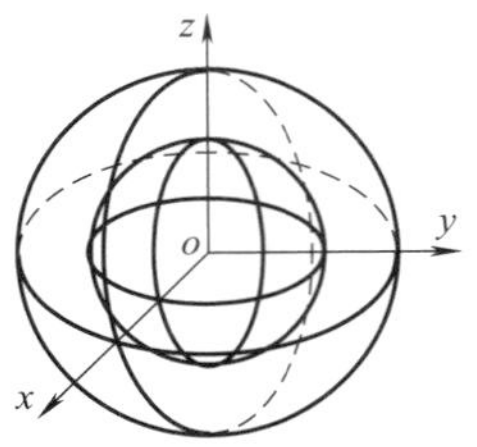 图(g)	相交同一轴的平面族无包络面;同理,一个由互相平行的平面组成的平面族也没有包络面 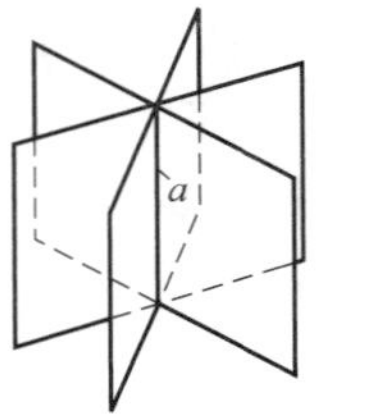 图(h)

4.3.1.2 平面啮合共轭曲线机构

共轭曲线机构和瞬心线机构运动形式的根本区别是共轭曲线机构是滚动带滑动，而瞬心线机构是纯滚动。

在实际工程中应用的很多共轭曲面都是线接触，面啮合传动机构绝大部分属于平面啮合，因此，重点讨论平面啮合共轭曲线机构的设计问题。

共轭曲线机构及啮合情况如表 11-4-11 所示。

表 11-4-11 共轭曲线机构及啮合情况分类

名称	定 义	图 例
平面啮合	作线接触的回转机构一般都是平面运动,通常称为平面啮合	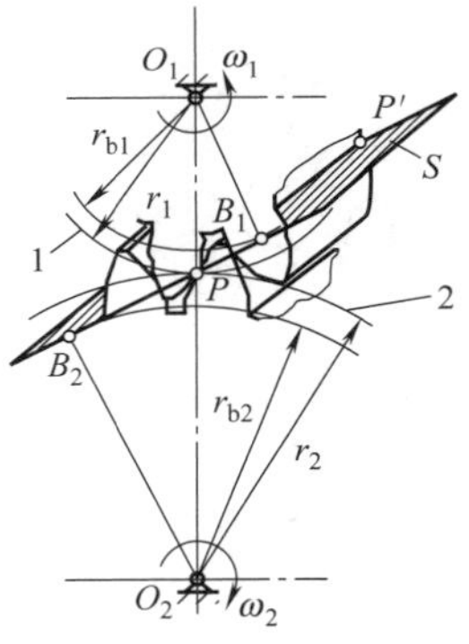 图(a) 直齿圆柱齿轮
共轭曲线机构	平面啮合运动机构的共轭曲面是由平行端面的相同共轭曲线组成的,所以称为共轭曲线机构	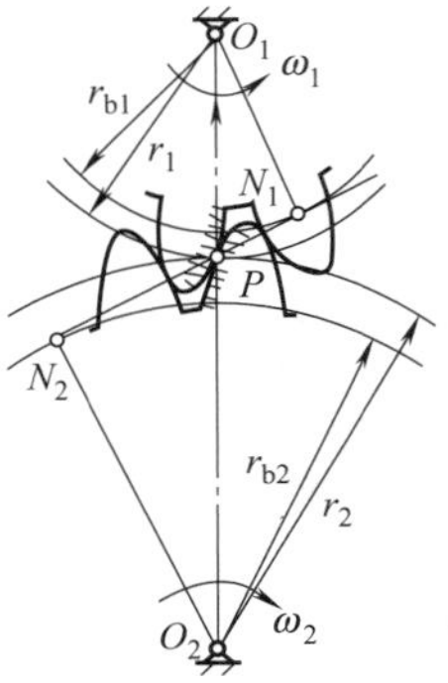 图(b) 圆柱齿轮机构  图(c) 齿轮齿条机构

续表

名称	定　义	图　例
空间啮合	有一些共轭曲面瞬时接触是一个点，称之为点接触，这种机构大部分做空间啮合运动	 图(d)

4.3.2　共轭曲线机构设计相关数学基础

工程中很多平面啮合传动，如齿轮、凸轮、齿形带传动等均是依靠传动机构的不同形状的廓线传动来实现的，所以共轭曲线机构的设计主要是设计共轭的两个构件的廓线。共轭曲线机构的设计要求微分几何中矢量、坐标变换及啮合理论等数学基础，以下只简单介绍所需的数学基础知识。

4.3.2.1　常用矢量代数

共轭曲线机构设计中涉及的矢量及其运算，如表 11-4-12、表 11-4-13 所示。

表 11-4-12　　常用矢量

名　称	定　义
零矢量	若一个矢量的始点和终点重合(或长度等于零)，方向不确定，该矢量叫作零矢。零矢的分量也都等于零。零矢可用 $\boldsymbol{O}$ 表示，规定一切零矢相等，并平行于任何矢量
单位矢量	任何方向长度(矢量模)等于 1 的矢量，均称为单位矢量，或称为幺矢。如 $\|\boldsymbol{A}_0\|=1$，矢量 $\boldsymbol{A}_0$ 即为幺矢
定向矢量	方向固定任意长的矢量
常矢	长度和方向都固定的矢量称为常矢。又如方向固定的幺矢或者说长度为 1 的定向矢量均称为常矢
相等矢量	若在同一个坐标系里，有两个大小相等方向相同的矢量 $\boldsymbol{A}=\{x_1,y_1,z_1\}$ 和 $\boldsymbol{B}=\{x_2,y_2,z_2\}$，则称它们是相等矢量，记为 $\boldsymbol{A}=\boldsymbol{B}$。可见两矢量相等的充要条件是它们在同一个坐标系里的分量依次相等，即 $x_1=x_2$，$y_1=y_2$，$z_1=z_2$
平行矢量	在同一坐标系下，方向相同或相反的矢量，可记为 $\boldsymbol{A}/\!/\boldsymbol{B}$
垂直矢量	两矢量间夹角为 90°，则称该两矢互为垂直矢量，记为 $\boldsymbol{A}\perp\boldsymbol{B}$
共面矢量	在同一坐标系下，所有矢量在同一个平面上或都平行于同一个平面，这些矢量称为共面矢量

表 11-4-13　　矢量运算

定　义	矢 量 运 算
矢量和	矢量加法按着平行四边形法则或三角形法则 若 $\boldsymbol{A}=\{x_1,y_1,z_1\}$，$\boldsymbol{B}=\{x_2,y_2,z_2\}$ 则 $\boldsymbol{C}=\boldsymbol{A}+\boldsymbol{B}=(x_1+x_2)\boldsymbol{i}+(y_1+y_2)\boldsymbol{j}+(z_1+z_2)\boldsymbol{k}$　(11-4-29)
矢量的数积(内积、点乘积)	设 $\boldsymbol{A}$、$\boldsymbol{B}$ 为两个任意矢量，它们的数积为矢量 $\boldsymbol{A}$、$\boldsymbol{B}$ 的长 $\|\boldsymbol{A}\|$、$\|\boldsymbol{B}\|$ 和它们夹角余弦的乘积。注意两个矢量的数积是纯量(数量) $\boldsymbol{A}\cdot\boldsymbol{B}=\|\boldsymbol{A}\|\|\boldsymbol{B}\|\cos\theta$　(11-4-30) 式中　θ——$\boldsymbol{A}$、$\boldsymbol{B}$ 之间夹角，$0\leqslant\theta\leqslant\pi$
矢量的矢积(外积、叉积)	矢积的定义： $\boldsymbol{A}\times\boldsymbol{B}=\|\boldsymbol{A}\|\|\boldsymbol{B}\|\sin\theta\cdot\boldsymbol{n}$　(11-4-31) (注意不是 $\boldsymbol{B}\times\boldsymbol{A}$) 式中　θ——$\boldsymbol{A}$、$\boldsymbol{B}$ 之间的夹角，$0<\theta<\pi$ $\boldsymbol{n}$——同时垂直于 $\boldsymbol{A}$、$\boldsymbol{B}$ 的幺矢，并且 $\boldsymbol{A}$，$\boldsymbol{B}$，$\boldsymbol{n}$ 构成右手系

第 11 篇

续表

<table>
<tr><th>定 义</th><th>矢 量 运 算</th></tr>
<tr><td>混合积</td><td>已给三矢 $\boldsymbol{r}_1=\{x_1,y_1,z_1\}$，$\boldsymbol{r}_2=\{x_2,y_2,z_2\}$，$\boldsymbol{r}_3=\{x_3,y_3,z_3\}$。取其中两个矢量先作矢积再与第三个矢量作数积，则所得的纯量 $\boldsymbol{r}_1\cdot(\boldsymbol{r}_2\times\boldsymbol{r}_3)$ 称为这三矢的混合积。记为
$$(\boldsymbol{r}_1,\boldsymbol{r}_2,\boldsymbol{r}_3)=\boldsymbol{r}_1\cdot(\boldsymbol{r}_2\times\boldsymbol{r}_3) \quad (11\text{-}4\text{-}32)$$
混合积的分量表示
$$(\boldsymbol{r}_1,\boldsymbol{r}_2,\boldsymbol{r}_3)=\begin{vmatrix}x_1 & y_1 & z_1\\ x_2 & y_2 & z_2\\ x_3 & y_3 & z_3\end{vmatrix}=\begin{vmatrix}x_1 & x_2 & x_3\\ y_1 & y_2 & y_3\\ z_1 & z_2 & z_3\end{vmatrix} \quad (11\text{-}4\text{-}33)$$</td></tr>
</table>

4.3.2.2 坐标变换

(1) 坐标变换的意义

在机械工程中如空间复杂曲面建模、空间机构的运动关系等都需要坐标变换。在共轭曲线机构设计中，更离不开坐标变换。

空间同一点在不同坐标系下的运动轨迹是不同的，如车刀车削螺杆，如图 11-4-2（a）所示，刀头与旋转工件接触点 P，如图 11-4-2（b）所示。在机架的固定坐标系下，刀头上的 P 点的运动是沿工件轴向做直线运动，工件上的 P 点是绕工件回转轴线转动。而当观察者站在与刀头固连的动坐标系下，看与旋转工件相固连的动坐标系时，工件上的 P 点既转动又沿直线移动，即是做螺旋运动，所以才能加工出螺纹。

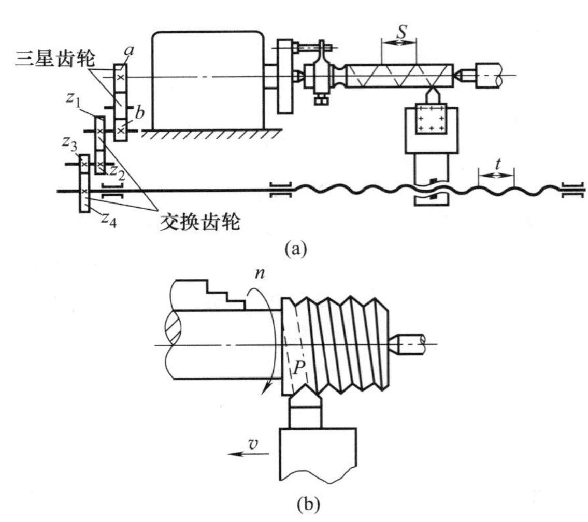

图 11-4-2 车削螺杆过程的坐标关系

在确定的坐标系下，空间每一点的坐标和每一个矢量的分量都随之确定，但在不同的坐标系下，同一点一般有不同的坐标，同一矢量一般有不同的分量。

(2) 坐标变换应用实例

如表 11-4-11 中图（a）所示的一对外啮合圆柱齿轮渐开线齿廓曲面啮合时，其啮合点 P 是两齿廓的接触点，也是两齿廓相切的点，在分别固连的两个动坐标系下其坐标不相同，矢量的分量也不相同。P 点在与齿轮 1 固连坐标系下形成的轨迹是轮齿的渐开线右齿廓，在与齿轮 2 固连的坐标系下形成的是轮齿的左齿廓，而在固定坐标系下形成的是啮合线 B_1B_2 直线。

所以有必要考察不同的坐标系下，点的坐标和矢量的分量变化，也就是要考察两个坐标系之间的相互运动关系，这就是实际工程中经常用到的坐标变换。

具体的坐标变换过程如表 11-4-14 所示。

表 11-4-14 矢量坐标变换

<table>
<tr><th colspan="2">坐标变换</th><th>变 换 方 法</th></tr>
<tr><td rowspan="2">底矢坐标变换</td><td>坐标系的建立</td><td>设坐标原点重合的三个底矢直角坐标系
$$\sigma=[\boldsymbol{O};\boldsymbol{e}_1,\boldsymbol{e}_2,\boldsymbol{e}_3],\sigma'=[\boldsymbol{O};\boldsymbol{e}'_1,\boldsymbol{e}'_2,\boldsymbol{e}'_3],\sigma''=[\boldsymbol{O};\boldsymbol{e}''_1,\boldsymbol{e}''_2,\boldsymbol{e}''_3]$$
式中 $\boldsymbol{O}$——坐标系 σ、σ' 与 σ'' 的坐标原点
$\boldsymbol{e}_1,\boldsymbol{e}_2,\boldsymbol{e}_3,\boldsymbol{e}'_1,\boldsymbol{e}'_2,\boldsymbol{e}'_3,\boldsymbol{e}''_1,\boldsymbol{e}''_2,\boldsymbol{e}''_3$——空间三个互相垂直的幺矢（底矢），并构成右手系</td></tr>
<tr><td>两个坐标系的坐标变换</td><td>σ 变换到 σ' 的底矢变换一般公式
$$\sigma\rightarrow\sigma':\left.\begin{aligned}\boldsymbol{e}'_1&=a_{11}\boldsymbol{e}_1+a_{12}\boldsymbol{e}_2+a_{13}\boldsymbol{e}_3\\ \boldsymbol{e}'_2&=a_{21}\boldsymbol{e}_1+a_{22}\boldsymbol{e}_2+a_{23}\boldsymbol{e}_3\\ \boldsymbol{e}'_3&=a_{31}\boldsymbol{e}_1+a_{32}\boldsymbol{e}_2+a_{33}\boldsymbol{e}_3\end{aligned}\right\} \quad (11\text{-}4\text{-}34)$$
$$M_{o'o}=\begin{bmatrix}a_{11} & a_{12} & a_{13}\\ a_{21} & a_{22} & a_{23}\\ a_{31} & a_{32} & a_{33}\end{bmatrix}$$ 其中：$a_{ij}=\boldsymbol{e}'_i\cdot\boldsymbol{e}_j=\cos(\boldsymbol{e}'_i\hat{\ }\boldsymbol{e}_j)$</td></tr>
</table>

续表

<table>
<tr><th>坐标变换</th><th colspan="3">变换方法</th></tr>
<tr><td rowspan="4">底矢坐标变换</td><td colspan="2">两个坐标系的坐标变换</td><td>

图(a)所示特殊情况，$\boldsymbol{e}'_3=\boldsymbol{e}_3$，由一般公式(11-4-34)很容易写出底矢变换公式

$$\begin{bmatrix}\boldsymbol{e}'_1\\\boldsymbol{e}'_2\\\boldsymbol{e}'_3\end{bmatrix}=M_{o'o}\begin{bmatrix}\boldsymbol{e}_1\\\boldsymbol{e}_2\\\boldsymbol{e}_3\end{bmatrix}=\begin{bmatrix}\cos\theta&\sin\theta&0\\-\sin\theta&\cos\theta&0\\0&0&1\end{bmatrix}\begin{bmatrix}\boldsymbol{e}_1\\\boldsymbol{e}_2\\\boldsymbol{e}_3\end{bmatrix}\qquad(11\text{-}4\text{-}35)$$

图(a)

</td></tr>
<tr><td colspan="2"></td><td>

σ'变换到坐标系σ的底矢变换一般公式

$$\sigma'\rightarrow\sigma:\left.\begin{aligned}\boldsymbol{e}_1&=a_{11}\boldsymbol{e}'_1+a_{21}\boldsymbol{e}'_2+a_{31}\boldsymbol{e}'_3\\\boldsymbol{e}_2&=a_{12}\boldsymbol{e}'_1+a_{22}\boldsymbol{e}'_2+a_{32}\boldsymbol{e}'_3\\\boldsymbol{e}_3&=a_{13}\boldsymbol{e}'_1+a_{23}\boldsymbol{e}'_2+a_{33}\boldsymbol{e}'_3\end{aligned}\right\}\qquad(11\text{-}4\text{-}36)$$

$$M_{oo'}=\begin{bmatrix}a_{11}&a_{21}&a_{31}\\a_{12}&a_{22}&a_{32}\\a_{13}&a_{23}&a_{33}\end{bmatrix}\quad 其中:a_{ji}=\boldsymbol{e}_j\cdot\boldsymbol{e}'_i=\cos(\boldsymbol{e}_{ij}\widehat{\ }\boldsymbol{e}'_i)$$

</td></tr>
<tr><td colspan="2">a_{ij}的求解关系</td><td>

系数$a_{ij}(i=1,2,3)$所构成的矩阵表达了底矢变换关系，称为由$\sigma\rightarrow\sigma'$的底矢变换矩阵

系数$a_{ji}(j=1,2,3)$所构成的矩阵表达了底矢变换关系，称为由$\sigma'\rightarrow\sigma$的底矢变换矩阵

<table>
<tr><th>$\boldsymbol{e}_j$ / $\boldsymbol{e}'_i$</th><th>$\boldsymbol{e}_1$</th><th>$\boldsymbol{e}_2$</th><th>$\boldsymbol{e}_3$</th></tr>
<tr><td>$\boldsymbol{e}'_1$</td><td>a_{11}</td><td>a_{12}</td><td>a_{13}</td></tr>
<tr><td>$\boldsymbol{e}'_2$</td><td>a_{21}</td><td>a_{22}</td><td>a_{23}</td></tr>
<tr><td>$\boldsymbol{e}'_3$</td><td>a_{31}</td><td>a_{32}</td><td>a_{33}</td></tr>
</table>

</td></tr>
<tr><td colspan="2">三个坐标系坐标变换</td><td>

若有第三个坐标系$\sigma''=[O;\boldsymbol{e}''_1,\boldsymbol{e}''_2,\boldsymbol{e}''_3]$，而且

$\sigma'\rightarrow\sigma''$

$$\left.\begin{aligned}\boldsymbol{e}''_1&=b_{11}\boldsymbol{e}'_1+b_{12}\boldsymbol{e}'_2+b_{13}\boldsymbol{e}'_3\\\boldsymbol{e}''_2&=b_{21}\boldsymbol{e}'_1+b_{22}\boldsymbol{e}'_2+b_{23}\boldsymbol{e}'_3\\\boldsymbol{e}''_3&=b_{31}\boldsymbol{e}'_1+b_{32}\boldsymbol{e}'_2+b_{33}\boldsymbol{e}'_3\end{aligned}\right\}\qquad(11\text{-}4\text{-}37)$$

其中系数矩阵为

$$M_{o''o'}=\begin{bmatrix}b_{11}&b_{12}&b_{13}\\b_{21}&b_{22}&b_{23}\\b_{31}&b_{32}&b_{33}\end{bmatrix}$$

不难推得由σ变换到σ''的底矢变换公式

$\sigma\rightarrow\sigma'\rightarrow\sigma''$

$$\begin{bmatrix}\boldsymbol{e}''_1\\\boldsymbol{e}''_2\\\boldsymbol{e}''_3\end{bmatrix}=\boldsymbol{M}_{o''o'}\boldsymbol{M}_{o'o}\begin{bmatrix}\boldsymbol{e}_1\\\boldsymbol{e}_2\\\boldsymbol{e}_3\end{bmatrix}=\begin{bmatrix}b_{11}&b_{12}&b_{13}\\b_{21}&b_{22}&b_{23}\\b_{31}&b_{32}&b_{33}\end{bmatrix}\begin{bmatrix}a_{11}&a_{12}&a_{13}\\a_{21}&a_{22}&a_{23}\\a_{31}&a_{32}&a_{33}\end{bmatrix}\begin{bmatrix}\boldsymbol{e}_1\\\boldsymbol{e}_2\\\boldsymbol{e}_3\end{bmatrix}\qquad(11\text{-}4\text{-}38)$$

</td></tr>
<tr><td>矢量坐标变换</td><td>坐标原点重合</td><td>坐标系的建立和矢量表达式</td><td>

坐标原点重合的坐标系，适合对圆锥齿轮研究使用(两回转轴交点作为坐标原点)

设矢量$\boldsymbol{r}$在直角坐标系$\sigma=[O;\boldsymbol{e}_1,\boldsymbol{e}_2,\boldsymbol{e}_3]$和$\sigma'=[O;\boldsymbol{e}'_1,\boldsymbol{e}'_2,\boldsymbol{e}'_3]$里的分量依次是$x$、$y$、$z$和$x'$,$y'$,$z'$，见图(b)

则矢量$\boldsymbol{r}$在σ里为

$$\boldsymbol{r}=x\boldsymbol{e}_1+y\boldsymbol{e}_2+z\boldsymbol{e}_3=\sum_{i=1}^{3}x_i\boldsymbol{e}_i\qquad(11\text{-}4\text{-}39)$$

在σ'里，其表达式为

$$\boldsymbol{r}'=x'\boldsymbol{e}'_1+y'\boldsymbol{e}'_2+z'\boldsymbol{e}'_3=\sum_{i=1}^{3}x'_i\boldsymbol{e}'_i\qquad(11\text{-}4\text{-}40)$$

</td></tr>
</table>

续表

<table>
<tr><th colspan="3">坐标变换</th><th>变换方法</th></tr>
<tr><td rowspan="4">矢量坐标变换</td><td rowspan="2">坐标原点重合</td><td>坐标系的建立和矢量表达式</td><td> 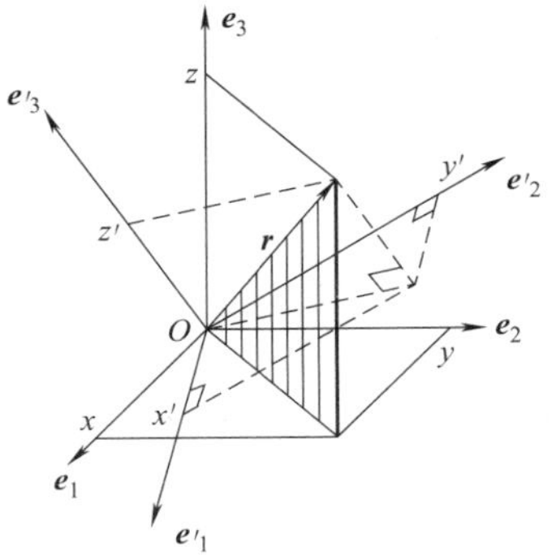图(b)</td></tr>
<tr><td>坐标变换公式</td><td>将底矢变换公式(11-4-34)代入式(11-4-39)得
$$r=(a_{11}x+a_{12}y+a_{13}z)e'_1+(a_{21}x+a_{22}y+a_{23}z)e'_2+(a_{31}x+a_{32}y+a_{33}z)e'_3 \qquad (11\text{-}4\text{-}41)$$
比较式(11-4-40)和式(11-4-37)后可得
$$\sigma\to\sigma':\quad \begin{bmatrix}x'\\y'\\z'\end{bmatrix}=\begin{bmatrix}a_{11}&a_{12}&a_{13}\\a_{21}&a_{22}&a_{23}\\a_{31}&a_{32}&a_{33}\end{bmatrix}\begin{bmatrix}x\\y\\z\end{bmatrix} \qquad (11\text{-}4\text{-}42)$$
同理
$$\sigma'\to\sigma:\quad \begin{bmatrix}x\\y\\z\end{bmatrix}=\begin{bmatrix}a_{11}&a_{21}&a_{31}\\a_{12}&a_{22}&a_{32}\\a_{13}&a_{23}&a_{33}\end{bmatrix}\begin{bmatrix}x'\\y'\\z'\end{bmatrix} \qquad (11\text{-}4\text{-}43)$$</td></tr>
<tr><td rowspan="2">坐标原点不重合的矢量坐标变换及实例</td><td>坐标系建立和矢量表达</td><td>设空间任意一点 P 在 $\sigma=[O;e_1,e_2,e_3]$ 里的坐标为 (x,y,z)，在另一坐标系 $\sigma'=[O;e'_1,e'_2,e'_3]$ 里的坐标是 (x',y',z')，则 P 点在 σ 和 σ' 里的径矢依次为
$$\overrightarrow{OP}=xe_1+ye_2+ze_3 \qquad (11\text{-}4\text{-}44)$$
$$\overrightarrow{O'P}=x'e'_1+y'e'_2+z'e'_3=(x-x_0)e_1+(y-y_0)e_2+(z-z_0)e_3 \qquad (11\text{-}4\text{-}45)$$ 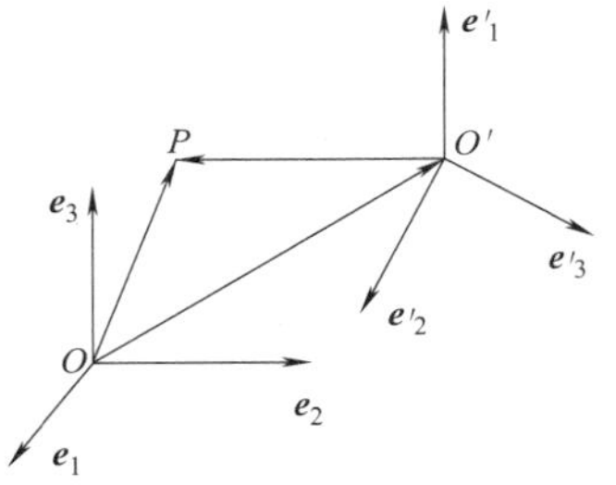
图(c)</td></tr>
<tr><td>σ′→σ坐标变换表达式</td><td>推导得出
$$\sigma'\to\sigma:\quad \left.\begin{aligned}x&=a_{11}x'+a_{21}y'+a_{31}z'+x_0\\y&=a_{12}x'+a_{22}y'+a_{32}z'+y_0\\z&=a_{13}x'+a_{23}y'+a_{33}z'+z_0\end{aligned}\right\} \qquad (11\text{-}4\text{-}46)$$
或记为
$$\sigma'\to\sigma:\quad \begin{bmatrix}x\\y\\z\\1\end{bmatrix}=\begin{bmatrix}a_{11}&a_{21}&a_{31}&x_0\\a_{21}&a_{22}&a_{23}&y_0\\a_{31}&a_{32}&a_{33}&z_0\\0&0&0&1\end{bmatrix}\begin{bmatrix}x'\\y'\\z'\\1\end{bmatrix} \qquad (11\text{-}4\text{-}47)$$
式中　x_0,y_0,z_0——变换前的坐标系 σ' 的坐标原点 O' 在变换后的坐标系 σ 中的坐标值
设坐标系 σ 的坐标原点 O 在 σ' 中的坐标为 (x'_0,y'_0,z'_0)
则有
$$\overrightarrow{O'O}=x'_0e'_1+y'_0e'_2+z'_0e'_3 \qquad (11\text{-}4\text{-}48)$$</td></tr>
</table>

续表

坐标变换				变换方法
矢量坐标变换	坐标原点不重合的矢量坐标变换及实例	σ′→σ 坐标变换表达式		若求 x_0', y_0', z_0' 时，令 $x=y=z=0$，得 $$\left.\begin{aligned}x_0'&=-(a_{11}x_0+a_{12}y_0+a_{13}z_0)\\y_0'&=-(a_{21}x_0+a_{22}y_0+a_{23}z_0)\\z_0'&=-(a_{31}x_0+a_{32}y_0+a_{33}z_0)\end{aligned}\right\}\qquad(11\text{-}4\text{-}49)$$ 引进符号 x_0', y_0', z_0' $$\left.\begin{aligned}x'&=a_{11}x+a_{12}y+a_{13}z+x_0'\\y'&=a_{21}x+a_{22}y+a_{23}z+y_0'\\z'&=a_{31}x+a_{32}y+a_{33}z+z_0'\end{aligned}\right\}\qquad(11\text{-}4\text{-}50)$$ 则　$$\sigma\rightarrow\sigma':\begin{bmatrix}x'\\y'\\z'\\1\end{bmatrix}=\begin{bmatrix}a_{11}&a_{12}&a_{13}&x_0'\\a_{21}&a_{22}&a_{23}&y_0'\\a_{31}&a_{32}&a_{33}&z_0'\\0&0&0&1\end{bmatrix}\begin{bmatrix}x\\y\\z\\1\end{bmatrix}\qquad(11\text{-}4\text{-}51)$$
		坐标原点不重合应用实例	题目	一对外啮合渐开线圆柱齿轮传动[图(d)]，其节圆半径为 r_1 和 r_2，设与齿轮 1 和齿轮 2 固连的动坐标系分别为 $\sigma^{(1)}$ 和 $\sigma^{(2)}$ 即 $\sigma^{(1)}=[O_1;\boldsymbol{i}_1,\boldsymbol{j}_1]$ $\sigma^{(2)}=[O_2;\boldsymbol{i}_2,\boldsymbol{j}_2]$ φ_1、φ_2 为 $\sigma^{(1)}$ 和 $\sigma^{(2)}$ 绕 k_1、k_2 轴[图(e)]转角，求 $\sigma^{(1)}\rightarrow\sigma^{(2)}$ 的坐标变换 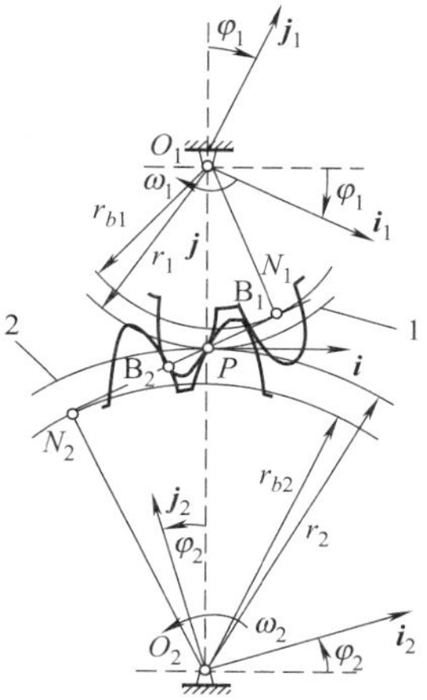 图(d) 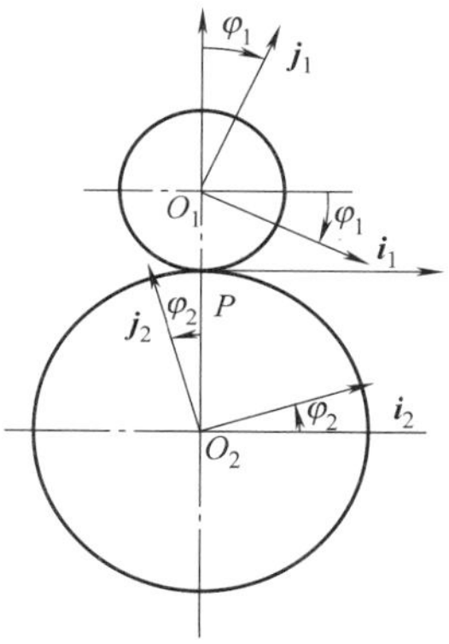　　图(e)
			坐标变换步骤	设固定坐标系 $\sigma=[P;\boldsymbol{i},\boldsymbol{j}]$ 的坐标原点与节圆 P 重合 则坐标变换公式如下 $$\begin{bmatrix}\boldsymbol{i}\\\boldsymbol{j}\\1\end{bmatrix}=M_{01}\begin{bmatrix}\boldsymbol{i}_1\\\boldsymbol{j}_1\\1\end{bmatrix}$$ $\sigma^{(1)}\rightarrow\sigma^{(0)}$：　$$M_{01}=\begin{bmatrix}\cos\varphi_1&\sin\varphi_1&0\\-\sin\varphi_1&\cos\varphi_1&r_1\\0&0&0\end{bmatrix}$$
				$\sigma^{(0)}\rightarrow\sigma^{(2)}$：　$$M_{20}=\begin{bmatrix}\cos\varphi_2&\sin\varphi_2&r_2\sin\varphi_2\\-\sin\varphi_2&\cos\varphi_2&r_2\cos\varphi_2\\0&0&1\end{bmatrix}$$
				$$\sigma^{(1)}\rightarrow\sigma^{(2)}\quad M_{21}=M_{20}M_{01}$$ 即 $\sigma^{(1)}\rightarrow\sigma^{(0)}\rightarrow\sigma^{(2)}$ $$M_{21}=\begin{bmatrix}\cos(\varphi_2+\varphi_1)&\sin(\varphi_2+\varphi_1)&A\sin\varphi_2\\-\sin(\varphi_2+\varphi_1)&\cos(\varphi_2+\varphi_1)&A\cos\varphi_2\\0&0&1\end{bmatrix}$$ 故　$$\begin{bmatrix}x_2\\y_2\\1\end{bmatrix}=\begin{bmatrix}\cos(\varphi_2+\varphi_1)&\sin(\varphi_2+\varphi_1)&A\sin\varphi_2\\-\sin(\varphi_2+\varphi_1)&\cos(\varphi_2+\varphi_1)&A\cos\varphi_2\\0&0&1\end{bmatrix}\begin{bmatrix}x_1\\y_1\\1\end{bmatrix}$$ 式中　A——两齿轮中心距，$A=r_1+r_2$

第 11 篇

4.3.3 平面共轭曲线机构设计

在实际工程应用中，所谓共轭曲线机构的设计，就是求出两条共轭曲线，为此，首先建立两曲面满足共轭条件的方程，称其为啮合条件方程，然后将给定的已知曲线方程与啮合方程联立即为共轭曲线。

下面主要介绍运动学法、包络法、齿廓法线法三种设计共轭曲线机构的方法。

以上三种方法的实质都是基于共轭齿廓的啮合原理，在后面的章节中可以见到齿廓法线法最适用于平面啮合的共轭曲线机构设计，运动学法不仅适合平面高副机构还适合空间高副曲面机构。

4.3.3.1 基于运动学法设计共轭曲线机构

运动学法不仅适合平面高副机构（即共轭曲线机构），而且适合空间高副机构（即共轭曲面机构），如表 11-4-15 和表 11-4-16 所示。

表 11-4-15　运动学法设计共轭曲线机构

项目		内容
用途		适合空间啮合和平面啮合传动。下面统一按空间啮合进行介绍，平面啮合只是特列
已知条件		①假设已知曲面 $\Sigma^{(1)}$ 是一个光滑曲面(如已知刀具曲面上均是无奇点的光滑曲面)，即 $\Sigma^{(1)}$ 上无奇点 ②曲面 $\Sigma^{(1)}$ 有包络面，$\Sigma^{(2)}$ 上的每一点都在唯一的时刻 t 进入接触，这一点只属于唯一的一条接触线
设计步骤	(1)建立坐标系	建立传动机构坐标系。设与机架固连坐标系 σ、已知 $\Sigma^{(1)}$ 固连的坐标系 $\sigma^{(1)}$、共轭曲面 $\Sigma^{(2)}$ 固连的坐标系 $\sigma^{(2)}$。建立所需坐标变换方程： 底矢变换，写出 $\boldsymbol{e}_i^{(1)}$ 在 σ_2 中的表达式 $$\left.\begin{aligned}\boldsymbol{e}_1^{(1)}&=a_{11}\boldsymbol{e}_1^{(2)}+a_{12}\boldsymbol{e}_2^{(2)}+a_{13}\boldsymbol{e}_3^{(2)}\\\boldsymbol{e}_2^{(1)}&=a_{21}\boldsymbol{e}_1^{(2)}+a_{22}\boldsymbol{e}_2^{(2)}+a_{23}\boldsymbol{e}_3^{(2)}\\\boldsymbol{e}_3^{(1)}&=a_{31}\boldsymbol{e}_1^{(2)}+a_{32}\boldsymbol{e}_2^{(2)}+a_{33}\boldsymbol{e}_3^{(2)}\end{aligned}\right\} \quad (11\text{-}4\text{-}52)$$ 即 $$\boldsymbol{e}_i^{(1)}(t)=\sum_{j=1}^{3}a_{ij}(t)\boldsymbol{e}_j^{(2)} \quad i=1,2,3 \quad (11\text{-}4\text{-}53)$$
	(2)在 $\sigma^{(1)}$ 中写出 $\Sigma^{(1)}$ 与 $\Sigma^{(2)}$ 的方程	在建立的坐标系 $\sigma^{(1)}$ 中，写出给定曲面 $\Sigma^{(1)}$ 的方程 $$\boldsymbol{r}^{(1)}(u,v)=\sum_{i=1}^{3}x_i^{(1)}(u,v)\boldsymbol{e}_i^{(1)} \quad (11\text{-}4\text{-}54)$$ $\Sigma^{(2)}$ 的方程 $$\boldsymbol{r}^{(2)}=\boldsymbol{r}^{(1)}+\boldsymbol{\xi} \quad (11\text{-}4\text{-}55)$$ 其中 $$\boldsymbol{\xi}(t)=\sum_{j=1}^{3}\xi_j(t)\boldsymbol{e}_j^{(2)} \quad (11\text{-}4\text{-}56)$$ 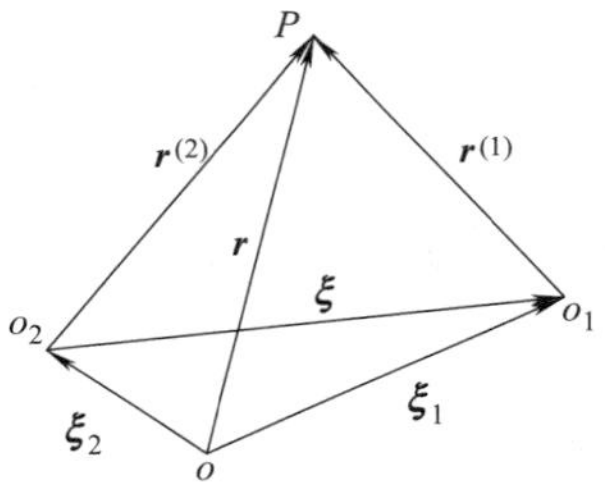
	(3)将 $\Sigma^{(1)}$ 和 $\Sigma^{(2)}$ 的方程变换到 $\sigma^{(2)}$	为求出共轭曲面 $\Sigma^{(2)}$ 的方程，必须将在 $\sigma^{(1)}$ 中曲面 $\Sigma^{(1)}$ 和 $\Sigma^{(2)}$ 的方程，变换到坐标系 $\sigma^{(2)}$ 中 将式(11-4-53)代入式(11-4-54)，得 $\Sigma^{(1)}$ 在 $\sigma^{(2)}$ 中的方程 $$\boldsymbol{r}^{(1)}(u,v,t)=\sum_{i=1}^{3}x_i^{(1)}(u,v)\sum_{j=1}^{3}a_{ij}(t)\boldsymbol{e}_j^{(2)}=\sum_{i=1}^{3}\sum_{j=1}^{3}a_{ij}(t)x_i^{(1)}(u,v)\boldsymbol{e}_j^{(2)} \quad (11\text{-}4\text{-}57)$$ 将式(11-4-56)和式(11-4-57)代入式(11-4-55)中，得 $\Sigma^{(2)}$ 在 $\sigma^{(2)}$ 中的方程 $$\begin{aligned}\boldsymbol{r}^{(2)}&=\sum_{i=1}^{3}\sum_{j=1}^{3}a_{ij}(t)x_i^{(1)}(u,v)\boldsymbol{e}_j^{(2)}+\sum_{j=1}^{3}\xi_j(t)\boldsymbol{e}_j^{(2)}\\&=\sum_{j=1}^{3}\left[\xi_j(t)+\sum_{i=1}^{3}a_{ij}(t)x_i^{(1)}(u,v)\right]\boldsymbol{e}_j^{(2)}=\boldsymbol{r}^{(2)}(u,v,t)\end{aligned} \quad (11\text{-}4\text{-}58)$$
	(4)在 σ_2 中建立啮合方程	建立啮合方程的条件是曲面 $\Sigma^{(1)}$ 运动过程中与 $\Sigma^{(2)}$ 的接触点，必须满足接触点处的相对运动速度矢量 $\boldsymbol{v}^{(12)}$ 与法矢量 $\boldsymbol{n}$ 垂直，也就是相对速度在法线上的投影等于零，即 $\Phi(u,v,t)=\boldsymbol{n}\cdot\boldsymbol{v}^{(12)}=0$ 由式(11-4-54)：$\boldsymbol{r}^{(1)}(u,v)=\sum_{i=1}^{3}x_i^{(1)}(u,v)\boldsymbol{e}_i^{(1)}$ 设 $\Sigma^{(1)}$ 上任意一点 P 点在坐标系 σ_1 中的幺法矢 $\boldsymbol{n}^{(1)}$ $$\boldsymbol{n}^{(1)}(u,v)=\frac{\boldsymbol{r}_u^{(1)}\times\boldsymbol{r}_v^{(1)}}{\left\|\boldsymbol{r}_u^{(1)}\times\boldsymbol{r}_v^{(1)}\right\|}=\boldsymbol{n} \quad (11\text{-}4\text{-}59)$$ 式中　$\boldsymbol{n}$——接触高副的公共法矢

续表

<table>
<tr><td rowspan="8">设计步骤</td><td>(4)在 σ_2 中建立啮合方程</td><td colspan="3">$$\boldsymbol{r}_u^{(1)}=\partial_1\boldsymbol{r}^{(1)}/\partial u$$ $$\boldsymbol{r}_v^{(1)}=\partial_1\boldsymbol{r}^{(1)}/\partial v$$ 注意：$\boldsymbol{n}^{(1)}$ 在动坐标系 σ_1 里只是 u、v 的矢函数，与时间 t 无关。但 $\boldsymbol{n}^{(1)}$ 在固定坐标系 σ 内与时间 t 有关，是 (u,v,t) 的矢函数
$$\boldsymbol{v}^{(12)}=\frac{\mathrm{d}\boldsymbol{\xi}}{\mathrm{d}t}+\boldsymbol{\omega}^{(12)}\times\boldsymbol{r}^{(1)}-\boldsymbol{\omega}^{(2)}\times\boldsymbol{\xi} \tag{11-4-60}$$ 对于一对定轴啮合传动，则为
$$\boldsymbol{v}^{(12)}=-\boldsymbol{v}^{(21)}=\boldsymbol{\omega}^{(12)}\times\boldsymbol{r}^{(1)}-\boldsymbol{\omega}^{(2)}\times\boldsymbol{\xi} \tag{11-4-61}$$</td></tr>
<tr><td>(5)求共轭曲面方程 $\Sigma^{(2)}$</td><td colspan="3">设计的共轭曲面只有曲面族 $\{\Sigma^{(1)}\}$ 上各点满足啮合条件的点，才能构成共轭曲面 $\Sigma^{(2)}$。具体求法为：
求出与 $\Sigma^{(1)}$ 共轭的曲面 $\Sigma^{(2)}$ 的方程。将步骤(1)建立的已知曲面 $\Sigma^{(1)}$ 的方程和步骤(3)求出的啮合方程联立求解
$$\left.\begin{aligned}&\boldsymbol{r}^{(2)}=\boldsymbol{r}^{(2)}(u,v,t)\\&\Phi(u,v,t)=\boldsymbol{n}\cdot\boldsymbol{v}^{(12)}=0\end{aligned}\right\} \tag{11-4-62}$$</td></tr>
<tr><td>(6)求接触线方程</td><td colspan="3">所谓接触线是两个曲面 $\Sigma^{(1)}$ 和 $\Sigma^{(2)}$ 在同一时刻的接触线，例如直齿渐开线圆柱齿轮传动，其接触线是两渐开线齿廓同一时刻接触的平行于回转轴的直线
$$\left.\begin{aligned}&\boldsymbol{r}^{(2)}=\boldsymbol{r}^{(2)}(u,v,t_0)\\&\Phi(u,v,t_0)=\boldsymbol{n}\cdot\boldsymbol{v}^{(12)}=0\end{aligned}\right\} \tag{11-4-63}$$</td></tr>
<tr><td rowspan="5">(7)求啮合线方程</td><td>啮合线定义</td><td colspan="2">所谓啮合线是两个曲面 $\Sigma^{(1)}$ 和 $\Sigma^{(2)}$ 不同时刻在固定坐标系 σ 下的啮合点的轨迹，例如直齿渐开线圆柱齿轮传动，两轮啮合线是切于两基圆的斜直线</td></tr>
<tr><td>$\sigma\rightarrow\sigma_1$
$\sigma\rightarrow\sigma_2$
底矢坐标变换公式</td><td colspan="2">$\sigma\rightarrow\sigma_2$：
$$\left.\begin{aligned}&\boldsymbol{e}_1^{(2)}=a_{11}\boldsymbol{e}_1+a_{12}\boldsymbol{e}_2+a_{13}\boldsymbol{e}_3\\&\boldsymbol{e}_2^{(2)}=a_{21}\boldsymbol{e}_1+a_{22}\boldsymbol{e}_2+a_{23}\boldsymbol{e}_3\\&\boldsymbol{e}_3^{(2)}=a_{31}\boldsymbol{e}_1+a_{32}\boldsymbol{e}_2+a_{33}\boldsymbol{e}_3\end{aligned}\right\}$$ 即
$$\boldsymbol{e}_i^{(2)}(t)=\sum_{j=1}^{3}a_{ij}(t)\boldsymbol{e}_j \tag{11-4-64}$$ 同理 $\sigma\rightarrow\sigma_1$：
$$\boldsymbol{e}_i^{(1)}(t)=\sum_{j=1}^{3}a_{ij}(t)\boldsymbol{e}_j \tag{11-4-65}$$</td></tr>
<tr><td rowspan="3">啮合线方程求解过程</td><td>$\boldsymbol{r}^{(2)}$ 在 σ 中的表达式</td><td>为求在固定坐标系 σ 下的啮合线方程，则将 $\boldsymbol{r}^{(2)}$ 通过坐标变换到 σ 中
设在 σ_2 里 $\Sigma^{(2)}$ 的矢方程
$$\boldsymbol{r}^{(2)}(u,v)=\sum_{i=1}^{3}x_i^{(2)}(u,v)\boldsymbol{e}_i^{(2)} \tag{11-4-66}$$ 将式(11-4-64)代入式(11-4-66)中，可得 $\boldsymbol{r}^{(2)}$ 在 σ 中的径矢表达式为
$$\boldsymbol{r}^{(2)}(u,v,t)=\sum_{i=1}^{3}\sum_{j=1}^{3}a_{ij}(t)x_i^{(2)}(u,v)\boldsymbol{e}_j \tag{11-4-67}$$</td></tr>
<tr><td>$\boldsymbol{r}^{(1)}$、ξ_2 和 ξ_1 在 σ 中的表达式</td><td>为求在固定坐标系 σ 下的啮合线方程，则将 $\boldsymbol{\xi}_2$ 或 $\boldsymbol{\xi}_1$、$\boldsymbol{r}^{(1)}$ 通过坐标变换到 σ 中
同理利用公式(11-4-64)和式(11-4-65)，得 $\boldsymbol{r}^{(1)}$ 和 $\boldsymbol{\xi}_2$ 在 σ 中的径矢为
$$\boldsymbol{r}^{(1)}(u,v,t)=\sum_{i=1}^{3}\sum_{j=1}^{3}a_{ij}(t)x_i^{(1)}(u,v)\boldsymbol{e}_j \tag{11-4-68}$$ $$\boldsymbol{\xi}_2=\xi_1^{(2)}(t)\boldsymbol{e}_1+\xi_2^{(2)}(t)\boldsymbol{e}_2+\xi_3^{(2)}(t)\boldsymbol{e}_3=\sum_{j=1}^{3}\xi_j^{(2)}(t)\boldsymbol{e}_j \tag{11-4-69}$$ 同理
$$\boldsymbol{\xi}_1(t)=\sum_{j=1}^{3}\xi_j^{(1)}(t)\boldsymbol{e}_j \tag{11-4-70}$$ 但要注意：a_{ij} 只是各坐标变换矩阵中各元素，在不同的坐标系中是不同的，如公式(11-4-64)中 $a_{ij}=\cos(\boldsymbol{e}_1^{r(2)}\hat{}\ ,\boldsymbol{e}_j^{r})$，而公式(11-4-65)中 $a_{ij}=\cos(\boldsymbol{e}_1^{r(1)}\hat{}\ ,\boldsymbol{e}_j^{r})$</td></tr>
<tr><td>在固定坐标系中的啮合方程</td><td>由公式(11-4-67)和式(11-4-69)可得啮合点在 σ 中径矢
$$\boldsymbol{r}(u,v,t)=\boldsymbol{\xi}_2+\boldsymbol{r}^{(2)}=\sum_{j=1}^{3}\left[\xi_j^{(2)}(t)+\sum_{i=1}^{3}a_{ij}(t)x_i^{(2)}(u,v)\right]\boldsymbol{e}_j \tag{11-4-71}$$ 将式(11-4-71)和啮合方程联立可得啮合面(空间啮合)或啮合线(平面啮合)方程为
$$\left.\begin{aligned}&\boldsymbol{r}(u,v;t)=\sum_{j=1}^{3}\left[\xi_j^{(2)}(t)+\sum_{i=1}^{3}a_{ij}(t)x_i^{(2)}(u,v)\right]\boldsymbol{e}_j\\&\Phi(u,v,t)=\boldsymbol{n}\cdot\boldsymbol{v}^{(12)}=0\end{aligned}\right\} \tag{11-4-72}$$</td></tr>
</table>

第 11 篇

表 11-4-16　　**运动学法应用例题**

题目	在一对外啮合圆柱齿轮(不一定是渐开线)中,如右图所示,两轮中心距为 A,节圆半径分别为 R_1 和 R_2,传动比 $i_{12}=\dfrac{\omega_1}{\omega_2}=\dfrac{R_2}{R_1}$,传动方向如图所示。已知齿轮 1 的齿廓曲线是平面曲线,求出与之共轭的齿轮 2 齿廓曲线 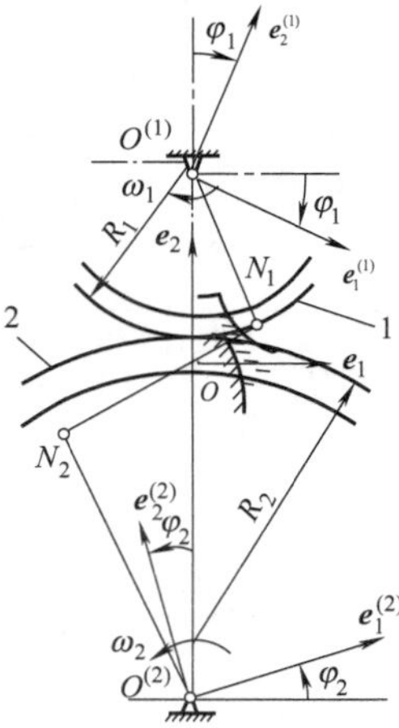
坐标系建立和变换	设固定坐标系 $\sigma=[O;\boldsymbol{e}_1,\boldsymbol{e}_2,\boldsymbol{e}_3]$,与齿轮 1、2 分别固连的动坐标系分别为 $\sigma^{(1)}=[O^{(1)};\boldsymbol{e}_1^{(1)},\boldsymbol{e}_2^{(1)},\boldsymbol{e}_3^{(1)}]$,$\sigma^{(2)}=[O^{(2)};\boldsymbol{e}_1^{(2)},\boldsymbol{e}_2^{(2)},\boldsymbol{e}_3^{(2)}]$。实际 $\boldsymbol{e}_3^{(1)}=\boldsymbol{e}_3^{(2)}=\boldsymbol{e}_3=\dfrac{\boldsymbol{\omega}^{(1)}}{\lvert\boldsymbol{\omega}^{(1)}\rvert}$ $\sigma\rightarrow\sigma^{(1)}$: $\left.\begin{aligned}\boldsymbol{e}_1^{(1)}&=\cos\varphi_1\boldsymbol{e}_1-\sin\varphi_1\boldsymbol{e}_2\\ \boldsymbol{e}_2^{(1)}&=\sin\varphi_1\boldsymbol{e}_1+\cos\varphi_1\boldsymbol{e}_2\end{aligned}\right\}$ (11-4-73) $\sigma^{(1)}\rightarrow\sigma$: $\left.\begin{aligned}\boldsymbol{e}_1&=\cos\varphi_1\boldsymbol{e}_1^{(1)}+\sin\varphi_1\boldsymbol{e}_2^{(1)}\\ \boldsymbol{e}_2&=-\sin\varphi_1\boldsymbol{e}_1^{(1)}+\cos\varphi_1\boldsymbol{e}_2^{(1)}\\ \boldsymbol{e}_3&=\boldsymbol{e}_3^{(1)}=\boldsymbol{e}_3^{(2)}\end{aligned}\right\}$ (11-4-74) $\sigma\rightarrow\sigma^{(2)}$: $\left.\begin{aligned}\boldsymbol{e}_1^{(2)}&=\cos\varphi_2\boldsymbol{e}_1+\sin\varphi_2\boldsymbol{e}_2\\ \boldsymbol{e}_2^{(2)}&=-\sin\varphi_2\boldsymbol{e}_1+\cos\varphi_2\boldsymbol{e}_2\end{aligned}\right\}$ (11-4-75)
相关矢量表达式	则 φ_1 是由 $\boldsymbol{e}_1$ 到 $\boldsymbol{e}_1^{(1)}$ 的有向角(从 $-\boldsymbol{e}_3$ 的方向看),而且 $\left.\begin{aligned}\overrightarrow{OO^{(1)}}&=\boldsymbol{\xi}_1=R_1\boldsymbol{e}_2\\ \boldsymbol{\xi}_2&=\overrightarrow{OO^{(2)}}=-R_2\boldsymbol{e}_2\\ \boldsymbol{\xi}&=\overrightarrow{O^{(2)}O^{(1)}}=\boldsymbol{\xi}_1-\boldsymbol{\xi}_2=A\boldsymbol{e}_2\end{aligned}\right\}$ (11-4-76) 由题目中图可知 $\boldsymbol{\omega}^{(1)}=-\dfrac{d\varphi_1}{dt}\boldsymbol{e}_3^{(1)}=-\omega_1\boldsymbol{e}_3^{(1)}$ (11-4-77) 同样 $\boldsymbol{\omega}^{(2)}=\dfrac{d\varphi_2}{dt}\boldsymbol{e}_3=-\dfrac{d\varphi_2}{d\varphi_1}\boldsymbol{\omega}^{(1)}=i_{21}\boldsymbol{\omega}^{(1)}=\omega_2\boldsymbol{e}_3^{(1)}$ (11-4-78) 传动比为 $i_{21}=\dfrac{\omega_2}{\omega_1}=\dfrac{\lvert\boldsymbol{\omega}^{(2)}\rvert}{\lvert\boldsymbol{\omega}^{(1)}\rvert}=\dfrac{R_1}{R_2}$ (11-4-79) $i_{21}=\pm\dfrac{d\varphi_2}{d\varphi_1}$,$i_{12}=\pm\dfrac{d\varphi_2}{d\varphi_1}$ 这里的正、负号表示两轮转动方向相同为正(内啮合情况)、相反为负 由公式(11-4-76)和式(11-4-77),可求相对角速度矢 $\boldsymbol{\omega}^{(12)}=\boldsymbol{\omega}^{(1)}-\boldsymbol{\omega}^{(2)}=-(\omega_1+\omega_2)\boldsymbol{e}_3^{(1)}$ (11-4-80)
啮合方程建立	平面齿廓曲线 $\Gamma^{(1)}$ 在 $\sigma^{(1)}$ 里的方程 $\boldsymbol{r}^{(1)}=x_1^{(1)}(u)\boldsymbol{e}_1^{(1)}+x_2^{(1)}(u)\boldsymbol{e}_2^{(1)}$ (11-4-81) 则 $\Gamma^{(1)}$ 在任意啮合点处的切矢为 $\dfrac{d\boldsymbol{r}^{(1)}}{du}=\dfrac{dx_1^{(1)}(u)}{du}\boldsymbol{e}_1^{(1)}+\dfrac{dx_2^{(1)}(u)}{du}\boldsymbol{e}_2^{(1)}$ (11-4-82) 则该点法矢为 $\boldsymbol{n}=\dfrac{dx_2^{(1)}}{du}\boldsymbol{e}_1^{(1)}-\dfrac{dx_1^{(1)}}{du}\boldsymbol{e}_2^{(1)}$ (11-4-83)

续表

啮合方程建立

由于是定轴传动（中心距是常矢），则利用公式（11-4-61）求得相对速度为

$$\boldsymbol{v}^{(12)}=\boldsymbol{\omega}^{(12)}\times\boldsymbol{r}^{(1)}-\boldsymbol{\omega}^{(2)}\times\boldsymbol{\xi} \tag{11-4-84}$$

由公式（11-4-80）和式（11-4-81），可得

$$\boldsymbol{\omega}^{(12)}\times\boldsymbol{r}^{(1)}=-(\omega_1+\omega_2)(x_1^{(1)}\boldsymbol{e}_2^{(1)}+x_2^{(1)}\boldsymbol{e}_1^{(1)}) \tag{11-4-85}$$

为求 $\boldsymbol{\xi}$ 在 $\sigma^{(1)}$ 中的表示，利用式（11-4-76）和式（11-4-74），得

$$\boldsymbol{\xi}=A\boldsymbol{e}_2=A(-\sin\varphi_1\boldsymbol{e}_1^{(1)}+\cos\varphi_1\boldsymbol{e}_2^{(1)}) \tag{11-4-86}$$

则应用式（11-4-86）和式（11-4-78），可求出相对速度公式中

$$\boldsymbol{\omega}^{(2)}\times\boldsymbol{\xi}=\omega_2\boldsymbol{e}_3^{(1)}\times A(-\sin\varphi_1\boldsymbol{e}_1^{(1)}+\cos\varphi_1\boldsymbol{e}_2^{(1)})=-A(\sin\varphi_1\boldsymbol{e}_2^{(1)}+\cos\varphi_1\boldsymbol{e}_1^{(1)}) \tag{11-4-87}$$

将式（11-4-85）、式（11-4-87）代入公式（11-4-84）得

$$\boldsymbol{v}^{(12)}=[(\omega_1+\omega_2)x_2^{(1)}+A\omega_2\cos\varphi_1]\boldsymbol{e}_2^{(1)}-[(\omega_1+\omega_2)x_1^{(1)}-A\omega_2\sin\varphi_1]\boldsymbol{e}_2^{(1)} \tag{11-4-88}$$

将式（11-4-88）和式（11-4-83）代入啮合方程

$$\boldsymbol{n}\cdot\boldsymbol{v}^{(12)}=(\omega_1+\omega_2)x_2^{(1)}\frac{\mathrm{d}x_2^{(1)}}{\mathrm{d}u}+A\omega_2\cos\varphi_1\frac{\mathrm{d}x_2^{(1)}}{\mathrm{d}u}+(\omega_1+\omega_2)x_1^{(1)}\frac{\mathrm{d}x_1^{(1)}}{\mathrm{d}u}-A\omega_2\sin\varphi_1\frac{\mathrm{d}x_1^{(1)}}{\mathrm{d}u}=0 \tag{11-4-89}$$

化简上式[两端除以 $(\omega_1+\omega_2)$]

$$x_1^{(1)}\frac{\mathrm{d}x_1^{(1)}}{\mathrm{d}u}+x_2^{(1)}\frac{\mathrm{d}x_2^{(1)}}{\mathrm{d}u}+\frac{\omega_2A}{\omega_1+\omega_2}\left(\cos\varphi_1\frac{\mathrm{d}x_2^{(1)}}{\mathrm{d}u}-\sin\varphi_1\frac{\mathrm{d}x_1^{(1)}}{\mathrm{d}u}\right)=0 \tag{11-4-90}$$

将公式

$$\left.\begin{aligned}&A=(1+i_{21})R_2\\&\frac{\omega_2}{\omega_1+\omega_2}=\frac{i_{21}}{1+i_{21}}\\&i_{21}=\frac{R_1}{R_2}\end{aligned}\right\}$$

代入式（11-4-90），则啮合方程化简为

$$x_1^{(1)}\frac{\mathrm{d}x_1^{(1)}}{\mathrm{d}u}+x_2^{(1)}\frac{\mathrm{d}x_2^{(1)}}{\mathrm{d}u}+R_1\left(\cos\varphi_1\frac{\mathrm{d}x_2^{(1)}}{\mathrm{d}u}-\sin\varphi_1\frac{\mathrm{d}x_1^{(1)}}{\mathrm{d}u}\right)=0 \tag{11-4-91}$$

共轭齿廓曲线 $\Gamma^{(2)}$ 方程

由题目中图可得，坐标变换公式

$\sigma^{(2)}\to\sigma$：

$$\left.\begin{aligned}&\boldsymbol{e}_1=\cos\varphi_2\boldsymbol{e}_1^{(2)}-\sin\varphi_2\boldsymbol{e}_2^{(2)}\\&\boldsymbol{e}_2=\sin\varphi_2\boldsymbol{e}_1^{(2)}+\cos\varphi_2\boldsymbol{e}_2^{(2)}\end{aligned}\right\} \tag{11-4-92}$$

$\sigma^{(2)}\to\sigma^{(1)}$：

$$\left.\begin{aligned}&\boldsymbol{e}_1^{(1)}=\cos(\varphi_1+\varphi_2)\boldsymbol{e}_1^{(2)}-\sin(\varphi_1+\varphi_2)\boldsymbol{e}_2^{(2)}\\&\boldsymbol{e}_2^{(1)}=\sin(\varphi_1+\varphi_2)\boldsymbol{e}_1^{(2)}+\cos(\varphi_1+\varphi_2)\boldsymbol{e}_2^{(2)}\\&\boldsymbol{e}_3^{(1)}=\boldsymbol{e}_3^{(2)}=\boldsymbol{e}_3\end{aligned}\right\} \tag{11-4-93}$$

齿廓 $\Gamma^{(2)}$ 方程

$$\boldsymbol{r}^{(2)}=\boldsymbol{r}^{(1)}+\boldsymbol{\xi}$$

由式（11-4-76）和式（11-4-92），写出上式中 $\boldsymbol{\xi}$ 在 $\sigma^{(2)}$ 中的表达式

$$\boldsymbol{\xi}=A\boldsymbol{e}_2=A\sin\varphi_2\boldsymbol{e}_1^{(2)}+\cos\varphi_2\boldsymbol{e}_2^{(2)} \tag{11-4-94}$$

利用式（11-4-93），将式（11-4-81）中 $\boldsymbol{r}^{(1)}$ 变换到 $\sigma^{(2)}$ 中

$$\boldsymbol{r}^{(1)}=x_1^{(1)}\boldsymbol{e}_1^{(1)}+x_2^{(1)}\boldsymbol{e}_2^{(1)}=[x_1^{(1)}\cos(\varphi_1+\varphi_2)+x_2^{(1)}\sin(\varphi_1+\varphi_2)]\boldsymbol{e}_1^{(2)}+[x_2^{(1)}\cos(\varphi_1+\varphi_2)-x_1^{(1)}\sin(\varphi_1+\varphi_2)]\boldsymbol{e}_2^{(2)} \tag{11-4-95}$$

利用式（11-4-94）和式（11-4-95）

$$\boldsymbol{r}^{(2)}=\boldsymbol{r}^{(1)}+\boldsymbol{\xi}=[x_1^{(1)}\cos(\varphi_1+\varphi_2)+x_2^{(1)}\sin(\varphi_1+\varphi_2)+A\sin\varphi_2]\boldsymbol{e}_1^{(2)}+[x_2^{(1)}\cos(\varphi_1+\varphi_2)-x_1^{(1)}\sin(\varphi_1+\varphi_2)+A\cos\varphi_2]\boldsymbol{e}_2^{(2)} \tag{11-4-96}$$

将 $\varphi_2=i_{21}\varphi_1$ 代入式（11-4-96），并与啮合方程（11-4-91）联立，即可求出共轭齿廓曲线 $\Gamma^{(2)}$ 的方程

$$\left.\begin{aligned}&\boldsymbol{r}^{(2)}=\{x_1^{(1)}\cos[(1+i_{21})\varphi_1]+x_2^{(1)}\sin[(1+i_{21})\varphi_1]+A\sin\varphi_2\}\boldsymbol{e}_1^{(2)}+\{x_2^{(1)}\cos[(1+i_{21})\varphi_1]-x_1^{(1)}\sin[(1+i_{21})\varphi_1]+A\cos\varphi_2\}\boldsymbol{e}_2^{(2)}\\&\Phi\equiv x_1^{(1)}\frac{\mathrm{d}x_1^{(1)}}{\mathrm{d}u}+x_2^{(1)}\frac{\mathrm{d}x_2^{(1)}}{\mathrm{d}u}+R_1\left(\cos\varphi_1\frac{\mathrm{d}x_2^{(1)}}{\mathrm{d}u}-\sin\varphi_1\frac{\mathrm{d}x_1^{(1)}}{\mathrm{d}u}\right)=0\end{aligned}\right\} \tag{11-4-97}$$

若 $\Gamma^{(1)}$ 的方程给出后，式（11-4-97）只是 φ_1 的函数，则当给出 φ_1 的不同点时，求出与之共轭的对应点，即可连成曲线。式（11-4-97）对任何平面啮合齿廓均适用，即已知任意齿廓曲线，都可以求出与之共轭的齿廓曲线，若 $\Gamma^{(1)}$ 是渐开线，则 $\Gamma^{(2)}$ 也是渐开线

不过，可以看出用空间啮合理论处理平面啮合问题，显得有些繁琐，工程中关于平面啮合的问题很多，可参考适合平面啮合的简便方法

4.3.3.2　基于包络法设计共轭曲线机构

根据一对共轭曲线互为包络线的性质，当给定其中一条曲线 $S_t^{(1)}$，可用包络法求得另一曲线 $S^{(2)}$。首先求得 $S_t^{(1)}$ 运动过程中在坐标系 $\sigma^{(2)}$ 上的一系列位置，得到一个曲线族 $\{S_t^{(1)}\}$，然后作该曲线族的包络线，即为 $S^{(2)}$，如表 11-4-17 和表 11-4-18 所示。

表 11-4-17　　　　包络法设计共轭曲线机构（实际为求共轭曲线）

用途		适合空间啮合和平面啮合传动机构
共轭曲线与包络线的概念		所谓共轭曲线（如齿轮齿廓曲线），即两条曲线一定保证既运动又相切，两共轭曲线的运动是滚动加滑动。实际上，两条曲线中的任意一条曲线都是另一条曲线的包络线。包络线的定义是：一条曲线 Γ 上面的所有点都是一个曲线族（这里所称的曲线族，是一条在曲线运动过程所占据一系列位置的曲线）$\{S_t\}$ 中每条曲线 $S_t^{(1)}$ 上的点，并且在该点相切，则曲线 Γ 称为曲线族 $\{S_t\}$ 的包络线
包络原理		如右图所示，构件 1 上的曲线 $S^{(1)}$ 和构件 2 上的曲线 $S^{(2)}$ 在 P 点接触，当构件 1 相对构件 2 运动时，其与 $S^{(2)}$ 的接触点分别是 P_1、P_2、…、P_n。曲线 $S^{(1)}$ 形成了一个曲线族 $\{S^{(1)}\}$，由图(a)可见曲线 $S^{(2)}$ 是曲线族 $\{S^{(1)}\}$ 的包络线，同理用曲线 $S^{(2)}$ 的运动所形成的曲线族 $\{S^{(2)}\}$ 可以包络出曲线 $S^{(1)}$。可得结论，高副中的两廓线是互为包络的曲线，这种包络原理在齿轮范成加工和凸轮实际廓线制造中得以广泛应用 图(a)
包络法求共轭曲线过程	已知条件	已知曲线族 $\{S^{(1)}\}$ 的方程为 $$f(x^{(1)},y^{(1)};t)=0 \quad (11\text{-}4\text{-}98)$$ 式中　$x^{(1)},y^{(1)}$——曲线 $S^{(1)}$ 各点的坐标参数 　　t——曲线族 $\{S^{(1)}\}$ 中族的参数 因为族参数只有 t 一个，所以称为单参数曲线族，一般是曲线 $S^{(1)}$ 运动过程位置或时间作为族参数
	包络线形成过程	根据包络原理，在包络线上任取一点 $P_2(x^{(2)},y^{(2)})$，由包络线定义，这一点只属于曲线族 $\{S^{(1)}\}$ 中一条曲线 $S^{(1)}$ 上的点，可见有一个 t 值，就对应包络线和曲线族 $\{S^{(1)}\}$ 中一条曲线的接触点 P，实际包络线就是由这一系列接触点在与 $S^{(2)}$ 固连坐标系 $\sigma^{(2)}$ 中形成的 但要提醒注意，求包络线时，若要将曲线族和包络线方程均变换到同一个坐标系下，则统一用 x、y 表示接触点位置
	啮合条件方程的建立	由方程(11-4-98)，曲线族又可以写成以 t 为变量的方程： $$f(x^{(1)}(t),y^{(1)}(t);t)=0 \quad (11\text{-}4\text{-}99)$$ 根据包络线定义，应满足接触点 $P(x,y)$ 相切条件，则必须求接触点切线，将上式对变量 t 全微分 $$\frac{\partial f}{\partial x}\frac{\mathrm{d}x}{\mathrm{d}t}+\frac{\partial f}{\partial y}\frac{\mathrm{d}y}{\mathrm{d}t}+\frac{\partial f}{\partial t}=0 \quad (11\text{-}4\text{-}100)$$ 设曲线 $S^{(1)}$ 上该点的切线上任一点参数为 X、Y，则曲线族的切线方程为 $$\frac{\partial f}{\partial x}\Big/\frac{\partial f}{\partial y}=-(Y-y)/(X-x)$$ 即 $$\frac{\partial f}{\partial x}(X-x)+\frac{\partial f}{\partial y}(Y-y)=0 \quad (11\text{-}4\text{-}101)$$ 包络线 $S^{(2)}$ 上在同一接触点处的切线可以写成 $$\frac{\mathrm{d}y}{\mathrm{d}x}=\frac{Y-y}{X-x}$$ 即 $$\frac{X-x}{\mathrm{d}x}=\frac{Y-y}{\mathrm{d}y} \quad (11\text{-}4\text{-}102)$$ $S^{(1)}$ 和 $S^{(2)}$ 在接触点的两切线应重合，则参数均应满足上面这两个方程，即联立公式(11-4-101)和式(11-4-102)，故得 $$\frac{\partial f}{\partial x}\mathrm{d}x+\frac{\partial f}{\partial y}\mathrm{d}y=0 \quad (11\text{-}4\text{-}103)$$ 比较式(11-4-100)和式(11-4-103)，并注意 dt 是任意参数，可得啮合条件方程 $$\frac{\partial f}{\partial t}=0 \quad 或 \quad \frac{\partial}{\partial t}f(x(t),y(t);t)=0 \quad (11\text{-}4\text{-}104)$$
	包络线方程	将给定的曲线族方程(11-4-99)与接触条件方程(11-4-104)联立，可得包络线方程 $$\left.\begin{aligned}&f(x(t),y(t);t)=0\\&\frac{\partial}{\partial t}f(x(t),y(t);t)=0\end{aligned}\right\} \quad (11\text{-}4\text{-}105)$$

表 11-4-18　　基于包络法设计共轭曲线机构应用实例

题目	已知：盘状凸轮基圆半径 $r_b=50$mm，直动从动件滚子半径 $r_0=10$mm，导路中心线与凸轮回转中心偏距 $e=10$mm，凸轮以 $n=500$r/min 等速运动。其从动件运动规律如下：当凸轮转过 $\varphi_1=150°$时，从动件以正弦加速度规律上升到最高位置 $h=80$mm；当凸轮继续转过 $\varphi_2=30°$时，从动件静止不动；当凸轮继续又转 90°时，从动件以余弦加速度下降到最低点。利用包络法设计直动滚子从动件凸轮实际轮廓曲线
从动件运动规律	根据给定条件，从动件的运动规律分成四个阶段 ①凸轮转角 $\varphi_1=0°\sim150°$时，从动件正弦加速度上升，则 $$S_1=h\left[\frac{\varphi}{\varphi_1}-\frac{1}{2\pi}\sin\left(2\pi\frac{\varphi}{\varphi_1}\right)\right] \qquad (11\text{-}4\text{-}106)$$ ②当凸轮转角 $\varphi_2=150°\sim180°$（远休止角），$h=80$mm 时，由上式得 $$S_2=80\left[\frac{\varphi}{150}-\frac{1}{2\pi}\sin\left(\frac{2\pi}{150}\varphi\right)\right] \qquad (11\text{-}4\text{-}107)$$ ③当凸轮转角 $\varphi_3=180°\sim270°$时，从动件余弦加速度下降 $$S_3=\frac{h}{2}\left[1+\cos\left(\frac{\pi}{\varphi_3}\varphi\right)\right] \qquad (11\text{-}4\text{-}108)$$ ④凸轮转角 $\varphi_4=270°\sim360°$时，从动件在最低点（基圆不动）
曲线族（滚子）方程	图(a)中包络凸轮实际轮廓曲线的曲线族是由一系列半径为 $r_0=10$mm 的滚子（圆）组成的，设(x_1,y_1)为滚子中心坐标，滚子上任意点坐标(x,y)的方程为 $$(x-x_1)^2+(y-y_1)^2-r_0^2=0 \qquad (11\text{-}4\text{-}109)$$ 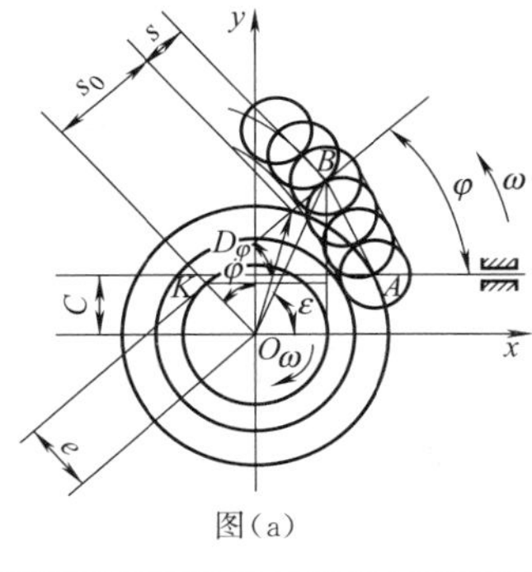 图(a) 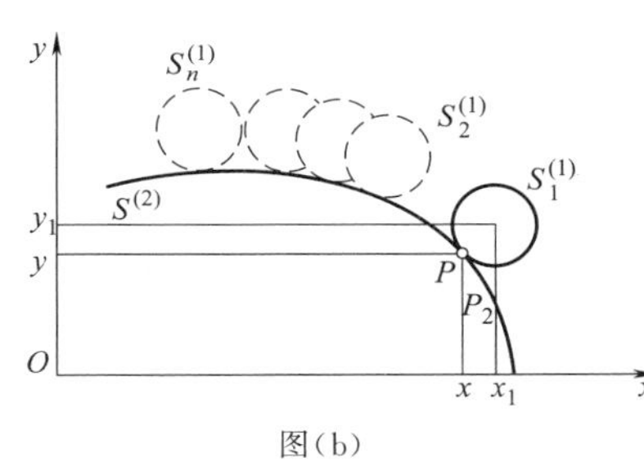 图(b)
接触条件方程	求凸轮实际廓线实际上是求滚子（圆）形成曲线族的包络线。为应用表 11-4-17 中式(11-4-105)，则仿照接触条件方程(11-4-104)，先对式(11-4-109)求偏导，则有 $$(x-x_1)\frac{dx}{d\varphi}-(y-y_1)\frac{dy}{d\varphi}=0 \qquad (11\text{-}4\text{-}110)$$
凸轮理论轮廓线方程	凸轮理论轮廓曲线是凸轮机构中从动件滚子中心各点坐标，参照图(a)、图(b)，可得 $$\left.\begin{aligned}x_1&=(s_0+s)\cos\varphi-e\sin\varphi\\y_1&=e\cos\varphi+(s_0+s)\sin\varphi\\s_0&=\sqrt{r_b^2-e^2}\end{aligned}\right\} \qquad (11\text{-}4\text{-}111)$$
求凸轮实际轮廓曲线	将曲线族方程(11-4-109)和接触条件方程(11-4-110)联立得凸轮实际廓线方程 $$\left.\begin{aligned}&(x-x_1)^2+(y-y_1)^2-r_0^2=0\\&(x-x_1)\frac{dx_1}{d\varphi}-(y-y_1)\frac{dy_1}{d\varphi}=0\end{aligned}\right\} \qquad (11\text{-}4\text{-}112)$$ 即 $$\left.\begin{aligned}x&=x_1\pm r_0\frac{dy_1/d\varphi}{\sqrt{(dx_1/d\varphi)^2+(dy_1/d\varphi)^2}}\\y&=y_1\mp r_0\frac{dx_1/d\varphi}{\sqrt{(dx_1/d\varphi)^2+(dy_1/d\varphi)^2}}\end{aligned}\right\} \qquad (11\text{-}4\text{-}113)$$ 为求公式(11-4-111)中$\frac{dx_1}{d\varphi}$和$\frac{dy_1}{d\varphi}$，对式(11-4-109)求导得 $$\left.\begin{aligned}\frac{dx_1}{d\varphi}&=\left(\frac{ds}{d\varphi}-e\right)\cos\varphi-(s_0+s)\sin\varphi\\\frac{dy_1}{d\varphi}&=\left(\frac{ds}{d\varphi}-e\right)\sin\varphi+(s_0+s)\cos\varphi\end{aligned}\right\} \qquad (11\text{-}4\text{-}114)$$

续表

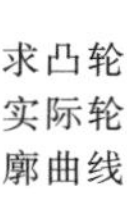求凸轮实际轮廓曲线	将公式(11-4-106)、式(11-4-107)、式(11-4-108)、式(11-4-113)、式(11-4-114)联立，即可计算出凸轮实际轮廓曲线各点数值，其图形如图(c)所示 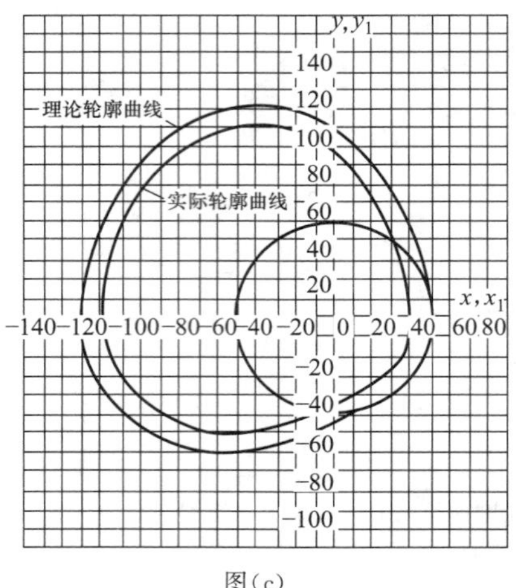 图(c)

4.3.3.3 基于齿廓法线法设计共轭曲线机构

在传动比 $i_{12} \neq$ 常数的情况下，用运动学法来确定共轭齿廓是非常有效的。但在传动比恒定（$i_{12}=$常数）的情况下，对于平面啮合，采用运动学法，显得烦琐，为此，给出另一种确定共轭齿廓的最简便的方法——齿廓法线法，如表 11-4-19～表 11-4-22 所示。

表 11-4-19　　齿廓法线法设计共轭曲线机构

齿廓法线法的基本原理	根据机械原理中齿廓啮合基本定律，建立在所给定的齿廓上的接触点位置和齿轮转角之间的关系作为啮合条件方程，求其共轭曲线 如图(a)所示，齿轮 1 与坐标系 $\sigma^{(1)}[O_1;x_1,y_1]$ 相固连，假定给出的是齿轮的左侧齿廓 $\Gamma^{(1)}$，齿轮的转角 φ_1 沿逆时针方向为正。G 点是接触点，根据轮齿啮合基本定律（两共轭齿廓在接触点的公法线必须通过啮合节点），则 G 点的公法线 $\overline{GP}$ 一定通过啮合节点 P 当齿轮逆时针转过一个 φ_1 角时，齿廓上 G_1 点成为接触点，G_1 点的法线 $\overline{G_1P_1}$ 与齿轮瞬心线（节圆）的交点为 P_1，这一时刻 P_1 点运动到与啮合节点 P 相重合。同理，当齿轮顺时针转过一个 φ_1' 角时，齿廓接触点对应瞬心线上 P_1' 点，也必须和节点 P 重合。因此，齿廓 $\Gamma^{(1)}$ 上的 G_1 点成为接触点时，它在 $\sigma^{(1)}$ 里的坐标 (x_1,y_1) 与转角 φ_1 有一定的关系，由图(b)可得 $$\varphi_1=\frac{\pi}{2}-(\gamma+\psi) \qquad (11\text{-}4\text{-}115)$$ 式中　γ——齿廓 $\Gamma^{(1)}$ 在 $G_1(x_1,y_1)$ 点的切线(平行 O_1L_1)与 x_1 的夹角 利用式(11-4-115)设计共轭曲线机构的方法称为齿廓法线法 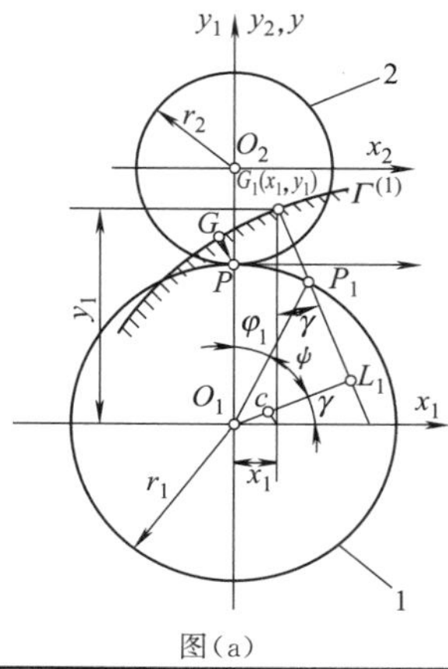 图(a) 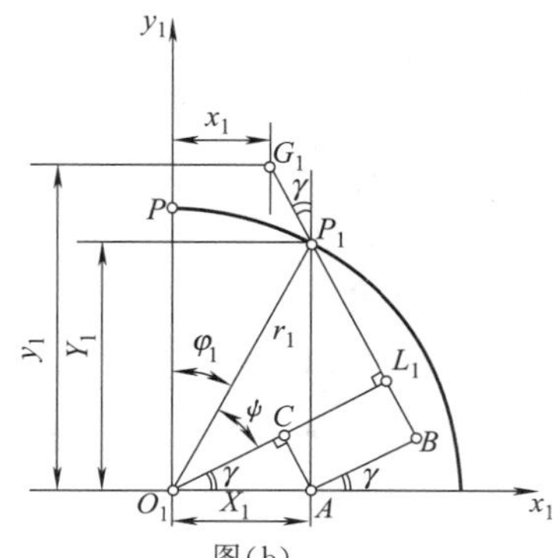 图(b)

续表

设计步骤	求公式(11-4-115)中 γ 角	当齿廓 $\Gamma^{(1)}$ 的方程已知时，接触点公法线和 y 轴夹角 γ 也随之确定。由高等数学可知，随着齿廓方程式的形式不同，确定 $\tan\gamma$ 的公式也因之不同，具体如下 $$\left.\begin{array}{l} y_1=f(x_1),\tan\gamma=y_1' \\ F_1(x_1,y_1)=0,\tan\gamma=-\dfrac{\dfrac{\partial F_1}{\partial x_1}}{\dfrac{\partial F_1}{\partial y_1}} \\ \left.\begin{array}{l} x_1=f_1(u) \\ y_1=f_2(u)\end{array}\right\},\tan\gamma=\dfrac{f_2'(u)}{f_1'(u)}\end{array}\right\} \quad (11\text{-}4\text{-}116)$$ 若齿廓上任意一点 $G_1(x_1,y_1)$ 的法线和瞬心线的交点 P_1 的坐标为 (X_1,Y_1)，则由图(b)可得 $$\frac{Y_1-y_1}{X_1-x_1}=-\cot\gamma$$ 上式又可写成 $$X_1\cos\gamma+Y_1\sin\gamma=x_1\cos\gamma+y_1\sin\gamma \quad (11\text{-}4\text{-}117)$$
	求公式(11-4-115)中 ψ 角	由图(a)和图(b)可知 $$r_1\cos\psi=O_1L_1=O_1C+CL_1=O_1C+AB=X_1\cos\gamma+Y_1\sin\gamma$$ 即 $$X_2\cos\gamma+Y_1\sin\gamma=r_1\cos\psi \quad (11\text{-}4\text{-}118)$$ 把式(11-4-117)同式(11-4-118)相比较，得到 $$\cos\psi=\frac{x_1\cos\gamma+y_1\sin\gamma}{r_1} \quad (11\text{-}4\text{-}119)$$
	建立啮合条件方程	综上所述，可得到接触点在齿廓上的位置 (x_1,y_1) 和齿轮转角 φ_1 之间的关系为 $$\left.\begin{array}{l}\cos\psi=\dfrac{x_1\cos\gamma+y_1\sin\gamma}{r_1} \\ \varphi_1=\dfrac{\pi}{2}-(\gamma+\psi)\end{array}\right\} \quad (11\text{-}4\text{-}120)$$ 或 $$\sin(\gamma+\varphi_1)=\frac{x_1\cos\gamma+y_1\sin\gamma}{r_1} \quad (11\text{-}4\text{-}121)$$ 式(11-4-120)和式(11-4-121)是齿廓 $\Gamma^{(1)}$ 的点 $G_1(x_1,y_1)$ 成为啮合点时的条件。由于 $G_1(x_1,y_1)$ 是任意选的，所以式(11-4-120)或式(11-4-121)就相当于啮合方程，即齿廓 $\Gamma^{(1)}$ 上的点成为接触点时的条件
	齿廓方程和啮合线方程	只要把已知齿廓 $\Gamma^{(1)}$ 上接触点的坐标 (x_1,y_1) 变换到与所求齿廓 $\Gamma^{(2)}$ 相固连的动坐标系 $\sigma^{(2)}$ 里，再和啮合方程(11-4-121)联立，就可得到与给定齿廓相共轭的齿廓方程 当把已知齿廓 $\Gamma^{(1)}$ 上接触点的坐标变换到固定坐标系 σ 里时，就可得到啮合线的方程

第11篇

表 11-4-20 实例 1 基于齿廓法线法设计被加工齿轮齿廓曲线

题目	渐开线插齿刀加工渐开线齿轮[图(a)]，已知渐开线插齿刀的齿数 $Z_1=20$，节圆半径 $r_1=40\text{mm}$，模数 $m=4\text{mm}$，被加工齿轮的齿数为 Z_2，压力角为 α 求：①被加工齿轮的齿廓曲线方程，并画出齿廓曲线(压力角 α 分别为 20°、25°，齿数 Z_2 分别为 10、20) ②刀具尖点的轨迹(刀具齿顶高 $h_a=1.25m$) ③啮合线方程 ④编程计算并画出 α 为 20°和 25°、Z_2 为 10 和 20 时，被加工齿轮的齿廓曲线和刀尖轨迹曲线 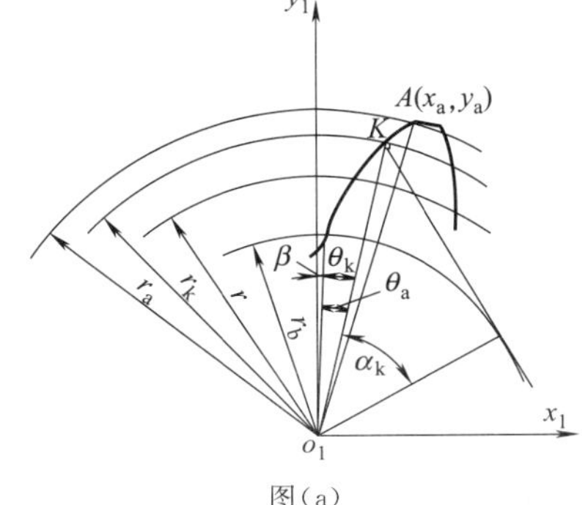 图(a)

续表

建立已知插齿刀齿廓方程

渐开线插齿刀齿廓如图(a)所示。$\sigma^{(1)}=[o_1;x_1,y_1]$为与渐开线插齿刀固连的动坐标系，以左齿廓为已知齿廓，其方程为

$$\left.\begin{aligned}x_1&=\frac{r_{b1}}{\cos\alpha_k}\sin(\theta_k+\beta)\\y_1&=\frac{r_{b1}}{\cos\alpha_k}\cos(\theta_k+\beta)\end{aligned}\right\}\tag{11-4-122}$$

式中 $r_{b1}=r_k\cos\alpha_k$

$\theta_k=\tan\alpha_k-\alpha_k$

$r_{b1}=r_1\cos\alpha=r_k\cos\alpha_k$

$\beta=\dfrac{\pi}{2Z_1}-(\tan\alpha-\alpha)$

建立啮合方程

根据刀具渐开线的方程，则其接触点 K 的切线与 x_1 轴的夹角 γ 应为

$$\tan\gamma=\frac{dy_1}{dx_1}=\frac{\cos(\theta_k+\beta)-\sin(\theta_k+\beta)\tan\alpha_k}{\sin(\theta_k+\beta)+\cos(\theta_k+\beta)\tan\alpha_k}=1-\frac{\tan(\theta_k+\beta)\tan\alpha_k}{\tan(\theta_k+\beta)+\tan\alpha_k}$$

则

$$\tan\gamma=\cot(\theta_k+\beta+\alpha_k)$$

所以

$$\gamma=\frac{\pi}{2}-(\theta_k+\beta+\alpha_k)\tag{11-4-123}$$

将式(11-4-123)代入表 11-4-19 中啮合方程(11-4-121)得

$$\varphi_1=\arcsin\frac{x_1\cos\gamma+y_1\sin\gamma}{r_1}-\gamma\tag{11-4-124}$$

啮合线方程

将 x_1、y_1变换到固定坐标系$[P;x,y]$中，即可求得啮合线方程。由

$$\sigma^{(1)}\rightarrow\sigma:\begin{bmatrix}x\\y\\1\end{bmatrix}=\begin{bmatrix}\cos\varphi_1&-\sin\varphi_1&0\\\sin\varphi_1&\cos\varphi_1&-r_1\\0&0&1\end{bmatrix}\begin{bmatrix}x_1\\y_1\\1\end{bmatrix}$$

得

$$\left.\begin{aligned}x&=x_1\cos\varphi_1-y_1\sin\varphi_1\\y&=x_1\sin\varphi_1+y_1\cos\varphi_1-r_1\end{aligned}\right\}\tag{11-4-125}$$

将式(11-4-122)代入式(11-4-125)，啮合线方程为

$$\left.\begin{aligned}x&=\frac{r_{b1}}{\cos\alpha_k}\sin(\theta_k+\beta-\varphi_1)\\y&=\frac{r_{b1}}{\cos\alpha_k}\cos(\theta_k+\beta-\varphi_1)-r_1\end{aligned}\right\}\tag{11-4-126}$$

被加工齿轮的齿廓方程

将 x_1、y_1变换到动坐标系 $\sigma^{(2)}=[o_2;x_2,y_2]$中，并利用式(11-4-124)和式(11-4-123)便可求得齿轮的齿廓方程

$$\left.\begin{aligned}x_2&=x_1\cos(1+i_{21})\varphi_1-y_1\sin(1+i_{21})\varphi_1+a\sin i_{21}\varphi_1\\y_2&=x_1\sin(1+i_{21})\varphi_1+y_1\cos(1+i_{21})\varphi_1-a\cos i_{21}\varphi_1\end{aligned}\right\}\tag{11-4-127}$$

如将式(11-4-122)代入上式又可得

$$\left.\begin{aligned}x_2&=\frac{r_{b1}}{\cos\alpha_k}\sin[\theta_k+\beta-(1+i_{21})\varphi_1]+a\sin i_{21}\varphi_1\\y_2&=\frac{r_{b1}}{\cos\alpha_k}\cos[\theta_k+\beta-(1+i_{21})\varphi_1]-a\cos i_{21}\varphi_1\end{aligned}\right\}\tag{11-4-128}$$

式中 $i_{21}=\dfrac{\omega_2}{\omega_1}=\dfrac{\varphi_2}{\varphi_1}=\dfrac{r_1}{r_2}$

$a=r_1+r_2$(中心距)

刀尖点的轨迹方程

齿顶圆半径 $r_{a1}=r_1+(h_a^*+c^*)m=r_1+1.25m$

齿顶压力角 $\alpha_a=\arccos\dfrac{r_1\cos\alpha}{r_{a1}}$

$\theta_a=\tan\alpha_a-\alpha_a$

代入式(11-4-122)，则刀尖点轨迹为

$$\left.\begin{aligned}x_{a1}&=\frac{r_{b1}}{\cos\alpha_a}\sin(\theta_a+\beta)\\y_{a1}&=\frac{r_{b1}}{\cos\alpha_a}\cos(\theta_a+\beta)\end{aligned}\right\}\tag{11-4-129}$$

续表

刀尖点的轨迹方程

将式(11-4-127)变换到动坐标系$[o_2;x_2,y_2]$中，并利用式(11-4-123)和式(11-4-124)，即可得出刀尖点在σ_2中的轨迹方程

$$\left.\begin{aligned} x_{a2}&=x_{a1}\cos(1+i_{21})\varphi_1-y_{a1}\sin(1+i_{21})\varphi_1+a\sin i_{21}\varphi_1 \\ y_{a2}&=x_{a1}\sin(1+i_{21})\varphi_1+y_{a1}\cos(1+i_{21})\varphi_1-a\cos i_{21}\varphi_1 \end{aligned}\right\} \quad (11\text{-}4\text{-}130)$$

为便于编程画出被加工齿轮的齿廓曲线和刀尖轨迹曲线，式(11-4-130)又可写成

$$\left.\begin{aligned} x_{a2}&=x_a\cos i_{21}\varphi_1-y_a\sin i_{21}\varphi_1+r_2\sin i_{21}\varphi_1 \\ y_{a2}&=x_a\sin i_{21}\varphi_1+y_a\cos i_{21}\varphi_1-r_2\cos i_{21}\varphi_1 \end{aligned}\right\} \quad (11\text{-}4\text{-}131)$$

由以上公式可知：当计算被加工齿轮齿廓曲线时，应用式(11-4-123)、式(11-4-124)和式(11-4-128)；计算啮合线时，应用式(11-4-123)、式(11-4-124)和式(11-4-126)；计算刀尖轨迹时，应用式(11-4-123)、式(11-4-124)和式(11-4-131)，实际上是可以用来计算出齿轮齿根的过渡曲线[参见图(b)～图(d)]的

计算结果中图(b)所示为齿数$Z_2=10$的情况，可以明显看出被加工齿轮 2 齿廓有根切现象，这是渐开线齿轮齿数少于最少齿数 17 而造成的；图(c)和图(d)所示为齿数$Z_2=20$的情况

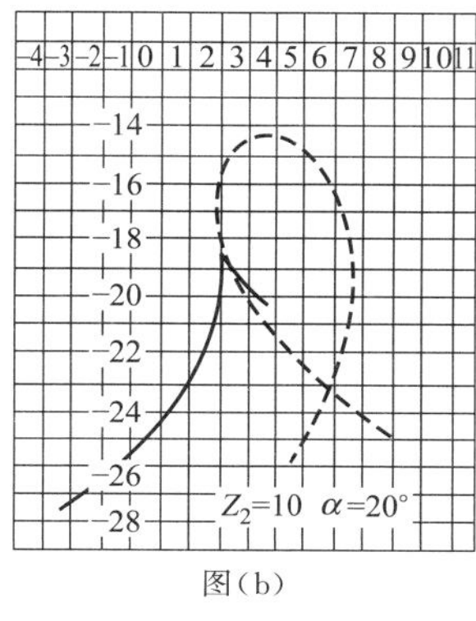

图(b)

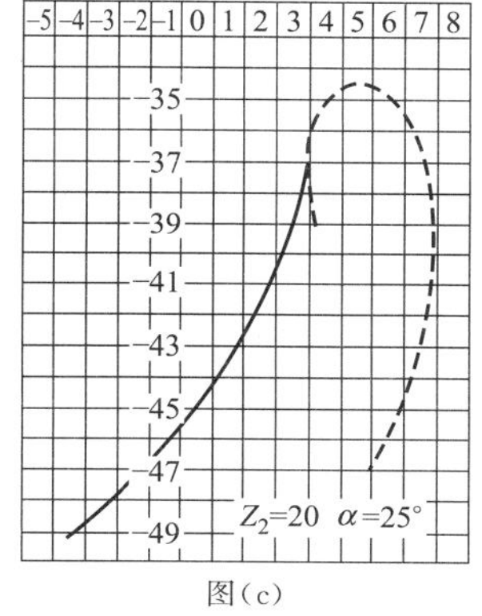

图(c)

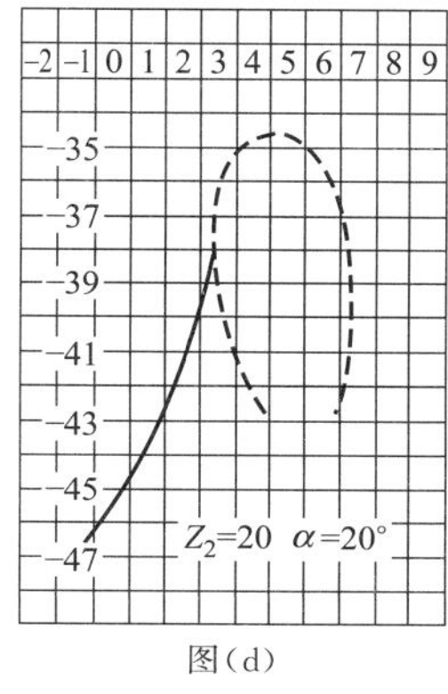

图(d)

表 11-4-21　　实例 2　基于齿廓法线法设计加工直线插齿刀齿廓

题目

用插齿刀加工直线齿廓Γ_1的外啮合齿轮（如右图所示），直线齿廓ab在坐标系$\sigma_1=[o_1;\boldsymbol{i}_1,\boldsymbol{j}_1]$中的方程式为

$$y_1=x_1\cot\beta+\frac{h}{\sin\beta} \quad (11\text{-}4\text{-}132)$$

求插齿刀的齿廓Γ_2的方程式及啮合线的方程

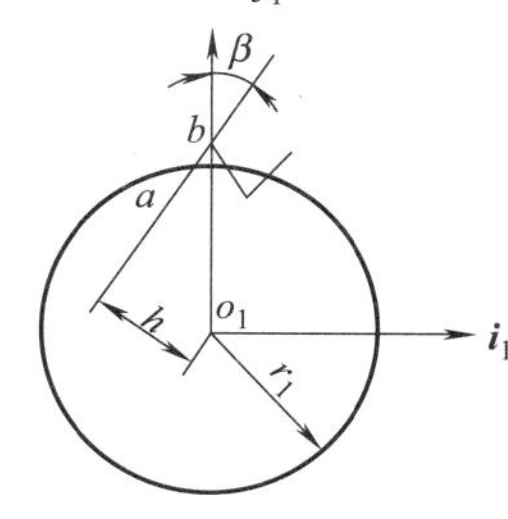

建立啮合方程

首先设与插齿刀固连动坐标系$\sigma_2=[o_2;\boldsymbol{i}_2,\boldsymbol{j}_2]$，设以节点为坐标原点并与机架固连的固定坐标系$\sigma=[o;\boldsymbol{i},\boldsymbol{j}]$

为求啮合条件方程中γ角，将式(11-4-132)代入表 11-4-19 中式(11-4-116)的第一式，得

$$\tan\gamma=\cot\beta,\text{故 }\gamma=\frac{\pi}{2}-\beta \quad (11\text{-}4\text{-}133)$$

将式(11-4-133)和式(11-4-132)代入表 11-4-19 中啮合方程(11-4-121)，化简后得

$$\cos(\beta-\varphi_1)=\frac{x_1+h\cos\beta}{r_1\sin\beta} \quad (11\text{-}4\text{-}134)$$

续表

设计插齿刀齿廓方程

将式(11-4-132)、式(11-4-134)和表 11-4-20 中式(11-4-127)联立求解，便可得出在坐标系 $\sigma_2=[o_2;\boldsymbol{i}_2,\boldsymbol{j}_2]$ 上插齿刀的齿廓 Γ_2 的方程式

$$\left.\begin{aligned} y_1&=x_1\cot\beta+\frac{h}{\sin\beta}\\ \cos(\beta-\varphi_1)&=\frac{x_1+h\cos\beta}{r_1\sin\beta}\\ x_2&=x_1\cos(i_{21}+1)\varphi_1-y_1(i_{21}+1)\sin\varphi_1+a\sin i_{21}\varphi_1\\ y_2&=x_1\cos(i_{21}+1)\varphi_1+y_1(i_{21}+1)\sin\varphi_1-a\cos i_{21}\varphi_1 \end{aligned}\right\}\tag{11-4-135}$$

啮合线方程

为求啮合线方程，将坐标系 σ_1 变换到固定坐标系 σ 中，即

$$\begin{bmatrix}x\\y\\1\end{bmatrix}=\begin{bmatrix}\cos\varphi_1 & -\sin\varphi_1 & 0\\ \sin\varphi_1 & \cos\varphi_1 & -r_1\\ 0 & 0 & 1\end{bmatrix}\begin{bmatrix}x_1\\y_1\\1\end{bmatrix}$$

则有

$$\left.\begin{aligned} x&=x_1\cos\varphi_1-y_1\sin\varphi_1\\ y&=x_1\sin\varphi_1+y_1\cos\varphi_1-r_1 \end{aligned}\right\}\tag{11-4-136}$$

啮合线方程式可用下列方程组联立求解而得出

$$\left.\begin{aligned} y_1&=x_1\cot\beta+\frac{h}{\sin\beta}\\ \cos(\beta-\varphi_1)&=\frac{x_1+h\cos\beta}{r_1\sin\beta}\\ x&=x_1\cos\varphi_1-y_1\sin\varphi_1\\ y&=x_1\sin\varphi_1+y_1\cos\varphi_1-r_1 \end{aligned}\right\}\tag{11-4-137}$$

表 11-4-22 实例 3 基于齿廓法线法设计加工花键轴齿条刀具

题目

如下图所示，在切制花键轴的情况下，求齿条刀的齿廓和啮合线的方程式

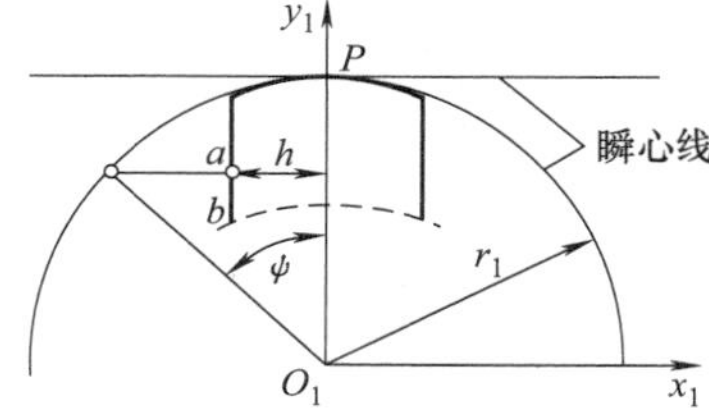

花键轴和啮合条件方程

设 $\sigma^{(1)}[O_1;x_1,y_1]$ 与花键轴固连，所设计刀具与 $\sigma^{(2)}[O_2;x_2,y_2]$ 固连，固定坐标系为 $\sigma[O;x,y]$

在动标系 $\sigma^{(1)}[O_1;x_1,y_1]$ 中，花键轴左侧齿廓 ab 的方程式为

$$x_1+h=0\tag{11-4-138}$$

在这种情况下，齿廓 ab 的切线与 ab 重合，故 $\gamma=\dfrac{\pi}{2}$。将其代入表 11-4-19 中啮合条件方程(11-4-119)，得到

$$\cos\psi=\frac{y_1}{r_1},\varphi_1=-\psi$$

则啮合条件方程为

$$\cos\varphi_1=\cos\psi=\frac{y_1}{r_1}\tag{11-4-139}$$

啮合线方程

坐标变换

$\sigma^{(1)}\rightarrow\sigma^{(0)}$：

$$M_{01}=\begin{bmatrix}\cos\varphi_1 & \sin\varphi_1 & 0\\ -\sin\varphi_1 & \cos\varphi_1 & r_1\\ 0 & 0 & 0\end{bmatrix}\tag{11-4-140}$$

$\sigma^{(1)}\rightarrow\sigma^{(2)}$：

$$M_{21}=\begin{bmatrix}\cos(\varphi_2+\varphi_1) & \sin(\varphi_2+\varphi_1) & A\sin\varphi_2\\ -\sin(\varphi_2+\varphi_1) & \cos(\varphi_2+\varphi_1) & A\cos\varphi_2\\ 0 & 0 & 1\end{bmatrix}\tag{11-4-141}$$

参照式(11-4-140)，$\sigma^{(1)}\rightarrow\sigma^{(0)}$ 的坐标变换后公式为

续表

<table>
<tr><td>啮合线方程</td><td>

$$\left.\begin{array}{l}x=x_1\cos\varphi_1-y_1\sin\varphi_1\\ y=x_1\sin\varphi_1+y_1\cos\varphi_1-r_1\end{array}\right\}\qquad(11\text{-}4\text{-}142)$$

参照式(11-4-141)，$\sigma^{(1)}\rightarrow\sigma^{(2)}$的坐标变换后公式为

$$\left.\begin{array}{l}x_2=x_1\cos\varphi_1-y_1\sin\varphi_1+r_1\varphi_1\\ y_2=x_1\sin\varphi_1+y_1\cos\varphi_1-r_1\end{array}\right\}\qquad(11\text{-}4\text{-}143)$$

将式(11-4-138)、式(11-4-139)代入式(11-4-142)，得到啮合线方程

$$\left.\begin{array}{l}x=-y_1\left(\dfrac{h}{r_1}+\sin\varphi_1\right)\\ y=-h\sin\varphi_1+\dfrac{y_1^2}{r_1}-r_1\\ \cos\varphi_1=\dfrac{y_1}{r_1}\end{array}\right\}\qquad(11\text{-}4\text{-}144)$$

</td></tr>
<tr><td>齿条刀具齿廓方程</td><td>

将式(11-4-138)、式(11-4-139)代入式(11-4-143)，又得到齿条刀的齿廓方程

$$\left.\begin{array}{l}x_2=-y_1\left(\dfrac{h}{r_1}+\sin\varphi_1\right)+r_1\varphi_1\\ y_2=-h\sin\varphi_1+\dfrac{y_1^2}{r_1}-r_1\\ \cos\varphi_1=\dfrac{y_1}{r_1}\end{array}\right\}\qquad(11\text{-}4\text{-}145)$$

式中，$y_b\leqslant y_1\leqslant y_a$[如题目中图所示]

</td></tr>
</table>

4.3.4　共轭曲线机构诱导法曲率的计算

表 11-4-23　　共轭曲线机构诱导法曲率定义及计算

<table>
<tr><td>定义</td><td>

如图(a)、图(b)中共轭曲线$\Gamma^{(1)}$和$\Gamma^{(2)}$在一个啮合点接触(相切)，其法曲率(曲率半径的倒数)分别为$k_n^{(1)}$、$k_n^{(2)}$，在该点沿任意切线方向两曲面的法曲率之差$k_n^{(12)}$称为诱导法曲率。其计算公式为

$$k_n^{(12)}=k_n^{(1)}-k_n^{(2)}\qquad(11\text{-}4\text{-}146)$$

但应注意到：$k_n^{(1)}$和$k_n^{(2)}$的绝对值分别是曲线$\Gamma^{(1)}$和$\Gamma^{(2)}$的曲率，而$k_n^{(1)}$、$k_n^{(2)}$的符号，在法矢$\boldsymbol{n}$正向一边时为正，反之就为负

如在图(a)中，$\Sigma^{(1)}$和$\Sigma^{(2)}$在P点的法曲率$k_n^{(1)}>0$(正)、$k_n^{(2)}<0$(负)，则诱导法曲率$k_n^{(12)}$等于$k_n^{(1)}$、$k_n^{(2)}$的数值之和；而在图(b)中，$k_n^{(1)}>0$、$k_n^{(2)}>0$，则诱导法曲率$k_n^{(12)}$等于$k_n^{(1)}$、$k_n^{(2)}$数值之差

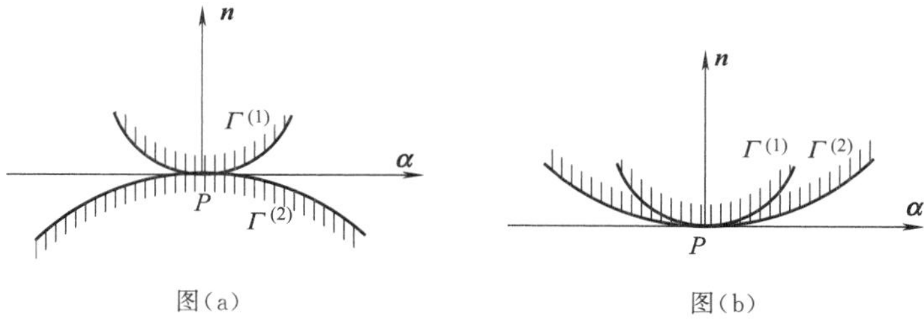

图(a)　　图(b)

</td></tr>
<tr><td>计算诱导法曲率的意义</td><td>

由诱导法曲率$k_n^{(12)}$的定义可知，它完全可以刻画出两共轭曲面的贴近程度，是评价共轭曲面传动性能的一个很重要的啮合质量评价指标。常规设计中，需要对诱导法曲率进行校核计算

应用诱导法曲率可计算油膜承载能力，如油膜的承载能力计算公式

$$P=2.448\frac{\mu_0}{h_0}\left(\frac{v_n}{k_n^{(12)}}\right)\qquad(11\text{-}4\text{-}147)$$

由式(11-4-147)可知，法曲率$k_n^{(12)}$愈小，油膜承载能力P就愈大

应用诱导法曲率进行接触应力计算。弹性力学理论中的赫兹公式(11-4-148)，用来计算共轭工作曲面接触强度，也离不开诱导法曲率$k_n^{(12)}$

$$\sigma=0.418\sqrt{pEk_n^{(12)}}\qquad(11\text{-}4\text{-}148)$$

由式(11-4-148)可知，法曲率$k_n^{(12)}$愈小，接触应力越小

</td></tr>
</table>

第11篇

续表

普遍计算公式

计算诱导法曲率的普遍计算公式

$$k_2\left(\frac{d_1\boldsymbol{r}^{(1)}}{\mathrm{d}t}+\boldsymbol{v}^{(12)}\right)=k_1\frac{d_1\boldsymbol{r}^{(1)}}{\mathrm{d}t}-\boldsymbol{\omega}^{(12)}\times\boldsymbol{n}^{(1)} \tag{11-4-149}$$

式中 k_1、k_2——已知廓线 Γ_1、共轭曲线 Γ_2 的曲率

$\boldsymbol{\omega}^{(12)}$——廓线 Γ_1、共轭曲线 Γ_2 相对角速度矢

$\boldsymbol{n}^{(1)}$——幺法矢

在已知廓线 Γ_1 的曲率 k_1、$\boldsymbol{v}^{(12)}$、$\boldsymbol{\omega}^{(12)}$ 的条件下，由式(11-4-147)确定共轭曲线 Γ_2 的曲率 k_2

特殊情况下，如果齿廓在瞬心线上啮合节点 P 接触，$\boldsymbol{v}^{(12)}=0$，于是得到

$$(k_1-k_2)\frac{\mathrm{d}_1\boldsymbol{r}^{(1)}}{\mathrm{d}t}=\boldsymbol{\omega}^{(12)}\times\boldsymbol{n}^{(1)} \tag{11-4-150}$$

欧拉-萨瓦里公式

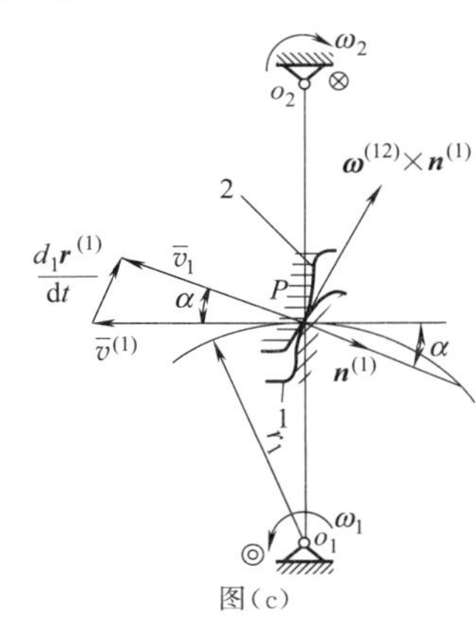

图(c)

图(d)

计算诱导法曲率的欧拉-萨瓦里公式如下

两齿廓啮合点和节点 P 重合时的欧拉-萨瓦里公式[图(c)]

$$\left(\frac{1}{\rho^{(1)}}+\frac{1}{\rho^{(2)}}\right)=\left(\frac{1}{r_1}+\frac{1}{r_2}\right)\frac{1}{\sin\alpha} \tag{11-4-151}$$

式中 $\frac{1}{\rho^{(1)}}=k_1$，$-\frac{1}{\rho^{(2)}}=k_2$

α——节点 P 啮合角

两齿廓不在啮合节点 P 接触时的欧拉-萨瓦里公式[图(d)]

$$\left(\frac{1}{\rho^{(1)}-x}+\frac{1}{\rho^{(2)}+x}\right)\sin\alpha'=\frac{1}{r_1}+\frac{1}{r_2} \tag{11-4-152}$$

式中 $x=PG$[参见图(d)]

α'——接触点 G 的啮合角

表 11-4-24　计算诱导法曲率应用例题

题目

如下图所示直动平底从动件凸轮机构，其位移 S_1 是凸轮的转角 φ_2 的函数。$S_1=S_1(\varphi_2)$。求该机构中凸轮轮廓的曲线方程及其曲率

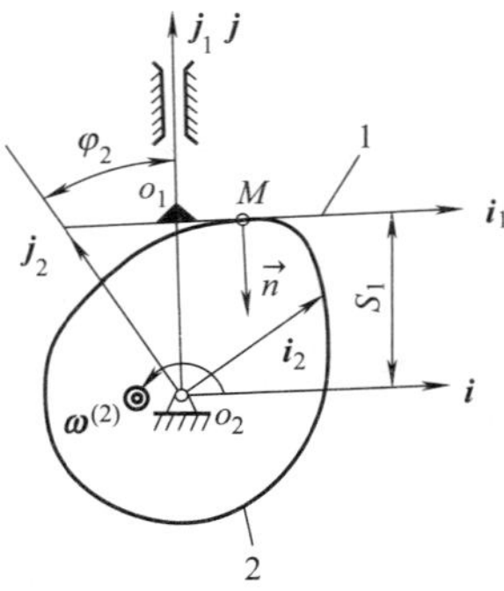

续表

<table>
<tr>
<td rowspan="5">凸轮廓线方程和凸轮曲率 k_2</td>
<td>给定廓线方程</td>
<td>坐标系如上图所示，凸轮廓线实际是在保证给定的相对运动下，从动件平底的包络线。设平底直线轮廓与动标架 $\sigma^{(1)}$ 中 $\boldsymbol{i}_1$ 轴重合，则在 $\sigma^{(1)}$ 中的方程为

$$\boldsymbol{r}^{(1)}=u\boldsymbol{i}_1=\{x_1,y_1\}=\{u,0\} \tag{11-4-153}$$

式中　u——平底直线上参数</td>
</tr>
<tr>
<td>求相对速度</td>
<td>由凸轮机构[如题目中图所示]运动关系可得

$$\left.\begin{array}{l}\boldsymbol{\omega}^{(1)}=0\\ \boldsymbol{\omega}^{(2)}=\omega_2\boldsymbol{k}_2=\omega_2\boldsymbol{k}_1\\ \boldsymbol{\omega}^{(12)}=-\omega_2\boldsymbol{k}_1\\ \boldsymbol{\xi}=\boldsymbol{O}_2\boldsymbol{O}_1=S_1(\varphi)\boldsymbol{j}_1\\ \dfrac{\mathrm{d}\boldsymbol{\xi}}{\mathrm{d}t}=\dfrac{\mathrm{d}S_1}{\mathrm{d}t}\boldsymbol{j}_1\\ \boldsymbol{r}^{(1)}=u\boldsymbol{i}_1\end{array}\right\}$$

将以上公式代入相对运动速度 $\boldsymbol{v}^{(12)}$ 的公式

$$\boldsymbol{v}^{(12)}=\boldsymbol{\omega}^{(12)}\times\boldsymbol{r}^{(1)}+\frac{\mathrm{d}\boldsymbol{\xi}}{\mathrm{d}t}-\boldsymbol{\omega}^{(2)}\times\boldsymbol{\xi}$$

整理后，得到

$$\boldsymbol{v}^{(12)}=\omega_2S_1\boldsymbol{i}_1+\left(\frac{\mathrm{d}S_1}{\mathrm{d}t}-\omega_2u\right)\boldsymbol{j}_1 \tag{11-4-154}$$</td>
</tr>
<tr>
<td>啮合方程建立</td>
<td>直线轮廓的幺法矢 $\boldsymbol{n}$ 在 $\sigma^{(1)}$ 中的表达式

$$\boldsymbol{n}=-\boldsymbol{j}_1=\{0,-1\} \tag{11-4-155}$$

将式(11-4-154)、式(11-4-155)代入啮合方程 $\Phi=\boldsymbol{n}\boldsymbol{v}^{(12)}=0$，则有

$$\frac{\mathrm{d}S_1}{\mathrm{d}t}-\omega_2u=0 \tag{11-4-156}$$

又因

$$\frac{\mathrm{d}S_1}{\mathrm{d}t}=\frac{\mathrm{d}S_1}{\mathrm{d}\varphi_2}\times\frac{\mathrm{d}\varphi_2}{\mathrm{d}t}=\omega_2\frac{\mathrm{d}S_1}{\mathrm{d}\varphi_2}$$

将上式代入式(11-4-156)，可得平底从动件和凸轮的啮合方程

$$u=\frac{\mathrm{d}S_1}{\mathrm{d}\varphi_2} \tag{11-4-157}$$</td>
</tr>
<tr>
<td>凸轮廓曲线方程</td>
<td>$\sigma^{(1)}\rightarrow\sigma^{(2)}$ 的坐标变换公式为

$$\begin{bmatrix}x_2\\y_2\\1\end{bmatrix}=\begin{bmatrix}\cos\varphi_2 & \sin\varphi_2 & S_1\sin\varphi_2\\ -\sin\varphi_2 & \cos\varphi_2 & S_1\cos\varphi_2\\ 0 & 0 & 1\end{bmatrix}\begin{bmatrix}x_1\\y_1\\1\end{bmatrix} \tag{11-4-158}$$

将从动件廓线方程(11-4-153)代入展开式(11-4-158)，得

$$\boldsymbol{r}^{(2)}=[u\cos\varphi_2+S_1\sin\varphi_2]\boldsymbol{i}_2+(-u\sin\varphi_2+S_1\cos\varphi_2)\boldsymbol{j}_2$$

再将啮合方程(11-4-157)与上式联立，即

$$\left.\begin{array}{l}\boldsymbol{r}^{(2)}=[u\cos\varphi_2+S_1\sin\varphi_2]\boldsymbol{i}_2+(-u\sin\varphi_2+S_1\cos\varphi_2)\boldsymbol{j}_2\\ u=\dfrac{\mathrm{d}S_1}{\mathrm{d}\varphi_2}\end{array}\right\}$$

由上式最后可得凸轮廓曲线方程为

$$\boldsymbol{r}^{(2)}=\left(\frac{\mathrm{d}S_1}{\mathrm{d}\varphi_2}\cos\varphi_2+S_1\sin\varphi_2\right)\boldsymbol{i}_2+\left(S_1\cos\varphi_2-\frac{\mathrm{d}S_1}{\mathrm{d}\varphi_2}\sin\varphi_2\right)\boldsymbol{j}_2 \tag{11-4-159}$$</td>
</tr>
<tr>
<td>求凸轮曲率</td>
<td>因为平底从动件的轮廓是直线，所以曲率 $k_1=0$。把 $k_1=0$，$\boldsymbol{\omega}^{(12)}=-\boldsymbol{\omega}^{(2)}$ 代入表 11-4-23 中式(11-4-150)，得到

$$k_2\left(\frac{\mathrm{d}_1\boldsymbol{r}^{(1)}}{\mathrm{d}t}+\boldsymbol{v}^{(12)}\right)=\boldsymbol{\omega}^{(2)}\times\boldsymbol{n}^{(1)} \tag{11-4-160}$$

由式(11-4-153)可得

$$\frac{\mathrm{d}_1\boldsymbol{r}^{(1)}}{\mathrm{d}t}=\frac{\mathrm{d}u}{\mathrm{d}t}\boldsymbol{i}_1 \tag{11-4-161}$$

在啮合点处，u 与 t 不再是相互无关了，它们必须满足啮合方程(11-4-157)</td>
</tr>
</table>

续表

凸轮廓线方程和凸轮曲率 k_2	求凸轮曲率	将上式对 t 求导，则得 $\frac{\mathrm{d}u}{\mathrm{d}t}=\frac{\mathrm{d}^2S_1}{\mathrm{d}\varphi_2^2}\times\frac{\mathrm{d}\varphi_2}{\mathrm{d}t}=\omega_2\frac{\mathrm{d}^2S_1}{\mathrm{d}\varphi_2^2}$ 将上式代入式(11-4-161)，得 $\frac{\mathrm{d}_1\boldsymbol{r}^{(1)}}{\mathrm{d}t}=\omega_2\frac{\mathrm{d}^2S_1}{\mathrm{d}\varphi_2^2}\boldsymbol{i}_1$　(11-4-162) 把式(11-4-154)、式(11-4-155)、式(11-4-162)及 $\boldsymbol{\omega}^{(2)}=\omega_2\boldsymbol{k}_1$ 代入式(11-4-160)，最后得到凸轮轮廓的曲率计算公式 $k_2=\frac{1}{S_1+\frac{\mathrm{d}^2S_1}{\mathrm{d}\varphi_2^2}}$　(11-4-163)

4.3.5　平面啮合的根切界限曲线条件方程

在实际工程应用中，一对共轭曲面能保证良好的传动性能，仅有啮合条件（啮合方程）还远远不够，若传动机构存在根切，则齿根强度大大削弱。所以研究根切界限点和根切界限曲线可为共轭曲线机构的加工制造、避免根切提供理论依据，如表 11-4-25、表 11-4-26 所示。

表 11-4-25　　平面啮合根切界限曲线方程

意义		根切界限曲线研究对于提高传动系统的寿命和避免干涉均有重要意义。探讨适用平面啮合的根切界限曲线方程，是该部分的主要研究目的
定义		由啮合原理，包络面上一切特征点(奇点)称为根切界限点，根切界限点的轨迹称为根切界限曲线
平面啮合根切界限曲线方程	常用根切界限点条件公式	平面啮合在确定齿面根切界限点时，常使用公式 $\boldsymbol{C}^{(1)}+\boldsymbol{v}^{(12)}=0$　(11-4-164) 式中　$\boldsymbol{C}^{(1)}$——曲面 $\Sigma^{(1)}$ 上接触点移动速度矢，且 $\boldsymbol{C}^{(1)}=\frac{\mathrm{d}_1\boldsymbol{r}^{(1)}}{\mathrm{d}t}=\frac{\partial_1\boldsymbol{r}^{(1)}}{\partial u}\times\frac{\mathrm{d}u}{\mathrm{d}t}+\frac{\partial_1\boldsymbol{r}^{(1)}}{\partial v}\times\frac{\mathrm{d}v}{\mathrm{d}t}=\boldsymbol{r}_u^{(1)}\times\frac{\mathrm{d}u}{\mathrm{d}t}+\boldsymbol{r}_v^{(1)}\times\frac{\mathrm{d}v}{\mathrm{d}t}$ 经推导得根切界限点条件公式 $\Psi(u,v,t)=\begin{vmatrix}E & F & \boldsymbol{r}_u^{(1)}\cdot\boldsymbol{v}^{(12)}\\ F & G & \boldsymbol{r}_v^{(1)}\cdot\boldsymbol{v}^{(12)}\\ \Phi_u & \Phi_v & \Phi_t\end{vmatrix}=0$　(11-4-165) 求根切界限曲线时，应该将共轭曲面方程与式(11-4-164)和式(11-4-165)联立求解
	根切界限曲线简化公式	若设构件 1 的齿廓 $\Gamma^{(1)}$ 在固连的动标架 $\sigma^{(1)}$ 里的矢量方程 $\boldsymbol{r}^{(1)}=x_1(u)\boldsymbol{i}_1+y_1(u)\boldsymbol{j}_1$ 啮合方程　$\boldsymbol{\Phi}(\boldsymbol{u},\varphi)=0$ 根切界限方程　$\boldsymbol{\Psi}(\boldsymbol{u},\varphi)=0$ 得到平面啮合中根切界限点的条件 $v_{x1}^{(12)}\Phi_u-\Phi_\varphi\frac{\mathrm{d}x_1}{\mathrm{d}u}\times\frac{\mathrm{d}\varphi}{\mathrm{d}t}=0$　(11-4-166) 或 $v_{y1}^{(12)}\Phi_u-\Phi_\varphi\frac{\mathrm{d}y_1}{\mathrm{d}u}\times\frac{\mathrm{d}\varphi}{\mathrm{d}t}=0$　(11-4-167) 在式(11-4-166)、式(11-4-167)中 $\left.\begin{aligned}&\boldsymbol{v}^{(12)}=v_{x1}^{(12)}\boldsymbol{i}_1+v_{y1}^{(12)}\boldsymbol{j}_1\\&\boldsymbol{v}_{x1}^{(12)}=-\frac{\mathrm{d}x_1}{\mathrm{d}u}\times\frac{\mathrm{d}u}{\mathrm{d}t}\\&\boldsymbol{v}_{y1}^{(12)}=-\frac{\mathrm{d}y_1}{\mathrm{d}u}\times\frac{\mathrm{d}u}{\mathrm{d}t}\end{aligned}\right\}$　(11-4-168) 设啮合方程表示为 $\Phi(u,\varphi)=0$ 时，则有 $\left.\begin{aligned}&\Phi_u=\frac{\partial\Phi}{\partial u}\\&\Phi_\varphi=\frac{\partial\Phi}{\partial\varphi}\end{aligned}\right\}$　(11-4-169)

第 11 篇

表 11-4-26　**求平面啮合根切界限曲线实例**

<table>
<tr><td>题目</td><td>用插齿刀切制下图所示的花键轴，求出确定花键轴齿廓不产生根切的条件
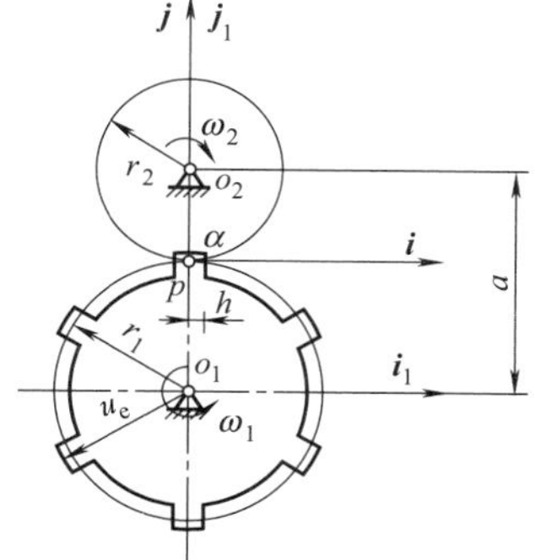
</td></tr>
<tr><td>花键轴齿廓方程</td><td>坐标建立见上图，花键轴右侧齿廓方程为
$$\boldsymbol{r}^{(1)}=h\,\boldsymbol{i}_1+u\boldsymbol{j}_1 \quad (11\text{-}4\text{-}170)$$
式中，u 为花键轴径向参数</td></tr>
<tr><td>啮合方程</td><td>为了应用表 11-4-25 中根切计算式(11-4-167)，则首先求出在动坐标系 $\sigma^{(1)}$ 中给出的$\boldsymbol{v}^{(12)}$的表达式。选取$\frac{r_1}{r_2}=\frac{\omega_2}{\omega_1}$，则花键轴与插齿刀之间的相对运动速度为
$$\boldsymbol{v}^{(12)}=[\omega_2(a\cos\varphi_1-y_1)-\omega_1 y_1]\boldsymbol{i}_1+[\omega_1 x_1+\omega_2(x_1-a\sin\varphi_1)]\boldsymbol{j}_1$$
将 $x_1=h$、$y_1=u$ 代入上式，得
$$\boldsymbol{v}^{(12)}=v_{x1}^{(12)}\boldsymbol{i}+v_{y1}^{(12)}\boldsymbol{j}=[-(\omega_1+\omega_2)u+\omega_2 a\cos\varphi_1]\boldsymbol{i}_1+[h(\omega_1+\omega_2)-\omega_2 a\sin\varphi_1]\boldsymbol{j}_1 \quad (11\text{-}4\text{-}171)$$
由题目中图可直接确定花键轴直线齿廓的幺法矢
$$\boldsymbol{n}=\boldsymbol{i}_1 \quad (11\text{-}4\text{-}172)$$
将式(11-4-171)、式(11-4-172)代入啮合方程 $\Phi(u,\varphi_1)=\boldsymbol{n}\boldsymbol{v}^{(12)}=0$ 得
$$\left.\begin{aligned}&-(\omega_1+\omega_2)u+\omega_2 a\cos\varphi_1=0\\&u-\frac{a}{1+i_{12}}\cos\varphi_1=0\end{aligned}\right\} \quad (11\text{-}4\text{-}173)$$
由于　$i_{12}=\frac{\omega_1}{\omega_2}=\frac{r_2}{r_1}=\frac{a-r_1}{r_1}$　即　$r_1=\frac{a}{1+i_{12}}$
将上式代入式(11-4-173)，则啮合方程为
$$\Phi(u_1,\varphi_1)=u-r_1\cos\varphi_1=0 \quad (11\text{-}4\text{-}174)$$</td></tr>
<tr><td>根切计算公式</td><td>由式(11-4-171)可知
$$v_{y1}^{(12)}=h(\omega_1+\omega_2)-\omega_2 a\sin\varphi_1 \quad (11\text{-}4\text{-}175)$$
为求表 11-4-25 根切计算公式(11-4-167)中 Φ_u、$\Phi_{\varphi1}$，对式(11-4-174)求偏导
$$\left.\begin{aligned}&\Phi_u=1\\&\Phi_{\varphi1}=r_1\sin\varphi_1\end{aligned}\right\} \quad (11\text{-}4\text{-}176)$$
为求表 11-4-25 根切计算公式(11-4-167)中$\frac{\mathrm{d}y_1}{\mathrm{d}u}$、$\frac{\mathrm{d}\varphi}{\mathrm{d}t}$，由式(11-4-170)又可求得
$$\left.\begin{aligned}&\frac{\mathrm{d}y_1}{\mathrm{d}u}=1\\&\frac{\mathrm{d}\varphi_1}{\mathrm{d}t}=\omega_1\end{aligned}\right\} \quad (11\text{-}4\text{-}177)$$
将式(11-4-175)～式(11-4-177)代入表 11-4-25 中根切计算公式(11-4-167)，得到
$$h=\frac{i_{21}}{1+i_{21}}a\sin\varphi_1+\frac{r_1}{1+i_{21}}\sin\varphi_1 \quad (11\text{-}4\text{-}178)$$
由于　$r_1=a-r_2=a-\frac{r_1}{i_{21}}$　即　$r_1=\frac{i_{21}a}{1+i_{21}}$
将上式代入式(11-4-178)，得
$$h=\left(\frac{2+i_{21}}{1+i_{21}}\right)r_1\sin\varphi_1 \quad (11\text{-}4\text{-}179)$$</td></tr>
</table>

续表

根切的避免	将式(11-4-178)和式(11-4-179)两端各自平方后,又得 $$h^2=\left(\frac{2+i_{21}}{1+i_{21}}\right)^2 r_1^2\sin^2\varphi_1=\left(\frac{2+i_{21}}{1+i_{21}}\right)^2(r_1^2-r_1^2\cos^2\varphi_1)$$ 由式(11-4-174)有 $u=r_1\cos\varphi_1$,再代入上式 $$r_1^2=\left(\frac{1+i_{21}}{2+i_{21}}\right)^2 h^2+u^2$$ 若令 $R_a^{(1)}$ 为花键轴齿顶圆半径(u 最大值),代入上式 $$r_1^2\geqslant\left(\frac{1+i_{21}}{2+i_{21}}\right)^2 h^2+(R_a^{(1)})^2 \quad (11\text{-}4\text{-}180)$$ 分析式(11-4-180)可知,在公式中两个参数是可变的,即可选择的参数一是传动比 i_{21},二是花键轴节圆半径 r_1。适当选择以下两个参数可以避免花键轴产生根切:一是适当选择插齿刀齿数,因为在花键 Z_1 已定情况下,传动比 $i_{21}=\frac{Z_1}{Z_2}$ 完全取决于插齿刀的齿数 Z_2;二是适当选择花键轴的瞬心线的半径 r_1

4.4　定轴齿轮机构的应用

在实际工作中，机械只用一对齿轮传动往往是不够的。为了满足工作要求，经常要用一系列齿轮相互啮合而组成传动系统，从而完成减速、增速或改变转动方向的任务。这种多齿轮的传动装置称为轮系。

4.4.1　齿轮传动机构的类型及应用

齿轮传动机构的类型很多，可根据轮系运转时，各齿轮轴线相对于机架的位置是否固定分类，如表 11-4-27 所示。

定轴轮系在机械中的应用非常广泛，从其目的来看，其应用主要包括五种，如表 11-4-28 所示。

表 11-4-27　　齿轮传动机构的分类、特点及应用

名称		特　　点	应用	图　　例
轮系	定轴轮系	轮系运转时,各齿轮轴线相对于机架的位置都固定不变。能实现变速、换向传动,还可实现多分路传动	主要用于减速、增速、变速装置中	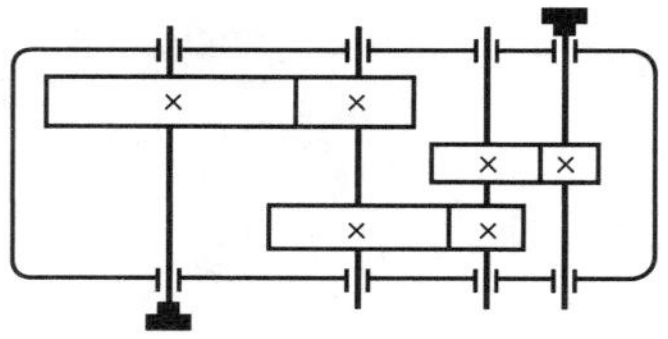 三级齿轮减速器
	周转轮系	轮系运转时,其中至少有一个齿轮的轴线位置并不固定,而是绕着其他齿轮的固定轴线回转。可实现大传动比传动,并能实现运动的合成与分解,结构紧凑	应用于汽车差速器、大型机床变速换向机构等	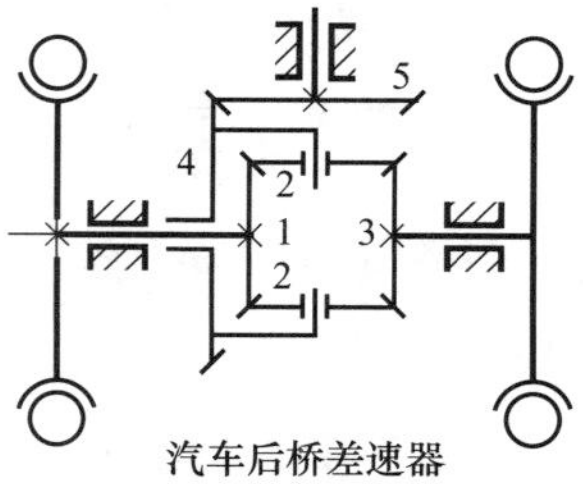 汽车后桥差速器
	复合轮系	由基本周转轮系与定轴轮系或几个基本周转轮系组合而成。综合了定轴轮系与周转轮系的功能,实现更大传动比,实现变速、换向	应用于运动要求复杂的机床、大型加工机械等	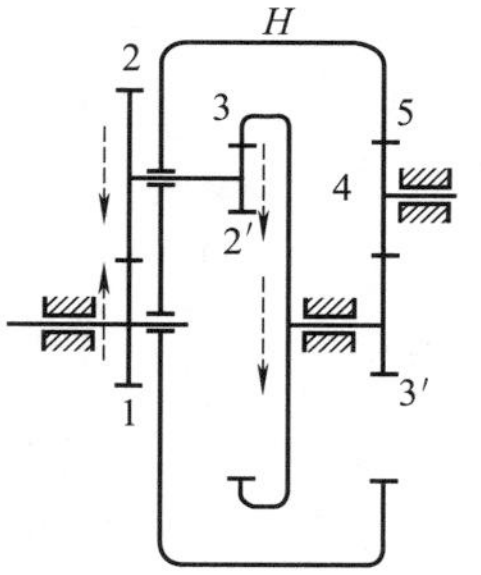 电动卷扬机减速器

表 11-4-28　定轴轮系的功能及应用

功能	图　例	说　明
实现大传动比	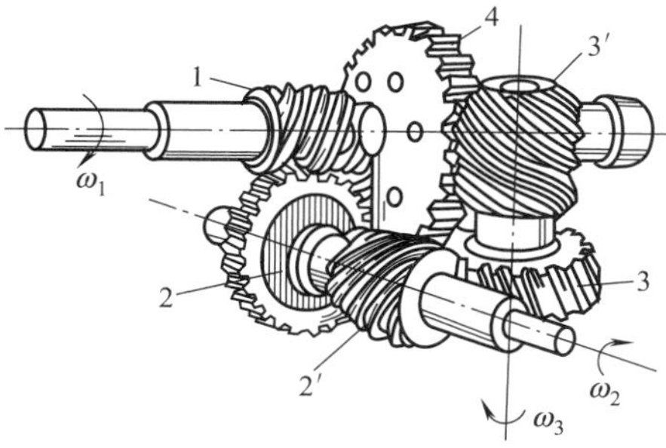 图(a)	只要适当选择齿轮的对数和各轮的齿数,即可得到一个所需的大传动比传动。如图(a)所示,用三对蜗杆蜗轮组成的定轴轮系,蜗杆 1 为输入件,蜗轮 4 为输出件,蜗轮 4 空套在蜗杆轴 1 上。三个蜗杆 1、2′、3′均为双头左旋蜗杆,三个蜗轮 2～4 的齿数均为 40,那么,该机构传动比可达 8000
实现较远距离的传动	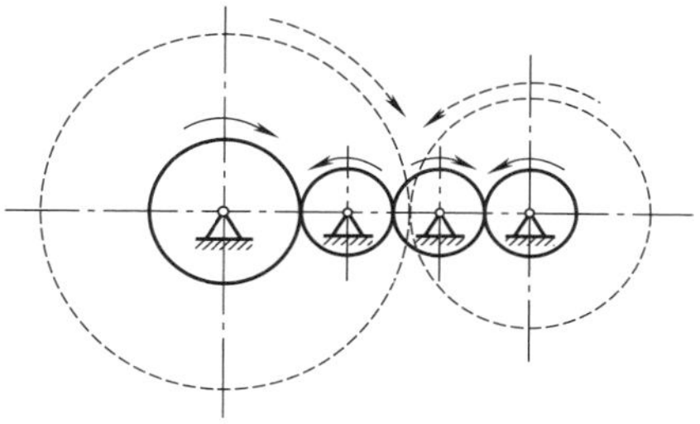 图(b)	如图(b)所示,当输入轴和输出轴的距离较远而传动比却不大时,若仅用一对齿轮来传动,则两轮的尺寸一定很大,如图中虚线所示;如用一系列较小的齿轮将两轴连接起来,如左图中实线所示,就可以减少结构的重量和尺寸
实现换向传动	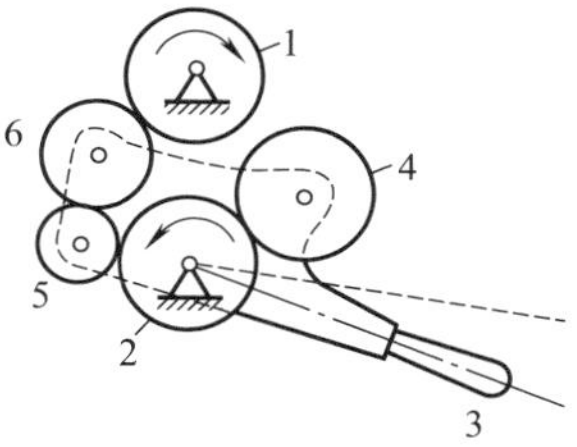 图(c)	图(c)所示为机床的换向机构,齿轮 4～6 松套在构件 3 的各小轴上,而 3 又松套在从动轮 2 的轴上,当 3 在图示位置时,主动轮 1 的转动经过惰轮 6、5 传给 2,使 2 和 1 相互反向转动;反之,当 3 的中心线转到虚线位置时,6 和 1 分离,而 4 和 1 啮合,这时少了一个惰轮,故 2 和 1 同转向
实现变速传动	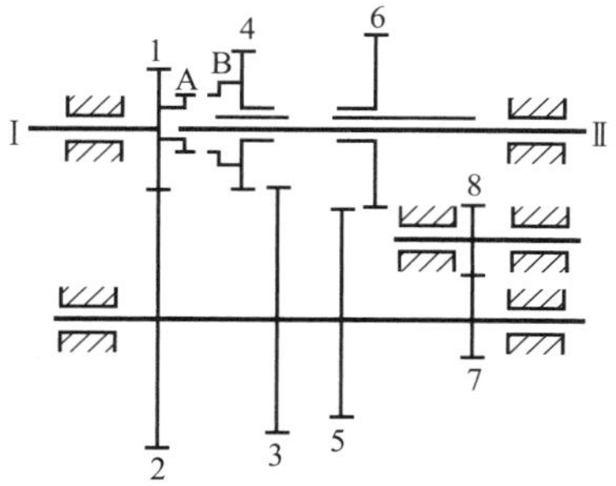 图(d)	图(d)所示轴Ⅰ为输入轴,轴Ⅱ为输出轴,4、6 为滑移齿轮,A、B 为牙嵌式离合器。该变速箱可使输出轴得到四种转速 第一挡:齿轮 5、6 相啮合,而 3、4 和离合器 A、B 均脱离 第二挡:齿轮 3、4 相啮合,而 5、6 和离合器 A、B 均脱离 第三挡:离合器 A、B 相嵌合,而齿轮 5、6 和 3、4 均脱离 倒退挡:齿轮 6、8 相啮合,而 3、4 和 5、6 以及离合器 A、B 均脱离。此时,由于惰轮 8 的作用,输出轴Ⅱ反转

续表

功能	图　　例	说　　明
实现多分路传动	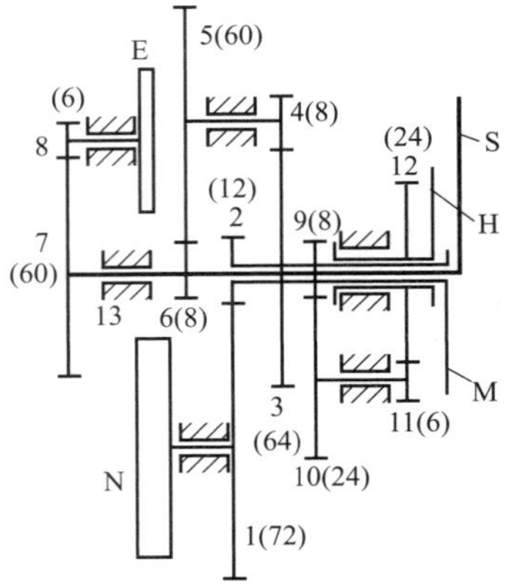 图(e)	图(e)所示为机械式钟表机构。动力源(发条盘N)经由定轴轮系1-2直接带动分针M;同时又分成两路:一路通过定轴轮系9-10-11-12带动时针H;另一路通过定轴轮系3-4-5-6一方面直接带动秒针S,另一方面又通过定轴轮系7-8带动擒纵轮E。由左图可见,M与H之间的传动比为12,S与M之间的传动比为60

4.4.2　定轴齿轮机构传动比计算

定轴轮系分为平面定轴轮系和空间定轴轮系。定轴齿轮机构传动比的计算方法如表11-4-29所示。

表11-4-29　　定轴轮系传动比计算

传动比定义	在轮系中,输入轴与输出轴的角速度或者转速之比称为轮系的传动比		
定轴轮系传动比	数值等于组成该轮系的各对啮合齿轮传动比的连乘积,其大小等于各对啮合齿轮中所有的从动轮齿数的连乘积与所有的主动轮齿数的连乘积之比 平面定轴轮系中,传动比有正负之分,若输入轴与输出轴转向相反,传动比方向符号则为"－",反之为"＋"。空间定轴轮系中,传动比没有正负之分,输入轴与输出轴转向用箭头在图中标示		
一对齿轮传动比计算公式	外啮合圆柱齿轮	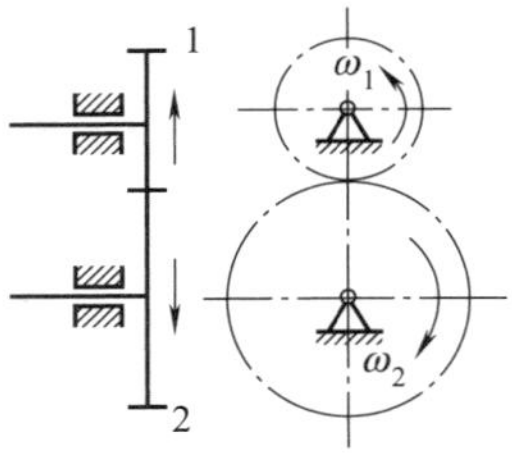	$i_{12}=\frac{\omega_1}{\omega_2}=\frac{n_1}{n_2}=-\frac{z_2}{z_1}$
	内啮合圆柱齿轮	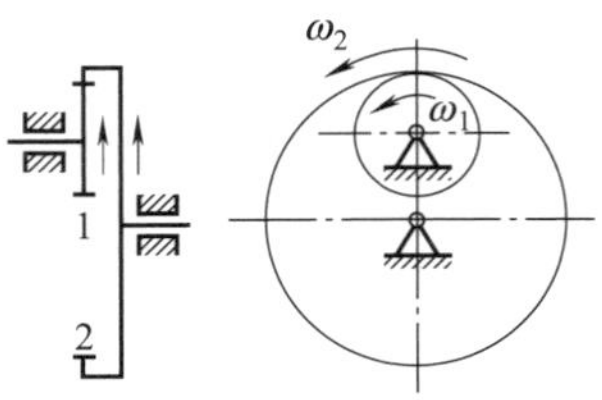	$i_{12}=\frac{\omega_1}{\omega_2}=\frac{n_1}{n_2}=\frac{z_2}{z_1}$
	圆锥齿轮	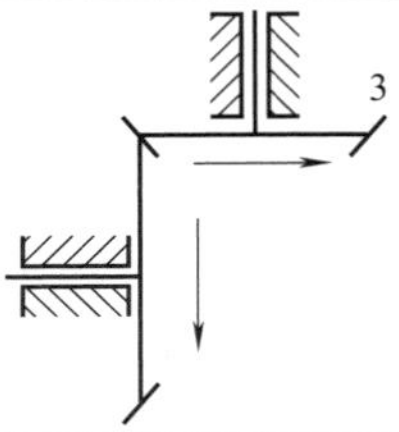	$i_{12}=\frac{\omega_1}{\omega_2}=\frac{n_1}{n_2}=\frac{z_2}{z_1}$

续表

平面定轴轮系传动比计算公式	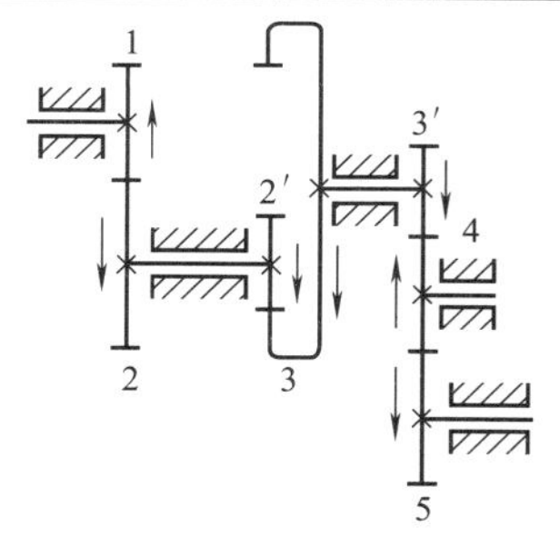	$i_{15}=-\frac{n_1}{n_5}=-\frac{n_1}{n_2}\times\frac{n_{2'}}{n_3}\times\frac{n_{3'}}{n_4}\times\frac{n_4}{n_5}$ $=-i_{12}i_{2'3}i_{3'4}i_{45}=-\frac{z_2z_3z_4z_5}{z_1z_{2'}z_{3'}z_4}$ 若轮 1 为起始主动轮，轮 K 为最末从动轮，则 $i_{1k}=(-1)^m\frac{n_1}{n_k}$ $=(-1)^m\frac{\text{轮 1 到轮 }K\text{ 间所有从动轮齿数的乘积}}{\text{轮 1 到轮 }K\text{ 间所有主动轮齿数的乘积}}$ 式中　m——外啮合齿轮对数
空间定轴轮系传动比计算公式	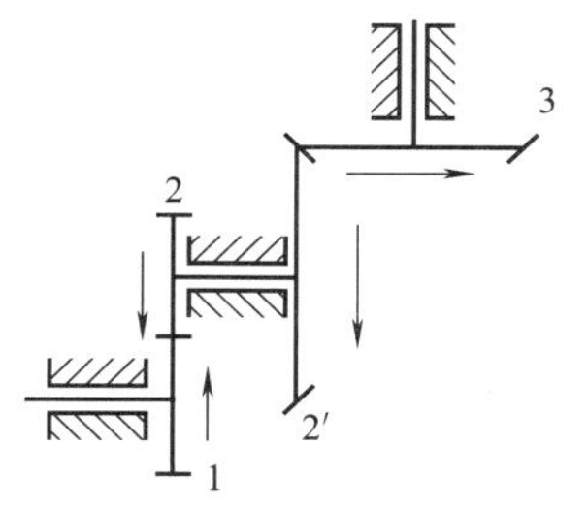	$i_{13}=\frac{n_1}{n_3}=\frac{n_1}{n_2}\times\frac{n_{2'}}{n_3}$ $=i_{12}i_{2'3}=\frac{z_2z_3}{z_1z_{2'}}$ 各轴转动方向如图所示

4.4.3　齿轮结构设计

齿轮的结构设计通常根据强度计算确定其主要参数和尺寸，然后综合考虑尺寸、毛坯、材料、加工方法、使用要求和经济性等因素，根据齿轮直径的大小确定齿轮的结构形式，再根据经验公式和经验数据对齿轮进行结构设计，画出齿轮的零件工作图。

常见的齿轮结构如表 11-4-30 所示。

表 11-4-30　　常见齿轮结构

名称	尺寸条件	图　　例
齿轮轴	对于直径较小的钢制齿轮，当为圆柱齿轮时，若齿根圆到键槽底部的距离 $\delta<2.5m_t$（m_t 为端面模数），或者齿顶圆直径 $d_a<2D_1$（D_1 齿轮所在轴段直径），则将齿轮和轴做成一体，称为齿轮轴。当为圆锥齿轮时，按小端尺寸计算 $\delta<1.6m$ 时，可将齿轮和轴做成一体	δ 图(a)　圆柱齿轮 d_a　D_1 图(b)　圆柱齿轮轴 δ 图(c)　圆锥齿轮 d_a 图(d)　圆锥齿轮轴

第11篇

续表

名称		尺寸条件	图例
实心结构齿轮		当齿顶圆直径 $d_a \leqslant 160\text{mm}$ 时，齿轮可做成实心结构。航空工业中也有做成辐板式结构的 $D_1=1.6D$ $L=(1.2\sim1.5)D, L\geqslant B$ $\delta=2.5m_n$，但不小于 8～10mm $D_0=0.5(D_1+D_2)$ $d_0=0.25(D_2-D_1)$，当 $d_0<10\text{mm}$ 时不必做孔 $n=0.5m_n$	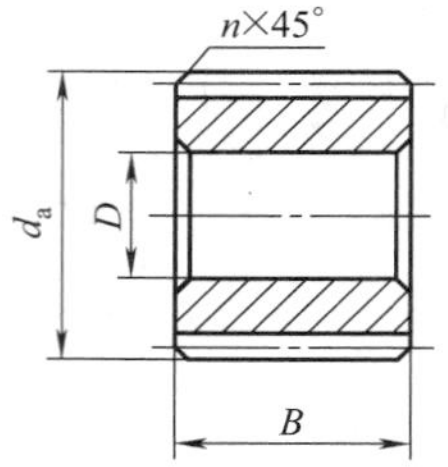 图(e) 实心结构齿轮 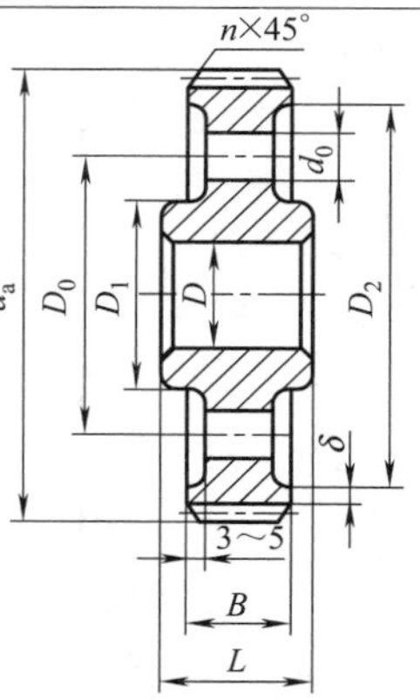　图(f)辐板式结构齿轮
辐板式结构齿轮	辐板式圆柱齿轮	当齿顶圆直径 $d_a \leqslant 500\text{mm}$ 时，齿轮可以是锻造的，也可以是铸造的，通常采用辐板式结构或孔板式结构 $D_1=1.6D$ $L=(1.2\sim1.5)D, L\geqslant B$ $\delta=2.5m_n$，但不小于 8～10mm $C=0.3B$（自由锻），$C=0.2\sim0.3B$（模锻） $D_0=0.5(D_1+D_2)$ $d_0=0.25(D_2-D_1)$，当 $d_0<10\text{mm}$ 时不必做孔 $n=0.5m_n$	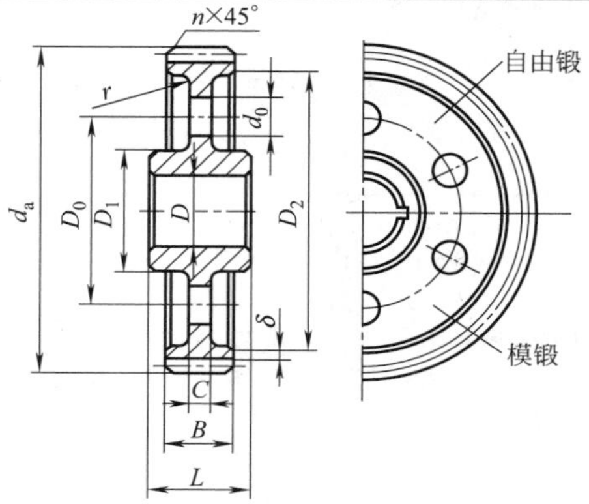 图(g)
	辐板式锻造圆锥齿轮	$D_1=1.6D$ $L=(1\sim1.2)D$ $\delta=(3\sim4)m$，但不小于 10mm $C=(0.1\sim0.17)R$ D_0、d_0按结构确定	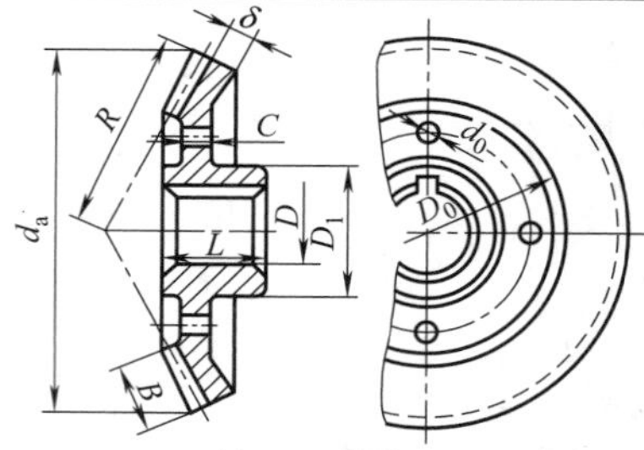 图(h) 模锻 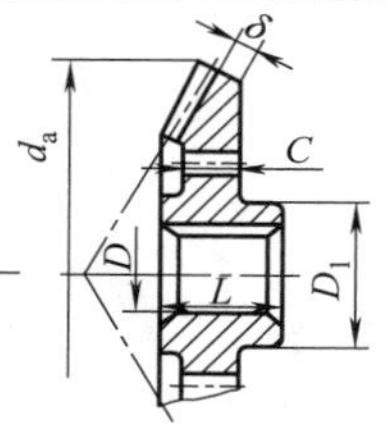　图(i)自由锻
	辐板式铸造圆锥齿轮	$D_1=1.6D$（铸钢） $D_1=1.8D$（铸铁） $L=(1\sim1.2)D$ $\delta=(3\sim4)m$，但不小于 10mm $C=(0.1\sim0.17)R$，但不小于 10mm $S=0.8C$，但不小于 10mm D_0、d_0按结构确定	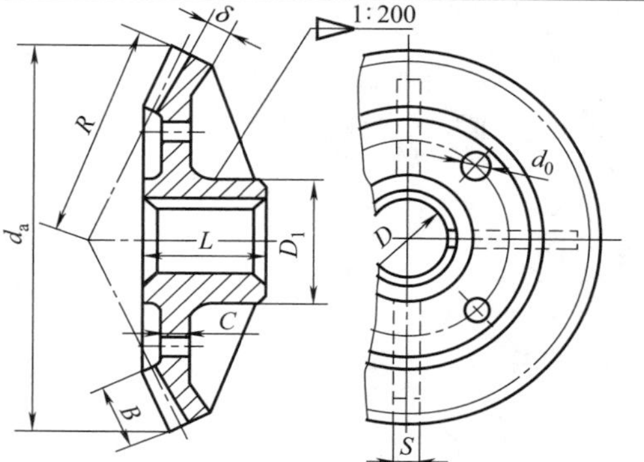 图(j)

第 11 篇

续表

名称		尺寸条件	图例
轮辐式结构齿轮		当齿顶圆直径 400mm ≤ d_a ≤ 1000mm 时，齿轮一般是铸造的，常用铸铁或精钢制成，并采用轮辐式结构 $D_1=1.6D$（铸钢），$D_1=1.8D$（铸铁） $L=(1.2\sim1.5)D$，$L\geqslant B$ $\delta=(2.5\sim4)m_n$，但不小于 8mm，$H_1=0.8D$，$H_2=0.8H_1$ $C=H_1/5$，但不小于 10mm $e=(0.8\sim1.0)\delta$ $n=0.5m_n$	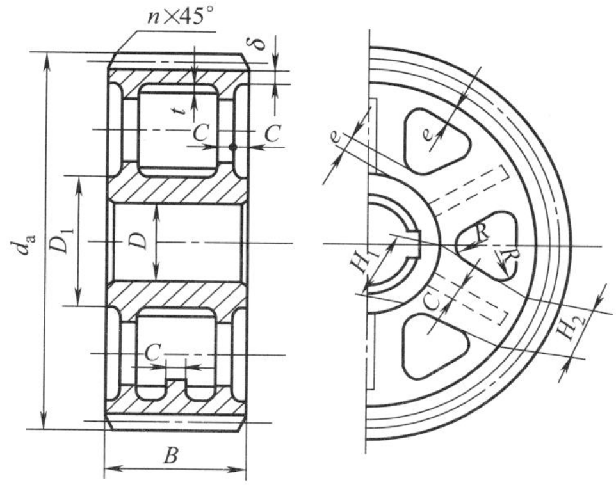 图(k)　$B\leqslant200$mm 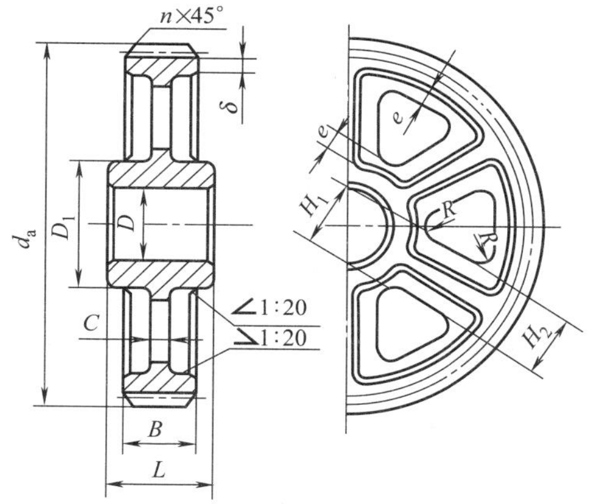 图(l)　$B=200\sim450$mm(上半部)，$B>450$mm(下半部)
组合式结构齿轮	镶圈结构齿轮	对于大尺寸的圆柱齿轮，为了节约贵重金属，常采用镶圈结构，即齿圈采用贵重金属制造，齿芯采用铸铁或铸钢 当 $d_a\geqslant600$mm 时，做成镶圈的齿轮结构	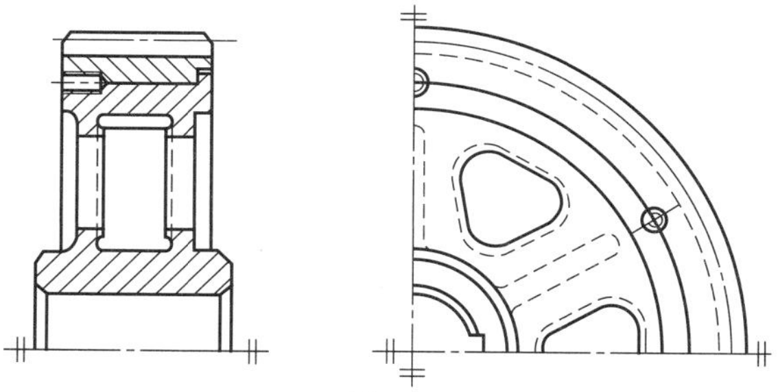 图(m)

续表

名称	尺寸条件		图　例
组合式结构齿轮	剖分式结构	当 $d_a \geqslant 1000$mm 时，齿轮可以做成剖分式结构，然后用螺栓连接拼装，或者焊接组装，具体参数可以参阅相关手册	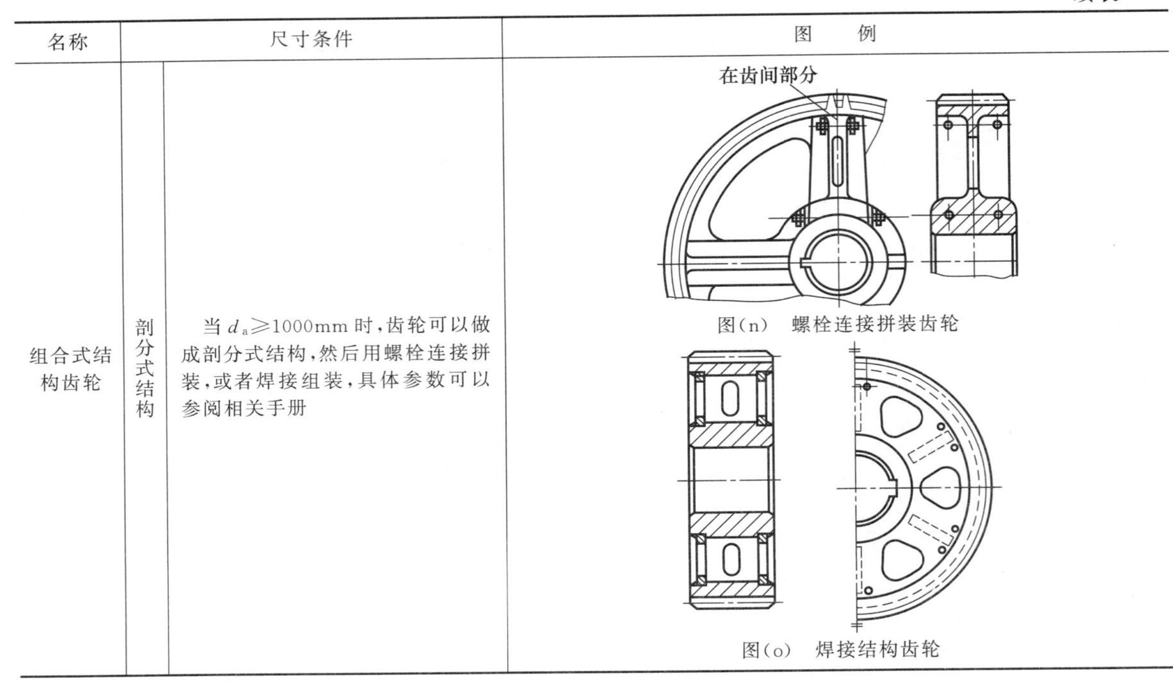图(n)　螺栓连接拼装齿轮 图(o)　焊接结构齿轮

4.5　行星齿轮机构设计

与定轴轮系相比，行星齿轮机构有更多优点：结构紧凑、体积小、重量轻、传动比大。因此其在机床、汽车、工程机械、坦克及其他通用机械中得到越来越广泛的应用。

4.5.1　行星轮系基础知识

行星齿轮机构是至少有一个齿轮既绕自身轴线自转，又绕另一固定轴线公转的轮系。行星齿轮机构的组成及分类如表 11-4-31 所示。

表 11-4-31　　行星齿轮机构的组成及分类

项目	内　容		图　例
行星齿轮机构组成	行星轮	既绕自身轴线转动又绕固定轴线公转的齿轮，如图(a)所示轮 2	图(a)
	中心轮 （太阳轮）	几何轴线固定的齿轮，常用 K 表示，如图(a)所示轮 1、轮 3	
	行星架 （系杆或转臂）	支持行星轮绕固定轴线公转的构件，常用 H 表示，如图(a)所示构件 H	
按自由度数分类	差动轮系	具有两个自由度的行星齿轮机构，若将差动轮系中任一中心轮固定不动，即可转化为行星轮系	图(b)

续表

项目	内　容		图　例
按自由度数分类	行星轮系	具有一个自由度的行星齿轮机构	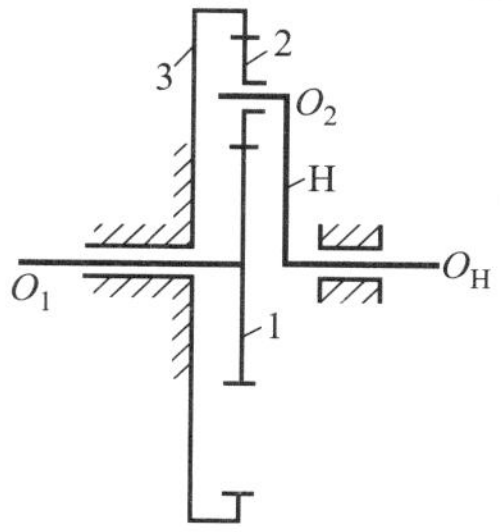 图(c)
按基本构件分类	2K-H 型	基本构件为两个中心轮(2K)、一个行星架(H)	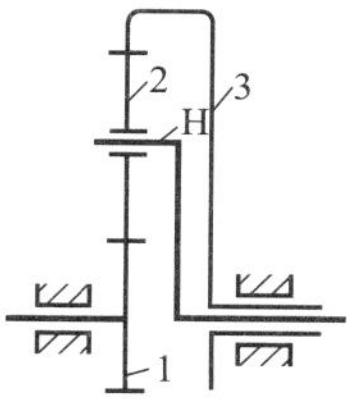 图(d)
	3K 型	基本构件为三个中心轮(3K)。3K 行星轮系可以看作是由两个 2K-H 型行星轮系串联而成	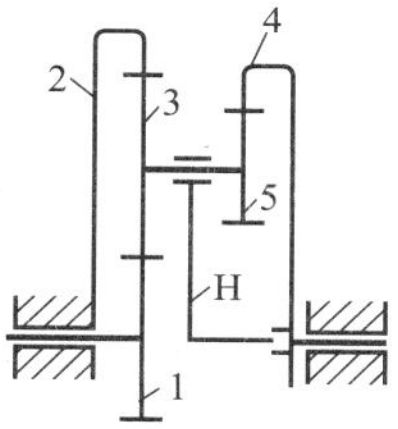 图(e)
	K-H-V 型	基本构件为一个中心轮(K)、一个行星架(H)、一个输出构件(V)	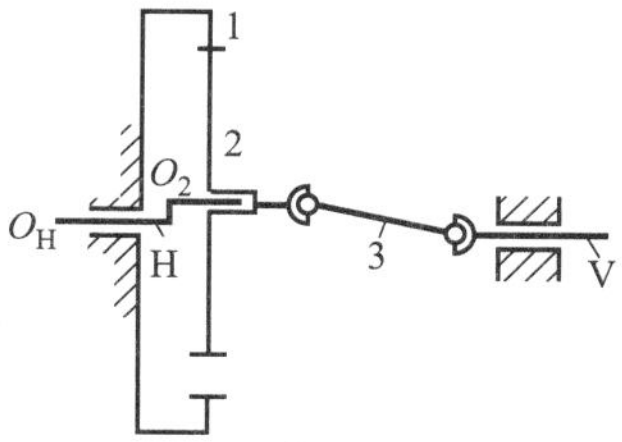 图(f)

单个 2K-H 型轮系及单个 K-H-V 型轮系是不可再分的，大多行星轮系都可归结为 2K-H 型、3K 型及封闭式行星轮系或者它们的某种组合，这种组合的复杂轮系称为复合轮系。

4.5.2　行星轮系各构件角速度之间的关系

求行星轮系的传动比有三种方法，特点如表 11-4-32 所示。

表 11-4-32　求行星轮系传动比的方法

方　法	特　点
相对速度法	相对速度法是假设行星架固定不动，将行星轮系转化为定轴轮系，用相对运动的原理求解各构件角速度之间的关系。此法最为简单，同时也是用啮合功率法求效率的基础，在按不同类型行星轮系分析传动比关系时最为方便
力矩法	此法比相对速度法复杂，但是可以在求传动比的同时求得轮系中各啮合点及各轴承所受载荷大小的关系，故适用于在设计行星轮系的过程中进行受力分析，确定齿轮模数与齿宽、轴径大小等。在用力矩法求传动比的同时，也完成了用力矩法求效率的重要一步

续表

方 法	特 点
速度图解法	此法最为醒目，各构件的运动状况在速度图上可以一目了然，因此便于比较方案，但是不如相对速度法准确简便。可以在用力矩法求效率时，辅以速度图，则便于确定各力的偏移方向，从而使利用力矩法求效率变得容易

如表 11-4-33 所示为利用相对速度法求解各构件角速度之间的关系。

表 11-4-33 行星轮系各构件角速度之间的关系

已知条件	设行星轮系中有三个构件 a、b、c，分别以角速度 ω_a、ω_b、ω_c转动，其轴线与杆系回转轴线重合或平行
基本原理	ω_a、ω_b、ω_c为构件 a、b、c 的绝对角速度，则构件 a、b 相对于构件 c 的相对角速度 $\omega_a^c=\omega_a-\omega_c$，$\omega_b^c=\omega_b-\omega_c$；同理，构件 a、c 相对于构件 b 的相对角速度 $\omega_a^b=\omega_a-\omega_b$，$\omega_c^b=\omega_c-\omega_b$
计算步骤	①构件 a 与 b 相对于构件 c 的角速度之比为 $$i_{ab}^c=\frac{\omega_a-\omega_c}{\omega_b-\omega_c} \quad (11\text{-}4\text{-}181)$$ 同理 $$i_{ac}^b=\frac{\omega_a-\omega_b}{\omega_c-\omega_b} \quad (11\text{-}4\text{-}182)$$ ②将以上两式相加得 $$i_{ab}^c+i_{ac}^b=1$$ 或 $$i_{ab}^c=1-i_{ac}^b \quad (11\text{-}4\text{-}183)$$ ③由式(11-4-181)及式(11-4-183)又可得 $$\omega_a=i_{ab}^c\omega_b+i_{ac}^b\omega_c$$ 或 $$i_{ab}=i_{ab}^c+i_{ac}^b i_{cb} \quad (11\text{-}4\text{-}184)$$
应用实例	已知常见的几种 2K-H 型行星轮系 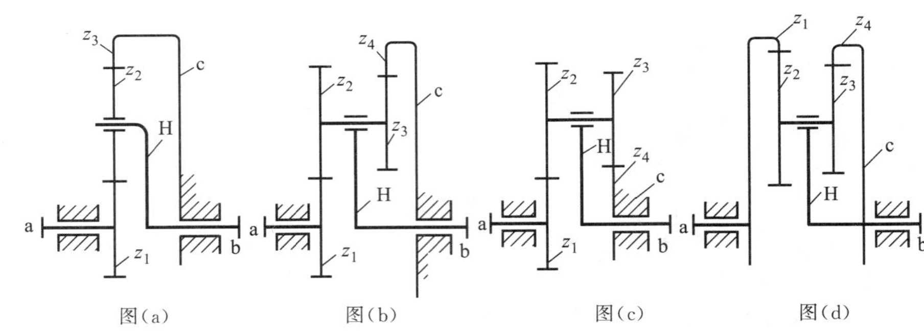 图(a) 图(b) 图(c) 图(d) 应用式(11-4-183)可以直接写出上述图示 2K-H 型行星轮系传动比 ①图(a) $$i_{ab}=i_{ab}^c=i_{aH}^c=1-i_{ac}^H=1+\frac{z_3}{z_1}$$ ②图(b) $$i_{ab}=i_{aH}^c=1-i_{ac}^H=1+\frac{z_2z_4}{z_1z_3}$$ ③图(c)、图(d) $$i_{ab}=i_{aH}^c=1-i_{ac}^H=1-\frac{z_2z_4}{z_1z_3}$$ 为研究方便，按转化机构传动比 i_{ac}^H为正值还是负值，将 2K-H 型行星轮系分为正号机构和负号机构两类

续表

应用实例	已知 3K 型行星轮系，如图(e)所示 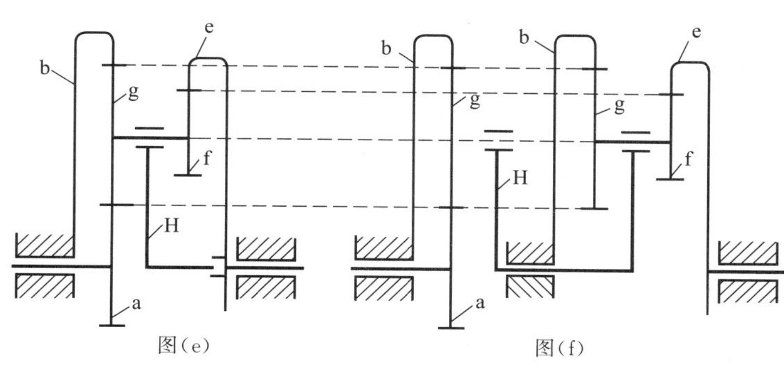 图(e)　图(f) 3K 型行星轮系可以看作由两个 2K-H 型行星轮系串联而成，如图(f)所示 $i_{ae}=i_{aH}i_{He}=\frac{i_{aH}}{i_{eH}}=\frac{1-i_{ab}^{H}}{1-i_{eb}^{H}}=\frac{1+\frac{z_b}{z_a}}{1-\frac{z_f z_b}{z_e z_g}}$

4.5.3　行星轮系各轮齿数和行星轮数的选择

行星轮系是一种共轴式的传动装置，并且采用了几个完全相同的行星轮均布在中心轮的四周，因此在设计行星轮系时，其各轮齿数和行星轮数的选择必须满足下列四个条件，方能装配起来并正常运转和实现给定的传动比。

行星轮系需要满足的条件如表 11-4-34 所示。

表 11-4-34　行星轮系各轮齿数和行星轮数需满足的条件

条件	内　　容	图　　例
传动比条件	按选定的行星轮系形式列出传动比与各轮齿数的关系式，然后即可初步选择各轮齿数。如图(a)所示 2K-H 型行星轮系的传动比为 $i_{1H}=1+\frac{z_3}{z_1}$ 按给定 i_{1H} 即可求得比值 $\frac{z_3}{z_1}$，若先选定 z_1 值，即可求出 z_3 值。如 z_3 不是整数，则可重新选取。有时无法确定实现给定的传动比，这时应找出最近似的比值	图(a)
同心条件	同心条件指行星轮各轮的中心距必须符合一定的关系，才能保证中心轮、系杆共轴线 以图(a)为例，必须满足 $r_3'-r_2'=r_1'+r_2'$ 或 $r_2'=(r_3'-r_1')/2$ 若均用标准齿轮，则必须满足 $z_2=(z_3-z_1)/2$。所以前面按给定的传动比选定 z_1、z_3 后就必须按同心条件选定 z_2，若算出 z_2 不是整数，则要重新选定 z_1、z_3 轮齿数	

续表

<table>
<tr><th>条件</th><th>内　　容</th><th>图　　例</th></tr>
<tr><td>邻接条件</td><td>行星轮系中，需均匀安装两个以上的行星轮以分担载荷和平衡行星轮在运转中产生的离心力。为了使行星轮之间不致碰撞，必须使两相邻行星轮的中心距大于两行星轮齿顶圆半径之和，即所谓的邻接条件
设 K 为行星轮数，r_a 为行星轮齿顶圆半径，如图(b)所示，行星轮系需满足的邻接条件为
$$2r_a<2a\sin\frac{\pi}{K}\qquad(11\text{-}4\text{-}185)$$
若采用标准齿轮，则有
$$r_a=\frac{1}{2}mz_2+m$$
$$a=\frac{1}{2}m(z_1+z_2)$$
代入式(11-4-185)整理后得
$$z_2<\frac{z_1\sin\frac{\pi}{K}-2}{1-\sin\frac{\pi}{K}}$$</td><td>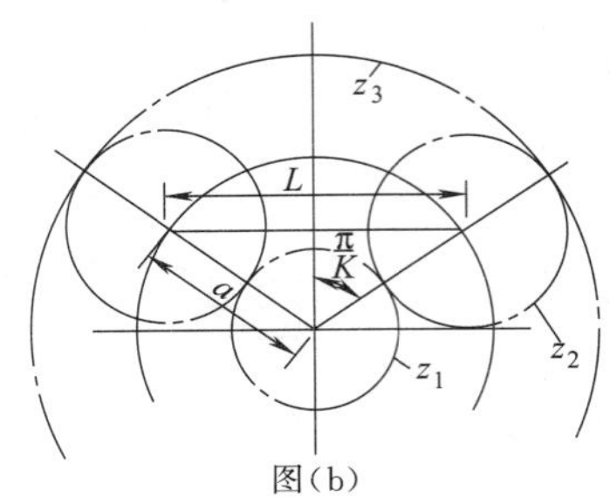

图(b)</td></tr>
<tr><td>装配条件</td><td>行星轮系中所有的行星轮要能均匀地安装进去，就需要满足安装条件。如图(c)所示，齿轮 z_1、z_2、z_3 的齿数都是定值，当轮 z_3 固定不动，行星轮 z_2 要想在图示位置装进去，中心轮 z_1 及系杆必须转动到图示的相位。若安装多个行星轮，则需要安装好第一个行星轮后，将中心轮 z_1 转动恰好一个齿，即转过 $\varphi_1=\frac{2\pi}{z_1}$ 角，则系杆将转过 $\varphi_H=\varphi_i\frac{\omega_H}{\omega_1}=\varphi_1/i_{1H}$，即图(c)中所示系杆将由Ⅰ位置转到Ⅱ位置，在原来的Ⅰ位置又可装入第二个行星轮 z_2，依次类推，用同样的方法可以装入第三个、第四个……行星轮，理论上可装入的行星轮数为
$$K_{max}=\frac{2\pi}{\varphi_H}=\frac{2\pi}{\varphi_1}i_{1H}=z_1i_{1H}\qquad(11\text{-}4\text{-}186)$$
因为 z_1 轮转过一个齿时，系杆 H 回转的角 φ_H 可能不大，这样相邻两行星轮就可能部分重叠在一起，因此按照以上公式来确定行星轮数常常是不可能的，应取的行星轮数要小于 K_{max}，并且为整数，能均匀分布，所以实际的行星轮数只能为的整数因子，即
$$K=\frac{K_{max}}{E}=\frac{z_1i_{1H}}{E}\qquad(11\text{-}4\text{-}187)$$
式中　E——取一整数，它的物理意义是当中心轮 z_1 转过 E 个齿装一个行星轮
如图(c)所示机构传动比为
$$i_{1H}=1+\frac{z_3}{z_1}$$
代入式(11-4-187)并移项即得
$$KE=z_1+z_3$$
即单排负号机构中两中心轮的齿数之和应是行星轮数的整数倍，式(11-4-187)适用于所有单排 2K-H 型行星轮
如图(d)、图(e)所示为双排行星轮，对于双排行星轮系的安装条件，需满足
$$K=\frac{z_1z_3i_{1H}}{EC}\qquad(11\text{-}4\text{-}188)$$
式中　C——公因子</td><td>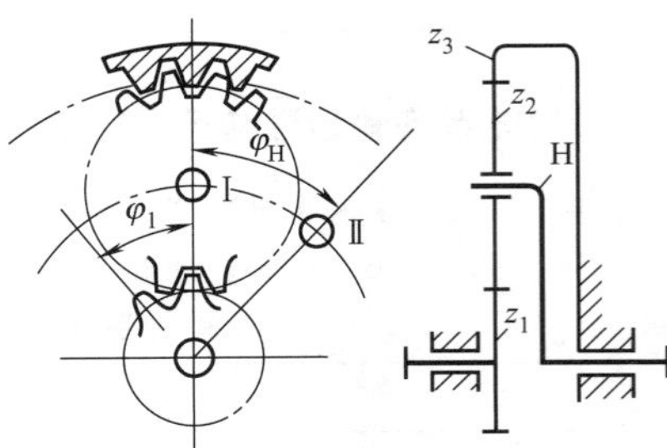

图(c)　单排行星轮安装条件
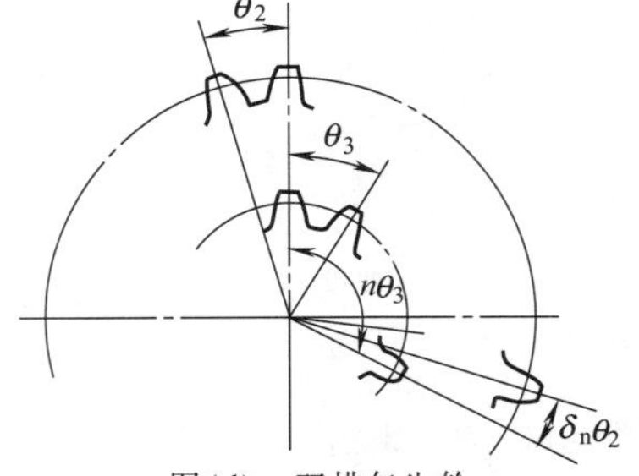

图(d)　双排午生轮
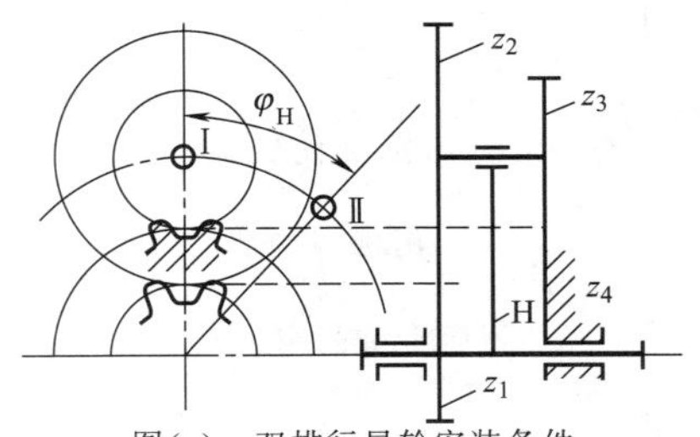

图(e)　双排行星轮安装条件</td></tr>
</table>

4.5.4 行星轮系的均载装置

行星轮系的重要特点之一是采用多行星轮来分担负荷，同时由于行星轮的均匀分布使径向力和离心力得到平衡，从而使中心轮、系杆近似实现无径向负荷地传递转矩，消除振动。理论上说，在相同功率和转速条件下，行星轮数目越多，与每一行星轮啮合的中心轮轮齿受力越小，这样可使结构紧凑、重量轻。但实际上因制造和安装带来误差，各行星轮的负荷不可能均匀分配。为了使行星轮间载荷分配均匀，需要采用一些方法，如表11-4-35所示。

表11-4-35 行星齿轮均载装置

方法名称	方法说明	图例	图例说明
使基本构件“浮动”	“浮动”是指中心轮或系杆没有固定的径向支承，允许它作小范围的径向位移。当几个行星轮负载不均匀时，会促使浮动构件作“自位”运动，直至行星轮的负荷趋向均匀分配为止	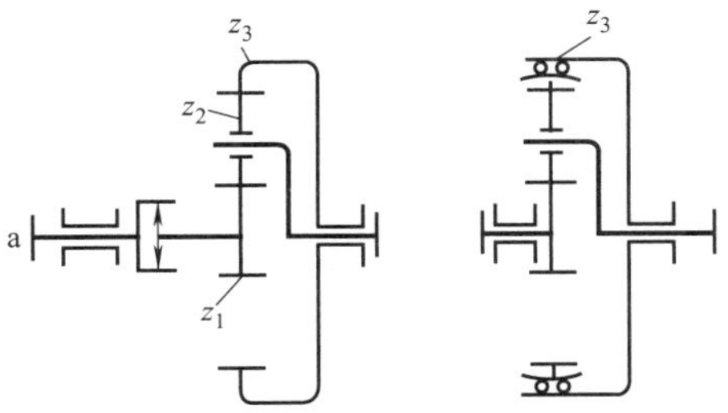 图(a)　图(b) 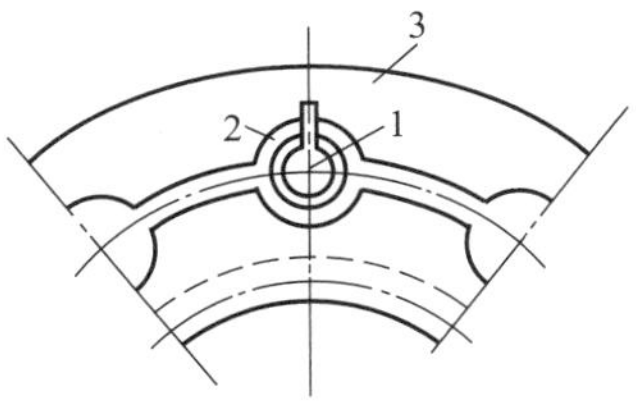 图(c) 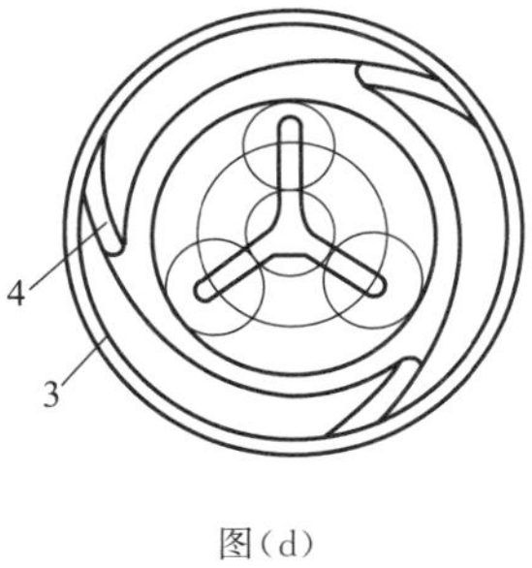 图(d) 1—内齿轮；2—弹性衬套；3—机壳；4—板簧	图(a)所示负号机构中令中心轮z_1浮动，方法是将轮z_1用一齿轮离合器与主动轴a相连。齿轮离合器也可用万向联轴器、十字槽离合器等代替，齿轮离合器的径向尺寸较小是其优点。图(b)所示为内齿轮浮动，是将内齿轮弹性悬挂在机壳上，悬挂的方法也可多种多样。左图(c)所示是将内齿轮1用多个弹性衬套2及限位销悬挂在圆形机壳上，其允许的径向浮动量约为2～3mm。图(d)所示则是将内齿轮通过板簧4浮动支承在机壳3上，板簧除了可使内齿轮做微小的径向位移外，还能吸收传动中的冲击

续表

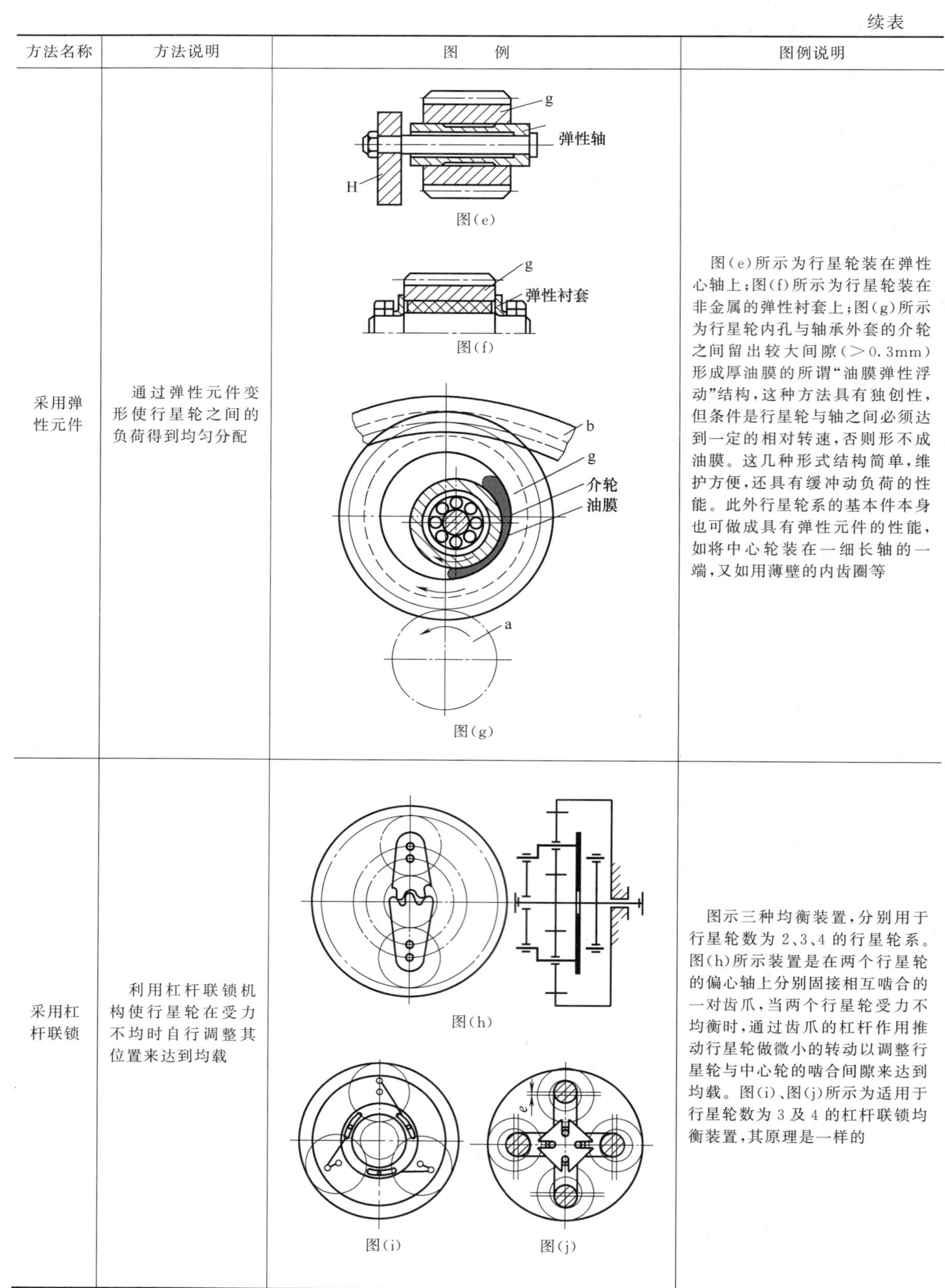

方法名称	方法说明	图　例	图例说明
采用弹性元件	通过弹性元件变形使行星轮之间的负荷得到均匀分配	g 弹性轴 H 图(e) g 弹性衬套 图(f) b g 介轮 油膜 a 图(g)	图(e)所示为行星轮装在弹性心轴上；图(f)所示为行星轮装在非金属的弹性衬套上；图(g)所示为行星轮内孔与轴承外套的介轮之间留出较大间隙（＞0.3mm）形成厚油膜的所谓“油膜弹性浮动”结构，这种方法具有独创性，但条件是行星轮与轴之间必须达到一定的相对转速，否则形不成油膜。这几种形式结构简单，维护方便，还具有缓冲动负荷的性能。此外行星轮系的基本件本身也可做成具有弹性元件的性能，如将中心轮装在一细长轴的一端，又如用薄壁的内齿圈等
采用杠杆联锁	利用杠杆联锁机构使行星轮在受力不均时自行调整其位置来达到均载	图(h) e 图(i)　图(j)	图示三种均衡装置，分别用于行星轮数为2、3、4的行星轮系。图(h)所示装置是在两个行星轮的偏心轴上分别固接相互啮合的一对齿爪，当两个行星轮受力不均衡时，通过齿爪的杠杆作用推动行星轮做微小的转动以调整行星轮与中心轮的啮合间隙来达到均载。图(i)、图(j)所示为适用于行星轮数为3及4的杠杆联锁均衡装置，其原理是一样的

续表

方法名称	方法说明	图　例	图例说明
使行星轮系成为静定系统	通过合理选择行星轮系各个运动副的类型，使之没有多余约束，整个机构成为一个静定系统	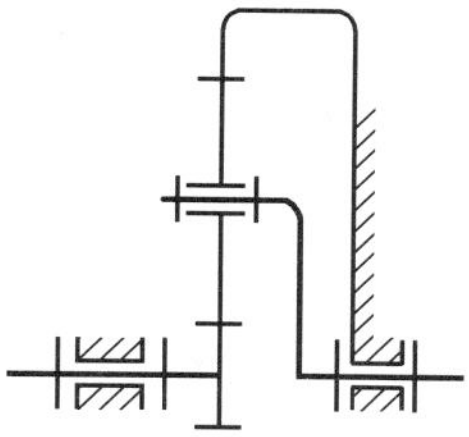 图(k) 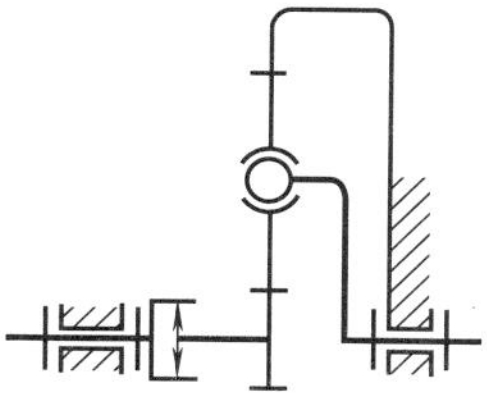 图(l)	图(k)所示负号机构，所有轴与轴承运动副均取 5 类运动副，行星轮安装 3 个，虚约束数高达 8，这就对制造和安装有极严格的要求。若将中心轮 z_1 改为浮动，则可减少两个约束条件；再将 3 个行星轮轴承改用球面滚珠轴承，即由 5 类副改为 3 类副，又减少 6 个约束条件，这样共减少 8 个约束条件，使整个行星轮系成为静定系统，如图(l)所示

第5章 凸轮机构设计

凸轮机构是使从动件做预期规律运动的高副机构，通常由机架、主动凸轮和从动件三部分组成，其优缺点如表 11-5-1 所示。

表 11-5-1 凸轮机构的优缺点

凸轮机构的优点	凸轮机构的缺点
①从动件的运动规律可任意拟订，凸轮机构可用于对从动件运动规律要求严格的场合，也可用于要求从动件做间歇运动的场合，其运动时间与停歇时间的比例以及停歇次数均可以任意拟订，可以高速启动，动作准确可靠 ②只要设计相应的凸轮轮廓，就可使从动件按拟订的运动规律运动。一般来说，中、低速凸轮的运动设计较简单 ③由于数控机床及计算机的广泛应用，特别是近年来可以实现计算机辅助设计与制造，因此凸轮轮廓的加工并不十分困难	①在高副接触处难以保证良好的润滑，加上其比压较大，因此易磨损。为保持必要的寿命，传递动力不能过大 ②高速凸轮机构中，高副接触处的动力学特性较复杂，精确分析和设计都较困难

5.1 凸轮机构的基础知识

5.1.1 凸轮机构的组成及常用名词术语

凸轮机构的组成如图 11-5-1 所示。

凸轮机构的常用名词术语及符号如表 11-5-2 所示。

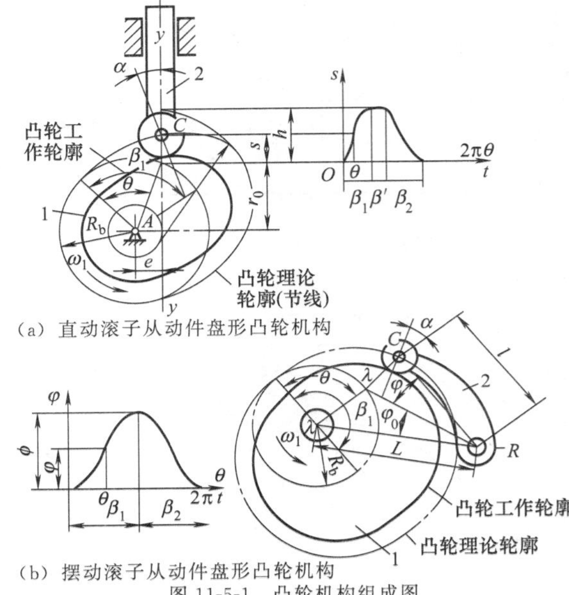

(a) 直动滚子从动件盘形凸轮机构

(b) 摆动滚子从动件盘形凸轮机构

图 11-5-1 凸轮机构组成图

表 11-5-2 术语及符号

术语及符号	定 义
凸轮	具有控制从动件运动规律的曲线轮廓(或沟槽)的构件，可以是主动件，也可以是从动件①
从动件	运动规律受凸轮轮廓控制的构件
凸轮工作轮廓	直接与从动件接触的凸轮轮廓曲线
凸轮理论轮廓(凸轮节线)	在从动件与凸轮的相对运动中，从动件上的参考点(从动件的尖端，或滚子中心，或平底中点)，在图中为滚子中心 C 在凸轮平面上所画的曲线
凸轮转角 θ	由起始位置开始，经过时间 t 后，凸轮转过的角度，通常凸轮做等速转动
推程运动角 β_1	从动件由离凸轮转动中心最近位置到达最远位置时相应的凸轮转角
凸轮机构的压力角 α	在从动件与凸轮的接触点上，从动件所受正压力(与凸轮轮廓线在该点的法线重合)与其速度之间所夹的锐角，简称压力角
远休止角 β'	从动件在距凸轮转动中心最远的位置上停歇时相应的凸轮转角
基圆、基圆半径 R_b	以凸轮转动中心为圆心、以凸轮理论轮廓的最短向径为半径所画的圆称基圆；其半径为基圆半径
从动件的行程 h、φ	移动从动件由离凸轮转动中心最近的位置到最远距离为推程；反之，移动从动件从最远位置到最近位置的距离为回程。移动从动件在推程或回程中移动的距离为行程，用 h 表示。对于摆动从动件则为摆过的角度 φ
起始位置	从动件在距凸轮转动中心最近且刚开始运动时机构所处的位置，即推程开始时的机构位置
回程运动角 β_2	从动件由距凸轮转动中心最远位置回到最近位置时相应的凸轮转角
偏距 e	直动从动件的移动方位线到凸轮转动中心的距离(其值有正负之分)
摆杆长度 l	摆动从动件转动中心到滚子中心或尖端的距离
中心距 L	摆动转动中心到凸轮转动中心的距离

① 当以凸轮作为输出构件，而以另一形状简单的连架杆作为主动件时，称为反凸轮机构。

凸轮的设计步骤如表 11-5-3 所示。

表 11-5-3　　凸轮的一般设计步骤

<table>
<tr><th>步　　骤</th><th colspan="2">说　　明</th></tr>
<tr><td>(1)确定从动件的运动规律</td><td colspan="2">主要根据从动件在机器中要完成的运动、凸轮转速以及加工凸轮轮廓的技术水平等确定。对于一般中等尺寸的凸轮机构，凸轮转速 n 大致划分为：低速（$n \leqslant 100$ r/min）、中速（100 r/min $< n <$ 200 r/min）、高速（$n \geqslant 200$ r/min）三种</td></tr>
<tr><td>(2)确定凸轮机构的类型及结构尺寸</td><td colspan="2">根据凸轮轴与从动件的相对位置及其所占的空间的大小，凸轮转速，从动件行程、重量及运动方式、载荷大小等条件来确定类型。然后再确定偏距 e 或中心距 L 等尺寸大小，如图 11-5-1 所示</td></tr>
<tr><td rowspan="2">(3)设计凸轮轮廓</td><td>滚子从动件凸轮</td><td>平底从动件凸轮</td></tr>
<tr><td>①确定许用压力角的大小
②确定 R_b、R_r
③用作图法或分析法设计凸轮轮廓
④校核 α_{max}是否过大，ρ_{cmin}是否过小</td><td>①确定 R_b、e 等
②用作图法或分析法设计凸轮廓线
③求出 ρ_{min}，校核 ρ_{min}是否过小</td></tr>
<tr><td>(4)设计凸轮结构</td><td colspan="2">选择材料、尺寸公差、表面粗糙度，画工作图，等</td></tr>
<tr><td>(5)其他</td><td colspan="2">根据需要进行动态分析、动态静力分析、动力学分析以及试验分析等，然后修正设计。若用弹簧，则为设计弹簧提供数据</td></tr>
</table>

注：1. 对从动件仅有行程大小要求时，可用便于加工的简单几何曲线作为凸轮轮廓线。
2. ρ_{cmin}——凸轮理论轮廓最小曲率半径；ρ_{min}——凸轮工作轮廓最小曲率半径。

5.1.2　凸轮机构的类型特点及封闭方式

凸轮机构的类型特点及封闭方式见表 11-5-4、表 11-5-5。

表 11-5-4　　平面凸轮机构和空间凸轮机构的基本类型和特点

<table>
<tr><th colspan="2">基本类型</th><th colspan="3">特　　点</th></tr>
<tr><td rowspan="7">平面凸轮机构</td><td rowspan="2">从动件和凸轮接触部位类型及其特点</td><td>尖顶</td><td>滚子</td><td>平底</td></tr>
<tr><td>结构简单，能实现较复杂的运动，但易磨损，从而使运动失真，故多用于低速及受力不大的场合</td><td>耐磨损，可传递较大的动力，但结构复杂、尺寸和重量大、不易润滑及销轴强度低等，广泛应用于中、低速的场合</td><td>受力情况好，构造及维护简单，易润滑，但平底不能太长，多用于高速小型凸轮机构</td></tr>
<tr><td rowspan="2">直动从动件盘形凸轮机构</td><td>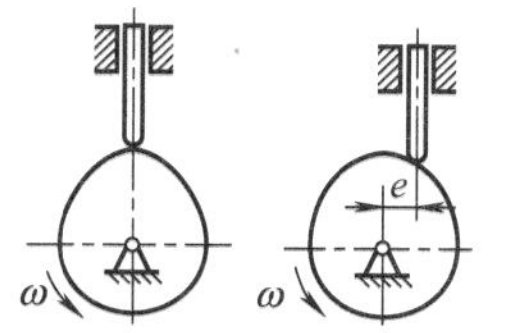
图(a)　图(b)</td><td>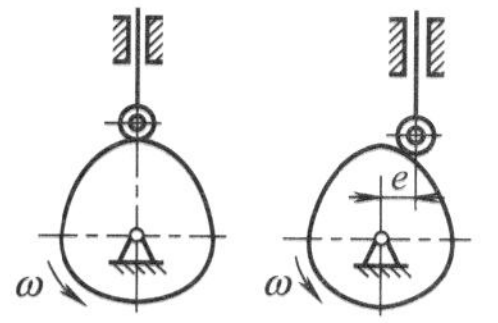
图(a)　图(b)</td><td>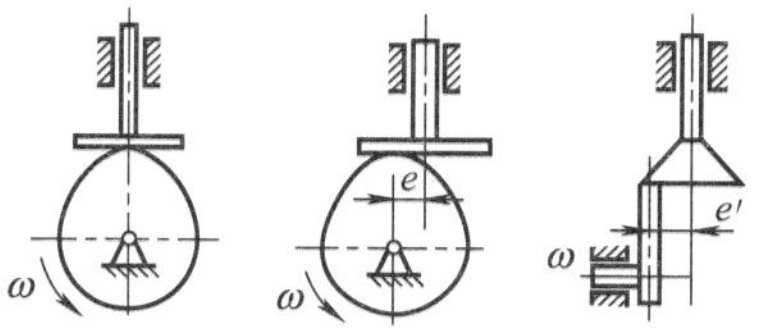
图(a)　图(b)　图(c)</td></tr>
<tr><td colspan="2">偏置[图(b)]可以改善凸轮机构推程时的受力情况，使最大压力角 α_{max}减小，但回程的压力角有所增大，故偏距 e 的大小要适当。从动件相对凸轮偏移的方向，当凸轮逆时针方向转动时应向右，反之应向左</td><td>图(b)所示的偏置不影响从动件的运动，适当的偏置可改善从动件的受力情况。图(c)所示的偏置可使从动件绕其轴线转动从而使导路摩擦减小、平底磨损情况好，但 e'不能太大</td></tr>
<tr><td rowspan="2">摆动从动件盘形凸轮机构</td><td>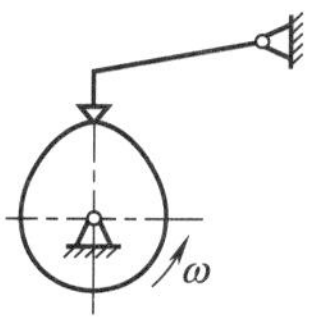</td><td>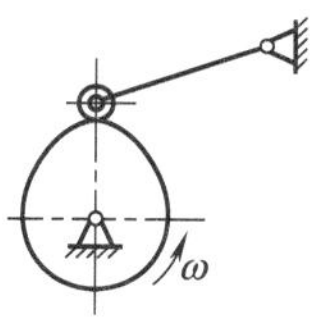</td><td>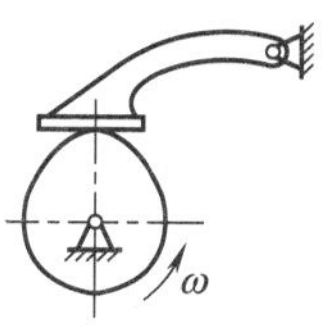</td></tr>
<tr><td colspan="3">摆动从动件比直动从动件结构简单、制造容易、摩擦阻力小，故应用较广</td></tr>
</table>

续表

<table>
<tr><th colspan="2">基本类型</th><th colspan="3">特　　点</th></tr>
<tr><td rowspan="6">平面凸轮机构</td><td rowspan="2">直动从动件移动凸轮机构</td><td>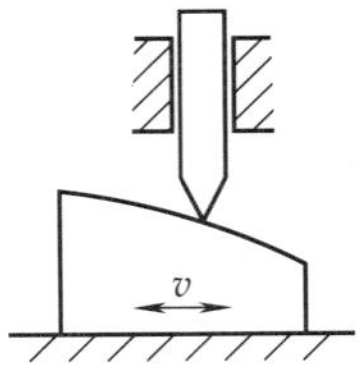</td><td>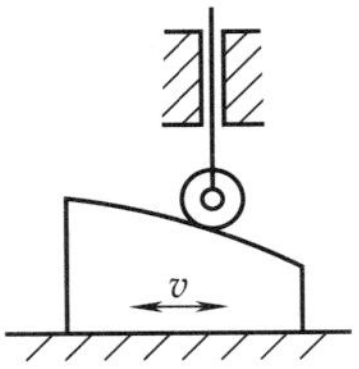</td><td>—</td></tr>
<tr><td colspan="3">移动凸轮设计制造简单、精度较高，但因凸轮做往复运动，故不宜用于高速，这里平底从动件不适用</td></tr>
<tr><td rowspan="2">摆动从动件移动凸轮机构</td><td>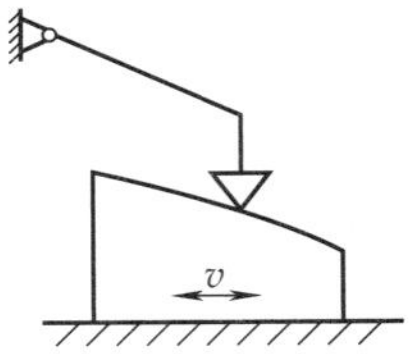</td><td>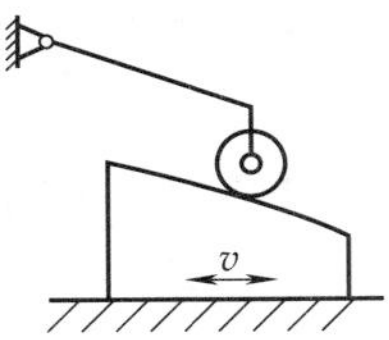</td><td>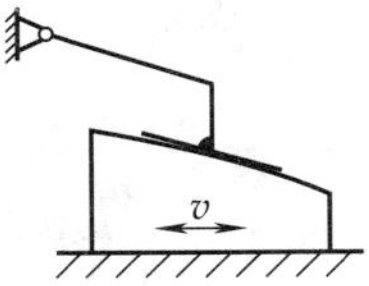</td></tr>
<tr><td colspan="3">从动件受力情况好，不易自锁，凸轮和从动件都容易制造，但不宜用于高速场合</td></tr>
<tr><td rowspan="2">偏置直动从动件盘形凸轮机构</td><td>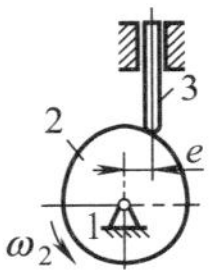</td><td>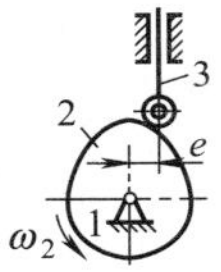</td><td>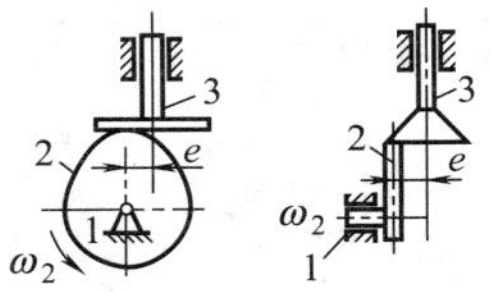
图(a)　　图(b)</td></tr>
<tr><td colspan="2">偏置可以改善关键位置的受力情况，但其他位置就要差些；设计比较复杂，制造安装的要求较高。ω 的方向使从动件实现推程运动时，e 的偏向为有利偏置，反之为不利偏置，e 大小要适当，可根据凸轮机构结构及受力情况等条件确定，建议其 $e \leqslant R_h/4$（R_h 为凸轮轮毂半径，mm）</td><td>偏置不影响 3 的运动，但影响导路受力情况，平底直动从动件凸轮机构的压力角为恒值
图(b)所示平底磨损分散，但 e 不能过大</td></tr>
<tr><td rowspan="2">空间凸轮机构</td><td>直动滚子从动件圆柱或圆锥凸轮机构</td><td colspan="2">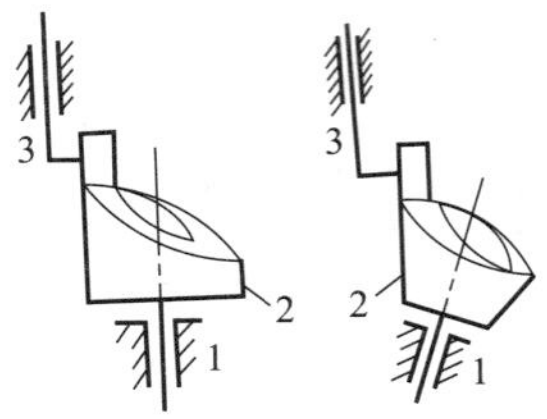</td><td rowspan="2">空间凸轮机构特点
①从动件的运动平面与凸轮的运动平面互相垂直或成一角度（平面凸轮机构中两者互相平行）
②与平面凸轮机构比较，从动件能完成的移动行程较大，但能完成的摆角较小</td></tr>
<tr><td>摆动滚子从动件圆柱凸轮机构</td><td colspan="2">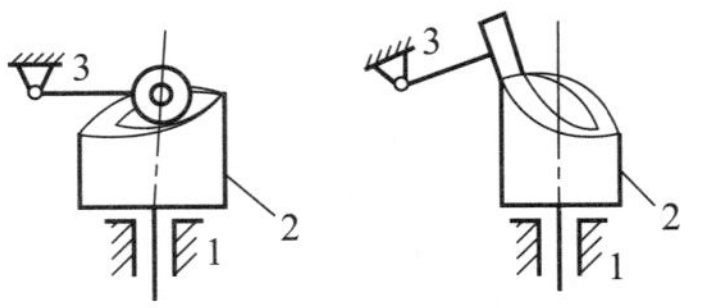</td></tr>
</table>

表 11-5-5　**凸轮机构的封闭方式**

封闭方式		图例	说明
力封闭		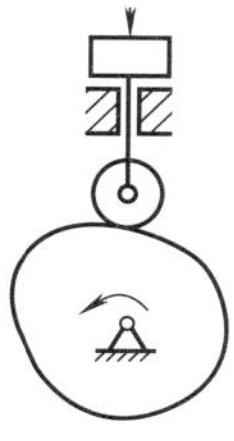 图(a)　利用重力 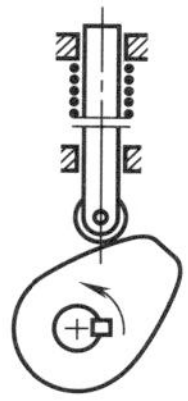　图(b)　利用压簧 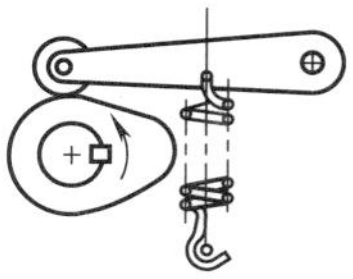　图(c)　利用拉簧 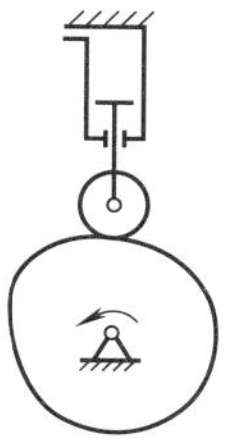　图(d)　利用液压或气压	利用弹簧力、从动件自重等外力使从动件与凸轮始终保持接触。弹簧力封闭广泛应用于中、小尺寸的凸轮机构中
形封闭	沟槽凸轮与滚子配合	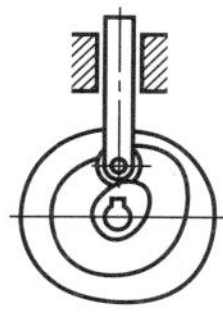 图(a) 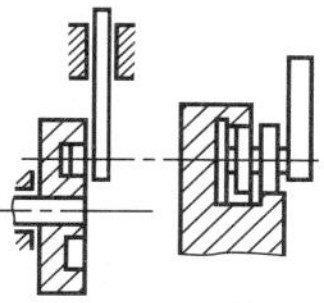　图(b) 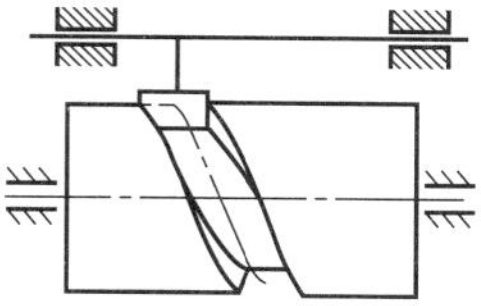　图(c)	左图(a)、图(c)所示是形封闭中最简单的形式，但凸轮尺寸较大；为使滚子能在槽内灵活转动，槽宽应略大于滚子直径；有间隙，故不宜用于高速。左图(b)所示是种改进结构，消除了间隙，但增加了从动件的重量，提高了对凸轮轮廓的精度要求
	共轭凸轮与双滚子配合	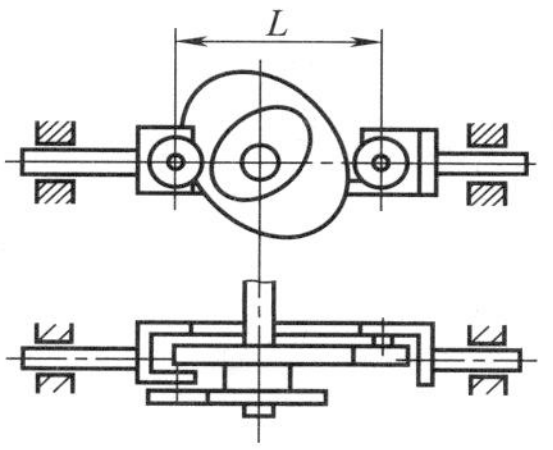 L　图(a) 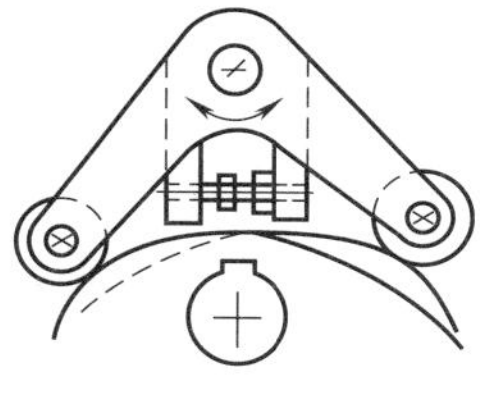　图(b)	从动件上的两个滚子，分别与固定在同一根轴上的两个并列凸轮(即共轭凸轮)相接触。通过调整两个滚子的中心距使其紧压在各自的凸轮轮廓上，工作准确可靠，适于高速重载。结构较复杂，且对装配精度和凸轮轮廓的加工精度要求较高
	双面凸轮与双滚子配合	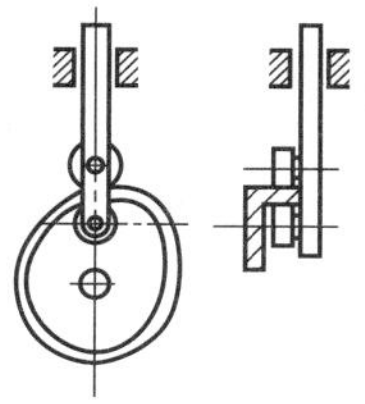 图(a) 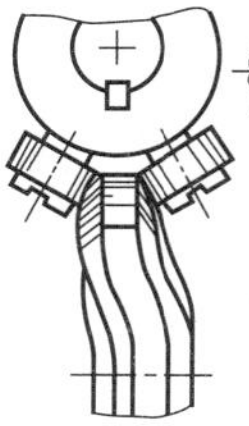　图(b) 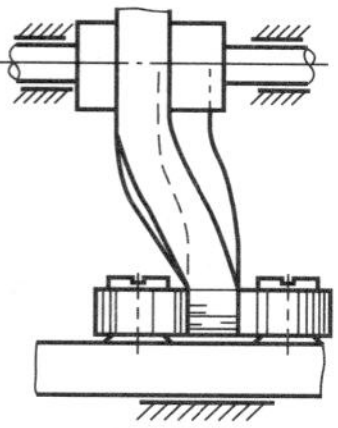　图(c)	从动件两个滚子紧压在凸轮的内、外两个轮廓面上，从动件的运动较平稳。圆柱凸轮中可用圆锥滚子；调整圆锥滚子的轴向位置，可使滚锥无间隙地与凸轮轮廓相接触；凸轮两个轮廓的加工较困难
	共轭凸轮与双平底配合	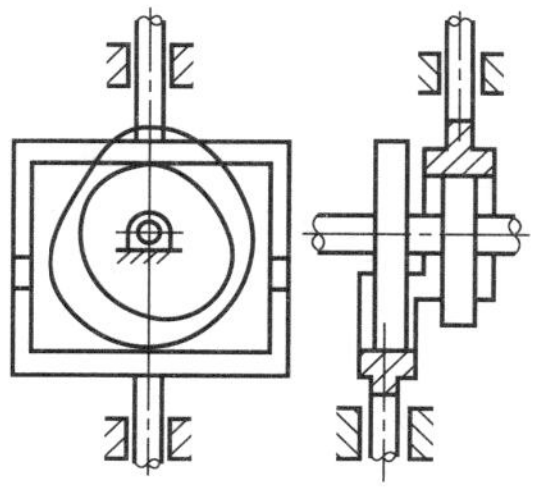	从动件上的两个平底，分别与同轴转动的两个共轭凸轮相接触。通过调整两个平底间的平行距离，可使平底紧压在凸轮工作轮廓上，对凸轮机构的装配精度及凸轮加工精度要求较高

续表

封闭方式		图　　例	说　　明
形封闭	等径凸轮与双滚子配合		从动件两个滚子与同一凸轮轮廓相接触，从动件的移动方位线通过凸轮转动中心，凸轮轮廓上任意两个对应向径（在通过凸轮传动中心的同一直线上）之和恒等于两滚子中心距。确定 180°范围内凸轮轮廓后，另 180°范围内的轮廓可根据等距原则确定，运动规律的选择受到限制
	等宽凸轮与双平底配合		从动件两个平底与同一凸轮轮廓相接触。凸轮轮廓的任意两个平行切线间的距离恒等于两个平板间的距离。确定 180°范围内的凸轮轮廓后，另 180°范围内的轮廓可根据等宽原则确定，运动规律的选择受到限制

5.1.3　凸轮机构设计的相关问题

5.1.3.1　凸轮机构的压力角

压力角关系到凸轮机构传动时受力情况是否良好和凸轮机构尺寸是否紧凑。

在一定载荷和机构的运动规律确定以后，压力角增大，一方面可使凸轮的基圆半径减小，从而使凸轮尺寸较小；另一方面，又会使机构受力情况变坏，不但使凸轮与从动件之间的作用力增大，而且使导路中的摩擦力也相对增大。当压力角大到某一临界值 α_c 时，机构将发生自锁。在设计中，若对机构尺寸无严格要求，则可将基圆半径选大一些，以便减小压力角，使凸轮机构具有良好的受力条件；反之，若要求尽量减小凸轮尺寸，则所用基圆半径应保证其最大压力角不超过许用值 α_p，以及最小曲率半径 ρ_{min} 大于一定值，以免工作轮廓曲线过切面引起运动失真。对于直动滚子从动件盘形凸轮机构，有可能出现最大压力角的位置有三处：推程中部、近休止位置（远休止时的压力角永远小于近休止时的压力角）和回程中部。对于摆动从动件，除上述三个位置外，还有远休止位置。凸轮机构的结构、尺寸及运动参数确定后，凸轮机构的压力角值也是随着凸轮转角的变化而变化的（平底直动从动件除外）。

尖端从动件盘形凸轮机构的受力分析、临界压力角 α_c 和许用压力角 α_p 的公式和数据如表 11-5-6 所示。滚子从动件凸轮机构的压力角 α 和凸轮理论轮廓的曲率半径 ρ_c 如表 11-5-7 所示。

表 11-5-6　　尖端从动件盘形凸轮机构的受力分析及临界压力角 α_c 和许用压力角 α_p

	受力图	计 算 公 式
尖端直动从动件盘形凸轮	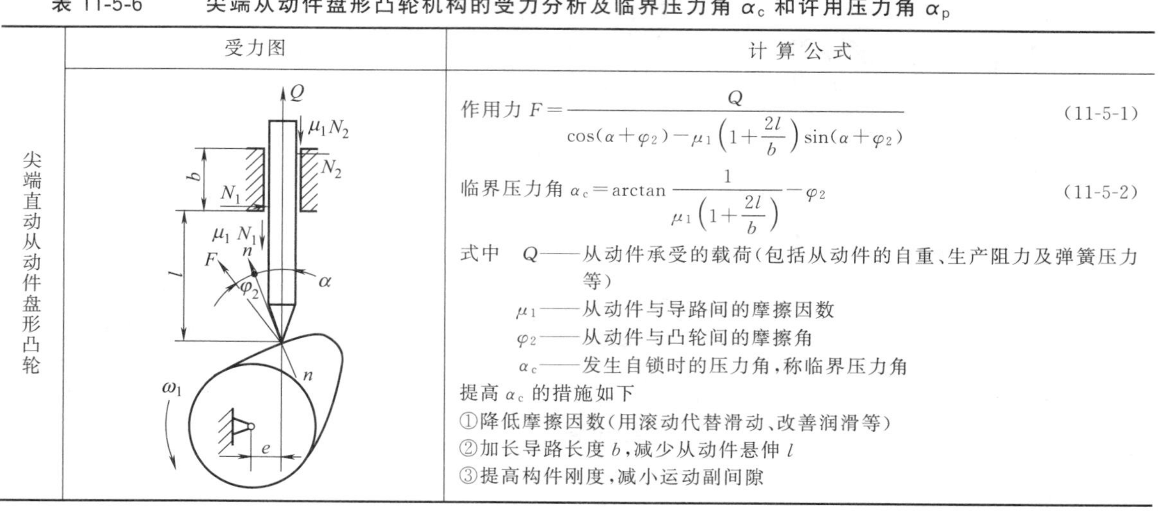	作用力 $F=\dfrac{Q}{\cos(\alpha+\varphi_2)-\mu_1\left(1+\dfrac{2l}{b}\right)\sin(\alpha+\varphi_2)}$　　(11-5-1) 临界压力角 $\alpha_c=\arctan\dfrac{1}{\mu_1\left(1+\dfrac{2l}{b}\right)}-\varphi_2$　　(11-5-2) 式中　Q——从动件承受的载荷（包括从动件的自重、生产阻力及弹簧压力等） μ_1——从动件与导路间的摩擦因数 φ_2——从动件与凸轮间的摩擦角 α_c——发生自锁时的压力角，称临界压力角 提高 α_c 的措施如下 ①降低摩擦因数（用滚动代替滑动、改善润滑等） ②加长导路长度 b，减少从动件悬伸 l ③提高构件刚度，减小运动副间隙

续表

类别				l/b		
尖端直动从动件盘形凸轮	尖端直动从动件盘形凸轮 α_c 的参考值					
	设摩擦因数 $\mu(\mu=\mu_1=\mu_2=\tan\varphi_2)$			1/2	1	2
	钢对钢、钢对铸铁、钢对青铜、铸铁对铸铁、铸铁对青铜	有润滑剂时动、静摩擦因数的概略值	0.1	73°	68°	58°
	钢对钢、钢对青铜	无润滑剂时动、静摩擦因数的概略值	0.15	65°	57°	45°
	钢对软钢、软钢对铸铁		0.2	57°	48°	34°
	钢对铸铁		0.3	42°	31°	17°

尖端摆动从动件盘形凸轮	受力图	计算公式
	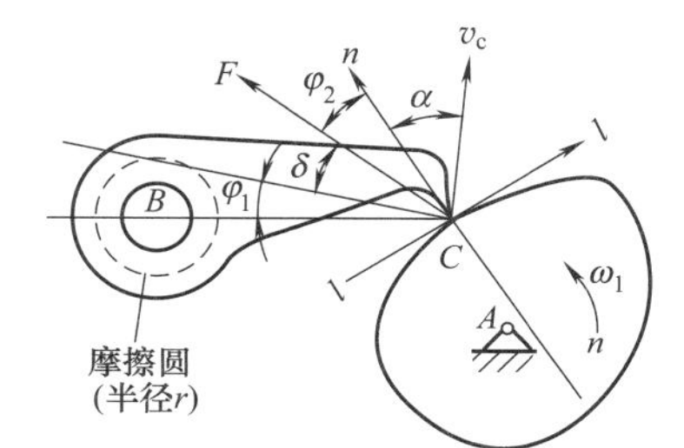	$\alpha+\varphi_1+\varphi_2+\delta=\frac{\pi}{2}$ 当 α 增大时，力 F 减小；当 $\delta=0$ 时，则力 F 的方向切于轴 B 的摩擦圆，机构自锁。此时的 α 即为临界压力角 $\alpha_c=\frac{\pi}{2}-\varphi_1-\varphi_2$ φ_1 为从动件与轴 B 之间的摩擦角，设摩擦圆半径为 r，则 $\varphi_1=\arcsin\frac{r}{BC}\approx\arctan\frac{4\mu}{\pi}$ α_c 与两处摩擦角有关

许用压力角 α_p 的概略值	从动件种类	推程 α_{p1}	推程 α_{p2}	
			力封闭	形封闭
	直动从动件	≤30°，当要求凸轮尽可能小时，可用到≤45°	≤70°～80°	≤30°(可用到 45°)
	摆动从动件	≤35°～45°	≤70°～80°	≤35°～45°

表 11-5-7　　滚子从动件凸轮机构的压力角 α 和凸轮理论轮廓的曲率半径 ρ_c

类别	机构简图	α	ρ_c
移动凸轮直动从动件	n α v y y=y(x) B n o x	$\tan\alpha=\frac{dy}{dx}$	$\rho_c=\frac{\left[1+\left(\frac{dy}{dx}\right)^2\right]^{\frac{3}{2}}}{\frac{d^2y}{dx^2}}$
盘形凸轮对心直动从动件	α n v s B R_b n ω o	$\tan\alpha=\frac{\frac{ds}{d\phi}}{R_b+s}$ 式中　ϕ——凸轮转角，rad R_b——凸轮基圆半径，mm s——从动件位移，mm	$\rho_c=\frac{\left[(R_b+s)^2+\left(\frac{ds}{d\phi}\right)^2\right]^{\frac{3}{2}}}{(R_b+s)^2+2\left(\frac{ds}{d\phi}\right)^2-(R_b+s)\frac{d^2s}{d\phi^2}}$

续表

类别	机构简图	α	ρ_c
盘形凸轮偏置直动从动件		$\tan\alpha=\dfrac{\dfrac{ds}{d\phi}-e}{s+\sqrt{R_b^2-e^2}}$ 式中 e——偏距,mm,有正、负之分 当凸轮顺时针旋转而从动件位于 O 点左侧时 e 为正,这对减小 α 是有利的;反之,e 为负,对 α 不利。当凸轮转向相反时,正、负号相反 $s_0=\sqrt{R_b^2-e^2}$	$\rho_c=\dfrac{1}{T\left[1+T\left(\dfrac{ds}{d\phi}\sin\alpha-\dfrac{d^2s}{d\phi^2}\cos\alpha\right)\right]}$ $T=\dfrac{\cos\alpha}{s+s_0}$
盘形凸轮摆动从动件		$\tan\alpha=\cot(\psi+\psi_0)-\dfrac{l\left(1-\dfrac{d\psi}{d\phi}\right)}{L\sin(\psi+\psi_0)}$ $\psi_0=\arccos\dfrac{l^2+L^2-R_b^2}{2lL}$ 式中 ψ_0——从动件初始角,rad ψ——从动件摆角,rad,$\psi=\psi(\phi)$ ϕ——凸轮转角,rad l——从动件长度,mm,$l=l_{AB}$ L——凸轮转动中心与从动件摆动中心距离,mm,$L=l_{OA}$	$\rho_c=\dfrac{1}{\lambda\left[1+\lambda\left(1-\dfrac{d\psi}{d\phi}\right)\dfrac{d\psi}{d\phi}\sin\alpha-\dfrac{d^2\psi}{d\phi^2}\cos\alpha\right]}$ $\lambda=\dfrac{\cos\alpha}{L\sin\alpha}$

注:1. 表中的$\dfrac{ds}{d\phi}$及$\dfrac{d^2s}{d\phi^2}$向上为正,$\dfrac{d\psi}{d\phi}$及$\dfrac{d^2\psi}{d\phi^2}$与凸轮转向相同时为正,当凸轮轮廓外凸时 ρ_c 为正。α 也可能有负值,此时公法线 n—n 偏向速度 v 的另一侧。

2. 凸轮工作轮廓的曲率半径 ρ 和理论轮廓曲率半径 ρ_c 的关系见图 11-5-2。

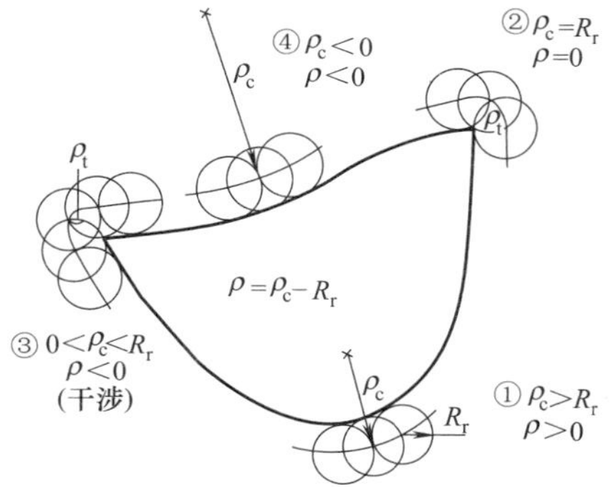

图 11-5-2 凸轮曲率半径和滚子的关系

5.1.3.2 基圆半径 R_b、圆柱凸轮最小半径 R_{min} 和滚子半径 R_r

(1) 基圆半径 R_b 对凸轮机构的影响

(2) 确定基圆半径 R_b 和 R_{min} 的方法

根据 $\alpha_{max}\leqslant\alpha_p$ 确定 R_b 和 R_{min} 的初值,具体方法如图 11-5-3 所示。

由于 α_p 值通常是不准确的,因此根据 α_p 确定的 R_b 值也是近似值,求 R_b 近似值的方法如下:

1) 用诺谟图求盘形凸轮的 R_b。图 11-5-4 的使用说明如下:

表 11-5-8 基圆半径 R_b 对凸轮机构的影响

R_b过大	优点	改善凸轮机构的受力情况
	缺点	①增大凸轮机构的尺寸 ②增加凸轮轮廓线长度,设计时要增加分点,加工时要增多精确切削点,增大加工费用,使用时增加滚子转速(易使滚子早期磨损) ③增加凸轮的圆周速度,加剧凸轮轮廓线的偏差对从动件加速度的影响 ④增加凸轮轴上的不平衡重量,易加剧机器在高速时的振动
R_b过小	优点	减小凸轮尺寸
	缺点	①增大压力角,机构受力情况变坏,甚至发生自锁 ②凸轮轮廓线的曲率半径变小,影响到滚子半径也要变小(增大接触应力)、滚子轴变细(降低强度),易使从动件运动规律失真 ③凸轮轴直径过小引起轴的强度与刚度不够

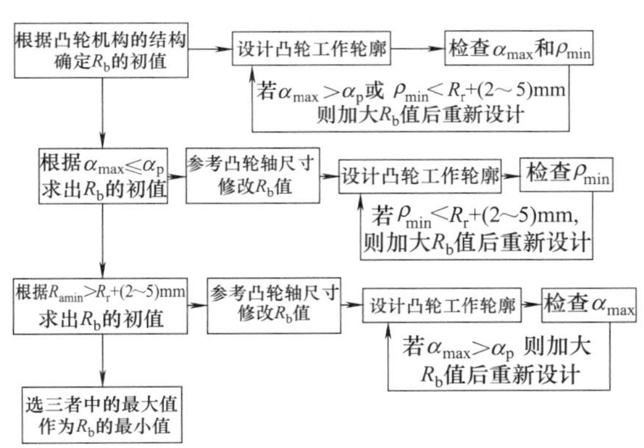

图 11-5-3　根据 $\alpha_{max}\leqslant\alpha_p$确定 R_b和 R_{min}初值的流程

① 由 v_m，α_{max}、h 和 β_1 值从图 11-5-4 中查出后，按公式，求出 R_b。

图中 v_m为最大速度因数，其值如表 11-5-11 和表 11-5-14 所示。

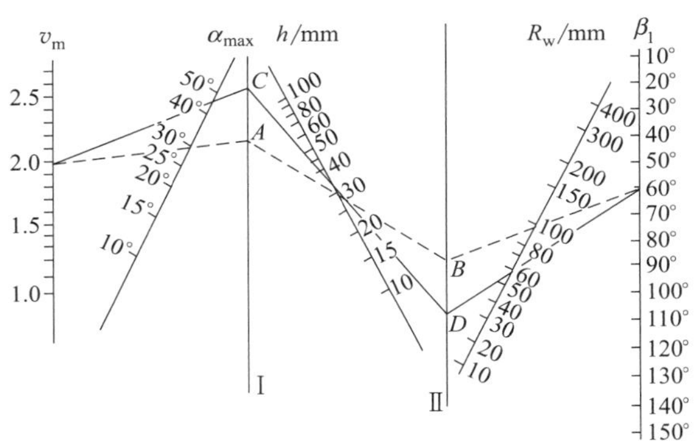

图 11-5-4　求盘形凸轮 R_b的线图

② 此图用于对心直动从动件凸轮，在 $h\leqslant R_b$的情况下是足够精确的。

③ 此图也可近似用于偏置直动从动件凸轮（不考虑偏距）。此时，所得的 R_b对于有利偏置比较安全，对于不利偏置则使推程最大压力角较大。若考虑偏置，可将由此图查得的 R_b乘以修正系数 k：

$$k=\sqrt{\left(1\mp\frac{e}{R_b\tan\alpha_p}\right)^2+\left(\frac{e}{R_b}\right)^2}\qquad(11\text{-}5\text{-}3)$$

式中，“－”号用于有利偏置，“＋”号用于不利偏置。

④ 对于摆动从动件，可近似当作移动从动件处理。如图 11-5-5 所示，把弦线 C_0C_e 当作移动方位线；对相当于对心者，根据 $\alpha_p=45°$由图 11-5-4 求 R_b；对相当于偏置者，可先按对心处理，再乘以修正系数 k。

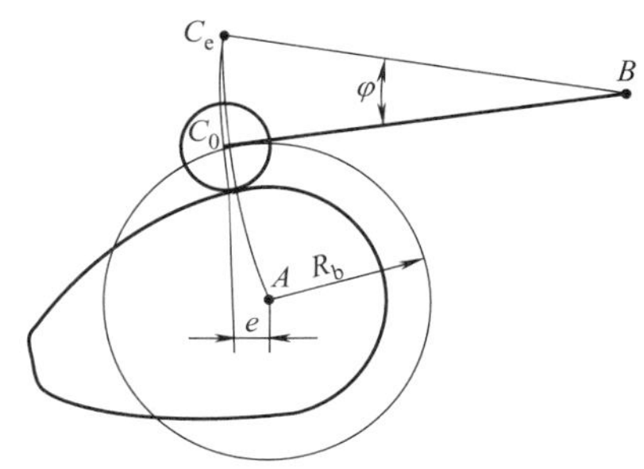

图 11-5-5　将摆动近似当作直动
A—凸轮轴心；B—从动件周心

例 1　对心直动从动件在推程时以摆线规律运动，$\beta_1=60°$，$h=30$mm，$\alpha_p=30°$，求 R_b。

解　由表11-5-11 知：摆线规律的最大速度因数 v_m为 2，在图 11-5-4 中，将 $v_m=2$ 与 $\alpha_{max}=30°$的两点连线（如虚线所示），与直线Ⅰ相交于 A，将 A 点与 $h=30$mm 的点相连，连线与直线Ⅱ相交于 B，再将 B 点与 $\beta_1=60°$的点相连，连线与 R_w线交于 $R_w=100$mm 处。因此，$R_b=R_w-h/2=85$（mm）（采用此值后，最大压力角值为 30.037°）。

例 2　同例1，但具有有利偏距 $e=8.5$mm。

解　①近似按无偏置处理，取上例计算结果$R_b=85$mm。

②考虑偏置须作修正，当 $e/R_b=8.5/85=0.1$ 时，由式（11-5-3）求得 $k=0.83$，故 $R_b=85\text{mm}\times0.83\approx71$mm（采用此值后，推程最大压力角值为 29.98°）。

如取同值不利偏置，可求得 $k=1.177$，$R_b=100.1$mm。

例 3　已知一摆动滚子从动件盘形凸轮机构，从动件推程按抛物线规律运动，$\varphi=20°$，$l=90$mm，$\alpha_p=45°$，$\beta_1=60°$，求 R_b。

解　把滚子中心 C 的轨迹（圆弧）所对的弦长$\overline{C_0C_e}$当作直动从动件的行程，因此 $h=2\times l\sin(\varphi/2)=31.25$（mm）。然后用例 1 所述的方法（此时 α_{max}取 45°），求得 $R_w=55$mm。故 $R_b=R_w-h/2\approx40$（mm）（此解未考虑偏置，采用此值后，推程最大压力角值为 46.138°）。

2）作图法求盘形凸轮 R_b的通用方法（适用于任何运动规律，求得的结果是可行域），如表 11-5-9 所示。

3）确定圆柱凸轮的最小半径 R_{min}。R_{min}是指滚子和沟槽侧面接触时，凸轮上与滚子接触的最小圆柱体的半径。其值可由式（11-5-4）求得。

$$R_{min}=f\frac{h}{\beta}\qquad(11\text{-}5\text{-}4)$$

式中凸轮尺寸系数 f 的值，可根据从动件运动规律和最大压力角（可取许用压力角 α_p）由图 11-5-6 查的。图 11-5-6 适用于轴向直动从动件圆柱凸轮，也可近似应用于摆动从动件圆柱凸轮。

圆柱凸轮的相应外径为：

$$R_c = R_{min} + b \qquad (11\text{-}5\text{-}5)$$

式中 b——滚子宽度。

例 轴向直动从动件圆柱凸轮机构的从动件在推程时按照简谐规律运动，$\beta_1=90°$，$h=30\text{mm}$，$\alpha_p=30°$，求 R_{min}。

解 图11-5-6 中，在 $\alpha_{max}=30°$处作垂线，与简谐运动的凸轮尺寸系数曲线相交，交点的纵坐标 $f=2.8$，因此，$R_{min}=2.8\times30/(\pi/2)\approx54$ (mm)。

表 11-5-9　作图法求盘形凸轮 R_b 的通用方法

名称	直动从动件	摆动从动件
图例	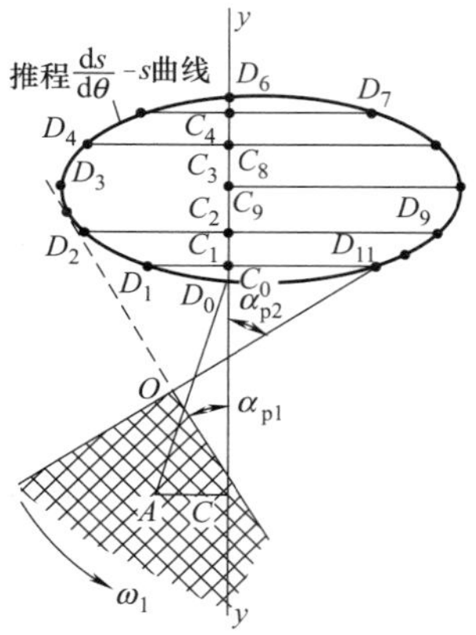	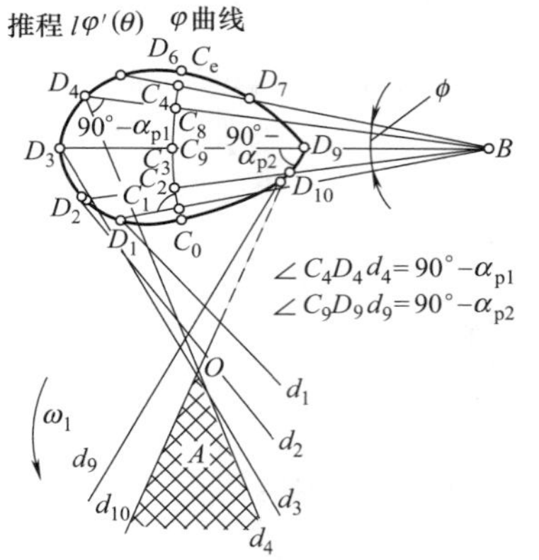
已知	s-θ 线图、$s'(\theta)$-θ 线图、行程 h、推程许用压力角 α_{p1}、回程许用压力角 α_{p2} 和凸轮转向	φ-θ 线图、$\varphi'(\theta)$-θ 线图、摆杆长度 l、摆角行程 ϕ、推程许用压力角 α_{p1}、回程许用压力角 α_{p2} 和凸轮转向
作图步骤	①根据 s-θ 线图和 $s'(\theta)$-θ 线图求出 $s'(\theta)$-θ 的对应关系 ②画移动方位线 y—y，选定从动件起始点 C_0。若凸轮转向为逆时针向，则将推程时的 $s'(\theta)$-θ 曲线画在移动方位线的左侧，而将回程时的画在右侧。如图中 D_0、D_1、D_2…所连成的曲线[当凸轮转向为顺时针时，将推程的 $s'(\theta)$-θ 曲线画在移动方位线的右侧] ③在移动方位线的两侧，分别作 $s'(\theta)$-θ 曲线的下半部分的切线，并使之与移动方位线成 α_{p1} 和 α_{p2} 角；两切线相交于 O 点；并形成图中有方格的区域，凸轮转动轴心应选在该区域内 ④过 C_0 点，作许用压力角线（包括正负偏置），凸轮中心应选在该线以内的方格区域内	①根据 φ-θ 线图和 $\varphi'(\theta)$-θ 线图求出 $l\varphi'(\theta)$-θ 的对应关系 ②确定从动件转动中心 B 点的位置，并确定 A 点的大致方位；再以 B 为圆心，以 l 为半径作圆弧 C_0C_e。将推程时 C 点的速度 v_c 按凸轮的转向转过 90°后，其方向若指向 C_0C_e 的外侧，则将推程时的 $l\varphi'(\theta)$-θ 曲线画在 C_0C_e 的外侧（若凸轮转向相反，则画在内侧）。得 C_1D_1，C_2D_2… ③过 D_1 点作直线 D_1d_1，使$\angle C_1D_1d_1=90°-\alpha_{p1}$；同样，过 D_2 点作 D_2d_2，使$\angle C_2D_2d_2=90°-\alpha_{p1}$，得到一系列直线 D_1d_1，D_2d_2，D_3d_3…（如 D_9d_9，$D_{10}d_{10}$…）。轴心 A 应在这些直线的左下方 ④对回程作相似处理[如回程时的 $l\varphi'(\theta)$-θ 曲线上，过 D_9 作直线 D_9d_9，使$\angle C_9D_9d_9=90°-\alpha_{p2}$]，得到一系列直线（如 D_9d_9，$D_{10}d_{10}$…）。轴心 A 应在这些直线的右下方 ⑤综上所述，可找出同时满足上述两种条件的区域（如图中有方格的区域），轴心位置应选在此区域内，如图中选在 A 点 ⑥检查 C_0 处和 C_e 处的压力角是否超过许用值。若超过，则另选 A 点

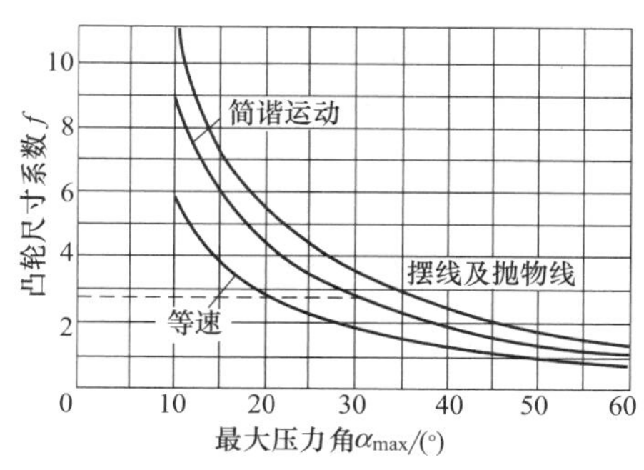

图 11-5-6　圆柱凸轮尺寸系数 f

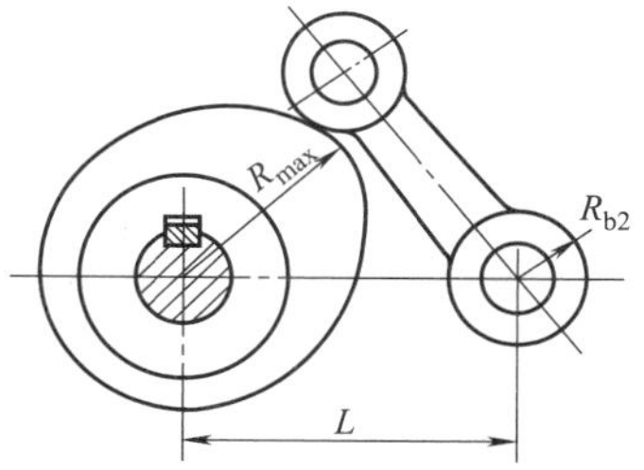

图 11-5-7　摆动从动件盘形凸轮机构的常见结构

表 11-5-10　**凸轮与轴的连接方式及 R_b、R_{min} 的计算公式**

类别	盘形凸轮		圆柱凸轮	
	凸轮与轴一体	凸轮装在轴上	凸轮与轴一体	凸轮装在轴上
简图	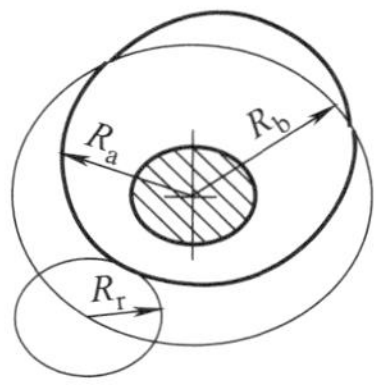	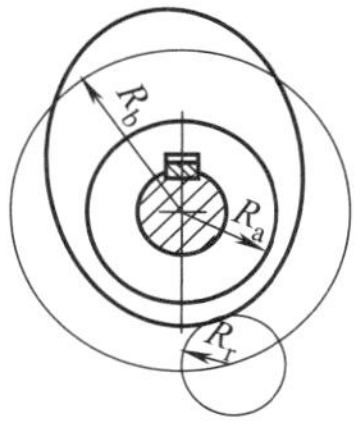	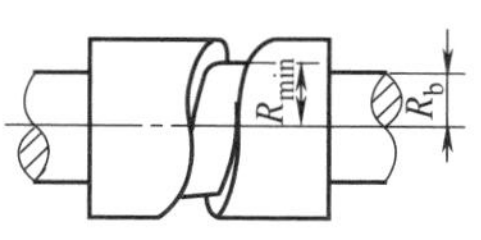	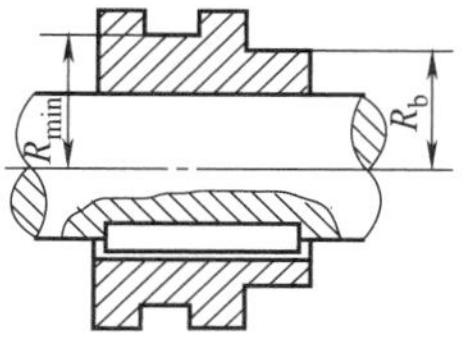
公式	$R_b \geqslant R_a + R_r + (2\sim5)$mm，$R_b \geqslant R_h + R_r + (2\sim5)$mm，$R_{min} \geqslant R_a + (2\sim5)$mm，$R_{min} \geqslant R_h + (2\sim5)$mm 式中　R_a——凸轮轴半径，mm R_h——凸轮轮毂半径，mm			

对于摆动从动件盘形凸轮机构，如图 11-5-7 所示，其基圆半径除了满足表 11-5-10 中有关条件外，通常还应满足：

$$R_{max} + R_{h2} < L \qquad (11\text{-}5\text{-}6)$$

式中　R_{max}——凸轮轮廓线的最大向径；

R_{h2}——从动件的轮毂半径。

当从动件的回转轴和凸轮的回转轴分别在凸轮端面的两侧时，则不必满足上述关系。

5.1.3.3　凸轮理论轮廓的最小曲率半径 ρ_{cmin} 与 R_b 的关系

凸轮轮廓线曲率半径 ρ 的计算公式如表 11-5-19 和表 11-5-20 所示。ρ 的表达式是包含机构基本尺寸、运动规律的超越方程或高次代数方程，需根据相应公式编制软件后在计算机上进行求解，常用数值解法。对平底从动件凸轮机构要求 $\rho>0$ 而不内凹；对滚子从动件凸轮机构，要求 $\rho_{min}>(2\sim3)R_r$，以保证凸轮工作轮廓线不过切及从动件运动不失真，并限制接触应力不过大。为避免在凸轮机构设计基本完成时发现 ρ_{min} 过小而需返工，给出了 ρ_{min}（R_b、e、L、l 和 β）的无量纲诺谟图，但其运动规律、参数范围均很局限，且精度也较差，只能在运动规律相同、参数范围接近的条件下利用其选取初值，再用计算求得精确值。

各参数对 ρ_{min} 的影响有以下参考结论：

① 凸轮轮廓线的曲率半径 ρ 及 ρ_{min} 随着基圆半径的增大而增大。

② 直动从动件凸轮机构的偏距 e 对 ρ_{min} 的影响很小。

③ 摆动从动件凸轮机构中，中心距 L 对 ρ_{min} 的影响随着升程运动角 β 的增大而逐渐减小，当 β 大于一定值后，$\rho_{min}\approx R_b$（简谐运动规律除外）。

④ 当 β 较小时，ρ_{min} 出现在最大减速度处；而当 β 增大到某一值后，ρ_{min} 发生在 S（或 ψ）为 0 处附近。

⑤ 在 R_b 一定的情况下，随着从动件升程 h、ψ 的增大，ρ_{min} 的变化较大。

5.1.3.4　滚子半径 R_r 的确定

R_r 值必须满足的条件如下：

（1）保证从动件运动不失真并限制接触应力

$$R_r \leqslant (0.3\sim0.5)\rho_{cmin}$$

（2）使凸轮结构比较合理

$$R_r \leqslant 0.4R_b$$

（3）保证滚子结构合理及滚子轴强度足够

$$R_r \geqslant (0.3 \sim 0.5) r$$

式中 r——滚子轴半径。

5.2 从动件运动规律及数学模型

5.2.1 常用从动件运动规律分类

V_m、A_m 和 J_m 分别表示无量纲运动参数中的最大速度、最大加速度和最大跃度，称为运动规律的特性值。表 11-5-11 列出了不同运动规律的特性值，供合理选择运动规律参考。一般应避免由于速度突变引起的刚性冲击和加速度突变引起的柔性冲击。目前，常用的有多项式运动规律和组合运动规律。要求 V_m、A_m、J_m 和 $(AV)_m$ 都是最小值的运动规律是没有的，应根据不同的工作情况合理选择，原则如下。

① 高速轻载。各特性值大体可按 A_m、V_m、J_m 和 $(AV)_m$ 的顺序考虑。A_m 越大，从动件的最大惯性力越大，凸轮与从动件间的动压力越大，且 a 与凸轮角速度 ω 成平方比，因此，高速凸轮应选择 A_m 较小的规律。改进梯形规律的 A_m 较小，是较理想的运动规律。

② 低速重载。各特性值大体可按 V_m、A_m、$(AV)_m$ 和 J_m 的顺序考虑。V_m 越大，动量越大，承载功率和摩擦功率也越大，对质量大的从动件影响更大。V_m 还影响到凸轮的受力和尺寸的大小。同样尺寸的凸轮，V_m 大时其最大压力角 α_{max} 也大（等速运动除外）；反之，同样的 α_{max}，V_m 小时凸轮尺寸也小。改进等速运动规律比较理想。

③ 中速中载。要求 A_m、V_m、J_m 和 $(AV)_m$ 等特性值均较小。正弦加速度规律较好，但其 V_m 较大，因此用改进正弦加速度或 3-4-5 多项式规律较理想。

④其他。低速轻载的凸轮机构，对运动规律要求不严。高速重载，由于要兼顾 V_m 及 a_m 有困难，因此不宜采用凸轮机构。为减小弹簧的尺寸，可采用减速时间和加速时间的比值 $m=t_d/t_a>1$ 的非对称运动规律，效果较好，如非对称改进梯形规律。

梯度和从动件的振动关系较大，为减小振动，应减小 J_m，而 J_m 最小的规律是等跃度规律。从动件的惯性力可增加凸轮轴上的附加转矩和驱动功率。从动件的惯性力与 $(AV)_m$ 成正比。高速、重载应选用 $(AV)_m$ 较小的规律。A_m 与 V_m 往往不在同一时间出现，因此，$(AV)_m$ 与 A_m 和 V_m 的乘积并不相同。

在选择从动件的运动规律时，对于Ⅰ、Ⅱ和Ⅲ三种运动类型（见表 11-5-11）应有不同的考虑。对于双停歇运动，在行程两端的速度和加速度都应为 0；对于其他两种运动，在停歇端的速度和加速度应为 0，在无停歇端的速度应为 0，而加速度最好不等于 0。由此，在推程和回程衔接处，加速度过渡平滑，且可使最大速度和最大加速度下降，对受力情况和减少振动都有利。

表 11-5-11 凸轮机构各种运动规律比较表

运动类型	名称	$m=t_d/t_a$	加速度线图形状	V_m	A_{ma} A_{md}	J_{ma} J_{md}	$(AV)_{ma}$ $(AV)_{md}$	说明
加速度不连续运动	等速		∞ / −∞	1.00	∞	∞	∞	V_m 最小。大质量的从动件动量小，但有刚性冲击，即 $A_m \to \infty$，易制造，可用于低速
	等加速等减速	$m=1$		2.00	4.00	∞	8.00	A_m 最小，但即使在无停歇的运动中仍有柔性冲击，行程始末及中点加速度出现突变（即 $J_m \to \infty$），要求机构刚度大及系统间隙小；在耐磨损、压力角、弹簧尺寸等方面不如简谐和摆线规律，目前很少用
	余弦加速度（简谐运动）	$m=1$		1.57	4.93	∞ 15.50	3.88	V_m 及转矩小，启动较平稳，弹簧尺寸较小、行程始末有柔性冲击（$J_m \to \infty$）。可用于低速、中速中载场合
Ⅰ 双停歇运动	等跃度	$m=1$		2.00	8.00	32.0	8.71	J_m 很小，但由于 A_m 大而很少用
	3-4-5 多项式	$m=1$		1.88	5.77	60.0 30.0	6.69	性能接近改进正弦加速度，特性值较好，常用

续表

运动类型	名称	$m=t_d/t_a$	加速度线图形状	V_m	A_{ma} A_{md}	J_{ma} J_{md}	$(AV)_{ma}$ $(AV)_{md}$	说　　明
Ⅰ双停歇运动	正弦加速度(摆线)	$m=1$		2.00	6.28	39.5	8.16	加速度曲线连续。行程始末加速度为 0，跃度为有限值的突变，启动平稳。弹簧尺寸小，导路侧压力小，冲击、磨损较轻。适用于中、高速轻载场合。缺点是 V_m、A_m 较大，始末段位移变化缓慢，加工要求较高
	改进梯形加速度	$T_1=1/8$	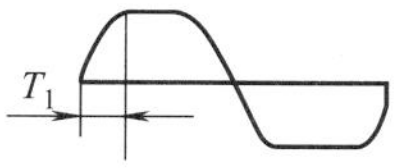 T_1	2.00	4.89	61.4	8.09	A_m 小，无冲击，适用于高速轻载场合，近来在分度凸轮中应用较多
	非对称改进梯形加速度	$m=1.5$	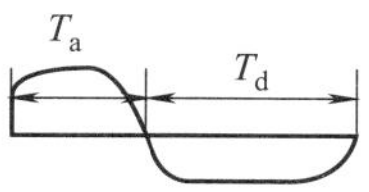 T_a T_d	2.00	6.11 4.07	95.9 42.6	10.11 6.74	$A_{md}<A_{ma}$，利于设计弹簧
	改进正弦加速度	$T_1=1/8$	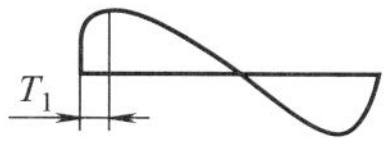 T_1	1.76	5.53	69.5 23.2	5.46	无冲击，行程始末采用周期较短的正弦加速度，以使此段的位移变化较明显，便于加工。行程中部速度和加速度变化较平缓，V_m 及转矩小，适用于中高速、中重载场合，性能较好
	改进等速	$T_2=1/4$	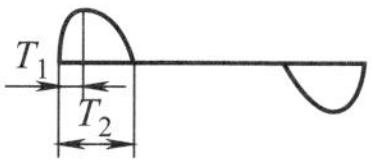 T_1 T_2	1.33	8.38	105.28	7.25	V_m 很小，转矩小，适用于低速重载场合。也可用以代替等速运动，避免冲击
		$T_1=1/16$ $T_2=1/4$		1.28	8.01	201.4 67.1	5.73	
Ⅱ无停歇运动	余弦加速度	$m=1$	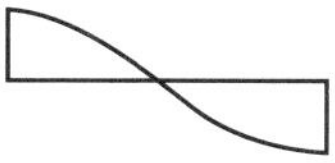	1.57	4.93	15.5	3.88	用于无停歇运动中，是一种很好的运动规律
	正弦加速度	$m=1$	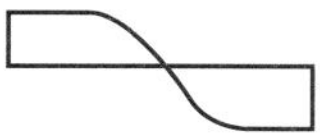	1.72	4.20	—	—	与相应的双停歇或单停歇运动相比，各特性值都有所改善
	改进梯形加速度	$m=1$	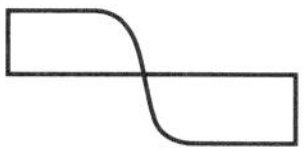	1.84	4.05	—	—	
	改进正弦加速度	$m=1$		1.63	4.48	—	—	
	改进等速	$m=1$		1.22	7.68	48.2	4.69	

续表

运动类型	名称	$m=t_d/t_a$	加速度线图形状	V_m	A_{ma} A_{md}	J_{ma} J_{md}	$(AV)_{ma}$ $(AV)_{md}$	说　明
Ⅲ单停歇运动	3-4-5 多项式	$m=1$		1.73	4.58 6.67	40.4 22.5	4.96 5.61	特性值较好，但 A_{md} 值较大
	正弦加速度	$m=1$		1.85	5.81 4.52	—	—	与对应的双停歇运动相比，各特性值都有所改善，因此将双停歇运动规律用于单停歇运动是不恰当的（这里几种规律的加速和减速时间相同）
	改进梯形加速度	$m=1$		1.92	4.68 4.21	—	—	
	改进正弦加速度	$m=1$		1.69	5.31 4.65	—	—	

注：1. 特性值中的角标 a 代表加速部分，d 代表减速部分。A_{md}、J_{md}、$(AV)_{md}$ 为减速部分相应的最大值，实际都是负值，表中取绝对值。

2. $m=t_d/t_a$ 表示减速段时间与加速段时间之比。

3. 最大速度 $V_{max}=V_m\dfrac{h}{\beta_1}\omega_1$，最大加速度 $A_{max}=A_m\dfrac{h}{\beta_1^2}\omega_1^2$，最大跃度 $J_{max}=J_m\dfrac{h}{\beta_1^3}\omega_1^3$。

5.2.2　基本运动规律的参数曲线

表 11-5-12　　基本运动规律的参数曲线

项　目	等速（直线）	等加速、等减速 $v=1$（抛物线）	
		加速段	减速段
位移曲线	s, 0, h, θ, t, β_1	s, 0, 1, 2, 3, 1′, 2′, 3′, 1″, 2″, 3″, h_1, h, θ, t, $\beta_1/2$, β_1	
速度曲线 $v=\dfrac{ds}{dt}$	v, θ, t	v, θ, t	
加速度曲线 $a=\dfrac{dv}{dt}$	a, ∞, θ, t, ∞	a, θ, t	
跃度曲线 $j=\dfrac{da}{dt}$	j, θ, t	j, ∞, ∞, θ, t, ∞	

项　目	余弦加速度（简谐）	正弦加速度（摆线）
位移曲线	s, 1′, 2′, 3′, 4′, 5′, 6′, 1″, 2″, 3″, 4″, 5″, 6″, 0, 1, 2, 3, 4, 5, 6, h, θ, t, β_1	s, B, 1′, 2′, 3′, 4′, 5′, Ⅰ, Ⅱ, Ⅲ, 0, 1, 2, 3, 4, 5, 6, h, θ, t, $h/2\pi$, β_1

第11篇

续表

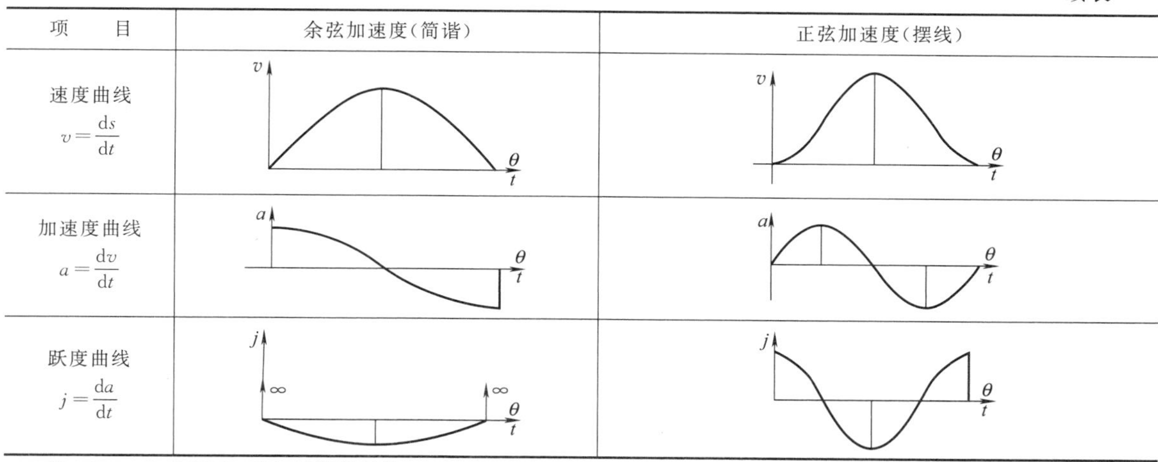

项　目	余弦加速度(简谐)	正弦加速度(摆线)
速度曲线 $v=\frac{ds}{dt}$		
加速度曲线 $a=\frac{dv}{dt}$		
跃度曲线 $j=\frac{da}{dt}$		

注：1. $v=1$ 是指正、负加速度值相等。

2. 对于摆动从动件，用 ψ 代 s，ω_2 代 v，ε_2 代 a，φ 代 h。

表 11-5-13　　基本运动规律的方程式

项目			等速(直线)	等加速、等减速 $v=1$(抛物线) 加速段	等加速、等减速 $v=1$(抛物线) 减速段	余弦加速度(简谐)	正弦加速度(摆线)
停、推、停运动	范围	θ	$0\sim\beta_1$	$0\sim\beta_1/2$	$\beta_1/2\sim\beta_1$	$0\sim\beta_1$	$0\sim\beta_1$
		s	$0\sim h$	$0\sim h/2$	$h/2\sim h$	$0\sim h$	$0\sim h$
	s		$h\left(\frac{\theta}{\beta_1}\right)$	$2h\left(\frac{\theta}{\beta_1}\right)^2$	$h\left[1-2\left(1-\frac{\theta}{\beta_1}\right)^2\right]$	$\frac{h}{2}\left(1-\cos\frac{\theta}{\beta_1}\pi\right)$	$h\left(\frac{\theta}{\beta_1}-\frac{1}{2\pi}\sin\frac{2\theta}{\beta_1}\pi\right)$
	v		$\left(\frac{h}{\beta_1}\right)\omega_1$	$\frac{4h\theta}{\beta_1^2}\omega_1$	$\frac{4h}{\beta_1}\left(1-\frac{\theta}{\beta_1}\right)\omega_1$	$\frac{\pi h}{2}\omega_1\sin\frac{\theta}{\beta_1}\pi$	$\frac{h}{\beta_1}\omega_1\left(1-\cos\frac{2\theta}{\beta_1}\pi\right)$
	a		0	$\frac{4h}{\beta_1^2}\omega_1^2$	$-\frac{4h}{\beta_1^2}\omega_1^2$	$\frac{\pi^2 h}{2\beta_1^2}\omega_1^2\cos\frac{\theta}{\beta_1}\pi$	$\frac{2\pi h}{\beta_1^2}\omega_1^2\sin\frac{2\theta}{\beta_1}\pi$
	j		—	0	0	$-\frac{\pi^3 h}{2\beta_1^3}\omega_1^3\sin\frac{\theta}{\beta_1}\pi$	$\frac{4\pi^2 h}{\beta_1^3}\omega_1^3\cos\frac{2\theta}{\beta_1}\pi$
停、回、停运动	范围	θ	$0\sim\beta_2$	$0\sim\beta_2/2$	$\beta_2/2\sim\beta_2$	$0\sim\beta_2$	$0\sim\beta_2$
		s	$h\sim 0$	$h\sim h/2$	$h/2\sim 0$	$h\sim 0$	$h\sim 0$
	s		$h\left(1-\frac{\theta_1}{\beta_2}\right)$	$h\left[1-2\left(\frac{\theta_1}{\beta_2}\right)^2\right]$	$2h\left(1-\frac{\theta_1}{\beta_2}\right)^2$	$\frac{h}{2}\left(1+\cos\frac{\theta_1}{\beta_2}\pi\right)$	$h\left(1-\frac{\theta_1}{\beta_2}+\frac{1}{2\pi}\sin\frac{2\theta_1}{\beta_2}\pi\right)$
	v		$-\frac{h}{\beta_2}\omega_1$	$-4h\frac{\theta_1}{\beta_2^2}\omega_1$	$-4\frac{h}{\beta_2}\left(1-\frac{\theta_1}{\beta_2}\right)\omega_1$	$-\frac{\pi h\omega_1}{2\beta_2}\sin\frac{\theta_1}{\beta_2}\pi$	$-\frac{h\omega_1}{\beta_2}\left(1-\cos\frac{2\theta_1}{\beta_2}\pi\right)$
	a		0	$-4h\frac{\omega_1^2}{\beta_2^2}$	$4h\frac{\omega_1^2}{\beta_2^2}$	$-\frac{\pi^2 h\omega_1^2}{2\beta_2^2}\cos\frac{\theta_1}{\beta_2}\pi$	$-\frac{2\pi h\omega_1^2}{\beta_2^2}\sin\frac{2\theta_1}{\beta_2}\pi$
	j		—	0	0	$\frac{\pi^3 h\omega_1^3}{2\beta_2^3}\sin\frac{\theta_1}{\beta_2}\pi$	$-\frac{4\pi^2 h\omega_1^3}{\beta_2^3}\cos\frac{2\theta_1}{\beta_2}\pi$

注：1. 式中 $\theta_1=\theta-\beta_1-\beta$。

2. 类速度 $\frac{ds}{d\theta}=\frac{v}{\omega_1}$，类加速度 $\frac{d^2s}{d\theta^2}=\frac{a}{\omega_1^2}$。

3. 已知推程的运动方程式，求同名运动规律的回程方程式。一般为：$s_{回}=h-s_{推}$，$v_{回}=-v_{推}$，$a_{回}=-a_{推}$，$j_{回}=-j_{推}$，并用 β_2 和 θ_1 置换 β_1 和 θ。

4. 用 T、S、V、A 和 J 分别表示从动件运动时的无量纲时间、无量纲位移、无量纲速度、无量纲加速度和无量纲跃度，且 $T=\frac{\theta}{\beta_1}$、$S=\frac{s}{h}$、$V=\frac{ds}{dT}$、$A=\frac{d^2s}{dT^2}$ 和 $J=\frac{d^3s}{dT^3}$，则本表各运动规律的无量纲方程为：

① 正弦加速度：$S=T-\frac{1}{2\pi}\sin2\pi T$、$V=1-\cos2\pi T$、$A=2\pi\sin2\pi T$、$J=4\pi^2\cos2\pi T$。

② 余弦加速度：$S=\frac{1}{2}(1-\cos2\pi T)$、$V=\frac{\pi}{2}\sin2\pi T$、$A=\frac{\pi^2}{2}\cos2\pi T$、$J=-\frac{\pi^3}{2}\sin2\pi T$。

③ 等加速、等减速：加速段 $S=2T^2$、$V=4T$、$A=4$、$J=0$；减速段 $S=1-2(1-T)^2$、$V=4(1-T)$、$A=-4$、$J=0$。

④ 等速：$S=T$、$V=1$、$A=0$。

对于回程，则以 $(1-S)$ 代替推程中的 S，其他 V、A、J 各式右边分别加上一个负号即可，后面各表类同。

第 11 篇

表 11-5-14 常用组合运动规律的方程式及其比较与应用

名称	线图	区间及区间行程	“停、推、停”时的方程式	最大速度因数 V_m	最大加速度因数 A_m	最大跃度因数 J_m	应用
抛物线、直线、抛物线运动规律	图(a) 图中(以下各图同) 实线——位移曲线 虚线——速度曲线 点划线——加速度曲线 n 是 β_1 的等分数，根据从动件的动作要求确定。通常 $n=4\sim8$	$0\sim\dfrac{\beta_1}{n}$ $h_1=\dfrac{h}{2(n-1)}$	$s=\dfrac{n^2h}{2(n-1)}\left(\dfrac{\theta}{\beta_1}\right)^2$ $s'(\theta)=\dfrac{n^2h\theta}{(n-1)\beta_1^2}$ $s''(\theta)=\dfrac{n^2h}{(n-1)\beta_1^2}$	1.33	5.33	8	低速 中载荷
		$\dfrac{\beta_1}{n}\sim\dfrac{n-1}{n}\beta_1$ $h_2=h-2h_1$	$s=\dfrac{h}{n-1}\left(\dfrac{n\theta}{\beta_1}-\dfrac{1}{2}\right)$ $s'(\theta)=\dfrac{hn}{(n-1)\beta_1}$ $s''(\theta)=0$				
		$\dfrac{n-1}{n}\beta_1\sim\beta_1$ $h_3=h_1$	$s=h-\dfrac{n^2h}{2(n-1)}\left(1-\dfrac{\theta}{\beta_1}\right)^2$ $s'(\theta)=\dfrac{n^2h}{(n-1)\beta_1}\left(1-\dfrac{\theta}{\beta_1}\right)$ $s''(\theta)=\dfrac{-n^2h}{(n-1)\beta_1^2}$				
简谐、直线、简谐规律	图(b)	$0\sim\dfrac{\beta_1}{n}$ $h_1=\dfrac{2h}{4+(n-2)\pi}$	$s=\dfrac{2h}{4+(n-2)\pi}\left(1-\cos\dfrac{n\theta}{2\beta_1}\pi\right)$ $s'(\theta)=\dfrac{n\pi h}{[4+(n-2)\pi]\beta_1}\sin\dfrac{n\theta}{2\beta_1}\pi$ $s''(\theta)=\dfrac{n^2\pi^2h}{2[4+(n-2)\pi]\beta_1^2}\sin\dfrac{n\theta}{2\beta_1}\pi$	1.22	7.68	48.2	低速 重载荷
		$\dfrac{\beta_1}{n}\sim\dfrac{n-1}{n}\beta_1$ $h_2=h-2h_1$	$s=\dfrac{h}{4+(n-2)\pi}\left(n\dfrac{\theta}{\beta_1}\pi-\pi+2\right)$ $s'(\theta)=\dfrac{n\pi h}{[4+(n-2)\pi]\beta_1}$, $s''(\theta)=0$				
		$\dfrac{n-1}{n}\beta_1\sim\beta_1$ $h_3=h_1$	$s=h-\dfrac{2h}{4+(n-2)\pi}\left\{1+\cos\left[\dfrac{n\theta}{2\beta_1}\pi-\dfrac{(n-2)\pi}{2}\right]\right\}$ $s'(\theta)=\dfrac{n\pi h}{[4+(n-2)\pi]\beta_1}\sin\left[\dfrac{n\theta}{2\beta_1}\pi-\dfrac{(n-2)\pi}{2}\right]$ $s''(\theta)=\dfrac{n^2\pi^2h}{2[4+(n-2)\pi]\beta_1^2}\cos\left[\dfrac{n\theta}{2\beta_1}\pi-\dfrac{(n-2)\pi}{2}\right]$				

续表

名称	线　　图	区间及区间行程	"停、推、停"时的方程式	最大速度因数 V_m	最大加速度因数 A_m	最大跃度因数 J_m	应用
摆线、直线、摆线运动规律	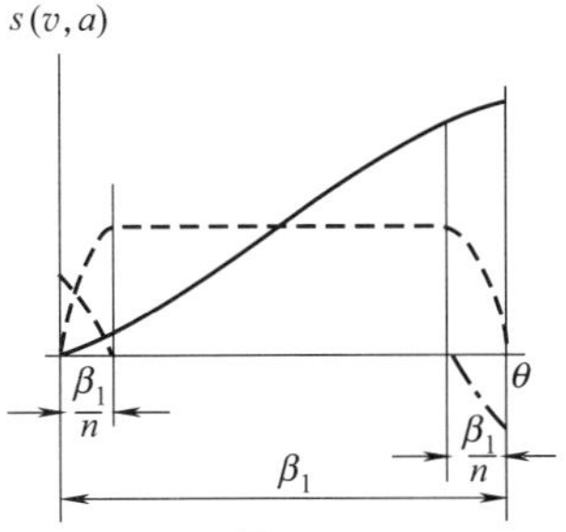 图(c)	$0\sim\frac{\beta_1}{n}$ $h_1=\frac{h}{2(n-1)}$	$s=\frac{h}{2(n-1)}\left(\frac{n\theta}{\beta_1}-\frac{1}{\pi}\sin\frac{n\theta}{\beta_1}\pi\right)$ $s'(\theta)=\frac{nh}{2(n-1)\beta_1}\left(1-\cos\frac{n\theta}{\beta_1}\pi\right)$ $s''(\theta)=\frac{n^2\pi h}{2(n-1)\beta_1^2}\sin\frac{n\theta}{\beta_1}\pi$	1.33	8.38	105.3	低速 重载荷
		$\frac{\beta_1}{n}\sim\frac{n-1}{n}\beta_1$ $h_2=h-2h_1$	$s=\frac{h}{n-1}\left(\frac{n\theta}{\beta_1}-\frac{1}{2}\right)$ $s'(\theta)=\frac{nh}{(n-1)\beta_1}$，$s''(\theta)=0$				
		$\frac{n-1}{n}\beta_1\sim\beta_1$ $h_3=h_1$	$s=\frac{h}{2(n-1)}\left\{n-2+\frac{\theta}{\beta_1}\pi-\frac{1}{\pi}\sin\left[\frac{n\theta}{\beta_1}\pi-(n-2)\pi\right]\right\}$ $s'(\theta)=\frac{nh}{2(n-1)\beta_1}\left\{1-\cos\left[\frac{n\theta}{\beta_1}\pi-(n-2)\pi\right]\right\}$ $s''(\theta)=\frac{n^2h\pi}{2(n-1)\beta_1^2}\sin\left[\frac{n\theta}{\beta_1}\pi-(n-2)\pi\right]$				
摆线、抛物线、摆线运动规律(改进梯形加速度)	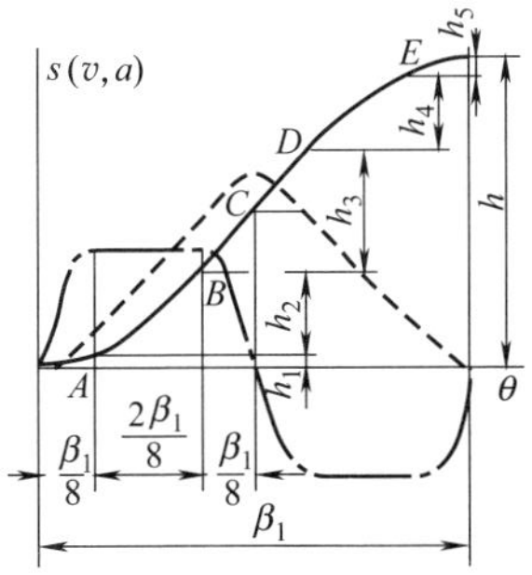 图(d)	$0\sim\frac{\beta_1}{8}$ $h_1=\frac{(\pi-2)h}{4\pi(\pi+2)}$	$s=\frac{h}{2+\pi}\left(\frac{2\theta}{\beta_1}-\frac{1}{2\pi}\sin\frac{4\theta}{\beta_1}\pi\right)$ $s'(\theta)=\frac{2h}{(2+\pi)\beta_1}\left(1-\cos\frac{4\theta}{\beta_1}\pi\right)$ $s''(\theta)=\frac{8\pi h}{(2+\pi)\beta_1^2}\sin\frac{4\theta}{\beta_1}\pi$	2.00	4.89	61.4	高速 轻载荷
		$\frac{\beta_1}{8}\sim\frac{3}{8}\beta_1$ $h_2=\frac{h}{4}$	$s=\frac{h}{2+\pi}\left(4\pi\frac{\theta^2}{\beta_1^2}-\frac{\pi-2}{\beta_1}\theta+\frac{\pi}{16}-\frac{1}{2\pi}\right)$ $s'(\theta)=\frac{h}{2+\pi}\left(\frac{8\theta}{\beta_1^2}\pi-\frac{\pi-2}{\beta_1}\right)$，$s''(\theta)=\frac{8\pi h}{(2+\pi)\beta_1^2}$				
		$\frac{3}{8}\beta_1\sim\frac{5}{8}\beta_1$ $h_3=0.4647h$	$s=\frac{h}{2+\pi}\left[2(1+\pi)\frac{\theta}{\beta_1}-\frac{\pi}{2}-\frac{1}{2\pi}\sin\left(\frac{4\theta}{\beta_1}-1\right)\pi\right]$ $s'(\theta)=\frac{2h}{(2+\pi)\beta_1}\left[\pi+1-\cos\left(\frac{4\theta}{\beta_1}-1\right)\pi\right]$ $s''(\theta)=\frac{8h\pi}{(2+\pi)\beta_1^2}\sin\left(\frac{4\theta}{\beta_1}-1\right)\pi$				

续表

名称	线 图	区间及区间行程	"停、推、停"时的方程式	最大 速度因数 V_m	最大 加速度因数 A_m	最大 跃度因数 J_m	应用
摆线、抛物线、摆线运动规律(改进梯形加速度)		$\frac{5}{8}\beta_1 \sim \frac{7}{8}\beta_1$ $h_4=h_2$	$s=\frac{h}{2+\pi}\left[(2+7\pi)\frac{\theta}{\beta_1}-4\pi\frac{\theta^2}{\beta_1^2}-\frac{33\pi}{16}+\frac{1}{2\pi}\right]$ $s'(\theta)=\frac{h}{2+\pi}\left(\frac{7\pi+2}{\beta_1}-8\pi\frac{\theta}{\beta_1^2}\right)$ $s''(\theta)=\frac{-8\pi h}{(2+\pi)\beta_1^2}$	2.00	4.89	61.4	高速 轻载荷
		$\frac{7}{8}\beta_1 \sim \beta_1$ $h_5=h_4$	$s=\frac{h}{2+\pi}\left[2\frac{\theta}{\beta_1}+\pi-\frac{1}{2\pi}\sin 2\left(2\frac{\theta}{\beta_1}-1\right)\pi\right]$ $s'(\theta)=\frac{2h}{(2+\pi)\beta_1}\left[1-\cos 2\left(2\frac{\theta}{\beta_1}-1\right)\pi\right]$ $s''(\theta)=\frac{8h\pi}{(2+\pi)\beta_1^2}\sin 2\left(\frac{2\theta}{\beta_1}-1\right)\pi$				
改进正弦加速度运动规律	图(e)	$0\sim\frac{\beta_1}{8}$ $h_1=\frac{(\pi-2)h}{8(\pi+4)}$	$s=\frac{h}{4+\pi}\left(\pi\frac{\theta}{\beta_1}-\frac{1}{4}\sin 4\pi\frac{\theta}{\beta_1}\right)$ $s'(\theta)=\frac{\pi h}{(4+\pi)\beta_1}\left(1-\cos 4\pi\frac{\theta}{\beta_1}\right)$ $s''(\theta)=\frac{4\pi^2 h}{(4+\pi)\beta_1^2}\sin 4\pi\frac{\theta}{\beta_1}$	1.76	5.53	69.5	中、高速 重载荷
		$\frac{\beta_1}{8}\sim\frac{7}{8}\beta_1$ $h_2=h-2h_1$	$s=\frac{h}{4+\pi}\left[2+\pi\frac{\theta}{\beta_1}-\frac{9}{4}\sin\left(\frac{\pi}{3}+\frac{4\pi}{3}\frac{\theta}{\beta_1}\right)\right]$ $s'(\theta)=\frac{\pi h}{(4+\pi)\beta_1}\left[1-3\cos\left(\frac{\pi}{3}+\frac{4\pi}{3}\frac{\theta}{\beta_1}\right)\right]$ $s''(\theta)=\frac{4\pi^2 h}{(4+\pi)\beta_1^2}\sin\left(\frac{\pi}{3}+\frac{4\pi}{3}\frac{\theta}{\beta_1}\right)$				
		$\frac{7}{8}\beta_1\sim\beta_1$ $h_3=h_1$	$s=\frac{h}{4+\pi}\left(4+\frac{\theta}{\beta_1}\pi-\frac{1}{4}\sin 4\pi\frac{\theta}{\beta_1}\right)$ $s'(\theta)=\frac{\pi h}{(4+\pi)\beta_1}\left(1-\cos 4\pi\frac{\theta}{\beta_1}\right)$ $s''(\theta)=\frac{4\pi^2 h}{(4+\pi)\beta_1^2}\sin 4\pi\frac{\theta}{\beta_1}$				

注：1. $V_{max}=V_m\frac{h}{\beta_1}\omega_1$；$A_{max}=A_m\frac{h}{\beta_1^2}\omega_1^2$；$J_{max}=J_m\frac{h}{\beta_1^3}\omega_1^3$。

2. 表中前三种运动取 $n=4$ 时的数据；后两种运动取 $n=8$ 时的数据。

5.2.3　常用组合运动规律应用

为使凸轮机构有较好的性能，常将其基本运动规律加以改进，或将它们组合起来使用，如表 11-5-13、表 11-5-14 所示。组合时，所选运动规律应在有关区间内连续，在拼接点处两个运动规律的位移和速度对应相等（即位移曲线在拼接点处相切）；高速时，要求加速度在拼接点处对应相等（即两段位移曲线在拼接点处的曲率半径相等）。

5.3　盘形凸轮工作轮廓的设计

5.3.1　作图法

作图法适用于精度要求不高的凸轮，作图比例常用 1∶1。当确定了从动件的运动形式和运动规律、从动件与凸轮接触部位的形状以及凸轮与从动件的相对位置和凸轮转动方向等以后，就可用作图方法求凸轮轮廓，如图 11-5-8 所示。作图的原理是应用反转法将整个凸轮机构绕凸轮转动中心 O 加上一个与凸轮角速度 ω 反向的公共角速度 $-\omega$。这样一来，从动件对凸轮的相对运动并未改变，但凸轮将固定不动，而从动件将随机架一起以等角速度 $-\omega$ 绕 O 点转动。同时还按已知的运动规律对机架做相对运动。由于从动件始终与凸轮轮廓相接触，因此从动件一定能包络出凸轮的实际轮廓。如果从动件底部是尖顶，则尖顶的运动轨迹即为凸轮的轮廓曲线，如图 11-5-8（b）、（c）所示。如果从动件底部带有滚子，则滚子中心的轨迹为理论轮廓。滚子的包络线为工作轮廓，如图 11-5-8（d）所示。图 11-5-8（d）中所示的理论轮廓与图 11-5-8（e）所示的凸轮轮廓相同。如果从动件的底部是平底，则平底的包络线即为凸轮轮廓，如图 11-5-8（e）所示。以上几种凸轮机构都是直动从动件。图 11-5-8（f）是摆动尖顶从动件凸轮轮廓的画法。图 11-5-8（f）和图 11-5-8（g）所示两个凸轮轮廓的区别在于前者是从动件尖顶 B 点的轨迹，而后者则是一系列平底的包络线。由图 11-5-8 可知，由于从动件底部形状的不同，同一运动规律，其凸轮轮廓的形状是不一样的。由于作图法精度差，因此只能用于要求不高的场合。

由几段圆弧连接而成的四圆弧凸轮，由于比较容易制造，在生产中常有应用。它可近似地代替等加速、等减速规律运动。这种凸轮的设计应用作图法比较方便，当给定行程 h、推程运动角 Φ、远休止角 Φ_s、回程运动角 Φ'、减速和加速比例系数 $P=\Phi_2/\Phi_1$ 以及基圆半径 R_b 和最小曲率半径 ρ_{min} 后，凸轮各部分尺寸的确定如表 11-5-15 所示。这种凸轮存在柔性冲击，因此不能用于转速较高的场合。

四种结构的凸轮工作轮廓作图法设计如表 11-5-16～表 11-5-18 所示。

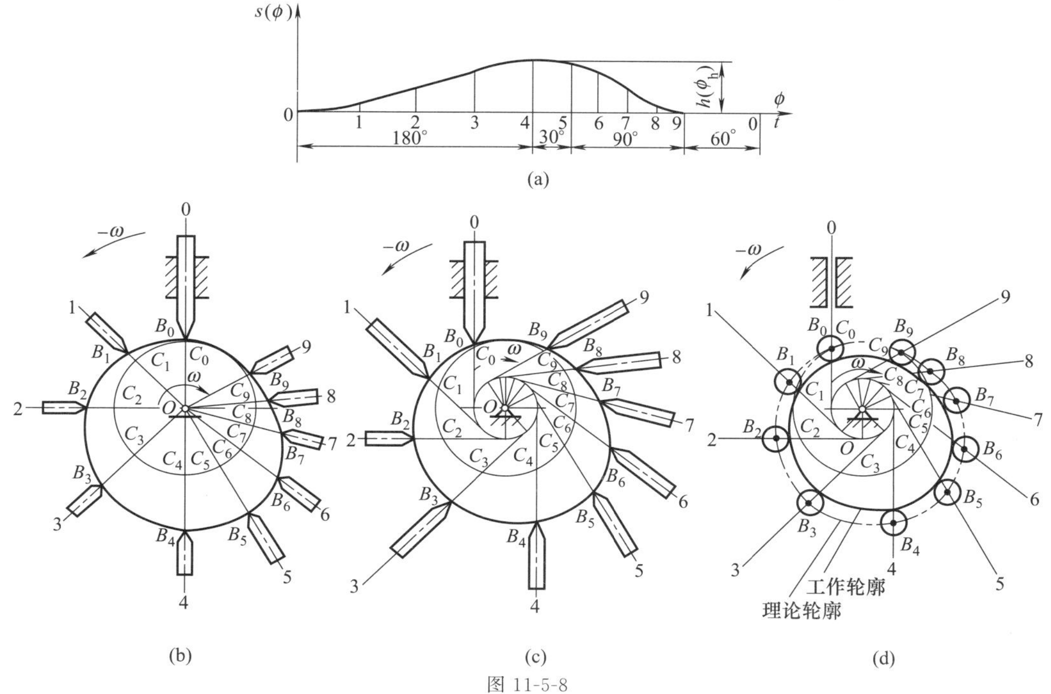

图 11-5-8

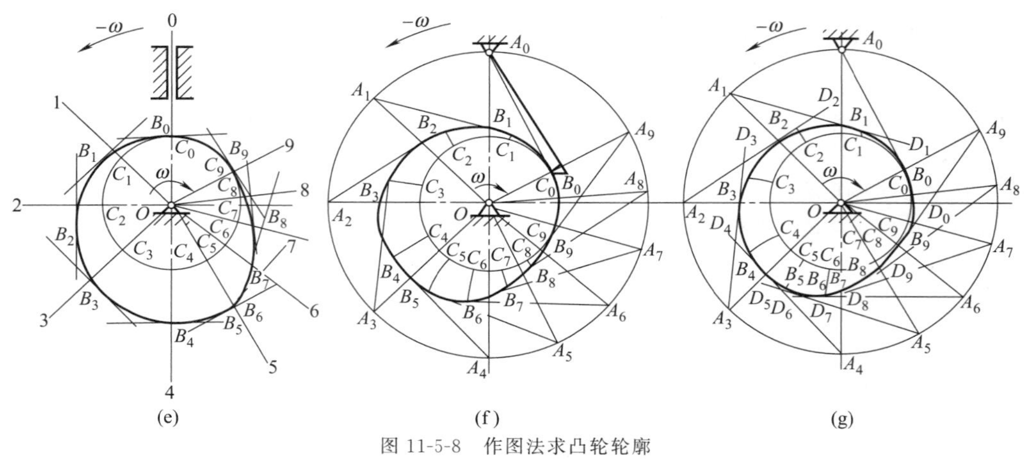

图 11-5-8　作图法求凸轮轮廓

表 11-5-15　　摆动或直动滚子从动件盘形凸轮工作轮廓设计

		摆动滚子从动件	直动滚子从动件
		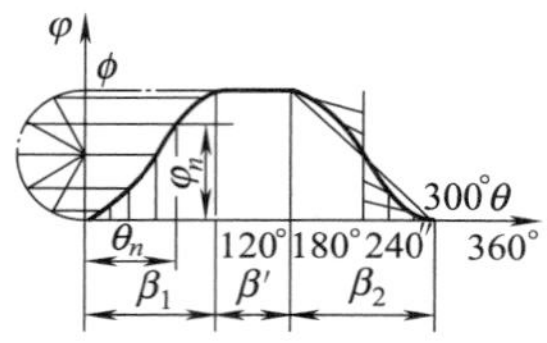 图(a) 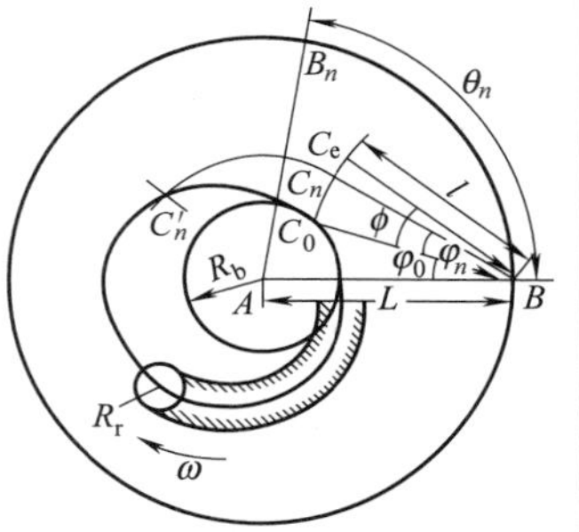　图(b)	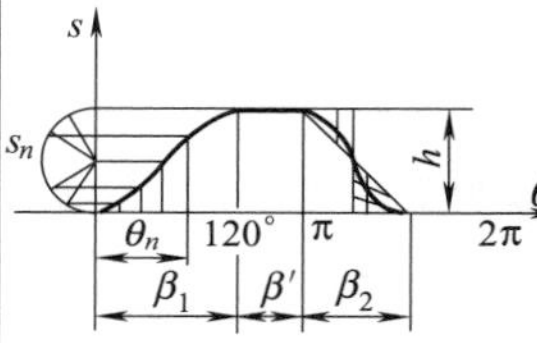 图(c) 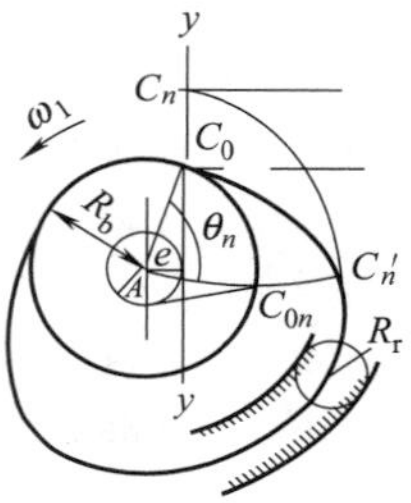　图(d)
已知		ϕ、β_1、β'、β_2、L、l、R_b，从动件运动规律及凸轮转向[图中为顺时针方向]	h、β_1、β'、β_2、e、R_b，从动件运动规律及凸轮转向[图(d)中为逆时针方向]
作图步骤	(1)画 s-θ 或 φ-θ 曲线	在图(a)中每隔 5°左右取一 θ 值，求出相应 φ；如图(a)所示当 $\theta=\theta_n$ 时 $\varphi=\varphi_n$	在图(c)中每隔 5°左右取一 θ 值，求出相应位移；如图(d)所示当 $\theta=\theta_n$ 时的 $s=s_n$
	(2)确定凸轮轴 A 的位置或确定起始位置	任选凸轮转动轴心 A，按结构布局取定从动件转轴 B 的位置($AB=L$)，分别以 A 和 B 为圆心，以 R_b 和 l 为半径作弧相交于 C_0 点(有两点，按需要取一点)，则 BC_0 为从动件起始位置，并标出凸轮转向	作移动方位线 y—y，与 θ 轴相交于 C_0；根据 R_b 的大小及 e 的正负和大小确定 A 点；画基圆和偏距圆，标出凸轮转向
	(3)画凸轮的理论轮廓(节线)	以 BC_0 为起点，量取从动件的角位移 φ_n (即画出 $\overset{\frown}{C_0C_n}$)得点 C_n；以 AB 为起点，逆凸轮转向量取 θ_n，得 B_n；以 B_n 为圆心、l 为半径画弧，与以 A 为圆心、AC_n 为半径的圆弧相交于点 C'_n。取不同的 θ 值，重复上述画法，得一系列点 C_0、C'_1、C'_2…，光滑连接即可	以 AC_0 为起点，逆凸轮转向量取 θ_n，得点 C_{0n}；过 C_{0n} 作偏距圆的相应切线；在 y—y 上取 $C_0C_n=s_n$，得 C_n 点，再以 A 为圆心、AC_n 为半径画弧，与对应的偏置圆切线交于 C'_n。取不同 θ 值，重复上述画法，得一系列点 C_0、C'_1、C'_2…，光滑连接即可
	(4)检查 $\rho_{c\min}$ 和 $\alpha_{\max}$ 并确定 R_r	求出推程的最大压力角 $\lvert\alpha_1\rvert_{\max}$ 和回程的 $\lvert\alpha_2\rvert_{\max}$。对外接凸轮，求出外凸部分($\rho_C>0$)的 $\rho_{C\min}$，对槽凸轮还应求出内凹部分($\rho_C<0$)的 $\lvert\rho_C\rvert_{\min}$。并确定 R_r 若 $\lvert\alpha_1\rvert_{\max}>\alpha_{p1}$，或 $\lvert\alpha_2\rvert_{\max}>\alpha_{p2}$，或 $\rho_{C\min}$(或 $\lvert\rho_C\rvert_{\min}$)$<R_r+(2\sim5)$mm，则加大 R_b 后重新设计	
	(5)画凸轮工作轮廓	以凸轮理论轮廓上的点为圆心、以 R_r 为半径画一系列滚子圆，作其包络线即得(图中只画出了一部分)	

第 11 篇

表 11-5-16　轴向直动和摆动从动件圆柱凸轮工作轮廓设计

		轴向直动从动件	摆动从动件
		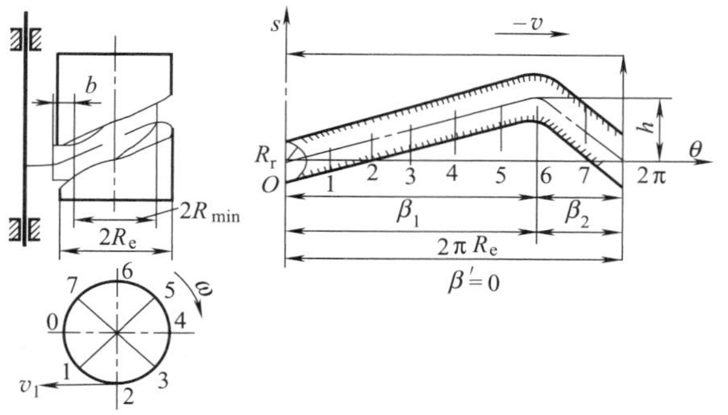 图(a)	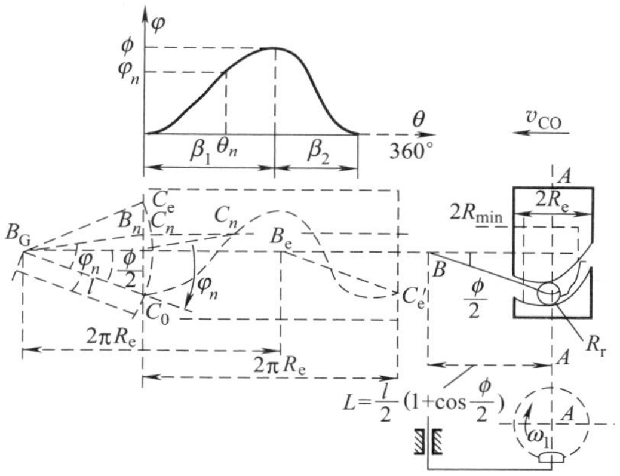 图(b)
已知参数		h、β_1、β'、β_2，滚子宽度 b，凸轮最小半径 R_{min}，外圆半径 $R_0=R_{min}+b+(1\sim3)$mm，从动件运动规律及凸轮转向	ϕ、β_1、β'、β_2、L，滚子宽度 b，凸轮最小半径 R_{min}[相应外径 $R_0=R_{min}+b+(1\sim3)$mm]，从动件运动规律及凸轮转向
作图步骤(对摆动从动件为近似法)	画 s-θ 或 φ-θ 曲线	画 θ 轴，取 $2\pi R_0$ 长度代表凸轮转角 360°，指向与凸轮外圆速度方向相反。参考表 5-12 画 s-θ 曲线(可每隔 5°左右取一个 θ 值)。此曲线即为外圆柱展开面上的凸轮理论轮廓	参考表 11-5-12 画 φ-θ 曲线，在图中可每隔 5°左右取一 θ 值，求出相应的 φ 值。图示，当 $\theta=\theta_n$ 时，$\varphi=\varphi_n$
	确定起始位置	通常即最低(最近)位置	根据从动件与凸轮的相对位置及凸轮转向，选定展开图上从动件轴心 B_0 相对于圆柱展开图的位置，图示从动件在圆柱展开图的左侧。过 B_0 作水平线，如图取 $B_0C_0=l$，且在水平线下成 $\phi/2$，B_0C_0 即为从动件的起始位置
	画凸轮理论轮廓的展开图	若以 $2\pi R_0$ 代表凸轮转角 360°，则所画位移线图即为凸轮外表面上的理论轮廓的展开图	取 $\angle C_0B_0C_n=\varphi_n$，(即画弧 $\overset{\frown}{C_0C_n}$)得 C_n 点，过 C_n 作水平线。在过 B_0 的水平线上，逆圆柱表面速度的方向取 $B_0B_n=\dfrac{\theta_n}{2\pi}R_0$ 代表 θ_n，得点 B_n；以 B_n 为圆心、l 为半径画弧，交过 C_n 的水平线于 C'_n。取不同值重复上述画法，得一系列点 C_0、C'_1、C'_2…，光滑连接即可
	检查 ρ_{Cmin} 和 α_{max} 并确定 R_r	求出推程的最大压力角 $\lvert\alpha_1\rvert_{max}$ 和回程的 $\lvert\alpha_2\rvert_{max}$。对外接凸轮，求出外凸部分($\rho_C>0$)的 ρ_{Cmin}，对槽凸轮还应求出内凹部分($\rho_C<0$)的 $\lvert\rho_C\rvert_{min}$。确定 R_r 若 $\lvert\alpha_1\rvert_{max}>\alpha_{p1}$，或 $\lvert\alpha_2\rvert_{max}>\alpha_{p2}$，或 ρ_{Cmin}(或 $\lvert\rho_C\rvert_{min}$)$<R_r+(2\sim5)$mm，则加大 R_{min} 或局部修改运动规律后重新设计	
	画凸轮工作轮廓	以凸轮理论轮廓(展开面)上的点为圆心、以 R_r 为半径画一系列滚子圆，作其包络线即得凸轮工作轮廓的展开图。将此图包到凸轮圆柱体上即得凸轮工作轮廓	

注：如为圆锥凸轮，则展开面为一圆心角为 $2\pi\sin\delta$ 的扇形，再参考盘形凸轮廓线的画法绘图，δ 为锥顶半角。

表 11-5-17　　对心直动滚子从动件和直动直角平底从动件四圆弧凸轮轮廓的设计

对心直动滚子从动件	直动直角平底从动件
$\Phi_1=\dfrac{\Phi}{1+P}$ $\Phi_2=\dfrac{\Phi P}{1+P}$ $P=\dfrac{\Phi_2}{\Phi_1}$	$\Phi_1=\dfrac{\Phi}{1+P}$ $\Phi_2=\dfrac{\Phi P}{1+P}$ $R_1=\dfrac{h\cos\dfrac{\Phi_2}{2}}{2\sin\dfrac{\Phi}{2}\sin\dfrac{\Phi_1}{2}}$ $R_2=\dfrac{h\cos\dfrac{\Phi_1}{2}}{2\sin\dfrac{\Phi}{2}\sin\dfrac{\Phi_2}{2}}$

	对心直动滚子从动件		直动直角平底从动件	
作图步骤	画基圆为 Φ_1、Φ_2 等	任选凸轮轴心 A，作 $\angle C_1AC=\Phi_1$ 及 $\angle CAC_2=\Phi_2$，取 $AC_1=R_b$、$AC_2=R_b+h$	画三角形 $\triangle AO_1O_2$	任选凸轮轴心 A，作 $\triangle AO_1O_2$，使 $\angle O_1AO_2=180°-\Phi$，$AO_1=R_1$、$AO_2=R_2$
	确定加速段及减速段	连 C_1C_2，作 $\angle C_2C_1O=90°-\dfrac{\Phi}{2}$，$C_1O$ 与 C_1C_2 的中垂线相交于 O。以 O 为圆心、OC_1 为半径作圆弧，交 AC 于 C 点。C_1C 之间为加速段，CC_2 之间为减速段	画减速段凸轮工作轮廓	延长 O_1O_2 至 C，使 $O_2C\geqslant\rho_{\min}$，以 O_2 为圆心、O_2C 为半径画圆弧 $\overset{\frown}{CC_2}$ 即是
	画加速段凸轮理论轮廓	C_1C 的中垂线与 C_1A 的延长线交于 O_1，以 O_1 为圆心、O_1C_1 为半径画圆弧，$\overset{\frown}{C_1C}$ 即是	画加速段凸轮工作轮廓	以 O_1 为圆心、O_1C 为半径画圆弧，交 O_1A 的延长线于 C_1 点，得 $\overset{\frown}{CC_1}$ 即是
	画减速段凸轮理论轮廓	CC_2 的中垂线与 C_2A 交于 O_2（O_2、O_1 与 C 的一条直线上），以 O_2 为圆心、O_2C_2 为半径画圆弧，$\overset{\frown}{CC_2}$ 即是	检查 R_b 值	$R_b=AC_1$，若 $R_b<R_{S(h)}+(2\sim5)$mm，则加大 O_2C 后重新设计
	画回程部分凸轮理论轮廓	与上述方法类似	画回程部分凸轮理论轮廓	与上述方法类似
	画凸轮工作轮廓	以 O_1 为圆心、(O_1C-R_r) 为半径画圆弧，又以 O_2 为圆心、$(O_2C_2-R_r)$ 为半径画圆弧即是		
说明	①Φ_1——加速段凸轮转角，Φ_2——减速段凸轮转角，$\Phi_1+\Phi_2=\Phi$ ②滚子从动件应使 $O_2C_2-R_r\geqslant(2\sim5)$mm，若不满足此条件，应加大 R_b 重新设计			

表 11-5-18　　平底从动件盘形凸轮工作轮廓设计

直动直角平底从动件	摆动平底从动件

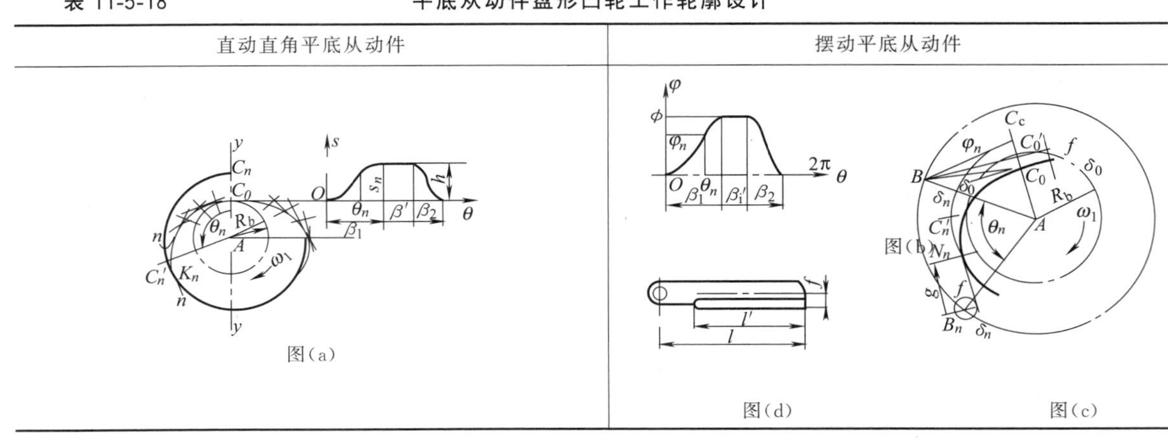

图(a)　图(d)　图(c)

续表

直动直角平底从动件			摆动平底从动件
已知参数		β_1,β',β_2,h,R_b,从动件运动规律	ϕ,β_1,β',β_2,R_b,L,f(平底偏距),从动件运动规律及凸轮转向
作图步骤	画 s-θ 曲线或 φ-θ 曲线	在图(a)中每隔 5°左右取个 θ 值,求出相应的位移曲线,图(a)所示为 $\theta=\theta_n$ 时,$s=s_n$	在图(b)中每隔 5°左右取个 θ 值,求出相应的位移曲线,图(b)所示为 $\theta=\theta_n$ 时,$\varphi=\varphi_n$
	确定轴心 A 的位置及起始位置	作移动副方位线 $y—y$ 与 θ 轴相交于 C_0,取 $C_0A=R_b$,得点 A 位置,凸轮轮廓线从 C_0 画起	根据凸轮机构的结构,确定凸轮转动轴心 A 及从动件转动轴心 $B(AB=L)$,以 A 为圆心画基圆,过 B 作基圆的一条切线(方位与所定结构一致),得切点 C_0,作与 BC_0 相距为 f 的平行线 $\delta_0\delta_0$(即平底线,方位与所定结构一致),交 C_0A 于 C_0'点,用 BC_0'表示从动件起始位置。标出凸轮转向
	画凸轮工作轮廓	在 $y—y$ 上取 $C_0C_n=s_n$;以 AC_n 为起始线,逆凸轮转向量取 θ_n,得 C_n',过 C_n'作 AC_n'的垂线 $n—n$(即平底在反转后的位置);取不同的 θ 值,重复上述画法,得一系列直线,作其包络线即可	以 B 为圆心、BC_0'为半径画圆弧$\overset{\frown}{C_0'C_0}$,以 BC_0'为起始线,量取 φ_n,得 C_n 点;以 AB 为起始线,逆凸轮转向量取 θ_n 角(即画$\overset{\frown}{BB_n}$),得 B_n 点;以 B_n 为圆心、f 为半径作偏距圆;以 A 为圆心、AC_n 为半径画圆弧,与以 B_n 为圆心、BC_0 为半径所画的圆弧相交于 C_n',过 C_n'作此偏距圆的相应切线 $\delta_n—\delta_n$(即平底在反转后的位置)。取不用 θ 值,重复上述画法,得一系列平底线,作其包络线即为凸轮工作轮廓
	检查	求出最小曲率半径 ρ_{min} 若 $\rho_{min}<2\sim5$mm,则加大基圆半径后重新设计	—
	确定平底半径 r 或确定从动件长度 l 及平底长度 l'	图(a)所示包络线与直线 $n—n$ 相切于 K_n,对于不同的 θ 值,K_nC_n'长度不同,取其中最大值再加 2～5mm 即为 r	当 $\theta=\theta_n$ 时,凸轮轮廓线与平底线 $\delta_n—\delta_n$ 相切于 N_n 点,过 N_n 点作法线,设 B_n 点到此法线的距离为 q_i,取不同 θ 值,得不同的 q 值,求得 q_{max} 和 q_{min};则 $l=q_{max}+(2\sim5)$mm,$l'=q_{max}-q_{min}+(2\sim5)$mm

5.3.2 解析法

解析法设计凸轮轮廓的基本原理与作图法相同，也是应用反转法。解析法适用于中、高速凸轮及某些精度要求较高的凸轮（如靠模凸轮）。直动和摆动滚子从动件盘形凸轮工作轮廓线解析法设计如表 11-5-19所示。直动平底和摆动平底从动件盘形凸轮工作轮廓线解析法设计如表 11-5-20 所示。

表 11-5-19　直动和摆动滚子从动件盘形凸轮工作轮廓线设计

移动滚子从动件	摆动滚子从动件

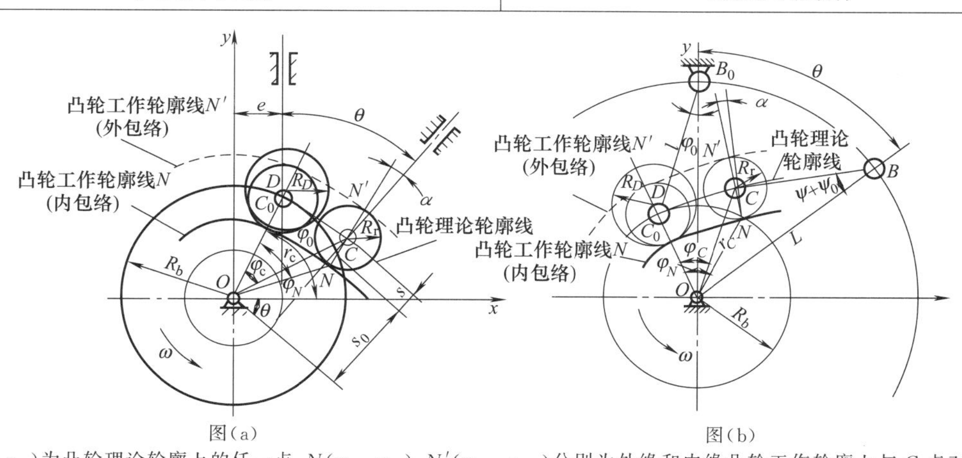

$C(x_C,y_C)$为凸轮理论轮廓上的任一点,$N(x_N,y_N)$、$N'(x_{N'},y_{N'})$分别为外缘和内缘凸轮工作轮廓上与 C 点对应的点,$D(x_D,y_D)$、$D'(x_{D'},y_{D'})$分别为加工 N 点和 N'点时刀具中心的位置,R_D 为刀具半径

续表

项目	移动滚子从动件	摆动滚子从动件
已知	$h,\beta_1,\beta',\beta_2,R_b,e,R_r,R_D$，从动件运动规律，凸轮转向	$\phi,\beta_1,\beta',\beta_2,R_b,L,l,R_r,R_D$，从动件运动规律及凸轮转向[图(b)所示为异向型]，即从动件在推程时的转向与凸轮的转向相反
常量计算	$s_0=\sqrt{R_b^2-e^2}$，$\varphi_0=\arccos\dfrac{e}{R_b}=\angle C_0Ox$	$\Psi_0=\arccos\dfrac{L^2+l^2-R_b^2}{2lL}$，$\varphi_0=\arccos\dfrac{L^2+R_b^2-l^2}{2LR_b}=\angle C_0Oy$
计算项目：从动件运动参数	从表 11-5-13 和表 11-5-14 中选出计算 s、$s'(\theta)$、$s''(\theta)$ 的公式	从表 11-5-13、表 11-5-14 中选出 Ψ、$\Psi'(\theta)$、$\Psi''(\theta)$ 的计算公式
计算项目：凸轮理论轮廓：直角坐标	$x_C=(s_0+s)\sin\theta+e\cos\theta$ $y_C=(s_0+s)\cos\theta-e\sin\theta$	$x_C=L\sin\theta-l\sin(\Psi+\Psi_0+\theta)$ $y_C=L\cos\theta-l\cos(\Psi+\Psi_0+\theta)$ 同向型 θ 以负值代入
计算项目：凸轮理论轮廓：极坐标	$r_C=[(s_0+s)^2+e^2]^{\frac{1}{2}}$ $\varphi_C=\theta-\arccos\left(\dfrac{r_C^2+R_b^2-s^2}{2r_CR_b}\right)$	$r_C=\sqrt{L^2+l^2-2Ll\cos(\Psi+\Psi_0)}$ $\varphi_C=\theta+\varphi_0-\arccos\left(\dfrac{L^2+r_C^2-l^2}{2Lr_C}\right)$
计算项目：凸轮理论轮廓：曲率半径	$\rho_C=\{[s'(\theta)-e]^2+(s_0+s)^2\}^{3/2}/\{[s'(\theta)-e]$ $[2s'(\theta)-e]-(s_0+s)[s''(\theta)-s_0-s]\}$ 不利偏置时 e 用负值代入	$\rho_C=\{L^2+l^2[\Psi'(\theta)+1]^2-2Ll(\Psi'(\theta)+1)\cos(\Psi+\Psi_0)\}^{\frac{3}{2}}$ $/\{L^2+l^2[\Psi'(\theta)+1]^3-Ll\Psi''(\theta)\sin(\Psi+\Psi_0)$ $-Ll[\Psi'(\theta)+2][\Psi'(\theta)+1]\cos(\Psi+\Psi_0)\}$ 同向型 $\Psi'(\theta)$ 以负值代入，回程 Ψ 等也以负值代入
计算项目：压力角	$\alpha=\arctan\dfrac{s'(\theta)-e}{s_0+s}$ 不利偏置时 e 用负值代入	$\alpha=\arctan\left\{\dfrac{l[1+\Psi'(\theta)]}{L\sin(\Psi_0+\Psi)}-\cot(\Psi+\Psi_0)\right\}$
计算项目：检查	求出推程及回程的最大压力角 $\|\alpha_1\|_{max}$、$\|\alpha_2\|_{max}$。求出外凸部分($\rho_C>0$)的 $\rho_{C\min}$，对于槽凸轮还要求内凹部分($\rho_C<0$)的 $\|\rho_C\|_{min}$ 若 $\|\alpha_1\|_{max}>\alpha_{p1}$ 或 $\|\alpha_2\|_{max}>\alpha_{p2}$ 或 $\rho_{C\min}$(或 $\|\rho_C\|_{min}$)$<R_r+(2\sim5)$mm，则加大 R_b 值后重新计算	
计算项目：凸轮工作轮廓：直角坐标	$x_{N(N')}=x_C\pm R_r\{[s'(\theta)-e]\cos\theta-(s+s_0)\sin\theta\}/\Delta$ $y_{N(N')}=y_C\mp R_r\{[s'(\theta)-e]\sin\theta-(s+s_0)\cos\theta\}/\Delta$ $\Delta=\sqrt{[s'(\theta)-e]^2+(s+s_0)^2}$ 求 N' 的坐标时用下方符号	$x_{N(N')}=x_C\pm R_r\{-L\sin\theta+l[\Psi'(\theta)+1]\sin(\Psi+\Psi_0+\theta)\}/\Delta$ $y_{N(N')}=y_C\mp R_r\{L\sin\theta-l[\Psi'(\theta)+1]\cos(\Psi+\Psi_0-\theta)\}/\Delta$ $\Delta=\sqrt{L^2+l^2[\Psi'(\theta)+1]^2-2Ll[\Psi'(\theta)+1]\cos(\Psi+\Psi_0)}$ 求 N' 的坐标时用下方符号
计算项目：凸轮工作轮廓：极坐标	$r_N=$ $\sqrt{(s+s_0)^2+e^2+R_r^2\pm2R_r\{e[s'(\theta)-e]-(s+s_0)^2/\Delta\}}$ $\varphi_N=\varphi_C\pm\arccos\left(\dfrac{r_C^2+r_N^2-R_r^2}{2r_Cr_N}\right)$	$r_N=\left\{L^2+l^2+R_r^2-2Ll\cos(\Psi+\Psi_0)\pm2R_r\times\right.$ $\left.\dfrac{-l^2[\Psi'(\theta)+1]-L^2+Ll[\Psi'(\theta)+2]\cos(\Psi+\Psi_0)}{L^2+l^2[\Psi'(\theta)+1]^2-2Ll[\Psi'(\theta)+1]\cos(\Psi+\Psi_0)}\right\}^{\frac{1}{2}}$ $\varphi_N=\varphi_C+\arccos\left(\dfrac{r_C^2+r_N^2-R_C^2}{2r_Nr_C}\right)$
计算项目：凸轮工作轮廓：曲率半径	$\rho=\rho_C\pm R_r$(外包络时用正号，内包络时用负号)	
计算项目：刀具中心轨迹坐标	只需将工作轮廓直角坐标方程中的 R_r 以 $-(R_D-R_r)$ 取代即得，切制内凹凸轮廓线时取下方符号	

第 11 篇

表 11-5-20　　直动平底和摆动平底从动件盘形凸轮工作轮廓设计

直动平底从动件	摆动平底从动件

图(a)

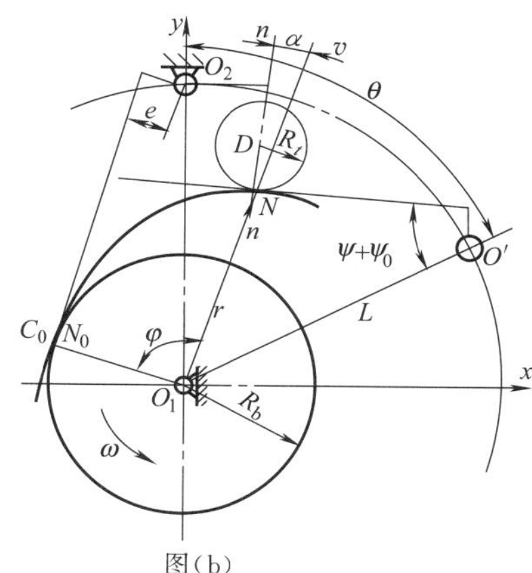

图(b)

e——偏距，有正值和负值之分，如图(b)中实线所示即为正值

$C(x_C, y_C)$为凸轮理论轮廓上的任一点，$N(x_N, y_N)$为凸轮工作轮廓上与 C 点相对应的点，$D(x_D, y_D)$为加工 N 点时圆柱形刀具中心的位置，设刀具半径为 R_D

项目			直动平底从动件	摆动平底从动件
已知参数			$e, h, \beta_1, \beta', \beta_2$, R_b，从动件运动规律，平底与移动导轨夹角 γ，R_t	$\varphi, \beta_1, \beta', \beta_2$, R_b, L, e，从动件运动规律及凸轮转向[图(b)所示为异向型]，刀具半径 R_t
常量计算				$\Psi_0=\arcsin\dfrac{R_b-e}{L}$，$\varphi_0=\dfrac{\pi}{2}-\Psi_0$
从动件运动参数			从表 11-5-13 和表 11-5-14 中选出计算	$s'(\theta)$、$s''(\theta)$ [对摆动从动件为 $\Psi'(\theta)$, $\Psi''(\theta)$]的公式
计算项目	凸轮工作轮廓	廓线方程	直角坐标 $x=[(R_b+S)\cos(\gamma-\theta)+S'\sin(\gamma-\theta)]\sin\gamma$ $y=[(R_b+S)\sin(\gamma-\theta)-S'\cos(\gamma-\theta)]\sin\gamma$ 极坐标 $r=\sin\gamma\sqrt{(R_b+S)^2+[S'(\theta)]^2}$ $\varphi=\theta+\arctan\left[\dfrac{S'(\theta)}{R_b+S(\theta)}\right]$	直角坐标 $x=A\sin\theta-B\cos(\theta+\Psi+\Psi_0)$ $y=A\cos\theta+B\sin(\theta+\Psi+\Psi_0)$ 极坐标 $r=[A^2+B^2+2AB\sin(\Psi+\Psi_0)]^{\frac{1}{2}}$ $\varphi=\theta+\Psi+\arcsin\dfrac{A\cos(\Psi+\Psi_0)}{r}$ 式中　$A=L\Psi'(\theta)/[1+\Psi'(\theta)]$ $B=e+L\sin(\Psi+\Psi_0)/[1+\Psi(\theta)]$
		曲率半径	$\rho=[R_b+S(\theta)+S''(\theta)]\sin\gamma$	$\rho=\dfrac{L}{[1+\Psi'(\theta)]^3}\{1+\Psi'(\theta)[1+2\Psi'(\theta)]\sin(\Psi+\Psi_0)+\Psi''(\theta)\cos(\Psi+\Psi_0)\}+e$
		压力角	$\alpha=90°-\gamma$	$\tan\alpha=-e[1+\Psi'(\theta)]/L\cos(\Psi+\Psi_0)$
	刀具中心轨迹	直角坐标	$x_D=x+R_t\cos(\gamma-\theta)$ $y_D=y+R_t\sin(\gamma-\theta)$	$x_D=x-R_t\cos(\theta+\Psi+\Psi_0)$ $y_D=y+R_t\sin(\theta+\Psi+\Psi_0)$
		极坐标	$r_t=\{[R_t+(R_b+S)\sin\gamma]^2+(S'\sin\gamma)^2\}^{\frac{1}{2}}=O_1D$ $\varphi_t=\theta+\arctan\left[\dfrac{S'\sin\gamma}{R_t+(R_b+S)\sin\gamma}\right]$	$r_t=[A^2+B^2+R_t^2-2A(B+R_t)\sin(\Psi+\Psi_0)-2BR_t]^{\frac{1}{2}}=O_1D$ $\varphi_t=\varphi-\arccos\dfrac{r^2+r_t^2-R_t^2}{2rr_t}$

第 11 篇

5.4 空间凸轮的设计

圆柱凸轮和圆锥凸轮，这两种凸轮机构通过凸轮的等速转动推动从动件按要求做往复直动或摆动。直动从动件的运动方向与凸轮轴线平行或相夹一定的角度。摆动从动件由于其接触形式及设计的近似性，且不易加工，要慎用。表 11-5-21 给出了直动从动件的圆柱凸轮和圆锥凸轮的设计计算公式。设计的基本方法是将圆柱面和圆锥面展成平面，变成移动凸轮和盘形凸轮，从而可用相应的计算方法进行计算。

表 11-5-21 圆柱凸轮和圆锥凸轮设计

	圆柱凸轮	圆锥凸轮
图例	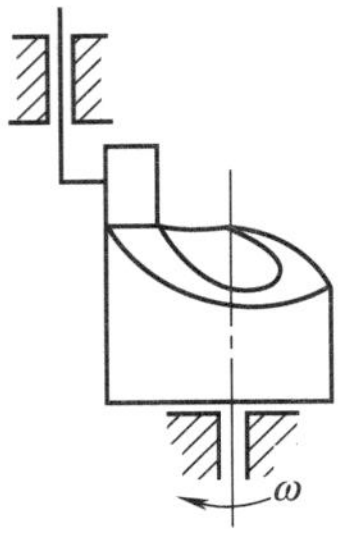 图(a) 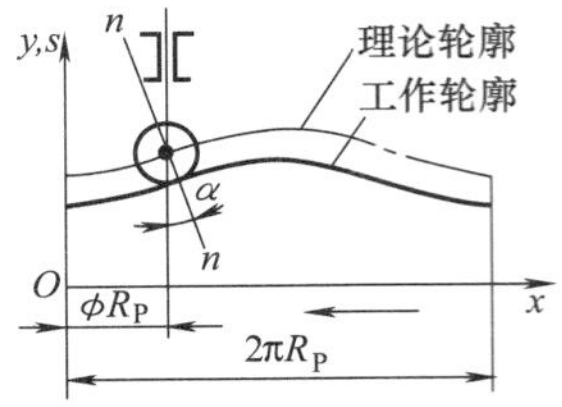 图(b) 理论轮廓 工作轮廓 y,s n α O ϕR_P $2\pi R_P$ x ω	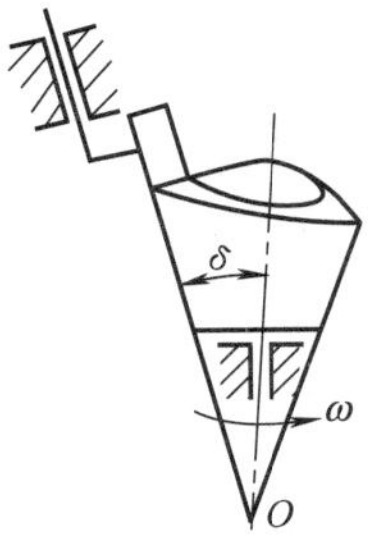 图(a) 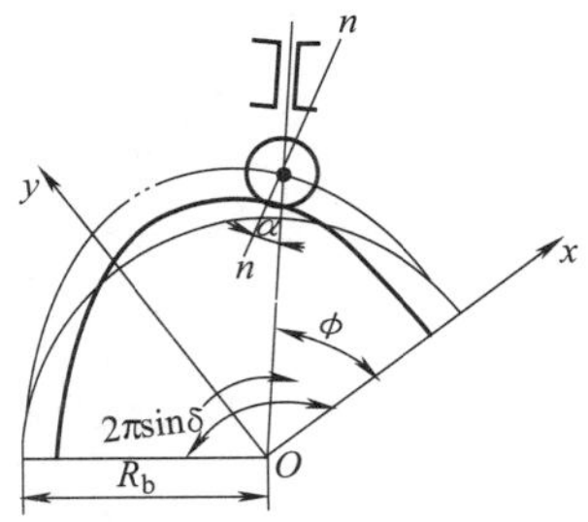 图(b) δ ω O n y x α ϕ $2\pi\sin\delta$ R_b O
方法	将圆柱面展成平面，圆柱凸轮转化成一移动凸轮	将圆锥面展成平面，圆锥凸轮转化成一盘形凸轮
已知条件	$s=s(\phi)$ 及 $s=y_t \quad \phi=\dfrac{x_t}{R_P}$ 式中 s——从动件位移 ϕ——凸轮转角 R_P——凸轮外圆半径(可任选)	$s=s(\phi_c)$ 及 $\phi_c=\dfrac{\phi}{\sin\delta}$ 可得 $s=s(\phi)$ 式中 s——从动件位移 ϕ_c——圆锥凸轮转角 ϕ——盘形凸轮转角
理论轮廓	$y_t=y_t(x_t)$	$\begin{cases}x_t=(R_b+s)\cos\phi\\y_t=(R_b+s)\sin\phi\end{cases}$
工作轮廓	$\begin{cases}x=x_t+R_r\sin\alpha\\y=y_t-R_r\cos\alpha\end{cases}$	$\begin{cases}x=x_t-R_r\cos(\phi-\alpha)\\y=y_t-R_r\sin(\phi-\alpha)\end{cases}$
压力角	$\tan\alpha=\dfrac{dy_t}{dx_t}$	$\tan\alpha=\dfrac{\frac{ds}{d\phi}}{R_b+s}$ R_b——盘形凸轮基圆半径
	图示的 $\alpha>0$，如 $\alpha<0$ 表示公法线 $n—n$ 向图示的另一侧倾斜	
曲率半径	$\rho_c=\dfrac{\left[1+\left(\dfrac{dy_t}{dx_t}\right)^2\right]^{\frac{3}{2}}}{\dfrac{d^2y_t}{dx_t^2}}$ $\rho=\rho_c-R_r$	$\rho_c=\dfrac{\left[(R_b+s)^2+\left(\dfrac{ds}{d\phi}\right)^2\right]^{\frac{3}{2}}}{\left[(R_b+s)^2+2\left(\dfrac{ds}{d\phi}\right)^2-(R_b+s)\dfrac{d^2s}{d\phi^2}\right]}$ $\rho=\rho_c-R_r$
	式中 R_r——滚子半径，ρ_c——理论轮廓曲率半径，ρ——工作轮廓曲率半径，ρ_c 和 ρ 以外凸为正、内凹为负	
最小半径	$R_{Pmin}=V_m\dfrac{h}{\Phi\tan\alpha_m}$ 式中 Φ——推程运动角，rad h——行程 α_m——最大压力角(可用许用压力角[α]代替) V_m——无量纲最大速度(查表 11-5-11)	$R_{bmin}=V_m\dfrac{h}{\Phi\tan\alpha_m}-\dfrac{h}{2}$ 式中 Φ——盘形凸轮推程运动角，rad，$\Phi=\Phi_c\sin\delta$ Φ_c——圆锥凸轮推程运动角，rad h，α_m，V_m 同左

注：在计算理论轮廓的同时应校核 α 和 ρ_c，应使 $\alpha_m<[\alpha]$、$\rho_{cmin}>R_r$，否则应增大凸轮外圆半径 R_P 或基圆半径 R_b 重算。

第11篇

5.5　圆弧凸轮工作轮廓设计

5.5.1　单圆弧凸轮（偏心轮）

单圆弧凸轮适用于要求从动件连续推回运动的场合。如表 11-5-22 所示，凸轮轮廓为一圆周（半径为 R_k），偏心距 $e=h/2=OA$。

表 11-5-22　　单圆弧凸轮及其从动件运动参数的计算

凸轮名称		对心直动滚子从动件凸轮	直动平底从动件凸轮
简图		图(a)	图(b)
运动特点		与相应的对心曲柄滑块机构中滑块的运动相同。如导路与凸轮转动中心间有偏距，则其运动与偏置曲柄滑块机构中滑块的运动相同	属简谐运动规律，有较好的加速度规律。R_k 值不影响从动件运动参数。R_k 值可由接触强度决定，从动件的运动与正弦机构中的滑块运动相同
计算项目	压力角	$\alpha=\arcsin\left(\dfrac{e}{R_k+R_r}\sin\theta\right)$	$\alpha=0$
	位移	$s=(R_k+R_r)\cos\alpha-e\cos\theta-R_b$	$s=\dfrac{h}{2}(1-\cos\theta)$
	速度	$v=\dfrac{e\omega_1\sin(\theta-\alpha)}{\cos\alpha}$	$v=\dfrac{h\omega_1\sin\theta}{2}$
	加速度	$a=\dfrac{e\omega_1^2}{\cos\alpha}\left[\cos(\theta-\alpha)-\dfrac{e\cos^2\theta}{(R_k+R_r)\cos\alpha}\right]$	$a=\dfrac{h}{2}\omega_1^2\cos\theta$
	凸轮尺寸	$R_r\geqslant(2\sim3)r$，r 为滚子轴半径 $R_b\geqslant R_r+R_{0(b)}+(2\sim5)$mm，$R_{0(b)}$ 为凸轮轴或凸轮轮毂的半径 $R_k=R_b-R_r+h/2$ $R_k>R_r$	$R_b\geqslant R_{0(b)}+(2\sim5)$ mm $R_k=R_b+h/2$

5.5.2　多圆弧凸轮

多圆弧凸轮的定义及圆弧连接条件如表 11-5-23 所示。多圆弧凸轮的轮廓设计见表 11-5-24 和表 11-5-25。

表 11-5-23　　定义及圆弧连接条件

定　　义	凸轮工作轮廓由几段圆弧连接组成
圆弧连接应满足的条件	①保持原始数据 h、β_1、β_2 大小不变 ②所得从动件的实际运动规律与预定的运动规律很接近
光滑连接条件	相邻两段圆弧的连接点及两个圆心在一条直线上
特点	比较容易制造
运用举例	①六圆弧(对无停歇段者为四圆弧)凸轮——当 β_1、β_2 较小时，近似实现等加速等减速规律 ②插齿机进给凸轮可近似实现等速规律

第 11 篇

表 11-5-24　　对心直动滚子和直动直角平底从动件四圆弧凸轮轮廓设计

对心直动滚子从动件	直动直角平底从动件

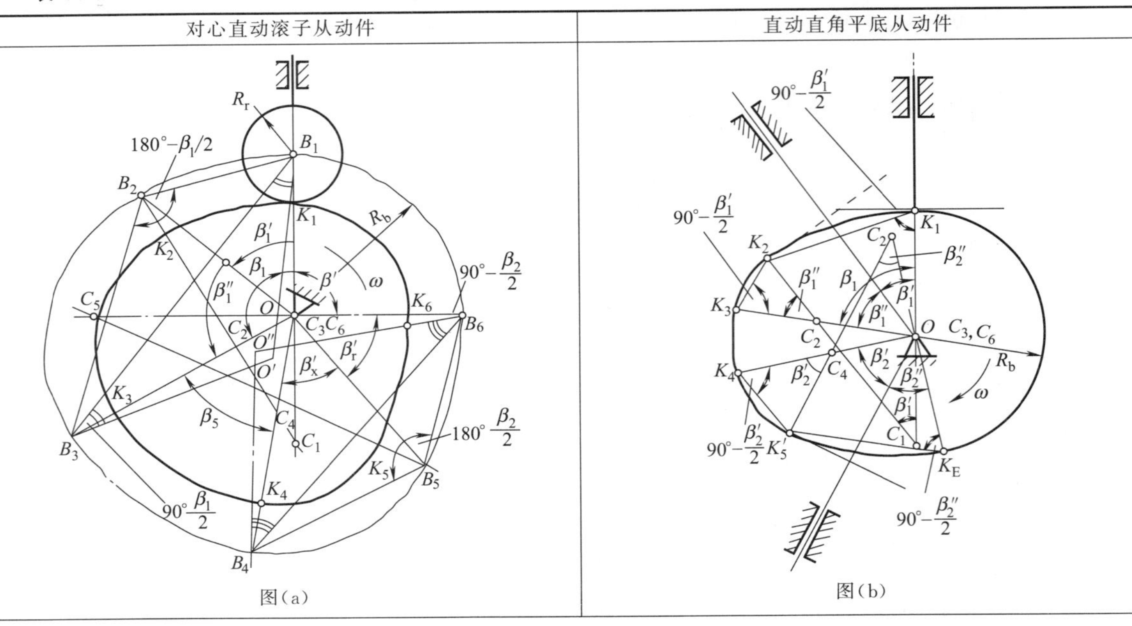

图(a)　　　　图(b)

$$\beta_1'=\frac{\beta_1}{(1+\nu)},\beta_2''=\frac{\nu\beta_1}{(1+\nu)}$$

式中　β_1'——加速段凸轮转角

β_2''——减速段凸轮转角

ν——平均加速度比例系数，$\nu=\beta_1''/\beta_1'=1\sim1.5$

	对心直动滚子从动件		直动直角平底从动件	
已知参数	h、β_1、β'、β_2、ν、R_b、α_p(许用压力角)		h、β_1、β'、β_2、ν、ρ_{min}	
作图步骤	(1)画基圆及 β_1'、β_1'' 等	任选凸轮轴心 O，作 $\angle B_1OB_2=\beta_1'$ 及 $\angle B_2OB_3=\beta_1''$，取 $OB_1=R_b$，$OB_3=R_b+h$	(1)画三角形 OC_1C_2	任选凸轮轴心 O，作 $\triangle OC_1C_2$、$OC_1=e_1$、$OC_2=e_2$ 及 $\angle C_1OC_2=180°-\beta_1$，$e$ 值计算见本表后面内容
	(2)确定加速段与减速段	过 B_1B_3 作 $\angle B_3B_1O'=90°-\beta_1/2$，$B_1O'$ 与 B_1B_3 的中垂线相交于 O'；以 O' 为圆心，$O'B_1$ 为半径作圆弧，交 $O'B_2$ 于 B_2 点，B_1B_2 之间为加速段，B_2B_3 间为减速段	(2)画减速段凸轮工作轮廓	延长 C_1C_2 至 K_2 使 $C_2K_2\geqslant\rho_{min}$，以 C_2 为圆心、C_2K_2 为半径作圆弧 $\overset{\frown}{K_2K_3}$ 即是
	(3)画加速段凸轮理论轮廓	B_1B_2 的中垂线与 B_1O 的延长线交于 C_1，以 C_1 为圆心、B_1C_1 为半径画圆弧 $\overset{\frown}{B_1B_2}$ 即是	(3)画加速段凸轮工作轮廓	以 C_1 为圆心、C_1K_2 为半径作圆弧，交 C_1O 的延长线于 K_1，得 $\overset{\frown}{K_1K_2}$ 即是
	(4)画减速段凸轮理论轮廓	B_2B_3 的中垂线与 B_2O 交于 C_2（C_2、C_1 和 B_2 应在一直线上），以 C_2 为圆心、C_2B_3 为半径画圆弧 $\overset{\frown}{B_2B_3}$ 即是	(4)检查 R_b 值	$R_b=OK_1$；若 $R_b<R_{5(h)}+(2\sim5)$mm，则加大 C_2K_2 后重新设计
	(5)画回程部分凸轮理论轮廓	与上述方法类似	(5)画回程部分凸轮轮廓	与上述画法类似
	(6)画凸轮工作轮廓	以 C_1 为圆心、$(C_1B_2-R_r)$ 为半径画圆弧，以 C_2 为圆心、$(C_2B_3-R_r)$ 为半径画圆弧即是		

续表

	对心直动滚子从动件	直动直角平底从动件
解析计算	$l_2=OB_2=\left[\sqrt{h^2\sin^2\left(\frac{\beta_1}{2}-\beta_1'\right)+4R_b(R_b+h)\sin^2\frac{\beta_1}{2}}-h\sin\left(\frac{\beta_1}{2}-\beta_1'\right)\right]\Big/\left(2\sin\frac{\beta_1}{2}\right)$ $l_5=OB_5=\left[\sqrt{h^2\sin^2\left(\frac{\beta_2}{2}-\beta_2''\right)+4R_b(R_b+h)\sin^2\frac{\beta_2}{2}}-h\sin\left(\frac{\beta_2}{2}-\beta_2''\right)\right]\Big/\left(2\sin\frac{\beta_2}{2}\right)$ $R_{B1}=\frac{1}{2}\left(\frac{l_2^2\sin^2\beta_1'}{R_b-l_2\cos\beta_1'}+R_b-l_2\cos\beta_1'\right)$，$e_1=OC_1=R_{B1}-R_b$ $R_{B2}=\frac{1}{2}\left(\frac{l_2^2\sin^2\beta_1''}{R_b+h-l_2\cos\beta_1''}+R_b+h-l_2\cos\beta_1''\right)$，$e_2=OC_2=R_b+h-R_{B2}$ $R_{B4}=\frac{1}{2}\left(\frac{l_5^2\sin^2\beta_2'}{R_b+h-l_5\cos\beta_2'}+R_b+h-l_5\cos\beta_2'\right)$，$e_4=R_b+h-R_{B4}$ $R_{B5}=\frac{1}{2}\left(\frac{l_5^2\sin^2\beta_2''}{R_b-l_5\cos\beta_2''}+R_b-l_5\cos\beta_2''\right)$，$e_5=R_{B5}-R_b$，$e_3=e_6=0$ 最大压力角：　$\cos\alpha_{max}=\frac{R_{B1}^2+l_2^2-e_1^2}{2R_{B1}l_2}$ 回程时以 R_{B5}、l_5、e_5 取代 R_{B1}、l_1、e_1	$\widehat{K_1K_2}$：$e_1=h\sin\frac{\beta_1'}{2}\Big/\left(2\sin\frac{\beta_1}{2}\sin\frac{\beta_1'}{2}\right)$ $R_{K1}=R_b+e_1$ $\widehat{K_2K_3}$：$e_2=h\sin\frac{\beta_1''}{2}\Big/\left(2\sin\frac{\beta_1}{2}\sin\frac{\beta_1''}{2}\right)$ $R_{K3}=R_b+h-e_2$ $\widehat{K_3K_4}$：$e_2=0$，$R_{K4}=R_b+h$ $\widehat{K_4K_5}$：$e_4=h\sin\frac{\beta_2'}{2}\Big/\left(2\sin\frac{\beta_2}{2}\sin\frac{\beta_2'}{2}\right)$ $R_{K5}=R_b+h-e_4$ $\widehat{K_5K_6}$：$e_5=h\sin\frac{\beta_2''}{2}\Big/\left(2\sin\frac{\beta_2}{2}\sin\frac{\beta_2''}{2}\right)$ $R_{K6}=R_b+e_5$ $\widehat{K_6K_1}$：$e_5=0$，$R_{K6}=R_b$ 压力角：$\alpha=90°-\gamma$

表 11-5-25　　三角凸轮的工作轮廓设计

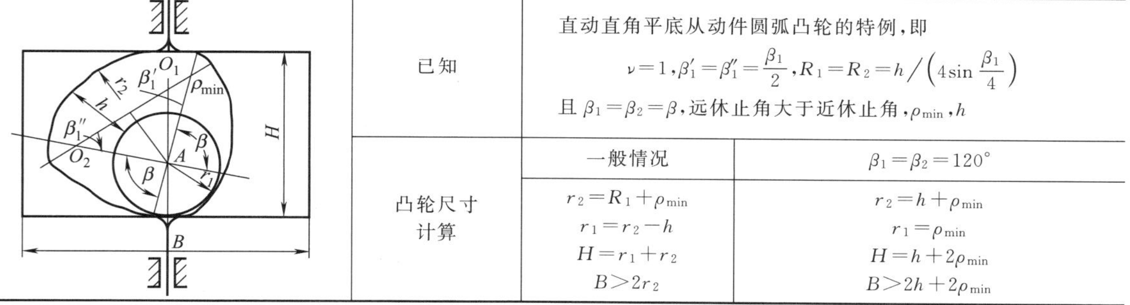

已知	直动直角平底从动件圆弧凸轮的特例，即 $\nu=1$，$\beta_1'=\beta_1''=\frac{\beta_1}{2}$，$R_1=R_2=h\Big/\left(4\sin\frac{\beta_1}{4}\right)$ 且 $\beta_1=\beta_2=\beta$，远休止角大于近休止角，ρ_{min}，h	
凸轮尺寸计算	一般情况	$\beta_1=\beta_2=120°$
	$r_2=R_1+\rho_{min}$ $r_1=r_2-h$ $H=r_1+r_2$ $B>2r_2$	$r_2=h+\rho_{min}$ $r_1=\rho_{min}$ $H=h+2\rho_{min}$ $B>2h+2\rho_{min}$

5.6　凸轮及滚子结构、材料、强度、精度、表面粗糙度及工作图

5.6.1　凸轮及滚子结构

表 11-5-26　　凸轮及滚子结构举例

凸轮结构举例	周向可调的结构	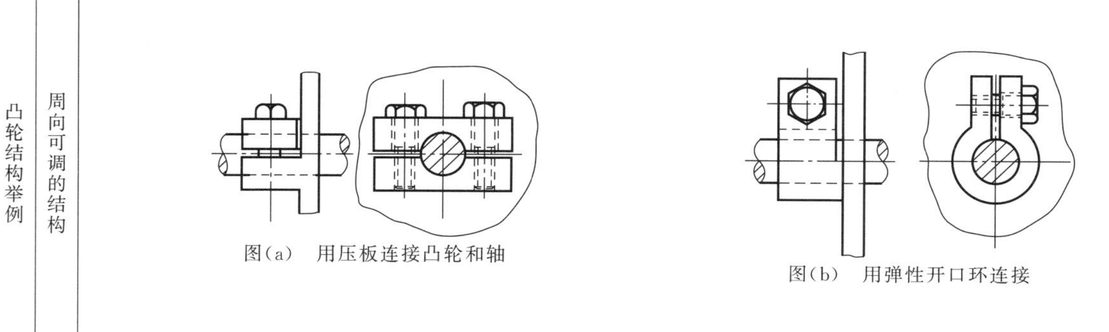 图(a)　用压板连接凸轮和轴　　图(b)　用弹性开口环连接

续表

凸轮结构举例

周向可调的结构

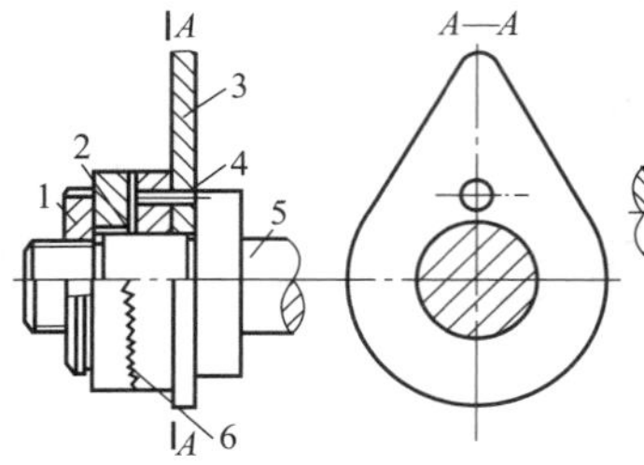

图(c)　用细牙离合器连接

1—圆螺母；2—键；3—凸轮；4—销子；5—分配轴；6—细齿离合器

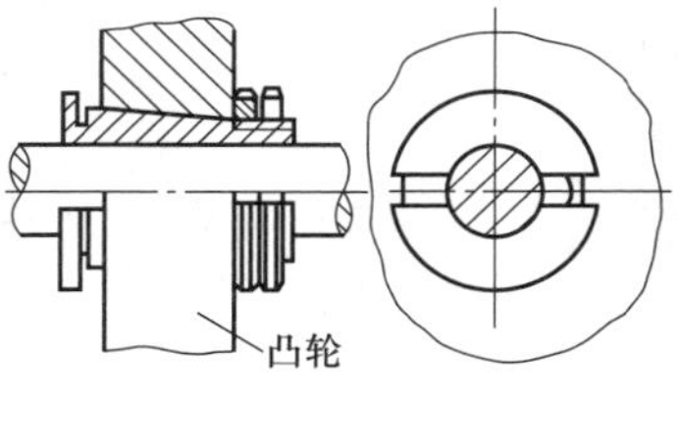

图(d)　用开口锥套连接

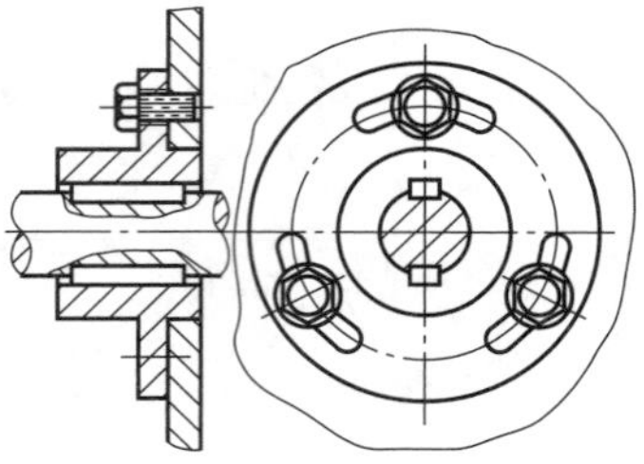

图(e)　用法兰连接

从动件停歇时间可调的结构

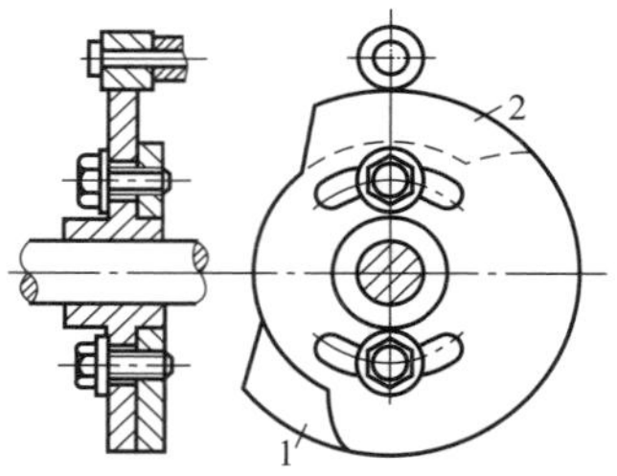

图(f)　凸轮 1 和 2 的相对位置可调

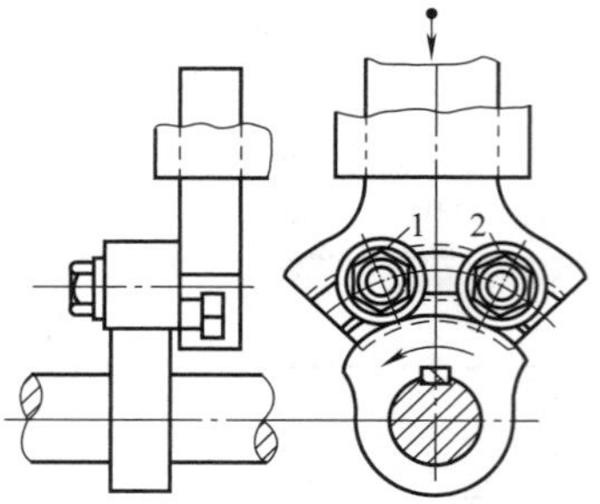

图(g)　滚子 1 和 2 的相对位置可调

凸轮、从动件装配结构举例

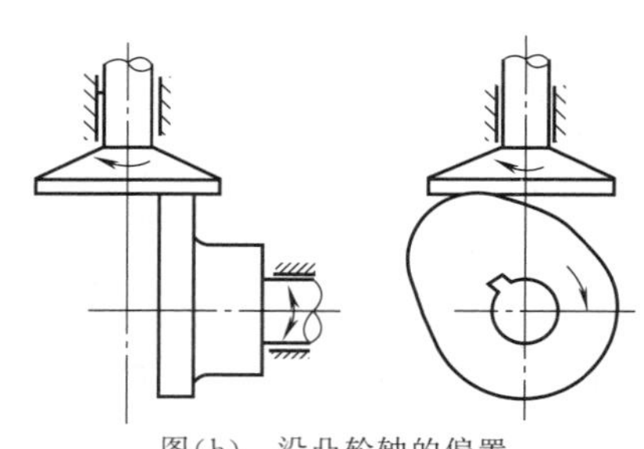

图(h)　沿凸轮轴的偏置

滚子结构举例

滚子各部分尺寸参考数据

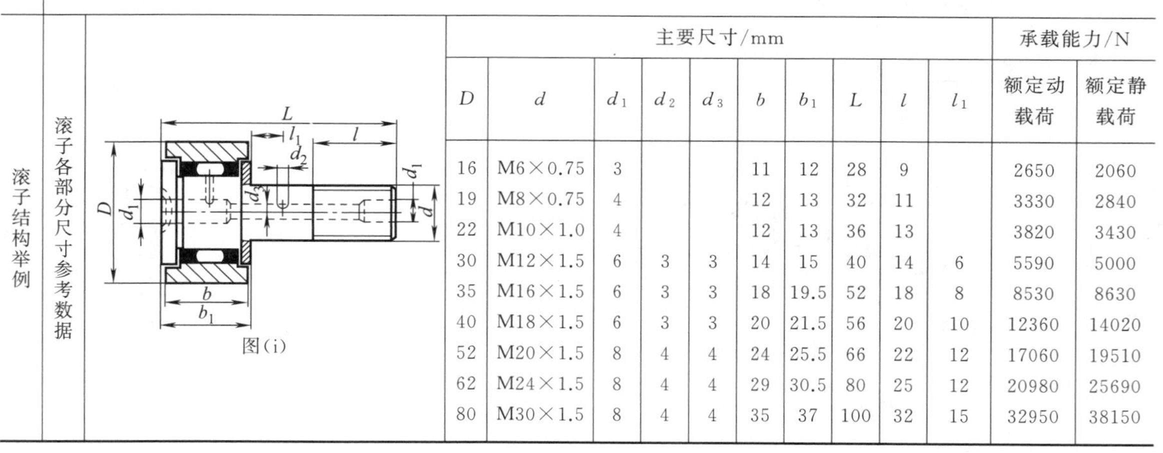

图(i)

主要尺寸/mm										承载能力/N	
D	d	d_1	d_2	d_3	b	b_1	L	l	l_1	额定动载荷	额定静载荷
16	M6×0.75	3			11	12	28	9		2650	2060
19	M8×0.75	4			12	13	32	11		3330	2840
22	M10×1.0	4			12	13	36	13		3820	3430
30	M12×1.5	6	3	3	14	15	40	14	6	5590	5000
35	M16×1.5	6	3	3	18	19.5	52	18	8	8530	8630
40	M18×1.5	6	3	3	20	21.5	56	20	10	12360	14020
52	M20×1.5	8	4	4	24	25.5	66	22	12	17060	19510
62	M24×1.5	8	4	4	29	30.5	80	25	12	20980	25690
80	M30×1.5	8	4	4	35	37	100	32	15	32950	38150

第 11 篇

续表

滚子结构举例	滚子的结构	
		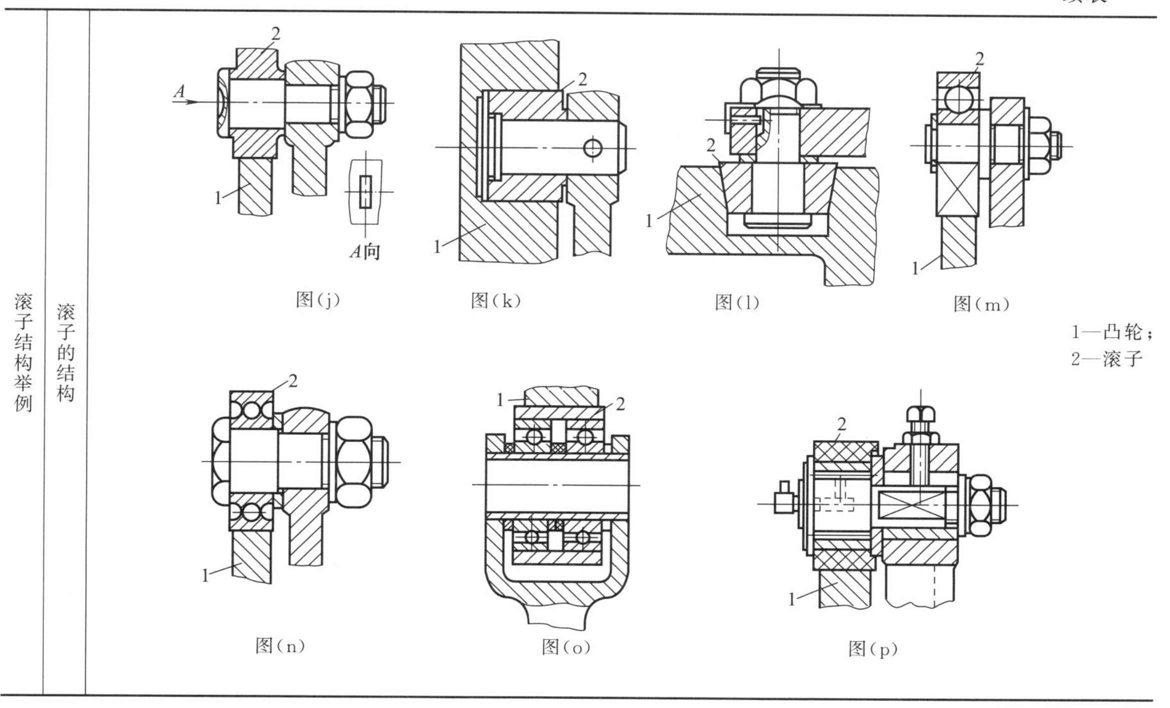图(j)　图(k)　图(l)　图(m)　图(n)　图(o)　图(p) 1—凸轮； 2—滚子

5.6.2　常用材料、热处理及极限应力

表 11-5-27　凸轮和从动件接触处常用材料、热处理及极限应力 σ_{HO}　MPa

工作条件	凸轮		从动件接触处	
	材料	热处理、极限应力 σ_{HO}	材料	热处理
低速轻载	40、45、50	调质 220～260HB，$\sigma_{HO}=2HB+70$	45	表面淬火 40～45HRC
	HT200、HT250、HT300 合金铸铁	退火 180～250HB，$\sigma_{HO}=2HB$	青铜	时效 80～120HBW
	QT500-7 QT600-3	正火 200～300HB，$\sigma_{HO}=2.4HB$	软、硬黄铜	退火 55～90HBW 140～160HBW
中速中载	45	表面淬火 40～45HRC，$\sigma_{HO}=17HRC+200$	尼龙	积层热压树脂吸振及降噪效果好
	45、40Cr	高频淬火 52～58HRC，$\sigma_{HO}=17HRC+200$	20Cr	渗碳淬火，渗碳层深 0.8～1mm，55～60HRC
	15、20、20Cr 20CrMnTi	渗碳淬火，渗碳层深 0.8～1.5mm，56～62HRC，$\sigma_{HO}=23HRC$		
高速重载或靠模凸轮	40Cr	高频淬火，表面 56～60HRC 心部 45～50HRC，$\sigma_{HO}=17HRC+200$	GCr15 T8 T10 T12	淬火 58～62HRC
	38CrMoAl、35CrAl	氮化、表面硬度 700～900HV（约 60～67HRC），$\sigma_{HO}=1050$		

注：合金钢尚可采用氮化硫氮共渗；耐磨钢可渗钒，64～66HRC；不锈钢可渗铬或多元共渗。

第11篇

试验证明：相同金属材料比不同金属材料的黏着倾向大；单相材料、塑性材料比多相材料、脆性材料的黏着倾向大。为了减轻黏着磨损的程度，推荐采用下列材料匹配：铸铁-青铜、淬硬或非淬硬钢；非淬硬钢-软黄铜、巴氏合金；淬硬钢-软青铜、黄铜、非淬硬钢、尼龙及积层热压树脂。禁忌的材料匹配是：非淬硬钢-青铜、非淬硬钢、尼龙及积层热压树脂；淬硬钢-硬青铜；淬硬镍钢-淬硬镍钢。

5.6.3 凸轮机构强度计算

凸轮机构最常见的失效形式是磨损，当受力较大时，或带有冲击，或凸轮转速较高时，可能发生疲劳点蚀，此时需要对滚子和凸轮轮廓面间的接触强度进行校核。接触强度校核公式如表 11-5-28 所示。

表 11-5-28　　强度校核公式（初始线接触）

滚子从动件盘形凸轮	平底从动件盘形凸轮
$\sigma_H = z_E\sqrt{F/b\rho} \leqslant \sigma_{HP}$(MPa)	$\sigma_H = z_E\sqrt{F/2b\rho_1} \leqslant \sigma_{HP}$(MPa)

F——凸轮与从动件在接触处的法向力，N

b——凸轮与从动件的接触宽度，mm

ρ——综合曲率半径，$\rho=\rho_1\rho_2/(\rho_2\pm\rho_1)$，两个外凸面接触用“+”，外凸与内凹接触时用“−”

ρ_1——凸轮轮廓在接触处的曲率半径，mm

ρ_2——从动件在接触处的曲率半径，mm

z_E——综合弹性系数，$\sqrt{\text{MPa}}$，$z_E=0.418\sqrt{2E_1E_2/(E_1+E_2)}$

E_1，E_2——分别为凸轮和从动件接触端材料的弹性模量，MPa，钢对钢的 $z_E=189.8$，钢对铸铁的 $z_E=165.4$，钢对球墨铸铁的 $z_E=181.3$

σ_{HP}——接触许用应力，$\sigma_{HP}=\sigma_{HO}z_R\sqrt[b]{N_0/N}/S_H$

σ_{HO}见表 11-5-27

$z_R=0.95\sim1$，粗糙度值低时取大值

N——$N=60nT$

n——凸轮转速，r/min

T——凸轮预期寿命，h

N_0——对 HT 氮化处理的表面 $N_0=2\times10^6$，其他材料 $N_0=10^5$

S_H——安全系数，$S_H=1.1\sim1.2$

5.6.4 强度校核及许用应力

当受力较大时，需要对滚子和凸轮轮廓面间的接触强度进行校核。

5.6.5 凸轮精度及表面粗糙度

凸轮的最大向径在 300～500mm 以下者，可参考表 11-5-29 选取。

表 11-5-29　　凸轮的公差和表面粗糙度

凸轮精度	极限偏差				表面粗糙度 Ra/μm	
	向径/mm	极角	基准孔	凸轮槽宽	凸轮工作轮廓	凸轮槽壁
高精度	±(0.01～0.1)	±(10′～20′)	H7	H8(H7)	0.2～0.4	0.4～0.8
一般精度	±(0.1～0.2)	±(30′～40′)	H7(H8)	H8	0.8～1.6	1.6
低精度	±(0.2～0.5)	±1°	H8	H8、H9	1.6～3.2	1.6～3.2

5.6.6 凸轮工作图

凸轮工作图与一般零件工作图相比，有下列特点：

① 标有凸轮理论轮廓或工作轮廓尺寸，盘形凸轮是以极坐标形式标出或列表给出；圆柱凸轮是在其外圆柱的展开图上以直角坐标形式标出，也可列表给出。

② 用图解法设计的滚子从动件凸轮，凸轮的理论轮廓较准确，多数都标出节线的向径和极角（图 11-5-9）；平底从动件凸轮是标注在凸轮工作轮廓上（图 11-5-10）。

③ 当同一轴上有若干个凸轮时，根据工作循环图确定各凸轮的键槽位置。

④ 为保证从动件与凸轮轮廓的良好接触，可提出凸轮轮廓与其轴线间的平行度、端面与轴线的垂直度要求。

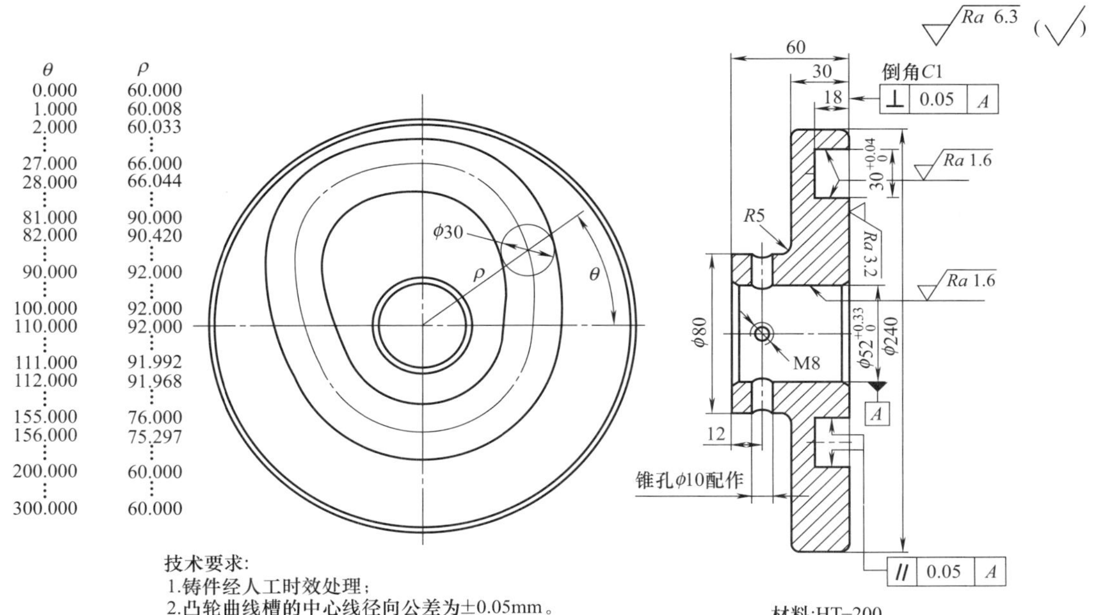

图 11-5-9　沟槽式盘形凸轮工作图

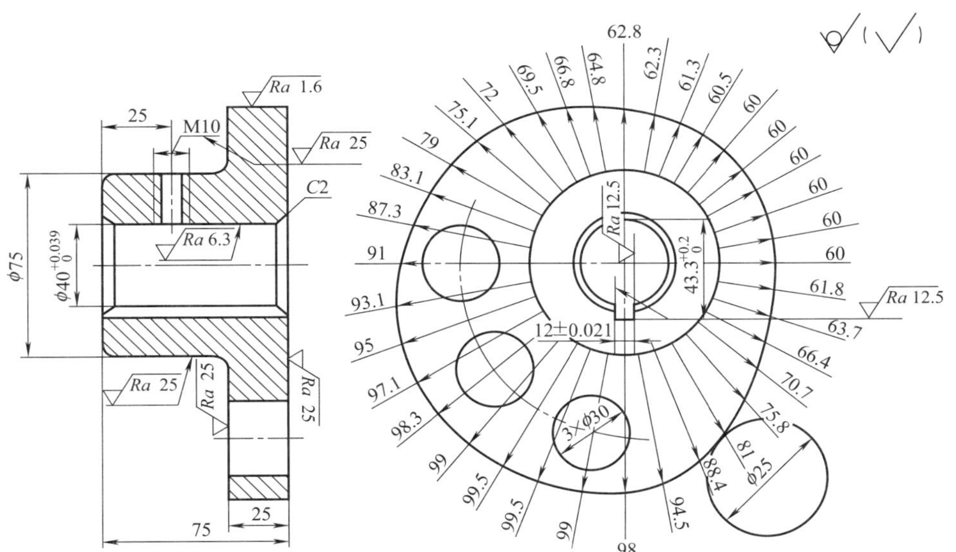

图 11-5-10　盘形凸轮工作图

第 6 章 间歇机构设计

6.1 棘轮机构

棘轮机构是将连续转动或往复运动转换成单向或步进运动的单向间歇运动机构。为了确保棘轮不反转，常在机架上加装止逆棘爪。驱动棘爪的往复摆动可由曲柄摇杆机构、齿轮机构和摆动油缸等实现，在传递很小动力时，也有用电磁铁直接驱动棘爪的。棘轮每次转过的角度称为动程。动程的大小可利用改变驱动机构的结构参数或遮齿罩的位置等方法调节，也可以在运转过程中加以调节。如果希望调节的精度高于一个棘齿所对应的角度，可使用多棘爪棘轮机构。棘轮机构工作时常伴有噪声和振动，因此它的工作频率不能过高。棘轮机构常用在各种机床和自动机中间歇进给或回转工作台的转位上，也常用在千斤顶上。在自行车中棘轮机构用于单向驱动，在手动绞车中用作防逆转装置。棘轮机构也可以用作超越离合器。

6.1.1 棘轮机构的常见形式

棘轮的常见形式如表 11-6-1 所示。

表 11-6-1 棘轮机构常见形式

形式		齿啮式	摩擦式	
			用契块	用滚子
简图	外啮合	1—主动件 2—棘爪 3—棘轮 4—止回棘爪		
	内啮合			
特点		运动可靠，但棘轮转角只能有级调节，且主动件摆角要大于棘轮运动角。有噪声，易磨损	运动不准确，转角可无级调节，噪声小，棘轮为圆盘形或环形。为增大摩擦力，截面可做成梯形槽。内啮合常用作超越离合器	
工作部位示意图		图(a) 不对称梯形齿 已标准化 图(b) 直线三角形齿 常用于轻载 图(c) 圆弧三角形齿 用得较少 图(d) 对称矩形齿 双向驱动时用	$r=r_0e^{\lambda t\tan\theta}$ 当 λ 较小时，可用圆弧代替对数螺线	$\theta=\arccos\dfrac{h+r}{R-r}$
自锁条件		外啮合应使棘爪与棘轮的受力线在棘爪与棘轮转动中心之间；内啮合应使受力线在两转动中心的一侧	$\theta<\varphi$（φ 为摩擦角）	$\theta<2\varphi$（$\theta\approx7°$）

6.1.2　外啮合齿啮式棘轮机构运动设计

如表 11-6-2、表 11-6-3 所示为外啮合不对称梯形齿棘轮机构运动的设计及尺寸参数计算。

表 11-6-2　外啮合不对称梯形齿棘轮机构运动设计

<table>
<tr><td>棘轮齿数 z</td><td colspan="2">根据主动件最小摆角 φ 应大于齿距角 $2\pi/z$ 选定齿数 z，当承载较大时，一般取 $z=6\sim30$。在轻载的进给机构中可取 $z\leqslant250$</td></tr>
<tr><td>棘爪数 j</td><td colspan="2">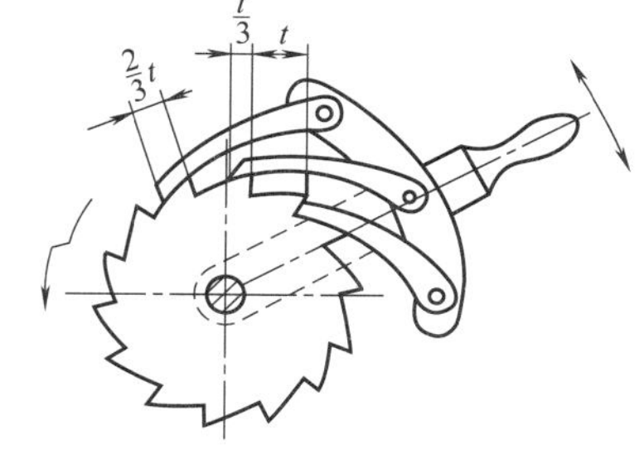

多数棘轮机构的棘爪数 $j=1$，也有 $j=2$ 和 3 的。当受载较大，棘轮尺寸受限，使齿数 z 较少，而主动件摆角小于齿距角时，采用多爪棘轮机构。一般 $j\leqslant3$。当 $j=3$ 时，三个爪在齿面上相互错开 $4t/3$，主动摆杆摆动三次，棘轮转过一个齿距角</td></tr>
<tr><td>棘轮转角的调节</td><td>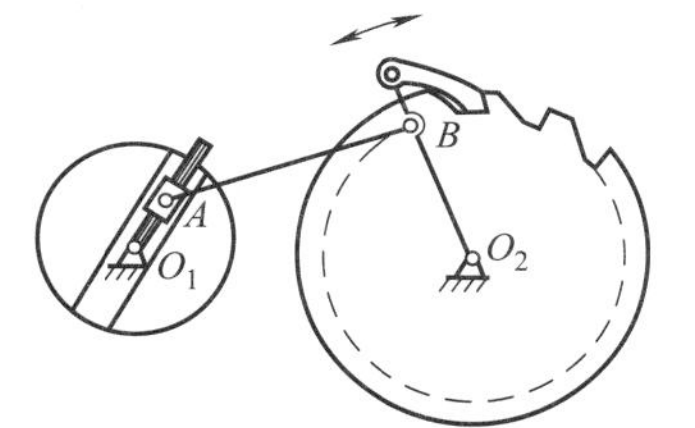

通过调节曲柄摇杆机构中曲柄 O_1A 的长度来改变摇杆的摆角，从而调节棘轮的转角</td><td>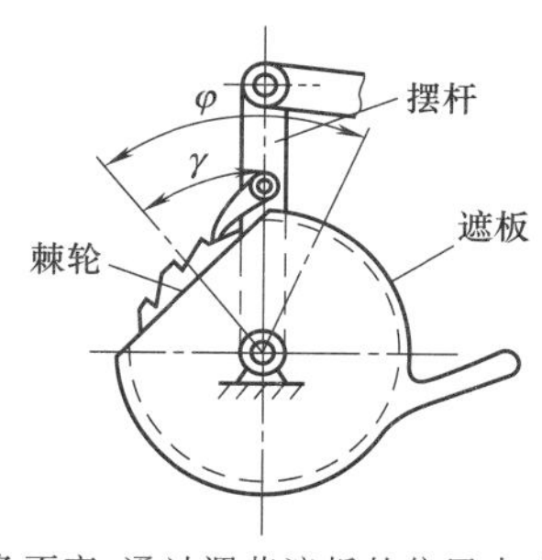

摆杆的摆角不变，通过调节遮板的位置来改变遮齿的多少，从而调节棘轮的转角</td></tr>
<tr><td>棘轮转向的调节</td><td>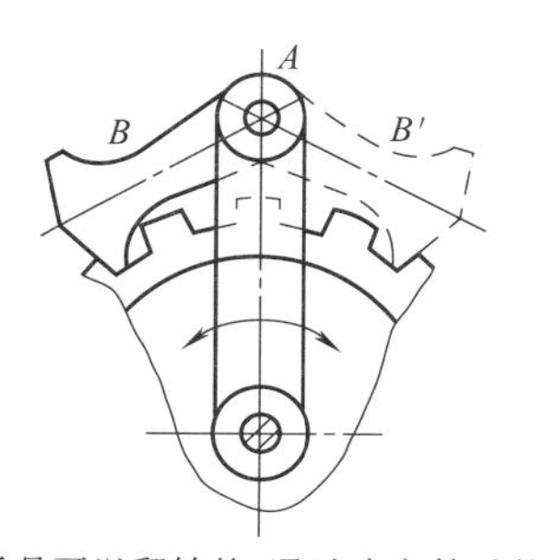

棘爪是可以翻转的，通过改变棘爪的位置来改变棘轮的转向</td><td>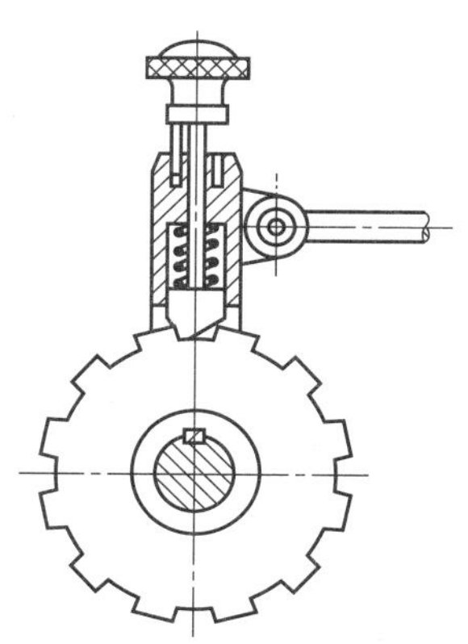
把棘爪提起转 180°后放下，改变棘爪工作齿面方向，从而改变棘轮的转向</td></tr>
</table>

表 11-6-3 外啮合不对称梯形齿棘轮机构的棘轮、棘爪尺寸计算 mm

	模数 m	0.6	0.8	1	1.25	1.5	2	2.5	3	4	5	6	8	10	12	14	16	18	20	22	24	26	30
棘轮	周节 $p=\pi m$	1.88	2.51	3.14	3.93	4.71	6.28	7.85	9.42	12.57	15.71	18.85	25.13	31.42	37.70	43.98	50.27	56.55	62.83	69.12	75.40	81.68	94.25
棘轮	齿高 h	0.8	1.0	1.2	1.5	1.8	2.0	2.5	3	3.5	4	4.5	6	7.5	9	10.5	12	13.5	15	16.5	18	19.5	22.5
棘轮	齿顶弦厚 a								3	4	5	6	8	10	12	14	16	18	20	22	24	26	30
棘轮	齿根圆角半径 r	0.3	0.3	0.3	0.5	0.5	0.5	0.5	1	1	1	1.5	1.5	1.5	1.5	1.5	1.5	1.5	1.5	1.5	1.5	1.5	1.5
棘轮	齿面倾斜角 α	10°～15°																					
棘轮	轮宽 b	(1～4)m																					
棘轮	齿槽夹角 ψ	55°			60°																		
棘爪	工作面边长 h_1	3			4		5		5	5	6	6	8	10	12	14	14	16	18	20	20	22	25
棘爪	非工作面边长 a_1								2	3	3	4	4	6	6	8	8	12	12	14	14	14	16
棘爪	爪尖圆角半径 r_1	0.4			0.8				1.5			2											
棘爪	齿形角 ψ_1	50°			55°				60°														
棘爪	棘爪长度 L								18.85	25.13	31.42	37.70	50.27	32.83	75.40	87.96	100.53	113.10	125.66	138.23	150.80	163.36	188.50

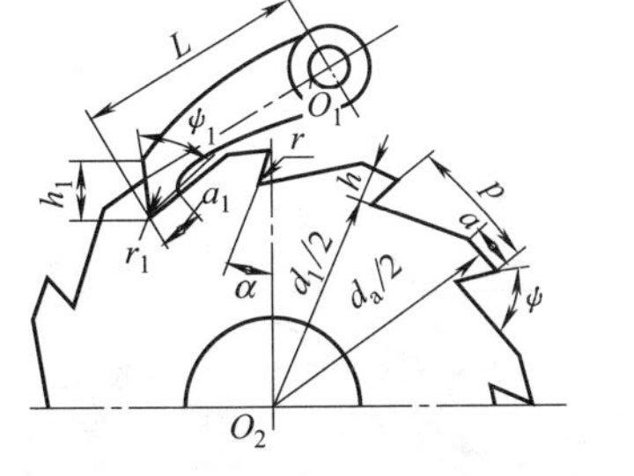

注：1. 表中模数 m 根据齿部强度取标准值，齿数 z 确定后，则棘轮外径 $d_a=mz$。

2. 当 $m=3～30$mm 时，$h = 0.75m$，$a = m$，$L = 2p$；对于小模数，$a=(1.2～1.5)m$，L 按结构确定。

6.2　槽轮机构的设计

槽轮机构又称马耳他机构、日内瓦机构，能将主动轴的匀速连续转动转换成从动轴的单向间歇转动。为了保证槽轮停歇，可在转臂上固接一缺口圆盘，其圆周边与槽轮上的凹周边相配。这样，既不影响转臂转动，又能锁住槽轮不动。为了避免刚性冲击，圆柱销应切向进、出槽轮，即径向槽与转臂在此瞬间位置要相互垂直。有不同间停要求时，可采用多臂的和非对称槽的槽轮机构。槽轮机构一般应用于转速不高、要求间歇地转过一定角度的分度装置中，如转塔车床上的刀具转位机构、电影放映机中驱动胶片的间歇移动机构等。

6.2.1　槽轮机构的常见形式

槽轮机构的常见形式及特点如表 11-6-4 所示。

表 11-6-4　　槽轮机构常见形式

形式		简　图	特　点
单销	外啮合	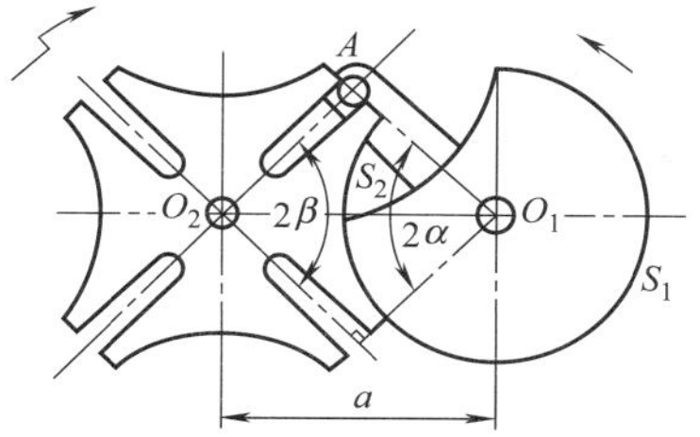	带圆销的主动件 O_1A 做匀速连续转动，从图示位置开始，O_1A 转动 2α 角时，槽轮反向转动 2β 角。当 O_1A 继续旋转时，与 O_1A 固联的凸锁止弧 S_1 与槽轮的凹锁止弧 S_2 配合，防止槽轮转动。因此，当主动件连续转动时，从动槽轮做周期性间歇转动
	内啮合	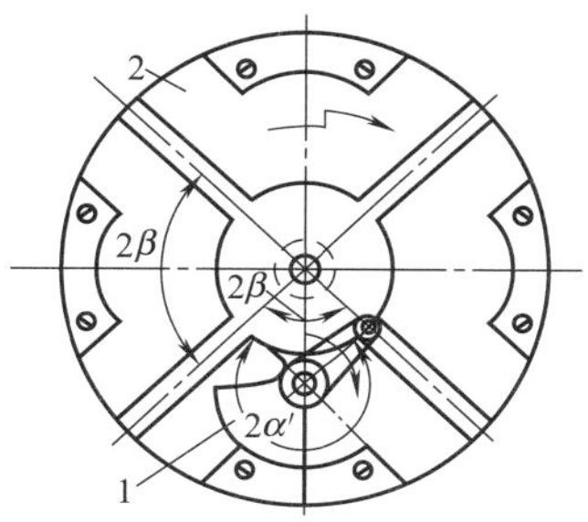	与外啮合不同的是，主动件 1 转动角 $2\alpha'$ 时，从动槽轮 2 同向转动角 2β。内啮合槽轮机构中槽轮转动的时间比停歇时间长
	球面	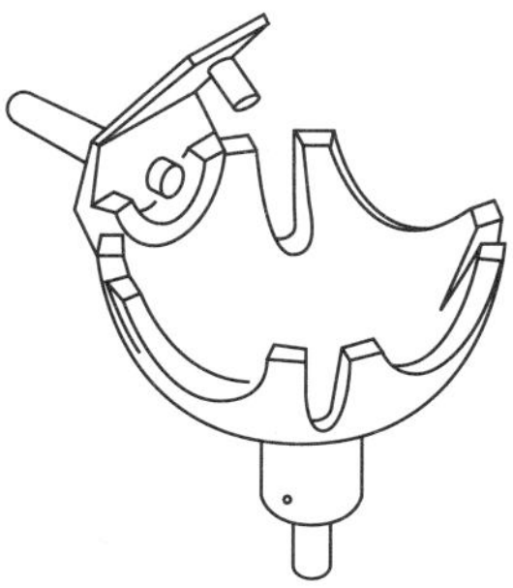	用于把两相交轴中主动轴的连续转动变为从动轴的间歇转动，一般两轴为垂直相交。槽轮转动时间和停歇时间相同
双销	对称	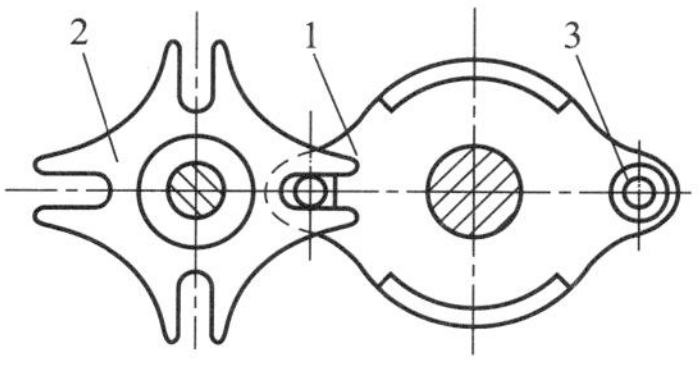	主动件 1 带有对称布置的圆销 3，因此主动件转一周时，从动槽轮 2 可做相同的两次转动和停歇

续表

形式		简图	特点
双销	不对称	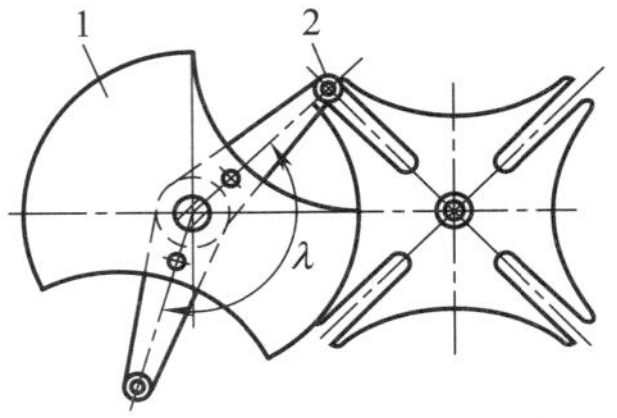 图(a) 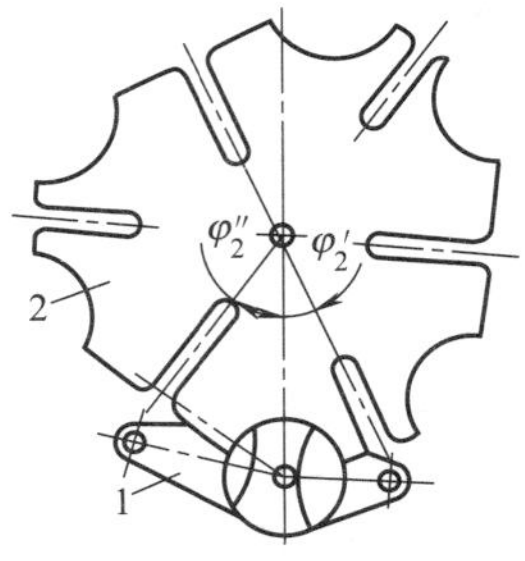 图(b)	图(a)中所示主动件 1 的两个圆销为不对称布置，其夹角为 λ，但两圆销与轴心的距离相等。主动件匀速转一周时，从动槽轮 2 两次转动时间相同，但停歇时间不同 图(b)中所示主动件 1 的两个圆销为不对称布置，两圆销与轴心的距离也不等。因此槽轮 2 两次转动与停歇的时间均不相同
组合机构	椭圆齿轮组合	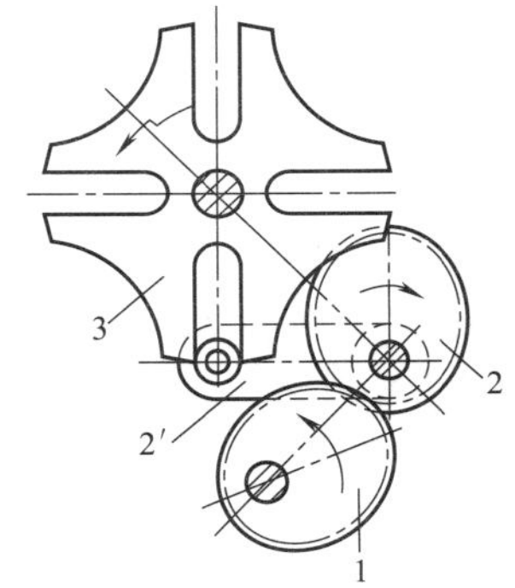	槽轮机构与一对椭圆齿轮机构串联。主动齿轮 1 等速旋转，从动齿轮 2 做变速转动。带圆销的曲柄 2′与齿轮 2 固联，带动槽轮做间歇转动。改变曲柄 2′与齿轮 2 的固联位置就可改变槽轮 3 的转动时间，图示的槽轮是在从动齿轮 2(2′)转动最快时段工作的，故槽轮的转动时间最短
	行星齿轮组合	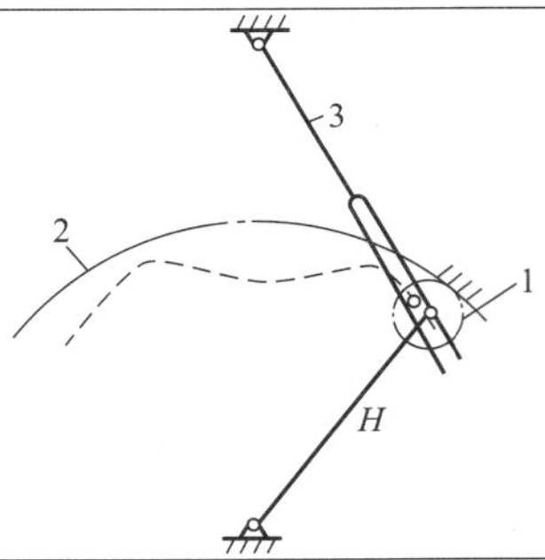	具有系杆 H、固定中心轮 2、行星轮 1 的行星轮系与槽轮机构组合，当主动系杆等速转动时，行星轮 1 上的圆销沿图示虚线（摆线）轨迹运动，带动从动槽轮 3 做间歇转动。合理选择各部参数，可改善其动力特性
	凸轮组合	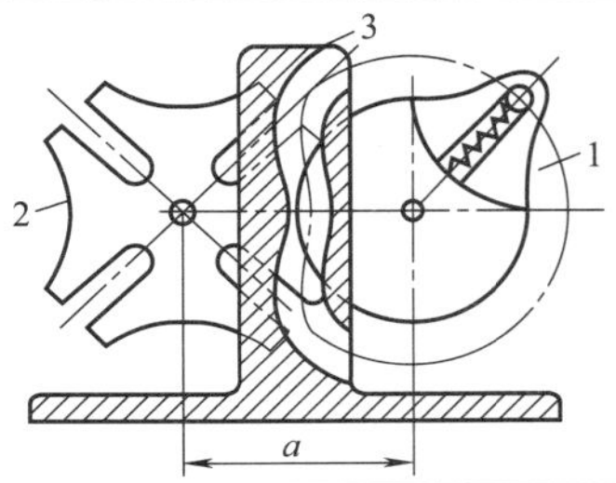	槽轮机构 2 与凸轮机构 1 组合，主动件的圆销装在一个弹性支撑上，当其进入固定凸轮 3 的导槽后，圆销即沿导槽运动。合理设计导槽曲线，可改善槽轮运动时的动力特性，可以设计出无冲击槽轮机构

6.2.2　平面槽轮机构运动设计

如表 11-6-5～表 11-6-7 所示为平面槽轮机构的主要参数计算公式及主要参数值。图 11-6-1 所示为槽轮机构运动曲线。

表 11-6-5　　平面槽轮机构主要参数计算式

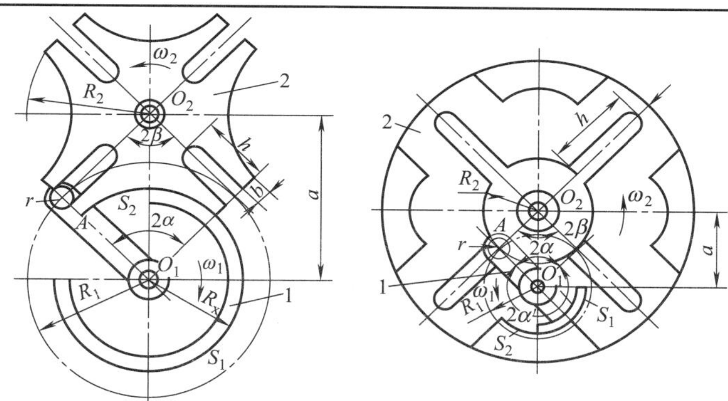

图(a)　外啮合　　　图(b)　内啮合

序号	参数或项目	符号	外　啮　合	内　啮　合
1	槽数 中心距 圆销半径	z a r	$3 \leqslant z \leqslant 18$，$z$ 多时机构尺寸大，z 少时动力性能不好。运动系数等机构特性也与 z 有关，故应根据工作要求全面考虑确定 z a 和 r 根据结构选定	
2	槽轮 2 每次转位时，主动件 1 的转角	2α $(2\alpha')$	$2\alpha=\pi\left(1-\dfrac{2}{z}\right)$	$2\alpha'=\pi\left(1+\dfrac{2}{z}\right)$
3	槽间角	2β	$2\beta=\dfrac{2\pi}{z}=\pi-2\alpha$	$2\beta=\dfrac{2\pi}{z}=2\alpha'-\pi$
4	主动件圆销中心半径	R_1	$R_1=a\sin\beta$	
5	R_1 与 a 的比值	λ	$\lambda=\dfrac{R_1}{a}=\sin\beta$	
6	槽轮外圆半径	R_2	$R_2=\sqrt{(a\cos\beta)^2+r^2}$	
7	槽轮槽深	h	$h \geqslant a(\lambda+\cos\beta-1)+r$	$h \geqslant a(\lambda-\cos\beta+1)+r$
8	主动件轮毂直径	d_0	$d_0<2a(1-\cos\beta)$	按结构选定
9	槽轮轮毂直径	d_k	$d_k<2a(1-\lambda)-2r$	
10	锁止弧半径	R_x	$R_x<R_1-r$	$R_x>R_1+r$
11	锁止凸弧张角	γ	$\gamma=2(\pi-\alpha)$（当 $k=1$ 时）	$\gamma=2(\pi-\alpha')$
12	圆销个数	K	$K<\dfrac{2z}{z-2}$	$K=1$
13	动停比（槽轮每次转位时间 t_d 与停歇时间 t_j 之比）	k	$k=\dfrac{z-2}{\dfrac{2z}{K}-(z-2)}$（$K$ 个圆销均布）	$k=\dfrac{z+2}{z-2}>1$
14	运动系数（槽轮每次转动时间 t_d 与周期 T 之比）	τ	$\tau=\dfrac{z-2}{2z}K<1$	$\tau=\dfrac{z+2}{2z}<1$

续表

序号	参数或项目	符号	外 啮 合	内 啮 合
15	机构运动简图			
16	槽轮的角位移	ϕ_2	$\phi_2=\arctan\frac{\lambda\sin\phi_1}{1+\lambda\cos\phi_1}$ 外啮合 $\phi_1\in[\pi-\alpha,\pi+\alpha]$，内啮合 $\phi_1\in[-\alpha',\alpha']$	
17	槽轮的角速度	ω_2	$\omega_2=\frac{d\phi_1}{dt}=\frac{\lambda^2+\lambda\cos\phi_1}{1+\lambda^2+2\lambda\cos\phi_1}\omega_1$	
18	槽轮的角加速度	ε_2	$\varepsilon_2=\frac{d\omega_1}{dt}=\frac{\lambda(\lambda^2-1)\sin\phi_1}{(1+\lambda^2+2\lambda\cos\phi_1)^2}\omega_1^2$	
19	ω_{2max}及对应的 ϕ_1 角	ϕ_1'	$\phi_1=\phi_1'=\pi,\omega_{2max}=\frac{\lambda}{1-\lambda}\omega_1$	$\phi_1=\phi_1'=0,\ \omega_{2max}=\frac{\lambda}{1+\lambda}\omega_1$
20	对应于 ε_{2max}的 ϕ_1 角	ϕ_1''	$\phi_1=\phi_1''=\pm\arccos\left[\frac{1+\lambda^2}{4\lambda}-\sqrt{\left(\frac{1+\lambda^2}{4\lambda}\right)^2+2}\right]$	$\phi_1=\phi_1''=\pm\alpha'$

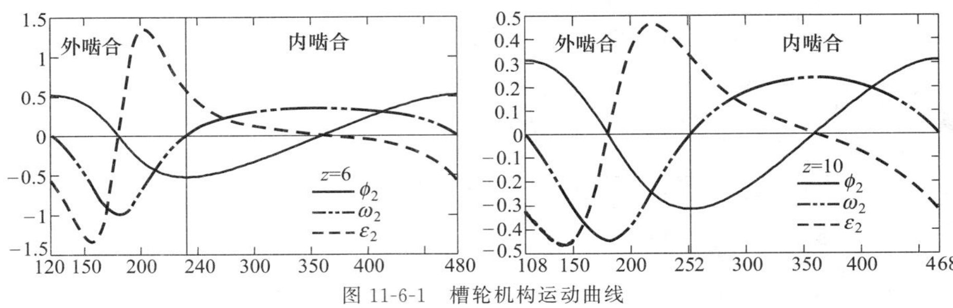

图 11-6-1 槽轮机构运动曲线

表 11-6-6 **平面槽轮机构的主要参数值**

z	2β	λ	外啮合 2α	外啮合 $\frac{\omega_{2max}}{\omega_1}$	外啮合 $\frac{\varepsilon_{2max}}{\omega_1^2}$	外啮合 ϕ_1''	外啮合 $\frac{\varepsilon_{20}}{\omega_1^2}$	外啮合 K_{max}	内啮合 2α′	内啮合 $\frac{\omega_{2max}}{\omega_1}$	内啮合 $\frac{\varepsilon_{2max}}{\omega_1^2}$	内啮合 ϕ_1''
3	120°	0.8660	60°	6.464	31.393	184°45′	±1.732	5	300°	0.464	1.732	210°
4	90°	0.7071	90°	2.414	5.407	191°28′	±1.000	3	270°	0.414	1.000	225°
5	72°	0.5878	108°	1.426	2.299	197°34′	±0.727	3	252°	0.370	0.727	234°
6	60°	0.5000	120°	1.000	1.350	202°54′	±0.577	2	240°	0.333	0.577	240°
7	51°26′	0.4339	128°34′	0.766	0.928	207°33′	±0.482	2	231°26′	0.303	0.482	244°17′
8	45°	0.3827	135°	0.620	0.700	211°39′	±0.414	2	225°	0.277	0.414	247°30′
9	40°	0.3420	140°	0.520	0.560	215°16′	±0.364	2	220°	0.255	0.364	250°
10	36°	0.3090	144°	0.447	0.465	218°29′	±0.325	2	216°	0.236	0.325	252°
12	30°	0.2588	150°	0.349	0.348	220°00′	±0.268	2	210°	0.206	0.268	255°
15	24°	0.2079	156°	0.262	0.253	230°30′	±0.213	2	204°	0.172	0.213	258°
18	20°	0.1737	160°	0.210	0.200	235°31′	±0.176	2	200°	0.148	0.176	260°

注：$\frac{\varepsilon_{20}}{\omega_1^2}$为圆销进出槽轮处 $\phi_1=\pm\alpha$ 的类角加速度，内啮合时其值等于最大类角加速度为$\frac{\varepsilon_{2max}}{\omega_1^2}$。

表 11-6-7　　**平面槽轮机构的运动系数 τ 和动停比 k**

圆销数 K \ 槽数 z			3	4	5	6	7	8	9	10	12	15	18
1	内啮合	τ	5/6	3/4	7/10	2/3	9/14	5/8	11/18	3/5	7/12	17/30	5/9
		k	5	3	7/3	2	9/5	5/3	11/7	3/2	7/5	17/13	5/4
	外啮合	τ	1/6	1/4	3/10	1/3	5/14	3/8	7/18	2/5	5/12	13/30	4/9
		k	1/5	1/3	3/7	1/2	5/9	3/5	7/11	2/3	5/7	13/17	4/5
2		τ	1/3	1/2	3/5	2/3	5/7	3/4	7/9	4/5	5/6	13/15	8/9
		k	1/2	1	3/2	2	5/2	3	7/2	4	5	13/2	8
3		τ	1/2	3/4	9/10								
		k	1	3	9								
4		τ	2/3										
		k	2										
5		τ	5/6										
		k	5										

内啮合 $\tau=\dfrac{z+2}{2z}<1$　　外啮合 $\tau=\dfrac{z-2}{2z}K<1$

内啮合 $k=\dfrac{z+2}{z-2}>1$　　外啮合 $k=\dfrac{z-2}{\dfrac{2z}{K}-(z-2)}$

6.2.3　球面槽轮机构运动设计

表 11-6-8　　**球面槽轮机构的主要参数**

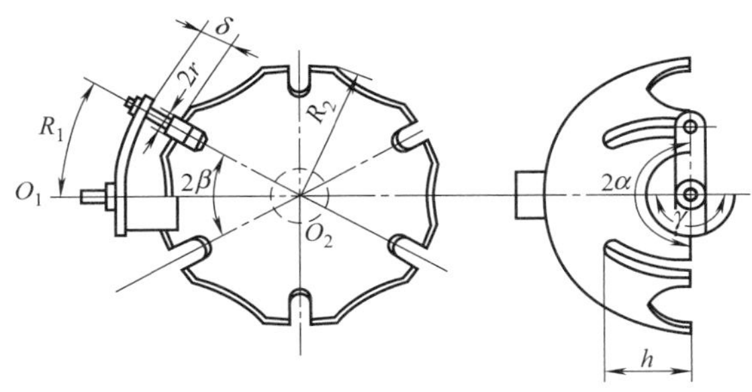

序号	参　　数	符号	计　算　式				
1	槽数	z	3	4	5	6	8
2	槽间角	2β	120°	90°	72°	60°	45°
3	槽轮每次转位时主动件 1 的转角	2α	180°				
4	球面槽轮半径	R_2	由结构需要而定				
5	两轴线位置		直交，主动件的轴线通过球面槽轮的球心				
6	主动件的半径（弧长）	R_1	$R_1=(R_2+\delta)\beta$，δ——由结构确定的间隙				
7	槽深（槽轮轴线方向）	h	$h>R_2\sin\beta+r$				
8	圆销半径	r	根据结构和强度要求而定。圆销中心线通过槽轮的球心				
9	锁止弧张角	γ	180°				
10	圆销数	K	1				
11	动停比	k	1				
12	运动系数	τ	0.5				
13	槽轮最大类角速度	$\dfrac{\omega_{2\max}}{\omega_1}$	1.732	1.000	0.727	0.577	0.414
14	槽轮最大类角加速度	$\dfrac{\varepsilon_{2\max}}{\omega_1^2}$	2.172	0.880	0.579	0.456	0.354

6.2.4　椭圆齿轮槽轮组合机构运动设计

表 11-6-9　　椭圆齿轮槽轮组合机构主要参数计算式

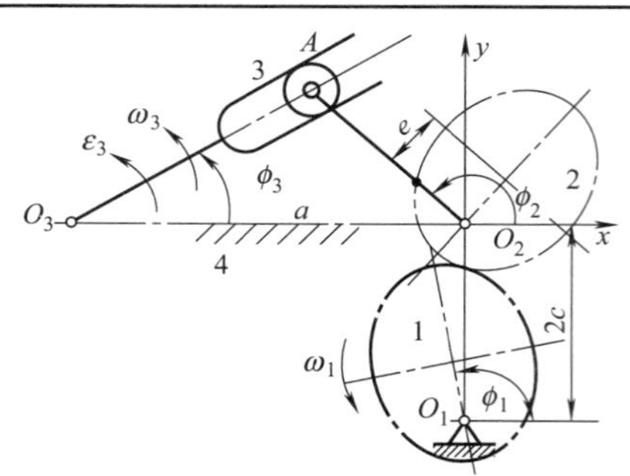

槽轮机构与一对椭圆齿轮机构串联。已知槽轮的槽数为 z，椭圆齿轮机构的中心距为 $2c$、偏心距为 e，主动齿轮 1 以角速度 ω_1 等速转动，从动齿轮 2 做变速转动。改变曲柄 AO_2 与齿轮 2 的固联位置就可改变槽轮的运动系数

序号	参　　数	符号	计　算　式
1	圆销初始安装角度	ϕ_{20}	两椭圆齿轮几何形心在转动中心正上方为初始时刻，此时曲柄 AO_2 的位置角为 ϕ_{20}。本例图 $\phi_{20}=\pi$
2	齿轮偏心率	ε	$\varepsilon=\dfrac{e}{c}$
3	从动齿轮 2 的转角	ϕ_2	$\phi_2=\phi_{20}-2\arctan\left[\dfrac{1+\varepsilon}{1-\varepsilon}\tan\left(\dfrac{\phi_1}{2}-\dfrac{\pi}{4}\right)\right]$
4	从动齿轮 2 的角速度	ω_2	$\omega_2=\dfrac{\varepsilon^2-1}{1+\varepsilon^2-2\varepsilon\sin\phi_1}\omega_1$
5	从动齿轮 2 的角加速度	ε_2	$\varepsilon_2=\dfrac{2\varepsilon(\varepsilon^2-1)\cos\phi_1}{(1+\varepsilon^2-2\varepsilon\sin\phi_1)^2}\omega_1^2$
6	槽间角	2β	$2\beta=\dfrac{2\pi}{z}$
7	圆销入槽时主动齿轮 1 的位置角	ϕ_0	$\phi_0=-2\arctan\left[\dfrac{1-\varepsilon}{1+\varepsilon}\tan\left(\dfrac{3\pi}{4}-\dfrac{\beta}{2}-\dfrac{\phi_{20}}{2}\right)\right]+\dfrac{\pi}{2}$
8	圆销出槽时主动齿轮 1 的位置角	ϕ_0'	$\phi_0'=-2\arctan\left[\dfrac{1-\varepsilon}{1+\varepsilon}\tan\left(\dfrac{\pi}{4}+\dfrac{\beta}{2}-\dfrac{\phi_{20}}{2}\right)\right]+\dfrac{\pi}{2}$
9	槽轮每次转位时主动齿轮 1 的转角	2α	$2\alpha=\phi_0'-\phi_0$
10	动停比	k	$k=\dfrac{\alpha}{\pi-\alpha}$
11	运动系数	τ	$\tau=\dfrac{\alpha}{\pi}$
12	最大运动系数	$\tau_{\max}$	$\tau_{\max}=1-\dfrac{2}{\pi}\arctan\left[\dfrac{1-\varepsilon}{1+\varepsilon}\tan\left(\dfrac{\pi}{4}+\dfrac{\beta}{2}\right)\right]$，$\phi_{20}=0$
13	最小运动系数	$\tau_{\min}$	$\tau_{\min}=\dfrac{2}{\pi}\arctan\left[\dfrac{1-\varepsilon}{1+\varepsilon}\tan\left(\dfrac{\pi}{4}-\dfrac{\beta}{2}\right)\right]$，$\phi_{20}=\pi$
14	圆销回转半径与中心距 $\overline{O_2O_3}$ 的比值	λ	$\lambda=\sin\beta$
15	槽轮 3 的角位移	ϕ_3	$\phi_3=\arctan\dfrac{\lambda\sin\phi_2}{1+\lambda\cos\phi_2}$
16	槽轮 3 的角速度	ω_3	$\omega_3=\dfrac{\lambda^2+\lambda\cos\phi_2}{1+\lambda^2+2\lambda\cos\phi_2}\omega_2$
17	槽轮 3 的角加速度	ε_3	$\varepsilon_3=\dfrac{\lambda(\lambda^2-1)\sin\phi_2}{(1+\lambda^2+2\lambda\cos\phi_2)^2}\omega_2^2+\dfrac{\lambda^2+\lambda\cos\phi_2}{1+\lambda^2+2\lambda\cos\phi_2}\varepsilon_2$

第 11 篇

表 11-6-10　椭圆齿轮槽轮组合机构的主要参数值（$\phi_{20}=\pi$）

z	2β	λ	ε	2α	$\frac{\omega_{3\max}}{\omega_1}$	$\frac{\varepsilon_{3\max}}{\omega_1^2}$	$\frac{\varepsilon_{30}}{\omega_1^2}$	k	$\tau_{\min}$	$\tau_{\max}$
3	120°	0.8660	0.2	40°32′	9.6962	70.7427	±3.6124	0.1268	0.1125	0.2433
			0.4	26°12′	15.0829	171.3044	±8.4269	0.0785	0.0728	0.3557
			0.6	15°20′	25.8564	503.5953	±24.3413	0.0445	0.0426	0.5221
4	90°	0.7071	0.2	61°44′	3.6213	12.2414	±1.8988	0.2070	0.1715	0.3539
			0.4	40°16′	5.6332	29.7076	±4.2205	0.1259	0.1118	0.4892
			0.6	23°40′	9.6569	87.4221	±11.9082	0.0703	0.0657	0.6543
5	72°	0.5878	0.2	75°04′	2.1389	5.2203	±1.2818	0.2634	0.2085	0.4154
			0.4	49°16′	3.3271	12.6886	±2.7365	0.1586	0.1369	0.5548
			0.6	29°04′	5.7037	37.3682	±7.5663	0.0877	0.0807	0.7096
6	60°	0.5000	0.2	84°12′	1.5000	3.0635	±0.9633	0.3053	0.2339	0.4544
			0.4	55°36′	2.3333	7.4491	±1.9913	0.1826	0.1544	0.5935
			0.6	32°52′	4.0000	21.9446	±5.4149	0.1004	0.0913	0.7399
8	45°	0.3827	0.2	96°04′	0.9299	1.5741	±0.6398	0.3639	0.2668	0.5007
			0.4	63°56′	1.4465	3.8219	±1.2619	0.2159	0.1776	0.6369
			0.6	37°56′	2.4797	11.2555	±3.3468	0.1178	0.1054	0.7721
10	36°	0.3090	0.2	103°24′	0.6708	1.0304	±0.4774	0.4028	0.2872	0.5273
			0.4	69°12′	1.0435	2.4954	±0.9119	0.2379	0.1922	0.6607
			0.6	41°12′	1.7889	7.3444	±2.3764	0.1292	0.1144	0.7890
12	30°	0.2588	0.2	108°24′	0.5238	0.7582	±0.3802	0.4307	0.3010	0.5446
			0.4	72°48′	0.8148	1.8314	±0.7097	0.2535	0.2023	0.6757
			0.6	43°24′	1.3968	5.3865	±1.8257	0.1372	0.1207	0.7995
15	24°	0.2079	0.2	113°27′	0.3937	0.5391	±0.2910	0.4602	0.3151	0.5615
			0.4	76°33′	0.6125	1.2978	±0.5299	0.2701	0.2127	0.6901
			0.6	45°47′	1.0499	3.8140	±1.3443	0.1457	0.1272	0.8094
18	20°	0.1736	0.2	116°53′	0.3152	0.4166	±0.2355	0.4808	0.3247	0.5726
			0.4	79°07′	0.4903	1.0002	±0.4216	0.2817	0.2198	0.6994
			0.6	47°23′	0.8406	2.9379	±1.0589	0.1516	0.1316	0.8157

6.2.5　行星齿轮槽轮组合机构运动设计

表 11-6-11　$i=2$ 的行星齿轮槽轮组合机构主要参数计算式

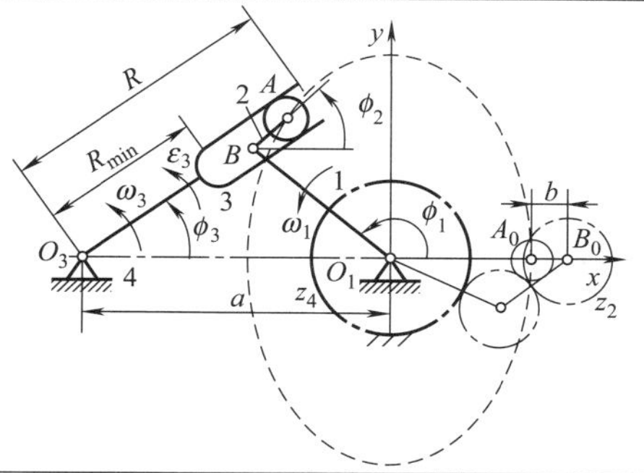

行星轮系 z_4-z_2-1 中行星轮上一点 A 做圆销转动中心，动点 A 的轨迹是一条摆线，所以又称行星机构为摆线曲柄。当相对传动比 $i=i_{24}^{1}=z_4/z_2=2$ 时，摆线为图示虚线椭圆。初始时刻 A_0 点在 O_1B_0 中间。选定槽数 z，可以按照运动系数 τ 进行机构综合

序号	参　　数	符号	计　算　式
1	A 点坐标	x y	$\begin{cases}x=(1-b)\cos\phi_1\\y=(1+b)\sin\phi_1\end{cases}$，系杆 O_1B 长度为 1
2	圆销 A 入槽时原动件 1 的位置角	ϕ_0	$\phi_0=\pi(1-\tau)$，此时 AO_3 与椭圆相切
3	槽轮每次转位时原动件 1 的转角	2α	$2\alpha=2(\pi-\phi_0)$

续表

序号	参 数	符号	计 算 式
4	槽间角	2β	$2\beta=\dfrac{2\pi}{z}$
5	连杆 BA 的相对长度	b	$b=-\dfrac{\cos(\phi_0-\beta)}{\cos(\phi_0+\beta)}$，如果 $b<0$，表示 $\phi_1=0$ 时 A_0 在 O_1B_0 的外侧
6	中心距	a	$a=\dfrac{y_0}{\tan\beta}-x_0=-\dfrac{2\cos\beta}{\cos(\phi_0+\beta)}$，$\begin{cases}x_0=(1-b)\cos\phi_0\\ y_0=(1+b)\sin\phi_0\end{cases}$
7	圆销入槽点槽轮半径	R	$R=\dfrac{y_0}{\sin\beta}=-\dfrac{2\sin^2\phi_0}{\cos(\phi_0+\beta)}$
8	槽轮槽最小半径	R_{min}	$R_{min}=a-(1-b)=-\dfrac{2\cos\beta(1+\cos\phi_0)}{\cos(\phi_0+\beta)}$
9	槽轮 3 的角位移	ϕ_3	$\phi_3=\arctan\dfrac{y}{x+a}=\arctan\dfrac{\sin\phi_0\tan\beta\sin\phi_1}{1-\cos\phi_0\cos\phi_1}$
10	槽轮 3 的角速度	ω_3	$\omega_3=\dfrac{y'(x+a)-yx'}{(x+a)^2+y^2}\omega_1$　$\begin{cases}x'=-(1-b)\sin\phi_1\\ y'=(1+b)\cos\phi_1\end{cases}$ $=-\dfrac{\sin\phi_0\tan\beta(\cos\phi_1-\cos\phi_0)}{(1-\cos\phi_0\cos\phi_1)^2+\sin^2\phi_0\tan^2\beta\sin^2\phi_1}\omega_1$
11	槽轮 3 的最大类角速度	$\dfrac{\omega_{3max}}{\omega_1}$	$\dfrac{\omega_{3max}}{\omega_1}=-\dfrac{\sin\phi_0\tan\beta}{1+\cos\phi_0}$
12	槽轮 3 的角加速度	ε_3	$\varepsilon_3=\dfrac{[y''(x+a)-yx'']\omega_1^2-2[x'(x+a)+yy']\omega_3\omega_1}{(x+a)^2+y^2}$ $\begin{cases}x''=-(1-b)\cos\phi_1\\ y''=-(1+b)\sin\phi_1\end{cases}$

表 11-6-12　　$i=2$ 的行星齿轮槽轮组合机构的主要参数值

z	τ	2α	ϕ_0	b	a	R	R_{min}	$\dfrac{\omega_{3max}}{\omega_1}$	$\dfrac{\varepsilon_{3max}}{\omega_1^2}$	$\dfrac{\varepsilon_{30}}{\omega_1^2}$
3	0.1126	40°32′	159°44′	−0.2198	1.3003	0.3120	0.0805	9.6910	70.6677	±3.6089
	0.2000	72°00′	144°00′	0.1144	1.0946	0.7564	0.2091	5.3307	21.3209	±1.2533
4	0.1715	61°44′	149°08′	−0.2518	1.4584	0.5429	0.2066	3.6222	12.2477	±1.8996
	0.3000	108°00′	126°00′	0.1584	1.4318	1.3253	0.5902	1.9626	3.5529	±0.7639
5	0.2085	75°04′	142°28′	−0.2836	1.6186	0.7426	0.3351	2.1383	5.2174	±1.2812
	0.3500	126°00′	117°00′	0.1756	1.8160	1.7820	0.9915	1.1856	1.5782	±0.5990
6	0.2339	84°12′	137°54′	−0.3143	1.7714	0.9194	0.4571	1.5001	3.0641	±0.9634
	0.3750	135°00′	112°30′	0.1645	2.1832	2.1518	1.3477	0.8641	1.0037	±0.5073
8	0.2669	96°04′	131°58′	−0.3693	2.0478	1.2254	0.6784	0.9296	1.5732	±0.6395
	0.4000	144°00′	108°00′	0.1208	2.8451	2.7855	1.9659	0.5701	0.5938	±0.3909
10	0.2872	103°24′	128°18′	−0.4170	2.2863	1.4805	0.8693	0.6706	1.0299	±0.4772
	0.4500	162°00′	99°00′	0.3446	4.1898	4.2976	3.5343	0.3804	0.3485	±0.3013
12	0.3011	108°24′	125°48′	−0.4582	2.4929	1.6977	1.0347	0.5236	0.7577	±0.3800
	0.4500	162°00′	99°00′	0.2570	4.7496	4.7969	4.0066	0.3137	0.2907	±0.2563
15	0.3151	113°26′	123°17′	−0.5107	2.7534	1.9676	1.2427	0.3937	0.5391	±0.2910
	0.5000	180°00′	90°00′	1.0000	9.4093	9.6195	9.4093	0.2126	0.2034	±0.2034
18	0.3247	116°52′	121°34′	−0.5539	2.9691	2.1890	1.4151	0.3152	0.4167	±0.2355
	0.5000	180°00′	90°00′	1.0000	11.3426	11.5175	11.3426	0.1763	0.1710	±0.1710

表 11-6-13 $i=-1$ 的行星齿轮槽轮组合机构主要参数计算式

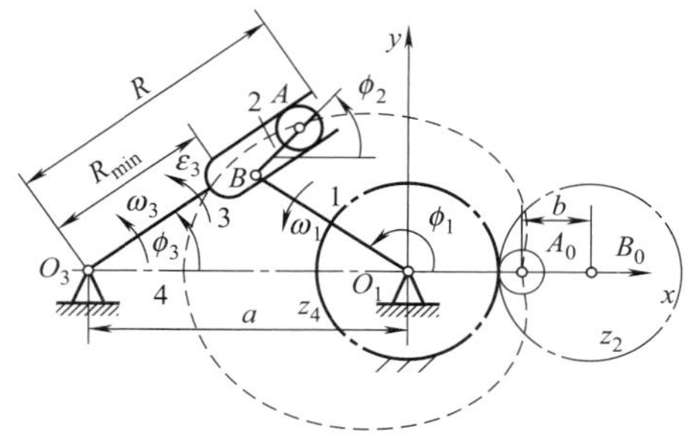

当相对传动比 $i=i_{24}^1=-z_4/z_2=-1$ 时，摆线为对称心形曲线。初始时刻 A_0 点在 O_1B_0 中间。给定槽数 z，不仅可以按照运动系数 τ 进行机构综合，而且适当选择参数还可以得到中位 $\phi_1=\pi$ 处瞬时停歇或者匀速的槽轮机构

序号	参　数	符号	计　算　式
1	A 点坐标	x y	$\begin{cases}x=\cos\phi_1-b\cos2\phi_1\\y=\sin\phi_1-b\sin2\phi_1\end{cases}$，系杆 O_1B 长度为 1
2	最大运动系数	τ_{max}	$\tau_{max}=\dfrac{2(z-1)}{3z}$　此时 $b=-0.5$，槽轮在中位 $\phi_1=\pi$ 处出现瞬时停歇，超过 τ_{max} 槽轮出现倒转现象
3	圆销 A 入槽时原动件 1 的位置角	ϕ_0	$\phi_0=\pi(1-\tau)$，此时 AO_2 与摆线相切
4	槽轮每次转位时原动件 1 的转角	2α	$2\alpha=2(\pi-\phi_0)$
5	槽间角	2β	$2\beta=\dfrac{2\pi}{z}$
6	连杆 BA 的相对长度	b	$b=\dfrac{\cos(\phi_0-\beta)}{2\cos(2\phi_0-\beta)}$，如果 $b<0$，表示 $\phi_1=0$ 时 A_0 在 O_1B_0 的外侧
7	中心距	a	$a=\dfrac{y_0}{\tan\beta}-x_0=\dfrac{\sin(3\phi_0-2\beta)-3\sin\phi_0}{4\sin\beta\cos(2\phi_0-\beta)}$，$\begin{cases}x_0=\cos\phi_0-b\cos2\phi_0\\y_0=\sin\phi_0-b\sin2\phi_0\end{cases}$
8	圆销入槽点槽轮半径	R	$R=\dfrac{y_0}{\sin\beta}=-\dfrac{\sin^2\phi_0\sin(\phi_0-\beta)}{\sin\beta\cos(2\phi_0-\beta)}$
9	槽轮槽最小半径	R_{min}	$R_{min}=a-(1+b)$
10	槽轮 3 的角位移	ϕ_3	$\phi_3=\arctan\dfrac{y}{x+a}$
11	槽轮 3 的角速度	ω_3	$\omega_3=\dfrac{y'(x+a)-yx'}{(x+a)^2+y^2}\omega_1$　$\begin{cases}x'=-\sin\phi_1+2b\sin2\phi_1\\y'=\cos\phi_1-2b\cos2\phi_1\end{cases}$
12	槽轮 3 的最大类角速度	$\dfrac{\omega_{3max}}{\omega_1}$	$\dfrac{\omega_{3max}}{\omega_1}=\dfrac{1+2b}{a-1-b}$
13	槽轮 3 的角加速度	ε_3	$\varepsilon_3=\dfrac{[y''(x+a)-yx'']\omega_1^2-2[x'(x+a)+yy']\omega_3\omega_1}{(x+a)^2+y^2}$ $\begin{cases}x''=-\cos\phi_1+4b\cos2\phi_1\\y''=-\sin\phi_1+4b\sin2\phi_1\end{cases}$

表 11-6-14 $i=-1$ 的行星齿轮槽轮组合机构的主要参数值

z	τ	2α	ϕ_0	b	a	R	R_{min}	$\dfrac{\omega_{3max}}{\omega_1}$	$\dfrac{\varepsilon_{3max}}{\omega_1^2}$	$\dfrac{\varepsilon_{30}}{\omega_1^2}$
3	0.1126	40°32′	159°44′	0.4624	1.6630	0.7470	0.2006	9.5945	69.1827	±3.7539
	0.2000	72°00′	144°00′	−0.0781	1.0814	0.5929	0.1595	5.2916	20.9871	±1.2857
4	0.1715	61°44′	149°08′	0.4240	1.9457	1.2537	0.5217	3.5427	11.6598	±2.0691
	0.3000	108°00′	126°00′	−0.0878	1.3404	1.0261	0.4282	1.9252	3.4008	±0.8072

续表

z	τ	2α	ϕ_0	b	a	R	R_{min}	$\frac{\omega_{3max}}{\omega_1}$	$\frac{\varepsilon_{3max}}{\omega_1^2}$	$\frac{\varepsilon_{30}}{\omega_1^2}$
5	0.2085	75°04′	142°28′	0.3943	2.2575	1.6846	0.8632	2.0720	4.8649	±1.4429
	0.3500	126°00′	117°00′	−0.0822	1.6371	1.4027	0.7194	1.1615	1.5084	±0.6317
6	0.2339	84°12′	137°54′	0.3749	2.5871	2.0868	1.2122	1.4435	2.8184	±1.1115
	0.3750	135°00′	112°30′	−0.0676	1.9479	1.7522	1.0155	0.8517	0.9754	±0.5259
8	0.2669	96°04′	131°58′	0.3485	3.2635	2.8484	1.9150	0.8861	1.4291	±0.7608
	0.4000	144°00′	108°00′	−0.0403	2.5805	2.4233	1.6208	0.5672	0.5894	±0.3958
10	0.2872	103°24′	128°18′	0.3329	3.9547	3.5877	2.6218	0.6354	0.9333	±0.5783
	0.4500	162°00′	99°00′	−0.0782	3.1962	3.1180	2.2744	0.3709	0.3511	±0.3168
12	0.3011	108°24′	125°48′	0.3225	4.6523	4.3162	3.3297	0.4941	0.6879	±0.4661
	0.4500	162°00′	99°00′	−0.0523	3.8320	3.7536	2.8843	0.3104	0.2917	±0.2620
15	0.3151	113°26′	123°17′	0.3128	5.7075	5.4014	4.3947	0.3699	0.4920	±0.3612
	0.5000	180°00′	90°00′	−0.1063	4.8109	4.8097	3.9172	0.2010	0.2220	±0.2217
18	0.3247	116°52′	121°34′	0.3061	6.7659	6.4794	5.4598	0.2953	0.3825	±0.2947
	0.5000	180°00′	90°00′	−0.0882	5.7594	5.7588	4.8476	0.1699	0.1817	±0.1816

表 11-6-15　$i=-1$ 中位匀速的行星齿轮槽轮组合机构的主要参数值

z	τ	2α	ϕ_0	b	a	R	R_{min}	$\frac{\omega_{3max}}{\omega_1}$	$\frac{\varepsilon_{3max}}{\omega_1^2}$	$\frac{\varepsilon_{30}}{\omega_1^2}$	匀速区间
3	0.3574	128°40′	115°40′	−0.2852	1.0031	0.7836	0.2884	1.4893	2.2100	±1.2732	174°～186°
4	0.4083	147°00′	106°30′	−0.2439	1.3145	1.1681	0.5584	0.9175	1.2205	±0.9259	172°～188°
5	0.4395	158°14′	100°53′	−0.2189	1.6320	1.5325	0.8509	0.6608	0.8496	±0.7312	168°～192°
6	0.4609	165°56′	97°02′	−0.2028	1.9528	1.8863	1.1557	0.5143	0.6592	±0.6062	166°～194°
8	0.4882	175°46′	92°07′	−0.1833	2.5996	2.5758	1.7830	0.3553	0.4648	±0.4531	165°～195°
10	0.5047	181°42′	89°09′	−0.1715	3.2496	3.2521	2.4212	0.2714	0.3643	±0.3621	164°～196°
12	0.5158	185°42′	87°09′	−0.1638	3.9014	3.9217	3.0652	0.2194	0.3019	±0.3017	162°～198°
15	0.5275	189°54′	85°03′	−0.1571	4.8826	4.9217	4.0397	0.1698	0.2420	±0.2420	160°～200°
18	0.5350	192°36′	83°42′	−0.1520	5.8637	5.9149	5.0157	0.1388	0.2018	±0.2018	158°～202°

表 11-6-16　$i=\pm n$ 的行星齿轮槽轮组合机构主要参数计算式

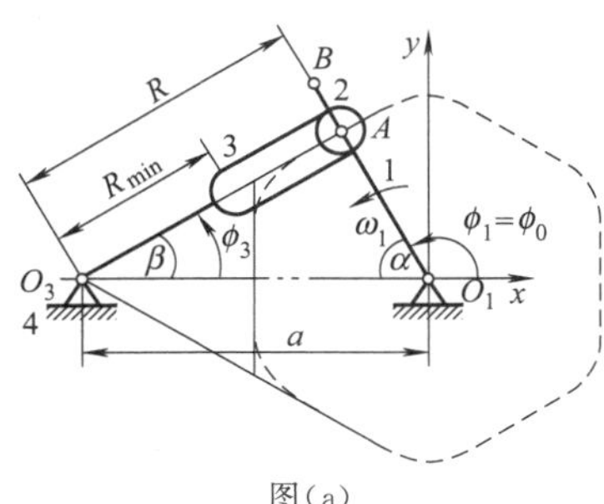

图(a)

A型：当相对传动比 $i=i_{24}^{1}=\pm z_4/z_2=\pm n$，$n$ 为正整数，连杆相对长度 $b=(1-i)^{-2}$ 时，摆线为图(a)中虚线所示的正 n 边形。以边的中点(连杆 AB 与系杆 O_1B 重叠共线位置)为圆销的入、出槽位置可以得到无初始冲击的槽轮机构。当 $\phi_1=0$ 时，行星轮上连杆 AB 的位置角 ϕ_{20} 称为初始安装角

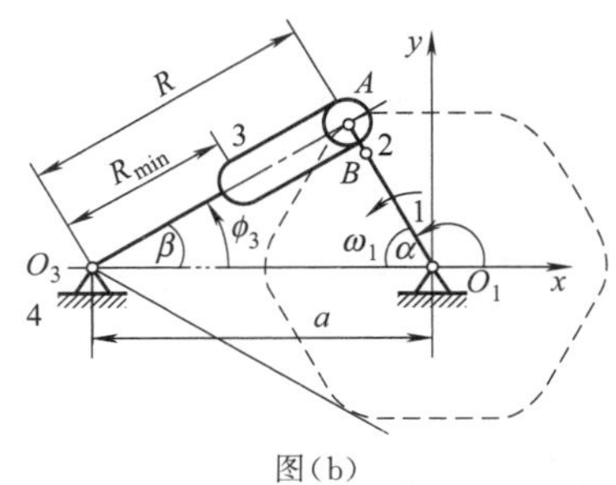

图(b)

B型：相对传动比 $i=i_{24}^{1}=\pm z_4/z_2=\pm n$，$n$ 为正整数，以连杆 AB 与系杆 O_1B 拉直共线位置为圆销的入、出槽位置。适当选择机构参数可降低槽轮最大角速度、最大角加速度及最大跃度，但圆销入、出槽时刻的槽轮角加速度(初始冲击)会变大

续表

序号	参　数	符号	A 型	B 型
1	多边形边数	n	$n=\frac{2z}{z-2}p$　p 为槽轮运动范围即 2α 内包括的边数。选择 p 使 n 为整数。本例中 $z=6$，$p=2$。$p\geqslant 2$ 时，加速度和跃度曲线出现多峰，运动不平稳	
2	相对传动比	i	$i=i_{24}^{1}=\pm n$，$i=n$ 的槽轮最大角速度和角加速度均大于 $i=-n$，推荐使用 $i=-n$	$i=i_{24}^{1}=\pm n$，$i=-n$ 的槽轮最大角速度和角加速度远大于 $i=n$，推荐使用 $i=n$
3	连杆 BA 的相对长度	b	$b=\frac{1}{(1-i)^2}$	$b_{\max}=\frac{1}{\|1-i\|}$
4	初始安装角	ϕ_{20}	$\phi_{20}=\pi$　$n-p$ 为偶数 $\phi_{20}=0$　$n-p$ 为奇数	$\phi_{20}=0$　$n-p$ 为偶数 $\phi_{20}=\pi$　$n-p$ 为奇数
5	槽间角	2β	$2\beta=\frac{2\pi}{z}$	
6	中心距	a	$a=\frac{1-b}{\sin\beta}$	$a=\frac{1+b}{\sin\beta}$
7	圆销入槽点槽轮半径	R	$R=\frac{1-b}{\tan\beta}$	$R=\frac{1+b}{\tan\beta}$
8	槽轮槽最小半径	$R_{\min}$	$R_{\min}=a-(1-b)$　p 为偶数 $R_{\min}=a-(1+b)$　p 为奇数	$R_{\min}=a-(1+b)$　p 为偶数 $R_{\min}=a-(1-b)$　p 为奇数
9	A 点坐标	x y	$\begin{cases}x=\cos\phi_1+b\cos[(1-i)\phi_1+\phi_{20}]\\y=\sin\phi_1+b\sin[(1-i)\phi_1+\phi_{20}]\end{cases}$，系杆 O_1B 长度为 1	
10	槽轮 3 的角位移	ϕ_3	$\phi_3=\arctan\frac{y}{x+a}$	
11	槽轮 3 的角速度	ω_3	$\omega_3=\frac{y'(x+a)-yx'}{(x+a)^2+y^2}\omega_1$　$\begin{cases}x'=-\sin\phi_1-b(1-i)\sin[(1-i)\phi_1+\phi_{20}]\\y'=\cos\phi_1+(1-i)b\cos[(1-i)\phi_1+\phi_{20}]\end{cases}$	
12	槽轮 3 的角加速度	ε_3	$\varepsilon_3=\frac{[y''(x+a)-yx'']\omega_1^2-2[x'(x+a)+yy']\omega_3\omega_1}{(x+a)^2+y^2}$ $\begin{cases}x''=-\cos\phi_1-b(1-i)^2\cos[(1-i)\phi_1+\phi_{20}]\\y''=-\sin\phi_1-b(1-i)^2\sin[(1-i)\phi_1+\phi_{20}]\end{cases}$	

表 11-6-17　　无冲击摆线曲柄槽轮组合机构的主要参数值

z	p	n	i	ϕ_{20}	b	a	R	$R_{\min}$	$\frac{\omega_{3\max}}{\omega_1}$	$\frac{\varepsilon_{3\max}}{\omega_1^2}$
3	1	6	−6	0°	0.0204	1.1311	0.5656	0.1107	10.3214	81.653
			6	0°	0.0400	1.1085	0.5543	0.0685	11.6767	104.85
4	1	4	−4	0°	0.0400	1.3576	0.9600	0.3176	3.7778	13.725
			4	0°	0.1111	1.2571	0.8889	0.1460	4.5672	20.394
	2	8	−8	180°	0.0123	1.3968	0.9877	0.4091	2.1728	6.2714
			8	180°	0.0204	1.3854	0.9796	0.4058	2.8166	7.2694
5	3	10	−10	0°	0.0083	1.6872	1.3650	0.6790	1.6067	3.4233
6	1	3	−3	180°	0.0625	1.8750	1.6238	0.8125	1.5385	3.3242
	2	6	−6	180°	0.0204	1.9592	1.6967	0.9796	0.9347	2.2446
	3	9	−9	180°	0.0100	1.9800	1.7147	0.9700	1.1340	2.0583
8	3	8	−8	0°	0.0123	2.5809	2.3844	1.5685	0.7084	1.1481
10	2	5	−5	0°	0.0278	3.1462	2.9922	2.1740	0.4442	0.9275
	4	10	−10	180°	0.0083	3.2093	3.0522	2.2176	0.4579	0.8621
12	5	12	−12	0	0.0059	3.8408	3.7100	2.8349	0.3799	0.6689
18	4	9	−9	0	0.0100	5.7012	5.6146	4.7112	0.2195	0.3897

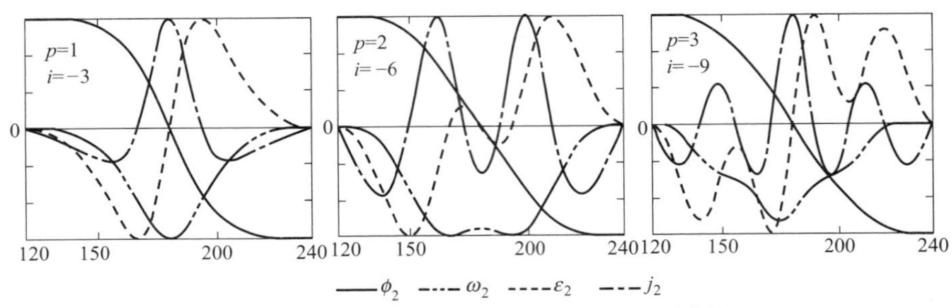

图 11-6-2 $z=6$ 无冲击摆线曲柄槽轮机构运动曲线

表 11-6-18 B 型摆线曲柄槽轮组合机构的主要参数值

z	p	$i=n$	ϕ_{20}	b_{max}	b	a	R	R_{min}	$\frac{\omega_{3max}}{\omega_1}$	$\frac{\varepsilon_{3max}}{\omega_1^2}$	$\frac{j_{3max}}{\omega_1^3}$	$\frac{\varepsilon_{30}}{\omega_1^2}$
3	1	6	180°	0.2000	0	1.1547	0.5774	0.1547	6.4641	31.3906	672.02	±1.7321
					0.0300	1.1893	0.5947	0.2193	5.2430	19.6912	327.83	±2.9428
					0.0400	1.2009	0.6004	0.2409	4.9816	17.5036	272.15	±3.3309
					0.0500	1.2124	0.6062	0.2624	4.7631	15.7513	230.13	±3.7115
4	1	4	180°	0.3333	0	1.4142	1.0000	0.4142	2.4142	5.4053	48.042	±1.0000
					0.0500	1.4849	1.0500	0.5349	2.1498	4.1482	30.897	±1.3810
					0.1111	1.5713	1.1111	0.6825	1.9537	3.3435	20.776	±1.8000
					0.1500	1.6263	1.1500	0.7763	1.8677	3.0405	17.010	±2.0435
6	1	3	0°	0.5	0	2.0000	1.7321	1.0000	1.0000	1.3496	6.0000	±0.5774
					0.1500	2.3000	1.9919	1.4500	0.8966	1.0977	3.7005	±0.8033
					0.2500	2.5000	2.1651	1.7500	0.8571	1.0478	2.9738	±0.9238
					0.3500	2.7000	2.3383	2.0500	0.8293	1.0603	2.5088	±1.0264

注：$b=0$ 是普通槽轮机构。

6.3 不完全齿轮机构设计

不完全齿轮机构是轮齿没有布满整个圆周的渐开线齿轮机构，如图 11-6-3 所示。主动齿轮 1 做连续回转运动，从动齿轮 2 做间歇转动。齿轮 1 的凸锁止弧和齿轮 2 的凹锁止弧所在的齿称为厚齿，是从动齿轮每段齿中首先参与啮合的齿。主动齿轮转一周，从动齿轮间歇运动的次数 N 等于主动齿轮上分布的轮齿段数。图 11-6-3 所示为 $N=1$，主动齿轮转一周，从动齿轮间歇运动一次。不完全齿轮机构的每次间歇运动，可以由多对齿进行啮合来完成，如图 11-6-3（a）所示，段齿数 $z_1=3$；也可以只由一对齿来完成，如图 11-6-3（b）所示，段齿数 $z_1=1$。

主动齿轮每段齿中首先进入啮合的齿，称为首齿，最后进入啮合的齿称为末齿。主动齿轮首末两对齿的啮合过程与普通齿轮机构不同，而中间各对齿的啮合过程则完全相同。当 N 不为 1 时，通常各段齿数相等，且各齿段在主、从动齿轮圆周上均匀分布。有时主动齿轮各齿段不均匀分布，各段齿数也可不相等，以满足特定的运动要求。从动齿轮各段齿槽数与主动齿轮相应段的齿数必相等；从动齿轮各齿段必是均布的。

不完全齿轮机构结构简单，动停比不受机构的限制。但从动齿轮在转动的始末存在速度突变，从而会引起较大的冲击，故只能用在低速、轻载和冲击不影响正常工作的场合。如果在机构中加一对带瞬心线的附加板 L 和 K，使速度渐变，可改善机构的动力特性，如图 11-6-4 所示。

不完全齿轮机构的设计计算主要应考虑以下四方面问题。

① 动停比 k。从动齿轮运动时间和静止时间之比，即动停比应满足设计要求。

② 主动齿轮首、末两齿齿顶高系数 h_{as}^*、h_{am}^* 的确定。主动齿轮中间齿和从动齿轮的齿顶高与普通齿轮相同。一般取齿顶高系数 $h_{a1}^*=h_{a2}^*=1$，但主动齿轮首、末两齿齿顶高系数 h_{as}^*、h_{am}^* 却不相同。为了保证从动齿轮在每次转位前、后都有相同的对称静止位置，从动齿轮的锁止弧中应包含有 K 个整数齿。一般情况下 $h_{am}^*<1$，但 K 如取得不合适，h_{am}^* 可能大于 1。h_{as}^* 的选取原则应避免首齿进入啮合时发生齿顶干涉。理论上可使 $h_{as}^*=h_{am}^*$，实际上考虑加工精度的影响，常取 $h_{as}^*>h_{am}^*$。

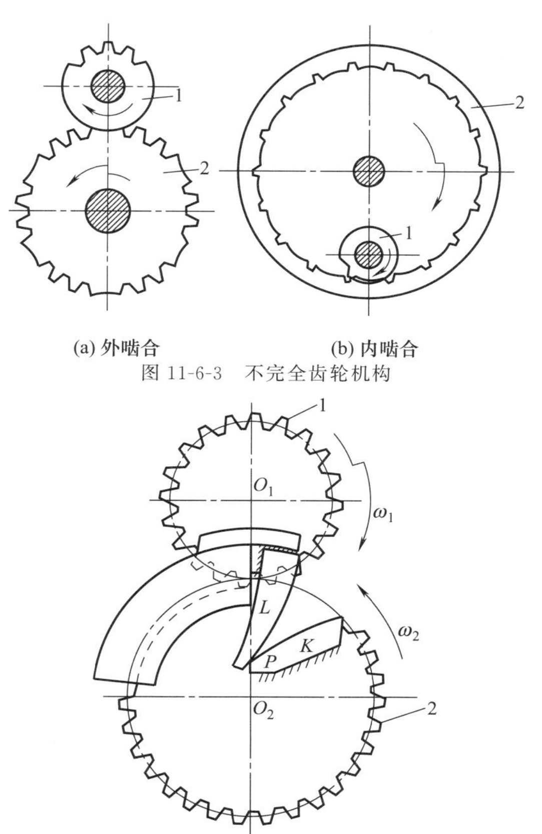

图 11-6-3　不完全齿轮机构

图 11-6-4　带瞬心线附加板的不完全齿轮机构

③ 连续传动性能。因首齿的齿顶高系数 h_{as}^* 有所减小，为使首齿齿顶高降低后的重合度 $\varepsilon>1$，当首齿离开等速比传动的实际啮合线 $\overline{B_1B_2}$ 上的 B_1 点前，如图 11-6-5（a）所示，第二对齿应进入 B_2 点啮合，否则就会产生第二冲击。

④ 锁止弧配置问题。主动齿轮首次进入啮合时，锁止弧终点 E 应在两轮中心线上，如图 11-6-5 所示；末齿脱离啮合时，锁止弧起点 S 也应在两轮中心线上，如图 11-6-6 所示。E 点和 S 点分别与首齿和末齿齿根用过渡曲线（直线或凹弧）相连。从动齿轮在静止位置的锁止凹弧应对称于中心线。为了保证始啮合点 C 不至于因磨损变动，建议锁止凹弧两侧留有 $\Delta s=0.5$mm 的齿顶厚。

如表 11-6-19 所示为外啮合不完全齿轮机构主要参数的计算公式。

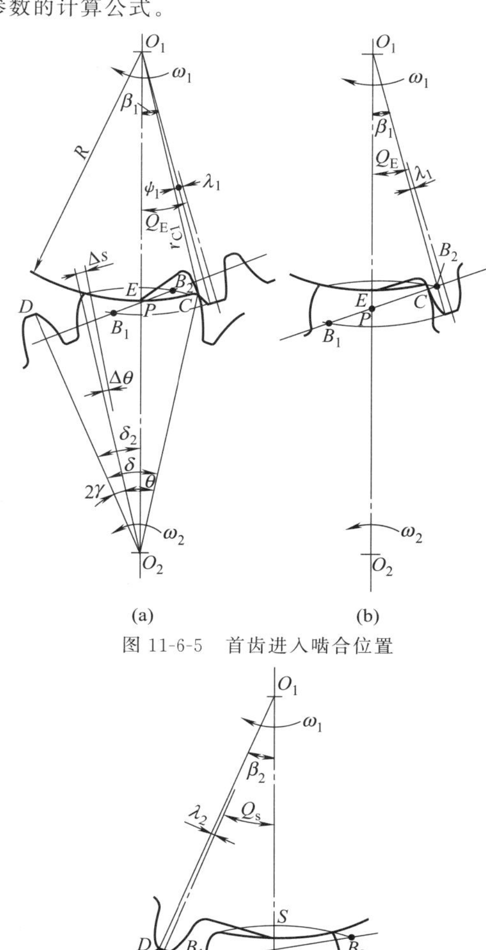

图 11-6-5　首齿进入啮合位置

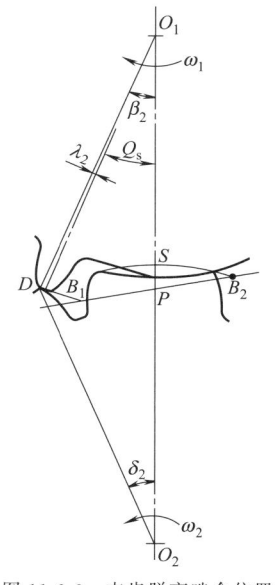

图 11-6-6　末齿脱离啮合位置

表 11-6-19　　外啮合不完全齿轮机构主要参数的计算公式

序号	参　　数	符号	计 算 公 式
1	假想主、从动齿轮布满齿时的齿数	z_1' z_2'	按工作条件确定
2	模数	m	按工作条件确定
3	压力角	α	$\alpha=20°$
4	齿顶高系数	h_{a1}^* h_{a2}^*	$h_{a1}^*=h_{a2}^*=1$
5	中心距	a	$a=\frac{m}{2}(z_1'+z_2')$

续表

<table>
<tr><th>序号</th><th>参 数</th><th>符号</th><th>计 算 公 式</th></tr>
<tr><td>6</td><td>主动齿轮转一周，从动齿轮间歇运动的次数</td><td>N</td><td>按设计要求确定</td></tr>
<tr><td>7</td><td>主动齿轮齿顶压力角</td><td>α_{a1}</td><td>$\alpha_{a1}=\arccos\dfrac{z_1'\cos\alpha}{z_1'+2}$</td></tr>
<tr><td>8</td><td>从动齿轮齿顶压力角</td><td>α_{a2}</td><td>$\alpha_{a2}=\arccos\dfrac{z_2'\cos\alpha}{z_2'+2}$</td></tr>
<tr><td>9</td><td>从动齿轮齿顶圆齿间所对应的中心角</td><td>2γ</td><td>$2\gamma=\dfrac{\pi}{z_2'}+2(\mathrm{inv}\alpha_{a2}-\mathrm{inv}\alpha)$</td></tr>
<tr><td>10</td><td>在一次间歇运动中，从动齿轮转角内所包含的周节数</td><td>z_2</td><td>按设计要求确定</td></tr>
<tr><td>11</td><td>在一次间歇运动中，主动齿轮仅有一个齿时，从动齿轮转角内所包含的周节数</td><td>K</td><td>
<table>
<tr><th>z_2' \ z_1'</th><th>15</th><th>20</th><th>25</th><th>30</th><th>35</th><th>40</th><th>50</th><th>60</th><th>70</th><th>80</th></tr>
<tr><td>15</td><td>1</td><td></td><td></td><td></td><td></td><td></td><td></td><td></td><td></td><td></td></tr>
<tr><td>20</td><td></td><td></td><td></td><td></td><td></td><td></td><td></td><td></td><td></td><td></td></tr>
<tr><td>25</td><td></td><td></td><td></td><td></td><td></td><td></td><td></td><td></td><td></td><td></td></tr>
<tr><td>30</td><td></td><td></td><td></td><td>2</td><td></td><td></td><td></td><td></td><td></td><td></td></tr>
<tr><td>35</td><td></td><td></td><td></td><td></td><td></td><td></td><td></td><td></td><td></td><td></td></tr>
<tr><td>40</td><td></td><td></td><td></td><td></td><td></td><td></td><td></td><td></td><td></td><td></td></tr>
<tr><td>50</td><td></td><td></td><td></td><td></td><td></td><td>3</td><td></td><td></td><td></td><td></td></tr>
<tr><td>60</td><td></td><td></td><td></td><td></td><td></td><td></td><td></td><td></td><td></td><td></td></tr>
<tr><td>70</td><td></td><td></td><td></td><td></td><td></td><td></td><td></td><td></td><td>4</td><td></td></tr>
<tr><td>80</td><td></td><td></td><td></td><td></td><td></td><td></td><td></td><td></td><td></td><td></td></tr>
</table>
</td></tr>
<tr><td>12</td><td>主动齿轮相邻两锁止弧间的齿数</td><td>z_1</td><td>$z_1=z_2+1-K$</td></tr>
<tr><td>13</td><td>在一次间歇运动中，从动齿轮的转角</td><td>δ
δ'</td><td>$\delta=\dfrac{2\pi}{z_2'}K$ （当 $z_1=1$ 时）
$\delta'=\dfrac{2\pi}{z_2'}z_2$ （当 $z_1>1$ 时）</td></tr>
<tr><td>14</td><td>主动齿轮末齿脱离啮合位置时从动齿轮齿顶点所在的位置角</td><td>δ_2</td><td>$\delta_2=\dfrac{\pi}{z_2'}K+\gamma$</td></tr>
<tr><td>15</td><td>主动齿轮末齿齿顶高系数</td><td>h_{am}^*</td><td>$h_{am}^*=\dfrac{-z_1'+\sqrt{z_1'^2+4L}}{2}$
$L=\dfrac{z_2'(z_1'+z_2')+2(1+z_2')-(z_1'+z_2')(2+z_2')\cos\delta_2}{2}$</td></tr>
<tr><td>16</td><td>主动齿轮首齿齿顶高系数</td><td>h_{as}^*</td><td>$h_{as}^*<h_{am}^*$（当 $z_1=1$ 时，$h_{as}^*=h_{am}^*$）</td></tr>
<tr><td>17</td><td>主动齿轮首齿的齿顶压力角</td><td>α_{as}</td><td>$\alpha_{as}=\arccos\dfrac{z_1'\cos\alpha}{z_1'+2h_{as}^*}$</td></tr>
<tr><td>18</td><td>主动齿轮末齿的齿顶压力角</td><td>α_{am}</td><td>$\alpha_{am}=\arccos\dfrac{z_1'\cos\alpha}{z_1'+2h_{am}^*}$</td></tr>
<tr><td>19</td><td>首齿重合度</td><td>ε</td><td>$\varepsilon=\dfrac{z_1'}{2\pi}(\tan\alpha_{as}-\tan\alpha)+\dfrac{z_2'}{2\pi}(\tan\alpha_{a2}-\tan\alpha)$</td></tr>
</table>

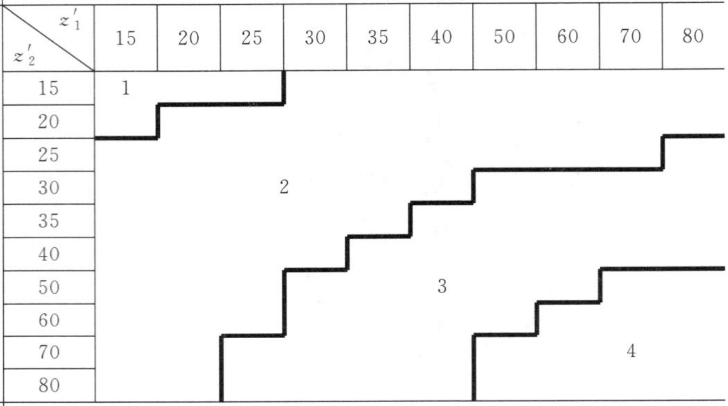

续表

序号	参　　数	符号	计 算 公 式
20	从动齿轮锁止弧两侧齿顶点对应的中心角	θ	$\theta=\delta-2\gamma$
21	从动齿轮锁止弧上对应顶圆齿厚 Δs 的中心角	$\Delta\theta$	$\Delta\theta=\dfrac{1}{z_2'+2}$ $(\Delta s=0.5m)$
22	锁止弧半径	R	$R=\dfrac{m}{2}\sqrt{(z_2'+2)^2+(z_1'+z_2')^2-2(z_2'+2)(z_1'+z_2')\cos\left(\dfrac{\theta}{2}-\Delta\theta\right)}$
23	主动齿轮首齿进入啮合位置时，齿顶点所在位置角	β_1	① $\dfrac{\theta}{2}>\alpha_{a2}-\alpha$，此时初始啮合点 C 在齿轮 2 顶圆上 $\beta_1=\arctan\dfrac{(z_2'+2)\sin\dfrac{\theta}{2}}{z_1'+z_2'-(z_2'+2)\cos\dfrac{\theta}{2}}+\psi_1$ $\psi_1=\mathrm{inv}\alpha_{as}-\mathrm{inv}\alpha_{C1}$ $\alpha_{C1}=\arccos\dfrac{mz_1'\cos\alpha}{2r_{C1}}$ $r_{C1}=\dfrac{m}{2}\sqrt{(z_2'+2)^2+(z_1'+z_2')^2-2(z_2'+2)(z_1'+z_2')\cos\dfrac{\theta}{2}}$ ② $\dfrac{\theta}{2}<\alpha_{a2}-\alpha$，此时初始啮合点 C 在啮合线$\overline{B_1B_2}$上 $\beta_1=(K-0.5)\dfrac{\pi}{z_1'}+\mathrm{inv}\alpha_{as}-\mathrm{inv}\alpha$
24	主动齿轮末齿脱离啮合位置时，齿顶点所在位置角	β_2	$\beta_2=\arcsin\dfrac{(z_2'+2)\sin\delta_2}{z_2'+2h_{am}^*}$
25	主动齿轮凸弧终点 E 的向径 $\overrightarrow{O_1E}$与首齿中线的夹角	Q_E	$Q_E=\beta_1+\lambda_1$ $\lambda_1=\dfrac{\pi}{2z'_1}-\mathrm{inv}\alpha_{as}+\mathrm{inv}\alpha$
26	主动齿轮凸弧起点 S 的向径 $\overrightarrow{O_1S}$与末齿中线的夹角	Q_S	$Q_S=\beta_2+\lambda_2$ $\lambda_2=\dfrac{\pi}{2z_1'}-\mathrm{inv}\alpha_{am}+\mathrm{inv}\alpha$
27	主动齿轮的运动角	β	$\beta=Q_E+Q_S$（当 $z_1=1$ 时） $\beta=Q_E+Q_S+2\pi\dfrac{z_1-1}{z_1'}$（当 $z_1>1$ 时）
28	动停比	k	$k=\dfrac{\beta N}{2\pi-\beta N}$
29	运动系数	τ	$\tau=\dfrac{\beta N}{2\pi}$

例　设计一对外啮合不完全齿轮机构，要求主动齿轮每转一周，从动齿轮转 1/4 周并停歇一次（$N=1$）。

解　根据表 11-6-19 按以下步骤进行选取计算。

① 确定模数 m、齿数 z 和中心距 a。因从动齿轮每次转 1/4 周，选 $z_2=13$，$z_2'=52$，再取 $z_1'=z_2'=52$，则由表 11-6-19 可查得 $K=3$，于是主动齿轮相邻两锁止弧间的齿数：

$$z_1=z_2+1-K=13+1-3=11$$

取模数 $m=5$，得中心距：

$$a=\frac{m}{2}(z_1'+z_2')=\frac{5}{2}\times(52+52)=260(\mathrm{mm})$$

② 压力角 α 和齿顶高系数 h_a^* 取：

$$\alpha=20^\circ\quad h_{a1}^*=h_{a2}^*=1$$

③ 计算齿顶压力角 α_a。

$$\alpha_{a1}=\arccos\frac{z_1'\cos\alpha}{z_1'+2}=\arccos\frac{52\cos20^\circ}{52+2}=25^\circ11'$$

$$\alpha_{a2}=\arccos\frac{z_2'\cos\alpha}{z_2'+2}=\arccos\frac{52\cos20^\circ}{52+2}=25^\circ11'$$

④ 计算在一次间歇运动中，从动齿轮的转角 δ'。

$$\delta=\frac{2\pi}{z_2'}K=\frac{360^\circ}{52}\times3=20^\circ46'\text{（当 }z_1=1\text{ 时）}$$

$$\delta'=\frac{2\pi}{z_2'}z_2=\frac{360^\circ}{52}\times13=90^\circ\text{（当 }z_1=11>1\text{ 时）}$$

⑤ 计算主动齿轮末齿脱离啮合位置时从动齿轮齿顶点

所在的位置角 δ_2。

因为

$$2\gamma=\frac{\pi}{z_2'}+2(\mathrm{inv}\alpha_{a2}-\mathrm{inv}\alpha)=\frac{\pi}{52}+2\times(\mathrm{inv}25°11'-\mathrm{inv}20)=5°16'$$

所以

$$\delta_2=\frac{\pi}{z_2'}K+\gamma=\frac{180°}{52}\times3+2°38'=13°1'$$

⑥ 计算主动齿轮首齿和末齿的齿顶压力角 α_{as} 和 α_{am}。

因为

$$L=\frac{z_2'(z_1'+z_2')+2(1+z_2')-(z_1'+z_2')(2+z_2')\cos\delta_2}{2}=\frac{52\times104+2\times53-104\times54\times\cos13°1'}{2}=21.1997$$

$$h_{am}^*=\frac{-z_1'+\sqrt{z_1'^2+4L}}{2}=\frac{-52+\sqrt{52^2+4\times21.1997}}{2}=0.4045$$

取 $h_{as}^*=0.35$（应使 $h_{as}^*<h_{am}^*$），得到：

$$\alpha_{as}=\arccos\frac{z_1'\cos\alpha}{z_1'+2h_{as}^*}=\arccos\frac{52\times\cos20°}{52+2\times0.35}=22°$$

$$\alpha_{am}=\arccos\frac{z_1'\cos\alpha}{z_1'+2h_{am}^*}=\arccos\frac{52\times\cos20°}{52+2\times0.4045}=22°17'$$

⑦ 计算首齿重合度 ε。

$$\varepsilon=\frac{z_1'}{2\pi}(\tan\alpha_{as}-\tan\alpha)+\frac{z_2'}{2\pi}(\tan\alpha_{a2}-\tan\alpha)=\frac{52}{2\pi}\times(\tan22°-\tan20°)+\frac{52}{2\pi}\times(\tan25°11'-\tan20°)=1.2115>1$$

⑧ 计算从动齿轮锁止弧上的两个角度 θ 和 $\Delta\theta$。

$$\theta=\delta-2\gamma=20°46'-2\times2°38'=15°30'$$

$$\Delta\theta=\frac{1}{z_2'+2}=\frac{1}{52+2}=1°4'$$

⑨ 计算锁止弧半径 R。

$$R=\frac{m}{2}\sqrt{(z_2'+2)^2+(z_1'+z_2')^2-2(z_2'+2)(z_1'+z_2')\cos\left(\frac{\theta}{2}-\Delta\theta\right)}$$

$$=\frac{5}{2}\sqrt{(52+2)^2+(52+52)^2-2\times(52+2)\times(52+52)\times\cos\left(\frac{15°30'}{2}-1°4'\right)}$$

$$=126.8960(\mathrm{mm})$$

⑩ 计算主动齿轮首齿进入啮合位置时，齿顶点所在位置角 β_1。

由于

$$\frac{\theta}{2}=7°45'>\alpha_{a2}-\alpha=5°11'$$

故初始啮合点 C 在从动齿轮顶圆上，计算 β_1 时采用方案 a。

因为

$$r_{C1}=\frac{m}{2}\sqrt{(z_2'+2)^2+(z_1'+z_2')^2-2(z_2'+2)(z_1'+z_2')\cos\frac{\theta}{2}}$$

$$=\frac{5}{2}\sqrt{(52+2)^2+(52+52)^2-2\times(52+2)\times(52+52)\times\cos\frac{15°30'}{2}}$$

$$=127.5380(\mathrm{mm})$$

$$\alpha_{C1}=\arccos\frac{mz_1'\cos\alpha}{2r_{C1}}=\arccos\frac{5\times52\times\cos20°}{2\times127.54}=16°42'$$

$$\psi_1=\mathrm{inv}\alpha_{as}-\mathrm{inv}\alpha_{C1}=\mathrm{inv}22°-\mathrm{inv}16°42'=40'$$

所以

$$\beta_1=\arctan\frac{(z_2'+2)\sin\frac{\theta}{2}}{z_1'+z_2'-(z_2'+2)\cos\frac{\theta}{2}}+\psi_1=\arctan\frac{(52+2)\times\sin\frac{15°30'}{2}}{52+52-(52+2)\times\cos\frac{15°30'}{2}}+40'=9°52'$$

⑪ 计算主动齿轮末齿脱离啮合位置时，齿顶点所在位置角 β_2

$$\beta_2=\arcsin\frac{(z_2'+2)\sin\delta_2}{z_2'+2h_{am}^*}=\arcsin\frac{(52+2)\times\sin13°1'}{52+2\times0.404}=13°19'$$

⑫ 计算过主动齿轮凸弧终点 E 的向径 $\overrightarrow{O_1E}$ 与首齿中线间的夹角 Q_E。

$$\lambda_1=\frac{\pi}{2z_1'}-\mathrm{inv}\alpha_{as}+\mathrm{inv}\alpha=\frac{180°}{2\times52}-\mathrm{inv}22°+\mathrm{inv}20°=1°26'$$

$$Q_E=\beta_1+\lambda_1=8°52'+1°26'=10°18'$$

⑬ 计算过主动齿轮凸弧起始点 S 的向径 $\overrightarrow{O_1S}$ 与末齿中线的夹角 Q_S。

$$\lambda_2=\frac{\pi}{2z_1'}-\mathrm{inv}\alpha_{am}+\mathrm{inv}\alpha=\frac{180°}{2\times52}-\mathrm{inv}22°17'+\mathrm{inv}20°=1°6'$$

$$Q_S=\beta_2+\lambda_2=13°19'-1°6'=12°13'$$

⑭ 计算主动齿轮的运动角 β。

$$\beta=Q_E+Q_S+2\pi\frac{z_1-1}{z_1'}=10°18'+12°13'+360°\times\frac{11-1}{52}=91°45'$$

⑮ 计算动停比 k 与运动系数 τ。

$$k=\frac{\beta N}{2\pi-\beta N}=\frac{91°45'\times1}{360°-91°45'\times1}=0.3421$$

$$\tau=\frac{\beta N}{2\pi}=\frac{91°45'\times1}{360°}=0.2549$$

第 7 章　空间机构设计

7.1　空间机构基础知识

空间机构是指机构中至少有一构件不在相互平行的平面内运动，或者至少有一构件能在三维空间中运动。

7.1.1　空间机构的组成原理

空间机构由若干构件和运动副组成，具有一定的自由度。构件数目、运动副的数目以及运动副的类型不同，则构件的形式、所具有的自由度以及运动空间也各不相同。在第 1 章已对各运动副做了说明，如表 11-1-2 所示，空间机构常以它所含的全部运动副的代号来命名。例如，由 1 个转动副、3 个圆柱副连接而成的机构称为 RCCC 机构。

两个以上的构件通过运动副的连接而构成的系统称为运动链。如果运动链的构件未构成首尾封闭的系统，则称为开式运动链，简称开链；如果运动链的各构件构成首尾封闭的结构，则称为闭式运动链，简称闭链。多于一个闭链的机构称为多闭链机构，或称多闭环机构；只有一个闭链的机构称为单闭链机构或称单闭环机构。运动链图例如表 11-7-1 所示。在运动链中，如果每一个构件都在同一平面或相互平行的平面内运动，则称为平面运动链；否则称为空间运动链。空间机构的自由度计算参考本篇 1.3.4 节及 1.3.5 节。

表 11-7-1　运动链分类及图例

分类			图例	说明
开式运动链	平面开式运动链		1 2 3 4	由两个转动副和一个移动副组成
	空间开式运动链		1 2 3 4 5	由两个转动副和两个球面副组成
闭式运动链	单环闭链	平面闭式运动链	1 2 3 4	由四个转动副组成的平面四杆机构
		空间闭式运动链	1 2 3 4	由四个转动副组成的空间四杆机构
	多环闭链		0 1 2 3 4	构件 0-1-2-3 和构件 0-2-3-4 构成两个闭链

空间机构构件数目、运动副数目以及运动副的类型不同，则机构的形式、所具有的自由度以及运动空间也各不相同。

(1) 空间单闭链机构的组成

对于单闭链机构或 M 相同的单闭环组成的多闭环机构，机构的自由度 F 和运动空间维数 λ 及运动副数目 P 满足关系式

$$F=\sum_{i=1}^{5}(6-i)P_i-\lambda \tag{11-7-1}$$

式中 λ——运动空间维数；

P_i——运动副数目。

当 $F=1$ 时，$\lambda=6$ 时，式 (11-7-1) 可写为 $5P_1+4P_2+3P_3+2P_4+P_5=7$，由此可知其杆件数目 $N\leqslant7$，要形成单封闭形，其杆件数目 $N=P=P_1+P_2+P_3+P_4+P_5\geqslant3$，综上其杆件数目 N 应满足：$3\leqslant N\leqslant7$。

同理，可研究 $\lambda<6$ 的情况。表 11-7-2 列出 $F=1$ 时单闭链机构的数综合结果，如表 11-7-2 所示，可以得到大量由各种不同运动副组成的机构。

由表 11-7-2 可得到如下结论：

① 在闭合约束数相同的机构中，所含运动副的类别越高，组成机构所需的构件数越少；

② 相同个数的构件或运动副，只有满足某些特殊的几何条件，才能组成闭合约束数不同的机构。

(2) 空间多闭链机构的组成

设机构中含有 i 个运动副元素的构件数目为 n_i，对于具有 L 个封闭形、含有 3 个以上运动副元素的多闭链机构，构件数目与封闭形个数之间必须遵循以下关系：

$$\sum_{i=3}^{i_{max}}n_i(i-2)=2(L-1) \tag{11-7-2}$$

构件所含运动副元素数目的最大值为：

$$i_{max}\leqslant L+1 \tag{11-7-3}$$

对于自由度 $F=1$ 的多闭链机构，应满足的条件如下：

$$\sum_{i=1}^{5}iP_i=1+\sum_{i=1}^{L}\lambda_i \tag{11-7-4}$$

式中 λ_i——运动空间维数。

① 假设多封闭形中只存在 Ⅰ 类副，且各封闭形的运动空间维数相同，构件数目 N、封闭形个数 L、运动空间维数 λ 及各构件所含运动副元素最大数目 i_{max} 之间应满足以下关系：

$$L=\frac{N-2}{\lambda-1} \tag{11-7-5}$$

$$i_{max}\leqslant\frac{N+\lambda-3}{\lambda-1} \tag{11-7-6}$$

表 11-7-2 **$F=1$ 时单闭链机构的组成**

构件数目 N ($N=P$)	Ⅰ类副数 P_1	Ⅱ类副数 P_2	Ⅲ类副数 P_3	Ⅳ类副数 P_4	Ⅴ类副数 P_5
7	0	0	0	0	7
6	0	0	0	0	6
	0	0	0	1	5
5	0	0	0	0	5
	0	0	0	1	4
	0	0	1	0	4
	0	0	0	2	3
4	0	0	0	0	4
	0	0	0	1	3
	0	0	1	0	3
	0	1	0	0	3
	0	0	0	2	2
	0	0	1	1	2
	0	0	0	3	1
3	0	0	0	0	3
	0	0	0	1	2
	0	0	1	0	2
	0	1	0	0	2
	1	0	0	0	2
	0	0	0	2	1
	0	0	2	0	1
	0	0	1	1	1
	0	1	0	1	1
	0	0	0	3	0
	0	0	1	2	0

若取 $\lambda=3$，$N=6$，则有 $L=2$，$i_{\max}=3$，并且可以得出：$n_2=4$，$n_3=2$。

② 假设各封闭形的运动空间维数 λ 相同，已知构件数 N 和封闭形个数 L，多闭链机构中各运动副与构件数及闭链数的关系如下：

$$P=\sum_{i=1}^{5}P_i=N+L-1 \qquad (11\text{-}7\text{-}7)$$

因为

$$\sum_{i=1}^{5}iP_i=1+\lambda L \qquad (11\text{-}7\text{-}8)$$

将式（11-7-7）与式（11-7-8）相减，得：

$$\sum_{i=1}^{5}(i-1)P_i=2+(\lambda-1)L-N \qquad (11\text{-}7\text{-}9)$$

当取 $\lambda=6$，$L=2$，$N=3$ 时，有 $i_{\max}=3$，$n_2=1$，$n_3=2$，根据式（11-7-7）和式（11-7-9），有：

$$\left.\begin{array}{l}P_1+P_2+P_3+P_4+P_5=4\\P_2+2P_3+3P_4+4P_5=9\end{array}\right\} \qquad (11\text{-}7\text{-}10)$$

根据式（11-7-10），对于 $\lambda=6$，$L=2$，$F=1$ 的空间三杆机构，可得出如表 11-7-3 所示的各种组成方案。

当取 $\lambda=6$，$L=2$，$N=4$ 时，有 $i_{\max}=3$，$n_3=2$，$n_2=2$，根据式（11-7-7）和式（11-7-9），有：

$$\left.\begin{array}{l}P_1+P_2+P_3+P_4+P_5=5\\P_2+2P_3+3P_4+4P_5=8\end{array}\right\} \qquad (11\text{-}7\text{-}11)$$

根据式（11-7-11），对于 $\lambda=6$，$L=2$，$F=1$ 的空间四杆机构，可得出如表 11-7-4 所示的各种组成方案。

当取 $\lambda=6$，$L=2$，$N=5$ 时，有 $i_{\max}=3$，$n_3=2$，$n_2=3$，根据式（11-7-7）和式（11-7-9），有

$$\left.\begin{array}{l}P_1+P_2+P_3+P_4+P_5=6\\P_2+2P_3+3P_4+4P_5=7\end{array}\right\} \qquad (11\text{-}7\text{-}12)$$

根据式（11-7-12），对于 $\lambda=6$，$L=2$，$F=1$ 的空间五杆机构，可得出如表 11-7-5 所示的各种组成方案。

（3）空间开链机构的组成

空间开链机构是从机架开始依次用运动副连接各杆组成的，末杆与机架不产生连接。由于空间开链机构的用途主要是实现末杆在空间的位置和方向，因此开链机构的组成问题主要是研究各运动副的类型，以及各杆相互位置关系对实现末杆位置和方向的影响。

开链机构的末杆在空间中最多可有 6 个自由度，其中 3 个为移动自由度，另 3 个为转动自由度。末杆位置的实现方式如表 11-7-6 所示。

表 11-7-3　组成方案（一）

	$n=3,n_3=2,n_2=1$						
P_2	2	1	1	1	0	0	0
P_3	0	2	1	0	3	1	0
P_4	1	0	2	0	1	1	3
P_5	1	1	0	2	0	1	0
P_1	0	0	0	1	0	1	1
Σ	4						

表 11-7-4　组成方案（二）

	$n=4,n_3=2,n_2=2$									
P_2	4	3	2	2	2	1	1	0	0	0	0
P_3	0	1	3	1	0	2	0	4	2	1	0
P_4	0	1	0	0	2	1	1	0	0	2	0
P_5	1	0	0	1	0	0	1	0	1	0	2
P_1	0	0	0	1	1	1	2	1	2	2	3
Σ	5										

表 11-7-5　组成方案（三）

	$n=5,n_3=2,n_2=3$								
P_2	5	4	3	3	2	1	1	0	0
P_3	1	0	2	0	1	3	1	2	0
P_4	0	1	0	0	1	0	0	1	1
P_5	0	0	0	1	0	0	1	0	1
P_1	0	1	1	2	2	2	3	3	4
Σ	6								

表 11-7-6 **开链机构的末杆位置和方向**

末杆运动	运动副类型	末杆位置和方向	图例	说明
3 个转动自由度	3 个转动副	实现末杆在空间任意方向转动	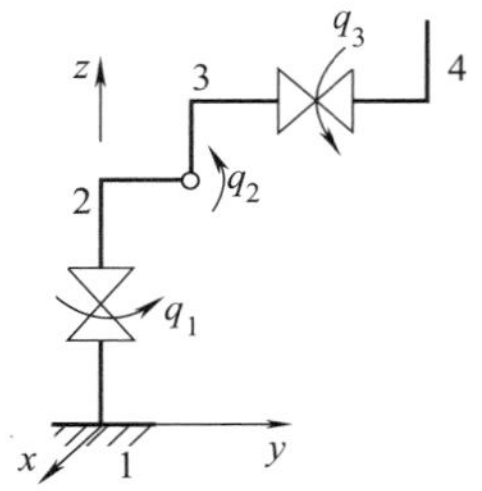	三个相互独立的转动副可实现末杆 4 的任意转动
末杆位移	3 个移动副	实现末杆的任意位置	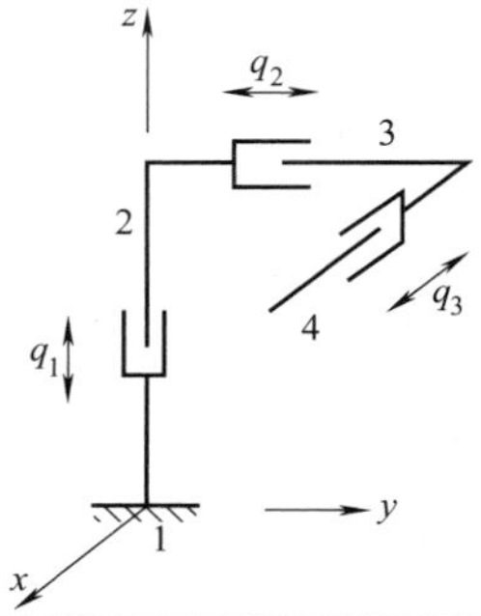	三个移动副轴线相互垂直，可以实现末杆 4 的任意位置
	1 个转动副和 2 个移动副	实现末杆的任意位置	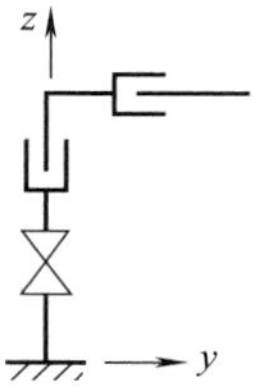 图(a) 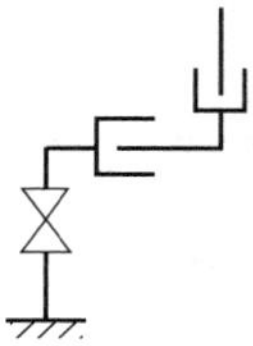 图(b) 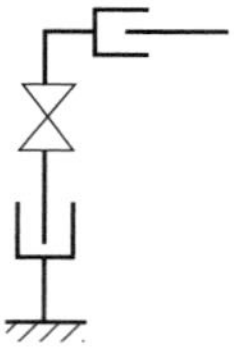 图(c) 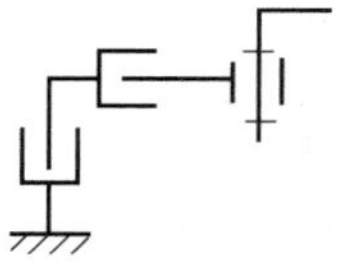 图(d) 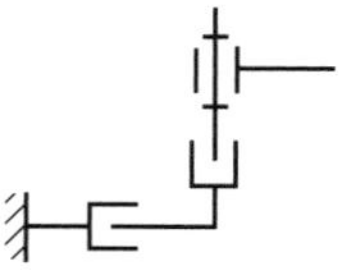 图(e) 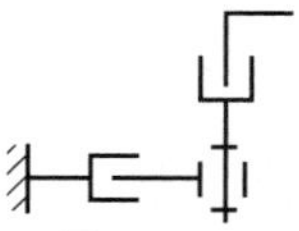 图(f)	由转动副产生的末杆移动必定在垂直于转轴的平面上，例如，由 1 个转动副、2 个移动副组成的机构，如果移动副的方向分别选为 y、z 轴方向，则转动副轴线不能垂直于两个移动副轴线所确定的平面，才能产生 x 轴方向的移动量。如左图(a)所示转动副的轴线与其中一个移动副的轴线重合，可使末杆产生 x 轴方向的移动。左图(b)～图(f)所示的 5 种结构形式，均可实现末杆的任意位置
			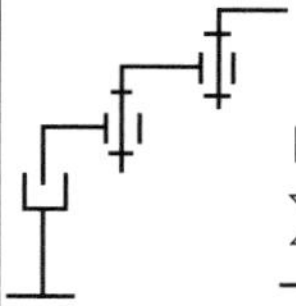 图(a) 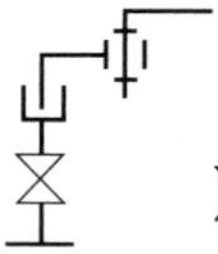 图(b) 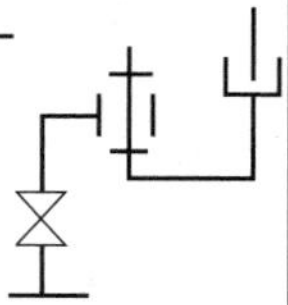 图(c)	两个转动副轴线平行，可实现末杆的任意位置

续表

末杆运动	运动副类型	末杆位置和方向	图例	说明
末杆位移	1 个移动副和 2 个转动副	实现末杆的任意位置	图(a)　图(b) 图(c)　图(d) 图(e)　图(f)	两个转动副轴线垂直，可实现末杆的任意位置
末杆位移 末杆方向	3 个转动副	实现末杆的任意位置和方向	图(a)　图(b) 图(c)	通常其中 2 个转动副的轴线相互垂直，以产生不同平面上的独立位移，组成机构如本表第一栏所示，不仅可以实现末杆的任意方向，也可实现末杆的任意位置。若采取其中两轴平行的方式，可组成左图所示机构形式

以上分别讨论了实现末杆方向和位置的开链机构，如果要同时实现末杆的 6 个自由度，可将这些开链组合起来，得到实现末杆 6 个自由度的开链机构，如图 11-7-1 所示。

7.1.2　空间机构的数学基础

在进行空间机构的运动分析、力分析及设计计算之前，必须先熟悉有关的数学方法。要对空间机构运动进行研究，首先要在各构件上固连一坐标系（称为杆件坐标系），然后通过坐标变换的方法，列出有关构件坐标系之间的关系式；最后通过消元方法消去某些中间变量，以求得所关心的未知量。对于自由度为 1 的机构，未知量的求解最终归结为求解形如 $f(x)=0$ 的高阶代数方程；对于多自由度机构，未知量的求解归结为求解多元非线性方程组。

7.1.2.1　回转变换矩阵

回转变化矩阵的求法如表 11-7-7 所示。

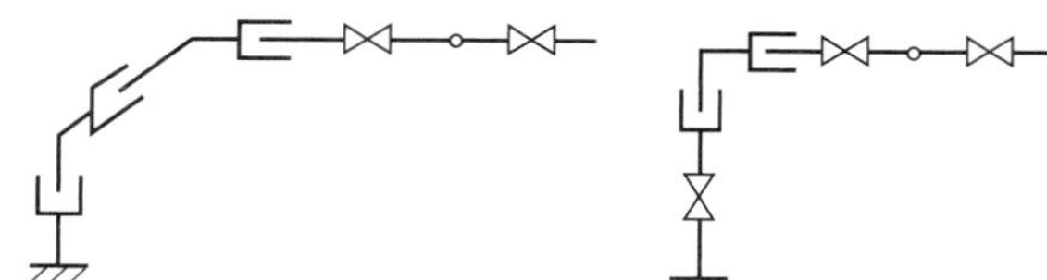
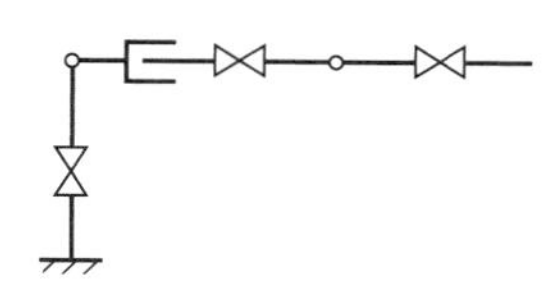
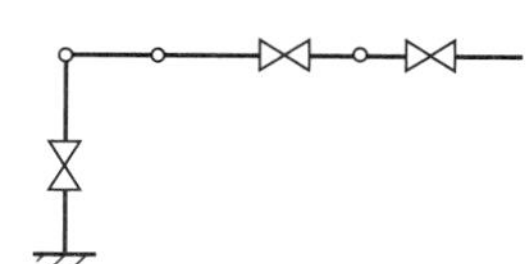

图 11-7-1　实现末杆的位置和方向

表 11-7-7 **回转变换矩阵**

<table>
<tr><th>名称</th><th>图例及计算说明</th></tr>
<tr><td>点的位置在坐标系中的表示</td><td>
图(a)

如图(a)所示为杆件坐标系。杆件上任一点 P 相对于杆件坐标系的位置，可以用它在三根坐标轴上的坐标来决定，表示为 $P(x,y,z)$，也可以用从原点 O 指向 P 的位置向量 $\boldsymbol{R}$ 来表示，即

$$\boldsymbol{R}=x\boldsymbol{i}+y\boldsymbol{j}+z\boldsymbol{k} \tag{11-7-13}$$

上式可写为矩阵形式

$$\boldsymbol{R}=[\boldsymbol{i}\quad\boldsymbol{j}\quad\boldsymbol{k}]\begin{bmatrix}x\\y\\z\end{bmatrix}=\begin{bmatrix}1&0&0\\0&1&0\\0&0&1\end{bmatrix}\begin{bmatrix}x\\y\\z\end{bmatrix}=[\boldsymbol{I}]\begin{bmatrix}x\\y\\z\end{bmatrix}=\begin{bmatrix}x\\y\\z\end{bmatrix} \tag{11-7-14}$$

式中 $[\boldsymbol{I}]$——3×3 单位矩阵

由于坐标系是固连于杆件的，因此，杆件上某点相应于该杆件的坐标与该杆件的运动无关，是常数
</td></tr>
<tr><td>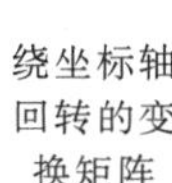
绕坐标轴回转的变换矩阵</td><td>
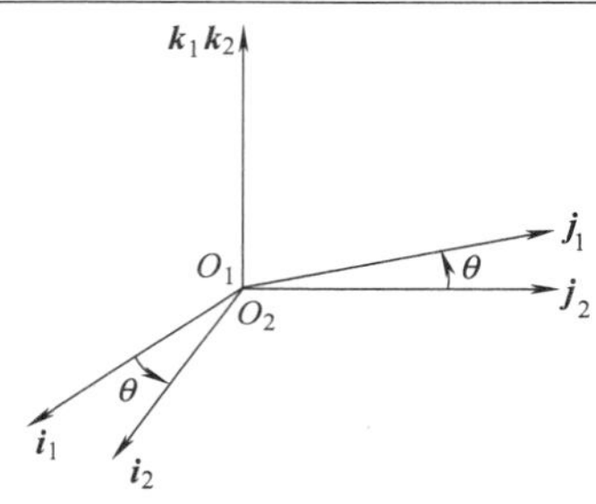

图(b)

如图(b)所示有两个坐标系，$O_1\boldsymbol{i}_1\boldsymbol{j}_1\boldsymbol{k}_1$ 为 1 系，$O_2\boldsymbol{i}_2\boldsymbol{j}_2\boldsymbol{k}_2$ 为 2 系。设在没有转动之前两系的各轴重合。2 系绕 k_1 轴旋转 θ 角后，以 1 系为参考系来观察 2 系的位置，有

$$\boldsymbol{i}_2=\begin{bmatrix}\cos\theta\\\sin\theta\\0\end{bmatrix}\quad\boldsymbol{j}_2=\begin{bmatrix}-\sin\theta\\\cos\theta\\0\end{bmatrix}\quad\boldsymbol{k}_2=\begin{bmatrix}0\\0\\1\end{bmatrix} \tag{11-7-15}$$

它们等于单位向量 $\boldsymbol{i}_2$、$\boldsymbol{j}_2$、$\boldsymbol{k}_2$ 分别与 $\boldsymbol{i}_1$、$\boldsymbol{j}_1$、$\boldsymbol{k}_1$ 的点积，即

$$\boldsymbol{i}_2=\begin{bmatrix}\boldsymbol{i}_2\cdot\boldsymbol{i}_1\\\boldsymbol{i}_2\cdot\boldsymbol{j}_1\\\boldsymbol{i}_2\cdot\boldsymbol{k}_1\end{bmatrix}\quad\boldsymbol{j}_2=\begin{bmatrix}\boldsymbol{j}_2\cdot\boldsymbol{i}_1\\\boldsymbol{j}_2\cdot\boldsymbol{j}_1\\\boldsymbol{j}_2\cdot\boldsymbol{k}_1\end{bmatrix}\quad\boldsymbol{k}_2=\begin{bmatrix}\boldsymbol{k}_2\cdot\boldsymbol{i}_1\\\boldsymbol{k}_2\cdot\boldsymbol{j}_1\\\boldsymbol{k}_2\cdot\boldsymbol{k}_1\end{bmatrix} \tag{11-7-16}$$

将式 (11-7-16) 写成矩阵

$$[\boldsymbol{i}_2\quad\boldsymbol{j}_2\quad\boldsymbol{k}_2]=\begin{bmatrix}\cos\theta&-\sin\theta&0\\\sin\theta&\cos\theta&0\\0&0&1\end{bmatrix} \tag{11-7-17}$$

上式右边为 3×3 方阵，各元素是运动参数 θ 的函数，表示 2 系绕参考系（1 系）的轴 $\boldsymbol{k}_1$ 旋转 θ 角后的新位置。这个矩阵称为回转变换矩阵，记为 $\boldsymbol{E}^{k\theta}$，即

$$\boldsymbol{E}^{k\theta}=\begin{bmatrix}\cos\theta&-\sin\theta&0\\\sin\theta&\cos\theta&0\\0&0&1\end{bmatrix} \tag{11-7-18}$$

从 $O_1\boldsymbol{i}_1\boldsymbol{j}_1\boldsymbol{k}_1$ 系上观察，$O_2\boldsymbol{i}_2\boldsymbol{j}_2\boldsymbol{k}_2$ 系的新位置是由没有回转之前的旧位置（即与 $O_1\boldsymbol{i}_1\boldsymbol{j}_1\boldsymbol{k}_1$ 重合的位置）乘以回转变换矩阵得到，即

$$[\boldsymbol{i}_2\quad\boldsymbol{j}_2\quad\boldsymbol{k}_2]=\begin{bmatrix}\cos\theta&-\sin\theta&0\\\sin\theta&\cos\theta&0\\0&0&1\end{bmatrix}\begin{bmatrix}1&0&0\\0&1&0\\0&0&1\end{bmatrix}=\begin{bmatrix}\cos\theta&-\sin\theta&0\\\sin\theta&\cos\theta&0\\0&0&1\end{bmatrix}[\boldsymbol{i}_1\quad\boldsymbol{j}_1\quad\boldsymbol{k}_1] \tag{11-7-19}$$

此结论适用于固连于运动坐标上的任何向量。跟随杆件坐标系一起回转的某点 P（位置向量 $\boldsymbol{R}$），运动后到达新的位置 P'（从 1 系上观察，位置向量为 $\boldsymbol{R}'$）则
</td></tr>
</table>

续表

<table>
<tr><th>名称</th><th>图例及计算说明</th></tr>
<tr><td>绕坐标轴回转的变换矩阵</td><td>

$$[\boldsymbol{R}'] = \boldsymbol{E}^{k\theta}[\boldsymbol{R}] \tag{11-7-20}$$

即

$$\begin{bmatrix} x' \\ y' \\ z' \end{bmatrix} = \boldsymbol{E}^{k\theta} \begin{bmatrix} x \\ y \\ z \end{bmatrix} \tag{11-7-21}$$

于是可导出绕 $\boldsymbol{j}_1$ 轴旋转的回转变换矩阵 $\boldsymbol{E}^{j\theta}$ 和绕 $\boldsymbol{i}_1$ 轴旋转的回转变换矩阵 $\boldsymbol{E}^{i\theta}$，即

$$\boldsymbol{E}^{j\theta} = \begin{bmatrix} \cos\theta & 0 & \sin\theta \\ 0 & 1 & 0 \\ -\sin\theta & 0 & \cos\theta \end{bmatrix} \tag{11-7-22}$$

$$\boldsymbol{E}^{i\theta} = \begin{bmatrix} 1 & 0 & 0 \\ 0 & \cos\theta & -\sin\theta \\ 0 & \sin\theta & \cos\theta \end{bmatrix} \tag{11-7-23}$$

</td></tr>
<tr><td rowspan="2">绕任意轴回转的变换矩阵</td><td>

绕通过原点的任意轴回转的变换矩阵

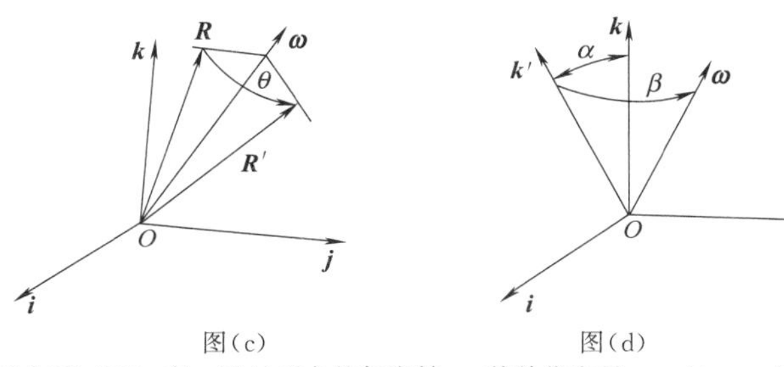

图(c)　　图(d)

如图(c)所示，参考坐标系 $Oijk$，有一通过原点的任意轴 $\boldsymbol{\omega}$，其单位向量 $\boldsymbol{\omega}=(\boldsymbol{\lambda},\boldsymbol{\mu},\boldsymbol{\nu})$，$\boldsymbol{\lambda}=\boldsymbol{\omega}\cdot\boldsymbol{i}$，$\boldsymbol{\mu}=\boldsymbol{\omega}\cdot\boldsymbol{j}$，$\boldsymbol{\nu}=\boldsymbol{\omega}\cdot\boldsymbol{k}$。向量 $\boldsymbol{R}$ 的初始位置为 (x,y,z)，绕 $\boldsymbol{\omega}$ 轴旋转 θ 角后到达新位置 $\boldsymbol{R}'=(x',y',z')$。根据式(11-7-20)有

$$\boldsymbol{R}' = \begin{bmatrix} x' \\ y' \\ z' \end{bmatrix} = \boldsymbol{E}^{\omega\theta} \begin{bmatrix} x \\ y \\ z \end{bmatrix} = \boldsymbol{E}^{\omega\theta}(\boldsymbol{R}) \tag{11-7-24}$$

轴 $\boldsymbol{\omega}$ 的位置可以看作由 $\boldsymbol{k}$ 轴的位置经两次绕坐标轴的转动而获得。如图(d)所示，将 $\boldsymbol{k}$ 轴绕 $\boldsymbol{j}$ 轴转 α 角至 $\boldsymbol{k}'$ 位置，此时 $\boldsymbol{k}'$ 仍在 Oki 平面上；再使 $\boldsymbol{k}'$ 轴绕 $\boldsymbol{k}$ 轴转 β 角即可到达 $\boldsymbol{\omega}$ 轴位置。用回转变换矩阵表达这一过程，有

$$\begin{aligned} \boldsymbol{\omega} = \begin{bmatrix} \boldsymbol{\lambda} \\ \boldsymbol{\mu} \\ \boldsymbol{\nu} \end{bmatrix} &= \boldsymbol{E}^{k\beta}\boldsymbol{E}^{j\alpha}(\boldsymbol{k}) = \begin{bmatrix} \cos\beta & -\sin\beta & 0 \\ \sin\beta & \cos\beta & 0 \\ 0 & 0 & 1 \end{bmatrix} \begin{bmatrix} \cos\alpha & 0 & \sin\alpha \\ 0 & 1 & 0 \\ -\sin\alpha & 0 & \cos\alpha \end{bmatrix} \begin{bmatrix} 0 \\ 0 \\ 1 \end{bmatrix} \\ &= \begin{bmatrix} \cos\alpha & \sin\alpha \\ \cos\alpha & \sin\alpha \\ \cos\alpha & \end{bmatrix} \end{aligned} \tag{11-7-25}$$

按对应元素相等的原则可解得

$$\begin{cases} \beta = \arctan\left(\dfrac{\boldsymbol{\mu}}{\boldsymbol{\lambda}}\right) \\ \alpha = \arccos(\boldsymbol{\nu}) \end{cases} \tag{11-7-26}$$

</td></tr>
<tr><td>

绕空间任意轴回转的变换矩阵

向量 $\boldsymbol{R}$ 绕 $\boldsymbol{\omega}$ 轴转到新位置 $\boldsymbol{R}'$，首先固定 $\boldsymbol{R}$ 与 $\boldsymbol{\omega}$ 的相对位置，将它们一起绕 $\boldsymbol{k}$ 轴转 $-\boldsymbol{\beta}$ 角使 $\boldsymbol{\omega}$ 到达 $\boldsymbol{k}'$ 的位置，再绕 $\boldsymbol{j}$ 轴转 $-\alpha$ 角使 $\boldsymbol{\omega}$ 到达与 $\boldsymbol{k}$ 轴重合的位置。然后将 $\boldsymbol{R}$ 绕 $\boldsymbol{\omega}$ 轴即 $\boldsymbol{k}$ 轴转 θ 角到达 $\boldsymbol{R}''$，再将 $\boldsymbol{R}''$ 与 $\boldsymbol{\omega}$ 的相对位置固定，将它们一起先绕 $\boldsymbol{j}$ 轴转 α 角，再绕 $\boldsymbol{k}$ 轴转 β 角，使 $\boldsymbol{\omega}$ 回到原来的位置，此时 $\boldsymbol{R}''$ 也到达 $\boldsymbol{R}'$ 的位置。这一系列旋转可用绕坐标轴回转的变换矩阵表示即

$$\boldsymbol{R}' = \boldsymbol{E}^{\omega\theta}(\boldsymbol{R}) = \boldsymbol{E}^{k\beta}\boldsymbol{E}^{j\alpha}\boldsymbol{E}^{k\theta}\boldsymbol{E}^{j(-\alpha)}\boldsymbol{E}^{k(-\beta)}(\boldsymbol{R})$$

有

$$\boldsymbol{E}^{\omega\theta} = \boldsymbol{E}^{k\beta}\boldsymbol{E}^{j\alpha}\boldsymbol{E}^{k\theta}\boldsymbol{E}^{j(-\alpha)}\boldsymbol{E}^{k(-\beta)} \tag{11-7-27}$$

把式(11-7-27)右边的 5 个回转矩阵相乘，得绕任意轴 $\boldsymbol{\omega}$ 旋转的回转变换矩阵

$$\boldsymbol{E\omega}^{\omega\theta} = \begin{bmatrix} \cos\theta+\lambda^2(1-\cos\theta) & \lambda\mu(1-\cos\theta)-\nu\sin\theta & \lambda\mu(1-\cos\theta)-\nu\sin\theta \\ \lambda\mu(1-\cos\theta)+\nu\sin\theta & \cos\theta+\mu^2(1-\cos\theta) & \nu\lambda(1-\cos\theta)-\lambda\sin\theta \\ \nu\lambda(1-\cos\theta)-\mu\sin\theta & \mu\nu(1-\cos\theta)+\lambda\sin\theta & \cos\theta+\nu^2(1-\cos\theta) \end{bmatrix} \tag{11-7-28}$$

</td></tr>
</table>

续表

名称	图例及计算说明
绕定点回转的变换矩阵	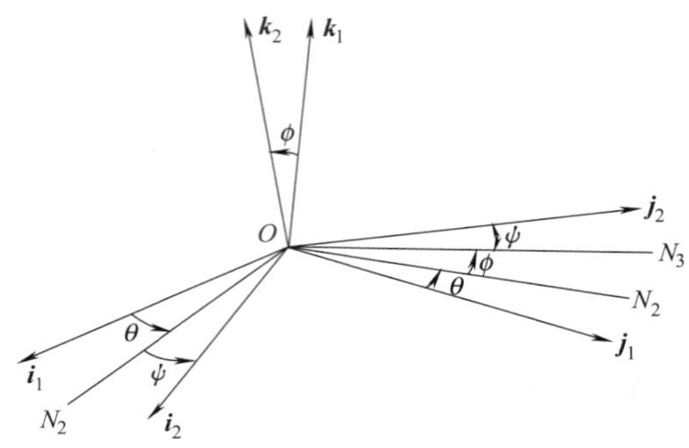 图(e) 如图(e)所示为两坐标系绕公共原点作定点任意转动的情况。2 系 $O\boldsymbol{i}_2\boldsymbol{j}_2\boldsymbol{k}_2$ 是 1 系 $O\boldsymbol{i}_1\boldsymbol{j}_1\boldsymbol{k}_1$ 绕公共原点 O 作定点任意转动后到达的位置。为了利用前述绕坐标轴回转的变换矩阵来表示绕定点转动的坐标变换，可使坐标系 1 经若干次绕坐标轴转动而达到坐标系 2 的位置 以 $O\boldsymbol{i}_1\boldsymbol{j}_1\boldsymbol{k}_1$ 为参考系，运动坐标系的初始位置为 $\boldsymbol{i}^{(0)}=[1\quad 0\quad 0]^{\mathrm{T}}$、$\boldsymbol{j}^{(0)}=[0\quad 1\quad 0]^{\mathrm{T}}$、$\boldsymbol{k}^{(0)}=[0\quad 0\quad 1]^{\mathrm{T}}$ 第一次转动：设 $\boldsymbol{k}_1$ 与 $\boldsymbol{k}_2$ 的公垂线为 ON_1。1 系绕 $\boldsymbol{k}_1$ 轴旋转 θ 角，使 $\boldsymbol{i}_1$ 轴到达 ON_1 位置，此时 $\boldsymbol{j}_1$ 到达 N_2 位置。有 $$[\boldsymbol{i}^{(1)}\quad \boldsymbol{j}^{(1)}\quad \boldsymbol{k}^{(1)}]=\boldsymbol{E}^{k\theta}[\boldsymbol{i}^{(0)}\quad \boldsymbol{j}^{(0)}\quad \boldsymbol{k}^{(0)}]=\boldsymbol{E}^{k\theta}[\boldsymbol{I}]$$ 第二次转动：由于 ON_1 为 $\boldsymbol{k}_1$ 与 $\boldsymbol{k}_2$ 的公垂线，绕 ON_1 旋转 ϕ 角可达 $\boldsymbol{k}_2$ 位置，此时 $\boldsymbol{j}_1$ 到达 N_3 位置。根据式(11-7-27)有 $$\boldsymbol{E}^{i(1)\theta}=\boldsymbol{E}^{k\theta}\boldsymbol{E}^{i\phi}\boldsymbol{E}^{k(-\theta)}$$ 故有 $$[\boldsymbol{i}^{(2)}\quad \boldsymbol{j}^{(2)}\quad \boldsymbol{k}^{(2)}]=\boldsymbol{E}^{k\theta}\boldsymbol{E}^{i\phi}\boldsymbol{E}^{k(-\theta)}[\boldsymbol{i}^{(1)}\quad \boldsymbol{j}^{(1)}\quad \boldsymbol{k}^{(1)}]=\boldsymbol{E}^{k\theta}\boldsymbol{E}^{i\phi}\boldsymbol{E}^{k(-\theta)}\boldsymbol{E}^{k\theta}[\boldsymbol{I}]$$ 式中　$\boldsymbol{E}^{k(-\theta)}\boldsymbol{E}^{k\theta}$——先后两次相反方向的转动，转角相同，转动效果抵消，因此 $$[\boldsymbol{i}^{(2)}\quad \boldsymbol{j}^{(2)}\quad \boldsymbol{k}^{(2)}]=\boldsymbol{E}^{k\theta}\boldsymbol{E}^{i\phi}[\boldsymbol{I}]$$ 第三次转动：绕 $\boldsymbol{k}_2$ 轴旋转 ψ 角最终使 $\boldsymbol{i}_1$ 轴从 N_1 位置到达 $\boldsymbol{i}_2$ 轴位置，此时 $\boldsymbol{j}_1$ 轴到达 $\boldsymbol{j}_2$ 轴位置。有 $$[\boldsymbol{i}^{(3)}\quad \boldsymbol{j}^{(3)}\quad \boldsymbol{k}^{(3)}]=\boldsymbol{E}^{k\theta}\boldsymbol{E}^{i\phi}\boldsymbol{E}^{k\psi}\boldsymbol{E}^{i(-\phi)}\boldsymbol{E}^{k(-\theta)}[\boldsymbol{i}^{(2)}\quad \boldsymbol{j}^{(2)}\quad \boldsymbol{k}^{(2)}]=\boldsymbol{E}^{k\theta}\boldsymbol{E}^{i\phi}\boldsymbol{E}^{k\psi}\boldsymbol{E}^{k(-\phi)}\boldsymbol{E}^{i(-\theta)}\boldsymbol{E}^{k(-\theta)}\boldsymbol{E}^{i\phi}[\boldsymbol{I}]$$ 上式最右边的四个转动相互抵消，故有 $$[\boldsymbol{i}^{(3)}\quad \boldsymbol{j}^{(3)}\quad \boldsymbol{k}^{(3)}]=\boldsymbol{E}^{k\theta}\boldsymbol{E}^{i\phi}\boldsymbol{E}^{k\psi}[\boldsymbol{I}]$$ 即 $$[\boldsymbol{i}_2\quad \boldsymbol{j}_2\quad \boldsymbol{k}_2]=\boldsymbol{E}^{k\theta}\boldsymbol{E}^{i\phi}\boldsymbol{E}^{k\psi}[\boldsymbol{i}_1\quad \boldsymbol{j}_1\quad \boldsymbol{k}_1]$$ 令 E 表示绕定点转动的回转变换矩阵，有 $$\boldsymbol{E}=\boldsymbol{E}^{k\theta}\boldsymbol{E}^{i\phi}\boldsymbol{E}^{k\psi}\quad(11\text{-}7\text{-}29)$$ 式中　θ,ϕ,ψ——定点转动的三个欧拉角
不共原点的坐标变换	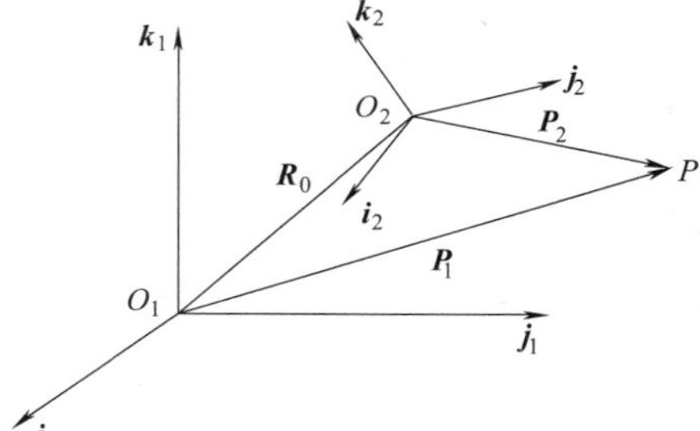 图(f) 如图(f)所示，坐标系 $O_2\boldsymbol{i}_2\boldsymbol{j}_2\boldsymbol{k}_2$ 对坐标系 $O_1\boldsymbol{i}_1\boldsymbol{j}_1\boldsymbol{k}_1$ 不仅有相对转动，而且有相互移动。用 $\boldsymbol{R}_0$ 表示由 O_1 指向 O_2 的向量，$\boldsymbol{R}_0=\overrightarrow{O_1O_2}=[x_0 y_0 z_0]^{\mathrm{T}}$。对于空间点 P，它在 1 系中的坐标为(x_1,y_1,z_1)，在 2 系中的坐标为(x_2,y_2,z_2)，有

续表

<table>
<tr><th>名称</th><th>图例及计算说明</th></tr>
<tr><td>不共原点的坐标变换</td><td>

$$\boldsymbol{P}_1=\begin{bmatrix}x_1\\y_1\\z_1\end{bmatrix}=\boldsymbol{R}_0+\boldsymbol{E}\begin{bmatrix}x_2\\y_2\\z_2\end{bmatrix}=\boldsymbol{R}_0+\boldsymbol{E}(\boldsymbol{P}_2) \qquad (11\text{-}7\text{-}30)$$

式中　$\boldsymbol{E}$——相对转动的变换矩阵
$\boldsymbol{R}_0$——相对移动向量
</td></tr>
<tr><td>齐次变换</td><td>

在某些场合，可用一个 4×4 变换矩阵来表达不共原点的坐标变换。设在式(11-7-30)中

$$\boldsymbol{E}=\begin{bmatrix}e_{11}&e_{12}&e_{13}\\e_{21}&e_{22}&e_{23}\\e_{31}&e_{32}&e_{33}\end{bmatrix}$$

展开式(11-7-30)得

$$\begin{cases}x_1=x_0+e_{11}x_2+e_{12}y_2+e_{13}z_2\\y_1=y_0+e_{21}x_2+e_{22}y_2+e_{23}z_2\\z_1=z_0+e_{31}x_2+e_{32}y_2+e_{33}z_2\end{cases} \qquad (11\text{-}7\text{-}31)$$

将式（11-7-31）写成矩阵，有

$$\begin{bmatrix}x_1\\y_1\\z\\1\end{bmatrix}\begin{bmatrix}e_{11}&e_{12}&e_{13}&x_2\\e_{21}&e_{22}&e_{23}&y_2\\e_{31}&e_{32}&e_{33}&z_2\\0&0&0&1\end{bmatrix}=\boldsymbol{M}_{12}\begin{bmatrix}x_2\\y_2\\z_2\\1\end{bmatrix} \qquad (11\text{-}7\text{-}32)$$

展开式（11-7-32）可得式（11-7-31）的三个式子及恒等式 1=1，因而式（11-7-32）与式（11-7-30）是完全等价的。式（11-7-32）称为齐次变换，变换矩阵 M_{12} 为 4×4 矩阵，结构为

$$\boldsymbol{M}_{12}=\left[\begin{array}{ccc:c}&[\boldsymbol{E}]&&[\boldsymbol{R}_0]\\\hdashline 0&0&0&1\end{array}\right] \qquad (11\text{-}7\text{-}33)$$

式中　$[\boldsymbol{E}]$——3×3 回转变换矩阵
$[\boldsymbol{R}_0]$——平移向量坐标列阵
</td></tr>
</table>

7.1.2.2　多项式方程解法

表 11-7-8　　多项式方程解法

<table>
<tr><td>基本概念</td><td>

空间机构的分析与综合通常归结为求解形如 $f(x)=0$ 的多项式方程，为 x 的 n 次多项式，即

$$f(x)=a_0x^n+a_1x^{n-1}+a_2x^{n-2}+\cdots+a_{n-1}+a_n=\sum_{i=0}^{n}a_ix^{(n-1)} \qquad (11\text{-}7\text{-}34)$$

式中　$a_i(i=0、1、\cdots、n)$——常数，n 是正整数
使 $f(x)=0$ 成立的 x 值称为 $f(x)$ 的根
对 $n\leqslant4$ 的多项式方程可用公式求根；对 $n>4$ 的高次方程，可用以下方法求解
</td></tr>
<tr><td>对分区间法</td><td>

根据连续函数的形式，若 $f(x)$ 在区间 $[a,b]$ 的两端点处函数值异号，即 $f(a)f(b)<0$，则 (a,b) 是 $f(x)$ 的有根区间，在 (a,b) 中至少有一个根。用 $x^*=1/2(a+b)$ 平分 (a,b) 为两个区间，若 $f(x^*)=0$，则 x^* 是 $f(x)$ 的一个根。否则，若 $f(x^*)f(a)<0$，则 (a,x^*) 为有根区间，反之 (x^*,b) 为有根区间。新得有根区间长度为原来的一半。取新区间的中点重复上述过程 n 次，如果还没有找到根，则有根区间已为开始的 $\left(\frac{1}{2}\right)^n$。当 n 充分大时，可取最后区间的中点 x_n^* 作为根的近似值，其误差小于 $\frac{b-a}{2^{n+1}}$
</td></tr>
<tr><td>迭代法</td><td>

设法将方程 $f(x)=0$ 化为便于迭代的形式

$$g(x)=\phi(x) \qquad (11\text{-}7\text{-}35)$$

作迭代序列

$$g(x_{n+1})=\phi(x_n) \qquad (11\text{-}7\text{-}36)$$

设两导数的比值

$$\alpha=\frac{\phi'(x)}{g'(x)}\bigg|_{x=x^n} \qquad (11\text{-}7\text{-}37)$$

如果 $|\alpha|<1$，则式(11-7-36)序列收敛于 $f(x)$ 的根
</td></tr>
</table>

续表

<table>
<tr><td>牛顿法</td><td>将 $f(x)$ 在 x^* 附近线性展开为
$$f(x)=f(x^*)+f'(x^*)(x-x^*) \quad (11\text{-}7\text{-}38)$$
$f(x)=0$ 在 x^* 附近的近似方程为
$$f(x^*)+f'(x^*)(x-x^*)=0 \quad (11\text{-}7\text{-}39)$$
式中 x^*——根的某个近似值
设 $f'(x^*)\neq 0$，则式(11-7-39)的解为
$$x=x^*-\frac{f(x^*)}{f'(x^*)} \quad (11\text{-}7\text{-}40)$$
迭代公式为
$$x_{n+1}=x_n-\frac{f(x_n)}{f'(x_n)} \quad (11\text{-}7\text{-}41)$$
如果
$$|f'(x^*)|^2>\left|\frac{f''(x^*)}{2}\right||f(x^*)| \quad (11\text{-}7\text{-}42)$$
则式(11-7-41)的迭代序列收敛</td></tr>
</table>

7.1.2.3 非线性方程组解法（牛顿法）

设各方程为二元函数

$$\begin{cases}\mu(x,y)=0\\ \nu(x,y)=0\end{cases} \quad (11\text{-}7\text{-}43)$$

使式（11-7-43）成立的 x、y 值称为该方程组的解。牛顿法的基本思路是将非线性问题线性化而形成迭代序列。将式（11-7-53）在 P^*（x^*，y^*）附近线性展开，有：

$$\mu(x,y)=\mu(x^*,y^*)+\frac{\partial\mu}{\partial x}(x-x^*)+\frac{\partial\mu}{\partial y}(y-y^*)$$

$$\nu(x,y)=\nu(x^*,y^*)+\frac{\partial\mu}{\partial x}(x-x^*)+\frac{\partial\nu}{\partial y}(y-y^*)$$

式（11-7-43）的近似方程组为：

$$\begin{cases}\dfrac{\partial\mu}{\partial x}(x-x^*)+\dfrac{\partial\mu}{\partial y}(y-y^*)+\mu(x^*,y^*)=0\\ \dfrac{\partial\nu}{\partial x}(x-x^*)+\dfrac{\partial\nu}{\partial y}(y-y^*)+\nu(x^*,y^*)=0\end{cases}$$

设系数行列式

$$J^*=\begin{vmatrix}\dfrac{\partial\mu}{\partial x} & \dfrac{\partial\mu}{\partial y}\\ \dfrac{\partial\nu}{\partial x} & \dfrac{\partial\nu}{\partial y}\end{vmatrix}\neq 0$$

按线性方程组的解法，有：

$$\begin{cases}x-x^*=\dfrac{1}{J^*}\begin{vmatrix}-\mu^* & \dfrac{\partial\mu}{\partial y}\\ -\nu^* & \dfrac{\partial\nu}{\partial y}\end{vmatrix}\\ y-y^*=\dfrac{1}{J^*}\begin{vmatrix}\dfrac{\partial\mu}{\partial x} & -\mu^*\\ \dfrac{\partial\nu}{\partial x} & -\nu^*\end{vmatrix}\end{cases}$$

各偏导数取（x^*，y^*）处的值。迭代公式为

$$\begin{cases}x_{n+1}=x_n+\dfrac{1}{J_n}\begin{vmatrix}\dfrac{\partial\mu}{\partial y} & \mu_n\\ \dfrac{\partial\nu}{\partial y} & \nu_n\end{vmatrix}=x_n+\dfrac{J_n^x}{J_n}\\ y_{n+1}=y_n+\dfrac{1}{J_n}\begin{vmatrix}\mu_n & \dfrac{\partial\mu}{\partial x}\\ \nu_n & \dfrac{\partial\nu}{\partial x}\end{vmatrix}=y_n+\dfrac{J_n^y}{J_n}\end{cases} \quad (11\text{-}7\text{-}44)$$

7.2 空间机构的运动分析

运动分析主要包括位移分析、速度分析和加速度分析，它们分别对应主动件、从动件的位移、速度和加速度关系求解。主、从动件的运动关系包含两个问题：一个是已知原动件的运动规律，求解未知从动件运动规律，主要见于对现有机构的运动分析；另一个是已知从动件的运动规律，求解实现这些运动规律所需的原动件运动规律，主要见于机构的运动设计。

7.2.1 运动分析基础

空间机构学中广泛应用 D-H（Denavit-Hartenberg）坐标系，借此可将相邻杆件坐标系的回转变换用两个绕坐标轴回转变换矩阵来表示。用坐标变换方法得到的机构主、从动件之间的位移关系式，称为机构的一般位形方程。它含有机构中所有运动参数和结构参数，对一般位形方程进行整理，以便用多项式方程和非线性方程组的方法求解构件的运动规律。

D-H 坐标系及位姿方程概念如表 11-7-9 所示。

表 11-7-9　　D-H 坐标系和位姿方程

<table>
<tr><th>名称</th><th>图例及说明</th></tr>
<tr><td>D-H
坐标系</td><td>

D-H 坐标系，适于分析用运动副特别是Ⅰ、Ⅱ类副连接起来的各杆件之间的运动关系。D-H 坐标系规定，各系 k 轴与各运动副轴线重合。如图(a)所示，A、B 为两相邻运动副，A 连接构件 $n-1$ 和构件 n，B 连接构件 n 和构件 $n+1$。选取 $\boldsymbol{k}_{n-1}$ 与 $\boldsymbol{k}_n$ 的公垂线规定为 $\boldsymbol{i}_n$ 轴，$\boldsymbol{i}_n$ 从 $\boldsymbol{k}_{n-1}$ 指向 $\boldsymbol{k}_n$。公垂线 $\boldsymbol{i}_n$ 在 $\boldsymbol{k}_n$ 轴上的垂足为坐标系 $\boldsymbol{i}_n\boldsymbol{k}_n\boldsymbol{j}_n$ 的原点 O_n。当杆件坐标系确定后，相邻两系之间有如下四个参数：

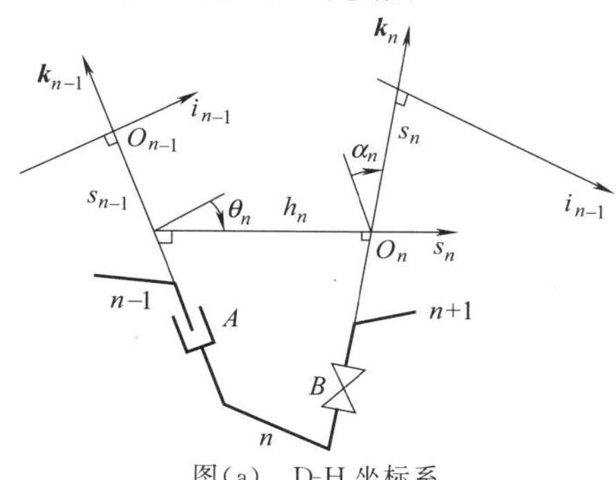

图(a)　D-H 坐标系

①相邻两 $\boldsymbol{k}$ 轴的公垂线长度 $\boldsymbol{h}_n$，沿 $\boldsymbol{i}_n$ 方向为正
②相邻两 $\boldsymbol{i}$ 轴的偏距 $\boldsymbol{s}_{n-1}$，沿 $\boldsymbol{k}_{n-1}$ 方向为正
③相邻两 $\boldsymbol{k}$ 轴正向的夹角 $\alpha_{n-1,n}$，(简写为 α_n)以绕 $\boldsymbol{i}_n$ 轴按右手法则从 $\boldsymbol{k}_{n-1}$ 转到 $\boldsymbol{k}_n$ 为正
④相邻两 $\boldsymbol{i}$ 轴正向的夹角 $\theta_{n-1,n}$，(简写成 θ_n)，以绕轴 $\boldsymbol{k}_{n-1}$ 轴按右手法则从 $\boldsymbol{i}_{n-1}$ 转到 $\boldsymbol{i}_n$ 为正

</td></tr>
<tr><td>相邻坐标
系变换</td><td>

如图(b)所示，表示相邻杆件坐标系的变换关系。假想有一运动坐标系的初始位置与 $n-1$ 系相同，通过一系列的旋转和平移到达 n 系位置。变换过程分如下四个步骤：

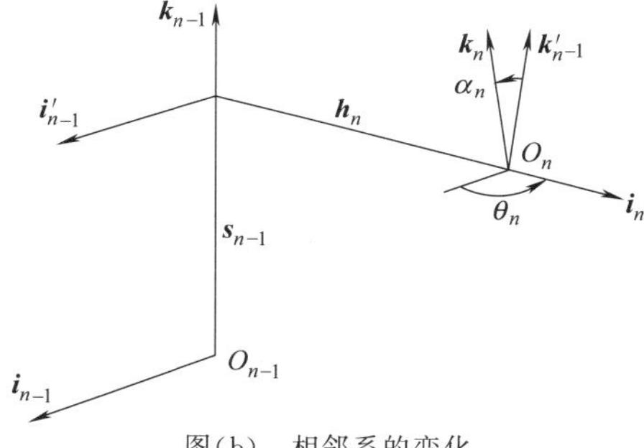

图(b)　相邻系的变化

①沿 $\boldsymbol{k}_{n-1}$ 轴平移 $\boldsymbol{s}_{n-1}$ 到达 $\boldsymbol{i}_{n-1}$ 和 $\boldsymbol{k}_{n-1}$ 位置，此时 $\boldsymbol{i}'_{n-1}$ 与 $\boldsymbol{i}_n$ 在同一平面上，夹角为 θ_n
②绕 $\boldsymbol{k}_{n-1}$ 轴旋转 θ_n 角使 $\boldsymbol{i}'_{n-1}$ 到达 $\boldsymbol{i}_n$ 轴上
③沿 $\boldsymbol{i}_n$ 轴平移 $\boldsymbol{h}_n$ 到达 $\boldsymbol{i}_n$ 和 $\boldsymbol{k}'_{n-1}$ 位置，此时 $\boldsymbol{k}'_{n-1}$ 与 $\boldsymbol{k}_n$ 位于垂直于 $\boldsymbol{i}_n$ 的平面上，夹角为 α_n
④绕 $\boldsymbol{i}_n$ 轴旋转 α_n 角最终到达 $\boldsymbol{i}_n\boldsymbol{k}_n$ 位置

以上变换可表示为不共原点的坐标变化。对固连于 n 系的某点 P，可将它在 $n-1$ 系中的坐标表示为：

$$\begin{aligned}\boldsymbol{P}_{n-1}&=\boldsymbol{s}_{n-1}+\boldsymbol{E}^{k\theta n}(\boldsymbol{h}_n)+\boldsymbol{E}^{k\theta n}\boldsymbol{E}^{ian}(\boldsymbol{P}_n)\\&=\boldsymbol{s}_{n-1}+\boldsymbol{E}^{k\theta n}[\boldsymbol{h}_n+\boldsymbol{E}^{ian}(\boldsymbol{P}_n)]\end{aligned}$$

式中　$\boldsymbol{s}_{n-1}$——沿 $\boldsymbol{k}_{n-1}$ 轴方向长度为 s_{n-1} 的向量
　　　h_n——沿 $\boldsymbol{i}_n$ 轴方向长度为 $\boldsymbol{h}_n$ 的向量

由于

$$\boldsymbol{E}^{k\theta}\boldsymbol{E}^{i\alpha}=\begin{bmatrix}\cos\theta & -\sin\theta & 0\\ \sin\theta & \cos\theta & 0\\ 0 & 0 & 1\end{bmatrix}\begin{bmatrix}1 & 0 & 0\\ 0 & \cos\alpha & -\sin\alpha\\ 0 & \sin\alpha & \cos\alpha\end{bmatrix}=\begin{bmatrix}\cos\theta & -\sin\theta\cos\alpha & \sin\theta\sin\alpha\\ \sin\theta & \cos\theta\cos\alpha & -\cos\theta\sin\alpha\\ 0 & \sin\alpha & \cos\alpha\end{bmatrix}$$

</td></tr>
</table>

第 11 篇

续表

<table>
<tr><th>名称</th><th colspan="2">图例及说明</th></tr>
<tr><td>相邻坐标系变换</td><td colspan="2">

以及

$$\boldsymbol{E}^{k\theta}(\boldsymbol{h}_n)=\begin{bmatrix}\cos\theta & -\sin\theta & 0\\ \sin\theta & \cos\theta & 0\\ 0 & 0 & 1\end{bmatrix}\begin{bmatrix}h_n\\ 0\\ 0\end{bmatrix}=\begin{bmatrix}h_n\cos\theta\\ h_n\sin\theta\\ 0\end{bmatrix}$$

如果用齐次变换矩阵 $\boldsymbol{M}_{n-1,n}$ 来表示上述变换过程根据式(11-7-33)有

$$\boldsymbol{M}_{n-1,n}=\begin{bmatrix}\cos\theta & -\sin\theta\cos\alpha & \sin\theta\sin\alpha & h_n\cos\theta\\ \sin\theta & \cos\theta\cos\alpha & -\cos\theta\sin\alpha & h_n\sin\theta\\ 0 & \sin\alpha & \cos\alpha & s_{n-1}\\ 0 & 0 & 0 & 1\end{bmatrix} \quad (11\text{-}7\text{-}45)$$

</td></tr>
<tr><td>位姿方程</td><td>空间闭链机构</td><td>

闭链机构可看作是开链机构的末杆与机架固连后而成的机构。设空间单闭链机构由 m 个构件组成，基础坐标系固连在机架 1 上。从机架开始依次用运动副连接构件 2 至构件 m。最后，构件 m 再用运动副与机架连接，构成一个封闭结构。机架可以认为是首杆，也可以认为是末杆 $m+1$。如图(c)所示，依次在各杆上建立杆件坐标系 $O_2\boldsymbol{i}_2\boldsymbol{j}_2\boldsymbol{k}_2$、$O_3\boldsymbol{i}_3\boldsymbol{j}_3\boldsymbol{k}_3$、…、$O_m\boldsymbol{i}_m\boldsymbol{j}_m\boldsymbol{k}_m$

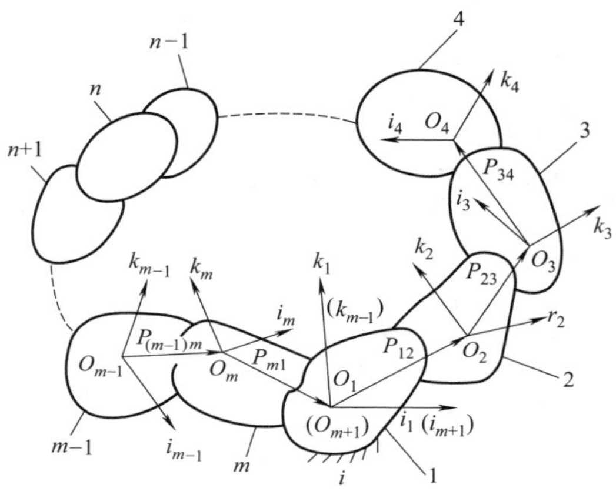

图(c) 空间闭链

按照前面的坐标变换方法，各杆件坐标系单位向量在基础坐标系中的坐标为

$$\begin{cases}[\boldsymbol{i}_2\boldsymbol{j}_2\boldsymbol{k}_2]=\boldsymbol{E}_{12}[\boldsymbol{i}_1\boldsymbol{j}_1\boldsymbol{k}_1]=\boldsymbol{E}_{12}[\boldsymbol{I}]=\boldsymbol{E}_{12}\\ [\boldsymbol{i}_3\boldsymbol{j}_3\boldsymbol{k}_3]=\boldsymbol{E}_{12}\boldsymbol{E}_{23}\\ \cdots\\ [\boldsymbol{i}_m\boldsymbol{j}_m\boldsymbol{k}_m]=\boldsymbol{E}_{12}\boldsymbol{E}_{23}\cdots\boldsymbol{E}_{(m-1)m}\end{cases}$$

用 $\boldsymbol{E}_{m1}$ 表示从 m 系到 1 系的回转变换矩阵，有

$$\boldsymbol{E}_{12}\boldsymbol{E}_{23}\cdots\boldsymbol{E}_{(m-1)m}\boldsymbol{E}_{m1}=[\boldsymbol{I}] \quad (11\text{-}7\text{-}46)$$

式(11-7-46)表示沿闭链各相邻杆件坐标系变换一周，最后回到机架上。由于变换前后相对同一构件，因而变换的结果为单位阵。式(11-7-46)称为空间闭链机构的坐标变换方程。它表示闭链机构中各坐标系之间的回转变换关系

设各坐标系的原点在其前一坐标系中的位置向量为 $\boldsymbol{P}_{(n-1)n}$，有 $\boldsymbol{P}_{12}=\boldsymbol{s}_1+\boldsymbol{E}^{k\theta_2}(\boldsymbol{h}_2)$，$\boldsymbol{P}_{23}=\boldsymbol{s}_2+\boldsymbol{E}^{k\theta_2}(\boldsymbol{h}_3)$，…，$\boldsymbol{P}_{(m-1)m}=\boldsymbol{s}_{(m-1)}+\boldsymbol{E}^{k\theta_m}(\boldsymbol{h}_m)$，$\boldsymbol{P}_{m1}=\boldsymbol{s}_m+\boldsymbol{E}^{k\theta_1}(\boldsymbol{h}_1)$。根据不共原点的坐标变换方法，可得第 n 杆件坐标系原点在基础系中的坐标 $\boldsymbol{P}_{1n}$ 为

$$\begin{aligned}&\boldsymbol{P}_{13}=\boldsymbol{P}_{12}+\boldsymbol{E}_{12}(\boldsymbol{s}_2+\boldsymbol{E}^{k\theta_2}(\boldsymbol{h}_3))=\boldsymbol{P}_{12}+\boldsymbol{E}_{13}(\boldsymbol{P}_{23})\\ &\boldsymbol{P}_{14}=\boldsymbol{P}_{12}+\boldsymbol{E}_{12}(\boldsymbol{P}_{23}+\boldsymbol{E}_{23}(\boldsymbol{P}_{34}))\\ &\cdots\\ &\boldsymbol{P}_{1m}=\boldsymbol{P}_{12}+\boldsymbol{E}_{12}(\boldsymbol{P}_{23}+\boldsymbol{E}_{23}(\boldsymbol{P}_{34}+\cdots+\boldsymbol{E}_{(m-2)(m-1)}(\boldsymbol{P}_{(m-1)m})\cdots))\end{aligned}$$

沿闭链各杆件坐标系变换一周，得

$$\boldsymbol{P}_{11}=\boldsymbol{P}_{1(m+1)}=\boldsymbol{P}_{12}+\boldsymbol{E}_{12}(\boldsymbol{P}_{23}+\boldsymbol{E}_{23}(\boldsymbol{P}_{34}+\cdots+\boldsymbol{E}_{(m-2)(m-1)}(\boldsymbol{P}_{(m-1)m}+\boldsymbol{E}_{(m-1)m}(\boldsymbol{P}_{m1})\cdots)))=0 \quad (11\text{-}7\text{-}47)$$

式(11-7-47)表明各杆件坐标系的原点形成一头尾相接的封闭形。式(11-7-47)称为空间闭链机构的位姿方程。式(11-7-46)和式(11-7-47)统称为空间闭链机构的一般位形方程

</td></tr>
</table>

续表

名称		图例及说明
位姿方程	空间开链机构	如图(d)所示为空间开链机构。设机构由机架 O 开始至第 m 个杆件依次用运动副连接。在机架和各杆件上设置坐标系，机架坐标系为 $O\boldsymbol{ijk}$，各杆件坐标系相应为 $O_n\boldsymbol{i}_n\boldsymbol{j}_n\boldsymbol{k}_n$，$n=1、2、\cdots、m$。各坐标系原点在其前一坐标系中表示为 $\boldsymbol{P}_{(n-1)n}$，并相应在固定坐标系中表示为 $\boldsymbol{P}_n$，各相邻坐标系的回转变换矩阵为 $\boldsymbol{E}_{(n-1)n}$ 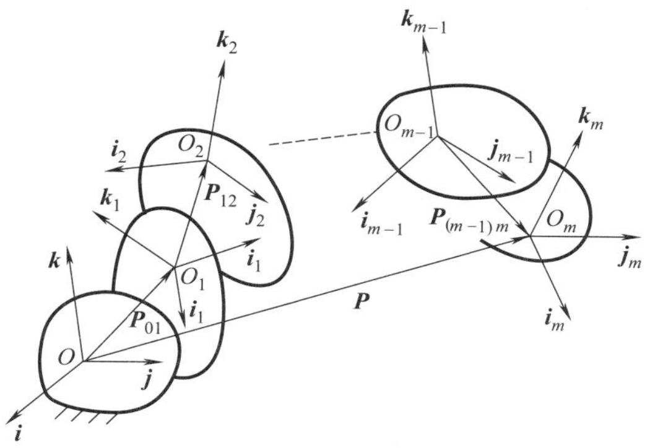 图(d)　空间开链机构 根据坐标变换公式，可写出空间开链位置方程为 $$\begin{aligned}\boldsymbol{P}&=\boldsymbol{P}_{01}+\boldsymbol{E}_{01}(\boldsymbol{P}_{12}+\boldsymbol{E}_{12}(\boldsymbol{P}_{23}+\cdots+\boldsymbol{P}_{(m-2)(m-1)})+\boldsymbol{E}_{(m-2)(m-1)}(\boldsymbol{P}_{(m-1)m})\cdots)\\&=\boldsymbol{P}_{01}+\boldsymbol{E}_{01}(\boldsymbol{P}_{12})+\boldsymbol{E}_{01}\boldsymbol{E}_{12}(\boldsymbol{P}_{23})+\cdots+\boldsymbol{E}_{01}\boldsymbol{E}_{12}\cdots\boldsymbol{E}_{(m-2)(m-1)}(\boldsymbol{P}_{(m-1)m})\\&=\boldsymbol{P}_1+\boldsymbol{P}_2+\cdots+\boldsymbol{P}_m\end{aligned}\quad(11\text{-}7\text{-}48)$$ 开链机构末杆坐标系与机架坐标系之间的回转变换方程为 $$\begin{aligned}\boldsymbol{E}&=[\boldsymbol{i}_m\quad \boldsymbol{j}_m\quad \boldsymbol{k}_m]=\boldsymbol{E}_{01}E_{12}E_{23}\cdots E_{(m-2)(m-1)}E_{(m-1)}\begin{bmatrix}1&0&0\\0&1&0\\0&0&1\end{bmatrix}\\&=\boldsymbol{E}_{01}\boldsymbol{E}_{12}\boldsymbol{E}_{23}\cdots\boldsymbol{E}_{(m-2)(m-1)}\boldsymbol{E}_{(m-1)m}\end{aligned}\quad(11\text{-}7\text{-}49)$$ 式(11-7-48)和式(11-7-49)合称为空间开链机构的位姿方程

7.2.2　空间机构的位移分析

表 11-7-10　　空间机构的位移分析方法及实例

空间闭链机构	解题步骤	①写出机构的位姿方程 ②求解各运动参数
	计算示例	如图(a)所示为空间 RSSR 机构，要求通过运动分析求出机构的输入输出方程 分析：该机构的 A、D 两个转动副与机架连接，连杆两端通过 B、C 两个球面副分别与两连架杆连接。按照 D-H 坐标系规定，选取 $\boldsymbol{k}_1$、$\boldsymbol{k}_4$ 轴分别与 A、D 转动副的轴线重合，$\boldsymbol{k}_2$ 与 $\boldsymbol{k}_1$ 平行且通过球面副 B 的中心（$\alpha_2=0$），$\boldsymbol{k}_3$ 轴通过球面副 B 和 C 的中心（$\boldsymbol{s}_2=0$） 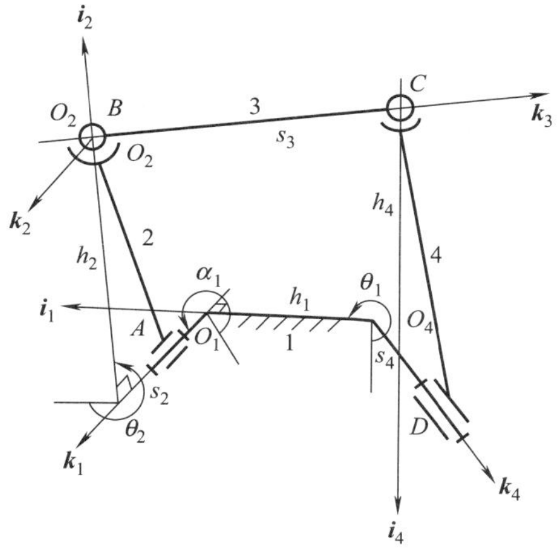 图(a)　空间 RSSR 机构

续表

空间闭链机构	计算示例	（见下文）

取 $\boldsymbol{k}_4$ 与 $\boldsymbol{k}_1$ 的公垂线为 $\boldsymbol{i}_1$。过球心 B 垂直于 $\boldsymbol{k}_1$ 的直线为 $\boldsymbol{i}_2$。由于 $\boldsymbol{k}_2$ 与 $\boldsymbol{k}_3$ 在 B 的中心相交，$h_3=0$，$\boldsymbol{i}_3$ 可在通过球心 B 且以 $\boldsymbol{k}_3$ 为法线的平面上任取

该机构的结构参数为 h_1、h_2、h_4、s_1、$s_3(=l)$、s_4 和 α_1，运动参数为输入运动角 θ_2、输出运动角 θ_1 和关于球面副 B、C 的两个欧拉变换中的 6 个欧拉角

解：机构的位姿方程为

$$\boldsymbol{E}_{12}\boldsymbol{E}_{23}\boldsymbol{E}_{34}\boldsymbol{E}_{41}=[\boldsymbol{I}]$$

式中 $\boldsymbol{E}_{23}$、$\boldsymbol{E}_{34}$——欧拉变换

上式可写成

$$\boldsymbol{E}^{k\theta_2}\boldsymbol{E}^{i\alpha_2}\boldsymbol{E}_{23}\boldsymbol{E}_{34}\boldsymbol{E}^{k\theta_1}\boldsymbol{E}^{i\alpha_1}=[\boldsymbol{I}]$$

由于 $\alpha_2=0$，有 $\boldsymbol{E}^{k\alpha_1}=[\boldsymbol{I}]$，上式又可写成

$$\boldsymbol{E}^{k\theta_2}\boldsymbol{E}_{23}\boldsymbol{E}_{34}\boldsymbol{E}^{k\theta_1}\boldsymbol{E}^{i\alpha_1}=[\boldsymbol{I}] \tag{11-7-50}$$

$$\boldsymbol{P}=h_1\boldsymbol{i}_1+s_1\boldsymbol{k}_1+h_2\boldsymbol{i}_2+l\boldsymbol{k}_3+h_4\boldsymbol{i}_4-s_4\boldsymbol{k}_4=0 \tag{11-7-51}$$

式中

$$\boldsymbol{i}_1=\begin{bmatrix}1\\0\\0\end{bmatrix}\quad \boldsymbol{k}_1=\begin{bmatrix}0\\0\\1\end{bmatrix}\quad \boldsymbol{i}_2=\boldsymbol{E}^{k\theta_2}\begin{bmatrix}1\\0\\0\end{bmatrix}=\begin{bmatrix}\cos\theta_2\\\sin\theta_2\\0\end{bmatrix}\quad \boldsymbol{k}_3=\boldsymbol{E}^{k\theta_2}\boldsymbol{E}_{23}\begin{bmatrix}0\\0\\1\end{bmatrix}\quad \boldsymbol{i}_4=\boldsymbol{F}^{k\theta_2}\boldsymbol{E}_{21}\boldsymbol{E}_{34}\begin{bmatrix}1\\0\\0\end{bmatrix}$$

在式(11-7-50)等号两边依次右乘$(E^{i\alpha_1})^{-1}$、$(E^{i\theta_1})^{-1}$得

$$\boldsymbol{E}^{-k\theta_2}\boldsymbol{E}_{23}\boldsymbol{E}_{34}=(\boldsymbol{E}^{i\alpha_1})^{-1}(\boldsymbol{E}^{k\theta_1})^{-1}=(\boldsymbol{E}^{i(-\alpha_1)}(\boldsymbol{E}^{i(-\theta_1)})$$

因此

$$\boldsymbol{i}_4=\boldsymbol{E}^{k\theta_2}\boldsymbol{E}_{23}\boldsymbol{E}_{34}\begin{bmatrix}1\\0\\0\end{bmatrix}=\boldsymbol{E}^{i(-\alpha_1)}\boldsymbol{E}^{k(-\theta_1)}\begin{bmatrix}1\\0\\0\end{bmatrix}=\begin{bmatrix}\cos\theta_1 & \\ -\cos\alpha_1 & \sin\theta_1\\ \sin\alpha_1 & \sin\theta_1\end{bmatrix}$$

同理

$$\boldsymbol{k}_4=\boldsymbol{E}^{k\theta_2}\boldsymbol{E}_{23}\boldsymbol{E}_{34}\begin{bmatrix}0\\0\\1\end{bmatrix}=\boldsymbol{E}^{i(-\alpha_1)}\boldsymbol{E}^{k(-\theta_1)}\begin{bmatrix}0\\0\\1\end{bmatrix}=\begin{bmatrix}0\\\sin\alpha_1\\\cos\alpha_1\end{bmatrix}$$

上述各式中，$\boldsymbol{k}_3$ 含有欧拉变换 $\boldsymbol{E}_{23}$，应设法将其消去。式(11-7-51)改成

$$l\boldsymbol{k}_3=s_4\boldsymbol{k}_4-h_1\boldsymbol{i}_1-s_1\boldsymbol{k}_1-h_2\boldsymbol{i}_2-h_4\boldsymbol{i}_4$$

上式两边平方得

$$\begin{aligned}(l\boldsymbol{k}_3)^2&=(s_4\boldsymbol{k}_4-h_1\boldsymbol{i}_1-s_1\boldsymbol{k}_1-h_2\boldsymbol{i}_2-h_4\boldsymbol{i}_4)^2\\&=s_4^2+h_1^2+s_1^2+h_2^2+h_4^2-2s_4h_1(\boldsymbol{k}_4\cdot\boldsymbol{i}_1)\\&\quad-2s_4s_1(\boldsymbol{k}_4\cdot\boldsymbol{k}_1)-2s_4h_2(\boldsymbol{k}_4\cdot\boldsymbol{i}_2)-2s_4h_4(\boldsymbol{k}_4\cdot\boldsymbol{i}_4)+2h_1s_1(\boldsymbol{i}_1\cdot\boldsymbol{k}_1)\\&\quad+2h_1h_2(\boldsymbol{i}_1\cdot\boldsymbol{i}_2)+2h_1h_4(\boldsymbol{i}_1\cdot\boldsymbol{i}_4)+2s_1h_2(\boldsymbol{k}_1\cdot\boldsymbol{i}_2)+2s_1h_4(\boldsymbol{k}_1\cdot\boldsymbol{i}_4)\\&\quad+2h_2h_4(\boldsymbol{i}_2\cdot\boldsymbol{i}_4)\end{aligned}$$

式中

$$(l\boldsymbol{k}_3)^2=l^2(\boldsymbol{k}_3\cdot\boldsymbol{i}_4)=l^2$$

$$\boldsymbol{k}_4\cdot\boldsymbol{i}_1=\boldsymbol{k}_4\cdot\boldsymbol{i}_4=\boldsymbol{k}_1\cdot\boldsymbol{i}_1=\boldsymbol{k}_1\cdot\boldsymbol{i}_2=0$$

$$\boldsymbol{k}_4\cdot\boldsymbol{k}_1=\cos\alpha_1$$

$$\boldsymbol{k}_4\cdot\boldsymbol{i}_2=\left(\begin{bmatrix}0\\\sin\alpha_1\\\cos\alpha_1\end{bmatrix}\right)^{\mathrm T}=\left(\begin{bmatrix}\cos\theta_2\\\sin\theta_2\\0\end{bmatrix}\right)=\sin\alpha_1\sin\theta_2$$

$$\boldsymbol{i}_1\cdot\boldsymbol{i}_2=\cos\theta_2$$

$$\boldsymbol{i}_1\cdot\boldsymbol{i}_4=\cos\theta_1$$

$$\boldsymbol{k}_1\cdot\boldsymbol{i}_4=\left(\begin{bmatrix}0\\0\\1\end{bmatrix}\right)^{\mathrm T}=\left(\begin{bmatrix}\cos\theta_1 & \\ -\cos\alpha_1 & \sin\theta_1\\ \sin\alpha_1 & \sin\theta_1\end{bmatrix}\right)=\sin\alpha_1\sin\theta_1$$

$$\boldsymbol{i}_2\cdot\boldsymbol{i}_4=\left(\begin{bmatrix}\cos\theta_2\\\sin\theta_2\\0\end{bmatrix}\right)^{\mathrm T}=\left(\begin{bmatrix}\cos\theta_1 & \\ -\cos\alpha_1 & \sin\theta_1\\ \sin\alpha_1 & \sin\theta_1\end{bmatrix}\right)=\cos\theta_2\cos\theta_1-\sin\theta_2\cos\alpha_1\sin\theta_1$$

所以

$$\begin{aligned}l^2&=s_4^2+h_1^2+s_1^2+h_2^2+h_4^2-2s_4s_1\cos\alpha_1-2s_4h_2\sin\alpha_1\sin\theta_2\\&\quad+2h_1h_2\cos\theta_2+2h_1h_4\cos\theta_1+2s_1h_4\sin\alpha_1\sin\theta_1\\&\quad+2h_2h_4(\cos\theta_2\cos\theta_1-\sin\theta_2\cos\alpha_1\sin\theta_1)\end{aligned}$$

将上式整理为

续表

空间闭链机构	计算示例	$$A\sin\theta_1+B\cos\theta_1+C=0 \tag{11-7-52}$$ 式中 $$A=s_1h_4\sin\alpha_1-h_2h_4\sin\theta_2\cos\alpha_1$$ $$B=h_1h_4+h_2h_4\cos\theta_1$$ $$C=\frac{1}{2}(s_4^2+h_1^2+s_1^2+h_2^2+h_4^2-l^2)-s_4s_1\cos\alpha_1+h_1h_2\cos\theta_2-s_4h_2\sin\alpha_1\sin\theta_2$$ 上述 A、B、C 含有输入运动角 θ_2 及各结构参数，式(11-7-52)反映了机构的输入输出关系，是所求的输入输出方程式。做几何代换，令 $$x=\tan(\theta/2) \tag{11-7-53}$$ 则 $$\sin\theta_1=\frac{2x}{1+x^2}\quad \cos\theta_1=\frac{1-x^2}{1+x^2}$$ 式(11-7-52)化为 $$(C-B)x^2+2Ax+(B+C)=0$$ 得 $$x=\frac{A\pm\sqrt{A^2+B^2-C^2}}{B-C}$$ 代入式(11-7-53)得 $$\theta_1=2\arctan x=2\arctan\left(\frac{A\pm\sqrt{A^2+B^2-C^2}}{B-C}\right) \tag{11-7-54}$$
空间开链机构的工作空间	基本概念	如图(b)所示的 ASEA 机器人机构，其末杆上某点 P 在空间所能达到的位置的集合称为机器人机构的工作空间。它是衡量机器人工作特性的一个重要指标
	研究方法	①从研究手腕点至基础关节中心之间极限距离出发，提出了机器人机构工作空间的边界点是腕点运动时一系列处于极限距离的点的集合。这类研究方法的最大特点是需要解决一系列非线性方程求极值的问题 ②应用各种不同的数学解析法来描述点绕轴旋转所形成的曲线方程、曲线绕轴旋转所形成的曲面方程以及曲面绕轴旋转所形成的曲面族包络方程，以此来表示机器人机构的工作空间。这类研究方法的缺点是计算量大 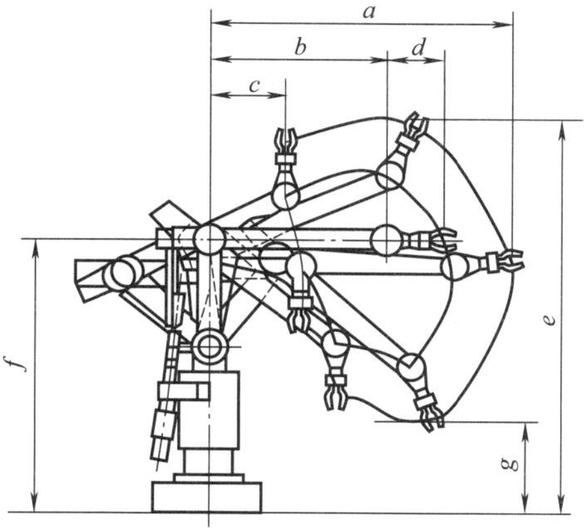 图(b)　ASEA 机器人机构工作空间 ③对最常见的关节轴线相互平行或正交的特殊结构机器人机构，在平面上用参数方程求解工作空间截面，或用其他数学方法求解工作空间的边界方程

7.2.3 空间机构的速度、加速度分析

表 11-7-11 **空间机构的速度、加速度分析**

<table>
<tr><td rowspan="3">空间闭链机构</td><td>求解方法</td><td>空间机构的速度、加速度通过对位形方程的求导得到</td></tr>
<tr><td>计算公式</td><td>设 p 为输入运动参数,q 为输出运动参数,机构的输入输出方程为
$$F(p,q)=0 \tag{11-7-55}$$
式(11-7-55)对时间求导,有
$$\frac{\partial F}{\partial p}\dot{p}+\frac{\partial F}{\partial q}\dot{q}=0 \tag{11-7-56}$$
再对式(11-7-56)求导得
$$\frac{\partial^2 F}{\partial p^2}\dot{p}^2+\frac{\partial F}{\partial p}\ddot{p}+2\frac{\partial^2 F}{\partial p\partial q}\dot{p}\dot{q}+\frac{\partial^2 F}{\partial q^2}\dot{q}^2+\frac{\partial F}{\partial q}\ddot{q}=0 \tag{11-7-57}$$
则
$$\ddot{q}=\frac{\frac{\partial^2 F}{\partial p^2}\dot{p}^2+\frac{\partial F}{\partial p}\ddot{p}+2\frac{\partial^2 F}{\partial p\partial q}\dot{p}\dot{q}+\frac{\partial^2 F}{\partial q^2}\dot{q}^2}{\left(-\frac{\partial F}{\partial q}\right)} \tag{11-7-58}$$</td></tr>
<tr><td>计算示例</td><td>对表 11-7-10 中的 RSSR 机构进行速度、加速度分析
对式(11-7-52)求导得
$$\frac{\partial A}{\partial \theta_2}\sin\theta_1\dot{\theta}_2+\frac{\partial B}{\partial \theta_2}\cos\theta_1\dot{\theta}_2+\frac{\partial C}{\partial \theta_2}\dot{\theta}_2+A\cos\theta_1\dot{\theta}_1-B\sin\theta_1\dot{\theta}_1=0 \tag{11-7-59}$$
式中
$$\frac{\partial A}{\partial \theta_2}=-h_2h_4\cos\alpha_1\cos\theta_2$$
$$\frac{\partial B}{\partial \theta_2}=-h_2h_4\sin\theta_2$$
$$\frac{\partial C}{\partial \theta_2}=-h_1h_2\sin\theta_2-s_4h_2\sin\alpha_1\cos\theta_2$$
因而有
$$\dot{\theta}_1=\frac{(h_2h_4\cos\alpha_1\sin\theta_1+s_2h_2\sin\alpha_1)\cos\theta_2+(h_2h_4\cos\theta_1+h_1h_2)\sin\theta_2}{A\cos\theta_1-B\sin\theta_1} \tag{11-7-60}$$
对式(11-7-59)再求导，得
$$\begin{aligned}&\frac{\partial^2 A}{\partial \theta_2^2}\sin\theta_1\dot{\theta}_2^2+\frac{\partial A}{\partial \theta_2}\sin\theta_1\ddot{\theta}_2+\frac{\partial^2 B}{\partial \theta_2^2}\cos\theta_1\dot{\theta}_2^2+\frac{\partial B}{\partial \theta_2}\cos\theta_1\ddot{\theta}_2\\&+\frac{\partial^2 C}{\partial \theta_2^2}\dot{\theta}_2^2+\frac{\partial C}{\partial \theta_2}\ddot{\theta}_2+\frac{\partial A}{\partial \theta_2}\dot{\theta}_2\cos\theta_1\dot{\theta}_1^2-\frac{\partial B}{\partial \theta_2}\dot{\theta}_2\sin\theta_1\dot{\theta}_1\\&-A\sin\theta_1\dot{\theta}_1^2+A\cos\theta_1\ddot{\theta}_1-B\cos\theta_1\dot{\theta}_1^2-B\sin\theta_1\ddot{\theta}_1=0\end{aligned} \tag{11-7-61}$$
式中
$$\frac{\partial^2 A}{\partial \theta_2^2}=h_2h_4\cos\alpha_1\sin\theta_2$$
$$\frac{\partial^2 B}{\partial \theta_2^2}=-h_2h_4\cos\theta_2$$
$$\frac{\partial^2 C}{\partial \theta_2^2}=-h_1h_2\cos\theta_2+s_4h_2\sin\alpha_1\sin\theta_2$$
因而有
$$\ddot{\theta}_1=\frac{D\ddot{\theta}_2+E\dot{\theta}_2^2+F\dot{\theta}_2\dot{\theta}_1+G\dot{\theta}_1^2}{A\sin\theta_1-B\sin\theta_1} \tag{11-7-62}$$
式中
$$D=-h_2(h_4\cos\alpha_1\sin\theta_1\cos\theta_2+h_4\cos\theta_1\sin\theta_2+h_1\sin\theta_2+s_4\sin\alpha_1\cos\theta_2)$$
$$E=h_2(h_4\cos\alpha_1\sin\theta_1\sin\theta_2-h_4\cos\theta_1\cos\theta_2-h_1\cos\theta_2+s_4\sin\alpha_1\sin\theta_2)$$
$$F=h_2h_4(-\cos\alpha_1\cos\theta_1\cos\theta_2+\sin\theta_1\sin\theta_2)$$
$$G=h_4[\sin\theta_1(-s_1\sin\alpha_1+h_2\cos\alpha_1\sin\theta_2)-\cos\theta_1(h_1+h_2\cos\theta_2)]$$</td></tr>
<tr><td rowspan="2">空间开链机构</td><td>求解方法</td><td>将位置向量 $\boldsymbol{P}$ 对时间进行一次和二次微分,可分别得到机器人的速度和加速度</td></tr>
<tr><td>计算示例</td><td>东芝关节型机器人机构的位姿方程为
$$\begin{aligned}\boldsymbol{P}=&\boldsymbol{C}_1^k+\boldsymbol{C}_2^k+E^{k\theta_1}E^{j\theta_2}(\boldsymbol{C}_3^k)+E^{k\theta_1}E^{j(\theta_2+\theta_3)}(\boldsymbol{C}_4^k+\boldsymbol{C}_5^k)\\&+E^{k\theta_1}E^{j(\theta_2+\theta_3)}E^{i\theta_4}E^{j\theta_5}(\boldsymbol{C}_6^i+\boldsymbol{C}_7^i)\end{aligned} \tag{11-7-63}$$</td></tr>
</table>

续表

<table>
<tr>
<td>空间开链机构</td>
<td>速度和加速度分析</td>
<td>

(1)速度分析

由式(11-7-63)对时间求导得

$$\dot{\boldsymbol{P}}=\dot{\boldsymbol{P}}_{12}+\dot{\boldsymbol{P}}_{34}+\dot{\boldsymbol{P}}_{56} \tag{11-7-64}$$

式中

$$\dot{\boldsymbol{P}}_{12}=\dot{\boldsymbol{C}}_1^k+\boldsymbol{C}_2^k=0$$

$$\begin{aligned}
\dot{\boldsymbol{P}}_{34}&=\frac{\mathrm{d}}{\mathrm{d}t}(E^{k\theta_1}E^{j\theta_2}(\boldsymbol{L}_3^i+\boldsymbol{C}_4^i))\\
&=\dot{E}^{k\theta_1}E^{j\theta_2}(\boldsymbol{L}_3^i+\boldsymbol{C}_4^i)+E^{k\theta_1}\frac{\mathrm{d}}{\mathrm{d}t}(E^{j\theta_2}(\boldsymbol{L}_3^i+\boldsymbol{C}_4^i))\\
&=\dot{\theta}_1J_3^kE^{k\theta_1}E^{v\theta_2}(\boldsymbol{L}_3^i+\boldsymbol{C}_4^i)+\dot{\theta}_2E^{k\theta_1}J_3^iE^{j\theta_2}(\boldsymbol{L}_3^i+\boldsymbol{C}_4^i)+i_3E^{k\theta_1}E^{j\theta_2}(\boldsymbol{i})\\
\dot{\boldsymbol{P}}_{56}&=\dot{E}(\boldsymbol{C}_5^i+\boldsymbol{C}_6^i)
\end{aligned}$$

$$\dot{\boldsymbol{E}}=\begin{bmatrix}\dfrac{\partial E}{\partial\theta_1} & \dfrac{\partial E}{\partial\theta_2} & \dfrac{\partial E}{\partial\theta_3} & \dfrac{\partial E}{\partial\theta_4} & \dfrac{\partial E}{\partial\theta_5}\end{bmatrix}\begin{bmatrix}\dot{\theta}_1\\ \dot{\theta}_2\\ \dot{\theta}_3\\ \dot{\theta}_4\\ \dot{\theta}_5\end{bmatrix} \tag{11-7-65}$$

式中

$$\begin{aligned}
&\frac{\partial E}{\partial\theta_1}=J_3^kE^{k\theta_1}E^{j\theta_2}E^{i\theta_3}E^{j\theta_4}E^{i\theta_5}=J_3^kE\\
&\frac{\partial E}{\partial\theta_2}=E^{k\theta_1}J_3^iE^{k(-\theta_1)}E\\
&\frac{\partial E}{\partial\theta_3}=E^{k\theta_1}E^{j\theta_2}J_3^iE^{i\theta_3}E^{i\theta_4}E^{i\theta_5}\\
&\frac{\partial E}{\partial\theta_4}=EE^{i(-\theta_5)}J_3^iE^{i\theta_5}
\end{aligned}$$

(2)加速度分析

对式(11-7-64)再一次求导得

$$\ddot{\boldsymbol{P}}=\ddot{\boldsymbol{P}}_{34}+\ddot{\boldsymbol{P}}_{56} \tag{11-7-66}$$

式中

$$\begin{aligned}
\ddot{\boldsymbol{P}}_{34}=&\ddot{\theta}_1J_3^kE^{k\theta_1}E^{j\theta_2}(\boldsymbol{L}_3^i+\boldsymbol{C}_4^i)+\ddot{\theta}_2E^{k\theta_1}J_3^jE^{j\theta_2}(\boldsymbol{L}_3^i+\boldsymbol{C}_4^i)\\
&+\ddot{l}_3E^{k\theta_1}E^{j\theta_2}(i)-\dot{\theta}_2^kJ_2^kE^{k\theta_1}E^{j\theta_2}(\boldsymbol{L}_3^i+\boldsymbol{C}_4^i)\\
&-\dot{\theta}_2^2E^{k\theta_1}J_2^iE^{j\theta_2}(\boldsymbol{L}_3^i+\boldsymbol{C}_4^i)+2\dot{\theta}_1\dot{\theta}_2E^{k\theta_1}J_3^iE^{j\theta_2}(\boldsymbol{L}_3^i+\boldsymbol{C}_4^i)\\
&+2\dot{\theta}_1\dot{l}_3J_3^kE^{k\theta_1}E^{j\theta_2}(i)+2\dot{\theta}_2\dot{l}_3E^{k\theta_1}J_3^iE^{j\theta_2}(i)
\end{aligned}$$

$$\ddot{P}_{56}=\ddot{E}(C_5^i+C_6^i)$$

$$\ddot{\boldsymbol{E}}=\begin{bmatrix}\dfrac{\partial E}{\partial\theta_1} & \dfrac{\partial E}{\partial\theta_2} & \dfrac{\partial E}{\partial\theta_3} & \dfrac{\partial E}{\partial\theta_4} & \dfrac{\partial E}{\partial\theta_5}\end{bmatrix}\begin{bmatrix}\ddot{\theta}_1\\ \ddot{\theta}_2\\ \ddot{\theta}_3\\ \ddot{\theta}_4\\ \ddot{\theta}_5\end{bmatrix}+$$

$$\begin{bmatrix}\dot{\theta}_1 & \dot{\theta}_2 & \dot{\theta}_3 & \dot{\theta}_4 & \dot{\theta}_5\end{bmatrix}\begin{bmatrix}
\dfrac{\partial^2E}{\partial\theta_1^2} & \dfrac{\partial^2E}{\partial\theta_1\partial\theta_2} & \dfrac{\partial^2E}{\partial\theta_1\partial\theta_3} & \dfrac{\partial^2E}{\partial\theta_1\partial\theta_4} & \dfrac{\partial^2E}{\partial\theta_1\partial\theta_5}\\
\dfrac{\partial^2E}{\partial\theta_2\partial\theta_1} & \dfrac{\partial^2E}{\partial\theta_2^2} & \dfrac{\partial^2E}{\partial\theta_2\partial\theta_3} & \dfrac{\partial^2E}{\partial\theta_2\partial\theta_4} & \dfrac{\partial^2E}{\partial\theta_2\partial\theta_5}\\
\dfrac{\partial^2E}{\partial\theta_3\partial\theta_1} & \dfrac{\partial^2E}{\partial\theta_3\partial\theta_2} & \dfrac{\partial^2E}{\partial\theta_3^2} & \dfrac{\partial^2E}{\partial\theta_3\partial\theta_4} & \dfrac{\partial^2E}{\partial\theta_3\partial\theta_5}\\
\dfrac{\partial^2E}{\partial\theta_4\partial\theta_1} & \dfrac{\partial^2E}{\partial\theta_4\partial\theta_2} & \dfrac{\partial^2E}{\partial\theta_4\partial\theta_3} & \dfrac{\partial^2E}{\partial\theta_4^2} & \dfrac{\partial^2E}{\partial\theta_4\partial\theta_5}\\
\dfrac{\partial^2E}{\partial\theta_5\partial\theta_1} & \dfrac{\partial^2E}{\partial\theta_5\partial\theta_2} & \dfrac{\partial^2E}{\partial\theta_5\partial\theta_3} & \dfrac{\partial^2E}{\partial\theta_5\partial\theta_4} & \dfrac{\partial^2E}{\partial\theta_5^2}
\end{bmatrix}\begin{bmatrix}\dot{\theta}_1\\ \dot{\theta}_2\\ \dot{\theta}_3\\ \dot{\theta}_4\\ \dot{\theta}_5\end{bmatrix}$$

</td>
</tr>
</table>

第11篇

续表

空间开链机构	速度和加速度分析	$\frac{\partial^2 E}{\partial\theta_1^2}=J_3^k\frac{\partial E}{\partial\theta_1}=-J_2^k E$ $\frac{\partial^2 E}{\partial\theta_1\partial\theta_2}=\frac{\partial^2 E}{\partial\theta_2\partial\theta_1}=J_3^k E^{k\theta_1}J_3^j E^{k(-\theta_1)}E$ $\frac{\partial^2 E}{\partial\theta_1\partial\theta_3}=\frac{\partial^2 E}{\partial\theta_3\partial\theta_1}=J_3^k E^{k\theta_1}E^{k\theta_2}J_3^i E^{i\theta_3}E^{j\theta_4}E^{i\theta_5}$ $\frac{\partial^2 E}{\partial\theta_1\partial\theta_4}=\frac{\partial^2 E}{\partial\theta_4\partial\theta_1}=J_3^k EE^{i(-\theta_5)}J_3^j E^{i\theta_5}$ $\frac{\partial^2 E}{\partial\theta_1\partial\theta_5}=\frac{\partial^2 E}{\partial\theta_5\partial\theta_1}=J_3^k EJ_3^i$ $\frac{\partial^2 E}{\partial\theta_2^2}=-E^{k\theta_1}J_2^j E^{k(-\theta_1)}E$ $\frac{\partial^2 E}{\partial\theta_2\partial\theta_3}=\frac{\partial^2 E}{\partial\theta_3\partial\theta_2}=E^{k\theta_1}J_3^j E^{j\theta_2}J_3^i E^{i\theta_3}E^{j\theta_4}E^{j\theta_5}$ $\frac{\partial^2 E}{\partial\theta_2\partial\theta_4}=\frac{\partial^2 E}{\partial\theta_4\partial\theta_2}=E^{k\theta_1}J_3^j E^{j(-\theta_1)}EE^{j(-\theta_5)}J_3^j E^{i\theta_5}$ $\frac{\partial^2 E}{\partial\theta_2\partial\theta_5}=\frac{\partial^2 E}{\partial\theta_5\partial\theta_2}=E^{k\theta_1}J_3^j E^{k(-\theta_1)}EJ_3^i$ $\frac{\partial^2 E}{\partial\theta_3^2}=-E^{k\theta_1}E^{j\theta_2}J_2^j E^{i\theta_3}E^{j\theta_4}E^{i\theta_5}$ $\frac{\partial^2 E}{\partial\theta_3\partial\theta_4}=\frac{\partial^2 E}{\partial\theta_4\partial\theta_3}=E^{k\theta_1}E^{j\theta_2}J_3^i E^{i\theta_3}J_3^j E^{i\theta_4}E^{i\theta_5}$ $\frac{\partial^2 E}{\partial\theta_3\partial\theta_5}=\frac{\partial^2 E}{\partial\theta_5\partial\theta_3}=E^{k\theta_1}E^{j\theta_2}J_3^i E^{i\theta_3}E^{i\theta_4}E^{i\theta_5}$ $\frac{\partial^2 E}{\partial\theta_4^2}=-EE^{i(-\theta_5)}J_3^j E^{i\theta_5}$ $\frac{\partial^2 E}{\partial\theta_4\partial\theta_5}=\frac{\partial^2 E}{\partial\theta_5\partial\theta_4}=EE^{i(-\theta_5)}J_3^i E^{i\theta_5}J_3^i$ $\frac{\partial^2 E}{\partial\theta_5^2}=-EJ_2^j$

7.3 空间机构的受力分析

空间机构的受力分析包括静力分析和动力分析两个方面。在机构运动速度较小时，如果各构件的惯性力与其他力相比可以忽略，则可只作静力分析。对于高速运转的机构，则必须考虑惯性力的影响，需对机构进行动力分析。本节主要论述静力分析。

7.3.1 空间闭链机构的受力分析

7.3.1.1 空间闭链机构的静力分析

空间闭链机构静力分析主要从三个方面进行，首先介绍虚功原理，然后利用虚功原理求解运动副中约束反力，最后分析空间闭链机构的静定条件，如表 11-7-12 所示。

表 11-7-12 空间闭链机构的静力分析

基本概念及原理	虚功原理	一个原为静止的质点系，如果约束是理想双面定常约束，则系统继续保持静止的条件是所有作用于该系统的主动力对作用点的虚位移所做的功的和为零。在力学中常用虚功原理求解质点系统的静力平衡问题
	运动副约束反力	运动副的约束反力属于机构的内力，求解时必须把相连接的构件沿运动副拆开，用约束反力的约束反力矩取代原来运动副的约束。拆开后，约束反力就成了外力。再用力平衡方程式进行求解。被拆开的运动副称为示力副。用力平衡方程式进行求解不仅可以求出各约束反力，还可求出平衡力
	空间闭链机构的静定条件	单闭链机构中，如所取的示力副约束反力是静定的，则整个机构各运动副中的约束反力也是静定的

续表

运动副中约束反力求解

如图(a)所示为一由 m 个构件组成的空间闭链机构，在各构件上作用有外力 $\boldsymbol{F}$ 和外力矩 $\boldsymbol{Q}$。设在 $n(n=1$、2、…、$m)$ 系中度量的作用于 n 构件的外力 $\boldsymbol{F}_n$、外力矩为 $\boldsymbol{Q}_n$，外力作用点为 $\boldsymbol{r}_n$，它们分别表示为

$$\boldsymbol{F}_n=\begin{bmatrix}\boldsymbol{F}_{xn}\\\boldsymbol{F}_{yn}\\\boldsymbol{F}_{zn}\end{bmatrix}\qquad \boldsymbol{Q}_n=\begin{bmatrix}\boldsymbol{Q}_{xn}\\\boldsymbol{Q}_{yn}\\\boldsymbol{Q}_{zn}\end{bmatrix}\qquad \boldsymbol{r}_n=\begin{bmatrix}x_{rn}\\y_{rn}\\z_{rn}\end{bmatrix}\tag{11-7-67}$$

取图(a)中以 $\boldsymbol{k}_n$ 为轴线的运动副为示力副，把闭链机构拆成两个开链机构，如图(b)所示为右侧开链机构。构件 $n+1$ 给构件 n 的约束反力作为开链机构的外力。设在 $n(n=1$、2、…、$m)$ 系中度量的约束反力为 $\boldsymbol{R}_{(n+1)n}$、约束反力矩为 $\boldsymbol{M}_{(n+1)n}$、约束反力的作用点为 $\boldsymbol{d}_n$，则有

$$\left.\begin{aligned}\boldsymbol{R}_{(n+1)n}=-\boldsymbol{R}_{n(n+1)}=\begin{bmatrix}\boldsymbol{R}_{xn}\\\boldsymbol{R}_{yn}\\\boldsymbol{R}_{zn}\end{bmatrix}\\ \boldsymbol{M}_{(n+1)n}=-\boldsymbol{M}_{n(n+1)}=\begin{bmatrix}\boldsymbol{M}_{xn}\\\boldsymbol{M}_{yn}\\\boldsymbol{M}_{zn}\end{bmatrix}\\ \boldsymbol{d}_n=\begin{bmatrix}x_{dn}\\y_{dn}\\z_{dn}\end{bmatrix}\end{aligned}\right\}\tag{11-7-68}$$

对具有 f 个自由度的运动副，其约束反力和约束反力矩的分量总数为 $6-f$

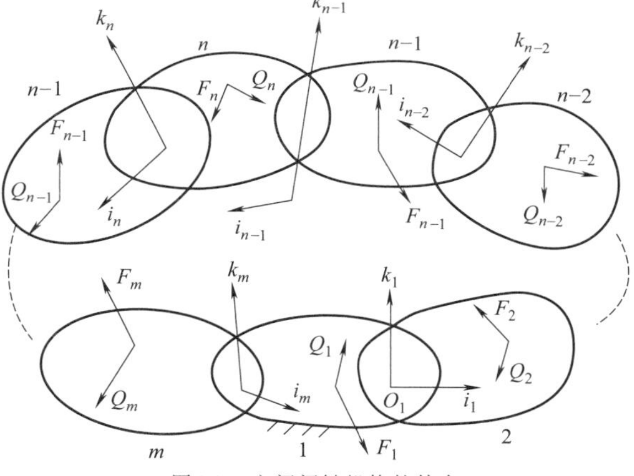

图(a)　空间闭链机构的外力

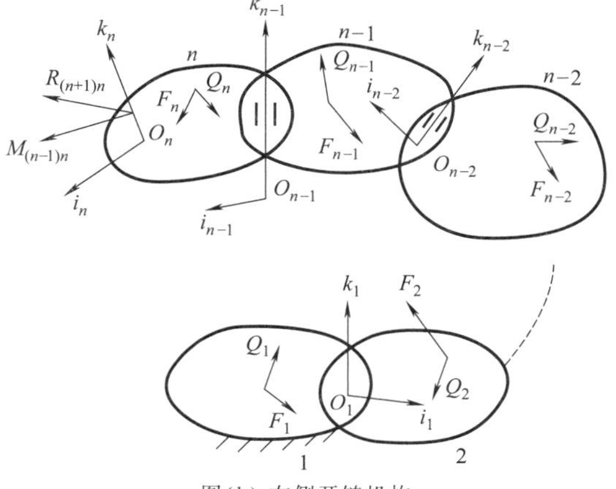

图(b) 右侧开链机构

第11篇

续表

运动副中约束反力求解

假设连接构件 n 与 $n-1$、构件 $n-1$ 与 $n-2$ 的运动副均为圆柱副，由于构件 n 有沿 $\boldsymbol{k}_{n-1}$ 轴移动的自由度，所以在平衡时作用在构件 n 上的所有外力沿 $\boldsymbol{k}_{n-1}$ 方向的分量之和应为零，即

$$(\boldsymbol{K}_{(n+1)n}+\boldsymbol{F}_n)\cdot\boldsymbol{K}_{(n-1)n}=0 \tag{11-7-69}$$

式中　$\boldsymbol{K}_{(n-1)n}$——在 n 系中度量的轴线 $\boldsymbol{k}_{n-1}$

同理，在 $n-1$ 系中有

$$[\boldsymbol{E}_{(n-1)n}(\boldsymbol{R}_{(n+1)n}+\boldsymbol{F}_n)]\begin{bmatrix}0\\0\\1\end{bmatrix}=0 \tag{11-7-70}$$

由于构件 n 具有绕 k_{n-1} 轴转动的自由度，所以在计算时可知，作用于 n 构件上的所有外力矩沿 k_{n-1} 方向的分量之和应为零，即

$$\{\boldsymbol{E}_{(n-1)n}\{\boldsymbol{M}_{(n+1)n}+\boldsymbol{Q}_n+[\boldsymbol{d}_n+(\overrightarrow{O_{n-1}O_n})_n]\times\boldsymbol{R}_{(n+1)n}+\boldsymbol{r}_n\times\boldsymbol{F}_n\}\}\cdot\begin{bmatrix}0\\0\\1\end{bmatrix}=0 \tag{11-7-71}$$

式中　$(\overrightarrow{O_{n-1}O_n})_n$——在 n 系中度量的从 O_{n-1} 指向 O_n 的向量，$(\overrightarrow{O_{n-1}O_n})_n=\boldsymbol{E}_{(n-1)n}[(\overrightarrow{O_{n-1}O_n})_{n-1}]$

根据回转变换矩阵的性质及矩阵运算法则，有

$$\boldsymbol{E}_{(n-1)n}=[\boldsymbol{E}_{(n-1)n}]^{-1}=[\boldsymbol{E}^{k\theta_n}\boldsymbol{E}^{i\alpha_n}]^{-1}=[\boldsymbol{E}^{i\alpha_n}]^{-1}[\boldsymbol{E}^{k\theta_n}]^{-1}=\boldsymbol{E}^{i(-\alpha_n)}\boldsymbol{E}^{k(-\theta_n)}$$

所以

$$(\overrightarrow{O_{n-1}O_n})_n=\boldsymbol{E}^{i(-\alpha_n)}\boldsymbol{E}^{k(-\theta_n)}[\boldsymbol{s}^k_{n-1}+\boldsymbol{E}^{k\theta_n}(\boldsymbol{h}^i_n)]=\boldsymbol{h}^i_n+\boldsymbol{E}^{i(-\alpha_n)}(\boldsymbol{s}^k_{n-1}) \tag{11-7-72}$$

在式(11-7-70)和式(11-7-71)中，$\boldsymbol{r}_n$、$\boldsymbol{F}_n$、$\boldsymbol{Q}_n$ 为已知参数，$\boldsymbol{M}_{(n+1)n}$、$\boldsymbol{R}_{(n+1)n}$ 为待求参数。参照式(11-7-70)和式(11-7-71)可写出关于 $n-1$ 构件对 $\boldsymbol{k}_{n-2}$ 轴的平衡方程式，只需把下标 $n+1$、n、$n-1$ 分别换成 n、$n-1$、$n-2$即可。故有

$$[\boldsymbol{E}_{(n-2)(n-1)}(\boldsymbol{R}_{n(n-1)}+\boldsymbol{F}_{n-1})]\begin{bmatrix}0\\0\\1\end{bmatrix}=0 \tag{11-7-73}$$

$$\begin{aligned}&\{\boldsymbol{E}_{(n-2)(n-1)}\{\boldsymbol{M}_{n(n-1)}+\boldsymbol{Q}_{n-1}+[\boldsymbol{d}_{n-1}+(\overrightarrow{O_{n-2}O_{n-1}})_{n-1}]\times\\&\boldsymbol{R}_{n(n-1)}+\boldsymbol{r}_{n-1}\times\boldsymbol{F}_{n-1}\}\}\cdot\begin{bmatrix}0\\0\\1\end{bmatrix}=0\end{aligned} \tag{11-7-74}$$

式中，$\boldsymbol{M}_{n(n-1)}$、$\boldsymbol{R}_{n(n-1)}$ 可通过构件 n 的平衡条件得到

以 $n-1$ 系为参考系，根据构件 n 的力平衡条件，有

$$\boldsymbol{E}_{(n-1)n}(\boldsymbol{R}_{(n+1)n}+\boldsymbol{F}_n)+\boldsymbol{R}_{(n-1)n}=0$$

式中　$\boldsymbol{R}_{(n-1)n}$——构件 $n-1$ 给构件 n 的约束反力，且

$$\boldsymbol{R}_{n(n-1)}=-\boldsymbol{R}_{n(n-1)}=\boldsymbol{E}_{(n-1)n}(\boldsymbol{R}_{(n+1)n}+\boldsymbol{F}_n) \tag{11-7-75}$$

根据对 $O_{(n-1)}$ 取力矩的平衡条件，有

$$\boldsymbol{E}_{(n-1)n}\{\boldsymbol{M}_{(n+1)n}+\boldsymbol{Q}_n+[\boldsymbol{d}_n+(\overrightarrow{O_{n-1}O_n})_n]\times\boldsymbol{R}_{(n+1)n}+\boldsymbol{r}_n\times\boldsymbol{F}_n\}+\boldsymbol{M}_{(n-1)n}=0 \tag{11-7-76}$$

式中，$M_{(n-1)n}$是构件 $n-1$ 给构件 n 的约束反力矩，有

$$\begin{aligned}\boldsymbol{M}_{n(n-1)}=-\boldsymbol{M}_{(n-1)n}=\boldsymbol{E}_{(n-1)n}\{&\boldsymbol{M}_{(n+1)n}+\boldsymbol{Q}_n+[\boldsymbol{d}_n+(\overrightarrow{O_{n-1}O_n})_n]\\&\times\boldsymbol{R}_{(n+1)n}+\boldsymbol{r}_n\times\boldsymbol{F}_n\}\end{aligned} \tag{11-7-77}$$

将式(11-7-76)、式(11-7-77)代入式(11-7-74)、式(11-7-75)得

$$\{\boldsymbol{E}_{(n-2)(n-1)}[\boldsymbol{E}_{(n-1)n}(\boldsymbol{R}_{(n+1)n}+\boldsymbol{F}_n)+\boldsymbol{F}_{n-1}]\}\cdot\begin{bmatrix}0\\0\\1\end{bmatrix}=0 \tag{11-7-78}$$

$$\begin{aligned}&\{\boldsymbol{E}_{(n-2)(n-1)}\{\boldsymbol{E}_{(n-1)n}\{\boldsymbol{M}_{(n+1)n}+\boldsymbol{Q}_n+[\boldsymbol{d}_n+(\overrightarrow{O_{n-1}O_n})_n]\times\boldsymbol{R}_{(n+1)n}+\boldsymbol{r}_n\times\boldsymbol{F}_n\}+\\&\{\boldsymbol{Q}_{n-1}+[\boldsymbol{d}_{n-1}+(\overrightarrow{O_{n-2}O_{n-1}})_{n-1}]\times\boldsymbol{R}_{n(n-1)}+\boldsymbol{r}_{n-1}\times\boldsymbol{F}_{n-1}\}\}\}\cdot\begin{bmatrix}0\\0\\1\end{bmatrix}=0\end{aligned} \tag{11-7-79}$$

依照上述方法可建立右侧开链机构中各构件关于待求约束反力与已知外力的方程式

如若以 $\boldsymbol{k}_{n+1}$ 为轴线的运动副也是圆柱副，则以 $n+1$ 系为参考系，式(11-7-70)变为

$$[-\boldsymbol{E}_{(n+1)n}(\boldsymbol{R}_{(n+1)n}+\boldsymbol{F}_{n+1})]\cdot\begin{bmatrix}0\\0\\1\end{bmatrix}=0 \tag{11-7-80}$$

则以 $n+1$ 系为参考系，式(11-7-71)变为

$$\{-\boldsymbol{E}_{(n+1)n}[\boldsymbol{M}_{(n+1)n}+(\boldsymbol{d}_n-\overrightarrow{O_nO_{n+1}})\times\boldsymbol{R}_{(n+1)n}]+\boldsymbol{Q}_{n+1}+\boldsymbol{r}_{n+1}\times\boldsymbol{F}_{n+1}\}\cdot\begin{bmatrix}0\\0\\1\end{bmatrix}=0 \tag{11-7-81}$$

7.3.1.2　空间闭链机构的动力分析

根据力学的性质，机构的动力分析可以通过质量替代法，转换为动态静力的分析，如表 11-7-13 所示。

表 11-7-13　空间闭链机构的动力分析

<table>
<tr><td rowspan="2">基本概念及原理</td><td>质量替代法</td><td>对空间运动的构件，计算时用有限个集中质量来替代原构件的质量，从而避开构件的绝对角速度、绝对角加速度和惯性力矩的计算方法</td></tr>
<tr><td>机构的静态动力分析</td><td>根据力学中的达朗贝尔原理，只将惯性力和惯性力矩当作假想外力加于质点系中，就可按静力平衡条件求解机构的动力。按这种方法进行机构的动力分析，称为机构的动态静力分析</td></tr>
<tr><td>确定构件惯性力</td><td colspan="2">设构件 n 的质心在固定参考系中的坐标为 $\boldsymbol{r}_n$，构件的质量为 m，构件的绝对角速度为 $\boldsymbol{\omega}_n$，绝对角加速度为 $\boldsymbol{\varepsilon}_n$，且
$$\boldsymbol{r}_n=\begin{bmatrix}x_n\\y_n\\z_n\end{bmatrix}\quad \boldsymbol{\omega}_n=\begin{bmatrix}\omega_{xn}\\\omega_{yn}\\\omega_{zn}\end{bmatrix}\quad \boldsymbol{\varepsilon}_n=\begin{bmatrix}\varepsilon_{xn}\\\varepsilon_{yn}\\\varepsilon_{zn}\end{bmatrix}$$
作用于构件的惯性力系可简化为一个通过质心的惯性力 $\boldsymbol{P}_n$ 和主惯性力矩 $\boldsymbol{G}_n$，则有
$$\boldsymbol{P}_n=\begin{bmatrix}P_{xn}\\P_{yn}\\P_{zn}\end{bmatrix}=-m_n\begin{bmatrix}\ddot{x}_n\\\ddot{y}_n\\\ddot{z}_n\end{bmatrix}$$
$$\boldsymbol{G}_n=\boldsymbol{E}_{1n}[G_{xn}\quad G_{yn}\quad G_{zn}]^{\mathrm{T}}$$
式中　$G_{xn}=-J_x\varepsilon_x+(J_y-J_z)\omega_y\omega_z+J_{xy}(\varepsilon_y-\omega_x\omega_z)+J_{xz}(\varepsilon_z+\omega_x\omega_y)+J_{yz}(\omega_y^2-\omega_z^2)$
$G_{yn}=-J_y\varepsilon_y+(J_z-J_x)\omega_z\omega_x+J_{yz}(\varepsilon_z-\omega_y\omega_x)+J_{yx}(\varepsilon_x+\omega_y\omega_z)+J_{zx}(\omega_z^2-\omega_x^2)$
$G_{zn}=-J_z\varepsilon_z+(J_x-J_y)\omega_x\omega_y+J_{zx}(\varepsilon_x-\omega_z\omega_y)+J_{zy}(\varepsilon_y+\omega_z\omega_x)+J_{xy}(\omega_x^2-\omega_y^2)$
其中，J_x、J_y、J_z 为构件的惯性矩，J_{xy}、J_{yz}、J_{zx} 为惯性积，均在以质心为原点且各轴平行于杆件坐标系对应轴的坐标系中度量</td></tr>
<tr><td>质量替代法替代条件</td><td colspan="2">设 k 个集中质量分别为 m_1、m_2、…、m_k，在上述以质心为原点的坐标系中度量，替代质量所在点的坐标分别为 (x_1,y_1,z_1)、(x_2,y_2,z_2)、…、(x_k,y_k,z_k)
替代条件为：
①k 个集中质量之和与原构件的质量相同，即
$$\sum_{i=1}^{k}m_i=m\qquad(11\text{-}7\text{-}82)$$
②k 个集中质量的质心与原构件的质心重合，即
$$\sum_{i=1}^{k}m_ix_i=0\quad\sum_{i=1}^{k}m_iy_i=0\quad\sum_{i=1}^{k}m_iz_i=0\qquad(11\text{-}7\text{-}83)$$
③k 个集中质量相对质心的惯性矩与原构件相同，即
$$\left.\begin{aligned}\sum_{i=1}^{k}m_i(y_i^2+z_i^2)&=J_x\\\sum_{i=1}^{k}m_i(z_i^2+x_i^2)&=J_y\\\sum_{i=1}^{k}m_i(x_i^2+y_i^2)&=J_z\end{aligned}\right\}\qquad(11\text{-}7\text{-}84)$$
④k 个集中质量相对质心的惯性积与原构件相同，即
$$\left.\begin{aligned}\sum_{i=1}^{k}m_iy_iz_i&=J_{yz}\\\sum_{i=1}^{k}m_iz_ix_i&=J_{zx}\\\sum_{i=1}^{k}m_ix_iy_i&=J_{xy}\end{aligned}\right\}\qquad(11\text{-}7\text{-}85)$$</td></tr>
</table>

续表

<table>
<tr><td>空间机构的动态静力分析</td><td>考虑了惯性力后，前面的分析式(11-7-70)、式(11-7-71)、式(11-7-80)和式(11-7-81)变为相应的如下形式
$$\{\boldsymbol{E}_{(n-1)n}[\boldsymbol{R}_{(n+1)n}+\boldsymbol{F}_n+\boldsymbol{E}_{n1}(\boldsymbol{P}_n)]\}\cdot\begin{bmatrix}0\\0\\1\end{bmatrix}=0 \quad (11\text{-}7\text{-}86)$$
$$\boldsymbol{E}_{(n-1)n}\{\boldsymbol{M}_{(n+1)n}+\boldsymbol{Q}_n+[\boldsymbol{d}_n+(\overline{O_{n-1}O_n})_n]\times\boldsymbol{R}_{(n+1)n}+\boldsymbol{r}_n\times\boldsymbol{F}_n+\boldsymbol{E}_{n1}(\boldsymbol{G}_n)+\boldsymbol{l}_n\times\boldsymbol{E}_{n1}(\boldsymbol{P}_n)\}\cdot\begin{bmatrix}0\\0\\1\end{bmatrix}=0 \quad (11\text{-}7\text{-}87)$$
$$[-\boldsymbol{E}_{(n+1)n}(\boldsymbol{R}_{(n+1)n})+\boldsymbol{F}_{n+1}+\boldsymbol{E}_{(n+1)n}(\boldsymbol{P}_{n+1})]\cdot\begin{bmatrix}0\\0\\1\end{bmatrix}=0 \quad (11\text{-}7\text{-}88)$$
$$\{-\boldsymbol{E}_{(n+1)n}[\boldsymbol{M}_{(n+1)n}+(\boldsymbol{d}_n-\overline{O_nO_{n+1}})\times\boldsymbol{R}_{(n+1)n}]+\boldsymbol{Q}_{n+1}+\boldsymbol{r}_{n+1}\times\boldsymbol{F}_{n+1}+\boldsymbol{E}_{(n+1)n}(\boldsymbol{G}_{n+1})+\boldsymbol{l}_{n+1}\times\boldsymbol{E}_{(n+1)n}(\boldsymbol{P}_{n+1})\}\cdot\begin{bmatrix}0\\0\\1\end{bmatrix}=0 \quad (11\text{-}7\text{-}89)$$
式中 $\boldsymbol{l}_n, \boldsymbol{l}_{n+1}$——构件 n 和 $n+1$ 的质心在各自杆件坐标系中的位置向量</td></tr>
</table>

7.3.2 空间开链机构的受力分析

7.3.2.1 空间开链机构的静力分析

表 11-7-14 空间开链机构的静力分析

<table>
<tr><td>坐标系间等效力的变换</td><td>在被研究的物体上固连坐标系 $O_ni_nj_nk_n$，而基础坐标系为 $Oxyz$。设在 $Oxyz$ 系中的力向量 $\boldsymbol{F}$ 为
$$\boldsymbol{F}=[f_x \quad f_y \quad f_z \quad m_x \quad m_y \quad m_z]^{\mathrm{T}}$$
对应 $\boldsymbol{F}$，物体的虚位移为
$$\boldsymbol{D}=[d_x \quad d_y \quad d_z \quad \delta_x \quad \delta_y \quad \delta_z]^{\mathrm{T}}$$
根据运动学分析，若坐标系 $O_ni_nj_nk_n$ 三轴单位向量为 $\boldsymbol{i}$、$\boldsymbol{j}$、$\boldsymbol{k}$，两系原点之间的距离用 P 表示，相同虚位移在不同坐标系中描述的 $\boldsymbol{D}$ 和 $\boldsymbol{D}_n$ 有下述关系：
$$\begin{bmatrix}d_{nx}\\d_{ny}\\d_{nz}\\\delta_{nx}\\\delta_{ny}\\\delta_{nz}\end{bmatrix}=\begin{bmatrix}i_x & i_y & i_z & (\boldsymbol{P}\times\boldsymbol{i})_x & (\boldsymbol{P}\times\boldsymbol{i})_y & (\boldsymbol{P}\times\boldsymbol{i})_z\\ j_x & j_y & j_z & (\boldsymbol{P}\times\boldsymbol{j})_x & (\boldsymbol{P}\times\boldsymbol{j})_y & (\boldsymbol{P}\times\boldsymbol{j})_z\\ k_x & k_y & k_z & (\boldsymbol{P}\times\boldsymbol{k})_x & (\boldsymbol{P}\times\boldsymbol{k})_y & (\boldsymbol{P}\times\boldsymbol{k})_z\\ 0&0&0&i_x&i_y&i_z\\0&0&0&j_x&j_y&j_z\\0&0&0&k_x&k_y&k_z\end{bmatrix}\begin{bmatrix}d_x\\d_y\\d_z\\\delta_x\\\delta_y\\\delta_z\end{bmatrix} \quad (11\text{-}7\text{-}90)$$
根据式(11-7-90)，可求得不同坐标系中等效力和等效力矩的大小</td></tr>
<tr><td>等效关节力矩</td><td>对机器人机构来说，末杆在基础坐标系中位置和姿态的微变化，是由关节坐标系中关节位移的微变化 $\mathrm{d}q_i$ 所引起的。对转动关节 $\mathrm{d}q_i$ 相应于微转动 $\mathrm{d}\theta_i$，对移动关节 $\mathrm{d}q_i$ 相应于关节距离微变化 $\mathrm{d}d_i$。对具有 6 个关节的机器人来说，雅克比矩阵 $\boldsymbol{J}$ 是 6×6 矩阵，可表示为
$$\boldsymbol{J}=\begin{bmatrix}a_{1x}&a_{2x}&a_{3x}&a_{4x}&a_{5x}&a_{6x}\\a_{1y}&a_{2y}&a_{3y}&a_{4y}&a_{5y}&a_{6y}\\a_{1z}&a_{2z}&a_{3z}&a_{4z}&a_{5z}&a_{6z}\\e_{1x}&e_{2x}&e_{3x}&e_{4x}&e_{5x}&e_{6x}\\e_{1y}&e_{2y}&e_{3y}&e_{4y}&e_{5y}&e_{6y}\\e_{1z}&e_{2z}&e_{3z}&e_{4z}&e_{5z}&e_{6z}\end{bmatrix} \quad (11\text{-}7\text{-}91)$$
若 q_i 是转动关节，则
$$\left.\begin{array}{l}a_i=(-i_xp_y+i_yp_z)i+(-j_xp_y+j_yp_z)j+(-k_zp_y+k_yp_x)k\\e_i=i_zi+j_zj+k_zk\end{array}\right\} \quad (11\text{-}7\text{-}92)$$
若 q_i 是移动关节，则
$$\left.\begin{array}{l}a_i=i_zi+j_zj+k_zk\\e_i=oi+oj+ok\end{array}\right\} \quad (11\text{-}7\text{-}93)$$</td></tr>
</table>

7.3.2.2　空间开链机构的动力分析

表 11-7-15　空间开链机构的动力分析

<table>
<tr><td>机器人动力学方程</td><td colspan="2">$$\boldsymbol{M}\ddot{q}=\boldsymbol{P}+\boldsymbol{U} \quad (11\text{-}7\text{-}94)$$
式中　$\boldsymbol{M}$——广义质量矩阵，代表了机器人机构与质量有关的性质
$\boldsymbol{P}$——驱动力
$$\boldsymbol{U}=\boldsymbol{Y}+\frac{1}{2}\dot{q}^{\mathrm{T}}\frac{\partial \boldsymbol{M}}{\partial q}\dot{q}+\dot{\boldsymbol{M}}\dot{q}$$</td></tr>
<tr><td>机器人动力学方程的计算</td><td>机器人机构动能及 M 矩阵</td><td>机器人多杆系统总动能等于各杆件动能的总和，系统中第 i 杆件的动能表达式为：
$$\boldsymbol{T}_i=\frac{1}{2}\dot{q}^{\mathrm{T}}\boldsymbol{M}_i\dot{q} \quad (11\text{-}7\text{-}95)$$
整个系统的动能表达式为：
$$T=\sum_{i=1}^{n}T_i \quad (11\text{-}7\text{-}96)$$
系统的广义质量矩阵为：
$$\boldsymbol{M}=\sum_{i=1}^{n}M_i \quad (11\text{-}7\text{-}97)$$
它代表了整个系统的质量特性
整个系统的动能表示为：
$$\boldsymbol{T}=\frac{1}{2}\dot{q}^{\mathrm{T}}\boldsymbol{M}\dot{q} \quad (11\text{-}7\text{-}98)$$</td></tr>
</table>

7.4　空间闭链机构设计

7.4.1　空间闭链机构设计基本问题

7.4.1.1　设计空间与约束条件

表 11-7-16　设计空间与约束条件

<table>
<tr><td rowspan="3">基本概念</td><td>设计变量</td><td>在一项设计中，有些参数往往根据工艺、安装和使用要求可以预先确定，而另一些则需要按给定的工作要求进行选择，后者称为设计变量，设计变量必须是相互独立的。假设某设计有 m 个相互独立的设计变量，可用 m 维矢量 $\boldsymbol{X}$ 来表示
$$\boldsymbol{X}=[x_1 \quad x_2 \quad \cdots \quad x_m]^{\mathrm{T}} \quad (11\text{-}7\text{-}99)$$
式中　$x_i(i=1、2、\cdots、m)$——m 维矢量 $\boldsymbol{X}$ 的第 i 个分量</td></tr>
<tr><td>设计空间</td><td>以 m 个设计变量为坐标轴构成一个实空间 R^m，称为设计空间。设计空间是 R^m 的一个区域，它的体积受工艺、安装和使用等条件的限制</td></tr>
<tr><td>约束条件</td><td>根据工艺和安装空间，把 x_i 限制在某种取值范围内，即
$$x_{i\min}\leqslant x_i\leqslant x_{i\max} \quad i=1、2、\cdots m \quad (11\text{-}7\text{-}100)$$
这样，$(x_{i\min},x_{i\max})$ 构成了设计空间的边界，类似式(11-7-100)的限制称为边界约束。其他满足机构工作要求的限制称为性能约束，满足性能约束的设计变量往往位于一个更小的空间内
约束条件反映了对设计变量的限制。在一项设计中，约束条件必须合理，相互之间能够相容。否则，设计空间将成为空集，综合命题无解</td></tr>
</table>

续表

<table>
<tr><td>示例</td><td>空间 RSSR 机构</td><td>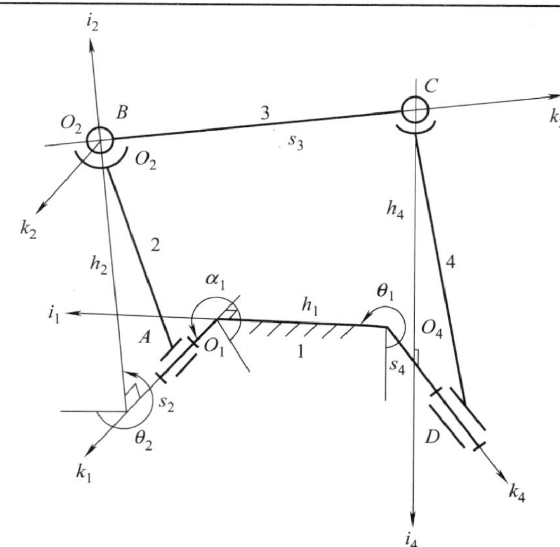

如图所示，该机构的 A、D 两个转动副与机架连接，连杆两端通过 B、C 两个球面副分别与两连架杆连接。结构参数共有 7 个，h_1、s_1、h_2、$s_3(=l)$、h_4、s_4、α_1，7 个参数之间是相互独立的，设计时，每个参数都可取不同的值，由它们构成设计空间 R^7。R^7 中的一个点 $\boldsymbol{X}$ 表示为
$$\boldsymbol{X}=\begin{pmatrix}x_1\\x_2\\x_3\\x_4\\x_5\\x_6\\x_7\end{pmatrix}=\begin{pmatrix}h_1\\s_1\\h_2\\s_3\\h_4\\s_4\\\alpha_1\end{pmatrix} \tag{11-7-101}$$
在 RSSR 机构中必须满足压力角关系 $\alpha_{max}\leqslant[\alpha]$，$[\alpha]$为许用压力角，则有
$$|\boldsymbol{k}_3\cdot\boldsymbol{j}_4|\geqslant\cos[\alpha] \tag{11-7-102}$$
式中，$\boldsymbol{k}_3$ 与 $\boldsymbol{j}_4$ 的表达式含有若干设计变量。类似式(11-7-102)的限制称为性能约束</td></tr>
</table>

7.4.1.2 设计要求与可行方案数目

机构设计的过程就是在设计空间中求得满足设计要求的一个点 $\boldsymbol{X}^*=[x_1^* \quad x_2^* \quad \cdots \quad x_m^*]$。例如，设计一 RSSR 空间闭链机构，使其输入运动角 θ_2 与输出运动角 θ_1 满足表 11-7-17 所列的工作要求。

表 11-7-17 主、从动件转角要求

位置	对应转角	
	θ_2	θ_1
1	$\theta_2^{(1)}$	$\theta_1^{(1)}$
2	$\theta_2^{(2)}$	$\theta_1^{(2)}$
3	$\theta_2^{(3)}$	$\theta_1^{(3)}$
4	$\theta_2^{(4)}$	$\theta_1^{(4)}$
5	$\theta_2^{(5)}$	$\theta_1^{(5)}$
6	$\theta_2^{(6)}$	$\theta_1^{(6)}$
7	$\theta_2^{(7)}$	$\theta_1^{(7)}$

表 11-7-17 中 $\theta_1^{(i)}$、$\theta_2^{(i)}$ ($i=1$、2、…、7) 有确定的值。将表中每一行分别代入机构的位姿方程，得到含 7 个变量的 7 个代数方程，称为设计方程组。

解设计方程组可得 7 个设计变量的值。在上述问题中，设计变量完全由设计方程组确定，综合命题有确定解，满足设计要求的可行性方案为有限个。

7.4.1.3 型综合与尺寸综合

设计机构时首先确定采用何种机构，即确定机构运动副的类型、杆件的数目和机构的自由度，这些称为型综合。确定采用何种机构之后，确定机构结构参数的问题称为尺寸综合。例如，表 11-7-17 所列的工作要求除了可用 RSSR 机构来实现外，还可采用其他一些两连杆与机架用转动副连接的单自由度空间闭链机构来实现。机构的型综合就是根据所给的工作要求选择适当的机构形式。空间闭链机构的型综合目前仍缺乏十分有效的方法，主要依赖设计者的经验、直觉以及对相仿机构进行类比。如设计过程中，如果在尺寸综合中某些参数的取值已达到或超出设计空间的边界而设计要求仍未得到较好的满足，此时应考虑型综合问题。

7.4.2 空间闭链机构的设计方法

主、从动轴垂直交错的 RSSR 机构是应用最广泛的一种空间机构，以此为例设计这种空间机构，设计方法如表 11-7-18 所示。

表 11-7-18　　RSSR 机构的设计

<table>
<tr><th>方　法</th><th colspan="2">说　　明</th></tr>
<tr><td rowspan="2">按主、从动杆三组对应位置设计 RSSR 机构</td><td>基本原理</td><td>

已知主动轴 O_1 和从动轴 O_3 垂直交错，见图(a)，两轴中心距 d、从动杆 O_3B 长度 L_3 及主动杆 O_1A 和从动杆 O_3B 的三个对应位置间的角位移 ϕ_{12}、ψ_{12} 和 ϕ_{13}、ψ_{13}。求空间机构 RSSR 机构的主动杆 O_1A 长度 L_1、连杆长度 L_2，O_1 和 O_3 至 ZZ 轴的距离 h、f

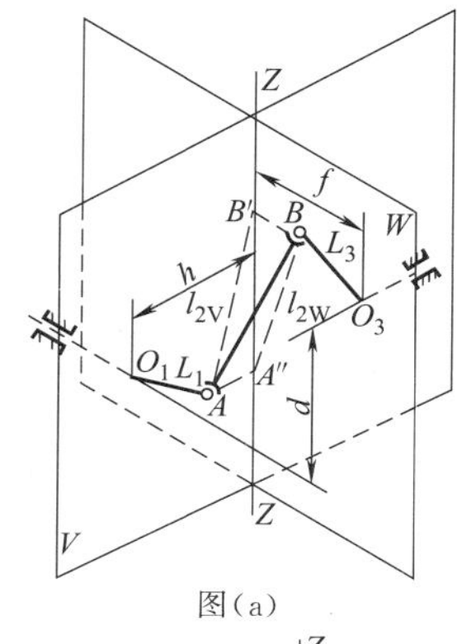

图(a)

图(b)

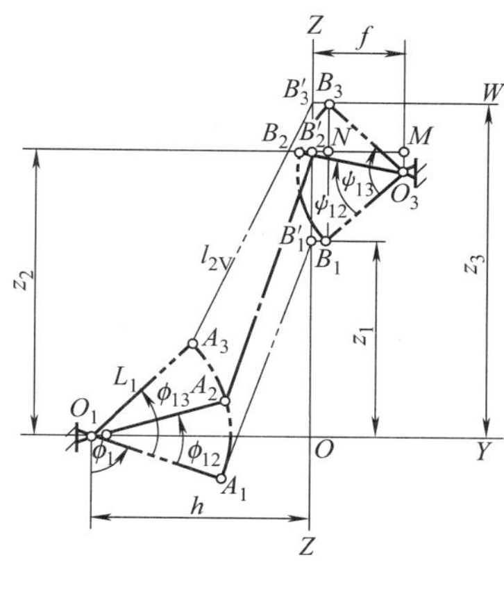

图(c)

通过图(a)所示球面副的球心 A、B 各作平面 V 和平面 W 分别垂直于主动轴 O_1 和从动轴 O_3，这两个平面交线为 ZZ。A 点在平面 W 上的投影为 A''，B 点在平面 V 上的投影为 B'，它们都在直线 ZZ 上

该空间 RSSR 机构在平面 V 上的投影可视作一个假想的平面四杆机构，故其可简化为按主动杆 O_1A 及滑块 B' 三个对应位置设计该机构，见图(b)。将折线 O_1AB' 分别在水平方向和垂直方向投影得

$$\left.\begin{aligned}l_{2V}\sin\beta=h-L_1\sin\phi\\ l_{2V}\cos\beta=z+L_1\cos\phi\end{aligned}\right\}$$

将上两式各自平方后相加得

$$P_1z\cos\phi+P_2\sin\phi+P_3=z^2 \tag{11-7-103}$$

其中

$$\begin{cases}P_1=-2L_1\\ P_2=2L_1h\\ P_3=l_{2V}^2-L_1^2-h^2\end{cases} \tag{11-7-104}$$

或

$$\begin{cases}L_1=-\dfrac{P_1}{2}\\ h=\dfrac{P_2}{2L_1}\\ l_{2V}=\sqrt{L_1^2+h^2+P_3}\end{cases} \tag{11-7-105}$$

</td></tr>
<tr><td>设计步骤</td><td>

①选择平面 V 和平面 W 的交线 ZZ，如图(c)所示。可以过 B_2 作 B_1B_3 的垂线得垂足 N，将 B_2N 的中垂线定为 ZZ，则点 B_1、B_2、B_3 至 ZZ 的垂距必各相等，即

$$B_1B_1'=B_2B_2'=B_3B_3'=B_V$$

此时连杆 AB 的三个位置 A_1B_1、A_2B_2、A_3B_3 在平面 V 上的投影长度也必分别相等，即

$$A_1B_1'=A_2B_2'=A_3B_3'=l_{2V}$$

②计算 B_V、f、z_1、z_2、z_3

$$B_V=\frac{1}{2}\overline{B_2N}=\frac{1}{2}(\overline{B_2M}-\overline{NM})=L_3\sin[(\psi_{13}-\psi_{12})/2]\sin\frac{\psi_{12}}{2}$$

$$f=L_3\cos[(\psi_{13}-\psi_{12})/2]\cos\frac{\psi_{12}}{2}$$

</td></tr>
</table>

续表

<table>
<tr><th>方　法</th><th colspan="2">说　　明</th></tr>
<tr><td>按主、从动杆三组对应位置设计 RSSR 机构</td><td>设计步骤</td><td>$$z_1=d-L_3\sin\frac{\psi_{13}}{2}$$
$$z_2=d+L_3\sin\left(\psi_{12}-\frac{\psi_{13}}{2}\right)$$
$$z_3=d+L_3\sin\frac{\psi_{13}}{2}$$
③假定 ϕ_1，求 ϕ_2、ϕ_3
$$\phi_2=\phi_1+\phi_{12}$$
$$\phi_3=\phi_1+\phi_{13}$$
用不同的 ϕ_1，可得到若干个方案，择优取一个
④确定 L_1、L_2 和 h
依次将 ϕ_1、z_1，ϕ_2、z_2，ϕ_3、z_3 代入式(11-7-103)得
$$P_1z_1\cos\phi_1+P_2\sin\phi_1+P_3=z_1^2$$
$$P_1z_2\cos\phi_2+P_2\sin\phi_2+P_3=z_2^2$$
$$P_1z_3\cos\phi_3+P_2\sin\phi_3+P_3=z_3^2$$
由此解得的 P_1、P_2、P_3 就可确定 L_1、h、l_{2V}。而
$$L_2=\sqrt{l_{2V}^2+B_V^2}$$</td></tr>
<tr><td rowspan="2">按给定函数关系设计 RSSR 机构</td><td>基本原理</td><td>已知主动轴 O_1 与从动轴 O_3 垂直交错，两轴中心距 d，给定函数关系 $\psi=f(\phi)$，如图(d)所示，求 L_1、L_2、L_3、f、h、ϕ_1 六个参数
由于该机构中待定参数为六个，因此可用插值法确定 ψ 和 ϕ 关系的六个插值结点。由于当机构尺寸按同一比例放大或缩小时实现函数 $\psi=\psi(\phi)$ 不受影响，因此可任意设定 d。又如果主、从动杆的初始角分别为 ϕ_1、ψ_1，由连杆 AB 的定长约束方程式得
$$(A_{jx}-B_{jx})^2+(A_{jy}-B_{jy})^2+(A_{jz}-B_{jz})^2=L_2^2 \quad (11\text{-}7\text{-}106)$$
其中 $j=1、2、\cdots、6$；$A_{jx}=h-L_1\sin\phi_j$；$A_{jy}=0$；$A_{jz}=-L_1\cos\phi_j$；$B_{jx}=0$；$B_{jy}=f-L_3\sin\psi_j$；$B_{jz}=d-L_3\cos\psi_j$ 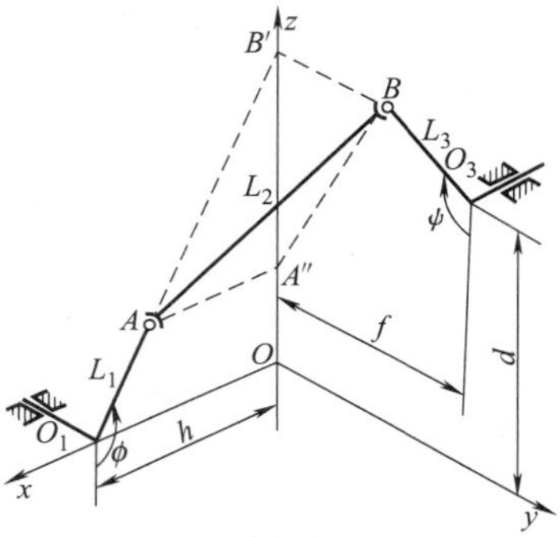
若将 $\phi_j=\phi_1+\phi_{1j}$ 代入式(11-7-106)，可得一组非线性方程式

图(d)
$$P_1\cos\phi_{1j}+P_2\sin\phi_{1j}+P_3\cos\psi_j+P_4\sin\psi_j+P_5\cos\psi_j\sin\phi_{1j}+P_6=\cos\psi_j\cos\phi_{1j} \quad (11\text{-}7\text{-}107)$$
式中，$P_1=\dfrac{d-h\tan\phi_1}{L_1}$；$P_2=-\dfrac{d\tan\phi_1+h}{L_1}$；$P_3=-\dfrac{d}{L_1\cos\phi_1}$；$P_4=-\dfrac{f}{L_1\cos\phi_1}$；$P_5=\tan\phi_1$；$P_6=\dfrac{(h^2+L_1^2+L_3^2+f^2+d^2-L_2^2)}{2L_1L_2\cos\phi_1}$</td></tr>
<tr><td>设计步骤</td><td>①由插值逼近法确定六个插值结点
②假定 ψ_1，求 ψ_j
$\psi_j=\psi_1+\psi_{1j}$，$j=1、2、\cdots、6$
③确定 P_1、P_2、…、P_6
以 $\phi_{11}(=0)$、ψ_1、ϕ_{12}、ψ_2、…、ϕ_{16}、ψ_6 代入式(11-7-107)，并用矩阵表示为
$$\begin{bmatrix}1 & 0 & \cos\psi_1 & \sin\psi_1 & 0 & 1\\ \cos\phi_{12} & \sin\phi_{12} & \cos\psi_2 & \sin\psi_2 & \cos\psi_2\sin\psi_{12} & 1\\ \vdots & \vdots & \vdots & \vdots & \vdots & \vdots\\ \cos\phi_{16} & \sin\phi_{16} & \cos\psi_6 & \sin\psi_6 & \cos\psi_6\sin\psi_{16} & 1\end{bmatrix}\begin{bmatrix}P_1\\P_2\\ \vdots\\P_6\end{bmatrix}=\begin{bmatrix}\cos\psi_1\\ \cos\psi_2\cos\phi_{12}\\ \vdots\\ \cos\psi_6\cos\phi_{16}\end{bmatrix}$$
可解出 P_1、P_2、…、P_6
④计算 ϕ_1、L_1、f、h、L_3 和 L_2
$$\phi_1=\arctan(P_5)$$
$$L_1=-\frac{d}{P_3\cos\phi_1}$$
$$f=-P_4L_1\cos\phi_1$$</td></tr>
</table>

第 11 篇

续表

方　法	说　明	
按给定函数关系设计RSSR机构	设计步骤	$$h=\frac{d(P_1\tan\phi_1+P_2)}{P_2\tan\phi_1-P_1}$$ $$L_3=\frac{d-h\tan\phi_1}{P_1}$$ $$L_2=\sqrt{h^2+L_1^2+L_3^2+f^2+d^2-2L_1L_3P_6\cos\phi_1}$$
按从动杆摆角和急回特性设计RSSR机构	基本原理	已知主动轴 O_1 与从动轴 O_3 垂直交错[见图(e)]，两轴中心距 d、摆杆摆角 ψ_0 及行程速比系数 $K=1$。求此空间曲柄摇杆机构的曲柄长度 L_1、连杆长度 L_2、摇杆长度 L_3、O_1 至 ZZ 的距离 h 及 O_3 至 ZZ 的距离 f 按行程速比系数 $K=1$ 的要求，可使摇杆上 B 点的两极限位置 B_1、B_2 连线的延长线 ZZ 通过曲柄轴心 O_1。这个方案有利于机构运转平稳，受力状态良好，也简化了设计过程，因为此时 $h=0$，连杆 AB 的两极限位置 A_1B_1、A_2B_2 位于平面 V 和平面 W 的交线 ZZ 上，且 $L_2=\overline{A_1B_1}=\overline{A_2B_2}=\overline{A_1O_1}+\overline{O_1B'}-\overline{B_1B'}=\overline{O_1B'}=d$ 图(e)
	设计步骤	①选择曲柄长度 L_1 $L_1=\frac{L_2}{3}$，L_1 小对传动平稳有利 ②计算 L_3 和 f $$L_3=\frac{\overline{B_1B_2}}{2\sin\frac{\psi_0}{2}}=\frac{L_1}{\sin\frac{\psi_0}{2}}$$ $$f=L_1\cot\frac{\psi_0}{2}$$ ③$L_2=d$，$h=0$
按主、从动杆三组对应位置设计RSSP机构	基本原理	已知从动滑块的移动导路与主动轴垂直交错[见图(f)]，又给定主、从动杆三组对应位置 θ_1、θ_2、θ_3 和 s_{D1}、s_{D2}、s_{D3}。求此空间曲柄滑块机构的设计参数 h_1、h_4 和 s_A(选定 l 时)或 l(选定 s_A 时) 图(f) 此空间曲柄滑块机构的设计方程式为 $$s_{Di}^2+2(s_A\cos\alpha_4+h_1\sin\theta_i\sin\alpha_4)s_{Di}+h_1^2-l^2+h_4^2+s_A^2+2h_1h_4\cos\theta_i=0$$ 由已知条件 $\alpha_4=90°$，上式可简化为 $$R_1\cos\theta_i-R_2s_{Di}\sin\theta_i+R_3=0.5s_{Di}^2$$ 式中，$R_1=-h_1h_4$，$R_2=h_1$，$R_3=0.5(l^2-h_1^2-h_4^2-s_A^2)$

第11篇

续表

方 法		说 明
按主、从动杆三组对应位置设计 RSSP 机构	设计步骤	①将主、从动杆的三组对应位置 θ_1、θ_2、θ_3 和 s_{D1}、s_{D2}、s_{D3} 代入设计计算公式得三个线性方程式 $R_1\cos\theta_1-R_2s_{D1}\sin\theta_1+R_3=0.5s_{D1}^2$ $R_1\cos\theta_2-R_2s_{D2}\sin\theta_2+R_3=0.5s_{D2}^2$ $R_1\cos\theta_3-R_2s_{D3}\sin\theta_3+R_3=0.5s_{D3}^2$ ②由上述三个线性方程式可解出 R_1、R_2 和 R_3 ③再由 R_1、R_2 和 R_3 等式，在选定 l 后解得机构设计参数 h_1、h_4 和 s_A；或者在选定 s_A 后，解得机构设计参数 h_1、h_4 和 l

第 8 章　组合机构设计

许多机械设备中，特别是自动机械中，由于需要执行多种多样的运动，而且各种动作之间又有一定的配合要求，如采用单一的基本机构往往无法完成工作要求，为了扩大基本机构的应用范围，可将几种基本机构组合起来使用。这种组合机构能够综合各种基本机构的优点，从而得到基本机构实现不了的新运动以满足生产上的多种需要和提高自动化程度。

8.1　组合机构的组合方式及其特性

表 11-8-1　　组合机构的组合方式及其特性

序号	组合方式		实例	传动框图	运动特性	典型传动函数	设计要点
1	串联组合	固接式串联	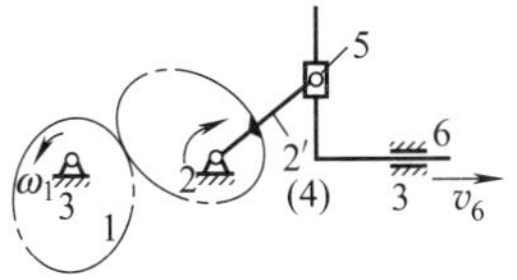	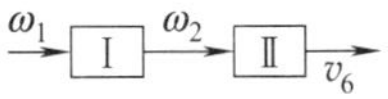 ω_1 → I → ω_2 → II → v_6	改变构件 2 和 2′串接的相位角可获得急回特性、近似等速段和特殊的加速度变化等运动特性	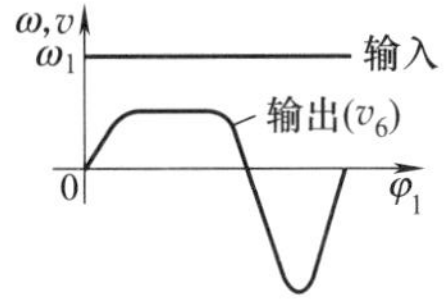 ω,v；ω_1 输入；输出(v_6)；0；φ_1	第一个机构选择有改变等速转动为变速转动功能的机构；第二个机构选择有往复运动功能的机构。作尺度设计时先根据使用要求决定一个机构的全部参数，再设计另外一个机构的参数
2			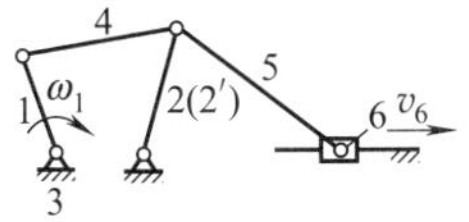				
3							
4			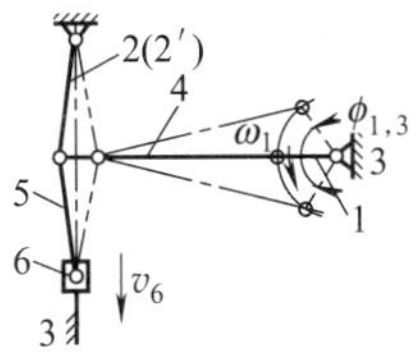		改变机构尺寸和两机构的相对位置，可使机构具有增力和瞬时停歇功能，或使从动件做二次往复摆动或移动	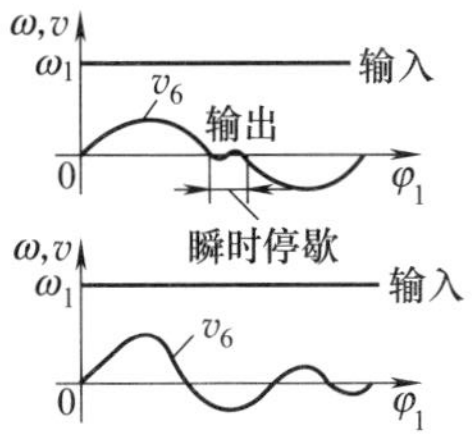 ω,v；ω_1 输入；v_6 输出；瞬时停歇；0；φ_1 / ω,v；ω_1 输入；v_6；0；φ_1	选择合适的机构和相对位置如图所示，在 $\phi_{1,3}$ 范围内有瞬时停歇和增力功能

续表

序号	组合方式		实例	传动框图	运动特性	典型传动函数	设计要点
5	串联组合	轨迹点 M 串联	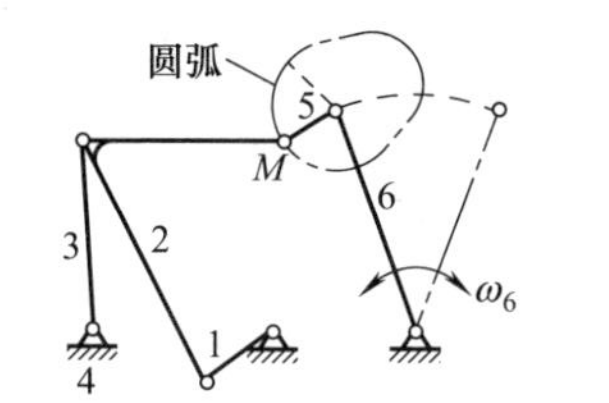 圆弧; 1, 2, 3, 4, 5, 6, M, ω_6	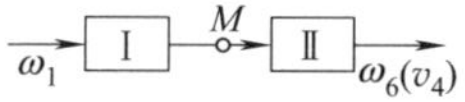 ω_1 → Ⅰ → M → Ⅱ → $\omega_6(v_4)$	ω_6 或 v_4 与点 M 的轨迹特性有关，具有往复摆动（移动）和在摆幅的一端或两端具有停歇的功能	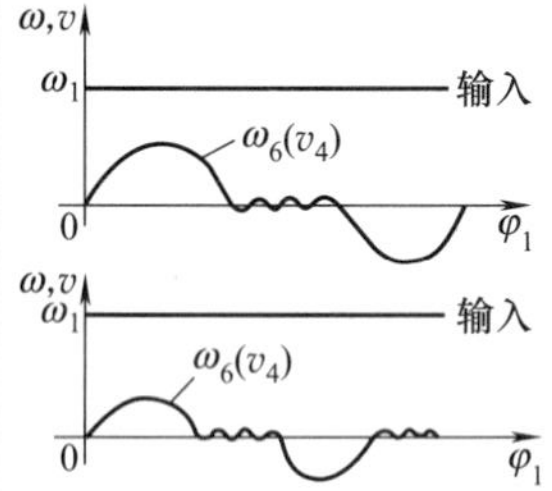	主要设计能实现一具有圆弧或直线轨迹的机构。对近似"8"字形轨迹，有可能实现摆幅的两端均具有停歇功能
6	串联组合	轨迹点 M 串联	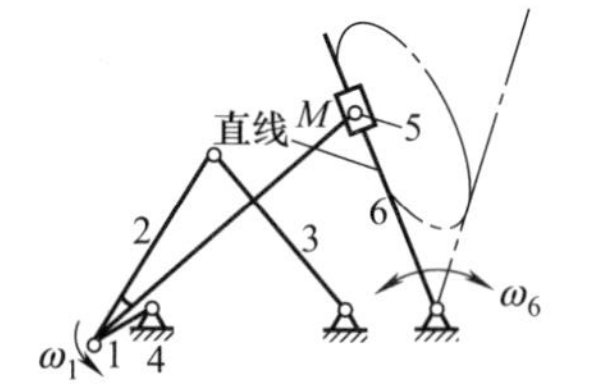 直线; 1, 2, 3, 4, 5, 6, M, ω_1, ω_6	ω_1 → Ⅰ → M → Ⅱ → $\omega_6(v_4)$	ω_6 或 v_4 与点 M 的轨迹特性有关，具有往复摆动（移动）和在摆幅的一端或两端具有停歇的功能	ω,v; ω_1; 输入; $\omega_6(v_4)$; 0; φ_1	主要设计能实现一具有圆弧或直线轨迹的机构。对近似"8"字形轨迹，有可能实现摆幅的两端均具有停歇功能
7	串联组合	轨迹点 M 串联	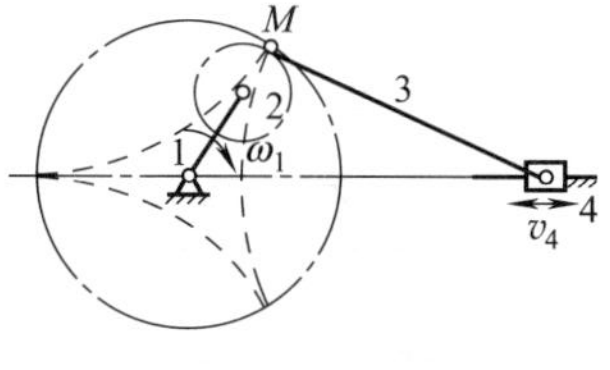 1, 2, 3, 4, M, ω_1, v_4	ω_1 → Ⅰ → M → Ⅱ → $\omega_6(v_4)$	ω_6 或 v_4 与点 M 的轨迹特性有关，具有往复摆动（移动）和在摆幅的一端或两端具有停歇的功能	ω,v; ω_1; 输入; $\omega_6(v_4)$; 0; φ_1	行星轮的轨迹形状与两齿轮的齿数比有关
8	串联组合	轨迹点 M 串联	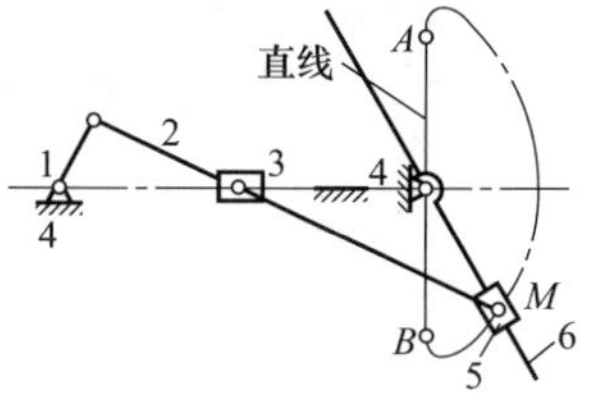 直线; A, B, 1, 2, 3, 4, 5, 6, M	ω_1 → Ⅰ → M → Ⅱ → $\omega_6(v_4)$	具有单向转动或兼有停歇的功能	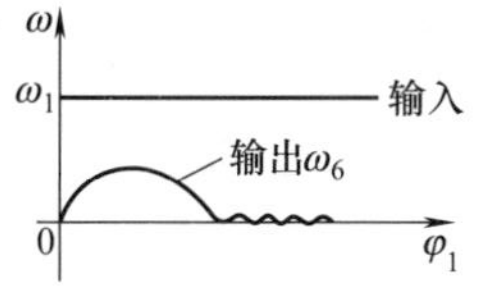 ω; ω_1; 输入; 输出ω_6; 0; φ_1	当杆6的转动副在近似直线轨迹中时，可得有停歇功能的单向转动机构

续表

序号	组合方式		实　　例	传动框图	运动特性	典型传动函数	设计要点
9	并联组合	以差动轮系为基础机构	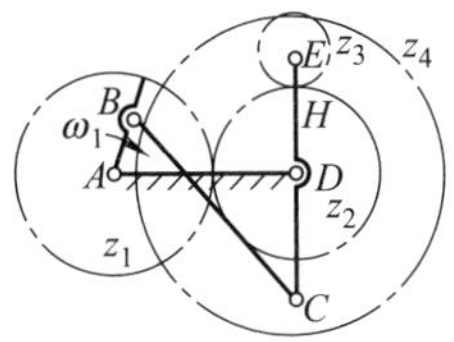	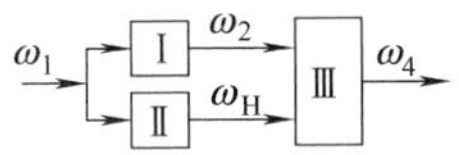	具有单向转动并瞬时停歇的功能，输出运动为两输入运动函数之和 $\omega_4=\left(1+\frac{z_2}{z_4}\right)\omega_H+\frac{z_1}{z_4}\omega_1$ 或 $\Delta\varphi_4=\left(1+\frac{z_2}{z_4}\right)\Delta\varphi_H+\frac{z_1}{z_4}\Delta\varphi_1$ $\omega_5=\omega_H+i_{52}^H\omega_2^H$（序号 9）或 $\Delta\varphi_5=\Delta\varphi_H+i_{52}^H\Delta\varphi_2^H$（序号 10）	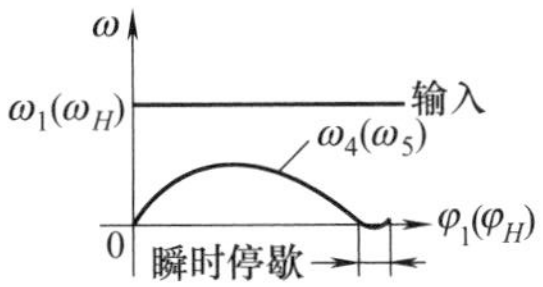	选择合适的差动轮系齿轮齿数 z_1、z_2、z_3、z_4，在停歇段四杆机构满足 $\Delta\varphi_H=-\frac{z_1}{z_2+z_4}\times\Delta\varphi_1$，当要求一周期齿轮 4 转过 φ_4 时满足 $\varphi_4=2\pi\frac{z_1}{z_4}$
10			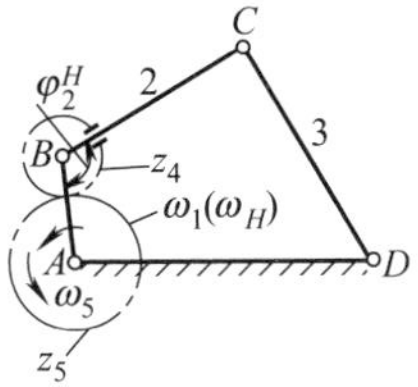	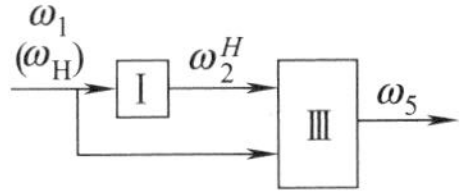			选择合适的齿数 z_4、z_5，在停歇段四杆机构满足 $\Delta\varphi_H=-i_{52}^H\Delta\varphi_2^H$ $i_{52}^H=-z_4/z_5$
11		以五连杆机构为基础机构	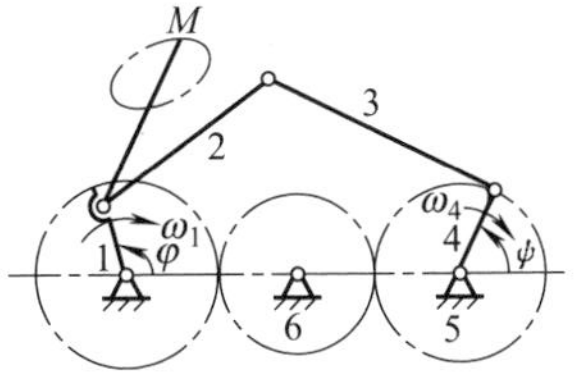	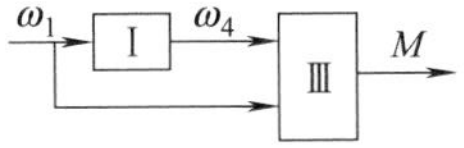	输出点 M 的轨迹为基础机构两主动构件 1、4 分别驱动时点 M 轨迹 M_1' 及 M_1'' 按某种规律的叠加 具有精确或近似的重演给定轨迹（或其中一段轨迹）的功能	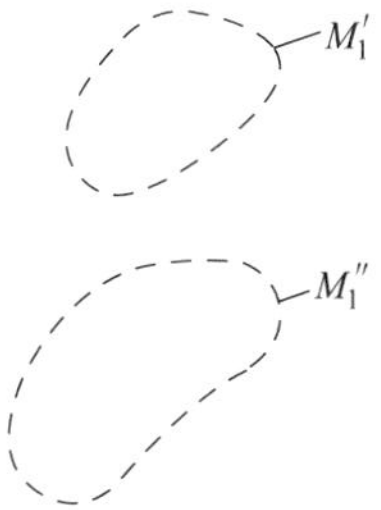	在给定轨迹段上选 5 个点，在 5 个对应角 $\Delta\varphi_i=\Delta\psi_i$ 条件下，求解五连杆机构各构件的参数，并验算主动构件在 360°运动中是否连续

续表

序号	组合方式		实例	传动框图	运动特性	典型传动函数	设计要点
12	并联组合	以五连杆机构为基础机构	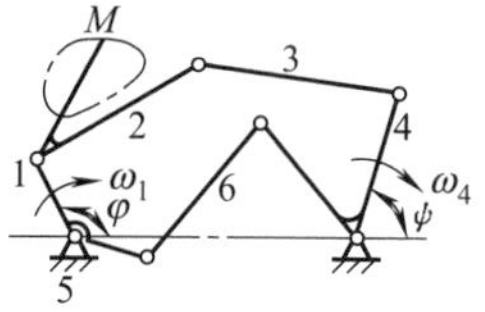	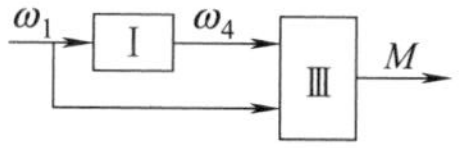	输出点 M 的轨迹为基础机构两主动构件 1、4 分别驱动时点 M 轨迹 M_1' 及 M_1'' 按某种规律的叠加 具有精确或近似的重演给定轨迹（或其中一段轨迹）的功能	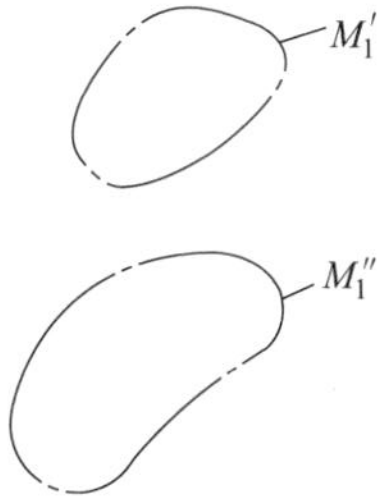	任选五连杆机构各参数，求出给定轨迹上五个点位置相应的 φ_i、ψ_i，并以此要求设计四连杆机构 5-1-6-4，并验算曲柄是否存在
13	并联组合	以五连杆机构为基础机构	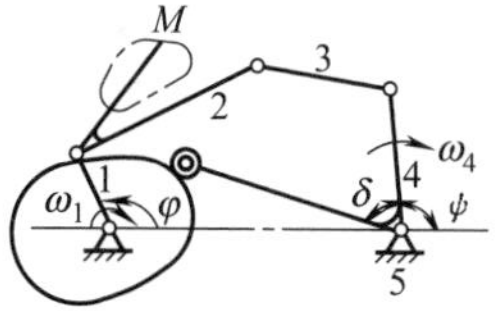				任选五连杆机构各参数，求得完成重演轨迹时的 φ-ψ 曲线，按此曲线设计凸轮轮廓
14	并联组合	全移动副差动机构为基础机构	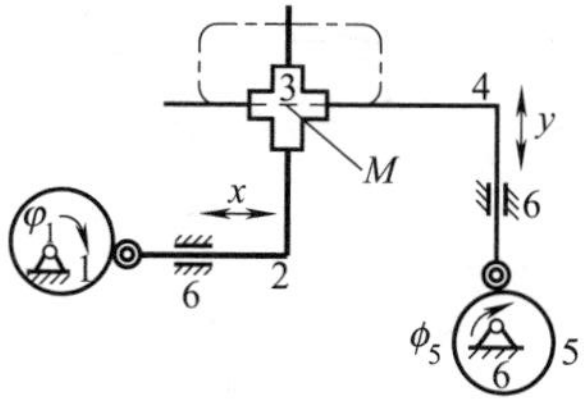	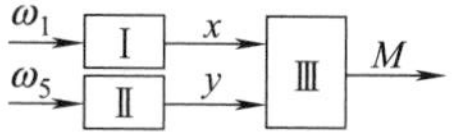	构件 3 上点 M 的轨迹受凸轮 1、5 廓线所控制，具有重演复杂轨迹的功能		根据给定的轨迹曲线，求得 φ_1-x 及 φ_5-y 曲线，按此曲线绘制凸轮 1、5 的轮廓

续表

序号	组合方式		实　例	传动框图	运动特性	典型传动函数	设计要点
15	并联组合	以差动凸轮机构为基础机构	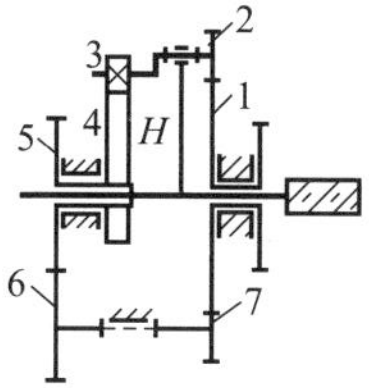	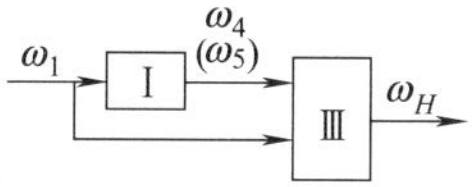	ω_H 的运动受凸轮 4 的廓线控制 本机构为滚齿机的误差补偿机构，使凸轮在滚齿机工作台旋转一周时比齿轮 1 多转或少转一整周，从而通过摆杆 3 使行星轮 2 获得附加转动而改变系杆 H 的运动	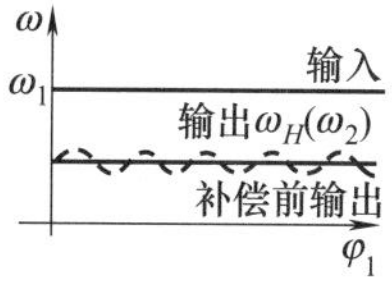	设计定轴轮系 1、7、6、5，使凸轮 4（与齿轮 5 固接）在一个周期中比齿轮 1 多转或少转一整圈 实测滚齿机蜗杆蜗轮副一周的误差，按此误差，考虑到差动轮系的传动比绘制凸轮轮廓
16	反馈组合	二自由度蜗杆蜗轮机构为基础机构	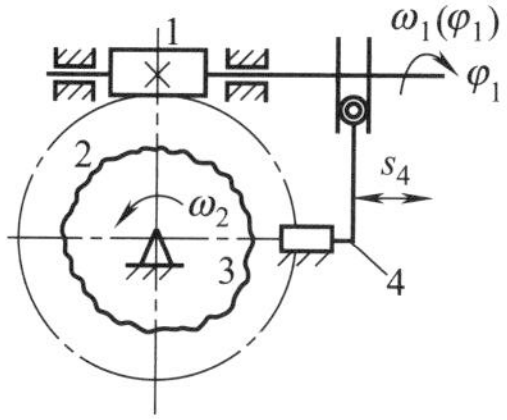	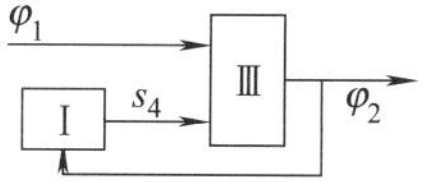	蜗杆的轴向运动受到与蜗轮 2 固接的凸轮 3 的控制 本机构是齿轮加工机床的误差补偿装置		实测蜗杆蜗轮副一个周期的运动误差，以此误差绘制凸轮轮廓
17	反馈组合	差动轮系为基础机构	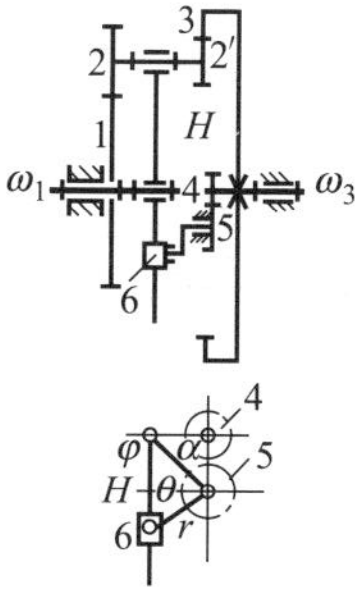	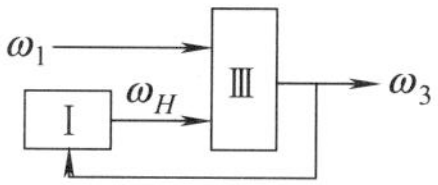	该机构的输出速度 ω_3，与导杆机构函数成倒数关系。其近似等速段可达 200°，行程速比系数 K 可接近 6	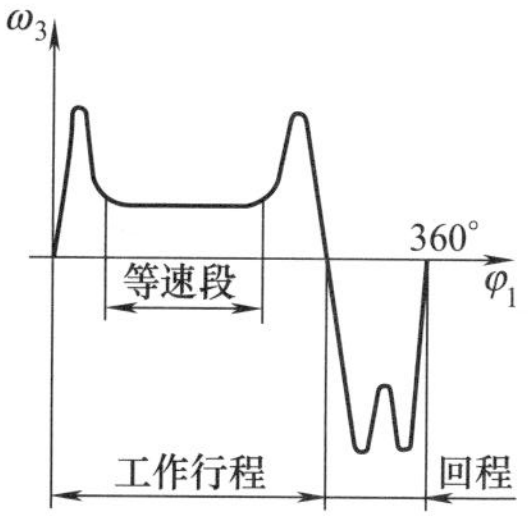	求出该机构的运动方程式为 $\omega_1=\left[i_{13}^{H}\dfrac{\lambda(\cos\theta-\lambda)}{1-2\lambda\cos\theta+\lambda^2}\times i_{s3}(i_{13}^{H}-1)\right]\omega_3$ $\lambda=r/l$ 选择合适的反馈系数 λ，求解 ω_3

续表

序号	组合方式		实例	传动框图	运动特性	典型传动函数	设计要点
18	运载组合	圆柱坐标式	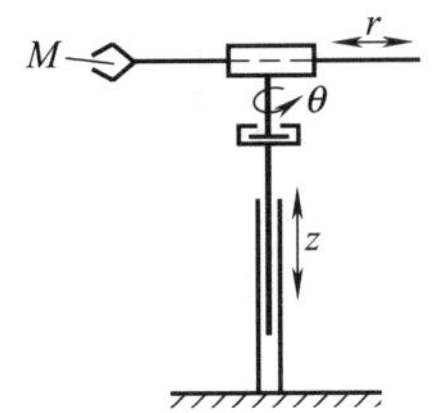	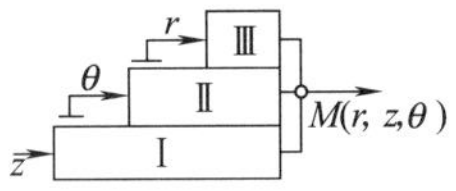	点 M 的运动为 3 个独立运动参数 z、θ、r 的叠加	实现空间某一点位置及该点在空间的运动轨迹	将给定的运动和位置按 3 个坐标分解，然后分别设计各构件的运动
19		单自由度式	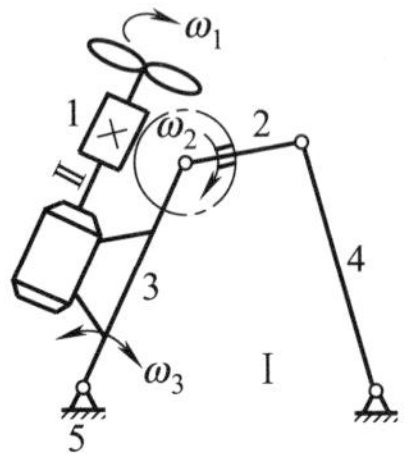	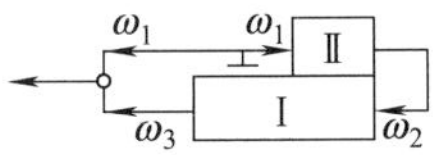	用一个驱动源得到风扇的旋转运动和风扇座的摇摆运动	实现两运动的合成	合适选择蜗杆蜗轮传动比，以得到适当的摆动速度 选择合理的四杆长度以得到需要的摆角
20	时序组合	自动机	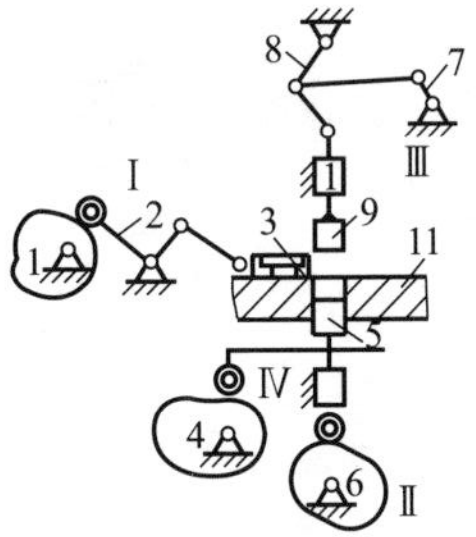	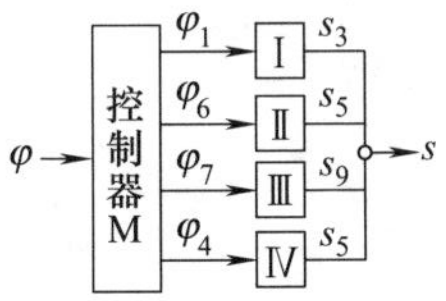	执行机件，按时间的顺序与被加工零件做相对运动 时间顺序由控制器 M 控制，本例 M 是分配轴	加工自动化的各种机械运动	各机构按运动要求分别独立设计，并按运动循环图规定的相位要求安装在分配轴上

8.2　凸轮连杆组合机构

凸轮-连杆组合机构是由连杆机构和凸轮机构按一定工作要求组合而成的，它综合了这两种机构各自的优点。这种组合机构中，多数是以连杆机构为基础，而凸轮起调节和补偿作用，以执行单纯连杆机构无法实现或难以设计的运动要求。但有时也以凸轮机构为主体，通过连杆机构的运动变换使输出的从动件能满足各种工作要求。

8.2.1　固定凸轮-连杆机构

（1）实现给定轨迹的固定凸轮-连杆组合机构（表 11-8-2）

表 11-8-2　实现给定轨迹的固定凸轮-连杆组合机构设计

固定凸轮-连杆组合机构	
已知条件	图示为由连杆机构 1-2-3-4-5 和固定凸轮 5 所组成的组合机构，主动件 1 以 ω_1 转动时，连杆 2 上 D 点执行给定轨迹 mm。这种组合机构的运动相当于杆长 BC 可变的四杆铰链机构 $OABC$，因而克服了一般四杆铰链机构的连杆曲线无法精确实现给定轨迹的问题。其设计步骤和方法如下
步骤	方　　法
1	建立坐标系 Oxy。一般取原点 O 为输入轴轴心，x 轴为连心线 OC 方向
2	将给定的轨迹 mm 分成若干分点，定出一系列的向径 r_D 和 ϕ_D
3	选定杆长 l_1、l_2 和 l_5，以及执行点 D 在连杆 2 上的位置 l'_2 和 ε 角
4	确定 A 点的一系列分度位置，以 O 为中心、l_1 为半径作曲柄圆，以一系列 D 为中心、l'_2 为半径作圆弧，它与曲柄圆的交点即得一系列的 A 点
5	确定 B 点的一系列位置。连 AD，在此基础上按角 ε 和杆长 l_2 定出一系列的 B 点相应位置
6	画出凸轮 5 的廓线，把一系列的 B 点连成曲线即凸轮的理论廓线。在理论廓线上作一系列的滚子圆，其内、外包络线即固定凸轮 5 的曲线槽
7	凸轮理论廓线的极坐标方程式（以 C 为极坐标中心，ϕ 角由 x 轴起逆时针量度）。凸轮的理论廓线方程式为 $\left.\begin{aligned} r&=\left[(r_D\cos\phi_D-l_2\cos\phi_2-l'_2\cos\phi'_2-l_5)^2+(r_D\sin\phi_D-l_2\sin\phi_2-l'_2\sin\phi'_2)^2\right]^{\frac{1}{2}}\\ \phi&=\arctan\left(\dfrac{r_D\sin\phi_D-l_2\sin\phi_2-l'_2\sin\phi'_2}{r_D\cos\phi_D-l_2\cos\phi_2-l'_2\cos\phi'_2-l_5}\right)\end{aligned}\right\}$　(11-8-1) 其中　$\phi'_2=\phi_D\pm\arccos\left(\dfrac{r_D{}^2+l'_2{}^2-l_1{}^2}{2r_Dl'_2}\right)$　(11-8-2) $\phi_2=\pi+\phi'_2-\varepsilon$　(11-8-3) $\phi_1=\phi_D-\left[\pm\arccos\left(\dfrac{r_D{}^2+l_1{}^2-l'_2{}^2}{2r_Dl_1}\right)\right]$　(11-8-4) 式中，± 号按机构的位置连续性取定

（2）实现给定运动规律的固定凸轮-连杆组合机构（表 11-8-3）

表 11-8-3 实现给定运动规律的固定凸轮-连杆组合机构设计

<table>
<tr><td>图示</td><td colspan="3">图(a) 固定凸轮-连杆组合机构</td></tr>
<tr><td>已知条件</td><td colspan="3">图(a)所示为一由连杆机构和固定凸轮组成的组合机构。主动件 1 以等角速度 ω_1 连续旋转，通过连杆 2 和 3 带动滑块 4 往复移动。这种组合机构相当于从动曲柄 CE 长度可变的六杆机构 $ABCDE$（E 为凸轮理论轮廓曲线的曲率中心），具有较长停歇期，可用尺寸较小的凸轮来实现较大的输出行程。其设计步骤和方法如下</td></tr>
<tr><td>步骤</td><td colspan="3">内 容</td></tr>
<tr><td rowspan="3">1</td><td colspan="3">给定设计条件。主动曲柄长度 $l_1=20$mm，角速度 $\omega_1=10s^{-1}$，输出滑块的起始位置 $H_0=88$mm，行程 $H=36$mm，运动规律如下</td></tr>
<tr><td>曲柄转角 ϕ_1</td><td>0°～150°</td><td>150°～270°</td><td>270°～360°</td></tr>
<tr><td>滑块位移 s_D</td><td>等速向左 36mm</td><td>停歇</td><td>等速向右 36mm</td></tr>
<tr><td>2</td><td colspan="3">画出输出滑块的位移曲线，见图(b)中(ⅰ)
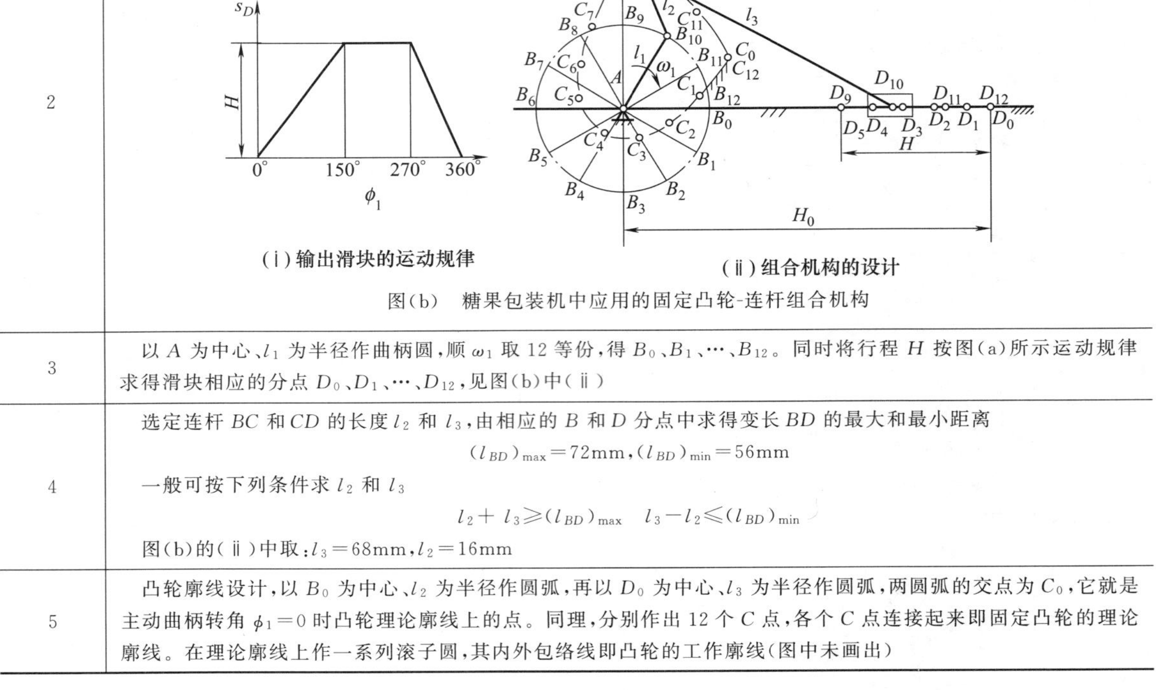

(ⅰ)输出滑块的运动规律
(ⅱ)组合机构的设计
图(b) 糖果包装机中应用的固定凸轮-连杆组合机构</td></tr>
<tr><td>3</td><td colspan="3">以 A 为中心、l_1 为半径作曲柄圆，顺 ω_1 取 12 等份，得 B_0、B_1、…、B_{12}。同时将行程 H 按图(a)所示运动规律求得滑块相应的分点 D_0、D_1、…、D_{12}，见图(b)中(ⅱ)</td></tr>
<tr><td>4</td><td colspan="3">选定连杆 BC 和 CD 的长度 l_2 和 l_3，由相应的 B 和 D 分点中求得变长 BD 的最大和最小距离
$$(l_{BD})_{\max}=72\text{mm},(l_{BD})_{\min}=56\text{mm}$$
一般可按下列条件求 l_2 和 l_3
$$l_2+l_3\geqslant(l_{BD})_{\max}\quad l_3-l_2\leqslant(l_{BD})_{\min}$$
图(b)的(ⅱ)中取：$l_3=68$mm，$l_2=16$mm</td></tr>
<tr><td>5</td><td colspan="3">凸轮廓线设计，以 B_0 为中心、l_2 为半径作圆弧，再以 D_0 为中心、l_3 为半径作圆弧，两圆弧的交点为 C_0，它就是主动曲柄转角 $\phi_1=0$ 时凸轮理论廓线上的点。同理，分别作出 12 个 C 点，各个 C 点连接起来即固定凸轮的理论廓线。在理论廓线上作一系列滚子圆，其内外包络线即凸轮的工作廓线（图中未画出）</td></tr>
</table>

8.2.2 转动凸轮-连杆机构

这种组合机构是以一个二自由度的五杆机构为基础，利用和主动件一起转动的凸轮来控制五杆机构的两个输入运动间的关系，从而使输出的运动实现给定的工作要求。这种组合机构主要有以下两种形式。

（1）用凸轮来控制从动曲柄（或摇杆）的运动（表 11-8-4）

表 11-8-4　　**用凸轮来控制从动曲柄（或摇杆）运动的机构设计**

转动凸轮-五杆组合机构	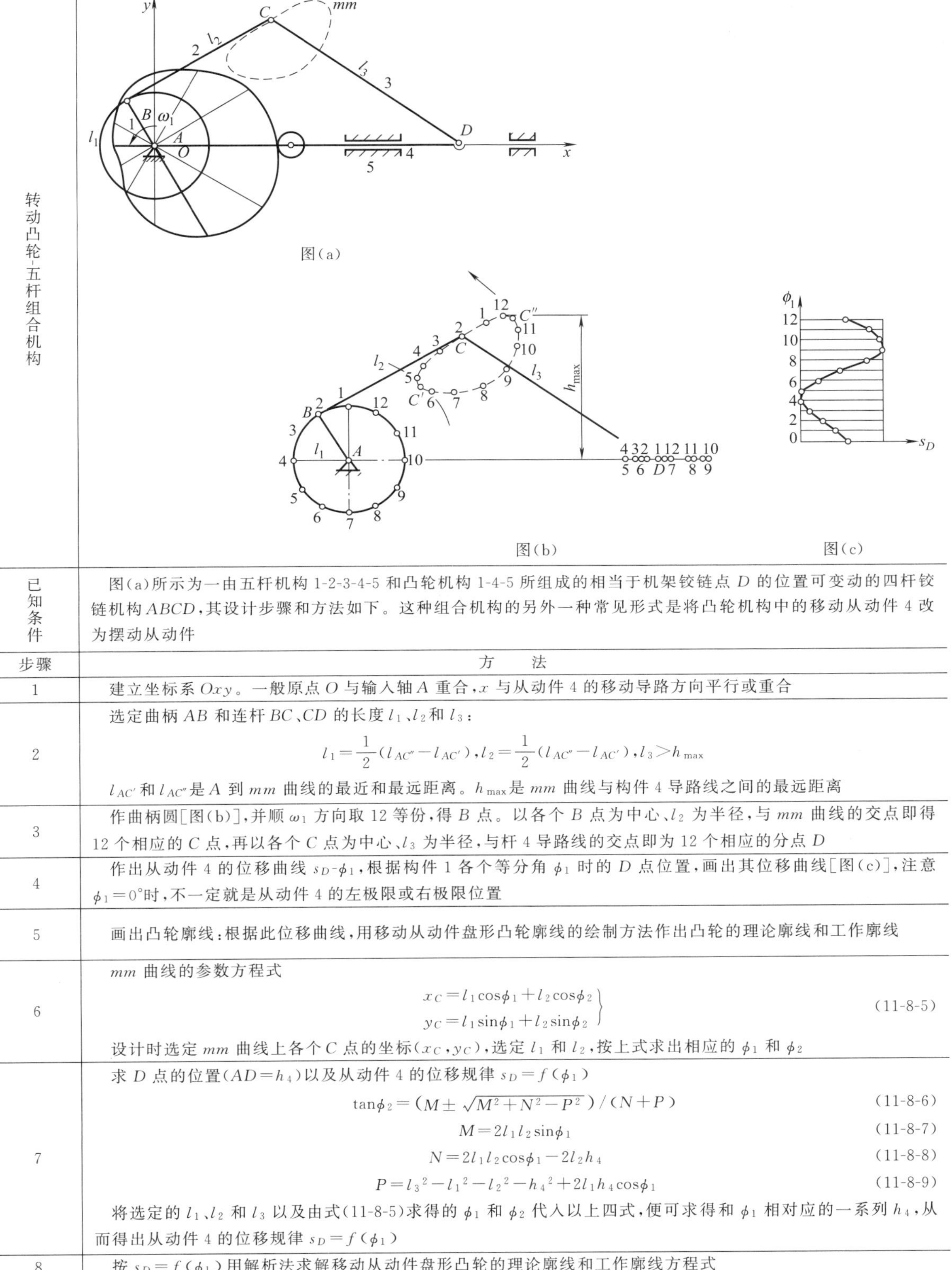 图(a)　图(b)　图(c)
已知条件	图(a)所示为一由五杆机构 1-2-3-4-5 和凸轮机构 1-4-5 所组成的相当于机架铰链点 D 的位置可变动的四杆铰链机构 $ABCD$，其设计步骤和方法如下。这种组合机构的另一种常见形式是将凸轮机构中的移动从动件 4 改为摆动从动件
步骤	方　法
1	建立坐标系 Oxy。一般原点 O 与输入轴 A 重合，x 与从动件 4 的移动导路方向平行或重合
2	选定曲柄 AB 和连杆 BC、CD 的长度 l_1、l_2 和 l_3： $$l_1=\frac{1}{2}(l_{AC''}-l_{AC'}),l_2=\frac{1}{2}(l_{AC''}-l_{AC'}),l_3>h_{\max}$$ $l_{AC'}$ 和 $l_{AC''}$ 是 A 到 mm 曲线的最近和最远距离。$h_{\max}$ 是 mm 曲线与构件 4 导路线之间的最远距离
3	作曲柄圆[图(b)]，并顺 ω_1 方向取 12 等份，得 B 点。以各个 B 点为中心、l_2 为半径，与 mm 曲线的交点即得 12 个相应的 C 点，再以各个 C 点为中心、l_3 为半径，与杆 4 导路线的交点即为 12 个相应的分点 D
4	作出从动件 4 的位移曲线 s_D-ϕ_1，根据构件 1 各个等分角 ϕ_1 时的 D 点位置，画出其位移曲线[图(c)]，注意 $\phi_1=0°$时，不一定就是从动件 4 的左极限或右极限位置
5	画出凸轮廓线：根据此位移曲线，用移动从动件盘形凸轮廓线的绘制方法作出凸轮的理论廓线和工作廓线
6	mm 曲线的参数方程式 $$\left.\begin{aligned}x_C&=l_1\cos\phi_1+l_2\cos\phi_2\\y_C&=l_1\sin\phi_1+l_2\sin\phi_2\end{aligned}\right\}\qquad(11\text{-}8\text{-}5)$$ 设计时选定 mm 曲线上各个 C 点的坐标(x_C，y_C)，选定 l_1 和 l_2，按上式求出相应的 ϕ_1 和 ϕ_2
7	求 D 点的位置($AD=h_4$)以及从动件 4 的位移规律 $s_D=f(\phi_1)$ $$\tan\phi_2=(M\pm\sqrt{M^2+N^2-P^2})/(N+P)\qquad(11\text{-}8\text{-}6)$$ $$M=2l_1l_2\sin\phi_1\qquad(11\text{-}8\text{-}7)$$ $$N=2l_1l_2\cos\phi_1-2l_2h_4\qquad(11\text{-}8\text{-}8)$$ $$P=l_3{}^2-l_1{}^2-l_2{}^2-h_4{}^2+2l_1h_4\cos\phi_1\qquad(11\text{-}8\text{-}9)$$ 将选定的 l_1、l_2 和 l_3 以及由式(11-8-5)求得的 ϕ_1 和 ϕ_2 代入以上四式，便可求得和 ϕ_1 相对应的一系列 h_4，从而得出从动件 4 的位移规律 $s_D=f(\phi_1)$
8	按 $s_D=f(\phi_1)$ 用解析法求解移动从动件盘形凸轮的理论廓线和工作廓线方程式

（2）用凸轮来控制连杆的运动（表 11-8-5）

表 11-8-5 用凸轮来控制连杆运动的机构的设计步骤和方法

已知条件	图(a)所示为一五杆机构 1-2-3-4-5 和凸轮 1 组成的组合机构。这种组合机构相当于连杆 AC 长度可变的四杆铰接机构 $OACD$，只要改变凸轮的轮廓曲线形状就可控制 AC 长度的变化规律，设计时，可将其转化为运动相当的连杆机构，用封闭矢量法求解，如图(b)所示。这种组合机构的设计步骤和方法如下
凸轮-五杆组合机构	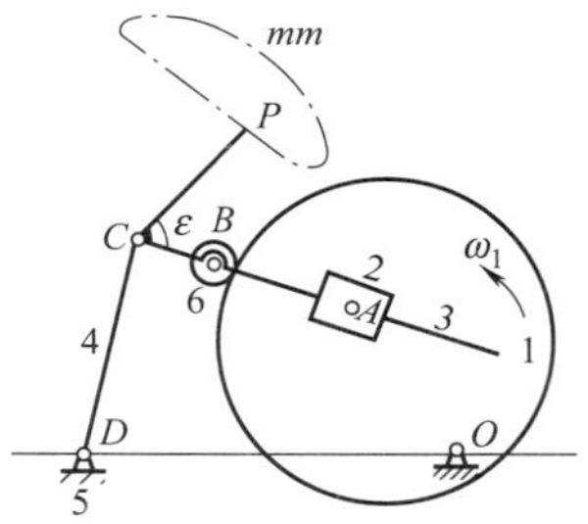 图(a) 机构简图 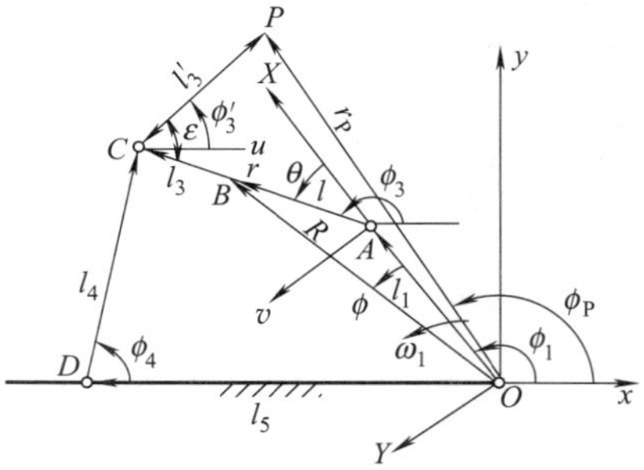 图(b) 机构的封闭矢量图
步骤	方 法
1	建立坐标系 Oxy。一般取原点与输入轴重合，Ox 为连心线 OD 方向
2	选定连杆机构中各杆的尺度。$l_1=OA$，$l_3=BC$，$l'_3=CP$，$l_4=DC$，$l_5=OD$，$\angle PCB=\varepsilon$，这些都是不变的尺度。变量 $r=AB$
3	将给定的 mm 曲线用矢量表示为：向径 $r_P=OP$，位置角 ϕ_P
4	求出杆 ABC、杆 CP 和杆 DC 的位置角 ϕ_3、ϕ'_3 和 ϕ_4 由机构位置的封闭矢量方程式可解出 $\phi_4=\phi_P-\left[\pm\arccos\left(\dfrac{F^2+l_4^2-l'^2_3}{2Fl_4}\right)\right]$ （11-8-10） $\phi'_3=\phi_P\pm\arccos\left(\dfrac{F^2+l'^2_3-l_4^2}{2Fl'_3}\right)$ （11-8-11） $\phi_3=\pi+\phi'_3-\varepsilon$ 式中 $F=(r_P^2+l_5^2-2r_Pl_5\cos\phi_P)^{\frac{1}{2}}$ （11-8-12） $\phi_P=\arctan\left(\dfrac{r_P\sin\phi_P}{l_5+r_P\cos\phi_P}\right)$
5	求出可变长度 r $r=G\cos(\phi_G-\phi_3)-l_1\cos(\phi_1-\phi_3)-l_3$ （11-8-13） 式中 $G=(l_4^2+l_5^2-2l_4l_5\cos\phi_4)^{\frac{1}{2}}$ $\phi_G=\arctan\left(\dfrac{l_4\sin\phi_4}{l_4\cos\phi_4-l_5}\right)$
6	求出主动件 1 的相应转角 ϕ_1 $\phi_1=\phi_3+\arcsin\left[\dfrac{G\sin(\phi_G-\phi_3)}{l_1}\right]$ （11-8-14）
7	求凸轮理论廓线在动坐标 uAv 上的方程式。动坐标 uAv 和构件 1 固连，原点为 A。凸轮理论廓线在坐标系 uAv 上的极坐标方程式 $\left.\begin{array}{l}r=G\cos(\phi_G-\phi_3)-l_1\cos(\phi_1-\phi_3)-l_2\\\theta=\phi_3-\phi_1\end{array}\right\}$ （11-8-15） 直角坐标方程式 $\left.\begin{array}{l}u=r\cos\theta\\v=r\sin\theta\end{array}\right\}$ （11-8-16）

8.2.3　联动凸轮-连杆机构

表 11-8-6　**联动凸轮-连杆机构设计**

已知条件	这种组合机构是以联动凸轮机构为主体，连杆机构作为实现复杂工作要求的执行部分 图(a)所示联动凸轮-连杆组合机构中，主动件是两个固连在一起的盘形槽凸轮 1 和 1′，当凸轮 1 和 1′转动时，根据这两个凸轮的不同轮廓形状和相互间的位置配合关系，可使 E 点准确地实现工作所需要的预定轨迹。这种组合的设计步骤和方法如下
图示	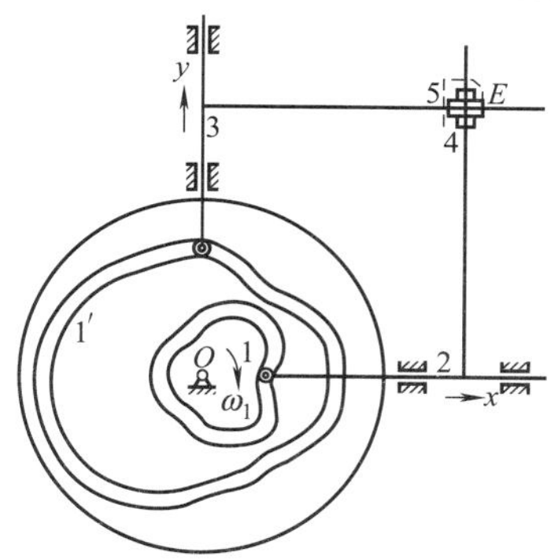 图(a)　联动凸轮-连杆组合机构 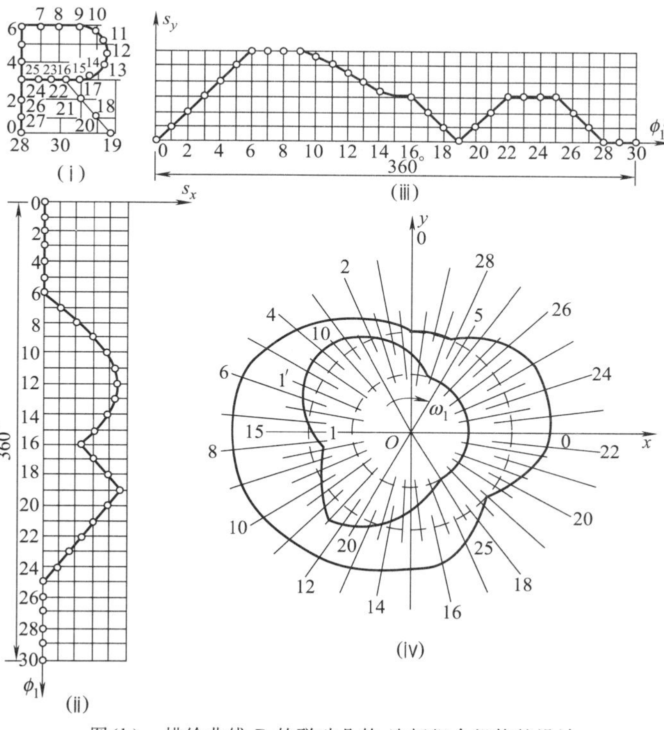 图(b)　描绘曲线 R 的联动凸轮-连杆组合机构的设计

步骤	方　　法
1	按工作要求拟定出 E 点描绘给定轨迹 R 的路线，并确定分点。在选择路线时注意必须轨迹连续，首末衔接，为了轨迹连续，允许 E 点走的路线有重复。图(b)中(ⅰ)将轨迹 R 分成 30 点
2	将凸轮 1 和 1′的转角 ϕ_1 和 ϕ_1' 按一圈 30 等分，分别作出 E 点在 x 和 y 方式的位移 s_x 和 s_y，并连成位移曲线 s_x-ϕ_1 和 s_y-ϕ_1'[图(b)中(ⅱ)和(ⅲ)]

续表

步骤	方 法
3	选定凸轮1和1′的起始位置并作出其一圈中的各等分角。如图(b)中(ⅳ)所示,取凸轮1的起始位置ϕ_{10}为Ox方向,取凸轮1′的起始位置ϕ'_{10}为Oy方向。逆凸轮ω_1方向各取一圈30个等分角线
4	作出凸轮的理论廓线和工作廓线。按凸轮轮廓设计的反转法原理,根据位移曲线s_x-ϕ_1和s_y-ϕ'_1分别作出移动从动件盘形凸轮1和1′的理论廓线[图(b)中(ⅳ)]。然后在理论廓线上作一系列滚子圆,其内外包络线即凸轮的工作廓线(图中未画出)

8.3 齿轮-连杆组合机构

凸轮-连杆组合机构虽然能完成多种运动要求,但其承载能力和加工要求均有限制,因此在某些情况下,使用齿轮-连杆组合机构也可以达到所要的运动要求,只是设计较为困难,这种组合机构中的齿轮机构,多数采用周转轮系。

8.3.1 行星轮系与Ⅱ级杆的组合机构

这种组合机构是由一个最简单的单排内啮合或外啮合行星轮系与一个Ⅱ级杆组串联组成的,一般以行星轮系的转臂为主动件,利用行星轮与杆组铰接点所走的轨迹,使输出构件实现带停歇期的往复移动或摆动。

① 单排外啮合行星轮系与双滑块杆组的组合机构,其设计步骤和方法如表11-8-7所示。

② 单排内啮合行星轮系与Ⅱ级杆组的组合(实现近似停歇运动),其设计步骤和方法如表11-8-8所示。

表11-8-8中图(a)所示为这种组合机构$K=r_1/r_2=3$、$\lambda=r_1/r_2=1$时C点的轨迹mm,当$\lambda=1/2$时,则C点的轨迹为具有近似直线段的带圆角三角形,如图(b)所示;当$\lambda=1.5$时,则C点的轨迹为长幅内摆线(图中未示出)。若选取适当的连杆长度l_3,使以D为中心、l_3为半径的圆弧通过内摆线mm上的C、C'、C''点,则输出滑块4将出现近似停歇段,且有相应于主动转臂转角为$\pm\phi$的停歇时间。如果将图(a)所示的滑块4改为摇杆5(如虚线所示),则输出摇杆5在摆动到其右极限时将具有停歇期。改变K和λ可以得到不同形状的变幅内摆线。图(c)所示为$K=4$、$\lambda=1/3$时,C点的轨迹为具有近似直线段的带圆角正方形;如取$K=2.5$、$\lambda=2/3$,此时C点的轨迹为具有近似直线段的带圆角五角星形,如图(d)所示。图(b)、图(c)所示为C点处再铰接一个双滑块杆组34,则当C点轨迹近似直线段时,输出杆4将出现停歇期,这种组合机构的设计步骤和方法如表11-8-8所示。

表11-8-7 单排外啮合行星轮系与双滑杆的组合机构的设计

图示	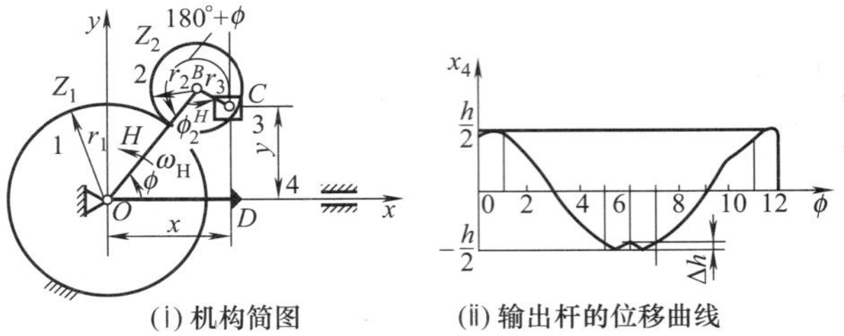 (ⅰ)机构简图 (ⅱ)输出杆的位移曲线 图(a) 单排外啮合行星轮系-连杆组合机构 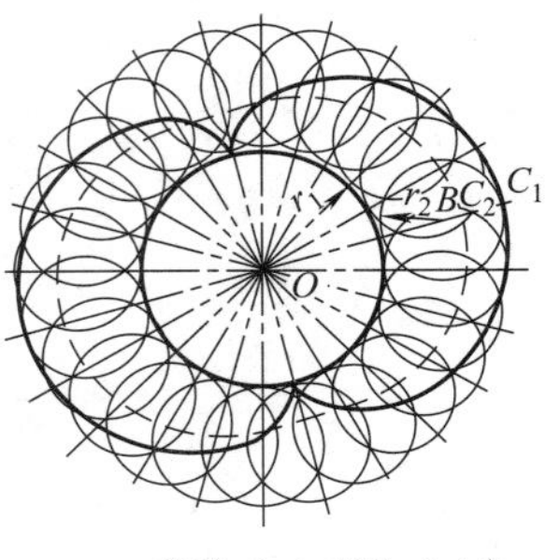 K=2实线:λ=1 虚线:λ=1/3 图(b) 外摆线和变幅外摆线
已知条件	这种组合机构如图(a)所示,C点的轨迹为外摆线或变幅外摆线,它根据两齿轮的节圆半径r_1、r_2以及BC长度r_3的不同,而有不同的轨迹。图(b)所示为$K=r_1/r_2=2$时C点所画出的轨迹,当$\lambda=r_1/r_2=1$时,则C_1点的轨迹为图中实线所示的外摆线;当$\lambda=1/3$时,则C_2点的轨迹为虚线所示的短幅外摆线。由图中可见,此短幅外摆线上有两段为近似的直线,如滑块3上C点经此两段近似直线时,则输出杆4将产生近似的停歇。这种组合机构的设计步骤和方法如下

续表

步骤	方　法
1	行星轮系 12H 中各构件间的角速比和转角关系 $$i_{2H}=\omega_2/\omega_H=1+K \quad (11\text{-}8\text{-}17)$$ 轮 2 的转角 $$\phi_2=(1+K)\phi \quad (11\text{-}8\text{-}18)$$ 轮 2 相对 H 的转角 $$\phi_2^H=\phi_2-\phi=K\phi \quad (11\text{-}8\text{-}19)$$ 式中　ϕ——主动转臂 H 的转角 K——齿数比，$K=z_1/z_2$
2	行星齿轮 2 上的 C 点的轨迹方程式 $$\left.\begin{aligned}x_C&=(r_1+r_2)\cos\phi-r_3\cos(1+K)\phi\\y_C&=(r_1+r_2)\sin\phi-r_3\sin(1+K)\phi\end{aligned}\right\} \quad (11\text{-}8\text{-}20)$$ 式中　r_1，r_2——齿轮 1 与 2 的节圆半径 r_3——BC 的长度
3	输出杆 4 的位置和行程 h $$\left.\begin{aligned}x_4&=H\cos\phi-r_3\cos(1+K)\phi\\y_4&=0\end{aligned}\right\} \quad (11\text{-}8\text{-}21)$$ 式中　H——转臂的长度 当 $\phi=0$ 时，$x_4=H-r_3$；$\phi=\pi$ 时，$x_4=-(H-r_3)$ 行程 $$h=(H-r_3)+(H-r_3)=2(H-r_3) \quad (11\text{-}8\text{-}22)$$ 图(a)中(ⅱ)所示为转臂 H 转一周中输出杆 4 的位移曲线 $x_4=f(\phi)$，此机构取 $K=2$
4	输出杆 4 的速度 v_4 和加速度 a_4 $$v_4=\dot{x}_4=-\omega_H[H\sin\phi-(1+K)r_3\sin(1+K)\phi] \quad (11\text{-}8\text{-}23)$$ $$a_4=\ddot{x}_4=-\varepsilon_H[H\sin\phi-(1+K)r_3\sin(1+K)\phi]-(\omega_H)^2[H\cos\phi-(1+K)^2r_3\cos(1+K)\phi] \quad (11\text{-}8\text{-}24)$$ 式中　ω_H——转臂 H 的角速度 ε_H——转臂 H 的角加速度，当 ω_H 为常数时，$\varepsilon_H=0$
5	如工作要求输出杆 4 在其行程两端具有近似停歇区，并给定转臂 H 的相应转角，计算转臂长度 H 与 r_3 的比值 σ 和 r_3 与 r_2 的比值 λ。本例中取 $K=2$，并给定输出杆 4 在行程两端近似停歇时转臂 H 的相应转角各为 60°。设计时，假定输出杆在行程两端停歇时的位置为对称分布，即按 $\phi=0°$ 和 $\phi=30°$ 时的 x_4 值相等的条件求解(同理，按 $\phi=150°$ 和 $\phi=180°$ 时 x_4 值相等的条件)，可得 $$H-r_3=H\cos30°$$ $$\sigma=\frac{H}{r_3}=7.4627$$ $$\lambda=\frac{r_3}{r_2}=\frac{1+K}{\sigma}=\frac{1+2}{7.4627}=0.402$$
6	行程 h 及其微动值 Δh。输出杆 4 在极限位置时转臂 H 相应的位置角 ϕ 可按下法求得：令式(11-8-23)中 $x_4=0$，并将 σ 值代入可得 $\phi=0°$ 及 $\phi=20.96°$，然后以 $\phi=20.96°$ 及 $x_4=0.5h$ 代入式(11-8-21)求得 $h=1.74549H$，$\Delta h=0.5h-(H-r_3)=-0.00673H=-0.00386h$，这表示微动值 Δh 仅占行程 h 的 0.4%左右，所以实际上由于运动副中间隙等因素存在，在输出杆 4 的行程两端，相应于主动件 H 的转角 60°范围内，将出现有一段时间的停歇期

表 11-8-8 单排内啮合行星轮系-连杆组合机构大的计算

机构简图			
图(a) $K=\frac{r_1}{r_2}=3, \lambda=\frac{r_3}{r_2}=1$	图(b) $K=\frac{r_1}{r_2}=3, \lambda=\frac{r_3}{r_2}=\frac{1}{2}$	图(c) $K=\frac{r_1}{r_2}=4, \lambda=\frac{r_3}{r_2}=1/3$	图(d) $K=\frac{r_1}{r_2}=2.5, \lambda=\frac{r_3}{r_2}=\frac{2}{3}$
已知条件	$K=r_1/r_2=z_1/z_2, \omega_H$ $l_1=l_{OB}=(K-1)r_2$、$l_2=l_{BC}=r_3=\lambda r_2$，$l_3$ 由结构取定	构件 4 的行程	$h=x_0-x_{min}$
构件的角速比与转角关系	$i_{2H}=\omega_2/\omega_H=1-K, \phi_2=(1-K)\phi$ 相对转角：$\phi_2^H=\phi_2-\phi=-K\phi$ 式中 ϕ——主动臂 H 的转角	构件 4 的位移	$s=x-x_{min}+l_3(\cos\gamma-1), \sin\gamma=\gamma/l_3$ 图(b)、图(d)：$\gamma=0, l_3=\infty$
C 点坐标	$x=l_1\cos\phi-l_2\cos\phi(K-1)\phi$ $=r_2[(K-1)\cos\phi-\lambda\cos(K-1)\phi]$ $y=l_1\sin\phi+l_2\sin(K-1)\phi$ $=r_2[(K-1)\sin\phi+\lambda\sin(K-1)\phi]$	x、y 对 ϕ 的导数	$dx/d\phi=(K-1)r_2[-\sin\phi+\lambda\sin(K-1)\phi]$ $dy/d\phi=(K-1)r_2[\cos\phi+\lambda\cos(K-1)\phi]$
当 $\phi=0$ 时，$x=x_0$	$x_0=l_1-l_2=r_2(K-1-\lambda)$	构件 4 的速度	$v_4=ds/dt=\omega_H\left(\frac{dx}{d\phi}-\frac{y}{l_3\cos\gamma}\times\frac{d\gamma}{d\phi}\right)$
当 $\phi=180°$时，$x=x_{min}$	$x_{min}=-(l_1+l_2)=-r_2(K-1+\lambda)$	和构件 4 停歇期相对应的转臂 H 的转角 ϕ	$\phi=\pm\frac{\pi}{K}$

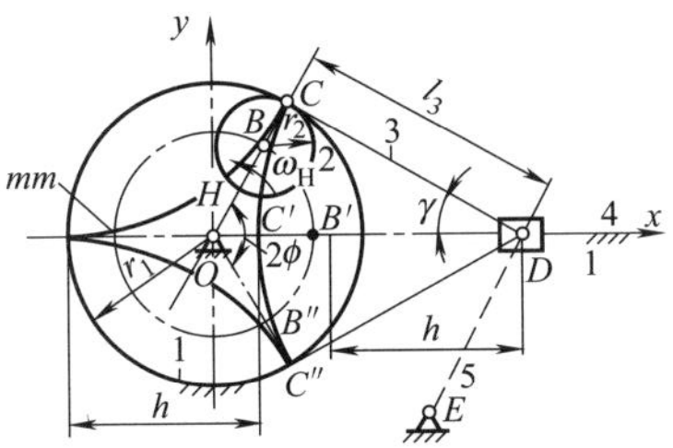

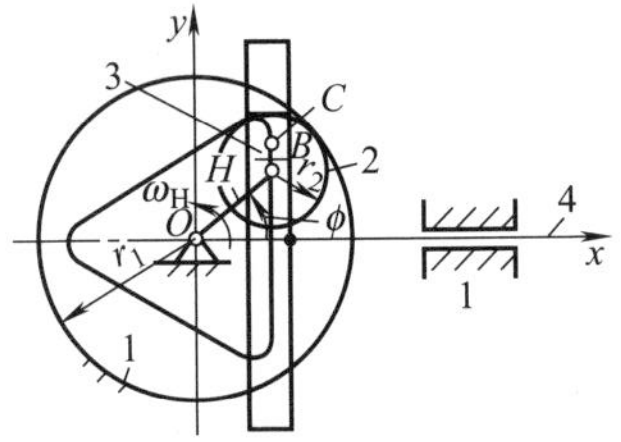

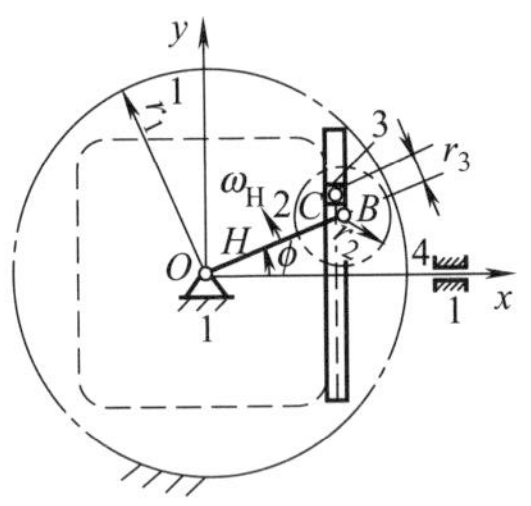

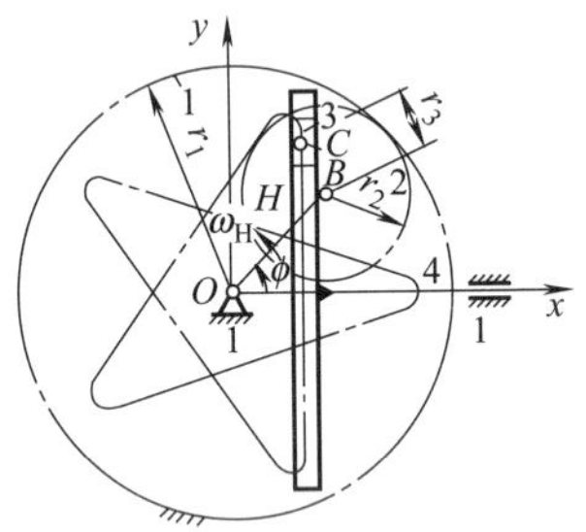

注：1. 当在 $\phi=0$ 的起始位置，铰链 C 在 OB 的延长线上时，λ 以负值代入。

2. 单排行星轮系尚可与其他双杆组合成五杆齿轮连杆机构，获得具有连续输出运动、往复摆动及具有停歇、中间停歇和部分逆移的往复移动。

8.3.2　四杆机构与周转轮系的组合机构

（1）主动曲柄上固连有齿轮（表 11-8-9）

表 11-8-9　　主动曲柄上固连有齿轮的组合机构设计

图示	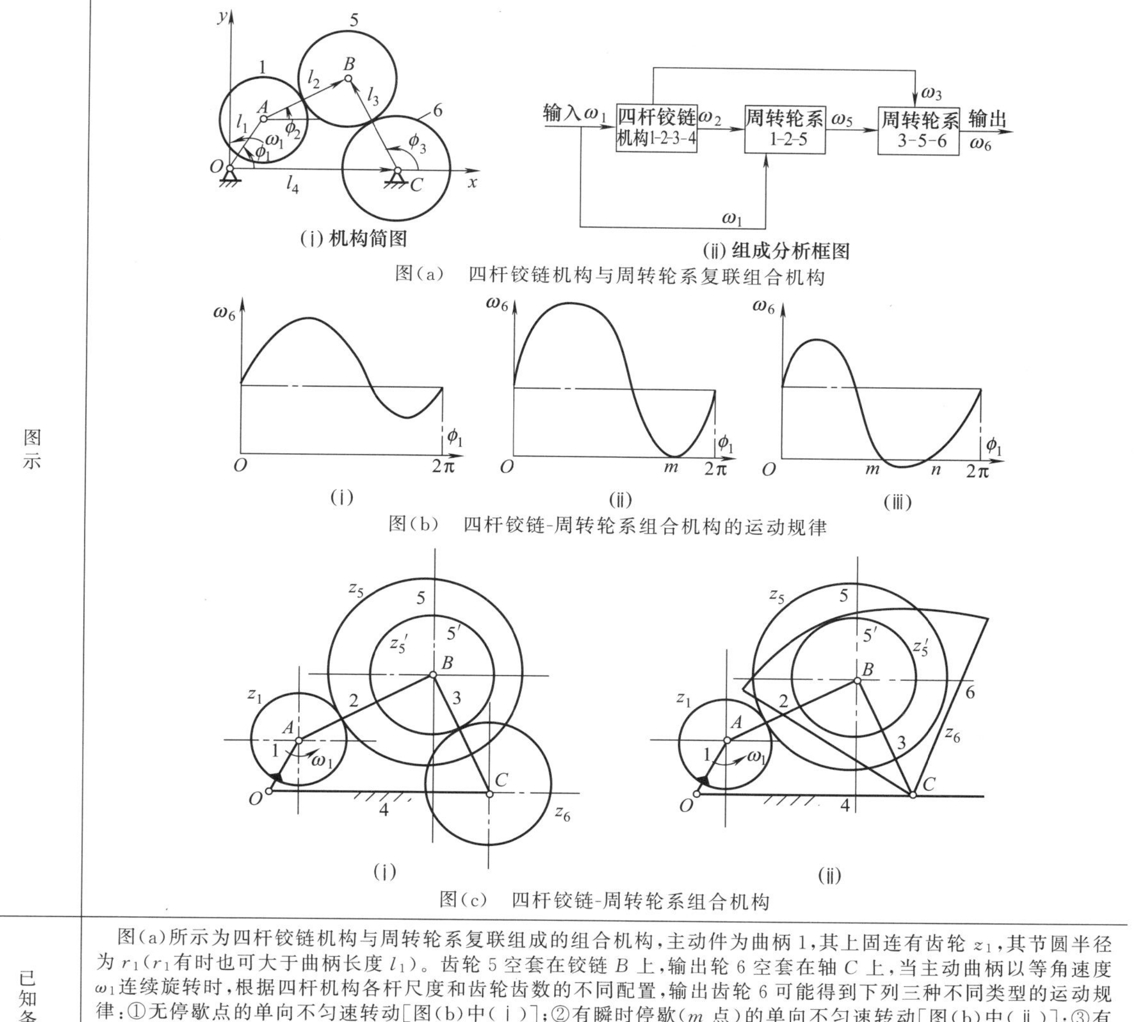 (ⅰ)机构简图　(ⅱ)组成分析框图 图(a)　四杆铰链机构与周转轮系复联组合机构 (ⅰ)　(ⅱ)　(ⅲ) 图(b)　四杆铰链-周转轮系组合机构的运动规律 (ⅰ)　(ⅱ) 图(c)　四杆铰链-周转轮系组合机构
已知条件	图(a)所示为四杆铰链机构与周转轮系复联组成的组合机构，主动件为曲柄 1，其上固连有齿轮 z_1，其节圆半径为 r_1（r_1有时也可大于曲柄长度 l_1）。齿轮 5 空套在铰链 B 上，输出轮 6 空套在轴 C 上，当主动曲柄以等角速度 ω_1 连续旋转时，根据四杆机构各杆尺度和齿轮齿数的不同配置，输出齿轮 6 可能得到下列三种不同类型的运动规律：①无停歇点的单向不匀速转动[图(b)中(ⅰ)]；②有瞬时停歇(m 点)的单向不匀速转动[图(b)中(ⅱ)]；③有两个瞬时停歇点(m 和 n)的不匀速转动[图(b)中(ⅲ)]。根据结构需要，齿轮 5 也可以做成双联的形式，如图(c)中所示 5 和 5′，而图(ⅱ)中所示输出齿轮 6 为内齿轮。四杆铰链机构与周转轮系复联组合机构的设计步骤和方法如下
步骤	方　法
1	杆 2 的角位置 ϕ_2、角速度 ω_2 和角加速度 ε_2 $\phi_2=2\arctan\dfrac{F\pm\sqrt{E^2+F^2-G^2}}{E-G}$　(11-8-25) $\omega_2=-\omega_1\dfrac{l_1\sin(\phi_1-\phi_3)}{l_2\sin(\phi_2-\phi_3)}$　(11-8-26) $\varepsilon_2=\dfrac{l_3\omega_3^2-l_1\varepsilon_1\sin(\phi_1-\phi_3)-l_1\omega_1^2\cos(\phi_1-\phi_3)-l_2\omega_2^2\cos(\phi_2-\phi_3)}{l_2\sin(\phi_2-\phi_3)}$　(11-8-27) $E=l_4-l_1\cos\phi_1$ $F=-l_1\sin\phi_1$ $G=-\left(\dfrac{E^2+F^2+l_2^2-l_3^2}{2l_2}\right)$

续表

步骤	方法
2	杆 3 的角位置 ϕ_3、角速度 ω_3 和角加速度 ε_3 $$\phi_3=2\arctan\frac{F\pm\sqrt{E^2+F^2-H^2}}{E-H} \quad (11\text{-}8\text{-}28)$$ $$\omega_3=\omega_1\frac{l_1\sin(\phi_1-\phi_2)}{l_3\sin(\phi_3-\phi_2)} \quad (11\text{-}8\text{-}29)$$ $$\varepsilon_3=\frac{l_2{\omega_2}^2+l_1\varepsilon_1\sin(\phi_1-\phi_2)+l_1\omega_1^2\cos(\phi_1-\phi_2)-l_3\omega_3^2\cos(\phi_3-\phi_2)}{l_3\sin(\phi_3-\phi_2)} \quad (11\text{-}8\text{-}30)$$ 式中 $H=E^2+F^2+l_3^2-l_2^2/2l_3$
3	齿轮 6 的角位置 ϕ_6、角速度 ω_6 和角加速度 ε_6[图(a)所示形式的组合机构] $$\phi_6=\phi_{30}+\frac{r_1}{r_6}(\phi_1-\phi_{10})-\frac{l_2}{r_6}(\phi_2-\phi_{20})+\frac{l_3}{r_6}(\phi_3-\phi_{30}) \quad (11\text{-}8\text{-}31)$$ $$\omega_6=\omega_1\Delta\frac{r_1}{r_6} \quad (11\text{-}8\text{-}32)$$ $$\varepsilon_6=\frac{l_3}{r_6}\varepsilon_3-\frac{l_2}{r_6}\varepsilon_2 \quad (11\text{-}8\text{-}33)$$ $$\Delta=1+\frac{l_1\sin(\phi_3-\phi_1)}{r_1\sin(\phi_3-\phi_2)}+\frac{l_1\sin(\phi_2-\phi_1)}{r_1\sin(\phi_2-\phi_3)} \quad (11\text{-}8\text{-}34)$$ 式中 $\phi_{10},\phi_{20},\phi_{30}$——杆 1、2、3 的起始位置
4	图(c)所示形式组合机构的输出角速度 ω_6 $$\omega_6=\omega_1\Delta'\frac{r_1r_5'}{r_5r_6} \quad (11\text{-}8\text{-}35)$$ $$\Delta'=\pm1\pm\frac{l_1\sin(\phi_3-\phi_1)}{r_1\sin(\phi_3-\phi_2)}+\frac{r_5l_1\sin(\phi_2-\phi_1)}{r_5'r_1\sin(\phi_2-\phi_3)} \quad (11\text{-}8\text{-}36)$$ 图(c)中(ⅰ)所示的外啮合用正号,图(c)中(ⅱ)所示的内啮合用负号
5	齿轮 6 输出的运动规律为无停歇点的单向不匀速转动的条件是:在主动件 1 的转角 ϕ_1 为 0→2π 中的任一位置时均应满足 Δ(或 Δ')>0
6	齿轮 6 输出的运动规律为有一个瞬时停歇点的单向不匀速转动的条件是:在主动件 1 的某一转角位置 ϕ_1 时出现 Δ(或 Δ')$=0$
7	齿轮 6 输出的运动规律为在 m 和 n 处出现两个瞬时停歇点的条件是:在主动件 1 的某两个转角位置时(对应 m 和 n),出现 Δ(或 Δ')$=0$,且在 mn 区间内满足 Δ(或 Δ')<0
8	机构中各尺度参数对运动的影响。根据分析,在这种组合机构中,如果连杆机构的各杆长度不变,只改变齿轮的齿数,则输出齿轮的运动规律变动不大。但杆 2 和 3 的长度与齿轮的节圆半径间有一定几何关系,即图(a)所示形式:$l_2=r_1+r_5$,$l_3=r_5+r_6$;图(c)中(ⅰ)所示形式:$l_2=r_1+r_5$,$l_3=r_5'+r_6$;图(c)中(ⅱ)所示形式:$l_2=r_1+r_5$,$l_3=r_6-r_5'$。故这种组合机构的主要设计变量为主动曲柄的长度 l_1 和机架的长度 l_4。一般设计时可先定 l_1,然后再求 l_4 $l_4=l_{4\min}$ 时,轮 6 出现一个瞬时停歇点;$l_4>l_{4\min}$ 时,轮 6 有可能出现两个瞬时停歇点;$l_4<l_{4\min}$ 时,轮 6 只是变速无停歇
9	能出现瞬时停歇点的条件是 $l_4=l_{4\min}$ $$l_{4\min}=\{[(r_1+2r_5+r_6)\cos\lambda-(r_1^2\cos^2\lambda-r_1^2+l_1^2)^{½}]^2+r_6^2\sin^2\lambda\}^{½} \quad (11\text{-}8\text{-}37)$$ 式中的 λ 需满足下列方程式 $$K\cos^4\lambda-L\cos^2\lambda-M=0 \quad (11\text{-}8\text{-}38)$$ $$K=[(r_6^2-r_1^2)^2-2(r_6^2+r_1^2)(r_1+2r_5+r_6)^2+(r_1+2r_5+r_6)^4]r_1^2 \quad (11\text{-}8\text{-}39)$$ $$L=[(r_6^2-r_1^2)^2-2(r_6^2+r_1^2)(r_1+2r_5+r_6)^2+(r_1+2r_5+r_6)^4](r_1^2-l_1^2) \quad (11\text{-}8\text{-}40)$$ $$M=(r_1+2r_5+r_6)^2(r_1^2-l_1^2)^2 \quad (11\text{-}8\text{-}41)$$
10	出现瞬时停歇点时的相应主动件角位置 ϕ_1 $$\phi_1=\arcsin\left(\frac{r_1}{l_1}\sin\lambda\right)+\arctan\left(\frac{r_6}{l_4}\sin\lambda\right)+180° \quad (11\text{-}8\text{-}42)$$

（2）连杆上固连有齿轮（表 11-8-10）

表 11-8-10　　**连杆上固连有齿轮的组合机构设计**

四杆铰链-周转轮系组合机构	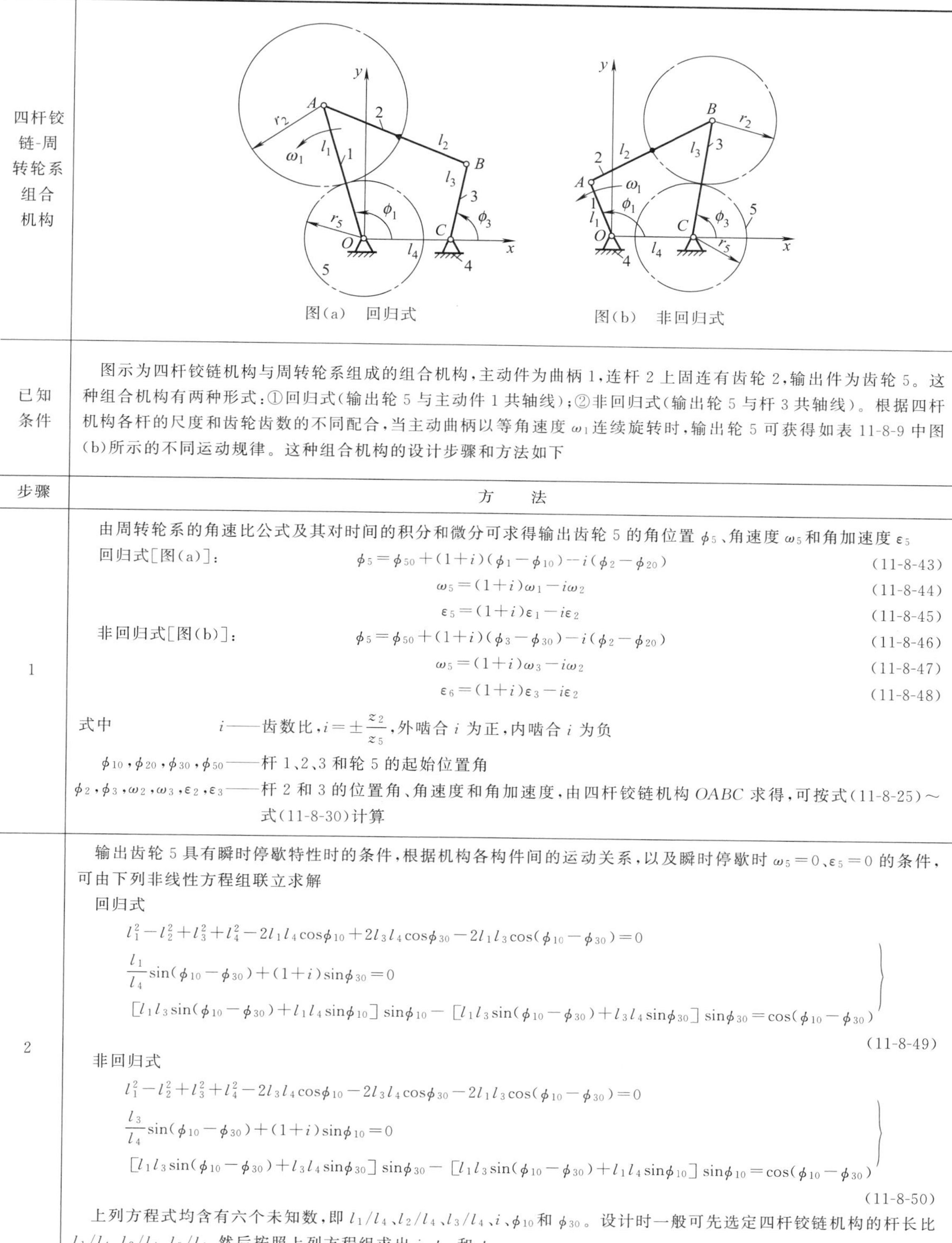 图(a)　回归式　　　图(b)　非回归式
已知条件	图示为四杆铰链机构与周转轮系组成的组合机构，主动件为曲柄 1，连杆 2 上固连有齿轮 2，输出件为齿轮 5。这种组合机构有两种形式：①回归式（输出轮 5 与主动件 1 共轴线）；②非回归式（输出轮 5 与杆 3 共轴线）。根据四杆机构各杆的尺度和齿轮齿数的不同配合，当主动曲柄以等角速度 ω_1 连续旋转时，输出轮 5 可获得如表 11-8-9 中图(b)所示的不同运动规律。这种组合机构的设计步骤和方法如下
步骤	方　　法
1	由周转轮系的角速比公式及其对时间的积分和微分可求得输出齿轮 5 的角位置 ϕ_5、角速度 ω_5 和角加速度 ε_5 回归式[图(a)]： $\phi_5=\phi_{50}+(1+i)(\phi_1-\phi_{10})-i(\phi_2-\phi_{20})$　(11-8-43) $\omega_5=(1+i)\omega_1-i\omega_2$　(11-8-44) $\varepsilon_5=(1+i)\varepsilon_1-i\varepsilon_2$　(11-8-45) 非回归式[图(b)]： $\phi_5=\phi_{50}+(1+i)(\phi_3-\phi_{30})-i(\phi_2-\phi_{20})$　(11-8-46) $\omega_5=(1+i)\omega_3-i\omega_2$　(11-8-47) $\varepsilon_6=(1+i)\varepsilon_3-i\varepsilon_2$　(11-8-48) 式中　i——齿数比，$i=\pm\frac{z_2}{z_5}$，外啮合 i 为正，内啮合 i 为负 ϕ_{10}，ϕ_{20}，ϕ_{30}，ϕ_{50}——杆 1、2、3 和轮 5 的起始位置角 ϕ_2，ϕ_3，ω_2，ω_3，ε_2，ε_3——杆 2 和 3 的位置角、角速度和角加速度，由四杆铰链机构 $OABC$ 求得，可按式(11-8-25)～式(11-8-30)计算
2	输出齿轮 5 具有瞬时停歇特性时的条件，根据机构各构件间的运动关系，以及瞬时停歇时 $\omega_5=0$、$\varepsilon_5=0$ 的条件，可由下列非线性方程组联立求解 回归式 $$\left.\begin{aligned}&l_1^2-l_2^2+l_3^2+l_4^2-2l_1l_4\cos\phi_{10}+2l_3l_4\cos\phi_{30}-2l_1l_3\cos(\phi_{10}-\phi_{30})=0\\&\frac{l_1}{l_4}\sin(\phi_{10}-\phi_{30})+(1+i)\sin\phi_{30}=0\\&[l_1l_3\sin(\phi_{10}-\phi_{30})+l_1l_4\sin\phi_{10}]\sin\phi_{10}-[l_1l_3\sin(\phi_{10}-\phi_{30})+l_3l_4\sin\phi_{30}]\sin\phi_{30}=\cos(\phi_{10}-\phi_{30})\end{aligned}\right\}$$ (11-8-49) 非回归式 $$\left.\begin{aligned}&l_1^2-l_2^2+l_3^2+l_4^2-2l_3l_4\cos\phi_{10}-2l_3l_4\cos\phi_{30}-2l_1l_3\cos(\phi_{10}-\phi_{30})=0\\&\frac{l_3}{l_4}\sin(\phi_{10}-\phi_{30})+(1+i)\sin\phi_{10}=0\\&[l_1l_3\sin(\phi_{10}-\phi_{30})+l_3l_4\sin\phi_{30}]\sin\phi_{30}-[l_1l_3\sin(\phi_{10}-\phi_{30})+l_1l_4\sin\phi_{10}]\sin\phi_{10}=\cos(\phi_{10}-\phi_{30})\end{aligned}\right\}$$ (11-8-50) 上列方程式均含有六个未知数，即 l_1/l_4、l_2/l_4、l_3/l_4、i、ϕ_{10} 和 ϕ_{30}。设计时一般可先选定四杆铰链机构的杆长比 l_1/l_4、l_2/l_4、l_3/l_4，然后按照上列方程组求出 i、ϕ_{10} 和 ϕ_{30}

8.3.3　五杆机构与齿轮机构的组合机构

这种组合机构是以一个二自由度的五杆铰链机构为基础，利用装在不同杆件上的定轴轮系或周转轮系，使两个输入运动之间发生联系，以达到只用一个主动件就能使机构实现工作需要的各种运动要求。这种组合机构多用来执行给定的轨迹。

(1) 五杆铰链机构与定轴轮系的组合（表11-8-11）

表 11-8-11　　五杆铰链机构与定轴轮系组合机构设计

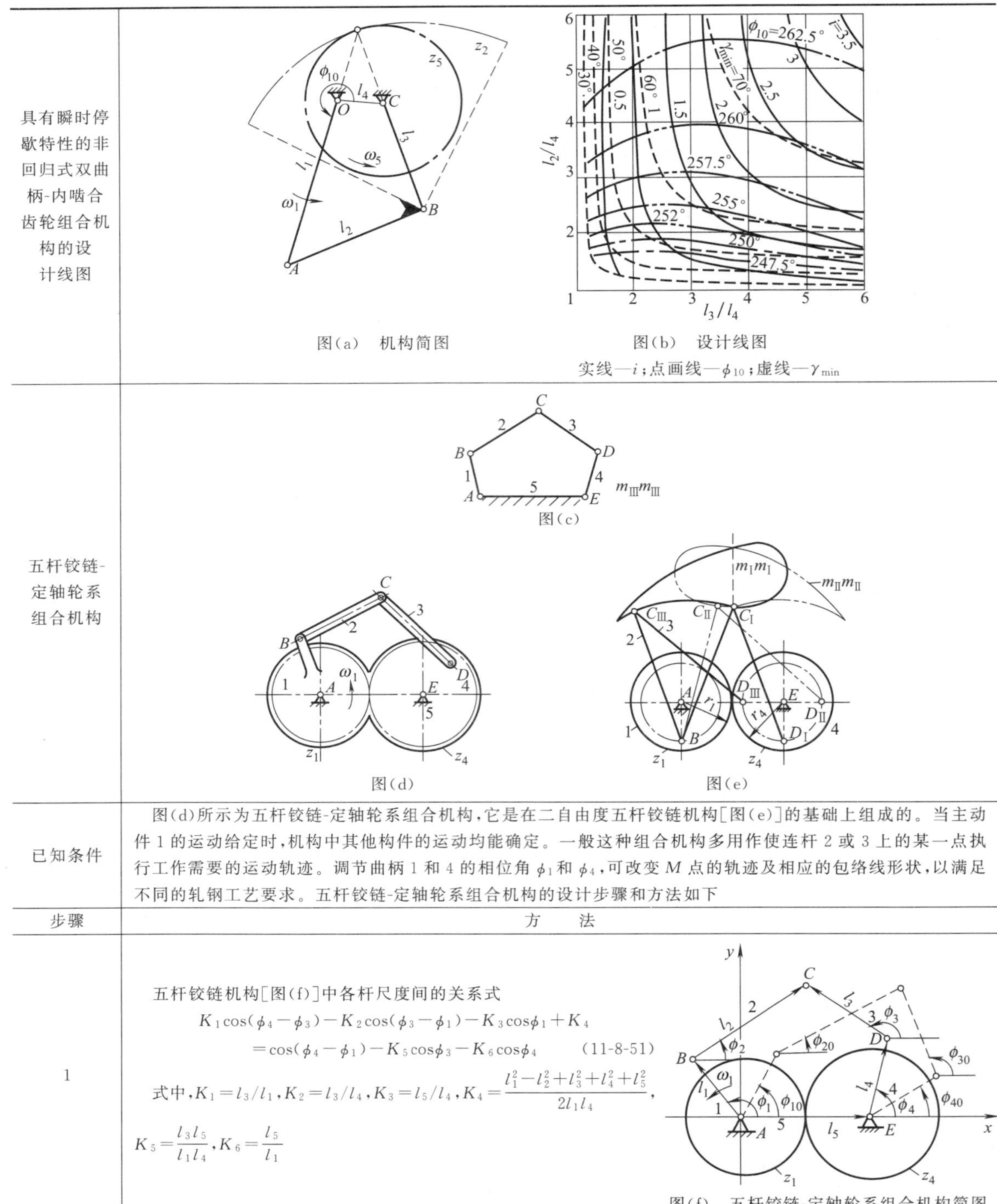

具有瞬时停歇特性的非回归式双曲柄-内啮合齿轮组合机构的设计线图	图(a)　机构简图　　图(b)　设计线图 实线—i；点画线—ϕ_{10}；虚线—γ_{min}
五杆铰链-定轴轮系组合机构	图(c) 图(d)　　图(e)
已知条件	图(d)所示为五杆铰链-定轴轮系组合机构，它是在二自由度五杆铰链机构[图(e)]的基础上组成的。当主动件 1 的运动给定时，机构中其他构件的运动均能确定。一般这种组合机构多用作使连杆 2 或 3 上的某一点执行工作需要的运动轨迹。调节曲柄 1 和 4 的相位角 ϕ_1 和 ϕ_4，可改变 M 点的轨迹及相应的包络线形状，以满足不同的轧钢工艺要求。五杆铰链-定轴轮系组合机构的设计步骤和方法如下
步骤	方　　法
1	五杆铰链机构[图(f)]中各杆尺度间的关系式 $$K_1\cos(\phi_4-\phi_3)-K_2\cos(\phi_3-\phi_1)-K_3\cos\phi_1+K_4=\cos(\phi_4-\phi_1)-K_5\cos\phi_3-K_6\cos\phi_4 \quad (11\text{-}8\text{-}51)$$ 式中，$K_1=l_3/l_1$，$K_2=l_3/l_4$，$K_3=l_5/l_4$，$K_4=\dfrac{l_1^2-l_2^2+l_3^2+l_4^2+l_5^2}{2l_1l_4}$，$K_5=\dfrac{l_3l_5}{l_1l_4}$，$K_6=\dfrac{l_5}{l_1}$ 图(f)　五杆铰链-定轴轮系组合机构简图

续表

步骤	方　法
2	主、从动曲柄 1 和 4 间的位置关系式 $$\frac{\phi_1-\phi_{10}}{\phi_4-\phi_{40}}=-\frac{z_4}{z_1} \tag{11-8-52}$$ 式中　ϕ_{10},ϕ_{40}——杆 1 和 4 的起始位置角 选定五杆铰链机构的各杆尺寸及有关的起始位置角。在根据工作要求的轨迹或位置导引进行设计时，需确定五个杆长 l_1、l_2、l_3、l_4和 l_5。如按主、从动曲柄的输出、输入角设计时，则可设定某一杆长为 1，再确定其他四个杆长比。主、从动曲柄的起始位置角 ϕ_{10} 和 ϕ_{40} 可任意选定，调节此起始位置角可获得不同的连杆点轨迹。如图(e)所示，主动曲柄 1 在同一位置 AB 时，从动曲柄 4 在三个不同的位置，当分别在 ED_{I}、ED_{II} 和 ED_{III} 位置时，则连杆 2 上的 C 点将有三种不同的运动轨迹 $m_{\mathrm{I}}m_{\mathrm{I}}$、$m_{\mathrm{II}}m_{\mathrm{II}}$ 和 $m_{\mathrm{III}}m_{\mathrm{III}}$
3	选定齿轮 1 和 4 的齿轮 z_1 和 z_4 $$i_{14}=(-1)^n\frac{z_4}{z_1}=(-1)^n\frac{K}{Q} \tag{11-8-53}$$ 式中　n——齿轮外啮合的次数 K,Q——不可通约的整数 当 $\lvert i_{14}\rvert=1$ 时，主动曲柄 1 转过一周，连杆 2 上的 C 点的轨迹完成一个循环。如 $\lvert i_{14}\rvert\neq1$，则主动曲柄 1 需转过 K 周(此时从动曲柄相应转过 Q 周)，C 点的轨迹才完成一个循环，且轨迹形状较复杂，有时会出现多次自交叉
4	确定连杆点 C 的方程式 $$\left.\begin{aligned}x_C&=l_5+l_4\cos\phi_4+l_3\cos\phi_3(\text{或}=l_5+l_1\cos\phi_1+l_2\cos\phi_2)\\y_C&=l_4\sin\phi_4+l_3\sin\phi_3(\text{或}=l_1\sin\phi_1+l_2\sin\phi_2)\end{aligned}\right\} \tag{11-8-54}$$
5	验算主、从动曲柄 1 和 4 的存在条件 $$\lvert l_2-l_3\rvert\leqslant l_{BD}\leqslant l_2+l_3$$ 即 $$\left.\begin{aligned}(l_{BD}^2)_{\max}&\leqslant(l_2+l_3)^2\\(l_{BD}^2)_{\min}&\geqslant(l_2-l_3)^2\end{aligned}\right\} \tag{11-8-55}$$ 而 $$l_{BD}^2=l_1^2+l_4^2+l_5^2-2l_1l_5\cos\phi_1+2l_4l_5\cos\left[(-1)^n\frac{z_4}{z_1}\phi_1+\phi_P\right]-2l_1l_4\cos\left\{\left[(-1)^n\frac{z_4}{z_1}-1\right]\phi_1+\phi_P\right\} \tag{11-8-56}$$ 式中　ϕ_P——$\phi_1=0$ 时的 ϕ_4 值 将式(11-8-56)对 ϕ_1 求导即可求得$(l_{BD}^2)_{\max}$和$(l_{BD}^2)_{\min}$

(2) 五杆铰链机构与周转轮系的复联组合机构（表 11-8-12）

表 11-8-12　　五杆铰链机构与周转轮系的复联组合机构设计

分类	设计说明	图示
五杆铰链-行星轮系组合机构	图(a)所示为一由五杆铰链机构 1-2-3-4-5 和行星轮系 z_3-z_5-4 复联组成的组合机构。其设计步骤、方法和有关计算公式，除式(11-8-52)改用式(11-8-57)外，其余完全与表 11-8-11 相同 $$\frac{\phi_3-\phi_{30}}{\phi_4-\phi_{40}}=1+\frac{z_5}{z_3} \tag{11-8-57}$$	(ⅰ)机构简图　　(ⅱ)组成分析框图 图(a)　五杆铰链-行星轮系组合机构

续表

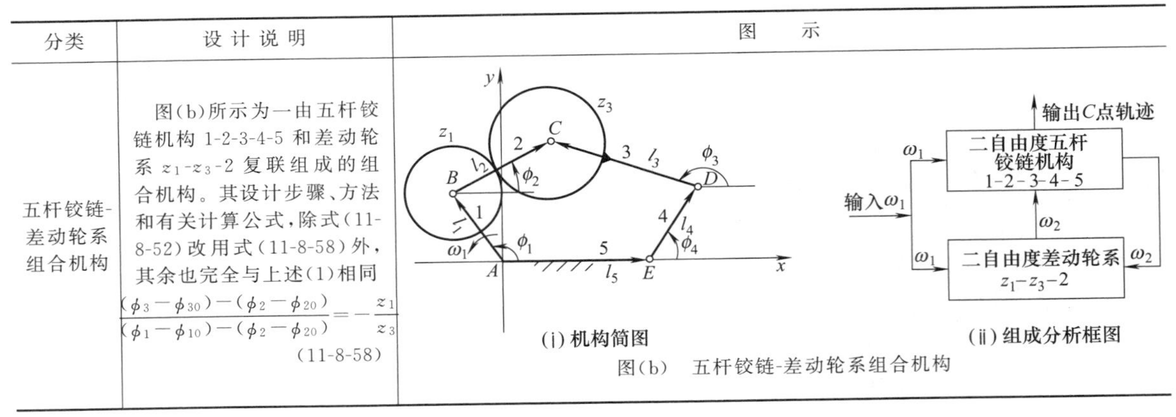

分类	设计说明	图示
五杆铰链-差动轮系组合机构	图(b)所示为一由五杆铰链机构 1-2-3-4-5 和差动轮系 z_1-z_3-2 复联组成的组合机构。其设计步骤、方法和有关计算公式，除式(11-8-52)改用式(11-8-58)外，其余也完全与上述(1)相同 $$\frac{(\phi_3-\phi_{30})-(\phi_2-\phi_{20})}{(\phi_1-\phi_{10})-(\phi_2-\phi_{20})}=-\frac{z_1}{z_3}$$ (11-8-58)	(i) 机构简图　(ii) 组成分析框图 图(b)　五杆铰链-差动轮系组合机构

8.4 凸轮-齿轮组合机构

凸轮-齿轮组合机构是由各种类型的齿轮机构（包括定轴轮系、周转轮系、蜗杆蜗轮等）和凸轮机构组成的。这种组合机构一般均以齿轮机构为主题，凸轮机构起控制、调节与补偿作用，以实现单纯齿轮机构无法实现的特殊运动要求。

8.4.1 周期变速运动的凸轮-齿轮机构

表 11-8-13　　周期变速运动的凸轮-齿轮机构设计

圆柱凸轮-蜗杆蜗轮组合机构	（图：2、o_2、ω_2、1、o_1、ω_1、o_1、1′、3）
已知条件	上图所示为由蜗杆蜗轮机构和圆柱凸轮机构串联组成的组合机构，它常用作纺丝机的卷绕机构和包装机中的周期性变速机构。主动件为圆柱凸轮 1，当输入轴 o_1o_1 以等角速度 ω_1 连续旋转时，凸轮与蜗杆固连在一起（用导向键装在轴 o_1o_1 上），以 ω_1 转动的同时沿 o_1o_1 轴向做一定规律的往复移动，其移动规律由凸轮的曲线槽来控制，从而驱动蜗轮以一定规律的变角速度 ω_2 转动。这种组合机构的设计步骤和方法如下
步骤	方　法
1	设蜗杆 1′只绕 o_1o_1 轴转动而无轴向移动时，蜗轮的角速度为 ω_2' $$\omega_2'=\omega_1 z_1/z_2$$ (11-8-59) 式中　z_1——蜗杆的螺旋头数 z_2——蜗轮的齿数
2	设蜗杆 1′不转动而只有轴向移动时，蜗轮角速度为 ω_2'' $$\omega_2''=v_1/r_2=\omega_1 R_0\tan\alpha/r_2$$ (11-8-60) 式中　v_1——蜗杆（与凸轮）的轴向移动速度 r_2——蜗轮的节圆半径 R_0——凸轮的平均半径 α——凸轮廓线的瞬时压力角

续表

步骤	方　法
3	蜗轮的实际角速度 ω_2 $$\omega_2=\omega_2'+\omega_2'' \quad (11\text{-}8\text{-}61)$$
4	蜗杆以等角速度 ω_1 连续转动时，蜗轮能产生瞬时停歇或具有一定时间停歇的条件如下 由 $\omega_2=0$ 得 $\omega_2'=-\omega_2''$，即 $$\left\|\frac{z_1}{z_2}\omega_1\right\|=\left\|\frac{\omega_1 R_0\tan\alpha}{r_2}\right\|$$ 可求得 $$\tan\alpha=\frac{r_1\tan\lambda}{R_0} \quad (11\text{-}8\text{-}62)$$ 式中　r_1——蜗杆的节圆半径 λ——蜗杆的螺旋升角
5	圆柱凸轮的廓线设计，先选定 z_1、z_2 和 r_2，再根据工作要求确定的输出轴角速度 ω_2 变化规律，由式(11-8-60)～式(11-8-62)求出 $v_1=f(\phi_1)$，然后用积分法作图或计算出凸轮设计时所需要的位移规律，并据此设计圆柱凸轮以其平均半径 R_0 展开的轮廓曲线。如需要输出轴有瞬时停歇或一定区间的停歇，则在凸轮廓线设计时，应在此瞬时位置或一定区间内使凸轮廓线的压力角 α 满足式(11-8-62)

8.4.2　按预定轨迹运动的凸轮-齿轮机构

表 11-8-14　　按预定轨迹运动的凸轮-齿轮机构的设计

实现轨迹要求的凸轮-齿轮组合机构	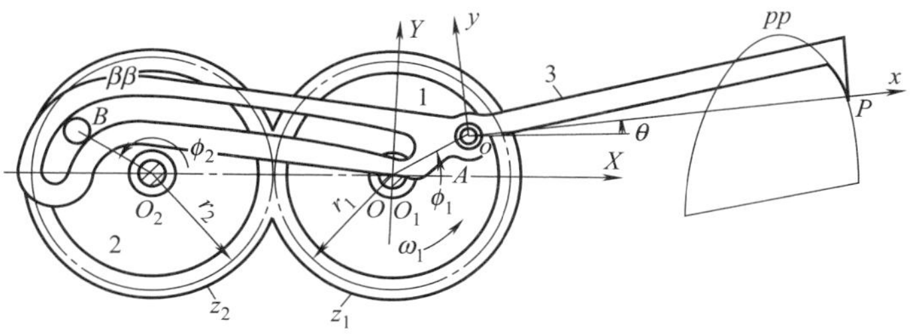
已知条件	图示为一对齿数相同的定轴齿轮机构1、2和凸轮3所组成的组合机构，槽凸轮3与齿轮1在 A 点铰接，齿轮2上装有柱销 B，它在凸轮3的曲线槽中运动。当主动齿轮1以等角速度 ω_1 连续转动时，做平面复合运动的凸轮3上某一点 P 沿轨迹 pp 运动。设计这种组合机构时，主要是设计凸轮槽的廓线形状，其设计的步骤和方法如下
步骤	**方　法**
1	在机架上建立定坐标系 OXY，按工作要求画出轨迹 pp，并列出 pp 在 OXY 中的方程式或离散坐标数据(X_P, Y_P)。一般取定坐标的原点 O 与主动齿轮轴心 O_1 重合，X 轴沿连心线 O_2O_1
2	在凸轮3上建立动坐标系 oxy，取动坐标系 oxy 的原点 o 与 A 点重合，x 轴沿 AP
3	两坐标系中 x 轴与 X 轴间的夹角 θ $$\theta=\arctan\left(\frac{Y_P-r_1\sin\phi_1}{X_P-r_1\cos\phi_1}\right) \quad (11\text{-}8\text{-}63)$$ 式中　ϕ_1——齿轮1的转角，从 OX 起逆时针向量度
4	圆柱销中心 B 在定坐标系 OXY 中的坐标 取 $\phi_2=180°-\phi_1$，得 $$\left.\begin{aligned}X_B&=-C+r_2\cos\phi_2=-(C+r_2\cos\phi_1)\\Y_B&=r_2\sin\phi_2=r_2\sin\phi_1\end{aligned}\right\} \quad (11\text{-}8\text{-}64)$$

第11篇

续表

步骤	方法
5	两坐标系间的坐标变换关系 $$\left.\begin{aligned}x&=X\cos\theta+Y\sin\theta-r_1\cos(\phi_1-\theta)\\y&=-X\sin\theta+Y\cos\theta-r_1\sin(\phi_1-\theta)\end{aligned}\right\}\quad(11\text{-}8\text{-}65)$$
6	凸轮理论廓线(即凸轮槽的中心线)$\beta\beta$ 的方程式 $$\left.\begin{aligned}x_B&=-(C+r_2\cos\phi_1)\cos\theta+r_2\sin\phi_1\sin\theta-r_1\cos(\phi_1-\theta)\\y_B&=(C+r_2\cos\phi_1)\sin\theta+r_2\sin\phi_1\cos\theta-r_1\sin(\phi_1-\theta)\end{aligned}\right\}\quad(11\text{-}8\text{-}66)$$

8.4.3 周期停歇运动的凸轮-齿轮机构

表 11-8-15 周期停歇运动的凸轮-齿轮机构设计

图示	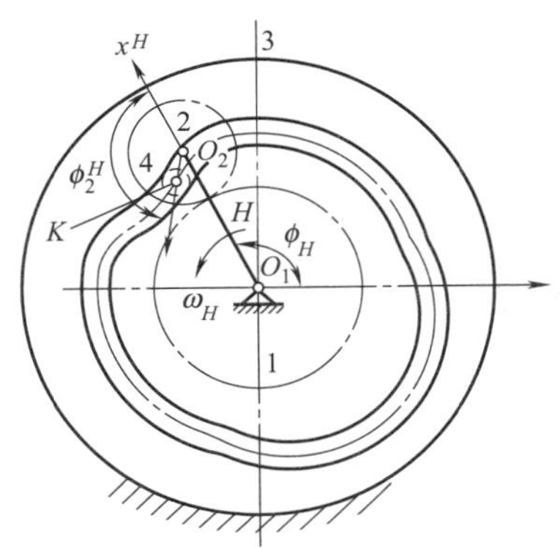 图(a) 固定凸轮-周转轮系组合机构 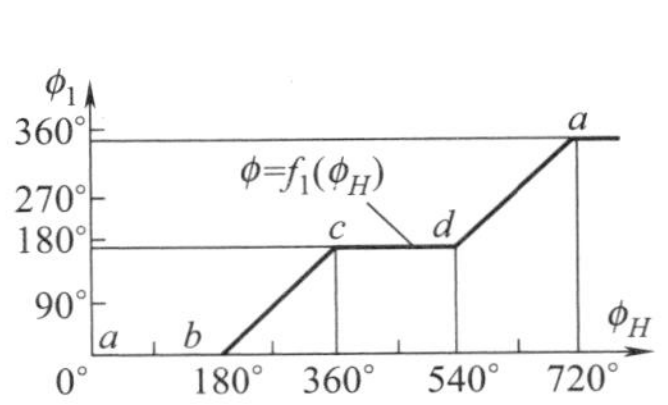 图(b) 设计给定的输出轴运动规律 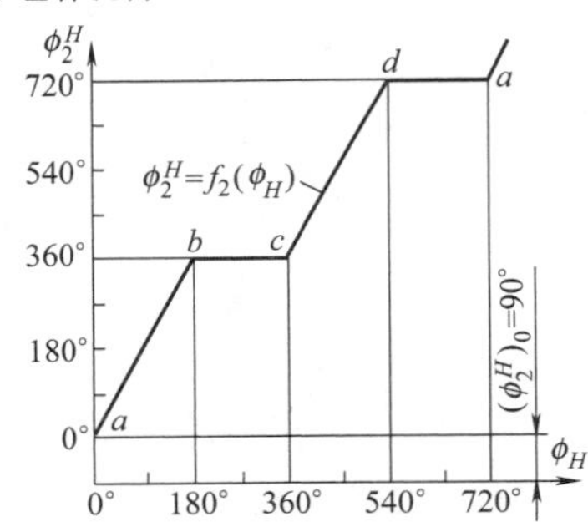 图(c) 相对转臂 H 转化后的运动规律 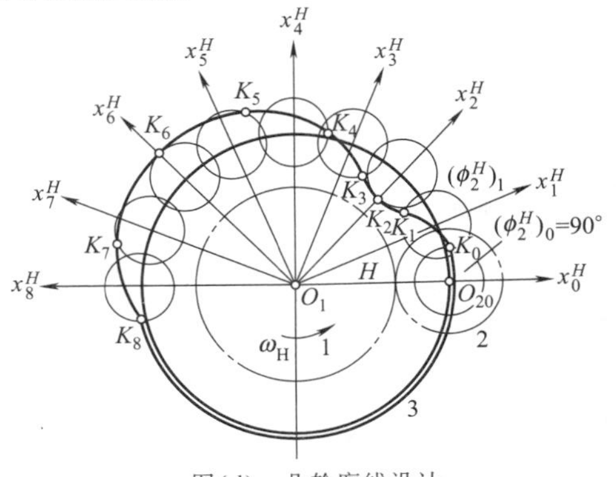 图(d) 凸轮廓线设计

续表

已知条件	图(a)所示为一由周转轮系和固定凸轮组成的组合机构。周转轮系中的转臂 H 为主动件，输出齿轮为中心轮 1，1 与 H 共轴线 O_1。在行星轮 2 上固连有滚子 4，它在固定凸轮 3 的曲线槽中运动。当主动件 H 以等角速度 ω_1 连续旋转时输出齿轮 1 能实现周期性的具有长区间停歇的步进运动。这种组合机构中，由于凸轮可控制行星轮的运动，对输出轴有一定的运动补偿，因此在许多机械中，常采用这种固定凸轮-周转轮系组合机构的原理来设计校正装置。这种组合机构的设计步骤和方法如下
步骤	方　法
1	给定工作所需要的输出轮 1 的运动规律 $\phi_1=f_1(\phi_H)$。如图(b)所示，主动转臂 H 转两周，输出轮 1 按"停—等速转动—停—等速转动"的规律转过一周
2	画出行星轮 2 相对转臂 H 的角位移规律 $\phi_2{}^H=f_2(\phi_H)$ $$\phi_2{}^H=\phi_2-\phi_H=-\frac{z_2}{z_1}(\phi_1-\phi_H) \qquad (11\text{-}8\text{-}67)$$ 如取 $z_1=2z_2$，按式(11-8-67)画出 $\phi_2{}^H=f_2(\phi_H)$ 曲线，如图(c)所示
3	盘形槽凸轮机构 2-3-4H 相当于假想转臂 H 不动，而凸轮 3 绕 O_1 以 $-\omega_H$ 转动从而推动带滚子 4 的从动件(齿轮 2)按给定规律 $\phi_2{}^H=f_2(\phi_H)$运动(本例中它可做 360°转动)的凸轮机构
4	凸轮的廓线设计 ①以 O_1 为中心、O_1O_2 为半径作圆，并将它逆公共运动 $-\omega_H$ 的方向(即顺 ω_H 方向)等分，如图(d)所示为每个分度 22.5°，并分别作分度线 x_0^H、x_1^H、…、x_8^H。②以 O_2 为中心、凸轮从动件 O_2K 为半径作小圆，分别在各小圆上按下表中所列数据截取 K 的相应位置。设取 O_2K 的起始位置 O_2K_0 与 x_0^H 间的夹角 $(\phi_2^H)_0=90°$。③把 K_1、K_2、K_3、…、K_8 等连接起来即为凸轮的理论廓线，其中 K_1、K_2、K_3、…、K_8 部分所对应的 $\phi_H=0°\sim180°$，$\phi_2^H=90°\sim(360°+90°)$，而输出轴 $\phi_1=0$，即输出轴为停歇期。当 $\phi_H=180°\sim360°$时，ϕ_2^H 为 360°+90°不变化，而输出轴 1 按等速规律由 0°转过 180°。当主动转臂转过第二圈时，输出轴 1 以和前半圈相同的停-转规律再转完一圈，完成一个工作循环，见下表

i	0	1	2	3	4	5	6	7	8
ϕ_H	0°	22.5°	45°	67.5°	90°	112.5°	135°	157.5°	180°
ϕ_2^H	90°	135°	180°	225°	270°	315°	360°	45°+360°	90°+360°

8.5　链-连杆组合机构

表 11-8-16　链-连杆组合机构设计

分类	设计说明	图示
同步带-连杆组合机构	图(a)所示为一由同步带传动和连杆组成的组合机构。当主动轮 1 以等角速度 ω_1 连续转动时根据机构不同的尺度关系，杆 5 可能输出下列三种不同的运动规律：①输出杆做单纯的匀速-非匀速转动；②输出杆做匀速-具有瞬时停歇的非匀速转动；③输出杆做匀速-具有逆转或一定区间近似停歇的非匀速转动 当连杆 AB 的长度增大时，从动摇杆 5 出现近似停歇区间缓慢递增的现象。而增大摇杆 O_1A 的长度，则从动摇杆 5 产生近似停歇区间的可能迅速减小	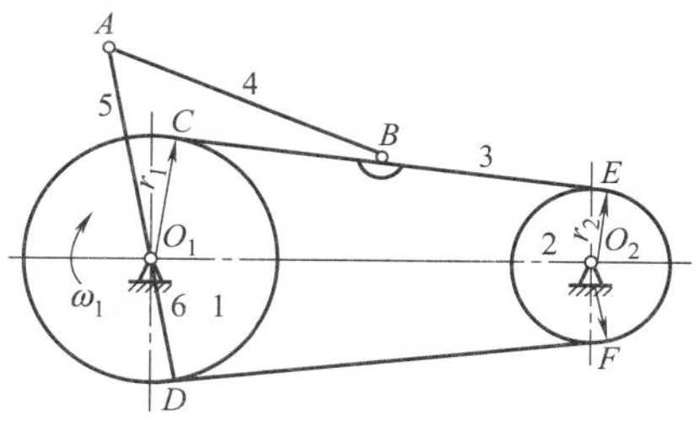 图(a)　同步带-连杆组合机构

续表

分类	设计说明	图示
带、链-连杆组合机构	图(b)中(ⅰ)所示为剑杆织机中应用的差动式同步带-连杆组合机构。表 11-8-17 中列出了这种组合机构中各构件间的运动关系	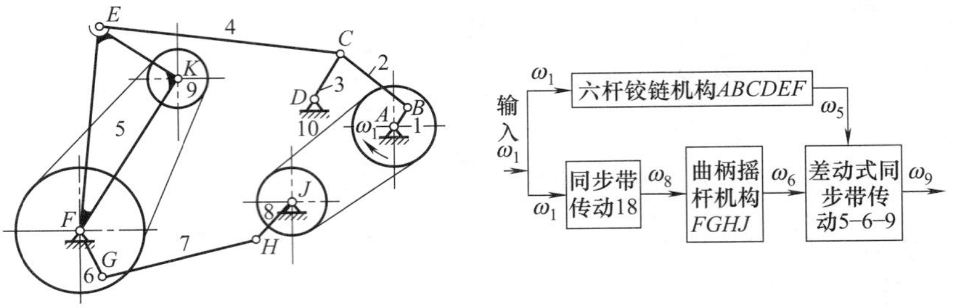 (ⅰ)机构简图　(ⅱ)组成分析框图 图(b)　差动式同步带-连杆组合机构

表 11-8-17　　差动式同步带-连杆组合机构中各构件间的运动关系

构件	主动带轮 1（曲柄 AB）	摇杆 5	同步带轮 6（摇杆 FG）	输出带轮 9
位置角及起始位置角	位置角 ϕ_1 及起始位置角 ϕ_{10}	位置角 ϕ_5 及起始位置角 ϕ_{50} 按六杆机构 $ABCDEF$ 求得	位置角 ϕ_6 及起始位置角 ϕ_{60} 按同步带传动 1-8 及曲柄摇杆机构 $FGHJ$ 求得	$\phi_9=\phi_{60}+\frac{z_6}{z_9}(\phi_6-\phi_{60})+\left(1-\frac{z_6}{z_9}\right)(\phi_5-\phi_{50})$ 式中　z_6、z_9——轮 6 和 9 的齿数
角速度	$\omega_1=$常数	$\omega_5=\dot{\phi}_5$	$\omega_6=\dot{\phi}_6$	按差动机构 5-6-9 求得 $\omega_9=\omega_6\frac{z_6}{z_9}+\omega_5\left(1-\frac{z_6}{z_9}\right)$
角加速度	$\varepsilon_1=0$	$\varepsilon_5=\ddot{\phi}_5$	$\varepsilon_6=\ddot{\phi}_6$	$\varepsilon_9=\varepsilon_6\frac{z_6}{z_9}+\varepsilon_5\left(1-\frac{z_6}{z_9}\right)$

第 9 章　机构选型范例

9.1　匀速转动机构

9.1.1　定传动比匀速转动机构

表 11-9-1　定传动比匀速转动机构

机构	机构图	说明
滚轮减速机构	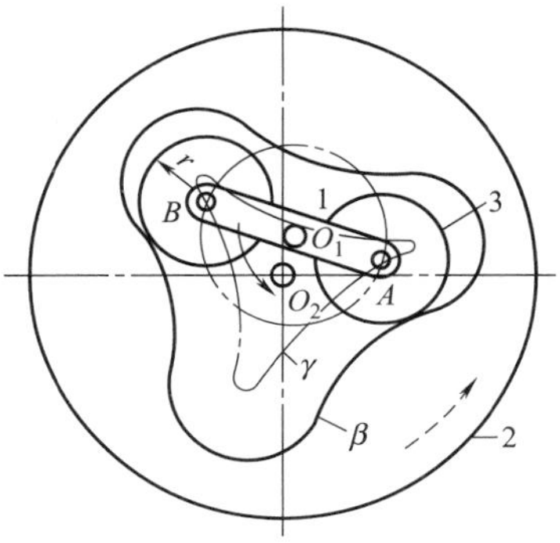	两端带滚子 3（分别绕 A、B 轴转动）的双臂主动曲柄 1 绕固定轴 O_1 转动，通过滚子 3 带动从动盘 2 绕固定轴 O_2 同向转动，滚子 3 的中心 A 和 B 相对于圆盘 2 的运动轨迹为摆线 γ，圆盘 2 的内缘曲线为 γ 的等距曲线 β（距离等于滚子半径 r）。这种机构中心距 O_1O_2 不能太大，否则 γ 曲线将出现交叉，O_1O_2 的最大值为 $O_1A/2$，这时，曲柄 1 转一周，盘 2 转 2/3 周
大传动比行星传动机构	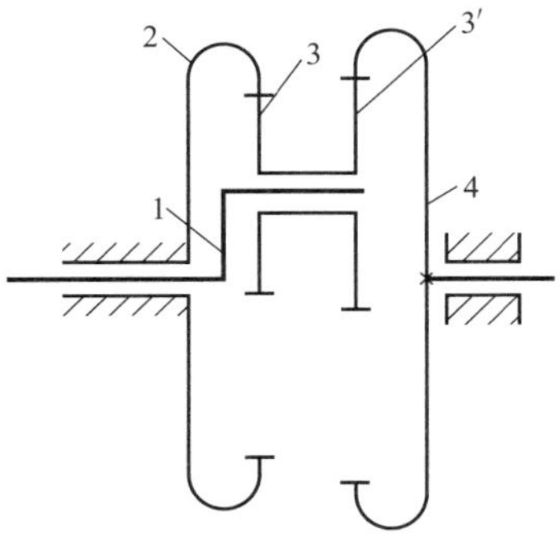	各轮齿数为 z_2、z_3、z'_3 和 z_4，其传动比 $i_{41}=\frac{n_4}{n_1}=1-\frac{z_2z'_3}{z_3z_4}$。若 i_{41} 得正值，则 4 与 1 转向相同；得负值，则转向相反。例如，$z_3=z'_3$，$z_2=z_4+1$（或 $z_2=z_4-1$），则可获得 $i_{41}<0$（或 $i_{41}>0$）的大传动比，用作机床的示数机构等
开口齿轮传动机构	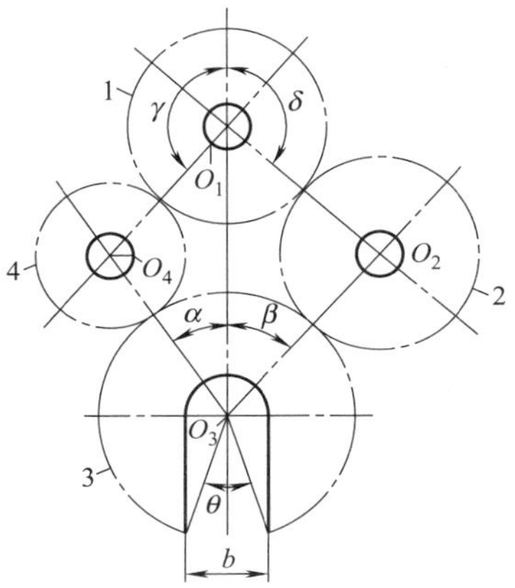	主动齿轮 1 经惰轮 2、4 带动从动轮 3，这种机构由于采用了功率分流传动，可以减小机构体积和重量。此外，在某些机械中，生产上要求从动轮 3 上开有宽度为 b 的钳口槽（如石油钻井旋扣器）。采用这种机构能保证从动轮 3 做整周回转。设计时应注意以下各点 ①保证正确的安装条件 $\alpha(z_3-z_4)+\gamma(z_4-z_1)+\beta(z_3-z_2)+\delta(z_2-z_1)=2\pi k$　(11-9-1) 式中　k——应为正整数 z_1，z_2，z_3，z_4——各齿轮齿数 ②$O_1O_3>(d_1+d_3)/2$；$O_2O_4>(d_2+d_4)/2$　(11-9-2) 式中　d_1，d_2，d_3，d_4——各轮的齿顶圆直径 ③槽宽 b 所对中心角 $\theta<\alpha+\beta$

第 11 篇

续表

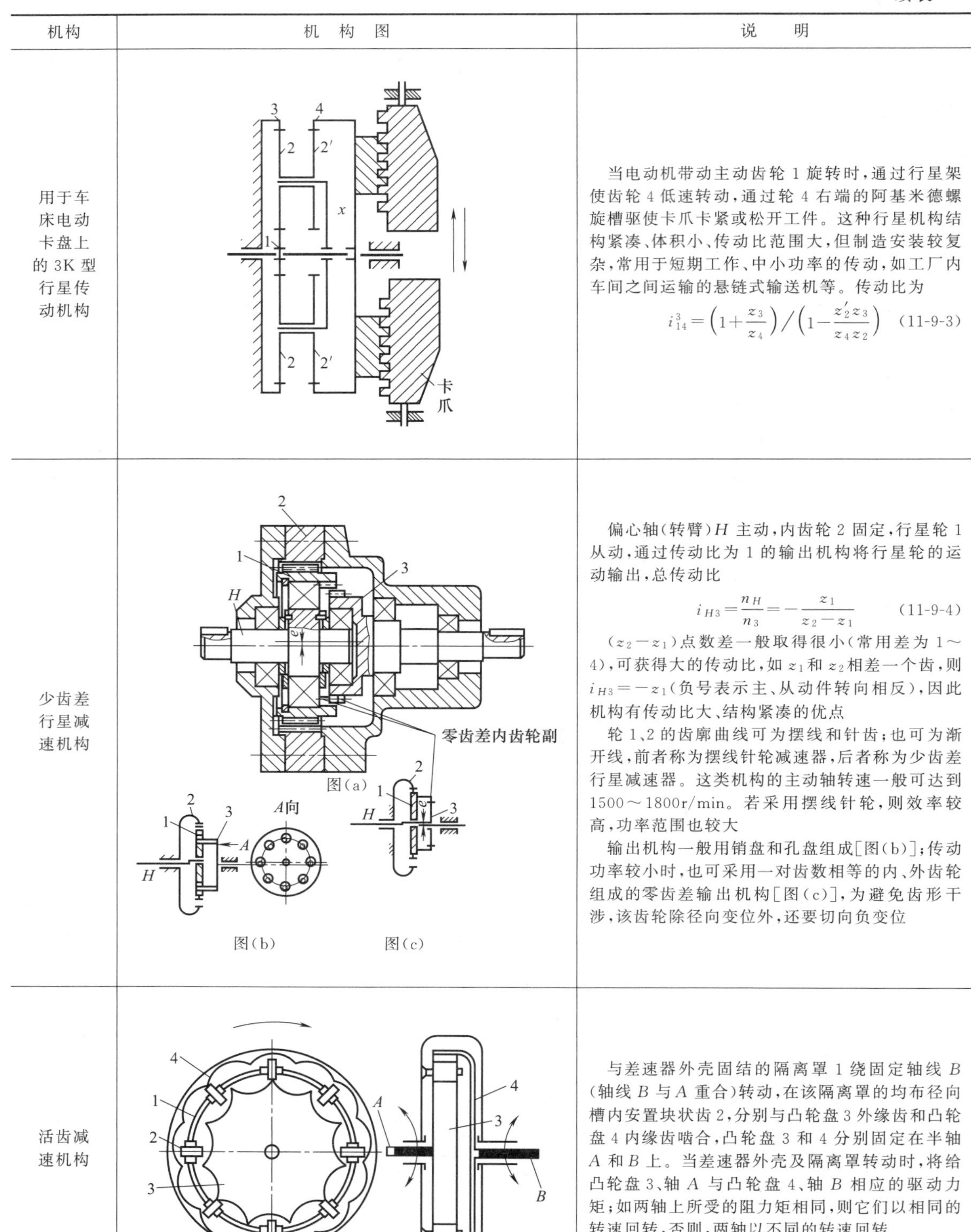

机构	机构图	说明
用于车床电动卡盘上的3K型行星传动机构		当电动机带动主动齿轮1旋转时，通过行星架使齿轮4低速转动，通过轮4右端的阿基米德螺旋槽驱使卡爪卡紧或松开工件。这种行星机构结构紧凑、体积小、传动比范围大，但制造安装较复杂，常用于短期工作、中小功率的传动，如工厂内车间之间运输的悬链式输送机等。传动比为 $$i_{14}^{3}=\left(1+\frac{z_3}{z_4}\right)\Big/\left(1-\frac{z_2' z_3}{z_4 z_2}\right) \quad (11\text{-}9\text{-}3)$$
少齿差行星减速机构	图(a) 图(b) 图(c)	偏心轴(转臂)H主动，内齿轮2固定，行星轮1从动，通过传动比为1的输出机构将行星轮的运动输出，总传动比 $$i_{H3}=\frac{n_H}{n_3}=-\frac{z_1}{z_2-z_1} \quad (11\text{-}9\text{-}4)$$ (z_2-z_1)点数差一般取得很小(常用差为1～4)，可获得大的传动比，如z_1和z_2相差一个齿，则$i_{H3}=-z_1$(负号表示主、从动件转向相反)，因此机构有传动比大、结构紧凑的优点 轮1、2的齿廓曲线可为摆线和针齿；也可为渐开线，前者称为摆线针轮减速器，后者称为少齿差行星减速器。这类机构的主动轴转速一般可达到1500～1800r/min。若采用摆线针轮，则效率较高，功率范围也较大 输出机构一般用销盘和孔盘组成[图(b)]；传动功率较小时，也可采用一对齿数相等的内、外齿轮组成的零齿差输出机构[图(c)]，为避免齿形干涉，该齿轮除径向变位外，还要切向负变位
活齿减速机构		与差速器外壳固结的隔离罩1绕固定轴线B(轴线B与A重合)转动，在该隔离罩的均布径向槽内安置块状齿2，分别与凸轮盘3外缘齿和凸轮盘4内缘齿啮合，凸轮盘3和4分别固定在半轴A和B上。当差速器外壳及隔离罩转动时，将给凸轮盘3、轴A与凸轮盘4、轴B相应的驱动力矩；如两轴上所受的阻力矩相同，则它们以相同的转速回转，否则，两轴以不同的转速回转

第11篇

续表

机构	机构图	说　明
谐波传动机构	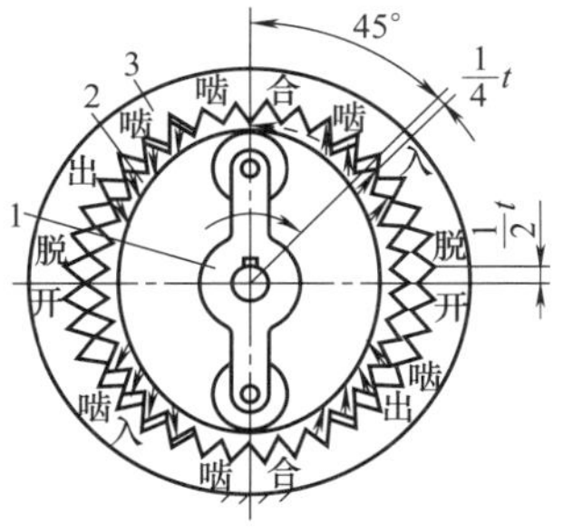 图(a) 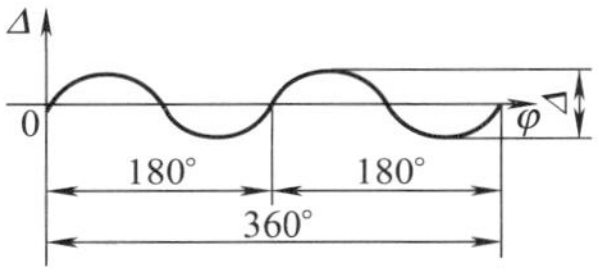 图(b) 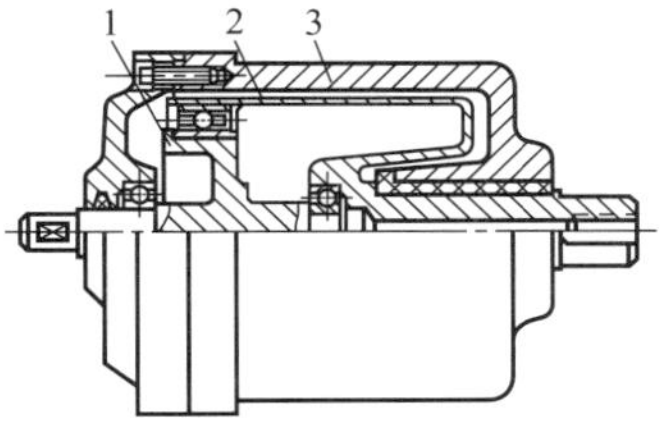 图(c) 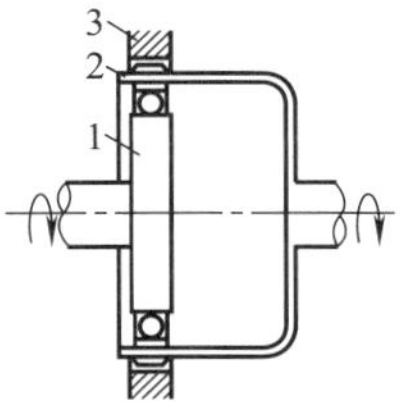　图(d)	谐波传动机构由谐波发生器1、柔性齿轮2(为一容易变形的环状薄壁零件)和刚性齿轮3组成。三构件中任何一个皆可为主动,其余一为固定、一为从动。这种机构运动的传递是在发生器的作用下迫使柔轮产生弹性变形并与刚轮相互作用达到传动目的。如图(a)所示,当刚轮固定,发生器主动并连续转动时,则从动柔轮各处依次发生啮入、啮合、啮出及脱开四种连续工作状态,这种错齿运动使柔轮反向转动。发生器转动一周时,柔轮转过$(z_3-z_2)/z_2$周 柔轮的变形过程形如一个基本对称的和谐波[图(b)]。在传动中发生器转一周,柔轮某一点变形的循环次数叫波数(等于发生器的滚轮数),一般常应用双波和三波。图(b)所示是双波变形波。谐波传动机构的刚轮和柔轮的周节t相等,但齿数不等,齿数差一般等于波数(或波数的整数倍)。谐波高Δ等于刚轮与柔轮的分度圆直径之差,即 $$\Delta=d_3-d_2=\frac{t(z_3-z_2)}{\pi} \quad (11\text{-}9\text{-}5)$$ 图(c)所示为应用较普通的单级双波的谐波减速器结构,刚轮固定、发生器主动,柔轮输出。图(d)为其示意图。其传动比为 $$i_{12}^{3}=-\frac{z_2}{z_3-z_2} \quad (11\text{-}9\text{-}6)$$ 当2固定、1主动、3从动时 $$i_{13}^{3}=-\frac{z_3}{z_3-z_2} \quad (11\text{-}9\text{-}7)$$ 当1固定、2(或3)主动、3(或2)从动时 $$i_{23}^{1}=\frac{z_3}{z_2}\left(\text{或 } i_{32}^{1}=\frac{z_2}{z_3}\right) \quad (11\text{-}9\text{-}8)$$ 此时传动比接近于1 谐波传动的传动比范围大,单级传动比为1～500,体积小,重量轻,承载能力强,运转平稳,传动效率较高,结构简单,输出轴与输入轴位于同一轴心线上。由于这些优点,该机构目前在生产中应用渐广。其缺点是柔轮需用疲劳强度很高的材料,散热性差。所以该机构目前只用于较小功率(由不足1W到几十千瓦)。谐波传动也可做成摩擦式的,用于无级变速
传动带行星传动机构	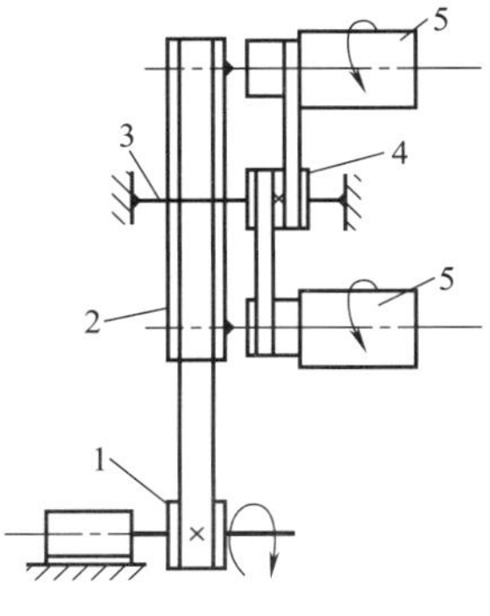	轴3和轮4固定不动,大轮2空套在轴3上可自由转动,轮2上相隔180°对称地装有两个在销轴上可自由转动的滚筒5,5与轮4又通过传动带相连,当主动轮1通过传动带带动轮2旋转时,则滚筒5绕固定轮4公转并绕销轴自转,称为行星滚筒。这种机构常用于抛光机上 行星滚筒5的转速按下式计算 $$n_5=n_1\frac{r_1}{r_2}\left(1-\frac{r_4}{r_5}\right) \quad (11\text{-}9\text{-}9)$$ 式中　r_1、r_2、r_4、r_5——各带轮的半径

续表

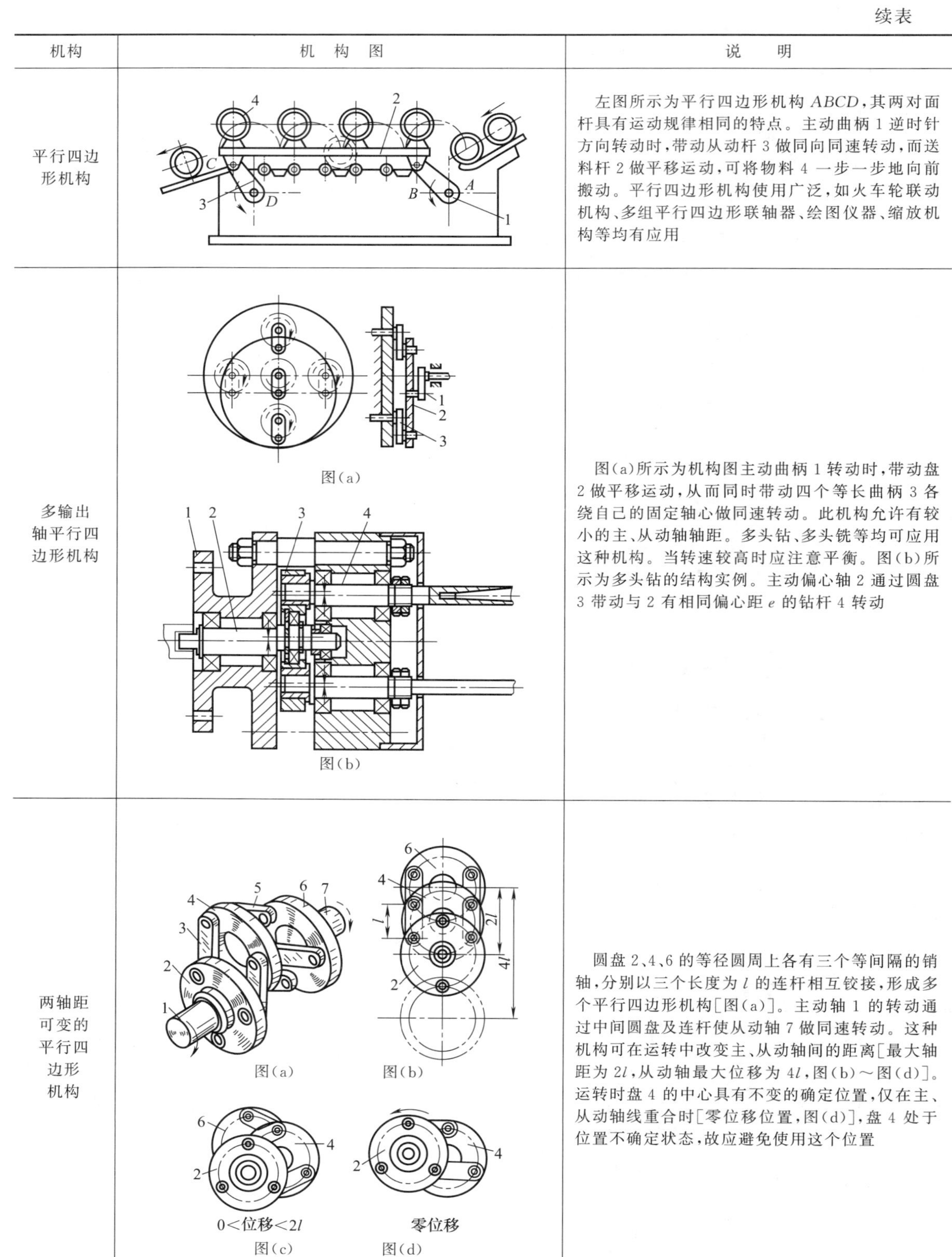

机构	机构图	说明
平行四边形机构		左图所示为平行四边形机构 $ABCD$，其两对面杆具有运动规律相同的特点。主动曲柄 1 逆时针方向转动时，带动从动杆 3 做同向同速转动，而送料杆 2 做平移运动，可将物料 4 一步一步地向前搬动。平行四边形机构使用广泛，如火车轮联动机构、多组平行四边形联轴器、绘图仪器、缩放机构等均有应用
多输出轴平行四边形机构	图(a) 图(b)	图(a)所示为机构图主动曲柄 1 转动时，带动盘 2 做平移运动，从而同时带动四个等长曲柄 3 各绕自己的固定轴心做同速转动。此机构允许有较小的主、从动轴轴距。多头钻、多头铣等均可应用这种机构。当转速较高时应注意平衡。图(b)所示为多头钻的结构实例。主动偏心轴 2 通过圆盘 3 带动与 2 有相同偏心距 e 的钻杆 4 转动
两轴距可变的平行四边形机构	图(a)　图(b) 0<位移<2l　零位移 图(c)　图(d)	圆盘 2、4、6 的等径圆周上各有三个等间隔的销轴，分别以三个长度为 l 的连杆相互铰接，形成多个平行四边形机构[图(a)]。主动轴 1 的转动通过中间圆盘及连杆使从动轴 7 做同速转动。这种机构可在运转中改变主、从动轴间的距离[最大轴距为 $2l$，从动轴最大位移为 $4l$，图(b)～图(d)]。运转时盘 4 的中心具有不变的确定位置，仅在主、从动轴线重合时[零位移位置，图(d)]，盘 4 处于位置不确定状态，故应避免使用这个位置

续表

机构	机构图	说明
双转块机构	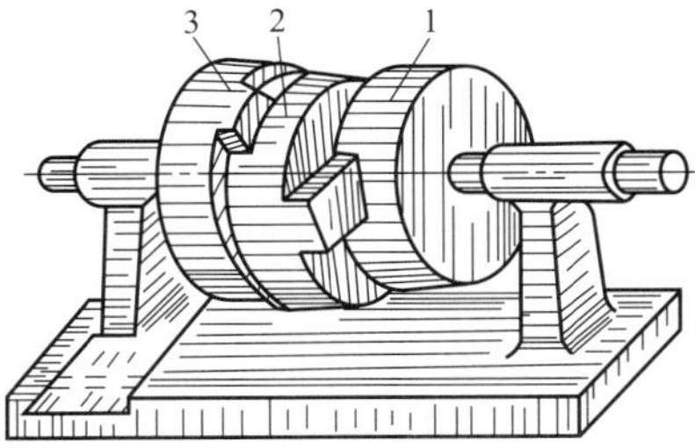 图(a) 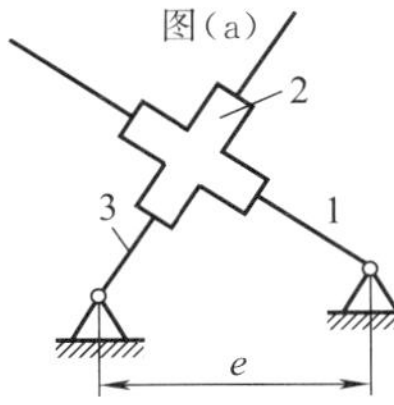 图(b)	图(a)所示为双转块机构作为十字滑块联轴器应用，而图(b)是其运动简图。主动转块 1 匀速转动时，通过连杆 2 驱动从动转块 3 做同向同速转动。这种联轴器常用于两轴线不易重合的平行轴的连接
用于电力机车的平行四边形机构	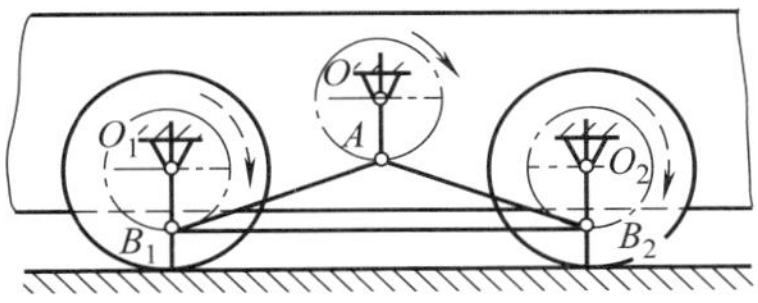 图(a) 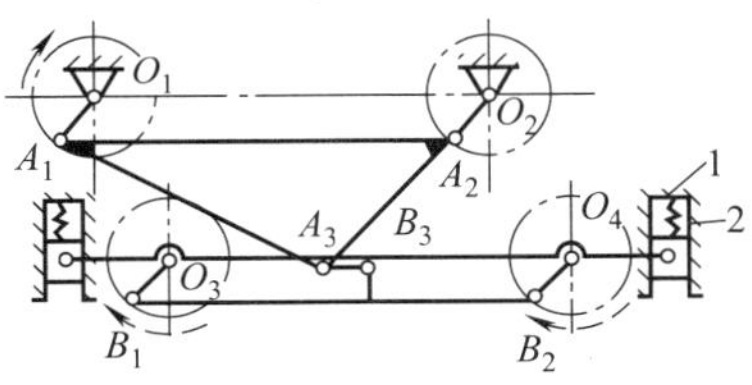 图(b)	图(a)所示电动机带动的主动轴 O 与两从动轴 O_1、O_2 均在同一车架上，且 $OO_1=OO_2$；曲柄 $OA=O_1B_1=O_2B_2$，连杆 $AB_1=AB_2=OO_1$ 图(b)，$O_1O_2=A_1A_2$、$O_3O_4=B_1B_2$、$O_1A_1=O_2A_2=O_3B_1=O_4B_2$，电动机带动的主动轴 O_1（或 O_2）与车架 1 为一体，并支承在弹簧 2 上，使车架有减振缓冲作用，随着运行中的振动，引起 O_1O_2 与 O_3O_4 间的距离发生变化。如图(b)所示在两个平行四边形机构中增加杆 A_3B_3 可补偿主、从动轴间距离的变化
钟表传动结构	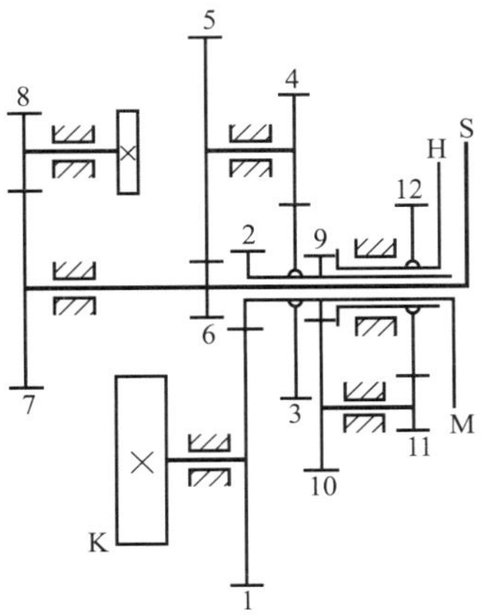	由发条 K 驱动齿轮 1 转动时，通过齿轮 1 与 2 相啮合使分针 M 转动；由齿轮 1～6 组成的轮系可使秒针 S 获得一种转速；由齿轮 1、2、9、10～12 组成的轮系可使时针 H 获得另一种转速。利用轮系可将主动轴的转速同时传到几根从动轴上，获得所需的各种转速

续表

机构	机　构　图	说　　明
滚齿机工作台传动机构		主动轴Ⅰ通过锥齿轮1、齿轮2将运动传给滚刀；同时主动轴又通过直齿轮1和3经齿轮4-5、6、7-8传至蜗轮9，带动被加工的轮坯转动，从而使滚刀和轮坯之间具有确定的对滚关系，以满足滚刀与轮坯的传动比要求
纺织机中的差动轮系		该轮系是由差动轮系1～4、H和差动轮系5、6、H组合而成的。齿轮4和齿轮5是双联齿轮，同时套在行星架H上，转动行星架H，带动齿轮5和齿轮6转动，以完成纺织机卷线的工作

9.1.2　有级变速机构

表 11-9-2　　**有级变速机构**

机构	机　构　图	说　　明
三轴滑移公用齿轮机构	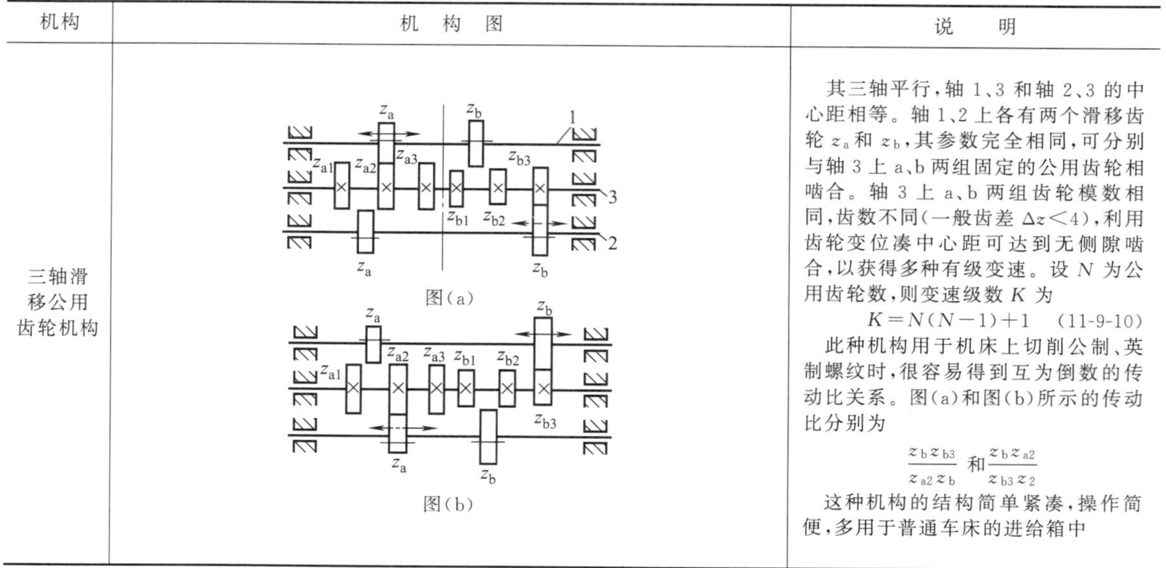 图(a) 图(b)	其三轴平行，轴1、3和轴2、3的中心距相等。轴1、2上各有两个滑移齿轮z_a和z_b，其参数完全相同，可分别与轴3上a、b两组固定的公用齿轮相啮合。轴3上a、b两组齿轮模数相同，齿数不同（一般齿差$\Delta z<4$），利用齿轮变位凑中心距可达到无侧隙啮合，以获得多种有级变速。设N为公用齿轮数，则变速级数K为 $K=N(N-1)+1$　(11-9-10) 此种机构用于机床上切削公制、英制螺纹时，很容易得到互为倒数的传动比关系。图(a)和图(b)所示的传动比分别为 $\frac{z_b z_{b3}}{z_{a2} z_b}$ 和 $\frac{z_b z_{a2}}{z_{b3} z_2}$ 这种机构的结构简单紧凑，操作简便，多用于普通车床的进给箱中

续表

机构	机构图	说明
带轮行星齿轮两级变速机构	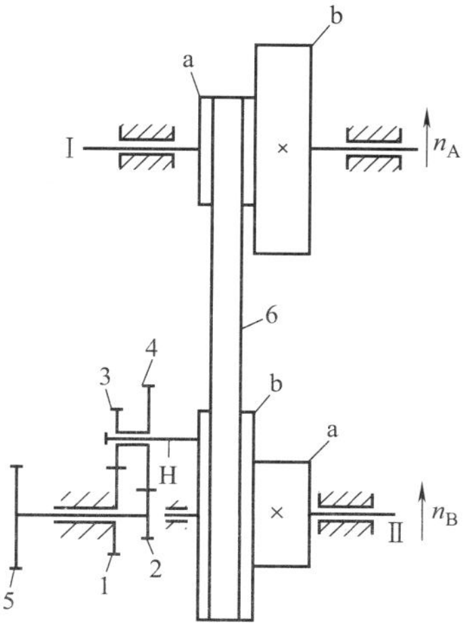 I　a　b　n_A　6　3　4　b　a　H　5　1　2　Ⅱ　n_B	主动二联带轮 a、b 绕固定轴 Ⅰ 转动，从动二联带轮 a、b 绕固定轴 Ⅱ 转动，系杆 H 与二联带轮固联，齿轮 1～4、H 组成行星轮系，齿轮 5 为输出从动轮。主、从动带轮间用平带 6 传动，从动带轮转速 n_B 和输出齿轮 5 转速 n_5 之间的关系为 $$n_5=n_B\frac{z_2z_3-z_4z_1}{z_2z_3}\quad(11\text{-}9\text{-}11)$$ 式中　z_1，z_2，z_3，z_4——齿轮 1、2、3、4 的齿数 从动带轮转速 n_B 有两级，由主动带轮转速 n_A 求得：当主动带轮上的 a 轮经带 6 传动从动带轮上的 b 轮时 $$n_B=n_A\times\frac{r_a}{r_b}\quad(11\text{-}9\text{-}12)$$ 当主动带轮上的 b 轮经带 6 传动从动带轮上的 a 轮时 $$n_B=n_A\times\frac{r_b}{r_a}\quad(11\text{-}9\text{-}13)$$ 式中　r_b，r_a——带轮 b、a 的半径
单齿轮滑移锥齿轮组多级变速机构	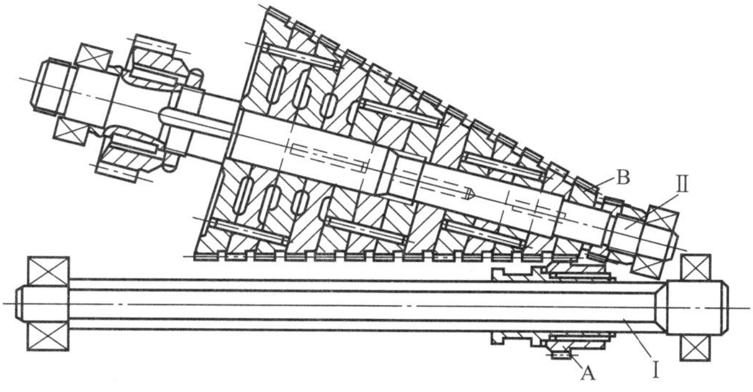 B　Ⅱ　A　I	花键轴 Ⅰ 上装有一个可滑动的直齿轮 A，它可与轴 Ⅱ 上任一个等高齿锥齿轮 B 啮合，这些锥齿轮的齿数按等差级数变化。连接各锥齿轮的销子如左图所示，必须使所有齿轮均有一个齿槽保持成一直线。每片齿轮上的一半齿相对另一半齿沿轴向错过一定距离，使直齿轮 A 能迅速和原来啮合的齿轮脱开，并滑向另一片锥齿轮 这种机构能在运转中完成变速；变速级数多而齿轮数目较少，故结构简单、紧凑、刚性好。其缺点是齿不沿全齿宽啮合，磨损不均匀 设锥齿轮片数为 m，输出轴转速分别为 n_1、n_2、…、n_m，公差数为 a，则 $$n_m=n_1+(m-1)a$$ 或　$$a=\frac{n_m-n_1}{m-1};m=1+\frac{n_m-n_1}{a}\quad(11\text{-}9\text{-}14)$$ 如轴 Ⅱ 主动、转速为 $n_{Ⅱ}$，则各锥齿轮齿数 $$(z_B)_i=\frac{n_i}{n_{Ⅱ}}z_A\quad(11\text{-}9\text{-}15)$$ 式中　$i=1,2,\cdots,m$ 如轴 Ⅰ 主动、转速为 n_1，则各锥齿轮齿数 $$(z_B)_i=\frac{n_Ⅰ}{n_i}z_A\quad(11\text{-}9\text{-}16)$$

续表

机构	机构图	说明
双电动机行星减速机构	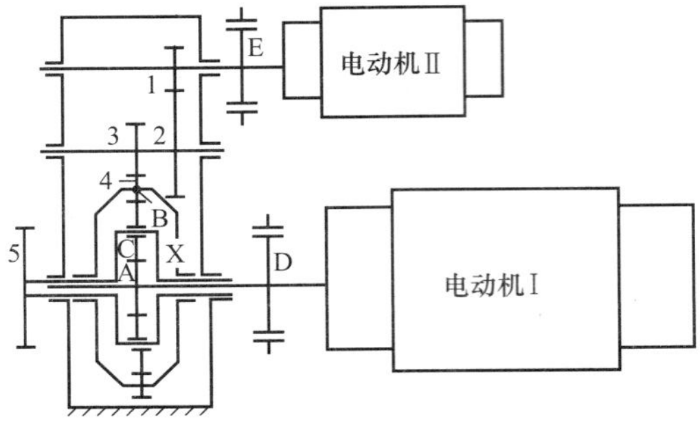	机构由电动机Ⅰ、Ⅱ带动，由与行星架X相连的齿轮5输出，其中构件4以齿数 z_4 与 z_3 外啮合，以 z_B 与 z_C 内啮合，通过控制制动轮D、E，可使行星架得到以下四种速度 ①电动机Ⅱ被制动时，行星架的转速 $n_X^B=\dfrac{n_A^B}{i_{AX}^B}$ (11-9-17) 式中 n_A^B——电动机Ⅱ制动时A轮(电动机Ⅰ)的转速 i_{AX}^B——电动机Ⅱ制动时的传动比 $i_{AX}^B=1+z_B/z_A$ (11-9-18) ②电动机Ⅰ被制动时，行星架的转速 $n_X^A=\dfrac{n_B^A}{i_{BX}^A}$ (11-9-19) 式中 n_B^A——电动机Ⅰ被制动时，B轮的转速 $n_B^A=\dfrac{n_{Ⅱ}}{i}$ ($n_{Ⅱ}$ 为电动机Ⅱ的转速，$i=i_{12}i_{34}=\dfrac{z_2z_4}{z_1z_3}$) i_{BX}^A——电动机Ⅰ制动时，B轮与行星架X间的传动比，$i_{BX}=1+z_A/z_B$ ③电动机Ⅰ、Ⅱ皆运转，A、B轮以同方向旋转时，行星架的转速 $n_X=n_X^B+n_X^A$ ④电动机Ⅰ、Ⅱ皆运转，A、B轮以反方向旋转时，行星架的转速 $n_X=n_X^B-n_X^A$ 这种机构广泛应用于小型连轧机、铸造吊车和氧气顶吹转炉的倾翻机构等。如果Ⅱ采用较小功率的直流电动机，可实现以小功率控制大功率的无级变速

9.1.3 无级变速机构

表 11-9-3 无级变速机构

机构	机构图	说明
内锥输出行星式无级变速机构	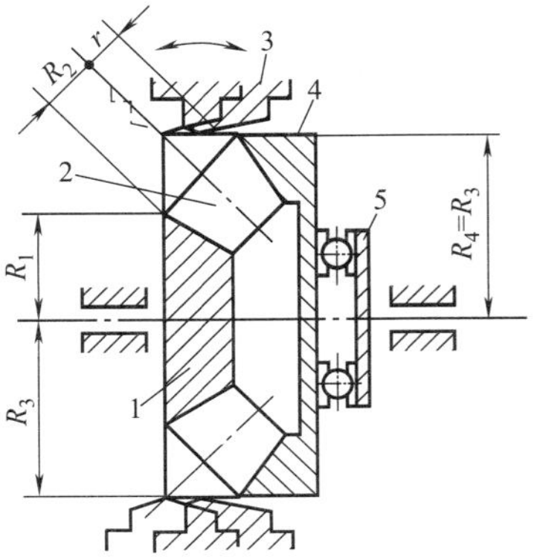	主动摩擦盘1带动行星锥2转动，锥2一般为5个，沿圆周均布，并置于保持架中，既自转又公转，锥2的正锥与不动的外环3相接触，其截锥靠摩擦力使输出摩擦盘4旋转，再经加压机构带动输出轴5转动。调速时通过调速机构(图中未示出)使外环3做轴向移动，改变正锥的工作半径 r 达到调速。传动比为 $i=\dfrac{n_1}{n_5}=\dfrac{r+(R_3/R_1)R_2}{r-(R_3/R_4)R_2}$ (11-9-20) 式中 r——行星锥与外环接触处的半径 R_3——外环3的工作半径 R_1,R_2,R_4——主动盘1、行星锥2和输出盘4的大头半径 由式(11-9-20)可知，当 r 变小趋于零时，输出转速 n_5 最高，并与输入轴转向相反；当 r 逐渐增大，使 $r=(R_3/R_1)R_2$ 时，输出轴转速 $n_5=0$，为了保证输出力矩稳定，一般 $i=-80\sim-100$。使用变速范围 $R_{b5}\leqslant 38.5$；传递功率 $N\leqslant 2.2\text{kW}$，效率 $\eta=0.6\sim0.7$。此机构具有体积小、传递力矩大、调速范围大的特点，是属于恒转矩输出的减速型变速机构，可在停车情况下进行调速

续表

机构	机构图	说明
钢球外锥轮式无级变速机构	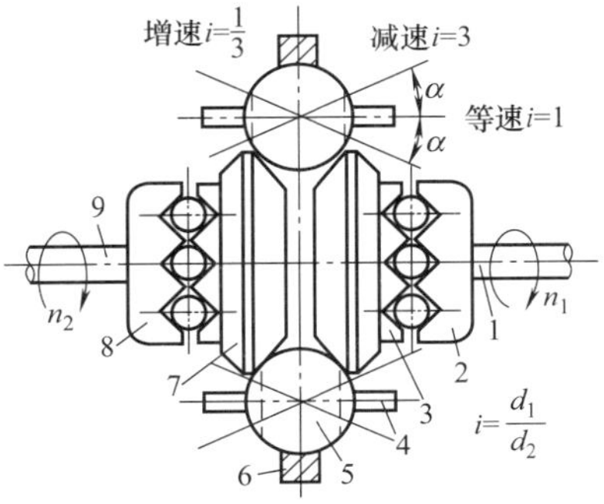 图(a) 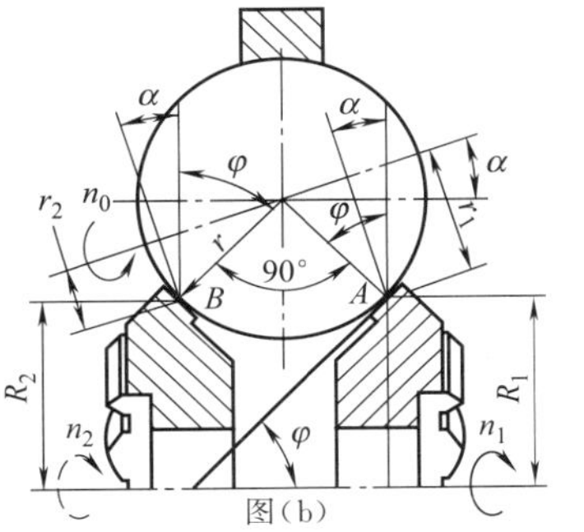 图(b)	该机构是利用摩擦传递动力，通过改变中间钢球的工作半径进行变速。主动轴 1 通过加压盘 2 经钢球带动摩擦盘 3 同速转动，再经过一组钢球 5(3～8 个)驱动从动摩擦盘 7 和输出轴 9。调速通过蜗杆、带有槽凸轮的蜗轮(图中未画出)使钢球 5 的轴 4 转动 α 角来实现。主、从动轴上的加压机构能自动地施加与载荷成正比的压紧力，使摩擦盘与传动钢球 5 相互压紧，确保在没有滑动的情况下传递动力。传动比为 $i=\frac{n_1}{n_2}=\frac{r_1}{r_2}=\frac{1\mp\tan\varphi\tan\alpha}{1\pm\tan\varphi\tan\alpha}$　(11-9-21) 目前一般使用传动比 $i_B=1/3\sim3$，使用变速范围 $R_{b8}\leqslant9$，功率 $N\leqslant0.2\sim11$kW，效率 $\eta=0.8\sim0.9$。其特点为体积小、结构紧凑、可增速或减速，但制造精度要求较高。输出传递动力特性基本上为恒功率。在纺织、电影及机床等行业中均有应用
连杆式脉动无级变速机构	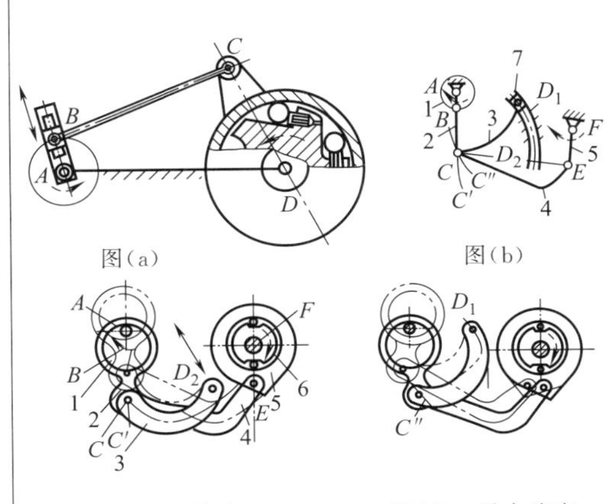图(a)　图(b) 图(c)　零速　图(d)　最大速度	机构是由连杆机构与单向超越离合器组成的。通过改变连杆机构中某一构件的长度，使摇杆(即超越离合器的外环)得到不同的摆角来达到无级变速的目的 图(a)所示曲柄 AB 上的曲柄销 B 可滑动，以改变曲柄长度，曲柄每转一周，带动摇杆 CD 摆动一个角度。改变 AB 的长度，则摇杆 CD 的摆角也相应改变，以实现变速。输出端做单向间歇脉动回转 图(b)所示是一个多杆铰链机构，图中圆弧 C'' 和 C' 表示 CD 分别以 D_1、D_2 为圆心时的圆弧。当主动曲柄 1 匀速转动时，通过改变杆 3 右端滑块 7 在弧形槽中的位置(在 D_1、D_2 之间)，即改变机架 AD 的长度，使输出杆 5 实现变速。图(c)是上述机构与单向超越离合器组成的机构的结构简图，可实现单向脉动输出。图示位置表示滑块 7 固定于 D_2 点，此时铰接点 C 沿圆弧 C' 运动，此位置时，由于 C、D_2、E 在一直线上[见图(b)]，故 E 点近似保持不动，杆 5 与输出轴 6 接近零速。图(d)表示滑块固定于 D_1 点，此时 C 点沿圆弧 C'' 运动，输出轴 6 以最大的角速度转动 图中两机构各仅有一曲柄摇杆机构带动一个单向超越离合器，其输出是间隙脉动回转，输出极不平稳，为减小脉动不均匀性，常采用多相(3～5 相)并列，几个曲柄-单向超越离合器交替重叠地带动一根输出轴，使输出的均匀性提高。这种机构简单可靠，变速性能稳定，停止和运行时均可调速。适用于中、小功率(约 10kW 以下)，中、低速(40～1000r/min)的减速变速，以及对输出轴旋转均匀性要求不严的场合，如一些轻工包装、食品等行业的机械中均有应用

第 11 篇

9.2 非匀速转动机构

表 11-9-4　　非匀速转动机构

机构	机　构　图	说　　明
用于纺织机的齿轮凸轮组合卷绕机构	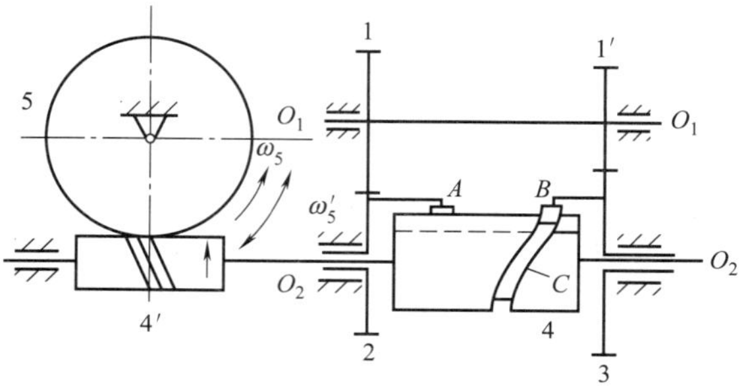	固连在主动轴 O_1 上的齿轮 1 和 1′分别与活套在轴 O_2 上的齿轮 2 和 3 啮合。齿轮 2 上的凸销 A 嵌于圆柱凸轮 4 的纵向直槽中，带动圆柱凸轮 4 一起回转并允许其沿轴向有相对位移，齿轮 3 上的滚子 B 装在圆柱凸轮 4 的曲线槽 C 中。由于齿轮 2 和齿轮 3 的转速有差异，所以滚子 B 在槽 C 内将发生相对运动，便凸轮 4 沿轴 O_2 移动。当主动轴 O_1 连续回转时，圆柱凸轮 4 及与其固结的蜗杆 4′将做转动兼移动的复合运动，从而传动蜗轮 5。蜗杆 4′的等角速转动使蜗轮 5 亦做等角速转动，蜗杆 4′的变速移动使蜗轮 5 以 ω_5 做变角速转动，该蜗轮的运动为两者的合成而做时快时慢的变角速转动，以满足纺丝卷绕工艺的要求
用于惯性筛的双曲柄机构	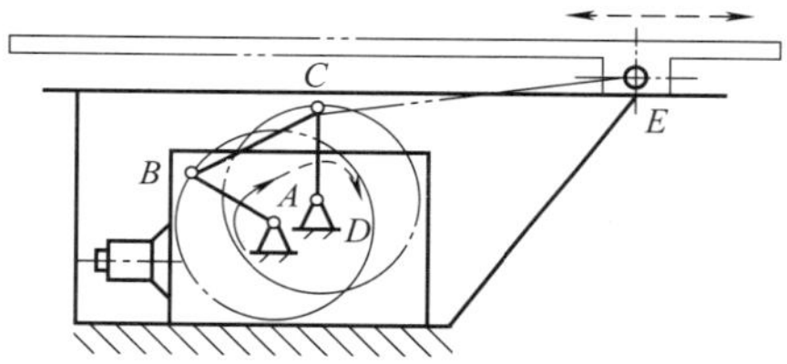	主动曲柄 AB 匀速转动，转换为曲柄 CD 的非匀速转动，但平均传动比等于 1。若 $AD+CD<AB+BC$，且 $AD<AB<BC<CD$（或 $AD<BC<AB<CD$），则机构没有死点位置。双点划线表示在此双曲柄机构上再相连一偏置曲柄滑块机构 DCE，这是惯性筛的具体应用。由于双曲柄机构和偏置曲柄滑块机构均有急回特性，两者并用加强了急回效果，使筛子从右往左运动时，有较大的加速度，依靠物料惯性而达到筛分的目的
反平行四边形机构	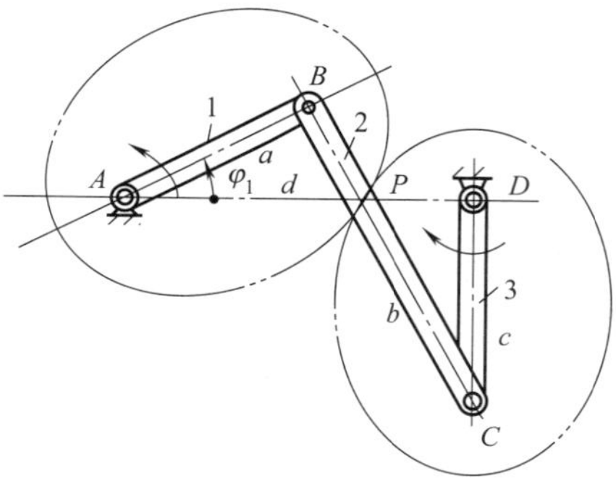	两短杆为曲柄，且 $a=c$，机架 d 和连杆 b 相等，当主动曲柄 a 做匀速转动时，从动曲柄 c 做反向非匀速转动。这种反平行四边形机构的平均传动比等于 1，瞬时传动比为 $$i_{31}=\frac{\omega_3}{\omega_1}=\frac{AP}{DP}=\frac{b^2-a^2}{-(b^2+a^2)+2ab\cos\varphi_1}\qquad(11\text{-}9\text{-}22)$$ 当 $\varphi_1=0°$ 时，$i_{31}=(i_{31})_{\max}=-(b+a)/(b-a)$ 当 $\varphi_1=180°$ 时，$\varphi_1=180° i_{31}=(i_{31})_{\min}=-(b-a)/(b+a)$ 当主动曲柄转至与机架重合时，从动曲柄也与机架重合，这时形成机构运动的不确定状态，即曲柄继续向前转动时，从动曲柄必须用特殊装置（如死点引出器）或杆件惯性来渡过机构的不稳定状态 反平行四边形机构通过改变 $a(c)$、$b(d)$ 的长度，可以得到需要的变传动比的运动规律。当运动精度要求不高时，此机构可用来代替椭圆齿传动（如双点画线所示），椭圆齿轮的回转轴分别在焦点 A 和 D，椭圆长轴为连杆长 b，焦距为曲柄长 a，而制造比椭圆齿轮简单得多。反平行四边形机构也常用于机构的联动，使机构中的两个工作构件获得大小相同、方向相反的角位移，如车门启闭机构等

续表

机构	机构图	说明
实现两相交轴间传动的万向联轴器	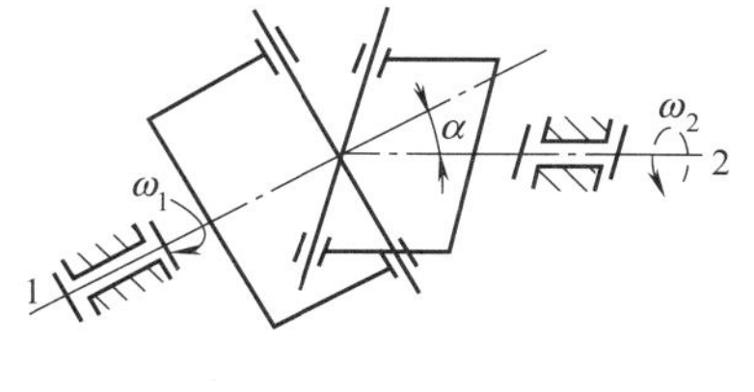 图(a) 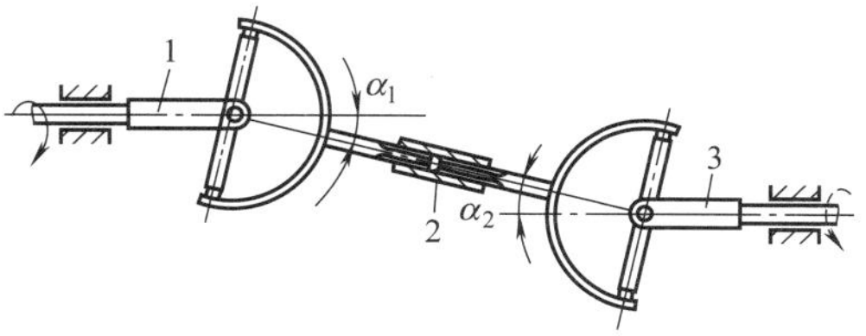 图(b)	图(a)所示为单万向联轴器，主动轴1以ω_1匀速转动，从动轴2以ω_2变速转动，平均传动比为1，瞬时传动比为 $$i_{21}=\frac{\omega_2}{\omega_1}=\frac{\cos\alpha}{1-\sin^2\alpha\cos^2\varphi_1} \quad (11\text{-}9\text{-}23)$$ 式中　φ_1——主动轴上叉头从轴面(两轴所决定的平面)开始计算的转角 由于瞬时传动比的变化，传动中将产生附加动载荷，并引起振动。为了消除这一缺点，一般多采用双万向联轴器 图(b)所示为双万向联轴器，在主、从动轴1、3之间用一个中间轴2(即用花键套连接的轴)和两个万向联轴器连接，它可以传递任意位置的两轴间的回转运动。当中间轴2两端的叉面位于同一平面内且$\alpha_1=\alpha_2$时，可以得到主、从动轴间传动比恒等于1的匀速传动
用于联轴器的转动导杆机构	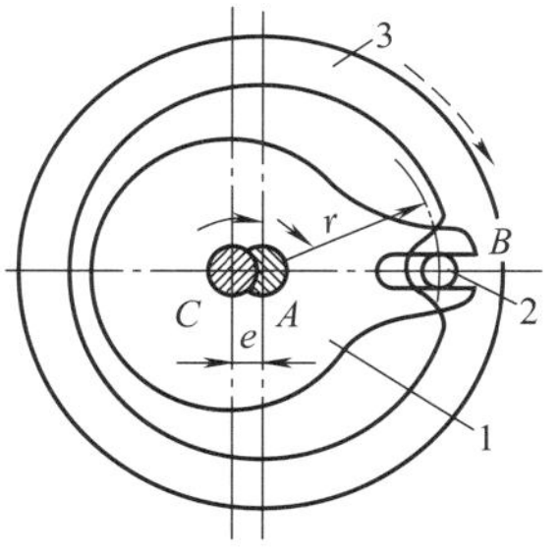 图(a) 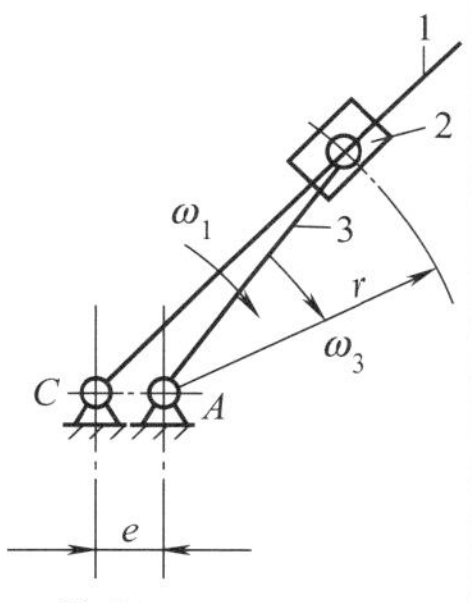　图(b)	该机构[图(a)]是轴心线不重合的联轴器结构。当盘1绕轴C转动时，通过圆盘1上的滑槽拨动盘3绕轴心A同向转动，同时销2将相对于滑槽滑动。图(b)是运动简图。导杆1做等速转动带动从动盘3做变速转动。当偏距e很小时，从动盘3的角速度变化平缓 转动导杆机构在回转柱塞泵、叶片泵及旋转式发动机等机器中也有应用
用于刨床的转动导杆机构	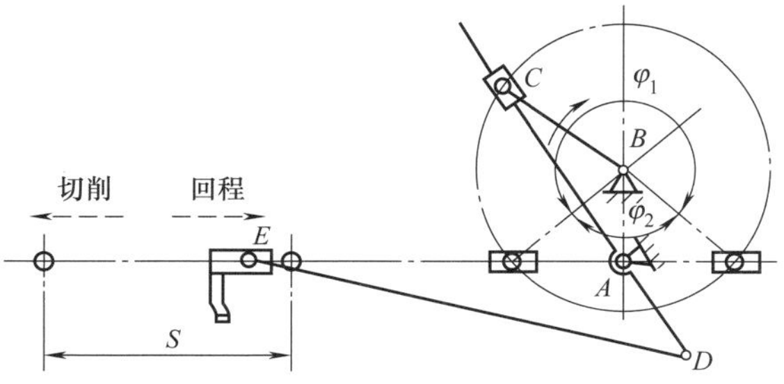 切削　回程	机架AB<曲柄BC，主动曲柄BC匀速转动，转换为旋转导杆CD的非匀速转动。平均传动比为1，其急回特性常用于刨床，使切削行程较慢、回程较快(BC顺时针方向转动φ_1时，滑块E以较慢的近于等速切削，而BC继续转动φ_2角时，E快速返回)。行程$S=2AD$。比值$\frac{BC}{AB}$较小时，机构的动力性能变坏，一般推荐$\frac{BC}{AB}>2$

续表

机构	机构图	说明
传动刀杆减速机构	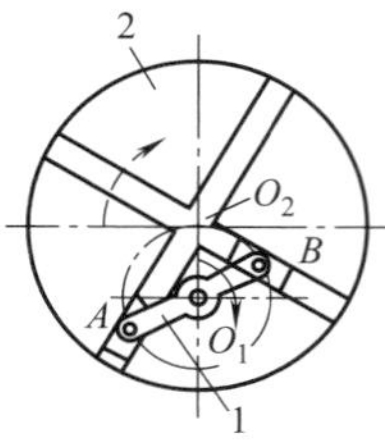 图(a) 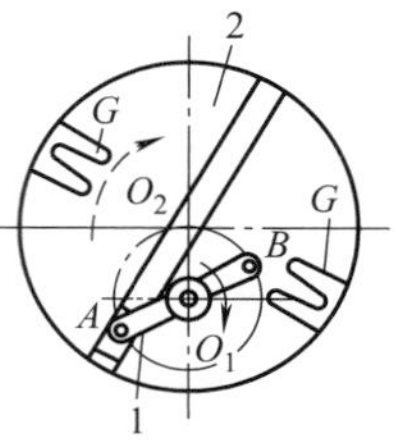 图(b) 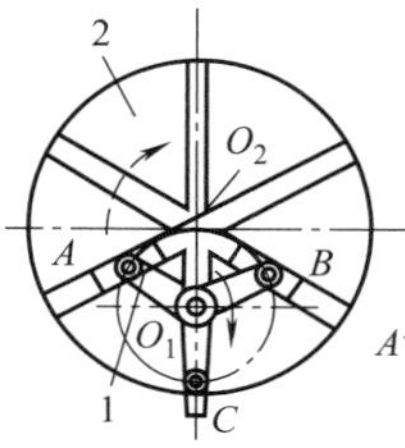 图(c) 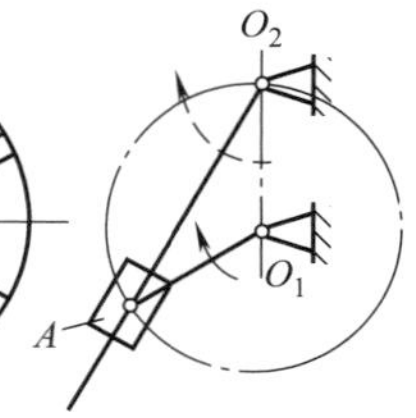 图(d)	主动曲柄 1 绕 O_1 转一周，从动圆盘 2 绕 O_2 转半周。机构各构件的尺寸应有下列关系：曲柄长度等于中心距，即 $O_1A(=O_1B=O_1C)=O_1O_2$。图(a)所示主动双臂曲柄 1 两端铰接的滑块在从动盘的十字槽中滑动。图(b)所示从动盘 2 上有一个径向槽和两个辅助槽 G，当销 B 进入辅助槽时使机构顺利通过死点。图(c)所示从动盘 2 上有三个径向槽，用三臂曲柄传动，传递力矩较均匀。图(d)为这种导杆减速机构的结构简图。这种机构结构简单，并可将曲柄做成圆盘形以传递较大的载荷
两齿轮连杆组合机构	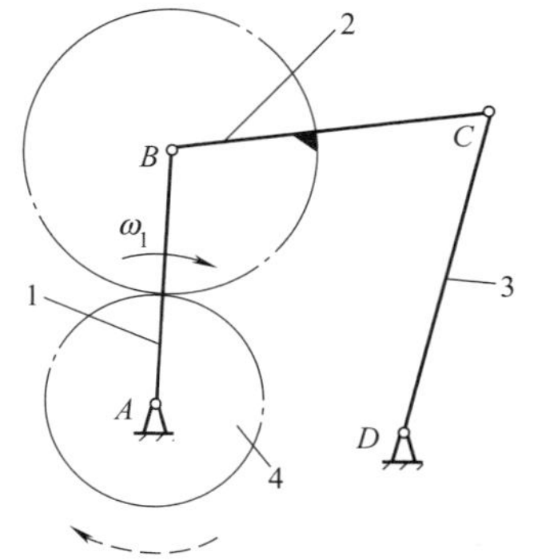	在四杆机构 $ABCD$ 上装一对齿轮，行星齿轮 2 与连杆 BC 固连，中心轮 4 绕 A 轴转动。当主动曲柄 1 以 ω_1 匀速转动时，从动齿轮 4 做非匀速转动，其角速度为 $$\omega_4=\omega_1\left(1+\frac{z_2}{z_4}\right)-\omega_2\frac{z_2}{z_4} \quad (11\text{-}9\text{-}24)$$ 式中 ω_2——连杆 BC 的角速度 z_2，z_4——齿轮 2、4 的齿数 由式(11-9-24)可知，轮 4 的速度是由等速部分(第一项)和周期性变化的变速部分(第二项)合成的。通过改变杆长和齿轮节圆半径，可使从动轮做单向非匀速转动或做瞬时停歇带逆转的转动。如 $ABCD$ 为曲柄摇杆机构，当主动曲柄 1 转动 n_1 整周时，从动曲柄转动 $n_4=\left(1+\frac{z_2}{z_4}\right)n_1$ 周；如 $ABCD$ 为双曲柄机构，则 $n_4=n_1$。这种机构的特点是主、从动轴共线，AD 间距离便于做成可调的

9.3　往复运动机构

表 11-9-5　往复运动机构

机构	机构图	说明
往复移动从动件凸轮机构	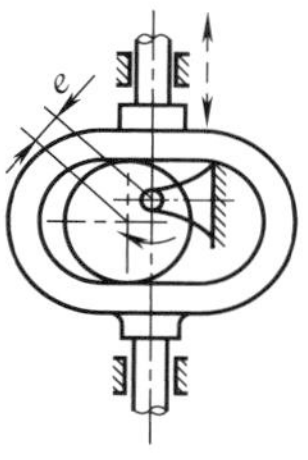 图(a) 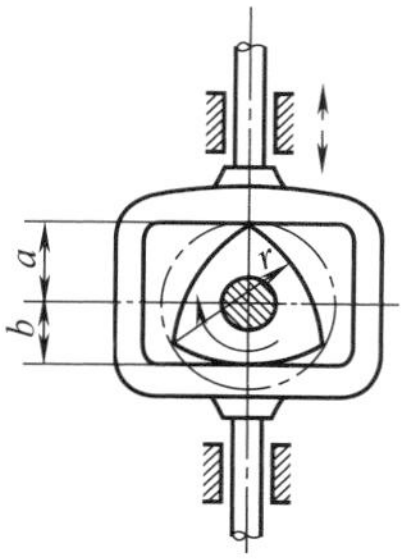　图(b) 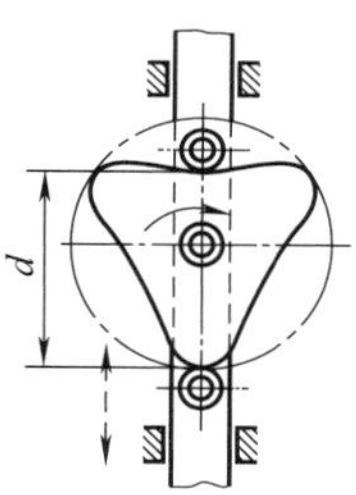　图(c) 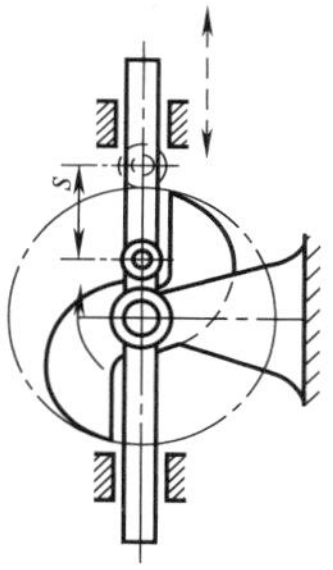　图(d)	图(a)所示为偏心圆凸轮，从动杆做往复简谐运动，其行程为偏心距 e 的两倍。图(b)所示为等宽三角凸轮，棱边半径为 r，$r=a+b$，从动杆行程为 $a-b$。图(c)所示为等径凸轮，凸轮对径长等于两滚子间距离 d，并保持不变，凸轮转一圈从动杆往复一次。图(d)所示为抛物线凸轮，从动杆上升动作平稳，推力较小，下降时有冲击作用。该机构可用于粉碎机中
增大循环转数的沟槽凸轮机构	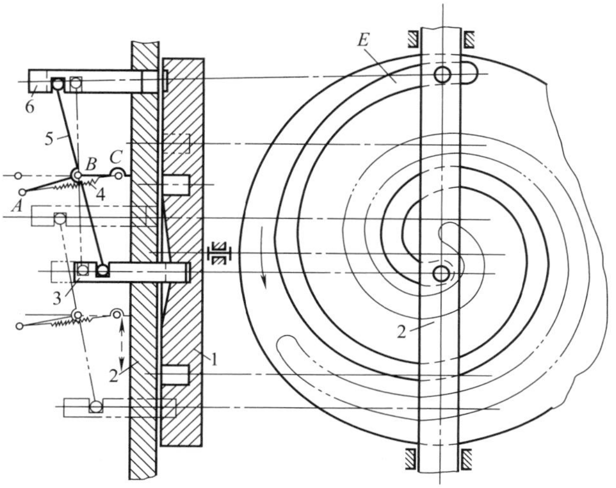	主动凸轮 1 表面刻有螺旋沟槽，在接近槽尾 E 的一段长度内，槽的底部逐渐变浅，从动部件上的 A、B、C 三点在一直线上时为杠杆 5 的平衡位置。当凸轮转动到销 6 进入槽的尾部时(实线位置)，A 点被迫向下越过平衡位置，使销 3 在弹簧 4 的作用下进入凸轮槽的头部，从动杆 2 开始向下运动，凸轮转过一周半后，销 3 到达槽尾并脱出(双点划线位置表示尚未到达槽尾的中间位置)，A 点被迫向上越过平衡位置，销 3 脱出，销 6 进入凸轮槽头部，杆 2 开始向上运动。凸轮每转 3 转，从动杆 2 完成一个往复循环

续表

机构	机构图	说明
可倾翻卸包装箱的运输小车	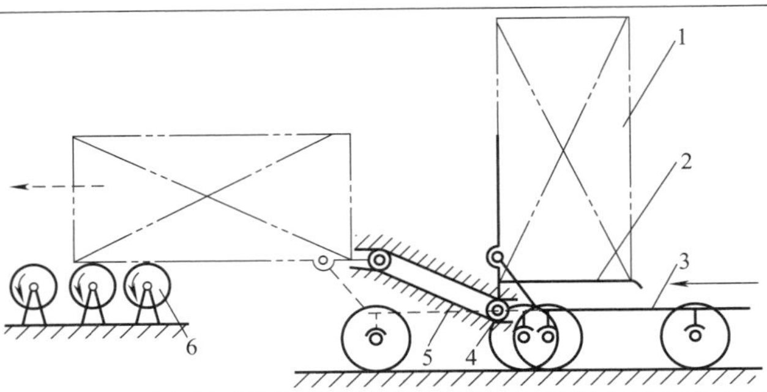	小车 3 向前推进时，铲斗 2 上的滚子 4 沿固定凸轮槽 5 运动，使铲斗逐渐倾斜，将包装箱 1 卸于输出辊道 6 上
自动走刀圆柱凸轮机构	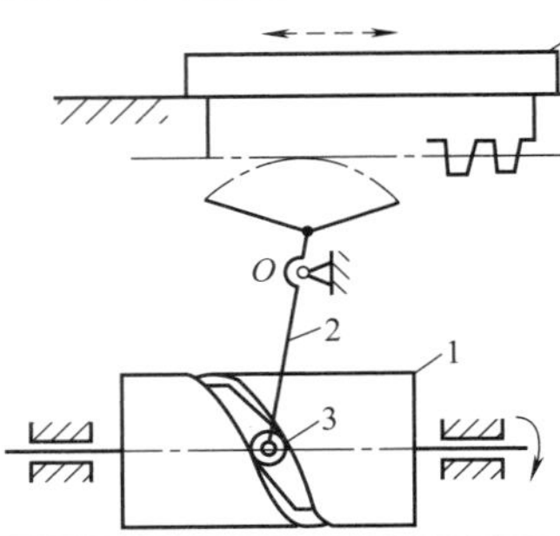	凸轮 1 匀速转动，其曲线凹槽带动滚子 3 使摆杆 2 绕固定轴 O 往复摆动，再通过扇形齿轮齿条机构，使刀架 4 按一定运动规律运动，实现自动走刀。该机构用于自动车床
凸轮-连杆组合机构	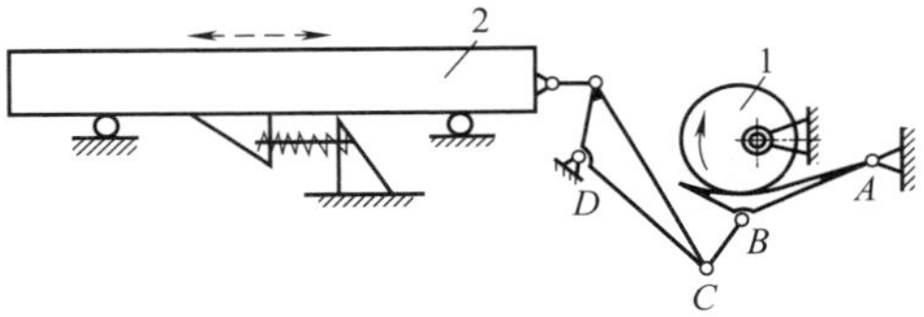	主动偏心凸轮 1 回转，通过四杆机构 $ABCD$ 带动从动件 2 做有急回特性的往复运动，实现细粒物料分层与运输。该机构可用于选矿机械的摇床中
移动凸轮-连杆组合机构	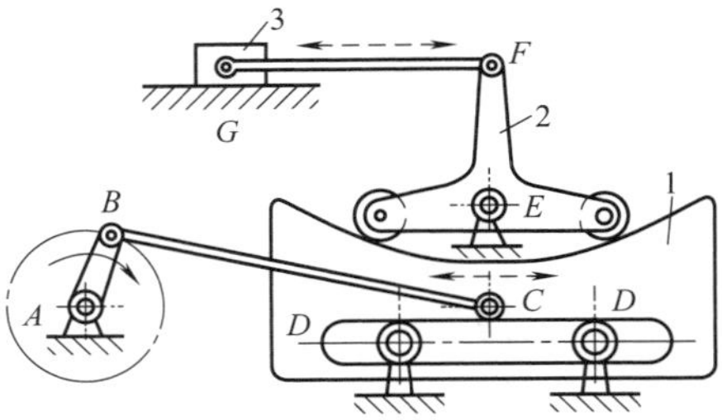	凸轮 1 由曲柄滑块机构 ABC 带动做往复移动，与凸轮曲面接触的从动杆 2 绕 E 摆动，使滑块 3 往复移动。改变凸轮曲面形状可使滑块 3 得到不同的运动规律
曲柄移动导杆机构	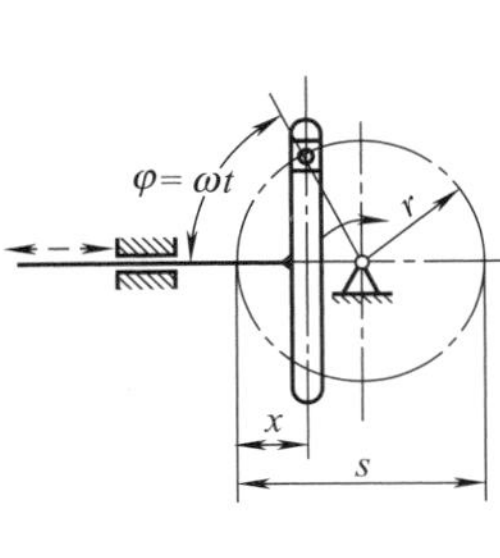 图(a) 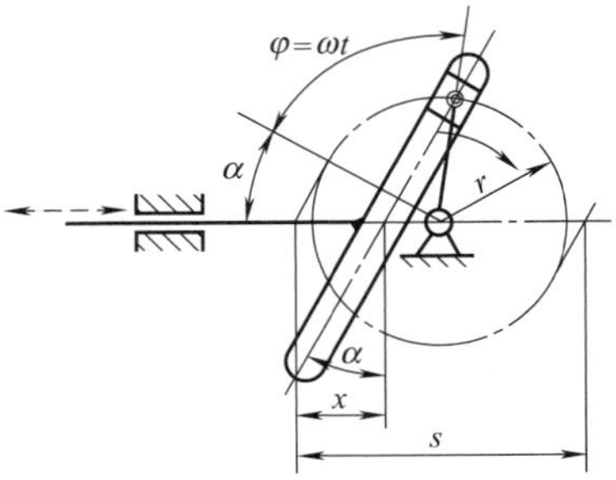 图(b)	图(a)所示为正弦机构，主动曲柄做匀速转动时，从动导杆按正弦规律的速度做往复运动 导杆行程 $s=2r$ 导杆位移 $x=r(1-\cos\varphi)$ 导杆速度 $v=r\omega\sin\varphi$ $=\omega\sqrt{2rx-x^2}$ 导杆加速度 $a=r\omega^2\cos\varphi=(r-x)\omega^2$ 这种机构多用于振动台、数字解算装置、操纵机构、印刷机和缝纫机等 图(b)所示为具有倾斜导杆的正弦机构，此时，以 $\frac{r}{\cos\alpha}$ 代替上述各式中 r，得到相应的公式，此机构可获得较大的行程

续表

机构	机　构　图	说　　明
斜面凸轮往复机构	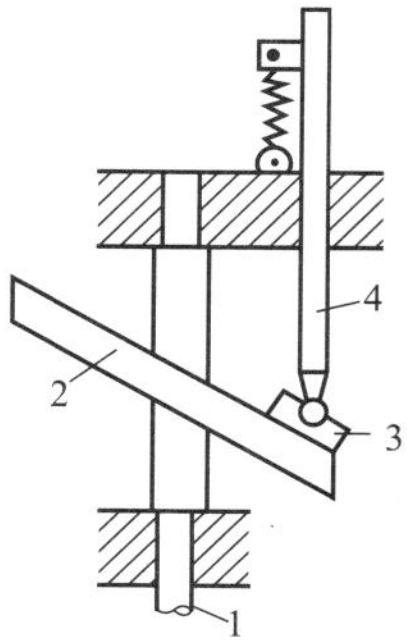	斜面凸轮 2 与主动轴 1 固连，滑块 3 以球面铰与从动杆 4 连接，并通过弹簧与凸轮 2 接触。当主动轴旋转时，从动杆做往复简谐运动
带挠性构件的往复运动机构	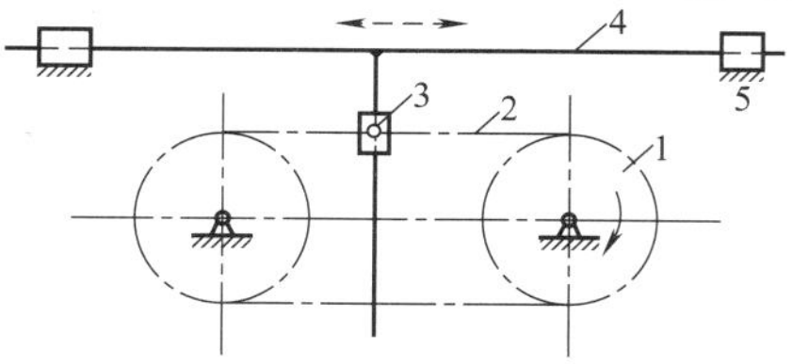 图(a) 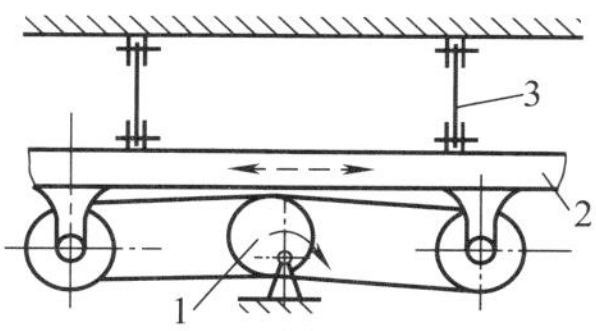 图(b)	如图(a)所示，滑块 3 铰接在链条 2 上，T 形导杆 4 可在滑块 3 中滑动，链轮 1 转动时，链条带着滑块 3 运动，从而带动导杆 4 在导轨 5 中做往复移动。当 3 在直线段时，4 为等速运动；当 3 在圆弧段时，4 做简谐运动。这种机构换向较平稳 如图(b)所示，主动偏心轮 1 转动，通过左右带轮带动筛体 2 往复摆动。筛体是挂在平板弹簧 3 上的。这种机构以两个挠性体代替曲柄摇杆机构中的连杆，同时悬挂采用板簧，能吸收一部分能量，动力性能较好
不完全齿轮传动的往复移动端机构	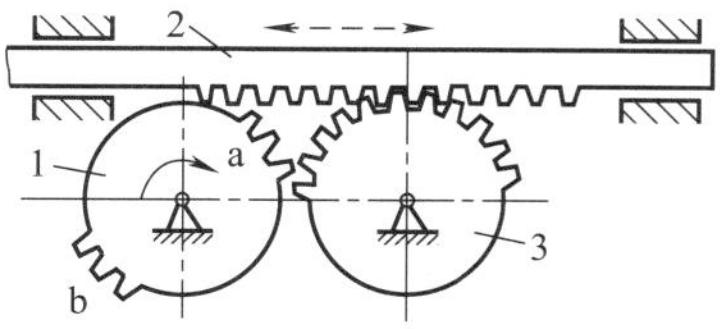 图(a) 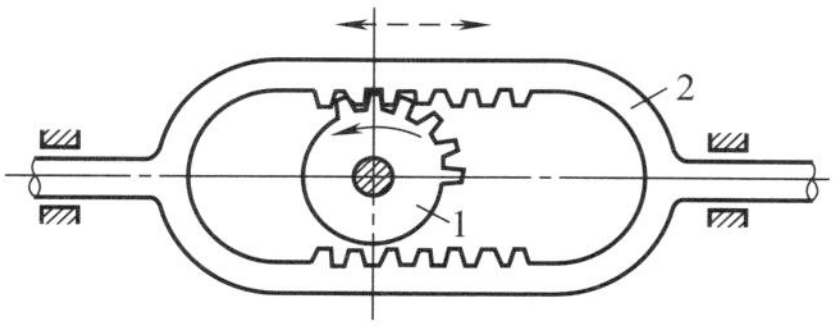 图(b)	如图(a)所示，不完全齿轮 1 顺时针方向旋转时，与不完全齿轮 3 啮合，齿轮 3 又与齿条 2 相啮合，并带动其向左移动，当齿轮 1 的轮齿与齿轮 3 脱开时，轮齿 b 与齿条 2 啮合，从而带动齿条右移。改变齿轮 1 的齿数可调节齿条在两端的停歇时间 如图(b)所示，不完全齿轮 1 旋转时交替与上下齿条啮合，从而使构件 2 往复移动，并在两端有停歇 不完全齿轮机构由于开始啮合和脱离啮合时都有严重冲击，只能用于低速、轻载，如印刷机等
渣口堵塞机构	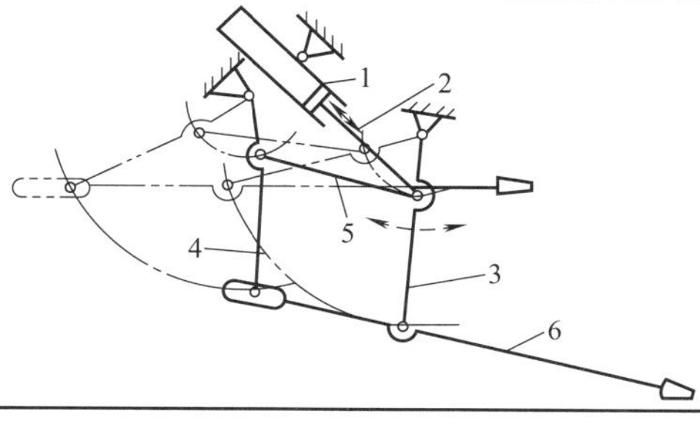	活塞杆 2 在摆动气缸 1 中运动，带动杆 3 摆动，通过连杆 5 又使杆 4 摆动，从而带动活塞杆 6 启闭高炉的出渣口

续表

机构	机 构 图	说 明
汽车风窗刮水板机构	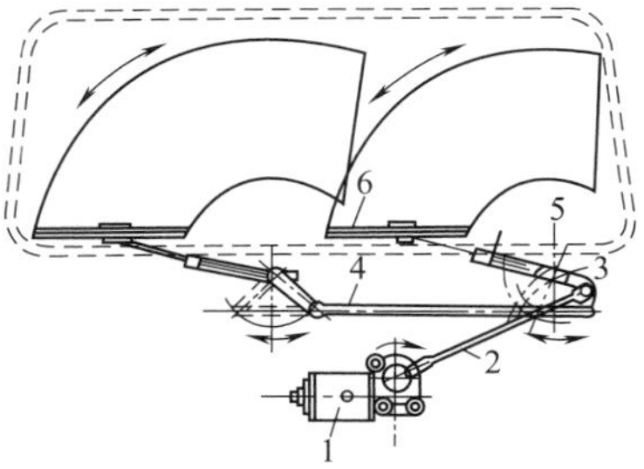 图(a) 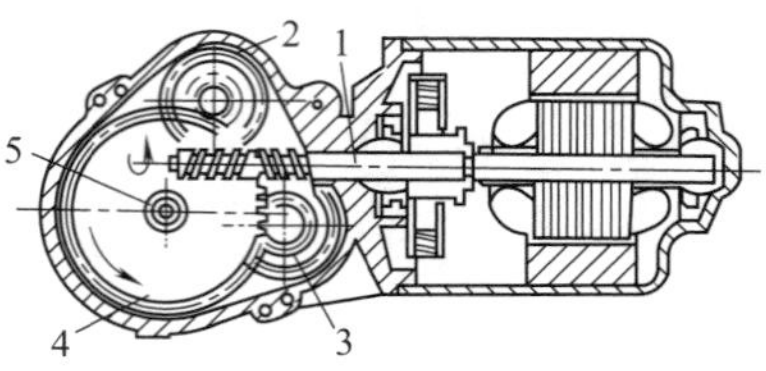 图(b)	图(a)所示为刮水器结构，它由电动机 1、连杆 2、枢轴 3、传动机构 4、刮臂 5 和刮片 6 组成。为了确保规定的刮刷面积，通常采用两个刮片同时工作。电动机的旋转运动变成摇摆往复运动是通过电动机输出轴的蜗轮蜗杆和曲柄摇杆机构实现的 图(b)所示为驱动电动机及其蜗轮蜗杆机构。电动机轴上的蜗杆 1 由左、右相反的两段螺旋组成，分别带动位于蜗杆轴两侧的双联齿轮 2、3 中的大齿轮同向转动。双联齿轮中的小齿轮与输出齿轮 4 啮合，输出齿轮 4 与输出轴 5 一起转动。输出轴 5 上连接有曲柄摇杆机构的曲柄
矿山井下坑道气动碰杆风门装置	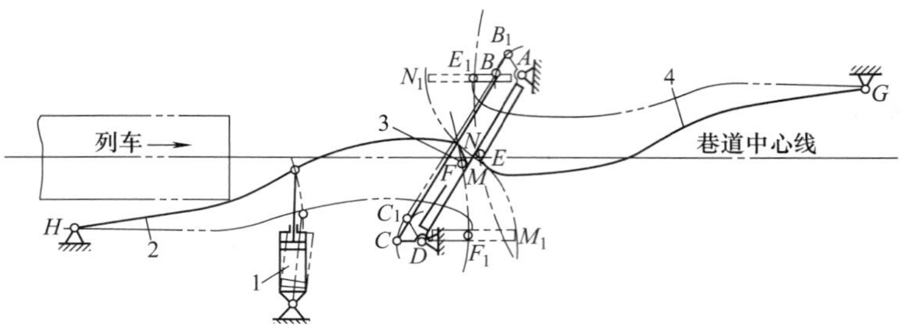 列车 巷道中心线	当井下列车通过风门时，通过行程开关使气缸 1 动作，将碰杆 2 拉向双点画线位置，杆 2 端部有小轮 3 可在门 *DM* 的导槽中滑动，使 *DM* 绕 *D* 转动到 DM_1 位置，再通过平行四边形机构 *DCBA* 推动另一扇门 *AN* 绕 *A* 转动到 AN_1 位置。此时，两扇门打开，列车通过。列车通过以后，在电气系统作用下，风门重新关闭。如果电气系统有故障，经减速的列车可直接推动碰杆 2（右行时）或 4（左行时）将门打开
矿山罐笼摇台稳罐联动装置	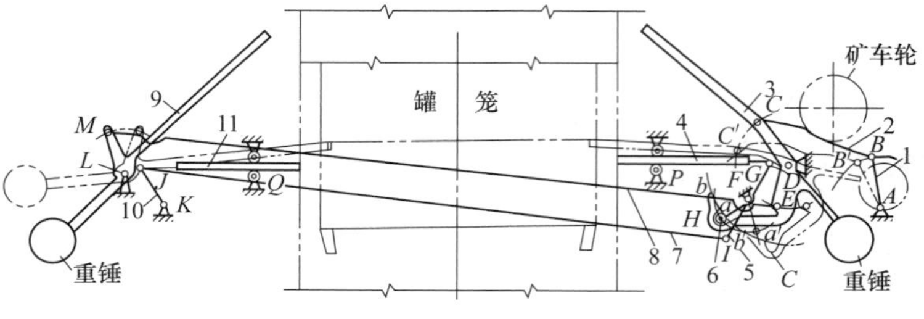 罐笼 矿车轮 重锤 重锤	当罐笼停于井口时，为了使矿车平稳地进入罐笼，可采用摇台稳罐联动装置。摇台 3、9，可搭在罐笼上，使矿车经其上进入罐笼，稳罐器 4、11 从两侧顶住罐笼，不使其摇晃。当矿车进罐时，车轮压下杆 2，带动摇台 3 绕 *D* 转动，同时摇台 3 的下部弯杆通过开口槽中的滚轮 6 带动杆 5 绕 *F* 点转动，使稳罐器 4 伸出，并稳住罐笼。杆 3、5 分别通过与其上 *K*、*I* 点铰接的杆 8、7 带动罐笼另一侧的摇台，与稳罐器 11 动作。当摇台 3 转动到使稳罐器 4、11 全部伸出时（即已从两边顶住罐笼），滚轮 6 正好离开弯杆上的开口槽 *C*，到达弯杆的圆弧面 $a'b'$ 上（圆弧面 *ab*、$a'b'$ 的圆心为 *D*），摇台 3 继续绕 *D* 转动到双点画线位置，此时稳罐器 4、11 不再跟随摇台 3 动作，处于不动位置。矿车进入罐笼以后，摇台 3、9 在重锤作用下复位，同时稳罐器的滚轮 6 重新进入槽 *C* 被摇台 3 带动复位 此装置是由多个产生往复摇动的平面连杆机构组成的，即由四杆铰链机构 *ABCD* 带动两个反平行四边形机构 *DEML* 和 *FIJK* 实现两侧同时动作。通过摇台 3 延长体的弯杆部分 *DH* 与滚轮 6 及摇杆 5 实现摇台 3 与稳罐器 4 联动或脱离。往复移动和往复摆动的机构，还可通过各种自动换向装置实现，这里不予列举

续表

机构	机构图	说明
曲柄摇杆机构	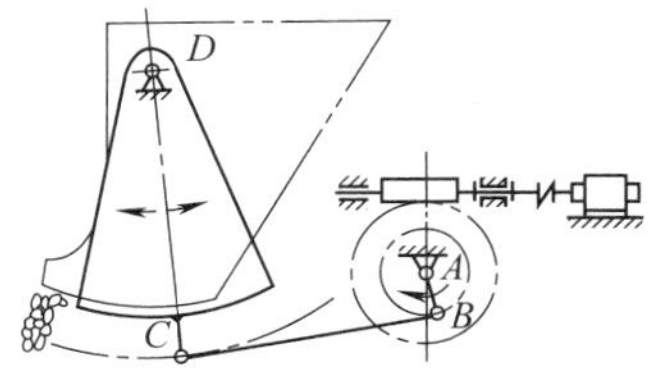 图(a) 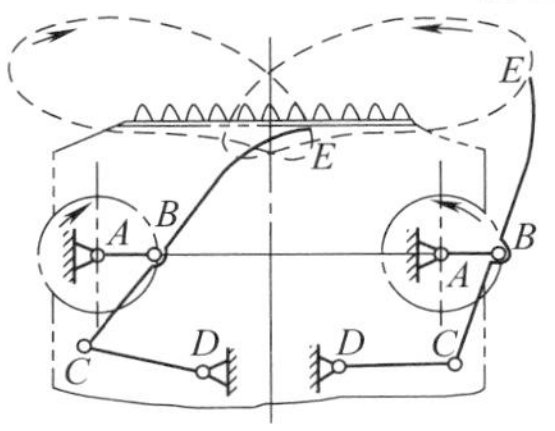 图(b) 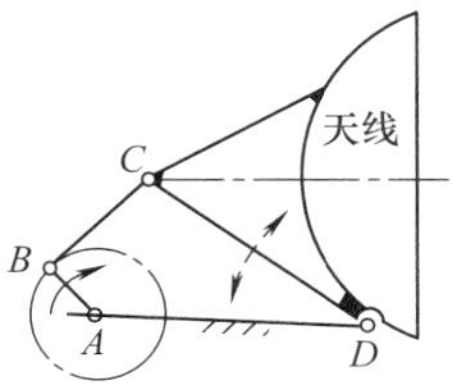　图(c)	图(a)所示为摆动式给矿机构，蜗轮减速机通过曲柄摇杆机构 $ABCD$ 带动闸门(与 CD 固连)往复摆动，实现间歇放矿。图(b)所示为装岩机扒矿机构，利用曲柄摇杆机构 $ABCD$ 中连杆端部 E 点(扒爪)的环形轨迹扒取矿石。图(c)所示为用来调整雷达天线俯仰角度的曲柄摇杆机构
翻板机构	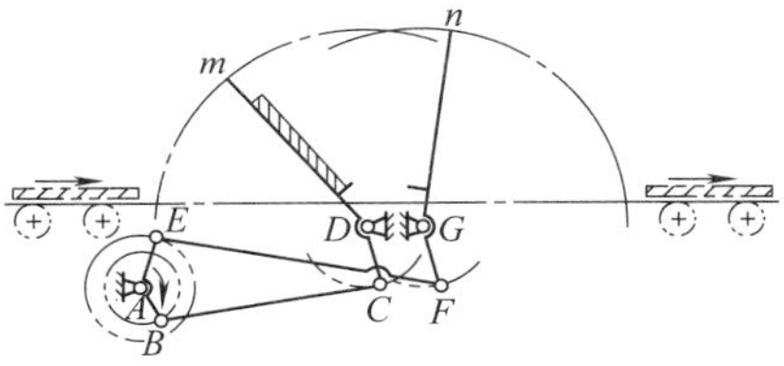 图(a) 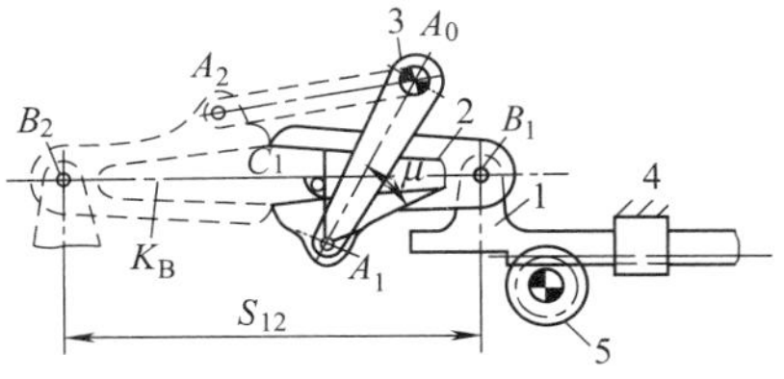 图(b)	图(a)所示是利用两个曲柄摇杆机构 $ABCD$ 和 $AEFG$ 组合而成的翻板机构。金属板(双点画线所示)先由左端进入摇杆 Dm 再过渡到摇杆 Gn，使金属板翻转 180°由右端运走。该机构应用于有色金属轧机后端用来翻转金属板 图(b)所示是用于将薄片零件翻转 180°的机构，构件 1～4 组成摇杆滑块机构，主动杆滑块(齿条)1、连杆 2 为夹持薄片零件的弯杆。当主动齿轮 5 逆时针方向转动，使齿条 1 向左移动距离 S_{12}，滑块与连杆 2 铰接点由位置 B_1 移至位置 B_2 时，连杆 2 与摇杆 3 的铰接点由位置 A_1，转至位置 A_2，此时连杆 2 由位置 A_1B_1 移至 A_2B_2，它在图示平面内转动 180°，相应地使夹持的薄片也随之翻转 180°
汽车前轮转向机构	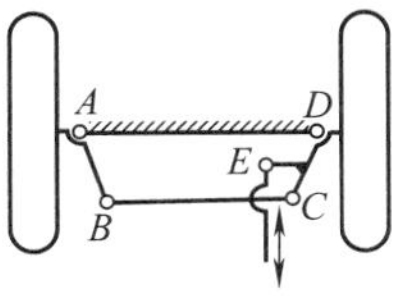 图(a) 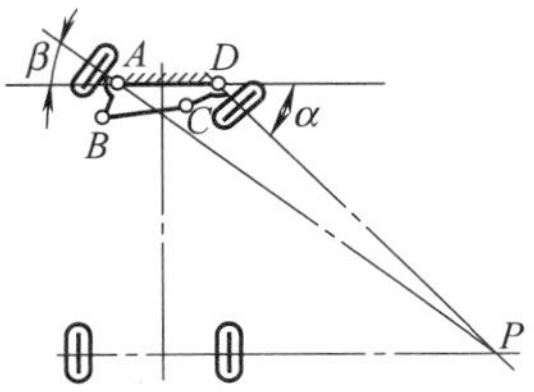　图(b)	图(a)所示为该机构，$ABCD$ 为等腰梯形的双摇杆机构，CD 上带一拐臂，在 E 点与操纵杆相连。操纵杆使双摇杆摆动，并使两车轮转向。如图(b)所示，其转向特点是双摇杆控制的两车轮转角不等，即 $\alpha \neq \beta$，使汽车在转弯时两前轮的轴线交点 P 能落在后轮轴线的延长线附近，尽可能实现轮胎与地面做纯滚动

续表

机构	机构图	说明
飞机起落架机构	图(a) 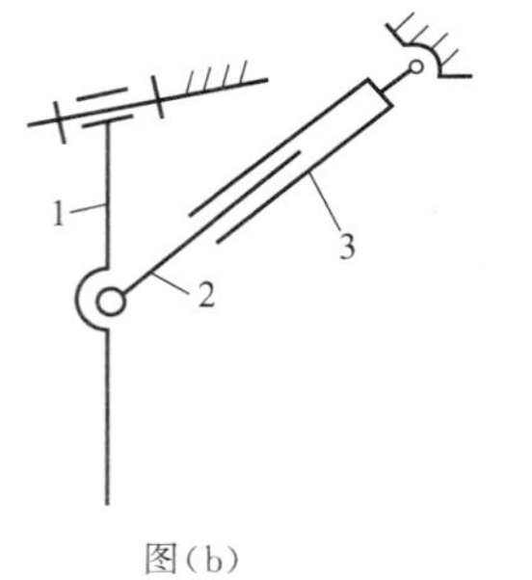 图(b)	图(a)中的实线位置是轮子落地时的情况，飞机起飞后双摇杆机构 $ABCD$ 运动到双点画线 $AB'C'D$ 位置使轮子收藏起来，减小空气阻力 图(b)所示为构件 2、3 组成的液压缸在压力油作用下伸缩时，轮轴支柱 1 绕斜轴摆动，达到收放飞机起落架的目的。其中，构件 2、3 各有一个绕圆柱副轴线转动的局部自由度
门的开闭机构	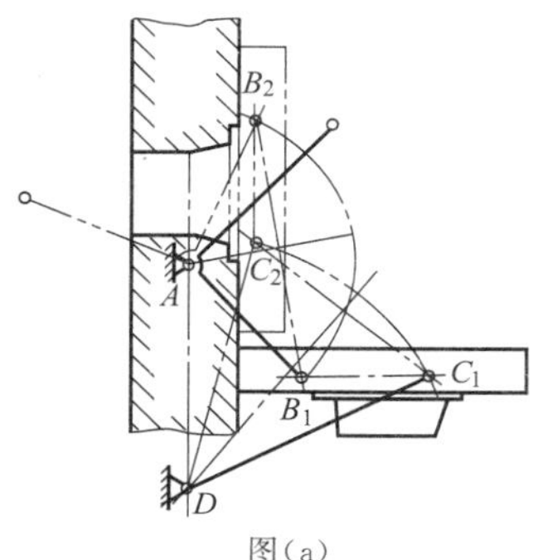 图(a) 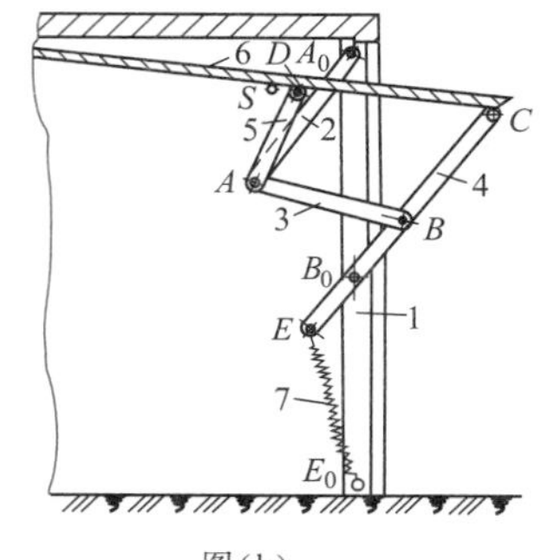 图(b) 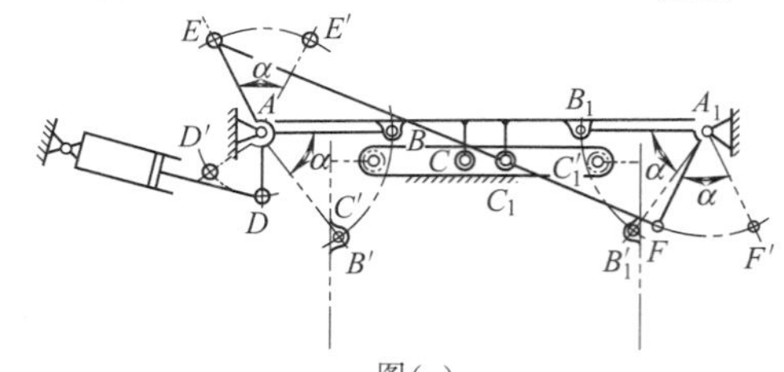 图(c) 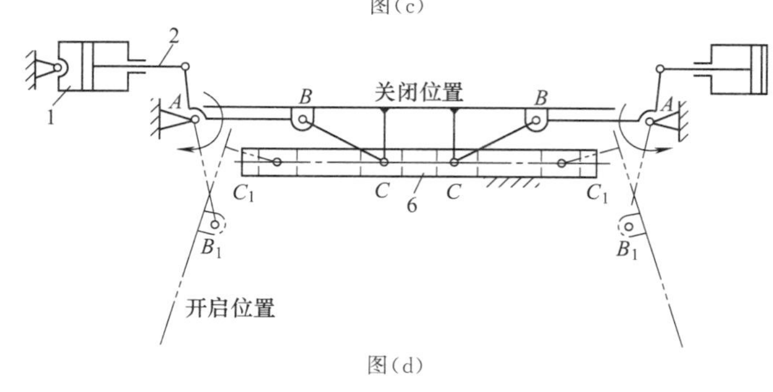 图(d)	图(a)所示为加热炉炉门的开闭机构。炉门在双摇杆机构的实线位置时(AB_1C_1D)是开启位置，在双点画线位置(AB_2C_2D)表示关闭位置。这种炉门机构有如下特点 ①多铰接点位置应经过适当选择，使炉门在运动过程中不应发生轨迹干涉，即启闭过程中，炉门不应与炉壁相碰 ②开启时炉门呈水平位置，有利于操作 ③开启时炉门的热面朝下、冷面朝上，操作条件较好 图(b)所示为汽车库门的启闭机构，库门在由关闭到开启时或由开启到关闭时都应不与车库顶部或库内汽车相碰。此图为车库门启闭机构的结构简图，它是由铰链四杆机构 A_0ABB_0 和两杆组 CDA 组成的。杆 6 本身即为车库大门。当用手推拉杆 4 时，即能使库门启闭，弹簧 E_0E 用以平衡库门重量，并能使库门在任一位置时均保持静止状态。此外，库门在启闭过程中所占的空间较小 图(c)所示为车门开闭机构，ABC 为摇杆滑块机构，当气缸带动摇杆 AB 转动到 AB' 位置时，左车门 BC(机构中的连杆)被打开到 $B'C$ 的位置。通过反平行四边形机构 $AEFA_1$ 使右车门实现联动，反向转动相等的角度 图(d)所示为两个驱动缸的车门开闭机构

续表

机构	机构图	说明
电风扇的摇头机构	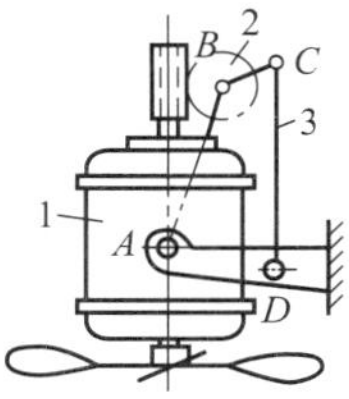 图(a) 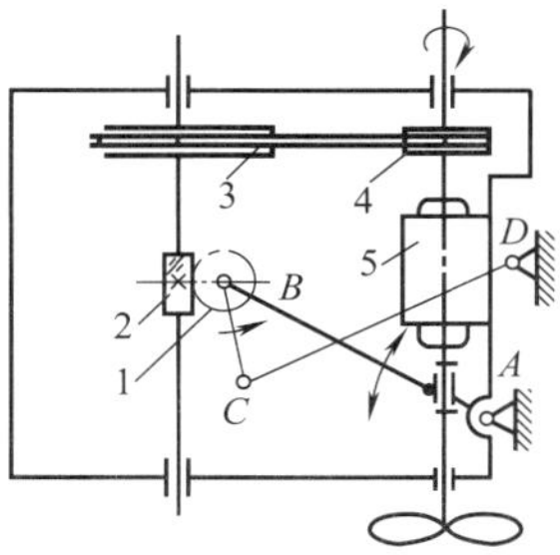　图(b) 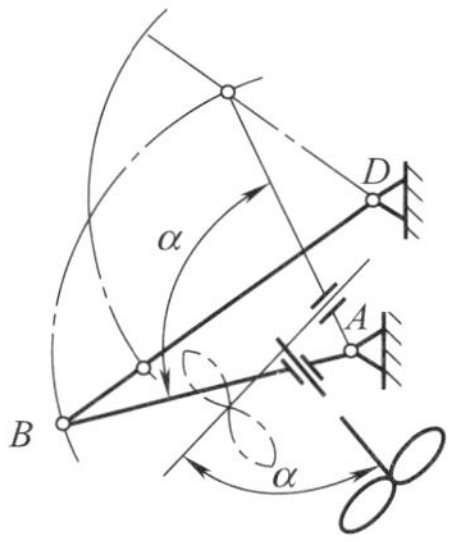　图(c)	图(a)所示是一双摇杆机构 $ABCD$，电动机 1 与摇杆 AB 固连，蜗轮 2 与连杆 BC 固连，AD 为机架，当风扇工作时，通过电动机 1 端部的蜗杆带动蜗轮 2 转动，从而使风扇(AB)绕 A 往复摆动。四杆长度应满足最短杆 BC 长度加最长杆 CD 长度之和小于其他两杆长度之和的条件，则杆 AB、CD 相对机架 AD 只能做一定角度的摆动，连杆 BC 相对机架 AD 能做整周转动 图(b)所示是另一种双摇杆摇头机构，带风扇的电动机 5，带轮 3、4 和蜗杆 2、蜗轮 1 均装于连架杆 AB 上，而 1 又与连杆 BC 固连。电动机转动时使摇杆 AB、DC 往复摆动 图(c)为图(b)的机构简图，风扇摆动角度为 α
缫丝机导丝机构	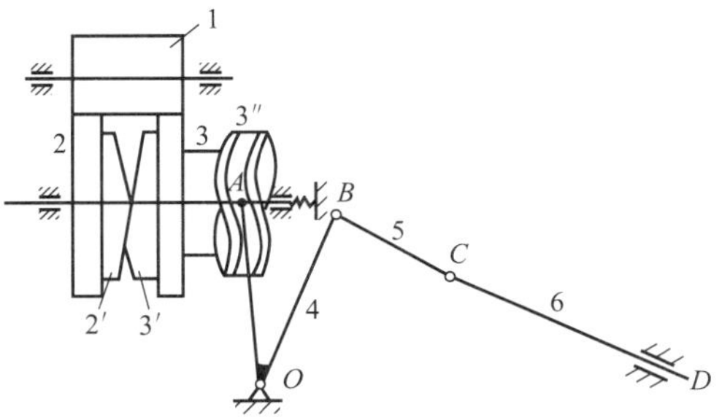	主动件为齿轮 1，从动件为导丝器 6，由 6 带动丝杠做往复移动，工艺要求往复行程始末位置周期性变化。齿轮 1 与齿轮 2($z_2=60$)及齿轮 3($z_3=61$)同时啮合，齿轮 3、端面凸轮 3′及圆柱凸轮 3″固结为一体，可沿轴向移动；端面凸轮 2′与齿轮 2 固结，轴向位置固定。齿轮 3 及凸轮 3′转 1 周，齿轮 2 转 $1\frac{1}{60}$周，摆杆 4 及导丝器 6 做往复运动一次，由于齿轮 2、3 有相对转动，因此两端面凸轮 2′及 3′的接触点变化，使圆柱凸轮 3′随同端面凸轮 3′做微小的轴向位移，改变导丝器 6 往复行程始末位置。当齿轮 3 转 60 周时，齿轮 2 转 61 周，两轮的相对位置及导丝器 6 的轨迹恢复到初始位置，所以一个循环中导丝器 6 往复 60 次
往复螺旋槽圆柱凸轮机构	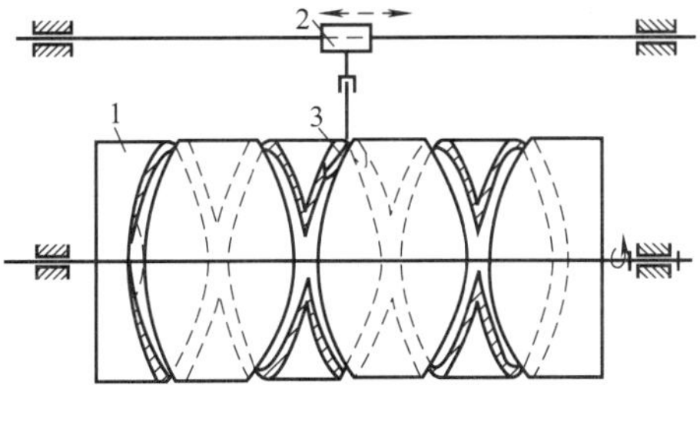	圆柱凸轮 1 上刻有往复螺旋槽，两螺旋槽的头尾均用圆滑圆弧相接，槽中有一与从动杆 2 的下端相连的船形导向块 3，凸轮旋转时，从动杆 2 即被带动做往复移动。凸轮转过的转数为两条螺旋槽的总导程数时，从动杆完成一次往复循环。此机构效率较低，宜用于慢速运动。该机构在卷筒的导绳机构和纺纱机械中均有应用

续表

机构	机构图	说明
行星齿轮简谐运动机构	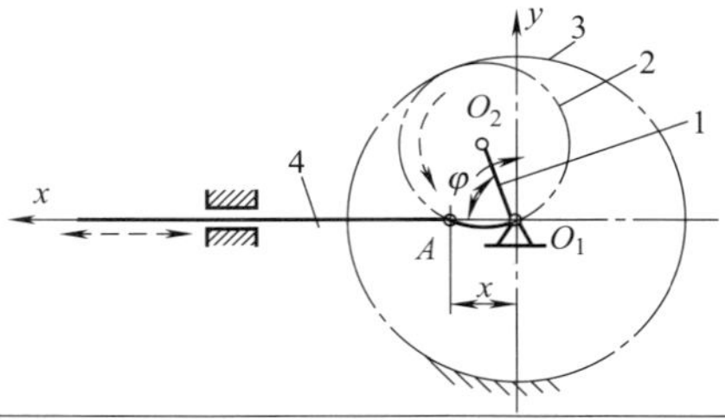	内齿轮 3（半径为 r_3）固定，行星齿轮 2 的半径为 r_2，$r_3=2r_2$，杆 4 用铰链 A 连接在行星轮 2 的节圆上，当系杆 1 转动时，杆 4 沿 O_1x 做往复移动，其运动规律为 $x=2r_2\cos\varphi$ (11-9-25) 这种机构用于快速印刷机中
不完全齿轮带动的往复摆动机构	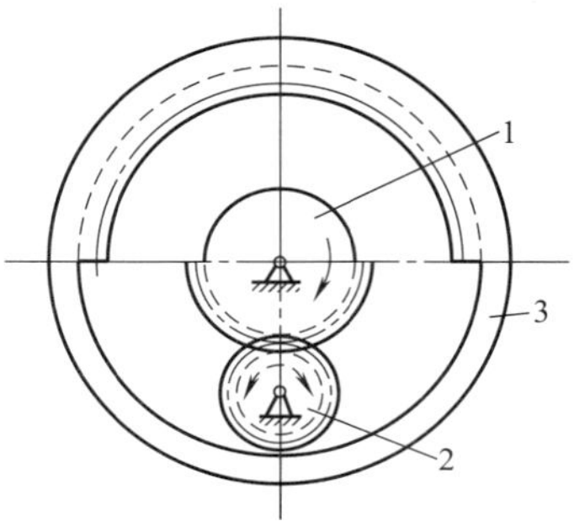	主动齿轮 1、3 固连，1 上有外齿，3 上有内齿，图示位置轮 2 逆时针方向转动，当轮 2 与轮 1 脱离而与轮 3 啮合时，轮 2 按顺时针方向转动，所以轮 2 做往复摆动。往复摆角不等，取决于轮 1、2 和轮 2、3 的齿数比，因此，轮 2 不是在固定的区间内摆动，而是以顺时针方向进 n_1 步、逆时针方向退 n_2 步的方式运动（$n_1>n_2$） 不完全齿轮机构由于交替啮合时冲击较大，只用于轻载、低速的场合
大行程传动机构	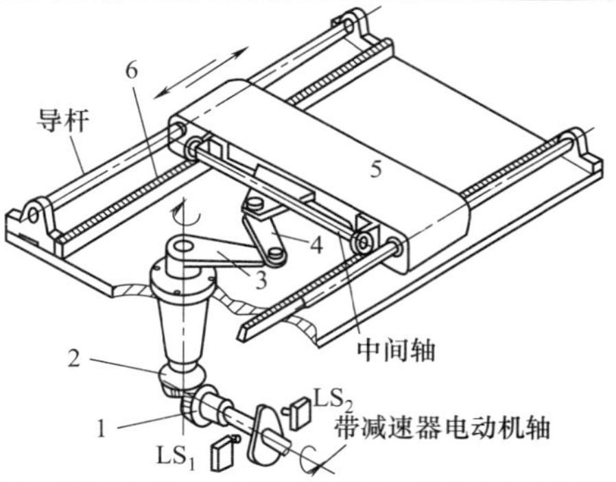 导杆 中间轴 带减速器电动机轴	机构由圆锥齿轮机构、连杆机构及齿轮齿条机构组成，主体机构为圆锥齿轮机构。圆锥齿轮 1 为主动件，通过齿轮 2 及其固连的曲柄 3、连杆 4 可推动装有齿轮的推板 5 沿固定齿条 6 往复移动，实现传送动作。该机构可以实现较大行程的运动
圆柱凸轮切削机构	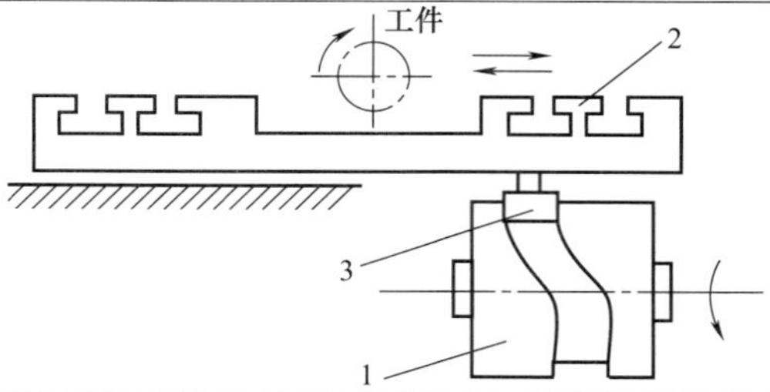 工件	切削利用带沟槽的凸轮机构完成。凸轮 1 带动与从动件 3 固连的刀架 2 做往复运动，对工件进行切削
自动装配机械手	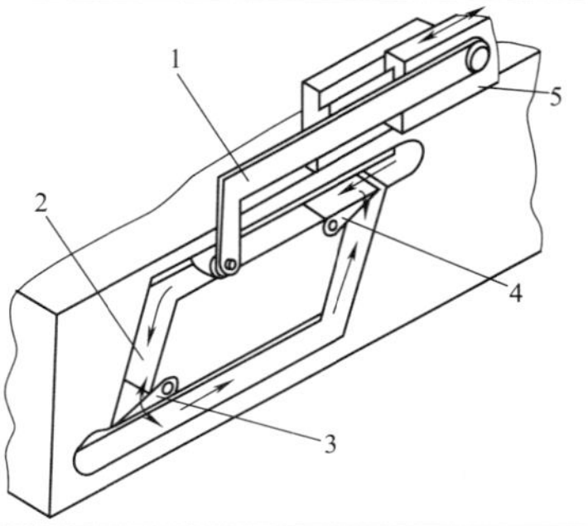	图中 1 为从动件，2 为固定导向凸轮，3 为导向叶片 B，4 为导向叶片 A，5 为从动件燕尾导轨。如图所示，为使做往复运动的从动件 1 得以通过导向凸轮 2 的死点，可以在死点处装设导向叶片 3 和 4

9.4　急回运动机构

表 11-9-6　　急回运动机构

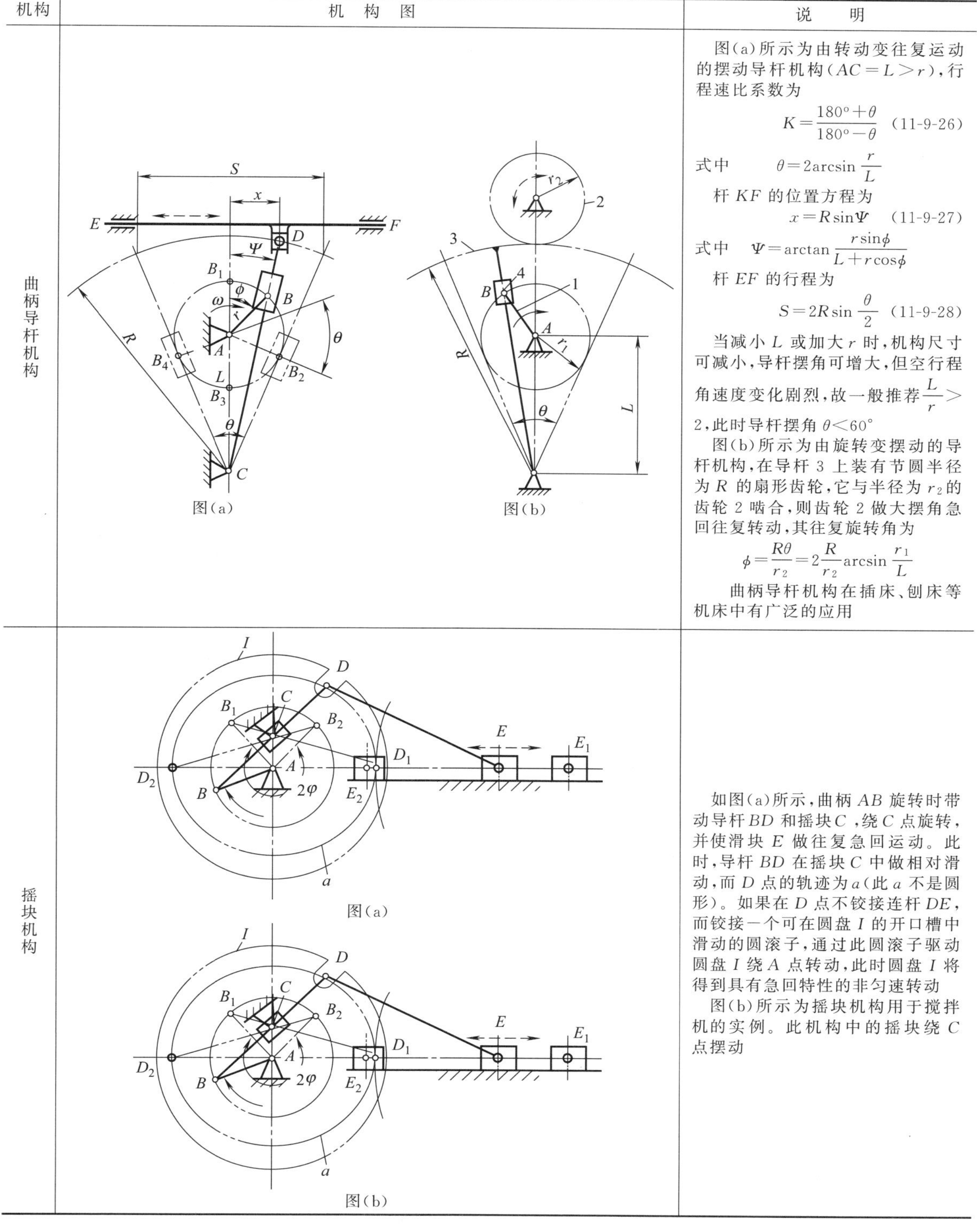

机构	机　构　图	说　　明
曲柄导杆机构	图(a)　图(b)	图(a)所示为由转动变往复运动的摆动导杆机构($AC=L>r$)，行程速比系数为 $$K=\frac{180°+\theta}{180°-\theta}\quad(11\text{-}9\text{-}26)$$ 式中　$\theta=2\arcsin\frac{r}{L}$ 杆 KF 的位置方程为 $$x=R\sin\Psi\quad(11\text{-}9\text{-}27)$$ 式中　$\Psi=\arctan\frac{r\sin\phi}{L+r\cos\phi}$ 杆 EF 的行程为 $$S=2R\sin\frac{\theta}{2}\quad(11\text{-}9\text{-}28)$$ 当减小 L 或加大 r 时，机构尺寸可减小，导杆摆角可增大，但空行程角速度变化剧烈，故一般推荐$\frac{L}{r}>2$，此时导杆摆角 $\theta<60°$ 图(b)所示为由旋转变摆动的导杆机构，在导杆 3 上装有节圆半径为 R 的扇形齿轮，它与半径为 r_2 的齿轮 2 啮合，则齿轮 2 做大摆角急回往复转动，其往复旋转角为 $$\phi=\frac{R\theta}{r_2}=2\frac{R}{r_2}\arcsin\frac{r_1}{L}$$ 曲柄导杆机构在插床、刨床等机床中有广泛的应用
摇块机构	图(a)　图(b)	如图(a)所示，曲柄 AB 旋转时带动导杆 BD 和摇块 C，绕 C 点旋转，并使滑块 E 做往复急回运动。此时，导杆 BD 在摇块 C 中做相对滑动，而 D 点的轨迹为 a(此 a 不是圆形)。如果在 D 点不铰接连杆 DE，而铰接一个可在圆盘 I 的开口槽中滑动的圆滚子，通过此圆滚子驱动圆盘 I 绕 A 点转动，此时圆盘 I 将得到具有急回特性的非匀速转动 图(b)所示为摇块机构用于搅拌机的实例。此机构中的摇块绕 C 点摆动

续表

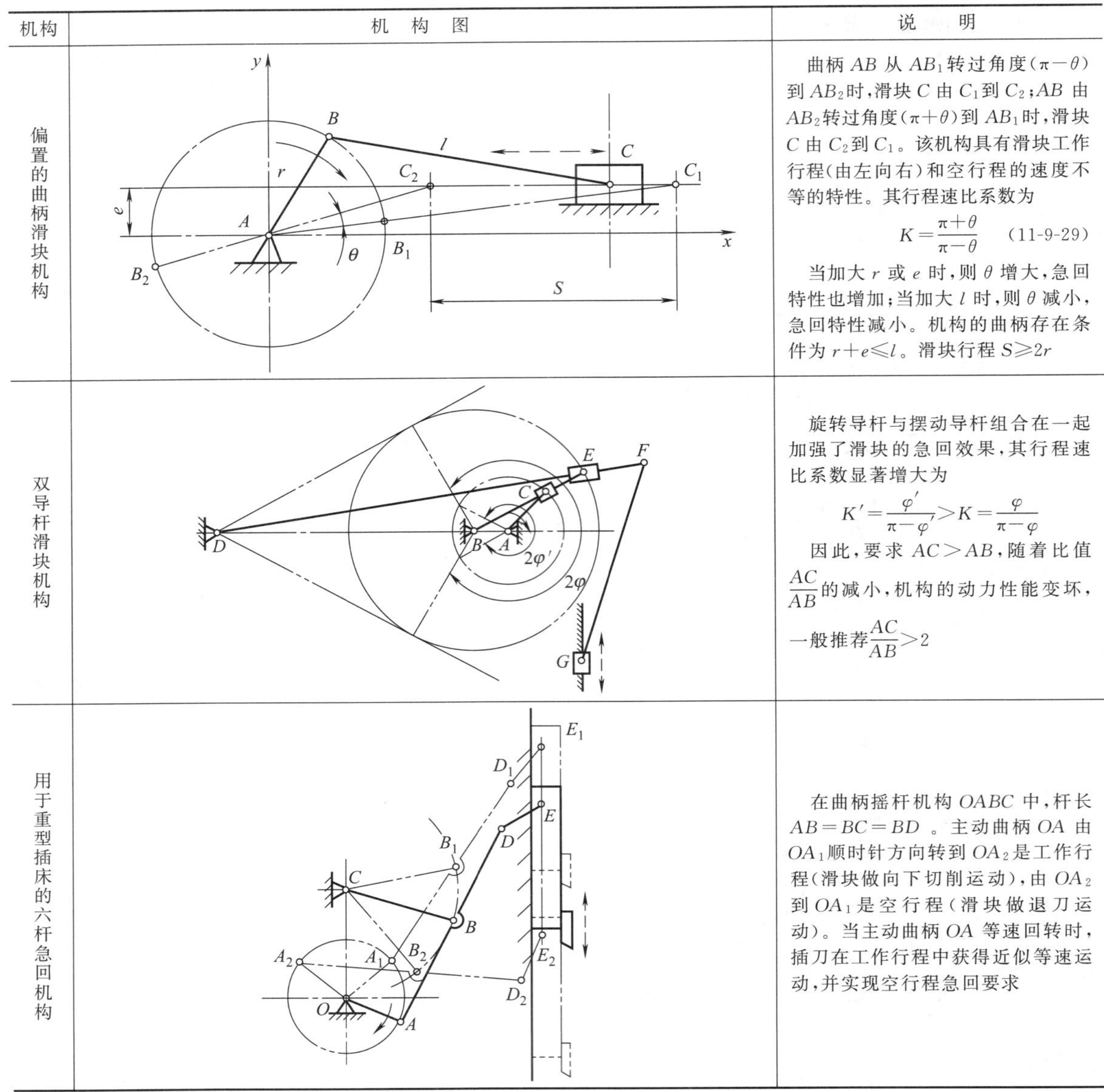

机构	机构图	说明
偏置的曲柄滑块机构		曲柄 AB 从 AB_1 转过角度 $(\pi-\theta)$ 到 AB_2 时，滑块 C 由 C_1 到 C_2；AB 由 AB_2 转过角度 $(\pi+\theta)$ 到 AB_1 时，滑块 C 由 C_2 到 C_1。该机构具有滑块工作行程(由左向右)和空行程的速度不等的特性。其行程速比系数为 $K=\dfrac{\pi+\theta}{\pi-\theta}$ (11-9-29) 当加大 r 或 e 时，则 θ 增大，急回特性也增加；当加大 l 时，则 θ 减小，急回特性减小。机构的曲柄存在条件为 $r+e\leqslant l$。滑块行程 $S\geqslant 2r$
双导杆滑块机构		旋转导杆与摆动导杆组合在一起加强了滑块的急回效果，其行程速比系数显著增大为 $K'=\dfrac{\varphi'}{\pi-\varphi'}>K=\dfrac{\varphi}{\pi-\varphi}$ 因此，要求 $AC>AB$，随着比值 $\dfrac{AC}{AB}$ 的减小，机构的动力性能变坏，一般推荐 $\dfrac{AC}{AB}>2$
用于重型插床的六杆急回机构		在曲柄摇杆机构 $OABC$ 中，杆长 $AB=BC=BD$。主动曲柄 OA 由 OA_1 顺时针方向转到 OA_2 是工作行程(滑块做向下切削运动)，由 OA_2 到 OA_1 是空行程(滑块做退刀运动)。当主动曲柄 OA 等速回转时，插刀在工作行程中获得近似等速运动，并实现空行程急回要求

9.5 行程放大机构

表 11-9-7 行程放大机构

机构	机构图	说明
齿轮齿条行程放大机构		一对与上、下齿条同时啮合的齿轮，由曲柄 AB 带动做往复运动。下齿条固定不动，齿轮带动上齿条做增大行程的往复移动。曲柄长为 r 时，上齿条的行程 $S=4r$

续表

机构	机　构　图	说　　明
齿轮-连杆行程放大机构	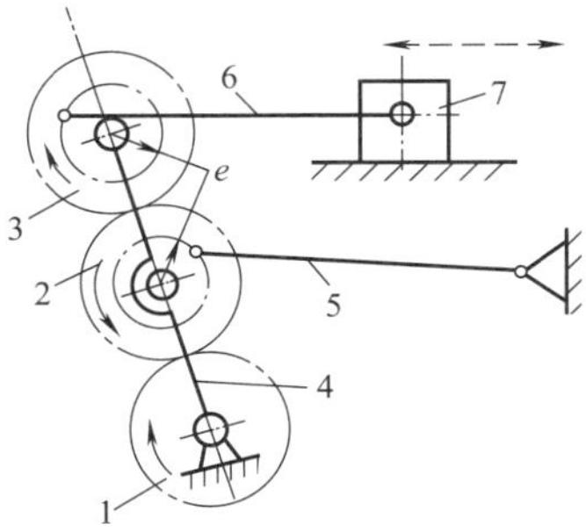	杆 4 上铰接有三个齿数相同的齿轮 1、2、3，齿轮 1 和杆 4 下端铰接在机架上。齿轮 2、3 分别以偏心距 e 和杆 5、6 铰接，其偏心方位相对杆 4 对称。杆 5、6 分别与机架及滑块 7 铰接。主动轮 1 转动时，杆 6 带动滑块 7 做往复移动，行程 $S=6e$
扩大行程的六杆机构	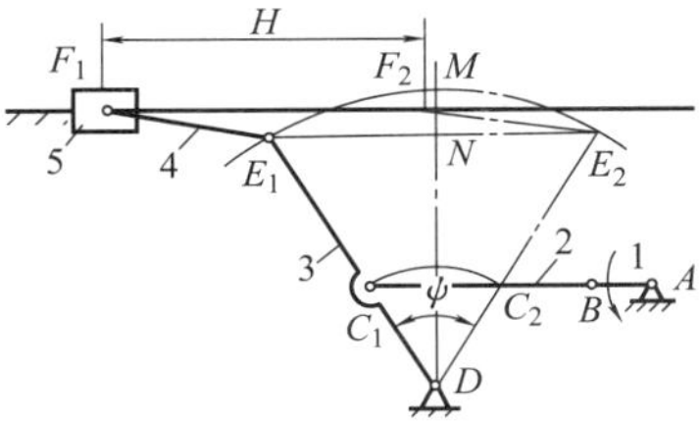 图(a)	图(a)所示六杆机构是由一个行程速比系数 $K=1$ 的曲柄摇杆机构 $ABCD$ 和在其摇杆 E 处添加连杆 4 和滑块 5 组成的Ⅱ级杆组构成，并使滑块导路中心线通过线段 MN 的中点。行程 H 为 $$H=E_1E_2=2ED\sin\frac{\psi}{2}\quad(11\text{-}9\text{-}30)$$ 因 $K=1$，故 $C_1C_2=2AB$，则 $\sin\frac{\psi}{2}=\frac{AB}{CD}$，将其代入上式得 $$H=2AB\frac{ED}{CD}\quad(11\text{-}9\text{-}31)$$
	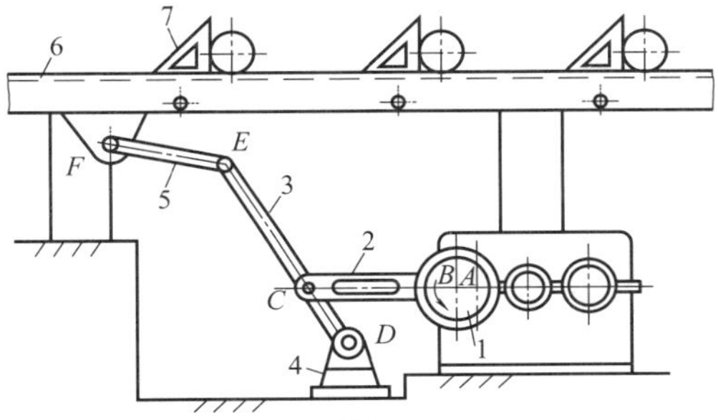 图(b)	缩小尺寸 CD 或加大尺寸 ED 均可使行程 H 扩大，而机构的横向尺寸要比行程 H 相同的对心曲柄滑块机构小得多 图(b)所示是扩大行程的六杆机构在冷床运输机上的应用。该运输机能使热轧钢料在运输过程中逐渐冷却。动力源通过减速箱驱动偏心轮 1 转动，通过连杆 2、摇杆 3、连杆 5 使拨杆(相当于滑块)6 做往返速度相同的往复移动。前移时，拨杆 6 上的单向摆动的拨块 7 推动导轨上钢料前移一段距离，然后返回原位置
压缩机机构	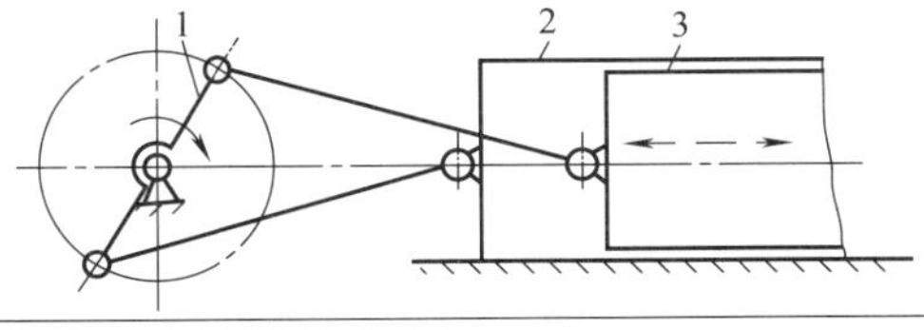	主动曲柄 1 转动时，通过对称铰接的两个连杆带动缸体 2 和活塞 3 做相对运动，其相对行程为曲柄长度的 4 倍
带轮增大行程机构	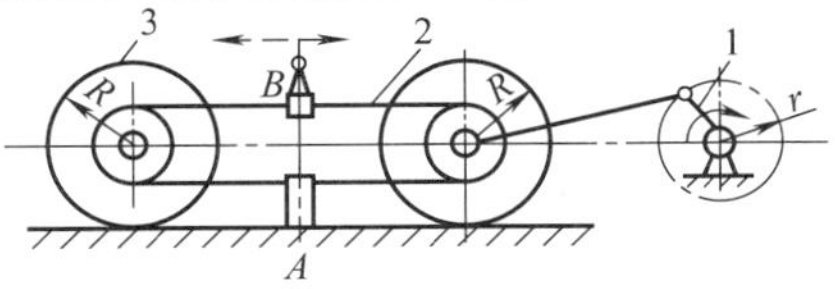 图(a) 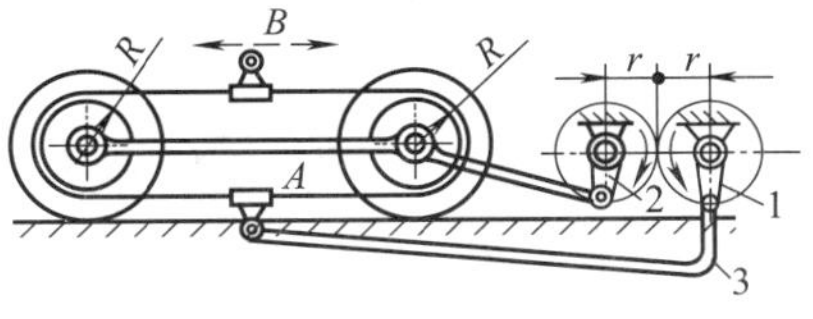图(b)	如图(a)所示，曲杆 1 转动，通过连杆带动小车往复移动。两车轮轴上各套有可在轴上自由旋转的轮 3。两轮间用带 2 环绕并拉紧，带的下边在 A 点固定。当小车往复移动时，连于带上的 B 亦做往复运动，行程为曲柄长度的 4 倍 图(b)所示小车部分与图(a)所示相同，但固定点 A 不与机架相连而与另一连杆 3 相连，曲柄 1、2 分别装在一对反向旋转的齿轮上，此时 B 的行程为曲柄长度的 8 倍

续表

机构	机　构　图	说　　明
摇杆齿轮机构	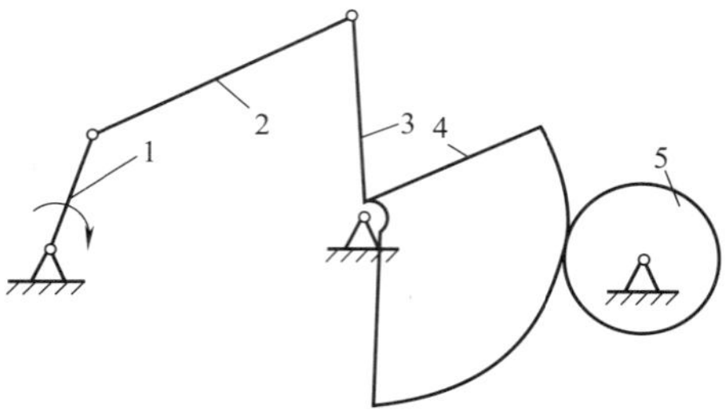	一般曲柄摇杆机构的摇杆摆角不超过 120°，如图所示，将摇杆 3 与扇形齿轮 4 固连，可用 4、5 的啮合传动增大从动件的输出摆角。按图所示比例，从动件 5 摆角可增大 2.5 倍。如果增大扇形齿轮的节圆半径、减小输出齿轮的节圆半径，则将增大输出齿轮的摆角
复式滑轮组增大行程机构	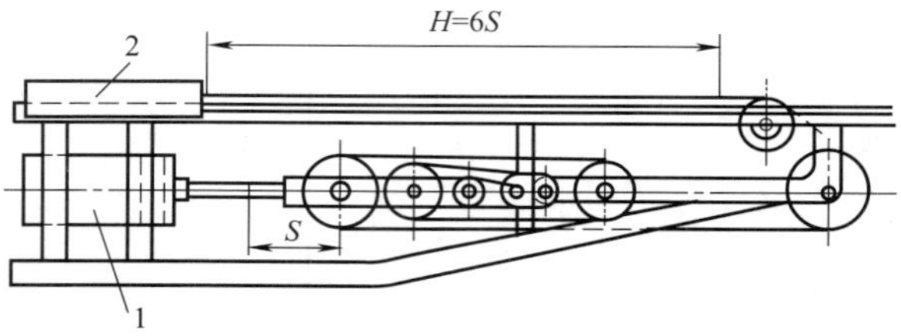 $H=6S$	气缸 1 中的活塞运动时，通过绳索滑轮组使从动滑块 2 的运动距离为活塞运动距离的 6 倍。该机构可用于弹射装置
叉车门架提升机构	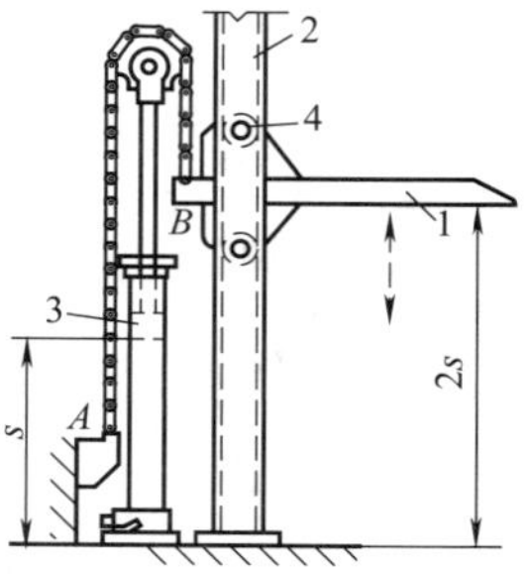	活塞 3 端部装一链轮，链条一端绕过链轮与叉车架上 A 点连接，另一端与叉板 1 在 B 点连接，导向滚子 4 可在导板 2 中上下移动。叉板提升高度为活塞行程的 2 倍
凸轮增大行程机构	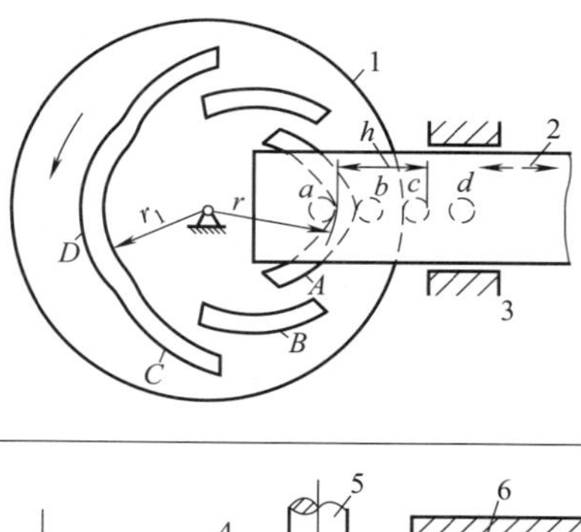	主动凸轮 1 回转时，其上四条凸起的对称轮廓 A、B、C、D 依次推动从动滑块 2 上四个对应的滚子 a、b、c、d，使滑块做往复移动，其总行程为 $s=(r-r_1)+h$。滑块 2 在各段的运动规律，取决于凸轮 1 上对应廓线的形状
双面凸轮增大行程机构	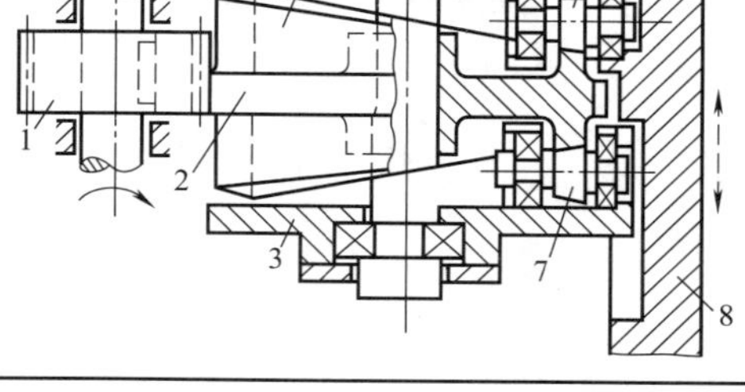	主动齿轮 1 通过齿轮 2 使双端面凸轮 4 转动，装在机架上的滚子 7 通过下端面凸轮使凸轮 4 在轴 5 上往复移动，凸轮 4 的上端面轮廓推动装在移动构件 8 上的滚子 6，使构件 8 得到增大了行程的往复移动

续表

机构	机构图	说明
滑块增大行程机构	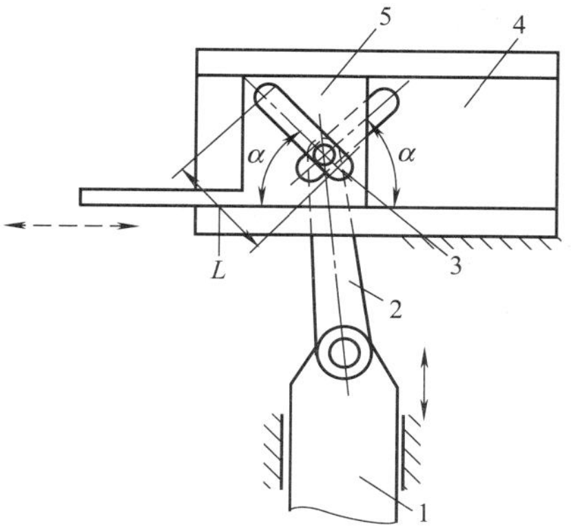	连杆 2 上的滚子 3 同时插入在构件 4、5 上相互交叉的两条斜槽中。滑块 1 上下运动时，杆 2 上的滚子在两个斜槽中滑动，迫使从动滑块 5 在机架的导轨 4 中左右移动，移动行程：$s=2L\cos\alpha$
摆动角增大机构	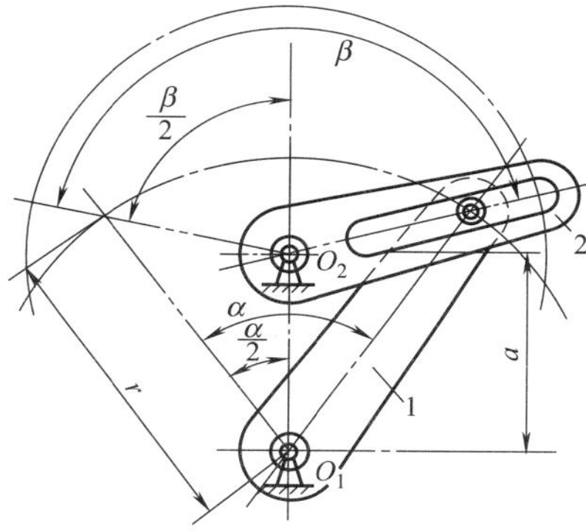	主动摆杆 1 端部的滚子插入从动杆 2 的槽中，杆 1 摆动 α 角时，从动杆 2 摆动一个增大了的 β 角。增大距离 a（但 $a<\gamma$）可以增大杆 2 的摆角。α、β、γ 与 a 间的关系为 $$\beta=2\arctan\left[\frac{r}{a}\tan\frac{\alpha}{2}\Big/\left(\frac{r}{a}-\sec\frac{\alpha}{2}\right)\right] \quad (11\text{-}9\text{-}32)$$
宽摆角机构	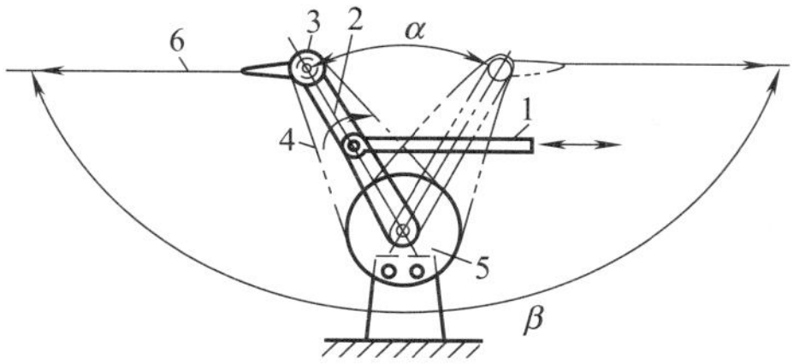	杆 2 两端各有一链轮 3 和 5（齿数各为 z_3 和 z_5），链轮 5 固定不动，链轮 3 是行星轮，两者间用链条 4 连接，杆 1 带动摆杆 2 摆动一较小角度 α，固定在链轮 3 上的从动杆 6 可得到一个放大了的宽摆角 β。摆角的放大比率取决于两链轮的齿数比 $$\frac{\beta}{\alpha}=1-\frac{z_5}{z_2} \quad (11\text{-}9\text{-}33)$$
凸轮和齿轮组成的行程放大机构	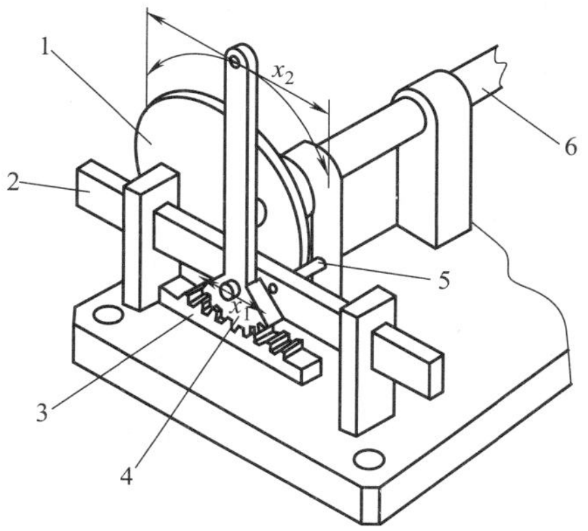	与平板凸轮 1 相关的轴销 5 带动滑杆 2 左右移动，移动距离为凸轮升程 x，滑杆上装有可摆动的扇形齿轮 4，扇形齿轮与齿条 3 相啮合，由于滑杆的移动将使扇形齿轮摆动，因此，凸轮引起的移动将使扇形齿轮另一侧的臂杆摆动，摆动距离将依杆长与齿轮半径之比而放大

9.6 可调行程机构

表 11-9-8 可调行程机构

机构	机构图	说明
螺旋调节机构	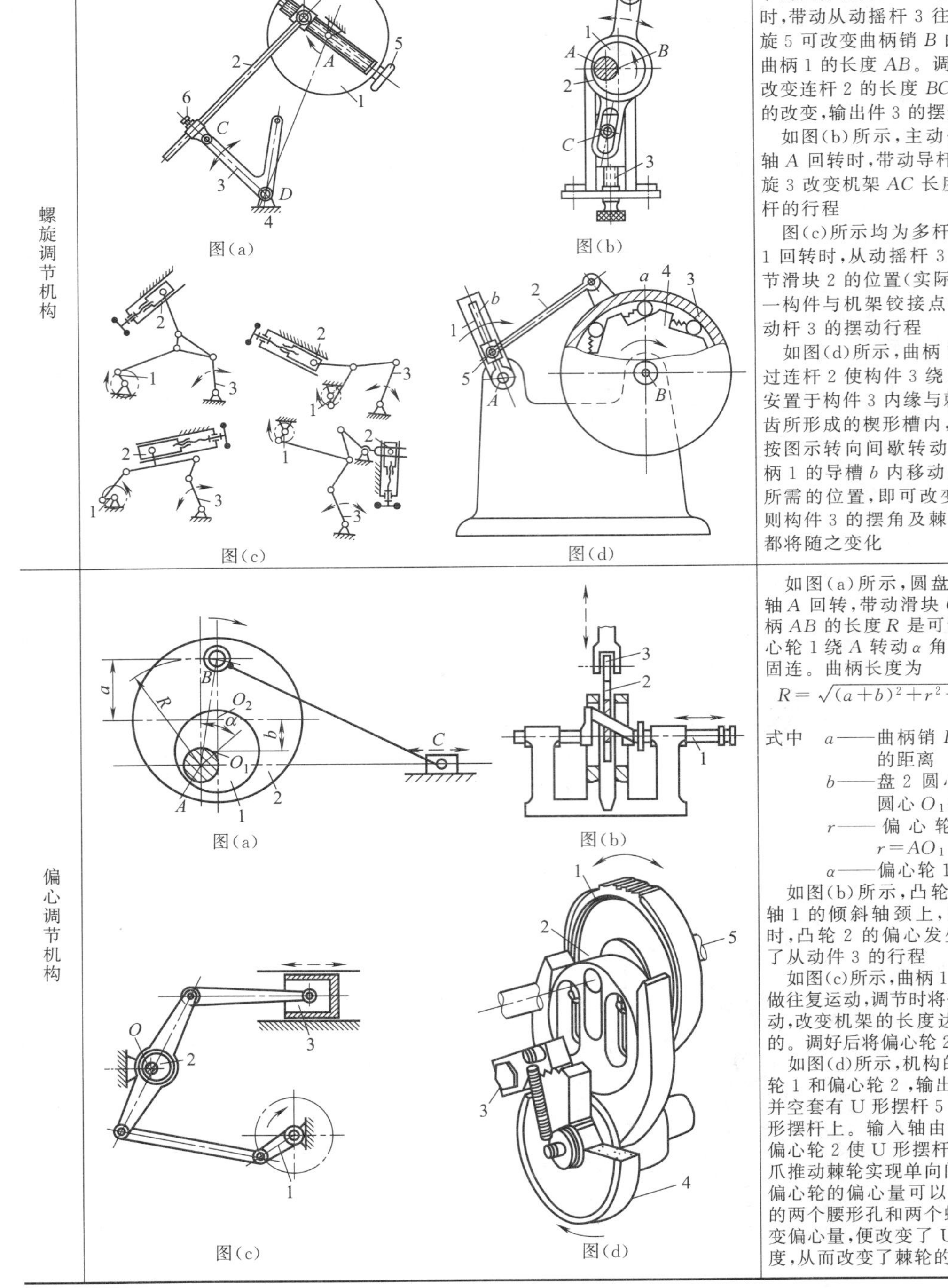 图(a) 图(b) 图(c) 图(d)	如图(a)所示，曲柄及连杆长度均可调节的四杆机构 $ABCD$ 的主动圆盘 1 回转时，带动从动摇杆 3 往复运动。调节螺旋 5 可改变曲柄销 B 的位置，从而改变曲柄 1 的长度 AB。调节紧定螺钉 6 可改变连杆 2 的长度 BC。由于构件长度的改变，输出件 3 的摆角行程相应改变 如图(b)所示，主动偏心轮 1 绕固定轴 A 回转时，带动导杆 2 运动。调节螺旋 3 改变机架 AC 长度，从而改变输出杆的行程 图(c)所示均为多杆机构。主动曲柄 1 回转时，从动摇杆 3 做往复摆动。调节滑块 2 的位置(实际为改变机构中某一构件与机架铰接点位置)，可改变从动杆 3 的摆动行程 如图(d)所示，曲柄 1 绕 A 轴回转，通过连杆 2 使构件 3 绕 B 轴摆动；滚子 a 安置于构件 3 内缘与棘轮 4(星形轮)轮齿所形成的楔形槽内，从而带动该棘轮按图示转向间歇转动。导块 5 可在曲柄 1 的导槽 b 内移动，并紧固在某第一所需的位置，即可改变曲柄 1 的长度，则构件 3 的摆角及棘轮 4 每次的转角都将随之变化
偏心调节机构	图(a) 图(b) 图(c) 图(d)	如图(a)所示，圆盘 2 上曲柄 AB 绕轴 A 回转，带动滑块 C 做往复运动，曲柄 AB 的长度 R 是可调的，调节时将偏心轮 1 绕 A 转动 α 角后，将轮 1 和盘 2 固连。曲柄长度为 $R=\sqrt{(a+b)^2+r^2+2(a+b)r\cos\alpha}$ (11-9-34) 式中 a——曲柄销 B 到盘 2 圆心 O_2 的距离 b——盘 2 圆心 O_2 到偏心轮 1 圆心 O_1 的距离 r——偏心轮 1 的偏心距，$r=AO_1$ α——偏心轮 1 的回转角度 如图(b)所示，凸轮 2 用滑键连接于轴 1 的倾斜轴颈上，当轴 1 轴向移动时，凸轮 2 的偏心发生变化，从而改变了从动件 3 的行程 如图(c)所示，曲柄 1 回转时带动活塞 3 做往复运动，调节时将偏心轮 2 绕 O 轴转动，改变机架的长度达到调节行程的目的。调好后将偏心轮 2 固定于此位置 如图(d)所示，机构的输入轴上装有齿轮 1 和偏心轮 2，输出轴上装有棘轮 4，并空套有 U 形摆杆 5，棘爪 3 安装在 U 形摆杆上。输入轴由齿轮带动转动时，偏心轮 2 使 U 形摆杆 5 往复摆动，由棘爪推动棘轮实现单向间歇运动。该机构偏心轮的偏心量可以调整，是通过图中的两个腰形孔和两个螺栓来实现的。改变偏心量，便改变了 U 形摆杆的摆动角度，从而改变了棘轮的转角大小

续表

机构	机构图	说明
连杆调节机构	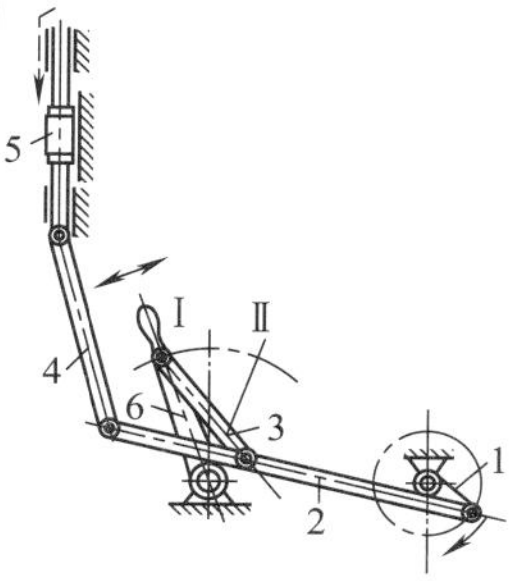 图(a) 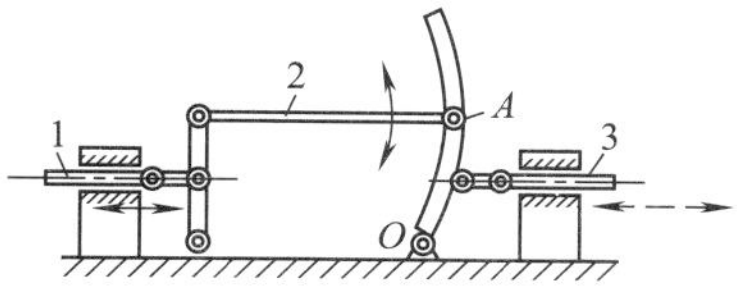　图(b) 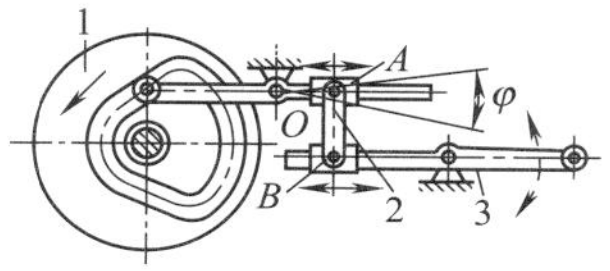　图(c) 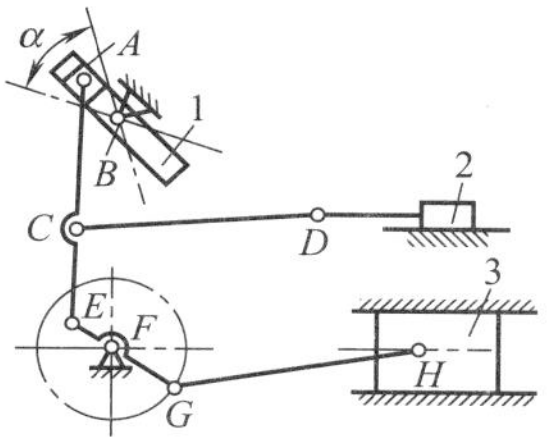　图(d) 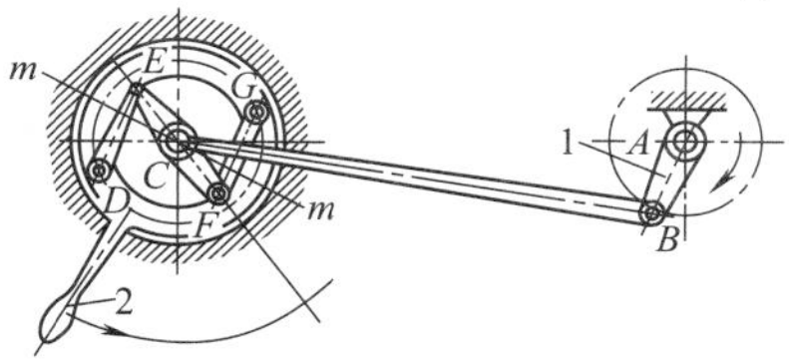　图(e)	要求机构有两个自由度(个别有三个自由度),即要求有两个主动件(其中一个输入主运动,另一个输入调节运动),当调节主动件到需要的位置之后,将它固定,则机构就成为一个自由度的机构 如图(a)所示,通过改变构件6的位置(如Ⅰ、Ⅱ之间的位置)来改变机架的长度,实现调节从动件5的行程。构件6调节好以后,固定于某一位置。该机构常用于换向配气机构 图(b)、图(c)所示都是通过改变构件2的位置而改变某一构件长度,实现调节从动件3的行程。图(b)所示机构在运转时可调节连杆2的转角,从而改变杆OA长度,实现调节从动件3的往复移动行程。图(c)所示机构在运转时调节杆2(实为同时调节A、B的相互位置),以实现调节从动件3的摆动行程 图(d)、图(e)所示都是通过改变曲柄滑块机构中滑块的导向方位实现调节。图(d)中所示机构,杆1可在角度α的范围内绕B转动,调节到某一所需位置,从而控制阀门2的行程或换向,使活塞3的气体受到控制。杆1调好以后固定于所需位置,活塞3通过连杆、曲柄等杆件与阀门2联动。图(e)所示机构表示用直线机构$DEFG$上C点轨迹的直线段(图示位置此直线段与直线mm重合)代替导杆的机构。将构件2转动到某一位置,C点直线段方位(即mm直线)发生变化,C点行程也相应发生变化。构件2调好后应予固定,此时D、G即是在机架上的铰接点
棘轮调节机构	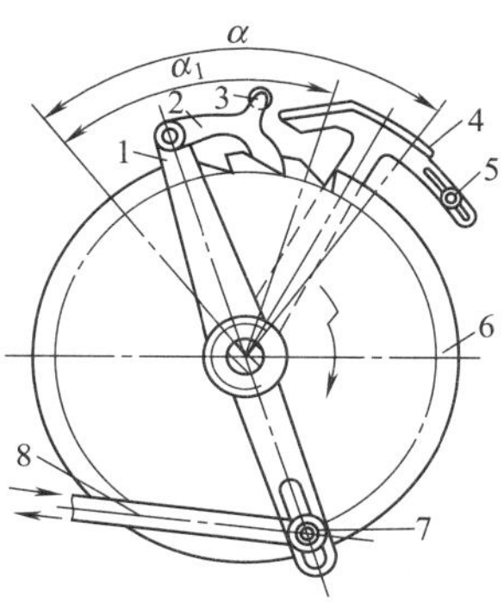 图(a)	图(a)所示为T形固定板棘轮调节机构。摇杆1在驱动杆8作用下摆动,当其顺时针摆动时,通过棘爪2推动棘轮6同向转动。当棘爪上的滚轮3和T形固定板4接触时,滚子沿其上斜面抬起棘爪,使棘爪与棘轮脱离啮合。T形固定板位置用该板上的沟槽中紧固螺钉5来调节,当把固定板逆棘爪工作转向移动时将减小棘轮转动角度,顺棘爪工作转向移动则增加棘轮转角 摇杆的摆角由推杆8和摇杆1间的可调连接销7予以调整,可伸长或缩短驱动摇杆的工作半径

续表

机构	机构图	说明
棘轮调节机构	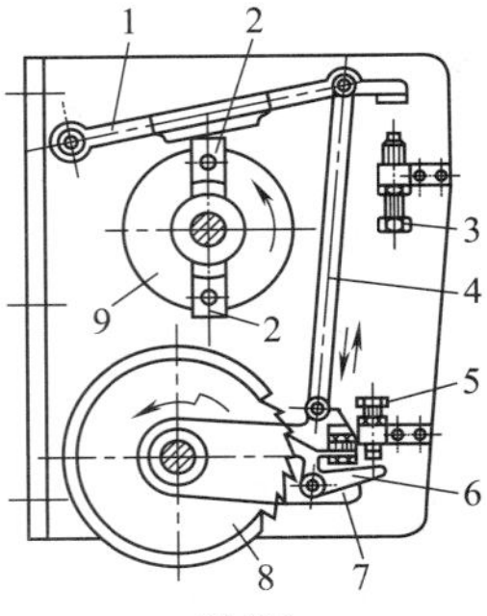 图(b)	图(b)所示为螺钉限位棘轮调节机构。主动圆盘 9 转动时,圆盘上可调节的凸块 2 顶起杠杆 1 和拉杆 4。拉杆 4 与装有棘爪 6 的摇杆 7 铰接,棘爪 6 被弹簧压紧在棘轮 8 上。螺钉 3 限制杠杆 1 的下降量,螺钉 5 可使棘爪 6 由棘轮中退出啮合,故此用这两个螺钉调节拉杆 4 的行程,也同时调节了棘轮的转角
	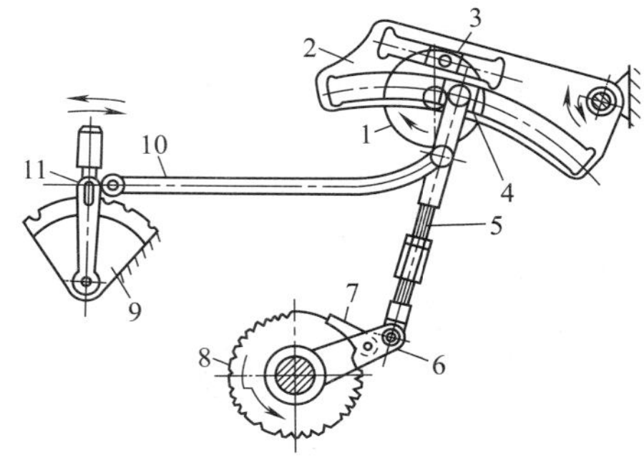 图(c)	图(c)所示为牙板式棘轮调节机构。主动曲柄 1 以滑块 3 带动复导板 2 绕固定轴摆动,再通过滑块 4 带动长度可调的拉杆 5 和装有棘爪 7 的摇杆 6,驱使棘轮 8 做定向间歇转动 当改变弹力插销 11 在固定的扇形牙板 9 上的位置,可调整摆杆 10 的固定铰链位置,从而改变滑块 4 在导槽中的位置,借以实现调节拉杆 5 的行程;另外,还可旋转杆 5 上的调整螺母以改变拉杆长度。以上两种方法均可调节棘轮的间歇转角,但弹力插销 11 可在运动中调节,而杆 5 上的螺母只在运动停止后方可调节
	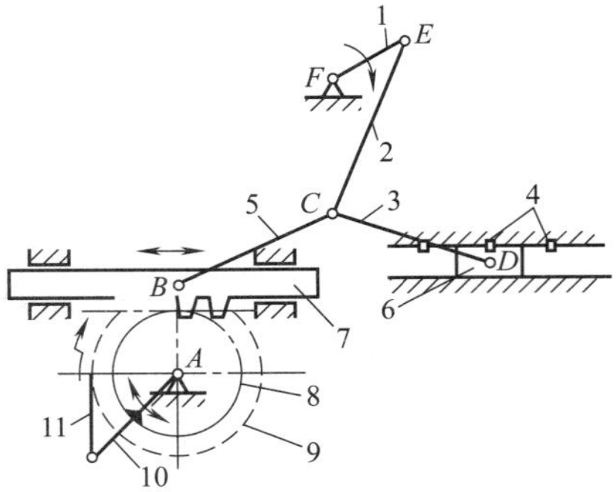 图(d)	图(d)所示为定位销式棘轮调节机构。主动曲柄 1 通过连杆 2 带动杆 3、5。杆 3 铰接定滑块 6,定滑块 6 由定位销 4 固定在所需位置上。杆 5 通过齿条 7 使啮合齿轮 8 往复转动一定角度。摆杆 10 与齿轮 8 固连,齿轮 8 往复转动时通过固连杆 10 带动棘爪 11,用棘爪 11 推动空套在 A 轴上的棘轮 9 做定向间歇转动。这种机构可在运行中调节定位销 4,从而改变定滑块 6 的位置,使棘轮 9 的转角获得调节,以此来控制机床的进给运动
回转角可调的机构	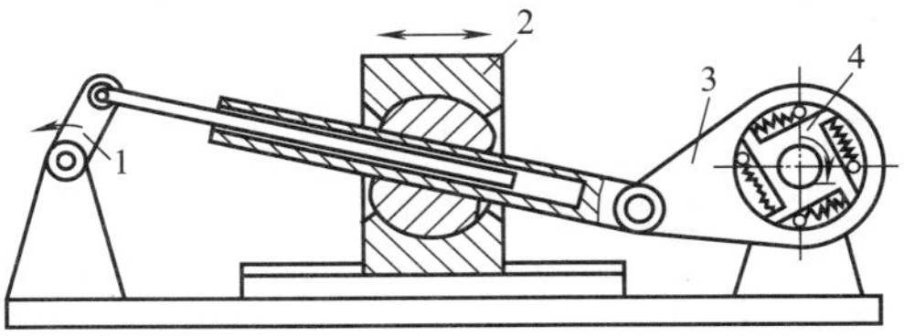	当主动件 1 匀速转动时,带动从动件 3 往复摆动,并使输出件 4 脉动转动。当移动构件 2 用以改变机架长度时,从动件 3 得到不同的摆角,从而使输出件 4 得到不同的转角或脉动角速度。构件 2 调整好后应予固定。这种机构用于脉动无级变速机构。此外,可调的棘轮机构也是回转角可调的应用实例

续表

机构	机构图	说明
转位角可调的间歇转动机构	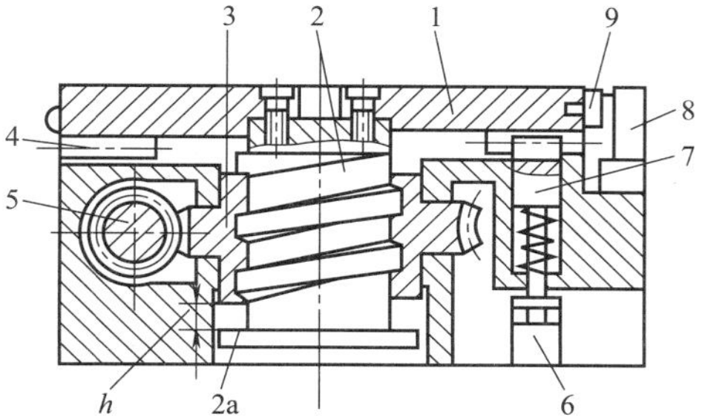	机构的工作台 1 用齿牙盘(鼠齿盘)4 定位,其间歇转动的转位角(分度角)可以按工作要求进行调整,等分或不等分均可实现,其单位调整量为齿盘一个齿的分度角。工作台开始转位前需先上升,使其底面的上齿盘与定位齿盘分离;工作台转位完毕后下降复位。因此,在每个转位运动中工作台有“升—转位—降”的运动过程 工作台 1 与螺杆 2 连接为一体,蜗轮 3 的内孔为螺母,从图示位置开始,蜗杆 5 转动,经蜗轮、螺母及螺杆使工作台上升一个距离 h。此时两齿盘分离,螺杆下端凸缘 2a 与蜗轮接触,使螺母与螺杆停止相对转动。于是,在蜗杆继续转动时工作台随蜗轮转动,直到工作台周边上的撞块 9 接触电路开关 8,电磁铁 6 控制的预定位销 7 上升,使工作台停止转动并获得初步定位。与此同时,电动机反向转动,蜗杆换向反转,经蜗轮、螺母及螺杆使工作台下降,齿盘重新啮合,工作台获得准确定位 工作台转动的角度取决于撞块 9 的位置,只要适当布置若干撞块,工作台就可按要求的若干个角度转动。因此本机构改变转位角的操作十分简便,容易适应内容多变的工作

9.7　间歇运动机构

表 11-9-9　　**间歇运动机构**

机构	机构图	说明
平面凸轮间歇机构	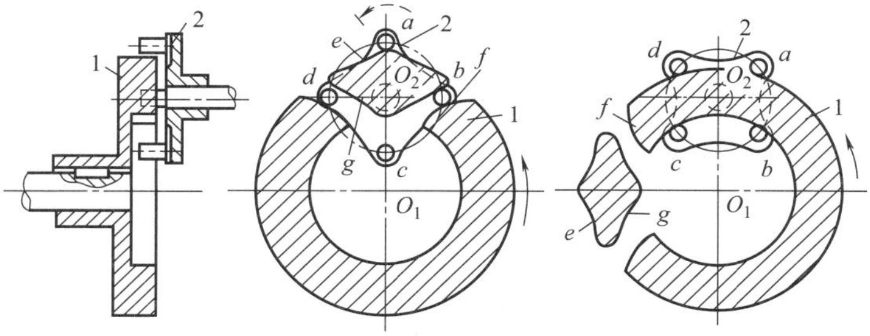 图(a)　图(b)　从动件运动　图(c)　从动件静止	主动凸轮 1 绕 O_1 匀速转动,带动从动销轮 2 绕 O_2 做间歇运动。凸轮 1 旋转时由侧面 e 推动销 a,继而又以沟槽侧面 f、g 推动销 b、d,使从动销轮 2 转动,直到 b、d 被推出凸轮沟槽,轮 2 被锁住,如图(c)所示。凸轮转 1 圈,销轮 2 转 90°。设计凸轮工作面的廓线时,应使从动轮 2 转动时的加速度连续、不突变,这样运转平稳、冲击小。这种机构能用于高速环境,如电影放映机

续表

机构	机构图	说明
齿轮槽轮机构	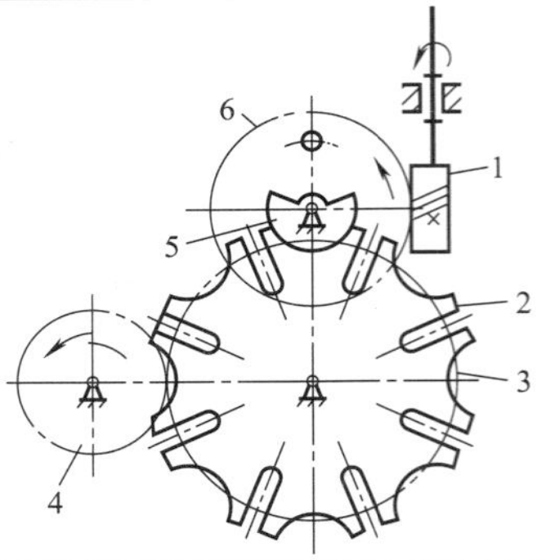	销轮 5 与蜗轮 6 固连，由蜗杆 1 带动，槽轮 2 与齿轮 3 固连，齿轮 4 由齿轮 3 带动。图示机构满足分度角为定值(齿轮 4 每次转 90°)，有较好的动力特性，槽轮槽数较多，动力性能较好，但会导致机构尺寸增大
凸轮槽轮机构	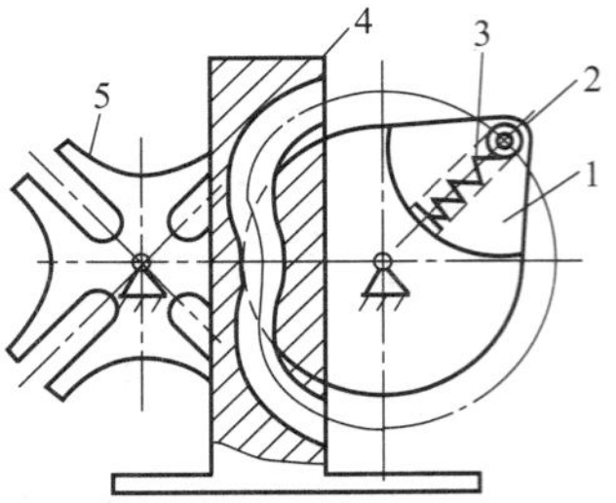	主动拨盘 1 上的柱销 2 可在拨盘上的滑槽中径向移动，并由弹簧 3 支撑，构件 4 固定凸轮板，其上开有曲线槽(即凸轮廓线)。当主动拨盘 1 匀速转动时，柱销 2 带动槽轮 5 间歇转动，同时柱销 2 也在固定凸轮板 4 的曲线槽内运动，由曲线槽控制柱销 2 的驱动半径，从而改变从动槽轮的运动规律，以期得到较好的动力特性。凸轮板的曲线槽根据工艺要求选择相应的运动规律(如等速运动规律等)进行设计
球面槽轮机构	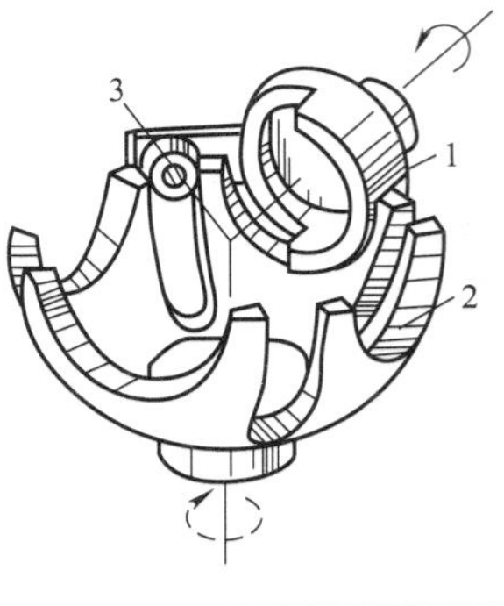	机构的工作过程和平面槽轮机构相似，但主、从动轴线垂直相交。槽轮 2 呈半球形，主动销轮 1 的轴线和拨销 3 的轴线均通过球心。槽轮的槽数不少于 3。机构的动力性能比外槽轮机构好，槽数愈多，动力性能愈好。槽数大于 7 时，槽轮的角速度和角加速度变化很小。主动轴拨销数通常只有一个，所以，槽轮的停、动时间是相等的。如用两个拨销，槽轮就连续转动。这种机构结构简单，运动平稳，设计、制造也不困难。近年来在多工位鼓轮式组合机床上应用渐广
蜗旋凸轮间歇机构	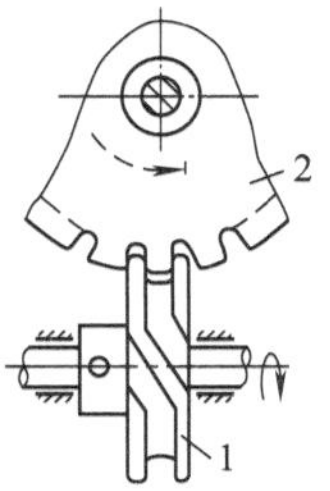 图(a) 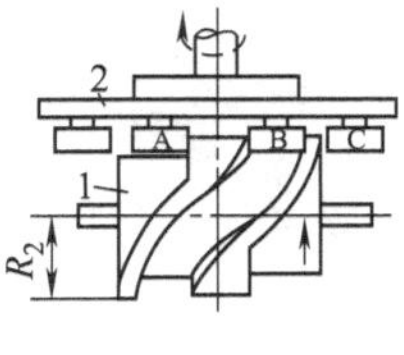 图(b)	如图(a)所示，主动轮 1 上有槽，槽的两端有斜形开口，当主动轮 1 转动时，槽的斜面推动从动轮 2 转动。由于相对滑动较大，适用于低速轻载，多用于自动进给机构 如图(b)所示，主动轮 1 为一两端有头的凸起轮廓(类似螺旋状)的圆柱凸轮，从动轮 2 端面上有若干柱销，轮 1 转动时，B 销开始进入凸轮轮廓的曲线段，凸轮转动驱使从动轮 2 转位。凸轮转过 180°，转位终了。B 销接触的凸轮轮廓将由曲线段过渡到直线段，同时，与 B 销相邻的 C 销开始和凸轮的直线段轮廓在另一侧接触，此时，凸轮继续转动，从动轮不动。在间歇阶段，B 销和 C 销同时贴在凸轮直线轮廓的两侧实现定位。凸轮轮廓直线段的宽度为(见凸轮轮廓展开图)

续表

机构	机构图	说明
蜗旋凸轮间歇机构	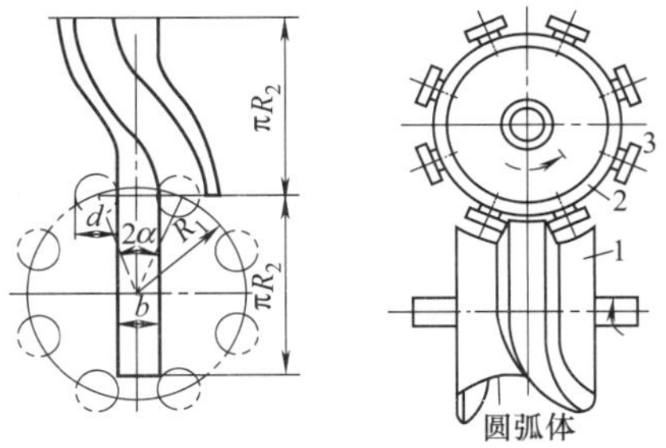 图(c)　图(b)的展开图　圆弧体　图(d)	$b=2R_1\sin\alpha-d$　(11-9-35) 如图(d)所示，主动凸轮 1 上的凸轮曲面(突脊的工作面)是变升角螺旋，当升角为零的那一段曲面与从动轮 2 上的滚子 3 接触时，从动轮停歇。从动轮上滚子沿径向呈辐射状配置，故主动凸轮在轴向截面内突脊的截面应是梯形，且突脊是包绕在圆弧体表面上的。这样可以通过调节中心距来消除滚子与突脊间的间隙。当从动轮停歇时，主动凸轮的突脊廓线和凸轮轴线垂直且处于凸轮中部，当从动轮转位时，主动凸轮突脊廓线的选择通常要保证从动轮转动时，其加速度按正弦规律变化。这样，机构具有良好的动力性能，运转平稳，噪声和振动较小，可用于较大载荷和高速，停歇频率每分钟最高可达 1200 次，柱销数一般大于 6 。在高速冲床、多色印刷机、包装机和折叠机中均有应用
偏心轮分度定位机构	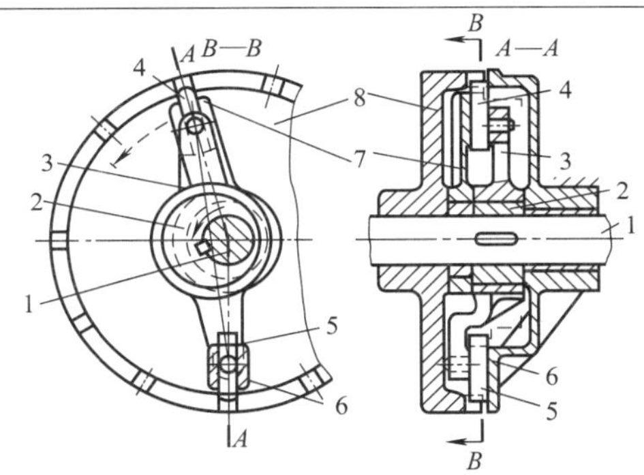 图(a) 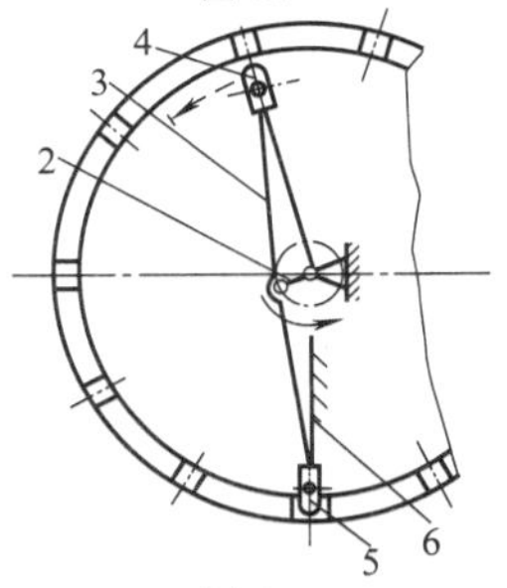 图(b)	图(a)所示为偏心轮分度定位机构，滑块 4、5 铰接于杆 3 上可分别在杆 7 与固定盘 6 的滑槽中滑动。当主动轴 1 回转时通过偏心轮 2 使杆 3 绕滑块 5 上的铰销做往复摆动，此时，杆 3 带动滑块 4、5 交替插入抽出盘 8 的周边孔中，当滑块 4 脱出周边孔而滑块 5 插入时，盘 8 固定不动；反之，滑块 5 脱出而滑块 4 插入周边孔，则盘 8 被带动，做单向间歇运动。盘 8 工作平稳，可用于较高转速。图(b)为其机构简图
凸轮控制的定时脱啮间歇机构	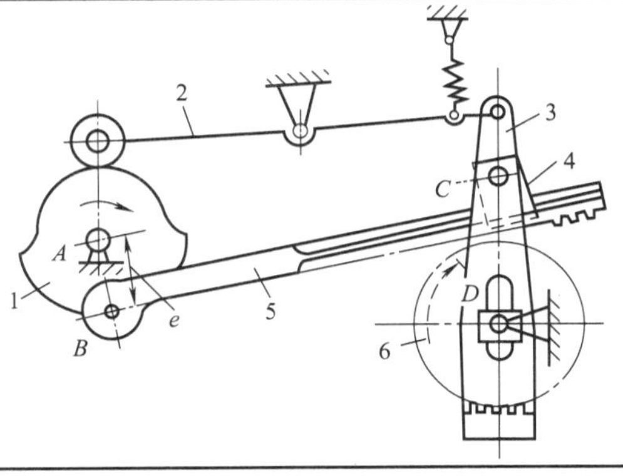	摇块 4 和带齿条的连杆 5 组成移动副，件 4 与件 3 组成转动副，件 3 以导槽和齿轮 6 的转轴(在固定支座 D 内)组成移动副。主动凸轮 1 通过从动摆杆 2 使件 3 向下运动时，件 3 下部的齿条和齿轮 6 脱啮，而齿条 5 与齿轮 6 啮合，因而齿轮 6 被齿条 5 带动。件 3 向上运动时，齿轮 6 与齿条 5 脱离，而与件 3 的下部齿条啮合，故被锁住。这样，齿轮 6 被凸轮 1 控制着做周期间歇运动

第11篇

续表

机构	机构图	说明
凸轮和离合器控制的间歇机构	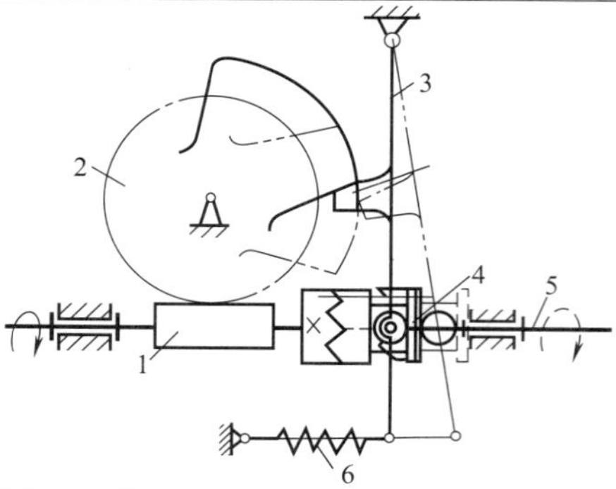	主动蜗杆1通过离合器带动从动轴5转动，同时蜗杆又带动蜗轮2转动，当蜗轮上的凸块与摆杆3上的挡块接触时，推动摆杆3逆时针方向摆动，使离合器脱开，轴5停止转动。当凸块与挡块脱离时，在弹簧6的作用下离合器啮合，从动轴开始转动，更换凸块(改变其弧长)可调整从动轴的停、动时间
停歇时间不等的间歇运动机构	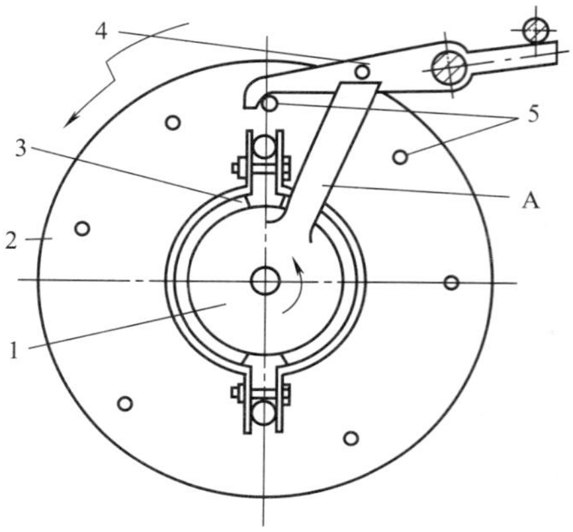	从动轮2上有七个柱销5，它们不均匀地分布在同一圆周上。当固结于主动轮1上的臂A使挂钩4抬起时，轮1依靠摩擦力(通过摩擦环3)带动轮2转动。当挂钩落下并钩住柱销5时，摩擦面间打滑，轮2不转。轮2每次停歇时间的长短取决于柱销间的距离
不等停歇时间的浮动棘轮机构	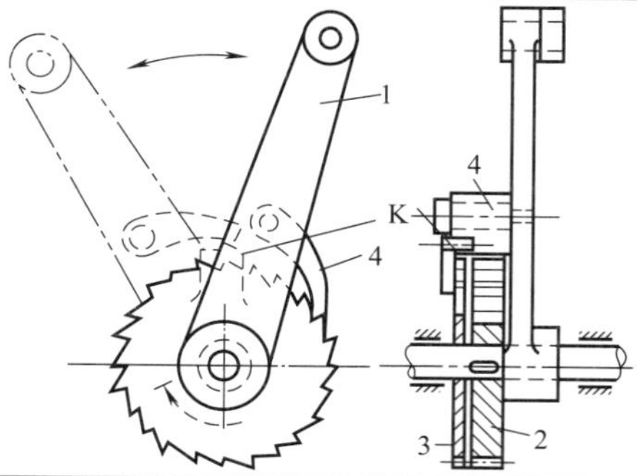	与棘轮2大小、齿数相同而附有犬齿K的浮动棘轮3空套在轴上，一般情况下主动摆杆1通过棘爪同时推动棘轮2、3做间歇转动，当犬齿进入啮合时，棘爪不与棘轮2接触，棘轮3转动而棘轮2静止，轮3每转一周，轮2有一次较长时间的停歇。改变犬齿齿数，可以调整停歇时间的长短
单侧停歇的曲线槽导杆机构	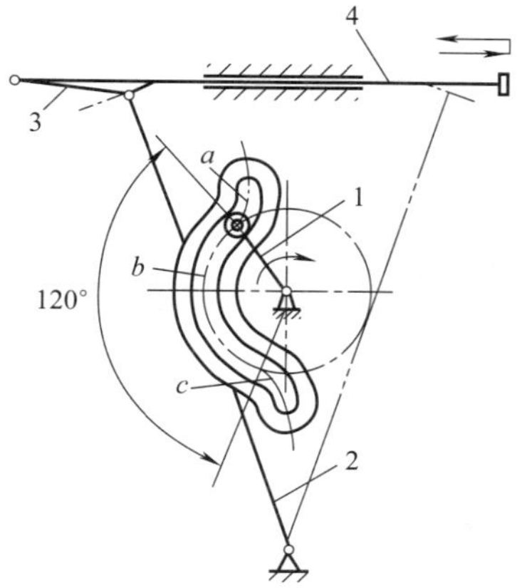	杆2的导槽由如图所示的a、b、c三段圆弧槽组成。当主动曲柄1在120°范围内运动时，滚子位于b段圆弧槽内，导杆停歇，所以从动杆具有单侧停歇的间歇运动特性。该机构可用于食品加工机械中作为物料的推送机构，结构紧凑、制造简单、运动性能较好。如果导槽曲线由两段相对的圆弧构成，则可获得双侧停歇的间歇运动

续表

机构	机构图	说明
短暂停歇机构	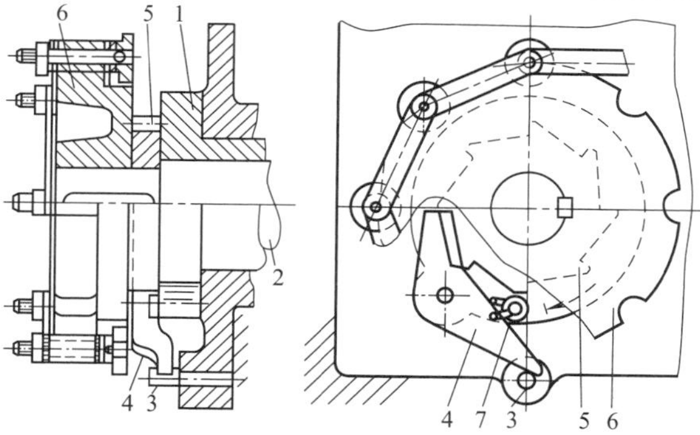	链轮 6 和棘轮 5 固连于轴 2 上，而主动套筒 1 空套在轴 2 上，主动套筒 1 上铰接有推爪 4。主动套筒 1 顺时针方向转动时，件 4～6 一起转动，当推爪 4 的端部与固定于机架上的杆 3 接触时，推爪 4 与棘轮 5 脱离，链轮 6 停歇，主动套筒 1 继续转动到推爪 4 脱离杆 3 时，在扭簧 7 作用下再与棘轮啮合并带动链轮 6。此机构用于印染烘干机上
摩擦式间歇机构	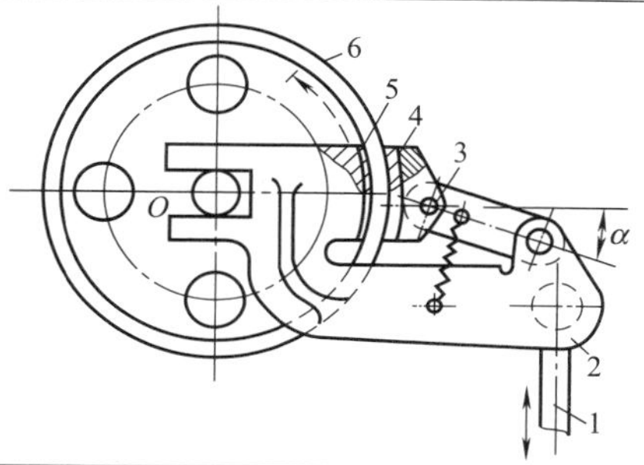	主动杆 1 拉摇臂 2 绕 O 向下转动时，作用在摩擦片 4 上的摩擦力使杆 3 向上摆。摩擦片 5、4 在轮 6 的轮缘内、外两面滑动而轮 6 静止。杆 1 推摇臂 2 向上转动，摩擦片 4 上的摩擦力使杆 3 向下摆，使摩擦片 4 紧贴轮 6 的外缘，此时杆 2 继续被推向上转动，带着摩擦片 5 紧贴轮 6 的内缘，这样，摩擦片 5、4 夹紧轮 6 的轮缘使轮 6 转动。其优点是摩擦面大，可用于大载荷。角 α 过大将减弱夹紧力；角 α 过小在回程时摩擦片不易分离，设计时一般取 $\alpha \leqslant 7°$
棘爪销轮分度机构	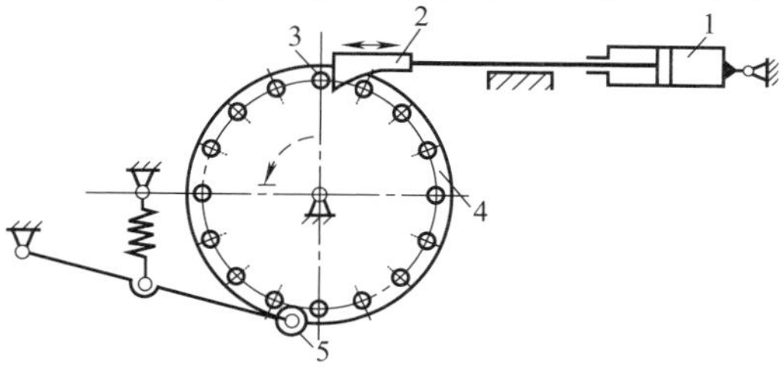	与机架铰接的主动气缸 1 的活塞带着棘爪 2 推动分度销 3，使分度盘 4 转动，滚子 5 起止动定位作用
单侧停歇摆动机构	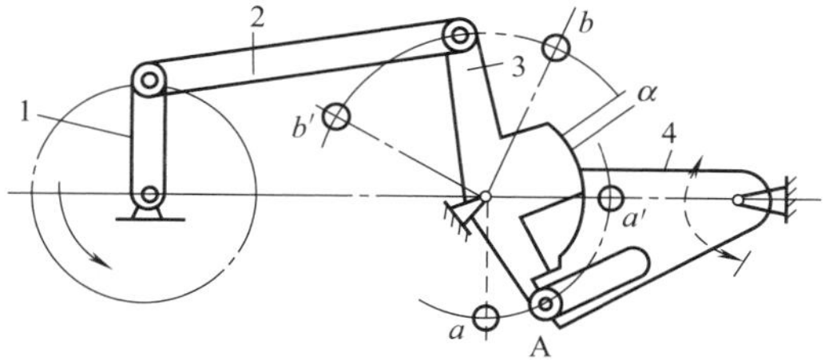	当主动曲柄 1 做连续转动时，摇杆 3 做往复摆动，摇杆 3 一端的滚子 A 将在 aa' 范围内摆动，当滚子与从动杆 4 的沟槽脱离时，从动杆停歇不动，由锁止弧 α 保证停歇位置不变
双侧停歇摆动机构	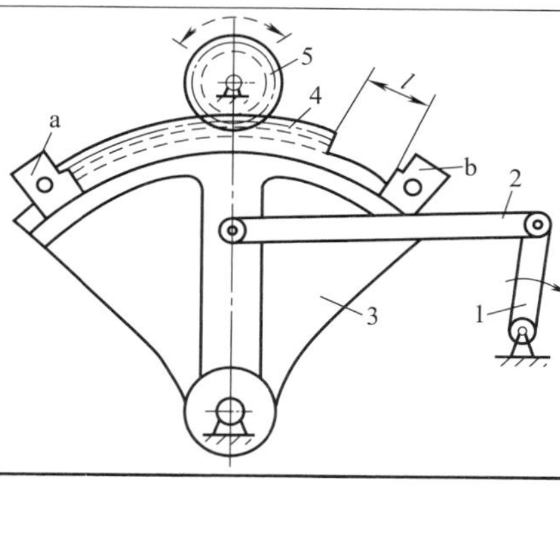	主动曲柄 1 转动时使扇形板 3 摆动，扇形板 3 上有可滑移的齿圈 4，在图示位置，扇形板 3 顺时针方向转动时，挡块 a 推动齿圈 4 使齿轮 5 逆时针方向转动。当扇形板 3 逆时针方向转动时，挡块 b 经过空程 l 后才推动齿圈 4 使齿轮 5 顺时针方向转动，调节挡块 a、b 的位置以改变空程 l，便可改变齿轮 5 的停歇时间。这种往复运动机构在停、动开始点有冲击

续表

机构	机构图	说明
不完全齿轮移动导杆机构	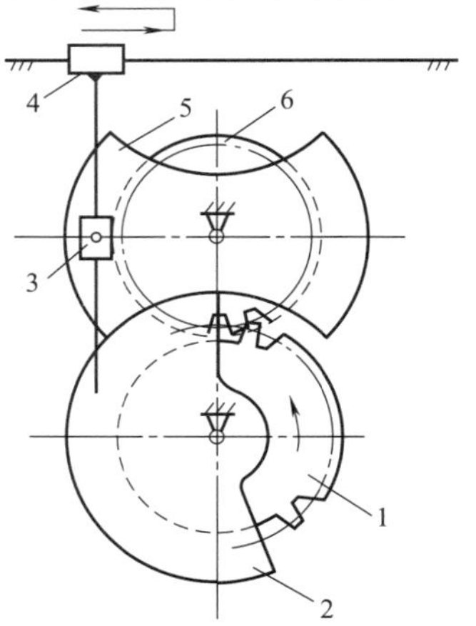 4 5 6 3 1 2	不完全齿轮 1 主动，通过齿轮 6 及与锁止弧 5 铰接的滑块 3 推动移动导杆 4 做两侧停歇的往复运动。轮 6 齿数为 20，轮 1 保留 9 只齿（末齿高修低），可使轮 1 每转两周，导杆 4 完成一次往复运动，并在行程的两端各有一停歇时间。件 2 和件 5 是锁止弧，分别与齿轮 1、6 固连，齿轮 1、6 不啮合时，齿轮 6 被锁止弧 2、5 锁住
齿轮-连杆组合停歇机构	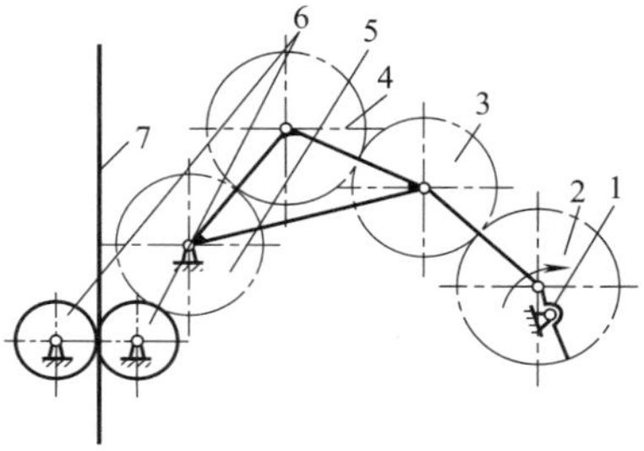 6 5 4 3 7 2 1	曲柄 1 与齿轮 2 固连，齿轮 2～5 的齿数相同，所以当曲柄 1 转一圈时，从动齿轮 5 也转第一圈。但从动齿轮 5 的角速度是非匀速的，其中有一段片刻停歇时间。与齿轮 5 啮合的送纸辊 6 送进的纸张 7 也有片刻的停歇，以便配合切纸刀的切纸动作。此机构在香烟包装机的送纸机构与软糖包装机的送糖机构中均有采用
有急回作用的间歇移动机构	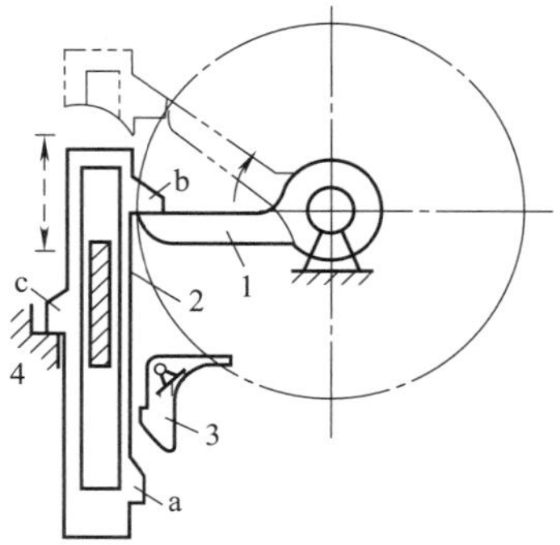 b 1 c 2 4 3 a	主动转臂 1 转动，通过凸耳 b 将从动件 2 升起。转臂 1 与 b 脱离接触时，从动件 2 的下凸耳 a 被摆动挡块 3 钩住（构件 3 能靠自重保持图示位置），滑块停在双点划线位置。转臂 1 继续转动时，先拨动挡块 3 脱钩，从动件 2 下落搁在固定挡块 4 上，然后转臂 1 又推动凸耳 b 上升，继续下一运动循环。机构具有两端停歇、快速下落的特性
斜面拨销间歇移动机构	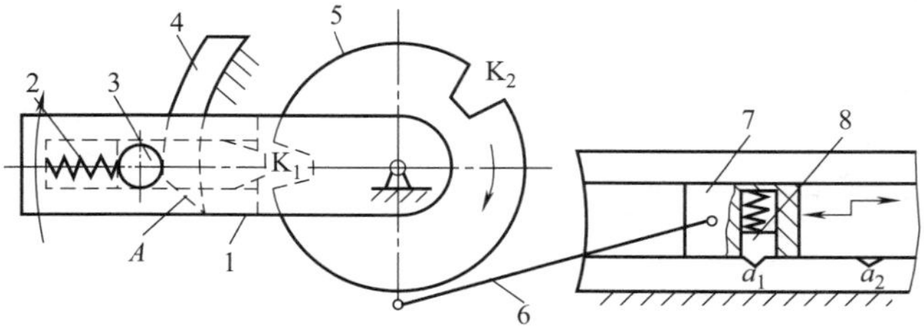 4 5 K_2 2 3 K_1 A 1 7 8 a_1 a_2 6	主动杆 1 的滑槽中置有一个可移动的插销 3，其顶部安装一滚子。当插销 3 插入圆盘 5 的 K_1 槽中时，圆盘 5 随同主动杆 1 一起转动，经连杆 6 推动滑块 7 移动。当主动杆 1 转经固定挡块 4 时，其斜面 A 顶起滚子使插销 3 脱开 K_1 槽，圆盘 5 停歇不动。相应滑块 7 也停歇不动，并在弹簧定位销 8 的作用下可靠地定位在 a_1 处。杆 1 转至圆盘上缺口 K_2 处时，在弹簧 2 的作用下，插销 3 插入缺口 K_2 中，圆盘 5 又随着杆 1 转动，直至杆 1 再转经至挡块 4 处，插销 3 被拨出 K_2 槽，出现第二次停歇。这样，主动杆 1 每转两周，圆盘 5 转一周，滑块 7 在 a_1、a_2 处各停歇一次。弹簧定位销 8 使停歇更为可靠

续表

机构	机构图	说明
等宽凸轮间歇移动机构	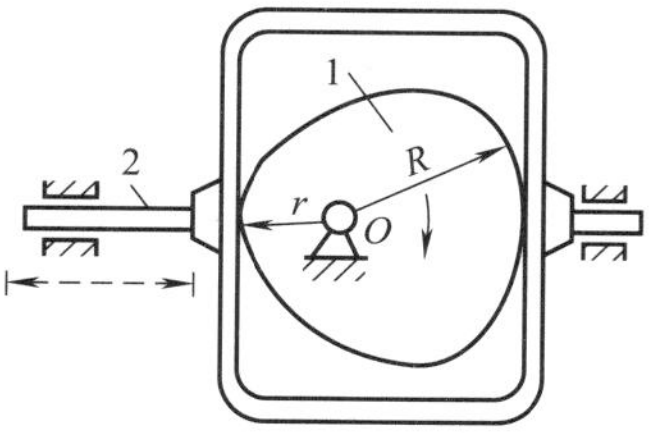	主动凸轮 1 由半径为 R 的三段圆弧组成，三角形凸轮的顶点做成半径为 r 的圆角。当凸轮绕 O 点转动时，使框架 2 在行程的两端停歇，框架的行程为 $R-r$
有三角形槽的移动凸轮间歇运动机构	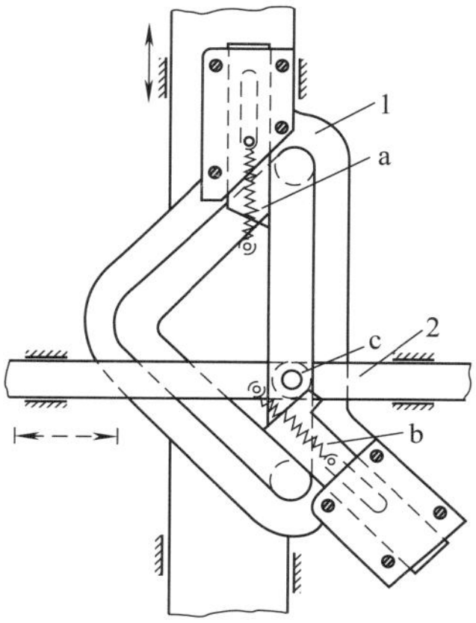	主动凸轮 1 沿固定导轨向上移动时，凸轮右下方的活动挡块 b 被从动杆 2 上的滚子 c 推开，滚子 c 到达垂直槽底部后，活动挡块 b 在弹簧作用下复位。凸轮 1 下移时，滚子 c 只能在凸轮的斜槽内运动，使从动杆 2 先向左、后向右移动，然后滚子 c 推开凸轮上方活动挡块 a 进入直槽。凸轮上移时，从动杆 2 停歇。所以凸轮往复移动时，从动杆 2 做一端停歇的往复移动
利用摆线轨迹的间歇移动机构	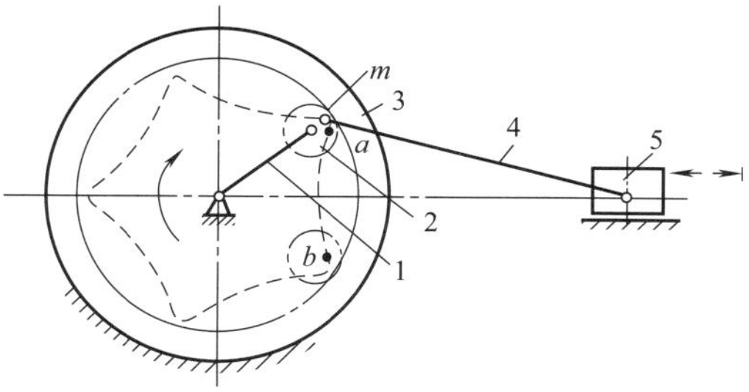	主动转臂 1 带着行星齿轮 2 沿固定内齿轮 3 做行星运动时，2 上 m 点的轨迹为短幅内摆线，若连杆 4 的长度近似等于摆线 ab 曲率半径，则滑块 5 近似停歇
利用连杆轨迹的直线段实现间歇运动机构	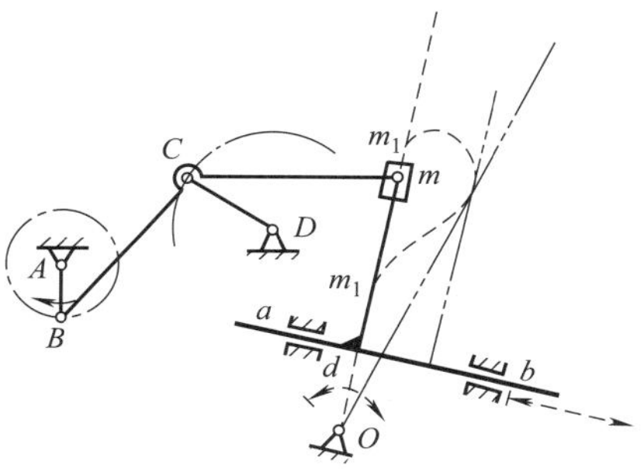	主动曲柄 AB 回转时，连杆上 m 点的轨迹有一段为直线 m_1m_1，利用此直线段实现间歇运动，有如下两种情况 ①在 m 点铰接一移动导杆 $abdm$，使 ab 垂直于 m_1m_1，当 m 点运动到直线段 m_1m_1 时，移动导杆停歇 ②在 m 点铰接一转动导杆面 Om，使其回转中心 O 在直线 m_1m_1 的延长线上，当 m 点运动到直线段 m_1m_1 时，转动导杆停歇

第11篇

续表

机构	机构图	说明
利用连杆某点的曲线轨迹实现间歇运动机构	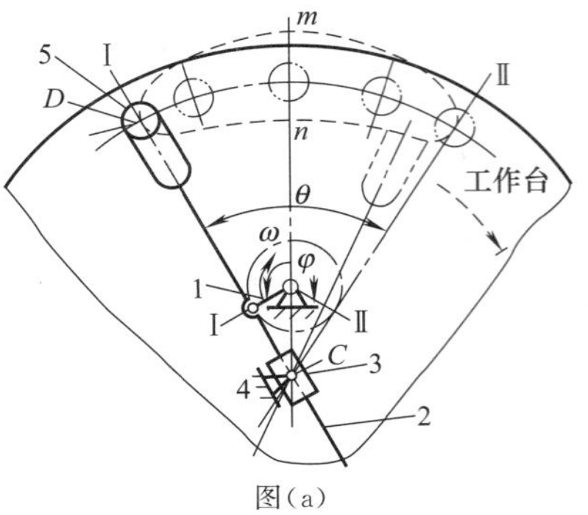 图(a) 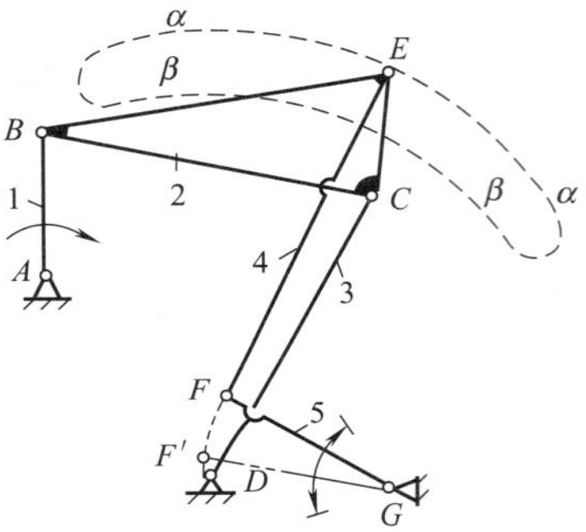 图(b)	如图(a)所示，利用摇块机构中导杆2上一点D的轨迹实现工作台的单向间歇转位运动。当主动曲柄1以图示ω方向由Ⅰ到Ⅱ转过φ角时，导杆2上抱叉端点D的轨迹为曲线m，于是抱叉便夹持着工作台上的滚子5使工作台顺时针方向绕C点转过θ角。当曲柄1顺ω方向由位置Ⅱ回到位置Ⅰ转过(360°$-\varphi$)角时，导杆2上抱叉端点D的轨迹为曲线n，这时，抱叉与滚子5脱开(如图中双点画线所示的位置)，于是工作台便停歇不动。此机构用于立车转位机构 如图(b)所示，从动杆5在极限位置时有一短时的停歇，$ABCD$为曲柄摇杆机构，连杆2上E点的轨迹为一腰形曲线，曲线的$\alpha\alpha$段和$\beta\beta$段为两相同的近似圆弧，它们的圆心分别在F和F'。如在E、F、G处铰接构件4、5，并使构件4的长度EF和圆弧段的曲率半径相等。当E点在圆弧$\alpha\alpha$上运动时，从动杆5在FG位置近于停歇；当E点在圆弧$\beta\beta$上运动时，杆5在位置$F'G$近于停歇。这样就实现了从动杆做具有停歇的摆动。由于这种连杆机构的冲击和噪声较小，常代替凸轮机构以适应高速运转的要求。此机构用于织布机等机械中
连杆型间歇移动机构	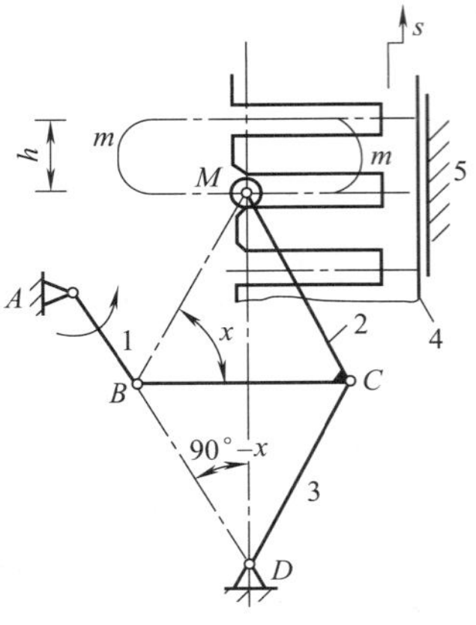	由主动件1、连杆2、摇杆3、移动从动件4和机架5组成的五杆机构。机构运动时，连杆2上的M点描绘出的运动轨迹为mm，它是具有两段平行的近似直线段且相距为h的对称连杆曲线，其对称轴线与机架A、D连合线间的夹角为90°$-x$。在连杆2上的M点处安装一柱销，并在移动从动件4上开有多条互相平行的直线槽，槽中心线为mm轨迹直线段方向，其槽距为h。如图所示，让柱销与直线槽啮合。当主动件1由图示位置按逆时针方向转动时，柱销顺着直线槽进入从动件4，随着主动件1转动，驱使从动件向上移动，主动件1转过180°时，从动件向上移动距离h；主动件继续转过后180°时，柱销由直线槽中脱出，从动件处于停歇状态，主动件连续转动，从动件4做间歇单向步进移动

续表

机构	机构图	说明
停歇时间可调的八杆机构	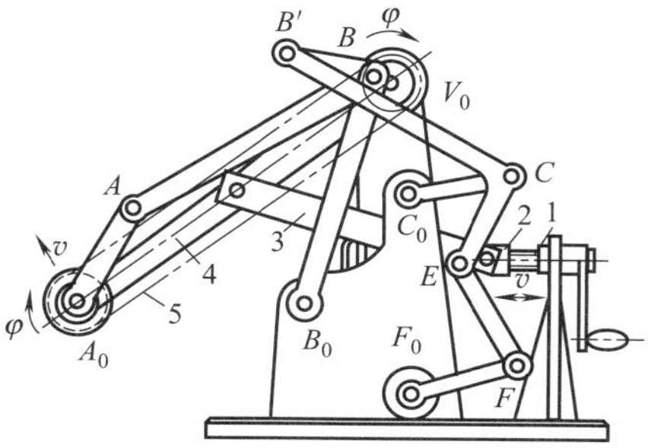	由曲柄摇杆机构 A_0ABB_0 和后接四杆机构 $B_0B'CC_0$ 以及双杆组 EF-FF_0 所组成的八杆机构，曲柄 A_0A 的机架铰链 A_0 位置可调；当转动螺杆 1 时，螺母 2 做轴向移动，从而通过连杆 3 使摆杆 4 及其上的机架铰链 A_0 绕固定中心 V_0 转动，使曲柄摇杆机构的机架长 $\overline{A_0B_0}$ 无级可调
棘轮电磁式上条机构	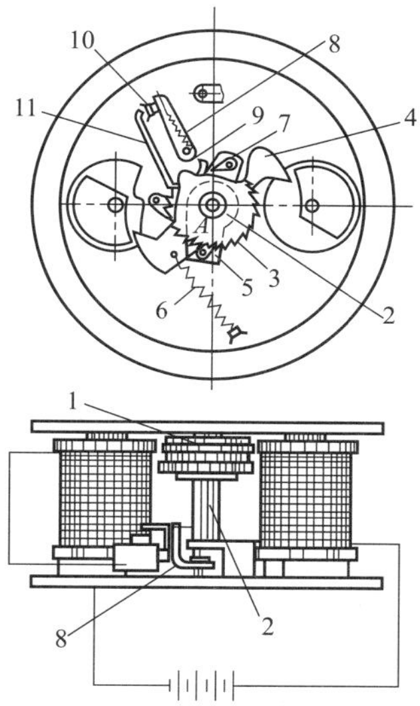	时钟发条一端固定在条盒 1 上，另一端固定在棘轮 3 的轮毂 2 上。在时钟发条未被卷起的时候，弹簧 6 使转子 4 和月牙板 5 绕轴心 A 沿反时针方向转动。与此同时，月牙板上的棘爪 7 使棘轮沿反时针方向转动，从而将时钟发条卷起。当转子 4 继续沿反时针方向转动时，杆 8 受弹簧 9 的作用使触点 10 闭合，于是电磁铁的线圈励磁，转子 4 受磁力吸引沿顺时针方向转动而复位，同时固定在转子上的杆 11 弹开杆 8 将电路断开。如上反复动作，条盒里的时钟发条就被连续地卷紧
杠杆棘轮电磁式送带机构	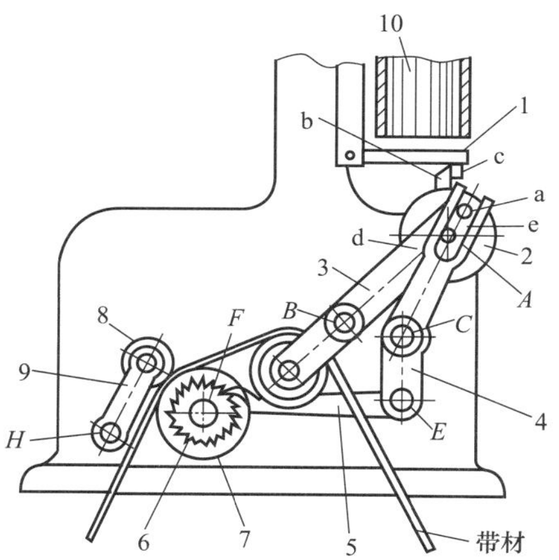	在绕固定轴心 A 转动的圆盘 2 上设置着凸缘 b 和拨销 a，凸缘 b 与控制杆 1 上的凸缘 c 接触，拨销 a 可沿开设在杠杆 3 和 4 上的槽 d、e 滑动，杠杆 3、4 分别绕固定轴心 B、C 转动。棘爪 5 通过回转副 E 与杠杆 4 连接，且与绕固定轴心 F 转动的棘轮 6 啮合。滚子 7 与棘轮 6 固连在同一轴上，滚子 8 安装在绕固定轴心 H 转动的杆 9 上。若电磁铁 10 工作，将控制杆 1 吸起，当圆盘 2 顺时针转动，经拨销 a 带动杠杆 3、4 以及棘爪 5，使棘轮 6 和滚子 7 转动，从而将夹在滚子 7 和 8 之间的带材向左传送

续表

机构	机构图	说明
带瞬心线附加杆的不完全齿轮机构	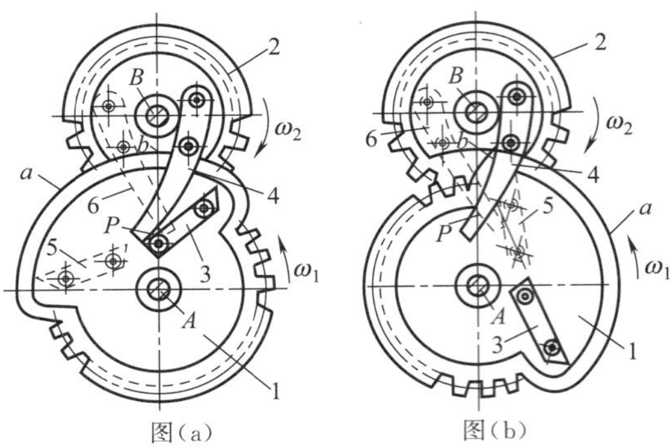 图(a) 图(b)	主动轮1为不完全齿轮,其上带有外凸锁止弧 a。从动轮2为完全齿轮,其上带有内凹锁止弧 b。瞬心线附加杆3~6分别固连在轮1和轮2上,其中杆3、4的作用是使从动轮2在开始运动阶段[见图(a)]由静止状态按一定规律逐渐加速到轮齿啮合的正常速度;而杆5、6的作用则是使从动轮2在终止运动阶段,[见图(b)],由正常速度按一定规律逐渐减速到静止 图示位置为杆3、4传动的情形,此时从动轮2的角速度逐渐增大,直到轮齿进入啮合,达到正常速度(P 为轮1、2的相对瞬心)。附加杆可实现从动轮2在间歇转动过程中没有冲击。"
利用摩擦作用的间歇回转机构	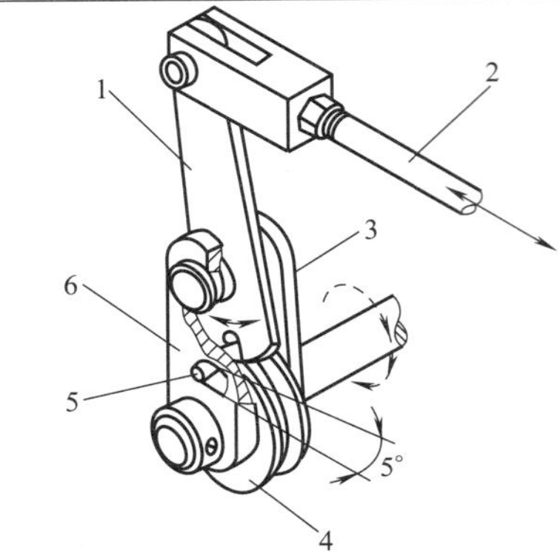	图中1为摆杆,2为连杆,3为侧板B,4为摩擦轮,5为楔滚,6为侧板A。如图所示,在侧板A和B上设有弯向摩擦轮中心的长弯孔,楔滚穿过长弯孔,并利用一个摆杆使楔滚左右摆动。当楔滚由右向左运动时,楔滚在侧板的长孔和摩擦轮之间起到楔的作用,而使摩擦轮旋转。当楔滚由左向右运动时,楔滚从摩擦轮上脱开,不产生摩擦作用,于是没有旋转力
制灯泡机多工位间歇转位机构	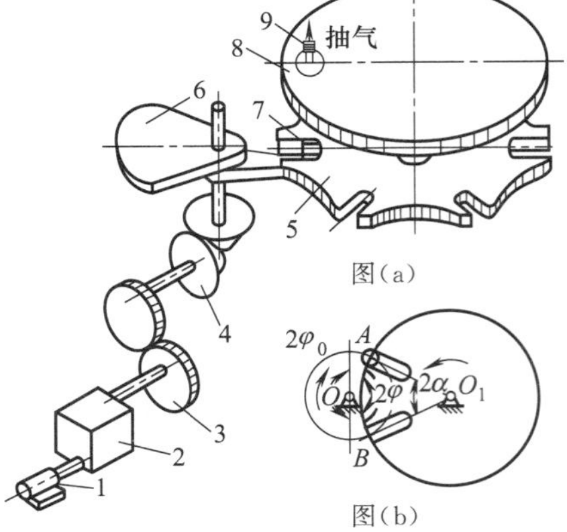 抽气 图(a) 图(b)	电动机1经减速装置2、一对椭圆齿轮3及锥齿轮4将运动传到曲柄盘6。曲柄盘6上装有圆销7,当圆销7沿其圆周的切线方向进入槽轮5的槽内时,迫使从动槽轮5反向转动,直到槽轮转过角度 2α 圆销才从槽轮5的槽内退出,槽轮5和与其相连的转台8才处于静止状态。直到圆销7继续转过角度 $2\varphi_0$ 后,圆销7又进入槽轮5的下一个槽内,开始下一个动作循环。转台静止时间为置于转台8上的灯泡9进行抽气(抽真空)和其他加工工序的时间
连杆齿轮单侧停歇机构	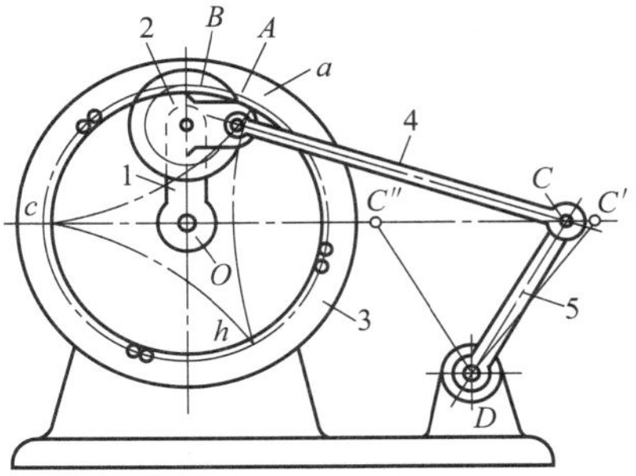	该机构由五连杆机构和行星轮系组成。行星轮2与固定中心轮3的节圆半径比 $r:R=1:3$,连杆4与轮2在节圆上的 A 点铰接。主动曲柄连续匀速转动,带动行星轮系运动,点 A 产生有三个顶点 a、b、c 的内摆线。主动曲柄 OB 和行星轮2的两个运动输入,使五连杆机构的从动摆杆 CD 有确定的摆动。当主动杆1对应 A 点在 $\angle aOb=120°$ 范围内运动时,摆杆在右极限位置 $C'D$ 时近似停歇,而在左极限位置 $C''D$ 时有瞬时停歇

9.8　超越止动及单向机构

表 11-9-10　超越止动及单向机构

机构	机构图	说明
无声棘轮超越止动机构	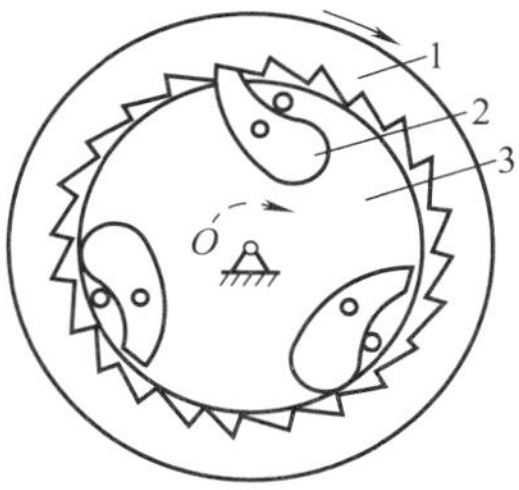	当主动棘轮 1 顺时针方向转动时，通过爪 2 带动轴 3 转动，轴 3 可超越轮 1 做顺时针方向转动，在超越时由于离心力(转速足够时)的作用能使爪 2 不与轮 1 接触，实现无声超越。如果轮 1 固定，当轴 3 反转时被止动，此机构在棘爪 2 开始与棘轮 1 啮合时，要利用棘爪 2 大头的重力，因此机构的回转轴 O 必须水平放置。如起重机吊起重物悬空停留时，重物不能使轴 3 反转
弹簧摩擦式超越止动机构	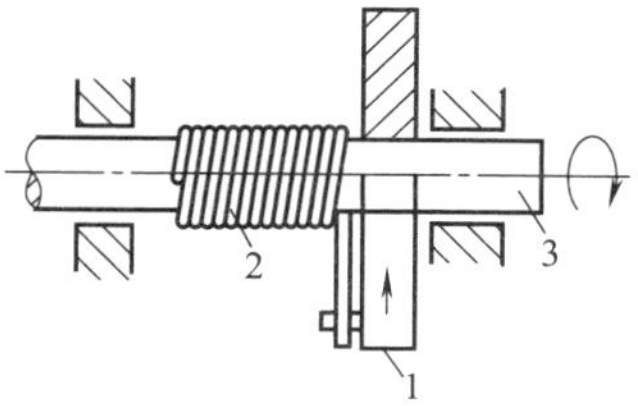	左旋弹簧 2 的内径稍小于轴 3 的外径，使结合面间略有预压紧力，弹簧的右端与轮 1 上的销接触，左端为自由端，主动轮 1 顺时针方向转动时，弹簧内径缩小，结合面间的压紧力和摩擦力越来越大，带着轴 3 转动，轮 1 逆时针方向转动时，弹簧内径增大，结合面间的压紧力消失，轴 3 可做超越转动。若轮 1(或轴 3)固定时，则轴 3 与图示方向反向转动(或轮 1 与图示相同方向转动)时被止动
螺旋摩擦式超越止动机构	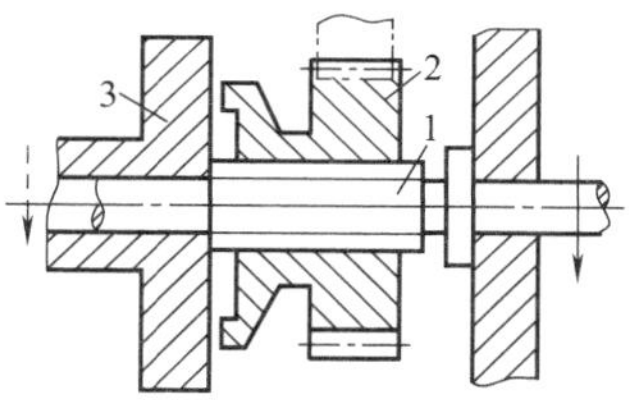	轮 2 装在有右螺旋的轴 1 上，启动电动机与轴 1 相连，被启动的发动机的启动曲轴与盘 3 相连，启动时电动机逆时针方向转动，则轮 2 左移(开始限制件 2 转动，而当件 3 启动后，件 2 又脱离限制装置，图中未示出)。其端面与盘 3 压紧，靠摩擦力带动曲轴，当发动机转速高于轴 1 时，盘 3 与轮 2 脱开，发动机曲轴做超越转动。当轴 1 回转时，限制轮 2 转动的装置未在图中示出
双动式单向转动机构	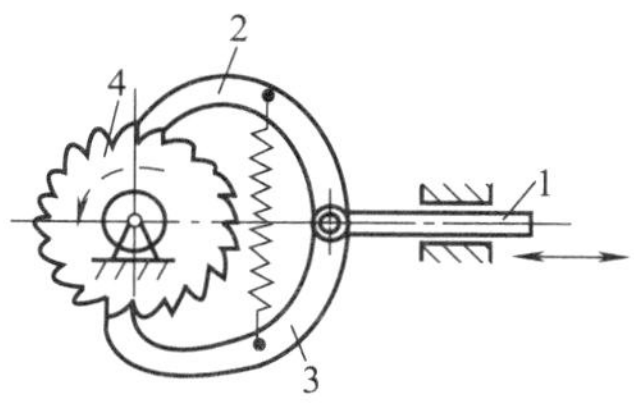 图(a) 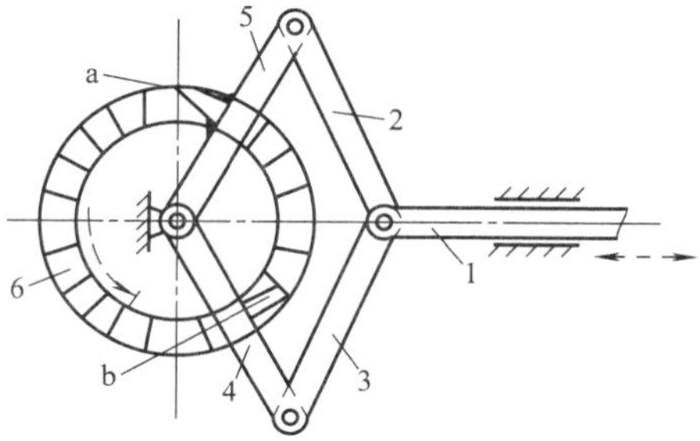 图(b)	如图(a)所示，杆 1 左右移动时，均使棘轮 4 单向旋转。此机构已用于脉冲计数器作计数装置。如图(b)所示，轮 6 为端面棘轮，杆 2、3(或 4、5)等长，当主动杆 1 往复移动时，固结在杆 4、5 上的棘爪 a、b 交替推动端面棘轮 6 单向转动

续表

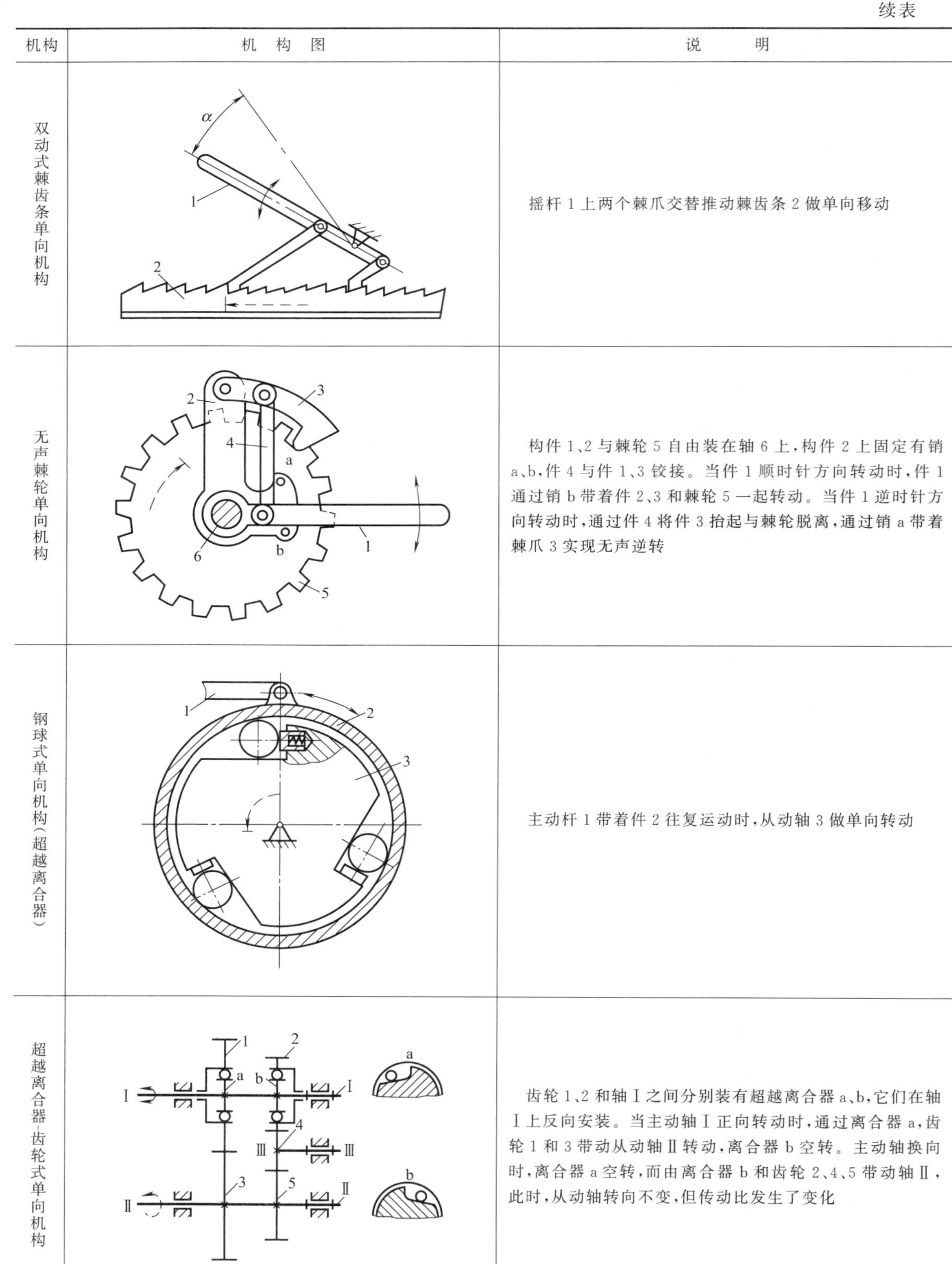

机构	机构图	说明
双动式棘齿条单向机构		摇杆 1 上两个棘爪交替推动棘齿条 2 做单向移动
无声棘轮单向机构		构件 1、2 与棘轮 5 自由装在轴 6 上，构件 2 上固定有销 a、b，件 4 与件 1、3 铰接。当件 1 顺时针方向转动时，件 1 通过销 b 带着件 2、3 和棘轮 5 一起转动。当件 1 逆时针方向转动时，通过件 4 将件 3 抬起与棘轮脱离，通过销 a 带着棘爪 3 实现无声逆转
钢球式单向机构（超越离合器）		主动杆 1 带着件 2 往复运动时，从动轴 3 做单向转动
超越离合器-齿轮式单向机构		齿轮 1、2 和轴Ⅰ之间分别装有超越离合器 a、b，它们在轴Ⅰ上反向安装。当主动轴Ⅰ正向转动时，通过离合器 a，齿轮 1 和 3 带动从动轴Ⅱ转动，离合器 b 空转。主动轴换向时，离合器 a 空转，而由离合器 b 和齿轮 2、4、5 带动轴Ⅱ，此时，从动轴转向不变，但传动比发生了变化

续表

机构	机构图	说明
单向定长送料机构	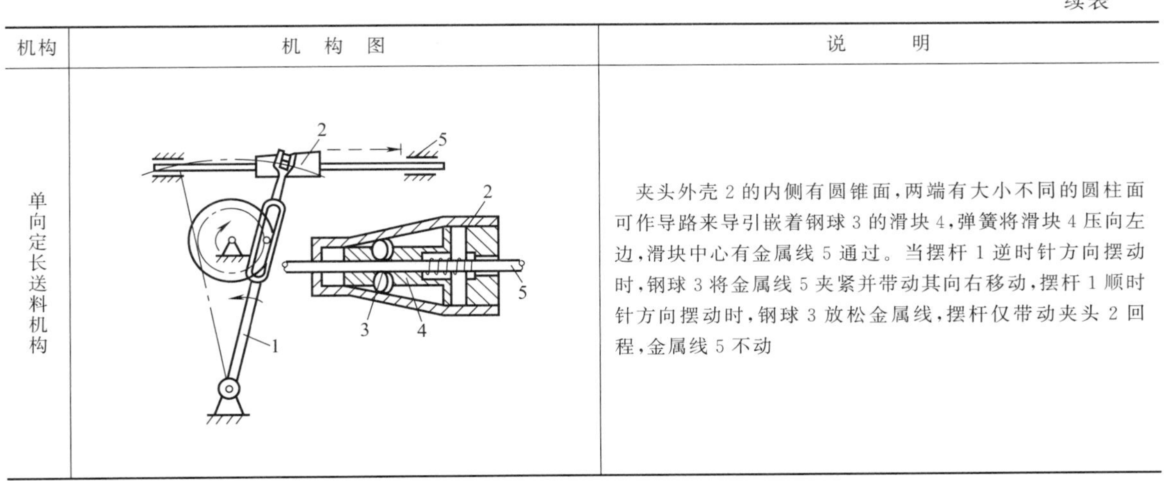	夹头外壳 2 的内侧有圆锥面，两端有大小不同的圆柱面可作导路来导引嵌着钢球 3 的滑块 4，弹簧将滑块 4 压向左边，滑块中心有金属线 5 通过。当摆杆 1 逆时针方向摆动时，钢球 3 将金属线 5 夹紧并带动其向右移动，摆杆 1 顺时针方向摆动时，钢球 3 放松金属线，摆杆仅带动夹头 2 回程，金属线 5 不动

9.9　换向机构

表 11-9-11　　换向机构

机构	机构图	说明
三星轮换向机构		主动轮 1 与从动轮 4 间装有惰轮 2 和 3，2 与 3 装在三角形支承架 H 上，H 可绕轴 O_4 转动。H 位于Ⅰ时（图中实线所示，1 与 2，2 与 3，3 与 4 啮合），各轮转向如图所示；H 位于Ⅲ时（图中双点画线所示，1 与 3，3 与 4 啮合），轮 4 换向；H 位于Ⅱ时（2、3 均不与 1、4 啮合），轮 4 不转。换向杆 h 必须有良好的固定，因 H 上受的力矩有使其转变方向的趋势
三惰轮换向机构		其原理与上图所示的三星轮换向机构相同，但多一个惰轮，可减小主、从动轮的中心距，没有使换向杆 h 改变方向的力矩

续表

机构	机构图	说明
拨销换向机构	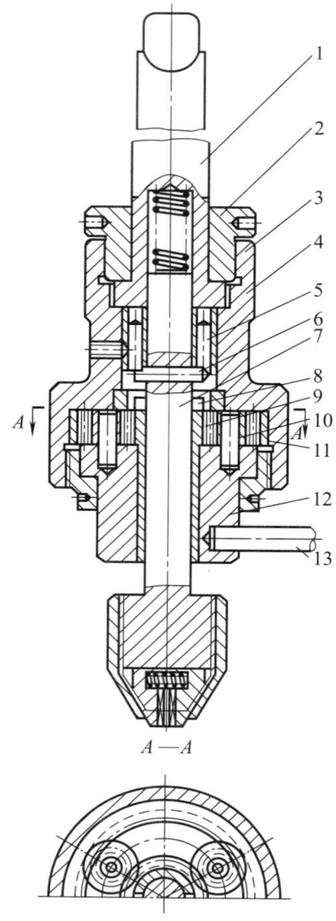	在攻螺纹工具的拨销换向机构中，锥柄1和套筒体3用螺母2压紧，靠接触面的摩擦力带动3转动。带有拨销5的套筒4用紧定螺钉与3固接。锥柄1向下移动到丝锥接触工件时，攻螺纹头轴7上的销子6插入销子5之间，攻螺纹头与锥柄同速转动。攻螺纹完毕时，6自动与销子5脱离接触，若将锥柄1向上抬起，则7借压缩弹簧的作用力使销6进入中心齿轮9上的销槽8中；此时，若使13被挡住不动，则固接在3上的内齿轮11通过三个小齿轮10和齿轮9带动轴7快速反向转动，将丝锥退出工件。这种装置的特点是整个工作过程中，锥柄既不需反转，又能使攻螺纹头慢速攻螺纹、快速退出，并且结构简单，制造、操作方便
行星式换向变速机构	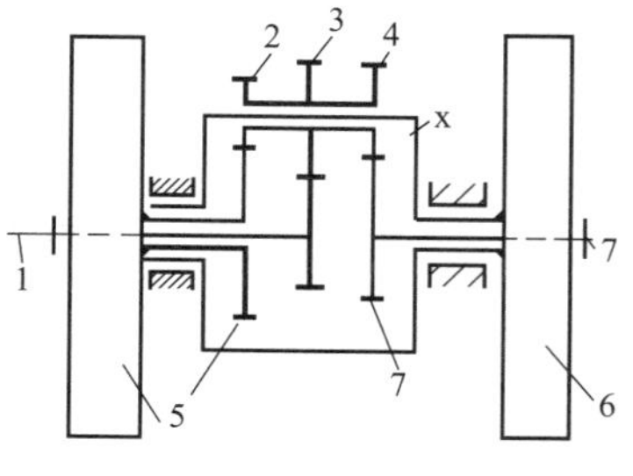	主动轴1和从动轴7上分别空套有刹车轮5和6，齿轮2～4为三联齿轮，套在和轮6固连的系杆x上。刹住轮6时，系统是定轴轮系，按1-3-4-7传动，轴7与轴1同向转动；刹住轮5时，轴1通过有同一转臂x的两个行星轮系1-3-2-5和5-2-4-7使轴7转动，这时轴7的转速为 $$n_7=\frac{\left(1-\frac{z_5z_4}{z_1z_2}\right)}{\left(1-\frac{z_5z_3}{z_1z_2}\right)}n_1 \quad (11\text{-}9\text{-}36)$$ 当$z_5z_3>z_1z_2$或$z_5z_4>z_1z_2$时，轴7的转向与轴1相反，这时，只要变换刹车轮即可换向变速，而不需停车

第11篇

续表

机构	机 构 图	说 明
行星齿轮换向机构	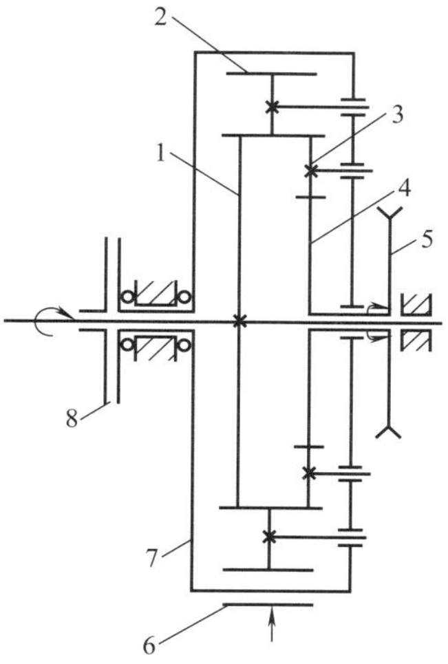	应用于履带式水箱收割机的转向装置。1 为主动齿轮，5 为从动链轮，6 是制动器，7 为可转动架体，8 为摩擦离合器。当离合器 8 接通（$n_1=n_7$），制动器 6 松开时，5 与 1 等速同向转动
差动换向机构	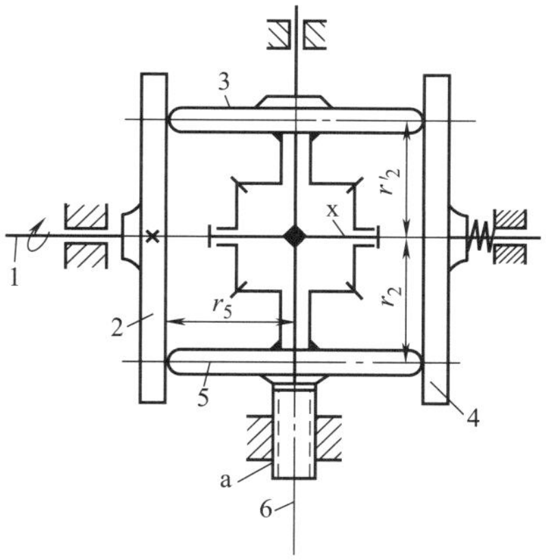	固连于主动轮 1 的摩擦盘 2，使摩擦盘 3 和 5 以相反的方向转动，再通过锥齿轮差动轮系使轴 6 转动（轴 6 与差动轮系的系杆 x 固连），轴 6 的转速为 $$n_6=\frac{1}{2}\left(\frac{r_2-r'_2}{r_5}\right)n_1 \quad (11\text{-}9\text{-}37)$$ 调节螺杆 a 使整个锥齿轮差动轮系上升或下降，以改变 r_2 和 r'_2 的尺寸，如上式中 $r_2>r'_2$，则轴 6 与盘 5 转向相同，否则相反
往复转动自动换向机构	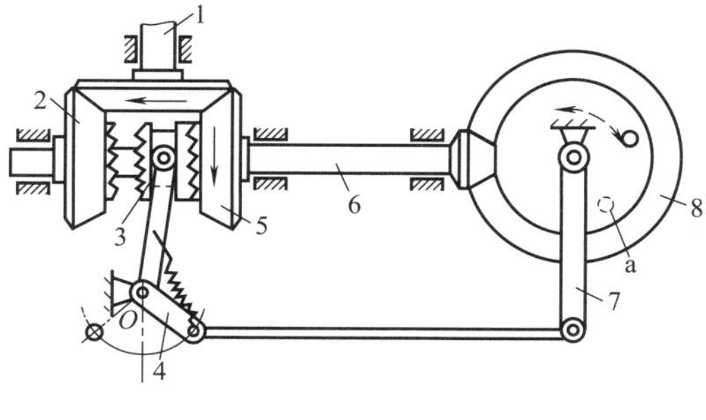	主动锥齿轮 1 与空套在轴 6 上的锥齿轮 2、5 啮合，通过离合器 3（用滑键和轴 6 连接）将运动传递到从动锥齿轮 8。当离合器 3 在右边时，按 1-5-3-6-8 传动，锥齿轮 8 做顺时针方向转动。当 8 上的销子 a 到达虚线位置时，推动杆 7（空套在轮 8 的轴上）并使杆 4 顺时针方向转动，当杆 4 偏移至 O 点左侧时，弹簧拉动离合器 3 至左边，此时，按 1-2-3-6-8 传动，轮 8 做逆时针方向转动，销子 a 从左边推动杆 7，实现周期性自动换向

续表

机构	机构图	说明
换向变速机构	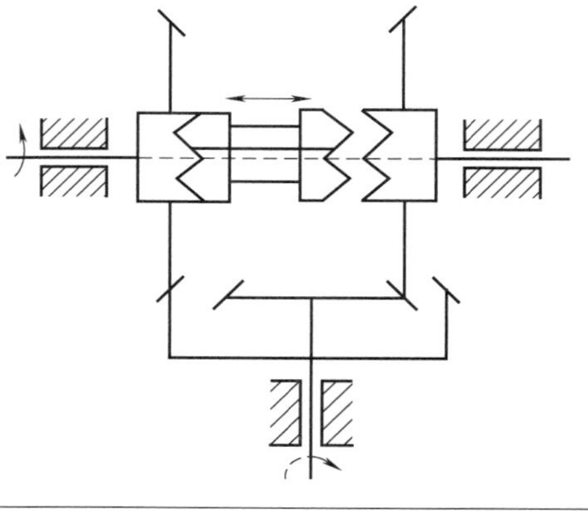	其原理同差动换向机构，但换向的同时，速比也发生变化
卷筒多层缠绕导绳机构	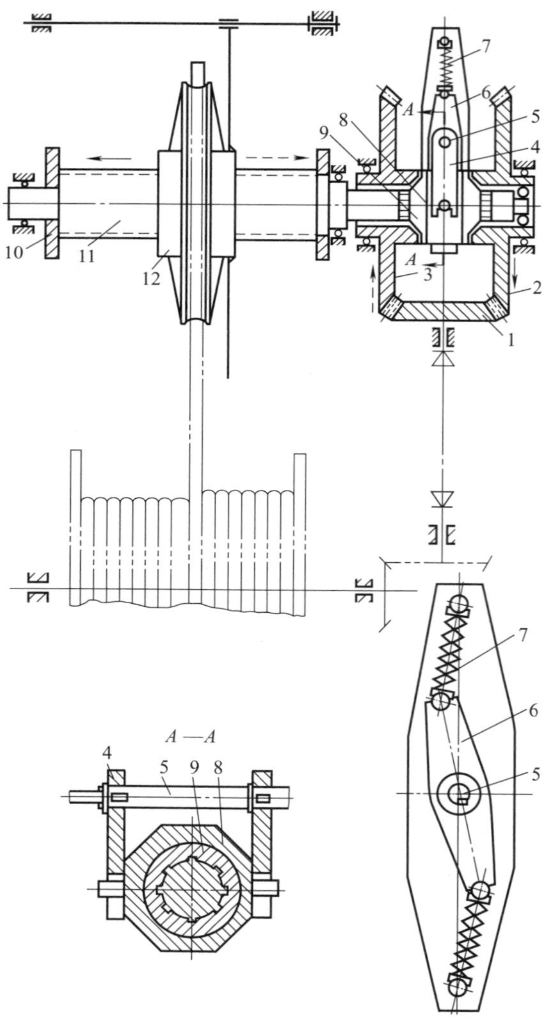	卷筒轴上的锥齿轮通过万向联轴器带动导绳装置输入锥齿1，拨叉4处于中间位置时锥齿轮2、3反向空转。拨叉固定在竖轴5上，竖轴5与摆杆6固连，摆杆两端用串联碟形弹簧7压紧，拨叉在中间位置时牙嵌离合器9与两边锥齿轮2和3之间有相等的少量间隙，此时两弹簧和摆杆6处于一直线上。使用前调整好导向滑轮12与卷筒上钢丝绳的相互位置，并使摆杆6朝某一方向偏离(按图示滑轮与钢绳的位置，4应向右偏)从而推动拨环8并带动离合器9，使其与锥齿轮2(或3)啮合，螺杆11被带动旋转，从而带动滑轮12做轴向移动。当滑轮到达左端并被挡板10挡住时，阻力矩增大。通过锥齿轮2与离合器间的啮合斜面相互作用，克服弹簧反力矩使摆杆6(或4)向左摆动，离合器脱开并自动与对面锥齿轮3啮合，螺杆11反向旋转，导轮12反向移动，如此自动往复完成钢绳多层缠绕

第11篇

续表

机构	机构图	说明
棘轮换向机构	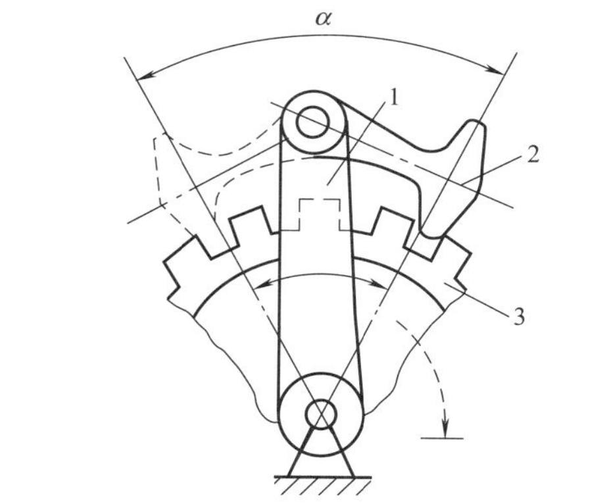	棘爪 2 在实线位置时，摆杆 1 带动棘轮 3 沿顺时针方向转动；棘爪在虚线位置时，棘轮沿逆时针方向转动
摆动自动换向机构	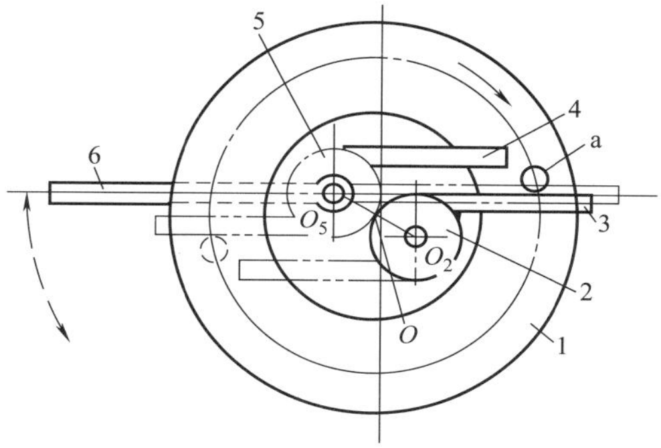	杆 4、6 与齿轮 5 固连，杆 3 与齿轮 2 固连，两齿轮啮合，当轮 1 绕固定中心 O 顺时针方向转动时，轮 1 上的销 a 推动杆 3 转动，并带动两齿轮 2、5 绕各自的固定中心 O_2、O_5 转动，使 3、4、6 分别转动到双点划线位置。接着销 a 推动杆 4，使从动杆 6 换向。这样循环下去，轮 1 每转一圈，从动杆 6 往复摆动 180°

9.10　差动补偿机构

表 11-9-12　差动补偿机构

机构	机构图	说明
增力差速滑轮	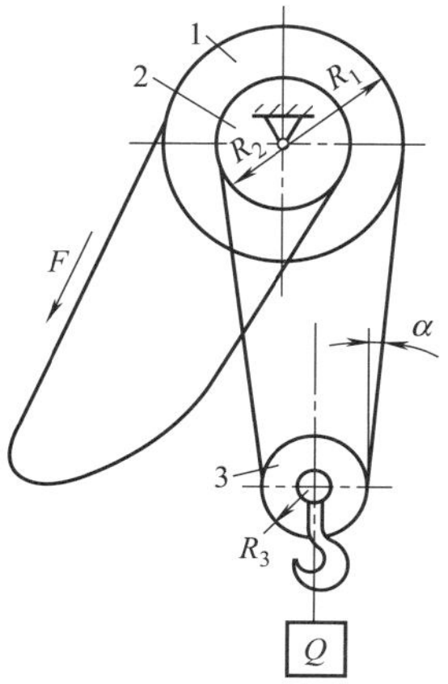	双联定滑轮 1、2 受拉力 F 作用时，通过动滑轮 3 吊起重物 Q，拉力 F 为 $$F=\frac{(R_1-R_2)Q}{2R_1\cos\alpha} \quad (11\text{-}9\text{-}38)$$ 所以，两定滑轮半径差愈小，增力效果愈大；若使动滑轮 3 离定滑轮中心愈远，或使 $R_3=\frac{R_1+R_2}{2}$，也可提高增力效果

续表

机构	机构图	说明
铣刀心轴紧固机构	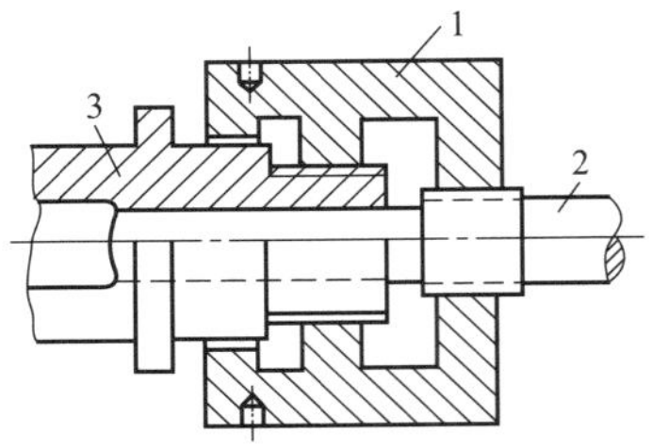 1 2 3	3 为铣床主轴,2 为心轴,若双螺旋 1 为导程不等的左螺旋,逆时针方向转动 1,能紧固心轴 2;顺时针方向转动 1,则心轴 2 退出
凸轮连杆差动机构	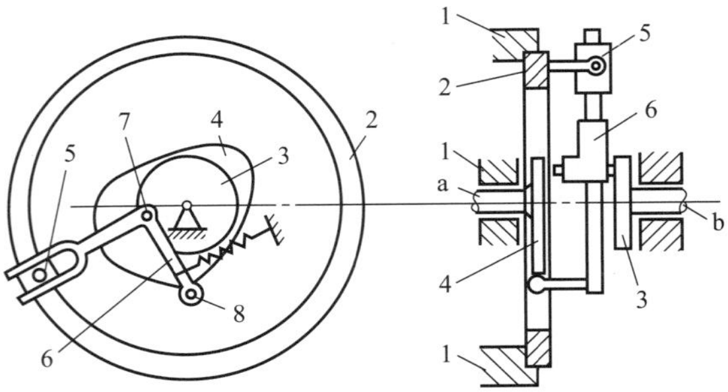 1 2 3 4 5 6 7 8 a b	主动轴 a 与凸轮 4 固连,另一主动轴 b 与圆盘 3 固连,两主动件通过构件 6、滑块 5 带动从动盘 2 转动(圆盘 3 用销 7 与 6 连接,凸轮 4 通过滚轮 8 与 6 接触),2 的运动为主动件 3、4 的合成运动。1 为机架,复杂构件 6 是凸轮 4 的从动件,用作连杆与滑叉。凸轮轮廓的设计对从动盘 2 的运动规律有重要影响
差速凸轮机构	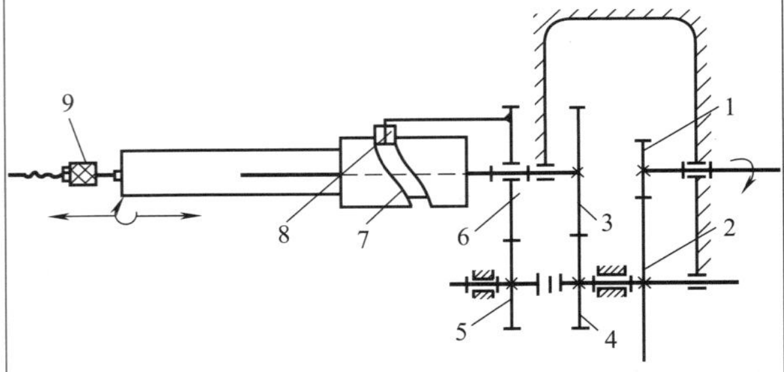 1 2 3 4 5 6 7 8 9	圆柱凸轮 7 上固定钻头 9,7 与齿轮 3 的轴用导键连接,齿轮 4、5、6、3 的齿数分别为 23、21、31、34。当齿轮 4、5 用离合器接通时,轮 1 带动 3、6 做差速运动,钻头实现自动慢速进刀。轮 6 相对于轮 3 差一转所需时间为 $$t=\frac{z_3z_6}{n_4(z_5z_3-z_4z_6)}=\frac{1054}{n_4}$$ 式中 n_4——齿轮 4 的转速,r/min
镗刀头自动径向进给行星轮机构	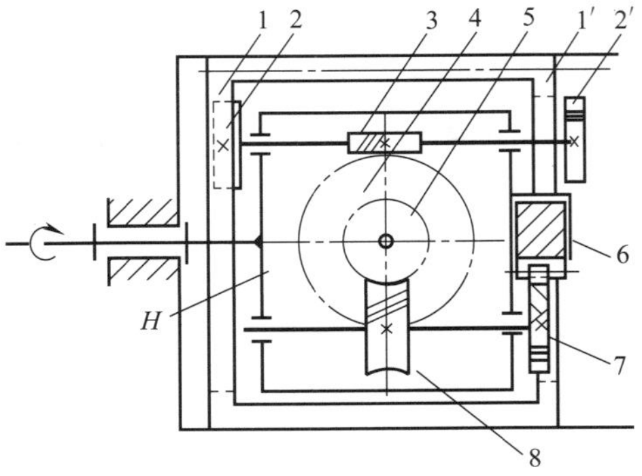 1 2 3 4 5 1′ 2′ 6 7 8 H	双联内齿轮 1-1′周向固定,轴向可移,1-2-H 组成行星轮系,蜗杆 3、5 和蜗轮 4、8,齿轮 7 和齿条 6 均装在转臂 H 上。H 主动时,齿条 6 做径向进刀运动。进给量 $$S_6=2\pi r_7 n_H\frac{z_1z_3z_5}{z_2z_4z_8} \quad (11\text{-}9\text{-}39)$$ 式中 r_7——齿轮 7 的节圆半径 n_H——转臂 H 的转速,r/min $z_1\sim z_5$,z_8——各轮的齿数 适当选择各轮齿数,6 可做微量进给运动。移动齿轮 1 使 1′和 2′啮合,则式中 z_1、z_2 换成 z_1'、z_2',可改变 6 的进给量

续表

机构	机构图	说明
棘轮式差动装置	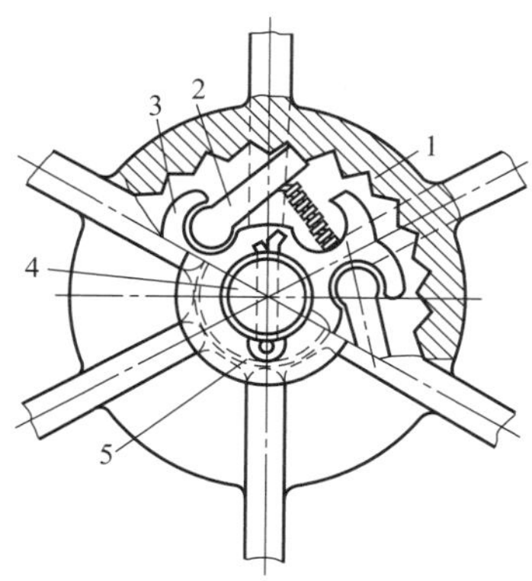	行走轮 1(内棘轮)空套在轮轴 4 上,六槽圆盘 3 用销 5 与轮轴连接,并用棘爪 2 与行走轮 1 连接,当行走轮逆时针方向转动时,带动轮轴转动;当行走轮顺时针方向转动时,轮在棘爪上滑过。轴 4 上有左右两轮,在转弯时,两轮转速不等形成差动。该装置应用于以行走轮为主动的畜力割草机中
汽车差速器	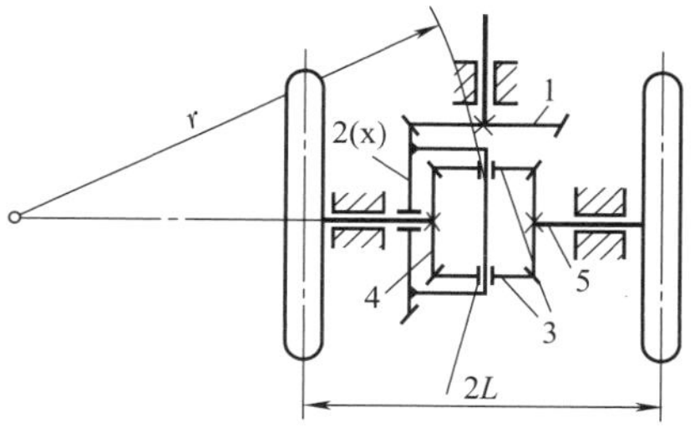	汽车差速器是差动轮系将一个转动分解为两个转动的应用实例。汽车转弯时,为了保持左右两后轮在地上做纯滚动,两轮转速应不同,n_4、n_5与各自所走弯道的半径成正比,即 $$\frac{n_4}{n_5}=\frac{r-L}{r+L} \quad (11\text{-}9\text{-}40)$$ 式中　r——转弯半径 L——两后轮轮距之半 同时,差动轮系 n_4、n_5必须满足下式 $$n_x=\frac{n_4+n_5}{2},n_x=\frac{z_1}{z_2}n_1 \quad (11\text{-}9\text{-}41)$$ 当汽车直行时 $n_4=n_5=n_x$,此时,轮系 3-4-5-x 间无相对运动。当左轮在粗硬的路面上,而后轮陷于泥泞中时,左轮阻力甚大,相当于被刹住($n_4=0$),右轮几乎没有阻力,可以自由转动,转速 $n_5=2n_x$
卷染机卷布辊用差动机构	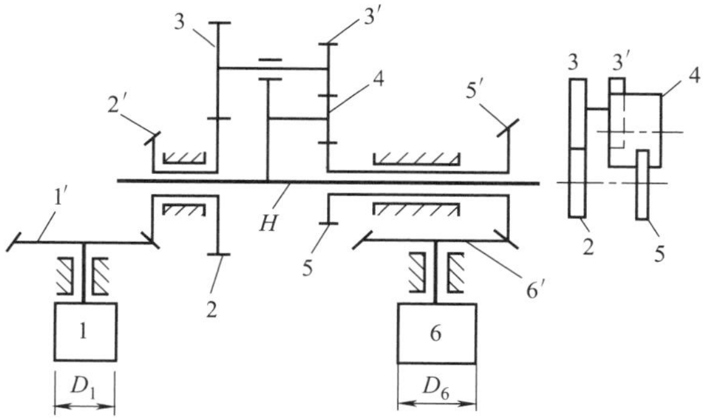	太阳轮 2、5,行星轮 3、3′、4 和系杆 H 组成差动轮系。轮 2 与卷布辊 1 之间通过锥齿轮 2′、1′直接传动,轮 5 与卷布辊 6 之间通过锥齿轮 5′、6′直接传动。各轮齿数为 $z'_1=z'_6=42$,$z'_2=z'_5=13$,$z_2=z_3=z'_3=z_4=z_5=24$。系杆 H 为主动件,太阳轮 2、5 为从动件,主、从动件之间转速 n_H、n_2、n_5 的关系为:$n_5+n_2=2n_H$。两卷布辊表面线速度相等,附加张力约束条件,则该机构运动确定,织物以近似恒速、恒张力通过染槽,使织物染色深浅尽可能一致

续表

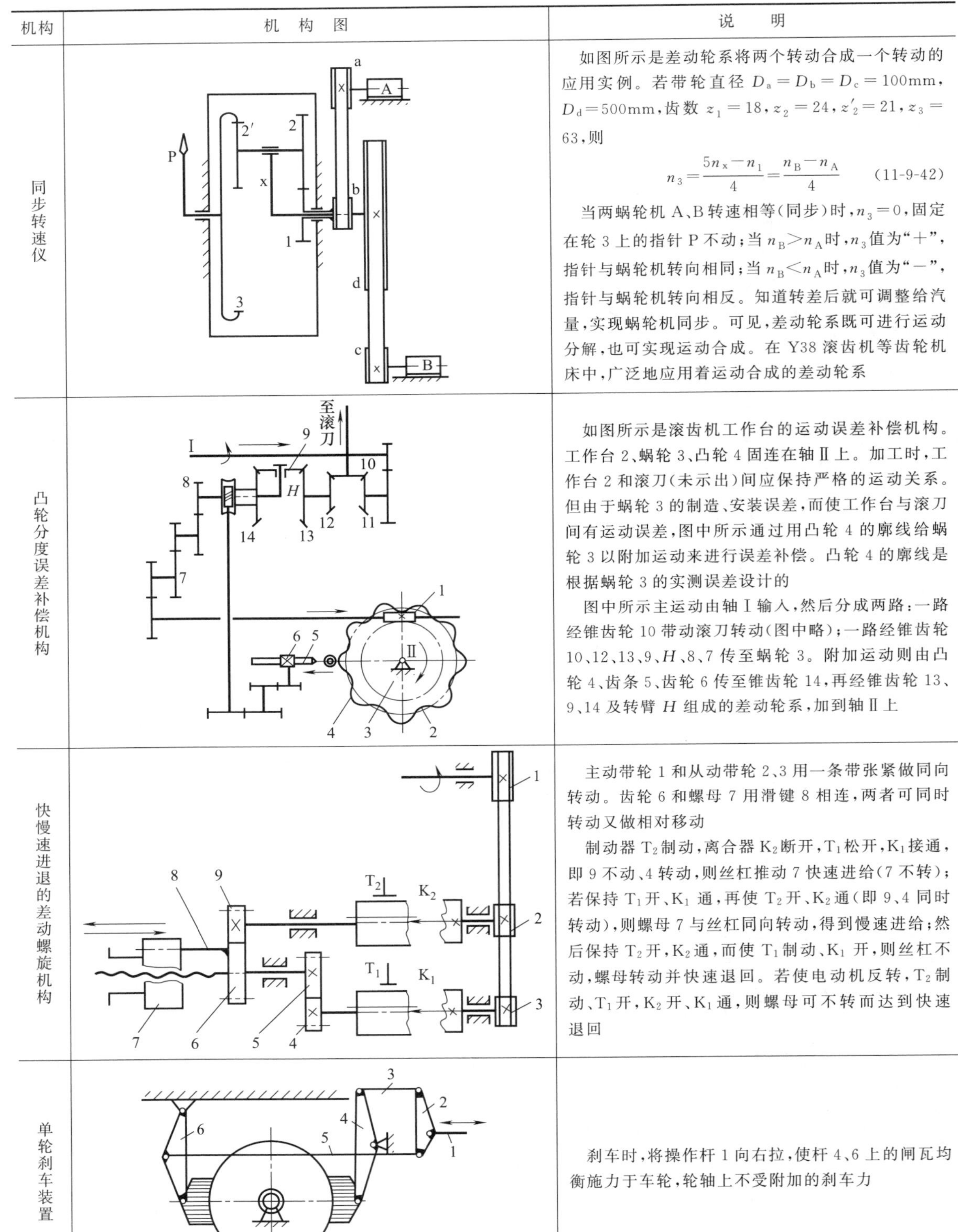

机构	机构图	说明
同步转速仪		如图所示是差动轮系将两个转动合成一个转动的应用实例。若带轮直径 $D_a=D_b=D_c=100$mm，$D_d=500$mm，齿数 $z_1=18$，$z_2=24$，$z_2'=21$，$z_3=63$，则 $n_3=\frac{5n_x-n_1}{4}=\frac{n_B-n_A}{4}$ (11-9-42) 当两蜗轮机A、B转速相等（同步）时，$n_3=0$，固定在轮3上的指针P不动；当 $n_B>n_A$ 时，n_3 值为"+"，指针与蜗轮机转向相同；当 $n_B<n_A$ 时，n_3 值为"−"，指针与蜗轮机转向相反。知道转差后就可调整给汽量，实现蜗轮机同步。可见，差动轮系既可进行运动分解，也可实现运动合成。在Y38滚齿机等齿轮机床中，广泛地应用着运动合成的差动轮系
凸轮分度误差补偿机构		如图所示是滚齿机工作台的运动误差补偿机构。工作台2、蜗轮3、凸轮4固连在轴Ⅱ上。加工时，工作台2和滚刀（未示出）间应保持严格的运动关系。但由于蜗轮3的制造、安装误差，而使工作台与滚刀间有运动误差，图中所示通过用凸轮4的廓线给蜗轮3以附加运动来进行误差补偿。凸轮4的廓线是根据蜗轮3的实测误差设计的 图中所示主运动由轴Ⅰ输入，然后分成两路：一路经锥齿轮10带动滚刀转动（图中略）；一路经锥齿轮10、12、13、9、H、8、7传至蜗轮3。附加运动则由凸轮4、齿条5、齿轮6传至锥齿轮14，再经锥齿轮13、9、14及转臂 H 组成的差动轮系，加到轴Ⅱ上
快慢速进退的差动螺旋机构		主动带轮1和从动带轮2、3用一条带张紧做同向转动。齿轮6和螺母7用滑键8相连，两者可同时转动又做相对移动 制动器 T_2 制动，离合器 K_2 断开，T_1 松开，K_1 接通，即9不动、4转动，则丝杠推动7快速进给（7不转）；若保持 T_1 开、K_1 通，再使 T_2 开、K_2 通（即9、4同时转动），则螺母7与丝杠同向转动，得到慢速进给；然后保持 T_2 开，K_2 通，而使 T_1 制动、K_1 开，则丝杠不动，螺母转动并快速退回。若使电动机反转，T_2 制动、T_1 开，K_2 开、K_1 通，则螺母可不转而达到快速退回
单轮刹车装置		刹车时，将操作杆1向右拉，使杆4、6上的闸瓦均衡施力于车轮，轮轴上不受附加的刹车力

续表

机构	机构图	说明
多工件夹紧装置	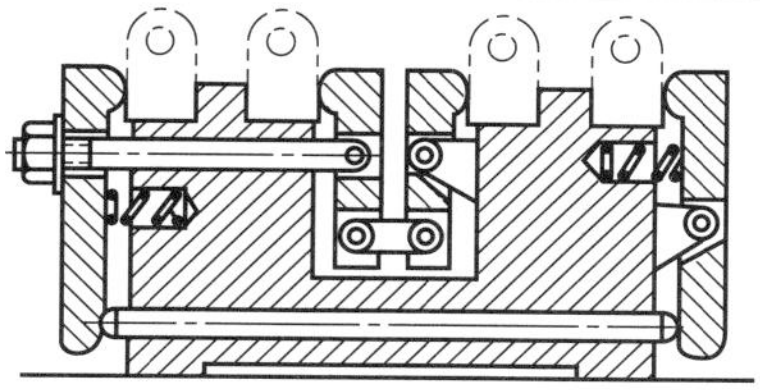	通过拧紧或松开左边螺母，可实现多工件的夹紧或松开
位置偏差补偿机构	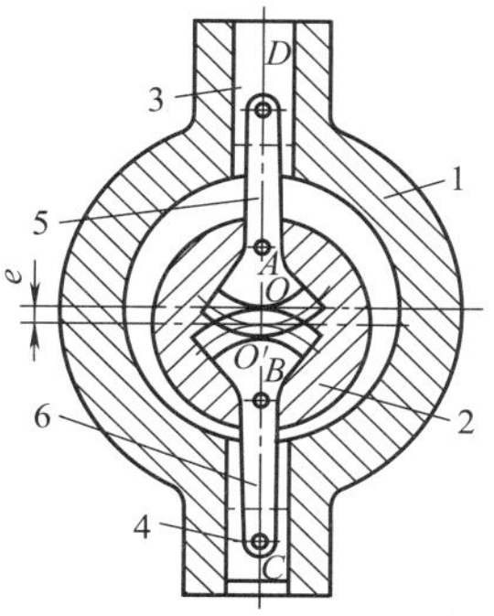	主动轴1的轴心为O，从动轴2的轴心为O'，连杆5、6和从动轴2及滑块3、4分别铰接于A、B、C、D，组成差动机构，再用齿轮啮合封闭，工作中当O与O'的相对位置发生变化时（即偏心距e发生变化），可自动补偿，不影响运动的传递

9.11　气、液驱动机构

表 11-9-13　　气、液驱动机构

机构	机构图	说明
凿岩台车液压托架（叠形架）摆动机构	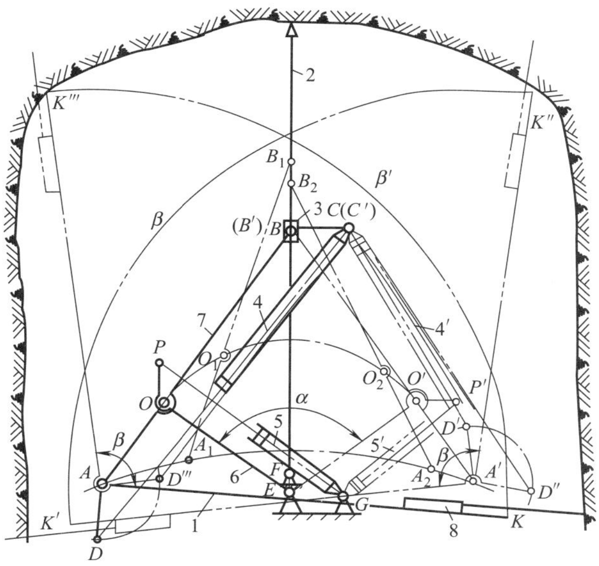	为使凿岩机8在巷道断面的各个方位均能打眼，采用了由两个油缸控制的托架摆动机构 凿岩机8打眼时，先将立柱2固定（通过气压千斤顶顶在坑道顶板上），当油缸5的活塞杆伸缩时，可使摇臂6绕E转动，并可停在α角内的任一位置，摆臂7上A、B点分别在轨迹AA_1A_2A'与立柱2上占有相应位置（如$A_1O_1B_1$，$A_2O_2B_2$），AB位置固定后，油缸4的活塞杆可使托架1绕A点转动，并可在β角范围内任一位置停住（如AK或AK'''，$A'K'$或$A'K''$），使凿岩机8进行打眼。通过油缸4、5配合动作，可使凿岩机在坑道横断面内的三向任意方位进行打眼

续表

机构	机构图	说明
铸锭供料机构	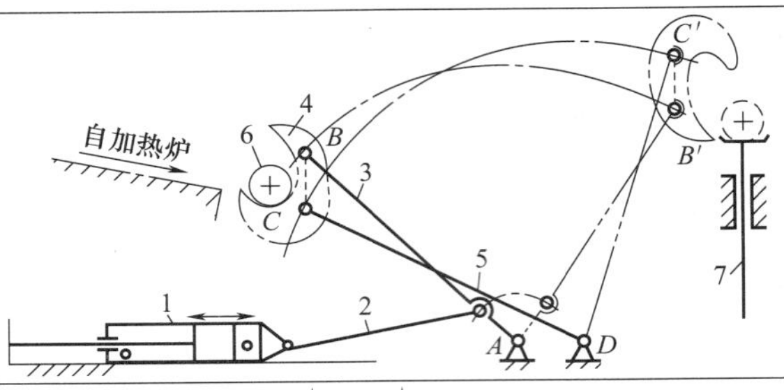	当供料机构处于实线位置时，铸锭 6 自加热炉进入盛料器 4，由于水压缸 1 的推动，机构转至位置 $A'B'C'D$，盛料器 4 翻转 180°，铸锭被卸在升降台 7 上。此双摇杆机构也用于振动造型机的翻台机构
造型机的顶箱机构	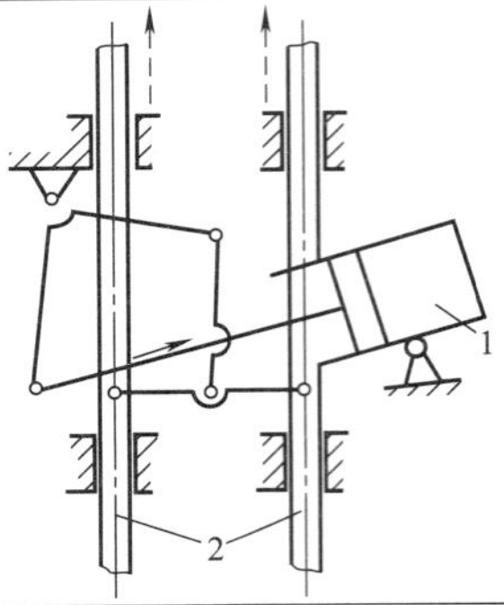	摆动气缸 1 的活塞杆通过连杆带动杆 2 上下运动，完成顶箱动作
卷筒胀缩机构	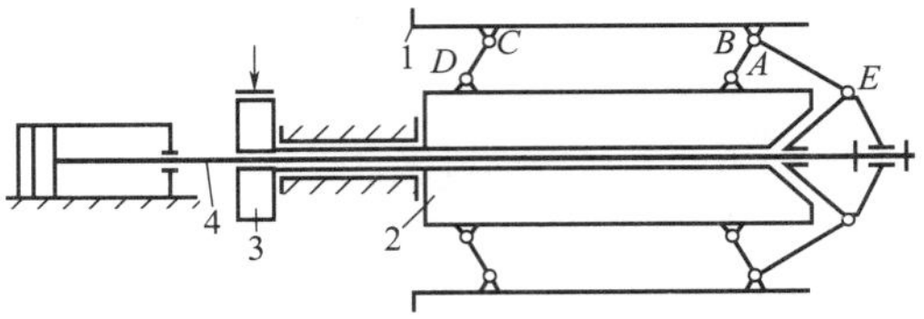	卷筒 1 是由数个围绕筒体 2 圆周的平行四边形机构 $ABCD$ 的连杆 BC 组成的，这些平行四边形机构的 A、D 与筒体 2 铰接。当活塞杆 4 向右运动时，通过连杆 BE 使 AB、DC 向右摆动，此时，卷筒 1 外径缩小，装上金属带卷；当活塞杆 4 向左运动时，AB、DC 向左摆动，卷筒 1 外径胀大，将已装上的带卷张紧，以便松带。松带时，为使带材保持一定的拉力，利用制动器 3 造成一定的滑动摩擦阻力（松带时，金属带由其他装置拖动，图中未示出）。此机构在金属轧材厂的退火电炉上有应用
平板式气动闸门机构	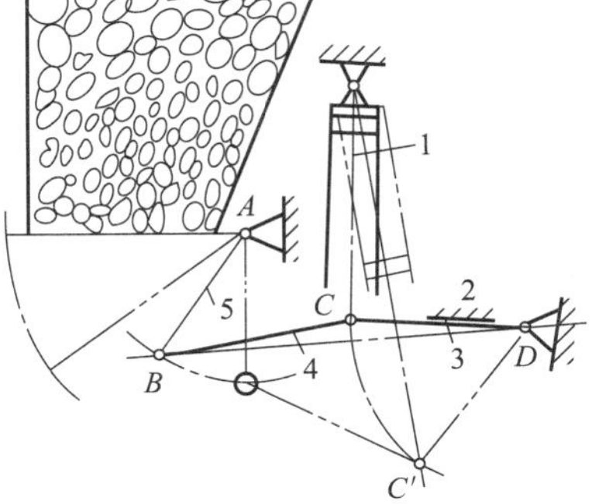	气缸的活塞杆 1 通过连杆 4 带动闸门 5 开或关。实线所示位置为闸门关闭状态，此时，C 点稍越过 BD 连线，处于上方位置，使其具有自锁作用。即将关闭时，杆 3、4 趋近直线，有很大的增力作用，使闸门关紧。2 为限位挡块。双点画线表示闸门开启状态

续表

机构	机　构　图	说　明
多油缸驱动的机械手抓取机构	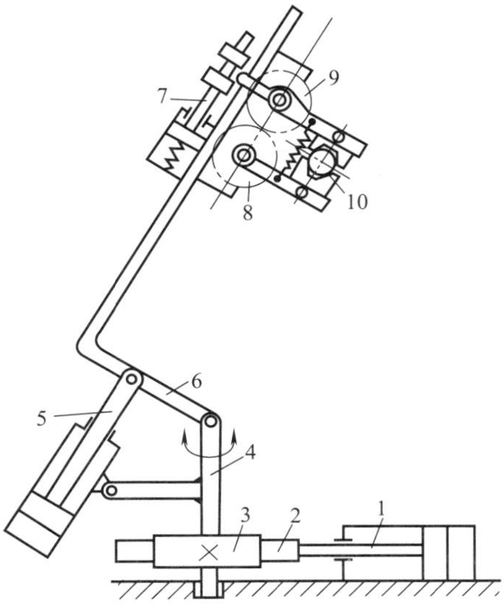	油缸的活塞杆 1 带动齿条 2 和齿轮 3，使立轴 4 转动。活塞杆 5 使弯臂 6 抬起或下降。活塞杆 7 使互相啮合的齿轮 8、9 反向转动，以夹紧或松开工件 10
装料槽的升降摆动机构	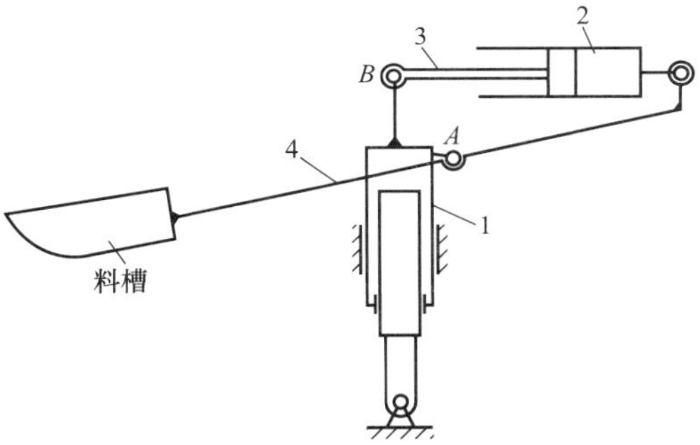	料槽杆 4 与油缸 1 的 A 点铰接，当油缸 1 不动，油缸 2 动作时，可使料槽绕 A 点摆动；当油缸 2 不动，而油缸 1 动作时，则料槽平行升降。两油缸协调动作，可使料槽得到所需的复合运动
凿岩机推进器支架平行升降机构	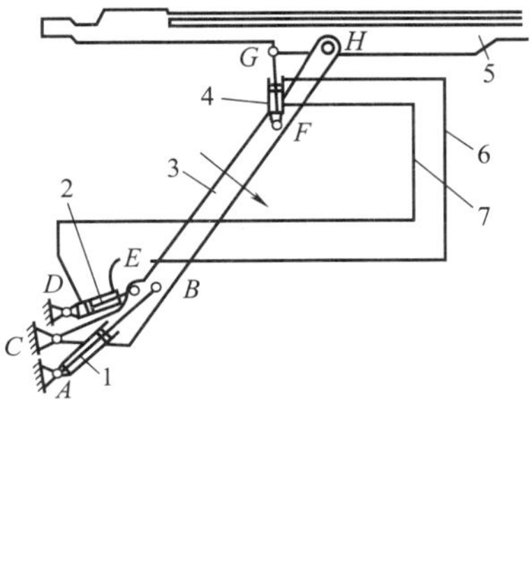	推进器支架 5 与摆臂 3 在 H 处铰接，摆臂 3 用油缸 1 驱动使其绕 C 转动。油缸 2、4 直径相等并分别在 E、F、G 处与 3、5 铰接，两者充满油，用油管 6、7 连通。当油缸 1 使 3 向下转动时，油缸 2 中的油经油管 6 流入油缸 4 的上方，使支架 5 绕 H 逆时针方向转动，保持 5 的水平位置。3 向上转动时，油缸 2 中的油经油管 7 流入油缸 4 的下方，使支架 5 顺时针方向转动仍保持 5 的水平位置。为了使 3 转动时 5 能保持水平，铰接点 C、D、K 间和 F、C、H 间的位置关系应计算确定

续表

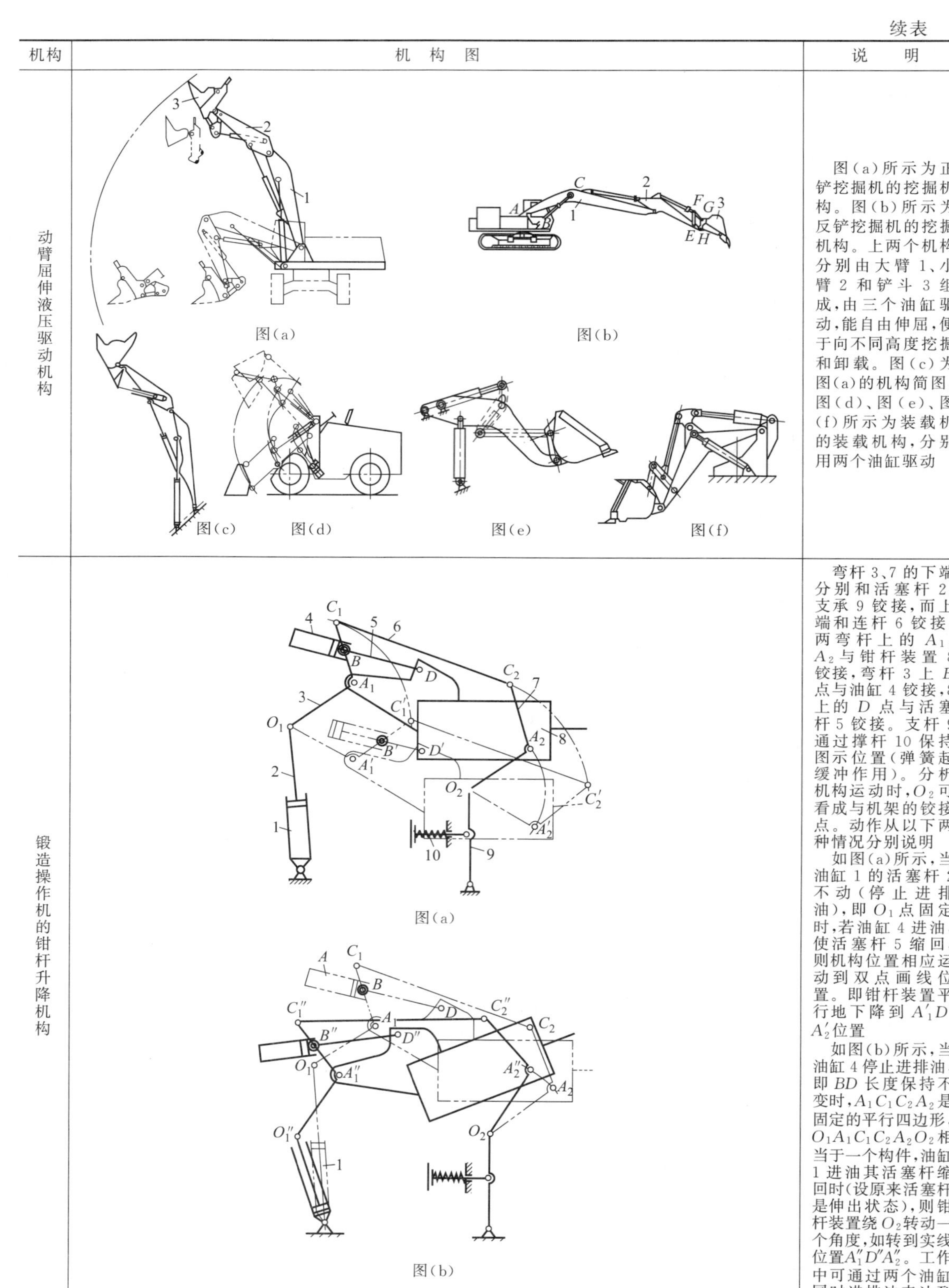

机构	机 构 图	说 明
动臂屈伸液压驱动机构	图(a) 图(b) 图(c) 图(d) 图(e) 图(f)	图(a)所示为正铲挖掘机的挖掘机构。图(b)所示为反铲挖掘机的挖掘机构。上两个机构分别由大臂 1、小臂 2 和铲斗 3 组成，由三个油缸驱动，能自由伸屈，便于向不同高度挖掘和卸载。图(c)为图(a)的机构简图。图(d)、图(e)、图(f)所示为装载机的装载机构，分别用两个油缸驱动
锻造操作机的钳杆升降机构	图(a) 图(b)	弯杆 3、7 的下端分别和活塞杆 2、支承 9 铰接，而上端和连杆 6 铰接，两弯杆上的 A_1、A_2 与钳杆装置 8 铰接，弯杆 3 上 B 点与油缸 4 铰接，8 上的 D 点与活塞杆 5 铰接。支杆 9 通过撑杆 10 保持图示位置（弹簧起缓冲作用）。分析机构运动时，O_2 可看成与机架的铰接点。动作从以下两种情况分别说明 如图(a)所示，当油缸 1 的活塞杆 2 不动（停止进排油），即 O_1 点固定时，若油缸 4 进油，使活塞杆 5 缩回，则机构位置相应运动到双点画线位置。即钳杆装置平行地下降到 $A'_1D'A'_2$ 位置 如图(b)所示，当油缸 4 停止进排油，即 BD 长度保持不变时，$A_1C_1C_2A_2$ 是固定的平行四边形，$O_1A_1C_1C_2A_2O_2$ 相当于一个构件，油缸 1 进油其活塞杆缩回时（设原来活塞杆是伸出状态），则钳杆装置绕 O_2 转动一个角度，如转到实线位置 $A''_1D''A''_2$。工作中可通过两个油缸同时进排油来达到具体需要的位置

续表

机构	机　构　图	说　明
液压柱塞铰接式步行机构	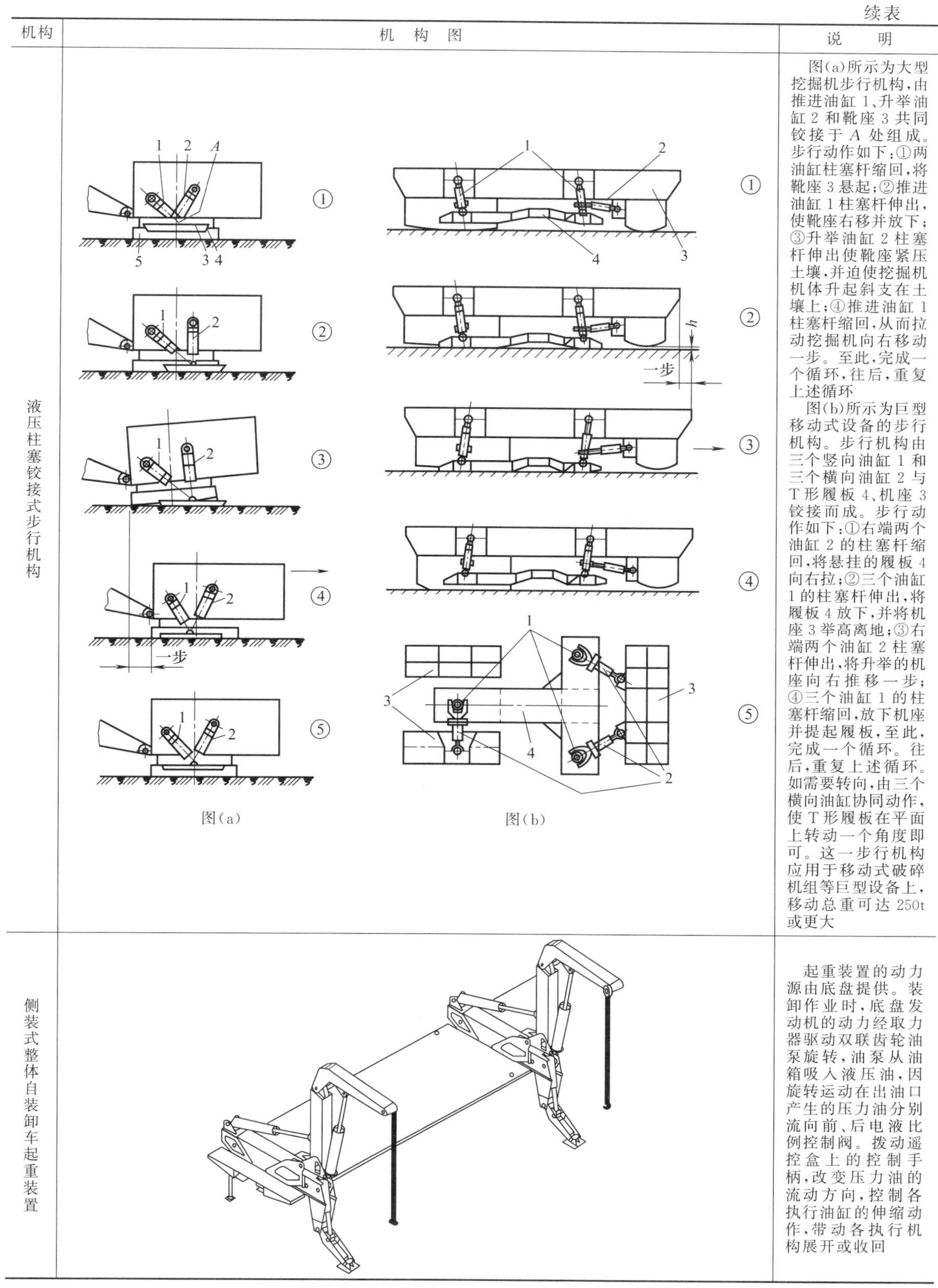 图(a)　图(b)	图(a)所示为大型挖掘机步行机构，由推进油缸 1、升举油缸 2 和靴座 3 共同铰接于 A 处组成。步行动作如下：①两油缸柱塞杆缩回，将靴座 3 悬起；②推进油缸 1 柱塞杆伸出，使靴座右移并放下；③升举油缸 2 柱塞杆伸出使靴座紧压土壤，并迫使挖掘机机体升起斜支在土壤上；④推进油缸 1 柱塞杆缩回，从而拉动挖掘机向右移动一步。至此，完成一个循环，往后，重复上述循环 图(b)所示为巨型移动式设备的步行机构。步行机构由三个竖向油缸 1 和三个横向油缸 2 与 T 形履板 4、机座 3 铰接而成。步行动作如下：①右端两个油缸 2 的柱塞杆缩回，将悬挂的履板 4 向右拉；②三个油缸 1 的柱塞杆伸出，将履板 4 放下，并将机座 3 举高离地；③右端两个油缸 2 柱塞杆伸出，将升举的机座向右推移一步；④三个油缸 1 的柱塞杆缩回，放下机座并提起履板，至此，完成一个循环。往后，重复上述循环。如需要转向，由三个横向油缸协同动作，使 T 形履板在平面上转动一个角度即可。这一步行机构应用于移动式破碎机组等巨型设备上，移动总重可达 250t 或更大
侧装式整体自装卸车起重装置		起重装置的动力源由底盘提供。装卸作业时，底盘发动机的动力经取力器驱动双联齿轮油泵旋转，油泵从油箱吸入液压油，因旋转运动在出油口产生的压力油分别流向前、后电液比例控制阀。拨动遥控盒上的控制手柄，改变压力油的流动方向，控制各执行油缸的伸缩动作，带动各执行机构展开或收回

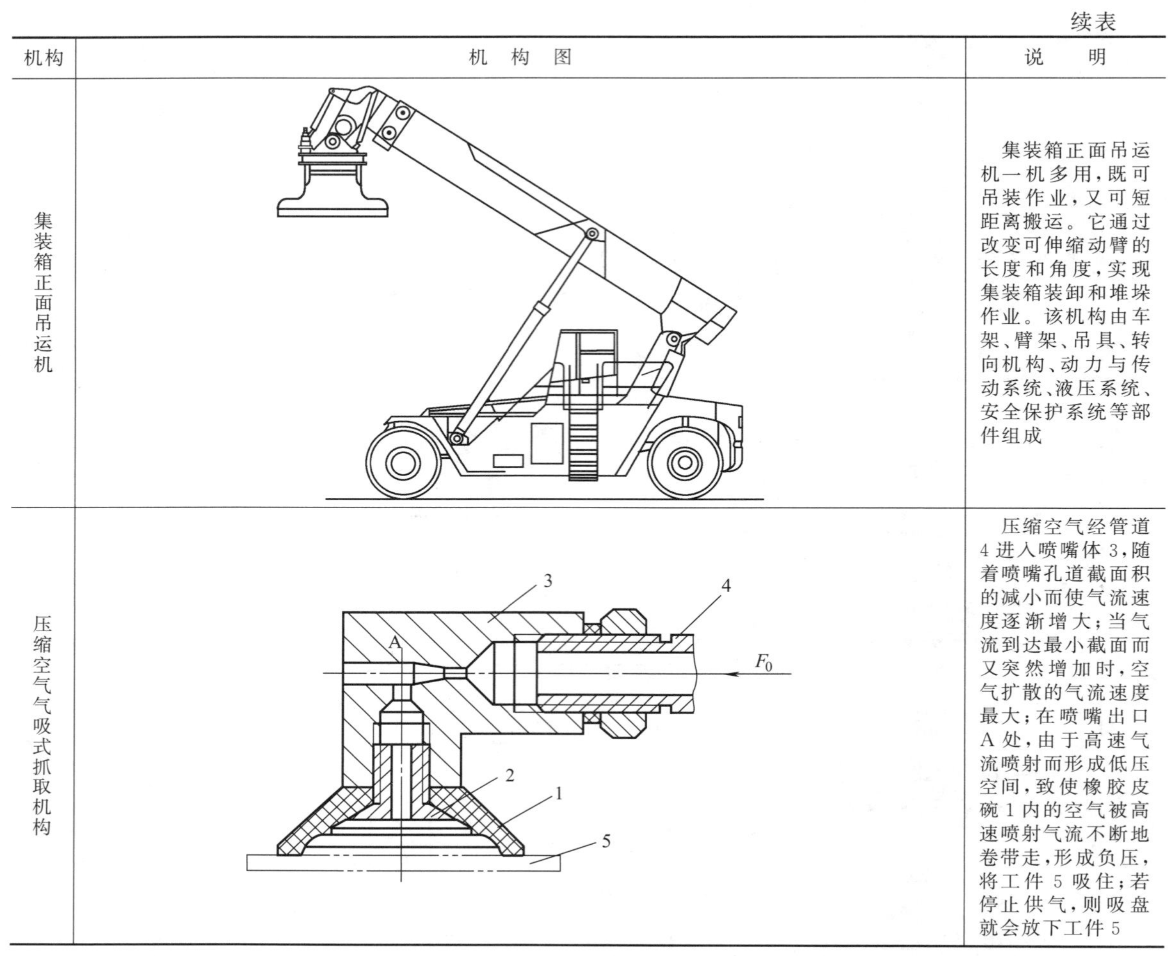

续表

机构	机构图	说明
集装箱正面吊运机		集装箱正面吊运机一机多用，既可吊装作业，又可短距离搬运。它通过改变可伸缩动臂的长度和角度，实现集装箱装卸和堆垛作业。该机构由车架、臂架、吊具、转向机构、动力与传动系统、液压系统、安全保护系统等部件组成
压缩空气气吸式抓取机构		压缩空气经管道 4 进入喷嘴体 3，随着喷嘴孔道截面积的减小而使气流速度逐渐增大；当气流到达最小截面而又突然增加时，空气扩散的气流速度最大；在喷嘴出口 A 处，由于高速气流喷射而形成低压空间，致使橡胶皮碗 1 内的空气被高速喷射气流不断地卷带走，形成负压，将工件 5 吸住；若停止供气，则吸盘就会放下工件 5

9.12 增力及夹持机构

表 11-9-14 增力及夹持机构

机构	机构图	说明
斜面杠杆式增力机构		采用了双升角斜楔，大升角 α_1 用来使夹紧构件迅速接近工件，小升角 α 用来使夹紧构件夹紧工件保持自锁
铰链杠杆式夹紧机构		夹紧力随被夹件尺寸的变化而变化，角 α 越小夹紧力越大，一般 $\alpha=10°\sim25°$

续表

机构	机构图	说明
冲压增力机构	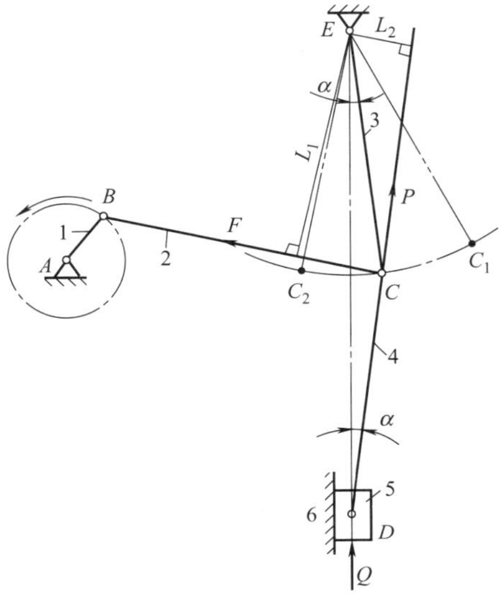	如图所示冲压增力机构为六杆曲柄肘杆机构，是利用机构接近死点位置所具有的传力特性实现增力的实例。如果肘杆 3 的两极限位置 EC_1 和 EC_2 在 ED 线的两侧，当曲柄 1 回转一周时，滑块 5 可上下两次（可用于铆钉机）。如果杆 3 的两极限位置取在 ED 线的一侧，则滑块 5 上下一次（如冲床）。设滑块产生的压力为 Q，杆 2、4 受力为 F、P，两肘杆 3、4 长度相等时，曲柄 1 施加于连杆 2 的力为 $$F=\frac{QL_2}{L_1\cos\alpha}\quad(11\text{-}9\text{-}43)$$ 式中　α——肘杆 3、4 与 ED 线的夹角 L_1，L_2——力 F 和 P 的作用线至轴心 E 的垂直距离 在加压工作开始时，角 α 和线段 L_2 很小，因此曲柄 1 施加于杆 2 上的力 F 很小，达到增压效果。在精压机、冲床等锻压设备中，为了获得短行程和高压力，常采用这种机构
破碎机构	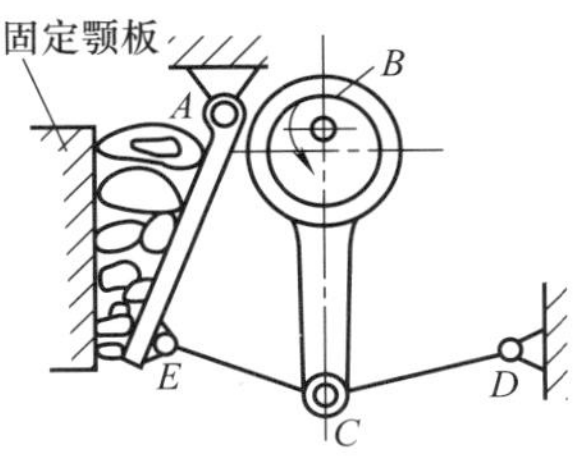 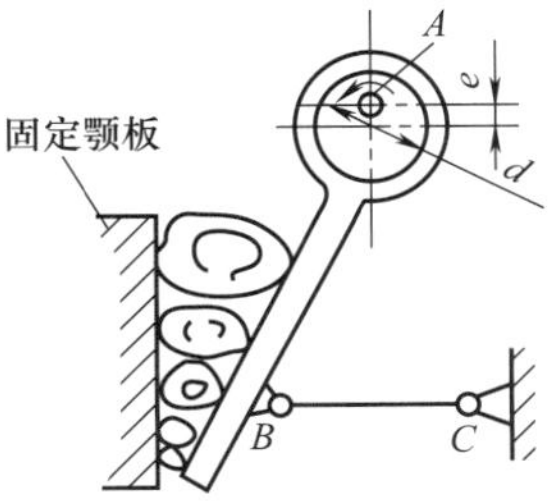 固定颚板 A B E C D 图(a) 固定颚板 A e d B C 图(b)	图(a)所示偏心轮绕固定点 B 转动时，带动活动颚板 AE 摆动，产生增力作用。但动颚板仅做绕轴心 A 的简单摆动，两颚板的靠近量下大上小，因此，上部不能获得较大的破碎功 图(b)所示这种机构的动颚板装于连杆上，当偏心轮绕固定点 A 转动时，动颚板做平面复合运动。动颚板和固定颚板的靠近量上大下小，这样能在破碎机的上部获得很大的破碎功，破碎效果好；而下部因行程小，能得到较细较均匀的矿块。偏心距 e 越小，破碎力越大，但过小的偏心距将降低效率。偏心距可近似由下式确定
破碎机构		$$e=\frac{fd}{\frac{1}{\eta}-1}=\frac{fd\eta}{1-\eta}$$ (11-9-44) 式中　f——轴承的滑动摩擦因数 d——偏心轮轴颈直径 η——效率

第 11 篇

续表

机构	机构图	说明
卸载式压砖机	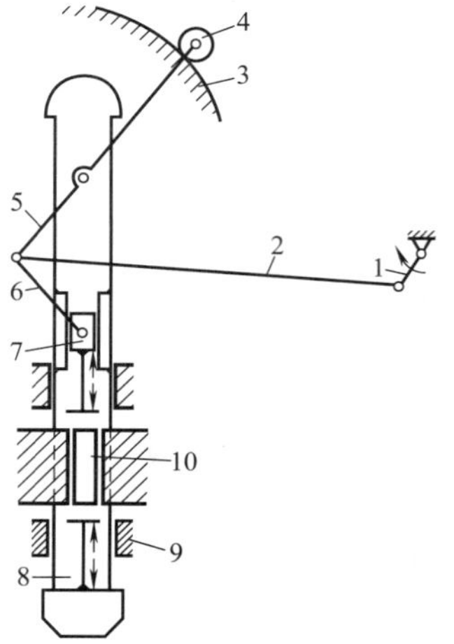	为保证砖坯10上下密度一致,需上下压头同时移动,进行双向等量加压,滑块7在拉杆架8的导轨中滑动,下压头装在8的下部,8的上部与杆5铰接,5的上端有一滚轮4可沿固定凸轮3滚动,凸轮3的曲线应能满足双向等量加压的要求。此机构可使压砖时的压力(最大可达1200t)不作用于机架上
双肘杆机构	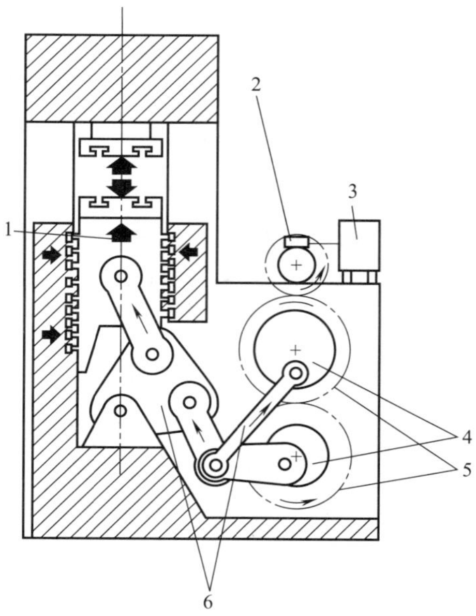 1—滑块;2—蜗杆机构;3—带有无级变速机构的电动机;4—曲轴;5—齿轮;6—双肘杆	电动机3通过无级变速机构和离合器带动蜗杆机构2,在经过一对齿轮5传动两个同步旋转的曲轴4。两个曲轴的偏心率不同,从而产生一个频率相同但振幅不同的运动,实现加工过程慢速回程较快的特性,能提高生产率

续表

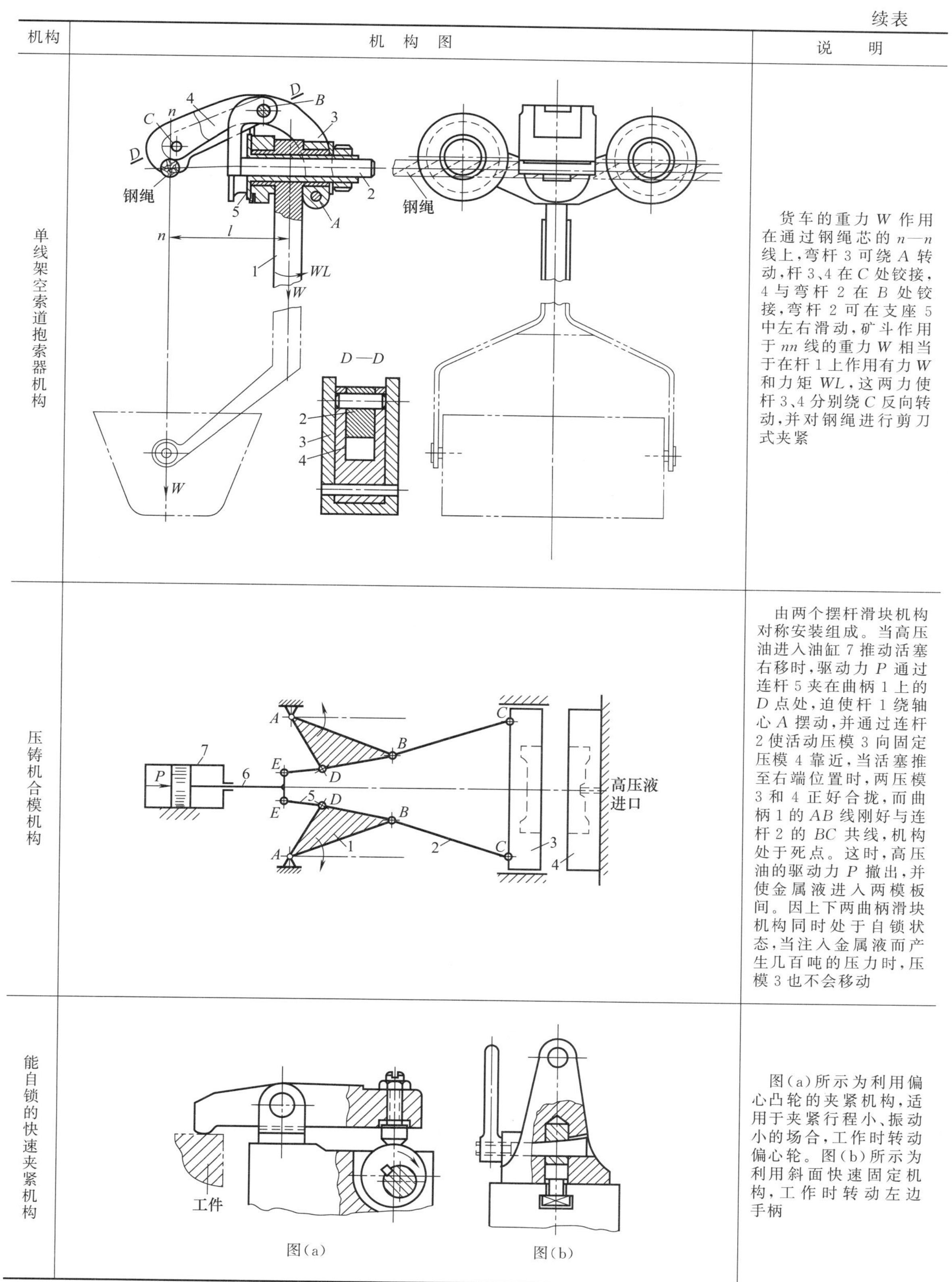

机构	机构图	说明
单线架空索道抱索器机构		货车的重力 W 作用在通过钢绳芯的 n—n 线上，弯杆3可绕 A 转动，杆3、4在 C 处铰接，4与弯杆2在 B 处铰接，弯杆2可在支座5中左右滑动，矿斗作用于 nn 线的重力 W 相当于在杆1上作用有力 W 和力矩 WL，这两力使杆3、4分别绕 C 反向转动，并对钢绳进行剪刀式夹紧
压铸机合模机构		由两个摆杆滑块机构对称安装组成。当高压油进入油缸7推动活塞右移时，驱动力 P 通过连杆5夹在曲柄1上的 D 点处，迫使杆1绕轴心 A 摆动，并通过连杆2使活动压模3向固定压模4靠近，当活塞推至右端位置时，两压模3和4正好合拢，而曲柄1的 AB 线刚好与连杆2的 BC 共线，机构处于死点。这时，高压油的驱动力 P 撤出，并使金属液进入两模板间。因上下两曲柄滑块机构同时处于自锁状态，当注入金属液而产生几百吨的压力时，压模3也不会移动
能自锁的快速夹紧机构	图(a)　图(b)	图(a)所示为利用偏心凸轮的夹紧机构，适用于夹紧行程小、振动小的场合，工作时转动偏心轮。图(b)所示为利用斜面快速固定机构，工作时转动左边手柄

续表

机构	机构图	说明
利用死点的自锁夹紧机构	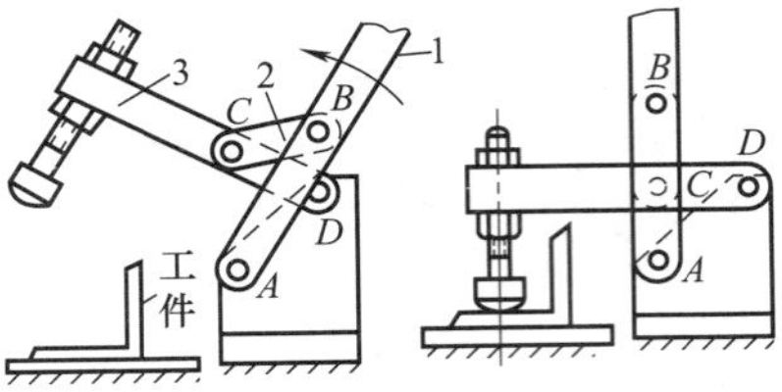 图(a) 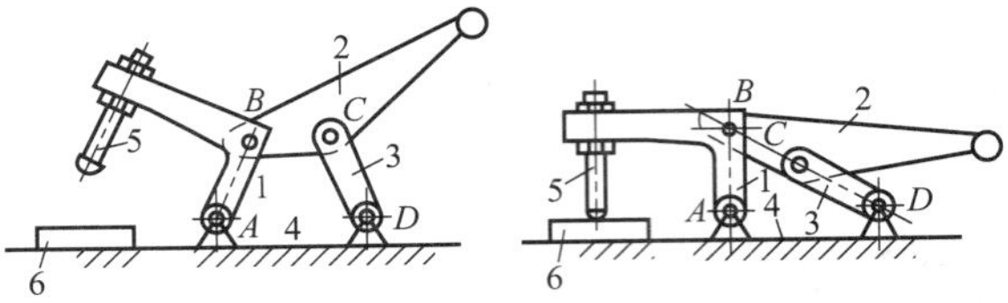 图(b)	图(a)所示，逆时针方向转动手柄1，使其与连杆2成一直线，这时机构处于死点位置，摇杆3对工件进行夹紧。如图(b)所示，转动手柄2，使其与摇杆3成一直线，此时机构处于死点位置而自锁，并使工件夹紧。这种利用死点达到自锁的夹具，虽自锁性差，但结构简单，运作迅速
摆动夹紧机构	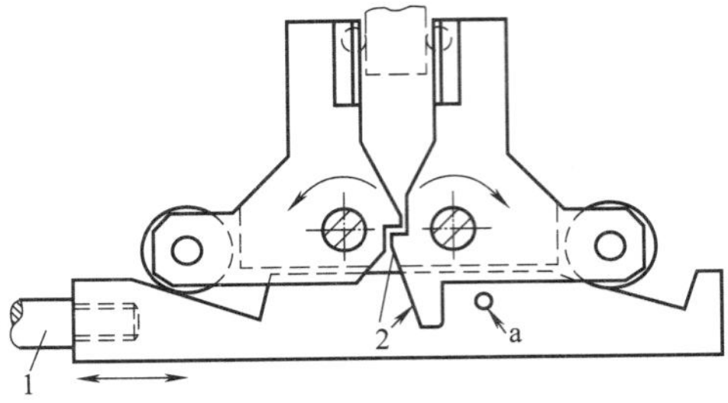	操作杆1左移时，销a通过块2使夹爪沿图示箭头方向移动，放松工件；操作杆1右移时，借斜面及滚轮的作用使夹爪反向移动夹紧工件
气动夹紧机构	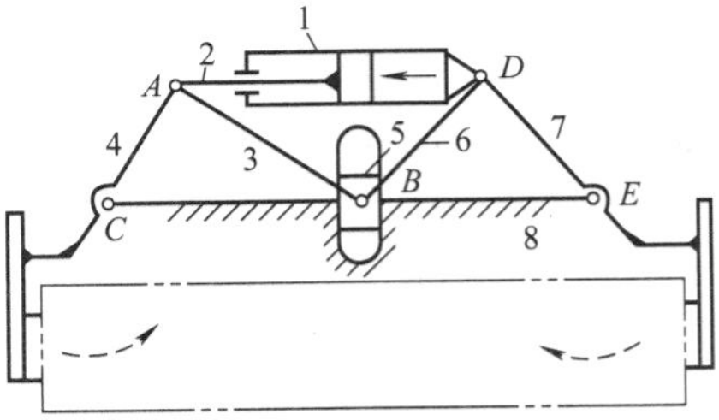	气缸两侧机构的构件尺寸对应相等，气缸及活塞杆1、2反向伸开(或相向收拢)带动杆4、7动作，滑块5可上下滑动，使4、7同时动作并夹紧(或放松)物料
浮动拉压夹紧机构	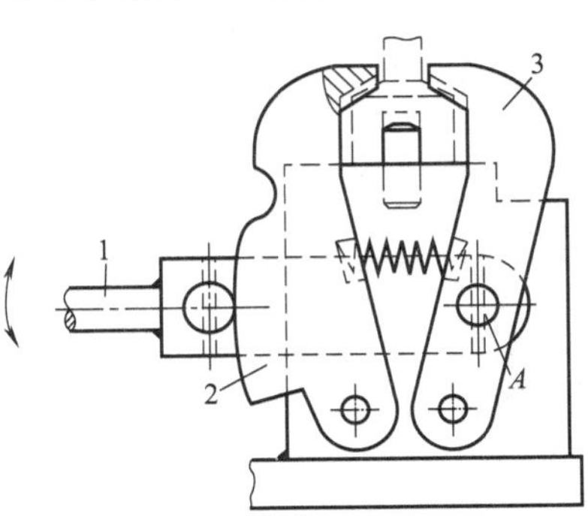	操作杆1与右爪3铰接于A，爪2、3间以压簧相连，当1绕A下摆时，通过爪2上的凸块使夹爪夹紧；杆1上摆时，在压簧的作用下夹爪松开

续表

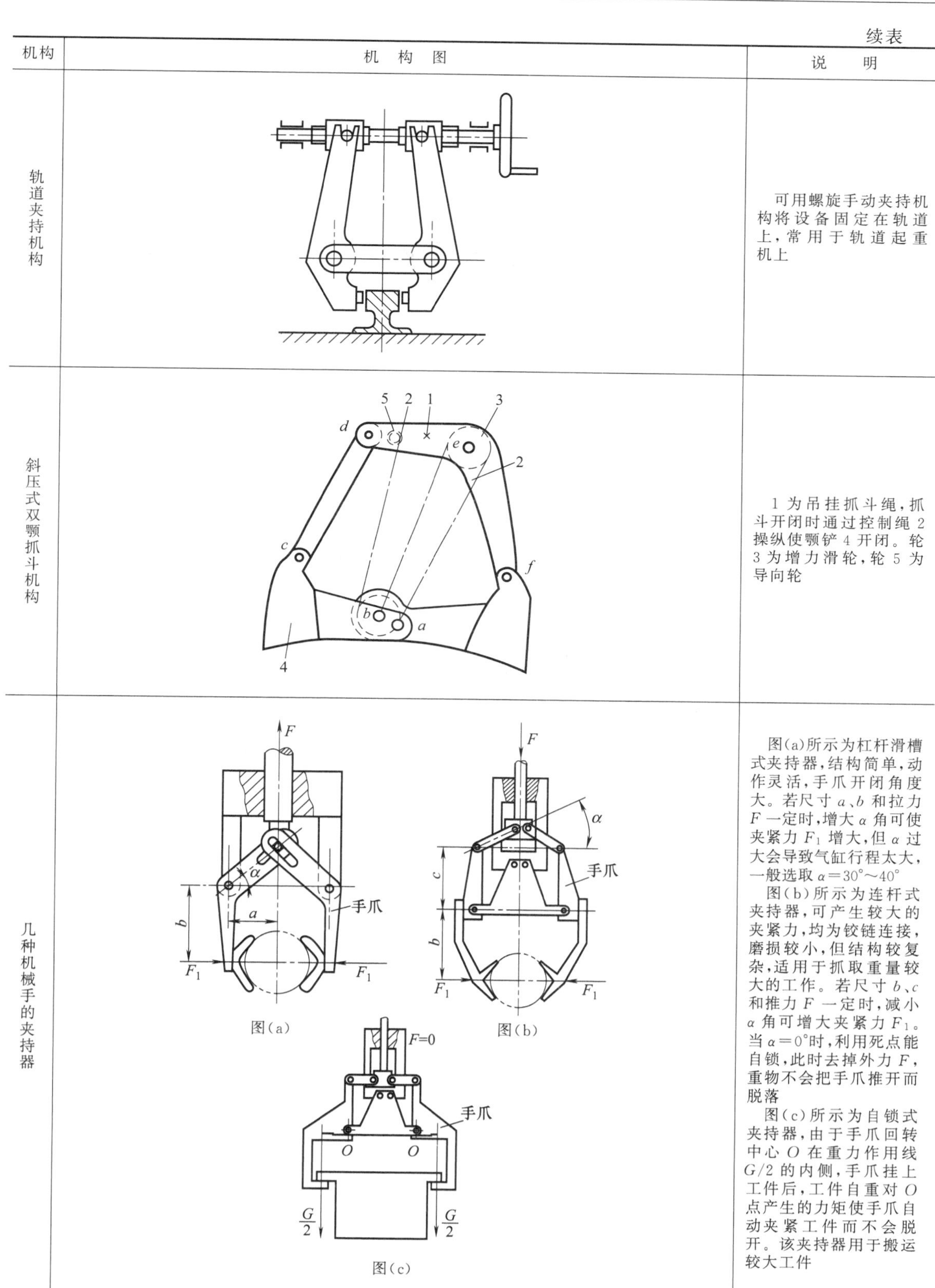

机构	机构图	说明
轨道夹持机构		可用螺旋手动夹持机构将设备固定在轨道上，常用于轨道起重机上
斜压式双颚抓斗机构		1为吊挂抓斗绳，抓斗开闭时通过控制绳2操纵使颚铲4开闭。轮3为增力滑轮，轮5为导向轮
几种机械手的夹持器	图(a)　图(b)　图(c)	图(a)所示为杠杆滑槽式夹持器，结构简单，动作灵活，手爪开闭角度大。若尺寸a、b和拉力F一定时，增大α角可使夹紧力F_1增大，但α过大会导致气缸行程太大，一般选取$\alpha=30°\sim40°$ 图(b)所示为连杆式夹持器，可产生较大的夹紧力，均为铰链连接，磨损较小，但结构较复杂，适用于抓取重量较大的工作。若尺寸b、c和推力F一定时，减小α角可增大夹紧力F_1。当$\alpha=0°$时，利用死点能自锁，此时去掉外力F，重物不会把手爪推开而脱落 图(c)所示为自锁式夹持器，由于手爪回转中心O在重力作用线$G/2$的内侧，手爪挂上工件后，工件自重对O点产生的力矩使手爪自动夹紧工件而不会脱开。该夹持器用于搬运较大工件

续表

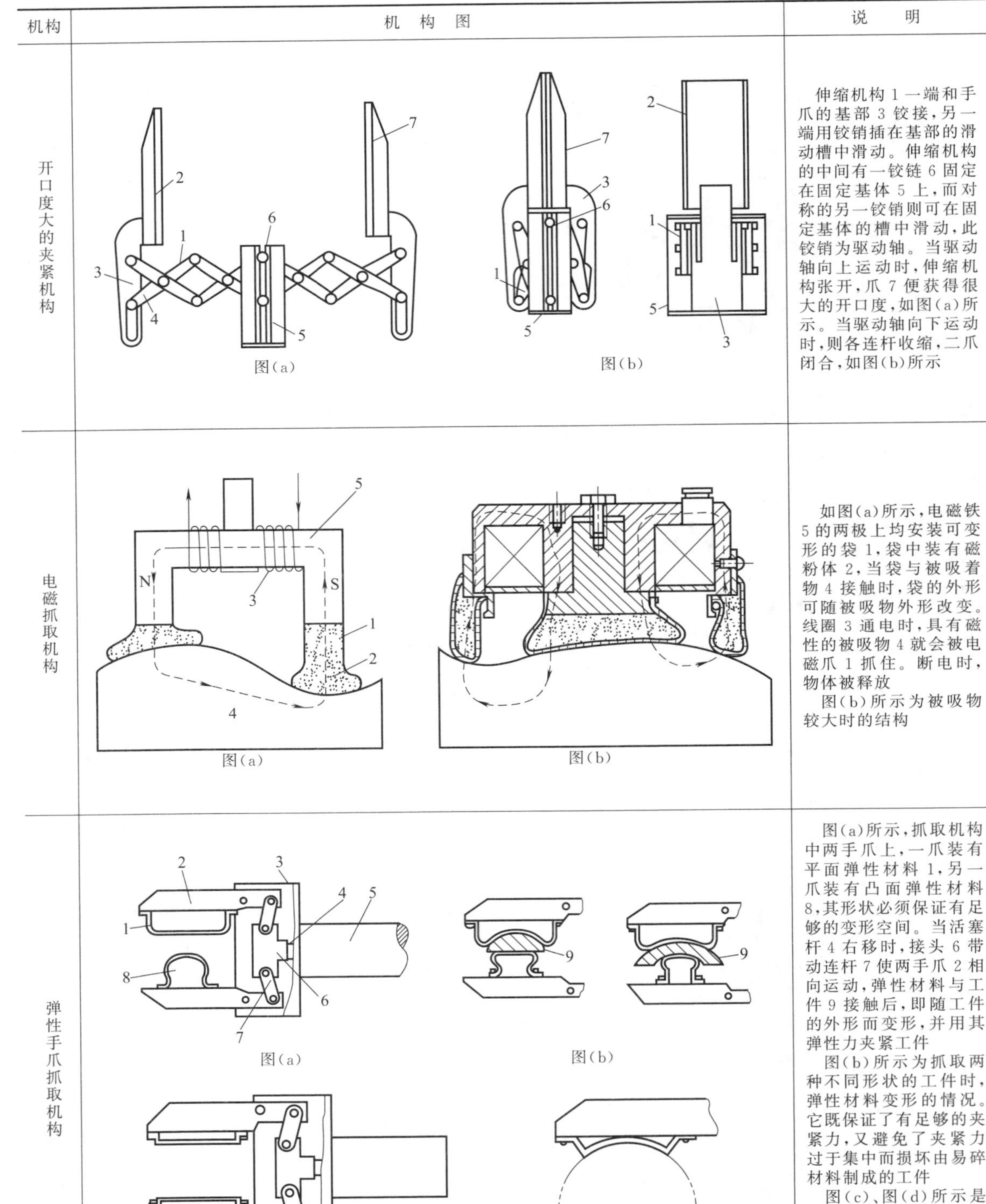

机构	机构图	说明
开口度大的夹紧机构	图(a) 图(b)	伸缩机构1一端和手爪的基部3铰接，另一端用铰销插在基部的滑动槽中滑动。伸缩机构的中间有一铰链6固定在固定基体5上，而对称的另一铰销则可在固定基体的槽中滑动，此铰销为驱动轴。当驱动轴向上运动时，伸缩机构张开，爪7便获得很大的开口度，如图(a)所示。当驱动轴向下运动时，则各连杆收缩，二爪闭合，如图(b)所示
电磁抓取机构	图(a) 图(b)	如图(a)所示，电磁铁5的两极上均安装可变形的袋1，袋中装有磁粉体2，当袋与被吸着物4接触时，袋的外形可随被吸物外形改变。线圈3通电时，具有磁性的被吸物4就会被电磁爪1抓住。断电时，物体被释放 图(b)所示为被吸物较大时的结构
弹性手爪抓取机构	图(a) 图(b) 图(c) 图(d)	图(a)所示，抓取机构中两手爪上，一爪装有平面弹性材料1，另一爪装有凸面弹性材料8，其形状必须保证有足够的变形空间。当活塞杆4右移时，接头6带动连杆7使两手爪2相向运动，弹性材料与工件9接触后，即随工件的外形而变形，并用其弹性力夹紧工件 图(b)所示为抓取两种不同形状的工件时，弹性材料变形的情况。它既保证了有足够的夹紧力，又避免了夹紧力过于集中而损坏由易碎材料制成的工件 图(c)、图(d)所示是另一种结构形式的抓取机构。这类机构可抓取特殊形状的工件，也可抓取由易碎材料制成的工件

续表

机构	机构图	说明
台虎钳定心夹紧机构	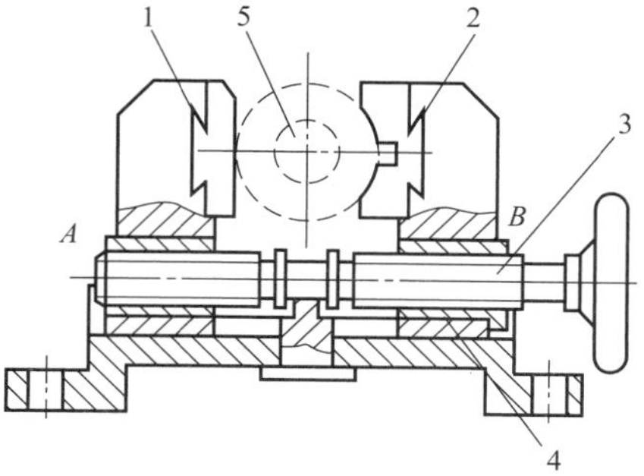 1 5 2 3 A B 4	由平面钳口夹爪 1 和 V 型夹爪 2 组成定心机构。螺杆 3 和 *A* 端是右旋螺纹；*B* 端为左旋螺纹，采用导程不同的复式螺旋。当转动螺杆 3 时，钳口夹爪 1 与 2 通过左、右螺旋的作用，夹紧工件 5
凸轮控制手爪开闭的抓取机构	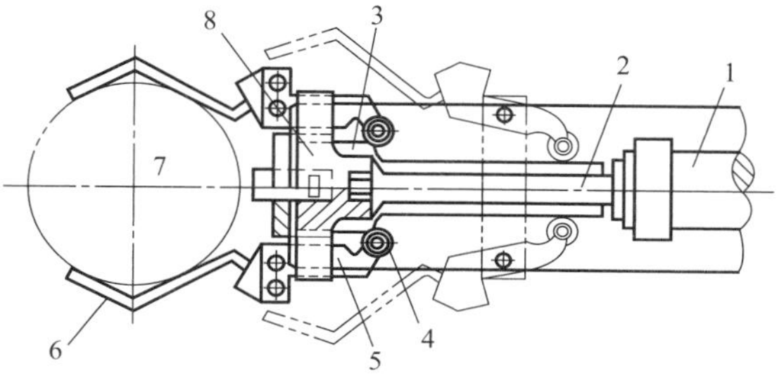 8 3 2 1 7 6 5 4	当活塞杆在气缸 1 的作用下移动时，它带着保持板 8 和手爪杠杆 5 一起移动，而滚子 4 在凸轮 3 的表面滚动，由凸轮廓线控制手爪的开闭。活塞杆 2 的端部安装一保持板 8；在保持板 8 的两侧铰接一对手爪杠杆 5；杠杆 5 的左端固接爪片 6，右端铰接滚子 4。杠杆 5 的右端装有弹簧片（图中未表示）以保证滚子 4 和凸轮 3 接触
一次夹紧多个零件的夹具	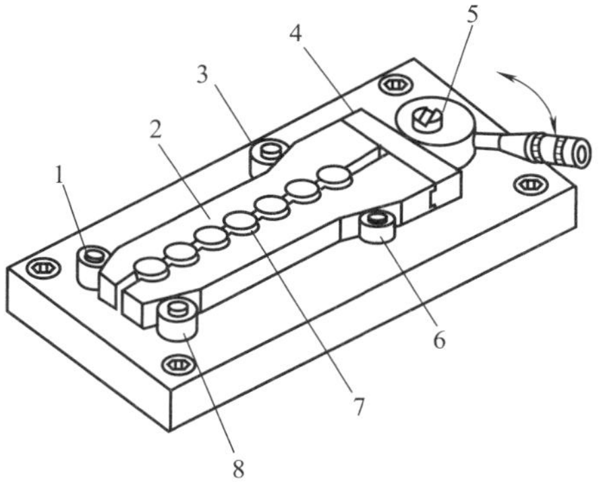 4 5 3 2 1 6 7 8	图中 1 为夹紧滚轮 A，2 为压板 A，3 为夹紧滚轮 B，4 为连接块，5 为夹压偏心凸轮，6 为夹紧滚轮 C，7 为压板 B，8 为夹紧滚轮 D。如图所示，压板 A、B 的两个斜面与滚轮接触，且压板之间做成与被夹压零件截面相同形状的孔，并在这些孔中夹持零件，用偏心凸轮完成零件的夹紧和松开
凸轮式手部机构	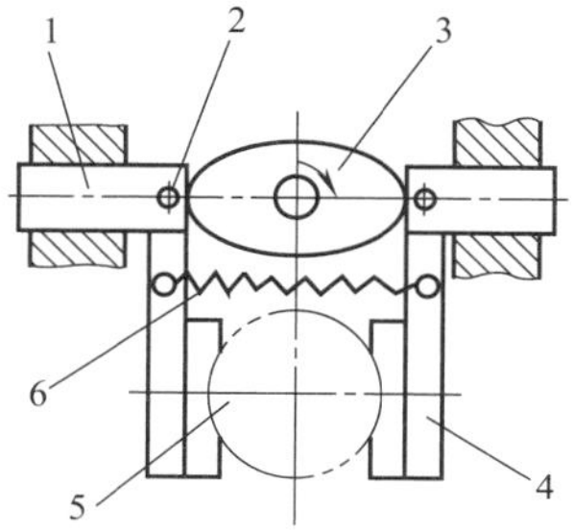 1 2 3 6 5 4	滑块 1 和手指 4 及滚子 2 相连接，手指 4 的动作是依靠凸轮 3 的转动和弹簧 6 的抗力来实现的。弹簧 6 用于夹紧工件 5，而工件的松开则是由凸轮 3 的转动推动滑块 1 来达到的

9.13 实现预期轨迹的机构

表 11-9-15 实现预期轨迹的机构

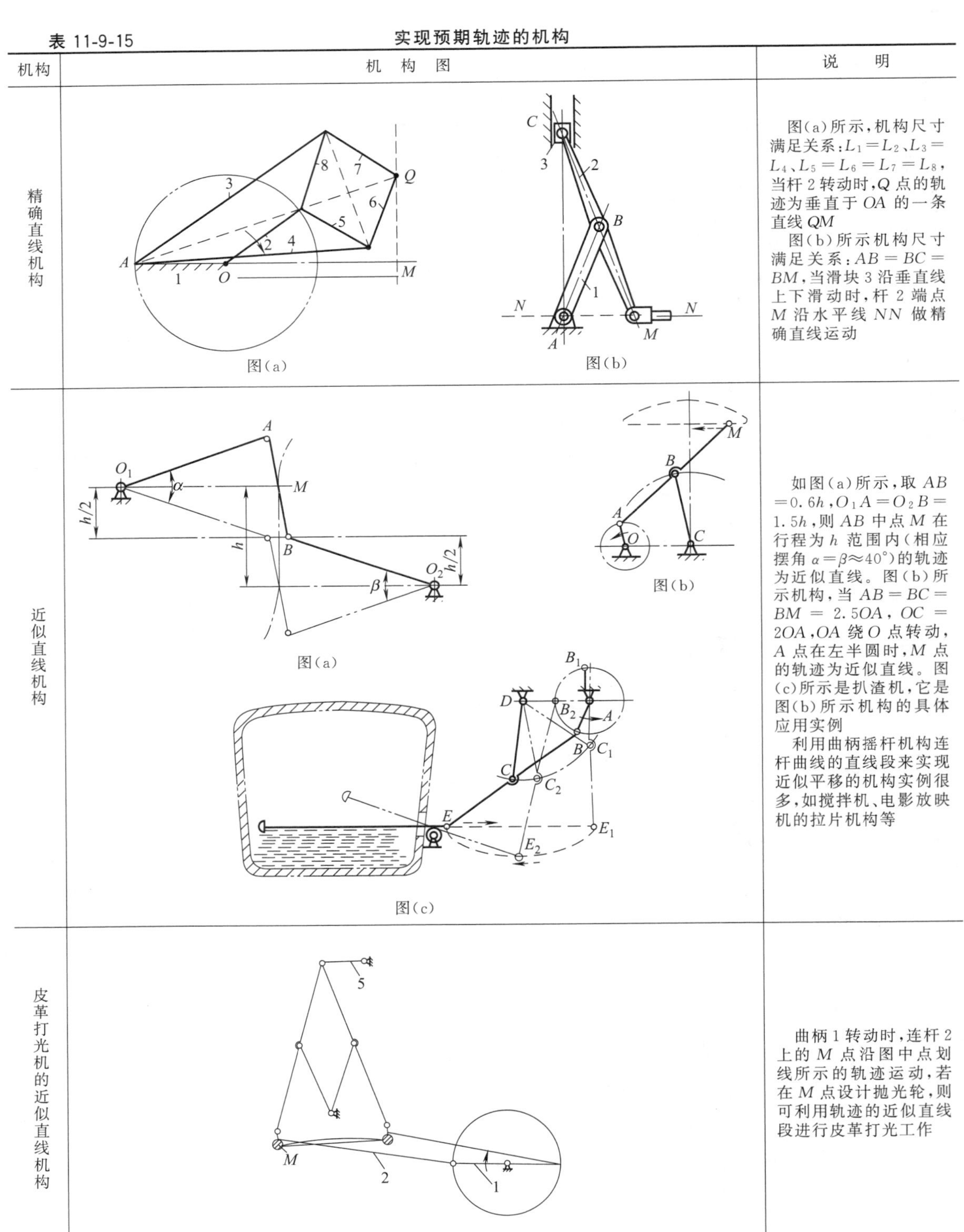

机构	机构图	说明
精确直线机构	图(a) 图(b)	图(a)所示，机构尺寸满足关系：$L_1=L_2$、$L_3=L_4$、$L_5=L_6=L_7=L_8$，当杆2转动时，Q点的轨迹为垂直于OA的一条直线QM 图(b)所示机构尺寸满足关系：$AB=BC=BM$，当滑块3沿垂直线上下滑动时，杆2端点M沿水平线NN做精确直线运动
近似直线机构	图(a) 图(b) 图(c)	如图(a)所示，取$AB=0.6h$，$O_1A=O_2B=1.5h$，则AB中点M在行程为h范围内(相应摆角$\alpha=\beta\approx40°$)的轨迹为近似直线。图(b)所示机构，当$AB=BC=BM=2.5OA$，$OC=2OA$，OA绕O点转动，A点在左半圆时，M点的轨迹为近似直线。图(c)所示是扒渣机，它是图(b)所示机构的具体应用实例 利用曲柄摇杆机构连杆曲线的直线段来实现近似平移的机构实例很多，如搅拌机、电影放映机的拉片机构等
皮革打光机的近似直线机构		曲柄1转动时，连杆2上的M点沿图中点划线所示的轨迹运动，若在M点设计抛光轮，则可利用轨迹的近似直线段进行皮革打光工作

续表

机构	机构图	说明
以预期速度沿轨迹运动的凸轮连杆机构	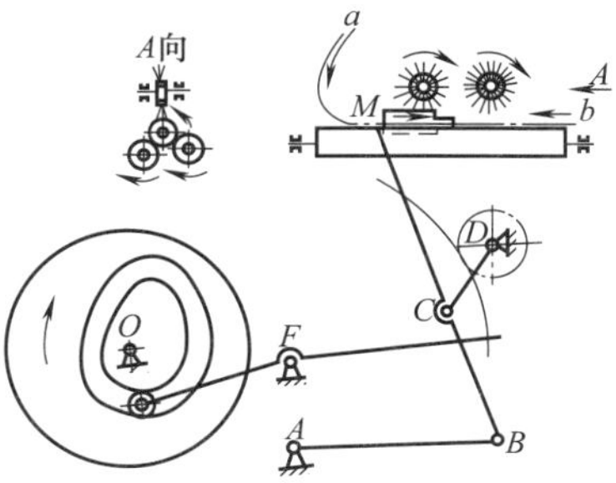	洗瓶机中的推瓶机构要求推头 M 自 a 沿轨迹以较慢的匀速推瓶并自 b 快速退回。以铰链四杆机构 $ABCD$ 实现连杆上的 M 点轨迹，而以凸轮控制 CD 杆的运动，从而实现 M 预期速度。扇形齿轮是用来减小凸轮升程的
起重铲的垂直升降机构	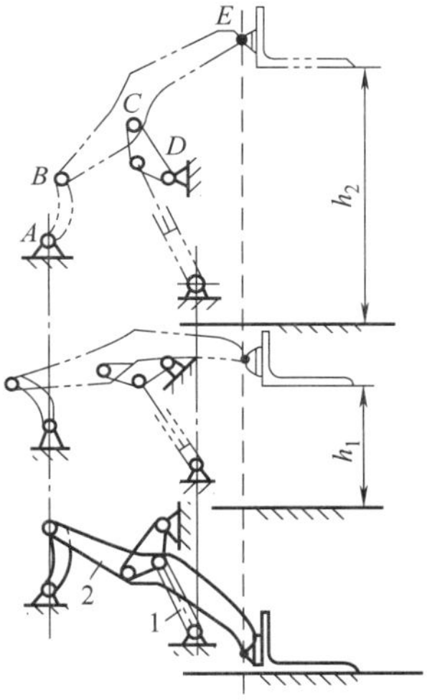	当机构各杆具有图示位置关系时，油缸 1 活塞杆的伸缩使起重臂 2 上的 E 点沿垂直线升降。图中 h_1、h_2 表示两个升高位置
起重机变幅机构	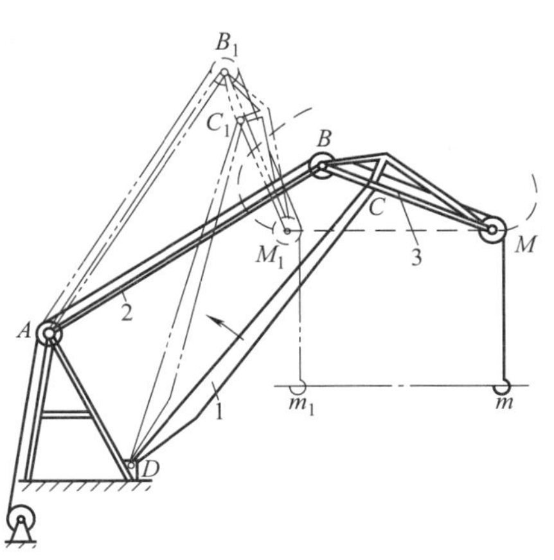	取 $BC=0.27AB$，$CM=0.83AB$，$CD=1.18AB$，$AD=0.64AB$，当主动件 AB 绕 A 转动到 AB_1 位置时，象鼻梁 3 上的 M 点做近似直线移动到 M_1 点，吊钩 m 同样移动到 m_1

续表

机构	机构图	说明
齿轮转动的直线机构	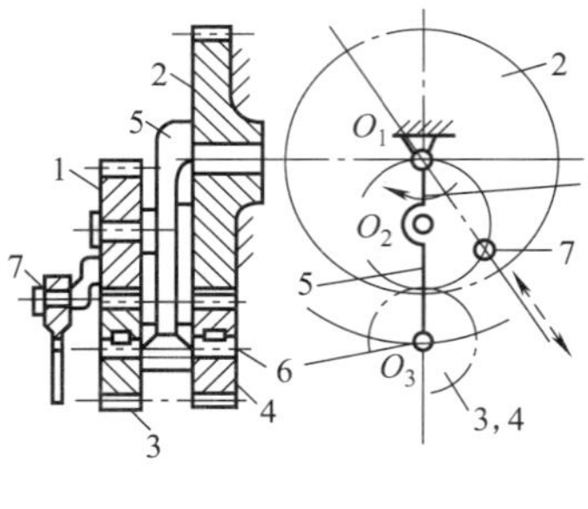 图(a) 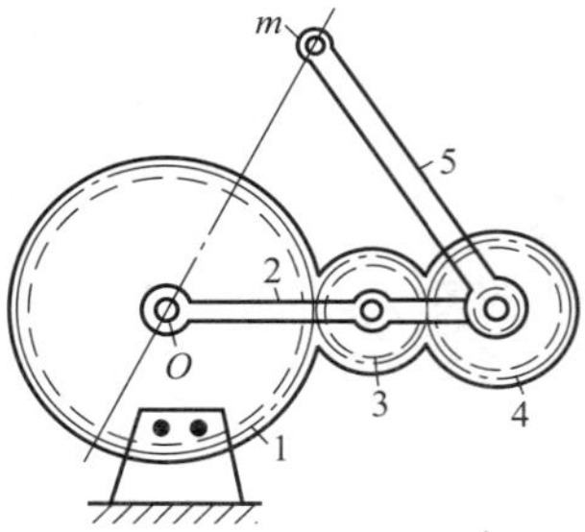　图(b)	如图(a)所示，齿轮1的节圆直径等于齿轮2的节圆半径，齿轮2作为固定机架，齿轮3、4直径相等，均与轴6用键连接，齿轮1、3、4与转臂5铰接。当转臂5绕O_1转动时，齿轮1、3、4做行星运动。铰接于齿轮1节圆上的销7沿齿轮2的直径做直线运动。采用固定内齿轮传动也能得到直线运动，见往复运动机构 如图(b)所示，齿轮1为固定机架，其中心O铰接转臂2，齿轮3、4与转臂2铰接，齿轮4的节圆直径等于齿轮1节圆半径，与转臂2等长的摆臂5与齿轮4固连。当转臂2绕O转动时，摆臂5的端点m在齿轮1的直径上做往复直线运动
方形轨迹机构	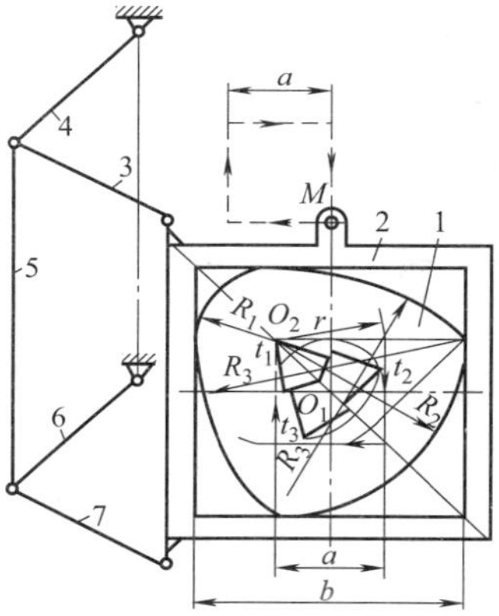 图(a) 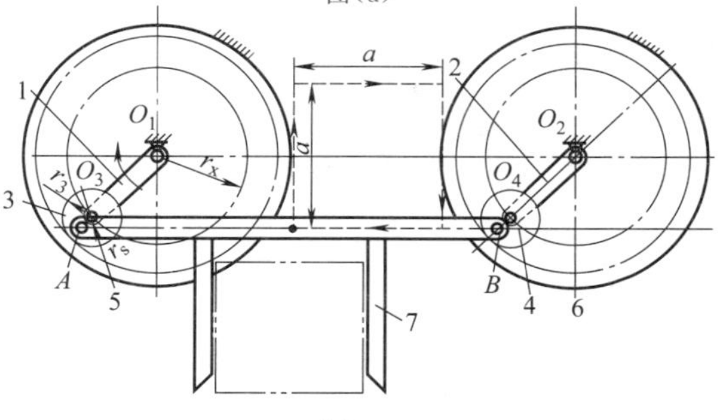　图(b)	如图(a)所示，构件2～7和机架组成两个平行四边形，在边长为b的正方形导向框架2内有一等宽凸轮1(由四段圆弧组成，即R_1、R_3、R_2、R_3)，当凸轮绕固定点O_2顺时针方向转动时，框架2上的M点，作边长为$a=\dfrac{b}{1+\sqrt{2}}$的正方形轨迹。设t_1、t_2、t_3为钻头的三个刀刃，它们组成一个等边三角形，其边长$r=a$，若钻头与等宽凸轮一起固连在钻杆上并绕固定点O_1转动，则钻刃将在与框架2底板固连的工件(图中未示出)上钻出边长为a的正方形孔。根据所需的边长a，可求出其他尺寸 $R_1=\dfrac{a\sqrt{2}}{2}$，$R_2=\dfrac{a(2+\sqrt{2})}{2}$，$R_3=b=a(1+\sqrt{2})$ 如图(b)所示，长r_x的转臂1、2分别绕O_1、O_2转动(其中一个为主动)，使节圆半径均为r_3的行星齿轮3、4绕尺寸相同的固定内齿轮5、6做行星运动。拨杆7铰接于行星齿轮3、4上的A、B点，$AB=O_1O_2$，且$O_3A=O_4B=r_s$，则拨杆上任意点都随行星齿轮做近似方形轨迹运动。实现此轨迹的机构尺寸为$r_x=3r_3=6r_s$。正方形的边长$a=7\sqrt{2}r_s$。这种机构在送料机构中有应用

续表

机构	机构图	说明
加工方孔钻的机构	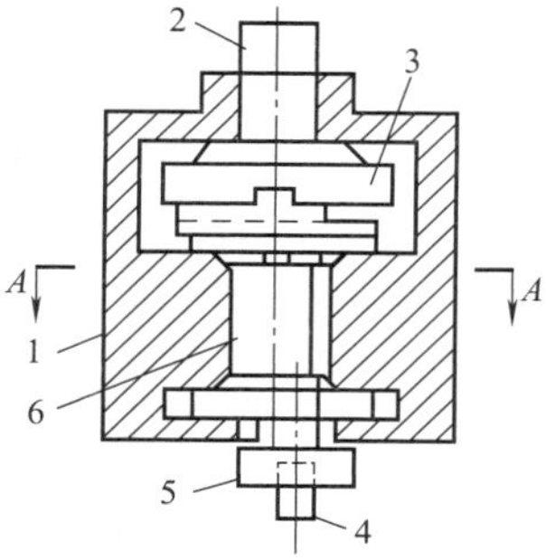 图(a) 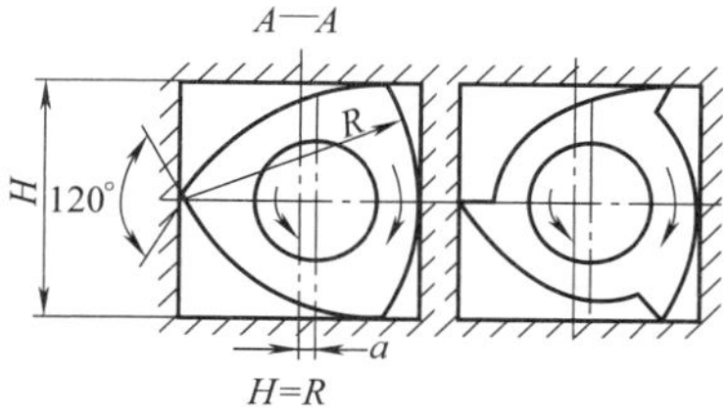　图(b) 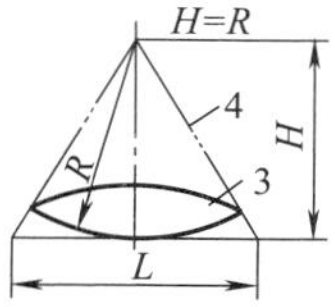 图(c)	如图(a)所示，主轴 2 通过十字沟槽联轴器 3 驱使三棱柱杆 6 在机座 1 的方孔内绕方孔中心以半径 a 做圆周运动，三棱柱中心公转的方向与三棱柱沿方孔内边滚动方向相反，三棱柱 6 通过卡盘 5 带动三角钻头 4 重演三棱柱 6 与方孔之间的相对运动关系，加工出方孔。三棱柱和三角钻头的尖角均为 120°，如图(b)所示。此法加工出的正方形直角处出现一圆角，圆角半径约为正方形孔边长的 0.15 倍 如将机座 1 的方孔改做成三角形孔，钻头改成双棱弧形钻，则可加工出正三角形孔[见图(c)]；如将机座 1 的方孔改做成正六方形孔，钻头改成五边形钻，则可加工出正六方形孔
车削正多边形工件的机构	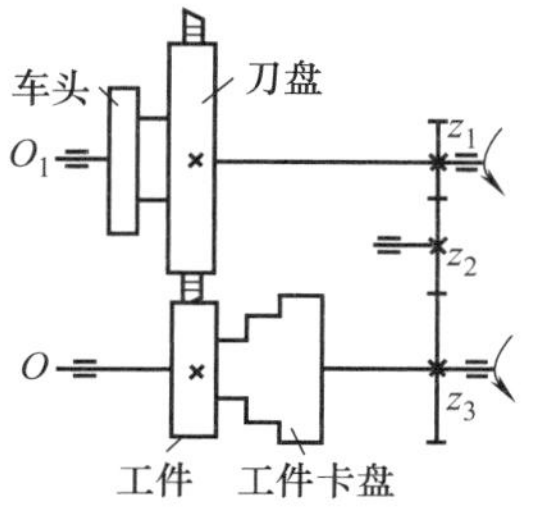 图(a) 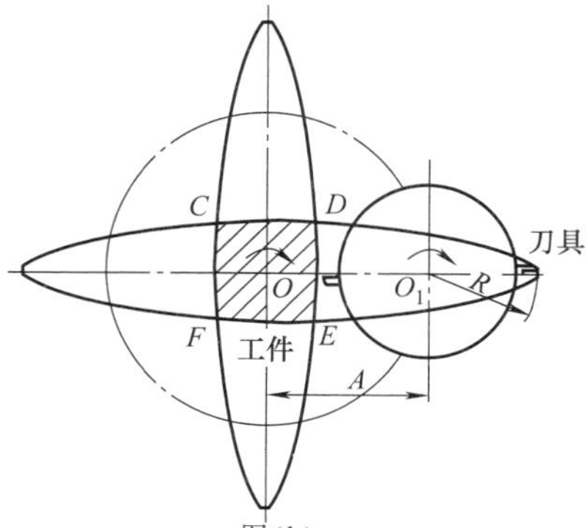 图(b)	如图(a)所示，刀盘卡紧在车床的车头上，工件装在工件卡盘上，而工件卡盘装在可做纵向移动走刀的车床拖板上。如果在刀盘上对称安装两把车刀，加工时使刀盘转速比工件转速快一倍，且两者转向相同，这样刀具就能将工件切削出近似正方形的外表面 为了使刀盘与工件转向相同且转速差一倍，在两轴间增加一套齿轮，设 $z_1=z_2=24$，$z_3=48$，则 $i_{13}=\frac{n_{刀}}{n_{工}}=(-1)^2\frac{z_2z_3}{z_1z_2}$ $=\frac{48}{24}=2$ 如图(b)所示，若把工件和刀具间的相对运动看成工件固定不动，而刀盘中心 O_1 以工件的转速绕工件中心 O 反方向转动，同时刀盘还绕自己的中心 O_1 以比工件快一倍的转速转动，那么刀盘上刀具的刀尖就在工件表面上形成椭圆轨迹，两把车刀的刀尖在工件表面上切出两个轴线互相垂直的椭圆，其长轴为 $A+R$，短轴为 $A-R$。切削后的工件轮廓 $CDEF$ 就是由四段椭圆弧线所组成的近似正方形。当加大刀盘半径并减小刀尖与工件中心 O 的距离时，则椭圆越扁，$CDEF$ 就越接近正方形 如果在刀盘上安装三把车刀，彼此夹角为 120°，就能切削出正六边形的工件

第 11 篇

续表

机构	机构图	说明
近似矩形送料机构	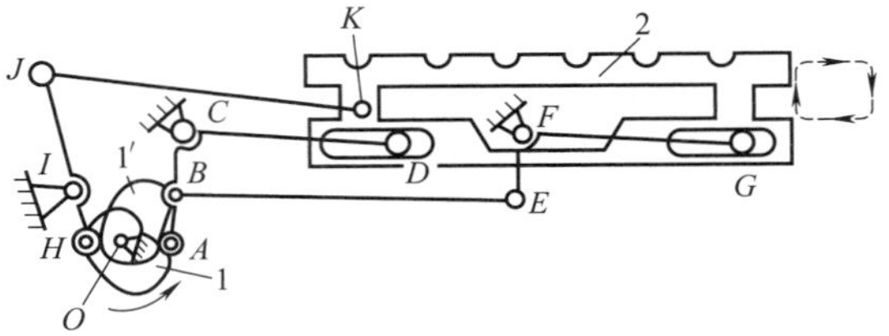	双联凸轮1和1′绕O轴转动，送料台2沿近似矩形轨迹运动。其动作过程如下 送料台2上升（下降）时，滚子H处于凸轮1′的圆弧部分，杆HIJ不动，而滚子A在凸轮1的上升（下降）曲线的作用下，向右（左）摆，通过平行四边形机构$BCEF$及其延伸杆CD和FG将2举起（放下），这时，杆KJ绕J点上摆（下摆），因此送料台2运动轨迹的上升（下降）部分是一圆弧。送料台2水平向右（左）移动时，滚子A处于凸轮1的圆弧部分，机构$ABCDEFG$静止不动，而滚子H处于凸轮1′的上升（下降）曲线部分，杆HIJ绕I点做顺（逆）时针方向摆动，杆JK推（拉）2向右（左）移动
双凸轮联动步进送进机构	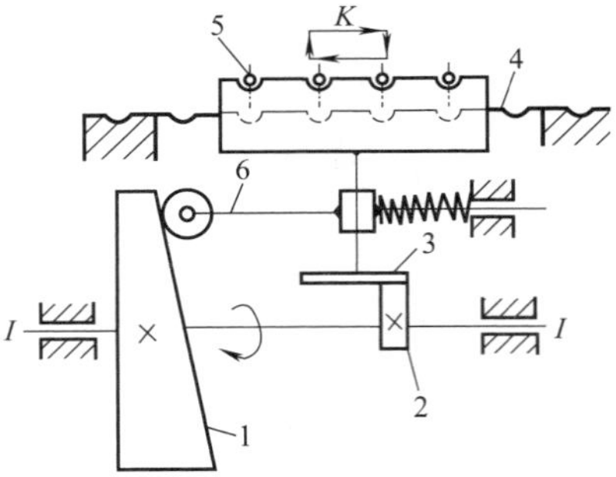	双凸轮联动步进送进机构用于圆珠笔装配线上的自动送进机构中。主动轴II上的盘状凸轮2控制托架3上、下运动，从而将圆珠笔5抬起和放下，端面凸轮1及推杆6控制拖架3左、右往复移动，从而使圆珠笔5沿着矩形轨迹K运动，将笔杆步进式地向前送进
凸轮-连杆组合推包机构	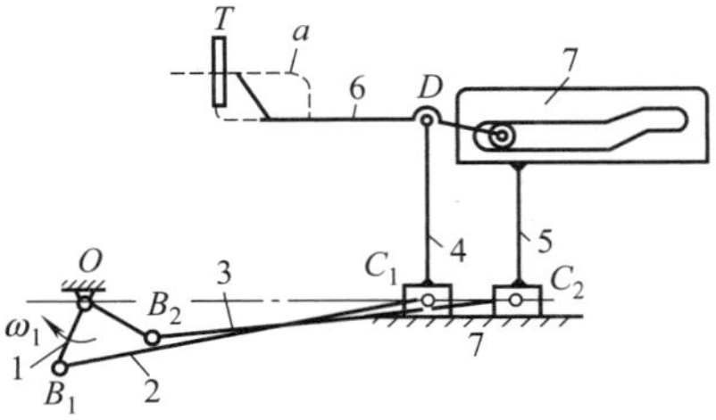	滑块4与推杆6铰接，滑块5上固连导槽7，杆6端部的滚子可在导槽中运动。当曲柄OB_1、OB_2绕O回转时，推杆6端部的推板T的轨迹a为近似矩形。此机构在饼干包装机的推包机中有应用

续表

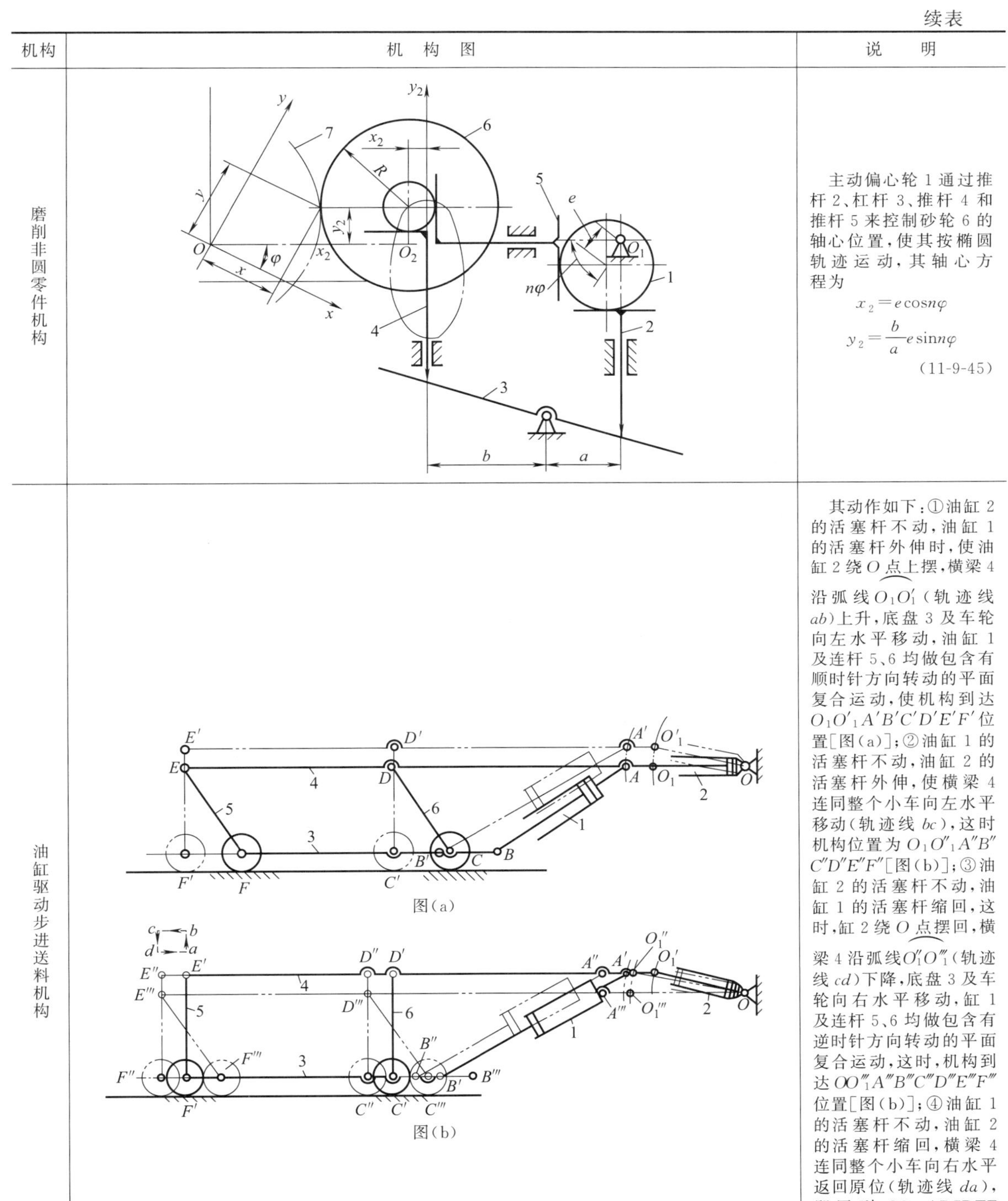

机构	机　构　图	说　　明
磨削非圆零件机构		主动偏心轮 1 通过推杆 2、杠杆 3、推杆 4 和推杆 5 来控制砂轮 6 的轴心位置，使其按椭圆轨迹运动，其轴心方程为 $x_2=e\cos n\varphi$ $y_2=\frac{b}{a}e\sin n\varphi$ (11-9-45)
油缸驱动步进送料机构	图(a) 图(b)	其动作如下：①油缸 2 的活塞杆不动，油缸 1 的活塞杆外伸时，使油缸 2 绕 O 点上摆，横梁 4 沿弧线 $\overset{\frown}{O_1O_1'}$（轨迹线 ab）上升，底盘 3 及车轮向左水平移动，油缸 1 及连杆 5、6 均做包含有顺时针方向转动的平面复合运动，使机构到达 $O_1O'_1A'B'C'D'E'F'$ 位置[图(a)]；②油缸 1 的活塞杆不动，油缸 2 的活塞杆外伸，使横梁 4 连同整个小车向左水平移动（轨迹线 bc），这时机构位置为 $O_1O''_1A''B''C''D''E''F''$[图(b)]；③油缸 2 的活塞杆不动，油缸 1 的活塞杆缩回，这时，缸 2 绕 O 点摆回，横梁 4 沿弧线 $\overset{\frown}{O''_1O'''_1}$（轨迹线 cd）下降，底盘 3 及车轮向右水平移动，缸 1 及连杆 5、6 均做包含有逆时针方向转动的平面复合运动，这时，机构到达 $OO'''_1A'''B'''C'''D'''E'''F'''$ 位置[图(b)]；④油缸 1 的活塞杆不动，油缸 2 的活塞杆缩回，横梁 4 连同整个小车向右水平返回原位（轨迹线 da），即回到 $OO_1ABCDEF$ 位置[图(a)]，完成一次运动循环 这样利用两个油缸交替动作使横梁按 $abcd$ 的轨迹运动，以便运送物料。轧钢厂运送钢卷的步进梁采用了这种机构

续表

机构	机　构　图	说　　明
椭圆仪机构	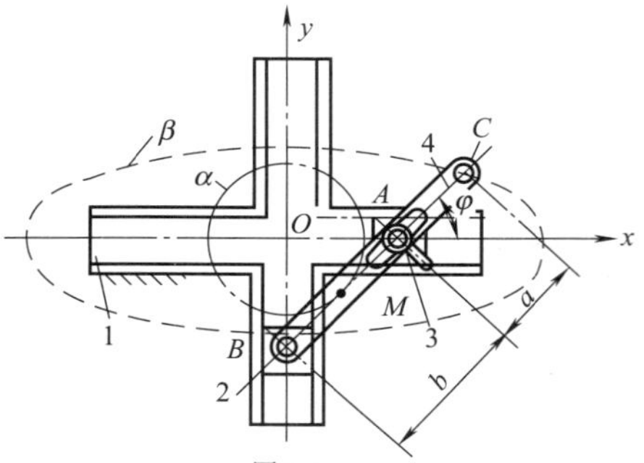 图(a) 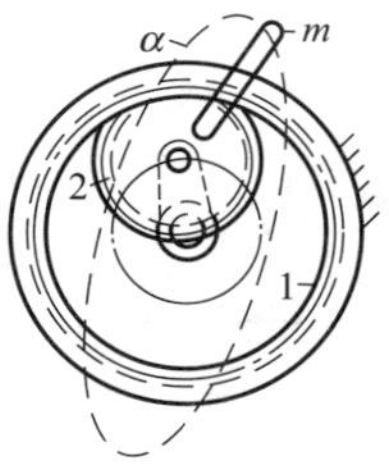　图(b)	如图(a)所示，机架 1 上有直交的沟槽，其内滑块 2、3 分别组成移动副，滑块分别与杆 4 铰接。当滑块 2、3 在槽内移动时，杆 4 上除 AB 中点 M 画出以 O 为圆心，OM 为半径的圆 α 外，杆上其余各点均为椭圆轨迹 β。设杆 4 上 $AC=a$，$AB=b$，杆的倾斜角为 φ，则 C 点在坐标系中的坐标为 $x=b\cos\varphi+a\cos\varphi$ $y=a\sin\varphi$　(11-9-46) C 点轨迹的椭圆方程为 $\frac{x^2}{(a+b)^2}+\frac{y^2}{a^2}=1$　(11-9-47) 销 A、B 间的距离可调节，以变更长、短半轴的长度，因而可得到不同大小的椭圆 如图(b)所示，齿轮 2 沿固定内齿轮 1 做行星运动，齿轮 2 节圆直径等于齿轮 1 的节圆半径。当齿轮 2 做行星运动时，其上节圆外的一点 m 的运动轨迹为椭圆 α 椭圆仪机构除用于解算装置、绘椭圆曲线外，尚用于仪表及夹具的增力装置
连杆送料机构	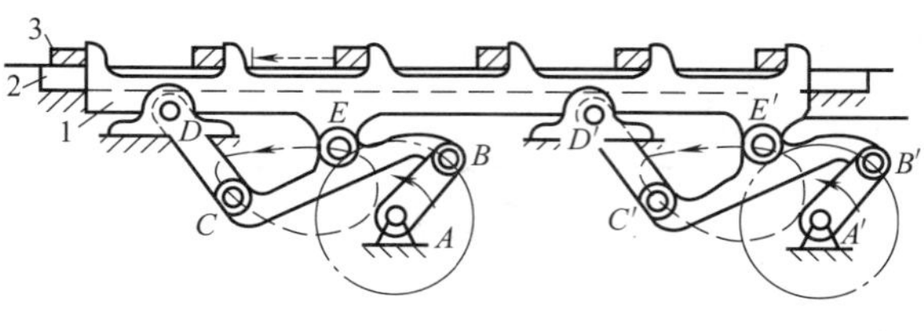	曲柄 AB 回转时，连杆 BC 上的 E 点形成图示轨迹，采用两套相同尺寸的曲柄摇杆机构，将它们连杆上的相应点 E、E' 与输送机的推杆 1 铰接，这样，主动曲柄 AB 的回转可带动推杆按 E 点轨迹平动，利用轨迹上部近似水平段推送固定导杆 2 上的工件
偏心凸轮与连杆组合送料机构	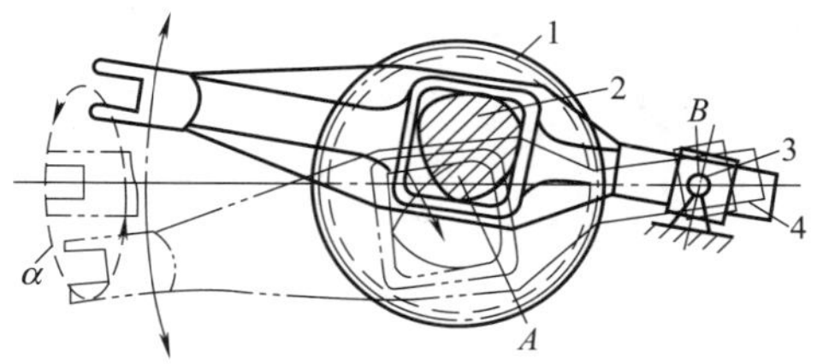	与齿轮 1 固连的偏心凸轮 2 绕 A 点转动时，使摆动导杆 4 在摇块 3 中绕 B 点摆动，导杆 4 左端的开口叉按图示轨迹 α 运送物料。此机构也可用于电影机的抓片机构

续表

机构	机构图	说明
振摆式轧钢机构	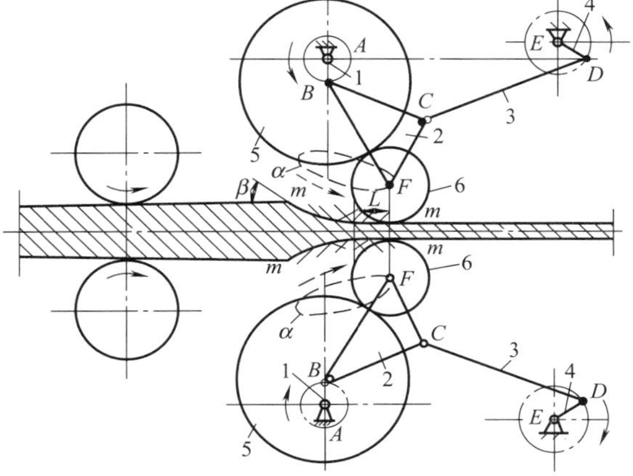	由上下对称的两个五杆机构组成，1、4 为主动曲柄，5 为支承辊，6 为工作辊。当 1、4 转动时，工作辊的中心 F 按轨迹 α 做曲线运动，并对钢材进行轧制。工作辊在不同位置时的包络线即为钢坯开口处的形状 mm。轧辊与钢坯开始接触点处的咬入角 β 宜小，以减轻送料辊的载荷，直线段 L 宜长，使钢材表面平整。当机构各构件长度不变时，仅改变两主动曲柄的转速，即可使杆 2 上点 F 的轨迹 α 及工作辊的包络线 mm 发生变化，使轧制钢坯的开口度相应地增加或减小。这样，当无专门的压下装置时，可用它轧制规格范围变化不大的各种轧件
和面机用齿轮连杆机构	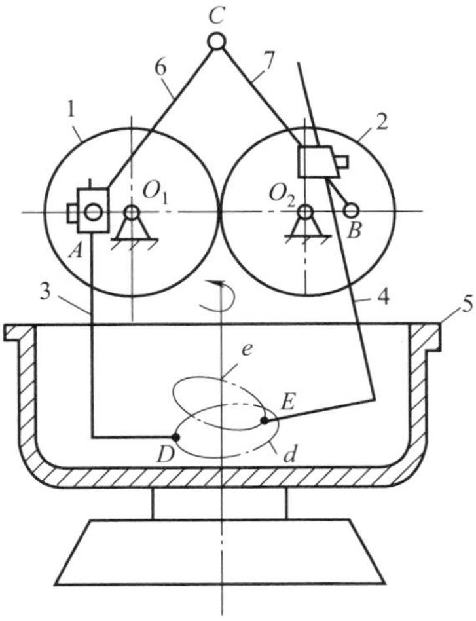	齿轮 1、2 分别绕定轴 O_1、O_2 转动，两轮相互啮合，齿轮 1 与连杆 6 组成回转副 A，齿轮 2 与连杆 7 组成回转副 B，连杆 6、7 组成回转副 C。在连杆 6、7 上分别固接有和面爪 3、4，其伸出长度可以调节。各构件间尺寸关系为：两齿轮的尺寸相同；$AC=BC$；$O_1A=O_2B$。在机构初始位置，O_1A、O_2B 和 O_1O_2 共线，且在相反方向转动。和面爪 4 相对于连杆 7 可以固定在不同位置，构件 5 为盛面缸，可绕自身轴线转动。当齿轮 1 绕定轴 O_1 转动时，和面爪 3、4 上的 D、E 点分别描绘出轨迹曲线 d 和 e，可满足和面要求
水稻插秧机构	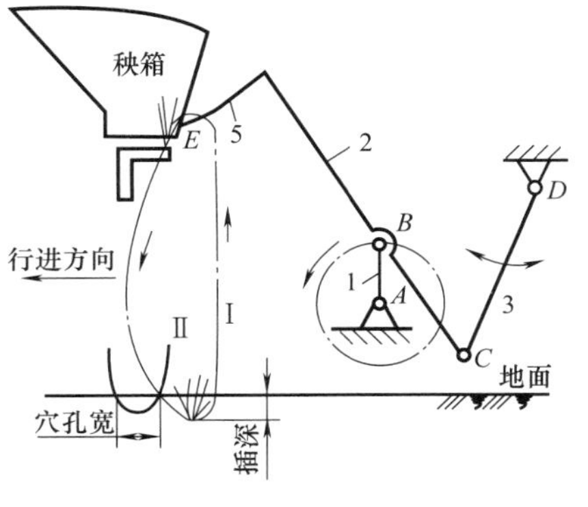	连杆 2 上固接着插秧爪 5，工作时要求插秧爪模拟人手动作，从秧箱中取出秧后插入土中。插秧爪 5 从秧箱中分秧时走的轨迹要近似于圆弧，以便插秧爪顺利分秧和取秧可靠；要求插秧爪入土后到插深位置时稍向后运动，出土时，渐成垂直走向，以保证不将插好的秧苗重新带出

参考文献

[1] 王知行. 机械原理. 北京：高等教育出版社，2000.

[2] 李瑰贤. 空间几何建模及工程应用. 北京：高等教育出版社，2007.

[3] Li Guixian, Wen Jianmin, et al. Meshing Theory and Simulation of Noninvolute Beveloid Gears. Mechanism and Machine Theory, 2004, 39 (8): 883-892.

[4] 清华大学等十所院校编写组编. 机械原理电算程序集-第四章. 北京：高等教育出版社，1987.

[5] 成大先. 机械设计手册. 第六版. 第1卷. 北京：化学工业出版社，2016.

[6] 邹慧君等. 凸轮机构的现代设计. 上海：上海交通大学出版社，1991.

[7] 石永刚，徐振华. 凸轮机构设计. 上海：上海科学技术出版社，1995.

[8] 闻邦椿. 机械设计手册. 第六版. 第2卷. 北京：机械工业出版社，2018.

[9] 郑文纬，吴克坚，郑星河. 机械原理. 北京：高等教育出版社，1997.

[10] 谢存禧，李琳. 空间机构设计与应用创新. 北京：机械工业出版社，2007.

[11] 李华敏. 李瑰贤. 齿轮机构设计与应用. 北京：机械工业出版社，2007.

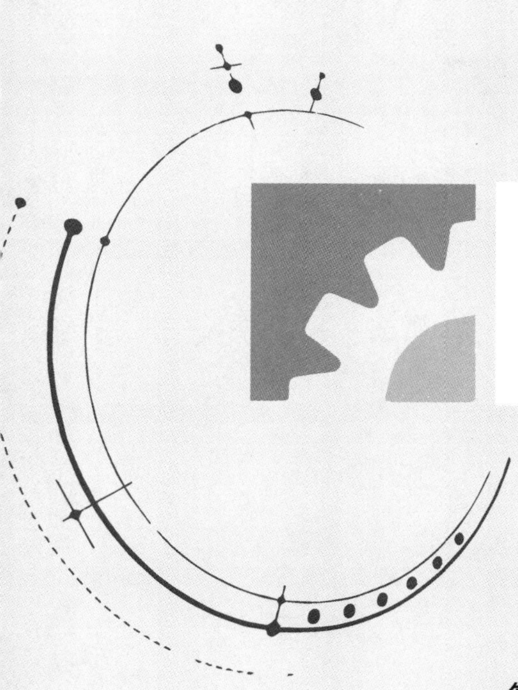

第 12 篇
机械零部件设计禁忌

篇主编：向敬忠

撰　稿：向敬忠　潘承怡　宋　欣

审　稿：于惠力　向敬忠

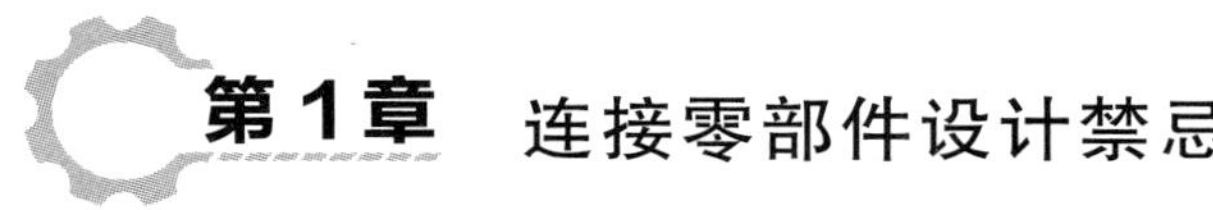

第1章　连接零部件设计禁忌

1.1　螺纹连接

1.1.1　螺纹类型选择禁忌

按螺纹的牙型剖面可分为四种类型：三角形螺纹、矩形螺纹、梯形螺纹和锯齿形螺纹；根据螺纹的头数可分为：单头螺纹、双头螺纹和多头螺纹；根据螺纹的旋向可分为：右旋螺纹及左旋螺纹。各种类型螺纹均有一定的特点及应用场合，选用时应注意有关禁忌问题，见表 12-1-1。

表 12-1-1　　螺纹类型选择禁忌

注意的问题	禁忌示例		说　明
	禁忌	正确	
三角形螺纹粗牙和细牙的选择问题	在薄壁容器或设备上，采用粗牙螺纹	在薄壁容器或设备上，采用细牙螺纹	三角形螺纹分为粗牙和细牙两种，在外径相同的条件下，细牙螺纹比粗牙螺纹切削深度小，因此根径大，连接强度更高；又由于细牙螺纹的螺距小，在当量摩擦角 ρ_v 一定的情况下，细牙螺纹比粗牙螺纹自锁性更好，强度更高 在薄壁容器或设备上，如采用粗牙螺纹，对薄壁件损伤太大；如采用细牙螺纹，则牙高小，因此对薄壁件损伤小，并且可以提高连接强度和自锁性 在一般机械设备上用于连接的螺纹应采用粗牙，以提高效率和避免滑扣
	在一般机械设备上用于连接的螺纹采用三角形细牙螺纹	在一般机械设备上用于连接的螺纹应采用三角形粗牙螺纹	
螺纹的头数选择问题	用于连接的螺纹选用双头螺纹和多头螺纹	用于连接的螺纹选用单头螺纹	根据螺纹的头数可分为：单头螺纹、双头螺纹和多头螺纹，单头螺纹自锁性好，用于连接，工程上最常用。当要求效率高时，可采用双头螺纹和多头螺纹，但自锁性差
螺纹的旋向选择问题	普通用途的螺纹选用左旋螺纹，特殊情况选用右旋螺纹	普通用途的螺纹选用（默认）右旋螺纹，特殊情况选用左旋螺纹	根据螺纹的旋向可分为：右旋螺纹及左旋螺纹，常用右旋螺纹，特殊情况下才用左旋螺纹。普通用途的螺纹一般选用（默认）右旋，只有特殊情况，例如设计螺旋起重器时，为了和一般拧自来水龙头的规律相同，才选用左旋螺纹，或煤气罐的减压阀也选用左旋螺纹
螺纹类型选择问题	在一般机械设备上，用于连接的螺纹应采用矩形、梯形和锯齿形螺纹	在一般机械设备上，用于连接的螺纹应采用三角形螺纹	按螺纹的牙型剖面可分为四种类型：三角形、矩形、梯形和锯齿形。三角形螺纹：其牙型角 $\alpha=60°$，截面形状为等腰梯形。因为牙型角 α 大，所以当量摩擦系数 f_v 大，从而当量摩擦角 ρ_v 也大。根据螺纹副的自锁性条件：螺旋升角 φ 小于当量摩擦角，即 $\varphi \leqslant \rho_v$，因此三角形螺纹恒能满足自锁条件，用于连接。而矩形螺纹、梯形螺纹和锯齿形螺纹牙型角 α 小，不易满足自锁条件，因此不能用于连接，而用来传力
	在一般机械设备上，用于传力的螺纹应采用三角形螺纹	在一般机械设备上，用于传力的螺纹应采用矩形、梯形和锯齿形螺纹	
	为了得到高的传动效率而采用梯形螺纹	为了得到高的传动效率必须采用矩形螺纹，单向传动时可采用锯齿形螺纹	矩形螺纹：其牙型剖面为正方形，因此牙型角小（$\alpha=0°$），当量摩擦角 ρ_v 小 $\left(\rho_v=\dfrac{f}{\cos\alpha/2}\right)$，因此效率 η 高 $\left(\eta=\dfrac{\tan\varphi}{\tan(\varphi+\rho_v)}\right)$。锯齿形螺纹一侧牙侧角 $\alpha=3°$，当其为工作面时，效率比矩形螺纹略低。梯形螺纹牙型角为 $\alpha=30°$，因此当量摩擦角 ρ_v 大，其效率 η 最低

续表

注意的问题	禁忌示例		说　明
	禁忌	正确	
螺纹类型选择问题	为了得到高的强度而采用矩形螺纹	为了得到高的强度,不能采用矩形螺纹,应采用梯形或锯齿形螺纹	由于梯形螺纹比矩形螺纹根部面积大,因此其强度比矩形螺纹高。也可采用锯齿形螺纹:其牙型剖面为锯齿形,一侧牙侧角 $\alpha=30°$,另一侧(即工作面)牙侧角 $\alpha=3°$,因此,比矩形螺纹根部面积大、强度高,但比梯形螺纹根部面积小,因此强度比梯形螺纹稍低
	选用锯齿形螺纹作为双面都能工作的螺纹	选用锯齿形螺纹只能单面工作,双面都能工作的螺纹只能选矩形和梯形螺纹	锯齿形螺纹:其牙型剖面为锯齿形,一侧牙侧角 $\alpha=30°$,另一侧(即工作面)牙侧角 $\alpha=3°$,如果将另一侧也作工作面,则效率会低,发挥不了其效率高、强度高的优越性。选矩形和梯形螺纹双面都能工作

1.1.2 螺纹连接类型选用禁忌

用螺纹零件构成的可拆连接称螺纹连接。工程上常用的螺纹连接有四种基本类型:螺栓连接、螺钉连接、双头螺柱连接和紧定螺钉连接;还有两个特殊类型:地脚螺栓连接与吊环螺栓连接。

螺栓连接用于被连接件不太厚并且能够穿透的情况,分为两种结构:普通螺栓连接和铰制孔光制螺栓连接。普通螺栓连接也称受拉螺栓连接,通孔为钻孔,因此加工精度要求低,螺杆穿过通孔与螺母配合使用,装配后孔与杆间有间隙,并在工作中保持不变;铰制孔光制螺栓连接也称受剪螺栓连接,螺栓杆和螺栓孔采用基孔制过渡配合,能精确固定被连接件的相对位置,并能承受横向载荷,但是孔的加工精度要求高,需钻孔后铰孔,故可作定位用。螺栓连接结构简单,装拆方便,使用时,不受被连接件的材料限制,可多次装拆,是工程中应用最广泛的一种螺纹连接方式。双头螺柱连接适用于被连接件之一较厚(此件上带螺纹孔)、且经常拆卸的场合;螺钉连接也适用于被连接件之一较厚的场合,但是由于经常拆卸,容易使被连接件螺纹孔损坏,所以用于不需经常装拆的地方或受载较小的情况。紧定螺钉连接利用杆末端顶住另一零件表面或旋入零件相应的缺口中,以固定零件的相对位置,可传递不大的轴向力或扭矩,多用于轴上零件的固定。各种类型的螺纹连接均有一定的特点及应用场合,正确选择螺纹连接的类型是螺纹连接设计的重要问题之一,选用时应注意有关禁忌问题,见表 12-1-2。

表 12-1-2　　螺纹连接类型选用禁忌

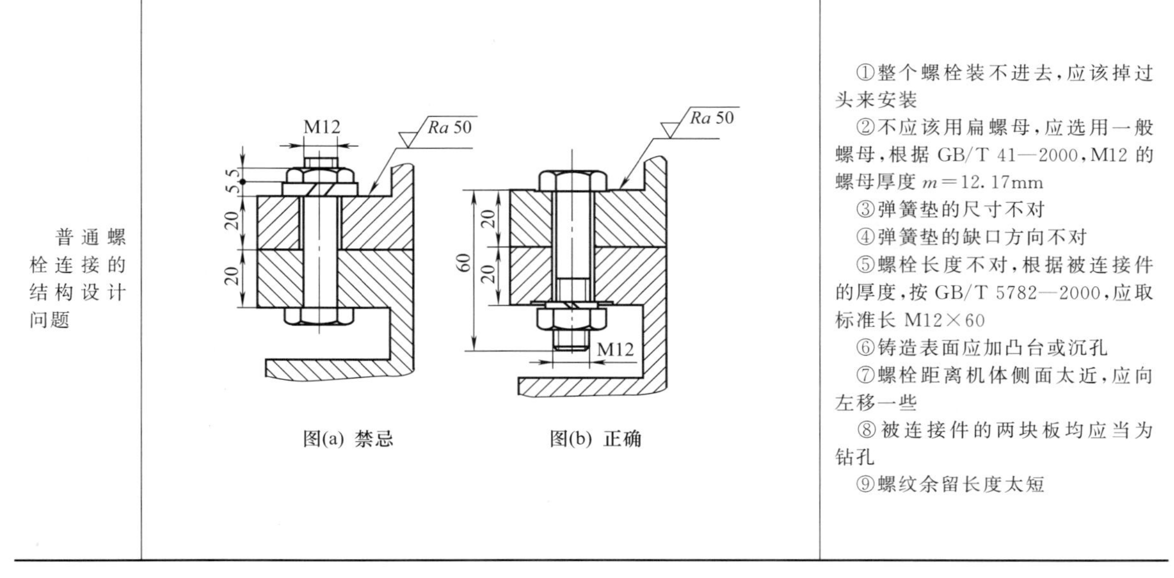

注意的问题	禁忌示例	说　明
普通螺栓连接的结构设计问题	图(a) 禁忌　图(b) 正确	①整个螺栓装不进去,应该掉过头来安装 ②不应该用扁螺母,应选用一般螺母,根据 GB/T 41—2000,M12 的螺母厚度 $m=12.17$mm ③弹簧垫的尺寸不对 ④弹簧垫的缺口方向不对 ⑤螺栓长度不对,根据被连接件的厚度,按 GB/T 5782—2000,应取标准长 M12×60 ⑥铸造表面应加凸台或沉孔 ⑦螺栓距离机体侧面太近,应向左移一些 ⑧被连接件的两块板均应当为钻孔 ⑨螺纹余留长度太短

续表

注意的问题	禁忌示例	说明
螺钉连接结构设计问题	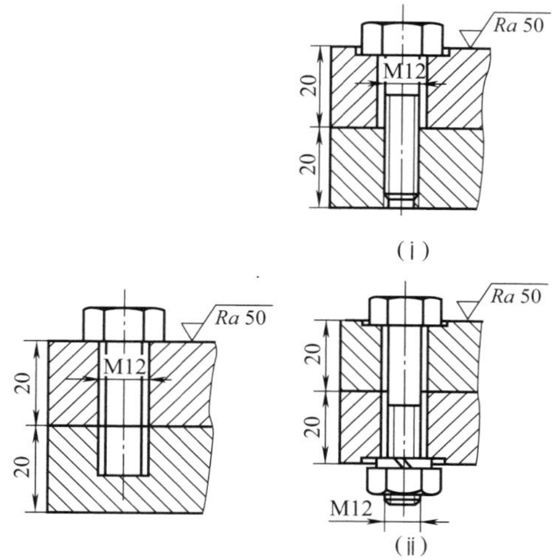 图(a)　禁忌 (ⅰ) (ⅱ) 图(b)　正确	①此结构不应用螺钉连接，因为被连接件的两块板都比较薄，只有当被连接件有一个很厚、钻不透时才采用螺钉连接。本结构应当改为螺栓连接，具体结构和尺寸如图(ⅰ)所示 ②如果一定要设计为螺钉连接，则上边的板应该开通孔，螺钉的螺纹应与下边板的内螺纹相拧紧；被连接件即下边的板也应当有内螺纹；一般可不必采用全螺纹，改正后的结构如图(ⅱ)所示
双头螺柱连接结构设计问题	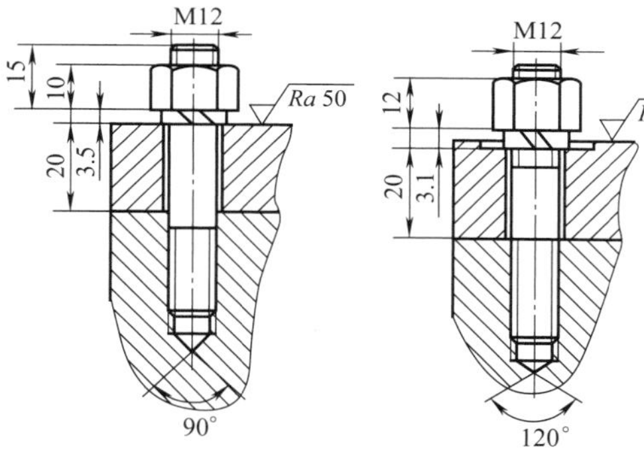 图(a)　禁忌 图(b)　正确	①双头螺柱的光杆部分不能拧进被连接件的内螺纹 ②锥孔角度应为 120°，且画到了外螺纹的外径，应该画到钻孔的直径处 ③被连接件为铸造表面，安装双头螺柱连接时必须将表面加工平整，故采用沉孔 ④螺母的厚度不够 ⑤弹簧垫的厚度不对，改正后的结构如图(b)所示
紧定螺栓连接结构设计问题	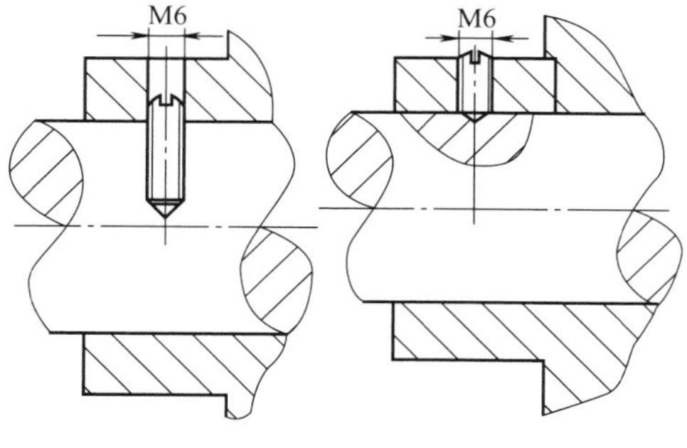 图(a)　禁忌 图(b)　正确	①螺钉掉在坑里，无法拧进，因为轴套上为光孔，没加工成螺纹，因此螺栓拧不进；应当在轴套上加工成内螺纹 ②轴上无螺纹，螺钉拧不进，无法与紧定螺钉的螺纹相拧合。建议进行如下设计改进：如果载荷较小，可以改为如图(b)所示的结构，即轴套上加工成螺纹与紧定螺钉的螺纹相拧合，抵紧在轴上进行定位；如果载荷较大，可以在轴上钻孔、攻丝，将紧定螺钉与轴上的内螺纹拧紧

续表

注意的问题	禁忌示例	说明
螺纹公差及精度标注不完整	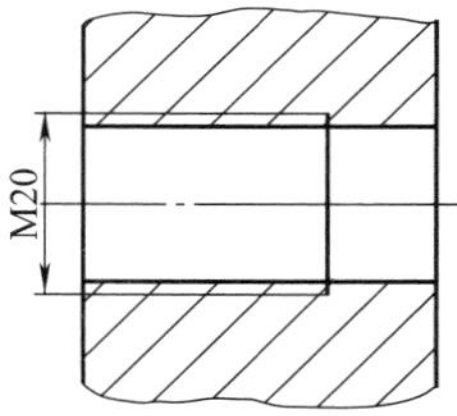 M20　M20−6H 图(a)　禁忌 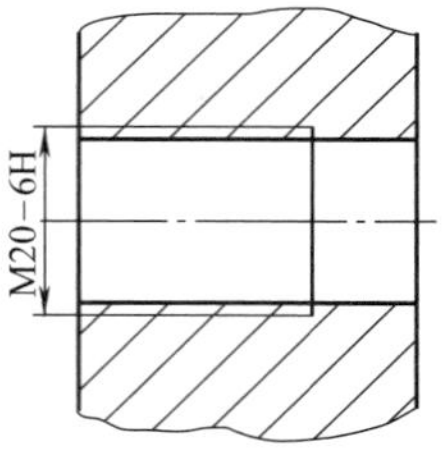　图(b)　正确	内螺纹为不完整的标注，没有标出公差，应改为完整的三角形内螺纹的标注
	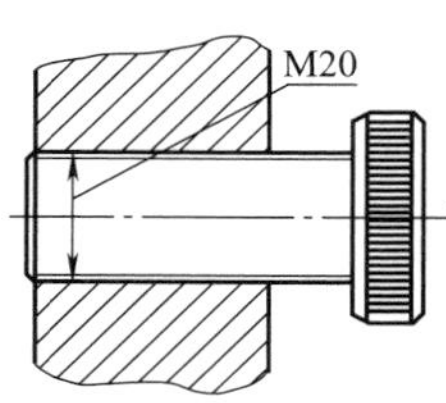 M20　M20−7H/7g6g−L 图(a)　禁忌 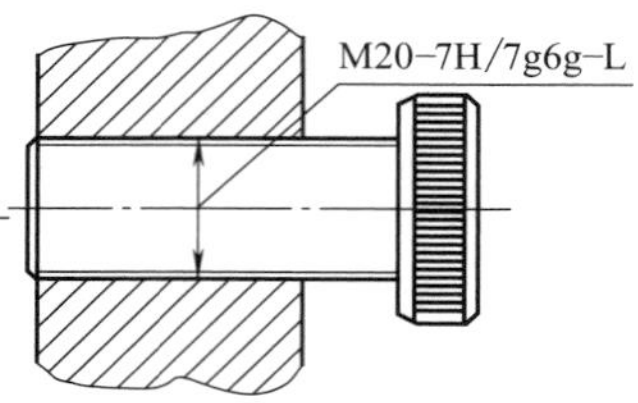　图(b)　正确	图(a)为不完整的三角形螺纹连接的标注，没有标出公差；应改为完整的螺纹副的标注
	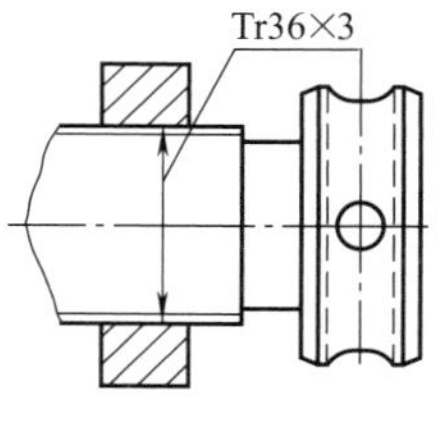 Tr36×3　Tr36×3−7H/7e 或Tr36×3LH−7H/7e 图(a)　禁忌 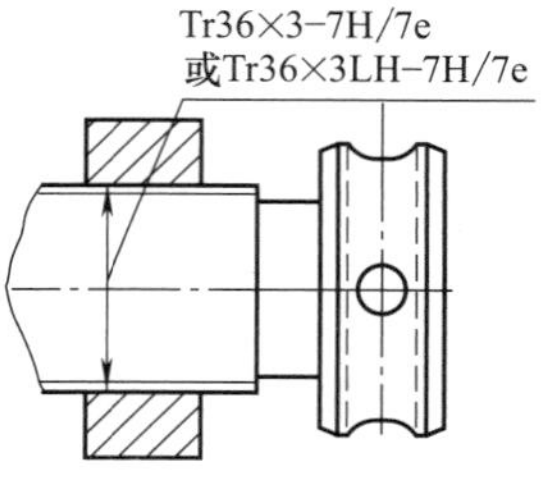　图(b)　正确	图(a)为不完整的梯形螺纹副的标注，没有标出公差；应改为完整的螺纹副的标注。横线上面的标注为右旋螺纹；如果为左旋螺纹，则按横线下面的标注

1.1.3　螺栓组连接的受力分析禁忌

螺栓一般都成组使用，因此设计螺栓直径时，必须首先分析计算出作用于一组螺栓几何形心的外力是轴向力、横向力、扭矩还是翻倒力矩，并计算出大小。然后根据该外力的大小，求出一组螺栓中受力最大的螺栓所受的力，再针对该螺栓受的力进行强度计算，以便确定直径。螺栓组连接的受力分析禁忌见表 12-1-3。

表 12-1-3　**螺栓组连接的受力分析禁忌**

注意的问题	禁忌示例	说明
外力与螺栓组几何形心问题	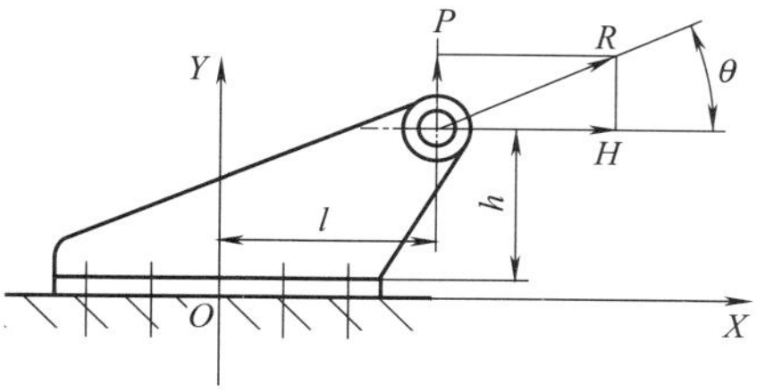 图(a)　禁忌 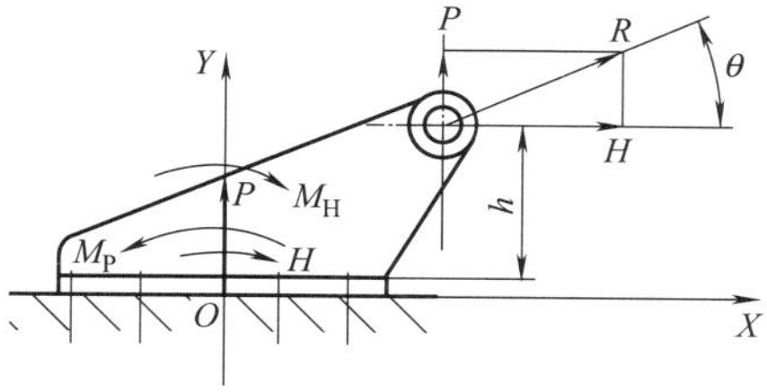 图(b)　正确	进行螺栓组受力分析时，必须将外力移到螺栓组几何形心后再代入公式中计算。图中将外力 R 分解为水平方向的力 H 和垂直方向的力 P 是对的，但是，如果直接将横向力、轴向力代入受力分析公式进行计算，则是错误的。正确的方法应当将水平方向的力 H 和垂直方向的力 P 移到螺栓组几何形心（图中的 O 点），水平方向的力 H 变为横向力 H 及翻倒力矩 M_H，顺时针方向；垂直方向的力 P 变为轴向力 P 及翻倒力矩 M_P，逆时针方向，总的翻倒力矩 M 为 M_H 与 M_P 之代数和。然后，再代入公式进行计算
扭矩与翻倒力矩问题	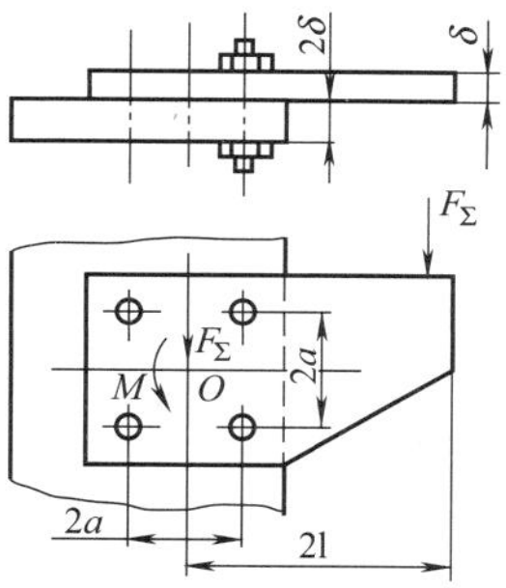 图(a)　禁忌 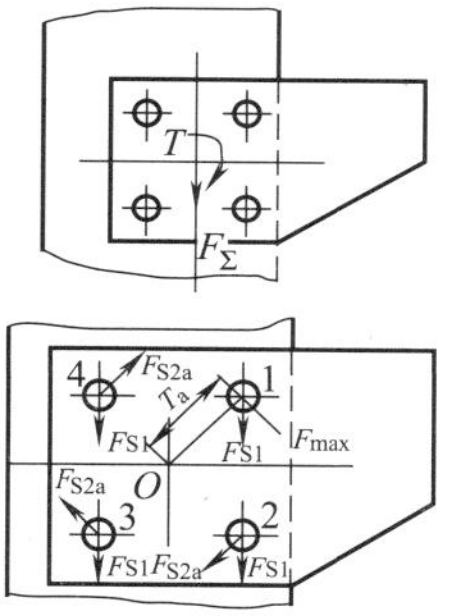　　图(b)　正确	进行受力分析时，如果将外力 F_Σ 移到螺栓组几何形心是一个横向力和翻倒力矩 M，那是极大的错误，因为该力矩的方向是垂直于螺栓的轴线。正确的受力分析如图所示：外力 F_Σ 移到螺栓组几何形心是一个横向力和扭矩 T；只有当该力矩的方向是平行于螺栓的轴线时，将外载荷移到螺栓组几何形心才是翻倒力矩 M
外力是横向力螺栓不一定受剪切的问题	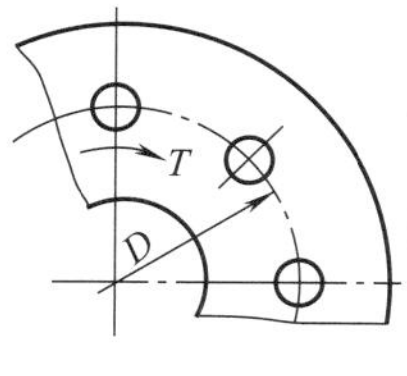 图(a) 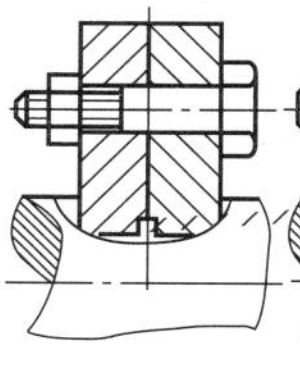　图(b) 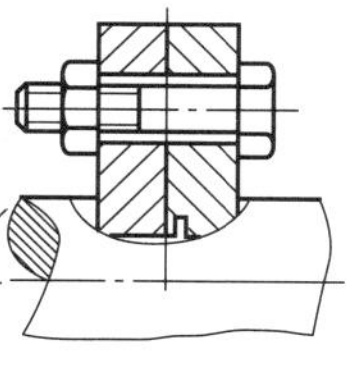　图(c)	图(a)联轴器外载荷为转矩，螺栓受横向力有受剪切的可能性，但不一定受剪切，要看设计成受剪螺栓还是受拉螺栓，如果设计成受剪螺栓（即铰制孔光制螺栓），如图(b)所示，螺栓受剪切。如果设计成如图(c)所示，受拉螺栓连接，横向力被接缝面间的摩擦力平衡；螺栓组受的转矩则被接缝面间的压力产生的摩擦力矩平衡，压力是由于螺栓受预紧力 F' 作用使连接件受到夹紧力而产生，从而螺栓没有受到剪切而只受拉

1.1.4　螺纹连接的结构设计禁忌

工程中螺栓常成组使用，单个使用极少。螺栓组结构设计的好坏直接影响设计质量，因此，必须研究螺栓组的结构设计。结构设计的原则要多方面考虑，例如：螺栓组的布局要尽量合理；螺栓组要有合理间距、适当边距，以利于扳手装拆；避免偏心载荷作用等因素。螺纹连接的结构设计禁忌见表 12-1-4。

表 12-1-4 **螺纹连接的结构设计禁忌**

注意的问题	禁忌示例	说明
螺钉(栓)螺纹连接部分结构问题	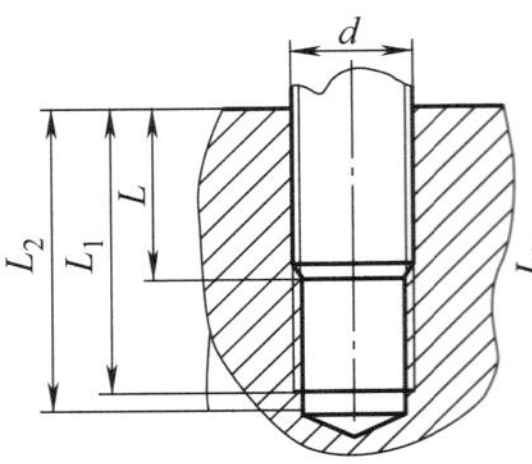 图(a) 禁忌 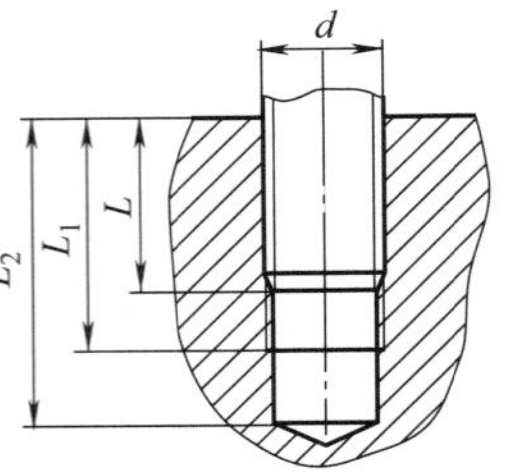　图(b) 正确	螺钉的钻孔深度 L_2、攻螺纹深度 L_1 都没按标准标出，正确的结构应如图(b)所示：钻孔、攻螺纹、旋入深度必须按标准查出
特殊结构的螺栓拆卸问题	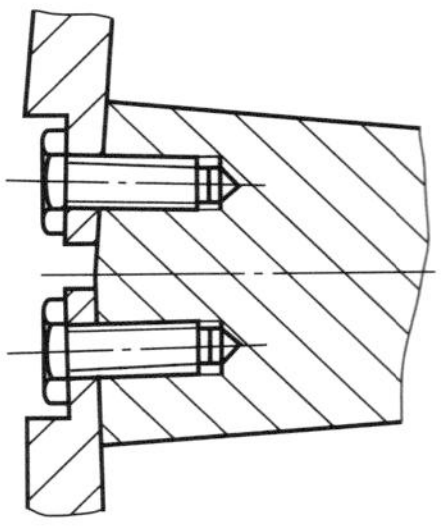 图(a) 禁忌 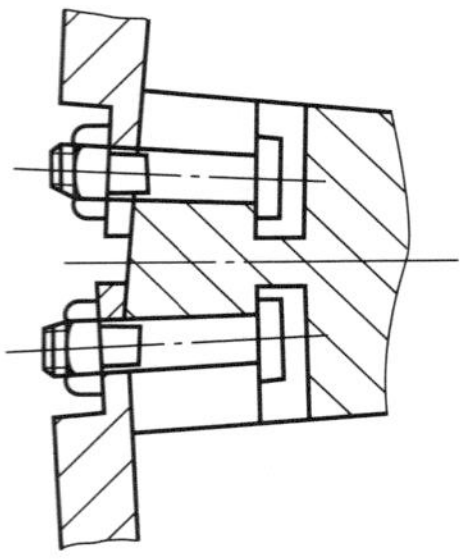　图(b) 正确	图(a)所示为磁选机盖板与铜隔块的连接，螺栓或螺钉是用碳钢制作的。如采用左图连接结构，螺钉在运行中受到磁拉力脉动循环外载荷作用，易早期疲劳，出现螺钉卡磁头，造成螺钉折断，螺钉不便于取出。应采用图(b)所示的结构，成倒挂式连接，一旦出现螺栓折断，更换方便，昂贵的隔块也不会报废
高强度连接螺栓应配套使用问题	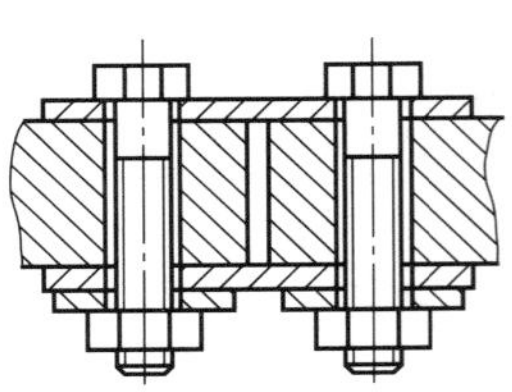 图(a) 禁忌 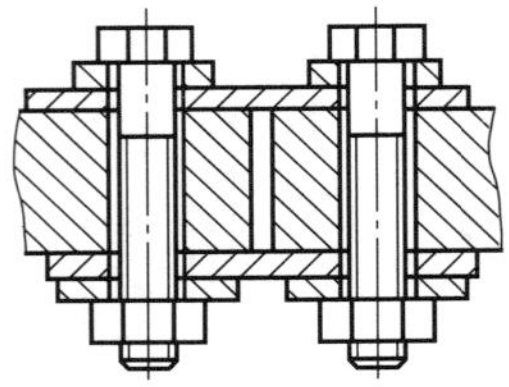　图(b) 正确	图(a)中连接件不全，只有一个垫圈，容易造成连接体表面挤压损坏，应由两个高强垫圈组成，如图(b)所示。另：装配图上应在图纸中注明预紧力要求及注明必须用力矩扳手或专用扳手拧紧，使连接性能达到预期效果。同时对连接件表面应注明特殊要求，例如进行喷丸(砂)处理等
滑动件的螺钉固定问题	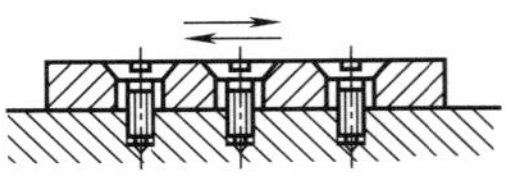 图(a) 禁忌 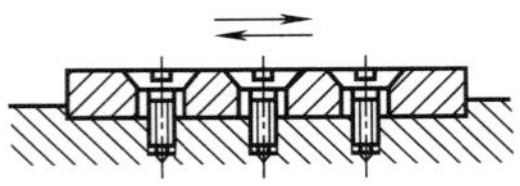　图(b) 正确	图(a)中只用沉头螺钉固定滑动件，例如滑动导轨，这样固定只有一个螺钉能保证头部紧密结合，另外几个螺钉因存在加工误差而不能紧密结合，在往复载荷作用下必然造成导轨的窜动。正确的结构如图(b)所示，采用在端部能防止导轨窜动的结构
吊环螺钉的固定	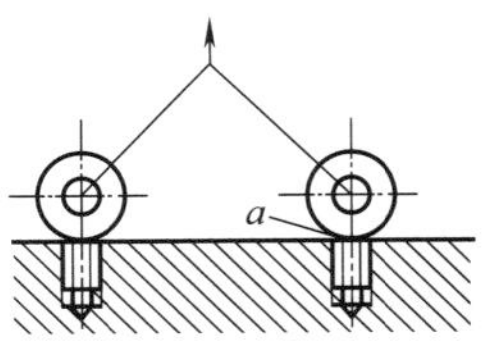 图(a) 禁忌 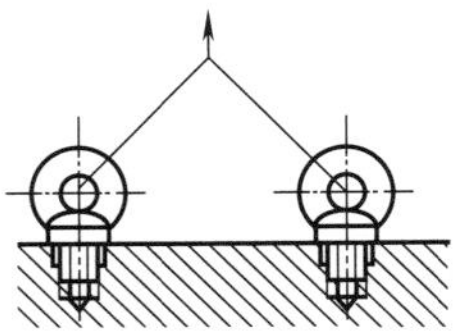　图(b) 正确	图(a)中吊环螺钉是错误的结构，因为吊环螺钉没有紧固座面，受斜向拉力极容易在 a 处发生断裂而造成事故，正确的结构如图(b)所示，应当采用带座的吊环螺钉

续表

注意的问题		禁忌示例	说明
螺栓组连接的结构设计	圆形布置的螺栓组设计问题	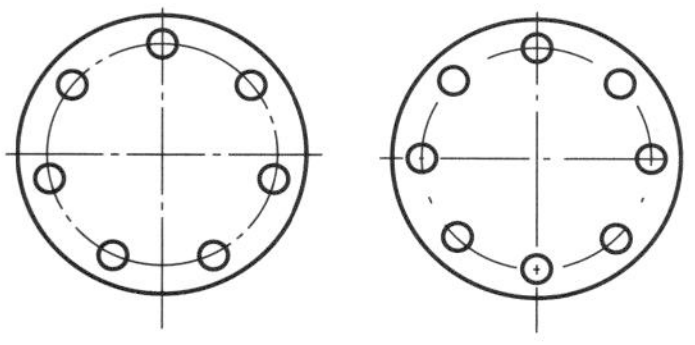 图(a)　禁忌　图(b)　正确	图(a)中圆形布置的螺栓组设计成 7 个螺栓(奇数),不便于加工时分度,应设计成偶数才便于分度及加工,如图(b)8 个螺栓。得出结论:分布在同一圆周上的螺栓数目应取 6、8、12 等易于分度的偶数,以利于划线钻孔
	气密性螺栓组设计问题	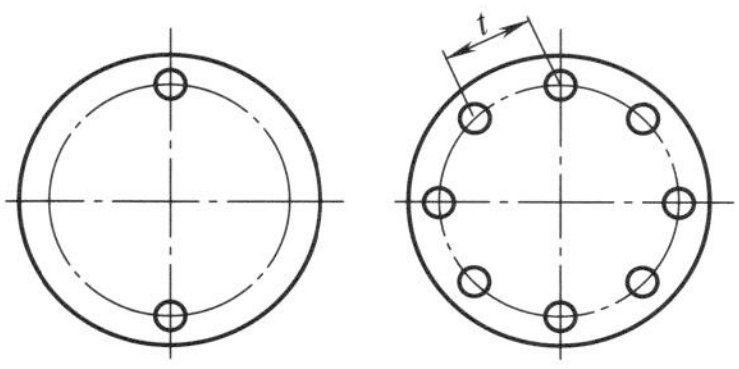 图(a)　禁忌　图(b)　正确	图(a)中设计成两个螺栓是不合理的,因为气密性要求高的螺栓组连接钉距 t 不能取得过大,这样不能满足连接紧密性的要求,容易漏气。因此气密性要求高的螺栓组连接应取钉距 $t \leqslant 2.5d$ 才合理,d 为螺栓外径
	平行力的方向螺栓排列问题	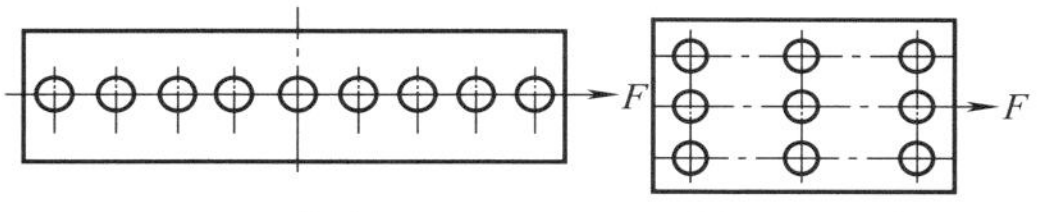 图(a)　禁忌　图(b)　正确	图(a)中在平行外力 F 的方向并排布置 9 个螺栓,使螺栓受力不均,且钉距太小。建议改为如图(b)所示的布置,使螺栓受力均匀,还要注意螺栓排列应有合理的钉距、边距并留有扳手空间
	螺纹孔边设计问题	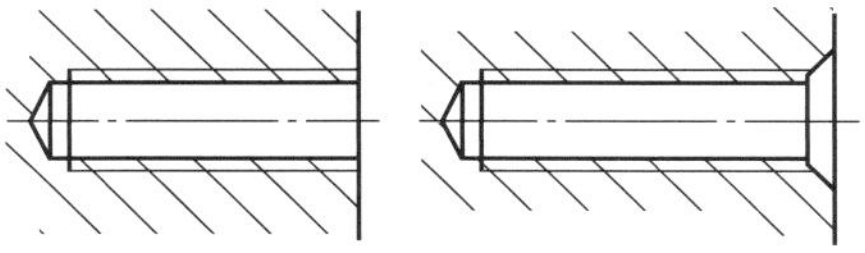 图(a)　禁忌　图(b)　正确	图(a)中螺纹孔边没倒角,拧入螺纹时容易损伤孔边的螺纹。改正后如图(b)所示,螺纹孔边应该加工成倒角
	箱体螺纹孔的设计问题	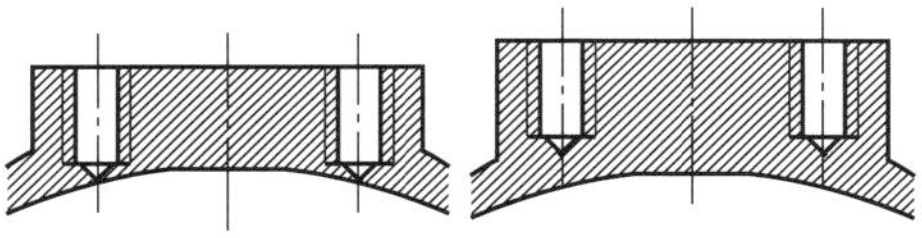 图(a)　禁忌　图(b)　正确 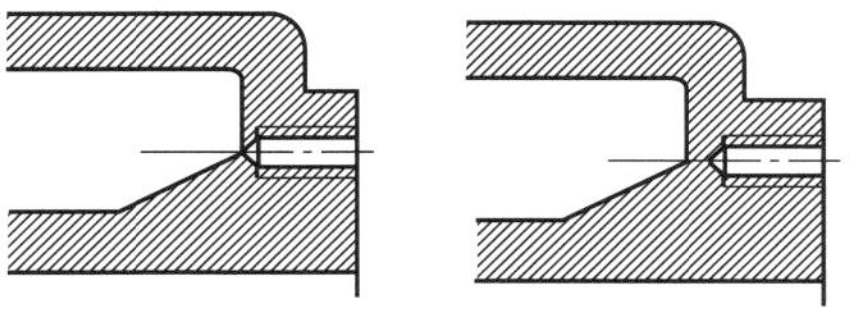 图(c)　禁忌　图(d)　正确	图(a)中箱体的螺纹孔是不合理的错误结构,因为此结构没有留出足够的凸台厚度,应采用如图(b)所示的结构。尤其在要求密封的箱体、缸体上开螺纹孔时,更不允许采用图(c)结构,因为此结构没有足够的凸台厚度,容易在加工足够深度的螺纹孔时,将螺纹孔钻透而造成泄漏。在设计铸造件时,应考虑预留足够厚度的凸台,更应该考虑到铸造工艺误差非常大的弱点,留出相当大的加工余量,如图(d)所示
	高速旋转部件的螺栓设计	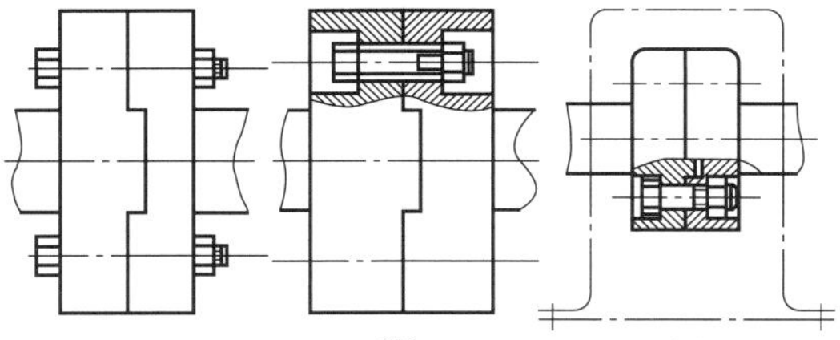 图(a)　禁忌　(ⅰ)　图(b)　正确　(ⅱ)	图(a)中高速旋转部件上的螺栓头部外露是不允许的,例如工业上广泛使用的联轴器,应将其埋入罩内,如图(ⅰ)所示;如果能如图(ⅱ)所示的结构,用安全罩保护起来就更好了

续表

注意的问题		禁忌示例	说明
螺栓组连接的结构设计	换热器的螺栓连接问题	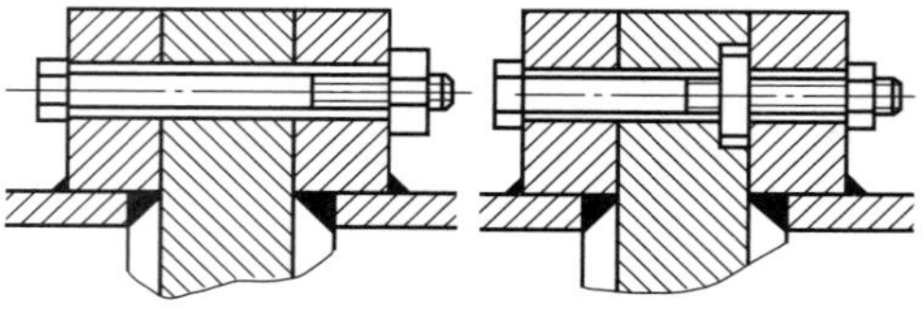 图(a) 禁忌 图(b) 正确	图(a)中换热器的壳体、管板和管箱之间连接时简单地采用了普通螺栓连接的方法是不对的,因为换热器管程和壳程的压力一般差别较大,采用同一个穿通的螺栓不便兼顾满足两边压力的需要,另外也给维修带来不便,即:要拆一起拆、要装一起装,不能或不便于分别维修。采用图(b)带凸肩的螺栓结构可以根据两边不同的压力要求,选择不同尺寸的螺栓,也可以分别进行维修
	铸造表面螺栓连接问题	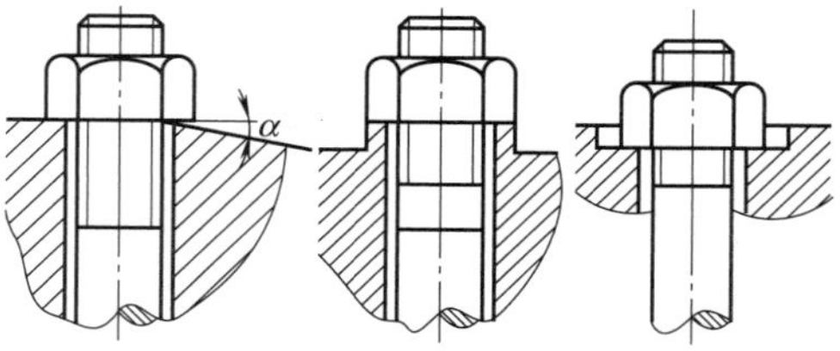 α 图(a) 禁忌 图(b) 正确	图(a)中铸造表面直接安装了螺栓是错误的,因为铸造表面不平整,如直接安装螺栓、螺钉或双头螺柱,则螺栓(螺钉或双头螺柱)的轴线就会与连接表面不垂直,从而产生附加弯矩而使螺栓受到附加弯曲应力而降低寿命。正确的设计应该是在安装螺栓、螺钉、双头螺柱的表面进行机械加工,采用凸台或沉头座等方式,避免附加弯矩的产生
	螺栓、螺钉和双头螺柱连接的装拆问题	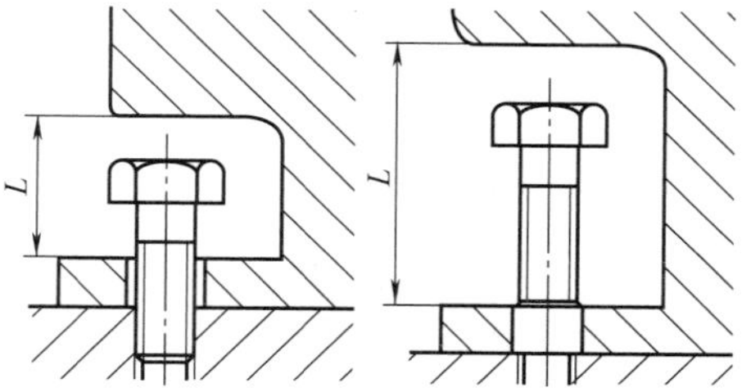 L L 图(a) 禁忌 图(b) 正确	图(a)中安放螺钉的地方太小,无法装入及拆卸螺钉。L 应大于螺钉的长度,并留有足够的扳手空间,如图(b)所示的结构才能装拆螺钉。螺栓、螺钉、双头螺柱连接时必须考虑安装要方便
		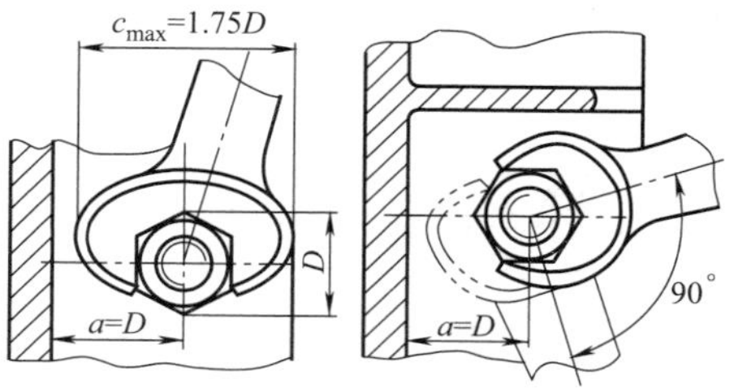 $c_{max}=1.75D$ D $a=D$ $a=D$ 90° 图(a) 图(b)	设计螺栓、螺钉、双头螺柱连接的位置时还必须考虑留有足够的扳手空间以利于装拆,如图(a)~图(f)分别给出螺栓在不同位置时需要留出的扳手空间的尺寸,该尺寸即考虑了标准扳手活动的空间要求,设计时必须满足

续表

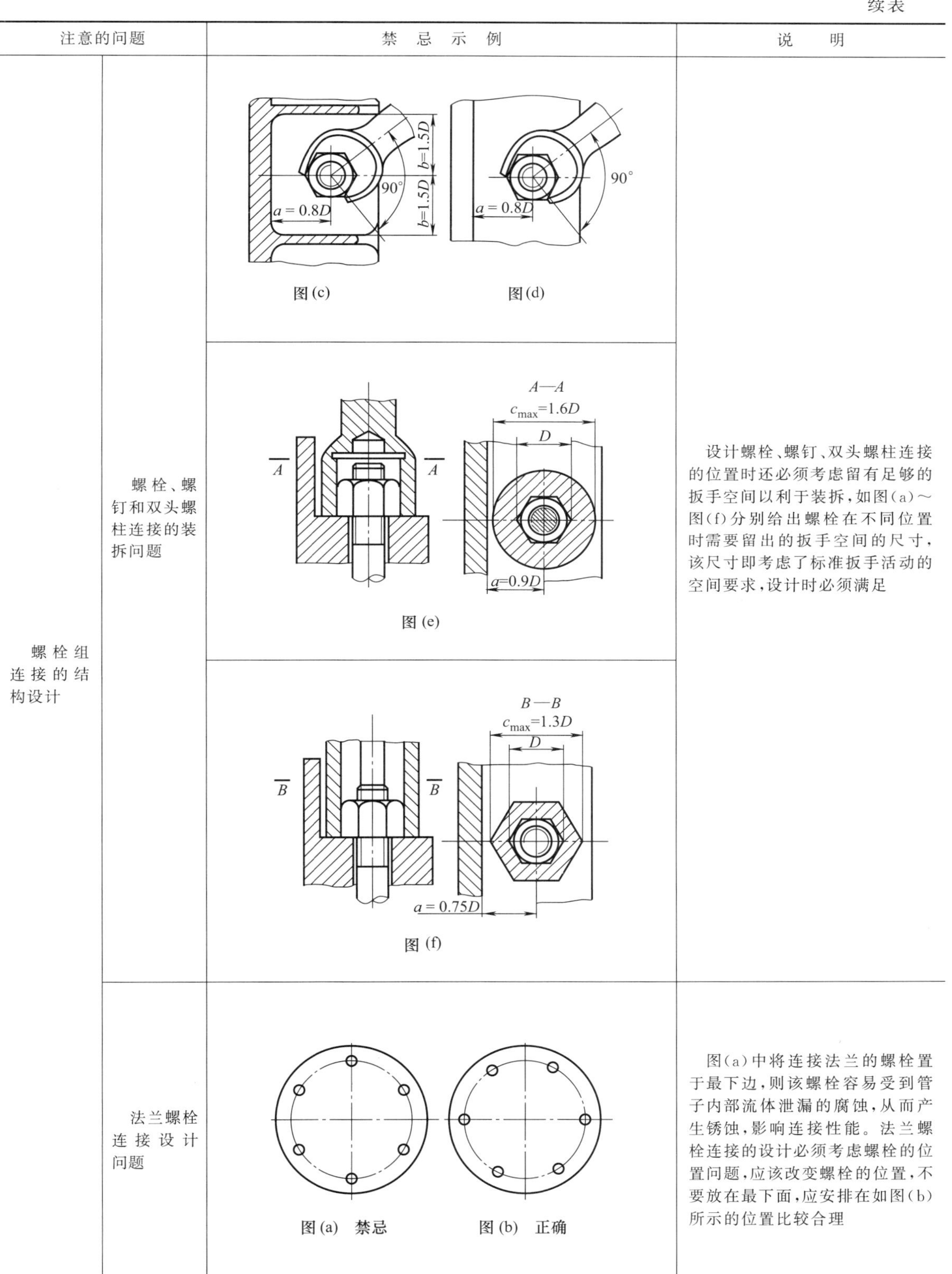

注意的问题		禁忌示例	说明
螺栓组连接的结构设计	螺栓、螺钉和双头螺柱连接的装拆问题	图(c)　图(d)	设计螺栓、螺钉、双头螺柱连接的位置时还必须考虑留有足够的扳手空间以利于装拆，如图(a)～图(f)分别给出螺栓在不同位置时需要留出的扳手空间的尺寸，该尺寸即考虑了标准扳手活动的空间要求，设计时必须满足
		图(e)	
		图(f)	
	法兰螺栓连接设计问题	图(a)　禁忌　图(b)　正确	图(a)中将连接法兰的螺栓置于最下边，则该螺栓容易受到管子内部流体泄漏的腐蚀，从而产生锈蚀，影响连接性能。法兰螺栓连接的设计必须考虑螺栓的位置问题，应该改变螺栓的位置，不要放在最下面，应安排在如图(b)所示的位置比较合理

续表

注意的问题		禁忌示例	说明
螺栓组连接的结构设计	螺钉在被连接件的位置	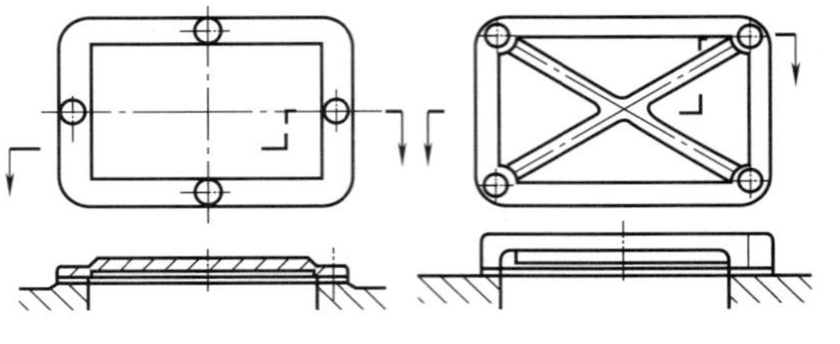 图(a)　正确　　图(b)　更好	螺钉在被连接件的位置应布置在被连接件刚度最大的部位，从而能够提高连接的紧密性，如图(a)所示的结构比较好。如因为结构等原因不能实现或不容易实现，可以采取在被连接件上加十字或对角线的加强筋等办法解决，如图(b)所示的结构就更好
	焊接件间螺纹孔的设计	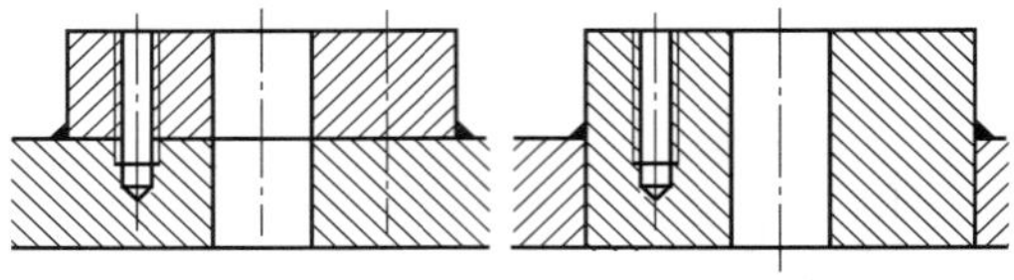 图(a)　禁忌　　图(b)　正确	图(a)中螺孔开在了两个焊接件间的搭接处，设计成穿通的结构，会造成泄漏和降低螺栓连接强度。改进后的结构如图(b)所示
	紧定螺钉的位置问题	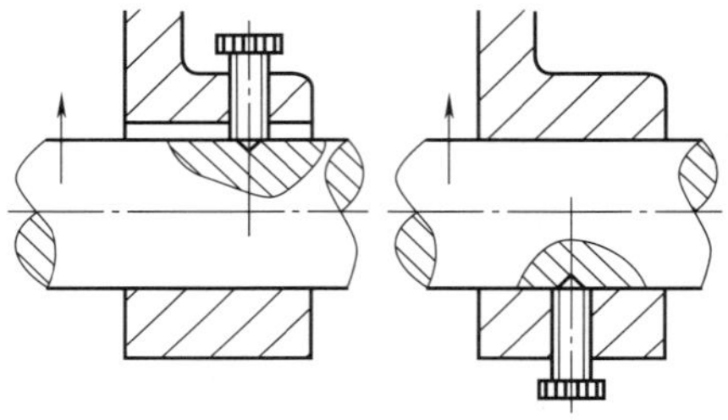 图(a)　禁忌　　图(b)　正确	图(a)中紧定螺钉的位置设计在承受载荷的方向上，是不合适的。将紧定螺钉放在承受载荷的方向上，这样会被压坏，不起紧定作用。改进后的结构如图(b)所示：紧定螺钉的位置不要设计在承受载荷的方向上
	不同方向多螺孔的设计	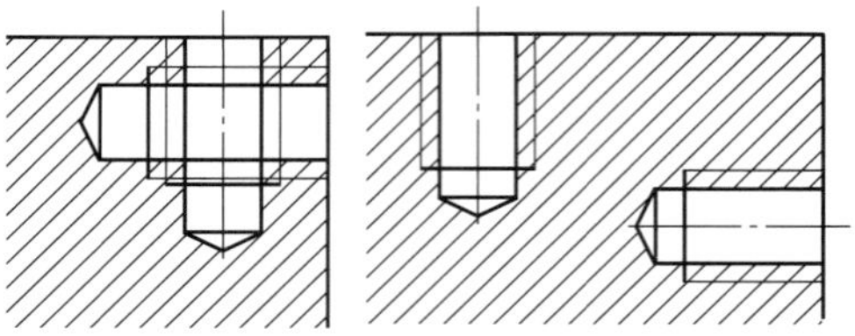 图(a)　禁忌　　图(b)　正确	图(a)中轴线相交的螺孔相交在一起是不合理的，因为这种设计能削弱机体的强度和螺钉的连接强度。正确的结构如图(b)所示，应避免螺孔的相交

1.1.5　提高螺栓连接强度、刚度设计禁忌

分析影响螺栓连接强度的因素，从而提出提高连接强度的措施，对设计螺栓连接具有重要的意义。提高螺纹连接强度的措施主要有：改善螺纹牙上载荷分布不均匀现象，设法减小螺栓螺母螺距变化差；减小应力幅 σ_a：在总拉力 F_0 一定时，减小螺栓刚度 c_1 或增大被连接件刚度 c_2；减小应力集中；减小附加应力；增大预紧力 F' 等。正确选择提高连接强度、刚度的措施是螺纹连接设计的重要问题之一，选用时应注意有关禁忌问题，见表 12-1-5。

表 12-1-5　提高螺栓连接强度、刚度设计禁忌

注意的问题	禁忌示例：禁忌	禁忌示例：正确	说明
受变载荷的螺栓直径选择问题	设计受变载荷作用的螺栓连接时，为提高螺栓连接的疲劳强度，当螺栓长度一定时，应当采用直径大的螺栓	设计受变载荷作用的螺栓连接时，为提高螺栓连接的疲劳强度，当螺栓长度一定时，不应当采用直径太大的螺栓	受变载荷作用的螺栓连接在设计时，不应当采用直径太大（当螺栓长度一定时）的螺栓。因为当螺栓长度一定时，采用直径太大的螺栓就相当于增大了螺栓的刚度 c_1，从而增大了螺栓的应力幅，螺栓更容易发生疲劳破坏 螺栓承受的是静载荷，则情况就完全不一样了，因为螺栓的静力强度取决于直径，直径越大，静力强度越高
	设计受静载荷作用的螺栓连接时，当螺栓长度一定时，为提高螺栓连接的强度，不应当采用直径太大的螺栓	设计受静载荷作用的螺栓连接时，当螺栓长度一定时，为提高螺栓连接的强度，应当采用直径大的螺栓	
受变载荷的被连接件刚度选择问题	受变载荷作用的螺栓连接在设计时，为提高螺栓连接的疲劳强度，应当采用刚度小的被连接件	受变载荷作用的螺栓连接在设计时，为提高螺栓连接的疲劳强度，应当采用刚度大的被连接件	设计受变载荷作用的螺栓连接时，不应当采用刚度小的被连接件，例如采用较软的金属材料，因为这样相当于在总拉力一定的情况下减小了被连接件的刚度，因此增加了应力幅，降低了螺栓的疲劳强度。只有增大被连接件的刚度，才能达到提高螺栓疲劳强度的目的
螺栓的根部结构问题	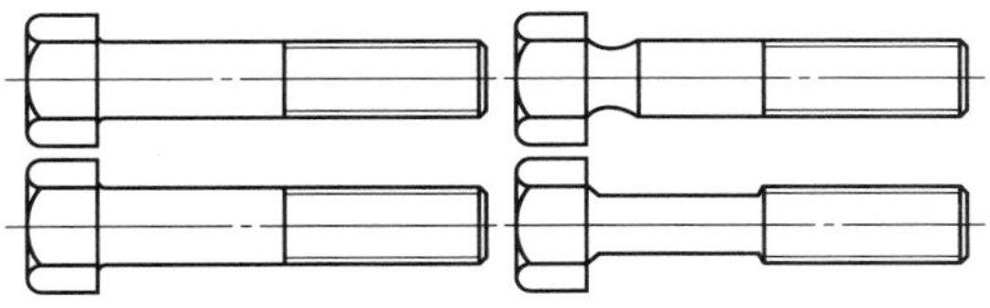 图(a)　禁忌	图(b)　正确	图(a)中螺栓根部圆角太小，因此应力集中太大，降低了螺栓的疲劳强度。图(b)的结构、螺栓根部圆角通过不同的方式进行了增大，因此减小了应力集中，提高了螺栓的疲劳强度
被连接件表面的设计问题	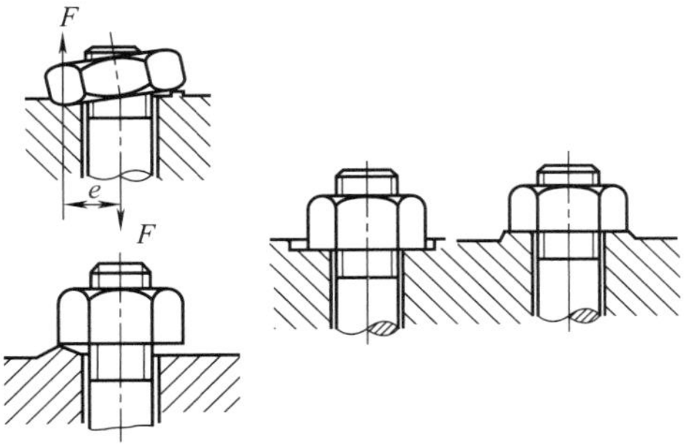 F e F 图(a)　禁忌	图(b)　正确	图(a)中被连接件是铸造件，表面不平整，直接用螺栓连接会使螺栓中心线与被加工表面不垂直而产生附加弯矩，螺栓受弯曲应力而加速螺栓的破坏。正确的结构如图(b)所示，即铸造件表面应加工后再装螺栓，为减小加工面，通常将铸造件表面加工成沉孔或凸台
	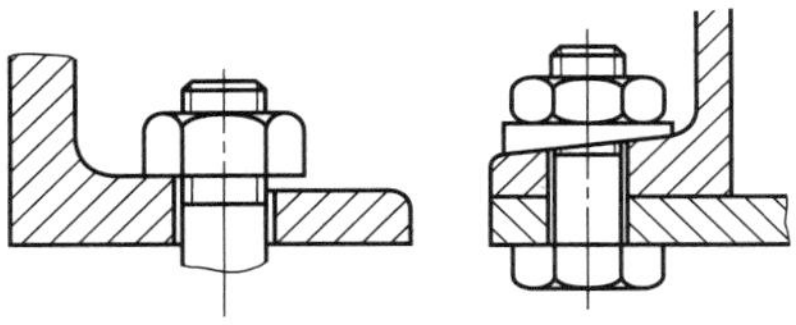 图(a)　禁忌	图(b)　正确	图(a)中被连接件表面倾斜，与螺栓轴心线不垂直，从而使螺栓产生附加弯矩而降低使用寿命。可以采用斜垫圈，使螺栓轴心线与被连接件表面垂直，避免产生附加弯矩，如图(b)所示

续表

注意的问题	禁 忌 示 例	说 明
被连接件表面的设计问题	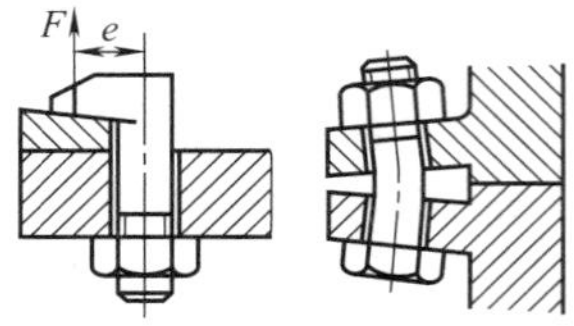 F e 图(a) 图(b)	图(a)所示为钩头螺栓，使螺栓产生附加弯矩，因此应尽量避免使用。图(b)所示为被连接件刚度不足而造成的螺栓弯曲，从而造成附加弯矩，设计时应避免
压力容器的密封问题	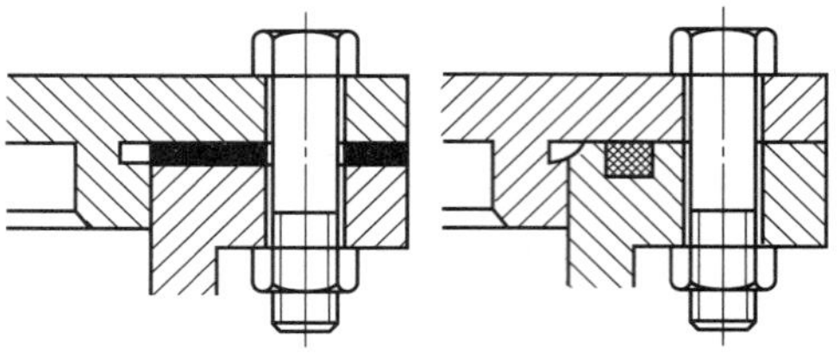 图(a) 禁忌 图(b) 正确	图(a)中压力容器用刚度小的普通密封垫，相当于减小了被连接件的刚度，降低了螺栓的疲劳强度。如果改为图(b)的结构，即被连接件之间采用O形密封圈或刚度较大的金属垫片，相当于增大了被连接件的刚度，在保证最小应力不变的条件下，减小了应力幅，可提高螺栓的疲劳强度

1.1.6 螺纹连接的防松方法设计禁忌

在静载荷的情况下，螺纹连接能满足自锁条件，但是在冲击、振动以及变载情况下，或温度变化较大时，螺纹连接有可能松动，甚至松开，极其容易发生事故。因此在设计螺纹连接时，必须考虑防松问题。防松的根本问题在于防止螺纹副之间的相对转动，按防松原理可分为：摩擦防松、机械防松及破坏螺纹副之间关系防松三种方法。正确选择螺纹连接的防松方法是螺纹连接设计的重要问题之一，选用时应注意有关禁忌，见表 12-1-6。

表 12-1-6 螺纹连接的防松方法设计禁忌

注意的问题	禁 忌 示 例	说 明
弹簧防松垫缺口的方向	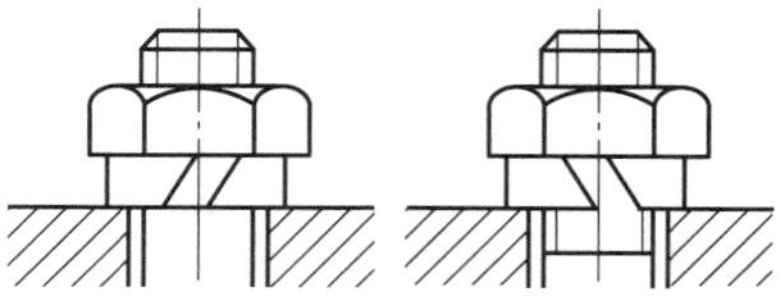 图(a) 禁忌 图(b) 正确	图(a)中弹簧防松垫的缺口方向不对，不能起到防松作用
双螺母防松问题	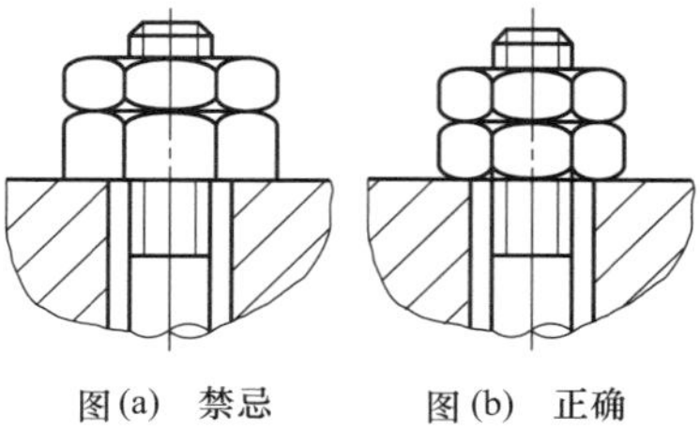 图(a) 禁忌 图(b) 正确	图(a)中双螺母的设置不对，下螺母应该薄一些，因为其受力较小，起到一个弹簧防松垫的作用。但是在实际安装过程中，这样安装实现不了，因为扳手的厚度比螺母厚，不容易拧紧，因此，通常为了避免装错，设计时采用两个螺母的厚度相同的办法解决，如图(b)所示的结构
串联钢丝绳防松问题	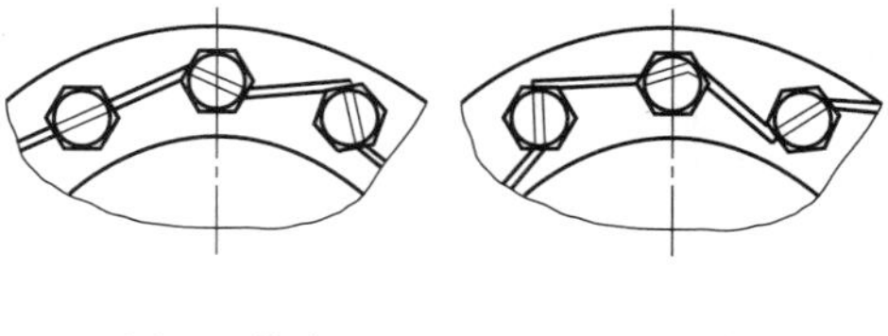 图(a) 禁忌 图(b) 正确	图(a)中串联钢丝绳的穿绕方向不对，如果串联钢丝绳的穿绕方向采用图(a)所示的方法，则串联钢丝绳不仅不会起到防松作用，因为连接螺栓一般是右旋，而且还将把已拧紧的螺钉拉松。正确的安装方法要促使螺钉旋紧，如图(b)所示的穿绕方向，才可以拉紧

续表

注意的问题	禁 忌 示 例	说 明
圆螺母止动垫片防松问题	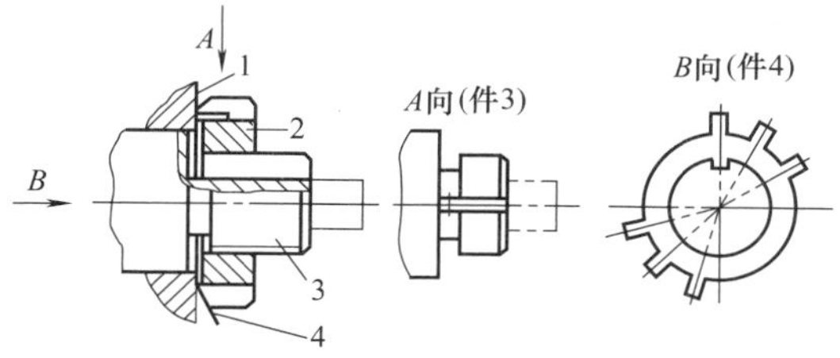 A 1 2 3 4 B A向(件3) B向(件4)	采用圆螺母止动垫时要注意，如果垫片的舌头没有完全插入轴的槽中，则不能止动，因为止动垫可以与圆螺母同时转动而不能防松。图示结构中，件 1 为被紧固件，件 2 为圆螺母，件 3 为轴，件 4 为标准圆螺母止动垫圈

1.2　键连接

键主要用来实现轴和轴上零件之间的周向固定并传递转矩。有些类型的键还可实现轴上零件的轴向固定或轴向移动。

键连接根据连接的紧密程度分为松连接和紧连接，松连接的键靠两侧面进行工作，装拆方便，应用较多。松连接又根据键的形状分为平键及半圆形键，半圆形键的优点是：它在轴槽中能绕其几何中心摆动，以适应毂上键槽的斜度，其对中性好、工艺性好。但是缺点是：轴槽较深，因此对轴的削弱较大，主要用于轻载或位于轴端的连接，尤其适用于锥形轴端。平键又按用途分为普通平键、导向键和滑键，按端部形状分为圆头（A 型）、方头（B 型）、一圆一方（C 型）。导向键和滑键用于动连接，前者是键在毂槽中移动，后者指键在轴槽中移动。设计时应根据各类键的结构和应用特点进行选择。各种类型的键均有一定的特点及应用场合，选用时应注意有关禁忌问题。

1.2.1　平键连接设计禁忌

平键是工程中最常见的一种键，平键的两侧面是工作面，上表面与轮毂槽底之间留有间隙。键连接定心性较好、装拆方便。平键连接的主要失效形式为：压溃、剪断（静连接）和磨损（动连接）。平键连接设计禁忌见表 12-1-7。

表 12-1-7　　平键连接设计禁忌

注意的问题	禁 忌 示 例	说 明
键长计算问题	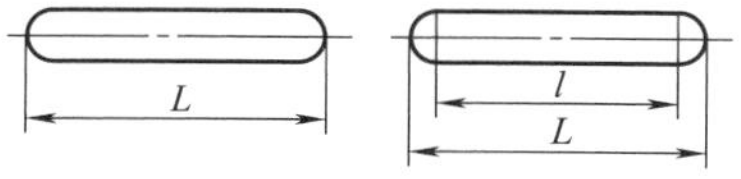 L　l　L 图(a)　禁忌　　图(b)　正确	图(a)问题：作平键强度计算时，代入键的全长 L 是不对的，因为键的两个圆头不能有效地传递扭矩，应该去掉键的两个圆头，用键的直段 l 代入公式进行计算，即 $l=L-b$，b 为键的宽度
键槽设计问题	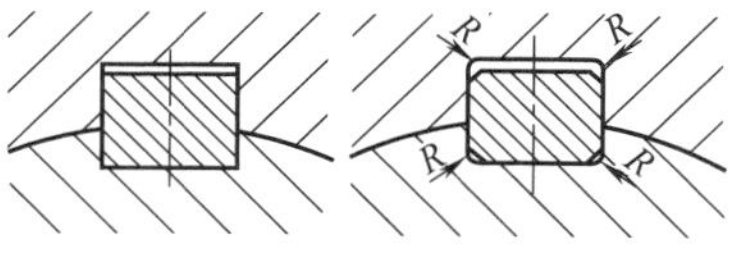 R R R R 图(a)　禁忌　　图(b)　正确	图(a)问题：在轮毂或轴上开有键槽的部位不应该作成直角或太小的圆角，如图(a)所示，因为这样容易产生很大的应力集中，容易产生裂纹而破坏。应在键槽部分作出适合于键宽的较大的过渡圆角半径 R，如图(b)所示的结构比较合理
空心轴上的键槽设计问题	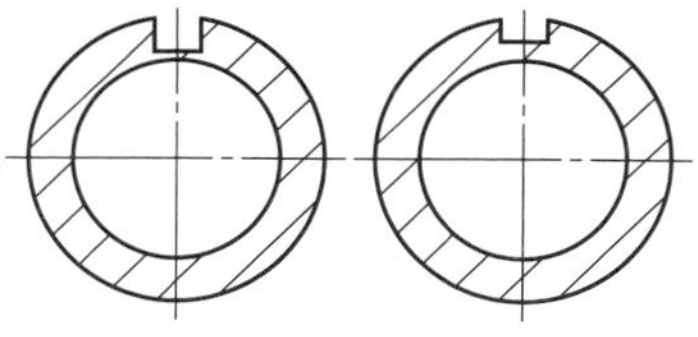 图(a)　禁忌　　图(b)　正确	图(a)问题：在空心轴上开键槽时，开键后轴的剩余壁厚太小是不合理的，因为这样会严重影响轴的强度。在空心轴上开键槽时应该选用薄型键，或对需要开槽的空心轴应适当增加轴的壁厚，如图(b)所示的结构是合理的

续表

注意的问题	禁忌示例	说明
键宽与轮毂槽宽的配合问题	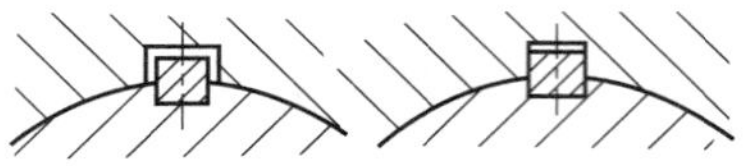 图(a) 禁忌 图(b) 正确	图(a)问题：键宽与轮毂槽宽没选公差配合，而取轮毂槽宽大于键宽，或虽然键宽与轮毂槽宽选了公差配合，但是选了间隙配合是错误的，因为平键是以侧面进行工作，尤其承受反复的扭矩时，如按上述两种方法设计，必将造成轮毂与轴的相对转动，使键和键槽的侧面反复冲击而破坏。设计时应该使键宽与轮毂槽宽选过渡配合的公差，因为键是标准件，所以选择轮毂槽宽为 JS9 的公差比较合适，如图(b)所示
轮毂上键槽高的设计问题	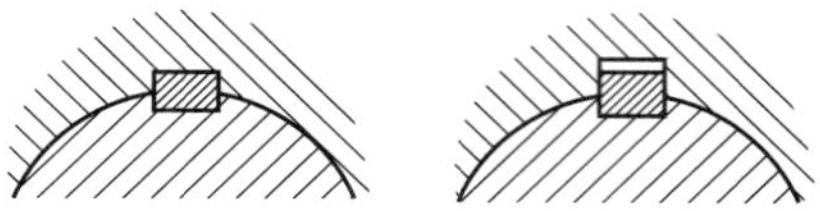 图(a) 禁忌 图(b) 正确	图(a)问题：轮毂槽高与键的顶部设计成没有间隙或配合尺寸都是不对的。因为键的顶面不是工作面，为了保证键的侧面与轮毂槽宽的配合，键的顶部与轮毂槽顶面不能再配合，必须留出一定的距离，如图(b)所示
薄壁轮毂的键槽设计问题	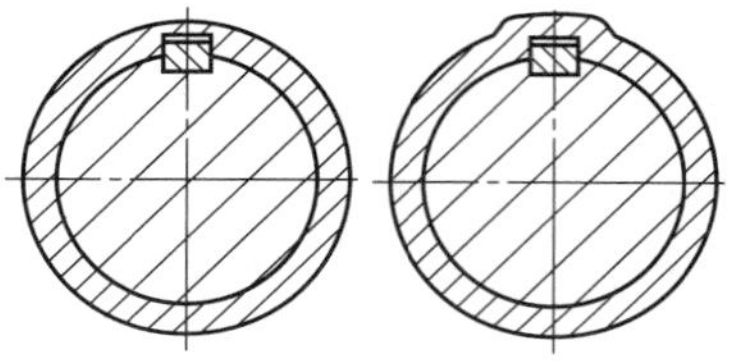 图(a) 禁忌 图(b) 正确	图(a)问题：轮毂上开了键槽后剩余部分太薄，因为这样做的结果一是会削弱轮毂的强度，二是如果轮毂是需要热处理的零件(例如齿轮)，开了键槽后在进行热处理时，轮毂上开了键槽后剩余部分由于尺寸小、冷却速度快而产生断裂，所以设计时应适当增加这一部分轮毂的厚度，如图(b)所示
长轴上的多个连续键槽设计问题	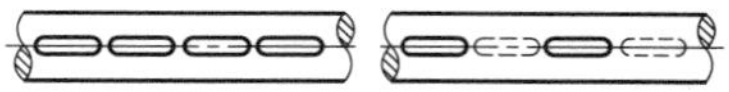 图(a) 禁忌 图(b) 正确	图(a)问题：长轴上有多个连续的键槽开在轴的同一侧，这样会使轴所受的应力不平衡，容易发生弯曲变形，改正后的结构如图(b)所示，即交错开在轴的两面
	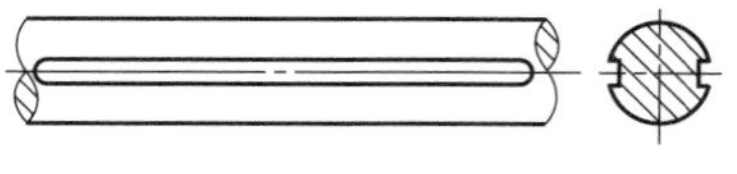 图(a) 禁忌 图(b) 正确	图(a)问题：特别长的轴也不应该如图(a)所示开一个很长的键槽，应该将长的键设计成双键开在轴的对称面(180°)，以使轴的受力平衡，如图(b)所示
轮毂槽位置的设计问题	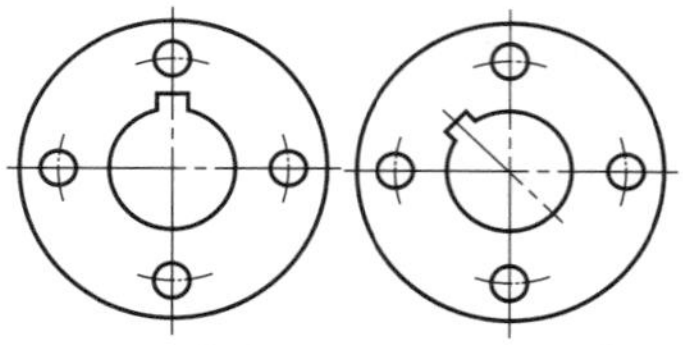 图(a) 禁忌 图(b) 正确	图(a)问题：在轮毂的上方开工艺孔，这样会造成局部应力过大，或造成轮毂上开了键槽后剩余部分由于尺寸小而削弱了轮毂的强度；同时，如果轮毂是需要热处理的零件，在进行热处理时，由于尺寸小、冷却速度快，容易产生断裂，改进后的设计如图(b)所示
	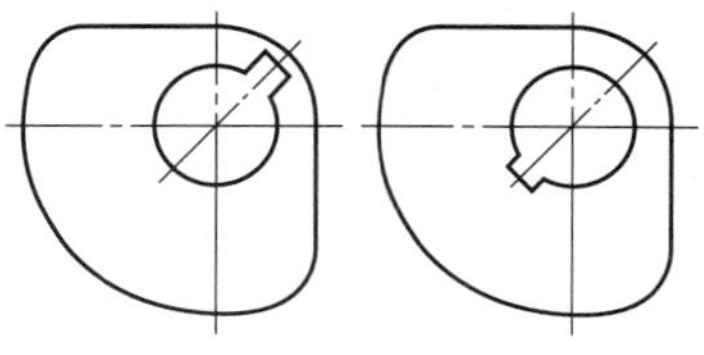 图(a) 禁忌 图(b) 正确	图(a)问题：设计特殊零件的键连接，例如凸轮时，轮毂槽开在了如图(a)所示的薄弱方位上，这样会造成局部应力过大，或造成轮毂上开了键槽后剩余部分由于尺寸小而削弱了轮毂的强度，应该将轮毂槽开在强度较高的位置，如图(b)所示，这一位置比较合理

续表

注意的问题	禁忌示例	说明
轴上键槽的位置设计问题	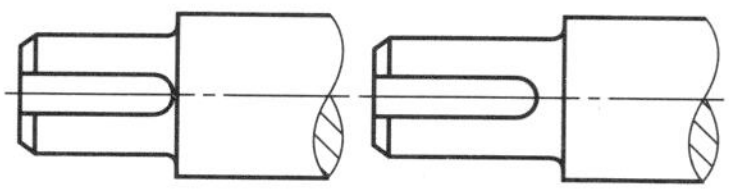 图(a)　禁忌　图(b)　正确	图(a)问题：在轴的阶梯处开了键槽是不对的，轴的阶梯处因其截面的突变会产生应力集中，是主要的应力集中源，如果键槽也开在此平面上，则由键槽引起的应力集中也会叠加在此平面上，这个危险截面很快会疲劳断裂。应该将键槽设计到距离轴的阶梯处约 3～5mm 处，如图(b)所示
盲孔内的键槽设计问题	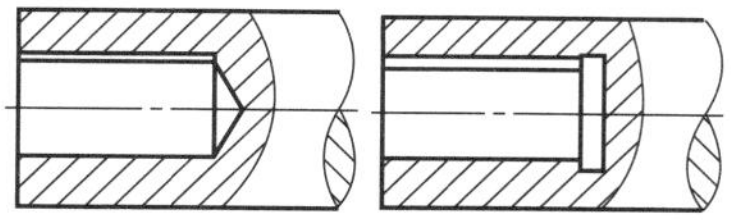 图(a)　禁忌　图(b)　正确	图(a)问题：在盲孔内加工键槽时，不应该设计成如图(a)所示的结构，因为这种设计没有留出退刀槽，无法加工键槽，正确的设计应该如图(b)所示的结构，留出退刀槽
同一根轴上键槽的位置设计问题	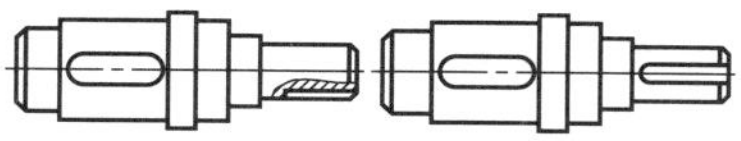 图(a)　禁忌　图(b)　正确	图(a)问题：在同一根轴上开有两个以上键槽时(不是很长的轴)，不要开在如图(a)所示的不同的母线上，应该将键槽设计在如图(b)所示的同一条母线上，是为了铣制键槽时能够一次装夹工件，方便加工，减少装夹次数
平键被紧定螺钉固定的问题	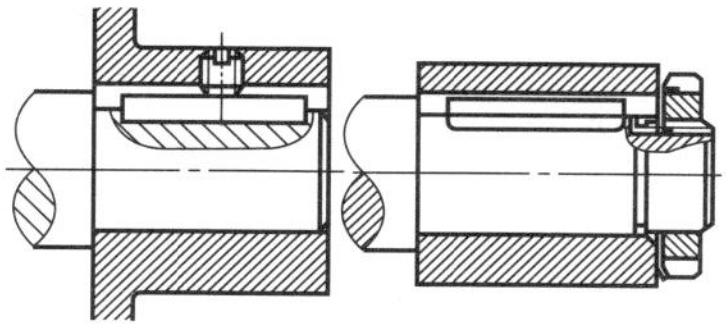 图(a)　禁忌　图(b)　正确	图(a)问题：平键连接的零件用紧定螺钉顶在平键上面进行轴向固定，这样做虽然也能固定零件的轴向位置，但是使轴上零件产生偏心，是禁忌的结构。正确的设计应该是再加一个轴向固定的装置，例如图(b)所示的圆螺母，结构就比较合理
锥形轴处的平键设计问题	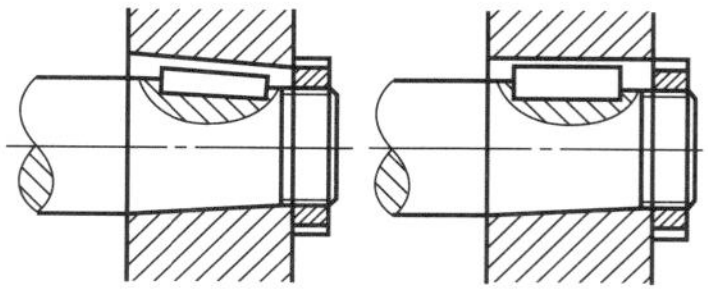 图(a)　禁忌　图(b)　正确	图(a)问题：如果在锥形轴处设计平键连接时，将平键设计成与轴的母线相平行是不对的，因为给键槽的加工带来不方便。如果设计成键槽平行于轴线，如图(b)所示的结构，则键槽的加工就方便多了，只有当轴的锥度很大(大于 1∶10)或键很长时才采用键与轴的母线相平行的结构

1.2.2　斜键与半圆键设计禁忌

表 12-1-8　**斜键与半圆键设计禁忌**

注意的问题	禁忌示例	说明
同一轴段上两个斜键的位置问题	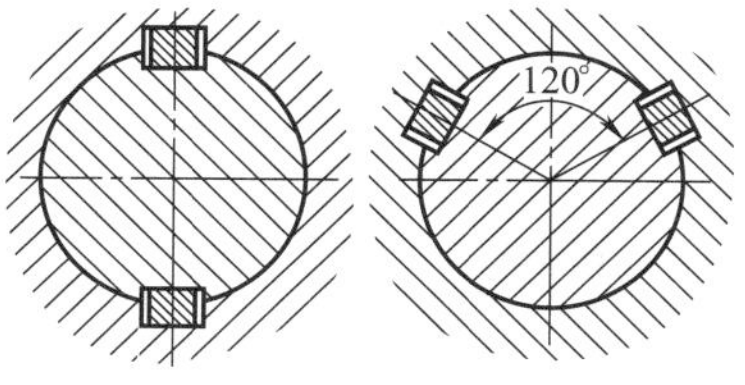 120° 图(a)　禁忌　图(b)　正确	图(a)问题：在同一根轴上采用两个斜键时，不要如图(a)所示的结构，即：使键布置在轴上相距 180°的位置上，因为这样布置键能传递的扭矩与一个键相同，应该布置在如图(b)所示的位置，即相距 90°～120°效果最好，相距越近，传递的转矩越大，但是如果相距太近，会使轴的强度降低太多

第12篇

续表

注意的问题	禁忌示例	说明
同一根轴上两个半圆键的位置设计问题	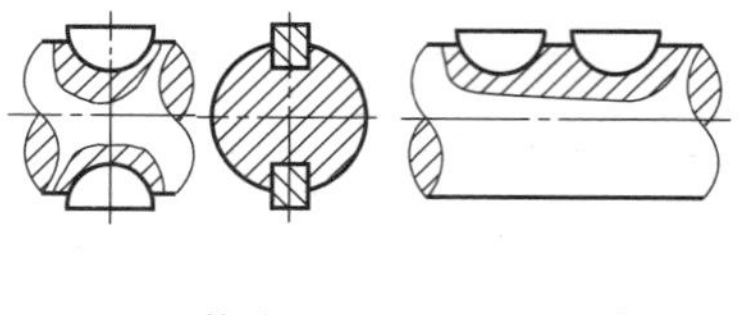 图(a) 禁忌 图(b) 正确	图(a)问题：在同一根轴上采用两个半圆键时，不应该布置在如左图所示轴的同一剖面内相距180°的位置，因为半圆键键槽较深，对轴的削弱较厉害。正确方法：因为半圆键的长度较小，应该布置在如图(b)所示的位置，即轴的同一母线上，结构就比较合理，对轴的削弱较小
楔键或切向键的选择问题	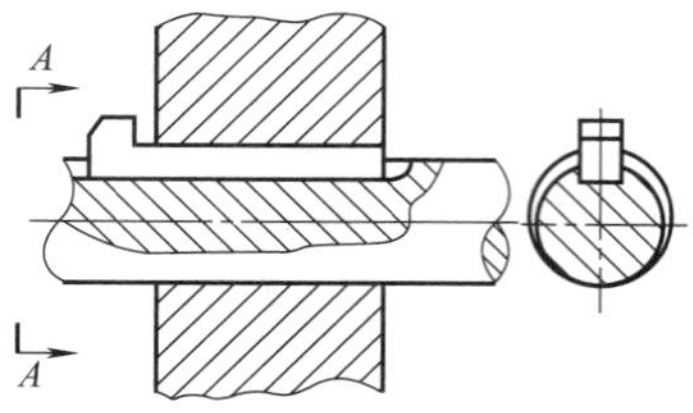 A A	设计键连接时，选择楔键或切向键要慎重，对于高速、运转平稳性要求很高的场合，不宜采用楔键或切向键，从图中可以看出：因为楔键或切向键是靠楔紧后键的上下面与毂槽之间产生的摩擦力进行工作的，因此造成轴与孔的不同心，所以这两种键一般只适用于低速、重载且对运转平稳性要求不高的场合

1.3 花键连接

花键连接是由多个键齿与键槽在轴和轮毂孔的周向均布而成的，花键齿侧面为工作面，相当于若干个平键连接，因此，承载能力大；花键齿槽线、齿根应力集中小，对轴的强度削弱减少；轴上零件对中性好；导向性好。适合于载荷较大，对定心要求高的连接，适用于动、静连接。缺点是需要专用的设备加工，成本比平键高。按齿形可分为三类：矩形花键、渐开线花键及三角形花键。花键连接也广泛应用在各种工程实践中，各种类型的花键均有一定的特点及应用场合，选用时应注意有关禁忌问题，见表12-1-9。

表 12-1-9 花键连接设计禁忌

注意的问题	禁忌示例	说明
花键轴小径设计禁忌	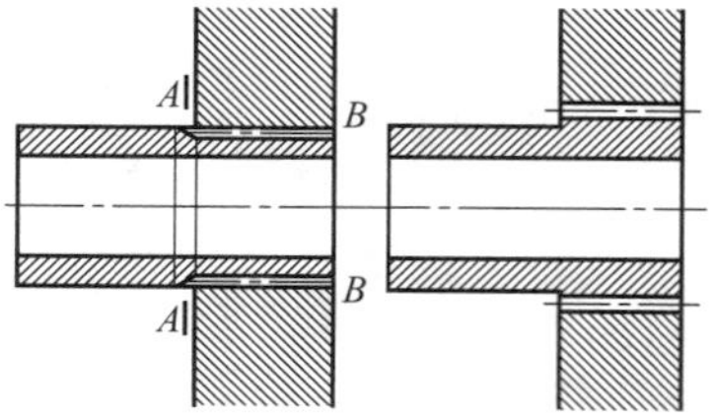 A B B A 图(a) 禁忌 图(b) 正确	图(a)问题：设计花键连接时，不应设计成如图(a)所示的结构，因为花键连接的轴上零件由 *B* 至 *A* 时，轴所受的扭矩逐渐加大，因此在 *A*—*A* 截面不仅受很大扭矩，还受花键根部的弯曲应力，所以该截面强度必须加强。正确的设计应该把花键小径加大，一般取轴径的1.15～1.2倍，如图(b)所示的结构比较合理
花键轮毂刚度分布禁忌	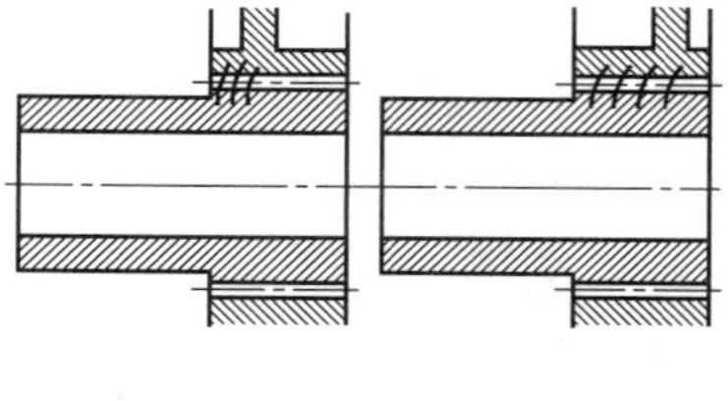 图(a) 禁忌 图(b) 正确	当轮毂刚度分布不同时，花键各部分受力也不同，如图(a)所示的结构：因为轮毂右部的刚度比较小，所以扭矩主要由左部的花键进行传递，即扭矩只由部分花键传递，因此沿整个长度受力不均，此结构不合理。如果改为如图(b)所示的结构，即增大了轮毂右部的刚度，则使花键齿面沿整个长度均匀受力，结构比较合理
花键长度标注禁忌	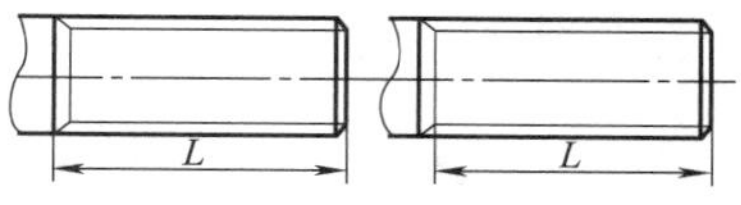 *L* *L* 图(a) 禁忌 图(b) 正确	图(a)问题：花键工作长度标注不应包括尾部，如果要包括尾部，需单独标出，或标出总长。在设计图纸上应作如图(b)所示的标注才合理

续表

注意的问题	禁忌示例		说明
	禁忌	正确	
薄壁容器花键选择禁忌	有一个薄壁容器需要选择花键连接，拟选矩形花键、渐开线花键	有一个薄壁容器需要选择花键连接，拟选细齿渐开线花键（即三角形花键）	薄壁容器选择矩形花键、渐开线花键连接是不对的，因为矩形花键和渐开线花键的齿比较深，对薄壁容器将有较大的削弱，因此应该选用细齿渐开线花键（即三角形花键）。因为细齿渐开线花键的齿比较浅，从而对于薄壁容器的削弱比较小
高速轴毂花键选择禁忌	某高速、高精度的轴毂连接拟选择矩形花键	某高速、高精度的轴毂连接拟选择渐开线花键	高速、高精度的轴毂连接不应该选择矩形花键，因为矩形花键虽然制造容易，但是定心精度不高，尤其是侧面定心精度更不容易保证。应当选择渐开线花键，渐开线花键为齿形定心，当齿受力时，齿上的径向力能起到自动定心的作用

1.4 销连接

销主要用作装配定位，也可用来连接或销定零件，还可作为安全装置中的过载剪断元件。销的类型、尺寸、材料和热处理以及技术要求都有标准规定。按用途分，销可分为定位销、连接销、安全销等。各种类型的销均有一定的特点及应用场合，选用时应注意有关禁忌问题，见表 12-1-10。

表 12-1-10 销连接设计禁忌

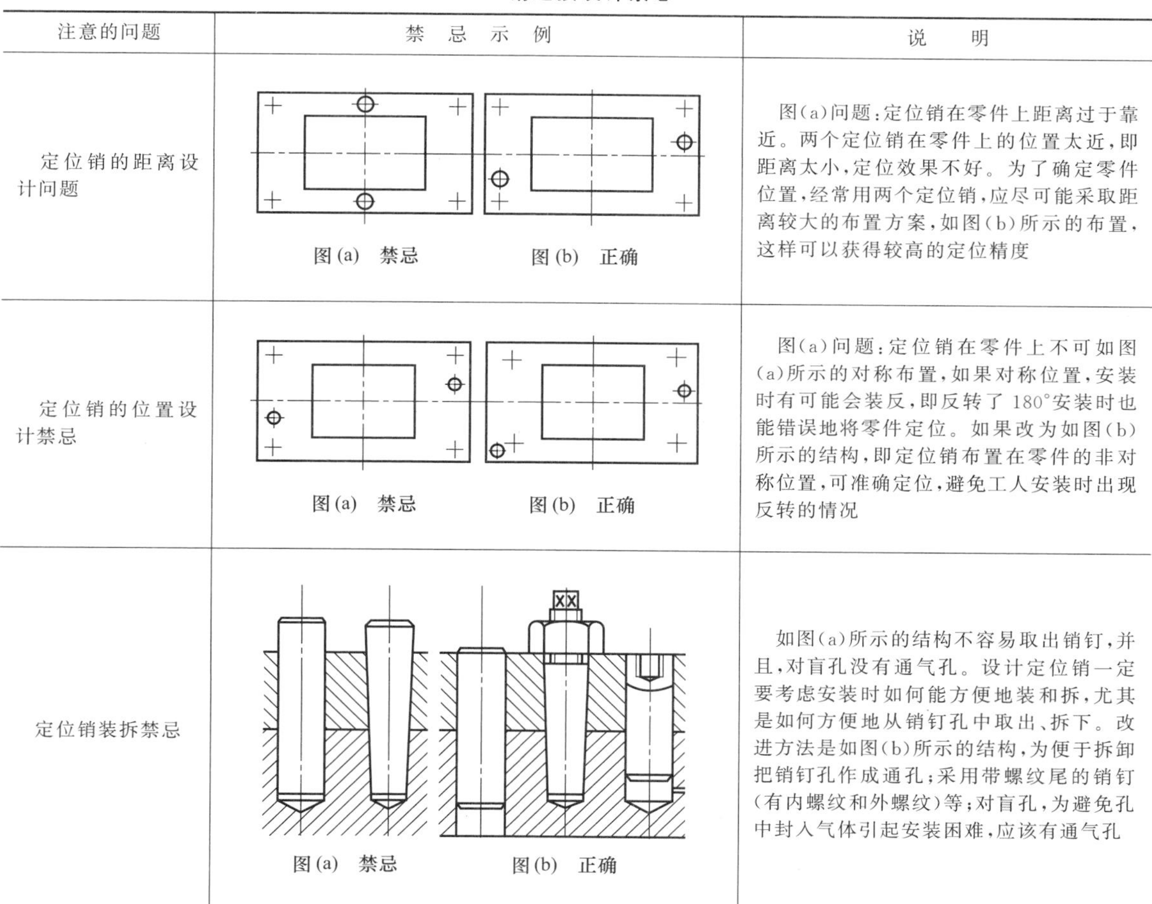

注意的问题	禁忌示例	说明
定位销的距离设计问题	图(a) 禁忌 图(b) 正确	图(a)问题：定位销在零件上距离过于靠近。两个定位销在零件上的位置太近，即距离太小，定位效果不好。为了确定零件位置，经常用两个定位销，应尽可能采取距离较大的布置方案，如图(b)所示的布置，这样可以获得较高的定位精度
定位销的位置设计禁忌	图(a) 禁忌 图(b) 正确	图(a)问题：定位销在零件上不可如图(a)所示的对称布置，如果对称位置，安装时有可能会装反，即反转了 180°安装时也能错误地将零件定位。如果改为如图(b)所示的结构，即定位销布置在零件的非对称位置，可准确定位，避免工人安装时出现反转的情况
定位销装拆禁忌	图(a) 禁忌 图(b) 正确	如图(a)所示的结构不容易取出销钉，并且，对盲孔没有通气孔。设计定位销一定要考虑安装时如何能方便地装和拆，尤其是如何方便地从销钉孔中取出、拆下。改进方法是如图(b)所示的结构，为便于拆卸把销钉孔作成通孔；采用带螺纹尾的销钉（有内螺纹和外螺纹）等；对盲孔，为避免孔中封入气体引起安装困难，应该有通气孔

续表

注意的问题	禁　忌　示　例	说　　明
过盈配合面禁放定位销	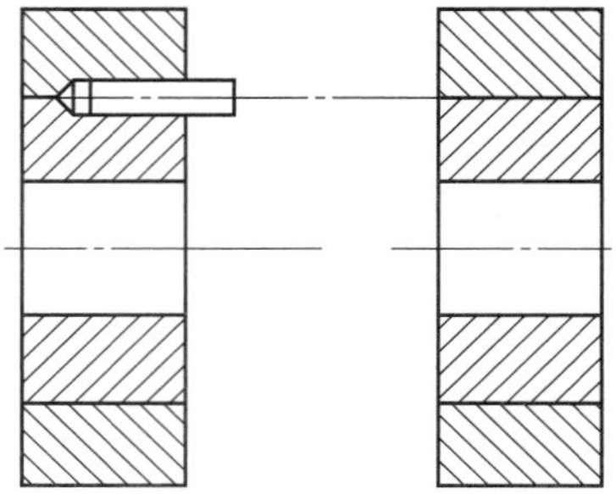 图(a)　禁忌　　图(b)　正确	如图(a)所示的结构，在过盈配合面上放置定位销是错误的，因为如果在过盈配合面上设置了销钉孔，由于钻销孔而使配合面张力减小，减小了配合面的固定效果。正确的结构如图(b)所示的结构，过盈配合面上不能放定位销
对不易观察的销钉装配禁忌	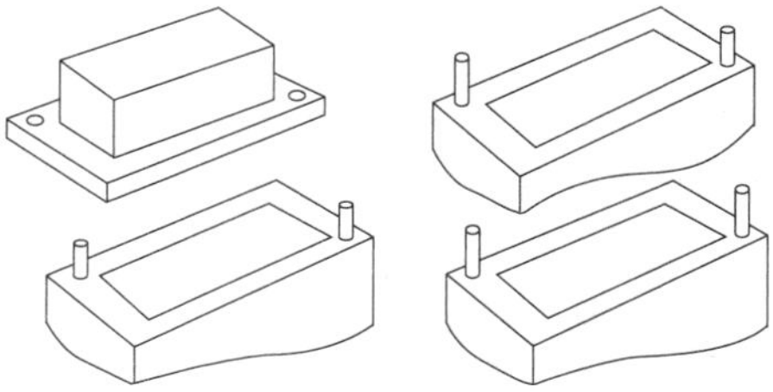 图(a)　禁忌　　图(b)　正确	如图(a)所示的结构，在底座上有两个销钉，上盖上面有两个销孔，装配时难以观察销孔的对中情况，装配困难。如果改成如图(b)所示的结构，把两个销钉设计成不同长度，装配时依次装入，比较容易。也可以将销钉加长，端部有锥度以便对准
定位销禁忌妨碍零件拆卸	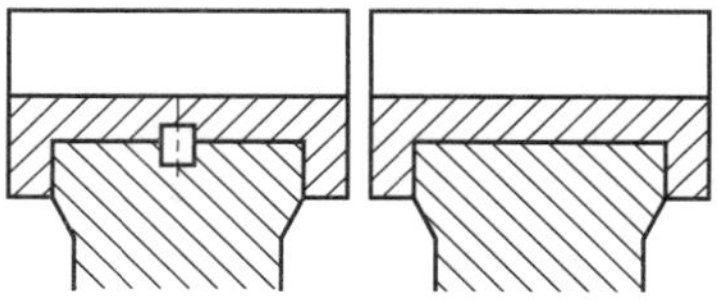 图(a)　禁忌　　图(b)　正确	如图(a)所示的结构安装定位销会妨碍零件拆卸。如果在轴瓦下部安装了防止轴瓦转动的定位销，必须把轴完全吊起才能拆卸轴瓦。如果采用了如图(b)所示的结构，不必安装定位销，只要把转子稍微吊起，转动的滑动轴承轴瓦即可拆下，结构合理
忌销钉传力不平衡	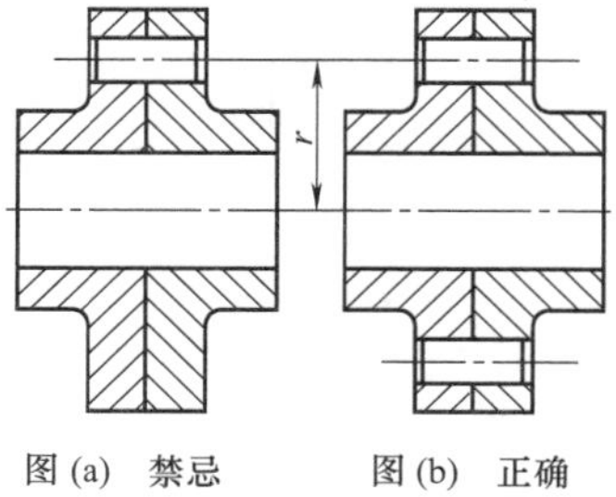 r 图(a)　禁忌　　图(b)　正确	如图(a)所示的结构为销钉联轴器，该结构只用了一个销钉传力，这时销钉的受力为 $F=T/r$，T 为所传转矩，此力对轴有弯曲作用。如果改成如图(b)所示的结构，即用一对销钉传力，则每个销钉所受的力为 $F'=T/2r$，比原来的力小了，而且二力组成一个力偶，对轴无弯曲作用
忌两个物体上放置定位销	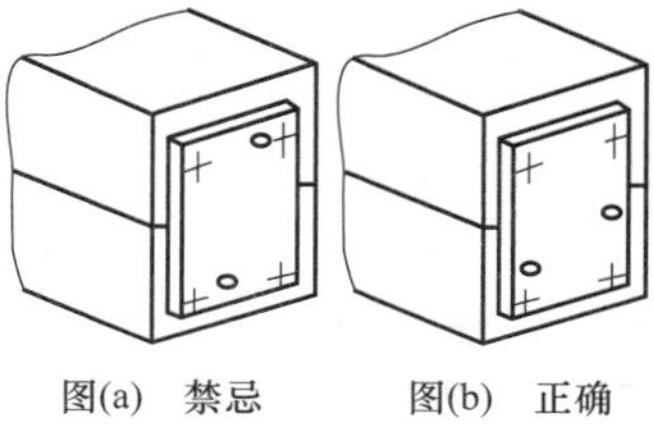 图(a)　禁忌　　图(b)　正确	如图(a)所示的结构为箱体由上下两半合成，用螺栓连接(图中没表示)。侧盖固定在箱体侧面，两定位销分别置于两个物体上，此结构不好，不容易准确定位。如果改成如图(b)所示的结构，即两定位销置于同一物体上，一般以固定在下箱体上比较好，结构比较合理，容易准确定位

续表

注意的问题	禁忌示例	说明
销钉孔加工方法禁忌	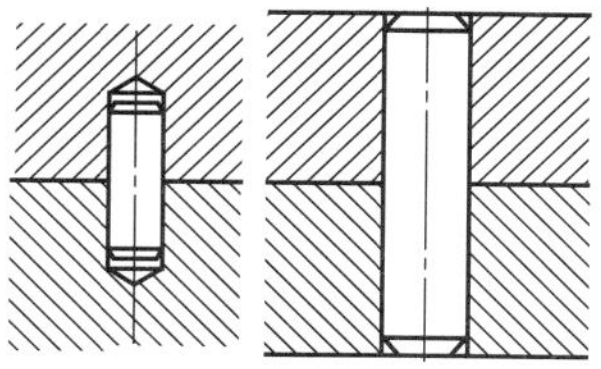 图(a)　禁忌　图(b)　正确	如图(a)所示的销钉孔的加工方法是错误的，因为用划线定位、分别在上下两个零件加工的方法不能满足使用要求，精度不高。如果改成如图(b)所示的结构，即：对相配零件的销钉孔一般采用配钻、配铰的加工方法，能保证孔的精度和可靠的对中性
淬火零件销钉孔设计禁忌	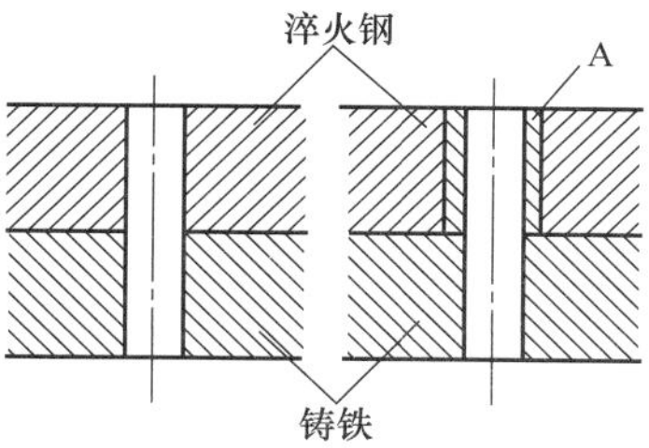 淬火钢　A　铸铁　图(a)　禁忌　图(b)　正确	如图(a)所示的结构是错误的，因为零件淬火后硬度太高，销钉孔不能配钻、配铰，无法与铸铁件配作。如果改成如图(b)所示的结构，即：可以在淬火件上先作一个较大的孔(大于销钉直径)，淬火后，在孔中装入由软钢制造的环形件 A，此环与淬火钢件作过盈配合。再在件 A 孔中进行配钻、配铰(装配时，件 A 的孔小于销钉直径)，这样就比较合理了
定位销忌与接合面不垂直	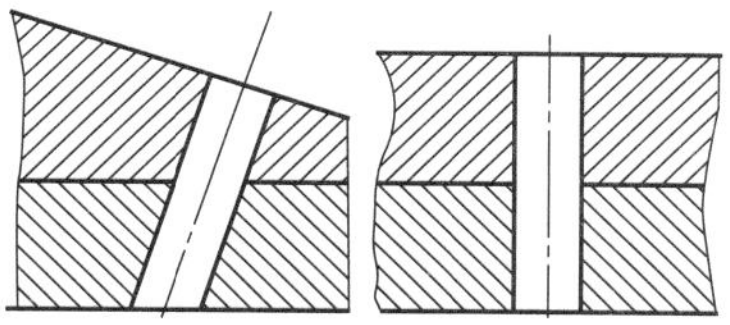 图(a)　禁忌　图(b)　正确	如图(a)所示的结构是错误的，因为定位销与接合面不垂直，销钉的位置不易保持精确，定位效果较差。如果改成如图(b)所示的结构，定位销垂直于接合面就是比较合理的结构

1.5　过盈连接

过盈连接是利用过盈量 δ 使包容件（一般是轮毂）和被包容件（一般是轴）形成一体的一种固定连接的方式。过盈连接的结构简单、对中性好，可承受重载和冲击、振动载荷作用。过盈连接的承载能力与被连接件的材料、结构、尺寸、过盈量、制造、装配以及工作条件有关。结构设计应有利于连接承载能力的提高和易于制造及装配，选用时应注意有关禁忌问题，见表 12-1-11。

表 12-1-11　　过盈连接设计禁忌

注意的问题	禁忌示例	说明
过盈连接被连接件长度设计问题	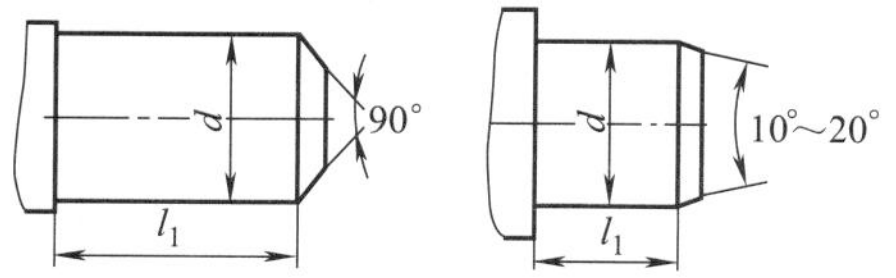 d　90°　l_1　图(a)　禁忌　d　10°～20°　l_1　图(b)　正确	如图(a)所示的过盈连接进入端的结合长度 l_1 过长，这样使过盈装配时容易产生挠曲，以至于使零件产生歪斜。改正后的结构如图(b)所示，以 $l_1<1.6d$ 为宜，这样有利于加工时减小挠曲，压装时减小歪斜，热装时均匀散热

第 12 篇

续表

注意的问题	禁忌示例	说明
过盈连接入口端角度设计问题	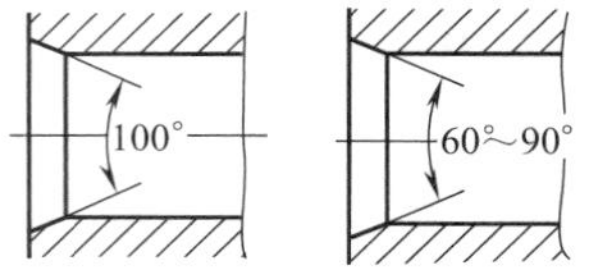 100°　60°～90° 图(a) 禁忌　图(b) 正确	过盈连接被连接件配合面的入口端应制成倒角，使装配方便、对中良好和接触均匀，提高紧固性。但倒角的大小影响装配性能，图(a)被进入端的倒角如为100°，过盈连接进入端的倒角如为90°时，对装配性能不会有太大提高。正确的倒角大小应如图(b)所示
过盈连接入口端公差配合问题	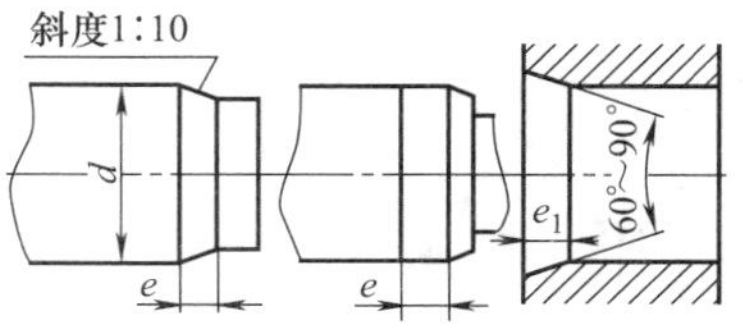 斜度1∶10　d　e　e　e_1　60°～90°	过盈连接入口端也可设计成公差配合的形式，但是禁忌设计成过盈配合或间隙配合，因为过盈配合不容易拆装；间隙配合不容易保证精度。只有设计成过渡配合中的间隙配合比较合适。但要设计成倒锥以便装入。倒锥或间隙配合段长的尺寸为：$e\geqslant 0.01d+2\text{mm}$，包容件的倒角尺寸为$e_1=1\sim4\text{mm}$
过盈连接均载设计问题	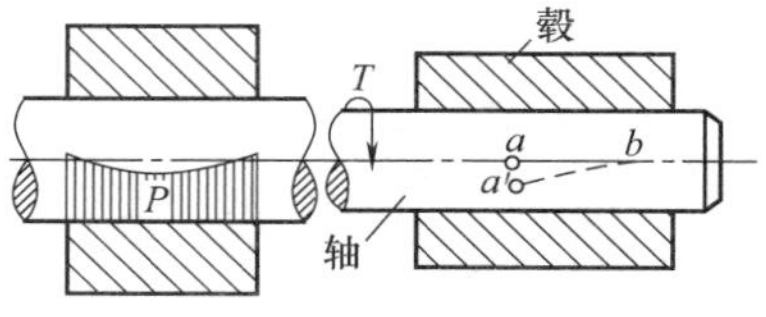 P　毂　T　a　b　a'　轴 图(a)　图(b) 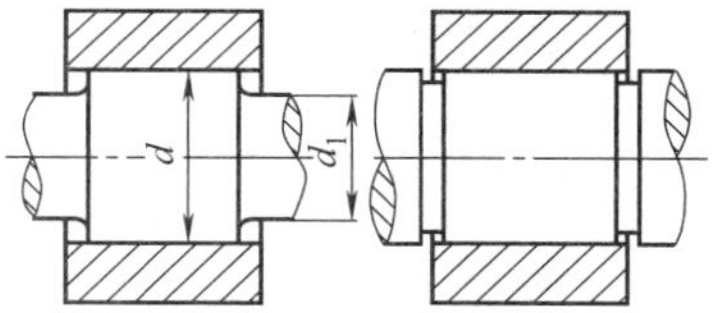 d　d_1 图(c)　图(d) 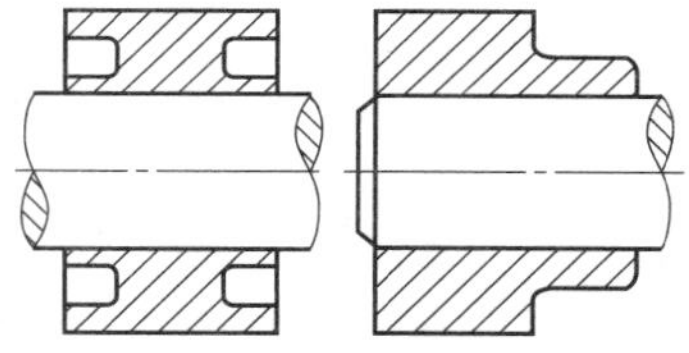 图(e)　图(f)	过盈连接结合压力沿结合面长度的分布是不均匀的，两端会出现应力集中，如图(a)所示；此外，由于轴的扭转刚度低于轮毂，轴的扭转变形大于轮毂，会在端部产生扭转滑动，如图(b)所示，图中的aa'为相对滑动量。当转矩变化时，扭转滑动会导致局部磨损而使连接松动 为了减轻或避免上述情况，从而保证连接的承载能力，可采取下列均载结构设计 ①如图(c)所示，减小配合部分两端处的轴径，并在剖面过渡处取较大的圆角半径，可取$d_1\leqslant0.95d$，$r\geqslant(0.1\sim0.2d)$ ②在轴的配合部分两端切制卸载槽，如图(d)所示 ③在轮毂端面切制卸载环形槽如图(e)所示 ④减小轮毂端部的厚度，如图(f)所示
过盈连接拆卸设计问题	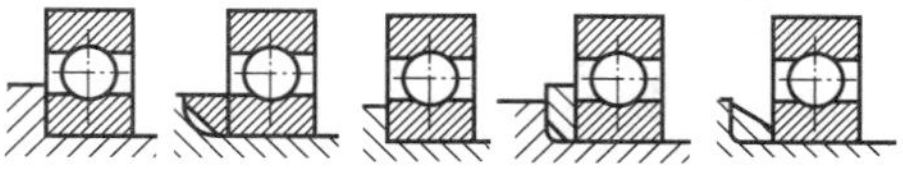 图(a)　图(b)　图(c)　图(d)	过盈连接要考虑拆卸问题，否则很难进行拆卸。如图(a)所示的两个滚动轴承，轴肩和套筒都超过或与滚动轴承的内圈同高，因此轴承拆卸器无法抓住滚动轴承的内圈，无法拆卸滚动轴承。如改成图(b)～图(d)所示的结构，就会顺利地卸下滚动轴承
	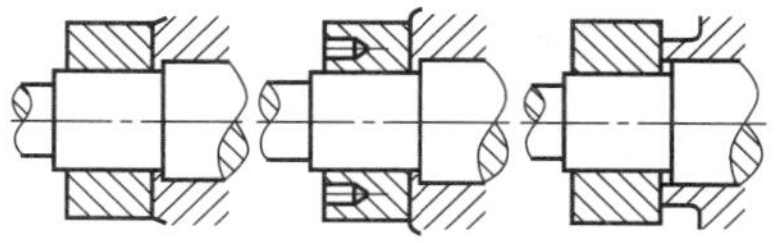 图(e)　图(f)　图(g)	如图(e)所示的轴与套的过盈连接也是无法拆卸的，如改成图(f)和图(g)所示的结构，就会顺利地卸下轴套。图(f)的结构是在套上加工成内螺纹，拆卸时利用螺纹连接扭矩产生的轴向力使套卸下。图(g)所示的结构给套留出一个拆卸的空间，原理同图(b)～图(d)，因此可以拆下

第12篇

续表

注意的问题	禁忌示例	说明
过盈连接拆卸设计问题	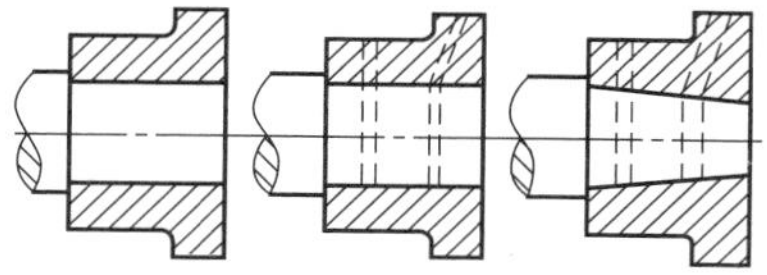 图(h)　图(i)　图(j)	如图(h)所示的结构为热压配合，拆卸是非常困难的，可采用施加油压的拔出方式，如图(i)所示；或采用圆锥配合，如图(j)所示
过盈深度设计禁忌	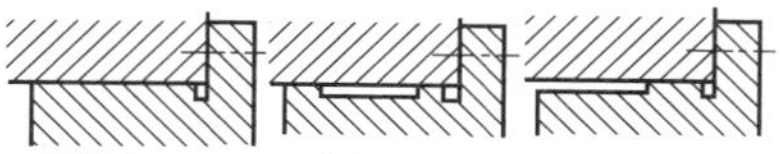 图(a)　图(b)　图(c)	过盈连接的深度不宜太深，如图(a)所示的结构，过盈量的嵌入深度太深，很难嵌装和拔出，如改成图(b)和图(c)所示的结构，使过盈量的嵌入深度最小，装拆都方便
同一零件多处过盈配合设计禁忌	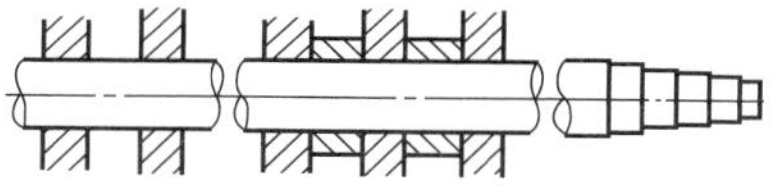 图(a)　图(b)　图(c)	如图(a)所示的结构，同一轴上有两处过盈配合，或如图(b)所示的结构，具有三处过盈配合，如果设计成等直径的轴、则不好安装、拆卸，同时也难以保证精度。应该设计成如图(c)所示的结构，即将具有相同直径过盈量的安装部位给予少许的阶梯差，安装部位以外最好不要给过盈量
同时多个配合面的设计禁忌	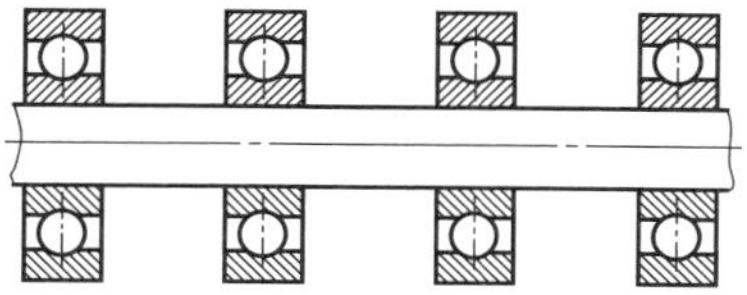 图(a)　禁忌 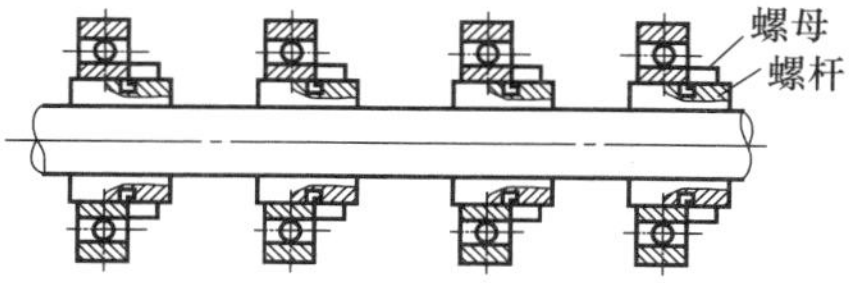 螺母 螺杆 图(b)　正确	如图(a)所示的结构：同一轴上安装有四个相同型号的滚动轴承，因为滚动轴承是标准件，内孔的尺寸是固定的，因此不能把轴设计成多个阶梯。但是滚动轴承内孔与轴是过盈配合，很难装拆 可以改成图(b)所示的结构：即用斜紧固套进行安装，能够方便地装拆
热压配合的轴环厚度设计禁忌	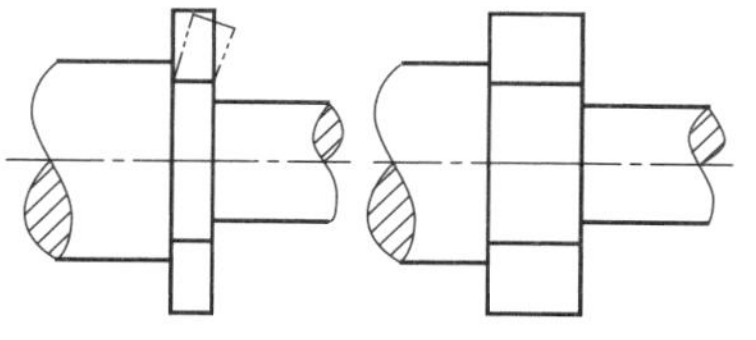 图(a)　禁忌　图(b)　正确	图(a)所示的结构是很薄的轴环热压配合到阶梯轴上，由于轴环左边的直径比右边的直径大很多，因此对于相同的过盈量，轴的反抗力不同，因此轴环会形成如图(a)虚线所示的翻伞状。为防止出现这种情况，可将轴环加厚，如图(b)所示的结构。如果因为结构受限实在不能加厚轴环，也可以从轴粗的一侧到细的一侧调整其过盈量

续表

注意的问题	禁　忌　示　例		说　　明
同时多个配合面的设计禁忌	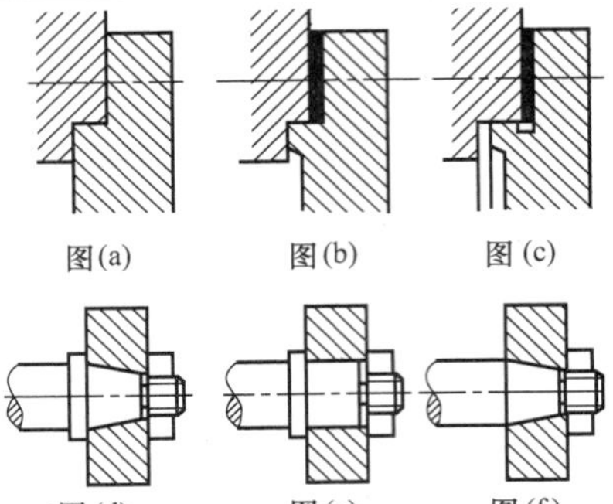 图(a)　图(b)　图(c) 图(d)　图(e)　图(f) 禁忌　正确		如图(a)所示的结构，同时使多个面的相关尺寸正确地配合非常困难。即使在制造时能正确地加工，但由于使用中温度变化等原因，也会使配合脱开。因此一般只使一个面接触，如采用图(b)或图(c)的结构是正确的。当两处都需要接触时，要采用分别单独压紧的方式 如果使用锥度配合与阶梯配合同时起作用是困难的，如图(d)所示的结构，除非尺寸精度是理想的，否则不能判断在阶梯配合的位置上锥度部分是否达到预计的过盈量。改为图(e)或图(f)的结构是正确的，因为圆柱轴端的阶梯配合是确实可靠的
热压配合面上禁装销键	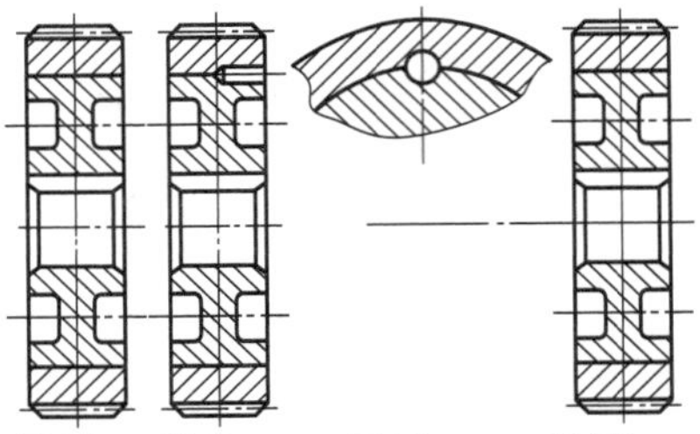 图(a)　图(b)　图(c)　图(d)		如图(a)所示的结构是齿轮的齿环热装在轮芯上的情况，如果在热压配合面上如图(b)和图(c)所示，装键或销是错误的结构，因为热装齿环的紧固力是由齿环、轮芯的环箍张紧而得以保持，所以如果在热压配合面上开孔，则环箍张紧被切断而使紧固力异常降低，丧失了热压配合的效果。因此，如改为如图(d)所示的结构是正确的，即热压配合面上禁忌装销键
	禁忌	正确	
过盈配合装配禁忌	当用压入法装配前，被连接件的配合表面不涂抹润滑油，不清理污物	当用压入法装配时，被连接件的配合表面应清理污物，适当涂抹润滑油	过盈配合当用压入法装配时，被连接件的配合表面应无污物，以免划伤和拉毛；表面应无损伤，以减小应力集中；配合表面可适当涂抹润滑油，以减少磨损
过盈配合两被连接件硬度设计禁忌	过盈配合的两被连接件有相同的硬度	过盈配合的两被连接件应该有不同的硬度	过盈配合的两被连接件应该有不同的硬度，若都采用钢时，两者的表面硬度应有差异，以免压装时发生粘着现象
过盈连接的压入速度设计禁忌	过盈连接的压入速度大于 5mm/s	过盈连接的压入速度应控制在 5mm/s 以下	过盈连接的压入速度应控制在 5mm/s 以下，试验表明，压入速度从 2mm/s 提高到 20mm/s，连接的强度降低了 11%左右
过盈连接面摩擦系数忌过小	为提高连接的结合能力，过盈连接配合表面不必进行表面处理	为提高连接的结合能力，过盈连接配合表面应该进行表面处理，以提高连接面的摩擦系数	过盈连接面摩擦因数如果过小，摩擦力则小，连接的结合能力则小。增加过盈连接的摩擦系数可以提高连接面的结合能力。工程上可采用如下方法：将过盈连接的配合表面进行氧化、镀铬、镀镍或在温差法装配中使用金刚砂，可使静摩擦系数增大 2～3 倍，大大提高了连接的结合能力
用压入法装配后过盈连接的处理问题	用压入法装配后的过盈连接直接承受载荷	用压入法装配后的过盈连接应放置一段时间后再承受载荷	为了消除压入过程中产生的内应力以保证连接的质量，用压入法装配的过盈连接应放置 24h 后再承受载荷，禁忌直接压入后立即承受载荷
选择过盈配合公差禁忌	设计过盈配合连接时，选择大的过盈量以提高连接强度	设计过盈配合连接时，应选择合理的过盈配合公差	根据实际需要选择合理的过盈配合公差，提出过于严格的尺寸限制未必符合实际情况，切忌选择过大的过盈量，这样给加工带来很大难度，并且加工费用也相当高

1.6　焊接

焊接是利用局部加热或加压，或两者并用，使工件产生原子间结合的连接方式，是一种最常用的不可拆连接方式。焊接应用非常广泛，尤其对于单件生产的零件，用焊接代替铸件，不仅重量轻、制造周期短，而且无需木模和铸造设备，大大降低了成本。对于箱体、容器等结构零件，用焊接的方法代替铆接，使工艺简单、强度高、金属用量少。焊接的方法很多，选用时应注意有关禁忌，见表 12-1-12。

表 12-1-12　　焊接连接设计禁忌

注意的问题	禁忌示例	说明
忌焊缝开在加工表面	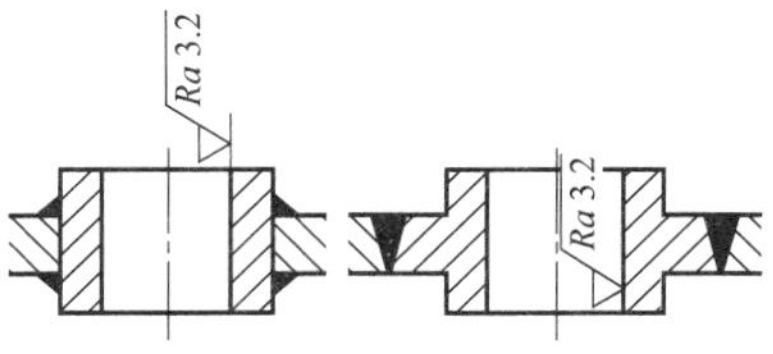 Ra 3.2　Ra 3.2 图(a)　禁忌　图(b)　正确	图(a)所示结构的问题是焊缝距离加工表面太近，因此焊缝的热影响区或热变形会对加工面有影响，结构不合理。正确的设计应该是焊接后加工，或采用如图(b)所示的结构，使焊缝避开了加工表面，这种结构更合理
忌焊缝过多	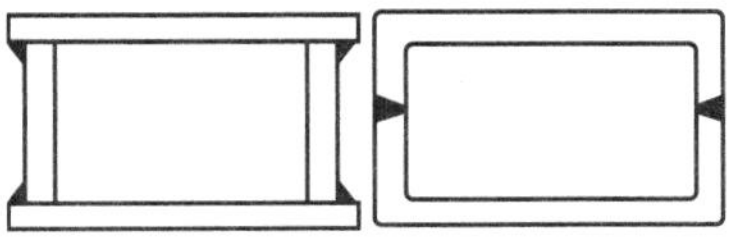 图(a)　禁忌　图(b)　正确	图(a)所示的结构是用钢板焊接的零件，具有四条焊缝，焊缝过多且外形不美观。焊缝过多增加了工时及成本。如果改成图(b)所示的结构，先将钢板弯曲成一定形状后再进行焊接，不但可以减少焊缝，还可使焊缝对称和外形美观
忌焊缝受力过大	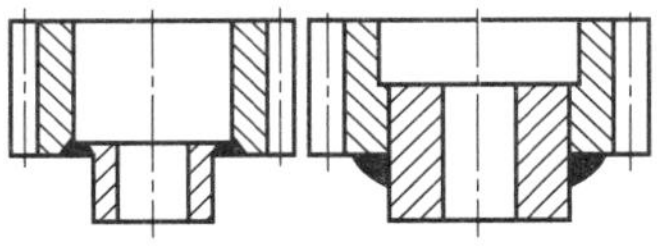 图(a)　禁忌　图(b)　正确	图(a)所示的轮毂与轮圈之间的焊缝距回转中心太近，则焊缝的受力太大，结构不合理。如果改为图(b)所示的结构，则焊缝距回转中心比较远，焊缝安排在受力较小的部位，结构比较合理
	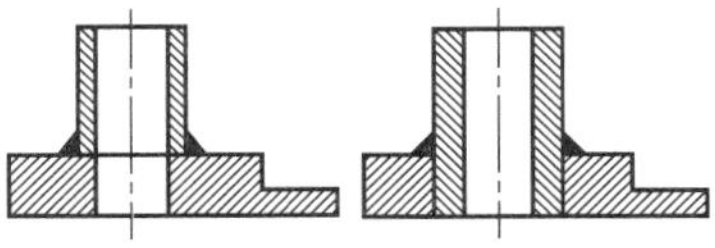 图(a)　禁忌　图(b)　正确	图(a)所示的套管与板的连接结构，也是焊缝距回转中心太近，这样焊缝的受力太大。如改为图(b)所示的结构，套管与板的连接：先将套管插入板孔，再进行角焊，这种结构可以减小焊缝的受力
忌热变形过大	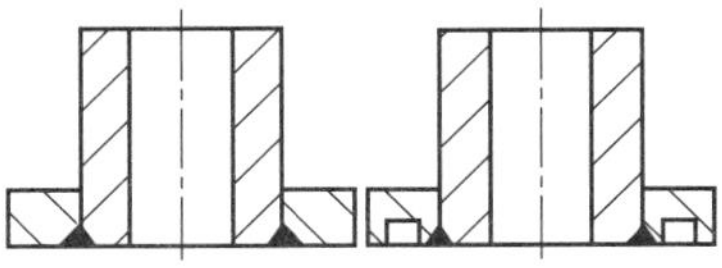 图(a)　禁忌　图(b)　正确	图(a)所示的结构中，两零件为刚性接头，焊接时产生的热应力较大，零件的热变形也较大。如改为图(b)所示的结构：即在环底面上开设环槽以增加零件的柔性，成为弹性接头，则可以减小热应力，或使热变形显著减小
忌焊缝受剪力或集中力	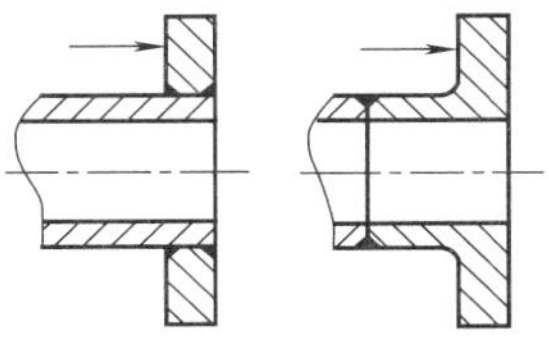 图(a)　禁忌　图(b)　正确	图(a)所示结构中的法兰直接焊在管子上，在外力作用下，焊缝受剪切力，并且还受弯矩作用，削弱了焊缝的强度，此结构不合理。如果改为如图(b)所示的结构，即改变焊缝的位置，可以避免焊缝受剪力，从而提高焊缝的焊接质量

续表

注意的问题	禁忌示例	说明
忌焊缝受剪力或集中力	 图(a)　禁忌　图(b)　正确	图(a)所示的结构：焊缝直接受集中力作用，同时还受最大弯曲应力作用，削弱了焊缝的强度，此结构不合理。如果改为如图(b)所示的结构，焊缝就避开了受弯曲应力最大的部位，结构合理
忌焊接影响区距离太近	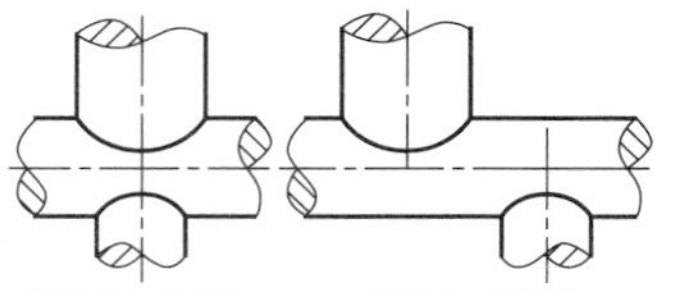 图(a)　禁忌　图(b)　正确	图(a)所示的结构：两条焊缝距离太近，热影响很大，使管子变形较大，强度降低，此结构不合理。如果改为如图(b)所示的结构，即：使各条焊缝错开，热影响较小，管子变形小，结构合理
忌焊接件不对称	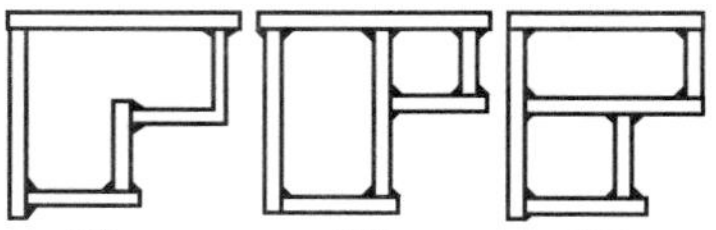 (ⅰ)　(ⅱ)　(ⅲ) 图(a)　禁忌　图(b)　正确	图(ⅰ)所示的结构：焊接件不对称布置，所以各焊缝冷却时力与变形不能均衡，使焊件整体有较大的变形，结构不合理。如果改为如图(ⅱ)或图(ⅲ)所示的结构，焊接件具有对称性，焊缝布置与焊接顺序也应对称，这样，就可以利用各条焊缝冷却时的力和变形的互相均衡，以得到焊件整体的较小变形，结构合理
忌在断面转折处布置焊缝	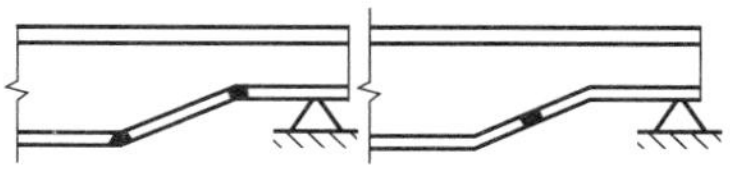 图(a)　禁忌　图(b)　正确	图(a)所示的结构：在断面转折处布置了焊缝，这样容易断裂。如果确实需要，则焊缝在断面转折处不应中断，否则容易产生裂纹。如果改为如图(b)所示的结构，比较合理
忌浪费板料	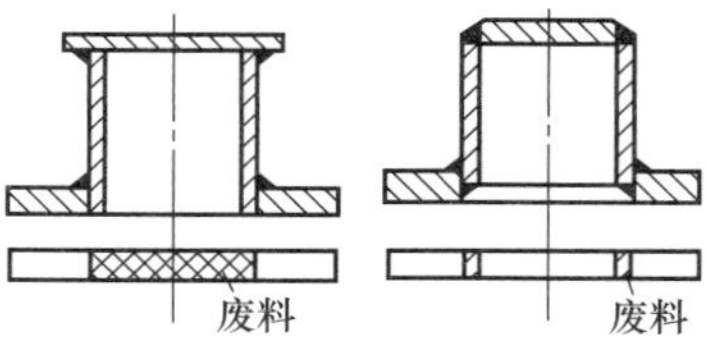 废料　废料 图(a)　禁忌　图(b)　正确	图(a)所示的结构：加工时底板冲下的圆板为废料，浪费较大。如果改为如图(b)所示的结构就比较合理了，因为可以利用这块圆板制成零件顶部的圆板，再焊接起来，废料大为减少
忌下料浪费	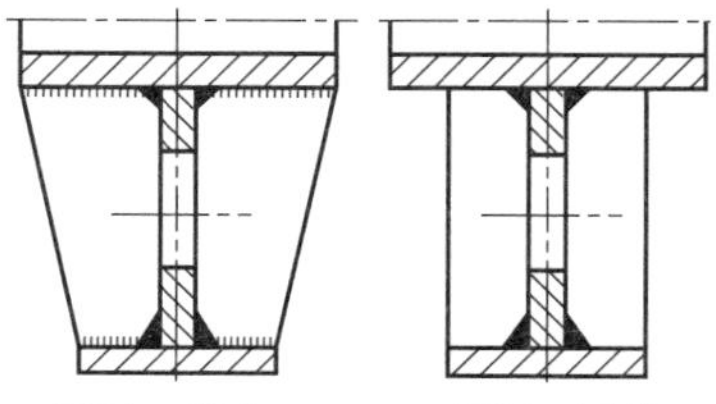 图(a)　禁忌　图(b)　正确	图(a)所示的结构：下料不合理，因为钢板为斜料，容易造成边角料较多。如果改为如图(b)所示的结构比较合理，因为下料比较规范，因此边角废料较少，结构合理

续表

注意的问题	禁忌示例	说明
铸件改为焊件的禁忌	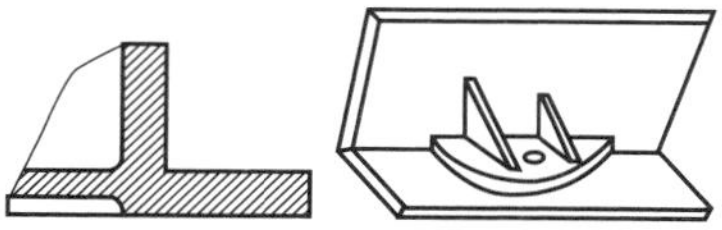 图(a)　图(b)	图(a)所示的结构为铸件，改为焊件时，应保证焊接件的刚度。图(a)所示机座的地脚部分改为焊件时，由于钢板较铸件壁薄，为保证焊件的刚度，可将凸台设计成双层结构，并增设加强肋，如图(b)所示
选择焊缝的位置禁忌	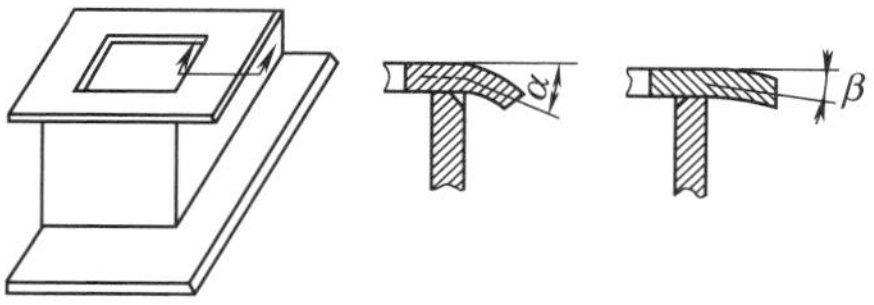 图(a)　图(b)　图(c)	如图(a)所示的结构为焊接零件，底座顶板的内侧刚度大，如果在刚度小的外侧开坡口进行焊接，则顶板的变形角度为 α，如图(b)所示。如果在刚度大的内侧开坡口进行焊接，则顶板的变形角度为 β，如图(c)所示。可以明显地看出：$\alpha>\beta$，因此，在刚度小的外侧进行焊接、顶板变形量大，结构不合理。焊缝的位置应选择在刚度大的位置以减小变形量，图(c)的结构合理
焊接密封容器禁忌	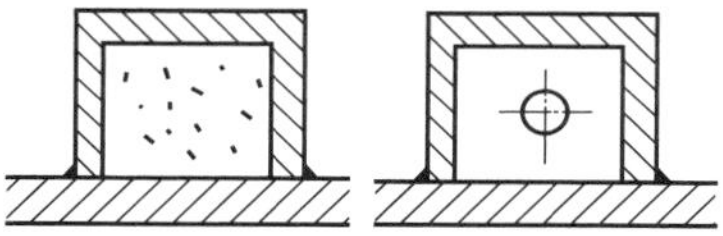 图(a)　禁忌　图(b)　正确	图(a)所示为焊接密闭容器的结构，预先没设计放气孔，因此气体可能释放出来而导致不易焊牢。如果改为如图(b)所示的结构，即预先设计放气孔，使气体能够释放，则有利于焊接，结构合理
焊接外形设计禁忌	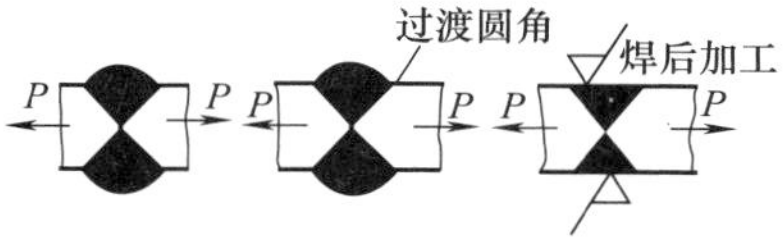 过渡圆角　焊后加工　P　图(a)　图(b)　图(c)	如图(a)所示的焊缝与母材交界处为尖角，因此应力集中比较大。如果改为如图(b)所示的结构，即焊缝与母材交界处用砂轮打磨，能够增大过渡区半径，从而可减小应力集中。对承受冲击载荷的结构，应采用图(c)所示的结构，将焊缝高出的部分打磨光滑
端面角焊缝设计禁忌	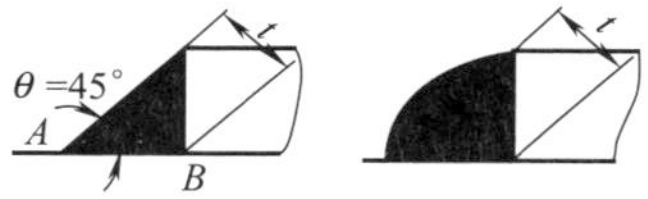 $\theta=45°$　A　B　图(a)　图(b)　禁忌 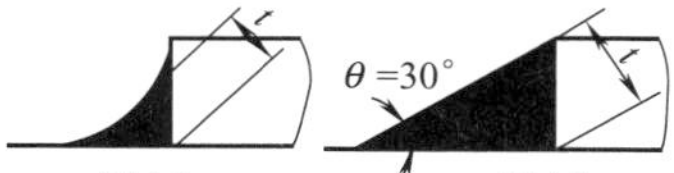 $\theta=30°$　图(c)　图(d)　正确 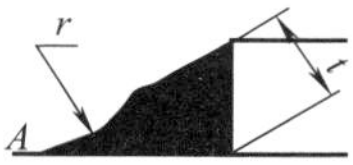 r　A　图(e)　更好	端面角焊缝的焊缝截面形状对应力分布有较大影响。如图(a)所示，A、B 两处应力集中最大，A 点的应力集中随 θ 角增大而增加，因此，如图(a)和图(b)所示的端面角焊缝应力集中较大。图(c)和图(d)的焊缝应力集中较小，图(e)中 A 点的应力集中最小，但需要加工，焊条消耗较大，经济性差

续表

注意的问题	禁 忌 示 例	说 明
十字接头焊缝设计禁忌	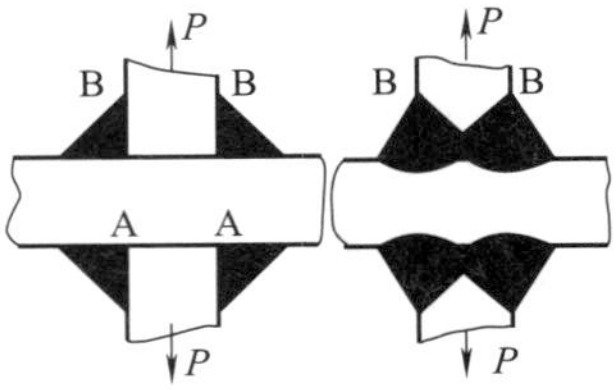 图(a) 禁忌 图(b) 正确	图(a)所示为焊接的十字接头，按图示的方向受力，因未开坡口，焊缝根部 A 和趾部 B 两处有较高的应力集中，且连接强度低。如改为图(b)的结构，即在焊接处开了坡口，因此易于焊透，应力集中也比较小，焊接的变形量小，结构合理
不同厚度对接焊缝设计禁忌	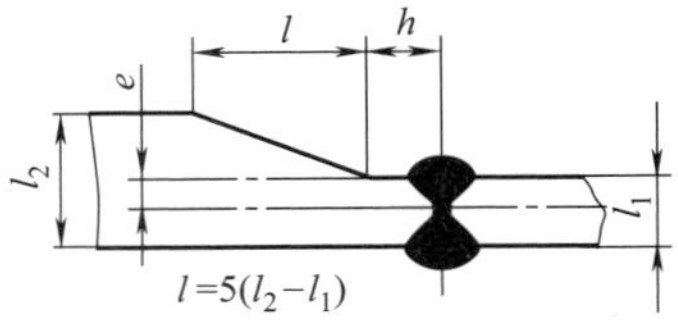 $l=5(l_2-l_1)$ 图(a) 禁忌 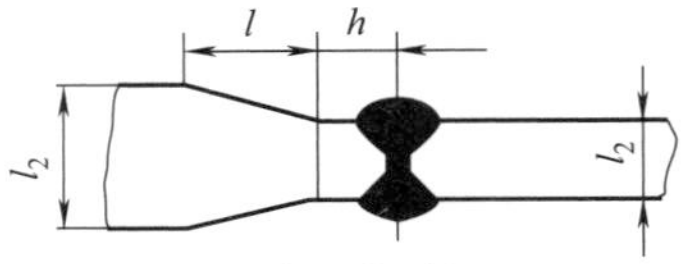 $l=25(l_2-l_1)$ 图(b) 正确  图(c) 更好	对不同厚度构件的对接接头，应尽可能采用圆弧过渡，并使两板对称焊接，以减少应力集中，并使两板中心线偏差 e 尽量减小。如图(a)所示的不同厚度对接焊缝结构，应力集中最大，结构不合理。如改成如图(b)所示的结构，应力集中较小；如改成图(c)所示的结构，应力集中最小。如果一定要采用图(a)的结构时，应按照图中尺寸设计接头，同样图(b)也要符合图中尺寸。一般 h 应有一段水平距离，过渡处不应在焊缝处
受变应力焊缝设计禁忌	 图(a) 禁忌 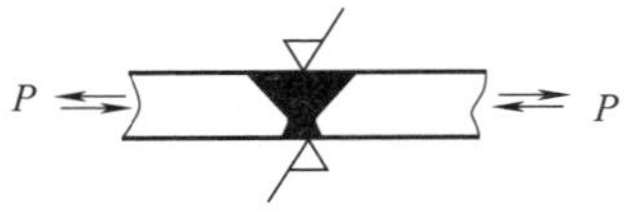 图(b) 正确	受变应力的焊缝不宜采用如图(a)所示的凸出焊缝，可改为如图(b)所示的结构，即焊缝宜平缓，并且应在背面补焊，最好将焊缝表面切平，如果必须使用，可用长底边的填角焊缝，以减少应力集中
	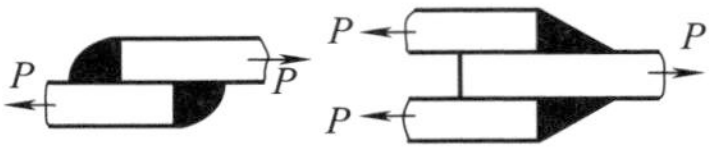 图(a) 禁忌 图(b) 正确	受变应力的焊缝不宜采用如图(a)所示的凸出焊缝，焊缝宜平缓，并且应在背面补焊，最好将焊缝表面切平，避免用搭接。改为图(b)的结构比较合理

续表

注意的问题	禁忌示例	说明
不等厚度焊接件设计禁忌	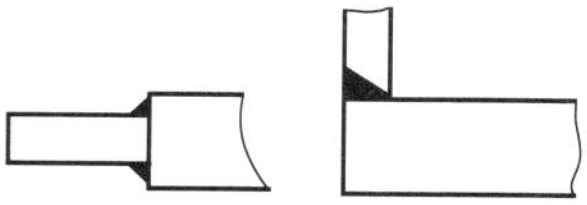 图(a)　图(b) 禁忌 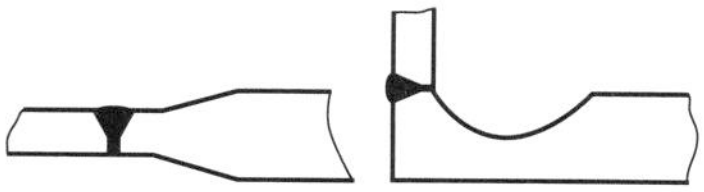 图(c)　图(d) 正确	不等厚度的坯料进行焊接时，禁忌采用如图(a)和图(b)所示的结构，因为这样会有很大的应力集中。应该采用如图(c)和图(d)所示的结构，使被焊接的坯料厚度缓和过渡后再进行焊接，以减少应力集中
焊接构件截面改变处设计禁忌	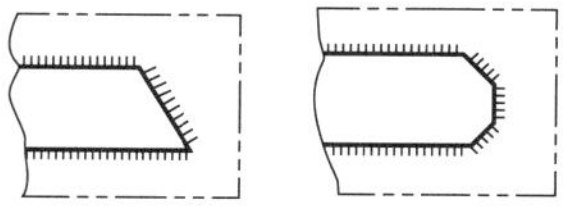 图(a)　禁忌　图(b)　正确	图(a)所示为焊接构件截面改变处有尖角的结构，因此有应力集中，影响焊接质量，降低强度。为了避免应力集中，将尖角改变为平缓过渡的圆角以减小应力集中，改进后的结构如图(b)所示
	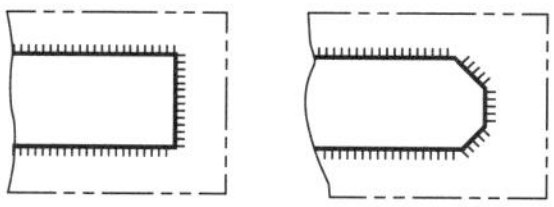 图(a)　禁忌　图(b)　正确	图(a)所示为焊接构件截面改变处有尖角的结构，尖角处有应力集中，影响焊接质量，降低强度。必须设计成平缓过渡的圆角，以减小应力集中，如图(b)所示
	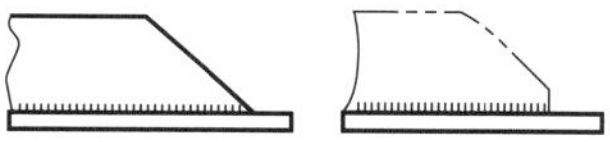 图(a)　禁忌　图(b)　正确	图(a)所示为焊接构件截面改变处有一个很尖的锐角，尖角处有很大的应力集中，严重影响焊接质量，降低强度。必须设计成平缓过渡的结构，以减小应力集中，如图(b)所示
忌搭接接头焊缝	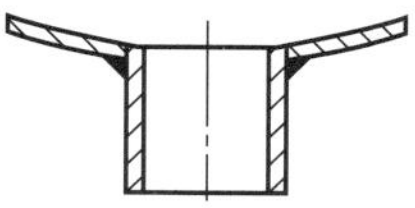 图(a)　禁忌 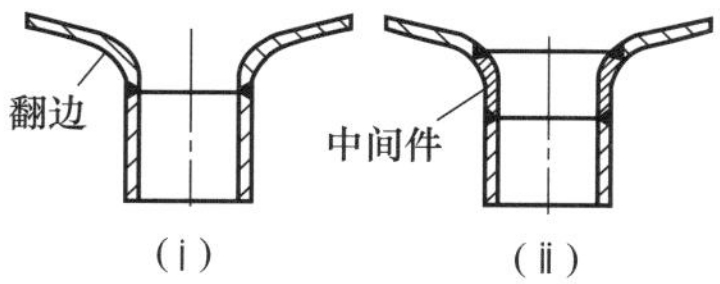 翻边　中间件 (ⅰ)　(ⅱ) 图(b)　正确	如图(a)所示为化工容器底部与管子接头的结构，其焊缝是搭接接头焊缝，所以存在很大的应力集中，容易产生断裂现象，影响连接强度。因此必须避免搭接接头焊缝的结构，改正后的结构如图(ⅰ)和图(ⅱ)所示
	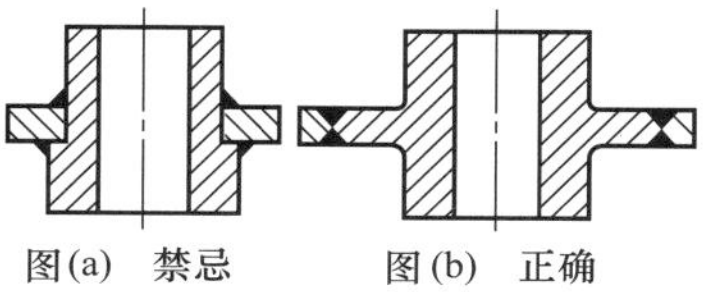 图(a)　禁忌　图(b)　正确	图(a)所示为焊缝是搭接接头的结构，所以存在很大的应力集中，容易产生断裂现象，影响连接强度。因此必须避免搭接接头焊缝的结构，改正后的结构如图(b)所示

续表

注意的问题	禁忌示例	说明
忌搭接接头焊缝	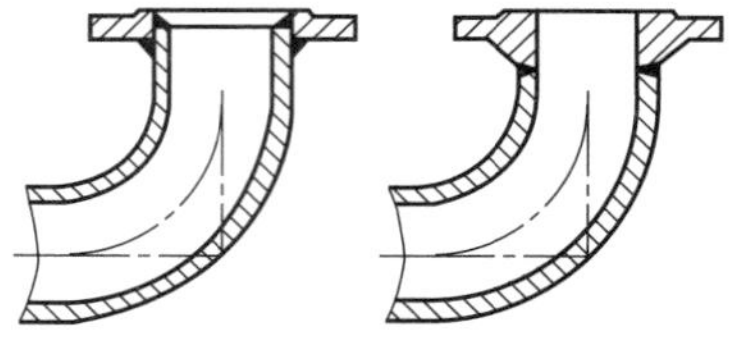 图(a) 禁忌 图(b) 正确	图(a)所示为法兰与管子的焊接结构，焊缝是搭接接头的形式，所以存在很大的应力集中，容易产生断裂现象，影响连接强度。因此必须避免搭接接头焊缝的结构，改正后的结构如图(b)所示
	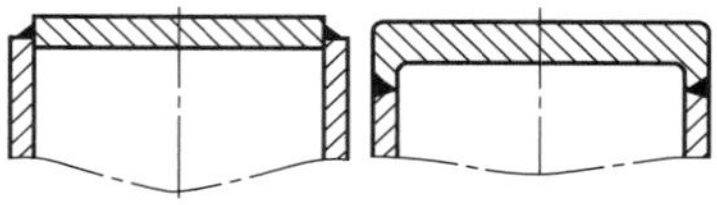 图(a) 禁忌 图(b) 正确	图(a)所示为搭接的焊接结构，因为是搭接接头焊缝，所以存在很大的应力集中，容易产生断裂现象，因此要避免搭接接头焊缝的结构，改正后的结构如图(b)所示
忌正应力分布不均	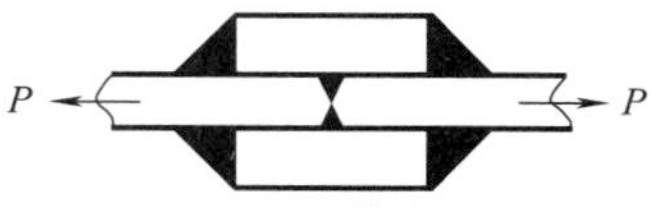 P P 图(a) 禁忌  P P 图(b) 正确	图(a)采用“加强板”的对接接头是极不合理的，因为原来疲劳强度较高的对接接头被大大地削弱了。试验表明，此种“加强”方法，其疲劳强度只达到基本金属的 49%。正确的方法如图(b)所示
忌纯侧面角焊	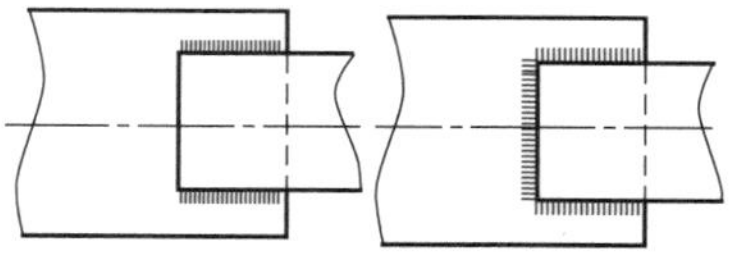 图(a) 禁忌 图(b) 正确	如图(a)所示的结构，采用了只用侧面角焊缝的搭接接头，不但侧焊缝中切应力分布极不均匀，而且搭接板中的正应力分布也不均匀。如果改为如图(b)所示的结构，既增加了正面角焊缝，则搭接板中正应力分布较均匀，侧焊缝中的最大切应力也降低了，还可减少搭接长度，结构合理
	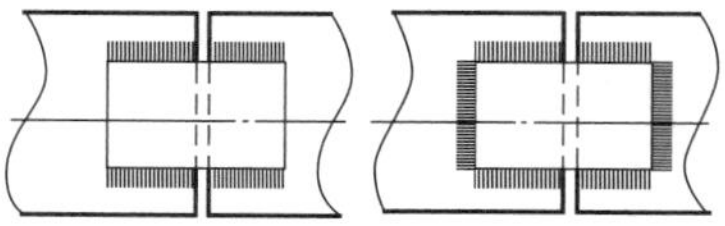 图(a) 禁忌 图(b) 正确	如图(a)所示的结构，在加盖板的搭接接头中，仅用侧面角焊缝的接头，在盖板范围内各横截面正应力分布非常不均匀。如果改为如图(b)所示的结构，即增加了正面角焊缝后，正应力分布得到明显改善，应力集中大大降低，还能减少搭接长度
忌在截面突变处焊接	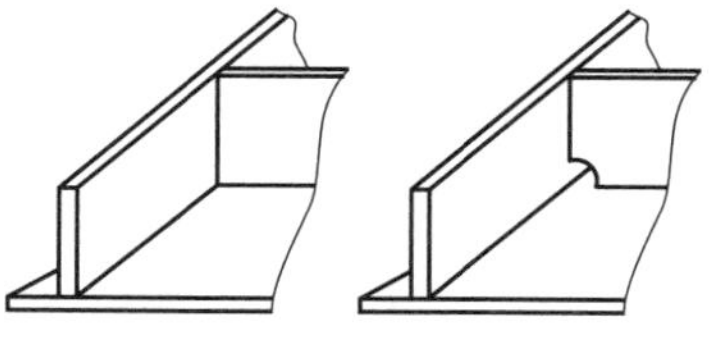 图(a) 禁忌 图(b) 正确	如图(a)所示为几块垂直的板焊接的结构形式，在焊接处存在很大的应力集中现象，降低了构件的疲劳强度，是不合理的焊接方式。如果改为如图(b)所示的结构，不仅可以减少应力集中，还可以提高结构的疲劳强度，是比较合理的设计

续表

注意的问题	禁忌示例	说明
忌在截面突变处焊接	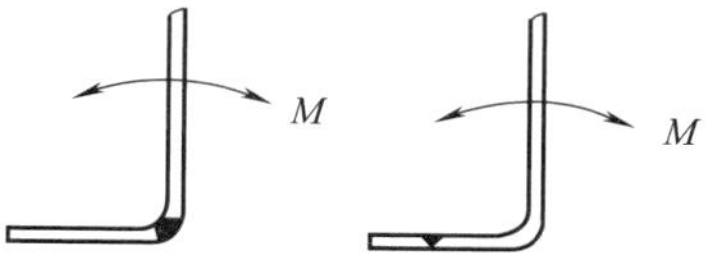 图(a)　禁忌　图(b)　正确	如图(a)所示为焊接管或棒承受交变弯矩时焊接的结构形式，在焊接处存在很大的应力集中现象，降低了构件的疲劳强度，是不合理的焊接方式。如果改为如图(b)所示的结构，即避免在截面突然变化处进行焊接的结构，不仅可以减少应力集中，还可以提高结构的抗弯疲劳强度
	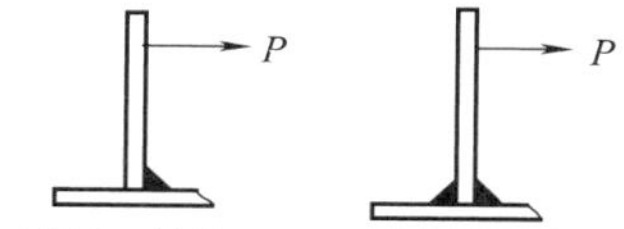 图(a)　禁忌　图(b)　正确	图(a)所示为是两块垂直的板焊接的结构形式，承受外力后，左面由于没有焊接，因此很容易断裂。如果改为如图(b)所示的结构，即在左面也增加焊缝，大大提高了结构的抗弯强度
	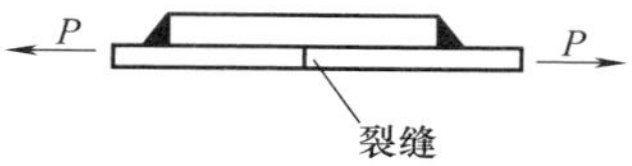 裂缝 图(a)　禁忌  图(b)　正确	图(a)所示为两块板的焊接结构形式，两块板没有直接焊接而用了另一块板进行搭接焊，但是外力为拉力，两块板受到拉力后因强度不够而失效。如果改为如图(b)所示的结构，即两块板直接焊接，可提高结构强度
	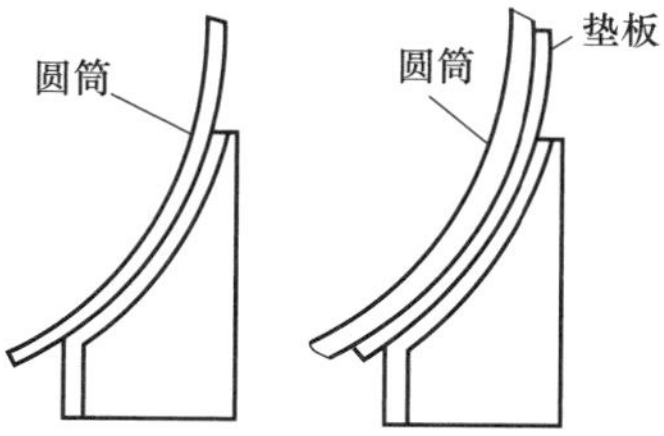 圆筒　圆筒　垫板 图(a)　禁忌　图(b)　正确	图(a)所示为化工容器底座结构，容器的圆筒直接焊在底座上是不合理的结构，因为容器的圆筒比较薄，焊接处存在很大的应力集中现象，如果改为如图(b)所示的结构，即加一块垫板，是比较合理的设计，不仅可以减少应力集中，还可以提高结构的强度和刚度
焊缝方向的禁忌	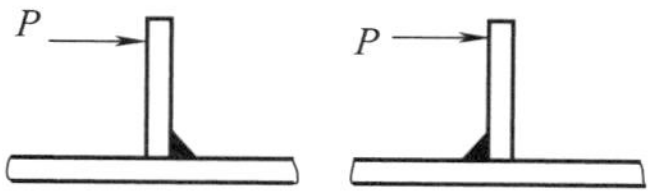 图(a)　禁忌　图(b)　正确	如图(a)所示为两块垂直的板焊接的结构形式，焊缝在右侧，承受外力后焊接的根部处于受拉应力状态而弯断。如果改为如图(b)所示的结构，即焊缝改在左侧，可改善受力状况，提高结构的抗弯强度
	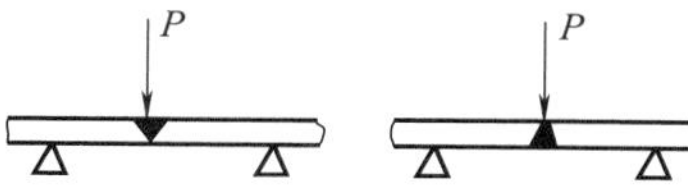 图(a)　禁忌　图(b)　正确	如图(a)所示为焊缝方向使焊缝的根部处于受拉应力状态，承受外力后焊缝下面容易受过大的弯曲应力而弯断。如果改为如图(b)所示的结构，即焊缝方向相反，可改善受力状况，提高结构的抗弯强度

续表

注意的问题	禁 忌 示 例	说　明
补强板焊接禁忌	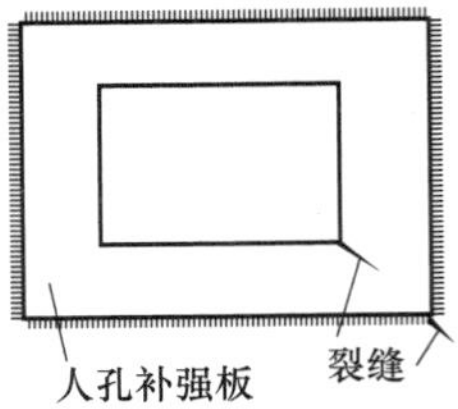 人孔补强板　裂缝 图(a)　禁忌 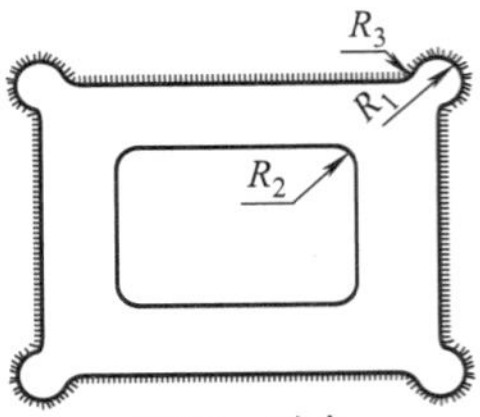 R_3　R_1　R_2 图(b)　正确	如图(a)所示为在化工容器(例如塔体)上开人孔处进行的补强结构，如图(a)所示的四角为尖角的焊缝是不合理的，因为有应力集中，在交变载荷作用下仍然容易产生疲劳裂纹；如改为图(b)所示，将四角为尖角的焊缝改为圆角，可大大地减小应力集中，避免产生裂纹，是比较好的结构
焊接设计忌液体溢出	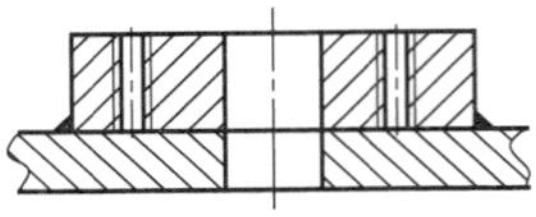 图(a)　禁忌 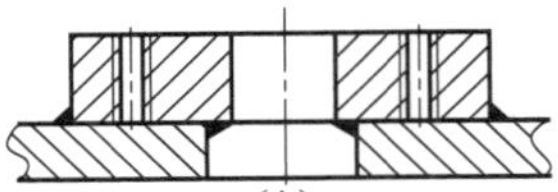 (ⅰ) 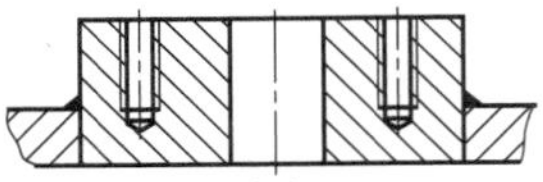 (ⅱ) 图(b)　正确	如图(a)所示的焊缝结构是不合理的，因为液体可能从螺孔或其他地方泄出。如在强度允许的情况下，加强内部密封焊接，改为如图(ⅰ)所示的结构就不会发生液体溢出。也可以设计成如图(ⅱ)所示的结构，以防止液体溢出
薄板焊接禁忌	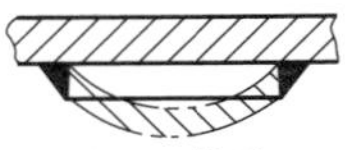 图(a)　禁忌 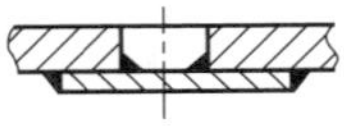　　图(b)　正确	如图(a)所示为薄板焊接时的结构，该结构不合理，因为焊接受热后，会发生起拱现象，为避免此现象，应考虑开孔焊接，如图(b)所示为合理的结构

1.7 胶接

胶接是利用胶黏剂在一定条件下把预制的元件连接在一起，并具有一定的连接强度的不可拆连接。与铆接、焊接比较，胶接有许多显著优点，例如：适用范围广，能连接同类或不同类的各种材料；粘接要求的工艺、设备简单，操作方便；胶接件表面光滑、密封性好、重量轻且防腐蚀等，所以在许多领域，胶接已逐渐替代焊接、铆接及螺栓连接。但胶接的工艺比较复杂，选用时应注意有关禁忌问题，见表 12-1-13。

表 12-1-13　**胶接连接设计禁忌**

注意的问题	禁忌示例	说明
忌粘接面受纯剪力	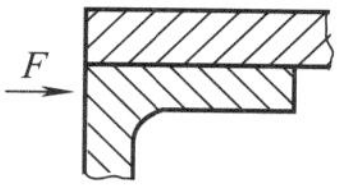 F　F 图(a)　禁忌 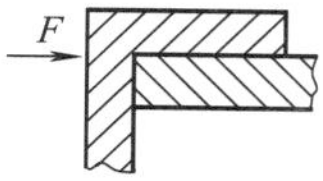　图(b)　正确	对图(a)所示的两个物体进行粘接，粘接面受剪力，容易松开。如果改善接头结构，改成如图(b)所示的结构，使载荷由钢板承受，则可以减小粘接接头的受力，结构合理
忌粘接面积太小	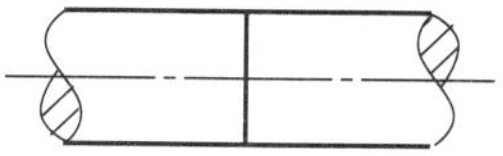 图(a)　禁忌 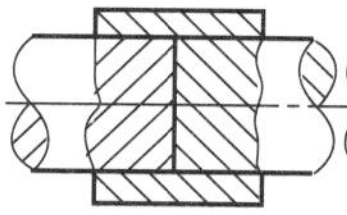 (ⅰ) 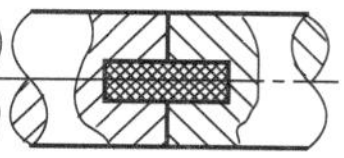　(ⅱ) 图(b)　正确	如图(a)所示的两圆柱体粘接结构是不对的，因为粘接面面积太小，因此连接强度不高。如果改成如图(ⅰ)所示的结构，即在连接处的两圆柱体外面附加增强的粘接套管就能增大粘接面的面积；或如图(ⅱ)所示的结构，在圆柱体内部钻孔，置入附加连接柱与圆柱体粘接，能够达到增大接触面积的作用，从而增大了连接强度
粘接件与焊接件和铸件的区别	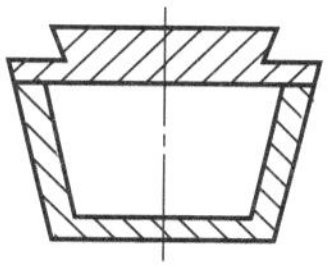 图(a) 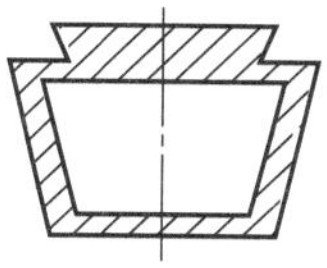　图(b) 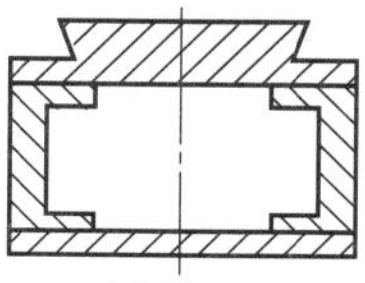 图(c)	如图(a)所示为由两个零件组成的焊接结构件。如图(b)所示的结构为同样形状的铸造件的结构，整体为一个零件。如果改用粘接件，还用焊接的那种结构是不行的，因为粘接件强度比焊接低，所以设计时应该有较大的粘接面积，因此与铸件、焊接件的结构有明显的不同。同时，粘接的变形较小，可以简化零件结构，设计成如图(c)所示的结构是合理的粘接构件
受力大时粘接件连接提高强度的措施	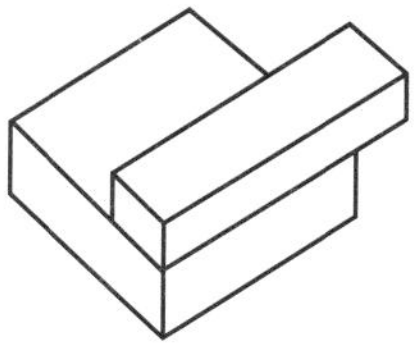 图(a)　禁忌 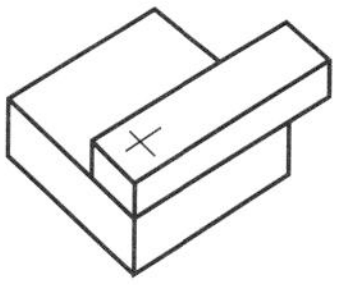 (ⅰ) 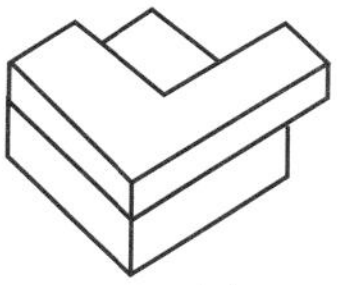　(ⅱ) 图(b)　正确	如图(a)所示为粘接的结构件，由于端部受力较大，粘接强度不高，因此容易损坏。如果改为图(ⅰ)所示的结构，在端部增加固定螺钉，采用螺栓连接与粘接相结合的方法，会提高连接的强度，结构很合理。或者设计成如图(ⅱ)所示的结构，将端部尺寸加大，从而增大了粘接面积，提高了连接的强度，也是合理的结构

续表

注意的问题	禁忌示例	说明
粘接件修复禁粘接面积过小	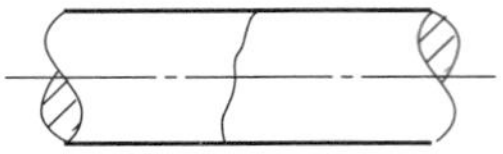 图(a) 禁忌 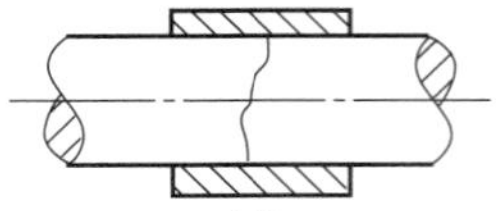 (ⅰ) 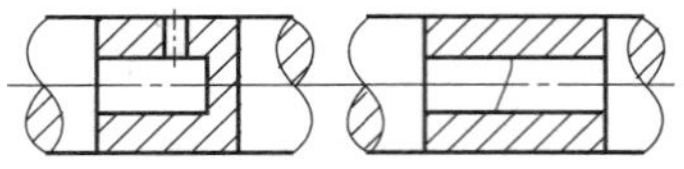 (ⅱ) (ⅲ) 图(b) 正确	对于产生裂纹甚至断裂的零件，可以采用粘接工艺修复。如图(a)所示的断裂的零件，采用简单涂胶粘接的方法不能达到强度要求，因为粘接面积太小。如果采用如图(ⅰ)所示的结构，即可在轴外加一个补充的套筒，再粘接起来，就增加了粘接面积，达到强度要求。或者设计成如图(ⅱ)所示的结构，将断口处加工成相配的轴与孔，再粘接起来，也是较好的方法。如果设计成如图(ⅲ)所示的结构，即把轴的断口加工得细一点，外面加一层套连接，是更好的方法
重型零件粘接修复设计禁忌	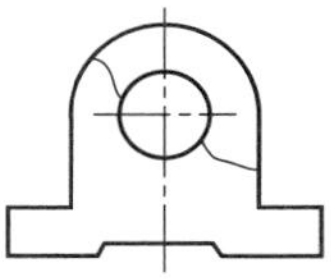 图(a) 禁忌 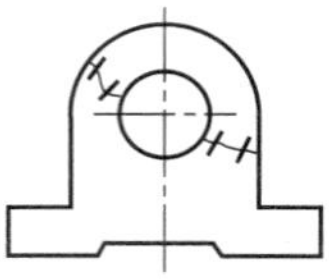 图(b) 正确	如图(a)所示的重型零件——大型轴承座断裂后，只采用胶粘的方法进行断口的修复连接是不行的，因为粘接后的强度不能满足重型零件的要求，应该采用如图(b)所示的结构，即除用胶粘接断口外，还应该采用波形链连接，以增加连接的强度
对接胶接接头设计禁忌	 F F 图(a) 禁忌 F F 图(b) 正确	如图(a)所示的对接胶接接头形式的结构是不合理的，因为胶接接头的面积太小，满足不了强度的要求。如改用图(b)所示的结构形式，即将胶接接头部分加工成一定的斜度再胶接，该对接胶接接头是常用的对接胶接形式，称为嵌接，在拉力载荷作用下，接合面同时承受拉伸和剪切作用，这种结构的应力集中影响也很小
搭接胶接接头设计禁忌	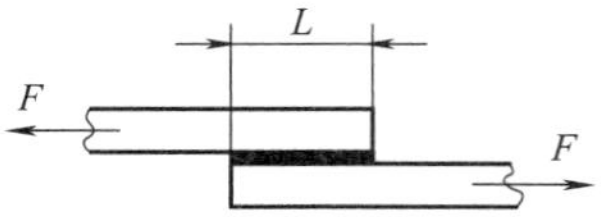  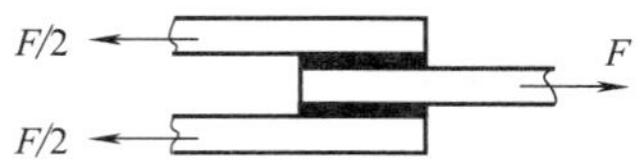 L F F 图(a) 禁忌  F F (ⅰ) F F (ⅱ) F/2 F F/2 (ⅲ) 图(b) 正确	如图(a)所示的搭接胶接接头结构形式是不合理的，因为胶接接头的末端应力集中比较严重，满足不了强度的要求。但是，如改用图(ⅰ)和图(ⅱ)所示的结构形式，即将端部加工成一定的斜度，使其刚性减小，试验证明能够缓和应力集中现象。为了避免搭接接缝中载荷的偏心作用，也可采用如图(ⅱ)所示的双搭接形式的胶接接头

续表

注意的问题	禁　忌　示　例	说　　明
T 形胶接接头设计禁忌	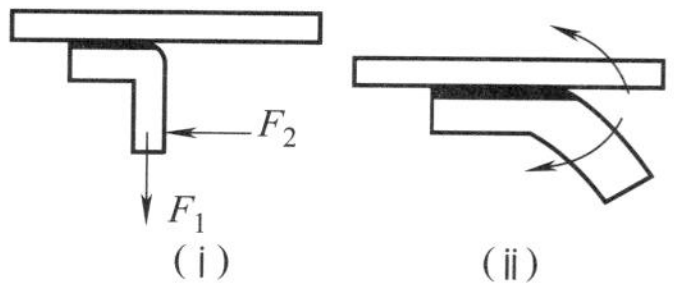 图 (a)　禁忌 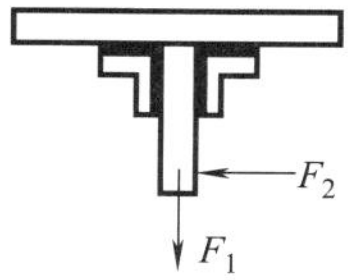 图 (b)　正确	如图(ⅰ)所示为单面 T 形胶接接头,其结构不太好,因为这种接头在受到拉伸扣弯曲载荷时,容易使胶接缝发生撕扯作用,产生如图(ⅱ)所示的撕扯情况。在这种情况下,载荷集中作用在很小的面积上,强度低,最容易失效,设计时应尽量避免。如改用图(b)所示的结构形式,即双面 T 形接头,情况就好多了,应该采用这种结构形式

1.8　铆接

利用铆钉把两个以上的被铆件连接在一起的不可拆连接,称为铆钉连接。铆接具有工艺设备简单、抗振、耐冲击和牢固可靠等优点,目前某些行业还离不开铆接,如在某些起重机的构架、轻金属结构(如飞机结构)中,铆接还是连接的主要形式。铆接的工艺及结构比较复杂,种类也比较多,选用时应注意有关禁忌,见表 12-1-14。

表 12-1-14　铆接连接设计禁忌

注意的问题	禁　忌　示　例	说　　明
忌铆钉数量过多	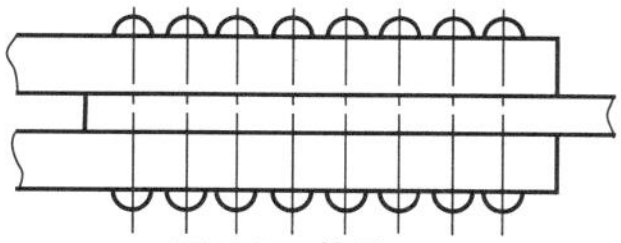 图 (a)　禁忌 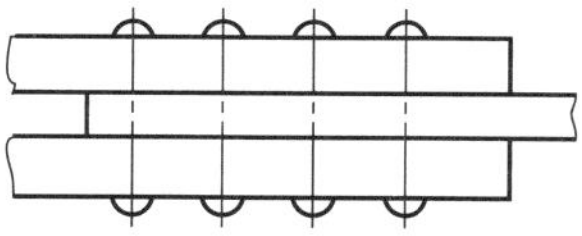 图 (b)　正确	如图(a)所示的在力的作用方向设置 8 个铆钉,则因为钉孔制作不可避免地存在着误差,许多铆钉不可能同时受力,因此受力不均。应改为图(b)所示的结构,一般不超过 6 个。但铆钉数目也不能太少以免铆钉打转。如果确实需要 6 个以上的铆钉,可以设计成两排或多排铆钉连接。在进行铆钉连接设计时,排在力的作用方向的铆钉排数不能太多,一般以不超过 6 排为宜
多层板铆接禁忌	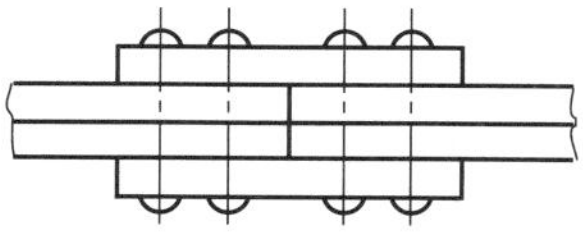 图 (a)　禁忌 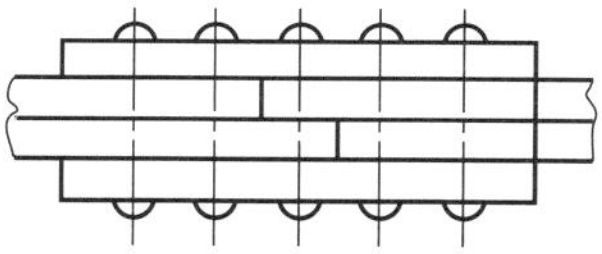 图 (b)　正确	如图(a)所示为四层板进行铆接时的结构,该结构是不好的结构,因为将各层板的接头放在了同一个断面内,因此将使结构的整体产生一个薄弱的截面,这是不合理的 如果改成图(b)所示的结构,即:将各层板的接头相互错开,就避免了上述问题,是比较合理的结构

续表

注意的问题	禁 忌 示 例	说 明
铆接后忌再进行焊接	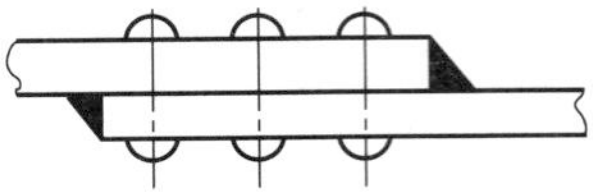 图 (a) 禁忌 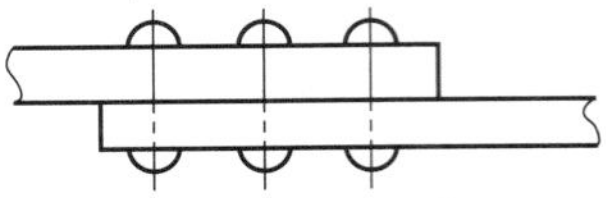 图 (b) 正确	如图(a)所示为两块板铆接后再进行焊接的结构，该结构是不合理的，因焊接产生的应力和变形将会破坏铆钉的连接状态，甚至使铆钉连接失效，起不到双重保险的作用，反而增加了发生事故的隐患。如改为图(b)所示的结构，即：只进行铆接，或只进行焊接，是比较合理的
薄板铆接忌翘曲	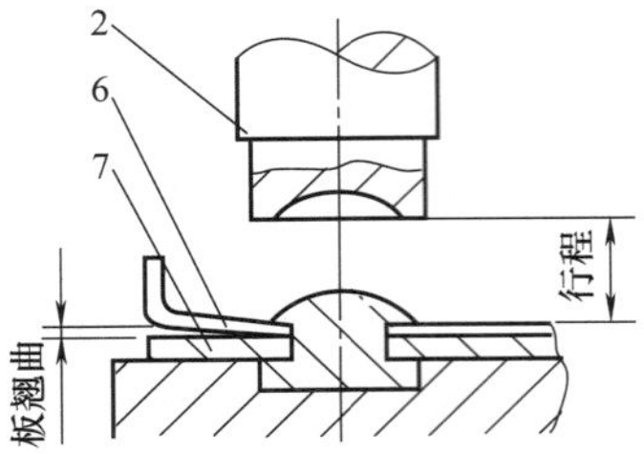 行程 板翘曲 图 (a) 禁忌 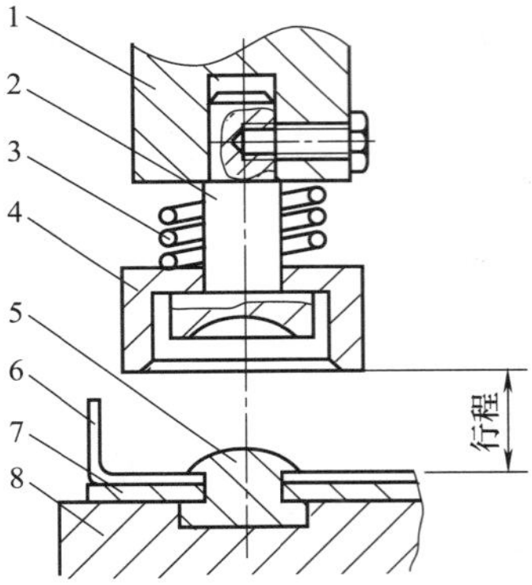 行程 图 (b) 正确 1—夹具；2—锤体；3—螺旋弹簧；4—矫正环；5—铆钉；6—上板；7—下板；8—工作台	如图(a)所示为薄板铆接装置的结构，对上板 6、下板 7 进行铆接时，如果只有锤体 2，在锤体下降行程时，将会使较薄的上板 6 产生翘曲 改进方法是：在锤体落至下限前，先有矫正环 4 将上板 6 的四周压牢后再进行铆接，就防止了薄板 6 的翘曲，改进后的详细结构如图(b)所示

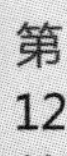

第 2 章　传动零部件设计禁忌

2.1　带传动

2.1.1　带传动形式选择禁忌

按带轮轴的相对位置和转动方向，带传动分为开口、交叉和半交叉 3 种传动形式。开口传动较为常用，适用于平带、V 带、多楔带、圆带以及同步齿形带传动和齿孔带传动等；交叉和半交叉只适用于平带和圆形带传动。各种形式的带传动均有一定的特点，选用时应注意有关禁忌问题，见表 12-2-1。

表 12-2-1　带传动形式选择禁忌

注意的问题	禁忌示例	说明
开口传动忌两轮轴不平行和中心面不共面	θ 两轴不平行 θ 中心平面不一致 图 (a)　禁忌 图 (b)　正确	对于平带传动，当两轴不平行或两轮中心平面不共面误差较大时，传动带很容易由带轮上脱落；对于 V 带传动，易造成带两边的磨损，甚至脱落。因此设计时应提出要求并保证其安装精度，或设计必要的调节机构。一般要求 θ 角误差在 20′以内 对于同步齿形带传动，两轮轴线不平行和中心平面偏斜对带的寿命将有更大的影响，因此安装精度要求更高。通常要求 $\theta \leqslant 20' \times (25/b)$，$b$ 为带宽(mm)
交叉传动的中心距	$a<20b, i_{12}>6$ 图 (a)　禁忌 $a>20b, i_{12} \leqslant 6$ 图 (b)　正确	用于平行轴、双向、反旋向传动。因交叉处有摩擦，故仅适用于中心距 $a>20b$（b 为带宽）的平带和圆形带传动，通常 $i_{12} \leqslant 6$
半交叉传动带与轮的装挂	掉绳 图 (a)　禁忌 图 (b)　正确	为使带传动正常工作，且带不会由带轮上脱落，必须保证带从带轮上脱下进入另一带轮时，带的中心线在要进入的带轮的中心平面内。这种传动不能反转，必须反转时，一定要加装一个张紧轮

2.1.2 带轮结构设计技巧与禁忌

带轮按结构不同，分为实心式（S 型）、腹板式（P 型）、孔板式（H 型）和轮辐式（E 型）。带轮基准直径较小时［$d \leqslant (2.5 \sim 3) d_s$，$d_s$ 为轴径］，常用实心式结构；当 $d \leqslant 300$mm 时，可采用腹板式结构；当腹板径向尺寸 $\geqslant 50$mm 时，为方便吊装和减轻质量，可采用孔板式结构；当 $d > 300$mm 时，一般采用轮辐式结构。

2.1.2.1 平带传动的小带轮结构设计技巧与禁忌

表 12-2-2 平带传动的小带轮结构设计技巧与禁忌

注意的问题	设计技巧与禁忌
小带轮的微凸结构	为使平带在工作时能稳定地处于带轮宽度中间而不滑落，应将小带轮的外柱面结构作成中凸。中凸的小带轮有使平带自动居中的作用。若小带轮直径 $d_1 = 40 \sim 112$mm，取中间凸起高度 $h = 0.3$mm；当 $d_1 > 112$mm 时，取 $h/d_1 = 0.003 \sim 0.001$，d_1/b 大的，h/d_1 取小值，其中 b 为带轮宽度，一般 $d_1/b = 3 \sim 8$ 图 (a) 禁忌 图 (b) 正确
小带轮的开槽结构	带速 $v > 30$m/s 为高速带，它采用特殊的轻而强度大的纤维编制而成。为防止带与带轮之间形成气垫，应在小带轮轮缘表面开设环槽 R1深1 5～10

2.1.2.2 V 带轮结构设计技巧与禁忌

表 12-2-3 带轮结构设计技巧与禁忌

注意的问题	设计技巧与禁忌
V 带轮的槽角	普通 V 带楔角为 40°，带绕过带轮时由于产生横向变形，使得楔角变小。为使带轮的轮槽工作面和 V 带两侧面接触良好，带轮槽角 φ 可取 32°、34°、36°、38°，带轮直径越小，槽角 φ 取值越小。忌将 V 带轮的槽角与 V 带楔角设计成同一角度
V 带轮的直径	V 带轮基准直径 d_1、d_2 均为标准值。d_1 小，可使 d_2 减小，则带传动外廓空间减小；当 d_2 一定时，可增大传动比，但小带轮上的包角减小，使传递功率一定时，要求有效拉力加大。另外除带与带轮的接触长度与直径成正比地缩短外，V 带是一面按带轮半径反复弯曲一面快速移动，因而对于 V 带的断面，弯曲半径越小越难弯曲，容易打滑。而且 d_1 过小，弯曲应力过大，带的寿命降低。所以应适当选取 d_1 值，使 $d_1 > d_{min}$，并取为标准值。大带轮基准直径 d_2 可由式 $d_2 = id_1$ 计算，并相近圆整。忌小带轮直径过小，以及带轮直径取非标准值
V 带轮的表面粗糙度	因为带与轮之间有弹性滑动，在正常工作时，不可避免地有磨损产生，因此带轮工作表面要仔细加工，一般带轮表面粗糙度要求 $Ra = 3.2\mu$m。忌把带轮表面加工得很粗糙来增加带与轮间的摩擦

2.1.2.3　同步带轮结构设计技巧与禁忌

表 12-2-4　　同步带轮结构设计技巧与禁忌

注意的问题	设计技巧与禁忌
	同步带轮分为无挡圈、单边挡圈和双挡圈 3 种结构形式，如图(a)～图(c)所示 图 (a)　无挡圈　图 (b)　单边挡圈　图 (c)　双挡圈
挡圈结构	同步带在运转时，有轻度的侧向推力。为了避免带的滑落，应按具体条件考虑在带轮侧面安装挡圈。挡圈安装建议如下 ①在两轴传动中，两个带轮中必须有一个带轮两侧装有挡圈，或两轮的不同侧边各装有一个挡圈 ②在中心距超过小带轮直径的 8 倍以上，由于带不易张紧，两个带轮的两侧均应装有挡圈 ③在垂直轴传动中，由于同步带的自重作用，应使其中一个带轮的两侧装有挡圈，而其他带轮均在下侧装有挡圈 图 (a)　禁忌　图 (b)　推荐　图 (c)　推荐
同步带齿顶和轮齿顶部的圆角半径	同步带的齿和带轮的齿属于非共轭齿廓啮合，所以在啮合过程中二者的顶部都会发生干涉和撞击，因而引起带齿顶部产生磨损。适当加大带齿顶和轮齿顶部的圆角半径，可以减少干涉和磨损，延长带的寿命 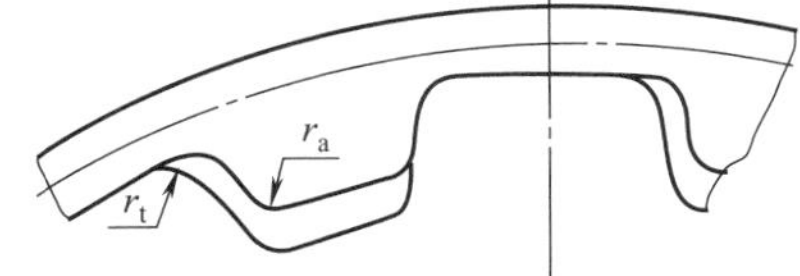
同步带轮外径的偏差	同步带轮外径为正偏差，可以增大带轮节距，消除由于多边形效应和在拉力作用下使带伸长变形，所产生的带的节距大于带轮节距的影响。实践证明：在一定范围内，带轮外径正偏差较大时，同步带的疲劳寿命较长

2.1.3　带传动设计技巧与禁忌

当忽略离心力的影响，带所能传递的最大有效拉力 F_{max} 为

$$F_{max}=F_1-F_2=F_1\left(1-\frac{1}{e^{\mu\alpha}}\right)=F_2(e^{\mu\alpha}-1)\text{或}$$

$$F_{max}=2F_0\frac{e^{\mu\alpha}-1}{e^{\mu\alpha}+1}=2F_0\left(1-\frac{2}{e^{\mu\alpha}+1}\right)$$

由此可见，适当增大初拉力、包角以及摩擦因子，均可不同程度地增大带传动的传动能力，但应注意增加的度和结构设计的禁忌问题，见表 12-2-5。

表 12-2-5 **带传动设计技巧与禁忌**

注意的问题	设计技巧与禁忌
松边在上、紧边在下的布置	对于平带、V 带等挠性件传动，应紧边在下、松边在上，有利于增大小带轮上的包角 α_1 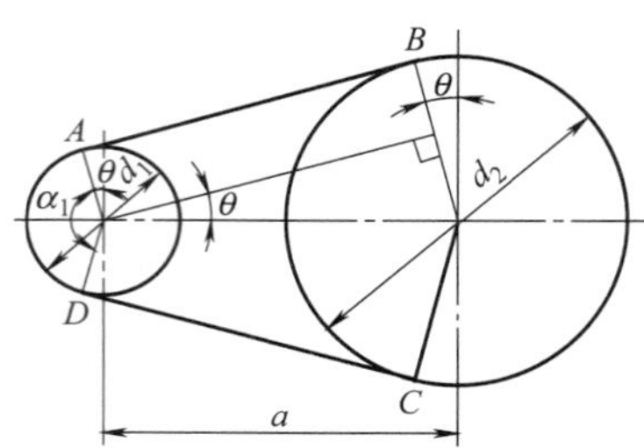 对于两轴平行上下配置时，应使松边处于当带产生垂度时，有利于增大 α_1 的位置，通常小带轮在上，大带轮在下，否则应安装压紧轮等装置 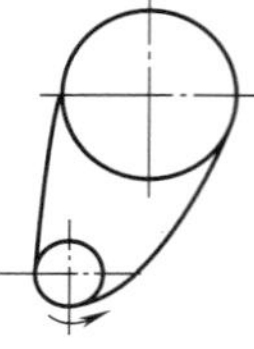 图(a) 禁忌 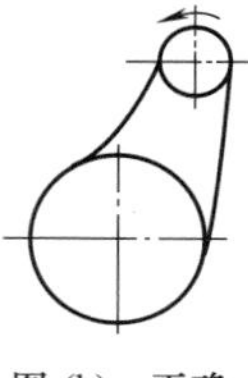 图(b) 正确 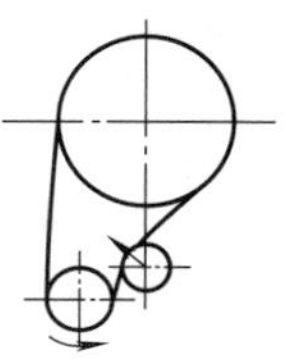 图(c) 正确
小轮上包角的要求	小带轮包角过小，易发生打滑。通常 $\alpha_1 \geqslant 120°$，最小为 90°。由式 $i \approx d_2/d_1$ 可见，增大传动比，两轮直径差值增大，在中心距一定的情况下，小轮上包角减小，从而限制了传动比的大小。若小带轮包角不满足要求，可适当增大中心距或在靠近小带轮松边的外侧加压紧轮来增加小轮包角 α_1 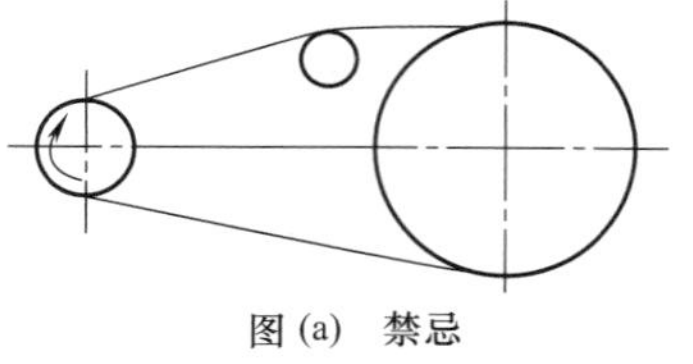 图(a) 禁忌 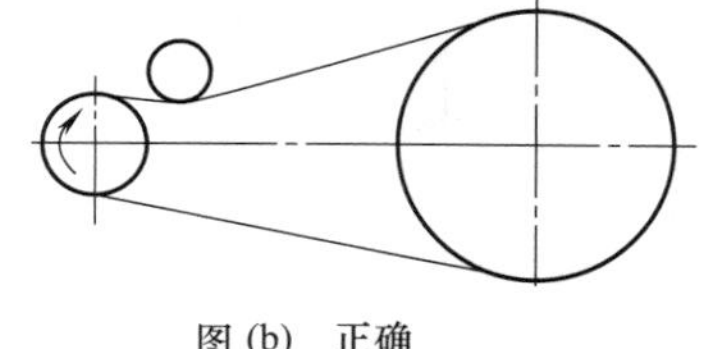 图(b) 正确
适当选取摩擦因子的大小	摩擦因子 μ 不能无限增加，μ 过大会导致磨损加剧，带过早松弛，工作寿命降低。因此，禁忌通过将带轮制造得粗糙，以增大摩擦的方法来提高带所能传递的最大有效拉力 F_{max} 值
适当选取初拉力值	初拉力 F_0 值过小，传动能力无法充分发挥；F_0 值过大，磨损加剧，带过早松弛，工作寿命降低。禁忌靠无限增加 F_0 值的方法来提高带所能传递的最大有效拉力 F_{max} 值
在多级传动中，带传动应放在高速级	依靠摩擦传动的带，传动能力较低，适于放在扭矩较小的高速级；摩擦带具有过载打滑的特性，可保护低速级的零件免遭破坏

续表

注意的问题	设计技巧与禁忌
带传动的速度不宜过高或过低	带速过高则离心力大，从而降低传动能力，此外，当带速很高时，带将发生振动，不能正常工作，通常带的质量越轻，允许的最高速度就越大；但带速太低，由 $P=Fv/1000$ 可知，要求有效圆周力就越大，使带的根数过多或带的截面加大。对于普通V带，一般要求带速在5～25m/s之内选取，否则应调整小带轮的直径或转速。其他挠性传动的最佳圆周速度可参考下图选取 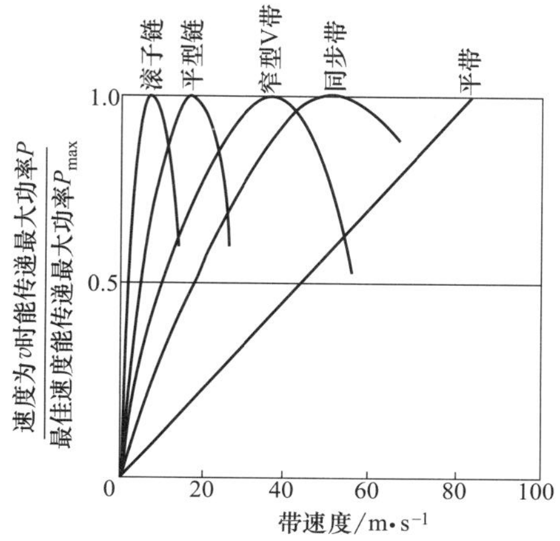 部分挠性传动最佳速度图
适选中心距的大小	带传动的中心距不宜过大，否则将由于载荷变化引起带的抖动，使工作不稳定，而且结构不紧凑；中心距过小，则小带轮的包角减小，易出现打滑，另外，在一定带速下，单位时间内带绕过带轮的次数增多，带的应力循环次数增加，会加速带的疲劳损坏。因此，要保证中心距处于 $0.7(d_1+d_2)\sim2(d_1+d_2)$ 范围内
中心距必须设计成可调的	由于V带无接头，为保证安装，必须使两轮中心距比使用的中心距小，在装挂完毕以后，再调整到正常的中心距 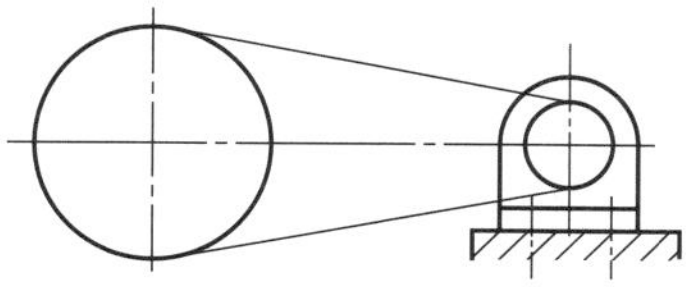 图(a)　禁忌 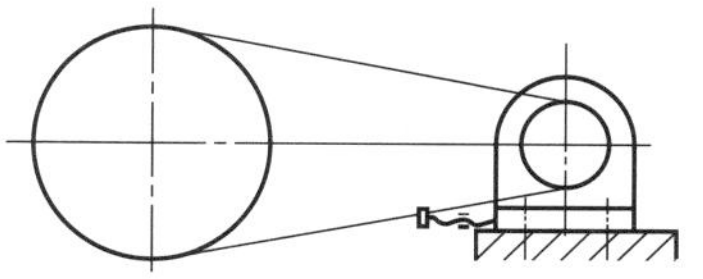　　图(b)　正确 另外，由于长时间使用，V带周长会因疲劳而伸长，为了保持必要的张紧力，应根据需要调整中心距。通常中心距变动范围为：$(a-0.015L_d)\sim(a+0.03L_d)$

2.1.4　带传动张紧设计技巧与禁忌

由于传动带的材料不是完全的弹性体，因此带在工作一段时间后会因伸长而松弛，张紧力降低。因此，带传动应设置张紧装置，以保持正常工作。常用的张紧装置有以下3种形式：定期张紧装置、自动张紧装置、使用张紧轮的张紧装置。设计时应注意张紧装置的禁忌问题。

第12篇

2.1.4.1　使用张紧轮的张紧装置

表 12-2-6　　使用张紧轮的张紧装置的设计技巧与禁忌

注意的问题	设计技巧与禁忌
V 带、平带的张紧轮装置	V 带、平带的张紧轮一般应安装在松边内侧，使带只受单向弯曲，以减少寿命的损失；同时张紧轮还应尽量靠近大带轮，以减少对包角的影响。张紧轮的使用会降低带轮的传动能力，在设计时应适当考虑 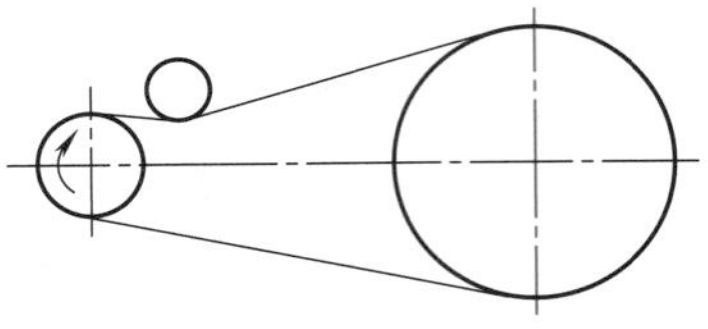 图 (a)　禁忌 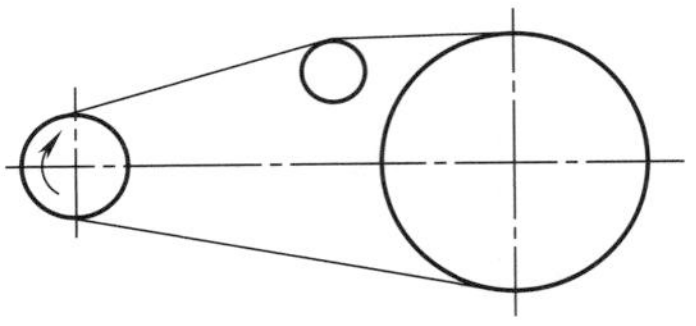　　图 (b)　正确
V 带传动中心距不能修正的张紧轮装置	V 带传动中也有任何一个带轮的轴心都不能移动的情况，此时，使用一定长度的 V 带，其长度要能使 V 带在处于固定位置的带轮之间装卸，装挂完毕后，可用张紧轮将其张紧到运转状态，该张紧轮要能在张紧力的调整范围内调整，也包括对使用后 V 带伸长的调整，如图(a)～图(c)所示 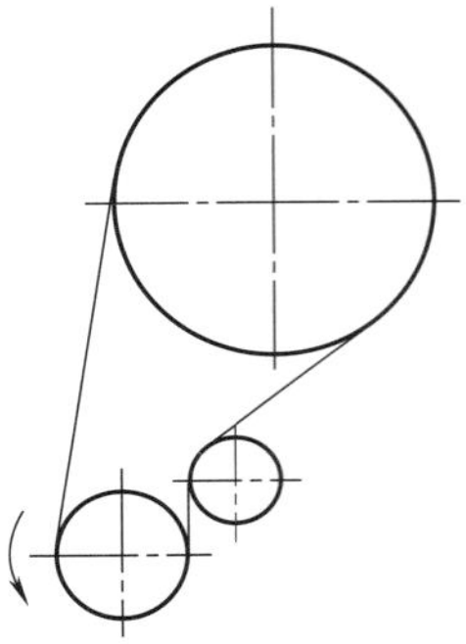 图 (a) 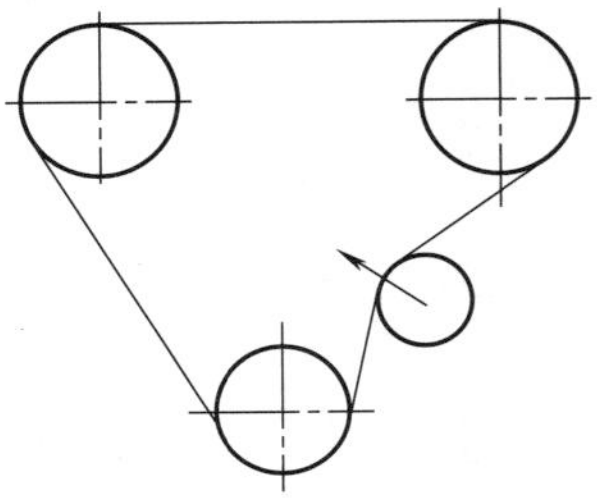　　图 (b) 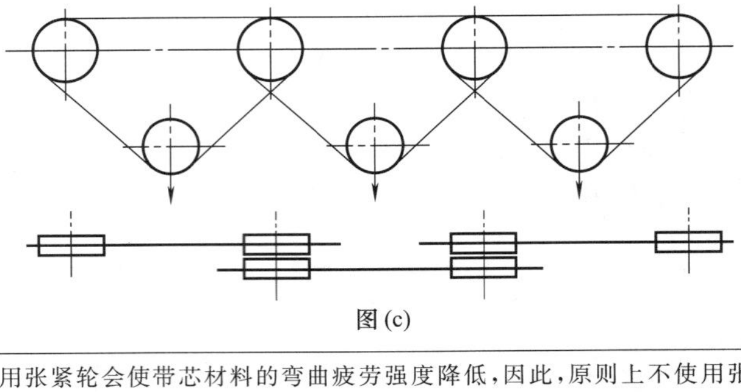 图 (c)
同步齿形带的张紧轮装置	同步齿形带使用张紧轮会使带芯材料的弯曲疲劳强度降低，因此，原则上不使用张紧轮，只有在中心距不可调整，且小带轮齿数小于规定齿数时才可使用。使用时要注意避免深角使用，应采用浅角使用，并安装在松边内侧，如图(a)所示。但是，在小带轮啮合齿数小于规定齿数时，为防止跳齿，应将张紧轮安装在松边、靠近小带轮的外侧，如图(b)所示 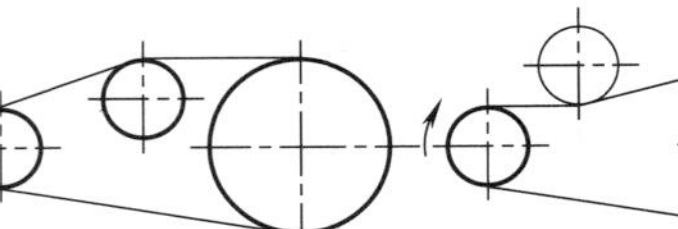 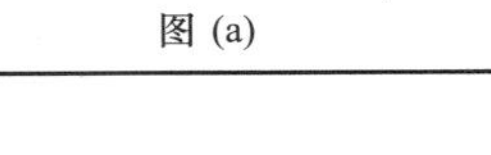 图 (a) 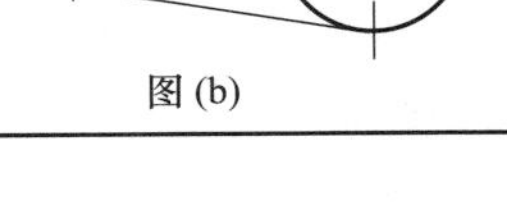　　图 (b)

第 12 篇

2.1.4.2　定期张紧装置长外伸轴的支承

定期张紧时要在保持两轴平行的状态下进行移动，在利用滑座或其他方法调整时，要能在施加张紧力的状态下平行移动。例如，在带轮较宽、外伸轴较长时，需要安装外侧轴承，并将该轴承装在共有的底座上，调整时使底座滑动，如图 12-2-1 所示。

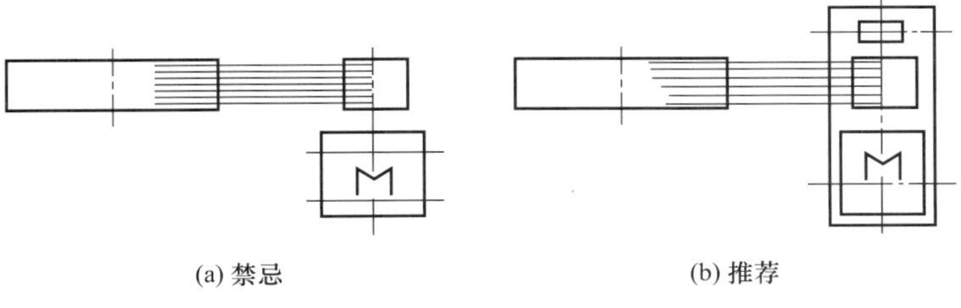

(a) 禁忌　　(b) 推荐

图 12-2-1　长外伸轴中心距的支承及张紧结构

2.1.4.3　自动张紧装置

表 12-2-7　自动张紧装置的设计禁忌

注意的问题	禁忌示例	说明
自动张紧的辅助装置	图(a)　较差　　图(b)　推荐	有些带传动靠一些传动件的自重产生张紧力，例如把小带轮和电动机固定在一块板上，板的一侧用铰链固定在机架上，靠电动机和小带轮的自重在带中产生张紧力。但当传动功率过大，或启动力矩过大时，传动带将板上提，上提力超过其自重时，会产生振动或冲击，这种情况下，可在板上加辅助的螺旋装置，以消除板的振动
高速带传动忌用自动张紧装置	图(a)　禁忌 图(b)　正确	在高速带传动中，不能使用自动张紧装置，否则运转中将出现振动现象

2.1.4.4 带传动支承装置要便于更换带

传动带的寿命通常较低，有时几个月就要更换。在 V 带传动中同时有几条带一起工作时，如果有一条带损坏就要全部更换。对于无接头的传动带，最好设计成悬臂安装，且暴露在外，见图 12-2-2。此时可加一层防护罩，拆下防护罩即可更换传动带。

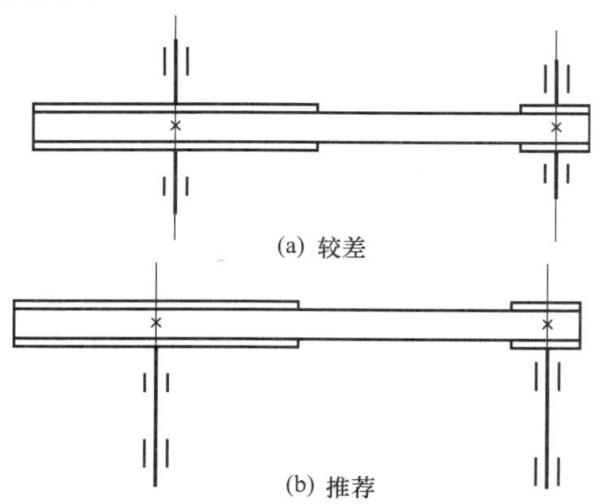

图 12-2-2 带传动支承装置要便于更换带

2.1.5 带传动设计案例

设计一带式输送机中的高速级普通 V 带传动。已知该传动系统由 Y 系列三相异步电动机驱动，输出功率 $P=5.5\text{kW}$，满载转速 $n_1=1440\text{r/min}$，从动轮转速 $n_2=550\text{r/min}$，单班制工作，传动水平布置。

解

（1）确定计算功率 P_d

带式输送机载荷变动小，可由表查得工况系数 $K_A=1.1$。

$$P_d=K_AP=1.1\times5.5=6.05\text{kW}$$

注意问题 1：单班制工作按小于或等于 10h 查取；双班制工作按 10～16h 查取；三班制工作按大于 16h 查取。

（2）选取 V 带型号

根据 P_d，n_1 参考选型图及小带轮最小直径的规范选带型及小带轮直径，初选 A 型 V 带，$d_{d1}=112\text{mm}$；当然 B 型也满足要求。为了比较带的型号及小带轮直径大小对传动的影响，该例案例对 B 型 V 带，$d_{d1}=140\text{mm}$ 也进行相应的计算。

注意问题 2：普通 V 带有：Y，Z，A，B，C，D，E 七种型号，依序截面尺寸增大，单根带承载能力增强；最常用的是 A 型和 B 型。在选型图中根据计算功率 P_d 与小带轮转速 n_1 值的焦点，在焦点相应的右下侧进行选型，越靠下承载能力越高，带的根数越少，但带的柔韧性越差，要求小带轮的直径越大，整体外廓尺寸也越大。禁忌在其交点上方选择带的型号。

（3）确定带轮直径 d_{d1}、d_{d2}

① 选小带轮直径 d_{d1} 参考选型图及小带轮最小直径的规范选取：

A 型带：$d_{d1}=112\text{mm}$

B 型带：$d_{d1}=140\text{mm}$

注意问题 3：d_{d1} 小，则带传动外廓空间小，但 d_{d1} 过小，则弯曲应力过大，影响带的疲劳强度。所以应使 $d_{d1}>d_{dmin}$，并在其可取值范围内取为标准值。从动轮基准直径 d_{d2} 可由式 $d_{d2}=id_{d1}$ 计算，并相近圆整成标准值。

② 验算带速 v

$$v=\frac{\pi d_{d1}n_1}{60\times1000}$$

A 型带：$v=8.44\text{m/s}$ 满足要求。

B 型带：$v=10.56\text{m/s}$ 满足要求。

注意问题 4：带速过高则离心力大，从而降低传动能力；带速太低，由 $P=Fv/1000$ 可知，要求有效圆周力就越大，使带的根数过多。带速一般应在 5～25m/s 之内选取，否则应调整小带轮的直径或转速。

③ 确定从动轮基准直径 d_{d2}

$$d_{d2}=\frac{n_1}{n_2}d_{d1}$$

A 型带：$d_{d2}=293.24\text{mm}$，按带轮标准直径表取标准值 $d_{d2}=280\text{mm}$。

B 型带：$d_{d2}=366.55\text{mm}$，按带轮标准直径表取标准值 $d_{d2}=355\text{mm}$。

④ 计算实际传动比 i

当忽略滑动率时：$i=d_{d2}/d_{d1}$。

A 型带：$i=2.5$。

B 型带：$i=2.54$。

⑤ 验算传动比相对误差 题目的理论传动比：$i_0=n_1/n_2=2.62$。

传动比相对误差：$\varepsilon=\left|\frac{i_0-i}{i_0}\right|$

A 型带：$\varepsilon=4.5\%<5\%$，合格。

B 型带：$\varepsilon=3.1\%<5\%$，合格。

注意问题 5：如果项目中对传动比相对误差有要求，应按要求验算。无特殊要求传动比相对误差不应超过 5%。

（4）定中心距 a 和基准带长 L_d

① 初定中心距 a_0

$$0.7(d_{d1}+d_{d2})\leqslant a_0\leqslant2(d_{d1}+d_{d2})$$

A 型带：$274.4\leqslant a_0\leqslant784$，取 $a_0=500\text{mm}$。

B 型带：$346.5\leqslant a_0\leqslant990$，取 $a_0=650\text{mm}$。

注意问题 6：中心距不宜过大，否则将由于载荷变化引起带的抖动，使工作不稳定而且结构不紧凑；中心距过小，在一定带速下，单位时间内带绕过带轮的次数增多，带的应力循环次数增加，会加速带的疲劳损坏。

② 计算带的计算基准长度 L_{d0}

$$L_{d0}\approx2a_0+\frac{\pi}{2}(d_{d1}+d_{d2})+\frac{(d_{d2}-d_{d1})^2}{4a_0}$$

A 型带：$L_{d0}=1630\text{mm}$，查 V 带的基准长度表取标准值 $L_d=1600\text{mm}$。

B 型带：$L_{d0}=2095\text{mm}$，查 V 带的基准长度表取标准

值 $L_d=2000$mm。

③ 计算实际中心距 a

$$a \approx a_0+\frac{L_d-L_{d0}}{2}$$

A 型带：$a=485$mm。

B 型带：$a=602.5$mm。

④ 确定中心距调整范围

$$a_{max}=a+0.03L_d$$

$$a_{min}=a-0.015L_d$$

A 型带：$a_{max}=533$mm，$a_{min}=461$mm。

B 型带：$a_{max}=662.5$mm，取 $a_{max}=663$mm；$a_{min}=572.5$mm，取 $a_{min}=572$mm。

（5）验算小带轮包角 α_1

$$\alpha_1=180°-\frac{d_{d2}-d_{d1}}{a}\times 57.3°$$

A 型带：$\alpha_1=160°>120°$，合格。

B 型带：$\alpha_1=159°>120°$，合格。

注意问题 7：α_1 过小则带传动能力降低，易打滑。一般要求 $\alpha_1 \geqslant 120°$，若不满足，应适当增大中心距或减小传动比来增加小轮包角。

（6）确定 V 带根数 z

① 确定额定功率 P_0　由 d_{d1} 及 n_1 查特定条件下单根普通 V 带的额定功率 P_0 表，并用线性内插值法求得 P_0：

A 型带：$P_0=1.60$kW。

B 型带：$P_0=2.80$kW。

② 确定各修正系数

a. 功率增量 ΔP_0。查单根普通 V 带的额定功率增量 ΔP_0 表得 ΔP_0：

A 型带：$\Delta P_0=0.17$kW。

B 型带：$\Delta P_0=0.46$kW。

b. 包角系数 K_α。查包角系数 K_α 表得 K_α：

A 型带：$K_\alpha=0.95$。

B 型带：$K_\alpha \approx 0.95$。

c. 长度系数 K_L。查长度系数 K_L 表得 K_L：

A 型带：$K_L=0.99$。

B 型带：$K_L=0.98$。

③ 确定 V 带根数 z

$$z \geqslant \frac{P_d}{(P_0+\Delta P_0)K_\alpha K_L}$$

A 型带：$z \geqslant 3.63$ 根，取 $z=4$ 根。

B 型带：$z \geqslant 1.99$ 根，取 $z=2$ 根。

（7）确定单根 V 带初拉力 F_0

$$F_0=500\frac{P_d}{vz}\left(\frac{2.5}{K_\alpha}-1\right)+qv^2$$

A 型带：查表得单位长度质量 $q=0.10$kg/m，$F_0=153$N。

B 型带：查表得单位长度质量 $q=0.17$kg/m，$F_0=253$N。

注意问题 8：P_0 为特定试验条件下［$\alpha_1=\alpha_2=180°$（$i=1$）、特定带长、载荷平稳］，对不同型号的带进行测试得到的单根 V 带所能传递的额定功率（kW）；当工作条件与试验条件不同时需进行修正。带的根数不宜过多，通常 $z \leqslant 10$，否则应增大带的型号或小带轮直径，然后重新计算。

（8）计算压轴力

$$F_Q=2zF_0\sin\frac{\alpha_1}{2}$$

A 型带：$F_Q=1205$N

B 型带：$F_Q=995$N

（9）带轮结构设计（以 A 型带的计算结果为例）

① 小带轮　$d_{d1}=112$mm，采用实心式结构，其工作图设计从略。

② 大带轮　$d_{d2}=280$mm，采用孔板式结构，假设与之配合的轴头直径为 40mm，参考 V 带轮结构图及普通 V 带带轮轮槽尺寸表进行其他几何尺寸计算（从略），其工作图如图 12-2-3 所示。

注意问题 9：A 型带与 B 型带设计结果对比：采用 A 型 V 带，总体结构较紧凑，但带根数较多，传力均匀性不如 B 型带，另外前者对轴的压力稍大。

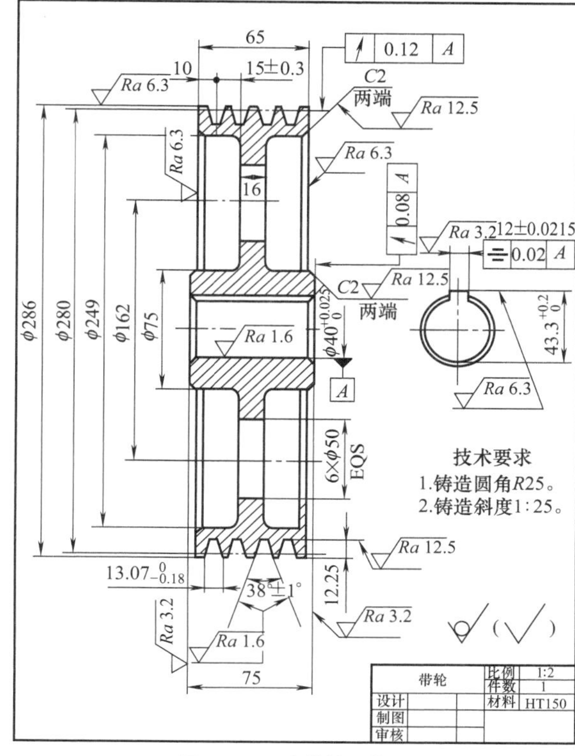

图 12-2-3　大带轮工作图

2.2　链传动

2.2.1　滚子链和链轮结构设计禁忌

滚子链由内链板、外链板、销轴、套筒及滚子组成。链轮的齿形属于非共轭啮合传动，其齿形的设计可以有较大灵活性，但应保证在链条与链轮良好啮合的情况下，使链节能自由地进入和退出啮合，并便于加工。目前最流行的齿形为三弧一直线齿形。结构设计时应注意技巧和禁忌问题，见表 12-2-8。

2.2.2 链传动设计禁忌

链传动的多边形效应是链传动固有的特性，将使链条瞬时速度和传动比发生周期性波动，链条上下振动，从而造成传动的不平稳性，引起附加动载荷。链传动的主要失效形式有：链的疲劳破坏及冲击疲劳破坏、链条铰链的胶合及磨损、链条的静力拉断。对链速 $v>0.6\text{m/s}$ 的中、高速链传动，采用以抗疲劳破坏为主的防止多种失效形式的设计准则；对链速 $v\leqslant 0.6\text{m/s}$ 的低速传动，采用以防止过载拉断为主要失效形式的静强度设计准则。在传动设计时应注意技巧禁忌问题，见表 12-2-9。

表 12-2-8 **滚子链和链轮结构设计技巧与禁忌**

注意的问题	设计技巧与禁忌
弹簧卡片的开口方向	当采用弹簧卡片锁紧链条首尾相接的链节时，应注意止锁零件的开口方向与链条运动方向相反，以免冲击、跳动、碰撞时卡片脱落 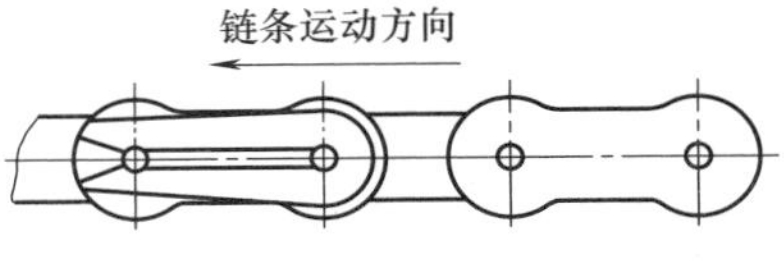 链条运动方向　　链条运动方向 图(a) 禁忌 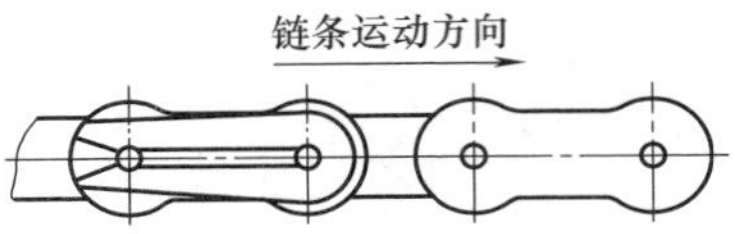　　图(b) 正确
内外链板间应留少许间隙	由于销轴与套筒的接触而易于磨损，因此，内外链板间应留少许间隙，便于润滑油渗入销轴和套筒的摩擦面之间，以延长链传动的寿命
小链轮的材料应优于大链轮	传动中因小链轮的啮合次数多于大链轮，其磨损较严重，所选用的材料应优于大链轮

表 12-2-9 **链传动设计技巧与禁忌**

注意的问题	设计技巧与禁忌
链节数	滚子链有 3 种接头形式。当链节数为偶数且节距较大时，接头处可用开口销固定[见图(a)]；节距较小时，接头处可用弹簧锁片固定[见图(b)]；当链节数为奇数时，接头处必须采用过渡链节连接[见图(c)]。由于过渡链节的链板要承受附加弯曲应力，强度仅为正常链节的 80%左右，所以要尽量避免采用奇数链节的链 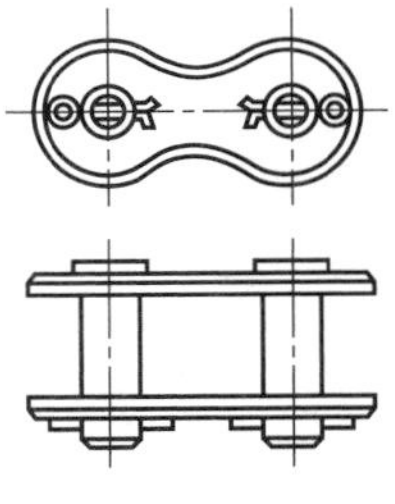 图(a) 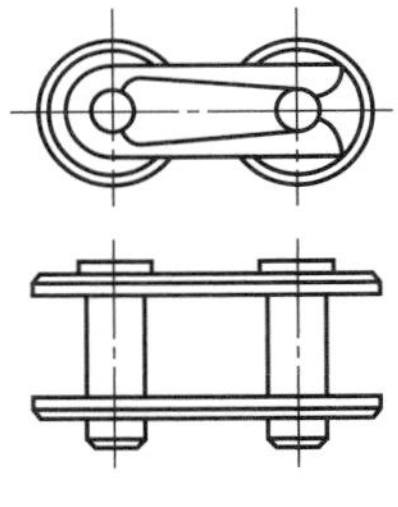　　图(b) 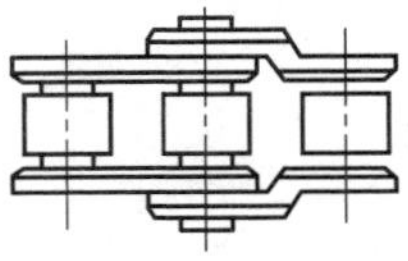　　图(c)
链轮齿数	由 $d=p/\sin(180°/z)$ 可知，在 d 一定的情况下，减小 z 将使 p 增大，这会造成：多边形效应的增大，使传动平稳性降低；动载荷加大；铰链及链条与链轮的磨损增大。因此 z_1 不能过少，应按下述小链轮推荐齿数进行选取 $v=0.6\sim3\text{m/s}$　　$z_1\geqslant17$ $v=3\sim8\text{m/s}$　　$z_1\geqslant21$ $v>8\text{m/s}$　　$z_1\geqslant25$ $v=25\text{m/s}$　　$z_1\geqslant35$ 大链轮齿数 $z_2=iz_1$，并圆整为整数。由于套筒和销轴磨损后，链节距的增长量 Δp 和节圆分度圆的外移量 Δd 的关系为 $\Delta d=\Delta p/\sin(180°/z)$。当节距 p 一定时，齿高就一定，允许节圆外移量 Δd 也就一定，齿数越多，允许不发生脱链的节距增长量 Δp 就越小，链的使用寿命就越短。另外，在节距一定的情况下，z_2 过大，将增大整个传动尺寸。故通常限定链轮最多齿数 $z_{max}=120$

续表

注意的问题	设计技巧与禁忌
链轮齿数	$p+\Delta p$　p　$\frac{180°}{z}$　d　$d+\Delta d$ 为使链传动的磨损均匀，两链轮的齿数应尽量选取为与链节数（偶数）互为质数的奇数 链轮齿数优选系列：17，19，21，23，25，38，57，76，95，114
链条节距和排数的选取原则	节距的大小反映了链条和链轮轮齿各部分尺寸的大小，同时也决定了链传动的承载能力，一般来说，节距越大，承载能力就越高，但传动的多边形效应也要增大，于是振动、冲击、噪声也越严重。因此，在保证链传动承载能力的前提下，应尽量选用较小节距的链。其选取原则如下： ①要使传动结构紧凑，寿命长，应尽量选取较小节距的单排链 ②链速高、传动的功率大，应选用小节距的多排链 ③从经济上考虑，中心距小、传动比大的传动，应选用小节距的多排链 ④低速、重载、中心距大、传动比小的传动，可选大节距链
链传动的传动比	传动比过大时，由于链在小链轮上的包角过小，将减少啮合齿数，易出现跳齿或加速轮齿的磨损。因此，通常限制链传动的传动比 $i\leqslant 6$，推荐的传动比为 2～3.5。当 $v<2\text{m/s}$ 且载荷平稳时，传动比可达 10
链传动的中心距	链传动的中心距过小，在传动比一定的情况下，将导致链条在小链轮上的包角减小，链条与小链轮啮合节数减小；同时将使链节数减小，在一定转速的情况下，单位时间内同一链节的屈伸次数增大，加速链的磨损。适当加大中心距，链增长，弹性增大，抗震能力提高，因此磨损较慢，链的使用寿命较长，但中心距过大，从动边垂度加大，会造成松边的上下颤动，使传动运行不平稳。故中心距应按推荐值选取：在中心距不受其他条件限制时，一般可取 $a_0=(30\sim50)p$，最大取 $a_{0\max}=80p$；有张紧装置或托板时，$a_{0\max}$ 可大于 $80p$；对于中心距不能调整的传动，$a_{0\max}\approx 30p$。一般中心距应设计成可调的，调整量为 $2p$，并且使实际中心距比理论中心距小 $(0.002\sim0.004)a$
影响链传动多边形效应及动载荷的因素	链轮齿数越少，节距越大，转速越高，多边形效应越严重 链轮的转速越高、节距越大、链条的质量越重，冲击和附加动载荷就越大
润滑不良时额定功率的选取	当不能保证链传动按推荐的润滑方式润滑时，额定功率应适当降低。降低值可根据线速度确定：当 $v\leqslant 1.5\text{m/s}$，润滑不良时，降至 $(0.3\sim0.6)P_0$；无润滑时，降至 $0.15P_0$，且寿命不能达到预期工作寿命 15000h。当 $1.5\text{m/s}<v\leqslant 7\text{m/s}$，润滑不良时，降至 $(0.15\sim0.3)P_0$；当 $v>7\text{m/s}$，而又润滑不良时，传动不可靠，不宜采用

2.2.3　链传动的布置、张紧和润滑禁忌

链传动的布置形式直接影响到链的传动能力及传动的可靠性。链传动张紧主要是为了避免在链条的垂度过大时产生啮合不良和链条的振动现象。常用的张紧方法有：调整中心距、缩短链长和采用张紧装置。链传动的润滑是为了减小摩擦、减轻磨损、缓和冲击、延长链条使用寿命。常用的润滑方式有：人工定期润滑、滴油润滑、油浴式飞溅润滑和压力喷油润滑。设计时应注意禁忌问题，见表 12-2-10。

表 12-2-10 **链传动的布置、张紧和润滑禁忌**

注意的问题	禁忌示例	说明
链传动禁忌松边在上	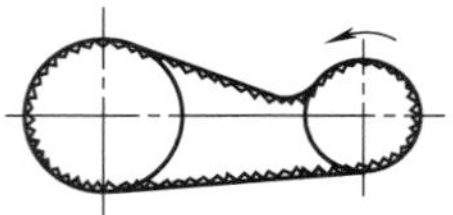 图(a) 禁忌 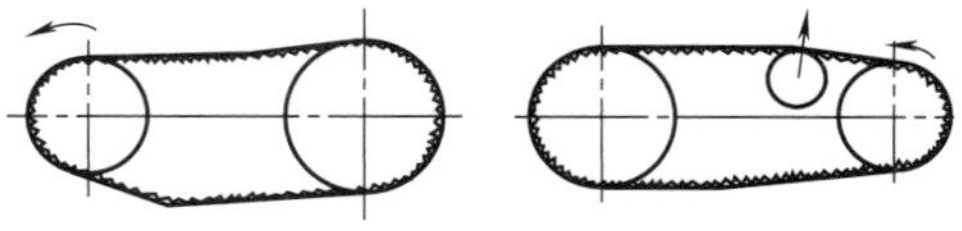 图(b) 正确	链传动应紧边在上、松边在下。当松边在上时，由于松边下垂度较大，链与链轮不宜脱开，有卷入的倾向。尤其在链离开小链轮时，这种情况更加突出和明显。如果链条在应该脱离时未脱离而继续卷入，则有将链条卡住或拉断的危险。因此，要避免使小链轮出口侧为渐进下垂。另外，中心距大、松边在上时，会因为下垂量的增大而造成松边与紧边的相碰，故应避免
忌一个链条带动一条线上的多个链轮	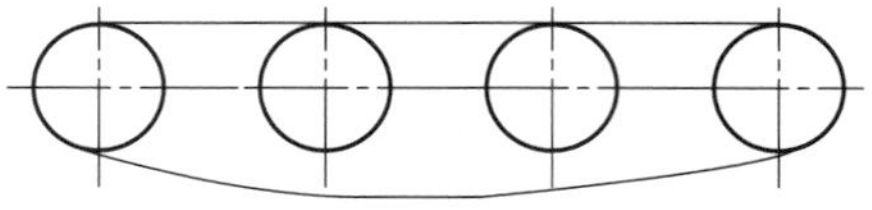 图(a) 禁忌 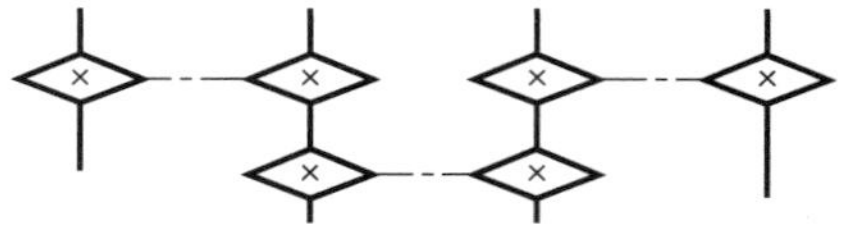 图(b) 正确	在一条直线上有多个链轮时，应考虑每个链轮的啮合齿数，不能用一根链条将一个主动链轮的功率依次传给其他链轮。在这种情况下，只能采用多对链轮进行逐个轴的传动
链轮忌水平布置	 图(a) 禁忌 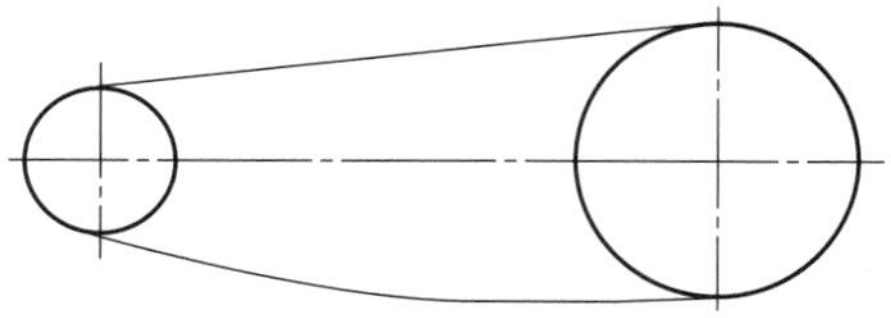 图(b) 正确	因为在重力作用下，链条产生垂度，特别是两链轮中心距较大时，垂度更大，为防止链轮与链条的啮合产生干涉、卡链、甚至掉链的现象，禁止将链轮水平布置
两链轮轴线铅垂布置的合理措施	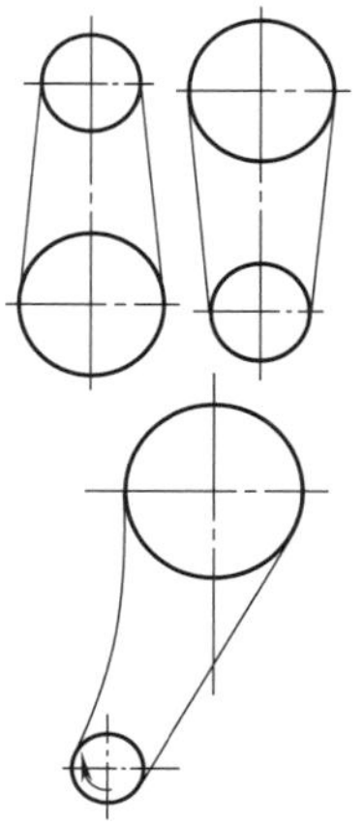 图(a) 禁忌 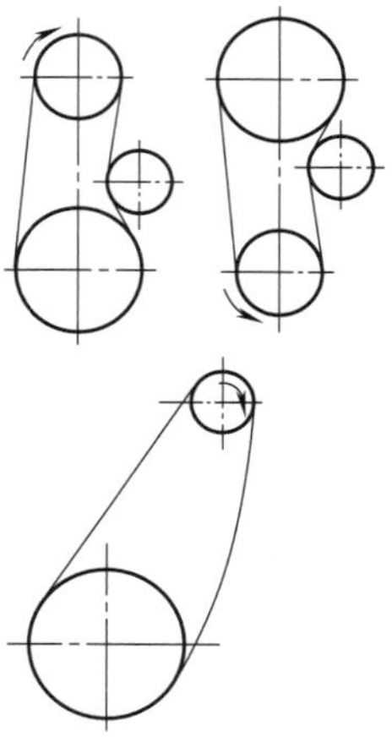　图(b) 正确	两链轮轴线在同一铅垂面内，链条下垂量的增大会减少下链轮的有效啮合齿数，降低传动能力。为此可采取如下措施 ①中心距设计为可调的 ②设计张紧装置 ③上、下两链轮偏置，使两轮的轴线不在同一铅垂面内 ④小链轮布置在上，大链轮布置在下

续表

注意的问题	禁忌示例	说明
链传动应用少量的油润滑	图(a)　禁忌 图(b)　正确	链条磨损率及传动寿命与润滑方式有直接关系，不加油磨损明显加大，润滑脂只能短期有效限制磨损，润滑油可以起到冷却、减少噪声、减缓啮合冲击、避免胶合的效果。应该注意，在加油润滑链条时，以尽量在局部润滑为好。同时不应使链传动潜入大量润滑油中，以免搅油损失过大

2.2.4　链传动设计案例

设计一用于某均匀载荷输送机中的滚子链传动。已知该传动系统由 Y 系列三相异步电动机驱动，输出功率 $P=11\text{kW}$，满载转速 $n_1=730\text{r/min}$，电动机轴径 $D=48\text{mm}$，传动比 $i=2.5$，传动水平布置，中心距不小于 600mm，且可以调节。

解

(1) 确定计算功率 P_{ca}

均匀载荷输送机，由表查得工况系数 $K_A=1.0$。

$P_{ca}=K_AP=1.0\times11=11\text{kW}$。

(2) 选择链轮齿数

① 小链轮齿数 z_1　假定链速 $v=3\sim8\text{m/s}$，可知 $z_1\geqslant21$，取 $z_1=25$。

② 大链轮齿数 z_2　$z_2=z_1i=25\times2.5=62.5$，取 $z_2=63$。

注意问题 1：小链轮的齿数愈少，当节圆直径一定时，节距越大，承载能力越高，但主动轮、从动轮相位角的变化范围就越大，传动的平稳性愈差，引起的动载荷及磨损就愈大，通常 $z_{1\min}\geqslant9$，并参照国家推荐范围值选取。z_1 增大，在传动比一定时（一般工程上为减速，即 $i>1$），会使 z_2 增大，导致整个传动尺寸增大，因磨损易使传动发生跳齿和掉链现象。通常 $z_2\leqslant120$。另外，为使链传动磨损均匀，两链轮齿数应尽量选取与链节数互为质数的奇数。

③ 实际传动比 i　$i=z_2/z_1=63/25=2.52$。

注意问题 2：套筒滚子链传动的传动比一般小于 6，通常取 $i=2\sim3.5$。传动比增大，则链条在小链轮上的包角减小，使同时啮合的齿数减少，这样单个齿上的载荷就增大，从而加速了磨损。

④ 验算传动比相对误差　传动比相对误差：

$$\left|\frac{2.5-i}{2.5}\right|=0.8\%<5\%\text{，合格。}$$

注意问题 3：如果项目中对传动比相对误差有要求，应按要求验算。无特殊要求传动比相对误差不应超过 5%。

(3) 初定中心距 a_0

取 $a_0=40p$。

注意问题 4：链传动的中心距过小，则小链轮上的包角也小，同时受力的齿数也少，从而使单个齿上的载荷增大，限制了传动比。另外链条长度减小，当链轮转速不变时，单位时间内同一链节循环工作次数将增多，从而加速链条的失效。若中心距过大，由于链条重量而使从动边产生的垂度也增大，则链易发生颤动，且结构不紧凑。一般可取 $a_0=(30\sim50)p$。

(4) 确定链节数 L_p

$$L'_p=\frac{2a_0}{p}+\frac{z_1+z_2}{2}+\left(\frac{z_2-z_1}{2\pi}\right)^2\frac{p}{a_0}=\frac{2\times40p}{p}+\frac{25+63}{2}+\left(\frac{63-25}{2\pi}\right)^2\frac{p}{40p}\approx124.9$$

取 $L_p=124$（偶数）。

注意问题 5：链节数 L'_p 应圆整成整数且最好取偶数作为实际链节 L_p，以避免使用过渡链节。

(5) 计算额定功率 P_0

① 多排链系数 K_m　查多排链系数 K_m 表，采用单排链，$K_m=1$。

② 小链轮齿数系数 K_z　查小链轮齿数系数 K_z (K'_z) 表，假设工作点落在图中曲线顶点左侧，$K_z=1.34$。

③ 链长系数 K_L　查链长系数 K_L (K'_L) 表，假设工作点落在图中曲线顶点左侧，并经线性插值 $K_L=1.061$。

④ 计算额定功率 P_0

$$P_0=\frac{p_{ca}}{K_zK_LK_m}=\frac{11}{1.34\times1.061\times1}=7.74\text{kW。}$$

(6) 确定链条的节距

根据 n_1、P_0 查滚子链额定功率曲线图，选单排 12A 滚子链，$p=19.05\text{mm}$。

因点 (n_1，P_0) 在曲线高峰值的左侧，和假设相符，故不需重新计算 P_0 值。

注意问题 6：链的节距 p 是链传动的主要参数之一。节距越大，承载能力愈高，但传动尺寸越大，引起的速度不均

第 12 篇

匀性及动载荷越严重，冲击、振动、噪声也就越大。参考节距选取原则选取链节距。在滚子链额定功率曲线图中根据单排额定功率 P_0 与小链轮转速 n_1 值的焦点，在焦点相应的上方进行选择链号，越靠上的链号承载能力越高，链的根数越少。禁忌在其交点下方选择链号。

（7）验算链速

$$v=\frac{z_1n_1p}{60\times1000}=\frac{730\times25\times19.05}{60\times1000}=5.794\text{m/s}$$

合格。

注意问题 7：链速一般不超过 12～15m/s。

（8）确定中心距

① 计算理论中心距 a

$$a=\frac{p}{4}\left[\left(L_p-\frac{z_1+z_2}{2}\right)+\sqrt{\left(L_p-\frac{z_1+z_2}{2}\right)^2-8\left(\frac{z_2-z_1}{2\pi}\right)^2}\right]$$

$$=\frac{19.05}{4}\left[\left(124-\frac{25+63}{2}\right)+\sqrt{\left(124-\frac{25+63}{2}\right)^2-8\left(\frac{63-25}{2\pi}\right)^2}\right]$$

$$=753.19\text{mm}$$

② 确定中心距减小量

$$\Delta a=(0.02\sim0.04)a=(0.02\sim0.04)\times753.19=15\sim30\text{mm}$$

因中心距可以调节，故取大值，$\Delta a=30$mm。

注意问题 8：为保证链条松边有合理的安装垂度 $f=(0.01\sim0.02)a$，实际中心距 a' 应较理论中心距 a 小 $\Delta a=(0.02\sim0.04)a$，当中心距可调整时，Δa 取大值；对于中心距不可调整和没有张紧装置的链传动，则应取较小的值。

③ 确定实际中心距 a'

$a'=a-\Delta a=753.19-30=723.19$。

取 $a'=723\text{mm}>600\text{mm}$，合格。

（9）确定链条长度 L

$L=L_pp/1000=124\times19.05/1000=2.36$m。

（10）验算小链轮毂孔直径 d_K

根据链条的节距 $p=19.05$mm 和齿数 $z_1=25$，可确定得链轮毂孔最大许用直径 $d_{Kmax}=88$mm，大于电动机轴径 $D=48$mm，故合格。

（11）计算压轴力 F_Q

$$F_Q\approx1.2K_AF_e=1.2\times1\times1000P/v=\frac{1.2\times1000\times11}{5.794}$$

$$=2278.2\text{N}。$$

（12）润滑方式选择

根据链速 v 和节距 p，由链传动润滑方式的选用图，可选择油浴或飞溅润滑。

（13）结构设计

小链轮直径 $d=p/\sin(180°/z)=151.99$mm，实心式结构，其工作图如图 12-2-4 所示。

大链轮工作图略。

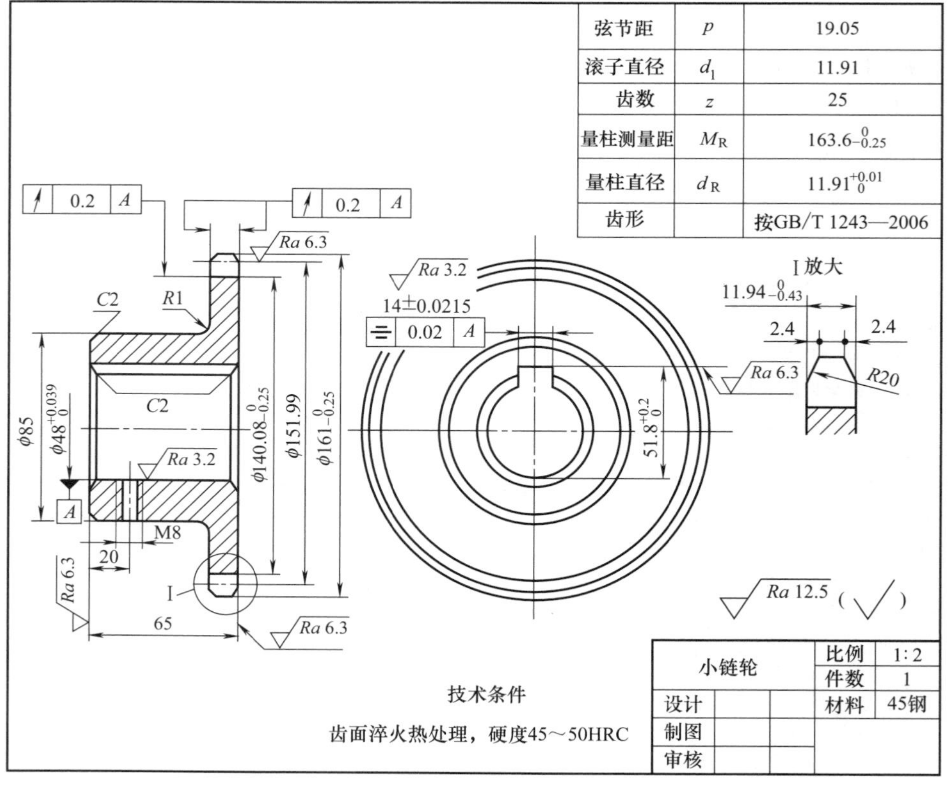

图 12-2-4　小链轮工作图

2.3 齿轮传动

2.3.1 齿轮机构中应注意的问题与禁忌

齿轮机构用于传递任意两轴之间的运动和动力，它是应用最广泛的传动机构之一。齿轮类型较多，按两传动轴相对位置和齿向的不同，齿轮机构可分为：两轴平行的直齿圆柱齿轮机构、斜齿圆柱齿轮机构和人字齿轮机构；两轴相交的直齿、曲齿圆锥齿轮机构；两轴交错的斜齿轮机构。齿轮机构的设计技巧与禁忌见表 12-2-11。

表 12-2-11　　齿轮机构的设计技巧与禁忌

注意的问题	设计技巧与禁忌
渐开线齿廓啮合的特点	渐开线齿廓满足定传动比传动条件，具有以下两个特性 ①四线合一的特性，啮合线、啮合点公法线、两基圆内公切线和力的作用线四线重合。显然一对渐开线齿廓的啮合角是不变的，故齿廓间正压力的方向也始终不变，因而渐开线齿轮传动平稳 ②中心距的可分性，由于 $i_{12}=\omega_1/\omega_2=d'_2/d'_1=d_{b2}/d_{b1}=$常数，其中，$d'_2$、$d'_1$为两齿轮的节圆直径；$d_{b2}$、$d_{b1}$为两齿轮的基圆直径。可知渐开线齿轮的传动比取决于两齿轮基圆的大小，而齿轮一经设计加工好后，它们的基圆也就固定不变了，因此当两轮的中心距略有改变时，两齿轮仍能保持原传动比。这一特点对渐开线齿轮的制造、安装都是十分有利的
齿轮的标准参数面和标准参数	直齿圆柱齿轮的端面与法面重合，标准参数有：模数 m，压力角 $\alpha=20°$，对于正常齿制，齿顶高系数 $h_a^*=1$，顶隙系数 $c^*=0.25$；短齿制中，$h_a^*=0.8$，$c^*=0.3$ 斜齿圆柱齿轮端面与法面不重合，规定法面为标准参数面，标准参数有：法面模数 m_n，法面压力角 $\alpha_n=20°$，以及法面齿顶高系数 h_{an}^*，法面顶隙系数 c_n^* 圆锥齿轮有大端小端之分，大端尺寸最大，计算和测量的数值相对误差较小，同时，为便于估计传动的外形尺寸，规定了锥齿轮的大端为标准参数面，直齿圆锥齿轮的标准参数有 m、α、h_a^*、c^*
标准齿轮的正确啮合条件	①直齿圆柱齿轮正确啮合条件：$m_1=m_2=m$；$\alpha_1=\alpha_2=\alpha$ ②斜齿圆柱齿轮正确啮合条件：$m_{n1}=m_{n2}=m_n$；$\alpha_{n1}=\alpha_{n2}=\alpha_n$；对于外啮合斜齿圆柱齿轮，螺旋角 $\beta_1=-\beta_2$，对于内啮合斜齿圆柱齿轮，$\beta_1=\beta_2$ ③直齿圆锥齿轮正确啮合条件：$m_1=m_2=m$；$\alpha_1=\alpha_2=\alpha$；两圆锥齿轮锥距 $R_1=R_2=R$
传动对齿轮机构的基本要求	①传动比准确和传动平稳 为了使齿轮传动传动比准确、传动平稳、无冲击、无振动、无噪声，要满足以下两方面要求 a. 设计合理的齿廓。首先要满足齿廓啮合基本定律；同时满足正确啮合条件及连续传动条件 b. 合理的加工精度 ②足够的强度 为保证齿轮传动正常工作，齿轮主要应满足齿面接触疲劳强度和齿根弯曲疲劳强度
齿数比 u 的选择	传动比指的是从动轮齿数与主动轮齿数之比。齿数比是指大齿轮齿数与小齿轮齿数之比。当齿轮为减速传动时，齿数比等于传动比；当齿轮为增速传动时，两者互为倒数 通常习惯把齿数比取为 2 或 3 的整数比。当一对齿轮的整数比为偶数时，可能造成每次都是特定的齿和齿啮合，所以由周节误差或齿形误差引起的不良条件会在助长该不良条件的方向起作用。因此，啮合的配合最好选为奇数，以使其普遍啮合；另外，除以定时为目的的齿轮传动外，一般都选择带小数的齿数比 齿数比　32:16=2:1　31:15≈2.06:1 图(a)　较差　　图(b)　较好

续表

注意的问题	设计技巧与禁忌
不产生根切的最少齿数	①直齿圆柱齿轮。标准直齿圆柱齿轮是否发生根切取决于其齿数的多少，理论分析表明，$\alpha=20°$和$h_a^*=1$的标准直齿圆柱齿轮不发生根切的最少齿数$z_{min}=17$ ②斜齿圆柱齿轮。标准斜齿圆柱齿轮不发生根切最少齿数z_{min}可由其当量直齿轮最少齿数z_{vmin}（=17）计算出来，即$z_{min}=z_{vmin}\cos^3\beta$ ③直齿圆锥齿轮。标准直齿圆锥齿轮不发生根切最少齿数z_{min}可由其当量直齿轮最少齿数z_{vmin}（=17）计算出来，即$z_{min}=z_{vmin}\cos\delta$ 根切 图(a) 禁忌 图(b) 正确
变位齿轮的主要功用	由于变位齿轮具有许多优点，而又不给齿轮的加工带来任何新的困难，因此得到广泛应用。例如，正变位齿轮轮齿变厚，可以提高齿轮传动的承载能力。又如，一对变位齿轮，由于各自的分度圆齿厚与齿槽宽不相等，因而安装后两轮的分度圆不一定相切，即节圆不一定与分度圆重合，故此两轮的中心距也就不一定等于标准中心距，所以可利用变位齿轮来配凑中心距。另外，还可以利用变位切削修复齿面磨损了的齿轮和避免轮齿的根切

2.3.2 齿轮传动的失效形式及设计准则中应注意的问题与禁忌

齿轮传动的失效主要是轮齿的失效，其主要失效形式有：轮齿折断，包括过载折断和疲劳折断；齿面失效，包括齿面磨损、齿面点蚀、齿面胶合和齿面塑性变形。所设计的齿轮传动在具体的工作条件下，必须具有足够的、相应的工作能力，以保证在整个工作寿命期间不致失效，从而得到相应的设计准则。齿轮传动的失效形式及设计准则中应注意的问题与禁忌见表 12-2-12。

表 12-2-12 齿轮传动的失效形式及设计准则中应注意的问题与禁忌

注意的问题	设计技巧与禁忌
闭式齿轮传动的设计准则	①中、轻载荷闭式软齿面齿轮的设计准则：因其主要失效形式为点蚀，故按接触疲劳强度设计，按弯曲强度校核 ②齿面硬度很大、齿芯强度又较低或材质较脆的齿轮的设计准则：因其主要失效形式为疲劳折断，故按弯曲疲劳强度设计，按接触强度校核 ③齿面硬度相同的闭式硬齿面齿轮的设计准则：因其主要失效形式为点蚀或疲劳折断，故应视具体情况而定 ④大功率闭式齿轮传动的设计准则：当输入功率超过 75kW 时，由于发热量大、易导致润滑不良及轮齿胶合损伤等，还需作热平衡计算
开式（半开式）齿轮传动的设计准则	对于开式（半开式）齿轮传动，应根据保证齿面抗磨损及齿根抗折断能力分别进行计算，但鉴于目前对齿面抗磨损的能力尚无完善的计算方法，因此，仅以保证齿根弯曲疲劳强度作为设计准则。为了延长开式（半开式）齿轮传动的寿命，应适当降低开式传动的许用弯曲应力（如将闭式传动的许用弯曲应力乘以 0.7～0.8），以使计算的模数值适当增大；或将计算出的模数增大 10%～15%，以考虑磨损对齿厚的影响
提高轮齿弯曲强度的措施	为了提高齿轮的抗折断能力，首先应保证：$\sigma_F\leqslant[\sigma_F]$，同时可采用下列措施 ①用增大齿根过渡圆角半径及消除加工刀痕的方法来减小齿根应力集中 ②增大轴及支承的刚性，使轮齿接触线上受载较为均匀 ③采用合理的热处理方法使齿芯材料具有足够的韧性 ④采用喷丸、滚压等工艺措施对齿根表层进行强化处理
提高齿面抗磨损能力的措施	磨损是开式齿轮传动的主要失效形式之一。改用闭式传动是避免齿面磨损最有效的办法，同时可采用下列措施 ①提高齿面硬度 ②降低表面粗糙度值 ③降低滑动系数 ④注意对润滑油的清洁和定期更换，尤其对于开式传动，应特别注意环境清洁，减少磨粒侵入

续表

注意的问题	设计技巧与禁忌
点蚀首先出现的位置	当齿轮在靠近节线处啮合时，由于相对滑动速度低，形成油膜条件差，摩擦力较大，特别是直齿轮传动，通常这时只有一对齿啮合，轮齿受力也最大，因此，点蚀首先出现在靠近节线的齿根面上
润滑油对点蚀的影响	良好的润滑可延缓点蚀的发生。但当点蚀出现后，润滑油一旦被挤入，会在点蚀孔内形成高压油腔，加速点蚀的发展。黏度愈小，发展速度愈快
提高齿面接触疲劳强度的措施	为了提高齿面接触疲劳强度，防止或减轻齿面点蚀，首先应保证：$\sigma_H \leqslant [\sigma_H]$，同时可采用下列措施 ①提高齿轮材料的硬度，齿面抗点蚀能力主要与齿面硬度有关，齿面硬度越高，抗点蚀能力越强 ②采用黏度大的润滑油
提高齿面抗胶合能力的措施	①提高齿面硬度和减小粗糙度值 ②对于低速传动，采用黏度较大的润滑油；对于高速传动，采用含抗胶合添加剂的润滑油
齿面塑性流动的方向	齿轮工作时主动轮齿面受到摩擦力方向背离节线，从动轮齿面受到摩擦力方向指向节线，所以主动轮齿面上节线处被碾出沟槽，从动轮齿面上节线处被挤出脊棱 ω_1　主动齿　从动齿　ω_2　摩擦力方向
提高齿面抗塑性变形能力的措施	①提高齿面硬度 ②采用黏度较高的润滑油

2.3.3　降低载荷系数的措施与禁忌

考虑载荷集中和附加动载荷的影响，设计齿轮强度时应采用计算载荷，计算载荷等于名义载荷乘以载荷系数 K，$K=K_A K_v K_\alpha K_\beta$，式中，$K_A$ 为使用系数；K_v 为动载系数；K_α 为齿间载荷分配系数；K_β 为齿向载荷分布系数。设计时应力求降低载荷系数。

2.3.3.1　减小动载系数 K_v 的措施

影响动载系数 K_v 的主要因素是相互啮合的两齿轮基圆齿距的误差（见图 12-2-5），使得瞬时传动比发生变化，从而产生附加动载荷。

当基圆齿距 $p_{b2}>p_{b1}$［见图 12-2-5（a）］，使即将进入啮合的一对轮齿在偏离开始啮合点的 A' 点提前进入啮合，其瞬时传动比减小为

$$i=\frac{\omega_1}{\omega_2}=\frac{r_2-\Delta r}{r_1+\Delta r}<\frac{r_2}{r_1}$$

当基圆齿距 $p_{b2}<p_{b1}$［见图 12-2-5（b）］，使得前一对轮齿应该在终止啮合点 E 脱离啮合时，由于

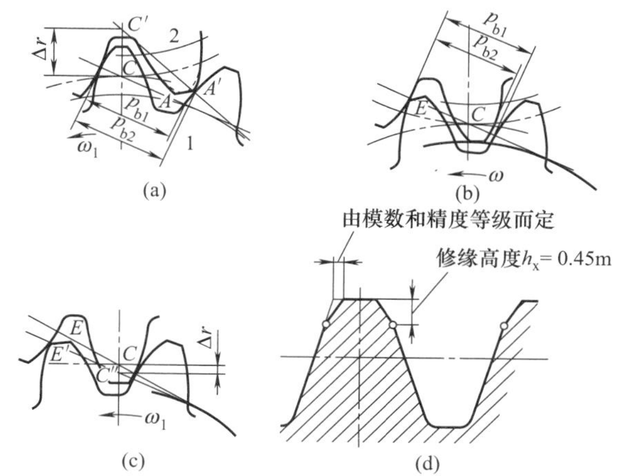

图 12-2-5　基圆齿距误差对动载系数的影响

后一对轮齿尚未进入啮合，致使前一对轮齿离开啮合线后仍继续保持啮合，直到后一对轮齿进入啮合时前一对轮齿才在 E' 点脱离接触［见图 12-2-5（c）］，在此瞬间，传动比增大为

$$i=\frac{\omega_1}{\omega_2}=\frac{r_2+\Delta r}{r_1-\Delta r}>\frac{r_2}{r_1}$$

为了减小因从动轮角速度而产生的动载荷，最有效的措施是对轮齿进行修缘［见图 12-2-5（d）］，即对基圆齿距较大的齿轮齿顶的一小部分渐开线齿廓适量修削，如图 12-2-5（a）和图 12-2-5（b）中齿顶的虚线部分。对于重要的齿轮最好采用修缘齿。

2.3.3.2　减小齿间载荷分配系数 K_α 的措施

减小齿间载荷分配系数 K_α 的主要措施有：适当提高齿轮加工精度、适量修缘、适量跑合等。

2.3.3.3　减小齿向载荷分布系数 K_β 的措施

表 12-2-13　　减小齿向载荷分布系数 K_β 的措施

注意的问题	措　施
对称配置轴承	对于主要传动零件，在设计其支承时，尽可能对称配置轴承，尽量避免悬臂布置
增大支承刚度	增大轴、轴承、支座的刚度。例如对于悬臂轴承座，可用加强肋增加轴承座孔的刚度 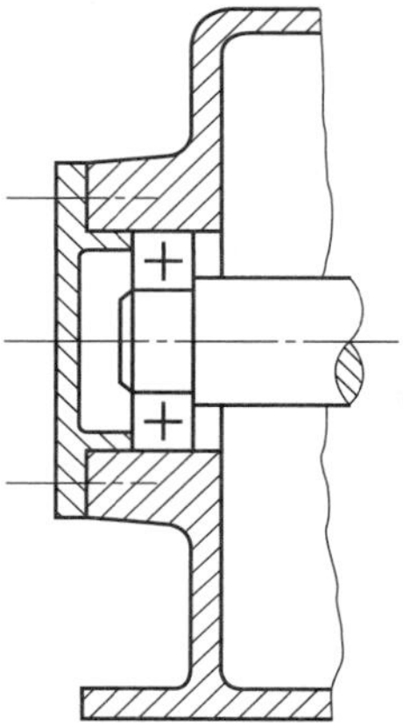 图(a)　禁忌 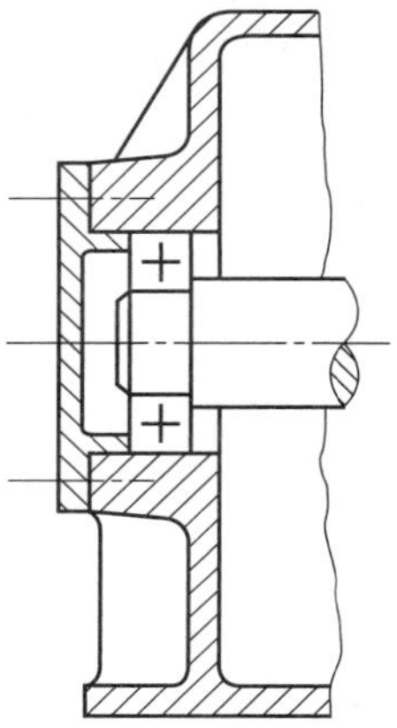　　图(b)　正确
将轮齿做成鼓形	将轮齿做鼓形修整，让齿宽中部首先接触，并扩展到整个齿宽，载荷分布不均现象可得到改善 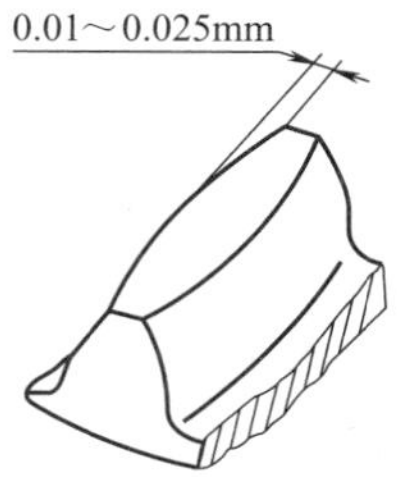 0.01～0.025mm
高速级的齿轮要远离转矩输入端	在多级齿轮传动中，如果高速级齿轮相对支承轴承无法对称布置，则应使高速级的齿轮远离转矩输入端 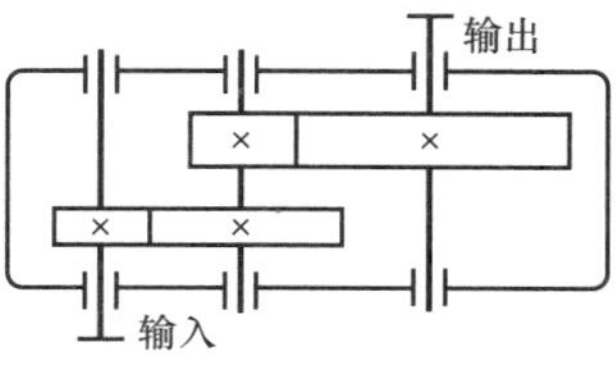 输出　输入　图(a)　禁忌 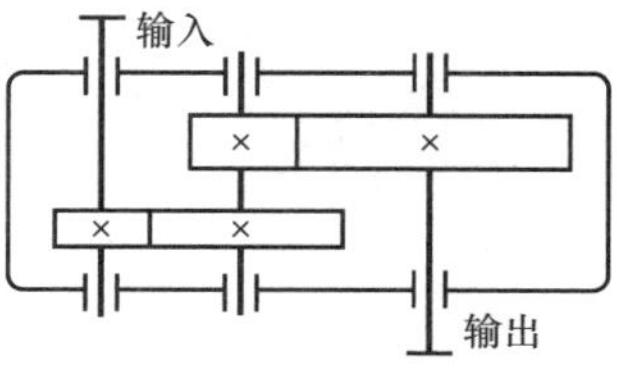 输入　输出　图(b)　正确

续表

注意的问题	措　施
保持沿齿宽齿轮刚度一致	当轴的刚度非常高，齿轮的宽度比较大，而且受力比较大时，在有腹板支撑的部分，轮齿刚度较大，而其他部分刚度较小。这种情况下，宜加大轮缘厚度，并采用双腹板或双层辐条，以保证沿齿宽有足够的刚度，使啮合受力均匀 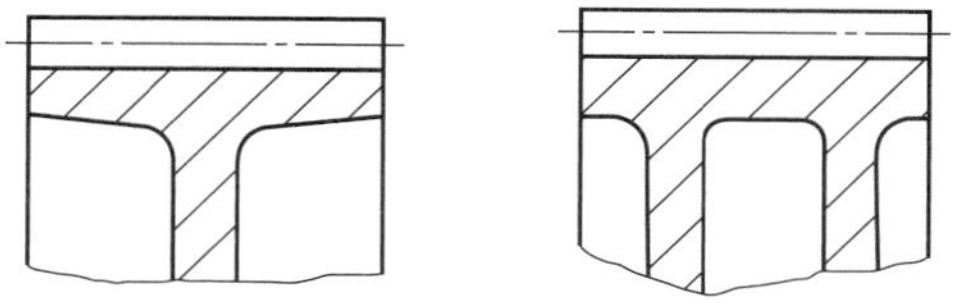 图(a)　禁忌　　图(b)　推荐
利用齿轮的不均匀变形补偿轴的变形	当轴和轴承的刚度较差，由于轴和轴承的变形使齿轮沿齿宽不均匀接触造成偏载时，可通过有限元等方法进行精确计算，改变轮辐的位置和轮缘形状，使沿齿宽受力大处齿轮刚度较小，受力小处刚度较大，利用齿轮的不均匀变形补偿轴和轴承的不均匀变形，达到沿齿宽受力均匀分布的目的。如图所示，大齿轮右边受力较大，可减小其轮缘刚度 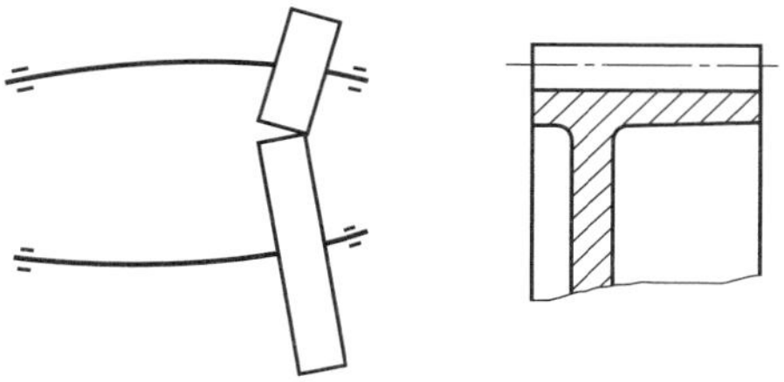

2.3.4　齿轮传动的强度计算应注意的问题与禁忌

齿轮强度计算是根据齿轮可能出现的失效形式进行的。在一般齿轮传动中，其主要失效形式是齿面接触疲劳点蚀和轮齿弯曲疲劳折断。计算时应注意参数的选择及禁忌问题，见表 12-2-14。

表 12-2-14　　齿轮强度计算应注意的问题与禁忌

注意的问题	设计技巧与禁忌
工作应力循环次数 N_L 的计算	①载荷恒定时，$N_L=60jnt_h$，式中，j 为齿轮每转一周，同一侧齿面的啮合次数；n 为齿轮转速，r/min；t_h 为齿轮的设计寿命，h 如下图所示的齿轮传动中，当 1 轮为主动轮时，1、2 轮每转一周，同侧齿面均啮合一次，且接触应力均按脉动循环变化，但弯曲应力是：1 轮按脉动循环变化，2 轮按对称循环变化。当 2 轮为主动轮时，1、2 轮无论是接触应力还是弯曲应力均按脉动循环变化，但 1 轮每转一周，同侧齿面啮合一次，而 2 轮每转一周，同侧齿面啮合两次 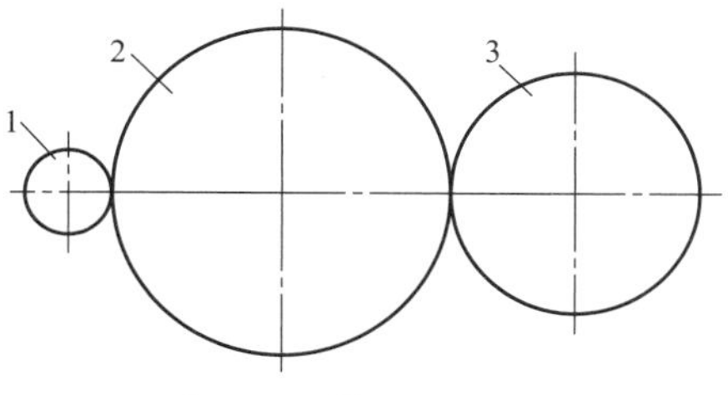 1　2　3 ②载荷不恒定时，$N_L=N_v=60\gamma\sum_{i=1}^{n}n_it_{hi}\left(\frac{T_i}{T_{max}}\right)^m$，式中，$N_v$ 为当量循环次数；T_{max} 为较长期作用的最大转矩；角标 i 是指第 i 个循环；m 为指数，选取如下

续表

<table>
<tr><th>注意的问题</th><th colspan="5">设计技巧与禁忌</th></tr>
<tr><td rowspan="18">工作应力循环次数 N_L 的计算</td><th colspan="3">材料及热处理</th><th>工作应力循环次数 N_L</th><th>指数 m</th></tr>
<tr><td rowspan="9">接触强度</td><td rowspan="5">结构钢、调质钢、球墨铸铁（珠光体、贝氏体）、珠光体可锻铸铁、渗碳淬火的渗碳钢、感应或火焰淬火的钢和球墨铸铁</td><td rowspan="3">允许有一定点蚀出现</td><td>$6\times10^5<N_L\leqslant10^7$</td><td>6.77</td></tr>
<tr><td>$10^7<N_L\leqslant10^9$</td><td>8.78</td></tr>
<tr><td>$10^9<N_L\leqslant10^{10}$</td><td>7.08</td></tr>
<tr><td rowspan="2">不允许点蚀出现</td><td>$10^5<N_L\leqslant5\times10^7$</td><td>6.61</td></tr>
<tr><td>$5\times10^7<N_L\leqslant10^{10}$</td><td>16.30</td></tr>
<tr><td colspan="2" rowspan="2">灰铸铁、铁素体球墨铸铁、渗氮的氮化钢、调质钢和渗碳钢</td><td>$10^5<N_L\leqslant2\times10^6$</td><td>5.71</td></tr>
<tr><td>$2\times10^6<N_L\leqslant10^{10}$</td><td>26.20</td></tr>
<tr><td colspan="2" rowspan="2">碳氮共渗的调质钢和渗碳钢</td><td>$10^5<N_L\leqslant2\times10^6$</td><td>15.72</td></tr>
<tr><td>$2\times10^6<N_L\leqslant10^{10}$</td><td>26.20</td></tr>
<tr><td rowspan="8">弯曲强度</td><td colspan="2" rowspan="2">球墨铸铁（珠光体、贝氏体）、珠光体黑色可锻铸铁、调质钢</td><td>$10^4<N_L\leqslant3\times10^6$</td><td>6.23</td></tr>
<tr><td>$3\times10^6<N_L\leqslant10^{10}$</td><td>49.91</td></tr>
<tr><td colspan="2" rowspan="2">渗碳淬火的渗碳钢、火焰或全齿廓感应淬火的钢和球墨铸铁</td><td>$10^3<N_L\leqslant3\times10^6$</td><td>8.74</td></tr>
<tr><td>$3\times10^6<N_L\leqslant10^{10}$</td><td>49.91</td></tr>
<tr><td colspan="2" rowspan="2">灰铸铁、铁素体球墨铸铁、结构钢、渗氮的氮化钢、调质钢和渗碳钢</td><td>$10^3<N_L\leqslant3\times10^6$</td><td>17.03</td></tr>
<tr><td>$3\times10^6<N_L\leqslant10^{10}$</td><td>49.91</td></tr>
<tr><td colspan="2" rowspan="2">碳氮共渗的调质钢和渗碳钢</td><td>$10^3<N_L\leqslant3\times10^6$</td><td>84.00</td></tr>
<tr><td>$3\times10^6<N_L\leqslant10^{10}$</td><td>49.91</td></tr>
<tr><td>小齿轮的弯曲应力大于大齿轮的弯曲应力</td><td colspan="5">因为 $\sigma_F=\frac{KF_t}{bm}Y_{Fa}Y_{Sa}Y_\varepsilon=CY_{Fa}Y_{Sa}$，$C$ 为常数，所以，当已知 σ_{F1} 和 z_1、z_2 时，可求出 $\sigma_{F2}=\frac{Y_{Fa2}Y_{Sa2}}{Y_{Fa1}Y_{Sa1}}\sigma_{F1}$。由于 $z_1<z_2$，$Y_{Fa1}Y_{Sa1}>Y_{Fa2}Y_{Sa2}$，因此小齿轮的弯曲应力高于大齿轮的弯曲应力</td></tr>
<tr><td>一对相啮合的大小齿轮弯曲强度的强弱</td><td colspan="5">一对齿轮传动，大、小齿轮的齿形系数、应力校正系数和许用应力是不相同的，$\frac{Y_{Fa1}Y_{Sa1}}{[\sigma_{F1}]}$ 和 $\frac{Y_{Fa2}Y_{Sa2}}{[\sigma_{F2}]}$ 中哪个大，则哪个强度较弱，设计中可按其较大者进行强度计算</td></tr>
<tr><td>齿轮弯曲疲劳极限 σ_{Flim}</td><td colspan="5">σ_{Flim} 为试验齿轮的齿根弯曲疲劳极限，按设计手册查取时，为齿轮在单侧工作时测得的。对于长期双侧工作的齿轮传动，齿根弯曲应力为对称循环变应力，应将查得的数据乘以 0.7</td></tr>
<tr><td>齿数 z 的选择</td><td colspan="5">从运动、结构角度考虑，当分度圆直径一定时，齿数增加而模数减小，则齿顶高、顶圆直径减小，省材，减小加工工时。另外，重合度增加，传动平稳
从接触强度考虑，当齿轮材料、传动比、齿宽系数一定时，由齿面接触强度决定的承载能力仅取决于齿轮分度圆直径 d_1 的大小，而非模数
从弯曲强度考虑，模数越大，弯曲强度和寿命越高
齿数选取原则：对于闭式软齿传动，主要失效形式是点蚀，这时，在传动尺寸不变并满足弯曲强度的前提下，可适当增加齿数，减小模数，一般 $z_1=20\sim40$。对于闭式硬齿传动，主要失效形式是疲劳折断及点蚀，故齿数不宜过多
对于开式齿轮传动，可能发生轮齿折断，因此齿数要少，通常 $z_1=17\sim20$。为防止根切，$z_1\geqslant17$</td></tr>
<tr><td>传动比的限制</td><td colspan="5">传动比过大，将造成结构尺寸增加，两齿轮轮齿工作负担差增加。直齿圆柱、圆锥齿轮推荐传动比范围 $0.2\leqslant i\leqslant5$；斜齿圆柱齿轮推荐传动比范围 $0.125\leqslant i\leqslant8$</td></tr>
<tr><td>一对啮合的直齿轮的接触疲劳强度取决于材料较差者</td><td colspan="5">由接触应力计算公式 $\sigma_H=Z_EZ_\varepsilon\sqrt{p_{ca}/\rho_\Sigma}$ 可知，对于一对相互啮合的齿轮，在接触线处的接触应力是相等的，即 $\sigma_{H1}=\sigma_{H2}$。因此直齿轮的接触疲劳强度条件取决于 $[\sigma_H]$ 的大小，即取决于两齿轮中许用应力较小者，计算时应按 $[\sigma_{H1}]$ 和 $[\sigma_{H2}]$ 中较小的值代入强度公式</td></tr>
</table>

续表

注意的问题	设计技巧与禁忌
斜齿轮的许用接触应力同时取决于大、小齿轮的材料	由于斜齿轮啮合时轮齿的接触线是倾斜的，故斜齿轮传动齿面的接触疲劳强度应同时取决于大、小齿轮。实用中，斜齿轮传动的许用接触应力约可取为$[\sigma_H]=([\sigma_{H1}]+[\sigma_{H2}])/2$，当$[\sigma_H]>1.23[\sigma_{H2}]$时，应取$[\sigma_H]=1.23[\sigma_{H2}]$。其中，$[\sigma_{H2}]$为较软齿面的许用接触应力
避免齿轮发生阶梯磨损	相同齿宽的齿轮在啮合时，如果装配位置有偏差，则在齿宽的端部出现没有啮合的部分。在这种状态下使用会导致阶梯磨损。为了安装方便和避免齿轮在运转过程中发生阶梯磨损，通常使小齿轮的宽度比大齿轮的宽度大 5～10mm。但如果小齿轮的材料为塑料，则小齿轮应比大齿轮小些，以免在小齿轮上磨出凹痕 图(a)　禁忌　　图(b)　推荐
啮合机会多的齿轮要提高齿面硬度	对于一对齿轮的每一个齿，在同一时间内小齿轮的齿啮合次数比大齿轮的齿啮合次数多[图(a)]。一个主动齿轮同时驱动几个从动齿轮时，主动轮啮合次数也较多，见图(b) 在相同条件下，啮合机会多的齿面磨损快，所以，为了抵抗这部分磨损，应提高齿面硬度。但是，对于空转中间齿轮，虽然啮合次数增加，可是啮合面为齿的正面和反面，见图(c)，所以与前述情况不同 从动　主动　从动 同一面载荷 主动　空转　从动 相反面载荷 图(a)　　图(b)　　图(c)

2.3.5　齿轮结构设计禁忌

直齿圆柱齿轮传动，其齿廓在节点接触时，可将沿啮合线作用在齿面上的法向力 F_n分解为两个相互垂直的分力：切于分度圆的圆周力 F_t与指向轮心的径向力 F_r。斜齿圆柱齿轮和直齿圆锥齿轮的轮齿受力情况，在忽略摩擦力时，法向力 F_n可分解为圆周力 F_t、径向力 F_r和轴向力 F_a。

齿轮的结构设计通常根据强度计算确定其主要参数和尺寸，如齿数 z、模数 m_n、齿宽 b、螺旋角 β、小齿轮分度圆直径 d_1等，然后综合考虑尺寸、毛坯、材料、加工方法、使用要求、经济性等因素，根据齿轮直径的大小确定齿轮的结构形式，再根据经验公式和经验数据对齿轮进行结构设计。齿轮常见的结构形式有：齿轮轴、实心式、腹板式、轮辐式以及组合式结构齿轮。

在齿轮结构设计时，应从齿轮受力的合理性和制造工艺性考虑，注意结构设计的禁忌问题。

2.3.5.1　从齿轮受力合理性考虑齿轮结构的设计禁忌

表 12-2-15　　从齿轮受力合理性考虑齿轮结构的设计禁忌

注意的问题	设计技巧与禁忌
斜齿轮支承轴的合理结构	在斜齿轮传动中，由于螺旋角在两个相啮合的齿轮上会产生一对方向相反的轴向力，对于单斜齿轮啮合传动，只要旋转方向不变，则轴向力的方向各自一定，因此，将单斜齿轮固定在轴上时，原则是轴向力指向轴肩，同时，斜齿轮的轴向力方向应指向径向力较小的那个轴承

续表

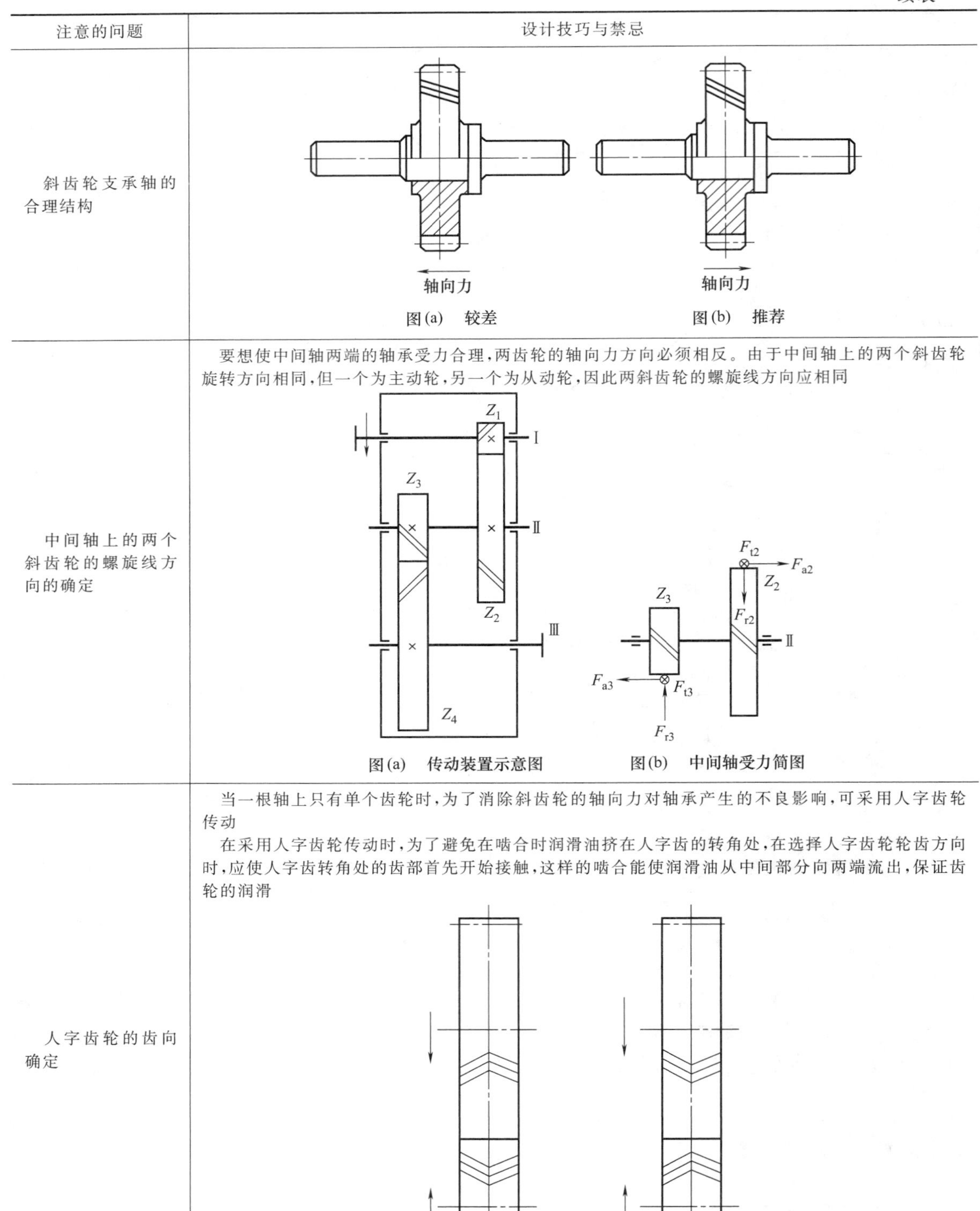

注意的问题	设计技巧与禁忌
斜齿轮支承轴的合理结构	图(a)　较差　　图(b)　推荐
中间轴上的两个斜齿轮的螺旋线方向的确定	要想使中间轴两端的轴承受力合理，两齿轮的轴向力方向必须相反。由于中间轴上的两个斜齿轮旋转方向相同，但一个为主动轮，另一个为从动轮，因此两斜齿轮的螺旋线方向应相同 图(a)　传动装置示意图　　图(b)　中间轴受力简图
人字齿轮的齿向确定	当一根轴上只有单个齿轮时，为了消除斜齿轮的轴向力对轴承产生的不良影响，可采用人字齿轮传动 在采用人字齿轮传动时，为了避免在啮合时润滑油挤在人字齿的转角处，在选择人字齿轮轮齿方向时，应使人字齿转角处的齿部首先开始接触，这样的啮合能使润滑油从中间部分向两端流出，保证齿轮的润滑 图(a)　禁忌　　图(b)　正确

续表

注意的问题	设计技巧与禁忌
人字齿轮应合理地选择支承形式	对于一对人字齿轮轴，由于人字齿轮本身的相互轴向限位作用，为了自动补偿轮齿两侧螺旋角制造误差，使轮齿受力均匀，可采用允许轴系左右少量轴向移动的结构。通常低速轴（大齿轮轴）必须采用两端固定，以保证其相对机座有固定的轴向位置，而高速轴（小齿轮轴）的两端都必须是游动的，如图所示，以防止齿轮卡死或人字齿两侧受力不均
两个齿圈镶套的人字齿轮轮齿倾斜方向的选择	用两个齿圈镶嵌的人字齿轮，只能用于扭矩方向固定的场合，不能应用在正反转的传动中，这样会使镶套的两齿圈松动。在选择轮齿倾斜方向时，应使轴向力方向朝向齿圈中部 轴向力方向 图(a)　禁忌 轴向力方向 图(b)　正确
锥齿轮传动应放在高速级	因为加工较大尺寸的锥齿轮有一定困难，而且一般工厂没有加工大尺寸圆锥齿轮的机床。因此，在圆锥圆柱齿轮的传动中，圆锥齿轮应配在高速级，这样圆锥齿轮副可以比在低速级设计得轻巧些 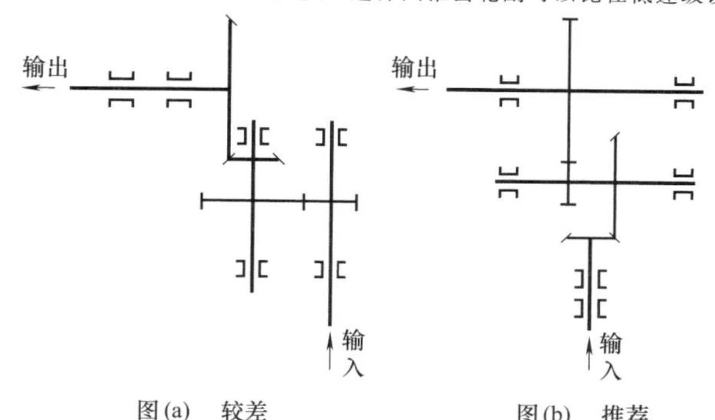 图(a)　较差　　图(b)　推荐

续表

注意的问题	设计技巧与禁忌
组合式圆锥齿轮结构要注意受力方向	齿轮的结构要避免大的应力集中，并且保证工作时变形要小。由于直齿圆锥齿轮的轴向力始终由小端指向大端，所以组合的锥齿轮结构应注意轴向力方向主要作用在轮毂或辐板上，而不要作用在紧固它的螺钉或螺栓上，避免螺钉或螺栓受到拉力的作用 轴向力方向 图(a) 禁忌 轴向力方向 图(b) 正确
锥齿轮在轴上必须双向固定	直齿圆锥齿轮不论转动方向如何，其轴向力始终向一个方向，但其在轴上的轴向位置仍应双向固定，否则运转时将有较大的振动和噪声 图(a) 禁忌 图(b) 正确
大小锥齿轮轴系位置都应能作双向调整	圆锥齿轮的正确啮合条件要求大小圆锥齿轮的锥顶在安装时重合，其啮合面居中而靠近小端，承载后由于轴和轴承的变形使啮合部分移近大端。为了调整锥齿轮的啮合，通常将其双向固定的轴系装在一个套杯中，套杯则装在外壳孔中，通过增减套杯端面与外壳之间垫片的厚度，即可调整轴系的轴向位置。图(a)中只有一个齿轮能做轴向调整，不能满足要求 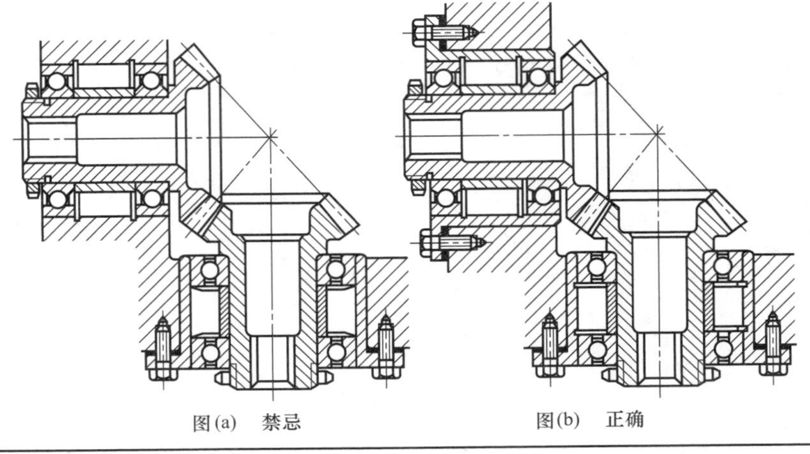 图(a) 禁忌 图(b) 正确

续表

注意的问题	设计技巧与禁忌
齿轮布置应考虑有利于轴和轴承的受力	对于受两个或更多力的齿轮，当布置位置不同时，轴或轴承的受力有较大的不同，设计时必须仔细分析。如下图所示，中间齿轮位置不同时，其轴或轴承的受力有很大差别，它决定于齿轮位置和 φ 角大小。图(a)的布置中间齿轮所受的力正好叠加起来，受力最大，图(b)则大大减小。图中 $\varphi=180°-\alpha$，α 为压力角 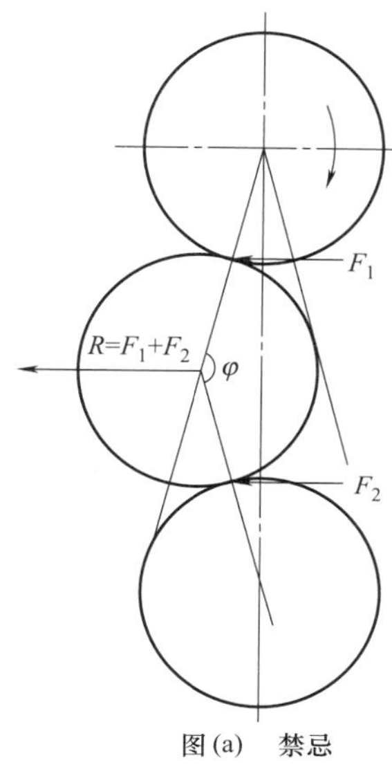 图(a)　禁忌 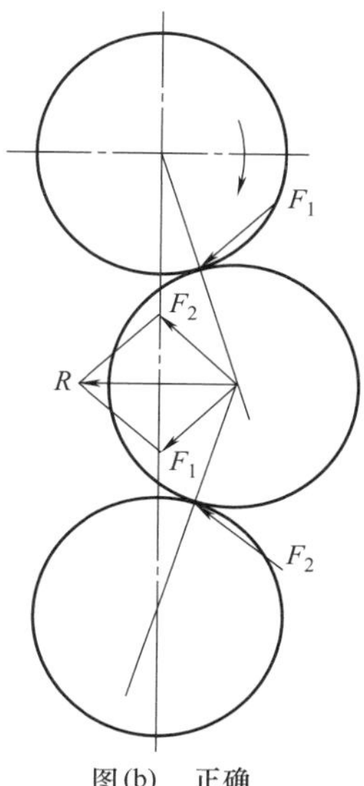 图(b)　正确
支承齿轮径向力方向的确定	当从动齿轮轴系的自重比啮合载荷足够大时，无论从动轮上的啮合载荷方向如何，都可以保证从动轴的支承轴承合力始终向下，此时应使主动轮的啮合载荷向下，避免主动轴的支承轴承承受向上的载荷 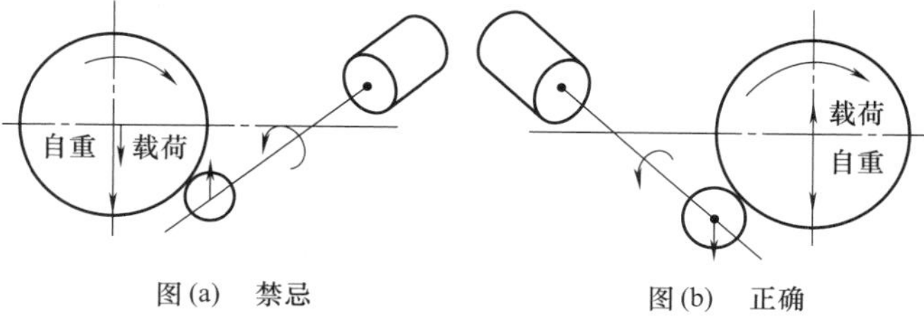 图(a)　禁忌　　图(b)　正确 对于小齿轮轴承独立设置在混凝土基础上的装置，如果小齿轮载荷向上或是横向的，则基础的连接螺栓有因松动而被拔除的危险，因此，要保证小齿轮的啮合载荷向下 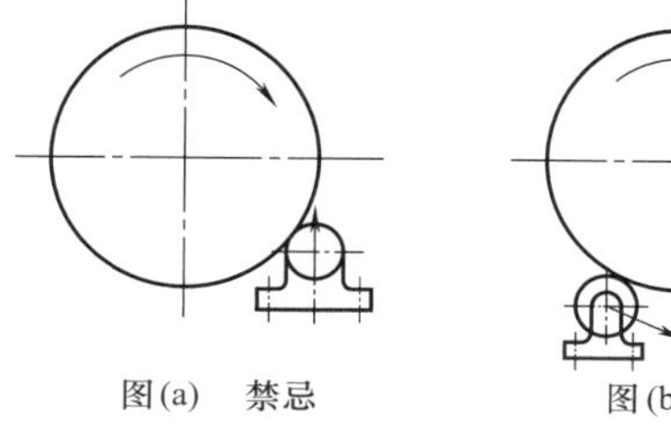 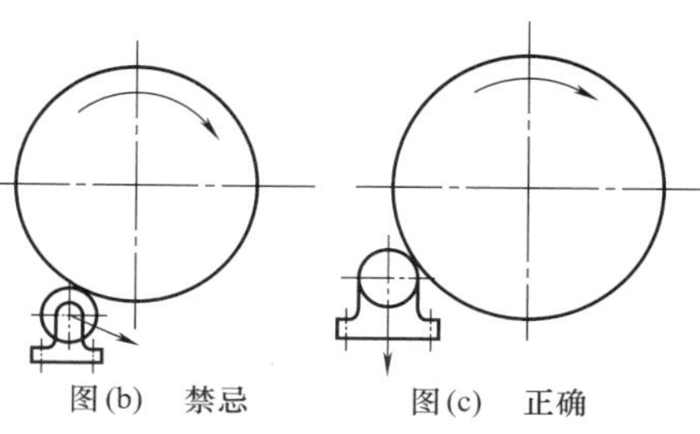 图(a)　禁忌　　图(b)　禁忌　　图(c)　正确

续表

注意的问题	设计技巧与禁忌
支承齿轮径向力方向的确定	在啮合载荷接近从动轮轴系自重的情况下，如果为了使主动轴的支承轴承载荷向下，当啮合载荷有少许变化时，会造成从动轴上的合力上下不稳定变化，这种现象要绝对避免。因此，在这种情况下，即便主动轴为向上载荷，也要把载荷方向稳定作为优先条件。特别是针对上一种情况，要采取即使是向上的载荷，基础的连接螺栓也不会发生松动的防松措施 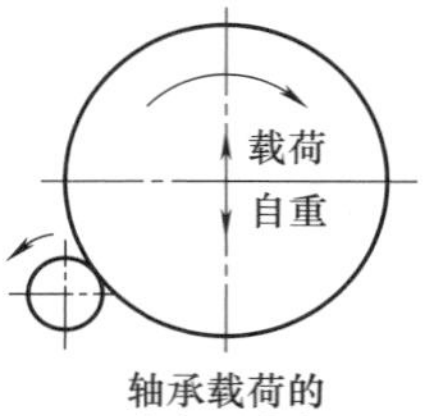 载荷 自重 轴承载荷的方向不稳定 图(a) 禁忌 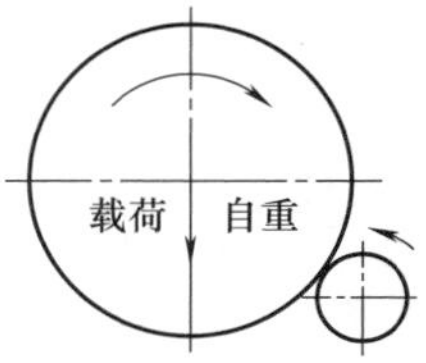 载荷 自重 图(b) 正确

2.3.5.2 从齿轮制造工艺性考虑齿轮结构的设计禁忌

表 12-2-16 从齿轮制造工艺性考虑齿轮结构的设计禁忌

注意的问题	设计技巧与禁忌
齿轮的重叠加工	对于批量或大量生产的齿轮，如果一个一个地切齿加工，不仅生产率低，而且尺寸精度也不一致。因此，设计时应考虑提高切削效率的重叠加工法。为了进行重叠加工，原则上要设计便于重叠加工的几何形状，如图(a)中，齿轮毛坯重叠后有较大的间隙，加工过程中易产生振动，影响齿面的加工质量，应该避免。推荐的结构如图(b)所示 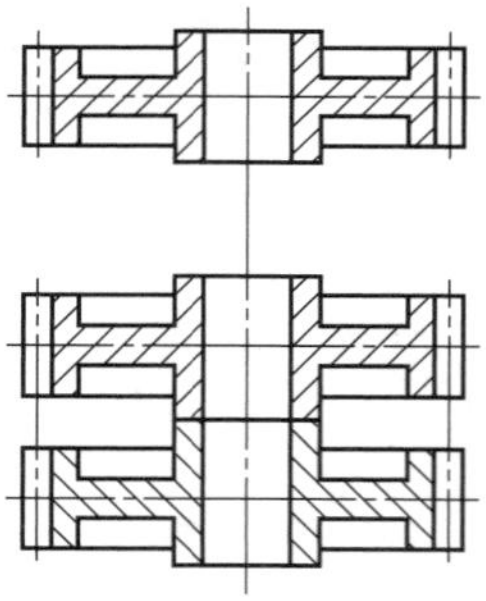 图(a) 禁忌 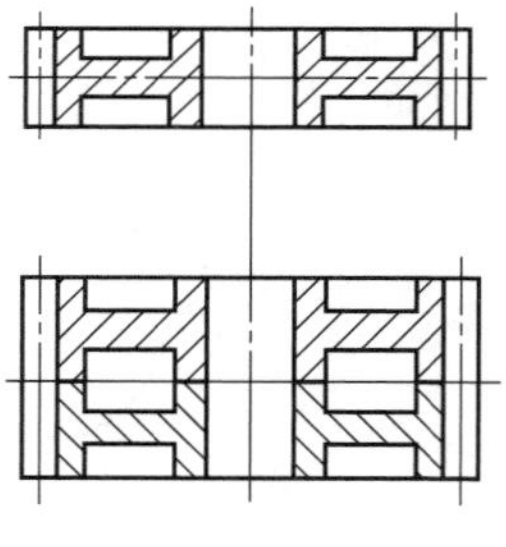 图(b) 推荐
齿轮直径较小时应设计成齿轮轴	对于直径较小的钢制齿轮，当为圆柱齿轮时[如图(a)所示]，若齿根圆到键槽底部的距离 $e<2m_t$（m_t为端面模数）；当为锥齿轮[如图(b)所示]时，按小端尺寸计算而得的 $e<1.6m$（m 为大端模数）时，可将齿轮和轴做成一体的齿轮轴，这时齿轮与轴必须采用同一种材料制造 图(a) 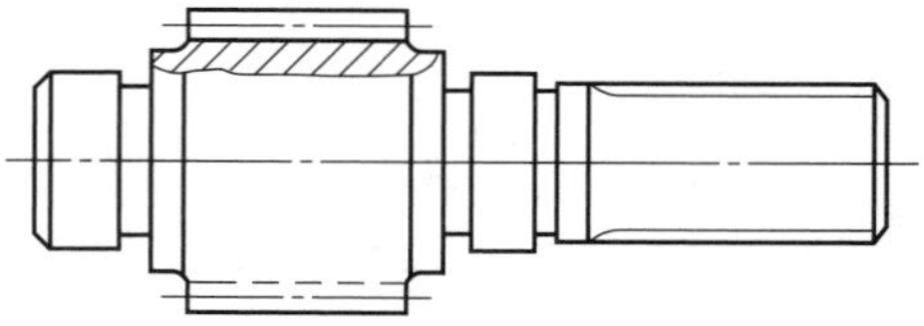

第 12 篇

续表

注意的问题	设计技巧与禁忌
齿轮直径较小时应设计成齿轮轴	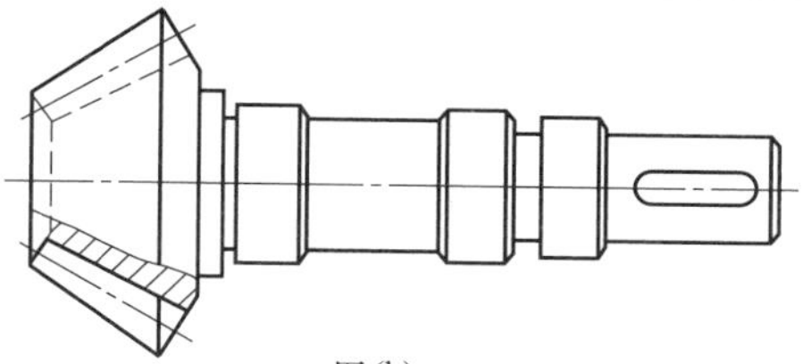 图(b) 当齿轮根圆直径小于轴径时，可设计成如图(c)所示的齿轮轴结构。个别情况下，齿轮的齿顶圆直径可以等于甚至小于轴的直径，但此时应计算轴的强度。初学设计者常认为必须要求齿根圆直径大于轴径，实际上并无此限制 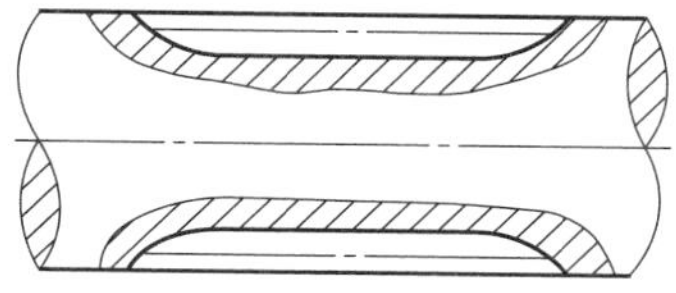 图(c)
剖分式大齿轮应在无轮辐处分开	当齿轮尺寸太大时，铸造较为困难，常分为两半制造。如果在轮辐处分开，被分开的轮辐结构不合理，分开部位应该在两齿之间，并且在无轮辐处分开。连接两半齿轮的螺钉或双头螺柱，应分别靠近轮缘和轮毂 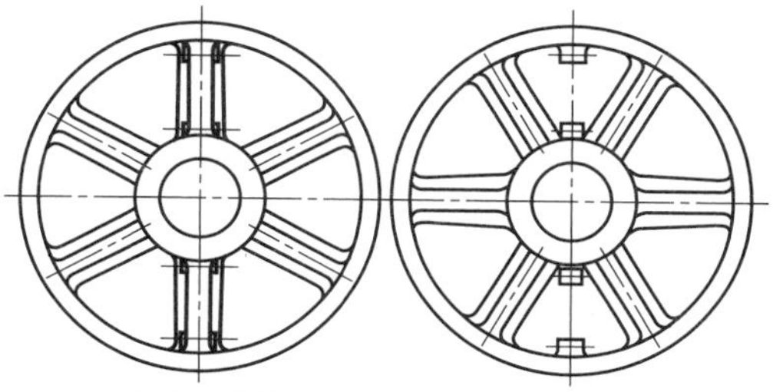 图(a)　禁忌　　图(b)　正确
轮齿表面硬化层要连续不断	渗碳淬火和表面淬火的齿轮，轮齿表面硬化层要连续不断，否则齿面的软硬相接的过渡部分强度将降低 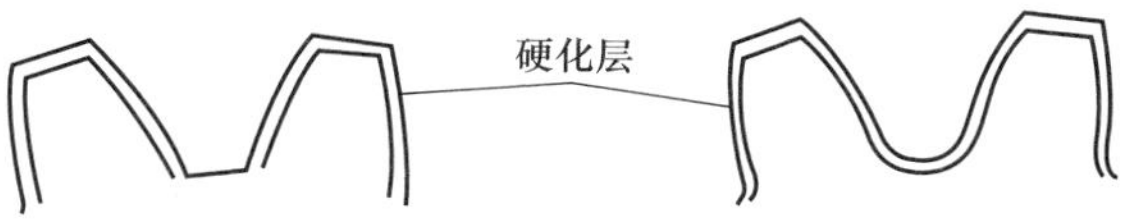 硬化层 图(a)　禁忌　　图(b)　正确
齿轮块要考虑加工时刀具切出的距离	在设计二联或三联齿轮时，无论是插齿还是滚齿加工，要按所采取刀具的尺寸、刀具运动的需要等，定出足够的尺寸 a。当结构要求 a 值很小时，可采用过盈配合结构 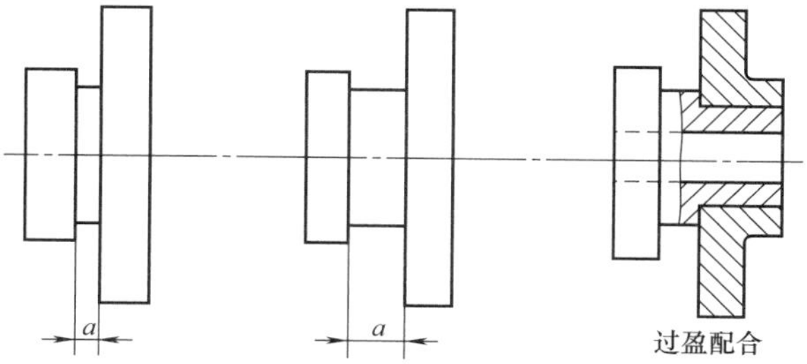 a　　a　　过盈配合 图(a)　禁忌　　图(b)　正确　　图(c)　正确

续表

注意的问题	设计技巧与禁忌
齿轮轴的平行度和啮合的平行度	齿轮两端支承轴承间的跨度越大，轴的刚度就越小。因此，通常要求其跨度尽可能小些。但由于轴承都具有间隙，而轴承间跨度越小，在相同轴承间隙的情况下，轴的平行度误差就越大。所以在必须限制轴的平行度时，要在保证轴刚度的前提下，适当增加支承跨度 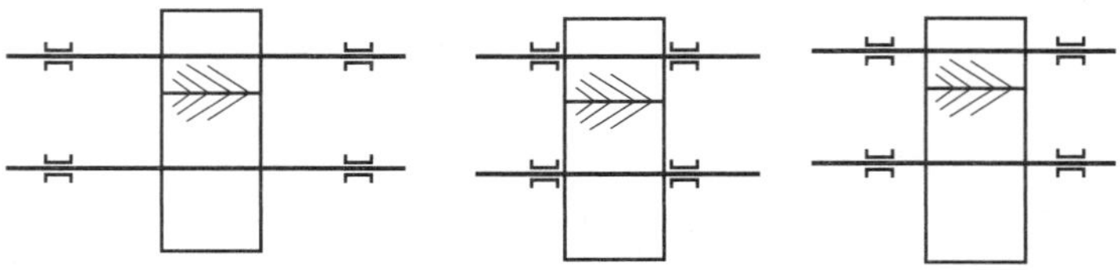 图(a)　较差　图(b)　较差　图(c)　较好
轮齿和轴的连接禁止用楔键	在选择齿轮与轴的连接时，为了避免或减小轴与齿轮的同轴度误差，防止齿轮相对轴产生歪斜，而导致载荷集中系数增大，降低齿轮传动寿命。因此，齿轮与轴的连接要禁止使用楔键，通常采用平键或花键连接 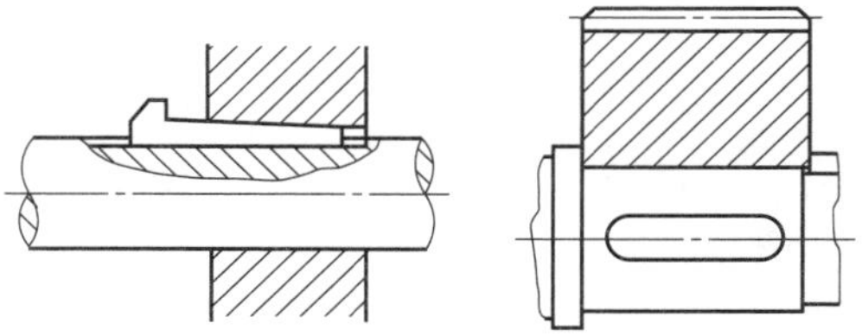 图(a)　禁忌　图(b)　正确
轮齿与轴的连接要减少装配时的加工	为了将齿轮进行轴向和周向的固定，可采用径向圆锥销和键加紧定螺钉的固定方法。但这两种方法都要求配作，在安装时进行这些加工效率较低，应尽量避免。较为理想的方法是：用键做周向固定，加用轴用弹簧卡环或圆螺母等作轴向固定，避免配作 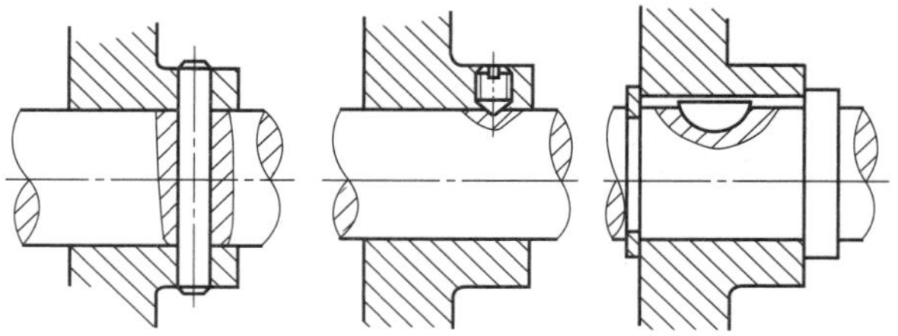 图(a)　较差　图(b)　较差　图(c)　较好

2.3.6　齿轮传动的润滑技巧与禁忌

轮齿啮合面间加注润滑剂，可以避免金属直接接触，减少摩擦损失，还可以散热及防锈蚀。开式齿轮传动通常采用人工定期加油润滑；闭式齿轮传动的润滑方式根据齿轮的圆周速度的大小采用油池润滑或喷油润滑。在供油及箱体结构设计时要注意禁忌问题，见表 12-2-17。

表 12-2-17　齿轮传动的润滑技巧与禁忌

注意的问题	技巧与禁忌
高速齿轮传动啮合面的给油	对于高速齿轮传动，当速度较低（$12\text{m/s}<v\leqslant 25\text{m/s}$）时，喷嘴位于轮齿啮入边或啮出边均可；但当速度很高（$v>25\text{m/s}$）时，啮合面的润滑油分布均匀程度特别重要。因此，喷嘴应位于轮齿啮出的一边，使其在每一转中在油膜厚度均匀的状态下啮合，另一方面，可以借润滑油及时冷却刚啮合过的轮齿

第12篇

续表

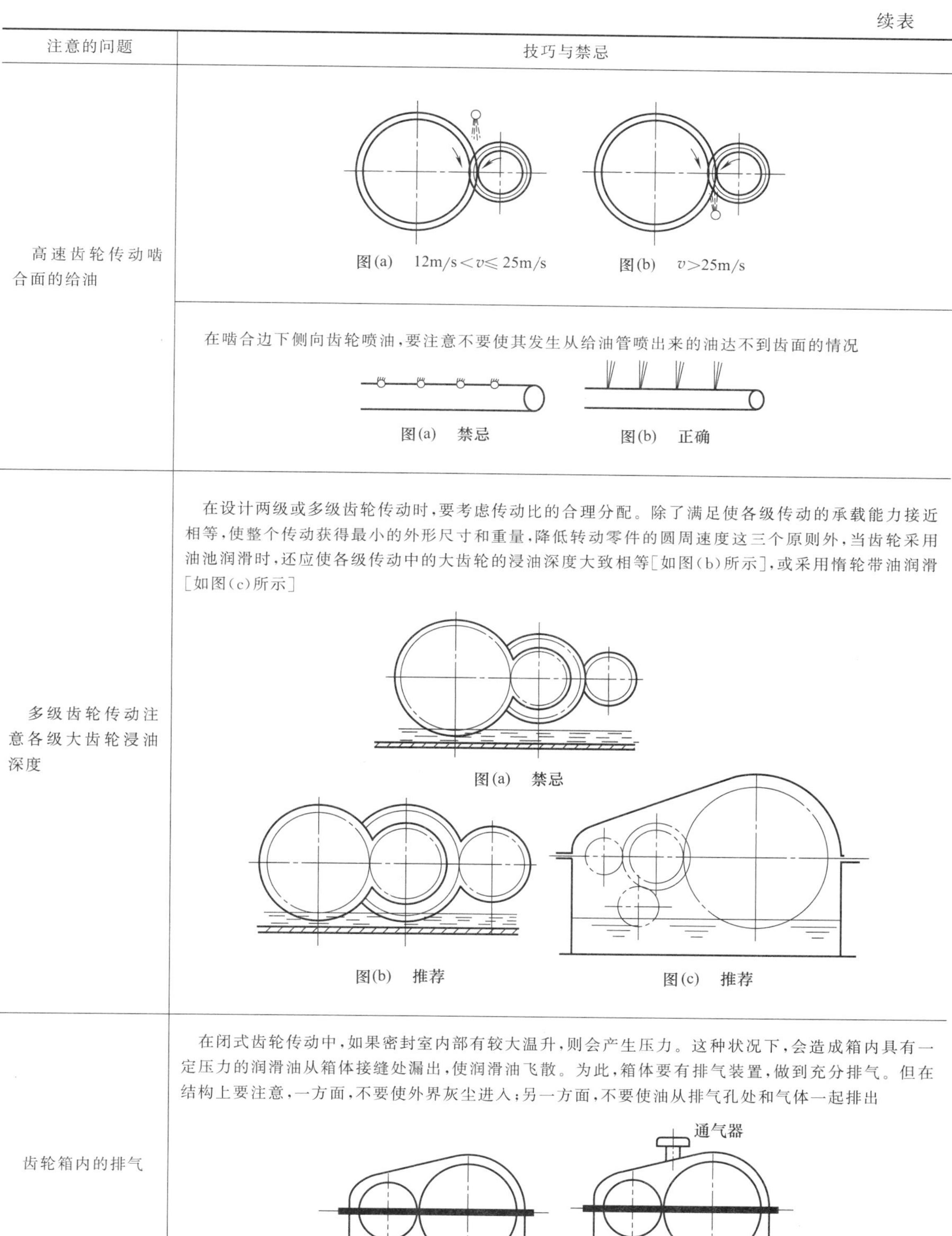

注意的问题	技巧与禁忌
高速齿轮传动啮合面的给油	图(a)　$12\text{m/s}<v\leqslant 25\text{m/s}$　　图(b)　$v>25\text{m/s}$
	在啮合边下侧向齿轮喷油，要注意不要使其发生从给油管喷出来的油达不到齿面的情况 图(a)　禁忌　　图(b)　正确
多级齿轮传动注意各级大齿轮浸油深度	在设计两级或多级齿轮传动时，要考虑传动比的合理分配。除了满足使各级传动的承载能力接近相等，使整个传动获得最小的外形尺寸和重量，降低转动零件的圆周速度这三个原则外，当齿轮采用油池润滑时，还应使各级传动中的大齿轮的浸油深度大致相等[如图(b)所示]，或采用惰轮带油润滑[如图(c)所示] 图(a)　禁忌 图(b)　推荐　　图(c)　推荐
齿轮箱内的排气	在闭式齿轮传动中，如果密封室内部有较大温升，则会产生压力。这种状况下，会造成箱内具有一定压力的润滑油从箱体接缝处漏出，使润滑油飞散。为此，箱体要有排气装置，做到充分排气。但在结构上要注意，一方面，不要使外界灰尘进入；另一方面，不要使油从排气孔处和气体一起排出 通气器 图(a)　禁忌　　图(b)　正确

续表

注意的问题	技巧与禁忌
齿轮箱的结合面结构要合理	在齿轮润滑时，由于齿轮速度，将使润滑油飞溅至箱体内壁，流到箱体结合面，进而易从结合面渗出。为了防止出现这种情况，首要条件是不使结合面积油。因此，箱体结合面必须采用合理结构 图(a) 禁忌 图(b) 推荐
齿轮箱内部的零件连接表面应便于加工	箱体类零件的外表面比内表面易加工。因此，尽可能用外表面代替内部连接表面，同时注意尽量使箱体内部结构简单、圆滑，避免过大的搅油功耗 图(a) 较差 图(b) 较好

2.3.7 齿轮传动设计案例

带式输送机的传动简图如图 12-2-6 所示，试设计其减速器的高速级齿轮传动。已知该传动系统由 Y 系列三相异步电动机驱动，高速级输入功率 $P=10\text{kW}$，小齿轮转速 $n_1=960\text{r/min}$，齿数比 $u=3.2$，工作寿命 15 年（每年工作 300 天），两班制，带式输送机工作平稳，转向不变。

解

(1) 选定齿轮类型、精度等级、材料及齿数

① 类型选择　根据传动参数选用斜齿圆柱齿轮传动。

② 精度选择　输送机为一般工作机，速度不高，故选用 7 级精度。

③ 材料选择　由常用的齿轮材料表选择小齿轮材料为 40Gr，调质处理，齿面硬度 $HB_1=280\text{HBS}$；大齿轮材料为 45 钢，调质处理，齿面硬度 $HB_2=240\text{HBS}$。

两齿轮齿面硬度差 $HB_1-HB_2=280-240=40\text{HBS}$，在 25～50HBS 范围内。

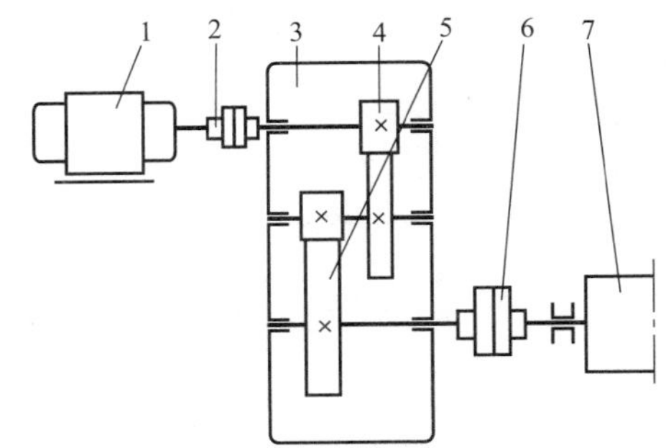

图 12-2-6　带式输送机传动简图

1—电动机；2，6—联轴器；3—减速器；4—高速级齿轮传动；5—低速级齿轮传动；7—输送机滚筒

合适。

注意问题 1：因为小齿轮轮齿工作次数是大齿轮轮齿的 u 倍，对于闭式软齿面齿轮传动，为了使大小两个齿轮寿命接近，要求小齿轮的齿面硬度比大齿轮的高 25～50HBS。

④ 初选齿数 小齿轮齿数 $z_1=25$；大齿轮齿数 $z_2=uz_1=3.2\times25=80$，取 $z_2=80$。

注意问题 2：对于闭式软齿传动，主要失效形式是点蚀，这时，在传动尺寸不变并满足弯曲强度的前提下，可适当增加齿数，减小模数，一般取 $z_1=20\sim40$。

注意问题 3：不产生根切的最小齿数 $z_{v\min}=17$，当 $\beta=15°$时，$z_{\min}=z_{v\min}\cos^3\beta=14$，因此，从运动要求考虑，最小齿数可比直齿圆柱齿取得更少，结构尺寸可以更小，但需增大螺旋角。

⑤ 初选螺旋角

$\beta=13°$。

注意问题 4：通常 $\beta=8°\sim25°$，这是因为螺旋角过小斜齿轮的优越性发挥不出来，过大则轴向力增加。对于人字齿轮，由于轴向力可以相互抵消，可取 $\beta=20°\sim45°$。初选时可在 15°左右选定一个值。

（2）按齿面接触疲劳强度设计

齿面接触疲劳强度设计公式：

$$d_1\geqslant\sqrt[3]{\frac{2KT_1}{\psi_d}\times\frac{u\pm1}{u}\left(\frac{Z_EZ_HZ_\varepsilon Z_\beta}{[\sigma_H]}\right)^2}$$

注意问题 5：齿轮传动设计时，应首先按主要失效形式进行强度计算，确定其主要尺寸，然后对其他失效形式进行必要的校核。闭式软齿面传动常因齿面点蚀而失效，故通常先按齿面接触强度设计公式确定传动尺寸，然后验算轮齿弯曲强度。

① 确定设计公式中各参数

a. 初选载荷系数。$K_t=1.3$。

注意问题 6：若传动尺寸和有关参数均已知，可利用验算公式直接进行验算。若设计一个齿轮，尺寸未知，很多参数如 K_β、K_v、Y_ε 无法确定，不能直接利用设计公式来计算，必须初步选定某个参数以便进行计算，求出有关尺寸和主要参数后，再作精确计算。

b. 小齿轮传递的转矩

$$T_1=9.55\times10^6P/n_1=9.55\times10^6\times10/960$$
$$=9.948\times10^4\text{N}\cdot\text{mm}$$

c. 选取齿宽系数 ψ_d。由齿宽系数表，取 $\psi_d=1$。

注意问题 7：通常轮齿愈宽，承载能力也愈高，但增大齿宽又会使齿面上的载荷分布更趋不均匀，故应适当选取齿宽系数。一般情况下，齿轮相对轴承的位置对称布置，可取大值，悬臂布置取小值；软齿面取大值，硬齿面取小值；直齿圆柱齿轮宜取较小值，斜齿轮可取较大值；载荷稳定，轴刚性大时取较大值；变载荷，轴刚性较小时宜取较小值。

d. 弹性系数 Z_E。查弹性系数 Z_E 表，$Z_E=189.8\sqrt{\text{MPa}}$。

e. 小、大齿轮的接触疲劳极限 σ_{Hlim1}、σ_{Hlim2}。查试验齿轮的接触疲劳极限 σ_{Hlim} 图，$\sigma_{\text{Hlim1}}=650\text{MPa}$，$\sigma_{\text{Hlim2}}=580\text{MPa}$。

注意问题 8：对于一个初学的设计者，接触疲劳极限应按试验齿轮的接触疲劳极限 σ_{Hlim} 图中对应的范围取中偏下值，以保证此设计安全可靠。

f. 应力循环次数

$$N_{L1}=60jn_1t_h=60\times1\times960\times(2\times8\times300\times15)=4.147\times10^9$$
$$N_{L2}=N_1/u=4.147\times10^9/3.2=1.296\times10^9$$

注意问题 9：应力循环次数的计算参见表 12-2-14。通常每年按 300 个工作日，单班制按每天 8h，双班制按每天 16h 计算；j 为齿轮每转一周，同一侧齿面的啮合次数。

g. 接触寿命系数 Z_{N1}、Z_{N2}。查接触寿命系数图，$Z_{N1}=0.90$，$Z_{N2}=0.95$。

h. 计算许用接触应力 $[\sigma_H]$。取失效率为 1%，查最小安全系数参考值表，取 $S_{\text{Hmin}}=1$。

$$[\sigma_{H1}]=\frac{\sigma_{\text{Hlim1}}Z_{N1}}{S_{\text{Hmin}}}=\frac{650\times0.9}{1}=585\text{MPa}$$

$$[\sigma_{H2}]=\frac{\sigma_{\text{Hlim2}}Z_{N2}}{S_{\text{Hmin}}}=\frac{580\times0.95}{1}=551\text{MPa}$$

齿轮设计计算时的许用接触应力 $[\sigma_H]=([\sigma_{H1}]+[\sigma_{H2}])/2=568\text{MPa}$。

注意问题 10：对于一对相互啮合的齿轮，在接触线处的接触应力是相等的。因此接触强度条件取决于 $[\sigma_H]$，即取决于两齿轮中许用应力较小者进行计算。但由于斜齿轮传动接触线倾斜，齿面的接触疲劳强度应同时取决于大、小齿轮，实用中斜齿轮传动的许用接触应力约可取为 $[\sigma_H]=([\sigma_{H1}]+[\sigma_{H2}])/2$，当 $[\sigma_H]>1.23[\sigma_{H2}]$ 时，应取 $[\sigma_H]=1.23[\sigma_{H2}]$。其中 $[\sigma_{H2}]$ 为较软齿面的许用接触应力。

i. 节点区域系数 Z_H。查节点区域系数图，$Z_H=2.43$。

注意问题 11：对于法面压力角 $\alpha_n=20°$的标准斜齿圆柱齿轮的节点区域系数取决于螺旋角的大小，只有标准直齿圆柱齿轮 $Z_H=2.5$。

j. 计算端面重合度 ε_α

$$\varepsilon_\alpha=\left[1.88-3.2\left(\frac{1}{z_1}+\frac{1}{z_2}\right)\right]\cos\beta$$
$$=\left[1.88-3.2\left(\frac{1}{25}+\frac{1}{80}\right)\right]\cos13°=1.67$$

k. 计算纵向重合度 ε_β

$$\varepsilon_\beta=\frac{b\sin\beta}{\pi m_n}\approx0.318\psi_dz_1\tan\beta=1.84$$

l. 计算重合度系数 Z_ε。因 $\varepsilon_\beta>1$，取 $\varepsilon_\beta=1$，故

$$Z_\varepsilon=\sqrt{\frac{4-\varepsilon_\alpha}{3}(1-\varepsilon_\beta)+\frac{\varepsilon_\beta}{\varepsilon_\alpha}}=\sqrt{\frac{1}{\varepsilon_\alpha}}=0.77$$

注意问题 12：由于斜齿圆柱齿轮存在纵向重合度，总的重合度大于直齿圆柱齿轮，重合度系数较小，故接触应力有所降低，承载能力有所提高。

m. 螺旋角系数

$$Z_\beta=\sqrt{\cos\beta}=0.987$$

注意问题 13：由于斜齿圆柱齿轮存在螺旋角，螺旋角系数小于 1，故接触应力有所降低，承载能力有所提高。

② 设计计算

a. 试算小齿轮分度圆直径 d_{1t}

第 12 篇

$$d_{1t} \geqslant \sqrt[3]{\frac{2\times1.3\times9.948\times10^4}{1}\times\frac{3.2+1}{3.2}\times\left(\frac{189.8\times2.43\times0.77\times0.987}{568}\right)^2}$$

$=50.56\text{mm}$

b. 计算圆周速度 v

$$v=\frac{\pi d_{1t}n_1}{60\times1000}=\frac{\pi\times50.56\times960}{60\times1000}=2.54\text{m/s}$$

按齿轮传动精度等级的选择及应用表校核速度，因 $v<10\text{m/s}$，故合格。

c. 计算载荷系数 K　查使用系数表，得 $K_A=1$；根据 $v=2.52\text{m/s}$，7 级精度查动载系数 K_v 图，得 $K_v=1.10$；7 级精度取齿间载荷分配系数 $K_\alpha=1.1$；查齿向载荷分布系数 K_β 曲线图，得齿向载荷分布系数 $K_\beta=1.08$ 则 $K=K_AK_vK_\alpha K_\beta=1\times1.10\times1.1\times1.08=1.307$。

d. 校正分度圆直径 d_1

$$d_1=d_{1t}\sqrt[3]{K/K_t}=50.56\times\sqrt[3]{1.307/1.3}=50.65\text{mm}$$

(3) 主要几何尺寸计算

① 计算模数 m_n　$m_n=d_1\cos\beta/z_1=1.97\text{mm}$，按标准取 $m_n=2\text{mm}$。

注意问题 14：模数应圆整成标准值，对于传递动力的齿轮，其模数不宜小于 1.5mm。

② 中心距 a

$$a=\frac{m_n}{2\cos\beta}(z_1+z_2)=\frac{2}{2\times\cos13^\circ}\times(25+80)=$$

107.76mm，圆整为 $a=110\text{mm}$。

注意问题 15：直齿圆柱齿轮传动，除非采用变位齿轮，中心距不允许进行圆整。为了制造、安装、测量、检验方便，斜齿圆柱齿轮的中心距可以在不改变模数、齿数的前提下，只需调整螺旋角的大小就可进行圆整。

③ 螺旋角 β

$$\beta=\arccos\frac{m_n(z_1+z_2)}{2a}=\arccos\frac{2\times(25+80)}{2\times110}$$

$$=17.34^\circ=17^\circ20'29''$$

注意问题 16：调整后的螺旋角应需保证在 $\beta=8^\circ\sim25^\circ$的范围内。

④ 计算分度圆直径 d_1、d_2

$$d_1=\frac{m_nz_1}{\cos\beta}=\frac{2\times25}{\cos17.34^\circ}=52.38\text{mm}$$

$$d_2=\frac{m_nz_2}{\cos\beta}=\frac{2\times80}{\cos17.34^\circ}=167.62\text{mm}$$

⑤ 齿宽 b　$b=\psi_dd_1=1.0\times52.38=52.38\text{mm}$，$b_1=b_2+(5\sim10)$ mm，取 $b_1=60\text{mm}$，$b_2=55\text{mm}$。

注意问题 17：为了安装方便和避免齿轮在运转过程中发生阶梯磨损，对于一对金属制造的圆柱齿轮，通常使小齿轮的齿宽比大齿轮的齿宽大 5～10mm。

⑥ 齿高 h　$h=2.25m_n=2.25\times2=4.5\text{mm}$。

(4) 校核齿根弯曲疲劳强度

$$\sigma_F=\frac{2KT_1}{bm_nd_1}Y_{Fa}Y_{Sa}Y_\varepsilon Y_\beta\leqslant[\sigma_F]$$

① 确定验算公式中各参数

a. 小、大齿轮的弯曲疲劳极限 σ_{Flim1}、σ_{Flim2}。查试验齿轮的弯曲疲劳极限 σ_{Flim} 图，$\sigma_{Flim1}=500\text{MPa}$，$\sigma_{Flim2}=380\text{MPa}$。

注意问题 18：对于一个初学的设计者，弯曲疲劳极限应按试验齿轮的弯曲疲劳极限 σ_{Flim} 图中对应的范围取中偏下值，以保证此设计安全可靠。另外试验齿轮的弯曲疲劳极限 σ_{Flim} 图为齿轮轮齿在单侧工作时测得的，对于长期双侧工作的齿轮传动，齿根弯曲应力为对称循环变应力，应将图中数据乘以 0.7。

b. 弯曲寿命系数 Y_{N1}、Y_{N2}。查弯曲寿命系数图，$Y_{N1}=0.86$，$Y_{N2}=0.88$。

c. 尺寸系数 Y_X。查弯曲强度计算的尺寸系数图，$Y_X=1$。

d. 计算许用弯曲应力 $[\sigma_{F1}]$、$[\sigma_{F2}]$。取失效率为 1%，查最小安全系数参考值表，最小安全系数 $S_{Fmin}=1.25$。

$$[\sigma_F]=\frac{\sigma_{Flim}Y_NY_X}{S_{Fmin}}$$

$[\sigma_{F1}]=344\text{MPa}$，$[\sigma_{F2}]=267.52\text{MPa}$。

e. 当量齿数 z_{v1}、z_{v2}

$$z_{v1}=\frac{z_1}{\cos^3\beta}=\frac{25}{\cos^317.34^\circ}=28.74$$

$$z_{v2}=\frac{z_2}{\cos^3\beta}=\frac{80}{\cos^317.34^\circ}=91.98$$

f. 当量齿轮的端面重合度 $\varepsilon_{\alpha v}$

$$\varepsilon_{\alpha v}=\left[1.88-3.2\left(\frac{1}{z_{v1}}+\frac{1}{z_{v2}}\right)\right]\cos\beta$$

$$=\left[1.88-3.2\left(\frac{1}{28.74}-\frac{1}{91.98}\right)\right]\cos17.34^\circ$$

$$=1.66$$

g. 重合度系数 Y_ε

$$Y_\varepsilon=0.25+\frac{0.75}{\varepsilon_{\alpha v}}=0.25+\frac{0.75}{1.66}=0.70。$$

h. 螺旋角系数 Y_β

$Y_{\beta\min}=1-0.25\varepsilon_\beta=1-0.25\times1=0.75$（当 $\varepsilon_\beta\geqslant1$ 时，按 $\varepsilon_\beta=1$ 计算）

$$Y_\beta=1-\varepsilon_\beta\frac{\beta^\circ}{120^\circ}=0.89>Y_{\beta\min}，取 Y_\beta=0.89。$$

i. 齿形系数 Y_{Fa1}、Y_{Fa2}。由当量齿数 z_{v1}、z_{v2} 查外齿轮齿形系数图，$Y_{Fa1}=2.57$，$Y_{Fa2}=2.21$。

j. 应力修正系数 Y_{Sa1}、Y_{Sa2}。查外齿轮应力修正系数图，$Y_{Sa1}=1.60$，$Y_{Sa2}=1.78$。

② 校核计算

$$\sigma_{F1}=\frac{2\times1.307\times9.948\times10^4}{55\times2\times52.38}\times2.57\times1.60\times0.70\times0.89=115.62\text{MPa}\leqslant[\sigma_{F1}]$$

$$\sigma_{F2}=\sigma_{F1}\frac{Y_{Fa2}Y_{Sa2}}{Y_{Fa1}Y_{Sa1}}=115.62\times\frac{2.21\times1.78}{2.57\times1.60}=110.61\text{MPa}\leqslant[\sigma_{F2}]$$

注意问题 19：一对齿轮传动，大、小齿轮的齿形系数、应力校正系数和许用应力是不相同的，也可计算 $\frac{Y_{Fa1}Y_{Sa1}}{[\sigma_{F1}]}$ 和 $\frac{Y_{Fa2}Y_{Sa2}}{[\sigma_{F2}]}$ 两值，比较后按其中较大者进行计算。

注意问题 20：斜齿圆柱齿轮用的是当量齿数，其值大于直齿圆柱齿轮，故斜齿轮的齿形系数与应力修正系数的乘积小于直齿轮的，斜齿轮的工作应力较低，在同样许用弯曲应力的情况下，斜齿轮的弯曲强度较高。

结论：弯曲强度满足要求。

(5) 静强度校核

传动平稳，无严重过载，故不需静强度校核。

(6) 结构设计及绘制齿轮零件工作图

① 大齿轮　因齿顶圆直径大于 160mm，但小于 500mm，故选用腹板式结构，参照腹板式结构齿轮图中经验公式，大齿轮零件工作图见图 12-2-7。

注意问题 21：对于直径较小的钢制齿轮，当分度圆直径 d 与该轴头的轴径 d_s 相差很小时，一般按 $d\leqslant1.8d_s$ 计（当 d_s 设计出后进行比较），可将齿轮和轴做成一体的齿轮轴；如超出范围，但齿顶圆直径 $d_a\leqslant160$mm 时，齿轮也可做成实心结构；当 $d_a\leqslant500$mm 时，齿轮可以是锻造的，也可以是铸造的，通常采用腹板式或孔板式结构；当顶圆直径 400mm$\leqslant d_a\leqslant1000$mm 时，齿轮常用铸铁或铸钢制成的轮辐式结构。

② 小齿轮　小齿轮结构设计及零件工作图略。

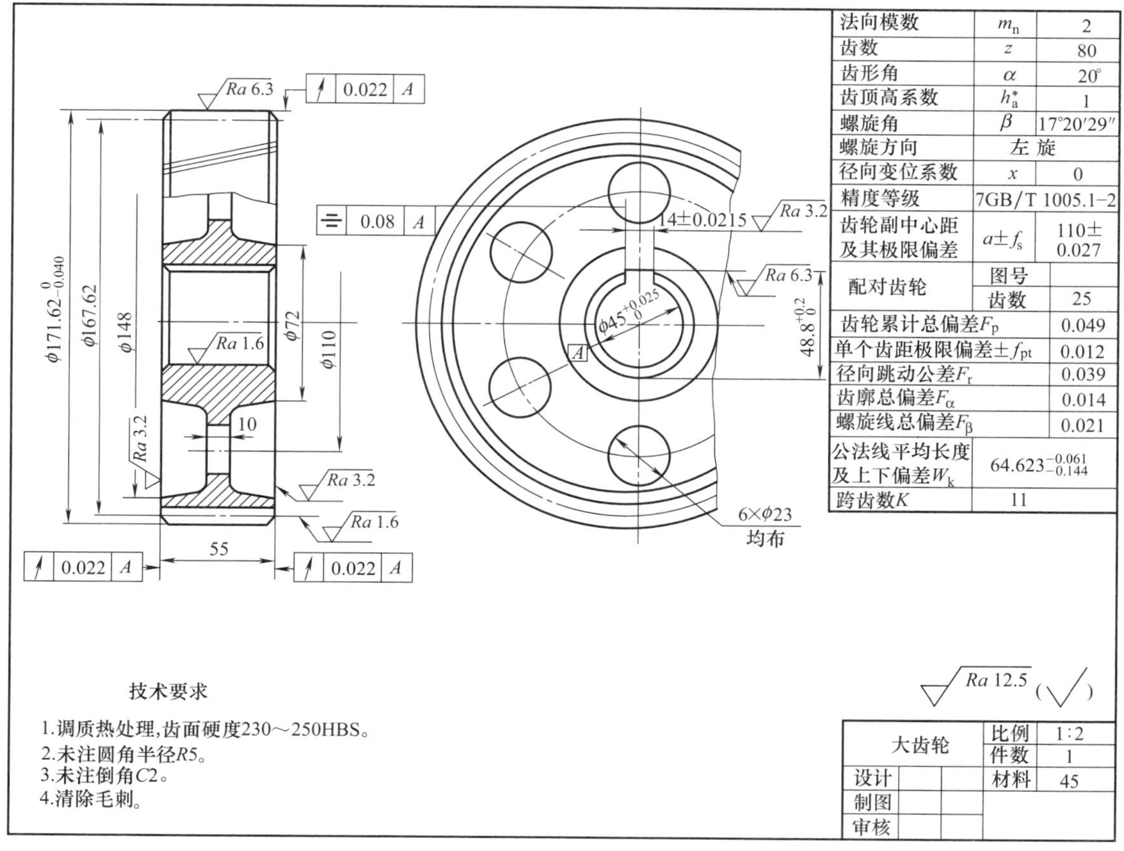

图 12-2-7　大齿轮零件工作图

2.4 蜗杆传动

2.4.1 蜗杆传动设计技巧与禁忌

按蜗杆形状不同可分为圆柱蜗杆传动、环面蜗杆传动、锥蜗杆传动三类；圆柱蜗杆传动分为普通圆柱蜗杆传动和圆弧圆柱蜗杆传动；普通圆柱蜗杆传动又分为阿基米德蜗杆（ZA 蜗杆）、渐开线蜗杆（ZI 蜗杆）、法向直廓蜗杆（ZN 蜗杆）和锥面包络蜗杆（ZK 蜗杆）。普通圆柱蜗杆传动有一个通过蜗杆轴线同时垂直蜗轮轴线的中间平面，在该平面内相当于斜齿条与斜齿轮的啮合传动。因此，传动的基本参数、几何尺寸和强度计算，均以中间平面为准。

由于蜗杆的齿是连续的螺旋齿，且其材料的强度比蜗轮高，所以失效一般发生在蜗轮轮齿上。蜗杆传动的失效形式有点蚀、胶合、磨损、轮齿折断等，由于蜗杆和蜗轮齿面间相对滑动速度大，效率低，发热量大，因而蜗杆传动更容易发生胶合和磨损失效。在闭式传动中，蜗杆传动多因胶合或点蚀失效，故其设计准则为按蜗轮齿面的接触疲劳强度进行设计，对齿根弯曲疲劳强度进行校核。另外，闭式蜗杆传动的散热不良时会降低蜗杆传动的承载能力，加速失效，故应作热平衡计算。当蜗杆轴细长且支承跨距大时，还应把蜗杆螺旋部分看作以蜗杆齿根圆直径为直径的轴进行强度、刚度计算。在开式传动中，蜗轮多发生齿面磨损和轮齿折断，所以应将保证蜗轮齿根的弯曲疲劳强度作为开式蜗杆传动的设计准则。在蜗杆传动设计时应注意有关技巧和禁忌问题，见表 12-2-18。

表 12-2-18　　蜗杆传动设计技巧与禁忌

注意的问题	设计技巧与禁忌
圆柱蜗杆基本齿廓与渐开线圆柱齿轮基本齿廓的区别	圆柱蜗杆在给定平面上的基本齿廓和渐开线圆柱齿轮基本齿廓基本相同，只是顶隙 c 和齿根圆角半径 ρ_f 有所差异 ①渐开线圆柱齿轮基本齿廓。对于正常齿：$c=0.25m$；$\rho_f=0.38m$（m 为模数） ②圆柱蜗杆的基本齿廓。$c=0.2m$，必要时 $0.15m \leqslant c \leqslant 0.35m$；$\rho_f=0.3m$，必要时 $0.2m \leqslant \rho_f \leqslant 0.4m$（$m$ 为模数）
蜗杆结构	蜗杆螺旋部分的直径一般与轴径相差不大，因此蜗杆多与轴做成一体，称为蜗杆轴。常用车或铣加工，车制如图(a)所示，仅适用于蜗杆齿根圆直径 d_{f1} 大于轴径 d_0 时；铣制如图(b)所示，无退刀槽，且 d_{f1} 可小于 d_0，所以其刚度较车制蜗杆大。当蜗杆根圆与相配轴的直径之比 $d_{f1}/d_0>1.7$ 时，可采用装配式 图(a) 图(b)
蜗轮结构	蜗轮的结构可分为整体式和组合式。整体式适用于铸铁蜗轮、铝合金蜗轮及分度圆直径小于100mm 的青铜蜗轮，见图(a)。在其他情况下，为了节省贵重金属，一般采用组合式结构。组合式蜗轮可分为以下三种结构 ①齿圈式。为了节约贵重的有色金属，采用青铜蜗轮时，尽可能做成齿圈式结构，见图(b)。齿圈与铸铁轮心多用 H7/r6 过盈配合。为了增加过盈配合的可靠性，有时沿着接合缝还要拧上 4～5 个螺钉。螺钉孔中心线偏向材料较硬的轮芯一侧 1～2mm，螺钉的直径取 1.2～1.4 倍的模数，长度取 0.3～0.4 倍的齿宽。该结构适用于中等尺寸及工作温度变化较小的蜗轮

续表

<table>
<tr><th>注意的问题</th><th>设计技巧与禁忌</th></tr>
<tr><td>蜗轮结构</td><td>

②螺栓连接式。当蜗轮直径较大时，可采用普通螺栓或铰制孔用螺栓连接齿圈和轮芯，见图(c)。后者更好，适用于大尺寸蜗轮

③拼铸式。将青铜齿圈浇铸在铸铁轮芯上，然后再切齿，见图(d)。该结构适用于中等尺寸、批量生产的蜗轮

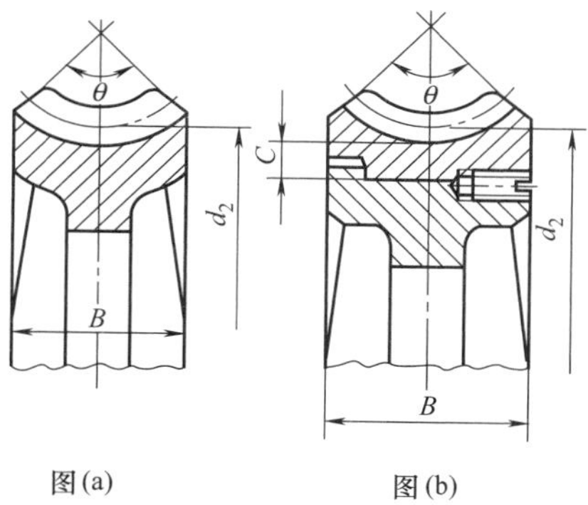

图(a)　图(b)

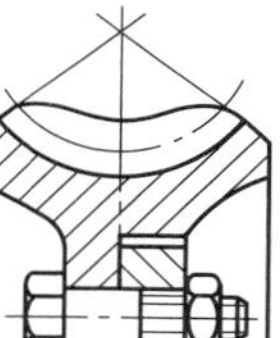

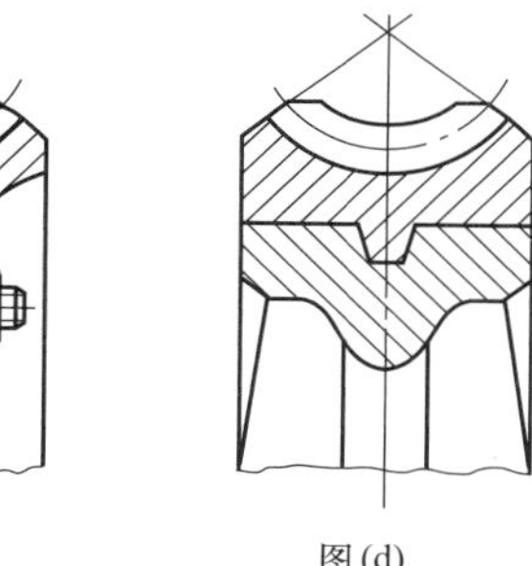

图(c)　图(d)

</td></tr>
<tr><td>蜗杆传动正确啮合条件</td><td>

普通蜗杆传动的正确啮合条件为

$$m_{x1}=m_{t2}=m$$

$$\alpha_{x1}=\alpha_{t2}=\alpha$$

$$\gamma=\beta$$

式中，m_{x1}为蜗杆轴面模数；m_{t2}为蜗轮的端面模数；m 为蜗杆传动标准模数；α_{x1}为蜗杆轴面压力角；α_{t2}为蜗轮端面压力角；γ 为蜗杆导程角；β 为蜗轮螺旋角

</td></tr>
<tr><td>蜗杆头数 z_1 与蜗轮齿数 z_2 的选择</td><td>

蜗杆头数 z_1 可根据要求的传动比和效率来选定。z_1 小，导程角小、效率低、发热多、传动比大；z_1 大，蜗杆导程角大、传动效率高，但制造困难。所以，常用的蜗杆头数为 1、2、4、6。要求蜗杆传动实现反行程自锁时，必须选取 $\gamma<3.5°$ 和 $z_1=1$ 的单头蜗杆

蜗轮齿数 z_2 可根据传动比和蜗杆头数确定，即 $z_2=iz_1$。用滚刀切制蜗轮时，不产生根切的齿数为 $z_{2min}=17$，但对蜗杆传动而言，当 $z_2<26$ 时，其啮合区急剧减小，这将影响传动的平稳性和承载能力。当 $z_2>30$ 时，蜗杆传动可实现两对齿以上的啮合。一般取 $z_2=32\sim80$。z_2 不宜过大，否则蜗轮尺寸大，蜗杆轴支承间距离将增加，蜗杆的刚度差，影响蜗轮与蜗杆的啮合，故通常 $z_2<80$

z_1、z_2 可根据传动比参考以下推荐值或范围选取

<table>
<tr><td>传动比 i</td><td>≈5</td><td>7～15</td><td>14～30</td><td>29～82</td></tr>
<tr><td>蜗杆头数 z_1</td><td>6</td><td>4</td><td>2</td><td>1</td></tr>
<tr><td>蜗轮齿数 z_2</td><td>29～31</td><td>29～61</td><td>29～61</td><td>29～82</td></tr>
</table>

</td></tr>
</table>

第 12 篇

续表

注意的问题	设计技巧与禁忌
蜗杆传动的传动比公称值	蜗杆传动的传动比等于蜗轮、蜗杆的齿数比，而不等于其直径比 蜗杆传动减速装置的传动比的公称值为：5，7.5，10，12.5，15，20，25，30，40，50，60，70，80。其中，10、20、40、80 为基本传动比，应优先选用
蜗杆传动的中心距推荐系列值	圆柱蜗杆传动装置的中心距 a（单位 mm）的推荐值为：40，50，63，80，100，125，160，(180)，200，(225)，250，(280)，315，(355)，400，(450)，500。其中不带括号的为优先选用数值。当中心距大于 500mm 时，可按 $R20$ 优先数系选用（$R20$ 为公比 $\sqrt[20]{10}$ 的级数）
蜗杆自锁的不可靠性	在一般情况下，可以利用蜗杆自锁固定某些零件的位置。但是对一些自锁失效会产生严重事故的情况，如起重机、电梯等装置，不能只靠蜗杆传动自锁的功能把重物停止在空中，要采用一些更可靠的止动方式，如棘轮等 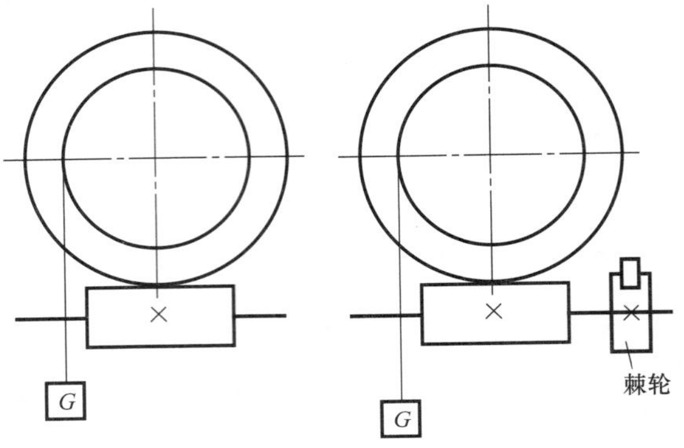 G　　G　棘轮 图(a)　禁忌　　图(b)　正确
蜗轮材料与失效形式	蜗轮的失效形式与其材料有关。当蜗轮材料为铸锡青铜（σ_B<300MPa）时，因其具有良好的抗胶合能力，故主要失效形式是蜗轮齿面的接触疲劳点蚀。蜗轮的许用应力与应力循环次数有关；当蜗轮材料为铸铝青铜或铸铁（σ_B>300MPa）时，因其具有良好的抗点蚀能力，故主要失效形式是蜗轮齿面的胶合失效。由于胶合失效的强度计算还不完善，故采用接触疲劳强度进行条件性的计算，胶合不同于疲劳失效。因而[σ_H]与应力循环次数无关，而与相对滑动速度有关。这一点在强度计算时应该注意
蜗杆传动的作用力影响传动的灵活性	图所示机构中，由手转动蜗杆带动蜗轮 1 在机座 2 中转动，如果直径 d 较大，蜗轮宽度 b 较小，当蜗轮 1 与套 2 之间存在着较大的间隙而转动蜗杆时，由于蜗轮除受切向力、径向力外，还受轴向力，造成蜗轮偏斜，以致手无法转动蜗杆。但此时蜗杆可以反转，当反转一圈左右，又被卡住。这是因为大直径、小宽度的配合面，在轴向力作用下，造成偏斜而产生自锁。采用直齿圆柱齿轮或加大宽度 b 减小直径 d，可得到改进 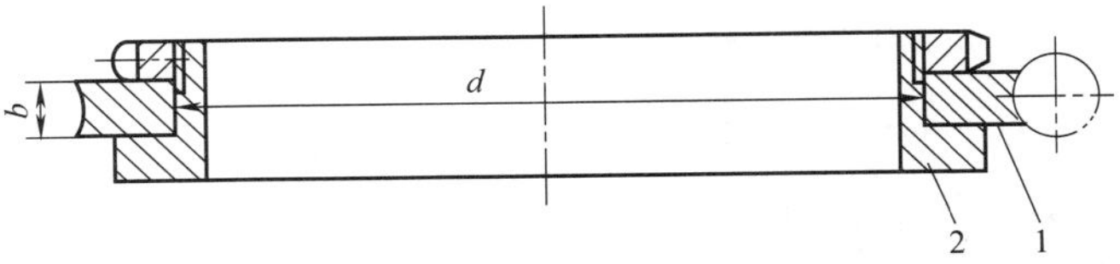 d　b　2　1

2.4.2 蜗杆传动的润滑及散热技巧与禁忌

蜗杆传动由于效率低，所以工作时发热严重。尤其在闭式传动中，如果箱体散热不良，润滑油的温度过高将降低润滑的效果，从而增大摩擦损失，甚至发生胶合。为了使油温保持在允许范围内，防止胶合的发生，除了必须进行热平衡的计算，还应注意润滑及散热中的技巧与禁忌问题。

表 12-2-19　**蜗杆传动的润滑及散热技巧与禁忌**

<table>
<tr><th>注意的问题</th><th>技巧与禁忌</th></tr>
<tr><td>蜗杆传动的润滑方法</td><td>润滑对蜗杆传动尤其重要。充分润滑可以降低齿面的工作温度，减少磨损和避免胶合失效。蜗杆传动常采用黏度大的矿物油进行润滑，为了提高其抗胶合能力，必要时可加入油性添加剂以提高油膜的刚度。但青铜蜗轮不允许采用活性大的油性添加剂，以免被腐蚀。通常可根据载荷的类型和相对滑动速度的大小选用润滑油的黏度和润滑方法，其推荐值如下</td></tr>
<tr><td>蜗杆传动的润滑方法</td><td>
<table>
<tr><td>滑动速度 v_s/m·s^{-1}</td><td><1</td><td><2.5</td><td><5</td><td>>5～10</td><td>>10～15</td><td>>15～25</td><td>>25</td></tr>
<tr><td>工作条件</td><td>重载</td><td>重载</td><td>中载</td><td>—</td><td>—</td><td>—</td><td>—</td></tr>
<tr><td>运动黏度 $\nu_{40℃}$ /mm^2·s^{-1}</td><td>1000</td><td>680</td><td>320</td><td>220</td><td>150</td><td>100</td><td>68</td></tr>
<tr><td rowspan="2">润滑方法</td><td rowspan="2" colspan="3">浸油润滑</td><td rowspan="2">浸油或喷油润滑</td><td colspan="3">喷油润滑油压 p/MPa</td></tr>
<tr><td>0.07</td><td>0.2</td><td>0.3</td></tr>
</table>
</td></tr>
<tr><td>蜗杆传动的布置形式</td><td>蜗杆的布置形式有下置蜗杆与上置蜗杆两种。当采用油池浸油润滑，若 v_s≤5m/s 时，可采用下置蜗杆[见图(a)]，蜗杆的浸油深度至少为一个齿高，且油面不应超过滚动轴承最低滚动体的中心，油池容量宜适当加大些，以免蜗杆工作时泛起箱内沉淀物和加速油的老化；若 v_s>5m/s 时，为了避免搅油太甚、发热过多，或在结构上受到限制时，可采用上置蜗杆[见图(b)]，这时蜗轮的浸油深度允许达到蜗轮半径的 1/6～1/3。当 v_s>10m/s 时，则必须采用压力喷油润滑[见图(c)]，由喷油嘴向传动的啮合区供油，为增强冷却效果，喷嘴宜放在啮出侧，双向转动的喷嘴应布置在双侧

图(a)　图(b)　图(c)</td></tr>
<tr><td>提高蜗杆传动散热能力的措施</td><td>①加散热片以增加散热面积
②在蜗杆轴端加装风扇以提高表面传热系数，见图(a)
③加循环冷却设施，如图(b)所示，在油池中安装循环蛇形冷却水管，使冷水和油池中热油进行热交换，以达降低油温之目的
④外冷却喷油润滑，如图(c)所示，通过外冷却器，将热油冷却后直接喷到蜗杆啮合区，从而降低热平衡时的工作温度

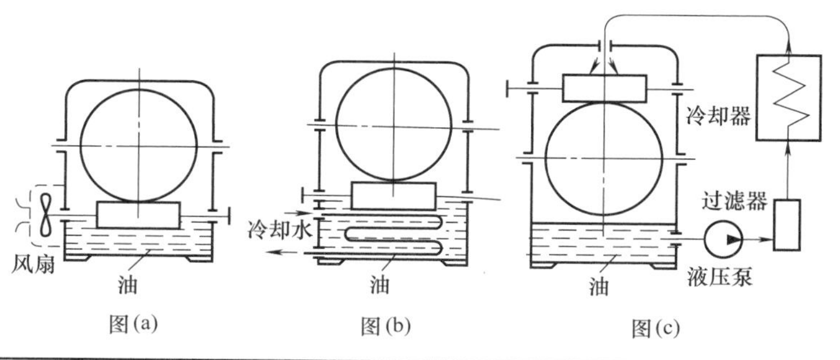

图(a)　图(b)　图(c)</td></tr>
</table>

续表

注意的问题	技巧与禁忌
蜗杆受发热影响比蜗轮严重	在蜗杆传动中，蜗杆与蜗轮相互啮合，但受发热影响的程度不同。在蜗杆传动中，蜗杆转动一圈，蜗轮转过 z_1 个齿，因而蜗杆轮齿工作比蜗轮频繁得多，造成热量在蜗杆上的聚集。此外，由于蜗杆轴距啮合点比蜗轮近，故蜗杆受发热的影响比蜗轮和蜗轮轴严重。在设计蜗杆轴承时，应允许较大的热变形
冷却用风扇必须装在蜗杆轴上	当蜗杆传动仅靠自然通风冷却满足不了热平衡温度要求时，可采用风扇吹风冷却。由于蜗杆的转速较高，因此，吹风用的风扇必须装在蜗杆轴上，而不应装在蜗轮轴上。冷却蜗杆传动所用的风扇与一般生活中的电风扇不同，冷却蜗杆用的风扇向后吹风，风扇外通常安装一个起引导风向作用的外罩 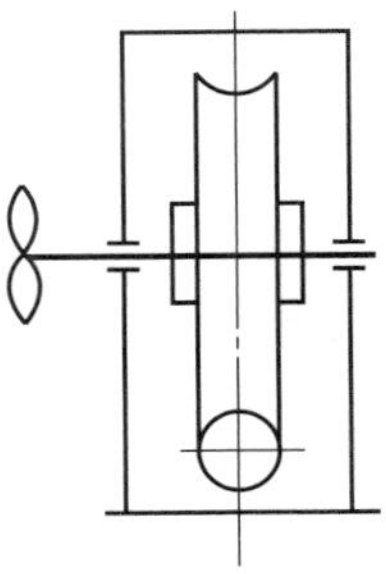 图(a) 禁忌 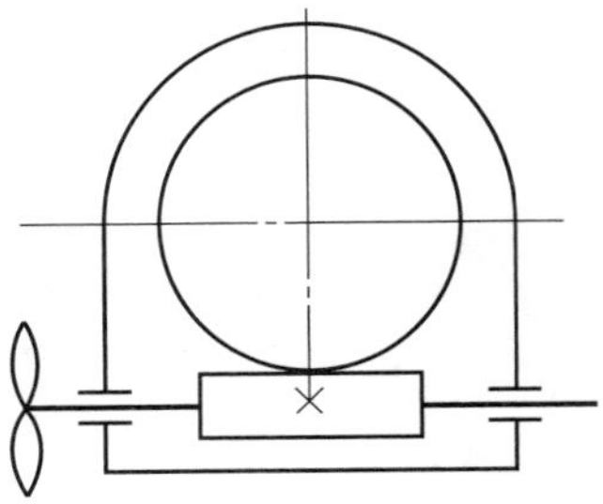　　图(b) 正确
蜗杆减速器外散热片的方向设计	蜗杆减速器箱体表面不能满足散热要求时，要在箱体外表面加散热片以增加散热面积。当没有风扇而靠自然通风冷却时，因为空气受热后上浮，散热片应取上下方向，如图(a)所示。有风扇时，风扇向后吹风，散热片应取水平方向，如图(b)所示 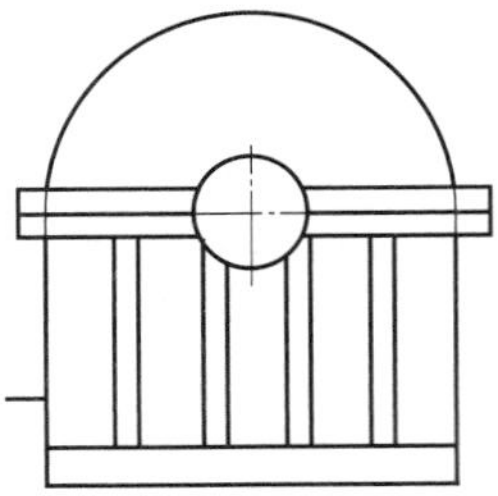 图(a) 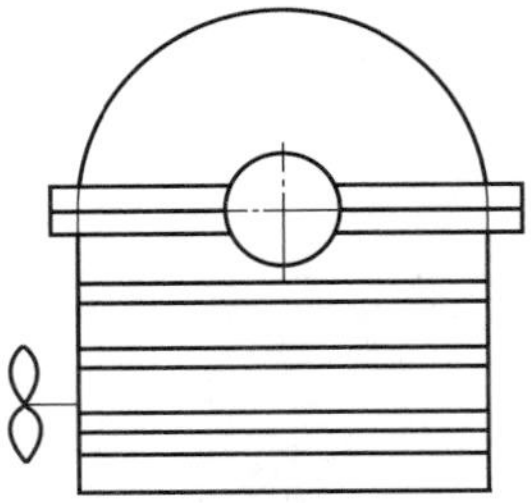　　图(b)

2.4.3 蜗杆传动设计案例

试设计某运输机用的 ZA 型蜗杆减速器的蜗杆传动。已知该传动系统由 Y 系列三相异步电动机驱动，蜗杆轴输入功率 $P=9\mathrm{kW}$，蜗杆转速 $n_1=1440\mathrm{r/min}$，传动比 $i=20$，工作载荷较稳定，但有不大的冲击，单向转动，工作寿命 12000h。

解

（1）选定蜗杆类型、材料、精度等级

① 类型选择　根据题目要求，选用 ZA 型蜗杆传动。

② 材料选择　根据库存材料，并考虑传动的功率不大，速度中等，参考蜗杆材料及工艺要求表，蜗杆材料选用 45 钢，整体调质，表面淬火，齿面硬度 45～50HRC。为了节省贵重的有色金属，蜗轮齿圈材料选用 ZCuSn10Pb1，金属模铸造，齿芯用灰铸铁 HT100 制造。

③ 精度选择　选用 8 级精度，侧隙种类为 c，即 8c GB/T 10089—2018。

（2）按齿面接触疲劳强度设计

$$a \geqslant \sqrt[3]{KT_2\left(\frac{Z_E Z_\rho}{[\sigma_H]}\right)^2}$$

① 确定设计公式中各参数

a. 初选齿数 z_1。查蜗杆头数 z_1 与蜗轮齿数 z_2 的推荐用值表，取 $z_1=2$。

b. 传动效率 η。查蜗杆传动的总效率表，估取效率 $\eta=0.8$。

c. 计算作用在蜗轮上的转矩 T_2

$$T_2=9.55\times10^6P_2/n_2=9.55\times10^6\frac{P\eta}{n_1/i}$$

$$=9.55\times10^6\times\frac{9\times0.8}{1440/20}=95.5\times10^4\text{N}\cdot\text{mm}$$

d. 确定载荷系数 K。因载荷较稳定，故取载荷分布系数 $K_\beta=1$；由使用系数 K_A 表选取使用系数 $K_A=1.15$；由于转速不高，冲击不大，可取动载系数 $K_v=1.1$；则 $K=K_AK_vK_\beta=1.15\times1.1\times1=1.27$。

e. 材料系数 Z_E。查材料系数 Z_E 表，$Z_E=155\sqrt{\text{MPa}}$。

f. 接触系数 Z_ρ。假设蜗杆分度圆直径 d_1 和中心距 a 之比 $d_1/a=0.35$，查圆柱蜗杆传动的接触系数图，$Z_\rho=2.9$。

g. 确定许用接触应力。蜗轮材料的基本许用应力查锡青铜蜗轮的基本许用应力 $[\sigma_{0H}]$ 表，$[\sigma_{0H}]=268\text{MPa}$。

应力循环次数：$N=60jn_2t_h=60\times1\times\frac{1440}{20}\times12000=5.184\times10^7$

寿命系数：$Z_N=\sqrt[8]{10^7/N}=\sqrt[8]{10^7/(5.184\times10^7)}=0.814$

许用接触应力：$[\sigma_H]=Z_N[\sigma_{0H}]=218.2\text{MPa}$

注意问题 1：蜗轮材料的许用接触应力取决于蜗轮材料的强度和性能。当材料为锡青铜（$\sigma_B<300\text{MPa}$），蜗轮主要为接触疲劳失效，其许用应力 $[\sigma_H]$ 与应力循环次数 N 有关。当蜗轮材料为铝青铜或铸铁（$\sigma_B\geqslant300\text{MPa}$），蜗轮主要为胶合失效，其许用应力 $[\sigma_H]$ 与滑动系数有关而与应力循环次数 N 无关。

② 设计计算

a. 计算中心距 a

$$a\geqslant\sqrt[3]{1.27\times95.5\times10^4\left(\frac{155\times2.9}{218.2}\right)^2}=172.66\text{mm},$$

取 $a=200\text{mm}$。

注意问题 2：圆柱蜗杆传动装置的中心距 a 的推荐值（单位：mm）为：40、50、63、80、100、125、160、(180)、200、(225)、250、(280)、315、(355)、400、(450)、500。其中不带括号的为优先选用数值。当中心距大于 500mm 时，可按 $R20$ 优先数系选用（$R20$ 为公比 $\sqrt[20]{10}$ 的级数）。

b. 初选模数 m、蜗杆分度圆直径 d_1、分度圆导程角 γ。根据 $a=200\text{mm}$，$i=20$。

注意问题 3：蜗杆传动减速装置的传动比的公称值为：5、7.5、10、12.5、15、20、25、30、40、50、60、70、80。其中，10，20，40，80 为基本传动比，应优先选用。

查普通圆柱蜗杆基本参数及其与蜗轮参数的匹配表，取 $m=8\text{mm}$，$d_1=80\text{mm}$，$\gamma=11°18'36''$。

c. 确定接触系数 Z_ρ。根据 $d_1/a=80/200=0.4$，查圆柱蜗杆传动的接触系数图，$Z_\rho=2.74$。

d. 计算滑动速度 v_s

$$v_s=\frac{\pi d_1n_1}{60\times1000\cos\gamma}=\frac{\pi\times80\times1440}{60\times1000\times\cos11°18'36''}=6.15\text{m/s}$$

e. 当量摩擦角 ρ_v。查蜗杆传动的当量摩擦因子 f_v 和当量摩擦角 ρ_v 表，取 $\rho_v=1°16'$（取大值）。

f. 计算啮合效率 η_1

$$\eta_1=\frac{\tan\gamma}{\tan(\gamma+\rho_v)}=\frac{\tan11°18'36''}{\tan(11°18'36''+1°16')}=0.90$$

g. 传动效率 η。取轴承效率 $\eta_2=0.99$，搅油效率 $\eta_3=0.98$。

$$\eta=\eta_1\eta_2\eta_3=0.9\times0.99\times0.98=0.87$$

h. 验算齿面接触疲劳强度

$$T_2=9.55\times10^6\frac{P\eta}{n_1/i}=9.55\times10^6\times\frac{9\times0.87}{1440/20}$$

$$=103.86\times10^4\text{N}\cdot\text{mm}$$

$$\sigma_H=Z_EZ_\rho\sqrt{KT_2/a^3}$$

$$=155\times2.74\times\sqrt{1.27\times103.86\times10^4/200^3}$$

$$=172.45\leqslant[\sigma_H]$$

原选参数满足齿面接触疲劳强度的要求，合格。

(3) 主要几何尺寸计算

查普通圆柱蜗杆基本参数及其与蜗轮参数的匹配表：$m=8\text{mm}$，$d_1=80\text{mm}$，$z_1=2$，$z_2=41$，$\gamma=11°18'36''$，$x_2=-0.5$。

① 蜗杆

a. 齿数 z_1。$z_1=2$。

注意问题 4：蜗杆头数 z_1 可根据要求的传动比和效率来选定，z_1 小，导程角小、效率低、发热多、传动比大；z_1 大，蜗杆导程角大、传动效率高，但制造困难。所以，常用的蜗杆头数为 1、2、4、6；要求蜗杆传动实现反行程自锁时，必须选取 $\gamma<3.5°$ 和 $z_1=1$ 的单头蜗杆。

b. 分度圆直径 d_1。$d_1=80\text{mm}$。

注意问题 5：齿厚与齿槽宽相等的圆柱直径 d_1 称为蜗杆分度圆直径。切制蜗轮的滚刀必须和与蜗轮啮合的蜗杆形状相当，因此，对每一模数有一种分度圆直径的蜗杆就需要一把切制蜗轮的滚刀，这样刀具品种的数量太多。为了减少刀具数量并便于标准化，对于每一标准模数规定一定的 d_1 值标准系列。

c. 齿顶圆直径 d_{a1}。$d_{a1}=d_1+2h_{a1}=80+2\times8=96\text{mm}$。

d. 齿根圆直径 d_{f1}。$d_{f1}=d_1-2h_f=(80-2\times1.2\times8)=60.8\text{mm}$。

e. 分度圆导程角 γ。$\gamma=11°18'36''$。

f. 轴向齿距 p_{x1}。$p_{x1}=\pi m=\pi\times8=25.133\text{mm}$。

g. 轮齿部分长度 b_1。由蜗杆螺纹部分长度、蜗轮外径及蜗轮宽度的计算公式表，$b_1\geqslant m(11+0.06z_2)=8\times(11+0.06\times41)=107.68\text{mm}$，取 $b_1=120\text{mm}$。

② 蜗轮

a. 齿数 z_2。$z_2=41$。

注意问题 6：蜗轮齿数 z_2 可根据传动比和蜗杆头数确定，即 $z_2=iz_1$。当 $z_2>30$ 时。蜗杆传动可实现两对齿以上的啮合。一般取 $z_2=32\sim80$。z_2 不宜过大，否则蜗轮尺寸大，蜗杆轴支承间距离将增加，蜗杆的刚度差，影响蜗轮与蜗杆的啮合，$z_2<80$。z_1、z_2 的推荐值见蜗杆头数 z_1 与蜗轮齿数 z_2 的推荐用值表，具体选用时应考虑普通圆柱蜗杆基本参数及其与蜗轮参数的匹配表中的匹配关系。

b. 变位系数 x_2。$x_2=-0.5$。

c. 验算传动比相对误差。

传动比 $i=\dfrac{z_2}{z_1}=\dfrac{41}{2}=20.5$

传动比相对误差 $\left|\dfrac{20-20.5}{20}\right|=2.5\%<5\%$，在允许范围内，满足要求。

d. 蜗轮圆直径 d_2。$d_2=mz_2=8\times41=328\text{mm}$。

e. 蜗轮齿顶直径 d_{a2}。$d_{a2}=d_2+2h_{a2}=328+2\times8(1-0.5)=336\text{mm}$。

f. 蜗轮齿根圆直径 d_{f2}。$d_{f2}=d_2-2h_{f2}=328-2\times8(1.2+0.5)=300.8\text{mm}$。

g. 蜗轮咽喉母圆半径 r_{g2}。$r_{g2}=a-\dfrac{1}{2}d_{a2}=200-\dfrac{1}{2}\times336=32\text{mm}$。

(4) 校核齿根弯曲疲劳强度

$$\sigma_F \frac{1.53KT_2}{d_1d_2m}Y_{Fa2}Y_\beta\leqslant[\sigma_F]$$

① 确定验算公式中各参数

a. 确定许用弯曲应力 $[\sigma_F]$。

基本许用弯曲应力：查蜗轮材料的基本许用弯曲应力表，$[\sigma_{0F}]=56\text{MPa}$。

寿命系数：$Y_N=\sqrt[9]{10^6/N}=\sqrt[9]{10^6/(5.184\times10^7)}=0.645$

许用弯曲应力：$[\sigma_F]=[\sigma_{0F}]Y_N=56\times0.645=36.12\text{MPa}$

注意问题 7：蜗轮材料的许用弯曲应力取决于蜗轮材料的强度和性能，其许用应力 $[\sigma_F]$ 与应力循环次数 N 有关。

b. 当量齿数 z_{v2}

$$z_{v2}=\frac{z_2}{\cos^3\gamma}=\frac{41}{\cos^3 11.31^\circ}=43.48$$

c. 齿形系数 Y_{Fa2}。查蜗轮齿形系数图，$Y_{Fa2}=2.87$。

d. 螺旋角系数 Y_β。$Y_\beta=1-\gamma/140^\circ=1-11.31^\circ/140^\circ=0.9192$。

② 校核计算

$$\sigma_F=\frac{1.53\times1.27\times95.5\times10^4}{80\times328\times8}\times2.87\times0.9192=23.32\text{MPa}\leqslant[\sigma_F]$$

弯曲强度满足要求。

(5) 热平衡计算

① 估算散热面积 A　$A=9\times10^{-5}a^{1.88}=9\times10^{-5}\times200^{1.88}=1.91\text{m}^2$。

② 验算油的工作温度 t_i　取 $t_0=20℃$，$K_s=14\text{W}/(\text{m}^2\cdot℃)$。

$$t_i=\frac{1000P(1-\eta)}{K_SA}+t_0=\frac{1000\times9\times(1-0.87)}{14\times1.91}℃+20℃=63.8℃<70℃$$

满足热平衡要求。

(6) 润滑方式

根据 $v_s=6.15\text{m/s}$，查蜗杆传动的润滑油黏度及润滑方法表，采用浸油润滑，蜗杆上置，油的运动黏度 $\nu_{40℃}=220\times10^{-6}\text{m}^2/\text{s}$。

(7) 结构设计及绘制零件工作图

1) 蜗杆

车制，其零件工作图见图 12-2-8（注：蜗杆轴其余部分机构设计及参数计算参见轴的设计，从略）。

2) 蜗轮

采用齿圈压配式结构，其零件工作图略。

2.5 滑动螺旋传动

螺旋传动主要用来将回转运动变为直线运动，同时传递力和转矩，也可以用来调整零件的相互位置，有时兼具几种作用。螺旋传动的主要零件就是螺杆和螺母。将回转运动变为直线运动的方式是：螺杆转动、螺母移动；螺母转动、螺杆移动；螺母固定、螺杆转动并移动；螺杆固定、螺母转动并移动。

按用途不同可将滑动螺旋分为传导螺旋、传力螺旋和调整螺旋三种。滑动螺旋传动采用的螺纹形式为：梯形螺纹、矩形螺纹、锯齿形螺纹，工程设计中多用梯形螺纹，重载起重螺旋也可用锯齿形螺纹，对效率要求较高的传动螺旋也可用矩形螺纹。

滑动螺旋传动的主要失效形式为螺纹牙的磨损，因此主要几何尺寸即螺杆中径、螺母高度均由耐磨性确定，再针对其他失效形式一一校核计算，例如螺杆和螺母的螺纹牙承受挤压、弯曲和剪切强度验算；自锁验算；稳定性验算。要求传递运动精确时，还应验算螺杆轴的刚度。故在选材、设计计算和结构设计时应注意有关禁忌问题。

2.5.1 螺旋传动材料选择禁忌

螺杆与螺母不能选择相同的材料，螺杆与螺母都选用碳钢或合金钢，这样采用硬碰硬材料的设计会导致材料加剧磨损，应该考虑材料配对时既要有一定的强度，又要保证材料配对时摩擦系数小。因此，通常螺杆采用硬材料，即碳钢及其合金钢；螺母采用软材料，即铜基合金，例如铸造锡青铜等，低速不重要的传动也可用耐磨铸铁。

第 12 篇

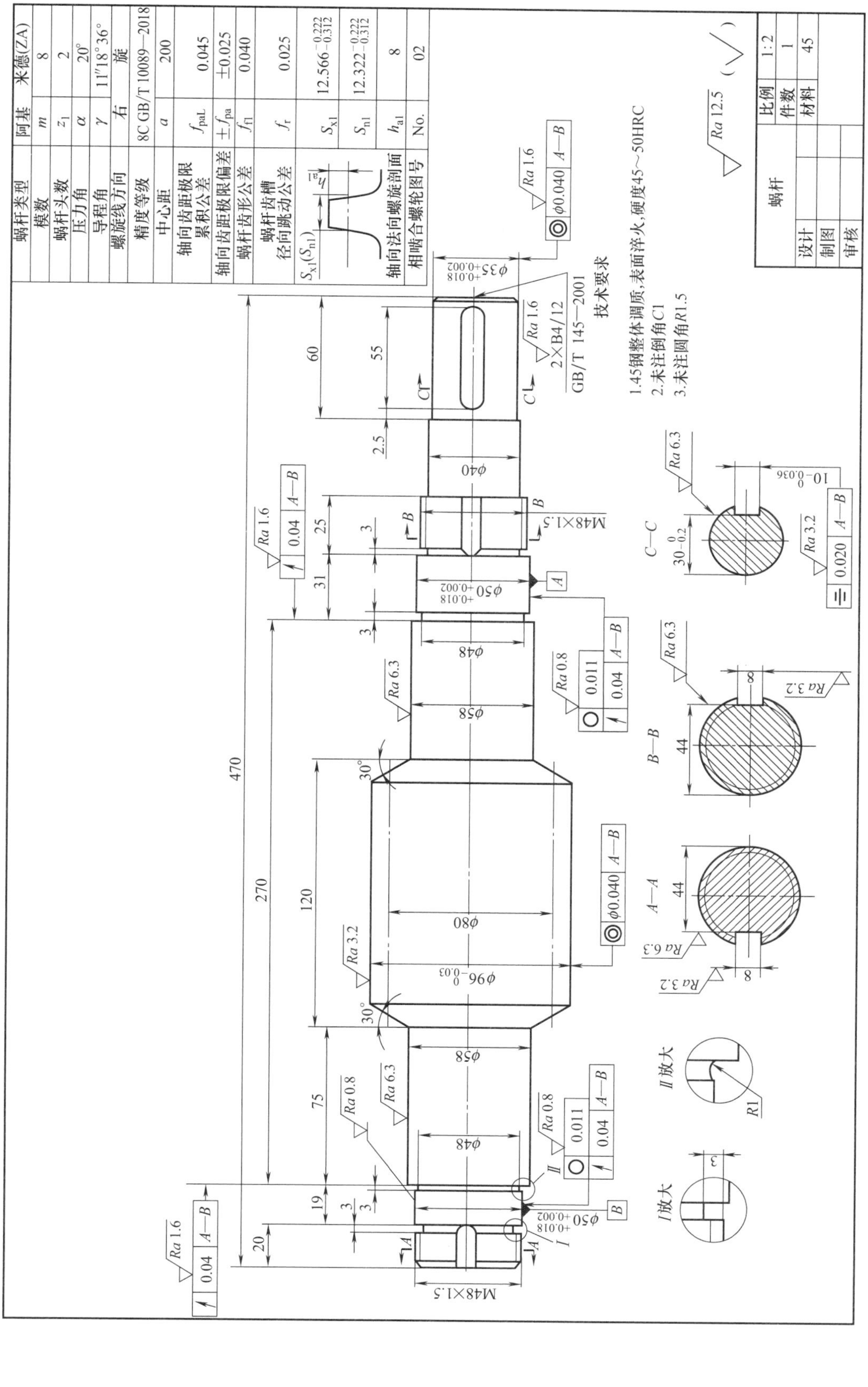

蜗杆类型	阿基	米德(ZA)
模数	m	8
蜗杆头数	z_1	2
压力角	α	20°
导程角	γ	11″18°36°
螺旋线方向	右	旋
精度等级	8C GB/T 10089—2018	
中心距	a	200
轴向齿距极限累积公差	f_{paL}	0.045
轴向齿距极限偏差	$\pm f_{pa}$	±0.025
蜗杆齿形公差	f_{f1}	0.040
蜗杆齿槽径向跳动公差	f_r	0.025
$S_{x1}(S_{n1})$ h_{a1} 轴向法向螺旋剖面	S_{x1}	$12.566^{-0.222}_{-0.312}$
	S_{n1}	$12.322^{-0.222}_{-0.312}$
	h_{a1}	8
相啮合螺轮图号	No.	02

技术要求

1.45钢整体调质,表面淬火,硬度45～50HRC
2.未注倒角C1
3.未注圆角R1.5

Ra 12.5 (√)

蜗杆		比例	1:2
		件数	1
设计		材料	45
制图			
审核			

图 12-2-8　蜗杆零件工作图

2.5.2 滑动螺旋传动设计计算技巧与禁忌

表 12-2-20 **滑动螺旋传动设计计算技巧与禁忌**

<table>
<tr><th>注意的问题</th><th colspan="2">技巧与禁忌</th></tr>
<tr><td>自锁计算禁忌</td><td colspan="2">滑动螺旋传动设计时一定要满足自锁条件，按一般自锁条件，螺旋升角只要小于或等于当量摩擦角即可，即：$\varphi \leqslant \rho_v$。但滑动螺旋传动设计时不能按一般自锁条件来计算，为了安全起见，必须满足螺旋升角小于或等于当量摩擦角减小一度，即应满足：$\varphi \leqslant \rho_v - 1°$</td></tr>
<tr><td>螺母圈数设计禁忌</td><td colspan="2">螺旋传动的主要失效形式是磨损，因此应根据耐磨性计算求出螺母的圈数。如果得出圈数 $z \geqslant 10$ 是不合理的，因为螺母圈数越多，各个圈中的受力越不均匀，因此，应该重新调整参数进行计算，使计算出来的螺母圈数 $z < 10$</td></tr>
<tr><td>系数 $\psi = H/P$ 的选择禁忌</td><td colspan="2">耐磨性计算时，系数 ψ 的选择忌偏大，否则，螺母高度过大，各圈受力可能不均。因为在推导公式过程中，为了消掉一个未知数，引入系数 $\psi = H/P$，其中 H 为螺母旋合高度，P 为螺距。对于整体式螺母，磨损后间隙不能调整，为了使螺母各圈受力尽量均匀，系数 ψ 应取小值，通常取 $\psi = 1.2 \sim 2.5$；对于剖分式螺母，磨损后间隙可调整，或需螺母兼作支承而受力较大时，可取 $\psi = 2.5 \sim 3.5$；对于传动精度较高、要求寿命较长时，才允许取 $\psi = 4$</td></tr>
<tr><td>螺纹牙强度计算禁忌</td><td colspan="2">在做螺纹牙强度计算时，计算螺杆是不对的，因为螺杆是硬材料(钢或合金钢)，而螺母是软材料(铜基合金)，螺纹牙的剪断和弯断多发生在强度低的螺母上，因此，只需计算螺母的剪切强度和弯曲强度即可</td></tr>
<tr><td rowspan="4">螺杆稳定性计算禁忌</td><td colspan="2">在做螺杆稳定性计算时，忌长度折算系数 μ 判断及选择不合理。在做螺杆稳定性计算时，首先需要计算螺杆的柔度 λ，$\lambda = \mu l / i$，式中，l 为螺杆的受压长度；i 为螺杆危险截面的惯性半径，$i = d_1/4$；d_1 为螺杆的根径。而长度折算系数 μ 的选择与螺杆端部的支承情况有关，不同支承情况的 μ 值选取如下</td></tr>
<tr><td>端部支承情况</td><td>长度系数 μ</td></tr>
<tr><td>两端固定
一端固定，一端不完全固定
一端铰支，一端不完全固定
两端不完全固定
两端铰支
一端固定，一端自由</td><td>0.5
0.6
0.7
0.75
1.0
2.0</td></tr>
<tr><td colspan="2">注：判断螺杆端部支承情况的方法：滑动支承时：若 l_0 为轴承长度；d_0 为轴承直径，当 $l_0/d_0 < 1.5$，视为铰支；$l_0/d_0 = 1.5 \sim 3.0$，视为不完全固定；$l_0/d_0 > 3.0$，视为固定支承
整体螺母作支承时：同上，此时 $l_0 = H$(螺母高度)。剖面螺母作支承时：为不完全固定支撑。滚动支承时：有径向约束视为铰支，有径向和轴向约束视为固定支承</td></tr>
</table>

2.5.3 螺旋千斤顶结构设计技巧与禁忌

表 12-2-21 **螺旋千斤顶结构设计技巧与禁忌**

<table>
<tr><th>注意的问题</th><th colspan="2">设计技巧与禁忌</th></tr>
<tr><td rowspan="2">螺杆的挡圈压住了托杯</td><td colspan="2">图(a)中，当转动螺杆时，因挡圈压住了托杯而使托杯也跟着旋转，不能正常工作。右图为改进后的结构，使螺杆的顶部比托杯高一些，让挡圈压住螺杆而不与托杯接触，托杯就不会转动了</td></tr>
<tr><td>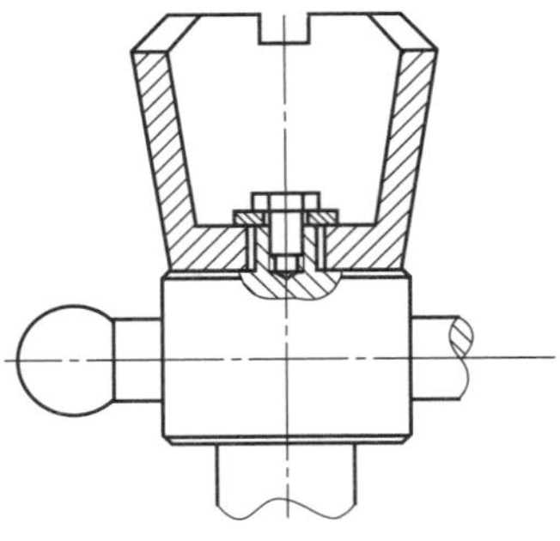
图(a) 禁忌</td><td>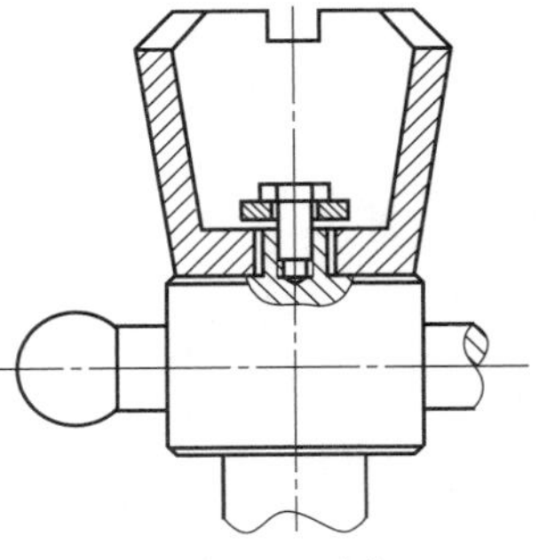
图(b) 正确</td></tr>
</table>

续表

注意的问题	设计技巧与禁忌
手柄无法装进	图(a)中,手柄两边的手球与手柄为一体,直径比手柄杆大,因此装不进螺杆的手柄孔。图(b)为改正后的设计,一个手柄球制造成带螺栓的可拆结构,就可以顺利地装拆了 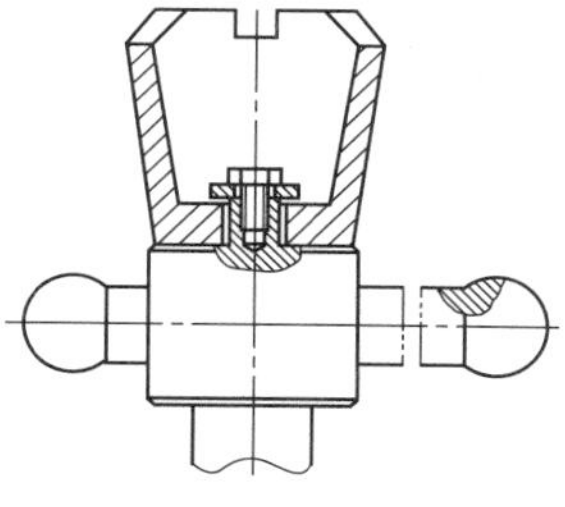 图(a)　禁忌 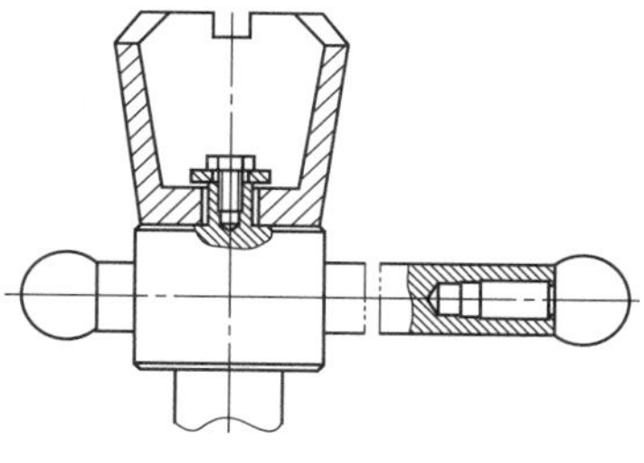　　图(b)　正确
螺旋千斤顶的底座太高	图(a)中,螺杆距底座的底面 L 太高,因此使底座加大、结构庞大、重量增加。图(b)为改正后的设计,螺杆距底座的底面 L 减小,结构比较合理 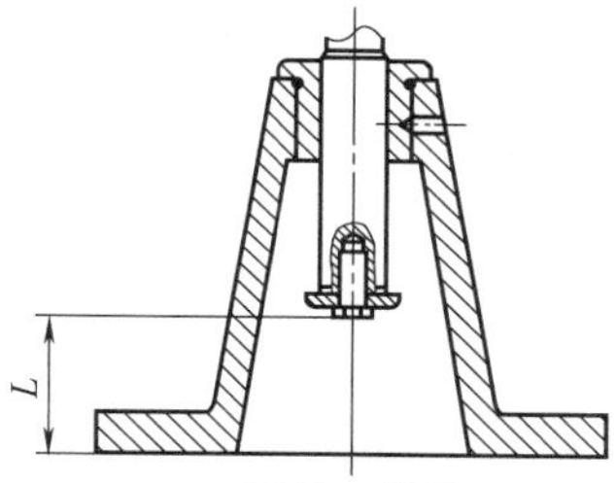 图(a)　禁忌 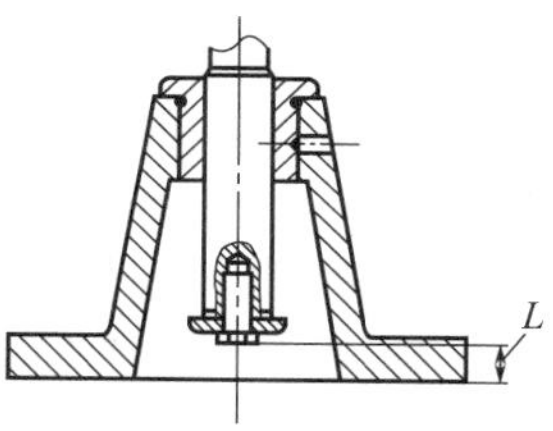　　图(b)　正确

2.6　减速器

2.6.1　常用减速器形式选择禁忌

减速器的形式很多,可以满足各种机器的不同要求。按传动类型可分为齿轮、蜗杆、蜗杆-齿轮、齿轮-蜗杆等减速器;按传动的级数,可分为单级和多级减速器;按轴在空间的相互位置,可分为卧式和立式减速器;按传动的布置形式,可分为展开式、同轴式和分流式减速器。各种类型减速器均有一定的特点,选用时应注意有关禁忌。

2.6.1.1　二级展开式圆柱齿轮减速器形式选择禁忌

表 12-2-22　二级展开式圆柱齿轮减速器形式选择禁忌

注意的问题	禁忌示例	说　明
斜齿轮与直齿轮的布置	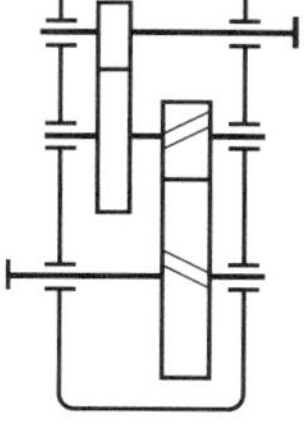 图(a)　禁忌 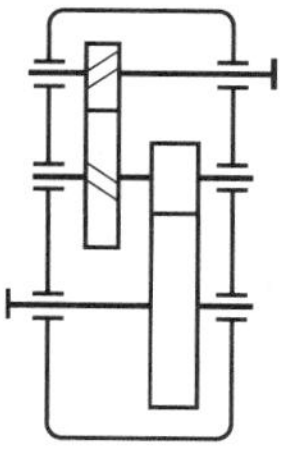　　图(b)　正确	斜齿轮传动由于重合度大、传动平稳等优点,适于高速传动,所以展开式圆柱齿轮减速器的高速级宜采用斜齿轮,低速级可采用直齿轮或斜齿轮;若反之,高速级采用直齿、低速级采用斜齿则是不合理的

续表

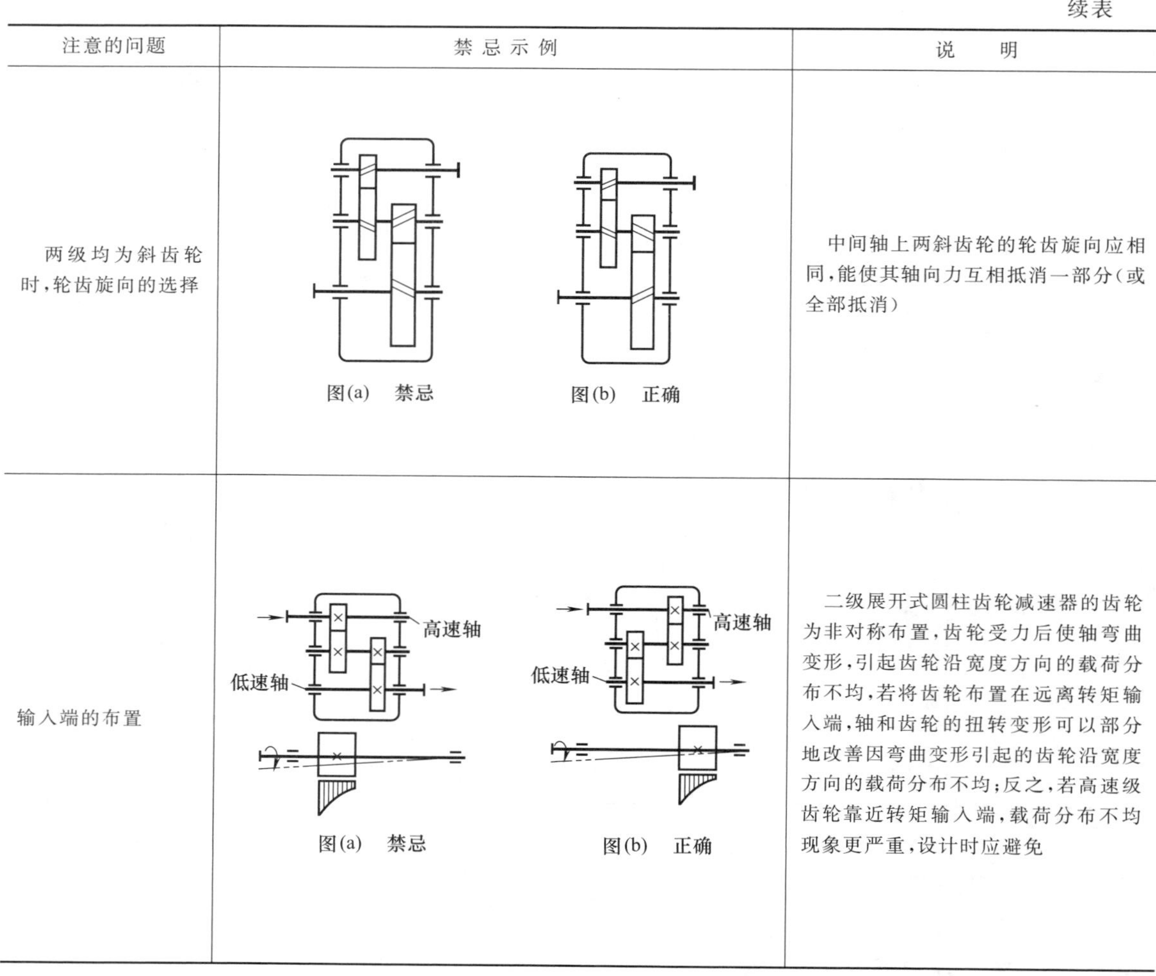

注意的问题	禁忌示例	说　明
两级均为斜齿轮时，轮齿旋向的选择	图(a)　禁忌　　图(b)　正确	中间轴上两斜齿轮的轮齿旋向应相同，能使其轴向力互相抵消一部分（或全部抵消）
输入端的布置	高速轴　低速轴　高速轴　低速轴 图(a)　禁忌　　图(b)　正确	二级展开式圆柱齿轮减速器的齿轮为非对称布置，齿轮受力后使轴弯曲变形，引起齿轮沿宽度方向的载荷分布不均，若将齿轮布置在远离转矩输入端，轴和齿轮的扭转变形可以部分地改善因弯曲变形引起的齿轮沿宽度方向的载荷分布不均；反之，若高速级齿轮靠近转矩输入端，载荷分布不均现象更严重，设计时应避免

2.6.1.2　分流式二级圆柱齿轮减速器形式选择禁忌

(1) 分流式二级圆柱齿轮减速器形式选择禁忌（表 12-2-23）

表 12-2-23　　分流式二级圆柱齿轮减速器形式选择禁忌

注意的问题	禁忌示例	说　明
大功率宜采用分流式	图(a) 较差　　图(b) 较好	大功率减速器采用分流传动可以减小传动件尺寸。展开式二级齿轮减速器低速级采用分流传动，轴受力是对称的，齿轮接触情况较好，轴承受载也平均分配。所以大功率传动宜选用分流式减速器

续表

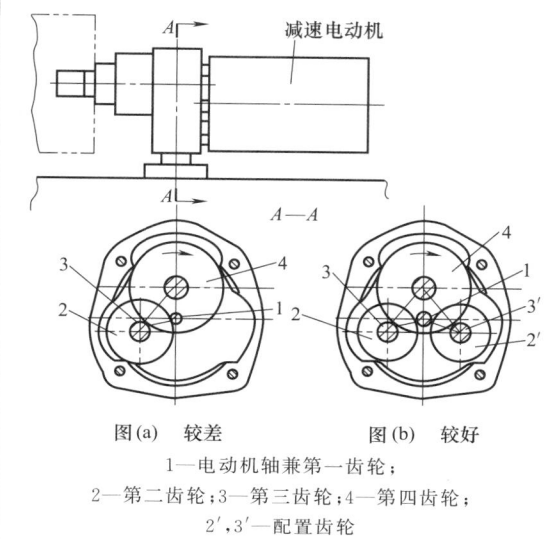

注意的问题	禁忌示例	说明
频繁约束载荷下宜采用分流传动	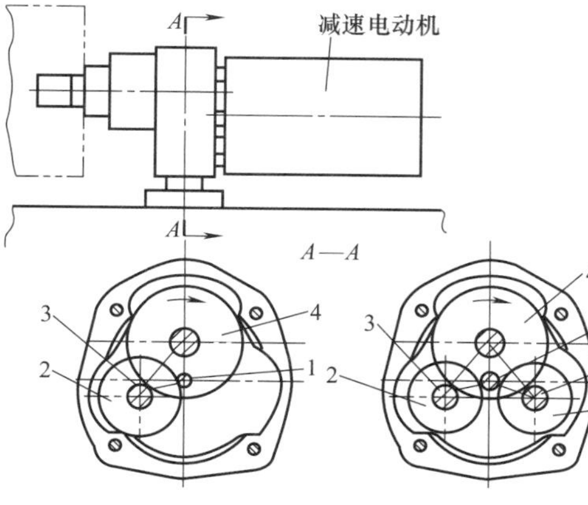 图(a)　较差　　图(b)　较好 1—电动机轴兼第一齿轮； 2—第二齿轮；3—第三齿轮；4—第四齿轮； 2′,3′—配置齿轮	该图为混凝土穿孔钻具简图，采用两级齿轮减速电动机直接驱动钻具。图(a)为两级展开式，为减小齿轮减速机构体积，将电动机输出轴做成齿轮轴(齿轮 1)。当过载时，如钻具碰到混凝土中的钢筋之类物件后，穿孔阻力矩将增加许多倍，这样大大增加了齿轮啮合面上的作用力，使悬臂安装的电动机轴齿轮发生挠曲变形，同齿轮 2 的正常啮合受到破坏，因此极易发生异常磨损而破坏。图(b)在电动机输出轴两侧对称配置了齿轮 2′和齿轮 3′，使电动机的齿轮轴由一侧啮合变成两侧啮合，使载荷得到分流，齿面上受力降低了一半，同时也防止了轴较大的挠曲变形，因而避免齿轮因异常磨损而损坏

(2) 分流式二级圆柱齿轮减速器选型分析（表 12-2-24）

表 12-2-24　分流式二级圆柱齿轮减速器选型分析

方案		Ⅰ	Ⅱ	Ⅲ	Ⅳ
简图		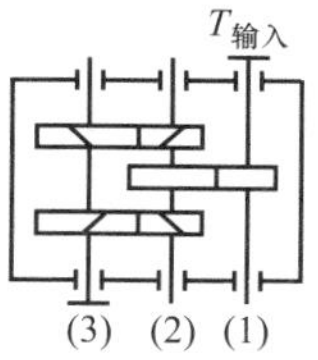 $T_{输入}$ (3) (2) (1)	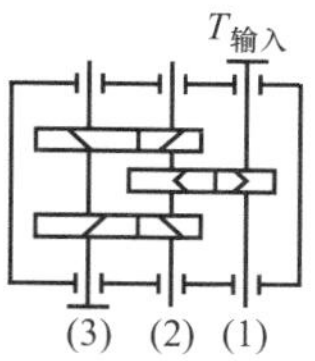 $T_{输入}$ (3) (2) (1)	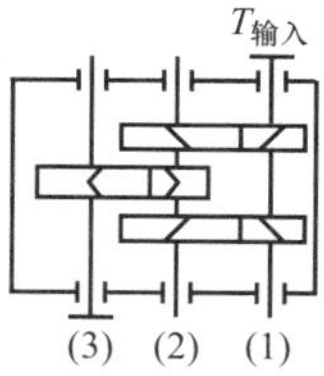 $T_{输入}$ (3) (2) (1)	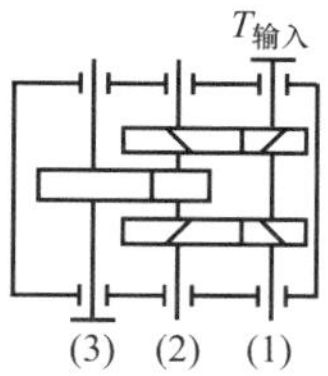 $T_{输入}$ (3) (2) (1)
高速级	齿轮布置	两轴承中间	两轴承中间	靠近轴承	靠近轴承
	齿轮转矩	$T_{输入}$	$T_{输入}$	$T_{输入}/2$	$T_{输入}/2$
低速级	齿轮布置	靠近轴承	靠近轴承	两轴承中间	两轴承中间
	齿轮转矩	$T_{输入}i_{高}/2$	$T_{输入}i_{高}/2$	$T_{输入}i_{高}$	$T_{输入}i_{高}$
中间轴危险截面受转矩		$T_{输入}i_{高}/2$	$T_{输入}i_{高}/2$	$T_{输入}i_{高}/2$	$T_{输入}i_{高}/2$
游动支承		(2)	(1)(2)	(1)(2)	(1)
结论	低速轴齿轮软齿面	较好	较好	较差	较差
	低速轴齿轮硬齿面	较差	较差	较好	较好

2.6.1.3　同轴式二级圆柱齿轮减速器选型分析

表 12-2-25　同轴式二级圆柱齿轮减速器选型分析

方案		Ⅰ	Ⅱ
简图		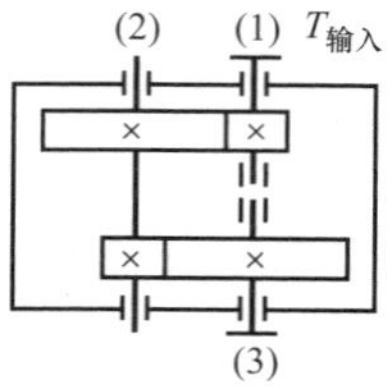 (2) (1) $T_{输入}$ (3)	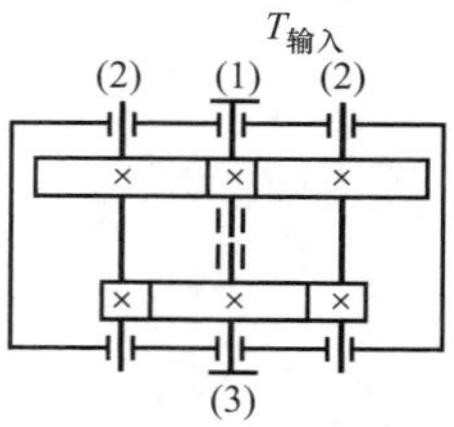 $T_{输入}$ (2) (1) (2) (3)
高速级齿轮受转矩		$T_{输入}$	$T_{输入}/2$
低速级齿轮受转矩		$T_{输入}i_{高}$	$T_{输入}i_{高}/2$
中间轴受转矩		$T_{输入}i_{高}$	$T_{输入}i_{高}/2$
(1)、(3)轴是否受弯矩		受	不受
结论	轻、中载荷	较好	较差
	重载荷	较差	较好

2.6.1.4　圆锥-圆柱齿轮减速器形式选择及禁忌

表 12-2-26　圆锥-圆柱齿轮减速器形式选择及禁忌

注意的问题	禁忌示例	说明
圆锥齿轮传动应布置在高速级	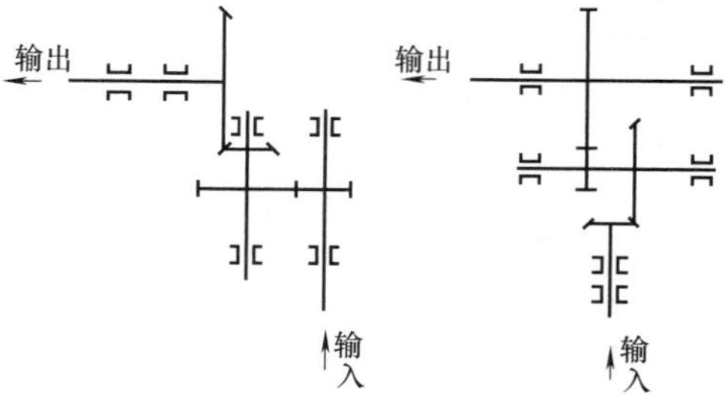 输出 输入 图(a)　禁忌　输出 输入 图(b)　正确	由于加工较大尺寸的圆锥齿轮有一定困难，且圆锥齿轮常常是悬臂布置，为使其受力小些，应将圆锥齿轮传动作为圆锥-圆柱齿轮减速器的高速级(载荷较小)，这样圆锥齿轮的尺寸可以比布置在低速级减小，便于制造加工
不宜选用大传动比的圆锥-圆柱齿轮散装传动装置	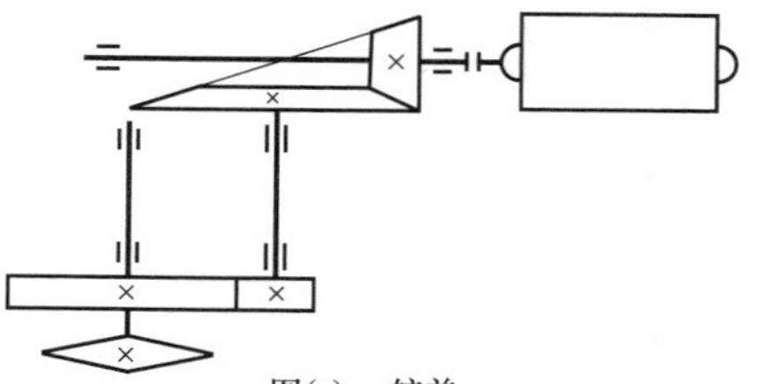 图(a)　较差 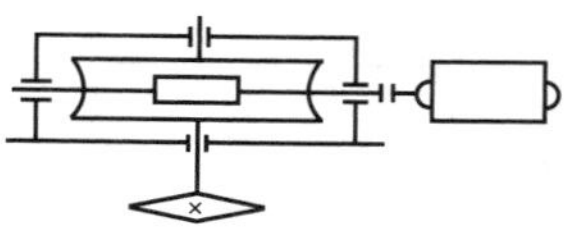　图(b)　较好 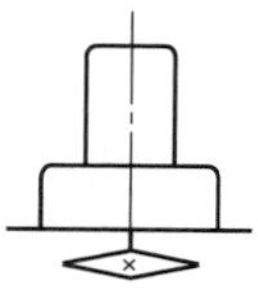　图(c)　很好	对于要求传动比较大，而且对其工作位置有一定要求的传动装置，往往传动级数较多，结构也比较复杂。例如图示的链式悬挂运输机的传动装置，电动机水平布置，链轮轴与地面垂直而且转速很低，这就要求传动比大，而且轴要成 90°角。如采用如图(a)所示的圆锥齿轮、圆柱齿轮传动的结构，这些传动装置作为散件安装，精度不高，缺乏润滑，安装困难，寿命较短；若改为传动比较大的一级蜗杆传动[见图(b)]，安装方便，但效率较低；采用传动比大、效率高的行星传动或摆线针轮减速器，改用立式电动机直接装在减速器上[见图(c)]，是很好的方案

第 12 篇

续表

注意的问题	禁忌示例	说明
二级圆柱齿轮减速器与圆锥-圆柱齿轮减速器的对比选择	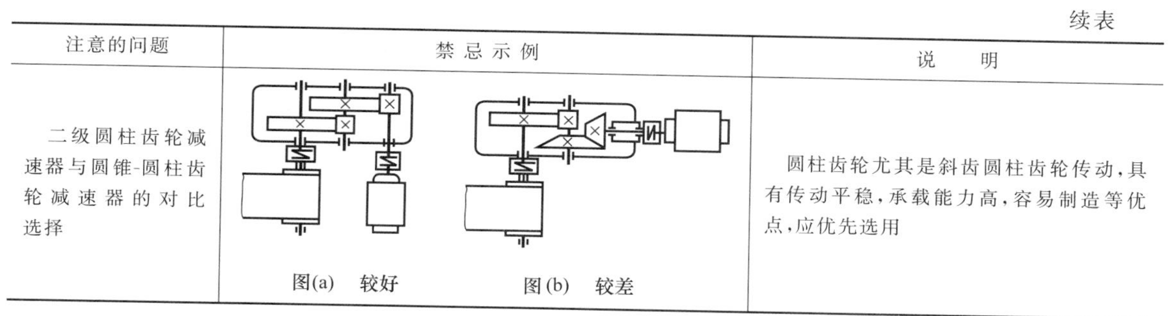 图(a)　较好　图(b)　较差	圆柱齿轮尤其是斜齿圆柱齿轮传动，具有传动平稳，承载能力高，容易制造等优点，应优先选用

2.6.1.5　蜗杆减速器选型分析对比

单级蜗杆减速器主要有蜗杆在上和蜗杆在下两种不同形式。选择时，应尽可能地选用蜗杆在下的结构，因为此时的润滑和冷却问题较容易解决，同时蜗杆轴承的润滑也很方便。但当蜗杆的圆周速度大于 4～5m/s 时，为了减少搅油和飞溅时的功率损耗，可采用上置蜗杆结构，两种方案分析对比见表 12-2-27。

表 12-2-27　　蜗杆减速器选型分析对比

方案		蜗杆下置	蜗杆上置
简图			
润滑、散热		方便	不方便
搅油、飞溅功耗		较大	较小
结论	蜗杆圆周速度 $v<4\sim5\text{m/s}$	较好	较差
	蜗杆圆周速度 $v>4\sim5\text{m/s}$	较差	较好

2.6.1.6　蜗杆-齿轮减速器选型分析对比

这类减速器有两种，一种是齿轮传动在高速级，即齿轮-蜗杆减速器；另一种是蜗杆传动在高速级，即蜗杆-齿轮减速器。齿轮-蜗杆减速器因齿轮常悬臂布置，传动性能和承载能力下降，同时蜗杆传动布置在低速级，不利于齿面压力油膜的建立，又增大了传动的负载，使磨损增大，效率较低，因此当以传递动力为主时，不宜采用这种形式，而应采用蜗杆传动布置在高速级的结构。但齿轮-蜗杆减速器比蜗杆-齿轮减速器结构紧凑，所以在结构要求紧凑的场合下，可选用此种形式。有关两种方案的分析对比见表 12-2-28。

表 12-2-28　　蜗杆-齿轮减速器选型分析对比

方案	齿轮-蜗杆	蜗杆-齿轮
简图		

续表

方　　案		齿轮-蜗杆	蜗杆-齿轮
齿轮布置		大齿轮悬臂	非对称
蜗杆传动油膜		不易形成	易形成
承载能力		较低	较高
结构尺寸		较小	较大
结论	传力为主($i=35\sim150$)	较差	较好
	要求结构紧凑($i=50\sim250$)	较好	较差

2.6.2　减速器传动比分配禁忌

在设计二级及二级以上的减速器时，合理地分配各级传动比是很重要的，因为它将影响减速器的轮廓尺寸和重量以及润滑条件等。现以二级圆柱齿轮减速器为例，说明传动比分配一般应注意的几个问题。

2.6.2.1　尽量使传动装置外廓尺寸紧凑或重量较小

如图 12-2-9 所示为二级圆柱齿轮减速器，在总中心距和传动比相同时，粗实线所示方案（高速级传动比 $i_1=5.51$，低速级传动比 $i_2=3.63$）具有较小的外廓尺寸，这是由于 i_2 较小时，低速级大齿轮直径较小的缘故。

理论分析表明，若两级小齿轮分度圆直径相同，两级传动比分配相等时，可使两级齿轮传动体积最小，但此时两级齿轮传动的强度相差较大，一般对于精密机械，特别是移动式精密机械，常采用这一分配原则。

2.6.2.2　尽量使各级大齿轮浸油深度合理

圆周速度 $v\leqslant12\sim15\text{m/s}$ 的齿轮减速器广泛采用油池润滑，自然冷却。为减少齿轮运动的阻力和油的温升，浸入油中齿轮的 9 度以 1～2 个齿高为宜（见图 12-2-10），最深不得超过 1/3 的齿轮半径。为使各级齿轮浸油深度大致相当，在卧式减速器设计中，希望各级大齿轮直径相近，以避免为了各级齿轮都能浸到油而使某级大齿轮浸油过深而造成搅油功耗增加。通常二级圆柱齿轮减速器中，低速级中心距大于高速级，因而，应使高速级传动比大于低速级，例如图 12-2-9 所示的粗实线方案，可使二级大齿轮直径相近，浸油深度较为合理。图 12-2-9 中粗实线与细实线两种方案的对比分析见表 12-2-29。

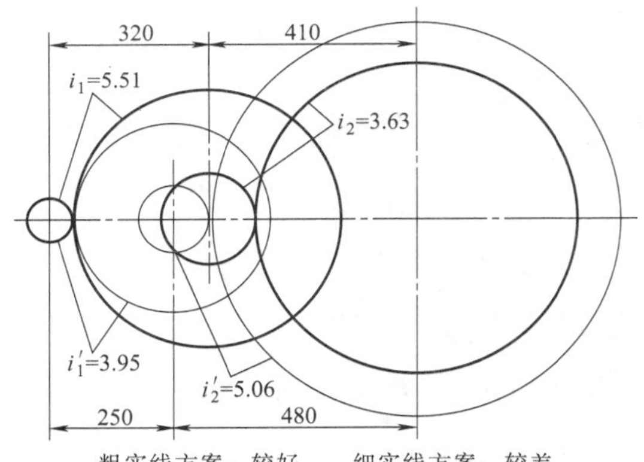

粗实线方案：较好　　细实线方案：较差

图 12-2-9　二级圆柱齿轮减速器传动比分配对比

表 12-2-29　　二级展开式圆柱齿轮减速器传动比分配比较

方　　案	Ⅰ(图 12-2-9 中粗实线)	Ⅱ(图 12-2-9 中细实线)
总传动比 i	20	20
总中心距 a/mm	730	730
高速级传动比 i_1	5.51	3.95
低速级传动比 i_2	3.63	5.06
高速级中心距 a_1/mm	320	250
低速级中心距 a_2/mm	410	480
两级大齿轮浸油深度	合理	不合理
外廓尺寸	较小	较大
结论	较好	较差

对于展开式二级圆柱齿轮减速器，一般主要考虑满足浸油润滑的要求，如图 12-2-10 所示。如前所述，应使两个大齿轮直径 d_2、d_4 大小相近。在两对齿轮配对材料相同、两级齿宽系数 ψ_{d1}、ψ_{d2} 相等的情况下，其传动比分配可按图 12-2-11 中的展开式曲线选取，这时结构也比较紧凑。

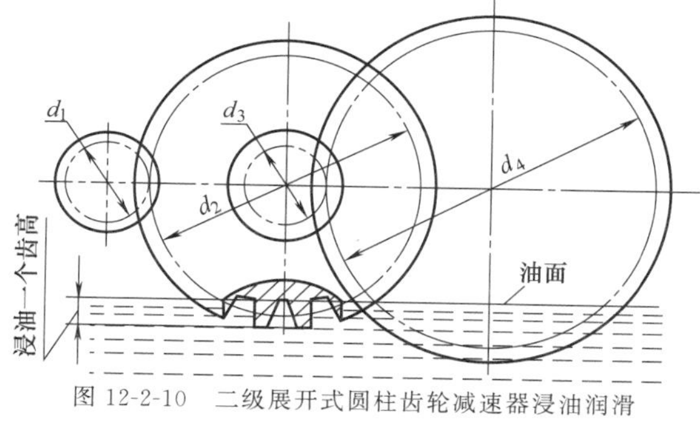

图 12-2-10　二级展开式圆柱齿轮减速器浸油润滑

对于同轴式二级圆柱齿轮减速器，为使两级大齿轮浸油深度相等，即 $d_2=d_4$，两级传动比分配可取

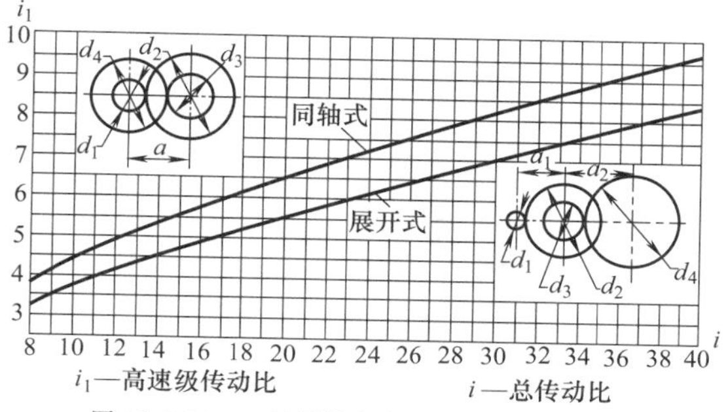

图 12-2-11　二级圆柱齿轮减速器传动比分配

$i_1=i_2=i^{1/2}$，式中，i 为总传动比，i_1、i_2 分别为高速级与低速级传动比。此种传动比分配方案虽润滑条件较好，但不能使两级齿轮等强度，高速级强度有富余，所以其减速器外廓尺寸比较大，如图 12-2-12 中的细实线所示。图中粗实线为按接触强度相等条件进行传动比分配（按图 12-2-11）的尺寸，显然比前者结构紧凑，但后者高速级的大齿轮浸油深度较大，搅油损耗略为增加，两种方案对比见表 12-2-30。

表 12-2-30　二级同轴式圆柱齿轮减速器传动比分配比较

方　案		Ⅰ(图 12-2-12 中粗实线)	Ⅱ(图 12-2-12 中细实线)
总传动比 i		20	20
高速级传动比 i_1		由图 12-2-11 知，$i_1=6.5$	$i_1=i^{1/2}=20^{1/2}=4.47$
低速级传动比 i_2		$i_2=i/i_1=3.08$	$i_2=i_1=4.47$
高速级中心距 a_1/mm		360	425
低速级中心距 a_2/mm		360	425
结论	满足等润滑	较差($d_2>d_4$)	较好($d_4'=d_2'$)
	满足等强度(传递功率较大)	较好	较差
	结构紧凑	较好	较差

2.6.2.3　使各级传动承载能力近于相等的传动比分配原则

对于展开式和分流式二级圆柱齿轮减速器，当高速级和低速级传动的材料相同、齿宽系数相等、按轮齿接触强度相等条件进行传动比分配时，应取高速级的传动比 i_1 为

$$i_1=\frac{i-1.5\sqrt[3]{i}}{1.5\sqrt[3]{i}-1}$$

式中，i 为减速器的总传动比。

对于同轴式二级圆柱齿轮减速器，为使两级在齿轮中心距相等的情况下，达到两对齿轮的接触强度相等的要求，在两对齿轮配对材料相同，齿宽系数 $\psi_{d1}/\psi_{d2}=1.2$ 的条件下，其传动比分配可按图 12-2-11 中同轴式曲线选取。这种传动比分配的结果，高速级大齿轮 d_2 会略大于低速级大齿轮 d_4（见图 12-2-12 中的粗实线），这样高速级大齿轮浸油比低速级大齿轮深，搅油损耗会略增加。前例总传动比 $i=20$ 条件下，按等润滑和等强度分配传动比的两种方案的对比见图 12-2-12 和表 12-2-30。

一般在传递功率较大时，应尽量考虑按等强度原则分配传动比。

2.6.2.4　禁忌各传动件彼此之间发生干涉碰撞

如图 12-2-13 所示二级展开式圆柱齿轮减速器中，由于高速级传动比分配过大，例如取 $i_1=2i_2$，致使高速级大齿轮的轮缘与低速级大齿轮轴相碰。

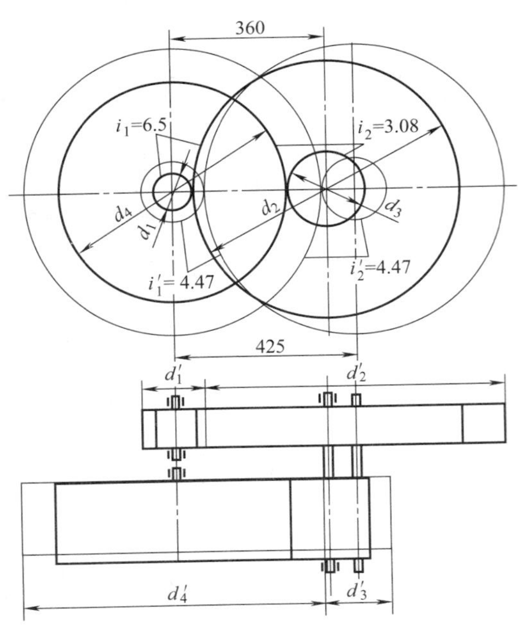

图 12-2-12 二级同轴式圆柱齿轮减速器传动比分配

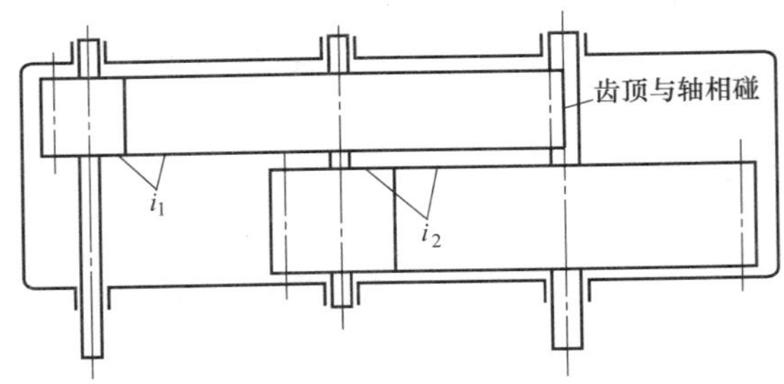

图 12-2-13 高速级大齿轮与低速轴相碰

2.6.2.5 提高传动精度的传动比分配原则

如图 12-2-14 所示为总传动比相同的展开式圆柱齿轮减速传动的两种传动比分配方案，它们都具有完全相同的两对齿轮 A、B 及 C、D。其中 $i_{AB}=2$，$i_{CD}=3$，显然两种方案的不同点是：在图 12-2-14（a）方案中，齿轮副 A、B 布置在高速级；而图 12-2-14（b）方案中，齿轮副 C、D 布置在高速级。如果各对齿轮的转角误差相同，即 $\Delta\varphi_{AB}=\Delta\varphi_{CD}$，则图 12-2-14（a）方案中，从动轴Ⅱ的转角误差为

$$\Delta\varphi_a=\Delta\varphi_{CD}+\Delta\varphi_{AB}/i_{CD}=\Delta\varphi_{CD}+\Delta\varphi_{AB}/3$$

而图 12-2-14（b）方案中，从动轴Ⅱ的转角误差为

$$\Delta\varphi_b=\Delta\varphi_{AB}+\Delta\varphi_{CD}/i_{AB}=\Delta\varphi_{AB}+\Delta\varphi_{CD}/2$$

比较以上两式，可见 $\Delta\varphi_b>\Delta\varphi_a$，所以按图 12-2-14（a）方案，使靠近原动轴的前几级齿轮的传动比取得小一些，而后面靠近负载轴的齿轮传动比取得大些，即“先小后大”的传动比分配原则，可使传动系统获得较高的传动精度。因此，对于传动精度要求较高的精密齿轮传动减速器，应遵循“由小到大”的分配原则。

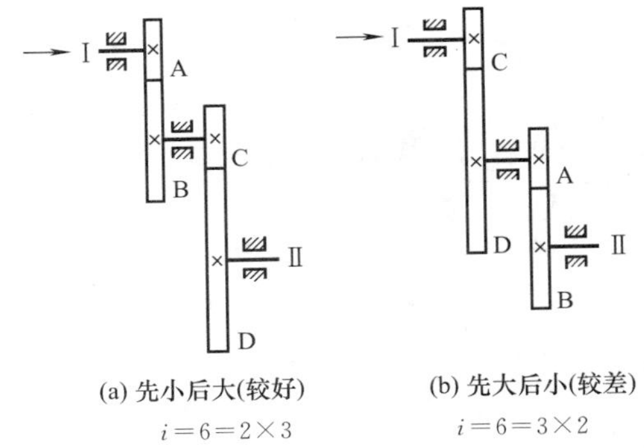

图 12-2-14 总传动比相同的两种传动比分配

同理，图 12-2-15（a）的齿轮-蜗杆减速器，由于齿轮传动单级传动比蜗杆传动小很多，所以它比蜗杆-齿轮减速器［图 12-2-15（b）］的传动精度高，但若以传力为主，由于蜗杆传动在高速级易形成油膜，承载能力比前者大，所以要求传动精度高的精密机械应选用齿轮-蜗杆减速器；而传递大功率，以传力为主时，则应选择蜗杆-齿轮减速器。两种方案的对比分析见表 12-2-31。

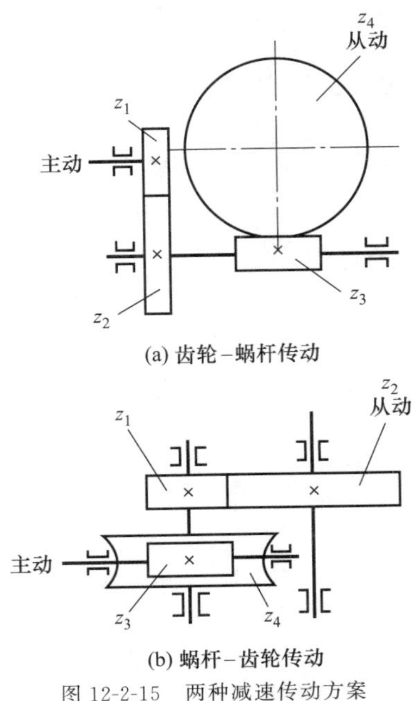

图 12-2-15 两种减速传动方案

对于齿轮-蜗杆减速器，一般情况下，为了箱体结构紧凑和便于润滑，通常取齿轮传动的传动比 $i_{齿轮} \leqslant 2 \sim 2.5$；当分配蜗杆-齿轮减速器的传动比时，应取 $i_{齿轮}=(0.03 \sim 0.06)i$，式中，i 为总传动比。

表 12-2-31　**齿轮-蜗杆传动与蜗杆-齿轮传动方案对比**

方　　案		Ⅰ[图 12-2-15(a)]	Ⅱ[图 12-2-15(b)]
高速级		齿轮传动	蜗杆传动
低速级		蜗杆传动	齿轮传动
转角误差		$\Delta\varphi_{齿轮}=\Delta\varphi_{蜗杆}$	
传动比		$i_{总}=90$；$i_{齿轮}=3$；$i_{蜗杆}=30$	
输出轴转角误差		$\Delta\varphi_a=\Delta\varphi_{齿轮}/30+\Delta\varphi_{蜗杆}$（较小）	$\Delta\varphi_b=\Delta\varphi_{蜗杆}/3+\Delta\varphi_{齿轮}$（较大）
传动精度		较高	较低
承载能力		较小	较大
结论	精密传动	推荐	不宜
	大功率传力为主	不宜	推荐

2.6.3　减速器的箱体结构设计禁忌

2.6.3.1　保证箱体刚度的结构禁忌

表 12-2-32　**保证箱体刚度的结构禁忌**

注意的问题	禁 忌 示 例	说　　明
在轴承座附近加支撑肋	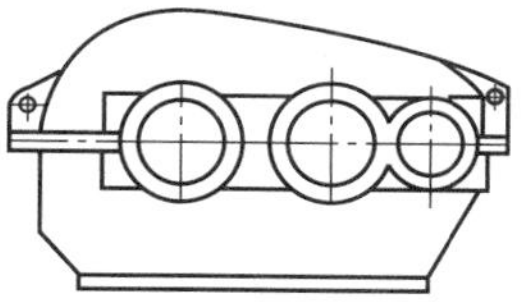 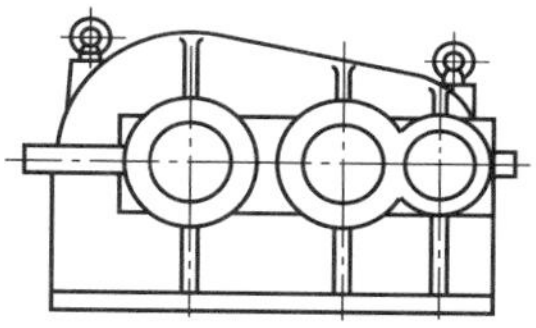 图(a)　禁忌　　图(b)　正确	为使轴和轴承在外力作用下不发生偏斜，确保传动的正确啮合和运转平稳，轴承支座必须具有足够的刚度，为此，应使轴承座有足够的厚度，并在轴承座附近加支撑肋
剖分式箱体要加强轴承座处的连接刚度	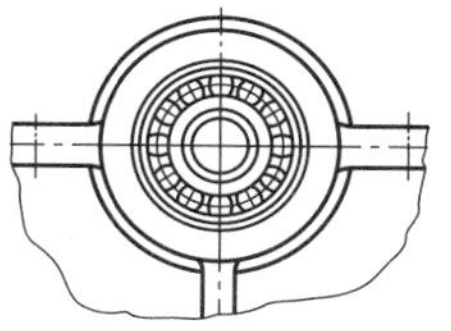 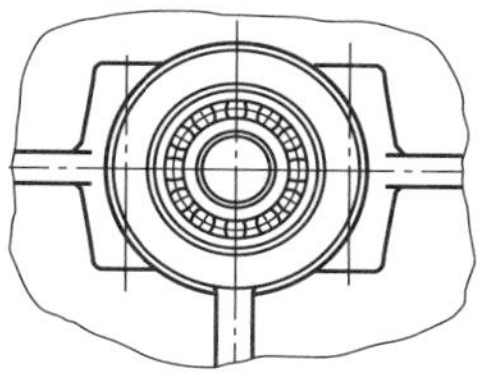 图(a)　禁忌　　图(b)　正确	轴承座孔附近应做出凸台，以加强其刚度，两侧的连接螺栓也应尽量靠近(以不与端盖螺钉孔干涉为原则)，以增加连接的紧密性和刚度，否则会造成轴承提前损坏
轴承座宽度的确定	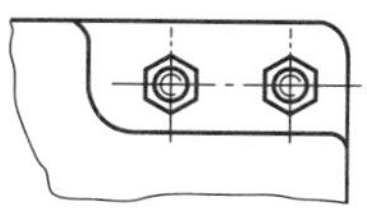 图(a)　禁忌 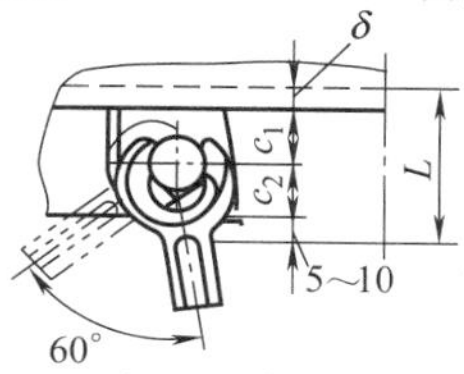　　图(b)　正确 δ　c_1　c_2　L　5～10　60° 图(c)　轴承座宽	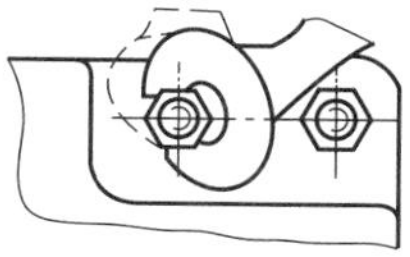 对于剖分式箱体，设计轴承座宽度时，必须考虑螺栓扳手操作空间，否则扳手难操作，无法拧紧螺栓。轴承座宽度的具体值 L 与机盖厚 δ、螺栓扳手操作空间 c_1、c_2 等有关

续表

注意的问题	禁忌示例	说明
轴承旁连接螺栓凸台高度的确定	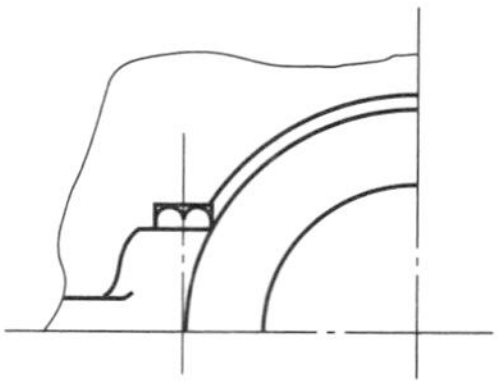 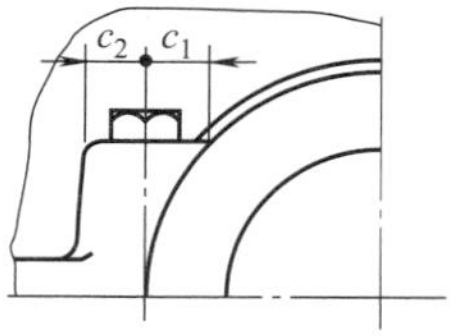 c_2　c_1 图(a)　禁忌　　图(b)　正确	轴承旁连接螺栓凸台高度的设计，应满足扳手操作空间。一般在轴承尺寸最大的轴承旁螺栓中心线确定后，根据螺栓直径确定扳手空间 c_1、c_2，最后确定凸台的高度
箱缘连接凸缘应有一定的厚度	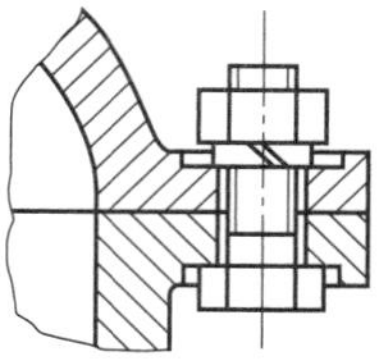 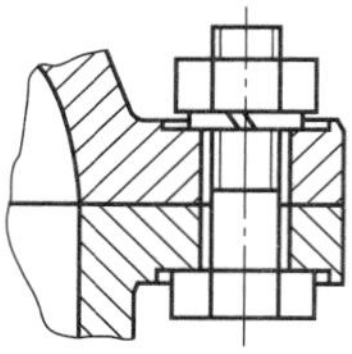 图(a)　禁忌　　图(b)　正确	箱缘连接凸缘应取得厚些，一般按设计规范确定，如果将凸缘厚度取与箱体壁厚相同或更薄，将不能满足箱缘连接刚度的要求
箱体底座凸缘宽度的确定	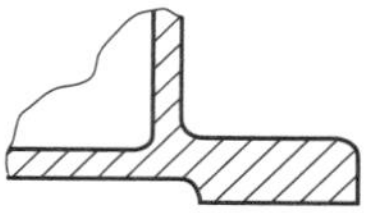 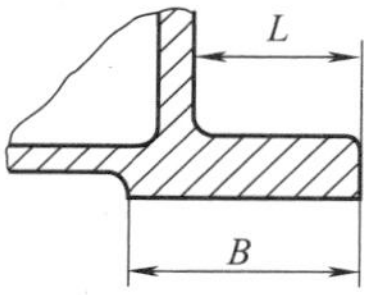 L　B 图(a)　禁忌　　图(b)　正确	箱体底座底部凸缘的接触宽度 B 应超过箱体底座的内壁，并且凸缘应具有一定厚度。箱体底座箱壁外侧长度 L，应满足地脚螺栓扳手空间要求

2.6.3.2　箱体结构要具有良好的工艺性

箱体结构的工艺性主要从铸造工艺性和机械加工工艺性两方面考虑。有关箱体工艺性的结构禁忌见表 12-2-33。

表 12-2-33　　箱体工艺性的结构禁忌

注意的问题	禁忌示例	说明
铸造箱体不要使金属局部积聚	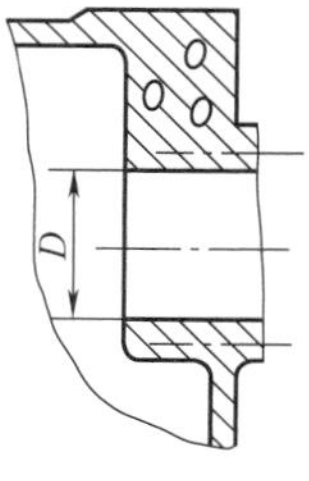 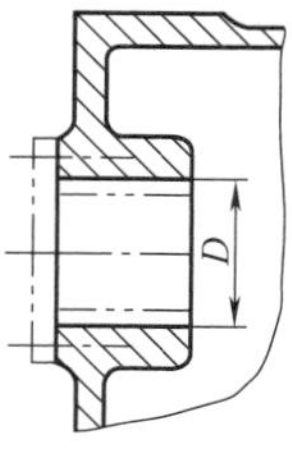 D　D 图(a)　禁忌　　图(b)　正确 图(a)　禁忌　　图(b)　正确	由于铸造工艺的特点，金属局部积聚容易形成缩孔，应尽量避免铸造箱体壁厚突变和形成锐角的倾斜肋

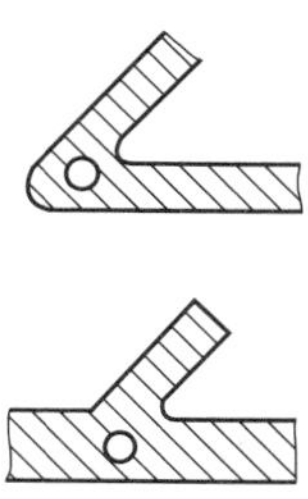

续表

注意的问题	禁忌示例	说明
箱体外形宜简单，便于拔模	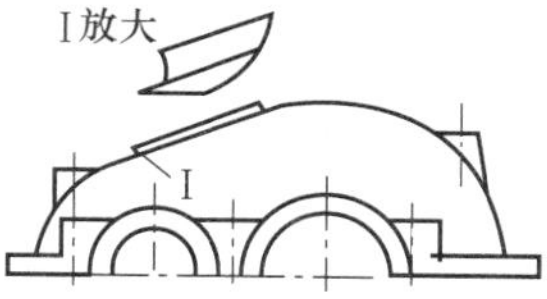 I放大 I Ⅱ放大 测视孔 Ⅱ 图(a)　禁忌 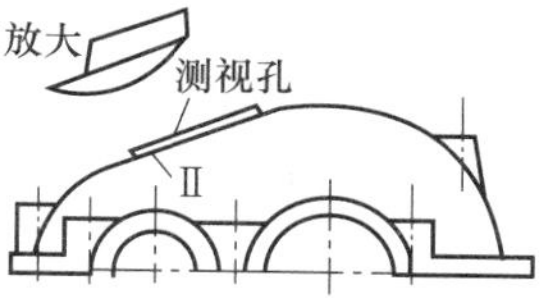　图(b)　正确	为了便于拔模，铸件沿拔模方向应有 1∶10～1∶20 的拔模斜度
尽量减少沿拔模方向的凸起结构	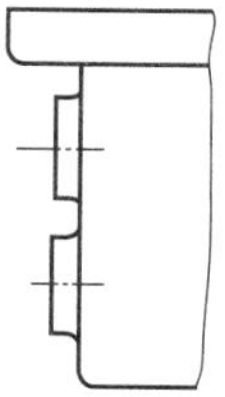 取模方向 图(a)　禁忌 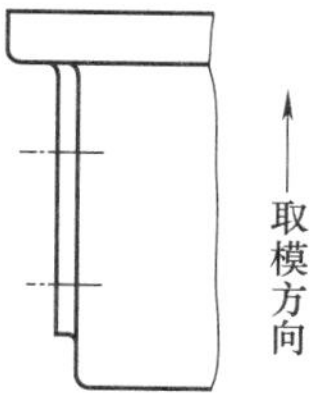　图(b)　正确	当箱体表面有几个凸起部分时，应尽量将其连成一体，以简化取模过程（不用或少用活块），使拔模方便
较接近的两凸台应连在一起避免狭缝	 (a) 禁忌 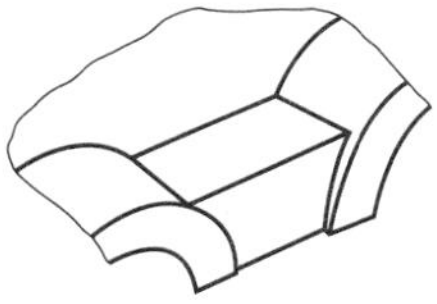　(b) 正确	箱体上应尽量避免出现狭缝，否则砂型强度不够，在取模和浇铸时极易形成废品
尽可能减少机械加工面积	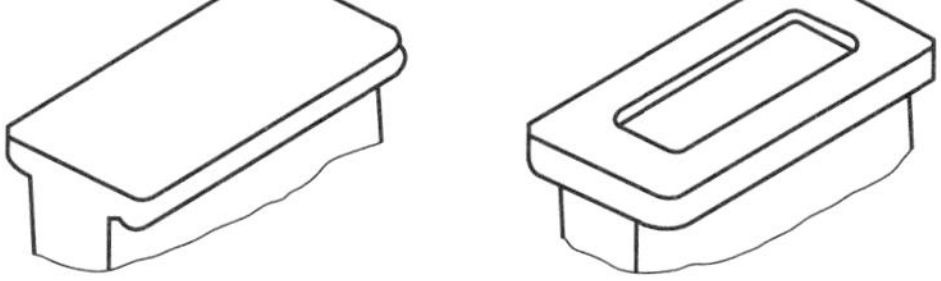 图(a)　禁忌 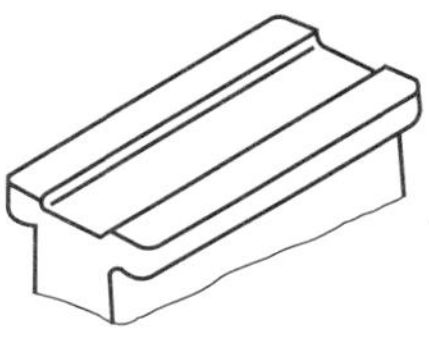 (ⅰ) 小型箱体 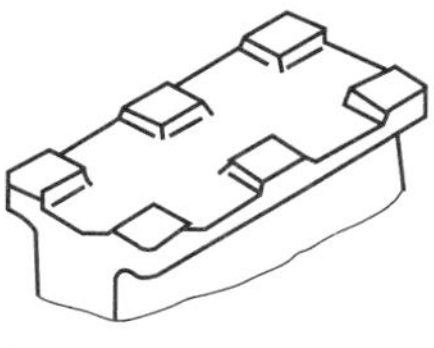　(ⅱ) 大型箱体 图(b)　正确	设计箱体结构形状时，应尽可能减少机械加工面积，以提高劳动生产率，并减少刀具磨损

续表

注意的问题	禁 忌 示 例	说　明
尽量减少工件和刀具的调整次数	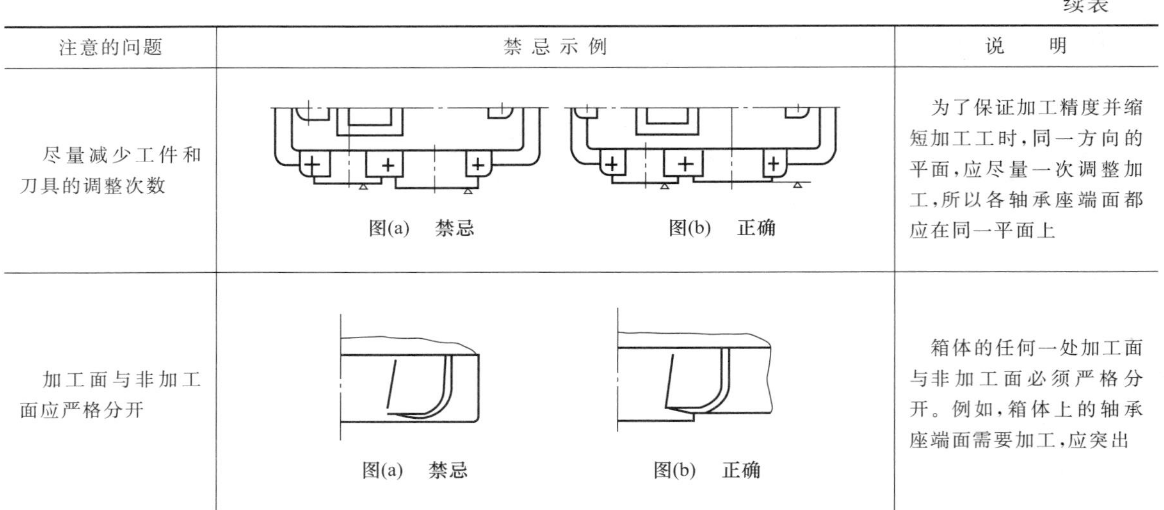 图(a)　禁忌　　图(b)　正确	为了保证加工精度并缩短加工工时，同一方向的平面，应尽量一次调整加工，所以各轴承座端面都应在同一平面上
加工面与非加工面应严格分开	图(a)　禁忌　　图(b)　正确	箱体的任何一处加工面与非加工面必须严格分开。例如，箱体上的轴承座端面需要加工，应突出

2.6.4　减速器的润滑设计禁忌

2.6.4.1　油池深度的设计禁忌

表 12-2-34　　油池深度的设计禁忌

注意的问题	禁 忌 示 例	说　明
圆柱齿轮减速器油池深度的确定	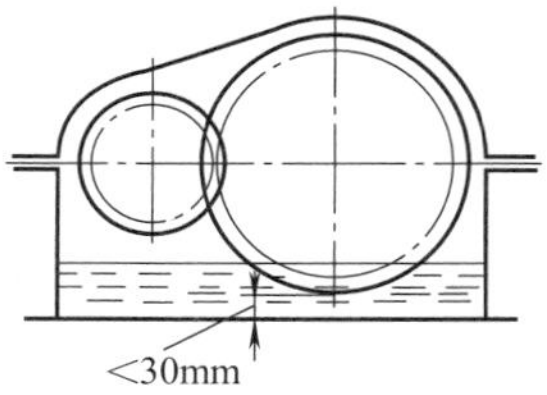 <30mm 图(a)　禁忌 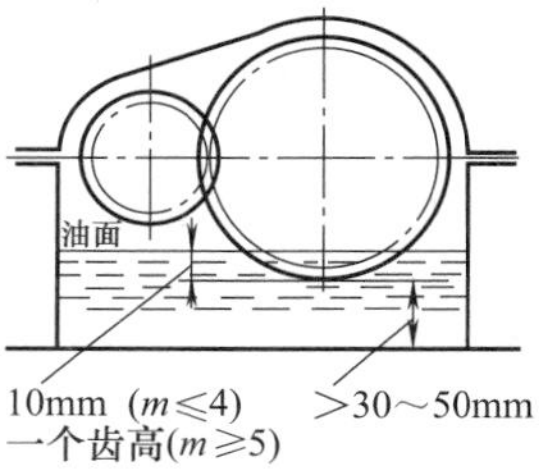 油面　10mm $(m\leqslant4)$　一个齿高$(m\geqslant5)$　$>30\sim50$mm 图(b)　正确	圆柱齿轮一般应浸入油中一个齿高，但不应小于10mm，同时为避免传动件回转时将油池底部沉积的污物搅起，大齿轮齿顶圆到油池底面的距离应$\geqslant30\sim50$mm。油池深度最后由装油量要求确定
圆锥齿轮减速器油池深度的确定	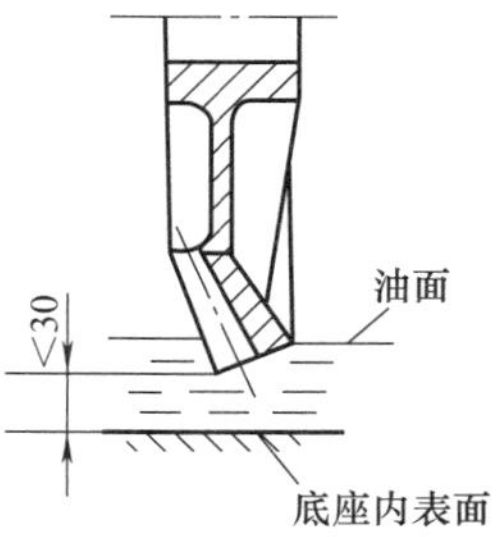 <30　油面　底座内表面 图(a)　禁忌 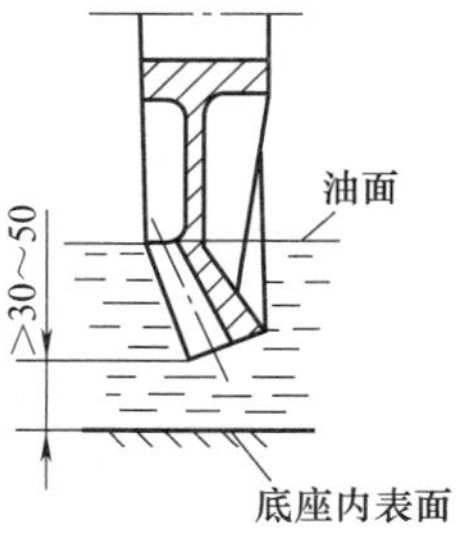 $>30\sim50$　油面　底座内表面 图(b)　正确	大锥齿轮在油池中的浸油深度，一般应将整个齿宽或至少0.7倍齿宽浸入油中，且齿顶距箱体底面大于30～50mm。对圆锥-圆柱齿轮减速器，还要使低速级大圆柱齿轮浸油深度不应超过(1/6～1/3)分度圆半径，以免搅油功耗过大

续表

注意的问题	禁 忌 示 例	说　明
蜗杆减速器油池深度的确定	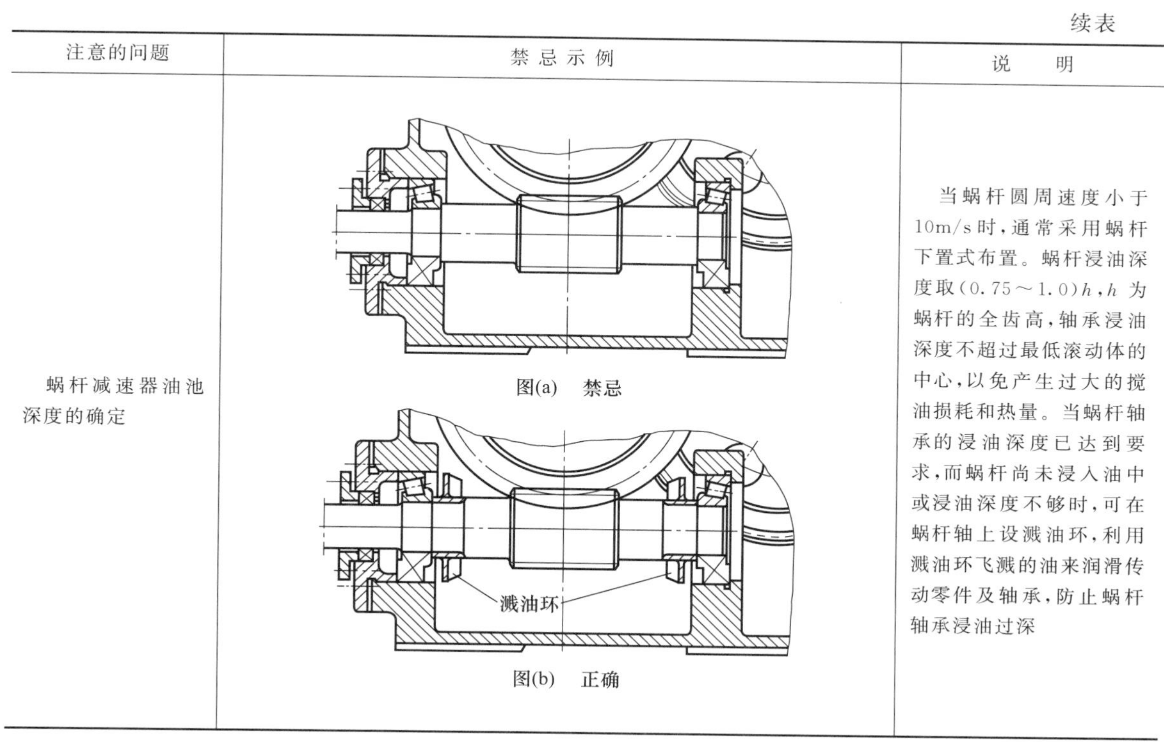图(a)　禁忌 图(b)　正确	当蜗杆圆周速度小于10m/s时，通常采用蜗杆下置式布置。蜗杆浸油深度取(0.75～1.0)h，h 为蜗杆的全齿高，轴承浸油深度不超过最低滚动体的中心，以免产生过大的搅油损耗和热量。当蜗杆轴承的浸油深度已达到要求，而蜗杆尚未浸入油中或浸油深度不够时，可在蜗杆轴上设溅油环，利用溅油环飞溅的油来润滑传动零件及轴承，防止蜗杆轴承浸油过深

2.6.4.2　输油沟与轴承盖导油孔的设计禁忌

表 12-2-35　　输油沟与轴承盖导油孔的设计禁忌

注意的问题	禁 忌 示 例	说　明
正确开设输油沟	图(a)　禁忌　　图(b)　正确	如箱盖内壁无斜面，油很难沿内壁流入输油沟内
避免油沟漏油	图(a)　禁忌　　图(b)　正确	输油沟位置开设不正确，润滑油大部分流回油池

续表

注意的问题	禁忌示例	说明
轴承盖上应开设导油孔	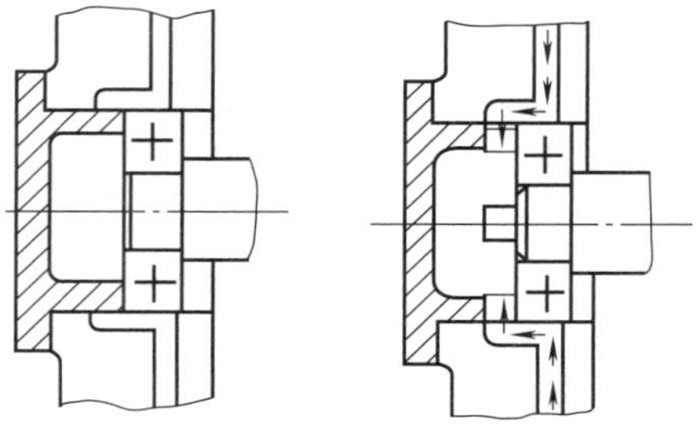 图(a) 禁忌　图(b) 正确	轴承盖上没有开设导油孔，润滑油将无法流入轴承进行润滑

2.6.4.3 油面指示装置设计

油面指示装置的种类很多，有油标尺、圆形油标、长形油标、管状油标等。油标尺由于结构简单，在减速器中应用较广，表 12-2-36 为有关油标尺结构设计的禁忌。

表 12-2-36 游标尺结构设计禁忌

注意的问题	禁忌示例	说明
油标尺座孔在箱体上的高度应设置合理	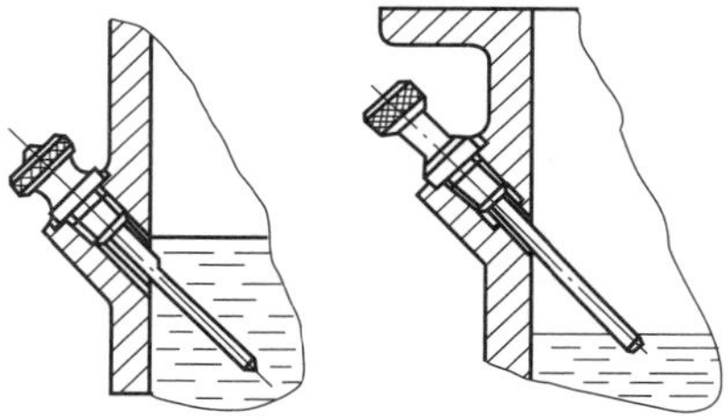 图(a) 禁忌 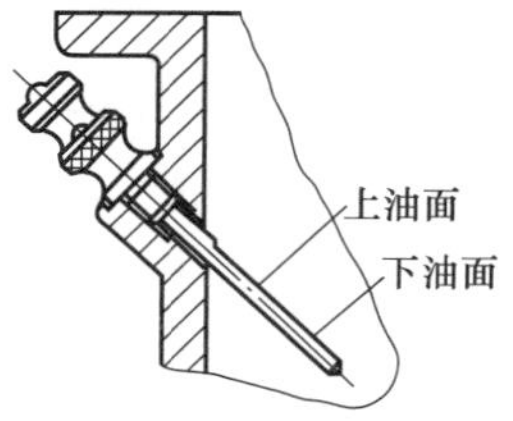 上油面 下油面 图(b) 正确	油标尺座孔在箱体上的高度太低，油易从油标尺座孔溢出，不合理 油标尺座孔太高或油标尺太短，不能反映下油面的位置，不合理 油标尺座孔在箱体上的高度应使游标尺便于测量最高油面和最低油面
油标尺座孔倾斜角度应便于加工和使用	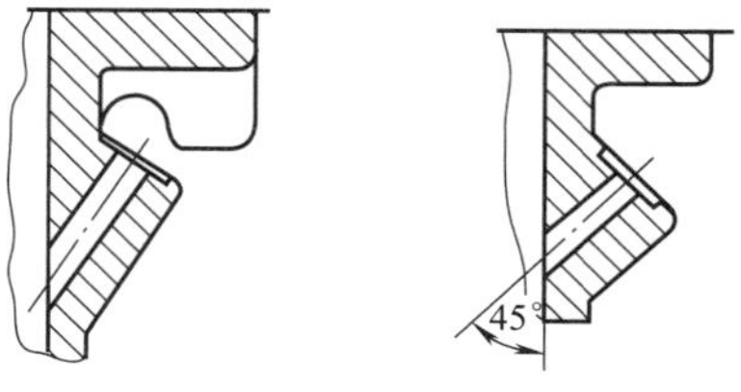 图(a) 禁忌　45°　图(b) 正确	油标尺座孔倾斜过大，座孔将无法加工，油标尺也无法装配。油标尺座孔位置高低、倾斜角度应适中(常为 45°)，便于加工，且装配时油标尺不应与箱缘干涉

续表

注意的问题	禁忌示例	说　明
长期连续工作的减速器油标尺宜加隔离套	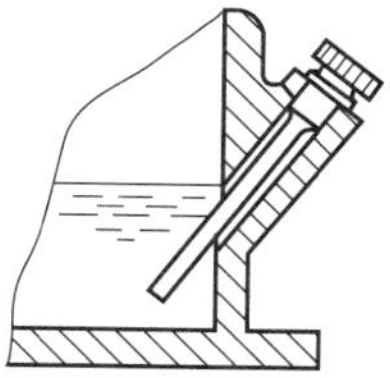 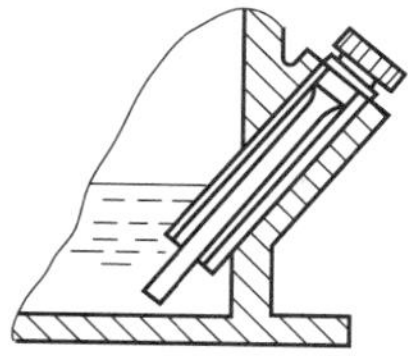 图(a)　较差　图(b)　正确	长期连续工作的减速器运转时，被搅动的润滑油常因油标尺与安装孔的配合不严而极易冒出箱外，润滑油主要在上部被搅动，而油池下层的油动荡较小，可加一套管，避免漏油

2.6.5　减速器分箱面结构设计禁忌

表 12-2-37　减速器分箱面结构设计禁忌

注意的问题	禁忌示例	说　明
分箱面上不要积存油	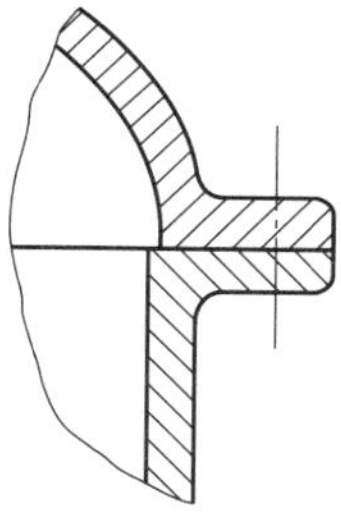 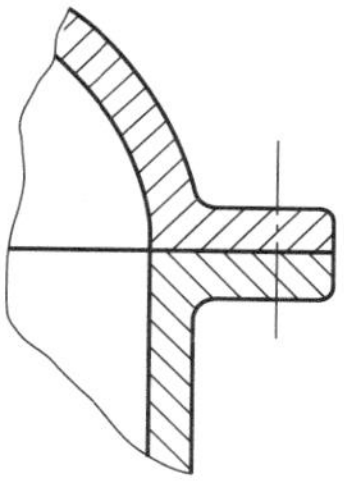 图(a)　禁忌　图(b)　正确	为防止分箱面渗油，不要使油积存在接合面上。如果积存在接合面上，由于接合面的毛细管现象，油比较容易渗出
分箱面上不允许布置螺纹连接	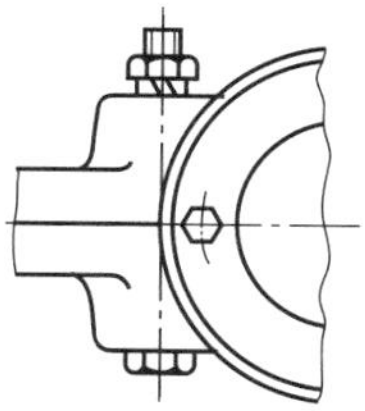 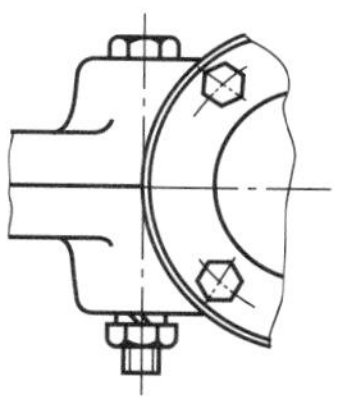 图(a)　禁忌　图(b)　正确	轴承盖与箱体的螺钉连接不应布置在分箱面上，这样不仅会使螺钉连接的结构不合理，还会使箱体中的油沿剖分面通过螺纹连接缝隙渗出箱外
禁止在分箱面上加任何添料	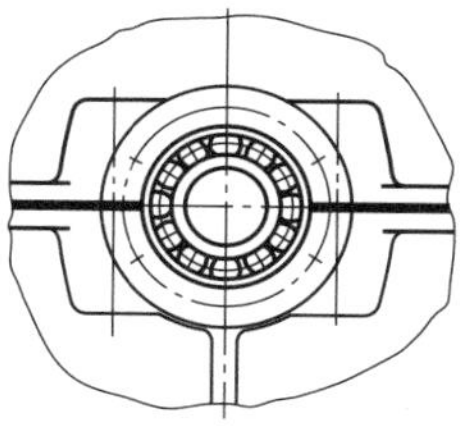 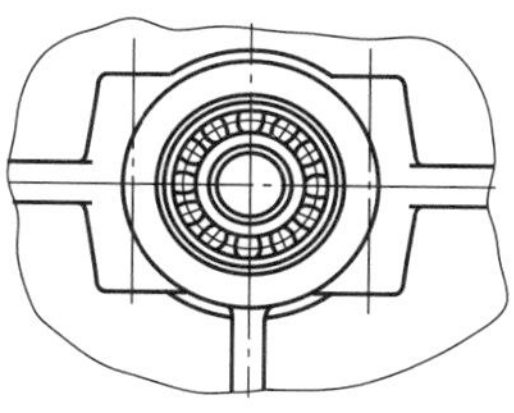 图(a)　禁忌　图(b)　正确	为防止减速器箱体漏油，禁止在分箱面上加垫片等任何添料，允许涂密封油漆或水玻璃。因为垫片等有一定厚度，改变了箱体孔的尺寸(不能保证圆柱度)，破坏了轴承外圈与箱体的配合性质，轴承不能正常工作，且轴承孔分箱面处漏油

续表

注意的问题	禁忌示例	说明
启盖螺钉的设计	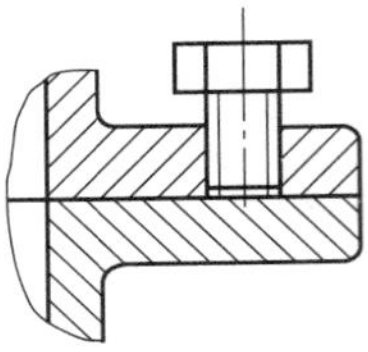 启盖螺钉 图(a) 禁忌 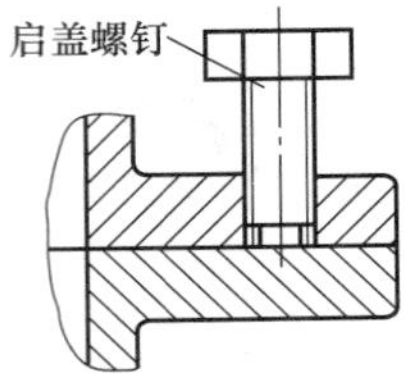 图(b) 正确	启盖螺钉上的螺纹长度应大于凸缘厚度，并保证一定启盖高度，如启盖螺钉螺纹长度太短，将造成启盖困难。钉杆端部要制成圆柱端或锥端，以免反复拧动时将端部螺纹损坏
定位销的设计	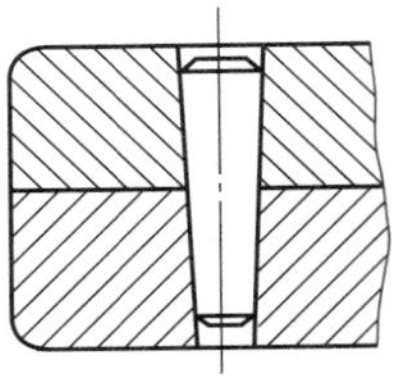 图(a) 禁忌 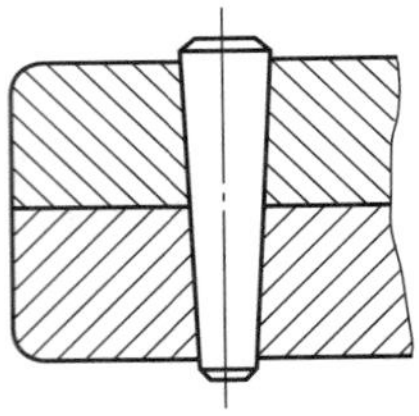 图(b) 正确	两定位销相距尽量远些，以提高定位精度。定位销的长度应大于箱盖和箱座连接凸缘的总厚度，使两头露出，便于安装和拆卸

2.6.6 窥视孔与通气器的结构设计禁忌

表 12-2-38 窥视孔与通气器的结构设计禁忌

注意的问题	禁忌示例	说明
窥视孔的位置应合适	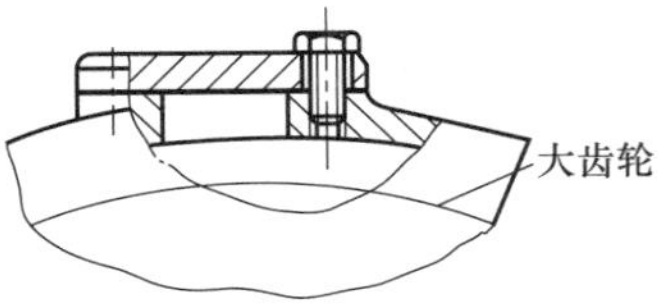 大齿轮 小齿轮 大齿轮 图(a) 禁忌 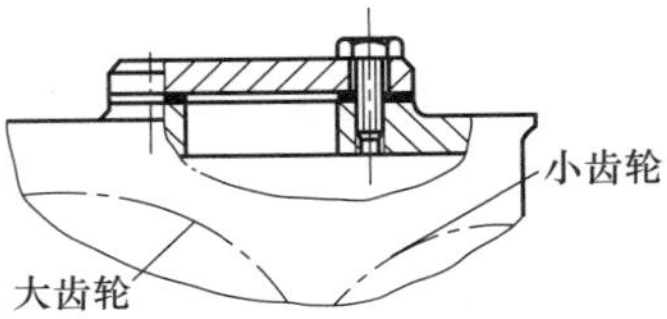 图(b) 正确	窥视孔应设置在能看到传动件啮合区的位置，并应有足够的大小，以便手能伸入进行操作
箱盖上开窥视孔处应有凸台	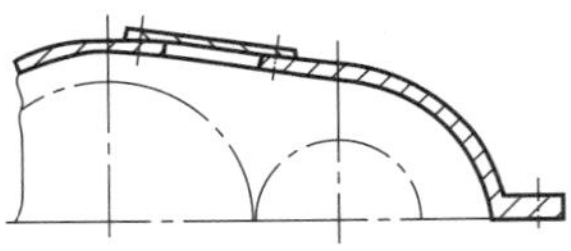 (a) 禁忌 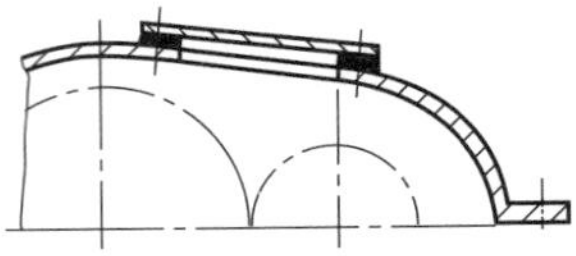 (b) 正确	窥视孔应有盖板，盖板下应加防渗漏的垫片。箱盖上安放盖板的表面应刨削或铣削，故应有凸台
减速器应设置通气器	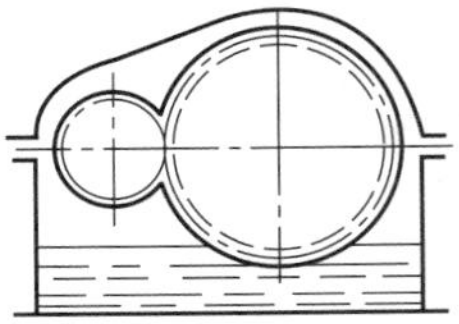 图(a) 禁忌 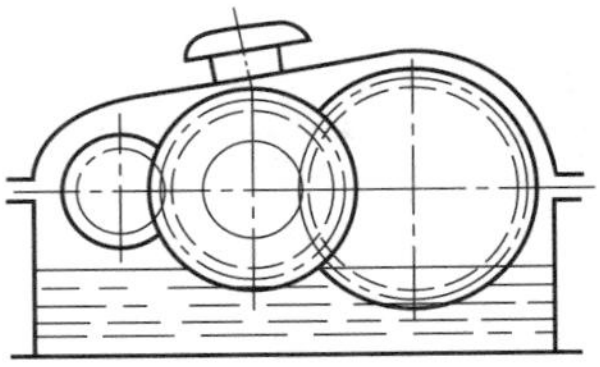 图(b) 正确	减速器运转时，机体内温度升高，气压增大，容易从接合面处漏油，所以应在箱盖顶部或窥视孔盖上安装通气器，使箱体内、外气压均衡，提高箱体有缝隙处的密封性能

2.6.7　起吊装置的设计禁忌

表 12-2-39　起吊装置的设计禁忌

注意的问题	禁忌示例	说明
吊环螺钉连接的结构	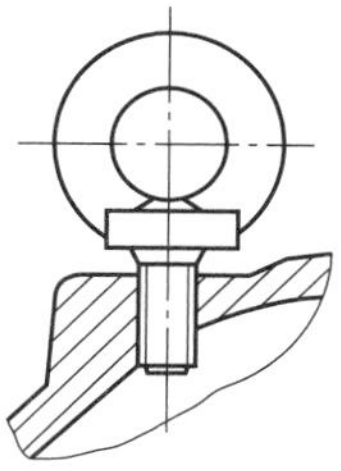 图(a)　禁忌 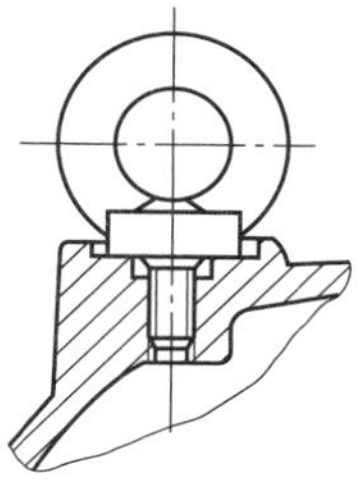　图(b)　正确	吊环螺钉连接处凸台高度不够，螺钉连接的圈数太少，连接强度不够，应加高；箱盖内表面螺钉处无凸台，加工时容易偏钻打刀；上部支承面未锪削出沉头座；螺钉根部的螺孔未扩孔，螺钉不能完全拧入
吊环、吊耳和吊钩的使用	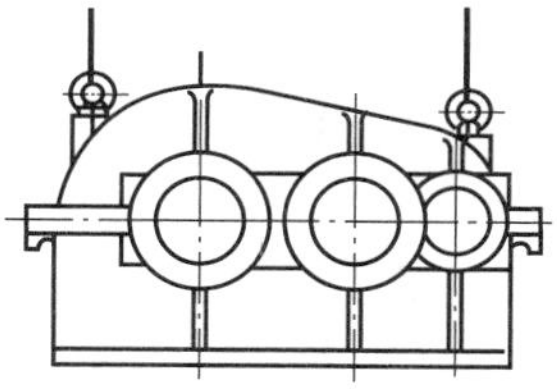 图(a)　禁忌 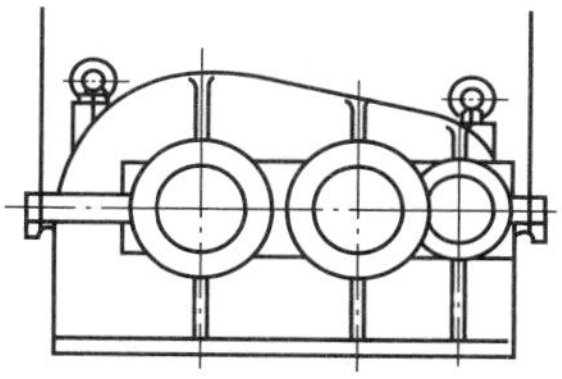　图(b)　正确	减速器箱盖上设置的吊环或吊耳主要用来吊运箱盖。当减速器重量较大时，禁止使用吊环或吊耳吊运整个箱体，吊运下箱或整个减速器应使用箱座上的吊钩

2.6.8　放油装置的设计禁忌

表 12-2-40　放油装置的设计禁忌

注意的问题	禁忌示例	说明
放油塞相关的结构	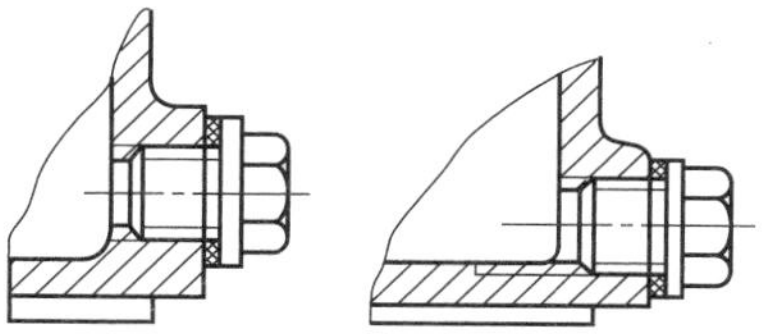 图(a)　禁忌 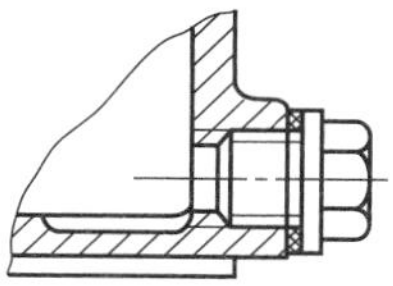　图(b)　正确	放油孔不宜开设得过高，否则油孔下方的污油不能排净。螺孔内径应略低于箱体底面，并用扁铲铲出一块凹坑，以免钻孔时偏钻打刀

续表

注意的问题	禁忌示例	说明
放油塞的位置	 图(a) 禁忌 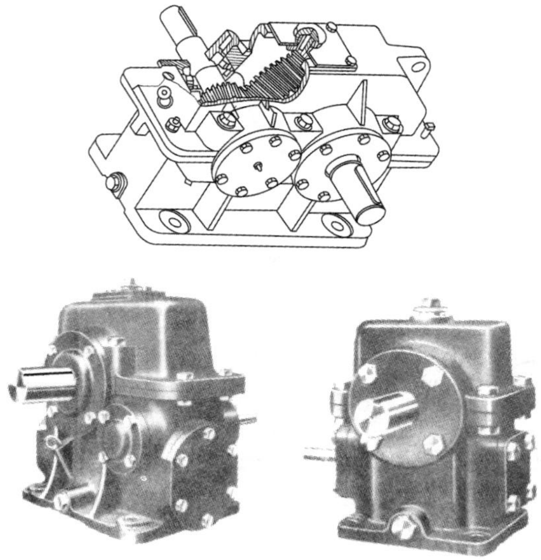 图(b) 正确	放油孔开设的位置要便于放油，如开在底脚凸缘上方且缩进凸缘里，放油时油易在底脚凸缘上面横流，不便于接油和清理，底脚凸缘上容易产生油污。一般应使放油孔开在箱体侧面无底脚凸缘处或伸到底脚凸缘的外端面处

第 3 章　轴系零部件设计禁忌

3.1　轴

3.1.1　轴的强度计算禁忌

轴的受力简图正确与否，直接影响到轴的强度计算，在绘制受力简图时容易发生的错误很多，为使问题更具体、更明了，现举例如下。

例 1　如图 12-3-1 所示的传动装置，带传动水平布置，工作机转向如图，小齿轮左旋，其分度圆直径 $D=80\text{mm}$，作用在小齿轮上的圆周力 $F_t=2736\text{N}$，径向力 $F_r=1009\text{N}$，轴向力 $F_a=442\text{N}$，带轮压轴力 $Q=450\text{N}$，I 轴上的轴承型号为 6407，轴结构如图 12-3-2 所示，各段轴径 $d_1=25\text{mm}$，$d_2=30\text{mm}$，$d_3=35\text{mm}$，$d_4=40\text{mm}$，$d_5=52\text{mm}$，$d_6=44\text{mm}$，$d_7=35\text{mm}$；各段轴段长 $L_1=50\text{mm}$，$L_2=45\text{mm}$，$L_3=46\text{mm}$，$L_4=70\text{mm}$，$L_5=8\text{mm}$，$L_6=12\text{mm}$，$L_7=25\text{mm}$，试用当量弯矩法对此轴进行强度校核。

按轴强度计算步骤，首先要根据轴的结构绘出正确的受力简图，如图 12-3-3 所示。

此受力简图为一空间力系，作图时尤其要注意以下要点：

① 将齿轮 1 的 F_t、F_r、F_a 画在啮合点处；

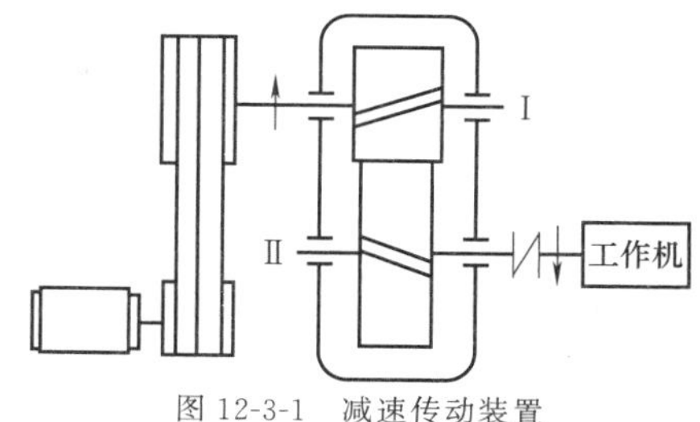

图 12-3-1　减速传动装置

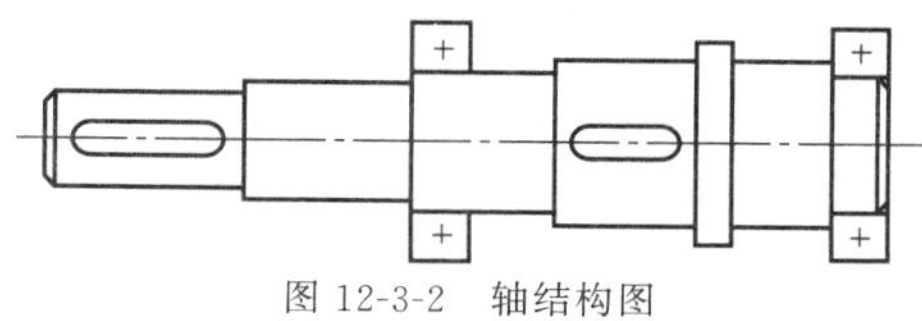
图 12-3-2　轴结构图

② Q 与 F_r 在同一平面内；

③ Q 与 F_r 方向相反；

④ F_a 指向右（根据主动轮左右手定则判断）；

⑤ 力臂、跨距 83mm、68mm 等不能算错。

对此案例，容易发生的计算禁忌说明如下。

3.1.1.1　轴上传动零件作用力方向判断禁忌

对例 1 中的 I 轴，容易发生的轴上传动零件作用力方向判断禁忌见表 12-3-1。

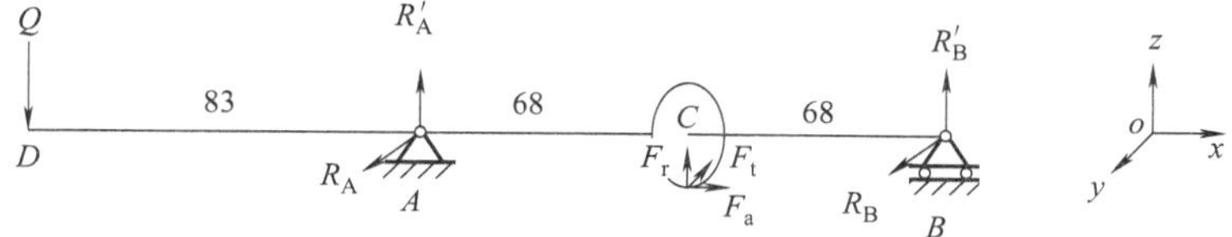

图 12-3-3　轴受力简图（正确）

表 12-3-1　　轴上传动零件作用力方向判断禁忌

注意的问题	禁忌示例	说　　明
带轮压轴力 Q 方向错误	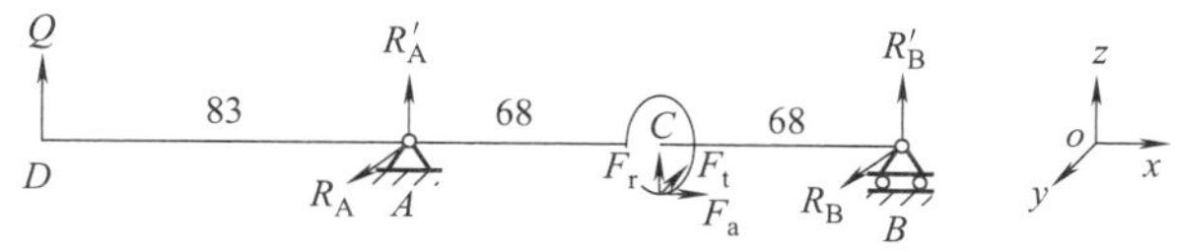	Q 应与 F_r 方向相反，即向下
齿轮受力的啮合点画的不对	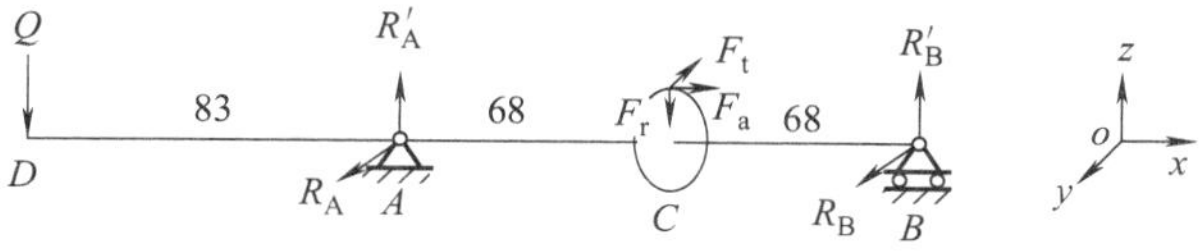	啮合点应画在下面，由于啮合点不对，导致 Q 与 F_r 同向的错误

续表

注意的问题	禁忌示例	说明
斜齿轮轴向力 F_a 方向判断错误	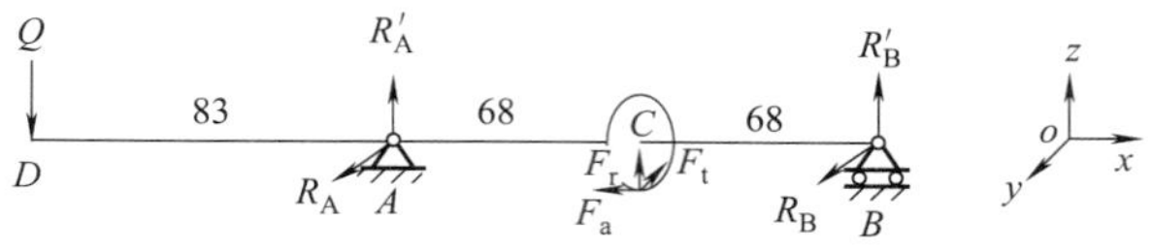	主动轮左右手定则使用方法错误
没有计入斜齿轮轴向力 F_a	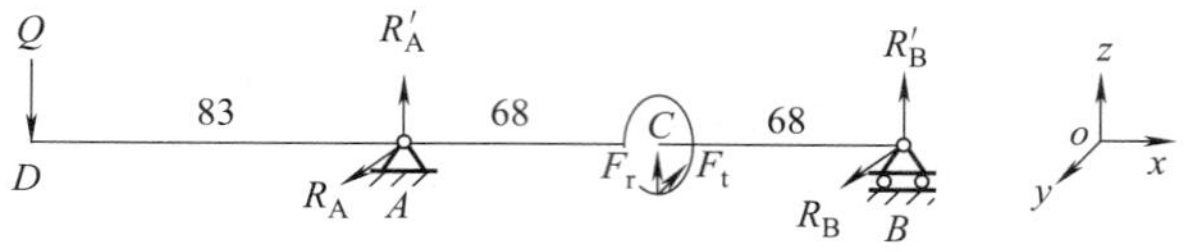	将斜齿轮当作直齿轮一样考虑

3.1.1.2　传动零件作用力所处平面判断禁忌

（1）斜齿圆柱齿轮减速器轴上作用力所处平面判断禁忌

对例 1 中的Ⅰ轴，容易发生的轴上作用力所处平面判断禁忌见表 12-3-2。

（2）蜗杆减速器轴上作用力所处平面判断禁忌

蜗杆减速器由于传动件布置方式的关系，轴上作用力所处平面的判断容易与圆柱齿轮减速器的判断混淆，现举例说明如下。

例 2　如图 12-3-4 所示为带-蜗杆传动减速装置，带传动水平布置，工作机转向如图 12-3-4 所示，蜗杆右旋，依据蜗杆工作状况，蜗杆轴的支承与载荷形式可视为外伸简支梁，受力简图如图 12-3-5 所示。

表 12-3-2　　斜齿圆柱齿轮减速器轴上作用力所处平面判断禁忌

注意的问题	禁忌示例	说明
带轮压轴力 Q 所处平面判断错误	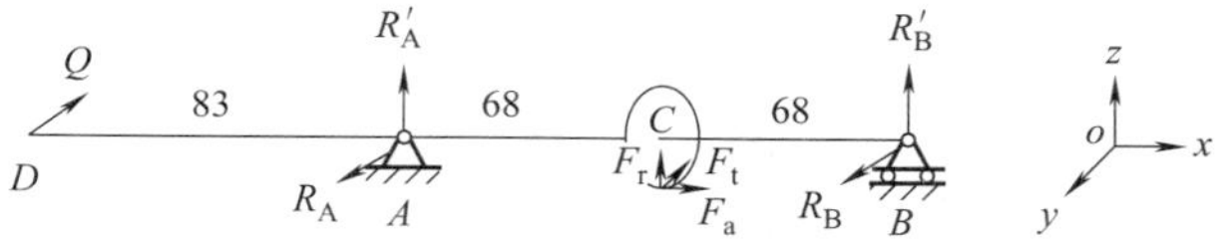	带轮压轴力 Q 应与 F_a、F_r 在同一平面，即 xoz 面，而不应与 F_t 在同一平面
F_t、F_r 所处平面判断错误	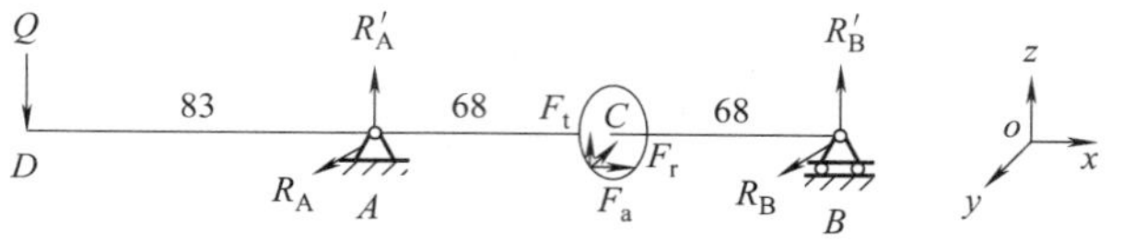	F_t 不应与 Q 和 F_a 在同一平面。啮合点位置也不对
F_a 产生的力矩所处平面判断错误	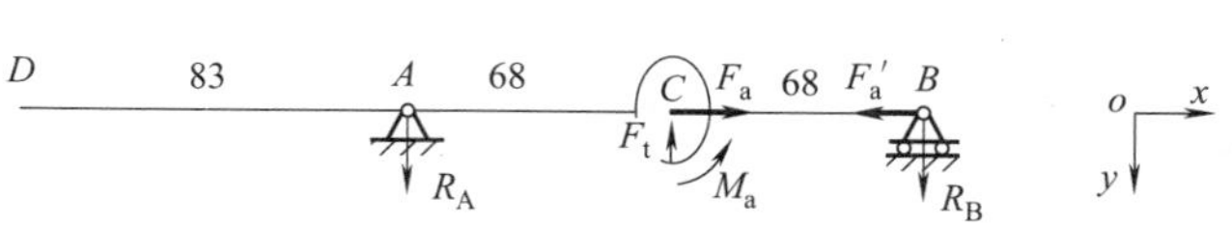 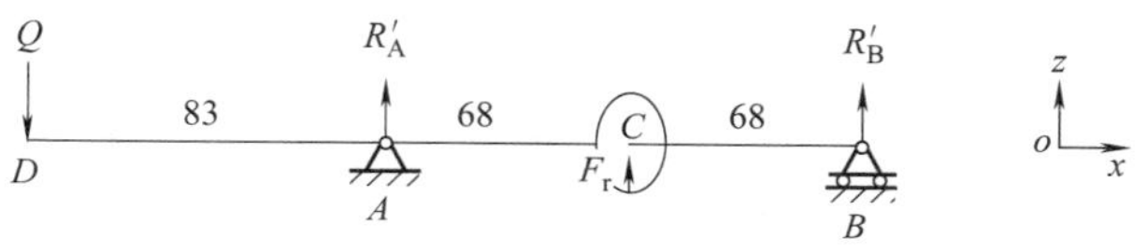	F_a 产生的力矩 M_a 不应与 F_t 在同一平面，否则违反力的平移定理

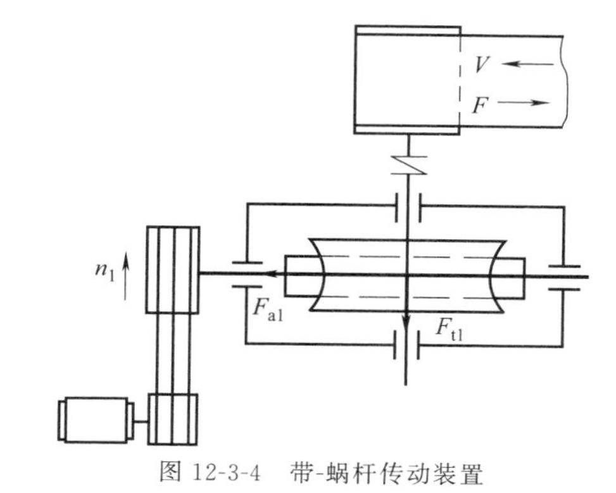

图 12-3-4　带-蜗杆传动装置

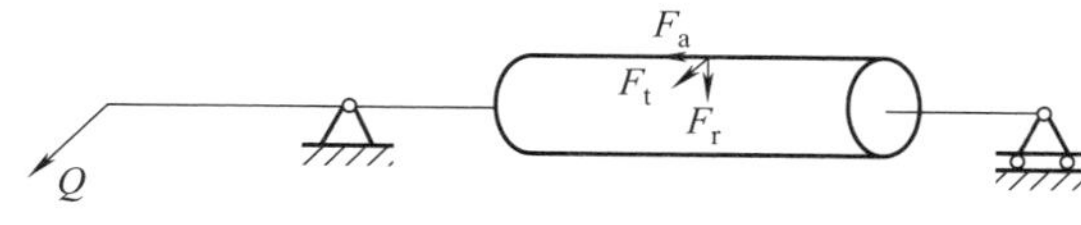

图 12-3-5　蜗杆轴受力简图（正确）

对例 2 中的蜗杆轴，应注意压轴力 Q 应与蜗杆圆周力 F_t 在同一平面内，而不应与 F_a、F_r 在同一平面，这与例 1 中 I 轴的情况是不同的，不要混淆。容易发生的蜗杆轴上作用力所处平面判断禁忌见表 12-3-3。

3.1.1.3　弯矩图绘制禁忌

弯矩图及转矩图的绘制应按力学有关理论进行，在力系简化、支反力计算、力矩图绘制和合成等方面容易出现错误。

（1）弯矩图绘制禁忌

以例 1 中的 I 轴为分析典型，其常见的弯矩图绘制禁忌见表 12-3-4。

（2）常见受力情况的弯矩图禁忌

绘制弯矩图应注意轴或梁上的受力方向，几种常见受力情况的弯矩图和禁忌见表 12-3-5。

表 12-3-3　　蜗杆减速器轴上作用力所处平面判断禁忌

注意的问题	禁忌示例	说　明
带轮压轴力 Q 所处平面判断错误	F_a　F_t　F_r　Q	带轮压轴力 Q 应与 F_t 在一个平面内，不应与 F_r、F_a 在一个平面
F_t、F_r 所处平面判断错误	F_a　F_r　F_t　Q	F_t 不应与 F_a 在同一平面，而应与 Q 在同一平面；F_r 应与 F_a 在同一平面

表 12-3-4　　弯矩图绘制禁忌

注意的问题	禁忌示例	说　明
求 xoz 平面内支反力时，弯矩 M_a 的力矩方向错误	Q　R_A'　M_a　R_B'　83　68　C　68　D　F_r　F_a　F_a'　A　B　z　o　x 图(a)　禁忌 Q　R_A'　R_B'　83　68　C　68　D　F_r　F_a　F_a'　A　M_a　B　z　o　x 图(b)　正确	轴向力 F_a 向 C 点平移简化时，M_a 的方向判断错误，如此，支反力计算也必将错误，弯矩图绘制也将错误

续表

注意的问题	禁忌示例	说明
弯矩图突变错误	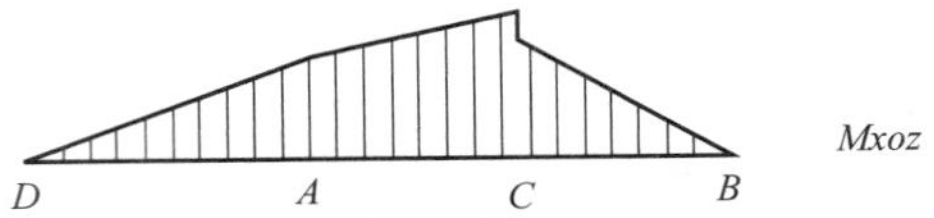 图(a) 禁忌 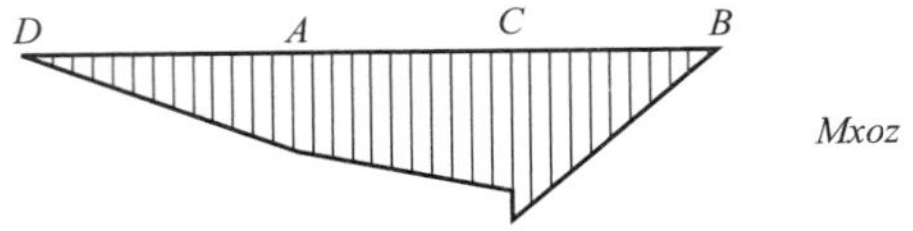 图(b) 正确	xoz 平面内 M_a 为逆时针方向，即与 Q 对 A 点的力矩方向相同，绘制 M_a 产生的力矩突变时应注意其方向（图中 R'_B计算结果为负值，即实际为相反方向）
力矩计算漏掉 M_a	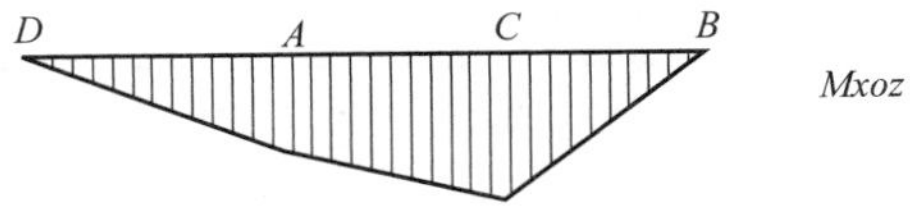 禁忌	力矩计算漏掉 M_a，将斜齿轮等同于直齿轮处理，是错误的
压轴力 Q 产生的力矩漏掉	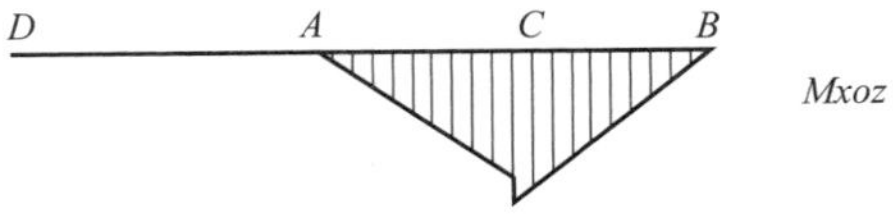 禁忌	xoz 平面内应有压轴力 Q 产生的力矩
支反力的符号（正、负值）计算错误导致弯矩图错误	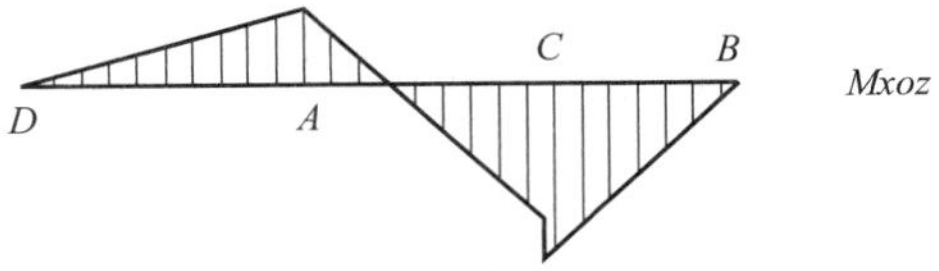 图(a) 禁忌 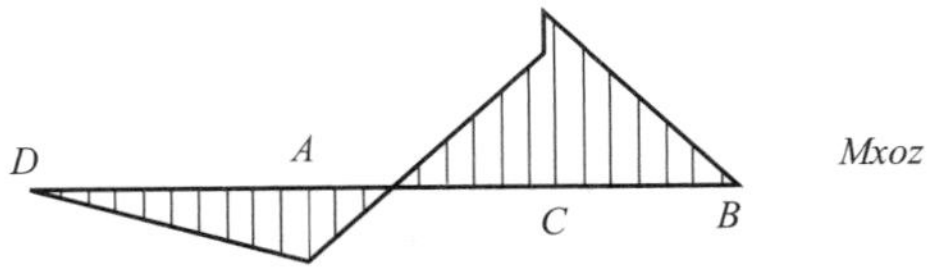 图(b) 禁忌	支反力方向一般可先假定，如计算结果为负值，则表示方向与原假设相反。此例中 R'_B实际与 Q 同向，计算时由于疏忽将负号漏掉，致使绘图错误

续表

注意的问题	禁忌示例	说　明
xoy 平面弯矩图错误	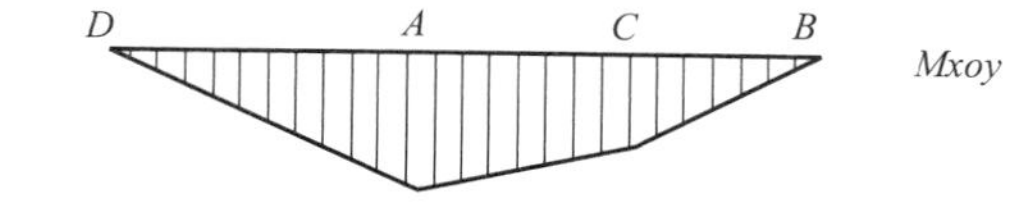 D A C B Mxoy 图(a)　禁忌 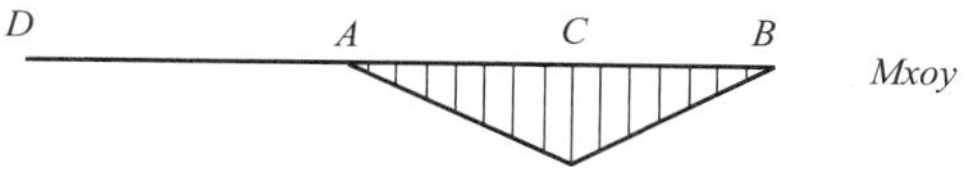 D A C B Mxoy 图(b)　正确	由传动零件作用力所处平面判断错误，导致的错误弯矩图。此例中压轴力 Q 不应在 xoy 平面，因此 AD 段无弯矩

表 12-3-5　**常见受力情况的弯矩图和禁忌**

注意的问题	禁忌示例	说　明
轴上受两同向力时的弯矩图	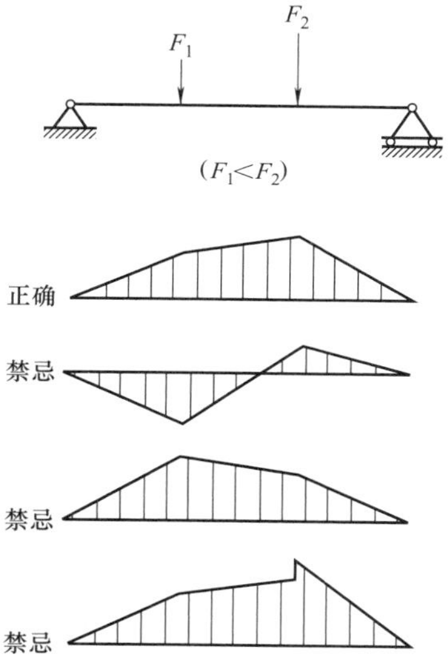 F_1　F_2 (F_1<F_2) 正确 禁忌 禁忌 禁忌	轴上受两同向力且在两支点之间，弯矩必在轴的同一侧；轴上如没有附加弯矩，则弯矩图无突变点
轴上受相反方向力时的弯矩图	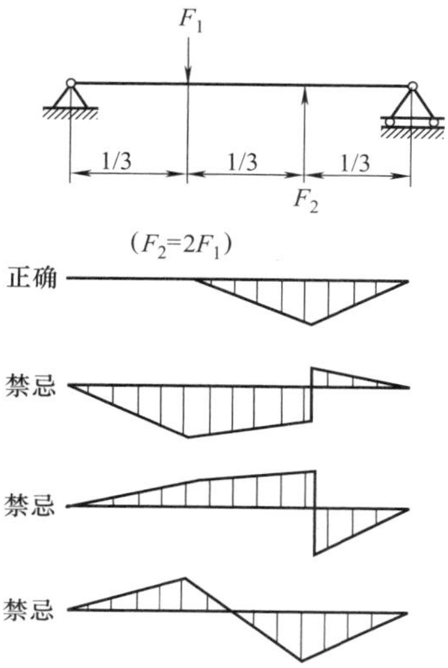 F_1 1/3　1/3　1/3 F_2 (F_2=2F_1) 正确 禁忌 禁忌 禁忌	轴上受相反方向力时，弯矩不是一定分布在轴的两侧，要根据所受力的大小和位置确定

第12篇

续表

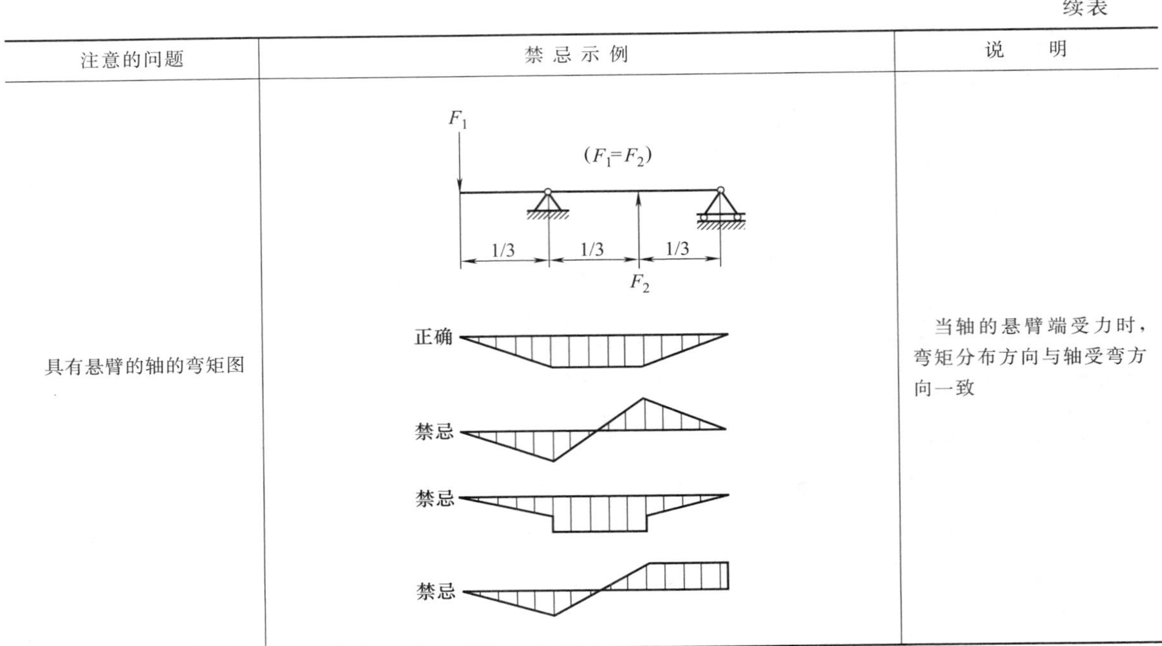

注意的问题	禁忌示例	说　明
具有悬臂的轴的弯矩图	（见上图）	当轴的悬臂端受力时，弯矩分布方向与轴受弯方向一致

3.1.1.4 转矩图绘制禁忌

转矩图的错误常表现为转矩位置画错，并导致当量弯矩图的错误。常见的转矩图绘制禁忌见表 12-3-6。

3.1.2 轴的结构设计禁忌

由于影响轴结构因素很多，其结构随具体情况的不同而异，所以轴没有标准的结构形式，设计时需针对不同情况进行具体分析。轴的结构主要取决于：轴上载荷的性质、大小、方向及分布情况；轴上零件的类型、数量、尺寸、安装位置、装配方案、定位及固定方式；轴的加工及装配工艺以及轴的材料选择等。一般应遵循的原则是：

① 轴的受力合理，有利于提高轴的强度和刚度；

② 合理确定轴上零件的装配方案；

③ 轴上零件应定位准确，固定可靠；

④ 轴的加工、热处理、装配、检验、维修等应有良好的工艺性；

⑤ 应有利于提高轴的疲劳强度；

⑥ 轴的材料选择应注意节省材料，减轻重量。

依照上述原则，下面将有关设计问题及其禁忌分述如下。

表 12-3-6　转矩图绘制禁忌

注意的问题	禁忌示例	说　明
减速器高速轴转矩图	D　A　C　B D　A　C　B 图(a)　禁忌 D　A　C　B 图(b)　正确	例 1 中 I 轴的转矩在带轮到齿轮之间，CB 段不应有转矩

第 12 篇

续表

注意的问题	禁忌示例	说明
转矩图错误引起的当量弯矩图错误	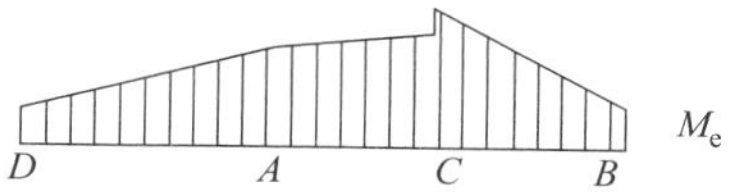 图(a)　禁忌 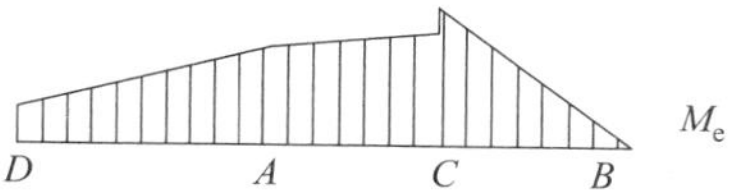 图(b)　正确	上栏的错误转矩图导致相应的错误当量弯矩图
减速器中间轴转矩图	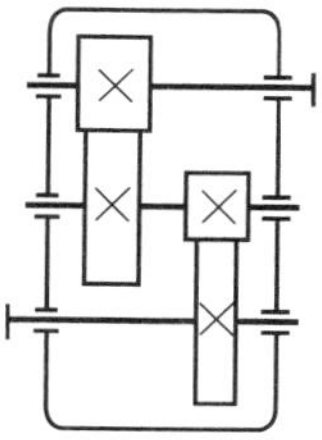 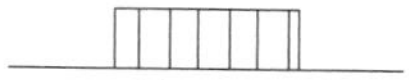 图(a)　正确 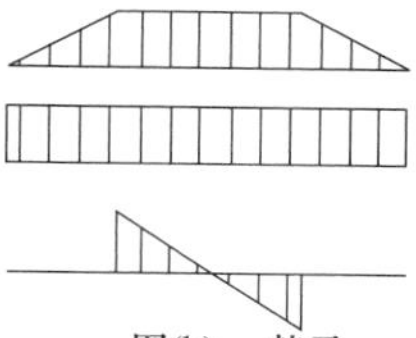 图(b)　禁忌	中间轴的转矩在两个齿轮之间，且大小和方向均不变

3.1.2.1　符合力学要求的轴上零件布置禁忌

表 12-3-7　　符合力学要求的轴上零件布置禁忌

注意的问题	禁忌示例	说明
合理布置轴上零件以减小轴所受转矩	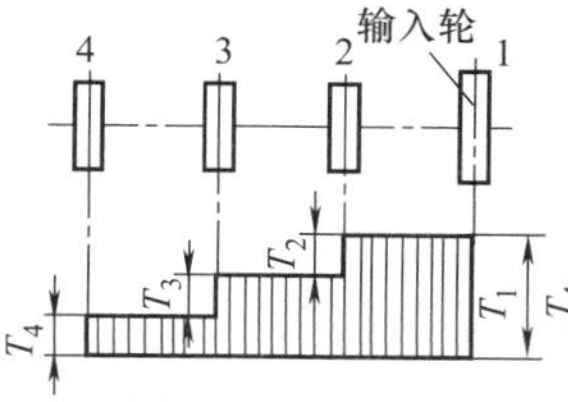 图(a)　T_{max}大(较差) 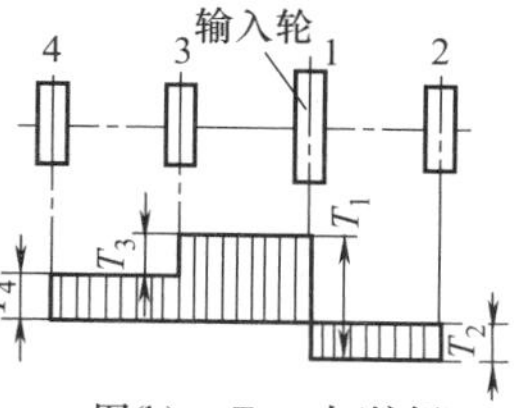 图(b)　T_{max}小(较好)	动力由轮 1 输入，通过轮 2、轮 3、轮 4 输出，图(a)轴所受的最大转矩为 $T_{max}=T_2+T_3+T_4$；图(b)轴所受的最大转矩 $T_{max}=T_3+T_4$，受力情况改善
合理布置轴上零件以消除轴所受转矩	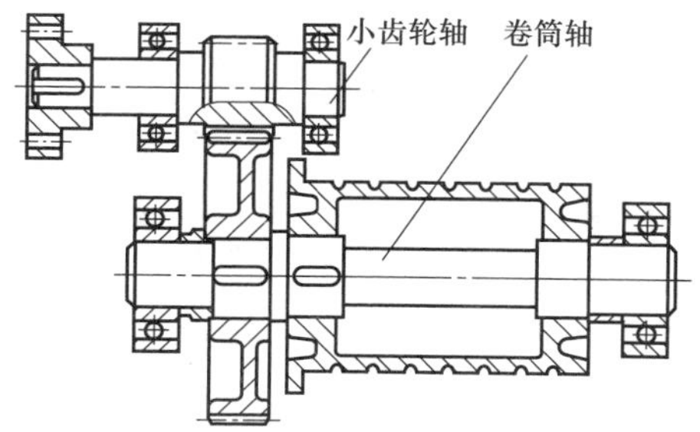 图(a)　卷筒轴受弯矩和转矩(较差)	卷扬机卷筒的两种结构方案中，图(a)的方案是大齿轮将转矩通过轴传到卷筒，卷筒轴既受弯矩又受转矩，图(b)的方案是卷筒和大齿轮连在一起，转矩经大齿轮直接传给卷筒，因而卷筒轴只受弯矩，在同样载荷 F 作用下，图(b)中卷筒轴的直径显然可比图(a)中的直径小

第 12 篇

续表

注意的问题	禁忌示例	说　明
合理布置轴上零件以消除轴所受转矩	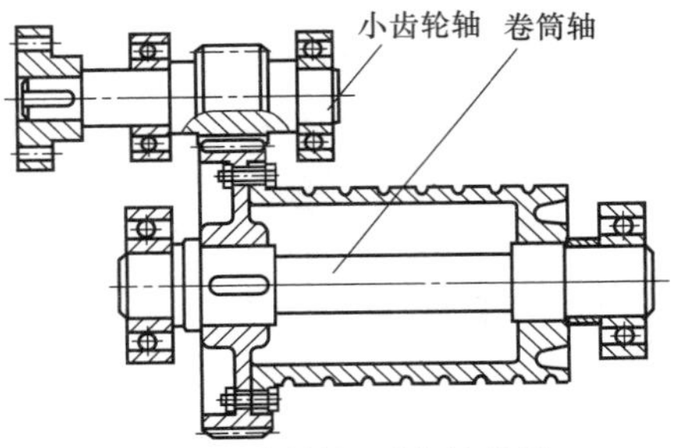 小齿轮轴　卷筒轴 图(b)　卷筒轴只受弯矩(较好)	卷扬机卷筒的两种结构方案中，图(a)的方案是大齿轮将转矩通过轴传到卷筒，卷筒轴既受弯矩又受转矩，图(b)的方案是卷筒和大齿轮连在一起，转矩经大齿轮直接传给卷筒，因而卷筒轴只受弯矩，在同样载荷 F 作用下，图(b)中卷筒轴的直径显然可比图(a)中的直径小
改进轴上零件结构减小轴所受弯矩	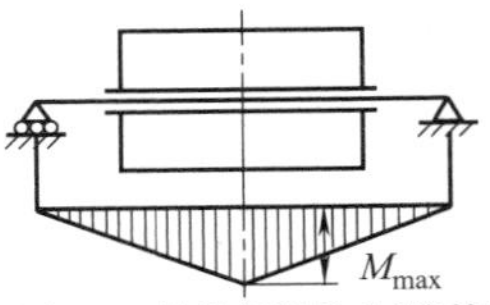 M_{max} 图(a)　轴的弯矩较大(较差) 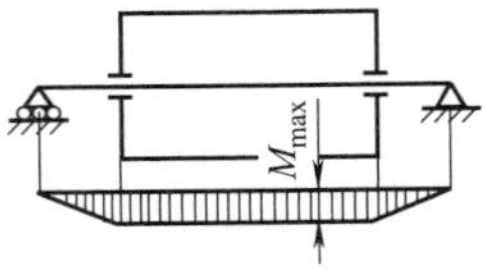 M_{max} 图(b)　轴的弯矩较小(较好)	图(a)中卷筒的轮毂很长，轴的弯矩较大，如把轮毂分成两段，如图(b)所示，不仅可以减小轴的弯矩，提高轴的强度和刚度，而且能得到良好的轴孔配合
采用载荷分流减小轴的载荷	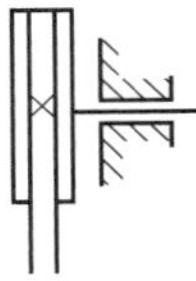 图(a)　较差 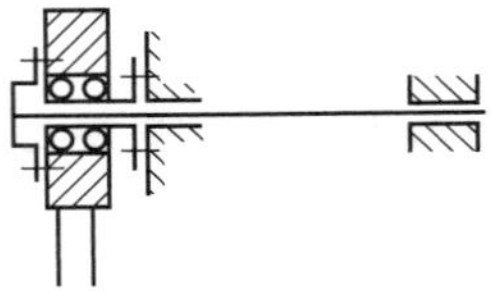 图(b)　较好 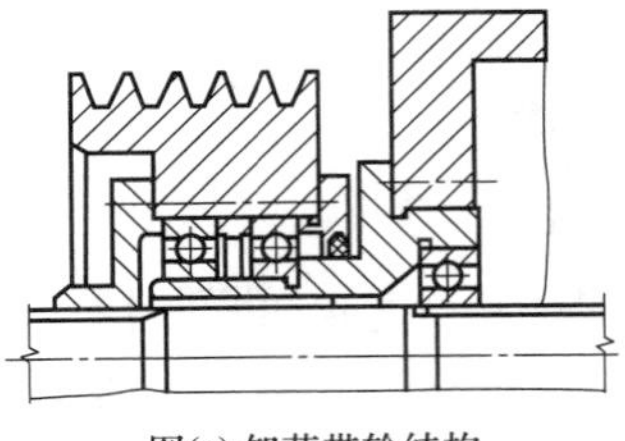 图(c) 卸荷带轮结构	改进受弯矩和转矩联合作用的转轴或轴上零件的结构，可使轴只受一部分载荷。某些机床主轴的悬伸端装有带轮[见图(a)]，刚度低，采用卸荷结构[见图(b)]可以将带传动的压轴力通过轴承及轴承座分流给箱体，而轴仅承受转矩，减小了弯曲变形，提高了轴的旋转精度。图(b)的详细结构见图(c)
采用力平衡或局部互相抵消的办法减小轴的载荷	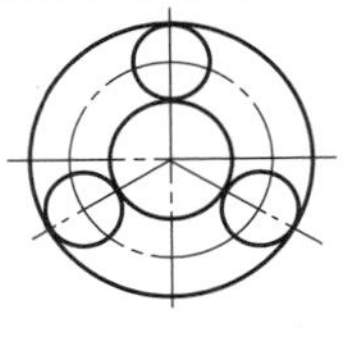 图(a)　太阳轮轴只受转矩(较好) 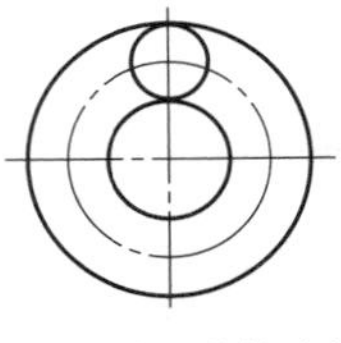 图(b)　太阳轮轴受弯矩和转矩(较差)	如图(a)所示的行星齿轮减速器，由于行星轮均匀布置，可以使太阳轮的轴只受转矩，不受弯矩，而图(b)的太阳轮轴不仅受转矩还受弯矩

3.1.2.2　合理的轴上零件装配方案禁忌

轴的结构形式与轴上零件位置及其装配方案有关，拟定轴上零件的装配方案是进行轴结构设计的前提，它决定着轴结构的基本形式。所谓装配方案，就是确定出轴上主要零件的装配方向、顺序和相互关系，合理的轴上零件装配方案禁忌见表 12-3-8。

表 12-3-8　合理的轴上零件装配方案禁忌

注意的问题	禁忌示例	说明
尽量减少轴上零件的数目	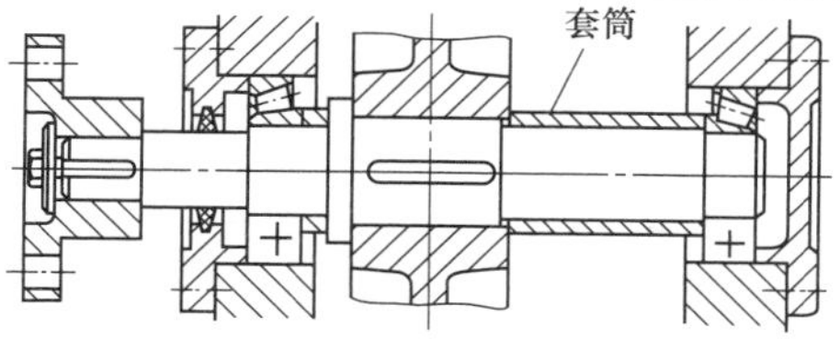 套筒 图(a)　较差 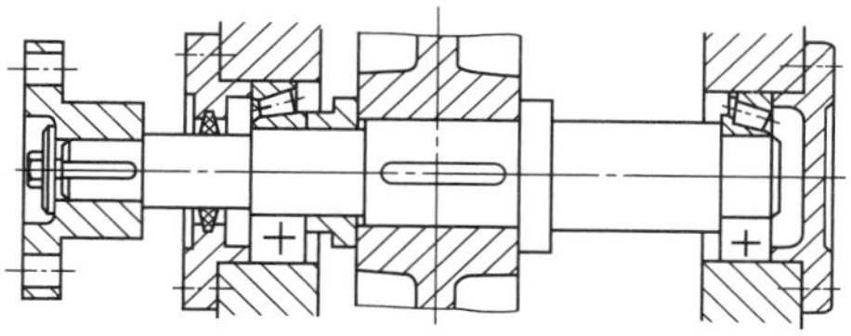 图(b)　较好	图(a)所示的齿轮从轴的右端装入，图(b)中的齿轮从轴的左端装入，前者较后者多一个长的定位套筒，使机器的零件增多，质量增大，显然图(b)的装配方案较为合理
尽量简化轴上零件的装拆	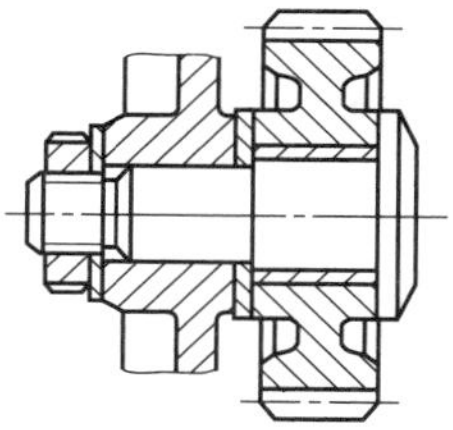 图(a)　较差 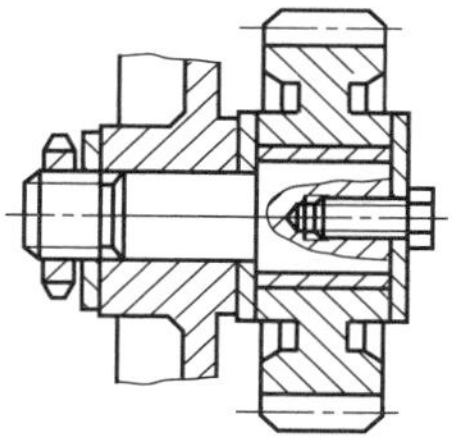　图(b)　较好	拟定轴上零件装配方案时，应避免各零件之间的装配关系相互纠缠，其中主要零件可以单独装拆，这样就可以避免许多安装中的反复调整工作。如图(a)中的小齿轮拆下时，必须拆下轴左侧的零件，图(b)的结构则比较合理
不宜在大轴的轴端直接连接小轴	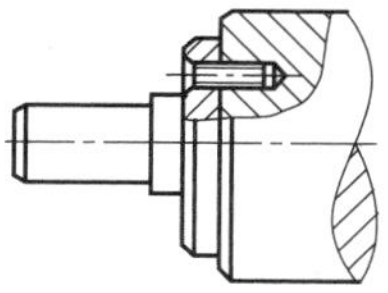 图(a)　较差 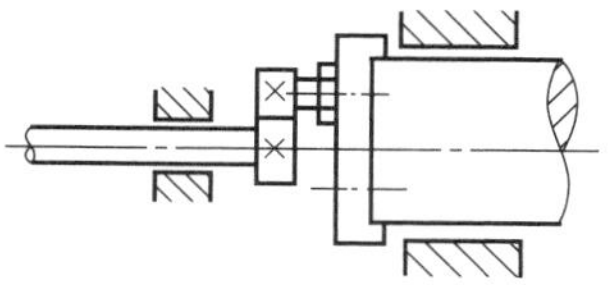　图(b)　较好	当两轴直径相差很大，两轴轴承间隙差别大，磨损情况也很不相同；而且两轴的同轴度很难保证，因此小轴轴承承受不合理的附加载荷，容易破损。应采用其他传动件进行连接

3.1.2.3　轴上零件的定位与固定禁忌

轴上的每一个零件均应有确定的工作位置，既要定位准确，还要牢固可靠，下面就轴上零件的轴向定位与固定、周向固定设计禁忌分述如下。

（1）轴上零件轴向定位与固定禁忌

零件在轴上沿轴向应准确定位和可靠固定，使其有准确的位置，并能承受轴向力而不产生轴向位移，常用的轴向定位与固定方法一般是利用轴本身的组成部分，如轴肩、轴环、圆锥面、过盈配合，或者是采用附件，如套筒、圆螺母、弹性挡圈、挡环、紧定螺钉、销钉等。具体见表 12-3-9。

（2）轴上零件周向固定禁忌

轴上传递转矩的零件除轴向定位与固定外，还需周向固定，以防零件与轴之间发生相对转动。常用的周向固定方法有键连接、花键连接、销、紧定螺钉、过盈配合、型面连接等。这些连接的常规设计禁忌详见下篇第 1 章，表 12-3-10 仅列出与轴结构较为相关的一些禁忌。

表 12-3-9　　**轴上零件轴向定位与固定禁忌**

注意的问题	禁忌示例	说　明
轴肩	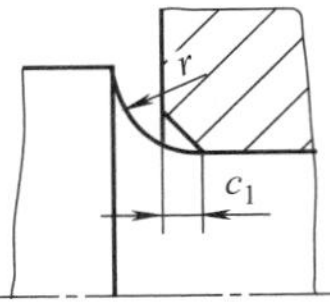 图(a)　$r>c_1$(禁忌) 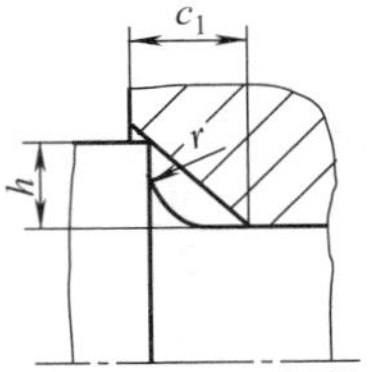 图(b)　$h<c_1$(禁忌) 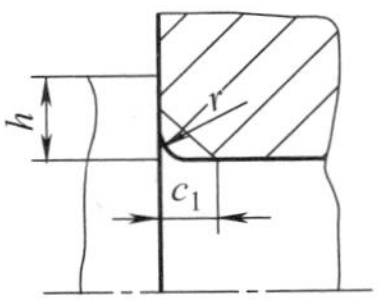 图(c)　$r<c_1$(正确) 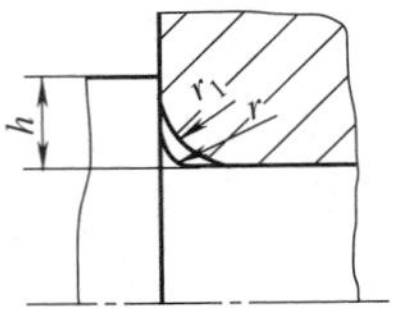 图(d)　$r<r_1$(正确)	$r>c_1$ 和 $h<c_1$ 都是不允许的[图(a)、图(b)]；r 要小于相配零件的导角尺寸 c_1 或圆角半径 r_1[图(c)、图(d)]，以保证端面靠紧；同时，为使零件端面与轴肩或轴环有一定的平面接触，轴肩或轴环的高度 h 应取为 $(2\sim3)c_1$ 或 $(2\sim3)r_1$，而在定位与固定准确可靠的前提下，应尽量使 h 小些，r 大些，以减小应力集中
轴环	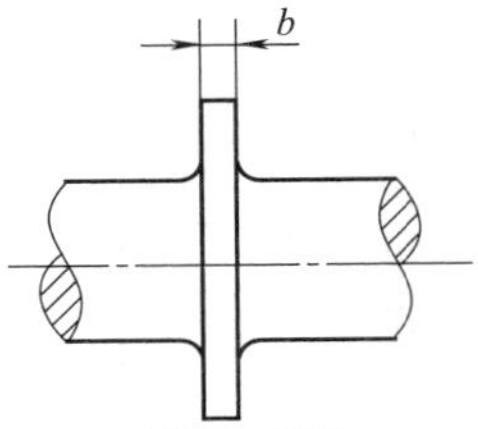 图(a)　禁忌 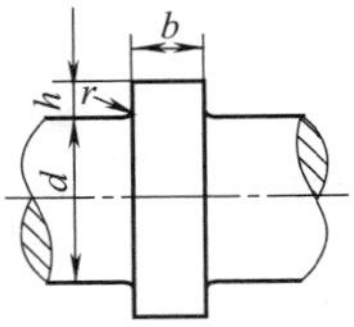 图(b)　正确	轴环的功用及尺寸参数与轴肩相同，为使其在轴向力作用下具有一定的强度和刚度，轴环宽度 b 不可太小[图(a)]，一般应取 $b\geqslant1.4h$
圆锥形轴端	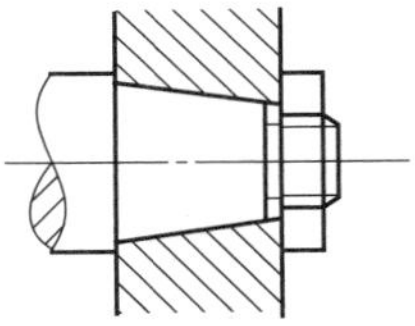 图(a)　禁忌 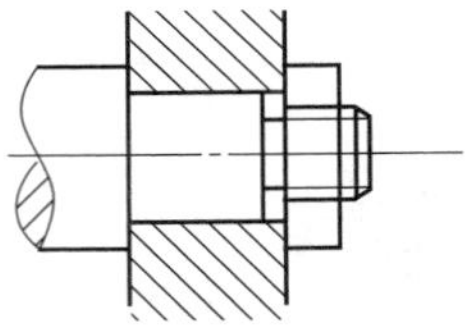 图(b)　正确	圆锥形轴端能使轴上零件与轴保持较高的同轴度，且连接可靠，但不能限定零件在轴上的正确位置，尤其要注意避免采用双重配合结构[图(a)]，需要限定准确的轴向位置时，只能改用圆柱形轴端加轴肩才是可靠的
轴套	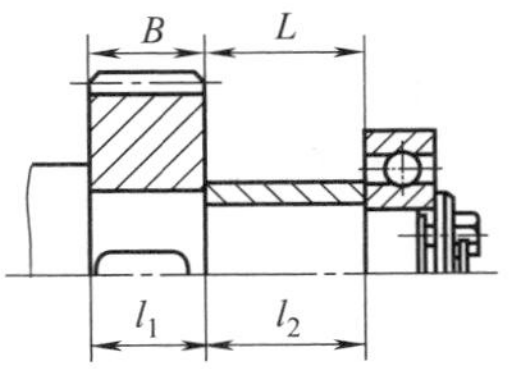 图(a)　禁忌 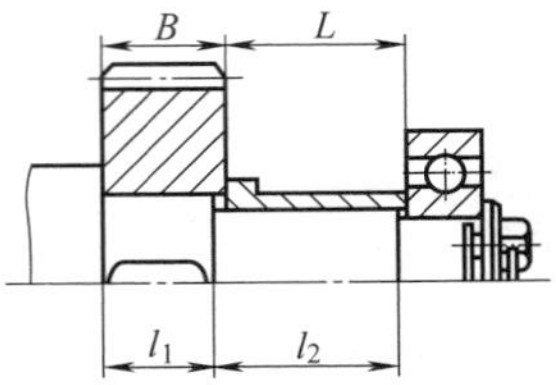 图(b)　正确 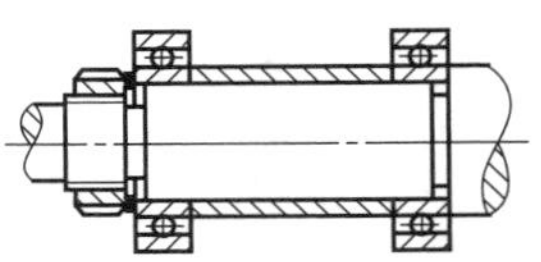 图(c)　禁忌 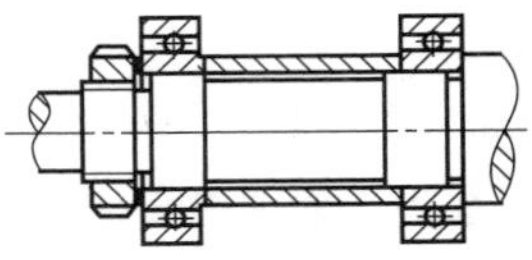 图(d)　正确	图(a)($B=l_1$，$B+L=l_1+l_2$)结构由于加工误差等极易造成套筒两端面与齿轮、轴承两端面间出现间隙，致使轴上零件不能准确定位与可靠固定。一般 $l_1=B-(2\sim3)$mm，且 l_1+l_2 应略小于 $B+L$，如图(b)所示 轴与轴套配合部分较长时，应留有间隙，以减少配合长度，如图(d)所示

续表

注意的问题	禁忌示例	说明
圆螺母	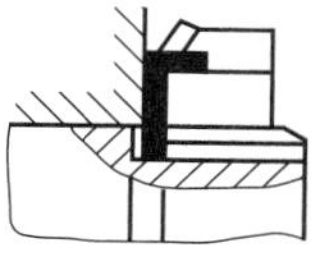 图(a)　禁忌 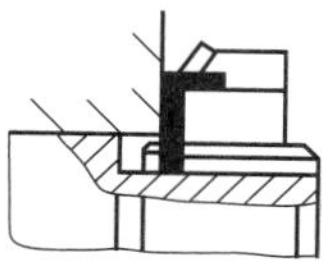　图(b)　正确	采用圆螺母加止动垫圈固定轴上零件时，止动垫圈内侧舌片处于轴上螺纹退刀槽部分，未能起到止转作用[图(a)]，因此轴上的螺纹长度必须确保安装时内侧舌片处于止动沟槽内[图(b)]
弹性挡圈	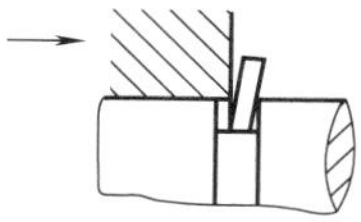 图(a)　禁忌 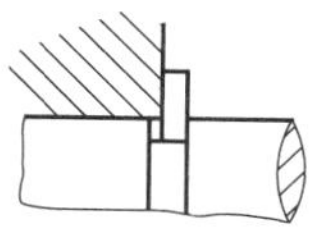　图(b)　正确	为防止零件脱出，弹性挡圈一定要装牢在轴槽中
轴端挡圈	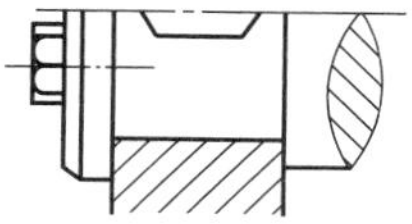 图(a)　禁忌 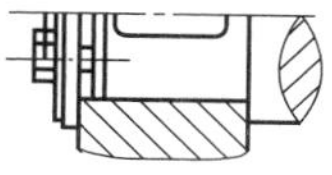　图(b)　正确	为使挡圈在轴端更好地压紧被固定零件的端面，应使轴的配合部分长小于轴上零件配合部分长 2～3mm
轴承端盖	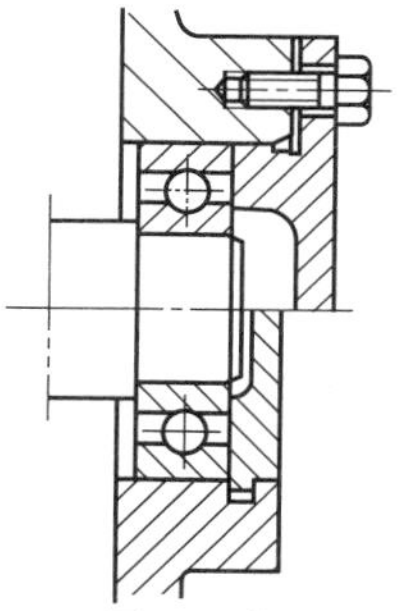 图(a)　禁忌 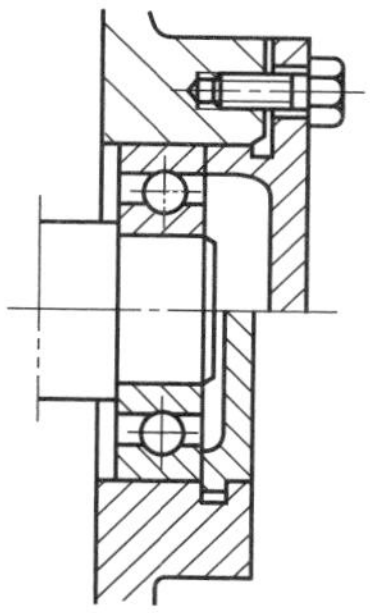　图(b)　正确	采用轴承端盖轴向固定时，要注意勿使轴承盖的底部压住轴承的转动圈，滚动轴承内圈(转动件)与轴承端盖(静止件)相接触，摩擦严重，甚至使轴无法转动

表 12-3-10　**轴上零件周向固定禁忌**

注意的问题	禁忌示例	说明
轴上两平键的设置	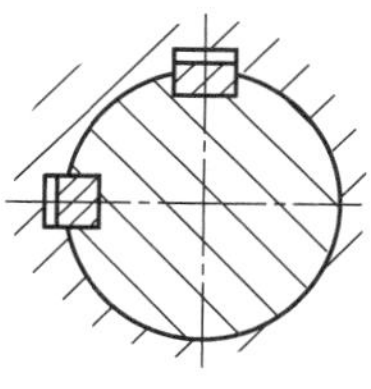 图(a)　禁忌 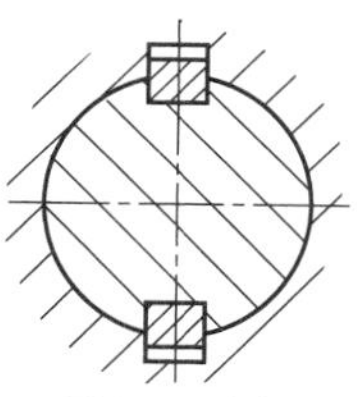　图(b)　正确	当采用两个平键时，为使轴受力平衡和截面变化均匀，一般设置在同一轴段上相隔 180°的位置

续表

注意的问题	禁忌示例	说　明
轴上两楔键的设置	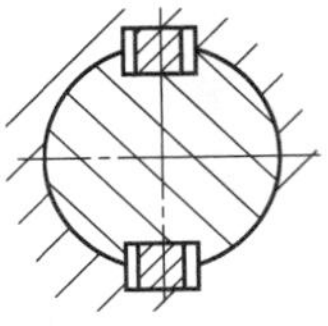 120° 图(a)　禁忌 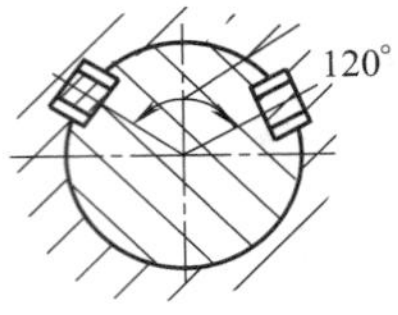　图(b)　正确	当采用两个楔键时，键不应在相隔 180°的位置，这样传递的转矩与一个键相同，两键相距越近，传递转矩越大，但相距太近时轴强度降低，一般两槽应相隔 90°～120°
轴上两半圆键的设置	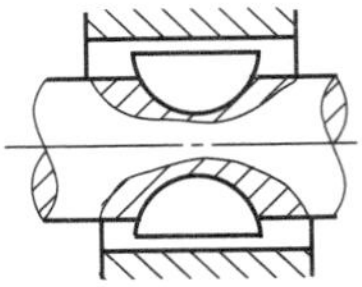 图(a)　禁忌 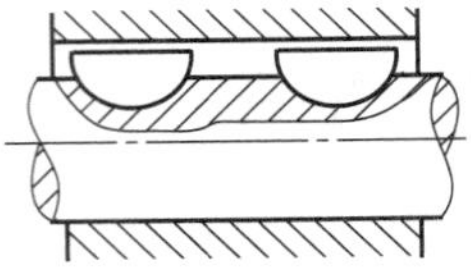　图(b)　正确	当采用两个半圆键时，为不过分削弱轴的强度，两键应设置在轴的同一母线上
长轴上多个键槽的设置	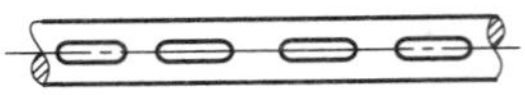 图(a)　禁忌 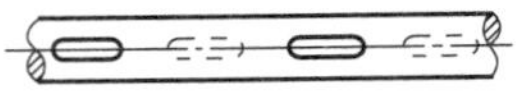　图(b)　正确	在长轴上要避免在一侧开多个键槽或长键槽，因为这会使轴丧失全周的均匀性，易造成轴的弯曲，因此要交替相反在两侧布置键槽，且相隔 180°对称布置
滚筒与轴的连接	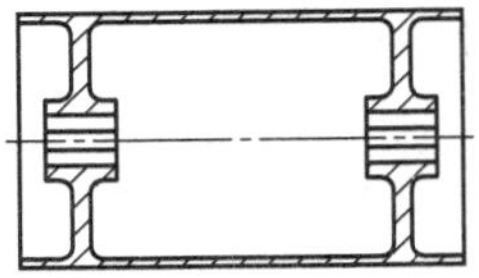 图(a)　禁忌 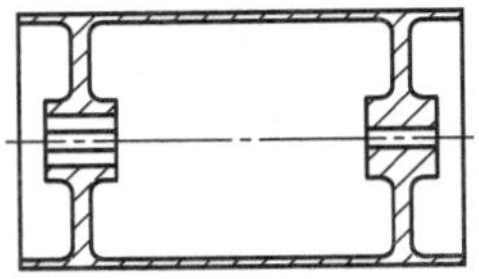　图(b)　正确	带式输送机的滚筒用两个键与轴相连接，由于两个键槽的加工是两次完成的，键槽的位置精度不易保证，因此轴与滚筒的装配有一定的困难，可改为仅在一个轮毂上加工一个键槽，另一端采用过盈配合
过盈配合处装配起点的倒角与倒锥	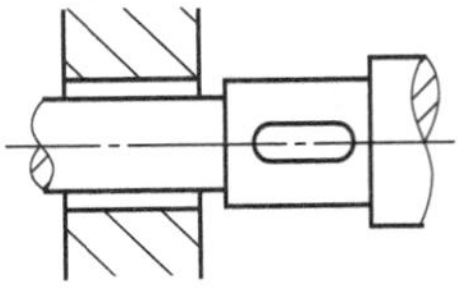 图(a)　禁忌 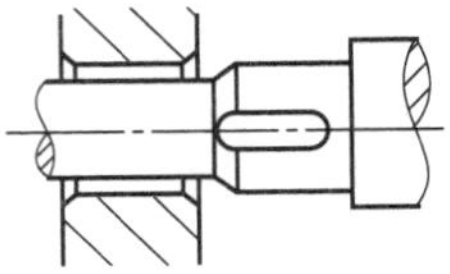　图(b)　正确	如果装配的起点呈尖角，在安装时将很费事，为便于装配，应将两零件的起点或者至少其中一个零件制成倒角或倒锥
轴与几个零件的过盈配合	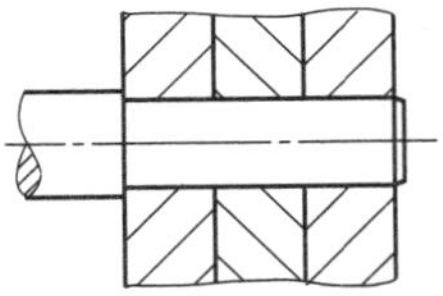 图(a)　禁忌 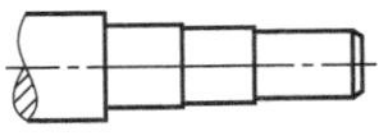　图(b)　正确	图(a)在安装第一个零件时，就挤压了全部的过盈表面，而使轴的尺寸发生了变化，造成后装的零件得不到足够的过盈量。如各段之间逐一给出微小的阶梯差，可使安装时互不干涉，见图(b)

续表

注意的问题	禁 忌 示 例	说　　明
两配合表面不要同时装配	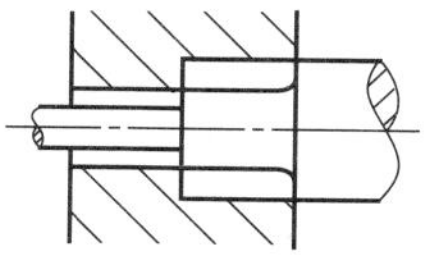 图(a)　禁忌 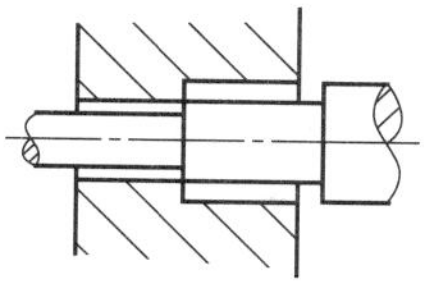　　图(b)　正确	两处装配尺寸应避免同时安装的困难，首先使一处安装，以此为支承再安装另一处，这样就方便得多了

3.1.2.4　轴的结构工艺性设计禁忌

轴的结构工艺性可从加工工艺性和装配工艺性两方面分析。

（1）轴的加工工艺性设计禁忌（表 12-3-11）

表 12-3-11　　**轴的加工工艺性设计禁忌**

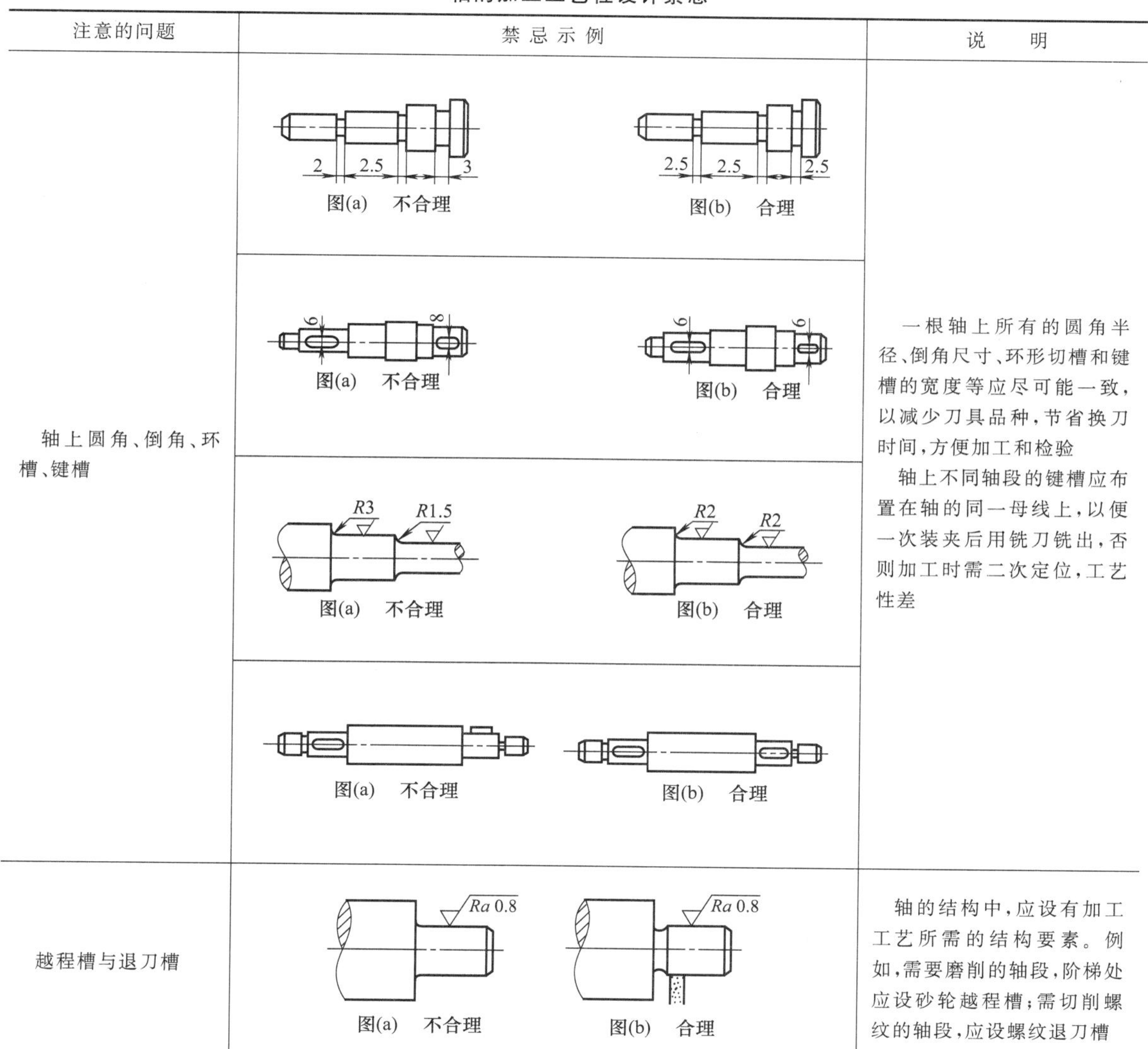

注意的问题	禁 忌 示 例	说　　明
轴上圆角、倒角、环槽、键槽	2　2.5　3　图(a)　不合理　　2.5　2.5　2.5　图(b)　合理	一根轴上所有的圆角半径、倒角尺寸、环形切槽和键槽的宽度等应尽可能一致，以减少刀具品种，节省换刀时间，方便加工和检验 轴上不同轴段的键槽应布置在轴的同一母线上，以便一次装夹后用铣刀铣出，否则加工时需二次定位，工艺性差
	6　8　图(a)　不合理　　6　6　图(b)　合理	
	R3　R1.5　图(a)　不合理　　R2　R2　图(b)　合理	
	图(a)　不合理　　图(b)　合理	
越程槽与退刀槽	Ra 0.8　图(a)　不合理　　Ra 0.8　图(b)　合理	轴的结构中，应设有加工工艺所需的结构要素。例如，需要磨削的轴段，阶梯处应设砂轮越程槽；需切削螺纹的轴段，应设螺纹退刀槽

续表

注意的问题	禁忌示例	说明
越程槽与退刀槽	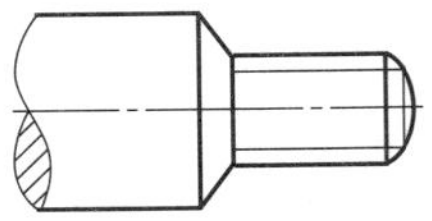 图(a) 不合理 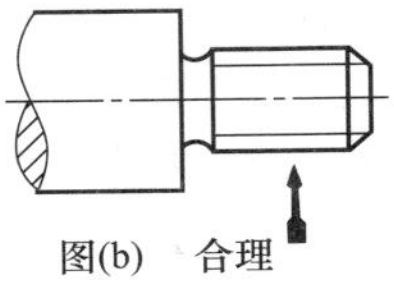 图(b) 合理	轴的结构中，应设有加工工艺所需的结构要素。例如，需要磨削的轴段，阶梯处应设砂轮越程槽；需切削螺纹的轴段，应设螺纹退刀槽
锥面两端退刀结构	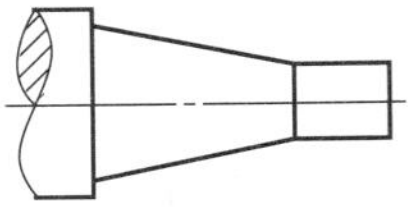 图(a) 不合理 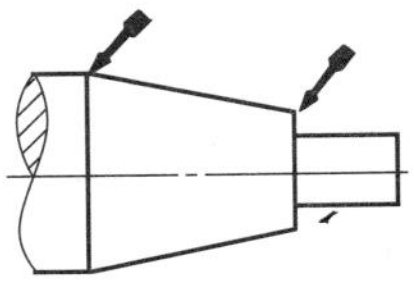 图(b) 合理	锥面两端点结构应使加工时退刀方便
轴结构应有利于切削	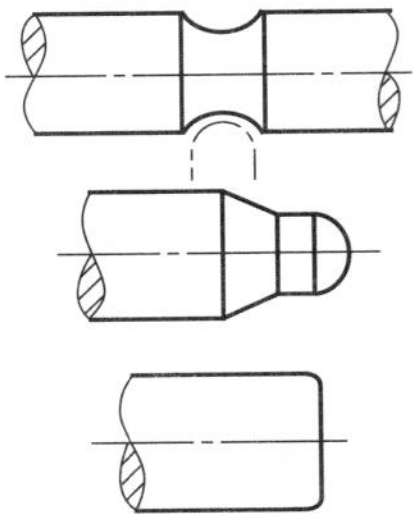 图(a) 不合理 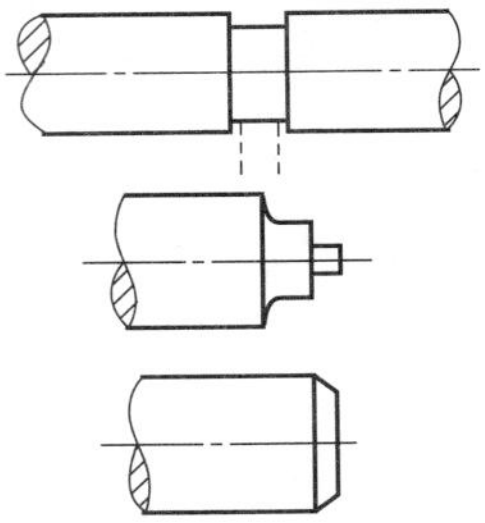 图(b) 合理	轴的结构设计应利于切削，一般而言，球面、锥面应尽量避免，而优先选用柱面。如图(a)所示结构看上去比如图(b)所示结构简单，实则不然。图(b)所示结构用车削加工能加工全长，而图(a)所示结构要进行几次加工
尽量减少切削量	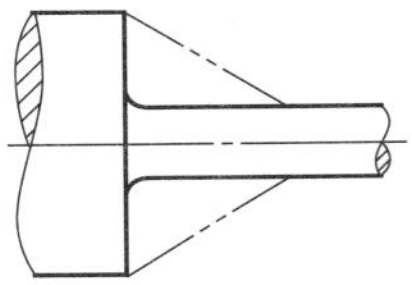 图(a) 不合理 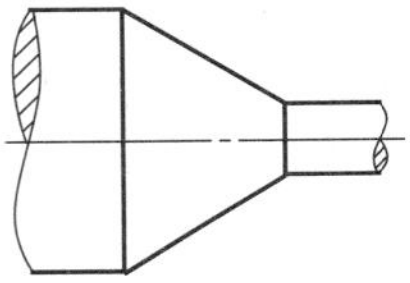 图(b) 合理	图(a)结构切削量过大，且受力状况不良，可考虑在不妨碍功能的前提下改为如图(b)所示的平稳过渡的结构
轴上钻小孔	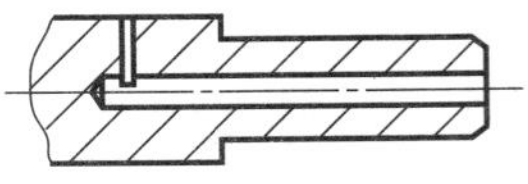 图(a) 不合理 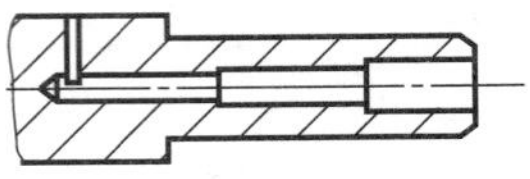 图(b) 合理	在轴上钻小直径的深孔，加工非常困难，钻头易折断，钻头折断了取出也非常困难，所以一般要根据孔的深度尽可能选用稍大的孔径，或者采用向内依次递减直径的方法
配合尺寸与配合精度	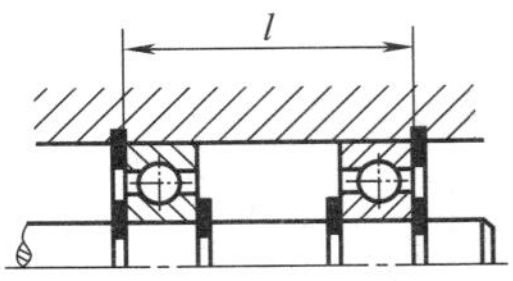 l 图(a) 不合理 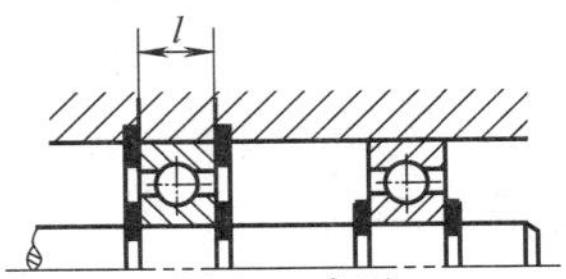 l 图(b) 合理	同样加工精度要求，配合公称尺寸越小，加工越容易，加工精度也越容易提高，因此在结构设计时，应使有较高配合精度要求的工作面的面积和两配合之间的距离尽可能小

（2）轴的装配工艺性设计禁忌（表 12-3-12）

表 12-3-12　轴的装配工艺性设计禁忌

注意的问题	禁忌示例	说　明
配合圆柱面应有阶梯	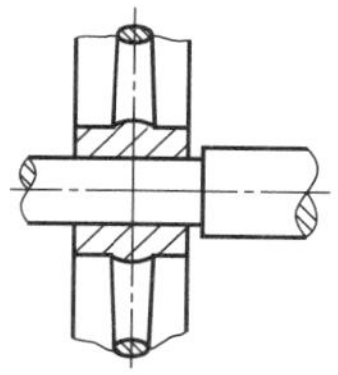 图(a)　禁忌 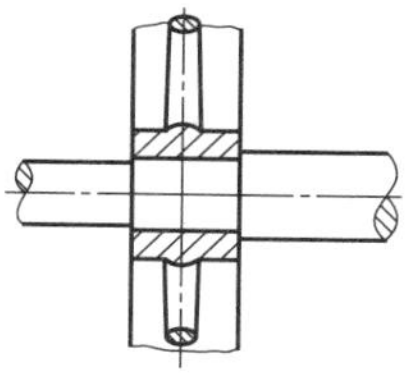　图(b)　正确	为避免装拆时擦伤配合表面，应将配合的圆柱表面作成阶梯形
轴承的拆卸	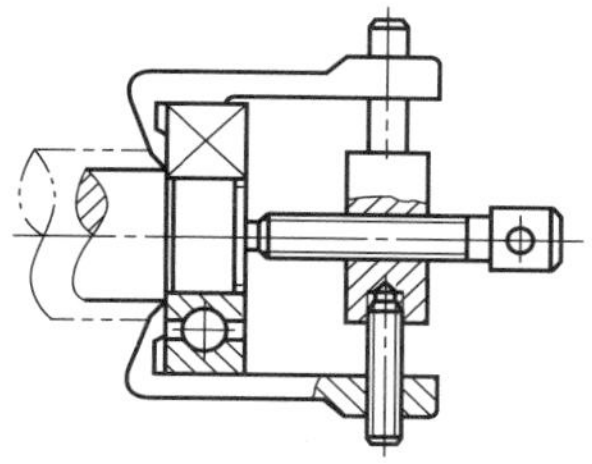 双点画线为禁忌结构；实线为正确结构	固定轴承的轴肩高度应低于轴承内圈厚度，一般不大于内圈厚度的 3/4。如轴肩过高，如图中双点画线所示，将不便于轴承的拆卸
热装金属环的拆卸	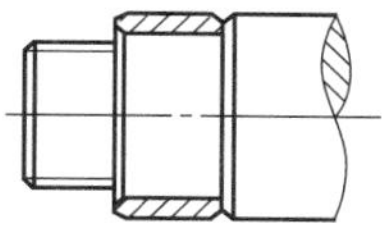 图(a)　禁忌 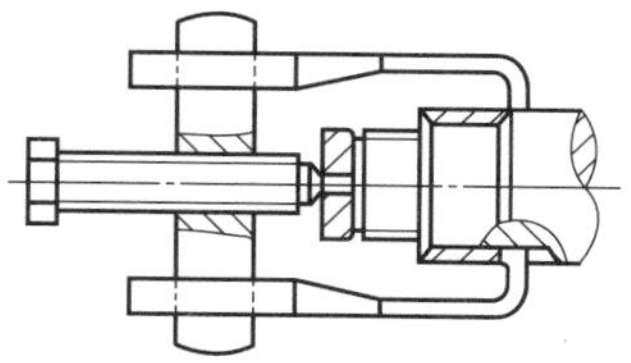　图(b)　正确	热装在轴颈上的金属环，需在一端留有槽，以便拆卸工具有着力点，否则拆下金属环将很困难

3.1.2.5　提高轴的疲劳强度措施及禁忌

大多数轴是在变应力条件下工作的，其疲劳损坏多发生于应力集中部位，因此设计轴的结构必须要尽量减少应力集中源和降低应力集中的程度。常用的措施和禁忌见表 12-3-13。

表 12-3-13　提高轴的疲劳强度措施及禁忌

注意的问题	禁忌示例	说　明
降低轴肩圆角应力集中	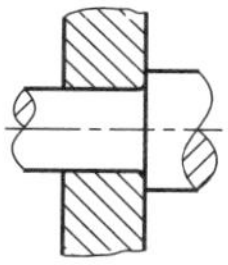 r　r 图(a)　较差 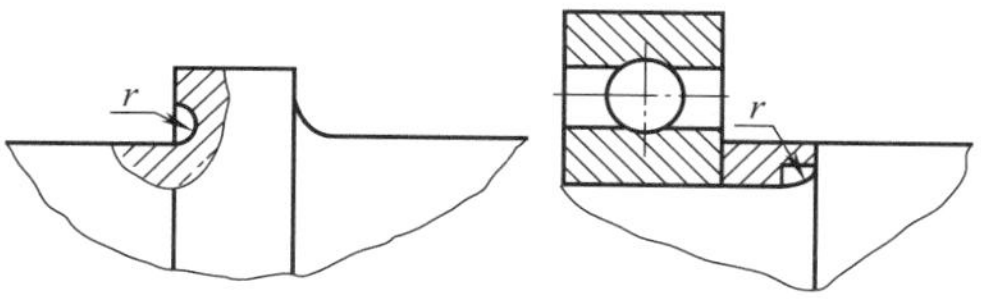　图(b)　较好	在轴径变化处尽量采用较大的圆角过渡，当圆角半径的增大受到限制时，可采用凹切圆角、过渡肩环等结构

续表

注意的问题	禁忌示例	说　明
降低过盈配合处的应力集中	图(a)　较差　图(b)　较好 应力集中系数 K_σ约减小15%～25% 图(c)　较好 $d_1=(1.06\sim1.08)d$ K_σ约减小40% 图(d)　较好 $r>(0.1\sim0.2)d$ K_σ约减小30%～40%	当轴与轮毂为过盈配合时，配合的边缘处会产生较大的应力集中[图(a)]，为减小应力集中，可在轮毂上开卸载槽[图(b)]；轴上开卸载槽[图(c)]；或者加大配合部分的直径[图(d)]
减小轴上键槽引起的应力集中	图(a)　较差　图(b)　较好 图(c)　较差　图(d)　较好	为了不使键槽的应力集中与轴阶梯的应力集中相重合，要避免把键槽铣削至阶梯部位[图(a)] 用端铣刀铣出的键槽[图(c)]比用盘铣刀铣出的键槽[图(d)]应力集中大

3.1.2.6　空心轴的结构设计及禁忌

(1) 空心轴工作应力分布合理且节省材料

对于大直径圆截面轴，做成空心环形截面能使轴在受弯矩时的正应力和受扭转时的切应力得到合理分布，使材料得到充分利用，如采用型材，则更能提高经济效益。例如图 12-3-6 所示，汽车的传动轴 AB 在同等强度的条件下，空心轴的重量仅为实心轴重量的 1/3，节省了大量材料，经济效益好。两种方案有关数据的对比列于表 12-3-14。

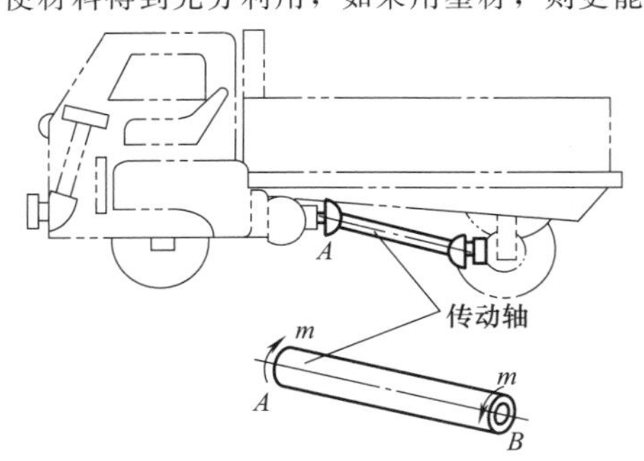

图 12-3-6　汽车的空心传动轴

表 12-3-14　汽车的传动轴方案对比

项　目	类　型	
	空　心　轴	实　心　轴
材料	45 钢 管	45 钢
外径/mm	90	53
壁厚/mm	2.5	—
强度	相同	
重量比	1∶3	
结构性能	合理	不合理

(2) 空心轴结构设计及禁忌（表 12-3-15）

表 12-3-15　空心轴结构设计及禁忌

注意的问题	禁忌示例	说明
空心轴上的键槽	图(a)　较差　图(b)　较好	在空心轴上使用键连接时，必须注意轴的壁厚，注意不要造成因开设键槽而使键槽部位的壁厚变得太薄。可采用薄形键或增加轴的壁厚
空心曲轴	图(a)　实心轴(较差)　图(b)　空心轴(较好)	对于传递较大功率的曲轴，采用中空结构不但可以减轻轴的重量和减小其旋转惯性力，还可以提高曲轴的疲劳强度。若采用实心结构[图(a)]，应力集中比较严重，尤其是在曲柄与曲轴连接的两侧处，对曲轴承受疲劳交变载荷极为不利。采用图(b)结构不但可使原应力集中区的应力分布均匀，而且有利于后面热处理工艺所引发的残余应力的消除

3.1.3　轴的刚度计算及相关结构禁忌

3.1.3.1　轴的刚度计算

同强度计算一样，轴的受力分析错误也会导致轴的刚度计算错误，对轴的受力分析禁忌前面已详述，这里不再重复，而对某些精密轴系，刚度要求一般较高，计算时应注意。

(1) 轴的尺寸取决于强度与刚度的弱者

通常习惯认为轴的尺寸（比如轴径的大小）主要取决于轴的强度计算，其实有时并非如此，因为很多设计中轴的尺寸是由刚度条件决定的。轴径的大小应取两者之间的弱者，从下面的实例不难看出轴的直径是由刚度决定的。

例 3　一钢制等直径轴，传递的转矩 $T=4000\text{N}\cdot\text{m}$。已知轴的许用切应力 $[\tau]=400\text{MPa}$，轴的长度 $l=1700\text{mm}$，轴在全长上扭角 φ 不得超过 1°，钢的切变模量 $G=8\times10^4\text{MPa}$，试求轴的直径。为便于对比，将计算有关内容列于表 12-3-16。

(2) 精确计算精密丝杠类轴的刚度

对传动精度要求较高的机床中，丝杠轴过大的变形会严重影响机床的加工精度，所以必须精确计算丝杠轴的刚度。为使问题更具体，现举例说明其刚度计算时应注意的问题。

例 4　某精密车床纵向进给螺旋，其螺杆为 T44×12-8，中径 $d_2=38\text{mm}$，小径 $d_1=31\text{mm}$，螺距 $t=12\text{mm}$，材料为 45 钢，轴向载荷 $F_a=10000\text{N}$，转矩 $T=39217\text{N}\cdot\text{mm}$，螺杆支承间距 $L=2700\text{mm}$，8 级精度螺杆，螺距累积变化量允许值 $[\lambda]=55\mu\text{m/m}$，弹性模量 $E=2.1\times10^5\text{MPa}$，$G=8\times10^4\text{MPa}$，试对此轴进行刚度校核。

因丝杠为纵向进给，工作时受轴向载荷和转矩作用，这两种载荷都将引起螺距变化，影响螺旋的传动精度，从而影响机床的加工精度，所以必须将两种载荷引起的螺距总变形量限制在允许的范围内，才能保证所需的加工精度，只考虑其中一种载荷的计算是错误的。为清楚起见，表 12-3-17 对比了本实例刚度计算的几种正确与错误的计算方法。

表 12-3-16　　例 3 按强度条件与刚度条件计算轴径

计算项目 \ 计算方法	按强度条件计算	按刚度条件计算
传递转矩 T/N·m	4000	4000
轴长 l/mm	1700	1700
轴许用切应力[τ]/MPa	40	40
切变模量 G/MPa	8×10^4	8×10^4
许用扭角 φ/(°)	—	$\varphi<1$
计算公式	$\tau\approx\frac{T}{0.2d^3}\leqslant[\tau]\Rightarrow d\geqslant\sqrt[3]{\frac{T}{0.2[\tau]}}$	$\varphi=\frac{32Tl}{G\pi d^4}\leqslant[\varphi]\Rightarrow d\geqslant\sqrt[4]{\frac{32Tl}{\pi G[\varphi]}}$
计算轴径/mm	$d\geqslant79.4$	$d\geqslant83.9$
圆整取标准直径/mm	$d=80$	$d=85$
结论	满足强度，不满足刚度，不合理	既满足强度，也满足刚度，合理

表 12-3-17　　例 4 精密丝杠刚度计算方法对比

计算项目 \ 计算方法	计算 F_a 产生的螺距变形 λ_{Fa}	计算 T 产生的螺距变形 λ_T	计算 T 产生的扭转角 φ	计算 F_a 与 T 共同产生的螺距变形量 $\lambda_{总}$
载荷	$F_a=10000$N	$T=39217$N	$T=39217$N	$F_a=10000$N 与 $T=39217$N
计算公式	$\lambda_{Fa}=\frac{4F_a}{\pi d_2^2E}$	$\lambda_T=\frac{16Tt}{\pi^2Gd_2^4}$	$\varphi=\frac{32TL}{G\pi d_1^4}$	$\lambda_{总}=\lambda_{Fa}+\lambda_T$
相应变形	$\lambda_{Fa}=41.99(\mu m/m)$	$\lambda_T=4.574(\mu m/m)$	$\varphi=0.46°$ $L=2700$mm	$\lambda_{总}=46.56(\mu m/m)$
计算结果	$\lambda_{Fa}<[\lambda]$ $[\lambda]=55(\mu m/m)$	$\lambda_T<[\lambda]$ $[\lambda]=55(\mu m/m)$	$\varphi<[\varphi]$ $[\varphi]=1°$	$\lambda_{总}<[\lambda]$ $[\lambda]=55(\mu m/m)$
结论	错误	错误	错误	正确

3.1.3.2　轴的刚度与轴上零件布置设计禁忌

（1）轴上零件布置设计禁忌（表 12-3-18）

表 12-3-18　　轴上零件布置设计禁忌

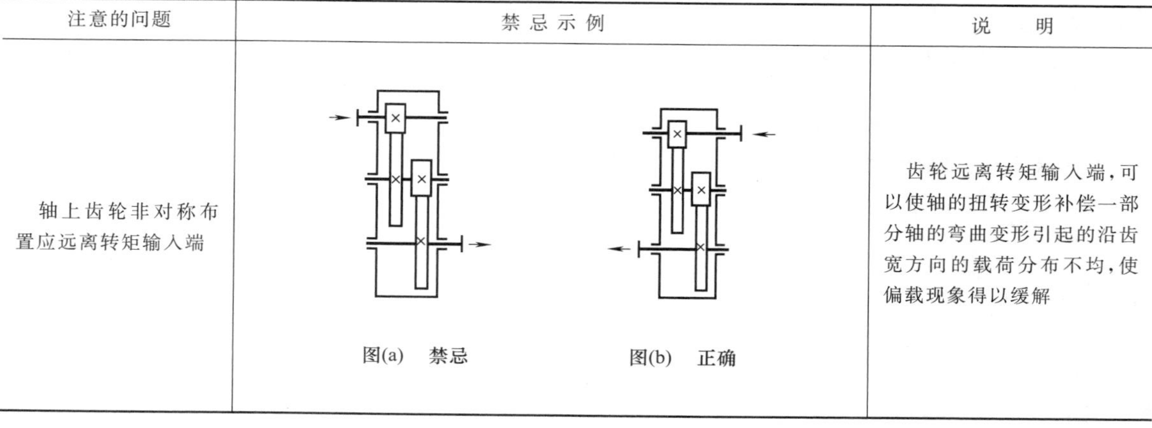

注意的问题	禁忌示例	说明
轴上齿轮非对称布置应远离转矩输入端	图(a)　禁忌　　图(b)　正确	齿轮远离转矩输入端，可以使轴的扭转变形补偿一部分轴的弯曲变形引起的沿齿宽方向的载荷分布不均，使偏载现象得以缓解

续表

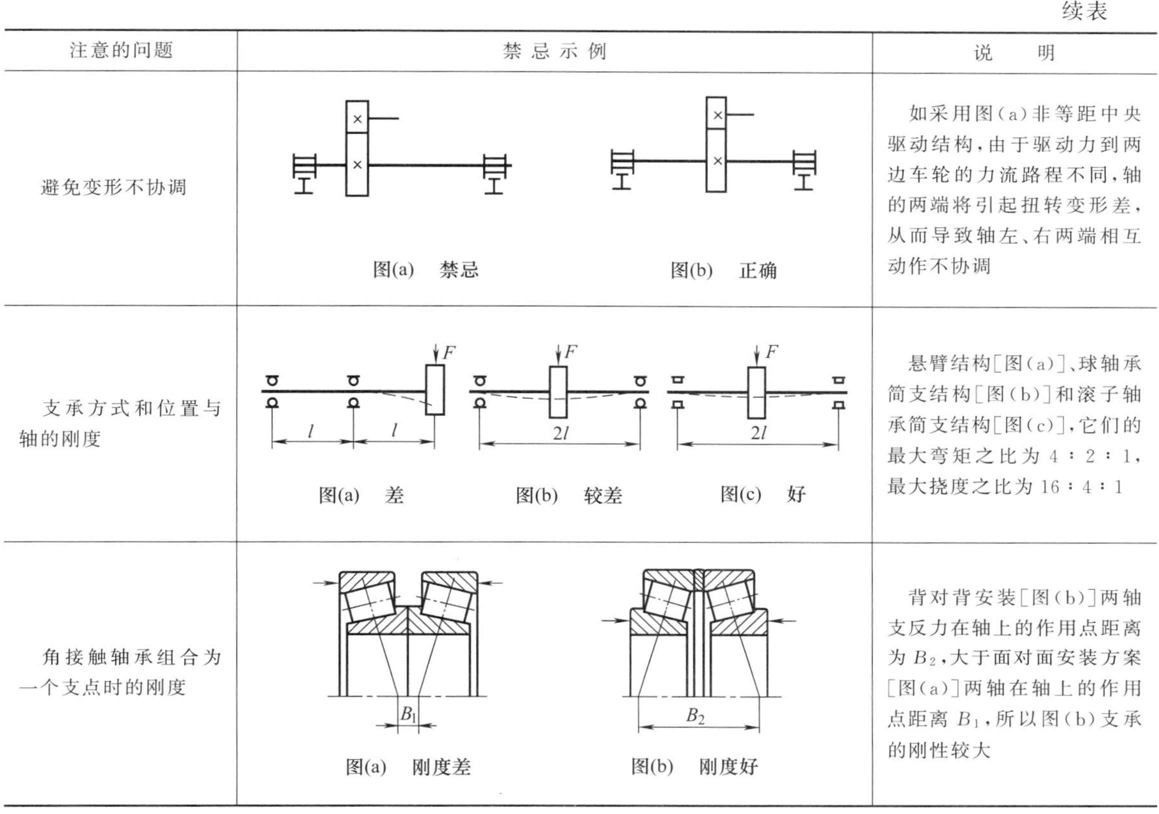

注意的问题	禁忌示例	说　明
避免变形不协调	图(a)　禁忌　　图(b)　正确	如采用图(a)非等距中央驱动结构，由于驱动力到两边车轮的力流路程不同，轴的两端将引起扭转变形差，从而导致轴左、右两端相互动作不协调
支承方式和位置与轴的刚度	图(a)　差　　图(b)　较差　　图(c)　好	悬臂结构[图(a)]、球轴承简支结构[图(b)]和滚子轴承简支结构[图(c)]，它们的最大弯矩之比为 4∶2∶1，最大挠度之比为 16∶4∶1
角接触轴承组合为一个支点时的刚度	图(a)　刚度差　　图(b)　刚度好	背对背安装[图(b)]两轴支反力在轴上的作用点距离为 B_2，大于面对面安装方案[图(a)]两轴在轴上的作用点距离 B_1，所以图(b)支承的刚性较大

(2) 角接触轴承安装形式对轴系刚度的影响

对于分别处于两支点的一对角接触轴承，应根据具体载荷位置分析其刚性，载荷作用在两轴承之间时，面对面安装布置的轴系刚性好；而当载荷作用在轴承外侧时，背对背安装布置轴系刚性好。具体分析见表 12-3-19。

表 12-3-19　　角接触轴承不同安装形式对轴系刚度的影响

安装形式	工作零件(作用力)位置	
	悬伸端	两轴承间
面对面 (正装)	l_1　l_{O1}　A	l_1　B
背对背 (反装)	l_2　l_{O2}　A	l_2　B
比较	$l_2>l_1$，$l_{O2}<l_{O1}$ 工作端 A 点挠度 $\delta_{A2}<\delta_{A1}$ 背对背刚性好	$l_1<l_2$ B 点挠度 $\delta_{B1}<\delta_{B2}$ 面对面刚性好

第12篇

3.1.3.3 轴的刚度与轴上零件结构设计禁忌

(1) 滚动轴承类型选取

滚动轴承是轴系组成中的一个重要零件，其刚度将直接影响到轴系的刚度。对刚度要求较大的轴系，选择轴承类型时，宽系列优于窄系列，滚子轴承优于球轴承，双列优于单列，小游隙优于大游隙。选用调心类轴承会降低轴系刚度。

(2) 刚度不足如何修改

轴的刚度与轴自身的形状有很大关系，当刚度不足时，一般应修改轴的结构尺寸，缩短跨距和加粗轴径比较有效，而不宜采用好材料和热处理来提高轴的刚度。材料的弹性模量越大，轴的刚度越大，金属的弹性模量一般远大于非金属的弹性模量，但同类金属的弹性模量相差不大，因此以昂贵的高强度合金钢代替普通碳素钢或热处理加强轴的硬度的方法，来提高零件的刚度是不起作用的。

(3) 降低刚度以提高其他性能

通常人们认为轴的刚度越大，强度也越高，但这不尽然，如受冲击载荷作用的结构，有时刚度增大反而会导致强度下降，这是因为冲击载荷随着结构刚度的增大而增大。又如变形不协调容易引起磨损，也可考虑用降低刚度的方法改善。降低刚度以提高其他性能的柔性设计准则在有些场合是非常适用的，见表12-3-20。

表 12-3-20 降低刚度以提高其他性能的结构设计禁忌

注意的问题	禁忌示例	说明
支承结构与刚度	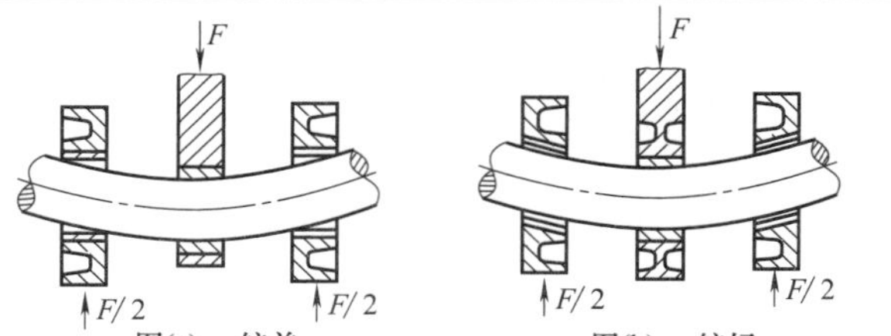 F F/2 F/2 图(a) 较差 F F/2 F/2 图(b) 较好	对于轴径较长(宽径比 $B/d>1.5$)的滑动轴承，可采用图(b)的结构，此时轴系刚度降低，但轴与轴承变形较为协调，可减轻磨损，提高轴承寿命
受冲击载荷轴结构与刚度	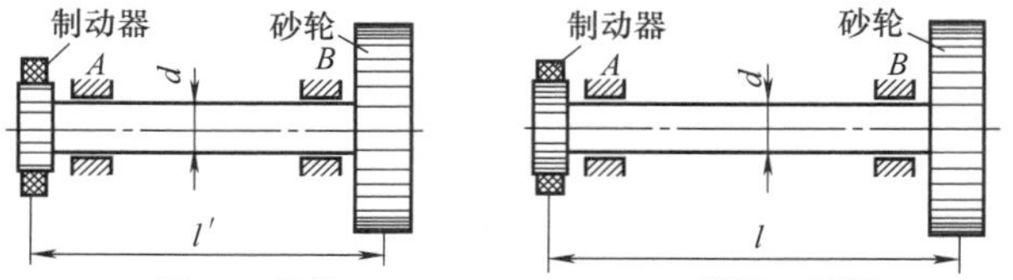 制动器 砂轮 A B d l' 图(a) 较差 制动器 砂轮 A B d l 图(b) 较好	砂轮在突然刹车时，轴受冲击扭矩，图(b)较图(a)加大了轴的长度，即 $l>l'$，图(b)的扭转刚度下降，冲击扭矩也随之下降，所以轴的抗剪强度反而上升

3.2 滑动轴承

3.2.1 滑动轴承支撑结构设计禁忌

表 12-3-21 滑动轴承支撑结构设计禁忌

注意的问题	禁忌示例	说明
消除边缘接触	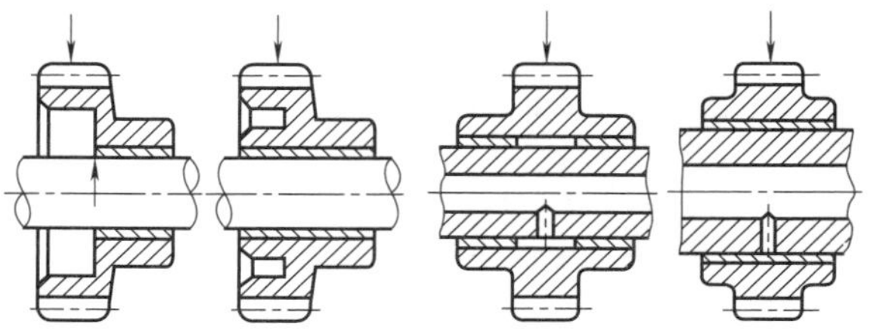 图(a) 差 图(b) 较差 图(c) 较好 图(d) 较好	如图(a)所示的中间齿轮的支撑，作用在轴承上力是偏心的，它使轴承一侧产生很高的边缘压力，加速轴承的磨损，是不合理的结构；图(b)增大了轴承宽度，受力情况得到改善，但受力仍不均匀；比较好的结构是力的作用平面应通过轴承的中心，如图(c)和图(d)所示

续表

注意的问题	禁忌示例	说　明
符合材料特性的支承结构	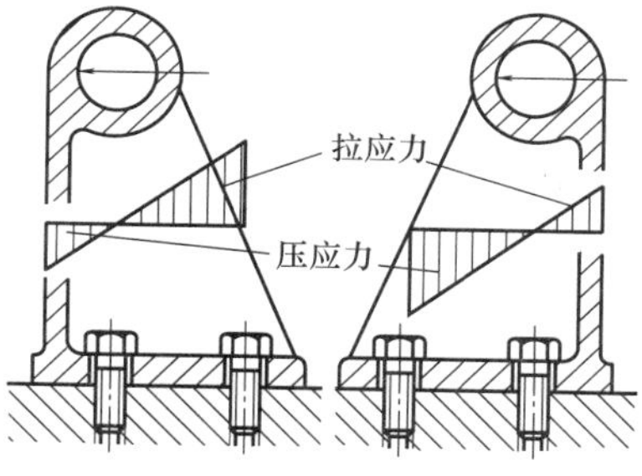 拉应力 压应力 图(a)　较差　图(b)　较好	钢材的抗压强度比抗拉强度大，铸铁的抗压性能更优于它的抗拉性能。图示为滑动轴承的铸铁支架，从受力和应力分布状况可以看出，图(b)中的拉应力小于压应力，符合材料特性，而图(a)支座结构则不够合理
减少轴承盖的弯曲力矩	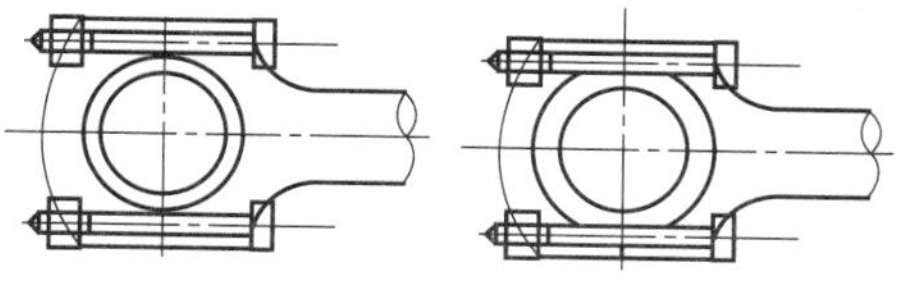 图(a)　较差　图(b)　较好	图示为一连杆的大头，这种场合的紧固螺栓，设计时应使其中线靠近轴瓦的会合处为宜[图(b)]，而图(a)较图(b)轴承盖所受的弯曲力矩大
载荷向上时轴承座应倒置	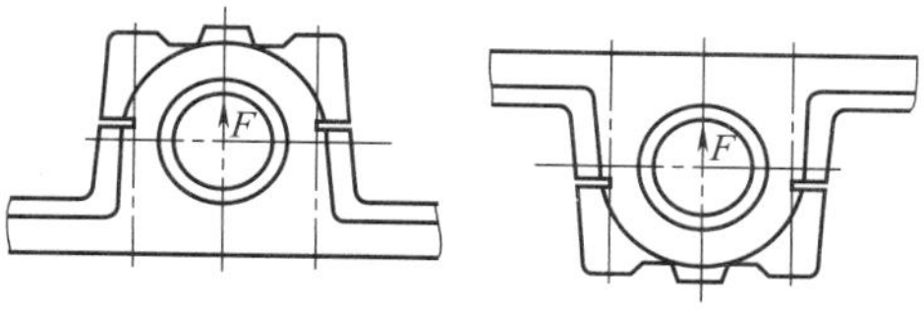 F F 图(a)　禁忌　图(b)　正确	剖分式径向滑动轴承主要是由滑动轴承的轴承座来承受径向载荷的，而轴承盖一般是不承受载荷的，所以当载荷方向朝上时，禁止采用图(a)方式，而应采用图(b)的方式
不要使轴瓦的止推端面为线接触	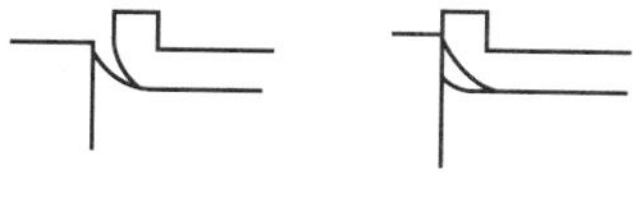 图(a)　禁忌 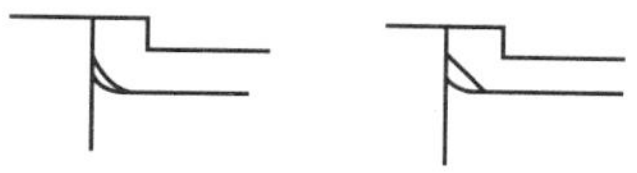　图(b)　正确	滑动轴承的滑动接触部分必须是面接触，如果是线接触[图(a)]，则局部压强将异常增大，从而成为强烈磨损和烧伤的原因。轴瓦止推端面的圆角成倒角必须比轴的过渡圆角大，必须保持有平面接触[图(b)]
止推轴承与轴颈不宜全部接触	图(a)　禁忌 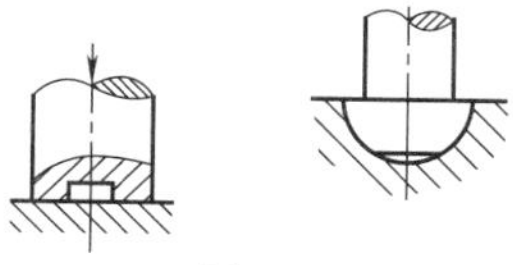　图(b)　正确	若轴颈与轴承的止推面全部接触[图(a)]，止推面中心部位的线速度远低于外边，磨损很不均匀，工作一段时间后，中部会较外部凸起，轴承中心部分润滑油难进入，工作性能下降，为此可将轴承的中心部分切出凹坑，不仅改善了润滑条件，也使磨损趋于均匀[图(b)]

续表

注意的问题	禁忌示例	说明
提高轴承支座的刚度	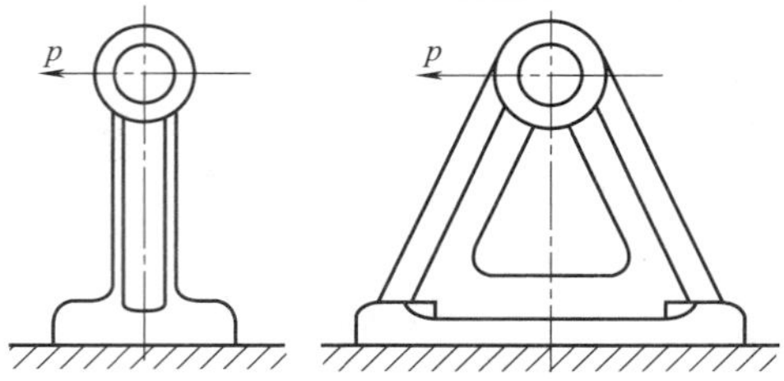 p　p 图(a)　较差　图(b)　较好	合理设计轴承支座的结构，用受拉、压代替受弯曲，可提高支承的刚度，使支承受力更为合理。图中铸造支座受横向力，图(a)结构辐板受弯曲，图(b)辐板受拉、压，显然图(b)支座刚性较好，轴承支座工作时稳定性好
避免重载、温升高的轴承轴瓦"后让"	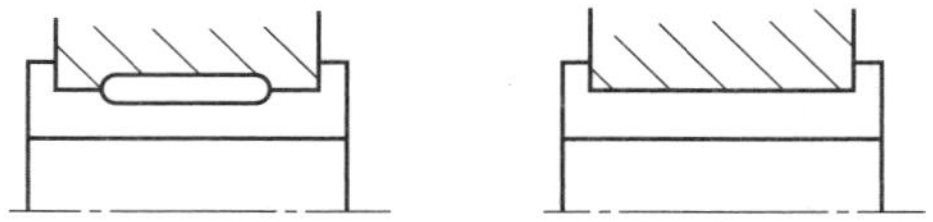 图(a)　禁忌　图(b)　正确	承受重载荷的轴承，如果轴瓦薄，由于油膜压力的作用，在挖窄的部分会向外变形，形成轴瓦"后让"，"后让"部分不构成支承载荷的面积，从而降低了承载能力；为了加强热量从轴承瓦向轴承座上传导，对温升较高的轴承也不应在两者之间存在不流动的空气包。在以上两种场合，都应使轴瓦具有必要的厚度和刚性，并使轴瓦与轴承座全部接触
轴系刚性差可采用自动调心轴承	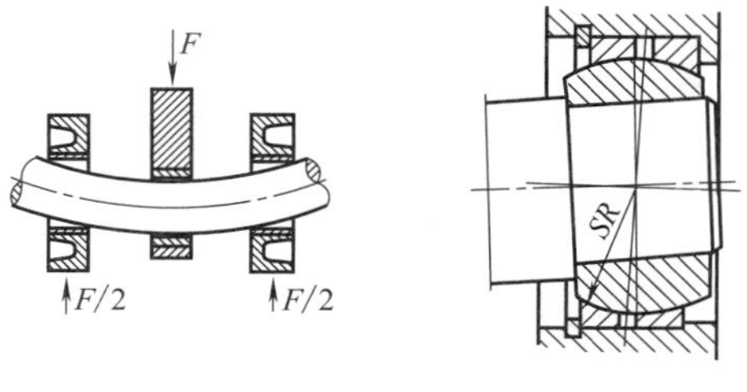 F　F/2　F/2　SR 图(a)　不合理　图(b)　调心轴承(合理)	轴系刚性差轴颈在轴承中过于倾斜时[图(a)]，靠近轴承端部会出现轴颈与轴瓦的边缘接触，出现端边的挤压，使轴承过早损坏。消除这种端边挤压的措施一般可采用自动调心轴承[图(b)]

3.2.2　滑动轴承的固定禁忌

表 12-3-22　　滑动轴承的固定禁忌

注意的问题	禁忌示例	说明
轴瓦的轴向固定	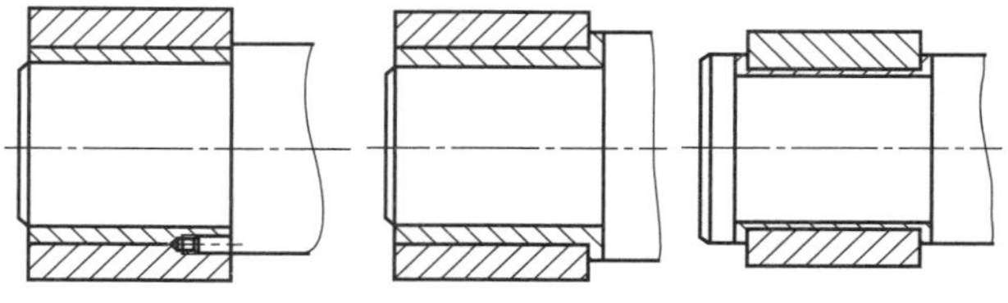 图(a)　不合理　图(b)　合理　图(c)　合理	轴瓦装入轴承座中，应保证在工作时轴瓦与轴承座不得有任何相对的轴向和周向的移动。滑动轴承可以承受一定的轴向力，但轴瓦应有凸缘，不宜采用图(a)的结构，单方向受轴向力的轴承的轴瓦，至少应在一端设计成凸缘，如图(b)所示；如果双方向受有轴向力，则应在轴瓦的两端设计成凸缘，如图(c)所示，无凸缘的轴瓦不能承受轴向力

续表

注意的问题	禁忌示例	说　　明
轴瓦的周向固定	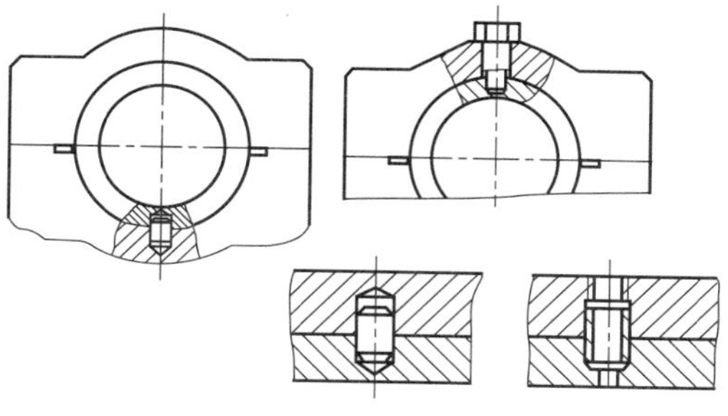 图(a)　较差　　图(b)　较好	为了使轴不移动就能方便地从轴的下面取出轴瓦，则防止转动的固定元件应安装在轴承盖上，尽量避免如图(a)所示安装在轴承座上。防止轴瓦转动的方法一般有如图(b)所示的三种
双金属轴瓦两金属应贴附牢固	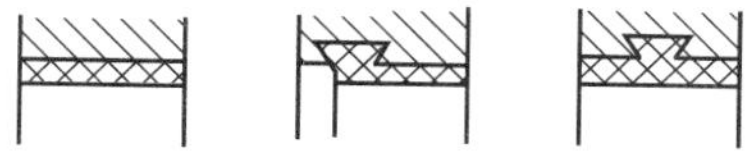 图(a)　不合理　　图(b)　合理　　图(c)　合理 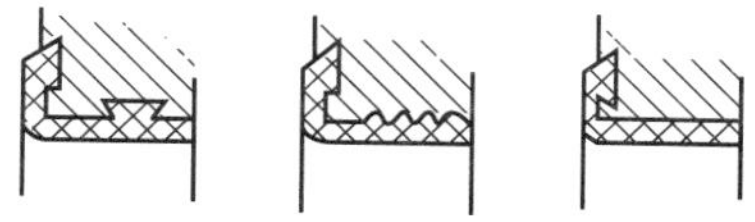 图(d)　合理　　图(e)　合理　　图(f)　合理	为提高轴承的减磨、耐磨和跑合性能，常应用轴承合金、青铜或其他减磨材料覆盖在铸铁、钢或青铜轴瓦的内表面上以制成双金属轴承，双金属轴承中两种金属必须贴附得牢靠，不会松脱，需在底瓦内表面制出各种形式的榫头或沟槽
凸缘轴承的定位	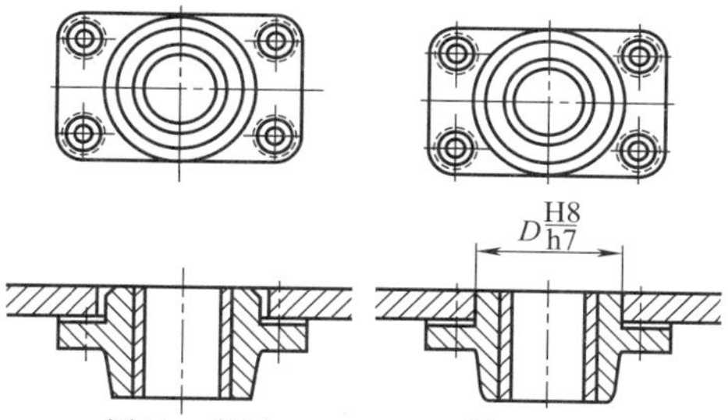 $D\frac{H8}{h7}$ 图(a)　禁忌　　图(b)　正确	凸缘轴承的特征是具有凸缘，安装时要利用凸缘表面定位。因此，禁止采用图(a)的结构，因这种结构不但不能正确地确定轴承位置，而且使螺栓受力不好，所以凸缘轴承应有定位基准面，如图(b)所示

3.2.3　滑动轴承的安装与拆卸禁忌

表 12-3-23　　**滑动轴承的安装与拆卸禁忌**

注意的问题	禁忌示例	说　　明
轴瓦或衬套的装拆	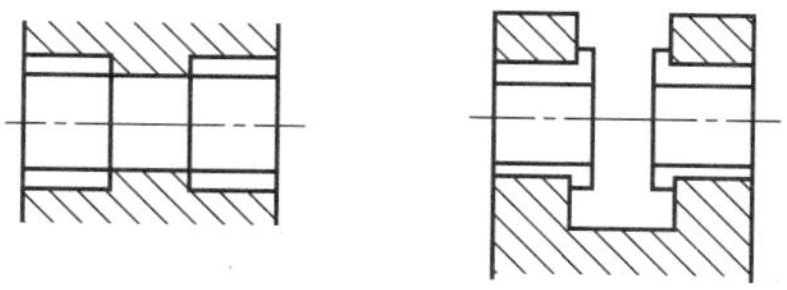 图(a)　禁忌 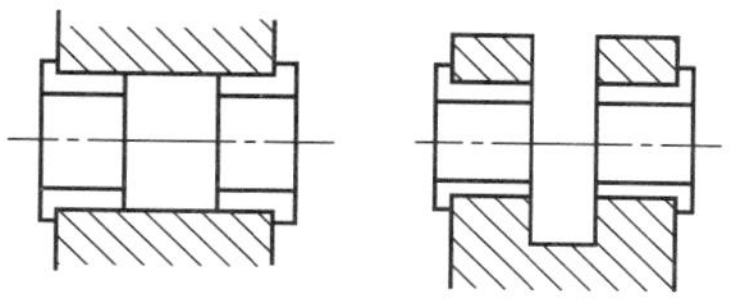 图(b)　正确	整体式轴瓦或圆筒衬套只能从轴向安装、拆卸，所以要使其有能装拆的轴向空间，并考虑卸下的方法

续表

注意的问题	禁忌示例	说明
避免轴瓦上油孔位置的错误安装	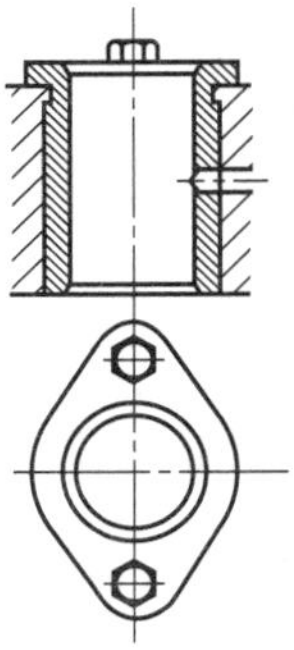 (ⅰ)　(ⅱ) 图(a)　较差 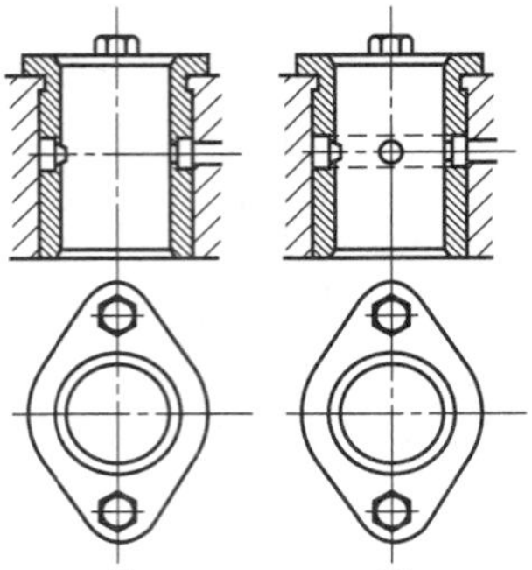　图(b)　较好	图(a)所示轴瓦上的油孔，安装时如反转 180°装上轴瓦，则油孔将不通，造成事故，如在对称位置再开一油孔[图(ⅰ)]，或再加一油槽[图(ⅱ)]，则可避免由错误安装引起的事故
避免上下轴瓦装错	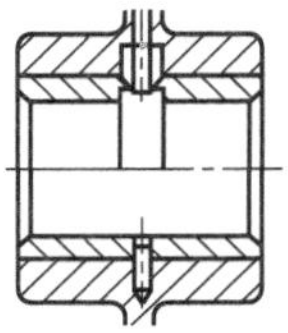 图(a)　较差 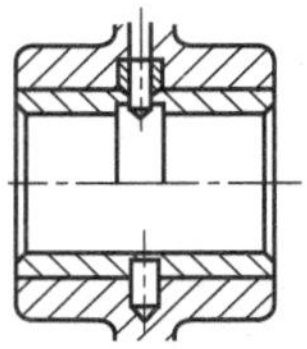　图(b)　较好	为避免图(a)上下轴瓦装错，引起润滑故障，可将油孔与定位销设计成不同直径，如图(b)所示
避免轴承座前后位置颠倒	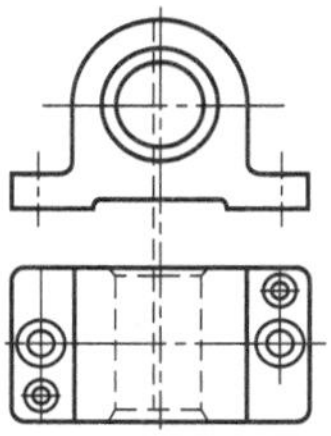 图(a)　较差 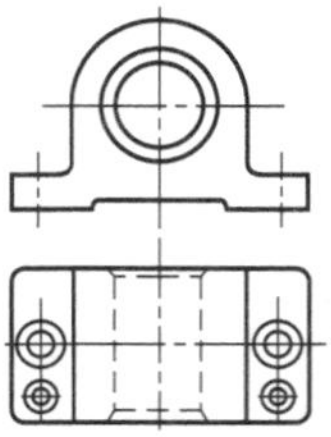　图(b)　较好 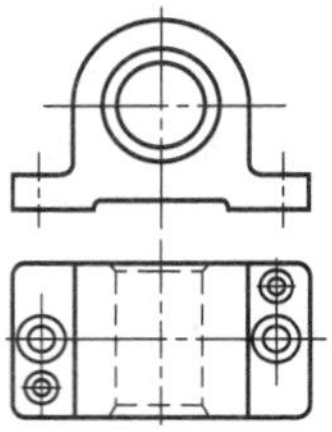　图(c)　较好	轴承座固定采用非旋转对称结构[图(a)]，应避免轴承座由于前后位置颠倒，而使座孔轴线与轴的轴线的偏差增大，采用图(b)和图(c)的结构，即可避免上述错误的产生
拆卸轴承盖时不应同时拆动底座	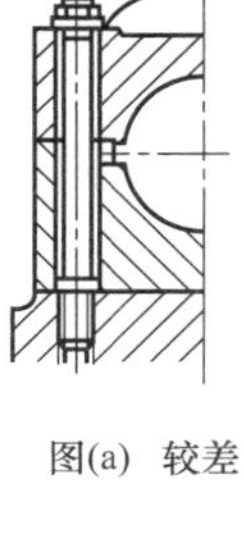 图(a)　较差 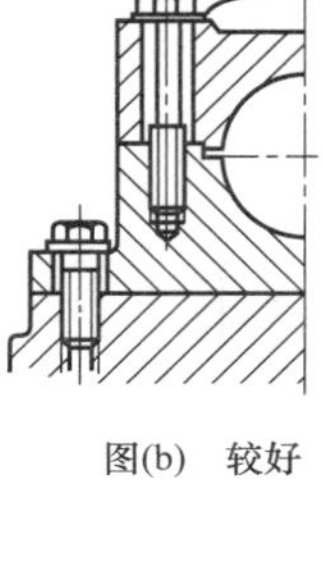　图(b)　较好	图(a)拆下轴承盖时，底座同时也被拆动，这样在调整轴承间隙时，底座的位置也必须重新调整，而图(b)拆轴承盖时则不涉及底座，减少了底座的调整工作

3.2.4　滑动轴承的调整禁忌

表 12-3-24　滑动轴承的调整禁忌

注意的问题	禁忌示例	说　明
磨损后间隙可调整	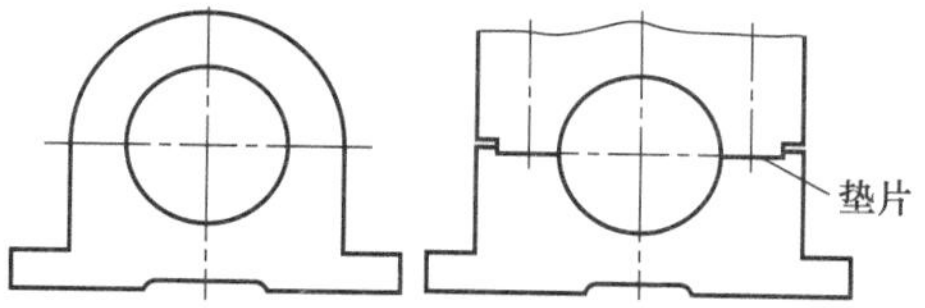 垫片 图(a)　较差　图(b)　较好	剖分式轴承可在上盖和轴承座之间预加垫片，磨损后间隙变大时，减少垫片厚度可调整间隙，而整体式圆柱轴承磨损后间隙调整就很困难
磨损间隙的方向性及其调整	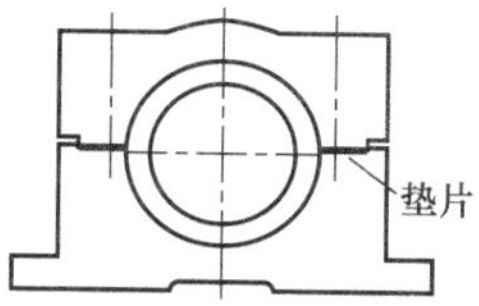 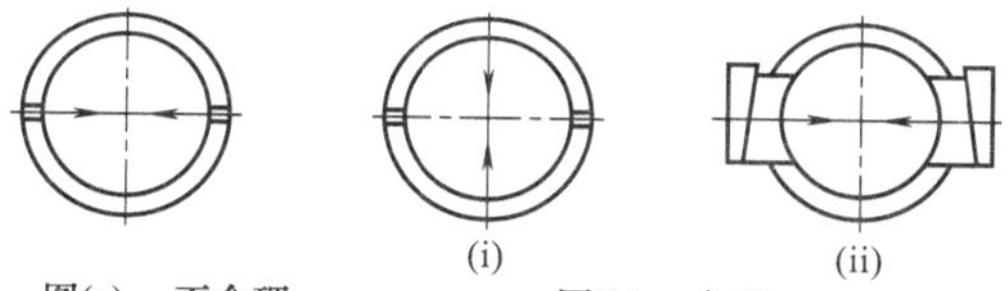 垫片 (i)　(ii) 图(a)　不合理　图(b)　合理	磨损间隙一般不一定是全周一样，而是有显著的方向性，需要考虑针对此方向易于调整的措施或结构。图(a)箭头所示的方向无法调整间隙；图(i)箭头所示的方向可靠调整垫片调整；图(ii)可采用四块轴瓦组合在箭头所示的方向调整间隙
确保合理的径向运转间隙	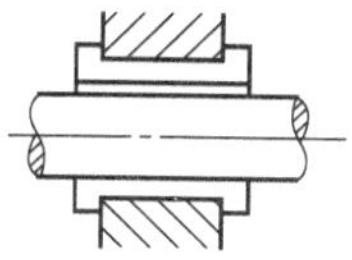 图(a)　合理 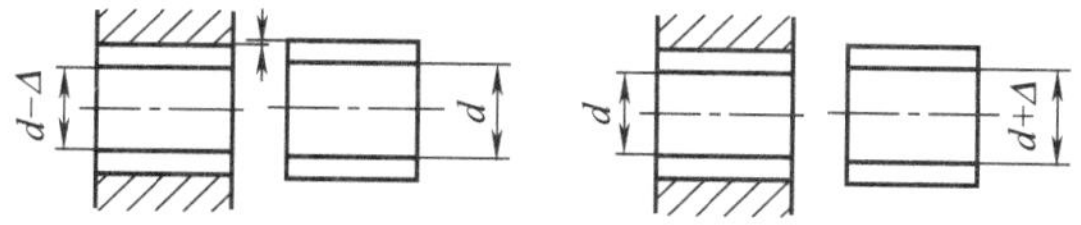 $d-\Delta$　d　d　$d+\Delta$ 图(b)　不合理　图(c)　合理	工作温度较高时，需要考虑轴颈热膨胀时的附加间隙[图(a)]；图(b)、图(c)为轴承衬套用过盈配合装入轴承的情况，此时由于存在装配过盈量，安装后衬套内径比装配前的尺寸缩小，图(c)考虑了这一问题，而图(b)未考虑
确保合理的轴向运转间隙	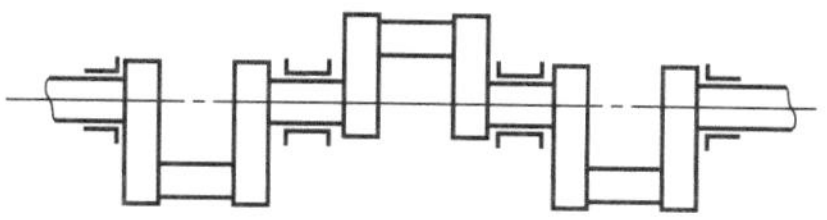 图(a)　不合理 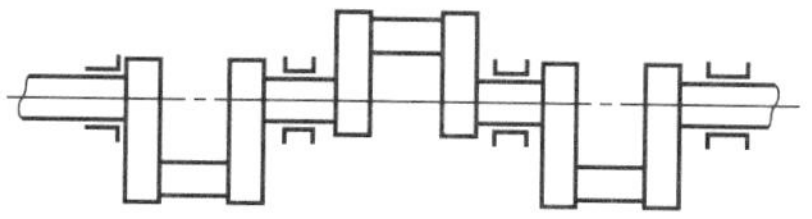 图(b)　合理	曲轴支承多采用剖分式滑动轴承，由于曲轴的结构特点，为保证发热后轴能自由膨胀伸缩，只需在一个轴承处限定位置，其他几个轴承的轴向均留有间隙。图(a)几处轴承轴向间隙很小或未留间隙，热膨胀后则容易卡死

续表

注意的问题	禁忌示例	说明
仪器轴尖支承结构	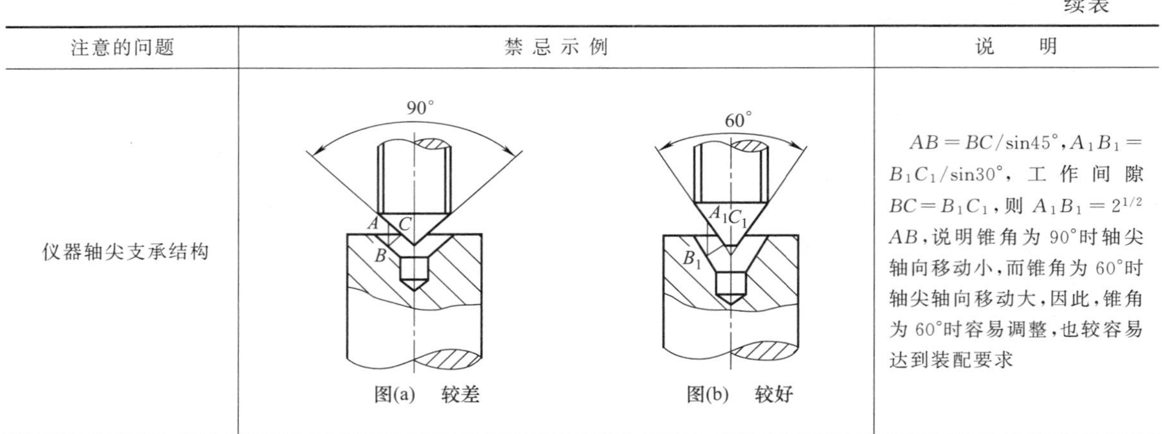图(a) 较差 图(b) 较好	$AB=BC/\sin45°$，$A_1B_1=B_1C_1/\sin30°$，工作间隙 $BC=B_1C_1$，则 $A_1B_1=2^{1/2}AB$，说明锥角为 90°时轴尖轴向移动小，而锥角为 60°时轴尖轴向移动大，因此，锥角为 60°时容易调整，也较容易达到装配要求

3.2.5 滑动轴承的供油禁忌

3.2.5.1 滑动轴承油孔的设计禁忌

表 12-3-25 滑动轴承油孔的设计禁忌

注意的问题	禁忌示例	说明
润滑油应从非承载区引入轴承	图(a) 禁忌 图(b) 正确 图(c) 正确	不应当把进油孔开在承载区[图(a)]，因为承载区的压力很大，压力很低的润滑油不能进入轴承间隙中，反而会从轴承中被挤出。进油孔应开在最大间隙处或与载荷成 45°角处[图(b)]，对剖分轴瓦，也可开在接合面处[图(c)]
从轴中供油的结构	图(a) 禁忌 图(b) 正确	如果因结构需要从轴中供油时，若油孔出口在轴表面上[图(a)]，则轴每转一转，油孔通过高压区一次，轴承周期性地进油，油路易发生脉动，因此最好作出三个油孔[图(b)]
	图(c) 禁忌 图(d) 正确	若轴不转，轴承旋转，外载方向不变时，进油孔应从非承载区由轴中小孔引入[图(d)]，而不应从轴承中引入[图(c)]

续表

注意的问题	禁忌示例	说　明
加油孔不要被堵塞	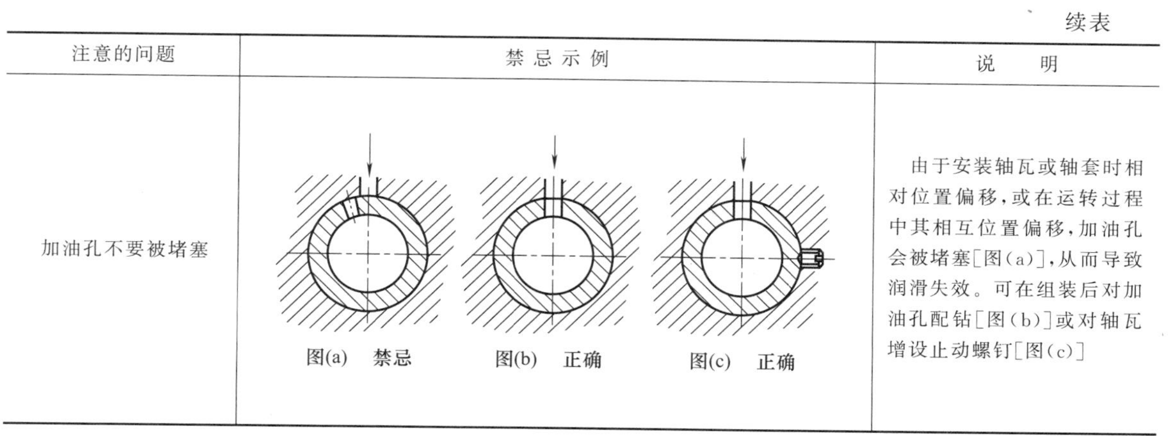 图(a)　禁忌　图(b)　正确　图(c)　正确	由于安装轴瓦或轴套时相对位置偏移，或在运转过程中其相互位置偏移，加油孔会被堵塞[图(a)]，从而导致润滑失效。可在组装后对加油孔配钻[图(b)]或对轴瓦增设止动螺钉[图(c)]

3.2.5.2　滑动轴承油沟的设计禁忌

表 12-3-26　滑动轴承油沟的设计禁忌

注意的问题	禁忌示例	说　明
应使润滑油能顺利进入摩擦表面	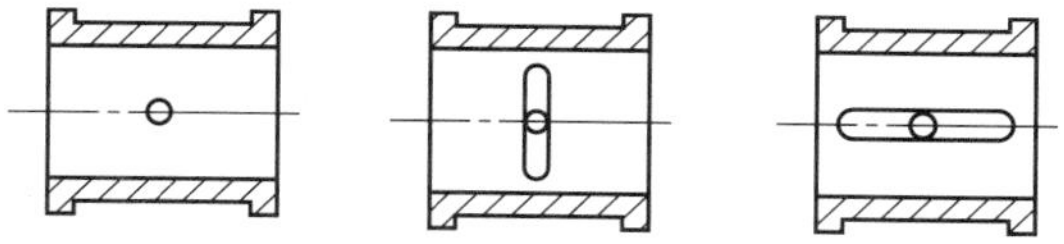 图(a)　较差　图(b)　较差　图(c)　较差 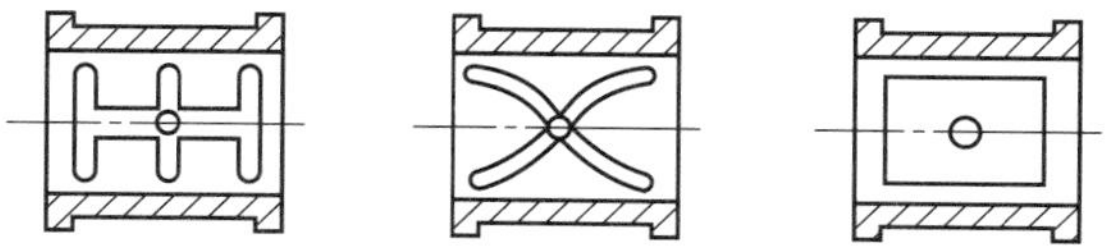 图(d)　较好　图(e)　较好　图(f)　较好	若只开油孔[图(a)]，润滑较差，润滑油不能顺利进入摩擦表面。油沟通常有半环形油沟[图(b)]、纵向油沟[图(c)]、组合式油沟[图(d)]和螺旋槽式油沟[图(e)]，载荷方向不变的轴承，可以采用宽槽油沟[图(f)]，有利于增加流量和加强散热。油沟在轴向不应完全开通
液体动力润滑轴承不可将油沟开在承载区	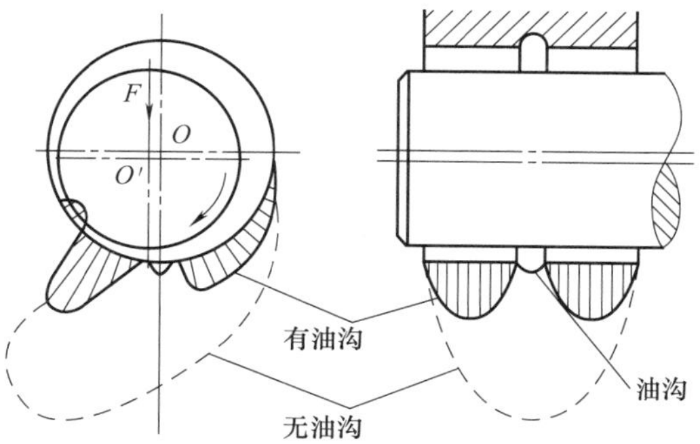 F　O　O′　有油沟　无油沟　油沟 禁忌	对于液体动力润滑轴承，油沟不应该开在承载区，因为这会破坏油膜并使承载能力下降

3.2.5.3　滑动轴承油路的设计禁忌

表 12-3-27　　滑动轴承油路的设计禁忌

注意的问题	禁忌示例	说明
防止切断油膜的锐边或棱角	 图(a)　较差 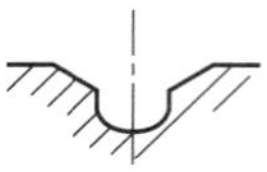　图(b)　较好 　图(c)　较好 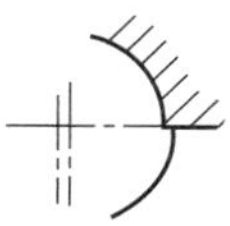 图(d)　较差 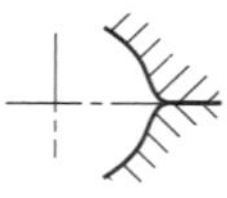　图(e)　较好 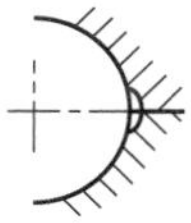　图(f)　较好 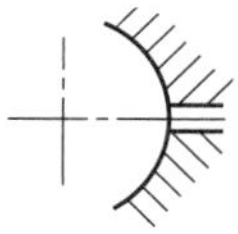 图(g)　较差 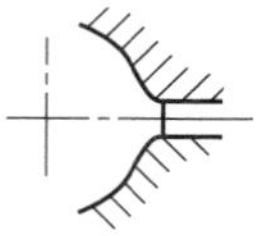　图(h)　较好	为使油顺畅地流入润滑面，轴瓦油槽、剖分面处不要出现锐边或棱角[图(a)]。因为尖锐的边缘会使轴承中油膜被切断，并有刮伤的作用，要尽量作成平滑圆角[图(b)和图(c)]。轴瓦剖分面的接缝处，相互之间多少会产生一些错位[图(d)]，错位部分要作成圆角[图(e)]或不大的油腔[图(f)]。在轴瓦剖分面处加调整垫片时[图(g)]，要使垫片后退少许[图(h)]
不要形成润滑油的不流动区	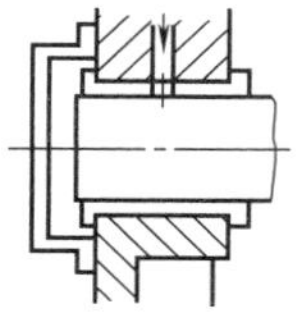 图(a)　禁忌 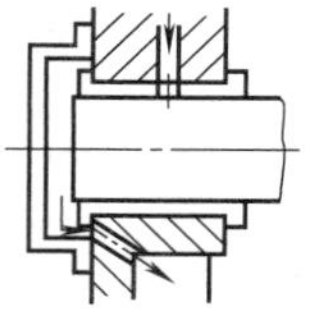　图(b)　正确 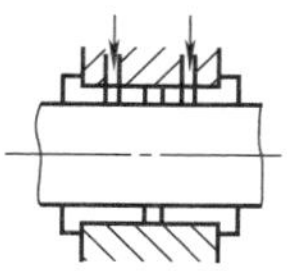 图(c)　禁忌 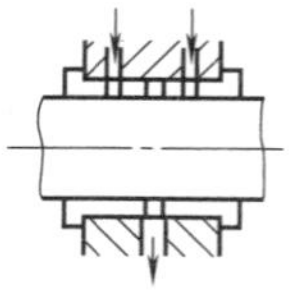　图(d)　正确 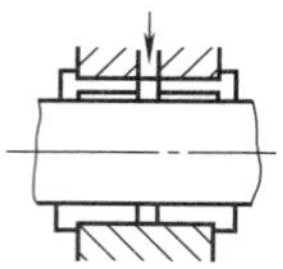　图(e)　正确	图(a)轴承端盖是封闭的，油在那里处于停滞状态，产生热油聚集并逐渐变质劣化，不能正常润滑，容易造成轴承烧伤。如果在端盖处设置排油孔，从轴承中央供给的油才能在轴承全宽上正常流动[图(b)] 为了增加润滑油量而从两个相邻的油孔处给油[图(c)]，润滑油向里侧的流动受阻，油分别流向两边较近的出口，不流向中间部分，使中间部分油流停滞，容易造成轴承烧伤，可采用图(d)结构，在轴承中部空腔处开泄油孔，也可使油由轴承非承载区的空腔中引入，如图(e)所示
不要逆着离心力给油	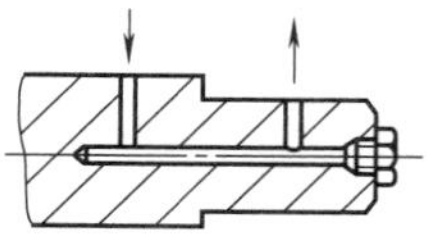 图(a)　禁忌 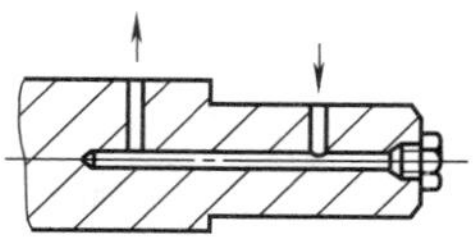　图(b)　正确	在同样转速下，大直径轴段的离心力大于小直径轴段的离心力，图(a)是逆着大离心力方向注油，油不易注入。而图(b)方式，从小直径段进油，再向大直径段出油，油容易流动，可保证润滑的正常供油

续表

注意的问题	禁忌示例	说明
曲轴的润滑油路	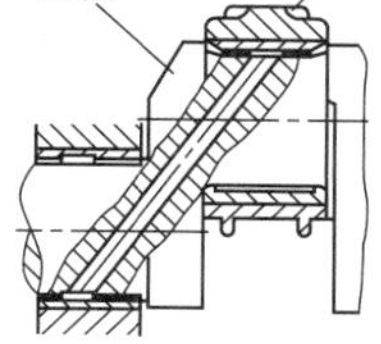 曲轴 连杆 图(a)　较差 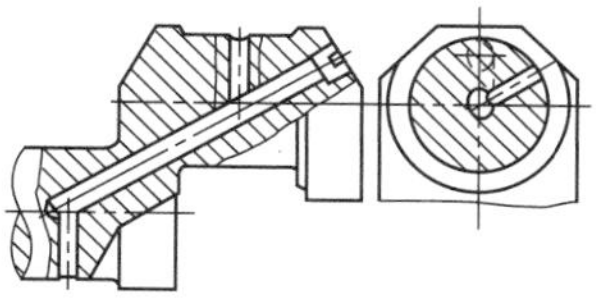　图(b)　较好	由于油路相对于轴承摩擦面是倾斜的，机油中的杂质受离心力作用总是冲向轴承的一边，造成曲轴和连杆轴向磨损不均匀[图(a)]。另外，油孔越斜应力集中越大，斜油道加工也很不方便，而且穿过曲轴臂时若位置不正确，还有可能影响曲轴臂过渡圆角。可将斜油道设计成如图(b)结构，离心力将机油中的固体杂质甩出并附在斜油道右上部，右上部用作机械杂质的收集器，可定期清理

3.2.6　防止滑动轴承阶梯磨损禁忌

滑动轴承滑动部分的磨损是不可避免的，因此在相互滑动的同一面内，如果存在着完全不相接触部分，则由于该部分未受磨损而形成阶梯磨损。为避免或减小阶梯磨损，应采用适当的措施，表 12-3-28 分析了几种常见的形式。

表 12-3-28　防止滑动轴承阶梯磨损设计禁忌

注意的问题	禁忌示例	说明
轴颈工作表面不要在轴承内终止	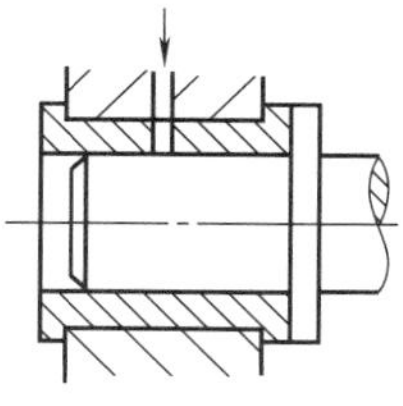 图(a)　禁忌 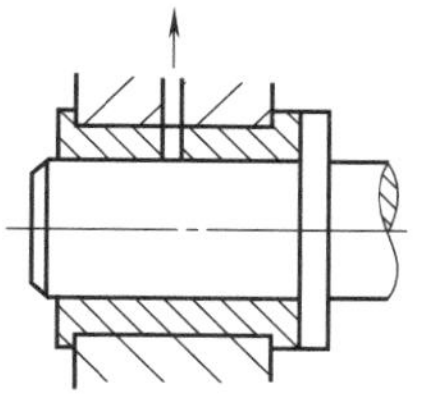　图(b)　正确	轴颈工作表面在轴承内终止，这样轴颈在磨合时将在较软的轴承合金层面上磨出凸肩，它将妨碍润滑油从端部流出，从而引起过高的温度，造成轴承烧伤
轴承内的轴颈上不宜开油槽	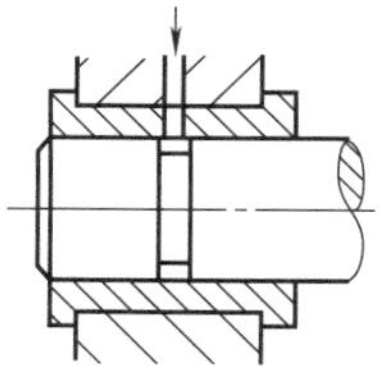 图(a)　禁忌 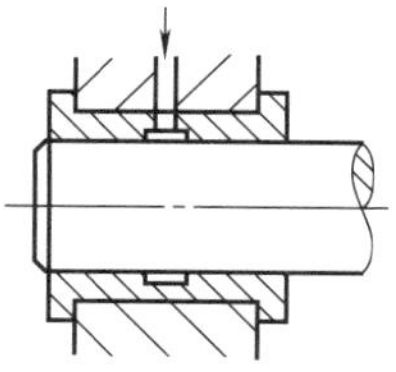　图(b)　正确	图(a)在轴颈上加工出一条位于轴承内部的油槽，由于轴瓦材料较软，会造成轴瓦阶梯磨损，即在磨合过程中形成一条棱肩，所以应尽量将油槽开在轴瓦上[图(b)]

续表

注意的问题	禁忌示例	说明
重载低速青铜轴瓦圆周上的油槽位置应错开	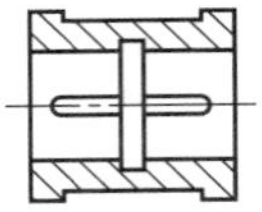 图(a) 禁忌 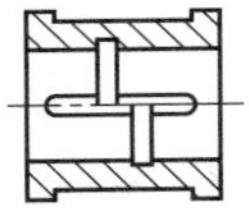 图(b) 正确	对于青铜轴瓦等重载低速轴承轴瓦，在位于圆周上油槽部分的轴径也发生阶梯磨损[图(a)]，这种场合可将上下半油槽的位置错开，以消除不接触的地方[图(b)]
轴承侧面的阶梯磨损	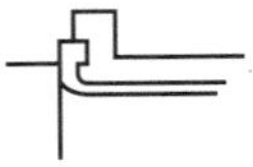 图(a) 较差 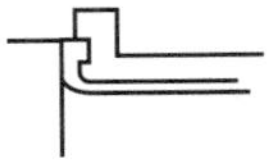 图(b) 较好 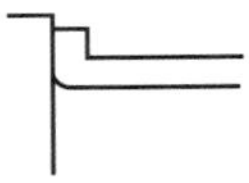 图(c) 较差 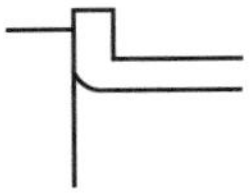 图(d) 较好	图(a)轴的止推环外径小于轴承止推面外径，会造成较软的轴承合金层上出现阶梯磨损，图(b)好些，原则上其尺寸应使磨损多的一侧全面磨损。如不可避免双方都受磨损，最好是能够避免修配困难的一方(例如轴的止推环)出现阶梯磨损[图(c)]，图(d)较为合理

3.3 滚动轴承

3.3.1 滚动轴承类型选择禁忌

3.3.1.1 滚动轴承类型选择应考虑受力合理

滚动轴承由于结构的不同，各类轴承的承载性能也不同，选择类型时，必须根据载荷情况和轴承自身的承载特点，使轴承在工作中受力合理，否则，将严重影响轴承以及整个轴系的工作性能，乃至影响整机的正常工作。表 12-3-29 就一些选型受力不合理的情况进行了分析。

表 12-3-29 滚动轴承受力不合理的类型选择禁忌

注意的问题	禁忌示例	说明
一对圆锥滚子轴承不能同时承受较大的轴向载荷和径向载荷	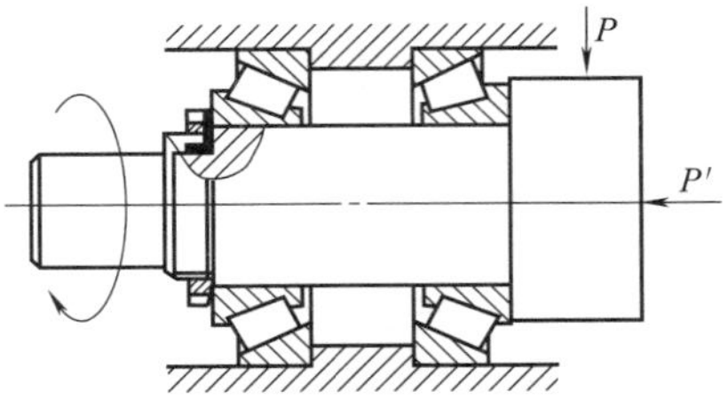 P P′ 图(a) 禁忌 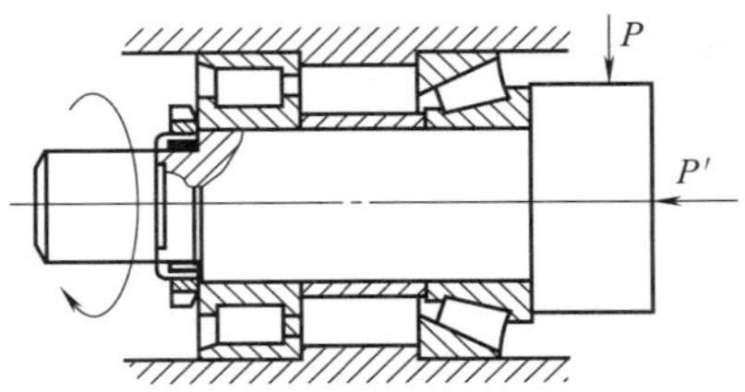 P P′ 图(b) 正确	轴同时受到较大的轴向载荷和径向载荷时，不能采用只有两个圆锥滚子轴承的结构[图(a)]，因为在大轴向载荷作用下，圆锥滚子、滚道发生弹性变形，使得轴的轴向窜动量超过预定值，径向间隙增大，在径向载荷作用下，发生冲击振动，轴承将很快损坏。可在左端改用轴向可以滑动的圆柱滚子轴承[图(b)]，这样即使在右端承受较大轴向载荷时产生微小轴向位移，也不会引起左端的径向间隙，从而避免了因径向力作用而造成的振动和轴承损坏

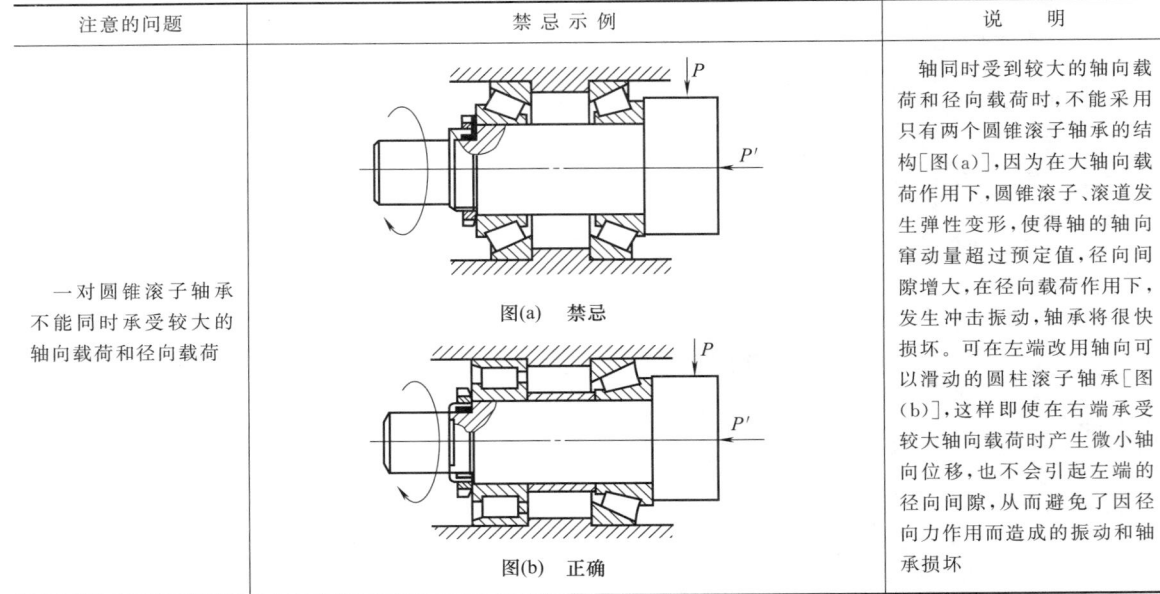

续表

注意的问题	禁忌示例	说　明
角接触轴承不宜与非调整间隙轴承成对组合	图(a)　禁忌　图(b)　正确 图(c)　禁忌　图(d)　正确	如果角接触球轴承或圆锥滚子轴承与深沟球轴承等非调整间隙轴承成对使用[图(a)、图(c)]，则在调整轴向间隙时会迫使球轴承也形成角接触状态，使球轴承增加较大的附加轴向载荷而降低轴承寿命。而成对使用的角接触轴承[图(b)、图(d)]可通过调整轴承内部的轴向和径向间隙，以获得最好的支承刚性和旋转精度
滚动轴承不宜和滑动轴承联合使用	图(a)　禁忌　图(b)　正确 图(c)　禁忌　图(d)　正确	因为滑动轴承的径向间隙和磨损均比滚动轴承大许多，因而会导致滚动轴承歪斜，承受过大的附加载荷，而滑动轴承却负载不足。如因结构需要不得不采用这种装置，则滑动轴承应设计得尽可能距滚动轴承远一些，直径尽可能小一些，或采用具有调心性能的滚动轴承
两调心轴承组合时调心中心应重合	图(a)　磁选机立式传动轴支承 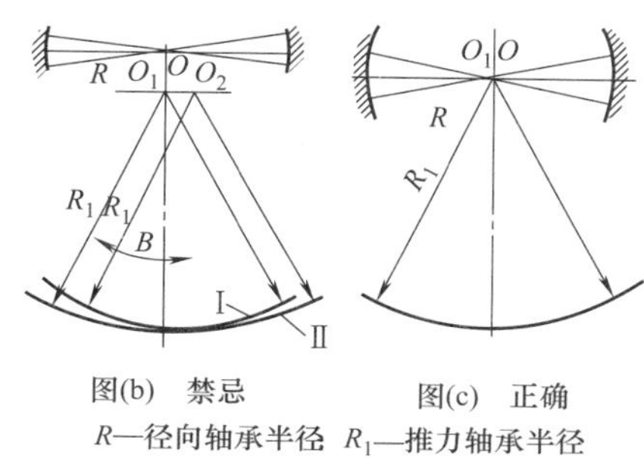 图(b)　禁忌　图(c)　正确 R—径向轴承半径　R_1—推力轴承半径	如图(a)所示上轴承为调心球轴承，调心中心为 O，下轴承为推力调心滚子轴承，调心中心为 O_1，这种组合支承两轴承的调心中心必须重合。若由于设计不周或轴承底座不平以及安装调试等误差，O 与 O_1 不重合[图(b)]，将使滚动体和滚道受附加载荷，致使轴承过早损坏。所以对此类轴承组合设计时，应特别注意较全面的计算负荷，选用合宜的尺寸系列轴承，一般可考虑选用直径系列和宽度系列大些的轴承类型，注意使 O 与 O_1 点重合，同时还要注意安装精度和轴承座底面的加工精度等，也可考虑改用其他类型的支承

续表

注意的问题	禁忌示例	说　明
调心轴承不宜用于减速器和齿轮传动机构的支承	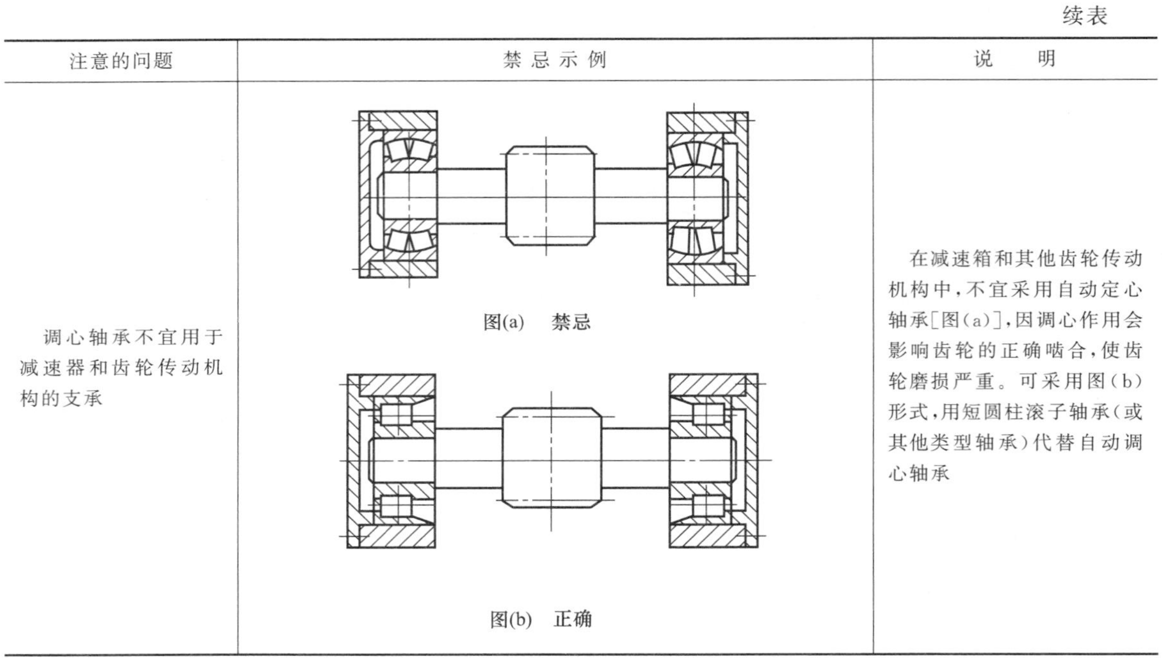 图(a)　禁忌 图(b)　正确	在减速箱和其他齿轮传动机构中，不宜采用自动定心轴承[图(a)]，因调心作用会影响齿轮的正确啮合，使齿轮磨损严重。可采用图(b)形式，用短圆柱滚子轴承(或其他类型轴承)代替自动调心轴承

3.3.1.2　轴系刚性与轴承类型选择禁忌

表 12-3-30　轴系刚性与轴承类型选择禁忌

注意的问题	禁忌示例	说　明
两座孔对中性差或轴挠曲大应选用调心轴承	图(a)　禁忌 图(b)　禁忌 图(c)　禁忌 图(d)　正确	当两轴承座孔轴线不对中或由于加工、安装误差和轴挠曲变形大等原因，使轴承内、外圈倾斜角较大时，若采用不具有调心性能的滚动轴承，由于其不具调心性，内、外圈轴线发生相对偏斜，滚动体将楔住而产生附加载荷，从而使轴承寿命降低[图(a)～图(c)]，所以应选用调心轴承[图(d)]
多支点刚性差的光轴应选用有紧定套的调心轴承	图(a)　禁忌 图(b)　正确	多支点的长光轴，刚性不好，易发生挠曲。如果采用普通深沟球轴承[图(a)]，不但安装拆卸困难，而且不能自动调心，使轴承受力不均而过早损坏，应采用装在紧定套上的调心轴承[图(b)]，不但可自动调心，而且装卸方便

3.3.1.3　高转速条件下滚动轴承类型选择禁忌

表 12-3-31　不适用于高速旋转场合的轴承类型

轴承类型	轴承简图	原因说明
滚针轴承		滚针轴承的滚动体是直径小的长圆柱滚子，滚针的转速相对高于轴的转速，这就限制了它的速度能力。无保持架的轴承滚子相互接触，摩擦大，且长而不受约束的滚针容易歪斜，因而也限制了它的极限转速。一般这类轴承只适用于低速、径向力大而且要求径向结构紧凑的场合
调心滚子轴承		调心滚子轴承由于结构复杂，精度不高，滚子和滚道的接触带有角接触性质，使接触区的滑动比圆柱滚子轴承大，所以这类轴承也不适用于高速旋转
圆锥滚子轴承		圆锥滚子轴承由于滚子端面和内圈挡边之间呈滑动接触状态，且在高速运转条件下，因离心力的影响要施加充足的润滑油变得困难，因此这类轴承的极限转速较低，一般只能达到中等水平
推力球轴承		推力球轴承在高速下工作时，因离心力大，钢球与滚道、保持架之间有滑动，摩擦和发热比较严重，不适用于高速
推力滚子轴承		推力滚子轴承在滚动过程中，滚子内、外尾端会出现滑动，滚子愈长，滑动愈烈。因此，推力滚子轴承也不适用于高速旋转的场合

3.3.2　滚动轴承承载能力计算禁忌

轴承载荷计算直接关系到当量动载荷计算，并进一步影响到轴承寿命的计算，所以正确计算轴承的载荷是确保滚动轴承满足承载能力的首要条件。轴系力分析错误也将导致轴承载荷计算错误，有关轴系力分析禁忌详见本章 3.1.1，本节仅对轴承载荷计算与承载能力计算禁忌进行说明。

3.3.2.1　滚动轴承轴向载荷计算禁忌

（1）深沟球轴承轴向载荷计算禁忌

为使问题具体明了，现举例说明如下。如图 12-3-7（a）所示减速器，Ⅰ轴采用两端单向固定的深沟球轴承轴系，其结构简图如图 12-3-7（b）所示。Ⅰ轴轴承的轴向载荷计算禁忌见表 12-3-32。

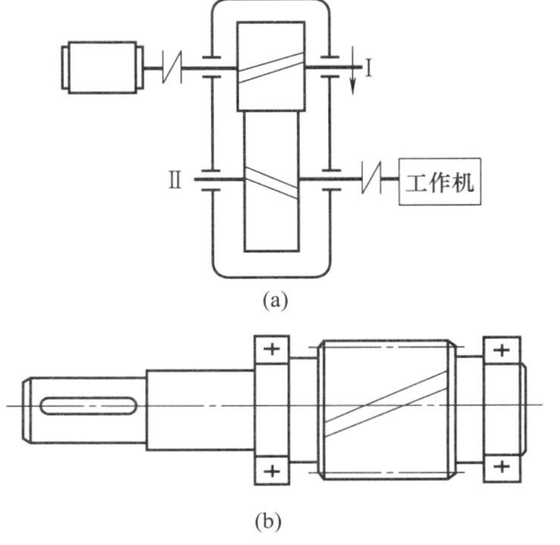

图 12-3-7　减速装置及Ⅰ轴结构简图

表 12-3-32 深沟球轴承轴向载荷计算禁忌

注意的问题	禁忌示例	说明
轴向力所指向的轴承受轴向力、另一端轴承轴向力为零	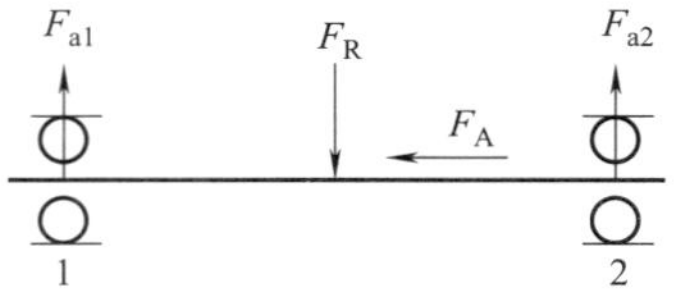 F_{a1} F_R F_{a2} F_A 1 2 $F_{a1}=F_A, F_{a2}=0$(正确)	为允许轴工作时有少量热膨胀，轴承安装时留有少量的轴向间隙，在轴向力 F_A 的作用下，轴系将向 1 轴承方向移动，因而轴承 1 受轴向力 F_A，即 $F_{a1}=F_A$，而轴承 2 不受轴向力，即 $F_{a2}=0$
不是两轴承都受轴向力	$F_{a1}=F_A, F_{a2}=F_A$(禁忌)	F_{a2} 错误将导致当量动载荷 P_2 错误
不是两轴承平分轴向力	$F_{a1}=F_A/2, F_{a2}=F_A/2$(禁忌)	F_{a1} 计算比实际值小，则 P_1 比实际值小，将导致 1 轴承选用错误或达不到预期寿命

(2) 深沟球轴承轴向载荷方向确定禁忌

在两级或两级以上减速器中，轴承为非对称布置，轴向力方向与轴的转向及齿轮的旋向有关，因而在确定轴承轴向力方向时，应注意齿轮旋向的设置，使所选轴承型号合理并且工作安全可靠。有关分析和禁忌见表 12-3-33。

(3) 角接触轴承轴向载荷计算禁忌

对于图 12-3-7 减速器的Ⅰ轴，也可采用一对角接触球轴承（或圆锥滚子轴承）两端单向固定的形式，轴向力计算禁忌如表 12-3-34 所示。

表 12-3-33 深沟球轴承轴向载荷方向确定禁忌

注意的问题	禁忌示例	说明
转向不变时轴向力应指向径向力小的轴承	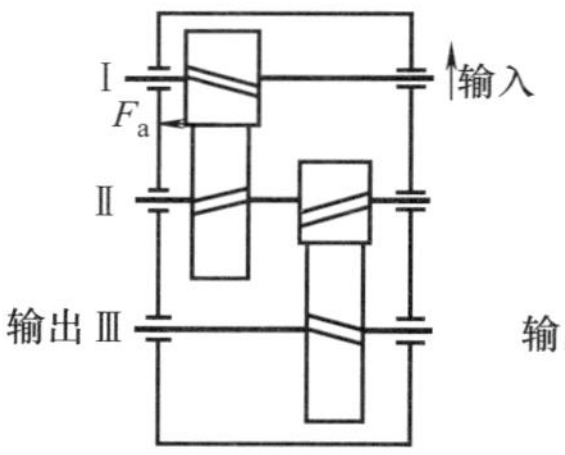 Ⅰ 输入 F_a Ⅱ 输出Ⅲ 图(a) 禁忌 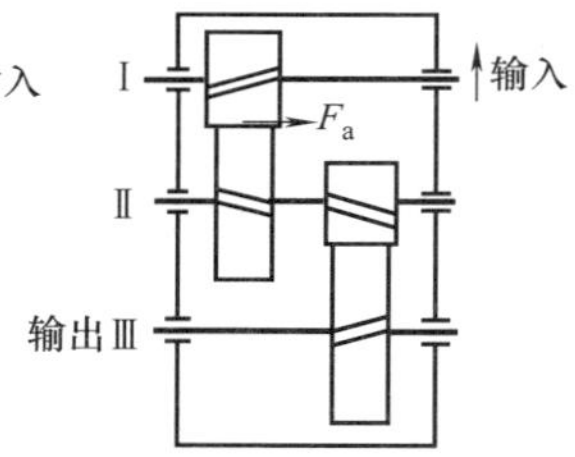 Ⅰ 输入 F_a Ⅱ 输出Ⅲ 图(b) 正确	图(a)中Ⅰ轴左端轴承径向力大于右端，且要承受轴向力，致使左端轴承受力较大，右端轴承受力较小，这对相同型号的轴承寿命差别较大，按大载荷选轴承尺寸过大造成浪费；图(b)将齿轮旋向改变，使轴向力指向径向力小的轴承，比较合理
转向不确定或双向传动时，按最差情况计算轴向力	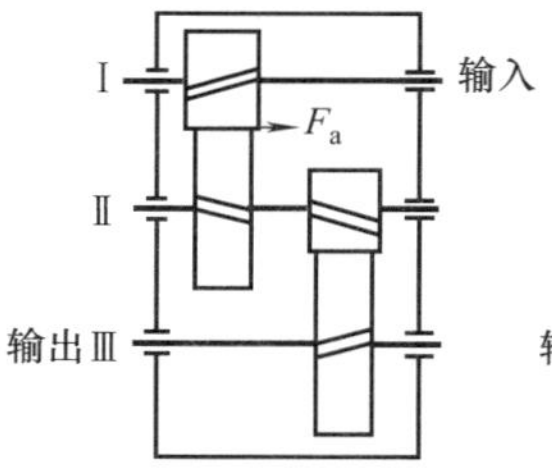 Ⅰ 输入 F_a Ⅱ 输出Ⅲ 图(a) 禁忌 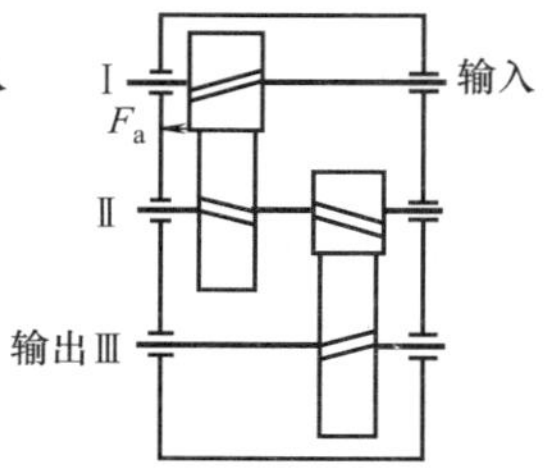 Ⅰ 输入 F_a Ⅱ 输出Ⅲ 图(b) 正确	当轴的转向不确定或工作中有正反转时，轴向力方向应按最差情况确定，即按受径向力大的轴承同时承受轴向力计算，这样计算出的轴承总载荷较大，所选的轴承方可满足实际工作要求

表 12-3-34　　角接触轴承轴向载荷计算禁忌

注意的问题	禁忌示例	说　明
角接触轴承轴向力按压紧端和放松端分别计算	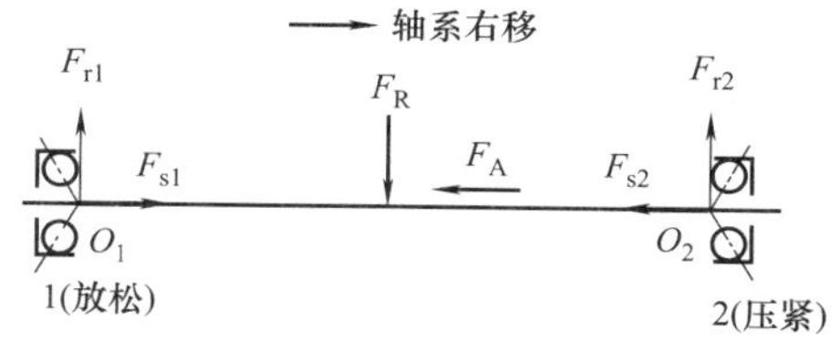 轴系右移 F_{r1} F_R F_{r2} F_{s1} F_A F_{s2} O_1 O_2 1(放松)　2(压紧) F_{a1}=2240N, F_{a2}=1340N 正确	假如轴承所受径向载荷 $F_{r1}=3300N$，$F_{r2}=1000N$，轴向载荷 $F_A=900N$，内部附加轴向力 $F_s=0.68F_r$，则两轴承内部附加轴向力 $F_{s1}=2240N$，$F_{s2}=680N$，因 $F_{s2}+F_A=680+900=1580N<F_{s1}=2240N$，轴系右移，2 轴承压紧，1 轴承放松，所以 1 轴承的轴向力 $F_{a1}=2240N$，2 轴承的轴向力 $F_{a2}=F_{s1}-F_A=2240-900=1340N$
未计入内部附加轴向力 F_{s1}、F_{s2}	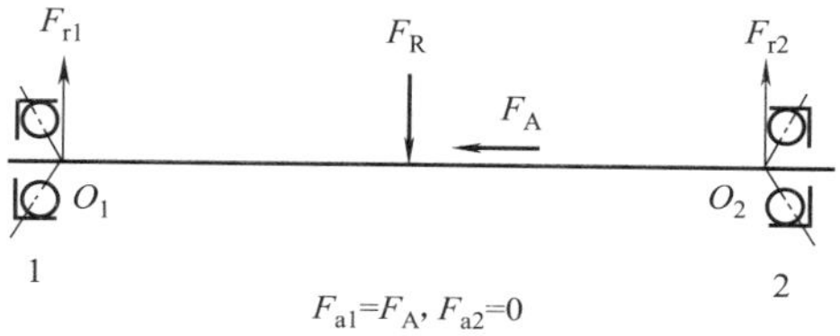 F_{r1} F_R F_{r2} F_A O_1 O_2 1　2 $F_{a1}=F_A$, $F_{a2}=0$ 禁忌	角接触轴承轴向载荷计算时，必须考虑内部附加轴向力 F_{s1}、F_{s2}，若计算时不计入 F_{s1}、F_{s2}，按深沟球轴承轴向载荷计算方法，得出 1 轴承轴向力 $F_{a1}=F_A$，2 轴承轴向力 $F_{a2}=0$ 的结论是错误的
内部附加轴向力 F_{s1}、F_{s2} 方向判断错误	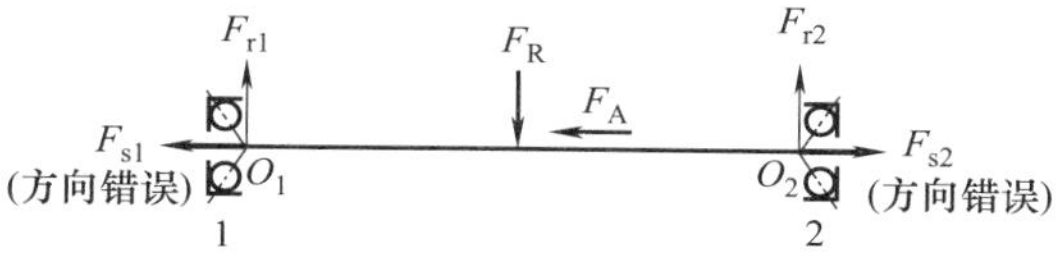 F_{r1} F_R F_{r2} F_A F_{s1} (方向错误) O_1 O_2 F_{s2} (方向错误) 1　2 图(a)　禁忌 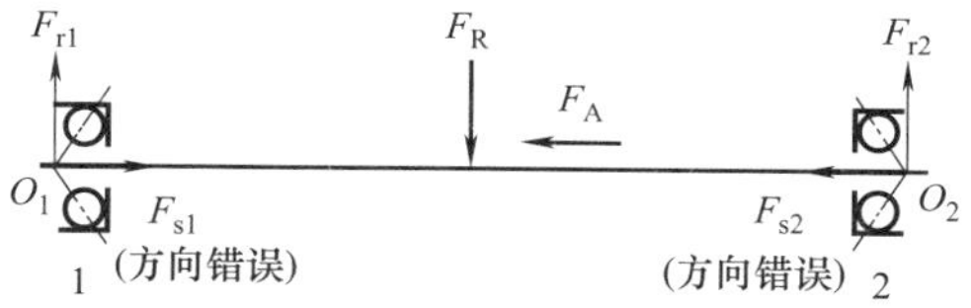 F_{r1} F_R F_{r2} F_A O_1 F_{s1} (方向错误) F_{s2} (方向错误) O_2 1　2 图(b)　禁忌	内部附加轴向力的方向是由外圈的宽边指向窄边，而由外圈的窄边指向宽边则是错误的 此类错误在两轴承背对背安装（反装）时更容易发生，所以在计算反装轴承轴向载荷时，更要多加注意
"压紧"端与"放松"端判断错误	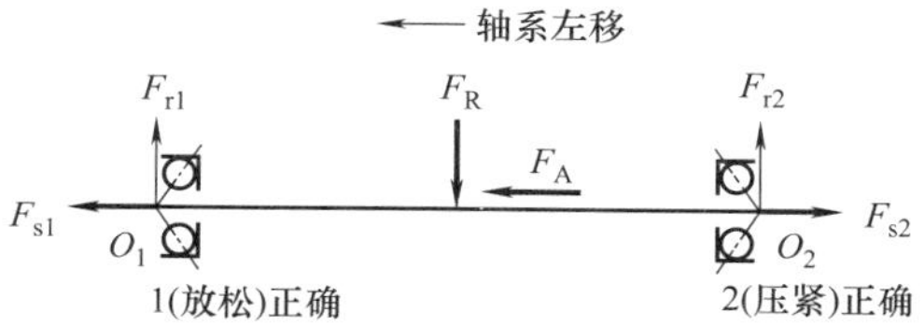 轴系左移 F_{r1} F_R F_{r2} F_A F_{s1} O_1 O_2 F_{s2} 1(放松)正确　2(压紧)正确 图(a)　正确 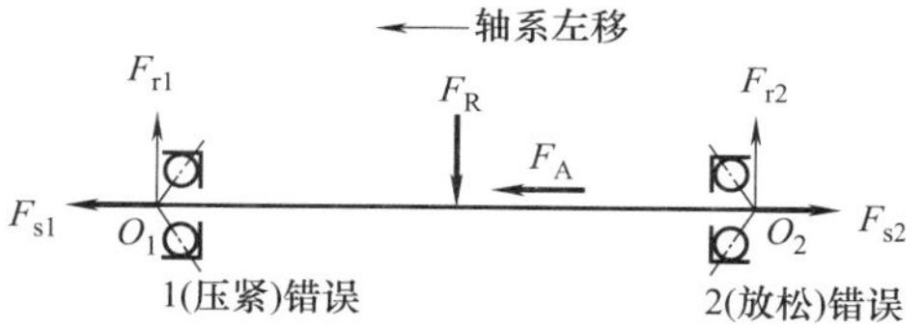 轴系左移 F_{r1} F_R F_{r2} F_A F_{s1} O_1 O_2 F_{s2} 1(压紧)错误　2(放松)错误 图(b)　禁忌	$F_{s1}+F_A=2240+900=3140N>F_{s2}=680N$，轴系将左移，轴承 1 放松，轴承 2 压紧，所以轴承 1 的轴向载荷 $F_{a1}=F_{s1}=2240N$，轴承 2 的轴向载荷 $F_{a2}=F_{s1}+F_A=2240+900=3140N$[图(a)] 若判定轴系左移之后，得出 1 轴承"压紧"、2 轴承"放松"的结论，是错误的[图(b)]，误认为轴系移动方向所指向的轴承一定压紧。在反装轴承中易犯此错误

续表

注意的问题	禁忌示例	说明
轴承轴向载荷最后计算错误	←轴系左移 F_{r1}　F_R　F_{r2}　F_A　F_{s1}　O_1　O_2　F_{s2} 1放松　2压紧 $F_{a1}=F_{s2}-F_A$(禁忌)　$F_{a1}=F_{s1}$(正确) $F_{a2}=F_{s2}$(禁忌)　$F_{a2}=F_{s1}+F_A$(正确)	“压紧”端、“放松”端轴向力公式必须记牢，禁忌颠倒或错用。公式：压紧端轴承轴向力等于除自身内部附加轴向力以外其余轴向力的代数和；放松端轴承轴向力等于自身内部附加轴向力

3.3.2.2　滚动轴承径向载荷计算禁忌

表 12-3-35　　滚动轴承径向载荷计算禁忌

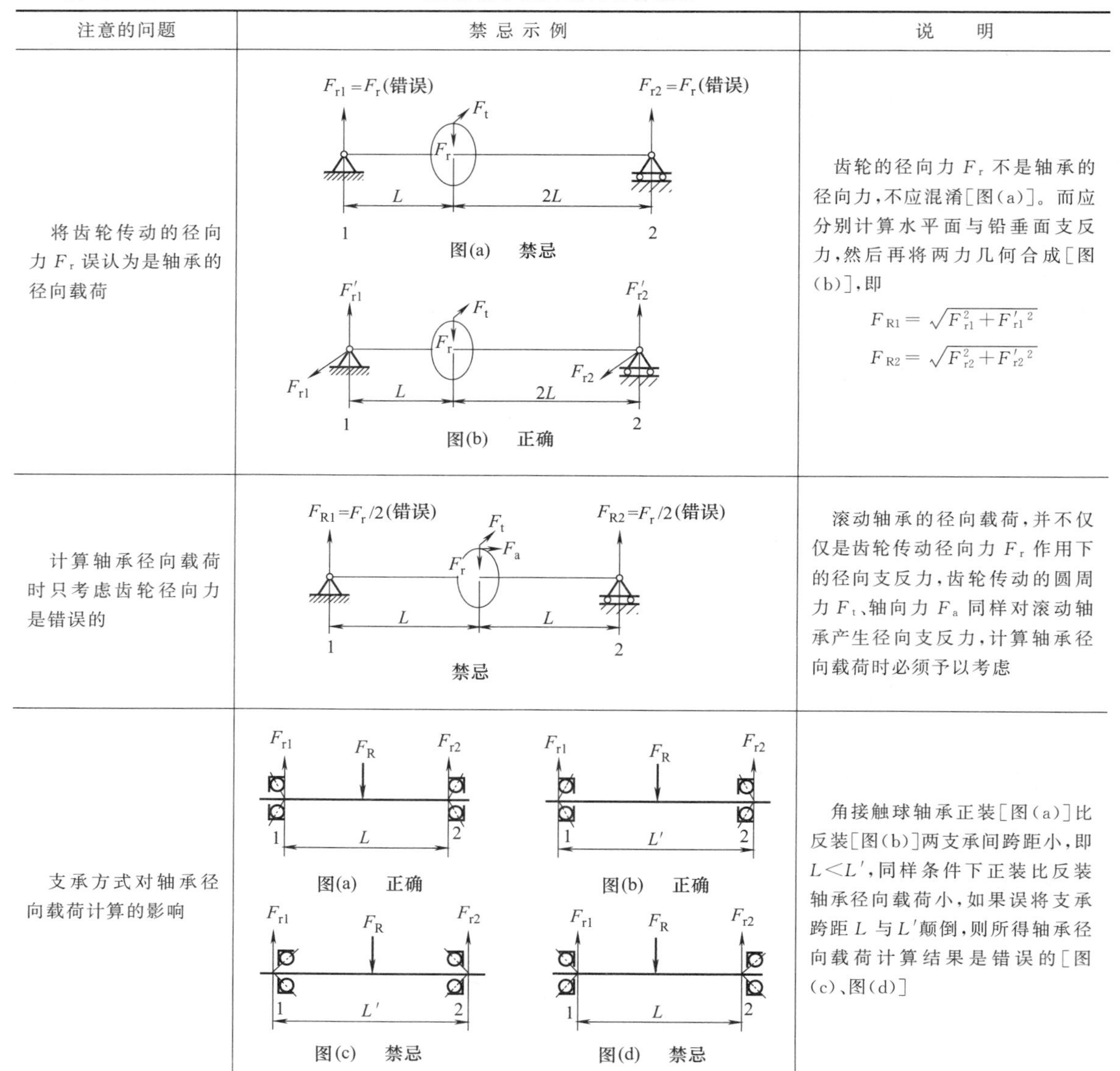

注意的问题	禁忌示例	说明
将齿轮传动的径向力 F_r 误认为是轴承的径向载荷	$F_{r1}=F_r$(错误)　$F_{r2}=F_r$(错误)　F_t　F_r　L　$2L$　1　2 图(a)　禁忌 F'_{r1}　F'_{r2}　F_t　F_r　F_{r1}　F_{r2}　L　$2L$　1　2 图(b)　正确	齿轮的径向力 F_r 不是轴承的径向力，不应混淆[图(a)]。而应分别计算水平面与铅垂面支反力，然后再将两力几何合成[图(b)]，即 $F_{R1}=\sqrt{F_{r1}^2+F'^2_{r1}}$ $F_{R2}=\sqrt{F_{r2}^2+F'^2_{r2}}$
计算轴承径向载荷时只考虑齿轮径向力是错误的	$F_{R1}=F_r/2$(错误)　$F_{R2}=F_r/2$(错误)　F_t　F_a　F_r　L　L　1　2 禁忌	滚动轴承的径向载荷，并不仅仅是齿轮传动径向力 F_r 作用下的径向支反力，齿轮传动的圆周力 F_t、轴向力 F_a 同样对滚动轴承产生径向支反力，计算轴承径向载荷时必须予以考虑
支承方式对轴承径向载荷计算的影响	F_{r1}　F_R　F_{r2}　1　L　2 图(a)　正确 F_{r1}　F_R　F_{r2}　1　L'　2 图(b)　正确 F_{r1}　F_R　F_{r2}　1　L'　2 图(c)　禁忌 F_{r1}　F_R　F_{r2}　1　L　2 图(d)　禁忌	角接触球轴承正装[图(a)]比反装[图(b)]两支承间跨距小，即 $L<L'$，同样条件下正装比反装轴承径向载荷小，如果误将支承跨距 L 与 L' 颠倒，则所得轴承径向载荷计算结果是错误的[图(c)、图(d)]

第12篇

3.3.2.3　滚动轴承当量动载荷计算禁忌

当量动载荷 P 按公式 $P=f_d(xF_r+yF_a)$ 计算，x、y 分别为径向动载荷系数和轴向动载荷系数，f_d 为载荷系数。为使问题具体、明了，现举例说明。

例 5　一深沟球轴承型号 6200，其基本额定动载荷 $C_r=19500N$，基本额定静载荷 $C_{0r}=11500N$，轴承受有径向力 $F_r=1153N$，轴向力 $F_a=369N$，载荷有中等冲击（$f_d=1.2\sim1.8$），试求当量动载荷 P。正确计算如下：$F_a/C_{0r}=369/11500=0.0321$，由表 12-3-36，$e=0.23$（插值求得），又 $F_a/F_r=369/1153=0.32>e=0.23$，所以 $x=0.56$，$y=1.92$（插值求得）；因有中等冲击，取 $f_d=1.5$，所以当量动载荷 $P=1.5\times(0.56\times1153+1.92\times369)=2031N$。当量动载荷 P 的计算禁忌与对比见表 12-3-37，计算时应注意。

3.3.2.4　滚动轴承承载能力计算禁忌

滚动轴承承载能力计算包括寿命计算、静强度计算和极限转速计算，有关禁忌见表 12-3-38。

表 12-3-36　径向动载荷系数 x 和轴向动载荷系数 y

	F_a/C_{0r}	e	$F_a/F_r\leqslant e$		$F_a/F_r>e$	
			x	y	x	y
深沟球轴承	0.014 0.028 0.056 0.084	0.19 0.22 0.26 0.28	1	0	0.56	2.30 1.99 1.71 1.55

表 12-3-37　当量动载荷计算禁忌与对比

计算方法	x	y	f_d	当量动载荷 P/N	寿命 L_{10h}/h	说　明	结论
1	0.56	1.92	1.5	2031	10244	正确	正确
2	1.92	0.56	1.5	3631	1793	x、y 颠倒	禁忌
3	1	1	1.5	2283	7271	未考虑 x、y	禁忌
4	0.56	1.92	1	1354	34573	未计入 f_d	禁忌
5	0.56	1.99	1.5	2071	9676	Y 值未插值，取表中近似值，有误差	不准确
6	0.56	1.71	1.5	1915	12221		不准确

表 12-3-38　滚动轴承承载能力计算禁忌

注意的问题	禁 忌 说 明
滚动体为球和滚子时，寿命指数 ε 不同	滚动轴承寿命计算公式中的寿命指数 ε，当滚动体为球时，$\varepsilon=3$；当滚动体为滚子时，$\varepsilon=10/3$，计算时两者不要混淆，否则寿命差异很大
不同可靠度时，滚动轴承寿命的计算	滚动轴承样本中所列的基本额定动载荷，是在可靠度为 90%时的数据，但在实际应用中，由于使用轴承的各类机械的要求不同，对轴承可靠度的要求也随之不同，所以应在寿命公式中引入寿命修正系数 f_R，可靠度为 R%的修正额定寿命为：$L_{Rh}=f_RL_{10h}$，f_R 值见有关资料
以塑变为主要失效形式的轴承应计算静强度	滚动轴承寿命计算是为防止轴承疲劳点蚀失效的，但对于一些基本上不旋转、转速较低或冲击载荷条件下工作的轴承，其主要失效形式是塑性变形，所以就不能再按点蚀破坏计算寿命选择轴承，而应计算轴承的静强度
高速条件下的轴承应作极限转速验算	滚动轴承转速过高时，会使摩擦表面产生高温，影响润滑性能，破坏油膜，从而导致滚动体回火或元件胶合失效。所以对于此类轴承只作寿命计算是不够的，还应验算其极限转速

3.3.3　滚动轴承轴系支承固定形式设计禁忌

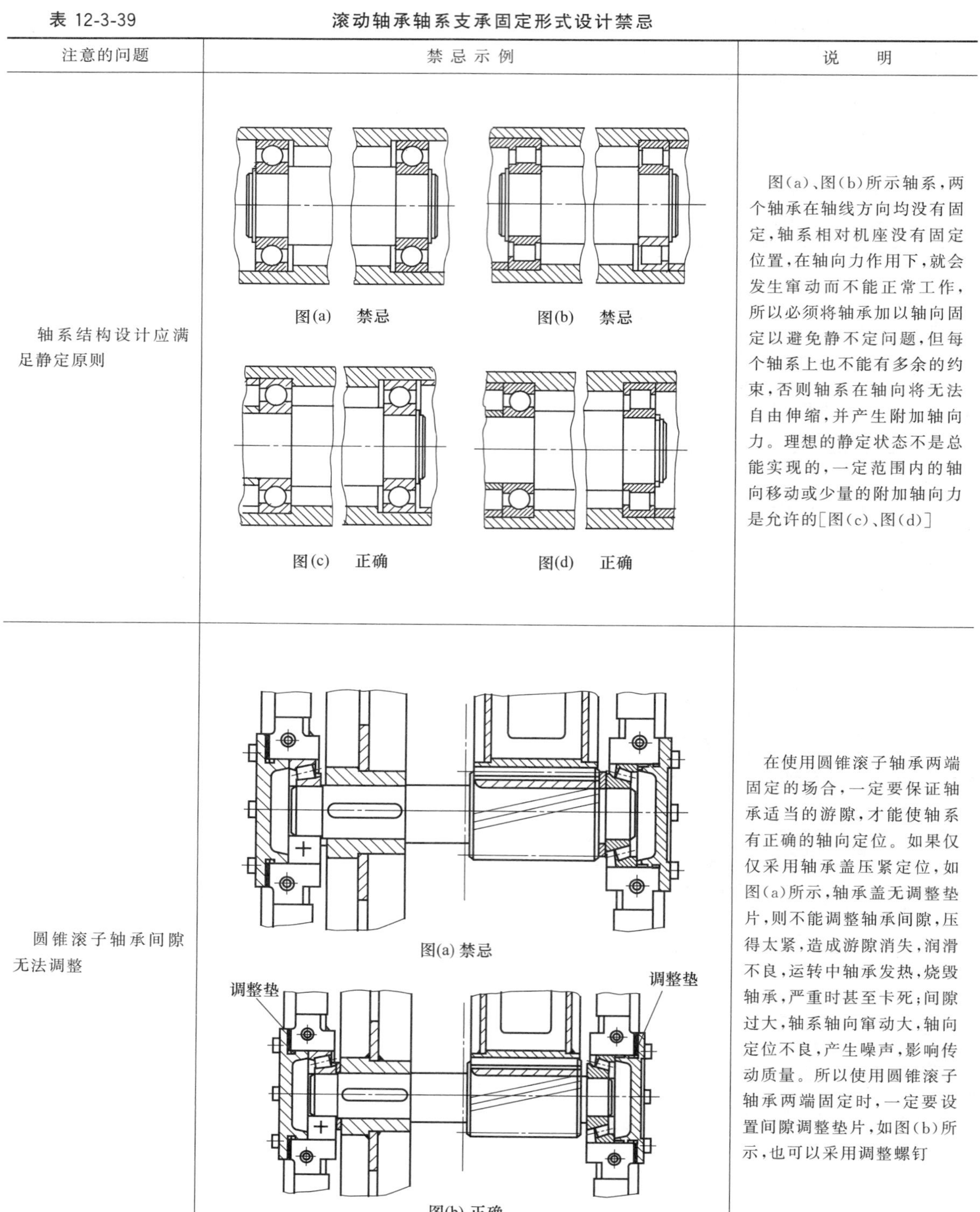

表 12-3-39　　滚动轴承轴系支承固定形式设计禁忌

注意的问题	禁忌示例	说　明
轴系结构设计应满足静定原则	图(a)　禁忌 图(b)　禁忌 图(c)　正确 图(d)　正确	图(a)、图(b)所示轴系，两个轴承在轴线方向均没有固定，轴系相对机座没有固定位置，在轴向力作用下，就会发生窜动而不能正常工作，所以必须将轴承加以轴向固定以避免静不定问题，但每个轴系上也不能有多余的约束，否则轴系在轴向将无法自由伸缩，并产生附加轴向力。理想的静定状态不是总能实现的，一定范围内的轴向移动或少量的附加轴向力是允许的[图(c)、图(d)]
圆锥滚子轴承间隙无法调整	图(a) 禁忌 图(b) 正确	在使用圆锥滚子轴承两端固定的场合，一定要保证轴承适当的游隙，才能使轴系有正确的轴向定位。如果仅仅采用轴承盖压紧定位，如图(a)所示，轴承盖无调整垫片，则不能调整轴承间隙，压得太紧，造成游隙消失，润滑不良，运转中轴承发热，烧毁轴承，严重时甚至卡死；间隙过大，轴系轴向窜动大，轴向定位不良，产生噪声，影响传动质量。所以使用圆锥滚子轴承两端固定时，一定要设置间隙调整垫片，如图(b)所示，也可以采用调整螺钉

续表

注意的问题	禁忌示例	说明
固定端轴承必须能双向受力	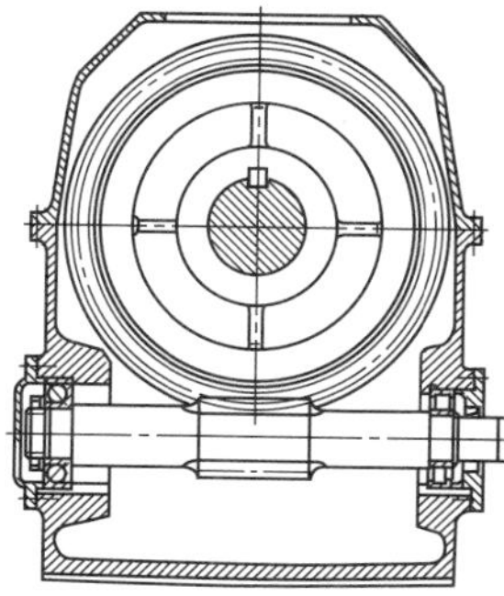 图(a) 禁忌 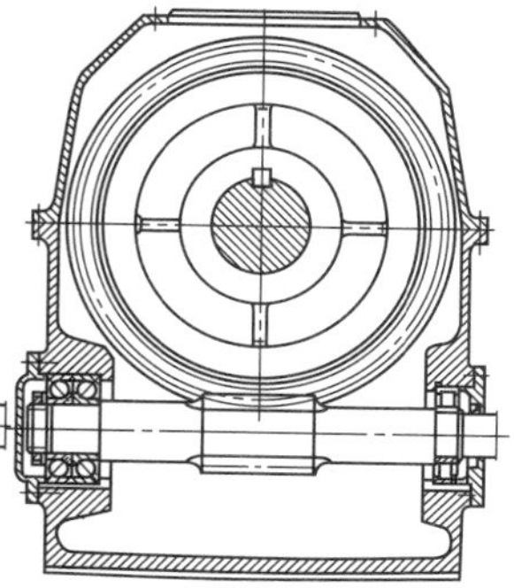 图(b) 正确	在一端固定、一端游动的支承形式中，固定端轴承必须能承受轴向正反双向力。图(a)采用了单只角接触球轴承作为固定端是错误的，因为角接触球轴承只能承受单方向轴向力，不能满足双向受力要求，轴系工作时轴向固定不可靠。图(b)采用了一对角接触球轴承作为固定端，可以承受双向轴向力，是正确的
游动端轴承的轴向定位	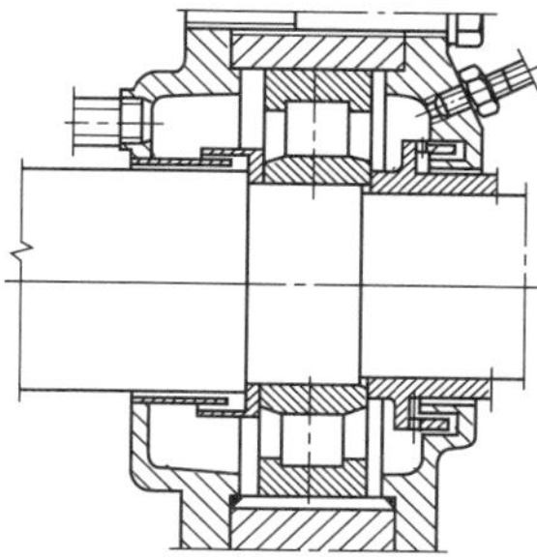 图(a) 禁忌 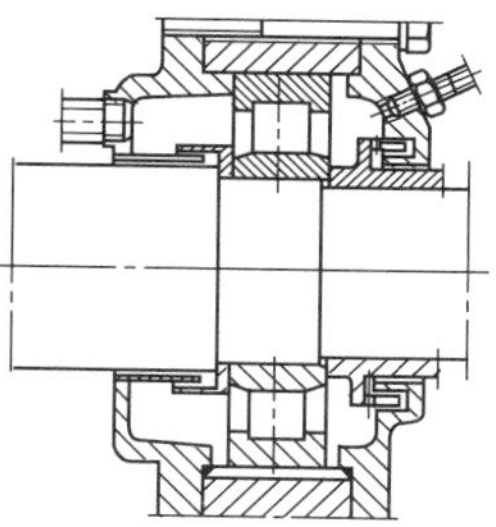 图(b) 正确	在一端固定、一端游动支承形式中，游动端轴承的轴向定位必须准确。如采用有一圈无挡边的圆柱滚子轴承作游动端，则轴承内外圈4个面都需要轴向定位，图(a)是错误的，图(b)是正确的
游动端轴承套圈的固定	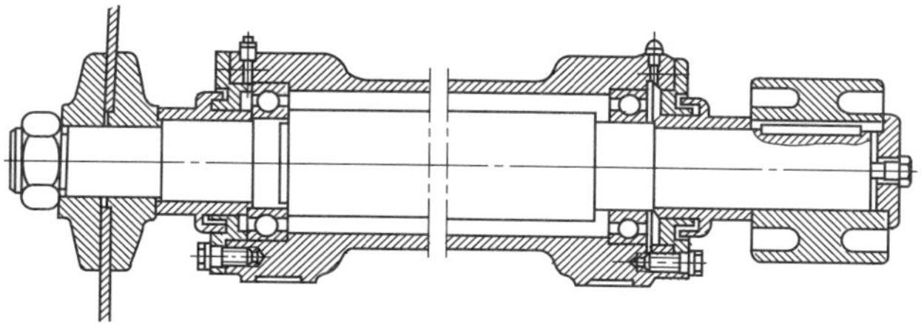 图(a) 禁忌 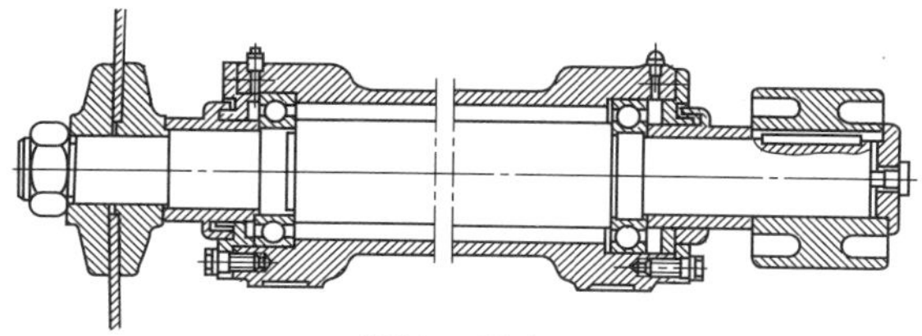 图(b) 正确	原则上是受变载荷轴承圈周向与轴向全部固定，而仅在一点受静载作用的轴承圈可与其外围有轴向的相对运动。一般情况下，内圈和轴径同时旋转，受力点在整个圆周上不停地变化，而外圈与壳体一样静止不动，只在一侧受静载，此时，游动端轴承应将外圈用于轴向移动，而不应使内圈与轴之间移动。图示圆盘锯轴系支承结构，图(a)中使轴与内圈间相对移动是不合理的，图(b)使外圈与壳体间轴向移动是合理的

续表

注意的问题	禁忌示例	说　明
人字齿轮轴系采用两端游动支承	图(a)　禁忌(高速轴) 图(b)　正确(高速轴) 图(c)　图(b)的具体结构	人字齿轮由于在加工中，很难做到齿轮的左右螺旋角绝对相等，为了自动补偿两侧螺旋角的这一制造误差，使人字齿轮在工作中不产生干涉和冲击作用，齿轮受力均匀，应将人字齿轮的高速主动轴的支承做成两端游动，而与其相啮合的低速从动轴系则必须两端固定，以便两轴都得到轴向定位。采用角接触球轴承无法实现两端游动[图(a)]，通常采用圆柱滚子轴承作为两游动端[图(b)]，具体结构见图(c)

3.3.4　滚动轴承的配置设计禁忌

3.3.4.1　角接触轴承正装与反装的性能对比

一对角接触轴承并列组合为一个支点时，正装时[图 12-3-8 (a)] 两轴承支反力在轴上的作用点距离 B_1 较小，支点的刚性较小；反装时 [图 12-3-8 (b)] 两轴承支反力在轴上的作用点距离 B_2 较大，支承有较高的刚性和对轴的弯曲力矩有较高的抵抗能力。如果轴系弯曲较大或轴承对中较差，应选择刚性较小的正装。

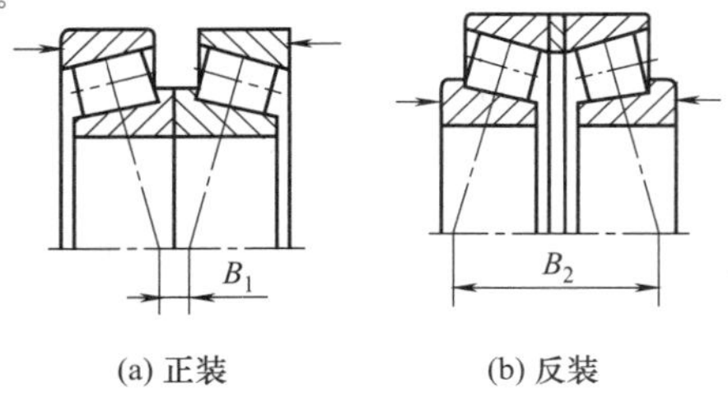

(a) 正装　　(b) 反装

图 12-3-8　角接触轴承并列组合为一个支点

一对角接触轴承分别处于两个支点时，应根据具体受力情况分析其刚度，当受力零件在两轴承之间时，正装方案刚性好；当受力零件在悬伸端时，反装方案刚性好，两方案的对比见表 12-3-19。

为说明角接触轴承正装和反装对轴承受力和轴系刚度的影响，现以图 12-3-9 的锥齿轮轴系为例进行具体分析。设锥齿轮受圆周力 $F_t=2087$N，径向力 $F_r=537$N，轴向力 $F_a=537$N，两轴承中点距离 100mm，锥齿轮距较近轴承中点距离 40mm，轴转速 1450r/min，载荷有中等冲击，取载荷系数 $f_d=1.6$。轴系采用一对 30207 型轴承，分别正装和反装。由设计手册查得轴承的基本额定动载荷 $C_r=51500$N，尺寸 $a=16$mm，$c=15$mm。现按两种安装方案进行计算，其结果列于表 12-3-40。由表可知：正安装由于跨距 l 小，悬臂 b 较大，因而轴承受力大，轴承 1 所受径向力正安装时约为反安装时的 2.2 倍，锥齿轮处的挠度，正装时约为反装时的 2.1 倍，所以正装时轴承寿命低，轴系刚性差。但正装时轴承间隙可由端盖垫片直接调整，比较方便，而反装时轴承间隙由轴上圆螺母进行调整，操作不便。

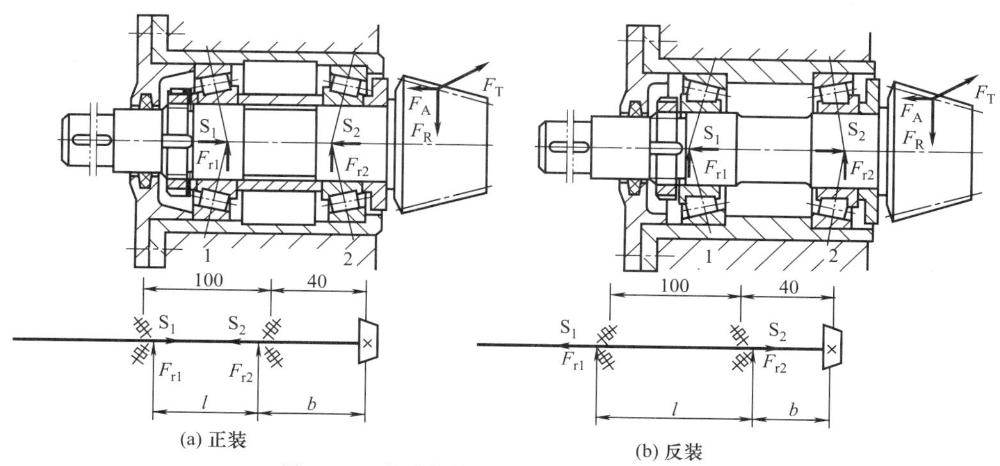

图 12-3-9　锥齿轮轴系角接触轴承的正装与反装

表 12-3-40　锥齿轮轴系支承方式的刚度、轴承受力及寿命计算对比

参数		正装[图 12-3-9(a)]		反装[图 12-3-9(b)]	
轴承跨距 l/mm		$100+c-2a=83$		$100+2a-c=117$	
齿轮悬臂 b/mm		$40+a-c/2=48.5$		$40-a+c/2=31.5$	
锥齿轮处挠度 y 之比		$y_{正装}/y_{反装}\approx 2.1$			
		轴承 1	轴承 2	轴承 1	轴承 2
轴承受力/N	径向力 F_r	1223	3364	562	2699
	轴向力 F_a	1588	1051	306	843
	当量动载荷 P	4848	5383(最大)	1143	4319
轴承寿命 L_{10h}/h		30290	21368(最短)	3.7×10^6	44521
结论		较差		较好	

3.3.4.2　轴承配置对提高轴系旋转精度的设计禁忌

合理配置轴承可提高轴系旋转精度，有关轴承配置对提高轴系旋转精度的设计禁忌见表 12-3-41。

表 12-3-41　轴承配置对提高轴系旋转精度的设计禁忌

注意的问题	禁忌示例	说明
游轮、中间轮不宜用一个滚动轴承支承	图(a)　禁忌 图(b)　正确	游轮、中间轮等承载零件，尤其当其为悬臂装置时，如果采用一个滚动轴承支承[图(a)]，则球轴承内外圈的倾斜会引起零件的歪斜，轴系旋转精度过低，在弯曲力矩的作用下，会使形成角接触的球体产生很大的附加载荷，使轴承工作条件恶化，并导致过早失效。欲改变这种不良工作状况，应采用两个滚动轴承的支承[图(b)]

续表

注意的问题	禁忌示例	说明
前轴承精度对主轴旋转精度影响较大	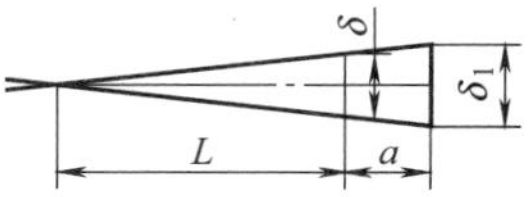 图(a)　禁忌 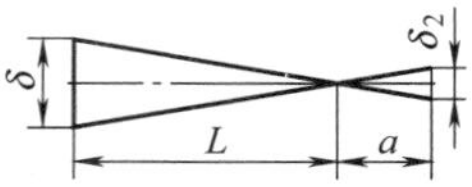　图(b)　正确	轴系有两个轴承，一个精度较高，假设其径向振摆为零；另一个精度较低，假设其径向振摆为 δ。若将高精度轴承作为后轴承[图(a)]，则主轴端部径向振摆为 $\delta_1=(L+a)\delta/L$；若将精度高的轴承作为前轴承[图(b)]，则主轴端部径向振摆为 $\delta_2=(a/L)\delta$，显然 $\delta_1>\delta_2$，可见，前轴承精度对主轴旋转精度影响较大，一般应选前轴承的精度比后轴承高一级
两个轴承的最大径向振摆应在同一方向	 图(a)　禁忌 　图(b)　正确	图中前后轴承的最大径向振摆为 δ_A 和 δ_B，按图(a)将二者的最大振摆装在互为180°的位置，主轴端部的径向振摆为 δ_1；按图(b)将二者的最大振摆装在同一方向，主轴端部的径向振摆为 δ_2，显然 $\delta_1>\delta_2$，所以同样的两轴承，如能合理配置轴承振摆方向，可以提高主轴的旋转精度
不宜将游动支承端靠近传动齿轮	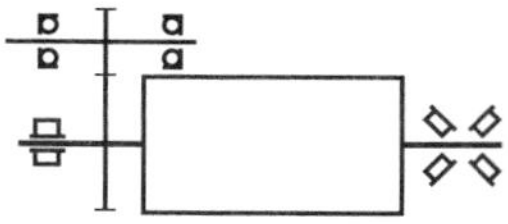 图(a)　禁忌 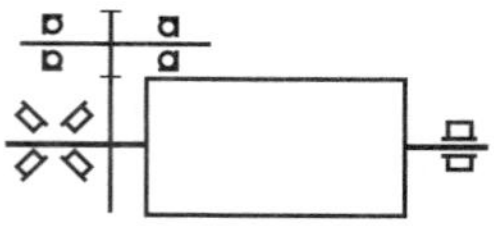　图(b)　正确	为了保证传动齿轮的正确啮合，在滚动轴承结构为一端固定、一端游动时，不宜将游动支承端靠近传动齿轮[图(a)]，而应将游动支承远离传动齿轮[图(b)]
固定端应靠近主轴前端	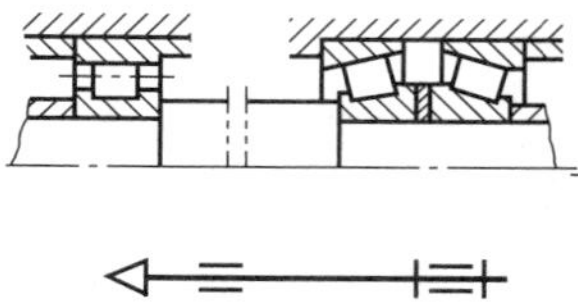 图(a)　禁忌 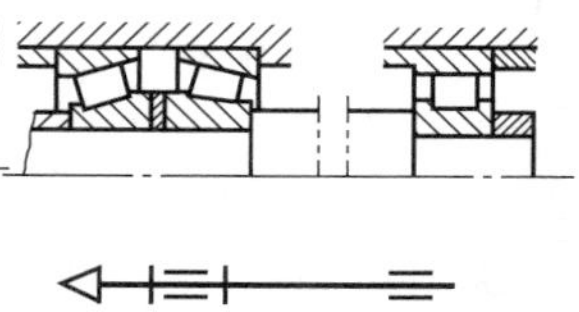　图(b)　正确	滚动轴承支承为一端固定、一端游动时，若主轴靠近游动端[图(a)]，对主轴的轴向定位精度影响很大。反之，固定端轴承装在靠近主轴前端[图(b)]，热膨胀后轴向右伸长，对轴向定位精度影响小

3.3.5 滚动轴承对轴上零件位置的调整设计禁忌

表 12-3-42 滚动轴承对轴上零件位置的调整设计禁忌

注意的问题	禁忌示例	说明
轴上零件位置的调整	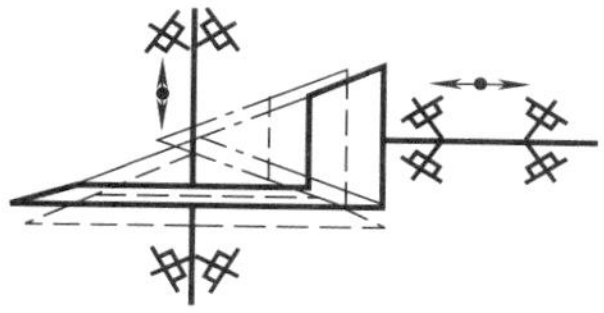 图(a) 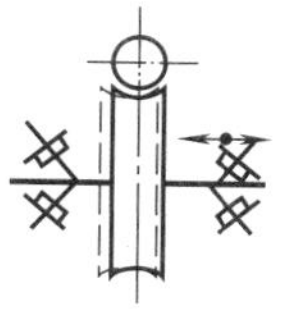 图(b)	圆锥齿轮传动[图(a)]要求安装时两个节圆锥顶点必须重合；蜗杆传动[图(b)]要求蜗杆轴线位于蜗轮中心平面内，才能正确啮合。因此，设计轴承组合时，应当保证轴的位置能作轴向调整，以达到调整锥齿轮或蜗杆的最好传动位置的目的
轴承端盖、轴承套杯和调整垫片的使用	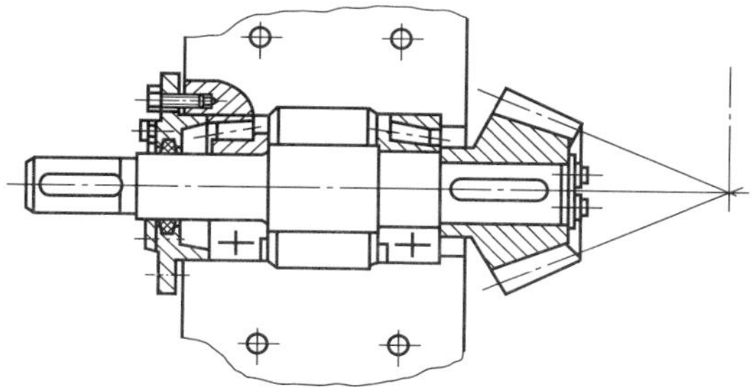 图(a) 禁忌 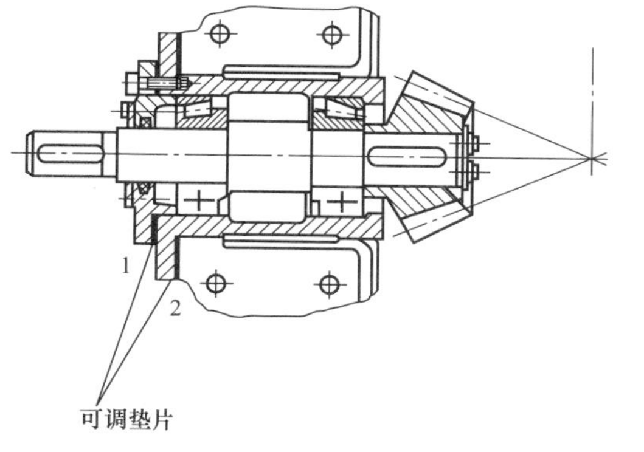 1 2 可调垫片 图(b) 正确	图(a)设计中有两个原则性错误，一是使用圆锥滚子轴承而无轴承游隙调整装置，游隙过小，轴承易产生附加载荷，损坏轴承；游隙过大，轴向定位差，两种情况均影响轴承使用寿命；二是没有独立的锥齿轮锥顶位置调整装置，在有适当轴承游隙的情况下，应能调整圆锥齿轮锥顶位置，以确保圆锥齿轮的正确啮合。为此，将确定轴向位置的轴承装在一个套杯中[图(b)]，套杯则装在外壳孔中，通过增减套杯端面与外壳间垫片厚度，即可调整锥齿轮或蜗杆的轴向位置。图(b)中调整垫片1用来调整轴承游隙，调整垫片2用来调整锥顶位置

3.3.6 滚动轴承的配合禁忌

滚动轴承配合种类的选取，应根据轴承的类型和尺寸、载荷的大小和方向以及载荷的性质等来决定。一般来说，尺寸大、载荷大、振动大、转速高或温度高等情况下应选紧一些的配合，而经常拆卸或游动套圈则采用较松的配合。选取滚动轴承的配合应参考有关手册，不能盲目采用普通圆柱孔和轴的配合关系，有关禁忌见表 12-3-43。

表 12-3-43 **滚动轴承的配合禁忌**

注意的问题	禁忌说明	说明
轴与轴承内圈间隙配合产生配合表面蠕动	如果承受旋转载荷的内圈与轴选用间隙配合(如 d6),那么载荷将迫使内圈绕轴蠕动。因为配合处有间隙存在,内圈的周长略比轴颈的周长大一些,因此,内圈的转速将比轴的转速略低一些,这就造成了内圈相对轴缓慢转动,这种现象称之为蠕动。由于配合表面间缺乏润滑剂,呈干摩擦或边界摩擦状态,当在重载荷作用下发生蠕动现象时,轴和内圈急剧磨损,引起发热,配合表面间还可能引起相对滑动,使温度急剧升高,最后导致烧伤	禁忌
	避免配合表面间发生蠕动现象的唯一方法是采用过盈配合。采用圆螺母将内圈端面压紧或其他轴向紧固方法不能防止蠕动现象,因为这些紧固方法并不能消除配合表面的间隙,而只是用来防止轴承脱落的	正确
轴与轴承内圈配合过紧影响轴承正常工作	轴与轴承内圈配合一般为过盈配合,但过盈量过大也是不合适的(如 p6、r6),因为这样会造成轴承内孔与轴颈过紧,过紧的配合是不利的,会因内圈的弹性膨胀使轴承内部的游隙减小,甚至完全消失,从而影响轴承的正常工作,如发热、寿命降低、套圈或滚动体碎裂等	禁忌
轴与轴承内圈配合的选取	滚动轴承内孔的公差带在零线之下,而圆柱公差标准中基准孔的公差带在零线之上,所以轴承内圈与轴的配合比圆柱公差标准中规定的基孔制同类配合要紧得多,圆柱公差标准中的许多过渡配合在这里实际成为过盈配合。轴与轴承内圈的配合可按载荷大小选取。轻负荷:j6,js6(过渡配合);中等负荷:k6,m6(过盈配合);重负荷:n6(过盈配合)	正确
座孔与轴承外圈配合宜松些	不回转套圈受局部载荷(径向载荷由套圈滚道的局部承受),选间隙配合,可使承载部位在工作中略有变化(套圈在座孔里略有转动),对提高寿命有利。一般轴承外圈为不回转套圈,可选 H7、G7(间隙配合);如载荷大或温差大,可选 J7、Js7(过渡配合)	正确

3.3.7 滚动轴承的装配禁忌

表 12-3-44 **滚动轴承的装配禁忌**

注意的问题	禁忌示例	说明
滚动轴承安装要定位可靠	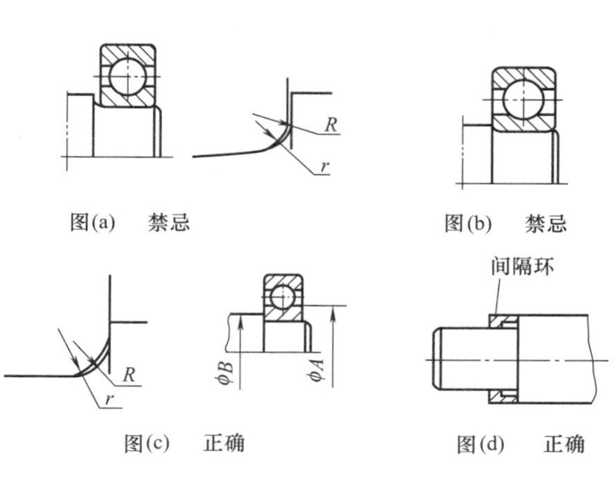 R r 图(a) 禁忌 图(b) 禁忌 R r ϕB ϕA 图(c) 正确 间隔环 图(d) 正确	若轴承圆角半径 r 小于轴的圆角半径 R[图(a)],则轴承无法安装到位,定位不可靠;另外轴肩的高度也不可太浅[图(b)],否则轴承定位不好,影响轴系正常工作。必须使轴承的圆角半径 r 大于轴的圆角半径 R[图(c)],以保证轴承的安装精度和工作质量。如果考虑到轴的圆角太小、应力集中较大和热处理的需要必须加大 R,从而难以满足 $r>R$ 时,可考虑在轴上安装间隔环[图(d)]

续表

注意的问题	禁忌示例	说　明
避免外小内大的轴承座孔	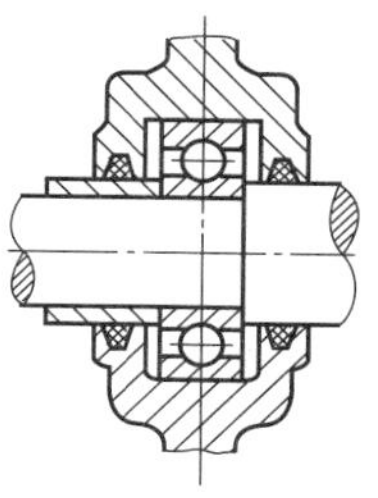 图(a)　禁忌 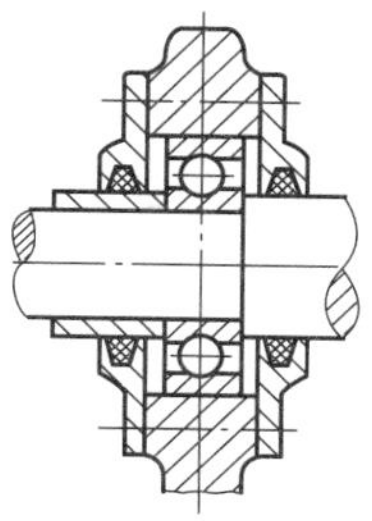　图(b)　正确	如图(a)所示的轴承座，由于外侧孔小于内侧孔，需采用剖分式轴承座，结构复杂。若采用图(b)形式，可不用剖分式，对于低速、轻载小型轴承较为适宜
轴承部件装配时要考虑便于分组装配	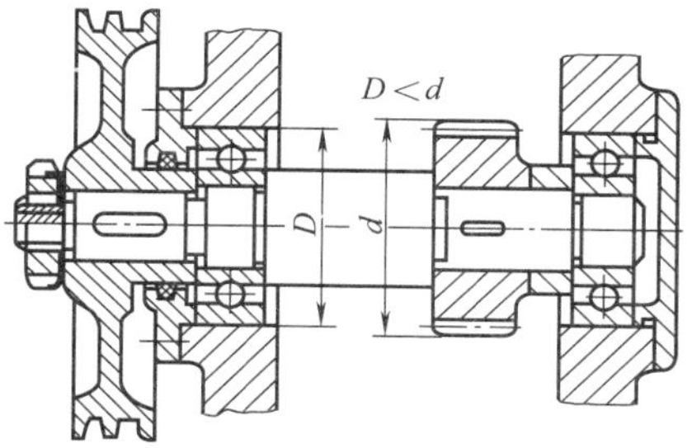 $D<d$ D d 图(a)　禁忌 $D>d$ D d 图(b)　正确 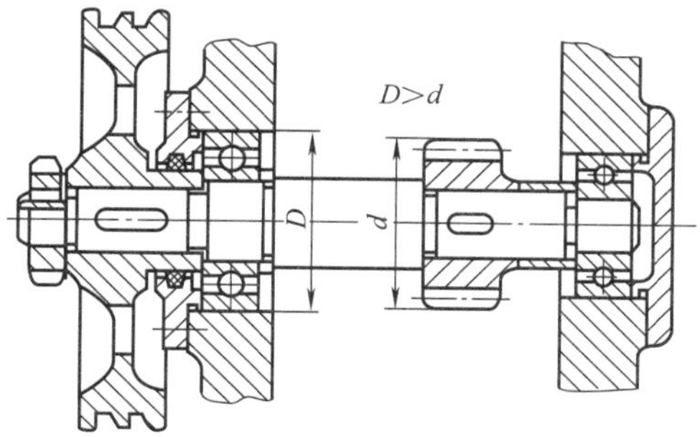	在设计轴承装配部件时，要考虑到它们分组装配的可能性。如图(a)所示结构，由于轴承座孔直径 D 选得比齿轮齿顶圆直径 d 小，所以必须在箱体内装配齿轮，然后再装右轴承。又因为带轮为腹板式，腹板上无孔，需要先装左边端盖然后才能安装带轮。而图(b)的结构则比较便于装配，因为轴承座孔 D 比齿顶圆直径 d 大，可以把预先装在一起的轴和轴承作为整体安装上去。带轮采用孔板式结构，便于扭紧左边轴承盖的螺钉
在轻合金或非金属机座上装配滚动轴承的禁忌	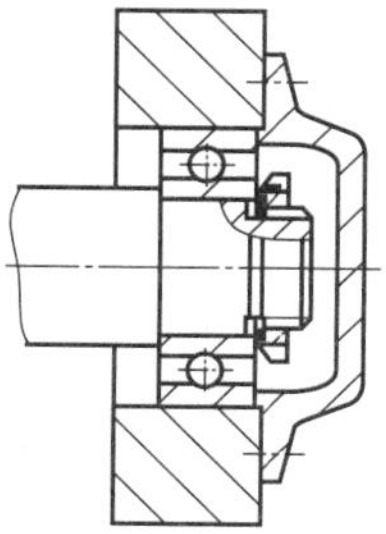 图(a)　禁忌 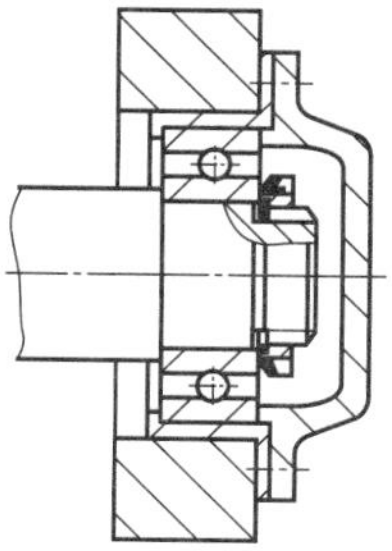　图(b)　正确	不宜在轻合金或非金属箱体的轴承孔上直接安装滚动轴承[图(a)]，因为箱体材料强度低，轴承在工作过程中容易产生松动，所以应如图(b)所示，加钢制衬套与轴承配合，不但增强了轴承处的强度，也增加了轴承处的刚性

第 12 篇

续表

注意的问题	禁忌示例	说明
避免两轴承同时装入机座孔	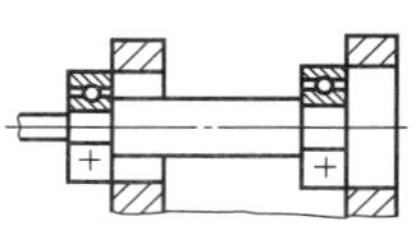 图(a) 禁忌 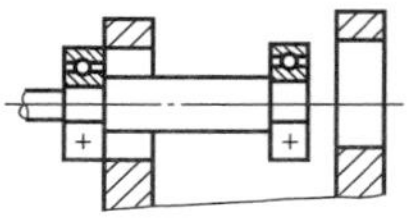 图(b) 正确	一根轴上如果都使用两个内外圈不可分离的轴承，并且采用整体式机座时，应注意装拆简易、方便。如图(a)所示的结构在安装时两个轴承要同时装入机座孔中，很不方便，如果依次装入机座孔[图(b)]则比较合理
机座上安装轴承的各孔应力求简化镗孔	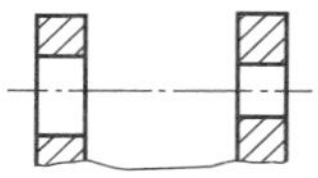 图(a) 不合理 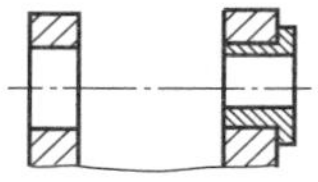 图(b) 合理 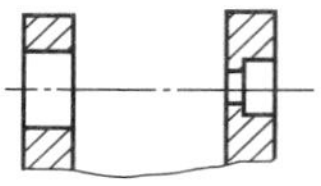 图(c) 不合理 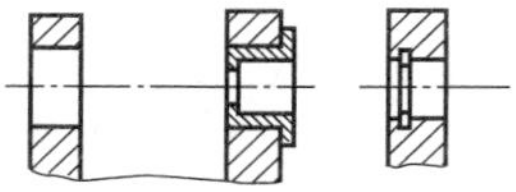 图(d) 合理	同一根轴的轴承孔直径最好相同，以便于机座孔一次镗出，保证同心度，以避免轴承内外圈轴线的倾斜角过大而影响轴承寿命。如果直径不同[图(a)]，可采用带衬套的结构[图(b)]。机座孔中有止推凸肩时[图(c)]，不仅增加成本，而且加工精度也低，可采用带有止推凸肩的套筒，当轴向力不大时，也可用孔用弹性挡圈代替止推凸肩[图(d)]
轴承座受力方向宜指向支承底面	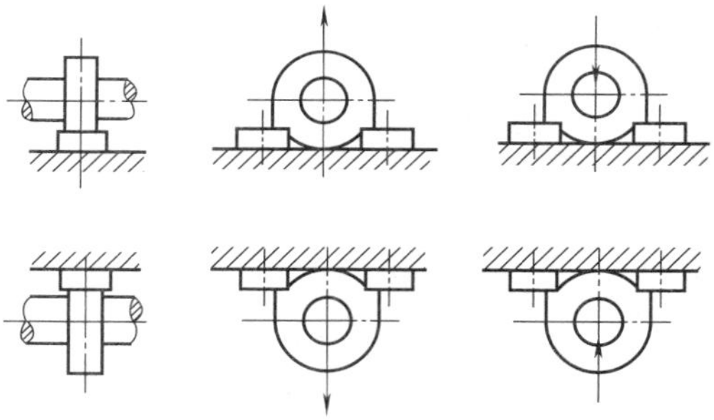 图(a) 禁忌 图(b) 正确	安装于机座上的轴承座，受力方向如果与机座连接面相背，则轴承座支承的强度和刚度会大大减弱[图(a)]。轴承受力方向应指向机座连接面，使支承牢固可靠[图(b)]。在不得已用于受力方向相反的场合时，要考虑即使损坏轴也不会飞出的保护措施
滚动轴承的内外圈要用面支承	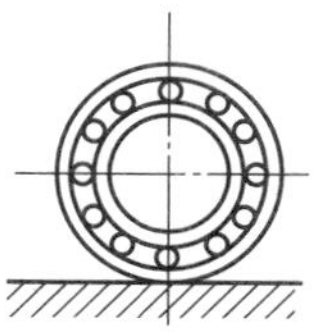 图(a) 禁忌 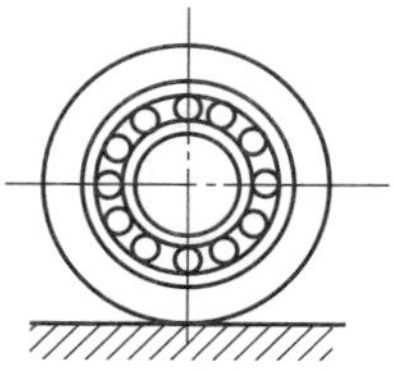 图(b) 正确	滚动轴承是考虑内外圈都在面支承状态下使用而制造的，因此，如果是图(a)的使用方式，外圈承受弯曲载荷，则外圈有破坏的危险，采用这种使用方式的场合，外圈要装上环箍，使其在不承受弯曲载荷状态下工作，如图(b)所示

3.3.8 滚动轴承的拆卸禁忌

表 12-3-45 滚动轴承的拆卸禁忌

注意的问题	禁忌示例	说明
轴承凸肩高度应便于轴承拆卸	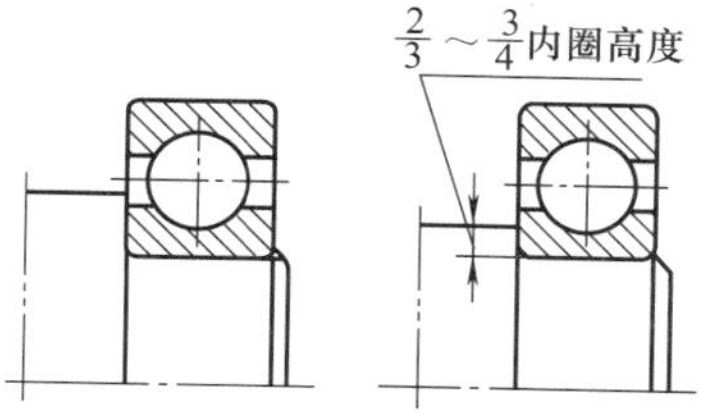 $\frac{2}{3}\sim\frac{3}{4}$内圈高度 图(a) 禁忌 图(b) 正确 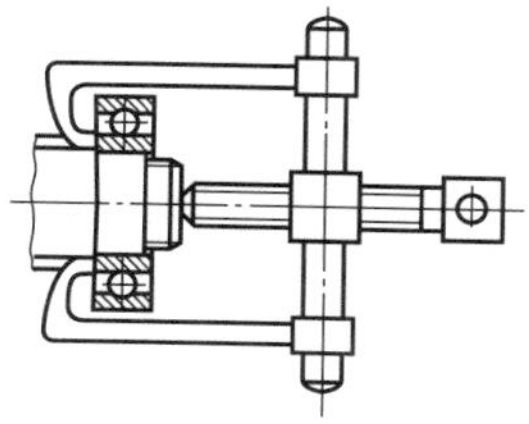 图(c) 轴承拆卸	对于装配滚动轴承的孔和轴肩的结构,必须考虑便于滚动轴承的拆卸 图(a)中轴的凸肩太高,不便轴承从轴上拆卸下来。合理的凸肩高度应如图(b)所示,约为轴承内圈厚度的2/3～3/4,凸肩过高将不利于轴承的拆卸。为便于拆卸,也可在轴上铣槽[图(c)]
轴承外圈的拆卸	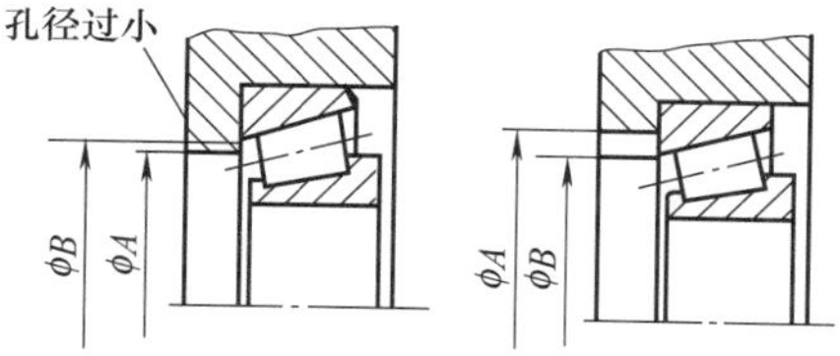 孔径过小 ϕB ϕA 图(a) 禁忌 ϕA ϕB 图(b) 正确	图(a)中 $\phi A<\phi B$,不便于用工具敲击轴承外圈,将整个轴承拆出。而图(b)中,因 $\phi A>\phi B$,所以便于拆卸
可分离外圈的拆卸	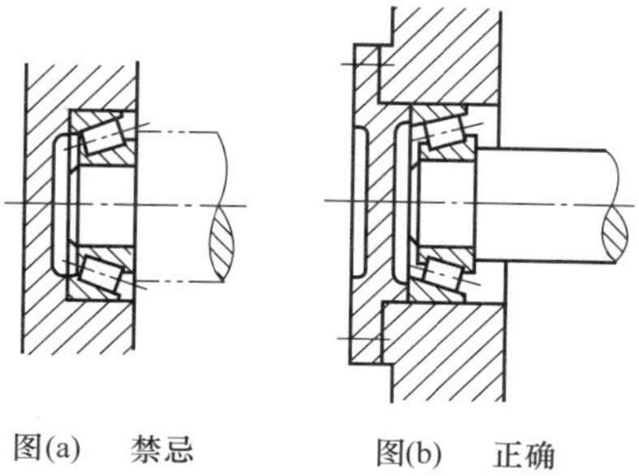 图(a) 禁忌 图(b) 正确	图(a)的圆锥滚子轴承可分离的外圈较难拆卸,而图(b)结构,外圈则很容易拆卸

3.3.9 滚动轴承的润滑禁忌

表 12-3-46 **滚动轴承的润滑禁忌**

注意的问题	禁忌示例	说明
高速脂润滑的滚子轴承易发热	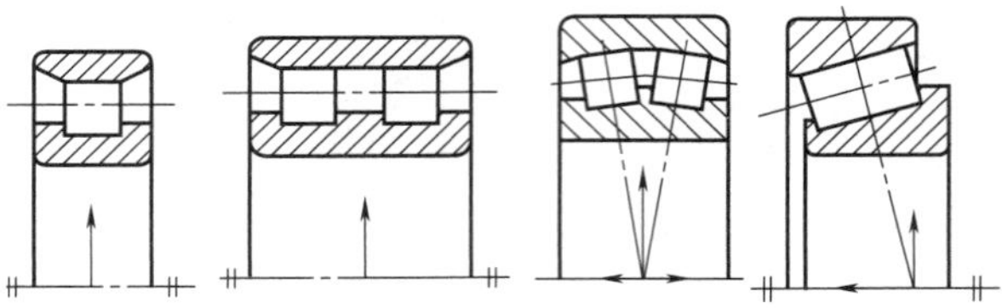 图(a) 图(b) 图(c) 图(d) 不适于高速脂润滑的滚子轴承	由于滚子轴承在运转时搅动润滑脂的阻力大，如果高速连续长时间运转，则温度升高，发热大，润滑脂会很快变质恶化而丧失作用。因此滚子类轴承不适于高速连续运转脂润滑条件下工作，只限于低速或不连续场合。高速时宜选用油润滑
避免填入过量的润滑脂	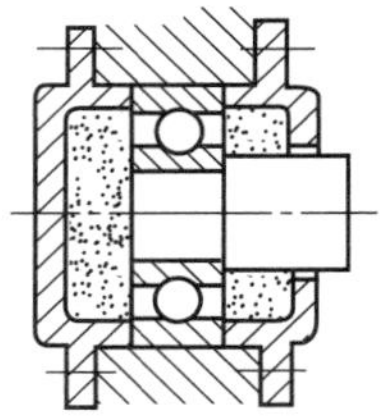 图(a) 禁忌 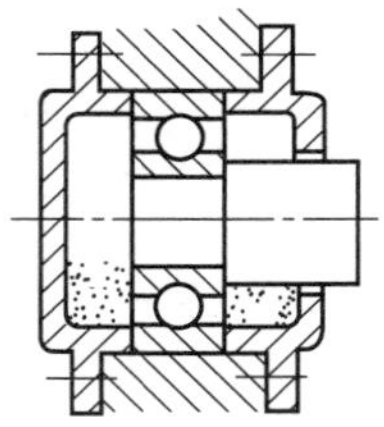 图(b) 正确	低速、轻载或间歇工作时，在轴承箱和轴承空腔中一次性加入润滑脂后可以连续工作很长时间，而无需补充或更换新脂。若装脂过多[图(a)]，易引起搅拌摩擦发热，使脂变质恶化而丧失润滑作用，影响轴承正常工作。润滑脂填入量一般不超过轴承空间的 1/3～1/2[图(b)]
不要形成润滑脂流动尽头	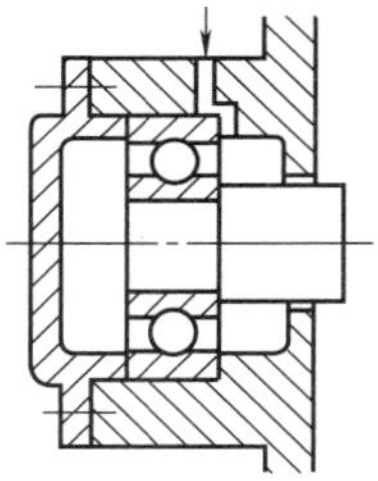 图(a) 禁忌 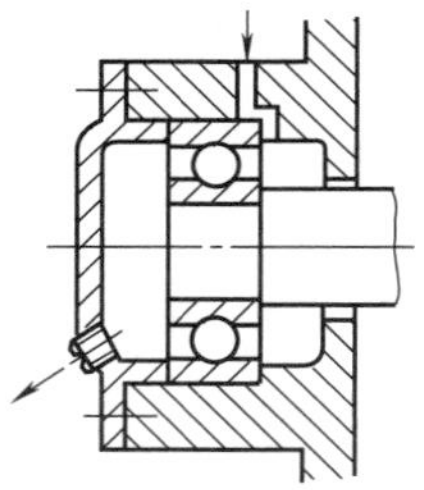 图(b) 正确	在较高速度和载荷的情况下，需定期补充新的润滑脂，并排出旧脂。若轴承箱盖是密封的，则进入这一部分的润滑脂就没有出口，新补充的脂就不能流到这一头，持续滞留的旧脂恶化变质而丧失润滑性质[图(a)]，所以一定要设置润滑脂的出口。在补充润滑脂时，应先打开下部的放油塞，然后从上部打进新的润滑脂[图(b)]
立轴上脂润滑的角接触轴承要防止脂从下部脱离轴承	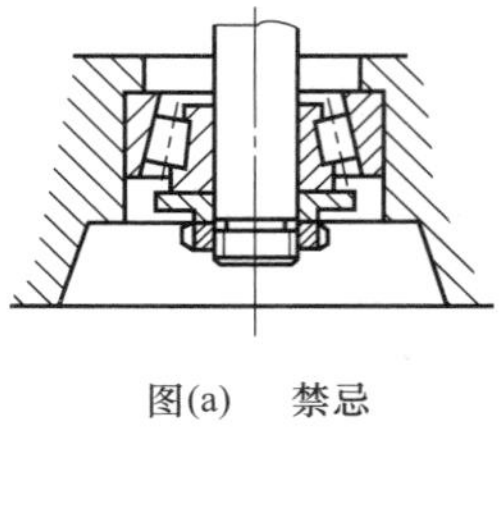 图(a) 禁忌 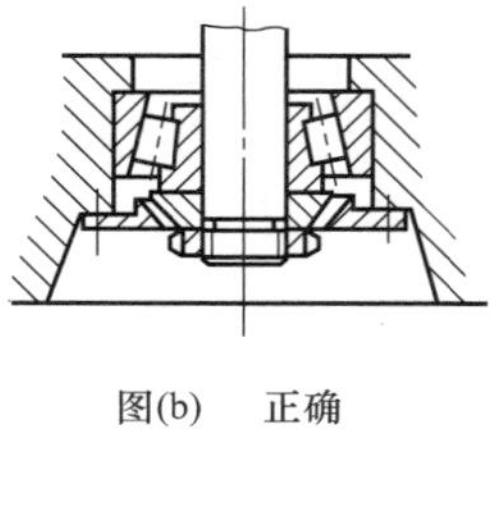 图(b) 正确	安装在立轴上的角接触轴承，由于离心力和重力的作用，会发生脂从下部脱离轴承的危险[图(a)]，对于这种情况，可安装一个与轴承的配合件构成一道窄隙的滞流圈来避免[图(b)]

续表

注意的问题	禁忌示例	说明
浸油润滑油面不应高于最下方滚动体的中心	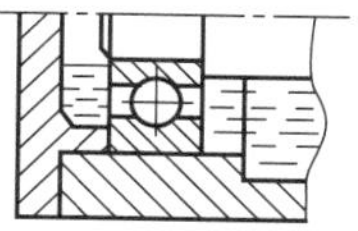 图(a)　禁忌 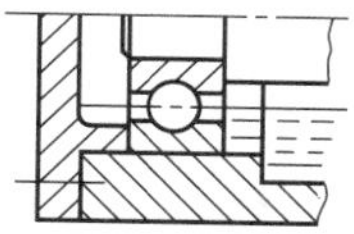　　图(b)　正确	浸油润滑和飞溅润滑一般适用于低、中速的场合。浸油润滑时，油面过高[图(a)]，搅油能量损失较大，温度上升，使轴承过热，所以油面不应高于最下方滚动体中心[图(b)]
轴承座与轴承盖上的油孔应畅通	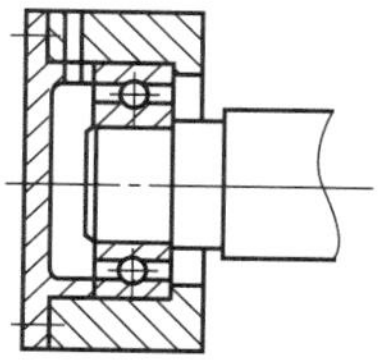 图(a)　禁忌 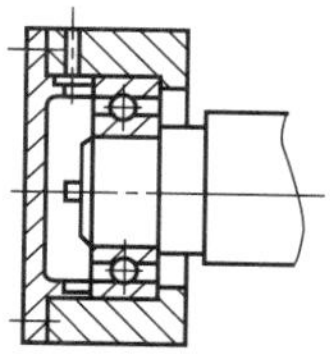　　图(b)　正确 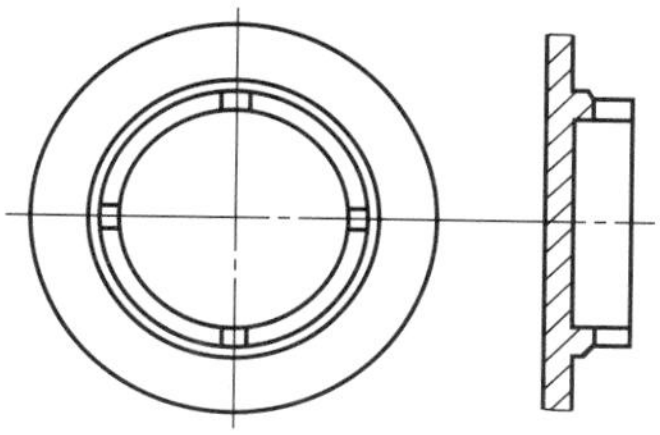 图(c)　轴承盖结构	图(a)轴承座与轴承盖上的油孔直径比较小，油孔很难对正，因此不能保证油孔的畅通，应采用图(b)的结构，其轴承盖如图(c)所示，轴承盖上一般应开四个油孔，并且轴承盖与轴承座孔装配后，二者之间会形成轴向环形间隙，这样油便可畅通无阻。如果轴承盖上没有开油孔，则润滑油无法流入轴承进行润滑

3.3.10　滚动轴承的密封禁忌

表 12-3-47　滚动轴承的密封禁忌

注意的问题	禁忌示例	说明
脂润滑轴承要防止稀油飞溅到轴承腔内，导致润滑脂流失	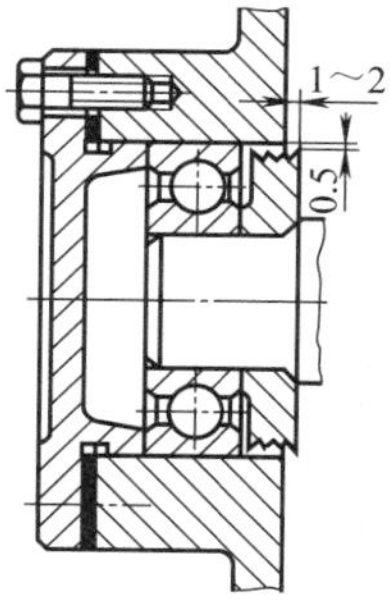 图(a)　合理 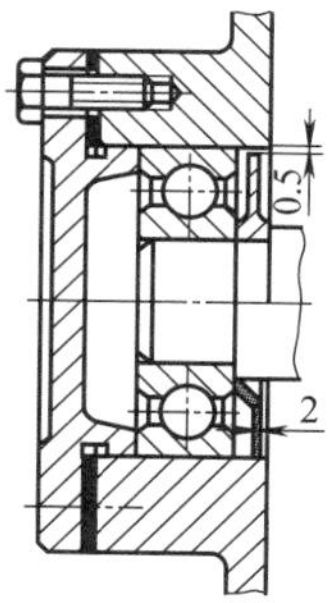　　图(b)　合理	当轴承需要采用脂润滑，而轴上传动件又采用油润滑时，如果油池中的热油进入轴承中，会造成油脂的稀释而流走，或油脂熔化变质，导致轴承润滑失效 为防止油进入轴承及润滑脂流出，可在轴承靠油池一侧加挡油盘，挡油盘随轴一起旋转，可将流入的油甩掉，挡油盘外径与轴承孔之间应留有间隙[图(a)、图(b)]，若不留间隙[图(c)]，挡油盘旋转时与机座轴承孔将产生摩擦，轴系将不能正常工作。一般挡油盘外径与轴承孔间隙约为0.2～0.6mm。另一方面，如挡油盘在轴向距离轴承过远，挡油效果也不好。常用的挡油盘装置如图(d)所示

续表

注意的问题	禁忌示例	说明
脂润滑轴承要防止稀油飞溅到轴承腔内，导致润滑脂流失	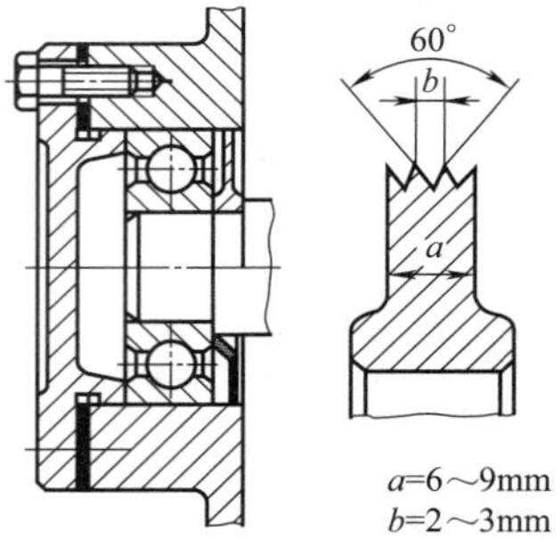 图(c) 禁忌 图(d) 挡油盘结构	当轴承需要采用脂润滑，而轴上传动件又采用油润滑时，如果油池中的热油进入轴承中，会造成油脂的稀释而流走，或油脂熔化变质，导致轴承润滑失效 为防止油进入轴承及润滑脂流出，可在轴承靠油池一侧加挡油盘，挡油盘随轴一起旋转，可将流入的油甩掉，挡油盘外径与轴承孔之间应留有间隙[图(a)、图(b)]，若不留间隙[图(c)]，挡油盘旋转时与机座轴承孔将产生摩擦，轴系将不能正常工作。一般挡油盘外径与轴承孔间隙约为0.2～0.6mm。另一方面，如挡油盘在轴向距离轴承过远，挡油效果也不好。常用的挡油盘装置如图(d)所示
毡圈密封处，轴径与密封槽孔间应留有间隙	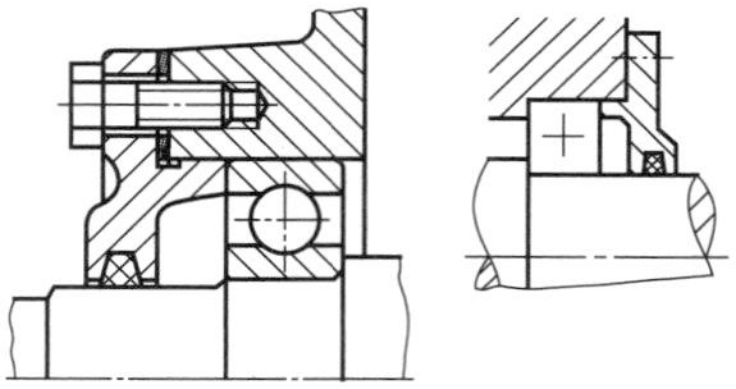 图(a) 正确 图(b) 禁忌 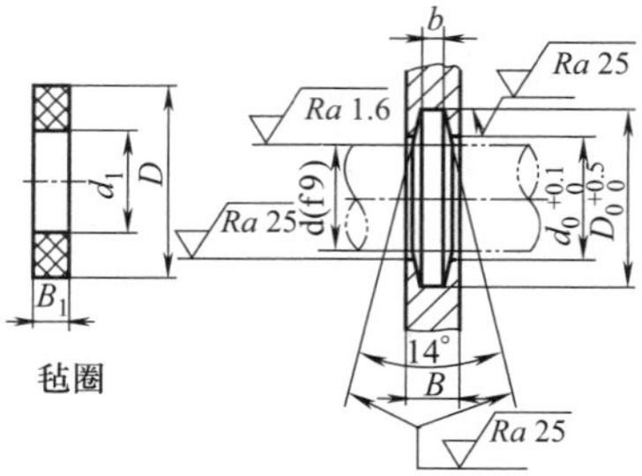 图(c) 毡圈油封尺寸	毡圈密封是通过将矩形截面的毡圈压入轴承盖的梯形槽中，使之产生对轴的压紧作用，实现密封的[图(a)]，轴承盖的梯形槽与轴之间应留有一定间隙，若轴与梯形槽内径间无间隙[图(b)]，则轴旋转时将与轴承盖孔产生摩擦，轴系无法正常工作。毡圈油封形式和尺寸如图(c)所示

续表

注意的问题	禁忌示例	说明
正确使用唇形密封圈密封	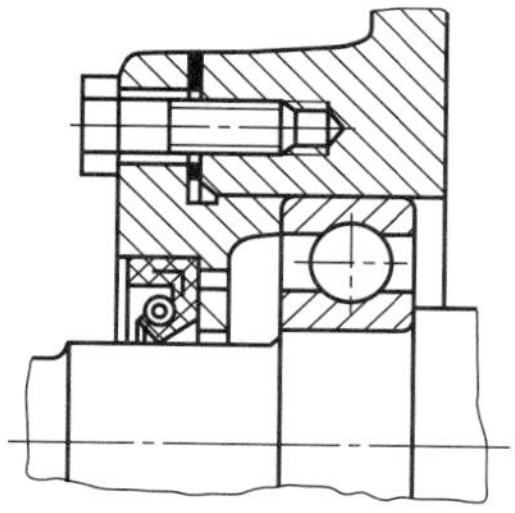 图(a)　防尘 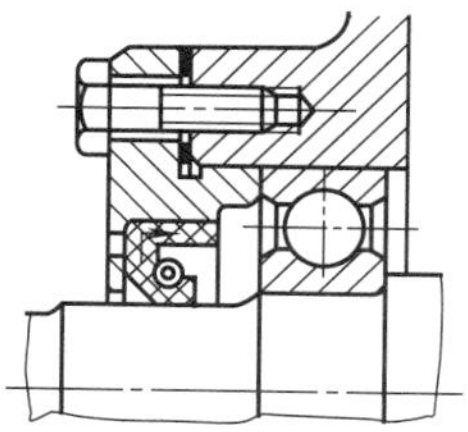　图(b)　防漏油 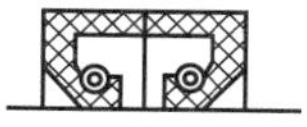 图(c)　禁忌 　图(d)　正确	唇形密封圈是用耐油橡胶或皮革制成，起密封作用的是与轴接触的唇部，有一圈螺旋弹簧把唇部压在轴上，以增加密封效果。使用时要注意密封唇的方向，密封唇应朝向要密封的方向。密封唇朝向箱外是为了防止尘土进入[图(a)]，密封唇朝向箱内是为了避免箱内的油漏出[图(b)]。如防尘采用图(b)或防箱内油漏出采用图(a)，则是错误的。如果既要防止尘土进入，又要防止润滑油漏出，则可采用两个唇形密封圈，但要注意安装时应使它们的唇口方向相反，如图(d)，而使唇口相对的结构是错误的[图(c)]
避免油封与孔槽相碰	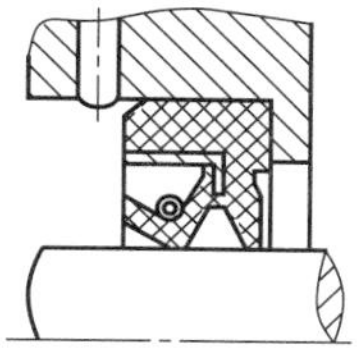 图(a)　禁忌 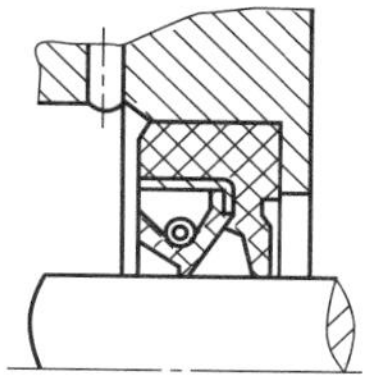　图(b)　正确	安装油封的孔，尽可能不设径向孔或槽，如图(a)所示的结构是不合理的，对壁上必须开设径向孔或槽时，应使内壁直径大于油封外径，在装配过程中可避免接触油封外圆面，如图(b)所示
呈弯曲状态旋转的轴不宜采用接触式密封	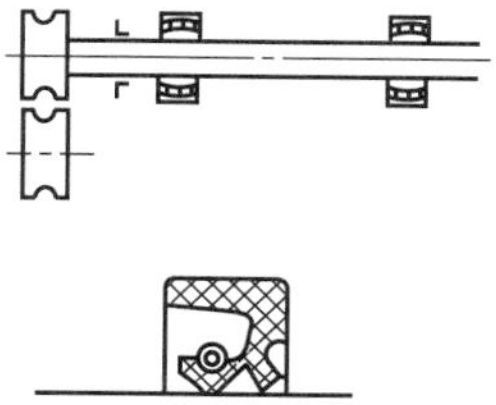 图(a)　禁忌 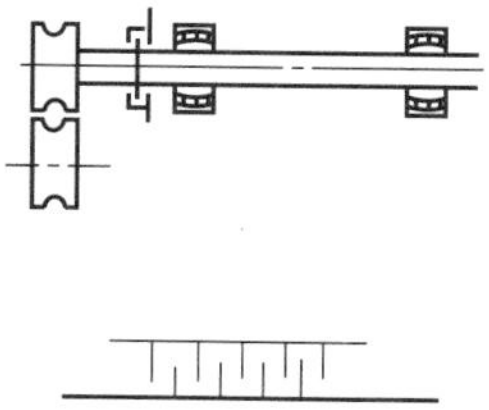　图(b)　正确	如果轴系刚性较差，而且外伸端有变动的载荷作用，不宜在弯曲状态旋转的轴上采用接触式密封[图(a)]，因为由于载荷的变化，接触部分的单边接触程度也发生变化，密封效果较差，同时由于这种单边接触促进接触部分的损坏，起不到油封的作用，所以这种情况宜采用非接触式密封[图(b)]
多尘、高温、大功率输出(入)端密封不宜采用毡圈密封	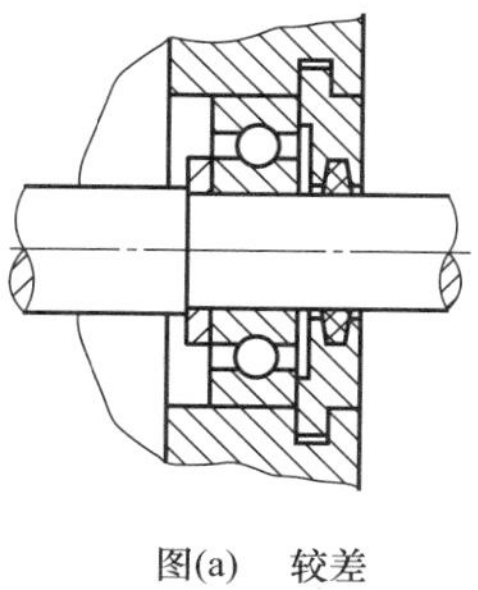 图(a)　较差 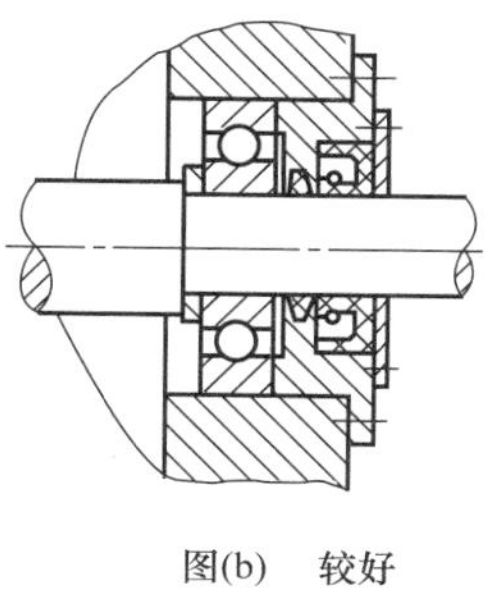　图(b)　较好	毡圈密封结构简单、价廉、安装方便，但摩擦较大，尤其不适于多尘、温度高的条件下使用[图(a)]，这种条件下可采用图(b)所示结构，增加一有弹簧圈的唇形密封圈结构，或采用非接触式密封结构形式

3.4　联轴器与离合器

3.4.1　联轴器类型选择禁忌

表 12-3-48　　联轴器类型选择禁忌

注意的问题	禁忌示例	说明
单万向联轴器不能实现两轴间同步转动	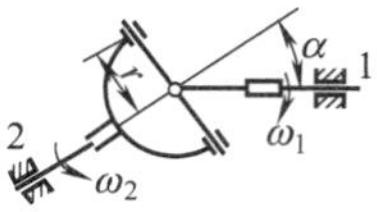 图(a)　禁忌 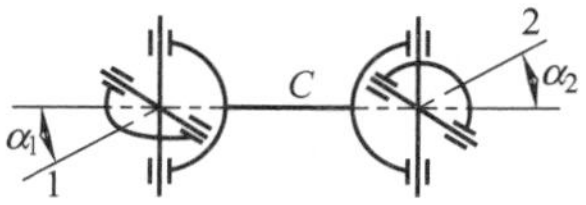　　图(b)　正确	使用单万向联轴器连接的两轴间不能实现同步转动[图(a)]，当主动轴以 ω_1 匀速转动时，从动轴的速度是波动的，波动范围为 $\omega_1\cos\alpha\leqslant\omega_2\leqslant\frac{\omega_1}{\cos\alpha}$；如需主、从动轴转动同步，必须采用双万向联轴器[图(b)]
十字轴式万向联轴器实现同步转动的条件	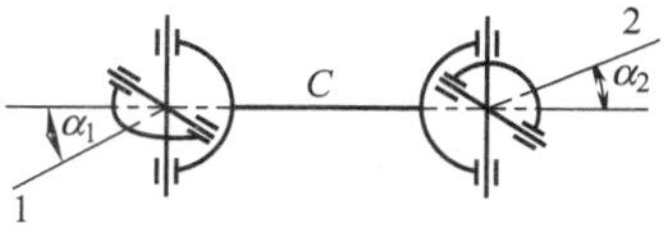 图(a)　禁忌 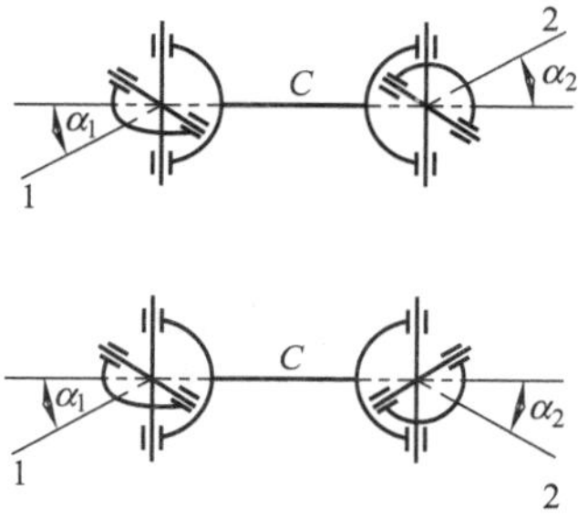 图(b)　正确	采用十字轴式万向联轴器时，如果 $\alpha_1\neq\alpha_2$[图(a)]或中间件两端的叉面不位于同一平面内，均不能使两轴同步转动。如要使主、从动轴的角速度相等，必须满足两个条件 (1)主动轴、从动轴与中间件的夹角必须相等，即 $\alpha_1=\alpha_2$ (2)中间件两端的叉面必须位于同一平面内[图(b)]
要求同步转动时不宜用有弹性元件联轴器	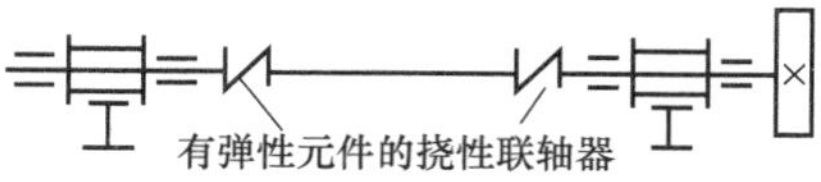 有弹性元件的挠性联轴器 图(a)　禁忌 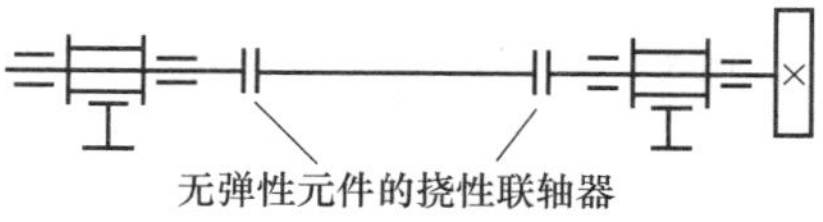 无弹性元件的挠性联轴器 图(b)　正确	在轴的两端被驱动的是车轮等一类的传动件，要求两端同步转动，否则会产生动作不协调或发生卡住现象，在这种场合下，如果采用联轴器和中间轴传动，若采用有弹性元件的联轴器[图(a)]，会由于弹性元件的变形关系而使两端扭转变形不同，达不到两端同步转动。此时联轴器一定要采用无弹性元件的挠性联轴器[图(a)]

续表

注意的问题	禁忌示例	说明
中间轴无支承时两端不宜采用十字滑块联轴器	 图(a)　禁忌 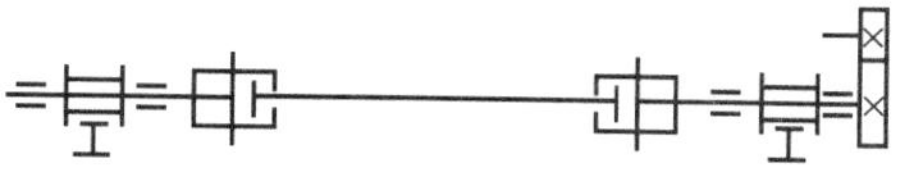 图(b)　正确	通过中间轴驱动传动件时，如果中间轴没有轴承支承[图(a)]，则在中间轴的两端不能采用十字滑块联轴器与其相邻的轴连接。因为十字滑块联轴器的十字盘是浮动的，容易造成中间轴运转不稳，甚至掉落，在这种情况下，应改用别的类型联轴器，如采用具有中间轴的齿轮联轴器[图(b)]
在转矩变动源和飞轮之间不宜采用挠性联轴器	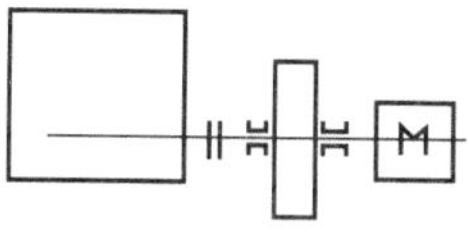 图(a)　禁忌 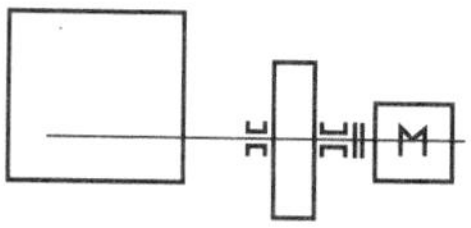　　图(b)　正确	为了均衡机械的转矩变动而使用飞轮，在此转矩变动源和飞轮之间不宜采用挠性联轴器[图(a)]，因为这会产生附加冲击、噪声，甚至损坏联轴器。此时，可将联轴器装在电动机轴端并连接工作机输入轴，飞轮装在转矩变动源的轴上，这样才有效果[图(b)]
载荷不稳定不宜选用磁粉联轴器	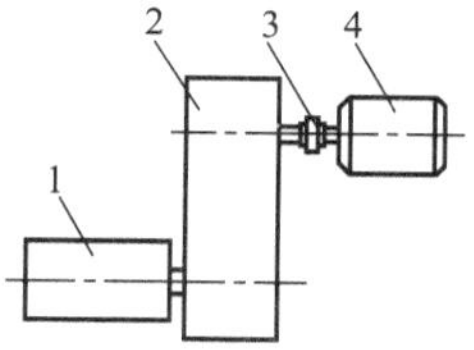 图(a)　禁忌 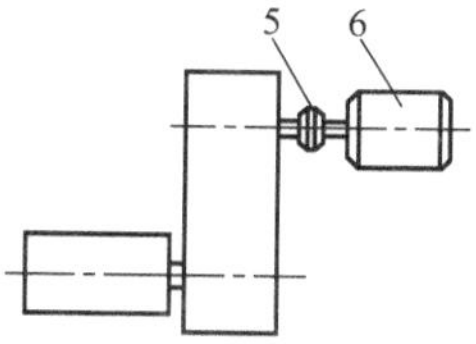　　图(b)　正确 1—滚筒；2—减速器；3—磁粉联轴器；4，6—电动机；5—液力偶合器	码头上安装的带式输送机，设计时采用头尾同时驱动方式，由于头、尾滚筒在实际运行中功率不平衡，功率大的驱动滚筒受力比较大，这种场合电动机与减速器之间不宜采用磁粉联轴器[图(a)]，因为易使联轴器受力过大，长期使用易使磁粉老化而损坏。可采用液力联轴器(液力偶合器)，如图(b)所示，头尾间载荷可自动平衡，工作可靠
刚性联轴器不适于两轴径向位移较大的场合	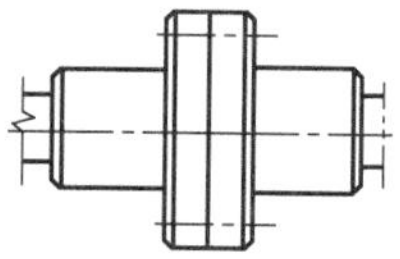 图(a)　禁忌 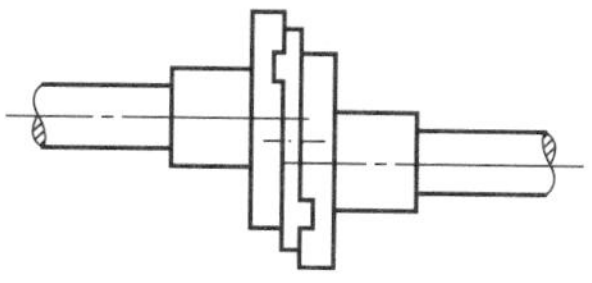 图(b)　正确	刚性联轴器由刚性传力件组成，工作中要求两轴同轴度较高。若两轴径向位移较大，因其不能补偿径向位移，所以将产生较大的附加力矩，甚至使轴卡死无法转动[图(a)]，对径向位移较大的场合，可选用十字滑块联轴器[图(b)]，工作时可自行补偿两轴间的径向偏移，从而保证机器正常工作

3.4.2 联轴器位置设计禁忌

表 12-3-49 联轴器位置设计禁忌

注意的问题	禁忌示例	说明
十字滑块联轴器不宜设置在高速端	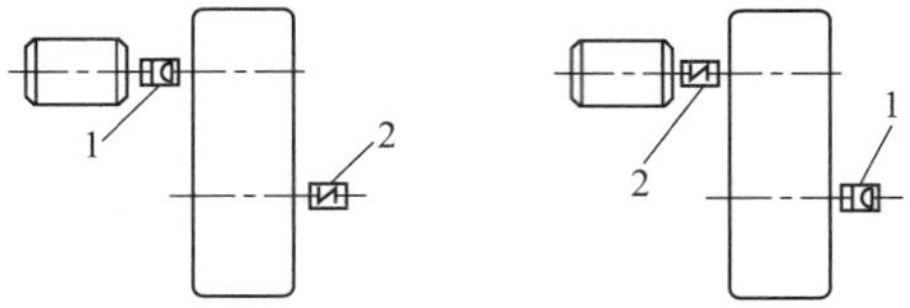 图(a) 禁忌 图(b) 正确 1—十字滑块联轴器；2—弹性套柱销联轴器	十字滑块联轴器在两轴间有相对位移时，中间盘会产生离心力，速度较大时，将增大动载荷及其磨损，所以不适于高速条件下工作，不宜设置在减速器的高速轴端[图(a)]。而弹性套柱销联轴器由于有弹性元件可缓冲吸振，比较适于高速，所以两者对调比较合适[图(b)]
高速轴的挠性联轴器应尽量靠近轴承	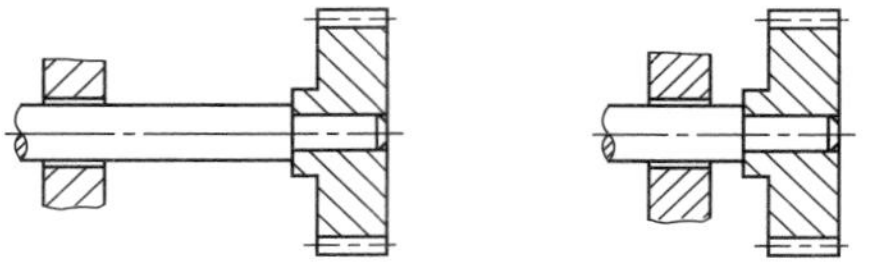 图(a) 禁忌 图(b) 正确	在高速旋转轴悬伸的轴端上安装挠性联轴器时，悬伸量越大，变形和不平衡重量越大，引起悬伸轴的振动也越大[图(a)]，因此，在这种场合下，应使联轴器的位置尽量靠近轴承[图(b)]，并且最好选择重量轻的联轴器
液力联轴器应放置在电动机附近	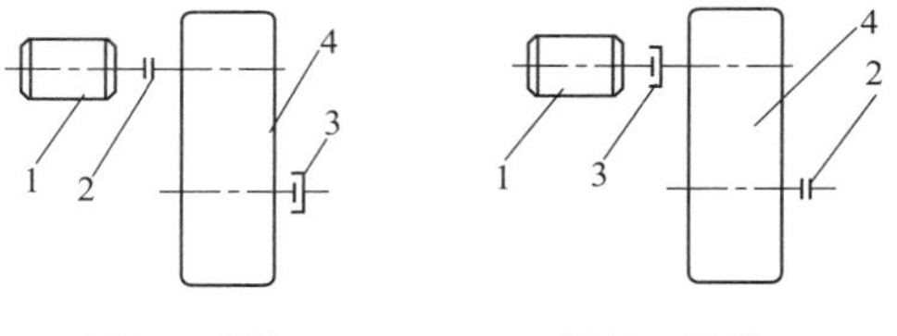 图(a) 禁忌 图(b) 正确 1—电动机；2—普通联轴器；3—液力联轴器；4—减速器	如果液力联轴器置于减速器输出端[图(a)]，电动机启动时，不但要带动泵轮启动，而且还要带动减速器启动，启动时间长，且会出现力矩特性变差。液力联轴器应放置在电动机附近[图(b)]，一则是液力联轴器转速高，其传递转矩大，二则是电动机启动时可只带泵轮转动，启动时间较短
弹性柱销联轴器不适于多支承长轴的连接	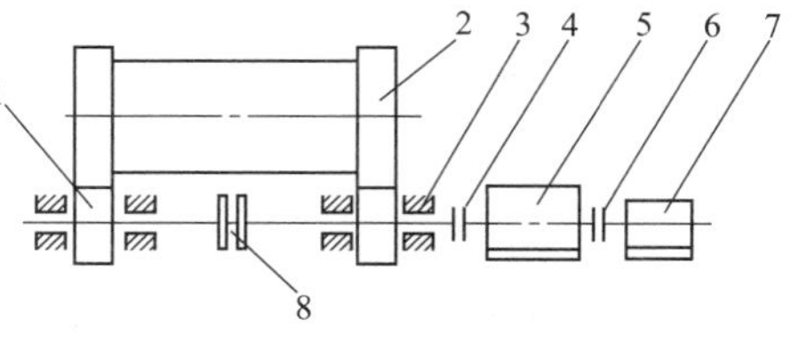 **图(a) 长轴传动系统中的弹性柱销联轴器(较差)** 1—主动辊轮；2—翻车机旋转体；3—轴承；4，6—弹性联轴器；5—减速器；7—电动机；8—弹性柱销联轴器	图示圆形翻车机靠自重及货载重量压在有两个主动辊轮和两个从动托辊上，当电动机转动时驱动减速器及辊轮旋转，从而使翻车机回转。如采用图(a)的结构，两主动辊轮由一根长轴驱动，长轴分为两段由弹性柱销联轴器连接，则由于长轴支承较多(4 个)，同轴度难以保证，且在长轴上易产生较大的挠度

续表

注意的问题	禁忌示例	说明
弹性柱销联轴器不适于多支承长轴的连接	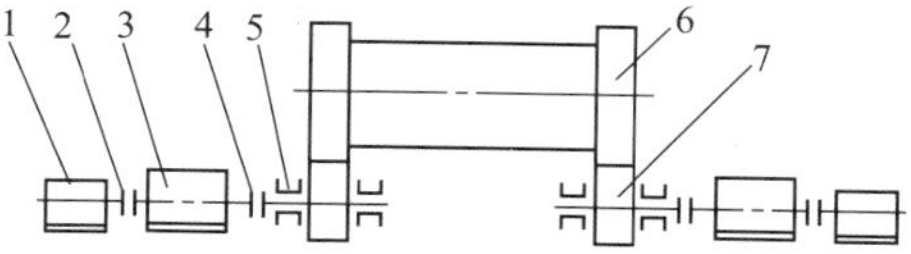 图(b)　短轴传动系统中的弹性柱销联轴器(较好) 1—电动机；2，4—联轴器；3—减速器；5—轴承；6—旋转体；7—主动辊轮	和偏心振动，因而产生附加弯矩，对翻车机工作极为不利，特别是当翻车机上货载不均衡时，系统启动更为困难。欲解决上述问题，可考虑将长轴改为两段短轴，改成双电机分别驱动两主动辊轮的方案，如图(b)所示

3.4.3　联轴器结构设计禁忌

表 12-3-50　联轴器结构设计禁忌

注意的问题	禁忌示例	说明
挠性联轴器缓冲元件宽度的设计	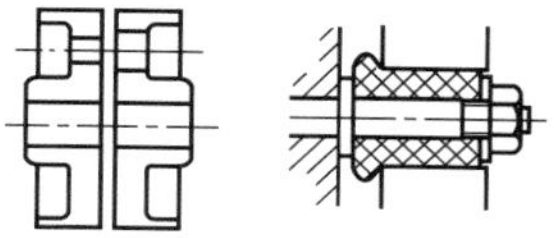 图(a)　禁忌 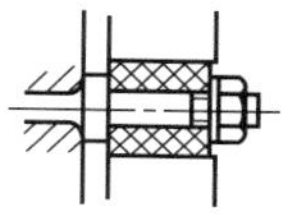　　图(b)　正确	如果挠性联轴器的缓冲元件宽度比联轴器相应接触面的宽度大[图(a)]，则其端部被挤出部分，将使轴产生移动，所以一般缓冲元件应取稍小于相应接触宽度的尺寸[图(b)]，以防被从联轴器接触面挤出，妨碍联轴器的正常工作
销钉联轴器销钉的配置	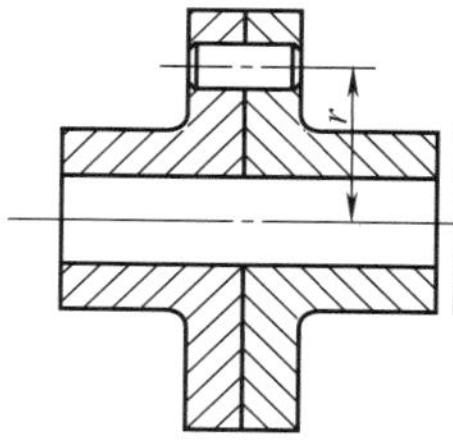 图(a)　禁忌 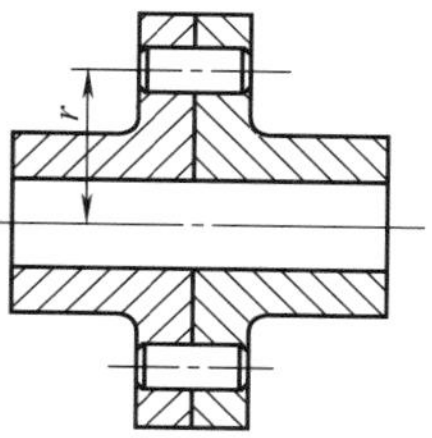　　图(b)　正确	如图(a)所示的销钉联轴器，用一个销钉传力，如果联轴器传递的转矩为 T，则销钉受力 $F=T/r$(r 为销钉回转半径)，此力对轴有弯曲作用，如果采用一对销钉[图(b)]，则每个销钉受力为 $F'=T/2r$，仅为前者的一半，而且二力组成一个力偶，对轴无弯曲作用
联轴器的平衡	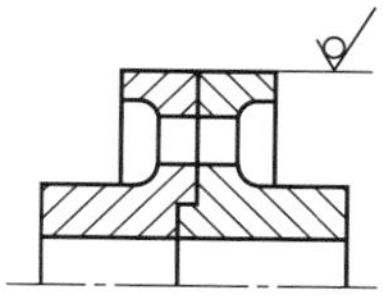 图(a)　较差 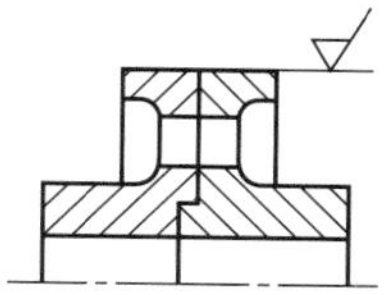　　图(b)　较好	联轴器本体一般为铸件锻件，并不是所有的表面都经过切削加工，因此要考虑其不平衡。一般可根据速度的高低采用静平衡或动平衡。若本体表面未经切削加工[图(a)]，则不利于联轴器的平衡。在高速条件下工作的联轴器本体应该是全部经过切削加工的表面[图(b)]

续表

注意的问题	禁忌示例	说明
高速旋转的联轴器不能有突出在外的突起物	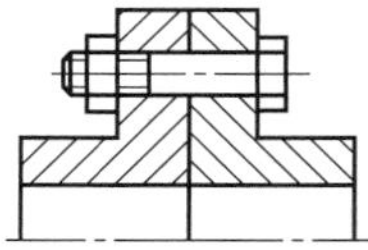 图(a)　禁忌 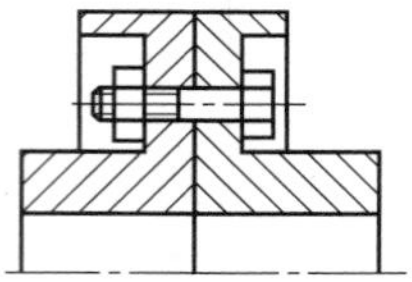　图(b)　正确	在高速旋转的条件下，如果联轴器连接螺栓的头、螺母或其他突出物等从凸缘部分突出[图(a)]，则由于高速旋转而搅动空气，增加损耗，或成为其他不良影响的根源，而且还容易危及人身安全。所以，在高速旋转条件下的联轴器应使突出物埋入联轴器的防护边中[图(b)]
不要利用齿轮联轴器的外套作制动轮	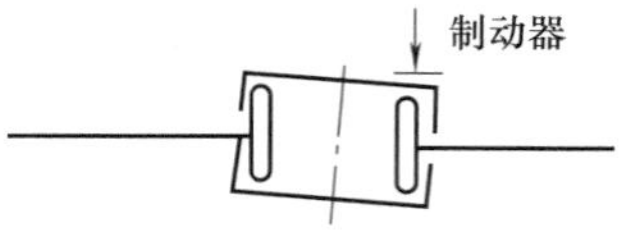 制动器 图(a)　禁忌 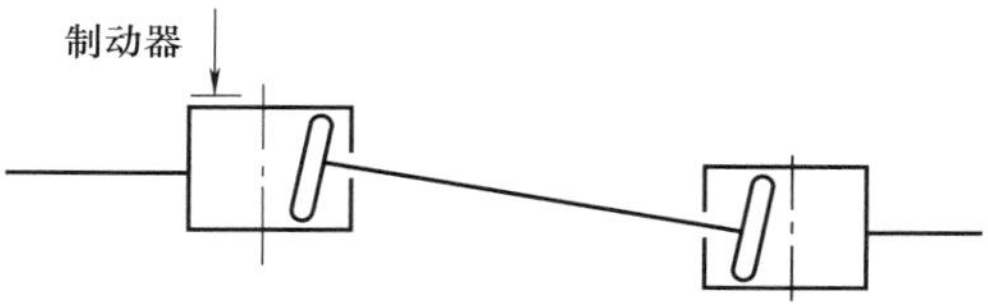 制动器 图(b)　正确	在需要采用制动装置的机器中，在一定条件下，可利用联轴器中的半联轴器改为钢制后作为制动轮使用。但对于齿轮联轴器，由于它的外套是浮动的，当被连接的两轴有偏移时，外套会倾斜，因此，不宜将齿轮联轴器的浮动外套当作制动轮使用[图(a)]，否则容易造成制动失灵 只有在使用具有中间轴的齿轮联轴器的场合[图(b)]，可以在其外套上改制或连接制动轮使用，因为此时外壳不是浮动的，不会发生与轴倾斜的情况
有凸肩和凹槽对中的联轴器要考虑轴的拆装	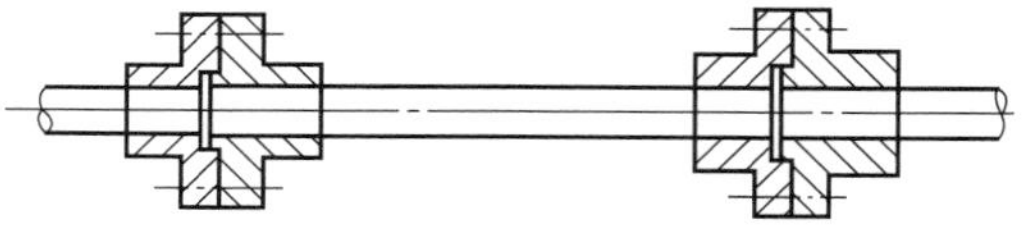 图(a)　禁忌 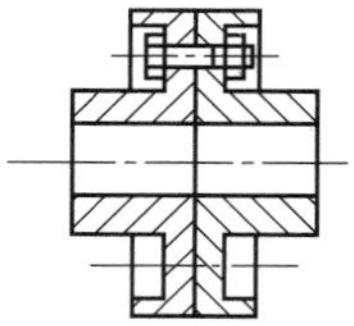 (ⅰ) 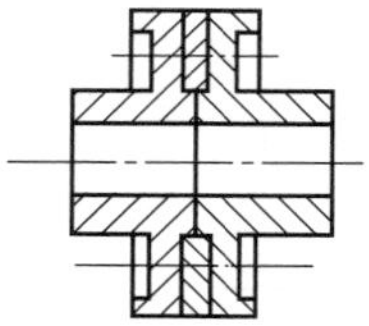　(ⅱ) 图(b)　正确	采用具有凸肩的半联轴器和具有凹槽的半联轴器相嵌合而对中的凸缘联轴器时，要考虑拆装时，轴必须做轴向移动。如果在轴不能做轴向移动或移动得很困难的场合[图(a)]，则不宜使用这种联轴器。因此，为了能对中而轴又不能做轴向移动的场合，要考虑其他适当的连接方式，例如采用铰制孔装配螺栓对中[图(ⅰ)]，或采用剖分环相配合而对中[图(ⅱ)]

续表

注意的问题	禁 忌 示 例	说　明
联轴器的弹性柱销要有足够的装拆尺寸	图(a)　较好 应有放入一只手的间隙 图(b)　较差	弹性套柱销联轴器的弹性柱销，应在不移动其他零件的条件下自由装拆，如图(a)，设计时尺寸 A 有一定要求，就是为拆装弹性柱销而定。如果装拆时尺寸 A 小于设计规定，如图(b)所示，右侧空间狭窄，手不能放入，拆装弹性套柱销时，必须卸下电动机才能进行处理，非常麻烦，应尽量避免

3.4.4　离合器设计禁忌

表 12-3-51　**离合器设计禁忌**

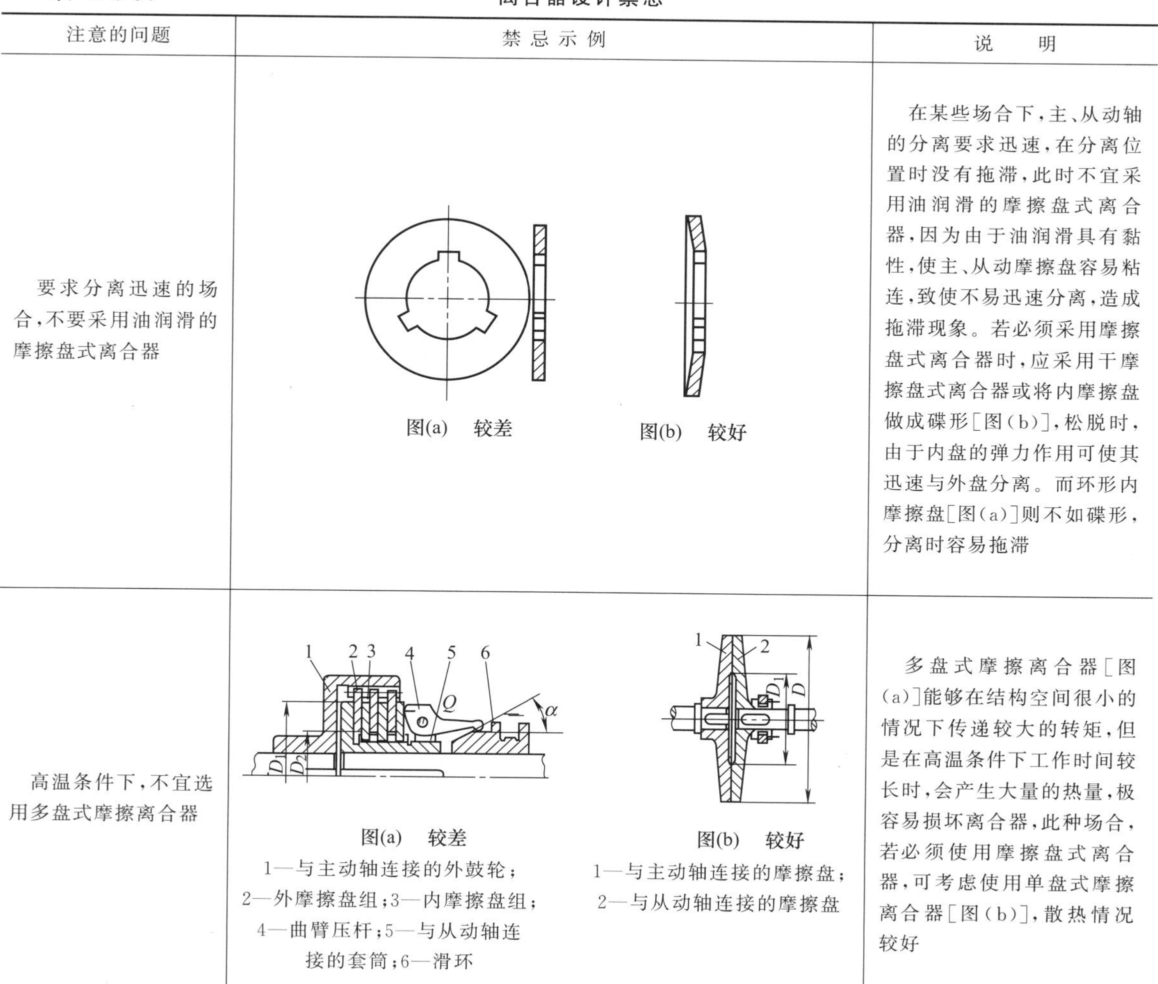

注意的问题	禁 忌 示 例	说　明
要求分离迅速的场合，不要采用油润滑的摩擦盘式离合器	图(a)　较差 图(b)　较好	在某些场合下，主、从动轴的分离要求迅速，在分离位置时没有拖滞，此时不宜采用油润滑的摩擦盘式离合器，因为由于油润滑具有黏性，使主、从动摩擦盘容易粘连，致使不易迅速分离，造成拖滞现象。若必须采用摩擦盘式离合器时，应采用干摩擦盘式离合器或将内摩擦盘做成碟形[图(b)]，松脱时，由于内盘的弹力作用可使其迅速与外盘分离。而环形内摩擦盘[图(a)]则不如碟形，分离时容易拖滞
高温条件下，不宜选用多盘式摩擦离合器	图(a)　较差 1—与主动轴连接的外鼓轮；2—外摩擦盘组；3—内摩擦盘组；4—曲臂压杆；5—与从动轴连接的套筒；6—滑环 图(b)　较好 1—与主动轴连接的摩擦盘；2—与从动轴连接的摩擦盘	多盘式摩擦离合器[图(a)]能够在结构空间很小的情况下传递较大的转矩，但是在高温条件下工作时间较长时，会产生大量的热量，极容易损坏离合器，此种场合，若必须使用摩擦盘式离合器，可考虑使用单盘式摩擦离合器[图(b)]，散热情况较好

续表

注意的问题	禁忌示例	说明
载荷变化大、启动频繁的场合不宜选用摩擦式离合器	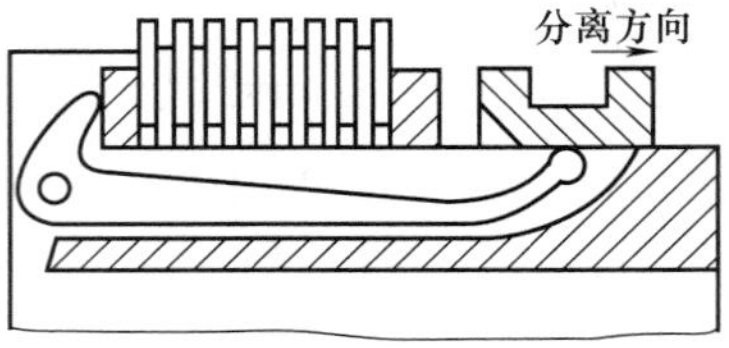 图(a) 较差 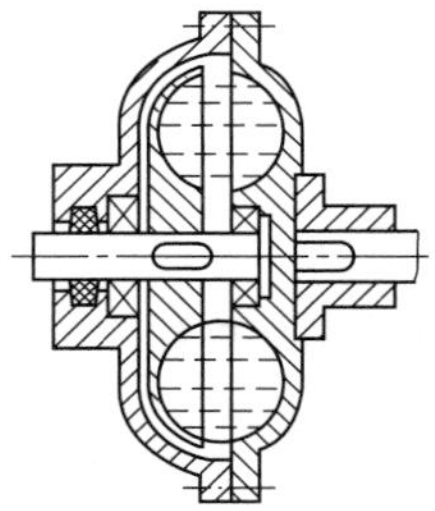 图(b) 较好	载荷变化较大且频繁启动的场合，如挖掘机一类的传动系统，由于挖掘物料的物理性质变化大，阻力变化也大，使驱动机负荷变化范围大，且承受交变载荷，故要求驱动机有大的启动力矩和超载能力，碰到特殊情况还出现很大的堵转力矩，此时就要限制其继续转动，以免破坏设备，此种场合离合器既要适应变化的载荷，又要适应频繁离合，而摩擦式离合器[图(a)]虽能使设备不随主传动轴旋转，但发热很大，不适应于这种工程机械。液力偶合器[图(b)]具备载重启动、过载保护、减缓冲击、隔离振动等特点，可满足上述工况的要求，而且提高工作效率并降低油耗
离合器操纵环应安装在与从动轴相连的半离合器上	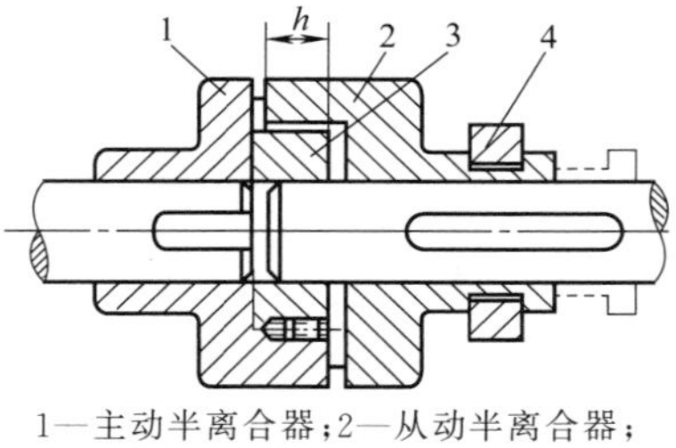 1—主动半离合器；2—从动半离合器；3—对中环；4—操纵环	由于离合器在分离前和分离后，主动半离合器是转动的，而从动半离合器是不转动的，为了减少操纵环与半离合器之间的磨损，应尽可能将离合器操纵环安装在与从动轴相连的半离合器上
机床中离合器的位置	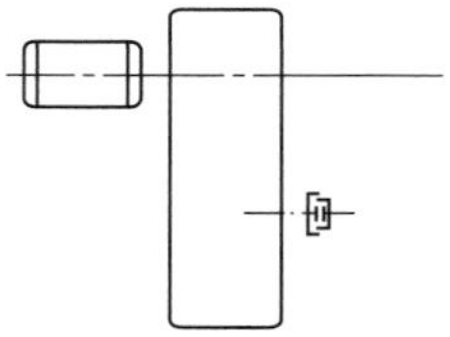 图(a) 较差 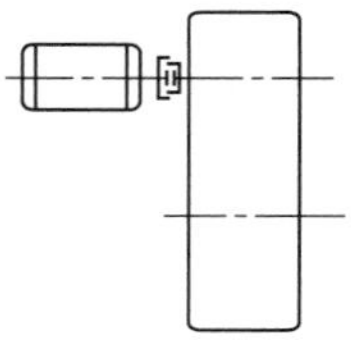　图(b) 较好	机床的离合器装在主轴箱的输出轴上[图(a)]，当离合器分开时，虽然机床并不工作，但主轴箱中的轴和齿轮都在转动，功率做了无用的消耗，并使箱中机件磨损加快，机床寿命降低，所以应将离合器装在电动机输出轴上，如图(b)所示，除减少磨损，还能避免主轴箱中的机件由于骤然转动而遭受有害的“冲击力”

续表

注意的问题	禁忌示例	说　明
变速机构中离合器的位置	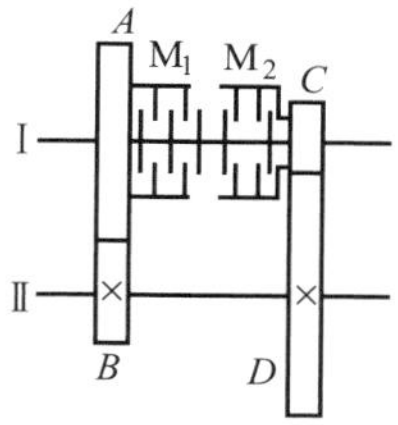 图(a)　禁忌 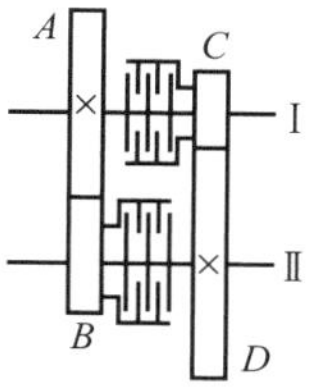 图(b)　禁忌 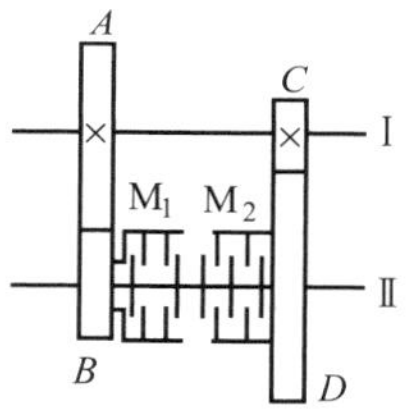 图(c)　正确 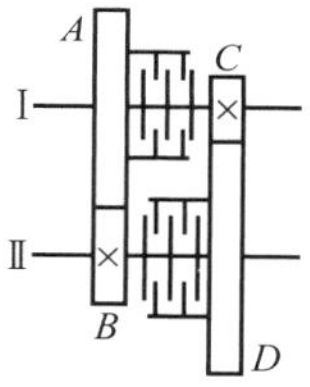 图(d)　正确	Ⅰ轴为主动轴，Ⅱ轴为从动轴，各轮齿数为 $A=80$，$B=40$，$C=24$，$D=96$。当两个离合器都安装在主动轴上时[图(a)]，在离合器 M_1 接通、M_2 断开的情况下，Ⅰ轴上的小齿轮 C 就会出现超速(高速空转)现象。此时空转转速为Ⅰ轴的 8 倍，即 $(80/40)\times(96/24)=8$，由于Ⅰ轴与齿轮 C 的转动方向相同，所以离合器 M_2 的内外摩擦片之间相对转速为 $8n_1-n_1=7n_1$。相对转速很高，不仅为离合器正常工作所不允许，而且会使空转功率显著增加，并使齿轮的噪声和磨损加剧。若将离合器安装在从动轴上[图(c)]，当 M_1 接合、M_2 断开时，D 轮的空转转速为 $n_1/4$，轴Ⅱ的转速为 $2n_1$，则离合器 M_2 的内外摩擦片之间相对转速为 $2n_1-n_1/4=1.75n_1$，相对转速较低，避免了超速现象 有时为了减小轴向尺寸，把两个离合器分别安装在两个轴上，当离合器与小齿轮安装在一起[图(b)]，则同样也会出现超速现象；若将离合器与大齿轮安装在一起[图(d)]，超速现象得以避免

参考文献

[1] 于惠力，向敬忠，张春宜. 机械设计. 第二版. 北京：科学出版社，2013.
[2] 于惠力，张春宜，潘承怡. 机械设计课程设计. 第二版. 北京：科学出版社，2013.
[3] 秦大同，谢里阳. 现代机械设计手册. 北京：化学工业出版社，2011.
[4] 向敬忠，宋欣，崔思海. 机械设计课程设计图册. 北京：化学工业出版社，2009.
[5] 于惠力，潘承怡，向敬忠. 机械零部件设计禁忌. 北京：机械工业出版社，2007.
[6] 邱宣怀. 机械设计. 第四版. 北京：高等教育出版社，2004.
[7] 濮良贵，纪名刚. 机械设计. 第八版. 北京：高等教育出版社，2006.
[8] 杨可桢，程光蕴，李仲生. 机械设计基础. 第六版. 北京：高等教育出版社，2013.
[9] 李力，向敬忠. 机械设计基础. 北京：清华大学出版社，2007.
[10] 向敬忠，赵彦玲. 机械设计基础. 哈尔滨：黑龙江科学技术出版社，2002.

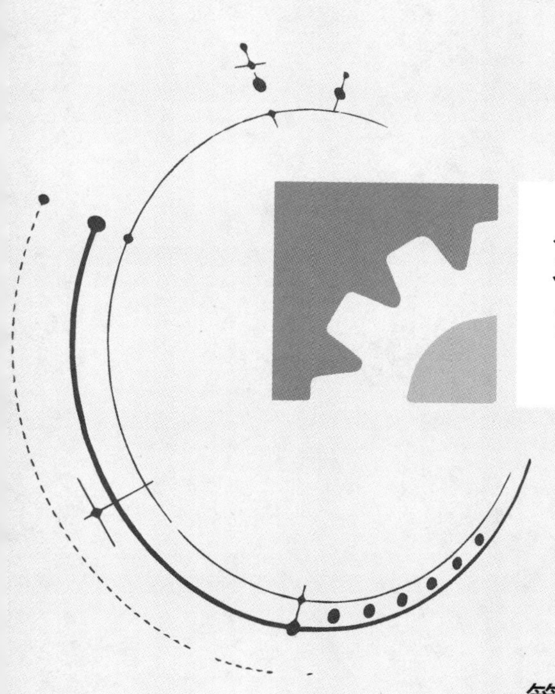

第 13 篇
带传动、链传动

篇主编：姜洪源　闫　辉

撰　　稿：姜洪源　闫　辉

审　　稿：曲建俊　郭建华

第 1 章　带　传　动

1.1　带传动的种类及其选择

带传动是由带和带轮组成传递运动和（或）动力的传动，分摩擦传动和啮合传动两类。前者过载可以打滑，但传动比不准确；后者可保证同步传动。摩擦传动按传动带的横截面形状，可分为平带、V 带、圆带和多楔带；啮合传动一般也称为同步带传动，可分为梯形齿同步带、曲线齿同步带。根据传动带的用途，可分为一般工业用、汽车用和农机用。

1.1.1　传动带的类型、适应性和传动形式

表 13-1-1　　传动带的类型、特点和应用

类型		简图	结构	特点	应用
V 带	普通 V 带		承载层为绳芯或胶帘布，楔角为 40°，相对高度近似为 0.7，梯形截面环形带	当量摩擦因数大，工作面与槽轮黏附性好，允许包角小、传动比大、预紧力小。绳芯结构带体较柔软，曲挠疲劳性好	$v<25\sim30\mathrm{m/s}$、$P<700\mathrm{kW}$、$i\leqslant10$、中心距小的传动
	窄 V 带		承载层为绳芯，楔角为 40°，相对高度近似为 0.9，梯形截面环形带	除具有普通 V 带的特点外，能承受较大的预紧力，允许速度和曲挠次数高，传递功率大，节能	大功率、结构紧凑的传动
	联组 V 带		将几根普通 V 带或窄 V 带的顶面用胶帘布等距粘接而成，由 2、3、4 或 5 根联成一组	传动中各根 V 带载荷均匀，可减少运转中的振动和横转	结构紧凑、要求高的传动
	汽车 V 带		承载层为绳芯的 V 带，相对高度有 0.9 的，也有 0.7 的	曲挠性和耐热性好	汽车、拖拉机等内燃机专用 V 带，也可用于带轮和中心距较小、工作温度较高的传动
	接头 V 带	活络V带 多孔型V带 冲孔型V带	截面尺寸和同型普通 V 带相近。有活络 V 带、多孔型 V 带和冲孔型 V 带	长短规格不受局限，局部损坏可更换。强度受接头影响削弱，平稳性差，传递功率约为同型普通 V 带的 70%	不重要的传动，或在中小功率、低速传动时临时应用
	齿形 V 带		承载层为绳芯结构，内周制成齿形的 V 带	散热性好，与轮槽黏附性好，是曲挠性最好的 V 带	同普通 V 带和窄 V 带
	大楔角 V 带		承载层为绳芯，楔角为 60°的聚氨酯环形带	质量均匀，摩擦因数大，传递效率大，外廓尺寸小，耐磨性、耐油性好	速度较高、结构特别紧凑的传动

续表

类型		简图	结构	特点	应用
V带	宽V带		承载层为绳芯，相对高度近似为 0.3 的梯形截面环形带	曲挠性好，耐热性和耐侧压性能好	无级变速传动
平带	普通平带		由数层挂胶帆布黏合而成，有开边式和包边式两种	抗拉强度大，耐湿性好，价廉；耐热、耐油性能差；开边式较柔软	$v<30\text{m/s}$、$P<500\text{kW}$、$i<6$、中心距较大的传动
	编织带		有棉织、毛织和缝合棉布带，以及用于高速传动的丝、麻、锦纶编织带。带面有覆胶和不覆胶两种	曲挠性好，传递功率小，易松弛	中、小功率传动
	尼龙片复合平带	尼龙片 特殊织物 尼龙片 铬鞣革	承载层为尼龙片（有单层和多层黏合），工作面贴在铬鞣革、挂胶帆布或特殊织物等层压面上而成	强度高，摩擦因数大，曲挠性好，不易松弛	大功率传动，薄型可用于高速传动
	高速带	橡胶高速带　聚氨酯高速带	承载层为涤纶绳，橡胶高速带表面覆耐磨、耐油胶布	带体薄而软，曲挠性好，强度较高，传动平稳，耐油、耐磨性能好。不易松弛	高速传动
特殊带	多楔带		在绳芯结构平带的基体下有若干纵向三角形楔的环形带，工作面是楔面，有橡胶和聚氨酯两种	具有平带的柔软，V带摩擦因数大的特点；比V带传动平稳，外廓尺寸小	结构紧凑的传动，特别是要求V带根数多或轮轴垂直地面的传动
	双面V带		截面为六角形。四个侧面均为工作面，承载层为绳芯，位于截面中心	可以两面工作，带体较厚，曲挠性差，寿命和效率较低	需要V带两面都工作的场合，如农业机械中多从动轮传动
	圆形带		截面为圆形，有圆皮带、圆绳带、圆锦纶带等	结构简单	$v<15\text{m/s}$、$i=1/2\sim3$ 的小功率传动
同步齿形带	梯形齿同步带		工作面为梯形齿，承载层为玻璃纤维绳芯、钢丝绳等的环形带，有氯丁胶和聚氨酯两种	靠啮合传动，承载层保证带齿齿距不变，传动比准确，轴压力小，结构紧凑，耐油、耐磨性较好，但安装制造要求高	$v<50\text{m/s}$、$P<300\text{kW}$、$i<10$、要求同步的传动，也可用于低速传动
	曲线齿同步带		工作面为弧齿，承载层为玻璃纤维、合成纤维绳芯的环形带，带的基体为氯丁胶	与梯形齿同步带相同，但工作时齿根应力集中小	大功率传动

表 13-1-2

按用途初选传动带

用途 类别	用途 工作机	特性要求	选定带种类
办公机械	打印机	高精度	同步带
	计算机、复印机	同步传动、带体弯曲应力小	
家用电器	电动工具	高转速	多楔带 橡胶高速平带
	缝纫机	同步传动	同步带
		不需同步	轻型V带、圆形带
	洗衣机 干燥机	曲挠性好	轻型V带、齿形V带
		传力大	多楔带
工业机械	粉碎机、压延机、压缩机	振动吸收性能好	窄V带 普通V带
	搅拌机、离心式分离机	高速	橡胶高速平带、尼龙片复合平带、窄V带
	金属切削机床	高精度	窄V带 普通V带
工业机械	造纸机械	轴间距大	普通平带、尼龙片复合平带
	通风机		窄V带、普通V带
农业机械	耕作机、脱谷机、联合收割机	耐热性好、反向弯曲、耐曲挠、变速	普通V带、齿形V带、双面V带、半宽V带
汽车	风扇泵、发电机	耐曲挠、伸长小、耐热性好、传递功率大	汽车V带、多楔带
	凸轮轴、燃料喷射泵、平衡器	同步传动	汽车同步带
变速器	带式无级变速器	耐曲挠、耐侧压、耐热性好	宽V带、半宽V带
船用机械	发电机、压缩机	传动功率大、空间小	窄V带、普通V带

表 13-1-3

各种传动带的适应性

类别		材质	类型	传动、环境条件																	
				紧凑性	容许速度/m·s⁻¹	运行噪声小	双面传动	背面张紧	对称面重合性差	启停频繁	振动横转	粉尘条件	允许最高温度/℃	允许最低温度/℃	耐水性	耐油性	耐酸性	耐碱性	耐候性	防静电性	通用性
摩擦传动	平带	橡胶系	胶帆布平带	0	25	2	3	3	1～0	1	2	1	70	−40	1	0	1～0	1～0	2	0	3
			高速环形胶带	2	60	3	3	3	0	1	3	2	90	−30	1	1～0	1	1	2	3	2
		其他	棉麻织带	2	25 (50)	3	3	3	0	1	2	0	50	−40	0	1	0	1	2	0	1
			毛织带	0	30	2	3	3	0	1	2	2	60	−40	1	1	1	0	2	0	1
			尼龙片复合平带	2	80	3	3	3	0	1	3	1	80	−30	1	2	1	1	2	3	3
	V带	橡胶系	普通V带	2	30	2	1	1	1～0	2	2	1	70	−40	1	1	1	1	2	0	3
			轻型V带	2	30	2	1	2	1～0	3	2	1	70～90	−30～−40	1	1	1	1	2	3～0	2
			窄V带	3	30	2	1	1～0	0	2	2	1	90	−30	1	1	1	1	3	3	3

续表

类别		材质	类型	传动、环境条件																
				紧凑性	容许速度/$m\cdot s^{-1}$	运行噪声小	双面传动	背面张紧	对称面重合性差	启停频繁	振动横转	粉尘条件	允许最高温度/℃	允许最低温度/℃	耐水性	耐油性	耐酸性	耐碱性	耐候性	防静电性	通用性
摩擦传动	V带	橡胶系	联组 V 带	2～3	30～40	2	1	1～0	0	2	3	1	70～90	－30～－40	1	1	1	1	2～3	3	2
			汽车 V 带	3	30	2	1	1～0	0	2	2	1	90	－30	1	1	1	1	3	3	3
			齿形 V 带	3	40	2	1	1	0	2	2	1	90	－30	1	1	1	1	3	0	1
			宽 V 带	2	30	2	0	0	0	2	3	1	90	－30	1	1	1	1	3	0	3
		聚氨酯系	大楔角 V 带	3	45	2	0	0	0	1	2	3	60	－40	1	3	1～0	1～0	2	0	2
	特殊带	橡胶系	多楔带	3	40	2	0	2	0	2	3	2	90	－30	1	1	1	1	3	2	1
			双面 V 带	2	30	2	3	3	1～0	2	2	1	70	－40	1	1	1	1	2	3	1
		聚氨酯系	多楔带	2	40	2	0	2	0	1	3	2	60	－40	1	3	1～0	1～0	2	0	2
			圆形带	0	20	2	3	2	1～0	1	2	2	60	－20	0	3	1～0	1～0	2	0	2
啮合传动	同步带	橡胶系	梯形齿同步带	2	40	1	0	3	0	2～1	3	2	90	－35	1	1～2	1	1	2	3～0	3
			曲线齿同步带	2	40	1	0	3	0	2～1	3	2	90	－35	1	2	1	1	2	3～0	2
		聚氨酯系	梯形齿同步带	2	30	1	0	3	0	2～1	3	2	60	－20	1	3	1	1	2	0	2

注：3—良好的使用性，2—可以使用，1—必要时可以用，0—不适用。

表 13-1-4　传动形式及主要性能

传动形式	简图	最大带速 v_{max} /$m\cdot s^{-1}$	最大传动比 i_{max}	最小中心距 a_{min}	相对传递功率 /%	安装条件	工作特点
开口传动		20～30	5	$1.5(d_1+d_2)$	100	两带轮轮宽的对称面应重合，且尽可能使边在下面	两轴平行，转向相同，可双向传动。带只受单向弯曲，寿命长
交叉传动		15	6	$50b$ (b 为带宽)	70～80	两带轮轮宽的对称面应重合	两轴平行，转向相反，可双向传动。带受附加扭转，且在交叉处磨损严重
半交叉传动		15	3	$5.5(d_2+b)$	70～80	一带轮轮宽的对称面通过另一带轮带的绕出点	两轴交错，只能单向传动，带轮要有足够的宽度 $B=1.4b+10$ (B 为轮宽，mm)

续表

传动形式	简　　图	最大带速 v_{max} /m·s^{-1}	最大传动比 i_{max}	最小中心距 a_{min}	相对传递功率 /%	安装条件	工作特点
有导轮的角度传动	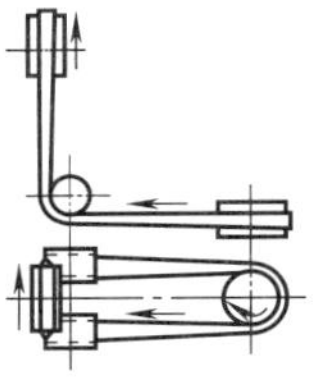	15	4		70～80	两带轮轮宽的对称面应与导轮圆柱面相切	两轴垂直交错，可双向传动，带受附加扭转
拉紧惰轮传动	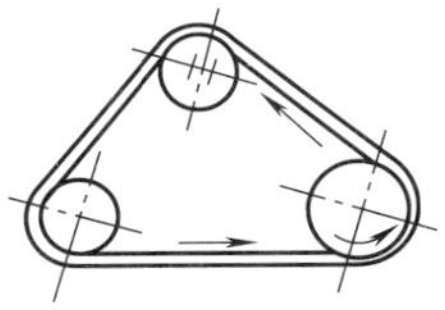	25	6			两带轮轮宽的对称面相重合，拉紧惰轮安装在松边，并定期调整其位置	可双向传动，当主、从动轮之间有障碍物时，可采用此传动
张紧惰轮传动	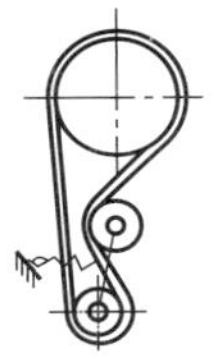	25	10	d_1+d_2		两带轮轮宽的对称面相重合，张紧惰轮安装在松边	只能单向传动。可增大小轮包角，自动调节带轮的初拉力。可用于中心距小、传动比大的情况
多从动轮传动	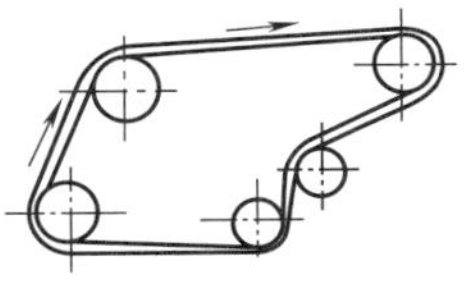					各带轮轮宽的对称面相重合，应使主动轮和传递功率较大的从动轮有较大的包角，其余包角应大于70°	在复杂的传动系统中简化传动机构，但胶带的挠曲次数增加，降低带的寿命

1.1.2　带传动设计的一般内容

带传动设计的主要内容包括以下几方面。

已知条件：原动机种类、工作机名称及其特性、原动机额定功率和转速、工作制度、带传动的传动比、高速轴（小带轮）转速、中心距及对外廓尺寸要求等。

设计要满足的条件：

① 运动学条件　传动比 $i=n_1/n_2 \approx d_2/d_1$；

② 几何条件　带轮直径、带长、中心距离应满足一定的几何关系等；

③ 传动能力条件　带传动有足够的传动能力和寿命；

④ 限制条件　中心距、小带轮包角、带速应在合理范围内；

⑤ 此外还应考虑带传动的工作条件、经济性和工艺性要求。

设计结果：带的种类、带型、带的根数、带宽、带长、带轮直径、传动中心距、作用在轴上的力、带轮的结构和尺寸、预紧力、张紧方法等。

1.1.3　带传动的效率

传动的效率可用式（13-1-1）表示

$$\eta=\frac{T_{(\mathrm{O})}n_{(\mathrm{O})}}{T_{(\mathrm{I})}n_{(\mathrm{I})}}\times 100\% \tag{13-1-1}$$

式中　T——转矩，N·m；

n——转速，r/min；

(O)——输出；

(I)——输入。

表 13-1-5 **带传动功率损失和效率**

项目		说明
功率损失	滑动损失	带在工作时，由于带与轮之间的弹性滑动和可能存在的几何滑动，而产生滑动损失。弹性滑动率通常在 1%～2%，滑动损失随紧、松边拉力差的增大而增大，随带体弹性模量的增大而减小
	滞后损失	带在运行中会产生反复伸缩，特别是在带轮上的挠曲会使带体内部产生摩擦，引起功率损失。滞后损失随预紧力、带厚与带轮直径比的增大而增大，减小带的拉力变化，可减小其损失
	空气阻力	高速传动时，运行中的风阻将引起转矩的损耗，其损耗与速度的平方成正比。因此设计高速带传动时，带的表面积宜小，尽量用厚而窄的带，带轮的轮辐表面要平滑，或用辐板以减少风阻
	轴承的摩擦损失	轴承受带拉力的作用引起功率损失，滑动轴承的损失为 2%～5%，滚动轴承的损失为 1%～2%，考虑以上的损失，带传动的效率在 80%～98%，根据带的种类而定

效率

传动带的种类	效率/%	传动带的种类	效率/%
普通 V 带(帘布结构)	87～92	普通平带	94～98
普通 V 带(线绳结构)	92～96	有张紧轮的平带	90～95
窄 V 带	90～95	尼龙片复合平带	98～99
联组 V 带	89～94	圆形带	95
多楔带	92～97	同步带	93～98

1.2 V 带传动

V 带传动是由一条或数条 V 带和带轮组成的摩擦传动。

V 带和带轮有两种宽度制：基准宽度制，有效宽度制。

基准宽度是表示槽形轮廓宽度的一个无公差规定的值，该宽度通常和所配用的 V 带的节面处于同一位置，其值应在规定公差范围内与 V 带的节宽一致[图 13-1-1 (a)]。基准线位置和基准宽度确定了带轮槽形、带轮基准直径以及带在轮槽中的相应位置，是轮槽和与其作为一个整体配合使用的普通和窄 V 带标准化的基本尺寸。

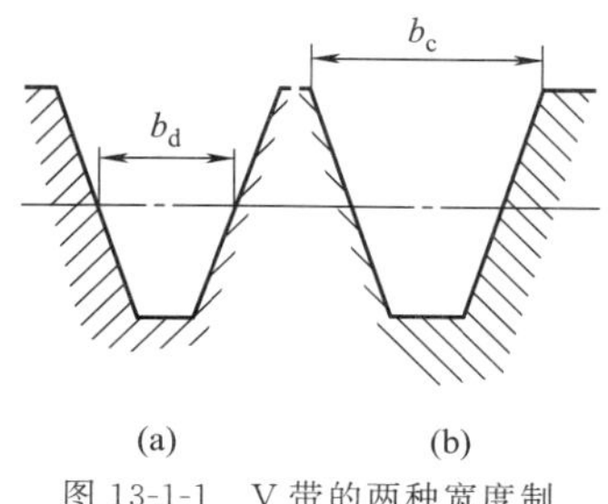

(a) (b)

图 13-1-1 V 带的两种宽度制

有效宽度是表示槽形轮廓宽度的一个无公差规定的值，该宽度通常位于轮槽两直侧边的最外端[图 13-1-1 (b)]。对于测量带轮和大多数机加工的带轮，有效宽度应在规定公差范围内与轮槽的实际顶宽一致，在轮槽有效宽度处的直径是有效直径。

由于尺寸制的不同，V 带的长度分别以基准长度和有效长度表示。基准长度是在规定的张紧力下，V 带位于测量带轮基准直径上的周线长度；有效长度则是在规定的张紧力下，位于测量带轮有效直径上的周线长度。

普通 V 带用基准宽度制，窄 V 带有基准宽度制和有效宽度制两种尺寸系列，联组普通 V 带和联组窄 V 带都用有效宽度制。

1.2.1 普通 V 带传动

1.2.1.1 普通 V 带尺寸规格

普通 V 带应具有对称的梯形截面，相对高度约为 0.7，楔角为 40°。

普通 V 带标记内容和顺序为：型号、基准长度公称值、标准号。标记示例如下：

A 1430 GB/T 1171

表 13-1-6 普通 V 带型号、带的截面尺寸及单位长度质量（GB/T 13575.1—2008）

项目		普通 V 带型号						
		Y	Z	A	B	C	D	E
截面尺寸	b_p/mm	5.3	8.5	11	14	19	27	32
	b/mm	6.0	10.0	13.0	17.0	22.0	32.0	38.0
	h/mm	4.0	6.0	8.0	11.0	14.0	19.0	23.0
质量 m/kg·m^{-1}		0.023	0.060	0.105	0.170	0.300	0.630	0.970

表 13-1-7 普通 V 带的基准长度 L_d（GB/T 13575.1—2008） mm

型号							型号					
Y	Z	A	B	C	D	E	Z	A	B	C	D	E
基准长度 L_d							基准长度 L_d					
200	405	630	930	1565	2740	4660	1540	1750	2500	4600	9140	16800
224	475	700	1000	1760	3100	5040		1940	2700	5380	10700	
250	530	790	1100	1950	3330	5420		2050	2870	6100	12200	
280	625	890	1210	2195	3730	6100		2200	3200	6815	13700	
315	700	990	1370	2420	4080	6850		2300	3600	7600	15200	
355	780	1100	1560	2715	4620	7650		2480	4060	9100		
400	820	1250	1760	2880	5400	9150		2700	4430	10700		
450	1080	1430	1950	3080	6100	12230			4820			
500	1330	1550	2180	3520	6840	13750			5370			
	1420	1640	2300	4060	7620	15280			6070			

表 13-1-8 普通 V 带基准长度的极限偏差及配组差（GB/T 11544—2012） mm

基准长度 L_d	型号：Y、Z、A、B、C、D、E		基准长度 L_d	型号：Y、Z、A、B、C、D、E	
	极限偏差	配组差		极限偏差	配组差
≤250	+8 −4	2	$2000<L_d\leqslant 2500$	+31 −16	8
$250<L_d\leqslant 315$	+9 −4	2	$2500<L_d\leqslant 3150$	+37 −18	8
$315<L_d\leqslant 400$	+10 −5	2	$3150<L_d\leqslant 4000$	+44 −22	12
$400<L_d\leqslant 500$	+11 −6	2	$4000<L_d\leqslant 5000$	+52 −26	12
$500<L_d\leqslant 630$	+13 −6	2	$5000<L_d\leqslant 6300$	+63 −32	20
$630<L_d\leqslant 800$	+15 −7	2	$6300<L_d\leqslant 8000$	+77 −38	20
$800<L_d\leqslant 1000$	+17 −8	2	$8000<L_d\leqslant 10000$	+93 −46	32
$1000<L_d\leqslant 1250$	+19 −10	2	$10000<L_d\leqslant 12500$	+112 −66	32
$1250<L_d\leqslant 1600$	+23 −11	4	$12500<L_d\leqslant 16000$	+140 −70	48
$1600<L_d\leqslant 2000$	+27 −13	4	$16000<L_d\leqslant 20000$	+170 −85	48

第13篇

表 13-1-9 **普通 V 带的物理性能**（GB/T 1171—2017）

<table>
<tr><th rowspan="2">型号</th><th rowspan="2">拉伸强度/kN
≥</th><th colspan="2">参考力伸长率/%
≤</th><th rowspan="2">布与顶胶间
黏合强度
/kN·m^{-1}
≥</th></tr>
<tr><th>包边 V 带</th><th>切边 V 带</th></tr>
<tr><td>Y</td><td>1.2</td><td rowspan="7">7.0</td><td rowspan="5">5.0</td><td rowspan="3"></td></tr>
<tr><td>Z</td><td>2.0</td></tr>
<tr><td>A</td><td>3.0</td></tr>
<tr><td>B</td><td>5.0</td><td rowspan="4">2.0</td></tr>
<tr><td>C</td><td>9.0</td></tr>
<tr><td>D</td><td>15.0</td><td rowspan="2">—</td></tr>
<tr><td>E</td><td>20.0</td></tr>
</table>

1.2.1.2 普通 V 带传动的设计计算

已知条件：传动功率；小带轮和大带轮转速；传动用途、载荷性质、原动机种类及工作制度。

表 13-1-10 **计算内容与步骤**（GB/T 13575.1—2008）

计算项目	符号	单位	公式及数据	说明
设计功率	P_d	kW	$P_d=K_AP$	P——传递的功率，kW K_A——工况系数，见表 13-1-11
带型			根据 P_d 和 n_1 由图 13-1-2 选取	n_1——小带轮转速，r/min
传动比	i		$i=\dfrac{n_1}{n_2}=\dfrac{d_{p2}}{d_{p1}}$ 如计入滑动率 $i=\dfrac{n_1}{n_2}=\dfrac{d_{p2}}{(1-\varepsilon)d_{p1}}$ 通常 $\varepsilon=0.01\sim0.02$	n_2——大带轮转速，r/min d_{p1}——小带轮的节圆直径，mm d_{p2}——大带轮的节圆直径，mm ε——弹性滑动率 通常基准宽度制带轮节圆直径 d_p 可视为基准直径 d_d
小带轮的基准直径	d_{d1}	mm	由表 13-1-40 选定	为提高 V 带的寿命，宜选取较大的直径
大带轮的基准直径	d_{d2}	mm	$d_{d2}=id_{d1}(1-\varepsilon)$	由表 13-1-40 选取
带速	v	m/s	$v=\dfrac{\pi d_{p1}n_1}{60\times1000}\leqslant v_{max}$ 普通 V 带 $v_{max}=25\sim30$	一般 v 不得低于 5m/s 为充分发挥 V 带的传动能力，应使 $v\approx20$m/s
初定中心距	a_0	mm	$0.7(d_{d1}+d_{d2})\leqslant a_0<2(d_{d1}+d_{d2})$	或根据结构要求确定
基准长度	L_{d0}	mm	$L_{d0}=2a_0+\dfrac{\pi}{2}(d_{d1}+d_{d2})+\dfrac{(d_{d2}-d_{d1})^2}{4a_0}$	由表 13-1-7、表 13-1-8 选取 L_d
实际中心距	a	mm	$a=a_0+\dfrac{L_d-L_{d0}}{2}$ 或 $a=a_0+\dfrac{L_e-L_{e0}}{2}$ 安装时所需最小中心距： $a_{min}=a-(2b_d+0.009L_d)$ 补偿带伸长所需最大中心距： $a_{max}=a+0.02L_d$	b_d——基准宽度 L_e——公称有效长度 L_{e0}——有效长度

续表

计算项目	符号	单位	公式及数据	说明
小带轮包角	α_1	(°)	$\alpha_1=180°-\dfrac{d_{d2}-d_{d1}}{a}\times 57.3°$	一般 $\alpha_1\geqslant 120°$，最小不低于 90°，如较小，应增大 a 或用张紧轮
单根 V 带额定功率	P_1	kW	根据带型、d_{d1} 和 n_1 由表 13-1-14～表 13-1-20选取	P_1 是 $\alpha=180°$，载荷平稳时，特定基准长度的单根 V 带基本额定功率
传动比 $i\neq 1$ 额定功率增量	ΔP_0	kW	根据带型、n_1 和 i 由表 13-1-14～表 13-1-20 选取	
V 带的根数	z		$z=\dfrac{P_d}{(P_1+\Delta P_1)K_\alpha K_L}$	K_α——小带轮包角修正系数，见表 13-1-13 K_L——带长修正系数，见表13-1-12
单根 V 带的初张紧力	F_0	N	$F_0=500\left(\dfrac{2.5}{K_\alpha}-1\right)\dfrac{P_d}{zv}+mv^2$	m——普通 V 带每米长的质量，kg/m，见表 13-1-6
作用在轴上的力	F_r	N	$F_r=2F_0 z\sin\dfrac{\alpha_1}{2}$	

表 13-1-11 普通 V 带设计工况系数 K_A (GB/T 13575.1—2008)

工况		K_A					
		空、轻载启动			重载启动		
		每天工作小时数/h					
		<10	10～16	>16	<10	10～16	>16
载荷变动最小	液体搅拌机、通风机和鼓风机(≤7.5kW)、离心式水泵和压缩机、轻载荷输送机	1.0	1.1	1.2	1.1	1.2	1.3
载荷变动小	带式输送机(不均匀载荷)、通风机(>7.5kW)、旋转式水泵和压缩机(非离心式)、发电机、金属切削机床、印刷机、旋转筛、锯木机和木工机械	1.1	1.2	1.3	1.2	1.3	1.4
载荷变动较大	制砖机、斗式提升机、往复式水泵和压缩机、起重机、磨粉机、冲剪机床、橡胶机械、振动筛、纺织机械、重载输送机	1.2	1.3	1.4	1.4	1.5	1.6
载荷变动很大	破碎机(旋转式、颚式等)、磨碎机(球磨、棒磨、管磨)	1.3	1.4	1.5	1.5	1.6	1.8

注：1. 空、轻载启动——电动机（交流启动、三角启动、直流并励），四缸以上的内燃机，装有离心式离合器、液力联轴器的动力机。

2. 重载启动——电动机（联机交流启动、直流复励或串励），四缸以下的内燃机。

3. 启动频繁，经常正反转，工作条件恶劣时，K_A 应乘 1.2。

4. 增速传动时，K_A 应乘下列系数：

i	<1.25	1.25～1.74	1.75～2.49	2.5～3.49	≥3.5
系数	1.00	1.05	1.11	1.18	1.25

第 13 篇

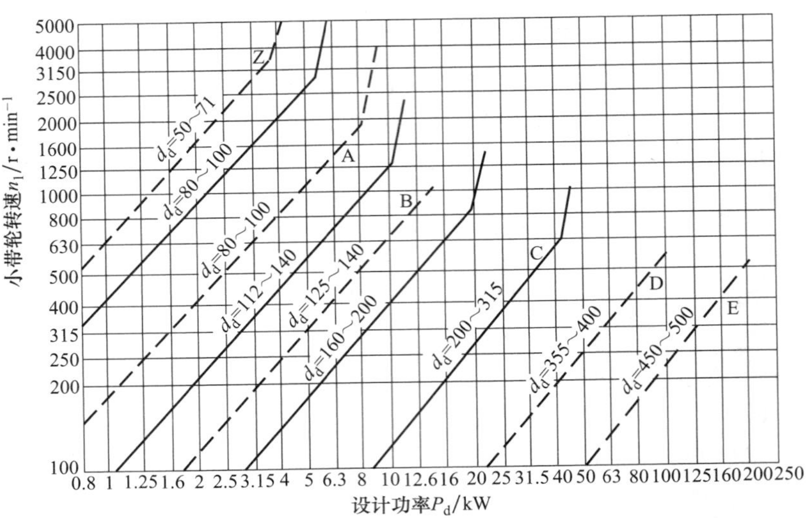

图 13-1-2 普通 V 带选型图

表 13-1-12 普通 V 带带长修正系数 K_L（GB/T 13575.1—2008）

Y L_d	K_L	Z L_d	K_L	A L_d	K_L	B L_d	K_L	C L_d	K_L	D L_d	K_L	E L_d	K_L
200	0.81	405	0.87	630	0.81	930	0.83	1565	0.82	2740	0.82	4660	0.91
224	0.82	475	0.90	700	0.83	1000	0.84	1760	0.85	3100	0.86	5040	0.92
250	0.84	530	0.93	790	0.85	1100	0.86	1950	0.87	3330	0.87	5420	0.94
280	0.87	625	0.96	890	0.87	1210	0.87	2195	0.90	3730	0.90	6100	0.96
315	0.89	700	0.99	990	0.89	1370	0.90	2420	0.92	4080	0.91	6850	0.99
355	0.92	780	1.00	1100	0.91	1560	0.92	2715	0.94	4620	0.94	7650	1.01
400	0.96	920	1.04	1250	0.93	1760	0.94	2880	0.95	5400	0.97	9150	1.05
450	1.00	1080	1.07	1430	0.96	1950	0.97	3080	0.97	6100	0.99	12230	1.11
500	1.02	1330	1.13	1550	0.98	2180	0.99	3520	0.99	6840	1.02	13750	1.15
		1420	1.14	1640	0.99	2300	1.01	4060	1.02	7620	1.05	15280	1.17
		1540	1.54	1750	1.00	2500	1.03	4600	1.05	9140	1.08	16800	1.19
				1940	1.02	2700	1.04	5380	1.08	10700	1.13		
				2050	1.04	2870	1.05	6100	1.11	12200	1.16		
				2200	1.06	3200	1.07	6815	1.14	13700	1.19		
				2300	1.07	3600	1.09	7600	1.17	15200	1.21		
				2480	1.09	4060	1.13	9100	1.21				
				2700	1.10	4430	1.15	10700	1.24				
						4820	1.17						
						5370	1.20						
						6070	1.24						

表 13-1-13 包角修正系数 K_α（GB/T 13575.1—2008）

包角 α_1/(°)	180	175	170	165	160	155	150	145	140
K_α	1.00	0.99	0.98	0.96	0.95	0.93	0.92	0.91	0.89

包角 α_1/(°)	135	130	125	120	115	110	105	100	95	90
K_α	0.88	0.86	0.84	0.82	0.80	0.78	0.76	0.74	0.72	0.69

表 13-1-14　Y 型普通 V 带单根基准额定功率 P_1 和功率增量 ΔP_1（GB/T 1171—2017）

n_1[①] /r·min^{-1}	d_{d1}[②]/mm								i[③]或 $1/i$										v[④] /m·s^{-1} ≈
	20	25	28	31.5	35.5	40	45	50	1～1.01	1.02～1.04	1.05～1.08	1.09～1.12	1.13～1.18	1.19～1.24	1.25～1.34	1.35～1.5	1.51～1.99	≥2.00	
	P_1/kW								ΔP_1/kW										
200	—	—	—	—	—	—	—	0.04	0.00	0.00	0.00	0.00	0.00	0.00	0.00	0.00	0.00	0.00	
400	—	—	—	—	—	—	0.04	0.05	0.00	0.00	0.00	0.00	0.00	0.00	0.00	0.00	0.00	0.00	
700	—	—	—	0.03	0.04	0.04	0.05	0.06	0.00	0.00	0.00	0.00	0.00	0.00	0.00	0.00	0.00	0.00	
800	—	0.03	0.03	0.04	0.05	0.05	0.06	0.07	0.00	0.00	0.00	0.00	0.00	0.00	0.00	0.00	0.00	0.00	
950	0.01	0.03	0.04	0.04	0.05	0.06	0.07	0.08	0.00	0.00	0.00	0.00	0.00	0.00	0.01	0.01	0.01	0.01	
1200	0.02	0.03	0.04	0.05	0.06	0.07	0.08	0.09	0.00	0.00	0.00	0.00	0.00	0.00	0.01	0.01	0.01	0.01	
1450	0.02	0.04	0.05	0.06	0.06	0.08	0.09	0.11	0.00	0.00	0.00	0.00	0.00	0.01	0.01	0.01	0.01	0.01	
1600	0.03	0.05	0.05	0.06	0.07	0.09	0.11	0.12	0.00	0.00	0.00	0.00	0.00	0.01	0.01	0.01	0.01	0.01	5
2000	0.03	0.05	0.06	0.07	0.08	0.11	0.12	0.14	0.00	0.00	0.00	0.00	0.00	0.01	0.01	0.01	0.01	0.02	
2400	0.04	0.06	0.07	0.09	0.09	0.12	0.14	0.16	0.00	0.00	0.00	0.00	0.01	0.01	0.01	0.01	0.02	0.02	
2800	0.04	0.07	0.08	0.10	0.11	0.14	0.16	0.18	0.00	0.00	0.00	0.01	0.01	0.01	0.01	0.02	0.02	0.02	
3200	0.05	0.08	0.09	0.11	0.12	0.15	0.17	0.20	0.00	0.00	0.00	0.01	0.01	0.01	0.02	0.02	0.02	0.02	
3600	0.06	0.08	0.10	0.12	0.13	0.16	0.19	0.22	0.00	0.00	0.01	0.01	0.01	0.02	0.02	0.02	0.02	0.03	
4000	0.06	0.09	0.11	0.13	0.14	0.18	0.20	0.23	0.00	0.00	0.01	0.01	0.01	0.02	0.02	0.02	0.03	0.03	10
4500	0.07	0.10	0.12	0.14	0.16	0.19	0.21	0.24	0.00	0.00	0.01	0.01	0.01	0.02	0.02	0.02	0.03	0.03	
5000	0.08	0.11	0.13	0.15	0.18	0.20	0.23	0.25	0.00	0.01	0.01	0.01	0.01	0.02	0.02	0.02	0.03	0.03	
5500	0.09	0.12	0.14	0.16	0.19	0.22	0.24	0.26	0.00	0.01	0.01	0.01	0.01	0.02	0.02	0.02	0.03	0.03	
6000	0.10	0.13	0.15	0.17	0.20	0.24	0.26	0.27	0.00	0.01	0.01	0.01	0.01	0.02	0.02	0.02	0.03	0.03	

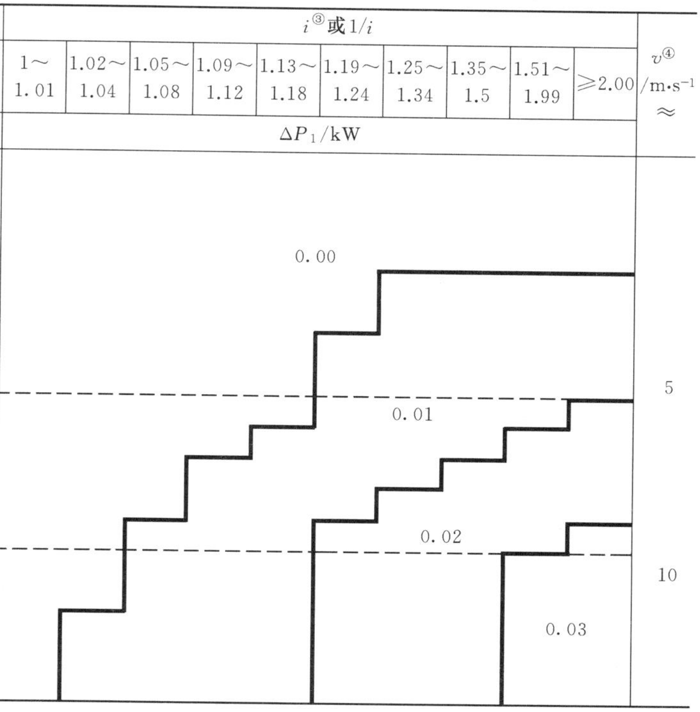

① 小带轮转速，单位为转每分（r/min）。
② 小带轮的基准直径，单位为毫米（mm）。
③ V 带的传动比。
④ 带速，单位为米每秒（m/s）。

表 13-1-15　Z 型普通 V 带单根基准额定功率 P_1 和功率增量 ΔP_1（GB/T 1171—2017）

n_1 /r·min^{-1}	d_{d1}/mm						i 或 $1/i$										v /m·s^{-1} ≈
	50	56	63	71	80	90	1.00～1.01	1.02～1.04	1.05～1.08	1.09～1.12	1.13～1.18	1.19～1.24	1.25～1.34	1.35～1.50	1.51～1.99	≥2.00	
	P_1/kW						ΔP_1/kW										
200	0.04	0.04	0.05	0.06	0.10	0.10	0.00	0.00	0.00	0.00	0.00	0.00	0.00	0.00	0.00	0.00	
400	0.06	0.06	0.08	0.09	0.14	0.14	0.00	0.00	0.00	0.00	0.00	0.00	0.00	0.00	0.01	0.01	
700	0.09	0.11	0.13	0.17	0.20	0.22	0.00	0.00	0.00	0.00	0.00	0.00	0.01	0.01	0.01	0.02	
800	0.10	0.12	0.15	0.20	0.22	0.24	0.00	0.00	0.00	0.00	0.01	0.01	0.01	0.01	0.02	0.02	
960	0.12	0.14	0.18	0.23	0.26	0.28	0.00	0.00	0.00	0.01	0.01	0.01	0.01	0.02	0.02	0.02	5
1200	0.14	0.17	0.22	0.27	0.30	0.33	0.00	0.00	0.01	0.01	0.01	0.01	0.02	0.02	0.02	0.03	
1450	0.16	0.19	0.25	0.30	0.35	0.36	0.00	0.00	0.01	0.01	0.01	0.02	0.02	0.02	0.02	0.03	
1600	0.17	0.20	0.27	0.33	0.39	0.40	0.00	0.01	0.01	0.01	0.01	0.02	0.02	0.02	0.03	0.03	10
2000	0.20	0.25	0.32	0.39	0.44	0.48	0.00	0.01	0.01	0.02	0.02	0.02	0.02	0.03	0.03		
2400	0.22	0.30	0.37	0.46	0.50	0.54	0.00	0.01	0.02	0.02	0.02	0.03	0.03	0.03			
2800	0.26	0.33	0.41	0.50	0.56	0.60	0.00	0.01	0.02	0.02	0.03	0.03	0.03				15
3200	0.28	0.35	0.45	0.54	0.61	0.64	0.00	0.01	0.03	0.03	0.03	0.03	0.03			0.05	
3600	0.30	0.37	0.47	0.58	0.64	0.68	0.00	0.02	0.03	0.03	0.03				0.05	0.05	
4000	0.32	0.39	0.49	0.61	0.67	0.72	0.00	0.02	0.03					0.05	0.05	0.06	20
4500	0.33	0.40	0.50	0.62	0.67	0.73	0.00	0.02	0.03				0.05	0.05	0.06	0.06	
5000	0.34	0.41	0.50	0.62	0.66	0.73	0.00	0.02	0.03				0.05	0.05	0.06	0.06	
5500	0.33	0.41	0.49	0.61	0.64	0.65	0.00	0.02	0.03				0.05	0.05	0.06	0.06	
6000	0.31	0.40	0.48	0.56	0.61	0.56	0.00	0.02	0.03				0.05	0.05	0.06	0.06	

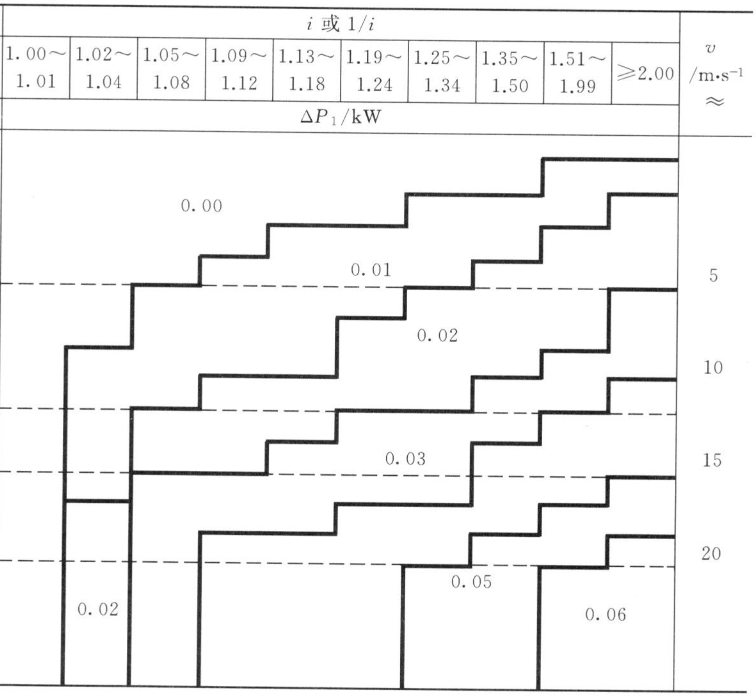

表 13-1-16　　A 型普通 V 带单根基准额定功率 P_1 和功率增量 ΔP_1（GB/T 1171—2017）

n_1 /r·min^{-1}	d_{d1}/mm								i 或 $1/i$										v /m·s^{-1} ≈
	75	90	100	112	125	140	160	180	1～1.01	1.02～1.04	1.05～1.08	1.09～1.12	1.13～1.18	1.19～1.24	1.25～1.34	1.35～1.51	1.52～1.99	≥2.00	
	P_1/kW								ΔP_1/kW										
200	0.15	0.22	0.26	0.31	0.37	0.43	0.51	0.59	0.00	0.00	0.01	0.01	0.01	0.01	0.02	0.02	0.02	0.03	
400	0.26	0.39	0.47	0.56	0.67	0.78	0.94	1.09	0.00	0.01	0.01	0.02	0.02	0.03	0.03	0.04	0.04	0.05	5
700	0.40	0.61	0.74	0.90	1.07	1.26	1.51	1.76	0.00	0.01	0.02	0.03	0.04	0.05	0.06	0.07	0.08	0.09	
800	0.45	0.68	0.83	1.00	1.19	1.41	1.69	1.97	0.00	0.01	0.02	0.03	0.04	0.05	0.06	0.08	0.09	0.10	
950	0.51	0.77	0.95	1.15	1.37	1.62	1.95	2.27	0.00	0.01	0.03	0.04	0.05	0.06	0.07	0.08	0.10	0.11	10
1200	0.60	0.93	1.14	1.39	1.66	1.96	2.36	2.74	0.00	0.02	0.03	0.05	0.07	0.08	0.10	0.11	0.13	0.15	
1450	0.68	1.07	1.32	1.61	1.92	2.28	2.73	3.16	0.00	0.02	0.04	0.06	0.08	0.09	0.11	0.13	0.15	0.17	15
1600	0.73	1.15	1.42	1.74	2.07	2.45	2.94	3.40	0.00	0.02	0.04	0.06	0.09	0.11	0.13	0.15	0.17	0.19	
2000	0.84	1.34	1.66	2.04	2.44	2.87	3.42	3.93	0.00	0.03	0.06	0.08	0.11	0.13	0.16	0.19	0.22	0.24	20
2400	0.92	1.50	1.87	2.30	2.74	3.22	3.80	4.32	0.00	0.03	0.07	0.10	0.13	0.16	0.19	0.23	0.26	0.29	25
2800	1.00	1.64	2.05	2.51	2.98	3.48	4.06	4.54	0.00	0.04	0.08	0.11	0.15	0.19	0.23	0.26	0.30	0.34	30
3200	1.04	1.75	2.19	2.68	3.16	3.65	4.19	4.58	0.00	0.04	0.09	0.13	0.17	0.22	0.26	0.30	0.34	0.39	
3600	1.08	1.83	2.28	2.78	3.26	3.72	4.17	4.40	0.00	0.05	0.10	0.15	0.19	0.24	0.29	0.34	0.39	0.44	35
4000	1.09	1.87	2.34	2.83	3.28	3.67	3.98	4.00	0.00	0.05	0.11	0.16	0.22	0.27	0.32	0.38	0.43	0.48	40
4500	1.07	1.83	2.33	2.79	3.17	3.44	3.48	3.13	0.00	0.06	0.12	0.18	0.24	0.30	0.36	0.42	0.48	0.54	
5000	1.02	1.82	2.25	2.64	2.91	2.99	2.67	1.81	0.00	0.07	0.14	0.20	0.27	0.34	0.40	0.47	0.54	0.60	
5500	0.96	1.70	2.07	2.37	2.48	2.31	1.51	—	0.00	0.08	0.15	0.23	0.30	0.38	0.46	0.53	0.60	0.68	
6000	0.80	1.50	1.80	1.96	1.87	1.37	—	—	0.00	0.08	0.16	0.24	0.32	0.40	0.49	0.57	0.65	0.73	

表 13-1-17　　B 型普通 V 带单根基准额定功率 P_1 和功率增量 ΔP_1（GB/T 1171—2017）

n_1 /r·min^{-1}	d_{d1}/mm								i 或 $1/i$										v /m·s^{-1} ≈
	125	140	160	180	200	224	250	280	1～1.01	1.02～1.04	1.05～1.08	1.09～1.12	1.13～1.18	1.19～1.24	1.25～1.34	1.35～1.51	1.52～1.99	≥2.00	
	P_1/kW								ΔP_1/kW										
200	0.48	0.59	0.74	0.88	1.02	1.19	1.37	1.58	0.00	0.01	0.01	0.02	0.03	0.04	0.04	0.05	0.06	0.06	5
400	0.84	1.05	1.32	1.59	1.85	2.17	2.50	2.89	0.00	0.01	0.03	0.04	0.06	0.07	0.08	0.10	0.11	0.13	
700	1.30	1.64	2.09	2.53	2.96	3.47	4.00	4.61	0.00	0.02	0.05	0.07	0.10	0.12	0.15	0.17	0.20	0.22	10
800	1.44	1.82	2.32	2.81	3.30	3.86	4.46	5.13	0.00	0.03	0.06	0.08	0.11	0.14	0.17	0.20	0.23	0.25	
950	1.64	2.08	2.66	3.22	3.77	4.42	5.10	5.85	0.00	0.03	0.07	0.10	0.13	0.17	0.20	0.23	0.26	0.30	15
1200	1.93	2.47	3.17	3.85	4.50	5.26	6.04	6.90	0.00	0.04	0.08	0.13	0.17	0.21	0.25	0.30	0.34	0.38	
1450	2.19	2.82	3.62	4.39	5.13	5.97	6.82	7.76	0.00	0.05	0.10	0.15	0.20	0.25	0.31	0.36	0.40	0.46	20
1600	2.33	3.00	3.86	4.68	5.46	6.33	7.20	8.13	0.00	0.06	0.11	0.17	0.23	0.28	0.34	0.39	0.45	0.51	
1800	2.50	3.23	4.15	5.02	5.83	6.73	7.63	8.46	0.00	0.06	0.13	0.19	0.25	0.32	0.38	0.44	0.51	0.57	25
2000	2.64	3.42	4.40	5.30	6.13	7.02	7.87	8.60	0.00	0.07	0.14	0.21	0.28	0.35	0.42	0.49	0.56	0.63	
2200	2.76	3.58	4.60	5.52	6.35	7.19	7.97	8.53	0.00	0.08	0.16	0.23	0.31	0.39	0.46	0.54	0.62	0.70	30
2400	2.85	3.70	4.75	5.67	6.47	7.25	7.89	8.22	0.00	0.08	0.17	0.25	0.24	0.42	0.51	0.59	0.68	0.76	35
2800	2.96	3.85	4.89	5.76	6.43	6.95	7.14	6.80	0.00	0.10	0.20	0.29	0.39	0.49	0.59	0.69	0.79	0.89	40
3200	2.94	3.83	4.8	5.52	5.95	6.05	5.60	4.26	0.00	0.11	0.23	0.34	0.45	0.56	0.68	0.79	0.90	1.01	
3600	2.80	3.63	4.46	4.92	4.98	4.47	5.12	—	0.00	0.13	0.25	0.38	0.51	0.63	0.76	0.89	1.01	1.14	
4000	2.51	3.24	3.82	3.92	3.47	2.14	—	—	0.00	0.14	0.28	0.42	0.56	0.70	0.84	0.99	1.13	1.27	
4500	1.93	2.45	2.59	2.04	0.73	—	—	—	0.00	0.16	0.32	0.48	0.63	0.79	0.95	1.11	1.27	1.43	
5000	1.09	1.29	0.81	—	—	—	—	—	0.00	0.18	0.36	0.53	0.71	0.89	1.07	1.24	1.42	1.60	

表 13-1-18 C型普通V带单根基准额定功率 P_1 和功率增量 ΔP_1（GB 1171—2017）

n_1 /r·min^{-1}	d_{d1}/mm								i 或 $1/i$										v /m·s^{-1} ≈
	200	224	250	280	315	355	400	450	1～1.01	1.02～1.04	1.05～1.08	1.09～1.12	1.13～1.18	1.19～1.24	1.25～1.34	1.35～1.51	1.52～1.99	≥2.00	
	P_1/kW								ΔP_1/kW										
200	1.39	1.70	2.03	2.42	2.84	3.36	3.91	4.51	0.00	0.02	0.04	0.06	0.08	0.10	0.12	0.14	0.16	0.18	5
300	1.92	2.37	2.85	3.40	4.04	4.75	5.54	6.40	0.00	0.03	0.06	0.09	0.12	0.15	0.18	0.21	0.24	0.26	
400	2.41	2.99	3.62	4.32	5.14	6.05	7.06	8.20	0.00	0.04	0.08	0.12	0.16	0.20	0.23	0.27	0.31	0.35	10
500	2.87	3.58	4.33	5.19	6.17	7.27	8.52	9.80	0.00	0.05	0.10	0.15	0.20	0.24	0.29	0.34	0.39	0.44	
600	3.30	4.12	5.00	6.00	7.14	8.45	9.82	11.29	0.00	0.06	0.12	0.18	0.24	0.29	0.35	0.41	0.47	0.53	15
700	3.69	4.64	5.64	6.76	8.09	9.50	11.02	12.63	0.00	0.07	0.14	0.21	0.27	0.34	0.41	0.48	0.55	0.62	
800	4.07	5.12	6.23	7.52	8.92	10.46	12.10	13.80	0.00	0.08	0.16	0.23	0.31	0.39	0.47	0.55	0.63	0.71	20
950	4.58	5.78	7.04	8.49	10.05	11.73	13.48	15.23	0.00	0.09	0.19	0.27	0.37	0.47	0.56	0.65	0.74	0.83	
1200	5.29	6.71	8.21	9.81	11.53	13.31	15.04	16.59	0.00	0.12	0.24	0.35	0.47	0.59	0.70	0.82	0.94	1.06	25
1450	5.84	7.45	9.04	10.72	12.46	14.12	15.53	16.47	0.00	0.14	0.28	0.42	0.58	0.71	0.85	0.99	1.14	1.27	30
1600	6.07	7.75	9.38	11.06	12.72	14.19	15.24	15.57	0.00	0.16	0.31	0.47	0.63	0.78	0.94	1.10	1.25	1.41	35
1800	6.28	8.00	9.63	11.22	12.67	13.73	14.08	13.29	0.00	0.18	0.35	0.53	0.71	0.88	1.06	1.23	1.41	1.59	40
2000	6.34	8.06	9.62	11.04	12.14	12.59	11.95	9.64	0.00	0.20	0.39	0.59	0.78	0.98	1.17	1.37	1.57	1.76	
2200	6.26	7.92	9.34	10.48	11.08	10.70	8.75	4.44	0.00	0.22	0.43	0.65	0.86	1.08	1.29	1.51	1.72	1.94	
2400	6.02	7.57	8.75	9.50	9.43	7.98	4.34	—	0.00	0.23	0.47	0.70	0.94	1.18	1.41	1.65	1.88	2.12	
2600	5.61	6.93	7.85	8.08	7.11	4.32	—	—	0.00	0.25	0.51	0.76	1.02	1.27	1.53	1.78	2.04	2.29	
2800	5.01	6.08	6.56	6.13	4.16	—	—	—	0.00	0.27	0.55	0.82	1.10	1.37	1.64	1.92	2.19	2.47	
3200	3.23	3.57	2.93	—	—		—	—	0.00	0.31	0.61	0.91	1.22	1.53	1.63	2.14	2.44	2.75	

表 13-1-19 D型普通V带单根基准额定功率 P_1 和功率增量 ΔP_1（GB/T 1171—2017）

n_1 /r·min^{-1}	d_{d1}/mm								i 或 $1/i$										v /m·s^{-1} ≈
	355	400	450	500	560	630	710	800	1～1.01	1.02～1.04	1.05～1.08	1.09～1.12	1.13～1.18	1.19～1.24	1.25～1.34	1.35～1.51	1.52～1.99	≥2.00	
	P_1/kW								ΔP_1/kW										
100	3.01	3.66	4.37	5.08	5.91	6.88	8.01	9.22	0.00	0.03	0.07	0.10	0.14	0.17	0.21	0.24	0.28	0.31	5
150	4.20	5.14	6.17	7.18	8.43	9.82	11.38	13.11	0.00	0.05	0.11	0.15	0.21	0.26	0.31	0.36	0.42	0.47	
200	5.31	6.52	7.90	9.21	10.76	12.54	14.55	16.76	0.00	0.07	0.14	0.21	0.28	0.35	0.42	0.49	0.56	0.63	10
250	6.36	7.88	9.50	11.09	12.97	15.13	17.54	20.18	0.00	0.09	0.18	0.26	0.35	0.44	0.57	0.61	0.70	0.78	
300	7.35	9.13	11.02	12.88	15.07	17.57	20.35	23.39	0.00	0.10	0.21	0.31	0.42	0.52	0.62	0.73	0.83	0.94	15
400	9.24	11.45	13.85	16.20	18.95	22.05	25.45	29.08	0.00	0.14	0.28	0.42	0.56	0.70	0.83	0.97	1.11	1.25	
500	10.90	13.55	16.40	19.17	22.38	25.94	29.76	33.72	0.00	0.17	0.35	0.52	0.70	0.87	1.04	1.22	1.39	1.56	20
600	12.39	15.42	18.67	21.78	25.32	29.18	33.18	37.13	0.00	0.21	0.42	0.62	0.83	1.04	1.25	1.46	1.67	1.88	25
700	13.70	17.07	20.63	23.99	27.73	31.68	35.59	39.14	0.00	0.24	0.49	0.73	0.97	1.22	1.46	1.70	1.95	2.19	
800	14.83	18.46	22.25	25.76	29.55	33.38	36.87	39.55	0.00	0.28	0.56	0.83	1.11	1.39	1.67	1.95	2.22	2.50	30
950	16.15	20.06	24.01	27.50	31.04	34.19	36.35	36.76	0.00	0.33	0.66	0.99	1.32	1.60	1.92	2.31	2.64	2.97	35
1100	16.98	20.99	24.84	28.02	30.85	32.65	32.52	29.26	0.00	0.38	0.77	1.15	1.53	1.91	2.29	2.68	3.06	3.44	40
1200	17.25	21.20	24.84	26.71	29.67	30.15	27.88	21.32	0.00	0.42	0.84	1.25	1.67	2.09	2.50	2.92	3.34	3.75	
1300	17.26	21.06	24.35	26.54	27.58	26.37	21.42	10.73	0.00	0.45	0.91	1.35	1.81	2.26	2.71	3.16	3.61	4.06	
1450	16.77	20.15	22.02	23.59	22.58	18.06	7.99	—	0.00	0.51	1.01	1.51	2.02	2.52	3.02	3.52	4.03	4.53	
1600	15.63	18.31	19.59	18.88	15.13	6.25	—	—	0.00	0.56	1.11	1.67	2.23	2.78	3.33	3.89	4.45	5.00	
1800	12.97	14.28	13.34	9.59	—	—	—	—	0.00	0.63	1.24	1.88	2.51	3.13	3.74	4.38	5.01	5.62	

表 13-1-20　　**E 型普通 V 带单根基准额定功率 P_1 和功率增量 ΔP_1**（GB/T 1171—2017）

n_1 /r·min^{-1}	d_{d1}/mm								i 或 $1/i$										v /m·s^{-1} ≈
	500	560	630	710	800	900	1000	1120	1～1.01	1.02～1.04	1.05～1.08	1.09～1.12	1.13～1.18	1.19～1.24	1.25～1.34	1.35～1.51	1.52～1.99	≥2.00	
	P_1/kW								ΔP_1/kW										
100	6.21	7.32	8.75	10.31	12.05	13.96	15.64	18.07	0.00	0.07	0.14	0.21	0.28	0.34	0.41	0.48	0.55	0.62	5
150	8.60	10.33	12.32	14.56	17.05	19.76	22.14	25.58	0.00	0.10	0.20	0.31	0.41	0.52	0.62	0.72	0.83	0.93	
200	10.86	13.09	15.65	18.52	21.70	25.15	28.52	32.47	0.00	0.14	0.28	0.41	0.55	0.69	0.83	0.96	1.10	1.24	10
250	12.97	15.67	18.77	22.23	26.03	30.14	34.11	38.71	0.00	0.17	0.34	0.52	0.69	0.86	1.03	1.20	1.37	1.55	15
300	14.96	18.10	21.69	25.69	30.05	34.71	39.17	44.26	0.00	0.21	0.41	0.62	0.83	1.03	1.24	1.45	1.65	1.86	
350	16.81	20.38	24.42	28.89	33.73	38.64	43.66	49.04	0.00	0.24	0.48	0.72	0.96	1.20	1.45	1.69	1.92	2.17	20
400	18.55	22.49	26.95	31.83	37.05	42.49	47.52	52.98	0.00	0.28	0.55	0.83	1.00	1.38	1.65	1.93	2.20	2.48	
500	21.65	26.25	31.36	36.85	42.53	48.20	53.12	57.94	0.00	0.34	0.64	1.03	1.38	1.72	2.07	2.41	2.75	3.10	25
600	24.21	29.30	34.83	40.58	46.26	51.48	55.45	58.42	0.00	0.41	0.83	1.24	1.65	2.07	2.48	2.89	3.31	3.72	30
700	26.21	31.59	37.26	42.87	47.96	51.95	54.00	53.62	0.00	0.48	0.97	1.45	1.93	2.41	2.89	3.38	3.86	4.34	35
800	27.57	33.03	38.52	43.52	47.38	49.21	48.19	42.77	0.00	0.55	1.10	1.65	2.21	2.76	3.31	3.86	4.41	4.96	40
950	28.32	33.40	37.92	41.02	41.59	38.19	30.08	—	0.00	0.65	1.29	1.95	2.62	3.27	3.92	4.58	5.23	5.89	
1100	27.30	31.35	33.94	33.74	29.06	17.65	—	—	0.00	0.76	1.52	2.27	3.03	3.79	4.40	5.30	6.06	6.82	
1200	25.53	28.49	29.17	25.91	16.46	—	—	—	0.00										
1300	22.82	24.31	22.56	15.44	—	—	—	—	0.00										
1450	16.82	15.35	8.85	—	—	—	—	—	0.00										

1.2.2　窄 V 带传动

1.2.2.1　窄 V 带尺寸规格

窄 V 带楔角为 40°，相对高度约为 0.9，与普通 V 带相比较，高度相同，其宽度约小 30%，而承载能力可以提高 1.5～2.5 倍。

基准宽度制窄 V 带分 SPZ、SPA、SPB、SPC 四种型号，有效宽度制窄 V 带分 9N、15N、25N 三种型号。联组窄 V 带分 9J、15J、25J 三种型号。

窄 V 带标记内容和顺序为：型号、基准长度公称值、标准号。标记示例如下：

SPA　1250　GB/T 11544

表 13-1-21　　**窄 V 带截面尺寸及单位长度质量**（GB/T 13575.1、2—2008）

项目		基准宽度制窄 V 带型号				有效宽度制窄 V 带型号		
		SPZ	SPA	SPB	SPC	9N	15N	25N
截面尺寸	b_p/mm	8	11	14	19	—	—	—
	b/mm	10.0	13.0	17.0	22.0	9.5	16.0	25.5
	h/mm	8.0	10.0	14.0	18.0	8.0	13.5	23.0
质量 m/kg·m^{-1}		0.072	0.112	0.192	0.37	0.08	0.20	0.57

表 13-1-22　　**联组窄 V 带的截面尺寸及单位长度质量**（GB/T 13575.2—2008）

型号	b/mm	h/mm	e/mm	m/kg·m^{-1}	联组数
9J	9.5	10	10.3	0.122	2～5
15J	16	16	17.5	0.252	
25J	25.5	26.5	28.6	0.693	

表 13-1-23　　基准宽度制窄 V 带的基准长度 L_d（GB/T 13575.1—2008）　　mm

基准长度 L_d	不同型号的分布范围				基准长度 L_d	不同型号的分布范围			
	SPZ	SPA	SPB	SPC		SPZ	SPA	SPB	SPC
630	+				3150	+	+	+	+
710	+				3550	+	+	+	+
800	+	+			4000		+	+	+
900	+	+			4500		+	+	+
1000	+	+			5000			+	+
1120	+	+			5600			+	+
1250	+	+	+		6300			+	+
1400	+	+	+		7100			+	+
1600	+	+	+		8000			+	+
1800	+	+	+		9000				+
2000	+	+	+	+	10000				+
2240	+	+	+	+	11200				+
2500	+	+	+	+	12500				+
2800	+	+	+	+					

表 13-1-24　　窄 V 带基准长度的极限偏差及配组差（GB/T 11544—2012）　　mm

基准长度 L_d	型号：SPZ、SPA、SPB、SPC		基准长度 L_d	型号：SPZ、SPA、SPB、SPC	
	极限偏差	配组差		极限偏差	配组差
≤630	±6	2	$2500<L_d\leqslant3150$	±32	4
$630<L_d\leqslant800$	±8	2	$3150<L_d\leqslant4000$	±40	6
$800<L_d\leqslant1000$	±10	2	$4000<L_d\leqslant5000$	±50	6
$1000<L_d\leqslant1250$	±13	2	$5000<L_d\leqslant6300$	±63	10
$1250<L_d\leqslant1600$	±16	2	$6300<L_d\leqslant8000$	±80	10
$1600<L_d\leqslant2000$	±20	2	$8000<L_d\leqslant10000$	±100	16
$2000<L_d\leqslant2500$	±25	4	$10000<L_d\leqslant12500$	±125	16

注：也可按供需双方协商的配组差。

表 13-1-25　　有效宽度制窄 V 带的有效长度 L_e 及配组差（GB/T 11544—2012）　　mm

公称有效长度 L_e			极限偏差	配组差	公称有效长度 L_e			极限偏差	配组差
型　号					型　号				
9N	15N	25N			9N	15N	25N		
630			±8	4	1145			±8	4
670			±8	4	1205			±8	4
710			±8	4	1270	1270		±8	4
760			±8	4	1345	1345		±10	4
800			±8	4	1420	1420		±10	6
850			±8	4	1525	1525		±10	6
900			±8	4	1600	1600		±10	6
950			±8	4	1700	1700		±10	6
1015			±8	4	1800	1800		±10	6
1080			±8	4	1900	1900		±10	6

续表

公称有效长度 L_e			极限偏差	配组差	公称有效长度 L_e			极限偏差	配组差
型号					型号				
9N	15N	25N			9N	15N	25N		
2030	2030		±10	6		6350	6350	±20	16
2160	2160		±13	6		6730	6730	±20	16
2290	2290		±13	6		7100	7100	±20	16
2410	2410		±13	6		7620	7620	±20	16
2540	2540	2540	±13	6		8000	8000	±25	16
2690	2690	2690	±15	6		8500	8500	±25	16
2840	2840	2840	±15	10		9000	9000	±25	16
3000	3000	3000	±15	10			9500	±25	16
3180	3180	3180	±15	10			10160	±25	16
3350	3350	3350	±15	10			10800	±30	16
3550	3350	3550	±15	10					
	3810	3810	±20	10			11430	±30	16
	4060	4060	±20	10			12060	±30	24
	4320	4320	±20	10			12700	±30	24
	4570	4570	±20	10					
	4830	4830	±20	10					
	5080	5080	±20	10					
	5380	5380	±20	10					
	5690	5690	±20	10					
	6000	6000	±20	10					

表 13-1-26　联组窄 V 带的组合

所需窄 V 带根数	组合形式(每组根数)	所需窄 V 带根数	组合形式(每组根数)
6	3,3	12	4,4,4
7	3,4	13	4,5,4
8	4,4	14	5,4,5
9	5,4	15	5,5,5
10	5,5	16	4,4,4,4
11	4,3,4		

表 13-1-27　窄 V 带的物理性能 (GB/T 12730—2018)

型号	拉伸强度/kN ≥	参考力伸长率/% ≤		布与顶胶间黏合强度/kN·m^{-1} ≥
		包边窄 V 带	切边窄 V 带	
SPZ、XPZ、9N	2.3			—
SPA、XPA	3.0	4.0	3.0	
SPB、XPB、15N	5.4			
SPC、XPC	9.8	5.0	4.0	2.0
25N	12.7			

1.2.2.2 窄 V 带传动的设计计算

已知条件：传动功率；小带轮和大带轮转速；传动用途、载荷性质、原动机种类及工作制度。

表 13-1-28　计算内容与步骤

计算项目	符号	单位	公式及数据	说明
设计功率	P_d	kW	$P_d=K_AP$	P——传递的功率,kW K_A——工况系数,见表 13-1-29
带型			根据 P_d 和 n_1 确定带型号 基准宽度制窄 V 带由图 13-1-3 选取 有限宽度制窄 V 带由图 13-1-4 选取	n_1——小带轮转速,r/min

续表

计算项目	符号	单位	公式及数据	说　明
传动比	i		$i=\frac{n_1}{n_2}=\frac{d_{p2}}{d_{p1}}$ 如计入滑动率 $i=\frac{n_1}{n_2}=\frac{d_{p2}}{(1-\varepsilon)d_{p1}}$ 通常基准宽度制节圆直径 $d_p=d_d$ 有效宽度制节圆直径 $d_p=d_e-2\Delta_e$	n_2——大带轮转速，r/min d_{p1}——小带轮的节圆直径，mm d_{p2}——大带轮的节圆直径，mm d_e——有效直径 $2\Delta_e$——有效线差 ε——弹性滑动率，通常 $\varepsilon=0.01\sim0.02$
小带轮的基准直径 小带轮的有效直径	d_{d1} d_{e1}	mm	基准宽度制窄 V 带由表 13-1-40 选定 有效宽度制窄 V 带和联组窄 V 带由表 13-1-41 选定	为提高 V 带的寿命，宜选取较大的直径
大带轮的基准直径 大带轮的有效直径	d_{d2} d_{e2}	mm	$d_{d2}=id_{d1}(1-\varepsilon)$ $d_{e2}=id_{e1}(1-\varepsilon)$	基准宽度制窄 V 带由表 13-1-40 选定 有效宽度制窄 V 带和联组窄 V 带由表 13-1-41 选定
带速	v	m/s	$v=\frac{\pi d_{p1}n_1}{60\times1000}\leqslant v_{max}$ 窄 V 带 $v_{max}=35\sim40$	一般 v 不得低于 5m/s 为充分发挥 V 带的传动能力，应使 $v\approx20$m/s
初定中心距	a_0	mm	$0.7(d_{d1}+d_{d2})\leqslant a_0<2(d_{d1}+d_{d2})$ 或 $0.7(d_{e1}+d_{e2})\leqslant a_0<2(d_{e1}+d_{e2})$	或根据结构要求确定
基准长度 有效长度	L_{d0} L_{e0}	mm	$L_{d0}=2a_0+\frac{\pi}{2}(d_{d1}+d_{d2})+\frac{(d_{d2}-d_{d1})^2}{4a_0}$ $L_{e0}=2a_0+\frac{\pi}{2}(d_{e1}+d_{e2})+\frac{(d_{e2}-d_{e1})^2}{4a_0}$	基准宽度制窄 V 带由表 13-1-23、表 13-1-24 选取 L_d 有效宽度制窄 V 带、联组窄 V 带由表 13-1-25 选取 L_e
实际中心距	a	mm	$a=a_0+\frac{L_d-L_{d0}}{2}$ 或 $a=a_0+\frac{L_e-L_{e0}}{2}$	基准宽度制窄 V 带安装时所需最小中心距：$a_{min}=a-(2b_d+0.009L_d)$，补偿带伸长所需最大中心距：$a_{max}=a+0.02L_d$ b_d——基准宽度 有效宽度制窄 V 带中心距调整范围见表 13-1-32
小带轮包角	α_1	(°)	$\alpha_1=180°-\frac{d_{d2}-d_{d1}}{a}\times57.3°$ 或 $\alpha_1=180°-\frac{d_{e2}-d_{e1}}{a}\times57.3°$	一般 $\alpha_1\geqslant120°$，最小不低于 90°，如较小，应增大 a 或用张紧轮
单根 V 带的额定功率	P_1	kW	基准宽度制窄 V 带根据带型、d_{d1} 和 n_1 由表 13-1-33～表 13-1-36 选取 有效宽度制窄 V 带和联组窄 V 带根据带型、d_{d1} 和 n_1 由表 13-1-37～表 13-1-39 选取	P_1 是 $\alpha=180°$，载荷平稳时，特定基准长度的单根 V 带基本额定功率
传动比 $i\neq1$ 额定功率增量	ΔP_0	kW	有效宽度制窄 V 带和联组窄 V 带根据带型、n_1 和 i 由表 13-1-37～表 13-1-39 选取	基准宽度制窄 V 带 $\Delta P_0=0$
V 带的根数	z		$z=\frac{P_d}{(P_1+\Delta P_1)K_\alpha K_L}$ 基准宽度制窄 V 带 $\Delta P_1=0$	K_α——小带轮包角修正系数，见表 13-1-13 K_L——带长修正系数，有效宽度制窄 V 带和联组窄 V 带见表13-1-31
单根 V 带的初张紧力	F_0	N	基准宽度制窄 V 带： $F_0=500\left(\frac{2.5}{K_\alpha}-1\right)\frac{P_d}{zv}+mv^2$ 有效宽度制窄 V 带： $F_0=0.9\left[500\left(\frac{2.5}{K_\alpha}-1\right)\frac{P_d}{zv}+mv^2\right]$	m——V 带每米长的质量 窄 V 带每米长的质量，kg/m，见表 13-1-21 联组窄 V 带每米长的质量，kg/m，见表 13-1-22 v——带速，m/s
作用在轴上的力	F_r	N	$F_r=2F_0z\sin\frac{\alpha_1}{2}$	

表 13-1-29　窄 V 带设计工况系数 K_A（GB/T 13575.2—2008）

工况		K_A					
		空、轻载启动			重载启动		
		每天工作小时数/h					
		<10	10～16	>16	<10	10～16	>16
载荷变动最小	液体搅拌机、通风机和鼓风机（≤7.5kW）、离心机与压缩机、风扇轻载荷输送机	1.0	1.1	1.2	1.1	1.2	1.3
载荷变动小	带式输送机（不均匀载荷）、通风机（>7.5kW）、发电机、天轴、洗涤机械、机床、压力机、剪床、印刷机械、正位移旋转泵、旋转筛与振动筛	1.1	1.2	1.3	1.2	1.3	1.4
载荷变动较大	制砖机、励磁机、斗式提升机、活塞压缩机、输送机、锤磨机、纸厂打浆机、活塞泵、正位移鼓风机、磨粉机、锯木机等木材加工机械、纺织机械	1.2	1.3	1.4	1.4	1.5	1.6
载荷变动很大	破碎机、研磨机、卷扬机、橡胶压延机、压出机、炼胶机	1.3	1.4	1.5	1.5	1.6	1.8

注：1. 空、轻载启动——电动机（交流启动、三角启动、直流并励），四缸以上的内燃机，装有离心式离合器、液力联轴器的动力机。

2. 重载启动——电动机（联机交流启动、直流复励或串励），四缸以下的内燃机。

3. 启动频繁，经常正反转，工作条件恶劣时，K_A 应乘 1.1。

4. 增速传动时，K_A 应乘下列系数：

i	<1.25	≥1.25～1.74	≥1.75～2.49	≥2.5～3.49	≥3.5
系数	1.00	1.05	1.11	1.18	1.25

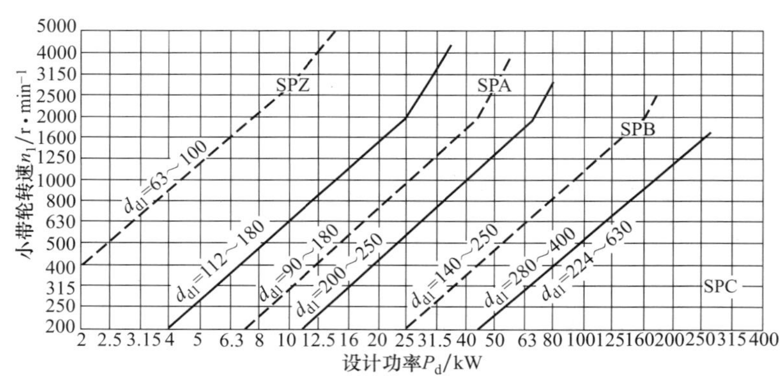

图 13-1-3　基准宽度制窄 V 带选型图

表 13-1-30　基准宽度制窄 V 带带长修正系数 K_L（GB/T 13575.1—2008）

基准长度 L_d/mm	SPZ	SPA	SPB	基准长度 L_d/mm	SPZ	SPA	SPB	SPC	基准长度 L_d/mm	SPB	SPC
	K_L				K_L					K_L	
630	0.82			1800	1.01	0.95	0.88		5000	1.06	0.98
710	0.84			2000	1.02	0.96	0.90	0.81	5600	1.08	1.00
800	0.86	0.81		2240	1.05	0.98	0.92	0.83	6300	1.10	1.02
900	0.88	0.83		2500	1.07	1.00	0.94	0.86	7100	1.12	1.04
1000	0.90	0.85		2800	1.09	1.02	0.96	0.38	8000	1.14	1.06
1120	0.93	0.87		3150	1.11	1.04	0.98	0.90	9000		1.08
1250	0.94	0.89	0.82	3550	1.13	1.06	1.00	0.92	10000		1.10
1400	0.96	0.91	0.84	4000		1.08	1.02	0.94	11200		1.12
1600	1.00	0.93	0.86	4500		1.09	1.04	0.96	12500		1.14

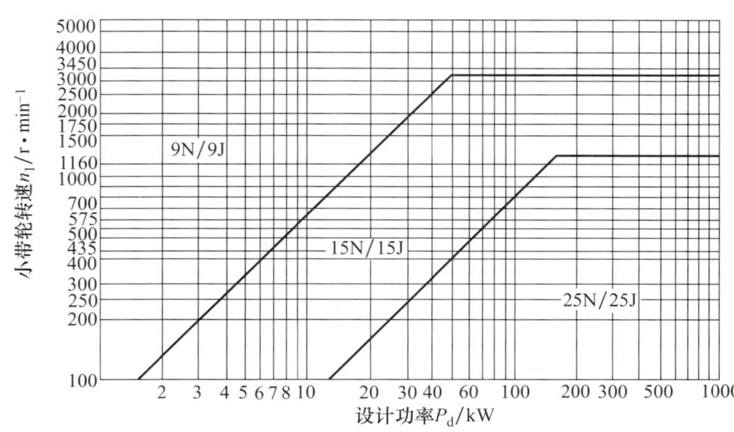

图 13-1-4　有效宽度制窄 V 带选型图

表 13-1-31　　有效宽度制窄 V 带带长修正系数 K_L（GB/T 13575.2—2008）

有效长度 L_e/mm	型号 9N、9J	型号 15N、15J	有效长度 L_e/mm	型号 9N、9J	型号 15N、15J	型号 25N、25J	有效长度 L_e/mm	型号 15N、15J	型号 25N、25J
	K_L			K_L				K_L	
630	0.83		1800	1.02	0.91		5080	1.08	0.97
670	0.84		1900	1.03	0.92		5380	1.09	0.98
710	0.85		2030	1.04	0.93		5690	1.09	0.98
760	0.86		2160	1.06	0.94		6000	1.10	0.99
800	0.87		2290	1.07	0.95		6350	1.11	1.00
850	0.88		2410	1.08	0.96		6730	1.12	1.01
900	0.89		2540	1.09	0.96	0.87	7100	1.13	1.02
950	0.90		2690	1.10	0.97	0.88	7620	1.14	1.03
1050	0.92		2840	1.11	0.98	0.88	8000	1.15	1.03
1080	0.93		3000	1.12	0.99	0.89	8500	1.16	1.04
1145	0.94		3180	1.13	1.00	0.90	9000	1.17	1.05
1205	0.95		3350	1.14	1.01	0.91	9500		1.06
1270	0.96	0.85	3550	1.15	1.02	0.92	10160		1.07
1345	0.97	0.86	3810		1.03	0.93	10800		1.08
1420	0.98	0.87	4060		1.04	0.94	11430		1.09
1525	0.99	0.88	4320		1.05	0.94	12060		1.09
1600	1.00	0.89	4570		1.06	0.95	12700		1.10
1700	1.01	0.90	4830		1.07	0.96			

表 13-1-32　　有效宽度制窄 V 带传动中心距调整范围　　mm

S_1 内侧调整量
外侧调整量
a
S_2

<table>
<tr><th rowspan="3">有效长度 Le</th><th colspan="6">带型</th><th rowspan="3">S2</th></tr>
<tr><th>9N</th><th>9J</th><th>15N</th><th>15J</th><th>25N</th><th>25J</th></tr>
<tr><th colspan="6">S1</th></tr>
<tr><td>≤1205</td><td>15</td><td>30</td><td></td><td></td><td rowspan="2"></td><td rowspan="2"></td><td>25</td></tr>
<tr><td>>1205～1800</td><td rowspan="4">20</td><td rowspan="4">35</td><td rowspan="5">25</td><td rowspan="5">55</td><td>30</td></tr>
<tr><td>>1800～2690</td><td rowspan="3">40</td><td rowspan="3">85</td><td>40</td></tr>
<tr><td>>2690～3180</td><td>45</td></tr>
<tr><td>>3180～4320</td><td>55</td></tr>
<tr><td>>4320～5080</td><td></td><td></td><td>45</td><td>90</td><td>65</td></tr>
</table>

<table>
<tr><th rowspan="3">有效长度 Le</th><th colspan="4">带型</th><th rowspan="3">S2</th></tr>
<tr><th>15N</th><th>15J</th><th>25N</th><th>25J</th></tr>
<tr><th colspan="4">S1</th></tr>
<tr><td>>5080～6000</td><td rowspan="4">30</td><td rowspan="4">60</td><td rowspan="3">45</td><td rowspan="3">90</td><td>75</td></tr>
<tr><td>>6000～6730</td><td>80</td></tr>
<tr><td>>6730～7620</td><td>90</td></tr>
<tr><td>>7620～9000</td><td rowspan="3">50</td><td rowspan="3">100</td><td>100</td></tr>
<tr><td>>9000～9500</td><td rowspan="2"></td><td rowspan="2"></td><td>115</td></tr>
<tr><td>>9500～12700</td><td>140</td></tr>
</table>

表 13-1-33　　SPZ 型窄 V 带单根基准额定功率（GB/T 13575.1—2008）

d_{d1} /mm	i 或 $1/i$	小轮转速 n_1/r·min^{-1}																	
		200	400	700	800	950	1200	1450	1600	2000	2400	2800	3200	3600	4000	4500	5000	5500	6000
		额定功率 P_N/kW																	
63	1	0.20	0.35	0.54	0.60	0.68	0.81	0.93	1.00	1.17	1.32	1.45	1.56	1.66	1.74	1.81	1.85	1.87	1.85
	1.05	0.21	0.37	0.58	0.64	0.73	0.88	1.01	1.09	1.27	1.44	1.59	1.73	1.84	1.94	2.04	2.11	2.15	2.16
	1.2	0.22	0.39	0.61	0.68	0.78	0.94	1.08	1.17	1.38	1.57	1.74	1.89	2.03	2.15	2.27	2.37	2.43	2.47
	1.5	0.23	0.41	0.65	0.72	0.83	1.00	1.16	1.25	1.48	1.69	1.88	2.06	2.21	2.35	2.50	2.63	2.72	2.77
	≥3	0.24	0.43	0.68	0.76	0.88	1.06	1.23	1.33	1.58	1.81	2.03	2.22	2.40	2.56	2.74	2.88	3.00	3.08
71	1	0.25	0.44	0.70	0.78	0.90	1.08	1.25	1.35	1.59	1.81	2.00	2.18	2.33	2.46	2.59	2.68	2.73	2.74
	1.05	0.26	0.46	0.74	0.82	0.95	1.14	1.32	1.43	1.69	1.93	2.15	2.34	2.51	2.67	2.82	2.94	3.02	3.05
	1.2	0.27	0.49	0.77	0.87	1.00	1.20	1.40	1.51	1.79	2.05	2.29	2.51	2.70	2.87	3.05	3.20	3.30	3.26
	1.5	0.28	0.51	0.81	0.91	1.04	1.26	1.47	1.59	1.90	2.18	2.43	2.67	2.88	3.08	3.28	3.45	3.58	3.67
	≥3	0.29	0.53	0.85	0.95	1.09	1.33	1.55	1.68	2.00	2.30	2.58	2.83	3.07	3.28	3.51	3.71	3.86	3.98
80	1	0.31	0.55	0.88	0.99	1.14	1.38	1.60	1.73	2.05	2.34	2.61	2.85	3.06	3.24	3.42	3.56	3.64	3.66
	1.05	0.32	0.57	0.92	1.03	1.19	1.44	1.67	1.81	2.15	2.47	2.75	3.01	3.24	3.45	3.65	3.81	3.92	3.97
	1.2	0.33	0.59	0.96	1.07	1.24	1.50	1.75	1.89	2.25	2.59	2.90	3.18	3.43	3.65	3.89	4.07	4.20	4.27
	1.5	0.34	0.61	0.99	1.11	1.28	1.56	1.82	1.97	2.36	2.71	3.04	3.34	3.61	3.86	4.12	4.33	4.48	4.58
	≥3	0.35	0.64	1.03	1.15	1.33	1.62	1.90	2.06	2.46	2.84	3.18	3.51	3.80	4.06	4.35	4.58	4.77	4.89
90	1	0.37	0.67	1.09	1.21	1.40	1.70	1.98	2.14	2.55	2.93	3.26	3.57	3.84	4.07	4.30	4.46	4.55	4.56
	1.05	0.38	0.69	1.12	1.26	1.45	1.76	2.06	2.23	2.65	3.05	3.41	3.73	4.02	4.27	4.53	4.71	4.83	4.87
	1.2	0.39	0.71	1.16	1.30	1.50	1.82	2.13	2.31	2.76	3.17	3.55	3.90	4.21	4.48	4.76	4.97	5.11	5.17
	1.5	0.40	0.74	1.19	1.34	1.55	1.88	2.20	2.39	2.86	3.30	3.70	4.06	4.39	4.68	4.99	5.23	5.39	5.48
	≥3	0.41	0.76	1.23	1.38	1.60	1.95	2.28	2.47	2.96	3.42	3.84	4.23	4.58	4.89	5.22	5.48	5.68	5.79
100	1	0.43	0.79	1.28	1.44	1.66	2.02	2.36	2.55	3.05	3.49	3.90	4.26	4.58	4.85	5.10	5.27	5.35	5.32
	1.05	0.44	0.81	1.32	1.48	1.71	2.08	2.43	2.64	3.15	3.62	4.05	4.43	4.76	5.05	5.34	5.53	5.63	5.63
	1.2	0.45	0.83	1.35	1.52	1.76	2.14	2.51	2.72	3.25	3.74	4.19	4.59	4.95	5.26	5.57	5.79	5.92	5.94
	1.5	0.46	0.85	1.39	1.56	1.81	2.20	2.58	2.80	3.35	3.86	4.33	4.76	5.13	5.46	5.80	6.05	6.20	6.25
	≥3	0.47	0.87	1.43	1.60	1.86	2.27	2.66	2.88	3.46	3.99	4.48	4.92	5.32	5.67	6.03	6.30	6.48	6.56
112	1	0.51	0.93	1.52	1.70	1.97	2.40	2.80	3.04	3.62	4.16	4.64	5.06	5.42	5.72	5.99	6.14	6.16	6.05
	1.05	0.52	0.95	1.55	1.74	2.02	2.46	2.88	3.12	3.73	4.28	4.78	5.23	5.61	5.92	6.22	6.40	6.45	6.36
	1.2	0.53	0.98	1.59	1.78	2.07	2.52	2.95	3.20	3.83	4.41	4.93	5.39	5.79	6.13	6.45	6.65	6.73	6.66
	1.5	0.54	1.00	1.63	1.83	2.12	2.58	3.03	3.28	3.93	4.53	5.07	5.55	5.98	6.33	6.68	6.91	7.01	6.97
	≥3	0.55	1.02	1.66	1.87	2.17	2.65	3.10	3.37	4.04	4.65	5.21	5.72	6.16	6.54	6.91	7.17	7.29	7.28
125	1	0.59	1.09	1.77	1.91	2.30	2.80	3.28	3.55	4.24	4.85	5.40	5.88	6.27	6.58	6.83	6.92	6.84	6.57
	1.05	0.60	1.11	1.81	2.03	2.35	2.86	3.35	3.63	4.34	4.98	5.55	6.04	6.46	6.78	7.06	7.18	7.12	6.88
	1.2	0.61	1.13	1.84	2.07	2.40	2.93	3.43	3.72	4.44	5.10	5.69	6.21	6.64	6.99	7.29	7.44	7.41	7.19
	1.5	0.62	1.15	1.88	2.11	2.45	2.99	3.50	3.80	4.54	5.22	5.83	6.37	6.83	7.19	7.52	7.69	7.69	7.50
	≥3	0.63	1.17	1.91	2.15	2.50	3.05	3.58	3.88	4.65	5.35	5.98	6.53	7.01	7.40	7.75	7.95	7.97	7.81
140	1	0.68	1.26	2.06	2.31	2.68	3.26	3.82	4.13	4.92	5.63	6.24	6.75	7.16	7.45	7.64	7.60	7.34	6.81
	1.05	0.69	1.28	2.09	2.35	2.73	3.32	3.89	4.21	5.02	5.75	6.38	6.92	7.35	7.66	7.87	7.86	7.62	7.12
	1.2	0.70	1.30	2.13	2.39	2.77	3.39	3.96	4.30	5.13	5.87	6.53	7.08	7.53	7.86	8.10	8.12	7.90	7.43
	1.5	0.71	1.32	2.17	2.43	2.82	3.45	4.04	4.38	5.23	6.00	6.67	7.25	7.72	8.07	8.33	8.37	8.18	7.74
	≥3	0.72	1.34	2.20	2.47	2.87	3.51	4.11	4.46	5.33	6.12	6.81	7.41	7.90	8.27	8.56	8.63	8.47	8.04
160	1	0.80	1.49	2.44	2.73	3.17	3.86	4.51	4.88	5.80	6.60	7.27	7.81	8.19	8.40	8.41	8.11	7.47	6.45
	1.05	0.81	1.51	2.47	2.78	3.22	3.92	4.59	4.97	5.90	6.72	7.42	7.97	8.37	8.61	8.64	8.37	7.75	6.76
	1.2	0.82	1.53	2.51	2.82	3.27	3.98	4.66	5.05	6.00	6.84	7.56	8.13	8.56	8.81	8.88	8.62	8.03	7.07
	1.5	0.83	1.55	2.54	2.86	3.32	4.05	4.74	5.13	6.11	6.97	7.70	8.30	8.74	9.02	9.11	8.88	8.31	7.37
	≥3	0.84	1.57	2.58	2.90	3.37	4.11	4.81	5.21	6.21	7.09	7.85	8.46	8.93	9.22	9.34	9.14	8.60	7.68
180	1	0.92	1.71	2.81	3.15	3.65	4.45	5.19	5.61	6.63	7.50	8.20	8.71	9.01	9.08	8.81	8.11	6.93	5.22
	1.05	0.93	1.74	2.84	3.19	3.70	4.51	5.26	5.69	6.74	7.63	8.35	8.88	9.20	9.29	9.04	8.36	7.21	5.53
	1.2	0.94	1.76	2.88	3.23	3.75	4.57	5.34	5.77	6.84	7.75	8.49	9.04	9.38	9.49	9.28	8.62	7.49	5.84
	1.5	0.95	1.78	2.92	3.28	3.80	4.63	5.41	5.86	6.94	7.87	8.63	9.21	9.57	9.70	9.51	8.88	7.77	6.15
	≥3	0.96	1.80	2.95	3.32	3.85	4.69	5.49	5.94	7.04	8.00	8.78	9.37	9.75	9.90	9.74	9.14	8.06	6.45
v/m·s^{-1}≈		5　　10　　15　　20　25　30　　35　40																	

注：表格中带黑框的速度为电机的负荷转速。

表 13-1-34 SPA 型窄 V 带单根基准额定功率（GB/T 13575.1—2008）

d_{d1} /mm	i 或 $1/i$	小轮转速 n_1/r·min^{-1}																	
		200	400	700	800	950	1200	1450	1600	2000	2400	2800	3200	3600	4000	4500	5000	5500	6000
		额定功率 P_N/kW																	
90	1	0.43	0.75	1.17	1.30	1.48	1.76	2.02	2.16	2.49	2.77	3.00	3.16	3.26	3.29	3.24	3.07	2.77	2.34
	1.05	0.45	0.80	1.25	1.39	1.59	1.90	2.18	2.34	2.72	3.05	3.32	3.53	3.67	3.76	3.76	3.64	3.40	3.03
	1.2	0.47	0.85	1.34	1.49	1.70	2.04	2.35	2.53	2.96	3.33	3.64	3.90	4.09	4.22	4.28	4.22	4.04	3.72
	1.5	0.50	0.89	1.42	1.58	1.81	2.18	2.52	2.71	3.19	3.60	3.96	4.27	4.50	4.68	4.80	4.80	4.67	4.41
	≥3	0.52	0.94	1.5	1.67	1.92	2.32	2.69	2.90	3.42	3.88	4.29	4.63	4.92	5.14	5.30	5.37	5.31	5.10
100	1	0.53	0.94	1.49	1.65	1.89	2.27	2.61	2.80	3.27	3.67	3.99	4.25	4.42	4.50	4.42	4.31	3.97	3.46
	1.05	0.55	0.99	1.57	1.75	2.00	2.41	2.78	2.99	3.50	3.94	4.32	4.61	4.83	4.96	5.00	4.89	4.61	4.15
	1.2	0.57	1.03	1.65	1.84	2.11	2.54	2.95	3.17	3.73	4.22	4.64	4.98	5.25	5.43	5.52	5.46	5.24	4.84
	1.5	0.60	1.08	1.73	1.93	2.22	2.68	3.11	3.36	3.96	4.50	4.96	5.35	5.66	5.89	6.04	6.04	5.88	5.53
	≥3	0.62	1.13	1.81	2.02	2.33	2.82	3.28	3.54	4.19	4.78	5.29	5.72	6.08	6.35	6.56	6.62	6.51	6.22
112	1	0.64	1.16	1.86	2.07	2.38	2.86	3.31	3.57	4.18	4.71	5.15	5.49	5.72	5.85	5.83	5.61	5.16	4.47
	1.05	0.67	1.21	1.94	2.16	2.49	3.00	3.48	3.75	4.41	4.99	5.47	5.86	6.14	6.31	6.35	6.18	5.80	5.17
	1.2	0.69	1.26	2.02	2.26	2.6	3.14	3.65	3.94	4.64	5.27	5.79	6.23	6.55	6.77	6.87	6.76	6.43	5.86
	1.5	0.71	1.30	2.10	2.35	2.71	3.28	3.82	4.12	4.87	5.54	6.12	6.60	6.97	7.23	7.39	7.34	7.06	6.55
	≥3	0.74	1.35	2.18	2.44	2.82	3.42	3.98	4.30	5.11	5.82	6.44	6.96	7.38	7.69	7.91	7.91	7.70	7.24
125	1	0.77	1.40	2.25	2.52	2.90	3.50	4.06	4.38	5.15	5.80	6.34	6.76	7.03	7.16	7.09	6.75	6.11	5.14
	1.05	0.79	1.45	2.33	2.61	3.01	3.64	4.23	4.56	5.38	6.08	6.67	7.13	7.45	7.62	7.61	7.33	6.74	5.00
	1.2	0.82	1.50	2.42	2.70	3.12	3.78	4.40	4.73	5.61	6.36	6.99	7.49	7.36	9.08	3.13	7.9	7.37	6.52
	1.5	0.84	1.54	2.50	2.80	3.23	3.92	4.56	4.93	5.84	6.63	7.31	7.86	8.28	8.54	8.65	8.48	8.01	7.21
	≥3	0.86	1.59	2.58	2.89	3.34	4.06	4.73	5.12	6.07	6.91	7.63	8.23	8.69	9.01	9.17	9.06	8.64	7.91
140	1	0.92	1.66	2.71	3.03	3.49	4.23	4.91	5.29	6.22	7.01	7.64	8.11	8.39	8.48	8.27	7.69	6.71	5.28
	1.05	0.94	1.72	2.79	3.12	3.60	4.37	5.07	5.48	6.45	7.29	7.97	8.48	8.81	8.94	8.79	8.27	7.34	5.97
	1.2	0.96	1.77	2.87	3.21	3.71	4.50	5.24	5.66	6.68	7.56	8.29	8.85	9.22	9.40	9.31	8.85	7.98	6.66
	1.5	0.99	1.82	2.95	3.31	3.82	4.64	5.41	5.84	6.91	7.84	8.61	9.22	9.64	9.85	9.83	9.42	8.61	7.35
	≥3	1.01	1.86	3.03	3.40	3.93	4.78	5.58	6.03	7.14	8.12	8.94	9.59	10.05	10.32	10.35	10.00	9.25	8.05
160	1	1.11	2.04	3.30	3.70	4.27	5.17	6.01	6.47	7.60	8.53	9.24	9.72	9.94	9.87	9.34	8.28	6.62	4.31
	1.05	1.13	2.08	3.38	3.79	4.38	5.31	6.17	6.66	7.83	8.80	9.57	10.09	10.35	10.33	9.85	8.85	7.25	5.00
	1.2	1.15	2.13	3.46	3.88	4.49	5.45	6.34	6.84	8.06	9.08	9.89	10.46	10.77	10.79	10.38	9.43	7.88	5.70
	1.5	1.18	2.18	3.55	3.98	4.60	5.59	6.51	7.03	8.29	9.36	10.21	10.83	11.18	11.25	10.90	10.01	8.52	6.39
	≥3	1.20	2.22	3.63	4.07	4.71	5.73	6.68	7.21	8.52	9.63	10.53	11.20	11.60	11.72	11.42	10.58	9.15	7.08
180	1	1.30	2.39	3.89	4.36	5.04	6.10	7.07	7.62	8.9	9.93	10.67	11.09	11.15	10.81	9.78	7.99	6.33	1.83
	1.05	1.32	2.44	3.97	4.45	5.15	6.23	7.24	7.80	9.13	10.21	11.00	11.46	11.56	11.27	10.29	8.57	6.02	2.57
	1.2	1.34	2.49	4.05	4.54	5.25	6.37	7.41	7.99	9.37	10.49	11.32	11.83	11.98	11.73	10.31	9.15	6.65	3.26
	1.5	1.37	2.53	4.13	4.64	5.36	6.51	7.57	8.17	9.60	10.76	11.64	12.20	12.39	12.19	11.33	9.72	7.29	3.95
	≥3	1.39	2.58	4.21	4.73	5.47	6.65	7.74	8.35	9.83	11.04	11.96	12.56	12.81	12.65	11.85	10.3	7.92	4.64
200	1	1.49	2.75	4.47	5.01	5.79	7.00	8.10	8.72	10.13	11.22	11.92	12.19	11.98	11.25	9.50	6.75	2.89	
	1.05	1.51	2.79	4.55	5.10	5.89	7.14	8.27	8.90	10.37	11.49	12.24	12.56	12.40	11.71	10.02	7.33	3.52	
	1.2	1.53	2.84	4.63	5.19	6.00	7.27	8.44	9.08	10.60	11.77	12.56	12.93	12.81	12.17	10.54	7.91	4.16	
	1.5	1.55	2.89	4.71	5.29	6.11	7.41	8.61	9.27	10.83	12.05	12.89	13.30	13.23	12.63	11.06	8.43	4.79	
	≥3	1.58	2.93	4.79	5.38	6.22	7.55	8.77	9.45	11.06	12.32	13.21	13.67	13.64	13.09	11.58	9.06	5.43	
224	1	1.71	3.17	5.16	5.77	6.67	8.05	9.30	9.97	11.51	12.59	13.15	13.13	12.45	11.04	8.15	3.87		
	1.05	1.73	3.21	5.24	5.87	6.78	8.19	9.46	10.16	11.74	12.86	13.47	13.49	12.86	11.50	8.67	4.44		
	1.2	1.75	3.26	5.32	5.96	6.89	8.33	9.63	10.34	11.97	13.14	13.79	13.86	13.28	11.96	9.19	5.02		
	1.5	1.78	3.30	5.40	6.05	6.99	8.46	9.80	10.53	12.2	13.42	14.12	14.23	13.69	12.42	9.71	5.60		
	≥3	1.80	3.35	5.48	6.14	7.10	8.60	9.96	10.71	12.43	13.69	14.44	14.60	14.11	12.89	10.23	6.17		
250	1	1.95	3.62	5.88	6.59	7.60	9.15	10.53	11.26	12.85	13.84	14.13	13.62	12.22	9.83	5.29			
	1.05	1.97	3.66	5.97	6.68	7.71	9.29	10.69	11.44	13.08	14.12	14.45	13.99	12.64	10.29	5.81			
	1.2	1.99	3.71	6.05	6.77	7.82	9.43	10.86	11.63	13.31	14.39	14.77	14.36	13.05	10.75	6.33			
	1.5	2.02	3.75	6.13	6.87	7.93	9.56	11.03	11.81	13.54	14.67	15.1	14.73	13.47	11.21	6.85			
	≥3	2.04	3.80	6.21	6.96	8.04	9.70	11.19	12.00	13.77	14.95	15.42	15.10	13.83	11.67	7.36			
v/m·s^{-1}≈		5		10		15		20	25	30	35	40							

注：表格中带黑框的速度为电机的负荷转速。

第 13 篇

表 13-1-35　　**SPB 型窄 V 带单根基准额定功率**（GB/T 13575.1—2008）

d_{d1} /mm	i 或 1/i	小轮转速 n_1/r·min^{-1}																
		200	400	**700**	800	**950**	1200	**1450**	1600	1800	2000	2200	2400	**2800**	3200	3600	4000	4500
		额定功率 P_N/kW																
140	1	1.08	1.92	3.02	3.35	3.83	4.55	5.19	5.54	5.95	6.31	6.62	6.86	7.15	7.17	6.89	6.23	5.00
	1.05	1.12	2.02	3.19	3.55	4.06	4.84	5.55	5.93	6.39	6.80	7.15	7.44	7.84	7.95	7.77	7.25	6.10
	1.2	1.17	2.12	3.35	3.74	4.29	5.14	5.90	6.32	6.83	7.29	7.69	8.03	8.52	8.73	8.65	8.23	7.20
	1.5	1.22	2.21	3.53	3.94	4.52	5.43	6.25	6.71	7.27	7.70	8.23	8.61	9.20	9.51	9.52	9.80	8.30
	≥3	1.27	2.31	3.70	4.13	4.76	5.72	6.61	7.40	7.71	8.26	8.76	9.20	9.89	10.29	10.40	10.18	9.39
160	1	1.37	2.47	3.92	4.37	5.01	5.98	6.86	7.33	7.89	8.38	8.80	9.13	9.52	9.53	9.10	8.21	6.36
	1.05	1.41	2.57	4.10	4.57	5.24	6.28	7.21	7.72	8.33	8.87	9.33	9.71	10.2	10.31	9.98	9.18	7.45
	1.2	1.46	2.66	4.27	4.76	5.17	6.57	7.56	8.11	8.77	9.36	9.87	10.30	10.89	11.09	10.86	10.16	8.55
	1.5	1.51	2.76	4.44	4.96	5.70	6.86	7.92	8.50	9.21	9.85	10.41	10.88	11.57	11.87	11.74	11.13	9.65
	≥3	1.56	2.86	4.61	5.15	5.93	7.15	8.27	8.89	9.65	10.33	10.94	11.47	12.25	12.65	12.61	12.11	10.75
180	1	1.65	3.01	4.82	5.37	6.16	7.38	8.46	9.05	9.74	10.34	10.83	11.21	11.62	11.49	10.77	9.40	6.68
	1.05	1.70	3.11	4.99	5.57	6.40	7.67	8.82	9.44	10.18	10.83	11.37	11.80	12.30	12.27	11.65	10.37	7.77
	1.2	1.75	3.20	5.16	5.76	6.63	7.97	9.17	9.83	10.62	11.32	11.91	12.39	12.98	13.05	12.52	11.35	8.87
	1.5	1.80	3.30	5.83	5.96	6.86	8.26	9.53	10.22	11.06	11.80	12.44	12.97	13.66	13.83	13.40	12.32	9.97
	≥3	1.85	3.40	5.50	6.15	7.09	8.55	9.88	10.61	11.50	12.29	12.98	13.56	14.35	14.61	14.28	13.30	11.07
200	1	1.94	3.54	5.69	6.35	7.30	8.74	10.02	10.70	11.50	12.18	12.72	13.11	13.41	13.01	11.83	9.77	5.85
	1.05	1.99	3.64	5.86	6.55	7.53	9.04	10.37	11.09	11.94	12.67	13.25	13.69	14.10	13.79	12.71	10.75	6.95
	1.2	2.03	3.74	6.03	6.75	7.76	9.33	10.73	11.48	12.38	13.15	13.79	14.28	14.78	14.57	13.69	11.72	8.04
	1.5	2.08	3.84	6.21	6.94	7.99	9.52	11.03	11.87	12.82	13.64	11.33	14.86	15.46	15.36	14.46	12.70	9.14
	≥3	2.13	3.93	6.38	7.14	8.23	9.91	11.43	12.26	13.26	14.13	14.86	15.45	16.14	16.14	15.34	13.68	10.24
224	1	2.28	4.18	6.73	7.52	8.63	10.33	11.81	12.59	13.49	14.21	14.76	15.10	15.14	14.22	12.23	9.04	3.18
	1.05	2.32	4.28	6.90	7.71	8.86	10.62	12.17	12.98	13.93	14.70	15.29	15.69	15.83	15.00	13.11	10.01	4.28
	1.2	2.37	4.37	7.07	7.91	9.10	10.92	12.58	13.37	14.37	15.19	15.83	16.27	16.51	15.78	13.98	10.99	5.38
	1.5	2.42	4.47	7.24	8.10	9.33	11.21	12.87	13.76	14.80	15.68	16.37	16.86	17.19	16.57	14.86	11.96	6.47
	≥3	2.47	4.57	7.41	8.30	9.56	11.50	13.23	14.15	15.24	16.16	16.90	17.44	17.87	17.35	15.74	12.94	7.57
250	1	2.64	4.86	7.84	8.75	10.04	11.99	13.66	14.51	15.47	16.19	16.68	16.89	16.44	14.69	11.48	6.63	
	1.05	2.69	4.96	8.01	8.94	10.27	12.28	14.01	14.90	15.91	16.68	17.21	17.47	17.13	15.47	12.36	7.61	
	1.2	2.74	5.05	8.18	9.14	10.50	12.57	14.37	15.29	16.35	17.17	17.75	18.06	17.81	16.25	13.23	8.58	
	1.5	2.79	5.15	8.35	9.33	10.74	12.87	14.72	15.68	16.78	17.66	18.28	18.65	18.49	17.03	14.11	9.55	
	≥3	2.83	5.25	8.52	9.53	10.97	13.16	15.07	16.07	17.22	18.15	18.82	19.23	19.17	17.81	14.99	10.53	
280	1	3.05	5.63	9.09	10.14	11.62	13.82	15.65	16.56	17.52	18.17	18.48	18.43	17.13	14.04	8.92	1.55	
	1.05	3.10	5.73	9.26	10.33	11.85	14.11	16.01	16.95	17.96	18.65	19.01	19.01	17.81	14.82	9.80	2.53	
	1.2	3.15	5.83	9.43	10.53	12.08	14.41	16.36	17.34	18.39	19.14	19.55	19.60	18.49	15.60	10.68	3.50	
	1.5	3.20	5.93	9.6	10.72	12.32	14.70	16.72	17.73	18.83	19.63	20.09	20.18	19.18	16.38	11.56	4.48	
	≥3	3.25	6.02	9.77	10.92	12.55	14.99	17.07	18.12	19.27	20.12	20.62	20.77	19.86	17.16	12.43	5.45	
315	1	3.53	6.53	10.51	11.71	13.40	15.84	17.79	18.70	19.55	20.00	19.97	19.44	16.71	11.47	3.40		
	1.05	3.58	6.62	10.68	11.91	13.68	16.13	18.15	19.09	20.00	20.49	20.51	20.03	17.39	12.25	4.28		
	1.2	3.63	6.72	10.85	12.11	13.86	16.43	18.50	19.48	20.44	20.97	21.05	20.61	18.07	13.03	5.16		
	1.5	3.68	6.82	11.02	12.30	14.09	16.72	18.85	19.87	20.88	21.46	21.58	21.20	18.76	13.81	6.04		
	≥3	3.73	6.92	11.19	12.50	14.38	17.01	19.21	20.26	21.32	21.95	22.12	21.78	19.44	14.59	6.91		
355	1	4.08	7.53	12.10	13.46	15.33	17.99	19.96	20.78	21.39	21.42	20.79	19.46	14.45	5.91			
	1.05	4.18	7.63	12.27	13.65	15.57	18.28	20.31	21.17	21.83	21.91	21.33	20.05	15.13	6.69			
	1.2	4.17	7.73	12.44	13.85	15.80	18.57	20.67	21.56	22.27	22.39	21.87	20.63	15.81	7.47			
	1.5	4.22	7.82	12.61	14.04	16.03	18.86	21.02	21.95	22.71	22.88	22.40	21.22	16.50	8.85			
	≥3	4.27	7.92	12.78	14.24	16.26	19.16	21.37	22.34	23.15	23.37	22.94	21.80	17.18	9.03			
400	1	4.68	8.64	13.82	15.34	17.39	20.17	22.02	22.62	22.76	22.07	20.46	17.87	9.37				
	1.05	4.73	8.74	13.99	15.53	17.62	20.46	22.37	23.01	23.19	22.55	21.00	18.46	10.05				
	1.2	4.78	8.84	14.16	15.73	17.85	20.75	22.72	23.4	23.63	23.04	21.54	19.04	10.74				
	1.5	4.83	8.94	14.33	15.92	18.09	21.05	23.08	23.79	24.07	23.53	22.07	19.63	11.42				
	≥3	4.87	9.03	14.50	16.12	18.32	21.34	23.43	24.18	24.51	24.02	22.61	20.21	12.10				
v/m·s^{-1}≈			5	10	15		20	25	30	35	40							

注：表格中带黑框的速度为电机的负荷转速。

表 13-1-36 SPC 型窄 V 带单根基准额定功率（GB/T 13575.1—2008）

d_{d1} /mm	i 或 $1/i$	小轮转速 n_1/r·min^{-1}																
		200	300	400	500	600	**700**	800	**950**	1200	**1450**	1600	1800	2000	2200	2400	**2800**	3200
		额定功率 P_N/kW																
224	1	2.90	4.08	5.19	6.23	7.21	8.13	8.99	10.19	11.89	13.22	13.81	14.35	14.58	14.47	14.01	11.89	8.01
	1.05	3.02	4.26	5.43	6.53	7.57	8.55	9.47	10.76	12.61	14.09	14.77	15.43	15.78	15.79	15.44	13.57	9.93
	1.2	3.14	4.44	5.67	6.83	7.92	8.97	9.95	11.33	13.33	14.95	15.73	16.51	16.98	17.11	16.88	15.25	11.85
	1.5	3.26	4.62	5.91	7.13	8.28	8.39	10.43	11.90	14.05	15.82	16.69	17.59	18.17	18.43	19.32	16.92	13.77
	≥3	3.38	4.80	6.15	7.43	8.64	9.81	10.91	12.47	14.77	16.69	17.65	18.66	19.37	19.75	19.75	18.60	15.68
250	1	3.50	4.95	6.31	7.60	8.81	9.95	11.02	12.51	14.61	16.21	16.52	17.52	17.70	17.44	16.69	13.60	8.12
	1.05	3.62	5.13	6.55	7.89	9.17	10.37	11.50	13.07	15.33	17.08	17.88	18.59	18.90	18.76	18.13	15.28	10.04
	1.2	3.74	5.31	6.79	8.19	9.53	10.79	11.98	13.64	16.05	17.95	18.83	19.67	20.10	20.08	19.57	16.96	11.96
	1.5	3.86	5.49	7.03	8.49	9.89	11.21	12.46	14.21	16.77	18.82	19.79	20.78	21.30	21.40	21.01	18.64	13.88
	≥3	3.98	5.67	7.27	8.79	10.25	11.63	12.94	14.78	17.49	19.69	20.75	21.83	22.50	22.72	22.45	20.32	15.80
280	1	4.18	5.94	7.59	9.15	10.62	12.01	13.31	15.10	17.60	19.44	20.20	20.75	20.75	20.13	18.86	14.11	6.10
	1.05	4.30	6.12	7.83	9.45	10.98	12.43	13.79	15.67	18.32	20.31	21.16	21.83	21.95	21.45	20.30	15.79	8.02
	1.2	4.42	6.30	8.07	9.75	11.34	12.85	14.27	16.24	19.04	21.18	22.12	22.91	23.15	22.77	21.73	17.47	9.93
	1.5	4.54	6.48	8.31	10.05	11.70	13.27	14.75	16.81	19.76	22.05	23.07	23.99	24.34	24.09	23.17	19.15	11.85
	≥3	4.66	6.66	8.55	10.35	12.06	13.69	15.23	17.38	20.48	22.92	24.03	25.07	25.54	25.41	24.61	20.83	13.77
315	1	4.97	7.08	9.07	10.94	12.70	14.36	15.90	18.01	20.88	22.87	23.58	23.91	23.47	22.18	19.98	12.53	
	1.05	5.09	7.26	9.31	11.24	13.06	14.78	16.38	18.58	21.60	23.74	24.54	24.99	24.67	23.50	21.42	14.20	
	1.2	5.21	7.44	9.55	11.54	13.42	15.20	16.86	19.15	22.32	24.60	25.50	26.07	25.87	24.82	32.86	15.88	
	1.5	5.33	7.62	9.79	11.84	13.73	15.62	17.34	19.72	23.04	25.47	26.46	27.15	27.07	26.41	24.30	17.56	
	≥3	5.45	7.80	10.03	12.14	14.14	16.04	17.82	20.29	23.76	26.34	27.42	28.23	28.26	27.46	25.74	19.24	
355	1	5.87	8.37	10.72	12.94	15.02	16.96	18.76	21.17	24.34	26.29	26.80	26.62	25.37	22.94	19.22		
	1.05	5.99	8.55	10.96	13.24	15.38	17.38	19.24	21.74	25.06	27.16	27.76	27.70	26.57	24.26	20.66		
	1.2	6.11	8.73	11.20	13.54	15.74	17.80	19.72	22.31	25.78	28.03	28.72	28.78	27.77	25.58	22.10		
	1.5	6.23	8.91	11.44	13.84	16.10	18.22	20.20	22.88	26.50	28.90	29.68	29.86	28.97	26.90	23.54		
	≥3	6.35	9.09	11.68	14.14	16.46	18.64	20.68	23.45	27.22	29.77	30.64	30.94	30.17	28.22	24.98		
400	1	6.86	9.80	12.56	15.15	17.56	19.79	21.84	24.52	27.83	29.46	29.53	28.42	25.81	21.54	15.48		
	1.05	6.98	9.98	12.80	15.45	17.92	20.12	22.32	25.09	28.55	30.33	30.49	29.50	27.01	22.86	16.91		
	1.2	7.10	10.16	13.04	15.75	18.28	20.63	22.80	25.66	29.27	31.20	31.45	30.58	28.21	24.18	18.35		
	1.5	7.22	10.34	13.28	16.04	18.64	21.05	23.28	26.23	29.99	32.07	32.41	31.66	29.41	25.50	19.79		
	≥3	7.34	10.52	13.52	16.34	19.00	21.47	23.76	26.80	30.70	32.94	33.37	32.74	30.60	26.82	21.23		
450	1	7.96	11.37	14.56	17.54	20.29	22.81	25.07	27.94	31.15	32.06	31.33	28.69	23.95	16.89			
	1.05	8.08	11.53	14.08	17.83	20.65	23.23	25.55	28.51	31.87	32.93	32.29	29.77	25.15	18.21			
	1.2	8.20	11.73	15.04	18.13	21.01	23.65	26.03	29.08	32.59	33.80	33.25	30.85	26.34	16.53			
	1.5	8.32	11.91	15.28	18.43	21.37	24.07	26.51	29.65	33.31	34.67	34.21	31.92	27.54	20.85			
	≥3	8.44	12.09	15.52	18.73	21.73	24.48	26.99	30.22	34.03	35.54	35.16	33.00	28.74	22.17			
500	1	9.04	12.91	16.52	19.86	22.92	25.67	28.09	31.04	33.85	33.58	31.07	26.94	19.35				
	1.05	9.16	13.09	16.76	20.16	23.28	26.09	28.57	31.61	34.57	34.45	32.66	28.02	20.54				
	1.2	9.28	13.27	17.00	20.46	23.64	26.51	29.05	32.18	35.29	35.31	33.62	29.10	21.74				
	1.5	9.40	13.45	17.24	20.76	24.00	26.93	29.53	32.75	36.01	36.18	34.57	30.18	22.94				
	≥3	9.52	13.63	17.48	21.06	24.35	27.35	30.01	33.32	36.73	37.05	35.53	31.26	24.14				
560	1	10.32	14.74	18.82	22.56	25.93	28.90	31.43	34.29	36.18	33.83	30.05	21.90					
	1.05	10.44	14.92	19.06	22.86	26.29	29.32	31.91	24.86	36.90	34.70	31.01	22.98					
	1.2	10.56	15.09	19.30	23.16	26.65	29.74	32.39	35.43	37.62	35.57	31.97	24.05					
	1.5	10.68	15.27	19.54	23.46	27.01	30.16	32.87	36.00	38.34	36.44	32.93	25.14					
	≥3	10.80	15.45	19.78	23.76	27.37	30.58	33.35	36.57	39.06	37.31	33.89	26.22					
630	1	11.80	16.82	21.42	25.56	29.25	32.37	34.88	37.37	37.52	31.74	24.90						
	1.05	11.92	17.00	21.66	25.88	29.61	32.79	35.36	37.94	38.24	32.61	25.92						
	1.2	12.04	17.18	21.90	26.18	29.96	33.21	35.84	38.51	38.96	33.48	26.88						
	1.5	12.16	17.36	22.14	26.48	30.32	33.63	36.32	39.07	39.68	34.35	27.84						
	≥3	12.28	17.54	22.38	26.78	30.68	34.04	36.80	39.64	40.40	35.22	28.79						
v/m·s^{-1}≈			10	15		20	25	30	35	40								

注：表格中带黑框的速度为电机的负荷转速。

表 13-1-37 9N、9J 基本额定功率值 P_1 和附加功率值 ΔP_1（13575.2—2008） kW

n_1 /r·min^{-1}	d_{e1}/mm														i									
	67	71	75	80	90	100	112	125	140	160	180	200	250	315	1.00~1.01	1.02~1.05	1.06~1.11	1.12~1.18	1.19~1.26	1.27~1.38	1.39~1.57	1.58~1.94	1.95~3.38	3.39~以上
	P_1														ΔP_1									
575	0.52	0.60	0.68	0.78	0.97	1.16	1.39	1.64	1.92	2.30	2.67	3.03	3.93	5.06	0.0	0.01	0.02	0.04	0.05	0.07	0.08	0.09	0.09	0.10
690	0.60	0.70	0.79	0.91	1.14	1.37	1.64	1.93	2.26	2.70	3.14	3.57	4.62	5.94	0.0	0.01	0.03	0.05	0.07	0.08	0.09	0.10	0.11	0.12
725	0.63	0.73	0.82	0.95	1.90	1.43	1.71	2.02	2.37	2.83	3.28	3.73	4.83	6.21	0.0	0.01	0.03	0.05	0.07	0.08	0.10	0.11	0.12	0.13
870	0.73	0.84	0.96	1.10	1.39	1.67	2.01	2.37	2.78	3.32	3.86	4.38	5.67	7.27	0.0	0.01	0.03	0.06	0.08	0.10	0.12	0.13	0.14	0.15
950	0.78	0.91	1.03	1.19	1.50	1.80	2.17	2.56	3.00	3.59	4.17	4.73	6.11	7.83	0.0	0.01	0.04	0.07	0.09	0.11	0.13	0.14	0.16	0.17
1160	0.91	1.07	1.22	1.40	1.77	2.14	2.58	3.05	3.58	4.27	4.96	5.63	7.25	9.22	0.0	0.02	0.05	0.08	0.11	0.13	0.16	0.17	0.19	0.20
1425	1.07	1.26	1.44	1.66	2.11	2.55	3.08	3.63	4.27	5.10	5.91	6.70	8.58	10.81	0.0	0.02	0.06	0.10	0.13	0.16	0.19	0.21	0.23	0.25
1750	1.26	1.47	1.69	1.96	2.50	3.03	3.66	4.32	5.07	6.05	7.00	7.91	10.04	12.45	0.0	0.03	0.07	0.12	0.16	0.20	0.23	0.26	0.29	0.30
2850	1.78	2.12	2.45	2.86	3.67	4.47	5.39	6.35	7.41	8.75	9.98	11.09	13.32		0.0	0.04	0.11	0.20	0.27	0.33	0.38	0.43	0.47	0.50
3450	2.01	2.41	2.80	3.28	4.22	5.12	6.17	7.24	8.41	9.82	11.05	12.10			0.0	0.05	0.14	0.24	0.33	0.39	0.46	0.52	0.57	0.60
100	0.12	0.13	0.15	0.17	0.21	0.24	0.29	0.34	0.39	0.47	0.54	0.61	0.79	1.02	0.0	0.00	0.00	0.01	0.01	0.01	0.01	0.02	0.02	0.02
200	0.21	0.24	0.27	0.31	0.38	0.46	0.54	0.69	0.74	0.88	1.02	1.16	1.50	1.94	0.0	0.00	0.01	0.01	0.02	0.02	0.03	0.03	0.03	0.03
300	0.30	0.35	0.39	0.44	0.55	0.66	0.78	0.92	1.07	1.28	1.48	1.68	2.18	2.81	0.0	0.00	0.01	0.02	0.03	0.03	0.04	0.05	0.05	0.05
400	0.38	0.44	0.50	0.57	0.71	0.85	1.01	1.19	1.39	1.66	1.92	2.18	2.83	3.65	0.0	0.01	0.02	0.03	0.04	0.05	0.05	0.06	0.07	0.07
500	0.46	0.53	0.60	0.69	0.86	1.03	1.23	1.45	1.70	2.03	2.35	2.67	3.46	4.46	0.0	0.01	0.02	0.03	0.05	0.06	0.07	0.08	0.08	0.09
600	0.54	0.62	0.70	0.80	1.01	1.21	1.45	1.71	2.00	2.39	2.77	3.15	4.08	5.25	0.0	0.01	0.02	0.04	0.06	0.07	0.08	0.09	0.10	0.10
700	0.61	0.70	0.80	0.92	1.15	1.38	1.66	1.96	2.29	2.74	3.18	3.61	4.68	6.02	0.0	0.01	0.03	0.05	0.07	0.08	0.09	0.11	0.11	0.12
800	0.68	0.79	0.89	1.03	1.29	1.55	1.87	2.20	2.58	3.08	3.58	4.07	5.26	6.76	0.0	0.01	0.03	0.06	0.08	0.09	0.11	0.12	0.13	0.14
900	0.75	0.87	0.99	1.13	1.43	1.72	2.07	2.44	2.86	3.42	3.97	4.51	5.83	7.48	0.0	0.01	0.04	0.06	0.08	0.10	0.12	0.14	0.15	0.16
1000	0.81	0.94	1.08	1.24	1.56	1.89	2.27	2.68	3.14	3.75	4.36	4.95	6.39	8.17	0.0	0.01	0.04	0.07	0.09	0.11	0.13	0.15	0.16	0.17
1100	0.88	1.02	1.16	1.34	1.70	2.05	2.46	2.91	3.42	4.08	4.73	5.38	6.93	8.84	0.0	0.02	0.04	0.08	0.10	0.13	0.15	0.17	0.18	0.19
1200	0.94	1.09	1.25	1.44	1.83	2.21	2.66	3.14	3.68	4.40	5.10	5.79	7.46	9.48	0.0	0.02	0.05	0.08	0.11	0.14	0.16	0.18	0.20	0.21
1300	1.00	1.17	1.33	1.54	1.95	2.36	3.84	3.36	3.95	4.71	5.47	6.20	7.97	10.09	0.0	0.02	0.05	0.09	0.12	0.15	0.17	0.20	0.21	0.23
1400	1.06	1.24	1.42	1.64	2.08	2.51	3.03	3.58	4.21	5.02	5.82	6.60	8.46	10.67	0.0	0.02	0.06	0.10	0.13	0.16	0.19	0.21	0.23	0.24
1500	1.12	1.31	1.50	1.73	2.20	2.67	3.21	3.80	4.46	5.32	6.17	6.99	8.93	11.22	0.0	0.02	0.06	0.10	0.14	0.17	0.20	0.23	0.25	0.26
1600	1.17	1.38	1.58	1.83	2.32	2.81	3.39	4.01	4.71	5.62	6.50	7.36	9.39	11.74	0.0	0.02	0.06	0.11	0.15	0.18	0.21	0.24	0.26	0.28
1700	1.23	1.44	1.66	1.92	2.44	2.96	3.57	4.22	4.95	5.91	6.83	7.73	9.83	12.22	0.0	0.02	0.07	0.12	0.16	0.19	0.23	0.26	0.28	0.30
1800	1.28	1.51	1.73	2.01	2.56	3.10	3.74	4.42	5.19	6.19	7.16	8.09	10.25	12.67	0.0	0.03	0.07	0.12	0.17	0.21	0.24	0.27	0.30	0.31
1900	1.33	1.57	1.81	2.10	2.68	3.24	3.91	4.63	5.43	6.47	7.47	8.43	10.65	13.08	0.0	0.03	0.08	0.13	0.18	0.22	0.25	0.29	0.31	0.33
2000	1.39	1.63	1.88	2.19	2.79	3.38	4.08	4.82	5.66	6.74	7.77	8.77	11.03	13.45	0.0	0.03	0.08	0.14	0.19	0.23	0.27	0.30	0.33	0.35
2100	1.44	1.70	1.95	2.27	2.90	3.52	4.25	5.02	5.88	7.00	8.07	9.09	11.39	13.78	0.0	0.03	0.08	0.15	0.20	0.24	0.28	0.32	0.34	0.36

续表

n_1 /r·min^{-1}	d_{e1}/mm														i									
	67	71	75	80	90	100	112	125	140	160	180	200	250	315	1.00～1.01	1.02～1.05	1.06～1.11	1.12～1.18	1.19～1.26	1.27～1.38	1.39～1.57	1.58～1.94	1.95～3.38	3.39～以上
	P_1														ΔP_1									
2200	1.49	1.76	2.02	2.35	3.01	3.65	4.41	5.21	6.11	7.26	8.36	9.40	11.73	14.07	0.0	0.03	0.09	0.15	0.21	0.25	0.29	0.33	0.36	0.38
2300	1.53	1.81	2.09	2.44	3.12	3.78	4.57	5.39	6.32	7.51	8.63	9.70	12.04	14.32	0.0	0.03	0.09	0.16	0.22	0.26	0.31	0.35	0.38	0.40
2400	1.58	1.87	2.16	2.52	3.22	3.91	4.72	5.58	6.53	7.75	8.90	9.98	12.33	14.52	0.0	0.03	0.10	0.17	0.23	0.27	0.32	0.36	0.39	0.42
2500	1.63	1.93	2.23	2.60	3.33	4.04	4.88	5.76	6.74	7.98	9.16	10.25	12.60		0.0	0.04	0.10	0.17	0.24	0.29	0.33	0.38	0.41	0.43
2600	1.67	1.98	2.29	2.68	3.43	4.16	5.03	5.93	6.94	8.21	9.41	10.51	12.84		0.0	0.04	0.10	0.18	0.25	0.30	0.35	0.39	0.43	0.45
2700	1.72	2.04	2.36	2.75	3.53	4.29	5.17	6.10	7.13	8.43	9.64	10.75	13.05		0.0	0.04	0.11	0.19	0.25	0.31	0.36	0.41	0.44	0.47
2800	1.76	2.09	2.42	2.83	3.63	4.41	5.32	6.27	7.32	8.64	9.87	10.98	13.24		0.0	0.04	0.11	0.19	0.26	0.32	0.37	0.42	0.46	0.49
2900	1.8	2.14	2.48	2.90	3.72	4.52	5.46	6.43	7.50	8.85	10.08	11.20	13.40		0.0	0.04	0.12	0.20	0.27	0.33	0.39	0.44	0.48	0.50
3000	1.84	2.19	2.54	2.97	3.82	4.64	5.59	6.59	7.68	9.04	10.29	11.40	13.53		0.0	0.04	0.12	0.21	0.28	0.34	0.40	0.45	0.49	0.52
3100	1.88	2.24	2.60	3.04	3.91	4.75	5.73	6.74	7.85	9.23	10.48	11.58			0.0	0.05	0.12	0.21	0.29	0.35	0.41	0.47	0.51	0.54
3200	1.92	2.29	2.66	3.11	4.00	4.86	5.86	6.89	8.02	9.41	10.66	11.75			0.0	0.05	0.13	0.22	0.30	0.37	0.43	0.48	0.52	0.56
3300	1.96	2.34	2.72	3.18	4.09	4.97	5.98	7.04	8.18	9.58	10.83	11.90			0.0	0.05	0.13	0.23	0.31	0.38	0.44	0.50	0.54	0.57
3400	2.00	2.39	2.77	3.25	4.17	5.07	6.11	7.18	8.33	9.74	10.98	12.04			0.0	0.05	0.14	0.24	0.32	0.39	0.45	0.51	0.56	0.59
3500	2.03	2.43	2.82	3.31	4.26	5.17	6.23	7.31	8.48	9.89	11.12	12.15			0.0	0.05	0.14	0.24	0.33	0.40	0.47	0.53	0.57	0.61
3600	2.07	2.47	2.88	3.37	4.34	5.27	6.34	7.44	8.62	10.04	11.25	12.25			0.0	0.05	0.14	0.25	0.34	0.41	0.48	0.54	0.59	0.63
3700	2.10	2.52	2.93	3.43	4.42	5.37	6.46	7.57	8.76	10.17	11.37	12.33			0.0	0.05	0.15	0.26	0.35	0.42	0.49	0.56	0.61	0.64
3800	2.13	2.56	2.98	3.49	4.50	5.46	6.57	7.69	8.88	10.29	11.47	12.40			0.0	0.06	0.15	0.26	0.36	0.43	0.51	0.57	0.62	0.66
3900	2.16	2.60	3.03	3.55	4.57	5.55	6.67	7.80	9.00	10.40	11.56				0.0	0.06	0.15	0.27	0.37	0.45	0.52	0.59	0.64	0.68
4000	2.19	2.64	3.07	3.61	4.65	5.64	6.77	7.91	9.12	10.51	11.63				0.0	0.06	0.16	0.28	0.38	0.46	0.54	0.60	0.66	0.69
4100	2.22	2.67	3.12	3.66	4.72	5.73	6.87	8.02	9.22	10.60	11.69				0.0	0.06	0.16	0.28	0.39	0.47	0.55	0.62	0.67	0.71
4200	2.25	2.71	3.16	3.72	4.79	5.81	6.96	8.12	9.32	10.68	11.74				0.0	0.06	0.17	0.29	0.40	0.48	0.56	0.63	0.69	0.73
4300	2.28	2.75	3.20	3.77	4.85	5.89	7.05	8.21	9.41	10.75					0.0	0.06	0.17	0.30	0.41	0.49	0.58	0.65	0.71	0.75
4400	2.31	2.78	3.25	3.82	4.92	5.96	7.14	8.30	9.50	10.81					0.0	0.06	0.17	0.30	0.41	0.50	0.59	0.66	0.72	0.76
4500	2.33	2.81	3.29	3.87	4.98	6.04	7.22	8.39	9.57	10.86					0.0	0.07	0.18	0.31	0.42	0.51	0.60	0.68	0.74	0.78
4600	2.35	2.84	3.32	3.91	5.04	6.11	7.30	8.46	9.64	10.90					0.0	0.07	0.18	0.32	0.43	0.53	0.62	0.69	0.75	0.80
4700	2.38	2.87	3.36	3.96	5.10	6.17	7.37	8.53	9.70	10.92					0.0	0.07	0.19	0.33	0.44	0.54	0.63	0.71	0.77	0.82
4800	2.40	2.90	3.40	4.00	5.15	6.24	7.44	8.60	9.75	10.93					0.0	0.07	0.19	0.33	0.45	0.55	0.64	0.72	0.79	0.83
4900	2.42	2.93	3.43	4.04	5.21	6.30	7.50	8.66	9.79						0.0	0.07	0.19	0.34	0.46	0.56	0.66	0.74	0.80	0.85
5000	2.44	2.96	3.46	4.08	5.26	6.36	7.56	8.71	9.83						0.0	0.07	0.20	0.35	0.47	0.57	0.67	0.75	0.82	0.87

表 1-38 15N、15J 基本额定功率值 P_1 和附加功率值 ΔP_1（13575.2—2008） kW

n_1 /r·min^{-1}	d_{e1}/mm													i									
	180	190	200	212	224	236	250	280	315	355	400	450	500	1.00～1.01	1.02～1.05	1.06～1.11	1.12～1.18	1.19～1.26	1.27～1.38	1.39～1.57	1.58～1.94	1.95～3.38	3.39～以上
	P_1													ΔP_1									
485	4.63	5.09	5.55	6.10	6.65	7.19	7.82	9.16	10.70	12.44	14.36	16.45	18.51	0.0	0.04	0.11	0.19	0.26	0.31	0.37	0.41	0.45	0.48
575	5.36	5.90	6.44	7.08	7.71	8.35	9.08	10.64	12.43	14.44	16.65	19.06	21.40	0.0	0.05	0.13	0.23	0.31	0.37	0.44	0.49	0.53	0.57
690	6.26	6.90	7.53	8.28	9.03	9.78	10.64	12.46	14.55	16.89	19.45	22.21	24.88	0.0	0.06	0.16	0.27	0.37	0.45	0.52	0.59	0.64	0.68
725	6.53	7.20	7.86	8.64	9.43	10.20	11.10	13.00	15.18	17.61	20.27	23.13	25.89	0.0	0.06	0.16	0.28	0.39	0.47	0.55	0.62	0.67	0.71
870	7.61	8.39	9.17	10.09	11.00	11.91	12.96	15.17	17.69	20.49	23.51	26.73	29.78	0.0	0.07	0.20	0.34	0.46	0.56	0.66	0.74	0.81	0.88
950	8.19	9.03	9.87	10.86	11.85	12.82	13.95	16.32	19.01	21.99	25.19	28.56	31.73	0.0	0.08	0.21	0.37	0.51	0.61	0.72	0.81	0.88	0.93
1160	9.63	10.63	11.62	12.79	13.95	15.09	16.41	19.16	22.25	25.61	29.15	32.78	36.14	0.0	0.10	0.26	0.45	0.62	0.75	0.88	0.99	1.08	1.14
1425	11.31	12.49	13.65	15.02	16.37	17.69	19.21	22.35	25.81	29.46	33.17	36.73		0.0	0.12	0.32	0.56	0.76	0.92	1.08	1.21	1.32	1.40
1750	13.15	14.52	15.86	17.43	18.97	20.46	22.16	25.60	29.26	32.93	36.34			0.0	0.14	0.39	0.69	0.93	1.13	1.33	1.49	1.62	1.72
2850	17.30	19.00	20.60	22.40	24.06	25.58	27.15							0.0	0.24	0.64	1.12	1.52	1.84	2.16	2.43	2.65	2.80
3450	17.95	19.56	21.02	22.56	23.86									0.0	0.28	0.78	1.35	1.84	2.23	2.61	2.94	3.20	3.59
50	0.62	0.67	0.73	0.79	0.86	0.93	1.00	1.17	1.36	1.57	1.81	2.07	2.34	0.0	0.00	0.01	0.02	0.03	0.03	0.04	0.04	0.05	0.05
60	0.73	0.79	0.86	0.94	1.02	1.09	1.19	1.38	1.60	1.86	2.14	2.46	2.77	0.0	0.00	0.01	0.02	0.03	0.04	0.05	0.05	0.06	0.06
70	0.83	0.91	0.99	1.08	1.17	1.26	1.36	1.59	1.85	2.14	2.47	2.83	3.19	0.0	0.01	0.02	0.03	0.04	0.05	0.05	0.06	0.06	0.07
80	0.94	1.03	1.11	1.22	1.32	1.42	1.54	1.80	2.09	2.42	2.79	3.20	3.61	0.0	0.01	0.02	0.03	0.04	0.05	0.06	0.07	0.07	0.08
90	1.05	1.14	1.24	1.35	1.47	1.58	1.72	2.00	2.33	2.70	3.11	3.57	4.02	0.0	0.01	0.02	0.04	0.05	0.06	0.07	0.08	0.08	0.09
100	1.15	1.26	1.36	1.49	1.62	1.74	1.89	2.20	2.56	2.97	3.43	3.93	4.44	0.0	0.01	0.02	0.04	0.05	0.06	0.08	0.09	0.09	0.10
150	1.65	1.81	1.96	2.15	2.33	2.52	2.73	3.19	3.71	4.31	4.98	5.71	6.44	0.0	0.01	0.03	0.06	0.08	0.10	0.11	0.13	0.14	0.15
200	2.13	2.33	2.54	2.78	3.02	3.26	3.54	4.14	4.83	5.61	6.47	7.43	8.38	0.0	0.02	0.04	0.08	0.11	0.13	0.15	0.17	0.19	0.20
250	2.59	2.84	3.09	3.39	3.69	3.99	4.33	5.06	5.91	6.87	7.93	9.10	10.26	0.0	0.02	0.06	0.10	0.13	0.16	0.19	0.21	0.23	0.25
300	3.05	3.34	3.64	3.99	4.34	4.69	5.10	5.97	6.97	8.10	9.35	10.73	12.10	0.0	0.02	0.07	0.12	0.16	0.19	0.23	0.26	0.28	0.30
350	3.49	3.83	4.17	4.58	4.98	5.38	5.85	6.85	8.00	9.30	10.74	12.33	13.89	0.0	0.03	0.08	0.14	0.19	0.23	0.27	0.30	0.32	0.34
400	3.92	4.30	4.69	5.15	5.61	6.06	6.59	7.72	9.02	10.48	12.11	13.89	15.64	0.0	0.03	0.09	0.16	0.21	0.26	0.30	0.34	0.37	0.39
450	4.34	4.77	5.20	5.71	6.22	6.73	7.32	8.57	10.01	11.64	13.44	15.41	17.34	0.0	0.04	0.10	0.18	0.24	0.29	0.34	0.38	0.42	0.44
500	4.75	5.23	5.70	6.26	6.83	7.38	8.03	9.41	10.99	12.77	14.75	16.89	19.00	0.0	0.04	0.11	0.20	0.27	0.32	0.38	0.43	0.46	0.49
550	5.16	5.68	6.19	6.81	7.42	8.03	8.73	10.23	11.95	13.89	16.02	18.35	20.61	0.0	0.05	0.12	0.22	0.29	0.36	0.42	0.47	0.51	0.54
600	5.56	6.12	6.68	7.34	8.00	8.66	9.42	11.04	12.90	14.98	17.27	19.76	22.18	0.0	0.05	0.13	0.24	0.32	0.39	0.45	0.51	0.56	0.59
650	5.95	6.56	7.15	7.87	8.58	9.28	10.10	11.82	13.82	16.45	18.49	21.14	23.70	0.0	0.05	0.15	0.25	0.35	0.42	0.49	0.55	0.60	0.64
700	6.34	6.98	7.62	8.39	9.15	9.90	10.77	12.62	14.73	17.10	19.69	22.48	25.18	0.0	0.06	0.16	0.27	0.37	0.45	0.53	0.60	0.65	0.69

续表

n_1 /r·min^{-1}	d_{e1}/mm													i									
	180	190	200	212	224	236	250	280	315	355	400	450	500	1.00～1.01	1.02～1.05	1.06～1.11	1.12～1.18	1.19～1.26	1.27～1.38	1.39～1.57	1.58～1.94	1.95～3.38	3.39～以上
	P_1													ΔP_1									
750	6.72	7.41	8.09	8.90	9.70	10.50	11.43	13.38	15.62	18.12	20.85	23.78	26.60	0.0	0.06	0.17	0.29	0.40	0.18	0.57	0.64	0.70	0.74
800	7.10	7.82	8.54	9.40	10.25	11.10	12.07	14.14	16.50	19.12	21.98	25.04	27.96	0.0	0.07	0.18	0.31	0.43	0.52	0.61	0.68	0.74	0.79
850	7.47	8.23	8.99	9.89	10.79	11.68	12.71	14.88	17.35	20.10	23.08	26.25	29.28	0.0	0.07	0.19	0.33	0.45	0.55	0.64	0.72	0.798	0.84
900	7.83	8.63	9.43	10.38	11.32	12.26	13.33	15.61	18.19	21.05	24.15	27.43	30.53	0.0	0.07	0.20	0.35	0.48	0.58	0.68	0.77	0.84	0.89
950	8.19	9.03	9.87	10.86	11.85	12.82	13.95	16.32	19.01	21.99	25.19	28.56	31.73	0.0	0.08	0.21	0.37	0.51	0.61	0.72	0.81	0.88	0.93
1000	8.54	9.42	10.29	11.33	12.36	13.38	14.55	17.02	19.81	22.89	26.19	29.65	32.86	0.0	0.08	0.22	0.39	0.53	0.65	0.76	0.85	0.93	0.98
1100	9.23	10.18	11.13	12.25	13.36	14.46	15.72	18.37	21.36	24.62	28.09	31.66	34.93	0.0	0.09	0.25	0.43	0.59	0.71	0.83	0.94	1.02	1.08
1200	9.89	10.92	11.93	13.14	14.33	15.50	16.85	19.67	22.82	26.24	29.83	33.48	36.73	0.0	0.10	0.27	0.47	0.64	0.78	0.91	1.02	1.11	1.18
1300	10.54	11.63	12.71	13.99	15.26	16.50	17.93	20.90	24.21	27.75	31.42	35.07	38.22	0.0	0.11	0.29	0.51	0.69	0.84	0.98	1.11	1.21	1.28
1400	11.16	12.32	13.46	14.82	16.15	17.46	18.96	22.07	25.50	29.14	32.84	36.43	39.41	0.0	0.12	0.31	0.55	0.75	0.91	1.06	1.19	1.30	1.38
1500	11.76	12.98	14.19	15.61	17.01	18.38	19.94	23.17	26.70	30.39	34.08	37.54		0.0	0.12	0.34	0.59	0.80	0.97	1.14	1.28	1.39	1.48
1600	12.33	13.61	14.88	16.36	17.82	19.25	20.87	24.20	27.80	31.52	35.13	38.38		0.0	0.13	0.36	0.63	0.85	1.03	1.21	1.36	1.49	1.57
1700	12.89	14.22	15.54	17.08	18.60	20.97	21.75	25.16	28.80	32.50	35.99	38.95		0.0	0.14	0.38	0.67	0.91	1.10	1.29	1.45	1.58	1.67
1800	13.41	14.80	16.17	17.77	19.33	20.85	22.56	26.03	29.70	33.33	36.63			0.0	0.15	0.40	0.71	0.96	1.16	1.36	1.53	1.67	1.77
1900	13.91	15.35	16.76	18.41	20.02	21.57	23.32	26.83	30.48	34.00	37.05			0.0	0.16	0.43	0.74	1.01	1.23	1.44	1.62	1.76	1.87
2000	14.39	15.88	17.33	19.02	20.66	22.24	24.02	27.55	31.15	34.52				0.0	0.17	0.45	0.78	1.07	1.29	1.51	1.70	1.86	1.97
2100	14.84	16.37	17.85	19.58	21.25	22.86	24.65	28.18	31.69	34.86				0.0	0.17	0.47	0.82	1.12	1.36	1.59	1.79	1.95	2.07
2200	15.27	16.83	18.35	20.11	21.80	23.42	25.22	28.71	32.11					0.0	0.18	0.49	0.86	1.17	1.42	1.67	1.88	2.04	2.16
2300	15.66	17.26	18.80	20.59	22.30	23.93	25.72	29.16	32.40					0.0	0.19	0.52	0.90	1.23	1.49	1.74	1.96	2.14	2.26
2400	16.03	17.65	19.22	21.03	22.74	24.37	26.15	29.51	32.56					0.0	0.20	0.54	0.94	1.28	1.55	1.82	2.05	2.23	2.36
2500	16.37	18.01	19.60	21.42	23.14	24.75	26.51	29.75						0.0	0.21	0.56	0.98	1.33	1.62	1.89	2.13	2.32	2.46
2600	16.67	18.34	19.94	21.76	23.47	25.07	26.79	29.89						0.0	0.21	0.58	1.02	1.39	1.68	1.97	2.22	2.41	2.56
2700	16.95	18.63	20.23	22.05	23.75	25.33	27.00	29.93						0.0	0.22	0.61	1.06	1.44	1.75	2.04	2.30	2.51	2.66
2800	17.19	18.88	20.49	22.30	23.97	25.51	27.12							0.0	0.23	0.63	1.10	1.49	1.81	2.12	2.39	2.60	2.75
2900	17.41	19.10	20.70	22.49	24.13	25.62	27.16							0.0	0.24	0.65	1.14	1.55	1.88	2.20	2.47	2.69	2.85
3000	17.59	19.28	20.87	22.63	24.23	25.67	27.11							0.0	0.25	0.67	1.18	1.60	1.94	2.27	2.56	2.79	2.95
3100	17.73	19.41	20.98	22.71	24.27	25.63	26.98							0.0	0.26	0.70	0.22	1.65	2.00	2.35	2.64	2.88	3.05
3200	17.84	19.51	22.06	22.74	24.24	25.52								0.0	0.26	0.72	1.25	1.71	2.07	2.42	2.73	2.97	3.15
3300	17.91	19.56	21.08	22.71	24.14	25.34								0.0	0.27	0.74	1.29	1.76	2.13	2.50	2.81	3.06	3.25
3400	17.95	19.57	21.05	22.63	23.97									0.0	0.28	0.76	1.33	1.81	2.20	2.57	2.90	3.16	3.34
3500	17.95	19.54	20.97	22.48										0.0	0.29	0.79	1.37	1.87	2.26	2.65	2.98	3.25	3.44
3600	17.90	19.46	20.84	22.26										0.0	0.30	0.81	1.41	1.92	2.33	2.73	3.07	3.34	3.54
3700	17.82	19.33	20.66											0.0	0.31	0.83	1.45	1.97	2.39	2.80	3.15	3.44	3.64
3800	17.70	19.16	20.42											0.0	0.31	0.85	1.49	2.03	2.46	2.88	3.24	3.53	3.74

表 13-1-39 25N、25J 基本额定功率值 P_1 和附加功率值 ΔP_1（13575.2—2008） kW

n_1 /r·min^{-1}	d_{e1}/mm													i									
	315	335	355	375	400	425	450	475	500	560	630	710	800	1.00~1.01	1.02~1.05	1.06~1.11	1.12~1.18	1.19~1.26	1.27~1.38	1.39~1.57	1.58~1.94	1.95~3.38	3.39~以上
	P_1													ΔP_1									
485	19.26	21.66	24.05	26.42	29.35	32.26	35.14	38.00	40.82	47.48	55.04	63.38	72.37	0.0	0.20	0.55	0.97	1.32	1.59	1.87	2.10	2.29	2.43
575	22.15	24.94	27.71	30.44	33.83	37.18	40.49	43.76	46.98	54.55	63.06	72.33	82.13	0.0	0.24	0.66	1.15	1.56	1.89	2.21	2.49	2.71	2.88
690	25.64	28.89	32.11	35.28	39.20	43.06	46.85	50.59	54.26	62.80	72.24	82.30	92.60	0.0	0.29	0.79	1.38	1.87	2.27	2.66	2.99	3.26	3.45
725	26.66	30.04	33.38	36.68	40.75	44.75	48.68	52.55	56.33	65.12	74.78	84.98	95.30	0.0	0.30	0.83	1.44	1.97	2.38	2.79	3.14	3.42	3.63
870	30.61	34.51	38.35	42.13	46.76	51.28	55.70	60.00	64.18	73.72	83.90	94.15		0.0	0.37	0.99	1.73	2.36	2.86	3.35	3.77	4.11	4.35
950	32.62	36.79	40.87	44.87	49.76	54.52	59.15	63.63	67.96	77.72	87.89	97.75		0.0	0.40	1.09	1.89	2.58	3.12	3.66	4.12	4.49	4.75
1160	37.29	42.02	46.63	51.11	56.51	61.29	66.63	72.33	75.78	85.34	94.36			0.0	0.49	1.33	2.31	3.15	3.81	4.47	5.03	5.48	5.80
1425	41.78	47.00	51.99	56.76	62.38	67.60	72.41	76.79	80.71					0.0	0.60	1.63	2.84	3.87	4.86	5.49	6.18	6.73	7.13
1750	44.87	50.23	55.20	59.77	64.87	69.28								0.0	0.73	2.00	3.49	4.75	5.76	6.74	7.58	8.26	8.75
10	0.62	0.68	0.75	0.81	0.89	0.97	1.05	1.13	1.21	1.40	1.62	1.86	2.14	0.0	0.00	0.01	0.02	0.03	0.03	0.04	0.04	0.05	0.05
20	1.16	1.28	1.41	1.53	1.68	1.84	1.99	2.14	2.29	2.66	3.08	3.55	4.08	0.0	0.01	0.02	0.04	0.05	0.07	0.08	0.09	0.09	0.10
30	1.67	1.85	2.03	2.21	2.44	2.66	2.89	3.11	3.33	3.86	4.48	5.18	5.95	0.0	0.01	0.03	0.06	0.08	0.10	0.12	0.13	0.14	0.15
40	2.16	2.40	2.64	2.88	3.17	3.47	3.76	4.05	4.34	5.04	5.84	6.75	7.77	0.0	0.02	0.05	0.08	0.11	0.13	0.15	0.17	0.19	0.20
50	2.64	2.94	3.23	3.52	3.89	4.25	4.61	4.97	5.33	6.19	7.18	8.30	9.56	0.0	0.02	0.06	0.10	0.14	0.16	0.19	0.22	0.24	0.25
60	3.11	3.46	3.81	4.15	4.59	5.02	5.44	5.87	6.30	7.31	8.49	9.82	11.31	0.0	0.03	0.07	0.02	0.16	0.20	0.23	0.26	0.28	0.30
70	3.57	3.97	4.37	4.78	5.27	5.77	6.27	6.76	7.25	8.42	9.78	11.32	13.04	0.0	0.03	0.08	0.14	0.19	0.23	0.27	0.30	0.33	0.35
80	4.02	4.48	4.93	5.39	5.95	6.51	7.08	7.63	8.19	9.52	11.06	12.80	14.74	0.0	0.03	0.09	0.16	0.22	0.26	0.31	0.35	0.38	0.40
90	4.46	4.97	5.48	5.99	6.62	7.25	7.87	8.50	9.12	10.60	12.32	14.26	16.43	0.0	0.04	0.10	0.08	0.24	0.30	0.35	0.39	0.42	0.45
100	4.90	5.46	6.02	6.58	7.28	7.97	8.66	9.35	10.04	11.67	13.57	15.71	18.10	0.0	0.04	0.11	0.20	0.27	0.33	0.39	0.43	0.47	0.50
110	5.33	5.95	6.56	7.17	7.93	8.68	9.45	10.20	10.95	12.73	14.80	17.14	19.75	0.0	0.05	0.13	0.22	0.30	0.36	0.42	0.48	0.52	0.55
120	5.76	6.43	7.09	7.75	8.58	9.40	10.22	11.03	11.85	13.78	16.02	18.56	21.39	0.0	0.05	0.14	0.24	0.33	0.39	0.46	0.52	0.57	0.60
130	6.18	6.90	7.62	8.33	9.22	10.10	10.99	11.86	12.74	14.82	17.24	19.97	23.01	0.0	0.05	0.15	0.26	0.35	0.43	0.50	0.56	0.61	0.65
140	6.60	7.37	8.14	8.90	9.85	10.80	11.75	12.69	13.62	15.86	18.44	21.36	24.61	0.0	0.06	0.16	0.28	0.38	0.46	0.54	0.61	0.66	0.70
150	7.01	7.83	8.65	9.47	10.48	11.49	12.50	13.50	14.50	16.88	19.63	22.74	26.21	0.0	0.06	0.17	0.30	0.41	0.49	0.58	0.65	0.71	0.75
160	7.42	8.29	9.16	10.03	11.11	12.18	13.25	14.31	15.37	17.90	20.82	24.12	27.79	0.0	0.07	0.18	0.32	0.43	0.53	0.62	0.69	0.76	0.80
170	7.82	8.75	9.67	10.58	11.72	12.86	13.99	15.11	19.24	18.91	21.99	25.48	29.35	0.0	0.07	0.19	0.34	0.46	0.56	0.65	0.74	0.80	0.85
180	8.22	9.20	10.17	11.14	12.34	13.54	14.73	15.91	17.09	19.91	23.16	26.83	30.91	0.0	0.08	0.21	0.36	0.49	0.59	0.69	0.78	0.85	0.90
190	8.62	9.65	10.67	11.68	12.95	14.21	15.46	16.70	17.94	20.90	24.31	28.17	32.45	0.0	0.08	0.22	0.38	0.52	0.62	0.73	0.82	0.90	0.95
200	9.02	10.09	11.16	12.23	13.55	14.87	16.18	17.49	18.79	21.89	25.46	29.50	33.98	0.0	0.08	0.23	0.40	0.54	0.66	0.77	0.87	0.94	1.00
250	10.95	12.27	13.58	14.89	16.52	18.14	19.75	21.35	22.94	26.73	31.09	36.01	41.45	0.0	0.1	0.29	0.50	0.68	0.82	0.96	1.08	1.18	1.25

续表

n_1 /r·min^{-1}	d_{e1}/mm													i									
	315	335	355	375	400	425	450	475	500	560	630	710	800	1.00~1.01	1.02~1.05	1.06~1.11	1.12~1.18	1.19~1.26	1.27~1.38	1.39~1.57	1.58~1.94	1.95~3.38	3.39~以上
	P_1													ΔP_1									
300	12.82	14.38	15.93	17.48	19.40	21.30	23.20	25.09	26.96	31.42	36.53	42.28	48.62	0.0	0.13	0.34	0.60	0.81	0.99	1.16	1.30	1.42	1.50
350	14.63	16.42	18.21	19.98	22.19	24.38	26.56	28.72	30.86	35.96	41.79	48.32	55.48	0.0	0.15	0.40	0.70	0.95	1.15	1.35	1.52	1.65	1.75
400	16.38	18.41	20.42	22.42	24.91	27.37	29.82	32.24	34.65	40.35	46.86	54.12	62.03	0.0	0.17	0.46	0.80	1.09	1.32	1.54	1.73	1.89	2.00
450	18.09	20.34	22.58	24.80	27.55	30.28	32.98	35.66	38.32	44.60	51.74	59.66	68.24	0.0	0.19	0.51	0.90	1.22	1.48	1.73	1.95	2.12	2.25
500	19.75	22.22	24.67	27.10	30.12	33.10	36.06	38.98	41.88	48.70	56.43	64.94	74.08	0.0	0.21	0.57	1.00	1.36	1.64	1.93	2.17	2.36	2.50
550	21.36	24.05	26.71	29.35	32.61	35.84	39.03	42.19	45.31	52.64	60.90	69.94	79.55	0.0	0.23	0.63	1.10	1.49	1.81	2.12	2.38	2.60	2.75
600	22.93	25.82	28.69	31.53	35.03	38.50	41.92	45.29	48.62	56.42	65.16	74.64	84.61	0.0	0.25	0.69	1.20	1.63	1.97	2.31	2.60	2.83	3.00
650	24.46	27.55	30.61	33.64	37.38	41.07	44.70	48.28	51.81	60.03	69.19	79.03	89.23	0.0	0.27	0.74	1.30	1.76	2.14	2.50	2.82	3.07	3.25
700	25.93	29.22	32.47	35.69	39.65	43.55	47.38	51.15	54.86	63.47	72.98	83.08	93.40	0.0	0.29	0.80	1.40	1.90	2.30	2.70	3.03	3.30	3.50
750	27.37	30.84	34.28	37.67	41.84	45.94	49.96	53.91	57.78	66.72	76.51	89.79	97.07	0.0	0.31	0.86	1.49	2.03	2.47	2.89	3.26	3.54	3.75
800	28.75	32.41	36.02	39.58	43.95	48.23	52.43	56.54	60.55	69.78	79.79	90.13	100.24	0.0	0.34	0.91	1.59	2.17	2.63	3.08	3.47	3.78	4.00
850	30.09	33.92	37.70	41.41	45.97	50.43	54.79	59.03	63.17	72.64	82.78	93.08		0.0	0.36	0.97	1.69	2.31	2.79	3.27	3.68	4.01	4.25
900	31.38	35.38	39.32	43.18	47.91	52.53	57.03	61.40	65.65	75.29	85.49	95.63		0.0	0.38	1.03	1.79	2.44	2.96	3.47	3.90	4.25	4.50
950	32.62	36.79	40.87	44.87	49.76	54.52	59.15	63.63	67.96	77.72	87.89	97.75		0.0	0.40	1.09	1.89	2.58	3.12	3.66	4.12	4.49	4.75
1000	33.82	38.13	42.35	46.49	51.52	56.41	61.14	65.71	10.10	79.93	89.98	99.42		0.0	0.42	1.14	1.99	2.71	3.29	3.85	4.33	4.72	5.00
1050	34.96	39.41	43.77	48.02	53.19	58.19	63.01	67.64	72.08	81.89	91.73	100.63		0.0	0.44	1.20	2.09	2.85	3.45	4.04	4.55	4.96	5.25
1100	36.05	40.64	45.11	49.48	54.76	59.85	64.74	69.41	73.87	83.61	93.14			0.0	0.46	1.26	2.19	2.98	3.62	4.24	4.77	5.19	5.50
1150	37.09	41.80	46.39	50.85	56.23	61.40	66.33	71.03	75.47	85.08	94.19			0.0	0.48	1.31	2.29	3.12	3.78	4.43	4.98	5.43	5.75
1200	38.07	42.90	47.59	52.13	57.60	62.82	67.78	72.48	76.90	86.28	94.87			0.0	0.50	1.37	2.39	3.26	3.95	4.62	5.20	5.67	6.00
1250	39.00	43.93	48.71	53.32	58.86	64.11	69.09	73.76	78.11	87.20				0.0	0.52	1.43	2.49	3.39	4.11	4.81	5.42	5.90	6.25
1300	39.87	44.89	49.75	54.42	60.01	65.28	70.24	74.86	79.12	87.84				0.0	0.55	1.49	2.59	3.53	4.27	5.01	5.63	6.14	6.50
1350	40.68	45.79	50.71	55.43	61.04	66.31	71.23	75.77	79.92	88.19				0.0	0.57	1.54	2.69	3.66	4.44	5.20	5.85	6.37	6.75
1400	41.43	46.61	51.59	56.34	61.96	67.21	72.06	76.50	80.50					0.0	0.59	1.60	2.79	3.80	4.60	5.39	6.07	6.61	7.00
1450	42.12	47.36	52.38	57.15	62.76	67.96	72.72	77.03	80.86					0.0	0.61	1.66	2.89	3.93	4.77	5.58	6.28	6.85	7.25
1500	42.74	48.04	53.08	57.86	63.44	68.57	73.22	77.36	80.98					0.0	0.63	1.72	2.99	4.07	4.93	5.78	6.50	7.08	7.50
1550	43.30	48.64	53.70	58.46	63.99	69.03	78.53	77.48						0.0	0.65	1.77	3.09	4.20	5.10	5.97	6.72	7.32	7.75
1600	43.80	49.16	54.22	58.96	64.42	69.33	73.66	77.39						0.0	0.67	1.83	3.19	4.34	5.26	6.16	6.93	7.55	8.00
1650	44.23	49.60	54.64	59.34	64.71	69.47	73.61							0.0	0.69	1.89	3.29	4.48	5.42	6.35	7.15	7.79	8.25
1700	44.58	49.96	54.97	59.61	64.86	69.45	73.36							0.0	0.71	1.94	3.39	4.61	5.59	6.55	7.37	8.03	8.50
1750	44.87	50.23	55.20	59.77	64.87	69.26								0.0	0.73	2.00	3.49	4.75	5.75	6.74	7.58	8.26	8.75
1800	45.08	50.42	55.33	59.80	64.74	68.91								0.0	0.76	2.06	3.59	4.88	5.92	6.93	7.80	8.50	9.00
1850	45.22	50.52	55.35	59.71	64.46									0.0	0.78	2.12	3.69	5.02	6.08	7.12	8.12	8.73	9.25
1900	45.29	50.52	55.27	59.50	64.03									0.0	0.80	2.17	3.79	5.15	6.25	7.32	8.23	8.97	9.50
1950	45.28	50.44	55.08	59.16										0.0	0.82	2.23	3.89	5.29	6.41	7.51	8.45	9.21	9.75
2000	45.18	50.26	54.77	58.69										0.0	0.84	2.29	3.99	5.43	6.53	7.70	8.67	9.44	10.00

1.2.3　V 带轮

1.2.3.1　带轮设计的内容

根据带轮的基准直径或有效直径，带轮转速等已知条件，确定带轮的材料，结构形式，轮槽、轮辐和轮毂的几何尺寸、公差和表面粗糙度以及相关技术要求。

1.2.3.2　带轮的材料及质量要求

带轮可以由能够被加工成符合标准规定尺寸和公差，并能承受各种工作条件（包括温升、机械应力、摩擦等各种环境）而不损坏的材料制造。带轮材料应适于发散由传动中产生的热量。V 带轮的常用材料是铸铁，如 HT150、HT200。转速较高时则宜采用铸钢，也可用钢板冲压后焊接而成。小功率传动可用铸铝或塑料。

1.2.3.3　带轮的技术要求

带轮结构应便于制造，质量分布均匀，重量轻，避免由于制造产生过大的内应力。

V 带轮槽工作表面粗糙度 Ra 为 3.2μm，轴孔表面为 3.2μm，轮缘棱边为 6.3μm。轮槽的棱边应倒角或倒圆。

V 带轮外圆的径向圆跳动和基准圆的斜向圆跳动公差 t 不得大于表 13-1-46 的规定。

槽轮对称平面与带轮轴线垂直度允差±30′。

带轮的平衡，带轮转速小于或等于带轮极限速度时要进行静平衡，带轮转速大于带轮极限速度时要进行动平衡。

1.2.3.4　V 带轮的结构和尺寸规格

带轮由轮缘、轮辐和轮毂三部分组成。V 带轮的直径系列见表 13-1-40、表 13-1-41，轮槽截面尺寸见表 13-1-42、表 13-1-43，带轮的典型结构形式有实心轮、辐板轮、孔板轮和椭圆辐轮，见表 13-1-47 和图 13-1-5。

表 13-1-40　　普通和窄 V 带轮（基准宽度制）直径系列（GB/T 10412—2002）　　mm

基准直径 d_d	槽型				基准直径 d_d	槽型					基准直径 d_d	槽型					
	Y	Z	A	B		Z	A	B	C	D		Z	A	B	C	D	E
	外径 d_a					外径 d_a						外径 d_a					
普通 V 带轮（摘自 GB/T 10412—2002、GB/T 13575.1—2008）																	
20	23.2				132	136	137.5	139			500	504	505.5	507	509.6	516.2	519.2
22.4	25.6				140	144	145.5	147			530	—	—	—	—	—	549.2
25	28.2				150	154	155.5	157			560	—	565.5	567	569.6	576.2	579.2
28	31.2				160	164	165.5	167			600	—	—	607	609.6	616.2	619.2
31.5	34.7				170	—	—	177			630	634	635.5	637	639.6	646.2	649.2
35.5	38.7				180	184	185.5	187			670		—	—	—	—	689.2
40	43.2				200	204	205.5	207	209.6		710		715.5	717	719.6	726.2	729.2
45	48.2				212	—	—	—	221.6		750		—	757	759.6	766.2	—
50	53.2	54			224	228	229.5	231	233.6		800		805.5	807	809.6	816.2	819.2
56	59.2	60			236	—	—	—	245.6		900			907	909.6	916.2	919.2
63	66.2	67			250	254	255.5	257	259.6		1000			1007	1009.6	1016.2	1019.2
71	74.2	75			265	—	—	—	274.6		1060			—	—	1076.2	—
75	—	79	80.5		280	284	285.5	287	289.6		1120			1127	1129.6	1136.2	1139.2
80	83.2	84	85.5		300	—	—	—	309.6		1250				1259.6	1266.2	1269.2
85	—	—	90.5		315	319	320.5	322	324.6		1400				1409.6	1416.2	1419.2
90	93.2	94	95.5		335	—	—	—	344.6		1500				—	1516.2	1519.2
95	—	—	100.5		355	359	360.5	362	364.6	371.2	1600				1609.6	1616.2	1619.2
100	103.2	104	105.5		375	—	—	—	—	391.2	1800				—	1816.2	1819.2
106	—	—	111.5		400	404	405.5	407	409.6	416.2	1900				—	—	1919.2
112	115.2	116	117.5		425	—	—	—	—	441.2	2000				2009.6	2016.2	2019.2
118	—	—	123.5		450	—	455.5	457	459.6	466.2	2240						2259.2
125	128.2	129	130.5	132	475	—	—	—	—	491.2	2500						2519.2

续表

基准直径 d_d	槽型 SPZ	槽型 SPA	基准直径 d_d	槽型 SPZ	槽型 SPA	槽型 SPB	槽型 SPC	基准直径 d_d	槽型 SPZ	槽型 SPA	槽型 SPB	槽型 SPC	基准直径 d_d	槽型 SPA	槽型 SPB	槽型 SPC
	外径 d_a			外径 d_a					外径 d_a					外径 d_a		
窄 V 带轮(摘自 GB/T 10412—2002)																
63	67		132	136	137.5			280	284	285.5	287	289.6	710	715.5	717	719.6
71	75		140	144	145.5	147		300	—	—	—	309.6	750	—	757	759.6
75	79		150	154	155.5	157		315	319	320.5	322	324.6	800	805.5	807	809.6
80	84		160	164	165.5	167		335	—	—	—	344.6	900		907	909.6
90	94	95.5	170	—	—	177		355	359	360.5	362	364.6	1000		1007	1009.6
95	—	100.5	180	184	185.5	187		400	404	405.5	407	409.6	1120		1127	1129.6
100	104	105.5	200	204	205.5	207		450	—	455.5	457	459.6	1250			1259.6
106	—	111.5	224	228	229.5	231	233.6	500	504	505.5	507	509.6	1400			1409.6
112	116	117.5	236	—	—	—	245.6	560	—	565.5	567	569.6	1600			1609.6
118	—	123.5	250	254	255.5	257	259.6	600	—	—	607	609.6	2000			2009.6
125	129	130.5	265	—	—	—	274.6	630	634	635.5	637	639.6				

注：1. 表中 $d_a = d_d + 2h_a$，h_a 见表 13-1-42。

2. 表中“—”表示不选用。

表 13-1-41　窄 V 带轮（有效宽度制）直径系列（GB/T 10413—2002）　mm

有效直径 d_e 基本值	有效直径 d_e min	9N/J 选用情况	9N/J d_{emax}	15N/J 选用情况	15N/J d_{emax}	有效直径 d_e 基本值	有效直径 d_e min	9N/J 选用情况	9N/J d_{emax}	15N/J 选用情况	15N/J d_{emax}	25N/J 选用情况	25N/J d_{emax}
67	67	×	71			315	315	××	320	××	322	××	320
71	71	××	75			335	335	—	—	—	—	×	340.4
75	75	×	79			355	355	×	360.7	×	362	××	360.7
80	80	××	84			375	375	—	—	—	—	×	381
85	85	×	89			400	400	××	406.4	××	407	××	406.4
90	90	××	94			425	425	—	—	—	—	×	431.8
95	95	×	99			450	450	×	457.2	×	457.2	××	457.2
100	100	××	104			475	475	—	—	—	—	×	482.6
106	106	×	110			500	500	××	508	××	508	××	508
112	112	××	116			530	530	—	—	—	—	×	538.5
118	118	×	122			560	560	×	569	×	569	××	569
125	125	××	129			600	600	—	—	—	—	×	609.6
132	132	×	136			630	630	×	640.1	××	640.1	××	640.1
140	140	××	144			710	710	×	721.4	×	721.4	×	721.4
150	150	×	154			800	800	×	812.8	××	812.8	××	812.8
160	160	××	164			900	900			×	914.4	×	914.4
180	180	×	184	××	187	1000	1000			××	1016	××	1016
190	190	—	—	×	197	1120	1120			×	1137.9	×	1137.9
200	200	××	204	××	207	1250	1250			××	1270	××	1270
212	212	—	—	×	219	1400	1400			×	1422.4	×	1422.4
224	224	×	228	××	231	1600	1600			×	1625.6	××	1625.6
236	236	—	—	×	243	1800	1800			×	1828.8	×	1828.8
250	250	××	254	××	257	2000	2000					××	2032
265	265	—	—	×	272	2240	2240					×	2275.8
280	280	×	284.5	××	287	2500	2500					××	2540
300	300	—	—	×	307								

注：1. 表中××表示优先选用；×表示可以选用；—表示不选用。

2. 带轮有效直径是带轮的基本直径。由于仅需要正偏差，故最小有效直径等于基本有效直径。

3. 由于米制和英制的差别，需要有+1.6%的公差，为使所有使用要求能够通过选择得到满足，最大有效直径在基本直径基础上增加以下尺寸：

mm

槽型	9N/J	15N/J	25N/J
d_{emax}	$d_{emin}+4$	$d_{emin}+7$	$d_{emin}+d_{emin}\times1.6\%$

表 13-1-42　普通 V 带和窄 V 带（基准宽度制）轮槽截面尺寸（GB/T 13575.1—2008）　mm

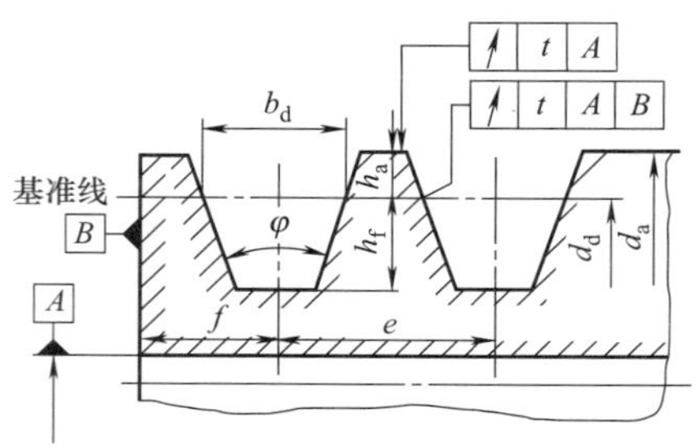

项目		符号	Y	Z SPZ	A SPA	B SPB	C SPC	D	E
基准宽度		b_d	5.3	8.5	11.0	14.0	19.0	27.0	32.0
基准线上槽深		h_{amin}	1.6	2.0	2.75	3.5	4.8	8.1	9.6
基准线下槽深		h_{fmin}	4.7	7.0 9.0	8.7 11.0	10.8 14.0	14.3 19.0	19.9	23.4
槽间距		e	8±0.3	12±0.3	15±0.3	19±0.4	25.5±0.5	37±0.6	44.5±0.7
第一槽对称面至端面的最小距离		f_{min}	6	7	9	11.5	16	23	28
槽间距累积极限偏差			±0.6	±0.6	±0.6	±0.8	±1.0	±1.2	±1.4
带轮宽		B	$B=(z-1)e+2f$　z—轮槽数						
外径		d_a	$d_a=d_d+2h_a$						
轮槽角 φ	32°	相应的基准直径 d_d	≤60	—	—	—	—	—	—
	34°		—	≤80	≤118	≤190	≤315	—	—
	36°		>60	—	—	—	—	≤475	≤600
	38°		—	>80	>118	>190	>315	>475	>600
	极限偏差		±0.5°						

表 13-1-43　窄 V 带和联组窄 V 带（有限宽度制）轮槽截面尺寸（GB/T 13575.2—2008）　mm

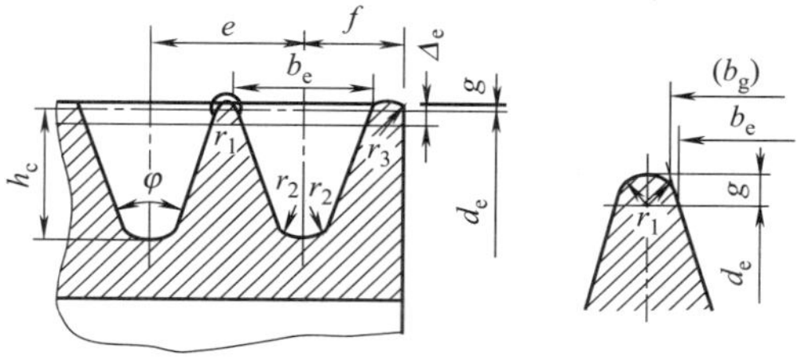

槽型	有效直径 d_e	带轮槽角 φ/(°)	有效宽度 b_e	有效线差 Δ_e	槽间距 e	轮槽与端面距离 f_{min}	槽深 h_c	(b_g)	槽顶最大增量 g	倒圆半径 r_1	倒圆半径 r_2	倒圆半径 r_3
9N、9J	≤90 >90～150 >150～305 >305	36 38 40 42	8.9	0.6	10.3±0.25	9	$9.5^{+0.5}_{0}$	9.23 9.24 9.26 9.28	0.5	0.2～0.5	0.5～1.0	1～2
15N、15J	≤255 >255～405 >405	38 40 42	15.2	1.3	17.5±0.25	13	$15.5^{+0.5}_{0}$	15.54 15.56 15.58				2～3
25N、25J	≤405 >405～570 >570	38 40 42	25.4	2.5	28.6±0.25	19	$25.5^{+0.5}_{0}$	25.74 25.76 25.78				3～5

表 13-1-44 **最小带轮直径** mm

槽型			最小基准直径 d_{dmin}	最小有效直径 d_{emin}
基准宽度制	普通V带	Y	20	
		Z	50	
		A	75	
		B	125	
		C	200	
		D	355	
		E	500	
	窄V带	SPZ	63	
		SPA	90	
		SPB	140	
		SPC	224	

槽型			最小基准直径 d_{dmin}	最小有效直径 d_{emin}
有效宽度制	窄V带/联组窄V带	9N/9J		67
		15N/15J		180
		25N/25J		315
	联组普通V带	AJ		80
		BJ		130
		CJ		210
		DJ		370

表 13-1-45 **普通和窄V带轮（基准宽度制）轮槽尺寸公差**（GB/T 10412—2002） mm

槽型	任意两个轮槽基准直径间的最大偏差	基准直径极限偏差
Y	0.3	$\pm0.8\%d_d$
Z、A、B、SPZ、SPA、SPB	0.4	
C、D、E、SPC	0.6	

表 13-1-46 **带轮的圆跳动公差** t mm

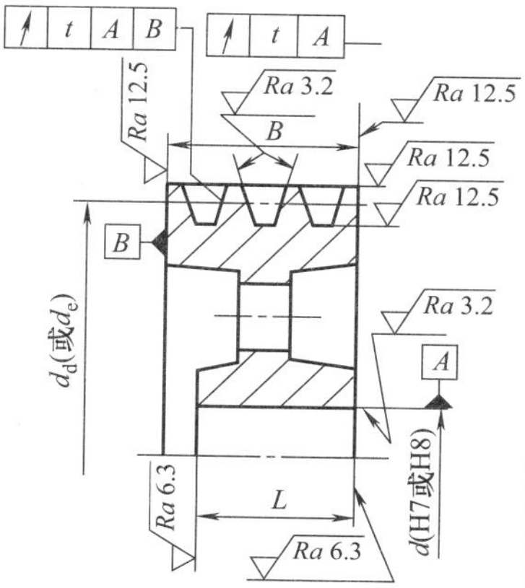

普通V带轮（GB/T 10412—2002）

d_d 或 d_e	径向斜向圆跳动 t	d_d 或 d_e	径向斜向圆跳动 t	d_d 或 d_e	径向斜向圆跳动 t
≥20～100	0.2	≥265～400	0.5	≥1060～1600	1.0
≥106～160	0.3	≥425～630	0.6	≥1700～2500	1.2
≥170～250	0.4	≥670～1000	0.8		

基准宽度制窄V带轮（GB/T 10412—2002）

d_d 或 d_e	径向斜向圆跳动 t	d_d 或 d_e	径向斜向圆跳动 t	d_d 或 d_e	径向斜向圆跳动 t
63～100	0.2	265～400	0.5	1120～1600	1
106～160	0.3	450～630	0.6	1800～2000	1.2
170～250	0.4	710～1000	0.8		

有效宽度制窄V带轮（GB/T 10413—2002）

d_e	径向圆跳动 t_1	轴向圆跳动 t_2	d_e	径向圆跳动 t_1	轴向圆跳动 t_2
$d_e\leqslant125$	0.2	0.3	$1000<d_e\leqslant1250$	0.8	1
$125<d_e\leqslant315$	0.3	0.4	$1250<d_e\leqslant1600$	1	1.2
$315<d_e\leqslant710$	0.4	0.6	$1600<d_e\leqslant2500$	1.2	1.2
$710<d_e\leqslant1000$	0.6	0.8			

注：轴向圆跳动的测量位置见表 13-1-43 中图的 Δ_e 处。

表 13-1-47　V 带轮的结构形式和辐板厚度　mm

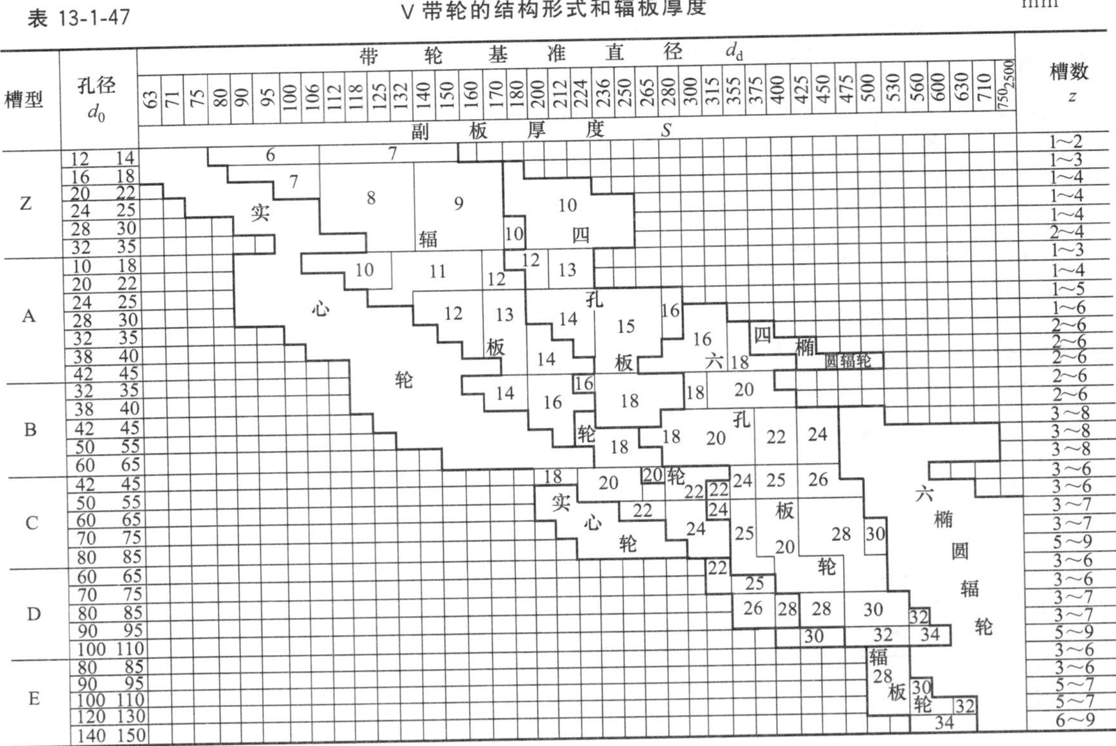

槽型	孔径 d_0	槽数 z
Z	12　14	1～2
	16　18	1～3
	20　22	1～4
	24　25	1～4
	28　30	1～4
	32　35	2～4
A	10　18	1～3
	20　22	1～4
	24　25	1～5
	28　30	1～6
	32　35	2～6
	38　40	2～6
	42　45	2～6
B	32　35	2～6
	38　40	2～6
	42　45	3～8
	50　55	3～8
	60　65	3～8
C	42　45	3～6
	50　55	3～6
	60　65	3～7
	70　75	3～7
	80　85	5～9
D	60　65	3～6
	70　75	3～6
	80　85	3～7
	90　95	3～7
	100　110	5～9
E	80　85	3～6
	90　95	3～6
	100　110	5～7
	120　130	5～7
	140　150	6～9

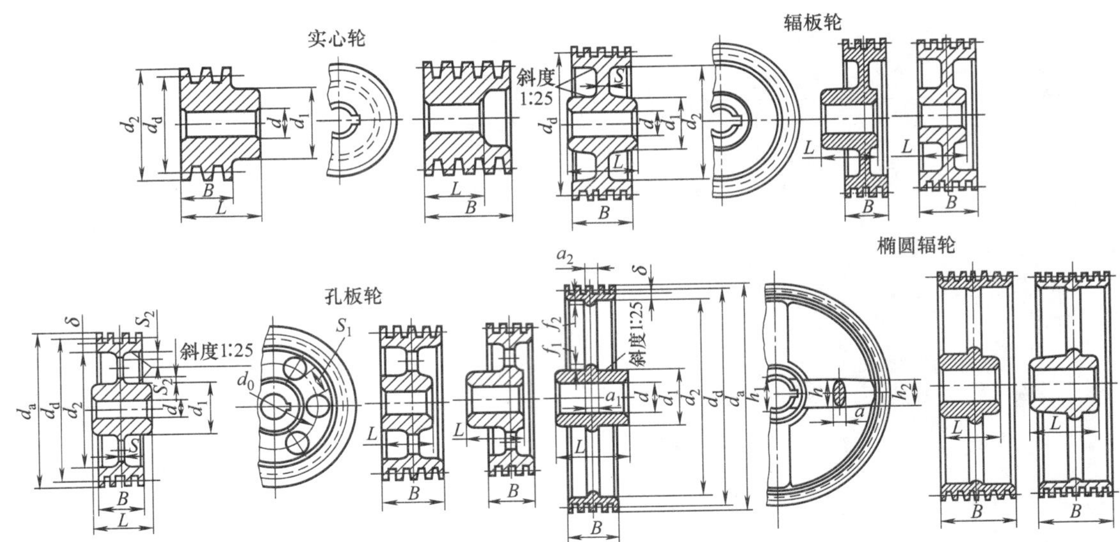

$d_1=(1.8\sim2)d$，$L=(1.5\sim2)d$，$d_2=d_a-2(h_a+h_f+\delta)$，$h_2=0.8h_1$，$a=0.4h_1$，$a_2=0.8a_1$

$d_0=\dfrac{d_2+d_1}{2}$，$h_1=290\sqrt[3]{\dfrac{P}{nm}}$　　$f_1=0.2h_1$，$f_2=0.2h_2$，$S_1\geqslant1.5S$，$S_2\geqslant0.5S$

式中　P——设计功率,kW;

n——带轮转速,r/min;

m——轮辐数

图 13-1-5　带轮结构图例

1.3　多楔带传动

多楔带是表面具有等距纵向楔并与相同形状轮槽紧密契合的环形传动带，其工作面是楔侧面。

多楔带利用橡胶和橡胶复合材料的特性，使 V 形楔充满在轮槽内，增大了带与轮槽接触面积，压力分布均匀，提高了传动效率。多楔带曲挠性好，承载层线绳受力均匀，抗拉强度高；载荷时弯曲应力和离心应力小，可在较小的带轮上工作，还可防止运行中的振动与翻转；传递功率大，带速高，传动比可达 7，还可用于多从动轮传动。

多楔带以楔数、型号和有效长度表示其技术特征，其标记的内容和顺序为：第一组数字表示楔数；字母表示型号；第二组数字表示有效长度，mm。示例如下：

10　PM　3350

1.3.1　多楔带的尺寸规格

表 13-1-48　　多楔带的截面尺寸（GB/T 16588—2009）　　mm

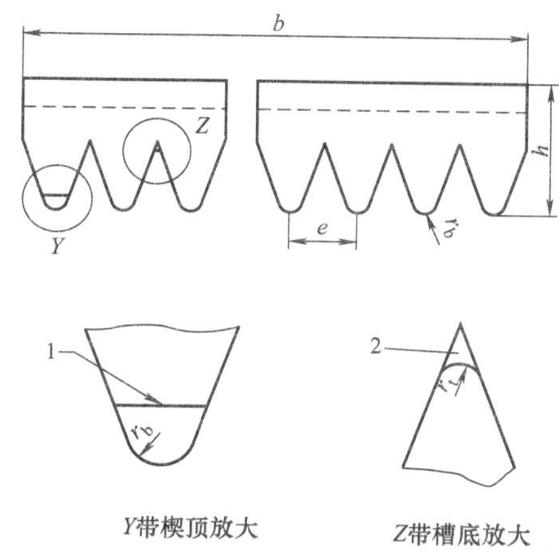

Y带楔顶放大　　Z带槽底放大

节面位置公称宽度 $b=ne$，n 为楔数

1——可选用平顶，2——实际楔底轮廓可位于该区域任何位置

型　号		PH	PJ	PK	PL	PM
截面尺寸	楔距 e	1.6	2.34	3.56	4.7	9.4
	楔顶圆弧半径 r_{bmin}	0.3	0.4	0.5	0.4	0.75
	楔底圆弧半径 r_{tmax}	0.15	0.2	0.25	0.4	0.75
	带高 $h\approx$	3	4	6	10	17
楔数范围 n		2～8	4～20	3～20	6～20	6～20
有效长度范围 L_e		200～1000	450～2500	375～3000	1250～6300	2300～16000
带轮最小有效直径 d_e		13	20	45	75	180

注：楔距与带高的值仅为参考尺寸。全部楔距的累积偏差是一个重要参数，但它常受带的张力和抗拉弹性模量影响。

表 13-1-49　**多楔带的有效长度 L_e 及极限偏差**（GB/T 16588—2009）　mm

有效长度 L_e	极限偏差	型号 PJ	型号 PL	有效长度 L_e	极限偏差	型号 PJ	型号 PL	型号 PM	有效长度 L_e	极限偏差	型号 PL	型号 PM
450	+4 −8	+		1600	+10 −20	+	+		4500	+20 −40	+	+
475		+		1700		+	+		4750		+	−
500	+5 −10	+		1800		+	+		5000		+	+
560		+		1900		+	+		5300		+	−
630		+		2000		+	+		5600		+	+
710		+		2120	+12 −24	+	+		6000		+	−
750		+		2240		+	+	+	6300	+30 −60		+
800	+6 −12	+		2360		+	+	+	6700			+
850		+		2500		+	+	+	7100			+
900		+		2650			+	+	8000			+
950		+		2800			+	+	9000	+45 −90		+
1000		+		3000			+	+	10000			+
1060	+8 −16	+		3150	+15 −30		+	+	11200			+
1120		+		3350			+	+	12500			+
1250		+	+	3550			+	+	13200	+60 −120		+
1320		+	+	3750			+	+	14000			+
1400		+	+	4000	+20 −40		+	+	15000			+
1500		+	+	4250			+	+	17000			+

注：表中＋表示可以选用；－表示没有此长度数据。

表 13-1-50　**多楔带的楔数系列和带宽**

带型 楔数 n	PJ	PL	PM	带型 楔数 n	PJ	PL	PM
	公称带宽 b/mm				公称带宽 b/mm		
4	9.5	—	—	14	—	66.7	133.4
6	14.3	28.6	57.2	16	38.1	76.2	152.4
8	19.1	38.1	76.2	18	—	85.7	171.5
10	23.8	47.6	95.3	20	47.6	95.3	190.5
12	28.6	57.2	114.3				

1.3.2　多楔带传动的设计计算

已知条件：传动功率；小带轮和大带轮转速；传动用途、载荷性质、原动机种类及工作制度。

表 13-1-51　**计算内容与步骤**

计算项目	符号	单位	公式及数据	说　明
设计功率	P_d	kW	$P_d=K_AP$	K_A——工况系数，见表 13-1-52 P——传递的功率，kW
带型			根据 P_d 和 n_1 由图 13-1-6 选取	n_1——小带轮转速，r/min
传动比	i		若不考虑弹性滑动 $i=\frac{n_1}{n_2}=\frac{d_{p2}}{d_{p1}}$ $d_{p1}=d_{e1}+2\Delta_e$ $d_{p2}=d_{e2}+2\Delta_e$	n_2——大带轮转速，r/min d_{p1}——小带轮节圆直径，mm d_{p2}——大带轮节圆直径，mm d_{e1}——小带轮有效直径，mm d_{e2}——大带轮有效直径，mm Δ_e——有效线差公称值，见表 13-1-60
小带轮有效直径	d_{e1}	mm	由表 13-1-60 和表 13-1-61 选取	为提高带的寿命，条件允许时，d_{e1} 尽量取较大值
大带轮有效直径	d_{e2}	mm	$d_{e2}=i(d_{e1}+2\delta_e)-2\delta_e$	
带速	v	m/s	$v=\frac{\pi d_{p1}n_1}{60\times1000}\leqslant v_{max}$ $v_{max}\leqslant30$m/s	若 v 过高，则应取较小的 d_{p1} 或选用较小的多楔带型号

续表

计算项目	符号	单位	公式及数据	说　明
初定中心距	a_0	mm	$0.7(d_{e1}+d_{e2})\leqslant a_0<2(d_{e1}+d_{e2})$	可根据结构要求定
带的有效长度	L_{e0}	mm	$L_{e0}=2a_0+\frac{\pi}{2}(d_{e1}+d_{e2})+\frac{(d_{e2}-d_{e1})^2}{4a_0}$	由表 13-1-49 选取相近的 L_e 值
实际中心距	a	mm	$a=a_0+\frac{L_e-L_{e0}}{2}$	为了安装方便以及补偿带的张紧力，中心距内、外侧调整量见表 13-1-53
小带轮包角	α_1	(°)	$\alpha_1=180°-\frac{d_{e2}-d_{e1}}{a}\times 57.3°$	一般 $\alpha_1\geqslant 120°$，如 α_1 较小，应增大 a 或采用张紧轮
带每楔所传递的基本额定功率	P_1	kW	根据带型、d_{e1} 和 n_1 由表 13-1-56～表 13-1-58 选取	特定条件：$i=1,\alpha_1=\alpha_2=180°$ 特定有效长度，平稳载荷
$i\neq 1$ 时，带每楔所所递的基本额定功率增量	ΔP_1	kW	根据带型、n_1 和 i 由表 13-1-56～表 13-1-58 选取	
带的楔数	n		$n=\frac{P_d}{(P_1+\Delta P_1)K_\alpha K_L}$ n 按表 13-1-50 取整数	K_α——包角修正系数，见表 13-1-54 K_L——带长修正系数，见表 13-1-55
有效圆周力	F_t	N	$F_t=\frac{P_d}{v}\times 10^3$	
作用在轴上的力	F_r	N	$F_r=(F_1+F_2)\sin\frac{\alpha_1}{2}$	

表 13-1-52　　**工况系数 K_A**(JB/T 5983—2017)

工　况	原动机类型					
	交流电动机(普通转矩、笼型、同步、分相式)，内燃机			交流电动机(大转矩、大转差率、单相、集电环式、串励)、直流电动机(复励)		
	每天连续运转小时数/h					
	≤6	>6～16	>16～24	≤6	>6～16	>16～24
	K_A					
液体搅拌器、鼓风机和排气装置、离心泵和压缩机、风扇(≤7.5kW)、轻型输送机	1.0	1.1	1.2	1.1	1.2	1.3
带式输送机(沙子、尘物等)、和面机、风扇(>7.5kW)、发电机、洗衣机、机床、冲床、压力机、剪床、印刷机、往复式振动筛、正排量旋转泵	1.1	1.2	1.3	1.2	1.3	1.4
制砖机、斗式提升机、励磁机、活塞式压缩机、输送机(链板式、盘式、螺旋式)、泵；正排量鼓风机、粉碎机、锯床和木工机械	1.2	1.3	1.4	1.4	1.5	1.6
破碎机(旋转式、颚式、滚动式)；研磨机(球式、棒式、圆筒式)；橡胶机械(压光机、模压机、轧制机)	1.3	1.4	1.5	1.5	1.6	1.8
节流机械	2.0					

注：如使用张紧轮时，宜将下列数值加到本表的 K_A 中：张紧轮位于松边内侧为 0；张紧轮位于松边外侧为 0.1；张紧轮位于紧边内侧为 0.1；张紧轮位于紧边外侧为 0.2。

第 13 篇

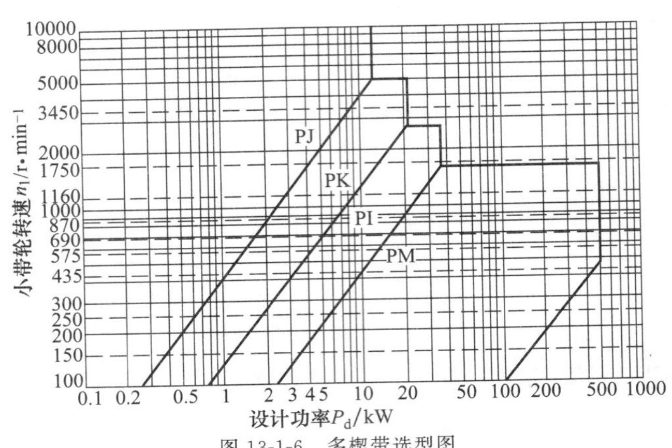

图 13-1-6　多楔带选型图

表 13-1-53　多楔带传动中心距调整量　mm

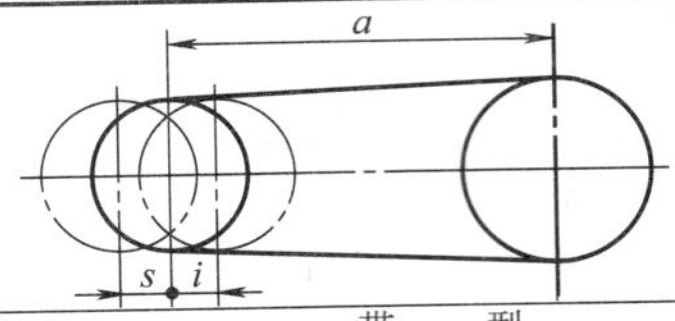

带型								
PJ			PL			PM		
有效长度 L_e	s	i	有效长度 L_e	s	i	有效长度 L_e	s	i
450～500	5	8	1250～1500	16	22	2240～2500	29	38
＞500～750	8	10	＞1500～1800	19		＞2500～3000	34	40
＞750～1000	10	11	＞1800～2000	22	24	＞3000～4000	40	42
＞1000～1250	11	13	＞2000～2240	25		＞4000～5000	51	46
＞1250～1500	13	14	＞2240～2500	29	25	＞5000～6000	60	48
＞1500～1800	16		＞2500～3000	34	27	＞6000～6700	76	54
＞1800～2000	18		＞3000～4000	40	29	＞6700～8500	92	60
＞2000～2500	19		＞4000～5000	51	34	＞8500～10000	106	67
			＞5000～6000	60	35	＞10000～11800	134	73
						＞11800～16000	168	86

表 13-1-54　包角修正系数 K_α（JB/T 5983—2017）

包角 α_1/(°)	180	177	174	171	169	166	163	160	157	154	151	148	145	142	139	136
K_α	1.00	0.99	0.98	0.97	0.97	0.96	0.95	0.94	0.93	0.92	0.91	0.90	0.89	0.88	0.87	0.86
包角 α_1/(°)	133	130	127	125	120	117	113	110	106	103	99	95	91	87	83	
K_α	0.85	0.84	0.83	0.81	0.80	0.79	0.77	0.76	0.75	0.73	0.71	0.69	0.67	0.65	0.63	

表 13-1-55　带长修正系数 K_L（JB/T 5983—2017）

带的有效长度 L_e/mm	带长修正系数 K_L				带的有效长度 L_e/mm	带长修正系数 K_L			
	PJ	PK	PL	PM		PJ	PK	PL	PM
450	0.78	—	—	—	3150	—	1.16	1.00	0.90
500	0.79	—	—	—	3350	—	—	1.01	0.91
630	0.83	0.81	—	—	3750	—	—	1.03	0.93
710	0.85	0.84	—	—	4000	—	—	1.04	0.94
800	0.87	0.86	—	—	4500	—	—	1.06	0.95
900	0.89	0.89	—	—	5000	—	—	1.07	0.97
1000	0.91	0.91	—	—	5600	—	—	1.08	0.99
1120	0.93	0.93	—	—	6300	—	—	1.11	1.01
1250	0.96	0.96	0.85	—	6700	—	—	—	1.01
1400	0.98	0.98	0.87	—	7500	—	—	—	1.03
1600	1.01	1.00	0.89	—	8500	—	—	—	1.04
1800	1.02	1.03	0.91	—	9000	—	—	—	1.05
2000	1.04	1.05	0.93	0.85	10000	—	—	—	1.07
2360	1.08	1.10	0.96	0.86	10600	—	—	—	1.08
2500	1.09	1.11	0.96	0.87	12500	—	—	—	1.10
2650	—	1.12	0.98	0.88	13200	—	—	—	1.12
2800	—	1.14	0.98	0.88	15000	—	—	—	1.14
3000	—	1.15	0.99	0.89	16000	—	—	—	1.15

表 13-1-56 PJ 型多楔带包角为 180°时每楔传递的基本额定功率 P_1 和由传动比引起的功率增量 ΔP_1（JB/T 5983—2017） kW

小带轮转速 n_1/r·min^{-1}	小带轮有效直径 d_{e1}/mm																
	20	22.4	25	28	31.5	35.5	37.5	40	42.5	45	47.5	50	53	56	60	63	71
	P_1																
200	0.0050	0.0068	0.0087	0.0110	0.0135	0.0164	0.0178	0.0196	0.0214	0.0232	0.0250	0.0267	0.0288	0.0309	0.0337	0.0358	0.0413
300	0.0068	0.0094	0.0122	0.0155	0.0192	0.0234	0.0255	0.0281	0.0307	0.0333	0.0359	0.0384	0.0415	0.0446	0.0486	0.0516	0.0596
400	0.0084	0.0118	0.0155	0.0197	0.0246	0.0301	0.0328	0.0362	0.0396	0.0430	0.0463	0.0497	0.0537	0.0576	0.0629	0.0669	0.0773
500	0.0099	0.0141	0.0186	0.0237	0.0297	0.0365	0.0398	0.0440	0.0482	0.0523	0.0564	0.0605	0.0654	0.0703	0.0768	0.0816	0.0945
600	0.0112	0.0162	0.0215	0.0276	0.0347	0.0427	0.0466	0.0516	0.0565	0.0614	0.0663	0.0711	0.0769	0.0827	0.0904	0.0961	0.1112
700	0.0125	0.0182	0.0243	0.0314	0.0395	0.0487	0.0533	0.0590	0.0646	0.0703	0.0759	0.0815	0.0882	0.0948	0.1036	0.1102	0.1276
800	0.0136	0.0201	0.0270	0.0350	0.0442	0.0546	0.0598	0.0662	0.0726	0.0790	0.0853	0.0916	0.0992	0.1067	0.1167	0.1241	0.1438
900	0.0147	0.0219	0.0296	0.0385	0.0488	0.0604	0.0661	0.0733	0.0804	0.0875	0.0946	0.1016	0.1100	0.1184	0.1295	0.1378	0.1596
950	0.0152	0.0228	0.0309	0.0402	0.0510	0.0632	0.0693	0.0768	0.0843	0.0917	0.0992	0.1066	0.1154	0.1242	0.1358	0.1445	0.1675
1000	0.0157	0.0237	0.0322	0.0419	0.0532	0.0660	0.0724	0.0803	0.0881	0.0959	0.1037	0.1114	0.1207	0.1299	0.1421	0.1512	0.1753
1100	0.0167	0.0253	0.0346	0.0453	0.0576	0.0716	0.0785	0.0871	0.0957	0.1042	0.1127	0.1211	0.1312	0.1412	0.1545	0.1645	0.1907
1160	0.0172	0.0263	0.0361	0.0473	0.0602	0.0748	0.0821	0.0912	0.1001	0.1091	0.1180	0.1269	0.1374	0.1480	0.1619	0.1723	0.1999
1200	0.0176	0.0270	0.0370	0.0486	0.0619	0.0770	0.0845	0.0938	0.1031	0.1123	0.1215	0.1307	0.1416	0.1524	0.1668	0.1775	0.2059
1300	0.0184	0.0285	0.0394	0.0518	0.0661	0.0824	0.0905	0.1005	0.1104	0.1204	0.1302	0.1401	0.1518	0.1635	0.1789	0.1905	0.2210
1400	0.0192	0.0300	0.0417	0.0549	0.0703	0.0877	0.0963	0.1070	0.1177	0.1283	0.1389	0.1494	0.1619	0.1744	0.1909	0.2032	0.2358
1425	0.0194	0.0304	0.0422	0.0557	0.0713	0.0890	0.0978	0.1086	0.1195	0.1303	0.1410	0.1517	0.1644	0.1771	0.1939	0.2064	0.2395
1500	0.0200	0.0315	0.0439	0.0580	0.0744	0.0929	0.1021	0.1135	0.1248	0.1361	0.1474	0.1586	0.1719	0.1852	0.2028	0.2159	0.2505
1600	0.0207	0.0329	0.0461	0.0611	0.0784	0.0980	0.1078	0.1199	0.1319	0.1439	0.1558	0.1676	0.1818	0.1958	0.2145	0.2283	0.2650
1700	0.0214	0.0343	0.0482	0.0641	0.0824	0.1031	0.1134	0.1262	0.1389	0.1515	0.1641	0.1766	0.1915	0.2064	0.2260	0.2407	0.2794
1750	0.0217	0.0350	0.0492	0.0655	0.0843	0.1056	0.1162	0.1293	0.1424	0.1553	0.1682	0.1811	0.1964	0.2116	0.2318	0.2468	0.2865
1800	0.0221	0.0357	0.0503	0.0670	0.0863	0.1081	0.1190	0.1324	0.1458	0.1591	0.1723	0.1855	0.2012	0.2168	0.2375	0.2529	0.2936
1900	0.0227	0.0370	0.0523	0.0699	0.0901	0.1131	0.1244	0.1386	0.1526	0.1666	0.1805	0.1943	0.2108	0.2272	0.2489	0.2650	0.3076
2000	0.0233	0.0382	0.0543	0.0727	0.0940	0.1180	0.1299	0.1447	0.1594	0.1740	0.1886	0.2030	0.2203	0.2374	0.2601	0.2770	0.3216

续表

小带轮转速 n_1/r·min^{-1}	小带轮有效直径 d_{e1}/mm																
	20	22.4	25	28	31.5	35.5	37.5	40	42.5	45	47.5	50	53	56	60	63	71
	P_1																
2200	0.0243	0.0407	0.0582	0.0783	0.1014	0.1276	0.1406	0.1567	0.1727	0.1886	0.2044	0.2202	0.2389	0.2576	0.2822	0.3006	0.3490
2400	0.0253	0.0430	0.0620	0.0837	0.1087	0.1370	0.1510	0.1684	0.1857	0.2029	02200	0.2370	0.2573	0.2774	0.3039	0.3237	0.3758
2600	0.0262	0.0452	0.0656	0.0889	0.1158	0.1462	0.1613	0.1800	0.1985	0.2170	0.2353	0.2535	0.2752	0.2968	0.3252	0.3464	0.4021
2800	0.0270	0.0473	0.0691	0.0940	0.1228	0.1552	0.1713	0.1913	0.2111	0.2308	0.2504	0.2698	0.2929	0.3158	0.3462	0.3687	0.4279
2850	0.0271	0.0478	0.0700	0.0953	0.1245	0.1575	0.1738	0.1941	0.2142	0.2342	0.2541	0.2738	0.2973	0.3206	0.3513	0.3742	0.4342
3000	0.0276	0.0493	0.0725	0.0990	0.1296	0.1641	0.1812	0.2024	0.2235	0.2444	0.2651	0.2857	0.3102	0.3346	0.3667	0.3905	0.4531
3200	0.0282	0.0512	0.0758	0.1039	0.1362	0.1728	0.1909	0.2133	0.2356	0.2577	0.2796	0.3014	0.3273	0.3529	0.3868	0.4119	0.4778
3400	0.0287	0.0530	0.0789	0.1086	0.1428	0.1813	0.2004	0.2240	0.2475	0.2707	0.2938	0.3167	0.3440	0.3710	0.4065	0.4329	0.5019
3450	0.0289	0.0534	0.0797	0.1098	0.1444	0.1834	0.2027	0.2267	0.2504	0.2740	0.2974	0.3205	0.3481	0.3754	0.4114	0.4381	0.5079
3600	0.0292	0.0547	0.0820	0.1132	0.1491	0.1896	0.2097	0.2345	0.2592	0.2836	0.3078	0.3318	0.3604	0.3886	0.4259	0.4534	0.5255
3800	0.0295	0.0563	0.0850	0.1177	0.1554	0.1978	0.2188	0.2449	0.2707	0.2962	0.3215	0.3467	0.3765	0.4060	0.4448	0.4736	0.5486
4000	0.0298	0.0578	0.0879	0.1221	0.1615	0.2059	0.2278	0.2550	0.2819	0.3086	0.3350	0.3612	0.3923	0.4230	0.4634	0.4933	0.5711
4500	0.0303	0.0614	0.0947	0.1326	0.1763	0.2254	0.2496	0.2796	0.3093	0.3386	0.3677	0.3964	0.4304	0.4640	0.5081	0.5406	0.6249
5000	—	0.0644	0.1010	0.1425	0.1903	0.2439	0.2703	0.3030	0.3353	0.3672	0.3987	0.4299	0.4667	0.5029	0.5503	0.5851	0.6749
5500	—	0.0671	0.1067	0.1518	0.2036	0.2616	0.2901	0.3254	0.3601	0.3944	0.4283	0.4616	0.5009	0.5395	0.5899	0.6267	0.7211
6000	—	0.0693	0.1120	0.1606	0.2162	0.2783	0.3089	0.3466	0.3837	0.4202	0.4562	0.4915	0.5331	0.5739	0.6267	0.6653	0.7633
6500	—	0.0711	0.1168	0.1687	0.2280	0.2942	0.3267	0.3667	0.4060	0.4446	0.4825	0.5196	0.5633	0.6058	0.6608	0.7007	0.8011
7000	—	0.0725	0.1212	0.1763	0.2392	0.3092	0.3435	0.3856	0.4269	0.4674	0.5070	0.5458	0.5912	0.6352	0.6919	0.7327	0.8344
7500	—	0.0735	0.1250	0.1833	0.2496	0.3233	0.3593	0.4034	0.4465	0.4887	0.5299	0.5701	0.6169	0.6621	0.7199	0.7613	0.8629
8000	—	0.0742	0.1284	0.1897	0.2593	0.3364	0.3740	0.4199	0.4647	0.5084	0.5509	0.5922	0.6402	0.6862	0.7447	0.7862	0.8865
8500	—	0.0744	0.1314	0.1955	0.2683	0.3486	0.3876	0.4352	0.4815	0.5265	0.5701	0.6123	0.6610	0.7076	0.7661	0.8072	0.9047
9000	—	0.0743	0.1339	0.2008	0.2766	0.3599	0.4002	0.4493	0.4969	0.5429	0.5874	0.6302	0.6793	0.7260	0.7840	0.8243	0.9175
9500	—	0.0738	0.1359	0.2055	0.2840	0.3701	0.4116	0.4620	0.5107	0.5576	0.6026	0.6458	0.6950	0.7413	0.7982	0.8372	0.9245
10000	—	0.0730	0.1374	0.2096	0.2908	0.3793	0.4219	0.4734	0.5229	0.5704	0.6158	0.6590	0.7079	0.7534	0.8086	0.8457	0.9254

续表

小带轮转速 n_1/r·min^{-1}	小带轮有效直径 d_{e1}/mm								传动比 i									
	75	80	95	100	112	125	140	150	1.00～1.01	>1.01～1.03	>1.03～1.06	>1.06～1.09	>1.09～1.13	>1.13～1.18	>1.18～1.24	>1.24～1.35	>1.35～1.56	>1.56
	P_1								ΔP_1									
200	0.0441	0.0475	0.0576	0.0610	0.0690	0.0775	0.0873	0.0938	0	0.0001	0.0003	0.0004	0.0005	0.0006	0.0008	0.0009	0.0010	0.0012
300	0.0636	0.0686	0.0833	0.0882	0.0998	0.1122	0.1264	0.1358	0	0.0002	0.0004	0.0006	0.0008	0.0010	0.0012	0.0014	0.0016	0.0017
400	0.0825	0.0889	0.1081	0.1144	0.1295	0.1457	0.1642	0.1764	0	0.0003	0.0005	0.0008	0.0010	0.0013	0.0016	0.0018	0.0021	0.0023
500	0.1008	0.1087	0.1322	0.1400	0.1585	0.1783	0.2009	0.2159	0	0.0003	0.0006	0.0010	0.0013	0.0016	0.0019	0.0023	0.0026	0.0029
600	0.1187	0.1281	0.1558	0.1650	0.1868	0.2102	0.2368	0.2545	0	0.0004	0.0008	0.0012	0.0016	0.0019	0.0023	0.0027	0.0031	0.0035
700	0.1363	0.1470	0.1790	0.1895	0.2145	0.2414	0.2720	0.2922	0	0.0005	0.0009	0.0014	0.0018	0.0023	0.0027	0.0032	0.0036	0.0041
800	0.1535	0.1657	0.2017	0.2135	0.2418	0.2721	0.3066	0.3293	0	0.0005	0.0010	0.0016	0.0021	0.0026	0.0031	0.0036	0.0042	0.0047
900	0.1705	0.1840	0.2240	0.2372	0.2686	0.3022	0.3405	0.3657	0	0.0006	0.0012	0.0017	0.0023	0.0029	0.0035	0.0041	0.0047	0.0052
950	0.1789	0.1931	0.2351	0.2489	0.2819	0.3171	0.3572	0.3836	0	0.0006	0.0012	0.0018	0.0025	0.0031	0.0037	0.0043	0.0050	0.0055
1000	0.1872	0.2021	0.2461	0.2606	0.2950	0.3319	0.3738	0.4014	0	0.0006	0.0013	0.0019	0.0026	0.0032	0.0039	0.0045	0.0052	0.0058
1100	0.2037	0.2199	0.2678	0.2836	0.3210	0.3611	0.4066	0.4366	0	0.0007	0.0014	0.0021	0.0028	0.0036	0.0043	0.0050	0.0057	0.0064
1160	0.2135	0.2305	0.2807	0.2972	0.3365	0.3784	0.4261	0.4574	0	0.0007	0.0015	0.0022	0.0030	0.0038	0.0045	0.0053	0.0060	0.0068
1200	0.2200	0.2375	0.2892	0.3062	0.3467	0.3899	0.4389	0.4711	0	0.0008	0.0016	0.0023	0.0031	0.0039	0.0047	0.0054	0.0063	0.0070
1300	0.2361	0.2548	0.3103	0.3286	0.3720	0.4182	0.4707	0.5051	0	0.0008	0.0017	0.0025	0.0034	0.0042	0.0050	0.0059	0.0068	0.0076
1400	0.2519	0.2720	0.3312	0.3507	0.3969	0.4461	0.5019	0.5385	0	0.0009	0.0018	0.0027	0.0036	0.0045	0.0054	0.0063	0.0073	0.0082
1425	0.2559	0.2762	0.3364	0.3562	0.4031	0.4531	0.5096	0.5467	0	0.0009	0.0018	0.0028	0.0037	0.0046	0.0055	0.0065	0.0074	0.0083
1500	0.2676	0.2889	0.3518	0.3725	0.4215	0.4737	0.5327	0.5713	0	0.0010	0.0019	0.0029	0.0039	0.0049	0.0058	0.0068	0.0078	0.0087
1600	0.2832	0.3057	0.3722	0.3940	0.4458	0.5008	0.5629	0.6035	0	0.0010	0.0021	0.0031	0.0041	0.0052	0.0062	0.0072	0.0083	0.0093
1700	0.2985	0.3223	0.3923	0.4153	0.4697	0.5275	0.5926	0.6351	0	0.0011	0.0022	0.0033	0.0044	0.0055	0.0066	0.0077	0.0089	0.0099
1750	0.3061	0.3305	0.4023	0.4258	0.4816	0.5407	0.6073	0.6507	0	0.0011	0.0023	0.0034	0.0045	0.0057	0.0068	0.0079	0.0091	0.0102
1800	0.3137	0.3386	0.4122	0.4363	0.4933	0.5538	0.6218	0.6662	0	0.0012	0.0023	0.0035	0.0047	0.0058	0.0070	0.0082	0.0094	0.0105
1900	0.3287	0.3548	0.4318	0.4570	0.5166	0.5797	0.6505	0.6966	0	0.0012	0.0025	0.0037	0.0049	0.0061	0.0074	0.0086	0.0099	0.0111
2000	0.3436	0.3709	0.4512	0.4775	0.5396	0.6052	0.6787	0.7265	0	0.0013	0.0026	0.0039	0.0052	0.0065	0.0078	0.0091	0.0104	0.0116

第13篇

续表

小带轮转速 n_1/r·min^{-1}	小带轮有效直径 d_{e1}/mm								传动比 i									
	75	80	95	100	112	125	140	150	1.00～1.01	>1.01～1.03	>1.03～1.06	>1.06～1.09	>1.09～1.13	>1.13～1.18	>1.18～1.24	>1.24～1.35	>1.35～1.56	>1.56
	P_1								ΔP_1									
2200	0.3728	0.4024	0.4893	0.5177	0.5845	0.6549	0.7335	0.7843	0	0.0014	0.0029	0.0043	0.0057	0.0071	0.0085	0.0100	0.0115	0.0128
2400	0.4015	0.4333	0.5265	0.5568	0.6281	0.7030	0.7861	0.8395	0	0.0015	0.0031	0.0047	0.0062	0.0078	0.0093	0.0109	0.0125	0.0140
2600	0.4295	0.4634	0.5626	0.5949	0.6704	0.7493	0.8364	0.8921	0	0.0017	0.0034	0.0050	0.0067	0.0084	0.0101	0.0118	0.0136	0.0151
2800	0.4570	0.4930	0.5979	0.6318	0.7113	0.7938	0.8844	0.9418	0	0.0018	0.0036	0.0054	0.0072	0.0091	0.0109	0.0127	0.0146	0.0163
2850	0.4638	0.5002	0.6065	0.6409	0.7213	0.8047	0.8960	0.9538	0	0.0018	0.0037	0.0055	0.0074	0.0092	0.0111	0.0129	0.0149	0.0166
3000	0.4838	0.5218	0.6321	0.6677	0.7507	0.8365	0.9299	0.9887	0	0.0019	0.0039	0.0058	0.0078	0.0097	0.0116	0.0136	0.0156	0.0175
3200	0.5101	0.5499	0.6654	0.7025	0.7887	0.8773	0.9729	1.0325	0	0.0021	0.0041	0.0062	0.0083	0.0103	0.0124	0.0145	0.0167	0.0186
3400	0.5358	0.5774	0.6976	0.7361	0.8252	0.9161	1.0133	1.0731	0	0.0022	0.0044	0.0066	0.0088	0.0110	0.0132	0.0154	0.0177	0.0198
3450	0.5421	0.5841	0.7055	0.7444	0.8341	0.9255	1.0229	1.0828	0	0.0022	0.0045	0.0067	0.0089	0.0112	0.0134	0.0156	0.0180	0.0201
3600	0.5608	0.6041	0.7288	0.7686	0.8602	0.9529	1.0508	1.1104	0	0.0023	0.0047	0.0070	0.0093	0.0116	0.0140	0.0163	0.0188	0.0210
3800	0.5852	0.6301	0.7590	0.7998	0.8935	0.9875	1.0855	1.1443	0	0.0025	0.0049	0.0074	0.0098	0.0123	0.0148	0.0172	0.0198	0.0221
4000	0.6090	0.6554	0.7880	0.8298	0.9252	1.0199	1.1172	1.1745	0	0.0026	0.0052	0.0078	0.0103	0.0129	0.0155	0.0181	0.0209	0.0233
4500	0.6657	0.7154	0.8556	0.8991	0.9967	1.0907	1.1827	1.2334	0	0.0029	0.0058	0.0087	0.0116	0.0146	0.0175	0.0204	0.0235	0.0262
5000	0.7181	0.7705	0.9156	0.9598	1.0566	1.1459	1.2268	1.2666	0	0.0032	0.0065	0.0097	0.0129	0.0162	0.0194	0.0226	0.0261	0.0291
5500	0.7662	0.8203	0.9675	1.0112	1.1040	1.1842	1.2478	1.2715	0	0.0035	0.0071	0.0107	0.0142	0.0178	0.0214	0.0249	0.0287	0.0320
6000	0.8095	0.8646	1.0108	1.0526	1.1379	1.2041	1.2435	1.2459	0	0.0039	0.0078	0.0116	0.0155	0.0194	0.0233	0.0272	0.0313	0.0349
6500	0.8479	0.9031	1.0448	1.0835	1.1572	1.2044	1.2122	—	0	0.0042	0.0084	0.0126	0.0168	0.0210	0.0252	0.0294	0.0339	0.0379
7000	0.8811	0.9354	1.0690	1.1030	1.1611	1.1835	—	—	0	0.0045	0.0091	0.0136	0.0181	0.0226	0.0272	0.0317	0.0365	0.0408
7500	0.9088	0.9612	1.0827	1.1104	1.1483	1.1400	—	—	0	0.0048	0.0097	0.0145	0.0194	0.0243	0.0291	0.0340	0.0391	0.0437
8000	0.9307	0.9800	1.0854	1.1051	1.1180	—	—	—	0	0.0052	0.0104	0.0155	0.0207	0.0259	0.0311	0.0362	0.0417	0.0466
8500	0.9465	0.9916	1.0763	1.0863	—	—	—	—	0	0.0055	0.0110	0.0165	0.0220	0.0275	0.0330	0.0385	0.0443	0.0495
9000	0.9558	0.9955	1.0550	1.0532	—	—	—	—	0	0.0058	0.0117	0.0175	0.0233	0.0291	0.0349	0.0408	0.0469	0.0524
9500	0.9585	0.9915	1.0206	1.0051	—	—	—	—	0	0.0061	0.0123	0.0184	0.0246	0.0307	0.0369	0.0430	0.0495	0.0553
10000	0.9542	0.9790	0.9727	—	—	—	—	—	0	0.0065	0.0130	0.0194	0.0259	0.0323	0.0388	0.0453	0.0521	0.0582

表 13-1-57 PK 型多楔带包角为 180°时每楔传递的基本额定功率 P_1 和由传动比引起的功率增量 ΔP_1（JB/T 5983—2017） kW

小带轮转速 n_1/r·min^{-1}	小带轮有效直径 d_{e1}/mm																	
	45	47.5	50	53	56	60	63	71	75	80	90	100	112	118	125	132	140	150
	P_1																	
100	0.0206	0.0228	0.0250	0.0277	0.0303	0.0339	0.0365	0.0435	0.0470	0.0513	0.0599	0.0684	0.0785	0.0836	0.0894	0.0953	0.1019	0.1102
200	0.0370	0.0413	0.0455	0.0506	0.0556	0.0623	0.0673	0.0806	0.0872	0.0954	0.1117	0.1279	0.1472	0.1567	0.1679	0.1789	0.1915	0.2072
300	0.0519	0.0581	0.0642	0.0716	0.0790	0.0887	0.0960	0.1153	0.1249	0.1369	0.1606	0.1841	0.2120	0.2259	0.2421	0.2581	0.2764	0.2991
400	0.0657	0.0738	0.0819	0.0915	0.1011	0.1138	0.1233	0.1485	0.1610	0.1765	0.2074	0.2380	0.2744	0.2925	0.3135	0.3344	0.3582	0.3877
500	0.0788	0.0888	0.0987	0.1105	0.1222	0.1379	0.1495	0.1804	0.1958	0.2149	0.2528	0.2903	0.3349	0.3571	0.3828	0.4084	0.4375	0.4737
600	0.0913	0.1031	0.1148	0.1287	0.1427	0.1611	0.1749	0.2114	0.2296	0.2521	0.2969	0.3412	0.3939	0.4201	0.4504	0.4806	0.5149	0.5575
700	0.1033	0.1168	0.1303	0.1464	0.1624	0.1837	0.1996	0.2416	0.2625	0.2885	0.3400	0.3910	0.4515	0.4816	0.5165	0.5511	0.5905	0.6395
800	0.1148	0.1301	0.1454	0.1636	0.1817	0.2057	0.2237	0.2712	0.2947	0.3240	0.3822	0.4397	0.5080	0.5419	0.5812	0.6203	0.6646	0.7197
870	0.1227	0.1392	0.1557	0.1753	0.1949	0.2208	0.2402	0.2914	0.3169	0.3485	0.4112	0.4733	0.5469	0.5834	0.6258	0.6678	0.7156	0.7749
900	0.1260	0.1430	0.1600	0.1803	0.2004	0.2272	0.2472	0.3000	0.3263	0.3589	0.4235	0.4875	0.5634	0.6011	0.6447	0.6881	0.7373	0.7983
1000	0.1368	0.1556	0.1742	0.1966	0.2188	0.2482	0.2702	0.3284	0.3572	0.3931	0.4642	0.5345	0.6178	0.6592	0.7070	0.7546	0.8086	0.8755
1100	0.1473	0.1678	0.1881	0.2125	0.2367	0.2688	0.2928	0.3562	0.3876	0.4267	0.5041	0.5806	0.6713	0.7163	0.7683	0.8200	0.8786	0.9511
1160	0.1535	0.1749	0.1963	0.2219	0.2473	0.2810	0.3061	0.3726	0.4056	0.4466	0.5278	0.6080	0.7030	0.7501	0.8046	0.8586	0.9199	0.9959
1200	0.1575	0.1797	0.2017	0.2281	0.2543	0.2890	0.3149	0.3835	0.4175	0.4597	0.5434	0.6261	0.7240	0.7724	0.8285	0.8842	0.9473	1.0254
1300	0.1675	0.1913	0.2150	0.2433	0.2715	0.3088	0.3367	0.4104	0.4469	0.4923	0.5821	0.6708	0.7757	0.8276	0.8877	0.9473	1.0148	1.0982
1400	0.1772	0.2026	0.2280	0.2583	0.2884	0.3283	0.3581	0.4368	0.4758	0.5243	0.6202	0.7148	0.8266	0.8819	0.9459	1.0093	1.0811	1.1697
1500	0.1866	0.2137	0.2407	0.2729	0.3050	0.3475	03791	0.4629	0.5043	0.5558	0.6577	0.7581	0.8768	0.9354	1.0031	1.0702	1.1461	1.2398
1600	0.1958	0.2246	0.2532	0.2873	0.3213	0.3663	0.3999	0.4885	0.5324	0.5869	0.6946	0.8008	0.9261	0.9879	1.0594	1.1301	1.2100	1.3085
1700	0.2049	0.2352	0.2654	0.3015	0.3373	0.3849	0.4203	0.5138	0.5601	0.6175	0.7311	0.8428	0.9746	1.0396	1.1147	1.1889	1.2727	1.3758
1750	0.2093	0.2405	0.2715	0.3085	0.3453	0.3940	0.4303	0.5263	0.5738	0.6327	0.7491	0.8636	0.9986	1.0651	1.1419	1.2178	1.3035	1.4090
1800	0.2137	0.2456	0.2774	0.3154	0.3531	0.4031	0.4403	0.5387	0.5873	0.6477	0.7669	0.8842	1.0224	1.0904	1.1690	1.2466	1.3341	1.4417
1900	0.2223	0.2559	0.2892	0.3291	0.3686	0.4211	0.4601	0.5632	0.6142	0.6775	0.8023	0.9250	1.0694	1.1404	1.2223	1.3032	1.3943	1.5062

续表

小带轮转速 n_1/r·min^{-1}	小带轮有效直径 d_{e1}/mm																	
	45	47.5	50	53	56	60	63	71	75	80	90	100	112	118	125	132	140	150
	P_1																	
2000	0.2308	0.2659	0.3008	0.3425	0.3839	0.4388	0.4796	0.5874	0.6407	0.7068	0.8371	0.9651	1.1155	1.1895	1.2747	13587	1.4532	1.5692
2200	0.2471	0.2853	0.3233	0.3687	0.4137	0.4734	0.5177	0.6348	0.6926	0.7642	0.9053	1.0435	1.2056	1.2850	1.3764	1.4663	1.5673	1.6907
2400	0.2628	0.3041	0.3451	0.3940	0.4426	0.5069	0.5548	0.6808	0.7430	0.8200	0.9714	1.1193	1.2924	1.3770	1.4741	1.5694	1.6761	1.8060
2600	0.2778	0.3221	0.3661	0.4186	0.4706	0.5395	0.5907	0.7255	0.7919	0.8741	1.0354	1.1927	1.3760	1.4653	1.5676	1.6678	1.7795	1.9150
2800	0.2922	0.3394	0.3864	0.4423	0.4978	0.5711	0.6256	0.7689	0.8395	0.9266	1.0974	1.2634	1.4562	1.5499	1.6569	1.7612	1.8772	2.0172
3000	0.3060	0.3561	0.4059	0.4653	0.5241	0.6018	0.6595	0.8110	0.8855	0.9774	1.1572	1.3315	1.5330	1.6306	1.7417	1.8496	1.9691	2.1124
3200	0.3192	0.3722	0.4248	0.4874	0.5495	0.6315	0.6923	0.8518	0.9301	1.0266	1.2150	1.3969	1.6064	1.7073	1.8219	1.9327	2.0548	2.2003
3400	0.3318	0.3876	0.4430	0.5089	0.5742	0.6602	0.7241	0.8913	0.9733	1.0742	1.2705	1.4595	1.6760	1.7799	1.8973	2.0104	2.1342	2.2805
3450	0.3349	0.3914	0.4474	0.5141	0.5802	0.6673	0.7319	0.9010	0.9838	1.0858	1.2841	1.4747	1.6929	1.7974	1.9153	2.0289	2.1530	2.2993
3600	0.3439	0.4024	0.4605	0.5296	0.5980	0.6881	0.7548	0.9295	1.0149	1.1200	1.3239	1.5193	1.7419	1.8482	1.9677	2.0823	2.2069	2.3528
3800	0.3554	0.4166	0.4774	0.5495	0.6209	0.7149	0.7845	0.9663	1.0551	1.1640	1.3749	1.5761	1.8040	1.9121	2.0330	2.1483	2.2727	2.4167
4000	0.3663	0.4302	0.4935	0.5687	0.6431	0.7409	0.8132	1.0018	1.0937	1.2063	1.4236	1.6299	1.8620	1.9713	2.0930	2.2081	2.3312	2.4720
4200	0.3767	0.4432	0.5091	0.5872	0.6644	0.7658	0.8408	1.0359	1.1308	1.2468	1.4700	1.6806	1.9158	2.0258	2.1475	2.2616	2.3823	2.5182
4300	0.3817	0.4495	0.5166	0.5961	0.6747	0.7780	0.8542	1.0525	1.1488	1.2664	1.4922	1.7048	1.9412	2.0513	2.1726	2.2858	2.4050	2.5378
4500	0.3913	0.4616	0.5311	0.6135	0.6948	0.8015	0.8802	1.0845	1.1834	1.3041	1.5348	1.7507	1.9886	2.0984	2.2183	2.3292	2.4443	2.5699
4800	0.4047	0.4786	0.5516	0.6381	0.7233	0.8349	0.9171	1.1298	1.2324	1.3571	1.5940	1.8132	2.0512	2.1593	2.2757	2.3812	2.4878	—
5000	0.4129	0.4891	0.5644	0.6535	0.7412	0.8559	0.9403	1.1581	1.2629	1.3899	1.6300	1.8505	2.0870	2.1931	2.3060	2.4067	—	—
5500	0.4310	0.5128	0.5934	0.6886	0.7821	0.9040	0.9933	1.2223	1.3315	1.4630	1.7082	1.9279	2.1551	2.2529	2.3527	—	—	—
6000	0.4456	0.5325	0.6181	0.7188	0.8174	0.9454	1.0388	1.2765	1.3888	1.5227	1.7680	1.9811	2.1905	2.2748	—	—	—	—
6500	0.4566	0.5482	0.6381	0.7437	0.8467	0.9799	1.0765	1.3201	1.4339	1.5681	1.8084	2.0085	2.1906	—	—	—	—	—
7000	0.4639	0.5597	0.6535	0.7633	0.8699	1.0071	1.1060	1.3527	1.4662	1.5984	1.8282	2.0084	—	—	—	—	—	—
7500	0.4674	0.5669	0.6640	0.7773	0.8867	1.0267	1.1270	1.3737	1.4851	1.6127	1.8259	—	—	—	—	—	—	—
8000	0.4669	0.5696	0.6695	0.7854	0.8969	1.0383	1.1389	1.3823	1.4898	1.6101	—	—	—	—	—	—	—	—

续表

小带轮转速 n_1/r·min^{-1}	小带轮有效直径 d_{e1}/mm							传动比 i									
	160	170	180	200	212	224	236	1.00~1.01	>1.01~1.03	>1.03~1.06	>1.06~1.09	>1.09~1.13	>1.13~1.18	>1.18~1.24	>1.24~1.35	>1.35~1.56	>1.56
	P_1							ΔP_1									
100	0.1184	0.1266	0.1347	0.1509	0.1606	0.1702	0.1798	0	0.0003	0.0005	0.0008	0.0010	0.0013	0.0016	0.0018	0.0021	0.0023
200	0.2228	0.2383	0.2537	0.2843	0.3026	0.3208	0.3389	0	0.0005	0.0010	0.0016	0.0021	0.0026	0.0031	0.0036	0.0041	0.0047
300	0.3217	0.3442	0.3666	0.4110	0.4374	0.4637	0.4899	0	0.0008	0.0016	0.0023	0.0031	0.0039	0.0047	0.0054	0.0062	0.0070
400	0.4171	0.4463	0.4753	0.5329	0.5672	0.6014	0.6353	0	0.0010	0.0021	0.0031	0.0041	0.0052	0.0062	0.0073	0.0083	0.0093
500	0.5096	0.5453	0.5809	0.6513	0.6932	0.7348	0.7762	0	0.0013	0.0026	0.0039	0.0052	0.0065	0.0078	0.0091	0.0104	0.0117
600	0.5999	0.6419	0.6837	0.7665	0.8157	0.8646	0.9131	0	0.0016	0.0031	0.0047	0.0062	0.0078	0.0093	0.0109	0.0124	0.0140
700	0.6880	0.7362	0.7841	0.8789	0.9352	0.9910	1.0464	0	0.0018	0.0036	0.0054	0.0073	0.0091	0.0109	0.0127	0.0145	0.0163
800	0.7743	0.8285	0.8823	0.9887	1.0518	1.1143	1.1763	0	0.0021	0.0042	0.0062	0.0083	0.0104	0.0124	0.0145	0.0166	0.0187
870	0.8337	0.8920	0.9498	1.0640	1.1317	1.1988	1.2652	0	0.0022	0.0045	0.0068	0.0090	0.0113	0.0135	0.0158	0.0181	0.0203
900	0.8589	0.9189	0.9784	1.0960	1.1656	1.2345	1.3028	0	0.0023	0.0047	0.0070	0.0093	0.0117	0.0140	0.0163	0.0187	0.0210
1000	0.9417	1.0074	1.0724	1.2008	1.2767	1.3517	1.4258	0	0.0026	0.0052	0.0078	0.0104	0.0130	0.0156	0.0181	0.0207	0.0233
1100	1.0230	1.0941	1.1645	1.3032	1.3850	1.4658	1.5455	0	0.0028	0.0057	0.0085	0.0114	0.0142	0.0171	0.0200	0.0228	0.0257
1160	1.0710	1.1453	1.2188	1.3634	1.4487	1.5328	1.6157	0	0.0030	0.0060	0.0090	0.0120	0.0150	0.0180	0.0211	0.0241	0.0271
1200	1.1026	1.1790	1.2546	1.4031	1.4906	1.5768	1.6618	0	0.0031	0.0062	0.0093	0.0124	0.0155	0.0187	0.0218	0.0249	0.0280
1300	1.1807	1.2622	1.3427	1.5006	1.5934	1.6847	1.7745	0	0.0034	0.0067	0.0101	0.0135	0.0168	0.0202	0.0236	0.0270	0.0303
1400	1.2572	1.3436	1.4287	1.5956	1.6933	1.7893	1.8835	0	0.0036	0.0073	0.0109	0.0145	0.0181	0.0218	0.0254	0.0290	0.0327
1500	1.3322	1.4232	1.5128	1.6880	1.7904	1.8907	1.9888	0	0.0039	0.0078	0.0117	0.0155	0.0194	0.0233	0.0272	0.0311	0.0350
1600	1.4055	1.5010	1.5949	1.7778	1.8844	1.9886	2.0903	0	0.0041	0.0083	0.0124	0.0166	0.0207	0.0249	0.0290	0.0332	0.0373
1700	1.4773	1.5769	1.6748	1.8650	1.9754	2.0830	2.1877	0	0.0044	0.0088	0.0132	0.0176	0.0220	0.0264	0.0309	0.0353	0.0397
1750	1.5125	1.6142	1.7140	1.9075	2.0197	2.1289	2.2349	0	0.0045	0.0091	0.0136	0.0181	0.0227	0.0272	0.0318	0.0363	0.0408
1800	1.5474	1.6510	1.7526	1.9494	2.0632	2.1738	2.2810	0	0.0047	0.0093	0.0140	0.0187	0.0233	0.0280	0.0327	0.0373	0.0420
1900	1.6158	1.7232	1.8282	2.0310	2.1478	2.2609	2.3700	0	0.0049	0.0099	0.0148	0.0197	0.0246	0.0296	0.0345	0.0394	0.0443

续表

小带轮转速 n_1/r·min^{-1}	小带轮有效直径 d_{e1}/mm							传动比 i									
	160	170	180	200	212	224	236	1.00~1.01	>1.01~1.03	>1.03~1.06	>1.06~1.09	>1.09~1.13	>1.13~1.18	>1.18~1.24	>1.24~1.35	>1.35~1.56	>1.56
	P_1							ΔP_1									
2000	1.6826	1.7934	1.9016	2.1097	2.2290	2.3440	2.4546	0	0.0052	0.0104	0.0155	0.0207	0.0259	0.0311	0.0363	0.0415	0.0467
2200	1.8109	1.9279	2.0414	2.2580	2.3809	2.4983	2.6099	0	0.0057	0.0114	0.0171	0.0228	0.0285	0.0342	0.0399	0.0456	0.0513
2400	1.9320	2.0539	2.1716	2.3937	2.5181	2.6355	2.7456	0	0.0062	0.0125	0.0186	0.0249	0.0311	0.0373	0.0436	0.0498	0.0560
2600	2.0456	2.1712	2.2916	2.5160	2.6396	2.7545	2.8603	0	0.0067	0.0135	0.0202	0.0270	0.0337	0.0404	0.0472	0.0539	0.0607
2800	2.1513	2.2792	2.4009	2.6241	2.7446	2.8543	2.9528	0	0.0072	0.0145	0.0218	0.0290	0.0363	0.0436	0.0508	0.0581	0.0653
3000	2.2486	2.3776	2.4989	2.7173	2.8319	2.9336	3.0217	0	0.0078	0.0156	0.0233	0.0311	0.0389	0.0467	0.0544	0.0622	0.0700
3200	2.3374	2.4657	2.5850	2.7946	2.9007	—	—	0	0.0083	0.0166	0.0249	0.0332	0.0415	0.0498	0.0581	0.0664	0.0747
3400	2.4170	2.5432	2.6586	2.8552	—	—	—	0	0.0088	0.0177	0.0264	0.0352	0.0440	0.0529	0.0617	0.0705	0.0793
3450	2.4355	2.5609	2.6750	—	—	—	—	0	0.0089	0.0179	0.0268	0.0358	0.0447	0.0537	0.0626	0.0716	0.0805
3600	2.4872	2.6095	2.7192	—	—	—	—	0	0.0093	0.0187	0.0280	0.0373	0.0466	0.0560	0.0653	0.0747	0.0840
3800	2.5474	2.6641	2.7661	—	—	—	—	0	0.0098	0.0197	0.0295	0.0394	0.0492	0.0591	0.0690	0.0788	0.0887
4000	2.5973	2.7065	—	—	—	—	—	0	0.0103	0.0208	0.0311	0.0415	0.0518	0.0622	0.0726	0.0830	0.0933
4200	2.6365	—	—	—	—	—	—	0	0.0109	0.0218	0.0326	0.0435	0.0544	0.0653	0.0762	0.0871	0.0980
4300	—	—	—	—	—	—	—	0	0.0111	0.0223	0.0334	0.0446	0.0557	0.0669	0.0780	0.0892	0.1003
4500	—	—	—	—	—	—	—	0	0.0116	0.0234	0.0350	0.0466	0.0583	0.0700	0.0817	0.0934	0.1050
4800	—	—	—	—	—	—	—	0	0.0124	0.0249	0.0373	0.0498	0.0622	0.0747	0.0871	0.0996	0.1120
5000	—	—	—	—	—	—	—	0	0.0129	0.0260	0.0388	0.0518	0.0648	0.0778	0.0907	0.1037	0.1167
5500	—	—	—	—	—	—	—	0	0.0142	0.0286	0.0427	0.0570	0.0712	0.0856	0.0998	0.1141	0.1283
6000	—	—	—	—	—	—	—	0	0.0155	0.0312	0.0466	0.0622	0.0777	0.0933	0.1089	0.1245	0.1400
6500	—	—	—	—	—	—	—	0	0.0168	0.0337	0.0505	0.0674	0.0842	0.1011	0.1180	0.1349	0.1517
7000	—	—	—	—	—	—	—	0	0.0181	0.0363	0.0544	0.0726	0.0907	0.1089	0.1270	0.1452	0.1634
7500	—	—	—	—	—	—	—	0	0.0194	0.0389	0.0583	0.0777	0.0972	0.1167	0.1361	0.1556	0.1750
8000	—	—	—	—	—	—	—	0	0.0207	0.0415	0.0622	0.0829	0.1036	0.1245	0.1452	0.1660	0.1867

表 13-1-58 PL 型多楔带包角为 180°时每楔传递的基本额定功率 P_1 和由传动比引起的功率增量 ΔP_1（JB/T 5983—2017）

小带轮转速 n_1/r·min^{-1}	小带轮有效直径 d_{e1}/mm																
	75	80	90	95	100	106	112	118	125	132	140	150	160	170	180	200	212
	P_1																
100	0.0737	0.0820	0.0984	0.1065	0.1147	0.1244	0.1341	0.1437	0.1549	0.1660	0.1787	0.1945	0.2103	0.2259	0.2415	0.2725	0.2910
200	0.1347	0.1504	0.1815	0.1970	0.2125	0.2309	0.2493	0.2676	0.2889	0.3100	0.3341	0.3641	0.3939	0.4236	0.4531	0.5118	0.5468
300	0.1908	0.2136	0.2589	0.2815	0.3039	0.3307	0.3574	0.3840	0.4149	0.4456	0.4806	0.5241	0.5673	0.6103	0.6531	0.7382	0.7888
400	0.2437	0.2734	0.3325	0.3619	0.3911	0.4260	0.4608	0.4954	0.5356	0.5756	0.6211	0.6776	0.7339	0.7898	0.8454	0.9558	1.0215
500	0.2942	0.3308	0.4033	0.4393	0.4751	0.5179	0.5606	0.6030	0.6522	0.7013	0.7570	0.8262	0.8951	0.9635	1.0315	1.1664	1.2467
540	0.3139	0.3531	0.4309	0.4695	0.5080	0.5539	0.5996	0.6451	0.6979	0.7505	0.8103	0.8845	0.9583	1.0316	1.1045	1.2490	1.3349
575	0.3309	0.3724	0.4548	0.4957	0.5364	0.5850	0.6334	0.6816	0.7375	0.7932	0.8564	0.9350	1.0130	1.0906	1.1677	1.3205	1.4113
600	0.3429	0.3860	0.4717	0.5142	0.5565	0.6071	0.6574	0.7075	0.7656	0.8234	0.8891	0.9708	1.0519	1.1324	1.2125	1.3712	1.4655
675	0.3782	0.4263	0.5217	0.5690	0.6161	0.6724	0.7284	0.7841	0.8487	0.9130	0.9860	1.0768	1.1668	1.2563	1.3452	1.5212	1.6257
700	0.3898	0.4395	0.5381	0.5870	0.6357	0.6939	0.7517	0.8093	0.8761	0.9425	1.0180	1.1117	1.2047	1.2971	1.3888	1.5705	1.6784
800	0.4354	0.4915	0.6028	0.6580	0.7130	0.7786	0.8438	0.9087	0.9840	1.0588	1.1438	1.2493	1.3540	1.4579	1.5609	1.7649	1.8858
870	0.4666	0.5271	0.6472	0.7068	0.7660	0.8367	0.9071	0.9770	1.0581	1.1387	1.2303	1.3438	1.4565	1.5682	1.6790	1.8980	2.0277
900	0.4798	0.5422	0.6660	0.7274	0.7885	0.8614	0.9339	1.0060	1.0896	1.1726	1.2669	1.3839	1.4999	1.6149	1.7290	1.9544	2.0878
1000	0.5229	0.5916	0.7277	0.7952	0.8623	0.9424	1.0221	1.1012	1.1929	1.2840	1.3874	1.5156	1.6426	1.7684	1.8931	2.1391	2.2846
1100	0.5650	0.6399	0.7881	0.8616	0.9347	1.0218	1.1084	1.1945	1.2942	1.3932	1.5055	1.6445	1.7822	1.9185	2.0534	2.3192	2.4761
1160	0.5898	0.6683	0.8238	0.9008	0.9774	1.0687	1.1595	1.2496	1.3540	1.4576	1.5751	1.7206	1.8645	2.0069	2.1478	2.4250	2.5884
1200	0.6062	0.6871	0.8473	0.9267	1.0056	1.0997	1.1931	1.2860	1.3935	1.5001	1.6210	1.7707	1.9187	2.0651	2.2099	2.4946	2.6623
1300	0.6464	0.7333	0.9053	0.9905	1.0751	1.1760	1.2762	1.3756	1.4908	1.6049	1.7343	1.8942	2.0522	2.2084	2.3626	2.6652	2.8431
1400	0.6857	0.7785	0.9621	1.0530	1.1433	1.2509	1.3576	1.4636	1.5862	1.7076	1.8451	2.0150	2.1827	2.3482	2.5114	2.8310	3.0184
1500	0.7242	0.8228	1.0179	1.1144	1.2102	1.3243	1.4375	1.5498	1.6797	1.8082	1.9537	2.1332	2.3101	2.4845	2.6563	2.9919	3.1880
1600	0.7618	0.8662	1.0725	1.1746	1.2758	1.3964	1.5159	1.6344	1.7713	1.9068	2.0599	2.2486	2.4345	2.6174	2.7972	3.1477	3.3519
1700	0.7987	0.9087	1.1262	1.2336	1.3402	1.4671	1.5927	1.7172	1.8610	2.0032	2.1637	2.3614	2.5557	2.7466	2.9341	3.2984	3.5098
1750	0.8168	0.9297	1.1526	1.2627	1.3719	1.5019	1.6306	1.7581	1.9052	2.0506	2.2147	2.4167	2.6151	2.8099	3.0010	3.3717	3.5865
1800	0.8348	0.9504	1.1787	1.2915	1.4034	1.5364	1.6681	1.7984	1.9489	2.0975	2.2652	2.4714	2.6738	2.8723	3.0668	3.4437	3.6616
1900	0.8701	0.9913	1.2303	1.3483	1.4653	1.6043	1.7419	1.8780	2.0349	2.1898	2.3643	2.5786	2.7886	2.9942	3.1953	3.5835	3.8071
2000	0.9048	1.0313	1.2809	1.4040	1.5260	1.6709	1.8142	1.9558	2.1189	2.2798	2.4609	2.6830	2.9002	3.1124	3.3195	3.7177	3.9460
2100	0.9386	1.0705	1.3305	1.4586	1.5855	1.7361	1.8849	2.0319	2.2011	2.3678	2.5551	2.7845	3.0084	3.2267	3.4392	3.8461	4.0782
2200	0.9718	1.1089	1.3791	1.5121	1.6437	1.7999	1.9541	2.1063	2.2813	2.4535	2.6468	2.8831	3.1132	3.3370	3.5543	3.9685	4.2034

续表

小带轮转速 n_1/r·min^{-1}	小带轮有效直径 d_{e1}/mm																
	75	80	90	95	100	106	112	118	125	132	140	150	160	170	180	200	212
	P_1																
2300	1.0042	1.1465	1.4266	1.5645	1.7008	1.8624	2.0218	2.1790	2.3596	2.5370	2.7359	2.9786	3.2144	3.4432	3.6647	4.0848	4.3214
2400	1.0360	1.1833	1.4732	1.6157	1.7566	1.9235	2.0879	2.2499	2.4358	2.6183	2.8225	3.0711	3.3121	3.5453	3.7703	4.1947	4.4321
2500	1.0670	1.2194	1.5188	1.6659	1.8112	1.9831	2.1524	2.3191	2.5101	2.6972	2.9064	3.1605	3.4061	3.6431	3.8709	4.2980	4.5351
2600	1.0973	1.2546	1.5634	1.7149	1.8645	2.0414	2.2154	2.3864	2.5822	2.7738	2.9876	3.2466	3.4964	3.7364	3.9664	4.3947	4.6303
2700	1.1269	1.2890	1.6070	1.7628	1.9166	2.0982	2.2767	2.4520	2.6523	2.8480	3.0660	3.3295	3.5828	3.8253	4.0567	4.4844	4.7174
2800	1.1558	1.3226	1.6495	1.8096	1.9673	2.1536	2.3363	2.5156	2.7202	2.9198	3.1416	3.4091	3.6652	3.9096	4.1417	4.5671	4.7961
2900	1.1841	1.3555	1.6911	1.8552	2.0168	2.2074	2.3943	2.5774	2.7860	2.9891	3.2144	3.4852	3.7436	3.9891	4.2211	4.6424	4.8663
3000	1.2116	1.3875	1.7316	1.8996	2.0650	2.2598	2.4506	2.6372	2.8495	3.0559	3.2842	3.5578	3.8179	4.0638	4.2949	4.7102	4.9277
3100	1.2384	1.4187	1.7710	1.9429	2.1119	2.3107	2.5052	2.6951	2.9108	3.1201	3.3510	3.6269	3.8879	4.1335	4.3628	4.7703	4.9800
3200	1.2644	1.4491	1.8094	1.9850	2.1574	2.3601	2.5580	2.7510	2.9699	3.1817	3.4148	3.6923	3.9536	4.1981	4.4249	4.8224	—
3300	1.2898	1.4787	1.8468	2.0259	2.2016	2.4079	2.6090	2.8049	3.0265	3.2405	3.4754	3.7539	4.0149	4.2574	4.4808	4.8665	—
3400	1.3145	1.5074	1.8830	2.0655	2.2444	2.4541	2.6582	2.8567	3.0808	3.2967	3.5329	3.8117	4.0716	4.3115	4.5305	—	—
3450	1.3265	1.5215	1.9008	2.0849	2.2653	2.4766	2.6822	2.8818	3.1070	3.3237	3.5604	3.8392	4.0982	4.3365	4.5530	—	—
3500	1.3384	1.5353	1.9182	2.1040	2.2858	2.4987	2.7056	2.9064	3.1327	3.3500	3.5871	3.8657	4.1237	4.3601	4.5738	—	—
3600	1.3616	1.5624	1.9523	2.1411	2.3258	2.5416	2.7511	2.9540	3.1821	3.4005	3.6379	3.9156	4.1710	4.4031	4.6106	—	—
3700	1.3840	1.5886	1.9852	2.1770	2.3643	2.5830	2.7947	2.9994	3.2289	3.4481	3.6854	3.9615	4.2135	4.4403	4.6407	—	
3800	1.4057	1.6140	2.0171	2.2116	2.4014	2.6226	2.8364	3.0426	3.2732	3.4927	3.7295	4.0032	4.2510	4.4717	—	—	
3900	1.4267	1.6385	2.0477	2.2449	2.4370	2.6605	2.8761	3.0836	3.3149	3.5344	3.7700	4.0406	4.2835	4.4972	—	—	
4000	1.4469	1.6621	2.0773	2.2769	2.4711	2.6967	2.9138	3.1222	3.3539	3.5729	3.8069	4.0738	4.3108	—	—	—	
4100	1.4663	1.6848	2.1056	2.3076	2.5037	2.7311	2.9495	3.1585	3.3903	3.6083	3.8401	4.1025	4.3329	—	—	—	—
4200	1.4849	1.7066	2.1327	2.3368	2.5347	2.7637	2.9830	3.1925	3.4238	3.6406	3.8696	4.1267	—	—	—	—	
4300	1.5028	1.7275	2.1587	2.3647	2.5642	2.7944	3.0145	3.2240	3.4546	3.6695	3.8953	4.1463	—	—	—	—	
4400	1.5199	1.7475	2.1834	2.3912	2.5920	2.8234	3.0439	3.2531	3.4825	3.6952	3.9171	4.1612	—	—	—	—	—
4500	1.5362	1.7666	2.2068	2.4163	2.6182	2.8504	3.0711	3.2797	3.5074	3.7175	3.9350	—	—	—	—	—	—
4600	1.5516	1.7847	2.2290	2.4399	2.6428	2.8755	3.0960	3.3038	3.5295	3.7364	3.9488	—	—	—	—	—	—
4700	1.5663	1.8018	2.2500	2.4620	2.6657	2.8987	3.1187	3.3253	3.5485	3.7517	3.9585	—	—	—	—	—	—
4800	1.5801	1.8180	2.2696	2.4827	2.6870	2.9199	3.1392	3.3441	3.5644	3.7636	—	—	—	—	—	—	—
4900	1.5931	1.8332	2.2879	2.5019	2.7065	2.9392	3.1573	3.3603	3.5772	3.7718	—	—	—	—	—	—	—
5000	1.6053	1.8475	2.3049	2.5195	2.7242	2.9563	3.1731	3.3738	3.5869	3.7763	—	—	—	—	—	—	—

续表

小带轮转速 n_1/r·min^{-1}	小带轮有效直径 d_{e1}/mm							传动比 i									
	224	236	250	280	300	315	355	1.00~1.01	>1.01~1.03	>1.03~1.06	>1.06~1.09	>1.09~1.13	>1.13~1.18	>1.18~1.24	>1.24~1.35	>1.35~1.56	>1.56
	P_1							ΔP_1									
100	0.3094	0.3277	0.3490	0.3943	0.4243	0.4467	0.5060	0	0.0007	0.0013	0.0020	0.0027	0.0033	0.0040	0.0047	0.0054	0.0060
200	0.5816	0.6162	0.6565	0.7421	0.7987	0.8409	0.9527	0	0.0020	0.0047	0.0067	0.0080	0.0094	0.0121	0.0121	0.0121	0.0121
300	0.8392	0.8893	0.9476	1.0713	1.1530	1.2140	1.3751	0	0.0030	0.0070	0.0100	0.0121	0.0141	0.0181	0.0181	0.0181	0.0181
400	1.0868	1.1518	1.2272	1.3873	1.4930	1.5717	1.7794	0	0.0040	0.0094	0.0134	0.0161	0.0188	0.0241	0.0241	0.0241	0.0241
500	1.3265	1.4058	1.4977	1.6926	1.8210	1.9165	2.1681	0	0.0050	0.0117	0.0167	0.0201	0.0235	0.0302	0.0302	0.0302	0.0302
540	1.4203	1.5052	1.6035	1.8119	1.9491	2.0511	2.3194	0	0.0054	0.0127	0.0181	0.0217	0.0253	0.0326	0.0326	0.0326	0.0326
575	1.5016	1.5912	1.6951	1.9150	2.0597	2.1673	2.4499	0	0.0058	0.0135	0.0193	0.0231	0.0270	0.0347	0.0347	0.0347	0.0347
600	1.5591	1.6522	1.7599	1.9880	2.1380	2.2494	2.5421	0	0.0060	0.0141	0.0201	0.0241	0.0281	0.0362	0.0362	0.0362	0.0362
675	1.7294	1.8324	1.9516	2.2035	2.3688	2.4915	2.8130	0	0.0068	0.0158	0.0226	0.0271	0.0317	0.0407	0.0407	0.0407	0.0407
700	1.7854	1.8916	2.0145	2.2742	2.4445	2.5708	2.9015	0	0.0070	0.0164	0.0234	0.0282	0.0328	0.0422	0.0422	0.0422	0.0422
800	2.0056	2.1244	2.2617	2.5512	2.7406	2.8807	3.2461	0	0.0081	0.0188	0.0268	0.0322	0.0375	0.0483	0.0483	0.0483	0.0483
870	2.1563	2.2835	2.4305	2.7397	2.9415	3.0906	3.4783	0	0.0088	0.0204	0.0291	0.0350	0.0408	0.0525	0.0525	0.0525	0.0525
900	2.2199	2.3507	2.5017	2.8191	3.0261	3.1788	3.5754	0	0.0091	0.0211	0.0301	0.0362	0.0422	0.0543	0.0543	0.0543	0.0543
1000	2.4284	2.5706	2.7344	3.0777	3.3008	3.4649	3.8887	0	0.0101	0.0235	0.0335	0.0402	0.0469	0.0603	0.0603	0.0603	0.0603
1100	2.6309	2.7838	2.9596	3.3268	3.5643	3.7384	4.1853	0	0.0111	0.0258	0.0368	0.0442	0.0516	0.0664	0.0664	0.0664	0.0664
1160	2.7496	2.9086	3.0911	3.4716	3.7168	3.8962	4.3548	0	0.0117	0.0272	0.0388	0.0467	0.0544	0.0700	0.0700	0.0700	0.0700
1200	2.8275	2.9904	3.1772	3.5660	3.8161	3.9988	4.4642	0	0.0121	0.0282	0.0402	0.0483	0.0563	0.0724	0.0724	0.0724	0.0724
1300	3.0180	3.1901	3.3870	3.7950	4.0559	4.2455	4.7245	0	0.0131	0.0305	0.0435	0.0523	0.0610	0.0784	0.0784	0.0784	0.0784
1400	3.2023	3.3828	3.5888	4.0133	4.2830	4.4779	4.9653	0	0.0141	0.0328	0.0469	0.0563	0.0657	0.0845	0.0845	0.0845	0.0845
1500	3.3802	3.5682	3.7822	4.2206	4.4969	4.6953	5.1854	0	0.0151	0.0352	0.0502	0.0603	0.0704	0.0905	0.0905	0.0905	0.0905
1600	3.5514	3.7461	3.9669	4.4163	4.6969	4.8969	5.3839	0	0.0161	0.0375	0.0536	0.0643	0.0751	0.0965	0.0965	0.0965	0.0965
1700	3.7159	3.9162	4.1427	4.5999	4.8825	5.0821	5.5597	0	0.0171	0.0399	0.0569	0.0684	0.0798	0.1026	0.1026	0.1026	0.1026
1750	3.7955	3.9983	4.2271	4.6871	4.9697	5.1683	5.6387	0	0.0176	0.0411	0.0586	0.0704	0.0821	0.1056	0.1056	0.1056	0.1056
1800	3.8733	4.0784	4.3091	4.7711	5.0531	5.2501	5.7116	0	0.0181	0.0422	0.0603	0.0724	0.0844	0.1086	0.1086	0.1086	0.1086
1900	4.0234	4.2321	4.4659	4.9292	5.2079	5.4002	5.8385	0	0.0191	0.0446	0.0636	0.0764	0.0891	0.1146	0.1146	0.1146	0.1146
2000	4.1660	4.3773	4.6126	5.0737	5.3463	5.5315	—	0	0.0201	0.0469	0.0670	0.0804	0.0938	0.1207	0.1207	0.1207	0.1207
2100	4.3008	4.5136	4.7490	5.2040	5.4677	—	—	0	0.0211	0.0493	0.0703	0.0845	0.0985	0.1267	0.1267	0.1267	0.1267
2200	4.4276	4.6406	4.8746	5.3198	5.5714	—	—	0	0.0222	0.0516	0.0737	0.0885	0.1032	0.1327	0.1327	0.1327	0.1327

续表

小带轮转速 n_1/r·min^{-1}	小带轮有效直径 d_{e1}/mm							传动比 i									
	224	236	250	280	300	315	355	1.00~1.01	>1.01~1.03	>1.03~1.06	>1.06~1.09	>1.09~1.13	>1.13~1.18	>1.18~1.24	>1.24~1.35	>1.35~1.56	>1.56
	P_1							ΔP_1									
2300	4.5461	4.7581	4.9890	5.4203	—	—	—	0	0.0232	0.0540	0.0770	0.0925	0.1079	0.1388	0.1388	0.1388	0.1388
2400	4.6560	4.8658	5.0919	5.5051	—	—	—	0	0.0160	0.0322	0.0482	0.0643	0.0804	0.0965	0.1126	0.1287	0.1448
2500	4.7571	4.9632	5.1829	—	—	—	—	0	0.0167	0.0336	0.0502	0.0670	0.0837	0.1005	0.1173	0.1341	0.1508
2600	4.8490	5.0501	5.2615	—	—	—	—	0	0.0174	0.0349	0.0522	0.0697	0.0871	0.1046	0.1220	0.1395	0.1569
2700	4.9316	5.1262	—	—	—	—	—	0	0.0180	0.0362	0.0542	0.0724	0.0904	0.1086	0.1267	0.1448	0.1629
2800	5.0045	5.1911	—	—	—	—	—	0	0.0187	0.0376	0.0562	0.0750	0.0938	0.1126	0.1314	0.1502	0.1689
2900	5.0674	5.2445	—	—	—	—	—	0	0.0194	0.0389	0.0582	0.0777	0.0971	0.1166	0.1361	0.1556	0.1750
3000	5.1200	—	—	—	—	—	—	0	0.0200	0.0403	0.0603	0.0804	0.1005	0.1206	0.1407	0.1609	0.1810
3100	—	—	—	—	—	—	—	0	0.0207	0.0416	0.0623	0.0831	0.1038	0.1247	0.1454	0.1663	0.1870
3200	—	—	—	—	—	—	—	0	0.0214	0.0429	0.0643	0.0858	0.1072	0.1287	0.1501	0.1716	0.1930
3300	—	—	—	—	—	—	—	0	0.0221	0.0443	0.0663	0.0884	0.1105	0.1327	0.1548	0.1770	0.1991
3400	—	—	—	—	—	—	—	0	0.0227	0.0456	0.0683	0.0911	0.1139	0.1367	0.1595	0.1824	0.2051
3450	—	—	—	—	—	—	—	0	0.0231	0.0463	0.0693	0.0925	0.1155	0.1387	0.1619	0.1851	0.2081
3500	—	—	—	—	—	—	—	0	0.0234	0.0470	0.0703	0.0938	0.1172	0.1408	0.1642	0.1877	0.2111
3600	—	—	—	—	—	—	—	0	0.0241	0.0483	0.0723	0.0965	0.1206	0.1448	0.1689	0.1931	0.2172
3700	—	—	—	—	—	—	—	0	0.0247	0.0497	0.0743	0.0991	0.1239	0.1488	0.1736	0.1985	0.2232
3800	—	—	—	—	—	—	—	0	0.0254	0.0510	0.0763	0.1018	0.1273	0.1528	0.1783	0.2038	0.2292
3900	—	—	—	—	—	—	—	0	0.0261	0.0523	0.0783	0.1045	0.1306	0.1568	0.1830	0.2092	0.2353
4000	—	—	—	—	—	—	—	0	0.0267	0.0537	0.0803	0.1072	0.1340	0.1609	0.1877	0.2146	0.2413
4100	—	—	—	—	—	—	—	0	0.0274	0.0550	0.0824	0.1099	0.1373	0.1649	0.1924	0.2199	0.2473
4200	—	—	—	—	—	—	—	0	0.0281	0.0564	0.0844	0.1125	0.1407	0.1689	0.1970	0.2253	0.2534
4300	—	—	—	—	—	—	—	0	0.0287	0.0577	0.0864	0.1152	0.1440	0.1729	0.2017	0.2307	0.2594
4400	—	—	—	—	—	—	—	0	0.0294	0.0591	0.0884	0.1179	0.1474	0.1770	0.2064	0.2360	0.2654
4500	—	—	—	—	—	—	—	0	0.0301	0.0604	0.0904	0.1206	0.1507	0.1810	0.2111	0.2414	0.2715
4600	—	—	—	—	—	—	—	0	0.0307	0.0617	0.0924	0.1233	0.1540	0.1850	0.2158	0.2467	0.2775
4700	—	—	—	—	—	—	—	0	0.0314	0.0631	0.0944	0.1259	0.1574	0.1890	0.2205	0.2521	0.2835
4800	—	—	—	—	—	—	—	0	0.0321	0.0644	0.0964	0.1286	0.1607	0.1930	0.2252	0.2575	0.2896
4900	—	—	—	—	—	—	—	0	0.0327	0.0658	0.0984	0.1313	0.1641	0.1971	0.2299	0.2628	0.2956
5000	—	—	—	—	—	—	—	0	0.0334	0.0671	0.1004	0.1340	0.1674	0.2011	0.2346	0.2682	0.3016

表 13-1-59　PM 型多楔带包角为 180°时每楔传递的基本额定功率 P_1 和由传动比引起的功率增量 ΔP_1（JB/T 5983—2017）　kW

小带轮转速 n_1/r·min^{-1}	小带轮有效直径 d_{e1}/mm																
	180	200	212	236	250	265	280	300	315	355	375	400	450	500	560	600	710
	P_1																
100	0.5565	0.6612	0.7237	0.8479	0.9200	0.9969	1.0734	1.1750	1.2509	1.4520	1.5518	1.6761	1.9229	2.1675	2.4584	2.6509	3.1748
200	1.0168	1.2158	1.3344	1.5701	1.7067	1.8524	1.9974	2.1897	2.3333	2.7133	2.9019	3.1363	3.6010	4.0608	4.6061	4.9661	5.9418
300	1.4399	1.7286	1.9007	2.2424	2.4403	2.6512	2.8610	3.1391	3.3464	3.8946	4.1662	4.5034	5.1706	5.8283	6.6055	7.1163	8.4917
400	1.8375	2.2128	2.4363	2.8797	3.1363	3.4095	3.6811	4.0407	4.3086	5.0155	5.3649	5.7981	6.6524	7.4907	8.4756	9.1192	10.8341
500	2.2150	2.6740	2.9471	3.4884	3.8012	4.1341	4.4646	4.9016	5.2267	6.0826	6.5045	7.0264	8.0513	9.0507	10.2156	10.9706	12.9533
540	2.3611	2.8528	3.1452	3.7246	4.0593	4.4152	4.7684	5.2352	5.5823	6.4949	6.9442	7.4993	8.5874	9.6453	10.8734	11.6662	13.7329
575	2.4867	3.0067	3.3159	3.9281	4.2815	4.6572	5.0300	5.5223	5.8880	6.8489	7.3214	7.9045	9.0453	10.1512	11.4303	12.2527	14.3811
600	2.5753	3.1153	3.4362	4.0716	4.4382	4.8279	5.2143	5.7245	6.1034	7.0978	7.5864	8.1889	9.3658	10.5042	11.8170	12.6586	14.8238
675	2.8352	3.4342	3.7899	4.4932	4.8986	5.3290	5.7553	6.3173	6.7340	7.8250	8.3593	9.0164	10.2938	11.5200	12.9200	13.8077	16.0456
700	2.9200	3.5383	3.9053	4.6308	5.0488	5.4923	5.9315	6.5102	6.9391	8.0608	8.6094	9.2836	10.5916	11.8437	13.2678	14.1670	16.4157
800	3.2501	3.9439	4.3552	5.1667	5.6333	6.1276	6.6162	7.2585	7.7333	8.9697	9.5712	10.3070	11.7228	13.0600	14.3536	15.4777	17.6964
870	3.4729	4.2177	4.6588	5.5280	6.0270	6.5549	7.0759	7.7595	8.2638	9.5724	10.2063	10.9788	12.4546	13.8327	15.3474	16.2671	18.3894
900	3.5662	4.3326	4.7862	5.6794	6.1918	6.7336	7.2678	7.9683	8.4846	9.8219	10.4684	11.2549	12.7524	14.1429	15.6591	16.5711	18.6316
1000	3.8686	4.7045	5.1984	6.1687	6.7238	7.3094	7.8854	8.6383	9.1911	10.6145	11.2972	12.1222	13.6726	15.0811	16.5680	17.4267	19.1860
1100	4.1573	5.0596	5.5916	6.6340	7.2285	7.8541	8.4677	9.2665	9.8508	11.3438	12.0532	12.9035	14.4753	15.8630	17.2632	18.0234	—
1160	4.3239	5.2645	5.8183	6.9015	7.5180	8.1656	8.7995	9.6227	10.2231	11.7495	12.4701	13.3286	14.8970	16.2521	17.5707	—	—
1200	4.4323	5.3976	5.9655	7.0748	7.7052	8.3666	9.0131	9.8512	10.4612	12.0062	12.7320	13.5931	15.1520	16.4766	17.7276	—	—
1300	4.6934	5.7183	6.3195	7.4901	8.1528	8.8456	9.5201	10.3900	11.0196	12.5976	13.3286	14.1850	15.6939	16.9095	—	—	—
1400	4.9404	6.0211	6.6532	7.8792	8.5700	9.2894	9.9867	10.8807	11.5234	13.1139	13.8383	14.6731	16.0921	—	—	—	—
1500	5.1731	6.3056	6.9658	8.2409	8.9556	9.6967	10.4112	11.3210	11.9697	13.5510	14.2558	15.0512	—	—	—	—	—
1600	5.3911	6.5712	7.2567	8.5742	9.3084	10.0658	10.7916	11.7082	12.3557	13.9045	14.5760	15.3129	—	—	—	—	—
1700	5.5939	6.8174	7.5250	8.8780	9.6270	10.3949	11.1258	12.0399	12.6782	14.1698	14.7937	—	—	—	—	—	—

续表

小带轮转速 n_1/r·min^{-1}	小带轮有效直径 d_{e1}/mm																
	180	200	212	236	250	265	280	300	315	355	375	400	450	500	560	600	710
	P_1																
1750	5.6895	6.9329	7.6505	9.0185	9.7729	10.5440	11.2749	12.1840	12.8147	14.2681	14.8625	—	—	—	—	—	—
1800	5.7812	7.0434	7.7701	9.1511	9.9098	10.6825	11.4117	12.3134	12.9343	14.3427	14.9035	—	—	—	—	—	—
1900	5.9525	7.2486	7.9911	9.3924	10.1556	10.9266	11.6473	12.5261	13.1207	14.4184	—	—	—	—	—	—	—
2000	6.1073	7.4323	8.1871	9.6005	10.3627	11.1255	11.8303	12.6752	13.2345	—	—	—	—	—	—	—	—
2100	6.2452	7.5938	8.3572	9.7743	10.5296	11.2774	11.9586	12.7582	13.2724	—	—	—	—	—	—	—	—
2200	6.3656	7.7324	8.5006	9.9124	10.6549	11.3804	12.0300	12.7721	—	—	—	—	—	—	—	—	—
2300	6.4680	7.8473	8.6163	10.0136	10.7369	11.4326	12.0422	—	—	—	—	—	—	—	—	—	—
2400	6.5519	7.9377	8.7034	10.0765	10.7741	11.4321	11.9929	—	—	—	—	—	—	—	—	—	—
2500	6.6167	8.0029	8.7610	10.0998	10.7649	11.3770	—	—	—	—	—	—	—	—	—	—	—
2600	6.6618	8.0420	8.7881	10.0822	10.7076	—	—	—	—	—	—	—	—	—	—	—	—
2700	6.6867	8.0543	8.7837	10.0223	—	—	—	—	—	—	—	—	—	—	—	—	—
2800	6.6908	8.0389	8.7469	9.9187	—	—	—	—	—	—	—	—	—	—	—	—	—
2900	6.6736	7.9951	8.6766	9.7701	—	—	—	—	—	—	—	—	—	—	—	—	—
3000	6.6343	7.9220	8.5720	—	—	—	—	—	—	—	—	—	—	—	—	—	—
3100	6.5725	7.8187	8.4319	—	—	—	—	—	—	—	—	—	—	—	—	—	—
3200	6.4875	7.6845	—	—	—	—	—	—	—	—	—	—	—	—	—	—	—
3300	6.3788	7.5184	—	—	—	—	—	—	—	—	—	—	—	—	—	—	—
3400	6.2456	—	—	—	—	—	—	—	—	—	—	—	—	—	—	—	—
3450	6.1697	—	—	—	—	—	—	—	—	—	—	—	—	—	—	—	—
3500	6.0875	—	—	—	—	—	—	—	—	—	—	—	—	—	—	—	—
3600	5.9037	—	—	—	—	—	—	—	—	—	—	—	—	—	—	—	—
3700	5.6937	—	—	—	—	—	—	—	—	—	—	—	—	—	—	—	—
3800	5.4568	—	—	—	—	—	—	—	—	—	—	—	—	—	—	—	—

续表

小带轮转速 n_1/r·min^{-1}	传动比 i									
	1.00～1.01	>1.01～1.03	>1.03～1.06	>1.06～1.09	>1.09～1.13	>1.13～1.18	>1.18～1.24	>1.24～1.35	>1.35～1.56	>1.56
	ΔP_1									
100	0	0.0049	0.0098	0.0147	0.0196	0.0245	0.0295	0.0344	0.0393	0.0442
200	0	0.0098	0.0197	0.0294	0.0393	0.0491	0.0590	0.0688	0.0786	0.0884
300	0	0.0147	0.0295	0.0442	0.0589	0.0736	0.0884	0.1032	0.1180	0.1327
400	0	0.0196	0.0394	0.0589	0.0786	0.0982	0.1179	0.1376	0.1573	0.1769
500	0	0.0245	0.0492	0.0736	0.0982	0.1227	0.1474	0.1719	0.1966	0.2211
540	0	0.0264	0.0531	0.0795	0.1061	0.1326	0.1592	0.1857	0.2123	0.2388
575	0	0.0282	0.0566	0.0847	0.1129	0.1411	0.1695	0.1977	0.2261	0.2543
600	0	0.0294	0.0590	0.0883	0.1179	0.1473	0.1769	0.2063	0.2359	0.2653
675	0	0.0331	0.0664	0.0994	0.1326	0.1657	0.1990	0.2321	0.2654	0.2985
700	0	0.0343	0.0689	0.1031	0.1375	0.1718	0.2064	0.2407	0.2752	0.3095
800	0	0.0392	0.0787	0.1178	0.1571	0.1964	0.2358	0.2751	0.3145	0.3538
870	0	0.0426	0.0856	0.1281	0.1709	0.2136	0.2565	0.2992	0.3421	0.3847
900	0	0.0441	0.0885	0.1325	0.1768	0.2209	0.2653	0.3095	0.3539	0.3980
1000	0	0.0490	0.0984	0.1472	0.1964	0.2455	0.2948	0.3439	0.3932	0.4422
1100	0	0.0539	0.1082	0.1620	0.2161	0.2700	0.3243	0.3783	0.4325	0.4864
1160	0	0.0568	0.1141	0.1708	0.2279	0.2848	0.3420	0.3989	0.4561	0.5130
1200	0	0.0588	0.1181	0.1767	0.2357	0.2946	0.3537	0.4127	0.4718	0.5306
1300	0	0.0637	0.1279	0.1914	0.2554	0.3191	0.3832	0.4471	0.5111	0.5749
1400	0	0.0686	0.1377	0.2061	0.2750	0.3437	0.4127	0.4814	0.5505	0.6191
1500	0	0.0735	0.1476	0.2208	0.2946	0.3682	0.4422	0.5158	0.5898	0.6633
1600	0	0.0784	0.1574	0.2356	0.3143	0.3928	0.4717	0.5502	0.6291	0.7075
1700	0	0.0833	0.1672	0.2503	0.3339	0.4173	0.5011	0.5846	0.6684	0.7517

续表

小带轮转速 n_1/r·min^{-1}	传动比 i									
	1.00～1.01	>1.01～1.03	>1.03～1.06	>1.06～1.09	>1.09～1.13	>1.13～1.18	>1.18～1.24	>1.24～1.35	>1.35～1.56	>1.56
	ΔP_1									
1750	0	0.0857	0.1722	0.2576	0.3437	0.4296	0.5159	0.6018	0.6881	0.7739
1800	0	0.0882	0.1771	0.2650	0.3536	0.4419	0.5306	0.6190	0.7077	0.7960
1900	0	0.0931	0.1869	0.2797	0.3732	0.4664	0.5601	0.6534	0.7470	0.8402
2000	0	0.0980	0.1968	0.2945	0.3928	0.4909	0.5896	0.6878	0.7864	0.8844
2100	0	0.1029	0.2066	0.3092	0.4125	0.5155	0.6191	0.7222	0.8257	0.9286
2200	0	0.1078	0.2164	0.3239	0.4321	0.5400	0.6485	0.7566	0.8650	0.9728
2300	0	0.1127	0.2263	0.3386	0.4518	0.5646	0.6780	0.7910	0.9043	1.0171
2400	0	0.1176	0.2361	0.3533	0.4714	0.5891	0.7075	0.8253	0.9436	1.0613
2500	0	0.1225	0.2459	0.3681	0.4911	0.6137	0.7370	0.8597	0.9829	1.1055
2600	0	0.1273	0.2558	0.3828	0.5107	0.6382	0.7664	0.8941	1.0223	1.1497
2700	0	0.1322	0.2656	0.3975	0.5303	0.6628	0.7959	0.9285	1.0616	1.1939
2800	0	0.1371	0.2755	0.4122	0.5500	0.6873	0.8254	0.9629	1.1009	1.2382
2900	0	0.1420	0.2853	0.4270	0.5696	0.7119	0.8549	0.9973	1.1402	1.2824
3000	0	0.1469	0.2951	0.4417	0.5893	0.7364	0.8844	1.0317	1.1795	1.3266
3100	0	0.1518	0.3050	0.4564	0.6089	0.7610	0.9138	1.0661	1.2189	1.3708
3200	0	0.1567	0.3148	0.4711	0.6286	0.7855	0.9433	1.1005	1.2582	1.4150
3300	0	0.1616	0.3247	0.4859	0.6482	0.8101	0.9728	1.1348	1.2975	1.4593
3400	0	0.1665	0.3345	0.5006	0.6678	0.8346	1.0023	1.1692	1.3368	1.5035
3450	0	0.1690	0.3394	0.5079	0.6777	0.8469	1.0170	1.1864	1.3565	1.5256
3500	0	0.1714	0.3443	0.5153	0.6875	0.8592	1.0318	1.2036	1.3761	1.5477
3600	0	0.1763	0.3542	0.5300	0.7071	0.8837	1.0612	1.2380	1.4154	1.5919
3700	0	0.1812	0.3640	0.5447	0.7268	0.9083	1.0907	1.2724	1.4548	1.6361
3800	0	0.1861	0.3738	0.5595	0.7464	0.9328	1.1202	1.3068	1.4941	1.6804

1.3.3 多楔带带轮

多楔带带轮的设计内容、材料及质量、技术要求和结构形式与V带轮相同（见本章1.2.3）。

多楔带带轮轮槽尺寸见表13-1-60，小带轮有效直径见表13-1-61，带轮尺寸公差、形位公差及表面粗糙度见表13-1-62。

表 13-1-60　　多楔带带轮轮槽尺寸（GB/T 16588—2009）　　mm

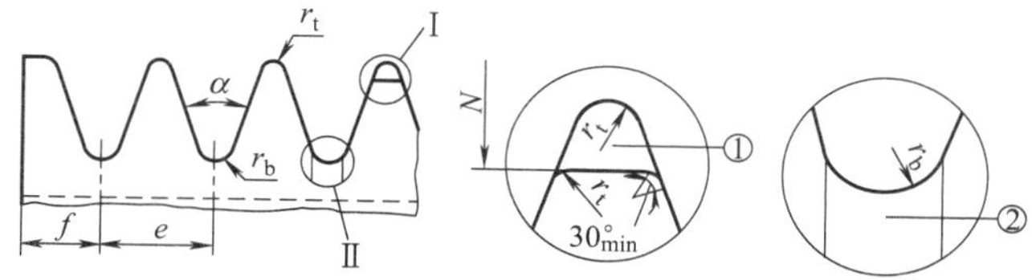

Ⅰ部(带轮齿顶)放大　Ⅱ部(带轮槽底)放大

① 轮槽楔顶轮廓线可位于该区域任何部位，该轮廓线的两端应有一个与轮槽侧面相切的圆角（最小30°）

② 轮槽槽底轮廓线可位于 r_b 弧线以下

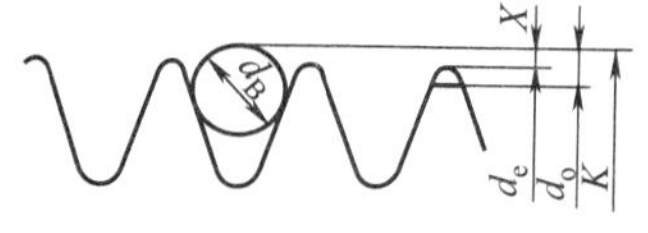

带轮直径

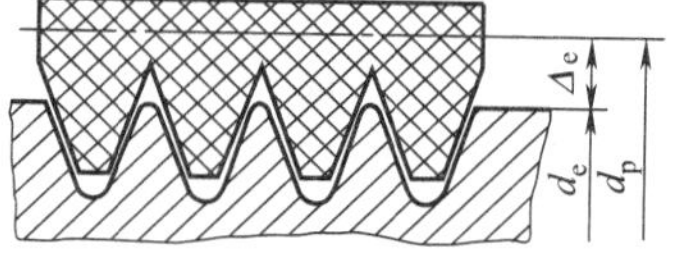

d_o—外径；K—检验用圆球或圆柱的外切线之间的距离；d_B—检验用圆球或圆柱直径；Δ_e—有效线差；d_e—有效直径；d_p—节径节面位置

型　　号	PH	PJ	PK	PL	PM
槽距 e	1.6±0.03	2.34±0.03	3.56±0.05	4.7±0.05	9.4±0.08
槽角 α	40°±0.5°	40°±0.5°	40°±0.5°	40°±0.5°	40°±0.5°
楔顶圆弧半径 r_t，最小值	0.15	0.2	0.25	0.4	0.75
槽底圆弧半径 r_b，最大值	0.3	0.4	0.5	0.4	0.75
检验用圆球或圆柱直径 d_B	1±0.01	1.5±0.01	2.5±0.01	3.5±0.01	7±0.01
$2X$，公称值	0.11	0.23	0.99	2.36	4.53
$2N$，最大值	0.69	0.81	1.68	3.5	5.92
f，最小值	1.3	1.8	2.5	3.3	6.4
带轮最小有效直径 d_e	13	20	45	75	180
有效线差公称值 Δ_e	0.8	1.2	2	3	4

注：1. 表中所列 e 值极限偏差仅用于两相邻槽中心线的间距。
2. 槽距的累积误差不得超过±0.3mm。
3. 槽的中心线应对带轮轴线成90°±0.5°。
4. 尺寸 N 不是从带轮有效直径端点量起，而是从检验用圆球或圆柱的外切线量起。

表 13-1-61　　小带轮有效直径（JB/T 5983—2017）

带型	小带轮有效直径 d_{e1}/mm	每楔带施加的力 G/N
PJ	20～42.5	1.78
	45～56	2.22
	60～75	2.68
PK	45～71	4.64
	75～95	5.75
	100～125	6.88
PL	76～95	7.56
	100～125	9.34
	132～170	11.11
PM	180～236	28.45
	250～300	34.23
	315～400	39.12

第13篇

表 13-1-62 **带轮尺寸公差、形位公差及表面粗糙度**（GB/T 16588—2009） mm

有效直径 d_e	轮槽数 n	有效直径偏差 Δd_e	径向圆跳动	端面圆跳动	轮槽工作面粗糙度 Ra
$d_e \leqslant 74$	$\leqslant 6$	0.1	0.13	$0.002d_e$	3.2μm
	>6	$0.1+0.003(n-6)$			
$74<d_e \leqslant 250$ $250<d_e \leqslant 500$	$\leqslant 10$	0.15	0.25		
	>10	$0.15+0.005(n-10)$	$0.25+0.0004(d_e-250)$		
$d_e>500$	$\leqslant 10$	0.25			
	>10	$0.25+0.01(n-10)$			

1.4 平带传动

平带传动是由一条平带与两个或多个带轮组成的摩擦传动，带的工作面与带轮轮缘表面接触。

平带传动结构简单，传动效率高，带轮容易制造，在传动中心距较大的情况下应用较多。常用的平带有普通平带、尼龙片复合平带、高强度传动平带等。

1.4.1 普通平带

普通平带是以挂胶帆布为承载层的平带。胶帆布普通平带可以采用切边式或包边式结构，见图 13-1-7，包布式结构普通平带，一般以无封口面为传动面。

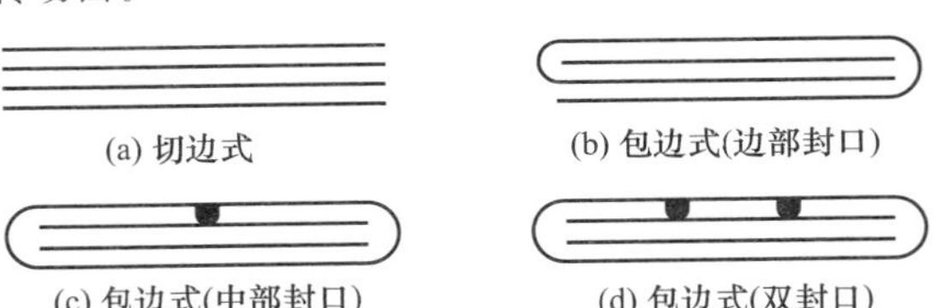

图 13-1-7 普通平带（胶帆布）结构

普通平带标记的内容和顺序。

有端平带：拉伸强度规格；织物黏合材料类型，通用橡胶材料用“R”表示，氯丁胶材料用“C”表示，塑料材料用“P”表示，当织物黏合材料为橡胶时，可省略此项标记；平带宽规格；产品标准编号。示例如下：

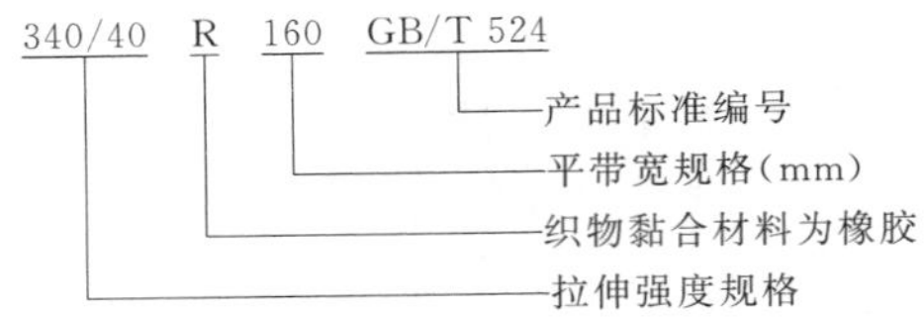

环形平带的标记除以上内容外，还应增加内周长规格。示例如下：

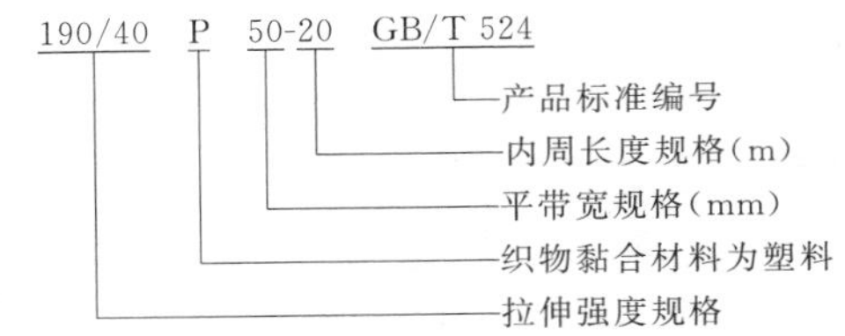

1.4.1.1 普通平带尺寸规格

表 13-1-63 **普通平带规格**（GB/T 524—2007） mm

拉伸强度规格 /kN·m^{-1}	胶帆布层数 z	带厚 δ	宽度范围 b	最小带轮直径 d_{min}	
				推荐	许用
190	3	3.6	16～20	160	112
240	4	4.8	20～315	224	160
290	5	6	63～315	280	200
340	6	7.2	63～500	315	240
385	7	8.4	200～500	355	280
425	8	9.6		400	315
450	9	10.8		450	355
500	10	12		500	400
560	12	14.4	355～500	630	500

表 13-1-64　　**平带带宽、极限偏差和荐用轮宽**（GB/T 524—2007）　　mm

平带宽度公称值	极限偏差	轮宽	平带宽度公称值	极限偏差	轮宽	平带宽度公称值	极限偏差	轮宽	平带宽度公称值	极限偏差	轮宽
16	±2	20	71	±3	80	140	±4	160	280	±5	315
20		25	80		90	160		180	315		355
25		32	90		100	180		200	355		400
32		40	100		112	200		224	400		450
40		50	112		125	224		250	450		500
50		63	125		140	250		280	500		560
63		71									

注：1. 平带宽度采用误差不大于0.5mm测长尺测量。

2. 平带宽度等于或小于63mm，选自R10优先数系，大于63mm选自R20数系。

表 13-1-65　　**环形带的长度**（GB/T 524—2007）　　mm

优选系列	500		560		630		710		800		900
第二系列		530		600		670		750		850	
优选系数		1000		1120		1250		1400		1600	
第二系列	950		1060		1180		1320		1500		1700
优选系列	1800		2000	2240	2500	2800	3150	3550	4000	4500	5000
第二系列		1900									

注：如果给出的长度不够用，可按下列原则进行补充：系列的两端以外，选用R20优先数系中的其他数；两相邻长度值之间，选用R40数系中的数（2000以上）。

表 13-1-66　　**有端平带的最小长度**（GB/T 524—2007）

平带宽度 b/mm	$b \leqslant 90$	$90 < b \leqslant 250$	$b > 250$
有端平带最小长度/m	8	15	20

注：供货长度由供求双方协商确定，供货的有端平带可由若干段组成，其偏差范围为0～±2%。

表 13-1-67　　**全厚度拉伸强度**（GB/T 524—2007）

拉伸强度规格/kN·m^{-1}	全厚度拉伸强度/kN·m^{-1} 纵向最小值	全厚度拉伸强度/kN·m^{-1} 横向最小值	棉帆布参考层数 n	拉伸强度规格/kN·m^{-1}	全厚度拉伸强度/kN·m^{-1} 纵向最小值	全厚度拉伸强度/kN·m^{-1} 横向最小值	棉帆布参考层数 n
190	190	75	3	425	425	250	8
240	240	95	4	450	450	不作规定	9
290	290	115	5	500	500		10
340	340	130	6	560	560		12
385	385	225	7				

注：宽度小于400mm的带不作横向全厚度拉伸强度试验。

表 13-1-68　　**平带的接头型式、特点及应用**

接头种类	接头型式	特点及应用	接头种类	接头型式	特点及应用
粘接接头	45°～70° 50～150	接头平滑、可靠、连接强度高，但粘接技术要求也高。可用于高速（$v<30$m/s）、大功率及有张紧轮的双面传动中 接头效率80%～90%	带扣接头		连接迅速方便，但接头强度及工作平稳性较差。可用于$v<20$m/s、经常改接的中、小功率的双面传动中 接头效率80%～90%
			铁丝钩接头		

续表

接头种类	接头型式	特点及应用
螺栓接头		连接方便，接头强度高，但冲击力大，可用于低速（$v<10$m/s）、大功率的单面传动中 接头效率 30%～65%

注：使用粘接或螺栓接头时，其运行方向应如图 13-1-8 所示。

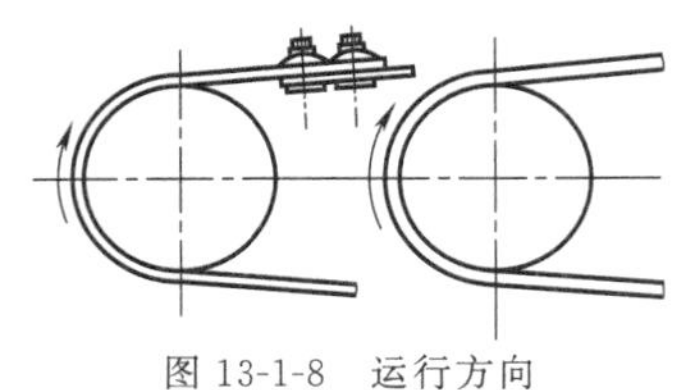

图 13-1-8 运行方向

1.4.1.2 普通平带传动的设计计算

已知条件：传动功率；小带轮和大带轮转速；传动型式、载荷性质、原动机种类及工作制度。

计算内容与步骤见表 13-1-69。

表 13-1-69 计算内容与步骤

计算项目	符号	单位	公式及数据	说明
设计功率	P_d	kW	$P_d=K_AP$	P——传递的功率，kW K_A——工况系数，见表 13-1-70
小带轮直径	d_1	mm	$d_1=(1100\sim1300)\sqrt[3]{\dfrac{P}{n_1}}$ 或 $d_1=\dfrac{60\times1000v}{\pi n_1}$	n_1——小带轮转速，r/min v——带速，m/s，最有利的带速；$v=10\sim20$m/s d_1 应按表 13-1-63 和表 13-1-87 选取标准值
带速	v	m/s	$v=\dfrac{\pi d_1n_1}{60\times1000}\leqslant v_{max}$ 普通平带 $v_{max}=30$m/s	应使带速在最有利的带速范围内，否则应改变 d_1 值
大带轮直径	d_2	mm	$d_2=id_1(1-\varepsilon)=\dfrac{n_2}{n_1}d_1(1-\varepsilon)$ ε 取 0.01～0.02	n_2——大带轮转速，r/min ε——弹性滑动率
中心距	a	mm	$a=(1.5\sim2)(d_1+d_2)$ 且 $1.5(d_1+d_2)\leqslant a\leqslant5(d_1+d_2)$	或根据结构要求定
所需带长	L	mm	开口传动 $L=2a+\dfrac{\pi}{2}(d_1+d_2)+\dfrac{(d_2-d_1)^2}{4a}$ 交叉传动 $L=2a+\dfrac{\pi}{2}(d_1+d_2)+\dfrac{(d_2+d_1)^2}{4a}$ 半交叉传动 $L=2a+\dfrac{\pi}{2}(d_1+d_2)+\dfrac{d_1^2+d_2^2}{2a}$	未考虑接头长度

续表

计算项目	符号	单位	公式及数据	说　明
小带轮包角	α_1	(°)	开口传动 $\alpha_1=180°-\dfrac{d_2-d_1}{a}\times57.3°\geqslant150°$ 交叉传动 $\alpha_1\approx180°+\dfrac{d_2-d_1}{a}\times57.3°$ 半交叉传动 $\alpha_1\approx180°+\dfrac{d_1}{a}\times57.3°$	若 $\alpha_1<150°$，应增大 a 或降低 i 或采用张紧轮
曲挠次数	y	s^{-1}	$y=\dfrac{1000mv}{L}\leqslant y_{max}$ $y_{max}=6\sim10$	m——带轮数 普通平带 y_{max} 取 6
带厚	δ	mm	$\delta\leqslant\left(\dfrac{1}{40}\sim\dfrac{1}{30}\right)d_1$	由表 13-1-63 选取标准值
带宽	b	mm	$b=\dfrac{P_d}{P_0K_\alpha K_\beta}$	P_0——$\alpha=180°$，载荷平稳时普通平带单位宽度的基本额定功率，kW/mm，见表 13-1-71 K_α——包角修正系数，见表 13-1-72 K_β——传动布置系数，见表 13-1-73 b 由表 13-1-63、表 13-1-64 选取标准值
作用在轴上的力	F_r	N	$F_r=2zF'_0b\sin\dfrac{\alpha_1}{2}$	z——胶帆布层数 F'_0——每层胶帆布单位宽度的预紧力，N/mm，推荐 $F'_0=2.25$N/mm

表 13-1-70　　工况系数 K_A

工　况		K_A					
		空、轻载启动			重载启动		
		每天工作小时数/h					
		<10	10～16	>16	<10	10～16	>16
载荷变动最小	液体搅拌机、通风机和鼓风机(≤7.5kW)、离心式水泵和压缩机、轻载荷输送机	1.0	1.1	1.2	1.1	1.2	1.3
载荷变动小	带式输送机(不均匀载荷)、通风机(>7.5kW)、旋转式水泵和压缩机(非离心式)、发电机、金属切削机床、印刷机、旋转筛、锯木机和木工机械	1.1	1.2	1.3	1.2	1.3	1.4
载荷变动较大	制砖机、斗式提升机、往复式水泵和压缩机、起重机、磨粉机、冲剪机床、橡胶机械、振动筛、纺织机械、重载输送机	1.2	1.3	1.4	1.4	1.5	1.6
载荷变动很大	破碎机(旋转式、颚式等)、磨碎机(球磨、棒磨、管磨)	1.3	1.4	1.5	1.5	1.6	1.8

注：1. 空、轻载启动——电动机（交流启动、三角启动、直流并励），四缸以上的内燃机，装有离心式离合器、液力联轴器的动力机。

2. 重载启动——电动机（联机交流启动、直流复励或串励），四缸以下的内燃机。

3. 启动频繁，经常正反转，工作条件恶劣时，普通 V 带 K_A 应乘 1.2，窄 V 带 K_A 应乘 1.1。

4. 增速传动时，K_A 应乘下列系数：

i	≥1.25～1.74	≥1.75～2.49	≥2.5～3.49	≥3.5
系数	1.05	1.11	1.18	1.25

第 13 篇

表 13-1-71 普通平带（胶帆布带）单位宽度传递的基本额定功率 P_0（包角 $\alpha=180°$，载荷平稳，每层胶布单位宽度的预紧力 $F'_0=2.25\text{N/mm}$） kW/mm

拉伸强度规格	小带轮直径 d_1/mm	带速 v/m·s^{-1}												
		6	8	10	12	14	16	18	20	22	24	26	28	30
190 (3)	125	0.045	0.059	0.073	0.086	0.098	0.109	0.118	0.127	0.135	0.142	0.146	0.149	0.149
	160	0.052	0.069	0.085	0.100	0.114	0.127	0.138	0.148	0.157	0.165	0.170	0.174	0.173
	≥200	0.053	0.071	0.087	0.102	0.117	0.129	0.141	0.151	0.160	0.169	0.174	0.178	0.178
240 (4)	180	0.068	0.090	0.111	0.130	0.149	0.166	0.180	0.193	0.205	0.216	0.223	0.227	0.226
	224	0.069	0.092	0.114	0.134	0.154	0.169	0.185	0.198	0.211	0.222	0.228	0.233	0.233
	≥280	0.071	0.094	0.116	0.136	0.156	0.173	0.188	0.202	0.214	0.225	0.233	0.237	0.237
290 (5)	250	0.086	0.113	0.140	0.165	0.188	0.208	0.227	0.244	0.259	0.272	0.280	0.286	0.286
	315	0.088	0.116	0.144	0.170	0.194	0.214	0.233	0.251	0.266	0.280	0.288	0.294	0.294
	≥400	0.090	0.120	0.146	0.172	0.196	0.218	0.237	0.254	0.270	0.284	0.293	0.299	0.298
340 (6)	315	0.104	0.137	0.170	0.200	0.229	0.253	0.275	0.296	0.314	0.331	0.340	0.348	0.347
	400	0.105	0.139	0.173	0.204	0.232	0.258	0.280	0.301	0.320	0.336	0.347	0.353	0.353
	≥500	0.108	0.142	0.176	0.207	0.236	0.262	0.285	0.306	0.325	0.342	0.353	0.360	0.359
385 (7)	400	0.120	0.160	0.200	0.235	0.269	0.298	0.324	0.348	0.370	0.389	0.400	0.409	0.408
	500	0.124	0.165	0.204	0.240	0.275	0.303	0.330	0.355	0.377	0.397	0.408	0.417	0.416
	≥630	0.127	0.168	0.207	0.243	0.278	0.308	0.335	0.360	0.382	0.403	0.414	0.423	0.422
425 (8)	500	0.141	0.186	0.230	0.271	0.309	0.342	0.373	0.400	0.425	0.447	0.461	0.470	0.469
	630	0.143	0.189	0.234	0.275	0.315	0.348	0.379	0.407	0.433	0.455	0.468	0.478	0.477
	≥800	0.145	0.192	0.237	0.278	0.319	0.353	0.384	0.412	0.438	0.461	0.474	0.485	0.484
450 (9)	500	0.151	0.200	0.247	0.291	0.332	0.367	0.401	0.430	0.456	0.480	0.494	0.505	0.504
	630	0.154	0.203	0.251	0.295	0.337	0.374	0.407	0.437	0.464	0.488	0.503	0.513	0.512
	≥800	0.156	0.206	0.255	0.300	0.343	0.379	0.413	0.443	0.471	0.496	0.511	0.521	0.520
500 (10)	500	0.166	0.219	0.271	0.319	0.364	0.404	0.439	0.472	0.501	0.527	0.543	0.554	0.553
	630	0.169	0.224	0.277	0.325	0.373	0.412	0.449	0.482	0.512	0.539	0.554	0.567	0.565
	≥800	0.172	0.228	0.282	0.331	0.379	0.419	0.457	0.491	0.520	0.548	0.564	0.577	0.575
560 (12)	630	0.200	0.265	0.327	0.384	0.440	0.486	0.530	0.569	0.604	0.636	0.655	0.669	0.667
	800	0.204	0.270	0.334	0.393	0.449	0.497	0.541	0.581	0.617	0.650	0.668	0.683	0.681
	≥1000	0.207	0.274	0.339	0.399	0.459	0.504	0.549	0.590	0.627	0.659	0.678	0.693	0.692

注：1. 预紧力$F'_0=2.0\text{N/mm}$时，P_0应减小8%；

$F'_0=2.5\text{N/mm}$时，P_0应增大7.5%；

$F'_0=3.0\text{N/mm}$时，P_0应增大20%。

2. 工作在潮湿、高温、多尘或油质空气环境等恶劣条件下时，P_0应减小10%～30%。

3. 拉伸强度规格栏括号内的数字为其胶布层数。

表 13-1-72 包角修正系数 K_α

包角 α_1/(°)	220	210	200	190	180	170	160	150	140	130	120
K_α	1.20	1.15	1.10	1.05	1.00	0.97	0.94	0.91	0.88	0.85	0.82

表 13-1-73 传动布置系数 K_β

传动型式	两带轮中心连线与水平线间的夹角			传动型式	两带轮中心连线与水平线间的夹角		
	0°～60°	60°～80°	80°～90°		0°～60°	60°～80°	80°～90°
自动张紧传动	1.0	1.0	1.0	交叉传动	0.9	0.8	0.7
简单开口传动(定期张紧或改缝)	1.0	0.9	0.8	半交叉传动和有导轮的角度传动	0.8	0.7	0.6

1.4.2 尼龙片复合平带

尼龙片（聚酰胺片基）复合平带是以聚酰胺片基为抗拉体，其结构一般由上覆盖层、布层、片基层、布层、下覆盖层组成，也可由聚酰胺片基与皮革或其他材质层组成，见图 13-1-9。

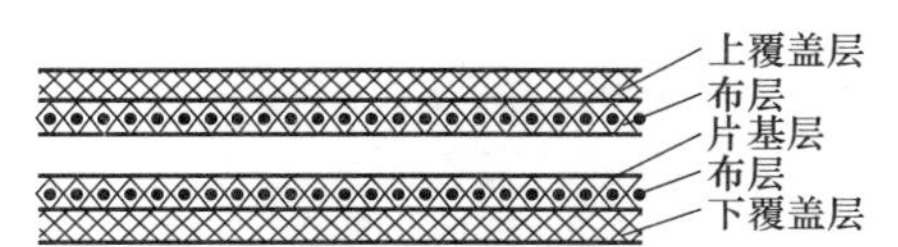

图 13-1-9 尼龙片复合平带的结构

尼龙片复合平带按承载层尼龙片的传动能力分为轻型 L、中型 M、重型 H 和特轻型 EL、加重型 EH 等几种。按其使用和结构不同，以覆盖层材料分类，分别分为上、下覆盖层均为橡胶型（RR 系列）；上、下覆盖层均为皮革型（LL 系列）；上覆盖层为橡胶、下覆盖层为皮革型（RL 系列）；覆盖层为其他材料的平带。

尼龙片复合平带的标记内容和顺序为：带的上覆盖层材质、下覆盖层材质，安装伸长率 2%时的张紧力，厚度、长度、宽度、标准编号。标记表示在工作面上。示例如下：

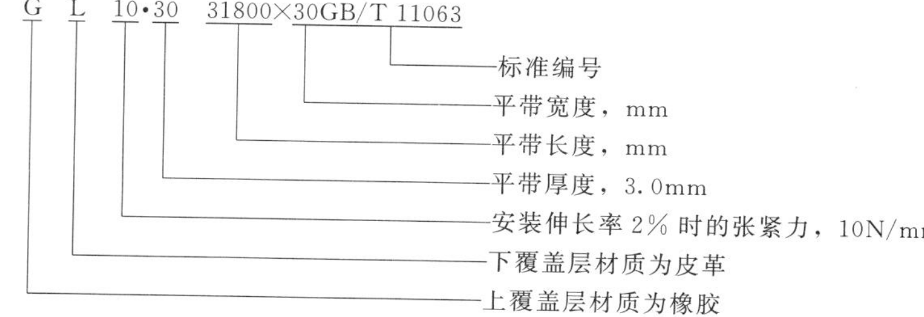

1.4.2.1　尼龙片复合平带尺寸规格

表 13-1-74　　尼龙片复合平带规格　　mm

带型	尼龙片厚 δ_N	带厚(约)	宽度范围 b	带轮最小直径 d_{min}
LL-EL	0.25	2.4	16～300	40
LL-L	0.50	3.2		45
LL-M	0.70	4.0		71
LL-H	1.00	4.2		112
LL-EH	1.40	4.8		180
LL-EEH	2.00	6.0		250
LT(L,R)-EL	0.25	1.9,1.7	16～300	35
LT(L,R)-L	0.5	2.5,2.1		45
LT(L,R)-M	0.7	2.9,2.5		71
LT(L,R)-H	1.0	3.7,3.3		112
LT(L,R)-EH	1.4	4.5,4.1		180
LT(L,R)-EEH	2.00	5.2,4.8		250
RR-EL	0.25	1.6	10～280	30
RR-L	0.50	1.8		40
RR-M	0.70	2.0		63
RRG-H	1.00	2.3		100
RR-EH	1.40	2.8		160
RR-EEH	2.00	3.4		224
宽度系列	10　16　20　25　32　40　50　63　71　80　90　100　112　125　140　160　180　200　224　250　280　315			

注：LL—两面贴铬鞣革；LT—工作面贴铬鞣层，非工作面贴特殊织物层；L，R—工作面贴铬鞣革 L 或橡胶 R（也有厂家用 G 表示）层，非工作面贴保护层；RR—两面均贴橡胶层；表面层覆盖材料不同，同一带型的厚度也不完全相同。

表 13-1-75　　环形平带内周长度、宽度、厚度极限偏差（GB/T 11063—2014）　　mm

内周长度 L	极限偏差	宽度 b		极限偏差	厚度	极限偏差
L≤1000	±5	环形带	b≤60	±1	＜3.0	±0.2
1000＜L≤2000	±10		60＜b≤150	±1.5	≥3.0	±0.3
2000＜L≤5000	±0.5%		150＜b≤520	±2	同卷或同条带	
5000＜L≤20000	±0.3%	非环形平带		0～+2%	＜3.0	±0.1
20000＜L≤125000	±0.2%				≥3.0	±5%

表 13-1-76 **尼龙（聚酰胺）片平带的拉伸性能**（GB/T 11063—2014）

尼龙片厚度/mm	平带 1%定伸应力[①]/MPa ≥	平带拉伸强度/MPa ≥	平带拉断伸长率/% ±5	安装伸长率 2%时的张紧力/N·mm⁻¹
0.2	16	300	22	4.0
0.5	18	350	22	10.0
0.75	18	350	22	15.0
1.0	18	350	22	20.0
1.5	18	350	22	30.0

① 使胶料产生一定的伸长变形时所需的外力为定伸应力。根据对胶料试验时所采取的伸长变形不同，有 100%、200%、300%、500%等。它说明胶料抵抗使之变形的能力，即在一定外力作用下，定伸应力大的胶料伸长变形必小。

1.4.2.2 尼龙片复合平带传动的设计计算

尼龙片复合平带的设计计算可参照表 13-1-69 进行。但计算时应考虑下列几点。

1）选择带型时，先根据载荷的大小和变化情况选择类型，对于中载、重载和载荷变化大的传动，宜选用 LL 或者 LR、LT 型。然后根据设计功率 P_d 和小带轮转速 n_1 参照图 13-1-10 选择带型。

2）小带轮直径 d_1 允许比表 13-1-69 的计算值小 30%～35%，但必须大于表 13-1-74 规定的 d_{min}，并应使带速 v>10～15m/s。

3）曲挠次数 y 应小于 y_{max}=15～50，小带轮直径大时取高值。

4）确定带的截面尺寸主要是确定带宽

$$b=\frac{P_d}{K_\alpha K_\beta P_0} \tag{13-1-2}$$

式中 P_d——设计功率，$P_d=K_AP$；

P——传递的功率，kW；

K_A——工况系数，查表 13-1-70；

K_α——包角修正系数，查表 13-1-72；

K_β——传动布置系数，查表 13-1-73；

P_0——α=180°、载荷平稳时，单位宽度的基本额定功率，查表 13-1-77。

根据式（13-1-2）算出的带宽，按表 13-1-78 选取标准值。

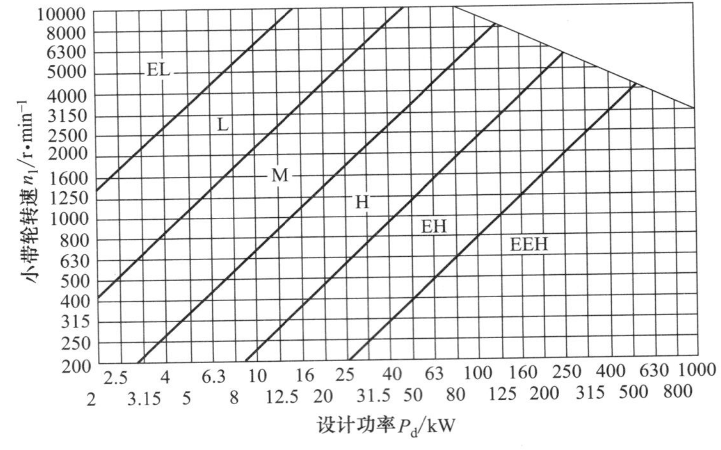

图 13-1-10 尼龙片复合平带选择

表 13-1-77 **尼龙片复合平带的基本额定功率 P_0**

（α=180°、载荷平稳、预紧应力 σ_0=3MPa） kW/mm

带型	带速 v/m·s⁻¹											
	10	15	20	25	30	35	40	45	50	55～60	65	70
EL	0.060	0.089	0.116	0.143	0.166	0.187	0.204	0.219	0.228	0.234	0.230	0.218
L	0.100	0.148	0.194	0.238	0.276	0.312	0.340	0.365	0.380	0.391	0.384	0.364
M	0.140	0.208	0.272	0.333	0.386	0.436	0.476	0.510	0.532	0.547	0.537	0.510
H	0.200	0.297	0.388	0.475	0.552	0.623	0.680	0.729	0.760	0.781	0.767	0.728
EH	0.280	0.416	0.543	0.665	0.773	0.872	0.952	1.021	1.064	1.093	1.074	1.019
EEH	0.400	0.594	0.776	0.950	1.104	1.246	1.360	1.458	1.520	1.562	1.534	1.456

注：表中各带型基本额定功率，其拉伸性能要求达到表 13-1-76 各项指标。

1.4.3　高速带传动

带速 $v>30\text{m/s}$、高速轴转速 $n_1=10000\sim50000\text{r/min}$ 都属于高速带传动，带速 $v\geqslant100\text{m/s}$ 称为超高速带传动。高速带传动主要用于增速以驱动高速机床、粉碎机、离心机及某些其他机器。高速带传动的增速比为 2～4，有时可达 8。

高速带传动通常都是开口的增速运动，定期张紧时，i 可达到 4；自动张紧时，i 可达到 6；采用张紧轮传动时，i 可达到 8。小带轮直径一般取 $d_1=20\sim40\text{mm}$。

高速带传动要求传动可靠、运转平稳、并有一定的寿命，所以都采用重量轻、厚度薄而均匀、曲挠性好的环形平带，如特制的编织带（麻、丝、涤纶等）、薄型尼龙片复合平带，高速环形胶带等。高速带传动若采用硫化接头时，必须使接头与带的曲挠性能尽量接近。

1.4.3.1　高速带尺寸规格

表 13-1-78　高速带尺寸规格　mm

带厚	宽度范围	内周长度范围
0.8	6～32	220～380
1.0	8～40	200～2000
1.5	10～50	300～3000
2.0	12～60	1900～4000
2.5	16～80	1900～4000
带宽系列	6　8　10　12　16　20　25　32　40　50　60　80	

注：内周长度按 R40 优先数系选取。

1.4.3.2　高速带传动的设计计算

高速带传动的设计计算，可参照表 13-1-69，但计算时应考虑以下几点。

1）小带轮直径可取 $d_1\geqslant d_0+2\delta_{\min}$（$d_0$——轴直径；$\delta_{\min}$——最小轮缘厚度，通常取 3～5mm）。若带速和安装尺寸允许，d_1 应尽可能选较大值。

表 13-1-79　高速带传动的 $\dfrac{\delta}{d_{\min}}$、$v_{\max}$ 和 $y_{\max}$

高速带种类			棉织带	麻、丝、尼龙织带	橡胶高速带	聚氨酯高速带	薄型尼龙片复合平带
$\dfrac{\delta}{d_{\min}}$	推荐	$\leqslant$	$\frac{1}{50}$	$\frac{1}{30}$	$\frac{1}{40}$	$\frac{1}{30}$	$\frac{1}{100}$
	许用		$\frac{1}{40}$	$\frac{1}{25}$	$\frac{1}{30}$	$\frac{1}{20}$	$\frac{1}{50}$
$v_{\max}/\text{m}\cdot\text{s}^{-1}$			40	50	40	50	80
$y_{\max}/\text{s}^{-1}$			60	60	100	100	50

2）带速 v 应小于表 13-1-79 的 $v_{\max}$。

3）带的曲挠次数 y 应小于表 13-1-79 的 $y_{\max}$。

4）带厚 δ 可根据 d_1 和表 13-1-79 的 $\dfrac{\delta}{d_{\min}}$ 由表 13-1-78选定。

5）带宽 b 由式（13-1-3）计算，并选取标准值：

$$b=\frac{K_A P}{K_f K_\alpha K_\beta K_i([\sigma]-\sigma_c)\delta v}\qquad(13\text{-}1\text{-}3)$$

式中　P——传递的功率，kW；

K_A——工况系数，查表 13-1-70；

K_f——拉力计算系数，当 $i=1$，带轮为金属材料时

纤维纺织带　0.47

橡胶带　0.67

聚氨酯带　0.79

皮革带　0.72；

K_α——包角修正系数，查表 13-1-80；

K_β——传动布置系数，查表 13-1-73；

K_i——传动比系数，查表 13-1-81；

$[\sigma]$——带的许用拉应力，查表 13-1-83；

σ_c——带的离心拉应力，MPa

$$\sigma_c=mv^2;$$

m——带的密度，查表 13-1-82。

表 13-1-80　高速带传动的包角修正系数 K_α

$\alpha/(°)$	220	210	200	190	180	170	160	150
K_α	1.20	1.15	1.10	1.05	1.0	0.95	0.90	0.85

表 13-1-81　传动比系数 K_i

$\dfrac{\text{主动轮转速}}{\text{从动轮转速}}$	$\geqslant\frac{1}{1.25}$	$<\frac{1}{1.25}\sim\frac{1}{1.7}$	$<\frac{1}{1.7}\sim\frac{1}{2.5}$	$<\frac{1}{2.5}\sim\frac{1}{3.5}$	$<\frac{1}{3.5}$
K_i	1	0.95	0.90	0.85	0.80

表 13-1-82　高速带的密度 m　kg/cm^3

高速带种类	无覆胶编织带	覆胶编织带	橡胶高速带	聚氨酯高速带	薄型皮革高速带	薄型尼龙片复合平带
密度 m	0.9×10^{-3}	1.1×10^{-3}	1.2×10^{-3}	1.34×10^{-3}	1×10^{-3}	1.13×10^{-3}

表 13-1-83　　**高速带的许用拉应力 [σ]**　　MPa

高速带种类	麻、丝、尼龙织带	尼龙编织带	橡胶高速带		聚氨酯高速带	薄型尼龙片复合平带
			涤纶绳芯	棉绳芯		
[σ]	3.0	5.0	6.5	4.5	6.5	20

1.4.4　平带带轮

平带带轮的设计内容、材料、质量、技术要求与 V 带带轮相同（见本章 1.2.3）。

平带带轮的直径、结构形式和辐板厚度 S 见表 13-1-87，为防止掉带，通常在大带轮轮缘表面制成中凸度，中凸度见表 13-1-84。

高速带传动必须使带轮重量轻、质量均匀对称，运转时空气阻力小。通常都采用钢或者铝合金制造。各个表面都应进行加工，轮缘工作表面的表面粗糙度应为 Ra 3.2μm。为防止掉带，主、从动轮轮缘表面都应制成中凸度。除薄型尼龙片复合平带的带轮外，也可将轮缘表面的两边做成 2°左右的锥度，见图13-1-11（a）。为了防止运转时带与轮缘表面间形成气垫，轮缘表面应开环形槽，环形槽间距为 5～10mm，见图13-1-11（b）（大轮可不开）。带轮按表 13-1-86 进行动平衡。平带带轮结构见图 13-1-12 和图 13-1-13。

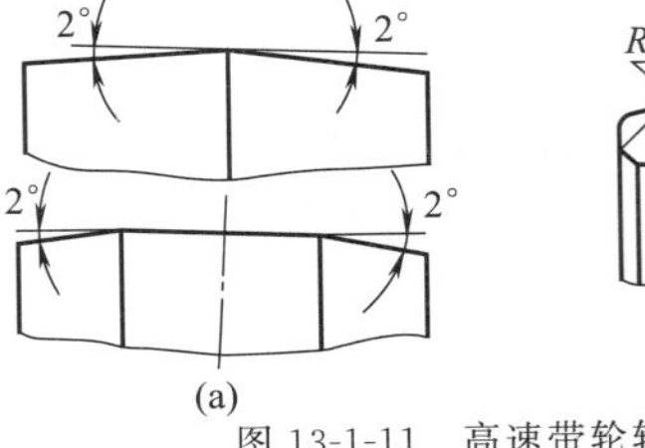

图 13-1-11　高速带轮轮缘表面

表 13-1-84　　**带轮直径 d 及其轮冠高度 h**（GB/T 11358—1999）　　mm

直线段 $l\leqslant\frac{2}{5}B$　h　d　B

直径 d 尺寸	偏差 Δ	h	直径 d 尺寸	偏差 Δ	h	直径 d 尺寸	偏差 Δ	h	直径 d 尺寸	偏差 Δ	h	直径 d 尺寸	偏差 Δ	h 轮宽 B ≤250	h 轮宽 B ≥280
20 25	±0.4	0.3	63	±0.8	0.3	160 180	±2.0	0.5	315 355	±3.2	1.0	800 900 1000	±6.3	1.2	1.5
32 40	±0.5		71 80	±1.0		200		0.6	400 450 500	±4.0	1.0	1120 1250 1400	±8.0	1.5	2.0
45 50	±0.6		90 100 112	±1.2		224	±2.5		560 630 710	±5.0	1.2	1600 1800 2000	±10.0	1.8	2.5
						250		0.8							
56	±0.8		125 140	±1.6	0.4	280	±3.2								

注：带轮轮冠截面形状是规则对称曲线，中部带有一段直线部分且与曲线相切。

表 13-1-85　　**包边式平带带轮最小直径 d_{min}**（GB/T 524—2007）　　mm

拉伸强度 /kN·m^{-1}	v/m·s^{-1} 5	10	15	20	25	30	棉帆布参考层数 n	拉伸强度 /kN·m^{-1}	v/m·s^{-1} 5	10	15	20	25	30	棉帆布参考层数 n
	d_{1min}								d_{1min}						
190	80	112	125	140	160	180	3	425	500	560	710	710	800	900	8
240	140	160	180	200	224	250	4	450	630	710	800	900	1000	1120	9
290	200	224	250	280	315	355	5	500	800	900	1000	1000	1120	1250	10
340	315	355	400	450	500	560	6	560	1000	1000	1120	1250	1400	1600	12
385	450	500	560	630	710	710	7								

注：(a) 切边式　(b) 包边式　切边式平带柔软，用切边式平带其带轮直径比包边式小 20%，但不能用于交叉传动和塔轮上。

表 13-1-86　　**带轮动平衡要求**

带 轮 类 型	允许重心偏移量 e/μm	精度等级
一般机械带轮（$n\leqslant1000$r/min）	50	G6.3
机床小带轮（$n=1500$r/min）	15	G2.5
主轴和一般磨头带轮（$n=6000\sim10000$r/min）	3～5	G2.5
高速磨头带轮（$n=15000\sim30000$r/min）	0.4～1.2	G1.0
精密磨床主轴带轮（$n=15000\sim50000$r/min）	0.08～0.25	G0.4

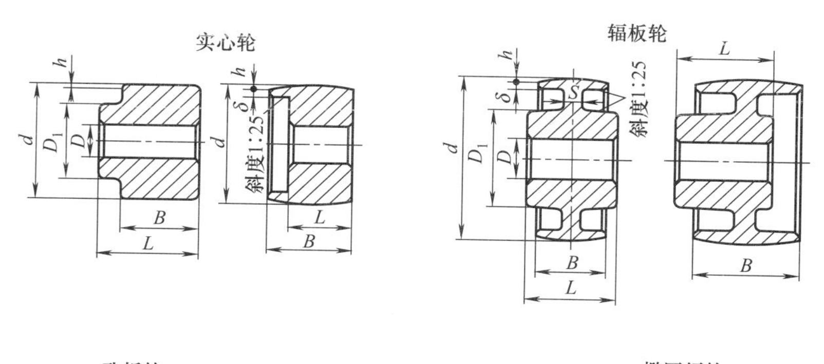

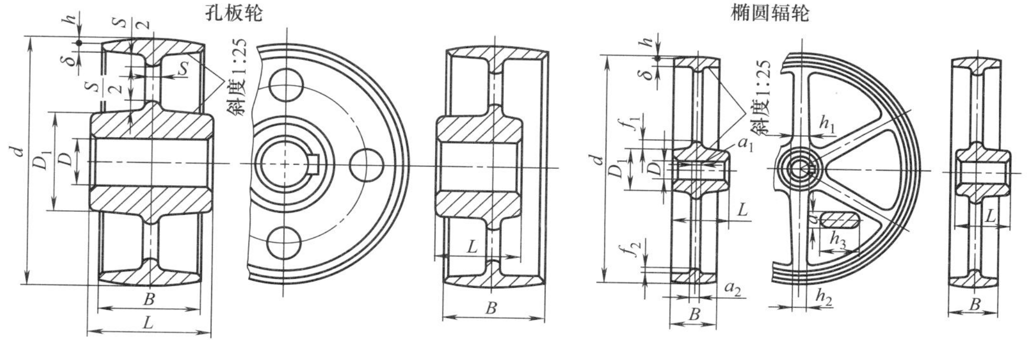

结构型式、辐板厚度S见表13-1-87
h见表13-1-84
$\delta=0.005d+3\mathrm{mm}$
开口传动：$B=1.1b+(5\sim15)\mathrm{mm}$
交叉和半交叉传动：$1.4b+10\leqslant B\leqslant 2b$
b—带宽，mm
带轮工作表面粗糙度为$Ra3.2\mu\mathrm{m}(d>300\mathrm{mm})$或$Ra1.6\mu\mathrm{m}(d<300\mathrm{mm})$，其他结构尺寸见普通V带轮

图 13-1-12　平带带轮结构图例

表 13-1-87　　平带轮的直径、结构形式和辐板厚度　　mm

孔径 d_0	带轮直径d																						轮缘宽度 B
	50	56	63	71	80	90	100	112	125	140	160	180	200	224	250	280	315	355	400	450	500	560～2000	
	辐板厚度S																						
12～14					8		9		10		10												20～32
16～18						10			12		12	四											20～50
20～22								辐					14										20～55
24～25				实										孔	16								40～80
28～30										14							18	20					40～80
32～35											16		16		18		20	22					40～110
38～40							心				18		18		20		22						60～160
42～45											板			六	20		板			四椭圆辐轮		六椭圆辐轮	60～160
50～55										轮					孔			24					90～200
60～65													20			22			轮	26			90～200
70～75														轮		板	24						90～200
80～85																22		轮					140～250
90～95																24			26				140～250

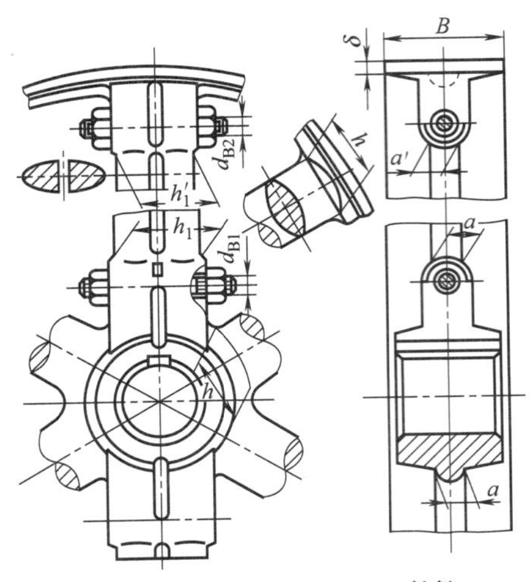

$d_{B1}=0.15d+(8\sim12)\text{mm}$　d— 轴径，mm

$d_{B2}=0.45\sqrt{B\delta}+5\text{mm}$

图 13-1-13　剖分式带轮

1.5　同步带传动

同步带传动是由同步带与两个或多个同步带轮组成的啮合传动，其同步运动和（或）动力通过带齿与轮齿相啮合传递。

同步带传动具有齿轮传动、链传动和带传动的各种优点。传动比准确，无滑差，可获得恒定的速比，传动平稳，能吸振，噪声小，传动比范围大，传动效率高，传递功率从几瓦到数百千瓦，结构紧凑，适用于多轴传动，张紧力小，不需润滑，无污染，应用广泛。

同步带按齿形分为梯形齿和曲线齿两类，梯形齿同步带应用较广，曲线齿同步带因其承载能力和疲劳寿命高于梯形齿而应用日趋广泛。同步带按结构分为单面和双面同步带两种型式。双面同步带按齿的排列不同又分为对称齿双面同步带和交错齿双面同步带两种。

同步带最基本的参数是带齿节距 p_b（见图 13-1-14），带齿节距是在规定的张紧力下带的纵截面上相邻两齿对称中心线的直线距离；当带垂直其底边弯曲时，在带中保持原长不变的任意一条周线，其长度称为节线长 L_p，为公称长度。

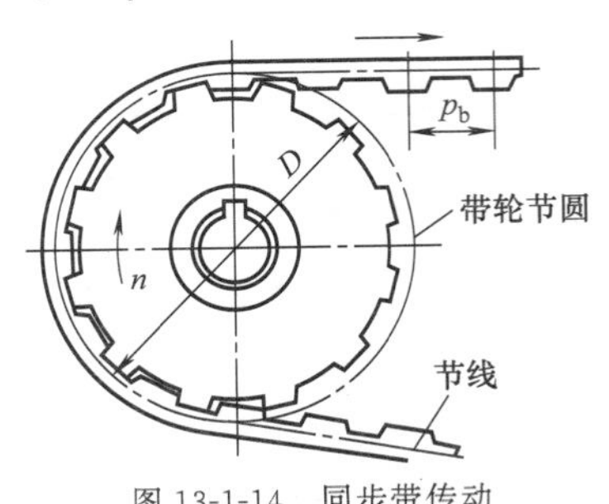

图 13-1-14　同步带传动

1.5.1　梯形齿同步带传动

梯形齿同步带是纵向截面为矩形或近似为矩形，工作表面具有等距横向梯形齿的同步带。

梯形齿同步带有两种尺寸制，节距制和模数制。节距制是以英寸制节距 p_b 为准，我国现采用节距制。

单面梯形齿同步带的规格标记依次为长度代号、型号、宽度代号、标准号。

示例如下：

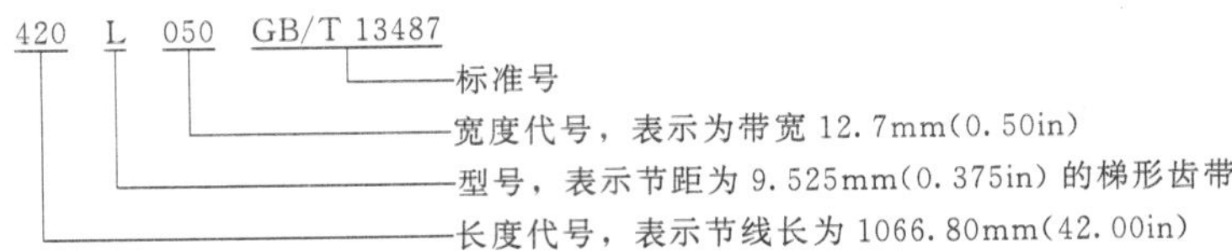

对称式双面梯形齿同步带的型号标记应在单面梯形齿同步带型号前加 DA，交叉式双面梯形齿同步带的型号标记应在单面梯形齿同步带型号前加 DB，其余标记表示方法不变。

1.5.1.1　梯形齿同步带尺寸规格

表 13-1-88　　梯形齿标准同步带的齿形尺寸（GB/T 11616—2013）　　mm

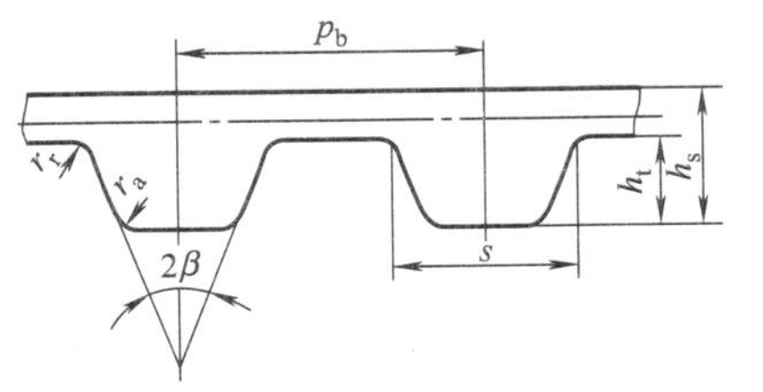

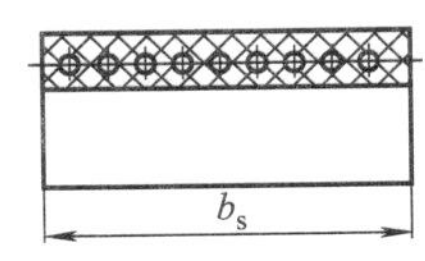

b_s 参考表 13-1-91

续表

带型	节距 p_b	齿形角 $2\beta/(°)$	齿根厚 s	齿高 h_t	带高 h_s	齿根圆角半径 r_r	齿顶圆角半径 r_a
MXL	2.032	40	1.14	0.51	1.14	0.13	0.13
XXL	3.175	50	1.73	0.76	1.52	0.20	0.30
XL	5.080	50	2.57	1.27	2.3	0.38	0.38
L	9.525	40	4.65	1.91	3.6	0.51	0.51
H	12.700	40	6.12	2.29	4.3	1.02	1.02
XH	22.225	40	12.57	6.35	11.2	1.57	1.19
XXH	31.750	40	19.05	9.53	15.7	2.29	1.52

表 13-1-89　XL、L、H、XH、XXH 型带长及极限偏差（GB/T 11616—2013）

长度代号	节线长 L_P		极限偏差		齿数				
	mm	in	mm	in	XL	L	H	XH	XXH
60	152.4	6	±0.41	±0.016	30				
70	177.8	7	±0.41	±0.016	35				
80	203.2	8	±0.41	±0.016	40				
90	228.6	9	±0.41	±0.016	45				
100	254	10	±0.41	±0.016	50				
110	279.4	11	±0.46	±0.018	55				
120	304.8	12	±0.46	±0.018	60				
124	314.33	12.375	±0.46	±0.018		33			
130	330.20	13.000	±0.46	±0.018	65				
140	355.60	14.000	±0.46	±0.018	70				
150	381.00	15.000	±0.46	±0.018	75	40			
160	406.40	16.000	±0.51	±0.02	80				
170	431.80	17.000	±0.51	±0.02	85				
180	457.20	18.000	±0.51	±0.02	90				
187	476.25	18.750	±0.51	±0.02		50			
190	482.60	19.000	±0.51	±0.02	95				
200	508.00	20.000	±0.51	±0.02	100				
210	533.40	21.000	±0.61	±0.024	105	56			
220	558.80	22.000	±0.61	±0.024	110				
225	571.50	22.500	±0.61	±0.024		60			
230	584.20	23.000	±0.61	±0.024	115				
240	609.60	24.000	±0.61	±0.024	120	64	48		
250	635.00	25.000	±0.61	±0.024	125				
255	647.70	25.500	±0.61	±0.024		68			
260	660.40	26.000	±0.61	±0.024	130				
270	685.80	27.000	±0.61	±0.024		72	54		
285	723.90	28.500	±0.61	±0.024		76			

续表

长度代号	节线长 L_P		极限偏差		齿数				
	mm	in	mm	in	XL	L	H	XH	XXH
300	762.00	30.000	±0.61	±0.024		80	60		
322	819.15	32.250	±0.66	±0.026		86			
330	838.20	33.000	±0.66	±0.026			66		
345	876.30	34.500	±0.66	±0.026		92			
360	914.40	36.000	±0.66	±0.026			72		
367	933.45	36.750	±0.66	±0.026		98			
390	990.60	39.000	±0.66	±0.026		104	78		
420	1066.80	42.000	±0.76	±0.03		112	84		
450	1143.00	45.000	±0.76	±0.03		120	90		
480	1219.20	48.000	±0.76	±0.03		128	96		
507	1289.05	50.750	±0.81	±0.032				58	
510	1295.40	51.000	±0.81	±0.032		136	102		
540	1371.60	54.000	±0.81	±0.032		144	108		
560	1422.40	56.000	±0.81	±0.032				64	
570	1447.80	57.000	±0.81	±0.032			114		
600	1524.00	60.000	±0.81	±0.032		160	120		
630	1600.20	63.000	±0.86	±0.034			126	72	
660	1676.40	66.000	±0.86	±0.034			132		
700	1778.00	70.000	±0.86	±0.034			140	80	56
750	1905.00	75.000	±0.91	±0.036			150		
770	1955.80	77.000	±0.91	±0.036				88	
800	2032.00	80.000	±0.91	±0.036			160		64
840	2133.60	84.000	±0.97	±0.038				96	
850	2159.00	85.000	±0.97	±0.038			170		
900	2286.00	90.000	±0.97	±0.038			180		72
980	2489.20	98.000	±1.02	±0.04				112	
1000	2540.00	100.000	±1.02	±0.04			200		80
1100	2794.00	110.000	±1.07	±0.042			220		
1120	2844.80	112.000	±1.12	±0.044				128	
1200	3048.00	120.000	±1.12	±0.044					96
1250	3175.00	125.000	±1.17	±0.046			250		
1260	3200.40	126.000	±1.17	±0.046				144	
1400	3556.00	140.000	±1.22	±0.048			280	160	112
1540	3911.60	154.000	±1.32	±0.052				176	
1600	4064.00	160.000	±1.32	±0.052					128
1700	4318.00	170.000	±1.37	±0.054			340		
1750	4445.00	175.000	±1.42	±0.056				200	
1800	4572.00	180.000	±1.42	±0.056					144

表 13-1-90　　**MXL、XXL 型带长及极限偏差**（GB/T 11616—2013）

长度代号	节线长 L_P		极限偏差		齿　数	
	mm	in	mm	in	MXL	XXL
36.0	91.44	3.600	±0.41	±0.016	45	
40.0	101.60	4.000	±0.41	±0.016	50	
44.0	111.76	4.400	±0.41	±0.016	55	
48.0	121.92	4.800	±0.41	±0.016	60	
50.0	127.00	5.000	±0.41	±0.016		40
56.0	142.24	5.600	±0.41	±0.016	70	
60.0	152.40	6.000	±0.41	±0.016	75	48
64.0	162.56	6.400	±0.41	±0.016	80	
70.0	177.80	7.00	±0.41	±0.016		56
72.0	182.88	7.200	±0.41	±0.016	90	
80.0	203.20	8.000	±0.41	±0.016	100	64
88.0	223.52	8.800	±0.41	±0.016	110	
90.0	228.60	9.000	±0.41	±0.016		72
100.0	254.00	10.000	±0.41	±0.016	125	80
110.0	179.40	11.000	±0.46	±0.018		88
112.0	284.48	11.200	±0.46	±0.018	140	
120.0	304.80	12.000	±0.46	±0.018		96
124.0	314.96	12.400	±0.46	±0.018	155	
130.0	330.20	13.000	±0.46	±0.018		104
140.0	355.60	14.000	±0.46	±0.018	175	112
150.0	381.00	15.000	±0.46	±0.018		120
160.0	406.40	16.000	±0.51	±0.020	200	128
180.0	457.20	18.000	±0.51	±0.020		144
200.0	508.00	20.000	±0.51	±0.020	225	160
220.0	558.80	22.000	±0.61	±0.024	250	176

表 13-1-91　　**梯形齿同步带带宽和带高**（单面齿同步带）（GB/T 11616—2013）

型号	带高 h_a		带宽基本尺寸 b_s			带宽极限偏差					
			公称尺寸		代号	节线长					
						<838.2mm (33in)		838.2mm(33in)～1676.4mm(66in)		>1676.4mm (66in)	
	mm	in	mm	in		mm	in	mm	in	mm	in
MXL	1.14	0.045	3.2 4.8 6.4	0.12 0.19 0.25	012 019 025	+0.5 −0.8	+0.02 −0.03	—	— — —	— — —	— — —
XXL	1.52	0.06	3.2 4.8 6.4	0.12 0.19 0.25	012 019 025	+0.5 −0.8	+0.02 −0.03	—	— — —	— — —	— — —
XL	2.30	0.09	6.4 7.9 9.5	0.25 0.31 0.37	025 031 037	+0.5 −0.8	+0.02 −0.03	—	—	—	—
L	3.60	0.14	12.7 19.1 25.4	0.5 0.75 1.00	050 075 100	+0.8 −0.8	+0.03 −0.03	+0.8 −1.3	+0.03 −0.05	—	—

续表

型号	带高 h_a		带宽基本尺寸			带宽极限偏差					
						节线长					
			公称尺寸		代号	<838.2mm (33in)		838.2mm(33in)～1676.4mm(66in)		>1676.4mm (66in)	
	mm	in	mm	in		mm	in	mm	in	mm	in
H	4.30	0.17	19.1 25.4 38.1	0.75 1.00 1.5	075 100 150	+0.8 −0.8	+0.03 −0.03	+0.8 −1.3	+0.03 −0.05	+0.8 −1.3	+0.03 −0.05
			50.8	2.00	200	+1.3 −1.5	+0.05 −0.06	+1.5 −1.5	+0.06 −0.06	+1.5 −2	+0.06 −0.08
			76.2	3.00	300	+1.3 −1.5	+0.05 −0.06	+1.5 −1.5	+0.06 −0.06	+1.5 −2	+0.06 −0.08
XH	11.20	0.44	50.8 76.2 101.6	2.00 3.00 4.00	200 300 400	— — —	— — —	+4.8 −4.8	+0.19 −0.19	+4.8 −4.8	+0.19 −0.19
XXH	15.7	0.62	50.8 76.2 101.6 127	2.00 3.00 4.00 5.00	200 300 400 500	—	—	—	—	+4.8 −4.8	+0.19 −0.19

1.5.1.2 梯形齿同步带传动设计计算

已知条件：传递的功率；小带轮、大带轮转速；传动用途、载荷性质、原动机种类以及工作制度。

表 13-1-92 设计内容和步骤（GB/T 11362—2008）

计算项目	符号	单位	公式及数据	说明
设计功率	P_d	kW	$P_d=K_AP$	K_A——载荷修正系数，见表 13-1-93 P——传递的功率，kW
带型节距	p_b	mm	根据 P_d 和 n_1，由图 13-1-15 选取具体带型对应的节距	n_1——小带轮转速，r/min 为使转动平稳，提高带的柔性以及增加啮合齿数，节距应尽可能选取较小值
小带轮齿数	z_1		$z_1\geqslant z_{min}$　z_{min} 见表 13-1-94	带速 v 和安装尺寸允许时，z_1 尽可能选用较大值
小带轮节径	d_1	mm	$d_1=\dfrac{P_bz_1}{\pi}$	见表 13-1-106
大带轮齿数	z_2		$z_2=iz_1$	
大带轮节径	d_2	mm	$d_2=\dfrac{P_bz_2}{\pi}$	见表 13-1-106
带速	v	m/s	$v=\dfrac{\pi d_1n_1}{60\times1000}\leqslant v_{max}$	v_{max} 见表 13-1-97
初定中心距	a_0	mm	$0.7(d_1+d_2)<a_0<2(d_1+d_2)$	可根据结构要求定
带的节线长度及其齿数	L_p z_b	mm	$L_p\approx2a_0+\dfrac{\pi}{2}(d_2+d_1)+\dfrac{(d_2-d_1)^2}{4a_0}$	选取接近的 L_p 值及其齿数 z_b，见表 13-1-89
实际中心距	a	mm	中心距可调整 $a\approx a_0+\dfrac{L_p-L_{0p}}{2}$ 中心距不可调整 $a=\dfrac{d_2-d_1}{2\cos\dfrac{\alpha_1}{2}}$ $\mathrm{inv}\dfrac{\alpha_1}{2}=\dfrac{L_p-\pi d_2}{d_2-d_1}=\tan\dfrac{\alpha_1}{2}-\dfrac{\alpha_1}{2}$ 当 $z_2/z_1\approx1$ 时 $a=M+\sqrt{M^2-\dfrac{1}{8}\left[\dfrac{P_b(z_2-z_1)}{\pi}\right]^2}$ $M=\dfrac{P_b}{8}(2z_b-z_1-z_2)$	最好采用中心距可调的结构，其调整范围见表 13-1-95 对于中心距不可调的结构，中心距极限偏差见表13-1-96 α_1——小带轮包角 $\mathrm{inv}\dfrac{\alpha_1}{2}$——角 $\dfrac{\alpha_1}{2}$ 的渐开线函数，根据算出的 $\mathrm{inv}\dfrac{\alpha_1}{2}$ 值，由表 13-1-98 查得 $\dfrac{\alpha_1}{2}$，即可得精确的 a 值
基准额定功率	P_0	kW	$P_0=\dfrac{(T_a-mv^2)v}{1000}$	或根据带型号、n_1 和 z_1 由表 13-1-99～表 13-1-103 选取 T_a——带宽为 b_{s0} 的许用工作拉力，N，见表 13-1-97 m——带宽为 b_{s0} 的单位长度的质量，kg/m，见表 13-1-97

续表

计算项目	符号	单位	公式及数据	说　明
小带轮啮合齿数	z_m		$z_m=\text{ent}\left[\frac{z_1}{2}-\frac{p_b z_1}{2\pi^2 a}(z_2-z_1)\right]$	ent[ ]——取括号内的整数部分，$\frac{1}{2\pi^2}$可以取$\frac{1}{20}$
啮合齿数系数	K_z		$z_m\geqslant 6$ 时，$K_z=1$ $z_m<6$ 时，$K_z=1-0.2(6-z_m)$	
额定功率	P_r	kW	$P_r=\left(K_z K_w T_a-\frac{b_s m v^2}{b_{s0}}\right)v\times 10^{-3}$ $P_r\approx K_z K_w P_0$	K_z——小带轮啮合齿数系数 K_w——宽度系数，$K_w=\left(\frac{b_s}{b_{s0}}\right)^{1.14}$
带宽	b_s	mm	$b_s\geqslant b_{s0}\sqrt[1.14]{\frac{P_d}{K_z p_0}}$ 按表 13-1-91 选定 b_s	b_{s0}——选定型号的基准宽度，见表 13-1-97 一般应使 $b_s<d_1$
作用在轴上的力	F_r	N	$F_r=\frac{P_d}{v}\times 10^3$	

表 13-1-93　　载荷修正系数 K_A（GB/T 11362—2008）

工　作　机	原动机：交流电动机（普通转矩笼型、同步电动机），直流电动机（并励），多缸内燃机			原动机：交流电动机（大转矩、大滑差率、单相、滑环），直流电动机（复励、串励），单缸内燃机		
	运转时间：断续使用每日3～5h	普通使用每日8～10h	连续使用每日16～24h	运转时间：断续使用每日3～5h	普通使用每日8～10h	连续使用每日16～24h
	K_A					
复印机、计算机、医疗器械	1.0	1.2	1.4	1.2	1.4	1.6
清扫机、缝纫机、办公机械、带锯盘	1.2	1.4	1.6	1.4	1.6	1.8
轻载荷传送带、包装机、筛子	1.3	1.5	1.7	1.5	1.7	1.9
液体搅拌机、圆形带锯、平碾盘、洗涤机、造纸机、印刷机械	1.4	1.6	1.8	1.6	1.8	2.0
搅拌机（水泥、黏性体）、带式输送机（矿石、煤、砂）、牛头刨床、挖掘机、离心压缩机、振动筛、纺织机械（整经机、绕线机）、回转压缩机、往复式发动机	1.5	1.7	1.9	1.7	1.9	2.1
输送机（盘式、吊式、升降式）抽水泵、洗涤机、鼓风机（离心式，引风、排风）、发动机、激励机、卷扬机、起重机、橡胶加工机（压延、滚轧压出机）、纺织机械（纺纱、精纺、捻纱机、绕纱机）	1.6	1.8	2.0	1.8	2.0	2.2
离心分离机、输送机（货物、螺旋）、锤击式粉碎机、造纸机（碎浆）	1.7	1.9	2.1	1.9	2.1	2.3
陶土机械（硅、黏土搅拌）、矿山用混料机、强制送风机	1.8	2.0	2.2	2.0	2.2	2.4

注：1. 当增速传动时，将下列系数加到载荷修正系数 K_A 中去：

增速比	1.00～1.24	1.25～1.74	1.75～2.49	2.50～3.49	≥3.50
系数	0	0.1	0.2	0.3	0.4

2. 当使用张紧轮时，还要将下列系数加到载荷修正系数 K_A 中去：

张紧轮的位置	松边内侧	松边外侧	紧边内侧	紧边外侧
系数	0	0.1	0.1	0.2

3. 对带型为 14M 和 20M 的传动，当 $n_1\leqslant 600$r/min 时，应追加系数（加进 K_A 中）：

n_1/r・min^{-1}	≤200	201～400	401～600
K_A 增加值	0.3	0.2	0.1

4. 对频繁正反转，严重冲击、紧急停机等非正常传动，视具体情况修正 K_A。

第13篇

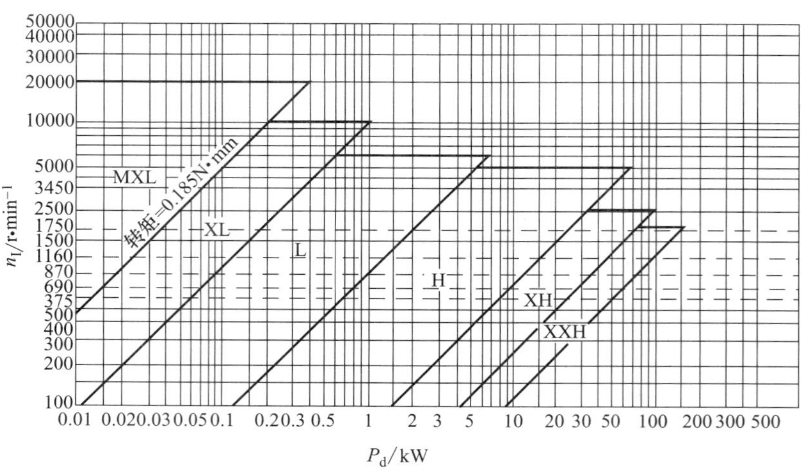

图 13-1-15　梯形齿同步带选型图

表 13-1-94　　小带轮最小齿数 z_{min}（GB/T 11362—2008）　　mm

小带轮转速 n_1/r·min^{-1}	带型						
	MXL	XXL	XL	L	H	XH	XXH
<900	10	10	10	12	14	22	22
≥900～1200	12	12	10	12	16	24	24
≥1200～1800	14	14	12	14	18	26	26
≥1800～3600	16	16	12	16	20	30	—
≥3600～4800	18	18	15	18	22	—	—

表 13-1-95　　梯形齿同步带中心距调整范围（GB/T 15531—2008）　　mm

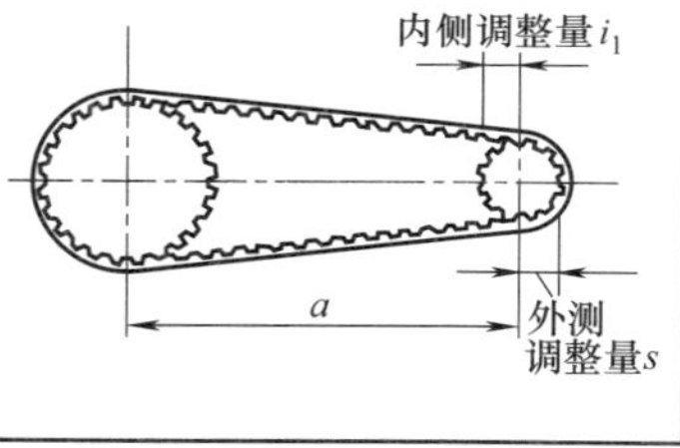

型号		MXL	XXL	XL	L	H	XH	XXH
节距 p_b		2.032	3.175	5.080	9.525	12.700	22.225	31.750
内侧调整量 i_1	两带轮或大带轮有挡圈	2.5p_b		1.8p_b	1.5p_b		2.0p_b	
	小带轮有挡圈	1.3p_b						
	无挡圈	0.9p_b						
外侧调整量 s		0.005L_p						

表 13-1-96　　梯形齿同步带传动中心距极限偏差 Δ_a（GB/T 11362—2008）　　mm

节线长 L_p	≤250	>250～500	>500～750	>750～1000	>1000～1500	>1500～2000	>2000～2500	>2500～3000	>3000～4000	>4000
Δ_a	±0.20	±0.25	±0.30	±0.35	±0.40	±0.45	±0.50	±0.55	±0.60	±0.70

表 13-1-97　　梯形齿同步带的基准宽度 b_{s0}、许用工作压力 T_a、质量 m、最大线速度 v_{max}（GB/T 11362—2008）

型号	MXL	XXL	XL	L	H	XH	XXH
基准宽度 b_{s0}/mm	6.4		9.5	25.4	76.2	101.6	127
许用工作拉力 T_a/N	27	31	50.17	244.46	2100.85	4048.90	6398.03
带的质量 m/kg·m^{-1}	0.007	0.010	0.022	0.095	0.448	1.484	2.473
允许最大线速度 v_{max}/m·s^{-1}	40～50			35～40		25～30	

表 13-1-98

渐开线函数表（$inv\alpha=\tan\alpha-\alpha$）

度 \ 分	0	5′	10′	15′	20′	25′	30′	35′	40′	45′	50′	55′
61°	0.73940	0.74415	0.74893	0.75375	0.75859	0.76348	0.76839	0.77334	0.77833	0.78335	0.78840	0.79350
62°	0.79862	0.80378	0.80898	0.81422	0.81949	0.82480	0.83015	0.83554	0.84096	0.84643	0.85193	0.85747
63°	0.86305	0.86868	0.87434	0.88004	0.88579	0.89158	0.89741	0.90328	0.90919	0.91515	0.92115	0.92720
64°	0.93329	0.93943	0.94561	0.95184	0.95812	0.96444	0.97081	0.97722	0.98369	0.99020	0.99677	1.00338
65°	1.01004	1.01676	1.02352	1.03034	1.03721	1.04413	1.05111	1.05814	1.06522	1.07236	1.07956	1.08681
66°	1.09412	1.10149	1.10891	1.11639	1.12393	1.13154	1.13920	1.14692	1.15471	1.16256	1.17047	1.17844
67°	1.18648	1.19459	1.20276	1.21100	1.21930	1.22767	1.23612	1.24463	1.25321	1.26187	1.27059	1.27939
68°	1.28826	1.29721	1.30623	1.31533	1.32451	1.33376	1.34310	1.35251	1.36201	1.37158	1.38124	1.39098
69°	1.40081	1.41073	1.42073	1.43081	1.44099	1.45126	1.46162	1.47207	1.48261	1.49325	1.50399	1.51488
70°	1.52575	1.53678	1.54791	1.55914	1.57047	1.58191	1.59346	1.60511	1.61687	1.62874	1.64072	1.65282
71°	1.66503	1.67735	1.68980	1.70236	1.71504	1.72785	1.74077	1.75383	1.76701	1.78032	1.79376	1.80734
72°	1.82105	1.83489	1.84888	1.86300	1.87726	1.89167	1.90623	1.92094	1.93579	1.95080	1.96596	1.98128
73°	1.99676	2.01240	2.02821	2.04418	2.06032	2.07664	2.09313	2.10979	2.12664	2.14366	2.16088	2.17828
74°	2.19587	2.21366	2.23164	2.24981	2.26821	2.28681	2.30561	2.32463	2.34387	2.36332	2.38301	2.40291
75°	2.42305	2.44343	2.46405	2.48491	2.50601	2.52737	2.54899	2.57087	2.59301	2.61542	2.63811	2.66108
76°	2.68433	2.70787	2.73171	2.75585	2.78029	2.80505	2.83012	2.85552	2.88125	2.90731	2.93371	2.96046
77°	2.98757	3.01504	3.04288	3.07110	3.09970	3.12869	3.15808	3.18788	3.21809	3.24873	3.27980	3.31131
78°	3.34327	3.37570	3.40859	3.44197	3.47583	3.51020	3.54507	3.58047	3.61641	3.65289	3.68993	3.72755
79°	3.76574	3.80454	3.84395	3.88398	3.92465	3.96598	4.00798	4.05067	4.09406	4.13817	4.18302	4.22863
80°	4.27502	4.32220	4.37020	4.41903	4.46872	4.51930	4.57077	4.62318	4.67654	4.73088	4.87622	4.84260
81°	4.90003	4.95856	5.01822	5.07902	5.14102	5.20424	5.26871	5.33448	5.40159	5.47007	5.53997	5.61133
82°	5.68420	5.75862	5.83465	5.91233	5.99172	6.07288	6.15586	6.24073	6.32754	6.41638	6.50731	6.60040
83°	6.69572	6.79337	6.89342	6.99597	7.10111	7.20893	7.31954	7.43305	7.54957	7.66922	7.79214	7.91844
84°	8.04829	8.18182	8.31919	8.46057	8.60614	8.75608	8.91059	9.06989	9.23420	9.40375	9.57881	9.75964
85°	9.94652	10.13978	10.33973	10.54673	10.76116	10.98342	11.21395	11.45321	11.70172	11.96001	12.22866	12.50833
86°	12.79968	13.10348	13.42052	13.75170	14.09798	14.46041	14.84015	15.23845	15.65672	16.09649	16.55945	17.04749
87°	17.56270	18.10740	18.68421	19.29603	19.94615	20.63827	21.37660	22.16592	23.01168	23.92017	24.89862	25.95542
88°	27.10036	28.34495	29.70278	31.19001	32.82606	34.63443	36.64384	38.88976	41.41655	44.28037	47.55344	51.33022
89°	55.73661	60.94435	67.19383	74.83229	84.38062	96.65731	113.02656	135.94389	170.32037	227.61514	342.20561	685.97868

注：$\alpha\leqslant60°$时，参见中篇齿轮传动部分的相应表，其表中的θ与本表的α等级。

表 13-1-99 XL 型带（节距 5.080mm，基准宽度 9.5mm）基准额定功率 P_0（GB/T 11362—2008）

kW

小带轮转速 n_1/r·min^{-1}	小带轮齿数和节圆直径/mm									
	10 16.17	12 19.40	14 22.64	16 25.87	18 29.11	20 32.34	22 35.57	24 38.81	28 45.28	30 48.51
950	0.040	0.048	0.057	0.065	0.073	0.081	0.089	0.097	0.113	0.121
1160	0.049	0.059	0.069	0.079	0.089	0.098	0.108	0.118	0.138	0.147
1425	—	0.073	0.085	0.097	0.109	0.121	0.133	0.145	0.169	0.181
1750	—	0.089	0.104	0.119	0.134	0.148	0.163	0.178	0.207	0.221
2850	—	0.145	0.169	0.193	0.216	0.240	0.263	0.287	0.333	0.355
3450	—	0.175	0.204	0.232	0.261	0.289	0.317	0.345	0.399	0.425
100	0.004	0.005	0.006	0.007	0.008	0.009	0.009	0.010	0.012	0.013
200	0.009	0.010	0.012	0.014	0.015	0.017	0.019	0.020	0.024	0.026
300	0.013	0.015	0.018	0.020	0.023	0.026	0.028	0.031	0.036	0.038
400	0.017	0.020	0.024	0.027	0.031	0.034	0.037	0.041	0.048	0.051
500	0.021	0.026	0.030	0.034	0.038	0.043	0.047	0.051	0.060	0.064
600	0.026	0.031	0.036	0.041	0.046	0.051	0.056	0.061	0.071	0.076
700	0.030	0.036	0.042	0.048	0.054	0.060	0.065	0.071	0.083	0.089
800	0.034	0.041	0.048	0.054	0.061	0.068	0.075	0.082	0.095	0.102
900	0.038	0.046	0.054	0.061	0.069	0.076	0.084	0.092	0.107	0.115
1000	0.043	0.051	0.060	0.068	0.076	0.085	0.093	0.102	0.119	0.127
1100	0.047	0.056	0.065	0.075	0.084	0.093	0.103	0.112	0.131	0.140
1200	—	0.061	0.071	0.082	0.092	0.102	0.112	0.122	0.142	0.152
1300	—	0.066	0.077	0.088	0.099	0.110	0.121	0.132	0.154	0.165
1400	—	0.071	0.083	0.095	0.107	0.119	0.131	0.142	0.166	0.178
1500	—	0.076	0.089	0.102	0.115	0.127	0.140	0.152	0.178	0.190
1600	—	0.082	0.095	0.109	0.122	0.136	0.149	0.163	0.189	0.203
1700	—	0.087	0.101	0.115	0.130	0.144	0.158	0.173	0.201	0.215
1800	—	0.092	0.107	0.122	0.137	0.152	0.168	0.183	0.213	0.228
2000	—	0.102	0.119	0.136	0.152	0.169	0.186	0.203	0.236	0.252
2200	—	0.112	0.131	0.149	0.168	0.186	0.204	0.223	0.259	0.277
2400	—	0.122	0.142	0.163	0.183	0.203	0.223	0.242	0.282	0.301
2600	—	0.132	0.154	0.176	0.198	0.219	0.241	0.262	0.304	0.325
2800	—	0.142	0.166	0.189	0.213	0.236	0.259	0.282	0.327	0.349
3000	—	0.152	0.178	0.203	0.228	0.252	0.277	0.301	0.349	0.373
3200	—	0.163	0.189	0.216	0.242	0.269	0.295	0.321	0.371	0.396
3400	—	0.173	0.201	0.229	0.257	0.285	0.312	0.340	0.393	0.420
3600	—	0.183	0.213	0.242	0.272	0.301	0.330	0.359	0.415	0.443
3800	—	—	—	0.256	0.287	0.317	0.348	0.378	0.436	0.465
4000	—	—	—	0.269	0.301	0.333	0.365	0.396	0.458	0.487
4200	—	—	—	0.282	0.316	0.349	0.382	0.415	0.478	0.509
4400	—	—	—	0.295	0.330	0.365	0.400	0.433	0.499	0.531
4600	—	—	—	0.308	0.345	0.381	0.417	0.452	0.519	0.552
4800	—	—	—	0.321	0.359	0.396	0.433	0.470	0.539	0.573

表 13-1-100 L 型带（节距 9.525mm，基准宽度 25.4mm）**基准额定功率 P_0**（GB/T 11362—2008）

kW

小带轮转速 n_1 /r·min^{-1}	小带轮齿数和节圆直径/mm														
	12 36.38	14 42.45	16 48.51	18 54.57	20 60.64	22 66.70	24 72.77	26 78.83	28 84.89	30 90.90	32 97.02	36 109.15	40 121.28	44 133.40	48 145.53
725	0.34	0.39	0.45	0.51	0.56	0.62	0.67	0.73	0.78	0.84	0.90	1.01	1.12	1.23	1.33
870	0.40	0.47	0.54	0.61	0.67	0.74	0.81	0.87	0.94	1.01	1.07	1.20	1.33	1.46	1.59
950	0.44	0.52	0.59	0.66	0.73	0.81	0.88	0.95	1.03	1.10	1.17	1.31	1.45	1.59	1.73
1160	0.54	0.63	0.72	0.81	0.90	0.98	1.07	1.16	1.25	1.33	1.42	1.59	1.76	1.93	2.09
1425	—	0.77	0.88	0.99	1.10	1.20	1.31	1.42	1.52	1.63	1.73	1.94	2.14	2.34	2.53
1750	—	0.95	1.08	1.21	1.34	1.47	1.60	1.73	1.86	1.98	2.11	2.35	2.59	2.81	3.03
2850	—	—	1.73	1.94	2.14	2.34	2.53	2.72	2.90	3.08	3.25	3.57	3.86	4.11	4.33
3450	—	—	2.08	2.32	2.55	2.78	3.00	3.21	3.40	3.59	3.77	4.09	4.35	4.56	4.69
100	0.05	0.05	0.06	0.07	0.08	0.09	0.09	0.10	0.11	0.12	0.12	0.14	0.16	0.17	0.19
200	0.09	0.11	0.12	0.14	0.16	0.17	0.19	0.20	0.22	0.23	0.25	0.28	0.31	0.34	0.37
300	0.14	0.16	0.19	0.21	0.23	0.26	0.28	0.30	0.33	0.35	0.37	0.42	0.47	0.51	0.56
400	0.19	0.22	0.25	0.28	0.31	0.34	0.37	0.40	0.43	0.47	0.50	0.56	0.62	0.68	0.74
500	0.23	0.27	0.31	0.35	0.39	0.43	0.47	0.50	0.54	0.58	0.62	0.70	0.77	0.85	0.93
600	0.28	0.33	0.37	0.42	0.47	0.51	0.56	0.60	0.65	0.70	0.74	0.83	0.93	1.02	1.11
700	0.33	0.38	0.43	0.49	0.54	0.60	0.65	0.70	0.76	0.81	0.87	0.97	1.08	1.18	1.29
800	0.37	0.43	0.50	0.56	0.62	0.68	0.74	0.80	0.86	0.93	0.99	1.11	1.23	1.35	1.47
900	0.42	0.49	0.56	0.63	0.70	0.77	0.83	0.90	0.97	1.04	1.11	1.24	1.38	1.51	1.65
1000	0.47	0.54	0.62	0.70	0.77	0.85	0.93	1.00	1.08	1.15	1.23	1.38	1.53	1.67	1.82
1100	0.51	0.60	0.68	0.77	0.85	0.93	1.02	1.10	1.18	1.27	1.35	1.51	1.68	1.83	1.99
1200	0.56	0.65	0.74	0.83	0.93	1.02	1.11	1.20	1.29	1.38	1.47	1.65	1.82	1.99	2.16
1300	0.60	0.70	0.80	0.90	1.00	1.10	1.20	1.30	1.39	1.49	1.59	1.78	1.96	2.15	2.33
1400	0.65	0.76	0.87	0.97	1.08	1.18	1.29	1.39	1.50	1.60	1.70	1.91	2.11	2.30	2.49
1500	0.70	0.81	0.93	1.04	1.15	1.27	1.38	1.49	1.60	1.71	1.82	2.04	2.25	2.45	2.65
1600	0.74	0.87	0.99	1.11	1.23	1.35	1.47	1.59	1.70	1.82	1.94	2.16	2.38	2.60	2.81
1700	0.79	0.92	1.05	1.18	1.30	1.43	1.56	1.68	1.81	1.93	2.05	2.29	2.52	2.74	2.96
1800	0.83	0.97	1.11	1.24	1.38	1.51	1.65	1.78	1.91	2.04	2.16	2.41	2.65	2.88	3.11
1900	0.88	1.03	1.17	1.31	1.45	1.59	1.73	1.87	2.01	2.14	2.27	2.53	2.78	3.02	3.25
2000	0.93	1.08	1.23	1.38	1.53	1.67	1.82	1.96	2.11	2.25	2.38	2.65	2.91	3.15	3.39
2200	1.02	1.18	1.35	1.51	1.68	1.83	1.99	2.15	2.30	2.45	2.60	2.88	3.16	3.41	3.65
2400	1.11	1.29	1.47	1.65	1.82	1.99	2.16	2.33	2.49	2.65	2.81	3.11	3.39	3.65	3.89
2600	1.20	1.39	1.59	1.78	1.96	2.15	2.33	2.51	2.68	2.85	3.01	3.32	3.61	3.87	4.10
2800	1.29	1.50	1.70	1.91	2.11	2.30	2.49	2.68	2.86	3.03	3.20	3.52	3.81	4.07	4.29
3000	1.38	1.60	1.82	2.04	2.25	2.45	2.65	2.85	3.03	3.21	3.39	3.71	4.00	4.24	4.45
3200	—	1.70	1.94	2.16	2.38	2.60	2.81	3.01	3.20	3.39	3.56	3.89	4.17	4.40	4.58
3400	—	1.81	2.05	2.29	2.52	2.74	2.96	3.17	3.37	3.55	3.73	4.05	4.32	4.53	4.67
3600	—	1.91	2.16	2.41	2.65	2.88	3.11	3.32	3.52	3.71	3.89	4.20	4.45	4.63	4.74
3800	—	2.01	2.27	2.53	2.78	3.02	3.25	3.47	3.67	3.86	4.03	4.33	4.56	4.70	4.76
4000	—	2.11	2.38	2.65	2.91	3.15	3.39	3.61	3.81	4.00	4.17	4.45	4.65	4.75	4.75
4200	—	—	2.49	2.77	3.03	3.28	3.52	3.74	3.94	4.13	4.29	4.55	4.71	4.76	4.70
4400	—	—	2.60	2.88	3.16	3.41	3.65	3.87	4.07	4.24	4.40	4.63	4.75	4.74	4.60
4600	—	—	2.70	3.00	3.27	3.53	3.77	3.99	4.18	4.35	4.49	4.69	4.76	4.69	4.46
4800	—	—	2.81	3.11	3.39	3.65	3.89	4.10	4.29	4.45	4.58	4.74	4.75	4.60	4.27

注：[虚线框]为带轮圆周速度在 33m/s 以上时的功率值，设计时带轮用碳素钢或铸钢。（表中 48 齿列 4400、4600、4800 r/min 的 4.60、4.46、4.27 为虚线框内数值）

第13篇

表 13-1-101 H 型带（节距 12.7mm，基准宽度 76.2mm）基准额定功率 P_0（GB/T 11362—2008）

kW

小带轮转速 n_1/r·min^{-1}	小带轮齿数和节圆直径/mm													
	14 56.60	16 64.68	18 72.77	20 80.85	22 88.94	24 97.02	26 105.11	28 113.19	30 121.28	32 129.36	36 145.53	40 161.70	44 177.87	48 194.04
725	4.51	5.15	5.79	6.43	7.08	7.71	8.35	8.99	9.63	10.26	11.53	12.79	14.05	15.30
870	5.41	6.18	6.95	7.71	8.48	9.25	10.01	10.77	11.53	12.29	13.80	15.30	16.78	18.26
950	—	6.74	7.58	8.42	9.26	10.09	10.92	11.75	12.58	13.40	15.04	16.66	18.28	19.87
1160	—	8.23	9.25	10.26	11.28	12.29	13.30	14.30	15.30	16.29	18.26	20.21	22.13	24.03
1425	—	—	11.33	12.57	13.81	15.04	16.26	17.47	18.68	19.87	22.24	24.56	26.83	29.06
1750	—	—	13.88	15.38	16.88	18.36	19.83	21.29	22.73	24.16	26.95	29.67	32.30	34.84
2850	—	—	—	24.56	26.84	29.06	31.22	33.33	35.37	37.33	41.04	44.40	47.39	49.96
3450	—	—	—	29.29	31.90	34.41	36.82	39.13	41.32	43.38	47.09	50.20	52.64	54.35
100	0.62	0.71	0.80	0.89	0.98	1.07	1.16	1.24	1.33	1.42	1.60	1.78	1.96	2.13
200	1.25	1.42	1.60	1.78	1.96	2.13	2.31	2.49	2.67	2.84	3.20	3.56	3.91	4.27
300	1.87	2.13	2.40	2.67	2.93	3.20	3.47	3.73	4.00	4.27	4.80	5.33	5.86	6.39
400	2.49	2.84	3.20	3.56	3.91	4.27	4.62	4.97	5.33	5.68	6.39	7.10	7.80	8.51
500	3.11	3.56	4.00	4.44	4.89	5.33	5.77	6.21	6.66	7.10	7.98	8.86	9.74	10.61
600	3.73	4.27	4.80	5.33	5.86	6.39	6.92	7.45	7.98	8.51	9.56	10.61	11.66	12.71
700	4.35	4.97	5.59	6.21	6.83	7.45	8.07	8.68	9.30	9.91	11.14	12.36	13.57	14.78
800	4.97	5.68	6.39	7.10	7.80	8.51	9.21	9.91	10.61	11.31	12.71	14.09	15.47	16.83
900	—	6.39	7.19	7.98	8.77	9.56	10.35	11.14	11.92	12.71	14.26	15.81	17.35	18.87
1000	—	7.10	7.98	8.86	9.74	10.61	11.49	12.36	13.23	14.09	15.81	17.52	19.20	20.87
1100	—	7.80	8.77	9.74	10.70	11.66	12.62	13.57	14.52	15.47	17.35	19.20	21.04	22.85
1200	—	8.51	9.56	10.61	11.66	12.71	13.75	14.78	15.81	16.83	18.87	20.87	22.85	24.80
1300	—	9.21	10.35	11.49	12.62	13.74	14.87	15.98	17.09	18.19	20.38	22.53	24.64	26.72
1400	—	9.91	11.14	12.36	13.57	14.78	15.98	17.18	18.36	19.54	21.87	24.16	26.40	28.59
1500	—	10.61	11.92	13.23	14.52	15.81	17.09	18.36	19.62	20.87	23.34	25.76	28.13	30.43
1600	—	11.31	12.71	14.09	15.47	16.83	18.19	19.54	20.88	22.20	24.80	27.35	29.82	32.23
1700	—	12.01	13.49	14.95	16.41	17.85	19.29	20.71	22.12	23.51	26.24	28.90	31.48	33.98
1800	—	12.71	14.26	15.81	17.35	18.87	20.38	21.87	23.34	24.80	27.66	30.43	33.11	35.68
1900	—	13.40	15.04	16.66	18.28	19.87	21.46	23.02	24.56	26.08	29.06	31.93	34.69	37.33
2000	—	14.09	15.81	17.52	19.20	20.87	22.53	24.16	25.76	27.35	30.43	33.40	36.24	38.93
2100	—	—	16.58	18.36	20.13	21.87	23.59	25.28	26.95	28.59	31.78	34.84	37.74	40.47
2200	—	—	17.35	19.20	21.04	22.85	24.64	26.40	28.13	29.82	33.11	36.24	39.19	41.96
2300	—	—	18.11	20.04	21.95	23.83	25.68	27.50	29.29	31.03	34.41	37.60	40.60	43.38
2400	—	—	18.87	20.87	22.85	24.80	26.72	28.59	30.43	32.23	35.68	38.93	41.96	44.73
2500	—	—	19.62	21.70	23.75	25.76	27.74	29.67	31.56	33.40	36.92	40.22	43.26	46.02
2600	—	—	20.38	22.53	24.64	26.72	28.75	30.73	32.67	34.55	38.14	41.47	44.51	47.24
2800	—	—	21.87	24.16	26.40	28.59	30.73	32.82	34.84	36.79	40.47	43.84	46.84	49.45
3000	—	—	23.35	25.76	28.13	30.43	32.67	34.84	36.93	38.93	42.67	46.02	48.93	51.35
3200	—	—	24.80	27.35	29.82	32.23	34.55	36.79	38.93	40.97	44.73	48.01	50.75	52.91
3400	—	—	26.24	28.90	31.49	33.98	36.38	38.67	40.85	42.91	46.64	49.79	52.30	54.11
3600	—	—	—	30.43	33.11	35.68	38.14	40.47	42.68	44.73	48.38	51.35	53.55	54.92
3800	—	—	—	31.93	34.69	37.33	39.84	42.20	44.40	46.43	49.96	52.67	54.49	55.33
4000	—	—	—	33.40	36.24	38.93	41.47	43.84	46.02	48.01	51.35	53.75	55.10	55.31
4200	—	—	—	34.84	37.74	40.47	43.03	45.39	47.53	49.45	52.55	54.56	55.37	54.84
4400	—	—	—	36.24	39.19	41.96	44.51	46.84	48.93	50.75	53.55	55.10	55.27	53.90
4600	—	—	—	37.60	40.60	43.38	45.92	48.20	50.20	51.91	54.35	55.36	54.78	52.46
4800	—	—	—	38.93	41.96	44.73	47.24	49.45	51.35	52.91	54.92	55.31	53.90	50.50

注：[虚线框]为带轮圆周速度在 33m/s 以上时的功率值，设计时带轮用碳素钢或铸钢。

表 13-1-102 XH 型带（节距 22.225mm，基准宽度 101.6mm）**基准额定功率 P_0**（GB/T 11362—2008）

kW

小带轮转速 n_1/r·min^{-1}	小带轮齿数和节圆直径/mm						
	22 155.64	24 169.79	26 183.94	28 198.08	30 212.23	32 226.38	40 282.98
575	18.82	20.50	22.17	23.83	25.48	27.13	33.58
585	19.14	20.85	22.55	24.23	25.91	27.58	34.13
690	22.50	24.49	26.47	28.43	30.38	32.30	39.81
725	23.62	25.70	27.77	29.81	31.84	33.85	41.65
870	28.18	30.63	33.05	35.44	37.80	40.13	49.01
950	30.66	33.30	35.91	38.47	41.00	43.47	52.85
1160	37.02	40.13	43.17	46.13	49.01	51.81	62.06
1425	44.70	48.28	51.73	55.05	58.22	61.24	71.52
1750	53.44	57.40	61.14	64.62	67.83	70.74	79.12
2850	—	78.45	80.45	81.36	81.10	79.57	—
3450	—	81.37	80.10	78.90	71.62	64.10	—
100	3.30	3.60	3.90	4.20	4.50	4.80	5.99
200	6.59	7.19	7.79	8.39	8.98	9.58	11.96
300	9.88	10.77	11.66	12.55	13.44	14.33	17.87
400	13.15	14.33	15.51	16.69	17.87	19.04	23.69
500	16.40	17.87	19.33	20.79	22.24	23.69	29.39
600	19.62	21.37	23.11	24.84	26.56	28.26	34.95
700	22.82	24.84	26.84	28.83	30.80	32.75	40.34
800	25.99	28.26	30.52	32.75	34.95	37.13	45.52
900	29.11	31.64	34.13	36.59	39.01	41.39	50.47
1000	32.19	34.95	37.67	40.34	42.96	45.52	55.17
1100	35.23	38.21	41.13	43.99	46.78	49.50	59.57
1200	38.21	41.39	44.50	47.53	50.47	53.32	63.65
1300	41.13	44.50	47.78	50.95	54.02	56.96	67.39
1400	43.99	47.53	50.96	54.25	57.40	60.41	70.74
1500	46.78	50.47	54.02	57.40	60.62	63.65	73.70
1600	49.50	53.32	56.96	60.41	63.65	66.67	76.22
1700	52.15	56.07	59.78	63.26	66.48	69.45	78.27
1800	54.71	58.71	62.46	65.93	69.11	71.98	79.84
1900	57.18	61.24	65.00	68.43	71.52	74.24	80.88
2000	59.57	63.65	67.39	70.74	73.70	76.22	81.37
2100	61.85	65.94	69.61	72.85	75.63	77.90	81.28
2200	64.04	68.09	71.67	74.76	77.30	79.27	80.59
2300	66.12	70.10	73.56	76.44	78.71	80.32	79.26
2400	68.09	71.98	75.26	77.90	79.84	81.02	77.26
2500	—	73.70	76.78	79.12	80.67	81.37	74.56
2600	—	75.26	78.09	80.09	81.19	81.35	71.15
2800	—	77.90	80.09	81.24	81.28	80.13	—
3000	—	79.84	81.19	81.28	80.00	77.26	—
3200	—	81.02	81.35	80.13	77.26	72.60	—
3400	—	81.41	80.48	77.11	72.95	66.05	—
3600	—	80.94	78.24	73.94	66.98	—	—

注：[虚线框]为带轮圆周速度在 33m/s 以上时的功率值，设计时带轮用碳素钢或铸钢。

表 13-1-103 XXH 型带（节距 31.75mm，基准宽度 127mm）**基准额定功率 P_0**（GB/T 11362—2008）

kW

小带轮转速 n_1/r·min^{-1}	小带轮齿数和节圆直径/mm					
	22 222.34	24 242.55	26 262.76	30 303.19	34 343.62	40 404.25
575	42.09	45.76	49.39	56.52	63.45	73.41
585	42.79	46.52	50.21	57.44	64.46	74.53
690	50.11	54.40	58.62	66.83	74.70	85.74
725	52.51	56.98	61.36	69.87	77.97	89.25
870	62.23	67.36	72.34	81.85	90.66	102.38

续表

小带轮转速 n_1/r·min^{-1}	小带轮齿数和节圆直径/mm					
	22 222.34	24 242.55	26 262.76	30 303.19	34 343.62	40 404.25
950	67.41	72.85	78.10	88.01	97.01	108.55
1160	80.31	86.35	92.06	102.38	111.05	120.49
1425	94.85	101.13	106.80	116.11	122.36	125.12
1750	109.43	115.05	119.53	124.72	124.25	111.30
100	7.44	8.122	8.80	10.15	11.50	13.52
200	14.87	16.21	17.55	20.23	22.91	26.90
300	22.24	24.24	26.23	30.20	34.14	39.99
400	29.54	32.18	34.80	39.99	45.12	52.67
500	36.75	39.99	43.21	49.55	55.76	64.78
600	43.85	47.66	51.42	58.80	65.96	76.19
700	50.80	55.14	59.41	67.70	75.64	86.75
800	57.59	62.41	67.12	76.19	84.72	96.33
900	64.19	69.44	74.53	84.20	93.10	104.78
1000	70.58	76.19	81.58	91.67	100.71	111.97
1100	76.74	82.64	88.26	98.56	107.45	117.75
1200	82.64	88.75	94.50	104.79	113.25	121.98
1300	88.26	94.50	100.28	110.30	118.00	124.53
1400	93.57	99.86	105.56	115.05	121.63	125.24
1500	98.56	104.78	110.30	118.96	124.06	123.99
1600	103.19	109.26	114.46	121.98	125.18	120.62
1700	107.45	113.24	118.00	124.06	124.93	115.00
1800	111.31	116.71	120.88	125.12	123.20	106.99

注：[虚线框]为带轮圆周速度在 33m/s 以上时的功率值，设计时带轮用碳素钢或铸钢。

1.5.1.3 梯形齿同步带轮

表 13-1-104 梯形齿同步带轮渐开线齿廓的齿条刀具、直边齿廓的尺寸及偏差（GB/T 11361—2008）

mm

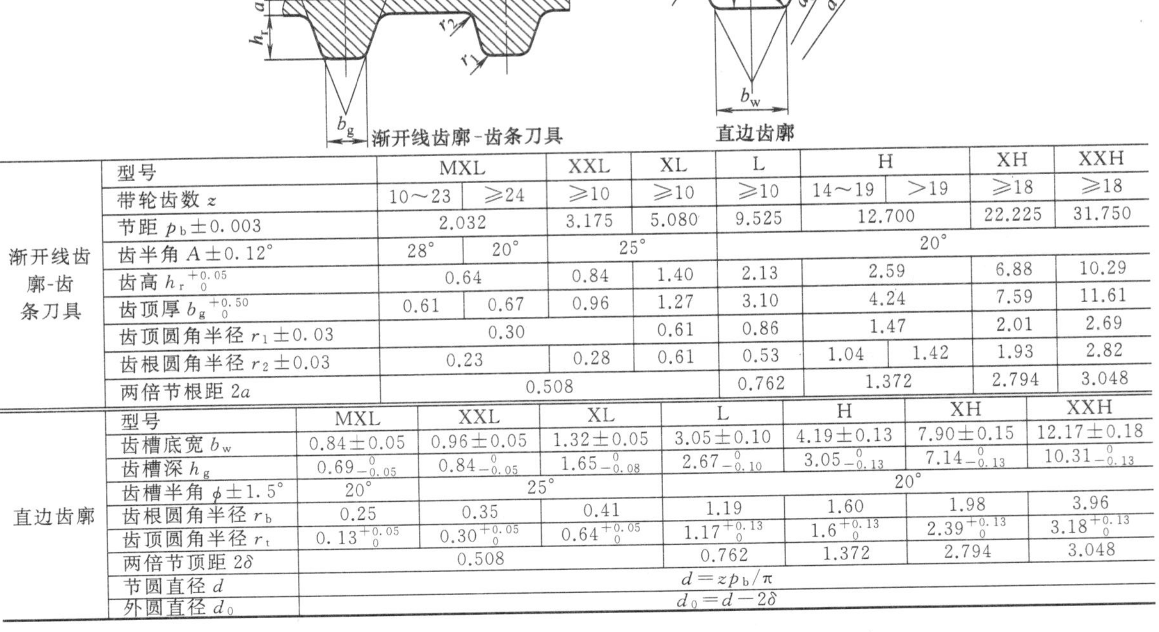

	型号	MXL		XXL	XL	L	H		XH	XXH
渐开线齿廓-齿条刀具	带轮齿数 z	10～23	≥24	≥10	≥10	≥10	14～19	>19	≥18	≥18
	节距 $p_b \pm 0.003$	2.032		3.175	5.080	9.525	12.700		22.225	31.750
	齿半角 $A \pm 0.12°$	28°	20°	25°		20°				
	齿高 $h_r{}^{+0.05}_{0}$	0.64		0.84	1.40	2.13	2.59		6.88	10.29
	齿顶厚 $b_g{}^{+0.50}_{0}$	0.61	0.67	0.96	1.27	3.10	4.24		7.59	11.61
	齿顶圆角半径 $r_1 \pm 0.03$	0.30			0.61	0.86	1.47		2.01	2.69
	齿根圆角半径 $r_2 \pm 0.03$	0.23		0.28	0.61	0.53	1.04	1.42	1.93	2.82
	两倍节根距 $2a$	0.508				0.762	1.372		2.794	3.048

	型号	MXL	XXL	XL	L	H	XH	XXH
直边齿廓	齿槽底宽 b_w	0.84±0.05	0.96±0.05	1.32±0.05	3.05±0.10	4.19±0.13	7.90±0.15	12.17±0.18
	齿槽深 h_g	$0.69_{-0.05}^{0}$	$0.84_{-0.05}^{0}$	$1.65_{-0.08}^{0}$	$2.67_{-0.10}^{0}$	$3.05_{-0.13}^{0}$	$7.14_{-0.13}^{0}$	$10.31_{-0.13}^{0}$
	齿槽半角 $\phi \pm 1.5°$	20°	25°		20°			
	齿根圆角半径 r_b	0.25	0.35	0.41	1.19	1.60	1.98	3.96
	齿顶圆角半径 r_t	$0.13_{0}^{+0.05}$	$0.30_{0}^{+0.05}$	$0.64_{0}^{+0.05}$	$1.17_{0}^{+0.13}$	$1.6_{0}^{+0.13}$	$2.39_{0}^{+0.13}$	$3.18_{0}^{+0.13}$
	两倍节顶距 2δ	0.508			0.762	1.372	2.794	3.048
	节圆直径 d	$d = zp_b/\pi$						
	外圆直径 d_0	$d_0 = d - 2\delta$						

表 13-1-105　　梯形齿带轮尺寸偏差、形位公差及表面粗糙度（GB/T 11361—2008）　　mm

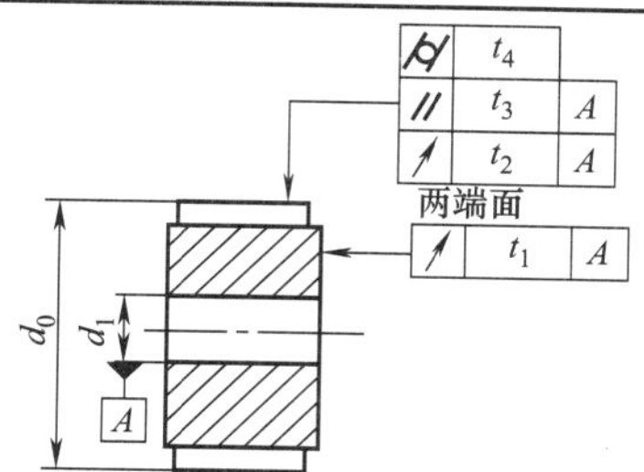

项目		带轮外径 d_0										
		≤25.40	>25.40 ~50.08	>50.08 ~101.6	>101.6 ~177.8	>177.8 ~203.2	>203.2 ~254	>254 ~304.8	>304.8 ~508	>508 ~762	>762 ~1016	>1016
外径极限偏差		+0.05 0	+0.08 0	+0.10 0	+0.13 0	+0.15 0			+0.18 0	+0.20 0	+0.23 0	+0.25 0
节距偏差	任意两相邻齿	±0.03										
	90°弧内累积	±0.05	±0.08	±0.10	±0.13	±0.15			±0.18	±0.20		
外圆径向圆跳动 t_2		0.13					0.13+0.0005(d_0−203.20)					
端面圆跳动 t_1		0.1			0.001d_0			0.25+0.0005(d_0−254.00)				
轮齿与轴线平行度 t_3		≤0.001b（b——带轮宽度）										
齿顶圆柱面的圆柱度 t_4												
轴孔直径偏差 d_1		H7 或 H8										
外圆及两齿侧表面粗糙度 Ra		3.2μm										

表 13-1-106　　梯形齿同步带轮直径（GB/T 11361—2008）　　mm

带轮齿数	型号													
	MXL		XXL		XL		L		H		XH		XXH	
	节径 d	外径 d_0	节径 d	外径 d_0	节径 d	外径 d_0	节径 d	外径 d_0	节径 d	外径 d_0	节径 d	外径 d_0	节径 d	外径 d_0
10	6.47	5.96	10.11	9.60	16.17	15.66								
11	7.11	6.61	11.12	10.61	17.79	17.28								
12	7.76	7.25	12.13	11.62	19.40	18.90	36.38	35.62						
13	8.41	7.90	13.14	12.63	21.02	20.51	39.41	38.65						
14	9.06	8.55	14.15	13.64	22.64	22.13	42.45	41.69	56.60	55.23				
15	9.70	9.19	15.16	14.65	24.26	23.75	45.48	44.72	60.64	59.27				
16	10.35	9.84	16.17	15.66	25.87	25.36	48.51	47.75	64.68	63.31				
17	11.00	10.49	17.18	16.67	27.49	26.98	51.54	50.78	68.72	67.35				
18	11.64	11.13	18.19	17.68	29.11	28.60	54.57	53.81	72.77	71.39	127.34	124.55	181.91	178.86
19	12.29	11.78	19.20	18.69	30.72	30.22	57.61	56.84	76.81	75.44	134.41	131.62	192.02	188.97
20	12.94	12.43	20.21	19.70	32.34	31.83	60.64	59.88	80.85	79.48	141.49	138.69	202.13	199.08
(21)	13.58	13.07	21.22	20.72	33.96	33.45	63.67	62.91	84.89	83.52	148.56	145.77	212.23	209.18
22	14.23	13.72	22.23	21.73	35.57	35.07	66.70	65.94	88.94	87.56	155.64	152.84	222.34	219.29
(23)	14.88	14.37	23.24	22.74	37.19	36.68	69.73	68.97	92.98	91.61	162.71	159.92	232.45	229.40
(24)	15.52	15.02	24.26	23.75	38.81	38.30	72.77	72.00	97.02	95.65	169.79	166.99	242.55	239.50
25	16.17	15.66	25.27	24.76	40.43	39.92	75.80	75.04	101.06	99.69	176.86	174.07	252.66	249.61
(26)	16.82	16.31	26.28	25.77	42.04	41.53	78.83	78.07	105.11	103.73	183.94	181.14	262.76	259.72
(27)	17.46	16.96	27.29	26.78	43.66	43.15	81.86	81.10	109.15	107.78	191.01	188.22	272.87	269.82
28	18.11	17.60	28.30	27.79	45.28	44.77	84.89	84.13	113.19	111.82	198.08	195.29	282.98	279.93
(30)	19.40	18.90	30.32	29.81	48.51	48.00	90.96	90.20	121.28	119.90	212.23	209.44	303.19	300.14
32	20.70	20.19	32.34	31.83	51.74	51.24	97.02	96.26	129.36	127.99	226.38	223.59	323.40	320.35
36	23.29	22.78	36.38	35.87	58.21	57.70	109.15	108.39	145.53	144.16	254.68	251.89	363.83	360.78
40	25.37	25.36	40.43	39.92	64.68	64.17	121.28	120.51	161.70	160.33	282.98	280.18	404.25	401.21
48	31.05	30.54	48.51	48.00	77.62	77.11	145.53	144.77	194.04	192.67	339.57	336.78	485.10	482.06
60	38.81	38.30	60.64	60.13	97.02	96.51	181.91	181.15	242.55	241.18	424.47	421.67	606.38	603.33
72	46.57	46.06	72.77	72.26	116.43	115.92	218.30	217.53	291.06	289.69	509.36	506.57	727.66	724.61
84							254.68	253.92	339.57	338.20	594.25	591.46	848.93	845.88
96							291.06	290.30	388.08	386.71	679.15	676.35	970.21	967.16
120							363.83	363.07	485.10	483.73	848.93	846.14	1212.76	1209.71
156									630.64	629.26				

注：括号内的尺寸尽量不采用。

表 13-1-107　**梯形齿同步带轮宽度**（GB/T 11361—2008）　mm

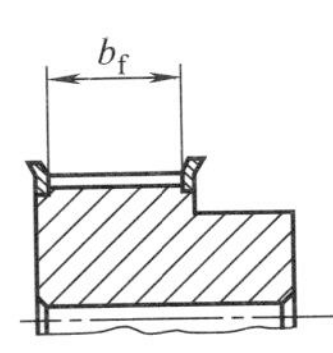

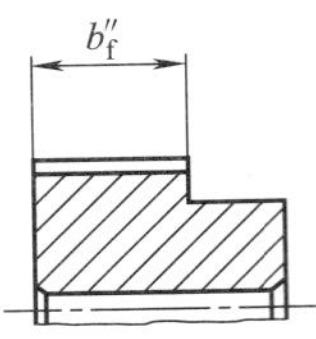

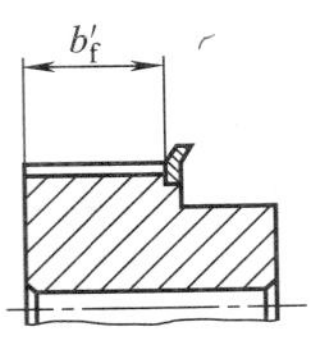

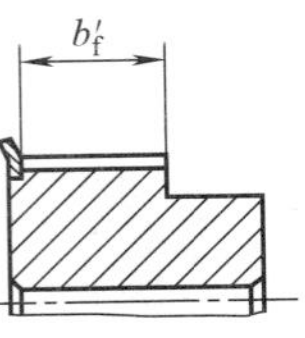

槽型	轮宽代号	轮宽基本尺寸	b_f	b_f''	b_f'	槽型	轮宽代号	轮宽基本尺寸	b_f	b_f''	b_f'
MXL	012	3.2	3.8	5.6	4.7	H	075	19.1	20.3	24.8	22.6
	019	4.8	5.3	7.1	6.2		100	25.4	26.7	31.2	29.0
	025	6.4	7.1	8.9	8.0		150	38.1	39.4	43.9	41.7
XXL	012	3.2	3.8	5.6	4.7		200	50.8	52.8	57.3	55.1
	019	4.8	5.3	7.1	6.2		300	76.2	79.0	83.5	81.3
	025	6.4	7.1	8.9	8.0	XH	200	50.8	56.6	62.6	59.6
XL	025	6.4	7.1	8.9	8.0		300	76.2	83.8	89.8	86.9
	031	7.9	8.6	10.4	9.5		400	101.6	110.7	116.7	113.7
	037	9.5	10.4	12.2	11.1	XXH	200	50.8	56.6	64.1	60.4
L	050	12.7	14.0	17.0	15.5		300	76.2	83.8	91.3	87.3
	075	19.1	20.3	23.3	21.8		400	101.6	110.7	118.2	114.5
	100	25.4	26.7	29.7	28.2		500	127.0	137.7	145.2	141.5

表 13-1-108　**梯形齿同步带轮挡圈尺寸**（GB/T 11361—2008）　mm

（图：8°~25°，锐角倒钝，(K)，d_f，d_w，d_0，t）	槽型	MXL	XXL	XL	L	H	XH	XXH
	挡圈最小高度 K	0.5	0.8	1.0	1.5	2.0	4.8	6.1
	挡圈厚度 t	0.5～1.0	0.5～1.5	1.0～1.5	1.0～2.0	1.5～2.5	4.0～5.0	5.0～6.5
	带轮外径 d_0	$d_0=d-2\delta$，见表 13-1-106						
	挡圈弯曲处直径 d_w	$d_w=(d_0+0.38)\pm0.25$						
	挡圈外径 d_f	$d_f=d_w+2K$						

表 13-1-109　**挡圈的设置**

两轴传动	①一般推荐小带轮两侧均设挡圈，大带轮两侧不设，如图(a)所示 ②也可在大小带轮的不同侧面各装单侧挡圈，如图(b)所示		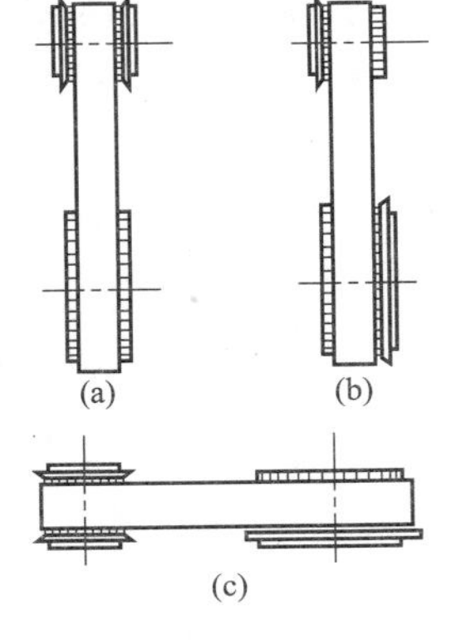 (a)　(b) (c)
	③当 $a>8d_1$	大小轮两侧均设挡圈	
	④带轮轴线垂直水平面时	大小轮两侧均设挡圈，或至少主动轮两侧与从动轮下侧设挡圈，如图(c)所示	
多轴传动	①每隔一个轮两侧设挡圈，被隔的不设 ②或每个轮的不同侧设挡圈		

1.5.2　曲线齿同步带传动

曲线齿同步带是纵向截面为曲线形等距横向齿的同步带，其结构与梯形同步带基本相同，带的节距相当，但齿高、齿厚和齿根圆角半径等均比梯形齿大。带齿荷载后，应力分布状态好，提高了齿的承载能力。因此曲线齿同步带比梯形齿同步带传递功率大，能防止啮合过程中齿的干涉。

曲线齿同步带和带轮分为 H、S、R 三种齿型，8mm、14mm 两种节距共六种型号：

H 齿型：H8M 型、H14M 型（见表 13-1-110）；

R 齿型：R8M 型、R14M 型（见表 13-1-112）；

S 齿型：S8M 型、S14M 型（见表 13-1-113）。

曲线齿同步带的标记由带节线长（mm）、带型号（包括齿型和节距）和带宽（mm，S 齿型为实际带宽的 10 倍）组成，双面齿带在型号前加字母 D。示例如下：

节线长 1400mm，节距 14mm，宽 40mm 的曲线齿同步带标记为：

H 齿型（单面）：1400H14M40，H 齿型（双面）：1400H14M40；

R 齿型（单面）：1400R14M40，R 齿型（双面）：1400R14M40；

S 齿型（单面）：1400S14M40，S 齿型（双面）：1400S14M40。

曲线齿同步带 H、S、R 三种齿型有多种带型系列，H 齿型还有 H3M 型、H5M 型、H20M 型，R 齿型还有 R3M 型、R5M 型、R20M 型。只有节距 8mm 和 14mm 两种带型制定了国标和 ISO 标准，实际上各种尺寸系列都已在各类工业设备上使用。

1.5.2.1　曲线齿同步带尺寸规格

表 13-1-110　H8M 型、H14M 型带齿尺寸（GB/T 24619—2009）　mm

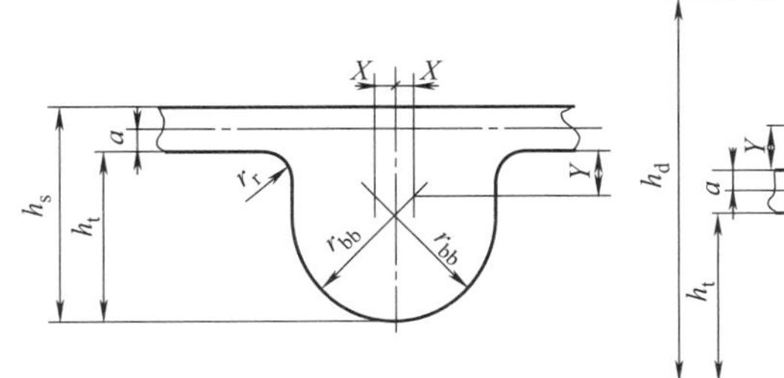

(a)单面带　(b)双面带

齿型	节距 p_b	带高 h_s	带高 h_d	齿高 h_t	根部半径 r_r	顶部半径 r_{bb}	节线差 a	X	Y
H8M	8	6	—	3.38	0.76	2.59	0.686	0.089	0.787
DH8M	8	—	8.0	3.38	0.76	2.59	0.686	0.089	0.787
H14M	14	10	—	6.02	1.35	4.55	1.397	0.152	1.470
DH14M	14	—	14.8	6.02	1.35	4.55	1.397	0.152	1.470

表 13-1-111　H3M 型、DH3M 型、H5M 型、DH5M 型、H20M 型带齿尺寸（GB/T 24619—2009）　mm

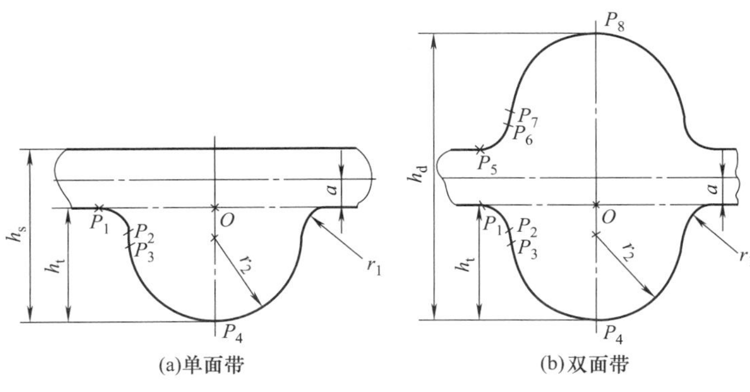

(a)单面带　(b)双面带

第 13 篇

续表

齿型	H3M	DH3M	H5M	DH5M	H20M
节距 p_b	3	3	5	5	20
带高 h_s	2.4	—	3.8	—	13.2
带高 h_d	—	3.2	—	5.3	—
齿高 h_t	1.21	—	2.08	—	8.68
$P_1(X,Y)$	−1.14,0.00	—	−1.85,0.00	—	−8.34,0.00
$P_5(X,Y)$	—	−1.14,0.76	—	−1.85,1.14	—
根部半径 r_1	0.3	0.3	0.41	0.41	2.03
$P_2(X,Y)$	−0.83,0.30	—	−1.44,−0.42	—	−6.32,−1.84
$P_6(X,Y)$	—	−0.83,1.06	—	−1.44,1.56	—
$P_3(X,Y)$	−0.83,0.35	—	−1.44,−0.53	—	−6.22,−2.90
$P_7(X,Y)$	—	−0.83,1.11	—	−1.44,1.67	—
顶部半径 r_2	0.86	0.86	1.5	1.5	6.4
$P_4(X,Y)$	−0.00,−1.21	—	0.00,−2.08	—	0.00,−8.68
$P_8(X,Y)$	—	0.00,1.97	—	0.00,3.22	—
节线差 a	0.381	0.381	0.572	0.572	2.159

表 13-1-112 **R 型带齿尺寸**（GB/T 24619—2009） mm

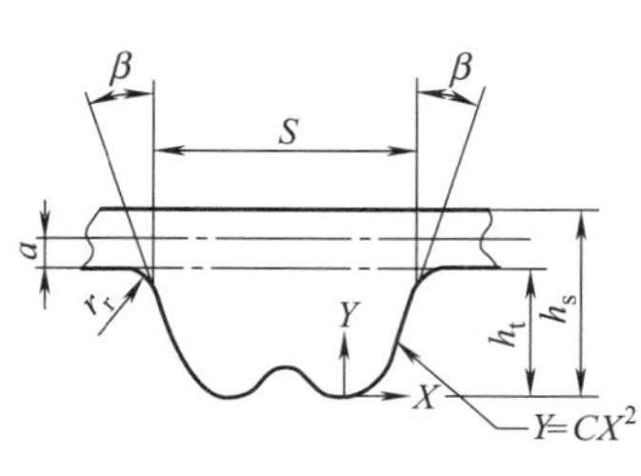

(a) 单面带

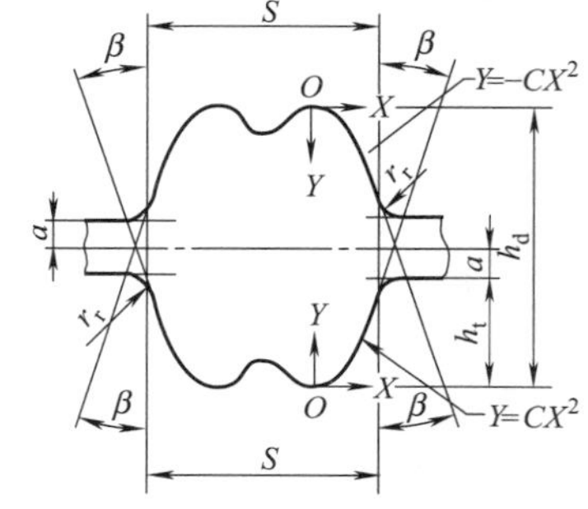

(b) 双面带

齿型	节距 p_b	齿形角 β	齿根厚 S	带高 h_s	带高 h_d	齿高 h_t	根部半径 r_r	节线差 a	C
R3M	3	16°	1.95	2.40	—	1.27	0.380	0.380	3.0567
DR3M	3	16°	1.95	—	3.3	1.27	0.380	0.380	3.0567
R5M	5	16°	3.30	3.80	—	2.15	0.630	0.570	1.7952
DR5M	5	16°	3.30	—	5.44	2.15	0.630	0.570	1.7952
R8M	8	16°	5.50	5.40	—	3.2	1	0.686	1.228
DR8M	8	16°	5.50	—	7.80	3.2	1	0.686	1.228
R14M	14	16°	9.50	9.70	—	6	1.75	1.397	0.643
DR14M	14	16°	9.50	—	14.50	6	1.75	1.397	0.643
R20M	20	16°	13.60	14.50		8.75	2.50	2.160	2.2882

表 13-1-113 **S 型带齿尺寸**（GB/T 24619—2009） mm

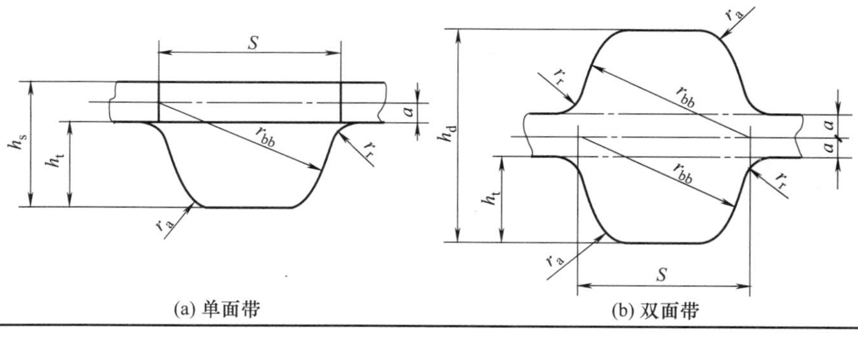

(a) 单面带 (b) 双面带

续表

齿型	节距 p_b	带高 h_s	带高 h_d	齿高 h_t	根部半径 r_r	顶部半径 r_{bb}	节线差 a	S	r_a
S8M	8	5.3	—	3.05	0.8	5.2	0.686	5.2	0.8
DS8M	8	—	7.5	3.05	0.8	5.2	0.686	5.2	0.8
S14M	14	10.2	—	5.3	1.4	9.1	1.397	9.1	1.4
DS14M	14	—	13.4	5.3	1.4	9.1	1.397	9.1	1.4

表 13-1-114　曲线齿同步带各型号宽度和极限偏差（GB/T 24619—2009）　mm

带型	带宽 b_s	带宽极限偏差 $L_p \leqslant 840$	$840 < L_p \leqslant 1680$	$L_p > 1680$
H3M DH3M R3M DR3M	6 9	+0.4 −0.8	+0.4 −0.8	—
	15	+0.8 −0.8	+0.8 −1.2	+0.8 −1.2
H5M DH5M R5M DR5M	9	+0.4 −0.8	+0.4 −0.8	—
	15 25	+0.8 −0.8	+0.8 −1.2	+0.8 −1.2
H8M DH8M R8M DR8M	20 30	+0.8 −0.8	+0.8 −1.3	+0.8 −1.3
	50	+1.3 −1.3	+1.3 −1.3	+1.3 −1.5
	85	+1.5 −1.5	+1.5 −2.0	+2 −2
H14M DH14M R14M DR4M	40	+0.8 −1.3	+0.8 −1.3	+1.3 −1.5
	55	+1.3 −1.3	+1.5 −1.5	+1.5 −1.5
	85	+1.5 −1.5	+1.5 −2.0	+2.0 −2.0
	115 170	+2.3 −2.3	+2.3 −2.8	+2.3 −3.3
H20M R20M	115 170	+2.3 −2.3	+2.3 −2.8	+2.3 −3.3
	230 290 340	—	—	+4.8 −6.4
S8M DS8M	15 25	+0.8 −0.8	+0.8 −1.3	+0.8 −1.3
	60	+1.3 −1.5	+1.5 −1.5	+1.5 −2.0
S14M DS14M	40	+0.8 −1.3	+0.8 −1.3	+1.3 −1.5
	60	+1.3 −1.5	+1.5 −1.5	+1.5 −2.0
	80 100	+1.5 −1.5	+1.5 −2.0	+2.0 −2.0
	120	+2.3 −2.3	+2.3 −2.8	+2.3 −3.3

表 13-1-115　曲线齿同步带各型号节线长和极限偏差（GB/T 24619—2009）　mm

长度代号	节线长 L_p	节线长极限偏差 8M	14M	D8M	D14M	齿数 8M	14M
480	480	±0.51	—	+1.02/−0.76	—	60	—
560	560	±0.61	—	+1.22/−0.91	—	70	—
640	640	±0.61	—	+1.22/−0.91	—	80	—
720	720	±0.61	—	+1.22/−0.91	—	90	—
800	800	±0.66	—	+1.32/−0.99	—	100	—
880	880	±0.66	—	+1.32/−0.99	—	110	—
960	960	±0.66	—	+1.32/−0.99	—	120	—
966	966	—	±0.66	—	+1.32/−0.99	—	69
1040	1040	±0.76	—	+1.52/−1.14	—	130	—

续表

长度代号	节线长 L_p	节线长极限偏差				齿数	
		8M	14M	D8M	D14M	8M	14M
1120	1120	±0.76	—	+1.52/−1.14	—	140	—
1190	1190	—	±0.76	—	+1.52/−1.14	—	85
1200	1200	±0.76	—	+1.52/−1.14	—	150	—
1280	1280	±0.81	—	+1.62/−1.14	—	160	—
1400	1400	—	±0.81	—	+1.62/−1.14	—	100
1440	1440	±0.81	—	+1.62/−1.21	—	180	—
1600	1600	±0.86	—	+1.73/−1.29	—	200	—
1610	1610	—	±0.86	—	+1.73/−1.29	—	115
1760	1760	±0.86	—	+1.73/−1.29	—	220	—
1778	1778	—	±0.91	—	+1.82/−1.36	—	127
1800	1800	±0.91	—	+1.82/−1.36	—	225	—
1890	1890	—	±0.91	—	+1.82/−1.36	—	135
2000	2000	±0.91	—	+1.82/−1.36	—	250	—
2100	2100	—	±0.97	—	+1.94/−1.45	—	150
2310	2310	—	±1.02	—	+2.04/−1.53	—	165
2400	2400	±1.02	—	+2.04/−1.53	—	300	—
2450	2450	—	±1.02	—	+2.04/−1.53	—	175
2590	2590	—	±1.07	—	+2.14/−1.60	—	185
2600	2600	±1.07	—	+2.14/−1.60	—	325	—
2800	2800	±1.12	±1.12	+2.24/−1.68	+2.24/−1.68	350	200
3150	3150	—	±1.17	—	+2.34/−1.75	—	250
3360	3360	—	±1.22	—	+2.44/−1.83	—	240
3500	3500	—	±1.22	—	+2.44/−1.83	—	250
3600	3600	±1.28	—	+2.56/−1.92	—	450	—
3850	3850	—	±1.32	—	+2.64/−1.98	—	275
4326	4326	—	±1.42	—	+2.84/−2.13	—	309
4400	4400	±1.42	—	+2.84/−2.13	—	550	—
4578	4578	—	±1.46	—	+2.92/−2.19	—	327
956	4956	—	±1.52	—	+3.04/−2.28	—	354
5320	5320	—	±1.58	—	+3.16/−2.37	—	380
5740	5740	—	±1.70	—	+3.40/−2.55	—	410
6160	6160	—	±1.82	—	+3.64/−2.73	—	440
6860	6860	—	±2.00	—	+4.00/−3.00	—	490

1.5.2.2 曲线齿同步带传动的设计计算

已知条件：传动功率；小带轮和大带轮转速；传动用途、载荷性质、原动机种类及工作制度。

表 13-1-116 计算内容与步骤

计算项目	符号	单位	公式及数据	说 明
设计功率	P_d	kW	$P_d=K_AP$	P——传递的功率，kW； K_A——载荷修正系数，查表
选定带型节距	p_d	mm	根据 p_d 和 n_1 由图 13-1-16 选取	n_1——小带轮转速，r/min
小带轮齿数	z_1		$z_1 \geqslant z_{1\min}$ $z_{1\min}$见表 13-1-118	带速 v 和安装尺寸允许时，z_1 应取较大值

续表

计算项目	符号	单位	公式及数据	说　明
小带轮节径	d_1	mm	$d_1=\frac{P_b z_1}{\pi}$	
大带轮齿数	z_2		$z_2=iz_1=\frac{n_1}{n_2}z_1$	i——传动比 n_2——大带轮转速，r/min
大带轮节径	d_2	mm	$d_2=\frac{P_b z_2}{\pi}=id_1$	由表 13-1-133、表 13-1-135 和表 13-1-136 选取标准值
带速	v	m/s	$v=\frac{\pi d_1 n_1}{60\times 1000}$	
初定中心距	a_0	mm	$0.7(d_1+d_2)\leqslant a_0\leqslant(d_1+d_2)$	或根据结构要求确定
节线长	L_p	mm	$L_p=2a_0\cos\phi+\frac{\pi(d_2+d_1)}{2}+\frac{\pi\phi(d_2-d_1)}{180}$ $\phi=\arcsin\frac{d_2-d_1}{2a}$	按表 13-1-115 选取标准节线长 L_p
带齿数	z		$z=\frac{L_p}{p_b}$	
实际中心距	a	mm	$a=\frac{K+\sqrt{K^2-32(d_2-d_1)^2}}{16}$ $K=4L_p-6.28(d_2-d_1)$	
内侧调整量 外侧调整量	i_1 s	mm mm	$a_{min}=a-i_1$ $a_{max}=a-s$	i_1、s 由表 13-1-119 查得
基准额定功率	P_0	kW		由表 13-1-120～表 13-1-124 选取
小带轮啮合齿数	z_m		$z_m=\mathrm{ent}\left[\frac{z_1}{2}-\frac{p_b z_1}{2\pi^2 a}(z_2-z_1)\right]$	ent[ ]——取括号内的整数部分 $\frac{1}{2\pi^2}$可以取$\frac{1}{20}$
啮合齿数系数	K_z		$z_m\geqslant 6$ 时 $K_z=1$ $z_m<6$ 时 $K_z=1-0.2(6-z_m)$	
额定功率	P_r	kW	$P_r=\left(K_z K_w T_a-\frac{b_s m v^2}{b_{s0}}\right)v\times 10^{-3}$ $P_r\approx K_z K_w P_0$	K_z——小带轮啮合齿数系数 K_w——宽度系数，$K_w=\left(\frac{b_s}{b_{s0}}\right)^{1.14}$
带宽	b_s	mm	$b_s\geqslant b_{s0}\sqrt[1.14]{\frac{P_d}{K_L K_z P_0}}$	K_L——带长系数由表 13-1-117 查得 b_{s0}——带的基本宽度见表 13-1-117 按表 13-1-114 选取标准带宽
紧边张力 松边张力	F_1 F_2	N N	$F_1=1250P_d/v$ $F_2=250P_d/v$	
压轴力	F_r	N	$F_r=K_F(F_1+F_2)$ 当 $K_A\geqslant 1.3$ 时 $F_r=K_F\frac{P_d}{v}\times 1155$	K_F——矢量相加修正系数，见图 13-1-17

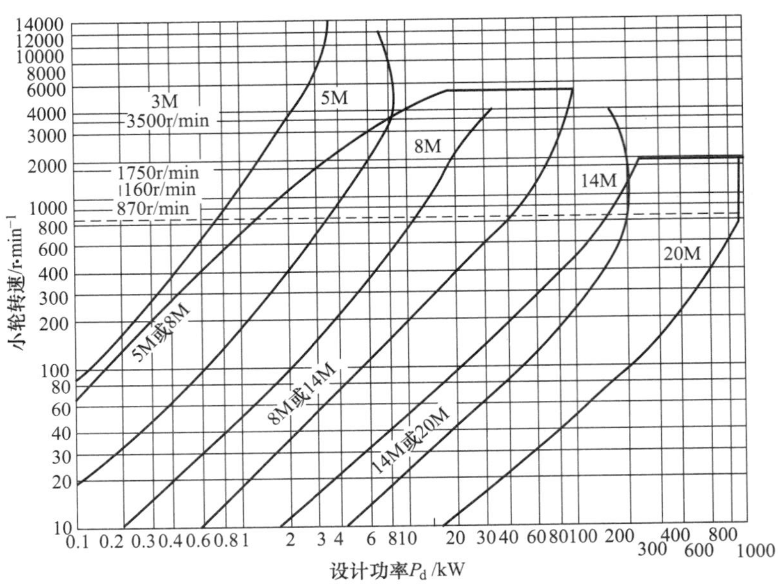

图 13-1-16 曲线齿同步带选型图

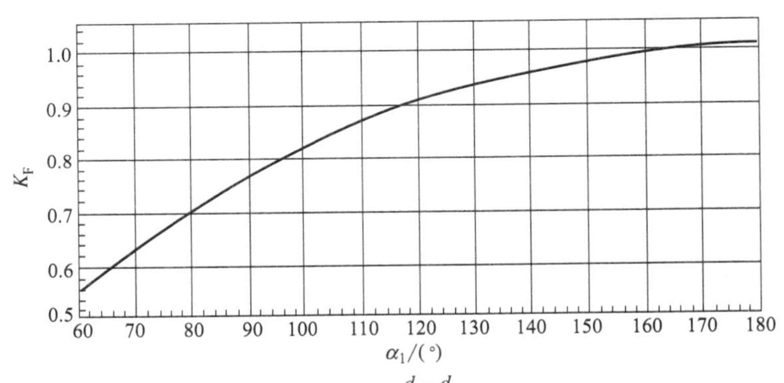

小带轮包角 $\alpha_1=180-\frac{d_2-d_1}{2a}\times57.3°$

图 13-1-17 矢量相加修正系数

表 13-1-117 曲线齿同步带基准宽度和带长系数 K_L（JB/T 7512.3—2014）

带型	基准宽度	带长系数						
3M	6	L_p/mm	≤190	191～260	261～400	401～600	>600	
		K_L	0.80	0.90	1.00	1.10	1.20	
5M	9	L_p/mm	≤440	441～550	551～800	801～1100	>1100	
		K_L	0.80	0.90	1.00	1.10	1.20	
8M	20	L_p/mm	≤600	601～900	901～1250	1251～1800	>1800	
		K_L	0.80	0.90	1.00	1.10	1.20	
14M	40	L_p/mm	≤1400	1401～1700	1701～2000	2001～2500	2501～3400	>3400
		K_L	0.80	0.90	0.95	1.00	1.05	1.10
20M	115	L_p/mm	≤2000	2001～2500	2501～3400	3401～4600	4601～5600	>5600
		K_L	0.80	0.85	0.95	1.00	1.05	1.10

表 13-1-118 带轮最少齿数 z_{min}（JB/T 7512.3—2014）

带轮转速 /r·min⁻¹	带型				
	3M	5M	8M	14M	20M
	z_{min}				
≤900	10	14	22	28	34
>900～1200	14	20	28	28	34
>1200～1800	16	24	32	32	38
>1800～3600	20	28	36	—	—
>3600～4800	22	30	—	—	—

表 13-1-119 中心距调整范围（JB/T 7512.3—2014） mm

节线长 L_p	≤500	>500～1000	>1000～1500	>1500～2260	>2260～3020	>3020～4020	>4020～4780	>4780～6860
外侧调整量 s	0.76		1.02	1.27				
内侧调整量 i_1	1.02	1.27	1.78	2.29	2.79	3.56	4.32	5.33

当带轮加挡圈时，内侧调整量 i_1 还应该加下列数值

型号	3M	5M	8M	14M	20M
单轮加挡圈	3.0	13.5	21.6	35.6	47.0
两轮加挡圈	6.0	19.1	32.8	58.2	77.5

注：中心距范围为（$a-i_1$）～（$a+s$）。

表 13-1-120 3M（6mm 宽）基本额定功率 P_0（JB/T 7512.3—2014） kW

小带轮转速 /r·min⁻¹	z_1														
	10	12	14	16	18	20	24	28	32	40	48	56	64	72	80
	d_1/mm														
	9.55	11.46	13.37	15.28	17.19	19.10	22.92	26.74	30.56	38.20	45.48	53.48	61.12	68.75	76.39
20	0.001	0.001	0.001	0.001	0.002	0.002	0.002	0.003	0.003	0.004	0.006	0.007	0.008	0.008	0.008
40	0.002	0.002	0.002	0.003	0.003	0.003	0.004	0.005	0.006	0.009	0.011	0.013	0.015	0.017	0.019
60	0.002	0.003	0.003	0.004	0.005	0.005	0.007	0.008	0.010	0.013	0.017	0.020	0.023	0.025	0.028
100	0.004	0.005	0.006	0.007	0.008	0.009	0.011	0.013	0.016	0.021	0.028	0.033	0.038	0.042	0.047
200	0.008	0.010	0.011	0.013	0.015	0.017	0.022	0.027	0.032	0.043	0.055	0.066	0.075	0.084	0.094
300	0.011	0.013	0.016	0.018	0.021	0.024	0.030	0.036	0.043	0.058	0.074	0.087	0.100	0.112	0.125
400	0.013	0.016	0.019	0.023	0.026	0.030	0.037	0.045	0.053	0.071	0.090	0.107	0.122	0.138	0.153
500	0.016	0.019	0.023	0.027	0.031	0.035	0.044	0.053	0.062	0.083	0.106	0.125	0.143	0.161	0.179
600	0.018	0.022	0.027	0.031	0.035	0.040	0.050	0.060	0.071	0.095	0.120	0.142	0.163	0.183	0.203
700	0.020	0.025	0.030	0.035	0.040	0.045	0.056	0.068	0.080	0.106	0.134	0.159	0.181	0.204	0.227
800	0.023	0.028	0.033	0.039	0.044	0.050	0.062	0.075	0.088	0.117	0.148	0.174	0.199	0.224	0.249
870	0.024	0.030	0.035	0.041	0.047	0.053	0.066	0.080	0.094	0.124	0.157	0.185	0.211	0.238	0.264
900	0.025	0.030	0.036	0.042	0.048	0.055	0.068	0.082	0.096	0.127	0.160	0.189	0.216	0.243	0.270
1000	0.027	0.033	0.039	0.046	0.052	0.059	0.073	0.088	0.104	0.137	0.173	0.204	0.233	0.262	0.291
1160	0.030	0.037	0.044	0.051	0.059	0.066	0.082	0.099	0.116	0.153	0.192	0.226	0.258	0.291	0.323
1200	0.031	0.038	0.045	0.052	0.060	0.068	0.084	0.101	0.119	0.156	0.197	0.232	0.265	0.298	0.330
1400	0.035	0.043	0.051	0.059	0.068	0.076	0.094	0.113	0.133	0.175	0.219	0.258	0.295	0.331	0.368
1450	0.036	0.044	0.052	0.061	0.069	0.078	0.097	0.116	0.137	0.179	0.225	0.264	0.302	0.339	0.377
1600	0.039	0.047	0.056	0.065	0.075	0.084	0.104	0.125	0.147	0.192	0.241	0.283	0.323	0.363	0.403
1750	0.042	0.051	0.060	0.070	0.080	0.090	0.112	0.134	0.157	0.205	0.256	0.301	0.344	0.386	0.429

续表

小带轮转速 /r·min^{-1}	z_1														
	10	12	14	16	18	20	24	28	32	40	48	56	64	72	80
	d_1/mm														
	9.55	11.46	13.37	15.28	17.19	19.10	22.92	26.74	30.56	38.20	45.48	53.48	61.12	68.75	76.39
1800	0.042	0.052	0.062	0.072	0.082	0.092	0.114	0.136	0.160	0.209	0.261	0.307	0.351	0.394	0.437
2000	0.046	0.056	0.067	0.077	0.089	0.100	0.123	0.148	0.173	0.226	0.281	0.331	0.377	0.423	0.469
2400	0.053	0.065	0.077	0.089	0.102	0.115	0.141	0.169	0.197	0.257	0.319	0.375	0.427	0.479	0.530
2800	0.060	0.073	0.086	0.100	0.114	0.129	0.158	0.189	0.221	0.287	0.355	0.416	0.474	0.530	0.586
3200	0.066	0.081	0.096	0.111	0.126	0.142	0.175	0.209	0.243	0.315	0.389	0.455	0.517	0.578	0.638
3600	0.073	0.088	0.105	0.121	0.138	0.155	0.191	0.227	0.265	0.342	0.421	0.492	0.558	0.622	0.685
4000	0.079	0.096	0.113	0.131	0.150	0.168	0.206	0.245	0.285	0.368	0.451	0.526	0.596	0.663	0.727
5000	0.094	0.114	0.134	0.155	0.177	0.198	0.243	0.288	0.334	0.427	0.521	0.603	0.678	0.749	0.814
6000	0.108	0.131	0.154	0.178	0.202	0.227	0.227	0.327	0.378	0.481	0.581	0.667	0.743	0.812	0.871
7000	0.121	0.147	0.173	0.200	0.227	0.254	0.309	0.364	0.419	0.528	0.631	0.718	0.790	0.850	0.896
8000	0.134	0.163	0.191	0.221	0.250	0.279	0.339	0.398	0.456	0.569	0.673	0.754	0.816	0.861	0.885
10000	0.159	0.192	0.226	0.259	0.293	0.326	0.393	0.457	0.519	0.631	0.724	0.781	0.804	0.792	0.729
12000	0.182	0.220	0.257	0.295	0.332	0.368	0.438	0.505	0.566	0.666	0.729	0.739	0.691	0.582	—
14000	0.204	0.245	0.286	0.327	0.366	0.404	0.476	0.541	0.596	0.670	0.683	0.616	—	—	—

表 13-1-121　5M（9mm 宽）基本额定功率 P_0（JB/T 7512.3—2014）　kW

小带轮转速 /r·min^{-1}	z_1														
	14	16	18	20	24	28	32	36	40	44	48	56	64	72	80
	d_1/mm														
	22.28	25.46	28.65	31.83	38.20	44.56	50.93	57.30	63.66	70.03	76.39	89.13	101.86	114.59	127.32
20	0.004	0.005	0.006	0.007	0.009	0.011	0.013	0.015	0.017	0.020	0.023	0.027	0.031	0.034	0.038
40	0.009	0.011	0.012	0.014	0.018	0.021	0.026	0.030	0.035	0.040	0.045	0.054	0.061	0.069	0.077
60	0.013	0.016	0.018	0.021	0.026	0.032	0.038	0.045	0.052	0.060	0.068	0.080	0.092	0.103	0.115
100	0.022	0.026	0.030	0.035	0.044	0.054	0.064	0.075	0.087	0.100	0.113	0.134	0.153	0.172	0.192
200	0.045	0.053	0.061	0.069	0.088	0.107	0.128	0.150	0.174	0.199	0.226	0.268	0.306	0.345	0.383
300	0.061	0.072	0.083	0.094	0.119	0.145	0.172	0.202	0.233	0.266	0.300	0.356	0.407	0.458	0.509
400	0.076	0.090	0.103	0.117	0.147	0.179	0.213	0.249	0.286	0.326	0.368	0.436	0.498	0.561	0.623
500	0.091	0.106	0.122	0.139	0.174	0.211	0.251	0.292	0.336	0.382	0.430	0.510	0.583	0.656	0.728
600	0.104	0.122	0.140	0.159	0.199	0.241	0.286	0.334	0.383	0.435	0.489	0.580	0.662	0.745	0.827
700	0.117	0.137	0.158	0.179	0.223	0.271	0.321	0.373	0.428	0.485	0.545	0.646	0.738	0.829	0.921
800	0.130	0.152	0.174	0.198	0.247	0.299	0.353	0.411	0.471	0.533	0.598	0.709	0.809	0.910	1.010
870	0.139	0.162	0.186	0.211	0.263	0.318	0.376	0.437	0.500	0.566	0.634	0.751	0.858	0.965	1.071
900	0.142	0.166	0.191	0.216	0.269	0.326	0.385	0.447	0.512	0.580	0.650	0.769	0.879	0.987	1.096
1000	0.154	0.180	0.206	0.234	0.291	0.352	0.416	0.483	0.552	0.625	0.699	0.828	0.945	1.062	1.179
1160	0.173	0.201	0.231	0.262	0.326	0.393	0.464	0.537	0.614	0.694	0.776	0.918	1.047	1.176	1.304
1200	0.177	0.207	0.237	0.268	0.334	0.403	0.475	0.551	0.629	0.710	0.794	0.939	1.072	1.204	1.334
1400	0.199	0.232	0.266	0.301	0.375	0.451	0.532	0.615	0.702	0.791	0.884	1.044	1.919	1.336	1.480
1450	0.205	0.239	0.274	0.309	0.384	0.463	0.545	0.631	0.720	0.811	0.905	1.071	1.220	1.368	1.515
1600	0.221	0.257	0.295	0.333	0.414	0.498	0.586	0.677	0.771	0.869	0.969	1.144	1.303	1.461	1.617

续表

小带轮转速 /r·min^{-1}	z_1														
	14	16	18	20	24	28	32	36	40	44	48	56	64	72	80
	d_1/mm														
	22.28	25.46	28.65	31.83	38.20	44.56	50.93	57.30	63.66	70.03	76.39	89.13	101.86	114.59	127.32
1750	0.236	0.275	0.315	0.356	0.442	0.532	0.625	0.722	0.822	0.925	1.030	1.215	1.384	1.550	1.713
1800	0.242	0.281	0.322	0.364	0.451	0.543	0.638	0.736	0.838	0.943	1.050	1.239	1.410	1.578	1.745
2000	0.262	0.305	0.349	0.394	0.488	0.586	0.688	0.794	0.902	1.014	1.128	1.329	1.511	1.689	1.864
2400	0.301	0.350	0.400	0.451	0.558	0.669	0.784	0.902	1.014	1.148	1.274	1.479	1.687	1.891	2.079
2800	0.338	0.393	0.449	0.506	0.625	0.748	0.874	1.004	1.137	1.272	1.408	1.649	1.863	2.067	2.262
3200	0.374	0.434	0.496	0.559	0.688	0.822	0.960	1.100	1.242	1.386	1.531	1.786	2.008	2.217	2.411
3600	0.409	0.474	0.541	0.609	0.749	0.893	1.040	1.190	1.340	1.492	1.644	1.908	2.134	2.340	2.526
4000	0.443	0.513	0.585	0.658	0.808	0.961	1.116	1.274	1.431	1.589	1.745	2.015	2.238	2.436	2.604
5000	0.523	0.605	0.688	0.772	0.943	1.115	1.288	1.459	1.628	1.792	1.951	2.212	2.402	2.541	2.623
6000	0.598	0.690	0.783	0.877	1.064	1.250	1.433	1.610	1.778	1.973	2.084	2.301	2.411	2.434	2.358
7000	0.669	0.769	0.870	0.971	1.171	1.365	1.550	1.722	1.880	2.019	2.137	2.268	2.245	2.084	1.766
8000	0.735	0.843	0.950	1.057	1.264	1.459	1.637	1.794	1.927	2.031	2.101	2.100	1.882	—	—
10000	0.854	0.972	1.088	1.199	1.403	1.577	1.714	1.804	1.842	1.819	1.729	—	—	—	—
12000	0.956	1.078	1.193	1.299	1.476	1.594	1.643	1.609	—	—	—	—	—	—	—
14000	1.039	1.158	1.354	1.473	1.495	1.403			—	—	—	—	—	—	—

表 13-1-122　8M（20mm 宽）基本额定功率 P_0（JB/T 7512.3—2014）　kW

小带轮转速 /r·min^{-1}	z_1															
	22	24	26	28	30	32	34	36	38	40	44	48	56	64	72	80
	d_1/mm															
	56.02	61.12	66.21	71.30	76.38	81.49	86.58	91.67	96.77	101.86	112.05	122.05	142.60	162.97	183.35	203.72
10	0.02	0.02	0.02	0.03	0.04	0.04	0.07	0.08	0.08	0.09	0.10	0.10	0.12	0.14	0.16	0.18
20	0.04	0.04	0.05	0.06	0.07	0.08	0.14	0.14	0.16	0.17	0.19	0.19	0.22	0.26	0.30	0.33
40	0.07	0.09	0.10	0.12	0.14	0.16	0.25	0.27	0.29	0.13	0.34	0.37	0.42	0.48	0.54	0.60
60	0.12	0.13	0.15	0.17	0.21	0.25	0.36	0.38	0.41	0.44	0.48	0.51	0.59	0.68	0.76	0.85
100	0.19	0.22	0.25	0.28	0.34	0.41	0.54	0.58	0.63	0.68	0.74	0.79	0.92	1.04	1.18	1.31
200	0.37	0.41	0.47	0.55	0.66	0.78	0.96	1.04	1.12	1.21	1.31	1.42	1.63	1.86	2.08	2.31
300	0.53	0.59	0.67	0.79	0.94	1.13	1.33	1.44	1.56	1.67	1.82	1.96	2.28	2.57	2.87	3.18
400	0.69	0.76	0.87	1.01	1.20	1.45	1.66	1.81	1.95	2.10	2.28	2.47	2.86	3.22	3.59	3.96
500	0.83	0.92	1.04	1.20	1.43	1.73	1.96	2.15	2.33	2.50	2.72	2.94	3.39	3.82	4.24	4.67
600	0.98	1.07	1.20	1.38	1.64	1.99	2.25	2.47	2.68	2.87	3.13	3.37	3.90	4.37	4.85	5.32
700	1.14	1.25	1.35	1.54	1.83	2.22	2.51	2.77	3.01	3.23	3.51	3.79	4.37	4.89	5.41	5.92
800	1.31	1.42	1.54	1.69	1.99	2.41	2.75	3.05	3.32	3.56	3.86	4.18	4.82	5.38	5.92	6.46
900	1.42	1.54	1.68	1.81	2.10	2.54	2.92	3.24	3.54	3.78	4.11	4.44	5.12	5.70	6.27	6.81
1000	1.63	1.78	1.92	2.07	2.26	2.73	3.21	3.57	3.90	4.18	4.54	4.89	5.63	6.25	6.85	7.42
1160	1.89	2.06	2.33	2.40	2.57	2.95	3.54	3.95	4.33	4.63	5.03	5.42	6.22	6.87	7.48	8.04
1200	1.95	2.13	2.31	2.48	2.66	3.02	3.61	4.04	4.43	4.74	5.14	5.54	6.36	7.01	7.62	8.18
1400	2.28	2.48	2.69	2.89	3.10	3.23	3.97	4.46	4.92	5.26	5.69	6.12	7.00	7.66	8.25	8.76
1600	2.60	2.83	3.07	3.30	3.54	3.77	4.28	4.83	5.36	5.72	6.18	6.65	7.56	8.20	8.72	9.06

续表

小带轮转速 /r·min⁻¹	z_1															
	22	24	26	28	30	32	34	36	38	40	44	48	56	64	72	80
	d_1/mm															
	56.02	61.12	66.21	71.30	76.38	81.49	86.58	91.67	96.77	101.86	112.05	122.05	142.60	162.97	183.35	203.72
1750	2.84	3.10	3.36	3.61	3.86	4.11	4.48	5.09	5.65	6.05	6.53	7.00	7.92	8.51	8.89	9.71
2000	3.25	3.54	3.83	4.11	4.40	4.68	4.97	5.43	6.11	6.53	7.02	7.50	8.39	8.97	9.94	10.85
2400	3.88	4.23	4.57	4.91	5.25	5.59	5.92	6.25	6.68	7.15	7.62	8.17	9.37	10.50	11.53	12.48
2800	4.51	4.91	5.30	5.70	6.09	6.47	6.85	7.23	7.59	7.96	8.68	9.37	10.68	11.86	12.91	13.82
3200	—	—	6.03	6.47	6.90	7.33	7.75	8.17	8.58	8.97	9.75	10.50	11.86	13.05	14.05	14.81
3500	—	—	—	—	7.50	7.96	8.41	8.86	9.28	9.71	10.52	11.29	12.67	13.82	—	—
4000	—	—	—	—	—	8.97	9.47	9.94	10.41	10.85	11.70	12.48	13.82	—	—	—
4500	—	—	—	—	—	—	10.46	10.96	11.44	11.91	12.76	13.51	—	—	—	—
5000	—	—	—	—	—	—	—	11.91	12.39	12.85	—	—	—	—	—	—
5500	—	—	—	—	—	—	—	—	13.23	13.67	—	—	—	—	—	—

注：与粗黑线框内的功率对应的使用寿命将会降低。

表 13-1-123　　14M（40mm 宽）基本额定功率 P_0（JB/T 7512.3—2014）　　kW

小带轮转速 /r·min⁻¹	z_1													
	28	29	30	32	34	36	38	40	44	48	56	64	72	80
	d_1/mm													
	124.78	129.23	133.69	142.60	151.52	160.43	169.34	178.25	196.08	213.90	249.55	285.21	320.86	365.51
10	0.18	0.19	0.19	0.21	0.23	0.27	0.32	0.377	0.41	0.45	0.52	0.60	0.68	0.78
20	0.37	0.38	0.39	0.42	0.46	0.53	0.63	0.75	0.83	0.90	1.05	1.20	1.35	1.57
40	0.73	0.75	0.78	0.84	0.93	1.06	1.27	1.50	1.65	1.81	2.10	2.40	2.70	3.13
60	1.10	1.13	1.17	1.25	1.39	1.59	1.91	2.25	2.48	2.70	3.16	3.60	4.05	4.70
100	1.83	1.89	1.95	2.08	2.31	2.65	3.18	3.75	4.13	4.51	5.25	6.01	6.75	7.83
200	3.65	3.77	3.91	4.12	4.63	5.30	6.36	7.34	8.25	9.00	10.50	12.00	13.50	15.64
300	5.01	5.25	5.54	5.74	6.87	7.94	9.12	9.86	11.28	13.07	15.73	17.79	20.21	22.89
400	6.14	6.51	6.90	7.24	8.57	10.44	11.21	12.09	13.71	15.73	19.36	22.29	24.63	27.04
500	7.19	7.67	8.17	8.65	10.15	12.23	13.11	14.10	15.88	18.05	22.13	25.24	27.83	30.50
600	8.16	8.76	9.36	9.98	11.63	13.89	14.85	15.94	17.84	20.13	24.56	27.76	30.54	33.40
700	9.08	9.78	10.48	11.25	13.02	15.43	16.46	17.64	19.64	22.01	26.71	29.93	32.85	35.83
800	9.95	10.75	11.56	12.46	14.33	16.85	17.97	19.22	21.29	23.71	28.60	31.79	34.79	37.84
870	10.54	11.41	12.27	13.27	15.21	17.80	18.96	20.25	22.37	24.80	29.80	32.94	35.96	39.16
1000	11.59	12.57	13.55	14.72	16.76	19.64	20.69	22.05	24.21	26.65	31.76	34.73	37.73	40.72
1160	12.81	13.92	15.02	16.40	18.54	21.31	22.63	24.06	26.23	28.63	33.75	36.37	39.25	42.01
1200	13.11	14.25	15.37	16.80	21.75	23.08	24.53	26.69	29.08	34.17	36.73	39.52	42.19	—
1400	14.53	15.79	17.05	18.70	20.94	23.77	25.17	26.67	28.79	31.06	35.90	37.87	40.21	42.28
1600	15.78	17.24	18.59	20.45	22.72	25.54	26.98	28.51	30.53	32.60	37.00	38.20	39.84	—
1750	16.84	18.25	19.66	21.65	23.92	26.71	28.17	29.70	31.60	33.49	37.40	37.91	—	—
2000	18.40	19.84	21.29	23.46	25.69	28.38	29.83	31.32	32.97	34.47	37.31	36.44	—	—
2400	20.82	22.08	23.52	25.83	27.91	30.30	31.66	33.00	34.72	35.14	—	—	—	—
2800	23.48	24.11	25.30	27.52	29.34	31.31	32.47	33.53	33.72	33.33	—	—	—	—
3200	—	26.26	26.91	28.51	29.97	31.41	32.24	32.88	—	—	—	—	—	—
3500	—	—	28.25	29.07	29.94	30.92	31.40	—	—	—	—	—	—	—
4000	—	—	—	30.17	29.27	—	—	—	—	—	—	—	—	—

注：与粗黑线框内的功率对应的使用寿命将会降低。

表 13-1-124　20M（115mm 宽）基本额定功率 P_0（JB/T 7512.3—2014）　kW

小带轮转速 /r·min^{-1}	z_1													
	34	36	38	40	44	48	52	56	60	64	68	72	80	90
	d_1/mm													
	216.45	229.18	241.92	254.65	280.11	305.58	331.04	356.51	381.97	407.44	432.90	458.37	509.30	572.96
10	2.01	2.16	2.31	2.46	2.69	2.98	3.21	3.43	3.66	3.80	4.03	4.18	4.55	5.00
20	4.03	4.33	4.55	4.85	5.45	5.89	6.42	6.86	7.31	7.68	8.06	8.18	9.17	10.00
30	6.04	6.49	6.86	7.31	8.13	8.88	9.62	10.29	10.97	11.49	12.09	12.61	13.73	15.07
40	7.98	8.58	9.18	9.77	10.82	11.79	12.70	13.80	14.55	15.37	17.11	16.86	18.28	20.07
50	10.00	10.74	11.41	12.16	13.50	14.77	15.96	17.23	18.20	19.17	20.14	21.04	22.90	25.06
60	12.01	12.91	13.73	14.62	16.26	17.68	19.17	20.14	21.86	22.97	24.17	25.29	27.45	30.06
80	16.04	17.23	18.28	19.47	21.63	23.57	25.59	27.53	29.17	30.66	32.15	33.64	36.55	40.06
100	19.99	21.48	22.90	24.32	27.08	29.54	31.93	34.39	36.40	38.34	40.21	42.07	45.73	50.06
150	30.06	32.23	34.32	36.48	40.58	44.24	47.89	51.62	54.61	57.44	60.28	63.04	68.48	74.97
200	40.06	41.78	45.73	48.64	54.01	58.93	63.80	68.71	72.66	76.47	80.20	83.93	91.09	99.67
300	57.96	62.29	66.17	70.35	78.93	87.80	93.53	99.14	104.66	110.04	115.26	120.40	130.40	142.34
400	73.03	78.33	83.15	88.40	98.99	110.04	116.97	123.76	130.40	136.82	143.08	149.20	160.99	174.79
500	87.06	93.25	98.99	105.11	117.57	130.40	138.35	146.14	153.68	160.99	168.00	174.79	187.69	202.46
600	100.19	107.27	113.77	120.70	134.73	149.20		166.58	174.79	182.62	190.16	197.32	210.75	225.67
730	116.15	124.21	131.59	139.43	155.32	171.58		190.38	199.11	207.31	215.00	222.23	235.21	248.57
800	124.28	132.86	140.62	148.83	165.54	182.62	192.62	201.94	210.75	218.95	226.56	233.57	245.73	257.37
870	132.04	141.07	149.20	157.85	175.31	193.06	203.21	212.61	221.26	229.40	236.78	243.35	254.31	263.64
970	142.64	152.18	160.76	169.94	188.29	206.87	—	226.34	234.77	242.30	248.94	254.61	263.04	—
1170	161.88	172.33	181.58	191.42	210.97	230.51	—	248.27	255.13	260.58	264.61	267.07	267.44	—
1200	164.57	175.09	184.49	194.33	214.03	233.57	—	250.88	257.37	262.37	265.87	267.74	266.47	—
1460	185.46	196.57	206.19	216.27	235.96	254.98	261.55	265.95	267.96	267.52	264.46	—	—	—
1600	194.93	206.12	215.59	225.52	244.54	262.37	266.70	268.04	266.47	—	—	—	—	—
1750	203.66	214.70	223.60	233.27	251.03	266.99	267.96	265.35	—	—	—	—	—	—
2000	214.92	225.14	233.13	241.26	225.36	266.47	—	—	—	—	—	—	—	—

注：与粗黑线框内的功率对应的使用寿命将会降低。

1.5.2.3　曲线齿同步带轮

（1）轮齿和齿槽

表 13-1-125　加工 H 型带轮齿条刀具尺寸和极限偏差（GB/T 24619—2009）　mm

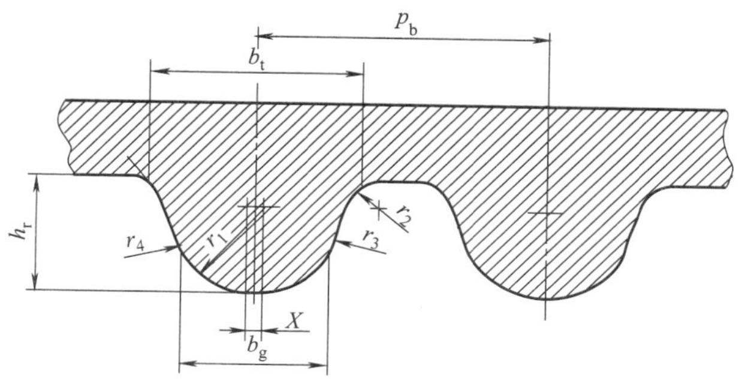

续表

齿型	H8M			H14M		
齿数	22～27	28～89	90～200	28～36	37～89	90～216
$p_b \pm 0.012$	8	8	8	14	14	14
$h_r \pm 0.015$	3.29	3.61	3.63	6.32	6.20	6.35
b_g	3.48	4.16	4.24	7.11	7.73	8.11
b_t	6.04	6.05	5.69	11.14	10.79	10.26
$r_1 \pm 0.012$	2.55	2.77	2.64	4.72	4.66	4.62
$r_2 \pm 0.012$	1.14	1.07	0.94	1.88	1.83	1.91
$r_3 \pm 0.012$	0	12.90	0	20.83	15.75	20.12
$r_4 \pm 0.012$	0	0.73	0	1.14	1.14	0.25
X	0	0.25	0	0	0	0

表 13-1-126　H 型带轮齿槽尺寸（GB/T 24619—2009）　mm

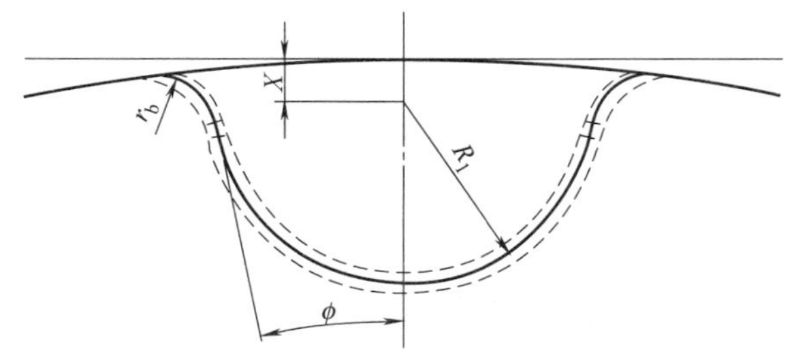

齿型	齿数 z		R_1	r_b	X	ϕ/(°)
H8M	22～27	标准值	2.675	0.874	0.620	11.3
		最大值	2.764	1.052		
		最小值	2.598	0.798		
	28～89	标准值	2.629	1.024	0.975	7
		最大值	2.718	1.201		
		最小值	2.553	0.947		
	90～200	标准值	2.639	1.008	0.991	6.6
		最大值	2.728	1.186		
		最小值	2.563	0.932		
H14M	28～32	标准值	4.859	1.544	1.468	7.1
		最大值	4.948	1.722		
		最小值	4.783	1.468		
	33～36	标准值	4.834	1.613	1.494	5.2
		最大值	4.923	1.791		
		最小值	4.757	1.537		
	37～57	标准值	4.737	1.654	1.461	9.3
		最大值	4.826	1.831		
		最小值	4.661	1.577		
	58～89	标准值	4.669	1.902	1.529	8.9
		最大值	4.757	2.080		
		最小值	4.592	1.826		

续表

齿型	齿数 z		R_1	r_b	X	ϕ/(°)
H14M	90～153	标准值	4.636	1.704	1.692	6.9
		最大值	4.724	1.882		
		最小值	4.559	1.628		
	154～216	标准值	4.597	1.770	1.730	8.6
		最大值	4.686	1.948		
		最小值	4.521	1.694		

表 13-1-127　加工 H3M、H5M 和 H20M 带轮齿廓齿条刀具尺寸和极限偏差（GB/T 24619—2009）　mm

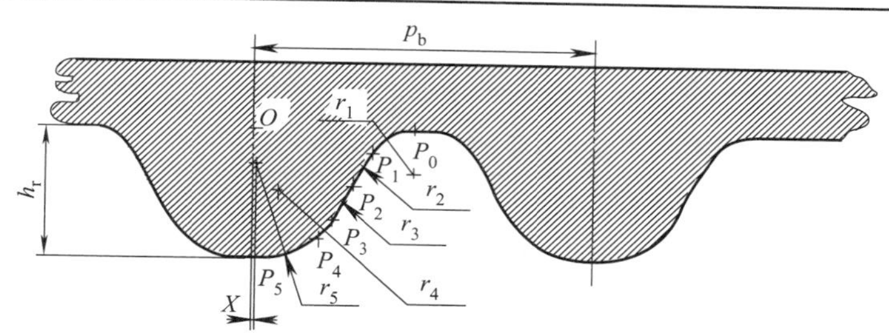

齿型	H3M				H5M				H20M		
齿数	9～13	14～25	26～80	81～200	12～16	17～31	32～79	80～200	34～45	46～100	101～220
p_b±0.012	3.000	3.000	3.000	3.000	5.000	5.000	5.000	5.000	20.000	20.000	20.000
h_r±0.015	1.196	1.173	1.227	1.232	1.986	2.024	2.032	2.065	8.644	8.591	8.690
$P_0(x,y)$	1423,0	1324,0	1223,0	1333,0	2334,0	2242,0	2073,0	2160,0	9786,0	9529,0	9787,0
r_1±0.012	0.414	0.254	0.262	0.358	0.659	0.610	0.493	0.610	2.814	2.667	2.676
$P_1(x,y)$	1.061, −0.213	1.139, −0.080	0.982, −0.159	0.981, −0.316	1.739, −0.126	1.871, −0.126	1.675, −0.203	1.564, −0.483	7.105, −1.825	7.041, −1.662	7.305, −1.760
r_2±0.012	—	0.792	2.616	—	4.475	1.431	1.359	—	—	20.329	—
$P_2(x,y)$	—	0.992, −0.300	0.820, −0.679	—	1.522, −0.720	1.540, −0.593	1.501, −0.566	—	—	6.015, −5.121	—
r_3±0.012	∞	∞	—	∞	∞	∞	∞	∞	∞	—	∞
$P_3(x,y)$	0.712, −0.840	0.747, −0.860	—	0.923, −0.554	1.124, −1.560	1.163, −1.566	1.37, −1.035	1.443, −1.050	5.972, −4.947	—	6.165, −4.855
r_4±0.012	0.559	0.254	0.493	—	0.691	0.612	1.402	—	—	—	—
$P_4(x,y)$	0.574, −1.004	0.687, −0.944	0.733, −0.877	—	0.773, −1.895	1.013, −1.789	1.088, −1.617	—	—	—	—
r_5±0.012	0.869	0.844	0.869	0.866	1.133	1.219	1.300	1.471	5.625	5.842	5.833
$P_5(x,y)$	0.029, −1.196	0.114, −1.168	0.036, −1.227	0.077, −1.232	0.328, −1.986	0.295, −2.024	0.135, −2.032	0.043, −2.065	0.753, −8.644	0.711, −8.591	0.739, −8.690
X	0.029	0.114	0.036	0.077	0.328	0.295	0.135	0.043	0.753	0.711	0.739

表 13-1-128　H3M 型、H5M 型、H20M 型带轮齿槽尺寸和极限偏差（GB/T 24619—2009）　mm

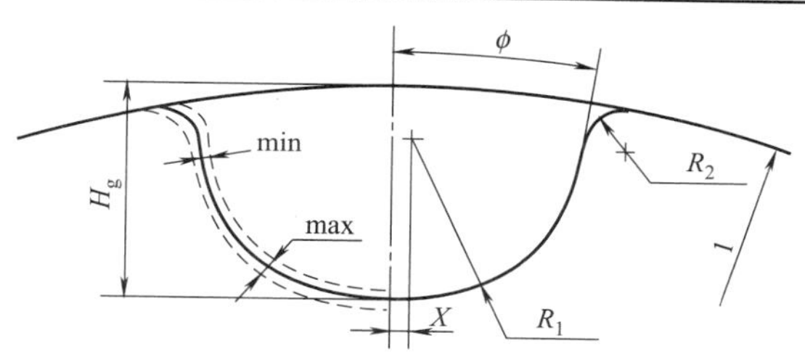

1—外轮直径

第13篇

续表

齿型	齿数 z	H_g	X	R_1	R_2	$\phi/(°)$	极限偏差/mm
H3M	9～13	1.190	0.029	0.991	0.181	15	±0.051
	14～25	1.179	0.112	0.889	0.229	9	
	26～80	1.219	0.028	0.927	0.191	8	
	81～200	1.234	0.074	0.925	0.301	4	
H5M	12～16	1.989	0.307	1.265	0.432	10	±0.051
	17～31	2.009	0.320	1.270	0.508	6	
	32～79	2.052	0.081	1.438	0.488	2	
	80～200	2.056	0.028	1.552	0.569	5	
H20M	34～45	8.649	0.544	6.185	2.184	15	±0.089
	46～100	8.661	0.544	6.185	2.540	10	
	101～220	8.700	0.544	6.185	2.540	18	

表 13-1-129　加工 R 型带轮齿廓齿条刀具尺寸和极限偏差（GB/T 24619—2009）　mm

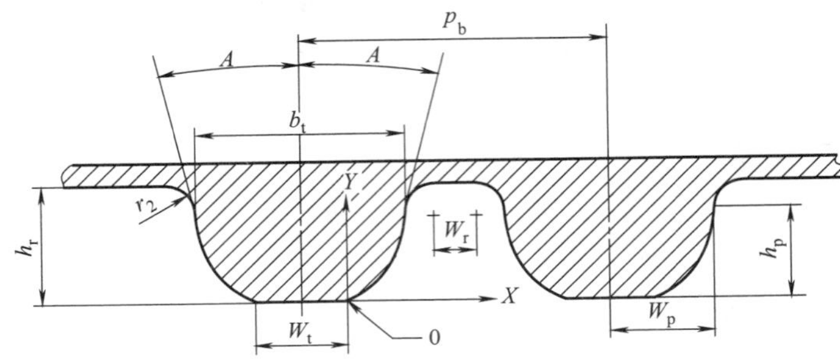

齿型	齿数 z	带齿节距 p_b±0.012	齿形角 A ±0.5°	b_t	h_p①	h_r	W_p②	W_r③	W_t±0.025	r_2±0.025	C
R3M	8～15	2.761	16.00	$2.06^{+0.05}_{-0.00}$	0.925	1.15 ±0.025	0.9660	0.2340	$0.870^{+0.05}_{-0.00}$	0.310	3.285
	16～30	2.867	16.00	$2.06^{+0.05}_{-0.00}$	0.925	1.15 ±0.025	0.9660	0.3400	$0.870^{+0.05}_{-0.00}$	0.310	3.285
	≥31	3.000	16.00	$2.00^{+0.05}_{-0.00}$	0.896	1.20 ±0.025	0.9130	0.3670	$0.798^{+0.05}_{-0.00}$	0.410	3.394
R5M	10～21	4.761	16.00	3.48 ±0.025	1.604	$2.06^{+0.05}_{-0.00}$	1.6090	0.3320	1.379 ±0.025	0.630	1.896
	≥22	5.000	16.00	3.48 ±0.025	1.604	$2.06^{+0.05}_{-0.00}$	1.6090	0.5710	1.379 ±0.025	0.630	1.896
R8M	22～27	7.780	18.00	5.900 ±0.025	2.83	$3.45^{+0.00}_{-0.05}$	2.75	0.58	1.820 ±0.025	0.900	0.8373
	≥28	7.890	18.00	5.900 ±0.025	2.79	$3.45^{+0.00}_{-0.05}$	2.74	0.61	1.840 ±0.025	0.950	0.8477
R14M	≥28	13.800	18.00	$10.45^{+0.05}_{-0.00}$	4.93	$6.04^{+0.05}_{-0.00}$	4.87	1.02	3.320 ±0.025	1.600	0.4799
R20M	≥30	19.6915	16.00	$14.85^{+0.05}_{-0.00}$	6.7034	$8.05^{+0.05}_{-0.00}$	6.8412	1.6036	4.9701 ±0.025	2.600	0.3532

①②③为参考值。

表 13-1-130 R 型带轮齿槽尺寸和极限偏差（GB/T 24619—2009） mm

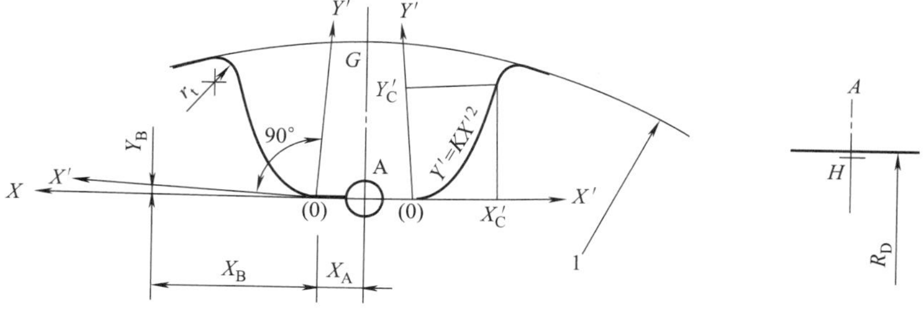

1—带轮外径

齿型	齿数	GH	X_A	X_B	Y_B	X'_C	Y'_C	K	r_t±0.15	R_D
R3M	8～15	1.15	0.39	4.00	0.08	0.54	0.940	3.210	0.28	4.00
	16～30	1.15	0.40	4.00	0.00	0.53	0.930	3.285	0.30	13.00
	≥31	1.20	0.40	4.00	0.00	0.53	0.930	3.394	0.40	18.00
R5M	10～21	2.06	0.63	4.00	0.06	0.97	1.697	1.790	0.63	9.00
	≥22	2.06	0.70	4.00	0.00	0.95	1.660	1.829	0.50	18.00
R8M	22～27	3.47	1.00	4.00	0.11	1.75	2.61	0.84767	0.83	22.00
	≥28	3.47	0.92	4.00	0.00	1.75	2.61	0.84767	0.95	22.00
R14M	≥28	6.04	1.64	4.00	0.00	3.21	4.93	0.4799	1.60	32.00
R20M	≥30	8.50	2.50	4.00	0.00	4.40	6.8	0.349	2.42	150.00

表 13-1-131 加工 S 型带轮齿廓齿条刀具尺寸和极限偏差（GB/T 24619—2009） mm

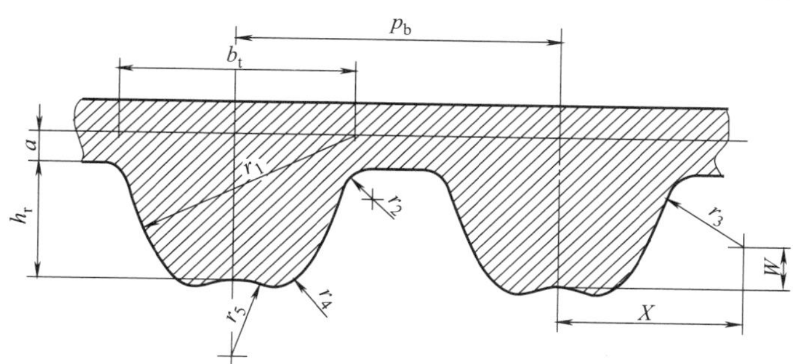

齿型	齿数	p_b ±0.012	h_r $^{+0.06}_{0}$	b_t $^{+0.05}_{0}$	r_1 $^{+0.05}_{0}$	r_2 ±0.03	r_3 ±0.03	r_4 ±0.03	r_5 ±0.10	X	W	a
S8M	≥22	8	2.83	5.2	5.3	0.75	2.71	0.4	4.04	5.05	1.13	0.686
S14M	≥28	14	4.95	9.1	9.28	1.31	4.8	0.7	7.07	8.84	1.98	1.397
S8M（可选刀具）	22～26	7.611	2.83	4.22	4.74	0.8	—	0.27	5.68	—	—	0.256
	27～33	7.689					—	0.29	5.28	—	—	0.279
	34～46	7.767					—	0.32	4.92	—	—	0.299
	47～74	7.844					—	0.35	4.59	—	—	0.321
	75～216	7.928					—	0.38	4.28	—	—	0.342
S14M（可选刀具）	28～34	13.441	4.95	7.5	8.38	1.36	—	0.52	9.17	—	—	0.784
	34～47	13.577					—	0.56	8.57	—	—	0.819
	48～75	13.716					—	0.61	8.03	—	—	0.856
	76～216	13.876					—	0.66	7.46	—	—	0.896

注：标准刀具和可选刀具所加工出的带轮都在可接受的公差范围内，但是可选刀具所加工出的带轮更加接近于理想带轮形状。

第13篇

表 13-1-132 **S 型带轮齿槽尺寸和极限偏差**（GB/T 24619—2009） mm

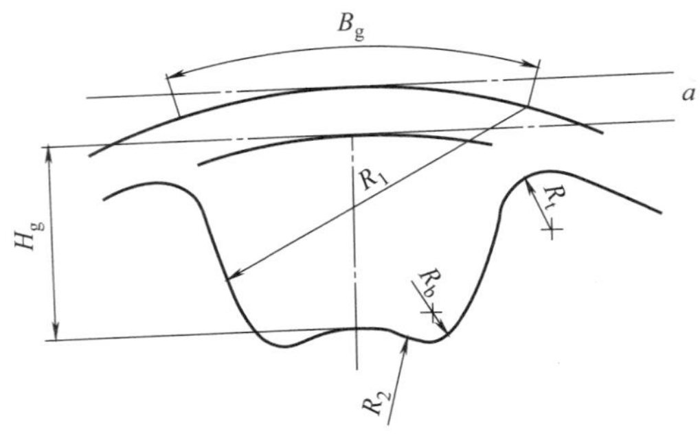

齿型	齿数	$B_{g\ -0.00}^{\ +0.10}$	$H_g \pm 0.03$	$R_2 \pm 0.1$	$R_b \pm 0.1$	$R_{t\ -0.00}^{\ +0.10}$	a	$R_{1\ -0.00}^{\ +0.10}$
S8M	≥22	5.20	2.83	4.04	0.40	0.75	0.686	5.30
S14M	≥28	9.10	4.95	7.07	0.70	1.31	1.397	9.28

(2) 带轮直径和宽度

H 型、R 型、S 型带轮节圆直径和外径标准值见图 13-1-18 和表 13-1-133、表 13-1-135 和表 13-1-136。

带轮节径 $d = zp_b/\pi$。带轮外径 $d_0 = d - 2a + N'$，节线差 a 见表 13-1-110～表 13-1-113，N'值（H8 型和 H14 型加 N'值）见表 13-1-134。

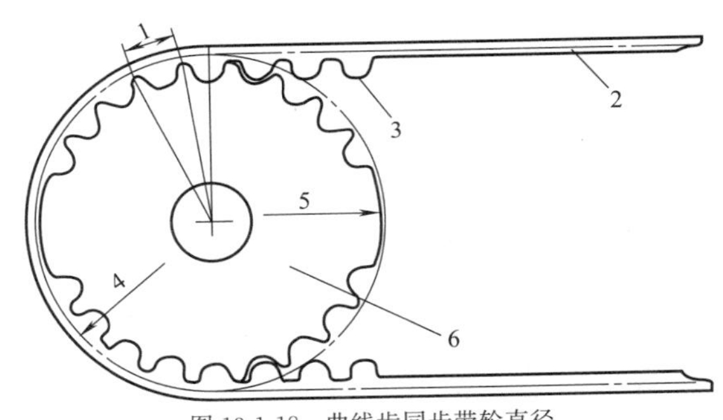

图 13-1-18 曲线齿同步带轮直径

1—节距 p_b；2—同步带节线；3—带齿；4—节圆直径 d；5—外径 d_0；6—带轮

表 13-1-133 **H 型带轮直径**（GB/T 24619—2009） mm

齿数 z	带轮槽型									
	H3M		H5M		H8M		H14M		H20M	
	节径 d	外径 d_0	节径 d	外径 d_0	节径 d	外径 d_0	节径 d	外径 d_0	节径 d	外径 d_0
14	13.37	12.61	22.28	21.14	—	—	—	—	—	—
15	14.32	13.56	23.87	22.73	—	—	—	—	—	—
16	15.28	14.52	25.46	24.32	—	—	—	—	—	—
17	16.23	15.47	27.06	25.91	—	—	—	—	—	—
18	17.19	16.43	28.65	27.50	—	—	—	—	—	—
19	18.14	17.38	30.24	29.10	—	—	—	—	—	—
20	19.10	18.34	31.83	30.69	—	—	—	—	—	—
21	20.05	19.29	33.24	32.28	—	—	—	—	—	—
22	21.01	20.25	35.01	33.87	56.02①	54.65	—	—	—	—
24	22.92	22.16	38.20	37.05	61.12①	59.74	—	—	—	—

续表

齿数 z	带轮槽型									
	H3M		H5M		H8M		H14M		H20M	
	节径 d	外径 d_0	节径 d	外径 d_0	节径 d	外径 d_0	节径 d	外径 d_0	节径 d	外径 d_0
26	24.83	24.07	41.38	40.24	66.21①	64.84	—	—	—	—
28	26.74	25.98	44.56	43.42	71.30①	70.08	124.78①	122.12	—	—
29	—	—	—	—	—	—	129.23①	126.57	—	—
30	28.65	27.89	47.75	46.60	76.39①	75.13	133.69①	130.99	—	—
32	30.56	29.80	50.93	49.79	81.49	80.11	142.60①	139.88	—	—
34	32.47	31.71	54.11	52.97	86.58	85.21	151.52①	148.79	216.45	212.13
36	34.83	33.62	57.30	56.15	91.67	90.30	160.43	157.68	229.18	224.87
38	36.29	35.53	60.48	59.33	96.77	95.39	169.34	166.60	241.92	237.60
40	38.20	37.44	63.66	62.52	101.86	100.49	178.25	175.49	254.65	250.33
43	41.06	40.30	68.44	67.29	—	—	—	—	—	—
44	42.02	41.25	70.03	68.88	112.05	110.67	196.08	193.28	280.11	275.79
46	43.93	43.16	73.21	72.07	—	—	—	—	—	—
48	45.84	45.07	76.39	75.25	122.23	120.86	213.90	211.11	305.58	301.26
49	46.79	46.03	77.99	76.84	—	—	—	—	—	—
50	47.75	46.98	79.58	78.43	—	—	—	—	—	—
52	49.66	48.89	82.76	81.62	—	—	231.73	228.94	331.04	326.72
55	52.52	51.76	87.54	86.39	—	—	—	—	—	—
56	—	—	89.13	87.98	142.60	141.23	249.55	246.76	356.51	352.19
60	57.30	56.53	95.49	94.35	—	—	267.38	264.59	381.97	377.65
62	—	—	98.68	97.53	—	—	—	—	—	—
64	—	—	—	—	162.97	161.60	285.21	282.41	407.44	403.12
65	62.07	61.31	103.45	102.31	—	—	—	—	—	—
68	—	—	—	—	—	—	303.03	300.24	432.90	428.58
70	66.85	66.08	111.41	110.26	—	—	—	—	—	—
72	68.75	67.99	—	—	—	—	—	—	458.37	454.05
78	74.48	73.72	124.14	123.00	183.35	181.97	320.86	318.06	—	—
80	76.39	75.63	127.32	126.18	203.72	202.35	356.51	353.71	509.30	504.98
90	85.94	85.18	143.24	142.10	229.18	227.81	401.07	398.28	572.96	568.64
100	95.49	94.73	159.15	158.01	—	—	—	—	—	—
110	105.04	104.28	175.07	173.93	—	—	—	—	—	—
112	—	—	—	—	285.21①	283.83	499.11	496.32	713.01	708.70
120	114.59	113.83	190.99	189.84	—	—	—	—	—	—
130	124.14	123.39	206.90	205.76	—	—	—	—	—	—
140	133.69	132.93	222.82	221.67	—	—	—	—	—	—
144	—	—	—	—	366.69①	365.32	641.71	638.92	916.73	912.41
150	143.24	142.48	238.73	237.59	—	—	—	—	—	—
160	152.79	152.03	254.65	235.50	—	—	—	—	—	—
168	—	—	—	—	—	—	748.66①	745.87	1069.52	1065.20
192	—	—	—	—	488.92①	487.55	855.62①	852.82	1222.31	1217.99
212	—	—	—	—	—	—	—	—	1349.63	1345.32
216	—	—	—	—	—	—	962.57①	959.78	1375.10	1370.78

①通常不是适用于所有宽度。

表 13-1-134 **N′值**（GB/T 24619—2009） mm

齿数 z	带轮槽型 H8M	带轮槽型 H14M	齿数 z	带轮槽型 H8M	带轮槽型 H14M	齿数 z	带轮槽型 H8M	带轮槽型 H14M
28	0.15	0.13	33	0.02	0.08	38	—	0.05
29	0.14	0.13	34	—	0.06	39	—	0.04
30	0.11	0.09	35	—	0.05	40	—	0.03
31	0.08	0.09	36	—	0.04			
32	0.04	0.7	37	—	0.04			

表 13-1-135 **R 型带轮直径**（GB/T 24619—2009） mm

齿数 z	带轮槽型 R3M 节径 d	R3M 外径 d_0	R5M 节径 d	R5M 外径 d_0	R8M 节径 d	R8M 外径 d_0	R14M 节径 d	R14M 外径 d_0	R20M 节径 d	R20M 外径 d_0
14	13.37	12.61	13.37	12.61					—	—
15	14.32	13.56	14.32	13.56					—	—
16	15.28	14.52	15.28	14.52					—	—
17	16.23	15.47	16.23	15.47					—	—
18	17.19	16.43	17.19	16.43					—	—
19	18.14	17.38	18.14	17.38					—	—
20	19.10	18.34	19.10	18.34					—	—
21	20.05	19.29	20.05	19.29					—	—
22	21.01	20.25	21.01	20.25	56.02①	54.65	—	—	—	—
24	22.92	22.16	22.92	22.16	61.12①	59.74	—	—	—	—
26	24.83	24.07	24.83	24.07	66.21①	64.84	—	—	—	—
28	26.74	25.98	26.74	25.98	71.30①	69.93	124.78①	121.98	—	—
29	27.69	26.93	27.69	26.93	—	—	129.23①	126.44	—	—
30	28.65	27.89	28.65	27.89	76.39①	75.02	133.69①	130.90	—	—
32	30.56	29.80	30.56	29.80	81.49	80.12	142.60①	139.81	—	—
34	32.47	31.71	32.47	31.71	86.58	85.21	151.52①	148.72	216.45	212.13
36	34.83	33.62	34.83	33.62	91.67	90.30	160.43	157.63	229.18	224.87
38	36.29	35.53	36.29	35.53	96.77	95.39	169.34	166.55	241.92	237.60
40	38.20	37.44	38.20	37.44	101.86	100.49	178.25	175.49	254.65	250.33
44	42.02	41.25	42.02	41.25	112.05	110.67	196.08	193.28	280.11	275.79
48	45.84	45.07	45.84	45.07	122.23	120.86	213.90	211.11	305.58	301.26
52	49.66	48.89	49.66	48.89	—	—	231.73	228.94	331.04	326.72
56	—	—	—	—	142.60	141.23	249.55	246.76	356.51	352.19
60	57.30	56.53	57.30	56.53	—	—	267.38	264.59	381.97	377.65
64	61.12	60.35	61.12	60.35	162.97	161.60	285.21	282.41	407.44	403.12
68	64.91	64.17	64.91	64.17	—	—	303.03	300.24	432.90	428.58
72	68.75	67.99	68.75	67.99	183.35	181.97	320.86	318.06	458.37	454.05
80	76.39	75.63	76.39	75.63	203.72	202.35	356.51	353.71	509.30	504.98
90	85.94	85.18	85.94	85.18	229.18	227.81	401.07	398.28	572.96	568.64
112	106.95	106.19	106.95	106.19	285.21①	283.83	499.11	496.32	713.01	708.70
144	—	—	—	—	366.69①	365.32	641.71	638.92	916.73	912.41
168	—	—	—	—	—	—	748.66①	745.87	1069.52	1065.20
192	—	—	—	—	488.92①	487.55	855.62①	852.82	1222.31	1217.99
216	—	—	—	—	—	—	962.57①	959.78	1375.10	1370.78

① 通常不是适用于所有宽度。

表 13-1-136　　S 型带轮直径（GB/T 24619—2009）　　mm

齿数 z	带轮槽型			
	S8M		S14M	
	节径 d	外径 d_0	节径 d	外径 d_0
22	56.02①	54.65	—	—
24	61.12①	59.74	—	—
26	66.21①	64.84	—	—
28	71.30①	69.93	124.78①	121.98
29	—	—	129.23①	126.44
30	76.39①	75.02	133.69①	130.90
32	81.49	80.12	142.60①	139.81
34	86.58	85.21	151.52①	148.72
36	91.67	90.30	160.43	157.63
38	96.77	95.39	169.34	166.55
40	101.86	100.49	178.25	175.49
44	112.05	110.67	196.08	193.28
48	122.23	120.86	213.90	211.11
52	—	—	231.73	228.94
56	142.60	141.23	249.55	246.76
60	—	—	267.38	264.59
64	162.97	161.60	285.21	282.41
68	—	—	303.03	300.24
72	183.35	181.97	320.86	318.06
80	203.72	202.35	356.51	353.71
90	229.18	227.81	401.07	398.28
112	285.21①	283.83	499.11	496.32
144	366.69①	365.32	641.71	638.92
168	—	—	748.66①	745.87
192	488.92①	487.55	855.62①	852.82
216	—	—	962.57①	959.78

① 通常不是适用于所有宽度。

表 13-1-137　　H 型、R 型、S 型带轮标准宽度及最小宽度（GB/T 24619—2009）　　mm

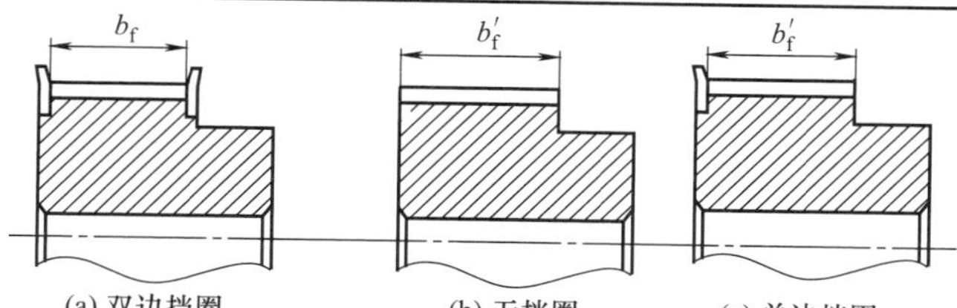

(a) 双边挡圈　(b) 无挡圈　(c) 单边挡圈

带轮槽型	带轮标准宽度	最小宽度	
		双边挡圈 b_f	无或单边挡圈 b_f'
H3M R3M	6	8	11
	9	11	14
	15	17	20
H5M R5M	9	11	15
	15	17	21
	25	27	31
H8M R8M	20	22	30
	30	32	40
	50	53	60
	85	89	96
H14M R14M	40	42	55
	55	58	70
	85	89	101
	115	120	131
	170	175	186
H20M R20M	115	120	134
	170	175	189
	230	235	251
	290	300	311
	340	350	361
S8M	15	16.3	25
	25	26.6	35
	40	42.1	50
	60	62.7	70
S14M	40	41.8	55
	60	62.9	76
	80	83.4	96
	100	103.8	116
	120	124.3	136

注：如果传动中带轮的找正可控制时，无挡圈带轮的宽度可适当减少，但不能小于双边挡圈带轮的最小宽度。

第 13 篇

(3) 各型号带轮尺寸极限偏差、形位公差和挡圈尺寸

表 13-1-138 **带轮的公差和表面粗糙度**（GB/T 11361—2008） mm

项目		带轮外径 d_0										
		≤25.4	>25.4～50.8	>50.8～101.6	>101.6～177.8	>177.8～203.2	>203.2～254.0	>254.0～304.8	>304.8～508.0	>508～762	>762～1016	>1016
外径极限偏差		$^{+0.05}_{0}$	$^{+0.08}_{0}$	$^{+0.10}_{0}$	$^{+0.13}_{0}$	$^{+0.15}_{0}$			$^{+0.18}_{0}$	$^{+0.20}_{0}$	$^{+0.23}_{0}$	$^{+0.25}_{0}$
节距偏差	任意两相邻齿间	±0.03										
	90°弧内累积①	±0.10			±0.13	±0.15			±0.18	±0.20		
径向圆跳动		±0.13					0.13+0.0005(d_0−203.2)					
端面圆跳动		0.10			0.001d_0			0.25+0.0005(d_0−254)				
齿槽与轮孔轴线平行度		≤0.001b（b—轮宽，b_f、b'_f的总称）										
带轮外径圆柱度		≤0.001b（b—轮宽，b_f、b'_f的总称）										
外圆、齿面的表面粗糙度		Ra3.2μm										

① 包括大于 90°弧所取最小整数齿。当 90°所含齿数不是整数时，按大于 90°弧取最小整数齿。

表 13-1-139 **带轮挡圈尺寸**（GB/T 24619—2009） mm

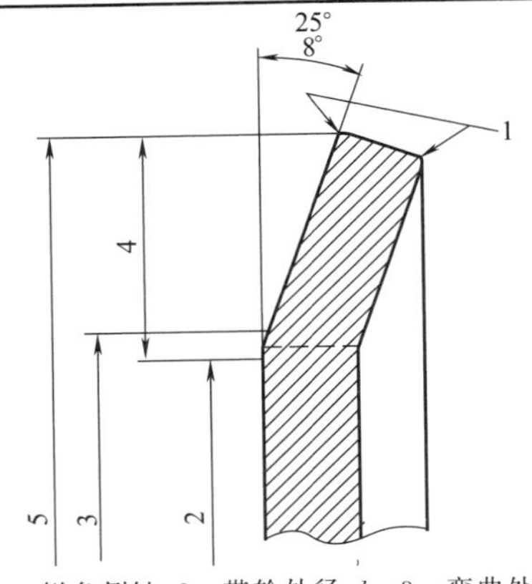

槽型	3M	5M	8M	14M	20M
挡圈最小高度 h	2.0～2.5	2.5～3.5	4.0～5.5	7.0～7.5	8.0～8.5
挡圈厚度	1.5～2.0	1.5～2.0	1.5～2.5	2.5～3.0	3.0～3.5

1—锐角倒钝；2—带轮外径 d_0；3—弯曲处直径，(d_0+0.38)±0.25，mm；4—挡圈高度，h；5—挡圈外径，d_0+2h

注：1. 带轮外径 d_0 见表 13-1-133、表 13-1-135 和表 13-1-136。

2. 挡圈厚度为参考值。

1.6 带传动的张紧

1.6.1 带传动的张紧方法及安装要求

表 13-1-140 **带传动的张紧方法**

张紧方法		定期张紧	自动张紧
简图及应用	改变轴间距	(a) (b) (a)用于水平或接近水平的传动 (b)用于垂直或接近垂直的传动	(c) (d) (e) (c)是靠电机的自重或定子的反力矩张紧，多用于小功率传动。应使电机和带轮的转向有利于减轻配重或减小偏心距 (d)、(e)常用于带传动的试验装置

续表

张紧方法		定期张紧	自动张紧
简图及应用	张紧轮	用于 V 带、同步带的固定中心距传动 张紧轮安装在带的松边内周上，其轮缘应与带轮相同，节圆直径 $d_p \geqslant (0.8 \sim 1)d_1$，$d_1$——小带轮节圆直径	用于 i 大、a 小的情况，但带的寿命低 应使 $a_1 \geqslant d_1 + d_2$，$\alpha_2 \leqslant 120°$ a_1——张紧轮与小带轮的轴间距 新型橡胶弹簧张紧器
改变带长		有接头的平带，定期将带截短，截去长度 $\Delta L = 0.01L$（L—带长）	
同步带张紧轮配置		张紧轮　松边　张紧轮 $z \geqslant z_{min}$ 松边　张紧轮（平带轮）　平带轮 $d \geqslant \frac{p_b z_{min}}{\pi}$	

安装要求：

① 安装前应检查带是否配组，不配组的带、新带和旧带、普通 V 带和窄 V 带不能同组混装使用。

② 联组带在安装前必须检查各轮槽尺寸和槽距，对超过规定公差值的带轮应更换。

③ 套装带时不得强行撬入，各类带应在规定的中心距调整极限值范围内将中心距离缩小，带进入槽轮后，再开始张紧。

④ 中心距的调整应使带的张紧适度，所需初张紧力可按本节后面所述方法控制。

⑤ 传动装置中，各带轮轴线应相互平行，各带轮相对应的槽型对称平面应重合；V 带误差不得超过 20′，见图 13-1-19，同步带带轮的共面偏差见表13-1-141。

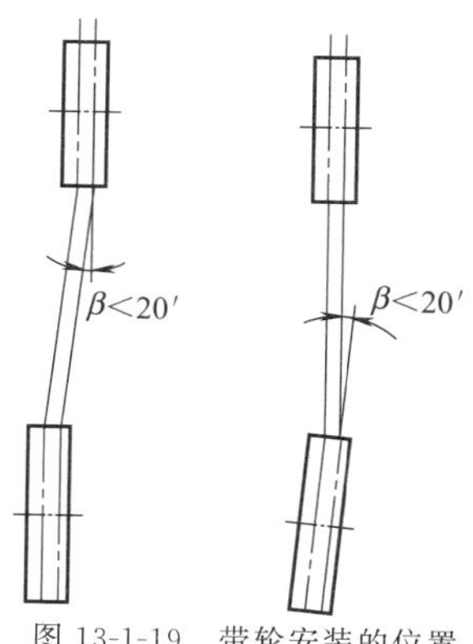

图 13-1-19　带轮安装的位置

表 13-1-141　　带轮共面偏差（GB/T 11361—2008）

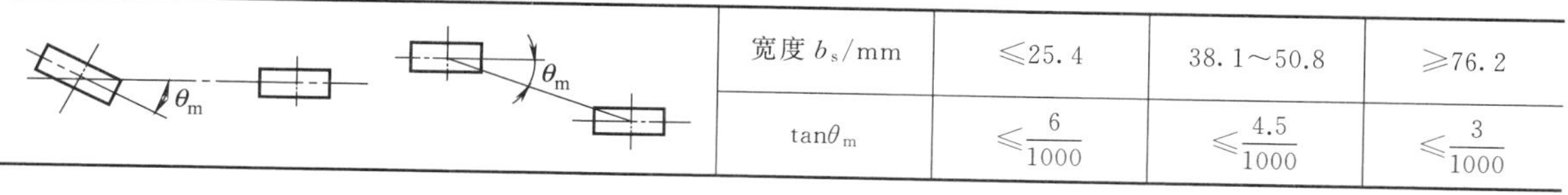

宽度 b_s/mm	$\leqslant 25.4$	38.1～50.8	$\geqslant 76.2$
$\tan\theta_m$	$\leqslant \frac{6}{1000}$	$\leqslant \frac{4.5}{1000}$	$\leqslant \frac{3}{1000}$

1.6.2　初张紧力的检测与控制

带的张紧程度对其传动能力、寿命和轴压力都有很大影响，为了使带的张紧适度，应有一定的初张紧力。初张紧力通常是在带与带轮的两切点中心，加一垂直于带的载荷 G，使其产生规定的挠度 f 来控制的，见图 13-1-20。

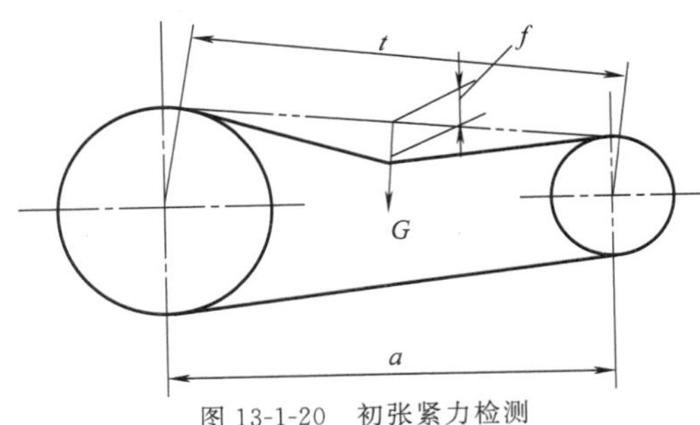

图 13-1-20　初张紧力检测

1.6.2.1　V 带的初张紧力

表 13-1-142　V 带的初拉力 G 值计算（GB/T 13575.1、2—2008）

项目		普通 V 带、窄 V 带 （基准宽度制）	窄 V 带 （有效宽度制）	单位	说明
挠度 f		$f=\frac{1.6t}{100}$		mm	a——中心距，mm d_{a1}——小带轮外径，mm d_{a2}——大带轮外径，mm d_{e1}——小带轮有效直径，mm d_{e2}——大带轮有效直径，mm F_0——单根 V 带的初张紧力，N 普通 V 带见表 13-1-10 窄 V 带见表 13-1-28 ΔF_0——初张紧力的增量，N 见表 13-1-143 L_e——带的有效长度，mm
切边长 t		$t=\sqrt{a^2-\frac{(d_{a2}-d_{a1})^2}{4}}$ 或实测	$t=\sqrt{a^2-\frac{(d_{e2}-d_{e1})^2}{4}}$ 或实测	mm	
载荷 G	新安装的带	$G=\frac{1.5F_0+\Delta F_0}{16}$	$G=\frac{1.5F_0+\frac{\Delta F_0 t}{L_e}}{16}$	N	
	运转后的带	$G=\frac{1.3F_0+\Delta F_0}{16}$	$G=\frac{1.3F_0+\frac{\Delta F_0 t}{L_e}}{16}$	N	
	最小极限值	$G=\frac{F_0+\Delta F_0}{16}$	$G=\frac{F_0+\frac{\Delta F_0 t}{L_e}}{16}$	N	

注：G 值可直接查表 13-1-143。

表 13-1-143　V 带载荷 G 及初张紧力增量 ΔF_0（GB/T 13575.1、2—2008）

类型	带型	小带轮直径 d_{d1}/mm	带速 v/m·s^{-1} 0～10	10～20	20～30	初张紧力的增量 ΔF_0/N	带型	小带轮直径 d_{d1}/mm	带速 v/m·s^{-1} 0～10	10～20	20～30	初张紧力的增量 ΔF_0/N
			G/N·根$^{-1}$						G/N·根$^{-1}$			
普通 V 带	Z	50～100 >100	5～7 7～10	4.2～6 6～8.5	3.5～5.5 5.5～7	10	C	200～400 >400	36～54 54～85	30～45 45～70	25～38 38～56	29.4
	A	75～140 >140	9.5～14 14～21	8～12 12～18	6.5～10 10～15	15	D	355～600 >600	74～108 108～162	62～94 94～140	50～75 75～108	58.8
	B	125～200 >200	18.5～28 28～42	15～22 22～33	12.5～18 18～27	20	E	500～800 >800	145～217 217～325	124～186 186～280	100～150 150～225	108
基准宽度制窄 V 带	SPZ	67～95 >95	9.5～14 14～21	8～13 13～19	6.5～11 11～18	20	SPB	160～265 >265	30～45 45～58	26～40 40～52	22～34 34～47	40
	SPA	100～140 >140	18～26 26～38	15～21 21～32	12～18 18～27	25	SPC	224～355 >355	58～82 82～106	48～72 72～96	40～64 64～90	78

类型	带型	小带轮有效直径 d_{e1}/mm	最小极限值	新安装的带	运转后的带	初张紧力的增量 ΔF_0/N
			G/N·根$^{-1}$			
有效宽度制窄 V 带、联组窄 V 带	9N、9J	67～90 91～115 116～150 151～300	17.65 19.61 22.56 25.5	24.52 28.44 33.34 38.25	21.57 25.50 29.42 33.34	20

续表

类　　型	带　　型	小带轮有效直径 d_{e1}/mm	最小极限值	新安装的带	运转后的带	初张紧力的增量 ΔF_0/N
			G/N·根$^{-1}$			
有效宽度制窄 V 带、联组窄 V 带	15N,15J	180～230 231～310 311～400	57.86 69.63 82.38	85.32 103.95 121.60	74.53 90.22 105.91	40
	25N,25J	315～420 421～520 521～630	152.98 171.62 184.37	226.53 253.99 272.62	197.11 221.63 237.32	100

注：1. Y 型带初张紧力的增量 $\Delta F_0=6$N。

2. 普通 V 带及基准宽度制窄 V 带部分，表中大值用于新安装的带或要求张紧力较大的传动（如高带速、小包角、超载启动以及频繁的大转矩启动）。

3. 联组窄 V 带所需初张紧力通常是在最小组合数的联组带上进行测定。测定方法同上，只是所需总载荷 G 值应等于单根窄 V 带所需的 G 值乘以联组的单根数。

1.6.2.2　多楔带的初张紧力

检测初张紧力的载荷 G 见表 13-1-144，使其每 100mm 带长产生 1.5mm 的挠度，即总挠度 $f=\frac{1.5t}{100}$。

表 13-1-144　　多楔带载荷 G 值

带型	PJ			PL			PM		
小带轮有效直径 d_{e1}/mm	20～42.5	45～56	60～75	76～95	100～125	132～170	180～236	250～300	315～400
每楔带施加的力 G/N·楔$^{-1}$	1.78	2.22	2.67	7.56	9.34	11.11	28.45	34.23	39.12

1.6.2.3　平带的初张紧力

检测初张紧力的载荷 G 见表 13-1-145，使其每 100mm 带长产生 1mm 的挠度，即总挠度 $f=\frac{t}{100}$。

表 13-1-145　　平带载荷 G 值　　N

带宽 b/mm	参考层数																	
	3		4		5		6		7		8		9		10		12	
	G																	
	Ⅰ	Ⅱ	Ⅰ	Ⅱ	Ⅰ	Ⅱ	Ⅰ	Ⅱ	Ⅰ	Ⅱ	Ⅰ	Ⅱ	Ⅰ	Ⅱ	Ⅰ	Ⅱ	Ⅰ	Ⅱ
16	4	6	6	9	7	11	8	13	10	15	11	17	13	19	14	21	17	25
20	5	8	7	11	9	13	11	16	12	19	14	21	16	24	18	26	21	32
25	7	10	9	13	11	16	13	20	16	23	18	26	20	30	22	33	26	40
32	8	13	11	17	14	21	17	25	20	30	23	34	25	38	28	42	34	51
40	11	16	14	21	18	26	21	32	25	37	28	42	32	48	35	53	42	64
50	13	20	18	26	22	33	26	40	31	46	35	53	40	60	44	66	53	79
63	17	25	22	33	28	42	33	50	39	58	44	67	50	75	56	83	67	100
71	19	28	25	38	31	47	38	56	44	66	50	75	56	85	63	94	75	113
80	21	32	28	42	35	53	42	64	49	74	56	85	64	95	71	106	85	127
90	24	36	32	48	40	60	48	71	56	83	64	95	71	107	79	119	95	143
100	26	40	35	53	44	66	53	79	62	93	71	106	79	119	88	132	106	159
112	30	44	40	59	49	74	59	89	69	104	79	119	89	133	99	148	119	178
125	33	50	44	66	55	83	66	99	77	166	88	132	99	149	110	166	132	199

续表

带宽 b/mm	参考层数 3		4		5		6		7		8		9		10		12	
	G																	
	Ⅰ	Ⅱ	Ⅰ	Ⅱ	Ⅰ	Ⅱ	Ⅰ	Ⅱ	Ⅰ	Ⅱ	Ⅰ	Ⅱ	Ⅰ	Ⅱ	Ⅰ	Ⅱ	Ⅰ	Ⅱ
140	37	56	49	74	62	93	74	111	87	130	99	148	111	167	124	185	148	222
160	42	64	56	85	71	106	85	127	99	148	113	169	127	191	141	212	169	254
180	48	71	64	95	79	119	95	143	111	167	127	191	143	214	159	238	191	286
200	53	79	71	106	88	132	106	159	124	185	141	212	159	238	177	265	212	318
225	60	89	79	119	99	149	119	179	139	209	159	238	179	268	199	298	238	357
250	66	99	88	132	110	166	132	199	154	232	177	265	199	298	221	331	265	397
280	74	111	99	148	124	185	148	222	173	259	198	297	222	334	247	368	297	445
315	83	125	111	167	139	209	167	250	195	292	222	334	250	375	278	417	334	500
355	94	141	125	188	157	235	188	282	219	329	251	376	282	423	313	470	376	564
400	106	159	141	212	177	265	212	318	247	371	282	424	318	477	353	530	424	636
450	119	179	159	238	199	298	238	357	278	417	318	477	357	536	397	596	477	715
500	132	199	177	265	221	331	265	397	309	463	353	530	397	596	441	662	530	794
560	148	222	198	297	247	371	297	445	346	519	395	593	445	667	494	741	593	890

注：表中的Ⅰ栏为正常张紧应力 $\sigma_0=1.8$MPa 下所需的 G 值；Ⅱ为考虑新带的最初张紧应力下所需的 G 值。

1.6.2.4　同步带的初张紧力

表 13-1-146　　同步带的初拉力 G 值计算

项　目	梯形齿同步带	曲线齿同步带	单位	说　　明
边长 t	$t=\sqrt{a^2-\dfrac{(d_2-d_1)^2}{4}}$		mm	a——中心距，mm d_1——小带轮节径，mm d_2——大带轮节径，mm L_p——带长，mm Y——修正系数，见表 13-1-147 F_0——初张紧力，N，见表 13-1-147
挠度 f	$f=\dfrac{1.6t}{100}$	$f=\dfrac{t}{64}$	mm	
载荷 G	$G=\dfrac{F_0+\dfrac{tY}{L_p}}{16}$	见表 13-1-148	N	

表 13-1-147　　梯形齿同步带的 F_0 与 Y 值　　N

带宽/mm			3.2	4.8	6.4	7.9	9.5	12.7	19.1	25.4	38.1	50.8	76.2	101.6	127.0	带宽/mm		
MXL	F_0	①	6.4	9.8	13.7			76.50	124.55	174.57						①	F_0	L
		②	2.9	5.1	7.6			51.98	87.28	122.59						②		
	Y		0.6	1.0	1.4			4.5	7.7	10.9						Y		
XXL	F_0	①	6.9	10.8	15.7				293.23	420.72	646.28	889.50	1391.62			①	F_0	H
		②	3.2	5.6	8.8				221.64	311.87	486.43	667.86	1047.39			②		
	Y		0.7	1.1	1.6				14.5	20.9	32.2	43.1	69.0			Y		
XL	F_0	①			29.42	37.27	44.71					1009.14	1582.85	2241.88		①	F_0	XH
		②			13.73	19.61	25.52					909.11	1426.92	2021.22		②		
	Y				0.39	0.55	0.77					86.3	138.5	199.8		Y		
												2471.36	3883.57	5506.63	7110.08	①	F_0	XXH
												1114.08	1749.57	2479.21	3202.97	②		
												140.7	227.0	322.3	417.7	Y		

① 表示最大值。

② 表示推荐值。

注：小节距，高带速，启动力矩大以及有冲击载荷时，初张紧力应大些，但一般不宜过大，其余情况宜选用推荐值。

表 13-1-148　曲线齿同步带载荷 G 值（JB/T 7512.3—2014）

带　型	带宽 b_s/mm	安装力 G/N	带　型	带宽 b_s/mm	安装力 G/N
3M	6 9 15	2.0 2.9 4.9	14M	40 55 85 115 170	49.0 71.5 117.6 166.6 254.8
5M	9 15 25	3.9 6.9 12.7	20M	115 170 230 290 340	242.7 376.1 521.7 655.1 788.6
8M	20 30 50 85	17.6 26.5 49.0 84.3			

1.7　金属带传动简介

1.7.1　磁力金属带传动

磁力金属带传动（metal belt drive with magnet，简称 MBDM）是以金属带为挠性元件的新型摩擦传动，是近年来发展起来的高效、精密的传动方式之一。它的主要特点是利用磁场吸引力和初张力（initial tension）的耦合作用来传递运动和动力。

1.7.1.1　磁力金属带传动的工作原理

根据磁力带轮励磁方式的不同，可将 MBDM 分为电磁带轮式金属带传动（metal belt drive with electric magnet，简称 MBDEM）和永磁带轮式金属带传动（metal belt drive with permanent magnet，简称 MBDPM）两类。

表 13-1-149　磁力金属带传动的种类及工作原理

种类		工作原理和带轮结构
电磁带轮式金属带传动	工作原理	MBDEM 的结构及工作原理如图(a)所示，它主要由主动、从动磁力带轮(magnetic pulley)、励磁线圈(exciting coils)及金属带(metal belt)等组成。其特征是：大小磁力带轮的轮辐上各缠绕一定匝数的励磁线圈，通以电流时(直流电)便可在磁力带轮的轮缘上产生磁场，并吸引金属带，从而大幅度地提高金属带与磁力带轮间的正压力和摩擦力，进而传递运动和动力。当主动磁力带轮由驱动力作用而发生运动时，依靠金属带与磁力带轮之间的摩擦力的作用，带动从动磁力带轮一起转动 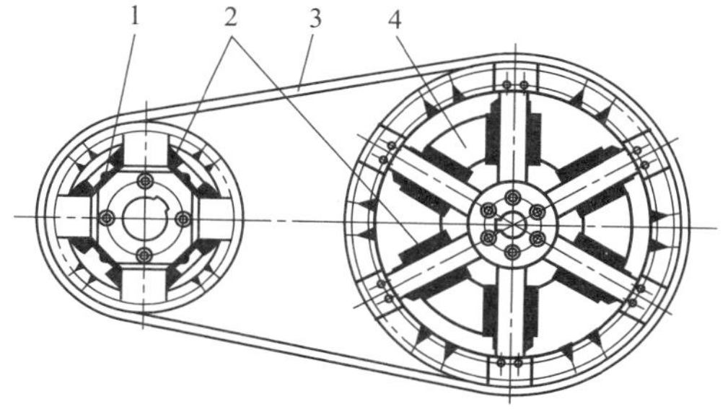 图(a)　电磁带轮式金属带传动 1—小带轮；2—励磁线圈；3—金属带；4—大带轮

续表

<table>
<tr><th>种类</th><th colspan="2">工作原理和带轮结构</th></tr>
<tr><td rowspan="1">电磁带轮式金属带传动</td><td>带轮结构</td><td>
大、小磁力带轮均采用轮辐式结构，如图(b)和图(c)所示，轮毂的内圈为隔磁体，轮毂的外圈和轮辐均为导磁体，轮缘则由导磁体和隔磁体相间组成，然后与轮辐固接。磁力线由磁力带轮的轮辐、轮缘导磁部分、金属带及轮毂的外圈形成闭合回路，从而产生轮缘对金属带的磁场吸引力

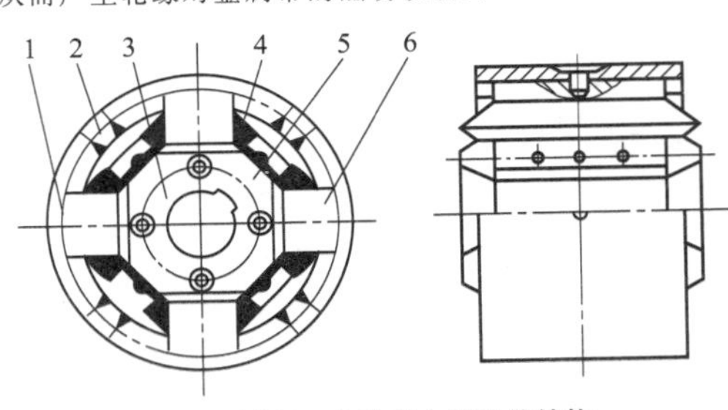

图(b) 主动磁力带轮的结构

1—轮缘；2—绝磁体；3—芯套；4—励磁线圈；5—轮毂；6—轮辐

磁力带轮主要由励磁线圈、轮辐、轮毂、轮缘、芯套等组成，其中轮缘由导磁体和绝磁体两部分相间组成，然后与轮辐固接；轮辐和轮毂均为导磁体；芯套为绝磁体，并与传动轴相连接，励磁线圈装在轮辐上，由于受结构的限制，小磁力带轮上只装有 4 个励磁线圈，大带轮上则装有 6 个励磁线圈。要求每两个励磁线圈间应首尾相接，且旋向一致，以使其在轮缘上产生的南、北磁极间隔排列，磁力线便可由轮毂、轮辐、导磁部分及金属带形成闭合回路，从而产生轮缘对金属带的电磁吸引力

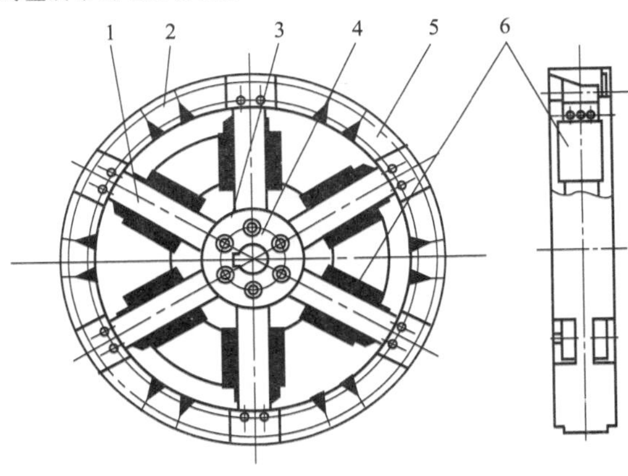

图(c) 从动磁力带轮的结构

1—轮辐；2—绝磁体；3—轮毂；4—芯套；5—轮缘；6—励磁线圈
</td></tr>
<tr><td>永磁带轮式金属带传动</td><td>工作原理</td><td>
MBDPM 的工作原理如图(d)所示，它主要由大小磁力带轮、稀土永磁体及金属带组成。安装在大小磁力带轮上的稀土永磁体可产生磁场并吸引金属带，进而传递运动和动力

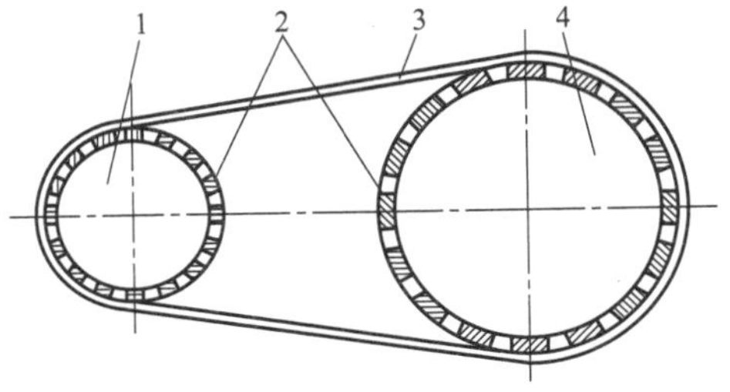

图(d) 永磁带轮式金属带传动

1—小带轮；2—稀土永磁体；3—金属带；4—大带轮
</td></tr>
</table>

续表

<table>
<tr><th>种类</th><th colspan="2">工作原理和带轮结构</th></tr>
<tr><td>永磁带轮式金属带传动</td><td>带轮结构</td><td>图(e)为永磁带轮的结构示意图，它主要由轮缘1、导磁体2、隔磁体3、稀土永磁体5及轮毂6等组成。其中轮毂由绝磁材料铸造而成，环状轮缘由多片导磁体和隔磁体相间焊接而成，并被切割成两个半圆环，以便组装在轮毂上。稀土永磁体两侧导磁体紧贴。到挠性金属带覆盖在轮缘外圆周上时，由稀土永磁体、环形槽两侧的导磁体及金属带形成多个磁力线闭合回路，以产生轮缘对金属带的磁场吸引力。从而大幅度地提高金属带与磁力带轮间的正压力和摩擦力，进而传递运动和动力
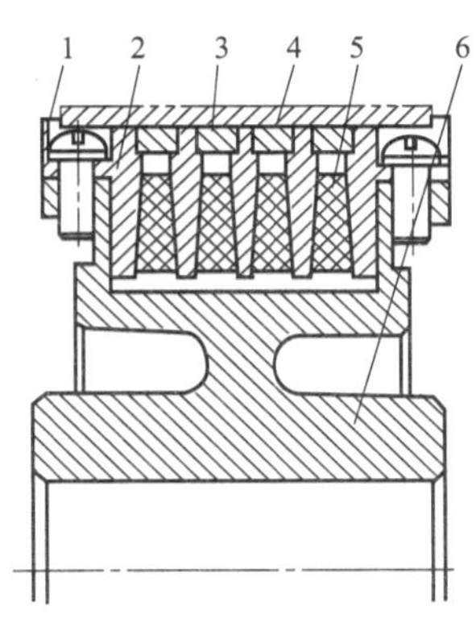

图(e) 永磁带轮的结构
1—轮缘；2—导磁体；3—隔磁体；4—金属带；5—稀土永磁体；6—轮毂</td></tr>
</table>

1.7.1.2 磁力金属带的结构

为降低MBDM工作时金属带的弯曲应力，提高其使用寿命以及导磁能力，金属带可采用磁性复合结构（magnetic complex metal belt），如图13-1-21所示。

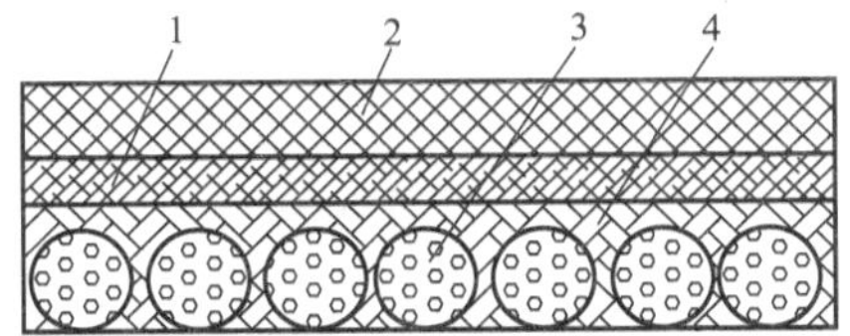

图13-1-21 磁性复合金属带的结构

1—帆布层；2—普通橡胶；3—钢丝绳；4—磁性橡胶

其中钢丝绳由直径为0.1～0.3mm的钢丝编制而成，表面镀铬或镀锌。磁性橡胶的作用是固定钢丝绳，同时也可起到一定的隔磁作用。磁性橡胶的磁粉材料为钕铁硼（SH35～38），磁粉比例为30%～50%。磁性橡胶只需填满钢丝绳的缝隙，并与钢丝绳外圆面平齐。

1.7.2 金属带式无级变速传动

无级自动变速传动（continuously variable transmission，CVT）作为理想的传动方式一直是人们追求的目标，它可以使原动机与外界负荷达到最佳匹配，实现节能和降低排放污染。

表13-1-150 金属带式CVT的工作原理、结构及应用

项目	说 明
工作原理	如图(a)所示，金属带式CVT主要包括主动轮组、从动轮组、金属带和液压泵等基本部件。金属带由厚度为1.5～2.2mm、宽度为24mm或30mm的300～400片钢片以及2匝各6～12层的钢环构成。主动轮组和从动轮组都由可动盘和固定盘组成，可动盘与固定盘都是锥面结构，它们的锥面形成V形槽来与V形金属传动带啮合。发动机输出轴输出的动力经过离合器首先传递到CVT装置的主动轮组，然后经过V形金属传动带传递到从动轮组，最后经减速器、差速器传递给车轮而驱动汽车。工作时通过主动轮组与从动轮组的可动盘作轴向移动来改变主动轮、从动轮锥面与V传动带啮合的工作半径，从而改变传动比。可动盘的轴向移动量是通过液压控制系统调节主、从动轮油缸中的液压力来实现的。由于主动轮和从动轮的工作半径可以实现连续调节，从而实现了无级变速

续表

<table>
<tr><th>项目</th><th>说　　明</th></tr>
<tr><td>工作原理</td><td>
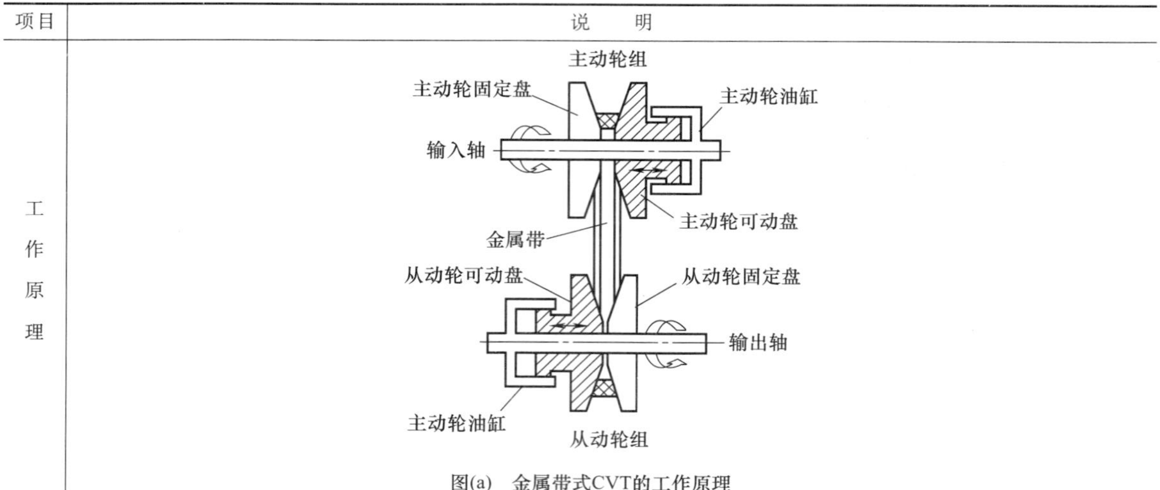

图(a)　金属带式CVT的工作原理
</td></tr>
<tr><td>结构</td><td>
如图(b)所示，金属带式由许多小的V形金属块和两根环形金属带组成。金属环夹在金属块肩部的凹槽中，一根金属带上有300多个金属块，具体数量与金属带传递的力矩大小有关。每个金属环则由6～12根环形带叠加而成，因此，对它的形位公差和尺寸公差的要求很高，否则就有可能只有一个金属环受力，带的寿命大大降低
金属块是用滚动轴承钢制成的，耐磨性较好，它的润滑是靠金属块与带轮接触挤出的润滑油来润滑的。为消除金属块之间的碰撞噪声，降低金属带的质量，可用金属板材压成凹形金属块，再在凹槽内填充弹性材料
金属环的功能包括两个方面，一是引导金属块；二是承担金属带中的全部张紧力。金属块的作用则是传递转矩
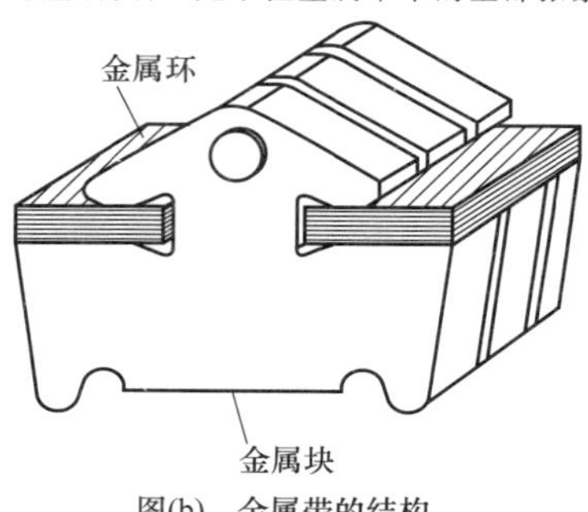

图(b)　金属带的结构
</td></tr>
<tr><td>变速原理及传动比</td><td>
由图(a)可知，每个带轮都由两个带有斜面的半带轮组成，其中一个半带轮是固定的，另一个半带轮通过液压伺服油缸控制其移动。两个带轮之间的中心距是固定的，传动带的总长不发生变化，而两带轮的节圆半径在液压控制系统的作用下可以连续变化，从而实现无级变速，如图(c)所示
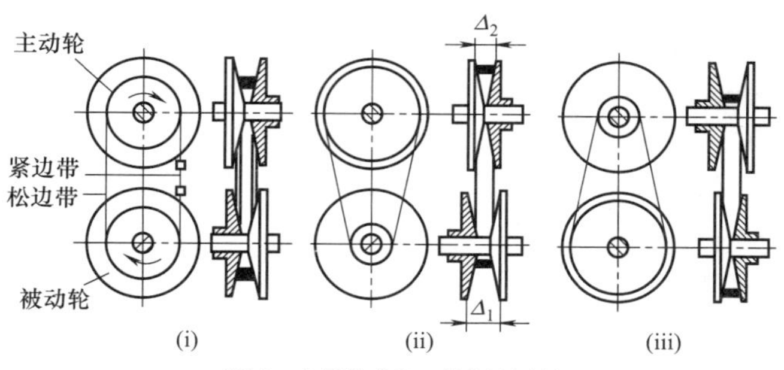

图(c)　金属带式CVT的变速原理
金属带式CVT的传动比可表示为
$$i=\frac{R_2}{R_1}=\frac{n_1}{n_2} \tag{13-1-4}$$
式中，R_1、R_2分别为主、从动轮的节圆半径；n_1、n_2分别为主、从动轮的角速度
</td></tr>
</table>

续表

<table>
<tr><th>项目</th><th>说　明</th></tr>
<tr><td>变速原理及传动比</td><td>当 R_1 处于最小半径（两个半带轮之间的距离最宽）R_2 处于最大半径（两个半带轮之间的距离最窄）时，传动系形成的传动比最大，相当于汽车低挡状态，如图(c)中(ⅲ)所示。当通过液压伺服油缸控制改变 R_1 和 R_2 的半径值时，如 R_1 逐渐增大，由于中心距和带长都是固定的，为了保证正常传动而相应使 R_2 减小，则传动比也相应减小，直至 R_1 达到最大值而 R_2 处于最小值时，传动比最小，相当于汽车高挡行驶状态，如图(c)中(ⅱ)所示
由此可见，金属带式CVT的传动比由主、从动轮的节圆半径确定，当从动轮处于最大半径、主动轮处于最小半径时，传动比最大；反之，传动比最小。即
$$I_{\max}=\frac{R_{2\max}}{R_{1\max}},I_{\min}=\frac{R_{2\min}}{R_{1\min}} \tag{13-1-5}$$
式中，$I_{\max}$ 和 $I_{\min}$ 主要与带轮所允许的最小半径和无级变速器的整体结构有关，通常在0.5～2.5范围内变化</td></tr>
<tr><td>传动机理</td><td>金属带传动是靠金属环张力和金属块间挤推力的共同作用来实现转矩传递的
如图(d)所示，金属块在整个金属带周向上处于理想的紧密接触状态，将金属带的有效切向摩擦力在带轮包角上积分。实际上，V形金属带在不同的输入转矩比和传动比时，其载荷的分布形式和运行状态都是不同的。在带传动的转矩比较高时，金属带的传递转矩大部分由金属块之间的挤推力传递，在稳态工况下，无论传动比大小如何，金属块之间的挤推力的分布方式都是一致的，其分布形式为：在从动带轮的整个包角上，金属块之间都存在连续变化的挤推力；而在主动轮上，只有带轮出口处较小的包角范围内金属块才具有挤推力。随着输入转矩比的提高，金属块之间挤推力在从动轮包角上只增大其幅度，而在主动轮上既增大力的幅度又增大包角范围。在换高挡的瞬态工况下，金属块之间挤推力的分布方式与稳态工况是一致的。为了提高系统的传动效率，金属带式无级变速传动装置应尽量工作在较高的恒定转矩比范围内
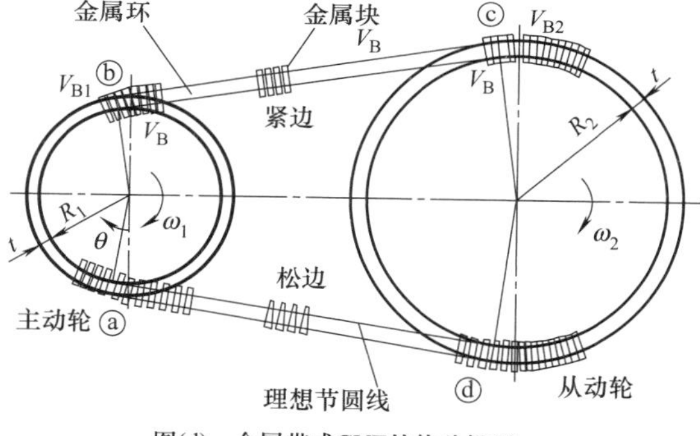

图(d)　金属带式CVT的传动机理</td></tr>
<tr><td>传动特性及应用</td><td>金属带式无级变速器不仅能够满足传递较大功率、适应高转速等条件，还具有如下几方面的特性：
① 经济性。该变速器通过传动比的连续变化，使车辆外界行驶条件与发动机负载实现最佳匹配，使发动机在最佳工作区稳定运转，从而充分发挥了发动机的潜力，燃烧完全，提高了整车的燃料经济性，减少了废气排放，有利于环境保护
② 动力性。在汽车起步、停止和变速过程中不至于产生冲击和抖动，减少了噪声，满足了汽车行驶多变的条件，使汽车在良好的性能状态下行驶
③ 舒适性。驾驶平稳、舒适，简化了操作，减轻了驾驶员的劳动强度，提高了行车安全，符合人们日益增长的舒适性要求
④ 可靠性。金属带CVT故障率极低，能达到与汽车相同的寿命
金属带式无级变速器本身就是一种自动变速器，而且它比目前在汽车上占主导地位的液力机械式自动变速器结构更加简单紧凑，更加节能，动力性能更加优良。它与目前流行的4挡自动变速器(AT)相比，燃油消耗节约12%～17%，加速性能提高7.5%～11.5%，发动机排放减少10%，价格不比AT贵。随着人们对金属带式CVT优越性能的进一步了解，新型金属带式CVT的不断开发和推出，它将成为轿车变速器的主流
在各种机械变速传动中，尤其在需无级调节输出转速的场合，特别是在中大功率范围内，金属带式无级变速器将发挥其效率高、功率大的优势，会得到进一步的应用，如化工行业的反应罐、搅拌机、分离机等机械中的无级调速。此外，在工程机械、试验装置及航空航天设备上也有应用</td></tr>
</table>

第2章 链传动

2.1 链传动的类型、特点和应用

链传动是具有中间挠性件的啮合传动，它兼有齿轮传动和带传动的一些特点。链传动在机械传动中应用相当广泛，传动链的链速可达 40m/s，传递功率可达 3600kW，传动比可达 15。通常工作范围是：传动功率不大于 100kW，链速不大于 15m/s，传动比不大于 8。

与带传动相比，链传动的优点是：没有弹性滑动，平均传动比准确，传动效率稍高；张紧力小，轴与轴承所受载荷较小；结构紧凑，传递同样的功率，轮廓尺寸较带传动小。

与齿轮传动相比，链传动的优点是：中心距可大而结构轻便；能在恶劣的条件下工作（受气候条件变化影响小）；成本较低。

链传动的缺点是：价格较带传动高，重量大；链条速度有波动，不能保持瞬时传动比恒定，工作时有噪声，在高速下易产生较大的张力和冲击载荷；不适用于受空间限制要求中心距小以及转动方向频繁改变的场合；链节伸长后运转不稳定，易跳齿；只能用于平行轴之间的传动。

常用传动链条的类型特点和应用见表 13-2-1。

表 13-2-1 常用传动链条的类型特点和应用

种类	简图	结构和特点	应用
传动用短节距精密滚子链（简称滚子链）		由外链节和内链节铰接而成，销轴和外链板、套筒和内链板为静配合，销轴和套筒为动配合；滚子空套在套筒上，可以自由转动，以减少啮合时的摩擦和磨损，并可以缓和冲击	动力传动
双节距精密滚子链		除链板节距为滚子链的两倍外，其他尺寸与滚子链相同，链条重量减轻	中小载荷、中低速、中心距较大的传动装置，亦可用于输送装置
传动用短节距精密套筒链（简称套筒链）		除无滚子外，结构和尺寸同滚子链。重量轻、成本低，并可提高节距精度 为提高承载能力，可利用原滚子的空间加大销轴和套筒尺寸，增大承压面积	不经常传动，中低速传动或起重装置（如配重、铲车起升装置）等
弯板滚子传动链（简称弯板链）		无内外链节之分，磨损后链节节距仍较均匀。弯板使链条的弹性增加，抗冲击性能好。销轴、套筒和链板间的间隙较大，对链轮共面性要求较低。销轴拆装容易，便于维修和调整松边下垂量	低速或极低速、载荷大、有尘土的开式传动和两轮不易共面处，如挖掘机等工程机械的行走机构、石油机械等

续表

种　　类	简　　图	结构和特点	应　　用
传动用齿形链（又名无声链）	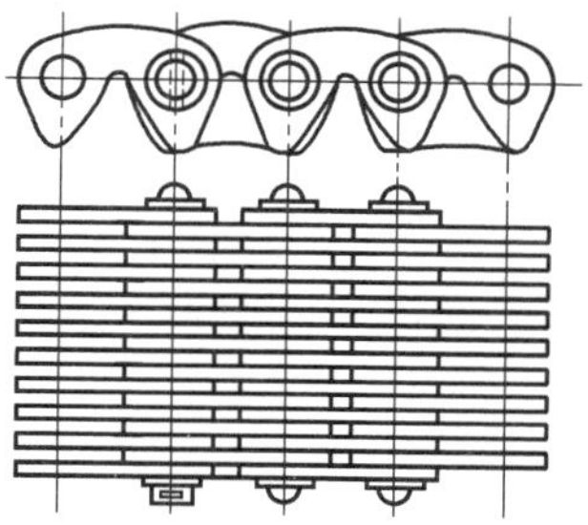	由多个齿形链片并列铰接而成。链片的齿形部分和链轮轮齿啮合，有共轭啮合和非共轭啮合两种。传动平稳准确，振动、噪声小，强度高，工作可靠；但重量较重，装拆较困难	高速或运动精度要求较高的传动，如机床主传动、发动机正时运动、石油机械以及重要的操纵机构等
成形链	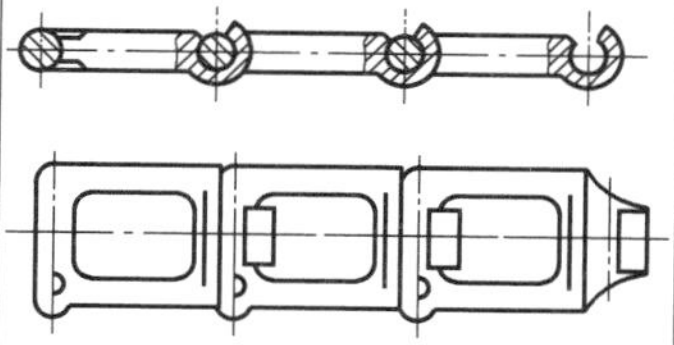	链节由可锻铸铁或钢制造，装拆方便	用于农业机械和链速在 3m/s 以下的传动

2.2　传动用短节距精密滚子链和链轮

2.2.1　滚子链的基本参数与尺寸

（1）滚子链及其链节型式（图 13-2-1 和图 13-2-2）

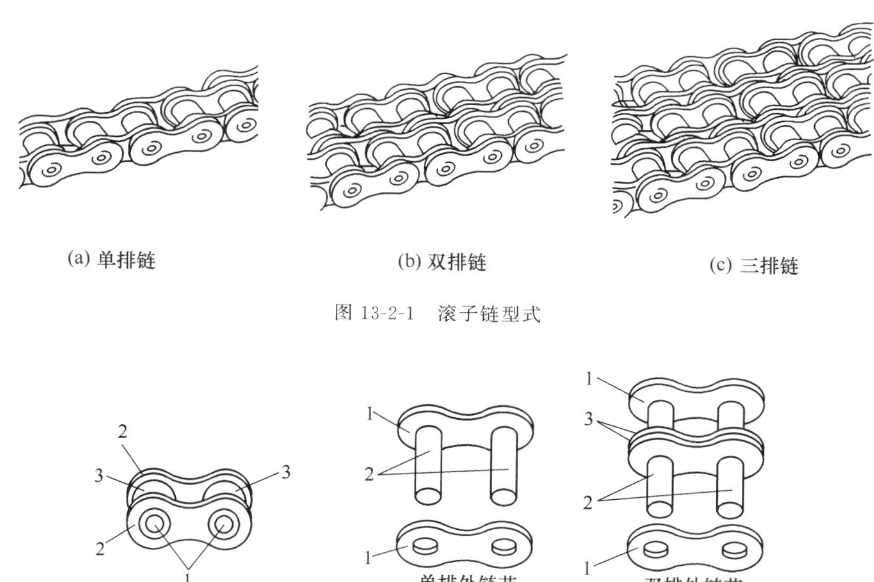

图 13-2-1　滚子链型式

(a) 内链节
1—套筒；2—内链板；3—滚子

(b) 铆头外链节
1—外链板；2—销轴；3—中链板

图 13-2-2

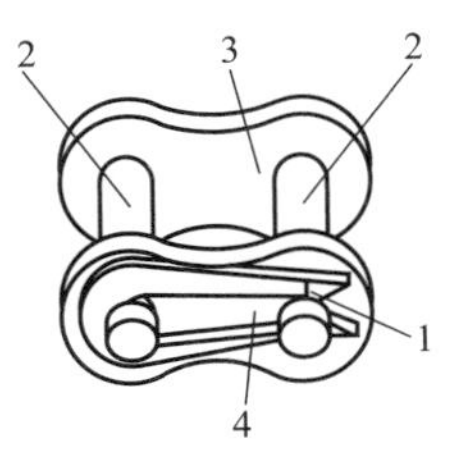

带弹性锁片的连接链节

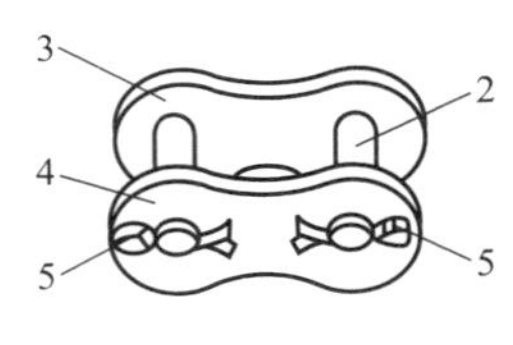

带开口销的连接链节

(c) 可拆装连接链节

1—弹性锁片；2—连接销轴；3—外链板；
4—可拆装链板；5—开口销

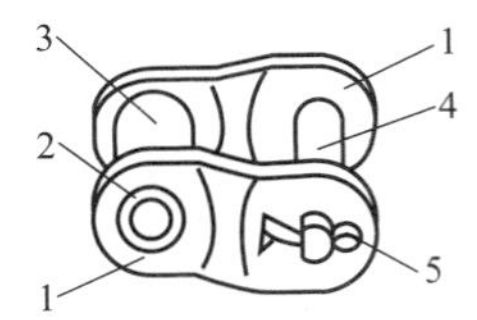

单节过渡链节

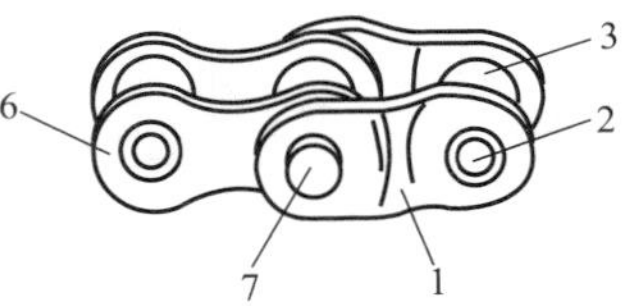

复合过渡链节

(d) 过渡链节

1—过度链板；2—套筒；3—滚子；4—可拆式销轴；
5—开口销；6—内链板；7—铆头销轴

图 13-2-2 链节型式

（2）滚子链尺寸

链条尺寸参数见图 13-2-3 和表 13-2-2 及表 13-2-3。带止锁件的单排、双排或三排链条的全宽由下列公式计算。

1）对于铆头的链条，如果止锁件仅在一侧时：$b_4(b_5、b_6)+b_7$。

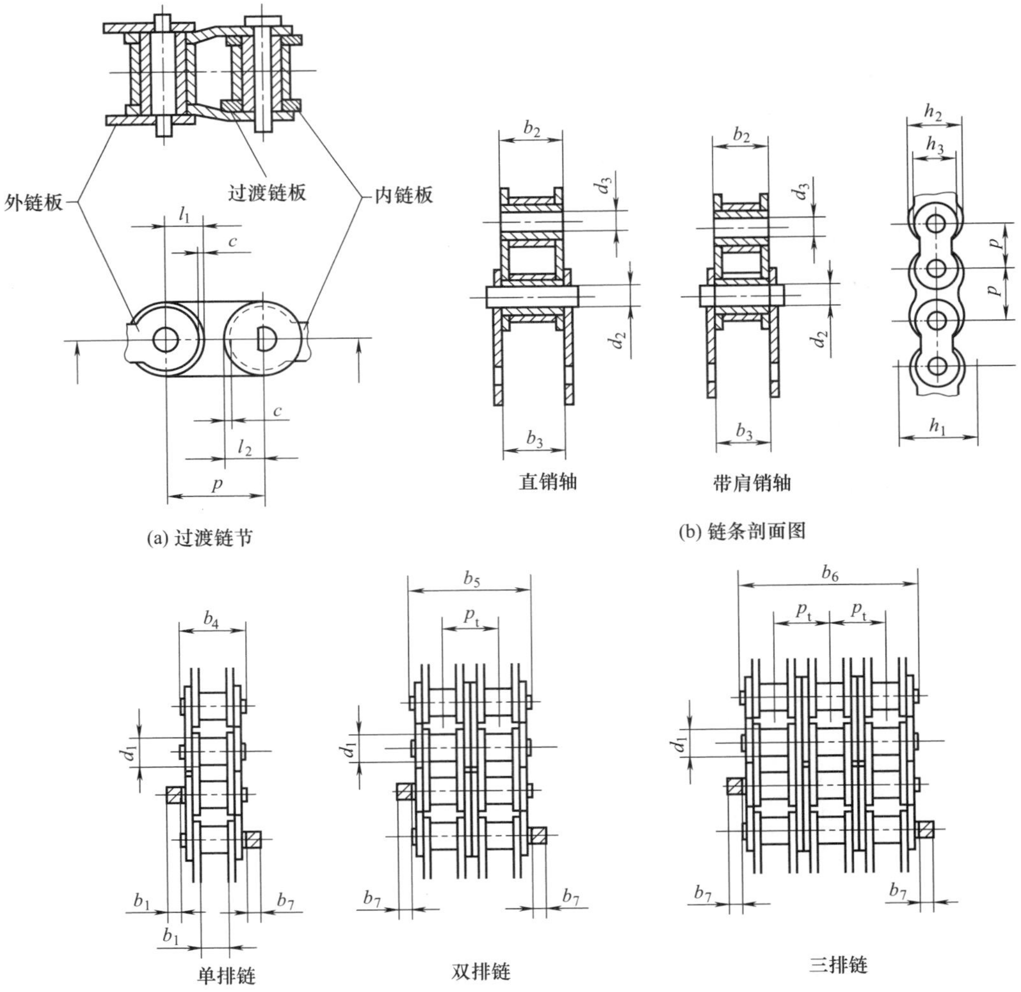

外链板 过渡链板 内链板

(a) 过渡链节

直销轴 带肩销轴

(b) 链条剖面图

单排链 双排链 三排链

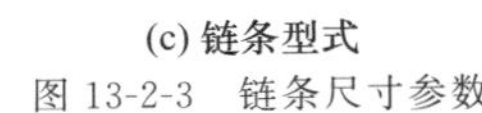

(c) 链条型式

图 13-2-3 链条尺寸参数

表 13-2-2 链条主要尺寸、测量力、抗拉强度及动载强度（GB/T 1243—2006）

链号①	节距 p	滚子直径 d_1 max	内节内宽 b_1 min	销轴直径 d_2 max	套筒孔径 d_3 min	链条通道高度 h_1 min	内链板高度 h_2 max	外或中链板高度 h_3 max	过渡链节尺寸② l_1 min	过渡链节尺寸② l_2 min	过渡链节尺寸② c	排距 p_1	内节外宽 b_2 max	外节内宽 b_3 min	销轴长度 单排 b_4 max	销轴长度 双排 b_5 max	销轴长度 三排 b_6 max	止锁件附加宽度③ b_7 max	测量力 单排	测量力 双排	测量力 三排	抗拉强度 F_u 单排 min	抗拉强度 F_u 双排 min	抗拉强度 F_u 三排 min	动载强度④⑤⑥ 单排 F_d min
	mm																		N			kN			N
04C	6.35	3.30⑦	3.10	2.31	2.34	6.27	6.02	5.21	2.65	3.08	0.10	6.40	4.80	4.85	9.1	15.5	21.8	2.5	50	100	150	3.5	7.0	10.5	630
06C	9.525	5.08⑦	4.68	3.60	3.62	9.30	9.05	7.81	3.97	4.60	0.10	10.13	7.46	7.52	13.2	23.4	33.5	3.3	70	140	210	7.9	15.8	23.7	1410
05B	8.00	5.00	3.00	2.31	2.36	7.37	7.11	7.11	3.71	3.71	0.08	5.64	4.77	4.90	8.6	14.3	19.9	3.1	50	100	150	4.4	7.8	11.1	820
06B	9.525	6.35	5.72	3.28	3.33	8.52	8.26	8.26	4.32	4.32	0.08	10.24	8.53	8.66	13.5	23.8	34.0	3.3	70	140	210	8.9	16.9	24.9	1290
08A	12.70	7.92	7.85	3.98	4.00	12.33	12.07	10.42	5.29	6.10	0.08	14.38	11.17	11.23	17.8	32.3	46.7	3.9	120	250	370	13.9	27.8	41.7	2480
08B	12.70	8.51	7.75	4.45	4.50	12.07	11.81	10.92	5.66	6.12	0.08	13.92	11.30	11.43	17.0	31.0	44.9	3.9	120	250	370	17.8	31.1	44.5	2480
081	12.70	7.75	3.30	3.66	3.71	10.17	9.91	9.91	5.36	5.36	0.08	—	5.80	5.93	10.2	—	—	1.5	125	—	—	8.0	—	—	
083	12.70	7.75	4.88	4.09	4.14	10.56	10.30	10.30	5.36	5.36	0.08	—	7.90	8.03	12.9	—	—	1.5	125	—	—	11.6	—	—	
084	12.70	7.75	4.88	4.09	4.14	11.41	11.15	11.15	5.77	5.77	0.08	—	8.80	8.93	14.8	—	—	1.5	125	—	—	15.6	—	—	
085	12.70	7.77	6.25	3.60	3.62	10.17	9.91	8.51	4.35	5.03	0.08	—	9.06	9.12	14.0	—	—	2.0	80	—	—	6.7	—	—	1340
10A	15.875	10.16	9.40	5.09	5.12	15.35	15.09	13.02	6.61	7.62	0.10	18.11	13.84	13.89	21.8	39.9	57.9	4.1	200	390	590	21.8	43.6	65.4	3850
10B	15.875	10.16	9.65	5.08	5.13	14.99	14.73	13.72	7.11	7.62	0.10	16.59	13.28	13.41	19.6	36.2	52.8	4.1	200	390	590	22.2	44.5	66.7	3330
12A	19.05	11.91	12.57	5.96	5.98	18.34	18.10	15.62	7.90	9.15	0.10	22.78	17.75	17.81	26.9	49.8	72.6	4.6	280	560	840	31.3	62.6	93.9	5490
12B	19.05	12.07	11.68	5.72	5.77	16.39	16.13	16.13	8.33	8.33	0.10	19.46	15.62	15.75	22.7	42.2	61.7	4.6	280	560	840	28.9	57.8	86.7	3720
16A	25.40	15.88	15.75	7.94	7.96	24.39	24.13	20.83	10.55	12.20	0.13	29.29	22.60	22.66	33.5	62.7	91.9	5.4	500	1000	1490	55.6	111.2	166.8	9550
16B	25.40	15.88	17.02	8.28	8.33	21.34	21.08	21.08	11.15	11.15	0.13	31.88	25.45	25.58	36.1	68.0	99.9	5.4	500	1000	1490	60.0	106.0	160.0	9530
20A	31.75	19.05	18.90	9.54	9.56	30.48	30.17	26.04	13.16	15.24	0.15	35.76	27.45	27.51	41.1	77.0	113.0	6.1	780	1560	2340	87.0	174.01	261.0	14600
20B	31.75	19.05	19.56	10.19	10.24	26.68	26.42	26.42	13.89	13.89	0.15	36.45	29.01	29.14	43.2	79.7	116.1	6.1	780	1560	2340	95.0	70.0	250.0	13500
24A	38.10	22.23	25.22	11.11	11.14	36.55	36.2	31.24	15.80	18.27	0.18	45.44	35.45	35.51	50.8	96.3	141.7	6.6	1110	2220	3340	125.0	250.0	375.0	20500
24B	38.10	25.40	25.40	14.63	14.68	33.73	33.4	33.40	17.55	17.55	0.18	48.36	37.92	38.05	53.4	101.8	150.2	6.6	1110	2220	3340	160.0	280.0	425.0	19700
28A	44.45	25.40	25.22	12.71	12.74	42.76	42.23	36.45	18.42	21.32	0.20	48.87	37.18	37.24	54.9	103.6	152.4	7.4	1510	3020	4540	170.0	340.0	510.0	27300
28B	44.45	27.94	30.99	15.90	15.95	37.46	37.08	37.08	19.51	19.51	0.20	59.56	46.58	46.71	65.1	124.7	184.3	7.4	1510	3020	4540	200.0	360.0	530.0	27100
32A	50.80	28.58	31.55	14.29	14.31	48.74	48.26	41.68	21.04	24.33	0.20	58.55	45.21	45.26	65.5	124.2	182.9	7.9	2000	4000	6010	223.0	446.0	669.0	34800
32B	50.80	29.21	30.99	17.81	17.86	42.72	42.29	42.29	22.20	22.20	0.20	58.55	45.57	45.70	67.4	126.0	184.5	7.9	2000	4000	6010	250.0	450.0	670.0	29900
36A	57.15	35.71	35.48	17.46	17.49	54.86	54.30	46.86	23.65	27.36	0.20	65.84	50.85	50.90	73.9	140.0	206.0	9.1	2670	5340	8010	281.0	562.0	843.0	44500
40A	63.50	39.68	37.85	19.85	19.87	60.93	60.33	52.07	26.24	30.36	0.20	71.55	54.88	54.94	80.3	151.9	223.5	10.2	3110	6230	9340	347.0	694.0	1041.0	53600
40B	63.50	39.37	38.10	22.89	22.94	53.49	52.96	52.96	27.76	27.76	0.20	72.29	55.75	55.88	82.6	154.9	227.2	10.2	3110	6230	9340	355.0	630.0	950.0	41800
48A	76.20	47.63	47.35	23.81	23.84	73.13	72.39	62.49	31.45	36.40	0.20	87.83	67.81	67.87	95.5	183.4	271.3	10.5	4450	8900	13340	500.0	1000.0	1500.0	73100
48B	76.20	48.26	45.72	29.24	29.29	64.52	63.88	63.88	33.45	33.45	0.20	91.21	70.56	70.69	99.1	190.4	281.6	10.5	4450	8900	13340	560.0	1000.0	1500.0	63600

续表

链号①	节距 p	滚子直径 d_1	内节内宽 b_1	销轴直径 d_2	套筒孔径 d_3	链条通道高度 h_1	内链板高度 h_2	外或中链板高度 h_3	过渡链节尺寸② l_1	过渡链节尺寸② l_2	过渡链节尺寸② c	排距 p_1	内节外宽 b_2	外节内宽 b_3	销轴长度 单排 b_4	销轴长度 双排 b_5	销轴长度 三排 b_6	止锁件附加宽度③ b_7	测量力 单排	测量力 双排	测量力 三排	抗拉强度 F_u 单排	抗拉强度 F_u 双排	抗拉强度 F_u 三排	动载强度④⑤⑥ 单排 F_d
	mm	max	min	max	min	min	max	max	min	min			max	min	max	max	max	max				min	min	min	min
	mm																		N			kN			N
56B	88.90	53.98	53.34	34.32	34.37	78.64	77.85	77.85	40.61	40.61	0.20	106.60	81.33	81.46	114.6	221.2	327.8	11.7	6090	12190	20000	850.0	1600.0	2240.0	88900
64B	101.60	63.50	60.96	39.40	39.45	91.08	90.17	90.17	47.07	47.07	0.20	119.89	92.02	92.15	130.9	250.8	370.7	13.0	7960	15920	27000	1120.0	2000.0	3000.0	106900
72B	114.30	72.39	68.58	44.48	44.53	104.67	103.63	103.63	53.37	53.37	0.20	136.27	103.81	103.94	147.4	283.7	420.0	14.3	10100	20190	33500	1400.0	2500.0	3750.0	132700

① 重载系列链条详见表 13-2-3。
② 对于高应力使用场合，不推荐使用过渡链节。
③ 止锁件的实际尺寸取决于其类型，但都不应超过规定尺寸，使用者应从制造商处获取详细资料。
④ 动载强度值不适用于过渡链节、连接链节或带有附件的链条。
⑤ 双排链和三排链的动载试验不能用单排链的值按比例套用。
⑥ 动载强度值是基于 5 个链节的试样，不含 36A、40A、40B、48A、48B、56B、64B 和 72B，这些链条是基于 3 个链节的试样。
⑦ 套筒直径。

表 13-2-3　**ANSI 重载系列链条主要尺寸、测量力、抗拉强度及动载强度**（GB/T 1243—2006）

链号①	节距 p	滚子直径 d_1	内节内宽 b_1	销轴直径 d_2	套筒孔径 d_3	链条通道高度 h_1	内链板高度 h_2	外或中链板高度 h_3	过渡链节尺寸② l_1	过渡链节尺寸② l_2	过渡链节尺寸② c	排距 p_1	内节外宽 b_2	外节内宽 b_3	销轴长度 单排 b_4	销轴长度 双排 b_5	销轴长度 三排 b_6	止锁件附加宽度③ b_7	测量力 单排	测量力 双排	测量力 三排	抗拉强度 F_u 单排	抗拉强度 F_u 双排	抗拉强度 F_u 三排	动载强度④⑤⑥ 单排 F_d
	mm	max	min	max	min	min	max	max	min	min			max	min	max	max	max	max				min	min	min	min
	mm																		N			kN			N
60H	19.05	11.91	12.57	5.96	5.98	18.34	18.10	15.62	7.90	9.15	0.10	26.11	19.43	19.48	30.2	56.3	82.4	4.6	280	560	840	31.3	62.6	93.9	6330
80H	25.40	15.88	15.75	7.94	7.96	24.39	24.13	20.83	10.55	12.20	0.13	32.59	24.28	24.33	37.4	70.0	102.6	5.4	500	1000	1490	55.6	112.2	166.8	10700
100H	31.75	19.05	18.90	9.54	9.56	30.48	30.17	26.04	13.16	15.24	0.15	39.09	29.10	29.16	44.5	83.6	122.7	6.1	780	1560	2340	87.0	174.0	261.0	16000
120H	38.10	22.23	25.22	11.11	11.14	36.55	36.2	31.24	15.80	18.27	0.18	48.87	37.18	37.24	55.0	103.9	152.8	6.6	1110	2220	3340	125.0	250.0	375.0	22200
140H	44.45	25.40	25.22	12.71	12.74	42.67	42.23	36.45	18.42	21.32	0.20	52.20	38.86	38.91	59.0	111.2	163.4	7.4	1510	3020	4540	170.0	340.0	510.0	29200
160H	50.80	28.58	31.55	14.29	14.31	48.74	48.26	41.66	21.04	24.33	0.20	61.90	46.88	46.94	69.4	131.3	193.2	7.9	2000	4000	6010	223.0	446.0	669.0	36900
180H	57.15	35.71	35.48	17.46	17.49	54.86	54.30	46.86	23.65	27.36	0.20	69.16	52.50	52.55	77.3	146.5	215.7	9.1	2670	5340	8010	281.0	562.0	843.0	46900
200H	63.50	39.68	37.85	19.85	19.87	60.93	60.33	52.07	26.24	30.36	0.20	78.31	58.29	58.34	87.1	165.4	243.7	10.2	3110	6230	9340	347.0	694.0	1041.0	58700
240H	76.20	47.63	47.35	23.81	23.84	73.13	72.39	62.49	31.45	36.40	0.20	101.22	74.54	74.60	111.4	212.6	313.8	10.5	4450	8900	13340	500.0	1000.0	1500.0	84400

① 标准系列链条详见表 13-2-2。
② 对于高应力使用场合，不推荐使用过渡链节。
③ 止锁件的实际尺寸取决于其类型，但都不应超过规定尺寸，使用者应从制造商处获取详细资料。
④ 动载强度值不适用于过渡链节、连接链节或带有附件的链条。
⑤ 双排链和三排链的动载试验不能用单排链的值按比例套用。
⑥ 动载强度值是基于 5 个链节的试样，不含 180H、200H、240H，这些链条是基于 3 个链节的试样。

2）对于铆头的链条，如果止锁件在两侧时：$b_4(b_5、b_6)+2b_7$。

3）对于销轴露头的链条，如果止锁件仅在一侧时：$b_4(b_5、b_6)+1.6b_7$。

4）对于销轴露头的链条，如果止锁件在两侧时：$b_4(b_5、b_6)+3.2b_7$。

5）三排以上链条的全宽的计算公式：b_4+p_t（链条排数－1）。

2.2.2　短节距精密滚子链传动设计计算

2.2.2.1　滚子链传动主要失效形式

表 13-2-4　滚子链传动的主要失效形式

失效形式	原　因
疲劳破坏	在链传动中，链条元件承受变应力作用，经过一定的循环次数，链板发生疲劳断裂，滚子和套筒工作表面出现点蚀和冲击疲劳裂纹
铰链磨损	在工作过程中，销轴与套筒承受较大的压力，同时有相对滑动，导致铰链磨损
铰链胶合	当链轮转速很高时，在载荷的作用下销轴和套筒间的油膜破坏，它们的工作表面产生胶合
静强度破断	在低速（$v<0.6$m/s）重载时或有突然巨大过载时，易发生静强度不足而断裂

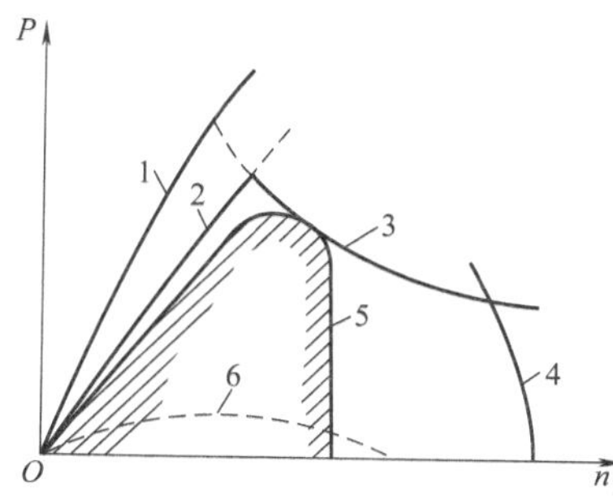

图 13-2-4　链的极限功率曲线

1—润滑良好时由磨损破坏限定；2—由链板疲劳强度限定；3—由滚子、套筒冲击疲劳限定；4—由销轴和套筒胶合限定；5—额定功率曲线；6—润滑恶劣时由磨损破坏限定

2.2.2.2　滚子链传动的额定功率

（1）极限功率曲线

不同工作条件，链传动的主要失效形式也不同，链传动的承载能力受到多种失效形式的限制。图 13-2-4 为链传动在一定的使用寿命和润滑良好的条件下，由各种失效形式所限定的极限功率曲线。

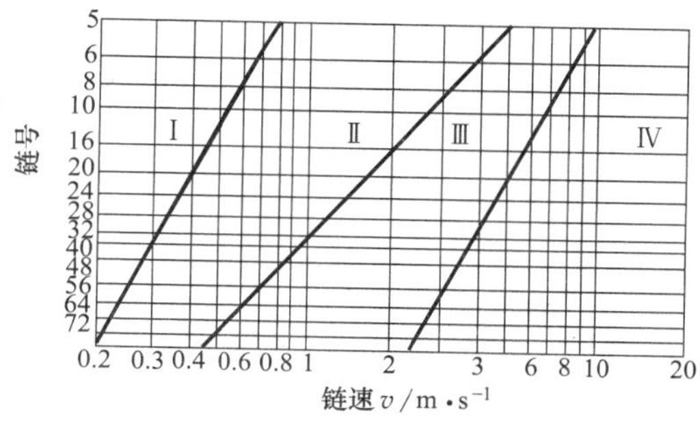

图 13-2-5　推荐的润滑方式

Ⅰ—人工定期润滑；Ⅱ—滴油润滑；Ⅲ—油浴或飞溅润滑；Ⅳ—压力喷油润滑

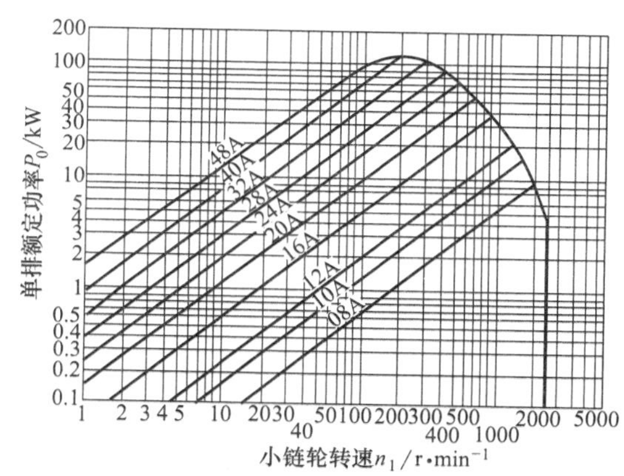

(a) A系列滚子链的额定功率曲线

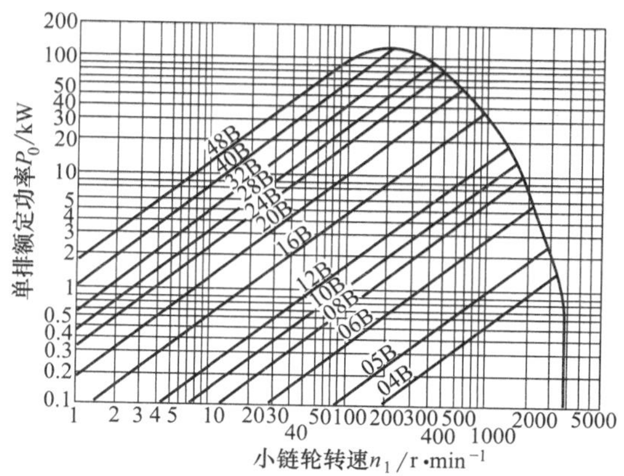

(b) B系列滚子链的额定功率曲线

图 13-2-6　滚子链的额定功率曲线（$v>0.6$m/s）

（2）额定功率曲线

为避免出现上述各种失效形式，在特定的条件

下：$z_1=19$，$i=3$，$L_p=120$，单排，水平布置，载荷平稳，润滑良好，按图 13-2-5 推荐的方式润滑，使用寿命 15000h，链因磨损引起的相对伸长量小于 3%。实验得到了链的额定功率曲线（图 13-2-6）。当实际使用条件与实验条件不同时，需作修正。

当不能保证图 13-2-5 推荐的润滑方式时，链条可能首先会发生磨损失效，图 13-2-6 规定的额定功率 P_0 应作如下修正。

① 当 $v\leqslant1.5$m/s，润滑不良时，额定功率降至 $(0.3\sim0.6)P_0$，无润滑时，额定功率降至 $0.15P_0$（寿命不能保证 15000h）；

② 当 $1.5\text{m/s}<v<7\text{m/s}$，润滑不良时，额定功率降至 $(0.15\sim0.3)P_0$；

③ 当 $v>7$m/s，润滑不良时，传动不可靠，不宜采用。

2.2.2.3　滚子链传动设计计算内容与步骤

表 13-2-5　　滚子链传动的一般设计计算内容和步骤

计算项目	单位	公式及数据	说　明
已知条件		①传递功率 ②小链轮、大链轮转速 ③传动用途、载荷性质以及原动机种类	
传动比 i		$i=\frac{n_1}{n_2}=\frac{z_2}{z_1}$ 一般 $i\leqslant7$，推荐 $i=2\sim3.5$；当 $v<2$m/s、平衡载荷，i 可达 10	n_1——小链轮转速，r/min n_2——大链轮转速，r/min
小链轮齿数 z_1		$z_1\geqslant z_{min}=17$ 推荐 $z_1\approx29-2i$ i：1～2，2～3，3～4，4～5，5～6，6 z_1：31～27，27～25，25～23，23～21，21～17，17～15	z_1 增大，链条总拉力下降，多边形效应减弱，但结构重量增大 z_1、z_2 取奇数，链节数 L_p 为偶数时，可使链条和链轮轮齿磨损均匀 优先选用齿数：17、19、21、23、25、38、57、76、95 和 114
大链轮齿数 z_2		$z_2=iz_1\leqslant z_{max}=114$	增大 z_2，链传动的磨损使用寿命降低
设计功率 P_d	kW	$P_d=K_AP$	K_A——工况系数，见表 13-2-6 P——传递功率，kW
特定条件下单排链条传递的功率 P_0	kW	$P_0=\frac{P_d}{K_zK_pK_L}$	K_z——小链轮齿数系数，见表 13-2-7 K_p——排数系数，见表 13-2-8 K_L——链长系数，见表 13-2-7
链条节距 p	mm	根据 P_0 和 n_1 由图 13-2-6 确定链号后，查表 13-2-2 选取	为使传动平稳、结构紧凑，宜选用小节距单排链；当速度高、功率大时，则选用小节距多排链
验算小链轮轴孔直径 d_K	mm	$d_K\leqslant d_{Kmax}$	d_{Kmax}——链轮轴孔最大许用直径，见表 13-2-9 当不能满足要求时，可增大 z_1 或 p 重新验算
初定中心距 a_0	mm	一般取 $a_0=(30\sim50)p$ 脉动载荷、无张紧装置时 $a_0<25p$ i：<4，$\geqslant4$ a_{0min}：$0.2z_1(i+1)p$，$0.33z_1(i-1)p$ $a_{0max}=80p$	当有张紧装置或托板时，a_0 可大于 $80p$

续表

计算项目	单位	公式及数据	说明
以节距计的初定中心距 a_{0p}	节	$a_{0p}=\frac{a_0}{p}$	
链条节数 L_p	节	$L_p=\frac{z_1+z_2}{2}+2a_{0p}+\frac{k}{a_{0p}}$	计算得到的 L_p 值，应圆整为偶数，以避免使用过渡链节，否则其极限拉伸载荷须降低20% k——见表13-2-10
链条长度 L	m	$L=\frac{L_p p}{1000}$	
计算中心距 a_c	mm	$z_1\neq z_2$ 时，$a_c=p(2L_p-z_1-z_2)k_a$ $z_1=z_2=z$ 时，$a_c=\frac{p}{2}(L_p-z)$	k_a——见表13-2-11
实际中心距 a	mm	$a=a_c-\Delta a$ 一般 $\Delta a=(0.002\sim0.004)a_c$	为使链条松边有合适垂度，需将计算中心距减小 Δa，其垂度 $f=(0.01\sim0.02)a_c$ 对中心距不可调或无张紧装置的或有冲击振动的传动，Δa 取小值，中心距可调的取大值
链条速度 v	m/s	$v=\frac{z_1n_1p}{60\times1000}$	$v\leqslant0.6$m/s 时，为低速链传动 $v>0.6\sim0.8$m/s 时，为中速链传动 $v>0.8$m/s 时，为高速链传动
有效圆周力 F_t	N	$F_t=\frac{1000p}{v}$	
作用在轴上的力 F		水平或倾斜的传动 $F\approx(1.15\sim1.20)K_AF_t$ 接近垂直的传动 $F\approx1.05K_AF_t$	
润滑		参考图13-2-5和表13-2-47、表13-2-48合理确定	
小链轮包角 α_1	(°)	$\alpha_1=180°-\frac{(z_2-z_1)p}{\pi a}\times57.3°$	要求 $\alpha_1\geqslant120°$

表 13-2-6 **工况系数 K_A**

载荷种类	工作机	原动机		
		电动机、汽轮机、燃气轮机、带液力偶合器的内燃机	内燃机(≥6缸)、频繁启动电动机	带机械联轴器的内燃机(<6缸)
平稳载荷	液体搅拌机、离心式泵和压缩机、风机、均匀给料的带式输送机、印刷机械、自动扶梯	1.0	1.1	1.3
中等冲击	固液比大的搅拌机、不均匀负载的输送机、多缸泵和压缩机、滚筒筛	1.4	1.5	1.7
较大冲击	电铲、轧机、橡胶机械、压力机、剪床、石油钻机、单缸或双缸泵和压缩机、破碎机、矿山机械、振动机械、锻压机械、冲床	1.8	1.9	2.1

表 13-2-7　　**小链轮齿数系数 K_z 和链长系数 K_L**

链传动工作在图 13-2-6 中的位置	位于功率曲线顶点的左侧时（链板疲劳）	位于功率曲线顶点右侧时（滚子、套筒冲击疲劳）
K_z	$\left(\frac{z_1}{19}\right)^{1.08}$	$\left(\frac{z_1}{19}\right)^{1.5}$
K_L	$\left(\frac{L_p}{100}\right)^{0.26}$	$\left(\frac{L_p}{100}\right)^{0.5}$

表 13-2-8　　**排数系数 K_p**

排数 n	1	2	3	4	5	6
K_p	1	1.7	2.5	3.3	4	4.6

表 13-2-9　　**链轮轴孔的最大许用直径 d_{kmax}**　　mm

齿数 z	节距 p									
	9.525	12.70	15.875	19.05	25.40	31.75	38.10	44.45	50.80	63.50
11	11	18	22	27	38	50	60	71	80	103
13	15	22	30	36	51	64	79	91	105	132
15	20	28	37	46	61	80	95	111	129	163
17	24	34	45	53	74	93	112	132	152	193
19	29	41	51	62	84	108	129	153	177	224
21	33	47	59	72	95	122	148	175	200	254
23	37	51	65	80	109	137	165	196	224	278
25	42	57	73	88	120	152	184	217	249	310

表 13-2-10　　$k=\left(\frac{z_2-z_1}{2\pi}\right)^2$ **值**

z_2-z_1	$\left(\frac{z_2-z_1}{2\pi}\right)^2$	z_2-z_1	$\left(\frac{z_2-z_1}{2\pi}\right)^2$	z_2-z_1	$\left(\frac{z_2-z_1}{2\pi}\right)^2$	z_2-z_1	$\left(\frac{z_2-z_1}{2\pi}\right)^2$	z_2-z_1	$\left(\frac{z_2-z_1}{2\pi}\right)^2$	z_2-z_1	$\left(\frac{z_2-z_1}{2\pi}\right)^2$
1	0.025	18	8.21	35	31.03	52	68.49	69	120.60	86	187.34
2	0.101	19	9.14	36	33.83	53	71.15	70	124.12	87	191.73
3	0.228	20	10.13	37	34.68	54	73.86	71	127.69	88	196.16
4	0.405	21	11.17	38	36.58	55	76.62	72	131.31	89	200.64
5	0.633	22	12.26	39	38.58	56	79.44	73	134.99	90	205.18
6	0.912	23	13.40	40	40.53	57	82.30	74	138.71	91	209.76
7	1.21	24	14.59	41	42.58	58	85.21	75	142.48	92	214.40
8	1.62	25	15.83	42	44.68	59	88.17	76	146.31	93	219.08
9	2.05	26	17.12	43	46.84	60	91.19	77	150.18	94	223.82
10	2.53	27	18.47	44	49.04	61	94.25	78	154.11	95	228.61
11	3.07	28	19.86	45	51.29	62	97.37	79	158.09	96	233.44
12	3.65	29	21.30	46	53.60	63	100.54	80	162.11	97	238.33
13	4.28	30	22.80	47	55.95	64	103.75	81	166.19	98	243.27
14	4.96	31	24.43	48	58.36	65	107.02	82	170.32	99	248.26
15	5.70	32	25.94	49	60.82	66	110.34	83	174.50	100	253.30
16	6.48	33	27.58	50	63.33	67	113.71	84	178.73		
17	7.32	34	29.28	51	65.88	68	117.13	85	183.01		

表 13-2-11　k_a 值

$\frac{L_p-z_1}{z_2-z_1}$	k_a	$\frac{L_p-z_1}{z_2-z_1}$	k_a	$\frac{L_p-z_1}{z_2-z_1}$	k_a	$\frac{L_p-z_1}{z_2-z_1}$	k_a	$\frac{L_p-z_1}{z_2-z_1}$	k_a
1.050	0.19245	1.150	0.21390	1.250	0.22442	1.45	0.23490	2.50	0.24679
1.052	0.19312	1.152	0.21417	1.252	0.22457	1.46	0.23524	2.55	0.24694
1.054	0.19378	1.154	0.21445	1.254	0.22473	1.47	0.23556	2.60	0.24709
1.056	0.19441	1.156	0.21472	1.256	0.22488	1.48	0.23588	2.65	0.24722
1.058	0.19504	1.158	0.21499	1.258	0.22504	1.49	0.23618	2.70	0.24735
1.060	0.19564	1.160	0.21525	1.260	0.22519	1.50	0.23648	2.75	0.24747
1.062	0.19624	1.162	0.21551	1.262	0.22534	1.51	0.23677	2.80	0.24758
1.064	0.19682	1.164	0.21577	1.264	0.22548	1.52	0.23704	2.85	0.24768
1.066	0.19739	1.166	0.21602	1.266	0.22563	1.53	0.23731	2.90	0.24778
1.068	0.19794	1.168	0.21627	1.268	0.22578	1.54	0.23757	2.95	0.24787
1.070	0.19848	1.170	0.21652	1.270	0.22592	1.55	0.23782	3.0	0.24795
1.072	0.19902	1.172	0.21677	1.272	0.22606	1.56	0.23806	3.1	0.24811
1.074	0.19954	1.174	0.21701	1.274	0.22621	1.57	0.23830	3.2	0.24825
1.076	0.20005	1.176	0.21725	1.276	0.00635	1.58	0.23853	3.3	0.24837
1.078	0.20055	1.178	0.21748	1.278	0.22648	1.59	0.23875	3.4	0.24848
1.080	0.20104	1.180	0.21772	1.280	0.22662	1.60	0.23896	3.5	0.24858
1.082	0.20152	1.182	0.21795	1.282	0.22676	1.61	0.23917	3.6	0.24867
1.084	0.20199	1.184	0.21817	1.284	0.22689	1.62	0.23938	3.7	0.24876
1.086	0.20246	1.186	0.21840	1.286	0.22703	1.63	0.23957	3.8	0.24883
1.088	0.20291	1.188	0.21862	1.288	0.22716	1.64	0.23976	3.9	0.24890
1.090	0.20336	1.190	0.21884	1.290	0.22729	1.65	0.23995	4.0	0.24896
1.092	0.20380	1.192	0.21906	1.292	0.22742	1.66	0.24013	4.1	0.24902
1.094	0.20423	1.194	0.21927	1.294	0.22755	1.67	0.24031	4.2	0.24907
1.096	0.20465	1.196	0.21948	1.296	0.22768	1.68	0.24048	4.3	0.24912
1.098	0.20507	1.198	0.21969	1.298	0.22780	1.69	0.24065	4.4	0.24916
1.100	0.20548	1.200	0.21990	1.300	0.22793	1.70	0.24081	4.5	0.24921
1.102	0.20588	1.202	0.22011	1.305	0.22824	1.72	0.24112	4.6	0.24924
1.104	0.20628	1.204	0.22031	1.310	0.22854	1.74	0.24142	4.7	0.24928
1.106	0.20667	1.206	0.22051	1.315	0.22883	1.76	0.24170	4.8	0.24931
1.108	0.20705	1.208	0.22071	1.320	0.22912	1.78	0.24197	4.9	0.24934
1.110	0.20743	1.210	0.22090	1.325	0.22941	1.80	0.24222	5.0	0.27937
1.112	0.20780	1.212	0.22110	1.330	0.22968	1.82	0.24247	5.5	0.24949
1.114	0.20817	1.214	0.22129	1.335	0.22995	1.84	0.24270	6.0	0.24958
1.116	0.20852	1.216	0.22148	1.340	0.23022	1.86	0.24292	7	0.24970
1.118	0.20888	1.218	0.22167	1.345	0.23048	1.88	0.24313	8	0.24977
1.120	0.20923	1.220	0.22185	1.350	0.23073	1.90	0.24333	9	0.24983
1.122	0.20957	1.222	0.22204	1.355	0.23098	1.92	0.24352	10	0.24986
1.124	0.20991	1.224	0.22222	1.360	0.23123	1.94	0.24371	11	0.24988
1.126	0.21024	1.226	0.22240	1.365	0.23146	1.96	0.24388	12	0.24900
1.128	0.21057	1.228	0.22257	1.370	0.23170	1.98	0.24405	13	0.24992
1.130	0.21090	1.230	0.22275	1.375	0.23193	2.00	0.24421	14	0.24993
1.132	0.21122	1.232	0.22293	1.380	0.23215	2.05	0.24459	15	0.24994
1.134	0.21153	1.234	0.22310	1.385	0.23238	2.10	0.24493	20	0.24997
1.136	0.21184	1.236	0.22327	1.390	0.23259	2.15	0.24524	25	0.24998
1.138	0.21215	1.238	0.22344	1.395	0.23281	2.20	0.24552	30	0.24999
1.140	0.21245	1.240	0.22360	1.40	0.23301	2.25	0.24578	>30	0.25
1.142	0.21175	1.242	0.22377	1.41	0.23342	2.30	0.24602		
1.144	0.21304	1.244	0.22393	1.42	0.23381	2.35	0.24623		
1.146	0.21333	1.246	0.22410	1.43	0.23419	2.40	0.24643		
1.148	0.21361	1.248	0.22426	1.44	0.23455	2.45	0.24662		

注：$k_a=\dfrac{1}{2\pi\cos\theta\left(2\dfrac{L_p-z_1}{z_2-z_1}-1\right)}$；$\mathrm{inv}\theta=\pi\left(\dfrac{L_p-z_1}{z_2-z_1}-1\right)$。

2.2.2.4　滚子链静强度计算

在低速（$v<0.6$m/s）重载链传动中，链条的静强度占主要地位。如果仍用额定功率曲线选择计算，结果常不经济，因为额定功率曲线上各点相应的条件性安全系数 n 为 8～20，远比静强度安全系数大。当进行耐疲劳和耐磨损工作能力计算时，若要求的使用寿命过短，传动功率过大，也需进行链条的静强度验算。

链条静强度计算式：

$$n=\frac{F_u}{K_AF_t+F_c+F_f}\geqslant n_p \qquad (13\text{-}2\text{-}1)$$

式中　n——静强度安全系数；

F_u——链条极限拉伸载荷（抗拉载荷），N，见表 13-2-2；

F_t——有效圆周力，N，见表 13-2-5；

F_c——离心力引起的力，N，$F_c=qv^2$；

q——链条质量，kg/m，见表 13-2-12；

v——链条速度，m/s；

F_f——悬垂力，N，在 F'_f 和 F''_f 两者中取较大者；

$$F'_f=\frac{K_fqa}{100}$$

$$F''_f=\frac{(K_f+\sin\theta)qa}{100}$$

K_f——系数，见图 13-2-7；

a——链传动中心距，mm；

θ——两轮中心连线对水平面倾角；

n_p——许用安全系数，$n_p=4$～8。

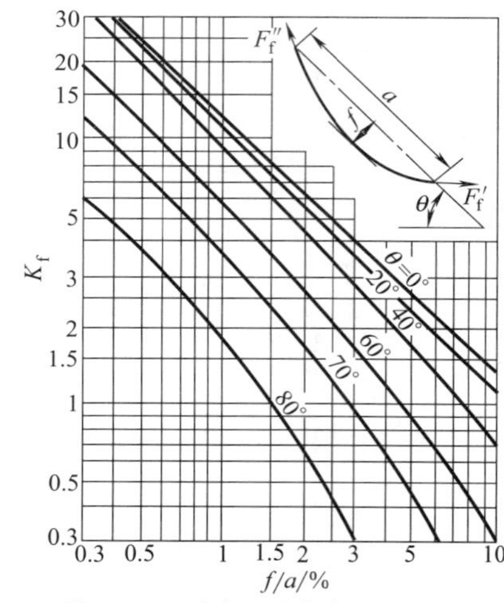

图 13-2-7　确定悬垂拉力的系数 K_f

若以最大尖峰载荷代替 K_AF_t 时，则 $n_p=3$～6；若速度较低，从动系统惯性小，不太重要的传动或作用力的确定比较准确时，n_p 可取较小值。

表 13-2-12　　单排滚子链质量 q

节距 p/mm	8.00	9.525	12.7	15.875	19.05	25.4	31.75	38.10	44.45	50.80	63.50	76.20
质量 q/kg·m^{-1}	0.18	0.40	0.60	1.00	1.50	2.60	3.80	5.60	7.50	10.10	16.10	22.60

2.2.2.5　滚子链的耐疲劳工作能力计算

当链条传递功率超过额定功率、链条的使用寿命要求小于 15000h 时，其疲劳寿命的近似计算法如下。本计算法仅适用于 A 系列标准滚子链，对 B 系列和加重系列可作为参考。

设 P'_0 为链板疲劳强度限定的额定功率，P''_0 为滚子套筒冲击疲劳强度限定的额定功率，P 为要求的传递功率，则在铰链不发生胶合的前提下对已知链传动进行疲劳寿命计算如下。

当 $\dfrac{K_AP}{K_p}\geqslant P'_0$ 时

则
$$T=\frac{10^7}{z_1n_1}\left(\frac{K_pP'_0}{K_AP}\right)^{3.71}\frac{L_p}{100}\ (\text{h}) \qquad (13\text{-}2\text{-}2)$$

当 $P''_0\leqslant\dfrac{K_AP}{K_p}<P'_0$ 时

则
$$T=15000\left(\frac{K_pP'_0}{K_AP}\right)\frac{L_p}{100}\ (\text{h}) \qquad (13\text{-}2\text{-}3)$$

式中　T——使用寿命，h；

z_1——小链轮齿数；

n_1——小链轮转速，r/min；

K_p——多排链排数系数，见表 13-2-8；

K_A——工况系数，见表 13-2-6；

L_p——链长，以节数表示。

$$P'_0=0.003z_1^{1.08}n_1^{0.9}\left(\frac{p}{25.4}\right)^{3-0.0028p}\ (\text{kW}) \qquad (13\text{-}2\text{-}4)$$

$$P''_0=\frac{950z_1^{1.5}p^{0.8}}{n_1^{1.5}}\ (\text{kW}) \qquad (13\text{-}2\text{-}5)$$

2.2.2.6　滚子链的耐磨损工作能力计算

当工作条件要求链条的磨损伸长率（即相对伸长量）$\dfrac{\Delta p}{p}$ 明显小于 3% 或润滑条件不符合图 13-2-5 的规定要求方式而有所恶化时，可按下列公式进行滚子链的磨损寿命计算

$$T=91500\left(\frac{c_1c_2c_3}{p_r}\right)^3\frac{L_p}{v}\times\frac{z_1i}{i+1}\left(\frac{\Delta p}{p}\right)_p\frac{p}{3.2d_2}\ (\text{h}) \qquad (13\text{-}2\text{-}6)$$

式中　T——磨损使用寿命，h；

L_p——链长，以节数表示；

v——链速，m/s；

z_1——小链轮齿数；

i——传动比；

$\left(\dfrac{\Delta p}{p}\right)_p$——许用磨损伸长率，按具体条件确定，一般取 3%；

d_2——滚子链销轴直径，mm；

c_1——磨损系数，见图 13-2-8；

c_2——节距系数，见表 13-2-13；

c_3——齿数-速度系数，见图 13-2-9；

p_r——铰链的压强，MPa。

表 13-2-13　　节距系数 c_2

节距 p/mm	9.525	12.7	15.875	19.05	25.4	31.75	38.1	44.45	50.8	63.5
系数 c_2	1.48	1.44	1.39	1.34	1.27	1.23	1.19	1.15	1.11	1.03

铰链的压强 p_r 按式（13-2-7）计算：

$$p_r=\frac{K_A F_t+F_c+F_f}{A}\ \text{(MPa)} \qquad (13\text{-}2\text{-}7)$$

式中　K_A——工况系数，见表 13-2-6；

F_t——有效拉力（即有效圆周力），N，见表 13-2-5；

F_c——离心力引起的拉力，N，$F_c=qv^2$；

q——链条质量，kg/m，见表 13-2-12；

v——链条速度，m/s；

F_f——悬垂拉力，N，见式（13-2-1）；

A——铰链承压面积，mm²，$A=d_2b_2$；

d_2——滚子链销轴直径，mm；

b_2——套筒长度（即内链节外宽），mm。

当使用寿命 T 已定时，可由式（13-2-6）确定许用压强 p_{rp}，用式（13-2-7）进行铰链的压强验算，即

$$p_r\leqslant p_{rp}\ \text{(MPa)}$$

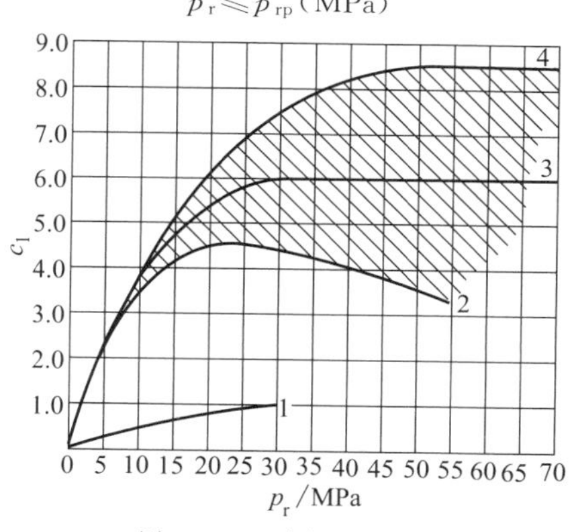

图 13-2-8　磨损系数 c_1

1—干运转，工作温度<140℃，链速 v<7m/s（干运转使磨损寿命大大下降，应尽可能使润滑条件位于图中的阴影区）；2—润滑不充分，工作温度<70℃，v<7m/s；3—采用规定的润滑方式（图 13-2-5）；4—良好的润滑条件

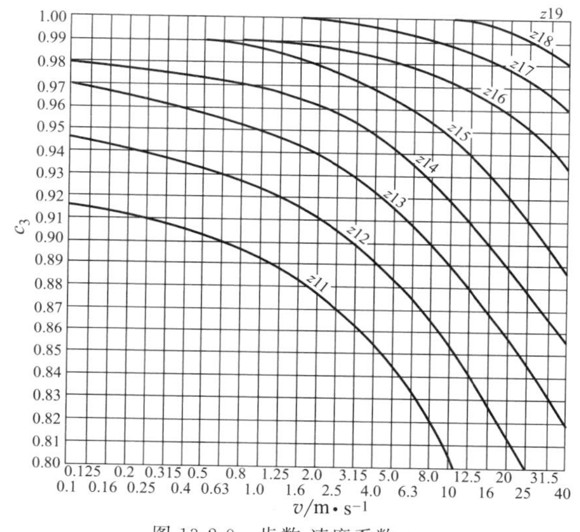

图 13-2-9　齿数-速度系数 c_3

2.2.2.7　滚子链的抗胶合工作能力计算

由销轴与套筒间的胶合限定的滚子链工作能力（通常为计算小链轮的极限转速）可由式（13-2-8）确定。本公式仅适用于 A 系列标准滚子链。

$$\left(\frac{n_{max}}{1000}\right)^{1.59\lg\frac{p}{25.4}+1.873}=\frac{82.5}{(7.95)^{\frac{p}{25.4}}(1.0278)^{z_1}(1.323)^{\frac{F_t}{4450}}} \qquad (13\text{-}2\text{-}8)$$

式中　n_{max}——小链轮不发生胶合的极限转速，r/min；

p——节距，mm；

z_1——小链轮齿数；

F_t——单排链的有效圆周力，N，见表 13-2-5。

本计算式是按规定润滑方式（图 13-2-5）在大量试验基础上建立的。高速运转时，特别要注意润滑条件。

2.2.3　短节距精密滚子链链轮

滚子链与链轮的啮合属非共轭啮合传动，故链轮齿形的设计有较大的灵活性。在 GB/T 1243—2006 中，规定了基本参数、主要尺寸和最大、最小齿槽形状。而实际齿槽形状取决于刀具和加工方法，并需处于最小和最大齿侧圆弧半径之间，实际中常用的三圆弧-直线齿形符合上述规定的齿槽形状范围。

2.2.3.1　基本参数与尺寸

表 13-2-14　　链轮基本参数和主要尺寸（GB/T 1243—2006）

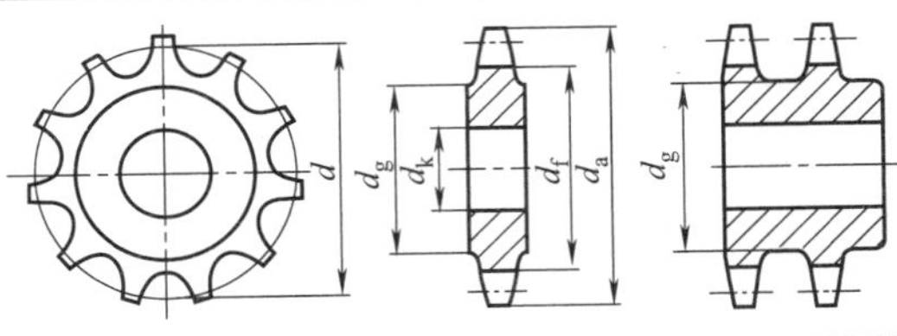

名　　称		单位	计 算 公 式
基本参数	链轮齿数 z		
	配用链条的节距 p	mm	
	配用链条的最大滚子直径 d_1	mm	
	配用链条的排距 p_t	mm	
主要尺寸	分度圆直径 d	mm	$d=\dfrac{p}{\sin\dfrac{180°}{z}}$
	齿顶圆直径 d_a	mm	$d_{amax}=d+1.25p-d_1$ $d_{amin}=d+\left(1-\dfrac{1.6}{z}\right)p-d_1$ 三圆弧-直线齿形 $d_a=p\left(0.54+\cot\dfrac{180°}{z}\right)$
	齿根圆直径 d_f	mm	$d_f=d-d_1$
	节距多边形以上的齿高 h_a	mm	$h_{amax}=\left(0.625+\dfrac{0.8}{z}\right)p-0.5d_1$ $h_{amin}=0.5(p-d_1)$ 三圆弧-直线齿形 $h_a=0.27p$
	最大齿侧凸缘直径 d_g	mm	$d_g\leqslant p\cot\dfrac{180°}{z}-1.04h_2-0.76$

注：1. 设计时可在 d_{amax}、d_{amin} 范围内任意选取，但选用 d_{amax} 时，应考虑采用展成法加工，有发生顶切的可能性。
2. h_a 是为简化放大齿形图绘制而引入的辅助尺寸，h_{amax} 相应于 d_{amax}；h_{amin} 相应于 d_{amin}。

2.2.3.2　链轮齿形与齿廓

表 13-2-15　　齿槽形状（GB/T 1243—2006）

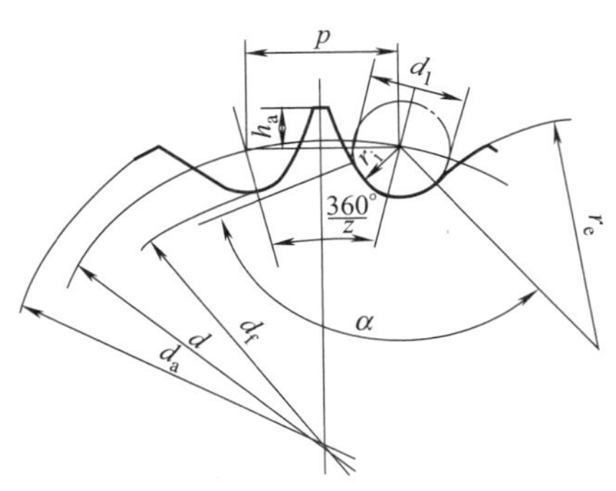

p—弦节距，等于链条节距；d—分度圆直径；d_1—最大滚子直径；d_a—齿顶圆直径；d_f—齿根圆直径；r_e—齿槽圆弧半径；r_i—齿沟圆弧半径；z—齿数；α—齿沟角；h_a—节距多边形以上的齿高

续表

名 称	单位	计算公式	
		最大齿槽形状	最小齿槽形状
齿槽圆弧半径 r_e	mm	$r_{emin}=0.008d_1(z^2+180)$	$r_{emax}=0.12d_1(z+2)$
齿沟圆弧半径 r_i		$r_{imax}=0.505d_1+0.069\sqrt[3]{d_1}$	$r_{imin}=0.505d_1$
齿沟角 α	(°)	$\alpha_{min}=120°-\frac{90°}{z}$	$\alpha_{max}=140°-\frac{90°}{z}$

注：链轮的实际齿槽形状，应在最大齿槽形状和最小齿槽形状的范围内。

表 13-2-16 三圆弧-直线齿槽形状

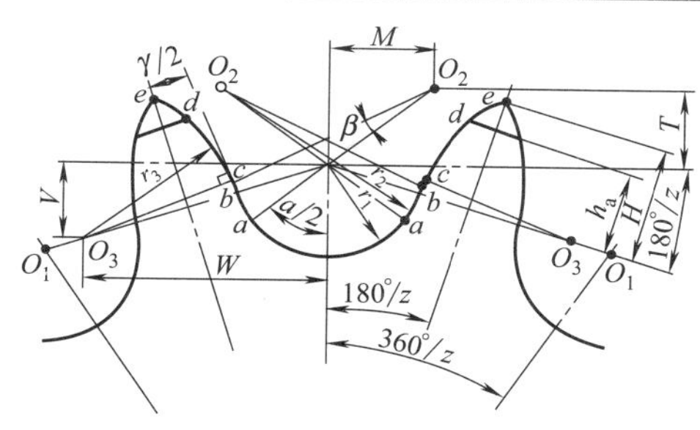

名 称		单位	计算公式
齿沟圆弧半径 r_1		mm	$r_1=0.5025d_1+0.05$
齿沟半角 $\alpha/2$		(°)	$\alpha/2=55°-\frac{60°}{z}$
工作段圆弧中心 O_2 的坐标	M	mm	$M=0.8d_1\sin(\alpha/2)$
	T		$T=0.8d_1\cos(\alpha/2)$
工作段圆弧半径 r_2			$r_2=1.3025d_1+0.05$
工作段圆弧中心角 β		(°)	$\beta=18°-\frac{56°}{z}$
齿顶圆弧中心 O_3 坐标	M	mm	$W=1.3d_1\cos\frac{180°}{z}$
	V		$V=1.3d_1\sin\frac{180°}{z}$

表 13-2-17 剖面齿廓（GB/T 1243—2006） mm

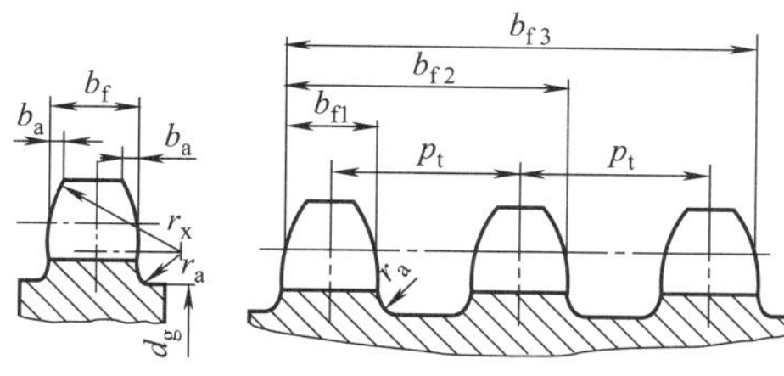

名 称		代号	计算公式	
			$p\leqslant12.7$	$p>12.7$
齿宽	单排 双排、三排 四排以上	b_{f1}	$0.93b_1$ $0.91b_1$ $0.88b_1$	$0.95b_1$ $0.93b_1$ $0.93b_1$

第13篇

续表

名称	代号	计算公式	
		$p \leqslant 12.7$	$p > 12.7$
齿边倒角宽	b_a	$b_a=(0.1\sim0.15)p$	
齿侧半径	r_x	$r_x \geqslant p$	
齿侧凸缘圆角半径	r_a	$r_a \approx 0.04p$	
齿全宽	b_{fn}	$b_{fn}=(n-1)p_t+b_{fi}$ n——排数	

注：当 $p>12.7$ 时，经制造厂同意，亦可使用 $p \leqslant 12.7$mm 时的齿宽。

2.2.3.3 链轮材料与热处理

表 13-2-18 链轮材料与热处理

材料	热处理	齿面硬度	应用范围
15、20	渗碳、淬火、回火	50～60HRC	$z \leqslant 25$ 有冲击载荷的链轮
35	正火	160～200HBS	$z>25$ 的主、从动链轮
45、50 45Mn、ZG310-570	淬火、回火	40～50HRC	无剧烈冲击振动和要求耐磨损的主、从动轮
15Cr、20Cr	渗碳、淬火、回火	55～60HRC	$z<30$ 传递较大功率的重要链轮
40Cr、35SiMn、35CrMo	淬火、回火	40～50HRC	要求强度较高和耐磨损的重要链轮
Q235、Q275	焊接后退火	≈140HBS	中低速、功率不大的较大链轮
不低于 HT200 的灰铸铁	淬火、回火	260～280HBS	$z>50$ 的从动链轮以及外形复杂或强度要求一般的链轮
夹布胶木			$P<6$kW，速度较高，要求传动平稳、噪声小的链轮

2.2.3.4 链轮精度要求

表 13-2-19 链轮齿根圆直径极限偏差 Δd_f 和跨柱测量距极限偏差 ΔM_R mm

项目(符号)	上偏差	下偏差
齿根圆直径极限偏差(Δd_f) 量柱测量距极限偏差(ΔM_R)	0	-0.25 $d_f \geqslant 127$
	0	-0.3 $127>d_f \geqslant 250$
	0	h_{11} $d_f>250$

表 13-2-20 跨柱测量距 M_R

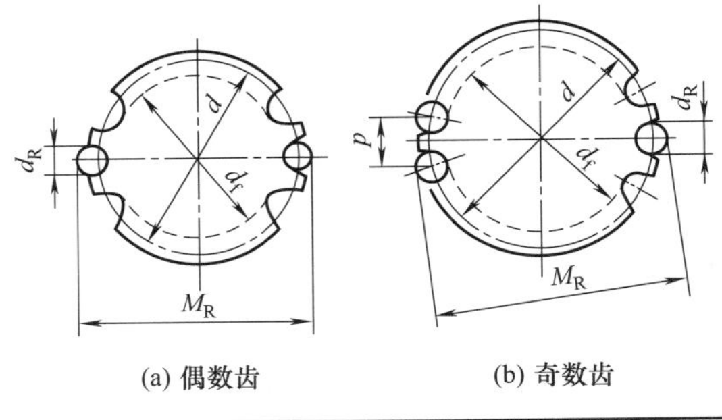

(a) 偶数齿 (b) 奇数齿

续表

偶数齿	$M_R = d + d_{Rmin}$
奇数齿	$M_R = d\cos\dfrac{90^\circ}{z} + d_{Rmin}$

注：量柱直径 d_R 等于链条滚子直径 d_1，其极限偏差为 $^{+0.01}_{\ 0}$ mm。

径向圆跳动：链轮孔和根圆直径之间的径向跳动量不应超过下列两数值的较大值：$(0.0008d_1+0.08)$mm 或 0.15mm，最大到 0.76mm。

端面圆跳动：轴孔到链轮齿侧面平直部分的端面跳动量不应超过下列计算值：$(0.009d+0.08)$mm，最大到 1.14mm。对于焊接链轮，如上述公式的计算值较小，可采用 0.25mm。

轴孔公差：采用 H8。

2.2.3.5　链轮结构

表 13-2-21　　链轮结构尺寸

名称	结构图	尺寸计算	
整体式钢制小链轮	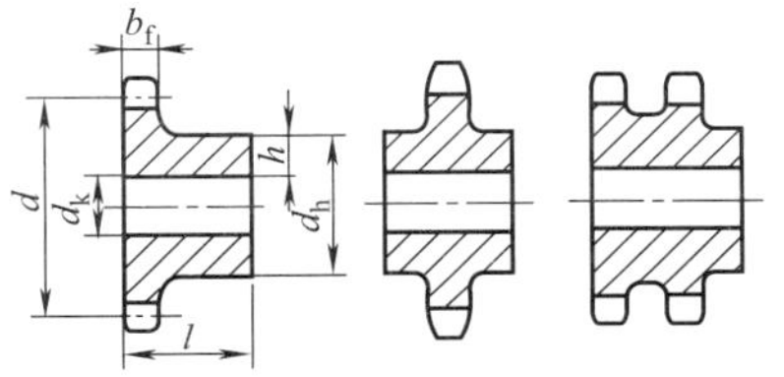	轮毂厚度 h	$h = K + \dfrac{d_k}{6} + 0.01d$ 常数 K： d：<50，50～100，100～150，>150 K：3.2，4.8，6.4，9.5
		轮毂长度 l	$l = 3.3h$　$l_{min} = 2.6h$
		轮毂直径 d_h	$d_h = d_k + 2h$　$d_{hmax} < d_g$，d_g 见表 13-2-14
		齿宽 b_f	见表 13-2-17
腹板式单排铸造链轮	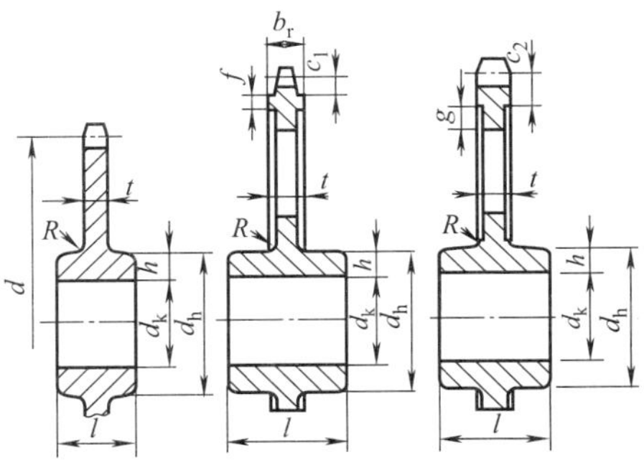 p=9.525～15.875　z≤80 z>80 p≥19.05　z不限	轮毂厚度 h	$h = 9.5 + \dfrac{d_k}{6} + 0.01d$
		轮毂长度 l	$l = 4h$
		轮毂直径 d_h	$d_h = d_k + 2h$，$d_{hmax} < d_g$，d_g 见表 13-2-14
		齿侧凸缘宽度 b_r	$b_r = 0.625p + 0.93b_1$，b_1——内链节内宽，见表 13-2-2
		轮缘部分尺寸	$c_1 = \dfrac{d - d_g}{2}$ $c_2 = 0.9p$ $f = 4 + 0.25p$ $g = 2t$
		圆角半径 R	$R = 0.04p$
		腹板厚度 t	p/mm：9.525　15.875　25.4　38.1　50.8　76.2 12.7　19.05　31.75　44.5　63.5 t/mm：7.9　10.3　12.7　15.9　22.2　31.8 9.5　11.1　14.3　19.1　28.6
腹板式多排铸造链轮	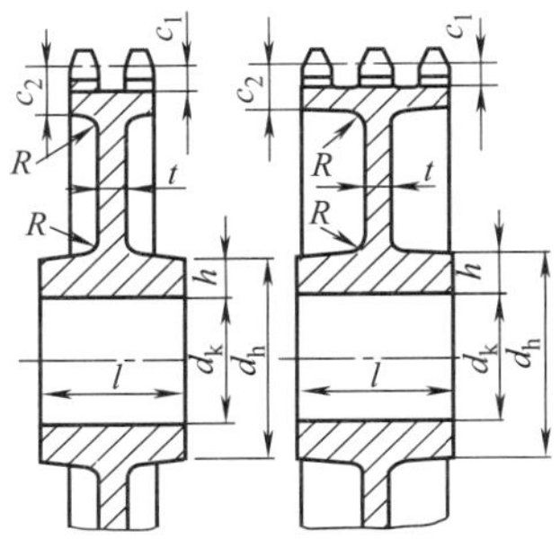	圆角半径 R	$R = 0.5t$
		轮毂长度 l	$l = 4h$
		腹板厚度 t	p/mm：9.525　15.875　25.4　38.1　50.8　76.2 12.7　19.05　31.75　44.5　63.5 t/mm：9.5　11.1　14.3　19.1　25.4　38.1 10.3　12.7　15.9　22.2　31.8
		其余结构尺寸	见腹板式单排铸造链轮

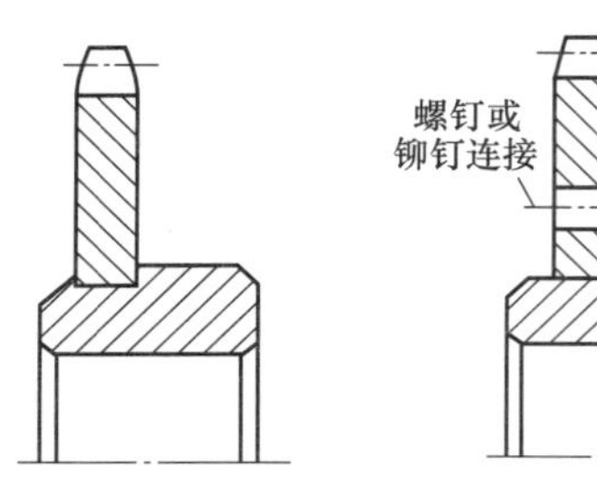

图 13-2-10 链轮其他结构

2.3 传动用齿形链和链轮

齿形链又称无声链，由铰链将一组带有两个齿的链板连接而成。其优点是允许的速度高、平均传动比准确、噪声小。缺点是重量大、价格较贵、安装和维护的要求高。

2.3.1 齿形链的分类及铰链型式

表 13-2-22 齿形链的分类

导向形式	简图	结构	特点
外导式		导片安装在链条的两侧	用于节距小、链宽窄的链条
内导式		导片安装在链宽的$\frac{1}{2}$处，链轮开导槽	对销轴端部连接所受的横向冲击有缓冲作用，并可使各链节接近等强度 一般用于链宽 $b>25\sim30$mm

表 13-2-23 齿形链铰链型式

铰链形式	简图	结构和应用
圆销式（简单铰链）	p	链板用圆柱销铰接，销轴与链板孔为间隙配合。铰链的承压面积小，压力大，易磨损
轴瓦式（衬瓦铰链）		链板销孔两侧为长短扇形槽，销轴装入销孔，在销轴两侧的短槽中嵌入轴瓦，轴瓦的长度等于链宽，这样由两片轴瓦和一根销轴组成铰链。当相邻链节相对转动时，轴瓦在长槽中摆动，轴瓦的内表面沿销轴滑动 轴瓦较宽，承压面大，压力小。相同铰链压力时，轴瓦式传递载荷为圆销式的两倍

续表

铰链形式	简图	结构和应用
滚柱式(滚动摩擦铰链)	60°	铰链由两个曲面滚柱组成,曲面滚柱固定在相应的链板孔中,当相邻链节相对转动时,两滚柱作相对滚动。因铰链以滚动摩擦代替滑动摩擦,磨损得到改善。链节相对转动时,滚动中心变化,实际节距随之变化,可补偿链传动的多边形效应

2.3.2 齿形链的基本参数与尺寸

表 13-2-24 9.525mm 及以上节距链条的主要尺寸(GB/T 10855—2016) mm

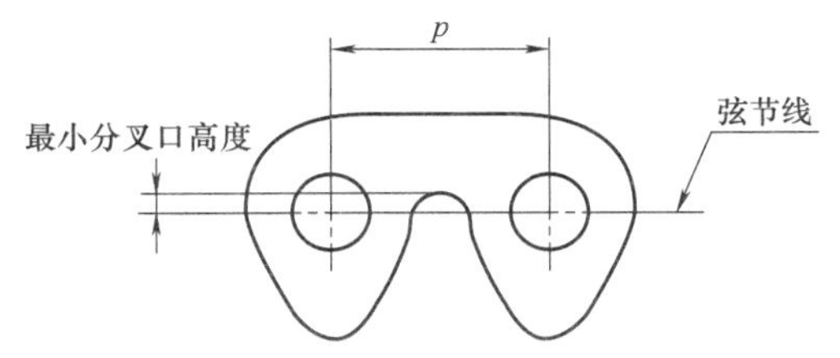

链号	节距 p	标志	最小分叉口高度
SC3	9.525	SC3 或 3	0.590
SC4	12.70	SC4 或 4	0.787
SC5	15.875	SC5 或 5	0.985
SC6	19.05	SC6 或 6	1.181
SC8	25.40	SC8 或 8	1.575
SC10	31.75	SC10 或 10	1.969
SC12	38.10	SC12 或 12	2.362
SC16	50.80	SC16 或 16	3.150

注:最小分叉口高度$=0.062\times p$。

表 13-2-25 9.52mm 及以上节距链条的链宽和链轮齿廓尺寸(GB/T 10855—2016) mm

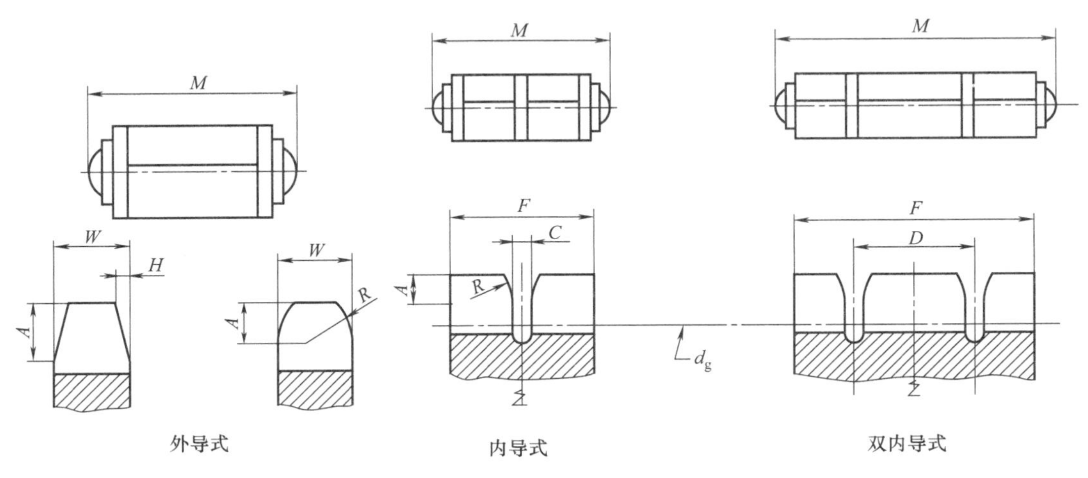

续表

链号	链条节距 p	类型	最大链宽 M max	齿侧倒角高度 A	导槽宽度 C ±0.13	导槽间距 D ±0.25	齿全宽 F $^{+3.18}_{0}$	齿侧倒角宽度 H ±0.08	齿侧圆角半径 R ±0.08	齿宽 W $^{+0.25}_{0}$
SC302	9.525	外导	19.81	3.38	—	—	—	1.30	5.08	10.41
SC303	9.525	内导	22.99	3.38	2.54	—	19.05	—	5.08	—
SC304	9.525		29.46	3.38	2.54	—	25.40	—	5.08	—
SC305	9.525		35.81	3.38	2.54	—	31.75	—	5.08	—
SC306	9.525		42.29	3.38	2.54	—	38.10	—	5.08	—
SC307	9.525		48.64	3.38	2.54	—	44.45	—	5.08	—
SC308	9.525		54.99	3.38	2.54	—	50.80	—	5.08	—
SC309	9.525		61.47	3.38	2.54	—	57.15	—	5.08	—
SC310	9.525		67.69	3.38	2.54	—	63.50	—	5.08	—
SC312	9.525	双内导	80.39	3.38	2.54	25.40	76.20	—	5.08	—
SC316	9.525		105.79	3.38	2.54	25.40	101.60	—	5.08	—
SC320	9.525		131.19	3.38	2.54	25.40	127.00	—	5.08	—
SC324	9.525		156.59	3.38	2.54	25.40	152.40	—	5.08	—
SC402	12.70	外导	19.81	3.38	—	—	—	1.30	5.08	10.41
SC403	12.70	内导	24.13	3.38	2.54	—	19.05	—	5.08	—
SC404	12.70		30.23	3.38	2.54	—	25.40	—	5.08	—
SC405	12.70		36.58	3.38	2.54	—	31.75	—	5.08	—
SC406	12.70		42.93	3.38	2.54	—	38.10	—	5.08	—
SC407	12.70		49.28	3.38	2.54	—	44.45	—	5.08	—
SC408	12.70		55.63	3.38	2.54	—	50.80	—	5.08	—
SC409	12.70		61.98	3.38	2.54	—	57.15	—	5.08	—
SC410	12.70		68.33	3.38	2.54	—	63.50	—	5.08	—
SC411	12.70		74.68	3.38	2.54	—	69.85	—	5.08	—
SC414	12.70		93.98	3.38	2.54	—	88.90	—	5.08	—
SC416	12.70	双内导	106.68	3.68	2.54	25.40	101.60	—	5.08	—
SC420	12.70		132.33	3.38	2.54	25.40	127.00	—	5.08	—
SC424	12.70		157.73	3.38	2.54	25.40	152.40	—	5.08	—
SC428	12.70		183.13	3.38	2.54	25.40	177.80	—	5.08	—
SC504	15.875	内导	33.78	4.50	3.18	—	25.40	—	6.35	—
SC505	15.875		37.85	4.50	3.18	—	31.75	—	6.35	—
SC506	15.875		46.48	4.50	3.18	—	38.10	—	6.35	—
SC507	15.875		50.55	4.50	3.18	—	44.45	—	6.35	—
SC508	15.875		58.67	4.50	3.18	—	50.80	—	6.35	—
SC510	15.875		70.36	4.50	3.18	—	63.50	—	6.35	—
SC512	15.875		82.80	4.50	3.18	—	76.20	—	6.35	—
SC516	15.875		107.44	4.50	3.18	—	101.60	—	6.35	—
SC520	15.875	双内导	131.83	4.50	3.18	50.80	127.00	—	6.35	—
SC524	15.875		157.23	4.50	3.18	50.80	152.40	—	6.35	—
SC528	15.875		182.63	4.50	3.18	50.80	177.80	—	6.35	—
SC532	15.875		208.03	4.50	3.18	50.80	203.20	—	6.35	—
SC540	15.875		257.96	4.50	3.18	50.80	254.00	—	6.35	—
SC604	19.05	内导	33.78	6.96	4.57	—	25.40	—	9.14	—
SC605	19.05		39.12	6.96	4.57	—	31.75	—	9.14	—
SC606	19.05		46.48	6.96	4.57	—	38.10	—	9.14	—
SC608	19.05		58.67	6.96	4.57	—	50.80	—	9.14	—
SC610	19.05		71.37	6.96	4.57	—	63.50	—	9.14	—

续表

链号	链条节距 p	类型	最大链宽 M max	齿侧倒角高度 A	导槽宽度 C ±0.13	导槽间距 D ±0.25	齿全宽 F +3.18 0	齿侧倒角宽度 H ±0.08	齿侧圆角半径 R ±0.08	齿宽 W +0.25 0
SC612	19.05	内导	81.53	6.96	4.57	—	76.20	—	9.14	—
SC614	19.05		94.23	6.96	4.57	—	88.90	—	9.14	—
SC616	19.05		106.93	6.96	4.57	—	101.60	—	9.14	—
SC620	19.05		132.33	6.96	4.57	—	127.00	—	9.14	—
SC624	19.05		159.26	6.96	4.57	—	152.40	—	9.14	—
SC628	19.05	双内导	184.66	6.96	4.57	101.60	177.80	—	9.14	—
SC632	19.05		208.53	6.96	4.57	101.60	203.20	—	9.14	—
SC636	19.05		233.93	6.96	4.57	101.60	228.60	—	9.14	—
SC640	19.05		259.33	6.96	4.57	101.60	254.00	—	9.14	—
SC648	19.05		310.13	6.96	4.57	101.60	304.80	—	9.14	—
SC808	25.40	内导	57.66	6.96	4.57	—	50.80	—	9.14	—
SC810	25.40		70.10	6.96	4.57	—	63.50	—	9.14	—
SC812	25.40		82.42	6.96	4.57	—	76.20	—	9.14	—
SC816	25.40		107.82	6.96	4.57	—	101.60	—	9.14	—
SC820	25.40		133.22	6.96	4.57	—	127.00	—	9.14	—
SC824	25.40		158.62	6.96	4.57	—	152.40	—	9.14	—
SC828	25.40	双内导	188.98	6.96	4.57	101.60	177.80	—	9.14	—
SC832	25.40		213.87	6.96	4.57	101.60	203.20	—	9.14	—
SC836	25.40		234.95	6.96	4.57	101.60	228.60	—	9.14	—
SC840	25.40		263.91	6.96	4.57	101.60	254.00	—	9.14	—
SC848	25.40		316.23	6.96	4.57	101.60	304.80	—	9.14	—
SC856	25.40		361.95	6.96	4.57	101.60	355.60	—	9.14	—
SC864	25.40		412.75	6.96	4.57	101.60	406.40	—	9.14	—
SC1010	31.75	内导	71.42	6.96	4.57	—	63.50	—	9.14	—
SC1012	31.75		84.12	6.96	4.57	—	76.20	—	9.14	—
SC1016	31.75		109.52	6.96	4.57	—	101.60	—	9.14	—
SC1020	31.75		134.92	6.96	4.57	—	127.00	—	9.14	—
SC1024	31.75		160.32	6.96	4.57	—	152.40	—	9.14	—
SC1028	31.75		185.72	6.96	4.57	—	177.80	—	9.14	—
SC1032	31.75	双内导	211.12	6.96	4.57	101.60	203.20	—	9.14	—
SC1036	31.75		236.52	6.96	4.57	101.60	228.60	—	9.14	—
SC1040	31.75		261.92	6.96	4.57	101.60	254.00	—	9.14	—
SC1048	31.75		312.72	6.96	4.57	101.60	304.80	—	9.14	—
SC1056	31.75		363.52	6.96	4.57	101.60	355.60	—	9.14	—
SC1064	31.75		414.32	6.96	4.57	101.60	406.40	—	9.14	—
SC1072	31.75		465.12	6.96	4.57	101.60	457.20	—	9.14	—
SC1080	31.75		515.92	6.96	4.57	101.60	508.00	—	9.14	—
SC1212	38.10	内导	85.98	6.96	4.57	—	76.20	—	9.14	—
SC1216	38.10		111.38	6.96	4.57	—	101.60	—	9.14	—
SC1220	38.10		136.78	6.96	4.57	—	127.00	—	9.14	—
SC1224	38.10		162.18	6.96	4.57	—	152.40	—	9.14	—
SC1228	38.10		187.58	6.96	4.57	—	177.80	—	9.14	—

续表

链号	链条节距 p	类型	最大链宽 M max	齿侧倒角高度 A	导槽宽度 C ±0.13	导槽间距 D ±0.25	齿全宽 F $^{+3.18}_{0}$	齿侧倒角宽度 H ±0.08	齿侧圆角半径 R ±0.08	齿宽 W $^{+0.25}_{0}$
SC1232	38.10	双内导	212.98	6.96	4.57	101.60	203.20	—	9.14	—
SC1236	38.10		238.38	6.96	4.57	101.60	228.60	—	9.14	—
SC1240	38.10		264.92	6.96	4.57	101.60	254.00	—	9.14	—
SC1248	38.10		315.72	6.96	4.57	101.60	304.80	—	9.14	—
SC1256	38.10		366.52	6.96	4.57	101.60	355.60	—	9.14	—
SC1264	38.10		417.32	6.96	4.57	101.60	406.40	—	9.14	—
SC1272	38.10		468.12	6.96	4.57	101.60	457.20	—	9.14	—
SC1280	38.10		518.92	6.96	4.57	101.60	508.00	—	9.14	—
SC1288	38.10		569.72	6.96	4.57	101.60	558.80	—	9.14	—
SC1296	38.10		620.52	6.96	4.57	101.60	609.60	—	9.14	—
SC1616	50.80	内导	110.74	6.96	5.54	—	101.60	—	9.14	—
SC1620	50.80		136.14	6.96	5.54	—	127.00	—	9.14	—
SC1624	50.80		161.54	6.96	5.54	—	152.40	—	9.14	—
SC1628	50.80		186.94	6.96	5.54	—	177.80	—	9.14	—
SC1632	50.80	双内导	212.34	6.96	5.54	101.60	203.20	—	9.14	—
SC1640	50.80		263.14	6.96	5.54	101.60	254.00	—	9.14	—
SC1648	50.80		313.94	6.96	5.54	101.60	304.80	—	9.14	—
SC1656	50.80		371.09	6.96	5.54	101.60	355.60	—	9.14	—
SC1688	50.80		574.29	6.96	5.54	101.60	558.80	—	9.14	—
SC1696	50.80		571.50	6.96	5.54	101.60	609.60	—	9.14	—
SC16120	50.80		571.50	6.96	5.54	101.60	762.00	—	9.14	—

注：选用链宽可查阅制造厂产品目录。外导式的导板厚度与齿链板的厚度相同。

表 13-2-26　　4.76mm 节距链条的链宽和链轮齿廓尺寸（GB/T 10855—2016）　　mm

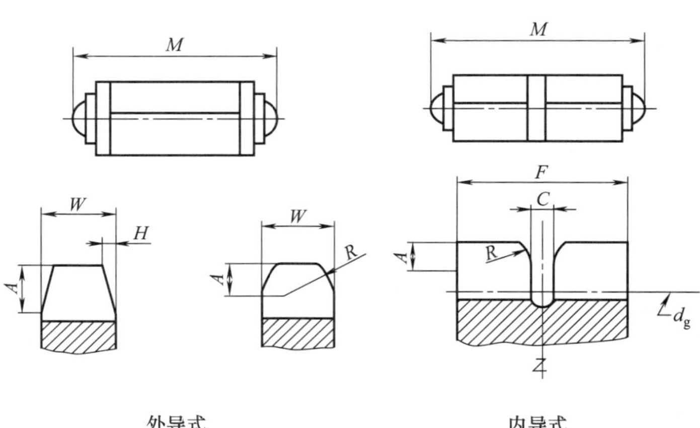

续表

链号	链条节距 p	类型	最大链宽 M max	齿侧倒角高度 A	导槽宽度 C max	齿全宽 F min	齿侧倒角宽度 H	齿侧圆角半径 R	齿宽 W
SC0305	4.762	外导	5.49	1.5	—	—	0.64	2.3	1.91
SC0307	4.762		7.06	1.5	—	—	0.64	2.3	3.51
SC0309	4.762		8.66	1.5	—	—	0.64	2.3	5.11
SC0311①	4.762	外导/内导	10.24	1.5	1.27	8.48	0.64	2.3	6.71
SC0313①	4.762	外导/内导	11.84	1.5	1.27	10.06	0.64	2.3	8.31
SC0315①	4.762	外导/内导	13.41	1.5	1.27	11.66	0.64	2.3	9.91
SC0317	4.762	内导	15.01	1.5	1.27	13.23	—	2.3	—
SC0319	4.762		16.59	1.5	1.27	14.83	—	2.3	—
SC0321	4.762		18.19	1.5	1.27	16.41	—	2.3	—
SC0323	4.762		19.76	1.5	1.27	18.01	—	2.3	—
SC0325	4.762		21.59	1.5	1.27	19.58	—	2.3	—
SC0327	4.762		22.94	1.5	1.27	21.18	—	2.3	—
SC0329	4.762		24.54	1.5	1.27	22.76	—	2.3	—
SC0331	4.762		26.11	1.5	1.27	24.36	—	2.3	—

① 应指明内导还是外导。

2.3.3 齿形链传动设计计算

齿形链传动计算内容和步骤见表 13-2-27，表13-2-28～表 13-2-36 列出了一些节距每 1mm 链宽的额定功率。其中方式Ⅰ指手工或者滴油润滑，方式Ⅱ指油浴或飞溅润滑，方式Ⅲ指油泵压力喷油润滑。

表 13-2-27 齿形链传动计算内容和步骤

<table>
<tr><th>计算项目</th><th>代号</th><th>公式及数据</th><th>单位</th><th>说　明</th></tr>
<tr><td>已知条件</td><td></td><td>传递功率；小链轮、大链轮转速；传动用途、
载荷性质以及原动机种类</td><td></td><td></td></tr>
<tr><td>传动比</td><td></td><td>$i=\frac{n_1}{n_2}=\frac{z_2}{z_1}$
一般 $i\leqslant7$，$i_{max}=10$</td><td></td><td>n_1——小链轮转速，r/min
n_2——大链轮转速，r/min</td></tr>
<tr><td>小链轮齿数</td><td>z_1</td><td>推荐：<table><tr><td>i</td><td>1～2</td><td>2～3</td><td>3～4</td><td>4～5</td><td>5～6</td><td>6</td></tr><tr><td>z</td><td>35～32</td><td>32～30</td><td>30～27</td><td>27～23</td><td>23～19</td><td>19～17</td></tr></table></td><td></td><td>z_1增大，则链轮径向尺寸增大；若链宽不变，则传递功率增大</td></tr>
<tr><td>大链轮齿数</td><td>z_2</td><td>$z_2=iz_1\leqslant140$</td><td></td><td></td></tr>
<tr><td>链条节距</td><td>p</td><td><table><tr><td>n_1 /r·min^{-1}</td><td>2000～5000</td><td>1500～3000</td><td>1200～2500</td><td>1000～2000</td><td>800～1500</td><td>600～1200</td><td><900</td></tr><tr><td>p</td><td>9.525</td><td>12.7</td><td>15.875</td><td>19.05</td><td>25.4</td><td>31.75</td><td>38.1</td></tr></table></td><td>mm</td><td>要求传动平稳、径向尺寸小时，选小节距，但链宽增大；从经济性考虑，a 小、i 大，选小节距；a 大、i 小，选大节距；传递功率大时，选大节距</td></tr>
<tr><td>计算功率</td><td>P_d</td><td>$P_d=K_AP$</td><td>kW</td><td>K_A——工作情况系数，见表 13-2-6，根据实际情况允许变动 20%
P——传递功率，kW</td></tr>
<tr><td>每毫米链宽所能传递的功率</td><td>P_0</td><td>查表 13-2-28～表 13-2-36</td><td>mm</td><td></td></tr>
</table>

续表

计算项目	代号	公式及数据	单位	说明
初定中心距	a_0	一般取 $a_0=(30\sim50)p$ 脉动载荷、无张紧装置 $a_0<25p$ i：$\leqslant3$ 时 $a_{0\min}=1.2\dfrac{d_{a1}+d_{a2}}{2}$；$>3$ 时 $a_{0\min}=\dfrac{9+i}{10}\times\dfrac{d_{a1}+d_{a2}}{2}$	mm	有张紧装置或托板时，a_0 可大于 $80p$
以节距计的初定中心距	a_{0p}	$a_{0p}=\dfrac{a_0}{p}$	节	
以节距计的链条长度	L_p	$L_p=\dfrac{z_1+z_2}{2}+2a_{0p}+\dfrac{k}{a_{0p}}$	节	计算得到的 L_p 值，宜圆整为偶数，避免使用过渡链节(其破断载荷为正常链节的80%以下) $k=[(z_2-z_1)/2\pi]^2$
链条长度	L	$L=\dfrac{L_pp}{1000}$	m	
计算中心距	a_c	$a_c=\dfrac{p}{4}\left[L_p-\dfrac{z_1+z_2}{2}+\sqrt{\left(L_p-\dfrac{z_1+z_2}{2}\right)^2-8k}\right]$	mm	
实际中心距	a	$a=a_c-\Delta a$	mm	为保证松边的合理垂度，须将计算中心距减小 Δa，具体见表 13-2-5
链速	V	$V=\dfrac{z_1n_1p}{60\times1000}$	m/s	
有效圆周力	F_t	$F_t=\dfrac{1000P_d}{V}$	N	
作用在轴上的力	F	水平或倾斜传动 $F\approx(1.15\sim1.20)K_AF_t$ 接近垂直传动 $F\approx1.05K_AF_t$	N	

表 13-2-28　4.762mm 节距链条每毫米链宽的额定功率表（GB/T 10855—2016）　kW

小链轮齿数	小链轮转速/$r\cdot min^{-1}$											
	500	600	700	800	900	1200	1800	2000	3500	5000	7000	9000
15	0.00822	0.00969	0.01116	0.01262	0.01380	0.01761	0.02349	0.02642	0.03905	0.04873	0.05695	0.05754
17	0.00969	0.01145	0.01292	0.01468	0.01615	0.02055	0.02818	0.03083	0.04697	0.05872	0.07046	0.07398
19	0.01086	0.01262	0.01468	0.01615	0.01791	0.02349	0.03229	0.03523	0.05284	0.06752	0.08103	0.08573
21	0.01204	0.01409	0.01615	0.01820	0.01996	0.02554	0.03582	0.03905	0.05960	0.07574	0.09160	0.09835
23	0.01321	0.01556	0.01761	0.01996	0.02202	0.02818	0.03963	0.04316	0.06606	0.08455	0.10275	0.11097
25	0.01439	0.01703	0.01938	0.02173	0.02407	0.03083	0.04316	0.04697	0.07193	0.09189	0.11156	0.12037
27	0.01556	0.01820	0.02084	0.02349	0.02584	0.03376	0.04639	0.05050	0.07721	0.09835	0.11919	0.12830
29	0.01673	0.01967	0.02231	0.02525	0.02789	0.03552	0.04991	0.05431	0.08308	0.10598	0.12918	0.13857
31	0.01761	0.02114	0.02378	0.02672	0.02965	0.03817	0.05314	0.05784	0.08866	0.11274	0.13681	0.14679
33	0.01879	0.02202	0.02525	0.02848	0.03141	0.04022	0.05578	0.06107	0.09307	0.11802	0.14239	—
35	0.01996	0.02349	0.02701	0.03024	0.03347	0.04257	0.05960	0.06488	0.10011	0.12536	0.15149	—
37	0.02084	0.02466	0.02818	0.03171	0.03494	0.04462	0.06195	0.06752	0.10217	0.12888	0.15384	—
40	0.02055	0.02672	0.03053	0.03406	0.03787	0.04815	0.06694	0.07340	0.11068	0.13975	—	—
45	0.02525	0.02995	0.03376	0.03817	0.04198	0.05373	0.07428	0.08074	0.12184	0.15296	—	—
50	0.02789	0.03288	0.03728	0.04022	0.04639	0.05872	0.08162	0.08866	0.13270	0.16587	—	—
润滑	方式Ⅰ						方式Ⅱ			方式Ⅲ		

表 13-2-29 9.525mm 节距链条每毫米链宽的额定功率表（GB/T 18855—2016） kW

小链轮齿数	小链轮转速/r·min^{-1}														
	100	500	1000	1500	2000	2500	3000	3500	4000	4500	5000	6000	7000	8000	8500
17	0.02349	0.12037	0.24074	0.36111	0.47560	0.58717	0.70460	0.792.67	0.91011	0.99818	1.08626	1.23305	1.35048	1.43855	1.43855
19	0.02642	0.13505	0.27010	0.40221	0.53138	0.64588	0.76331	0.88075	0.99818	1.08626	1.17433	1.32112	1.40920	1.46791	1.43855
21	0.02936	0.14973	0.29652	0.44037	0.58423	0.70460	0.85139	0.96822	1.08626	1.17433	1.26241	1.37984	1.43855	1.43855	1.37984
23	0.03229	0.16441	0.32588	0.48441	0.64588	0.79267	0.91011	1.02754	1.14497	1.26241	1.32112	1.43855	1.43855	1.35048	1.26241
25	0.03523	0.17615	0.35230	0.52253	0.67524	0.85139	0.96882	1.11561	1.23305	1.32112	1.37984	1.46791	1.40920	1.23305	1.08626
27	0.03817	0.19083	0.38166	0.56368	0.73396	0.91011	1.05690	1.17433	1.29176	1.37984	1.43855	1.43855	1.32112	1.02754	—
29	0.04110	0.20551	0.40808	0.61652	0.79267	0.96882	1.11561	1.23305	1.35048	1.40920	1.43855	1.40920	1.20369	—	—
31	0.04404	0.22019	0.44037	0.64588	0.82203	0.99818	1.17433	1.29176	1.37984	1.43855	1.46791	1.35048	1.02754	—	—
33	0.04697	0.23487	0.46386	0.67524	0.88075	1.05690	1.20369	1.32112	1.40920	1.43855	1.43855	1.26241	—	—	—
35	0.04991	0.24955	0.49028	0.70460	0.93946	1.11561	1.26241	1.37984	1.43855	1.46791	1.40920	1.11561	—	—	—
37	0.05284	0.26129	0.51671	0.76331	0.96882	1.14497	1.29176	1.40920	1.43855	1.43855	1.35048	—	—	—	—
40	0.05578	0.28184	0.55781	0.82203	1.02754	1.23305	1.35048	1.43855	1.43855	1.37984	1.23305	—	—	—	—
45	0.06459	0.31707	0.61652	0.91011	0.14497	1.32112	1.43855	1.46791	1.37984	1.20369	—	—	—	—	—
50	0.07046	0.35230	0.67524	0.96882	1.23305	1.37984	1.46791	1.40920	1.23305	—	—	—	—	—	—
润滑	方式Ⅰ		方式Ⅱ		方式Ⅲ										

表 13-2-30 12.70mm 节距链条每毫米链宽的额定功率表（GB/T 18855—2016） kW

小链轮齿数	小链轮转速/r·min^{-1}														
	100	500	1000	1500	2000	2500	3000	3500	4000	4500	5000	5500	6000	6500	7000
17	0.04697	0.23193	0.46386	0.67524	0.91011	1.11561	1.32112	1.49727	1.67342	1.82021	1.93765	2.05508	2.11379	2.17251	2.20187
19	0.05284	0.26129	0.51671	0.76331	0.99818	1.23305	1.43855	1.64406	1.82021	1.93765	2.05508	2.14315	2.17251	2.20187	2.14315
21	0.05872	0.28771	0.56955	0.85139	1.11561	1.35048	1.55599	1.76150	1.93765	2.05508	2.14315	2.20187	2.17251	2.11379	1.99636
23	0.06459	0.31413	0.61652	0.91011	1.20369	1.46791	1.67342	1.87893	2.02572	2.14315	2.17251	2.17251	2.11379	1.96700	1.76150
25	0.06752	0.34056	0.67524	0.99818	1.29176	1.55599	1.79085	1.96700	2.11379	2.17251	2.17251	2.11379	1.96700	1.73214	1.37984
27	0.07340	0.36991	0.73396	1.05690	1.37984	1.64406	1.87893	2.05508	2.17251	2.20187	2.14315	1.99636	1.73214	1.37984	—
29	0.07927	0.39634	0.79267	1.14497	1.46791	1.76159	1.96700	2.11379	2.20187	2.17251	2.02572	1.79085	1.40920	0.91011	—
31	0.08514	0.42276	0.82203	1.20369	1.55599	1.82021	2.02572	2.17251	2.20187	2.08444	1.87893	1.52663	0.99818	—	—
33	0.09101	0.44918	0.88075	1.29176	1.61470	1.90829	2.08444	2.20187	2.14315	1.99636	1.67342	1.17433	—	—	—
35	0.09688	0.47854	0.93946	1.35048	1.70278	1.96700	2.14315	2.20187	2.08444	1.82021	1.37984	—	—	—	—
37	0.10275	0.50496	0.99818	1.40920	1.76150	2.02572	2.17251	2.17251	1.99636	1.61470	—	—	—	—	—
40	0.10863	0.54313	1.05690	1.49727	1.87893	2.11379	2.20187	2.08444	1.79085	1.23305	—	—	—	—	—
45	0.12330	0.61652	1.17433	1.64406	1.99636	2.17251	2.14315	1.82021	1.23305	—	—	—	—	—	—
50	0.13798	0.67524	1.29176	1.79085	2.11379	2.17251	1.96700	1.37984	—	—	—	—	—	—	—
润滑	方式Ⅰ	方式Ⅱ		方式Ⅲ											

表 13-2-31 15.875mm 节距链条每毫米链宽的额定功率表（GB/T 10855—2016） kW

小链轮齿数	小链轮转速/r·min^{-1}												
	100	500	1000	1500	2000	2500	3000	3500	4000	4500	5000	5500	6000
17	0.07340	0.36404	0.73396	1.05690	1.40920	1.70278	1.96700	2.23123	2.43674	2.58353	2.70096	2.73032	2.73032
19	0.08220	0.40514	0.79267	1.17433	1.55599	1.87893	2.14315	2.40738	2.58353	2.70096	2.73032	2.70096	—
21	0.09101	0.44918	0.88075	1.29176	1.67342	2.02572	2.31930	2.52481	2.67160	2.73032	2.70096	—	—
23	0.09982	0.49028	0.96882	1.40920	1.82021	2.17251	2.43674	2.64224	2.73032	2.70096	—	—	—
25	0.10863	0.53432	1.05690	1.52663	1.93765	2.28994	2.55417	2.70096	2.73032	2.61289	—	—	—
27	0.11450	0.57542	1.11561	1.64406	2.08444	2.40738	2.64224	2.73032	2.67160	—	—	—	—
29	0.12330	0.61652	1.20369	1.73214	2.17251	2.52481	2.70096	2.73032	2.55417	—	—	—	—
31	0.13211	0.64588	1.29176	1.84957	2.28994	2.61289	2.73032	2.67160	—	—	—	—	—
33	0.14092	0.70460	1.35048	1.93765	2.37802	2.67160	2.73032	2.55417	—	—	—	—	—
35	0.14973	0.73396	1.43855	2.02572	2.46609	2.70096	2.70096	—	—	—	—	—	—
37	0.15853	0.79267	1.49727	2.11379	2.55417	2.73032	2.64224	—	—	—	—	—	—
40	0.17028	0.85139	1.61470	2.23123	2.64224	2.73032	2.46609	—	—	—	—	—	—
45	0.19376	0.93946	1.79085	2.40738	2.73032	2.61289	—	—	—	—	—	—	—
50	0.21432	1.05690	1.93765	2.55417	2.73032	2.31930	—	—	—	—	—	—	—
润滑	方式Ⅰ	方式Ⅱ		方式Ⅲ									

表 13-2-32 19.05mm 节距链条每毫米链宽的额定功率表（GB/T 10855—2016） kW

小链轮齿数	小链轮转速/r·min^{-1}														
	100	200	500	800	1000	1200	1500	2000	2400	2800	3000	3500	4000	5500	6000
17	0.08807	0.17615	0.43744	0.70460	0.85139	1.02754	1.26241	1.64406	1.90829	2.17251	2.26059	2.49545	2.64224	2.52481	2.28994
19	0.09688	0.19670	0.49028	0.76331	0.96882	1.14497	1.40920	1.82021	2.08444	2.31930	2.43674	2.61289	2.70096	2.20187	1.73214
21	0.10863	0.21725	0.54019	0.85139	1.05690	1.26241	1.52663	1.96700	2.26059	2.46609	2.55417	2.67160	2.67160	1.64406	0.91011
23	0.11743	0.23780	0.58717	0.93946	1.14497	1.37984	1.67342	2.11379	2.37802	2.58353	2.64224	2.70096	2.58353	0.85139	—
25	0.12918	0.25835	0.64588	0.98813	1.26241	1.46791	1.79085	2.23123	2.49545	2.64224	2.70096	2.64224	2.34866	—	—
27	0.14092	0.27890	0.70460	1.08626	1.35048	1.58535	1.90829	2.34866	2.58353	2.70096	2.70096	2.52481	2.05508	—	—
29	0.14973	0.29945	0.73396	1.17433	1.43855	1.67342	2.02572	2.43674	2.64224	2.70096	2.64224	2.31930	1.61470	—	—
31	0.16147	0.32001	0.79267	1.23305	1.52663	1.79085	2.11379	2.52481	2.70096	2.64224	2.55417	2.02572	1.05690	—	—
33	0.17028	0.34056	0.85139	1.32112	1.61470	1.87893	2.23133	2.61289	2.70096	2.55417	2.40738	1.64406	—	—	—
35	0.18202	0.36111	0.88075	1.37984	1.70278	1.96700	2.31930	2.64224	2.67160	2.43674	2.17251	1.17433	—	—	—
37	0.19083	0.38166	0.93946	1.46791	1.76150	2.05508	2.37802	2.70096	2.61289	2.23123	1.90829	—	—	—	—
40	0.20551	0.41102	0.99818	1.55599	1.87893	2.17251	2.49545	2.70096	2.46609	1.84957	1.35048	—	—	—	—
45	0.23193	0.46386	1.14497	1.73214	2.08444	2.34866	2.61289	2.61289	2.05508	0.91011	—	—	—	—	—
50	0.25835	0.51377	1.26241	1.87893	2.23123	2.49545	2.70096	2.34866	1.35048	—	—	—	—	—	—
润滑	方式Ⅰ		方式Ⅱ		方式Ⅲ										

表 13-2-33

25.40mm 节距链条每毫米链宽的额定功率表（GB/T 10855—2016）

kW

小链轮齿数	小链轮转速/r·min⁻¹															
	100	200	500	800	1000	1200	1500	1800	2000	2500	3000	3500	4000	4500	5100
17	0.13798	0.27597	0.67524	1.08626	1.35048	1.58535	1.93765	2.23123	2.43674	2.78903	2.99454	2.99454	2.75968	2.26059	1.29176
19	0.15560	0.30826	0.76331	1.20369	1.49727	1.76150	2.11379	2.43674	2.61289	2.93583	2.99454	2.81839	2.28994	1.43855	—
21	0.17028	0.34056	0.85139	1.32112	1.64406	1.90829	2.28994	2.61289	2.75968	2.99454	2.90647	2.46609	1.58535	—	—
23	0.18789	0.37285	0.91011	1.43855	1.76150	2.05508	2.43674	2.75968	2.87711	2.99454	2.70096	1.93765	—	—	—
25	0.20257	0.40808	0.99818	1.55599	1.90829	2.20187	2.58353	2.84775	2.96518	2.93583	2.37802	—	—	—	—
27	0.22019	0.44037	1.08626	1.67342	2.02572	2.34866	2.70096	2.93583	2.99454	2.78903	1.87893	—	—	—	—
29	0.23487	0.47267	1.14497	1.79085	2.14315	2.46609	2.81839	2.99454	2.99454	2.52481	—	—	—	—	—
31	0.25248	0.50496	1.23305	1.87893	2.26059	2.58353	2.90647	2.99454	2.93583	2.20187	—	—	—	—	—
33	0.27010	0.53432	1.29176	1.99636	2.37802	2.67160	2.96518	2.99454	2.81839	—	—	—	—	—	—
35	0.28478	0.56661	1.37984	2.08444	2.46609	2.75968	2.99454	2.90647	2.67160	—	—	—	—	—	—
37	0.30239	0.58717	1.43855	2.17251	2.55417	2.84775	2.99454	2.81839	2.43674	—	—	—	—	—	—
40	0.32588	0.64588	1.55599	2.31930	2.70096	2.93583	2.96518	2.55417	1.96700	—	—	—	—	—	—
45	0.36698	0.73396	1.73214	2.52481	2.84775	2.99454	2.78903	1.87893	—	—	—	—	—	—	—
50	0.40808	0.79267	1.90829	2.70096	2.96518	2.96518	2.37802	—	—	—	—	—	—	—	—
润滑	方式Ⅰ		方式Ⅱ	方式Ⅲ											

表 13-2-34

31.75mm 节距链条每毫米链宽的额定功率表（GB 10855—2016）

kW

小链轮齿数	小链轮转速/r·min⁻¹										
	100	200	300	400	500	600	700	800	1000	1200	1500
19	0.16441	0.29358	0.44037	0.58716	0.70460	0.76331	0.85139	0.91011	0.99818	1.02754	—
21	0.18496	0.32294	0.52845	0.67524	0.76331	0.88075	0.96882	1.05690	1.17433	1.20369	—
23	0.20257	0.38166	0.55781	0.70460	0.85139	0.99818	1.05690	1.17433	1.32112	1.35048	1.35048
25	0.22019	0.41102	0.58716	0.76331	0.91011	1.05690	1.17433	1.29176	1.46791	1.55599	1.55599
27	0.23487	0.44037	0.67524	0.85139	1.02754	1.17433	1.29176	1.43855	1.58534	1.70278	1.70278
29	0.25248	0.46973	0.70460	0.91011	1.11561	1.26240	1.40919	1.55599	1.73214	1.84957	1.87893
31	0.27303	0.52845	0.76331	0.99818	1.17433	1.35048	1.49727	1.64406	1.87893	1.99636	2.02572
33	0.29065	0.55781	0.82203	1.02754	1.26240	1.43855	1.61470	1.76149	2.02572	2.14315	2.17251
35	0.32294	0.58716	0.85139	1.11561	1.32112	1.55599	1.73214	1.87893	2.14315	2.28994	2.28994
37	0.32294	0.61652	0.88075	1.17433	1.40919	1.61470	1.84957	1.99636	2.23123	2.37802	—
40	0.35230	0.70460	0.99818	1.29176	1.55599	1.76149	1.99636	2.17251	2.43673	2.58352	—
45	0.38166	0.76331	1.11561	1.43855	1.73214	1.99636	2.20187	2.37802	2.57160	—	—
50	0.44037	0.85139	1.26240	1.58534	1.90828	2.17251	2.43673	2.64224	2.93582	—	—
润滑	方式Ⅰ			方式Ⅱ			方式Ⅲ				

表 13-2-35 38.10mm 节距链条每毫米链宽的额定功率表（GB/T 10855—2016） kW

小链轮齿数	小链轮转速/r·min^{-1}														
	100	200	300	400	500	600	800	1000	1200	1400	1600	1800	2100	2400	2700
17	0.41982	0.85139	1.26241	1.67342	2.05508	2.46609	3.22941	3.93401	4.60925	5.19641	5.69550	6.07716	6.45882	6.57625	6.34138
19	0.46973	0.93946	1.40920	1.84957	2.28994	2.73032	3.58171	4.34502	5.02026	5.60743	6.04780	6.37074	6.57625	6.37074	5.69550
21	0.51964	1.02754	1.55599	2.05508	2.52481	3.02390	3.90465	4.69732	5.40192	5.95973	6.34138	6.54689	6.45882	5.84229	4.57989
23	0.56661	1.14497	1.70278	2.23123	2.75968	3.28813	4.22759	5.04962	5.72486	6.22395	6.51753	6.54689	6.10652	4.93219	—
25	0.61652	1.23305	1.82021	2.40738	2.99454	3.52299	4.52117	5.37256	6.01844	6.42946	6.57625	6.40010	5.49000	—	—
27	0.67524	1.32112	1.96700	2.61289	3.20005	3.78722	4.81476	5.66614	6.25331	6.54689	6.51753	6.07716	4.57989	—	—
29	0.70460	1.40920	2.11379	2.78903	3.434492	4.02208	5.07898	5.90101	6.42946	6.57625	6.31203	5.54871	—	—	—
31	0.76331	1.52663	2.26059	2.96518	3.64042	4.25695	5.34320	6.10652	6.51753	6.48818	5.95973	4.81476	—	—	—
33	0.82203	1.61470	2.40738	3.14133	3.84593	4.49181	5.57807	6.28267	6.57625	6.31203	5.43128	—	—	—	—
35	0.85139	1.70278	2.52481	3.31748	4.05144	4.69732	5.78358	6.42946	6.54689	6.01844	4.75604	—	—	—	—
37	0.91011	1.82021	2.67160	3.49363	4.25695	4.93219	5.95973	6.51753	6.45882	5.60743	—	—	—	—	—
40	0.99818	1.93765	2.87711	3.72850	4.52117	5.22577	6.22395	6.57625	6.13588	4.75604	—	—	—	—	—
45	1.11561	2.17251	3.20005	4.13952	4.96155	5.66614	6.48818	6.40010	5.19641	—	—	—	—	—	—
50	1.23305	2.40738	3.52299	4.52117	5.37256	6.01844	6.57625	5.90101	—	—	—	—	—	—	—
润滑	方式Ⅰ	方式Ⅱ			方式Ⅲ										

表 13-2-36 50.80mm 节距链条每毫米链宽的额定功率表（GB/T 10855—2016） kW

小链轮齿数	小链轮转速/r·min^{-1}														
	100	200	300	400	500	600	700	800	900	1000	1200	1300	1400	1500	1600
17	0.73396	1.49727	2.23123	2.93583	3.64042	4.31566	4.96155	5.57807	6.13588	6.66433	7.57443	7.95609	8.24967	8.48454	8.66069
19	0.82203	1.67342	2.46609	3.25877	4.02208	4.75604	5.46064	6.10652	6.69368	7.22213	8.07352	8.39646	8.60197	8.74876	8.74876
21	0.91011	1.82021	2.73032	3.58171	4.43310	5.19641	5.93037	6.60561	7.19277	7.72122	8.45518	8.66069	8.74876	8.71940	8.57261
23	0.99818	1.99636	2.96518	3.90465	4.81476	5.63679	6.40010	7.07534	7.63315	8.10288	8.69005	8.77812	8.69005	8.45518	8.01481
25	1.08626	2.17251	3.22941	4.22759	5.16705	6.04780	6.81112	7.48636	8.01481	8.42582	8.77812	8.66069	8.36710	7.86801	7.10470
27	1.17433	2.34866	3.46427	4.55053	5.51935	6.42946	7.19277	7.83866	8.33775	8.63133	8.66069	8.33775	7.77994	6.92855	—
29	1.26241	2.52481	3.72850	4.84411	5.87165	6.78176	7.54507	8.16160	8.57261	8.74876	8.39646	7.80930	6.89919	—	—
31	1.35048	2.67160	3.96337	5.13770	6.19459	7.13406	7.86801	8.39646	8.71940	8.74876	7.92673	7.01662	—	—	—
33	1.43855	2.84775	4.19823	5.43128	6.51753	7.42764	8.13224	8.60197	8.77812	8.63133	7.25149	—	—	—	—
35	1.52663	3.02390	4.43310	5.69550	6.81112	7.72122	8.36710	8.71940	8.71940	8.36710	6.34138	—	—	—	—
37	1.61470	3.17069	4.63861	5.95973	7.10470	7.95609	8.54325	8.77812	8.60197	7.98545	—	—	—	—	—
40	1.76150	3.43492	4.99090	6.37074	7.48636	8.27903	8.71940	8.69005	8.19096	—	—	—	—	—	—
45	1.96700	3.84593	5.51935	6.95791	8.01481	8.63133	8.71940	8.19096	—	—	—	—	—	—	—
50	2.17251	4.22759	6.04780	7.48636	8.42582	8.77812	8.36710	—	—	—	—	—	—	—	—
润滑	方式Ⅰ	方式Ⅱ		方式Ⅲ											

2.3.4　齿形链链轮

2.3.4.1　9.52mm 及以上节距链轮的齿形和主要尺寸

9.52mm 及以上节距链轮齿形、主要尺寸见图 13-2-11、图 13-2-12 和表 13-2-37。单位节距链轮的最大轮毂直径见表 13-2-38，单位节距链轮的分度圆直径、齿顶圆直径、跨柱测量距和导槽最大直径见表 13-2-39。9.52mm 及以上节距链轮的相关数值等于实际节距乘以表 13-2-38 和表 13-2-39 中所列数值。

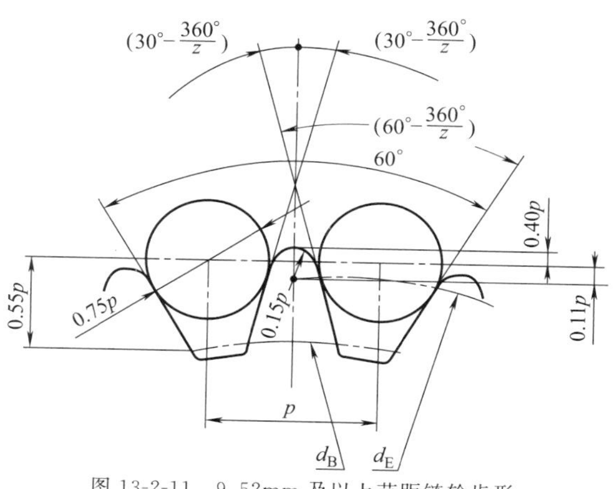

图 13-2-11　9.52mm 及以上节距链轮齿形

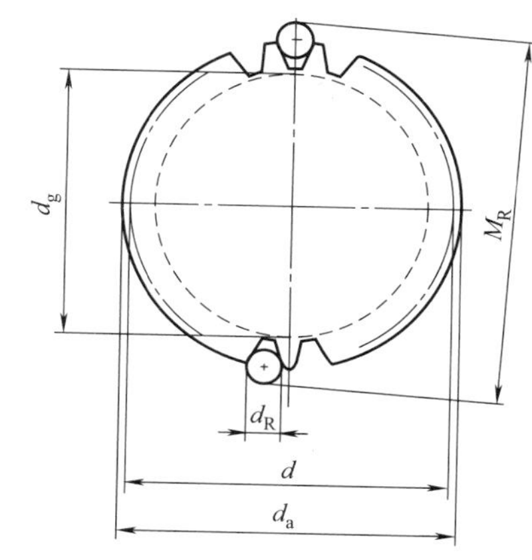

图 13-2-12　9.52mm 及以上节距链轮主要尺寸

表 13-2-37　　9.52mm 及以上节距链轮主要尺寸

名　称		符号	计　算　公　式
参数	链轮节距	p	与配用链条相同
	链轮齿数	z	
主要尺寸	分度圆直径	d	$d=\dfrac{p}{\sin\dfrac{180^\circ}{z}}$
	齿顶圆直径	d_a	圆弧齿：$d_a=p\left(\cot\dfrac{90^\circ}{z}+0.08\right)$ 矩形齿：$d_a=2\sqrt{X^2+L^2+2XL\cos\alpha}$ 其中： $X=Y\cos\alpha-\sqrt{(0.15p)^2-(Y\sin\alpha)^2}$ $Y=p(0.500-0.375\sec\alpha)\cot\alpha+0.11p$ $L=Y+\dfrac{d_E}{2}$
	跨柱直径	d_R	$d_R=0.625p$
	跨柱测量距	M_R	偶数齿： $M_R=d-0.125p\csc\left(30^\circ-\dfrac{180^\circ}{z}\right)+0.625p$ 奇数齿： $M_R=\cos\dfrac{90^\circ}{z}\left[d-0.125p\csc\left(30^\circ-\dfrac{180^\circ}{z}\right)\right]+0.625p$
	齿顶圆弧中心圆直径	d_E	$d_E=p\left(\cot\dfrac{180^\circ}{z}-0.22\right)$
	工作面的基圆直径	d_B	$d_B=p\sqrt{1.515213+\left(\cot\dfrac{180^\circ}{z}-1.1\right)^2}$
	导槽圆的最大直径	d_g	$d_g=p\left(\cot\dfrac{180^\circ}{z}-1.16\right)$

表 13-2-38　　**单位节距链轮的最大轮毂直径**　　mm

齿数	滚刀加工	铣刀加工	齿数	滚刀加工	铣刀加工
17	4.019	4.099	25	6.586	6.666
17	4.341	4.421	26	6.905	6.985
19	4.662	4.742	27	7.226	7.306
20	4.983	5.063	28	7.546	7.626
21	5.304	5.384	29	7.865	7.945
22	5.626	5.706	30	8.185	8.265
23	5.946	6.026	31	8.503	8.583
24	6.265	6.345			

注：其他节距（9.52mm 及以上节距）的链轮为实际节距乘以表列值。

表 13-2-39　　**9.525mm 及以上节距链轮的单位节距链轮的数值表**（GB/T 10855—2016）　　mm

齿数 z	分度圆直径 d	齿顶圆直径 d_a		跨柱测量距[①] M_R	导槽最大直径[①] d_g	量柱直径 d_R
		圆弧齿顶	矩形齿顶[①]			
17	5.442	5.429	5.298	5.669	4.189	0.6250
18	5.759	5.751	5.623	6.018	4.511	0.6250
19	6.076	6.072	5.947	6.324	4.832	0.6250
20	6.393	6.393	6.271	6.669	5.153	0.6250
21	6.710	6.714	6.595	6.974	5.474	0.6250
22	7.027	7.036	6.919	7.315	5.796	0.6250
23	7.344	7.356	7.243	7.621	6.116	0.6250
24	7.661	7.675	7.568	7.960	6.435	0.6250
25	7.979	7.996	7.890	8.266	6.756	0.6250
26	8.296	8.315	8.213	8.602	7.075	0.6250
27	8.614	8.636	8.536	8.909	7.396	0.6250
28	8.932	8.956	8.859	9.244	7.716	0.6250
29	9.249	9.275	9.181	9.551	8.035	0.6250
30	9.567	9.595	9.504	9.884	8.355	0.6250
31	9.885	9.913	9.828	10.192	8.673	0.6250
32	10.202	10.233	10.150	10.524	8.993	0.6250
33	10.520	10.553	10.471	10.883	9.313	0.6250
34	10.838	10.872	10.793	11.164	9.632	0.6250
35	11.156	11.191	11.115	11.472	9.951	0.6250
36	11.474	11.510	11.437	11.803	10.270	0.6250
37	11.792	11.829	11.757	12.112	10.589	0.6250
38	12.110	12.149	12.077	12.442	10.909	0.6250
39	12.428	12.468	12.397	12.751	11.228	0.6250
40	12.746	12.787	12.717	13.080	11.547	0.6250
41	13.064	13.104	13.037	13.390	11.866	0.6250
42	13.382	13.425	13.357	13.718	12.185	0.6250
43	13.700	13.743	13.677	14.028	12.503	0.6250
44	14.018	14.062	13.997	14.356	12.822	0.6250
45	14.336	14.381	14.317	14.667	13.141	0.6250
46	14.654	14.700	14.637	14.994	13.460	0.6250
47	14.972	15.018	14.957	15.305	13.778	0.6250
48	15.290	15.337	15.277	15.632	14.097	0.6250
49	15.608	15.656	15.597	15.943	14.416	0.6250

续表

齿数 z	分度圆直径 d	齿顶圆直径 d_a 圆弧齿顶	矩形齿顶[①]	跨柱测量距[①] M_R	导槽最大直径[①] d_g	量柱直径 d_R
50	15.926	15.975	15.917	16.270	14.735	0.6250
51	16.244	16.293	16.236	16.581	15.053	0.6250
52	16.562	16.612	16.556	16.907	15.372	0.6250
53	16.880	16.930	16.876	17.218	15.690	0.6250
54	17.198	17.249	17.196	17.544	16.009	0.6250
55	17.517	17.568	17.515	17.857	16.328	0.6250
56	17.835	17.887	17.834	18.183	16.647	0.6250
57	18.153	18.205	18.154	18.494	16.965	0.6250
58	18.471	18.524	18.473	18.820	17.284	0.6250
59	18.789	18.842	18.793	19.131	17.602	0.6250
60	19.107	19.161	19.112	19.457	17.921	0.6250
61	19.426	19.480	19.431	19.769	18.240	0.6250
62	19.744	19.799	19.750	20.095	18.559	0.6250
63	20.062	20.117	20.070	20.407	18.877	0.6250
64	20.380	20.435	20.388	20.731	19.195	0.6250
65	20.698	20.754	20.708	21.044	19.514	0.6250
66	21.016	21.072	21.027	21.368	19.832	0.6250
67	21.335	21.391	21.346	21.682	20.151	0.6250
68	21.653	21.710	21.665	22.006	20.470	0.6250
69	21.971	22.028	21.984	22.319	20.788	0.6250
70	22.289	22.347	22.303	22.643	21.107	0.6250
71	22.607	22.665	22.622	22.955	21.425	0.6250
72	22.926	22.984	22.941	23.280	21.744	0.6250
73	23.244	23.302	23.259	23.593	22.062	0.6250
74	23.562	23.621	23.578	23.917	22.381	0.6250
75	23.880	23.939	23.897	24.230	22.699	0.6250
76	24.198	24.257	24.216	24.553	23.017	0.6250
77	24.517	24.577	24.535	24.868	23.337	0.6250
78	24.835	24.895	24.853	25.191	23.655	0.6250
79	25.153	25.213	25.172	25.504	23.973	0.6250
80	25.471	25.531	25.491	25.828	24.291	0.6250
81	25.790	25.851	25.809	26.141	24.611	0.6250
82	26.108	26.169	26.128	26.465	24.929	0.6250
83	26.426	26.487	26.447	26.778	25.247	0.6250
84	26.744	26.805	26.766	27.101	25.565	0.6250
85	27.063	27.125	27.084	27.415	25.885	0.6250
86	27.381	27.443	27.403	27.739	26.203	0.6250
87	27.699	27.761	27.722	28.052	26.521	0.6250
88	28.017	28.079	28.040	28.375	26.839	0.6250
89	28.335	28.397	28.359	28.689	27.157	0.6250
90	28.654	28.716	28.678	29.013	27.476	0.6250
91	28.972	29.035	28.997	29.327	27.795	0.6250
92	29.290	29.353	29.315	29.649	28.113	0.6250
93	29.608	29.671	29.634	29.963	28.431	0.6250
94	29.926	29.989	29.953	30.285	28.749	0.6250

第13篇

续表

齿数 z	分度圆直径 d	齿顶圆直径 d_a		跨柱测量距[①] M_R	导槽最大直径[①] d_g	量柱直径 d_R
		圆弧齿顶	矩形齿顶[①]			
95	30.245	30.308	30.271	30.601	29.068	0.6250
96	30.563	30.627	30.590	30.923	29.387	0.6250
97	30.881	30.945	30.909	31.237	29.705	0.6250
98	31.199	31.263	31.228	31.559	30.023	0.6250
99	31.518	31.582	31.546	31.874	30.342	0.6250
100	31.836	31.900	31.865	32.196	30.660	0.6250
101	32.154	32.218	32.183	32.511	30.978	0.6250
102	32.473	32.537	32.502	32.834	31.297	0.6250
103	32.791	32.856	32.820	33.148	31.616	0.6250
104	33.109	33.174	33.139	33.470	31.934	0.6250
105	33.427	33.492	33.457	33.784	32.252	0.6250
106	33.746	33.811	33.776	34.107	32.571	0.6250
107	34.064	34.129	34.094	34.422	32.889	0.6250
108	34.382	34.447	34.413	34.744	33.207	0.6250
109	34.701	34.767	34.731	35.059	33.527	0.6250
110	35.019	35.084	35.050	35.381	33.844	0.6250
111	35.237	35.403	35.368	35.695	34.163	0.6250
112	35.655	35.721	35.687	36.017	34.481	0.6250
113	35.974	36.040	36.005	36.333	34.800	0.6250
114	36.292	36.358	36.324	36.654	35.118	0.6250
115	36.610	36.676	36.642	36.969	35.436	0.6250
116	36.929	36.995	36.961	37.292	35.755	0.6250
117	37.247	37.313	37.279	37.606	36.073	0.6250
118	37.565	37.632	37.598	37.928	36.392	0.6250
119	37.883	37.950	37.916	38.243	36.710	0.6250
120	38.201	38.268	38.235	38.564	37.028	0.6250
121	38.519	38.586	38.553	38.879	37.346	0.6250
122	38.837	38.904	38.872	39.200	37.664	0.6250
123	39.156	39.223	39.190	39.518	37.983	0.6250
124	39.475	39.542	39.508	39.839	38.302	0.6250
125	39.794	39.861	39.827	40.154	38.621	0.6250
126	40.112	40.180	40.145	40.476	38.940	0.6250
127	40.430	40.497	40.464	40.790	39.257	0.6250
128	40.748	40.816	40.782	41.112	39.576	0.6250
129	41.066	41.134	41.100	41.427	39.894	0.6250
130	41.384	41.452	41.419	41.748	40.212	0.6250
131	41.702	41.770	41.738	42.063	40.530	0.6250
132	42.020	42.088	42.056	42.384	40.848	0.6250
133	42.338	42.406	42.374	42.699	41.166	0.6250
134	42.656	42.724	42.693	43.020	41.484	0.6250
135	42.975	43.043	43.011	43.336	41.803	0.6250
136	43.293	43.362	43.329	43.657	42.122	0.6250
137	43.611	43.679	43.647	43.972	42.439	0.6250
138	43.930	43.998	43.966	44.295	42.758	0.6250
139	44.249	44.317	44.284	44.611	43.077	0.6250

续表

齿数	分度圆直径	齿顶圆直径 d_a		跨柱测量距[①]	导槽最大直径[①]	量柱直径
z	d	圆弧齿顶	矩形齿顶[①]	M_R	d_g	d_R
140	44.567	44.636	44.603	44.932	43.396	0.6250
141	44.885	44.954	44.922	45.247	43.714	0.6250
142	45.203	45.271	45.240	45.568	44.031	0.6250
143	45.521	45.590	45.558	45.883	44.350	0.6250
144	45.840	45.909	45.877	46.205	44.669	0.6250
145	46.158	46.227	46.195	46.520	44.987	0.6250
146	46.477	46.546	46.514	46.842	45.306	0.6250
147	46.796	46.865	46.832	47.159	45.625	0.6250
148	47.114	47.183	47.151	47.479	45.943	0.6250
149	47.432	47.501	47.469	47.795	46.261	0.6250
150	47.750	47.819	47.787	48.116	46.579	0.6250

① 表列均为最大直径值；所有公差必须取负值。

注：1. 其他节距（9.52mm 及以上节距）链轮数值为实际节距乘以表列数值。

2. 相关公差见表 13-2-42。

2.3.4.2 4.76mm 节距链轮的主要尺寸

4.76mm 节距链轮齿形、主要尺寸见图13-2-13、图 13-2-14 和表 13-2-40。其链轮的分度圆直径、齿顶圆直径、跨柱测量距和导槽最大直径见表 13-2-41。

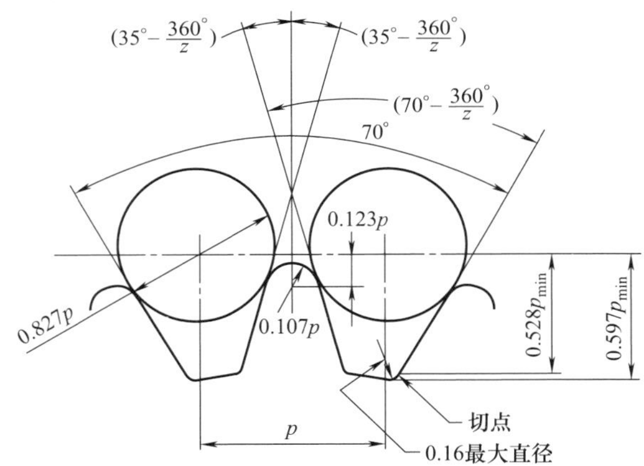

图 13-2-13 4.76mm 节距链轮齿形

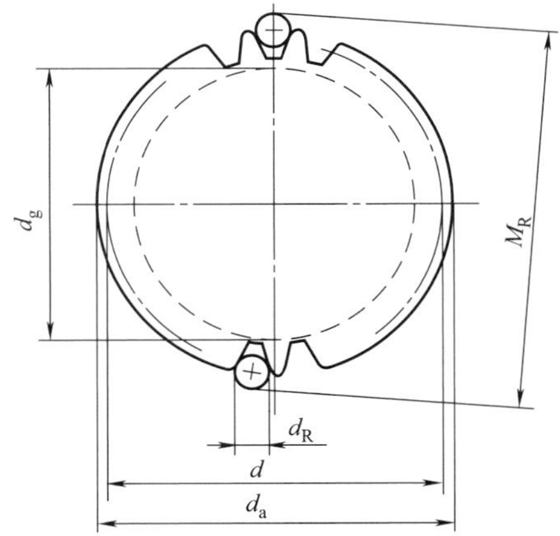

图 13-2-14 4.76mm 节距链轮的主要尺寸

表 13-2-40 4.76mm 节距链轮主要尺寸

名　　称		符号	计　算　公　式
参数	链轮节距	p	与配用链条相同
	链轮齿数	z	
主要尺寸	分度圆直径	d	$d=\dfrac{p}{\sin\dfrac{180°}{z}}$
	齿顶圆直径	d_a	$d_a=p\left(\cot\dfrac{180°}{z}-0.032\right)$
	跨柱直径	d_R	$d_R=0.667p$

续表

名称		符号	计算公式
主要尺寸	跨柱测量距	M_R	偶数齿： $M_R=d-0.160p\csc\left(35°-\frac{180°}{z}\right)+0.667p$ 奇数齿： $M_R=\cos\frac{90°}{z}\left[d-0.160p\csc\left(35°-\frac{180°}{z}\right)\right]+0.667p$
	导槽圆的最大直径	d_g	$d_g=p\left(\cot\frac{180°}{z}-1.20\right)$

表 13-2-41　4.762mm 节距链轮的数值（GB/T 10855—2016）　mm

齿数 z	分度圆直径 d	齿顶圆直径 d_a①②	跨柱测量距 M_R①③	导槽最大直径 d_g①
11	16.89	16.05	17.55	10.50
12	18.39	17.63	19.33	10.89
13	19.89	19.18	20.85	13.61
14	21.41	20.70	22.56	15.15
15	22.91	22.25	24.03	16.69
16	24.41	23.80	25.70	18.23
17	25.91	25.30	27.15	19.76
18	27.43	26.85	28.80	21.29
19	28.93	28.35	30.25	22.82
20	30.45	29.90	31.90	24.35
21	31.95	31.42	33.32	25.88
22	33.48	32.97	34.98	27.41
23	34.98	34.47	36.40	28.94.
24	36.47	35.99	38.02	30.36
25	38.00	37.52	39.47	31.98
26	39.52	39.07	41.07	33.50
27	41.02	40.56	42.52	35.03
28	42.54	42.09	44.12	36.55
29	44.04	43.61	45.59	38.01
30	45.57	45.14	47.17	39.60
31	47.07	46.63	48.62	41.12
32	48.59	48.18	50.22	42.56
33	50.11	49.71	51.69	44.17
34	51.61	51.21	53.24	45.69
35	53.14	52.76	54.74	47.19
36	54.64	54.25	56.29	48.72
37	56.16	55.78	57.76	50.24
38	57.68	57.30	59.33	51.77
39	59.18	58.80	60.81	53.29
40	60.71	60.35	62.38	54.81
41	62.20	61.85	63.83	56.31
42	63.73	63.37	65.40	57.84
43	65.25	64.90	66.88	59.36
44	66.75	66.40	68.45	60.88
45	68.28	67.92	69.93	62.38
46	69.80	69.47	71.50	63.91
47	71.30	70.97	72.95	65.43

续表

齿数 z	分度圆直径 d	齿顶圆直径 d_a ①②	跨柱测量距 M_R ①③	导槽最大直径 d_g ①
48	72.82	72.49	74.52	66.95
49	74.32	73.99	76.00	68.48
50	75.84	75.51	77.55	69.98
51	77.37	77.04	79.02	71.50
52	78.87	78.54	80.59	73.03
53	80.39	80.06	82.07	74.52
54	81.92	81.61	83.64	76.02
55	83.41	83.11	85.12	77.57
56	84.94	84.63	86.66	79.10
57	86.46	86.16	88.16	80.59
58	87.96	87.66	89.69	82.12
59	89.48	89.18	91.19	83.64
60	91.01	90.70	92.74	85.17
61	92.51	92.20	94.21	86.69
62	94.03	93.73	95.78	88.19
63	95.55	95.25	97.28	89.71
64	97.05	96.75	98.81	91.24
65	98.58	98.27	100.30	92.74
66	100.10	99.82	101.85	94.26
67	101.60	101.32	103.33	95.78
68	103.12	102.84	104.88	97.31
69	104.65	104.37	106.38	98.81
70	106.15	105.87	107.90	100.33
71	107.67	107.39	109.40	101.85
72	109.19	108.92	110.95	103.38
73	110.69	110.41	112.42	104.88
74	112.22	111.94	113.97	106.40
75	113.74	113.46	115.47	107.92
76	115.24	114.96	116.99	109.42
77	116.76	116.48	118.49	110.95
78	118.29	118.01	120.04	112.47
79	119.79	119.51	121.54	113.97
80	121.31	121.03	123.09	115.49
81	122.83	122.56	124.59	117.02
82	124.33	124.05	126.11	118.54
83	125.86	125.58	127.61	120.04
84	127.38	127.10	129.16	121.56
85	128.88	128.60	130.63	123.09
86	130.40	130.15	132.18	124.61
87	131.93	131.67	133.68	126.11
88	133.43	133.17	135.20	128.14
89	134.95	134.70	136.70	129.13
90	136.47	136.22	138.25	130.66
91	137.97	137.72	139.73	132.18
92	139.50	139.24	141.27	133.71
93	141.02	140.77	142.77	135.29
94	142.52	142.27	144.30	136.73
95	144.04	143.79	145.80	138.25

续表

齿数 z	分度圆直径 d	齿顶圆直径 d_a①②	跨柱测量距 M_R①③	导槽最大直径 d_g①
96	145.57	145.31	147.35	139.78
97	147.07	146.81	148.82	141.27
98	148.59	148.34	150.37	142.80
99	150.11	149.86	151.87	144.32
100	151.61	151.36	153.39	145.82
101	153.14	152.88	154.89	147.35
102	154.66	154.41	156.44	148.87
103	156.15	155.91	157.91	150.39
104	157.66	157.40	159.44	151.89
105	159.21	158.95	160.96	153.42
106	160.73	160.48	162.51	154.94
107	162.26	162.00	164.01	156.44
108	163.75	163.50	165.56	157.96
109	165.30	165.05	167.03	159.49
110	166.78	166.52	168.58	160.99
111	168.28	168.02	170.06	162.50
112	169.80	169.54	171.58	164.03
113	171.32	171.07	173.10	165.56
114	172.85	172.59	174.65	167.06
115	174.40	174.14	176.15	168.58
116	175.87	175.62	177.67	170.10
117	177.39	177.14	179.17	171.60
118	178.92	178.66	180.70	173.13
119	180.42	180.19	182.22	174.65
120	181.91	181.69	183.72	176.15

① 表列均为最大直径值；所有公差必须取负值。

② 为圆弧顶齿。

③ 量柱直径＝3.175mm。

注：相关公差见表 13-2-43。

2.3.4.3 9.52mm 及以上节距链轮精度要求

表 13-2-42 9.52mm 及以上节距链轮跨柱测量距公差 mm

齿顶圆直径 d_a公差	矩形齿顶：$^{0}_{-0.05p}$ 圆弧齿顶链轮与跨柱测量距公差相同										
导槽直径 d_g公差	$^{0}_{-0.76}$										
跨柱测量距公差	节距	齿数									
		～15	16～24	25～35	36～48	49～63	64～80	81～99	100～120	121～143	144 以上
	9.525	0.13	0.13	0.13	0.15	0.15	0.48	0.18	0.18	0.20	0.20
	12.700	0.13	0.15	0.15	0.18	0.18	0.20	0.20	0.23	0.23	0.25
	15.875	0.15	0.15	0.18	0.20	0.23	0.25	0.25	0.25	0.28	0.30
	19.050	0.15	0.18	0.20	0.23	0.25	0.28	0.28	0.30	0.33	0.36
	25.400	0.18	0.20	0.23	0.25	0.28	0.30	0.33	0.36	0.38	0.40
	31.750	0.20	0.23	0.25	0.28	0.33	0.36	0.38	0.43	0.46	0.48
	38.100	0.20	0.25	0.28	0.33	0.36	0.40	0.43	0.48	0.51	0.56
	50.800	0.25	0.30	0.36	0.40	0.46	0.51	0.56	0.61	0.66	0.71

2.3.4.4 4.76mm 节距链轮精度要求

表 13-2-43 4.76mm 节距链轮跨柱测量距公差 mm

导槽直径 d_g 公差	$\begin{matrix}0\\-0.38\end{matrix}$										
跨柱测量距公差	节距	齿数									
		~15	16~24	25~35	36~48	49~63	64~80	81~99	100~120	121~143	144 以上
	4.76	-0.1	-0.1	-0.1	-0.1	-0.1	-0.13	-0.13	-0.13	-0.13	-0.13

2.4 链传动的布置、张紧与润滑

2.4.1 链传动的布置

表 13-2-44 链传动的布置

传动参数	正确布置	不正确布置	说明
$i=2\sim3$ $a=(30\sim50)p$	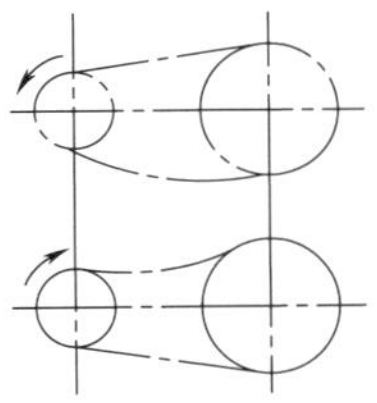		传动比和中心距中等大小 两轮轴线在同一水平面，紧边在上较好
$i>2$ $a<30p$	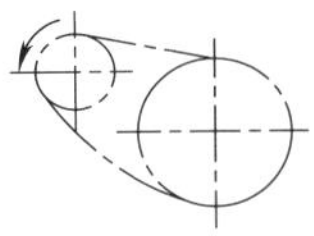	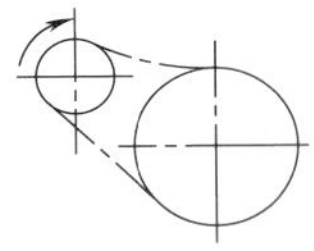	中心距较小 两轮轴线不在同一水平面，松边应在下面，否则松边下垂量增大后，链条易与链轮卡死
$i<1.5$ $a>60p$	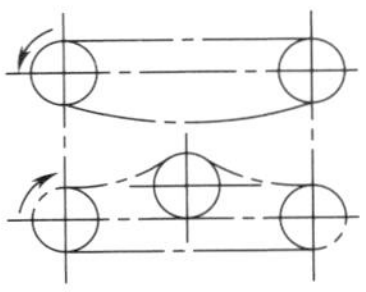		传动比小，中心距较大 两轮轴线在同一水平面，松边应在下面，否则经长时间使用，下垂量增大后，松边会与紧边相碰，需经常调整中心距
i、a 为任意值	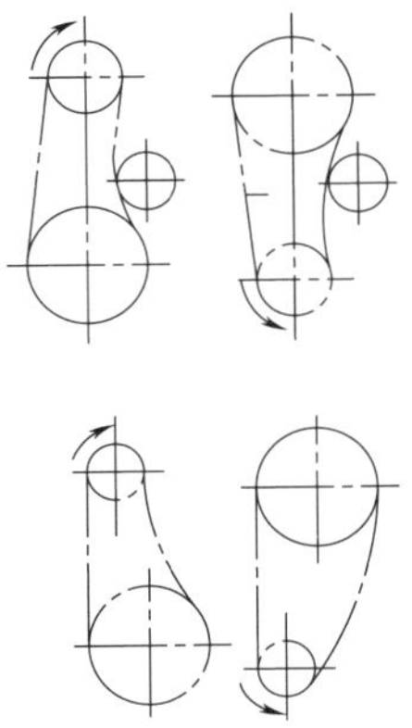	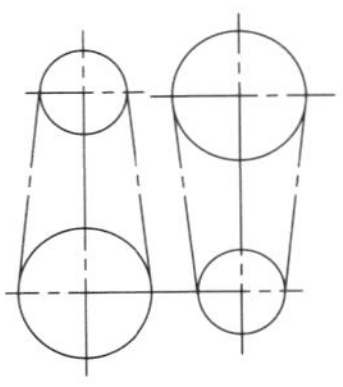	两轮轴线在同一铅垂面内，经使用，链节距加大，链下垂量增大，会减少下链轮的有效啮合齿数，降低传动能力。为此，可采取的措施有： ①中心距可调； ②设张紧装置； ③上、下两轮偏置，使两轮的轴线不在同一铅垂面内

2.4.2　链传动的张紧与安装

表 13-2-45　链传动的张紧

类型	张紧调整形式	简　图	说　明
定期张紧	螺纹调节	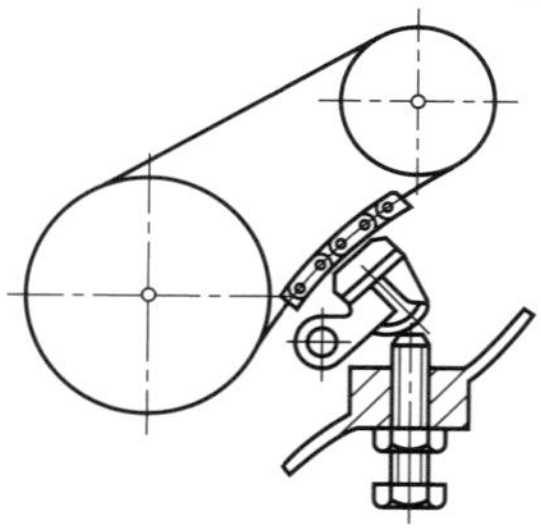	调节螺钉可采用细牙螺纹并带锁紧螺母
	偏心调节	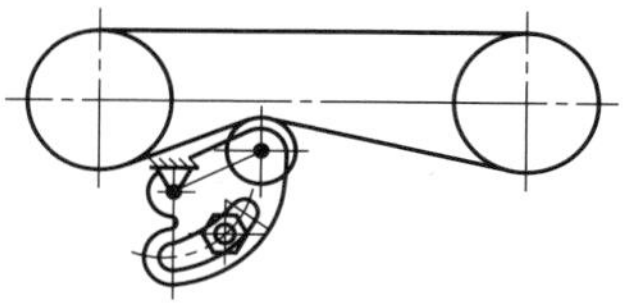	张紧轮一般布置在链条松边，根据需要可以靠近小链轮或大链轮，或者布置在中间位置。张紧轮可以是链轮或辊轮。张紧链轮的齿数常等于小链轮齿数。张紧辊轮常用于垂直或接近于垂直的链传动，其直径可取为(0.6～0.7)d，d 为小链轮直径
自动张紧	弹簧调节	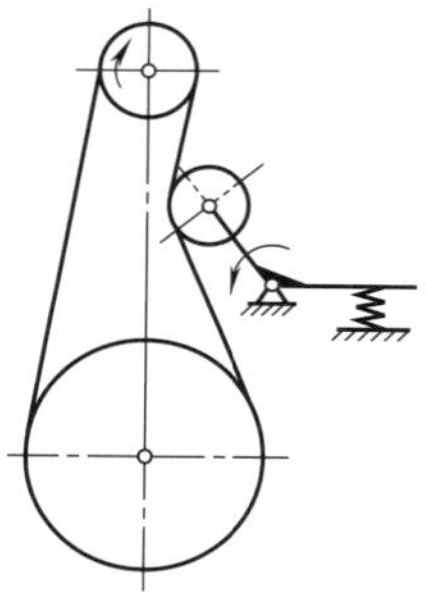	张紧轮一般布置在链条松边，根据需要可以靠近小链轮或大链轮，或者布置在中间位置。张紧轮可以是链轮或辊轮。张紧链轮的齿数常等于小链轮齿数。张紧辊轮常用于垂直或接近于垂直的链传动，其直径可取为(0.6～0.7)d，d 为小链轮直径
	挂重调节	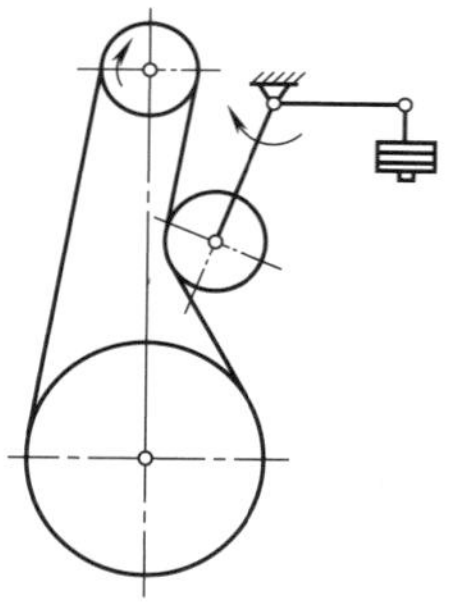	张紧轮一般布置在链条松边，根据需要可以靠近小链轮或大链轮，或者布置在中间位置。张紧轮可以是链轮或辊轮。张紧链轮的齿数常等于小链轮齿数。张紧辊轮常用于垂直或接近于垂直的链传动，其直径可取为(0.6～0.7)d，d 为小链轮直径
	液压调节	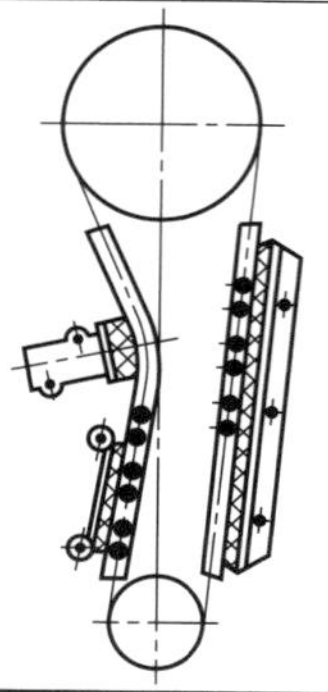	采用液压块与导板相结合的形式，减振效果好，适用于高速场合，如发动机的链传动

续表

类型	张紧调整形式	简图	说明
承托装置	托板和托架		适用于中心距较大的场合，托板上可衬以软钢、塑料或耐油橡胶，滚子可在其上滚动，更大中心距时，托板可以分成两段，借中间6～10节链条的自重下垂张紧

表 13-2-46 链传动的安装

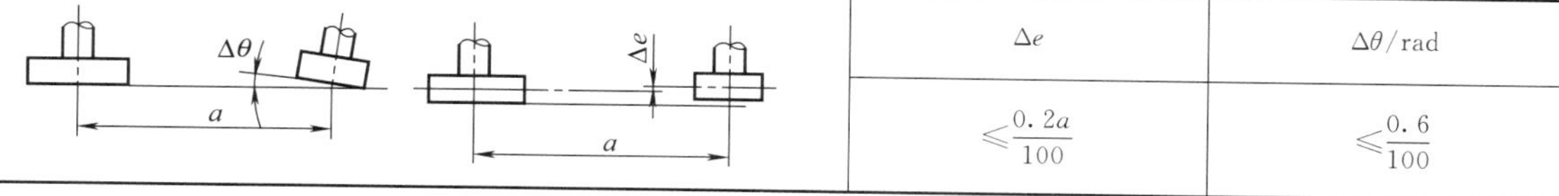

简图	Δe	Δθ/rad
	$\leqslant\frac{0.2a}{100}$	$\leqslant\frac{0.6}{100}$

2.4.3 链传动的润滑

润滑对于链传动是十分重要的，合理的润滑能大大减轻链条铰链的磨损，延长其使用寿命。润滑方式的选择见图 13-2-5，润滑方式及其说明见表 13-2-47，链传动用润滑油见表 13-2-48，对工作条件恶劣的开式和重载、低速链传动，当难以采用油润滑时，可采用脂润滑。

表 13-2-47 链传动的润滑

润滑方式	简图	说明	供油量
人工定期润滑		用刷子或油壶定期在链条松边内、外链板间隙中注油	每班注油一次
滴油润滑		装有简单外壳，用滴油壶或滴油器在从动边的内外链板间隙处滴油	单排链，每分钟供油5～20滴，速度高时取大值
油浴供油润滑		采用不漏油的外壳，使链条从油槽中通过	一般浸油深度为6～12mm。链条浸入油面过深，搅油损失大，油易发热变质，浸入过浅润滑不可靠
飞溅润滑		采用不漏油的外壳，在链轮侧边安装甩油盘，甩油盘圆周速度 $v>3$m/s。当链条宽度大于125mm时，链轮两侧各装一个甩油盘	甩油盘浸油深度为12～35mm

续表

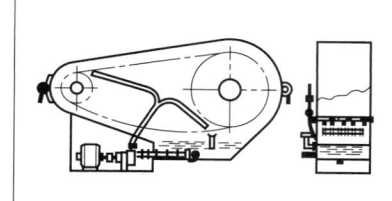

<table>
<tr><th>润滑方式</th><th>简图</th><th>说明</th><th>供油量</th></tr>
<tr><td>压力供油润滑</td><td></td><td>采用不漏油的外壳，油泵强制供油，喷油管口设在链条啮入处，循环油可起冷却作用</td><td>
<table>
<tr><td colspan="5">每个喷油嘴供油量/L·min⁻¹</td></tr>
<tr><td rowspan="2">链速 v /m·s^{-1}</td><td colspan="4">节距 p/mm</td></tr>
<tr><td>≤19.05</td><td>25.4～31.75</td><td>38.1～44.45</td><td>≥50.8</td></tr>
<tr><td>8～13</td><td>1.0</td><td>1.5</td><td>2.0</td><td>2.5</td></tr>
<tr><td>>13～18</td><td>2.0</td><td>2.5</td><td>3.0</td><td>3.5</td></tr>
<tr><td>>18～24</td><td>3.0</td><td>3.5</td><td>4.0</td><td>4.5</td></tr>
</table>
</td></tr>
</table>

表 13-2-48 **链传动用润滑油**

<table>
<tr><th rowspan="2">润滑方式</th><th rowspan="2">环境温度/℃</th><th colspan="4">节距 p/mm</th></tr>
<tr><th>9.525～15.875</th><th>19.05～25.4</th><th>31.75</th><th>38.1～76.2</th></tr>
<tr><td rowspan="4">人工定期润滑、滴油润滑、油浴或飞溅润滑</td><td>-10～0</td><td>L-AN46</td><td colspan="2">L-AN68</td><td>L-AN100</td></tr>
<tr><td>0～40</td><td>L-AN68</td><td colspan="2">L-AN100</td><td>SC30</td></tr>
<tr><td>40～50</td><td>L-AN100</td><td colspan="2">SC40</td><td>SC40</td></tr>
<tr><td>50～60</td><td>SC40</td><td colspan="2">SC40</td><td>工业齿轮油
（冬季用 90 号 GL-4 齿轮油）</td></tr>
<tr><td rowspan="4">油泵压力喷油润滑</td><td>-10～0</td><td colspan="2">L-AN46</td><td colspan="2">L-AN68</td></tr>
<tr><td>0～40</td><td colspan="2">L-AN68</td><td colspan="2">L-AN100</td></tr>
<tr><td>40～50</td><td colspan="2">L-AN100</td><td colspan="2">SC40</td></tr>
<tr><td>50～60</td><td colspan="2">SC40</td><td colspan="2">SC40</td></tr>
</table>

参 考 文 献

[1] GB/T 1243—2006. 传动用短节距精密滚子链、套筒链、附件和链轮.
[2] GB/T 10855—2016. 齿形链和链轮.
[3] 龙振宇主编. 机械设计. 北京：机械工业出版社，2002.
[4] 吴宗泽，罗圣国主编. 机械设计课程设计手册. 北京：高等教育出版社，2006.
[5] 吴宗泽，刘莹主编. 机械设计教程. 北京：机械工业出版社，2006.
[6] 成大先主编. 机械设计手册. 第六版. 第3卷. 北京：化学工业出版社，2016.